# 芽胞杆菌

## 第五卷

## 芽胞杆菌基因组学

刘 波 王阶平 张海峰 等 著

科学出版社

北 京

## 内 容 简 介

"芽胞杆菌"系列丛书是基于科学研究的专业学术著作。本书是"芽胞杆菌"丛书的第五卷，共分为五章。第一章基因组测序技术的发展及其应用，综述了基因组测序技术的发展历史以及多种测序技术的原理和流程等，介绍了大规模的人类、动物和植物基因组计划的研究进展和成果。第二章主要生物类群的基因组研究进展，分别介绍了动物、植物和微生物的基因组研究进展，阐述了微生物基因组特征，介绍了几个重要的微生物组研究计划。第三章芽胞杆菌基因组测序进展，系统地总结了芽胞杆菌目的基因组测序进展，对每一种芽胞杆菌的所有菌株的基因组基本信息进行统计，包括菌株名称、测序机构、测序时间、组装水平和 GenBank 登录号。第四章芽胞杆菌基因组分类学与系统发育分析，介绍了基因组分类学指标及其在芽胞杆菌分类学上的应用，分别进行了基于全基因组直系同源基因的属、科和目水平的系统发育分析。第五章芽胞杆菌基因组描述，对 671 种芽胞杆菌的基因组进行了详细描述。书后列出了 2496 篇参考文献供读者查阅。

本书可供从事农业、工业、环境、医学、生态等微生物相关领域的科研人员、企业技术人员、高校教师和研究生等参考。

**图书在版编目（CIP）数据**

芽胞杆菌. 第五卷，芽胞杆菌基因组学/刘波等著. —北京：科学出版社，2023.9

ISBN 978-7-03-075726-5

Ⅰ.①芽… Ⅱ.①刘… Ⅲ.①芽孢杆菌属–基因组–研究 Ⅳ.①Q939.11

中国国家版本馆 CIP 数据核字(2023)第 103378 号

责任编辑：李秀伟 岳漫宇 郝晨扬 / 责任校对：杨 赛
责任印制：肖 兴 / 封面设计：刘新新

科学出版社 出版
北京东黄城根北街 16 号
邮政编码: 100717
http://www.sciencep.com

北京中科印刷有限公司 印刷
科学出版社发行 各地新华书店经销
*
2023 年 9 月第 一 版 开本：787×1092 1/16
2023 年 9 月第一次印刷 印张：94 3/4
字数：2 245 000

**定价：980.00 元**

(如有印装质量问题，我社负责调换)

# BACILLUS

## Volume V: Genomics of Bacillus

Edited by
Liu Bo, Wang Jieping, Zhang Haifeng et al.

Science Press
Beijing

# Summary

*BACILLUS* is the book series based on scientific study of the professional academic works. The present book is *BACILLUS* Volume V: *Genomics of Bacillus*, which is divided into five chapters. The first chapter is "Progress and application of genome sequencing technology", reviewing the development history of genome sequencing technology and the principles and workflows of multiple sequencing technologies, introducing several large scale human, animal and plant genome projects and their progress and achievements. The second chapter is "Advances in genome research of the major biological groups", elaborating the research progress of animal, plant and microorganism genomes, discussing specially characteristics of microbial genomes, and introducing several important microbiome projects. The third chapter is "Progress in genome sequencing of the *Bacillus*-like species", summarizing systematically genome sequencing progress of the Order Bacillales, and collecting the genomic information such as the name of strain, sequencing institution and time, assembly level and GenBank accession number of all strains of each species. The fourth chapter is "Genomic taxonomy and phylogenetic analysis of the *Bacillus*-like species", discussing the standards of genomic taxonomy and their application on the taxonomy of the *Bacillus*-like species, and performing the phylogenetic analyses at the Genus, Family and Order level based on the whole-genome orthologous genes, respectively. The fifth chapter is "Genome description of the *Bacillus*-like species", providing a detailed genome description for each of the 671 *Bacillus*-like species. Additionally, 2496 references are cited in the book.

The book series can be references for scientific research personnel, enterprise technical personnel, teachers and graduate students, etc. who are engaging in microbiology related fields such as industrial microbiology, environmental microbiology, medical microbiology, and ecological microbiology and so on.

# 作 者 简 介

**个人简历：**刘波，男，汉族，1957年生，福建惠安人，中共党员，博士、二级研究员。1987年获福建农学院（现福建农林大学）博士学位，1992～1994年在德国波恩大学从事博士后研究，1994年底至1995年初在美国密歇根大学做短期访问学者，1996～2006年在德国波恩大学每年1～3个月做短期合作研究访问学者，2009～2017年曾任福建省农业科学院院长；现任福建省科学技术协会副主席、福建省政协委员、农业农村部科学与技术委员会委员、中国农学会高新技术农业应用专业委员会副理事长、中国微生物学会常务理事、中国植物病理学会理事、福建省农业工程学会理事长、福建省农学会副会长、福建省微生物学会副理事长、福建省生物化学及分子生物学学会副理事长等；《中国农业科学》《农业环境科学学报》《中国生物防治学报》《植物保护》《食品安全质量检测学报》《生物技术进展》《亚热带植物科学》等期刊编委；《福建农业学报》《东南园艺》等主编；德国波恩大学植物病理研究所博士生导师，福建农林大学博士生导师，福州大学、福建师范大学硕士生导师，中德生防合作研究、中美柑橘黄龙病合作研究、中以示范农场合作项目等中方首席科学家。

**研究经历：**长期从事农业微生物生物技术、芽胞杆菌系统发育、农业生物药物（微生物农药、微生物肥料、微生物保鲜、微生物降解、动物益生菌、环境益生菌等）、微生物脂肪酸生态学、微机测报网络、设施农业等研究。主持中德国际合作项目、中美国际合作项目、中以国际合作项目、国家自然科学基金项目、863计划项目、973计划前期项目、国家科技支撑计划项目、福建省科技重大攻关项目等科研课题150多个。建立了福建省农业科学院农业微生物创新团队，先后组建了国际合作平台（中德生防合作研究实验室、中美园艺植物病害综合治理合作研究实验室、中以示范农场等）、国家级科研平台［国家发展和改革委员会（以下简称国家发展改革委）微生物菌剂开发与应用国家地方联合工程研究中心、科技部海西农业微生物菌剂国际科技合作基地、农业农村部东南区域农业微生物资源利用科学观测实验站、农业农村部福州热带作物科学观测实验站］、省级科研平台（福建省科技厅福建省农业生物药物工程技术研究中心、福建省发展和改革委员会（以下简称福建省发展改革委）福建省生物农药工程研究中心、福建省财政厅福建省芽胞杆菌资源保藏中心）、院级平台（微生物发酵床大栏养猪生产性工程化实验室、芽胞杆菌生产性工程化实验室、生物基质生产性工程化实验室、智能化种苗繁育生产性工程化实验室等）。以芽胞杆菌资源采集、收集、保存、筛选、鉴定、分类、物质组、脂肪酸组、基因组等研究为主线，进行农业生物药物（农业微生物制剂）研发，开发杀虫微生物、防病微生物、微生物发酵菌种、免疫抗病植物疫苗、微生物发酵床、饲用益生菌、粪污降解菌、动物病害生防菌、果蔬微生物保鲜、植物蛋白乳酸菌发酵菌种等农业微生物菌剂、技术、工艺和装备。发表内刊《菌剂工程》（1999 年创刊《生物毒素》，2016 年更名为《菌剂工程》）。

**1987～1991 年**：1987 年底博士毕业，1988 年来到福建省农业科学院植物保护研究所，创立了电脑测报研究室；作为生物防治研究的博士，从事害虫天敌研究，应用昆虫生态学知识，设计病虫微机测报网络，研究害虫和天敌的相互关系，达到保护天敌、控制害虫的目的。结合留学德国的后续研究，作为第二作者，与德国波恩大学沈功恰（Sengonca）教授一起，在德国用英文发表了《柑橘粉虱寄生蜂生物学》（ISBN 3-89873-983-X）著作，在昆虫学研究上留下足迹。

**1992～1994 年**：在德国波恩大学从事博士后研究，起初从事昆虫天敌研究，后来接触到昆虫病理学的研究领域，开始了生物农药——苏云金芽胞杆菌的研究，提出了生物毒素生物藕合技术（bioconjugation technique），利用基团偶联剂，将苏云金芽胞杆菌杀虫毒素与阿维菌素毒素进行体外生物藕合，形成单体双毒素结构的 BtA，以拓宽生物农药的杀虫谱和提高杀虫速率，降低害虫抗药性。作为第一作者与德国波恩大学沈功恰（Sengonca）教授合作，在德国用英文发表了《新型生物农药 BtA 生物藕合技术的研究》（ISBN 3-86537-288-0）著作，进入生物农药研究领域。

**1994～2003 年**：1994 年从德国回来，随后前往美国做短期访问学者，1995 年从美国返回。1996 年调入福建省农业科学院生物技术中心工作，创立了农业环保技术研究室（Laeptb）。建立了与德国波恩大学植物病理研究所 20 多年（1996～2016 年）的合作关系，在国内建立了中德生防合作研究实验室，联合申请到三轮的德国科学基金（Deutsche Forschungemeinschaft，DFG）和德国国际合作基金（Deutsche Gesellschaft für Technische Zusammenarbeit，GTZ），并承担了国家自然科学基金项目、863 计划项目、国家科技支撑计划项目等，在继续研究生物藕合技术的基础上，拓展了生物农药的研究领域，从芽胞杆菌作为生物杀虫剂的研究进入芽胞杆菌作为生物杀菌剂的研究领域，在研究作物青枯病生物杀菌剂——蜡样芽胞杆菌 ANTI-8098A 的过程中，发现了芽胞杆菌对青枯雷尔氏菌的致弱作用，对致弱机理和致弱物质进行了研究，发表了《青枯雷尔氏菌多态性研究》（ISBN 978-7-5335-2553-1）著作，进入植病生防研究领域。

**2004～2007 年**：2004 年，福建省农业科学院微生物、动物、植物生物技术三大学科合并，组建了生物技术研究所，微生物生物技术研究领域成立了生物毒素研究室和生物发酵技术与生物反应器研究室，组合形成生物农药研究中心，承担了福建省生物农药工程研究中心的建设；在原有生物农药研究的基础上，拓展了芽胞杆菌作为饲用益生素的研究，利用绿色荧光蛋白基因标记致病大肠杆菌，通过感染小白鼠和小白鼠服用益生素抗病的相互关系研究，建立益生素作用模型；对芽胞杆菌作为化学农药降污菌剂进行了研究；系统收集芽胞杆菌资源，对其进行保存、鉴定和利用，发表了 380 多万字的《芽胞杆菌文献研究》（ISBN 978-7-80653-754-6）著作；随着研究的深入，开始了植物免疫特性的研究，对青枯雷尔氏菌无致病力菌株免疫抗病特性进行了研究。与作者的博士后周涵韬一起发表了《基因克隆的研究与应用》（ISBN 978-7-5023-4920-0）、《生化物质分析方法咨询手册》（第一卷 气相色谱法；第二卷 液相色谱法；第三卷 紫外分光光度法）（ISBN 978-7-5640-0622-6）著作，进入了农业微生物生物技术研究领域。

**2008～2010 年：** 2008 年，根据福建省农业科学院研究所结构调整，成立了福建省农业科学院农业生物资源研究所，将生物农药研究中心改为农业微生物研究中心。2008 年作为福建省农业科学院农业微生物学科的首席专家，组建了院农业微生物学科创新团队，从事微生物基础生物学及农业生物药物的研究与应用。建立了微生物资源的采集、筛选、保存、鉴定、分类平台，组建了微生物形态、生理、生态、分子生物学、基因组学、脂肪酸生态学研究平台，打造了微生物发酵技术、活性物质分析、功能微生物筛选研究平台。注重生物藕合技术、生物致弱机理、免疫抗病机理、植物内生菌、抗病物质分析、脂肪酸生态学、基因组学等研究。开发生物农药、生物肥药、植物疫苗、生物饲料、生物保鲜、生物降污、生物转化等农业生物药物（农业微生物制剂）。在这个时期发表了《微生物发酵床零污染养猪技术的研究与应用》（ISBN 978-7-8023-3876-0）、《植物饮品原料研究文献学》（ISBN 978-7-1220-7149-1）等著作。

**2011～2014 年：** 深入研究芽胞杆菌的资源采集、系统分类、生物学、脂肪酸组学、基因组学、物质组学、酶学、发酵工艺学等，研发生物农药、生物肥料、生物保鲜、生物降污、益生菌、生物转化等农业生物药物产品，组建芽胞杆菌生产性工程化实验室。在这个时期发表了《微生物脂肪酸生态学》（ISBN 978-7-5116-0360-9）、《农药残留微生物降解技术》（ISBN 978-7-5335-3953-5）、《尖孢镰刀菌生物学及其生物防治》（ISBN 978-7-03-038346-4）等著作。

**2015～2020 年：** 系统开展了芽胞杆菌新资源挖掘及其生防菌剂的创制工作，针对我国实施化学农药与肥料双减、生态保护和食品安全等发展战略，围绕芽胞杆菌资源挖掘、生防机理、菌剂创制与应用等方面开展研究。系统开展了芽胞杆菌资源多样性调查，采集了中国 32 个省份土壤等芽胞杆菌资源材料 15 800 多份，分离菌株 34 892 株；完成了 105 种芽胞杆菌基因组的首次测序，占全球同类研究总量 320 种的 32.8%，发现了 3 个杀虫新基因 *cry2Ab30*、*vip3Aa60* 和 *vip3Ad5*；完成了 98 种 300 多株芽胞杆菌的 2400 多个物质的测定，首次发现羟苯乙酯等 6 个具有免疫抗病活性的物质；测定了 4800 株芽胞杆菌脂肪酸组，发表了《微生物脂肪酸生态学》；发表芽胞杆菌新种 12 个，如兵马俑芽胞杆菌（*Bacillus bingmayongensis* Liu et al. 2014，sp. nov.）、仙草芽胞杆菌（*Bacillus mesonae* Liu et al. 2014，sp. nov.）、慈湖芽胞杆菌（*Bacillus cihuensis* Liu et al. 2014，sp. nov.）、武夷山芽胞杆菌（*Bacillus wuyishanensis* Liu et al. 2015，sp. nov.）、台湾芽胞杆菌（*Bacillus taiwanensis* Liu et al. 2015，sp. nov.）、茄属芽胞杆菌（*Bacillus solani* Liu et al. 2015，sp. nov.）、戈壁芽胞杆菌（*Bacillus gobiensis* Liu et al. 2016，sp. nov.）、高山杜鹃芽胞杆菌（*Bacillus loiseleuriae* Liu et al. 2016，sp. nov.）、嗜中温芽胞杆菌（*Bacillus mesophilus* Zhou et al. 2016，sp. nov.）、茄科类芽胞杆菌（*Paenibacillus solani* Liu et al. 2016， sp. nov.）、五大连池芽胞杆菌（*Bacillus wudalianchiensis* Liu et al. 2017，sp. nov.）、农田芽胞杆菌（*Bacillus praedii* Liu et al. 2017，sp. nov.）。成功筛选到一批高效芽胞杆菌生防菌株，创新了适合于不同用途植物保护的微生物菌剂生产工艺和产品，与企业合作创制出芽胞杆菌微生物菌剂（肥料）产品 15 个与功能性生物基质产品四大类 17 个，获得相关产品登记证 15 个，示范推广面积 973 万亩（1 亩≈666.7 $m^2$）。

在我国养殖污染治理方面进行了深入的研究，提出了原位和异位发酵床养殖污染微生物治理的新思路，研发了微生物发酵床健康养殖与污染治理菌种、技术与装备，广泛推广应用于牛、羊、鸡、鸭等畜禽养殖，大幅提高健康养殖、污染治理、节本增效和资源循环利用的水平，实现养殖污染治理的无臭味、零排放、广适应、低成本。成功地筛选出一批粪污降解菌、饲用益生菌，揭示其作用机理，研发出菌剂产品，应用于微生物发酵床，阐明了发酵床促进猪群生长和增强猪群免疫力的机制，提出了养猪发酵床管理新措施，制定了微生物发酵床大栏养猪地方标准，在福建、山东、江苏、安徽等省饲养猪、羊、牛、兔、鸡、鸭等的 100 多个养殖场大面积推广应用。创新了发酵床垫料资源化利用技术与装备，成功研制出机器人堆垛自发热隧道式固体发酵功能性生物基质自动化生产线，提出了“分段发酵-整体配伍”的新工艺，创制出四大类（育苗基质、栽培基质、修复基质、园艺基质）17 个产品的功能性生物基质新产品，推广面积 308.3 万亩。取得了良好的社会、经济、生态效益。

在这个时期发表了《芽胞杆菌》系列专著 4 部，《芽胞杆菌•第一卷 中国芽胞杆菌研究进展》，概括介绍了细菌的分类系统、芽胞杆菌的分类地位、芽胞杆菌种类数量、芽胞杆菌的应用和中国学者在芽胞杆菌上的研究概况。《芽胞杆菌•第二卷 芽胞杆菌分类学》，阐述了芽胞杆菌的分类学、系统发育、发展趋势，描述了芽胞杆菌 5 科 71 属 752 种的分类学特性，规范了 752 个芽胞杆菌中文学名。《芽胞杆菌•第三卷 芽胞杆菌生物学》，阐述了芽胞杆菌的形态学特性、生物学特性、酶学特性、生态学特性、分子生物学特性等；阐明了芽胞杆菌活性物质与作用机理，包括芽胞杆菌对青枯雷尔氏菌的致弱机理、芽胞杆菌杀虫毒素生物藕合机理、芽胞杆菌果品保鲜机理、芽胞杆菌动物益生菌作用机理、微生物发酵床猪病生物防治机理、芽胞杆菌环境益生菌作用机理等。《芽胞杆菌•第四卷 芽胞杆菌脂肪酸组学》，分析了芽胞杆菌脂肪酸组测定方法、脂肪酸组比较、测定条件影响、脂肪酸组数值分析等；介绍了芽胞杆菌脂肪酸组与其生长繁殖、酸碱适应、温度适应、盐分适应、生理生化适应的相关性；阐述了基于脂肪酸组的养猪发酵床、猪肠道、堆肥发酵芽胞杆菌群落动态及芽胞杆菌种群分化多样性；论述了芽胞杆菌脂肪酸组的分群方法及其在系统分类、系统进化、系统发育、新种鉴定中的应用；阐述了芽胞杆菌属、类芽胞杆菌属、短芽胞杆菌属的脂肪酸群划分；阐述了 30 种芽胞杆菌脂肪酸组种下分型；分析了 4 科 15 属 133 种芽胞杆菌脂肪酸组鉴定图谱。

**研究成果**：完成了“蚜茧蜂人工大量繁殖技术”“稻飞虱综合治理”“数据库自动编程系统”“水稻病虫微机测报网络”“生物杀虫剂 BtA 的研究与应用”“生物杀菌剂 ANTI-8098A 的研究与应用”“尖孢镰刀菌生物学及其生物防治”“农业科技推广互联网的建立与应用”“茶叶病虫系统调控技术的研究”“微生物发酵床健康养猪技术”“微生

物脂肪酸生态学”“微生物保鲜技术研究”“作物病害植物疫苗研究”等课题。在德国博士后工作期间，发明了新型昆虫嗅觉仪，提高了昆虫利他素的测定精度和效率。研究成果“植物生长调节剂”“苏云金杆菌培养基”“气升式发酵生物反应器”“生物杀虫剂BtA的藕合技术”“微生物发酵床大栏养猪技术”“微生物保鲜剂”“植物蛋白乳酸芽胞杆菌饮品”等获国家专利40多项。获国家科学技术进步奖二等奖1项［排名第三：细菌农药新资源及产业化新技术新工艺研究（2015年）］；农业农村部中华农业科技奖一等奖1项［主持：重要土传病害生防菌剂创制与应用（2013年）］；获福建省科学技术奖一等奖1项［主持：芽胞杆菌新资源挖掘及其生防菌剂的创制（2016年）］；福建省科学技术奖（专利贡献）二等奖6项［主持：作物病虫微机网络测报技术（1996年）、生物农药BtA生物藕合技术（2000年）、青枯生防菌剂ANTI-8098A（2004年）、微生物发酵床养猪工程化技术（2008年）、龙眼微生物保鲜技术（2010年）、一种判别养猪微生物发酵床垫料发酵程度的方法（2015年）］；三等奖3项［主持：蚜茧蜂人工大量繁殖技术（1992年）、计算机管理模块自动编程系统（1994年）、线虫生防菌淡紫拟青霉的研究与应用（2015年）］。获中国青年科技奖（1992年）、全国优秀留学回国人员奖（1996年）、福建省省级优秀专家（1997年）、福建省五一劳动奖章（1999年、2010年），享受国务院政府特殊津贴（1997年），入选国家“百千万人才工程”第一、第二层次人选（1997年）和福建省杰出科技人才（2009年）。在国内外学术刊物上发表论文600多篇，其中SCI论文60多篇；发表专著18本（其中英文专著2本）。

目前，作为中德合作项目、中美合作项目、中以合作项目、国家自然科学基金项目、国家重点研究计划项目、农业农村部行业科技专项、国家引智办项目、福建省农业重点项目等的主持人或子项目主持人，从事农业微生物生物技术、芽胞杆菌分类、农业生物药物、环保农业技术的研究和应用。围绕绿色农业中种植业和养殖业的生物药物研发应用问题，研究用于生猪健康养殖的芽胞杆菌，包括饲用益生菌、猪粪降解菌和猪病抑制菌，建立新型微生物发酵床生猪养殖体系，利用饲用益生菌替代抗生素促进猪的生长，利用猪粪降解菌分解猪粪防止养殖污染和除去养殖臭味，将猪病抑制菌接种到生猪健康养殖的微生物防治床用于防控猪病，养猪过程中采用原位发酵技术，使得猪粪成为优质的微生物肥料。利用养猪生成的微生物肥料，接种防病功能微生物，形成用于植物病害生物防治的生物肥药，如芽胞杆菌防治作物青枯病和枯萎病、淡紫拟青霉防治作物线虫病、木霉防治作物根腐病等土传病害。利用*Tn5*插入突变和芽胞杆菌致弱方法构建青枯雷尔氏菌无致病力菌株、通过导入尖孢镰刀菌无毒基因构建尖孢镰刀菌无致病力菌株，研制用于植物免疫抗病的植物疫苗，对茄科、瓜类、香蕉等作物进行种苗接种和移栽接种，产生抗病作用，替代化学药剂和补充种苗的嫁接技术。筛选具有果品采后保鲜和蔬菜种苗保鲜功能的芽胞杆菌，进行果蔬采后保鲜和种苗调运中的保鲜，替代化学保鲜剂。筛选乳杆菌发酵植物蛋白，研发植物蛋白乳酸菌饮品。从产前、产中、产后环节考虑，农业生物药物的研究为整个绿色农业中的产业链提供系统的农业微生物制剂研制与应用模式，并紧密地结合农业龙头企业，将农业微生物制剂（农业生物药物）的研究成果直接应用于农业生产。

# 《芽胞杆菌·第五卷　芽胞杆菌基因组学》
# 著 者 名 单

（按姓氏汉语拼音排序）


| | | |
|---|---|---|
| 车建美 | 博士、研究员 | 福建省农业科学院农业生物资源研究所 |
| 陈　峥 | 博士、助理研究员 | 福建省农业科学院农业生物资源研究所 |
| 陈梅春 | 博士、助理研究员 | 福建省农业科学院农业生物资源研究所 |
| 陈倩倩 | 博士、助理研究员 | 福建省农业科学院农业生物资源研究所 |
| 蓝江林 | 博士、研究员 | 福建省农业科学院农业生物资源研究所 |
| 刘　波 | 博士、研究员 | 福建省农业科学院农业生物资源研究所 |
| 刘国红 | 博士、副研究员 | 福建省农业科学院农业生物资源研究所 |
| 潘志针 | 博士、助理研究员 | 福建省农业科学院农业生物资源研究所 |
| 阮传清 | 博士、副研究员 | 福建省农业科学院农业生物资源研究所 |
| 王阶平 | 博士、研究员 | 福建省农业科学院农业生物资源研究所 |
| 肖荣凤 | 硕士、研究员 | 福建省农业科学院农业生物资源研究所 |
| 张海峰 | 硕士、研究员 | 福建省农业科学院农业生物资源研究所 |
| 郑雪芳 | 博士、副研究员 | 福建省农业科学院农业生物资源研究所 |


# 研 究 机 构

1. 福建省农业科学院农业生物资源研究所
2. 微生物菌剂开发与应用国家地方联合工程研究中心（国家发展改革委）
3. 海西农业微生物菌剂国际科技合作基地（科技部）
4. 东南区域农业微生物资源利用科学观测实验站（农业农村部）
5. 国家引进外国智力成果生物防治技术示范推广基地（国家外国专家局）
6. 福州热带作物科学观测实验站（农业农村部）
7. 福建省农业生物药物工程技术研究中心（福建省科技厅）
8. 福建省生物农药工程研究中心（福建省发展改革委）
9. 福建省芽胞杆菌资源保藏中心（福建省财政厅）
10. 中德生防合作研究实验室（福建省农业科学院/德国波恩大学植物病理研究所）
11. 中美园艺植物病害综合治理合作研究实验室（福建省农业科学院/美国佛罗里达园艺实验室）

12. 中以示范农场（福建省农业科学院/以色列工贸部）
13. 芽胞杆菌生产性工程化实验室（福建省农业科学院）
14. 微生物发酵床大栏养猪生产性工程化实验室（福建省农业科学院）
15. 生物基质生产性工程化实验室（福建省农业科学院）
16. 农业微生物创新团队（福建省农业科学院）

# 资 助 项 目

"芽胞杆菌"系列丛书得到国家、福建省等部门科技项目的资助，特表衷心感谢。主要项目如下。

**（1）国际合作项目**

[1] 中国东南部柑橘粉虱的生物防治技术研究，德国 DFG & GTZ，1995～1998 年。

[2] 新型生物农药 BtA 的研制及其在中国东南部蔬菜害虫上的应用，德国 DFG SE 425/4-1，2000～2004 年。

[3] 柑橘黄龙病传播媒介柑橘木虱的生防防治（6618-22320-001-37S），美国 618-22320-001-37S，2011～2014 年。

[4] 中以示范农场的建设，以色列工贸部，2012～2015 年。

**（2）国家级科研项目**

[1] 新型生物杀虫剂 BTA 的藕合机理的研究（国家自然科学基金项目），30471175，2004～2007 年。

[2] 生防菌对茄科雷尔氏菌致弱机理的研究(国家自然科学基金项目)，30871667，2009～2011 年。

[3] 中国芽胞杆菌属资源分类及其系统发育研究（国家自然科学基金项目），31370059，2014～2017 年。

[4] 多位点杀虫毒素 BtA 新型藕合体系的构建及靶标害虫抗药性延缓机理的研究（国家自然科学基金项目），31371999，2014～2017 年。

[5] 芽胞杆菌种质资源多样性及其生态保护功能基础研究（973 计划前期项目），2011CB111607，2011～2012 年。

[6] 茄科作物青枯病和枯萎病生防菌剂的研究与应用——芽胞菌工程菌的构建及生防菌剂的创制（863 计划项目），2006AA10A211，2007～2011 年。

[7] 生物杀虫剂研究和创制（863 计划项目），2006AA10A212，2007～2011 年。

[8] 植物源微生物功能胶高产高效菌株的引进、创制与应用（863 计划项目），2014-Z48，2014～2014 年。

[9] 设施蔬菜病虫害生物-化学协同控制技术研究（863 计划项目），2002AA244031，2002～2005 年。

[10] 茄科作物青枯病防控技术研究与示范（863 计划项目），201303015-3，2013 年 1 月至 2017 年 12 月。

[11] 东南地区农田秸秆菌业循环生产技术集成研究与示范（国家科技支撑计划项目），2007BAD89B13，2007～2009 年。

[12] 华南村镇塘坝地表饮用水安全保障适用技术研究与示范宁德示范点(国家科技支撑计划项目)，2008ZX07425-002，2008～2010 年。

[13] 闽东南外向型社会主义新农村建设（国家科技支撑计划项目），2008BAD96B07，2008～2010 年。

[14] 高效新型微生物资源引进与创新（农业部 948 计划项目），2011-G25，2011～2015 年。

[15] 功能性微生物制剂在农业副产物资源化利用中的研究与示范［农业部公益性行业（农业）科研专项］，201303094，2013～2017 年。

[16] 由尖孢镰刀菌引起的茄科等作物土传病害综合防控技术研究［农业部公益性行业（农业）科研专项］，200903049-08，2009～2013 年。

[17] 入境台湾果蔬危险性有害生物防控新技术研究与示范［农业部公益性行业（农业）科研专项］，200903034，2009～2013 年。

**（3）省级科研项目**

[1] 果蔬微生物保鲜加工增值关键技术的研究与应用（福建省科技重大专项），2015NZ0003，2015～2017 年。

[2] 线虫生防菌的研究与应用（福建省发展改革委专项），闽计投资[2003]170 号，2003～2005 年。

[3] 青枯病生防菌的研究与应用（福建省发展改革委专项），2002～2005 年。

[4] 高效生物杀虫剂 BtA 在蔬菜上的推广应用（福建省发展改革委专项），2001～2002 年。

[5] 青枯病生防菌的研究与应用（福建省财政专项），闽计农经[2002]48 号，2002～2003 年。

[6] 福建省生物农药工程研究中心（福建省发展改革委专项），闽计高技[2002]153 号，2002～2005 年。

[7] 利用猪粪资源固体发酵微生物菌剂产品的研究与应用（福建省发展改革委专项），闽发改投资[2016]482 号，2016～2017 年。

[8] 远程监控秾窠微生物发酵舍零污染养猪法示范推广（福建省省长基金），Sbxd0902，2009～2010 年。

[9] 福建省农业生物药物工程技术研究中心（福建省科技厅），2013～2017 年。

**（4）院级科研项目**

[1] 福建省农业科学院科技创新团队项目（2008）——农业微生物基础生物学与农业生物药物的研究与应用（STIF-Y03），2008～2012年。

[2] 福建省农业科学院科技创新团队项目（2017）——农业微生物创新团队（STIT2017-1-11），2017～2020年。

[3] 福建省农业科学院农业生物基因组项目（A2015-3，A2017-4），2015～2019年。

# 序

芽胞杆菌在工业、农业、环境、医学等方面的基础研究、基础应用、产业开发和应用中具有极其重要的作用。芽胞杆菌形成的内生芽胞，具有很强的抗干燥、高温和紫外线，耐盐、碱、酸和重金属的能力，它们能产生多种用途的次生代谢产物。有益产物在工业中可用于生产抗生素、酶制剂等；有害产物中的炭疽毒素、肠毒素等在医学方面研究较多。在环境方面芽胞杆菌可用于有机废弃物和重金属降解、去污等，在农业中广泛用于生物农药、肥料、保鲜剂等产品的生产中。芽胞杆菌与人类关系密切，加之种类多、分布广、抗逆性强、容易培养、遗传操作方便，是进行基因组学等组学基础研究和产物表达的优质材料。

1872 年，德国微生物学家科赫（Cohn）根据细菌的形态特征，首次建立了细菌分类系统，第一次命名了芽胞杆菌属（Bacillus），将精弧菌（Vibrio subtilis）重新定名为枯草芽胞杆菌（Bacillus subtilis），并作为芽胞杆菌的模式种，从此芽胞杆菌种类的数量经历了从少到多，再从多到少，最后从少到多的漫长演变过程。1923～1939 年出版的第一至第五版《伯杰氏鉴定细菌学手册》（*Bergey's Manual of Determinative Bacteriology*）只有一个芽胞杆菌属（Bacillus），1923 年第一版收录了 75 种，1925 年第二版保留了 75 种，1930 年第三版收录了 93 种，1934 年第四版收录了 93 种，1939 年第五版收录了 146 种。而在第六至第八版的《伯杰氏鉴定细菌学手册》中，由于从芽胞杆菌属（Bacillus）中划分出多个芽胞杆菌近缘属，使得芽胞杆菌属中种的数量锐减，1948 年第六版只收录了 33 种，1957 年第七版收录了 25 种，1974 年第八版收录了 22 种。

1984～1986 年,《伯杰氏鉴定细菌学手册》更名为《伯杰氏系统细菌学手册》(*Bergey's Manual of Systematic Bacteriology*)。1984 年第一版分 4 卷出版，1994 年将原 1～4 卷中有关属以上分类单元进行修改补充后汇集成一册，称为《伯杰氏鉴定细菌学手册》第九版，在该版中形成内芽胞的细菌划分为 35 个属，共收录了 409 种，包括 91 个同物异名。2001 年,《伯杰氏系统细菌学手册》第二版分 5 卷出版，收录了 26 个芽胞杆菌属及其近缘属，共 359 种。随着 20 世纪末分子分类法和化学分类法的应用，以及微生物其他研究技术的发展和方法的改进，分类地位的划分更加准确，芽胞杆菌属中种的鉴定数量越来越多。尽管不同文献来源收录种的数量有差异，但总趋势是数量在增加。如 2005 年出版的核准种名目录（Approved Lists）中，记载了芽胞杆菌属的 175 个种；2006 年 NCBI 数据库的芽胞杆菌属（Bacillus）中收录了 182 个种；2006 年德国微生物菌种保藏中心（DSMZ）收集到芽胞杆菌属（Bacillus）中的 171 个种。刘波（2006）出版的《芽胞杆菌文献研究》中收录到芽胞杆菌属（Bacillus）的 244 个种，该著作集涉及的芽胞杆菌分类系统，是将 LPSN 网站中细菌标准命名（List of Bacterial Names with Standing in

Nomenclature）（LBSN）2014 年 12 月的更新版本补充到尚未编入《伯杰氏系统细菌学手册》第二版第 3 卷厚壁菌门（Firmicutes）的芽胞杆菌及其近缘属中。在厚壁菌门中包括了芽胞杆菌及其相关科 7 科 73 属 757 种。

近年来，刘波博士等出版了四卷“芽胞杆菌”系列专著，即《芽胞杆菌•第一卷 中国芽胞杆菌研究进展》《芽胞杆菌•第二卷 芽胞杆菌分类学》《芽胞杆菌•第三卷 芽胞杆菌生物学》《芽胞杆菌•第四卷 芽胞杆菌脂肪酸组学》。现在又看到新一卷《芽胞杆菌•第五卷 芽胞杆菌基因组学》即将出版，十分高兴。这是我国第一部大型系统的芽胞杆菌著作集，必将在推动我国芽胞杆菌研究和应用方面起重要作用。

这次出版的《芽胞杆菌•第五卷 芽胞杆菌基因组学》共分五章，第一章基因组测序技术的发展及其应用，阐述基因组测序技术的发展、基因组测序技术的应用与基因组研究计划；第二章主要生物类群的基因组研究进展，阐述基因组研究的两个发展时期、节肢动物界基因组研究进展、植物界基因组测序进展、微生物基因组的研究进展；第三章芽胞杆菌基因组测序进展，阐述了芽胞杆菌基因组测序的基础信息、芽胞杆菌目各分类阶元的基因组测序进展、参与芽胞杆菌基因组测序的国家和机构、芽胞杆菌基因组测序在年份上的进展、芽胞杆菌基因组的拼接组装水平统计；第四章芽胞杆菌基因组分类学与系统发育分析，阐述了细菌传统分类学与基因组分类学、芽胞杆菌基因组分类学研究、基于全基因组直系同源基因的芽胞杆菌系统发育分析；第五章芽胞杆菌基因组描述，阐述了芽胞杆菌科、脂环酸芽胞杆菌科、类芽胞杆菌科、巴斯德氏柄菌科、动球菌科、芽胞乳杆菌科、嗜热放线菌科、未定科芽胞杆菌基因组描述；附录列出了芽胞杆菌系统分类纲要。书后列出了 2496 篇参考文献。

刘波教授与我相熟多年，尽管他回国后走上了领导岗位，但并没有因此而荒废学业，影响到科研工作的进展。前几年由领导岗位上退下来更给了他全心全意、集中精力从事他一直钟爱的科研工作的充裕时间，在他身上我们看到的已不只是执着、坚韧！更多的是勤奋和努力！是汗水、泪水和心血！面对来自不同方向的阻力仍能从容应对，在芽胞杆菌的世界里信马游缰，从必然王国走向了自由王国！他所取得的成就不单单是著作等身和他创建的这个领域的全新研究平台，而是在这个领域矗立起的一座座丰碑！镌刻着他和团队的骄人业绩！

他曾深情地对我讲：学成回国后正是祖国给了他充分展现才华和能力的优越环境，才能有今天的成功！纵观当今业内大凡获得民众认可，能真正创造出价值的成功者都会有与刘波教授相同的家国情怀。对于一些不在相同频道的辞国者，抑或是急功近利的蝇头小利获益者来说是难以理解也根本不可能做到的境界，这是真正深入生命过程的修养！

“芽胞杆菌”的前四卷已经出版发行，第五卷也即将出版，还得知刘波博士他们还将陆续出版《芽胞杆菌•第六卷 芽胞杆菌物质组学》、《芽胞杆菌•第七卷 芽胞杆菌资源学》和《芽胞杆菌•第八卷 芽胞杆菌发酵工艺学》，期望早日拜读这些巨著！我在写给一个做普洱茶的朋友的诗中曾说：“莫道桑榆无作为，愈陈弥陈更潇洒”。刘波教授虽已过“花甲之年”，从领导岗位上下来了，但却正是科研教学工作的青壮之年！期待更多出彩的亮眼业绩，更多传世佳作问世！为我国微生物学，特别是芽胞杆菌的研究和发展作出重要贡献。

李玉　教授

中国工程院院士

2023年6月25日星期日

# 目　录

# 第一章　基因组测序技术的发展及其应用

## 第一节　基因组测序技术的发展

### 一、基因组测序技术发展历程中的关键事件

从40多年前几个千碱基（kilobase，kb）的DNA片段测序开始，基因组测序技术得到了快速发展，现在可以实现对数百万人和无数其他物种的基因组进行测序，人们预言：从长远来看，基因组测序给生命科学带来的影响将与显微镜的影响一样巨大（Shendure et al.，2017）。根据Shendure等（2017）报道的相关内容，表1-1-1整理、补充了基因组测序技术发展历程中的一些关键事件。

**表1-1-1　基因组测序技术发展历程中的一些关键事件**

| 年份 | 关键进展 | 参考文献 |
|---|---|---|
| 1952 | DNA是遗传物质 | Austrian，1952 |
| 1953 | DNA双螺旋结构的提出 | Watson and Crick，1953a，1953b |
| 1953 | 牛胰岛素的氨基酸序列测定 | Sanger and Thompson，1953 |
| 1954 | 核酸测序的萌芽。惠特菲尔德（Whitfeld）提出了测定多核糖核苷酸链的降解法，利用磷酸单酯酶的脱磷酸作用和高碘酸盐的氧化作用从链末端逐一分离寡核糖核苷酸并测定其种类，但未被广泛应用 | Whitfeld，1954 |
| 1958 | 遗传中心法则 | Crick，1958 |
| 1965 | 酵母丙氨酸-tRNA序列的测定 | Holley et al.，1965a，1965b |
|  | RNA序列测定的指纹分析（fingerprinting）方法 | Sanger et al.，1965 |
| 1968 | λ噬菌体黏端12 bp的DNA序列测定 | Wu and Kaiser，1968 |
| 1974 | DNA重组技术 | Benbow et al.，1974；Bertani and Bertani，1974；Chang and Cohen，1974；Horak et al.，1974；Morrow et al.，1974 |
| 1974 | 桑格（Sanger）等首次建立了酶法DNA序列测定技术 | Sanger et al.，1974 |
| 1975 | 桑格（Sanger）等建立了加减法序列测定技术 | Sanger and Coulson，1975 |
| 1977 | 马克萨姆（Maxam）和吉尔伯特（Gilbert）建立了化学断裂法序列测定技术 | Maxam and Gilbert，1977 |
|  | 桑格（Sanger）等建立了双脱氧链终止法序列测定技术，并测定了第一个完整基因组序列，即φX174噬菌体基因组，其为单链环状，共5 375个碱基 | Sanger et al.，1977a |
| 1979～1980 | 斯塔登（Staden）提出了鸟枪法（shotgun）DNA测序策略，随后陆续完成了一些病毒基因组测序，包括229 kb的巨细胞病毒和186 kb的天花病毒 | Staden，1979 |

续表

| 年份 | 关键进展 | 参考文献 |
| --- | --- | --- |
| 1981 | 单链 M13 噬菌体克隆载体 | Messing et al., 1981 |
| | 和田昭允（Wada Akiyoshi）与日本日立（Hitachi）公司合作开发出一款高通量的自动测序仪，后来整合到美国应用生物系统公司（Applied Biosystem Inc.，ABI）的测序仪产品中 | / |
| | 建立了毛细管电泳（capillary electrophoresis）技术 | Jorgenson and Lukacs，1981 |
| 1983 | 聚合酶链反应（PCR）技术的发明 | / |
| 1984 | 单链 DNA 质粒克隆载体 | Zagursky and Berman，1984 |
| | 在美国犹他州的滑雪胜地阿尔塔（Alta），美国能源部（DOE）的一次关于 DNA 重组技术的学术会议期间，科学家第一次讨论了人类基因组测序的价值 | / |
| 1986 | 第一台 DNA 自动测序仪 ABI Prism 310 由 ABI 公司推出，产出量为每天 1 000 个碱基 | / |
| | 美国加利福尼亚大学分子生物学家罗伯特•辛谢尔默（Robert Sinsheimer）主持召开了人类基因组测序可行性研讨会 | Sinsheimer，1986 |
| 1986～1987 | 替代放射性标记的荧光检测技术应用于电泳序列分析<br>1986 年，加州理工学院莱诺•伊•胡德（Leroy E. Hood）团队的劳埃德•史密斯（Lloyd Smith）小组开发出第一个基因组测序样机，很快被 ABI 商业化并于 1987 年推入市场，这就是第一台商用 DNA 自动测序仪 ABI Prism 370A | Smith et al.，1986; Prober et al.，1987 |
| 1987 | 测序酶（sequenase，改造的 T7 DNA 聚合酶） | Tabor and Richardson，1987 |
| 1988 | 逐步掺入标记 dNTP 测序 | Hyman，1988 |
| | 杂交法测序 | Bains and Smith，1988 |
| 1989 | 美国国立卫生研究院（NIH）成立了国家人类基因组研究中心，DNA 双螺旋结构的发现者之一詹姆斯•沃森（James Watson）担任首位主任［1992 年交接给弗朗西斯•柯林森（Francis Collins）］ | / |
| 1990 | 双末端测序（paired-end sequencing） | Edwards et al.，1990 |
| | 美国国会批准启动人类基因组计划（Human Genome Project，HGP），总预算为 30 亿美元，计划 15 年完成。随后，英国、日本、法国、德国和中国先后加入，HGP 扩展为一项国际人类基因组计划 | / |
| 1992 | 氟化硼二吡咯类荧光染料 | Lee et al.，1992 |
| | 美国马西斯（Mathies）实验室首先提出毛细管阵列电泳（capillary array electrophoresis）新技术，并采用激光聚焦荧光扫描检测装置，25 根毛细管并列电泳，每根毛细管在 1.5 h 内可读出 350 bp | / |
| 1993 | 体外 RNA 克隆（*In vitro* RNA cloning） | Chetverina and Chetverin，1993 |
| 1995 | 安玛西亚（Amersham）公司推出循环测序的热稳定测序酶 | Fan et al.，1996 |
| | 第一个细菌——流感嗜血杆菌（*Haemophilus influenzae*）基因组完成测序。当初挑选它是因为项目领导人之一汉弥尔顿•史密斯（Hamilton Smith）（1978 年诺贝尔生理学或医学奖得主）能提供高质量的 DNA 文库。基因组的大小为 1.83 Mb，采用全基因组鸟枪法测序 | Fleischmann et al.，1995 |
| | 第一个基因组最小的细菌——生殖支原体（*Mycoplasma genitalium*）完成测序。基因组大小仅为 580 070 bp，仅预测出 470 个编码基因 | Fraser et al.，1995 |
| 1996 | 第一个真核生物——酿酒酵母（*Saccharomyces cerevisiae*）基因组完成测序。基因组大小为 12.5 Mb，编码 6 275 个基因，其中约 5 800 个被认为是有功能的基因 | Goffeau et al.，1996 |
| | 焦磷酸测序（pyrosequencing） | Ronaghi et al.，1996 |

续表

| 年份 | 关键进展 | 参考文献 |
| --- | --- | --- |
| | 毛细管电泳取代传统的聚丙烯酰胺平板电泳，ABI 推出第一台毛细管电泳测序仪 ABI Prism 310，每天产出 5 000～15 000 个碱基 | Anazawa et al.，1996；Douthart et al.，1996；Karger，1996；Wu et al.，1996；Yan et al.，1996 |
| 1997 | 时任剑桥大学化学系教员的尚尤尔•巴拉苏布拉马尼亚（Shankar Balasubramanian）提出了边合成边测序（sequencing-by-synthesis）技术的原型，后来成为 Solexa 公司的核心技术 | / |
| | 分子动力学（Molecular Dynamics）公司推出 MegaBACE 1000 毛细管电泳测序仪，每天产出 25 万～50 万个碱基。该公司 2003 年被通用电气公司（GE）收购 | / |
| 1998 | ABI Prism 3700 毛细管阵列电泳测序仪。每天产出 500 000～1 000 000 个碱基 | / |
| | 第一个多细胞真核生物——秀丽隐杆线虫（*Caenorhabditis elegans*）基因组测序结果发表，序列中余下的缺口（gap）在 2002 年完成 | *C. elegans* Sequencing Consortium，1998 |
| | 美国科学家 J. 克雷格•文特尔（J. Craig Venter）联合珀金-埃尔默（Perkin-Elmer）公司创立了塞雷拉基因组（Celera Genomics）公司，与国际团队竞争，独立进行人类基因组测序和拼接。他们采用鸟枪法(shotgun)DNA 测序策略，使用 ABI Prism 3700 毛细管阵列电泳测序仪进行测序，希望以更快的速度和更少的资金（3 亿美元）来完成 | / |
| | 中国人类基因组中心在北京揭牌成立 | / |
| | 基因组测序仪领域巨头之一的 Illumina 公司成立 | / |
| 1999 | 时任美国纳米基因公司首席科学家的程京创建了“1 平方厘米超微实验室”，该成果以封面故事“芯片实验室”发表在《自然•生物技术》（*Nature Biotechnology*）杂志上 | Cheng et al.，1998 |
| | 体外胶内 DNA 克隆（*In vitro* DNA cloning in gel） | Mitra and Church，1999 |
| 2000 | 大规模平行信号测序（massively parallel signature sequencing，MPSS）-连接法（by ligation） | Brenner et al.，2000 |
| | 第一个植物——拟南芥（*Arabidopsis thaliana*）基因组完成图测序结束。基因组大小为 11.6 Mb，约编码 26 000 个基因 | *Arabidopsis* Genome Initiative，2000 |
| 2001 | 中国完成了水稻（籼稻）基因组的“工作框架图”和数据库 | Yu et al.，2002 |
| | 人类基因组草图公布，约 3.1 万个编码基因，基因组 95%是非编码区。2001 年 2 月 15 日，《自然》杂志发表了人类基因组计划的拼接和分析结果，2 月 16 日，《科学》杂志发表了塞雷拉基因组公司的拼接和分析结果 | Lander et al.，2001；Venter et al.，2001 |
| 2002 | HGP 的“姐妹计划”HapMap，即国际人类基因组单体型图计划启动，第一期样本包括：30 个尼日利亚家系样本、30 个约鲁巴家系样本、44 个东京非家系样本、45 个北京非家系样本 | International HapMap Consortium，2003 |
| 2003 | 微乳液 PCR（emulsion PCR），在磁珠上进行 DNA 体外扩增 | Dressman et al.，2003 |
| | 单分子大规模平行测序（single molecule massively parallel sequencing）-合成法（by synthesis） | Braslavsky et al.，2003 |
| | 零模波导单分子分析（zero-mode waveguides for single-molecule analysis） | Levene et al.，2003 |
| | 荧光原位边合成边测序（fluorescent *in situ* sequencing on polymerase colonies） | Mitra et al.，2003 |
| | 人类基因组精细图完成 | |
| 2004 | 人类基因组的常染色质序列完成，常染色质部分 99%的序列被测定，错误率为 1/100 000，即 10 万个碱基只有 1 个错误，预测的基因数量减少至 24 000 个 | International Human Genome Sequencing Consortium，2004 |
| 2005 | 四色标记的可逆终止者（four-color reversible terminator）用于边合成边测序 | Ruparel et al.，2005；Seo et al.，2005 |
| | 磁珠上进行 DNA 体外扩增，即聚合酶克隆测序（polony sequencing） | Shendure et al.，2005 |

续表

| 年份 | 关键进展 | 参考文献 |
|---|---|---|
| | 454 FLX 焦磷酸测序平台 Genome Sequencer 20 System，开创了边合成边测序的先河，为第二代测序技术的先锋。每天产出 2 000 万个碱基 | / |
| 2006 | Solexa 公司推出基因组分析平台（Genome Analyzer Platform），用于合成测序 | / |
| | 人类基因组最后一个染色体——I 号染色体的序列公布，这标志着历时 16 年的人类基因组计划书写完最后一个章节 | Gregory et al.，2006 |
| 2007 | 美国贝勒医学院和 454 生命科学（454 Life Science）公司共同完成了 DNA 双螺旋结构发现者之一沃森（Watson）的个人基因组的测序工作，并将图谱数据免费赠予沃森。测序工作耗时 4 个月，约花费 150 万美元。 | / |
| | 推出 SOLiD 测序仪（ABI SOLiD sequencer），基于磁珠的大规模并行克隆连接 DNA 测序法。ABI 与英杰公司（Invitrogen）于 2008 年合并为生命技术（Life Technology）公司 | / |
| | 大规模靶序列捕获（large-scale targeted sequence capture），基于芯片技术，包括外显子组测序 | Albert et al.，2007a；Hodges et al.，2007；Okou et al.，2007；Porreca et al.，2007； |
| 2008 | HeliScope 单分子测序仪（HeliScope Single Molecule Sequencer），采用大规模并行单分子合成测序法，开启了“第三代测序”时代。由于该平台准确率太低等，该公司已于 2012 年宣告破产 | / |
| | 第一个亚洲人（基因组 DNA 由深圳华大基因院杨焕明院士团队完成）、女性、非洲人及癌症基因组图谱相继完成 | Wang et al.，2008a |
| 2010 | 纳米球阵列（PacBio DNA Nanoball array），边连接边测序，单分子实时测序 | / |
| | 单分子实时测序直接检测 DNA 甲基化 | Flusberg et al.，2010 |
| | 在固态感受器上利用电子隧穿实现单碱基分辨率的检测（single-base resolution electron tunnelling through a solid state detector） | Huang et al.，2010 |
| | Illumina 公司发布标志性测序仪 HiSeq2000，将基因组测序成本降低至 1 000 美元级别 | / |
| 2010～2011 | 个人化操作基因组测序仪（Ion Personal Genome Machine），半导体芯片测序，每当有核苷酸分子被掺入时就会释放出质子，而离子感受器就会感受到这种信号 | Rothberg et al.，2011 |
| 2012 | 第四代测序技术——MinION 纳米孔测序仪（nanopore sequencing），基于电信号测序，使用核酸外切酶，实现纳米孔测序 | Cherf et al.，2012；Manrao et al.，2012 |
| | 考古 DNA（ancient DNA）的单链文库的制备方法 | Meyer et al.，2012 |
| 2014 | Illumina 公司发布了新款高端基因测序仪——HiSeq X Ten，人类基因组测序成本低于 1 000 美元 | / |
| 2015 | Illumina 公司发布了 4 款新测序仪——HiSeq X Five、HiSeq3000、HiSeq4000、HiSeq550 | / |
| | 华大基因公司发布了自主研发的新型桌面化测序系统——BGISEQ-500 | / |
| 2018 | 完成了超过 20 万慢性炎症患者的基因组分析，找到 58 个与慢性炎症有关的基因组位点 | Ligthart et al.，2018 |

注：“/”表示无相关文献

## 二、早期的生物大分子测序技术

### （一）蛋白质序列测定

科学家相信生物大分子（DNA、RNA、蛋白质等）的化学结构与其生物功能密切相关，因此他们对测定其一级序列结构具有浓厚的兴趣。对蛋白质和 RNA 的序列测定早于 DNA。

1949 年，埃德曼降解法（Edman degradation）创立，从肽链氨基端（N 端）依次对氨基酸进行鉴定，分为耦合、切割、萃取、转化、鉴定等几个步骤（Edman，1949）。首先，在 pH 9.0 的碱性环境下，将异硫氰酸苯酯（Ph—N═C═S，PITC）与蛋白质或多肽 N 端氨基酸耦合，形成苯氨基硫甲酰（PTC）衍生物；然后，利用三氟乙酸（TFA）处理耦合后产物，将多肽或蛋白质的 N 端第一个肽键选择性切断，释放出该氨基酸残基的噻唑啉酮苯胺衍生物；随后萃取出释放的氨基酸衍生物并在强酸性条件下将其转化为稳定的乙内酰苯硫脲氨基酸（PTH-氨基酸）；最后，利用色谱法鉴定出降解的 PTH-氨基酸种类，从而得到蛋白质或多肽 N 端序列信息。埃德曼降解法的优点是异硫氰酸苯酯与所有氨基酸残基的反应产率和回收率都相当高，因此反应副产物少，采用色谱法可以准确鉴定。另外，对大多数氨基酸残基而言，30 min 的耦合反应时间、5 min 的切割反应时间都已足够，因此，极大地推动了蛋白质序列测定工作。1953 年，Sanger 和 Thompson 测定了第一个蛋白质——牛胰岛素的一级序列结构，他将胰岛素的两条链分成若干片段，分别测定各片段的序列，然后将各片段组装成完整序列。因为这一成就，他获得了 1958 年诺贝尔化学奖。1960 年，希尔什（Hirs）等完成了第一个酶——核糖核酸酶的氨基酸序列测定。

### （二）RNA 序列测定

#### 1. 非放射性同位素标记的 RNA 序列测定

1965 年，霍利（Holley）等测定了第一个 RNA——酵母丙氨酸-tRNA 的一级结构。他们通过逆流色谱法从酵母中纯化丙氨酸-tRNA，并测定其碱基组成；先后用核酸内切酶——牛胰 RNase I（endoribonuclease I）和高峰氏淀粉酶 RNase T1（taka-diastase RNase T1，专一水解鸟苷酸二酯键产生 3′-GMP 或以 3′-GMP 为末端的寡核苷酸）分别在 DEAE 葡聚糖凝胶（DEAE-Sephadex）和 DEAE 纤维素（DEAE-cellulose）层析柱中酶切，并经层析和纸电泳分离各寡核苷酸片段；用蛇毒磷酸二酯酶（snake venom phosphodiesterase）消化和纸电泳或双向纸层析分析各片段的 5′-核苷酸；最后，通过不同片段的核苷酸序列和各片段的相互重叠关系，获得完整的一级序列（Holley et al.，1965b）。当时，他们 5 人工作 3 年，从 140 kg 酵母中纯化出 1 g 丙氨酸-tRNA，才能满足全长 76 个核苷酸的丙氨酸-tRNA 的测定需要（Holley et al.，1965a）。

#### 2. 放射性同位素标记的指纹分析法

就在同一年，Sanger 等（1965）报道了基于放射性同位素标记和双向聚丙烯酰胺凝胶电泳技术的指纹分析（fingerprinting）方法，大大简化了 RNA 序列测定过程。此后，RNA 一级结构的测定得到了迅速的发展，先后完成了多个物种不同氨基酸的转运 RNA（tRNA）一级结构测定工作，如酵母的酪氨酸-tRNA（Madison et al.，1966）、赖氨酸-tRNA（Smith et al.，1971，1973）、半胱氨酸-tRNA（Holness and Atfield，1976）、亮氨酸-tRNA（Kowalski et al.，1971；Murasugi and Takemura，1978）、苯丙氨酸-tRNA（McCutchan et al.，1978）；大肠杆菌的酪氨酸-tRNA（Doctor et al.，1969）、异丝氨酸-tRNA（Ish-Horowicz and Clark，1973）、亮氨酸-tRNA（Harada and Nishimura，1974）、苏氨酸-tRNA（Clarke and Carbon，1974）、谷氨酰胺-tRNA（Yaniv and Folk，1975）、甘氨酸-tRNA 和丝氨酸-tRNA（Chang and Carbon，1975）、半胱氨酸-tRNA（Mazzara and McClain，1977）；葡萄球菌的甘氨酸-tRNA（Roberts，1974）、异亮氨酸-tRNA（Kuchino et al.，1980）；沙门氏菌的组氨酸-tRNA（Singer and Smith，1972）；人的甘氨酸-tRNA（Gupta et al.，1980）；大鼠的丝氨酸-tRNA（Müller et al.，1971）；果蝇的 5 个丝氨酸-tRNA（White et al.，1975）；小麦的起始甲硫氨酸-tRNA（Ghosh et al.，1974）；病毒的甲硫氨酸-tRNA（Elder and Smith，1973）、甘氨酸-tRNA（Barrell et al.，1973）亮氨酸-tRNA（Pinkerton et al.，1974）、精氨酸-tRNA（Mazzara et al.，1977）、苏氨酸-tRNA（Guthrie et al.，1978）。值得一提的是，1976 年菲耶尔（Fiers）等完成了第一个 RNA 噬菌体 MS2 的完整 RNA 基因组的测序。到 20 世纪 80 年代，已经完成的不同物种来源和转运不同氨基酸的 tRNA 一级结构的测定超过 280 种，5S RNA 为 175 种，5.8S RNA 也有几十种，还有许多 16S rRNA、18S rRNA、23S rRNA 和 26S rRNA 的一级结构被测定（Wild and Sommer，1980；Kobayashi et al.，1981；Chao et al.，1984）。

## （三）早期的 DNA 序列测定技术

### 1. 引物延伸法

最早报道的 DNA 序列是 12 bp 的 λ 噬菌体（lambda bacteriophage）黏端 DNA 序列，获得该序列的方法是引物延伸（primer extension）法（Wu and Kaiser，1968；Wu，1972），所用到的 DNA 聚合酶合成和核苷酸特异性标记策略在现代 DNA 测序技术中得到沿用。Gilbert 和 Maxam（1973）通过脱氧核糖核酸酶（DNase）酶切而获得乳糖操纵子（lac operator）中受 lac 抑制子（lac repressor）保护的 27 bp 的启动子片段，转录成 RNA 后进行序列测定，历时 2 年最终获得 24 bp 的 DNA 序列（相当于每个月测定 1 个碱基），该序列中含有反向互补的回文结构：

5′-TGGAATTGTGAGCGGATAACAATT-3′
3′-ACCTTAACACTCGCCTATTGTTAA-5′

### 2. 酶法

1974 年，Sanger 等首次建立了酶法 DNA 序列测定技术，对 f1 噬菌体的 1 个长度为 81 个核苷酸的片段进行了序列测定，以 8 个碱基（ACCATCCA）的寡核苷酸为引物，利用 DNA 聚合酶扩增，扩增时，dNTP 底物中有 1 个（dCTP 或 dGTP）被相应的核糖核苷酸（rCTP 或 rGTP）替代，扩增产物用合适的核糖核酸酶在 rCTP 或 rGTP 位点特异性切割，然后进行双向电泳而获得序列信息。

### 3. 加减法

在此基础上，Sanger 和 Coulson（1975）建立了加减法（plus and minus method）序列测定技术，包括采用特异引物在 DNA 聚合酶作用下进行延伸反应、碱基特异性的链终止，以及采用聚丙烯酰胺凝胶电泳区分长度差一个核苷酸的单链 DNA 等 3 种方法。

Sanger 等（1977a）采用加减法完成了第一个 DNA 噬菌体 φX174 基因组测序，其基因组大小约为 5375 bp，发现同一 DNA 区域采用不同的编码框编码 2 套基因。

**4. 化学断裂法和双脱氧链终止法**

1977 年，先后报道了 2 种基于放射性同位素标记和单碱基分辨率的聚丙烯酰胺凝胶电泳、可以实现数百个碱基长度 DNA 测序的技术——化学断裂法（chemical cleavage method）（Maxam and Gilbert，1977）和双脱氧链终止法（dideoxy chain termination method）（Sanger et al.，1977b）。为此，桑格（Sanger）和吉尔伯特（Gilbert）分享了 1980 年诺贝尔化学奖。

双脱氧链终止法是在加减法基础上建立的 DNA 测序技术（Sanger et al.，1977b），经不断完善而发展成为第一代测序技术的核心技术，其基本原理将在后文阐述。化学断裂法是 DNA 序列分析最常用的方法之一，它既适用于双链 DNA，也适用于单链 DNA。其基本原理是将一个 DNA 片段的 5′端磷酸基进行 $^{32}P$ 放射性标记，再分别利用几个具有碱基专一性的化学切割反应将单个末端被 $^{32}P$ 标记的 DNA 分子进行部分切割，从而产生一系列长度不一且 5′端被标记的 DNA 片段，这些以特定碱基结尾的片段通过凝胶电泳分离，对凝胶进行放射自显影后就可以得到代表每个碱基位置的带谱，从而得出目的 DNA 的碱基序列（Maxam and Gilbert，1977）。所用的特异试剂包括：硫酸二甲酯（dimethyl sulphate，DMS），可以使 DNA 链上的腺嘌呤 A 的 $N_2$ 和鸟嘌呤 G 的 $N_7$ 甲基化，但是鸟嘌呤 G 的 $N_7$ 甲基化速度比腺嘌呤 A 的 $N_2$ 甲基化速度快 4～10 倍，并且在中性 pH 环境中，DMS 主要作用于鸟嘌呤 G，使之甲基化，导致糖苷键断裂；哌啶甲酸（piperidine formate），可以使 DNA 链上的嘌呤在酸的作用下发生糖苷水解，导致 DNA 链在脱氧嘌呤位点（G 和 A）发生断裂；肼（hydrazine，$NH_2{\cdot}NH_2$），又称联氨，在碱性环境中分别作用于胞嘧啶 C 和胸腺嘧啶 T 的 $C_4$ 与 $C_6$ 位置，导致糖苷键断裂。如果加入高浓度的盐（1.5 mol/L NaCl），肼则主要作用于胞嘧啶 C，使之断裂。

第一代 DNA 测序技术采用 1975 年由桑格（Sanger）和库森（Coulson）开创的双脱氧链终止法（下文称 Sanger 法），或者 1976～1977 年由马克萨姆（Maxam）和吉尔伯特（Gilbert）发明的化学断裂法。1977 年，桑格测定了第一个基因组序列——噬菌体 φX174，全长 5375 个碱基（Sanger et al.，1977a），以此为开端步入基因组学时代。研究人员在 Sanger 法的多年实践之中不断对其进行改进，历时 13 年具有划时代意义的人类基因组测序正是基于改进的 Sanger 法完成的。Sanger 法测序经过 40 多年的发展已经相当成熟完善，成本也降低至原来的 1/10，在二代和三代测序技术发展迅猛的今天，Sanger 法测序技术仍然是基因检测的国际金标准。值得注意的是，在第一代测序技术发展时期，除了 Sanger 法之外还出现了一些其他的测序技术，如焦磷酸测序法、连接法等，其中，罗氏（Roche）公司 454 测序平台采用的是焦磷酸测序法，而美国应用生物系统公司（ABI）SOLiD 测序平台采用的是连接法测序（Mardis，2008；Shendure and Ji，2008；von Bubnoff，2008）。

**5. Sanger 法测序技术的核心原理**

测序过程是一个 DNA 聚合反应过程，需要 DNA（或 cDNA）模板（即待测序的 DNA 序列）、DNA 聚合酶、测序引物（与模板的起始序列互补，引导聚合反应开始）、4 种脱氧核苷三磷酸（dNTP）（合成 DNA 的底物，包括 dATP、dCTP、dGTP 和 dTTP）；测序引物与 DNA 模板结合后，dNTP 在 DNA 聚合酶作用下延伸引物，从而合成与模板互补的新的 DNA 链。

Sanger 法测序技术的核心在于，在 4 个 DNA 聚合反应体系中除了 4 种 dNTP，还分别引入了一定比例的带有放射性同位素或不同荧光标记的双脱氧核苷三磷酸（ddNTP）（包括 ddATP、ddCTP、ddGTP 和 ddTTP）。dNTP 保留了 3′-羟基，可以在 DNA 聚合酶的作用下与 DNA 链中的上一个 dNTP 的磷酸基团形成磷酸二酯键，但 ddNTP 缺乏 3′-羟基（图 1-1-1），因此无法与下一个 dNTP 的磷酸基团形成磷酸二酯键，导致 DNA 链的延伸就此终止，ddNTP 在不同位置掺入，从而得到一系列起始位置相同（起始位置是由测序引物决定的）、以特定 ddNTP 结尾的长度不同的 DNA 片段，相邻的片段只相差一个碱基（Sanger et al.，1977b）。早期利用反应产物的片段大小，采用变性聚丙烯酰胺凝胶电泳对放射性同位素标记的 DNA 片段进行分离，分辨率可以达到单碱基水平（Maniatis et al.，1975）。

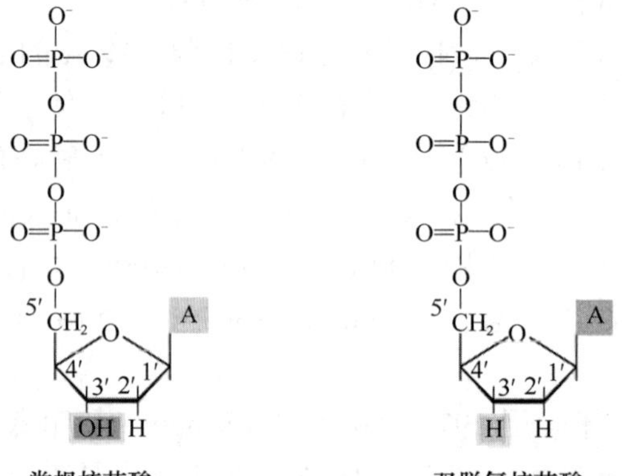


图 1-1-1　脱氧核苷三磷酸和双脱氧核苷三磷酸的结构（以 dATP 和 ddATP 为例）

**6. Sanger 法的早期测序程序**

Sanger 法的早期测序程序如图 1-1-2 所示。

1）在 4 支反应管中加入适当的引物、待测核酸模板（可以是 DNA，也可以是 RNA，可以是双链，也可以是单链）、4 种 dNTP 和 DNA 聚合酶（如以 RNA 为模板，则用逆转录酶），再在上述 4 支反应管中分别加入一种一定浓度的含有 $^{32}P$ 标记的 ddNTP。

2）与单链模板（如以双链作为模板，要进行变性处理）结合的引物，在 DNA 聚合酶作用下从 5′端向 3′端进行延伸反应，$^{32}P$ 随着引物延长掺入新合成链中。当 ddNTP 掺入时，链延伸终止，ddNTP 在不同位置掺入，因此产生一系列不同长度的新的 DNA 链。

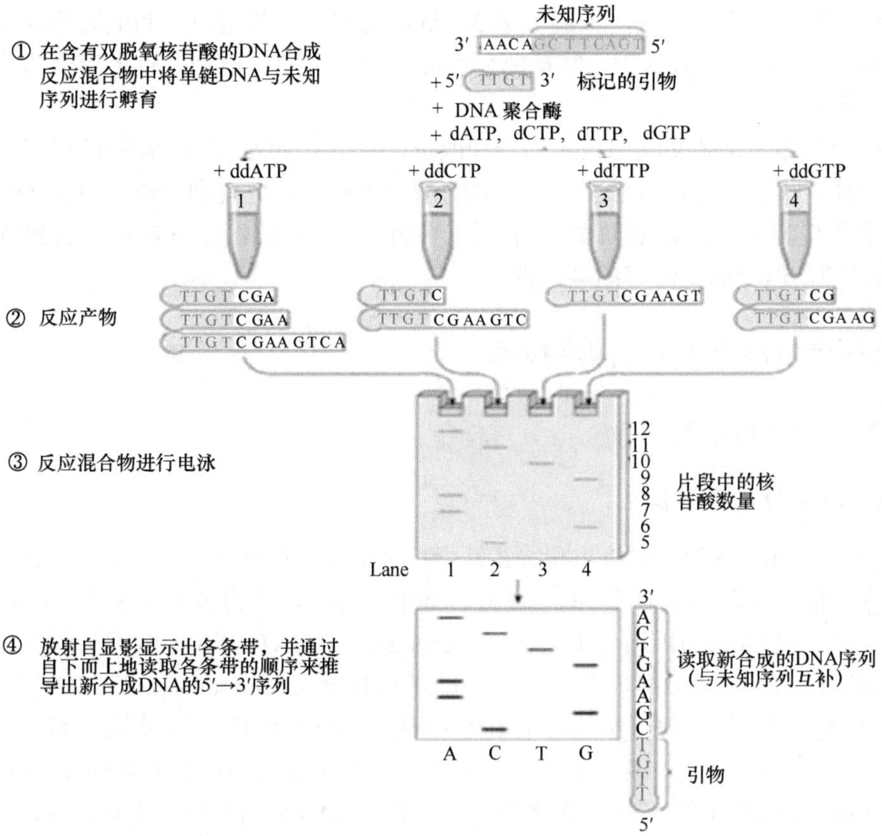


图 1-1-2　Sanger 法的早期测序流程图

3）采用变性聚丙烯酰胺凝胶电泳同时分离 4 支反应管中的反应产物，由于每一反应管中只加入一种 ddNTP（如 ddATP），则该管中各种长度的 DNA 都终止于该碱基（如 A）处，因此凝胶电泳中该泳道不同条带的 DNA 3′端都为同一种双脱氧碱基。

4）完成放射自显影后，根据 4 个泳道的编号和每个泳道中 DNA 条带的位置直接从自显影图谱上读出与模板链互补的新链序列。片段越短的产物越靠下，根据片段的位置，由下往上读，分别是 ddA 反应组的产物、ddG 反应组的产物、ddC 反应组的产物、ddC 反应组的产物、ddT 反应组的产物等，对应的便是 DNA 片段的序列：5′-AGCCT…-3′。

### 7. 杂交测序技术

DNA 芯片技术通过大量固化的寡核苷酸探针与生物样品的靶序列进行分子杂交，根据产生的杂交图谱排列出靶 DNA 的序列，这种测序方法称为杂交测序（sequencing by hybridization，SBH）法。DNA 芯片技术实际上就是一种大规模集成的固相杂交，是指在固相支持物上原位合成寡核苷酸或者直接将大量预先制备的 DNA 探针以显微打印的方式有序地固化于支持物表面，然后与标记的样品杂交（Bains and Smith，1988）。

作为新一代基因诊断技术，DNA 芯片技术的突出特点在于快速、高效、敏感、经济、平行化、自动化等，与传统基因诊断技术相比，DNA 芯片技术具有明显的优势：

①基因诊断的速度显著加快，一般可于 30 min 内完成。若采用控制电场的方式，杂交时间可缩至 1 min 甚至数秒钟。②检测效率高，每次可同时检测成百上千个基因序列，使检测过程平行化。

叠群杂交测序是杂交测序技术的一种改进，主要是使两条寡核苷酸链相邻核苷酸之间出现重叠，从而使它们与 DNA 靶序列的杂交更稳定，更有利于进行更长 DNA 链的测序。在杂交测序中，若增加微阵列寡核苷酸的长度和数目，虽然可以达到测定更长 DNA 的目的，但降低了测序的准确性。

## 三、第一代自动化 DNA 测序技术

### （一）第一代 DNA 测序仪

#### 1. 平板电泳全自动测序仪

Beck 和 Pohl（1984）先将末端终止法合成的 DNA 分子固定至杂交膜，然后再进行电泳分离，极大地简化了 DNA 测序过程。基于此方法，生物技术（GATC Biotech）公司研发了测序仪 Direct-Blotting-Electrophoresis-System GATC 1500，欧洲基因组计划项目采用该测序仪完成了酿酒酵母 II 号染色体的序列测定（Feldmann et al.，1994）。

1986 年，美国加州理工学院的莱诺•伊•胡德（Leroy E. Hood）团队发明了第一台半自动测序仪（Smith et al.，1986），在此基础上，美国应用生物系统（Applied Biosystems）公司于 1987 年推出了第一台商业化的全自动化 DNA 测序仪 ABI Prism 370A（当时的“全自动”其实是半自动，因为测序的主要步骤如制胶与加样，还需要手工完成）。ABI Prism 370A 测序仪利用双脱氧链终止法的测序原理，但用四色荧光染料标记的 ddNTP（标记终止物法）替代了同位素标记的 ddNTP，因此，通过单引物 PCR 测序反应，生成的 PCR 产物则是相差 1 个碱基的 3′端为 4 种不同荧光染料的单链 DNA 混合物，然后通过夹在两块玻璃板之间的聚丙烯酰胺凝胶电泳（即 slab gel，垂直板聚丙烯酰胺凝胶电泳）分离单链 DNA，最后检测荧光激发光谱信号，读取序列信息（Smith et al.，1986；Prober et al.，1987）。ABI Prism 370A 测序仪的读长可达 600 bp，能同时测序 96 个样品，每天测序总长达 500 kb，分析结果能以凝胶电泳图谱、荧光吸收峰图或碱基排列顺序等多种形式输出，是第一代测序仪的鼻祖（Metzker，2005）。

#### 2. 毛细管凝胶电泳测序仪

应用生物系统（Applied Biosystems）公司开发了毛细管凝胶电泳技术，并于 20 世纪 90 年代早期推出了第一台毛细管电泳测序仪 ABI Prism 310，随后又推出 ABI Prism 3100 机型。由于分子大小不同，在毛细管电泳中的迁移率不同，当其通过毛细管读数窗口段时，激光检测器窗口中的电荷耦合器件（charge-coupled device，CCD）相机检测器就可对荧光分子逐个进行检测，激发的荧光经光栅分光，以区分代表不同碱基信息的不同颜色的荧光，并在 CCD 相机上同步成像，分析软件可自动将不同荧光转变为 DNA 序列，从而达到 DNA 测序的目的。分析结果能以凝胶电泳图谱、荧光吸收峰图或碱基排

列顺序等多种形式输出。

ABI Prism 310 测序仪是一台能自动灌胶、自动进样、自动数据收集分析等全自动电脑控制的测定 DNA 片段的碱基顺序或大小和定量的高档精密仪器。它可进行 DNA 测序、杂合子分析、单链构象多态性分析、微卫星序列分析等研究；在临床上，除可进行常规 DNA 测序外，还可进行单核苷酸多态性分析、基因突变检测、HLA 配型、法医学上的亲子和个体鉴定、微生物和病毒的分型与鉴定等。

1998 年，应用生物系统（Applied Biosystems）公司开发了集束化的毛细管电泳技术，其推出的 ABI Prism 3700 毛细管测序仪则真正实现了测序规模化。2000 年，著名学者克雷格•文特尔（J. Craig Venter）利用 ABI Prism 3700 测序仪，仅耗时 9 个月就独立完成了人类基因组的测定。此后，在 ABI Prism 3700 基础上发展出 ABI Prism 3730，至今仍是第一代测序的主力机型，也是用于验证其他新测序设备所发现的变异是否准确的金标准。

**3. 其他第一代测序仪**

在人类基因组计划主要的测序工作中，除了 ABI Prism 3700 测序仪，还有美国分子动力学（Molecular Dynamics）公司于 1997 年推出的 MegaBACE 1000 毛细管电泳测序仪，每天可测定 250 000～500 000 个碱基。这款测序仪与 ABI Prism 3700 在原理、自动化程度和通量方面都比较相似，但性价比更高，是人类基因组计划成功实施的重要机型。1998 年，Molecular Dynamics 被英国公司安玛西亚（Amersham）收购。2004 年，后者又被美国通用电气公司（GE）收购，成为 GE 医疗集团的一部分。其间，MegaBACE 型号由 1000 升级为 4000，毛细管数量增加到了 384 道，随后推出了略有改进的 4500。在与 ABI 的竞争中，MegaBACE 测序仪后劲不足。

在 ABI 推出第一台平板电泳全自动测序仪的同时期，法玛西亚（Pharmacia）公司也推出过第一代自动化测序仪 ALF（全自动激光荧光 DNA 测序系统），它是由德国海德堡欧洲分子生物学实验室（European Molecular Biology Laboratory，EMBL）等提出和设计的。该系统采用非放射性的单一 Cy5 荧光素标记测序引物。沿用双脱氧链终止法进行反应，分别生成 4 组终止于不同种类碱基、带有 Cy5 荧光素标记的 DNA 片段。A、G、C 和 T 4 组反应物在变性凝胶上电泳，每个泳道都有一个由激光枪和探测器组成的检测装置，当 Cy5 荧光素标记的 DNA 条带迁移至探测区并遇上激光时，荧光标记被激活并释放出光信号，光信号由光探测器接收；最后，计算机将收集到的信号（原始数据）进行处理，获得样品 DNA 的最终序列。

## （二）第一代测序技术的改进

ABI Prism 3700 测序仪问世后，与测序相关的 DNA 聚合酶（测序酶）、荧光染料、DNA 片段分离技术等得到不断改进（Metzker，2005）。

**1. 测序酶**

噬菌体 T7 DNA 聚合酶的持续合成能力很强、聚合速率很高，而且引入 ddNTP 的能力明显强于大肠杆菌 DNA 聚合酶 I 和 *Taq* DNA 聚合酶，它是经修饰消除 3′→5′外切核酸酶活性后，用于自动化 DNA 测序仪的测序酶（Tabor and Richardson，1987）。Tabor 和 Richardson（1989）发现用 $Mn^{2+}$替换 $Mg^{2+}$可以显著提高 T7 DNA 聚合酶和大肠杆菌 DNA 聚合酶 I 掺入 ddNTP 的效率。随后，他们又发现将 526 位的酪氨酸替换为苯丙氨酸后，T7 DNA 聚合酶掺入 ddNTP 的效率提高了 2000 倍以上，不仅可以提高测序速度，而且可以有效降低由未利用的 ddNTP 造成的背景荧光（Tabor and Richardson，1995）。

**2. 荧光染料**

早期的四色荧光系统存在以下不足之处：荧光染料的激发效率低、四色荧光发射光谱信号有部分重叠、荧光信号强度低等。Ju 等（1995）首次将能产生荧光共振能量转移（fluorescence resonance energy transfer，FRET）的罗丹明类荧光染料用于 DNA 测序，他们设计的 FRET 染料标记的 4 种引物均能吸收 488 nm 波长激发光，并分别产生 525 nm、555 nm、580 nm 和 605 nm 的荧光发射峰，荧光强度显著提高，使用于测序的 DNA 模板用量只有原来的 1/8。Lee 等（1997）筛选出新的产生 FRET 的罗丹明类荧光染料，使得荧光信号检测的信噪比提高了 4～5 倍。Metzker 等（1996）将具有良好稳定性、优良光学性能的氟化硼二吡咯类荧光染料用于 DNA 测序，由于其荧光强度高，可以大大降低试剂用量（至少 30%），从而降低测序成本。目前，FRET 染料标记的 ddNTP 终止子广泛用于自动化 DNA 测序仪。

**3. 毛细管电泳取代垂直板聚丙烯酰胺凝胶电泳**

应用生物系统（Applied Biosystems）公司于 1995 年推出了 ABI Prism 310 测序仪，重大进步是用毛细管电泳替代垂直板聚丙烯酰胺凝胶电泳，使得 4 种荧光染料的测序 PCR 产物可在一根毛细管内电泳，从而避免了泳道间迁移率差异的影响，大大提高了测序的精确度。后来，用毛细管阵列代替单根毛细管，可以在一系列平行石英毛细管内进行样品的分离，能同时分析多个样品，实现快速 DNA 测序。

**4. 微流体芯片装置**

微流体芯片（microfluidic chip）或微流体芯片实验室（lab-on-a-chip）从早期的微全分析系统（miniaturized total analysis system，μ-TAS）发展而来，是指把生物和化学等领域中所涉及的样品制备、生物与化学反应、分离检测等基本操作单元集成在一块几平方厘米的芯片上，用于完成不同的生物或化学反应过程，并对其产物进行分析的一种技术，实现了从试样处理到分析检测的整体微型化、自动化、集成化与便携化。该技术具有以下特点：①集成性，芯片集成的单元部件越来越多，且集成的规模也越来越大，所涉及的部件包括与进样及样品处理有关的透析、膜、固相萃取、净化，用于流体控制的微阀（包括主动阀和被动阀）、微泵（包括机械泵和非机械泵）、微混合器、微反应器、微通道和微检测器等；②分析速度快；③高通量；④能耗低，物耗少，污染小，每个分析样品所消耗的试剂仅几微升至几十微升，被分析的物质的体积只需纳升级或皮升级；⑤廉价，安全。Harrison 等（1992）首次将毛细管电泳与流动注射分析整合在平板玻璃微芯片上，借助电渗流实现了混合荧光染料样品成功注入和电泳分离。芯片毛细管电泳的进样方法经过进一步改进后，能够在更短的分离距离内获得更好的分离分辨率。Woolley 和 Mathies（1995）首次利用微流体芯片实现了单碱基分辨率的超高速 DNA 测序，标志着芯片的应用开发进入了新阶段。首家微流体芯片企业开立普科技（Caliper Technologies）公司也于该年 9 月成立。Woolley 等（1996）进一步将 PCR 扩增反应、电泳进样阀与毛细管电泳集成在一起，实现了边合成边进样电泳分离。之后，微流体芯片测序的质量和读长逐渐得到改善，而且芯片材料从最初的价格昂贵的玻璃和硅片材料，到聚二甲基硅氧烷（PDMS）、聚甲基异丁烯酸（PMMA）和聚碳酸酯（PC）等聚合物材料，日益多样化，成本不断降低（Boone et al.，2002；Shi and Anderson，2003）。

第一个人类基因组就是利用第一代 DNA 测序仪完成的。目前，占市场份额较大的第一代 DNA 测序仪有生命技术公司的 ABI 3130×L、ABI 3730×L 和贝克曼库尔特公司的 GenomeLab GeXP 遗传分析系统，它们的读长高达 600～1000 bp，准确性高达 99.999%，能很好地处理重复序列和多聚序列，但通量低、样品制备及测序成本高，使之难以进行大量的平行测序。现在主要用于小规模的测序，如肿瘤诊断、病情监测、预后和治疗等临床实践，科研上的基因克隆测序，亲子鉴定或法医鉴定等。

### （三）第一代测序技术与人类基因组计划

#### 1. 人类基因组计划

人类基因组计划（HGP）是由美国科学家于 1985 年率先提出的，1990 年美国国立卫生研究院（National Institute of Health，NIH）和能源部（Department of Energy，DOE）联合启动了该计划。先后有美国、英国、法国、德国、日本和中国的 20 家研究机构参与，总预算达 30 亿美元，最初预计在 15 年内完成。

HGP 的目标是测出人类基因组 DNA 的 30 亿个碱基对的序列图谱，发现所有人类基因，找出它们在染色体上的位置，破译人类全部遗传信息。同时，完成大肠杆菌、酵母、线虫、果蝇和小鼠 5 个模式生物的基因组。HGP 的意义是解码生命、了解生命的起源、了解生命体生长发育的规律、认识种属之间和个体之间存在差异的起因、认识疾病产生的机制以及长寿与衰老等生命现象、为疾病的诊治提供科学依据。

2000 年 6 月 26 日，六国科学家共同宣布，占人类基因组 92%的常染色质区域的草图绘制工作已经完成，并于 2001 年发表了这一成果（Lander et al.，2001），位于着丝粒（centromere）和端粒（telomere）的异染色质区域不属于 HGP 任务。2003 年公布了人类基因组完成图，各条人类染色体序列陆续发表，约 95%的常染色质区域被测序，每个缺口（gap）小于 150 kb（International Human Genome Sequencing Consortium，2004），测序质量评价结果表明：完成的序列中，92%以上的序列准确率超过 99.99%，符合预期目标（Schmutz et al.，2004）。

#### 2. 鸟枪法测序与双末端测序

由于当时所有测序仪的每个测序反应的最大读长约 1000 bp，对于较长的 DNA 片段进行测序，通常采用引物延伸（primer extension）法或称为染色体步移（chromosome walking）法，即根据已知序列设计引物逐段往前延伸。然而对于基因组规模的测序，引物延伸法显然无法胜任。Staden（1979）首次提出了鸟枪法测序（shotgun sequencing）策略，即先将 DNA 随机打断成小片段，然后分别对各个小片段进行测序，最后根据各小片段之间的重叠关系通过计算机程序将它们组装成一个连续序列。1981 年，研究人员利用鸟枪法分别完成了 DNase I 酶切得到的 DNA 克隆（Anderson，1981）和花椰菜花叶病毒（cauliflower mosaic virus）全基因组（Gardner et al.，1981）的测序工作。

双末端测序（paired-end sequencing）的出现进一步促进了鸟枪法测序的发展。对于较长的，特别是结构复杂（如含有重复序列）的 DNA 片段，小片段测序后的组装往往会遗漏一些信息，即缺口，而双末端测序能为组装提供有用的信息（Edwards et al.，1990；Roach et al.，1995）。采用这一策略，美国基因组研究所（The Institute for Genomic Research，TIGR）完成了第一个细菌——流感嗜血杆菌（*Haemophilus influenzae*）的基因组测序（Fleischmann et al.，1995），塞雷拉基因组（Celera Genomics）公司完成了第一个昆虫黑腹果蝇（*Drosophila melanogaster*）的基因组测序（Adams et al.，2000），并应用于人类基因组测序。

**3. 两种测序策略的竞争**

尽管鸟枪法测序在理论上可以用于任何大小的基因组测序，在人类基因组计划启动时，由于受到技术（特别是生物信息学、计算机序列组装等）限制，而且考虑到人类基因组的大小与复杂程度（重复序列的比例超过 50%），人们普遍认为鸟枪法测序无法得到可靠的序列数据。因此，由官方资助的国际人类基因组计划采用了分级鸟枪法测序（hierarchical shotgun sequencing）策略，在测序之前，先绘制具有一定分辨率的人类基因组物理图谱，然后根据物理图谱选取数量最少的、能覆盖整个染色体的 DNA 片段进行测序，所以又称为自上而下的测序（top-down sequencing）策略。

分级鸟枪法测序的基本过程是：①构建 BAC 基因文库，用内切酶将基因组 DNA 剪切成约 150 kb 的大片段，并将这些大片段克隆至细菌人工染色体（bacterial artificial chromosome，BAC）载体，转化大肠杆菌，经筛选鉴定，进行各 BAC 克隆的扩增；②构建基因组物理图谱，分别构建限制性片段长度多态性（restriction fragment length polymorphism，RFLP）的 DNA 指纹图谱、序列标签位点（sequence-tagged site，STS）标记图谱、荧光原位杂交（fluorescence *in situ* hybridization，FISH）图谱，先根据各 BAC 克隆的指纹重叠构建 BAC 克隆重叠群（BAC clone contig），然后利用 STS 标记或 FISH 将 BAC 克隆重叠群标定在基因组物理图谱上；③BAC 克隆的鸟枪法测序，根据基因组物理图谱，选取数量最少的 BAC 克隆，将各 BAC 克隆中的 DNA 大片段剪切成 1000 bp 的小片段，小片段亚克隆至 BAC 载体，转化大肠杆菌，扩增 BAC 亚克隆，提取质粒，酶切得到测序的 DNA 模板，上机进行 Sanger 法测序；④组装，获得测序数据后，先通过计算机组装出各 BAC 克隆的插入 DNA 序列，再利用重叠技术组装出 BAC 克隆重叠群，最后定位到基因组物理图谱的特定区域，从而得到各个染色体的 DNA 序列。

分级鸟枪法测序的最大优势是它可以将测序错误的组合风险降至最低，从而保证能够获得最高质量的人类基因组序列结果，但人类基因组物理图谱的构建过程极其复杂，花费大量时间和精力。据统计，在 1987 年只有 RFLP 指纹图谱 403 个标记，标记间隔为 10 Mb；1994 年，标记数达 5800 个，间隔为 0.7 Mb；1996 年，标记数多达 17 000 个，间隔为 100 kb，完全符合全基因组测序的要求。这些物理图谱完成后，国家合作团队负责人才将选取的 BAC 克隆分派给相应参与单位进行测序。1998 年完成了具有 52 000 个 STS 标记并覆盖人类基因组大部分区域的连续克隆系的物理图谱。

1998 年 5 月 11 日，世界上最大的测序仪生产商美国珀金-埃尔默生物系统（PE Biosystems）公司，以其刚研制成功的 300 台最新毛细管自动测序仪 ABI Prism 3700 和 3 亿美元资金，成立了由文特尔（J. Craig Venter）领衔的塞雷拉基因组（Celera Genomics）公司。塞雷拉基因组（Celera Genomics）公司宣称要在 3 年内完成人类基因组测序，与由官方资助的国际人类基因组计划测序团队展开了竞争与挑战。结果他们真的做到了，就在六国共同宣布人类基因组工作框架图构建完成的同一天，塞雷拉基因组（Celera Genomics）公司宣称已组装出了完整的人类遗传密码，并在同一年发表了他们的基因组测序成果（Venter et al.，2001）。

文特尔团队之所以能在 2 年多的时间完成人类基因组测序，是因为他们采用了全基因组鸟枪法测序（full-genome shotgun sequencing）策略，完全跳过物理图谱的构建阶段，并且省去了构建 BAC 克隆文库和细菌培养等时间与精力，同时，他们购买了号称“全球第三”的超大型计算机，拥有了超过全球所有序列组装解读力量总和的实力。他们直接将基因组 DNA 随机剪切成 200～500 bp 的小片段，然后对这些小片段进行双末端测序，最后利用强大的计算机进行序列组装（Venter et al.，2001）。正是由于他们的成功经历，全基因组鸟枪法测序策略已经被下一代测序技术普遍采用。

## 四、第二代高通量 DNA 测序技术

### （一）微乳液 PCR 和桥式 PCR 促进了第二代测序技术的发展

#### 1. 发展历史

在 1995～2005 年，基于 Sanger 法测序技术的鸟枪法测序是基因组测序最好的方法。然而，1990 年人类基因组计划启动，经中、美、日、德、法、英六国科学家联手，历时 13 年花费 27 亿美元才得以完成，即便到 2003 年人类基因组序列图绘制完成时，个人基因组测序成本仍然为 1000 万～5000 万美元，测序时间需要 3～4 个月。最主要的原因是第一代测序技术尽管具有高达 600～1000 bp 的读长、99.999%的准确性，但通量低、样品制备及测序成本高，使其难以进行大量的平行测序。

目前，大规模平行测序平台（massively parallel DNA sequencing platform）已经发展为主流的测序技术，该技术的出现不仅大大降低 DNA 测序费用，还让基因组测序这项以前专属于大型测序中心的“特权”能够被众多研究人员分享，有助于人们以更低廉的价格，更全面、更深入地分析基因组、转录组及蛋白质组之间交互作用的各项数据。

在单分子实时测序技术问世之前，大多数测序方法需要体外克隆来对每一个 DNA

分子进行扩增，以获得测序模板。微乳液 PCR（emulsion PCR，ePCR）或桥式 PCR（bridge PCR）能满足大规模、高通量的测序文库构建，极大地促进了第二代测序技术的发展。

**2. 微乳液 PCR 技术**

（1）油包水微乳液技术

Tawfik 和 Griffiths（1998）在研究酶分子进化时，模拟细胞区室化（cellular compartmentalization）首次建立了体外区室化技术——油包水微乳液技术[water in oil（W/O）emulsion]。位于油介质中的体积为皮升级的液滴可以提供大量的独立微型反应器，每个液滴具有较高的表面积与体积比，可以模拟单个细胞，使生化反应在各自微小空间内独立完成。

（2）微乳液 PCR 技术原理

Nakano 等（2000，2003）首次将油包水微乳液技术应用于 PCR 反应，建立了微乳液 PCR 技术。在 PCR 反应前，将含有 PCR 反应所有成分的水相与油相按一定比例混合，在一定转速搅拌力的作用下形成无数个大小相对均匀、稳定且在油相中悬浮的小水滴。由于油相的阻隔作用，这些小水滴构成了独立的 PCR 反应空间，各个小水滴中的 PCR 反应可独立进行而互不干扰（图 1-1-3）。当每个小水滴中只含有 1 个 DNA 模板分子时，就能实现单分子 PCR 反应。微乳液 PCR 的优点在于：①限制非特异性扩增产物的形成；②解决了传统 PCR 反应优先扩增短链 DNA 模板的问题，消除不同产物间的竞争抑制，能对每个 DNA 片段进行准确定量；③高通量，能同时对多达 $10^8$ 个不同的 DNA 模板进行扩增，且产物数量多于传统 PCR；④灵敏度高，能把极微量的变异基因扩增出来，且不受与其同源的正常基因干扰；⑤扩增效率高且错误率低。因此，微乳液 PCR 技术已被广泛用于构建测序文库（Williams et al.，2006；Shao et al.，2011）。

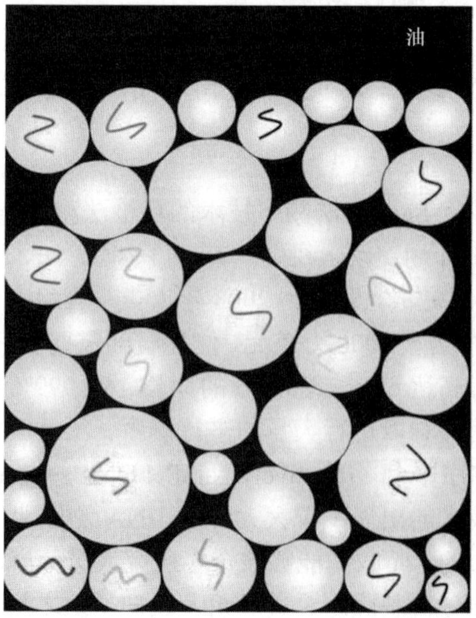


图 1-1-3 油包水微乳液技术应用于测序模板 PCR 扩增示意图（Shao et al.，2011）

（3）搅拌法制备微乳液

目前，有两种制备微乳液的方法：搅拌法和微流控芯片法。最初的搅拌法使用磁力搅拌器，通过控制搅拌子的大小、搅拌速度和时间来控制微乳液，但搅拌子接触微乳液颗粒易造成污染；随后，应用涡旋振荡器代替磁力搅拌器，简化了制备过程，但微乳液的均匀度差；后来，利用超声波制备微乳液（Nakano et al.，2000，2003）。搅拌法制备微乳液存在的最大问题是：微乳液的大小难以控制，导致不同大小的微乳液 PCR 反应活性不一，而且难以评估只含有一个 DNA 模板的微乳液比例。为了尽可能地减少含有多个 DNA 模板的微乳液数量，通常需要大幅度降低 DNA 模板浓度，但这造成了大量不含 DNA 模板的空小水滴的存在（Taly et al.，2007）。

（4）微流控芯片法制备微乳液

微流控芯片法制备微乳液需要交叉接头通道，在接头处，层流中的反应试剂按照一定间隔被包裹并加入微乳液小水滴中，这些微乳液分散在恒定流动的互不相溶的硅油介质中，常用的硅油包括聚二甲基硅氧烷（PDMS）（Song et al.，2006）。Leng 等（2010）建立了高效、经济的微乳液 PCR 技术，在 PCR 反应液中加入低熔点琼脂糖，因此，PCR 反应时琼脂糖呈液态，反应结束时降低温度使 PCR 反应液凝结成琼脂糖微球。该技术避免了使用磁珠所造成的立体阻碍和电荷排斥而引起的低效 PCR 扩增问题。由于微流控芯片法制备微乳液需要特定设备和较高的技术要求，阻碍了该技术的广泛应用。

（5）微乳液 PCR 技术在高通量测序中的应用

Shendure 等（2005）首先将微乳液 PCR 技术用于细菌基因组高通量测序，而且该技术先后应用于 454 测序仪、SOLiD 测序仪等多种测序平台（Goodwin et al.，2016）。微乳液 PCR 反应体系中，PCR 反应发生在被油相包裹的小水滴中的微磁珠表面，因此又称为油包水 PCR，在理想状态下，一个小水滴只有一个 DNA 模板和一个 P1 引物包被的微磁珠，水相中的 P2 引物与磁珠表面的 P1 引物介导 PCR 反应，使得这个 DNA 模板的拷贝数呈指数扩增，PCR 反应结束后，P1 磁珠表面就固定了拷贝数目巨大的 DNA 模板（图 1-1-4）（Margulies et al.，2005；Shendure et al.，2005；Williams et al.，2006）。

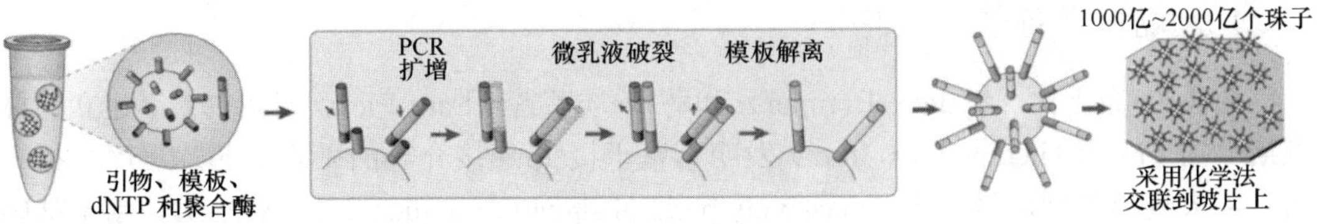


图 1-1-4 微乳液 PCR 技术的流程示意图（Metzker，2010）

### 3. 桥式 PCR

早在 1994 年，亚当斯（Adams）和克朗（Kron）就申请了一种非克隆型（non-clonal）固相表面扩增方法的专利，并将其命名为桥式扩增（bridge amplification），后来发展为克隆型扩增，即形成单克隆 DNA 簇（DNA cluster）（Mitra and Church，1999）；1997 年，葛兰素威康日内瓦生物医学研究所（Glaxo-Wellcome's Geneva Biomedical Research Institute，GBRI）申请了称为桥式 PCR 的专利，并于 1998 年公开。

桥式 PCR 的技术核心是，通过不同的化学方法将正向和/或反向引物的 5'端共价结合而固定在固相载体表面（Rehman et al.，1999；Adessi et al.，2000；Fedurco et al.，2006），不同的 DNA 模板通过接头序列与固定的引物序列互补配对，从而桥接在固相表面。桥式 PCR 被应用于 Illumina 公司的测序仪中。在桥式 PCR 反应体系中，测序芯片（Flowcell）有 8 个纵向泳道（lane）的硅基片，每个泳道的表面固定了很多单链接头（单链引物），与建库过程中加在 DNA 片段两端的接头相互配对，带接头的 DNA 片段变性成单链后与含有接头的芯片杂交，形成“桥”，从而将 DNA 固定在通道表面，然后以通道表面固定的接头为模板进行 30 轮桥式 PCR 扩增，使 DNA 片段在各自的位置集中成 DNA 束，每一束都含有单个 DNA 模板的很多拷贝，称为单克隆 DNA 簇（图 1-1-5）（Mitra and Church，1999）。

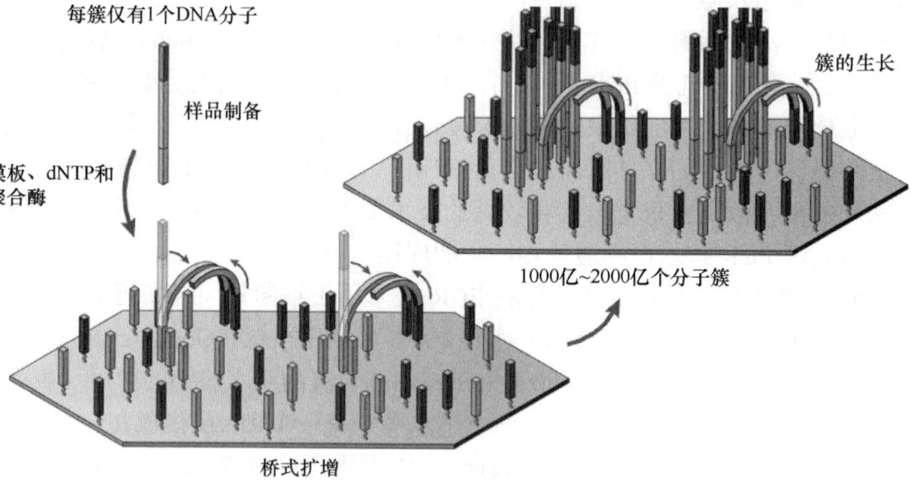


图 1-1-5　桥式 PCR 技术的工作流程示意图（Metzker，2010）

### （二）大规模平行信号测序

由悉尼•布雷内（Sydney Brenner）和萨姆•埃莱特（Sam Eletr）于 1992 年建立的林克斯公司（Lynx Therapeutics，Inc.）发明了基于接头/连接介导的微磁珠芯片测序分析方法——大规模平行信号测序（massively parallel signature sequencing，MPSS），用于基因表达水平分析，获得类似于基因表达系列分析（serial analysis of gene expression，SAGE）生物数据。其基本过程是：从生物样品中提取 mRNA，将 mRNA 分子逆转录成 cDNA；然后将 cDNA 连接上 32 bp 的寡核苷酸接头作为标签（tag）（为了保证所有不同的 cDNA 模板都能与不同的寡核苷酸相连接，他们设计了 $1.67\times10^7$ 个不同的接头）；经 PCR 扩增后，利用微磁珠表面与接头标签互补的寡核苷酸将 cDNA 固定到微磁珠表面（每一个微磁珠可承载 $10^4$～$10^5$ 个相同的 cDNA 拷贝）；再利用荧光标记的探针对各接头标签进行测序分析，每一个微磁珠均获得 16～20 bp 的序列标签；根据每一个微磁珠的荧光信号，平行获得每一个微磁珠的 DNA 序列，每次实验可以得到约 100 万条序列信息（Brenner et al.，2000）。因此，MPSS 技术成为第一个高通量测序技术，但其实验过程太复杂，而且具有序列偏倚性（即某些特定序列信息会丢失），MPSS 仅在林克斯公司运行，其测序仪未对外销售。

## （三）聚合酶克隆测序

聚合酶克隆测序（polony sequencing）是由哈佛大学医学院的乔治•丘奇（George Church）团队研发的，与其他测序技术不同，该技术是一个开放平台：提供可以免费下载的开放源代码软件（Open Source Software）和实验室操作指南，而且硬件系统也容易配置，包括自动化落射荧光显微技术（epifluorescence microscopy）和计算机控制的测序芯片系统。聚合酶克隆测序技术整合了双末端标签文库（135 bp）、微乳液 PCR、自动化表面荧光显微分析、连接法测序等技术体系，其读长为 26 bp，优点是准确性高、通量高、成本低。2005 年聚合酶克隆测序技术首次应用于大肠杆菌基因组测序，准确性超过 99.9999%，费用是第一代测序技术的 1/9（Shendure et al.，2005）。聚合酶克隆测序技术首先被转让给 Agencourt Biosciences 公司（并入 Agencourt Personal Genomics 公司），2007 年整合到应用生物系统（Applied Biosystems）公司的 SOLiD 测序平台，后来生命技术（Life Technologies）公司收购了 Applied Biosystems 公司，现在赛默飞世尔科技（Thermo Fisher Scientific）公司并购了 Life Technologies 公司。

## （四）454 焦磷酸测序

### 1. 焦磷酸测序技术的发展

Nyrén（1987）首次发现可以通过测定焦磷酸的产生（利用光信号）来实时监测 DNA 合成过程；一年后，该技术被应用于 DNA 测序（Hyman，1988）；经过多年在不同领域的应用，该技术逐渐成熟（Ronaghi et al.，1996；Ahmadian et al.，2000；Alderborn et al.，2000）；2005 年，454 Life Sciences 公司推出第一台焦磷酸测序仪 Genome Sequencer 20 System，这是核酸测序技术发展史上里程碑式的事件，标志着第二代测序技术的诞生。454 焦磷酸测序（454 pyrosequencing）技术整合了微乳液 PCR、合成法测序和 454 焦磷酸测序等技术。

### 2. 焦磷酸测序技术的特点与优势

首台 454 测序仪采用含有 160 万个独立小孔的 60 mm×60 mm 光纤平板，含测序模板的磁珠在皮升尺寸的测序反应器中测序，每一轮反应可以读取 0.25 亿个碱基，耗时 4 d，对生殖支原体（*Mycoplasma genitalium*）基因组测序结果表明：准确率达 99.96%，基因组覆盖度达 96%，测序通量提高了近 100 倍（Margulies et al.，2005）。随后，罗氏诊断（Roche Diagnostics）公司以 1.55 亿美元收购了 454 Life Sciences 公司，并在 2006 年推出了更新的 GS FLX 测序系统，具有以下优势：①高通量性，每一次循环反应可得到大于 1 Gb（giga base，十亿个碱基）的数据，读取 10 亿个碱基；②效率高，每一次循环反应仅需 3 d；③精读范围大，可精读 18 bp 以上的重复序列；④方向多元，可进行 400 bp 长度的双末段测序。随着其他测序技术的出现，454 焦磷酸测序技术的读长长（最长可以到 1000 bp）且准确度高，在第二代测序技术中具有优势，却因其成本较高，市场接受度不高，导致 2013 年罗氏公司关闭了 454 生命科学测序业务。

**3. 焦磷酸测序的基本原理**

焦磷酸测序体系包括（Ahmadian et al.，2006）：①4 种酶，DNA 聚合酶 I 的 Klenow 片段（Klenow fragment of DNA polymerase I）、ATP 硫酸化酶（ATP sulfurylase）、萤光素酶（luciferase）和三磷酸腺苷双磷酸酶（apyrase）；②反应底物，腺苷酰硫酸（adenosine phosphosulfate，APS）、D-萤光素（D-luciferin）、测序模板（含有测序引物结合序列）、4 种 dNTP（每次加入一种）；③检测光信号的 CCD 相机。

焦磷酸测序的生物化学反应如下（Ahmadian et al.，2006；Harrington et al.，2013）：第一步反应是在 DNA 聚合酶作用下将一个 dNTP 掺入新生 DNA 链上，并释放焦磷酸（PPi），反应式为：$(DNA)_n$+dNTP→$(DNA)_{n+1}$+PPi（DNA 聚合酶，方程 1）；第二步反应是在 ATP 硫酸化酶作用下，将 PPi 和 APS 转化为 ATP 和 $SO_4^{2-}$，反应式为：PPi+APS→ATP+$SO_4^{2-}$（ATP 硫酸化酶，方程 2）；第三步反应由萤光素酶催化，首先萤光素酶+D-萤光素+ATP→萤光素酶-萤光素-AMP+PPi，生成中间产物萤光素酶-萤光素-AMP，然后该产物被氧化，生成氧化萤光素并产生光信号，反应式为萤光素酶-萤光素-AMP+$O_2$→萤光素酶+氧化萤光素（Oxyluciferin）+AMP+$CO_2$+光（方程 3）；第四步反应是在三磷酸腺苷双磷酸酶作用下清除反应体系中的游离 dNTP 和 ATP，反应式为 ATP→AMP＋2Pi（三磷酸腺苷双磷酸酶）和 dNTP→dNMP＋2Pi（三磷酸腺苷双磷酸酶）（图 1-1-6）。

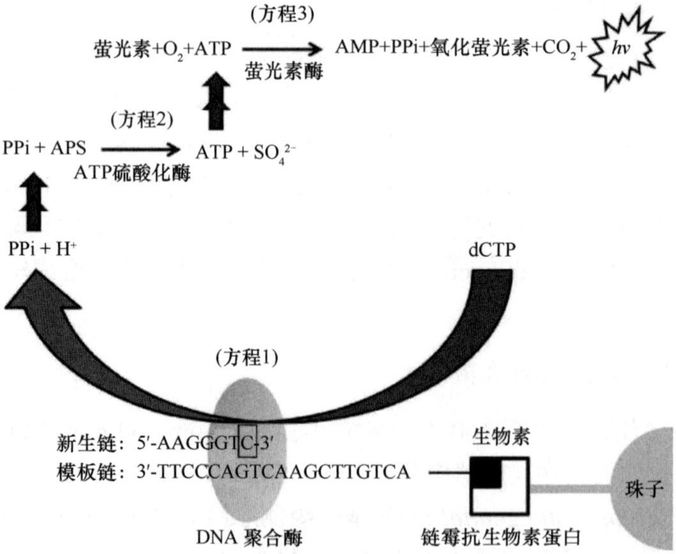


图 1-1-6 焦磷酸测序的生物化学反应（Harrington et al.，2013）

在每一轮测序反应中，反应体系中只加入一种 dNTP。如果它刚好能和 DNA 模板的下一个碱基配对，则会在 DNA 聚合酶作用下，添加到测序引物的 3′端，同时释放出一分子焦磷酸（PPi）。在 ATP 硫酸化酶作用下，生成的 PPi 可以和 APS 结合形成 ATP，在萤光素酶的催化下，生成的 ATP 又可以和萤光素结合形成氧化萤光素，同时产生可见光。通过微弱光检测装置及处理软件可获得一个特异的检测峰，峰值的高低则和相匹配的碱基数成正比。如果加入的 dNTP 不能和 DNA 模板的下一个碱基配对，则上述反应不会发生，也就没有检测峰。

**4. 454 GS FLX 测序系统的工作流程**

1）样品输入与片段化。454 GS FLX 测序系统可以对基因组 DNA、PCR 扩增产物、BAC 文库片段、cDNA、小分子 RNA 等进行测序。其中，基因组 DNA、BAC 文库片段等样品需要被打断成 300～800 bp 的小片段，而小分子 RNA 或 PCR 扩增产物无需片段化。

2）文库制备。将 A 和 B 接头连接到 DNA 片段上，用于后续的纯化、扩增和测序。进行变性处理，并回收具有 A、B 接头的单链 DNA 片段，即为测序文库。

3）磁珠捕获与乳化。单链 DNA 经互补配对被固定在特别设计的 DNA 捕获磁珠上，每个磁珠只捕获一个 DNA 片段，然后被扩增试剂乳化，成为油包水的混合物，因此，形成了只包含一个磁珠和一个 DNA 模板的微反应器。

4）乳液 PCR 扩增。每个特定 DNA 模板在各自的微反应器中进行独立的扩增，没有其他的竞争性或污染性序列的影响，整个 DNA 文库的扩增平行进行。扩增后，每一个 DNA 模板产生几百万个相同的拷贝。随后，乳液混合物被打散，扩增的片段仍结合在磁珠上。

5）焦磷酸测序。将扩增后的磁珠放入“pico titerplate”（PTP）板中，PTP 孔的直径为 29 μm，只能容纳一个磁珠（直径 20 μm），然后将 PTP 板放入测序仪中开始测序。4 种 dNTP 分别放置在 4 个试剂瓶中，按照 T、A、C、G 的顺序依次循环进入 PTP 板，每次只进入一种碱基。如果发生碱基配对，就会释放一分子焦磷酸。焦磷酸在 ATP 硫酸化酶和萤光素酶的作用下，经过上述反应，最终将萤光素氧化成氧化萤光素，并释放光信号。光信号被高灵敏度 CCD 相机实时捕获，有一个碱基与待测模板进行配对，就会捕获到一分子的光信号，由此一一对应，确定待测模板的碱基序列。

6）数据分析。针对从头拼接和重测序，GS FLX 测序系统提供两种不同的生物信息学工具对测序数据进行分析。10 h 可获得 100 多万个读长（read），读取 4 亿～6 亿个碱基信息。

## （五）Illumina（Solexa）测序

**1. 发展历史**

1994 年，法国巴斯德研究所的卡纳尔（Canard）和萨尔法蒂（Sarfati）发明了可逆链终止技术，合成 4 种 3′-荧光标签-2′-脱氧核苷-5′-三磷酸底物，它们能终止 DNA 聚合酶的延伸反应，使每一个 DNA 聚合产物 3′端产生特定荧光；用碱或酶处理后，3′-荧光标签被切除而产生游离的 3′-OH，可以继续进行下一个延伸。巴拉苏布拉马尼亚（Balasubramanian）和克莱纳曼（Klenerman）于 1998 年成立了 Solexa 公司，建立了基于可逆链终止的测序方法。2004 年，Solexa 公司收购了曼蒂亚预测医学（Manteia Predictive Medicine）公司和林克斯公司，获得了大规模平行测序和桥式 PCR 技术，并在此基础上发明了边合成边测序（sequencing-by-synthesis）。2006 年，Solexa 公司推出了 Genome Analyzer（GA），整合了桥式 PCR 和可逆链终止等核心技术，具有高通量、低错误率、低成本、应用范围广等优点（Bentley et al.，2008）。2007 年，Illumina 公司以 6 亿美元的高价收购了 Solexa，使 GA 得以商品化。GA 最早期的版本一次运行可获得 1 Gb 的数据，而在 2010 年推出的 HiSeq X Ten 平台则能够在 3 d 的运行中获得 16 Tb 以上的数据，读长达 150 bp，每台测序仪每天可以完成测序深度为 30 X 的人类基因组重测序（Mardis，2008），使得 1000 美元的人类基因组测序成为可能。2017 年，Illumina 公司推出了全新的 NovaSeq 测序平台，具有无可比拟的通量、简捷的操作、低成本以及灵活性，有望将人类基因组测序成本降至 100 美元，这会让科学家对复杂疾病有更深刻的了解，给大家带来更好的治疗方案，因此可以想象，在未来，所有的人都能从精准医疗中受益。

**2. 双末端测序流程**

双末端测序（paried-end sequencing）不仅解决了一次测序长度短的问题，而且能带来结构变异等新的发现。Illumina 测序平台的双末端测序的基本流程如下。

（1）文库的构建

1）利用转座子（transposon）将双链 DNA 剪切成小于 800 bp 的片段（即 DNA 插入序列），然后在 DNA 片段两端连接上接头（adapter）。

2）接头连接成功后，利用低循环扩增技术在接头处进行修饰，分别在两端添加具有测序引物结合位点 1 和位点 2、能分别标记两个末端测序得到的读长的 index 1 和 index 2、与测序芯片表面固定的接头序列互补（P5）或一致（P7）的寡核苷酸序列。

（2）簇生成

1）芯片接头：测序芯片的泳道表面随机分布了两种不同的寡核苷酸接头序列，分别与 P5 互补（即 P5′）和 P7 一致（即 P7′）。

2）模板杂交：待测序的 DNA 模板通过 P5 与芯片上的 P5′序列互补配对，将其固定在芯片表面，以 P5′为引物，合成待测 DNA 模板的互补链（即 reverse strand），互补链的两端为 P5′和 P7′，之后模板链被切断并洗下。

3）桥式扩增：固定在芯片上的互补链的 P7′与芯片上的 P7 杂交互补，形成桥状结构（桥式 PCR 的名称由此而来），在高保真 DNA 聚合酶的作用下，合成互补链。之后合成的双链被解链，再分别与测序芯片（Flowcell）上的接头杂交互补，重复 35 个循环（延伸—解链—杂交），每条单链都被扩增到 1000～6000 条，形成一簇。上百万的簇随机分布在芯片表面。

4）线性化与末端封闭：桥式 PCR 完成后，此时的簇由双链构成，为了测序，需要把它们切割成单链。使用 NaOH 将双链解链，并利用甲酰胺嘧啶糖苷酶（Fpg）对 8-氧鸟嘌呤糖苷（8-oxo-G）进行选择性切断，选择性地将 P5′与链的连接切断，通过碱变性、缓冲液冲洗而去除，留下与芯片上 P7 连接的链，也就是正向链（forward strand）。在所有的游离 3′端加上一个 ddNTP，防止测序时的随机延伸。

（3）正向链测序

1）边合成边测序：测序引物（sequencing primer）结合到靠近 P5 的测序引物结合

位点 1（sequencing primer binding site 1）上，随后使用修饰的 DNA 聚合酶和 4 种核苷酸混合试剂进行单碱基延伸测序反应。这里的 dNTP 经过两种方式处理，成为可逆的终止子（reversible terminator），它们的 3′端都有一个可被化学方法切除的叠氮基团，能够阻断后面的碱基与它相连，这样每一次反应都只会掺入一个核苷酸，同时每个核苷酸都标记上了可被化学方法切除的不同颜色的荧光基团，以标识每种碱基。经过一轮单碱基掺入反应采集到信号之后，就可以通过化学方法切除上述被掺入核苷酸标记的两个基团，然后就能够继续掺入下一个核苷酸，重复测序反应。

因此在聚合酶的作用下，与正向链上相应位置碱基配对的 dNTP 就会结合到新合成的链上，而由于叠氮基团的存在，后面的 dNTP 无法继续连接。这时用水将剩余的 dNTP 和酶冲掉，将测序芯片进行扫描，扫描出来的荧光对应的碱基的配对碱基即是该链相应位置的碱基。同时在这个测序芯片上有成千上万个簇也在进行同样的反应，因此一个循环就能同时检测多个样本（这也是高通量的核心所在）。这个循环完成后，加入化学试剂把叠氮基团和标记的荧光基团切掉，进行下一个循环（碱基的连接、检测与切除）。如此重复直至所有链的碱基序列被检测出，得到正向读长（forward read）序列。

2）获得 index 1 序列：所有循环结束后，测序产物被洗掉，index 1 引物与链上引物结合位点杂交配对，进行 index 1 的合成及检测。Index 1 测序完成后，洗脱测序产物，此时机器已通过荧光信号得到了 index 1 的序列。

（4）反向链测序

1）获得 Index 2 序列：正向链顶端的 P5 序列与芯片上的 P5′杂交配对，进行 index 2 测序。测序完成后洗脱产物。

2）桥式 PCR 扩增得到反向链：洗脱 index 2 测序产物后，以 Flowcell 上的 P5′为引物，以正向链为模板进行桥式扩增，得到双链。NaOH 使双链变性为单链，并洗去已经测序完成的正向链。

3）获得反向链序列：类似的，测序引物 2 结合到靠近 P7′的测序引物结合位点 2，开始对互补链进行测序，测序完成后即可得到互补测序序列。

## （六）SOLiD 测序

### 1. 发展历史

在 454 和 Illumina 测序平台问世后，当时世界上最大的测序仪生产商应用生物系统（Applied Biosystems）公司的地位被撼动，2006 年该公司收购了 Agencourt Personal Genomics 公司，并在 2007 年底推出了支持寡核苷酸连接分析（support oligonucleotide ligation detection，SOLiD）新一代测序平台。SOLiD 测序平台采用连接法测序（sequencing by ligation），该方法由 Shendure 等（2005）首先用于大肠杆菌的基因组测序，2006 年 Agencourt Personal Genomics 公司的麦克南（Mckernan）等获得了相关专利，该方法以四色荧光标记寡核苷酸的连续连接合成为基础，取代了传统的聚合酶测序反应，可以对单拷贝 DNA 片段进行大规模扩增和高通量并行测序（Valouev et al.，2008），其读长和测序准确率与 Illumina 测序仪相当，SOLiD 测序仪对于高 G+C 含量的样本具有非常大的优势，但在回文序列的测序上存在问题（Huang et al.，2012）。SOLiD 5500xl 平台的测序通量已达 30 Gb/d，成本低于 60 美元/Gb，准确率高达 99.99%；SOLiD 3 Plus 系统的测序通量达 60 Gb/轮测序反应（Zhou et al.，2010）。可以说，测序市场在 2010 年前后形成了 454、Illumina 和 SOLiD 三足鼎立的局面，让人类基因组图谱的绘制成本大大降低，时间也大大缩短。不过，Illumina 率先进入大型的基因组中心，抢占了先机；此后它又推出了高通量的 HiSeq 系列。据统计，2010 年的第二代测序仪市场份额分别是 Illumina 占 69%，SOLiD 占 16%，454 占 15%。由于后续的通量水平难以提升，且读长短、成本高（Metzker，2010），SOLiD 测序平台现已退出了历史舞台。

**2. SOLiD 测序原理与流程**

SOLiD 连接法测序采用了双碱基编码（two bases encoding）的方法，即通过 5 轮测序引物重置过程，模板上的每个碱基均被两个不同引物经两次独立连接反应“询问”过两次。获得基于双碱基编码的 SOLiD 颜色编码序列，随后的数据分析比较原始颜色序列与转换成颜色编码的参考序列（reference sequence），将 SOLiD 颜色序列定位到参考序列上，同时校正测序错误，并且可结合原始颜色序列的质量信息发现潜在的单核苷酸多态性（single nucleotide polymorphism，SNP）位点。双碱基编码能灵敏地检出测序错误，加上引物重设、连接酶特异性等，使得 SOLiD 测序具有较低的错误率和系统噪声（Zhou et al.，2010）。

（1）测序文库构建

使用 SOLiD 测序时，可根据实际需要，制备片段文库（fragment library）或末端配对文库（mate-paired library）。将基因组 DNA 或 cDNA 打断成 60～110 bp 的片段，两头加上 SOLiD 接头，制备成片段文库，可用于转录组测序、RNA 定量、miRNA 探索、基因组重测序、3′-RACE（cDNA 末端快速扩增）和 5′-RACE、甲基化分析、染色质免疫沉淀测序（ChIP-seq）等。将基因组 DNA 打断后，与中间接头连接，再环化，然后用 *Eco*P15 酶切，使中间接头两端各有 27 bp 的碱基，再加上两端的接头，形成末端配对文库，可用于全基因组测序、SNP 分析、结构重排/拷贝数分析。两种文库的最终产物都是两端分别带有 P1 和 P2 接头的 DNA 双链，插入片段及测序接头总长为 120～180 bp。

（2）乳液 PCR 扩增与磁珠富集

乳液 PCR 扩增步骤与 454 GS FLX 测序平台基本相同，只是 SOLiD 系统的微珠要小得多，只有 1 μm。在微反应器中加入测序模板、PCR 反应试剂、微珠和引物，进行乳液 PCR 扩增。在理想状态下，每个小水滴只含有一个 DNA 模板和一个 P1 磁珠，由于水相中的 P2 引物和磁珠表面的 P1 引物所介导的 PCR 反应，这个 DNA 模板的拷贝数量呈指数级增加，PCR 反应结束后，P1 磁珠表面就固定有拷贝数目巨大的来源于一个 DNA 模板的扩增产物。PCR 扩增完成之后，经过变性，富集带有延伸模板的微珠，去除多余的微珠。微珠上的模板经过 3′端修饰，可以与玻片共价结合。

（3）微珠沉积

3′端修饰的微珠沉积在一块玻片上。在微珠上样的过程中，沉积小室将每块玻片分成 1 个、4 个或 8 个测序区域。SOLiD 系统最大的优点就是每块玻片能容纳更高密度的微珠，在同一系统中轻松获得更高的通量。

（4）连接测序

SOLiD 连接反应的底物是八碱基单链荧光探针混合物，序列通式为 3′-xynnnzzz-5′（图 1-1-7）。在连接反应中，这些探针按照碱基互补配对原则与单链 DNA 模板链结合。探针的 5′端分别标记了 Cy5、Texas Red、Cy3、6-FAM 4 种不同颜色的荧光染料。探针 3′端第 1、2 位构成的碱基对是表征探针染料类型的编码区，图 1-1-7 中的双碱基编码矩

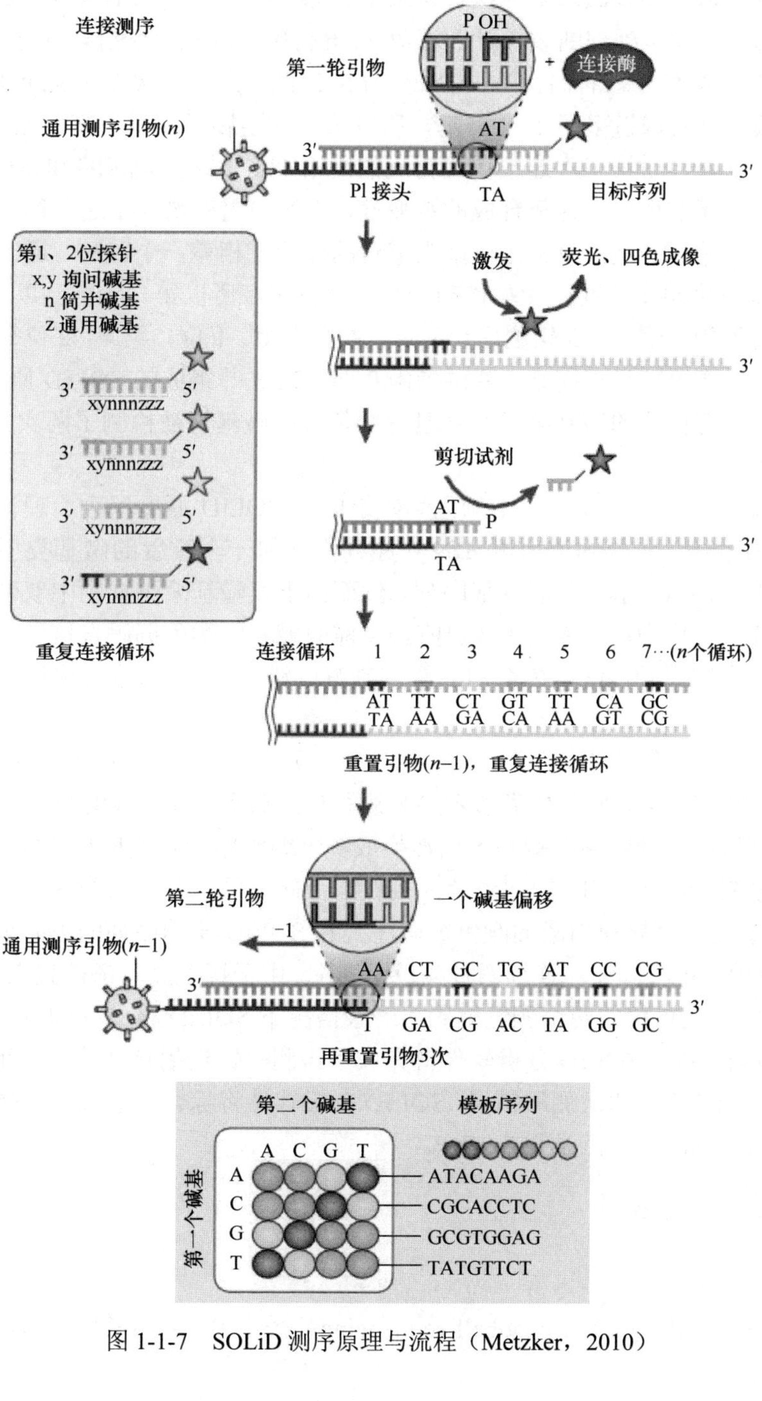


图 1-1-7　SOLiD 测序原理与流程（Metzker，2010）

阵规定了该编码区 16 种碱基对和 4 种探针颜色的对应关系；第 3～5 位的“n”表示随机碱基，可以是 A、T、C、G 4 种碱基中的任何一种碱基；第 6～8 位的“z”指的是可以和任何碱基配对的特殊碱基。

单向 SOLiD 测序包括 5 轮测序反应，每轮测序反应含有多次连接反应。第一轮测序的第一次连接反应由通用测序引物 *n* 介导，由于每个磁珠只含有均质单链 DNA 模板，这次连接反应掺入一种八碱基荧光探针，SOLiD 测序仪记录下探针第 1、2 位编码区颜色信息，随后采用化学处理断裂探针 3′端第 5、6 位碱基间的化学键，并除去第 6～8 位碱基及 5′端荧光基团，暴露探针第 5 位碱基的 5′-磷酸，为下一次连接反应作准备。因为第一次连接反应使合成链多了 5 个碱基，所以第二次连接反应得到模板上第 6、7 位碱基序列的颜色信息，而第三次连接反应得到的是第 11、12 位碱基序列的颜色信息。

在第二轮测序结束后，将新合成的链变性，洗脱，用引物 *n*–1 进行第二轮测序。引物 *n*–1 与引物 *n* 的区别是，两者在与接头配对的位置上相差一个碱基，通过引物 *n*–1 在引物 *n* 的基础上将测序位置往 3′端移动一个碱基位置，所以第二轮得到以 0、1 位起始的若干碱基对的颜色信息。5 轮测序反应后，按照第 0、1 位，第 1、2 位等的顺序把对应于模板序列的颜色信息连起来，就得到由 0、1、2、3 等组成的 SOLiD 原始颜色序列。最终可以完成所有位置的碱基测序，并且每个位置的碱基均被检测了两次。

（5）数据分析

SOLiD 测序完成后，获得了由颜色编码组成的 SOLiD 原始序列。理论上来说，按照双碱基编码矩阵，只要知道所测 DNA 序列中任何一个位置的碱基类型，就可以将 SOLiD 原始颜色序列“解码”成碱基序列。然而由于双碱基编码规则中双碱基与颜色信息的简并特性（一种颜色对应 4 种碱基对），前面碱基的颜色编码直接影响紧跟其后碱基的解码，一个错误颜色编码就会引起“连锁解码错误”，从而改变错误颜色编码之后的所有碱基。

为了避免“连锁解码错误”的发生，SOLiD 数据分析软件不直接将 SOLiD 原始颜色序列解码成碱基序列，而是依靠参考序列进行后续数据分析。SOLiD 序列分析软件首先根据双碱基编码矩阵将参考碱基序列转换成颜色编码序列，然后与 SOLiD 原始颜色序列进行比较来获得 SOLiD 原始颜色序列在参考序列的位置，以及两者的匹配性信息（图 1-1-7）。参考序列转换而成的颜色编码序列和 SOLiD 原始序列的不完全匹配主要有两种情况：单种颜色不匹配和连续两种颜色不匹配。由于每个碱基都被独立地检测两次，且 SNP 位点将改变连续的两个颜色编码，一般情况下 SOLiD 将单种颜色不匹配处理成测序错误，这样一来，SOLiD 分析软件就完成了该测序错误的自动校正；而连续两种颜色不匹配也可能是连续两次测序错误，SOLiD 分析软件将综合考虑该位置颜色序列的一致性及质量值来判断该位点是否为 SNP。

## （七）DNA 纳米球测序

### 1. 发展历史

DNA 纳米球测序（DNA nanoball sequencing）采用 DNA 纳米阵列与组合探针锚定

连接测序法，由美国完整基因组（Complete Genomics）公司研发。该技术采用滚环复制（rolling circle replication）的方法将小 DNA 片段扩增并结合到 DNA 纳米球，采用连接法测序，将荧光标记的 dNTP 与模板链互补配对而掺入新生链中，最后通过荧光信号获得核苷酸序列信息，其特点是通量高、准确率高、成本低。例如，在人基因组测序中，错误率仅为 1/100 kb，费用为 4400 美元（Drmanac et al.，2010）。2013 年我国华大基因收购了 Complete Genomics 公司，并于 2015 年推出了 BGISEQ-500 测序仪（Huang et al.，2017a）。

**2. DNA 纳米球测序原理与流程**

测序文库构建的基本过程是：①片段化，将基因组 DNA 或 cDNA 剪切成 50～800 bp 片段；②选择合适的片段大小，通过电泳或磁珠选择 100～300 bp 的片段；③片段末端修饰，将片段的末端修饰成平末端，然后在 3′端加 dATP 而获得黏端；④加接头和 PCR 扩增，在 DNA 模板的两端加上带有 dTTP 尾的接头，进行 PCR 扩增；⑤获得单链环状 DNA 文库，PCR 扩增产物和一个与 PCR 产物中的一条特定链反向互补的 DNA 分子一起进行热变性，单链分子用 DNA 连接酶进行连接，然后用核酸外切酶将线性的单链和双链 DNA 分子进行消化，从而得到单链环状 DNA 文库（图 1-1-8a）（Drmanac et al.，2010；Huang et al.，2017a）。

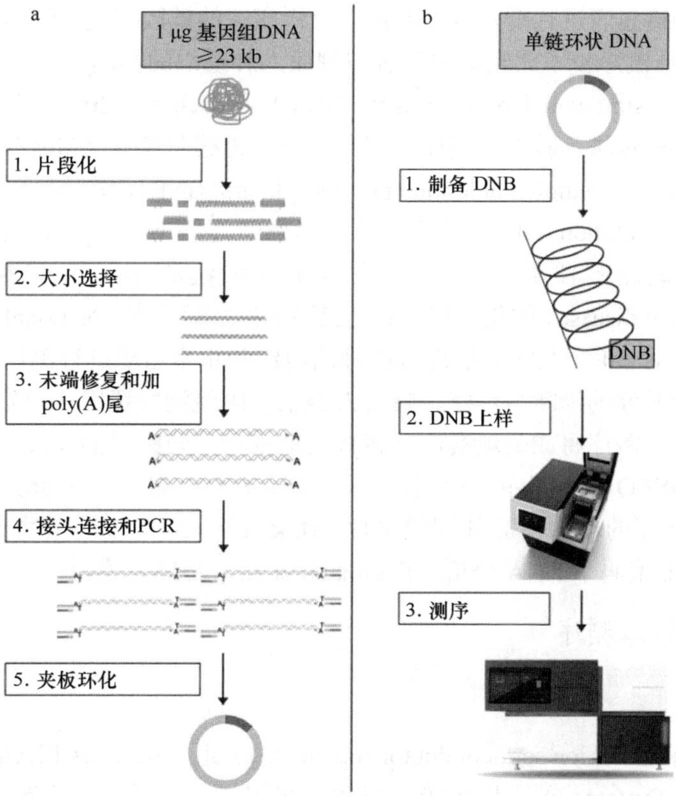


图 1-1-8　DNA 纳米球测序的文库构建（a）和测序流程（b）（Huang et al.，2017a）

测序的基本过程是：①制备 DNA 纳米球，单链环状 DNA 文库通过滚环复制获得每个片段的单链扩增产物，将这些单链扩增产物头尾相连成长链，再将其压缩成一个 DNA 纳米球；②上样，将这些 DNA 纳米球吸附到测序流动芯片（flowcell）；③采用连接法测序，将组合探针锚定连接到单链 DNA 模板，采用高分辨率相机记录每一个探针位置的荧光信号；④数据分析，利用软件分析荧光数据，进行碱基判定，然后将 35 bp 的读序匹配（mapping）到参考基因组（图 1-1-8b），测序过程大约需要 72 h（Drmanac et al.，2010；Huang et al.，2017a）。

**3. DNA 纳米球测序的优缺点**

DNA 纳米球测序的优势在于：芯片密度高，一次运行可以完成大量 DNA 纳米球的测序；试剂费用更低；使用了高保真的 *Phi29* DNA 聚合酶，确保模板扩增的准确性（Porreca，2010）。不足之处在于：读长短，一些读长（特别是重复序列）会匹配到参考基因组的多个区域；需要多轮 PCR 反应，可能导致 PCR 扩增偏倚性和扩增污染（Drmanac et al.，2010）。

**4. DNA 纳米球测序的应用**

DNA 纳米球测序技术的问世，使得人类全基因组测序费用由 2008 年的约 100 万美元降低至 4400 美元（Speicher et al.，2010），因此，测序技术将越来越多地应用于临床对遗传疾病和肿瘤患者进行全基因组测序，分析相关的基因突变。例如，Lee 等（2010）利用 DNA 纳米球测序技术比较肺癌患者与健康人肺组织的基因突变，共鉴定到 50 000 个单核苷酸变异（single nucleotide variant，SNV）。Roach 等（2010）利用该测序技术对一个家庭的 4 位成员进行基因组测序，鉴定可能与孟德尔疾病（Mendelian disorder）相关的单核苷酸多态性（single nucleotide polymorphism，SNP），并估算它们的代间突变率（inter-generation mutation rate）。此外，美国系统生物学研究所（Institute for Systems Biology）利用该测序技术对 615 人进行全基因组测序，用于神经退行性疾病（neurodegenerative disease）的相关研究；美国国家癌症研究所（National Cancer Institute）利用该测序技术对 50 个儿科肿瘤患者的肿瘤组织和正常组织进行测序。这些研究将有助于遗传疾病和肿瘤的诊断与治疗。随着人类全基因组测序费用 1000 美元的实现，对每个人进行基因组测序将成为现实，这将极大地推动预防医学的发展。

目前，BGISEQ-500 测序平台已应用于人类基因组测序（Huang et al.，2017a）、有降解的长期保存的动物样品基因组测序（Mak et al.，2017）、动植物转录组测序（Zhu et al.，2018）、非编码小 RNA 分析（Fehlmann et al.，2016）等。

## （八）离子半导体测序

**1. 发展历史**

离子半导体测序（ion semiconductor sequencing）最早由 DNA Electronics 公司建立，后由 Ion Torrent Systems 公司于 2010 年推出，采用合成法测序，以单链 DNA 为模板，通过 DNA 聚合酶合成其互补链，利用离子半导体感受器检测 DNA 合成过程中释放的

$H^+$信号，而不是其他测序方法的荧光信号。这一技术的发明人同时也是454测序技术的发明人之一乔纳森•罗思伯格（Jonathan Rothberg），它的文库和样本制备与454技术很像，甚至可以说就是454的翻版，只是在测序过程中不是通过检测焦磷酸荧光显色，而是通过检测 $H^+$信号的变化来获得序列碱基信息。半导体测序相比其他测序技术来说，不需要昂贵的物理成像等设备，因此成本相对会低，体积也会比较小，同时操作也更为简单，速度也相当快，除了2 d文库制作时间，整个上机测序可在2～3.5 h内完成，不过整个芯片的通量并不高，目前是10 Gb左右，但非常适合小基因组和外显子验证的测序（Rothberg et al.，2011）。2011年，Ion Torrent半导体测序仪的准确率达99.6%，一次运行可获得100 Mb的数据，读长100 bp；目前读长达400 bp。

## 2. 离子半导体测序原理与流程

离子半导体测序的原理是半导体芯片上布满微孔，每个微孔只含有一个DNA模板分子，每个测序循环一个微孔中只含有一种未修饰碱基（A、T、G或C），只有与模板互补的碱基可以被聚合酶掺入而释放出焦磷酸和 $H^+$，未配对的碱基在下一个循环前被洗出；微孔表面下方埋有离子敏场效应晶体管（ion sensitive field effect transistor，ISFET）离子感受器，每个释放的 $H^+$激发 ISFET 离子感受器产生电脉冲信号，这些电脉冲信号由芯片传输到计算机，通过相应软件转变为DNA序列（Rusk，2011）（图1-1-9）。由于半导体测序的自身特点，该技术最适合应用于微生物基因组和转录组测序、靶向测序、扩增子测序、测序文库的质量检测等小规模测序分析。

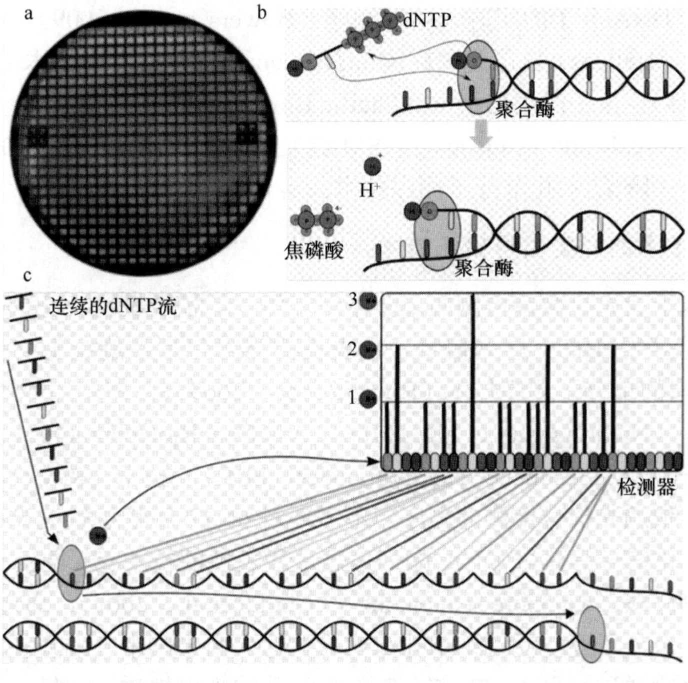


图1-1-9 离子半导体测序的工作原理（Niedringhaus et al.，2011；Rothberg et al.，2011）

a. 含有200个独立 $H^+$检测器的CMOS高密度半导体芯片；b. 一个与模板互补配对的碱基掺入后释放一分子 $H^+$和焦磷酸；c. 随着单个未修饰的dNTP的掺入，通过检测 $H^+$信号获得序列信息

### 3. 离子半导体测序的优缺点

离子半导体测序仪的优点是：①测序速度快，检测一个核苷酸的时间为 4 s，一次运行约 1 h，随着芯片的改进，一次运行可获得的数据将会增加；②可实现实时测序分析，因为该系统记录了 DNA 聚合酶介导的核苷酸自然掺入事件；③费用低，该系统省去了荧光标记核苷酸和光学检测设备，Ion Torrent Systems 公司的测序仪约为 50 000 美元，测序操作费用也低，一次运行的费用约为 1000 美元。因此，可以被大量的实验室接受，而不仅仅是大型测序中心。

离子半导体测序仪的缺点是：①对于模板链上相同核苷酸重复片段（如 TTTTTT、GGGGGGG）在一个循环中有多个核苷酸掺入，释放多个 $H^+$，引起更大的 pH 变化而产生更强的电信号，因此不能读取较长的相同核苷酸重复片段，而且难以确定核苷酸的数量是 5 个还是 6 个；②读长短，不利于基因组组装；③与其他测序技术相比，即使提高芯片密度，其通量仍偏低。

## 五、第三代纳米孔单分子 DNA 测序技术

### （一）概述

### 1. 第三代测序技术的定义

第三代测序技术是指单分子实时测序技术，即 DNA 测序时，不需要经过 PCR 扩增，实现了对每一个 DNA 分子的实时、单独测序（Bowers et al.，2009）。目前，第三代测序技术包括螺旋（Helicos）公司的螺旋镜（Heliscope）单分子测序技术（single molecular sequencing，SMS）、太平洋生物科学（Pacific Biosciences）公司的单分子实时测序技术（single molecular real-time sequencing，SMRT）和牛津纳米孔技术（Oxford Nanopore Technologies）公司的纳米孔单分子测序技术。

### 2. 第三代测序技术的两类信号检测技术

第一类是基于荧光显微镜检测的单分子荧光测序。需要荧光标记的 dNTP 底物，通过检测荧光信号获得 DNA 序列信息。代表性的技术包括螺旋镜生物科学（Heliscope BioScience）公司的单分子测序技术（Bowers et al.，2009）、太平洋生物科学公司的单分子实时测序技术（Niedringhaus et al.，2011）、VisiGen Biotechnologies 公司的荧光共振能量转移（fluorescence resonance energy transfer，FRET）技术（Roy et al，2008）。

第二类是不依赖光信号检测的测序。不需要对 dNTP 底物进行荧光标记，通过检测电信号或 pH 变化信号等获得 DNA 序列信息。代表性的技术包括牛津纳米孔技术公司的新型纳米孔测序法（nanopore sequencing）（Clarke et al.，2009），通过采用电泳技术，借助电泳驱动单个分子逐一通过纳米孔来实现测序。由于纳米孔的直径非常细小，仅允许单个核酸聚合物通过，而 A、T、C、G 单个碱基的带电性质不一样，通过电信号的差异就能检测出碱基类别，从而实现测序。

### 3. 第三代测序技术的优势

由于第三代测序技术利用 DNA（或 RNA）聚合酶实时测序（如 SMS 和 SMRT 技术）或者对 DNA 进行直接观测测序（如纳米孔测序法），因此具有第二代测序技术所不具备的优点，其主要优势如下（Clarke et al.，2009；Niedringhaus et al.，2011）。

1）测序读长的优势。第三代测序技术实现了 DNA 聚合酶内在的延续性，通过一个反应就可以测定非常长的序列，如太平洋生物科学公司的 PacBio RS II 测序仪的平均读长达 10 kb，可以减少短序列拼接成本，也节省了内存和计算时间。

2）测序速度的优势。第三代测序技术充分发挥了 DNA 聚合酶内在的反应速度，1 s 可以测定 10 个碱基，测序速度是化学法测序的 2 万倍。

3）无 PCR 扩增步骤。直接对原始 DNA 样本进行测序，从作用原理上避免了 PCR 扩增潜在的错误和偏倚性。

4）拓展了测序技术的应用领域。例如，可以利用 RNA 聚合酶进行 RNA 的直接测序，大大降低体外逆转录产生的系统误差；利用 DNA 聚合酶在甲基化和非甲基化碱基的合成速率上的差异，直接分析 DNA 甲基化修饰信息；利用第三代测序技术灵敏度高的优势，可以对低 DNA 含量的样品进行检查，包括单细胞实时和原位测序。

## （二）螺旋镜单分子测序

### 1. 螺旋镜单分子测序的流程

Heliscope 单分子测序仪是由 Quake 团队研发的，由螺旋镜生物科学公司推出，其最大的特点是无须对测序模板进行 PCR 扩增，而是使用一种高灵敏度的荧光探测仪直接对单链 DNA 模板进行合成法测序。其基本流程如下（Thompson and Steinmann，2010）。

1）样品制备：将基因组 DNA 剪切成小于 1000 nt 的片段，最适长度为 100～200 nt。

2）加 poly(dA)尾：测序芯片流动池各泳道表面固定有 50 nt 的 oligo(dT)探针，因此，需要通过末端转移酶（terminal transferase）在 DNA 片段的 3′端加上 90～200 nt 的 poly(dA)尾，通过杂交将测序模板锚定在测序泳道表面，制成测序芯片。

3）封闭游离的 3′-OH：利用末端转移酶和 ddNTP 封闭测序模板 3′端的游离羟基，阻止从此处延伸，以免干扰测序。

4）上样与杂交：Heliscope 单分子测序仪每轮测序反应可以使用 1 或 2 个流动池，每个流动池有 25 个独立的泳道，每个泳道可以容纳约 8 μl 样品，通常上样量为 20 μl 或更多，然后在 55℃杂交 1 h。

5）填充与锁定（filling and locking）：由于测序模板上的 poly(dA)尾比 oligo(dT)探针长，因此，为了避免对未配对的 A 碱基进行测序，在杂交完成后加入 dTTP 和虚拟终止核苷酸（virtual terminator nucleotide，对应于 dATP、dCTP 和 dGTP，是一类可逆终止核苷酸）（Bowers et al.，2009），在 DNA 聚合酶的作用下，将 dTTP 填充所有未配对的 A 碱基，并将虚拟终止核苷酸锁定在测序模板的第 1 个非 A 碱基位置上，对于大多数模板来说，测序是从第 2 个碱基开始的。

6）测序的化学循环：为了读取下一个碱基，需要将上一个虚拟终止核苷酸的荧光染料和起终止作用的基团切除，并冲洗，然后聚合酶和下一个虚拟终止核苷酸参与测序反应，标准的一轮测序需要重复化学循环 120 次。

7）成像循环：在成像过程中，每个泳道有 4 个激光器发射 1100 次（fields of view，FOV），由 4 个安装在共聚焦显微镜上的电荷耦合器件（charge-coupled device，CCD）相机捕捉荧光信号。完成每一次视场所需时间取决于特定虚拟终止核苷酸的荧光亮度、相机拍照速度、检测效率，因此，成像过程是测序的限速步骤。

**2. 螺旋镜单分子测序的优缺点**

螺旋镜单分子测序技术的优点是：①无 PCR 扩增过程，避免了 G+C 含量和片段大小的偏倚性；②高通量，经过 120 次测序循环，可以产生（1.2～2）×$10^3$ 万条读序，每轮可获得 35 Gb 基因组序列；③所需核酸样品少，如染色质免疫沉淀测序（ChIP-seq）只需要皮克级（微微克）的 DNA；④对 DNA 降解的耐受强，适合于古 DNA 和发生降解的 DNA 测序；⑤应用领域广泛，包括基因组突变检测、ChIP-seq、新鲜肿瘤组织和石蜡包埋组织的基因拷贝数变异、小 RNA 鉴定、从少量细胞（低至 250 个）中捕获 RNA 并测序。

螺旋镜单分子测序的不足之处在于：①由于每次信号都有停顿，读取一个碱基耗时较长；②错误率偏高，初始数据错误率通常在 5%，需要通过重复测序进行纠正，因此增加了测序费用。

## （三）单分子实时测序

**1. 发展历史**

在 2010 年更新版本后，单分子实时测序技术（SMRT）由太平洋生物科学公司于 2011 年进行商业化，是目前应用最广的第三代测序技术。当时的读序读长均值为 1.1 kb，2012 年除升级试剂盒外，读长均值达 2.5～2.9 kb，当年末推出 XL 试剂盒，平均读长超过 4.3 kb；2013 年推出 P4 试剂盒，与 XL 试剂盒联合使用，平均读长达 5 kb，再通过 BluePippin 电泳片段回收系统优化 DNA 模板长度，平均读长可达 7 kb。

**2. 单分子实时测序的基本原理**

每个 SMRT 测序载体（cell）上含有数以万计纳米级的零模波导（zero-mode waveguide，ZMW）孔（Levene et al.，2003），ZMW 孔是一种纳米光子限制结构（nanophotonic confinement structure），在硅基板的铝膜中形成圆孔，直径约为 70 nm，深度约为 100 nm（Korlach et al.，2008）。每个 ZMW 孔包含一个 DNA 聚合酶和 1 条单分子 DNA 模板，一个 SMRT cell 能够平行检测约 75 000 个单分子测序反应。在测序历史上首次实现了人类观测单个 DNA 聚合酶合成过程的梦想，第一次对 DNA 的天然合成进行大规模平行、连续的实时观察。2013 年推出的 PacBio RS II 测序仪可以同时利用 150 000 个 ZMW 孔，测序通量可达 350～500 Mb/SMRT cell；2015 年推出的 Sequel System 测序系统可以容纳 100 万个 ZMW 孔。

结合了 DNA 模板的 DNA 聚合酶被固定在 ZMW 孔的底部，光从此处穿过，形成可视化室（visualization chamber），在单分子水平上检测 DNA 聚合酶活性。与磷酸基团连接的 4 种荧光分子标记的 dNTP 被 DNA 聚合酶掺入 DNA 模板的互补链，荧光分子被切除而形成天然 DNA 合成过程中的磷酸基团，使 DNA 延伸得以继续，完成实时测序（图 1-1-10）（Metzker，2010；Niedringhaus et al.，2011）。另外，切除的荧光分子离开可视化室，其荧光信号不会被再次检查到。

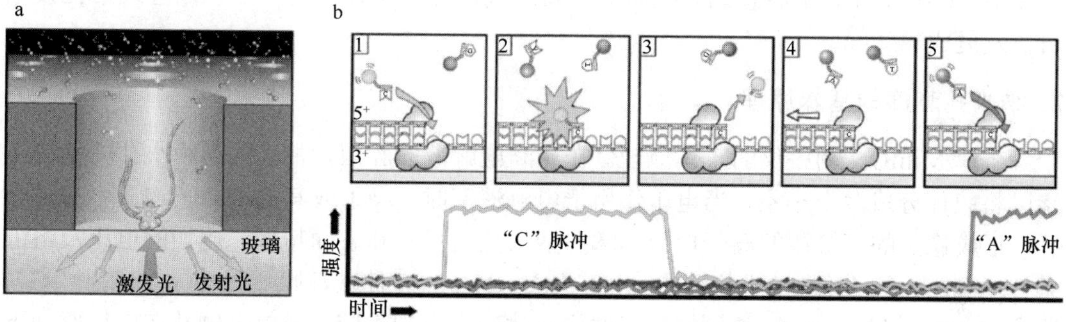


图 1-1-10　SMRT 测序原理（Niedringhaus et al.，2011）

a. 含有一个结合在玻璃表面的 DNA 聚合酶的单个 ZMW 纳米孔侧面示意图；b. 荧光标记的核苷酸整合到一个测序模板的示意图，下方给出了 5 个步骤的相应荧光检测信号

### 3. 单分子实时测序的优势

SMRT 测序技术的优势在于：①超长的读长，DNA 聚合酶可长时间保持活性，实现超长读长，PacBio RS II 的平均读长达 3000～5000 nt，最长读长超过 20 000 nt；②极高的准确率，基因组组装和基因组变异检测的准确率可达 99.999%；③极度的敏感性，可检测出频率为 0.1%的变异；④可直接检测碱基修饰，包括 $N^5$-甲基胞嘧啶和 $N^4$-甲基胞嘧啶、$N^6$-甲基腺嘌呤、DNA 氧化损伤及其他碱基修饰（Flusberg et al.，2010；Song et al.，2011）；⑤单分子建库不需要 PCR 扩增，避免了覆盖度不均一和 PCR 引入的错误；⑥最小的 G+C 偏倚性，可以轻松测定极高和极低 G+C 含量区，保证序列的均匀覆盖度；⑦背景噪声干扰少，独特的 ZMW 设计通过检测碱基配对动力学变化实现测序信息捕获，仅接受检测目标信号，避免游离核苷酸的干扰，有效将背景噪声降到最低；⑧先进的片段化技术和片段回收系统，使用 Covaris 公司的 g-TUBE 技术进行 DNA 片段化，确保将基因组 DNA 破碎成最合适的范围（6～20 kb），然后采用独有的 BluePippin 片段回收系统，将破碎后的片段有效回收，使基因组组装的重叠群（contig）$N_{50}$ 提升 80%以上。

## （四）纳米孔 DNA 测序

### 1. 发展历史

纳米孔分析技术起源于库尔特（Coulter）计数器的发明以及单通道电流记录技术；诺贝尔生理学或医学奖获得者内尔（Neher）和萨克曼（Sakmann）在 1976 年利用膜片钳技术测量膜电势，研究膜蛋白及离子通道，推动了纳米孔测序技术的实际应用进程

（Neher and Sakmann，1976a，1976b）；1996 年，卡辛诺维兹（Kasianowicz）等发现在电场的作用下单链 DNA 和 RNA 可以通过位于脂质双层膜中直径 2.6 nm 的离子通道，他们提出了利用这种技术对 DNA 或 RNA 进行单分子实时测序的新设想，是生物纳米孔单分子测序的里程碑标志；1998 年，首个相关专利获批；随后，关于耻垢分枝杆菌孔蛋白 A（*Mycobacterium smegmatis* porin A，MspA）、噬菌体 Phi29 连接器等生物纳米孔的研究报道，丰富了纳米孔分析技术的研究（Butler et al.，2008；Fleming et al.，2017）；Li 等在 2001 年开启了固态纳米孔研究的新时代，经过十几年的发展，固态纳米孔技术日益发展成熟。

**2. 纳米孔测序的基本原理**

牛津 MinION 测序仪的工作原理。在充满电解液的腔内，带有纳米级小孔的绝缘防渗膜将腔体分成两个小室，当电压作用于电解液室时，离子或其他小分子物质可穿过小孔，形成稳定的可检测的离子电流。掌握纳米孔的尺寸和表面特性、施加的电压及溶液条件，可检测不同类型的生物分子。由于组成 DNA 的 4 种碱基腺嘌呤（A）、鸟嘌呤（G）、胞嘧啶（C）和胸腺嘧啶（T）的分子结构及体积大小均不同，当单个碱基在电场驱使下通过纳米级的小孔时，不同碱基的化学性质差异导致穿越纳米孔时引起的电流变化幅度不同，从而得到所测 DNA 的序列信息。

牛津 MinION 测序仪的测序信号记录。早期，8～20 kb 的单链 DNA（ssDNA）用发夹结构的接头（adaptor）将"模板链"和"互补链"相连，如果只有"模板链"被读取，记录为 1D，如果"模板链"和"互补链"都被读取，记录为 2D（提供更好的准确性）。2017 年，配备了 2D 技术的测序流动池被弃用，取而代之的是 $1D^2$ 技术，没有接头相连的"模板链"和"互补链"被依次读取。当 ssDNA 通过纳米孔时，会干扰孔中已存在的电流，测序仪将这些电流干扰记录下来；而且每个数据点信号代表的是 5 个或 6 个紧邻的碱基，因此，这些信号记录为"5-mers"或"6-mers"（Patel et al.，2018a）。测序仪记录的测序原始数据（raw data）以双色曲线图（squiggle plot）的形式呈现。

碱基判定。牛津 MinION 测序仪连接到计算机后，运行 MinKNOW 软件，可以从测序仪中获取 FAST5 格式的原始数据，然后进行碱基判定，将原始电信号转换为核苷酸序列。目前，可以用于碱基判定的软件平台包括：Metrichor（牛津纳米孔技术公司旗下的 Metrichor LTD），需要在线分析；Nanocall，可离线分析，在原始数据获取时可进行实时碱基判定（David et al.，2017）；Albacore（牛津纳米孔技术），基于神经网络分析的碱基判定，绕过中间步骤，提高准确性；Chiron，基于深度学习模型的端对端碱基判定，直接将原始电信号转换为 DNA 序列（Teng et al.，2018）。

**3. 纳米孔测序技术的优点**

牛津 MinION 测序仪的主要特点为：每台测序仪仅需 1000 美元；超长的测序读长，刚推出的测序仪的读长就超过 150 kb，现在已达 1 Mb；测序准确率达 99%；测序速度快、高通量，每轮测序的耗时为 1 min 至 48 h，覆盖 30X 的人类基因组能在 1 天内完成；能直接读取甲基化的胞嘧啶；起始 DNA 在测序过程中不被破坏；样品制备简单且便宜

（表 1-1-2）。因此，牛津 MinION 测序仪具有设备便宜、测序费用低、测序读长长、测序速度快、测序数据实时读取、机器方便携带等优点。其不足之处在于：与其他测序平台不同，它不能同时提供样品制备、测序、计算机分析、数据整合等一条龙式服务（Patel et al.，2018a）。

**表 1-1-2 牛津 MinION 测序与第一代、第二代测序技术的比较**（Patel et al.，2018a）

| 相关指标 | 第一代测序技术 | 第二代测序技术 | MinION 测序技术 |
|---|---|---|---|
| 测序方法 | 双脱氧核苷酸链终止法 | 焦磷酸测序、边合成边测序、连接法测序 | 纳米孔测序 |
| 单个读序的准确率 | 99.9% | 98%～99.9% | 99% |
| 读序的读长 | 400～1500 bp | 35～700 bp | 1 Mb |
| 每轮测序的耗时 | 20 min 至 3 h | 24 h 至 2 周 | 1 min 至 48 h |
| 每台测序仪的费用 | 65 000～95 000 美元 | 500 000 美元以上 | 1 000 美元 |
| 每百万碱基的费用 | 2 400 美元 | 5～10 美元 | 500～999 美元/测序芯片流动池 |
| 各自优势 | 高准确率 | 高通量 | 超长读长、可携带、仪器便宜 |

#### 4. 纳米孔测序技术的商业化应用

美国的安捷伦科技有限（Agilent Laboratories）公司早在 2001 年就获得了研发纳米孔的许可证，但一直没有推出相关测序仪。2014 年 4 月，牛津纳米孔技术公司推出了一款手持式牛津 MinION 测序仪，接受了超过 1000 家实验室的 β-测试（beta-testing）。牛津 MinION 测序技术分别应用于基因突变与分型、埃博拉病毒监控、环境监测、食品安全检测、基因组测序（细菌、植物、动物、人）、细菌基因组中抗生素抗性基因岛的鉴定等研究（Ammar et al.，2015；Ashton et al.，2015；Jain et al.，2016；Kilianski et al.，2015；Loman et al.，2015；Jansen et al.，2017）。

## 第二节 基因组测序技术的应用与基因组研究计划

### 一、概述

随着人类基因组计划的实施和完成，基因组测序技术得到迅速发展，测序仪的价格和测序费用也大大降低。因此，越来越多地与基因组研究相关的大规模的研究计划不断地在全球范围内被提出并被实施，基因组测序技术目前及未来的应用极其广泛。

基因组学的研究，特别是许多大规模基因组研究计划的实施，对人类健康和生命科学的影响日益深远。例如，基因组学和相关的方法已经成为几乎所有生命科学分支学科的思想方法和基本工具，即使最经典的系统分类学和传统的动物生态学也是如此；基因组学的研究催生和发展了两个重要的生命科学分支学科，即生物信息学和系统生物学；基因组学催生个性化医疗，将全面改变人类医疗理念和医疗模式。下文将对部分与基因组相关的大规模研究计划进行简述。

## 二、人类基因组相关的研究计划与精准医学

### （一）国际千人基因组计划

#### 1. 国际千人基因组计划的目标

2008 年，国际千人基因组联盟启动了国际千人基因组计划（1000 Genomes Project），其目标是对来自不同人群的大量样本进行测序，发现在人群中发生频率≥1%的变异位点。至 2013 年，经过 3 期研究完成了对来自欧洲、东亚、南亚、西非和美洲 5 个大群体的 26 个亚群体约 3000 人的基因组测序，识别到了许多常见的和稀有的变异位点，为人类遗传变异的研究提供了一个综合的资源。26 个亚群体分别为美国西南部的非裔（62 人）、巴巴多斯的非裔加勒比人（120 人）、孟加拉国人（144 人）、英国人（100 人）、中国西双版纳的傣族人（102 人）、哥伦比亚人（136 人）、尼日利亚埃桑人（173 人）、芬兰人（103 人）、冈比亚人（179 人）、美国休斯敦的印度古吉拉特人（109 人）、中国北京的汉族人（102 人）、中国南部的汉族人（163 人）、西班牙伊比利亚人（157 人）、英国的印度泰卢固人（118 人）、东京的日本人（120 人）、越南人（124 人）、肯尼亚卢希亚人（120 人）、塞拉利昂门迪人（85 人）、美国洛杉矶的墨西哥裔（71 人）、秘鲁人（122 人）、波多黎各人（139 人）、巴基斯坦旁遮普人（158 人）、英国的斯里兰卡泰米尔人（128 人）、英国的印度泰卢固人（100 人）、意大利人（114 人）和尼日利亚约鲁巴人（120 人）。

#### 2. 国际千人基因组计划的试点期成果

2010 年，国际千人基因组联盟报道了该计划试点期的研究结果，试点期进行了 179 人的基因组低覆盖度测序、母亲-父亲-孩子组两组的基因组高覆盖度测序、697 人的外显子组高覆盖度测序，发现了 1.5 亿个 SNP 位点、100 万个短序列插入缺失位点、2 万个编码区变异，而且大多数是新发现的变异；每个个体平均携带 250～300 个基因功能缺失的变异和 50～100 个与遗传疾病相关的变异（1000 Genomes Project Consortium et al.，2010）。

#### 3. 国际千人基因组计划的 I 期成果

2012 年，I 期研究结果公布，完成了 1092 人的基因组测序，策略依然是低覆盖度的全基因组测序和高覆盖度的外显子组测序，发现了 3.8 亿个 SNP 位点、140 万个短序列插入缺失位点、1.4 万个长序列缺失位点、2 万个编码区变异；不同亚群体的常见和稀有变异的谱系不同，低频变异具有地理差异性，净化选择（purifying selection）作用可以强化这种差异（1000 Genomes Project Consortium et al.，2012）。

#### 4. 国际千人基因组计划的Ⅲ期成果

该计划的Ⅱ期成果未发布。2015 年，Ⅲ期研究结果公布，包括 26 个亚群体的 2504 人的基因组序列，整合了低覆盖度的全基因组测序、高覆盖度的外显子组测序和高密度

芯片的基因分型数据，发现了 8.47 亿个 SNP 位点、360 万个短序列插入缺失位点、6 万个编码区变异，涵盖了 99%以上发生频率＞1%的变异位点（1000 Genomes Project Consortium et al.，2015）。

## （二）英国万人基因组计划

### 1. 英国万人基因组计划的目标

2012 年英国启动万人基因组计划（UK 10K），威康（Wellcome）公司资助了 1000 多万英镑，旨在挖掘与疾病相关的基因突变，并分析与疾病相关联的风险因素。UK 10K 计划的研究目的在于：通过尽可能多的变异检测来全面分析单个变异；分析与特定表型直接相关的遗传变异；发现与疾病相关的稀有变异；建立新发现的变异与特定表型的相关性；为后续研究提供序列与变异资源。

### 2. 英国万人基因组计划的研究成果

并不是所有的遗传变异都是有害的，因此，UK 10K 项目将研究对象分为两大类：健康人群和患病人群。2015 年 9 月 14 日，当时最大规模的群体基因组测序结果发表于《自然》（*Nature*）杂志，研究对象包括 3781 名健康人，分析了无可辨识性影响的变异以及 64 种医学相关的风险因素，如血压、胆固醇水平等；961 名罕见的家族性遗传疾病患者（包括睫状体病症、眼器官缺损、先天性心脏病、家族性高胆固醇血症、智力障碍、神经肌肉疾病、严重胰岛素抵抗和甲状腺疾病）、1468 名肥胖患者、2753 名神经发育相关疾病患者（包括自闭症、精神分裂症），共发现了 2.4 亿个新的变异（UK10K Consortium，2015）。

通过 UK 10K 项目的研究，极大地提高了基因型填补质量，实现了对最小等位基因频率（minor allele frequency，MAF）＜0.1%的稀有变异的检出（Huang et al.，2015a）；成功找到与骨质疏松症相关联的 *EN1* 基因的突变（Zheng et al.，2015）；首次进行了基于全基因组的甲状腺功能分析（Taylor et al.，2015）；发现了欧洲人群中与血浆和低密度脂蛋白相关联的位于 *APOC3* 基因位点的稀有变异（Timpson et al.，2014）；开发了新的网络工具，能简易地搜索到与研究过的疾病相关联的风险因素，并能够获得与风险因素相关联的个体 DNA 序列，从而筛选相关的遗传变异（Geihs et al.，2015）。

## （三）亚洲 10 万人基因组计划

### 1. 亚洲 10 万人基因组计划的目标

亚洲人口占全球 50%以上，而且亚洲的种族和民族极其多样，遗传多样性极为丰富，但目前亚洲人的基因组数据不多。亚洲 10 万人基因组联盟（GenomeAsia 100K Consortium）由新加坡南洋理工学院于 2016 年发起成立；新加坡南洋理工学院的斯蒂芬•舒斯特（Stephan Schuster）教授担任联盟的学术主席，韩国首尔大学基因组医学研究所的徐正善（音译，Jeong-Sun Seo）教授和 Macrogen 公司的董事长担任共同学术主席；主要资助机构包括新加坡南洋理工学院、总部位于韩国首尔的 Macrogen 公司和印度的

MedGenome 公司。该计划对来自亚洲 28 个国家（地区）的 10 万人的基因组进行测序，为亚洲人的不同群体建立参考基因组，并鉴定这些群体基因组中的稀有变异和常见变异，以便更好地理解疾病发生的生物学机制并为亚洲人的精准医学提供大量数据和信息。计划先完成种族层面的 1 万人基因组测序，再完成 9 万人基因组测序，并结合微生物组、临床和其他表型信息，进行健康人群和疾病人群的深入分析。

**2. 亚洲 10 万人基因组计划的试点期成果**

2019 年，亚洲 10 万人基因组联盟公布了该计划先导性试验阶段的研究结果，完成了来自 64 个国家 219 个群体的 1739 人的基因组测序，其中，印度 598 人、马来西亚 156 人、韩国 152 人、巴基斯坦 113 人、蒙古国 100 人、中国 70 人、巴布亚新几内亚 70 人、印度尼西亚 68 人、菲律宾 52 人、日本 35 人、俄罗斯 32 人，约 80%的个体来自亚洲且有许多个体来自之前未研究过的群体；研究了亚洲人的遗传变异与地理和自然环境的关系，亚洲人迁移、融合的历史；在亚洲人群体基因组中发现了 144 329 个发生频率＞1%的新变异；发现了 17 566 个蛋白质截短变异，导致一部分蛋白质失去功能，变异多数是杂合性的（即等位基因中的某一个基因发生了截短变异）（GenomeAsia 100K Consortium，2019）。

## （四）中国 10 万人基因组计划

前述的国际千人基因组计划 III 期项目完成了 2504 人的基因组测序，其中只有 301 名中国人，目前药物开发、疾病诊断与治疗等研究大部分基于白色人种的数据，这不利于中国精准医学和个性化治疗的发展。2017 年 12 月 28 日，国家重点研发计划精准医学研究重点专项中国 10 万人基因组计划暨中国人群多组学参比数据库与分析系统建设正式启动，这是我国在人类基因组研究领域实施的首个重大国家计划。此计划将在 4 年内完成绘制 10 万人规模的中国人基因组图谱和中国人健康图谱，覆盖地域包含我国主要地区，涉及人群除汉族外，还将选择人口数量在 500 万以上的壮族、回族等 9 个少数民族。

## （五）10 万汉族人基因组计划

中国科学院上海营养与健康研究所/马普计算生物学研究所徐书华课题组与生物医学大数据中心启动了 10 万汉族人基因组计划（The Han 100K Initiative）。2020 年，他们以 I 期成果为基础，公布了汉族人基因组数据库（Han Chinese Genomes Database，PGG.Han），是目前唯一针对汉族人群的，也是最大规模的，是集数据存储、发布与在线分析为一体的参考基因组数据平台；包含了 114 783 名汉族人的基因组数据，包括 319 个高覆盖度的基因组和 11 878 个低覆盖度的基因组；共鉴定出 8 056 973 个遗传变异，实现基因型填补的有 102 586 个变异；建立汉族人基因组数据库的目的在于：可以进行汉族人的群体遗传结构分析、祖源推断、基因型填补和全基因组关联分析（Gao et al.，2020）。

## （六）百万中国人群基因组大数据研究

华大基因于2016年启动了“百万人群基因组大数据研究”项目。2018年，I期研究成果在《细胞》（*Cell*）杂志上公布（Liu et al.，2018h）：在充分尊重知情权和保护隐私权的前提下，项目组对参与无创产前筛查（noninvasive prenatal testing，NIPT）的141 431名中国妇女（来自31个省、自治区、直辖市的36个少数民族及汉族，怀孕12～22周）进行全基因组测序；根据这些数据，揭示了中国人群的精细遗传结构、病毒序列分布特征，为出生缺陷、肿瘤诊治、传染病防控研究提供基础数据。研究发现，在肉类摄入比例高而蔬菜摄入比例低的人群中，提高脂肪代谢率的等位基因明显富集，而南方人群中免疫相关的红细胞补体受体I型基因明显富集；与耳垢干湿、体味（如狐臭）、大汗腺分泌等相关的*ABCC11*基因，除了部分广西人、广东人和海南人未发生突变，在绝大部分生活在北方温带气候地区的人群中出现了突变；揭示了汉族与少数民族群体的遗传结构特点及中国与欧洲、南亚、东亚人群的基因交流程度（或者说是通婚程度），发现当今中国人的遗传特点同时受到丝绸之路及近代人口大规模迁徙等因素的多重影响；发现了48个与身高显著相关的基因位点，13个与体重显著相关的基因位点，2个与怀孕年龄显著相关的基因位点，在*NRG1*基因中发现了1个与双胞胎妊娠显著相关的突变位点；首次全面揭示了31个省（自治区、直辖市）的人群中病毒感染发生率以及病毒在血浆中的丰度分布，在我国人群中感染发生率排在首位的是乙肝病毒，大约为2.5%；在分析病毒易感性和基因型之间的关系时，在*MOV10L1*与*MLC*基因区域首次发现了1个与疱疹病毒6型易感性极显著相关的基因突变。

## （七）国际人类表观基因组计划

国际人类表观基因组联盟（International Human Epigenome Consortium，IHEC）成立于2010年，主要提供人类健康和复杂疾病相关的重要细胞类型的表观遗传调控（包括非编码DNA、信号通路等表观组）的高分辨率参考注释（Stunnenberg et al.，2016）。IHEC的主要目标是协调发展出共同的生物信息学的标准、数据模型和分析工具，组织、集成和可视化表观遗传学注释数据，揭示发育和老化过程中基因与环境交互的基本问题，以及表观组如何影响健康和疾病。目前，该联盟包括：日本医疗研究开发机构（AMED）的创新性尖端研究开发支援事业（AMED-CREST）团队、德国表观组计划（German Epigenome Programme，DEEP）、加拿大卫生研究院的加拿大表观遗传学环境与健康研究联盟（Canadian Epigenetics，Environment and Health Research Consortium，CEEHRC）、欧盟FP7蓝图计划（European Union FP7 BLUEPRINT Project）、中国香港表观遗传学计划（Hong Kong Epigenomics Project）、韩国表观组计划（Korea Epigenome Project，KNIH）、美国国立卫生研究院的国家人类基因组研究所DNA元件百科全书计划（NHGRI ENCODE Project）和表观遗传学路线图项目（Roadmap Epigenomics Program）、新加坡表观组计划（Singapore Epigenome Project）。建立了表观遗传一站式的数据库（http://epigenomesportal.ca/ihec），将所有成员的研究数据和成果整合在一起，共有超过600个组织样本中的7000份以上表观遗传数据，是表观遗传学研究必备的公共数据集。

## （八）精准医学之转化医学与组学计划

### 1. 转化医学与组学计划的目标

美国国立卫生研究院的国家心脏、肺和血液研究所（National Heart，Lung，and Blood Institute，NHLBI）于2014年启动了精准医学之转化医学与组学（Trans-Omics for Precision Medicine，TOPMed）计划。2016年，NHLBI公布了TOPMed计划的战略愿景（strategic vision）：未来10年，将收集100万人甚至更多人的全基因组、转录组、蛋白质组和代谢组研究数据，并将这些组学数据与其他分子、行为、成像、环境和临床数据等进行整合，调查影响疾病风险的因子，帮助鉴别疾病亚型，为加深我们对心脏、肺、血液、睡眠等疾病的了解而提供科学数据与资源，同时开发出多种靶向个性化预防与治疗方法。NHLBI给布罗德研究所资助了4000万美元，对2万名个体进行大规模的全基因组测序研究，包括来自弗雷明汉心脏研究（Framingham Heart Study）计划的数千名个体和TOPMed计划第一阶段的心房颤动患者。

### 2. 转化医学与组学计划的预期成果

研究发现增加或降低心脏、肺、血液、睡眠等疾病风险的生物标志物；揭示影响健康的基因和环境之间的相互作用；发现相关疾病的药物靶标；发现心脏、肺、血液、睡眠等疾病或疾病亚型诊断的新分子标记；开发并测试多种靶向个性化治疗方法；提升心脏、肺、血液、睡眠等疾病的预测、预防、诊断和治疗方面的精准医学水平。

### 3. 转化医学与组学计划已公布的研究成果

TOPMed计划第一阶段的工作是从之前的研究项目中明确了临床表型的个体筛选研究对象，进行全基因组测序。目前，已经完成了90 000人的基因组测序，计划再进行120 000人的基因组测序。数据均在NIH的基因型和表型数据库（Database of Genotype and Phenotype，dbGaP）中公布，2018年初已经公布了75 000个基因组信息。血红蛋白A1c（hemoglobin A1c，HbA1c）是糖尿病诊断和血糖控制评价的一个重要指标。Sarnowski等（2019）分析了TOPMed计划完成测序的10 338个基因组（包括6158名欧洲人、3123名非裔美国人、650名西班牙裔和407名亚裔美国人），发现了5个与HbA1c相关的基因组变异位点；其中，相关性最大的变异位点是*G6PD*基因，用HbA1c筛查糖尿病时，会导致对携带该变异的非裔和西班牙裔的漏诊。Kowalski等（2019）从TOPMed计划的数据库中抽取了10万个西班牙裔/拉丁裔和非裔的基因组，进行基因型填补质量评价，与以前的研究结果相比，他们将最小等位基因频率（minor allele frequency，MAF）＜0.5%的稀有变异的检出率提高了2.3～6.1倍；发现了2个与血液学特征相关的稀有变异。

## 三、动物基因组研究计划

### （一）动物基因组功能注释计划

动物基因组功能注释（Functional Annotation of Animal Genomes，FAANG）计划由欧洲生物信息学研究所发起，其目标是：通过国际协调合作，为家禽和家畜等动物提供高质量的基因组功能注释，并使得核心分析、实验操作流程、分析方法等标准化，达到不同研究项目的数据具有可比性和研究效果最大化的目的，实现从基因组到表型组的转化（Andersson et al.，2015；Giuffra et al.，2019）。基因组功能注释的主要数据包括：转录组、DNA 甲基化、染色体修饰、染色质可及性和相互作用、基因组变异位点等，通过比较分析，为动物育种提供精准基因组选择。FAANG 鼓励样本和数据出版前的登记，并为研究数据的提交提供了校验工具，确保提交的数据符合 FAANG 的基本标准。

### （二）脊椎动物基因组计划

2009 年，来自 12 个国家 50 家研究机构的 150 人发起成立了 1 万种脊椎动物基因组计划（Genome 10K Project），他们从 62 000 种已命名的脊椎动物中选取 10 000 种（包括鱼类、两栖类、爬行类、鸟类和哺乳动物）进行基因组测序和组装（Genome 10K Community of Scientists，2009）。到 2014 年，有 277 种完成了测序或正在测序中（Koepfli et al.，2015）。

2017 年，该项计划科学家群体的目标进一步扩大，提出了脊椎动物基因组计划（Vertebrate Genomes Project，VGP）：完成约 70 000 种（计划列表中有 71 657 种）现存的脊椎动物基因组测序和组装（https://vertebrategenomesproject.org/）。VGP 分为 4 期：I 期完成 260 个目的至少 1 个种；II 期完成 1045 个科的至少 1 个种；III 期完成 9478 个属的至少 1 个种；IV 期完成所有种的基因组测序与组装。进入每一期测序工程的物种都有其选择标准：①已经被测序，但组装质量有待提高；②能为丰富人类生物学提供特定信息；③濒临灭绝的物种；④在生物医学研究中有重要作用等。针对每一期研究中存在的问题，研究引入新的技术，并开发新的算法，用于基因组组装、比对、注释、比较基因组分析等。分 4 步走的策略也是为了确保能筹措到确保计划实施的经费。

在获得这些物种的基因组数据的同时，VGP 也列出了基于基因组数据的研究计划：①构建基于全基因组的脊椎动物科水平的系统发育树；②比较基因组分析中各类脊椎动物的特有信息；③比较基因组分析中脊椎动物共有信息（如鸣唱学习、打斗行为、肢体丧失、水生或陆生适应性）；④建立通用的脊椎动物直系同源基因和命名原则；⑤解码脊椎动物染色体进化机制；⑥重构所有脊椎动物和一些关键进化枝（如哺乳动物、鸟类、爬行类、两栖类、硬骨鱼类、有颌类脊椎动物等）的共同祖先的基因组；⑦研究人类基因组从核苷酸水平到染色体水平的进化；⑧研究有些物种对一些疾病抗性更强的遗传学机制；⑨濒临灭绝物种的保护性基因组学分析；⑩获得所有存活的鸮鹦鹉基因组；⑪获得所有家养脊椎动物驯化过程的遗传信号；⑫研究脊椎动物的性别决定和性染色体进化的遗传学机制；⑬脑细胞的进化和同源性的基因组学与转录组学分析；⑭获得脊椎动物的 3D 基因组结构；⑮获得转座子和宿主因子的进化斗争的影响与结果；⑯开发组装水平接近完成图水平的新算法；⑰开发用于无参多重基因组比对的新算法（https://vertebrategenomesproject.org/）。

## （三）鸟类系统基因组学计划

鸟类是唯一现存的恐龙后代，是四足脊椎动物中种类最多的类群，约有 10 500 种。2014 年由中国国家基因库（China National GeneBank）、华大基因（BGI）等发起成立了由来自20多个国家80家科研机构的200多人组成的国际鸟类基因组联盟（Avian Genome Consortium），提出了 1 万种鸟类基因组计划（Bird 10K），现在发展为鸟类系统基因组学计划（Avian Phylogenomics Project，APP），并于 2015 年在 *Nature* 上发布了该计划：在 2015～2020 年完成现存的 10 500 种鸟类的基因组测序与组装（Zhang et al.，2015b）。

APP 分为 4 期工程：I 期完成 34 个目的基因组测序；II 期完成 240 个科（加上几个亚科）的基因组测序；III 期完成 2250 个属以上的基因组测序；IV 期完成剩下的约 8000 种鸟类的基因组测序。2014 年，APP 的 I 期工程已经圆满完成，对 34 个目的 45 种鸟类的基因组进行了测序和组装（Zhang et al.，2014c；Jarvis et al.，2015）。目前，由英国罗斯林研究所（Roslin Institute）和 BGI 共同建立了鸟类基因组专业数据库 The Avian base Project，其收录的基因组主要由 BGI 测序和注释，罗斯林研究所进一步完善了这些鸟类基因组的重复序列分析（Eöry et al.，2015）。

## （四）1000 个蝙蝠基因组计划

蝙蝠是哺乳动物中唯一能够真正飞翔的兽类，也是多种人畜共患病毒的天然宿主，能够携带数十种病毒（包括尼帕病毒、亨德拉病毒、埃博拉病毒、严重急性呼吸综合征类冠状病毒），而自身几乎不受感染。通常蝙蝠的视觉较差，而听觉则异常发达，在夜间或十分昏暗的环境中它们能够自由地飞翔和准确无误地捕捉食物。70%的蝙蝠种类主要以昆虫和其他小节肢动物为食；其余的种类主要以果实、花蜜和花粉为食；一些热带种类是食肉的，有 3 个种类的吸血蝙蝠以血液为食。全球现存的蝙蝠约有 1300 种，占现存哺乳动物的 20%以上，环境适应能力强，拥有喉部回声定位系统、超长的寿命、独特的免疫系统、鸣唱学习能力和神秘的基因组。蝙蝠的生态功能包括：帮助热带植物授粉、传播种子、控制害虫等。

1000 个蝙蝠基因组计划（Bat1K Project）是由爱尔兰都柏林大学（University College Dublin）和德国马克斯•普朗克研究所（Max Planck Institute）于 2018 年联合发起成立的，参与者包括全球的蝙蝠生物学家（超过 150 人）、计算机和基因组技术人员、环保组织人员等。其目标是为全部现存的蝙蝠提供组装到染色体水平的基因组，收集全部现存蝙蝠标本，揭示其遗传多样性，明确蝙蝠适应环境的分子机制，揭示其起源和进化历史，能更好地了解蝙蝠和保护蝙蝠（Teeling et al.，2018）。该计划对基因组测序和组装的要求是：重叠群（contig）$N_{50}$≥1 Mb，支架（scaffold）$N_{50}$≥10 Mb，90%以上的读序能组装到染色体中。该计划将分 3 期实施：I 期工程完成翼手目（Chiroptera）21 个科的代表种类的基因组测序、组装和注释；II 期工程完成 220 个属的代表种类的基因组测序、组装和注释；III 期工程完成所有剩余种类（约 1288 种）的基因组测序、组装和注释。目前，I 期工程正在实施中，该计划已经公布了 6 个蝙蝠的基因组信息。

### （五）5000 个节肢动物基因组计划

节肢动物基因组学联盟（Arthropod Genomics Consortium）于 2012 年发起成立了 5000 个节肢动物基因组计划（Insect 5K Initiative，i5K），2012 年 5 月 29～30 日在美国堪萨斯大学召开了第一届 i5K 计划研讨会，当时有 140 人参会，计划完成 5000 种节肢动物的基因组测序、组装和注释（i5K Consortium，2013）。i5K 的主要使命是：①从数百万种节肢动物中挑选出 5000 种目标种类进行测序；②为每一个基因组测序项目提供实验设计和实施指南；③对参与人员进行必须工具和标准的培训；④共同解决如何降低投入和提高该计划影响力的问题；⑤为参与人员和机构向相关机构争取节肢动物基因组项目的经费支持提供介绍信。目前，全球有 600 多人参与了 i5K，已经从六足亚门（Hexapoda）、螯肢亚门（Chelicerata）、甲壳纲（Crustacea）、多足纲（Myriapoda）的 24 个目中选取了 800 多种进行基因组学研究（http://www.arthropodgenomes.org/wiki/i5K），并建立了节肢动物基因组的专业数据库 i5k Workspace@NAL（http://i5k.nal.usda.gov/），纳入美国国家农业数据库（Poelchau et al.，2015）。

### （六）全球无脊椎动物基因组学联盟

无脊椎动物约占全部动物种类的 95%，其基因组学研究意义重大。全球无脊椎动物基因组学联盟（Global Invertebrate Genomics Alliance，GIGA）于 2013 年成立，其目标是联合全球的相关机构和人员共同完成 7000 种无脊椎动物（不包括昆虫和线虫）的基因组和转录组测序、组装及注释，并开发相应的分析工具和标准，使得这些基因组学研究的应用最大化。选择研究对象时，重点向海洋无脊椎动物倾斜，包括海绵动物门（Porifera）、栉水母动物门（Ctenophora）、刺胞动物门（Cnidaria）、扁盘动物门（Placozoa）、软体动物门（Mollusca）、节肢动物门（Arthropoda）、棘皮动物门（Echinodermata）、环节动物门（Annelida）、苔藓动物门（Bryozoa）、扁形动物门（Platyhelminthes）等 36 个门。GIGA 的主要研究内容包括：无脊椎动物的系统发育分析，发育生物学，物种形成、辐射与进化率，海洋、淡水和陆地生态学，渔业与水产，入侵和有害物种，共生，濒危、濒临灭绝和重要物种，人类健康等，GIGA 为各参与者提供了包括研究权限、样品收集与运送、动物组织的选择与制备、DNA 和 RNA 样品的质与量、分类鉴定、样品保存、项目与样品的归档、测序标准、组装与注释等方面的研究设计和实施标准（GIGA Community of Scientists et al.，2014）。GIGA 建立了专业数据库 The GIGA Web site（http://giga.nova.edu）（Voolstra et al.，2017）。

### （七）全球蚂蚁基因组联盟计划

全球蚂蚁基因组联盟（Global Ant Genome Alliance，GAGA）计划由丹麦哥本哈根大学（University of Copenhagen）等单位于 2017 年发起成立，将构建全球蚂蚁属水平的代表物种的基因组图谱，提供最全面的蚂蚁基因组多样性数据。通过对这些基因组数据的比较分析，明确蚂蚁演化的全球性趋势，并找到当今蚂蚁物种的多样性及其令人惊叹的适应性背后的遗传基础。GAGA 计划预期在系统发育框架下从全球范围内选取约 200 个有代表性行为生态特征的蚂蚁物种进行基因组测序，将会极大地促进蚂蚁（乃至其他物种）生物学的研究（Boomsma et al.，2017）。GAGA 计划的主要研究内容和意义包括：①构建基于基因组的蚂蚁系统发育树；②探讨社会性昆虫蚂蚁不同分工的个体（蚁后、工蚁、兵蚁）形态差异的起源与适应性意义；③全球约有 15 000 种蚂蚁，其分布比白蚁、蜜蜂和黄蜂都广，适应极端环境的技能多种多样，通过大规模基因组测序来研究蚂蚁的生态位与生活史适应；④揭示蚂蚁获取资源的创新方式（如真菌养殖、群体掠夺、采集种子、驯养其他昆虫为其劳动）的起源与适应性意义；⑤分析蚂蚁微生物组和它们神经系统的联系（http://antgenomics.dk/）。

### （八）959 个线虫基因组计划

959 个线虫基因组（959 Nematode Genome，959NG）计划于 2010 年发起成立，目标是完成 959 种线虫动物门的基因组测序、组装与注释，从 23 000 种已描述的线虫中选择 959 种的原因是成年雌性（雌雄同体）秀丽隐杆线虫（*Caenorhabditis elegans*）有 959 个细胞，其数据库的入口是 http://www.nematodes.orglnematodegenomes（Kumar et al.，2012）。

## 四、植物基因组研究计划

### （一）美国国家科学基金会植物基因组研究计划

美国国家科学基金会（National Science Foundation，NSF）植物基因组研究计划（Plant Genome Research Program，PGRP）是美国国家科学基金会 2014 年的资助项目，是 1998 年的国家植物基因组计划（National Plant Genome Initiative，NPGI）的延续资助计划，重点关注具有重大经济价值的植物（包括各种农作物），鼓励将基因组学研究与植物生理学、数量遗传学、生物化学、生物信息学和植物基因工程等相结合（http://www.nsf.gov/pubs/2014/nsf14533/nsf14533.htm）。

### （二）1 万种植物基因组测序计划

1 万种植物基因组测序计划（10 000 Plant Genome Sequencing Project，10KP）由中国国家基因库和华大基因等单位于 2017 年联合发起成立，该计划将是全球生物基因组项目的重要组成部分，同时，该计划又是建立在千种植物转录组项目基础之上，使用的测序和组装平台是华大基因自主研发的 MGISEQ 平台（Normile，2017；Twyford，2018）。其目标是在 5 年内（2017～2022 年）完成开花植物（现存约 419 科 20 785 属 329 843 种）和非开花植物（现存约 248 科 2777 属 50 003 种）的每个属的 1 个种，以及约 4000 种真核微生物（原生生物）的基因组测序。10KP 的 I 期计划为每个科（约 700 个科）提供至少 1 个基因组，建立科水平的系统发育树；II 期计划为每个科提供更多的基因组，进行完成图水平的基因组测序（https://db.cngb.org/10kp/）（Cheng et al.，2018）。

## 五、地球生物基因组计划

### （一）地球生物基因组计划的宏伟愿景

据估算，地球上有1000万～1500万种真核生物与数万亿种细菌和古菌，已知的种类约有230万种（Hinchliff et al.，2015），但仅有不到15 000个物种（绝大多数是原核生物）的基因组被测序。基于此，美国国家科学院（National Academy of Sciences，NAS）和加利福尼亚大学戴维斯分校等单位于2018年发起成立了基因组测序计划——地球生物基因组计划（Earth BioGenome Project，EBP）：在未来10年内完成地球上所有真核生物的基因组测序、组装和注释（Lewin et al.，2018）。

EBP的宏伟愿景是：为生命科学提供一个全新的基础，以期为人类面临的气候变化对生物多样性的冲击、濒危物种和生态系统的保护、提高生态系统的服务功能等诸多问题提供足够的背景信息。近年来，在基因组测序技术、生物信息学、人工智能等方面的巨大进步，也为完成所有物种的基因组测序提供了保障。这些基因组信息将人类在更好地理解、利用和保护生物多样性方面推向一个全新高度。与很多基因组测序计划不同，EBP是对每一个物种进行测序，而不是科或属的代表物种。理由是：物种起源、物种形成、进化与共进化、物种的生态功能、濒危物种的命运与保护等研究最终要落实到种的水平；生态学也涉及物种间的相互作用。

### （二）地球生物基因组计划的研究主题和意义

EBP的研究主题和意义包括如下几方面（Lewin et al.，2018）。

1）重塑人们对生物学、生态系统和物种进化的认知：更好地理解所有物种的进化关系；阐明地球上每一个物种的起源、出现的年代、分布和种群密度；获得对生态系统组成和功能的新认知；发现新物种（80%～90%的真核生物是未知的）；从基因到染色体水平揭示基因组进化；发现驱动物种进化的基本法则等。

2）生物多样性的保护与重建：明确气候变化对生物多样性的影响；阐明人类活动（污染、栖息地占领等）和其他入侵物种对生物多样性的影响；制订针对稀有和濒危物种的循证保护计划；为受损或枯竭的生态系统的恢复提供基因组资源。

3）最大限度地回报社会和人类福利（包括生态系统的服务功能和生物资源）：为人类健康提供新的药用资源；提高流行病的控制能力；为农作物的分子育种提供新的遗传变异位点；发现新的生物材料、新能源资源和生物化学物质；提高土壤、空气和水等环境质量。

### （三）地球生物基因组计划的支持和参与机构

目前，EBP获得的经费分别来自美国国家科学基金支持的国家生态观测网络（National Ecological Observatory Network），中国科学院建立的中国生态系统研究网络（Chinese Ecosystem Research Network），史密森尼学会（Smithsonian Institution）在全球建立的世界森林地球监测（Forest Global Earth Observatory，ForestGEO）项目（在24个

国家的 60 块热带和温带森林中监测森林的作用和多样性）和世界海洋地球监测（Marine Global Earth Observatory，MarineGEO）项目，以及其他国家和国际网络。参与测序的机构包括：中国的华大基因（BGI）、美国的贝勒医学院（Baylor College of Medicine）和洛克菲勒大学（The Rockefeller University）、英国的桑格研究所（Sanger Institute）、巴西的圣保罗研究基金会（São Paulo Research Foundation）等。

### （四）地球生物基因组计划的经费预算

需要测序的样品数量大约有 150 万种已知种类和 10 万种新发现的物种，以及在生物多样性热点地区已经收集到的 DNA 样品，按照 1000 美元/基因组的测序费用，初步预算为 47 亿美元。这些预算还包括购买测序仪，样品收集，构建约 9000 个参考基因组，数据的存储、分析、可视化，项目宣传和管理费用等。

### （五）地球生物基因组计划的目标和路线图

EBP 将分 3 期完成约 150 万种已知种类的基因组测序、组装和注释。I 期工程将历时 3 年，为真核生物约 9000 个科各提供至少 1 个完成注释的组装到染色体水平的参考基因组。

目前，已知的植物种类将近 300 000 种（其中，被子植物 226 000 种、裸子植物 800 种、蕨类植物 12 000 种、苔藓 26 000 种、藻类 33 000 种），完成全部植物的基因组测序是一个巨大的挑战（Exposito-Alonso et al.，2020）。作为 EBP 的一部分，华大基因牵头完成了来自云南瑞丽植物园的 689 种维管植物 761 份样品的基因组测序，这些植物隶属于 49 目 137 科，有 257 份样品可以鉴定到种，有 504 份样品可以鉴定到科；共获得 54 Tb 的基因组数据，基因组的平均测序深度为 60 X（Liu et al.，2019j）。

# 第二章　主要生物类群的基因组研究进展

## 第一节　基因组研究的两个发展时期

### 一、基因组测序的缓慢发展期

1990 年启动的人类基因组计划推动了基因组研究的发展，2003 年，历时 13 年完成了大小约为 3.2 Gb 的人类基因组精细图绘制，于 2004 年正式发表。然而第二代测序技术问世以前，因测序过程烦琐、耗时长、费用高等，各物种的基因组测序进展缓慢，1995～2003 年仅有少数物种的基因组被测序（表 2-1-1）。以动物基因组研究为例，除了 2007 年（当年完成了 12 种果蝇基因组测序），2010 年之前每年完成测序的动物基因组数量均在 10 个以下；2010 年之后出现了井喷式发展，特别是 2014 年以后，每年完成基因组测序的动物种类数量均在 100 种以上。

**表 2-1-1　2003 年以前完成基因组测序的物种信息**

| 年份 | 物种 | 参考文献 |
|---|---|---|
| 1995 | 流感嗜血杆菌（*Haemophilus influenzae*），第一个细菌基因组 | Fleischmann et al.，1995 |
| | 生殖支原体（*Mycoplasma genitalium*） | Fraser et al.，1995 |
| 1996 | 酿酒酵母（*Saccharomyces cerevisiae*），第一个真核生物基因组 | Goffeau et al.，1996 |
| | 肺炎支原体（*Mycoplasma pneumoniae*） | Himmelreich et al.，1996 |
| 1997 | 大肠杆菌（*Escherichia coli*） | Blattner et al.，1997 |
| | 枯草芽胞杆菌（*Bacillus subtilis*），第一个革兰氏阳性菌基因组 | Kunst et al.，1997 |
| 1998 | 秀丽隐杆线虫（*Caenorhabditis elegans*），第一个线虫基因组 | *C. elegans* Sequencing Consortium，1998 |
| | 结核分枝杆菌（*Mycobacterium tuberculosis*） | Cole et al.，1998 |
| | 普氏立克次体（*Rickettsia prowazekii*） | Andersson et al.，1998 |
| 1999 | 幽门螺杆菌（*Helicobacter pylori*） | Alm et al.，1999 |
| | 海栖热袍菌（*Thermotoga maritima*），第一个古菌基因组，并且研究发现古菌和细菌之间存在基因水平转移的证据 | Nelson et al.，1999 |
| 2000 | 脑膜炎奈瑟氏菌（*Neisseria meningitidis*）serogroup A 和 B | A：Parkhill et al.，2000；B：Pizza et al.，2000 |
| | 黑腹果蝇（*Drosophila melanogaster*），第一个昆虫基因组 | Adams et al.，2000 |
| 2001 | 人类——智人（*Homo sapiens*），2001 年为框架图，2004 年为精细图 | International Human Genome Sequencing Consortium，2001，2004 |
| | | Venter et al.，2001 |
| | 金黄色葡萄球菌（*Staphylococcus aureus*） | Kuroda et al.，2001 |
| | 新月柄杆菌（*Caulobacter crescentus*） | Nierman et al.，2001 |
| | 麻风分枝杆菌（*Mycobacterium leprae*） | Eiglmeier et al.，2001 |
| 2002 | 炭疽芽胞杆菌（*Bacillus anthracis*） | Read et al.，2002，2003 |
| | 冈比亚按蚊（*Anopheles gambiae*） | Holt et al.，2002 |
| | 玻璃海鞘（*Ciona intestinalis*） | Dehal et al.，2002 |
| | 红鳍东方鲀（*Fugu* = *Takifugu rubripes*），第一个鱼类基因组 | Aparicio et al.，2002 |
| | 小家鼠（*Mus musculus*） | Mouse Genome Sequencing Consortium，2002 |
| 2003 | 蜡样芽胞杆菌（*Bacillus cereus*） | Ivanova et al.，2003 |
| | 布氏隐杆线虫（*Caenorhabditis briggsae*） | Stein et al.，2003 |

## 二、基因组测序的井喷式发展期

Ensembl 基因组数据库是欧洲分子生物学实验室（European Molecular Biology Laboratory，EMBL）的下属机构欧洲生物信息研究所（European Bioinformatics Institute）和英国威康基金会桑格研究所（Wellcome Trust Sanger Institute）之间的一个联合科学项目，该项目于 1999 年启动，以应对即将完成的人类基因组计划。随着时间的推移，该项目已扩展到包括其他物种（关键模式生物，如小鼠、果蝇和斑马鱼）以及更广泛的基因组数据，如参考基因组序列、基因模式、转录组、遗传变异和比较基因组学。自 2009 年 4 月以来，一个姐妹项目 Ensembl Genomes（http://www.ensemblgenomes.org）将 Ensembl 的范围扩展到后生动物中的无脊椎动物、植物、真菌、细菌和原生生物，而原始项目（Ensembl Project，http://www.ensembl.org）继续关注脊椎动物（Kersey et al.，2016；Cunningham et al.，2019）。

目前，Ensembl 是用于检索基因组信息的几种众所周知的数据库之一。在 2016 年，Ensembl 基因组数据库中的细菌基因组由 2013 年的约 9000 个增加至 29 000 个，真菌基因组有 408 个（比 2013 年增加了 8 倍），原生生物基因组有 133 个（比 2013 年增加了 4 倍），此外还有 55 个无脊椎动物和 39 个植物的基因组（Kersey et al.，2016）。到了 2019 年，Ensembl 基因组数据库提出了其终极目标：完成所有脊椎动物的基因组测序和注释（Cunningham et al.，2019）。截至 2020 年 6 月 30 日，Ensembl 基因组数据库共收集了 45 492 个基因组，其中，细菌 44 048 个、真菌 1014 个、无脊椎动物 112 个、植物 81 个、原生生物 237 个。

GenBank 序列数据库是美国国立卫生研究院下属的美国国家生物技术信息中心（National Center for Biotechnology Information，NCBI）维护的基因序列数据库，汇集并注释了所有公开的核酸及蛋白质序列。1983 年底，仅有 2000 多条序列；到 2013 年 2 月，有多达 1.62 亿条序列；2015 年 8 月底，GenBank 数据库收集到的基因组序列包括细菌 47 555 个（9736 个种）、古菌 617 个（451 个种）、真菌 1198 个（598 个种）、无脊椎动物 402 个（337 个种）、植物 248 个（173 个种）、原生动物 294 个（187 个种）、哺乳动物 180 个（110 个种）、其他脊椎动物 151 个（137 个种）（Kitts et al.，2016）。截至 2020 年 6 月 30 日，不同物种的基因组数量（不代表被测序的种的数量）分别为：细菌 245 060 个（其中，厚壁菌门 107 508 个）、古菌 4983 个、真菌 6416 个、藻类 219 个、被子植物 1168 个、扁形动物 60 个、线虫 202 个、昆虫 894 个、鱼类 460 个、两栖动物 26 个、爬行动物 63 个、鸟类 402 个、哺乳动物 897 个（https://www.ncbi.nlm.nih.gov/assembly/）。

从上述两个大型数据库收集的基因组数量可以看出，生物类群的基因组测序呈现出井喷式发展态势。特别是随着几个基因组计划的实施，如地球生物基因组计划、地球微生物组计划、人类微生物组计划等，我们将有可能全面深入地了解地球上全部生物的基因组信息。

# 第二节　动物界基因组研究进展

## 一、动物界的分类概况与基因组大小

### （一）动物界门水平的分类系统

动物界的分类系统比较复杂，在刘凌云和郑光美（2009）主编的《普通动物学》（第4版）中，将其分为34门：原生动物门（Protozoa）、中生动物门（Mesozoa）、多孔动物门（Porifera）、扁盘动物门（Placozoa）、刺胞动物门（Cnidaria）、栉水母动物门（Ctenophora）、扁形动物门（Platyhelminthes）、纽形动物门（Nemertea）、颚胃动物门（Gnathostomulida）、轮虫动物门（Rotifera）、腹毛动物门（Gastrotricha）、动吻动物门（Kinorhyncha）、线虫动物门（Nematoda）、线形动物门（Nematomorpha）、鳃曳动物门（Priapula）、棘头动物门（Acanthocephala）、内肛动物门（Entoprocta）、铠甲动物门（Loricifera）、环节动物门（Annelida）、螠虫动物门（Echiura）、星虫动物门（Sipuncula）、须腕动物门（Pogonophora）、被腕动物门（Vestimentifera）、缓步动物门（Tardigrada）、有爪动物门（Onychophora）、节肢动物门（Arthropoda）、软体动物门（Mollusca）、腕足动物门（Brachiopoda）、外肛动物门（Ectoprocta）、帚虫动物门（Phoronida）、毛颚动物门（Chaetognatha）、棘皮动物门（Echinodermata）、半索动物门（Hemichordata）、脊索动物门（Chordata）。

### （二）动物基因组的大小

动物基因组一直以来都是组学研究领域的热门，目前动物基因组大小数据库（Animal Genome Size Database）中已经收录了超过6000种（大多数种类的基因组未被测序，仅测定了基因组大小）。结果表明，最小的动物基因组如咖啡短体线虫（*Pratylenchus coffeae*）只有19.56 Mb，而维多利亚肺鱼（*Protopterus aethiopicus*）的基因组达到了近130 Gb，两者相差6600多倍（Hidalgo et al.，2017）。

## 二、原生动物门的基因组测序

### （一）原生动物门基因组测序的种类

原生动物门为最原始、最简单、最低等的单细胞动物，分为鞭毛虫纲（Mastigophora）、肉足虫纲（Sarcodina）、孢子虫纲（Sporozoa）、丝孢子虫纲（Cnidospora）和纤毛虫纲（Ciliata）等，约有30 000个现生物种。目前，至少有5纲15目18科19属52种的基因组完成测序，具体情况如下。

### （二）鞭毛虫纲基因组测序的种类

鞭毛虫纲完成基因组测序的物种包括5目6科7属24种。

1）双滴目（Diplomonadida）：六鞭科（Hexamitidae）十二指肠贾第虫（*Giardia duodenalis*）（Kooyman et al.，2019）和肠贾第虫（*Giardia intestinalis*）（Xu et al.，2020a）。

2）眼虫目（Euglenales）：眼虫科（Euglenaceae）纤细眼虫（*Euglena gracilis*）（Ebenezer et al.，2019）。

3）雅氏虫目（Jakobida）：1 种鞭毛虫（*Andalucia godoyi*）（Gray et al.，2020）。

4）动质体目（Kinetoplastida）：锥体虫科（Trypanosomatidae）埃塞俄比亚利什曼原虫（*Leishmania aethiopica*）（Batra et al.，2019），亚马孙利什曼原虫（*Leishmania amazonensis*）（Real et al.，2013），巴西利什曼原虫（*Leishmania braziliensis*）（González-de la Fuente et al.，2018），杜氏利什曼原虫（*Leishmania donovani*）（Downing et al.，2011；Camacho et al.，2019），豚鼠利什曼原虫（*Leishmania enriettii*）、大叶利什曼原虫（*Leishmania macropodum*）、马提尼克利什曼原虫（*Leishmania martiniquensis*）（Butenko et al.，2019），圭亚那利什曼原虫（*Leishmania guyanensis*）、萘氏利什曼原虫（*Leishmania naiffi*）（Coughlan et al.，2018），婴儿利什曼原虫（*Leishmania infantum*）、墨西哥利什曼原虫（*Leishmania mexicana*）（Rogers et al.，2011），大利什曼原虫（*Leishmania major*）（Ivens et al.，2005），巴拿马利什曼原虫（*Leishmania panamensis*）（Llanes et al.，2015），秘鲁利什曼原虫（*Leishmania peruviana*）（Valdivia et al.，2015），蜥蜴利什曼原虫（*Leishmania tarentolae*）（Raymond et al.，2012），布氏锥虫（*Trypanosoma brucei*）（El-Sayed et al.，2005；Müller et al.，2018），克氏锥虫（*Trypanosoma cruzi*）（Berriman et al.，2005），伊氏锥虫（*Trypanosoma evansi*）（Zheng et al.，2019）。

5）锐滴虫目（Oxymonadida）：锐滴虫科（Oxymonadidae）的 1 种单鞭滴虫（*Monocercomonoides exilis*）（无线粒体，寄生于动物内脏）（Karnkowska et al.，2019）；Streblomastigidae 的 1 种锐滴虫（*Streblomastix strix*）（Treitli et al.，2019）。

### （三）肉足虫纲基因组测序的种类

肉足虫纲完成基因组测序的物种包括 5 目 5 科 5 属 6 种。

1）阿米巴目（Amoebida）：内阿米巴科（Entamoebidae）纳氏内阿米巴（*Entamoeba nuttalli*）（Tanaka et al.，2019）。

2）星根虫目（Astrorhizida）（有孔虫亚纲）：砂袋虫科（Saccamminidae）稀有星砂虫（*Astrammina rara*）（Habura et al.，2011）。

3）有孔虫目（Foraminiferida）（有孔虫亚纲）：1 种有孔虫（*Reticulomyxa filosa*）（Glöckner et al.，2014）。

4）裂核目（Schizopyrenida）：瓦氏科（Vahlkamphidae）福氏耐格里阿米巴（*Naegleria fowleri*）（Liechti et al.，2019）和罗旺耐格里阿米巴（*Naegleria lovaniensis*）（Liechti et al.，2018）。

5）帽孢阿米巴（*Capsaspora owczarzaki*）（Denbo et al.，2019）（未查到目、科等相关信息）。

### （四）黏孢子虫纲基因组测序的种类

黏孢子虫纲（Myxosporidia）完成基因组测序的物种包括 2 目 4 科 4 属 4 种。

1）多壳目（Multivalvulida）：两极虫科（Myxidiidae）弧形虫（*Sphaeromyxa zaharoni*）（Shpirer et al.，2014）；四囊虫科（Tetracapsulidae）岩田库道虫（*Kudoa iwatai*）（Shpirer et al.，2014）；单极虫科（Thelohanellidae）吉陶单极虫（*Thelohanellus kitauei*）（黏孢子虫）（Yang et al.，2014）。

2）肠粘原虫科（Enteromyxidae）李氏肠粘原虫（*Enteromyxum leei*）（Shpirer et al.，2014）。

### （五）孢子虫纲基因组测序的种类

孢子虫纲完成基因组测序的物种包括 1 目 1 科 1 属 16 种。

真球虫目（Eucoccidiida）或血孢子虫目（Haemosporidia）：疟原虫科（Plasmodiidae）的柏氏疟原虫（*Plasmodium berghei*）、夏氏疟原虫（*Plasmodium chabaudi*）、约氏疟原虫（*Plasmodium yoelii*）（Otto et al.，2014），巴西疟原虫（*Plasmodium brasilianum*）（Talundzic et al.，2017），柯氏疟原虫（*Plasmodium coatneyi*）（Chien et al.，2016），食蟹猴疟原虫（*Plasmodium cynomolgi*）（Tachibana et al.，2012），恶性疟原虫（*Plasmodium falciparum*）（Volkman et al.，2007），加蓬疟原虫（*Plasmodium gaboni*）、里氏疟原虫（*Plasmodium reichenowi*）（Sundararaman et al.，2016），鸡疟原虫（*Plasmodium gallinaceum*）、残片疟原虫（*Plasmodium relictum*）（Lutz et al.，2016；Böhme et al.，2018），贡德尔疟原虫（*Plasmodium gonderi*）（Honma et al.，2017），诺氏疟原虫（*Plasmodium knowlesi*）（Pain et al.，2008；Benavente et al.，2019），三日疟原虫（*Plasmodium malariae*）、卵形疟原虫（*Plasmodium ovale*）（Ansari et al.，2016），间日疟原虫（*Plasmodium vivax*）（Neafsey et al.，2012）。

### （六）纤毛虫纲基因组测序的种类

纤毛虫纲完成基因组测序的物种包括 2 目 2 科 2 属 2 种。

1）缘毛目（Peritrichida）：柠檬类瘦尾虫（*Uroleptopsis citrina*）（Zheng et al.，2018）。

2）膜口目（Hymenostomatida）：嗜热四膜虫（*Tetrahymena thermophila*）（Eisen et al.，2006）。

## 三、中生动物门的基因组测序

### （一）中生动物门基因组测序的种类

中生动物门（Mesozoa）为微小的多细胞动物，寄生于海洋无脊椎动物体内（如扇形动物、纽形动物、环节动物、双壳贝类及棘皮动物），仅有直泳虫纲（Orthonecta）1 纲 2 目［二胚虫目（Dicyemida）和直泳虫目（Orthonectida）］，约有 50 个现生种。目前，中生动物门完成基因组测序的物种至少包括 2 目 2 科 2 属 3 种。

### （二）二胚虫目基因组测序的种类

日本二胚虫（*Dicyema japonicum*）（Lu et al.，2019a）和未命名的二胚虫（*Dicyema* sp.）（Zverkov et al.，2019）。

### （三）直泳虫目基因组测序的种类

直泳虫科（Orthonectidae）的 1 种寄生于纽形动物的直泳虫（*Intoshia linei*）（Mikhailov et al.，2016）。

## 四、多孔动物门的基因组测序

### （一）多孔（海绵）动物门基因组测序的种类

多孔（海绵）动物门（Porifera）是在海洋中营固着生活的一类单体或群体动物，是最原始的一类后生动物，再生能力很强，分为钙质海绵纲（Calcarea）、六放海绵纲（Hexactinellida）、同骨海绵纲（Homoscleromorpha）和寻常海绵纲（Demospongiae）等，已知约有 10 000 种，主要生活于海水中，有 1 科生活于淡水。目前，多孔动物门完成基因组测序的物种至少包括 3 目 3 科 3 属 3 种。

### （二）六放海绵纲基因组测序的种类

1 种玻璃海绵（*Oopsacas minuta*）（Belahbib et al.，2018）。

### （三）同骨海绵纲基因组测序的种类

1 种同骨海绵（*Oscarella lobularis*）（Belahbib et al.，2018）。

### （四）寻常海绵纲基因组测序的种类

昆士兰大堡礁海绵（*Amphimedon queenslandica*）（Srivastava et al.，2010）。

## 五、扁盘动物门的基因组测序

扁盘动物门（Placozoa）是 1971 年新建立的一个门，目前已知只有丝盘虫纲（Trichoplacoidea）丝盘虫目（Trichoplacida）丝盘虫科（Trichoplacidae）的 1 个种——黏附丝盘虫（*Trichoplax adhaerens*），已于 2008 年完成基因组测序（Srivastava et al.，2008）。

## 六、刺胞动物门的基因组测序

### （一）刺胞动物门基因组测序的种类

刺胞动物门（Cnidaria）以前称为腔肠动物门（Coelenterata），除极少数种类为淡水生活外，绝大多数为海洋生活，多数在浅海，少数为深海种，现存约有 11 000 种，分为水螅纲（Hydrozoa）、钵水母纲（Scyphozoa）、珊瑚虫纲（Anthozoa）3 个纲。目前，刺胞动物门完成基因组测序的物种至少包括 3 纲 9 目 16 科 25 属 26 种。

## （二）珊瑚虫纲基因组测序的种类

珊瑚虫纲是刺胞动物门中最大的一纲，包括石珊瑚目（Scleractinia）约 1000 种、海葵目（Actiniaria）1000 余种、软珊瑚目（Alcyonacea）约 1000 种、角珊瑚目（Antipatharia）约 100 种、柳珊瑚目（Gorgonacea）约 1200 种、海鳃目（Pennatulacea）约 300 种、蓝珊瑚目（Coenothecalia）仅存 1 种等。珊瑚虫纲完成基因组测序的物种包括 4 目 8 科 16 属 17 种。

1）海葵目：海葵科（Actiniidae）等指海葵（*Actinia equina*）（Wilding et al.，2020），昏暗海葵（*Actinia tenebrosa*）（Surm et al.，2019），苍白海葵（*Aiptasia=Exaiptasia pallida*）（Baumgarten et al.，2015），开口包盘海葵（*Amplexidiscus fenestrafer*）（Wang et al.，2017a），沟迎风海葵（*Anemonia viridis*）（Urbarova et al.，2018），透明海葵（*Bartholomea annulata*）（Titus et al.，2019），未命名的 1 种圆盘海葵（*Discosoma* sp.）（Wang et al.，2017a），星状海葵（*Nematostella vectensis*）（Putnam et al.，2007）。

2）软珊瑚目：棘软珊瑚科（Nephtheidae）大棘软珊瑚（*Dendronephthya gigantea*）（Jeon et al.，2019）。

3）石珊瑚目：鹿角珊瑚科（Acroporidae）指形鹿角珊瑚（*Acropora digitifera*）（Shinzato et al.，2011），夏威夷蔷薇珊瑚（表孔珊瑚）（*Montipora capitata*）（Helmkampf et al.，2019），萼形柱珊瑚（*Stylophora pistillata*）（Voolstra et al.，2017）；蜂巢珊瑚科（Faviidae）粗糙菊花珊瑚（*Goniastrea aspera*）；石芝珊瑚科（Fungiidae）未命名的 1 种蕈珊瑚（*Fungia* sp.）和枇杷珊瑚科（Oculinidae）丛生盔形珊瑚（*Galaxea fascicularis*）（Ying et al.，2018）；杯形珊瑚科（Pocilloporidae）鹿角杯形珊瑚（*Pocillopora damicornis*）（Cunning et al.，2018）。

4）海鳃目：米氏海肾（*Renilla muelleri*）（Jiang et al.，2019a）。

## （三）钵水母纲基因组测序的种类

钵水母纲包括十字水母目（Stauromedusae）约 30 种、立方水母目（Cubomedusae）2 科 2 属 3 种、冠水母目（Coronatae）约 31 种、旗口水母目（Semaeostomae）约 3 科 17 属 54 种、根口水母目（Rhizostomae）约 10 科 92 种等。钵水母纲完成基因组测序的物种包括 4 目 7 科 7 属 7 种。

1）立方水母目：1 种箱形水母（*Alatina alata*）（Ohdera et al.，2019），巨型箱形水母（*Morbakka virulenta*）（Khalturin et al.，2019）。

2）根口水母目：根口水母科（Rhizostomatidae）海蜇（*Rhopilema esculentum*）（Li et al.，2020a）；盔瓣水母科的 1 种仙女水母（*Cassiopea xamachana*）（Ohdera et al.，2019）。

3）旗口水母目：口冠水母科（Stomolophidae）野村水母（*Nemopilema nomurai*）（Kim et al.，2019a）；羊须水母科（Ulmaridae）海月水母（*Aurelia aurita*）（Gold et al.，2019；Khalturin et al.，2019）。

4）十字水母目：1 种十字水母（*Calvadosia cruxmelitensis*）（Ohdera et al.，2019）。

### （四）水螅纲基因组测序的种类

水螅纲包括螅形目（Hydroida）、兰卡水母目（Laingiomedusae）、筐水母目（Narcomedusae）、硬水母目（Trachymedusae）、花水母目（Anthomedusae）、软水母目（Leptomedusae）、管水母目（Siphonophorae）、淡水水母目（Limnomedusae）等，已知有 3000 余种。水螅纲完成基因组测序的物种仅 1 目 1 科 2 属 2 种，即螅形目水螅科（Hydridae）半球美螅水母（*Clytia hemisphaerica*）（Leclère et al.，2019）和大乳头水螅（*Hydra magnipapillata*）（Chapman et al.，2010）。

## 七、栉水母动物门的基因组测序

以前栉水母和刺胞动物合为一类，即腔肠动物门（Coelenterata），现在将它们分为两个门。栉水母动物门（Ctenophora）全部生活于海洋，多为漂浮性生活，少数爬行于海底。仅栉水母纲 2 亚纲：有触手亚纲（Tentaculata）[兜水母目（Lobata）、带栉水母目（Cestida）、扁栉水母目（Platyctenea）、球栉水母目（Cydippida）] 和无触手亚纲（Nuda）[瓜水母目（Beroda）]，已知约有 150 种。目前，栉水母动物门完成基因组测序的物种仅有 2 目 2 科 2 属 2 种。

1）球栉水母目：侧腕栉水母（*Pleurobrachia bachei*）（Moroz et al.，2014）。

2）扁栉水母目：淡海栉水母（*Mnemiopsis leidyi*）（Ryan et al.，2013）。

## 八、扁形动物门的基因组测序

### （一）扁形动物门基因组测序的种类

扁形动物门（Platyhelminthes）生活于淡水、海洋等潮湿处，已知约有 15 000 种，分为涡虫纲（Turbellaria）、吸虫纲（Trematoda）和绦虫纲（Cestoda）等。目前，扁形动物门完成基因组测序的物种至少包括 3 纲 11 目 17 科 20 属 34 种。

### （二）绦虫纲基因组测序的种类

绦虫纲有 2 亚纲：单节亚纲（Cestodaria）[包括对线目（Amphilinidea）、旋环目（Cyrocotylidea）和二孔叶目（Biporophylidea）] 和多节亚纲（Cestoda）[包括假叶目（Pseudophyllidea）、圆叶目（Cyclophyllidea）等 11 目]，有 4000 余种。绦虫纲完成基因组测序的物种包括 3 目 4 科 5 属 12 种。

1）圆叶目：膜壳科（Hymenolepidae）缩小膜壳绦虫（*Hymenolepis diminuta*）（Nowak et al.，2019），小口膜壳绦虫（*Hymenolepis microstoma*）（Tsai et al.，2013）；带绦虫科（Taeniidae）加拿大棘球绦虫（*Echinococcus canadensis*）（Maldonado et al.，2017），细粒棘球绦虫（*Echinococcus granulosus*）（Zheng et al.，2013a），多房棘球绦虫（*Echinococcus multilocularis*）（Tsai et al.，2013），少节棘球绦虫（*Echinococcus oligarthrus*）（Maldonado et al.，2019），亚洲带绦虫（*Taenia asiatica*）、牛带绦虫（*Taenia saginata*）（Wang et al.，2016a），多头带绦虫（*Taenia multiceps*）（Li et al.，2018a），猪肉绦虫（*Taenia solium*）（Tsai et al.，2013）。

2）假叶目：裂头科（Diphyllobothriidae）欧猬迭宫绦虫（*Spirometra erinaceieuropaei*）（Bennett et al.，2014）。

3）毛滴虫目（Trichomonadida）：毛滴虫科（Trichomonadidae）再生毛毕吸虫（*Trichobilharzia regenti*）（International Helminth Genomes Consortium，2019）。

## （三）吸虫纲基因组测序的种类

吸虫纲有3亚纲：单殖亚纲（Monogenea）[包括三代虫目（Gyrodactylidea）、单后盘目（Monopisthocotylea）、多后盘目（Polyopisthocotylea）等]、盾腹亚纲（Aspidogastrea）[仅1目3科，盾腹目（Aspidogastrea）] 和复殖亚纲（Digenea）[仅1目6科，复殖目（Digenea）]。吸虫纲完成基因组测序的物种包括5目9科11属18种。

1）复殖目：棘口科（Echinostomatidae）卡氏棘口吸虫（*Echinostoma caproni*）（International Helminth Genomes Consortium，2019）；片形科（Fasciolidae）肝片吸虫（*Fasciola hepatica*）（McNulty et al.，2017），布氏姜片吸虫（*Fasciolopsis buski*）（Biswal et al.，2018）；后睾科（Opisthorchiidae）中华肝吸虫（华支睾吸虫）（*Clonorchis sinensis*）（Wang et al.，2011a），麝猫后睾吸虫（*Opisthorchis viverrini*）（Young et al.，2014）；并殖科（Paragonimidae）卫氏并殖吸虫（肺吸虫）（*Paragonimus westermani*）（Oey et al.，2019a）；裂体科（Schistosom）牛血吸虫（*Schistosoma bovis*）（Oey et al.，2019b），埃及血吸虫（*Schistosoma haematobium*）（Young et al.，2012；Stroehlein et al.，2019），日本血吸虫（*Schistosoma japonicum*）（*Schistosoma japonicum* Genome Sequencing and Functional Analysis Consortium，2009），曼氏血吸虫（*Schistosoma mansoni*）（Berriman et al.，2009），柯拉松血吸虫（*Schistosoma curassoni*）、玛氏血吸虫（*Schistosoma margrebowiei*）、梅氏血吸虫（*Schistosoma mattheei*）、罗氏血吸虫（*Schistosoma rodhaini*）（International Helminth Genomes Consortium，2019）。

2）三代虫目：三代虫科（Gyrodactylidae）鲑鱼三代虫（*Gyrodactylus salaris*）（Hahn et al.，2014）。

3）铗钩虫目（Mazocraeidea）：双身虫科（Diplozoidae）日本真双身虫（*Eudiplozoon nipponicum*）（Caña-Bozada et al.，2019）。

4）单后盘目：多室科（Capsalidae）梅氏新贝尼登虫（*Neobenedenia melleni*）（Caña-Bozada et al.，2019）。

5）多后盘目：多盘虫科（Polystomatidae）原多盘虫（*Protopolystoma xenopodis*）（Caña-Bozada et al.，2019）。

## （四）涡虫纲基因组测序的种类

涡虫纲是扁形动物门中最原始的一纲，包括无腔目（Acoelea）、三肠目（Tricladida）、大口涡虫目（Macrostomida）、多肠目（Polycladida）等9～12目，有4000余种。涡虫纲完成基因组测序的物种包括 3 目 4 科 4 属 4 种。

1）无腔目：三斑黑豹涡虫（*Hofstenia miamia*）（Gehrke et al.，2019）。

2）大口涡虫目：大口虫科（Microstomidae）食木质素大口涡虫（*Macrostomum lignano*）（Wasik et al.，2015；Wudarski et al.，2017）。

3）三肠目：三角涡虫科（Dugesiidae）日本三角涡虫（*Dugesia japonica*）（An et al.，2018）；扁涡虫科（Planariidae）地中海圆头涡虫（*Schmidtea mediterranea*）（Grohme et al.，2018）。

## 九、纽形动物门的基因组测序

纽形动物门（Nemertea）主要营自由生活，但有几种寄生于蟹、虾和海鞘，大部分海生，少数生活于淡水或陆生，分为无刺纲（Anopla）[包括古纽目（Paleonemertea）、异纽目（Heteronemertea）等] 和有刺纲（Enopla）[包括针纽目（Hoplonemertea）等]，约有 900 个现生种类。目前，纽形动物门完成基因组测序的仅有 1 种：环纹背睾纽虫（*Notospermus geniculatus*）（Luo et al.，2018a）。

## 十、轮虫动物门的基因组测序

### （一）轮虫动物门基因组测序的种类

轮虫动物门（Rotifera）多数分布于淡水，少数生活在海洋中，极少数营寄生生活，分为 3 纲：尾盘纲（Seisona）（3 种）、蛭态纲（Bdelloidea）或双巢纲（Digononta）（461 种）和单巢纲（Monogononta）（1570 种），约有 2030 个现生物种。目前，轮虫动物门完成基因组测序的物种至少包括 2 纲 2 目 2 或 3 科 3 属 10 种。

### （二）单巢纲基因组测序的种类

目前，单巢纲仅有 1 目 1 科 1 属 6 种的基因组完成测序，即单巢目（Monogononta）臂尾轮科（Brachionida）无芒臂尾轮虫（*Brachionus asplanchnoidis*）、圆形臂尾轮虫（*Brachionus rotundiformis*）、1 种未命名臂尾轮虫（*Brachionus* sp.）（Blommaert et al.，2019），萼花臂尾轮虫（*Brachionus calyciflorus*）（Kim et al.，2018a），韩国臂尾轮虫（*Brachionus koreanus*）（Park et al.，2020），褶皱臂尾轮虫（*Brachionus plicatilis*）（Han et al.，2019）。

### （三）蛭态纲基因组测序的种类

蛭态纲完成基因组测序的物种仅 1 目 2 属 4 种，即蛭态目（Bdellodia）蛭形轮虫（*Adineta vaga*）（Flot et al.，2013）和钱苔盘网轮虫（*Adineta ricciae*）、长尾轮虫（*Rotaria macrura*）、磁石轮虫（*Rotaria magnacalcarata*）（Nowell et al.，2018）。

## 十一、腹毛动物门的基因组测序

腹毛动物门（Gastrotricha）为水生小型假体腔动物，是全球性分布的类群，在陆地潮湿的土壤，沼泽，淡水，海洋中的河口、潮间带到大陆坡都有分布。腹毛动物门包括2目［大鼬目（Macrodasyida）和鼬虫目（Chaetonotida）］13科47属，已知有700余种。目前，腹毛动物门完成基因组测序的仅有1种：鼬虫目鼬虫科（Chaetonotidae）鳞皮鼬虫（*Lepidodermella squamata*）（Fromm et al.，2019）。

## 十二、线虫动物门的基因组测序

### （一）线虫动物门基因组测序的种类

线虫动物门（Nematoda）分布很广，自由生活种类在海水、淡水、土壤中都有分布，有的以藻类、真菌等为食，有的吃轮虫等；寄生种类寄生在人、动物和植物体内，危害较大。它是动物界中一个较大的类群，已知约有15 000种，有人估计有50万种。分为色矛纲（Chromadorea）［包括薄咽目（Araeolaimida）、色矛目（Chromadorida）、链环目（Desmodorida）、带矛目（Desmocolecida）］等］，矛线纲（Dorylaimea）［包括膨结目（Dioctophymida）、矛线目（Dorylainida）、索虫目（Mermithida）、单齿目（Monochida）、毛首目（Trichocephalida）等］，刺嘴纲（Enoplea）［仅刺嘴目（Enoplida）］，胞管肾纲（Secernentea）［包括小杆目（Rhadditda）、圆线虫目（Strongylida）、蛔虫目（Ascaridida）、驼形目（Camallanida）、尖尾目（Oxyurida）、旋尾目（Spirurida）、双胃目（Diplogasterida）、滑刃目（Aphelenchida）、垫刃目（Tylenchida）等］，泄腺纲（Secernentasida）［单宫目（Monohysterida）］（Holterman et al.，2006）。目前，线虫动物门完成基因组测序的物种至少包括3纲10目31科50属80种。

### （二）矛线纲基因组测序的种类

矛线纲完成基因组测序的物种仅2目2科2属4种。

1）索虫目：索虫科（Mermithidae）食蚊罗索线虫（*Romanomermis culicivorax*）（Schiffer et al.，2013）。

2）毛首目：毛首科（Trichuridae）猪毛首线虫（*Trichuris muris*），猪鞭虫（*Trichuris suis*）（Jex et al.，2014），毛首鞭形线虫（*Trichuris trichiura*）（寄生在人体内等）（Foth et al.，2014）。

### （三）刺嘴纲基因组测序的种类

刺嘴纲完成基因组测序的物种仅1目2科2属4种，即刺嘴目索氏膨结科（Soboliphymatidae）巴氏索巴利吸虫（*Soboliphyme baturini*）（International Helminth Genomes Consortium，2019）；旋毛科（Trichinellidae）米氏旋毛虫（*Trichinella murrelli*）（Thompson et al.，2017），乡土旋毛虫（*Trichinella nativa*）（International Helminth Genomes Consortium，2019），旋毛虫（*Trichinella spiralis*）（Mitreva et al.，2011）。

### （四）胞管肾纲基因组测序的种类

胞管肾纲完成基因组测序的物种至少包括3亚纲7目27科46属72种。

1）小杆亚纲（Rhabditida）。①小杆目：双鞭科（Diplogastridae）的 1 种昆虫病原线虫——太平洋锉齿线虫（*Pristionchus pacificus*）（Rödelsperger et al.，2017）；小杆科（Rhabditidae）牛隐杆线虫（*Caenorhabditis bovis*）（Stevens et al.，2020），布氏隐杆线虫（*Caenorhabditis briggsae*）（Stein et al.，2003），秀丽隐杆线虫（*Caenorhabditis elegans*）（*C. elegans* Sequencing Consortium，1998），雷氏隐杆线虫（*Caenorhabditis remanei*）（Teterina et al.，2020），嗜菌异小杆线虫（*Heterorhabditis bacteriophora*）（McLean et al.，2018），全齿复活线虫（*Panagrellus redivivus*）（Srinivasan et al.，2013），1 种小杆线虫 *Oscheius tipulae*（Besnard et al.，2017）；全凹科（Panagrolaimoidea）哈利头叶线虫（*Halicephalobus similigaster*）（Ragsdale et al.，2019），恶魔线虫（*Halicephalobus mephisto*）（Weinstein et al.，2019）；斯氏线虫科（Steihernematidae）夜蛾斯氏线虫（*Steinernema feltiae*）（Fu et al.，2020），小卷蛾斯氏线虫（*Steinernema carpocapsae*）（Serra et al.，2019）。②圆线虫目：钩口科（Ancylastomatidae）锡兰钩口线虫（*Ancylostoma ceylanicum*）（Schwarz et al.，2015），犬钩口线虫（*Ancylostoma caninum*）和十二指肠钩口线虫（*Ancylostoma duodenale*）（International Helminth Genomes Consortium，2019），美洲钩虫（*Necator americanus*）（Tang et al.，2014a）；管圆线虫科（Angiostrongylidae）广州管圆线虫（*Angiostrongylus cantonensis*）（Yong et al.，2015），哥斯达黎加管圆线虫（*Angiostrongylus costaricensis*）；盅口科（Cyathostomidae）有齿食道口线虫（*Oesophagostomum dentatum*）（Tyagi et al.，2015）；气管线虫科（Dictyocaulidae）胎生网尾线虫（牛肺虫）（*Dictyocaulus viviparus*）（McNulty et al.，2016）；血矛线虫科（Haemonchidae）捻转血矛线虫（*Haemonchus contortus*）（Laing et al.，2013；Schwarz et al.，2013；Palevich et al.，2019），柏氏血矛线虫（*Haemonchus placei*）（International Helminth Genomes Consortium，2019）；绕体科（Heligmosomatidae）巴西日圆线虫（*Nippostrongylus brasiliensis*）（Eccles et al.，2018）；螺旋线虫科（Heligmosomidae）多形螺旋线虫（*Heligmosomoides polygyrus bakeri*）；圆线虫科（Strongylidae）高氏杯冠线虫（*Cylicostephanus goldi*）、寻常圆线虫（*Strongylus vulgaris*）（International Helminth Genomes Consortium，2019）；类圆线虫科（Strongyloididae）毛状副类圆线虫（*Parastrongyloides trichosuri*），1 种未命名的齿咽明杆线虫（*Rhabditophanes* sp.），乳突类圆线虫（*Strongyloides papillosus*）、大鼠类圆线虫（*Strongyloides ratti*）、粪类圆线虫（*Strongyloides stercoralis*）、委内瑞拉类圆线虫（*Strongyloides venezuelensis*）（Hunt et al.，2016）；毛圆线虫科（Trichostrongylidae）环纹背带线虫（*Teladorsagia circumcincta*）（International Helminth Genomes Consortium，2019）。

2）旋尾亚纲（Spiruria）。①蛔虫目：异尖科（Anisakidae）简单异尖线虫（*Anisakis simplex*）（International Helminth Genomes Consortium，2019）；蛔科（Ascaridae）人蛔虫（*Ascaris lumbricoides*）（Zhou et al.，2020a）和猪蛔虫（*Ascaris suum*）（Jex et al.，2011；Zhou et al.，2020a），马副蛔虫（*Parascaris equorum*）（International Helminth Genomes Consortium，2019）；弓首科（Toxocaridae）犬弓首蛔虫（*Toxocara canis*）（Zhu et al.，2015a）。②尖尾目：尖尾科（Oxyuridae）蠕形住肠蛲虫（*Enterobius vermicularis*），鼠管状线虫（*Syphacia muris*）（International Helminth Genomes Consortium，2019）。③旋

尾目：龙线科（Dracunculidae）麦地那龙线虫（*Dracunculus medinensis*）；筒线科（Gongylonematidae）美丽筒线虫（*Gongylonema pulchrum*）；吸吮科（Thelaziidae）结膜吸吮线虫（*Thelazia callipaeda*）（International Helminth Genomes Consortium，2019）；盘尾科（Onchocercidae）马来布鲁丝虫（*Brugia malayi*）（Ghedin et al.，2007；Fauver et al.，2019），彭亨布鲁丝虫（*Brugia pahangi*）（Lau et al.，2015），犬恶丝虫（*Dirofilaria immitis*）（Godel et al.，2012），匐行恶丝虫（*Dirofilaria repens*）（Cafarelli et al.，2019），罗阿丝虫（*Loa loa*）（Tallon et al.，2014），旋盘尾丝虫（*Onchocerca volvulus*）（Cotton et al.，2016），指状腹腔丝虫（*Setaria digitata*）（Senanayake et al.，2020），班氏吴策线虫（*Wuchereria bancrofti*）（Small et al.，2016），棘唇线虫（*Acanthocheilonema viteae*）、帝汶布鲁丝虫（*Brugia timori*）、丝绒虫（*Elaeophora elaphi*）、鼠丝虫（*Litomosoides sigmodontis*）、曲盘尾丝虫（*Onchocerca flexuosa*）、奥钦盘尾丝虫（*Onchocerca ochengi*）（International Helminth Genomes Consortium，2019）。

3）垫刃亚纲（Tylenchina）。①滑刃目：滑刃科（Aphelenchoididae）松材线虫（*Bursaphelenchus xylophilus*）（Kikuchi et al.，2011）。②垫刃目：粒线虫科（Anguinidae）甘薯茎线虫（*Ditylenchus destructor*）（Zheng et al.，2016），鳞球茎茎线虫（*Ditylenchus dipsaci*）（Mimee et al.，2019）；异皮科（Heteroderidae）马铃薯白线虫（*Globodera pallida*）（Cotton et al.，2014），马铃薯胞囊线虫 1 新种（*Globodera ellingtonae*）（Phillips et al.，2017），马铃薯金线虫（*Globodera rostochiensis*）（Eves-van den Akker et al.，2016），大豆胞囊线虫（*Heterodera glycines*）（Lian et al.，2019），花生根结线虫（*Meloidogyne arenaria*）（Sato et al.，2018），佛罗里达根结线虫（*Meloidogyne floridensis*）（Lunt et al.，2014），禾草根结线虫（*Meloidogyne graminicola*）（Somvanshi et al.，2018），北方根结线虫（*Meloidogyne hapla*）（Opperman et al.，2008），南方根结线虫（*Meloidogyne incognita*）（Abad et al.，2008），鲁克根结线虫（*Meloidogyne luci*）（Susič et al.，2020）；纽带科（Hoplolaimidae）肾形肾状线虫（*Rotylenchulus reniformis*）（Showmaker et al.，2019）；短体科（Pratylenchidae）香蕉穿孔线虫（*Radopholus similis*）（Mathew and Opperman，2019）。

## 十三、鳃曳动物门的基因组测序

鳃曳动物门（Priapula）为假体腔动物，现存仅 2 纲 4 科 18 种。分布很广，常在海洋软质底营底栖生活，在潮间带至 8000 m 深处均有分布，多为穴居或巢居。目前，鳃曳动物门完成基因组测序的物种仅有 1 种：尾鳃曳虫（*Priapulus caudatus*）（Fonseca et al.，2019）。

## 十四、内肛动物门的基因组测序

内肛动物门（Entoprocta）为低等三胚层假体腔动物，常固着于海藻或其他动物体身上，现存仅 1 纲 1 目 3 科 13 属约 70 种。传统分类中，内肛动物门是扁形动物门的 1

目，分类学家最近将内肛动物门与异涡动物门（Xenoturbellida）一起归为异内肛动物门（Xenacoelomorpha）（Cannon et al.，2016）。目前，内肛动物门完成基因组测序的物种仅有 1 种：链涡虫目（Catenulida）箭虫科（Sagittiferidae）内海拟箭虫（*Praesagittifera naikaiensis*）（Arimoto et al.，2019a）。

## 十五、环节动物门的基因组测序

### （一）环节动物门基因组测序的种类

环节动物门（Annelida）为两侧对称、分节的裂生体腔动物，栖息于海洋、淡水或潮湿的土壤，是软底质生境中最占优势的潜居动物，少数营内寄生生活。已描述的约有 17 000 种，分为 3 纲：多毛纲（Polychaeta）、寡毛纲（Oligochaeta）和蛭纲（Hirudinea）。目前，环节动物门完成基因组测序的物种并不多，包括 3 纲 5 目 5 科 6 属 7 种。

### （二）蛭纲基因组测序的种类

蛭纲完成基因组测序的物种仅 2 目 2 科 3 属 3 种。

1）咽蛭目（Pharyngobdellida）：水蛭科（Hirudinidae）菲牛蛭（*Hirudinaria manillensis*）（Guan et al.，2020a），医用水蛭（*Hirudo medicinalis*）（Babenko et al.，2020）。

2）吻蛭目（Rhynchobdellida）：舌蛭科（Glossiphoniidae）泽蛭（*Helobdella robusta*）（Simakov et al.，2013）。

### （三）寡毛纲基因组测序的种类

寡毛纲完成基因组测序的物种仅 1 目 1 科 1 属 2 种，即后孔寡毛目（Opisthopora）正蚓科（Lumbricidae）安德爱胜蚓（*Eisenia andrei*）（Shao et al.，2020）和赤子爱胜蚓（*Eisenia fetida*）（Zwarycz et al.，2015；Paul et al.，2018）。

### （四）多毛纲基因组测序的种类

多毛纲完成基因组测序的物种仅 2 目 2 科 2 属 2 种。

1）足刺目（Aciculata）：龙介虫科（Serpulidae）华美盘管虫（*Hydroides elegans*）（Shikuma et al.，2016）。

2）小头虫目（Capitellida）：小头虫科（Capitellidae）小头虫（*Capitella teleta*）（Simakov et al.，2013）。

## 十六、缓步动物门的基因组测序

缓步动物门（Tardigrada）多为陆栖，常见于半水生的环境如苔藓、地衣周围的水膜中或土壤和森林的落叶中，有些生活在淡水水藻或水底的杂物中；少数生活于海水。现存约有 800 种，分为 3 纲：异缓步纲（Heterotardigrada）、中缓步纲（Mesotardigrada）和真缓步纲（Eutardigrada）。目前，缓步动物门完成基因组测序的物种仅有 2 种：异缓步纲的杜氏水熊虫（*Hypsibius dujardini*）（Boothby et al.，2015）和真缓步纲的 1 种抗逆性强的陆生缓步动物 *Ramazzottius varieornatus*（Hashimoto et al.，2016）。

## 十七、有爪动物门的基因组测序

有爪动物门（Onychophora）曾被列为节肢动物门的一纲，为陆栖、夜行、肉食性，靠捕食小动物如昆虫生活，它们身体内有腺体，会喷出一些黏稠的液体去粘住猎物，然后进食。现存 1 纲 1 目 2 科 54 属约 186 种。目前，有爪动物门完成基因组测序的物种仅有 1 种：栉蚕科（Peripatidae）罗氏栉蚕（天鹅绒虫）（*Euperipatoides rowelli*）（Thomas et al.，2020）。

## 十八、节肢动物门的基因组测序

### （一）节肢动物门基因组测序的种类

节肢动物门（Arthropoda）是动物界最大的一门，约有 120 万个现生物种，约占整个现存动物种数的 80%，分为 5 亚门 15 纲：三叶虫亚门（Trilobitomorpha）[三叶虫纲（Trilobita）全部灭绝]、螯肢亚门（Chelicerata）、甲壳亚门（Crustacea）、六足亚门（Hexapoda）、多足亚门（Myriapoda）。目前，节肢动物门完成基因组测序的物种包括 4 亚门 9 纲 36 目 128 科 208 属 294 种。

### （二）螯肢亚门基因组测序的种类

螯肢亚门包括：肢口纲（Merostomata）（水生，现存仅 3 属 4 种）、蛛形纲（Arachnida）（3 亚纲 11 目，现存有 50 000 余种）、海蜘蛛纲（Pycnogonida）（海生，分为 1 目 8 科，现存约有 1000 种）。螯肢亚门完成基因组测序的物种包括 2 纲 6 目 15 科 19 属 21 种。

#### 1. 肢口纲

剑尾目（Xiphosura）鲎科（Limulidae）中华鲎（*Tachypleus tridentatus*）（Gong et al.，2019；Zhou et al.，2020b）。

#### 2. 蛛形纲

1）蜱螨亚纲（Acari）。①寄螨目（Acarina）：植绥螨科（Phytoseiidae）西方盲走螨（*Metaseiulus occidentalis*）（Hoy et al.，2016），胡瓜新小绥螨（*Neoseiulus cucumeris*）（Zhang et al.，2019a）；细须螨科（Tenuipalpidae）约氏短须螨（*Brevipalpus yothersi*）（Navia et al.，2019）；叶螨科（Tetranychidae）二斑叶螨（*Tetranychus urticae*）（Grbić et al.，2011）。②真螨目（Acariformes）：皮刺螨科（Dermanyssidae）鸡皮刺螨（红螨）（*Dermanyssus gallinae*）（Burgess et al.，2018）；痒螨科（Psoroptidae）羊痒螨（*Psoroptes ovis*）（Burgess et al.，2018）；蚍螨科（Pyroglyphidae）美洲屋尘螨（*Dermatophagoides farinae*）（Chan et al.，2015），欧洲屋尘螨（*Dermatophagoides pteronyssinus*）（Waldron et al.，2017；

Liu et al.，2018a)；疥螨科（Sarcoptidae）疥螨（*Sarcoptes scabiei*）（Rider et al.，2015）；沙螨科（Trombiculidae）德里纤恙螨（*Leptotrombidium deliense*）和绒螨科（Trombidiidae）绒螨（*Dinothrombium tinctorium*）（Dong et al.，2018a）。③蜱目（Ixodida）：硬蜱科（Ixodidae）篦子硬蜱（*Ixodes ricinus*）（Cramaro et al.，2017），肩突硬蜱（*Ixodes scapularis*）（Gulia-Nuss et al.，2016），微小扇头蜱（*Rhipicephalus microplus*）（Barrero et al.，2017）。

2）柄腹亚纲（Caulogastra）。蜘蛛目（Araneida）：石蛛科（Dysderidae）林生石蛛（*Dysdera silvatica*）（Sánchez-Herrero et al.，2019）；巨蟹蛛科（Sparassidae）棕色遁蛛（*Loxosceles reclusa*）（Thomas et al.，2020）；球腹蛛科（Theridiidae）黄昏寇蛛（*Latrodectus hesperus*）（Thomas et al.，2020），温室希蛛（*Parasteatoda tepidariorum*）（Thomas et al.，2020）。

3）广腹亚纲（Latigastra）。蝎目（Scorpiones）：钳蝎科（Buthidae）细尾刺尾蝎（*Centruroides exilicauda*）（Thomas et al.，2020），马氏正钳蝎（*Mesobuthus martensii*）（Cao et al.，2013）。

## （三）甲壳亚门基因组测序的种类

甲壳亚门包括：鳃足纲（Branchiopoda）（比较原始的类群，分为 2 亚纲 3 目，现存有 800 余种）、头虾纲（Cephalocarida）（甲壳动物亚门最原始的 1 纲，现存仅 1 目 1 科 4 属 9 种）、介形纲（Ostracoda）（包括 3 亚纲 5 目）、软甲纲（Malacostraca）（甲壳动物亚门中最高等的、形态结构最复杂的 1 纲，包含 3 亚纲 4 总目 14 目，现存约有 40 200 种）、颚足纲（Maxillopoda）（由桡足类、鳃尾类、蔓足类和须虾类合并组成，是甲壳动物的一个多样化类别，并不是单系群，也没有任何共通的特征，分为 6 亚纲，现存有 10 000 余种）、桨足纲（Remipedia）（种类最稀少的 1 纲，分布于滨海地下含水层中，没有视觉，现存仅有 17 种）。目前，甲壳亚门完成基因组测序的物种包括 3 纲 11 目 19 科 21 属 24 种。

### 1. 鳃足纲

1）双甲目（Diplostraca）：溞科（Daphnidae）大型溞（*Daphnia magna*）（Dukić et al.，2016），淡水枝角水蚤（*Daphnia pulex*）（Colbourne et al.，2011）；石蚤科（Machilidae）石蚤（*Machilis hrabei*）（Thomas et al.，2020）。

2）背甲目（Notostraca）：现存仅鲎虫科（Triopsidae=Apusidae）1 科 10 余种，北极鳞尾虫（*Lepidurus arcticus*）和卢博克鳞尾虫（*Lepidurus apus lubbocki*）（Savojardo et al.，2019）。

3）棘尾目（Spinicaudata）：渔乡蚌虫科（Limnadiidae）德州真湖蚌虫（*Eulimnadia texana*）（Baldwin-Brown et al.，2018）。

### 2. 软甲纲

1）十足目（Decapoda）：甲壳亚门中最大的一目，有 9000 多种。方蟹科（Grapsidae）中华绒螯蟹（*Eriocheir japonica sinensis*）（Song et al.，2016；Tang et al.，2020a）；长臂

虾科（Palaemonidae）脊尾白虾（*Exopalaemon carinicauda*）（Yuan et al.，2017）；拟螯虾科（Parastacidae）红螯螯虾（*Cherax quadricarinatus*）（Tan et al.，2020），美洲龙纹螯虾（*Procambarus virginalis*）（Gutekunst et al.，2018）；对虾科（Penaeidae）凡纳滨对虾（南美白对虾）（*Litopenaeus vannamei*）（Zhang et al.，2019b）；梭子蟹科（Portunidae）三疣梭子蟹（*Portunus trituberculatus*）（Tang et al.，2020b），远海梭子蟹（*Portunus pelagicus*）（Wu et al.，2018a）。

2）磷虾目（Euphausiacea）：可分为 2 科 10 属约 85 种，磷虾科南极磷虾（*Euphausia superba*）（Huang et al.，2020a）。

3）等足目（Isopoda）：潮虫科（Oniscidae）普通卷甲虫（鼠妇）（*Armadillidium vulgare*）（Chebbi et al.，2019）。

**3. 颚足纲**

1）端足目（Amphipoda）：钩虾科（Gammaridae）湖泊钩虾（*Gammarus lacustris*）（Jin et al.，2019），美洲钩虾（*Hyalella azteca*）（Poynton et al.，2018；Thomas et al.，2020），夏威夷明钩虾（*Parhyale hawaiensis*）（Kao et al.，2016）；击钩虾科（Talitridae）沙蚤（*Trinorchestia longiramus*）（Patra et al.，2020）。

2）哲水蚤目（Calanoida）：纺锤水蚤科（Acartiidae）1 种纺锤水蚤（*Acartia tonsa*）（Jørgensen et al.，2019a）；宽水蚤科（Temoridae）近亲真宽水蚤（*Eurytemora affinis*）（Thomas et al.，2020）。

3）鱼虱目（Caligoida）：鱼虱科（Caligidae）多毛鱼虱（*Ichthyophthirius multifiliis*）（Coyne et al.，2011）。

4）剑水蚤目（Cyclopoida）：剑水蚤科（Cyclopidae）短角异剑水蚤（*Apocyclops royi*）（Jørgensen et al.，2019b）。

5）猛水蚤目（Harpacticoida）：虎斑猛水蚤（*Tigriopus japonicus*）（Jeong et al.，2020）。

## （四）六足亚门基因组测序的种类

六足亚门是节肢动物门中物种数量最大的一个类群，包括昆虫和一类物种数量较少的无翅节肢动物——内口纲（Entognatha）。目前，六足亚门完成基因组测序的物种包括 2 纲 17 目 92 科 166 属 247 种。

**1. 内口纲**

内口纲分为 3 目：弹尾目（Collembola）、双尾目（Diplura）和原尾目（Protura），曾被列入昆虫纲的无翅亚纲。内口纲完成基因组测序的物种至少包括 2 目 3 科 4 属 4 种。

1）弹尾目：长角跳虫科（Entomobryidae）条纹跳虫（*Orchesella cincta*）（Faddeeva-Vakhrusheva et al.，2016）；曲毛裸长角跳虫（*Sinella curviseta*）（Zhang et al.，2019c）。

2）双尾目：双尾虫科（蚧科）（Campodeidae）眼蛃（*Campodea augens*）（Manni et al.，2020）；铗尾虫科（铁蚧科）（Japygidae）铁跳虫（*Catajapyx aquilonaris*）（Thomas et al.，2020）。

**2. 昆虫纲**

昆虫纲（Insecta）不仅是节肢动物门，也是整个动物界中种类和个体数最多的一纲，它们的踪迹几乎遍布世界的每一个角落，现在已知的昆虫约有 100 万种，分为 2 个亚纲：无翅亚纲（Apterygota）[包括石蛃目（Microcoryphia）和衣鱼目（Zygentoma）]；有翅亚纲（Pterygota）[包括虱目（Anoplura）、蜚蠊目（Blattaria）（包含等翅目）、鞘翅目（Coleoptera）、革翅目（Dermaptera）、双翅目（Diptera）、纺足目（Embioptera）、蜉蝣目（Ephemeroptera）、蛩蠊目（Grylloblattodea）、半翅目（Hemiptera）（包含同翅目）、膜翅目（Hymenoptera）、鳞翅目（Lepidoptera）、螳螂目（Mantodea）、螳䗛目（Mantophasmatodea）、长翅目（Mecoptera）、广翅目（Megaloptera）、脉翅目（Neuroptera）、蜻蜓目（Odonata）、直翅目（Orthoptera）、竹节虫目（Phasmatodea）、襀翅目（Plecoptera）、啮虫目（Psocoptera）、蛇蛉目（Raphidioptera）、蚤目（Siphonaptera）、捻翅目（Strepsiptera）、缨翅目（Thysanoptera）、毛翅目（Trichoptera）和缺翅目（Zoraptera）等]。昆虫纲完成基因组测序的物种至少包括 14 目 89 科 162 属 243 种，具体情况如下。

1）虱目：有 17 科 42 属约 500 种。人虱科（Pediculidae）人头虱（*Pediculus humanus corporis*）（Kirkness et al.，2010）。

2）蜚蠊目：已知有 5000 多种。白蚁科（Termitidae）堆砂白蚁（*Cryptotermes secundus*）（Harrison et al.，2018），纳塔尔大白蚁（*Macrotermes natalensis*）（Poulsen et al.，2014），内华达湿木白蚁（*Zootermopsis nevadensis*）（Terrapon et al.，2014）；蜚蠊科（Blattidae）德国小蠊（*Blattella germanica*）（Harrison et al.，2018；Thomas et al.，2020），美洲大蠊（*Periplaneta americana*）（Li et al.，2018b）。

3）鞘翅目：有 178 科 33 万种。吉丁科（Buprestidae）白蜡窄吉丁（*Agrilus planipennis*）（Thomas et al.，2020）；天牛科（Cerambycidae）光肩星天牛（*Anoplophora glabripennis*）（McKenna et al.，2016；Thomas et al.，2020）；瓢虫科（Coccinellidae）异色瓢虫（*Harmonia axyridis*）（Gautier et al.，2018），龟纹瓢虫（*Propylea japonica*）（Zhang et al.，2020a）；犀金龟科（Dynastidae）犀金龟（独角仙）（*Oryctes borbonicus*）（Meyer et al.，2016）；叩甲科（Elateridae）北非叩甲（*Drilus mauritanicus*）（Kusy et al.，2018）；平萤科（Homalisidae）*Omalisus fontisbellaquei*（Kusy et al.，2018）；萤科（Lampyridae）侧体熠萤（*Aquatica lateralis*）和普通东方萤火虫（*Photinus pyralis*）（Fallon et al.，2018），胸窗萤（*Pyrocoelia pectoralis*）（Fu et al.，2017a）；芫菁科（Meloidae）眼斑沟芫菁（*Hycleus cichorii*）和大斑沟芫菁（*Hycleus phaleratus*）（Wu et al.，2018b），圆点斑芫菁（*Mylabris aulica*）（Guan et al.，2020b）；叶甲科（Plastoceridae）马铃薯叶甲（*Leptinotarsa decemlineata*）（Thomas et al.，2020），叶角甲（*Plastocerus angulosus*）（Kusy et al.，2018）；金龟科（Scarabaeidae）蓝角蜣螂（*Onthophagus taurus*）（Thomas et al.，2020），白星花金龟（*Protaetia brevitarsis*）（Wang et al.，2019a）；露尾甲科（Nitidulidae）小蜂窝甲虫（*Aethina tumida*）（Evans et al.，2018）；小蠹科（Scolytidae）中欧山松大小蠹（*Dendroctonus ponderosae*）（Keeling et al.，2013），咖啡果小蠹（*Hypothenemus hampei*）（Vega et al.，

2015）；葬甲科（Silphidae）大红葬甲（*Nicrophorus vespilloides*）（Cunningham et al.，2015）；隐翅甲科（Staphylinidae）双线隐翅虫（*Aleochara bilineata*）、斑肋隐翅甲（*Paykullia maculata*）（Kraaijeveld et al.，2019）；拟步甲科（Tenebrionidae）赤拟谷盗（*Tribolium castaneum*）（*Tribolium* Genome Sequencing Consortium et al.，2008）。

4）双翅目：分为长角亚目、短角亚目、芒角亚目，已知有 85 000 种。花蝇科（Anthomyiidae）黑花蝇（*Phormia regina*）（Andere et al.，2016）；食虫虻科（Asilidae）科氏食虫虻（盗虻）（*Proctacanthus coquilletti*）（Dikow et al.，2017）；丽蝇科（Calliphoridae）巨尾阿丽蝇（*Aldrichina grahami*）（Meng et al.，2020），铜绿蝇（*Lucilia cuprina*）（Anstead et al.，2015；Thomas et al.，2020）；瘿蚊科（Cecidomyiidae）黑森瘿蚊（*Mayetiola destructor*）（Zhao et al.，2015）；摇蚊科（Chironomidae）南极摇蚊（*Belgica antarctica*）（Kelley et al.，2014），溪流摇蚊（*Chironomus riparius*）（Oppold et al.，2017；Schmidt et al.，2020），伸展双叶摇蚊（*Chironomus tentans*）（Kutsenko et al.，2014），潮间带生活的海生摇蚊（*Clunio marinus*）（Kaiser et al.，2016），斯氏极翅摇蚊（*Parochlus steinenii*）（Shin et al.，2019），云足多足摇蚊（*Polypedilum nubifer*）和范氏多足摇蚊（*Polypedilum vanderplanki*）（Gusev et al.，2014）；蚊科（Culicidae）埃及伊蚊（*Aedes aegypti*）（Nene et al.，2007），白纹伊蚊（亚洲虎斑蚊）（*Aedes albopictus*）（Chen et al.，2015），淡色按蚊（*Anopheles albimanus*）（Artemov et al.，2017），阿拉伯按蚊（*Anopheles arabiensis*）、小五斑按蚊（*Anopheles atroparvus*）、克氏按蚊（*Anopheles christyi*）、库态按蚊（*Anopheles culicifacies*）、大劣按蚊（*Anopheles dirus*）、表轮按蚊（*Anopheles epiroticus*）、法氏按蚊（*Anopheles farauti*）、不吉按蚊（*Anopheles funestus*）、多斑按蚊（*Anopheles maculatus*）、梅氏按蚊（*Anopheles melas*）、长节按蚊（*Anopheles merus*）、微小按蚊（*Anopheles minimus*）、四环按蚊（*Anopheles quadriannulatus*）、中华按蚊（*Anopheles sinensis*）、斯氏按蚊（*Anopheles stephensi*）（Neafsey et al.，2015），细长按蚊（*Anopheles cracens*）（Lau et al.，2016a），达氏按蚊（*Anopheles darlingi*）（Marinotti et al.，2013），科氏按蚊（*Anopheles coluzzii*）（*Anopheles gambiae* 1000 Genomes Consortium，2017），冈比亚按蚊（*Anopheles gambiae*）（Holt et al.，2002；Lucas et al.，2019），尼利按蚊（*Anopheles nili*）（Fouet et al.，2017），斑点按蚊（*Anopheles punctulatus*）（Logue et al.，2015），致倦库蚊（*Culex quinquefasciatus*）（Arensburger et al.，2010）；果蝇科（Drosophilidae）银额果蝇（*Drosophila albomicans*）（Zhou et al.，2012a），美洲果蝇（*Drosophila americana*）（Fonseca et al.，2013），亚利桑那果蝇（*Drosophila arizonae*）、纳沃华果蝇（*Drosophila navojoa*）（Sanchez-Flores et al.，2016），布氏果蝇（*Drosophila busckii*）（Zhou and Bachtrog，2015），嗜凤梨果蝇（*Drosophila ananassae*）、双刺足果蝇（*Drosophila biarmipes*）、二疣果蝇（*Drosophila bipectinata*）、直立果蝇（*Drosophila erecta*）、纤细果蝇（*Drosophila eugracilis*）、格氏果蝇（*Drosophila grimshawi*）、毛里塔尼亚果蝇（*Drosophila mauritiana*）、莫哈维果蝇（*Drosophila mojavensis*）、波斯果蝇（*Drosophila persimilis*）、塞氏果蝇（*Drosophila sechellia*）、拟果蝇（*Drosophila simulans*）、叔白颜果蝇（*Drosophila triauraria*）、黑果蝇（*Drosophila virilis*）、威氏果蝇（*Drosophila willistoni*）、役场果蝇（*Drosophila yakuba*）（*Drosophila* 12 Genomes Consortium，2007；Garrigan et al.，2012；Miller et al.，2018a），杀雄果蝇（*Drosophila innubila*）（Hill et al.，2019），黑腹果蝇（*Drosophila melanogaster*）（Adams et al.，2000），辉颜果蝇（*Drosophila nasuta*）、高桥氏果蝇（*Drosophila takahashii*）（Mohanty and Khanna，2017），拟暗果蝇（*Drosophila pseudoobscura*）（Richards et al.，2005），斑翅果蝇（*Drosophila suzukii*）（Chiu et al.，2013；Ometto et al.，2013），印度果蝇（*Zaprionus indianus*）（Khanna and Mohanty，2017）；舌蝇科（Glossinidae）刺舌蝇（*Glossina morsitans*）（International Glossina Genome Initiative，2014），淡足舌蝇（*Glossina pallidipes*）、奥氏舌蝇（*Glossina austeni*）、须舌蝇（*Glossina palpalis*）、暗足舌蝇（*Glossina fuscipes*）、短须舌蝇（*Glossina brevipalpis*）（Attardo et al.，2019）；蝇科（Muscidae）扰血蝇（*Haematobia irritans*）（Konganti et al.，2018），家蝇（*Musca domestica*）（Scott et al.，2014）；毛蛉科（Psychodidae）长须白蛉（*Lutzomyia longipalpis*）（Yang and Wu，2019）；蚤蝇科（Phoridae）蚤蝇（*Megaselia scalaris*）（Hoehn and Noor，2014）；蛾蠓科（Psychodidae）白斑蛾蚋（*Clogmia albipunctata*）（Wotton et al.，2013）；麻蝇科（Sarcophagidae）泡状麻蝇（*Sarcophaga bullata*）（Martinson et al.，2019）；水虻科（Stratiomyidae）亮斑扁角水虻（*Hermetia illucens*）（Zhan et al.，2020）；实蝇科（Tephritidae）瓜实蝇（*Bactrocera cucurbitae*）（Sim and Geib，2017），油橄榄实蝇（*Bactrocera oleae*）（Drosopoulou et al.，2014；Bayega et al.，2020），昆士兰实蝇（*Bactrocera tryoni*）（Gilchrist et al.，2014），地中海实蝇（*Ceratitis capitata*）（Papanicolaou et al.，2016；Thomas et al.，2020）。

5）蜉蝣目：蜉蝣目与蜻蜓目共有的特征为成虫停息时翅不能折叠覆盖于腹部背面，而只能竖立或平伸于体背，包括 14 科，已知约有 6000 种。蜉蝣科（Ephemeridae）蜉蝣（*Ephemera danica*）（Thomas et al.，2020）。

6）半翅目：包括胸喙亚目、颈喙亚目、异翅亚目、同翅亚目（以前为同翅目）4 亚目，已知有 38 000 余种。粉虱科（Aleyrodidae）粉烟粉虱（*Bemisia tabaci*）（Chen et al.，2016），温室白粉虱（*Trialeurodes vaporariorum*）（Xie et al.，2020），木薯烟粉虱（*Bemisia tabaci*）（Chen et al.，2019a）；蚜科（Aphididae）（107 属 2280 种）豌豆长管蚜（*Acyrthosiphon pisum*）（International Aphid Genomics Consortium，2010；Li et al.，2019a），大豆蚜（*Aphis glycines*）（Wenger et al.，2017），棉蚜（*Aphis gossypii*）（Quan et al.，2019），小麦蚜虫（*Diuraphis noxia*）（Nicholson et al.，2015），桃蚜（*Myzus persicae*）（Mathers et al.，2017），玉米缢管蚜（*Rhopalosiphum maidis*）（Chen et al.，2019b），荻草谷网蚜（*Sitobion miscanthi*）（Jiang et al.，2019b）；叶蝉科（Cicadellidae）褐透翅尖头叶蝉（*Homalodisca vitripennis*）（Thomas et al.，2020）；臭虫科（Cimicidae）温带臭虫（*Cimex lectularius*）（Benoit et al.，2016；Rosenfeld et al.，2016；Thomas et al.，2020）；蜡蚧科（Coccidae）白蜡蚧（*Ericerus pela*）（Yang et al.，2019a）；飞虱科（Delphacidae）灰飞虱（小褐飞虱）（*Laodelphax striatellus*）（Zhu et al.，2017），褐飞虱（*Nilaparvata lugens*）（Xue et al.，2014），白背飞虱（*Sogatella furcifera*）（Wang et al.，2017b）；蜡蝉科（Fulgoridae）斑衣蜡蝉（*Lycorma delicatula*）（Kingan et al.，2019）；黾蝽科（水黾科）（Gerridae）布氏水黾（*Gerris buenoi*）（Armisén et al.，2018）；长蝽科（Lygaeidae）乳草长蝽（*Oncopeltus fasciatus*）（Panfilio et al.，2019；Thomas et al.，2020）；蝽科（Pentatomidae）茶翅蝽（*Halyomorpha halys*）（Sparks et al.，2020；Thomas et al.，2020）；木虱科（Psyllidae）柑橘木虱（*Diaphorina citri*）

（Arp et al.，2016），朴树木虱（*Pachypsylla venusta*）（Thomas et al.，2020）；猎蝽科（Reduviidae）长红锥蝽（*Rhodnius prolixus*）（Mesquita et al.，2015），红带锥蝽（*Triatoma rubrofasciata*）（Liu et al.，2019a）。

7）膜翅目：已知约有 12 万种，是昆虫纲中仅次于鞘翅目和鳞翅目的第三大目。榕小蜂科（Agaonidae）传粉榕小蜂（*Ceratosolen solmsi*）（Xiao et al.，2013）；蜜蜂科（Apidae）中华蜜蜂（*Apis cerana*）（Park et al.，2015；Wang et al.，2020a），野生大蜜蜂（*Apis dorsata*）（Oppenheim et al.，2020），意大利蜜蜂（*Apis mellifera*）（Honeybee Genome Sequencing Consortium，2006；Wallberg et al.，2019），锯芦蜂（*Ceratina calcarata*）（Rehan et al.，2016），梭鱼草蜂（*Dufourea novaeangliae*）、兰花蜂（*Eufriesea mexicana*）、黑回条蜂（*Habropoda laboriosa*）、苜蓿切叶蜂（*Megachile rotundata*）、无刺蜂（*Melipona quadrifasciata*）（Kapheim et al.，2015）；肿腿蜂科（Bethylidae），莱氏肿腿蜂（*Goniozus legneri*）（Kraaijeveld et al.，2019）；茧蜂科（Braconidae）菜蛾盘绒茧蜂（*Cotesia vestalis*）（Shi et al.，2019a），横缝茧蜂（*Diachasma alloeum*）（Tvedte et al.，2019），阿里山潜蝇茧蜂（*Fopius arisanus*）（Geib et al.，2017）；分舌蜂科（Colletidae）大分舌蜂（*Colletes gigas*）（Zhou et al.，2020c）；跳小蜂科（Encyrtidae）多胚跳小蜂（*Copidosoma floridanum*）（Thomas et al.，2020）；环腹瘿蜂科（Figitidae）布氏小环腹瘿蜂（*Leptopilina boulardi*）（Khan et al.，2020）和 1 种寄生于果蝇的隆脊瘿蜂（*Leptopilina clavipes*）（Kraaijeveld et al.，2016）；蚁科（Formicidae）顶切叶蚁（*Acromyrmex echinatior*）（Nygaard et al.，2011），阿氏盘腹蚁（*Aphaenogaster ashmeadi*）、佛罗里达盘腹蚁（*Aphaenogaster floridana*）、黄盘腹蚁（*Aphaenogaster fulva*）、迈阿密盘腹蚁（*Aphaenogaster miamiana*）、云杉盘腹蚁（*Aphaenogaster picea*）和鲁氏盘腹蚁（*Aphaenogaster rudis*）（Lau et al.，2019），巨首芭切叶蚁（*Atta cephalotes*）（Suen et al.，2011），佛罗里达弓背蚁（*Camponotus floridanus*）和跳镰猛蚁（*Harpegnathos saltator*）（Bonasio et al.，2010；Shields et al.，2018），毕氏粗角猛蚁（行军蚁）（*Cerapachys biroi*）（Oxley et al.，2014），光滑举腹蚁（*Crematogaster levior*）（Hartke et al.，2019），方头恐猛蚁（子弹蚁）（*Dinoponera quadriceps*）（Patalano et al.，2015），黑毛蚁（*Lasius niger*）（Konorov et al.，2017），阿根廷蚁（*Linepithema humile*）（Smith et al.，2011a），小黄家蚁（*Monomorium pharaonis*）（Mikheyev and Linksvayer，2015），红胡须蚁（*Pogonomyrmex barbatus*）（Smith et al.，2011b），红火蚁（*Solenopsis invicta*）（Wurm et al.，2011），艾氏扁胸切叶蚁（*Vollenhovia emeryi*）（Miyakawa and Mikheyev，2015）；隧蜂科（Halictidae）白斑淡脉隧蜂（*Lasioglossum albipes*）（Kocher et al.，2013），黑彩带蜂（*Nomia melanderi*）（Kapheim et al.，2019）；姬蜂科（Ichneumonidae）颈双缘姬蜂（*Diadromus collaris*）（Shi et al.，2019a）；尾蜂科（Orussidae）尾蜂（*Orussus abietinus*）（Thomas et al.，2020）；马蜂科（Polistidae）双斑侧沟茧蜂（*Microplitis demolitor*）（Burke et al.，2018），加拿大马蜂（*Polistes canadensis*）（Patalano et al.，2015）；金小蜂科（Pteromalidae）吉氏金小蜂（*Nasonia giraulti*）、长角金小蜂（*Nasonia longicornis*）、丽蝇蛹集金小蜂（*Nasonia vitripennis*）（Werren et al.，2010）；叶蜂科（Tenthredinidae）黄翅菜叶蜂（*Athalia rosae*）（Oeyen et al.，2020；Thomas et al.，2020），小麦茎叶蜂（*Cephus cinctus*）（Robertson et al.，2018）；赤眼蜂科（Trichogrammatidae）缨翅赤眼蜂

（*Megaphragma amalphitanum*）（Sharko et al.，2019），短管赤眼蜂（*Trichogramma pretiosum*）（Thomas et al.，2020）；胡蜂科（Vespidae）东方大黄蜂（*Bombus impatiens*）和黄尾大黄蜂（*Bombus terrestris*）（Sadd et al.，2015），造纸胡蜂（*Polistes dominula*）（Standage et al.，2016）。

8）鳞翅目：已知约有 20 万种，包括小翅蛾亚目、蝙蝠蛾亚目、毛顶蛾亚目、单孔亚目、双孔亚目等。蚕蛾科（Bombycidae）赫氏家蚕（*Bombyx huttoni*）（Sackton et al.，2014），家蚕（*Bombyx mori*）（Xia et al.，2004）；草螟科（Crambidae）麻田豆秆野螟（*Ostrinia scapulalis*）（Gschloessl et al.，2018a）；尺蛾科（Geometridae）冬尺蠖蛾（*Operophtera brumata*）（Derks et al.，2015）；弄蝶科（Hesperiidae）昏弄蝶（*Achalarus lyciades*）（Shen et al.，2017），1 种弄蝶（*Lerema* sp.）（Cong et al.，2015a）；枯叶蛾科（Lasiocampidae）马尾松毛虫（*Dendrolimus punctatus*）（Zhang et al.，2020b）；灰蝶科（Lycaenidae）红带俏灰蝶（*Calycopis cecrops*）（Cong et al.，2016a）；夜蛾科（Noctuidae）玉米茎蛀褐夜蛾（*Busseola fusca*）（Hardwick et al.，2019），棉铃虫（*Helicoverpa armigera*）和美洲棉铃虫（*Helicoverpa zea*）（Pearce et al.，2017），草地贪夜蛾（*Spodoptera frugiperda*）（Gouin et al.，2017），斜纹贪夜蛾（*Spodoptera litura*）（Cheng et al.，2017），粉纹夜蛾（*Trichoplusia ni*）（Talsania et al.，2019）；舟蛾科（Notodontidae）松异舟蛾（*Thaumetopoea pityocampa*）（Gschloessl et al.，2018b）；蛱蝶科（Nymphalidae）黑脉金斑蝶（帝王蝶）（*Danaus plexippus*）（Zhan et al.，2011），青衫黄袖蝶（*Heliconius cydno cordula*）和白袖蝶（*Heliconius timareta*）（Martin et al.，2013），红带袖蝶（*Heliconius melpomene*）（*Heliconius* Genome Consortium，2012；Davey et al.，2016），庆网蛱蝶（*Melitaea cinxia*）（Ahola et al.，2014），莽眼蝶（草甸棕蝶）（*Maniola jurtina*）（Singh et al.，2020）；凤蝶科（Papilionidae）碧凤蝶（*Papilio bianor*）（Lu et al.，2019b），东方虎纹凤蝶（*Papilio glaucus*）（Cong et al.，2015b），黄凤蝶（*Papilio machaon*）（Li et al.，2015a），玉带凤蝶（*Papilio polytes*）、柑橘凤蝶（*Papilio xuthus*）（Nishikawa et al.，2015）；粉蝶科（Pieridae）黄菲粉蝶（*Phoebis sennae*）（Cong et al.，2016b），菜粉蝶（*Pieris rapae*）（Shen et al.，2016a），菊黄花粉蝶（*Zerene cesonia*）（Rodriguez-Caro et al.，2020）；菜蛾科（Plutellidae）小菜蛾（*Plutella xylostella*）（You et al.，2013a）；蓑蛾科（袋蛾科）（Psychidae）杂色蓑蛾（*Eumeta variegata*）（Kono et al.，2019）；螟蛾科（Pyralidae）小蜡螟（*Achroia grisella*）（Koseva et al.，2019），二化螟（*Chilo suppressalis*）（Yin et al.，2014；Ma et al.，2019）；大蚕蛾科（Saturniidae）天蚕（*Antheraea yamamai*）（Kim et al.，2018b）；天蛾科（Sphingidae）蝙蝠天蛾（*Hyles vespertilio*）（Pippel et al.，2020），烟草天蛾（*Manduca sexta*）（Kanost et al.，2016）；卷蛾科（Tortricidae）苹果蠹蛾（*Cydia pomonella*）（Wan et al.，2019）。

9）蜻蜓目：已知约有 5000 种，分为均翅亚目、间翅亚目、差翅亚目。色蟌科（Agrionidae）华丽豆娘（*Calopteryx splendens*）（Ioannidis et al.，2017）；蜻蜓科（Libellulidae）黄蜻蜓（*Ladona fulva*）（Thomas et al.，2020）。

10）直翅目：已知有 64 科 3500 属 18 000 余种，分为螽亚目、蝼蛄亚目、蝗亚目。蝗科（Acrididae）东亚飞蝗（*Locusta migratoria manilensis*）（Wang et al.，2014a）；蟋蟀科（Gryllidae）滨海油葫芦（*Teleogryllus oceanicus*）（Pascoal et al.，2019），夏威夷蟋蟀

（*Laupala kohalensis*）（Blankers et al.，2018）。

11）竹节虫目：已知有 2500 多种。竹节虫科（Phasmidae）新西兰竹节虫（*Clitarchus hookeri*）（Wu et al.，2017），西角竹节虫（*Medauroidea extradentata*）（Brand et al.，2018）；矮竹节虫科（Timematidae）矮竹节虫（*Timema cristinae*）（Soria-Carrasco et al.，2014）。

12）捻翅目：已知约有 300 种。原虫扇科（Mengenillidae）的 1 种捻翅寄生虫（*Mengenilla moldrzyki*）（Niehuis et al.，2012）。

13）缨翅目：通称蓟马，已知约有 6000 种，分为锥尾（锯尾）亚目（Terebrantia）和管尾亚目（Tubulifera）。蓟马科（Thripidae）棕榈蓟马（*Thrips palmi*）（Guo et al.，2020）。

14）毛翅目：已知约有 40 科 13 500 种，分为 2 或 3 亚目。纹石蛾科（Hydropsychidae）细纹石蛾（*Hydropsyche tenuis*）（水生昆虫）（Heckenhauer et al.，2019）；多距石蛾科（Polycentropodidae）散缘脉多距石蛾（*Plectrocnemia conspersa*）（Heckenhauer et al.，2019），天目山角石蛾（*Stenopsyche tienmushanensis*）（Luo et al.，2018b）；沼石蛾科（Limnophilidae）奇异沼石蛾（*Limnephilus lunatus*）（Thomas et al.，2020）。

### （五）多足亚门基因组测序的种类

多足亚门分为 4 纲：倍足纲（Diplopoda）已知约有 8000 种，估计总数有 1.5 万种；唇足纲（Chilopoda）已知约有 2800 种；寡足纲（Pauropoda）包含 2 目 5 科 30 属约 550 种；综合纲（Symphyla）因具有倍足纲、唇足纲以及低等昆虫纲的若干基本特征而得名，包含 1 目 3 科约 175 种。目前，完成基因组测序的物种仅有 2 种：倍足纲山蛩目（Spirobolida）厚山蛩科（Pachybolidae）砖红厚甲马陆（*Trigoniulus corallinus*）（Kenny et al.，2015）；唇足纲蜈蚣目（Scolopendromorpha）蜈蚣科（Scolopendridae）海栖细条蜈蚣（*Strigamia maritima*）（Chipman et al.，2014）。

## 十九、软体动物门的基因组测序

### （一）软体动物门基因组测序的种类

软体动物门（Mollusca）仅次于节肢动物门，为动物界中的第二大门，现存种类不少于 13 万种，分为 5 纲：双神经纲（Amphineura）、腹足纲（Gastropoda）、掘足纲（Scaphopoda）、瓣鳃纲（Lamillibranchia）和头足纲（Cephalopoda）。目前，软体动物门完成基因组测序的物种至少包括 3 纲 13 目 19 科 23 属 36 种（亚种）。

### （二）头足纲基因组测序的种类

头足纲分为 2 亚纲：鹦鹉螺亚纲（Nautiloiea）[仅鹦鹉螺目（Nautilida）] 和蛸亚纲（Coleoidea）[包括深海乌贼目（Bathyteuthoida）、枪形目（Teuthoidea）、微鳍乌贼目（Idiosepiida）、乌贼目（墨鱼目）（Sepiida）、耳乌贼目（Sepiolida）、旋壳乌贼目（Spirulida）、管鱿目（Teuthida）、八腕目（章鱼目）（Octopoda）、幽灵蛸目（Vampyromorphida）等 11 目]，已知有 700 余种。头足纲完成基因组测序的物种包括 3 目 3 科 3 属 5 种。

1）八腕目：章鱼科（蛸科）（Octopodidae）加州双斑章鱼（*Octopus bimaculoides*）

（Albertin et al.，2015），小章鱼（*Octopus minor*）（Kim et al.，2018c），普通章鱼（*Octopus vulgaris*）（Zarrella et al.，2019）。

2）乌贼目：耳乌贼科（Sepiolidae）夏威夷短尾乌贼（*Euprymna scolopes*）[与发光细菌费氏弧菌（*Vibrio fischeri*）形成共生关系]（Belcaid et al.，2019）。

3）枪形目：大王乌贼科（Architeuthidae）大王乌贼（*Architeuthis dux*）（da Fonseca et al.，2020）。

## （三）腹足纲基因组测序的种类

腹足纲是软体动物门中最大的一纲，包括 75 000 个生存种及 15 000 个化石种，分为前鳃亚纲[包括原始腹足目（Archaeogastropoda）、中腹足目（Mesogastropoda）、新腹足目（Neogastropoda）]、后鳃亚纲[包括头楯目（Cephalaspidea）、无楯目/海兔目（Anaspidea）、被壳翼足目（Thecosomata）、裸体翼足目/翼足目（Gymnosomata）、囊舌目（Sacoglossa）、无壳目（Acochlidiacea）、背楯目（Notaspidea）、裸鳃目（Nudibranchia）]、肺螺亚纲[包括基眼目（Basommatophora）、柄眼目（Stylommatophora）]。腹足纲完成基因组测序的物种包括 4 目 7 科 7 属 14 种。

1）原始腹足目：鲍科（Haliotidae）黑唇鲍（*Haliotis rubra*）（Gan et al.，2019a），绿唇鲍（*Haliotis laevigata*）（Botwright et al.，2019），桃红鲍（*Haliotis corrugata*）、黑鲍（*Haliotis cracherodii*）、绿鲍（*Haliotis fulgens*）、杂色鲍（*Haliotis kamtschatkana*）、红鲍（*Haliotis rufescens*）和白鲍（*Haliotis sorenseni*）（Masonbrink et al.，2019）；莲花青螺科（Lottiidae）霸王莲花青螺（*Lottia gigantea*）（Simakov et al.，2013）。

2）中腹足目：苹果螺科（Ampullariidae）福寿螺（*Pomacea canaliculata*）（Liu et al.，2018b）；海蜗牛科（Janthiniidae）绿叶海蜗牛（*Elysia chlorotica*）（Cai et al.，2019a）。

3）新腹足目：芋螺科（Conidae）爱猫芋螺（*Conus tribblei*）（Barghi et al.，2016）。

4）柄眼目：玛瑙螺科（Achatinidae）褐云玛瑙螺（非洲大蜗牛）（*Achatina fulica*）（Guo et al.，2019a）；蜗牛科（Fruticicolidae）鳞角腹足蜗牛（*Chrysomallon squamiferum*），唯一进化出硫化铁蜗壳的动物（Sun et al.，2020a）。

## （四）瓣鳃纲基因组测序的种类

瓣鳃纲又称双壳纲（Bivalvia），约有 2 万种，分为 5 亚纲：古列齿亚纲（Palaeotaxodonta）[仅有胡桃蛤目（Nuculoida）]、翼形亚纲（Pterimorphia）[包括蛏螂目（Solemyoida）、蚶目（Arcoida）、贻贝目（Mytioida）、珍珠贝目（Pterioida）、牡蛎目（Osteroida）等]、古异齿亚纲（Palaeoheterodonta）[包括珠蚌目（Unionoida）等]、异齿亚纲（Heterodonta）[包括帘蛤目（Veneroida）等]、异韧带亚纲（Anomalodesmata）[包括笋螂目（Pholadomyoida）、隔鳃目（Septibranchida）等]。瓣鳃纲完成基因组测序的物种包括 6 目 9 科 13 属 17 种（亚种）。

1）蚶目：蚶科（Arcidae）魁蚶（赤贝）（*Scapharca=Anadara broughtonii*）（Bai et al.，2019a）。

2）贻贝目：贻贝科（Mytilidae）斑驴贻贝（*Dreissena rostriformis bugensis*）（Calcino et al.，2019），沼蛤（淡菜）（*Limnoperna fortunei*）（Uliano-Silva et al.，2018）。

3）牡蛎目：牡蛎科（Ostreidae）葡萄牙牡蛎（*Crassostrea angulata*）（Gagnaire et al.，2018），太平洋牡蛎（*Crassostrea gigas*）（Zhang et al.，2012a；Wang et al.，2019b），团聚牡蛎（*Saccostrea glomerata*）（Powell et al.，2018）。

4）珍珠贝目：扇贝科（Pectinidae）海湾扇贝（*Argopecten irradians irradians*）（Du et al.，2017a），墨西哥湾扇贝（*Argopecten irradians concentricus*）（Liu et al.，2020a），紫扇贝（*Argopecten purpuratus*）（Li et al.，2018c），栉孔扇贝（*Chlamys farreri*）（Li et al.，2017a），欧洲大扇贝（*Pecten maximus*）（Kenny et al.，2020）；珍珠贝科（Pteriidae）黄珠母贝（*Pinctada fucata*）（Takeuchi et al.，2012），合浦珠母贝（*Pinctada fucata martensii*）（Du et al.，2017b）。

5）珠蚌目：珠蚌科（Unionidae）椭圆亮壳蚌（*Venustaconcha ellipsiformis*）（Renaut et al.，2018）。

6）帘蛤目，又称真瓣鳃目（Eulamellibranchia）：蛤蜊科（Mactridae）红獭蛤（*Lutraria rhynchaena*）（Thai et al.，2019）；竹蛏科（Solenidae）缢蛏（*Sinonovacula constricta*）（Ran et al.，2019）；帘蛤科（Veneridae）菲律宾帘蛤（*Ruditapes philippinarum*）（Yan et al.，2019）。

## 二十、腕足动物门的基因组测序

腕足动物门（Brachiopoda）是具有大小不等的两枚壳瓣的海生底栖固着动物，已描述的化石种在30 000种以上，但现存仅有300余种。目前，腕足动物门完成基因组测序的仅有1种：无铰纲（Inarticulata）无穴目（Atremata）鸭嘴海豆芽（*Lingula anatina*）（Luo et al.，2015）。

## 二十一、帚虫动物门的基因组测序

帚虫动物门（Phoronida）全部生活在热带和温带海底泥沙中，管栖，现存仅有2属约 16 种。目前，帚虫动物门完成基因组测序的物种仅有 1 种：澳洲帚虫（*Phoronis australis*）（Luo et al.，2018a）。

## 二十二、棘皮动物门的基因组测序

### （一）棘皮动物门基因组测序的种类

棘皮动物门（Echinodermata）是一类后口动物，在无脊椎动物中进化地位很高。大多数底栖，少数海参营浮游生活，自由生活的种类能够缓慢移动，从浅海到数千米的深海都有广泛分布。现存有6000多种，但化石种类多达20 000余种，隶属于4纲：海参纲（Holothuroidea）、蛇尾纲（Ophiuroidea）、海星纲（Asteroidea）和海胆纲（Echinoidea）。目前，棘皮动物门完成基因组测序的物种至少包括4纲5目6科7属8种。

### （二）海星纲基因组测序的种类

海星纲包括显带目（Phanerozonia）、有棘目（Spinulosa）、钳棘目（Forcipulata），现存种类约有1600种，化石种类有300种。海星纲完成基因组测序的物种仅有有棘目的2种：长棘海星科（Acanthasteridae）棘冠海星（*Acanthaster planci*）（Hall et al.，2017）和海燕海星科（Asterinidae）普通海燕海星（*Patiriella regularis*）（Long et al.，2016）。

### （三）海胆纲基因组测序的种类

海胆纲的化石种类约有5000种，现生种类约有800种。现生种类隶属于头帕目（Cidaroida）、柔海胆目（Echinothurioida）、冠海胆目（Diadematoida）、平海胆目（Pedinoida）、萨兰海胆目（Salenioida）、疣海胆目（Phymosomatoida）、阿巴海胆目（Arbacioida）、刻肋海胆目（Temnopleuoida）、球海胆目（Echinoida）、全雕目（Holectypoida）、盔海胆目（Cassiduloida）、全星海胆目（Holasteroida）、心形海胆目（Spatangoida）、新灯海胆目（Neolamadoida）。海胆纲完成基因组测序的物种仅有球海胆科（Strongylocentrotidae）的3种：紫球海胆（*Strongylocentrotus purpuratus*）（Sea Urchin Genome Sequencing Consortium，2006），绿海胆（*Lytechinus variegatus*）和巨紫球海胆（*Strongylocentrotus franciscanus*）（Sergiev et al.，2016）。

### （四）海参纲基因组测序的种类

海参纲分为3亚纲6目：枝手海参亚纲，包括枝手目和指手目；楯手海参亚纲，包括楯手目和平足目；无足海参亚纲，包括无足目和芋参目。海参纲完成基因组测序的物种仅有2种：楯手目（Aspidochirotida）刺参科（Stichopodidae）仿刺参（*Apostichopus japonicus*）（Jo et al.，2017）和平足目（Elasipodida）新西兰乌刺参（*Australostichopus mollis*）（Long et al.，2016）。

### （五）蛇尾纲基因组测序的种类

蛇尾纲分为4目：始蛇尾目（Stenurida）、开沟蛇尾目（Oegophiurida）、蜍蛇尾目（Phrynophiurida）和真蛇尾目（Ophiurida）。蛇尾纲完成基因组测序的物种仅有1种：真蛇尾目铠蛇尾科（Ophiochitonidae）花斑蜒蛇尾（*Ophionereis fasciata*）（Long et al.，2016）。

## 二十三、半索动物门的基因组测序

半索动物门（Hemichordata）又称隐索动物，大多数种类广泛分布于热带和温带沿海，只有极少数种类能生存在寒带海中，主要栖息于潮间带或潮下带的浅海沙滩、泥地或岩石间，营单体自由生活或集群固着生活。已发现90余种，分为3纲：肠鳃纲（Enteropneusta）（有70余种）、羽鳃纲（Pterobranchia）（约有20种）和笔石纲（Graptolithina）（已灭绝）。目前，半索动物门完成基因组测序的物种仅有肠鳃纲的2种：黄殖翼柱头虫（*Ptychodera flava*）和柯氏长吻柱头虫（*Saccoglossus kowalevskii*）（Simakov et al.，2015）。

## 二十四、脊索动物门的基因组测序

### （一）脊索动物门基因组测序的种类

脊索动物门（Chordata）是动物界最高等的一门，其共同特征是在其个体发育全过程或某一时期具有脊索、背神经管和鳃裂。已知有 70 000 余种，现存有 40 000 余种，分为 3 亚门：尾索动物亚门（Urochorda）、头索动物亚门（Cephalochordata）、脊椎动物亚门（Vertebrata）。目前，脊索动物门完成基因组测序的物种至少包括 3 亚门 11 纲 85 目 209 科 383 属 520 种（亚种）。

### （二）尾索动物亚门基因组测序的种类

尾索动物亚门是原始特化的海栖脊索动物，绝大多数无尾种类只在幼体时期自由生活，成体于浅海潮间带营底栖固着生活，少数终生有尾种类在洋面上营漂浮式的自由游泳生活。已知有 1370 余种，分属于 3 纲：尾海鞘纲（Appendiculariae）、海鞘纲（Ascidiacea）和樽海鞘纲（Thaliacea）。尾索动物亚门完成基因组测序的物种至少包括 3 纲 4 目 5 科 5 属 6 种。

1）尾海鞘纲。尾海鞘纲仅 1 目 3 科：褶海鞘科（Fritillariidae）、科氏尾海鞘科（Kowalevskiidae）、住囊虫科（Oikopleuridae），现存有 60 余种。尾海鞘纲完成基因组测序的物种仅有 1 种：异体住囊虫（*Oikopleura dioica*）（Denoeud et al.，2010）。

2）海鞘纲。海鞘纲约有 1250 种，可分为单海鞘和复海鞘两大类。海鞘纲完成基因组测序的物种仅有 4 种：复鳃目（Stolidobranchia）利氏拟菊海鞘（*Botrylloides leachii*）（Blanchoud et al.，2018），静鳃目（Phlebobranchia）玻璃海鞘（*Ciona intestinalis*）（Dehal et al.，2002；Satou et al.，2019），萨氏海鞘（*Ciona savignyi*）（Vinson et al.，2005），葵花海鞘（*Corella inflata*）（DeBiasse et al.，2020）。

3）樽海鞘纲。樽海鞘纲大多是营自由游泳生活的漂浮型海鞘，约有 65 种。樽海鞘纲完成基因组测序的物种仅有 1 种：汤氏纽鳃樽（*Salpa thompsoni*）（Jue et al.，2016）。

### （三）头索动物亚门基因组测序的种类

头索动物亚门仅有头索纲（Cephalochorda）文昌鱼目（Branchiostomiformes）文昌鱼科（鳃口科）（Branchiostomidae）和偏文昌鱼科（侧殖文昌鱼科）（Epiyonichthyidae），已知约有 30 种，遍及热带和温带的浅海海域。头索动物亚门完成基因组测序的物种仅有 1 纲 1 目 2 科 2 属 3 种：文昌鱼科白氏文昌鱼（*Branchiostoma belcheri*）（Huang et al.，2014a），佛罗里达文昌鱼（*Branchiostoma floridae*）（Putnam et al.，2008）；偏文昌鱼科鲁卡偏文昌鱼（*Asymmetron lucayanum*）（Yue et al.，2015）。

### （四）脊椎动物亚门基因组测序的种类

脊椎动物亚门包括 9 纲：圆口纲（Cyclostomata）、甲胄鱼纲（Ostracoderms）（已灭绝的没有下颚的原始鱼类）、盾皮鱼纲（Placodermi）（已灭绝的鱼类）、软骨鱼纲

（Chondrichthyes）、辐鳍鱼纲（Actinopterygii）、两栖纲（Amphibia）、爬行纲（Reptilia）、鸟纲（Aves）和哺乳纲（Mammalia）。脊椎动物亚门完成基因组测序的物种包括 7 纲 80 目 202 科 376 属 511 种（亚种）。

**1. 圆口纲**

圆口纲是鱼形动物中进化最早的一类，无泄殖腔，生殖孔与肛门分开，卵生，现存约有 84 种，隶属于 2 目：七鳃鳗目（Petromyzoniformes）和盲鳗目（Myxiniformes）。目前，圆口纲完成基因组测序的物种仅有 1 种：七鳃鳗目七鳃鳗科（Petromyzonidae）海七鳃鳗（*Petromyzon marinus*）（Smith et al.，2013，2018）。

**2. 软骨鱼纲**

软骨鱼纲的内骨骼完全由软骨组成，常钙化，但无任何真骨组织，外骨骼不发达或退化，常被盾鳞。现存约有 846 种，隶属于 2 亚纲 16 目。

1）板鳃亚纲（Elasmobranchii）侧孔总目（Pleurotremata）或鲨形总目（Selachomorpha）六鳃鲨目（Hexanchiformes）、虎鲨目（Heterodontiformes）、鼠鲨目（鲭鲨目）（Lamniformes）、须鲨目（Orectolobiformes）、真鲨目（Carcharhiniformes）、角鲨目（Squaliformes）、扁鲨目（Squatiniformes）、锯鲨目（Pristiophoriformes）、胸脊鲨目（Stethacanthus）（已灭绝）、肋异刺鲨目（Pleuraclanthodii）（一类已灭绝的早期淡水鲨）、旋齿鲨目（Helicoprion）（已灭绝）；下孔总目（Hypotremata）或鳐形总目（Batomorpha）锯鳐目（Pristiformes）、鳐形目（Rajiformes）、鲼形目（Myliobatiformes）、电鳐目（Torpediniformes）、犁头鳐目（Rhinobatiformes）。

2）全头亚纲（Holocephali）银鲛目（Chimaeriformes）。目前，软骨鱼纲完成基因组测序的物种包括 4 目 5 科 5 属 5 种。①真鲨目：猫鲨科（Scyliorhinidae）虎纹猫鲨（*Scyliorhinus torazame*）（Hara et al.，2018）。②银鲛目：叶吻银鲛科（Callorhynchidae）米氏叶吻银鲛（*Callorhinchus milii*）（Vcnkatcsh ct al.，2007，2014）。③鼠鲨目：鲭鲨科（Isuridae）食人鲨（大白鲨）（*Carcharodon carcharias*）（Marra et al.，2019）。④须鲨目：天竺鲨科（Hemiscylliidae）点纹斑竹鲨（*Chiloscyllium punctatum*）；鲸鲨科（Rhincodontidae）鲸鲨（*Rhincodon typus*）（Read et al.，2017）。

**3. 辐鳍鱼纲**

辐鳍鱼纲以前称为硬骨鱼纲（Osteichthyes），是脊椎动物中最大的类群，已知有 4 目 453 科 4289 属 26 891 种。分为 2 亚纲：均为淡水种类；软骨硬鳞亚纲（Chondrostei）包含 2 目［多鳍鱼目（Polypteriformes）和鲟形目（Acipenseriformes）］3 科 8 属 43 种，其中 14 种为淡水种类；新鳍亚纲（Neopterygii）包含 42 目 450 科 4281 属 26 848 种。目前，辐鳍鱼纲完成基因组测序的物种至少包括 19 目 54 科 95 属 120 种。

1）鲟形目：现存仅有鲟科（Acipenseridae）1 科 4 属 27 种。小体鲟（*Acipenser ruthenus*）（Cheng et al.，2019a；Du et al.，2020）。

2）鳗形目（Anguilliformes）：包括 2 亚目 19 科 147 属约 600 种。鳗鲡科

（Anguillidae）欧洲鳗鲡（*Anguilla anguilla*）（Jansen et al.，2017），日本鳗鲡（*Anguilla japonica*）（Henkel et al.，2012；Chen et al.，2019c），美洲鳗鲡（*Anguilla rostrata*）（Pavey et al.，2017）。

3）鲱形目（Clupeiformes）：约有4科68属330种。鲱科（Clupeidae）大西洋鲱（*Clupea harengus*）（Martinez Barrio et al.，2016；Pettersson et al.，2019），孟加拉鲥（*Tenualosa ilisha*）（Mohindra et al. 2019），欧洲沙丁鱼（*Sardina pilchardus*）（Louro et al.，2019）；鳀科（Engraulidae）刀鲚（中国凤尾鱼）（*Coilia nasus*）（Xu et al.，2020b）。

4）腔棘鱼目（Coelacanthiformes）：现存仅1科1种。矛尾鱼科（Latimeridae）矛尾鱼（*Latimeria chalumnae*）（唯一现生的总鳍鱼类）（Amemiya et al.，2013）。

5）鲤形目（Cypriniformes）：是仅次于鲈形目的第二大目，也是现生淡水鱼类中最大的1目，包括3亚目15科256属2420余种。鳅科（Cobitidae）是鲤形目现生鱼类中的第二大类群，约有25属200余种：拟鲶高原鳅（*Triplophysa siluroides*）（Yang et al.，2019b），西藏高原鳅（*Triplophysa tibetana*）（Yang et al.，2019c）。鲤科（Cyprinidae）是鱼类中最大的1科，约有210属2000余种：鱇浪白鱼（*Anabarilius grahami*）（Jiang et al.，2018），黑尾近红鲌（*Ancherythroculter nigrocauda*）（Zhang et al.，2020c），金鱼（*Carassius auratus*）（Chen et al.，2019d），草鱼（*Ctenopharyngodon idellus*）（Wang et al.，2015），鲤（*Cyprinus carpio*）（Xu et al.，2014a，2019a），斑马鱼（*Danio rerio*）（Howe et al.，2013），透体小丹鱼（*Danionella translucida*）（Kadobianskyi et al.，2019），露斯塔野鲮（*Labeo rohita*）（Das et al.，2020），瓦氏雅罗鱼（*Leuciscus waleckii*）（Xu et al.，2017a），团头鲂（武昌鱼）（*Megalobrama amblycephala*）（Liu et al.，2017a），斯氏尖裸鲤（*Oxygymnocypris stewartii*）（Liu et al.，2019b），安水金线鲃（*Sinocyclocheilus anshuiensis*）、滇池金线鲃（*Sinocyclocheilus grahami*）、犀角金线鲃（*Sinocyclocheilus rhinocerous*）（Yang et al.，2016a）。锯脂鲤科（Serrasalmidae）纳氏臀点脂鲤（红腹食人鱼）（*Pygocentrus nattereri*）（Schartl et al.，2019）。

6）鳉形目（Cyprinodontiformes）：包括2亚目9科85属680种。单唇鳉科（Aplocheilidae）林奈氏澳鳉（*Austrofundulus limnaeus*）（Wagner et al.，2018），弗氏假鳃鳉（*Nothobranchius furzeri*）（最短命的脊椎动物之一，生活在非洲雨季的水塘里）（Reichwald et al.，2015；Valenzano et al.，2015）；鳉科（Cyprinodontidae）杂色鳉（*Cyprinodon variegatus*）（Lencer et al.，2017），台湾鳉（*Poecilia formosa*）（da Barbiano et al.，2013），帆鳍鳉（*Poecilia latipinna*）（Nunez et al.，2015），孔雀鳉（*Poecilia reticulata*）（Künstner et al.，2016），花斑剑尾鱼（新月鱼）（*Xiphophorus maculatus*）（Schartl et al.，2013），库舍剑尾鱼（*Xiphophorus couchianus*）、赫氏剑尾鱼（*Xiphophorus hellerii*）（Shen et al.，2016b）；底鳉科（Fundulidae）底鳉（*Fundulus heteroclitus*）（Reid et al.，2016）；青鳉科（Oryziatidae）爪哇青鳉（*Oryzias javanicus*）（Lee et al.，2020a），日本青鳉（*Oryzias latipes*）（Kasahara et al.，2007），黑点青鳉（*Oryzias melastigma*）（Kim et al.，2018d）；胎鳉科（Poeciliidae）食蚊鱼（大肚鱼）（*Gambusia affinis*）（Hoffberg et al.，2018）；溪鳉科（Rivulidae）斑纹隐小鳉（红树鳉）（*Kryptolebias marmoratus*）（Kelley et al.，2016）。

7）狗鱼目（Esociformes）：包括狗鱼科（Esocidae）和泥狗鱼科（Umbridae）2科，共5种。狗鱼科的白斑狗鱼（*Esox lucius*）（Rondeau et al.，2014）。

8）鳕形目（Gadiformes）：包括4亚目11科约162属708种。鳕科（Gadidae）大西洋鳕（*Gadus morhua*）（Star et al.，2011），黑线鳕（*Melanogrammus aeglefinus*）（Tørresen et al.，2018）；长尾鳕科（Macrouridae）圆吻突吻鳕（*Coryphaenoides rupestris*）（Gaither et al.，2018）；南极鱼科（Nototheniidae）革首南极鱼（*Notothenia coriiceps*）（像熊一样有"冬眠"的习惯，随着日光的衰减，会减慢它的新陈代谢速率）（Shin et al.，2014）。

9）刺鱼目（Gasterosteiformes）：有2科7属约10种。刺鱼科（Gasterosteidae）三棘刺鱼（*Gasterosteus aculeatus*）（Jones et al.，2012），九棘刺鱼（*Pungitius pungitius*）（Varadharajan et al.，2019）；海龙科（Syngnathidae）虎尾海马（*Hippocampus comes*）（Lin et al.，2016a），线纹海马（*Hippocampus erectus*）（Lin et al.，2017a）。

10）雀鳝目（Lepidosteiformes）：仅有雀鳝科（Lepisosteidae）1科2属7种。斑点雀鳝（*Lepisosteus oculatus*）（Braasch et al.，2016）。

11）鲻形目（Mugiliformes）：有3科21属约145种。鲻科（Mugilidae）鲅（*Liza haematocheila*）（Liyanage et al.，2019）。

12）骨舌鱼目（Osteoglossiformes）：曾归属于鲱形目，包括6科29属约217种。骨舌鱼科（Osteoglossidae）巨骨舌鱼（*Arapaima gigas*）（Vialle et al.，2018；Du et al.，2019），美丽硬仆骨舌鱼（金龙鱼）（*Scleropages formosus*）（Austin et al.，2015；Bian et al.，2016）；象鼻鱼科（管嘴鱼科）（Mormyridae）金氏副长颌鱼（电鱼）（*Paramormyrops kingsleyae*）（Gallant et al.，2017）。

13）鲈形目（Perciformes）：是鱼纲中种类最多的一目，有25亚目160科1539属10 033种。斗鱼科（Belontiidae）五彩搏鱼（*Betta splendens*）（Fan et al.，2018a）；鲹科（Carangidae）长背鰤（*Seriola dorsalis*）（Purcell et al.，2018），杜氏鰤（高体鰤）（*Seriola dumerili*）（Sarropoulou et al.，2017），五条鰤（*Seriola quinqueradiata*）（Kawase et al.，2018；Yasuike et al.，2018），卵形鲳鲹（金鲳）（*Trachinotus ovatus*）（Zhang et al.，2019d）；鳄冰鱼科（Channichthyidae）黑鳍冰鱼（*Chaenocephalus aceratus*）（Kim et al.，2019b），龙嘴雪冰鱼（*Chionodraco myersi*）（Bargelloni et al.，2019）；慈鲷科（Cichlidae）侧带朴丽鱼（三湖慈鲷）（*Astatotilapia latifasciata*）（Jehangir et al.，2019），非洲慈鲷（*Maylandia = Metriaclima zebra*）（Conte and Kocher，2015），纵带黑丽鱼（*Melanochromis auratus*）（Kratochwil et al.，2019），蓝罗非鱼（*Oreochromis aureus*）（Bian et al.，2019），尼罗罗非鱼（*Oreochromis niloticus*）（Conte et al.，2019）；鰕虎鱼科（Gobiidae）圆鰕虎鱼（*Neogobius melanostomus*）（Adrian-Kalchhauser et al.，2020）；隆头鱼科（Labridae）球状濑鱼（*Labrus bergylta*）（Lie et al.，2018），娇扁隆头鱼（*Symphodus melops*）（Mattingsdal et al.，2018）；尖吻鲈科（Latidae）亚洲尖吻鲈（*Lates calcarifer*）（Vij et al.，2016）；石鲷科（Oplegnathidae）条石鲷（*Oplegnathus fasciatus*）（Xiao et al.，2019，2020）；真鲈科（Percichthyidae）花鲈（*Lateolabrax maculatus*）（Chen et al.，2019e），虫纹鳕鲈（澳洲龙纹斑）（*Maccullochella peelii*）（Austin et al.，2017），黄金鲈（*Perca flavescens*）（Feron et al.，2020），河鲈（*Perca fluviatilis*）（Ozerov et al.，2018），白梭吻鲈（*Sander lucioperca*）（Nguinkal et al.，2019）；弹涂鱼科（Periophthalmidae）大弹涂鱼（*Boleophthalmus pectinirostris*）、许氏齿弹涂鱼（*Periophthalmodon schlosseri*）、大鳍弹涂鱼（*Periophthalmus magnuspinnatus*）、青弹涂鱼（*Scartelaos histophorus*）（You et al.，2014）；盖刺鱼科（Pomacanthidae）福氏刺尻鱼（*Centropyge vrolikii*）（Fernandez-Silva et al.，2018）；雀鲷科（Pomacentridae）白条双锯鱼（红小丑）（*Amphiprion frenatus*）（Marcionetti et al.，2018），眼斑双锯鱼（*Amphiprion ocellaris*）（Tan et al.，2018），海葵双锯鱼（*Amphiprion percula*）（Lehmann et al.，2019）；石首鱼科（Sciaenidae）棘头梅童鱼（*Collichthys lucidus*）（Cai et al.，2019b），大黄鱼（*Larimichthys crocea*）（Ao et al.，2015；Chen et al.，2019f），鮸（*Miichthys miiuy*）（Xu et al.，2016a），白斑黄姑鱼（*Nibea albiflora*）（Han et al.，2019）；鲭科（Scombrida）太平洋蓝鳍金枪鱼（*Thunnus orientalis*）（Nakamura et al.，2013）；鮨科（Serranidae）赤点石斑鱼（*Epinephelus akaara*）（Ge et al.，2019），鞍带石斑鱼（*Epinephelus lanceolatus*）（Zhou et al.，2019a），豹纹鳃棘鲈（东星斑）（*Plectropomus leopardus*）（Yang et al.，2020a），大眼鳜（*Siniperca knerii*）（Lu et al.，2020）；鱚科（Sillaginidae）多鳞鱚（*Sillago sihama*）（Li et al.，2019b），中国鱚（*Sillago sinica*）（Xu et al.，2018a）；鲷科（Sparidae）黑棘鲷（*Acanthopagrus schlegelii*）（Zhang et al.，2018a），真鲷（赤鯮鱼）（*Pagrus major*）（Nam et al.，2019）；鲳科（Stromateidae）银鲳（*Pampus argenteus*）（AlMomin et al.，2016）。

14）鲽形目（Pleuronectiformes）：有 14 科 134 属 678 种。舌鳎科（Cynoglossidae）半滑舌鳎（*Cynoglossus semilaevis*）（Chen et al.，2014a）；菱鲆科（Scophthalmidae）大菱鲆（多宝鱼）（*Scophthalmus maximus*）（Xu et al.，2020c）。

15）鲑形目（Salmoniformes）：鲑科（Salmonidae）虹鳟（大麻哈鱼）（*Oncorhynchus mykiss*）（Pearse et al.，2019），大西洋鲑（*Salmo salar*）（Davidson et al.，2010）；茴鱼科（Thymalidae）欧洲茴鱼（*Thymallus thymallus*）（Sävilammi et al.，2019）。

16）鲉形目（Scorpaeniformes）：有 7 亚目 21 科 273 属约 1164 种。狮子鱼科（Liparidae）斯氏拟狮子鱼（*Pseudoliparis swirei*）（生活于马里亚纳海沟 6000 m 处）（Wang et al.，2019c）；鲉科（Scorpaenidae）褐菖鲉（*Sebastiscus marmoratus*）（Xu et al.，2020d）；平鲉科（Sebastidae）许氏平鲉（黑鲪）（*Sebastes schlegelii*）（Liu et al.，2019c）。

17）鲇形目（Siluriformes）：有 31 科约 2200 种。鲿科（Bagridae）黄颡鱼（*Pelteobagrus fulvidraco*）（Gong et al.，2018）；叉尾鮰科（Ictaluridae）斑点叉尾鮰（*Ictalurus punctatus*）（Jiang et al.，2011）；鲶科（Siluridae）双斑绚鲶（*Ompok bimaculatus*）（Dhar et al.，2019a）；鮡科（Sisoridae）巨魾（老鹰鸭嘴）（*Bagarius yarrelli*）（Jiang et al.，2019c），黑斑原鮡（藏鮡）（*Glyptosternon maculatum*）（Liu et al.，2018c）。

18）合鳃鱼目（Synbranchiformes）：约有 15 种。合鳃鱼科（Synbranchidae）黄鳝（*Monopterus albus*）（Zhao et al.，2018a）。

19）鲀形目（Tetraodontiformes）：有 9 科 101 属 357 种。翻车鲀科（Molidae）翻车鲀（*Mola mola*）（Pan et al.，2016）；单角鲀科（Monacanthidae）绿鳍马面鲀（*Thamnaconus septentrionalis*）（Bian et al.，2020）；四齿鲀科（Tetraodontidae）双斑东方鲀（*Takifugu bimaculatus*）（Zhou et al.，2019b），菊黄东方鲀（*Takifugu flavidus*）（Gao et al.，2014；Zhou et al.，2019c），红鳍东方鲀（*Takifugu rubripes*）（Aparicio et al.，2002），黑青斑河鲀（*Tetraodon nigroviridis*）（Jaillon et al.，2004）。

**4. 两栖纲**

两栖纲（Amphibia）是一类原始的、初登陆的、具五趾型的变温四足动物，皮肤裸露，分泌腺众多，混合型血液循环。现存有3目约40科400属约4000种。其中，蚓螈目（Gymnophiona）无四肢，体表有环缢纹，外形像蛇和蚯蚓，以地下穴居生活为主，现存约有165种，隶属于6或7科30余属。有尾目（Caudata）是终身有尾的两栖动物，大多数为水生，共有8或9科60余属350余种。无尾目（Anura）成体基本无尾，卵一般产于水中，孵化成蝌蚪，用鳃呼吸，经过变态，成体主要用肺呼吸，但多数皮肤也有部分呼吸功能，现存约有31科303属3500余种，隶属于2亚目，即始蛙亚目（Archaeobatrachia）和新蛙亚目（Neobatrachia），后者包含了无尾目中96%的种类。目前，两栖纲完成基因组测序的物种至少包括2目7科9属10种。

1）无尾目：蟾蜍科（Bufonidae）巨型海蟾蜍（*Rhinella marina*）（Edwards et al.，2018）；角蟾科（Megophryidae）雷山髭蟾（*Leptobrachium leishanense*）（Li et al.，2019c）、哀牢髭蟾（*Vibrissaphora ailaonica*）（Li et al.，2019d）；锄足蟾科（Pelobatidae）墨西哥锄足蟾（*Spea multiplicata*）（Seidl et al.，2019）；负子蟾科（Pipidae）非洲爪蟾（*Xenopus laevis*）（Session et al.，2016），热带爪蟾（*Xenopus tropicalis*）（Hellsten et al.，2010；Mitros et al.，2019）；蛙科（Ranidae）生活于西藏的高山倭蛙（*Nanorana parkeri*）（Sun et al.，2015），北美牛蛙（*Rana=Lithobates catesbeiana*）（Hammond et al.，2017）。

2）有尾目：钝口螈科（Ambystomatidae）墨西哥钝口螈（*Ambystoma mexicanum*）（Nowoshilow et al.，2018；Smith et al.，2019）；隐鳃鲵科（Cryptobrachidae）美洲大鲵（*Cryptobranchus alleganiensis*）（Sun and Mueller，2014）。

**5. 爬行纲**

爬行纲（Reptilia）是真正适应陆栖生活的变温脊椎动物，现存种类有6300余种，分为4亚纲：无孔亚纲（或缺弓亚纲）（Anapsida）、下孔亚纲（或单弓亚纲）（Synapsida）[包括盘龙目（Pelycosauria）和兽孔目（Therapsida），均已绝灭]、调孔亚纲（或阔弓亚纲）（Euryapsida）[包括蜥鳍目（Sauropterygia）、楯齿龙目（Placodontia）、鳍龙目（Sauropterygia）和鱼龙目（Ichthyosauria）等，均已灭绝]和双孔亚纲（或双弓亚纲）（Diapsida）（头骨侧面有两个颞颥孔，该亚纲为占优势的爬行动物）。分为2次亚纲：鳞龙次亚纲（Lepidosauria），包括3目，即始鳄目（Eosuchia）（已灭绝）、喙头目（Rhynchocephalia）[化石遍及全世界，现存仅1科1属2种，即喙头蜥（楔齿蜥）（*Sphenodon punctatus*）和冈瑟氏楔齿蜥（*Sphenodon guntheri*），仅残存于新西兰北部沿海的少数小岛上，数量稀少]和有鳞目（Squamata）（是现生爬行类中的常见者，包括蛇亚目和蜥蜴亚目，现存种类约有6000种，占现存爬行动物的90%以上，占据地球上的大部分地区）；初龙次亚纲（Archosauria），包括槽齿目（Thecodontia）（已灭绝）、鳄目（Crocodilia）（已发现 700 多个化石种，几乎是世界性分布，现存仅 20 余种，分布范围小）、蜥臀目（Saurischia）（已灭绝）、鸟臀目（Ornithischia）（已灭绝）和翼龙目（Pterosauria）（已灭绝）等。目前，爬行纲完成基因组测序的物种至少包括 2 亚纲 3 目 18 科 29 属 31 种（亚种）。

1）孔亚纲（或缺弓亚纲）（Anapsida）为最原始的爬行动物，分为 3 目：杯龙目（Catylosauria）、龟鳖目（Tesudines）和中龙目（Mesosauria）。仅存龟鳖目，其最早的化石出现在约 2 亿年前，现存的龟鳖目动物可分为曲颈龟亚目（Cryptodira）[包含 4 总科：海龟总科（Chelonioidea）、棱皮龟总科（Dermoochelyoidea）、鳖总科（Trionychoidea）、龟总科（Testudinoidea）] 和侧颈龟亚目（Pleurodira），共有 12 科 86 属约 250 余种。完成基因组测序的物种包括：海龟科（Cheloniidae）绿海龟（*Chelonia mydas*）（Wang et al.，2013a）；泽龟科（Emydidae）西部锦龟（*Chrysemys picta bellii*）（Shaffer et al.，2013）；平胸龟科（Platysternidae）大头平胸龟（*Platysternon megacephalum*）（Cao et al.，2019a）；陆龟科（Testudinidae）亚达伯拉象龟（*Aldabrachelys gigantea*）和平塔岛象龟（*Chelonoidis abingdonii*）（Quesada et al.，2019），巴西红耳龟（*Trachemys scripta elegans*）（Simison et al.，2020）；鳖科（Trionychidae）中华鳖（*Pelodiscus sinensis*）（Wang et al.，2013a）。

2）双孔亚纲（或双弓亚纲）（Diapsida）为占优势的爬行动物，包括始鳄目（Eosuchia）（已灭绝）、喙头目、有鳞目、槽齿目（已灭绝）、鳄目（Crocodilia）、蜥臀目（已灭绝）、鸟臀目（已灭绝）和翼龙目（已灭绝）等。完成基因组测序的物种如下：鳄目：短吻鳄科（Alligatoridae）密西西比鳄（*Alligator mississippiensis*）（Green et al.，2014），扬子鳄（*Alligator sinensis*）（Wan et al.，2013）；鳄科（Crocodylidae）澳洲咸水鳄（*Crocodylus porosus*）（Green et al.，2014；Ghosh et al.，2020）；长吻鳄科（Gavialidae）恒河鳄（*Gavialis gangeticus*）（Green et al.，2014）。有鳞目：鬣蜥科（Agamidae）黑白树栖蜥（*Salvator merianae*）（Roscito et al.，2018），鬃狮蜥（*Pogona vitticeps*）（Deakin et al.，2016）；蟒科（蚺科）（Boidae）红尾蚺（*Boa constrictor constrictor*）（Bradnam et al.，2013），黄金蟒（*Python bivittatus*）（缅甸巨蟒白化突变种）（Castoe et al.，2011），帝王红尾蚺（*Boa constrictor imperator*）（Gamble et al.，2017），缅甸巨蟒（*Python molurus bivittatus*）（Castoe et al.，2013；Gamble et al.，2017）；游蛇科（Colubridae）玉米锦蛇（*Pantherophis guttatus*）（Ullate-Agote et al.，2014）；眼镜蛇科（Elapidae）棘刺海蛇（*Hydrophis curtus*）（Peng et al.，2020），印度眼镜蛇（*Naja naja*）（Suryamohan et al.，2020），扁颈眼镜蛇（眼镜王蛇）（*Ophiophagus hannah*）（Vonk et al.，2013）；壁虎科（Gekkonidae）豹纹壁虎（*Eublepharis macularius*）（Xiong et al.，2016），多疣壁虎（*Gekko japonicus*）（Liu et al.，2015a）；蜥蜴科（Lacertidae）西方绿蜥（*Lacerta bilineata*）和翠绿蜥（*Lacerta viridis*）（Kolora et al.，2019），北美绿蜥蜴（变色蜥）（*Anolis carolinensis*）（Alföldi et al.，2011）；水游蛇科（Natricidae）剑纹带蛇（*Thamnophis sirtalis*）（Perry et al.，2018）；鳄蜥科（Shinisauridae）瑶山鳄蜥（*Shinisaurus crocodilurus*）（Gao et al.，2017）；巨蜥科（Varanidae）科莫多巨蜥（*Varanus komodoensis*）（Lind et al.，2019）；蝰蛇科（Viperidae）尖吻蝮（五步蛇）（*Deinagkistrodon acutus*）（Yin et al.，2016），原矛头蝮（*Protobothrops mu-*

*mucrosquamatus*）（Aird et al.，2017）。

**6. 鸟纲**

鸟纲（Aves）体均被羽，恒温，卵生，胚胎外有羊膜，前肢成翼，有时退化。分为古鸟亚纲（Archaeornithes）[已灭绝，如始祖鸟目（Archaeopterygiformes）、孔子鸟目（Confuciusornithiformes）、始反鸟目（Eoenantiornithiformes）、华夏鸟目（Cathayornithiformes）、长翼鸟目（Longipterygiformes）] 和今鸟亚纲（新鸟亚纲）（Neornithes）（包括化石鸟类和现存鸟类）。今鸟亚纲可分为 4 总目：齿颌总目（Odontognathae）[为白垩纪的化石鸟类，口内尚有牙齿，包括黄昏鸟目（Hesperornithiformes）等]、平胸总目（Ratitae）、企鹅总目（Impennes）和突胸总目（Carinatae）。目前，鸟纲完成基因组测序的物种至少包括 3 总目 31 目 55 科 95 属 136 种（亚种）。

（1）平胸总目

本总目的一个共有特征是翼很短，所以都不能飞翔，几乎都是分布在南半球。包括 7 目：鸵鸟目（Struthionformes）、美洲鸵鸟目（Rheiformes）（仅 1 科 1 属 2 种，体型小）、鹤鸵目（Struthioniformes）（仅 2 科 2 属 4 种，大型现生鸟类）、无翼目（Apterygiformes）、䳍形目（Tinamiformes）、隆鸟目（Aepyornithiformes）（已灭绝）和恐鸟目（Dinornithiformes）（已灭绝）。平胸总目完成基因组测序的物种如下：无翼目仅 1 科 1 属 3 种，体型小，无翼科（Apterygidae）（仅 1 属 3 种）褐几维鸟（*Apteryx australis*）（Le Duc et al.，2015）。鸵鸟目仅 1 科 1 属 5 种，其中阿拉伯鸵鸟已于 1941 年灭绝，鸵鸟科（Struthionidae）南非鸵鸟（*Struthio camelus australis*）（Zhang et al.，2014a；O'Connor et al.，2018）。䳍形目仅 1 科 9 属 47 种，主要散布于拉丁美洲，大都濒临灭绝，䳍科（Tinamidae）白喉䳍（*Tinamus guttatus*）（Zhang et al.，2014a）。

（2）企鹅总目或楔翼总目

本总目是善游泳和潜水而不能飞的鸟，前肢呈鳍状，被以鳞片状短羽，仅包括企鹅目（Sphenisciformes）企鹅科（Spheniscidae）6 属 18 种 3 亚种。帝企鹅（*Aptenodytes forsteri*）、阿德利企鹅（*Pygoscelis adeliae*）（Zhang et al.，2014a；Pan et al.，2019），王企鹅（*Aptenodytes patagonicus*）、史氏角企鹅（皇家企鹅）（*Eudyptes chrysolophus schlegeli*）、马可罗尼企鹅（*Eudyptes chrysolophus chrysolophus*）、南跳岩企鹅（*Eudyptes chrysocome*）、东跳岩企鹅（*Eudyptes filholi*）、北跳岩企鹅（*Eudyptes moseleyi*）、黄眉企鹅（*Eudyptes pachyrhynchus*）、斯岛黄眉企鹅（*Eudyptes robustus*）、翘眉企鹅（*Eudyptes sclateri*）、白鳍小蓝企鹅（*Eudyptula minor albosignata*）、小蓝企鹅（*Eudyptula minor minor*）、澳洲小蓝企鹅（*Eudyptula novaehollandiae*）、黄眼企鹅（*Megadyptes antipodes antipodes*）、南极企鹅（*Pygoscelis antarctica*）、巴布亚企鹅（*Pygoscelis papua*）、黑脚企鹅（非洲企鹅）（*Spheniscus demersus*）、汉波德企鹅（*Spheniscus humboldti*）、麦哲伦企鹅（*Spheniscus magellanicus*）、加拉帕戈斯企鹅（*Spheniscus mendiculus*）（Pan et al.，2019）。

（3）突胸总目

本总目是鸟纲中最大的一个总目，包括现存鸟类的绝大多数，其共同特征是：翼发达，善于飞翔，胸骨具龙骨突起。已灭绝的种类包括：鱼鸟目（Ichthyornithiformes）、黄昏鸟目（Hesperornithiformes）、辽宁鸟目（Liaoningornithiformes）、朝阳鸟目（Chaoyangiformes）、燕鸟目（Yanornithiformes）等。现存约有35目156科9000余种，包括：鹰形目（Accipitriformes）、雁形目（Anseriformes）、雨燕目（Apodiformes）、犀鸟目（Bucerotiformes）、夜鹰目（Caprimulgiformes）、鸻形目（Charadriiformes）、鹳形目（Ciconiiformes）、鼠鸟目（Coliiformes）、鸽形目（Columbiformes）、佛法僧目（Coraciiformes）、鹃形目（Cuculiformes）、隼形目（Falconiformes）、鸡形目（Galliformes）、潜鸟目（Gaviiformes）、鹤形目（Gruiformes）、鸥形目（Lariformes）、蕉鹃目（Musophagiformes）、麝雉目（Opisthocomiformes）[仅有1种，即麝雉（*Opisthocomus hoazin*）]、雀形目（Passeriformes）、鹈形目（Pelecaniformes）、红鹳目（Phoenicopteriformes）、䴕形目（啄木鸟目）（Piciformes）、䴙䴘目（Podicipediformes）、鹱形目（Procellariiformes）、鹦形目（Psittaciformes）、沙鸡目（Pteroclidiformes）、鸮形目（Strigiformes）、蜂鸟目（Trochiliformes）、咬鹃目（Trogoniformes）、戴胜目（Upupiformes）等。突胸总目完成基因组测序的物种如下。

1）鹰形目：包括鹰科（Accipitridae）、蛇鹫科（Sagittariidae）、鹗科（Pandionidae）和美洲鹫科（Cathartidae）4科，有220余种。鹰科苍鹰（*Accipiter gentilis*）、雀鹰（*Accipiter nisus*）、赤腹鹰（*Accipiter soloensis*）、普通鵟（*Buteo japonicus*）、白尾海雕（*Haliaeetus albicilla*）、黑鸢（*Milvus migrans*）、凤头蜂鹰（*Pernis ptilorhynchus*）（Cho et al.，2019a），秃鹫（*Aegypius monachus*）（Chung et al.，2015），金雕（*Aquila chrysaetos*）（Doyle et al.，2014），白头海雕（*Haliaeetus leucocephalus*）（Zhang et al.，2014a）；美洲鹫科红头美洲鹫（*Cathartes aura*）（Zhang et al.，2014a）。

2）雁形目：包括2科44属160种。鸭科（Anatidae）家鸭（*Anas platyrhynchos domestica*）（Huang et al.，2013a），粉脚雁（*Anser brachyrhynchus*）（Pujolar et al.，2018），鸿雁（*Anser cygnoides*）、家鹅（*Anser cygnoides domesticus*）（Gao et al.，2016a），斑头雁（*Anser indicus*）（Wang et al.，2020b）。

3）雨燕目：有2科19属96种。雨燕科（Apodidae）烟囱刺尾雨燕（*Chaetura pelagica*）（Zhang et al.，2014a）。

4）犀鸟目：有1科9属57种。犀鸟科（Bucerotidae）马来犀鸟（*Buceros rhinoceros silvestris*）（Zhang et al.，2014a）。

5）夜鹰目：有5科20属117种。夜鹰科（Caprimulgidae）卡罗琳夜鹰（*Antrostomus carolinensis*）（Zhang et al.，2014a）。

6）鸻形目：包括18科90属350种。海雀科（Alcidae）厚嘴海鸦（*Uria lomvia*）（Tigano et al.，2018）；鸻科（Charadriidae）双领鸻（*Charadrius vociferus*）（Zhang et al.，2014a）。

7）鹳形目：包括5科38属115种。鹭科（Ardeidae）绿鹭（*Butorides striata*）、白鹭（*Egretta garzetta*）；䴉科（Threskiornithidae）黑脸琵鹭（*Platalea minor*）（Cho et al.，2019a）。

8）鼠鸟目：仅 1 科 2 属 6 种。鼠鸟科（Coliidae）斑胸鼠鸟（*Colius striatus*）（Zhang et al.，2014a）。

9）鸽形目：现存 1 科 41 属 309 种。鸠鸽科（Columbidae）原鸽（*Columba livia*）（Shapiro et al.，2013；Holt et al.，2018），旅鸽（*Ectopistes migratorius*）（已灭绝）和斑尾鸽（*Patagioenas fasciata*）（Murray et al.，2017）。

10）佛法僧目：有 10 科 44 属 204 种。鹃鴗科（Leptosomatidae）（仅 1 属 1 种）鹃三宝鸟（鹃鴗）（*Leptosomus discolor*）（Zhang et al.，2014a）；蜂虎科（Meropidae）（有 3 属 26 种）洋红蜂虎（*Merops nubicus*）（Zhang et al.，2014a）。

11）鹃形目：包括 2 科 34 属 159 种。杜鹃科（Cuculidae）大杜鹃（*Cuculus canorus*）；麝雉科（Opisthocomidae）麝雉（*Opisthocomus hoazin*）（Zhang et al.，2014a）。

12）隼形目：包括 5 科 80 属 321 种。隼科（Falconidae）猎隼（*Falco cherrug*）、游隼（*Falco peregrinus*）（Zhan et al.，2013），草原隼（*Falco mexicanus*）（Doyle et al.，2018），燕隼（*Falco subbuteo*）和红隼（*Falco tinnunculus*）（Cho et al.，2019a）。

13）鸡形目：包括 6 科 83 属 302 种。珠鸡科（Numididae）有 4 属 8 种，盔珠鸡（*Numida meleagris*）（Vignal et al.，2019）；齿鹑科（Odontophoridae）山齿鹑（*Colinus virginianus*）（Salter et al.，2019）；雉科（Phasianidae）有 44 属 168 种，四川山鹧鸪（*Arborophila rufipectus*）（Zhou et al.，2019d），灰胸竹鸡（*Bambusicola thoracicus*）（Tiley et al.，2018），红腹锦鸡（*Chrysolophus pictus*）（Gao et al.，2018a），日本鹌鹑（*Coturnix japonica*）（Kawahara-Miki et al.，2013；Morris et al.，2020），中国原鸡（*Gallus gallus*）（Wong et al.，2004），家鸡（*Gallus gallus domesticus*）、黑尾原鸡（*Gallus lafayettii*）、灰原鸡（*Gallus sonneratii*）、绿原鸡（*Gallus varius*）（Lawal et al.，2020；Wallis et al.，2004），绿尾虹雉（*Lophophorus lhuysii*）（Cui et al.，2019a），火鸡（*Meleagris gallopavo*）（Dalloul et al.，2010），蓝孔雀（*Pavo cristatus*）（Dhar et al.，2019b），环颈雉（*Phasianus colchicus*）（Liu et al.，2019d）。

14）潜鸟目：仅 1 科 1 属 5 种。潜鸟科（Gaviidae）普通潜鸟（*Gavia immer*）（Gayk et al.，2018），红喉潜鸟（*Gavia stellata*）（Zhang et al.，2014a）。

15）鹤形目：包括 12 科 58 属 203 种。鹭科（Ardeidae）小白鹭（*Egretta garzetta*）（Zhang et al.，2014a）；日鳽科（Eurypygidae）日鳽（*Eurypyga helias*）（Zhang et al.，2014a）；鹤科（Gruidae）灰冠鹤（*Balearica regulorum gibbericeps*）、红腿叫鹤（*Cariama cristata*）（Zhang et al.，2014a），丹顶鹤（*Grus japonensis*）（Lee et al.，2020b），黑颈鹤（*Grus nigricollis*）（Zhou et al.，2019e）；拟鹑科（Mesitornithidae）褐拟鹑（*Mesitornis unicolor*）（Zhang et al.，2014a）；鸨科（Otididae）麦氏波斑鸨（*Chlamydotis macqueenii*）（Zhang et al.，2014a）；鹮科（Threskiorothidae）朱鹮（*Nipponia nippon*）（Zhang et al.，2014a）。

16）蕉鹃目：仅有 1 科 6 属 23 种。蕉鹃科（Musophagidae）红冠蕉鹃（*Tauraco erythrolophus*）（Zhang et al.，2014a）。

17）雀形目：为鸟类最大的目，有 100 余科 5400 余种，占鸟类全部现存种类的一半以上。刺鹩科（Acanthisittidae）刺鹩（*Acanthisitta chloris*）（Zhang et al.，2014a）；长尾山雀科（Aegithalidae）大山雀（*Parus major*）（Laine et al.，2016）；鸦科（Corvidae）

美洲短嘴鸦（*Corvus brachyrhynchos*）（Zhang et al.，2014a），渡鸦（*Corvus corax*）（Kearns et al.，2018），濒临灭绝的夏威夷鸦（*Corvus hawaiiensis*）（Sutton et al.，2018），褐背拟地鸦（*Pseudopodoces humilis*）（Cai et al.，2013）；鹀科（Emberizidae）（有 73 属 316 种）歌带鹀（*Melospiza melodia*）（Louha et al.，2020）；梅花雀科（Estrildidae）斑胸草雀（*Taeniopygia guttata*）（Warren et al.，2010）；燕科（Hirundinidae）家燕（*Hirundo rustica rustica*）（Formenti et al.，2019）；鹟科（Muscicapidae）红头穗鹛（*Cyanoderma ruficeps*）（Yang et al.，2019d），白领姬鹟（*Ficedula albicollis*）（Ellegren et al.，2012；Smeds et al.，2015）；山雀科（Paridae）地山雀（*Parus humilis*）（Qu et al.，2013）；鸲鹟科（Petroicidae）东方黄鸲鹟（*Eopsaltria australis*）（Gan et al.，2019b）；娇鹟科（Pipridae）金领娇鹟（*Manacus vitellinus*）（Parchman et al.，2013；Zhang et al.，2014a）；文鸟科（Ploceidae）白腰文鸟（*Lonchura striata domestica*）（Colquitt et al.，2018），斑胸草雀（*Zebra finch*）（Korlach et al.，2017）；裸鼻雀科（Thraupidae）中喙地雀（*Geospiza fortis*）（Zhang et al.，2014a）；绣眼鸟科（Zosteropidae）灰胸绣眼鸟（*Zosterops lateralis melanops*）（Cornetti et al.，2015）。

18）鹈形目：包括 6 科 7 属 68 种。鹈鹕科（Pelecanidae）卷羽鹈鹕（*Pelecanus crispus*）；鹲科（Phaethonitae）白尾鹲（*Phaethon lepturus*）；鸬鹚科（Phalacrocoracidae）普通鸬鹚（*Phalacrocorax carbo*）（Zhang et al.，2014a）。

19）红鹳目：仅 1 科 1 属 5 种。红鹳科（Phoenicopteridae）美洲红鹳（火烈鸟）（*Phoenicopterus ruber ruber*）（Zhang et al.，2014a）。

20）䴕形目：有 7 科 63 属 408 种。䴕科（Picidae）绒啄木鸟（*Picoides pubescens*）（Zhang et al.，2014a），灰头绿啄木鸟（*Picus canus*）（Cho et al.，2019a）。

21）䴙䴘目：仅有 1 科 6 属 22 种。䴙䴘科（Podicipedidae）凤头䴙䴘（*Podiceps cristatus*）（Zhang et al.，2014a）。

22）鹱形目：包括 4 科 23 属 110 种。鹱科（Procellariidae）暴风鹱（*Fulmarus glacialis*）（Zhang et al.，2014a）。

23）鹦形目：包括 2 科 84 属 353 种。凤头鹦鹉科（Cacatuidae）膨胀凤头鹦鹉（*Corella inflata*）（DeBiasse et al.，2020）；鹦鹉科（Psittacidae）桃脸牡丹鹦鹉（*Agapornis roseicollis*）（van der Zwan et al.，2018），青绿顶亚马孙鹦鹉（*Amazona aestiva*）（Wirthlin et al.，2018），古巴亚马孙鹦鹉（*Amazona leucocephala*）、白眶亚马孙鹦鹉（*Amazona ventralis*）和波多黎各亚马孙鹦鹉（*Amazona vittata*）（Kolchanova et al.，2019），绯红金刚鹦鹉（*Ara macao*）（Seabury et al.，2013），虎皮鹦鹉（*Melopsittacus undulatus*）（Koren et al.，2012；Ganapathy et al.，2014），啄羊鹦鹉（*Nestor notabilis*）（Zhang et al.，2014a）。

24）沙鸡目：仅有 1 科 2 属 16 种，曾属于鸽形目。沙鸡科（Pteroclidae）黄喉沙鸡（*Pterocles gutturalis*）（Zhang et al.，2014a）。

25）鸮形目：有 2 科 27 属 205 种。鸱鸮科（Strigidae）长耳鸮（*Asio otus*）、短耳鸮（*Asio flammeus*）、雕鸮（*Bubo bubo*）、北方鹰鸮（*Ninox japonica*）、东方角鸮（*Otus sunia*）、日本领角鸮（*Otus semitorques*）、灰林鸮（*Strix nivicolum*）（Cho et al.，2019a），西点林鸮（*Strix occidentalis*）、横斑林鸮（*Strix varia*）（Hanna et al.，2018）；草鸮科（Tytonidae）

仓鸮（*Tyto alba alba*）（Zhang et al.，2014a；Ducrest et al.，2020）。

26）蜂鸟目：有 1 科 103 属 329 种。蜂鸟科（Trochilidae）安氏蜂鸟（*Calypte anna*）（Zhang et al.，2014a；Korlach et al.，2017）。

27）咬鹃目：有 1 科 6 属 39 种。咬鹃科（Trogonidae）斑尾咬鹃（*Apaloderma vittatum*）（Zhang et al.，2014a）。

**7. 哺乳纲**

哺乳纲（Mammalia）多数动物是全身被毛、运动快速、恒温胎生、体内有膈的脊椎动物，能通过乳腺分泌乳汁来给幼体哺乳。按照《世界哺乳动物物种》（*Mammal Species of the World*）一书在 2005 年的资料，哺乳纲目前约有 5676 种（2008 版的《世界自然保护联盟红皮书》为 5488 种），隶属于 20 目 153 科 1229 属，约占脊索动物门的 10%、地球所有物种的 0.4%。哺乳动物可分为 3 亚纲：原兽亚纲（Prototheria）、真兽亚纲（Eutheria）和后兽亚纲（Metatheria）。目前，哺乳纲完成基因组测序的物种至少有 3 亚纲 21 目 62 科 144 属 208 种。

1）原兽亚纲包括已灭绝的中生代哺乳动物和现存的单孔目（Monotremata）。单孔目卵生，只分布在大洋洲地区，仅有 2 科 3 属 3 种，即针鼹科（Tachyglossidae）针鼹（*Tachyglossus aculeata*）和原针鼹（*Zaglossus bruijni*）；鸭嘴兽科（Ornithorhynchidae）鸭嘴兽（*Ornithorhynchus anatinus*）。完成基因组测序的物种仅 1 种，即鸭嘴兽（Warren et al.，2008）。

2）后兽亚纲又称为有袋亚纲，胎生，但大多数无真正的胎盘，母兽具有特殊的育儿袋，包括袋鼠目（Diprotodontia）、袋鼬目（Dasyuromorphia）、负鼠目（Didelphimorphia）（有 1 科 15 属 62 种）、鼩负鼠目（Paucituberculata）（仅 1 科 2 属 5 种）、袋狸目（Peramelemorphia）（有 2 科 8 属 21 种）、智利负鼠目［仅 1 种，即秘鲁鼩负鼠（*Lestoros inca*）］和袋鼹目（Notoryctemorphia）［仅 1 科 1 属 2 种，即袋鼹（*Notoryctes typhlops*）和托氏袋鼹（*Notoryctes caurinus*）］。完成基因组测序的物种如下。

袋鼬目：包括袋狼科（Thylacinidae）、袋食蚁兽科（Myrmccobiidae）和袋鼬科（Dasyuridae）3 科 23 属 88 种。袋鼬科哈氏袋獾（*Sarcophilus harrisii*）（Miller et al.，2011）；袋狼科袋狼（塔斯马尼亚虎）（*Thylacinus cynocephalus*），已于 1933 年灭绝（Feigin et al.，2017）。

袋鼠目（双门齿目）（Diprotodontia）：有 10 科 38 属 134 种。袋鼠科（Macropididae）尤金袋鼠（*Macropus eugenii*）（Renfree et al.，2011）；树袋熊科（Phascolarctidae）考拉（*Phascolarctos cinereus*）（Johnson et al.，2018）。

3）真兽亚纲又称为有胎盘亚纲。完成基因组测序的物种有 17 目 57 科 139 属 203 种，具体情况如下。

A. 非洲猬目（Afrosoricida）：原来的食虫目（Insectivora）被分为非洲猬目、鼩形目（Soricomorpha）和猬形目（Erinaceomorpha）。非洲猬目分为 2 亚目：马岛猬亚目（Tenrecomorpha）（有 1 科 4 亚科 10 属 24 种）和金毛鼹亚目（Chrysochloridea）［仅金毛鼹科（Chrysochloridae）1 科 7 属 18 种］。完成基因组测序的物种仅 1 科 1 属 1 种：

马岛猬科（Tenrecidae）小马岛猬（*Echinops telfairi*）（Lindblad-Toh et al.，2011）。

B. 偶蹄目（Artiodactyla）或鲸偶蹄目（Cetartiodactyla）现存有300余种，可分为4亚目：胼足亚目（Tylopoda），包括现存的骆驼科（Camelidae）、史前的剑齿兽科（Xiphodontidae）以及一些分类地位尚不明确的早期偶蹄目；猪形亚目（Suiformes），包括猪科（Suidae）和西貒科（Tayassuidae）（有3属4种）；反刍亚目（Ruminantia），包括鼷鹿科（Tragulidae）、长颈鹿科（Giraffidae）、麝科（Moschidae）、鹿科（Cervidae）、叉角羚科（Antilocapridae）、牛科（Bovidae）；鲸河马亚目（Whippomorpha），包括露脊鲸科（Balaenidae）、新须鲸科（Cetotheriidae）、灰鲸科（Eschrichtiidae）、须鲸科（Balaenopteridae）、抹香鲸科（Physeteridae）、小抹香鲸科（Kogiidae）、恒河豚科（Platanistidae）、喙鲸科（Ziphiidae）、白鱀豚科（Lipotidae）、亚河豚科（Iniidae）、拉河豚科（Pontoporiidae）、海豚科（Delphinidae）、鼠海豚科（Phocoenidae）、独角鲸科（Monodontidae）和河马科（Hippopotamidae）。完成基因组测序的物种如下。

胼足亚目：现存仅1科3属6或7种。骆驼科双峰驼（*Camelus bactrianus*）（Bactrian Camels Genome Sequencing and Analysis Consortium et al.，2012；Ming et al.，2020），单峰驼（*Camelus dromedarius*）（Wu et al.，2014a），羊驼（*Vicugna pacos*）（Lindblad-Toh et al.，2011；Wu et al.，2014a；Richardson et al.，2019）。

猪形亚目：猪科包括3亚科[鹿豚亚科（Babyrousinae）、疣猪亚科（Phacochoerinae）、猪亚科（Suinae）] 6属18种，家猪（*Sus scrofa domesticus*）（Groenen et al.，2012），五指山猪（Fang et al.，2012），藏香猪（Li et al.，2013a）。

反刍亚目：叉角羚科仅有1属1种，美洲叉角羚（*Antilocapra americana*）（Chen et al.，2019g）。牛科包括9亚科[高角羚亚科（Aepycerotinae）、狷羚亚科（Alcelaphinae）、羚羊亚科（Antilopinae）、牛亚科（Bovinae）、羊亚科（Caprinae）、麂羚亚科（Cephalophinae）、马羚亚科（Hippotraginae）、短角羚亚科（Peleinae）、苇羚亚科（Reduncinae）] 45属137种，大额牛（*Bos frontalis*）（Wang et al.，2017c；Mukherjee et al.，2019a），牦牛（*Bos grunniens*）（Qiu et al.，2012），印度牛（肩峰牛）（*Bos indicus*）（Canavez et al.，2012），野牦牛（*Bos mutus*）（Qiu et al.，2015；Liu et al.，2020b），家牛（*Bos taurus*）（Bovine Genome Sequencing and Analysis Consortium et al.，2009），亚洲水牛（*Bubalus bubalis*）（Williams et al.，2017；Mintoo et al.，2019），野山羊（*Capra aegagrus*）（Dong et al.，2015），家山羊（*Capra aegagrus hircus*）（Dong et al.，2013），孟加拉黑山羊（*Capra hircus*）（Siddiki et al.，2019），黑弯角羚（貂羚）（*Hippotragus niger*）（Koepfli et al.，2019），高角羚（黑斑羚）（*Aepyceros melampus*）、狷羚（*Alcelaphus buselaphus*）、北非髯羊（*Ammotragus lervia*）、跳羚（*Antidorcas marsupialis*）、羱羊（*Capra ibex*）、哈氏麂羚（*Cephalophus harveyi*）、蓝角马（*Connochaetes taurinus*）、转角牛羚（*Damaliscus lunatus*）、汤氏瞪羚（*Gazella thomsoni*）、非洲水羚（*Kobus ellipsiprymnus*）、长颈羚（*Litocranius walleri*）、柯氏犬羚（*Madoqua kirkii*）、葛氏瞪羚（*Nanger granti*）、岛羚（*Neotragus moschatus*）、倭新小羚（*Neotragus pygmaeus*）、山羚（*Oreotragus oreotragus*）、南非剑羚（*Oryx gazella*）、侏羚（*Ourebia ourebia*）、盘羊（*Ovis ammon*）、藏羚羊（*Pantholops hodgsonii*）（Ge et al.，2013），弯角大羚羊（*Oryx dammah*）（1980年后灭绝）（Humble et al.，2020），洛基山

大角羊（*Ovis anadensis canadensis*）（Kardos et al.，2015），帕米尔盘羊（*Ovis ammon polii*）（Yang et al.，2017a），绵羊（*Ovis aries*）（Jiang et al.，2014），褐麂羚（*Philantomba maxwellii*）、岩羊（*Pseudois nayaur*）、普氏原羚（*Procapra przewalskii*）、小岩羚（*Raphicerus campestris*）、塞内加尔苇羚（*Redunca redunca*）、灰小羚羊（*Sylvicapra grimmia*）、非洲野牛（*Syncerus caffer*）、非洲旋角大羚羊（*Taurotragus oryx*）、山地林羚（*Tragelaphus buxtoni*）、紫羚（*Tragelaphus eurycerus*）、小林羚（*Tragelaphus imberbis*）、非洲羚羊（*Tragelaphus scriptus*）、林羚（*Tragelaphus spekii*）、扭角林羚（*Tragelaphus strepsiceros*）（Chen et al.，2019g）。鹿科包括 4 亚科［鹿亚科（Cervinae）、獐亚科（Hydropotinae）、麂亚科（Muntiacinae）、空齿鹿亚科（Odocoileinae）］16 属约 43 种，豚鹿（*Axis porcinus*）（Wang et al.，2019d），马鹿（赤鹿）（*Cervus elaphus*）（Bana et al.，2018），麋鹿（*Elaphurus davidianus*）（Zhang et al.，2018b），白唇鹿（*Gervus albirostris*）、马麝（*Moschus chrysogaster*）、黑麂（*Muntiacus crinifrons*）、赤麂（*Muntiacus muntjak*）、小麂（*Muntiacus reevesi*）（Chen et al.，2019g），骡鹿（黑尾鹿）（*Odocoileus hemionus*）（Russell et al.，2019），驯鹿（*Rangifer tarandus*）（Li et al.，2017b；Taylor et al.，2019）。长颈鹿科仅有 2 属 2 种，马赛长颈鹿（*Giraffa camelopardalis tippelskirchi*）（Farré et al.，2019），长颈鹿（*Giraffa camelopardalis*）、霍加狓（*Okapia johnstoni*）（Agaba et al.，2016；Chen et al.，2019g）。麝科仅有 1 属 4 或 5 种，林麝（*Moschus berezovskii*）（Fan et al.，2018b），马麝（*Moschus chrysogaster*）、原麝（*Moschus moschiferus*）（Chen et al.，2019g）。鼷鹿科仅有 3 属 4 种，爪哇鼷鹿（*Tragulus javanicus*）（Gallus et al.，2015；Chen et al.，2019g）。

鲸河马亚目：露脊鲸科仅有 2 属 4 种，弓头鲸（*Balaena mysticetus*）（Keane et al.，2015；Árnason et al.，2018）。须鲸科现存有 2 属 9 种，小须鲸（*Balaenoptera acutorostrata*）（Yim et al.，2014），南极小须鲸（*Balaenoptera bonaerensis*）（Malde et al.，2017），蓝鲸（*Balaenoptera musculus*）、长须鲸（*Balaenoptera physalus*）（Árnason et al.，2018）、大翅鲸（座头鲸）（*Megaptera novaeangliae*）（Árnason et al.，2018；Tollis et al.，2019）。海豚科现存有 17 属 37 种，虎鲸（*Orcinus orca*）（Foote et al.，2015），中华白海豚（*Sousa chinensis*）（Jia et al.，2019a），宽吻海豚（*Tursiops truncatus*）（Lindblad-Toh et al.，2011；Martinez-Viaud et al.，2019）。灰鲸科仅有 1 属 1 种，灰鲸（*Eschrichtius robustus humpback*）（Árnason et al.，2018）。河马科仅有 2 属 2 种，河马（*Hippopotamus amphibius*）（Árnason et al.，2018）。白鱀豚科仅有 1 属 1 种，白鱀豚（*Lipotes vexillifer*）（Zhou et al.，2013）。鼠海豚科长江江豚（*Neophocaena asiaeorientalis asiaeorientalis*）（Yuan et al.，2018a），鼠海豚（*Phocoena phocoena*）（Autenrieth et al.，2018）。抹香鲸科仅有 2 属 3 种，抹香鲸（巨头鲸）（*Physeter macrocephalus*）（Fan et al.，2019a）。

C. 食肉目（Carnivora）现存有 11 科 89 属 250 种，分为 2 亚目：犬型亚目（Caniformia）和猫型亚目（Feliformia）。完成基因组测序的物种如下。

犬型亚目：包括熊猫科（Ailuridae）、犬科（Canidae）、臭鼬科（Mephitidae）（有 4 属 12 种）、鼬科（Mustelidae）、海象科（Odobenidae）、海狮科（Otariidae）、海豹科（Phocidae）、浣熊科（Procyonidae）（有 6 属 13 种）和熊科（Ursidae）等。熊猫科仅有 1 属 1 种，小熊猫（红熊猫）（*Ailurus fulgens*）（Hu et al.，2017）。犬科包括 2 亚科［犬

亚科（Caninae）、狐亚科（Vulpini）]13 属 36 种，家犬（*Canis lupus familiaris*）（Lindblad-Toh et al.，2005），非洲野犬（*Lycaon pictus*）（Armstrong et al.，2019），赤狐（*Vulpes vulpes*）（Kukekova et al.，2018）。鼬科包括 5 亚科［水獭亚科（Lutrinae）、獾亚科（Melinae）、蜜獾亚科（Mellivorinae）、鼬亚科（Mustelinae）、美洲獾亚科（Taxidiinae）］22 属 59 种，貂熊（*Gulo gulo*）（Ekblom et al.，2018），水獭（*Lutra lutra*）（Mead et al.，2020），紫貂（*Martes zibellina*）（Liu et al.，2020c），地中海雪貂（林鼬）（*Mustela putorius furo*）（Peng et al.，2014a）。海象科仅有 1 属 1 种，海象（*Odobenus rosmarus*）（Foote et al.，2015）。海狮科有 7 属 16 种，南极毛皮海狮（海狗）（*Arctocephalus gazella*）（Humble et al.，2018），北海狮（*Eumetopias jubatus*）（Kwan et al.，2019）。海豹科有 13 属 19 种，南象海豹（*Mirounga leonina*）（Kim et al.，2020）。熊科包括 3 亚科［熊猫亚科（Ailuropodinae）、眼镜熊亚科（Tremarctinae）、熊亚科（Ursinae）］5 属 8 种，熊猫亚科大熊猫（*Ailuropoda melanoleuca*）（Li et al.，2010；Fan et al.，2019b）；熊亚科美洲黑熊（*Ursus americanus*）、棕熊（*Ursus arctos*）、北极熊（*Ursus maritimus*）（Miller et al.，2012），北美灰熊（*Ursus arctos horribilis*）（Taylor et al.，2018），西藏黑熊（*Ursus thibetanus thibetanus*）（Zhu et al.，2020）。

猫型亚目：包括食蚁狸科（Eupleridae）（有 7 属 8 种）、猫科（Felidae）、獴科（Herpestidae）（有 14 属 33 种）、鬣狗科（Hyaenidae）、双斑狸科（Nandiniidae）（仅有 1 属 1 种）和灵猫科（Viverridae）（有 15 属 35 种）等。猫科包括 2 亚科［猫亚科（Felinae）、豹亚科（Pantherinae）］14 属 36 种，猎豹（*Acinonyx jubatus*）（Dobrynin et al.，2015），家猫（*Felis catus*）（Pontius et al.，2007），狮（*Panthera leo*）、西伯利亚虎（东北虎）（*Panthera tigris altaica*）、孟加拉白虎（*Panthera tigris tigris*）、雪豹（*Panthera uncia*）（Cho et al.，2013），美洲豹（*Panthera onca*）（Figueiró et al.，2017），金钱豹（*Panthera pardus*）、孟加拉豹猫（*Prionailurus bengalensis*）（Kim et al.，2016），美洲狮（*Puma concolor*）（Ochoa et al.，2019）。鬣狗科包括 2 亚科［鬣狗亚科（Hyaeninae）、土狼亚科（Protelinae）］3 属 4 种，斑鬣狗（*Crocuta crocuta*）（Yang et al.，2020b），棕鬣狗（*Parahyaena brunnea*）（Westbury et al.，2018）。

D. 翼手目（Chiroptera）共有 16 科 185 属 962 种，分为 2 亚目：大蝙蝠亚目（Megachiroptera），仅有狐蝠科（Pteropodidae）（有 2 亚科 42 属 166 种）；小蝙蝠亚目（Microchiroptera），包括凹脸蝠科（混合蝠科）（Craseonycteridae）（仅 1 属 1 种）、鞘尾蝠科（Emballonuridae）（有 13 属 46 种）、烟蝠科（狂翼蝠科）（Furipteridae）（仅 2 属 2 种）、假吸血蝠科（巨耳蝠科）（Megadermatidae）（有 4 属 5 种）、犬吻蝠科（Molossidae）（有 12 属 79 种）、髯蝠科（妖面蝠科）（Mormoopidae）（有 2 属 8 种）、短尾蝠科（鼩蝠科）（Mystacinidae）（仅 1 属 2 种）、吸足蝠科（Myzopodidae）（仅 1 属 1 种）、长腿蝠科（筒耳蝠科）（Natalidae）（仅 1 属 5 种）、兔唇蝠科（Noctilionidae）（仅 1 属 2 种）、叶口蝠科（Phyllostomatidae）（包括 8 亚科 50 属 139 种）、菊头蝠科（Rhinolophidae）（有 2 亚科 10 属 129 种）、鼠尾蝠科（Rhinopomatidae）（有 1 属 3 种）、盘翼蝠科（Thyropteridae）（仅 1 属 2 种）、蝙蝠科（Vespertilionidae）（包括 5 亚科 36 属 316 种）。完成基因组测序的物种如下。

大蝙蝠亚目（食果蝠）：狐蝠科包括 2 亚科 42 属 166 种，短耳犬蝠（*Cynopterus brachyotis*）（Chattopadhyay et al.，2020），大长舌果蝠（*Eonycteris spelaea*）（Wen et al.，2018），阿莱克托狐蝠（*Pteropus alecto*）（Zhang et al.，2013a），马来大狐蝠（*Pteropus vampyrus*）（Lindblad-Toh et al.，2011），埃及果蝠（*Rousettus aegyptiacus*）（Pavlovich et al.，2018）。

小蝙蝠亚目（食虫蝠）：蝙蝠科包括 5 亚科 36 属 316 种，纳塔尔长翼蝠（*Miniopterus natalensis*）（Eckalbar et al.，2016），布氏鼠耳蝠（*Myotis brandtii*）（Seim et al.，2013），戴氏鼠耳蝠（*Myotis davidii*）（Zhang et al.，2013a），莹鼠耳蝠（*Myotis lucifugus*）（Lindblad-Toh et al.，2011），渡濑氏鼠耳蝠（*Myotis rufoniger*）（Bhak et al.，2017）。

E. 有甲目（Cingulata）：仅有 1 科 8 属 20 种。完成基因组测序的物种仅有 1 种：犰狳科（Dasypodidae）九带犰狳（*Dasypus novemcinctus*）（Lindblad-Toh et al.，2011）。

F. 猬形目（Erinaceomorpha）仅有 1 科［猬科（Tenrecoidae）］2 亚科［猬亚科（Erinaceinae）和毛猬亚科（Echinosoecinae）］7 属 22 种。完成基因组测序的物种仅有 1 种：欧洲刺猬（*Erinaceus europaeus*）（Lindblad-Toh et al.，2011）。

G. 蹄兔目（Hyracoidea）：现存仅 1 科 3 属约 10 种，分布于非洲和中东。完成基因组测序的物种仅有 1 种：蹄兔科（Procaviidae）非洲蹄兔（*Procavia capensis*）（Lindblad-Toh et al.，2011）。

H. 兔形目（Lagomorpha）包括 2 科：兔科（Leporidae）10 属 46 种和鼠兔科（Ochotonidae）2 属 25 种［其中，意大利鼠兔属（*Prolagus*）的唯一种意大利鼠兔（*Prolagus sardus*）已于 1774 年灭绝］。完成基因组测序的物种有 2 科 3 属 5 种：兔科雪兔（*Lepus timidus*）（Marques et al.，2020），美洲雪兔（*Lepus americanus*）和家兔（*Oryctolagus cuniculus domestica*）（Carneiro et al.，2014），穴兔（*Oryctolagus cuniculus*）（Lindblad-Toh et al.，2011）；鼠兔科（Ochotonidae）美国鼠兔（*Ochotona princeps*）（Lindblad-Toh et al.，2011）。

I. 奇蹄目（Perissodactyla）分为 2 亚目：马型亚目（Hippomorpha）包括马类和已经灭绝的雷兽等一些史前类型，现存仅马科（Equidae）1 属 9 种；角型亚目（Ceratomorpha）包括貘科（Tapiridae）1 属 5 种、犀科（Rhinocerotidae）4 属 5 种，以及一些较原始的早期类型。完成基因组测序的物种仅 1 科 4 种：马科毛驴（*Equus asinus*）（Huang et al.，2015b），马（*Equus caballus*）（Wade et al.，2009），家马（*Equus ferus caballus*）（由蒙古马和阿拉伯马混种而成）（Jun et al.，2014），普氏野马（*Equus przewalskii*）（Huang et al.，2014b）。

J. 鳞甲目（Pholidota）现存仅有 1 科 1 属 7 种。完成基因组测序的种类有穿山甲科（Manidae）马来穿山甲（*Manis javanica*）和中华穿山甲（*Manis pentadactyla*）（Choo et al.，2016）。

K. 披毛目（Pilosa）：分为 2 亚目，树懒亚目（Folivora），包括树懒科（Bradypodidae），现存仅 1 属 3 种，二趾树懒科（Megalonychidae），现存仅 1 属 2 种；蠕舌亚目（Vermilingua）包括侏食蚁兽科（Cyclopedidae），现存仅 1 属 1 种，食蚁兽科（Myrmecophagidae），现存 2 属 5 种。完成基因组测序的物种仅有 1 种：二趾树懒科霍氏树懒（*Choloepus hoffmanni*）（Lindblad-Toh et al.，2011）。

L. 灵长目（Primates）共有 17 科约 82 属 560 余种，分为 2 亚目：原猴亚目（Prosimii）和类人猿亚目（Anthropoidea）。完成基因组测序的物种如下。

原猴亚目：包括 8 科，鼠狐猴科（Cheirogaleidae）（有 2 亚科 5 属 30 种）、狐猴科（Lemuridae）（有 5 属 20 种）、鼬狐猴科（嬉猴科）（Lepilemuridae）（有 1 属 26 种）、大狐猴科（Indriidae）（有 3 属 19 种）、懒猴科（Lorisidae）（有 5 属 9 种）、指猴科（Daubentoniidae）（仅 1 属 1 种）、婴猴科（Galagidae）（有 5 属 19 种）和眼镜猴科（Tarsiidae）（1 属 10 种）。完成基因组测序的物种有 5 科 6 属 7 种：鼠狐猴科倭狐猴（*Microcebus murinus*）（Lindblad-Toh et al.，2011）；指猴科马达加斯加指猴（*Daubentonia madagascariensis*）（Perry et al.，2012）；婴猴科小耳大婴猴（*Otolemur garnettii*）（Lindblad-Toh et al.，2011）；狐猴科蓝眼黑美狐猴（*Eulemur flavifrons*）、棕眼黑美狐猴（*Eulemur macaco*）（Meyer et al.，2015），大竹狐猴（*Prolemur simus*）（Hawkins et al.，2018）；眼镜猴科菲律宾眼镜猴（*Tarsier syrichta*）（Schmitz et al.，2016）。

类人猿亚目：包括 8 科，夜猴科（Aotidae）（有 1 属 11 种）、蛛猴科（Atelidae）（有 5 属 28 种）、狨科（Callithricidae）（有 6 属 42 种）、卷尾猴科（Cebidae）（有 3 属 25 种）、猴科（Cercopithecidae）（有 23 属 133 种）、人科（Hominidae）2 亚科［南方古猿亚科（Australopithecinae）和人亚科（Homininae），合并了猩猩科（Pongidae），有 3 属 6 种］、长臂猿科（Hylobatidae）（有 4 属 16 种）、僧面猴科（Pitheciidae）（有 4 属 45 种）。完成基因组测序的物种有 5 科 12 属 20 种：夜猴科秘鲁夜猴（*Aotus nancymaae*）（Thomas et al.，2018）；狨科普通狨猴（*Callithrix jacchus*）（Marmoset Genome Sequencing and Analysis Consortium，2014）；猴科对猴免疫缺陷病毒（simian immunodeficiency virus，SIV）有抗性的白枕白眉猴（*Cercocebus atys*）（Palesch et al.，2018），食蟹猴（长尾猕猴）（*Macaca fascicularis*）（Ebeling et al.，2011），猕猴（*Macaca mulatta*）（Rhesus Macaque Genome Sequencing and Analysis Consortium et al.，2007），毛耳猕猴（*Macaca mulatta lasiota*）（Yan et al.，2011），山魈（*Mandrillus sphinx*）（Yin et al.，2020），东非狒狒（*Papio anubis*）（Rogers et al.，2019），越南金丝猴（*Rhinopithecus avunculus*）（Yu et al.，2016a），滇金丝猴（*Rhinopithecus bieti*）、黔金丝猴（*Rhinopithecus brelichi*）、怒江金丝猴（*Rhinopithecus strykeri*）（Zhou et al.，2014），川金丝猴（*Rhinopithecus roxellana*）（Wang et al.，2019a）；人科大猩猩（*Gorilla gorilla gorilla*）（Scally et al.，2012；Kronenberg et al.，2018），智人（*Homo sapiens*）（International Human Genome Sequencing Consortium，2001，2004；Venter et al.，2001），倭黑猩猩（*Pan paniscus*）（Prüfer et al.，2012；de Manuel et al.，2016），黑猩猩（*Pan troglodytes*）（The Chimpanzee Sequencing and Analysis Consortium，2005），苏门答腊猩猩（*Pongo abelii*）、婆罗洲猩猩（*Pongo pygmaeus*）（Locke et al.，2011）；长臂猿科白颊长臂猿（*Nomascus leucogenys*）（Carbone et al.，2014）。

M. 长鼻目（Proboscidea）：现存仅 1 科 2 属 3 种，即亚洲象（*Elephas maximus*）、非洲象（*Loxodonta africanna*）、非洲森林象（*Loxodonta cyclotis*）。完成基因组测序的物种有 3 种：象科（Elephantidae）亚洲象（Reddy et al.，2015a），非洲象（Lindblad-Toh et al.，2011），猛犸象（*Mammuthus primigenius*）（化石种）（Miller et al.，2008）。

N. 啮齿目（Rodentia）：种数占哺乳动物的 40%～50%，分为 4 亚目：始啮亚目（Protrogomorpha）[包括副鼠科（Paramyidae）、先松鼠科（Sciuravidae）和钟健鼠科（Cocomyidae），均为化石种]、松鼠亚目（Sciuromorpha）、鼠形亚目（Myomorpha）和豪猪亚目（Hystricomorpha）。完成基因组测序的物种如下。

豪猪亚目：包括滨鼠科（Bathyergidae）（有 5 属 12 种）、豪猪科（Hystricidae）（有 3 属 11 种）、岩鼠科（Petromuridae）（仅 1 属 1 种）、蔗鼠科（Thryonomyidae）（仅 1 属 2 种）、美洲豪猪科（Erethzontidae）（有 4 属 12 种）、毛丝鼠科（Chinchillidae）（有 3 属 6 种）、长尾豚鼠科（Dinomyidae）（仅 1 属 1 种）、豚鼠科（Caviidae）（有 5 属 14 种）、水豚科（Hydrochoeridae）（仅 1 属 1 种）、刺豚鼠科（Dasyproctidae）（有 3 属 12 种）、兔豚鼠科（Agoutidae）（仅 1 属 2 种）、栉鼠科（Ctenomyidae）（仅 1 属 37 种）、华毛鼠科（Abrocomidae）（仅 1 属 3 种）、棘鼠科（Echimyidae）（有 19 属 78 种）、硬毛鼠科（Capromyidae）（有 7 属 22 种）、海地岛鼠科（Heptaxodontidae）（有 3 属 6 种）、河狸鼠科（Myocastoridae）（仅 1 属 1 种）。完成基因组测序的物种仅有 2 科 3 种：滨鼠科裸鼢鼠（*Heterocephalus glaber*）（Kim et al.，2011a）；豚鼠科巴西天竺鼠（*Cavia aperea*）（Weyrich et al.，2014），豚鼠（*Cavia porcellus*）（Lindblad-Toh et al.，2011；Weyrich et al.，2014）。

鼠形亚目：包括仓鼠科（Cricetidae）（哺乳动物最大的一科，现存种类超过 600 种，化石种类也不少）、鼠科（Muridae）（有 500 余种）、蹶鼠科（Zapodidae）（现存仅 1 种）、跳鼠科（Dipodidae）（有 10 属 27 或 28 种）、竹鼠科（Rhizomyidae）（有 3 属 6 种）、异鼠科（Heteromyidae）（有 3 亚科 6 属 58 种）、鼹形鼠科（Spalacidae）（有 3 属 20 余种）。完成基因组测序的物种有 4 科 15 属 20 种：仓鼠科黑线仓鼠（*Cricetulus griseus*）（Brinkrolf et al.，2013），古氏土拨鼠（*Cynomys gunnisoni*）（Tsuchiya et al.，2020），土黄鼹形田鼠（*Ellobius lutescens*）、鼹形田鼠（*Ellobius talpinus*）（Mulugeta et al.，2016），白足鼠（*Peromyscus leucopus*）（Long et al.，2019），西伯利亚仓鼠（*Phodopus sungorus*）（Bao et al.，2019），大沙鼠（*Rhombomys opimus*）（Nilsson et al.，2020）；跳鼠科美洲跳鼠（*Dipodomys ordii*）（Lindblad-Toh et al.，2011）；鼠科大林姬鼠（*Apodemus speciosus*）（Matsunami et al.，2017），长爪沙鼠（*Meriones unguiculatus*）（Zorio et al.，2019），灰短尾负鼠（*Monodelphis domestica*）（Mikkelsen et al.，2007），卡氏小鼠（田鼷鼠）（*Mus caroli*）和锡金小鼠（*Mus pahari*）（Thybert et al.，2018），小家鼠（*Mus musculus*）（Mouse Genome Sequencing Consortium，2002），草原小鼠（*Mus spicilegus*）（Couger et al.，2018），阿尔及利亚鼠（*Mus spretus*）（Harr et al.，2016），沙漠林鼠（*Neotoma lepida*）（Campbell et al.，2016），肥沙鼠（*Psammomys obesus*）（Hargreaves et al.，2017），褐家鼠（大鼠）（*Rattus norvegicus*）（Gibbs et al.，2004）；鼹形鼠科盲鼹形鼠（*Spalax galili*）（Fang et al.，2014）。

松鼠亚目：包括 3 科，松鼠科（Sciuridae）（有 2 亚科 35 属约 240 种）、河狸科（Castoridae）（化石种类很多，现存仅 1 属 2 种）、睡鼠科（Gliridae）（有 8 属 50 余种）。完成基因组测序的物种仅有 2 科 3 属 5 种：河狸科美洲河狸（*Castor canadensis*）（Lok et al.，2017），欧亚河狸（*Castor fiber*）（Doronina et al.，2017）；松鼠科十三条纹地松鼠（*Ictidomys=Spermophilus tridecemlineatus*）（Lindblad-Toh et al.，2011），美洲旱獭（*Marmota monax*）（Alioto et al.，2019），喜马拉雅旱獭（*Marmota himalayana*）（Bai et al.，2019b）。

O. 树鼩目（Scandentia）：包括树鼩科（Tupaiidae），已知 4 属 19 种；笔尾树鼩科（Ptilocercidae），现存仅 1 属 1 种。完成基因组测序的物种仅有 1 种：树鼩科中国树鼩（*Tupaia belangeri chinensis*）（实验动物）（Fan et al.，2013，2019c）。

P. 海牛目（Sirenia）：包括儒艮科（Dugongidae），现存仅 1 属 1 种，即儒艮（*Dugong dugon*），巨儒艮（斯氏海牛）（*Hydrodamalis stelleri*）已于 1854 年被捕杀灭绝；海牛科（Trichechidae），现存仅 1 属 3 种，生活于淡水的亚马孙海牛（*Trichechus inunguis*）和美洲海牛（*Trichechus manatus*），淡水和海水均能生活的西非海牛（*Trichechus senegalensis*）。完成基因组测序的物种仅有 1 种：海牛科西印度洋海牛（*Trichechus manatus latirostris*）（Foote et al.，2015）。

Q. 鼩形目（Soricomorpha）：包括 4 科，即沟齿鼩科（Thylacinidae）1 属 3 种、岛鼩科（Nesophontidae）1 属 9 种（部分种类已灭绝）、鼩鼱科（Soricidae）约 20 属 200 余种和鼹科（Talpidae）3 亚科 17 属 42 种。完成基因组测序的物种仅有 2 科 2 属 2 种：沟齿鼩科海地沟齿鼩（*Solenodon paradoxus*）（Casewell et al.，2019）和鼩鼱科普通鼩鼱（*Sorex araneus*）（Lindblad-Toh et al.，2011）。

综上所述，目前动物界至少完成了 23 门 61 纲 192 目 472 科 762 属 1084 种（亚种）的基因组测序。尚未完成基因组测序的有 11 门，包括：颚胃动物门（Gnathostomulida）（是一类无体腔的动物，体型很小，生活在浅海细沙间，现存有 18 属约 100 种）、动吻动物门（Kinorhyncha）（身体微小，海生，尤其喜欢泥质底栖生活，从潮间带到 6000 m 深的海底都有发现，被报道的有 100 种，被描述的仅 75 种）、线形动物门（Nematomorpha）（成虫自由生活在河流、池塘等淡水中，幼虫底栖，寻找机会钻入或被吞入昆虫等寄主体内，现存约有 230 种）、棘头动物门（Acanthocephala）（曾被列为线虫动物门的 1 纲，全部为寄生种类，通常有两个寄主，幼虫寄生在昆虫体内，成虫寄生在脊椎动物体内，现存有 700 多种）、铠甲动物门（Loricifera）[是一类两侧对称的小型海产动物，目前仅发现 1 种，即神秘矮铠甲虫（*Pliciloricus enigmatus*），其分类地位存在争议]、螠虫动物门（Echiura）（是一类生活在海洋中的底栖动物，在进化上与环节动物多毛类亲缘关系最近，主要在浅海的泥沙中、岩石缝中以及珊瑚礁或贝壳中穴居，已知种类仅 1 纲 3 目 4 科约 150 种）、星虫动物门（Sipuncula）（生活在海洋中，除幼虫期外，皆营底栖生活，从潮间带直至 6000 m 的深海，多数种类栖息在热带和亚热带浅海泥沙内和珊瑚礁间，现存 2 纲 4 目约 320 种）、须腕动物门（Pogonophora）（绝大多数栖息于海底淤泥中，生活在直立的栖管内，它们通常密集成群，极少数种类在烂木或其他碎屑间构筑栖管，已发现 80 余种，隶属于 1 纲 2 目 6 科）、被腕动物门（Vestimentifera）（从须腕动物门独立出来）、外肛动物门（Ectoprocta）（因肛门开口于触手冠（lophophore）之外而得名，已描述约 2 万种，现存近 4000 种，广泛分布于各种海域，淡水中也有少数种类）和毛颚动物门（Chaetognatha）（为后口类动物，全部在海洋中营浮游生活，现存仅有箭虫纲（Sagittoidea）箭虫科（Sagittidae），分为 8 属，约有 60 种）。

# 第三节 植物界基因组测序进展

目前，已知的植物界的种类包括：约 4000 种绿藻（chlorophyta）、865 种轮藻（charophyta）、25 100 种苔藓（bryophyte）、1340 种石松类植物（lycophyte）、12 400 种蕨类植物（pteridophyte）、766 种裸子植物（gymnosperm）和 350 000 种被子植物（angiosperm）（http://www.theplantlist.org）（Chen et al.，2018a）。截至 2017 年末，基因组被测序的被子植物的种类达 236 种，分布于 31 目（共 64 目）（Chen et al.，2018a）。截至 2018 年末，基因组被测序的园艺作物的种类达 181 种；按用途，包括 4 种饮料作物、47 种水果、44 种药用植物、44 种观赏植物、42 种蔬菜作物；按分类学，包括 175 种被子植物、2 种裸子植物、3 种石松类植物和 1 种苔藓（Chen et al.，2019h）。

## 一、种子植物门的分类概况

种子植物门（Spermatophyta）可分为裸子植物亚门（Gymnospermae）和被子植物亚门（Angiospermae）。

### （一）裸子植物亚门

裸子植物亚门分为 5 纲：苏铁纲（Cycadopsida）、银杏纲（Ginkgopsida）、松柏纲（Coniferopsida）、红豆杉纲（Taxopsida）和买麻藤纲（Gnetopsida），现存共 9 目 12 科 71 属约 800 种。其中，苏铁纲包括 1 目 4 科 11 属 124 种，即苏铁目（Cycadales）苏铁科（Cycadaceae）（有 1 属 110 种）、波温苏铁科（Boweniaceae）（有 1 属 2 种）、托叶铁科（Stangeriaceae）（有 1 属 2 种）、泽米铁科（Zamiaceae）（有 8 属 10 种）。银杏纲仅有银杏目（Ginkgoales）银杏科（Ginkgoaceae）银杏（*Ginkgo biloba*）。松柏纲包括 3 或 4 科 44 属 400 余种，即松科（Pinaccac）（有 10 属 230 余种）、杉科（Taxodiaccac）[有 10 属 16 种，现认为金松属（*Sciadopitys*）独立为金松科（Sciadopityaceae），其他种类并入柏科（Cupressaceae）]、柏科（有 22 属约 150 种）和南洋杉科（Araucariaceae）[仅有南洋杉属（*Araucaria*）和贝壳杉属（*Agathis*），约 40 种]。红豆杉纲包括 3 科 14 属约 162 种，即罗汉松科（Podocarpaceae）（有 8 属约 130 种）、三尖杉科（粗榧科）（Cephalotaxaceae）（仅有 1 属 9 种）和红豆杉科（紫杉科）（Taxaceae）（有 5 属约 23 种）。买麻藤纲包括 3 目 3 科 3 属约 80 种，即买麻藤科（Gnetaceae）（仅 1 属约 30 种）、麻黄科（Ephedraceae）（仅 1 属约 40 种）、百岁兰科（Welwitschiaceae）[仅有 1 属 1 种，即百岁兰（*Welwitschia mirabilis*）]。

### （二）被子植物亚门

被子植物亚门是当今世界植物界中最进化、种类最多、分布最广、适应性最强的类群。现已知全世界被子植物共有 25 万多种，占植物界总数的一半以上。被子植物的分类系统比较复杂，目前的被子植物分类系统包括恩格勒（Engler）系统、塔赫他间

（Takhtajan）系统、达格瑞（Dahlgren）系统、张宏达系统、哈钦松（Hutchinson）系统和克朗奎斯特（Cronquist）系统等。根据克朗奎斯特系统（1981 修订版），被子植物亚门分为单子叶植物纲或百合纲（Liliopsida）和双子叶植物纲或木兰纲（Magnoliopsida），其分类系统如下。

1）双子叶植物纲或木兰纲。双子叶植物纲包括 6 亚纲 64 目 325 科约 199 350 种。木兰亚纲（Magnoliidae）包括 8 目 39 科：①木兰目（Magnoliales）[包括 10 科，林仙科（Winteraceae）、单室木兰科（Degeneriaceae）、舌蕊花科（Himantandraceae）、帽花木科（Eupomatiaceae）、木兰藤科（Austrobaileyaceae）、木兰科（Magnoliaceae）、短蕊花科（Lactoridaceae）、番荔枝科（Annonaceae）、肉豆蔻科（Myristicaceae）、白樟科（Canellaceae）]；②樟目（Laurales）[包括 8 科，无油樟科（Amborellaceae）、早落瓣科（Trimeniaceae）、杯轴花科（Monimiaceae）、腺蕊花科（Gomortegaceae）、蜡梅科（Calycanthaceae）、奇子树科（Idiospermaceae）、樟科（Lauraceae）、莲叶桐科（Hernandiaceae）]；③胡椒目（Piperales）[包括 3 科，金粟兰科（Chloranthaceae）、三白草科（Saururaceae）、胡椒科（Piperaceae）]；④马兜铃目（Aristolochiales）[仅 1 科，马兜铃科（Aristolochiaceae）]；⑤八角目（Illiciales）[仅 2 科，八角科（Illiciaceae）、五味子科（Schisandraceae）]；⑥睡莲目（Nymphaeales）[包括 5 科，莲科（Nelumbonaceae）、睡莲科（Nymphaeaceae）、合瓣莲科（Barclayaceae）、莼菜科（Cabombaceae）、金鱼藻科（Ceratophyllaceae）]；⑦毛茛目（Ranunculales）[包括 8 科，毛茛科（Ranunculaceae）、星叶草科（Circaeasteraceae）、小檗科（Berberidaceae）、大血藤科（Sargentodoxaceae）、木通科（Lardizabalaceae）、防己科（Menispermaceae）、马桑科（Coriariaceae）、清风藤科（Sabiaceae）]；⑧罂粟目（Papaverales）[仅 2 科，罂粟科（Papaveraceae）、紫堇科（Fumariaceae）]。

金缕梅亚纲（Hamamelidae）包括 11 目 26 科：①昆栏树目（Trochodendrales）[仅 2 科，水青树科（Tetracentraceae）、昆栏树科（Trochodendraceae）]；②金缕梅目（Hamamelidales）[包括 5 科，连香树科（Cercidiphyllaceae）、领春木科（Eupteleaceae）、悬铃木科（Platanaceae）、金缕梅科（Hamamelidaceae）、香灌木科（Myrothamnaceae）]；③交让木目（Daphniphyllales）[仅 1 科，交让木科（Daphniphyllaceae）]；④对药树目（Didymelales）[仅 1 科，双蕊果科（Didymelaceae）]；⑤杜仲目（Eucommiales）[仅 1 科，杜仲科（Eucommiaceae）]；⑥荨麻目（Urticales）[包括 6 科，钩毛树科（Barbeyaceae）、榆科（Ulmaceae）、大麻科（Cannabaceae）、桑科（Moraceae）、锥头麻科（Cecropiaceae）、荨麻科（Urticaceae）]；⑦塞子木目（Leitneriales）[仅 1 科，塞子木科（Leitneriaceae）]；⑧胡桃目（Juglandales）[仅 2 科，马尾树科（Rhoipteleaceae）、胡桃科（Juglandaceae）]；⑨杨梅目（Myricales）[仅 1 科，杨梅科（Myricaceae）]；⑩山毛榉目（Fagales）[包括 5 科，橡子木科（Balanopaceae）、太果木科（Ticodendraceae）、壳斗科（Fagaceae）、南青冈科（Nothofagaceae）、桦木科（Betulaceae）]；⑪木麻黄目（Casuarinales）[仅 1 科，木麻黄科（Casuarinaceae）]。

石竹亚纲（Caryophyllidae）包括 3 目 14 科：①石竹目（Caryophyllales）[包括 12 科，商陆科（Phytolaccaceae）、透镜籽科（Achatocarpaceae）、紫茉莉科（Nyctaginaceae）、番杏科（Aizoaceae）、龙树科（Didiereaceae）、仙人掌科（Cactaceae）、藜科

（Chenopodiaceae）、苋科（Amaranthaceae）、马齿苋科（Portulacaceae）、落葵科（Basellaceae）、粟米草科（Molluginaceae）、石竹科（Caryophyllaceae）]；②蓼目（Polygonales）[仅 1 科，蓼科（Polygonaceae）]；③蓝雪目（Plumbaginales）[仅 1 科，白花丹科（Plumbaginaceae）]。

五桠果亚纲（Dilleniidae）包括 13 目 78 科：①五桠果目（Dilleniales）[仅 2 科，五桠果科（Dilleniaceae）、芍药科（Paeoniaceae）]；②山茶目（Theales）[包括 18 科，金莲木科（Ochnaceae）、球萼树科（Sphaerosepalaceae）、旋花树科（Sarcolaenaceae）、龙脑香科（Dipterocarpaceae）、油桃木科（Caryocaraceae）、山茶科（Theaceae）、猕猴桃科（Actinidiaceae）、木果树科（Scytopetalaceae）、五列木科（Pentaphylacaceae）、四籽树科（Tetrameristaceae）、假红树科（Pellicieraceae）、五蕊茶科（Oncothecaceae）、马克木科（Marcgraviaceae）、羽叶树科（Quiinaceae）、沟繁缕科（Elatinaceae）、八蕊树科（Paracryphiaceae）、水母柱科（Medusagynaceae）、藤黄科（Clusiaceae）]；③锦葵目（Malvales）[包括 5 科，杜英科（Elaeocarpaceae）、椴树科（Tiliaceae）、梧桐科（Sterculiaceae）、木棉科（Bombacaceae）、锦葵科（Malvaceae）]；④玉蕊目（Lecythidales）[仅 1 科，玉蕊科（Lecythidaceae）]；⑤猪笼草目（Nepenthales）[包括 3 科，瓶子草科（Sarraceniaceae）、猪笼草科（Nepenthaceae）、茅膏菜科（Droseraceae）]；⑥堇菜目（Violales）[包括 24 科，大风子科（Flacourtiaceae）、围盘树科（Peridiscaceae）、红木科（Bixaceae）、半日花科（Cistaceae）、蒜树科（Huaceae）、裂药花科（Lacistemataceae）、杯盖花科（Scyphostegiaceae）、旌节花科（Stachyuraceae）、堇菜科（Violaceae）、柽柳科（Tamaricaceae）、瓣鳞花科（Frankeniaceae）、双钩叶科（Dioncophyllaceae）、钩枝藤科（Ancistrocladaceae）、时钟花科（Turneraceae）、王冠草科（Malesherbiaceae）、西番莲科（Passifloraceae）、钟花科（Achariaceae）、番木瓜科（Caricaceae）、福桂花科（Fouquieriaceae）、单柱花科（Hoplestigmataceae）、葫芦科（Cucurbitaceae）、四数木科（Datiscaceae）、秋海棠科（Begoniaceae）、刺莲花科（Loasaceae）]；⑦杨柳目（Salicales）[仅 1 科，杨柳科（Salicaceae）]；⑧白花菜目（Capparales）[包括 5 科，烈味三叶草科（Tovariaceae）、白花菜科（Capparaceae）、十字花科（Brassicaceae）、辣木科（Moringaceae）、木犀草科（Resedaceae）]；⑨肉穗果目（Batales）[仅 2 科，环蕊科（Gyrostemonaceae）、藜木科（Bataceae）]；⑩杜鹃花目（Ericales）[包括 8 科，翅萼树科（Cyrillaceae）、桤叶树科（Clethraceae）、假石南科（Grubbiaceae）、岩高兰科（Empetraceae）、掌脉石楠科（Epacridaceae）、杜鹃花科（Ericaceae）、鹿蹄草科（Pyrolaceae）、水晶兰科（Monotropaceae）]；⑪岩梅目（Diapensiales）[仅 1 科，岩梅科（Diapensiaceae）]；⑫柿树目（Ebenales）[包括 5 科，山榄科（Sapotaceae）、柿树科（Ebenaceae）、安息香科（Styracaceae）、尖药科（Lissocarpaceae）、山矾科（Symplocaceae）]；⑬报春花目（Primulales）[包括 3 科，假轮叶科（Theophrastaceae）、紫金牛科（Myrsinaceae）、报春花科（Primulaceae）]。

蔷薇亚纲（Rosidae）包括 18 目 118 科：①蔷薇目（Rosales）[包括 24 科，瓣裂果科（Brunelliaceae）、牛栓藤科（Connaraceae）、船形果科（Eucryphiaceae）、火把树科（Cunoniaceae）、澳楸科（Davidsoniaceae）、毛枝树科（Dialypetalanthaceae）、海桐花科（Pittosporaceae）、腺毛草科（Byblidaceae）、绣球花科（Hydrangeaceae）、弯药树科

（Columelliaceae）、茶藨子科（Grossulariaceae）、红鹃木科（Greyiaceae）、鳞叶树科（Bruniaceae）、四柱木科（Anisophylleaceae）、假海桐科（Alseuosmiaceae）、景天科（Crassulaceae）、土瓶草科（Cephalotaceae）、虎耳草科（Saxifragaceae）、蔷薇科（Rosaceae）、沙莓科（Neuradaceae）、假黄杨科（Crossosomataceae）、金壳果科（Chrysobalanaceae）、海人树科（Surianaceae）、棒木科（Rhabdodendraceae）]；②豆目（Fabales）[包括3科，含羞草科（Mimosaceae）、苏木科（Caesalpiniaceae）、豆科（Fabaceae）]；③山龙眼目（Proteales）[仅2科，胡颓子科（Elaeagnaceae）、山龙眼科（Proteaceae）]；④川苔草目（Podostemales）[仅1科，川苔草科（Podostemaceae）]；⑤小二仙草目（Haloragales）[仅2科，小二仙草科（Haloragaceae）、古奴科（Gunneraceae）]；⑥桃金娘目（Myrtales）[包括15科，海桑科（Sonneratiaceae）、千屈菜科（Lythraceae）、管萼科（Penaeaceae）、隐翼科（Crypteroniaceae）、瑞香科（Thymelaeaceae）、菱科（Trapaceae）、桃金娘科（Myrtaceae）、石榴科（Punicaceae）、柳叶菜科（Onagraceae）、方枝树科（Oliniaceae）、野牡丹科（Melastomataceae）、使君子科（Combretaceae）、双翼果科（Alzateaceae）、谷木科（Memecylaceae）、喙萼花科（Rhynchocalycaceae）]；⑦红树目（Rhizophorales）[仅1科，红树科（Rhizophoraceae）]；⑧山茱萸目（Cornales）[包括4科，八角枫科（Alangiaceae）、紫树科（Nyssaceae）、山茱萸科（Cornaceae）、丝缨花科（Garryaceae）]；⑨檀香目（Santalales）[包括10科，毛丝花科（Medusandraceae）、十齿花科（Dipentodontaceae）、铁青树科（Olacaceae）、山柚子科（Opiliaceae）、檀香科（Santalaceae）、羽毛果科（Misodendraceae）、桑寄生科（Loranthaceae）、槲寄生科（Viscaceae）、房底珠科（Eremolepidaceae）、蛇菰科（Balanophoraceae）]；⑩大花草目（Rafflesiales）[包括3科，菌花科（Hydnoraceae）、帽蕊草科（Mitrastemonaceae）、大花草科（Rafflesiaceae）]；⑪卫矛目（Celastrales）[包括12科，四棱果科（Geissolomataceae）、卫矛科（Celastraceae）、翅子藤科（Hippocrateaceae）、木根草科（Stackhousiaceae）、刺茉莉科（Salvadoraceae）、冬青科（Aquifoliaceae）、茶茱萸科（Icacinaceae）、鳞枝树科（Aextoxicaceae）、心翼果科（Cardiopteridaceae）、棒果木科（Corynocarpaceae）、毒鼠子科（Dichapetalaceae）、苦皮树科（Tepuianthaceae）]；⑫大戟目（Euphorbiales）[包括4科，黄杨科（Buxaceae）、油蜡树科（Simmondsiaceae）、攀打科（Pandaceae）、大戟科（Euphorbiaceae）]；⑬鼠李目（Rhamnales）[包括3科，鼠李科（Rhamnaceae）、火筒树科（Leeaceae）、葡萄科（Vitaceae）]；⑭亚麻目（Linales）[包括5科，古柯科（Erythroxylaceae）、香膏科（Humiriaceae）、黏木科（Ixonanthaceae）、亚麻藤科（Hugoniaceae）、亚麻科（Linaceae）]；⑮远志目（Polygalales）[包括7科，金虎尾科（Malpighiaceae）、蜡烛树科（Vochysiaceae）、三角蛤科（Trigoniaceae）、孔药花科（Tremandraceae）、远志科（Polygalaceae）、黄叶树科（Xanthophyllaceae）、刺球果科（Krameriaceae）]；⑯无患子目（Sapindales）[包括15科，省沽油科（Staphyleaceae）、蜜花科（Melianthaceae）、钟萼木科（Bretschneideraceae）、叠珠树科（Akaniaceae）、无患子科（Sapindaceae）、七叶树科（Hippocastanaceae）、槭树科（Aceraceae）、橄榄科（Burseraceae）、漆树科（Anacardiaceae）、三柱草科（Julianiaceae）、苦木科（Simaroubaceae）、叶柄花科（Cneoraceae）、楝科（Meliaceae）、芸香科（Rutaceae）、蒺藜科（Zygophyllaceae）]；⑰牻牛儿苗目（Geraniales）[包括5

科，酢浆草科（Oxalidaceae）、牻牛儿苗科（Geraniaceae）、池花科（Limnanthaceae）、旱金莲科（Tropaeolaceae）、凤仙花科（Balsaminaceae）]；⑱伞形目（Apiales）[仅 2 科，五加科（Araliaceae）、伞形科（Apiaceae）]。

菊亚纲（Asteridae）包括 11 目 50 科：①龙胆目（Gentianales）[包括 6 科，马钱科（Loganiaceae）、轮叶科（Retziaceae）、龙胆科（Gentianaceae）、囊叶木科（Saccifoliaceae）、夹竹桃科（Apocynaceae）、萝藦科（Asclepiadaceae）]；②茄目（Solanales）[包括 9 科，核果木科（Duckeodendraceae）、假茄科（Nolanaceae）、茄科（Solanaceae）、旋花科（Convolvulaceae）、菟丝子科（Cuscutaceae）、睡菜科（Menyanthaceae）、花荵科（Polemoniaceae）、田基麻科（Hydrophyllaceae）、异轮叶科（Retziaceae）]；③唇形目（Lamiales）[包括 4 科，盖裂寄生科（Lennoaceae）、紫草科（Boraginaceae）、马鞭草科（Verbenaceae）、唇形科（Lamiaceae）]；④水马齿目（Callitrichales）[包括 3 科，杉叶藻科（Hippuridaceae）、水马齿科（Callitrichaceae）、水穗草科（Hydrostachyaceae）]；⑤车前目（Plantaginales）[仅 1 科，车前科（Plantaginaceae）]；⑥玄参目（Scrophulariales）[包括 12 科，醉鱼草科（Buddlejaceae）、木犀科（Oleaceae）、玄参科（Scrophulariaceae）、球花科（Globulariaceae）、苦槛蓝科（Myoporaceae）、列当科（Orobanchaceae）、苦苣苔科（Gesneriaceae）、爵床科（Acanthaceae）、胡麻科（Pedaliaceae）、紫葳科（Bignoniaceae）、对叶藤科（Mendonciaceae）、狸藻科（Lentibulariaceae）]；⑦桔梗目（Campanulales）[包括 7 科，五膜草科（Pentaphragmataceae）、楔瓣花科（Sphenocleaceae）、桔梗科（Campanulaceae）、花柱草科（Stylidiaceae）、陀螺果科（Donatiaceae）、蓝针花科（Brunoniaceae）、草海桐科（Goodeniaceae）]；⑧茜草目（Rubiales）[仅 2 科，茜草科（Rubiaceae）、假牛繁缕科（Theligonaceae）]；⑨川续断目（Dipsacales）[包括 4 科，忍冬科（Caprifoliaceae）、五福花科（Adoxaceae）、败酱科（Valerianaceae）、川续断科（Dipsacaceae）]；⑩头花草目（Calycerales）[仅 1 科，头花草科（Calyceraceae）]；⑪菊目（Asterales）[仅 1 科，菊科（Asteraceae）]。

2）单子叶植物纲或百合纲。单子叶植物纲包括 5 亚纲 19 目 65 科约 59 300 种。泽泻亚纲（Alismatidae）包括 4 目 16 科：①泽泻目（Alismatales）[包括 3 科，花蔺科（Butomaceae）、沼鳖科（Limnocharitaceae）、泽泻科（Alismataceae）]；②水鳖目（Hydrocharitales）[仅 1 科，水鳖科（Hydrocharitaceae）]；③茨藻目（Najadales）[包括 10 科，水蕹科（Aponogetonaceae）、冰沼草科（Scheuchzeriaceae）、水麦冬科（Juncaginaceae）、眼子菜科（Potamogetonaceae）、川蔓藻科（Ruppiaceae）、茨藻科（Najadaceae）、角果藻科（Zannichelliaceae）、海王草科（Posidoniaceae）、丝粉藻科（Cymodoceaceae）、大叶藻科（Zosteraceae）]；④霉草目（Triuridales）[仅 2 科，霉草科（Triuridaceae）、无叶莲科（Petrosaviaceae）]。

槟榔亚纲（Arecidae）包括 4 目 5 科：①棕榈目（Arecales）[仅 1 科，棕榈科（Arecaceae）]；②环花草目（Cyclanthales）[仅 1 科，环花草科（Cyclanthaceae）]；③露兜树目（Pandanales）[仅 1 科，露兜树科（Pandanaceae）]；④天南星目（Arales）[仅 2 科，菖蒲科（Acoraceae）、天南星科（Araceae）]。

鸭拓草亚纲（Commelinidae）包括 7 目 16 科：①鸭跖草目（Commelinales）[包括

4 科，偏穗草科（Rapateaceae）、黄眼草科（Xyridaceae）、苔草科（Mayacaceae）、鸭跖草科（Commelinaceae）]；②谷精草目（Eriocaulales）[仅 1 科，谷精草科（Eriocaulaceae）]；③帚灯草目（Restionales）[包括 4 科，须叶藤科（Flagellariaceae）、假芦苇科（Joinvilleaceae）、帚灯草科（Restionaceae）、刺鳞草科（Centrolepidaceae）]；④灯心草目（Juncales）[仅 2 科，灯心草科（Juncaceae）、梭子草科（Thurniaceae）]；⑤莎草目（Cyperales）[仅 2 科，莎草科（Cyperaceae）、禾本科（Poaceae）]；⑥独蕊草目（Hydatellales）[仅 1 科，独蕊草科（Hydatellaceae）]；⑦香蒲目（Typhales）[仅 2 科，黑三棱科（Sparganiaceae）、香蒲科（Typhaceae）]。

姜亚纲（Zingiberidae）包括 2 目 9 科：①凤梨目（Bromeliales）[仅 1 科，凤梨科（Bromeliaceae）]；②姜目（Zingiberales）[包括 8 科，鹤望兰科（Strelitziaceae）、赫蕉科（Heliconiaceae）、芭蕉科（Musaceae）、兰花蕉科（Lowiaceae）、姜科（Zingiberaceae）、闭鞘姜科（Costaceae）、美人蕉科（Cannaceae）、竹芋科（Marantaceae）]。

百合亚纲（Liliidae）包括 2 目 19 科：①百合目（Liliales）[包括 15 科，田葱科（Philydraceae）、雨久花科（Pontederiaceae）、血皮草科（Haemodoraceae）、蓝星科（Cyanastraceae）、百合科（Liliaceae）、鸢尾科（Iridaceae）、翡若翠科（Velloziaceae）、芦荟科（Aloeaceae）、龙舌兰科（Agavaceae）、黄脂木科（Xanthorrhoeaceae）、偷茎草科（Hanguanaceae）、箭根薯科（Taccaceae）、百部科（Stemonaceae）、菝葜科（Smilacaceae）、薯蓣科（Dioscoreaceae）]；②兰目（Orchidales）[包括 4 科，地鸢尾科（Geosiridaceae）、水玉簪科（Burmanniaceae）、白玉簪科（Corsiaceae）、兰科（Orchidaceae）]。

## 二、裸子植物亚门的基因组测序

一般来说，裸子植物的基因组较大，重复序列多，给基因组测序和组装带来较大的困难，因此，完成基因组测序的种类较少。目前，裸子植物亚门完成基因组测序的物种情况如下。银杏纲 1 种：银杏目（Ginkgoales）银杏科（Ginkgoaceae）银杏（*Ginkgo biloba*）（Guan et al.，2016; Zhao et al.，2019a）。松柏纲 7 种：松柏目（Coniferales）松科（Pinaceae）欧洲冷杉（*Abies alba*）（Mosca et al.，2019），西伯利亚落叶松（*Larix sibirica*）（Kuzmin et al.，2019），挪威云杉（*Picea abies*）（Nystedt et al.，2013），白云杉（*Picea glauca*）（Birol et al.，2013），加州糖松（*Pinus lambertiana*）（Stevens et al.，2016），火炬松（厚皮刺果松）（*Pinus taeda*）（Neale et al.，2014；Zimin et al.，2014），美国花旗松（黄杉）（*Pseudotsuga menziesii* var. *menziesii*）（Neale et al.，2017）。买麻藤纲 1 种：买麻藤目（Gnetales）买麻藤科（Gnetaceae）买麻藤（*Gnetum montanum*）（Wan et al.，2018）。

## 三、双子叶植物纲或木兰纲的基因组测序

### （一）木兰亚纲基因组测序的种类

目前，木兰亚纲（Magnoliidae）完成基因组测序的物种包括 6 目 9 科 14 种，具体情况如下。

1）木兰目（Magnoliales）1 种：木兰科（Magnoliaceae）（有 18 属约 335 种）中国鹅掌楸（*Liriodendron chinense*）（Chen et al.，2019i）。

2）樟目（Laurales）4 种：①无油樟科（Amborellaceae）[有的分类系统将其独立为无油樟目（Amborellales）] 无油樟（*Amborella trichopoda*）（世界上现存最为古老的有花植物，是一种孑遗植物）（*Amborella* Genome Project，2013）；②蜡梅科（Calycanthaceae）（有 3 或 4 属约 9 种）柳叶蜡梅（*Chimonanthus salicifolius*）（Lv et al.，2020a）；③樟科（Lauraceae）（有 45 属 2000～2500 种）牛樟（*Cinnamomum kanehirae*）（Chaw et al.，2019），美洲鳄梨（牛油果）（*Persea americana*）（Rendón-Anaya et al.，2019）。

3）胡椒目（Piperales）1 种：胡椒科（Piperaceae）（有 8 或 9 属约 3100 种）黑胡椒（*Piper nigrum*）（Hu et al.，2019）。

4）睡莲目（Nymphaeales）3 种：①莲科（Nelumbonaceae）[仅有 1 属 2 种，有的分类系统将其归属于山龙眼目（Proteales）] 莲（*Nelumbo nucifera*）（Ming et al.，2013；Wang et al.，2013b）；②睡莲科（Nymphaeaceae）（有 9 属约 70 种）蓝星睡莲（*Nymphaea colorata*）（Zhang et al.，2020d），温泉睡莲（*Nymphaea thermarum*）（Povilus et al.，2020）。

5）毛茛目（Ranunculales）2 种：毛茛科（Ranunculaceae）（有 50 属 2000 余种）蓝花耧斗菜（*Aquilegia coerulea*）（Filiault et al.，2018），独叶草（*Kingdonia uniflora*）（Sun et al.，2020b）。

6）罂粟目（Papaverales）3 种：罂粟科（Papaveraceae）（有 26 属约 250 种）花菱草（*Eschscholzia californica*）（Hori et al.，2018），博落回（*Macleaya cordata*）（无花瓣）（Liu et al.，2017b），罂粟（*Papaver somniferum*）（Guo et al.，2018a）。

### （二）金缕梅亚纲基因组测序的种类

目前，金缕梅亚纲（Hamamelidae）完成基因组测序的物种包括 7 目 11 科 29 种，具体情况如下。

1）昆栏树目（Trochodendrales）1 种：昆栏树科（Trochodendraceae）（仅有 1 属 1 种）昆栏树（*Trochodendron aralioides*）（Strijk et al.，2019）。

2）杜仲目（Eucommiales）1 种：杜仲科（Eucommiaceae）[有的分类系统将其归为丝缨花目（Garryales）] 杜仲（*Eucommia ulmoides*）（Wuyun et al.，2018）。

3）荨麻目（Urticales）（有的分类系统将其归为蔷薇目）10 种：①大麻科（Cannabaceae）（有 2 属 4 种）印度大麻（*Cannabis sativa*）（van Bakel et al.，2011），蛇麻（*Humulus lupulus*）（啤酒花）（Natsume et al.，2015）；②桑科（Moraceae）（有 53 属约 1400 种）面包果（*Artocarpus camansi*）（Gardner et al.，2016），杂交波罗蜜（*Artocarpus nangkadak*）（Matra et al.，2018），光叶楮（构树）（*Broussonetia papyrifera*）（Peng et al.，2019a），无花果（*Ficus carica*）（Mori et al.，2017），川桑（*Morus notabilis*）（He et al.，2013）；③榆科（Ulmaceae）（约有 16 属 230 种）安氏山黄麻（*Parasponia andersonii*）和东方山黄麻（*Trema orientalis*）（van Velzen et al.，2018）；④荨麻科（Urticaceae）（有 47 属约 1300 种）苎麻（*Boehmeria nivea*）（Luan et al.，2018）。

4）胡桃目（Juglandales）8种：胡桃科（Juglandaceae）（约有9属72种）野核桃（*Juglans cathayensis*）和美国山核桃（*Juglans illinoinensis*）（Huang et al.，2019），英国核桃（*Juglans regia*）（Martínez-García et al.，2016），函兹核桃（*Juglans hindsii*）、小果黑核桃（*Juglans microcarpa*）、美国黑核桃（*Juglans nigra*）、泡核桃（*Juglans sigillata*）和枫杨（*Pterocarya stenoptera*）（Stevens et al.，2018；Trouern-Trend et al.，2020）。

5）杨梅目（Myricales）1种：杨梅科（Myricaceae）（有2属50余种）杨梅（*Myrica rubra*）（Jia et al.，2019b）。

6）山毛榉目（壳斗目）（Fagales）7种：①桦木科（Betulaceae）（有6属100余种）矮小桦（*Betula nana*）（Wang et al.，2013c），长穗鹅耳枥（角树）（*Carpinus fangiana*）（Yang et al.，2020c），平榛（*Corylus heterophylla*）（Cheng et al.，2019b）；②山毛榉科（壳斗科）（Fagaceae）（有6～11属约900种）板栗（*Castanea mollissima*）（Staton et al.，2015），欧洲山毛榉（*Fagus sylvatica*）（Mishra et al.，2018），白栎（*Quercus lobata*）（Sork et al.，2016），栓皮栎（*Quercus suber*）（Ramos et al.，2018）。

7）木麻黄目（Casuarinales）1种：木麻黄科（Casuarinaceae）（约有4属96种）短枝木麻黄（*Casuarina equisetifolia*）（Ye et al.，2019）。

## （三）石竹亚纲基因组测序的种类

目前，石竹亚纲（Caryophyllidae）完成基因组测序的物种包括2目6科18种，具体情况如下。

1）石竹目（Caryophyllales）16种：①苋科（Amaranthaceae）（有65属850余种）籽粒苋（*Amaranthus hypochondriacus*）（Sunil et al.，2014），长芒苋（*Amaranthus tuberculatus*）（草甘膦抗性）（Kreiner et al.，2019），智利滨藜（*Atriplex atacamensis*）和沙漠滨藜（*Atriplex deserticola*）（耐旱盐生植物）（Correa et al.，2019）；②石竹科（Caryophyllaceae）（有88属约2200种）香石竹（*Dianthus caryophyllus*）（Yagi et al.，2014）；③藜科（Chenopodiaceae）（约有130属1500余种）岔根甜菜（*Beta patula*）和海甜菜（*Beta vulgaris* subsp. *maritima*）（Rodríguez Del Río et al.，2019），甜菜（*Beta vulgaris*）（Dohm et al.，2014），苍白茎藜（*Chenopodium pallidicaule*）（粮食作物）（Mangelson et al.，2019），黎麦（*Chenopodium quinoa*）（粮食作物）（Jarvis et al.，2017），瑞典藜（*Chenopodium suecicum*）和地肤（*Kochia scoparia*）（Patterson et al.，2019），菠菜（*Spinacia oleracea*）（Xu et al.，2017b），异子蓬（*Suaeda aralocaspica*）（真盐生植物）（Wang et al.，2019f）；④商陆科（Phytolaccaceae）（约有22属120种）美洲商陆（*Phytolacca americana*）（Neller et al.，2019）；⑤油蜡树科（Simmondsiaceae）（仅有1属1种）中国油蜡树（*Simmondsia chinensis*）（Sturtevant et al.，2020）。

2）蓼目（Polygonales）2种：蓼科（Polygonaceae）（约有40属800种）荞麦（*Fagopyrum esculentum*）（Yasui et al.，2016），虎杖（*Polygonum cuspidatum*）（Zhang et al.，2019e）。

## （四）五桠果亚纲基因组测序的种类

目前，五桠果亚纲（Dilleniidae）完成基因组测序的物种包括9目18科80种，具体情况如下。

1）五桠果目（Dilleniales）1 种：芍药科（Paeoniaceae）牡丹（*Paeonia suffruticosa*）（Lv et al.，2020b）。

2）山茶目（Theales）4 种：①猕猴桃科（Actinidiaceae）（有 3 属约 96 种）中华猕猴桃（*Actinidia chinensis*）（Huang et al.，2013b），毛花猕猴桃（*Actinidia eriantha*）（Tang et al.，2019）；②藤黄科（Clusiaceae）（约有 40 属 1000 种）球花西姆藤黄木（*Symphonia globulifera*）（Olsson et al.，2017）；③山茶科（Theaceae）（有 28 属 700 余种）茶（*Camellia sinensis* var. *sinensis*）（Xia et al.，2017；Wei et al.，2018）。

3）锦葵目（Malvales）17 种：①木棉科（Bombacaceae）（约有 20 属 180 种）木棉（*Bombax ceiba*）（Gao et al.，2018b），榴莲（*Durio zibethinus*）（Teh et al.，2017）；②杜英科（Elaeocarpaceae）（有 12 属约 400 种）智利酒果（*Aristotelia chilensis*）（Bastías et al.，2019）；③锦葵科（Malvaceae）（有 50 属 1000 余种）树棉（*Gossypium arboreum*）（Li et al.，2014a），澳洲棉（*Gossypium australe*）（二倍体野生种）（Cai et al.，2020），海岛棉（*Gossypium barbadense*）（Yuan et al.，2015），草棉（*Gossypium herbaceum*）（Huang et al.，2020b），陆地棉（*Gossypium hirsutum*）（Li et al.，2015b；Zhang et al.，2015a），叉柱棉（*Gossypioides kirkii*）（Udall et al.，2019a），长萼棉（*Gossypium longicalyx*）（Grover et al.，2020），雷蒙德氏棉（*Gossypium raimondii*）（Wang et al.，2012a），特纳氏棉（*Gossypium turneri*）（二倍体野生种）（Udall et al.，2019b），大麻槿（红麻）（*Hibiscus cannabinus*）（Zhang et al.，2020e），叙利亚木槿（*Hibiscus syriacus*）（Kim et al.，2017a）；④梧桐科（Sterculiaceae）（有 19 属 82 种）可可树（*Theobroma cacao*）（Argout et al.，2011）；⑤椴树科（Tiliaceae）（约有 52 属 500 种）圆果黄麻（*Corchorus capsularis*）和长蒴黄麻（*Corchorus olitorius*）（Islam et al.，2017；Sarkar et al.，2017）。

4）猪笼草目（Nepenthales）1 种：茅膏菜科（Droseraceae）（有 4 属 100 余种）好望角茅膏菜（*Drosera capensis*）（Butts et al.，2016）。

5）堇菜目（Violales）11 种：①番木瓜科（Caricaceae）（有 4 属约 60 种）番木瓜（*Carica papaya*）（Ming et al.，2008）；②葫芦科（Cucurbitaceae）[约有 118 属 800 种，有的分类系统将其归为葫芦目（Cucurbitales）] 西瓜（*Citrullus lanatus*）（Guo et al.，2013），甜瓜（*Cucumis melo*）（Garcia-Mas et al.，2012），黄瓜（*Cucumis sativus*）（栽培种）（Huang et al.，2009；Li et al.，2019e），银籽南瓜（*Cucurbita argyrosperma*）（Barrera-Redondo et al.，2019），印度南瓜（笋瓜、冬南瓜）（*Cucurbita maxima*）和裸仁南瓜（中国南瓜）（*Cucurbita moschata*）（Sun et al.，2017），西葫芦（夏南瓜）（*Cucurbita pepo*）（Montero-Pau et al.，2018），葫芦（*Lagenaria siceraria*）（Xu et al.，2014b），苦瓜（*Momordica charantia*）（Urasaki et al.，2017），罗汉果（*Siraitia grosvenorii*）（Itkin et al.，2016）。

6）白花菜目（Capparales）或十字花目（Brassicales）38 种：①十字花科（Brassicaceae）（约有 300 属 3200 种）阿拉伯岩芥（*Aethionema arabicum*）（Haudry et al.，2013），鼠耳芥（*Arabidopsis halleri*）（富集重金属）（Briskine et al.，2017），琴叶拟南芥（*Arabidopsis lyrata*）（Hu et al.，2011），拟南芥（*Arabidopsis thaliana*）（第一个开花植物的基因组）（*Arabidopsis* Genome Initiative，2000），高山南芥（*Arabis alpina*）（Willing et al.，2015），

南芥（*Arabis montbretiana*）（Heidel et al.，2016），菜花南芥（*Arabis nordmanniana*）、欧洲山芥（*Barbarea vulgaris*）（Byrne et al.，2017），反折岩芥（*Boechera retrofracta*）（Kliver et al.，2018），挺枝岩芥（*Boechera stricta*）（Wang et al.，2019g），芥菜（*Brassica juncea*）（Yang et al.，2016b），甘蓝型油菜（*Brassica napus*）（Chalhoub et al.，2014），黑芥子（*Brassica nigra*）（浙江大学测序），花椰菜（*Brassica oleracea* var. *botrytis*）（Sun et al.，2019a），甘蓝（卷心菜）（*Brassica oleracia*）（Liu et al.，2014a），蔓菁（小白菜）（*Brassica rapa*）（Wang et al.，2011b），亚麻荠（*Camelina sativa*）（生物柴油作物）（Kagale et al.，2014），荠（*Capsella bursa-pastoris*）（Kasianov et al.，2017），大花荠（*Capsella grandiflora*）（Steige et al.，2017），东方荠（*Capsella orientalis*）和鲁氏荠（*Capsella rubella*）（Slotte et al.，2013），碎米荠（*Cardamine hirsuta*）（Gan et al.，2016），须弥芥（*Crucihimalaya*=*Arabidopsis himalaica*）（Zhang et al.，2019f），盐荠（*Eutrema salsugineum*）（Yang et al.，2013a），异叶山嵛菜（*Eutrema heterophyllum*）和云南山嵛菜（*Eutrema yunnanense*）（Guo et al.，2018b），菘蓝（板蓝根）（*Isatis indigotica*）（Kang et al.，2020），亚拉巴马水芹（*Leavenworthia alabamica*）（Haudry et al.，2013），玛咖（*Lepidium meyenii*）（Zhang et al.，2016a），奇斯曼氏粗秆芥（*Pachycladon cheesemanii*）（Dong et al.，2019），野萝卜（*Raphanus raphanistrum*）（Moghe et al.，2014），萝卜（*Raphanus sativus*）（栽培种）（Kitashiba et al.，2014），条叶蓝芥（*Schrenkiella parvula*）（Oh et al.，2014），水蒜芥（*Sisymbrium irio*）（Haudry et al.，2013），小叶盐芥（*Thellungiella parvula*）（Dassanayake et al.，2011），菥蓂（遏蓝菜）（*Thlaspi arvense*）（农田杂草）（Dorn et al.，2015）；②白花菜科（山柑科）（Capparaceae）或醉蝶花科（Cleomaceae）（约有 45 属 800 余种）醉蝶花（*Cleome*=*Tarenaya hassleriana*）（Cheng et al.，2013）；③辣木科（Moringaceae）（仅有 1 属约 12 种）辣木（*Moringa oleifera*）（Chang et al.，2019）。

7）杜鹃花目（Ericales）4 种：杜鹃花科（Ericaceae）（约有 127 属 5583 种）马缨杜鹃（*Rhododendron delavayi*）（Zhang et al.，2017a），圆叶杜鹃（*Rhododendron williamsianum*）（Soza et al.，2019），北高丛越橘（蓝莓）（*Vaccinium corymbosum*）（Colle et al.，2019），蔓越莓（*Vaccinium macrocarpon*）（Polashock et al.，2014）。

8）柿树目（Ebenales）2 种：柿科（Ebenaceae）（有 3 属 500 余种）君迁子（黑枣）（*Diospyros lotus*）（Akagi et al.，2014），油柿（*Diospyros oleifera*）（Zhu et al.，2019）。

9）报春花目（Primulales）2 种：报春花科（Primulaceae）（约有 22 属 800 种）黄花报春花（*Primula veris*）（Nowak et al.，2015），普通报春花（*Primula vulgaris*）（Cocker et al.，2018）。

## （五）蔷薇亚纲基因组测序的种类

目前，蔷薇亚纲（Rosidae）完成基因组测序的物种包括 15 目 30 科 136 种，具体情况如下。

1）蔷薇目（Rosales）30 种：①景天科（Crassulaceae）[有 35 属 1500 余种，有的分类系统将其归为虎耳草目（Saxifragales）] 费氏伽蓝菜（长寿花）（*Kalanchoe fedtschenkoi*）（Yang et al.，2017b），疏花伽蓝菜（*Kalanchoe laxiflora*）、钱串伽蓝菜（*Kalanchoe marnieriana*）、大花红景天（*Rhodiola crenulata*）（Fu et al., 2017b），伴矿景天（*Sedum plumbizincicola*）（Ding et al., 2019）；②蔷薇科（Rosaceae）（有 124 属 4800 余种）吉野樱（*Cerasus* × *yedoensis*）（Shirasawa et al., 2019），枇杷（*Eriobotrya japonica*）（Jiang et al., 2020），草莓（*Fragaria*×*ananassa*）（栽培八倍体）（Edger et al., 2019）及其近缘种饭沼草莓（*Fragaria iinumae*）、日本草莓（*Fragaria nipponica*）、西藏草莓（*Fragaria nubicola*）、东方草莓（*Fragaria orientalis*）（Hirakawa et al., 2014a），黄毛草莓（*Fragaria nilgerrensis*）（二倍体）（Zhang et al., 2020f），野草莓（欧洲草莓）（*Fragaria vesca*）（Shulaev et al., 2011；Edger et al., 2018），山荆子（*Malus baccata*）（苹果野生种）（Chen et al., 2019j），苹果（*Malus domestica*）（Velasco et al., 2010；Zhang et al., 2019g），欧洲甜樱桃（*Prunus avium*）（Shirasawa et al., 2017），山杏（*Prunus armeniaca*）（仁用杏）（Jiang et al., 2019d），梅（*Prunus mume*）（Zhang et al., 2012b），桃（*Prunus persica*）（Ahmad et al., 2011），东京樱花（*Prunus yedoensis*）（Baek et al., 2018），杜梨（*Pyrus betuleafolia*）（野生种）（Dong et al., 2020），中国白梨（*Pyrus* × *bretschneideri*）（Wu et al., 2013a），欧洲梨（*Pyrus communis*）（Chagné et al., 2014），秋子梨（*Pyrus ussuriensis* × *communis*）（Ou et al., 2019），大马士革蔷薇（*Rosa*×*damascene*）（玫瑰栽培种）及其近缘种中国月季（*Rosa chinensis*）（Raymond et al., 2018），多花蔷薇（*Rosa multiflora*）（Nakamura et al., 2018），刺梨（*Rosa roxburghii*）（Lu et al., 2016），美国黑树莓（*Rubus occidentalis*）（VanBuren et al., 2016）。

2）豆目（Fabales）32 种：豆科（蝶形花科）（Fabaceae 或 Leguminosae）（有 650 属 18 000 余种，为第三大被子植物科）小沙冬青（*Ammopiptanthus nanus*）（Gao et al., 2018c），落花生属的 *Arachis duranensis* A 亚基因组和落花生属的 *Arachis ipaensis* B 亚基因组（花生栽培种的 2 个祖先野生种）（Bertioli et al., 2016），花生（*Arachis hypogaea*）（栽培种，四倍体）（Zhuang et al., 2019），山地花生（*Arachis monticola*）（四倍体野生种）（Yin et al., 2018），印度木豆（*Cajanus cajan*）（Varshney et al., 2011），加拿大紫荆（*Cercis canadensis*）（Griesmann et al., 2018），鹰嘴豆（*Cicer arietinum*）（Jain et al., 2013），野生鹰嘴豆（*Cicer reticulatum*）（Gupta et al., 2017），金合欢（*Faidherbia albida*）（Chang et al., 2019），宽叶大豆（*Glycine latifolia*）（野生种）（Liu et al., 2018d），大豆（*Glycine max*）（Schmutz et al., 2010），野大豆（*Glycine soja*）（Li et al., 2014b），乌拉尔甘草（*Glycyrrhiza uralensis*）（Mochida et al., 2017），紫花扁豆（*Lablab purpureus*）（Chang et al., 2019），日本百脉根（*Lotus japonicus*）（Sato et al., 2008），狭叶羽扇豆（*Lupinus angustifolius*）（Yang et al., 2013b），白羽扇豆（*Lupinus albus*）（Xu et al., 2020e），蒺藜苜蓿（*Medicago truncatula*）（Young et al., 2011；Tang et al., 2014b），含羞草（*Mimosa pudica*）和菜豆（*Phaseolus vulgaris*）（Schmutz et al., 2014），豌豆（*Pisum sativum*）（Kreplak et al., 2019），密花豆（鸡血藤）（*Spatholobus suberectus*）（Qin et al., 2019），红三叶草（*Trifolium pratense*）（De Vega et al., 2015），地三叶草（*Trifolium subterraneum*）（Hirakawa et al., 2016），蚕豆（*Vicia faba*）（Cooper et al., 2017），赤豆（*Vigna angularis*）（Yang et al., 2015a；Kang et al., 2015），中岛小豆（*Vigna nakashimae*）（Ogiso-Tanaka et al., 2020），绿豆（*Vigna radiata*）和豇豆（*Vigna unguiculata*）（Kang et al., 2014），地豇豆（*Vigna subterranea*）

（Chang et al.，2019），长豇豆（*Vigna unguiculata* subsp. *sesquipedalis*）（Xia et al.，2019）。

3）山龙眼目（Proteales）1 种：山龙眼科（Proteaceae）（有 80 属 1600 余种）澳洲坚果（*Macadamia integrifolia*）（Nock et al.，2016）。

4）川苔草目（Podostemales）1 种：川苔草科（Podostemonaceae）（约有 55 属 720 种）中国川苔草（*Cladopus chinensis*）（Xue et al.，2020）。

5）桃金娘目（Myrtales）9 种：①桃金娘科（Myrtaceae）（约有 100 属 3000 种）赤桉（*Eucalyptus camaldulensis*）（Hendre et al.，2012），巨桉（*Eucalyptus grandis*）（Myburg et al.，2014），稀花桉（*Eucalyptus pauciflora*）（Wang et al.，2020c），红果仔（*Eugenia uniflora*）（Sarzi et al.，2019），多型铁心木（*Metrosideros polymorpha*）（Izuno et al.，2016），莲雾（洋蒲桃）（*Syzygium samarangense*）（Matra et al.，2018）；②石榴科（Punicaceae）（仅有 1 属 2 种）石榴（*Punica granatum*）（Qin et al.，2017；Yuan et al.，2018b）；③瑞香科（Thymelaeaceae）（约有 50 属 500 种）沉香（*Aquilaria agallocha*）（Chen et al.，2014b），中国沉香（*Aquilaria sinensis*）（Ding et al.，2020；Nong et al.，2020）。

6）红树目（Rhizophorales）2 种：红树科（Rhizophoraceae）（有 16 属 120 余种）秋茄（*Kandelia obovata*）（Hu et al.，2020），正红树（*Rhizophora apiculata*）（Xu et al.，2017c）。

7）山茱萸目（Cornales）2 种：珙桐科（紫树科）（Davidiaceae 或 Nyssacea）（约有 3 属 12 种）旱莲木（喜树）（*Camptotheca acuminata*）（Zhao et al.，2017a），中国蓝果树（*Nyssa sinensis*）（Yang et al.，2019e）。

8）檀香目（Santalales）2 种：①铁青树科（Olacaceae）（约有 40 属 230 种）蒜头果（*Malania oleifera*）（Xu et al.，2019b）；②檀香科（Santalaceae）（约有 30 属 400 种）白檀（*Santalum album*）（Mahesh et al.，2018）。

9）卫矛目（Celastrales）1 种：卫矛科（Celastraceae）（有 60 属 850 余种）雷公藤（*Tripterygium wilfordii*）（Tu et al.，2020）。

10）大戟目（Euphorbiales）6 种：大戟科（Euphorbiaceae）（有 300 属 8000 余种）橡胶树（*Hevea brasiliensis*）（Rahman et al.，2013；Lau et al.，2016b；Makita et al.，2018），麻风树（*Jatropha curcas*）（Sato et al.，2011；Wu et al.，2015a），木薯（*Manihot esculenta*）（Wang et al.，2014b），一年生山靛（*Mercurialis annua*）（Veltsos et al.，2019），蓖麻（*Ricinus communis*）（Chan et al.，2010），油桐（*Vernicia fordii*）（Zhang et al.，2019h）。

11）鼠李目（Rhamnales）5 种：①鼠李科（Rhamnaceae）（有 58 属约 900 种）枣（*Ziziphus jujuba*）（Liu et al.，2014b；Huang et al.，2016）；②葡萄科（Vitaceae）[有 16 属 700 余种，有的分类系统将火筒树科（Leeaceae）和葡萄科（Vitaceae）归为葡萄目（Vitales）] 夏葡萄（*Vitis aestivalis*）、灰葡萄（*Vitis cinerea* × *Vitis riparia*）（Holtgräwe et al.，2020），河岸葡萄（*Vitis riparia*）（Girollet et al.，2019），酿酒葡萄（*Vitis vinifera*）（Jaillon et al.，2007）。

12）无患子目（Sapindales）23 种：①槭树科（Aceraceae）（有 2 属 199 种）漾濞槭（*Acer yangbiense*）（Yang et al.，2019f）；②漆树科（Anacardiaceae）（有 60 属 600 余种）腰果树（*Anacardium occidentale*）和杧果（*Mangifera indica*）（Wang et al.，2020d），阿月浑子（开心果）（*Pistacia vera*）（Zeng et al.，2019），伯尔硬胡桃（*Sclerocarya birrea*）

（Chang et al.，2019）；③楝科（Meliaceae）（约有 50 属 1400 种）印度苦楝树（*Azadirachta indica*）（Krishnan et al.，2012），椰色果（*Lansium domesticum*）（Matra et al.，2018）；④芸香科（Rutaceae）（约有 150 属 1700 种）酒饼簕（*Atalantia buxifolia*）（Wang et al.，2017d），酸橙（*Citrus×aurantium*）、克莱门柚（*Citrus clementina*）、蜜柚（*Citrus × deliciosa*）、柚（*Citrus maxima*）（Wu et al.，2014b），宜昌橙（*Citrus ichangensis*）、沙田柚（*Citrus grandis*）、佛手柑（*Citrus medica*）（Wang et al.，2017d），枳柚（*Citrus paradisi × Poncirus trifoliate*）（Zhang et al.，2016b），柑橘（*Citrus reticulata*）（Ollitrault et al.，2012），中华甜橙（*Citrus sinensis*）（Xu et al.，2013），宫川蜜柑（*Citrus unshiu*）（Shimizu et al.，2017），小叶臭黄皮（*Clausena excavata*）（Bae et al.，2018）；⑤无患子科（Sapindaceae）（约有 150 属 2000 种）龙眼（*Dimocarpus longan*）（Lin et al.，2017b），番龙眼（*Pometia pinnata*）（Matra et al.，2018），文冠果（*Xanthoceras sorbifolium*）（木本油料作物）（Bi et al.，2019；Liang et al.，2019a）。

13）牻牛儿苗目（Geraniales）或酢浆草目（Oxalidales）2 种：土瓶草科（Cephalotaceae）（仅有 1 属 1 种）土瓶草（*Cephalotus follicularis*）（Fukushima et al.，2017）；酢浆草科（Oxalidaceae）（有 7～10 属 1000 余种）阳桃（*Averrhoa carambola*）（Fan et al.，2020；Wu et al.，2020）。

14）伞形目（Apiales）4 种：①伞形科（Apiaceae）（有 275 属约 2850 种）旱芹（*Apium graveolens*）（Li et al.，2020b），胡萝卜（*Daucus carota*）（Iorizzo et al.，2016）；②五加科（Araliaceae）（有 60 属约 1300 种）人参（*Panax ginseng*）（Kim et al.，2018e），三七（*Panax notoginseng*）（Chen et al.，2017）。

15）金虎尾目（Malpighiales）（1998 年新设立的目）16 种：①油桃木科（Caryocaraceae）（有 2 属 25 种）巴西油桃木（*Caryocar brasiliense*）（Nunes et al.，2019）；②大风子科（Flacourtiaceae）（有 93 属 1300 余种）罗比梅（*Flacourtia inermis*）（Matra et al.，2018）；③亚麻科（Linaceae）（有 12 属 300 余种）亚麻（*Linum usitatissimum*）（Ragupathy et al.，2011）；④西番莲科（Passifloraceae）（有 16 属 500 余种）西番莲（百香果）（*Passiflora edulis*）（Munhoz et al.，2018）；⑤杨柳科（Salicaceae）[约有 3 属 650 种，以前属于杨柳目（Salicales）] 新疆杨（*Populus alba* var. *pyramidalis* = *Populus bolleana*）（Ma et al.，2019），美洲黑杨（*Populus deltoides*）、小叶杨（*Populus simonii*）（Mousavi et al.，2016），胡杨（*Populus euphratica*）（Ma et al.，2013），细叶杨（*Populus ilicifolia*）（Chen et al.，2020），灰胡杨（*Populus pruinosa*）（Yang et al.，2017c），欧洲山杨（*Populus tremula*）和美洲山杨（*Populus tremuloides*）（Lin et al.，2018；Qiu et al.，2019a），毛果杨（*Populus trichocarpa*）（Tuskan et al.，2006）；小垫柳（*Salix brachista*）（Chen et al.，2019k），红皮柳（*Salix purpurea*）（Zhou et al.，2020d），簸箕柳（*Salix suchowensis*）（Wei et al.，2020）。

### （六）菊亚纲基因组测序的种类

目前，菊亚纲（Asteridae）完成基因组测序的物种包括 7 目 20 科 84 种，具体情况如下。

1）龙胆目（Gentianales）6 种：①夹竹桃科（Apocynaceae）（有 250 属 2000 余种）大花罗布麻（*Apocynum venetum*）（Li et al.，2019f），叙利亚马利筋（乳草）（*Asclepias syriaca*）（Weitemier et al.，2019），大腺牛角瓜（*Calotropis gigantea*）（药用植物）（Hoopes et al.，2018），粉色长春花（*Catharanthus roseus*）（Kellner et al.，2015），一种沙漠植物 *Rhazya stricta*（Sabir et al.，2016）；②钩吻科（Gelsemiaceae）（约有 3 属 14 种）钩吻（断肠草）（*Gelsemium elegans*）（Liu et al.，2020d）。

2）茄目（Solanales）34 种：①旋花科（Convolvulaceae）（约有 60 属 1650 种）番薯（*Ipomoea batatas*）（栽培种，六倍体，90 条染色体）（Yang et al.，2017d），裂叶野牵牛（*Ipomoea nil*）（Hoshino et al.，2016），三浅裂叶薯（三浅裂野牵牛）（*Ipomoea trifida*）（Hirakawa et al.，2015），三裂叶薯（三裂野牵牛）（*Ipomoea triloba*）（甘薯近缘二倍体野生种）（Wu et al.，2018b）；②菟丝子科（Cuscutaceae）南方菟丝子（*Cuscuta australis*）（Sun et al.，2018），田野菟丝子（*Cuscuta campestris*）（Vogel et al.，2018）；③茄科（Solanaceae）（约有 80 属 2700 种）甜椒（*Capsicum annuum*）（Qin et al.，2014a；Kim et al.，2014a），浆果椒（*Capsicum baccatum*）、黄灯笼椒（*Capsicum chinense*）（Kim et al.，2017b），轮钟茄（*Jaltomata sinuosa*）（Wu et al.，2019a），渐尖烟草（*Nicotiana attenuata*）和钝叶烟草（*Nicotiana obtusifolia*）（野生烟草）（Xu et al.，2017d），光烟草（*Nicotiana glauca*）（天然含有根癌农杆菌 T-DNA）（Khafizova et al.，2018），烟草栽培种（*Nicotiana tabacum*）及其近缘种美花烟草（*Nicotiana sylvestris*）（观赏植物）、茸毛烟草（*Nicotiana tomentosiformis*）（Sierro et al.，2013），本氏烟草（*Nicotiana benthamiana*）（Bombarely et al.，2012），瓜叶烟草（*Nicotiana otophora*）（Chen et al.，2014c），腋花矮牵牛（*Petunia axillaris*）、膨胀矮牵牛（*Petunia inflate*）（Bombarely et al.，2016），紫花矮牵牛（*Petunia integrifolia*）、少花龙葵（*Solanum americanum*）、马铃薯（*Solanum tuberosum*）（栽培种）（Potato Genome Sequencing Consortium et al.，2011），野生马铃薯（*Solanum chacoense*）（Leisner et al.，2018），智利番茄（*Solanum chilense*）（野生种）（Stam et al.，2019），康氏马铃薯（*Solanum commersonii*）（野生种）（Aversano et al.，2015），番茄（*Solanum lycopersicum*）及其近缘种醋栗番茄（*Solanum pimpinellifolium*）（野生种）（Tomato Genome Consortium，2012），潘氏番茄（*Solanum pennellii*）（野生种）（Bolger et al.，2014），番茄（*Solanum habrochaites*）（野生种）、多毛番茄（*Solanum arcanum*）（野生种）（Tomato Genome Sequencing Consortium et al.，2014），茄（*Solanum melongena*）（栽培种）（Hirakawa et al.，2014b）及其近缘野生种黄水茄（*Solanum incanum*）（Gramazio et al.，2019），埃塞俄比亚茄（*Solanum aethiopicum*）（Song et al.，2019）。

3）唇形目（Lamiales）12 种：①爵床科（Acanthaceae）（有 250 属 4000 余种）穿心莲（*Andrographis paniculata*）（Sun et al.，2019b）；②紫草科（Boraginaceae）[有 100 属 2000 余种，有的分类系统将其独立为紫草目（Boraginales）] 车前叶蓝蓟（*Echium plantagineum*）（Tang et al.，2020c），紫草（*Lithospermum erythrorhizon*）（Auber et al.，2020）；③唇形科（Lamiaceae）（有 200 余属 3500 余种）狭叶薰衣草（*Lavandula angustifolia*）（Malli et al.，2019），欧薄荷（*Mentha longifolia*）（Vining et al.，2017），圣罗勒（*Ocimum tenuiflorum*）（Upadhyay et al.，2015），广藿香（*Pogostemon cablin*）（He et al.，2016），

丹参（*Salvia miltiorrhiza*）（Xu et al., 2016b），一串红（*Salvia splendens*）（Dong et al., 2018b），黄芩（*Scutellaria baicalensis*）（Zhao et al., 2019b）；④透骨草科（Phrymaceae）（有 14 属）猴面花（*Erythranthe guttata* = *Mimulus guttatus*）（Fishman et al., 2014）；⑤马鞭草科（Verbenaceae）（有 80 余属 3000 余种）柚木（*Tectona grandis*）（Zhao et al., 2019c）。

4）玄参目（Scrophulariales）17 种：①紫葳科（Bignoniaceae）（有 110 属约 650 种）紫花风铃木（*Handroanthus impetiginosus*）（Silva-Junior et al., 2018）；②苦苣苔科（Gesneriaceae）（有 140 属 3400 余种）旋蒴苣苔（*Boea* = *Dorcoceras hygrometrica*）（Xiao et al., 2015），怀集报春苣苔（*Primulina huaijiensis*）（Feng et al., 2020）；③狸藻科（Lentibulariaceae）（有 4 属约 230 种）黄螺旋狸藻（*Genlisea aurea*）（Leushkin et al., 2013），少花狸藻（*Utricularia gibba*）（Ibarra-Laclette et al., 2013）；④木犀科（Oleaceae）（有 27 属 400 余种）欧洲白蜡（*Fraxinus excelsior*）（Sollars et al., 2017），木犀榄（油橄榄）（*Olea europaea* var. *sylvestris*）（Unver et al., 2017），木犀（*Osmanthus fragrans*）（Yang et al., 2018a）；⑤列当科（Orobanchaceae）（有 13 属 180 种）亚洲独脚金（*Striga asiatica*）（Yoshida et al., 2019）；⑥胡麻科（Pedaliaceae）（有 13 属约 70 种）芝麻（*Sesamum indicum*）（Zhang et al., 2013b；Wang et al., 2014c）；⑦玄参科（Scrophulariaceae）（有 220 属 4500 余种）金鱼草（*Antirrhinum majus*）（Li et al., 2019g），大红吊钟柳（*Penstemon centranthifolius*）、格氏吊钟柳（*Penstemon grinnellii*）（Blischak et al., 2014），蓝花吊钟柳（*Penstemon cyananthus*）、戴氏吊钟柳（*Penstemon davidsonii*）、天蓝钓钟柳（*Penstemon dissectus*）、灌木钓钟柳（*Penstemon fruticosus*）（Dockter et al., 2013）。

5）茜草目（Rubiales）2 种：茜草科（Rubiaceae）（有 450～500 属 6000～7000 种）小果咖啡（*Coffea arabica*）（Tran et al., 2018），中粒咖啡（*Coffea canephora*）（Denoeud et al., 2014）。

6）川续断目（Dipsacales）1 种：忍冬科（Caprifoliaceae）（有 13 属约 500 种）忍冬（*Lonicera japonica*）（Pu et al., 2020）。

7）菊目（Asterales）12 种：菊科（Compositae）（有 1000 属 25 000～30 000 种，是双子叶植物的第一大科）黄花蒿（*Artemisia annua*）（产青蒿素）（Shen et al., 2018），红花（*Carthamus tinctorius*）（Bowers et al., 2016），路边黄（*Chrysanthemum nankingense*）（Song et al., 2018），甘菊（*Chrysanthemum seticuspe*）（Hirakawa et al., 2019），小飞蓬（*Conyza canadensis*）（Peng et al., 2014b），大蓟（*Cynara cardunculus*）（Acquadro et al., 2017），短葶飞蓬（灯盏花）（*Erigeron breviscapus*）（Yang et al., 2017e），普通向日葵（*Helianthus annuus*）（Badouin et al., 2017），莴苣（*Lactuca sativa*）（Reyes-Chin-Wo et al., 2017），小花假泽兰（微甘菊）（*Mikania micrantha*）（入侵物种）（Liu et al., 2020e），水飞蓟（*Silybum marianum*）（药用植物），除虫菊（*Tanacetum cinerariifolium*）（Yamashiro et al., 2019）。

## 四、单子叶植物纲或百合纲的基因组测序

### （一）泽泻亚纲基因组测序的种类

目前，泽泻亚纲（Alismatidae）完成基因组测序的物种包括 2 目 2 科 3 种，具体情

况如下。

1）水鳖目（Hydrocharitales）1 种：水鳖科（Hydrocharitaceae）（约有 17 属 80 种）喜盐草（*Halophila ovalis*）（Lee et al.，2018a）。

2）茨藻目（Najadales）2 种：大叶藻科（甘藻科）（Zosteraceae）（有 3 属约 18 种）海洋大叶藻（*Zostera marina*）（Olsen et al.，2016），南半球大叶藻（*Zostera muelleri*）（Lee et al.，2016a）。

## （二）槟榔亚纲基因组测序的种类

目前，槟榔亚纲（Arecidae）完成基因组测序的物种包括 3 目 4 科 11 种，具体情况如下。

1）槟榔目（Arecales）7 种：棕榈科（Arecaceae 或 Palmae）（有 202 属 2800 余种）单叶省藤（*Calamus simplicifolius*）和黄藤（*Daemonorops jenkinsiana*）（Zhao et al.，2018b），椰子（*Cocos nucifera*）（Xiao et al.，2017），几内亚油棕（*Elaeis guineensis*）和美洲油棕（*Elaeis oleifera*）（Singh et al.，2013），海枣（伊拉克蜜枣）（*Phoenix dactylifera*）（Al-Dous et al.，2011），蛇鳞果（*Salacca sumatrana*）（Matra et al.，2018）。

2）天南星目（Arales）3 种：①天南星科（Araceae）（有 115 属 2100 种）荔浦芋（*Colocasia esculenta*）（Bellinger et al.，2020）；②浮萍科（Lemnaceae）（有 6 属约 30 种）浮萍（*Lemna minor*）（Van Hoeck et al.，2015），多根紫萍（*Spirodela polyrhiza*）（Wang et al.，2014d；Michael et al.，2017；An et al.，2019）。

3）露兜树目（Pandanales）1 种：翡若翠科（Velloziaceae）（有 9 属 260 余种）黏胶焦炭木（*Xerophyta viscosa*）（Costa et al.，2017）。

## （三）鸭跖草亚纲基因组测序的种类

目前，鸭跖草亚纲（Commelinidae）完成基因组测序的物种包括 1 目 2 科 67 种，具体情况如下。

莎草目（Cyperales）或禾本目（Poales）67 种：①莎草科（Cyperaceae）（有 80 余属 4000 余种）藏北嵩草（*Kobresia littledalei*）（Can et al.，2020）；②禾本科（Poaceae 或 Gramineae）（有 620 余属 12 000 余种）节节麦（*Aegilops tauschii*）（六倍体普通小麦 D 亚基因组）（Jia et al.，2013；Luo et al.，2017），大西洋燕麦（*Avena atlantica*）和异颖燕麦（*Avena eriantha*）（Maughan et al.，2019），芸香竹（*Bonia amplexicaulis*）、细叶瓜多竹（*Guadua angustifolia*）、宽叶莪莉竹（*Olyra latifolia*）和圭亚那楔叶竹（*Raddia guianensis*）（Guo et al.，2019b），二穗短柄草（*Brachypodium distachyon*）（经济作物及其野生种）、杂交短柄草（*Brachypodium hybridum*）、史氏短柄草（*Brachypodium stacei*）、小颖短柄草（*Brachypodium sylvaticum*）（International *Brachypodium* Initiative，2010），薏苡（*Coix lacryma-jobi*）（Guo et al.，2019c），鸭茅（*Dactylis glomerata*）（饲草）（Huang et al.，2020c），少花玫瑰黍（*Dichanthelium oligosanthes*）（Studer et al.，2016），稗草（*Echinochloa crus-galli*）（Guo et al.，2017a），龙爪稷（*Eleusine coracana*）（粮食作物）（Hatakeyama et al.，2018），牛筋草（*Eleusine indica*）（全球性杂草）（Zhang et al.，2019i），

弯叶画眉草（*Eragrostis curvula*）（饲草）（Carballo et al.，2019），埃塞俄比亚画眉草（*Eragrostis tef*）（粮食作物）（Cannarozzi et al.，2014），毛稃野大麦（*Hordeum pubiflorum*）（Mascher et al.，2013），钝稃野大麦（*Hordeum spontaneum*）（普通大麦的远祖）（Liu et al.，2020f），普通大麦（*Hordeum vulgare*）（栽培种）（International Barley Genome Sequencing Consortium et al.，2012），裸壳大麦（*Hordeum vulgare* var. *nudum*）（Zeng et al.，2020），假稻（*Leersia perrieri*）、黑麦草（*Lolium perenne*）（观赏植物）（Byrne et al.，2015），斑叶芒（*Miscanthus sinensis*）（Ma et al.，2012），复活草（*Oropetium thomaeum*）（耐旱植物）（VanBuren et al.，2015），7 个水稻 AA 基因组［巴氏野生稻（*Oryza barthii*）（非洲栽培稻祖先）、光稃稻（*Oryza glaberrima*）、展颖野生稻（*Oryza glumaepatula*）、须颖野生稻（*Oryza glumipatula*）、南方野生稻（*Oryza meridionalis*）、印度野生稻（*Oryza nivara*）（Wang et al.，2014e；Zhang et al.，2014b），短花药野生稻（*Oryza brachyantha*）（Chen et al.，2013）］，疣粒稻（*Oryza meyeriana* subsp. *granulata*）（Shi et al.，2020），长雄蕊野生稻（*Oryza longistaminata*）（AA 基因组）（Gichuhi et al.，2016），疣粒野生稻（*Oryza meyeriana*）、小粒野生稻（*Oryza minuta*）（异源多倍体）、药用野生稻（*Oryza officinalis*）、非洲斑点野生稻（*Oryza punctata*）（Sui et al.，2014），普通野生稻（*Oryza rufipogon*）（Wang et al.，2012b），水稻粳稻（*Oryza sativa* subsp. *japonica*）和水稻籼稻（*Oryza sativa* subsp. *indica*）（Goff et al.，2002；Yu et al.，2002），杂草稻（*Oryza sativa* f. *spontanea*）（Sun et al.，2019c），黍（*Panicum miliaceum*）（Shi et al.，2019b；Zou et al.，2019）及其近缘种哈氏黍（*Panicum hallii*）和柳枝稷（*Panicum virgatum*）（Lovell et al.，2018），毛竹（*Phyllostachys edulis*）（Zhao et al.，2018c），龟甲竹（*Phyllostachys heterocycla*）（Peng et al.，2013），星星草（碱茅）（*Puccinellia tenuiflora*）（Zhang et al.，2020g），甘蔗（*Saccharum spontaneum*）（Nascimento et al.，2009），黑麦（*Secale cereale*）（栽培种）（Bauer et al.，2017），粱（谷子）（*Setaria italica*）（Zhang et al.，2012c）及其近缘种狗尾草（*Setaria viridis*）（Bennetzen et al.，2012），高粱（*Sorghum bicolor*）（Paterson et al.，2009），小麦（*Triticum aestivum*）和乌拉尔图小麦（*Triticum urartu*）（小麦 A 基因组祖先）（Ling et al.，2013），野生二粒小麦（*Triticum dicoccoides*）（Avni et al.，2017），圆锥小麦（硬质小麦）（*Triticum turgidum* subsp. *durum*）（四倍体）（Maccaferri et al.，2019），玉米栽培种（*Zea mays* subsp. *mays*）（Schnable et al.，2009），玉米野生种（*Zea mays* subsp. *parviglumis*）（Yang et al.，2019g），茭白（*Zizania latifolia*）（Guo et al.，2015），日本结缕草（*Zoysia japonica*）、沟叶结缕草（*Zoysia matrella*）、太平洋结缕草（*Zoysia pacifica*）（Tanaka et al.，2016）。

### （四）姜亚纲基因组测序的种类

目前，姜亚纲（Zingiberidae）完成基因组测序的物种包括 2 目 2 科 9 种，具体情况如下。

1）凤梨目（Bromeliales）2 种（亚种）：凤梨科（Bromeliaceae）（有 44～46 属 2000 余种）凤梨（*Ananas comosus*）（Ming et al.，2015），红苞凤梨（*Ananas comosus* var. *bracteatus*）（Chen et al.，2019）。

2）姜目（Zingiberales）7 种（亚种）：芭蕉科（Musaceae）（有 8 属约 140 种）小果

野蕉（*Musa acuminata*）（D'Hont et al.，2012；Droc et al.，2013），小果野蕉的2个亚种 *Musa acuminata* subsp. *malaccensis* 和 *Musa acuminata* subsp. *burmannica*（Rouard et al.，2018），柳叶野蕉（*Musa balbisiana*）（香蕉栽培种是小果野蕉和柳叶野蕉杂交而来的）（Wang et al.，2019h），野生蕉（*Musa itinerans*）（Wu et al.，2016），裂果野蕉（*Musa schizocarpa*）（Belser et al.，2018），粗柄象腿蕉（*Ensete ventricosum*）（Harrison et al.，2014）。

### （五）百合亚纲基因组测序的种类

目前，百合亚纲（Liliidae）完成基因组测序的物种包括2目4科14种，具体情况如下。

1）百合目（Liliales）8种：①天门冬科（Asparagaceae）［1998年设立的科，以前归属于百合科，有的分类系统将其独立为天门冬目（Asparagales）］芦笋（*Asparagus officinalis*）（Harkess et al.，2017），文竹（*Asparagus setaceus*）（Li et al.，2020c），小花龙血树（*Dracaena cambodiana*）（Ding et al.，2018）；②薯蓣科（Dioscoreaceae）［约有9属650种，有的分类系统将其独立为薯蓣目（Dioscoreales）］三叶薯蓣（苦山药）（*Dioscorea dumetorum*）（Siadjeu et al.，2020），圆叶薯蓣（*Dioscorea rotundata*）（Scarcelli et al.，2019），盾叶薯蓣（*Dioscorea zingiberensis*）（Zhou et al.，2018），锡兰发柄花（*Trichopus zeylanicus*）（药用植物）（Vadakkemukadiyil Chellappan et al.，2019）；③雨久花科（Pontederiaceae）（有9属约39种）锥花凤眼莲（*Eichhornia paniculata*）（Arunkumar et al.，2017）。

2）兰目（Orchidales）6种：兰科（Orchidaceae）（有730余属23 000余种）深圳拟兰（*Apostasia shenzhenica*）（Zhang et al.，2017b），黄石斛（*Dendrobium catenatum*）（Zhang et al.，2016c），铁皮石斛（*Dendrobium officinale*）（Yan et al.，2015），羽叶天麻（*Gastrodia elata*）（Yuan et al.，2018c），台湾蝴蝶兰（*Phalaenopsis aphrodite*）（Chao et al.，2018），小兰屿蝴蝶兰（*Phalaenopsis equestris*）（Cai et al.，2015）。

## 五、其他植物的基因组测序

### （一）藻类植物基因组测序的种类

藻类植物是一类比较原始、古老的低等生物，没有根、茎、叶的分化，约有3万种，包括裸藻门（Euglenophyta）、甲藻门（Pyrrophyta）、金藻门（Chrysophyta）、黄藻门（Xanthophyta）、硅藻门（Bacillariophyta）、轮藻门（Charophyta）、灰藻门（Glaucophyta）、绿藻门（Chlorophyta）、红藻门（Rhodophyta）、褐藻门（phaeophyta）等。目前，藻类植物完成基因组测序的物种如下。

1）甲藻门：寄生性甲藻，角质阿米巴藻（*Amoebophrya ceratii*）（John et al.，2019）。

2）金藻门：水树藻（*Hydrurus foetidus*）（Bråte et al.，2019）。

3）硅藻门：三角褐指藻（*Phaeodactylum tricornutum*）（Bowler et al.，2008；Yang et al.，2018b），假微型海链藻（*Thalassiosira pseudonana*）（Armbrust et al.，2004）。

4）轮藻门：绿中斑藻（*Mesostigma viride*）（Liang et al.，2019b）。

5）灰藻门：奇异蓝矽藻（*Cyanophora paradoxa*）（Price et al.，2012）。

6）绿藻门：长茎葡萄蕨藻（*Caulerpa lentillifera*）（Arimoto et al.，2019b），莱茵衣藻（*Chlamydomonas reinhardtii*）（Merchant et al.，2007），普通小球藻（*Chlorella vulgaris*）和 *Messastrum gracile*（Teh et al.，2019），索氏小球藻（*Chlorella sorokiniana*）（Wu et al.，2019b），多变小球藻（*Chlorella variabilis*）（Blanc et al.，2010），绿尘藻（*Chloropicon primus*）（Lemieux et al.，2019），胶球藻（*Coccomyxa subellipsoidea*）（Blanc et al.，2012），链带藻（*Desmodesmus costato-granulatus*）（Wang et al.，2019i），雨生红球藻（*Haematococcus pluvialis*）（Luo et al.，2019a），*Hariotina reticulata*（Xu et al.，2019c），海洋微拟球藻（*Nannochloropsis oceanica*）（Guo et al.，2019d），盐微拟球藻（*Nannochloropsis salina*）（Ohan et al.，2019），产油微绿藻（*Picochlorum soloecismus*）（Gonzalez-Esquer et al.，2018），四尾栅藻（*Scenedesmus quadricauda*）（Nag Dasgupta et al.，2018），团藻（*Volvox carteri*）（Prochnik et al.，2010）。

7）红藻门：皱波角叉菜（*Chondrus crispus*）（Collén et al.，2013），1 种单细胞红藻 *Cyanidioschyzon merolae*（Nozaki et al.，2007），绳状龙须菜（*Gracilariopsis chorda*）（Lee et al.，2018b），绿色鞭毛藻（*Ostreococcus lucimarinus*）（Palenik et al.，2007），金牛鸵球藻（*Ostreococcus tauri*）（已知最小的自由生活的真核生物）（Derelle et al.，2006），坛紫菜（*Pyropia haitanensis*）（Cao et al.，2020）。

8）褐藻门：长囊水云（*Ectocarpus siliculosus*）（Cock et al.，2010），锥状水云（*Ectocarpus subulatus*）（Dittami et al.，2020），海蕴（*Nemacystus decipiens*）（Nishitsuji et al.，2019），海带（*Saccharina japonica*）（Liu et al.，2019e），裙带菜（*Undaria pinnatifida*）（Shan et al.，2020）。

### （二）苔藓植物基因组测序的种类

苔藓植物属于苔藓植物门（Bryophyta），分为 3 纲：苔纲（Hepaticae）（包括 4 目约 49 科 9000 种）、藓纲（Musci）［包括 3 亚纲：泥炭藓亚纲（Sphagnopsida）仅 1 目 1 科 1 属约 300 种，黑藓亚纲（Andreaeopsida）仅 1 目 1 科 2 属，真藓亚纲（Bryidae）12～19 目 61 科约 14 000 种］和角苔纲（Anthocerotae）（仅 1 目 2 科 5 属约 300 种）。目前，苔藓植物完成基因组测序的物种如下。

1）苔纲：卷地钱（*Marchantia inflexa*）（Marks et al.，2019），多形地钱（*Marchantia polymorpha*）（Bowman et al.，2017）。

2）藓纲：小立碗藓（*Physcomitrella patens*）（Rensing et al.，2008；Lang et al.，2018），赤茎藓（*Pleurozium schreberi*）（Pederson et al.，2019），喙叶泥炭藓（*Sphagnum fallax*）（Weston et al.，2015）。

3）角苔纲：田地角苔（*Anthoceros agrestis*）和斑纹角苔（*Anthoceros punctatus*）（Li et al.，2020d），台湾角苔（*Anthoceros angustus*）（Zhang et al.，2020h）。

### （三）蕨类植物基因组测序的种类

蕨类植物隶属于蕨类植物门（Pteridophyta），分为 4 亚门：松叶蕨亚门（Psilophytina）

（现存仅 1 目 1 科 2 属 3 种）、楔叶亚门（Sphenophytina）（现存仅 1 目 1 科 2 属约 30 种）、石松亚门（Lycophytina）（有 2 目 3 科 9 属 60 余种）、水韭亚门（Isoephytina）（现存仅 1 目 1 科 1 属）和真蕨亚门（Filicophytin）（有 3 纲 6 目约 63 科 10 000 余种）。目前，苔藓植物完成基因组测序的物种如下。

1）石松亚门：石松纲（Lycopodiatae）卷柏目（Selaginellales）卷柏科（Selaginellaceae）江南卷柏（*Selaginella moellendorffii*）（Banks et al.，2011），卷柏（*Selaginella tamariscina*）（Xu et al.，2018b）。

2）真蕨亚门：真蕨目（Eufilicales）水蕨科（Parkeriaceae）理氏水蕨（*Ceratopteris richardii*）（Marchant et al.，2019）；槐叶苹目（Salviniales）满江红科（Azollaceae）细叶满江红（*Azolla filiculoides*）和槐叶苹科（Salviniaceae）勾叶槐叶苹（*Salvinia cucullata*）（Li et al.，2018d）。

## 第四节　微生物基因组的研究进展

### 一、微生物基因组测序进展

#### （一）微生物基因组测序概述

第一个现代意义的微生物——流感嗜血杆菌（*Haemophilus influenzae*）基因组于 1995 年完成（Fleischmann et al.，1995）。此后的第一个 10 年（1995～2005 年）里，有 300 多个细菌基因组被测序（其中，大肠杆菌的基因组有 20 个），但只完成了 2 个宏基因组测序；通过基因组信息，人们发现了细菌具有超乎预期的遗传多样性，而且同一个种类的不同菌株之间也有较大的遗传差异（如 20 个大肠杆菌基因组的大小为 4.6～5.5 Mb），同时，人们发现造成细菌遗传多样性的重要机制是可移动遗传元件和噬菌体（Binnewies et al.，2006）。

在第二个 10 年（2006～2015 年）里，被测序的细菌基因组数量超过 30 000 个（大肠杆菌的基因组数量超过 2000 个），而且宏基因组数量也超过了 20 000 个；同一个种类有多个基因组后，可以研究一个物种的核心基因组（core genome）和泛基因组（pan genome）。例如，在大肠杆菌基因组中共鉴定出 89 000 个基因组家族，其核心基因组仅包含 3100 个基因组家族（Land et al.，2015）。

至 2020 年 6 月 30 日，整合微生物基因组与微生物组（Integrated Microbial Genomes & Microbiomes，IMG/M）数据库收录的基因组包括：细菌 83 768 个、古菌 1967 个、真核微生物 710 个、质粒 1188 个、病毒 8392 个；还有 21 813 个宏基因组、6174 个宏转录组数据（https://img.jgi.doe.gov/cgi-bin/m/main.cgi）。

#### （二）重要的微生物基因组数据库

大多数研究人员耳熟能详的基因组数据库有 GenBank、EBI、DDBJ，这些数据库在设计之初考虑了存储的需求，而在分析和数据挖掘上的功能则比较欠缺。目前，主流杂志公认的两个基因组数据库是：基因组在线数据库（Genomes OnLine Database，GOLD）

和整合微生物基因组与微生物组数据库。

#### 1. 基因组在线数据库

基因组在线数据库（GOLD）由美国能源部联合基因组研究所（Joint Genome Institute，JGI）于 1997 年建立，2000 年登记为整合基因组学（Integrated Genomics），主要目的是：①跟踪所有微生物基因组（后来包含宏基因组）测序项目的进展；②收集并整合基因组相关信息。在 1999 年之前，仅有 26 个细菌、6 个古菌和 3 个真核微生物的基因组被测序（Kyrpides，1999）；2001 年，有 350 个基因组测序项目，48 个已完成（Bernal et al.，2001）；2006 年，GOLD 更新为 v.2 版，有 1261 个基因组测序项目（细菌 697 个、古菌 38 个、真核微生物 526 个），297 个基因组完成测序并发表公布，其中细菌 235 个、古菌 23 个、真核微生物 39 个（Liolios et al.，2006）；2012 年，GOLD 更新为 v.4 版，2001 年是基因组测序史上的一个里程碑，有 11 006 个基因组测序项目，包括 8473 个细菌、329 个古菌和 2204 个真核微生物（Pagani et al.，2012）；2015 年，GOLD 更新为 v.5 版，基因组测序项目数量上升到 47 932 个，包括 6824 个细菌、851 个古菌和 5822 个真核微生物等（Reddy et al.，2015）；2017 年，GOLD 更新为 v.6 版，基因组测序项目数量上升到 71 295 个，包括 57 963 个细菌、1212 个古菌、4634 个病毒和 7486 个真核微生物（Mukherjee et al.，2017a）；2019 年，GOLD 更新为 v.7 版，基因组测序项目数量达 140 323 个，其中，细菌占 78.7%、真核微生物占 13.8%、病毒占 6.5%、古菌仅占 1%（Mukherjee et al.，2019b）。至 2020 年 6 月 30 日，GOLD 数据库收录了微生物的 17 401 个模式菌株（其中，细菌 16 835 个、古菌 566 个），已完成或正在进行基因组测序的模式菌株有 9064 个；而整合微生物基因组（Integrated Microbial Genomes，IMG）数据库收录的模式菌株基因组为 8089 个，GenBank 数据库为 7616 个（https://gold.jgi.doe.gov）。

#### 2. 新一代基因组数据库——整合微生物基因组与微生物组数据库

2006 年，美国能源部联合基因组研究所建立了整合微生物基因组平台，后来加入微生物组数据，成为整合微生物基因组与微生物组（IMG/M）平台，作为新一代基因组数据库的代表，不仅完整收录现有数据库的内容，还提供了更完善的注释和丰富的分析工具（Markowitz et al.，2006a，2006b）。2019 年更新为 IMG/M v.5.0 版：将数据归为古菌、细菌、真核生物、质粒、病毒、基因组片段、宏基因组等不同子集；数据来源有美国能源部联合基因组研究所、JGI 以外的参与者和公共数据库（如 NCBI）业已收录的内容；所有数据经过标准注释流程后整合到数据仓库，通过 Web 界面提供了众多分析和可视化工具；除了公开数据，IMG/M 还允许用户存储私有数据，并通过专家评审系统共享这部分数据；新版本具有更强大的搜索、统计和宏基因组分箱功能等（Chen et al.，2019n）。

### （三）细菌各门的已有基因组数量

#### 1. 历史数据对比

2015 年，有 61 门（包括已知的和候选的门）1600 属 9800 种的基因组被测序，其中，变形菌门（Proteobacteria）（14 268 个）、厚壁菌门（Firmicutes）（9628 个）、放线菌门（Actinobacteria）（4059 个）、拟杆菌门（Bacteroidetes）（932 个）、螺旋体门（Spirochaetes）（525 个）和蓝细菌门（Cyanobacteria）（340 个）的基因组数量占全部数量的 96%；其他 55 门的基因组数量之和为 1500 个，任何一个门的基因组数量都不超过 1%（Land et al.，2015）。

至 2020 年 6 月 30 日，IMG/M 数据库中收集了 37 个已知门和 110 个候选门的 83 768 个细菌基因组（https://img.jgi.doe.gov/cgi-bin/m/main.cgi?section=GenomeList&page=phylumList&domain=Bacteria&type=phylum）。

**2. 已知门的细菌基因组数量分布**

已知门的细菌基因组数量分别为：酸杆菌门（Acidobacteria）154 个、放线菌门（Actinobacteria）12 395 个、产水菌门（Aquificae）44 个、装甲菌门（Armatimonadetes）37 个、拟杆菌门（Bacteroidetes）3774 个、巴纽尔斯菌门（Balneolaeota）22 个、嗜热丝菌门（Caldiserica）11 个、热发菌门（Calditrichaeota）6 个、衣原体门（Chlamydiae）384 个、绿菌门（Chlorobi）42 个、绿弯菌门（Chloroflexi）458 个、产金菌门（Chrysiogenetes）3 个、粪热杆菌门（Coprothermobacterota）3 个、蓝细菌门（Cyanobacteria）1268 个、脱铁杆菌门（Deferribacteres）49 个、异常球菌-热栖菌门（Deinococcus-Thermus）93 个、网团菌门（Dictyoglomi）4 个、迷踪菌门（Elusimicrobia）102 个、纤维杆菌门（Fibrobacteres）68 个、厚壁菌门（Firmicutes）19 961 个、梭杆菌门（Fusobacteria）219 个、芽单胞菌门（Gemmatimonadetes）63 个、懒惰杆菌门（Ignavibacteriae）80 个、圣诞岛菌门（Kiritimatiellaeota）9 个、黏胶球形菌门（Lentisphaerae）33 个、硝化棘菌门（Nitrospinae）52 个、硝化螺旋菌门（Nitrospirae）110 个、浮霉菌门（Planctomycetes）354 个、变形菌门（Proteobacteria）37 537 个、红热菌门（Rhodothermaeota）6 个、螺旋体门（Spirochaetes）1005 个、互养菌门（Synergistetes）44 个、柔膜菌门（Tenericutes）491 个、热脱硫杆菌门（Thermodesulfobacteria）16 个、热袍菌门（Thermotogae）83 个、疣微菌门（Verrucomicrobia）340 个。

基因组数量最多的 6 门分别是：变形菌门（37 537 个）、厚壁菌门（19 961 个）、放线菌门（12 395 个）、拟杆菌门（3774 个）、蓝细菌门（1268 个）、螺旋体门（1005 个）。可以看出：①排名前 6 位的还是这 6 门；②各门的基因组数量显著增加；③前 6 个门的基因组数量占全部细菌基因组的 90.66%，明显低于 2015 年的比例，说明基因组被测序的物种多样性更加丰富、有更多的细菌种类被关注。

**3. 候选门的细菌基因组数量分布**

候选门的细菌基因组数量分别为：Candidate division CPR1（2 个）（Candidatus 为候选的意思，尚未在分类学上合格化确立，不能给出准确的中文译名；此后的候选门的名称均省去了“Candidatus”）、division CPR2（8 个）、division CPR3（7 个）、division GAL15（5 个）、division JL-ETNP-Z39（5 个）、division KD3-62（1 个）、division NC10（7 个）、division WOR-3（4 个）、division WPS-1（1 个）、division WWE3（107 个）、division

Zixibacteria（14 个）、Abawacabacteria（2 个）、Adlerbacteria（13 个）、Aerophobetes（14 个）、Amesbacteria（34 个）、Aminicenantes（62 个）、Andersenbacteria（9 个）、Atribacteria（44 个）、Azambacteria（41 个）、Beckwithbacteria（25 个）、Berkelbacteria（38 个）、Bipolaricaulota（15 个）、Blackburnbacteria（12 个）、Brennerbacteria（8 个）、Buchananbacteria（21 个）、Calescamantes（28 个）、Campbellbacteria（15 个）、Chisholmbacteria（6 个）、Cloacimonetes（60 个）、Coatesbacteria（1 个）、Collierbacteria（50 个）、Colwellbacteria（16 个）、Curtissbacteria（53 个）、Dadabacteria（2 个）、Daviesbacteria（62 个）、Delongbacteria（1 个）、Desantisbacteria（12 个）、Doudnabacteria（35 个）、Edwardsbacteria（6 个）、Eremiobacteraeota（30 个）、Falkowbacteria（58 个）、Fervidibacteria（18 个）、Firestonebacteria（5 个）、Fraserbacteria（1 个）、Giovannonibacteria（65 个）、Glassbacteria（3 个）、Goldbacteria（2 个）、Gottesmanbacteria（56 个）、Gracilibacteria（24 个）、Handelsmanbacteria（1 个）、Harrisonbacteria（17 个）、Hydrogenedentes（8 个）、Hydrothermae（12 个）、Jacksonbacteria（12 个）、Jorgensenbacteria（22 个）、Kaiserbacteria（85 个）、Kerfeldbacteria（15 个）、Komeilibacteria（18 个）、Kryptonia（23 个）、Kuenenbacteria（20 个）、Latescibacteria（10 个）、Levybacteria（90 个）、Lindowbacteria（2 个）、Liptonbacteria（14 个）、Lloydbacteria（15 个）、Magasanikbacteria（78 个）、Margulisbacteria（15 个）、Marinimicrobia（156 个）、Melainabacteria（16 个）、Microgenomates（97 个）、Moranbacteria（79 个）、Nealsonbacteria（68 个）、Niyogibacteria（6 个）、Nomurabacteria（150 个）、Omnitrophica（137 个）、Pacebacteria（31 个）、Parcubacteria（60 个）、Peregrinibacteria（97 个）、Poribacteria（34 个）、Portnoybacteria（39 个）、Pyropristinus（2 个）、Raymondbacteria（7 个）、Riflebacteria（2 个）、Roizmanbacteria（135 个）、Ryanbacteria（21 个）、Saccharibacteria（80 个）、Schekmanbacteria（8 个）、Shapirobacteria（39 个）、Spechtbacteria（9 个）、Staskawiczbacteria（43 个）、Sumerlaeota（5 个）、Sungbacteria（24 个）、Tagabacteria（9 个）、Taylorbacteria（44 个）、Tectomicrobia（4 个）、Terrybacteria（11 个）、Uhrbacteria（83 个）、Veblenbacteria（5 个）、Vogelbacteria（12 个）、Wallbacteria（1 个）、Wildermuthbacteria（28 个）、Wirthbacteria（1 个）、Woesebacteria（162 个）、Wolfebacteria（39 个）、Woykebacteria（15 个）、Yonathbacteria（23 个）、Zambryskibacteria（60 个），以及未分类的（unclassified）种类（932 个）。

从上述的统计数据可以看到：①有越来越多的未知物种被人们认识，基因组研究起到了巨大作用；②基因组数量最多的 10 个候选门分别是 Woesebacteria（162 个）、Marinimicrobia（156 个）、Nomurabacteria（150 个）、Omnitrophica（137 个）、Roizmanbacteria（135 个）、division WWE3（107 个）、Microgenomates（97 个）、Peregrinibacteria（97 个）、Levybacteria（90 个）和 Kaiserbacteria（85 个）。

## 二、细菌基因组结构特点

### （一）细菌基因组的大小与碱基组成

一般来说，典型的细菌基因组大小为 5 Mb，编码约 5000 个蛋白质。细菌基因组大小与它们的生活环境息息相关，生活环境越复杂，基因组就越大。自由生活的细菌的最小基因组约为 1 Mb，一些共生或寄生细菌的基因组小于 0.6 Mb，而一些有复杂生活史的细菌的基因组超过 10 Mb。

细菌基因组的编码区占整个基因组的比例称为基因编码密度，为 40%～97%，平均约为 88%，大多数细菌基因组的基因编码密度为 85%～90%（McCutcheon and Moran，2011）。雪松长足大蚜（*Cinara cedri*）的共生细菌共生沙雷氏菌（*Serratia symbiotica*）的基因编码密度为 38.7%，是已知最低的（Lamelas et al.，2011）。

黏细菌是一类具有复杂生活史、多细胞形态、群体社会行为的细菌，因此其基因组通常较大，一般超过 9 Mb，最小的也有 5～6 Mb。例如，生活史较简单的脱卤厌氧黏细菌（*Anaeromyxobacter dehalogenans*）的基因组为 5.01 Mb，编码 4287 个蛋白质（Thomas et al.，2008）。2007 年研究报道了当时最大的细菌基因组，纤维堆囊菌（*Sorangium cellulosum*）菌株 Soce56 的基因组为 13.03 Mb，编码 9367 个蛋白质，G+C 含量为 71.4%；有相当多的蛋白质参与细胞调控，其第一大和第三大基因家族分别为蛋白质激酶（498 个）和 $\sigma^{54}$-依赖型调节子（80 个），拥有 385 个与双组分信号转导系统相关的基因，这些与其复杂的生活史和群体社会行为密切相关（Schneiker et al.，2007）。目前，已知最大的细菌基因组是纤维堆囊菌菌株 So0157-2 的基因组，大小为 14.78 Mp，编码 11 599 个蛋白质（基因编码密度为 89.2%），该菌株分离自碱性环境，能产生具有抗肿瘤活性的埃博霉素（epothilone）（Han et al.，2013）。黏细菌具有丰富、多样的生物活性代谢产物，在新药筛选中具有独特的优势和巨大的潜力。

一些共生或寄生细菌由于丢失了一些功能，其基因组通常较小。①属于变形菌门的共生细菌：目前，已知最小的细菌基因组是取食植物韧皮部的四线二叉叶蝉（*Macrosteles quadrilineatus*）的共生细菌（Candidatus *Nasuia deltocephalinicola*）的基因组，仅有 112 kb，编码 137 个蛋白质，有一个 rRNA 操纵子和 29 个 tRNA，编码蛋白质的功能主要与 DNA 复制、转录和翻译相关，具有合成组氨酸和甲硫氨酸的基因（Bennett and Moran，2013）；臀纹粉蚧（*Planococcus citri*）的共生细菌（Candidatus *Tremblaya princeps*）的基因组为 139 kb，G+C 含量为 58.8%，仅编码 110 个蛋白质，其中 43 个是核糖体蛋白，含有 2 个 rRNA 操纵子，但只有 8 个 tRNA，无氨酰-tRNA 合成酶，无核苷酸和辅因子合成、能量产生、物质转运、细胞被膜合成相关的基因，但保留了合成部分氨基酸的基因（López-Madrigal et al.，2011）；蝉（cicada）的共生细菌（Candidatus *Hodgkinia cicadicola*）的基因组为 144 kb，编码 189 个蛋白质（基因编码密度为 95.1%），G+C 含量为 58.4%（McCutcheon et al.，2009）；木虱（*Ctenarytaina spatulata*）的共生细菌鲁德卡松菌（*Carsonella ruddii*）的基因组为 159.66 kb，G+C 含量为 16.5%，编码 213 个蛋白质（基因编码密度为 97.3%），保留了与翻译和氨基酸合成相关的基因，但缺失了大量的必需基因（Nakabachi et al.，2006）。②拟杆菌门的共生细菌：取食植物汁液的玻璃翅叶蝉（*Homalodisca vitripennis*）的共生细菌（Candidatus *Karelsulcia* sp.）的基因组为 245.53 kb，G+C 含量为 22.4%，含有一个 rRNA 操纵子和 31 个 tRNA，编码 228 个蛋白质（基因编码密度为 96.1%），33%的蛋白质与翻译相关，21.3%的蛋白质与氨基酸合成相关（McCutcheon and Moran，2007）；共生细菌 *Sulcia muelleri* 的基因组为 190.73 bp，含有一个 rRNA 操纵子和 30 个 tRNA，编码 190 个蛋白质，保留了合成 8 个必需氨基酸（亮氨酸、异亮氨酸、苏氨酸、赖氨酸、精氨酸、苯丙氨酸、色氨酸和缬氨酸）的基因（Bennett and Moran，2013）；蚜虫的共生细菌居蚜虫布赫纳氏菌（*Buchnera aphidicola*）菌株 Cc 的基因组为 422.43 kb，丢失了大多数的代谢功能（Pérez-Brocal et al.，2006）。

支原体属（*Mycoplasma*）的基因组均比较小。第一个完成测序的生殖支原体（*Mycoplasma genitalium*）的基因组仅为 580 070 bp，编码约 480 个蛋白质（主要是 DNA 复制、转录、翻译，DNA 损伤修复，物质转运和能量代谢等维持基本生命活动的功能）（Fraser et al.，1995）；肺炎支原体（*Mycoplasma pneumoniae*）的基因组约为 0.82 Mb，编码 685 个蛋白质（Himmelreich et al.，1996）。这些种类的基因组通常丢失了与合成代谢（如氨基酸合成）相关的基因，因此，它们通常营寄生生活，通过宿主获取必需的代谢物；在支原体的基因组中未鉴定到与细胞分裂相关的 *ftsZ*、分子伴侣 *groES* 和 *groEL* 等在细菌中十分保守的基因，以及细菌趋化、运动、氧化压力响应等相关基因（Himmelreich et al.，1996）。生殖支原体和肺炎支原体在实验室条件下也能自由生活，但它们的倍增时间较长，生殖支原体为 12 h，而肺炎支原体为 6 h（Peterson and Fraser，2001）。

古菌的基因组一般比细菌的小，为 0.5～5.8 Mb。最小的古菌基因组为寄生性的骑行纳古菌（*Nanoarchaeum equitans*），只有 0.491 Mb，G+C 含量为 31.6%，含有一个 rRNA 操纵子和 38 个 tRNA，编码 552 个蛋白质，缺失合成脂类、氨基酸、核苷酸和维生素的基因（Waters et al.，2003）。

### （二）核糖体 RNA（rRNA）和转运 RNA（tRNA）

所有细菌基因组都含有至少一个拷贝的 23S rRNA、16S rRNA 和 5S rRNA 基因。在绝大多数基因组中，它们组成一个 *rrn* 操纵子：23S rRNA+一个或多个 tRNA+16S rRNA+5S rRNA+一个或多个 tRNA，不同细菌的 *rrn* 操纵子的数量为 1～15 个，少数细菌的 23S rRNA 和 16S rRNA 基因不在一个操纵子中（Lee et al.，2009；Lim et al.，2012）。根据核糖体 RNA 数据库（Ribosomal RNA Database，rrnDB）于 2009 年的统计，40%的细菌只有一个或两个 16S rRNA 基因；11%的细菌含有 8 个及以上的 16S rRNA 基因；争议梭菌（*Clostridium paradoxum*）和深海发光杆菌（*Photobacterium profundum*）有 15 个 *rrn* 操纵子；古菌通常只有 1～4 个 16S rRNA 基因，而且 57%的古菌只有一个 23S rRNA、16S rRNA 和 5S rRNA 基因（Lee et al.，2009）。大多数细菌基因组中的 23S rRNA、16S rRNA 和 5S rRNA 基因数量相同，但有 23.6%的细菌基因组的数量不同，通常是 5S rRNA 基因数量较多，也有其他差异：包柔氏螺旋体（*Borrelia* spp.）含有 2 个 23S rRNA 和 5S rRNA 基因、一个 16S rRNA 基因（Ojaimi et al.，1994），热双孢菌（*Thermobispora bispora*）含有 4 个 16S rRNA 基因、3 个 23S rRNA 基因和 2 个 5S rRNA 基因（Wang et al.，1997）。

研究表明，细菌 *rrn* 操纵子的拷贝数与环境资源可获得性（特别是磷元素）存在内在联系。生活在寡营养环境中的细菌通常拥有低拷贝数的 *rrn* 操纵子和较低的生长速率（Valdivia-Anistro et al.，2016），但生活在一些寡营养环境中的芽胞杆菌属（*Bacillus*）的种类具有较多的 *rrn* 操纵子拷贝数。例如，生活在墨西哥寡营养环境的 70 多个芽胞杆菌菌株的 *rrn* 操纵子拷贝数量为 6～14 个，其中，蜡样芽胞杆菌菌株具有 14 个 *rrn* 操纵子

（Valdivia-Anistro et al.，2016）。还有研究发现，金黄色葡萄球菌（*Staphylococcus aureus*）可以通过减少 *rrn* 操纵子拷贝数（从 6 个变为 5 个）来适应抗生素压力，从接受抗生素治疗的囊性纤维化患者中分离的具有甲氧西林（methicillin）抗性的金黄色葡萄球菌，有 32.4%的菌株只有 5 个 *rrn* 操纵子；在实验室长期给予抗生素压力也会导致金黄色葡萄球菌减少一个 *rrn* 操纵子（Fluit et al.，2016）。

氨酰-tRNA 是核糖体合成蛋白质的底物。分析结果表明：细菌基因组中 tRNA 和 rRNA 基因数量之间存在正相关关系。例如，对 590 个细菌基因组的比较研究发现，拥有 15 个 *rrn* 操纵子的深海发光杆菌具有最多的 tRNA 基因（170 多个）（Land et al.，2015）；tRNA 和 rRNA 基因数量的增加可以提高细菌的生长速率（Lee et al.，2009）。大多数细菌基因组至少含有 20 种常见氨基酸所对应的 tRNA，其数量从二十几个到 284 个（大肠杆菌菌株 HVH 33），多数基因组含有 40～60 个 tRNA，平均为 55 个（Land et al.，2014）。tRNA 通过其反密码子与 mRNA 分子上对应的密码子互补配对，将其携带的氨基酸加入新生肽链的特定位置。理论上存在 62 种反密码子，但每个基因组能鉴定到的反密码子不超过 47 种，一般为 33～35 种，说明许多 tRNA 具有相同的反密码子（Land et al.，2014）。

## （三）细菌和古菌基因组的防御系统

按照抵御外来入侵的作用机理，细菌和古菌的防御系统分为三大类：①病毒受体变化而产生的抗性，包括改变受体的表达时期、受体的物理掩蔽等；②先天性和获得性免疫系统，区分入侵者（非自我）和自我基因组，并能清除入侵者；③诱导自我休眠和细胞程序性死亡（Makarova et al.，2013a；Koonin et al.，2017）。在原核生物基因组中，许多与防御相关的基因往往聚集在多个区域形成防御岛（defense island），一般由几个基因组成，最多的有 100 个基因（Makarova et al.，2011）。

### 1. 先天性免疫系统

细菌和古菌在进化过程中获得了多种多样的非特异性免疫能力，这些先天性免疫系统的作用机理也大不相同，分述如下。

（1）限制/修饰系统

研究最透彻的先天性免疫系统是限制/修饰（restriction modification，RM）系统，根据成员组成、ATP（或 GTP）需求和切割机制，可以将 RM 系统分为 4 种类型（Roberts et al.，2007）。Ⅰ型 RM 系统最复杂，由修饰酶（M）、限制性内切酶（R）、DNA 序列识别（DNA sequence recognition，S）3 个亚单位组成（Loenen et al.，2014）。其中，修饰酶主要是 DNA 甲基转移酶，将自身 DNA 进行甲基化修饰，在细菌中还发现了 DNA 磷硫酰化修饰（Eckstein，2007）；DNA 序列识别亚单位能识别修饰与未修饰序列；Ⅰ型限制性内切酶含有 ATP 酶结构域，以依赖 ATP 水解的方式切割未修饰的入侵 DNA。Ⅱ型 RM 系统最简单且分布最广泛，仅包含 DNA 甲基转移酶和Ⅱ型限制性内切酶，其编码基因通常位于一个操纵子中，切割入侵 DNA 时不需要消耗 ATP（Pingoud et al.，2014）。Ⅲ型 RM 系统与Ⅱ型相似，也只有 DNA 甲基转移酶和限制性内切酶，但Ⅲ型限制性内切酶含有 ATP 酶结构域，切割作用需要消耗 ATP（Rao et al.，2014）。Ⅳ型 RM 系统的作用机理与其他 3 种 RM 系统完全不同，其修饰酶对入侵 DNA 进行羟甲基修饰，产生 5-羟甲基胞嘧啶或 5-羟甲基尿嘧啶，Ⅳ型限制性内切酶非特异性切割发生修饰的入侵 DNA（Loenen and Raleigh，2014）。

（2）噬菌体生长限制和排斥系统

早在 1982 年，研究人员在天蓝色链霉菌（*Streptomyces coelicolor*）中发现了噬菌体生长限制（phage growth limitation，Pgl）表型，后来发现了其遗传基础是 Pgl 系统，由腺嘌呤特异性 DNA 甲基化酶 PglX、丝氨酸/苏氨酸激酶 PglW、含 P 环的 ATP 酶 PglY 和碱性磷酸酶 PglZ 组成（Sumby and Smith，2002）。研究基于 Pgl 系统关键基因 *pglZ* 的分析，发现约有 10%的细菌和一些嗜甲烷和嗜盐古菌的基因组中存在 Pgl 系统（Koonin et al.，2017）。Pgl 系统对基因组中噬菌体来源的 DNA 进行甲基化修饰，当该噬菌体再感染时，Pgl 系统被激活以抑制噬菌体生长。

噬菌体排斥（bacteriophage exclusion，BREX）系统是一个与 Pgl 系统部分重叠的噬菌体抵抗系统，在蜡样芽胞杆菌基因组中由 6 个基因组成一个基因簇，包括 Pgl 系统的 2 个基因，即 DNA 甲基化酶 *pglX* 和碱性磷酸酶 *pglZ*，以及 4 个功能未知的新基因（Lon 样蛋白酶基因 *brxL*，与一个 RNA 结合抗终止蛋白 NusB 的结构高度相似的基因 *brxA*，未知功能的基因 *brxB* 和含有 ATP 结合模块的基因 *brxC*）。将蜡样芽胞杆菌的 BREX 系统克隆至枯草芽胞杆菌，后者获得了烈性噬菌体和温和噬菌体的广泛抗性；BREX 系统允许噬菌体吸附细胞，但能阻止噬菌体 DNA 的复制；与限制/修饰系统不同，BREX 系统对非回文结构的 TAGGAG 序列进行甲基化修饰，对噬菌体 DNA 也没有切割或降解，属于一种机理不清楚的抵抗噬菌体的新系统。泛基因组的分析表明，BREX 系统广泛分布在约 10%已测序的微生物基因组中，可以分为 6 个亚型，Pgl 系统是 BREX 系统的Ⅱ型（Goldfarb et al.，2015）。

（3）以船蛸蛋白为中心的导向 RNA/DNA 参与的防御系统

船蛸蛋白（argonaute，Ago）是真核生物 RNA 干扰系统（RNA interference，RNAi）的重要成员，与小干扰 RNA（small interfering RNA，siRNA）结合后剪切靶标 RNA；失去核酸酶活性的 Ago 与 microRNA 结合，抑制靶标 mRNA 的翻译（Hutvagner and Simard，2008）。后来，研究在原核生物中也发现了 Ago，但只存在于约 1/3 的古菌和 10%的细菌基因组中，能结合导向 DNA（guide DNA）和导向 RNA 分子，切割外来入侵的核酸分子；而且 Ago 编码基因通常与核酸酶和解旋酶等基因构成操纵子，表明原核生物的这种防御系统是以 Ago 为中心的复杂系统（Swarts et al.，2014a）。嗜热栖热菌（*Thermus thermophilus*）中的 Ago 利用质粒编码的单链 DNA 为导向 DNA，对质粒 DNA 进行切割，控制质粒复制（Swarts et al.，2014b）。类球红杆菌（*Rhodobacter sphaeroides*）中的 Ago 利用导向 RNA 分子对 mRNA 进行识别，以一种未知的机制清除入侵的核酸分子（Olovnikov et al.，2013）。

**2. 获得性免疫系统——CRISPR-Cas 系统**

在几乎所有古菌和 30%～40%的细菌基因组中存在的成簇的规律间隔的短回文重复

序列（clustered regularly interspaced short palindromic repeat，CRISPR）及其相关蛋白是针对噬菌体、质粒等外源 DNA 的获得性和可遗传性的免疫系统。CRISPR-Cas 系统通常包括：由不连续的重复序列（repeat，R）与长度相似的间区序列（spacer，S）间隔排列而成的 CRISPR 簇，前导序列（leader，L）以及一系列 CRISPR 相关蛋白基因（*cas*）（Makarova et al.，2013b）。在噬菌体、质粒等入侵后，新的 R-S 片段会插入前导序列和原来第一个重复序列之间，从而使宿主获得抵抗相应噬菌体、质粒等再次入侵的免疫能力（Wiedenheft et al.，2012）。CRISPR-Cas 系统编码的 Cas 蛋白质分为改编模块（adaptation module）和效应模块（effector module）。改编模块负责从外源 DNA 中获取新的 R-S 片段并整合，形成新的 CRISPR 簇；效应模块负责外源 DNA 再次入侵时的剪切清除；改编模块在原核生物中是保守的，由 Cas1（具有整合酶活性）和 Cas2（改编模块的支架蛋白）组成，有的还包括辅助蛋白（如 Cas9 或 Cas4）；而根据效应模块的组成和复杂度，CRISPR-Cas 系统可分为两大类：①效应模块由多个亚单位组成，分布较广泛；②效应模块由一个大的蛋白质组成，如 Cas9、Cas12 和 Cas13 等（Makarova et al.，2015）。

### 3. 诱导自我休眠和细胞程序性死亡

（1）毒素-抗毒素系统

毒素-抗毒素（toxin-antitoxin，TA）系统是原核生物中的质粒和染色体编码的，能确保质粒的持续存在，也参与宿主的压力响应等，存在于几乎全部细菌和大多数古菌基因组中（Gerdes et al.，2005）。TA 系统的毒素通常是小分子蛋白质，达到一定的表达水平时，会通过靶向几个重要的细胞生理过程（如 DNA 复制、mRNA 稳定性、蛋白质合成、细胞壁合成、ATP 合成）的关键蛋白，从而抑制细胞生长或杀死细胞；而抗毒素既可以是蛋白质也可以是小 RNA（如Ⅲ型），可逆性地使毒素失活或降低毒素的表达，阻止细胞死亡，这样使得细胞内的毒素和抗毒素的水平保持平衡（Otsuka，2016）。TA 系统可分为 3 个类型：Ⅰ型 TA 系统的抗毒素是其毒素编码基因内反义 RNA 分子；Ⅱ型 TA 系统最常见，其毒素和抗毒素均为蛋白质；Ⅲ型 TA 系统的抗毒素是小 RNA 分子，与毒素结合形成蛋白质-RNA 复合物而使毒素失活（Yamaguchi et al.，2011）。在大肠杆菌和结核分枝杆菌（*Mycobacterium tuberculosis*）中分别有 33 个和 60 个 TA 系统，暗示 TA 系统对宿主具有一些生理功能。例如，大肠杆菌在饥饿、添加抗生素、DNA 损伤、热休克等压力条件下，其 TA 系统的表达水平发生明显变化。在抗生素压力诱导下，大肠杆菌的一些毒素会引起细胞生长停滞（即休眠）或发生程序性细胞死亡，使得细菌产生多药物抗性（Engelberg-Kulka et al.，2004）。

（2）顿挫型感染系统

顿挫型感染（abortive infection，ABI）系统在噬菌体感染时启动细胞程序性死亡，以降低噬菌体颗粒数量并限制噬菌体向其他细胞扩散，使细菌群体得以成活（Chopin et al.，2005）。ABI 系统在细菌中广泛存在，多数 ABI 系统由两个组分组成，结构和作用机理与 TA 系统（特别是Ⅲ型）非常相似；有些 ABI 系统的常见成员是逆转录酶，以非模板方式合成串联 DNA 分子，与蛋白质共价结合导致噬菌体顿挫型感染（Wang et al.，2011d）。

## 三、微生物的全基因组测序计划

### （一）细菌和古菌模式菌株的基因组测序计划

目前，至少有11 000种已经命名的细菌和古菌。在基因组测序的第一个15年（1995～2009年）中，研究完成了细菌和古菌的基因组完成图及草图各1000余个，这些基因组研究的主要出发点是相关菌种的生理学特性及其应用价值，而不是基于基因组的细菌和古菌系统发育关系分析。

为此，美国能源部联合基因组研究所于2009年启动了以系统发育分析为目的的模式菌株基因组测序计划——细菌与古菌基因组百科全书（Genomic Encyclopedia of Bacteria and Archaea，GEBA）计划，计划完成所有已命名的细菌和古菌模式菌株的基因组测序（Chain et al.，2009）。同年，他们公布了GEBA计划试点项目的研究结果：完成了56个根据系统发育分析需求而选取的细菌和古菌的基因组测序；这些基因组可以应用于重构系统发育史、发现新蛋白质家族及其生物学特性、预测其他生物已知基因的功能，研究结果说明开展以系统发育分析为目的的GEBA计划的重要性和必要性（Wu et al.，2009）。

2014年，只有3285个细菌和古菌模式菌株的基因组，仅占已命名种类的29.8%、占可培养的细菌和古菌的20%，不足已知原核生物的15%。因此，Kyrpides等（2014）呼吁加大对GEBA计划的资助力度，完成剩余的约7830个模式菌株的基因组测序，他们认为该计划的实施将有助于我们发现更多的新基因，更好地理解微生物进化及其在环境中的作用。2017年，GEBA计划项目组公布了1003个高质量的基因组测序结果：这些基因组分布如下：变形菌门（Proteobacteria）330个、厚壁菌门（Firmicutes）178个、拟杆菌门（Bacteroidetes）163个、放线菌门（Actinobacteria）157个，剩余175个基因组属于其他17门，包括暖发菌门（Calditrichae）的第一个基因组。研究将现有模式菌株的基因组数量增加了一倍；并将原核生物系统发育树上的多样性扩大了25%，有396个基因组是一个属第一个被测序的基因组，主要集中在脱铁杆菌门（Deferribacteres）、互养菌门（Synergistetes）和热脱硫杆菌门（Thermodesulfobacteria）；可作为系统发育分析的蛋白质家族增加了10.5%；发现了超过50万个新蛋白质家族；还发现了许多生物活性物质的合成基因簇，并证实了拥有新结构的吩嗪类物质具有潜在的抗微生物活性（Mukherjee et al.，2017b）。2018年底，提供自动化高通量的基因组分类学鉴定的网络平台TYGS统计显示，合法化发表的原核生物种名和亚种名有15 898个（如果加上同种异名，则多达18 472个），其中，已经有8000多个模式菌株的基因组被测序（Meier-Kolthoff and Göker，2019）。

### （二）1000个真菌基因组计划

1000个真菌基因组计划（1000 Fungal Genomes Project，1KFG）是美国能源部联合基因组研究所于2011年发起成立的（http://1000.fungalgenomes.org/home/）（Grigoriev et al.，2011），有来自美国、法国和荷兰等国家的13位首席研究员和50多位参与人员，并建立了相关数据库 MycoCosm（Grigoriev et al.，2014）。其目标是为每一个科提供至少一个基因组，并为目前尚无基因组的科提供一个参考基因组，第一期工程的目标是完成 27 目 55 科的基因组研究（Stajich，2017）。目前，1KFG 的进展非常迅猛：至 2013 年末，MycoCosm 数据库就收录了 250 多个真菌基因组；2017 年 4 月末增加至 800 多个；2018 年 4 月末则增加至 1000 多个。这些基因组已经涵盖了 329 科，初步的研究结果表明，真菌基因组的大小可以相差 3 个数量级，从 2 Mb 到 2 Gb，中位数为 35 Mb；编码基因的数量从 1800 个到 35 000 个，中位数为 11 000 个（Araujo and Sampaio-Maia，2018）。现已启动真菌比较基因组学和基于基因组的真菌系统发育、进化、功能物质合成等方面的研究。

## （三）10 万个病原基因组计划

2012 年 3 月，由美国食品药品监督管理局、加利福尼亚大学戴维斯分校、安捷伦公司、美国疾病预防与控制中心等机构共同合作，提出 10 万个食源性病原微生物基因组计划（100K Foodborne Pathogen Genome Project），其目的是利用高通量测序平台，进行 10 万株食源性病原菌基因组测序，从而建立最大的公共数据库，研究致病菌的致病性、药物反应等，帮助鉴定食源性病原菌并进行溯源，从而在食源性危机爆发时在最短的时间能够进行反应和处理（http://100kgenome.vetmed.ucdavis.edu）（Haga，2013）。现在称为 10 万个病原基因组计划（100K Pathogen Genome Project），由美国加利福尼亚大学戴维斯分校牵头，主要的测序对象包括：沙门氏菌（*Salmonella* spp.）、弯曲杆菌（*Campylobacter* spp.）、大肠杆菌（*Escherichia coli*）、弧菌（*Vibrio* spp.）、李斯特菌（*Listeria* spp.）、耶尔森氏菌（*Yersinia* spp.）、志贺氏菌（*Shigella* spp.）、螺杆菌（*Helicobacter* spp.）、梭菌（*Clostridium* spp.）、肠球菌（*Enterococcus* spp.）、克罗诺斯杆菌（*Cronobacter* spp.）、致病性芽胞杆菌（如蜡样芽胞杆菌等）、诺如病毒、甲型和戊型肝炎病毒、引起肠炎的轮状病毒和肠道病毒等（Weimer，2017）。

目前，10 万个病原基因组计划已经规模化公布基因组数据的病原种类包括弯曲杆菌、志贺氏菌、沙门氏菌和李斯特菌（Weimer，2017），部分启动的病原菌还有螺杆菌（Draper et al.，2017）和弧菌（Lüdeke et al.，2015）。基因组的质量要求是：重叠群数量＜300 个（通常＜50 个），测序深度为 50～100 X。具体研究情况如下。

弯曲杆菌属是螺菌科的一属，过去曾被划归弧菌属，约有 35 种。其中，空肠弯曲杆菌（*Campylobacter jejuni*）和大肠弯曲杆菌（*Campylobacter coli*）是重要的病原菌。而空肠弯曲杆菌是世界范围内引起人类细菌性胃肠炎的一个主要病原菌，人感染该菌后主要表现为急性肠炎，如出现腹泻、不适、发热、腹痛和血便等症状。弯曲菌病是一种人畜共患性疾病，已经从猪、牛、绵羊、鸡、鸭、鸽子、乌鸦的肠道中检出较高的带菌率。因此，野生动物、家畜和宠物等是弯曲杆菌的主要来源，例如，在美国，乌鸦被认为是感染弯曲杆菌的主要传播途径；很多国家的市售鸡肉产品的空肠弯曲杆菌带菌率极高，是空肠弯曲杆菌的主要来源。Weis 等（2017a）完成了 201 个弯曲杆菌菌株的基因组测序，包括 32 个大肠弯曲杆菌、176 个空肠弯曲杆菌和 3 个红嘴鸥弯曲杆菌（*Campylobacter lari*）。

沙门氏菌属曾经有 9 种，目前只保留 3 种，亚利桑那沙门氏菌（*Salmonella arizonae*）、猪霍乱沙门氏菌（*Salmonella choleraesuis*）、肠炎沙门氏菌（*Salmonella enteritidis*）、伤寒沙门氏菌（*Salmonella typhi*）、副伤寒沙门氏菌（*Salmonella paratyphi*）和鼠伤寒沙门氏菌（*Salmonella typhimurium*）6 种被全部合并到肠道沙门氏菌（*Salmonella enterica*）。属于病原菌的有 2 种：肠道沙门氏菌和邦戈尔沙门氏菌（*Salmonella bongori*）。沙门氏菌是最常见的食源性致病菌，可以划分为 2500 多个血清型，在全球范围内引起细菌性食物中毒。据估计，全球每年遭受沙门氏菌感染的患者约有 15 亿人次；仅美国每年就有 140 万～160 万人次，需花费 23 亿美元；每年因感染沙门氏菌而死亡的患者多达 1000 人（Heithoff et al.，2012）。为了更好地理解它们的毒力、传播路线、遗传多样性，Kong 等（2017）完成了 1183 个来自全球不同环境的沙门氏菌菌株的基因组测序，分属于 185 个血清型（还有 130 个菌株未分型）。

李斯特菌属有 20 种，其中，单核细胞增生李斯特菌是一类重要的食源性致病菌，感染后主要表现为败血症、脑膜炎和单核细胞增多。Chen 等（2017）公布了 306 个单核细胞增生李斯特菌菌株的基因组。

志贺氏菌是人和灵长类动物的肠道致病菌，引起细菌性痢疾。志贺氏菌属有 4 种，但大量的研究表明，形态学、DNA 相似性、生物化学和致病性等特征均无法将这 4 种与大肠杆菌区分开，因此在分类学上这 5 种应该属于一个种。然而，相关学者认为在实践中（特别是临床微生物学）将它们各自独立为种比较合适，以免产生混乱。Weis 等（2017b）公布了 16 个志贺氏菌新分离菌株的基因组，包括 2 株鲍氏志贺氏菌（*Shigella boydii*）、3 株痢疾志贺氏菌（*Shigella dysenteriae*）、9 株福氏志贺氏菌（*Shigella flexneri*）和 2 株松内氏志贺氏菌（*Shigella sonnei*）。

## 四、微生物组计划

### （一）人类微生物组计划

#### 1. 人类微生物组计划概述

人类基因组计划在 2003 年完成精细图以后，许多科学家已经认识到解密人类基因组并不能完全掌握人类疾病与健康的关键问题，因为人类对自身体内存在的巨大数量的与人体共生的微生物菌群几乎一无所知。人类微生物组是指生活在人体内和体表的微生物总称，包括真核微生物、细菌、古菌和病毒。人体的细菌数量是人体细胞数量的 10 倍，其所含基因数目是人类基因组所含基因数目的 1000 倍，但其生物量只有人体的 1/3。它们不仅通常对人体无害，而且对维持人体健康是必需的。例如，它们能合成维生素、帮助消化食物、指导人体免疫系统识别危险的入侵者、产生抗炎症物质等；多种疾病的发生与人类微生物组的改变密切相关。然而由于传统微生物学研究方法的局限，人们对生活在自身体内的 95%以上的微生物没有任何研究数据。

2007 年底，美国国立卫生研究院（NIH）宣布将投入 1.15 亿美元正式启动酝酿了两年之久的人类微生物组计划（Human Microbiome Project，HMP）（Turnbaugh et al.，2007），该计划由美国主导，多个欧盟国家及中国和日本等十几个国家参加，由美国布罗德研究所（Broad Institute）、贝勒医学院（Baylor College of Medicine）、华盛顿大学医学院（Washington University School of Medicine）和克雷格•文特尔研究所（J. Craig Venter Institute）负责大规模测序。HMP是2003年完成的人类基因组计划的延伸，也是第一个真正意义上的微生物组计划。中国作为此项计划的参与者一直积极推动此项计划的初期研究工作，例如，由中国科学院上海生命科学研究院和上海交通大学主导的2007年初启动的中国-法国人体肠道宏基因组科研合作计划。

**2. 人类基因组计划的Ⅰ期工程**

2008～2012年HMP的Ⅰ期研究完成(Human Microbiome Project Consortium，2012)。从242名健康志愿者（男性129名、女性113名）的鼻腔（前鼻孔）、口腔（唾液、颊部黏膜、牙龈、上颚、扁桃体、咽部、舌头软组织、龈上和龈下牙菌斑）、皮肤（双侧耳后、双侧肘窝）、胃肠道（粪便）和泌尿生殖道（阴道口、中点、后穹隆）5个部位的18个（女性）或15个（男性）体位取样1次或2次（间隔时间为35～404 d），共计4788份样品。各样品分别用454测序仪和Illumina GAIIx测序仪进行16S rRNA基因的扩增子测序与宏基因组测序。Ⅰ期研究的5个目标是：完成3000个分离株的参考基因组序列测定；通过16S rRNA扩增子和宏基因组测序，明确每个体位微生物群落的复杂度，探明各体位是否存在核心微生物组；阐明疾病发生与人体微生物组变化之间的关系；开发数据分析的新工具和新技术，建立一个数据分析与整合中心和资源库；评估人类微生物组研究和利用的伦理、法律和社会影响。Ⅰ期的研究结果表明，没有任何一种微生物存在于所有个体和所有体位中；口腔和牙齿的微生物组的多样性（微生物种类）超过之前的认识，阴道的微生物组相对简单；链球菌（*Streptococcus* spp.）在口腔的各体位均为最丰富的物种，嗜血杆菌（*Haemophilus* spp.）、放线菌（*Actinomyces* spp.）和普雷沃氏菌（*Prevotella* spp.）分别是颊部黏膜、龈上和龈下牙菌斑的优势物种，金黄色葡萄球菌（*Staphylococcus aureus*）在鼻腔和皮肤样品中较常见，乳杆菌（*Lactobacillus* spp.）是阴道的优势种；在健康人的微生物组中，未检测到丰度超过0.1%由美国国家过敏和传染病研究所（National Institute of Allergy and Infectious Diseases，NIAID）划分的A～C类病原菌（金黄色葡萄球菌和大肠杆菌除外），如常见的病原菌霍乱弧菌、鸟分枝杆菌、空肠弯曲杆菌、肠道沙门氏菌（Human Microbiome Project Consortium，2012）。

**3. 人类基因组计划的Ⅱ期工程**

HMP的Ⅰ期研究完成后，NIH继续资助了HMP Ⅱ期研究（HMP2），又称为整合人类微生物组计划（Integrative Human Microbiome Project，iHMP），规划执行期为2013～2016年，研究对象锁定3类特殊人群：怀孕妇女（包括早产群体）、炎症性肠病患者、呼吸系统病毒感染和前驱糖尿病患者。对各样品进行16S rRNA扩增子、宏基因组、宏转录组、宿主基因组测序，通过培养组学分离微生物并进行基因组测序，液质色谱-串联质谱法（liquid chromatography-mass speotrometry/mass spectrometry，LC-MS/MS）分析宿主细胞因子、代谢组、脂质组图谱，进行蛋白质-蛋白质相互作用分析，整合这些数据，建立包含微生物组和宿主基因组与功能特性的纵向数据集，并应用这些数据集来评估和构建模型，试图解析宿主-微生物的相互作用［Integrative HMP (iHMP) Research Network Consortium，2014］。

2019 年，*Nature* 杂志公布了美国国立卫生研究院资助的 iHMP 计划的 3 个研究成果［Integrative HMP (iHMP) Research Network Consortium，2019］。与其他许多项目的共同成果表明，微生物群落是人体生物学不可缺少的组成部分。伴随着 HMP 的结束，它也带来了更多急需解答的问题：许多免疫和生化反应似乎与特定菌株有关，但目前尚不清楚这些菌株对于疾病来说是因还是果。最近的十几年，人类微生物组研究领域越来越广，从传染疾病和胃肠疾病发展到代谢、肿瘤、母婴健康以及中枢神经系统功能等方面。

（1）iHMP 计划的项目 1：微生物组与早产

全球早产发生率超过 10%，每年大约有 1500 万名早产儿出生，且早产仍然是全球新生儿死亡的第二大常见原因。在美国，早产的发生风险存在显著的人口差异，其中非洲裔女性的风险最高。虽然遗传与环境的相互作用对妊娠期长短具有决定性作用，但其他一些环境因素，如微生物也是影响早产的一个重要因素。多组学微生物组研究-怀孕期计划（The Multi-Omic Microbiome Study：Pregnancy Initiative，MOMS-PI）项目组收集了 1527 名孕妇和新生儿的 206 437 份样品（分别来自孕妇的阴道、口腔拭子、直肠拭子、皮肤、鼻腔、血液、尿液，新生儿的脐带、脐带血、胎粪、初便、口腔、皮肤、直肠拭子），进行 16S rRNA 扩增子、宏基因组、宏转录组、细菌基因组、脂质组、细胞因子等组学分析。Fettweis 等（2019）对其中 597 名不同遗传背景的孕妇的 12 039 个样本进行了微生物组动态变化及其与宿主相互作用分析，并对其中的 45 名早产（preterm birth，PTB）孕妇和 90 名足月（term birth，TB）孕妇进行了纵向、全面、多组学分析，最重要的发现包括如下几方面。

1）孕妇阴道菌群与婴儿早产相关。早产组孕妇的阴道菌群多样性偏高，与足月组之间有 12 个分类单元的丰度存在显著差异；在早产组中，卷曲乳杆菌（*Lactobacillus crispatus*）（可用于防治细菌性阴道病）丰度显著降低，而毛螺菌科（Lachnospiraceae）的物种 BVAB1、普雷沃氏菌群 2（*Prevotella*-2）包括泰门普雷沃氏菌（*Prevotella timonensis*）和口颊普雷沃氏菌（*Prevotella buccalis*）、羊膜斯尼思氏菌（*Sneathia amnii*）和糖杆菌门（Saccharibacteria，以前称为 TM7）的物种 TM7-H1 的丰度升高；相关性网络分析发现它们与阴道微生态失衡呈正相关。

2）利用体重指数（body mass index，BMI）、阴道 pH、种族和早产状况的广义加性混合效应模型（generalized additive mixed effect model，GAMM）分析表明，早产组孕妇在妊娠进程中，羊膜斯尼思氏菌、BVAB1、羊膜普雷沃氏菌（*Prevotella amnii*）、阴道加德纳氏菌（*Gardnerella vaginalis*）、TM7-H1、阴道奇异菌（*Atopobium vaginae*）丰度显著降低，而卷曲乳杆菌丰度增加；足月组的阴道加德纳氏菌和阴道奇异菌丰度显著降低，而惰性乳杆菌（*Lactobacillus iners*）丰度增加。根据血统进行的纵向 GAMM 分析显示，在怀孕期间，早产组的非洲孕妇的阴道奇异菌、BVAB1、阴道加德纳氏菌、羊膜普雷沃氏菌、羊膜斯尼思氏菌、TM7-H1 丰度显著降低；足月组的非洲孕妇的菌群变化较小，阴道加德纳氏菌和阴道奇异菌丰度降低，惰性乳杆菌丰度增加；欧洲血统的孕妇孕期菌群相对稳定，仅观察到早产组的阴道加德纳氏菌丰度升高。

3）细菌基因组分析发现，BVAB1 和 TM7-H1 两种细菌都具备产生丙酮酸、乙酸、L-乳酸和丙酸的能力，猜测可能是微生物产生的短链脂肪酸促进炎症的发生从而导致 PTB。

4）4 个促炎细胞因子白细胞介素（IL）-1β、IL-6、巨噬细胞炎性蛋白（MIP）-1β、嗜酸性粒细胞活化趋化因子（eotaxin）-1 在早产组中显著增加，其与早产相关的微生物卷曲乳杆菌、BVAB1、普雷沃氏菌群 2（*Prevotella*-2）、羊膜斯尼思氏菌和 TM7-H1 密切相关。

因此，结合其他临床和可能的遗传因素、微生物组、代谢和免疫生物标志物可能有助于评估早产风险，而且这种风险可能在妊娠早期（24 周之前）就可以进行评估。

（2）iHMP 计划的项目 2：微生物组与炎症性肠病

炎症性肠病（inflammatory bowel disease，IBD），包括克罗恩病（Crohn’s disease）和溃疡性结肠炎（ulcerative colitis），主要发病于回肠、结肠和直肠等处，已成为威胁人类健康的全球性疾病。IBD 的发生与人类基因组中超过 200 个风险变异有关，且大多数变异涉及宿主与微生物的相互作用；IBD 患者的常见肠道微生物变化是兼性厌氧菌的增加，产生短链脂肪酸的专性厌氧菌的减少。炎症性肠病多组学数据库（Inflammatory Bowel Disease Multi-Omics Database，IBDMDB）项目组从美国 5 个学术医疗中心共招募了 132 名受试者，根据初始内镜和组织病理检测结果，将未诊断为 IBD 的个体作为对照，采集了 651 例活体组织切片、529 例血液和 1785 例粪便样本。粪便样本侧重用于微生物分析，包括宏基因组、宏转录组、蛋白质组、代谢组和病毒组等；活组织切片用于宿主转录组测序、DNA 甲基化测序和 16S rRNA 基因扩增子测序；血液样品则用于人类外显子组测序、血清学研究以及 DNA 甲基化测序。主要研究结果包括如下几方面（Lloyd-Price et al.，2019）。

1）IBD 微生物组的多组学变化。IBD 患者与非 IBD 患者之间横向差异在代谢组方面最为显著。例如，IBD 患者的多不饱和脂肪酸更为丰富，而泛酸盐和烟酸盐（即维生素 $B_5$ 和 $B_3$）缺乏；IBD 患者的微生态失调，短链脂肪酸减少与专性厌氧菌［包括普氏栖粪杆菌（*Faecalibacterium prausnitzii*）和人罗斯拜瑞氏菌（*Roseburia hominis*）］减少密切相关；扭链瘤胃球菌（*Ruminococcus torques*）和活泼瘤胃球菌（*Ruminococcus gnavus*）的丰度也发生变化；转录活性明显增强的细菌有哈氏梭菌（*Clostridium hathewayi*）、鲍氏梭菌（*Clostridium bolteae*）和活泼瘤胃球菌。

2）IBD 患者的微生物组稳定性下降。微生物组的时间变化分析结果表明，IBD 患者的微生物组转换率略高于非 IBD 患者；IBD 与非 IBD 之间相对丰度变化最大的物种差异显著，非 IBD 个体的转换主要发生在高丰度的粪普雷沃氏菌（*Prevotella copri*）。

3）微生物组相关的宿主因子。在回肠和直肠炎症部位分别鉴定到 305 个和 920 个差异表达的基因，包括直接影响共生微生物的基因，如抗微生物的 *CXCL6*（细胞膜破坏因子）和 *SAA2*（抑制革兰氏阴性细菌的生长），以及微生物间接调节子，如 *DUOX2*（产活性氧）和 *LCN2*（诱导微生物铁饥饿）；IL-17 信号通路的成员在回肠和直肠炎症部位的表达均上调；瘤胃球菌科（Ruminococcaceae）的 UCG 005 与 *DUOX2* 呈负相关，回肠中的直肠真杆菌（*Eubacterium rectale*）和直肠中的链球菌属（*Streptococcus*）、艾肯氏菌属（*Eikenella*）均与趋化因子 *CXCL6* 和 *CCL20* 呈负相关，表明这些物种对这些趋化因子的活性最敏感。

（3）iHMP 计划的项目 3：微生物组与糖尿病前期

全球有 4 亿人患 2 型糖尿病，糖尿病前期（prediabetes）或称为中度高血糖症具有很高的发展成为 2 型糖尿病的风险，每年有 5%～10%的糖尿病前期患者发展为 2 型糖尿病，70%的患者最终会发展为 2 型糖尿病，但我们对 2 型糖尿病的早期病程及其影响转变为 2 型糖尿病的生物过程知之甚少。综合个人组学项目组（Integrated Personal，Omics Project，IPOP）对年龄在 25～75 岁、体重指数（BMI）为 19～41 kg/$m^2$ 的 106 名参与者（女 55 人、男 51 人）进行了长达 4 年的跟踪研究，通常每隔 3 个月采样一次，每次采集血液样品（用于宿主组学分析）和粪便及鼻腔拭子样品（用于微生物组分析）。血液样品均分为外周血单核细胞（peripheral blood monocyte，PBMC）、血浆和血清，PBMC 用于转录组测序，血浆用于代谢组和蛋白质组分析，血清用于细胞因子和转录因子分析。主要研究结果包括如下几方面（Zhou et al.，2019）。

1）健康基线谱的变化。个体及个体间的健康基线谱呈现出不同的可变性，特别是临床测试数据和细胞因子在个体间差异更明显；个体间转录组的变化比较相似；大多数低丰度的微生物变化幅度大。在个体的健康基线随时间变化方面，呈下降趋势的有已知的标志物（如碱性磷酸酶）和以前未发现的标志物（如红细胞血红蛋白量），还包括几个属的微生物，如未分类的丹毒丝菌科（Erysipelotrichaceae）1 属、丁酸球菌属（*Butyricicoccus*）和阿克曼氏菌属（*Akkermansia*）。

2）胰岛素抵抗相关的因子。采用稳态血浆葡萄糖（steady-state plasma glucose，SSPG）回归分析和其他临床测定的指标进行胰岛素敏感和胰岛素抵抗的相关性分析。BMI 保持恒定的个体，SSPG 很少发生波动；对 BMI、年龄和性别进行修正后，研究发现了 85 个组学和临床指标与 SSPG 水平呈显著相关性，其中，甘油三酯正相关，高密度脂蛋白负相关；中性粒细胞计数绝对值和白细胞计数指示的炎症和免疫反应增加与 SSPG 正相关，表明炎症反应与胰岛素抵抗之间存在密切关系；胰岛素抵抗还与脂质代谢的变化相关，一些长链和多不饱和脂肪酸与 SSPG 正相关；吲哚乳酸和马尿酸是代谢综合征及肠道微生物多样性的重要标志物，与胰岛素敏感和胰岛素抵抗负相关。例如，与马尿酸呈负相关的布劳特氏菌属（*Blautia*）与 SSPG 正相关；气味杆菌属（*Odoribacter*）、颤杆菌属（*Oscillibacter*）和假解黄酮菌属（*Pseudoflavonifractor*）与 SSPG 负相关。

3）病毒性呼吸道感染相关的分子途径。在病毒性呼吸道感染（respiratory viral infection，RVI）和免疫过程中，宿主响应及其微生物组发生了较大变化，而且发生 RVI 时，胰岛素抵抗与胰岛素敏感个体的响应明显不同，宿主-微生物组的相互作用也不同。研究发现了 2026 个转录本、11 个细胞因子、145 个代谢物、29 个蛋白质、11 种肠道微生物、30 种鼻腔微生物和 25 个临床指标与个体健康基线发生明显偏离；RVI 早期，白细胞介素信号途径、mTOR 信号途径、B 细胞和 T 细胞受体信号途径以及真核起始因子 2（eukaryotic initiation factor 2，eIF2）信号途径（调节前炎症细胞因子的表达）被诱导，还有一些信号或代谢途径失调。结果表明，RVI 增加了胰岛素抵抗个体发展为 2 型糖尿病的风险。

4）肠道微生物与宿主因子的相关性。在肠道微生物与宿主因子的相关性方面，研究在胰岛素敏感组发现了 5 个显著的特异性关联。例如，巴恩斯氏菌属（*Barnesiella*）与 IL-1β 呈正相关，而粪杆菌属（*Faecalibacterium*）与肿瘤坏死因子-α 呈负相关。而这种关联性在胰岛素抵抗个体中并不存在，表明胰岛素抵抗可能影响肠道微生物与宿主因子之间的相互作用。此外，研究仅在胰岛素抵抗受试者中发现丁酸单胞菌属（*Butyricimonas*）与 4 种脂质负相关，表面特定菌与脂质代谢具有相关性。这些结果表明，在胰岛素敏感和胰岛素抵抗受试者中，肠道微生物与宿主免疫和代谢存在不同的协调作用。

## （二）欧盟的人肠道宏基因组计划

欧盟的人肠道宏基因组（Metagenomics of the Human Intestinal Tract，MetaHIT）计划于 2007 年建立，是由欧盟委员会第七框架计划（The 7th Framework Programme，FP7）（执行期 2007～2013 年，总预算为 505.21 亿欧元，是当今世界上最大的官方重大科技合作计划，其研究以国际前沿和竞争性科技难点为主要内容，具有研究水平高、涉及领域广、投资力度大、参与国家多等特点）资助的子项目之一，汇集了来自 8 个国家的 15 个研究所，后来我国的研究机构如华大基因也加入进来。MetaHIT 计划专注于欧洲日益重要的两种疾病：炎症性肠病（IBD）和肥胖症，其目的是研究人类肠道中的所有微生物群落，进而了解人类肠道中细菌的物种分布，最终为后续研究肠道微生物与人的肥胖、肠炎等疾病的关系提供非常重要的理论依据。MetaHIT 计划的主要目标包括：建立人类肠道中存在的微生物基因和基因组的广泛参考目录；开发工具以便确定参考目录中的基因和基因组以不同的频率出现在不同的个体中；开发生物信息学工具以便存储、组织和解释收集到的所有信息，从而在肠道菌群与健康和疾病之间建立联系。

迄今为止，该项目的主要成果是建立了肠道中广泛的微生物基因目录并发现了肠型。广泛的生物信息学分析表明，在我们分析的个体中，共有 330 万个不同基因，数量惊人，比我们自己的基因组多 150 倍！基于此目录，MetaHIT 联盟能够确定肠型的存在，每种肠型均以优势细菌为特征：细菌，小球藻和瘤胃球菌。肠型似乎与个体的地理分布、食物、遗传变异、年龄或性别无关。然而肠型的定义不能解释这些差异的来源。他们最初是通过研究 200 人的肠道宏基因组来定义的。在对近 600 人进行研究之后，仍然保留了 3 种肠型，但是随着研究的进行，有可能会发现亚型，甚至其他肠型。这一研究方向允许定量宏基因组学方法学的进一步发展。

Qin 等（2010）分别对来自丹麦和西班牙的 124 个健康、体重超标或肥胖个体的粪便样品进行测序，平均测序深度为 4.5 Gb（范围为 2～7.3 Gb），他们从 576.7 Gb 的序列中鉴定出 330 万个不同的微生物基因，是人类基因组的 150 倍，而且大多数基因存在于每个个体内；99%以上的基因是由细菌编码的，表明这 124 个个体的肠道微生物组共有 1000～1150 种细菌，每个个体至少包含这些细菌中的 160 种。Li 等（2014d）整合 MetaHIT 计划新测序的 249 个样品和数据库中已有的 1018 个样品的宏基因组数据，建立了人类肠道中存在的微生物基因参考目录，共包含 9 879 896 个微生物基因。Almeida 等（2020）从人的肠道微生物组数据中组装出 4644 种细菌的 204 938 个非冗余基因组，编码超过

1.7 亿个蛋白质序列，70%的基因组对应的细菌是未培养的种类。

研究发现，根据不同个体肠道微生物组中拟杆菌属（*Bacteroides*）、普雷沃氏菌属（*Prevotella*）和瘤胃球菌属（*Ruminococcus*）细菌含量变化，可以将人的肠道微生物组分为 3 种肠型：肠型 I 拟杆菌肠型，拟杆菌属含量高，且与副拟杆菌属（*Parabacteroides*）共存，富含碳水化合物和蛋白质降解酶基因；肠型 II 普雷沃氏菌肠型，普雷沃氏菌属含量高，且与脱硫弧菌属（*Desulfovibrio*）共存，它们在黏膜层协同降解黏蛋白，脱硫弧菌的脱硫作用提高普雷沃氏菌的黏蛋白降解功能；肠型 III 瘤胃球菌肠型，是最常见的肠型，瘤胃球菌属含量高，且与阿克曼氏菌属（*Akkermansia*）共存，它们均能降解黏蛋白，富含糖类物质的膜转运子基因（Arumugam et al.，2011）。除了帮助消化外，肠道微生物还能帮助宿主合成维生素，不同肠型的微生物合成的维生素种类有所不同：肠型 I 主要合成生物素、核黄素、泛酸和维生素 C，肠型 II 主要合成硫胺素和叶酸。通过比较 123 名非肥胖个体和 169 名肥胖个体的肠道微生物组，Le Chatelier 等（2013）发现肠道微生物基因组数量和细菌丰度可以将这些人群分为两组：高细菌丰度组和低细菌丰度组，低细菌丰度组的个体通常具有肥胖、胰岛素抵抗、血脂异常、炎症的表型。

### （三）地球微生物组计划

地球微生物组计划（Earth Microbiome Project，EMP）于 2010 年成立，有来自包括美国、中国在内的 43 个国家的 161 家机构超过 500 人参与，其目标是尽可能多地对地球微生物组进行取样，并进行 16S rRNA 扩增子、宏基因组测序和代谢组测定，编制全球未培养微生物目录，最终目标是收集 200 000 个地球微生物群落的样本，重构 500 000 个微生物基因组（Gilbert et al.，2010，2014）。目前，该计划得到了约翰•邓普顿基金会（John Templeton Foundation）、凯克基金会（W. M. Keck Foundation）、美国阿贡国家实验室（Argonne National Laboratory）、澳大利亚研究理事会（Australian Research Council）、图拉基金会（Tula Foundation）、塞缪尔•劳伦斯基金会（Samuel Lawrence Foundation）等资助（https://earthmicrobiome.org/）。EMP 最新启动的项目是 500 份淡水样本的微生物组测序，对来自不同生境的约 500 份淡水样本进行扩增子与宏基因组测序和代谢组测定，收集的样本保存在美国加利福尼亚大学圣迭戈分校（https://earthmicrobiome.org/）。

2017 年，隶属于 EMP 的约 100 项研究项目在实施中，一半以上的研究结果已经发布。Thompson 等（2017）对其中的 97 个研究项目的 27 751 个样本的 16S rRNA 扩增子测序结果进行了整合分析，并为各研究项目提供了标准流程。①样本信息：影响微生物组成的因素包括地理位置、盐度、温度、氧气、营养、pH、日照长度、生物因子等，因此样本信息中应包含环境类型、地理位置、相关宿主的分类和理化性质等，其中，温度和 pH 必须现场测定。样本的分组包括 3 个层次：层次 I 为宿主相关或自由生活；层次 II 为动物相关或植物相关，盐生或非盐生；层次 III 为环境空间尺度，如沉积物、植物根际、动物胃肠道等。②环境样本的 DNA 提取和 16S rRNA 扩增子测序：统一使用 MoBio 公司的试剂盒提取环境样本的 DNA。16S rRNA 基因 V4 区的 PCR 扩增和测序均采用 Illumina 公司的试剂盒和测序仪。测序长度为 90～151 bp，每个样本测序通量为 80 000

条序列。③样本中的微生物分类鉴定：首先从已有的 rRNA 基因序列数据库中比对鉴定出操作分类单位（operational taxonomic unit，OTU），这种分析对某些样本是足够的。但在很多样本（特别是植物相关的和自由生活的样本）中，约有 1/3（甚至更多）的读序不能比对到现有数据库。因此，必须同时采用无参分析方法（如 Deblur），将未比对的序列生成标签序列。

## （四）美国肠道计划

美国肠道计划（American Gut Project，AGP）于 2012 年由美国加利福尼亚大学圣迭戈分校的资深微生物组专家（微生物组分析平台 QIIME 创立者之一）的罗布•奈特（Rob Knight）等发起，旨在建立地球微生物组计划（EMP）和人类食品计划（Human Food Project，HFP）之间的联系。该计划的特色在于：号召大众参与大型科技活动，即面向全球的普通民众征集样品，参与者支付 99 美元后，会收到一个收集口腔和皮肤拭子以及粪便样品的工具箱，参与者按照操作指南收集自己的相关样品再邮寄给指定的实验室，相关实验室会给每位参与者提供一份标准的个性化分析报告（肠道检查：探索身体中的微生物组，https://www.coursera.org/learn/microbiome），让参与者了解自己的肠道微生物组。McDonald 等（2018）报道了该计划的第一份研究成果：饮食、抗生素和精神疾病对人肠道微生物组的影响。从 2012 年 11 月至 2017 年 5 月，项目组收集了全球 45 个国家和地区的 11 336 人（包括 7860 名美国人、2518 名英国人、321 名澳大利亚人、637 名其他国家和地区参与者）的 15 096 份样品，分别进行 16S rRNA 基因 V4 区、宏基因组测序和代谢组分析。结果表明，英国人的肠道微生物组的 α-多样性明显高于美国人；大肠杆菌等细菌在样品采集后的邮寄过程中会增加；饮食中含有多种膳食纤维和抗性淀粉，会增加肠道微生物组的多样性；与每周吃 10 种以下的植物源食物的参与者相比，每周吃 30 种以上的参与者的肠道微生物组中的抗生素抗性相关基因数量明显降低；在代谢组中发现了一些新的细菌来源的 *N*-乙酰胺类物质，可以作为信号分子调节宿主代谢和内分泌平衡。

## （五）医院微生物组计划

院内感染通常发生在患者住院后的 2～4 d 内，在美国，其发生率为 5%，每年有 7.5 万人死于院内感染，每年由此产生的花费超过了 360 亿美元。数据显示，所有的院内感染中，有一半是由已经适应医院环境的微生物引起的。这是否意味着医院有自己特殊的细菌群体，而这些细菌群体会使患者病情加重？为了回答这个问题，纽约的艾尔弗•斯隆基金会（The Alfred P. Sloan Foundation）投资 85.6 万美元设立了医院微生物组计划（Hospital Microbiome Project，HMP）的研究项目。该研究项目以芝加哥大学的新医院大楼为对象，希望通过收集医院大楼表面、楼内空气及工作人员和患者身上的微生物样本，找到影响医疗环境中微生物群体变化的因素，进而找出医院大楼使患者病情加重的原因。

2012 年，在美国芝加哥召开了由建筑设计、建造、装修、项目管理人员，医生，医院管理人员，微生物学家，病毒学家等相关人员参加的第一届医院微生物组计划（Hospital Microbiome Project，HMP）研讨会（Smith et al.，2013）。项目组决定在芝加哥大学的新医院大楼建造之初就开始收集其 DNA 数据，并对由灰尘、风、水、建材和建筑工人带来的微生物进行编目，医院在 2013 年 2 月正式营业后，研究者又记录了建筑物内的微生物变化；2014 年，集中研究了医院 9 楼的 5 个病房和 10 楼的 5 个病房，在病房内安装了传感器来收集影响细菌滋生的 12 个环境条件的信息，并且每天收集病床及其导轨、水、空气、室内电话及室内其他物体表面和患者、护士及其他工作人员身上的 DNA 样本。

### （六）欧洲饮食与肠道微生物组计划

欧洲食品信息委员会在 2013 年发起的欧洲饮食与肠道微生物组计划（MyNewGut Project）同样由欧盟 FP7 资助。该计划主要关注营养代谢和能量平衡与人体肠道菌群的关联，研究对象包括健康人、肥胖者、孕妇、儿童和其他代谢疾病患者，主要目的是结合肠道微生物多样性测序和代谢组学分析，了解人类肠道微生物分布如何影响与肥胖、行为和生活方式相关的疾病。在 2018 年底，该计划顺利完成，取得的主要成果包括：①肠道中的一些细菌菌株可以用于研制新一代的益生菌；②高蛋白饮食会产生一些有毒的代谢物；③富含膳食纤维的饮食能减少抑郁症的发生、保持合理的体重、降低慢性代谢疾病的发生率；④高脂肪饮食对肠道微生物组和大脑产生不利影响；⑤肠道微生物组影响代谢健康（Sanz et al.，2018；Wolters et al.，2019；Delzenne et al.，2020）。这些研究可以更好地理解饮食习惯和食物组成对代谢与精神健康的影响及微生物组介导的机制，可以帮助相关部门为促进大众健康生活提供可以接受的科学建议（Sanz et al.，2018）。

### （七）美国国家微生物组计划

2016 年，美国白宫宣布启动国家微生物组计划（National Microbiome Initiative，NMI），前期由多家联邦机构提供 1.21 亿美元资助，再由私营公司和慈善机构提供约 4 亿美元（Bouchie，2016）。NMI 关注的方向主要包括：支持跨学科研究，解决不同生态系统微生物组的基本问题；开发平台技术，积累对不同生态系统中微生物组的认识，并且提高微生物数据库的访问量，扩大微生物组的影响力。前期重点研究海洋生态系统的微生物组，项目Ⅰ：从佛罗里达和加勒比海的研究位点采集珊瑚礁、海水、海洋沉积物等样品，通过 DNA、RNA 测序等研究，试图找到珊瑚礁褪色和死亡的原因。项目Ⅱ：利用自治式潜水器（autonomous underwater vehicle，AUV）采集海洋环境样品，降低样品采集和运输等费用。项目Ⅲ：微生物组对海洋渔业资源和食品安全的影响。

### （八）微生物组免疫计划

世界公共网格（World Community Grid，WCG）计算平台由美国国际商业机器（IBM）公司和一些科研、慈善、教育组织发起，旨在创造全球最大的公益性的公共网格计算平台，它是一项全球博爱事业，将个人和商业计算机中未使用的计算能力用于博爱事业。创立之初是基于 Grid 平台搭建的，于 2007 年开始全面迁移至伯克利开放式网络计算平台 BOINC。WCG 在底层计算平台的基础上，为具体的计算项目提供了一个更高层次的计算平台，研究组织可以在项目申请页面提交自己的研究课题以便从 WCG 处获得免费的计算资源。WCG 的第一个任务（2004～2013 年）是人蛋白质组折叠计划（Human Proteome Folding Project），该计划旨在发现构成人体蛋白质组（proteome）的各种蛋白质结构，以便更好地理解疟疾、结核病等疾病的病因，并找到潜在的解决办法。随着研究课题的增加，WCG 逐渐发展成为一个医药、生物和环境等方面的分布式计算平台。

微生物组免疫计划（Microbiome Immunity Project，MIP）于 2017 年 8 月由美国布罗德研究所（Broad Institute）的拉姆尼克•泽维尔（Ramnik Xavier）、加利福尼亚大学圣地亚哥分校的罗布•奈特（Rob Knight）和西蒙斯基金会熨斗研究所（Simons Foundation's Flatiron Institute）的里奇•博诺（Rich Bonneau）共同发起。MIP 的第一期目标是利用 WCG 计算平台对人类微生物组编码的 300 多万个蛋白质进行结构预测；分享这些蛋白质结构信息，帮助全球科学家更好地研究 1 型糖尿病、节段性回肠炎（克罗恩病）、溃疡性结肠炎等自身免疫性疾病与微生物组的关系，了解非遗传因素在疾病发生过程中的作用。至 2019 年 7 月，通过国际合作，MIP 已经完成了 200 000 个新蛋白质的结构预测。获得全部蛋白质结构信息后，MIP 将分析这些蛋白质之间的相互作用，鉴定出促进或抑制疾病发生的蛋白质，并筛选出能控制这些蛋白质及其相互作用的药物。

### （九）中国微生物组计划

中国微生物组计划（China Microbiome Initiative，CMI）于 2017 年由中国科学院倡议，其重点开展的工作包括（刘双江等，2017）：①人体微生物组，解析健康微生物组与人体互生共利的机制、病原微生物与人体细胞和健康微生物组细胞互作的机理、中药药效与肠道微生物组的因果关系、发展基于微生物组的健康维护和疾病治疗与预防技术等。②环境微生物组（土壤、水体、空气），研究维持微生物组结构与功能的基础、微生物群体互作以及对污染物降解和消除的影响机制、微生物组与环境因子互动的管控、环境微生物菌剂研制及应用等，服务于黑臭水体治理、城市污水净化、污染土壤修复、废弃物综合利用等。③农作物微生物组，研究微生物组对作物（水稻、棉花、小麦、大豆、蔬菜、中草药植物）重要农艺和药效性状的影响与调控机制，分析重要生物化合物（如激素、挥发性化合物等）在微生物组与作物相互作用之间的调控功能，研究微生物组对作物连作障碍的影响和克服手段，对影响作物产品采后品质的微生物组进行研究，分析复合感染和控制复合感染的分子机制。④家养动物肠道微生物组，建立适合开展家养动物胃肠道微生物组研究的技术体系，系统深入揭示家养动物（猪、奶牛、禽类等）品种（遗传型）、饲养管理对胃肠道微生物组成和代谢的影响及途径，研究胃肠道微生物与宿主的互作机制，研发能够提高饲料资源转化利用效率和生产性能、增强胃肠道功能与宿主健康、提升养殖环境质量、改善产品（肉、蛋等）品质的微生物学应用技术，显著降低或者消除抗生素的使用，促进生态养殖。⑤工业微生物组（传统发酵、生物冶金、生物活性物质），研究内容包括我国主要传统发酵过程中微生物组的动态结构与功能，揭示微生物种间、群落间及其与环境因子间的相互作用方式和协同进化机制；重新构建传统发酵的合成功能菌群，为传统发酵产业向标准化和自动化现代发酵工艺升级改造提供理论技术支撑与优质微生物组资源；研究生物冶金微生物组与矿物互作机制，获得一批适合我国不同地区（南方和北方）矿藏和环境条件的生物冶金微生物菌群，发展新一代生物冶金技术。⑥海洋微生物组，揭示海洋微生物的代谢过程、信号转导联通和代谢产物形成机制，发展海洋微生物合成生物学技术，解析典型海洋生态系统微生物组蕴藏的特殊代谢途径，指导发现代谢产物、酶、能源等活性物质，以及海洋微生物药物先导化合物。⑦微生物组研究方法及应用的新技术平台，包括高通量微生物培养技术、微生物群体演化展示技术、微生物与宿主和环境相互作用表征技术等。⑧微生物组数据存储与功能挖掘，制定微生物组的数据标准和接口规范，构建微生物组大数据存储和共享的平台，实现对微生物组数据的有效管理和集成；开发微生物组大数据处理的新方法，建立高质量的微生物组参考数据库、微生物组数据处理的规范流程和数据分析平台；开发基于云计算、高通量计算和大规模存储技术的微生物大数据处理和利用的标准接口，形成微生物组大数据存储、整合和开发综合应用示范平台，建立中国微生物组数据中心，实现从“数据分析”向“数据科学”的跨越。

# 第三章　芽胞杆菌基因组测序进展

## 第一节　芽胞杆菌基因组测序的基础信息

本节统计了截至 2019 年 6 月 30 日芽胞杆菌目（除了李斯特菌科、葡萄球菌科）的基因组测序的基础信息。在 GenBank 数据库的基因组相关窗口（即 NCBI 网站的"Assembly"窗口，https://www.ncbi.nlm.nih.gov/assembly/）中输入待查找的种名（芽胞杆菌属）或属名（其他种类较少的属），即可获得一个种或一个属的全部基因组信息。然后，将每一种芽胞杆菌的所有菌株的基因组基本信息进行统计，包括菌株名称、测序机构名称、测序时间、组装水平和 GenBank 登录号（表 3-1-1）。

**表 3-1-1　截至 2019 年 6 月 30 日芽胞杆菌目（除了李斯特菌科、葡萄球菌科）的基因组测序情况统计表**

| 学名 | 菌株名称 | 测序机构 | 测序时间（年/月/日） | 组装水平 | GenBank 登录号 |
|---|---|---|---|---|---|
| | | **芽胞杆菌科（Fischer 1895，familia.）** | | | |
| *Bacillus abyssalis* | DSM 25875 | 中国福建省农业科学院 | 2017/3/6 | 精细图 | GCA_002019595.1 |
| *Bacillus acidiceler* | DSM 18954 | 中国东北农业大学 | 2017/5/11 | 精细图 | GCA_002128425.1 |
| | NRRL B-41736 | 美国莱康明学院 | 2017/5/23 | 框架图 | GCA_002156925.1 |
| | 1-17 | 中国南阳师范学院 | 2019/2/5 | 框架图 | GCA_004138285.1 |
| *Bacillus acidicola* | FJAT-2406 | 中国福建省农业科学院 | 2016/5/4 | 精细图 | GCA_001636425.1 |
| *Bacillus acidiproducens* | DSM 23148 | 美国能源部联合基因组研究所 | 2013/4/23 | 精细图 | GCA_000374345.1 |
| *Bacillus aerius* | CH2-D42-30 | 中国科学院 | 2018/10/4 | 框架图 | GCA_003611925.1 |
| *Bacillus aerophilus* | 232 | 韩国庆北国立大学 | 2019/1/22 | 完成图 | GCA_004101925.1 |
| | C772 | 葡萄牙古尔班基安科学研究所 | 2015/2/3 | 框架图 | GCA_000831655.1 |
| *Bacillus aidingensis* | DSM 18341 | 美国能源部联合基因组研究所 | 2013/7/15 | 精细图 | GCA_000429685.1 |
| *Bacillus akibai* | JCM 9157 | 日本东京大学 | 2013/12/30 | 框架图 | GCA_000513135.1 |
| *Bacillus albus* | PFYN01 | 中国成都理工大学 | 2018/12/24 | 完成图 | GCA_003966295.1 |
| | N35-10-2 | 中国自然资源部第三海洋研究所 | 2016/11/18 | 框架图 | GCA_001884185.1 |
| | PG 26 | 瑞士纳沙泰尔大学 | 2019/1/28 | 框架图 | GCA_004116025.1 |
| | PG 9 | 瑞士纳沙泰尔大学 | 2019/1/28 | 框架图 | GCA_004116035.1 |
| | PG 1 | 瑞士纳沙泰尔大学 | 2019/1/28 | 框架图 | GCA_004116065.1 |
| | PG 17 | 瑞士纳沙泰尔大学 | 2019/1/28 | 框架图 | GCA_004116085.1 |
| | PG 18 | 瑞士纳沙泰尔大学 | 2019/1/28 | 框架图 | GCA_004116415.1 |
| | PFYN01 | 美国威拉姆特大学 | 2019/2/11 | 框架图 | GCA_004153665.1 |

续表

| 学名 | 菌株名称 | 测序机构 | 测序时间（年/月/日） | 组装水平 | GenBank 登录号 |
|---|---|---|---|---|---|
| *Bacillus alcalophilus* | AV1934 | 美国西奈山医学院 | 2014/9/17 | 框架图 | GCA_000292245.2 |
| | CGMCC 1.3604 | 中国科学院 | 2019/4/22 | 精细图 | GCA_004802515.1 |
| *Bacillus alkalinitrilicus* | DSM 22532 | 中国福建省农业科学院 | 2017/3/6 | 精细图 | GCA_002019605.1 |
| *Bacillus alkalitelluris* | DSM 16976 | 中国福建省农业科学院 | 2017/3/6 | 精细图 | GCA_002019645.1 |
| *Bacillus altitudinis* | W3 | 中国江南大学 | 2015/4/16 | 完成图 | GCA_000972685.1 |
| | GR-8 | 中国科学院 | 2015/8/3 | 完成图 | GCA_001191605.1 |
| | SGAir0031 | 新加坡南洋理工大学 | 2018/12/11 | 完成图 | GCA_002443015.2 |
| | P-10 | 韩国生物科学与生物技术研究院 | 2017/11/2 | 完成图 | GCA_002741745.1 |
| | S-1 | 中国上海交通大学 | 2011/9/15 | 精细图 | GCA_000225935.1 |
| | 41KF2b | 中国自然资源部第三海洋研究所 | 2014/5/15 | 框架图 | GCA_000691145.1 |
| | DSM 26896 | 中国自然资源部第三海洋研究所 | 2015/3/10 | 框架图 | GCA_000949525.1 |
| | RIT380 | 美国罗切斯特理工学院 | 2015/6/19 | 框架图 | GCA_001029865.1 |
| | YNP4-TSU | 美国田纳西州立大学 | 2016/12/9 | 框架图 | GCA_001896335.1 |
| | SORB11 | 印度伯德万大学 | 2017/3/20 | 框架图 | GCA_002042895.1 |
| | AFS065009 | 美国北卡罗来纳大学教堂山分校 | 2017/10/17 | 框架图 | GCA_002571755.1 |
| | KL4 | 俄罗斯科学院 | 2017/12/16 | 框架图 | GCA_002753875.2 |
| | KU-skv2（2） | 俄罗斯科学院 | 2017/11/28 | 框架图 | GCA_002797105.1 |
| | Lc5 | 印度生物资源与可持续发展研究所 | 2018/4/23 | 框架图 | GCA_003064485.1 |
| | MG75 | 荷兰格罗宁根大学 | 2018/6/12 | 框架图 | GCA_003217715.1 |
| | 123 | 俄罗斯科学院 | 2018/6/28 | 框架图 | GCA_003284495.1 |
| | B-388 | 俄罗斯喀山联邦大学 | 2016/2/2 | 框架图 | GCA_000789425.2 |
| | CHB19 | 马来西亚农业研究与发展研究所 | 2019/4/1 | 框架图 | GCA_004563755.1 |
| | AR 19 | 印度科学和工业研究理事会东北科学与技术研究所 | 2018/4/11 | 框架图 | GCA_003049175.1 |
| | FD48 | 印度泰米尔纳德邦农业大学 | 2018/2/1 | 染色体 | GCA_002953695.1 |
| *Bacillus alveayuensis* | 24KAM51 | 美国洛斯阿拉莫斯国家实验室 | 2015/3/5 | 框架图 | GCA_000948175.1 |
| *Bacillus amyloliquefaciens* | DSM 7 | 德国比勒费尔德大学 | 2010/9/23 | 完成图 | GCA_000196735.1 |
| | TA208 | 中国科学院 | 2011/4/8 | 完成图 | GCA_000195515.1 |
| | LL3 | 中国南开大学 | 2011/4/14 | 完成图 | GCA_000204275.1 |
| | XH7 | 中国华南理工大学 | 2011/7/27 | 完成图 | GCA_000221645.1 |
| | IT-45 | 加拿大拉曼集团罗塞尔公司 | 2013/2/13 | 完成图 | GCA_000242855.2 |
| | Y2 | 中国云南农业大学 | 2012/5/11 | 完成图 | GCA_000262385.1 |
| | CC178 | 韩国国家农业科学院 | 2013/11/1 | 完成图 | GCA_000494835.1 |
| | LFB112 | 中国农业大学 | 2013/12/16 | 完成图 | GCA_000508265.1 |
| | KHG19 | 韩国庆熙大学 | 2015/2/10 | 完成图 | GCA_000835145.1 |

续表

| 学名 | 菌株名称 | 测序机构 | 测序时间（年/月/日） | 组装水平 | GenBank 登录号 |
|---|---|---|---|---|---|
| *Bacillus amyloliquefaciens* | MBE1283 | 韩国 Macrogen 公司 | 2016/1/4 | 完成图 | GCA_001483885.1 |
| | S499 | 意大利埃德蒙•马赫基金会 | 2016/3/10 | 完成图 | GCA_001586105.1 |
| | UMAF6639 | 西班牙马拉加大学 | 2016/3/18 | 完成图 | GCA_001593765.1 |
| | UMAF6614 | 西班牙马拉加大学 | 2016/3/18 | 完成图 | GCA_001593785.1 |
| | B15 | 中国食品发酵工业研究院 | 2016/3/23 | 完成图 | GCA_001596755.1 |
| | RD7-7 | 韩国国家农业科学院 | 2016/8/16 | 完成图 | GCA_001705195.1 |
| | Y14 | 中国山东农业大学 | 2016/11/10 | 完成图 | GCA_001874385.1 |
| | LM2303 | 中国河南工业大学 | 2016/12/6 | 完成图 | GCA_001889285.1 |
| | WS-8 | 中国河北省科学院 | 2016/12/27 | 完成图 | GCA_001922005.1 |
| | SRCM101267 | 韩国发酵工业微生物研究所 | 2017/6/6 | 完成图 | GCA_002173635.1 |
| | MT45 | 中国江南大学 | 2017/6/27 | 完成图 | GCA_002209305.1 |
| | ALB69 | 美国农业部农业研究院 | 2018/5/23 | 完成图 | GCA_003149695.1 |
| | ALB65 | 美国农业部农业研究院 | 2018/5/23 | 完成图 | GCA_003149715.1 |
| | ALB79 | 美国农业部农业研究院 | 2018/5/23 | 完成图 | GCA_003149795.1 |
| | SH-B74 | 中国科学院 | 2018/7/11 | 完成图 | GCA_003312895.1 |
| | B-4 | 中国湖南省农业科学院 | 2018/8/15 | 完成图 | GCA_003390415.1 |
| | YP6 | 中国江南大学 | 2018/12/6 | 完成图 | GCA_003868675.1 |
| | HK1 | 中国西北农林科技大学 | 2019/1/9 | 完成图 | GCA_004006115.1 |
| | FS1092 | 美国农业部农业研究所 | 2019/3/27 | 完成图 | GCA_004421045.1 |
| | DC-12 | 中国华南理工大学 | 2013/1/15 | 精细图 | GCA_000330805.1 |
| | CMW1 | 日本近畿大学 | 2014/8/29 | 精细图 | GCA_000747705.1 |
| | TF28 | 中国黑龙江省科学院 | 2015/1/21 | 精细图 | GCA_000817575.1 |
| | EGD-AQ14 | 印度科学和工业研究理事会国家环境工程研究所 | 2013/9/11 | 框架图 | GCA_000465655.1 |
| | UASWS BA1 | 瑞士西北应用科技大学 | 2013/9/18 | 框架图 | GCA_000469015.1 |
| | EBL11 | 澳大利亚联邦科学与工业组织水土资源研究所 | 2014/2/6 | 框架图 | GCA_000559145.1 |
| | X1 | 中国华中农业大学 | 2014/9/8 | 框架图 | GCA_000750045.1 |
| | HB-26 | 中国湖北省农业科学院 | 2014/11/17 | 框架图 | GCA_000784675.1 |
| | EPS2017 | 西班牙赫罗纳大学 | 2014/11/26 | 框架图 | GCA_000786145.1 |
| | Lx-11 | 中国江苏省农业科学院 | 2015/7/14 | 框架图 | GCA_001077735.1 |
| | Bs006 | 美国国立卫生研究院 | 2015/9/3 | 框架图 | GCA_001278635.1 |
| | JRS5 | 英国利物浦大学 | 2015/8/31 | 框架图 | GCA_001286945.1 |
| | JRS8 | 英国利物浦大学 | 2015/8/31 | 框架图 | GCA_001286965.1 |
| | XK-4-1 | 中国长江大学 | 2015/9/18 | 框架图 | GCA_001294785.1 |
| | Jxnuwx-1 | 中国江西师范大学 | 2015/12/18 | 框架图 | GCA_001469685.1 |

续表

| 学名 | 菌株名称 | 测序机构 | 测序时间（年/月/日） | 组装水平 | GenBank 登录号 |
|---|---|---|---|---|---|
| *Bacillus amyloliquefaciens* | H57 | 澳大利亚昆士兰大学 | 2016/4/8 | 框架图 | GCA_001617995.1 |
| | M49 | 马来西亚马来亚大学 | 2016/4/13 | 框架图 | GCA_001619745.1 |
| | SRCM101266 | 韩国发酵工业微生物研究所 | 2016/6/21 | 框架图 | GCA_001672615.1 |
| | SRCM101294 | 韩国发酵工业微生物研究所 | 2016/7/18 | 框架图 | GCA_001687185.1 |
| | K2 | 泰国农业大学 | 2016/11/4 | 框架图 | GCA_001866745.1 |
| | Fito_F321 | 葡萄牙生物技术创新中心 | 2018/1/5 | 框架图 | GCA_002864145.1 |
| | MBGJa9 | 印度科学和工业研究理事会国家环境工程研究所 | 2018/2/3 | 框架图 | GCA_002915265.1 |
| | CHCC26933 | 丹麦科汉森股份有限公司 | 2018/8/13 | 框架图 | GCA_003382375.1 |
| | NRRL 942 | 加拿大环境与气候变化部 | 2018/9/11 | 框架图 | GCA_003546075.1 |
| | 19742-2 | 中国农业科学院 | 2019/4/19 | 框架图 | GCA_004804235.1 |
| | 19742-1 | 中国农业科学院 | 2019/4/20 | 框架图 | GCA_004804245.1 |
| | HMA-LCI | 英国新罕布什尔大学曼彻斯特分校 | 2019/5/2 | 框架图 | GCA_005048195.1 |
| | Jxnu-18 | 中国国家基因库 | 2018/1/9 | 框架图 | GCA_900245865.1 |
| | RHNK22 | 印度奥斯马尼亚大学 | 2015/11/4 | 精细图 | GCA_001431285.1 |
| | 11B91 | 中国科学院 | 2016/2/11 | 精细图 | GCA_001558705.1 |
| | B4140 | 荷兰格罗宁根大学 | 2016/3/11 | 精细图 | GCA_001587325.1 |
| | B425 | 荷兰格罗宁根大学 | 2016/3/11 | 精细图 | GCA_001587435.1 |
| | F11 | 加拿大阿尔伯塔大学 | 2017/3/9 | 精细图 | GCA_002024555.1 |
| | E1101 | 美国能源部联合基因组研究所 | 2018/7/24 | 精细图 | GCA_003337795.1 |
| | GD4a | 美国能源部联合基因组研究所 | 2017/1/14 | 精细图 | GCA_900156245.1 |
| | B1895 | 英国金斯顿大学 | 2014/5/28 | 框架图 | GCA_000696285.1 |
| | 629 | 巴西巴伊亚联邦大学 | 2015/8/5 | 框架图 | GCA_001247635.1 |
| | MB6 | 印度中央海洋渔业研究所 | 2018/8/22 | 框架图 | GCA_003417765.1 |
| | KCP2 | 印度纳夫萨里农业大学 | 2017/7/24 | 精细图 | GCA_002224045.1 |
| | UBA5705 | 澳大利亚昆士兰大学 | 2017/10/3 | 精细图 | GCA_002419985.1 |
| *Bacillus andreraoultii* | KW-12 | 法国热带传染病研究中心 | 2014/9/6 | 框架图 | GCA_000752395.1 |
| | SIT1 | 法国热带传染病研究中心 | 2015/7/30 | 精细图 | GCA_001244735.1 |
| *Bacillus anthracis* | Ames | 美国克雷格•文特尔研究所 | 2003/4/30 | 完成图 | GCA_000007845.1 |
| | Sterne | 美国能源部联合基因组研究所 | 2004/6/24 | 完成图 | GCA_000008165.1 |
| | Ames Ancestor，A2084 | 美国克雷格•文特尔研究所 | 2004/7/9 | 完成图 | GCA_000008445.1 |
| | CDC 684 | 美国克雷格•文特尔研究所 | 2009/4/20 | 完成图 | GCA_000021445.1 |
| | A0248 | 美国克雷格•文特尔研究所 | 2009/5/1 | 完成图 | GCA_000022865.1 |
| | H9401 | 韩国疾病预防控制中心 | 2012/4/17 | 完成图 | GCA_000258885.1 |
| | A16R | 中国华大基因 | 2016/11/8 | 完成图 | GCA_000512775.2 |

续表

| 学名 | 菌株名称 | 测序机构 | 测序时间（年/月/日） | 组装水平 | GenBank 登录号 |
|---|---|---|---|---|---|
| *Bacillus anthracis* | A16 | 中国华大基因 | 2016/11/1 | 完成图 | GCA_000512835.2 |
| | CZC5 | 日本北海道大学 | 2018/8/23 | 完成图 | GCA_000534935.2 |
| | SVA11 | 瑞典国家兽医研究所 | 2014/2/28 | 完成图 | GCA_000583105.1 |
| | HYU01 | 韩国汉阳大学 | 2014/7/14 | 完成图 | GCA_000725325.1 |
| | 2000031021 | 美国洛斯阿拉莫斯国家实验室 | 2014/8/21 | 完成图 | GCA_000742655.1 |
| | Vollum | 美国洛斯阿拉莫斯国家实验室 | 2014/8/21 | 完成图 | GCA_000742895.1 |
| | Cvac02 | 中国人民解放军军事医学科学院 | 2014/9/3 | 完成图 | GCA_000747335.1 |
| | PAK-1 | 美国洛斯阿拉莫斯国家实验室 | 2015/2/5 | 完成图 | GCA_000832425.1 |
| | Vollum 1B | 美国洛斯阿拉莫斯国家实验室 | 2015/2/5 | 完成图 | GCA_000832445.1 |
| | K3 | 美国洛斯阿拉莫斯国家实验室 | 2015/2/5 | 完成图 | GCA_000832465.1 |
| | Ohio ACB | 美国洛斯阿拉莫斯国家实验室 | 2015/2/5 | 完成图 | GCA_000832505.1 |
| | SK-102 | 美国洛斯阿拉莫斯国家实验室 | 2015/2/5 | 完成图 | GCA_000832565.1 |
| | Pasteur | 美国洛斯阿拉莫斯国家实验室 | 2015/2/5 | 完成图 | GCA_000832585.1 |
| | Sterne | 美国洛斯阿拉莫斯国家实验室 | 2015/2/5 | 完成图 | GCA_000832635.1 |
| | BA1015 | 美国洛斯阿拉莫斯国家实验室 | 2015/2/5 | 完成图 | GCA_000832665.1 |
| | BA1035 | 美国洛斯阿拉莫斯国家实验室 | 2015/2/5 | 完成图 | GCA_000832725.1 |
| | RA3 | 美国洛斯阿拉莫斯国家实验室 | 2015/2/5 | 完成图 | GCA_000832745.1 |
| | V770-NP-1R | 美国洛斯阿拉莫斯国家实验室 | 2015/2/5 | 完成图 | GCA_000832785.1 |
| | 2002013094 | 美国洛斯阿拉莫斯国家实验室 | 2015/2/5 | 完成图 | GCA_000832965.1 |
| | Ames | 美国洛斯阿拉莫斯国家实验室 | 2015/2/5 | 完成图 | GCA_000833065.1 |
| | Canadian_bison | 美国洛斯阿拉莫斯国家实验室 | 2015/2/5 | 完成图 | GCA_000833125.1 |
| | Turkey32 | 美国洛斯阿拉莫斯国家实验室 | 2015/2/5 | 完成图 | GCA_000833275.1 |
| | A1144 | 美国 MRIGlobal 研究机构 | 2015/2/13 | 完成图 | GCA_000875715.1 |
| | Stendal | 德国联邦国防军微生物研究所 | 2016/2/1 | 完成图 | GCA_001543225.1 |
| | Tangail-1 | 德国联邦国防军微生物研究所 | 2016/6/2 | 完成图 | GCA_001654475.1 |
| | Parent2 | 美国伊利诺伊大学厄巴纳-香槟分校 | 2016/7/11 | 完成图 | GCA_001683065.1 |
| | Parent1 | 美国伊利诺伊大学厄巴纳-香槟分校 | 2016/7/11 | 完成图 | GCA_001683095.1 |
| | PR01 | 美国伊利诺伊大学厄巴纳-香槟分校 | 2016/7/11 | 完成图 | GCA_001683135.1 |
| | PR02 | 美国伊利诺伊大学厄巴纳-香槟分校 | 2016/7/11 | 完成图 | GCA_001683155.1 |
| | PR05 | 美国伊利诺伊大学厄巴纳-香槟分校 | 2016/7/11 | 完成图 | GCA_001683175.1 |
| | PR06 | 美国伊利诺伊大学厄巴纳-香槟分校 | 2016/7/11 | 完成图 | GCA_001683195.1 |
| | PR07 | 美国伊利诺伊大学厄巴纳-香槟分校 | 2016/7/11 | 完成图 | GCA_001683215.1 |
| | PR08 | 美国伊利诺伊大学厄巴纳-香槟分校 | 2016/7/11 | 完成图 | GCA_001683235.1 |
| | PR09-1 | 美国伊利诺伊大学厄巴纳-香槟分校 | 2016/7/11 | 完成图 | GCA_001683255.1 |
| | PR09-4 | 美国伊利诺伊大学厄巴纳-香槟分校 | 2016/7/11 | 完成图 | GCA_001683275.1 |

续表

| 学名 | 菌株名称 | 测序机构 | 测序时间（年/月/日） | 组装水平 | GenBank 登录号 |
|---|---|---|---|---|---|
| *Bacillus anthracis* | PR10-4 | 美国伊利诺伊大学厄巴纳-香槟分校 | 2016/7/11 | 完成图 | GCA_001683295.1 |
| | Tyrol 4675 | 德国联邦国防军微生物研究所 | 2017/1/5 | 完成图 | GCA_001936375.1 |
| | SPV842_15 | 巴西南里奥格兰德联邦大学 | 2017/2/8 | 完成图 | GCA_001990245.1 |
| | FDAARGOS_341 | 美国马里兰大学 | 2018/3/6 | 完成图 | GCA_002208785.2 |
| | 14RA5914 | 德国联邦动物卫生研究所 | 2017/8/30 | 完成图 | GCA_002277915.1 |
| | Shikan-NIID | 日本国立传染病研究所 | 2015/5/15 | 完成图 | GCA_002356575.1 |
| | London_499 | 英国英格兰公共卫生局 | 2018/6/14 | 完成图 | GCA_003227955.1 |
| | MCCC 1A02161 | 中国自然资源部第三海洋研究所 | 2018/8/21 | 完成图 | GCA_003410255.1 |
| | MCCC 1A01412 | 中国自然资源部第三海洋研究所 | 2018/8/21 | 完成图 | GCA_003410355.1 |
| | delta Sterne | 美国洛斯阿拉莫斯国家实验室 | 2014/8/21 | 染色体 | GCA_000742695.1 |
| | BFV | 美国洛斯阿拉莫斯国家实验室 | 2014/8/21 | 染色体 | GCA_000742875.1 |
| | Pollino | 德国联邦国防军微生物研究所 | 2015/2/3 | 染色体 | GCA_000831505.1 |
| | Larissa | 德国联邦国防军微生物研究所 | 2015/9/2 | 染色体 | GCA_001277955.1 |
| | Sterne 34F2 | 美国国立卫生研究院 | 2017/2/21 | 染色体 | GCA_002005265.1 |
| | A2012 | 美国克雷格•文特尔研究所 | 2002/5/9 | 染色体 | GCA_000006155.2 |
| | 8903-G | 美国北亚利桑那大学 | 2014/2/19 | 染色体 | GCA_000558965.1 |
| | 9080-G | 美国北亚利桑那大学 | 2014/2/19 | 染色体 | GCA_000558985.1 |
| | 52-G | 美国北亚利桑那大学 | 2014/2/19 | 染色体 | GCA_000559005.1 |
| | Smith 1013 | 美国洛斯阿拉莫斯国家实验室 | 2014/8/20 | 染色体 | GCA_000742315.1 |
| | CNEVA-9066 | 美国克雷格•文特尔研究所 | 2004/6/3 | 精细图 | GCA_000167235.1 |
| | A1055 | 美国克雷格•文特尔研究所 | 2004/6/3 | 精细图 | GCA_000167255.1 |
| | Vollum | 美国克雷格•文特尔研究所 | 2004/6/3 | 精细图 | GCA_000167275.1 |
| | Kruger B | 美国克雷格•文特尔研究所 | 2004/6/4 | 精细图 | GCA_000167295.1 |
| | USA6153 | 美国克雷格•文特尔研究所 | 2004/6/4 | 精细图 | GCA_000167315.1 |
| | Australia 94 | 美国克雷格•文特尔研究所 | 2004/6/4 | 精细图 | GCA_000167335.1 |
| | Tsiankovskii-I | 美国克雷格•文特尔研究所 | 2008/6/16 | 精细图 | GCA_000181675.2 |
| | A0488 | 美国洛斯阿拉莫斯国家实验室 | 2008/2/14 | 精细图 | GCA_000181835.1 |
| | A0193 | 美国洛斯阿拉莫斯国家实验室 | 2008/2/8 | 精细图 | GCA_000181915.1 |
| | A0442 | 美国洛斯阿拉莫斯国家实验室 | 2008/2/8 | 精细图 | GCA_000181935.1 |
| | A0465 | 美国洛斯阿拉莫斯国家实验室 | 2008/3/21 | 精细图 | GCA_000181995.1 |
| | A0174 | 美国洛斯阿拉莫斯国家实验室 | 2008/4/4 | 精细图 | GCA_000182055.1 |
| | Carbosap | 意大利陆军医学与兽医研究中心 | 2014/7/22 | 精细图 | GCA_000732465.1 |
| | STI-1 | 美国北亚利桑那大学 | 2016/12/12 | 精细图 | GCA_000740925.2 |
| | Zimbabwe 89 | 美国洛斯阿拉莫斯国家实验室 | 2014/8/29 | 精细图 | GCA_000743805.1 |
| | A.Br.003 | 美国洛斯阿拉莫斯国家实验室 | 2014/8/29 | 精细图 | GCA_000743825.1 |

续表

| 学名 | 菌株名称 | 测序机构 | 测序时间（年/月/日） | 组装水平 | GenBank 登录号 |
|---|---|---|---|---|---|
| *Bacillus anthracis* | 55-VNIIVViM | 美国全国传染病中心 | 2016/10/24 | 精细图 | GCA_001835485.1 |
| | DS201579 | 南非比勒陀利亚大学 | 2017/8/1 | 精细图 | GCA_002233635.1 |
| | COVASU | 印度马哈拉施特拉邦动物和渔业科学大学 | 2018/4/9 | 精细图 | GCA_003045745.1 |
| | UT308 | 美国全国传染病中心 | 2018/7/30 | 精细图 | GCA_003345105.1 |
| | 32 | 美国全国传染病中心 | 2018/8/9 | 精细图 | GCA_003367985.1 |
| | SK57 | 美国全国传染病中心 | 2018/8/9 | 精细图 | GCA_003368005.1 |
| | A0389 | 美国洛斯阿拉莫斯国家实验室 | 2008/3/17 | 框架图 | GCA_000219895.1 |
| | Heroin Ba4599 | 美国北亚利桑那大学 | 2012/7/11 | 框架图 | GCA_000278385.1 |
| | UR-1 | 德国联邦国防军微生物研究所 | 2012/8/21 | 框架图 | GCA_000292565.1 |
| | BF1 | 德国联邦国防军微生物研究所 | 2012/9/7 | 框架图 | GCA_000295695.1 |
| | 3166 | 美国北亚利桑那大学 | 2012/12/12 | 框架图 | GCA_000319715.1 |
| | Sen2Col2 | 欧洲生物信息学研究所 | 2013/4/3 | 框架图 | GCA_000359425.1 |
| | Sen3 | 欧洲生物信息学研究所 | 2013/4/3 | 框架图 | GCA_000359445.1 |
| | Gmb1 | 欧洲生物信息学研究所 | 2013/4/3 | 框架图 | GCA_000359465.1 |
| | V770-NP1-R | 以色列生物研究所 | 2014/1/21 | 框架图 | GCA_000521345.1 |
| | 95014 | 意大利陆军医学与兽医研究中心 | 2014/3/4 | 框架图 | GCA_000585275.1 |
| | ANSES_00-82 | 法国巴黎东大学 | 2014/9/2 | 框架图 | GCA_000697555.2 |
| | A1039 | 美国 MRIGlobal 研究机构 | 2015/5/1 | 框架图 | GCA_000986915.1 |
| | A1075 | 美国 MRIGlobal 研究机构 | 2015/5/1 | 框架图 | GCA_000986935.1 |
| | 44-NIAH | 日本国立传染病研究所 | 2015/5/15 | 框架图 | GCA_001015005.1 |
| | 52-40-NIAH | 日本国立传染病研究所 | 2015/5/15 | 框架图 | GCA_001015025.1 |
| | RIT375 | 美国罗切斯特理工学院 | 2015/6/19 | 框架图 | GCA_001029875.1 |
| | K1285 | 美国 MRIGlobal 研究机构 | 2015/8/21 | 框架图 | GCA_001272985.1 |
| | K2129 | 美国 MRIGlobal 研究机构 | 2015/8/21 | 框架图 | GCA_001273005.1 |
| | K2883 | 美国 MRIGlobal 研究机构 | 2015/8/21 | 框架图 | GCA_001273025.1 |
| | K0021 | 美国 MRIGlobal 研究机构 | 2015/8/21 | 框架图 | GCA_001273045.1 |
| | K4834 | 美国 MRIGlobal 研究机构 | 2015/8/21 | 框架图 | GCA_001273065.1 |
| | K3974 | 美国 MRIGlobal 研究机构 | 2015/8/21 | 框架图 | GCA_001273085.1 |
| | K1129 | 美国 MRIGlobal 研究机构 | 2015/8/21 | 框架图 | GCA_001273105.1 |
| | K8215 | 美国 MRIGlobal 研究机构 | 2015/8/21 | 框架图 | GCA_001273125.1 |
| | PAK-1 | 美国 MRIGlobal 研究机构 | 2015/8/21 | 框架图 | GCA_001273145.1 |
| | A0389 | 美国 MRIGlobal 研究机构 | 2015/8/31 | 框架图 | GCA_001276995.1 |
| | A0021 | 美国 MRIGlobal 研究机构 | 2015/8/31 | 框架图 | GCA_001277085.1 |
| | PFAB2 | 印度伯德万大学 | 2016/10/12 | 框架图 | GCA_001758315.1 |

续表

| 学名 | 菌株名称 | 测序机构 | 测序时间（年/月/日） | 组装水平 | GenBank 登录号 |
|---|---|---|---|---|---|
| *Bacillus anthracis* | N1ZF-2 | 中国自然资源部第三海洋研究所 | 2016/11/18 | 框架图 | GCA_001883885.1 |
| | L19 | 中国自然资源部第三海洋研究所 | 2016/11/18 | 框架图 | GCA_001883895.1 |
| | Brazilian Vaccinal | 巴西南里奥格兰德联邦大学 | 2017/2/27 | 框架图 | GCA_002007035.1 |
| | Ba-8884/94-Geo | 格鲁吉亚国家疾病控制与公共卫生中心 | 2017/3/6 | 框架图 | GCA_002019425.1 |
| | Ba-8785/92-Geo | 格鲁吉亚国家疾病控制与公共卫生中心 | 2017/3/13 | 框架图 | GCA_002025265.1 |
| | Ba-8784/92-Geo | 格鲁吉亚国家疾病控制与公共卫生中心 | 2017/3/13 | 框架图 | GCA_002025275.1 |
| | Ba-7673/89-Geo | 格鲁吉亚国家疾病控制与公共卫生中心 | 2017/3/13 | 框架图 | GCA_002025335.1 |
| | Ba-9065/08-Geo | 格鲁吉亚国家疾病控制与公共卫生中心 | 2017/3/13 | 框架图 | GCA_002025345.1 |
| | Ba-1897/12-Geo | 格鲁吉亚国家疾病控制与公共卫生中心 | 2017/3/13 | 框架图 | GCA_002025375.1 |
| | Ba-8782/92-Geo | 格鲁吉亚国家疾病控制与公共卫生中心 | 2017/3/13 | 框架图 | GCA_002025395.1 |
| | Ba-9108/08-Geo | 格鲁吉亚国家疾病控制与公共卫生中心 | 2017/3/13 | 框架图 | GCA_002025415.1 |
| | Ba-1802/12-Geo | 格鲁吉亚国家疾病控制与公共卫生中心 | 2017/3/13 | 框架图 | GCA_002025435.1 |
| | Ba-8776/92-Geo | 格鲁吉亚国家疾病控制与公共卫生中心 | 2017/3/13 | 框架图 | GCA_002025455.1 |
| | BA663 | 美国陆军传染病医学研究所 | 2017/10/11 | 框架图 | GCA_002525685.1 |
| | BA781 | 美国陆军传染病医学研究所 | 2017/10/11 | 框架图 | GCA_002525695.1 |
| | BA500 | 美国陆军传染病医学研究所 | 2017/10/11 | 框架图 | GCA_002525705.1 |
| | 34F2_Sterne | 美国陆军传染病医学研究所 | 2017/10/11 | 框架图 | GCA_002525715.1 |
| | BAP417 | 美国陆军传染病医学研究所 | 2017/10/11 | 框架图 | GCA_002525765.1 |
| | BAP482 | 美国陆军传染病医学研究所 | 2017/10/11 | 框架图 | GCA_002525775.1 |
| | BA721 | 美国陆军传染病医学研究所 | 2017/10/11 | 框架图 | GCA_002525785.1 |
| | AFS072900 | 美国北卡罗来纳大学教堂山分校 | 2017/10/17 | 框架图 | GCA_002567055.1 |
| | Kafkas-100 | 德国联邦国防军微生物研究所 | 2018/1/24 | 框架图 | GCA_002896575.1 |
| | Kafkas-149 | 德国联邦国防军微生物研究所 | 2018/1/24 | 框架图 | GCA_002896585.1 |
| | Kafkas-78 | 德国联邦国防军微生物研究所 | 2018/1/24 | 框架图 | GCA_002896595.1 |
| | Kafkas-86 | 德国联邦国防军微生物研究所 | 2018/1/24 | 框架图 | GCA_002896635.1 |
| | Kafkas-215 | 德国联邦国防军微生物研究所 | 2018/1/24 | 框架图 | GCA_002896655.1 |
| | Kafkas-68 | 德国联邦国防军微生物研究所 | 2018/1/24 | 框架图 | GCA_002896665.1 |
| | Kafkas-60 | 德国联邦国防军微生物研究所 | 2018/1/24 | 框架图 | GCA_002896695.1 |

续表

| 学名 | 菌株名称 | 测序机构 | 测序时间（年/月/日） | 组装水平 | GenBank 登录号 |
|---|---|---|---|---|---|
| *Bacillus anthracis* | STI1 | 哈萨克斯坦国家生物技术中心 | 2018/3/7 | 框架图 | GCA_002980615.1 |
| | BA2968 | 德国联邦国防军微生物研究所 | 2018/4/14 | 框架图 | GCA_003063925.1 |
| | A155 | 德国联邦国防军微生物研究所 | 2018/4/14 | 框架图 | GCA_003063985.1 |
| | SA047 | 德国联邦国防军微生物研究所 | 2018/4/14 | 框架图 | GCA_003064005.1 |
| | A16/LA896 | 德国联邦国防军微生物研究所 | 2018/4/14 | 框架图 | GCA_003064015.1 |
| | A46 | 德国联邦国防军微生物研究所 | 2018/4/14 | 框架图 | GCA_003064085.1 |
| | Sterne 09RA8929 | 德国联邦动物卫生研究所 | 2018/7/21 | 框架图 | GCA_003335125.1 |
| | 81/1 | 俄罗斯斯塔夫罗波尔鼠疫防治研究所 | 2018/12/3 | 框架图 | GCA_003860145.1 |
| | ANSES_94 | 法国巴黎东大学 | 2016/3/5 | 框架图 | GCA_900011745.1 |
| | ANSES_86 | 法国巴黎东大学 | 2016/3/5 | 框架图 | GCA_900012555.1 |
| | ANSES_101 | 法国巴黎东大学 | 2016/3/5 | 框架图 | GCA_900013465.1 |
| | ANSES_89 | 法国巴黎东大学 | 2016/3/5 | 框架图 | GCA_900013475.1 |
| | ANSES_92 | 法国巴黎东大学 | 2016/3/5 | 框架图 | GCA_900013485.1 |
| | ANSES_118 | 法国巴黎东大学 | 2016/3/5 | 框架图 | GCA_900014335.1 |
| | ANSES_122 | 法国巴黎东大学 | 2016/3/5 | 框架图 | GCA_900014345.1 |
| | ANSES_32 | 法国巴黎东大学 | 2016/3/5 | 框架图 | GCA_900014355.1 |
| | ANSES_88 | 法国巴黎东大学 | 2016/3/5 | 框架图 | GCA_900014365.1 |
| | ANSES_90 | 法国巴黎东大学 | 2016/3/5 | 框架图 | GCA_900014375.1 |
| | ANSES_08-8_20 | 法国巴黎东大学 | 2014/9/2 | 精细图 | GCA_000697515.2 |
| | ANSES_99-100 | 法国巴黎东大学 | 2014/9/2 | 精细图 | GCA_000697535.2 |
| | 2000031006 | 美国佐治亚理工学院 | 2014/11/14 | 精细图 | GCA_000782875.1 |
| | 2000031023 | 美国佐治亚理工学院 | 2014/11/14 | 精细图 | GCA_000782885.1 |
| | 2000031027 | 美国佐治亚理工学院 | 2014/11/14 | 精细图 | GCA_000782895.1 |
| | 2000032892 | 美国佐治亚理工学院 | 2014/11/14 | 精细图 | GCA_000782905.1 |
| | 2000031031 | 美国佐治亚理工学院 | 2014/11/14 | 精细图 | GCA_000782955.1 |
| | 2000031039 | 美国佐治亚理工学院 | 2014/11/14 | 精细图 | GCA_000782975.1 |
| | 2000031052 | 美国佐治亚理工学院 | 2014/11/14 | 精细图 | GCA_000782995.1 |
| | 2000031075 | 美国佐治亚理工学院 | 2014/11/14 | 精细图 | GCA_000783015.1 |
| | 2000031709 | 美国佐治亚理工学院 | 2014/11/14 | 精细图 | GCA_000783035.1 |
| | 2000031765 | 美国佐治亚理工学院 | 2014/11/14 | 精细图 | GCA_000783055.1 |
| | 2000032819 | 美国佐治亚理工学院 | 2014/11/14 | 精细图 | GCA_000783075.1 |
| | 2000032879 | 美国佐治亚理工学院 | 2014/11/14 | 精细图 | GCA_000783095.1 |
| | 2000032951 | 美国佐治亚理工学院 | 2014/11/14 | 精细图 | GCA_000783115.1 |
| | 2000032967 | 美国佐治亚理工学院 | 2014/11/14 | 精细图 | GCA_000783135.1 |

续表

| 学名 | 菌株名称 | 测序机构 | 测序时间（年/月/日） | 组装水平 | GenBank 登录号 |
|---|---|---|---|---|---|
| *Bacillus anthracis* | 2000032968 | 美国佐治亚理工学院 | 2014/11/14 | 精细图 | GCA_000783155.1 |
| | 2000032975 | 美国佐治亚理工学院 | 2014/11/14 | 精细图 | GCA_000783165.1 |
| | 2000032979 | 美国佐治亚理工学院 | 2014/11/14 | 精细图 | GCA_000783195.1 |
| | 2000032989 | 美国佐治亚理工学院 | 2014/11/14 | 精细图 | GCA_000783215.1 |
| | 2002013094 | 美国佐治亚理工学院 | 2014/11/14 | 精细图 | GCA_000783235.1 |
| | 2000031008 | 美国佐治亚理工学院 | 2014/12/4 | 精细图 | GCA_000793525.1 |
| | 2000032832 | 美国佐治亚理工学院 | 2014/12/4 | 精细图 | GCA_000793545.1 |
| | 2000031038 | 美国佐治亚理工学院 | 2014/12/4 | 精细图 | GCA_000793565.1 |
| | K2 | 挪威奥斯陆大学 | 2016/7/20 | 精细图 | GCA_001677295.1 |
| | K1 | 挪威奥斯陆大学 | 2016/7/20 | 精细图 | GCA_001677305.1 |
| | F34 | 加拿大阿尔伯塔大学 | 2017/3/9 | 精细图 | GCA_002024565.1 |
| | AFS096050 | 美国北卡罗来纳大学教堂山分校 | 2017/10/13 | 精细图 | GCA_002550395.1 |
| | AFS095574 | 美国北卡罗来纳大学教堂山分校 | 2017/10/13 | 精细图 | GCA_002550475.1 |
| | AFS093149 | 美国北卡罗来纳大学教堂山分校 | 2017/10/13 | 精细图 | GCA_002552535.1 |
| | AFS092859 | 美国北卡罗来纳大学教堂山分校 | 2017/10/13 | 精细图 | GCA_002553265.1 |
| | AFS012870 | 美国北卡罗来纳大学教堂山分校 | 2017/10/16 | 精细图 | GCA_002558195.1 |
| | AFS003761 | 美国北卡罗来纳大学教堂山分校 | 2017/10/16 | 精细图 | GCA_002558675.1 |
| | AFS002415 | 美国北卡罗来纳大学教堂山分校 | 2017/10/16 | 精细图 | GCA_002558905.1 |
| | AFS001713 | 美国北卡罗来纳大学教堂山分校 | 2017/10/16 | 精细图 | GCA_002559375.1 |
| | AFS028506 | 美国北卡罗来纳大学教堂山分校 | 2017/10/16 | 精细图 | GCA_002559605.1 |
| | AFS027725 | 美国北卡罗来纳大学教堂山分校 | 2017/10/16 | 精细图 | GCA_002559755.1 |
| | AFS027605 | 美国北卡罗来纳大学教堂山分校 | 2017/10/16 | 精细图 | GCA_002559785.1 |
| | AFS025007 | 美国北卡罗来纳大学教堂山分校 | 2017/10/16 | 精细图 | GCA_002560185.1 |
| | AFS023305 | 美国北卡罗来纳大学教堂山分校 | 2017/10/16 | 精细图 | GCA_002560535.1 |
| | AFS022655 | 美国北卡罗来纳大学教堂山分校 | 2017/10/16 | 精细图 | GCA_002560675.1 |
| | AFS018197 | 美国北卡罗来纳大学教堂山分校 | 2017/10/16 | 精细图 | GCA_002561055.1 |
| | AFS017361 | 美国北卡罗来纳大学教堂山分校 | 2017/10/16 | 精细图 | GCA_002561195.1 |
| | AFS016024 | 美国北卡罗来纳大学教堂山分校 | 2017/10/16 | 精细图 | GCA_002561395.1 |
| | AFS015248 | 美国北卡罗来纳大学教堂山分校 | 2017/10/16 | 精细图 | GCA_002561555.1 |
| | AFS017475 | 美国北卡罗来纳大学教堂山分校 | 2017/10/16 | 精细图 | GCA_002561845.1 |
| | AFS020887 | 美国北卡罗来纳大学教堂山分校 | 2017/10/16 | 精细图 | GCA_002563115.1 |
| | AFS079591 | 美国北卡罗来纳大学教堂山分校 | 2017/10/17 | 精细图 | GCA_002564895.1 |
| | AFS085583 | 美国北卡罗来纳大学教堂山分校 | 2017/10/17 | 精细图 | GCA_002566085.1 |
| | AFS081271 | 美国北卡罗来纳大学教堂山分校 | 2017/10/17 | 精细图 | GCA_002566425.1 |
| | AFS068624 | 美国北卡罗来纳大学教堂山分校 | 2017/10/17 | 精细图 | GCA_002567755.1 |

续表

| 学名 | 菌株名称 | 测序机构 | 测序时间（年/月/日） | 组装水平 | GenBank 登录号 |
|---|---|---|---|---|---|
| *Bacillus anthracis* | AFS072084 | 美国北卡罗来纳大学教堂山分校 | 2017/10/17 | 精细图 | GCA_002570225.1 |
| | AFS060304 | 美国北卡罗来纳大学教堂山分校 | 2017/10/17 | 精细图 | GCA_002570575.1 |
| | AFS062118 | 美国北卡罗来纳大学教堂山分校 | 2017/10/17 | 精细图 | GCA_002570775.1 |
| | AFS058633 | 美国北卡罗来纳大学教堂山分校 | 2017/10/17 | 精细图 | GCA_002571055.1 |
| | AFS057764 | 美国北卡罗来纳大学教堂山分校 | 2017/10/18 | 精细图 | GCA_002574185.1 |
| | AFS057383 | 美国北卡罗来纳大学教堂山分校 | 2017/10/18 | 精细图 | GCA_002574215.1 |
| | AFS058037 | 美国北卡罗来纳大学教堂山分校 | 2017/10/18 | 精细图 | GCA_002574755.1 |
| | AFS048113 | 美国北卡罗来纳大学教堂山分校 | 2017/10/18 | 精细图 | GCA_002575885.1 |
| | AFS044195 | 美国北卡罗来纳大学教堂山分校 | 2017/10/18 | 精细图 | GCA_002576295.1 |
| | AFS044825 | 美国北卡罗来纳大学教堂山分校 | 2017/10/18 | 精细图 | GCA_002576945.1 |
| | AFS041580 | 美国北卡罗来纳大学教堂山分校 | 2017/10/18 | 精细图 | GCA_002577275.1 |
| | AFS040794 | 美国北卡罗来纳大学教堂山分校 | 2017/10/18 | 精细图 | GCA_002577475.1 |
| | AFS029941 | 美国北卡罗来纳大学教堂山分校 | 2017/10/18 | 精细图 | GCA_002583575.1 |
| | AFS032297 | 美国北卡罗来纳大学教堂山分校 | 2017/10/18 | 精细图 | GCA_002584475.1 |
| | AFS032990 | 美国北卡罗来纳大学教堂山分校 | 2017/10/18 | 精细图 | GCA_002584485.1 |
| | AFS029987 | 美国北卡罗来纳大学教堂山分校 | 2017/10/18 | 精细图 | GCA_002584885.1 |
| | AFS037377 | 美国北卡罗来纳大学教堂山分校 | 2017/10/18 | 精细图 | GCA_002585175.1 |
| | HKI4363/88 | 德国联邦国防军微生物研究所 | 2018/4/14 | 精细图 | GCA_003063945.1 |
| | A142 | 德国联邦国防军微生物研究所 | 2018/4/14 | 精细图 | GCA_003063965.1 |
| | A24/TN_Bovine_Sokol | 德国联邦国防军微生物研究所 | 2018/4/14 | 精细图 | GCA_003064045.1 |
| | Han | 中国人民解放军军事医学科学院 | 2014/9/3 | 完成图 | GCA_000747375.1 |
| | 3154 | 美国北亚利桑那大学 | 2012/12/12 | 框架图 | GCA_000319695.1 |
| | 3631_1C | 南非农业研究委员会 | 2015/9/3 | 框架图 | GCA_001278435.1 |
| | 20SD | 南非农业研究委员会 | 2015/9/3 | 框架图 | GCA_001278445.1 |
| *Bacillus aquimaris* | TF12 | 韩国生物科学与生物技术研究所 | 2016/5/19 | 框架图 | GCA_001648555.1 |
| | ES5 | 法国热带传染病研究中心 | 2014/8/16 | 精细图 | GCA_000751975.2 |
| | JM7 | 中国自然资源部第三海洋研究所 | 2015/3/2 | 框架图 | GCA_000935355.1 |
| | SAMM | 印度浦那国家细胞科学中心 | 2016/11/14 | 框架图 | GCA_001877785.1 |
| | 97B | 美国能源部联合基因组研究所 | 2018/7/12 | 框架图 | GCA_003315075.1 |
| *Bacillus aryabhattai* | K13 | 韩国全北国立大学 | 2017/10/24 | 完成图 | GCA_002688605.1 |
| | T61 | 中国首都师范大学 | 2015/6/10 | 精细图 | GCA_001025015.1 |
| | GZ03 | 中国自然资源部第三海洋研究所 | 2014/11/17 | 框架图 | GCA_000785045.1 |
| | B8W22 | 印度细胞与分子生物学研究中心 | 2015/3/19 | 框架图 | GCA_000956595.1 |
| | LK25 | 马来西亚马来亚大学 | 2015/6/24 | 框架图 | GCA_001038965.1 |

续表

| 学名 | 菌株名称 | 测序机构 | 测序时间（年/月/日） | 组装水平 | GenBank 登录号 |
|---|---|---|---|---|---|
| *Bacillus aryabhattai* | LK20 | 马来西亚马来亚大学 | 2015/6/30 | 框架图 | GCA_001043825.1 |
| | M46 | 马来西亚马来亚大学 | 2016/4/13 | 框架图 | GCA_001619595.1 |
| | B14 | 印度圣雄甘地大学 | 2017/6/5 | 框架图 | GCA_002167185.1 |
| | SQU-R12 | 阿曼卡布斯苏丹大学 | 2017/6/7 | 框架图 | GCA_002208605.1 |
| | PHB10 | 印度拉吉夫甘地生物科技中心 | 2017/8/22 | 框架图 | GCA_002265635.1 |
| | D5 | 印度查谟大学 | 2018/5/25 | 框架图 | GCA_003171735.1 |
| | AB211 | 印度玻色研究所 | 2016/11/1 | 精细图 | GCA_001858395.1 |
| | AFS007213 | 美国北卡罗来纳大学教堂山分校 | 2017/10/16 | 精细图 | GCA_002555815.1 |
| | AFS088312 | 美国北卡罗来纳大学教堂山分校 | 2017/10/17 | 精细图 | GCA_002569015.1 |
| | AFS075785 | 美国北卡罗来纳大学教堂山分校 | 2017/10/17 | 精细图 | GCA_002569785.1 |
| | AFS033892 | 美国北卡罗来纳大学教堂山分校 | 2017/10/18 | 精细图 | GCA_002588685.1 |
| | B8W22 | 美国能源部联合基因组研究所 | 2016/10/21 | 精细图 | GCA_900101665.1 |
| *Bacillus asahii* | OM18 | 中国科学院 | 2019/1/9 | 完成图 | GCA_004006295.1 |
| | MA001 | 美国加州理工学院 | 2018/9/14 | 框架图 | GCA_003570725.1 |
| *Bacillus atrophaeus* | SRCM101359 | 韩国发酵工业微生物研究所 | 2017/6/6 | 完成图 | GCA_002173495.1 |
| | 1942 | 美国陆军埃奇伍德化学生物中心 | 2010/11/2 | 完成图 | GCA_000165925.1 |
| | GQJK17 | 中国山东农业大学 | 2017/8/8 | 完成图 | GCA_002243495.1 |
| | BA59 | 中国农业科学院 | 2017/10/24 | 完成图 | GCA_002688645.1 |
| | UCMB-5137 | 南非比勒陀利亚大学 | 2015/6/11 | 染色体 | GCA_000385965.2 |
| | BSS | 美国洛斯阿拉莫斯国家实验室 | 2014/8/21 | 染色体 | GCA_000742675.1 |
| | PCI 246 | 美国洛斯阿拉莫斯国家实验室 | 2014/8/26 | 精细图 | GCA_000743235.1 |
| | Dugway | 美国陆军埃奇伍德化学生物中心 | 2011/4/19 | 框架图 | GCA_000204685.2 |
| | ATCC 9372-1 | 美国陆军埃奇伍德化学生物中心 | 2011/4/19 | 框架图 | GCA_000204705.2 |
| | Detrick-1 | 美国陆军埃奇伍德化学生物中心 | 2011/4/19 | 框架图 | GCA_000204725.2 |
| | Detrick-2 | 美国陆军埃奇伍德化学生物中心 | 2011/4/19 | 框架图 | GCA_000204745.2 |
| | Detrick-3 | 美国陆军埃奇伍德化学生物中心 | 2011/4/19 | 框架图 | GCA_000204765.2 |
| | 1013-1 | 美国陆军埃奇伍德化学生物中心 | 2011/4/19 | 框架图 | GCA_000204785.2 |
| | 1013-2 | 美国陆军埃奇伍德化学生物中心 | 2011/4/19 | 框架图 | GCA_000204805.2 |
| | ATCC 9372-2 | 美国陆军埃奇伍德化学生物中心 | 2011/4/19 | 框架图 | GCA_000204825.2 |
| | ATCC 49822-1 | 美国陆军埃奇伍德化学生物中心 | 2011/4/19 | 框架图 | GCA_000204845.2 |
| | ATCC 49822-2 | 美国陆军埃奇伍德化学生物中心 | 2011/4/19 | 框架图 | GCA_000204865.2 |
| | BACI051-E | 美国陆军埃奇伍德化学生物中心 | 2011/4/19 | 框架图 | GCA_000204885.2 |
| | BACI051-N | 美国陆军埃奇伍德化学生物中心 | 2011/4/19 | 框架图 | GCA_000204905.2 |
| | C89 | 中国上海交通大学 | 2012/5/24 | 框架图 | GCA_000264395.1 |
| | 930029 | 法国军备总局 | 2015/4/24 | 框架图 | GCA_000983035.1 |

续表

| 学名 | 菌株名称 | 测序机构 | 测序时间（年/月/日） | 组装水平 | GenBank 登录号 |
|---|---|---|---|---|---|
| *Bacillus atrophaeus* | NBRC 15539 | 日本国立技术与评价研究所 | 2016/2/27 | 框架图 | GCA_001591925.1 |
| | NRRL NRS-213 | 美国农业部农业研究院 | 2016/3/9 | 精细图 | GCA_001584335.1 |
| | B4144_201601 | 荷兰格罗宁根大学 | 2016/3/11 | 精细图 | GCA_001587405.1 |
| | DJHJ8 | 韩国仁川大学 | 2016/4/28 | 精细图 | GCA_001639965.1 |
| | GBSC56 | 德国海洋生物技术研究所 | 2018/3/14 | 精细图 | GCA_002998055.1 |
| | NMTD54 | 德国海洋生物技术研究所 | 2018/3/14 | 精细图 | GCA_002998075.1 |
| | LSSC3 | 德国海洋生物技术研究所 | 2018/3/14 | 精细图 | GCA_002998135.1 |
| | TS1 | 德国海洋生物技术研究所 | 2018/3/15 | 精细图 | GCA_003003625.1 |
| | CKL1 | 德国海洋生物技术研究所 | 2018/3/15 | 精细图 | GCA_003003645.1 |
| *Bacillus aurantiacus* | DSM 18675 | 美国能源部联合基因组研究所 | 2013/9/5 | 精细图 | GCA_000429705.1 |
| *Bacillus australimaris* | NH7I_1 | 中国自然资源部第三海洋研究所 | 2015/10/6 | 框架图 | GCA_001307105.1 |
| *Bacillus azotoformans* | LMG 9581 | 比利时根特大学 | 2012/10/23 | 框架图 | GCA_000307855.1 |
| | MEV2011 | 丹麦奥胡斯大学 | 2014/6/16 | 框架图 | GCA_000708505.1 |
| *Bacillus badius* | SgD-V-25 | 印度科学和工业研究理事会微生物技术研究所 | 2016/4/23 | 精细图 | GCA_001630115.1 |
| | MTCC 1458 | 印度科学和工业研究理事会微生物技术研究所 | 2015/1/27 | 框架图 | GCA_000829535.1 |
| | DSM 30822 | 印度科学和工业研究理事会微生物技术研究所 | 2015/1/27 | 框架图 | GCA_000829555.1 |
| | NBRC 15713 | 日本国立技术与评价研究所 | 2016/2/27 | 框架图 | GCA_001591605.1 |
| | DSM 5610 | 印度科学和工业研究理事会微生物技术研究所 | 2016/4/25 | 框架图 | GCA_001632185.1 |
| | DSM 28241 | 印度科学和工业研究理事会微生物技术研究所 | 2017/6/8 | 框架图 | GCA_002189605.1 |
| | V-25 | 美国能源部联合基因组研究所 | 2019/3/22 | 框架图 | GCA_004365825.1 |
| *Bacillus bataviensis* | LMG 21833 | 比利时根特大学 | 2012/10/23 | 框架图 | GCA_000307875.1 |
| *Bacillus beveridgei* | MLTeJB | 美国特拉华大学 | 2016/9/8 | 完成图 | GCA_001721685.1 |
| *Bacillus bingmayongensis* | FJAT-13831 | 中国福建省农业科学院 | 2012/9/24 | 精细图 | GCA_000299035.1 |
| *Bacillus bogoriensis* | ATCC BAA-922 | 美国能源部联合基因组研究所 | 2014/4/8 | 精细图 | GCA_000621445.1 |
| *Bacillus bombysepticus* | Wang | 中国西南大学 | 2014/4/17 | 完成图 | GCA_000831065.1 |
| *Bacillus boroniphilus* | JCM 21738 | 日本东京大学 | 2014/1/7 | 框架图 | GCA_000517385.1 |
| *Bacillus butanolivorans* | PHB-7a | 中国上海交通大学 | 2018/8/15 | 完成图 | GCA_003410415.1 |
| | DSM 18926 | 中国福建省农业科学院 | 2015/8/24 | 精细图 | GCA_001273755.1 |
| | AFS003229 | 美国北卡罗来纳大学教堂山分校 | 2017/10/16 | 精细图 | GCA_002556305.1 |
| *Bacillus camelliae* | 7578-1 | 中国上海大学 | 2017/12/18 | 框架图 | GCA_002844575.1 |
| *Bacillus campisalis* | SA2-6 | 印度科学和工业研究理事会微生物技术研究所 | 2015/5/1 | 精细图 | GCA_000986785.1 |

续表

| 学名 | 菌株名称 | 测序机构 | 测序时间（年/月/日） | 组装水平 | GenBank 登录号 |
|---|---|---|---|---|---|
| *Bacillus canaveralius* | M4.6 | 美国加州理工学院 | 2018/1/4 | 框架图 | GCA_002860125.1 |
| | ATCC 29669 | 美国加州理工学院 | 2018/1/4 | 框架图 | GCA_002860245.1 |
| | M8-28 | 美国加州理工学院 | 2018/12/12 | 框架图 | GCA_003944805.1 |
| *Bacillus caseinilyticus* | SP | 美国能源部联合基因组研究所 | 2016/10/22 | 框架图 | GCA_900107275.1 |
| *Bacillus cavernae* | L5 | 美国加州理工学院 | 2018/12/31 | 精细图 | GCA_003989135.1 |
| *Bacillus cecembensis* | DSM 21993 | 中国福建省农业科学院 | 2015/11/6 | 精细图 | GCA_001439635.1 |
| *Bacillus cellulasensis* | NJ-M2 | 中国南京农业大学 | 2015/11/4 | 完成图 | GCA_001431145.1 |
| | NJ-V2 | 中国南京农业大学 | 2015/11/4 | 完成图 | GCA_001431785.1 |
| | NJ-V | 中国南京农业大学 | 2016/8/8 | 完成图 | GCA_001700735.1 |
| | HQ-51-Ba | 中国青岛大学 | 2019/6/5 | 完成图 | GCA_006007905.1 |
| | GLB197 | 中国农业科学院 | 2016/12/19 | 完成图 | GCA_001908475.1 |
| | ku-bf1 | 印度奥斯马尼亚大学 | 2016/2/1 | 染色体 | GCA_001543165.1 |
| | NIO-1130 | 印度科学和工业研究理事会国家化学实验室 | 2015/12/4 | 精细图 | GCA_001457015.1 |
| | BA06 | 中国四川大学 | 2012/9/27 | 框架图 | GCA_000299555.1 |
| | B4133 | 荷兰格罗宁根大学 | 2015/1/26 | 精细图 | GCA_000828455.1 |
| *Bacillus cellulosilyticus* | DSM 2522 | 美国能源部联合基因组研究所 | 2010/12/27 | 完成图 | GCA_000177235.2 |
| *Bacillus cereus* | ATCC 14579 | 法国国家农业科学研究院 | 2004/7/6 | 完成图 | GCA_000007825.1 |
| | ATCC 10987 | 欧洲基因组研究所 | 2004/2/23 | 完成图 | GCA_000008005.1 |
| | E33L | 美国能源部联合基因组研究所 | 2005/6/6 | 完成图 | GCA_000011625.1 |
| | Q1 | 中国医学科学院 | 2009/1/23 | 完成图 | GCA_000013065.1 |
| | B4264 | 欧洲基因组研究所 | 2008/12/17 | 完成图 | GCA_000021205.1 |
| | AH187 | 欧洲基因组研究所 | 2008/12/10 | 完成图 | GCA_000021225.1 |
| | G9842 | 欧洲基因组研究所 | 2008/12/19 | 完成图 | GCA_000021305.1 |
| | AH820 | 欧洲基因组研究所 | 2008/12/19 | 完成图 | GCA_000021785.1 |
| | 03BB102 | 美国克雷格•文特尔研究所 | 2009/3/30 | 完成图 | GCA_000022505.1 |
| | CI | 德国乔治-奥古斯都-哥廷根大学 | 2010/7/9 | 完成图 | GCA_000143605.1 |
| | F837/76 | 法国国家农业科学研究院 | 2011/12/21 | 完成图 | GCA_000239195.1 |
| | NC7401 | 日本北里大学 | 2011/11/28 | 完成图 | GCA_000283675.1 |
| | FRI-35 | 美国洛斯阿拉莫斯国家实验室 | 2012/8/21 | 完成图 | GCA_000292415.1 |
| | A1 | 中国北京化工大学 | 2016/5/17 | 完成图 | GCA_000635895.2 |
| | 03BB87 | 美国洛斯阿拉莫斯国家实验室 | 2014/12/4 | 完成图 | GCA_000789315.1 |
| | D17 | 美国洛斯阿拉莫斯国家实验室 | 2015/2/5 | 完成图 | GCA_000832385.1 |
| | 03BB102 | 美国洛斯阿拉莫斯国家实验室 | 2015/2/5 | 完成图 | GCA_000832405.1 |
| | FM1 | 美国洛斯阿拉莫斯国家实验室 | 2015/2/5 | 完成图 | GCA_000832525.1 |

续表

| 学名 | 菌株名称 | 测序机构 | 测序时间（年/月/日） | 组装水平 | GenBank 登录号 |
|---|---|---|---|---|---|
| *Bacillus cereus* | 3a | 美国洛斯阿拉莫斯国家实验室 | 2015/2/5 | 完成图 | GCA_000832765.1 |
| | G9241 | 美国洛斯阿拉莫斯国家实验室 | 2015/2/5 | 完成图 | GCA_000832805.1 |
| | ATCC 4342 | 美国洛斯阿拉莫斯国家实验室 | 2015/2/5 | 完成图 | GCA_000832845.1 |
| | 03BB108 | 美国洛斯阿拉莫斯国家实验室 | 2015/2/5 | 完成图 | GCA_000832865.1 |
| | S2-8 | 美国洛斯阿拉莫斯国家实验室 | 2015/2/10 | 完成图 | GCA_000835185.1 |
| | FORC_005 | 韩国首尔国立大学 | 2015/4/22 | 完成图 | GCA_000978375.1 |
| | NJ-W | 中国南京农业大学 | 2015/9/2 | 完成图 | GCA_001277915.1 |
| | FORC_013 | 韩国首尔国立大学 | 2016/1/20 | 完成图 | GCA_001518875.1 |
| | CMCC P0021 | 中国食品药品检定研究院 | 2016/5/2 | 完成图 | GCA_001635915.1 |
| | CMCC P0011 | 中国食品药品检定研究院 | 2016/5/2 | 完成图 | GCA_001635955.1 |
| | HN001 | 中国食品药品检定研究院 | 2016/5/2 | 完成图 | GCA_001635995.1 |
| | FORC_024 | 韩国首尔国立大学 | 2016/9/7 | 完成图 | GCA_001721145.1 |
| | AR156 | 中国南京农业大学 | 2016/11/17 | 完成图 | GCA_001880305.1 |
| | ISSFR-9F | 美国国家生物防御分析与对策中心 | 2017/1/10 | 完成图 | GCA_001941885.1 |
| | ISSFR-3F | 美国国家生物防御分析与对策中心 | 2017/1/10 | 完成图 | GCA_001941905.1 |
| | JEM-2 | 美国国家生物防御分析与对策中心 | 2017/1/10 | 完成图 | GCA_001941925.1 |
| | FORC021 | 韩国翰林大学 | 2017/2/15 | 完成图 | GCA_002000005.1 |
| | D12_2 | 韩国食品研究院 | 2017/7/5 | 完成图 | GCA_002214725.1 |
| | FORC_048 | 韩国首尔国立大学 | 2017/7/5 | 完成图 | GCA_002214765.1 |
| | K8 | 韩国食品研究院 | 2017/7/6 | 完成图 | GCA_002215175.1 |
| | M13 | 韩国食品研究院 | 2017/7/10 | 完成图 | GCA_002216125.1 |
| | FORC_047 | 韩国首尔国立大学 | 2017/7/17 | 完成图 | GCA_002220285.1 |
| | C1L | 中国台湾嘉义大学 | 2017/7/24 | 完成图 | GCA_002224345.1 |
| | CC-1 | 中国大连理工大学 | 2017/9/12 | 完成图 | GCA_002290105.1 |
| | MLY1 | 中国浙江大学 | 2017/12/7 | 完成图 | GCA_002813875.1 |
| | TG1-6 | 中国科学院 | 2018/3/21 | 完成图 | GCA_003013315.1 |
| | FORC60 | 韩国首尔国立大学 | 2018/3/27 | 完成图 | GCA_003020845.1 |
| | HBL-AI | 中国河北大学 | 2017/9/11 | 完成图 | GCA_003568565.1 |
| | ZB201708 | 中国北京市农林科学院 | 2019/1/9 | 完成图 | GCA_004006495.1 |
| | 1000305 | 韩国首尔国立大学 | 2019/4/11 | 完成图 | GCA_004771155.1 |
| | MH19 | 中国华中农业大学 | 2019/4/19 | 完成图 | GCA_004801195.1 |
| | BC-AK | 中国人民解放军军事医学科学院 | 2017/5/2 | 染色体 | GCA_002117465.1 |
| | BHU1 | 印度巴拿勒斯印度教大学 | 2017/10/10 | 染色体 | GCA_002504205.1 |
| | BHU2 | 印度巴拿勒斯印度教大学 | 2017/10/10 | 染色体 | GCA_002504225.1 |
| | ATCC 10987 | 巴基斯坦雷曼医学院 | 2018/2/4 | 染色体 | GCA_002952795.1 |

续表

| 学名 | 菌株名称 | 测序机构 | 测序时间（年/月/日） | 组装水平 | GenBank 登录号 |
|---|---|---|---|---|---|
| *Bacillus cereus* | G9241 | 巴基斯坦雷曼医学院 | 2018/2/4 | 染色体 | GCA_002952815.1 |
| | m1293 | 美国海军医学研究中心 | 2009/5/29 | 染色体 | GCA_000003645.1 |
| | AH1273 | 美国海军医学研究中心 | 2009/5/29 | 染色体 | GCA_000003955.1 |
| | ATCC 10876 | 美国海军医学研究中心 | 2009/5/29 | 染色体 | GCA_000160895.1 |
| | BGSC 6E1 | 美国海军医学研究中心 | 2009/5/29 | 染色体 | GCA_000160915.1 |
| | 172560W | 美国海军医学研究中心 | 2009/5/29 | 染色体 | GCA_000160935.1 |
| | ATCC 4342 | 美国海军医学研究中心 | 2009/5/29 | 染色体 | GCA_000161015.1 |
| | m1550 | 美国海军医学研究中心 | 2009/5/29 | 染色体 | GCA_000161035.1 |
| | BDRD-ST24 | 美国海军医学研究中心 | 2009/5/29 | 染色体 | GCA_000161055.1 |
| | BDRD-ST26 | 美国海军医学研究中心 | 2009/5/29 | 染色体 | GCA_000161075.1 |
| | DRD-ST196 | 美国海军医学研究中心 | 2009/5/29 | 染色体 | GCA_000161095.1 |
| | BDRD-Cer4 | 美国海军医学研究中心 | 2009/5/29 | 染色体 | GCA_000161115.1 |
| | 95/8201 | 美国海军医学研究中心 | 2009/5/29 | 染色体 | GCA_000161135.1 |
| | Rock1-3 | 美国海军医学研究中心 | 2009/5/29 | 染色体 | GCA_000161155.1 |
| | Rock1-15 | 美国海军医学研究中心 | 2009/5/29 | 染色体 | GCA_000161175.1 |
| | Rock3-28 | 美国海军医学研究中心 | 2009/5/29 | 染色体 | GCA_000161195.1 |
| | Rock3-29 | 美国海军医学研究中心 | 2009/5/29 | 染色体 | GCA_000161215.1 |
| | Rock3-42 | 美国海军医学研究中心 | 2009/5/29 | 染色体 | GCA_000161235.1 |
| | Rock3-44 | 美国海军医学研究中心 | 2009/5/29 | 染色体 | GCA_000161255.1 |
| | Rock4-2 | 美国海军医学研究中心 | 2009/5/29 | 染色体 | GCA_000161275.1 |
| | Rock4-18 | 美国海军医学研究中心 | 2009/5/29 | 染色体 | GCA_000161295.1 |
| | F65185 | 美国海军医学研究中心 | 2009/5/29 | 染色体 | GCA_000161315.1 |
| | AH676 | 美国海军医学研究中心 | 2009/5/29 | 染色体 | GCA_000161355.1 |
| | AH1271 | 美国海军医学研究中心 | 2009/5/29 | 染色体 | GCA_000161375.1 |
| | AH1272 | 美国海军医学研究中心 | 2009/5/29 | 染色体 | GCA_000161395.1 |
| | F | 俄罗斯科学院 | 2013/2/11 | 染色体 | GCA_000338315.1 |
| | AH1134 | 欧洲基因组研究所 | 2008/9/26 | 精细图 | GCA_000181615.1 |
| | LCT-BC244 | 中国人民解放军总医院 | 2012/4/5 | 精细图 | GCA_000256545.1 |
| | VDM062 | 美国布罗德研究所 | 2012/8/21 | 精细图 | GCA_000290655.1 |
| | VDM034 | 美国布罗德研究所 | 2012/8/21 | 精细图 | GCA_000290675.1 |
| | VD200 | 美国布罗德研究所 | 2012/8/21 | 精细图 | GCA_000290715.1 |
| | VD169 | 美国布罗德研究所 | 2012/8/21 | 精细图 | GCA_000290735.1 |
| | VD166 | 美国布罗德研究所 | 2012/8/21 | 精细图 | GCA_000290755.1 |
| | VD156 | 美国布罗德研究所 | 2012/8/21 | 精细图 | GCA_000290775.1 |
| | VD154 | 美国布罗德研究所 | 2012/8/21 | 精细图 | GCA_000290795.1 |

续表

| 学名 | 菌株名称 | 测序机构 | 测序时间（年/月/日） | 组装水平 | GenBank 登录号 |
|---|---|---|---|---|---|
| *Bacillus cereus* | VD148 | 美国布罗德研究所 | 2012/8/21 | 精细图 | GCA_000290815.1 |
| | VD115 | 美国布罗德研究所 | 2012/8/21 | 精细图 | GCA_000290835.1 |
| | VD107 | 美国布罗德研究所 | 2012/8/21 | 精细图 | GCA_000290855.1 |
| | VD102 | 美国布罗德研究所 | 2012/8/21 | 精细图 | GCA_000290875.1 |
| | VD048 | 美国布罗德研究所 | 2012/8/21 | 精细图 | GCA_000290915.1 |
| | IS075 | 美国布罗德研究所 | 2013/6/18 | 精细图 | GCA_000290935.2 |
| | VD022 | 美国布罗德研究所 | 2012/8/21 | 精细图 | GCA_000290955.1 |
| | VD142 | 美国布罗德研究所 | 2013/6/18 | 精细图 | GCA_000290975.2 |
| | AND1407 | 美国布罗德研究所 | 2012/8/21 | 精细图 | GCA_000290995.1 |
| | BAG1X1-2 | 美国布罗德研究所 | 2012/8/21 | 精细图 | GCA_000291035.1 |
| | BAG1X1-3 | 美国布罗德研究所 | 2012/8/21 | 精细图 | GCA_000291055.1 |
| | HuA4-10 | 美国布罗德研究所 | 2012/8/21 | 精细图 | GCA_000291075.1 |
| | HuB5-5 | 美国布罗德研究所 | 2012/8/21 | 精细图 | GCA_000291115.1 |
| | ISP3191 | 美国布罗德研究所 | 2012/8/21 | 精细图 | GCA_000291135.1 |
| | MC67 | 美国布罗德研究所 | 2012/8/21 | 精细图 | GCA_000291155.1 |
| | HuA2-4 | 美国布罗德研究所 | 2012/8/21 | 精细图 | GCA_000291175.1 |
| | MSX-A1 | 美国布罗德研究所 | 2012/8/21 | 精细图 | GCA_000291195.1 |
| | VD045 | 美国布罗德研究所 | 2012/8/21 | 精细图 | GCA_000291215.1 |
| | MSX-A12 | 美国布罗德研究所 | 2012/8/21 | 精细图 | GCA_000291235.1 |
| | VD014 | 美国布罗德研究所 | 2012/8/21 | 精细图 | GCA_000291255.1 |
| | MSX-D12 | 美国布罗德研究所 | 2012/8/21 | 精细图 | GCA_000291275.1 |
| | BAG5X1-1 | 美国布罗德研究所 | 2012/8/21 | 精细图 | GCA_000291295.1 |
| | BAG6X1-2 | 美国布罗德研究所 | 2012/8/21 | 精细图 | GCA_000291355.1 |
| | BAG5O-1 | 美国布罗德研究所 | 2012/8/21 | 精细图 | GCA_000291395.1 |
| | BAG4X12-1 | 美国布罗德研究所 | 2012/8/21 | 精细图 | GCA_000291415.1 |
| | BAG4O-1 | 美国布罗德研究所 | 2012/8/21 | 精细图 | GCA_000291435.1 |
| | BAG3X2-2 | 美国布罗德研究所 | 2012/8/21 | 精细图 | GCA_000291455.1 |
| | BAG3X2-1 | 美国布罗德研究所 | 2012/8/21 | 精细图 | GCA_000291475.1 |
| | BAG2X1-3 | 美国布罗德研究所 | 2012/8/21 | 精细图 | GCA_000291515.1 |
| | BAG3O-2 | 美国布罗德研究所 | 2012/8/21 | 精细图 | GCA_000291535.1 |
| | BAG2X1-1 | 美国布罗德研究所 | 2012/8/21 | 精细图 | GCA_000291665.1 |
| | BAG4X2-1 | 美国布罗德研究所 | 2012/8/29 | 精细图 | GCA_000293505.1 |
| | BAG6O-1 | 美国布罗德研究所 | 2012/8/29 | 精细图 | GCA_000293525.1 |
| | BAG6O-2 | 美国布罗德研究所 | 2012/8/29 | 精细图 | GCA_000293545.1 |
| | HD73 | 美国布罗德研究所 | 2012/8/29 | 精细图 | GCA_000293685.1 |

续表

| 学名 | 菌株名称 | 测序机构 | 测序时间（年/月/日） | 组装水平 | GenBank 登录号 |
|---|---|---|---|---|---|
| *Bacillus cereus* | HuA2-1 | 美国布罗德研究所 | 2012/8/29 | 精细图 | GCA_000293705.1 |
| | HuB1-1 | 美国布罗德研究所 | 2012/8/29 | 精细图 | GCA_000293725.1 |
| | HuB2-9 | 美国布罗德研究所 | 2012/8/29 | 精细图 | GCA_000293745.1 |
| | TIAC219 | 美国布罗德研究所 | 2013/5/16 | 精细图 | GCA_000398785.1 |
| | Schrouff | 美国布罗德研究所 | 2013/5/16 | 精细图 | GCA_000398945.1 |
| | HuA3-9 | 美国布罗德研究所 | 2013/5/16 | 精细图 | GCA_000398965.1 |
| | HuA2-9 | 美国布罗德研究所 | 2013/5/16 | 精细图 | GCA_000398985.1 |
| | BAG1X1-1 | 美国布罗德研究所 | 2013/5/16 | 精细图 | GCA_000399005.1 |
| | VD133 | 美国布罗德研究所 | 2013/5/16 | 精细图 | GCA_000399025.1 |
| | BAG1X2-1 | 美国布罗德研究所 | 2013/5/16 | 精细图 | GCA_000399065.1 |
| | BAG1X2-2 | 美国布罗德研究所 | 2013/5/16 | 精细图 | GCA_000399085.1 |
| | BAG1X2-3 | 美国布罗德研究所 | 2013/5/16 | 精细图 | GCA_000399105.1 |
| | VD196 | 美国布罗德研究所 | 2013/5/16 | 精细图 | GCA_000399125.1 |
| | VD021 | 美国布罗德研究所 | 2013/5/16 | 精细图 | GCA_000399145.1 |
| | BAG1O-1 | 美国布罗德研究所 | 2013/5/16 | 精细图 | GCA_000399165.1 |
| | K-5975c | 美国布罗德研究所 | 2013/5/16 | 精细图 | GCA_000399185.1 |
| | IS845/00 | 美国布罗德研究所 | 2013/5/16 | 精细图 | GCA_000399205.1 |
| | IS195 | 美国布罗德研究所 | 2013/5/16 | 精细图 | GCA_000399225.1 |
| | MC118 | 美国布罗德研究所 | 2013/5/16 | 精细图 | GCA_000399245.1 |
| | BAG2O-1 | 美国布罗德研究所 | 2013/5/16 | 精细图 | GCA_000399265.1 |
| | BAG2O-3 | 美国布罗德研究所 | 2013/5/16 | 精细图 | GCA_000399285.1 |
| | HuB4-4 | 美国布罗德研究所 | 2013/5/16 | 精细图 | GCA_000399305.1 |
| | BAG5X12-1 | 美国布罗德研究所 | 2013/5/16 | 精细图 | GCA_000399325.1 |
| | BMG1.7 | 美国布罗德研究所 | 2013/5/16 | 精细图 | GCA_000399345.1 |
| | HuB13-1 | 美国布罗德研究所 | 2013/5/16 | 精细图 | GCA_000399365.1 |
| | VD131 | 美国布罗德研究所 | 2013/5/16 | 精细图 | GCA_000399385.1 |
| | HuA2-3 | 美国布罗德研究所 | 2013/5/16 | 精细图 | GCA_000399405.1 |
| | VD146 | 美国布罗德研究所 | 2013/5/16 | 精细图 | GCA_000399425.1 |
| | VD214 | 美国布罗德研究所 | 2013/5/16 | 精细图 | GCA_000399445.1 |
| | VDM053 | 美国布罗德研究所 | 2013/5/16 | 精细图 | GCA_000399465.1 |
| | VD136 | 美国布罗德研究所 | 2013/5/16 | 精细图 | GCA_000399485.1 |
| | ISP2954 | 美国布罗德研究所 | 2013/5/16 | 精细图 | GCA_000399505.1 |
| | VD118 | 美国布罗德研究所 | 2013/5/16 | 精细图 | GCA_000399525.1 |
| | VD140 | 美国布罗德研究所 | 2013/5/16 | 精细图 | GCA_000399545.1 |
| | VD184 | 美国布罗德研究所 | 2013/5/16 | 精细图 | GCA_000399565.1 |

续表

| 学名 | 菌株名称 | 测序机构 | 测序时间（年/月/日） | 组装水平 | GenBank 登录号 |
|---|---|---|---|---|---|
| *Bacillus cereus* | VDM006 | 美国布罗德研究所 | 2013/5/16 | 精细图 | GCA_000399585.1 |
| | VDM021 | 美国布罗德研究所 | 2013/5/16 | 精细图 | GCA_000399605.1 |
| | B5-2 | 美国布罗德研究所 | 2013/5/16 | 精细图 | GCA_000399625.1 |
| | BAG3O-1 | 美国布罗德研究所 | 2013/5/16 | 精细图 | GCA_000399645.1 |
| | BAG2O-2 | 美国布罗德研究所 | 2013/6/21 | 精细图 | GCA_000412315.1 |
| | BAG1O-3 | 美国布罗德研究所 | 2013/6/21 | 精细图 | GCA_000412975.1 |
| | LCT-BC25 | 中国人民解放军总医院 | 2013/7/25 | 精细图 | GCA_000440035.1 |
| | LCT-BC235 | 中国人民解放军总医院 | 2013/7/25 | 精细图 | GCA_000440055.1 |
| | F1-15 | 美国洛斯阿拉莫斯国家实验室 | 2014/8/29 | 精细图 | GCA_000743815.1 |
| | 13061 | 美国洛斯阿拉莫斯国家实验室 | 2014/8/29 | 精细图 | GCA_000743865.1 |
| | ATCC 4342 | 美国洛斯阿拉莫斯国家实验室 | 2014/9/2 | 精细图 | GCA_000746865.1 |
| | tsu1 | 美国田纳西州立大学 | 2014/11/7 | 精细图 | GCA_000773635.1 |
| | UW85 | 美国耶鲁大学 | 2016/7/1 | 精细图 | GCA_001678165.1 |
| | ISSFR-23F | 美国国家生物防御分析与对策中心 | 2017/1/5 | 精细图 | GCA_001936485.1 |
| | LA2007 | 美国佐治亚理工学院 | 2017/2/27 | 精细图 | GCA_002007005.1 |
| | WH2015 | 中国广东海洋大学 | 2017/3/6 | 精细图 | GCA_002021695.1 |
| | UAEU-H3K6M1 | 阿拉伯联合酋长国大学 | 2018/6/12 | 精细图 | GCA_002880735.2 |
| | FSL R5-860 | 美国康奈尔大学 | 2014/1/13 | 框架图 | GCA_000518025.1 |
| | B7-s | 中国甘肃省商业科技研究所 | 2014/1/16 | 框架图 | GCA_000520915.1 |
| | MIT0214 | 美国麻省理工学院 | 2015/3/2 | 框架图 | GCA_000935235.1 |
| | Lr 4/2 | 美国洛斯阿拉莫斯国家实验室 | 2015/3/5 | 框架图 | GCA_000948345.1 |
| | KS100Bc | 韩国食品研究院 | 2015/5/4 | 框架图 | GCA_000987785.1 |
| | LK9 | 马来西亚马来亚大学 | 2015/6/30 | 框架图 | GCA_001043655.1 |
| | F4430-73 | 德国慕尼黑工业大学 | 2015/7/1 | 框架图 | GCA_001044665.1 |
| | MHI 226 | 德国慕尼黑工业大学 | 2015/7/1 | 框架图 | GCA_001044815.1 |
| | 910_BCER | 美国华盛顿大学 | 2015/7/10 | 框架图 | GCA_001059875.1 |
| | JRS4 | 英国利物浦大学 | 2015/8/31 | 框架图 | GCA_001286825.1 |
| | PE8-121b | 南非西开普大学 | 2016/1/27 | 框架图 | GCA_001541995.1 |
| | DSM 2302 | 瑞士西北应用科技大学 | 2016/2/23 | 框架图 | GCA_001566355.1 |
| | MB.1 | 瑞士西北应用科技大学 | 2016/2/23 | 框架图 | GCA_001566365.1 |
| | MB.15 | 瑞士西北应用科技大学 | 2016/2/23 | 框架图 | GCA_001566375.1 |
| | MB.18 | 瑞士西北应用科技大学 | 2016/2/23 | 框架图 | GCA_001566385.1 |
| | MB.16 | 瑞士西北应用科技大学 | 2016/2/23 | 框架图 | GCA_001566435.1 |
| | MB.17 | 瑞士西北应用科技大学 | 2016/2/23 | 框架图 | GCA_001566445.1 |
| | MB.21 | 瑞士西北应用科技大学 | 2016/2/23 | 框架图 | GCA_001566455.1 |

续表

| 学名 | 菌株名称 | 测序机构 | 测序时间（年/月/日） | 组装水平 | GenBank 登录号 |
|---|---|---|---|---|---|
| *Bacillus cereus* | MB.8 | 瑞士西北应用科技大学 | 2016/2/23 | 框架图 | GCA_001566465.1 |
| | MB.8-1 | 瑞士西北应用科技大学 | 2016/2/23 | 框架图 | GCA_001566515.1 |
| | MB.20 | 瑞士西北应用科技大学 | 2016/2/23 | 框架图 | GCA_001566525.1 |
| | MB.22 | 瑞士西北应用科技大学 | 2016/2/23 | 框架图 | GCA_001566535.1 |
| | DSM 626 | 瑞士西北应用科技大学 | 2016/2/23 | 框架图 | GCA_001566705.1 |
| | FSL K6-0043 | 美国康奈尔大学 | 2016/3/9 | 框架图 | GCA_001583685.1 |
| | FSL W8-0003 | 美国康奈尔大学 | 2016/3/9 | 框架图 | GCA_001583705.1 |
| | FSL W8-0268 | 美国康奈尔大学 | 2016/3/9 | 框架图 | GCA_001583745.1 |
| | FSL H8-0488 | 美国康奈尔大学 | 2016/3/9 | 框架图 | GCA_001583755.1 |
| | FSL W8-0523 | 美国康奈尔大学 | 2016/3/9 | 框架图 | GCA_001583765.1 |
| | FSL W8-0275 | 美国康奈尔大学 | 2016/3/9 | 框架图 | GCA_001583805.1 |
| | FSL W8-0767 | 美国康奈尔大学 | 2016/3/9 | 框架图 | GCA_001583845.1 |
| | FSL W8-0932 | 美国康奈尔大学 | 2016/3/9 | 框架图 | GCA_001583855.1 |
| | FSL W8-0824 | 美国康奈尔大学 | 2016/3/9 | 框架图 | GCA_001583865.1 |
| | FSL W8-0640 | 美国康奈尔大学 | 2016/3/9 | 框架图 | GCA_001583875.1 |
| | FSL K6-0067 | 美国康奈尔大学 | 2016/3/9 | 框架图 | GCA_001583925.1 |
| | FSL K6-0073 | 美国康奈尔大学 | 2016/3/9 | 框架图 | GCA_001583935.1 |
| | FSL K6-0267 | 美国康奈尔大学 | 2016/3/9 | 框架图 | GCA_001583955.1 |
| | FSL M8-0117 | 美国康奈尔大学 | 2016/3/9 | 框架图 | GCA_001583975.1 |
| | FSL W8-0050 | 美国康奈尔大学 | 2016/3/9 | 框架图 | GCA_001584005.1 |
| | FSL H8-0482 | 美国康奈尔大学 | 2016/3/9 | 框架图 | GCA_001584025.1 |
| | FSL H7-0926 | 美国康奈尔大学 | 2016/3/9 | 框架图 | GCA_001584065.1 |
| | FSL W8-0520 | 美国康奈尔大学 | 2016/3/9 | 框架图 | GCA_001584095.1 |
| | FSL W8-0483 | 美国康奈尔大学 | 2016/3/9 | 框架图 | GCA_001584105.1 |
| | MROC2 | 美国加利福尼亚州立大学弗雷斯诺分校 | 2016/7/1 | 框架图 | GCA_001677965.1 |
| | B06.009 | 挪威奥斯陆大学 | 2016/7/12 | 框架图 | GCA_001683695.1 |
| | AH725 | 挪威奥斯陆大学 | 2016/7/12 | 框架图 | GCA_001683705.1 |
| | LCR12 | 澳大利亚乐卓博大学 | 2016/8/5 | 框架图 | GCA_001699805.1 |
| | A9 | 澳大利亚昆士兰大学 | 2016/9/16 | 框架图 | GCA_001729295.1 |
| | A50 | 澳大利亚昆士兰大学 | 2016/9/16 | 框架图 | GCA_001729445.1 |
| | N31 | 中国自然资源部第三海洋研究所 | 2016/11/18 | 框架图 | GCA_001883865.1 |
| | A8S3 | 中国自然资源部第三海洋研究所 | 2016/11/18 | 框架图 | GCA_001883965.1 |
| | Co15 | 中国自然资源部第三海洋研究所 | 2016/11/18 | 框架图 | GCA_001883975.1 |
| | NZAS01 | 新西兰奥塔哥大学 | 2016/12/12 | 框架图 | GCA_001901235.1 |

续表

| 学名 | 菌株名称 | 测序机构 | 测序时间（年/月/日） | 组装水平 | GenBank 登录号 |
|---|---|---|---|---|---|
| *Bacillus cereus* | NZAS02 | 新西兰奥塔哥大学 | 2016/12/12 | 框架图 | GCA_001901245.1 |
| | NZAS03 | 新西兰奥塔哥大学 | 2016/12/12 | 框架图 | GCA_001901305.1 |
| | MOD1_Bc119 | 美国食品安全与应用营养中心 | 2016/12/21 | 框架图 | GCA_001913295.1 |
| | MOD1_Bc50 | 美国食品安全与应用营养中心 | 2016/12/21 | 框架图 | GCA_001913375.1 |
| | MOD1_Bc23 | 美国食品安全与应用营养中心 | 2016/12/21 | 框架图 | GCA_001913405.1 |
| | MOD1_Bc21 | 美国食品安全与应用营养中心 | 2016/12/21 | 框架图 | GCA_001913455.1 |
| | MOD1_Bc18 | 美国食品安全与应用营养中心 | 2016/12/21 | 框架图 | GCA_001913615.1 |
| | MOD1_Bc77 | 美国食品安全与应用营养中心 | 2016/12/21 | 框架图 | GCA_001913625.1 |
| | MOD1_Bc85 | 美国食品安全与应用营养中心 | 2016/12/21 | 框架图 | GCA_001913635.1 |
| | MOD1_Bc174 | 美国食品安全与应用营养中心 | 2017/1/9 | 框架图 | GCA_001940365.1 |
| | MOD1_Bc149 | 美国食品安全与应用营养中心 | 2017/2/1 | 框架图 | GCA_001982855.1 |
| | FSL J3-0123 | 美国康奈尔大学 | 2017/3/3 | 框架图 | GCA_002014485.1 |
| | FSL M7-1219 | 美国康奈尔大学 | 2017/3/3 | 框架图 | GCA_002014575.1 |
| | FSL H8-0485 | 美国康奈尔大学 | 2017/3/3 | 框架图 | GCA_002014585.1 |
| | FSL M8-0473 | 美国康奈尔大学 | 2017/3/3 | 框架图 | GCA_002014665.1 |
| | FSL K6-1030 | 美国康奈尔大学 | 2017/3/3 | 框架图 | GCA_002014705.1 |
| | FSL R5-0811 | 美国康奈尔大学 | 2017/3/3 | 框架图 | GCA_002014895.1 |
| | MOD1_Bc75 | 美国食品安全与应用营养中心 | 2017/3/6 | 框架图 | GCA_002021335.1 |
| | MOD1_Bc20 | 美国食品安全与应用营养中心 | 2017/3/6 | 框架图 | GCA_002021365.1 |
| | E41 | 加拿大阿尔伯塔大学 | 2017/3/9 | 框架图 | GCA_002024535.1 |
| | MOD1_Bc143 | 美国食品安全与应用营养中心 | 2017/4/3 | 框架图 | GCA_002078195.1 |
| | MOD1_Bc188 | 美国食品安全与应用营养中心 | 2017/6/19 | 框架图 | GCA_002199205.1 |
| | MOD1_Bc201 | 美国食品安全与应用营养中心 | 2017/6/19 | 框架图 | GCA_002199285.1 |
| | MOD1_Bc63 | 美国食品安全与应用营养中心 | 2017/6/19 | 框架图 | GCA_002199425.1 |
| | MOD1_Bc180 | 美国食品安全与应用营养中心 | 2017/6/19 | 框架图 | GCA_002199485.1 |
| | MOD1_Bc193 | 美国食品安全与应用营养中心 | 2017/6/19 | 框架图 | GCA_002199905.1 |
| | MOD1_Bc230 | 美国食品安全与应用营养中心 | 2017/6/19 | 框架图 | GCA_002200085.1 |
| | HZBCE-10 | 中国杭州市疾病预防控制中心 | 2017/9/22 | 框架图 | GCA_002343945.1 |
| | HZBCE-08 | 中国杭州市疾病预防控制中心 | 2017/10/12 | 框架图 | GCA_002530555.1 |
| | HZBCE-09 | 中国杭州市疾病预防控制中心 | 2017/10/12 | 框架图 | GCA_002530565.1 |
| | HZBCE-07 | 中国杭州市疾病预防控制中心 | 2017/10/12 | 框架图 | GCA_002530575.1 |
| | HZBCE-02 | 中国杭州市疾病预防控制中心 | 2017/10/12 | 框架图 | GCA_002530625.1 |
| | HZBCE-01 | 中国杭州市疾病预防控制中心 | 2017/10/12 | 框架图 | GCA_002530635.1 |
| | AFS090123 | 美国北卡罗来纳大学教堂山分校 | 2017/10/13 | 框架图 | GCA_002552725.1 |
| | AFS099737 | 美国北卡罗来纳大学教堂山分校 | 2017/10/13 | 框架图 | GCA_002552875.1 |

续表

| 学名 | 菌株名称 | 测序机构 | 测序时间（年/月/日） | 组装水平 | GenBank 登录号 |
|---|---|---|---|---|---|
| *Bacillus cereus* | AFS093598 | 美国北卡罗来纳大学教堂山分校 | 2017/10/13 | 框架图 | GCA_002553185.1 |
| | AFS077000 | 美国北卡罗来纳大学教堂山分校 | 2017/10/17 | 框架图 | GCA_002566605.1 |
| | AFS075781 | 美国北卡罗来纳大学教堂山分校 | 2017/10/17 | 框架图 | GCA_002566675.1 |
| | AFS073631 | 美国北卡罗来纳大学教堂山分校 | 2017/10/17 | 框架图 | GCA_002566925.1 |
| | AFS057502 | 美国北卡罗来纳大学教堂山分校 | 2017/10/18 | 框架图 | GCA_002574205.1 |
| | AFS044520 | 美国北卡罗来纳大学教堂山分校 | 2017/10/18 | 框架图 | GCA_002576955.1 |
| | AFS040054 | 美国北卡罗来纳大学教堂山分校 | 2017/10/18 | 框架图 | GCA_002577755.1 |
| | SJ-S24 | 美国圣犹达儿童研究医院 | 2017/12/4 | 框架图 | GCA_002807155.1 |
| | SJ-S22 | 美国圣犹达儿童研究医院 | 2017/12/4 | 框架图 | GCA_002807175.1 |
| | SJ-S21 | 美国圣犹达儿童研究医院 | 2017/12/4 | 框架图 | GCA_002807215.1 |
| | SJ-S20 | 美国圣犹达儿童研究医院 | 2017/12/4 | 框架图 | GCA_002807235.1 |
| | SJ-S30 | 美国圣犹达儿童研究医院 | 2017/12/4 | 框架图 | GCA_002807375.1 |
| | SJ-S29 | 美国圣犹达儿童研究医院 | 2017/12/4 | 框架图 | GCA_002807395.1 |
| | SJ-S28 | 美国圣犹达儿童研究医院 | 2017/12/4 | 框架图 | GCA_002807415.1 |
| | SJ-S27 | 美国圣犹达儿童研究医院 | 2017/12/4 | 框架图 | GCA_002807445.1 |
| | CVC_S12 | 挪威奥斯陆大学 | 2018/5/24 | 框架图 | GCA_003151055.1 |
| | CVC_S1 | 挪威奥斯陆大学 | 2018/5/24 | 框架图 | GCA_003151095.1 |
| | P4-0-9 | 中国香港大学 | 2018/6/28 | 框架图 | GCA_003270005.1 |
| | C3-5-12 | 中国香港大学 | 2018/6/28 | 框架图 | GCA_003270015.1 |
| | P4-1-5 | 中国香港大学 | 2018/6/28 | 框架图 | GCA_003270025.1 |
| | C3-5-14 | 中国香港大学 | 2018/6/28 | 框架图 | GCA_003270035.1 |
| | 8A | 巴西南里奥格兰德联邦大学 | 2018/7/20 | 框架图 | GCA_003332225.1 |
| | CCTCC M2014513 | 中国四川轻化工大学 | 2018/9/7 | 框架图 | GCA_003545675.1 |
| | MRIK1 | 印度伯德万大学 | 2018/9/21 | 框架图 | GCA_003586605.1 |
| | PgBE311 | 韩国国家园艺和草药科学研究所 | 2019/1/14 | 框架图 | GCA_004022305.1 |
| | MS464a | 德国马克斯•鲁布纳研究所 | 2019/3/6 | 框架图 | GCA_004330325.1 |
| | G12 | 德国马克斯•鲁布纳研究所 | 2019/3/6 | 框架图 | GCA_004330405.1 |
| | I1 | 以色列魏茨曼科学研究所 | 2019/3/25 | 框架图 | GCA_004378425.1 |
| | DDD103 | 中国华中农业大学 | 2019/4/5 | 框架图 | GCA_004681985.1 |
| | NCTC 2599 | 欧洲生物信息学研究所 | 2018/6/30 | 框架图 | GCA_900445355.1 |
| | NCTC 7464 | 欧洲生物信息学研究所 | 2018/8/8 | 框架图 | GCA_900445375.1 |
| | BcFL2013 | 美国全国传染病中心 | 2014/5/12 | 精细图 | GCA_000688755.1 |
| | B4077 | 荷兰格罗宁根大学 | 2015/5/18 | 精细图 | GCA_001008565.1 |
| | B4078 | 荷兰格罗宁根大学 | 2015/5/18 | 精细图 | GCA_001008575.1 |

续表

| 学名 | 菌株名称 | 测序机构 | 测序时间（年/月/日） | 组装水平 | GenBank 登录号 |
|---|---|---|---|---|---|
| *Bacillus cereus* | B4086 | 荷兰格罗宁根大学 | 2015/5/18 | 精细图 | GCA_001008585.1 |
| | B4080 | 荷兰格罗宁根大学 | 2015/5/18 | 精细图 | GCA_001008595.1 |
| | B4087 | 荷兰格罗宁根大学 | 2015/5/18 | 精细图 | GCA_001008645.1 |
| | B4158 | 荷兰格罗宁根大学 | 2015/5/18 | 精细图 | GCA_001008665.1 |
| | B4153 | 荷兰格罗宁根大学 | 2015/5/18 | 精细图 | GCA_001008695.1 |
| | 7/27/S | 德国慕尼黑工业大学 | 2015/7/1 | 精细图 | GCA_001044475.1 |
| | #17 | 德国慕尼黑工业大学 | 2015/7/1 | 精细图 | GCA_001044485.1 |
| | F3162-04 | 德国慕尼黑工业大学 | 2015/7/1 | 精细图 | GCA_001044555.1 |
| | F528-94 | 德国慕尼黑工业大学 | 2015/7/1 | 精细图 | GCA_001044565.1 |
| | HWW 274-2 | 德国慕尼黑工业大学 | 2015/7/1 | 精细图 | GCA_001044585.1 |
| | F4429-71 | 德国慕尼黑工业大学 | 2015/7/1 | 精细图 | GCA_001044635.1 |
| | F3175-03 | 德国慕尼黑工业大学 | 2015/7/1 | 精细图 | GCA_001044645.1 |
| | INRA A3 | 德国慕尼黑工业大学 | 2015/7/1 | 精细图 | GCA_001044655.1 |
| | INRA C3 | 德国慕尼黑工业大学 | 2015/7/1 | 精细图 | GCA_001044715.1 |
| | RIVM BC 90 | 德国慕尼黑工业大学 | 2015/7/1 | 精细图 | GCA_001044735.1 |
| | MHI 86 | 德国慕尼黑工业大学 | 2015/7/1 | 精细图 | GCA_001044795.1 |
| | NVH 0075-95 | 德国慕尼黑工业大学 | 2015/7/1 | 精细图 | GCA_001044825.1 |
| | RIVM BC 934 | 德国慕尼黑工业大学 | 2015/7/1 | 精细图 | GCA_001044855.1 |
| | RIVM BC 964 | 德国慕尼黑工业大学 | 2015/7/1 | 精细图 | GCA_001044875.1 |
| | WSBC 10035 | 德国慕尼黑工业大学 | 2015/7/1 | 精细图 | GCA_001044895.1 |
| | SDA KA 96 | 德国慕尼黑工业大学 | 2015/7/1 | 精细图 | GCA_001044905.1 |
| | 6/27/S | 德国慕尼黑工业大学 | 2015/7/1 | 精细图 | GCA_001044955.1 |
| | 820_BCER | 美国华盛顿大学 | 2015/7/10 | 精细图 | GCA_001058585.1 |
| | 823_BTHU | 美国华盛顿大学 | 2015/7/10 | 精细图 | GCA_001059175.1 |
| | 896_BCER | 美国华盛顿大学 | 2015/7/10 | 精细图 | GCA_001059825.1 |
| | 822_BCER | 美国华盛顿大学 | 2015/7/10 | 精细图 | GCA_001077095.1 |
| | 905 | 中国农业大学 | 2016/3/3 | 精细图 | GCA_001579695.1 |
| | B4079 | 荷兰顶级食品与营养研究所 | 2016/3/30 | 精细图 | GCA_001604665.1 |
| | B4081 | 荷兰顶级食品与营养研究所 | 2016/4/13 | 精细图 | GCA_001619285.1 |
| | B4083 | 荷兰顶级食品与营养研究所 | 2016/4/13 | 精细图 | GCA_001619335.1 |
| | B4088 | 荷兰顶级食品与营养研究所 | 2016/4/13 | 精细图 | GCA_001619355.1 |
| | B4116 | 荷兰顶级食品与营养研究所 | 2016/4/13 | 精细图 | GCA_001619385.1 |
| | B4120 | 荷兰顶级食品与营养研究所 | 2016/4/13 | 精细图 | GCA_001619395.1 |
| | B4155 | 荷兰顶级食品与营养研究所 | 2016/4/13 | 精细图 | GCA_001619405.1 |
| | B4082 | 荷兰顶级食品与营养研究所 | 2016/4/13 | 精细图 | GCA_001619425.1 |

续表

| 学名 | 菌株名称 | 测序机构 | 测序时间（年/月/日） | 组装水平 | GenBank 登录号 |
|---|---|---|---|---|---|
| *Bacillus cereus* | B4084 | 荷兰顶级食品与营养研究所 | 2016/4/13 | 精细图 | GCA_001619445.1 |
| | B4085 | 荷兰顶级食品与营养研究所 | 2016/4/13 | 精细图 | GCA_001619465.1 |
| | B4118 | 荷兰顶级食品与营养研究所 | 2016/4/13 | 精细图 | GCA_001619525.1 |
| | MOD1_Bc140 | 美国食品安全与应用营养中心 | 2016/9/2 | 精细图 | GCA_001719025.1 |
| | 16SBCL1279 | 法国巴黎东大学 | 2016/12/8 | 精细图 | GCA_001895235.1 |
| | MOD1_Bc67 | 美国食品安全与应用营养中心 | 2016/12/13 | 精细图 | GCA_001901815.1 |
| | MOD1_Bc113 | 美国食品安全与应用营养中心 | 2016/12/13 | 精细图 | GCA_001901885.1 |
| | MOD1_Bc111 | 美国食品安全与应用营养中心 | 2016/12/13 | 精细图 | GCA_001901895.1 |
| | MOD1_Bc112 | 美国食品安全与应用营养中心 | 2016/12/13 | 精细图 | GCA_001901905.1 |
| | BC04 | 印度科学和工业研究理事会微生物技术研究所 | 2016/12/19 | 精细图 | GCA_001909175.1 |
| | MOD1_Bc89 | 美国食品安全与应用营养中心 | 2016/12/21 | 精细图 | GCA_001913305.1 |
| | MOD1_Bc80 | 美国食品安全与应用营养中心 | 2016/12/21 | 精细图 | GCA_001913315.1 |
| | MOD1_Bc69 | 美国食品安全与应用营养中心 | 2016/12/21 | 精细图 | GCA_001913325.1 |
| | MOD1_Bc66 | 美国食品安全与应用营养中心 | 2016/12/21 | 精细图 | GCA_001913385.1 |
| | MOD1_Bc72 | 美国食品安全与应用营养中心 | 2016/12/21 | 精细图 | GCA_001913395.1 |
| | MOD1_Bc138 | 美国食品安全与应用营养中心 | 2016/12/21 | 精细图 | GCA_001913465.1 |
| | MOD1_Bc68 | 美国食品安全与应用营养中心 | 2016/12/21 | 精细图 | GCA_001913475.1 |
| | MOD1_Bc55 | 美国食品安全与应用营养中心 | 2016/12/21 | 精细图 | GCA_001913485.1 |
| | MOD1_Bc133 | 美国食品安全与应用营养中心 | 2016/12/21 | 精细图 | GCA_001913535.1 |
| | MOD1_Bc135 | 美国食品安全与应用营养中心 | 2016/12/21 | 精细图 | GCA_001913545.1 |
| | MOD1_Bc137 | 美国食品安全与应用营养中心 | 2016/12/21 | 精细图 | GCA_001913555.1 |
| | MOD1_Bc139 | 美国食品安全与应用营养中心 | 2016/12/21 | 精细图 | GCA_001913575.1 |
| | MOD1_Bc136 | 美国食品安全与应用营养中心 | 2016/12/21 | 精细图 | GCA_001913645.1 |
| | MOD1_Bc107 | 美国食品安全与应用营养中心 | 2017/2/1 | 精细图 | GCA_001982805.1 |
| | MOD1_Bc110 | 美国食品安全与应用营养中心 | 2017/2/1 | 精细图 | GCA_001982815.1 |
| | MOD1_Bc98 | 美国食品安全与应用营养中心 | 2017/2/1 | 精细图 | GCA_001982845.1 |
| | MOD1_Bc97 | 美国食品安全与应用营养中心 | 2017/2/1 | 精细图 | GCA_001982885.1 |
| | MOD1_Bc99 | 美国食品安全与应用营养中心 | 2017/2/1 | 精细图 | GCA_001982895.1 |
| | MOD1_Bc105 | 美国食品安全与应用营养中心 | 2017/2/1 | 精细图 | GCA_001982925.1 |
| | MOD1_Bc106 | 美国食品安全与应用营养中心 | 2017/2/1 | 精细图 | GCA_001982935.1 |
| | MOD1_Bc81 | 美国食品安全与应用营养中心 | 2017/2/17 | 精细图 | GCA_002003645.1 |
| | MOD1_Bc90 | 美国食品安全与应用营养中心 | 2017/3/6 | 精细图 | GCA_002021355.1 |
| | MOD1_Bc88 | 美国食品安全与应用营养中心 | 2017/3/6 | 精细图 | GCA_002021375.1 |
| | MOD1_Bc122 | 美国食品安全与应用营养中心 | 2017/3/6 | 精细图 | GCA_002021385.1 |

续表

| 学名 | 菌株名称 | 测序机构 | 测序时间（年/月/日） | 组装水平 | GenBank 登录号 |
|---|---|---|---|---|---|
| *Bacillus cereus* | MOD1_Bc83 | 美国食品安全与应用营养中心 | 2017/3/6 | 精细图 | GCA_002021435.1 |
| | MOD1_Bc71 | 美国食品安全与应用营养中心 | 2017/3/6 | 精细图 | GCA_002021445.1 |
| | MOD1_Bc73 | 美国食品安全与应用营养中心 | 2017/3/6 | 精细图 | GCA_002021455.1 |
| | MOD1_Bc92 | 美国食品安全与应用营养中心 | 2017/3/6 | 精细图 | GCA_002021465.1 |
| | MOD1_Bc86 | 美国食品安全与应用营养中心 | 2017/3/6 | 精细图 | GCA_002021515.1 |
| | MOD1_Bc93 | 美国食品安全与应用营养中心 | 2017/3/6 | 精细图 | GCA_002021535.1 |
| | MOD1_Bc30 | 美国食品安全与应用营养中心 | 2017/3/6 | 精细图 | GCA_002021545.1 |
| | CZ-2 | 中国南京农业大学 | 2017/6/16 | 精细图 | GCA_002196815.1 |
| | MOD1_Bc57 | 美国食品安全与应用营养中心 | 2017/6/19 | 精细图 | GCA_002199125.1 |
| | MOD1_Bc179 | 美国食品安全与应用营养中心 | 2017/6/19 | 精细图 | GCA_002199155.1 |
| | MOD1_Bc185 | 美国食品安全与应用营养中心 | 2017/6/19 | 精细图 | GCA_002199165.1 |
| | MOD1_Bc187 | 美国食品安全与应用营养中心 | 2017/6/19 | 精细图 | GCA_002199185.1 |
| | MOD1_Bc191 | 美国食品安全与应用营养中心 | 2017/6/19 | 精细图 | GCA_002199225.1 |
| | MOD1_Bc199 | 美国食品安全与应用营养中心 | 2017/6/19 | 精细图 | GCA_002199265.1 |
| | MOD1_Bc192 | 美国食品安全与应用营养中心 | 2017/6/19 | 精细图 | GCA_002199275.1 |
| | MOD1_Bc210 | 美国食品安全与应用营养中心 | 2017/6/19 | 精细图 | GCA_002199315.1 |
| | MOD1_Bc207 | 美国食品安全与应用营养中心 | 2017/6/19 | 精细图 | GCA_002199335.1 |
| | MOD1_Bc59 | 美国食品安全与应用营养中心 | 2017/6/19 | 精细图 | GCA_002199345.1 |
| | MOD1_Bc61 | 美国食品安全与应用营养中心 | 2017/6/19 | 精细图 | GCA_002199365.1 |
| | MOD1_Bc62 | 美国食品安全与应用营养中心 | 2017/6/19 | 精细图 | GCA_002199405.1 |
| | MOD1_Bc65 | 美国食品安全与应用营养中心 | 2017/6/19 | 精细图 | GCA_002199445.1 |
| | MOD1_Bc177 | 美国食品安全与应用营养中心 | 2017/6/19 | 精细图 | GCA_002199465.1 |
| | MOD1_Bc182 | 美国食品安全与应用营养中心 | 2017/6/19 | 精细图 | GCA_002199475.1 |
| | MOD1_Bc195 | 美国食品安全与应用营养中心 | 2017/6/19 | 精细图 | GCA_002199505.1 |
| | MOD1_Bc200 | 美国食品安全与应用营养中心 | 2017/6/19 | 精细图 | GCA_002199525.1 |
| | MOD1_Bc204 | 美国食品安全与应用营养中心 | 2017/6/19 | 精细图 | GCA_002199555.1 |
| | MOD1_Bc208 | 美国食品安全与应用营养中心 | 2017/6/19 | 精细图 | GCA_002199565.1 |
| | MOD1_Bc212 | 美国食品安全与应用营养中心 | 2017/6/19 | 精细图 | GCA_002199615.1 |
| | MOD1_Bc213 | 美国食品安全与应用营养中心 | 2017/6/19 | 精细图 | GCA_002199625.1 |
| | MOD1_Bc214 | 美国食品安全与应用营养中心 | 2017/6/19 | 精细图 | GCA_002199635.1 |
| | MOD1_Bc216 | 美国食品安全与应用营养中心 | 2017/6/19 | 精细图 | GCA_002199645.1 |
| | MOD1_Bc215 | 美国食品安全与应用营养中心 | 2017/6/19 | 精细图 | GCA_002199675.1 |
| | MOD1_Bc56 | 美国食品安全与应用营养中心 | 2017/6/19 | 精细图 | GCA_002199695.1 |
| | MOD1_Bc58 | 美国食品安全与应用营养中心 | 2017/6/19 | 精细图 | GCA_002199705.1 |
| | MOD1_Bc64 | 美国食品安全与应用营养中心 | 2017/6/19 | 精细图 | GCA_002199745.1 |

续表

| 学名 | 菌株名称 | 测序机构 | 测序时间（年/月/日） | 组装水平 | GenBank 登录号 |
|---|---|---|---|---|---|
| *Bacillus cereus* | MOD1_Bc60 | 美国食品安全与应用营养中心 | 2017/6/19 | 精细图 | GCA_002199755.1 |
| | MOD1_Bc178 | 美国食品安全与应用营养中心 | 2017/6/19 | 精细图 | GCA_002199765.1 |
| | MOD1_Bc181 | 美国食品安全与应用营养中心 | 2017/6/19 | 精细图 | GCA_002199805.1 |
| | MOD1_Bc183 | 美国食品安全与应用营养中心 | 2017/6/19 | 精细图 | GCA_002199815.1 |
| | MOD1_Bc184 | 美国食品安全与应用营养中心 | 2017/6/19 | 精细图 | GCA_002199825.1 |
| | MOD1_Bc186 | 美国食品安全与应用营养中心 | 2017/6/19 | 精细图 | GCA_002199845.1 |
| | MOD1_Bc189 | 美国食品安全与应用营养中心 | 2017/6/19 | 精细图 | GCA_002199875.1 |
| | MOD1_Bc190 | 美国食品安全与应用营养中心 | 2017/6/19 | 精细图 | GCA_002199895.1 |
| | MOD1_Bc198 | 美国食品安全与应用营养中心 | 2017/6/19 | 精细图 | GCA_002199945.1 |
| | MOD1_Bc202 | 美国食品安全与应用营养中心 | 2017/6/19 | 精细图 | GCA_002199955.1 |
| | MOD1_Bc206 | 美国食品安全与应用营养中心 | 2017/6/19 | 精细图 | GCA_002199975.1 |
| | MOD1_Bc203 | 美国食品安全与应用营养中心 | 2017/6/19 | 精细图 | GCA_002200015.1 |
| | MOD1_Bc235 | 美国食品安全与应用营养中心 | 2017/6/19 | 精细图 | GCA_002200055.1 |
| | MOD1_Bc234 | 美国食品安全与应用营养中心 | 2017/6/19 | 精细图 | GCA_002200075.1 |
| | MOD1_Bc225 | 美国食品安全与应用营养中心 | 2017/6/19 | 精细图 | GCA_002200125.1 |
| | MOD1_Bc233 | 美国食品安全与应用营养中心 | 2017/6/19 | 精细图 | GCA_002200145.1 |
| | MOD1_Bc231 | 美国食品安全与应用营养中心 | 2017/6/19 | 精细图 | GCA_002200175.1 |
| | MOD1_Bc229 | 美国食品安全与应用营养中心 | 2017/6/19 | 精细图 | GCA_002200185.1 |
| | MOD1_Bc218 | 美国食品安全与应用营养中心 | 2017/6/20 | 精细图 | GCA_002201555.1 |
| | MOD1_Bc194 | 美国食品安全与应用营养中心 | 2017/6/20 | 精细图 | GCA_002201605.1 |
| | MOD1_Bc197 | 美国食品安全与应用营养中心 | 2017/6/20 | 精细图 | GCA_002201645.1 |
| | MOD1_Bc219 | 美国食品安全与应用营养中心 | 2017/6/20 | 精细图 | GCA_002201665.1 |
| | MOD1_Bc196 | 美国食品安全与应用营养中心 | 2017/6/20 | 精细图 | GCA_002201685.1 |
| | MOD1_Bc217 | 美国食品安全与应用营养中心 | 2017/6/20 | 精细图 | GCA_002201705.1 |
| | MOD1_Bc224 | 美国食品安全与应用营养中心 | 2017/10/12 | 精细图 | GCA_002530775.1 |
| | MOD1_Bc220 | 美国食品安全与应用营养中心 | 2017/10/12 | 精细图 | GCA_002530785.1 |
| | MOD1_Bc222 | 美国食品安全与应用营养中心 | 2017/10/12 | 精细图 | GCA_002530795.1 |
| | AFS099306 | 美国北卡罗来纳大学教堂山分校 | 2017/10/13 | 精细图 | GCA_002550115.1 |
| | AFS098983 | 美国北卡罗来纳大学教堂山分校 | 2017/10/13 | 精细图 | GCA_002550135.1 |
| | AFS098742 | 美国北卡罗来纳大学教堂山分校 | 2017/10/13 | 精细图 | GCA_002550155.1 |
| | AFS098022 | 美国北卡罗来纳大学教堂山分校 | 2017/10/13 | 精细图 | GCA_002550265.1 |
| | AFS097377 | 美国北卡罗来纳大学教堂山分校 | 2017/10/13 | 精细图 | GCA_002550315.1 |
| | AFS097327 | 美国北卡罗来纳大学教堂山分校 | 2017/10/13 | 精细图 | GCA_002550365.1 |
| | AFS096926 | 美国北卡罗来纳大学教堂山分校 | 2017/10/13 | 精细图 | GCA_002550375.1 |
| | AFS095928 | 美国北卡罗来纳大学教堂山分校 | 2017/10/13 | 精细图 | GCA_002550435.1 |

续表

| 学名 | 菌株名称 | 测序机构 | 测序时间（年/月/日） | 组装水平 | GenBank 登录号 |
|---|---|---|---|---|---|
| *Bacillus cereus* | AFS095548 | 美国北卡罗来纳大学教堂山分校 | 2017/10/13 | 精细图 | GCA_002550515.1 |
| | AFS095018 | 美国北卡罗来纳大学教堂山分校 | 2017/10/13 | 精细图 | GCA_002550555.1 |
| | AFS094413 | 美国北卡罗来纳大学教堂山分校 | 2017/10/13 | 精细图 | GCA_002550595.1 |
| | AFS093610 | 美国北卡罗来纳大学教堂山分校 | 2017/10/13 | 精细图 | GCA_002550675.1 |
| | AFS093397 | 美国北卡罗来纳大学教堂山分校 | 2017/10/13 | 精细图 | GCA_002550705.1 |
| | AFS092659 | 美国北卡罗来纳大学教堂山分校 | 2017/10/13 | 精细图 | GCA_002550775.1 |
| | AFS091954 | 美国北卡罗来纳大学教堂山分校 | 2017/10/13 | 精细图 | GCA_002550815.1 |
| | AFS092789 | 美国北卡罗来纳大学教堂山分校 | 2017/10/13 | 精细图 | GCA_002550835.1 |
| | AFS092566 | 美国北卡罗来纳大学教堂山分校 | 2017/10/13 | 精细图 | GCA_002550855.1 |
| | AFS091573 | 美国北卡罗来纳大学教堂山分校 | 2017/10/13 | 精细图 | GCA_002550895.1 |
| | AFS088784 | 美国北卡罗来纳大学教堂山分校 | 2017/10/13 | 精细图 | GCA_002551625.1 |
| | AFS088704 | 美国北卡罗来纳大学教堂山分校 | 2017/10/13 | 精细图 | GCA_002551635.1 |
| | AFS099758 | 美国北卡罗来纳大学教堂山分校 | 2017/10/13 | 精细图 | GCA_002551665.1 |
| | AFS099102 | 美国北卡罗来纳大学教堂山分校 | 2017/10/13 | 精细图 | GCA_002551775.1 |
| | AFS098170 | 美国北卡罗来纳大学教堂山分校 | 2017/10/13 | 精细图 | GCA_002551855.1 |
| | AFS097384 | 美国北卡罗来纳大学教堂山分校 | 2017/10/13 | 精细图 | GCA_002551935.1 |
| | AFS097219 | 美国北卡罗来纳大学教堂山分校 | 2017/10/13 | 精细图 | GCA_002551975.1 |
| | AFS097130 | 美国北卡罗来纳大学教堂山分校 | 2017/10/13 | 精细图 | GCA_002552015.1 |
| | AFS096845 | 美国北卡罗来纳大学教堂山分校 | 2017/10/13 | 精细图 | GCA_002552045.1 |
| | AFS096642 | 美国北卡罗来纳大学教堂山分校 | 2017/10/13 | 精细图 | GCA_002552115.1 |
| | AFS096268 | 美国北卡罗来纳大学教堂山分校 | 2017/10/13 | 精细图 | GCA_002552195.1 |
| | AFS095703 | 美国北卡罗来纳大学教堂山分校 | 2017/10/13 | 精细图 | GCA_002552275.1 |
| | AFS095575 | 美国北卡罗来纳大学教堂山分校 | 2017/10/13 | 精细图 | GCA_002552295.1 |
| | AFS095498 | 美国北卡罗来纳大学教堂山分校 | 2017/10/13 | 精细图 | GCA_002552315.1 |
| | AFS095084 | 美国北卡罗来纳大学教堂山分校 | 2017/10/13 | 精细图 | GCA_002552335.1 |
| | AFS094460 | 美国北卡罗来纳大学教堂山分校 | 2017/10/13 | 精细图 | GCA_002552455.1 |
| | AFS093925 | 美国北卡罗来纳大学教堂山分校 | 2017/10/13 | 精细图 | GCA_002552465.1 |
| | AFS093833 | 美国北卡罗来纳大学教堂山分校 | 2017/10/13 | 精细图 | GCA_002552485.1 |
| | AFS093186 | 美国北卡罗来纳大学教堂山分校 | 2017/10/13 | 精细图 | GCA_002552505.1 |
| | AFS091626 | 美国北卡罗来纳大学教堂山分校 | 2017/10/13 | 精细图 | GCA_002552635.1 |
| | AFS089785 | 美国北卡罗来纳大学教堂山分校 | 2017/10/13 | 精细图 | GCA_002552745.1 |
| | AFS089031 | 美国北卡罗来纳大学教堂山分校 | 2017/10/13 | 精细图 | GCA_002552805.1 |
| | AFS099621 | 美国北卡罗来纳大学教堂山分校 | 2017/10/13 | 精细图 | GCA_002552895.1 |
| | AFS097474 | 美国北卡罗来纳大学教堂山分校 | 2017/10/13 | 精细图 | GCA_002552995.1 |
| | AFS096226 | 美国北卡罗来纳大学教堂山分校 | 2017/10/13 | 精细图 | GCA_002553095.1 |

续表

| 学名 | 菌株名称 | 测序机构 | 测序时间（年/月/日） | 组装水平 | GenBank 登录号 |
|---|---|---|---|---|---|
| *Bacillus cereus* | AFS093282 | 美国北卡罗来纳大学教堂山分校 | 2017/10/13 | 精细图 | GCA_002553235.1 |
| | AFS093276 | 美国北卡罗来纳大学教堂山分校 | 2017/10/13 | 精细图 | GCA_002553255.1 |
| | AFS090431 | 美国北卡罗来纳大学教堂山分校 | 2017/10/13 | 精细图 | GCA_002553345.1 |
| | AFS089527 | 美国北卡罗来纳大学教堂山分校 | 2017/10/13 | 精细图 | GCA_002553395.1 |
| | AFS012491 | 美国北卡罗来纳大学教堂山分校 | 2017/10/16 | 精细图 | GCA_002555205.1 |
| | AFS027647 | 美国北卡罗来纳大学教堂山分校 | 2017/10/16 | 精细图 | GCA_002556855.1 |
| | AFS013997 | 美国北卡罗来纳大学教堂山分校 | 2017/10/16 | 精细图 | GCA_002557925.1 |
| | AFS013362 | 美国北卡罗来纳大学教堂山分校 | 2017/10/16 | 精细图 | GCA_002557945.1 |
| | AFS012400 | 美国北卡罗来纳大学教堂山分校 | 2017/10/16 | 精细图 | GCA_002557995.1 |
| | AFS011950 | 美国北卡罗来纳大学教堂山分校 | 2017/10/16 | 精细图 | GCA_002558085.1 |
| | AFS013880 | 美国北卡罗来纳大学教堂山分校 | 2017/10/16 | 精细图 | GCA_002558125.1 |
| | AFS013685 | 美国北卡罗来纳大学教堂山分校 | 2017/10/16 | 精细图 | GCA_002558165.1 |
| | AFS012518 | 美国北卡罗来纳大学教堂山分校 | 2017/10/16 | 精细图 | GCA_002558205.1 |
| | AFS011918 | 美国北卡罗来纳大学教堂山分校 | 2017/10/16 | 精细图 | GCA_002558245.1 |
| | AFS007396 | 美国北卡罗来纳大学教堂山分校 | 2017/10/16 | 精细图 | GCA_002558275.1 |
| | AFS007234 | 美国北卡罗来纳大学教堂山分校 | 2017/10/16 | 精细图 | GCA_002558285.1 |
| | AFS007170 | 美国北卡罗来纳大学教堂山分校 | 2017/10/16 | 精细图 | GCA_002558315.1 |
| | AFS007158 | 美国北卡罗来纳大学教堂山分校 | 2017/10/16 | 精细图 | GCA_002558365.1 |
| | AFS006766 | 美国北卡罗来纳大学教堂山分校 | 2017/10/16 | 精细图 | GCA_002558375.1 |
| | AFS006512 | 美国北卡罗来纳大学教堂山分校 | 2017/10/16 | 精细图 | GCA_002558435.1 |
| | AFS006065 | 美国北卡罗来纳大学教堂山分校 | 2017/10/16 | 精细图 | GCA_002558445.1 |
| | AFS006012 | 美国北卡罗来纳大学教堂山分校 | 2017/10/16 | 精细图 | GCA_002558465.1 |
| | AFS005901 | 美国北卡罗来纳大学教堂山分校 | 2017/10/16 | 精细图 | GCA_002558475.1 |
| | AFS005614 | 美国北卡罗来纳大学教堂山分校 | 2017/10/16 | 精细图 | GCA_002558515.1 |
| | AFS004498 | 美国北卡罗来纳大学教堂山分校 | 2017/10/16 | 精细图 | GCA_002558615.1 |
| | AFS004414 | 美国北卡罗来纳大学教堂山分校 | 2017/10/16 | 精细图 | GCA_002558645.1 |
| | AFS003807 | 美国北卡罗来纳大学教堂山分校 | 2017/10/16 | 精细图 | GCA_002558665.1 |
| | AFS003410 | 美国北卡罗来纳大学教堂山分校 | 2017/10/16 | 精细图 | GCA_002558705.1 |
| | AFS003289 | 美国北卡罗来纳大学教堂山分校 | 2017/10/16 | 精细图 | GCA_002558735.1 |
| | AFS003338 | 美国北卡罗来纳大学教堂山分校 | 2017/10/16 | 精细图 | GCA_002558745.1 |
| | AFS003117 | 美国北卡罗来纳大学教堂山分校 | 2017/10/16 | 精细图 | GCA_002558765.1 |
| | AFS002848 | 美国北卡罗来纳大学教堂山分校 | 2017/10/16 | 精细图 | GCA_002558845.1 |
| | AFS002757 | 美国北卡罗来纳大学教堂山分校 | 2017/10/16 | 精细图 | GCA_002558875.1 |
| | AFS002548 | 美国北卡罗来纳大学教堂山分校 | 2017/10/16 | 精细图 | GCA_002558885.1 |
| | AFS002368 | 美国北卡罗来纳大学教堂山分校 | 2017/10/16 | 精细图 | GCA_002558955.1 |

续表

| 学名 | 菌株名称 | 测序机构 | 测序时间（年/月/日） | 组装水平 | GenBank 登录号 |
|---|---|---|---|---|---|
| *Bacillus cereus* | AFS002224 | 美国北卡罗来纳大学教堂山分校 | 2017/10/16 | 精细图 | GCA_002558975.1 |
| | AFS002094 | 美国北卡罗来纳大学教堂山分校 | 2017/10/16 | 精细图 | GCA_002558985.1 |
| | AFS001073 | 美国北卡罗来纳大学教堂山分校 | 2017/10/16 | 精细图 | GCA_002559035.1 |
| | AFS000393 | 美国北卡罗来纳大学教堂山分校 | 2017/10/16 | 精细图 | GCA_002559045.1 |
| | AFS001977 | 美国北卡罗来纳大学教堂山分校 | 2017/10/16 | 精细图 | GCA_002559055.1 |
| | AFS001538 | 美国北卡罗来纳大学教堂山分校 | 2017/10/16 | 精细图 | GCA_002559065.1 |
| | AFS006340 | 美国北卡罗来纳大学教堂山分校 | 2017/10/16 | 精细图 | GCA_002559115.1 |
| | AFS005998 | 美国北卡罗来纳大学教堂山分校 | 2017/10/16 | 精细图 | GCA_002559125.1 |
| | AFS006334 | 美国北卡罗来纳大学教堂山分校 | 2017/10/16 | 精细图 | GCA_002559135.1 |
| | AFS005977 | 美国北卡罗来纳大学教堂山分校 | 2017/10/16 | 精细图 | GCA_002559195.1 |
| | AFS004748 | 美国北卡罗来纳大学教堂山分校 | 2017/10/16 | 精细图 | GCA_002559205.1 |
| | AFS005615 | 美国北卡罗来纳大学教堂山分校 | 2017/10/16 | 精细图 | GCA_002559215.1 |
| | AFS004701 | 美国北卡罗来纳大学教堂山分校 | 2017/10/16 | 精细图 | GCA_002559225.1 |
| | AFS002530 | 美国北卡罗来纳大学教堂山分校 | 2017/10/16 | 精细图 | GCA_002559275.1 |
| | AFS002102 | 美国北卡罗来纳大学教堂山分校 | 2017/10/16 | 精细图 | GCA_002559355.1 |
| | AFS001900 | 美国北卡罗来纳大学教堂山分校 | 2017/10/16 | 精细图 | GCA_002559365.1 |
| | AFS001542 | 美国北卡罗来纳大学教堂山分校 | 2017/10/16 | 精细图 | GCA_002559425.1 |
| | AFS000937 | 美国北卡罗来纳大学教堂山分校 | 2017/10/16 | 精细图 | GCA_002559435.1 |
| | AFS000724 | 美国北卡罗来纳大学教堂山分校 | 2017/10/16 | 精细图 | GCA_002559495.1 |
| | AFS000524 | 美国北卡罗来纳大学教堂山分校 | 2017/10/16 | 精细图 | GCA_002559505.1 |
| | AFS000175 | 美国北卡罗来纳大学教堂山分校 | 2017/10/16 | 精细图 | GCA_002559545.1 |
| | AFS000144 | 美国北卡罗来纳大学教堂山分校 | 2017/10/16 | 精细图 | GCA_002559565.1 |
| | AFS028514 | 美国北卡罗来纳大学教堂山分校 | 2017/10/16 | 精细图 | GCA_002559595.1 |
| | AFS028516 | 美国北卡罗来纳大学教堂山分校 | 2017/10/16 | 精细图 | GCA_002559645.1 |
| | AFS028441 | 美国北卡罗来纳大学教堂山分校 | 2017/10/16 | 精细图 | GCA_002559665.1 |
| | AFS028424 | 美国北卡罗来纳大学教堂山分校 | 2017/10/16 | 精细图 | GCA_002559685.1 |
| | AFS028351 | 美国北卡罗来纳大学教堂山分校 | 2017/10/16 | 精细图 | GCA_002559715.1 |
| | AFS027898 | 美国北卡罗来纳大学教堂山分校 | 2017/10/16 | 精细图 | GCA_002559735.1 |
| | AFS028292 | 美国北卡罗来纳大学教堂山分校 | 2017/10/16 | 精细图 | GCA_002559765.1 |
| | AFS027869 | 美国北卡罗来纳大学教堂山分校 | 2017/10/16 | 精细图 | GCA_002559805.1 |
| | AFS026918 | 美国北卡罗来纳大学教堂山分校 | 2017/10/16 | 精细图 | GCA_002559865.1 |
| | AFS026537 | 美国北卡罗来纳大学教堂山分校 | 2017/10/16 | 精细图 | GCA_002559915.1 |
| | AFS026312 | 美国北卡罗来纳大学教堂山分校 | 2017/10/16 | 精细图 | GCA_002559935.1 |
| | AFS026439 | 美国北卡罗来纳大学教堂山分校 | 2017/10/16 | 精细图 | GCA_002559945.1 |
| | AFS025909 | 美国北卡罗来纳大学教堂山分校 | 2017/10/16 | 精细图 | GCA_002559985.1 |

续表

| 学名 | 菌株名称 | 测序机构 | 测序时间（年/月/日） | 组装水平 | GenBank 登录号 |
|---|---|---|---|---|---|
| *Bacillus cereus* | AFS025653 | 美国北卡罗来纳大学教堂山分校 | 2017/10/16 | 精细图 | GCA_002560035.1 |
| | AFS025490 | 美国北卡罗来纳大学教堂山分校 | 2017/10/16 | 精细图 | GCA_002560075.1 |
| | AFS025485 | 美国北卡罗来纳大学教堂山分校 | 2017/10/16 | 精细图 | GCA_002560095.1 |
| | AFS025457 | 美国北卡罗来纳大学教堂山分校 | 2017/10/16 | 精细图 | GCA_002560105.1 |
| | AFS025349 | 美国北卡罗来纳大学教堂山分校 | 2017/10/16 | 精细图 | GCA_002560115.1 |
| | AFS025165 | 美国北卡罗来纳大学教堂山分校 | 2017/10/16 | 精细图 | GCA_002560145.1 |
| | AFS025120 | 美国北卡罗来纳大学教堂山分校 | 2017/10/16 | 精细图 | GCA_002560175.1 |
| | AFS024973 | 美国北卡罗来纳大学教堂山分校 | 2017/10/16 | 精细图 | GCA_002560215.1 |
| | AFS024847 | 美国北卡罗来纳大学教堂山分校 | 2017/10/16 | 精细图 | GCA_002560225.1 |
| | AFS024693 | 美国北卡罗来纳大学教堂山分校 | 2017/10/16 | 精细图 | GCA_002560255.1 |
| | AFS024629 | 美国北卡罗来纳大学教堂山分校 | 2017/10/16 | 精细图 | GCA_002560265.1 |
| | AFS024540 | 美国北卡罗来纳大学教堂山分校 | 2017/10/16 | 精细图 | GCA_002560295.1 |
| | AFS024404 | 美国北卡罗来纳大学教堂山分校 | 2017/10/16 | 精细图 | GCA_002560325.1 |
| | AFS024089 | 美国北卡罗来纳大学教堂山分校 | 2017/10/16 | 精细图 | GCA_002560375.1 |
| | AFS023898 | 美国北卡罗来纳大学教堂山分校 | 2017/10/16 | 精细图 | GCA_002560385.1 |
| | AFS023730 | 美国北卡罗来纳大学教堂山分校 | 2017/10/16 | 精细图 | GCA_002560395.1 |
| | AFS023720 | 美国北卡罗来纳大学教堂山分校 | 2017/10/16 | 精细图 | GCA_002560415.1 |
| | AFS023479 | 美国北卡罗来纳大学教堂山分校 | 2017/10/16 | 精细图 | GCA_002560475.1 |
| | AFS023425 | 美国北卡罗来纳大学教堂山分校 | 2017/10/16 | 精细图 | GCA_002560525.1 |
| | AFS022681 | 美国北卡罗来纳大学教堂山分校 | 2017/10/16 | 精细图 | GCA_002560615.1 |
| | AFS022438 | 美国北卡罗来纳大学教堂山分校 | 2017/10/16 | 精细图 | GCA_002560715.1 |
| | AFS022412 | 美国北卡罗来纳大学教堂山分校 | 2017/10/16 | 精细图 | GCA_002560735.1 |
| | AFS022362 | 美国北卡罗来纳大学教堂山分校 | 2017/10/16 | 精细图 | GCA_002560775.1 |
| | AFS022238 | 美国北卡罗来纳大学教堂山分校 | 2017/10/16 | 精细图 | GCA_002560795.1 |
| | AFS019247 | 美国北卡罗来纳大学教堂山分校 | 2017/10/16 | 精细图 | GCA_002560915.1 |
| | AFS018601 | 美国北卡罗来纳大学教堂山分校 | 2017/10/16 | 精细图 | GCA_002560945.1 |
| | AFS018489 | 美国北卡罗来纳大学教堂山分校 | 2017/10/16 | 精细图 | GCA_002560955.1 |
| | AFS018281 | 美国北卡罗来纳大学教堂山分校 | 2017/10/16 | 精细图 | GCA_002561035.1 |
| | AFS018041 | 美国北卡罗来纳大学教堂山分校 | 2017/10/16 | 精细图 | GCA_002561095.1 |
| | AFS017947 | 美国北卡罗来纳大学教堂山分校 | 2017/10/16 | 精细图 | GCA_002561115.1 |
| | AFS017700 | 美国北卡罗来纳大学教堂山分校 | 2017/10/16 | 精细图 | GCA_002561135.1 |
| | AFS017211 | 美国北卡罗来纳大学教堂山分校 | 2017/10/16 | 精细图 | GCA_002561205.1 |
| | AFS017202 | 美国北卡罗来纳大学教堂山分校 | 2017/10/16 | 精细图 | GCA_002561235.1 |
| | AFS017068 | 美国北卡罗来纳大学教堂山分校 | 2017/10/16 | 精细图 | GCA_002561255.1 |
| | AFS016962 | 美国北卡罗来纳大学教堂山分校 | 2017/10/16 | 精细图 | GCA_002561265.1 |

续表

| 学名 | 菌株名称 | 测序机构 | 测序时间（年/月/日） | 组装水平 | GenBank 登录号 |
|---|---|---|---|---|---|
| *Bacillus cereus* | AFS016912 | 美国北卡罗来纳大学教堂山分校 | 2017/10/16 | 精细图 | GCA_002561295.1 |
| | AFS016599 | 美国北卡罗来纳大学教堂山分校 | 2017/10/16 | 精细图 | GCA_002561355.1 |
| | AFS016365 | 美国北卡罗来纳大学教堂山分校 | 2017/10/16 | 精细图 | GCA_002561385.1 |
| | AFS014847 | 美国北卡罗来纳大学教堂山分校 | 2017/10/16 | 精细图 | GCA_002561535.1 |
| | AFS014678 | 美国北卡罗来纳大学教堂山分校 | 2017/10/16 | 精细图 | GCA_002561565.1 |
| | AFS014679 | 美国北卡罗来纳大学教堂山分校 | 2017/10/16 | 精细图 | GCA_002561575.1 |
| | AFS014136 | 美国北卡罗来纳大学教堂山分校 | 2017/10/16 | 精细图 | GCA_002561635.1 |
| | AFS011531 | 美国北卡罗来纳大学教堂山分校 | 2017/10/16 | 精细图 | GCA_002561655.1 |
| | AFS011058 | 美国北卡罗来纳大学教堂山分校 | 2017/10/16 | 精细图 | GCA_002561715.1 |
| | AFS011006 | 美国北卡罗来纳大学教堂山分校 | 2017/10/16 | 精细图 | GCA_002561725.1 |
| | AFS019647 | 美国北卡罗来纳大学教堂山分校 | 2017/10/16 | 精细图 | GCA_002561745.1 |
| | AFS018668 | 美国北卡罗来纳大学教堂山分校 | 2017/10/16 | 精细图 | GCA_002561805.1 |
| | AFS017032 | 美国北卡罗来纳大学教堂山分校 | 2017/10/16 | 精细图 | GCA_002561885.1 |
| | AFS016726 | 美国北卡罗来纳大学教堂山分校 | 2017/10/16 | 精细图 | GCA_002561915.1 |
| | AFS015939 | 美国北卡罗来纳大学教堂山分校 | 2017/10/16 | 精细图 | GCA_002561925.1 |
| | AFS015717 | 美国北卡罗来纳大学教堂山分校 | 2017/10/16 | 精细图 | GCA_002561945.1 |
| | AFS015304 | 美国北卡罗来纳大学教堂山分校 | 2017/10/16 | 精细图 | GCA_002561965.1 |
| | AFS015120 | 美国北卡罗来纳大学教堂山分校 | 2017/10/16 | 精细图 | GCA_002561985.1 |
| | AFS014598 | 美国北卡罗来纳大学教堂山分校 | 2017/10/16 | 精细图 | GCA_002562015.1 |
| | AFS011202 | 美国北卡罗来纳大学教堂山分校 | 2017/10/16 | 精细图 | GCA_002562085.1 |
| | AFS010695 | 美国北卡罗来纳大学教堂山分校 | 2017/10/16 | 精细图 | GCA_002562115.1 |
| | AFS010831 | 美国北卡罗来纳大学教堂山分校 | 2017/10/16 | 精细图 | GCA_002562125.1 |
| | AFS010456 | 美国北卡罗来纳大学教堂山分校 | 2017/10/16 | 精细图 | GCA_002562145.1 |
| | AFS010272 | 美国北卡罗来纳大学教堂山分校 | 2017/10/16 | 精细图 | GCA_002562165.1 |
| | AFS009840 | 美国北卡罗来纳大学教堂山分校 | 2017/10/16 | 精细图 | GCA_002562215.1 |
| | AFS009781 | 美国北卡罗来纳大学教堂山分校 | 2017/10/16 | 精细图 | GCA_002562255.1 |
| | AFS009778 | 美国北卡罗来纳大学教堂山分校 | 2017/10/16 | 精细图 | GCA_002562265.1 |
| | AFS009734 | 美国北卡罗来纳大学教堂山分校 | 2017/10/16 | 精细图 | GCA_002562285.1 |
| | AFS009443 | 美国北卡罗来纳大学教堂山分校 | 2017/10/16 | 精细图 | GCA_002562335.1 |
| | AFS009411 | 美国北卡罗来纳大学教堂山分校 | 2017/10/16 | 精细图 | GCA_002562345.1 |
| | AFS009278 | 美国北卡罗来纳大学教堂山分校 | 2017/10/16 | 精细图 | GCA_002562355.1 |
| | AFS009283 | 美国北卡罗来纳大学教堂山分校 | 2017/10/16 | 精细图 | GCA_002562365.1 |
| | AFS009162 | 美国北卡罗来纳大学教堂山分校 | 2017/10/16 | 精细图 | GCA_002562445.1 |
| | AFS009143 | 美国北卡罗来纳大学教堂山分校 | 2017/10/16 | 精细图 | GCA_002562465.1 |
| | AFS009093 | 美国北卡罗来纳大学教堂山分校 | 2017/10/16 | 精细图 | GCA_002562495.1 |

续表

| 学名 | 菌株名称 | 测序机构 | 测序时间（年/月/日） | 组装水平 | GenBank 登录号 |
|---|---|---|---|---|---|
| *Bacillus cereus* | AFS009035 | 美国北卡罗来纳大学教堂山分校 | 2017/10/16 | 精细图 | GCA_002562505.1 |
| | AFS008436 | 美国北卡罗来纳大学教堂山分校 | 2017/10/16 | 精细图 | GCA_002562555.1 |
| | AFS008413 | 美国北卡罗来纳大学教堂山分校 | 2017/10/16 | 精细图 | GCA_002562575.1 |
| | AFS008423 | 美国北卡罗来纳大学教堂山分校 | 2017/10/16 | 精细图 | GCA_002562585.1 |
| | AFS008265 | 美国北卡罗来纳大学教堂山分校 | 2017/10/16 | 精细图 | GCA_002562595.1 |
| | AFS008260 | 美国北卡罗来纳大学教堂山分校 | 2017/10/16 | 精细图 | GCA_002562625.1 |
| | AFS007907 | 美国北卡罗来纳大学教堂山分校 | 2017/10/16 | 精细图 | GCA_002562645.1 |
| | AFS007868 | 美国北卡罗来纳大学教堂山分校 | 2017/10/16 | 精细图 | GCA_002562695.1 |
| | AFS007793 | 美国北卡罗来纳大学教堂山分校 | 2017/10/16 | 精细图 | GCA_002562715.1 |
| | AFS007743 | 美国北卡罗来纳大学教堂山分校 | 2017/10/16 | 精细图 | GCA_002562725.1 |
| | AFS007693 | 美国北卡罗来纳大学教堂山分校 | 2017/10/16 | 精细图 | GCA_002562735.1 |
| | AFS007599 | 美国北卡罗来纳大学教堂山分校 | 2017/10/16 | 精细图 | GCA_002562775.1 |
| | AFS007502 | 美国北卡罗来纳大学教堂山分校 | 2017/10/16 | 精细图 | GCA_002562795.1 |
| | AFS029513 | 美国北卡罗来纳大学教堂山分校 | 2017/10/16 | 精细图 | GCA_002562925.1 |
| | AFS029029 | 美国北卡罗来纳大学教堂山分校 | 2017/10/16 | 精细图 | GCA_002562955.1 |
| | AFS029052 | 美国北卡罗来纳大学教堂山分校 | 2017/10/16 | 精细图 | GCA_002562985.1 |
| | AFS028664 | 美国北卡罗来纳大学教堂山分校 | 2017/10/16 | 精细图 | GCA_002563005.1 |
| | AFS022169 | 美国北卡罗来纳大学教堂山分校 | 2017/10/16 | 精细图 | GCA_002563025.1 |
| | AFS021466 | 美国北卡罗来纳大学教堂山分校 | 2017/10/16 | 精细图 | GCA_002563075.1 |
| | AFS021040 | 美国北卡罗来纳大学教堂山分校 | 2017/10/16 | 精细图 | GCA_002563095.1 |
| | AFS020704 | 美国北卡罗来纳大学教堂山分校 | 2017/10/16 | 精细图 | GCA_002563125.1 |
| | AFS020540 | 美国北卡罗来纳大学教堂山分校 | 2017/10/16 | 精细图 | GCA_002563195.1 |
| | AFS020204 | 美国北卡罗来纳大学教堂山分校 | 2017/10/16 | 精细图 | GCA_002563225.1 |
| | AFS020233 | 美国北卡罗来纳大学教堂山分校 | 2017/10/16 | 精细图 | GCA_002563235.1 |
| | AFS088431 | 美国北卡罗来纳大学教堂山分校 | 2017/10/17 | 精细图 | GCA_002564345.1 |
| | AFS088317 | 美国北卡罗来纳大学教堂山分校 | 2017/10/17 | 精细图 | GCA_002564355.1 |
| | AFS087824 | 美国北卡罗来纳大学教堂山分校 | 2017/10/17 | 精细图 | GCA_002564375.1 |
| | AFS088199 | 美国北卡罗来纳大学教堂山分校 | 2017/10/17 | 精细图 | GCA_002564415.1 |
| | AFS088052 | 美国北卡罗来纳大学教堂山分校 | 2017/10/17 | 精细图 | GCA_002564425.1 |
| | AFS087218 | 美国北卡罗来纳大学教堂山分校 | 2017/10/17 | 精细图 | GCA_002564555.1 |
| | AFS087654 | 美国北卡罗来纳大学教堂山分校 | 2017/10/17 | 精细图 | GCA_002564585.1 |
| | AFS086407 | 美国北卡罗来纳大学教堂山分校 | 2017/10/17 | 精细图 | GCA_002564605.1 |
| | AFS085871 | 美国北卡罗来纳大学教堂山分校 | 2017/10/17 | 精细图 | GCA_002564625.1 |
| | AFS084444 | 美国北卡罗来纳大学教堂山分校 | 2017/10/17 | 精细图 | GCA_002564655.1 |
| | AFS084412 | 美国北卡罗来纳大学教堂山分校 | 2017/10/17 | 精细图 | GCA_002564675.1 |

续表

| 学名 | 菌株名称 | 测序机构 | 测序时间（年/月/日） | 组装水平 | GenBank 登录号 |
|---|---|---|---|---|---|
| *Bacillus cereus* | AFS084075 | 美国北卡罗来纳大学教堂山分校 | 2017/10/17 | 精细图 | GCA_002564695.1 |
| | AFS082524 | 美国北卡罗来纳大学教堂山分校 | 2017/10/17 | 精细图 | GCA_002564745.1 |
| | AFS082261 | 美国北卡罗来纳大学教堂山分校 | 2017/10/17 | 精细图 | GCA_002564775.1 |
| | AFS081512 | 美国北卡罗来纳大学教堂山分校 | 2017/10/17 | 精细图 | GCA_002564805.1 |
| | AFS081508 | 美国北卡罗来纳大学教堂山分校 | 2017/10/17 | 精细图 | GCA_002564815.1 |
| | AFS081153 | 美国北卡罗来纳大学教堂山分校 | 2017/10/17 | 精细图 | GCA_002564835.1 |
| | AFS080756 | 美国北卡罗来纳大学教堂山分校 | 2017/10/17 | 精细图 | GCA_002564865.1 |
| | AFS079942 | 美国北卡罗来纳大学教堂山分校 | 2017/10/17 | 精细图 | GCA_002564885.1 |
| | AFS079395 | 美国北卡罗来纳大学教堂山分校 | 2017/10/17 | 精细图 | GCA_002564915.1 |
| | AFS079194 | 美国北卡罗来纳大学教堂山分校 | 2017/10/17 | 精细图 | GCA_002564945.1 |
| | AFS079281 | 美国北卡罗来纳大学教堂山分校 | 2017/10/17 | 精细图 | GCA_002564965.1 |
| | AFS078211 | 美国北卡罗来纳大学教堂山分校 | 2017/10/17 | 精细图 | GCA_002565005.1 |
| | AFS077972 | 美国北卡罗来纳大学教堂山分校 | 2017/10/17 | 精细图 | GCA_002565025.1 |
| | AFS077649 | 美国北卡罗来纳大学教堂山分校 | 2017/10/17 | 精细图 | GCA_002565035.1 |
| | AFS076904 | 美国北卡罗来纳大学教堂山分校 | 2017/10/17 | 精细图 | GCA_002565055.1 |
| | AFS076729 | 美国北卡罗来纳大学教堂山分校 | 2017/10/17 | 精细图 | GCA_002565115.1 |
| | AFS075467 | 美国北卡罗来纳大学教堂山分校 | 2017/10/17 | 精细图 | GCA_002565175.1 |
| | AFS087793 | 美国北卡罗来纳大学教堂山分校 | 2017/10/17 | 精细图 | GCA_002565225.1 |
| | AFS086766 | 美国北卡罗来纳大学教堂山分校 | 2017/10/17 | 精细图 | GCA_002565235.1 |
| | AFS086321 | 美国北卡罗来纳大学教堂山分校 | 2017/10/17 | 精细图 | GCA_002565245.1 |
| | AFS085674 | 美国北卡罗来纳大学教堂山分校 | 2017/10/17 | 精细图 | GCA_002565305.1 |
| | AFS085606 | 美国北卡罗来纳大学教堂山分校 | 2017/10/17 | 精细图 | GCA_002565315.1 |
| | AFS085075 | 美国北卡罗来纳大学教堂山分校 | 2017/10/17 | 精细图 | GCA_002565345.1 |
| | AFS084744 | 美国北卡罗来纳大学教堂山分校 | 2017/10/17 | 精细图 | GCA_002565405.1 |
| | AFS083341 | 美国北卡罗来纳大学教堂山分校 | 2017/10/17 | 精细图 | GCA_002565425.1 |
| | AFS083043 | 美国北卡罗来纳大学教堂山分校 | 2017/10/17 | 精细图 | GCA_002565455.1 |
| | AFS082943 | 美国北卡罗来纳大学教堂山分校 | 2017/10/17 | 精细图 | GCA_002565465.1 |
| | AFS082683 | 美国北卡罗来纳大学教堂山分校 | 2017/10/17 | 精细图 | GCA_002565505.1 |
| | AFS082409 | 美国北卡罗来纳大学教堂山分校 | 2017/10/17 | 精细图 | GCA_002565525.1 |
| | AFS081469 | 美国北卡罗来纳大学教堂山分校 | 2017/10/17 | 精细图 | GCA_002565565.1 |
| | AFS081367 | 美国北卡罗来纳大学教堂山分校 | 2017/10/17 | 精细图 | GCA_002565575.1 |
| | AFS080704 | 美国北卡罗来纳大学教堂山分校 | 2017/10/17 | 精细图 | GCA_002565605.1 |
| | AFS080604 | 美国北卡罗来纳大学教堂山分校 | 2017/10/17 | 精细图 | GCA_002565615.1 |
| | AFS080536 | 美国北卡罗来纳大学教堂山分校 | 2017/10/17 | 精细图 | GCA_002565645.1 |
| | AFS080281 | 美国北卡罗来纳大学教堂山分校 | 2017/10/17 | 精细图 | GCA_002565655.1 |

续表

| 学名 | 菌株名称 | 测序机构 | 测序时间（年/月/日） | 组装水平 | GenBank 登录号 |
|---|---|---|---|---|---|
| *Bacillus cereus* | AFS080002 | 美国北卡罗来纳大学教堂山分校 | 2017/10/17 | 精细图 | GCA_002565685.1 |
| | AFS079368 | 美国北卡罗来纳大学教堂山分校 | 2017/10/17 | 精细图 | GCA_002565695.1 |
| | AFS079345 | 美国北卡罗来纳大学教堂山分校 | 2017/10/17 | 精细图 | GCA_002565725.1 |
| | AFS079244 | 美国北卡罗来纳大学教堂山分校 | 2017/10/17 | 精细图 | GCA_002565735.1 |
| | AFS077647 | 美国北卡罗来纳大学教堂山分校 | 2017/10/17 | 精细图 | GCA_002565765.1 |
| | AFS077416 | 美国北卡罗来纳大学教堂山分校 | 2017/10/17 | 精细图 | GCA_002565775.1 |
| | AFS077084 | 美国北卡罗来纳大学教堂山分校 | 2017/10/17 | 精细图 | GCA_002565795.1 |
| | AFS076905 | 美国北卡罗来纳大学教堂山分校 | 2017/10/17 | 精细图 | GCA_002565815.1 |
| | AFS076596 | 美国北卡罗来纳大学教堂山分校 | 2017/10/17 | 精细图 | GCA_002565865.1 |
| | AFS076401 | 美国北卡罗来纳大学教堂山分校 | 2017/10/17 | 精细图 | GCA_002565885.1 |
| | AFS076352 | 美国北卡罗来纳大学教堂山分校 | 2017/10/17 | 精细图 | GCA_002565895.1 |
| | AFS086947 | 美国北卡罗来纳大学教堂山分校 | 2017/10/17 | 精细图 | GCA_002565955.1 |
| | AFS086955 | 美国北卡罗来纳大学教堂山分校 | 2017/10/17 | 精细图 | GCA_002565965.1 |
| | AFS086892 | 美国北卡罗来纳大学教堂山分校 | 2017/10/17 | 精细图 | GCA_002566005.1 |
| | AFS086528 | 美国北卡罗来纳大学教堂山分校 | 2017/10/17 | 精细图 | GCA_002566045.1 |
| | AFS085854 | 美国北卡罗来纳大学教堂山分校 | 2017/10/17 | 精细图 | GCA_002566105.1 |
| | AFS085794 | 美国北卡罗来纳大学教堂山分校 | 2017/10/17 | 精细图 | GCA_002566115.1 |
| | AFS084355 | 美国北卡罗来纳大学教堂山分校 | 2017/10/17 | 精细图 | GCA_002566185.1 |
| | AFS084233 | 美国北卡罗来纳大学教堂山分校 | 2017/10/17 | 精细图 | GCA_002566205.1 |
| | AFS083741 | 美国北卡罗来纳大学教堂山分校 | 2017/10/17 | 精细图 | GCA_002566215.1 |
| | AFS083123 | 美国北卡罗来纳大学教堂山分校 | 2017/10/17 | 精细图 | GCA_002566225.1 |
| | AFS083030 | 美国北卡罗来纳大学教堂山分校 | 2017/10/17 | 精细图 | GCA_002566255.1 |
| | AFS081482 | 美国北卡罗来纳大学教堂山分校 | 2017/10/17 | 精细图 | GCA_002566365.1 |
| | AFS080164 | 美国北卡罗来纳大学教堂山分校 | 2017/10/17 | 精细图 | GCA_002566455.1 |
| | AFS079629 | 美国北卡罗来纳大学教堂山分校 | 2017/10/17 | 精细图 | GCA_002566525.1 |
| | AFS079389 | 美国北卡罗来纳大学教堂山分校 | 2017/10/17 | 精细图 | GCA_002566535.1 |
| | AFS077312 | 美国北卡罗来纳大学教堂山分校 | 2017/10/17 | 精细图 | GCA_002566595.1 |
| | AFS076104 | 美国北卡罗来纳大学教堂山分校 | 2017/10/17 | 精细图 | GCA_002566665.1 |
| | AFS075030 | 美国北卡罗来纳大学教堂山分校 | 2017/10/17 | 精细图 | GCA_002566705.1 |
| | AFS075012 | 美国北卡罗来纳大学教堂山分校 | 2017/10/17 | 精细图 | GCA_002566725.1 |
| | AFS074868 | 美国北卡罗来纳大学教堂山分校 | 2017/10/17 | 精细图 | GCA_002566755.1 |
| | AFS074793 | 美国北卡罗来纳大学教堂山分校 | 2017/10/17 | 精细图 | GCA_002566775.1 |
| | AFS074724 | 美国北卡罗来纳大学教堂山分校 | 2017/10/17 | 精细图 | GCA_002566795.1 |
| | AFS074533 | 美国北卡罗来纳大学教堂山分校 | 2017/10/17 | 精细图 | GCA_002566825.1 |
| | AFS074395 | 美国北卡罗来纳大学教堂山分校 | 2017/10/17 | 精细图 | GCA_002566845.1 |

续表

| 学名 | 菌株名称 | 测序机构 | 测序时间（年/月/日） | 组装水平 | GenBank 登录号 |
|---|---|---|---|---|---|
| *Bacillus cereus* | AFS074515 | 美国北卡罗来纳大学教堂山分校 | 2017/10/17 | 精细图 | GCA_002566855.1 |
| | AFS074370 | 美国北卡罗来纳大学教堂山分校 | 2017/10/17 | 精细图 | GCA_002566885.1 |
| | AFS073833 | 美国北卡罗来纳大学教堂山分校 | 2017/10/17 | 精细图 | GCA_002566895.1 |
| | AFS073305 | 美国北卡罗来纳大学教堂山分校 | 2017/10/17 | 精细图 | GCA_002567015.1 |
| | AFS072350 | 美国北卡罗来纳大学教堂山分校 | 2017/10/17 | 精细图 | GCA_002567065.1 |
| | AFS072260 | 美国北卡罗来纳大学教堂山分校 | 2017/10/17 | 精细图 | GCA_002567125.1 |
| | AFS072183 | 美国北卡罗来纳大学教堂山分校 | 2017/10/17 | 精细图 | GCA_002567135.1 |
| | AFS072104 | 美国北卡罗来纳大学教堂山分校 | 2017/10/17 | 精细图 | GCA_002567145.1 |
| | AFS072097 | 美国北卡罗来纳大学教堂山分校 | 2017/10/17 | 精细图 | GCA_002567185.1 |
| | AFS071894 | 美国北卡罗来纳大学教堂山分校 | 2017/10/17 | 精细图 | GCA_002567215.1 |
| | AFS071863 | 美国北卡罗来纳大学教堂山分校 | 2017/10/17 | 精细图 | GCA_002567225.1 |
| | AFS071554 | 美国北卡罗来纳大学教堂山分校 | 2017/10/17 | 精细图 | GCA_002567275.1 |
| | AFS071440 | 美国北卡罗来纳大学教堂山分校 | 2017/10/17 | 精细图 | GCA_002567325.1 |
| | AFS071406 | 美国北卡罗来纳大学教堂山分校 | 2017/10/17 | 精细图 | GCA_002567335.1 |
| | AFS071251 | 美国北卡罗来纳大学教堂山分校 | 2017/10/17 | 精细图 | GCA_002567355.1 |
| | AFS071107 | 美国北卡罗来纳大学教堂山分校 | 2017/10/17 | 精细图 | GCA_002567375.1 |
| | AFS071044 | 美国北卡罗来纳大学教堂山分校 | 2017/10/17 | 精细图 | GCA_002567405.1 |
| | AFS070964 | 美国北卡罗来纳大学教堂山分校 | 2017/10/17 | 精细图 | GCA_002567415.1 |
| | AFS070947 | 美国北卡罗来纳大学教堂山分校 | 2017/10/17 | 精细图 | GCA_002567445.1 |
| | AFS070891 | 美国北卡罗来纳大学教堂山分校 | 2017/10/17 | 精细图 | GCA_002567465.1 |
| | AFS070889 | 美国北卡罗来纳大学教堂山分校 | 2017/10/17 | 精细图 | GCA_002567475.1 |
| | AFS070861 | 美国北卡罗来纳大学教堂山分校 | 2017/10/17 | 精细图 | GCA_002567495.1 |
| | AFS070860 | 美国北卡罗来纳大学教堂山分校 | 2017/10/17 | 精细图 | GCA_002567525.1 |
| | AFS070662 | 美国北卡罗来纳大学教堂山分校 | 2017/10/17 | 精细图 | GCA_002567535.1 |
| | AFS070416 | 美国北卡罗来纳大学教堂山分校 | 2017/10/17 | 精细图 | GCA_002567555.1 |
| | AFS070292 | 美国北卡罗来纳大学教堂山分校 | 2017/10/17 | 精细图 | GCA_002567595.1 |
| | AFS069947 | 美国北卡罗来纳大学教堂山分校 | 2017/10/17 | 精细图 | GCA_002567605.1 |
| | AFS069564 | 美国北卡罗来纳大学教堂山分校 | 2017/10/17 | 精细图 | GCA_002567665.1 |
| | AFS068876 | 美国北卡罗来纳大学教堂山分校 | 2017/10/17 | 精细图 | GCA_002567675.1 |
| | AFS068756 | 美国北卡罗来纳大学教堂山分校 | 2017/10/17 | 精细图 | GCA_002567705.1 |
| | AFS068806 | 美国北卡罗来纳大学教堂山分校 | 2017/10/17 | 精细图 | GCA_002567725.1 |
| | AFS068456 | 美国北卡罗来纳大学教堂山分校 | 2017/10/17 | 精细图 | GCA_002567745.1 |
| | AFS068308 | 美国北卡罗来纳大学教堂山分校 | 2017/10/17 | 精细图 | GCA_002567785.1 |
| | AFS068289 | 美国北卡罗来纳大学教堂山分校 | 2017/10/17 | 精细图 | GCA_002567795.1 |
| | AFS067996 | 美国北卡罗来纳大学教堂山分校 | 2017/10/17 | 精细图 | GCA_002567815.1 |

续表

| 学名 | 菌株名称 | 测序机构 | 测序时间（年/月/日） | 组装水平 | GenBank 登录号 |
|---|---|---|---|---|---|
| *Bacillus cereus* | AFS067617 | 美国北卡罗来纳大学教堂山分校 | 2017/10/17 | 精细图 | GCA_002567835.1 |
| | AFS066501 | 美国北卡罗来纳大学教堂山分校 | 2017/10/17 | 精细图 | GCA_002567915.1 |
| | AFS066354 | 美国北卡罗来纳大学教堂山分校 | 2017/10/17 | 精细图 | GCA_002567985.1 |
| | AFS065770 | 美国北卡罗来纳大学教堂山分校 | 2017/10/17 | 精细图 | GCA_002568015.1 |
| | AFS065445 | 美国北卡罗来纳大学教堂山分校 | 2017/10/17 | 精细图 | GCA_002568095.1 |
| | AFS064516 | 美国北卡罗来纳大学教堂山分校 | 2017/10/17 | 精细图 | GCA_002568125.1 |
| | AFS064200 | 美国北卡罗来纳大学教堂山分校 | 2017/10/17 | 精细图 | GCA_002568135.1 |
| | AFS067935 | 美国北卡罗来纳大学教堂山分校 | 2017/10/17 | 精细图 | GCA_002568145.1 |
| | AFS066968 | 美国北卡罗来纳大学教堂山分校 | 2017/10/17 | 精细图 | GCA_002568205.1 |
| | AFS065853 | 美国北卡罗来纳大学教堂山分校 | 2017/10/17 | 精细图 | GCA_002568235.1 |
| | AFS065816 | 美国北卡罗来纳大学教堂山分校 | 2017/10/17 | 精细图 | GCA_002568265.1 |
| | AFS064975 | 美国北卡罗来纳大学教堂山分校 | 2017/10/17 | 精细图 | GCA_002568295.1 |
| | AFS063866 | 美国北卡罗来纳大学教堂山分校 | 2017/10/17 | 精细图 | GCA_002568365.1 |
| | AFS063645 | 美国北卡罗来纳大学教堂山分校 | 2017/10/17 | 精细图 | GCA_002568375.1 |
| | AFS067803 | 美国北卡罗来纳大学教堂山分校 | 2017/10/17 | 精细图 | GCA_002568425.1 |
| | AFS067315 | 美国北卡罗来纳大学教堂山分校 | 2017/10/17 | 精细图 | GCA_002568445.1 |
| | AFS067297 | 美国北卡罗来纳大学教堂山分校 | 2017/10/17 | 精细图 | GCA_002568455.1 |
| | AFS067272 | 美国北卡罗来纳大学教堂山分校 | 2017/10/17 | 精细图 | GCA_002568465.1 |
| | AFS067103 | 美国北卡罗来纳大学教堂山分校 | 2017/10/17 | 精细图 | GCA_002568505.1 |
| | AFS065496 | 美国北卡罗来纳大学教堂山分校 | 2017/10/17 | 精细图 | GCA_002568565.1 |
| | AFS085114 | 美国北卡罗来纳大学教堂山分校 | 2017/10/17 | 精细图 | GCA_002569335.1 |
| | AFS063234 | 美国北卡罗来纳大学教堂山分校 | 2017/10/17 | 精细图 | GCA_002570415.1 |
| | AFS062641 | 美国北卡罗来纳大学教堂山分校 | 2017/10/17 | 精细图 | GCA_002570425.1 |
| | AFS061996 | 美国北卡罗来纳大学教堂山分校 | 2017/10/17 | 精细图 | GCA_002570465.1 |
| | AFS061806 | 美国北卡罗来纳大学教堂山分校 | 2017/10/17 | 精细图 | GCA_002570485.1 |
| | AFS061148 | 美国北卡罗来纳大学教堂山分校 | 2017/10/17 | 精细图 | GCA_002570545.1 |
| | AFS060105 | 美国北卡罗来纳大学教堂山分校 | 2017/10/17 | 精细图 | GCA_002570565.1 |
| | AFS058833 | 美国北卡罗来纳大学教堂山分校 | 2017/10/17 | 精细图 | GCA_002570665.1 |
| | AFS063157 | 美国北卡罗来纳大学教堂山分校 | 2017/10/17 | 精细图 | GCA_002570745.1 |
| | AFS061928 | 美国北卡罗来纳大学教堂山分校 | 2017/10/17 | 精细图 | GCA_002570795.1 |
| | AFS061448 | 美国北卡罗来纳大学教堂山分校 | 2017/10/17 | 精细图 | GCA_002570845.1 |
| | AFS060152 | 美国北卡罗来纳大学教堂山分校 | 2017/10/17 | 精细图 | GCA_002570875.1 |
| | AFS059960 | 美国北卡罗来纳大学教堂山分校 | 2017/10/17 | 精细图 | GCA_002570945.1 |
| | AFS059886 | 美国北卡罗来纳大学教堂山分校 | 2017/10/17 | 精细图 | GCA_002570965.1 |
| | AFS059650 | 美国北卡罗来纳大学教堂山分校 | 2017/10/17 | 精细图 | GCA_002570985.1 |

续表

| 学名 | 菌株名称 | 测序机构 | 测序时间（年/月/日） | 组装水平 | GenBank 登录号 |
|---|---|---|---|---|---|
| *Bacillus cereus* | AFS059087 | 美国北卡罗来纳大学教堂山分校 | 2017/10/17 | 精细图 | GCA_002571035.1 |
| | AFS058404 | 美国北卡罗来纳大学教堂山分校 | 2017/10/17 | 精细图 | GCA_002571085.1 |
| | AFS060621 | 美国北卡罗来纳大学教堂山分校 | 2017/10/17 | 精细图 | GCA_002571165.1 |
| | AFS060282 | 美国北卡罗来纳大学教堂山分校 | 2017/10/17 | 精细图 | GCA_002571185.1 |
| | AFS060154 | 美国北卡罗来纳大学教堂山分校 | 2017/10/17 | 精细图 | GCA_002571195.1 |
| | AFS059198 | 美国北卡罗来纳大学教堂山分校 | 2017/10/17 | 精细图 | GCA_002571255.1 |
| | AFS062062 | 美国北卡罗来纳大学教堂山分校 | 2017/10/17 | 精细图 | GCA_002571855.1 |
| | AFS057690 | 美国北卡罗来纳大学教堂山分校 | 2017/10/18 | 精细图 | GCA_002574175.1 |
| | AFS057148 | 美国北卡罗来纳大学教堂山分校 | 2017/10/18 | 精细图 | GCA_002574255.1 |
| | AFS057097 | 美国北卡罗来纳大学教堂山分校 | 2017/10/18 | 精细图 | GCA_002574285.1 |
| | AFS056613 | 美国北卡罗来纳大学教堂山分校 | 2017/10/18 | 精细图 | GCA_002574345.1 |
| | AFS056399 | 美国北卡罗来纳大学教堂山分校 | 2017/10/18 | 精细图 | GCA_002574395.1 |
| | AFS056582 | 美国北卡罗来纳大学教堂山分校 | 2017/10/18 | 精细图 | GCA_002574405.1 |
| | AFS056025 | 美国北卡罗来纳大学教堂山分校 | 2017/10/18 | 精细图 | GCA_002574415.1 |
| | AFS055486 | 美国北卡罗来纳大学教堂山分校 | 2017/10/18 | 精细图 | GCA_002574515.1 |
| | AFS054178 | 美国北卡罗来纳大学教堂山分校 | 2017/10/18 | 精细图 | GCA_002574615.1 |
| | AFS054163 | 美国北卡罗来纳大学教堂山分校 | 2017/10/18 | 精细图 | GCA_002574635.1 |
| | AFS057596 | 美国北卡罗来纳大学教堂山分校 | 2017/10/18 | 精细图 | GCA_002574715.1 |
| | AFS056099 | 美国北卡罗来纳大学教堂山分校 | 2017/10/18 | 精细图 | GCA_002574855.1 |
| | AFS055648 | 美国北卡罗来纳大学教堂山分校 | 2017/10/18 | 精细图 | GCA_002574875.1 |
| | AFS055677 | 美国北卡罗来纳大学教堂山分校 | 2017/10/18 | 精细图 | GCA_002574885.1 |
| | AFS055402 | 美国北卡罗来纳大学教堂山分校 | 2017/10/18 | 精细图 | GCA_002574955.1 |
| | AFS054833 | 美国北卡罗来纳大学教堂山分校 | 2017/10/18 | 精细图 | GCA_002574975.1 |
| | AFS054043 | 美国北卡罗来纳大学教堂山分校 | 2017/10/18 | 精细图 | GCA_002575055.1 |
| | AFS053592 | 美国北卡罗来纳大学教堂山分校 | 2017/10/18 | 精细图 | GCA_002575085.1 |
| | AFS053406 | 美国北卡罗来纳大学教堂山分校 | 2017/10/18 | 精细图 | GCA_002575135.1 |
| | AFS053336 | 美国北卡罗来纳大学教堂山分校 | 2017/10/18 | 精细图 | GCA_002575155.1 |
| | AFS053259 | 美国北卡罗来纳大学教堂山分校 | 2017/10/18 | 精细图 | GCA_002575175.1 |
| | AFS053130 | 美国北卡罗来纳大学教堂山分校 | 2017/10/18 | 精细图 | GCA_002575205.1 |
| | AFS053027 | 美国北卡罗来纳大学教堂山分校 | 2017/10/18 | 精细图 | GCA_002575215.1 |
| | AFS053272 | 美国北卡罗来纳大学教堂山分校 | 2017/10/18 | 精细图 | GCA_002575245.1 |
| | AFS052902 | 美国北卡罗来纳大学教堂山分校 | 2017/10/18 | 精细图 | GCA_002575275.1 |
| | AFS052525 | 美国北卡罗来纳大学教堂山分校 | 2017/10/18 | 精细图 | GCA_002575355.1 |
| | AFS052400 | 美国北卡罗来纳大学教堂山分校 | 2017/10/18 | 精细图 | GCA_002575405.1 |
| | AFS052321 | 美国北卡罗来纳大学教堂山分校 | 2017/10/18 | 精细图 | GCA_002575435.1 |

续表

| 学名 | 菌株名称 | 测序机构 | 测序时间（年/月/日） | 组装水平 | GenBank 登录号 |
|---|---|---|---|---|---|
| *Bacillus cereus* | AFS051634 | 美国北卡罗来纳大学教堂山分校 | 2017/10/18 | 精细图 | GCA_002575495.1 |
| | AFS051540 | 美国北卡罗来纳大学教堂山分校 | 2017/10/18 | 精细图 | GCA_002575505.1 |
| | AFS051626 | 美国北卡罗来纳大学教堂山分校 | 2017/10/18 | 精细图 | GCA_002575515.1 |
| | AFS050681 | 美国北卡罗来纳大学教堂山分校 | 2017/10/18 | 精细图 | GCA_002575555.1 |
| | AFS050720 | 美国北卡罗来纳大学教堂山分校 | 2017/10/18 | 精细图 | GCA_002575565.1 |
| | AFS051030 | 美国北卡罗来纳大学教堂山分校 | 2017/10/18 | 精细图 | GCA_002575595.1 |
| | AFS049840 | 美国北卡罗来纳大学教堂山分校 | 2017/10/18 | 精细图 | GCA_002575635.1 |
| | AFS049141 | 美国北卡罗来纳大学教堂山分校 | 2017/10/18 | 精细图 | GCA_002575715.1 |
| | AFS048989 | 美国北卡罗来纳大学教堂山分校 | 2017/10/18 | 精细图 | GCA_002575765.1 |
| | AFS048966 | 美国北卡罗来纳大学教堂山分校 | 2017/10/18 | 精细图 | GCA_002575795.1 |
| | AFS048756 | 美国北卡罗来纳大学教堂山分校 | 2017/10/18 | 精细图 | GCA_002575815.1 |
| | AFS048598 | 美国北卡罗来纳大学教堂山分校 | 2017/10/18 | 精细图 | GCA_002575835.1 |
| | AFS048418 | 美国北卡罗来纳大学教堂山分校 | 2017/10/18 | 精细图 | GCA_002575855.1 |
| | AFS047280 | 美国北卡罗来纳大学教堂山分校 | 2017/10/18 | 精细图 | GCA_002575935.1 |
| | AFS047152 | 美国北卡罗来纳大学教堂山分校 | 2017/10/18 | 精细图 | GCA_002575955.1 |
| | AFS047135 | 美国北卡罗来纳大学教堂山分校 | 2017/10/18 | 精细图 | GCA_002575965.1 |
| | AFS046747 | 美国北卡罗来纳大学教堂山分校 | 2017/10/18 | 精细图 | GCA_002576005.1 |
| | AFS046388 | 美国北卡罗来纳大学教堂山分校 | 2017/10/18 | 精细图 | GCA_002576045.1 |
| | AFS046104 | 美国北卡罗来纳大学教堂山分校 | 2017/10/18 | 精细图 | GCA_002576065.1 |
| | AFS045869 | 美国北卡罗来纳大学教堂山分校 | 2017/10/18 | 精细图 | GCA_002576095.1 |
| | AFS045441 | 美国北卡罗来纳大学教堂山分校 | 2017/10/18 | 精细图 | GCA_002576155.1 |
| | AFS045348 | 美国北卡罗来纳大学教堂山分校 | 2017/10/18 | 精细图 | GCA_002576165.1 |
| | AFS045152 | 美国北卡罗来纳大学教堂山分校 | 2017/10/18 | 精细图 | GCA_002576185.1 |
| | AFS044880 | 美国北卡罗来纳大学教堂山分校 | 2017/10/18 | 精细图 | GCA_002576225.1 |
| | AFS044547 | 美国北卡罗来纳大学教堂山分校 | 2017/10/18 | 精细图 | GCA_002576265.1 |
| | AFS044532 | 美国北卡罗来纳大学教堂山分校 | 2017/10/18 | 精细图 | GCA_002576275.1 |
| | AFS043896 | 美国北卡罗来纳大学教堂山分校 | 2017/10/18 | 精细图 | GCA_002576345.1 |
| | AFS043837 | 美国北卡罗来纳大学教堂山分校 | 2017/10/18 | 精细图 | GCA_002576365.1 |
| | AFS043533 | 美国北卡罗来纳大学教堂山分校 | 2017/10/18 | 精细图 | GCA_002576395.1 |
| | AFS043413 | 美国北卡罗来纳大学教堂山分校 | 2017/10/18 | 精细图 | GCA_002576445.1 |
| | AFS043359 | 美国北卡罗来纳大学教堂山分校 | 2017/10/18 | 精细图 | GCA_002576465.1 |
| | AFS042904 | 美国北卡罗来纳大学教堂山分校 | 2017/10/18 | 精细图 | GCA_002576535.1 |
| | AFS050653 | 美国北卡罗来纳大学教堂山分校 | 2017/10/18 | 精细图 | GCA_002576575.1 |
| | AFS050027 | 美国北卡罗来纳大学教堂山分校 | 2017/10/18 | 精细图 | GCA_002576595.1 |
| | AFS048213 | 美国北卡罗来纳大学教堂山分校 | 2017/10/18 | 精细图 | GCA_002576695.1 |

续表

| 学名 | 菌株名称 | 测序机构 | 测序时间（年/月/日） | 组装水平 | GenBank 登录号 |
|---|---|---|---|---|---|
| *Bacillus cereus* | AFS048015 | 美国北卡罗来纳大学教堂山分校 | 2017/10/18 | 精细图 | GCA_002576725.1 |
| | AFS047977 | 美国北卡罗来纳大学教堂山分校 | 2017/10/18 | 精细图 | GCA_002576745.1 |
| | AFS046754 | 美国北卡罗来纳大学教堂山分校 | 2017/10/18 | 精细图 | GCA_002576795.1 |
| | AFS046340 | 美国北卡罗来纳大学教堂山分校 | 2017/10/18 | 精细图 | GCA_002576825.1 |
| | AFS046374 | 美国北卡罗来纳大学教堂山分校 | 2017/10/18 | 精细图 | GCA_002576845.1 |
| | AFS045887 | 美国北卡罗来纳大学教堂山分校 | 2017/10/18 | 精细图 | GCA_002576865.1 |
| | AFS042863 | 美国北卡罗来纳大学教堂山分校 | 2017/10/18 | 精细图 | GCA_002577085.1 |
| | AFS042632 | 美国北卡罗来纳大学教堂山分校 | 2017/10/18 | 精细图 | GCA_002577105.1 |
| | AFS042307 | 美国北卡罗来纳大学教堂山分校 | 2017/10/18 | 精细图 | GCA_002577115.1 |
| | AFS042343 | 美国北卡罗来纳大学教堂山分校 | 2017/10/18 | 精细图 | GCA_002577125.1 |
| | AFS042177 | 美国北卡罗来纳大学教堂山分校 | 2017/10/18 | 精细图 | GCA_002577165.1 |
| | AFS042006 | 美国北卡罗来纳大学教堂山分校 | 2017/10/18 | 精细图 | GCA_002577175.1 |
| | AFS041803 | 美国北卡罗来纳大学教堂山分校 | 2017/10/18 | 精细图 | GCA_002577205.1 |
| | AFS041711 | 美国北卡罗来纳大学教堂山分校 | 2017/10/18 | 精细图 | GCA_002577245.1 |
| | AFS041581 | 美国北卡罗来纳大学教堂山分校 | 2017/10/18 | 精细图 | GCA_002577285.1 |
| | AFS041497 | 美国北卡罗来纳大学教堂山分校 | 2017/10/18 | 精细图 | GCA_002577335.1 |
| | AFS041432 | 美国北卡罗来纳大学教堂山分校 | 2017/10/18 | 精细图 | GCA_002577365.1 |
| | AFS041242 | 美国北卡罗来纳大学教堂山分校 | 2017/10/18 | 精细图 | GCA_002577375.1 |
| | AFS041003 | 美国北卡罗来纳大学教堂山分校 | 2017/10/18 | 精细图 | GCA_002577405.1 |
| | AFS041041 | 美国北卡罗来纳大学教堂山分校 | 2017/10/18 | 精细图 | GCA_002577415.1 |
| | AFS040986 | 美国北卡罗来纳大学教堂山分校 | 2017/10/18 | 精细图 | GCA_002577455.1 |
| | AFS040984 | 美国北卡罗来纳大学教堂山分校 | 2017/10/18 | 精细图 | GCA_002577465.1 |
| | AFS040627 | 美国北卡罗来纳大学教堂山分校 | 2017/10/18 | 精细图 | GCA_002577545.1 |
| | AFS040108 | 美国北卡罗来纳大学教堂山分校 | 2017/10/18 | 精细图 | GCA_002577665.1 |
| | AFS040106 | 美国北卡罗来纳大学教堂山分校 | 2017/10/18 | 精细图 | GCA_002577705.1 |
| | AFS040105 | 美国北卡罗来纳大学教堂山分校 | 2017/10/18 | 精细图 | GCA_002577745.1 |
| | AFS039950 | 美国北卡罗来纳大学教堂山分校 | 2017/10/18 | 精细图 | GCA_002577895.1 |
| | AFS039926 | 美国北卡罗来纳大学教堂山分校 | 2017/10/18 | 精细图 | GCA_002577915.1 |
| | AFS039342 | 美国北卡罗来纳大学教堂山分校 | 2017/10/18 | 精细图 | GCA_002578045.1 |
| | AFS039692 | 美国北卡罗来纳大学教堂山分校 | 2017/10/18 | 精细图 | GCA_002578195.1 |
| | AFS039283 | 美国北卡罗来纳大学教堂山分校 | 2017/10/18 | 精细图 | GCA_002578255.1 |
| | AFS038754 | 美国北卡罗来纳大学教堂山分校 | 2017/10/18 | 精细图 | GCA_002578325.1 |
| | AFS038126 | 美国北卡罗来纳大学教堂山分校 | 2017/10/18 | 精细图 | GCA_002578335.1 |
| | AFS038041 | 美国北卡罗来纳大学教堂山分校 | 2017/10/18 | 精细图 | GCA_002578405.1 |
| | AFS039717 | 美国北卡罗来纳大学教堂山分校 | 2017/10/18 | 精细图 | GCA_002578425.1 |

续表

| 学名 | 菌株名称 | 测序机构 | 测序时间（年/月/日） | 组装水平 | GenBank 登录号 |
|---|---|---|---|---|---|
| *Bacillus cereus* | AFS039482 | 美国北卡罗来纳大学教堂山分校 | 2017/10/18 | 精细图 | GCA_002578475.1 |
| | AFS038165 | 美国北卡罗来纳大学教堂山分校 | 2017/10/18 | 精细图 | GCA_002578485.1 |
| | AFS039661 | 美国北卡罗来纳大学教堂山分校 | 2017/10/18 | 精细图 | GCA_002578545.1 |
| | AFS039146 | 美国北卡罗来纳大学教堂山分校 | 2017/10/18 | 精细图 | GCA_002578565.1 |
| | AFS038688 | 美国北卡罗来纳大学教堂山分校 | 2017/10/18 | 精细图 | GCA_002578635.1 |
| | AFS057725 | 美国北卡罗来纳大学教堂山分校 | 2017/10/18 | 精细图 | GCA_002579585.1 |
| | AFS037926 | 美国北卡罗来纳大学教堂山分校 | 2017/10/18 | 精细图 | GCA_002582385.1 |
| | AFS037512 | 美国北卡罗来纳大学教堂山分校 | 2017/10/18 | 精细图 | GCA_002582395.1 |
| | AFS037284 | 美国北卡罗来纳大学教堂山分校 | 2017/10/18 | 精细图 | GCA_002582445.1 |
| | AFS036423 | 美国北卡罗来纳大学教堂山分校 | 2017/10/18 | 精细图 | GCA_002582595.1 |
| | AFS036381 | 美国北卡罗来纳大学教堂山分校 | 2017/10/18 | 精细图 | GCA_002582665.1 |
| | AFS034785 | 美国北卡罗来纳大学教堂山分校 | 2017/10/18 | 精细图 | GCA_002582745.1 |
| | AFS034468 | 美国北卡罗来纳大学教堂山分校 | 2017/10/18 | 精细图 | GCA_002582825.1 |
| | AFS034246 | 美国北卡罗来纳大学教堂山分校 | 2017/10/18 | 精细图 | GCA_002582935.1 |
| | AFS033388 | 美国北卡罗来纳大学教堂山分校 | 2017/10/18 | 精细图 | GCA_002582955.1 |
| | AFS033400 | 美国北卡罗来纳大学教堂山分校 | 2017/10/18 | 精细图 | GCA_002582965.1 |
| | AFS032151 | 美国北卡罗来纳大学教堂山分校 | 2017/10/18 | 精细图 | GCA_002583125.1 |
| | AFS031287 | 美国北卡罗来纳大学教堂山分校 | 2017/10/18 | 精细图 | GCA_002583275.1 |
| | AFS030229 | 美国北卡罗来纳大学教堂山分校 | 2017/10/18 | 精细图 | GCA_002583305.1 |
| | AFS030055 | 美国北卡罗来纳大学教堂山分校 | 2017/10/18 | 精细图 | GCA_002583515.1 |
| | AFS030046 | 美国北卡罗来纳大学教堂山分校 | 2017/10/18 | 精细图 | GCA_002583535.1 |
| | AFS029679 | 美国北卡罗来纳大学教堂山分校 | 2017/10/18 | 精细图 | GCA_002583705.1 |
| | AFS029677 | 美国北卡罗来纳大学教堂山分校 | 2017/10/18 | 精细图 | GCA_002583755.1 |
| | AFS036159 | 美国北卡罗来纳大学教堂山分校 | 2017/10/18 | 精细图 | GCA_002584035.1 |
| | AFS036086 | 美国北卡罗来纳大学教堂山分校 | 2017/10/18 | 精细图 | GCA_002584065.1 |
| | AFS034791 | 美国北卡罗来纳大学教堂山分校 | 2017/10/18 | 精细图 | GCA_002584075.1 |
| | AFS034541 | 美国北卡罗来纳大学教堂山分校 | 2017/10/18 | 精细图 | GCA_002584305.1 |
| | AFS033276 | 美国北卡罗来纳大学教堂山分校 | 2017/10/18 | 精细图 | GCA_002584345.1 |
| | AFS033081 | 美国北卡罗来纳大学教堂山分校 | 2017/10/18 | 精细图 | GCA_002584465.1 |
| | AFS031783 | 美国北卡罗来纳大学教堂山分校 | 2017/10/18 | 精细图 | GCA_002584535.1 |
| | AFS031264 | 美国北卡罗来纳大学教堂山分校 | 2017/10/18 | 精细图 | GCA_002584675.1 |
| | AFS031232 | 美国北卡罗来纳大学教堂山分校 | 2017/10/18 | 精细图 | GCA_002584695.1 |
| | AFS030991 | 美国北卡罗来纳大学教堂山分校 | 2017/10/18 | 精细图 | GCA_002584765.1 |
| | AFS030742 | 美国北卡罗来纳大学教堂山分校 | 2017/10/18 | 精细图 | GCA_002584775.1 |
| | AFS030475 | 美国北卡罗来纳大学教堂山分校 | 2017/10/18 | 精细图 | GCA_002584845.1 |

续表

| 学名 | 菌株名称 | 测序机构 | 测序时间（年/月/日） | 组装水平 | GenBank 登录号 |
|---|---|---|---|---|---|
| *Bacillus cereus* | AFS029617 | 美国北卡罗来纳大学教堂山分校 | 2017/10/18 | 精细图 | GCA_002585005.1 |
| | AFS037584 | 美国北卡罗来纳大学教堂山分校 | 2017/10/18 | 精细图 | GCA_002585165.1 |
| | AFS035954 | 美国北卡罗来纳大学教堂山分校 | 2017/10/18 | 精细图 | GCA_002585385.1 |
| | AFS035470 | 美国北卡罗来纳大学教堂山分校 | 2017/10/18 | 精细图 | GCA_002585495.1 |
| | AFS035044 | 美国北卡罗来纳大学教堂山分校 | 2017/10/18 | 精细图 | GCA_002585595.1 |
| | AFS033440 | 美国北卡罗来纳大学教堂山分校 | 2017/10/18 | 精细图 | GCA_002585665.1 |
| | AFS033741 | 美国北卡罗来纳大学教堂山分校 | 2017/10/18 | 精细图 | GCA_002585695.1 |
| | AFS032444 | 美国北卡罗来纳大学教堂山分校 | 2017/10/18 | 精细图 | GCA_002585765.1 |
| | AFS032567 | 美国北卡罗来纳大学教堂山分校 | 2017/10/18 | 精细图 | GCA_002585785.1 |
| | AFS031451 | 美国北卡罗来纳大学教堂山分校 | 2017/10/18 | 精细图 | GCA_002585905.1 |
| | AFS031003 | 美国北卡罗来纳大学教堂山分校 | 2017/10/18 | 精细图 | GCA_002585955.1 |
| | AFS030860 | 美国北卡罗来纳大学教堂山分校 | 2017/10/18 | 精细图 | GCA_002586115.1 |
| | AFS030663 | 美国北卡罗来纳大学教堂山分校 | 2017/10/18 | 精细图 | GCA_002586215.1 |
| | AFS030086 | 美国北卡罗来纳大学教堂山分校 | 2017/10/18 | 精细图 | GCA_002586265.1 |
| | AFS030140 | 美国北卡罗来纳大学教堂山分校 | 2017/10/18 | 精细图 | GCA_002586275.1 |
| | AFS029810 | 美国北卡罗来纳大学教堂山分校 | 2017/10/18 | 精细图 | GCA_002586285.1 |
| | AFS029792 | 美国北卡罗来纳大学教堂山分校 | 2017/10/18 | 精细图 | GCA_002589745.1 |
| | SJ-S23 | 美国圣犹达儿童研究医院 | 2017/12/4 | 精细图 | GCA_002807165.1 |
| | SJ-S17 | 美国圣犹达儿童研究医院 | 2017/12/4 | 精细图 | GCA_002807265.1 |
| | SJ-S25 | 美国圣犹达儿童研究医院 | 2017/12/4 | 精细图 | GCA_002807505.1 |
| | SJ-S19 | 美国圣犹达儿童研究医院 | 2017/12/4 | 精细图 | GCA_002807525.1 |
| | 6113 | 中国科学院 | 2017/12/5 | 精细图 | GCA_002811445.1 |
| | TS2 | 印度韦洛尔科技大学 | 2017/12/12 | 精细图 | GCA_002835635.1 |
| | EGD-AQ9 | 印度科学和工业研究理事会国家环境工程研究所 | 2018/1/24 | 精细图 | GCA_002896915.1 |
| | MYb220 | 英国基尔大学 | 2018/3/7 | 精细图 | GCA_002976395.1 |
| | MYb212 | 英国基尔大学 | 2018/3/7 | 精细图 | GCA_002976415.1 |
| | CITVM-11.1 | 阿根廷维拉玛利亚国立大学 | 2018/5/14 | 精细图 | GCA_003122725.1 |
| | BS16 | 中国福建农林大学 | 2018/6/22 | 精细图 | GCA_003265185.1 |
| | NWUAB01 | 南非西北大学 | 2019/1/14 | 精细图 | GCA_003298655.3 |
| | OM02-3AC | 中国华大基因 | 2018/8/31 | 精细图 | GCA_003439755.1 |
| | MH19 | 中国华中农业大学 | 2019/1/15 | 精细图 | GCA_004023705.1 |
| | GTC2903 | 日本国立感染症研究所 | 2019/2/9 | 精细图 | GCA_004306975.1 |
| | GTC2926 | 日本国立感染症研究所 | 2019/2/9 | 精细图 | GCA_004306995.1 |
| | ach14 | 日本国立感染症研究所 | 2019/2/9 | 精细图 | GCA_004307115.1 |

续表

| 学名 | 菌株名称 | 测序机构 | 测序时间（年/月/日） | 组装水平 | GenBank 登录号 |
|---|---|---|---|---|---|
| *Bacillus cereus* | 121B | 美国能源部联合基因组研究所 | 2019/3/11 | 精细图 | GCA_004346825.1 |
| | I175 | 以色列魏茨曼科学研究所 | 2019/5/6 | 精细图 | GCA_005217125.1 |
| | I62 | 以色列魏茨曼科学研究所 | 2019/5/6 | 精细图 | GCA_005217235.1 |
| | I189 | 以色列魏茨曼科学研究所 | 2019/5/6 | 精细图 | GCA_005217245.1 |
| | I75 | 以色列魏茨曼科学研究所 | 2019/5/6 | 精细图 | GCA_005217255.1 |
| | I69 | 以色列魏茨曼科学研究所 | 2019/5/6 | 精细图 | GCA_005217265.1 |
| | I176 | 以色列魏茨曼科学研究所 | 2019/5/6 | 精细图 | GCA_005217285.1 |
| | I161 | 以色列魏茨曼科学研究所 | 2019/5/6 | 精细图 | GCA_005217345.1 |
| | I153 | 以色列魏茨曼科学研究所 | 2019/5/6 | 精细图 | GCA_005217355.1 |
| | I141 | 以色列魏茨曼科学研究所 | 2019/5/6 | 精细图 | GCA_005217375.1 |
| | I148 | 以色列魏茨曼科学研究所 | 2019/5/6 | 精细图 | GCA_005217405.1 |
| | I147 | 以色列魏茨曼科学研究所 | 2019/5/6 | 精细图 | GCA_005217435.1 |
| | I149 | 以色列魏茨曼科学研究所 | 2019/5/6 | 精细图 | GCA_005217675.1 |
| | I16 | 以色列魏茨曼科学研究所 | 2019/5/6 | 精细图 | GCA_005217705.1 |
| | INRA Bc05-F1 | 法国国家农业科学研究院 | 2016/8/4 | 精细图 | GCA_900094725.1 |
| | WSBC_10311 | 法国国家农业科学研究院 | 2016/8/4 | 精细图 | GCA_900094745.1 |
| | INRA_SA′ | 法国国家农业科学研究院 | 2016/9/8 | 精细图 | GCA_900094755.1 |
| | INRA_ZB5-J | 法国国家农业科学研究院 | 2016/8/4 | 精细图 | GCA_900094775.1 |
| | NVH 0861-00 | 法国国家农业科学研究院 | 2016/8/4 | 精细图 | GCA_900094815.1 |
| | RIVM_BC126 | 法国国家农业科学研究院 | 2016/10/6 | 精细图 | GCA_900094825.1 |
| | NVH 0674-98 | 法国国家农业科学研究院 | 2016/9/16 | 精细图 | GCA_900094845.1 |
| | RIVM_BC938 | 法国国家农业科学研究院 | 2016/9/16 | 精细图 | GCA_900094855.1 |
| | NVH_141/1-01_V_C53 | 法国国家农业科学研究院 | 2016/9/10 | 精细图 | GCA_900094865.1 |
| | F2404B-79 | 法国国家农业科学研究院 | 2016/9/8 | 精细图 | GCA_900094905.1 |
| | RIVM_BC485 | 法国国家农业科学研究院 | 2016/10/6 | 精细图 | GCA_900095125.1 |
| | RIVM_BC120 | 法国国家农业科学研究院 | 2016/8/26 | 精细图 | GCA_900095505.1 |
| | KPR-7A | 美国能源部联合基因组研究所 | 2016/10/21 | 精细图 | GCA_900101305.1 |
| | RU36C | 美国能源部联合基因组研究所 | 2017/1/15 | 精细图 | GCA_900155895.1 |
| | 16-00196 | 法国巴斯德研究所 | 2017/5/20 | 精细图 | GCA_900176805.1 |
| | 16-00221 | 法国巴斯德研究所 | 2017/5/20 | 精细图 | GCA_900176835.1 |
| | 16-00185 | 法国巴斯德研究所 | 2017/5/20 | 精细图 | GCA_900176845.1 |
| | 16-00191 | 法国巴斯德研究所 | 2017/5/20 | 精细图 | GCA_900176875.1 |
| | 16-00176 | 法国巴斯德研究所 | 2017/5/20 | 精细图 | GCA_900176895.1 |
| | 16-00175 | 法国巴斯德研究所 | 2017/5/20 | 精细图 | GCA_900176915.1 |

续表

| 学名 | 菌株名称 | 测序机构 | 测序时间（年/月/日） | 组装水平 | GenBank 登录号 |
|---|---|---|---|---|---|
| *Bacillus cereus* | 16-00174 | 法国巴斯德研究所 | 2017/5/20 | 精细图 | GCA_900176925.1 |
| | 16-00198 | 法国巴斯德研究所 | 2017/5/20 | 精细图 | GCA_900176935.1 |
| | 16-00184 | 法国巴斯德研究所 | 2017/5/20 | 精细图 | GCA_900176955.1 |
| | 16-00195 | 法国巴斯德研究所 | 2017/5/20 | 精细图 | GCA_900176965.1 |
| | 16-00183 | 法国巴斯德研究所 | 2017/5/20 | 精细图 | GCA_900176975.1 |
| | 16-00193 | 法国巴斯德研究所 | 2017/5/20 | 精细图 | GCA_900176985.1 |
| | 16-00187 | 法国巴斯德研究所 | 2017/5/20 | 精细图 | GCA_900176995.1 |
| | 16-00177 | 法国巴斯德研究所 | 2017/5/20 | 精细图 | GCA_900177005.1 |
| | 16-00188 | 法国巴斯德研究所 | 2017/5/20 | 精细图 | GCA_900177025.1 |
| | FT9 | 巴西巴西利亚大学 | 2014/7/10 | 完成图 | GCA_000724585.1 |
| | 25 | 巴西贝洛塔斯联邦大学 | 2017/5/4 | 染色体 | GCA_002117835.1 |
| | 29 | 巴西贝洛塔斯联邦大学 | 2017/5/4 | 染色体 | GCA_002117855.1 |
| | MBGJa3 | 印度科学和工业研究理事会国家环境工程研究所 | 2018/2/6 | 染色体 | GCA_002953495.1 |
| | G9241 | 欧洲基因组研究所 | 2004/5/21 | 精细图 | GCA_000167215.1 |
| | W | 欧洲基因组研究所 | 2008/8/12 | 精细图 | GCA_000181595.1 |
| | NVH0597-99 | 欧洲基因组研究所 | 2004/5/21 | 精细图 | GCA_000181635.1 |
| | 03BB108 | 欧洲基因组研究所 | 2008/8/12 | 精细图 | GCA_000181655.1 |
| | H3081.97 | 欧洲基因组研究所 | 2008/10/6 | 框架图 | GCA_000171035.2 |
| | SJ1 | 美国亚利桑那大学 | 2010/6/21 | 框架图 | GCA_000177295.1 |
| | JRS1 | 英国利物浦大学 | 2015/8/31 | 框架图 | GCA_001286905.1 |
| | PE5-132 | 南非西开普大学 | 2016/2/1 | 框架图 | GCA_001543815.1 |
| | 062011 msu | 印度马诺曼尼亚姆圣达拉纳大学 | 2017/10/10 | 框架图 | GCA_002494325.1 |
| | SJ-S9 | 美国圣犹达儿童研究医院 | 2017/12/4 | 框架图 | GCA_002807295.1 |
| | SJ-S7 | 美国圣犹达儿童研究医院 | 2017/12/4 | 框架图 | GCA_002807315.1 |
| | SJ-S6 | 美国圣犹达儿童研究医院 | 2017/12/4 | 框架图 | GCA_002807355.1 |
| | SJ-S1 | 美国圣犹达儿童研究医院 | 2017/12/4 | 框架图 | GCA_002807365.1 |
| | SJ-S5 | 美国圣犹达儿童研究医院 | 2017/12/4 | 框架图 | GCA_002807535.1 |
| | SJ-S3 | 美国圣犹达儿童研究医院 | 2017/12/4 | 框架图 | GCA_002807585.1 |
| | ISO11 | 美国马里兰大学巴尔的摩郡分校 | 2018/9/5 | | GCA_003458115.1 |
| | OM04-20 | 中国华大基因 | 2018/8/31 | 框架图 | GCA_003439135.1 |
| | NCTC 6474 | 欧洲生物信息学研究所 | 2018/6/30 | 框架图 | GCA_900445335.1 |
| | UBA4171 | 澳大利亚昆士兰大学 | 2017/9/27 | 精细图 | GCA_002379925.1 |
| | UBA5641 | 澳大利亚昆士兰大学 | 2017/10/3 | 精细图 | GCA_002421225.1 |
| | UBA5991 | 澳大利亚昆士兰大学 | 2017/10/4 | 精细图 | GCA_002427705.1 |

续表

| 学名 | 菌株名称 | 测序机构 | 测序时间（年/月/日） | 组装水平 | GenBank 登录号 |
|---|---|---|---|---|---|
| *Bacillus cereus* | SJ-S18 | 美国圣犹达儿童研究医院 | 2017/12/4 | 精细图 | GCA_002807245.1 |
| | SJ-S8 | 美国圣犹达儿童研究医院 | 2017/12/4 | 精细图 | GCA_002807305.1 |
| | SJ-S26 | 美国圣犹达儿童研究医院 | 2017/12/4 | 精细图 | GCA_002807475.1 |
| | SJ-S10 | 美国圣犹达儿童研究医院 | 2017/12/4 | 精细图 | GCA_002807565.1 |
| | SJ-S2 | 美国圣犹达儿童研究医院 | 2017/12/4 | 精细图 | GCA_002807605.1 |
| | I32 | 以色列魏茨曼科学研究所 | 2019/5/6 | 精细图 | GCA_005217655.1 |
| | I109 | 以色列魏茨曼科学研究所 | 2019/5/6 | 精细图 | GCA_005217905.1 |
| *Bacillus chagannorensis* | DSM 18086 | 美国能源部联合基因组研究所 | 2013/7/15 | 精细图 | GCA_000429725.1 |
| *Bacillus cibi* | DSM 16189 | 美国莱康明学院 | 2014/7/22 | 框架图 | GCA_000709935.2 |
| *Bacillus cihuensis* | FJAT-14515 | 中国福建省农业科学院 | 2013/12/6 | 精细图 | GCA_000504145.1 |
| *Bacillus circulans* | NBRC 13626 | 日本国立技术与评价研究所 | 2016/2/27 | 框架图 | GCA_001591585.1 |
| | PK3_109 | 沙特阿拉伯阿卜杜拉国王科技大学 | 2018/11/14 | 完成图 | GCA_003726095.1 |
| | PK3_138 | 沙特阿拉伯阿卜杜拉国王科技大学 | 2018/11/14 | 完成图 | GCA_003726115.1 |
| | RIT379 | 美国罗切斯特理工学院 | 2015/6/19 | 框架图 | GCA_001029855.1 |
| | 7524 | 德国比勒费尔德大学 | 2017/8/28 | 框架图 | GCA_002271635.1 |
| | 7521-2 | 德国比勒费尔德大学 | 2017/8/28 | 框架图 | GCA_002271985.1 |
| | 7520-T | 德国比勒费尔德大学 | 2017/8/28 | 框架图 | GCA_002271995.1 |
| | 7506 | 德国比勒费尔德大学 | 2017/8/28 | 框架图 | GCA_002272125.1 |
| | NCTC 2610 | 欧洲生物信息学研究所 | 2018/6/30 | 框架图 | GCA_900445325.1 |
| *Bacillus clarkii* | DSM 8720 | 中国福建省农业科学院 | 2017/3/6 | 精细图 | GCA_002019695.1 |
| *Bacillus clarus* | PS00077A | 美国宾夕法尼亚州大学 | 2018/8/25 | 精细图 | GCA_003428195.1 |
| *Bacillus clausii* | KSM-K16 | 日本花王公司 | 2004/12/30 | 完成图 | GCA_000009825.1 |
| | ENTPro | 印度科学和工业研究理事会微生物技术研究所 | 2015/8/24 | 完成图 | GCA_000737305.2 |
| | DSM 8716 | 韩国庆北国立大学 | 2017/8/14 | 完成图 | GCA_002250115.1 |
| | UBBC-07 | 印度科学和工业研究理事会微生物技术研究所 | 2015/4/28 | 框架图 | GCA_000981315.1 |
| | AKU0647 | 日本九州大学 | 2016/3/10 | 框架图 | GCA_001598215.1 |
| | B106 | 印度阿加卡研究所 | 2017/8/23 | 框架图 | GCA_002266625.1 |
| | 7541 | 德国比勒费尔德大学 | 2017/8/28 | 框架图 | GCA_002271555.1 |
| | 7540-2 | 德国比勒费尔德大学 | 2017/8/28 | 框架图 | GCA_002271575.1 |
| | 7540-1 | 德国比勒费尔德大学 | 2017/8/28 | 框架图 | GCA_002271585.1 |
| | 7894-1 | 德国比勒费尔德大学 | 2017/8/28 | 框架图 | GCA_002271695.1 |
| | 7520-2 | 德国比勒费尔德大学 | 2017/8/28 | 框架图 | GCA_002272085.1 |
| | 7547-G | 德国比勒费尔德大学 | 2017/8/28 | 框架图 | GCA_002272445.1 |
| | 7543 | 德国比勒费尔德大学 | 2017/8/28 | 框架图 | GCA_002272505.1 |

续表

| 学名 | 菌株名称 | 测序机构 | 测序时间（年/月/日） | 组装水平 | GenBank 登录号 |
|---|---|---|---|---|---|
| *Bacillus clausii* | 7537-T | 德国比勒费尔德大学 | 2017/8/28 | 框架图 | GCA_002272525.1 |
| | 7539 | 德国比勒费尔德大学 | 2017/8/28 | 框架图 | GCA_002272535.1 |
| | 7538 | 德国比勒费尔德大学 | 2017/8/28 | 框架图 | GCA_002272545.1 |
| | 7535-K | 德国比勒费尔德大学 | 2017/8/28 | 框架图 | GCA_002272605.1 |
| | 7529 | 德国比勒费尔德大学 | 2017/8/28 | 框架图 | GCA_002272615.1 |
| | 7523-2 | 德国比勒费尔德大学 | 2017/8/28 | 框架图 | GCA_002272645.1 |
| | 7522 | 德国比勒费尔德大学 | 2017/8/28 | 框架图 | GCA_002272655.1 |
| | BC112 | 中国齐鲁工业大学 | 2018/4/6 | 框架图 | GCA_003043875.1 |
| *Bacillus coagulans* | 36D1 | 美国能源部联合基因组研究所 | 2011/9/23 | 完成图 | GCA_000169195.2 |
| | 2-6 | 中国上海交通大学 | 2011/6/10 | 完成图 | GCA_000217835.1 |
| | HM-08 | 中国内蒙古农业大学 | 2015/2/17 | 完成图 | GCA_000876545.1 |
| | S-lac | 印度科学和工业研究理事会微生物技术研究所 | 2015/6/25 | 完成图 | GCA_001039495.1 |
| | BC-HY1 | 中国北京农学院 | 2016/11/7 | 完成图 | GCA_001870065.1 |
| | R11 | 中国华南农业大学 | 2018/2/14 | 完成图 | GCA_002946455.1 |
| | LA204 | 中国华中农业大学 | 2018/6/4 | 完成图 | GCA_003184245.1 |
| | IDCC1201 | 韩国伊东制药有限公司 | 2019/1/28 | 完成图 | GCA_004114715.1 |
| | LBSC | 美国先进酶技术有限公司 | 2017/11/20 | 染色体 | GCA_002786555.1 |
| | XZL4 | 中国上海交通大学 | 2011/8/10 | 精细图 | GCA_000223155.1 |
| | CSIL1 | 美国能源部联合基因组研究所 | 2013/10/25 | 精细图 | GCA_000482605.1 |
| | GED7749B | 美国圣路易斯华盛顿大学 | 2016/2/8 | 精细图 | GCA_001546215.1 |
| | DSM 1 | 中国上海交通大学 | 2012/8/16 | 框架图 | GCA_000290615.1 |
| | XZL9 | 中国上海交通大学 | 2013/1/25 | 框架图 | GCA_000333915.1 |
| | H-1 | 中国上海交通大学 | 2013/1/25 | 框架图 | GCA_000333935.1 |
| | GBI-30，6086 | 意大利维罗纳大学 | 2014/9/19 | 框架图 | GCA_000756285.1 |
| | P38 | 中国科学院微生物研究所 | 2014/11/7 | 框架图 | GCA_000773655.1 |
| | NL01 | 中国南京林业大学 | 2015/5/6 | 框架图 | GCA_000988585.1 |
| | Unique IS-2 | 印度科学和工业研究理事会微生物技术研究所 | 2016/3/2 | 框架图 | GCA_001578455.1 |
| | HS243 | 印度阿加卡研究所 | 2017/8/23 | 框架图 | GCA_002266595.1 |
| | MA-13 | 意大利那不勒斯费德里克二世大学 | 2019/3/22 | 框架图 | GCA_004359975.1 |
| | B4100 | 荷兰格罗宁根大学 | 2016/3/11 | 精细图 | GCA_001587205.1 |
| | B4099 | 荷兰格罗宁根大学 | 2016/3/11 | 精细图 | GCA_001587215.1 |
| | B4098 | 荷兰格罗宁根大学 | 2016/3/11 | 精细图 | GCA_001587225.1 |
| | B4096 | 荷兰格罗宁根大学 | 2016/3/11 | 精细图 | GCA_001587275.1 |
| | ZB29 | 印度 Zytex 生物技术有限公司 | 2018/7/21 | 精细图 | GCA_003335145.1 |

续表

| 学名 | 菌株名称 | 测序机构 | 测序时间（年/月/日） | 组装水平 | GenBank 登录号 |
|---|---|---|---|---|---|
| *Bacillus coagulans* | AF24-21 | 中国华大基因 | 2018/9/5 | 精细图 | GCA_003459145.1 |
| | AF24-19 | 中国华大基因 | 2018/9/5 | 精细图 | GCA_003459195.1 |
| | ATCC 7050 | 美国洛斯阿拉莫斯国家实验室 | 2015/2/5 | 完成图 | GCA_000832905.1 |
| *Bacillus coahuilensis* | m4-4 | 墨西哥生物多样性基因组学国家实验室 | 2008/3/20 | 框架图 | GCA_000171615.1 |
| | m2-6 | 墨西哥国立自治大学 | 2016/1/15 | 框架图 | GCA_001516885.1 |
| | p1.1.43 | 墨西哥国立自治大学 | 2016/1/15 | 框架图 | GCA_001516895.1 |
| *Bacillus cohnii* | NBRC 15565 | 日本国立技术与评价研究所 | 2016/2/27 | 框架图 | GCA_001591425.1 |
| | DSM 6307 | 韩国庆北国立大学 | 2017/8/14 | 完成图 | GCA_002250055.1 |
| *Bacillus cucumis* | V32-6 | 美国加州理工学院 | 2018/1/4 | 框架图 | GCA_002860255.1 |
| *Bacillus cytotoxicus* | NVH 391-98 | 美国能源部联合基因组研究所 | 2007/7/17 | 完成图 | GCA_000017425.1 |
| | CH_38 | 瑞士苏黎世大学 | 2018/5/18 | 完成图 | GCA_002250885.2 |
| | CH_25 | 瑞士苏黎世大学 | 2018/5/18 | 完成图 | GCA_002250905.2 |
| | CH_23 | 瑞士苏黎世大学 | 2018/5/18 | 完成图 | GCA_002250925.2 |
| | CH_13 | 瑞士苏黎世大学 | 2018/5/18 | 完成图 | GCA_002250945.2 |
| | CH_4 | 瑞士苏黎世大学 | 2018/5/18 | 完成图 | GCA_002250965.2 |
| | CH_39 | 瑞士苏黎世大学 | 2018/5/18 | 完成图 | GCA_002251005.2 |
| | CH_15 | 瑞士苏黎世大学 | 2018/5/18 | 完成图 | GCA_002251025.2 |
| | CH_2 | 瑞士苏黎世大学 | 2018/5/18 | 完成图 | GCA_002251045.2 |
| | CH_1 | 瑞士苏黎世大学 | 2018/5/18 | 完成图 | GCA_002251055.2 |
| | CH_3 | 瑞士苏黎世大学 | 2018/5/18 | 完成图 | GCA_002251115.2 |
| | CVUAS 2833 | 德国慕尼黑工业大学 | 2015/7/8 | 精细图 | GCA_001050335.1 |
| | NVH_883-00 | 法国国家农业科学研究院 | 2016/9/10 | 精细图 | GCA_900094915.1 |
| | AFSSA_08CEB44bac | 法国国家农业科学研究院 | 2016/8/26 | 精细图 | GCA_900095655.1 |
| *Bacillus dakarensis* | Marseille-P3515 | 法国热带传染病研究中心 | 2017/2/2 | 精细图 | GCA_900156875.1 |
| *Bacillus daliensis* | CGMCC 1.10369 | 美国能源部联合基因组研究所 | 2016/10/21 | 精细图 | GCA_900103955.1 |
| *Bacillus decisifrondis* | DSM 17725 | 中国福建省农业科学院 | 2015/9/4 | 精细图 | GCA_001278875.1 |
| *Bacillus deserti* | V1-29 | 美国加州理工学院 | 2018/1/4 | 框架图 | GCA_002863585.1 |
| *Bacillus dielmoensis* | FF4 | 欧洲生物信息学研究所 | 2014/3/12 | 精细图 | GCA_000612665.1 |
| *Bacillus drentensis* | FJAT-10044 | 中国福建省农业科学院 | 2016/5/4 | 精细图 | GCA_001636415.1 |
| | NBRC 102427 | 日本国立技术与评价研究所 | 2016/2/27 | 框架图 | GCA_001591445.1 |
| *Bacillus eiseniae* | FJAT-2352 | 中国福建省农业科学院 | 2016/5/4 | 精细图 | GCA_001636325.1 |
| *Bacillus enclensis* | SGD-1123 | 印度科学和工业研究理事会国家化学实验室 | 2015/12/4 | 精细图 | GCA_001456935.1 |

续表

| 学名 | 菌株名称 | 测序机构 | 测序时间（年/月/日） | 组装水平 | GenBank 登录号 |
|---|---|---|---|---|---|
| *Bacillus endophyticus* | 3631_9D | 南非农业研究委员会翁得斯泰浦尔特兽医研究所 | 2018/6/28 | 精细图 | GCA_003269915.1 |
| | 3631_10C | 南非农业研究委员会翁得斯泰浦尔特兽医研究所 | 2018/6/28 | 精细图 | GCA_003269945.1 |
| | 3617_2C | 南非农业研究委员会翁得斯泰浦尔特兽医研究所 | 2018/6/28 | 精细图 | GCA_003269955.1 |
| | 3618_1C | 南非农业研究委员会翁得斯泰浦尔特兽医研究所 | 2018/6/28 | 精细图 | GCA_003269975.1 |
| | FH5 | 荷兰格罗宁根大学 | 2018/11/26 | 框架图 | GCA_003833305.1 |
| | KCTC 13922 | 韩国生物科学与生物技术研究院 | 2016/3/14 | 精细图 | GCA_001590825.1 |
| | DSM 13796 | 美国能源部联合基因组研究所 | 2016/11/2 | 精细图 | GCA_900115845.1 |
| *Bacillus farraginis* | DSM 16013 | 中国福建省农业科学院 | 2015/11/6 | 精细图 | GCA_001439965.1 |
| *Bacillus fastidiosus* | NBRC 101226 | 日本国立技术与评价研究所 | 2016/2/27 | 框架图 | GCA_001591625.1 |
| *Bacillus fengqiuensis* | FJAT-14578 | 中国福建省农业科学院 | 2013/12/6 | 精细图 | GCA_000504165.1 |
| *Bacillus filamentosus* | SGD-14 | 美国能源部联合基因组研究所 | 2017/4/19 | 精细图 | GCA_900177535.1 |
| | Hbe603 | 中国天津大学 | 2016/4/22 | 完成图 | GCA_000972245.3 |
| | 2102 | 韩国生物科学与生物技术研究院 | 2012/7/31 | 框架图 | GCA_000283255.1 |
| | PK5_39 | 沙特阿拉伯阿卜杜拉国王科技大学 | 2018/9/28 | 框架图 | GCA_003600795.1 |
| | DSM 27955 | 印度科学和工业研究理事会国家化学实验室 | 2017/8/1 | 精细图 | GCA_002237735.1 |
| | HL2HP6 | 巴基斯坦福尔曼基督教学院 | 2018/2/14 | 染色体 | GCA_002946475.1 |
| *Bacillus firmus* | DS1 | 中国华中农业大学 | 2014/2/7 | 框架图 | GCA_000565285.1 |
| | LK28 | 马来西亚马来亚大学 | 2015/6/24 | 框架图 | GCA_001038755.1 |
| | NBRC 15306 | 日本国立技术与评价研究所 | 2016/2/27 | 框架图 | GCA_001591465.1 |
| | NCTC 10335 | 欧洲生物信息学研究所 | 2018/8/8 | 框架图 | GCA_900445365.1 |
| | 14_TX | 美国能源部联合基因组研究所 | 2018/7/12 | 精细图 | GCA_003315495.1 |
| *Bacillus flexus* | KLBMP 4941 | 中国江苏师范大学 | 2017/3/9 | 完成图 | GCA_002024265.1 |
| | 1-2-1 | 中国青岛大学 | 2019/5/22 | 完成图 | GCA_005577315.1 |
| | T6186-2 | 中国浙江大学 | 2014/4/2 | 框架图 | GCA_000612165.1 |
| | NBRC 15715 | 日本国立技术与评价研究所 | 2016/2/27 | 框架图 | GCA_001591565.1 |
| | DMTMMB08 | 印度马杜赖卡玛拉大学 | 2018/9/20 | 框架图 | GCA_003583265.1 |
| *Bacillus foraminis* | Bac44 | 沙特阿拉伯阿卜杜拉国王科技大学 | 2018/10/21 | 完成图 | GCA_003667765.1 |
| | CV53 | 美国能源部联合基因组研究所 | 2019/3/11 | 精细图 | GCA_004340465.1 |
| *Bacillus fordii* | DSM 16014 | 美国能源部联合基因组研究所 | 2013/4/23 | 精细图 | GCA_000374565.1 |
| *Bacillus fortis* | DSM 16012 | 中国安徽农业大学 | 2019/1/14 | 框架图 | GCA_003605365.2 |
| *Bacillus fumarioli* | NBRC 102428 | 日本国立技术与评价研究所 | 2016/2/27 | 框架图 | GCA_001591485.1 |
| *Bacillus funiculus* | W18-2 | 中国南阳师范大学 | 2019/2/5 | 框架图 | GCA_004138295.1 |

续表

| 学名 | 菌株名称 | 测序机构 | 测序时间（年/月/日） | 组装水平 | GenBank 登录号 |
|---|---|---|---|---|---|
| *Bacillus gaemokensis* | JCM 15801 | 中国自然资源部第三海洋研究所 | 2014/6/26 | 框架图 | GCA_000712615.1 |
| | KCTC 13318 | 韩国生物科学与生物技术研究院 | 2016/3/14 | 精细图 | GCA_001590835.1 |
| *Bacillus galactosidilyticus* | G25-74 | 韩国生命科学与技术研究所 | 2016/5/17 | 精细图 | GCA_001645705.1 |
| | PL133 | 加拿大圭尔夫大学 | 2015/11/4 | 精细图 | GCA_001431185.1 |
| *Bacillus gibsonii* | FJAT-10019 | 中国福建省农业科学院 | 2016/9/6 | 完成图 | GCA_001719185.1 |
| *Bacillus ginsengihumi* | J57 | 美国能源部联合基因组研究所 | 2014/1/14 | 框架图 | GCA_000526655.1 |
| | M2.11 | 俄罗斯喀山联邦大学 | 2014/11/21 | 框架图 | GCA_000786015.1 |
| *Bacillus glycinifermentans* | BGLY | 德国赢创营养护理股份有限公司 | 2016/8/3 | 完成图 | GCA_900093775.1 |
| | KBN06P03352 | 韩国疾病预防控制中心 | 2017/10/4 | 完成图 | GCA_002443095.1 |
| | SRCM103574 | 韩国发酵工业微生物研究所 | 2019/1/23 | 完成图 | GCA_004103615.1 |
| | KJ-17 | 美国农业部农业研究院 | 2015/6/29 | 框架图 | GCA_001042465.1 |
| | GO-13 | 美国农业部农业研究院 | 2015/11/16 | 精细图 | GCA_001042475.2 |
| *Bacillus gobiensis* | FJAT-4402 | 中国福建省农业科学院 | 2015/9/4 | 染色体 | GCA_001278705.1 |
| *Bacillus gottheilii* | FJAT-2394 | 中国福建省农业科学院 | 2016/5/4 | 精细图 | GCA_001636345.1 |
| | Marseille-P3555 | 法国热带传染病研究中心 | 2017/3/24 | 精细图 | GCA_900166665.1 |
| *Bacillus halmapalus* | DSM 8723 | 中国福建省农业科学院 | 2017/3/6 | 精细图 | GCA_002019665.1 |
| *Bacillus halodurans* | C-125 | 日本海洋科学技术中心 | 2004/5/11 | 完成图 | GCA_000011145.1 |
| | LB-1 | 中国青岛大学 | 2019/5/23 | 完成图 | GCA_005671335.1 |
| | DSM 497 | 中国福建省农业科学院 | 2019/3/25 | 精细图 | GCA_004376175.1 |
| *Bacillus halosaccharovorans* | DSM 25387 | 中国福建省农业科学院 | 2017/3/6 | 精细图 | GCA_002019635.1 |
| *Bacillus halotolerans* | ZB201702 | 中国北京市农林科学院 | 2019/1/9 | 完成图 | GCA_004006435.1 |
| | FJAT-2398 | 中国福建省农业科学院 | 2016/5/5 | 精细图 | GCA_001637525.1 |
| | RRC 101 | 美国农业部农业研究院 | 2013/6/3 | 框架图 | GCA_000404285.1 |
| | ATCC 25096 | 美国农业部农业研究院 | 2016/1/19 | 框架图 | GCA_001517105.1 |
| | NRRL B-41617 | 美国农业部农业研究院 | 2016/1/19 | 框架图 | GCA_001517115.1 |
| | III-1 | 瑞士纳沙泰尔大学 | 2016/9/15 | 框架图 | GCA_001729105.1 |
| | V48-19 | 美国加州理工学院 | 2018/1/4 | 框架图 | GCA_002860135.1 |
| | V44_23b | 美国加州理工学院 | 2018/1/4 | 框架图 | GCA_002860175.1 |
| | MS50-18A | 墨西哥扎卡特卡斯自治大学 | 2018/2/2 | 框架图 | GCA_002914545.1 |
| | 72 | 瑞士纳沙泰尔大学 | 2018/3/12 | 框架图 | GCA_002993725.1 |
| | B19 | 瑞士纳沙泰尔大学 | 2018/3/12 | 框架图 | GCA_002993735.1 |
| | 86 | 瑞士纳沙泰尔大学 | 2018/3/12 | 框架图 | GCA_002993745.1 |
| | 36 | 瑞士纳沙泰尔大学 | 2018/3/12 | 框架图 | GCA_002993765.1 |
| | NRRL B-41618 | 美国农业部农业研究院 | 2016/1/19 | 精细图 | GCA_001517135.1 |

续表

| 学名 | 菌株名称 | 测序机构 | 测序时间（年/月/日） | 组装水平 | GenBank 登录号 |
|---|---|---|---|---|---|
| *Bacillus halotolerans* | RSCu-8D | 印度朱纳加德农业大学 | 2017/10/19 | 精细图 | GCA_002592025.1 |
| | LNXM37 | 德国柏林洪堡大学 | 2018/3/14 | 精细图 | GCA_002998215.1 |
| | LNXM78 | 德国柏林洪堡大学 | 2018/3/14 | 精细图 | GCA_002998275.1 |
| | DGL6 | 德国柏林洪堡大学 | 2018/3/15 | 精细图 | GCA_003003575.1 |
| *Bacillus haynesii* | S 16 | 巴基斯坦卡拉奇大学 | 2014/2/6 | 框架图 | GCA_000559105.1 |
| | NRRL B-41327 | 美国农业部农业研究院 | 2017/1/23 | 精细图 | GCA_001969855.1 |
| *Bacillus hemicellulosilyticus* | JCM 9152 | 日本东京大学 | 2013/12/30 | 框架图 | GCA_000513115.1 |
| *Bacillus hisashii* | C4 | 印度阿加卡研究所 | 2017/8/25 | 框架图 | GCA_002270345.1 |
| *Bacillus horikoshii* | 20a | 墨西哥国立自治大学 | 2017/5/25 | 完成图 | GCA_002157855.1 |
| | DSM 8719 | 墨西哥国立自治大学 | 2016/5/19 | 框架图 | GCA_001648575.1 |
| | FJAT-14233 | 中国福建省农业科学院 | 2016/5/4 | 精细图 | GCA_001636495.1 |
| *Bacillus horneckiae* | FJAT-2351 | 中国福建省农业科学院 | 2016/5/4 | 精细图 | GCA_001636335.1 |
| | 1P01SC | 美国加州理工学院 | 2017/12/12 | 框架图 | GCA_002835735.1 |
| *Bacillus humi* | DSM 16318 | 中国福建省农业科学院 | 2015/11/6 | 精细图 | GCA_001439915.1 |
| *Bacillus hwajinpoensis* | Y2 | 美国国立普通医学科学研究所 | 2019/5/4 | 框架图 | GCA_005144865.1 |
| *Bacillus indicus* | LMG 22858 | 美国莱康明学院 | 2014/7/22 | 框架图 | GCA_000708755.2 |
| *Bacillus infantis* | NRRL B-14911 | 美国农业部农业研究院 | 2013/9/30 | 完成图 | GCA_000473245.1 |
| | 10Pi | 菲律宾大学洛斯巴诺斯分校 | 2019/2/6 | 框架图 | GCA_004146125.1 |
| *Bacillus intestinalis* | HUK15 | 法国克莱蒙奥弗涅大学 | 2016/2/23 | 框架图 | GCA_001566945.1 |
| | Ubi033 | 巴西帕拉伊巴联邦大学 | 2019/5/22 | 框架图 | GCA_005771655.1 |
| | GM2 | 俄罗斯喀山联邦大学 | 2017/6/29 | 精细图 | GCA_002211235.1 |
| | 1731 | 美国人类微生物学研究所 | 2017/3/14 | 框架图 | GCA_002027305.1 |
| *Bacillus jeddahensis* | JCE | 法国热带传染病研究中心 | 2014/3/19 | 框架图 | GCA_000612625.1 |
| *Bacillus jeotgali* | DSM 18226 | 中国福建省农业科学院 | 2017/12/6 | 染色体 | GCA_002874535.1 |
| | Marseille-P1092 | 法国热带传染病研究中心 | 2017/3/11 | 框架图 | GCA_900166585.1 |
| *Bacillus kochii* | BDGP4 | 美国劳伦斯伯克利国家实验室 | 2017/8/29 | 完成图 | GCA_002276165.1 |
| *Bacillus koreensis* | DSM 16467 | 中国福建省农业科学院 | 2015/8/26 | 框架图 | GCA_001274935.1 |
| *Bacillus korlensis* | NBRC 107688 | 日本国立技术与评价研究所 | 2016/2/27 | 框架图 | GCA_001591645.1 |
| *Bacillus kribbensis* | DSM 17871 | 美国能源部联合基因组研究所 | 2013/7/16 | 精细图 | GCA_000430765.1 |
| *Bacillus krulwichiae* | AM31D | 美国德雷塞尔大学 | 2017/4/25 | 完成图 | GCA_002109385.1 |
| | NBRC 102362 | 日本国立技术与评价研究所 | 2016/2/27 | 框架图 | GCA_001591945.1 |
| *Bacillus kwashiorkori* | SIT6 | 法国热带传染病研究中心 | 2015/4/20 | 框架图 | GCA_001375515.1 |
| *Bacillus kyonggiensis* | NB22 | 中国自然资源部第三海洋研究所 | 2019/5/2 | 框架图 | GCA_005116465.1 |
| *Bacillus lehensis* | G1 | 马来西亚基因组研究所 | 2014/6/13 | 完成图 | GCA_000706725.1 |
| | DSM 19099 | 中国福建省农业科学院 | 2019/3/25 | 精细图 | GCA_004375095.1 |

续表

| 学名 | 菌株名称 | 测序机构 | 测序时间（年/月/日） | 组装水平 | GenBank 登录号 |
|---|---|---|---|---|---|
| *Bacillus lentus* | NBRC 16444 | 日本国立技术与评价研究所 | 2016/2/27 | 框架图 | GCA_001591545.1 |
| | NCTC 4824 | 欧洲生物信息学研究所 | 2018/6/18 | 完成图 | GCA_900478165.1 |
| *Bacillus licheniformis* | ATCC 14580 | 丹麦诺维信生物技术有限公司 | 2007/4/26 | 完成图 | GCA_000011645.1 |
| | DSM 13 | 德国乔治-奥古斯都-哥廷根大学 | 2004/9/20 | 完成图 | GCA_000008425.1 |
| | HRBL-15TDI7 | 韩国首尔国立大学 | 2016/3/22 | 完成图 | GCA_001596055.1 |
| | BL1202 | 韩国全北国立大学 | 2016/9/15 | 完成图 | GCA_001726125.1 |
| | SCK B11 | 韩国全北国立大学 | 2017/3/29 | 完成图 | GCA_002074075.1 |
| | SCDB 14 | 韩国全北国立大学 | 2017/3/29 | 完成图 | GCA_002074095.1 |
| | SCDB 34 | 韩国全北国立大学 | 2017/3/29 | 完成图 | GCA_002074115.1 |
| | SCCB 37 | 韩国全北国立大学 | 2017/3/29 | 完成图 | GCA_002074135.1 |
| | SRCM100141 | 韩国发酵工业微生物研究所 | 2017/6/6 | 完成图 | GCA_002173675.1 |
| | SRCM100027 | 韩国发酵工业微生物研究所 | 2017/6/6 | 完成图 | GCA_002174255.1 |
| | BL-010 | 中国北京科技大学 | 2017/7/28 | 完成图 | GCA_002236895.1 |
| | ATCC 9789 | 中国华南理工大学 | 2017/10/10 | 完成图 | GCA_002504325.1 |
| | 14ADL4 | 韩国同德女子大学 | 2018/3/2 | 完成图 | GCA_002966955.1 |
| | CBA7132 | 韩国食品研究院 | 2018/6/18 | 完成图 | GCA_003253815.1 |
| | DA23-1 | 韩国同德女子大学 | 2018/7/25 | 完成图 | GCA_003339545.1 |
| | TAB7 | 日本东京大学 | 2018/9/25 | 完成图 | GCA_003595625.1 |
| | MT-B06 | 中国贵州茅台酒股份有限公司 | 2018/10/2 | 完成图 | GCA_003606405.1 |
| | PB3 | 韩国食品研究院 | 2018/12/18 | 完成图 | GCA_003952865.1 |
| | SRCM103914 | 韩国食品研究院 | 2019/1/22 | 完成图 | GCA_004101525.1 |
| | SRCM103529 | 韩国食品研究院 | 2019/1/23 | 完成图 | GCA_004103575.1 |
| | SRCM103583 | 韩国食品研究院 | 2019/1/30 | 完成图 | GCA_004119755.1 |
| | SRCM103608 | 韩国食品研究院 | 2019/1/30 | 完成图 | GCA_004119795.1 |
| | MCC 2514 | 印度科学和工业研究理事会喜马拉雅生物资源技术研究所 | 2019/3/31 | 完成图 | GCA_004526275.1 |
| | NCTC 8721 | 欧洲生物信息学研究所 | 2018/12/20 | 完成图 | GCA_900635765.1 |
| | NCTC 10341 | 欧洲生物信息学研究所 | 2018/12/20 | 完成图 | GCA_900637645.1 |
| | WX-02 | 中国华中农业大学 | 2015/7/16 | 染色体 | GCA_000258125.2 |
| | MBGJa67 | 印度科学和工业研究理事会国家环境工程研究所 | 2018/2/6 | 染色体 | GCA_002953475.1 |
| | YNP1-TSU | 美国田纳西州立大学 | 2016/12/28 | 染色体 | GCA_001914255.1 |
| | V30 | 中国科学院 | 2016/5/12 | 精细图 | GCA_001642595.1 |
| | 5-2-D | 中国上海交通大学 | 2012/4/30 | 框架图 | GCA_000260535.1 |
| | 10-1-A | 中国上海交通大学 | 2012/4/30 | 框架图 | GCA_000260555.1 |
| | CGMCC 3963 | 中国江南大学 | 2012/11/29 | 框架图 | GCA_000315975.1 |

续表

| 学名 | 菌株名称 | 测序机构 | 测序时间（年/月/日） | 组装水平 | GenBank 登录号 |
|---|---|---|---|---|---|
| *Bacillus licheniformis* | CG-B52 | 哥伦比亚 CorpoGen 公司 | 2013/8/23 | 框架图 | GCA_000477395.1 |
| | 3F-3 | 中国上海交通大学 | 2014/5/22 | 框架图 | GCA_000695465.1 |
| | 5NAP23 | 美国洛斯阿拉莫斯国家实验室 | 2015/3/5 | 框架图 | GCA_000948275.1 |
| | LMG 7559 | 比利时根特大学 | 2016/1/8 | 框架图 | GCA_001507755.1 |
| | LMG 6934 | 比利时根特大学 | 2016/1/8 | 框架图 | GCA_001507765.1 |
| | LMG 17339 | 比利时根特大学 | 2016/1/8 | 框架图 | GCA_001507775.1 |
| | SRCM100115 | 韩国发酵工业微生物研究所 | 2016/6/15 | 框架图 | GCA_001662975.1 |
| | RE1.58 | 印度科学和工业研究理事会微生物技术研究所 | 2016/11/10 | 框架图 | GCA_001876545.1 |
| | RE1.59 | 印度科学和工业研究理事会微生物技术研究所 | 2016/11/10 | 框架图 | GCA_001876555.1 |
| | RE1.60 | 印度科学和工业研究理事会微生物技术研究所 | 2016/11/10 | 框架图 | GCA_001876575.1 |
| | RE1.61 | 印度科学和工业研究理事会微生物技术研究所 | 2016/11/10 | 框架图 | GCA_001876655.1 |
| | YNP2-TSU | 美国田纳西州立大学 | 2016/12/9 | 框架图 | GCA_001896285.1 |
| | YNP5-TSU | 美国田纳西州立大学 | 2016/12/9 | 框架图 | GCA_001896295.1 |
| | YNP3-TSU | 美国田纳西州立大学 | 2016/12/9 | 框架图 | GCA_001896305.1 |
| | 127185/10 | 以色列农业研究组织——火山中心 | 2016/12/12 | 框架图 | GCA_001901555.1 |
| | 127160/7 | 以色列农业研究组织——火山中心 | 2017/1/9 | 框架图 | GCA_001939525.1 |
| | 127185/2 | 以色列农业研究组织——火山中心 | 2017/1/9 | 框架图 | GCA_001939535.1 |
| | 7727 | 德国比勒费尔德大学 | 2017/8/28 | 框架图 | GCA_002271465.1 |
| | 7708 | 德国比勒费尔德大学 | 2017/8/28 | 框架图 | GCA_002271485.1 |
| | 7716 | 德国比勒费尔德大学 | 2017/8/28 | 框架图 | GCA_002271715.1 |
| | 7715 | 德国比勒费尔德大学 | 2017/8/28 | 框架图 | GCA_002271725.1 |
| | 7525 | 德国比勒费尔德大学 | 2017/8/28 | 框架图 | GCA_002272005.1 |
| | 7714 | 德国比勒费尔德大学 | 2017/8/28 | 框架图 | GCA_002272305.1 |
| | 7713 | 德国比勒费尔德大学 | 2017/8/28 | 框架图 | GCA_002272315.1 |
| | 7712 | 德国比勒费尔德大学 | 2017/8/28 | 框架图 | GCA_002272335.1 |
| | 7711 | 德国比勒费尔德大学 | 2017/8/28 | 框架图 | GCA_002272365.1 |
| | 7709 | 德国比勒费尔德大学 | 2017/8/28 | 框架图 | GCA_002272395.1 |
| | 7701 | 德国比勒费尔德大学 | 2017/8/28 | 框架图 | GCA_002272455.1 |
| | 7705 | 德国比勒费尔德大学 | 2017/8/29 | 框架图 | GCA_002276325.1 |
| | AAK_S4 | 印度科学和工业研究理事会国家环境工程研究所 | 2017/9/6 | 框架图 | GCA_002287385.1 |
| | V16-21-2 | 美国加州理工学院 | 2018/1/4 | 框架图 | GCA_002860295.1 |
| | Heshi-B2 | 日本东京农业大学 | 2018/1/25 | 框架图 | GCA_002933795.1 |

续表

| 学名 | 菌株名称 | 测序机构 | 测序时间（年/月/日） | 组装水平 | GenBank 登录号 |
|---|---|---|---|---|---|
| *Bacillus licheniformis* | MUST | 巴基斯坦米尔普尔科技大学 | 2018/7/18 | 框架图 | GCA_003326655.1 |
| | DMTMMB10 | 印度马杜赖卡玛拉大学 | 2018/9/20 | 框架图 | GCA_003583315.1 |
| | OH1206 | 美国加利福尼亚大学戴维斯分校 | 2018/12/3 | 框架图 | GCA_003859785.1 |
| | SRCM103844 | 韩国发酵工业微生物研究所 | 2019/1/20 | 框架图 | GCA_004078545.1 |
| | RUG346 | 英国爱丁堡大学罗斯林研究所 | 2018/3/21 | 框架图 | GCA_900318095.1 |
| | NCTC 962 | 欧洲生物信息学研究所 | 2018/6/29 | 框架图 | GCA_900445385.1 |
| | F1-1 | 澳大利亚昆士兰大学 | 2014/3/28 | 精细图 | GCA_000603965.1 |
| | F2-1 | 澳大利亚昆士兰大学 | 2014/3/28 | 精细图 | GCA_000603985.1 |
| | B4092 | 荷兰格罗宁根大学 | 2016/3/11 | 精细图 | GCA_001587195.1 |
| | B4090_201601 | 荷兰格罗宁根大学 | 2016/3/11 | 精细图 | GCA_001587285.1 |
| | B4091 | 荷兰格罗宁根大学 | 2016/3/11 | 精细图 | GCA_001587315.1 |
| | B4164 | 荷兰格罗宁根大学 | 2016/3/11 | 精细图 | GCA_001587355.1 |
| | B4089 | 荷兰格罗宁根大学 | 2016/12/30 | 精细图 | GCA_001925025.1 |
| | B4124 | 荷兰格罗宁根大学 | 2016/12/30 | 精细图 | GCA_001925055.1 |
| | B4094 | 荷兰格罗宁根大学 | 2016/12/30 | 精细图 | GCA_001925115.1 |
| | Wintermute | 丹麦奥胡斯大学 | 2018/3/28 | 精细图 | GCA_003024435.1 |
| | AF39-10 | 中国华大基因 | 2018/9/6 | 精细图 | GCA_003474315.1 |
| | 19_TX | 美国能源部联合基因组研究所 | 2019/3/22 | 精细图 | GCA_004362235.1 |
| | VTM3R78 | 美国能源部联合基因组研究所 | 2016/10/31 | 精细图 | GCA_900110715.1 |
| | R-53713 | 欧洲生物信息学研究所 | 2017/4/25 | 精细图 | GCA_900171545.1 |
| | GB2 | 加拿大汤普森河大学 | 2015/3/13 | 框架图 | GCA_000952085.1 |
| | VSD4 | 比利时哈赛尔特大学 | 2017/1/5 | 框架图 | GCA_001831295.2 |
| | GL174 | 意大利帕多瓦大学 | 2017/10/5 | 框架图 | GCA_002457815.1 |
| *Bacillus ligniniphilus* | L1 | 中国江苏大学 | 2013/1/28 | 框架图 | GCA_000334155.1 |
| *Bacillus litoralis* | C44 | 中国河北大学 | 2016/6/2 | 框架图 | GCA_001654695.1 |
| | Bac94 | 沙特阿拉伯阿卜杜拉国王科技大学 | 2018/10/21 | 完成图 | GCA_003667825.1 |
| *Bacillus loiseleuriae* | FJAT-27997 | 中国福建省农业科学院 | 2015/7/21 | 精细图 | GCA_001183985.1 |
| *Bacillus lonarensis* | 25nlg | 美国能源部联合基因组研究所 | 2016/10/21 | 精细图 | GCA_900096965.1 |
| *Bacillus luciferensis* | CH01 | 美国北卡罗来纳大学教堂山分校 | 2016/8/24 | 框架图 | GCA_001712755.1 |
| | DSM 18845 | 美国莱康明学院 | 2017/5/23 | 框架图 | GCA_002156865.1 |
| *Bacillus luti* | TD41 | 中国自然资源部第三海洋研究所 | 2016/11/18 | 框架图 | GCA_001884105.1 |
| *Bacillus manliponensis* | JCM 15802 | 中国自然资源部第三海洋研究所 | 2014/6/26 | 框架图 | GCA_000712595.1 |
| *Bacillus mannanilyticus* | JCM 10596 | 日本东京大学 | 2014/3/31 | 框架图 | GCA_000615945.1 |
| *Bacillus marinisedimentorum* | NC2-31 | 中国山东大学（威海） | 2016/10/11 | 框架图 | GCA_001644195.2 |

续表

| 学名 | 菌株名称 | 测序机构 | 测序时间（年/月/日） | 组装水平 | GenBank 登录号 |
|---|---|---|---|---|---|
| *Bacillus marisflavi* | JCM 11544 | 中国福建省农业科学院 | 2015/8/26 | 精细图 | GCA_001274775.1 |
| | Bac144 | 沙特阿拉伯阿卜杜拉国王科技大学 | 2018/10/21 | 完成图 | GCA_003667865.1 |
| | LK16 | 马来西亚马来亚大学 | 2015/6/24 | 框架图 | GCA_001038695.1 |
| | LK19 | 马来西亚马来亚大学 | 2015/6/24 | 框架图 | GCA_001038855.1 |
| | LK26 | 马来西亚马来亚大学 | 2015/6/24 | 框架图 | GCA_001038985.1 |
| | M19 | 马来西亚马来亚大学 | 2016/4/13 | 框架图 | GCA_001619805.1 |
| | Marseille-P794 | 法国热带传染病研究中心 | 2017/3/11 | 框架图 | GCA_900166615.1 |
| | UBA916 | 澳大利亚昆士兰大学 | 2017/9/12 | 精细图 | GCA_002293925.1 |
| *Bacillus marmarensis* | DSM 21297 | 美国加利福尼亚大学洛杉矶分校 | 2013/10/17 | 框架图 | GCA_000474275.2 |
| *Bacillus massiliglaciei* | Marseille-P2600 | 法国热带传染病研究中心 | 2016/10/25 | 精细图 | GCA_900098925.1 |
| *Bacillus massilioanorexius* | AP8 | 欧洲生物信息学研究所 | 2012/12/4 | 框架图 | GCA_000321185.1 |
| *Bacillus massiliogabonensis* | Marseille-P2639 | 法国热带传染病研究中心 | 2018/1/2 | 精细图 | GCA_900199725.1 |
| *Bacillus massiliogorillae* | G2 | 欧洲生物信息学研究所 | 2013/10/2 | 精细图 | GCA_000380245.2 |
| *Bacillus massiliosenegalensis* | JC6 | 法国热带传染病研究中心 | 2012/8/16 | 精细图 | GCA_000311725.1 |
| *Bacillus mediterraneensis* | Marseille-P2366 | 法国热带传染病研究中心 | 2016/11/2 | 精细图 | GCA_900111815.1 |
| *Bacillus megaterium* | ATCC 14581 | 美国洛斯阿拉莫斯国家实验室 | 2015/2/5 | 完成图 | GCA_000832985.1 |
| | MSP20.1 | 印度农业研究委员会花生研究委员会 | 2013/10/24 | 精细图 | GCA_000480335.1 |
| | DSM 319 | 德国布伦瑞克工业大学 | 2010/4/16 | 完成图 | GCA_000025805.1 |
| | QM B1551 | 美国马里兰大学 | 2010/4/8 | 完成图 | GCA_000025825.1 |
| | WSH-002 | 中国江南大学 | 2011/9/2 | 完成图 | GCA_000225265.1 |
| | NCT-2 | 中国上海交通大学 | 2018/10/2 | 完成图 | GCA_000334875.2 |
| | Q3 | 中国湖南农业大学 | 2015/7/9 | 完成图 | GCA_001050455.1 |
| | JX285 | 中国浙江大学 | 2017/3/2 | 完成图 | GCA_002009195.1 |
| | YC4-R4 | 中国科学院 | 2018/4/26 | 完成图 | GCA_003072605.1 |
| | SR7 | 美国麻省理工学院 | 2018/8/1 | 完成图 | GCA_003351965.1 |
| | STB1 | 巴西圣卡塔琳娜州联邦大学 | 2019/3/6 | 染色体 | GCA_002872495.3 |
| | SGAir0080 | 新加坡南洋理工大学 | 2019/5/17 | 染色体 | GCA_005491525.1 |
| | BMS | 美国洛斯阿拉莫斯国家实验室 | 2014/9/2 | 精细图 | GCA_000746935.1 |
| | BHG1.1 | 中国科学院 | 2016/3/18 | 精细图 | GCA_001593805.1 |
| | 27Col1.1E | 美国能源部联合基因组研究所 | 2014/1/3 | 框架图 | GCA_000527015.1 |
| | C765 | 葡萄牙古尔班基安科学研究所 | 2015/2/18 | 框架图 | GCA_000876465.1 |
| | RIT381 | 美国罗切斯特理工学院 | 2015/6/19 | 框架图 | GCA_001029885.1 |
| | Riq5 | 马来西亚马来亚大学 | 2015/8/5 | 框架图 | GCA_001238505.1 |
| | PE5-112 | 南非西开普大学 | 2016/1/27 | 框架图 | GCA_001541965.1 |

续表

| 学名 | 菌株名称 | 测序机构 | 测序时间（年/月/日） | 组装水平 | GenBank 登录号 |
|---|---|---|---|---|---|
| *Bacillus megaterium* | SF185 | 意大利那不勒斯费德里克二世大学 | 2016/5/9 | 框架图 | GCA_001640745.1 |
| | MRML4 | 美国加利福尼亚州立大学弗雷斯诺分校 | 2017/1/5 | 框架图 | GCA_001937775.1 |
| | 7503-1 | 德国比勒费尔德大学 | 2017/8/29 | 框架图 | GCA_002276335.1 |
| | AFS093026 | 美国北卡罗来纳大学教堂山分校 | 2017/10/13 | 框架图 | GCA_002552565.1 |
| | AFS013177 | 美国北卡罗来纳大学教堂山分校 | 2017/10/16 | 框架图 | GCA_002558155.1 |
| | KU143 | 韩国高丽大学 | 2018/1/17 | 框架图 | GCA_002888675.1 |
| | TG1-E1 | 中国科学院 | 2018/4/26 | 框架图 | GCA_003074515.1 |
| | TPD7018 | 美国 MR DNA 公司 | 2018/4/29 | 框架图 | GCA_003075235.1 |
| | TPD7007 | 美国 MR DNA 公司 | 2018/4/29 | 框架图 | GCA_003075275.1 |
| | TPD7008 | 美国 MR DNA 公司 | 2018/4/29 | 框架图 | GCA_003075295.1 |
| | TPD7011 | 美国 MR DNA 公司 | 2018/4/29 | 框架图 | GCA_003075355.1 |
| | TRQ8 | 墨西哥索诺拉理工学院 | 2019/2/7 | 框架图 | GCA_004150295.1 |
| | UBBM-01 | 印度独特生物科技有限公司 | 2019/4/22 | 框架图 | GCA_004803605.1 |
| | S1 | 美国国立普通医学科学研究所 | 2019/5/2 | 框架图 | GCA_005048835.1 |
| | NCTC 6005 | 欧洲生物信息学研究所 | 2018/8/8 | 框架图 | GCA_900445445.1 |
| | NCTC 10342 | 欧洲生物信息学研究所 | 2018/8/8 | 框架图 | GCA_900445485.1 |
| | AFS090509 | 美国北卡罗来纳大学教堂山分校 | 2017/10/13 | 精细图 | GCA_002550995.1 |
| | AFS098044 | 美国北卡罗来纳大学教堂山分校 | 2017/10/13 | 精细图 | GCA_002551875.1 |
| | AFS096440 | 美国北卡罗来纳大学教堂山分校 | 2017/10/13 | 精细图 | GCA_002552135.1 |
| | AFS099780 | 美国北卡罗来纳大学教堂山分校 | 2017/10/13 | 精细图 | GCA_002552835.1 |
| | AFS099045 | 美国北卡罗来纳大学教堂山分校 | 2017/10/13 | 精细图 | GCA_002552955.1 |
| | AFS013729 | 美国北卡罗来纳大学教堂山分校 | 2017/10/16 | 精细图 | GCA_002557935.1 |
| | AFS003013 | 美国北卡罗来纳大学教堂山分校 | 2017/10/16 | 精细图 | GCA_002558805.1 |
| | AFS004604 | 美国北卡罗来纳大学教堂山分校 | 2017/10/16 | 精细图 | GCA_002559285.1 |
| | AFS002252 | 美国北卡罗来纳大学教堂山分校 | 2017/10/16 | 精细图 | GCA_002559335.1 |
| | AFS000775 | 美国北卡罗来纳大学教堂山分校 | 2017/10/16 | 精细图 | GCA_002559475.1 |
| | AFS022837 | 美国北卡罗来纳大学教堂山分校 | 2017/10/16 | 精细图 | GCA_002560595.1 |
| | AFS022468 | 美国北卡罗来纳大学教堂山分校 | 2017/10/16 | 精细图 | GCA_002560705.1 |
| | AFS018399 | 美国北卡罗来纳大学教堂山分校 | 2017/10/16 | 精细图 | GCA_002561015.1 |
| | AFS018038 | 美国北卡罗来纳大学教堂山分校 | 2017/10/16 | 精细图 | GCA_002561125.1 |
| | AFS015270 | 美国北卡罗来纳大学教堂山分校 | 2017/10/16 | 精细图 | GCA_002561515.1 |
| | AFS009982 | 美国北卡罗来纳大学教堂山分校 | 2017/10/16 | 精细图 | GCA_002562195.1 |
| | AFS008968 | 美国北卡罗来纳大学教堂山分校 | 2017/10/16 | 精细图 | GCA_002562515.1 |
| | AFS083949 | 美国北卡罗来纳大学教堂山分校 | 2017/10/17 | 精细图 | GCA_002564705.1 |

续表

| 学名 | 菌株名称 | 测序机构 | 测序时间（年/月/日） | 组装水平 | GenBank 登录号 |
|---|---|---|---|---|---|
| *Bacillus megaterium* | AFS082415 | 美国北卡罗来纳大学教堂山分校 | 2017/10/17 | 精细图 | GCA_002564755.1 |
| | AFS075626 | 美国北卡罗来纳大学教堂山分校 | 2017/10/17 | 精细图 | GCA_002565155.1 |
| | AFS085357 | 美国北卡罗来纳大学教堂山分校 | 2017/10/17 | 精细图 | GCA_002565335.1 |
| | AFS081975 | 美国北卡罗来纳大学教堂山分校 | 2017/10/17 | 精细图 | GCA_002565535.1 |
| | AFS086585 | 美国北卡罗来纳大学教堂山分校 | 2017/10/17 | 精细图 | GCA_002566025.1 |
| | AFS086251 | 美国北卡罗来纳大学教堂山分校 | 2017/10/17 | 精细图 | GCA_002566035.1 |
| | AFS082812 | 美国北卡罗来纳大学教堂山分校 | 2017/10/17 | 精细图 | GCA_002566285.1 |
| | AFS081669 | 美国北卡罗来纳大学教堂山分校 | 2017/10/17 | 精细图 | GCA_002566345.1 |
| | AFS080677 | 美国北卡罗来纳大学教堂山分校 | 2017/10/17 | 精细图 | GCA_002566435.1 |
| | AFS073479 | 美国北卡罗来纳大学教堂山分校 | 2017/10/17 | 精细图 | GCA_002566965.1 |
| | AFS073377 | 美国北卡罗来纳大学教堂山分校 | 2017/10/17 | 精细图 | GCA_002566985.1 |
| | AFS072872 | 美国北卡罗来纳大学教堂山分校 | 2017/10/17 | 精细图 | GCA_002567045.1 |
| | AFS072301 | 美国北卡罗来纳大学教堂山分校 | 2017/10/17 | 精细图 | GCA_002567075.1 |
| | AFS069568 | 美国北卡罗来纳大学教堂山分校 | 2017/10/17 | 精细图 | GCA_002567645.1 |
| | AFS067084 | 美国北卡罗来纳大学教堂山分校 | 2017/10/17 | 精细图 | GCA_002568195.1 |
| | AFS064796 | 美国北卡罗来纳大学教堂山分校 | 2017/10/17 | 精细图 | GCA_002568305.1 |
| | AFS059495 | 美国北卡罗来纳大学教堂山分校 | 2017/10/17 | 精细图 | GCA_002570645.1 |
| | AFS058476 | 美国北卡罗来纳大学教堂山分校 | 2017/10/17 | 精细图 | GCA_002570715.1 |
| | AFS061494 | 美国北卡罗来纳大学教堂山分校 | 2017/10/17 | 精细图 | GCA_002571125.1 |
| | AFS058060 | 美国北卡罗来纳大学教堂山分校 | 2017/10/18 | 精细图 | GCA_002574105.1 |
| | AFS057444 | 美国北卡罗来纳大学教堂山分校 | 2017/10/18 | 精细图 | GCA_002574795.1 |
| | AFS056967 | 美国北卡罗来纳大学教堂山分校 | 2017/10/18 | 精细图 | GCA_002574835.1 |
| | AFS052959 | 美国北卡罗来纳大学教堂山分校 | 2017/10/18 | 精细图 | GCA_002575285.1 |
| | AFS051715 | 美国北卡罗来纳大学教堂山分校 | 2017/10/18 | 精细图 | GCA_002575465.1 |
| | AFS049546 | 美国北卡罗来纳大学教堂山分校 | 2017/10/18 | 精细图 | GCA_002575685.1 |
| | AFS049113 | 美国北卡罗来纳大学教堂山分校 | 2017/10/18 | 精细图 | GCA_002575735.1 |
| | AFS044615 | 美国北卡罗来纳大学教堂山分校 | 2017/10/18 | 精细图 | GCA_002576235.1 |
| | AFS043966 | 美国北卡罗来纳大学教堂山分校 | 2017/10/18 | 精细图 | GCA_002576315.1 |
| | AFS043082 | 美国北卡罗来纳大学教堂山分校 | 2017/10/18 | 精细图 | GCA_002576505.1 |
| | AFS044352 | 美国北卡罗来纳大学教堂山分校 | 2017/10/18 | 精细图 | GCA_002576935.1 |
| | AFS044260 | 美国北卡罗来纳大学教堂山分校 | 2017/10/18 | 精细图 | GCA_002577015.1 |
| | AFS042932 | 美国北卡罗来纳大学教堂山分校 | 2017/10/18 | 精细图 | GCA_002577035.1 |
| | AFS040655 | 美国北卡罗来纳大学教堂山分校 | 2017/10/18 | 精细图 | GCA_002577555.1 |
| | AFS040356 | 美国北卡罗来纳大学教堂山分校 | 2017/10/18 | 精细图 | GCA_002577645.1 |
| | AFS032489 | 美国北卡罗来纳大学教堂山分校 | 2017/10/18 | 精细图 | GCA_002583135.1 |

续表

| 学名 | 菌株名称 | 测序机构 | 测序时间（年/月/日） | 组装水平 | GenBank 登录号 |
|---|---|---|---|---|---|
| *Bacillus megaterium* | AFS033178 | 美国北卡罗来纳大学教堂山分校 | 2017/10/18 | 精细图 | GCA_002584405.1 |
| | AFS032248 | 美国北卡罗来纳大学教堂山分校 | 2017/10/18 | 精细图 | GCA_002585805.1 |
| | AFS030940 | 美国北卡罗来纳大学教堂山分校 | 2017/10/18 | 精细图 | GCA_002586045.1 |
| | AFS029632 | 美国北卡罗来纳大学教堂山分校 | 2017/10/18 | 精细图 | GCA_002586445.1 |
| | UMB0500 | 美国芝加哥洛约拉大学 | 2018/1/10 | 精细图 | GCA_002871835.1 |
| | CHCC20162 | 丹麦科汉森股份有限公司 | 2018/8/13 | 精细图 | GCA_003382345.1 |
| | PT6 | 美国佛罗里达大学 | 2018/8/13 | 精细图 | GCA_003382345.1 |
| | AG190 | 美国能源部联合基因组研究所 | 2018/10/25 | 精细图 | GCA_003688675.1 |
| | LVN01 | 哥伦比亚国立大学麦德林分校 | 2018/7/10 | 框架图 | GCA_003312255.1 |
| | UBA4170 | 澳大利亚昆士兰大学 | 2017/9/27 | 精细图 | GCA_002379935.1 |
| *Bacillus mesonae* | FJAT-13985 | 中国福建省农业科学院 | 2016/5/4 | 精细图 | GCA_001636315.1 |
| | H20-5 | 韩国国家农业科学研究所 | 2019/1/8 | 完成图 | GCA_003999735.1 |
| *Bacillus methanolicus* | MGA3 | 德国比勒费尔德大学 | 2014/7/9 | 完成图 | GCA_000724485.1 |
| | PB1 | 挪威 SINTEF 材料与化学公司 | 2012/5/14 | 框架图 | GCA_000262755.1 |
| *Bacillus mobilis* | ML-A2C4 | 美国农业部农业研究院 | 2018/10/4 | 完成图 | GCA_003612955.1 |
| | 0711P9-1 | 中国自然资源部第三海洋研究所 | 2016/11/18 | 框架图 | GCA_001884045.1 |
| *Bacillus mojavensis* | RO-H-1 | 美国哈佛大学医学院 | 2012/1/25 | 精细图 | GCA_000245335.1 |
| *Bacillus muralis* | G25-68 | 中国台湾生命科学与技术研究所 | 2016/8/31 | 完成图 | GCA_001645685.2 |
| | DSM 16288 | 中国福建省农业科学院 | 2015/11/6 | 精细图 | GCA_001439925.1 |
| *Bacillus murimartini* | LMG 21005 | 中国福建省农业科学院 | 2015/8/26 | 精细图 | GCA_001274705.1 |
| *Bacillus mycoides* | ATCC 6462 | 美国洛斯阿拉莫斯国家实验室 | 2015/2/5 | 完成图 | GCA_000832605.1 |
| | KBAB4 | 美国能源部联合基因组研究所 | 2007/12/21 | 完成图 | GCA_000018825.1 |
| | WSBC 10204 | 荷兰阿姆斯特丹大学 | 2014/11/13 | 完成图 | GCA_000775975.1 |
| | Gnyt1 | 中国甘肃农业大学 | 2017/4/18 | 完成图 | GCA_002104575.1 |
| | DSM 2048 | 美国海军医学研究中心 | 2009/5/29 | 染色体 | GCA_000003925.1 |
| | AH621 | 美国海军医学研究中心 | 2009/5/29 | 染色体 | GCA_000160975.1 |
| | AH603 | 美国海军医学研究中心 | 2009/5/29 | 染色体 | GCA_000161335.1 |
| | VDM022 | 美国布罗德研究所 | 2012/8/21 | 精细图 | GCA_000290695.1 |
| | VD078 | 美国布罗德研究所 | 2012/8/21 | 精细图 | GCA_000290895.1 |
| | CER074 | 美国布罗德研究所 | 2012/8/21 | 精细图 | GCA_000291315.1 |
| | CER057 | 美国布罗德研究所 | 2012/8/21 | 精细图 | GCA_000291335.1 |
| | BtB2-4 | 美国布罗德研究所 | 2012/8/21 | 精细图 | GCA_000293605.1 |
| | VDM019 | 美国布罗德研究所 | 2013/5/16 | 精细图 | GCA_000399045.1 |
| | NBRC 101238 | 日本国立技术与评价研究所 | 2013/12/30 | 框架图 | GCA_000513155.1 |
| | FSL H7-687 | 美国康奈尔大学 | 2014/1/13 | 框架图 | GCA_000517985.1 |

续表

| 学名 | 菌株名称 | 测序机构 | 测序时间（年/月/日） | 组装水平 | GenBank 登录号 |
|---|---|---|---|---|---|
| *Bacillus mycoides* | JAS 83/3 | 波兰比亚威斯托克大学 | 2014/7/22 | 框架图 | GCA_000732525.1 |
| | BHP | 美国洛斯阿拉莫斯国家实验室 | 2014/9/2 | 框架图 | GCA_000746925.1 |
| | PE8-15 | 南非西开普大学 | 2016/1/27 | 框架图 | GCA_001541985.1 |
| | GOE1 | 德国乔治-奥古斯都-哥廷根大学 | 2016/10/12 | 框架图 | GCA_001757785.1 |
| | GOE2 | 德国乔治-奥古斯都-哥廷根大学 | 2016/10/12 | 框架图 | GCA_001757825.1 |
| | GOE8 | 德国乔治-奥古斯都-哥廷根大学 | 2016/10/12 | 框架图 | GCA_001757835.1 |
| | GOE9 | 德国乔治-奥古斯都-哥廷根大学 | 2016/10/12 | 框架图 | GCA_001757845.1 |
| | GOE12 | 德国乔治-奥古斯都-哥廷根大学 | 2016/10/12 | 框架图 | GCA_001757875.1 |
| | GOE11 | 德国乔治-奥古斯都-哥廷根大学 | 2016/10/12 | 框架图 | GCA_001757905.1 |
| | GOE3 | 德国乔治-奥古斯都-哥廷根大学 | 2016/10/12 | 框架图 | GCA_001757915.1 |
| | GOE4 | 德国乔治-奥古斯都-哥廷根大学 | 2016/10/12 | 框架图 | GCA_001757935.1 |
| | GOE6 | 德国乔治-奥古斯都-哥廷根大学 | 2016/10/12 | 框架图 | GCA_001757965.1 |
| | GOE7 | 德国乔治-奥古斯都-哥廷根大学 | 2016/10/12 | 框架图 | GCA_001757985.1 |
| | GOE10 | 德国乔治-奥古斯都-哥廷根大学 | 2016/10/12 | 框架图 | GCA_001757995.1 |
| | GOE13 | 德国乔治-奥古斯都-哥廷根大学 | 2016/10/12 | 框架图 | GCA_001758015.1 |
| | GOE5 | 德国乔治-奥古斯都-哥廷根大学 | 2016/10/28 | 框架图 | GCA_001855755.1 |
| | SB4 | 荷兰格罗宁根大学 | 2017/2/16 | 框架图 | GCA_002001145.1 |
| | FSL M7-0109 | 美国康奈尔大学 | 2017/3/3 | 框架图 | GCA_002014505.1 |
| | FSL W7-1108 | 美国康奈尔大学 | 2017/3/3 | 框架图 | GCA_002014535.1 |
| | FSL M7-0669 | 美国康奈尔大学 | 2017/3/3 | 框架图 | GCA_002014545.1 |
| | FSL H8-0492 | 美国康奈尔大学 | 2017/3/3 | 框架图 | GCA_002014655.1 |
| | FSL E2-0214 | 美国康奈尔大学 | 2017/3/3 | 框架图 | GCA_002014695.1 |
| | FSL H7-0683 | 美国康奈尔大学 | 2017/3/3 | 框架图 | GCA_002014715.1 |
| | FSL R5-0708 | 美国康奈尔大学 | 2017/3/3 | 框架图 | GCA_002021835.1 |
| | S2E19 | 荷兰格罗宁根大学 | 2017/5/5 | 框架图 | GCA_002118175.1 |
| | EC18 | 荷兰格罗宁根大学 | 2017/5/5 | 框架图 | GCA_002118185.1 |
| | S3E15 | 荷兰格罗宁根大学 | 2017/5/5 | 框架图 | GCA_002118195.1 |
| | SB13 | 荷兰格罗宁根大学 | 2017/5/5 | 框架图 | GCA_002118255.1 |
| | BGSC 4BQ1 | 中国华中农业大学 | 2017/5/17 | 框架图 | GCA_002146775.1 |
| | MOD1_Bc237 | 美国食品安全与应用营养中心 | 2017/6/19 | 框架图 | GCA_002200025.1 |
| | GM6LP | 德国乔治-奥古斯都-哥廷根大学 | 2017/12/1 | 框架图 | GCA_002909185.1 |
| | GM5LP | 德国乔治-奥古斯都-哥廷根大学 | 2017/12/1 | 框架图 | GCA_002909205.1 |
| | MS17 | 德国马克斯•鲁布纳研究所 | 2019/3/6 | 框架图 | GCA_004330345.1 |
| | B26 | 德国马克斯•鲁布纳研究所 | 2019/3/6 | 框架图 | GCA_004330435.1 |
| | B38V | 巴西南里奥格兰德联邦大学 | 2015/2/23 | 精细图 | GCA_000931375.1 |

续表

| 学名 | 菌株名称 | 测序机构 | 测序时间（年/月/日） | 组装水平 | GenBank 登录号 |
|---|---|---|---|---|---|
| *Bacillus mycoides* | WSBC 10969 | 德国慕尼黑工业大学 | 2015/7/1 | 精细图 | GCA_001044935.1 |
| | M2E_15 | 荷兰格罗宁根大学 | 2016/1/5 | 精细图 | GCA_001484805.1 |
| | B4117 | 荷兰顶级食品与营养研究所 | 2016/4/13 | 精细图 | GCA_001619505.1 |
| | SB8 | 荷兰格罗宁根大学 | 2017/5/5 | 精细图 | GCA_002118205.1 |
| | MOD1_Bc228 | 美国食品安全与应用营养中心 | 2017/6/19 | 精细图 | GCA_002200005.1 |
| | MOD1_Bc221 | 美国食品安全与应用营养中心 | 2017/6/19 | 精细图 | GCA_002200135.1 |
| | AFS017891 | 美国北卡罗来纳大学教堂山分校 | 2017/10/16 | 精细图 | GCA_002554935.1 |
| | AFS075998 | 美国北卡罗来纳大学教堂山分校 | 2017/10/17 | 精细图 | GCA_002568935.1 |
| | AFS084669 | 美国北卡罗来纳大学教堂山分校 | 2017/10/17 | 精细图 | GCA_002569385.1 |
| | DB-1 | 美国能源部联合基因组研究所 | 2018/8/14 | 精细图 | GCA_003386775.1 |
| | QHF158 | 中国海南师范大学 | 2019/1/15 | 精细图 | GCA_004023375.1 |
| | I7 | 以色列魏茨曼科学研究所 | 2019/5/6 | 精细图 | GCA_005217685.1 |
| | I186 | 以色列魏茨曼科学研究所 | 2019/5/6 | 精细图 | GCA_005217805.1 |
| | INRA 5 | 法国国家农业科学研究院 | 2016/8/4 | 精细图 | GCA_900094345.1 |
| | SDA_GO95 | 法国国家农业科学研究院 | 2016/10/6 | 精细图 | GCA_900094655.1 |
| | SDA_NFFE664 | 法国国家农业科学研究院 | 2016/8/4 | 精细图 | GCA_900094695.1 |
| | ADRIA I21 | 法国国家农业科学研究院 | 2016/9/8 | 精细图 | GCA_900094995.1 |
| | INRA_SL′ | 法国国家农业科学研究院 | 2016/9/8 | 精细图 | GCA_900095005.1 |
| | TH26 | 美国阿拉斯加大学费尔班克斯分校 | 2019/3/25 | 完成图 | GCA_004367995.1 |
| *Bacillus nakamurai* | NRRL B-41091 | 美国农业部农业研究院 | 2016/3/9 | 框架图 | GCA_001584325.1 |
| | NRRL B-41092 | 美国农业部农业研究院 | 2016/3/9 | 框架图 | GCA_001584345.1 |
| *Bacillus ndiopicus* | FF3 | 欧洲生物信息学研究所 | 2014/3/26 | 精细图 | GCA_000612805.1 |
| *Bacillus nealsonii* | AAU1 | 印度阿南德农业大学 | 2013/5/23 | 框架图 | GCA_000401235.1 |
| | FO-92 | 美国加州理工学院 | 2017/12/12 | 框架图 | GCA_002835805.1 |
| *Bacillus niacini* | NBRC 15566 | 日本国立技术与评价研究所 | 2016/2/27 | 框架图 | GCA_001591505.1 |
| | F8 | 日本近畿大学 | 2014/8/14 | 精细图 | GCA_000759675.1 |
| | DSM 2923 | 美国伍斯特学院 | 2014/10/23 | 精细图 | GCA_000768265.1 |
| *Bacillus niameyensis* | SIT3 | 法国热带传染病研究中心 | 2015/4/22 | 精细图 | GCA_001375535.1 |
| *Bacillus nitratireducens* | 4049 | 中国自然资源部第三海洋研究所 | 2016/11/18 | 框架图 | GCA_001884135.1 |
| *Bacillus notoginsengisoli* | JCM 30743 | 中国自然资源部第三海洋研究所 | 2018/9/10 | 框架图 | GCA_003515685.1 |
| *Bacillus novalis* | FJAT-14227 | 中国福建省农业科学院 | 2016/5/4 | 精细图 | GCA_001636395.1 |
| | NBRC 102450 | 日本国立技术与评价研究所 | 2016/2/27 | 框架图 | GCA_001591805.1 |
| *Bacillus oceanisediminis* | 2691 | 韩国生物科学与生物技术研究院 | 2016/5/9 | 完成图 | GCA_000294775.2 |
| | Bhandara28 | 印度科学和工业研究理事会微生物技术研究所 | 2016/10/28 | 框架图 | GCA_001856025.1 |

续表

| 学名 | 菌株名称 | 测序机构 | 测序时间（年/月/日） | 组装水平 | GenBank 登录号 |
|---|---|---|---|---|---|
| *Bacillus oceanisediminis* | 15_TX | 美国能源部联合基因组研究所 | 2018/5/31 | 精细图 | GCA_003182355.1 |
| | 13_TX | 美国能源部联合基因组研究所 | 2019/3/22 | 精细图 | GCA_004366035.1 |
| *Bacillus okhensis* | Kh10-101 | 印度海得拉巴大学 | 2014/11/26 | 框架图 | GCA_000787375.1 |
| *Bacillus okuhidensis* | DSM 13666 | 中国福建省农业科学院 | 2015/8/26 | 精细图 | GCA_001274915.1 |
| *Bacillus oleivorans* | JC228 | 美国能源部联合基因组研究所 | 2017/9/28 | 精细图 | GCA_900207585.1 |
| *Bacillus oleronius* | 10J4 | 葡萄牙 STAB VIDA 公司 | 2017/10/27 | 精细图 | GCA_002734285.1 |
| | DSM 9356 | 南非国家传染病研究所 | 2017/3/2 | 精细图 | GCA_002009555.1 |
| *Bacillus onubensis* | 0911MAR22V3 | 葡萄牙 STAB VIDA 公司 | 2017/10/27 | 精细图 | GCA_002734215.1 |
| *Bacillus oryziterrae* | ZYK | 中国科学院 | 2013/1/15 | 精细图 | GCA_000331575.1 |
| *Bacillus oshimensis* | DSM 18940 | 中国福建省农业科学院 | 2017/3/6 | 精细图 | GCA_002019765.1 |
| *Bacillus pacificus* | EB422 | 中国自然资源部第三海洋研究所 | 2016/11/18 | 框架图 | GCA_001884025.1 |
| | RC-1 | 中国华南农业大学 | 2018/12/3 | 框架图 | GCA_003858675.1 |
| *Bacillus panaciterrae* | DSM 19096 | 美国能源部联合基因组研究所 | 2013/7/16 | 精细图 | GCA_000430785.1 |
| *Bacillus paralicheniformis* | ATCC 9945 | 德国乔治-奥古斯都-哥廷根大学 | 2013/6/5 | 完成图 | GCA_000408885.1 |
| | BL-09 | 中国内蒙古农业大学 | 2015/2/17 | 完成图 | GCA_000876525.1 |
| | MDJK30 | 中国山东农业大学 | 2017/3/22 | 完成图 | GCA_002068155.1 |
| | 14DA11 | 韩国同德女子大学 | 2017/9/28 | 完成图 | GCA_002393225.1 |
| | Bac84 | 沙特阿拉伯阿卜杜拉国王科技大学 | 2018/3/12 | 完成图 | GCA_002993925.1 |
| | Bac48 | 沙特阿拉伯阿卜杜拉国王科技大学 | 2018/3/12 | 完成图 | GCA_002993945.1 |
| | CBMAI 1303 | 巴西拉夫拉斯联邦大学 | 2018/11/5 | 完成图 | GCA_003711025.1 |
| | ATCC 12759 | 美国洛斯阿拉莫斯国家实验室 | 2014/9/2 | 精细图 | GCA_000746885.1 |
| | KJ-16 | 美国农业部农业研究院 | 2015/11/16 | 框架图 | GCA_001042485.2 |
| | S127 | 以色列农业研究组织——火山中心 | 2015/7/29 | 框架图 | GCA_001188525.1 |
| | NCIMB 8874 | 英国威斯敏斯特大学 | 2016/7/21 | 框架图 | GCA_001691515.1 |
| | APC1576 | 爱尔兰科克大学学院 | 2016/7/21 | 框架图 | GCA_001691735.1 |
| | B4121 | 荷兰顶级食品与营养研究所 | 2016/12/30 | 框架图 | GCA_001925045.1 |
| | 167/2 | 以色列农业研究组织——火山中心 | 2017/1/9 | 框架图 | GCA_001939545.1 |
| | 7704 | 德国比勒费尔德大学 | 2017/8/28 | 框架图 | GCA_002271505.1 |
| | 7510 | 德国比勒费尔德大学 | 2017/8/28 | 框架图 | GCA_002272155.1 |
| | NMSW12 | 德国柏林洪堡大学 | 2018/3/14 | 框架图 | GCA_002998255.1 |
| | TS6 | 波兰托伦哥白尼大学 | 2019/2/20 | 框架图 | GCA_004282815.1 |
| | BH19 | 巴西圣保罗大学 | 2019/2/25 | 框架图 | GCA_004296375.1 |
| | UBBLI-30 | 印度独特生物科技有限公司 | 2019/5/1 | 框架图 | GCA_005047705.1 |
| | G-1 | 澳大利亚昆士兰大学 | 2014/3/28 | 精细图 | GCA_000604165.1 |
| | B4123 | 荷兰顶级食品与营养研究所 | 2016/12/30 | 精细图 | GCA_001925035.1 |

续表

| 学名 | 菌株名称 | 测序机构 | 测序时间（年/月/日） | 组装水平 | GenBank 登录号 |
|---|---|---|---|---|---|
| *Bacillus paralicheniformis* | B4125 | 荷兰顶级食品与营养研究所 | 2016/12/30 | 精细图 | GCA_001925105.1 |
| | F47 | 加拿大阿尔伯塔大学 | 2017/3/14 | 精细图 | GCA_002026335.1 |
| | KMS 80 | 印度农业研究委员会农业研究所 | 2018/1/2 | 精细图 | GCA_002849425.1 |
| | MKU3 | 印度马杜赖卡玛拉大学 | 2017/1/23 | 框架图 | GCA_001969565.1 |
| *Bacillus paramycoides* | NH24A2 | 中国自然资源部第三海洋研究所 | 2016/11/18 | 框架图 | GCA_001884235.1 |
| *Bacillus paranthracis* | Mn5 | 中国自然资源部第三海洋研究所 | 2016/11/18 | 框架图 | GCA_001883995.1 |
| | PR1 | 中国山东农业大学 | 2019/5/27 | 完成图 | GCA_005848985.1 |
| | NEU 1062 | 美国洛斯阿拉莫斯国家实验室 | 2019/2/27 | 框架图 | GCA_004307985.1 |
| | ICIS-279 | 俄罗斯科学院 | 2019/5/2 | 框架图 | GCA_005117095.1 |
| *Bacillus patagoniensis* | DSM 16117 | 中国福建省农业科学院 | 2017/3/6 | 精细图 | GCA_002019705.1 |
| *Bacillus persicus* | DSM 25386 | 美国能源部联合基因组研究所 | 2016/10/31 | 精细图 | GCA_900109925.1 |
| *Bacillus plakortidis* | DSM 19153 | 中国福建省农业科学院 | 2015/10/30 | 精细图 | GCA_001420645.1 |
| *Bacillus polygoni* | CCTCC AB 2014251 | 中国福建省农业科学院 | 2017/5/19 | 精细图 | GCA_002153445.1 |
| *Bacillus populi* | FJAT-45347 | 中国福建省农业科学院 | 2017/9/19 | 精细图 | GCA_002352765.2 |
| *Bacillus praedii* | FJAT-25547 | 中国福建省农业科学院 | 2015/11/6 | 精细图 | GCA_001439605.1 |
| | 2017H2G3 | 丹麦奥胡斯大学 | 2019/3/9 | 精细图 | GCA_004337355.1 |
| *Bacillus proteolyticus* | TD42 | 中国自然资源部第三海洋研究所 | 2016/11/18 | 框架图 | GCA_001884065.1 |
| *Bacillus pseudalcaliphilus* | DSM 8725 | 中国福建省农业科学院 | 2015/6/23 | 精细图 | GCA_001038565.1 |
| *Bacillus pseudofirmus* | OF4 | 美国阿勒格尼•辛格研究所 | 2010/12/15 | 完成图 | GCA_000005825.2 |
| | MRML5 | 美国加利福尼亚州立大学弗雷斯诺分校 | 2017/1/5 | 框架图 | GCA_001937355.1 |
| | MRWL7 | 美国加利福尼亚州立大学弗雷斯诺分校 | 2017/1/10 | 框架图 | GCA_001940735.1 |
| *Bacillus pseudomycoides* | DSM 12442 | 美国海军医学研究中心 | 2009/5/29 | 染色体 | GCA_000161455.1 |
| | 219298 | 美国洛斯阿拉莫斯国家实验室 | 2014/8/21 | 完成图 | GCA_000742855.1 |
| | BTZ | 美国洛斯阿拉莫斯国家实验室 | 2015/2/5 | 完成图 | GCA_000832885.1 |
| | Rock1-4 | 美国海军医学研究中心 | 2009/5/29 | 染色体 | GCA_000161415.1 |
| | Rock3-17 | 美国海军医学研究中心 | 2009/5/29 | 染色体 | GCA_000161435.1 |
| | Flugge 10206 | 美国洛斯阿拉莫斯国家实验室 | 2014/9/2 | 框架图 | GCA_000746965.1 |
| | FSL H8-0534 | 美国康奈尔大学 | 2017/3/3 | 框架图 | GCA_002014615.1 |
| | FSL K6-0042 | 美国康奈尔大学 | 2017/5/26 | 框架图 | GCA_002158195.1 |
| | AFS099456 | 美国北卡罗来纳大学教堂山分校 | 2017/10/13 | 精细图 | GCA_002550095.1 |
| | AFS098856 | 美国北卡罗来纳大学教堂山分校 | 2017/10/13 | 精细图 | GCA_002550145.1 |
| | AFS098141 | 美国北卡罗来纳大学教堂山分校 | 2017/10/13 | 精细图 | GCA_002550255.1 |
| | AFS095604 | 美国北卡罗来纳大学教堂山分校 | 2017/10/13 | 精细图 | GCA_002550445.1 |

续表

| 学名 | 菌株名称 | 测序机构 | 测序时间（年/月/日） | 组装水平 | GenBank 登录号 |
|---|---|---|---|---|---|
| *Bacillus pseudomycoides* | AFS093408 | 美国北卡罗来纳大学教堂山分校 | 2017/10/13 | 精细图 | GCA_002550685.1 |
| | AFS089336 | 美国北卡罗来纳大学教堂山分校 | 2017/10/13 | 精细图 | GCA_002551555.1 |
| | AFS098564 | 美国北卡罗来纳大学教堂山分校 | 2017/10/13 | 精细图 | GCA_002551795.1 |
| | AFS095077 | 美国北卡罗来纳大学教堂山分校 | 2017/10/13 | 精细图 | GCA_002552375.1 |
| | AFS092470 | 美国北卡罗来纳大学教堂山分校 | 2017/10/13 | 精细图 | GCA_002552575.1 |
| | AFS090208 | 美国北卡罗来纳大学教堂山分校 | 2017/10/13 | 精细图 | GCA_002552715.1 |
| | AFS099912 | 美国北卡罗来纳大学教堂山分校 | 2017/10/13 | 精细图 | GCA_002552815.1 |
| | AFS095135 | 美国北卡罗来纳大学教堂山分校 | 2017/10/13 | 精细图 | GCA_002553115.1 |
| | AFS092115 | 美国北卡罗来纳大学教堂山分校 | 2017/10/13 | 精细图 | GCA_002553275.1 |
| | AFS018975 | 美国北卡罗来纳大学教堂山分校 | 2017/10/16 | 精细图 | GCA_002554825.1 |
| | AFS018958 | 美国北卡罗来纳大学教堂山分校 | 2017/10/16 | 精细图 | GCA_002554885.1 |
| | AFS017092 | 美国北卡罗来纳大学教堂山分校 | 2017/10/16 | 精细图 | GCA_002555005.1 |
| | AFS013396 | 美国北卡罗来纳大学教堂山分校 | 2017/10/16 | 精细图 | GCA_002555145.1 |
| | AFS011189 | 美国北卡罗来纳大学教堂山分校 | 2017/10/16 | 精细图 | GCA_002555245.1 |
| | AFS012367 | 美国北卡罗来纳大学教堂山分校 | 2017/10/16 | 精细图 | GCA_002555275.1 |
| | AFS018356 | 美国北卡罗来纳大学教堂山分校 | 2017/10/16 | 精细图 | GCA_002555415.1 |
| | AFS009893 | 美国北卡罗来纳大学教堂山分校 | 2017/10/16 | 精细图 | GCA_002555545.1 |
| | AFS009709 | 美国北卡罗来纳大学教堂山分校 | 2017/10/16 | 精细图 | GCA_002555615.1 |
| | AFS009643 | 美国北卡罗来纳大学教堂山分校 | 2017/10/16 | 精细图 | GCA_002555675.1 |
| | AFS009013 | 美国北卡罗来纳大学教堂山分校 | 2017/10/16 | 精细图 | GCA_002555685.1 |
| | AFS008599 | 美国北卡罗来纳大学教堂山分校 | 2017/10/16 | 精细图 | GCA_002555725.1 |
| | AFS008320 | 美国北卡罗来纳大学教堂山分校 | 2017/10/16 | 精细图 | GCA_002555785.1 |
| | AFS005149 | 美国北卡罗来纳大学教堂山分校 | 2017/10/16 | 精细图 | GCA_002555995.1 |
| | AFS003503 | 美国北卡罗来纳大学教堂山分校 | 2017/10/16 | 精细图 | GCA_002556045.1 |
| | AFS000475 | 美国北卡罗来纳大学教堂山分校 | 2017/10/16 | 精细图 | GCA_002556205.1 |
| | AFS000230 | 美国北卡罗来纳大学教堂山分校 | 2017/10/16 | 精细图 | GCA_002556235.1 |
| | AFS004741 | 美国北卡罗来纳大学教堂山分校 | 2017/10/16 | 精细图 | GCA_002556345.1 |
| | AFS003288 | 美国北卡罗来纳大学教堂山分校 | 2017/10/16 | 精细图 | GCA_002556385.1 |
| | AFS001949 | 美国北卡罗来纳大学教堂山分校 | 2017/10/16 | 精细图 | GCA_002556505.1 |
| | AFS026857 | 美国北卡罗来纳大学教堂山分校 | 2017/10/16 | 精细图 | GCA_002556975.1 |
| | AFS026185 | 美国北卡罗来纳大学教堂山分校 | 2017/10/16 | 精细图 | GCA_002557065.1 |
| | AFS024482 | 美国北卡罗来纳大学教堂山分校 | 2017/10/16 | 精细图 | GCA_002557245.1 |
| | AFS024178 | 美国北卡罗来纳大学教堂山分校 | 2017/10/16 | 精细图 | GCA_002557285.1 |
| | AFS022719 | 美国北卡罗来纳大学教堂山分校 | 2017/10/16 | 精细图 | GCA_002557385.1 |
| | AFS022493 | 美国北卡罗来纳大学教堂山分校 | 2017/10/16 | 精细图 | GCA_002557395.1 |

续表

| 学名 | 菌株名称 | 测序机构 | 测序时间（年/月/日） | 组装水平 | GenBank 登录号 |
|---|---|---|---|---|---|
| *Bacillus pseudomycoides* | AFS022598 | 美国北卡罗来纳大学教堂山分校 | 2017/10/16 | 精细图 | GCA_002557465.1 |
| | AFS022225 | 美国北卡罗来纳大学教堂山分校 | 2017/10/16 | 精细图 | GCA_002557535.1 |
| | AFS022050 | 美国北卡罗来纳大学教堂山分校 | 2017/10/16 | 精细图 | GCA_002557585.1 |
| | AFS028766 | 美国北卡罗来纳大学教堂山分校 | 2017/10/16 | 精细图 | GCA_002557835.1 |
| | AFS087909 | 美国北卡罗来纳大学教堂山分校 | 2017/10/17 | 精细图 | GCA_002568645.1 |
| | AFS088215 | 美国北卡罗来纳大学教堂山分校 | 2017/10/17 | 精细图 | GCA_002568655.1 |
| | AFS084126 | 美国北卡罗来纳大学教堂山分校 | 2017/10/17 | 精细图 | GCA_002568705.1 |
| | AFS081374 | 美国北卡罗来纳大学教堂山分校 | 2017/10/17 | 精细图 | GCA_002568765.1 |
| | AFS088703 | 美国北卡罗来纳大学教堂山分校 | 2017/10/17 | 精细图 | GCA_002568975.1 |
| | AFS088632 | 美国北卡罗来纳大学教堂山分校 | 2017/10/17 | 精细图 | GCA_002569005.1 |
| | AFS086794 | 美国北卡罗来纳大学教堂山分校 | 2017/10/17 | 精细图 | GCA_002569075.1 |
| | AFS077577 | 美国北卡罗来纳大学教堂山分校 | 2017/10/17 | 精细图 | GCA_002569205.1 |
| | AFS077796 | 美国北卡罗来纳大学教堂山分校 | 2017/10/17 | 精细图 | GCA_002569225.1 |
| | AFS080834 | 美国北卡罗来纳大学教堂山分校 | 2017/10/17 | 精细图 | GCA_002569565.1 |
| | AFS080374 | 美国北卡罗来纳大学教堂山分校 | 2017/10/17 | 精细图 | GCA_002569585.1 |
| | AFS080276 | 美国北卡罗来纳大学教堂山分校 | 2017/10/17 | 精细图 | GCA_002569605.1 |
| | AFS079122 | 美国北卡罗来纳大学教堂山分校 | 2017/10/17 | 精细图 | GCA_002569705.1 |
| | AFS076343 | 美国北卡罗来纳大学教堂山分校 | 2017/10/17 | 精细图 | GCA_002569755.1 |
| | AFS074688 | 美国北卡罗来纳大学教堂山分校 | 2017/10/17 | 精细图 | GCA_002569875.1 |
| | AFS074519 | 美国北卡罗来纳大学教堂山分校 | 2017/10/17 | 精细图 | GCA_002569925.1 |
| | AFS074367 | 美国北卡罗来纳大学教堂山分校 | 2017/10/17 | 精细图 | GCA_002569945.1 |
| | AFS074290 | 美国北卡罗来纳大学教堂山分校 | 2017/10/17 | 精细图 | GCA_002569985.1 |
| | AFS070925 | 美国北卡罗来纳大学教堂山分校 | 2017/10/17 | 精细图 | GCA_002570325.1 |
| | AFS069829 | 美国北卡罗来纳大学教堂山分校 | 2017/10/17 | 精细图 | GCA_002571515.1 |
| | AFS069374 | 美国北卡罗来纳大学教堂山分校 | 2017/10/17 | 精细图 | GCA_002571545.1 |
| | AFS068816 | 美国北卡罗来纳大学教堂山分校 | 2017/10/17 | 精细图 | GCA_002571595.1 |
| | AFS062254 | 美国北卡罗来纳大学教堂山分校 | 2017/10/17 | 精细图 | GCA_002571845.1 |
| | AFS065668 | 美国北卡罗来纳大学教堂山分校 | 2017/10/17 | 精细图 | GCA_002571985.1 |
| | AFS064122 | 美国北卡罗来纳大学教堂山分校 | 2017/10/17 | 精细图 | GCA_002572065.1 |
| | AFS063129 | 美国北卡罗来纳大学教堂山分校 | 2017/10/17 | 精细图 | GCA_002572075.1 |
| | AFS058668 | 美国北卡罗来纳大学教堂山分校 | 2017/10/17 | 精细图 | GCA_002572215.1 |
| | AFS065710 | 美国北卡罗来纳大学教堂山分校 | 2017/10/17 | 精细图 | GCA_002572305.1 |
| | AFS062925 | 美国北卡罗来纳大学教堂山分校 | 2017/10/17 | 精细图 | GCA_002572375.1 |
| | AFS062349 | 美国北卡罗来纳大学教堂山分校 | 2017/10/17 | 精细图 | GCA_002572385.1 |
| | AFS060037 | 美国北卡罗来纳大学教堂山分校 | 2017/10/17 | 精细图 | GCA_002572465.1 |

续表

| 学名 | 菌株名称 | 测序机构 | 测序时间（年/月/日） | 组装水平 | GenBank 登录号 |
|---|---|---|---|---|---|
| *Bacillus pseudomycoides* | AFS058374 | 美国北卡罗来纳大学教堂山分校 | 2017/10/17 | 精细图 | GCA_002572495.1 |
| | AFS043018 | 美国北卡罗来纳大学教堂山分校 | 2017/10/18 | 精细图 | GCA_002576515.1 |
| | AFS056801 | 美国北卡罗来纳大学教堂山分校 | 2017/10/18 | 精细图 | GCA_002579115.1 |
| | AFS056690 | 美国北卡罗来纳大学教堂山分校 | 2017/10/18 | 精细图 | GCA_002579165.1 |
| | AFS055788 | 美国北卡罗来纳大学教堂山分校 | 2017/10/18 | 精细图 | GCA_002579375.1 |
| | AFS054612 | 美国北卡罗来纳大学教堂山分校 | 2017/10/18 | 精细图 | GCA_002579385.1 |
| | AFS054473 | 美国北卡罗来纳大学教堂山分校 | 2017/10/18 | 精细图 | GCA_002579475.1 |
| | AFS053905 | 美国北卡罗来纳大学教堂山分校 | 2017/10/18 | 精细图 | GCA_002579785.1 |
| | AFS052781 | 美国北卡罗来纳大学教堂山分校 | 2017/10/18 | 精细图 | GCA_002579975.1 |
| | AFS048805 | 美国北卡罗来纳大学教堂山分校 | 2017/10/18 | 精细图 | GCA_002580615.1 |
| | AFS047869 | 美国北卡罗来纳大学教堂山分校 | 2017/10/18 | 精细图 | GCA_002580745.1 |
| | AFS045932 | 美国北卡罗来纳大学教堂山分校 | 2017/10/18 | 精细图 | GCA_002580755.1 |
| | AFS050088 | 美国北卡罗来纳大学教堂山分校 | 2017/10/18 | 精细图 | GCA_002581285.1 |
| | AFS049531 | 美国北卡罗来纳大学教堂山分校 | 2017/10/18 | 精细图 | GCA_002581425.1 |
| | AFS048537 | 美国北卡罗来纳大学教堂山分校 | 2017/10/18 | 精细图 | GCA_002581465.1 |
| | AFS042788 | 美国北卡罗来纳大学教堂山分校 | 2017/10/18 | 精细图 | GCA_002581835.1 |
| | AFS040883 | 美国北卡罗来纳大学教堂山分校 | 2017/10/18 | 精细图 | GCA_002582085.1 |
| | AFS040159 | 美国北卡罗来纳大学教堂山分校 | 2017/10/18 | 精细图 | GCA_002582165.1 |
| | AFS040503 | 美国北卡罗来纳大学教堂山分校 | 2017/10/18 | 精细图 | GCA_002582195.1 |
| | AFS037265 | 美国北卡罗来纳大学教堂山分校 | 2017/10/18 | 精细图 | GCA_002582485.1 |
| | AFS039118 | 美国北卡罗来纳大学教堂山分校 | 2017/10/18 | 精细图 | GCA_002583735.1 |
| | AFS037117 | 美国北卡罗来纳大学教堂山分校 | 2017/10/18 | 精细图 | GCA_002583865.1 |
| | AFS032210 | 美国北卡罗来纳大学教堂山分校 | 2017/10/18 | 精细图 | GCA_002588885.1 |
| | AFS035137 | 美国北卡罗来纳大学教堂山分校 | 2017/10/18 | 精细图 | GCA_002589505.1 |
| | AFS032644 | 美国北卡罗来纳大学教堂山分校 | 2017/10/18 | 精细图 | GCA_002589635.1 |
| | AFS090198 | 美国北卡罗来纳大学教堂山分校 | 2017/10/13 | 精细图 | GCA_002551005.1 |
| | AFS092012 | 美国北卡罗来纳大学教堂山分校 | 2017/10/13 | 精细图 | GCA_002552625.1 |
| | AFS041167 | 美国北卡罗来纳大学教堂山分校 | 2017/10/18 | 精细图 | GCA_002582035.1 |
| *Bacillus psychrosaccharolyticus* | ATCC 23296 | 西班牙马德里康普顿斯大学 | 2013/4/15 | 框架图 | GCA_000305495.2 |
| *Bacillus pumilus* | SH-B9 | 荷兰瓦格宁根大学 | 2016/3/1 | 完成图 | GCA_001578205.1 |
| | SAFR-032 | 美国贝勒医学院 | 2016/3/15 | 完成图 | GCA_000017885.4 |
| | MTCC B6033 | 加拿大曼尼托巴大学 | 2014/3/12 | 完成图 | GCA_000590455.1 |
| | TUAT1 | 日本东京农工大学 | 2015/11/11 | 完成图 | GCA_001548215.1 |
| | SH-B11 | 荷兰瓦格宁根大学 | 2016/3/1 | 完成图 | GCA_001578165.1 |

续表

| 学名 | 菌株名称 | 测序机构 | 测序时间（年/月/日） | 组装水平 | GenBank 登录号 |
|---|---|---|---|---|---|
| *Bacillus pumilus* | PDSLzg-1 | 中国农业科学院 | 2016/8/15 | 完成图 | GCA_001704975.1 |
| | 145 | 墨西哥高级研究中心 | 2018/3/14 | 完成图 | GCA_003431975.1 |
| | 150a | 墨西哥高级研究中心 | 2018/2/28 | 完成图 | GCA_003571425.1 |
| | ZB201701 | 中国北京市农林科学院 | 2019/1/9 | 完成图 | GCA_004006455.1 |
| | NCTC 10337 | 欧洲生物信息学研究所 | 2017/8/15 | 完成图 | GCA_900186955.1 |
| | C4 | 瑞典布罗斯大学 | 2016/7/18 | 染色体 | GCA_001687085.1 |
| | ATCC 7061 | 美国克雷格•文特尔研究所 | 2008/7/9 | 框架图 | GCA_000172815.1 |
| | INR7 | 韩国生物科学与生物技术研究院 | 2013/12/15 | 框架图 | GCA_000508145.1 |
| | 15.1 | 西班牙格拉纳达大学 | 2015/6/1 | 框架图 | GCA_001017485.1 |
| | JRS3 | 英国利物浦大学 | 2015/8/31 | 框架图 | GCA_001286985.1 |
| | Bonn | 德国联邦国防军微生物研究所 | 2015/11/17 | 框架图 | GCA_001444515.1 |
| | CB01 | 美国加利福尼亚州立大学弗雷斯诺分校 | 2016/6/23 | 框架图 | GCA_001675655.1 |
| | PE09-72 | 南非西开普大学 | 2017/6/6 | 框架图 | GCA_002174275.1 |
| | 36R_ATNSAL | 墨西哥新莱昂自治大学 | 2017/9/28 | 框架图 | GCA_002744245.1 |
| | 51_5il | 俄罗斯科学院 | 2017/11/6 | 框架图 | GCA_002753815.1 |
| | MG84 | 荷兰格罗宁根大学 | 2018/6/26 | 框架图 | GCA_003265785.1 |
| | MG52 | 荷兰格罗宁根大学 | 2018/6/26 | 框架图 | GCA_003265805.1 |
| | 124 | 俄罗斯科学院 | 2018/6/28 | 框架图 | GCA_003284525.1 |
| | Ps115 | 俄罗斯农业微生物学研究所 | 2018/12/16 | 框架图 | GCA_003985025.1 |
| | Pine1 | 美国国立普通医学科学研究所 | 2019/5/6 | 框架图 | GCA_005217785.1 |
| | PAE4 | 欧洲生物信息学研究所 | 2018/6/24 | 框架图 | GCA_900411365.1 |
| | 7P | 俄罗斯喀山联邦大学 | 2016/1/28 | 精细图 | GCA_000691485.2 |
| | 3-19 | 俄罗斯喀山联邦大学 | 2015/2/26 | 精细图 | GCA_000714495.2 |
| | B4127 | 荷兰格罗宁根大学 | 2015/1/26 | 精细图 | GCA_000828345.1 |
| | RI06-95 | 美国罗得岛大学 | 2015/7/20 | 精细图 | GCA_001183525.1 |
| | NMSW10 | 德国柏林洪堡大学 | 2018/3/14 | 精细图 | GCA_002998335.1 |
| | LLTC96 | 德国柏林洪堡大学 | 2018/3/14 | 精细图 | GCA_002998365.1 |
| | LNXM70 | 德国柏林洪堡大学 | 2018/3/14 | 精细图 | GCA_002998395.1 |
| | LNTW65 | 德国柏林洪堡大学 | 2018/3/14 | 精细图 | GCA_002998415.1 |
| | LDZX38 | 德国柏林洪堡大学 | 2018/3/14 | 精细图 | GCA_002998475.1 |
| | Ha06YP001 | 美国罗德岛大学 | 2018/3/27 | 精细图 | GCA_003020795.1 |
| | 104 | 美国佛罗里达大学 | 2018/4/4 | 精细图 | GCA_003034105.1 |
| | EZ-C07 | 俄罗斯喀山联邦大学 | 2018/7/9 | 精细图 | GCA_003301255.1 |
| | NRS576 | 欧洲生物信息学研究所 | 2018/11/1 | 精细图 | GCA_900573445.1 |

续表

| 学名 | 菌株名称 | 测序机构 | 测序时间（年/月/日） | 组装水平 | GenBank 登录号 |
|---|---|---|---|---|---|
| *Bacillus pumilus* | SF214 | 意大利那不勒斯费德里克二世大学 | 2015/12/17 | 框架图 | GCA_001468935.1 |
| | GM3FR | 德国乔治-奥古斯都-哥廷根大学 | 2017/1/6 | 框架图 | GCA_001938995.1 |
| | NCTC 10327 | 欧洲生物信息学研究所 | 2018/12/5 | 框架图 | GCA_900618115.1 |
| | UBA4042 | 澳大利亚昆士兰大学 | 2017/9/27 | 精细图 | GCA_002382215.1 |
| | UBA5643 | 澳大利亚昆士兰大学 | 2017/10/3 | 精细图 | GCA_002421265.1 |
| | UBA10713 | 澳大利亚昆士兰大学 | 2018/9/7 | 精细图 | GCA_003512935.1 |
| *Bacillus rhizosphaerae* | DSM 21911 | 美国能源部联合基因组研究所 | 2016/12/3 | 精细图 | GCA_900142675.1 |
| *Bacillus rubiinfantis* | mt2 | 法国热带传染病研究中心 | 2014/7/15 | 框架图 | GCA_000752035.1 |
| *Bacillus safensis* | KCTC 12796BP | 韩国 Macrogen 公司 | 2016/12/9 | 完成图 | GCA_001895885.1 |
| | U14-5 | 美国新英格兰生物实验室股份有限公司 | 2017/1/6 | 完成图 | GCA_001938665.1 |
| | U41 | 美国新英格兰生物实验室股份有限公司 | 2017/1/6 | 完成图 | GCA_001938685.1 |
| | U17-1 | 美国新英格兰生物实验室股份有限公司 | 2017/1/6 | 完成图 | GCA_001938705.1 |
| | BRM1 | 巴西巴拉那联邦大学 | 2017/4/3 | 完成图 | GCA_002077215.1 |
| | FO-36b | 美国休斯敦大学 | 2018/5/8 | 染色体 | GCA_003097715.1 |
| | VK | 印度绍拉斯彻大学 | 2013/8/6 | 框架图 | GCA_000444215.1 |
| | CCMA-560 | 巴西坎皮纳斯州立大学 | 2013/8/7 | 框架图 | GCA_000444805.1 |
| | Fairview | 澳大利亚联邦科学与工业研究组织 | 2014/3/28 | 框架图 | GCA_000604385.1 |
| | FO-36b | 中国自然资源部第三海洋研究所 | 2014/5/15 | 框架图 | GCA_000691165.1 |
| | CFA06 | 巴西坎皮纳斯州立大学 | 2014/6/27 | 框架图 | GCA_000715185.1 |
| | RIT372 | 澳大利亚莫纳什大学马来西亚分校 | 2015/3/2 | 框架图 | GCA_000935315.1 |
| | JPL_MERTA8-2 | 美国加利福尼亚大学戴维斯分校 | 2015/4/16 | 框架图 | GCA_000972825.1 |
| | LK32 | 马来西亚马来亚大学 | 2015/6/24 | 框架图 | GCA_001038765.1 |
| | LK21 | 马来西亚马来亚大学 | 2015/6/24 | 框架图 | GCA_001038905.1 |
| | LK12 | 马来西亚马来亚大学 | 2015/6/30 | 框架图 | GCA_001043695.1 |
| | S9 | 阿根廷罗萨里奥分子生物学研究所 | 2016/6/1 | 框架图 | GCA_001653905.1 |
| | MROC1 | 美国加利福尼亚州立大学弗雷斯诺分校 | 2016/7/1 | 框架图 | GCA_001677975.1 |
| | RP10 | 智利阿图罗•普拉特大学 | 2016/10/14 | 框架图 | GCA_001766395.1 |
| | BcP62 | 摩洛哥拉巴特穆罕默德五世大学 | 2017/5/19 | 框架图 | GCA_002151195.1 |
| | Bcs96 | 摩洛哥拉巴特穆罕默德五世大学 | 2017/5/22 | 框架图 | GCA_002155005.1 |
| | Ingolstadt | 德国联邦国防军微生物研究所 | 2017/8/17 | 框架图 | GCA_002250435.1 |
| | 7783 | 德国比勒费尔德大学 | 2017/8/29 | 框架图 | GCA_002276315.1 |
| | AFS067952 | 美国北卡罗来纳大学教堂山分校 | 2017/10/17 | 框架图 | GCA_002571925.1 |

续表

| 学名 | 菌株名称 | 测序机构 | 测序时间（年/月/日） | 组装水平 | GenBank 登录号 |
|---|---|---|---|---|---|
| *Bacillus safensis* | 13L_LOBSAL | 墨西哥索诺拉技术研究所 | 2017/9/28 | 框架图 | GCA_002744235.1 |
| | V21-33 | 美国加州理工学院 | 2018/1/4 | 框架图 | GCA_002863595.1 |
| | CECT 9344 | 西班牙圣地亚哥大学 | 2018/6/18 | 框架图 | GCA_003254445.1 |
| | GCID_CRE_0021 | 美国克雷格•文特尔研究所 | 2018/12/27 | 框架图 | GCA_003977465.1 |
| | B4129 | 荷兰格罗宁根大学 | 2015/1/26 | 精细图 | GCA_000828375.1 |
| | B4107 | 荷兰格罗宁根大学 | 2015/1/26 | 精细图 | GCA_000828395.1 |
| | B4134 | 荷兰格罗宁根大学 | 2015/1/26 | 精细图 | GCA_000828425.1 |
| | GBSW22 | 德国柏林洪堡大学 | 2018/3/14 | 精细图 | GCA_002998315.1 |
| | JG-B5T | 德国罗森道夫研究中心 | 2018/6/30 | 精细图 | GCA_003284765.1 |
| | 47a_TX | 美国能源部联合基因组研究所 | 2018/10/2 | 精细图 | GCA_003610615.1 |
| | sami | 巴基斯坦希望基因组学有限公司 | 2018/10/16 | 染色体 | GCA_003660145.1 |
| | SCAL1 | 加拿大汤普森河大学 | 2015/6/23 | 框架图 | GCA_001038525.1 |
| *Bacillus salacetis* | SKP7-4 | 泰国朱拉隆功大学 | 2018/9/20 | 框架图 | GCA_003581585.1 |
| *Bacillus salarius* | IM0101 | 泰国朱拉蓬医学研究所 | 2018/12/14 | 框架图 | GCA_003945585.1 |
| *Bacillus salsus* | IBRC-M10078 | 美国能源部联合基因组研究所 | 2016/10/21 | 精细图 | GCA_900104555.1 |
| *Bacillus saudimassiliensis* | JCA | 法国热带传染病研究中心 | 2014/10/18 | 精细图 | GCA_000820865.2 |
| *Bacillus selenatarsenatis* | SF-1 | 日本大阪大学 | 2014/12/8 | 框架图 | GCA_000813125.1 |
| *Bacillus selenitireducens* | MLS10 | 美国能源部联合基因组研究所 | 2010/5/28 | 完成图 | GCA_000093085.1 |
| *Bacillus shacheensis* | HNA-14 | 中国四川大学 | 2016/1/5 | 精细图 | GCA_001484965.1 |
| *Bacillus shackletonii* | LMG 18435 | 中国福建省农业科学院 | 2015/10/30 | 精细图 | GCA_001420715.1 |
| *Bacillus siamensis* | SCSIO 05746 | 中国科学院 | 2018/1/3 | 完成图 | GCA_002850535.1 |
| | KCTC 13613 | 韩国生物科学与生物技术研究院 | 2012/5/8 | 框架图 | GCA_000262045.1 |
| | JJC33M | 墨西哥帕帕洛潘大学 | 2014/12/8 | 框架图 | GCA_000798615.1 |
| | XY18 | 美国农业部农业研究院 | 2015/3/31 | 框架图 | GCA_000966575.1 |
| | SRCM100169 | 韩国发酵工业微生物研究所 | 2016/6/15 | 框架图 | GCA_001662915.1 |
| | 7551 | 德国比勒费尔德大学 | 2017/8/28 | 框架图 | GCA_002271775.1 |
| | sdc15 | 印度可持续发展研究所 | 2017/11/6 | 框架图 | GCA_002754795.1 |
| *Bacillus simplex* | SH-B26 | 荷兰瓦格宁根大学 | 2016/3/1 | 完成图 | GCA_001578185.1 |
| | DSM 1321 | 韩国庆北国立大学 | 2017/8/8 | 完成图 | GCA_002243645.1 |
| | BA2H3 | 法国国家科学研究中心 | 2014/11/18 | 精细图 | GCA_000785385.1 |
| | NBRC 15720 | 日本国立技术与评价研究所 | 2016/2/27 | 框架图 | GCA_001591785.1 |
| | 7894 | 德国比勒费尔德大学 | 2017/8/29 | 框架图 | GCA_002276345.1 |
| | OG2 | 欧洲生物信息学研究所 | 2017/8/29 | 框架图 | GCA_002276655.1 |
| | 313 | 丹麦哥本哈根大学 | 2017/9/8 | 框架图 | GCA_002287755.1 |

续表

| 学名 | 菌株名称 | 测序机构 | 测序时间（年/月/日） | 组装水平 | GenBank 登录号 |
|---|---|---|---|---|---|
| *Bacillus simplex* | BE23 | 法国兰斯大学 | 2018/12/8 | 框架图 | GCA_003931555.1 |
| | RUG2-6 | 美国能源部联合基因组研究所 | 2017/1/15 | 框架图 | GCA_900156045.1 |
| | VanAntwerpen02 | 美国俄克拉何马州立大学 | 2016/1/29 | 精细图 | GCA_001542915.1 |
| | WY10 | 美国圣路易斯华盛顿大学 | 2017/9/24 | 精细图 | GCA_002351505.1 |
| | MYb48 | 英国基尔大学 | 2018/3/7 | 精细图 | GCA_002979275.1 |
| | I6 | 以色列魏茨曼科学研究所 | 2019/5/6 | 精细图 | GCA_005217145.1 |
| | I4 | 以色列魏茨曼科学研究所 | 2019/5/6 | 精细图 | GCA_005217225.1 |
| | P558 | 法国热带传染病研究中心 | 2014/11/2 | 精细图 | GCA_900000145.1 |
| | FJAT-2295 | 中国福建省农业科学院 | 2016/5/4 | 精细图 | GCA_001636475.1 |
| *Bacillus sinesaloumensis* | Marseille-P3516 | 法国热带传染病研究中心 | 2017/2/9 | 精细图 | GCA_900156865.1 |
| *Bacillus siralis* | 171544 | 中国自然资源部第三海洋研究所 | 2019/5/17 | 框架图 | GCA_005502275.1 |
| *Bacillus smithii* | DSM 4216 | 荷兰 Corbion 食品公司 | 2015/7/8 | 完成图 | GCA_001050115.1 |
| | 7_3_47FAA | 美国布罗德研究所 | 2011/12/20 | 精细图 | GCA_000238675.1 |
| | NBRC 15311 | 日本国立技术与评价研究所 | 2016/2/27 | 框架图 | GCA_001591985.1 |
| *Bacillus solani* | FJAT-18043 | 中国福建省农业科学院 | 2015/10/30 | 精细图 | GCA_001420595.1 |
| *Bacillus soli* | NBRC 102451 | 日本国立技术与评价研究所 | 2016/2/27 | 框架图 | GCA_001591665.1 |
| | DSM 15604 | 中国福建省农业科学院 | 2017/9/21 | 精细图 | GCA_002335815.1 |
| *Bacillus solimangrovi* | GH2-4 | 韩国生物科学与生物技术研究院 | 2016/9/23 | 精细图 | GCA_001742425.1 |
| *Bacillus solisilvae* | NEAU-cbsb5 | 中国东北农业大学 | 2017/5/11 | 框架图 | GCA_002128405.1 |
| *Bacillus sonorensis* | SRCM101395 | 韩国发酵工业微生物研究所 | 2017/6/20 | 完成图 | GCA_002202015.1 |
| | Marseille-P3463 | 法国热带传染病研究中心 | 2017/2/17 | 精细图 | GCA_900166645.1 |
| | L12 | 丹麦哥本哈根大学 | 2013/2/26 | 框架图 | GCA_000342105.1 |
| | NBRC 101234 | 韩国生物科学与生物技术研究院 | 2013/12/12 | 框架图 | GCA_000507125.1 |
| | 7710 | 德国比勒费尔德大学 | 2017/8/28 | 框架图 | GCA_002271755.1 |
| | AM12-57B | 中国华大基因 | 2018/9/6 | 精细图 | GCA_003473165.1 |
| *Bacillus sporothermodurans* | B4102 | 荷兰格罗宁根大学 | 2016/3/11 | 精细图 | GCA_001587375.1 |
| | SA01 | 南非国家传染病研究所 | 2018/4/17 | 精细图 | GCA_003055025.1 |
| | SAD | 南非国家传染病研究所 | 2018/4/17 | 精细图 | GCA_003055045.1 |
| | BR12 | 南非国家传染病研究所 | 2018/4/17 | 精细图 | GCA_003055065.1 |
| | DSM 10599 | 南非国家传染病研究所 | 2018/4/17 | 精细图 | GCA_003055085.1 |
| *Bacillus stratosphericus* | LAMA 585 | 巴西伊达贾伊山谷大学 | 2013/3/12 | 框架图 | GCA_000353245.1 |
| | LK33 | 马来西亚马来亚大学 | 2015/6/24 | 框架图 | GCA_001038775.1 |
| | LK18 | 马来西亚马来亚大学 | 2015/6/24 | 框架图 | GCA_001038845.1 |
| | LK23 | 马来西亚马来亚大学 | 2015/6/24 | 框架图 | GCA_001038915.1 |
| | LK31 | 马来西亚马来亚大学 | 2015/6/24 | 框架图 | GCA_001039015.1 |

续表

| 学名 | 菌株名称 | 测序机构 | 测序时间（年/月/日） | 组装水平 | GenBank 登录号 |
|---|---|---|---|---|---|
| *Bacillus stratosphericus* | LK5 | 马来西亚马来亚大学 | 2015/6/30 | 框架图 | GCA_001043535.1 |
| | M53 | 马来西亚马来亚大学 | 2015/8/11 | 框架图 | GCA_001265125.1 |
| | 5Co | 美国中佛罗里达大学 | 2017/4/3 | 框架图 | GCA_002077245.1 |
| | MRPD-01 | 印度耶尼波亚大学 | 2018/1/24 | 框架图 | GCA_002898435.1 |
| | WF06 | 英国伦敦大学国王学院 | 2019/4/2 | 框架图 | GCA_004569515.1 |
| *Bacillus subterraneus* | MITOT1 | 美国麻省理工学院 | 2015/2/26 | 框架图 | GCA_000934845.1 |
| | DSM 13966 | 美国加州理工学院 | 2018/12/11 | 框架图 | GCA_003937825.1 |
| *Bacillus subtilis* | 168 | 欧洲生物信息学研究所 | 2009/3/17 | 完成图 | GCA_000009045.1 |
| | W23 | 美国俄亥俄州立大学 | 2010/8/31 | 完成图 | GCA_000146565.1 |
| | BSn5 | 中国华中农业大学 | 2011/1/25 | 完成图 | GCA_000186745.1 |
| | BEST195 | 日本庆应义塾大学 | 2014/5/22 | 完成图 | GCA_000209795.2 |
| | TU-B-10 | 美国哈佛大学医学院 | 2011/10/5 | 完成图 | GCA_000227465.1 |
| | RO-NN-1 | 美国哈佛大学医学院 | 2011/10/5 | 完成图 | GCA_000227485.1 |
| | QB928 | 中国香港中文大学 | 2012/8/28 | 完成图 | GCA_000293765.1 |
| | BSP1 | 英国帝斯曼营养产品有限公司 | 2012/12/17 | 完成图 | GCA_000321395.1 |
| | XF-1 | 中国云南农业大学 | 2013/2/8 | 完成图 | GCA_000338735.1 |
| | 6051-HGW | 德国乔治-奥古斯都-哥廷根大学 | 2013/3/6 | 完成图 | GCA_000344745.1 |
| | BAB-1 | 中国河北省农林科学院 | 2013/3/29 | 完成图 | GCA_000349795.1 |
| | PY79 | 美国密歇根大学 | 2013/11/19 | 完成图 | GCA_000497485.1 |
| | BEST7003 | 日本东京农业大学 | 2012/10/3 | 完成图 | GCA_000523045.1 |
| | JH642 | 美国麻省理工学院 | 2014/6/9 | 完成图 | GCA_000699465.1 |
| | AG1839 | 美国麻省理工学院 | 2014/6/9 | 完成图 | GCA_000699525.1 |
| | OH 131.1 | 美国农业部农业研究院 | 2014/6/13 | 完成图 | GCA_000706705.1 |
| | TO-A | 印度斯里兰马斯瓦米纪念大学 | 2014/8/4 | 完成图 | GCA_000737405.1 |
| | ATCC 13952 | 中国江西师范大学 | 2014/11/5 | 完成图 | GCA_000772125.1 |
| | ATCC 19217 | 中国江西师范大学 | 2014/11/5 | 完成图 | GCA_000772165.1 |
| | Bs-916 | 中国江苏省农业科学院 | 2014/11/5 | 完成图 | GCA_000772205.1 |
| | SG6 | 中国农业科学院 | 2014/11/14 | 完成图 | GCA_000782835.1 |
| | PS832 | 波兰格但斯克医科大学 | 2014/12/4 | 完成图 | GCA_000789295.1 |
| | 3NA | 德国乔治-奥古斯都-哥廷根大学 | 2015/1/21 | 完成图 | GCA_000827065.1 |
| | BS49 | 荷兰莱顿大学 | 2014/11/19 | 完成图 | GCA_000953615.1 |
| | KCTC 1028 | 韩国生物科学与生物技术研究院 | 2015/4/15 | 完成图 | GCA_000971925.1 |
| | HJ5 | 中国南京农业大学 | 2015/4/20 | 完成图 | GCA_000973605.1 |
| | UD1022 | 美国特拉华大学 | 2015/5/29 | 完成图 | GCA_001015095.1 |

续表

| 学名 | 菌株名称 | 测序机构 | 测序时间（年/月/日） | 组装水平 | GenBank 登录号 |
|---|---|---|---|---|---|
| *Bacillus subtilis* | TO-A JPC | 印度科学和工业研究理事会微生物技术研究所 | 2015/6/23 | 完成图 | GCA_001037985.1 |
| | BSD-2 | 中国河北省科学院 | 2015/12/14 | 完成图 | GCA_001465815.1 |
| | DE111 | 美国 Deerland Enzymes 公司 | 2016/1/25 | 完成图 | GCA_001534785.1 |
| | CU1050 | 美国麻省理工学院 | 2016/1/27 | 完成图 | GCA_001541905.1 |
| | CGMCC 2108 | 中国陕西师范大学 | 2016/2/22 | 完成图 | GCA_001565875.1 |
| | D12-5 | 韩国中央大学 | 2016/3/23 | 完成图 | GCA_001596535.1 |
| | ATCC 49760 | 美国新英格兰生物实验室股份有限公司 | 2016/3/25 | 完成图 | GCA_001597265.1 |
| | SZMC 6179J | 匈牙利塞格德大学 | 2016/3/31 | 完成图 | GCA_001604995.1 |
| | delta6 | 德国乔治-奥古斯都-哥廷根大学 | 2016/6/9 | 完成图 | GCA_001660525.1 |
| | KCTC 3135 | 韩国标准与科学研究所 | 2016/8/2 | 完成图 | GCA_001697265.1 |
| | 168G | 波兰格但斯克医科大学 | 2016/8/11 | 完成图 | GCA_001703495.1 |
| | HJ0-6 | 韩国国家农业科学院 | 2016/8/12 | 完成图 | GCA_001704095.1 |
| | BS16045 | 韩国全北国立大学 | 2016/9/7 | 完成图 | GCA_001720505.1 |
| | BS38 | 韩国全北国立大学 | 2016/9/26 | 完成图 | GCA_001746575.1 |
| | HRBS-10TDI13 | 韩国首尔国立大学 | 2016/9/28 | 完成图 | GCA_001747445.1 |
| | VV2 | 沙特阿拉伯沙特国王大学 | 2016/10/21 | 完成图 | GCA_001808235.1 |
| | J-5 | 中国河北省科学院 | 2016/12/6 | 完成图 | GCA_001889385.1 |
| | MJ01 | 伊朗雪拉兹大学 | 2016/12/6 | 完成图 | GCA_001889625.1 |
| | KH2 | 中国医学科学院 | 2016/12/7 | 完成图 | GCA_001890405.1 |
| | 29R7-12 | 中国上海海洋大学 | 2016/12/9 | 完成图 | GCA_001902555.1 |
| | NCIB 3610 | 美国密歇根大学 | 2017/3/21 | 完成图 | GCA_002055965.1 |
| | GQJK2 | 中国山东农业大学 | 2017/3/27 | 完成图 | GCA_002072735.1 |
| | Bs-115 | 中国哈尔滨商业大学 | 2017/4/18 | 完成图 | GCA_002096095.1 |
| | TLO3 | 阿尔及利亚奥兰科技大学 | 2017/5/16 | 完成图 | GCA_002142595.1 |
| | CW14 | 中国农业大学 | 2017/6/2 | 完成图 | GCA_002163815.1 |
| | SRCM101441 | 韩国发酵工业微生物研究所 | 2017/6/6 | 完成图 | GCA_002173615.1 |
| | SRCM101444 | 韩国发酵工业微生物研究所 | 2017/6/6 | 完成图 | GCA_002173695.1 |
| | SRCM100757 | 韩国发酵工业微生物研究所 | 2017/6/6 | 完成图 | GCA_002173715.1 |
| | SRCM100761 | 韩国发酵工业微生物研究所 | 2017/6/20 | 完成图 | GCA_002201955.1 |
| | SRCM100333 | 韩国发酵工业微生物研究所 | 2017/6/20 | 完成图 | GCA_002201995.1 |
| | SRCM101392 | 韩国发酵工业微生物研究所 | 2017/6/20 | 完成图 | GCA_002202035.1 |
| | ge28 | 中国医学科学院 | 2017/6/20 | 完成图 | GCA_002202055.1 |
| | SX01705 | 中国北京市农林科学院 | 2017/7/10 | 完成图 | GCA_002216085.1 |
| | DKU_NT_02 | 韩国檀国大学 | 2017/8/24 | 完成图 | GCA_002269175.1 |

续表

| 学名 | 菌株名称 | 测序机构 | 测序时间（年/月/日） | 组装水平 | GenBank 登录号 |
|---|---|---|---|---|---|
| *Bacillus subtilis* | DKU_NT_03 | 韩国檀国大学 | 2017/8/24 | 完成图 | GCA_002269195.1 |
| | TLO3 | 中国西北民族大学 | 2017/9/12 | 完成图 | GCA_002290305.1 |
| | BJ3-2 | 中国贵州大学 | 2018/1/21 | 完成图 | GCA_002893805.1 |
| | ATCC 21228 | 韩国庆北国立大学 | 2018/3/8 | 完成图 | GCA_002982175.1 |
| | QB61 | 中国热带农业科学院 | 2018/9/19 | 完成图 | GCA_003148355.2 |
| | KCTC 13429 | 韩国标准与科学研究所 | 2018/5/23 | 完成图 | GCA_003148415.1 |
| | 50-1 | 中国中医科学院 | 2018/6/4 | 完成图 | GCA_003184225.1 |
| | WB800N | 韩国生物科学与生物技术研究院 | 2018/10/3 | 完成图 | GCA_003610955.1 |
| | MZK05 | 孟加拉国达卡大学 | 2018/10/4 | 完成图 | GCA_003612735.1 |
| | GFR-12 | 韩国国家农业科学研究所 | 2018/10/17 | 完成图 | GCA_003665195.1 |
| | PJ-7 | 韩国国家农业科学研究所 | 2018/10/17 | 完成图 | GCA_003665215.1 |
| | MH-1 | 韩国国家农业科学研究所 | 2018/10/17 | 完成图 | GCA_003665235.1 |
| | SSJ-1 | 韩国国家农业科学研究所 | 2018/10/17 | 完成图 | GCA_003665255.1 |
| | 2RL2-3 | 韩国国家农业科学研究所 | 2018/10/17 | 完成图 | GCA_003665275.1 |
| | N4-2 | 韩国国家农业科学研究所 | 2018/10/17 | 完成图 | GCA_003665295.1 |
| | N2-2 | 韩国国家农业科学研究所 | 2018/10/17 | 完成图 | GCA_003665315.1 |
| | N1-1 | 韩国国家农业科学研究所 | 2018/10/17 | 完成图 | GCA_003665335.1 |
| | N3-1 | 韩国国家农业科学研究所 | 2018/10/17 | 完成图 | GCA_003665355.1 |
| | 2KL1 | 韩国国家农业科学研究所 | 2018/10/17 | 完成图 | GCA_003665395.1 |
| | SRCM103862 | 韩国发酵工业微生物研究所 | 2019/1/22 | 完成图 | GCA_004101345.1 |
| | SRCM103886 | 韩国发酵工业微生物研究所 | 2019/1/22 | 完成图 | GCA_004101365.1 |
| | SRCM103923 | 韩国发酵工业微生物研究所 | 2019/1/22 | 完成图 | GCA_004101405.1 |
| | SRCM104005 | 韩国发酵工业微生物研究所 | 2019/1/22 | 完成图 | GCA_004101425.1 |
| | SRCM103881 | 韩国发酵工业微生物研究所 | 2019/1/22 | 完成图 | GCA_004101445.1 |
| | SRCM103971 | 韩国发酵工业微生物研究所 | 2019/1/22 | 完成图 | GCA_004101465.1 |
| | SRCM104008 | 韩国发酵工业微生物研究所 | 2019/1/22 | 完成图 | GCA_004101485.1 |
| | SRCM104011 | 韩国发酵工业微生物研究所 | 2019/1/22 | 完成图 | GCA_004101565.1 |
| | ATCC 11774 | 韩国庆北国立大学 | 2019/1/22 | 完成图 | GCA_004101945.1 |
| | SRCM103517 | 韩国发酵工业微生物研究所 | 2019/1/23 | 完成图 | GCA_004103535.1 |
| | SRCM103551 | 韩国发酵工业微生物研究所 | 2019/1/23 | 完成图 | GCA_004103555.1 |
| | SRCM103571 | 韩国发酵工业微生物研究所 | 2019/1/23 | 完成图 | GCA_004103595.1 |
| | SRCM103689 | 韩国发酵工业微生物研究所 | 2019/1/30 | 完成图 | GCA_004119535.1 |
| | SRCM103641 | 韩国发酵工业微生物研究所 | 2019/1/30 | 完成图 | GCA_004119555.1 |
| | SRCM103696 | 韩国发酵工业微生物研究所 | 2019/1/30 | 完成图 | GCA_004119595.1 |
| | SRCM103576 | 韩国发酵工业微生物研究所 | 2019/1/30 | 完成图 | GCA_004119615.1 |

续表

| 学名 | 菌株名称 | 测序机构 | 测序时间（年/月/日） | 组装水平 | GenBank 登录号 |
|---|---|---|---|---|---|
| *Bacillus subtilis* | SRCM103697 | 韩国发酵工业微生物研究所 | 2019/1/30 | 完成图 | GCA_004119635.1 |
| | SRCM103581 | 韩国发酵工业微生物研究所 | 2019/1/30 | 完成图 | GCA_004119655.1 |
| | SRCM103773 | 韩国发酵工业微生物研究所 | 2019/1/30 | 完成图 | GCA_004119675.1 |
| | SRCM103837 | 韩国发酵工业微生物研究所 | 2019/1/30 | 完成图 | GCA_004119695.1 |
| | SRCM103835 | 韩国发酵工业微生物研究所 | 2019/1/30 | 完成图 | GCA_004119715.1 |
| | SRCM103612 | 韩国发酵工业微生物研究所 | 2019/1/30 | 完成图 | GCA_004119775.1 |
| | SRCM103629 | 韩国发酵工业微生物研究所 | 2019/1/30 | 完成图 | GCA_004119815.1 |
| | SRCM103622 | 韩国发酵工业微生物研究所 | 2019/1/30 | 完成图 | GCA_004119835.1 |
| | SRCM103637 | 韩国发酵工业微生物研究所 | 2019/1/30 | 完成图 | GCA_004119875.1 |
| | G7 | 中国科学院 | 2019/3/6 | 完成图 | GCA_004328925.1 |
| | MBI 600 | 希腊塞萨洛尼基亚里士多德大学 | 2019/5/6 | 完成图 | GCA_005160425.1 |
| | H19 | 中国上海海洋大学 | 2019/5/8 | 完成图 | GCA_005234095.1 |
| | B-1 | 德国慕尼黑大学 | 2014/10/28 | 染色体 | GCA_000769515.1 |
| | QB5412 | 德国乔治-奥古斯都-哥廷根大学 | 2016/10/3 | 染色体 | GCA_001750745.1 |
| | SR1 | 印度阿萨姆大学 | 2017/6/22 | 染色体 | GCA_002205435.1 |
| | GS 188 | 印度达文盖雷大学 | 2017/7/17 | 染色体 | GCA_002220075.1 |
| | SW83 | 印度本地治里大学 | 2018/7/17 | 染色体 | GCA_003324735.1 |
| | IITK SM1 | 印度理工学院 | 2018/8/23 | 染色体 | GCA_003426125.1 |
| | NRS 231 | 美国康奈尔大学 | 2019/5/6 | 染色体 | GCA_005153965.1 |
| | JH642 | 美国贝勒医学院 | 2008/8/12 | 染色体 | GCA_000155355.1 |
| | SMY | 美国贝勒医学院 | 2008/8/12 | 染色体 | GCA_000155375.1 |
| | NCIB 3610 | 美国贝勒医学院 | 2008/8/12 | 染色体 | GCA_000186085.1 |
| | AUSI98 | 美国马里兰大学 | 2012/1/25 | 精细图 | GCA_000245295.1 |
| | PT-9 | 中国四川大学 | 2017/5/19 | 精细图 | GCA_002153395.1 |
| | SFA-H43 | 中国山东省食品发酵工业研究设计院 | 2018/6/25 | 精细图 | GCA_003265645.1 |
| | BS-Z15 | 中国新疆师范大学 | 2018/7/18 | 精细图 | GCA_003327665.1 |
| | BS-6 | 中国秦皇岛领先生物农业股份有限公司 | 2019/5/7 | 精细图 | GCA_005218185.1 |
| | ATCC 6633 | 美国伊利诺伊大学厄巴纳-香槟分校 | 2010/5/17 | 框架图 | GCA_000177595.1 |
| | gtP20b | 德国基尔大学 | 2010/12/6 | 框架图 | GCA_000183765.2 |
| | SC-8 | 韩国中央大学 | 2011/10/13 | 框架图 | GCA_000230755.2 |
| | DV1-B-1 | 美国哈佛大学医学院 | 2012/1/25 | 框架图 | GCA_000245035.2 |
| | S1-4 | 中国四川大学 | 2012/12/31 | 框架图 | GCA_000340295.1 |
| | MB73/2 | 波兰格但斯克大学 | 2013/2/22 | 框架图 | GCA_000341775.1 |
| | PS216 | 美国自然历史博物馆 | 2013/5/1 | 框架图 | GCA_000385985.1 |

续表

| 学名 | 菌株名称 | 测序机构 | 测序时间（年/月/日） | 组装水平 | GenBank 登录号 |
|---|---|---|---|---|---|
| *Bacillus subtilis* | Hal1 | 美国佐治亚大学 | 2013/6/10 | 框架图 | GCA_000409585.1 |
| | PTS-394 | 中国江苏省农业科学院 | 2013/12/12 | 框架图 | GCA_000507005.1 |
| | GB03 | 韩国生物科学与生物技术研究院 | 2013/12/15 | 框架图 | GCA_000508125.1 |
| | QH-1 | 中国地质大学（北京） | 2014/2/27 | 框架图 | GCA_000582885.1 |
| | KATMIRA1933 | 英国金斯顿大学 | 2014/5/15 | 框架图 | GCA_000691185.1 |
| | E72 | 中国天津大学 | 2014/5/30 | 框架图 | GCA_000696615.1 |
| | E1 | 意大利米兰大学 | 2014/6/26 | 框架图 | GCA_000724125.1 |
| | GXA-28 | 中国广西大学 | 2014/7/28 | 框架图 | GCA_000735115.1 |
| | NDmed | 法国国家农业科学研究院 | 2014/8/15 | 框架图 | GCA_000740475.1 |
| | NDfood | 法国国家农业科学研究院 | 2014/8/15 | 框架图 | GCA_000740485.1 |
| | Miyagi-4 | 日本庆应义塾大学 | 2014/8/30 | 框架图 | GCA_000747645.1 |
| | HM-66 | 中国内蒙古农业大学 | 2015/2/19 | 框架图 | GCA_000878265.1 |
| | RFWG1A3 | 美国伊利诺伊卫斯理大学 | 2015/2/23 | 框架图 | GCA_000931815.1 |
| | 2014-3557 | 比利时公共卫生科学研究所 | 2015/2/24 | 框架图 | GCA_000934165.1 |
| | LK22 | 马来西亚马来亚大学 | 2015/6/30 | 框架图 | GCA_001043765.1 |
| | 516_BAMY | 美国华盛顿大学 | 2015/7/10 | 框架图 | GCA_001057075.1 |
| | MS1577 | 以色列农业研究组织——火山中心 | 2015/7/27 | 框架图 | GCA_001187765.1 |
| | JRS9 | 英国利物浦大学 | 2015/8/31 | 框架图 | GCA_001286745.1 |
| | JRS7 | 英国利物浦大学 | 2015/8/31 | 框架图 | GCA_001286765.1 |
| | JRS2 | 英国利物浦大学 | 2015/8/31 | 框架图 | GCA_001286845.1 |
| | JRS6 | 英国利物浦大学 | 2015/8/31 | 框架图 | GCA_001286865.1 |
| | JRS11 | 英国利物浦大学 | 2015/8/31 | 框架图 | GCA_001286885.1 |
| | B4417 | 荷兰乳品研究所 | 2016/4/13 | 框架图 | GCA_001619535.1 |
| | ALBA01 | 阿根廷科尔多瓦大学 | 2016/4/20 | 框架图 | GCA_001625135.1 |
| | MB418 | 巴基斯坦法蒂玛真纳女子大学 | 2016/6/9 | 框架图 | GCA_001660605.1 |
| | Y3 | 中国南京农业大学 | 2016/6/10 | 框架图 | GCA_001661555.1 |
| | SRCM101280 | 韩国发酵工业微生物研究所 | 2016/6/15 | 框架图 | GCA_001662955.1 |
| | ND23 | 印度科学和工业研究理事会国家环境工程研究所 | 2016/6/16 | 框架图 | GCA_001663575.1 |
| | fmb60 | 中国南京农业大学 | 2016/8/30 | 框架图 | GCA_001717105.1 |
| | CGMCC 63528 | 中国食品药品检定研究院 | 2016/9/22 | 框架图 | GCA_001742355.1 |
| | KM | 中国食品药品检定研究院 | 2016/9/22 | 框架图 | GCA_001742365.1 |
| | RE1.1 | 印度科学和工业研究理事会微生物技术研究所 | 2016/11/10 | 框架图 | GCA_001876485.1 |
| | RE1.4 | 印度科学和工业研究理事会微生物技术研究所 | 2016/11/10 | 框架图 | GCA_001876515.1 |

续表

| 学名 | 菌株名称 | 测序机构 | 测序时间（年/月/日） | 组装水平 | GenBank 登录号 |
|---|---|---|---|---|---|
| *Bacillus subtilis* | RE1.3 | 印度科学和工业研究理事会微生物技术研究所 | 2016/11/10 | 框架图 | GCA_001876645.1 |
| | UMX-103 | 马来西亚马来亚大学 | 2016/11/23 | 框架图 | GCA_001895065.1 |
| | AG4 | 亚美尼亚埃里温州立大学 | 2017/2/13 | 框架图 | GCA_001996305.1 |
| | CU1 | 法国乐斯福集团 | 2017/4/14 | 框架图 | GCA_002093785.1 |
| | M1 | 荷兰瓦格宁根大学 | 2017/5/16 | 框架图 | GCA_002142515.1 |
| | M112 | 荷兰瓦格宁根大学 | 2017/5/16 | 框架图 | GCA_002142535.1 |
| | 7772 | 德国比勒费尔德大学 | 2017/8/28 | 框架图 | GCA_002271425.1 |
| | 7706 | 德国比勒费尔德大学 | 2017/8/28 | 框架图 | GCA_002272375.1 |
| | 7702 | 德国比勒费尔德大学 | 2017/8/28 | 框架图 | GCA_002272405.1 |
| | zh78 | 中国西北民族大学 | 2017/10/20 | 框架图 | GCA_002612765.1 |
| | 2C-9B | 墨西哥扎卡特卡斯自治大学 | 2017/11/29 | 框架图 | GCA_002799585.1 |
| | BSP2 | 葡萄牙古尔班基安科学研究所 | 2018/1/8 | 框架图 | GCA_002865705.1 |
| | BSP4 | 葡萄牙古尔班基安科学研究所 | 2018/1/8 | 框架图 | GCA_002865715.1 |
| | SRCM101384 | 韩国发酵工业微生物研究所 | 2018/1/29 | 框架图 | GCA_002906075.1 |
| | MBGLi51 | 印度科学和工业研究理事会国家环境工程研究所 | 2018/2/3 | 框架图 | GCA_002915255.1 |
| | MH1 | 孟加拉国南北大学 | 2018/3/25 | 框架图 | GCA_003014945.1 |
| | HS43 | 印度阿加卡研究所 | 2018/4/16 | 框架图 | GCA_003052465.1 |
| | D5 | 印度查谟大学 | 2018/5/21 | 框架图 | GCA_003144575.1 |
| | JS-4 | 中国江苏省农业科学院 | 2018/5/29 | 框架图 | GCA_003174785.1 |
| | MG27 | 荷兰格罗宁根大学 | 2018/6/26 | 框架图 | GCA_003265725.1 |
| | OGU1 | 土耳其中东技术大学 | 2018/7/24 | 框架图 | GCA_003336895.1 |
| | SBE1 | 中国华中农业大学 | 2018/7/25 | 框架图 | GCA_003339745.1 |
| | ATCC 55406 | 加拿大环境与气候变化部 | 2018/8/21 | 框架图 | GCA_003413465.1 |
| | ATCC 6051a | 加拿大环境与气候变化部 | 2018/8/22 | 框架图 | GCA_003417435.1 |
| | KR2-7 | 伊朗霍梅尼国际大学 | 2018/10/11 | 框架图 | GCA_003594755.2 |
| | PK3_2 | 沙特阿拉伯阿卜杜拉国王科技大学 | 2018/9/28 | 框架图 | GCA_003600775.1 |
| | PK5_26 | 沙特阿拉伯阿卜杜拉国王科技大学 | 2018/9/28 | 框架图 | GCA_003600785.1 |
| | M9 | 孟加拉国达卡大学 | 2018/10/29 | 框架图 | GCA_003694695.1 |
| | UBBS-14 | 印度独特生物科技有限公司 | 2018/11/4 | 框架图 | GCA_003710285.1 |
| | ZL27 | 中国南京理工大学 | 2018/11/15 | 框架图 | GCA_003762825.1 |
| | BH6 | 荷兰格罗宁根大学 | 2018/11/26 | 框架图 | GCA_003833195.1 |
| | EH2 | 荷兰格罗宁根大学 | 2018/11/26 | 框架图 | GCA_003833205.1 |
| | EH5 | 荷兰格罗宁根大学 | 2018/11/26 | 框架图 | GCA_003833235.1 |

续表

| 学名 | 菌株名称 | 测序机构 | 测序时间（年/月/日） | 组装水平 | GenBank 登录号 |
|---|---|---|---|---|---|
| *Bacillus subtilis* | EH11 | 荷兰格罗宁根大学 | 2018/11/26 | 框架图 | GCA_003833295.1 |
| | BE27 | 法国兰斯大学 | 2018/12/8 | 框架图 | GCA_003931545.1 |
| | DH12 | 荷兰格罗宁根大学 | 2019/1/2 | 框架图 | GCA_003990435.1 |
| | SRCM103623 | 韩国发酵工业微生物研究所 | 2019/1/29 | 框架图 | GCA_004119175.1 |
| | A29 | 南非西北大学 | 2019/2/24 | 框架图 | GCA_004294535.1 |
| | VK161 | 美国得克萨斯大学阿灵顿分校 | 2019/3/4 | 框架图 | GCA_004323065.1 |
| | MCCC 1A10476 | 中国自然资源部第三海洋研究所 | 2019/4/30 | 框架图 | GCA_004923335.1 |
| | Ia1a | 欧洲生物信息学研究所 | 2016/10/5 | 框架图 | GCA_900095345.1 |
| | NCTC 10400 | 欧洲生物信息学研究所 | 2018/6/29 | 框架图 | GCA_900445425.1 |
| | MP9 | 丹麦哥本哈根大学 | 2013/11/19 | 精细图 | GCA_000497345.1 |
| | MP11 | 丹麦哥本哈根大学 | 2013/11/19 | 精细图 | GCA_000497365.1 |
| | B4067 | 荷兰顶级食品与营养研究所 | 2015/1/27 | 精细图 | GCA_000828495.1 |
| | B4072 | 荷兰顶级食品与营养研究所 | 2015/2/2 | 精细图 | GCA_000830595.1 |
| | B4069 | 荷兰顶级食品与营养研究所 | 2015/2/2 | 精细图 | GCA_000830605.1 |
| | B4068 | 荷兰顶级食品与营养研究所 | 2015/2/2 | 精细图 | GCA_000830635.1 |
| | B4146 | 荷兰顶级食品与营养研究所 | 2015/2/2 | 精细图 | GCA_000830645.1 |
| | B4070 | 荷兰顶级食品与营养研究所 | 2015/2/2 | 精细图 | GCA_000830675.1 |
| | B4071 | 荷兰顶级食品与营养研究所 | 2015/2/2 | 精细图 | GCA_000830695.1 |
| | B4073 | 荷兰顶级食品与营养研究所 | 2015/2/2 | 精细图 | GCA_000830715.1 |
| | B4145 | 荷兰顶级食品与营养研究所 | 2015/2/2 | 精细图 | GCA_000830735.1 |
| | B4143 | 荷兰顶级食品与营养研究所 | 2015/2/4 | 精细图 | GCA_000832195.1 |
| | FJAT-14262a | 中国福建省农业科学院 | 2015/9/4 | 精细图 | GCA_001278955.1 |
| | B4122 | 荷兰乳品研究所 | 2016/4/13 | 精细图 | GCA_001619555.1 |
| | WAUSV36 | 加拿大农业及农业食品部 | 2016/5/10 | 精细图 | GCA_001641145.1 |
| | MB378 | 巴基斯坦法蒂玛真纳女子大学 | 2016/9/14 | 精细图 | GCA_001726025.1 |
| | MB415 | 巴基斯坦法蒂玛真纳女子大学 | 2016/12/4 | 精细图 | GCA_001888825.1 |
| | GM5 | 俄罗斯喀山联邦大学 | 2017/8/29 | 精细图 | GCA_002277775.1 |
| | 9407 | 中国农业大学 | 2017/12/12 | 精细图 | GCA_002835225.1 |
| | HU Biol-II | 美国农业部农业研究院 | 2018/2/12 | 精细图 | GCA_002925885.1 |
| | SYST2 | 德国柏林洪堡大学 | 2018/3/14 | 精细图 | GCA_002998755.1 |
| | NMSX4 | 德国柏林洪堡大学 | 2018/3/14 | 精细图 | GCA_002998795.1 |
| | SB-14 | 丹麦奥胡斯大学 | 2018/3/19 | 精细图 | GCA_003011815.1 |
| | H19 | 中国上海海洋大学 | 2018/7/24 | 精细图 | GCA_003336815.1 |
| | PT26A | 美国佛罗里达大学 | 2018/8/16 | 精细图 | GCA_003399995.1 |

续表

| 学名 | 菌株名称 | 测序机构 | 测序时间（年/月/日） | 组装水平 | GenBank 登录号 |
|---|---|---|---|---|---|
| *Bacillus subtilis* | RC 25 | 印度农业研究委员会国家农业重要微生物管理局 | 2019/1/23 | 精细图 | GCA_004103895.1 |
| | A1 | 南非西北大学 | 2019/2/24 | 精细图 | GCA_004294565.1 |
| | 51_TX | 美国能源部联合基因组研究所 | 2019/3/22 | 精细图 | GCA_004361725.1 |
| | 140B | 美国能源部联合基因组研究所 | 2019/3/22 | 精细图 | GCA_004365735.1 |
| | 30VD-1 | 美国能源部联合基因组研究所 | 2019/3/22 | 精细图 | GCA_004366695.1 |
| | BGSC 3A28 | 美国能源部联合基因组研究所 | 2016/10/31 | 精细图 | GCA_900110305.1 |
| | RU36A | 美国能源部联合基因组研究所 | 2017/1/14 | 精细图 | GCA_900156365.1 |
| | NCD-2 | 中国河北省农林科学院 | 2017/10/16 | 完成图 | GCA_002556525.1 |
| | BS155 | 中国科学院 | 2018/6/26 | 完成图 | GCA_003265285.1 |
| | HDZK-BYSB7 | 中国黑龙江大学 | 2019/3/6 | 完成图 | GCA_004328845.1 |
| | IIG-Bs27-47-24 | 德国乔治-奥古斯都-哥廷根大学 | 2016/8/3 | 染色体 | GCA_001698485.1 |
| | PG10 | 德国乔治-奥古斯都-哥廷根大学 | 2016/8/3 | 染色体 | GCA_001698505.1 |
| | PS38 | 德国乔治-奥古斯都-哥廷根大学 | 2016/8/3 | 染色体 | GCA_001698525.1 |
| | QB5413 | 德国乔治-奥古斯都-哥廷根大学 | 2016/10/3 | 染色体 | GCA_001750765.1 |
| | FB6-3 | 印度阿萨姆大学 | 2018/9/10 | 染色体 | GCA_003515125.1 |
| | KCTC 13429 | 韩国中央大学 | 2013/1/22 | 框架图 | GCA_000332645.1 |
| | D7XPN1 | 澳大利亚格里菲斯大学 | 2014/8/6 | 框架图 | GCA_000738015.1 |
| | SEN31 | 印度农业研究委员会花生研究委员会 | 2015/1/6 | 框架图 | GCA_000815405.1 |
| | C3 | 印度绍拉斯彻大学 | 2015/3/16 | 框架图 | GCA_000952875.1 |
| | JRS10 | 英国利物浦大学 | 2015/8/31 | 框架图 | GCA_001286785.1 |
| | UBA950 | 澳大利亚昆士兰大学 | 2017/9/12 | 框架图 | GCA_002293225.1 |
| | NCTC 3610 | 欧洲生物信息学研究所 | 2018/6/29 | 框架图 | GCA_900445475.1 |
| | UBA1597 | 澳大利亚昆士兰大学 | 2017/9/21 | 框架图 | GCA_002322735.1 |
| | UBA1839 | 澳大利亚昆士兰大学 | 2017/9/22 | 框架图 | GCA_002338765.1 |
| *Bacillus swezeyi* | NRRL B-41282 | 美国农业部农业研究院 | 2017/1/23 | 精细图 | GCA_001969555.1 |
| | NRRL B-41294 | 美国农业部农业研究院 | 2017/1/23 | 精细图 | GCA_001969815.1 |
| *Bacillus taeanensis* | BH030017 | 中国自然资源部第三海洋研究所 | 2018/7/14 | 框架图 | GCA_003318295.1 |
| *Bacillus tequilensis* | KCTC 13622 | 韩国生物科学与生物技术研究院 | 2013/12/12 | 框架图 | GCA_000507145.1 |
| | NCTC 13306 | 欧洲生物信息学研究所 | 2018/6/29 | 框架图 | GCA_900445435.1 |
| *Bacillus terrae* | LMG 29736 | 中国安徽农业大学 | 2018/12/15 | 精细图 | GCA_003605405.2 |
| *Bacillus testis* | SIT10 | 法国热带传染病研究中心 | 2015/7/21 | 精细图 | GCA_001243895.1 |
| *Bacillus thermoamylovorans* | 1A1 | 德国比勒费尔德大学 | 2014/9/6 | 框架图 | GCA_000751775.1 |
| | SSBM | 中国宁波大学 | 2018/5/7 | 完成图 | GCA_003096215.1 |

续表

| 学名 | 菌株名称 | 测序机构 | 测序时间（年/月/日） | 组装水平 | GenBank 登录号 |
|---|---|---|---|---|---|
| *Bacillus thermoamylovorans* | B4065 | 荷兰格罗宁根大学 | 2015/2/4 | 精细图 | GCA_000832165.1 |
| | B4166 | 荷兰格罗宁根大学 | 2015/2/4 | 精细图 | GCA_000832175.1 |
| | B4167 | 荷兰格罗宁根大学 | 2015/2/4 | 精细图 | GCA_000832185.1 |
| | B4064 | 荷兰格罗宁根大学 | 2015/2/4 | 精细图 | GCA_000832245.1 |
| *Bacillus thermocopriae* | DUT50_236 | 韩国庆北国立大学 | 2019/1/29 | 完成图 | GCA_004116995.1 |
| *Bacillus thermotolerans* | SgZ-8 | 印度科学和工业研究理事会微生物技术研究所 | 2015/4/7 | 框架图 | GCA_000812025.2 |
| | MTCC 8252 | 印度科学和工业研究理事会微生物技术研究所 | 2015/4/7 | 框架图 | GCA_000818695.2 |
| *Bacillus thuringiensis* | 97-27 | 美国能源部联合基因组研究所 | 2004/12/27 | 完成图 | GCA_000008505.1 |
| | YBT-1518 | 中国华中农业大学 | 2013/11/19 | 完成图 | GCA_000497525.2 |
| | Al Hakam | 美国能源部联合基因组研究所 | 2006/11/27 | 完成图 | GCA_000015065.1 |
| | BMB171 | 中国华中农业大学 | 2010/5/20 | 完成图 | GCA_000092165.1 |
| | YBT-020 | 中国华中农业大学 | 2011/2/28 | 完成图 | GCA_000190515.1 |
| | CT-43 | 中国华中农业大学 | 2011/3/28 | 完成图 | GCA_000193355.1 |
| | HD-771 | 美国洛斯阿拉莫斯国家实验室 | 2012/8/21 | 完成图 | GCA_000292455.1 |
| | HD-789 | 美国洛斯阿拉莫斯国家实验室 | 2012/8/22 | 完成图 | GCA_000292705.1 |
| | MC28 | 中国四川农业大学 | 2012/10/1 | 完成图 | GCA_000300475.1 |
| | Bt407 | 德国乔治-奥古斯都-哥廷根大学 | 2012/10/18 | 完成图 | GCA_000306745.1 |
| | HD73 | 中国农业科学院 | 2013/2/8 | 完成图 | GCA_000338755.1 |
| | IS5056 | 波兰比亚威斯托克大学 | 2013/2/22 | 完成图 | GCA_000341665.1 |
| | YBT-1520 | 中国华中农业大学 | 2014/5/12 | 完成图 | GCA_000688795.1 |
| | HD-1 | 中国华中农业大学 | 2014/7/2 | 完成图 | GCA_000717535.1 |
| | HD-29 | 中国华中农业大学 | 2014/12/18 | 完成图 | GCA_000803665.1 |
| | HD1011 | 美国洛斯阿拉莫斯国家实验室 | 2015/2/5 | 完成图 | GCA_000832485.1 |
| | HD571 | 美国洛斯阿拉莫斯国家实验室 | 2015/2/5 | 完成图 | GCA_000832825.1 |
| | HD682 | 美国洛斯阿拉莫斯国家实验室 | 2015/2/5 | 完成图 | GCA_000832925.1 |
| | HD1002 | 美国洛斯阿拉莫斯国家实验室 | 2015/2/10 | 完成图 | GCA_000835025.1 |
| | BGSC 4AA1 | 中国华中农业大学 | 2015/3/4 | 完成图 | GCA_000940785.1 |
| | YC-10 | 中国湖南省农业科学院 | 2015/6/2 | 完成图 | GCA_001017635.1 |
| | HS18-1 | 中国四川农业大学 | 2015/7/20 | 完成图 | GCA_001182785.1 |
| | HD521 | 中国四川农业大学 | 2015/7/21 | 完成图 | GCA_001183785.1 |
| | YWC2-8 | 中国四川农业大学 | 2015/10/30 | 完成图 | GCA_001420855.1 |
| | CTC | 中国华中农业大学 | 2015/12/2 | 完成图 | GCA_001455345.1 |
| | tolworthi | 日本佐贺大学 | 2015/5/23 | 完成图 | GCA_001548175.1 |

续表

| 学名 | 菌株名称 | 测序机构 | 测序时间（年/月/日） | 组装水平 | GenBank 登录号 |
|---|---|---|---|---|---|
| *Bacillus thuringiensis* | Bt185 | 中国农业科学院 | 2016/3/22 | 完成图 | GCA_001595725.1 |
| | HD12 | 中国农业科学院 | 2016/3/28 | 完成图 | GCA_001598095.1 |
| | Bc601 | 中国天津大学 | 2016/4/12 | 完成图 | GCA_001618665.1 |
| | BGSC 4C1 | 中国华中农业大学 | 2016/5/9 | 完成图 | GCA_001640965.1 |
| | ST7 | 中国四川农业大学 | 2016/6/23 | 完成图 | GCA_001675515.1 |
| | MYBT18246 | 德国乔治-奥古斯都-哥廷根大学 | 2016/7/15 | 完成图 | GCA_001685565.1 |
| | KNU-07 | 韩国庆北国立大学 | 2016/7/22 | 完成图 | GCA_001692675.1 |
| | Bt18247 | 德国乔治-奥古斯都-哥廷根大学 | 2016/9/7 | 完成图 | GCA_001721165.1 |
| | L-7601 | 中国南开大学 | 2017/3/13 | 完成图 | GCA_002025105.1 |
| | ATCC 10792 | 韩国江原国立大学 | 2017/5/9 | 完成图 | GCA_002119445.1 |
| | SCG04-02 | 中国科学院 | 2017/6/6 | 完成图 | GCA_002173755.1 |
| | YGd22-03 | 中国科学院 | 2017/6/9 | 完成图 | GCA_002184245.1 |
| | BM-BT15426 | 中国华南理工大学 | 2017/6/13 | 完成图 | GCA_002192515.1 |
| | c25 | 韩国忠北国立大学 | 2017/7/20 | 完成图 | GCA_002222555.1 |
| | AM65-52 | 法国国家农业科学研究院 | 2016/11/29 | 完成图 | GCA_003445395.2 |
| | LM1212 | 中国农业科学院 | 2018/9/11 | 完成图 | GCA_003546665.1 |
| | QZL38 | 中国农业科学院 | 2018/10/7 | 完成图 | GCA_003626955.1 |
| | C15 | 中国华中农业大学 | 2019/1/3 | 完成图 | GCA_003991175.1 |
| | BT-59 | 中国农业科学院 | 2019/5/6 | 完成图 | GCA_005155285.1 |
| | HD 1 | 美国洛斯阿拉莫斯国家实验室 | 2015/2/10 | 染色体 | GCA_000835235.1 |
| | T0131 | 巴西托坎廷斯联邦大学 | 2019/3/18 | 染色体 | GCA_004194435.2 |
| | T0137 | 巴西托坎廷斯联邦大学 | 2019/3/18 | 染色体 | GCA_004194455.2 |
| | T0139 | 巴西托坎廷斯联邦大学 | 2019/3/21 | 染色体 | GCA_004194475.2 |
| | Bti | 巴西托坎廷斯联邦大学 | 2019/3/18 | 染色体 | GCA_004354265.1 |
| | BGSC 4Y1 | 美国海军医学研究中心 | 2009/5/29 | 染色体 | GCA_000161475.1 |
| | Bt407 | 美国海军医学研究中心 | 2009/5/29 | 染色体 | GCA_000161495.1 |
| | T01001 | 美国海军医学研究中心 | 2009/5/29 | 染色体 | GCA_000161515.1 |
| | T13001 | 美国海军医学研究中心 | 2009/5/29 | 染色体 | GCA_000161555.1 |
| | T03a001 | 美国海军医学研究中心 | 2009/5/29 | 染色体 | GCA_000161575.1 |
| | BGSC 4AJ1 | 美国海军医学研究中心 | 2009/5/29 | 染色体 | GCA_000161595.1 |
| | ATCC 10792 | 美国海军医学研究中心 | 2009/5/29 | 染色体 | GCA_000161615.1 |
| | BGSC 4AW1 | 美国海军医学研究中心 | 2009/5/29 | 染色体 | GCA_000161635.1 |
| | BGSC 4BA1 | 美国海军医学研究中心 | 2009/5/29 | 染色体 | GCA_000161655.1 |
| | BGSC 4BD1 | 美国海军医学研究中心 | 2009/5/29 | 染色体 | GCA_000161675.1 |
| | BGSC 4CC1 | 美国海军医学研究中心 | 2009/5/29 | 染色体 | GCA_000161695.1 |

续表

| 学名 | 菌株名称 | 测序机构 | 测序时间（年/月/日） | 组装水平 | GenBank 登录号 |
|---|---|---|---|---|---|
| *Bacillus thuringiensis* | IBL 200 | 美国海军医学研究中心 | 2009/5/29 | 染色体 | GCA_000161715.1 |
| | IBL 4222 | 美国海军医学研究中心 | 2009/5/29 | 染色体 | GCA_000161735.1 |
| | DAR 81934 | 澳大利亚查尔斯特大学 | 2013/3/1 | 染色体 | GCA_000342025.1 |
| | DB27 | 欧洲生物信息学研究所 | 2014/1/28 | 精细图 | GCA_000530375.1 |
| | NBIN-866 | 中国湖北省农业科学院 | 2014/3/26 | 精细图 | GCA_000600315.1 |
| | Sbt003 | 中国华中农业大学 | 2015/2/20 | 精细图 | GCA_000878525.1 |
| | 147 | 巴西伊塔茹巴联邦大学 | 2015/9/22 | 精细图 | GCA_001296435.1 |
| | 62 | 英国巴斯大学 | 2018/2/2 | 精细图 | GCA_002911785.1 |
| | BGSC 4D1 | 英国巴斯大学 | 2018/2/2 | 精细图 | GCA_002911865.1 |
| | BGSC 4C3 | 英国巴斯大学 | 2018/2/2 | 精细图 | GCA_002911965.1 |
| | NRRL B-23150 | 英国巴斯大学 | 2018/2/2 | 精细图 | GCA_002912045.1 |
| | 7.1o | 英国巴斯大学 | 2018/2/2 | 精细图 | GCA_002912105.1 |
| | BGSC 4M3 | 英国巴斯大学 | 2018/2/2 | 精细图 | GCA_002912135.1 |
| | BGSC 4D4 | 英国巴斯大学 | 2018/2/2 | 精细图 | GCA_002912215.1 |
| | BT62 | 印度农业研究委员会甘蔗育种研究所 | 2018/4/17 | 精细图 | GCA_003054785.1 |
| | T414 | 印度泰米尔纳德邦农业大学 | 2019/2/11 | 精细图 | GCA_004167115.1 |
| | Hu4-2 | 西班牙纳瓦拉公立大学 | 2013/11/26 | 框架图 | GCA_000468995.3 |
| | JM-Mgvxx-63 | 巴西圣保罗大学 | 2013/12/3 | 框架图 | GCA_000503755.1 |
| | NA205-3 | 西班牙纳瓦拉公立大学 | 2014/2/14 | 框架图 | GCA_000571955.1 |
| | 4Q7 | 韩国生物科学与生物技术研究院 | 2014/3/6 | 框架图 | GCA_000585975.1 |
| | HD 600 | 美国洛斯阿拉莫斯国家实验室 | 2015/2/9 | 框架图 | GCA_000833655.1 |
| | Lr7/2 | 美国洛斯阿拉莫斯国家实验室 | 2015/3/5 | 框架图 | GCA_000948235.1 |
| | Lr3/2 | 美国洛斯阿拉莫斯国家实验室 | 2015/3/5 | 框架图 | GCA_000948325.1 |
| | 27 | 美国得克萨斯大学圣安东尼奥分校 | 2015/4/6 | 框架图 | GCA_000969665.1 |
| | ZBG4 | 马来西亚马来亚大学 | 2015/8/5 | 框架图 | GCA_001238465.1 |
| | GOE1 | 德国乔治-奥古斯都-哥廷根大学 | 2016/10/12 | 框架图 | GCA_001757675.1 |
| | GOE2 | 德国乔治-奥古斯都-哥廷根大学 | 2016/10/12 | 框架图 | GCA_001757685.1 |
| | GOE3 | 德国乔治-奥古斯都-哥廷根大学 | 2016/10/12 | 框架图 | GCA_001757695.1 |
| | GOE4 | 德国乔治-奥古斯都-哥廷根大学 | 2016/10/12 | 框架图 | GCA_001757745.1 |
| | GOE5 | 德国乔治-奥古斯都-哥廷根大学 | 2016/10/12 | 框架图 | GCA_001757755.1 |
| | GOE7 | 德国乔治-奥古斯都-哥廷根大学 | 2016/10/12 | 框架图 | GCA_001757775.1 |
| | B-2012 | 中国自然资源部第三海洋研究所 | 2016/11/18 | 框架图 | GCA_001883875.1 |
| | FN31 | 中国自然资源部第三海洋研究所 | 2016/11/18 | 框架图 | GCA_001883945.1 |
| | INTA Fr7-4 | 阿根廷国立农牧业技术研究所 | 2017/1/23 | 框架图 | GCA_001968805.1 |

续表

| 学名 | 菌株名称 | 测序机构 | 测序时间（年/月/日） | 组装水平 | GenBank 登录号 |
|---|---|---|---|---|---|
| *Bacillus thuringiensis* | BGSC 4AE1 | 中国华中农业大学 | 2017/5/17 | 框架图 | GCA_002146315.1 |
| | BGSC 4AC1 | 中国华中农业大学 | 2017/5/17 | 框架图 | GCA_002146325.1 |
| | BGSC 4AD1 | 中国华中农业大学 | 2017/5/17 | 框架图 | GCA_002146345.1 |
| | BGSC 4AG1 | 中国华中农业大学 | 2017/5/17 | 框架图 | GCA_002146395.1 |
| | BGSC 4AO1 | 中国华中农业大学 | 2017/5/17 | 框架图 | GCA_002146405.1 |
| | BGSC 4AL1 | 中国华中农业大学 | 2017/5/17 | 框架图 | GCA_002146505.1 |
| | BGSC 4BC1 | 中国华中农业大学 | 2017/5/17 | 框架图 | GCA_002146605.1 |
| | BGSC 4BG1 | 中国华中农业大学 | 2017/5/17 | 框架图 | GCA_002146655.1 |
| | BGSC 4BH1 | 中国华中农业大学 | 2017/5/17 | 框架图 | GCA_002146665.1 |
| | BGSC 4BJ1 | 中国华中农业大学 | 2017/5/17 | 框架图 | GCA_002146695.1 |
| | BGSC 4BM1 | 中国华中农业大学 | 2017/5/17 | 框架图 | GCA_002146725.1 |
| | BGSC 4BP1 | 中国华中农业大学 | 2017/5/17 | 框架图 | GCA_002146755.1 |
| | BGSC 4BX1 | 中国华中农业大学 | 2017/5/17 | 框架图 | GCA_002146825.1 |
| | BGSC 4CE1 | 中国华中农业大学 | 2017/5/17 | 框架图 | GCA_002146905.1 |
| | BGSC 4H2 | 中国华中农业大学 | 2017/5/17 | 框架图 | GCA_002146925.1 |
| | BGSC 4I4 | 中国华中农业大学 | 2017/5/17 | 框架图 | GCA_002146945.1 |
| | BGSC 4AY1 | 中国华中农业大学 | 2017/5/17 | 框架图 | GCA_002146985.1 |
| | BGSC 4BA1 | 中国华中农业大学 | 2017/5/17 | 框架图 | GCA_002147005.1 |
| | BGSC 4BB1 | 中国华中农业大学 | 2017/5/17 | 框架图 | GCA_002147025.1 |
| | BGSC 4BF1 | 中国华中农业大学 | 2017/5/17 | 框架图 | GCA_002147055.1 |
| | BGSC 4CB1 | 中国华中农业大学 | 2017/5/17 | 框架图 | GCA_002147085.1 |
| | BGSC 4G1 | 中国华中农业大学 | 2017/5/17 | 框架图 | GCA_002147105.1 |
| | BGSC 4H1 | 中国华中农业大学 | 2017/5/17 | 框架图 | GCA_002147125.1 |
| | BGSC 4J3 | 中国华中农业大学 | 2017/5/17 | 框架图 | GCA_002147185.1 |
| | BGSC 4J4 | 中国华中农业大学 | 2017/5/17 | 框架图 | GCA_002147235.1 |
| | BGSC 4L3 | 中国华中农业大学 | 2017/5/17 | 框架图 | GCA_002147245.1 |
| | BGSC 4M3 | 中国华中农业大学 | 2017/5/17 | 框架图 | GCA_002147295.1 |
| | BGSC 4T1 | 中国华中农业大学 | 2017/5/17 | 框架图 | GCA_002147375.1 |
| | BGSC 4W1 | 中国华中农业大学 | 2017/5/17 | 框架图 | GCA_002147415.1 |
| | BGSC 4V1 | 中国华中农业大学 | 2017/5/17 | 框架图 | GCA_002147425.1 |
| | CTC | 中国华中农业大学 | 2017/5/17 | 框架图 | GCA_002147505.1 |
| | HD5 | 中国华中农业大学 | 2017/5/17 | 框架图 | GCA_002147535.1 |
| | T07019 | 中国华中农业大学 | 2017/5/17 | 框架图 | GCA_002147565.1 |
| | T07005 | 中国华中农业大学 | 2017/5/17 | 框架图 | GCA_002147575.1 |
| | T07030 | 中国华中农业大学 | 2017/5/17 | 框架图 | GCA_002147605.1 |

续表

| 学名 | 菌株名称 | 测序机构 | 测序时间（年/月/日） | 组装水平 | GenBank 登录号 |
|---|---|---|---|---|---|
| *Bacillus thuringiensis* | T07128 | 中国华中农业大学 | 2017/5/17 | 框架图 | GCA_002147635.1 |
| | T07148 | 中国华中农业大学 | 2017/5/17 | 框架图 | GCA_002147645.1 |
| | T07153 | 中国华中农业大学 | 2017/5/17 | 框架图 | GCA_002147685.1 |
| | T63001 | 中国华中农业大学 | 2017/5/17 | 框架图 | GCA_002147715.1 |
| | T07183 | 中国华中农业大学 | 2017/5/17 | 框架图 | GCA_002147725.1 |
| | T69001 | 中国华中农业大学 | 2017/5/17 | 框架图 | GCA_002147745.1 |
| | BGSC 4AS1 | 中国华中农业大学 | 2017/5/17 | 框架图 | GCA_002147835.1 |
| | BGSC 4AU1 | 中国华中农业大学 | 2017/5/17 | 框架图 | GCA_002147895.1 |
| | BGSC 4BV1 | 中国华中农业大学 | 2017/5/17 | 框架图 | GCA_002147935.1 |
| | BGSC 4BY1 | 中国华中农业大学 | 2017/5/17 | 框架图 | GCA_002147985.1 |
| | BGSC 4BS1 | 中国华中农业大学 | 2017/5/17 | 框架图 | GCA_002148015.1 |
| | 1126_1 | 中国农业科学院 | 2017/10/26 | 框架图 | GCA_002268645.2 |
| | AFS097325 | 美国北卡罗来纳大学教堂山分校 | 2017/10/13 | 框架图 | GCA_002551955.1 |
| | AFS022658 | 美国北卡罗来纳大学教堂山分校 | 2017/10/16 | 框架图 | GCA_002560645.1 |
| | AFS084862 | 美国北卡罗来纳大学教堂山分校 | 2017/10/17 | 框架图 | GCA_002565385.1 |
| | AFS029963 | 美国北卡罗来纳大学教堂山分校 | 2017/10/18 | 框架图 | GCA_002583445.1 |
| | 78-2 | 中国农业科学院 | 2018/1/19 | 框架图 | GCA_002893515.1 |
| | 261-1 | 中国农业科学院 | 2018/1/19 | 框架图 | GCA_002893525.1 |
| | WBt-2 | 中国农业科学院 | 2018/1/19 | 框架图 | GCA_002893565.1 |
| | HBF-18 | 中国农业科学院 | 2018/1/19 | 框架图 | GCA_002893585.1 |
| | G03 | 中国农业科学院 | 2018/1/19 | 框架图 | GCA_002893605.1 |
| | Buibui | 英国巴斯大学 | 2018/2/2 | 框架图 | GCA_002911745.1 |
| | BGSC 4A3 | 英国巴斯大学 | 2018/2/2 | 框架图 | GCA_002911755.1 |
| | NRRL 23135 | 英国巴斯大学 | 2018/2/2 | 框架图 | GCA_002911795.1 |
| | BGSC 4E3 | 英国巴斯大学 | 2018/2/2 | 框架图 | GCA_002911825.1 |
| | BGSC 4U1 | 英国巴斯大学 | 2018/2/2 | 框架图 | GCA_002911835.1 |
| | NRRL B-23152 | 英国巴斯大学 | 2018/2/2 | 框架图 | GCA_002911875.1 |
| | BGSC 4G4 | 英国巴斯大学 | 2018/2/2 | 框架图 | GCA_002911925.1 |
| | BGSC 4K1 | 英国巴斯大学 | 2018/2/2 | 框架图 | GCA_002911975.1 |
| | NRRL B-18679 | 英国巴斯大学 | 2018/2/2 | 框架图 | GCA_002912025.1 |
| | BGSC 4AA1 | 英国巴斯大学 | 2018/2/2 | 框架图 | GCA_002912065.1 |
| | BGSC 4Q1 | 英国巴斯大学 | 2018/2/2 | 框架图 | GCA_002912075.1 |
| | BGSC 4B2 | 英国巴斯大学 | 2018/2/2 | 框架图 | GCA_002912125.1 |
| | BR145 | 巴西隆德里纳州立大学 | 2018/2/7 | 框架图 | GCA_002921215.1 |
| | BR37 | 巴西隆德里纳州立大学 | 2018/3/13 | 框架图 | GCA_002994815.1 |

续表

| 学名 | 菌株名称 | 测序机构 | 测序时间（年/月/日） | 组装水平 | GenBank 登录号 |
|---|---|---|---|---|---|
| *Bacillus thuringiensis* | GBAC46 | 巴西隆德里纳州立大学 | 2018/3/14 | 框架图 | GCA_002998855.1 |
| | rc6 | 印度生物资源与可持续发展研究所 | 2018/5/23 | 框架图 | GCA_003150715.1 |
| | kn11 | 中国农业科学院 | 2018/7/10 | 框架图 | GCA_003312445.1 |
| | BAM | 美国科比-索耶学院 | 2018/8/16 | 框架图 | GCA_003399465.1 |
| | c-21 | 中国科学院 | 2018/10/4 | 框架图 | GCA_003612265.1 |
| | C15 | 美国威拉姆特大学 | 2019/2/11 | 框架图 | GCA_004153515.1 |
| | MS532a | 德国马克斯•鲁布纳研究所 | 2019/3/6 | 框架图 | GCA_004330315.1 |
| | MS12 | 德国马克斯•鲁布纳研究所 | 2019/3/6 | 框架图 | GCA_004330415.1 |
| | DPC6431 | 爱尔兰科克大学学院 | 2019/3/28 | 框架图 | GCA_004519705.1 |
| | MW | 美国国立普通医学科学研究所 | 2019/5/2 | 框架图 | GCA_005048915.1 |
| | T01-328 | 巴西圣保罗州立大学 | 2013/9/11 | 精细图 | GCA_000387405.2 |
| | LM1212 | 中国农业科学院 | 2013/11/29 | 精细图 | GCA_000500585.1 |
| | AK47 | 印度农业研究所 | 2015/1/8 | 精细图 | GCA_000816555.1 |
| | BMB3201 | 中国华中农业大学 | 2015/8/31 | 精细图 | GCA_001276195.1 |
| | KB1 | 韩国生物科学与生物技术研究院 | 2016/2/25 | 精细图 | GCA_001573165.1 |
| | BGSC 4BT1 | 中国华中农业大学 | 2016/6/28 | 精细图 | GCA_001677055.1 |
| | HD-133 | 韩国生物科学与生物技术研究院 | 2016/11/17 | 精细图 | GCA_001880115.1 |
| | BP865 | 韩国生物科学与生物技术研究院 | 2016/11/17 | 精细图 | GCA_001880125.1 |
| | DNG9 | 加拿大阿尔伯塔大学 | 2017/3/9 | 精细图 | GCA_002024545.1 |
| | BGSC 4A4 | 中国华中农业大学 | 2017/5/17 | 精细图 | GCA_002146335.1 |
| | BGSC 4AF1 | 中国华中农业大学 | 2017/5/17 | 精细图 | GCA_002146365.1 |
| | BGSC 4AP1 | 中国华中农业大学 | 2017/5/17 | 精细图 | GCA_002146425.1 |
| | BGSC 4AR1 | 中国华中农业大学 | 2017/5/17 | 精细图 | GCA_002146445.1 |
| | BGSC 4AZ1 | 中国华中农业大学 | 2017/5/17 | 精细图 | GCA_002146465.1 |
| | BGSC 4AQ1 | 中国华中农业大学 | 2017/5/17 | 精细图 | GCA_002146525.1 |
| | BGSC 4AT1 | 中国华中农业大学 | 2017/5/17 | 精细图 | GCA_002146545.1 |
| | BGSC 4AW1 | 中国华中农业大学 | 2017/5/17 | 精细图 | GCA_002146595.1 |
| | BGSC 4AX1 | 中国华中农业大学 | 2017/5/17 | 精细图 | GCA_002146615.1 |
| | BGSC 4B2 | 中国华中农业大学 | 2017/5/17 | 精细图 | GCA_002146625.1 |
| | BGSC 4BL1 | 中国华中农业大学 | 2017/5/17 | 精细图 | GCA_002146705.1 |
| | BGSC 4BR1 | 中国华中农业大学 | 2017/5/17 | 精细图 | GCA_002146785.1 |
| | BGSC 4BT1 | 中国华中农业大学 | 2017/5/17 | 精细图 | GCA_002146815.1 |
| | BGSC 4C1 | 中国华中农业大学 | 2017/5/17 | 精细图 | GCA_002146845.1 |
| | BGSC 4CA1 | 中国华中农业大学 | 2017/5/17 | 精细图 | GCA_002146865.1 |
| | BGSC 4CD1 | 中国华中农业大学 | 2017/5/17 | 精细图 | GCA_002146885.1 |

续表

| 学名 | 菌株名称 | 测序机构 | 测序时间（年/月/日） | 组装水平 | GenBank 登录号 |
|---|---|---|---|---|---|
| *Bacillus thuringiensis* | BGSC 4AV1 | 中国华中农业大学 | 2017/5/17 | 精细图 | GCA_002146975.1 |
| | BGSC 4J2 | 中国华中农业大学 | 2017/5/17 | 精细图 | GCA_002147155.1 |
| | BGSC 4J1 | 中国华中农业大学 | 2017/5/17 | 精细图 | GCA_002147165.1 |
| | BGSC 4J5 | 中国华中农业大学 | 2017/5/17 | 精细图 | GCA_002147255.1 |
| | BGSC 4N1 | 中国华中农业大学 | 2017/5/17 | 精细图 | GCA_002147315.1 |
| | BGSC 4O1 | 中国华中农业大学 | 2017/5/17 | 精细图 | GCA_002147325.1 |
| | BGSC 4Q1 | 中国华中农业大学 | 2017/5/17 | 精细图 | GCA_002147335.1 |
| | BGSC 4X1 | 中国华中农业大学 | 2017/5/17 | 精细图 | GCA_002147435.1 |
| | BGSC 4Z1 | 中国华中农业大学 | 2017/5/17 | 精细图 | GCA_002147475.1 |
| | YBT032 | 中国华中农业大学 | 2017/5/17 | 精细图 | GCA_002147495.1 |
| | I13 | 中国华中农业大学 | 2017/5/17 | 精细图 | GCA_002147555.1 |
| | T07151 | 中国华中农业大学 | 2017/5/17 | 精细图 | GCA_002147655.1 |
| | T68001 | 中国华中农业大学 | 2017/5/17 | 精细图 | GCA_002147755.1 |
| | BGSC 4AN1 | 中国华中农业大学 | 2017/5/17 | 精细图 | GCA_002147795.1 |
| | BGSC 4AK1 | 中国华中农业大学 | 2017/5/17 | 精细图 | GCA_002147805.1 |
| | BGSC 4BN1 | 中国华中农业大学 | 2017/5/17 | 精细图 | GCA_002147905.1 |
| | BGSC 4BU1 | 中国华中农业大学 | 2017/5/17 | 精细图 | GCA_002147955.1 |
| | BGSC 4BW1 | 中国华中农业大学 | 2017/5/17 | 精细图 | GCA_002147965.1 |
| | BGSC 4AH1 | 中国华中农业大学 | 2017/5/17 | 精细图 | GCA_002148025.1 |
| | BGSC 4CF1 | 中国华中农业大学 | 2017/5/17 | 精细图 | GCA_002148045.1 |
| | BGSC 4BZ1 | 中国华中农业大学 | 2017/5/17 | 精细图 | GCA_002148065.1 |
| | BGSC 4R1 | 中国华中农业大学 | 2017/5/17 | 精细图 | GCA_002148095.1 |
| | h16 | 中国华中农业大学 | 2017/5/17 | 精细图 | GCA_002148105.1 |
| | T70001 | 中国华中农业大学 | 2017/5/17 | 精细图 | GCA_002148135.1 |
| | T30001 | 中国华中农业大学 | 2017/5/17 | 精细图 | GCA_002148155.1 |
| | HD133 | 中国湖南省微生物研究院 | 2017/7/28 | 精细图 | GCA_002236945.1 |
| | AFS099506 | 美国北卡罗来纳大学教堂山分校 | 2017/10/13 | 精细图 | GCA_002550055.1 |
| | AFS098506 | 美国北卡罗来纳大学教堂山分校 | 2017/10/13 | 精细图 | GCA_002550185.1 |
| | AFS098399 | 美国北卡罗来纳大学教堂山分校 | 2017/10/13 | 精细图 | GCA_002550215.1 |
| | AFS097488 | 美国北卡罗来纳大学教堂山分校 | 2017/10/13 | 精细图 | GCA_002550295.1 |
| | AFS095989 | 美国北卡罗来纳大学教堂山分校 | 2017/10/13 | 精细图 | GCA_002550455.1 |
| | AFS094329 | 美国北卡罗来纳大学教堂山分校 | 2017/10/13 | 精细图 | GCA_002550605.1 |
| | AFS093126 | 美国北卡罗来纳大学教堂山分校 | 2017/10/13 | 精细图 | GCA_002550745.1 |
| | AFS092108 | 美国北卡罗来纳大学教堂山分校 | 2017/10/13 | 精细图 | GCA_002550785.1 |
| | AFS090355 | 美国北卡罗来纳大学教堂山分校 | 2017/10/13 | 精细图 | GCA_002550915.1 |

续表

| 学名 | 菌株名称 | 测序机构 | 测序时间（年/月/日） | 组装水平 | GenBank 登录号 |
|---|---|---|---|---|---|
| *Bacillus thuringiensis* | AFS089732 | 美国北卡罗来纳大学教堂山分校 | 2017/10/13 | 精细图 | GCA_002550955.1 |
| | AFS089089 | 美国北卡罗来纳大学教堂山分校 | 2017/10/13 | 精细图 | GCA_002551615.1 |
| | AFS099677 | 美国北卡罗来纳大学教堂山分校 | 2017/10/13 | 精细图 | GCA_002551695.1 |
| | AFS098336 | 美国北卡罗来纳大学教堂山分校 | 2017/10/13 | 精细图 | GCA_002551805.1 |
| | AFS097917 | 美国北卡罗来纳大学教堂山分校 | 2017/10/13 | 精细图 | GCA_002551885.1 |
| | AFS097856 | 美国北卡罗来纳大学教堂山分校 | 2017/10/13 | 精细图 | GCA_002551895.1 |
| | AFS096960 | 美国北卡罗来纳大学教堂山分校 | 2017/10/13 | 精细图 | GCA_002552035.1 |
| | AFS096719 | 美国北卡罗来纳大学教堂山分校 | 2017/10/13 | 精细图 | GCA_002552095.1 |
| | AFS095788 | 美国北卡罗来纳大学教堂山分校 | 2017/10/13 | 精细图 | GCA_002552245.1 |
| | AFS095482 | 美国北卡罗来纳大学教堂山分校 | 2017/10/13 | 精细图 | GCA_002552325.1 |
| | AFS094940 | 美国北卡罗来纳大学教堂山分校 | 2017/10/13 | 精细图 | GCA_002552395.1 |
| | AFS094706 | 美国北卡罗来纳大学教堂山分校 | 2017/10/13 | 精细图 | GCA_002552415.1 |
| | AFS099505 | 美国北卡罗来纳大学教堂山分校 | 2017/10/13 | 精细图 | GCA_002552905.1 |
| | AFS099341 | 美国北卡罗来纳大学教堂山分校 | 2017/10/13 | 精细图 | GCA_002552915.1 |
| | AFS097514 | 美国北卡罗来纳大学教堂山分校 | 2017/10/13 | 精细图 | GCA_002552985.1 |
| | AFS096978 | 美国北卡罗来纳大学教堂山分校 | 2017/10/13 | 精细图 | GCA_002553035.1 |
| | AFS096463 | 美国北卡罗来纳大学教堂山分校 | 2017/10/13 | 精细图 | GCA_002553045.1 |
| | AFS096410 | 美国北卡罗来纳大学教堂山分校 | 2017/10/13 | 精细图 | GCA_002553055.1 |
| | AFS094730 | 美国北卡罗来纳大学教堂山分校 | 2017/10/13 | 精细图 | GCA_002553105.1 |
| | AFS093334 | 美国北卡罗来纳大学教堂山分校 | 2017/10/13 | 精细图 | GCA_002553205.1 |
| | AFS090477 | 美国北卡罗来纳大学教堂山分校 | 2017/10/13 | 精细图 | GCA_002553315.1 |
| | AFS018409 | 美国北卡罗来纳大学教堂山分校 | 2017/10/16 | 精细图 | GCA_002555365.1 |
| | AFS013213 | 美国北卡罗来纳大学教堂山分校 | 2017/10/16 | 精细图 | GCA_002558015.1 |
| | AFS012232 | 美国北卡罗来纳大学教堂山分校 | 2017/10/16 | 精细图 | GCA_002558035.1 |
| | AFS011939 | 美国北卡罗来纳大学教堂山分校 | 2017/10/16 | 精细图 | GCA_002558075.1 |
| | AFS012085 | 美国北卡罗来纳大学教堂山分校 | 2017/10/16 | 精细图 | GCA_002558235.1 |
| | AFS007186 | 美国北卡罗来纳大学教堂山分校 | 2017/10/16 | 精细图 | GCA_002558335.1 |
| | AFS006923 | 美国北卡罗来纳大学教堂山分校 | 2017/10/16 | 精细图 | GCA_002558355.1 |
| | AFS006689 | 美国北卡罗来纳大学教堂山分校 | 2017/10/16 | 精细图 | GCA_002558385.1 |
| | AFS005140 | 美国北卡罗来纳大学教堂山分校 | 2017/10/16 | 精细图 | GCA_002558525.1 |
| | AFS005083 | 美国北卡罗来纳大学教堂山分校 | 2017/10/16 | 精细图 | GCA_002558545.1 |
| | AFS005023 | 美国北卡罗来纳大学教堂山分校 | 2017/10/16 | 精细图 | GCA_002558555.1 |
| | AFS005011 | 美国北卡罗来纳大学教堂山分校 | 2017/10/16 | 精细图 | GCA_002558595.1 |
| | AFS004356 | 美国北卡罗来纳大学教堂山分校 | 2017/10/16 | 精细图 | GCA_002558635.1 |
| | AFS003097 | 美国北卡罗来纳大学教堂山分校 | 2017/10/16 | 精细图 | GCA_002558795.1 |

续表

| 学名 | 菌株名称 | 测序机构 | 测序时间（年/月/日） | 组装水平 | GenBank 登录号 |
|---|---|---|---|---|---|
| *Bacillus thuringiensis* | AFS002920 | 美国北卡罗来纳大学教堂山分校 | 2017/10/16 | 精细图 | GCA_002558815.1 |
| | AFS002494 | 美国北卡罗来纳大学教堂山分校 | 2017/10/16 | 精细图 | GCA_002558915.1 |
| | AFS001991 | 美国北卡罗来纳大学教堂山分校 | 2017/10/16 | 精细图 | GCA_002558995.1 |
| | AFS002866 | 美国北卡罗来纳大学教堂山分校 | 2017/10/16 | 精细图 | GCA_002559295.1 |
| | AFS000517 | 美国北卡罗来纳大学教堂山分校 | 2017/10/16 | 精细图 | GCA_002559535.1 |
| | AFS027250 | 美国北卡罗来纳大学教堂山分校 | 2017/10/16 | 精细图 | GCA_002559825.1 |
| | AFS027178 | 美国北卡罗来纳大学教堂山分校 | 2017/10/16 | 精细图 | GCA_002559855.1 |
| | AFS026926 | 美国北卡罗来纳大学教堂山分校 | 2017/10/16 | 精细图 | GCA_002559875.1 |
| | AFS026252 | 美国北卡罗来纳大学教堂山分校 | 2017/10/16 | 精细图 | GCA_002559955.1 |
| | AFS025854 | 美国北卡罗来纳大学教堂山分校 | 2017/10/16 | 精细图 | GCA_002560005.1 |
| | AFS025510 | 美国北卡罗来纳大学教堂山分校 | 2017/10/16 | 精细图 | GCA_002560055.1 |
| | AFS024615 | 美国北卡罗来纳大学教堂山分校 | 2017/10/16 | 精细图 | GCA_002560305.1 |
| | AFS024266 | 美国北卡罗来纳大学教堂山分校 | 2017/10/16 | 精细图 | GCA_002560335.1 |
| | AFS023641 | 美国北卡罗来纳大学教堂山分校 | 2017/10/16 | 精细图 | GCA_002560455.1 |
| | AFS023506 | 美国北卡罗来纳大学教堂山分校 | 2017/10/16 | 精细图 | GCA_002560465.1 |
| | AFS023418 | 美国北卡罗来纳大学教堂山分校 | 2017/10/16 | 精细图 | GCA_002560515.1 |
| | AFS023096 | 美国北卡罗来纳大学教堂山分校 | 2017/10/16 | 精细图 | GCA_002560605.1 |
| | AFS022504 | 美国北卡罗来纳大学教堂山分校 | 2017/10/16 | 精细图 | GCA_002560695.1 |
| | AFS022086 | 美国北卡罗来纳大学教堂山分校 | 2017/10/16 | 精细图 | GCA_002560805.1 |
| | AFS022064 | 美国北卡罗来纳大学教堂山分校 | 2017/10/16 | 精细图 | GCA_002560815.1 |
| | AFS021667 | 美国北卡罗来纳大学教堂山分校 | 2017/10/16 | 精细图 | GCA_002560855.1 |
| | AFS019758 | 美国北卡罗来纳大学教堂山分校 | 2017/10/16 | 精细图 | GCA_002560875.1 |
| | AFS019518 | 美国北卡罗来纳大学教堂山分校 | 2017/10/16 | 精细图 | GCA_002560885.1 |
| | AFS018617 | 美国北卡罗来纳大学教堂山分校 | 2017/10/16 | 精细图 | GCA_002560925.1 |
| | AFS018179 | 美国北卡罗来纳大学教堂山分校 | 2017/10/16 | 精细图 | GCA_002561045.1 |
| | AFS017371 | 美国北卡罗来纳大学教堂山分校 | 2017/10/16 | 精细图 | GCA_002561175.1 |
| | AFS016919 | 美国北卡罗来纳大学教堂山分校 | 2017/10/16 | 精细图 | GCA_002561275.1 |
| | AFS016894 | 美国北卡罗来纳大学教堂山分校 | 2017/10/16 | 精细图 | GCA_002561335.1 |
| | AFS016611 | 美国北卡罗来纳大学教堂山分校 | 2017/10/16 | 精细图 | GCA_002561375.1 |
| | AFS015413 | 美国北卡罗来纳大学教堂山分校 | 2017/10/16 | 精细图 | GCA_002561465.1 |
| | AFS015432 | 美国北卡罗来纳大学教堂山分校 | 2017/10/16 | 精细图 | GCA_002561475.1 |
| | AFS014145 | 美国北卡罗来纳大学教堂山分校 | 2017/10/16 | 精细图 | GCA_002561585.1 |
| | AFS011848 | 美国北卡罗来纳大学教堂山分校 | 2017/10/16 | 精细图 | GCA_002561645.1 |
| | AFS011084 | 美国北卡罗来纳大学教堂山分校 | 2017/10/16 | 精细图 | GCA_002561665.1 |
| | AFS010823 | 美国北卡罗来纳大学教堂山分校 | 2017/10/16 | 精细图 | GCA_002561735.1 |

续表

| 学名 | 菌株名称 | 测序机构 | 测序时间（年/月/日） | 组装水平 | GenBank 登录号 |
|---|---|---|---|---|---|
| *Bacillus thuringiensis* | AFS019545 | 美国北卡罗来纳大学教堂山分校 | 2017/10/16 | 精细图 | GCA_002561795.1 |
| | AFS018331 | 美国北卡罗来纳大学教堂山分校 | 2017/10/16 | 精细图 | GCA_002561825.1 |
| | AFS014334 | 美国北卡罗来纳大学教堂山分校 | 2017/10/16 | 精细图 | GCA_002562035.1 |
| | AFS011673 | 美国北卡罗来纳大学教堂山分校 | 2017/10/16 | 精细图 | GCA_002562045.1 |
| | AFS011659 | 美国北卡罗来纳大学教堂山分校 | 2017/10/16 | 精细图 | GCA_002562055.1 |
| | AFS009835 | 美国北卡罗来纳大学教堂山分校 | 2017/10/16 | 精细图 | GCA_002562205.1 |
| | AFS009644 | 美国北卡罗来纳大学教堂山分校 | 2017/10/16 | 精细图 | GCA_002562295.1 |
| | AFS009253 | 美国北卡罗来纳大学教堂山分校 | 2017/10/16 | 精细图 | GCA_002562415.1 |
| | AFS009218 | 美国北卡罗来纳大学教堂山分校 | 2017/10/16 | 精细图 | GCA_002562425.1 |
| | AFS007900 | 美国北卡罗来纳大学教堂山分校 | 2017/10/16 | 精细图 | GCA_002562665.1 |
| | AFS029508 | 美国北卡罗来纳大学教堂山分校 | 2017/10/16 | 精细图 | GCA_002562915.1 |
| | AFS029475 | 美国北卡罗来纳大学教堂山分校 | 2017/10/16 | 精细图 | GCA_002562975.1 |
| | AFS022028 | 美国北卡罗来纳大学教堂山分校 | 2017/10/16 | 精细图 | GCA_002563045.1 |
| | AFS020608 | 美国北卡罗来纳大学教堂山分校 | 2017/10/16 | 精细图 | GCA_002563145.1 |
| | AFS021634 | 美国北卡罗来纳大学教堂山分校 | 2017/10/16 | 精细图 | GCA_002563165.1 |
| | AFS020602 | 美国北卡罗来纳大学教堂山分校 | 2017/10/16 | 精细图 | GCA_002563205.1 |
| | AFS020128 | 美国北卡罗来纳大学教堂山分校 | 2017/10/16 | 精细图 | GCA_002563275.1 |
| | AFS088507 | 美国北卡罗来纳大学教堂山分校 | 2017/10/17 | 精细图 | GCA_002564405.1 |
| | AFS088016 | 美国北卡罗来纳大学教堂山分校 | 2017/10/17 | 精细图 | GCA_002564505.1 |
| | AFS087171 | 美国北卡罗来纳大学教堂山分校 | 2017/10/17 | 精细图 | GCA_002564545.1 |
| | AFS085829 | 美国北卡罗来纳大学教堂山分校 | 2017/10/17 | 精细图 | GCA_002564645.1 |
| | AFS086961 | 美国北卡罗来纳大学教堂山分校 | 2017/10/17 | 精细图 | GCA_002564955.1 |
| | AFS076861 | 美国北卡罗来纳大学教堂山分校 | 2017/10/17 | 精细图 | GCA_002565085.1 |
| | AFS076772 | 美国北卡罗来纳大学教堂山分校 | 2017/10/17 | 精细图 | GCA_002565105.1 |
| | AFS075396 | 美国北卡罗来纳大学教堂山分校 | 2017/10/17 | 精细图 | GCA_002565195.1 |
| | AFS086178 | 美国北卡罗来纳大学教堂山分校 | 2017/10/17 | 精细图 | GCA_002565265.1 |
| | AFS083288 | 美国北卡罗来纳大学教堂山分校 | 2017/10/17 | 精细图 | GCA_002565435.1 |
| | AFS076597 | 美国北卡罗来纳大学教堂山分校 | 2017/10/17 | 精细图 | GCA_002565845.1 |
| | AFS076260 | 美国北卡罗来纳大学教堂山分校 | 2017/10/17 | 精细图 | GCA_002565905.1 |
| | AFS075683 | 美国北卡罗来纳大学教堂山分校 | 2017/10/17 | 精细图 | GCA_002565945.1 |
| | AFS085496 | 美国北卡罗来纳大学教堂山分校 | 2017/10/17 | 精细图 | GCA_002566135.1 |
| | AFS085011 | 美国北卡罗来纳大学教堂山分校 | 2017/10/17 | 精细图 | GCA_002566145.1 |
| | AFS082639 | 美国北卡罗来纳大学教堂山分校 | 2017/10/17 | 精细图 | GCA_002566295.1 |
| | AFS082247 | 美国北卡罗来纳大学教堂山分校 | 2017/10/17 | 精细图 | GCA_002566325.1 |
| | AFS081620 | 美国北卡罗来纳大学教堂山分校 | 2017/10/17 | 精细图 | GCA_002566355.1 |

续表

| 学名 | 菌株名称 | 测序机构 | 测序时间（年/月/日） | 组装水平 | GenBank 登录号 |
|---|---|---|---|---|---|
| *Bacillus thuringiensis* | AFS081470 | 美国北卡罗来纳大学教堂山分校 | 2017/10/17 | 精细图 | GCA_002566395.1 |
| | AFS079576 | 美国北卡罗来纳大学教堂山分校 | 2017/10/17 | 精细图 | GCA_002566485.1 |
| | AFS078332 | 美国北卡罗来纳大学教堂山分校 | 2017/10/17 | 精细图 | GCA_002566545.1 |
| | AFS077661 | 美国北卡罗来纳大学教堂山分校 | 2017/10/17 | 精细图 | GCA_002566555.1 |
| | AFS076262 | 美国北卡罗来纳大学教堂山分校 | 2017/10/17 | 精细图 | GCA_002566645.1 |
| | AFS075082 | 美国北卡罗来纳大学教堂山分校 | 2017/10/17 | 精细图 | GCA_002566715.1 |
| | AFS073530 | 美国北卡罗来纳大学教堂山分校 | 2017/10/17 | 精细图 | GCA_002566935.1 |
| | AFS071939 | 美国北卡罗来纳大学教堂山分校 | 2017/10/17 | 精细图 | GCA_002567205.1 |
| | AFS071638 | 美国北卡罗来纳大学教堂山分校 | 2017/10/17 | 精细图 | GCA_002567265.1 |
| | AFS071454 | 美国北卡罗来纳大学教堂山分校 | 2017/10/17 | 精细图 | GCA_002567295.1 |
| | AFS070359 | 美国北卡罗来纳大学教堂山分校 | 2017/10/17 | 精细图 | GCA_002567585.1 |
| | AFS067605 | 美国北卡罗来纳大学教堂山分校 | 2017/10/17 | 精细图 | GCA_002567865.1 |
| | AFS066710 | 美国北卡罗来纳大学教堂山分校 | 2017/10/17 | 精细图 | GCA_002567875.1 |
| | AFS066671 | 美国北卡罗来纳大学教堂山分校 | 2017/10/17 | 精细图 | GCA_002567905.1 |
| | AFS066485 | 美国北卡罗来纳大学教堂山分校 | 2017/10/17 | 精细图 | GCA_002567945.1 |
| | AFS066483 | 美国北卡罗来纳大学教堂山分校 | 2017/10/17 | 精细图 | GCA_002567955.1 |
| | AFS066175 | 美国北卡罗来纳大学教堂山分校 | 2017/10/17 | 精细图 | GCA_002567995.1 |
| | AFS065753 | 美国北卡罗来纳大学教堂山分校 | 2017/10/17 | 精细图 | GCA_002568045.1 |
| | AFS065707 | 美国北卡罗来纳大学教堂山分校 | 2017/10/17 | 精细图 | GCA_002568055.1 |
| | AFS065631 | 美国北卡罗来纳大学教堂山分校 | 2017/10/17 | 精细图 | GCA_002568085.1 |
| | AFS067634 | 美国北卡罗来纳大学教堂山分校 | 2017/10/17 | 精细图 | GCA_002568175.1 |
| | AFS065666 | 美国北卡罗来纳大学教堂山分校 | 2017/10/17 | 精细图 | GCA_002568285.1 |
| | AFS063894 | 美国北卡罗来纳大学教堂山分校 | 2017/10/17 | 精细图 | GCA_002568345.1 |
| | AFS067808 | 美国北卡罗来纳大学教堂山分校 | 2017/10/17 | 精细图 | GCA_002568385.1 |
| | AFS066836 | 美国北卡罗来纳大学教堂山分校 | 2017/10/17 | 精细图 | GCA_002568515.1 |
| | AFS065825 | 美国北卡罗来纳大学教堂山分校 | 2017/10/17 | 精细图 | GCA_002568525.1 |
| | AFS065400 | 美国北卡罗来纳大学教堂山分校 | 2017/10/17 | 精细图 | GCA_002568585.1 |
| | AFS064999 | 美国北卡罗来纳大学教堂山分校 | 2017/10/17 | 精细图 | GCA_002568595.1 |
| | AFS075487 | 美国北卡罗来纳大学教堂山分校 | 2017/10/17 | 精细图 | GCA_002569275.1 |
| | AFS080155 | 美国北卡罗来纳大学教堂山分校 | 2017/10/17 | 精细图 | GCA_002569645.1 |
| | AFS075408 | 美国北卡罗来纳大学教堂山分校 | 2017/10/17 | 精细图 | GCA_002569825.1 |
| | AFS061760 | 美国北卡罗来纳大学教堂山分校 | 2017/10/17 | 精细图 | GCA_002570475.1 |
| | AFS061653 | 美国北卡罗来纳大学教堂山分校 | 2017/10/17 | 精细图 | GCA_002570505.1 |
| | AFS059914 | 美国北卡罗来纳大学教堂山分校 | 2017/10/17 | 精细图 | GCA_002570585.1 |
| | AFS059859 | 美国北卡罗来纳大学教堂山分校 | 2017/10/17 | 精细图 | GCA_002570625.1 |

续表

| 学名 | 菌株名称 | 测序机构 | 测序时间（年/月/日） | 组装水平 | GenBank 登录号 |
|---|---|---|---|---|---|
| *Bacillus thuringiensis* | AFS059559 | 美国北卡罗来纳大学教堂山分校 | 2017/10/17 | 精细图 | GCA_002570635.1 |
| | AFS058532 | 美国北卡罗来纳大学教堂山分校 | 2017/10/17 | 精细图 | GCA_002570705.1 |
| | AFS064137 | 美国北卡罗来纳大学教堂山分校 | 2017/10/17 | 精细图 | GCA_002570735.1 |
| | AFS061455 | 美国北卡罗来纳大学教堂山分校 | 2017/10/17 | 精细图 | GCA_002570815.1 |
| | AFS061177 | 美国北卡罗来纳大学教堂山分校 | 2017/10/17 | 精细图 | GCA_002570855.1 |
| | AFS060060 | 美国北卡罗来纳大学教堂山分校 | 2017/10/17 | 精细图 | GCA_002570885.1 |
| | AFS060054 | 美国北卡罗来纳大学教堂山分校 | 2017/10/17 | 精细图 | GCA_002570925.1 |
| | AFS059931 | 美国北卡罗来纳大学教堂山分校 | 2017/10/17 | 精细图 | GCA_002570955.1 |
| | AFS059242 | 美国北卡罗来纳大学教堂山分校 | 2017/10/17 | 精细图 | GCA_002571025.1 |
| | AFS063736 | 美国北卡罗来纳大学教堂山分校 | 2017/10/17 | 精细图 | GCA_002571105.1 |
| | AFS063640 | 美国北卡罗来纳大学教堂山分校 | 2017/10/17 | 精细图 | GCA_002571115.1 |
| | AFS059526 | 美国北卡罗来纳大学教堂山分校 | 2017/10/17 | 精细图 | GCA_002571245.1 |
| | AFS059517 | 美国北卡罗来纳大学教堂山分校 | 2017/10/17 | 精细图 | GCA_002571265.1 |
| | AFS059039 | 美国北卡罗来纳大学教堂山分校 | 2017/10/17 | 精细图 | GCA_002571305.1 |
| | AFS058843 | 美国北卡罗来纳大学教堂山分校 | 2017/10/17 | 精细图 | GCA_002571315.1 |
| | AFS061780 | 美国北卡罗来纳大学教堂山分校 | 2017/10/17 | 精细图 | GCA_002572135.1 |
| | AFS094922 | 美国北卡罗来纳大学教堂山分校 | 2017/10/17 | 精细图 | GCA_002573505.1 |
| | AFS058004 | 美国北卡罗来纳大学教堂山分校 | 2017/10/18 | 精细图 | GCA_002574095.1 |
| | AFS057829 | 美国北卡罗来纳大学教堂山分校 | 2017/10/18 | 精细图 | GCA_002574115.1 |
| | AFS058254 | 美国北卡罗来纳大学教堂山分校 | 2017/10/18 | 精细图 | GCA_002574125.1 |
| | AFS057244 | 美国北卡罗来纳大学教堂山分校 | 2017/10/18 | 精细图 | GCA_002574265.1 |
| | AFS056670 | 美国北卡罗来纳大学教堂山分校 | 2017/10/18 | 精细图 | GCA_002574295.1 |
| | AFS056615 | 美国北卡罗来纳大学教堂山分校 | 2017/10/18 | 精细图 | GCA_002574325.1 |
| | AFS056597 | 美国北卡罗来纳大学教堂山分校 | 2017/10/18 | 精细图 | GCA_002574365.1 |
| | AFS055854 | 美国北卡罗来纳大学教堂山分校 | 2017/10/18 | 精细图 | GCA_002574435.1 |
| | AFS055708 | 美国北卡罗来纳大学教堂山分校 | 2017/10/18 | 精细图 | GCA_002574475.1 |
| | AFS055282 | 美国北卡罗来纳大学教堂山分校 | 2017/10/18 | 精细图 | GCA_002574495.1 |
| | AFS055470 | 美国北卡罗来纳大学教堂山分校 | 2017/10/18 | 精细图 | GCA_002574505.1 |
| | AFS054440 | 美国北卡罗来纳大学教堂山分校 | 2017/10/18 | 精细图 | GCA_002574575.1 |
| | AFS054343 | 美国北卡罗来纳大学教堂山分校 | 2017/10/18 | 精细图 | GCA_002574595.1 |
| | AFS055002 | 美国北卡罗来纳大学教堂山分校 | 2017/10/18 | 精细图 | GCA_002574645.1 |
| | AFS054835 | 美国北卡罗来纳大学教堂山分校 | 2017/10/18 | 精细图 | GCA_002574675.1 |
| | AFS057784 | 美国北卡罗来纳大学教堂山分校 | 2017/10/18 | 精细图 | GCA_002574695.1 |
| | AFS054059 | 美国北卡罗来纳大学教堂山分校 | 2017/10/18 | 精细图 | GCA_002574725.1 |
| | AFS058113 | 美国北卡罗来纳大学教堂山分校 | 2017/10/18 | 精细图 | GCA_002574735.1 |

续表

| 学名 | 菌株名称 | 测序机构 | 测序时间（年/月/日） | 组装水平 | GenBank 登录号 |
|---|---|---|---|---|---|
| *Bacillus thuringiensis* | AFS056280 | 美国北卡罗来纳大学教堂山分校 | 2017/10/18 | 精细图 | GCA_002574805.1 |
| | AFS056009 | 美国北卡罗来纳大学教堂山分校 | 2017/10/18 | 精细图 | GCA_002574895.1 |
| | AFS055421 | 美国北卡罗来纳大学教堂山分校 | 2017/10/18 | 精细图 | GCA_002574935.1 |
| | AFS054136 | 美国北卡罗来纳大学教堂山分校 | 2017/10/18 | 精细图 | GCA_002575015.1 |
| | AFS053994 | 美国北卡罗来纳大学教堂山分校 | 2017/10/18 | 精细图 | GCA_002575035.1 |
| | AFS053744 | 美国北卡罗来纳大学教堂山分校 | 2017/10/18 | 精细图 | GCA_002575075.1 |
| | AFS053253 | 美国北卡罗来纳大学教堂山分校 | 2017/10/18 | 精细图 | GCA_002575195.1 |
| | AFS052794 | 美国北卡罗来纳大学教堂山分校 | 2017/10/18 | 精细图 | GCA_002575305.1 |
| | AFS052778 | 美国北卡罗来纳大学教堂山分校 | 2017/10/18 | 精细图 | GCA_002575325.1 |
| | AFS052676 | 美国北卡罗来纳大学教堂山分校 | 2017/10/18 | 精细图 | GCA_002575365.1 |
| | AFS052460 | 美国北卡罗来纳大学教堂山分校 | 2017/10/18 | 精细图 | GCA_002575395.1 |
| | AFS052034 | 美国北卡罗来纳大学教堂山分校 | 2017/10/18 | 精细图 | GCA_002575445.1 |
| | AFS050333 | 美国北卡罗来纳大学教堂山分校 | 2017/10/18 | 精细图 | GCA_002575615.1 |
| | AFS050550 | 美国北卡罗来纳大学教堂山分校 | 2017/10/18 | 精细图 | GCA_002575645.1 |
| | AFS049207 | 美国北卡罗来纳大学教堂山分校 | 2017/10/18 | 精细图 | GCA_002575705.1 |
| | AFS048014 | 美国北卡罗来纳大学教堂山分校 | 2017/10/18 | 精细图 | GCA_002575895.1 |
| | AFS047635 | 美国北卡罗来纳大学教堂山分校 | 2017/10/18 | 精细图 | GCA_002575925.1 |
| | AFS046545 | 美国北卡罗来纳大学教堂山分校 | 2017/10/18 | 精细图 | GCA_002576025.1 |
| | AFS046081 | 美国北卡罗来纳大学教堂山分校 | 2017/10/18 | 精细图 | GCA_002576055.1 |
| | AFS045814 | 美国北卡罗来纳大学教堂山分校 | 2017/10/18 | 精细图 | GCA_002576125.1 |
| | AFS045572 | 美国北卡罗来纳大学教堂山分校 | 2017/10/18 | 精细图 | GCA_002576135.1 |
| | AFS043555 | 美国北卡罗来纳大学教堂山分校 | 2017/10/18 | 精细图 | GCA_002576375.1 |
| | AFS043499 | 美国北卡罗来纳大学教堂山分校 | 2017/10/18 | 精细图 | GCA_002576405.1 |
| | AFS043211 | 美国北卡罗来纳大学教堂山分校 | 2017/10/18 | 精细图 | GCA_002576485.1 |
| | AFS042804 | 美国北卡罗来纳大学教堂山分校 | 2017/10/18 | 精细图 | GCA_002576565.1 |
| | AFS050081 | 美国北卡罗来纳大学教堂山分校 | 2017/10/18 | 精细图 | GCA_002576585.1 |
| | AFS049152 | 美国北卡罗来纳大学教堂山分校 | 2017/10/18 | 精细图 | GCA_002576645.1 |
| | AFS048789 | 美国北卡罗来纳大学教堂山分校 | 2017/10/18 | 精细图 | GCA_002576655.1 |
| | AFS048765 | 美国北卡罗来纳大学教堂山分校 | 2017/10/18 | 精细图 | GCA_002576665.1 |
| | AFS047607 | 美国北卡罗来纳大学教堂山分校 | 2017/10/18 | 精细图 | GCA_002576755.1 |
| | AFS047495 | 美国北卡罗来纳大学教堂山分校 | 2017/10/18 | 精细图 | GCA_002576765.1 |
| | AFS045876 | 美国北卡罗来纳大学教堂山分校 | 2017/10/18 | 精细图 | GCA_002576875.1 |
| | AFS045516 | 美国北卡罗来纳大学教堂山分校 | 2017/10/18 | 精细图 | GCA_002576925.1 |
| | AFS043402 | 美国北卡罗来纳大学教堂山分校 | 2017/10/18 | 精细图 | GCA_002577005.1 |
| | AFS043063 | 美国北卡罗来纳大学教堂山分校 | 2017/10/18 | 精细图 | GCA_002577025.1 |

续表

| 学名 | 菌株名称 | 测序机构 | 测序时间（年/月/日） | 组装水平 | GenBank 登录号 |
|---|---|---|---|---|---|
| *Bacillus thuringiensis* | AFS041586 | 美国北卡罗来纳大学教堂山分校 | 2017/10/18 | 精细图 | GCA_002577255.1 |
| | AFS041525 | 美国北卡罗来纳大学教堂山分校 | 2017/10/18 | 精细图 | GCA_002577325.1 |
| | AFS040987 | 美国北卡罗来纳大学教堂山分校 | 2017/10/18 | 精细图 | GCA_002577445.1 |
| | AFS040661 | 美国北卡罗来纳大学教堂山分校 | 2017/10/18 | 精细图 | GCA_002577525.1 |
| | AFS040438 | 美国北卡罗来纳大学教堂山分校 | 2017/10/18 | 精细图 | GCA_002577565.1 |
| | AFS040392 | 美国北卡罗来纳大学教堂山分校 | 2017/10/18 | 精细图 | GCA_002577605.1 |
| | AFS040286 | 美国北卡罗来纳大学教堂山分校 | 2017/10/18 | 精细图 | GCA_002577625.1 |
| | AFS040001 | 美国北卡罗来纳大学教堂山分校 | 2017/10/18 | 精细图 | GCA_002577805.1 |
| | AFS039999 | 美国北卡罗来纳大学教堂山分校 | 2017/10/18 | 精细图 | GCA_002577835.1 |
| | AFS039774 | 美国北卡罗来纳大学教堂山分校 | 2017/10/18 | 精细图 | GCA_002578165.1 |
| | AFS038158 | 美国北卡罗来纳大学教堂山分校 | 2017/10/18 | 精细图 | GCA_002578625.1 |
| | AFS043930 | 美国北卡罗来纳大学教堂山分校 | 2017/10/18 | 精细图 | GCA_002581075.1 |
| | AFS036437 | 美国北卡罗来纳大学教堂山分校 | 2017/10/18 | 精细图 | GCA_002582575.1 |
| | AFS036336 | 美国北卡罗来纳大学教堂山分校 | 2017/10/18 | 精细图 | GCA_002582685.1 |
| | AFS034126 | 美国北卡罗来纳大学教堂山分校 | 2017/10/18 | 精细图 | GCA_002582925.1 |
| | AFS032723 | 美国北卡罗来纳大学教堂山分校 | 2017/10/18 | 精细图 | GCA_002583105.1 |
| | AFS031631 | 美国北卡罗来纳大学教堂山分校 | 2017/10/18 | 精细图 | GCA_002583235.1 |
| | AFS030961 | 美国北卡罗来纳大学教堂山分校 | 2017/10/18 | 精细图 | GCA_002583285.1 |
| | AFS030179 | 美国北卡罗来纳大学教堂山分校 | 2017/10/18 | 精细图 | GCA_002583505.1 |
| | AFS036350 | 美国北卡罗来纳大学教堂山分校 | 2017/10/18 | 精细图 | GCA_002583895.1 |
| | AFS034818 | 美国北卡罗来纳大学教堂山分校 | 2017/10/18 | 精细图 | GCA_002584055.1 |
| | AFS034600 | 美国北卡罗来纳大学教堂山分校 | 2017/10/18 | 精细图 | GCA_002584185.1 |
| | AFS034708 | 美国北卡罗来纳大学教堂山分校 | 2017/10/18 | 精细图 | GCA_002584205.1 |
| | AFS033597 | 美国北卡罗来纳大学教堂山分校 | 2017/10/18 | 精细图 | GCA_002584325.1 |
| | AFS031651 | 美国北卡罗来纳大学教堂山分校 | 2017/10/18 | 精细图 | GCA_002584605.1 |
| | AFS030095 | 美国北卡罗来纳大学教堂山分校 | 2017/10/18 | 精细图 | GCA_002584855.1 |
| | AFS029767 | 美国北卡罗来纳大学教堂山分校 | 2017/10/18 | 精细图 | GCA_002584925.1 |
| | AFS036383 | 美国北卡罗来纳大学教堂山分校 | 2017/10/18 | 精细图 | GCA_002585315.1 |
| | AFS034546 | 美国北卡罗来纳大学教堂山分校 | 2017/10/18 | 精细图 | GCA_002585635.1 |
| | AFS031814 | 美国北卡罗来纳大学教堂山分校 | 2017/10/18 | 精细图 | GCA_002585795.1 |
| | AFS031210 | 美国北卡罗来纳大学教堂山分校 | 2017/10/18 | 精细图 | GCA_002585935.1 |
| | AFS030866 | 美国北卡罗来纳大学教堂山分校 | 2017/10/18 | 精细图 | GCA_002586085.1 |
| | AFS031473 | 美国北卡罗来纳大学教堂山分校 | 2017/10/18 | 精细图 | GCA_002589015.1 |
| | AFS034084 | 美国北卡罗来纳大学教堂山分校 | 2017/10/18 | 精细图 | GCA_002589045.1 |
| | IPPBIOTSUC1012 | 中国农业科学院 | 2017/11/22 | 精细图 | GCA_002795225.1 |

续表

| 学名 | 菌株名称 | 测序机构 | 测序时间（年/月/日） | 组装水平 | GenBank 登录号 |
|---|---|---|---|---|---|
| *Bacillus thuringiensis* | BA04 | 印度阿萨姆农业大学 | 2018/3/5 | 精细图 | GCA_002969075.1 |
| | NMTD81 | 德国柏林洪堡大学 | 2018/3/14 | 精细图 | GCA_002998815.1 |
| | Bt-ICA/UNMSM 10RA | 秘鲁国家创新农业研究所 | 2018/7/3 | 精细图 | GCA_003046465.1 |
| | m401 | 阿根廷拉普拉塔国立大学 | 2018/5/11 | 精细图 | GCA_003112375.1 |
| | IPPBIOTSUC-C9F1 | 中国农业科学院 | 2018/8/20 | 精细图 | GCA_003408695.1 |
| | BLB406 | 突尼斯斯法克斯大学 | 2018/9/4 | 精细图 | GCA_003444735.1 |
| | T26 | 印度泰米尔纳德邦农业大学 | 2019/3/8 | 精细图 | GCA_004309715.1 |
| | LP_2_YM | 美国能源部联合基因组研究所 | 2019/3/11 | 精细图 | GCA_004343085.1 |
| | LP_1_YM | 美国能源部联合基因组研究所 | 2019/3/11 | 精细图 | GCA_004346705.1 |
| | F14-1 | 中国华中农业大学 | 2019/3/25 | 精细图 | GCA_004368515.1 |
| | IEBC_T61001 | 法国国家农业科学研究院 | 2016/8/4 | 精细图 | GCA_900094685.1 |
| | DAR 81934 | 美国能源部联合基因组研究所 | 2016/10/31 | 精细图 | GCA_900108905.1 |
| | XL6 | 中国农业科学院 | 2015/10/26 | 完成图 | GCA_000774075.2 |
| | ATCC 10792 | 韩国庆北国立大学 | 2017/8/8 | 完成图 | GCA_002243685.1 |
| | T04001 | 美国海军医学研究中心 | 2009/5/29 | 染色体 | GCA_000161535.1 |
| | BR58 | 巴西隆德里纳州立大学 | 2015/10/22 | 精细图 | GCA_001402735.1 |
| | BR37 | 巴西隆德里纳州立大学 | 2016/1/19 | 精细图 | GCA_001517195.1 |
| | INTA Mo4-4 | 阿根廷国家农业技术研究所 | 2018/11/11 | 框架图 | GCA_003719805.1 |
| | ATCC 35646 | 美国综合基因组学公司 | 2005/9/13 | 精细图 | GCA_000167695.1 |
| | Leapi01 | 西班牙纳瓦拉公立大学 | 2013/11/26 | 精细图 | GCA_000468975.2 |
| | BGSC 4AM1 | 中国华中农业大学 | 2017/5/17 | 精细图 | GCA_002147825.1 |
| | UBA3967 | 澳大利亚昆士兰大学 | 2017/9/28 | 精细图 | GCA_002385135.1 |
| *Bacillus timonensis* | MM10403188 | 法国热带传染病研究中心 | 2012/7/19 | 精细图 | GCA_000285535.1 |
| | AF060A6 | 美国西北大学 | 2019/4/18 | 框架图 | GCA_004799755.1 |
| *Bacillus toyonensis* | BCT-7112 | 西班牙 RUBINUM S.A.公司 | 2013/11/8 | 完成图 | GCA_000496285.1 |
| | BAG1O-2 | 美国布罗德研究所 | 2012/8/21 | 精细图 | GCA_000291015.1 |
| | HuB4-10 | 美国布罗德研究所 | 2012/8/21 | 精细图 | GCA_000291095.1 |
| | BAC3151 | 巴西维索萨联邦大学 | 2016/12/18 | 精细图 | GCA_001275045.2 |
| | VU-DES13 | 荷兰阿姆斯特丹大学 | 2017/3/23 | 精细图 | GCA_002071845.1 |
| | 105Ne | 美国洛斯阿拉莫斯国家实验室 | 2015/3/5 | 框架图 | GCA_000948245.1 |
| | TYU3 | 韩国岭南大学 | 2017/9/8 | 框架图 | GCA_002287765.1 |
| | AFS027629 | 美国北卡罗来纳大学教堂山分校 | 2017/10/16 | 框架图 | GCA_002556805.1 |
| | NMTD92 | 德国柏林洪堡大学 | 2018/3/14 | 框架图 | GCA_002998875.1 |
| | MS735 | 德国马克斯•鲁布纳研究所 | 2019/3/6 | 框架图 | GCA_004330305.1 |

续表

| 学名 | 菌株名称 | 测序机构 | 测序时间（年/月/日） | 组装水平 | GenBank 登录号 |
|---|---|---|---|---|---|
| *Bacillus toyonensis* | MS195 | 德国马克斯•鲁布纳研究所 | 2019/3/6 | 框架图 | GCA_004330395.1 |
| | IP5832 | 德国慕尼黑工业大学 | 2015/7/1 | 精细图 | GCA_001044775.1 |
| | BacAer | 巴西卫生部奥斯瓦尔多•克鲁斯基金会 | 2017/4/25 | 精细图 | GCA_002109455.1 |
| | AFS097554 | 美国北卡罗来纳大学教堂山分校 | 2017/10/13 | 精细图 | GCA_002550285.1 |
| | AFS096303 | 美国北卡罗来纳大学教堂山分校 | 2017/10/13 | 精细图 | GCA_002550355.1 |
| | AFS095385 | 美国北卡罗来纳大学教堂山分校 | 2017/10/13 | 精细图 | GCA_002550525.1 |
| | AFS095380 | 美国北卡罗来纳大学教堂山分校 | 2017/10/13 | 精细图 | GCA_002550545.1 |
| | AFS093377 | 美国北卡罗来纳大学教堂山分校 | 2017/10/13 | 精细图 | GCA_002550725.1 |
| | AFS091045 | 美国北卡罗来纳大学教堂山分校 | 2017/10/13 | 精细图 | GCA_002550925.1 |
| | AFS089688 | 美国北卡罗来纳大学教堂山分校 | 2017/10/13 | 精细图 | GCA_002550975.1 |
| | AFS089650 | 美国北卡罗来纳大学教堂山分校 | 2017/10/13 | 精细图 | GCA_002551565.1 |
| | AFS099561 | 美国北卡罗来纳大学教堂山分校 | 2017/10/13 | 精细图 | GCA_002551705.1 |
| | AFS099364 | 美国北卡罗来纳大学教堂山分校 | 2017/10/13 | 精细图 | GCA_002551725.1 |
| | AFS099300 | 美国北卡罗来纳大学教堂山分校 | 2017/10/13 | 精细图 | GCA_002551735.1 |
| | AFS097295 | 美国北卡罗来纳大学教堂山分校 | 2017/10/13 | 精细图 | GCA_002551965.1 |
| | AFS097065 | 美国北卡罗来纳大学教堂山分校 | 2017/10/13 | 精细图 | GCA_002552055.1 |
| | AFS096476 | 美国北卡罗来纳大学教堂山分校 | 2017/10/13 | 精细图 | GCA_002552125.1 |
| | AFS095804 | 美国北卡罗来纳大学教堂山分校 | 2017/10/13 | 精细图 | GCA_002552225.1 |
| | AFS094802 | 美国北卡罗来纳大学教堂山分校 | 2017/10/13 | 精细图 | GCA_002552405.1 |
| | AFS093065 | 美国北卡罗来纳大学教堂山分校 | 2017/10/13 | 精细图 | GCA_002552545.1 |
| | AFS092321 | 美国北卡罗来纳大学教堂山分校 | 2017/10/13 | 精细图 | GCA_002552615.1 |
| | AFS091569 | 美国北卡罗来纳大学教堂山分校 | 2017/10/13 | 精细图 | GCA_002552675.1 |
| | AFS090953 | 美国北卡罗来纳大学教堂山分校 | 2017/10/13 | 精细图 | GCA_002552685.1 |
| | AFS089729 | 美国北卡罗来纳大学教堂山分校 | 2017/10/13 | 精细图 | GCA_002552775.1 |
| | AFS089449 | 美国北卡罗来纳大学教堂山分校 | 2017/10/13 | 精细图 | GCA_002552785.1 |
| | AFS098702 | 美国北卡罗来纳大学教堂山分校 | 2017/10/13 | 精细图 | GCA_002552975.1 |
| | AFS091268 | 美国北卡罗来纳大学教堂山分校 | 2017/10/13 | 精细图 | GCA_002553325.1 |
| | AFS089607 | 美国北卡罗来纳大学教堂山分校 | 2017/10/13 | 精细图 | GCA_002553375.1 |
| | AFS089278 | 美国北卡罗来纳大学教堂山分校 | 2017/10/13 | 精细图 | GCA_002553415.1 |
| | AFS020202 | 美国北卡罗来纳大学教堂山分校 | 2017/10/16 | 精细图 | GCA_002554755.1 |
| | AFS019346 | 美国北卡罗来纳大学教堂山分校 | 2017/10/16 | 精细图 | GCA_002554865.1 |
| | AFS017687 | 美国北卡罗来纳大学教堂山分校 | 2017/10/16 | 精细图 | GCA_002554905.1 |
| | AFS017381 | 美国北卡罗来纳大学教堂山分校 | 2017/10/16 | 精细图 | GCA_002554925.1 |
| | AFS017221 | 美国北卡罗来纳大学教堂山分校 | 2017/10/16 | 精细图 | GCA_002554965.1 |

续表

| 学名 | 菌株名称 | 测序机构 | 测序时间（年/月/日） | 组装水平 | GenBank 登录号 |
|---|---|---|---|---|---|
| *Bacillus toyonensis* | AFS015017 | 美国北卡罗来纳大学教堂山分校 | 2017/10/16 | 精细图 | GCA_002555025.1 |
| | AFS016553 | 美国北卡罗来纳大学教堂山分校 | 2017/10/16 | 精细图 | GCA_002555035.1 |
| | AFS016448 | 美国北卡罗来纳大学教堂山分校 | 2017/10/16 | 精细图 | GCA_002555055.1 |
| | AFS014496 | 美国北卡罗来纳大学教堂山分校 | 2017/10/16 | 精细图 | GCA_002555115.1 |
| | AFS013932 | 美国北卡罗来纳大学教堂山分校 | 2017/10/16 | 精细图 | GCA_002555225.1 |
| | AFS011667 | 美国北卡罗来纳大学教堂山分校 | 2017/10/16 | 精细图 | GCA_002555315.1 |
| | AFS020011 | 美国北卡罗来纳大学教堂山分校 | 2017/10/16 | 精细图 | GCA_002555345.1 |
| | AFS018451 | 美国北卡罗来纳大学教堂山分校 | 2017/10/16 | 精细图 | GCA_002555405.1 |
| | AFS014939 | 美国北卡罗来纳大学教堂山分校 | 2017/10/16 | 精细图 | GCA_002555465.1 |
| | AFS010752 | 美国北卡罗来纳大学教堂山分校 | 2017/10/16 | 精细图 | GCA_002555495.1 |
| | AFS009420 | 美国北卡罗来纳大学教堂山分校 | 2017/10/16 | 精细图 | GCA_002555585.1 |
| | AFS009906 | 美国北卡罗来纳大学教堂山分校 | 2017/10/16 | 精细图 | GCA_002555605.1 |
| | AFS009314 | 美国北卡罗来纳大学教堂山分校 | 2017/10/16 | 精细图 | GCA_002555765.1 |
| | AFS007279 | 美国北卡罗来纳大学教堂山分校 | 2017/10/16 | 精细图 | GCA_002555805.1 |
| | AFS006579 | 美国北卡罗来纳大学教堂山分校 | 2017/10/16 | 精细图 | GCA_002555845.1 |
| | AFS006079 | 美国北卡罗来纳大学教堂山分校 | 2017/10/16 | 精细图 | GCA_002555905.1 |
| | AFS004252 | 美国北卡罗来纳大学教堂山分校 | 2017/10/16 | 精细图 | GCA_002555915.1 |
| | AFS005430 | 美国北卡罗来纳大学教堂山分校 | 2017/10/16 | 精细图 | GCA_002555955.1 |
| | AFS003846 | 美国北卡罗来纳大学教堂山分校 | 2017/10/16 | 精细图 | GCA_002555975.1 |
| | AFS003709 | 美国北卡罗来纳大学教堂山分校 | 2017/10/16 | 精细图 | GCA_002556015.1 |
| | AFS002053 | 美国北卡罗来纳大学教堂山分校 | 2017/10/16 | 精细图 | GCA_002556125.1 |
| | AFS001368 | 美国北卡罗来纳大学教堂山分校 | 2017/10/16 | 精细图 | GCA_002556135.1 |
| | AFS001294 | 美国北卡罗来纳大学教堂山分校 | 2017/10/16 | 精细图 | GCA_002556155.1 |
| | AFS001450 | 美国北卡罗来纳大学教堂山分校 | 2017/10/16 | 精细图 | GCA_002556225.1 |
| | AFS000753 | 美国北卡罗来纳大学教堂山分校 | 2017/10/16 | 精细图 | GCA_002556265.1 |
| | AFS000087 | 美国北卡罗来纳大学教堂山分校 | 2017/10/16 | 精细图 | GCA_002556325.1 |
| | AFS000445 | 美国北卡罗来纳大学教堂山分校 | 2017/10/16 | 精细图 | GCA_002556435.1 |
| | AFS028541 | 美国北卡罗来纳大学教堂山分校 | 2017/10/16 | 精细图 | GCA_002556675.1 |
| | AFS028444 | 美国北卡罗来纳大学教堂山分校 | 2017/10/16 | 精细图 | GCA_002556705.1 |
| | AFS027958 | 美国北卡罗来纳大学教堂山分校 | 2017/10/16 | 精细图 | GCA_002556715.1 |
| | AFS028249 | 美国北卡罗来纳大学教堂山分校 | 2017/10/16 | 精细图 | GCA_002556765.1 |
| | AFS027674 | 美国北卡罗来纳大学教堂山分校 | 2017/10/16 | 精细图 | GCA_002556775.1 |
| | AFS027862 | 美国北卡罗来纳大学教堂山分校 | 2017/10/16 | 精细图 | GCA_002556835.1 |
| | AFS027646 | 美国北卡罗来纳大学教堂山分校 | 2017/10/16 | 精细图 | GCA_002556885.1 |
| | AFS026256 | 美国北卡罗来纳大学教堂山分校 | 2017/10/16 | 精细图 | GCA_002556945.1 |

续表

| 学名 | 菌株名称 | 测序机构 | 测序时间（年/月/日） | 组装水平 | GenBank 登录号 |
|---|---|---|---|---|---|
| *Bacillus toyonensis* | AFS027027 | 美国北卡罗来纳大学教堂山分校 | 2017/10/16 | 精细图 | GCA_002556955.1 |
| | AFS026137 | 美国北卡罗来纳大学教堂山分校 | 2017/10/16 | 精细图 | GCA_002557005.1 |
| | AFS026201 | 美国北卡罗来纳大学教堂山分校 | 2017/10/16 | 精细图 | GCA_002557045.1 |
| | AFS024499 | 美国北卡罗来纳大学教堂山分校 | 2017/10/16 | 精细图 | GCA_002557115.1 |
| | AFS025179 | 美国北卡罗来纳大学教堂山分校 | 2017/10/16 | 精细图 | GCA_002557145.1 |
| | AFS023984 | 美国北卡罗来纳大学教堂山分校 | 2017/10/16 | 精细图 | GCA_002557225.1 |
| | AFS023559 | 美国北卡罗来纳大学教堂山分校 | 2017/10/16 | 精细图 | GCA_002557255.1 |
| | AFS022121 | 美国北卡罗来纳大学教堂山分校 | 2017/10/16 | 精细图 | GCA_002557445.1 |
| | AFS021654 | 美国北卡罗来纳大学教堂山分校 | 2017/10/16 | 精细图 | GCA_002557505.1 |
| | AFS021349 | 美国北卡罗来纳大学教堂山分校 | 2017/10/16 | 精细图 | GCA_002557515.1 |
| | AFS020717 | 美国北卡罗来纳大学教堂山分校 | 2017/10/16 | 精细图 | GCA_002557555.1 |
| | AFS028618 | 美国北卡罗来纳大学教堂山分校 | 2017/10/16 | 精细图 | GCA_002557865.1 |
| | AFS083448 | 美国北卡罗来纳大学教堂山分校 | 2017/10/17 | 精细图 | GCA_002568725.1 |
| | AFS081381 | 美国北卡罗来纳大学教堂山分校 | 2017/10/17 | 精细图 | GCA_002568745.1 |
| | AFS080033 | 美国北卡罗来纳大学教堂山分校 | 2017/10/17 | 精细图 | GCA_002568825.1 |
| | AFS086269 | 美国北卡罗来纳大学教堂山分校 | 2017/10/17 | 精细图 | GCA_002568845.1 |
| | AFS084980 | 美国北卡罗来纳大学教堂山分校 | 2017/10/17 | 精细图 | GCA_002568855.1 |
| | AFS084242 | 美国北卡罗来纳大学教堂山分校 | 2017/10/17 | 精细图 | GCA_002568865.1 |
| | AFS086995 | 美国北卡罗来纳大学教堂山分校 | 2017/10/17 | 精细图 | GCA_002569035.1 |
| | AFS086630 | 美国北卡罗来纳大学教堂山分校 | 2017/10/17 | 精细图 | GCA_002569065.1 |
| | AFS086130 | 美国北卡罗来纳大学教堂山分校 | 2017/10/17 | 精细图 | GCA_002569095.1 |
| | AFS083298 | 美国北卡罗来纳大学教堂山分校 | 2017/10/17 | 精细图 | GCA_002569115.1 |
| | AFS078111 | 美国北卡罗来纳大学教堂山分校 | 2017/10/17 | 精细图 | GCA_002569175.1 |
| | AFS075176 | 美国北卡罗来纳大学教堂山分校 | 2017/10/17 | 精细图 | GCA_002569295.1 |
| | AFS088186 | 美国北卡罗来纳大学教堂山分校 | 2017/10/17 | 精细图 | GCA_002569325.1 |
| | AFS085003 | 美国北卡罗来纳大学教堂山分校 | 2017/10/17 | 精细图 | GCA_002569365.1 |
| | AFS084149 | 美国北卡罗来纳大学教堂山分校 | 2017/10/17 | 精细图 | GCA_002569395.1 |
| | AFS083349 | 美国北卡罗来纳大学教堂山分校 | 2017/10/17 | 精细图 | GCA_002569425.1 |
| | AFS083176 | 美国北卡罗来纳大学教堂山分校 | 2017/10/17 | 精细图 | GCA_002569445.1 |
| | AFS082731 | 美国北卡罗来纳大学教堂山分校 | 2017/10/17 | 精细图 | GCA_002569455.1 |
| | AFS082630 | 美国北卡罗来纳大学教堂山分校 | 2017/10/17 | 精细图 | GCA_002569465.1 |
| | AFS081174 | 美国北卡罗来纳大学教堂山分校 | 2017/10/17 | 精细图 | GCA_002569495.1 |
| | AFS081127 | 美国北卡罗来纳大学教堂山分校 | 2017/10/17 | 精细图 | GCA_002569515.1 |
| | AFS081053 | 美国北卡罗来纳大学教堂山分校 | 2017/10/17 | 精细图 | GCA_002569525.1 |
| | AFS077622 | 美国北卡罗来纳大学教堂山分校 | 2017/10/17 | 精细图 | GCA_002569745.1 |

续表

| 学名 | 菌株名称 | 测序机构 | 测序时间（年/月/日） | 组装水平 | GenBank 登录号 |
|---|---|---|---|---|---|
| *Bacillus toyonensis* | AFS076931 | 美国北卡罗来纳大学教堂山分校 | 2017/10/17 | 精细图 | GCA_002569805.1 |
| | AFS075404 | 美国北卡罗来纳大学教堂山分校 | 2017/10/17 | 精细图 | GCA_002569835.1 |
| | AFS074602 | 美国北卡罗来纳大学教堂山分校 | 2017/10/17 | 精细图 | GCA_002569895.1 |
| | AFS074325 | 美国北卡罗来纳大学教堂山分校 | 2017/10/17 | 精细图 | GCA_002569955.1 |
| | AFS073955 | 美国北卡罗来纳大学教堂山分校 | 2017/10/17 | 精细图 | GCA_002570025.1 |
| | AFS073128 | 美国北卡罗来纳大学教堂山分校 | 2017/10/17 | 精细图 | GCA_002570045.1 |
| | AFS073024 | 美国北卡罗来纳大学教堂山分校 | 2017/10/17 | 精细图 | GCA_002570065.1 |
| | AFS072832 | 美国北卡罗来纳大学教堂山分校 | 2017/10/17 | 精细图 | GCA_002570105.1 |
| | AFS072674 | 美国北卡罗来纳大学教堂山分校 | 2017/10/17 | 精细图 | GCA_002570115.1 |
| | AFS072190 | 美国北卡罗来纳大学教堂山分校 | 2017/10/17 | 精细图 | GCA_002570155.1 |
| | AFS072125 | 美国北卡罗来纳大学教堂山分校 | 2017/10/17 | 精细图 | GCA_002570165.1 |
| | AFS072123 | 美国北卡罗来纳大学教堂山分校 | 2017/10/17 | 精细图 | GCA_002570205.1 |
| | AFS071669 | 美国北卡罗来纳大学教堂山分校 | 2017/10/17 | 精细图 | GCA_002570235.1 |
| | AFS070615 | 美国北卡罗来纳大学教堂山分校 | 2017/10/17 | 精细图 | GCA_002570345.1 |
| | AFS070352 | 美国北卡罗来纳大学教堂山分校 | 2017/10/17 | 精细图 | GCA_002570385.1 |
| | AFS070247 | 美国北卡罗来纳大学教堂山分校 | 2017/10/17 | 精细图 | GCA_002570405.1 |
| | AFS070094 | 美国北卡罗来纳大学教堂山分校 | 2017/10/17 | 精细图 | GCA_002571435.1 |
| | AFS069354 | 美国北卡罗来纳大学教堂山分校 | 2017/10/17 | 精细图 | GCA_002571555.1 |
| | AFS068057 | 美国北卡罗来纳大学教堂山分校 | 2017/10/17 | 精细图 | GCA_002571605.1 |
| | AFS068780 | 美国北卡罗来纳大学教堂山分校 | 2017/10/17 | 精细图 | GCA_002571615.1 |
| | AFS066590 | 美国北卡罗来纳大学教堂山分校 | 2017/10/17 | 精细图 | GCA_002571675.1 |
| | AFS065951 | 美国北卡罗来纳大学教堂山分校 | 2017/10/17 | 精细图 | GCA_002571695.1 |
| | AFS064666 | 美国北卡罗来纳大学教堂山分校 | 2017/10/17 | 精细图 | GCA_002571765.1 |
| | AFS062328 | 美国北卡罗来纳大学教堂山分校 | 2017/10/17 | 精细图 | GCA_002571825.1 |
| | AFS061705 | 美国北卡罗来纳大学教堂山分校 | 2017/10/17 | 精细图 | GCA_002571885.1 |
| | AFS060522 | 美国北卡罗来纳大学教堂山分校 | 2017/10/17 | 精细图 | GCA_002571915.1 |
| | AFS067491 | 美国北卡罗来纳大学教堂山分校 | 2017/10/17 | 精细图 | GCA_002571935.1 |
| | AFS067067 | 美国北卡罗来纳大学教堂山分校 | 2017/10/17 | 精细图 | GCA_002571965.1 |
| | AFS064582 | 美国北卡罗来纳大学教堂山分校 | 2017/10/17 | 精细图 | GCA_002572005.1 |
| | AFS065389 | 美国北卡罗来纳大学教堂山分校 | 2017/10/17 | 精细图 | GCA_002572035.1 |
| | AFS060293 | 美国北卡罗来纳大学教堂山分校 | 2017/10/17 | 精细图 | GCA_002572155.1 |
| | AFS059543 | 美国北卡罗来纳大学教堂山分校 | 2017/10/17 | 精细图 | GCA_002572165.1 |
| | AFS067879 | 美国北卡罗来纳大学教堂山分校 | 2017/10/17 | 精细图 | GCA_002572235.1 |
| | AFS067541 | 美国北卡罗来纳大学教堂山分校 | 2017/10/17 | 精细图 | GCA_002572245.1 |
| | AFS066620 | 美国北卡罗来纳大学教堂山分校 | 2017/10/17 | 精细图 | GCA_002572295.1 |

续表

| 学名 | 菌株名称 | 测序机构 | 测序时间（年/月/日） | 组装水平 | GenBank 登录号 |
|---|---|---|---|---|---|
| *Bacillus toyonensis* | AFS062910 | 美国北卡罗来纳大学教堂山分校 | 2017/10/17 | 精细图 | GCA_002572395.1 |
| | AFS061925 | 美国北卡罗来纳大学教堂山分校 | 2017/10/17 | 精细图 | GCA_002572415.1 |
| | AFS061268 | 美国北卡罗来纳大学教堂山分校 | 2017/10/17 | 精细图 | GCA_002572455.1 |
| | AFS058541 | 美国北卡罗来纳大学教堂山分校 | 2017/10/17 | 精细图 | GCA_002572475.1 |
| | AFS094862 | 美国北卡罗来纳大学教堂山分校 | 2017/10/17 | 精细图 | GCA_002573545.1 |
| | AFS058160 | 美国北卡罗来纳大学教堂山分校 | 2017/10/18 | 精细图 | GCA_002578845.1 |
| | AFS057443 | 美国北卡罗来纳大学教堂山分校 | 2017/10/18 | 精细图 | GCA_002578965.1 |
| | AFS056055 | 美国北卡罗来纳大学教堂山分校 | 2017/10/18 | 精细图 | GCA_002579245.1 |
| | AFS055514 | 美国北卡罗来纳大学教堂山分校 | 2017/10/18 | 精细图 | GCA_002579305.1 |
| | AFS055990 | 美国北卡罗来纳大学教堂山分校 | 2017/10/18 | 精细图 | GCA_002579355.1 |
| | AFS055530 | 美国北卡罗来纳大学教堂山分校 | 2017/10/18 | 精细图 | GCA_002579615.1 |
| | AFS055090 | 美国北卡罗来纳大学教堂山分校 | 2017/10/18 | 精细图 | GCA_002579625.1 |
| | AFS054461 | 美国北卡罗来纳大学教堂山分校 | 2017/10/18 | 精细图 | GCA_002579735.1 |
| | AFS054329 | 美国北卡罗来纳大学教堂山分校 | 2017/10/18 | 精细图 | GCA_002579775.1 |
| | AFS053584 | 美国北卡罗来纳大学教堂山分校 | 2017/10/18 | 精细图 | GCA_002579895.1 |
| | AFS052650 | 美国北卡罗来纳大学教堂山分校 | 2017/10/18 | 精细图 | GCA_002580085.1 |
| | AFS052350 | 美国北卡罗来纳大学教堂山分校 | 2017/10/18 | 精细图 | GCA_002580125.1 |
| | AFS051208 | 美国北卡罗来纳大学教堂山分校 | 2017/10/18 | 精细图 | GCA_002580305.1 |
| | AFS051073 | 美国北卡罗来纳大学教堂山分校 | 2017/10/18 | 精细图 | GCA_002580355.1 |
| | AFS050801 | 美国北卡罗来纳大学教堂山分校 | 2017/10/18 | 精细图 | GCA_002580365.1 |
| | AFS049391 | 美国北卡罗来纳大学教堂山分校 | 2017/10/18 | 精细图 | GCA_002580455.1 |
| | AFS050593 | 美国北卡罗来纳大学教堂山分校 | 2017/10/18 | 精细图 | GCA_002580465.1 |
| | AFS048987 | 美国北卡罗来纳大学教堂山分校 | 2017/10/18 | 精细图 | GCA_002580575.1 |
| | AFS047230 | 美国北卡罗来纳大学教堂山分校 | 2017/10/18 | 精细图 | GCA_002580725.1 |
| | AFS045461 | 美国北卡罗来纳大学教堂山分校 | 2017/10/18 | 精细图 | GCA_002580865.1 |
| | AFS044782 | 美国北卡罗来纳大学教堂山分校 | 2017/10/18 | 精细图 | GCA_002580895.1 |
| | AFS045312 | 美国北卡罗来纳大学教堂山分校 | 2017/10/18 | 精细图 | GCA_002580965.1 |
| | AFS044634 | 美国北卡罗来纳大学教堂山分校 | 2017/10/18 | 精细图 | GCA_002580975.1 |
| | AFS043516 | 美国北卡罗来纳大学教堂山分校 | 2017/10/18 | 精细图 | GCA_002581125.1 |
| | AFS043269 | 美国北卡罗来纳大学教堂山分校 | 2017/10/18 | 精细图 | GCA_002581205.1 |
| | AFS051123 | 美国北卡罗来纳大学教堂山分校 | 2017/10/18 | 精细图 | GCA_002581275.1 |
| | AFS049861 | 美国北卡罗来纳大学教堂山分校 | 2017/10/18 | 精细图 | GCA_002581325.1 |
| | AFS049517 | 美国北卡罗来纳大学教堂山分校 | 2017/10/18 | 精细图 | GCA_002581455.1 |
| | AFS045990 | 美国北卡罗来纳大学教堂山分校 | 2017/10/18 | 精细图 | GCA_002581485.1 |
| | AFS045425 | 美国北卡罗来纳大学教堂山分校 | 2017/10/18 | 精细图 | GCA_002581675.1 |

续表

| 学名 | 菌株名称 | 测序机构 | 测序时间（年/月/日） | 组装水平 | GenBank 登录号 |
|---|---|---|---|---|---|
| *Bacillus toyonensis* | AFS044250 | 美国北卡罗来纳大学教堂山分校 | 2017/10/18 | 精细图 | GCA_002581735.1 |
| | AFS042818 | 美国北卡罗来纳大学教堂山分校 | 2017/10/18 | 精细图 | GCA_002581765.1 |
| | AFS042148 | 美国北卡罗来纳大学教堂山分校 | 2017/10/18 | 精细图 | GCA_002581925.1 |
| | AFS041274 | 美国北卡罗来纳大学教堂山分校 | 2017/10/18 | 精细图 | GCA_002581955.1 |
| | AFS041177 | 美国北卡罗来纳大学教堂山分校 | 2017/10/18 | 精细图 | GCA_002582025.1 |
| | AFS040610 | 美国北卡罗来纳大学教堂山分校 | 2017/10/18 | 精细图 | GCA_002582095.1 |
| | AFS039823 | 美国北卡罗来纳大学教堂山分校 | 2017/10/18 | 精细图 | GCA_002582205.1 |
| | AFS036089 | 美国北卡罗来纳大学教堂山分校 | 2017/10/18 | 精细图 | GCA_002582715.1 |
| | AFS038153 | 美国北卡罗来纳大学教堂山分校 | 2017/10/18 | 精细图 | GCA_002583715.1 |
| | AFS039264 | 美国北卡罗来纳大学教堂山分校 | 2017/10/18 | 精细图 | GCA_002585135.1 |
| | AFS036256 | 美国北卡罗来纳大学教堂山分校 | 2017/10/18 | 精细图 | GCA_002585395.1 |
| | AFS035117 | 美国北卡罗来纳大学教堂山分校 | 2017/10/18 | 精细图 | GCA_002585525.1 |
| | AFS034981 | 美国北卡罗来纳大学教堂山分校 | 2017/10/18 | 精细图 | GCA_002588635.1 |
| | AFS034699 | 美国北卡罗来纳大学教堂山分校 | 2017/10/18 | 精细图 | GCA_002588695.1 |
| | AFS032951 | 美国北卡罗来纳大学教堂山分校 | 2017/10/18 | 精细图 | GCA_002588835.1 |
| | AFS032918 | 美国北卡罗来纳大学教堂山分校 | 2017/10/18 | 精细图 | GCA_002588905.1 |
| | AFS033588 | 美国北卡罗来纳大学教堂山分校 | 2017/10/18 | 精细图 | GCA_002589195.1 |
| | AFS031162 | 美国北卡罗来纳大学教堂山分校 | 2017/10/18 | 精细图 | GCA_002589255.1 |
| | AFS033534 | 美国北卡罗来纳大学教堂山分校 | 2017/10/18 | 精细图 | GCA_002589295.1 |
| | AFS031495 | 美国北卡罗来纳大学教堂山分校 | 2017/10/18 | 精细图 | GCA_002589305.1 |
| | AFS030602 | 美国北卡罗来纳大学教堂山分校 | 2017/10/18 | 精细图 | GCA_002589375.1 |
| | AFS033477 | 美国北卡罗来纳大学教堂山分校 | 2017/10/18 | 精细图 | GCA_002589595.1 |
| | AFS033493 | 美国北卡罗来纳大学教堂山分校 | 2017/10/18 | 精细图 | GCA_002589605.1 |
| | Es2-45 | 中国华中农业大学 | 2018/10/3 | 精细图 | GCA_003610835.1 |
| | TYU4 | 韩国岭南大学 | 2017/9/8 | 框架图 | GCA_002287835.1 |
| | SJ-S4 | 美国圣犹达儿童研究医院 | 2017/12/4 | 框架图 | GCA_002807595.1 |
| *Bacillus tropicus* | N24 | 中国自然资源部第三海洋研究所 | 2016/11/18 | 框架图 | GCA_001884035.1 |
| *Bacillus trypoxylicola* | KCTC 13244 | 韩国生物科学与生物技术研究院 | 2016/3/14 | 精细图 | GCA_001590785.1 |
| | NBRC 102646 | 日本国立技术与评价研究所 | 2016/2/27 | 框架图 | GCA_001592025.1 |
| *Bacillus tuaregi* | Marseille-P2489 | 法国热带传染病研究中心 | 2016/10/27 | 精细图 | GCA_900104575.1 |
| *Bacillus urumqiensis* | BZ-SZ-XJ18 | 中国农业科学院 | 2018/3/11 | 精细图 | GCA_002993335.1 |
| *Bacillus vallismortis* | NBIF-001 | 中国湖北省农业科学院 | 2017/4/27 | 完成图 | GCA_002113805.1 |
| | Bac111 | 沙特阿拉伯阿卜杜拉国王科技大学 | 2018/10/21 | 完成图 | GCA_003667885.1 |
| | DSM 11031 | 韩国庆北国立大学 | 2019/1/29 | 完成图 | GCA_004116955.1 |
| | DV1-F-3 | 美国哈佛大学医学院 | 2012/1/25 | 精细图 | GCA_000245315.1 |

续表

| 学名 | 菌株名称 | 测序机构 | 测序时间（年/月/日） | 组装水平 | GenBank 登录号 |
|---|---|---|---|---|---|
| *Bacillus vallismortis* | TD3 | 印度韦洛尔科技大学 | 2017/12/5 | 精细图 | GCA_002811125.1 |
| *Bacillus velezensis* | FZB42 | 德国柏林洪堡大学 | 2007/8/1 | 完成图 | GCA_000015785.1 |
| | CAU B946 | 德国比勒费尔德大学 | 2012/1/9 | 完成图 | GCA_000283695.1 |
| | YAU B9601-Y2 | 德国比勒费尔德大学 | 2012/3/15 | 完成图 | GCA_000284395.1 |
| | AS43.3 | 美国农业部农业研究院 | 2012/12/12 | 完成图 | GCA_000319475.1 |
| | UCMB5036 | 欧洲生物信息学研究所 | 2013/2/21 | 完成图 | GCA_000341875.1 |
| | UCMB-5033 | 欧洲生物信息学研究所 | 2013/8/9 | 完成图 | GCA_000455565.1 |
| | UCMB5113 | 欧洲生物信息学研究所 | 2013/8/9 | 完成图 | GCA_000455585.1 |
| | NAU-B3 | 欧洲生物信息学研究所 | 2013/10/3 | 完成图 | GCA_000493375.1 |
| | TrigoCor1448 | 丹麦诺维信公司 | 2014/2/28 | 完成图 | GCA_000583065.1 |
| | SQR9 | 中国南京农业大学 | 2014/5/8 | 完成图 | GCA_000685725.1 |
| | JS25R | 中国农业科学院 | 2014/10/28 | 完成图 | GCA_000769555.1 |
| | LPL-K103 | 中国农业大学 | 2019/4/23 | 完成图 | GCA_000815275.2 |
| | L-H15 | 中国农业大学 | 2015/2/5 | 完成图 | GCA_000833005.1 |
| | L-S60 | 中国农业大学 | 2015/4/20 | 完成图 | GCA_000973485.1 |
| | NJN-6 | 中国南京农业大学 | 2015/4/20 | 完成图 | GCA_000973585.1 |
| | JJ-D34 | 韩国中央大学 | 2015/5/4 | 完成图 | GCA_000987825.1 |
| | YJ11-1-4 | 韩国中央大学 | 2015/5/6 | 完成图 | GCA_000988345.1 |
| | G341 | 韩国釜山国立大学 | 2015/6/10 | 完成图 | GCA_001023595.1 |
| | B25 | 欧洲生物信息学研究所 | 2016/1/20 | 完成图 | GCA_001536925.1 |
| | CC09 | 中国南京大学 | 2016/4/29 | 完成图 | GCA_001593395.2 |
| | S3-1 | 中国上海师范大学 | 2016/7/15 | 完成图 | GCA_001685645.1 |
| | LS69 | 中国华中农业大学 | 2016/7/20 | 完成图 | GCA_001687745.1 |
| | M75 | 韩国国家农业科学研究所 | 2016/9/13 | 完成图 | GCA_001723585.1 |
| | KD1 | 韩国中央大学 | 2018/5/18 | 完成图 | GCA_001752685.2 |
| | SYBC H47 | 中国江南大学 | 2016/10/26 | 完成图 | GCA_001854345.1 |
| | 9912D | 中国科学院 | 2016/10/31 | 完成图 | GCA_001857985.1 |
| | GH1-13 | 韩国国家农业科学研究所 | 2017/2/21 | 完成图 | GCA_002005345.1 |
| | sx01604 | 中国北京市农林科学院 | 2017/3/21 | 完成图 | GCA_002057535.1 |
| | JTYP2 | 中国山东农业大学 | 2017/3/27 | 完成图 | GCA_002072695.1 |
| | 9D-6 | 加拿大农业及农业食品部 | 2017/4/24 | 完成图 | GCA_002105595.1 |
| | CBMB205 | 韩国国家农业科学研究所 | 2017/5/2 | 完成图 | GCA_002117165.1 |
| | ZL918 | 中国南京农业大学 | 2017/5/24 | 完成图 | GCA_002157265.1 |
| | GQJK49 | 中国山东农业大学 | 2017/6/13 | 完成图 | GCA_002192235.1 |
| | SRCM100072 | 韩国发酵工业微生物研究所 | 2017/6/20 | 完成图 | GCA_002201935.1 |

续表

| 学名 | 菌株名称 | 测序机构 | 测序时间（年/月/日） | 组装水平 | GenBank 登录号 |
|---|---|---|---|---|---|
| *Bacillus velezensis* | SRCM101413 | 韩国发酵工业微生物研究所 | 2017/6/20 | 完成图 | GCA_002201975.1 |
| | T20E-257 | 韩国农业振兴厅 | 2017/6/22 | 完成图 | GCA_002205715.1 |
| | 157 | 中国吉林农业大学 | 2017/7/12 | 完成图 | GCA_002216755.1 |
| | TB1501 | 中国天津农学院 | 2017/7/31 | 完成图 | GCA_002237515.1 |
| | NJAU-Z9 | 中国南京农业大学 | 2017/8/1 | 完成图 | GCA_002238395.1 |
| | SCDB 291 | 韩国发酵工业微生物研究所 | 2017/8/31 | 完成图 | GCA_002243325.2 |
| | SCGB 1 | 韩国发酵工业微生物研究所 | 2017/9/18 | 完成图 | GCA_002310315.1 |
| | SCGB 574 | 韩国发酵工业微生物研究所 | 2017/9/21 | 完成图 | GCA_002327165.1 |
| | LABIM40 | 巴西隆德里纳州立大学 | 2017/10/16 | 完成图 | GCA_002556565.1 |
| | L-1 | 中国农业科学院 | 2017/10/24 | 完成图 | GCA_002688525.1 |
| | NKG-1 | 中国农业科学院 | 2017/11/2 | 完成图 | GCA_002741705.1 |
| | ATR2 | 中国科学院 | 2017/11/7 | 完成图 | GCA_002761535.1 |
| | TJ02 | 中国天津农学院 | 2017/11/13 | 完成图 | GCA_002764075.1 |
| | CN026 | 比利时法语鲁汶大学 | 2017/11/27 | 完成图 | GCA_002796465.1 |
| | Lzh-a42 | 中国德州学院 | 2017/12/18 | 完成图 | GCA_002844125.1 |
| | CMT-6 | 中国广东海洋大学 | 2017/12/20 | 完成图 | GCA_002845365.1 |
| | GFP-2 | 中国浙江大学 | 2018/1/3 | 完成图 | GCA_002850475.1 |
| | 10075 | 中国贵州大学 | 2018/1/21 | 完成图 | GCA_002893845.1 |
| | DKU_NT_04 | 韩国檀国大学 | 2018/2/12 | 完成图 | GCA_002944585.1 |
| | CGMCC 11640 | 中国浙江农林大学 | 2018/3/5 | 完成图 | GCA_002968415.1 |
| | DR-08 | 韩国全南国立大学 | 2018/4/9 | 完成图 | GCA_003045165.1 |
| | J7-1 | 韩国全南国立大学 | 2018/4/10 | 完成图 | GCA_003047005.1 |
| | 8-2 | 韩国全南国立大学 | 2018/4/10 | 完成图 | GCA_003047025.1 |
| | 131-4 | 韩国全南国立大学 | 2018/4/10 | 完成图 | GCA_003047045.1 |
| | GYL4 | 韩国高丽大学 | 2018/4/25 | 完成图 | GCA_003071465.1 |
| | QST713 | 法国国家农业科学研究院 | 2018/4/27 | 完成图 | GCA_003073255.1 |
| | LDO2 | 中国河南工业大学 | 2018/4/30 | 完成图 | GCA_003073455.1 |
| | BS-37 | 中国南京工业大学 | 2018/5/1 | 完成图 | GCA_003076535.1 |
| | Hx05 | 中国热带农业科学院 | 2018/9/19 | 完成图 | GCA_003150855.2 |
| | W1 | 中国云南农业大学 | 2018/6/26 | 完成图 | GCA_003265265.1 |
| | DSYZ | 中国山东农业大学 | 2018/7/1 | 完成图 | GCA_003285085.1 |
| | CBMB205 | 韩国忠北国立大学 | 2016/5/19 | 完成图 | GCA_003431885.1 |
| | K26 | 韩国食品研究院 | 2018/8/30 | 完成图 | GCA_003432425.1 |
| | BIM B-439D | 白俄罗斯国家科学院 | 2018/9/12 | 完成图 | GCA_003546955.1 |
| | ZF2 | 中国农业科学院 | 2018/9/13 | 完成图 | GCA_003555525.1 |

续表

| 学名 | 菌株名称 | 测序机构 | 测序时间（年/月/日） | 组装水平 | GenBank 登录号 |
|---|---|---|---|---|---|
| *Bacillus velezensis* | S141 | 泰国苏兰拉里理工大学 | 2017/10/26 | 完成图 | GCA_003573875.1 |
| | JT3-1 | 中国科学院 | 2018/10/4 | 完成图 | GCA_003612755.1 |
| | Bac57 | 沙特阿拉伯阿卜杜拉国王科技大学 | 2018/10/21 | 完成图 | GCA_003667745.1 |
| | NY12-2 | 韩国农业振兴厅 | 2018/11/12 | 完成图 | GCA_003721475.1 |
| | 1B-23 | 加拿大农业及农业食品部 | 2018/12/1 | 完成图 | GCA_003854915.1 |
| | BCSo1 | 土耳其安卡拉大学 | 2018/12/2 | 完成图 | GCA_003855275.1 |
| | MH25 | 中国山东农业大学 | 2018/12/4 | 完成图 | GCA_003860445.1 |
| | 83 | 墨西哥国立自治大学 | 2019/1/22 | 完成图 | GCA_004101805.1 |
| | SRCM103691 | 韩国发酵工业微生物研究所 | 2019/1/30 | 完成图 | GCA_004119575.1 |
| | SRCM103788 | 韩国发酵工业微生物研究所 | 2019/1/30 | 完成图 | GCA_004119735.1 |
| | SRCM103616 | 韩国发酵工业微生物研究所 | 2019/1/30 | 完成图 | GCA_004119855.1 |
| | ANSB01E | 中国农业大学 | 2019/3/6 | 完成图 | GCA_004329055.1 |
| | LB002 | 中国南京师范大学 | 2019/3/11 | 完成图 | GCA_004337655.1 |
| | UFLA258 | 巴西拉夫拉斯联邦大学 | 2019/4/18 | 完成图 | GCA_004799565.1 |
| | AP183 | 美国奥本大学 | 2018/5/15 | 染色体 | GCA_000875875.2 |
| | J01 | 巴西南里奥格兰德联邦大学 | 2017/9/12 | 染色体 | GCA_002290045.1 |
| | VCC-2003 | 印度阿德南•曼德列斯大学 | 2018/3/11 | 染色体 | GCA_002993245.1 |
| | SGAir0473 | 新加坡南洋理工大学 | 2018/6/4 | 染色体 | GCA_003184945.1 |
| | OSY-GA1 | 美国俄亥俄州立大学 | 2018/9/2 | 染色体 | GCA_003441635.1 |
| | UTB96 | 德国霍恩海姆大学 | 2019/3/7 | 染色体 | GCA_004331895.1 |
| | P34 | 巴西南里奥格兰德联邦大学 | 2019/5/23 | 染色体 | GCA_005696395.1 |
| | GB1 | 中国农业科学院 | 2017/6/2 | 精细图 | GCA_002165455.1 |
| | B5 | 中国自然资源部第三海洋研究所 | 2017/10/26 | 精细图 | GCA_002747285.1 |
| | FS001 | 中国昆明理工大学 | 2018/4/19 | 精细图 | GCA_003058025.1 |
| | SB-9 | 中国河南农业大学 | 2019/1/9 | 精细图 | GCA_004009895.1 |
| | M27 | 韩国农业振兴厅 | 2012/9/27 | 框架图 | GCA_000299615.1 |
| | BL | 中国南京理工大学 | 2013/6/5 | 框架图 | GCA_000408925.1 |
| | ATCC 12321 | 中国南京理工大学 | 2013/6/13 | 框架图 | GCA_000410835.1 |
| | SK19.001 | 中国江南大学 | 2014/1/7 | 框架图 | GCA_000513755.1 |
| | AH159-1 | 韩国生物科学与生物技术研究院 | 2014/4/7 | 框架图 | GCA_000612565.1 |
| | W2 | 印度查谟大学 | 2014/7/21 | 框架图 | GCA_000732055.1 |
| | GR4-5 | 韩国农业振兴厅 | 2015/2/26 | 框架图 | GCA_000934885.1 |
| | KACC 13105 | 美国农业部农业研究院 | 2015/11/12 | 框架图 | GCA_000960265.2 |
| | OB9 | 加拿大拉瓦尔大学 | 2015/8/12 | 框架图 | GCA_001266815.1 |
| | B26 | 加拿大拉瓦尔大学 | 2015/8/12 | 框架图 | GCA_001266825.1 |

续表

| 学名 | 菌株名称 | 测序机构 | 测序时间（年/月/日） | 组装水平 | GenBank登录号 |
|---|---|---|---|---|---|
| *Bacillus velezensis* | NBIF-003 | 中国湖北省农业科学院 | 2015/11/6 | 框架图 | GCA_001440465.1 |
| | NRRL B-41580 | 美国农业部农业研究院 | 2015/12/7 | 框架图 | GCA_001461825.1 |
| | KACC 18228 | 美国农业部农业研究院 | 2015/12/7 | 框架图 | GCA_001461835.1 |
| | NRRL B-4257 | 美国农业部农业研究院 | 2015/12/7 | 框架图 | GCA_001461845.1 |
| | FKM10 | 中国山东农业大学 | 2015/12/18 | 框架图 | GCA_001469675.1 |
| | RC218 | 美国农业部农业研究院 | 2016/1/19 | 框架图 | GCA_001517185.1 |
| | AP214 | 美国奥本大学 | 2016/5/19 | 框架图 | GCA_001647945.1 |
| | AP194 | 美国奥本大学 | 2016/5/19 | 框架图 | GCA_001647965.1 |
| | SRCM100731 | 韩国发酵工业微生物研究所 | 2016/6/21 | 框架图 | GCA_001672595.1 |
| | SRCM100730 | 韩国发酵工业微生物研究所 | 2016/7/18 | 框架图 | GCA_001687195.1 |
| | V4 | 中国科学院 | 2016/7/22 | 框架图 | GCA_001692115.1 |
| | CFSAN034338 | 美国食品安全与应用营养中心 | 2016/8/23 | 框架图 | GCA_001709045.1 |
| | CFSAN034339 | 美国食品安全与应用营养中心 | 2016/8/23 | 框架图 | GCA_001709055.1 |
| | CFSAN034340 | 美国食品安全与应用营养中心 | 2016/8/23 | 框架图 | GCA_001709115.1 |
| | HJ18-4 | 韩国农业振兴厅 | 2016/9/12 | 框架图 | GCA_001723375.1 |
| | BS89 | 荷兰莱顿大学 | 2017/2/16 | 框架图 | GCA_002002555.1 |
| | 2A-2B | 墨西哥哥扎卡特卡斯自治大学 | 2017/3/22 | 框架图 | GCA_002071595.1 |
| | OEE1 | 瑞士纳沙泰尔大学 | 2017/4/10 | 框架图 | GCA_002082365.1 |
| | SSBW-18 | 瑞士纳沙泰尔大学 | 2017/4/10 | 框架图 | GCA_002082375.1 |
| | SSBW-2 | 瑞士纳沙泰尔大学 | 2017/4/10 | 框架图 | GCA_002082415.1 |
| | SSBW-10 | 瑞士纳沙泰尔大学 | 2017/4/10 | 框架图 | GCA_002082435.1 |
| | SSBW-19 | 瑞士纳沙泰尔大学 | 2017/4/10 | 框架图 | GCA_002082455.1 |
| | SSBW-8 | 瑞士纳沙泰尔大学 | 2017/4/10 | 框架图 | GCA_002082465.1 |
| | NB91 | 中国宁波第一医院 | 2017/5/22 | 框架图 | GCA_002154115.1 |
| | C2 | 瑞士纳沙泰尔大学 | 2017/8/9 | 框架图 | GCA_002245385.1 |
| | 3A-25B | 墨西哥哥扎卡特卡斯自治大学 | 2017/8/25 | 框架图 | GCA_002269705.1 |
| | 7899 | 德国比勒费尔德大学 | 2017/8/28 | 框架图 | GCA_002271355.1 |
| | 7551-2 | 德国比勒费尔德大学 | 2017/8/28 | 框架图 | GCA_002271515.1 |
| | 7551-1 | 德国比勒费尔德大学 | 2017/8/28 | 框架图 | GCA_002272285.1 |
| | 7586-G | 德国比勒费尔德大学 | 2017/8/28 | 框架图 | GCA_002272465.1 |
| | 7537-G2 | 德国比勒费尔德大学 | 2017/8/28 | 框架图 | GCA_002272565.1 |
| | GF610 | 美国俄亥俄州立大学 | 2017/8/29 | 框架图 | GCA_002276265.1 |
| | MRC 16791 | 印度生物资源与可持续发展研究所 | 2017/12/2 | 框架图 | GCA_002803375.1 |
| | PG12 | 中国农业大学 | 2017/12/12 | 框架图 | GCA_002835205.1 |
| | MRC 5958 | 印度生物资源与可持续发展研究所 | 2018/2/26 | 框架图 | GCA_002943735.1 |

续表

| 学名 | 菌株名称 | 测序机构 | 测序时间（年/月/日） | 组装水平 | GenBank 登录号 |
|---|---|---|---|---|---|
| *Bacillus velezensis* | MG33 | 荷兰格罗宁根大学 | 2018/6/26 | 框架图 | GCA_003265765.1 |
| | MG43 | 荷兰格罗宁根大学 | 2018/6/26 | 框架图 | GCA_003265825.1 |
| | CHCC26801 | 丹麦科汉森股份有限公司 | 2018/8/13 | 框架图 | GCA_003382355.1 |
| | 5RB | 保加利亚科学院 | 2018/9/13 | 框架图 | GCA_003568755.1 |
| | SK007 | 中国西北农林科技大学 | 2018/9/20 | 框架图 | GCA_003583945.1 |
| | CS1.10S | 中国长沙理工大学 | 2018/10/16 | 框架图 | GCA_003665175.1 |
| | CE2 | 美国加利福尼亚大学戴维斯分校 | 2018/10/31 | 框架图 | GCA_003704405.1 |
| | JK | 中国北京科技大学 | 2018/12/14 | 框架图 | GCA_003946895.1 |
| | BE2 | 法国兰斯大学 | 2018/12/31 | 框架图 | GCA_003986895.1 |
| | FH17 | 荷兰格罗宁根大学 | 2019/1/2 | 框架图 | GCA_003990425.1 |
| | TH16 | 荷兰格罗宁根大学 | 2019/1/2 | 框架图 | GCA_003990455.1 |
| | SRCM103639 | 韩国发酵工业微生物研究所 | 2019/1/28 | 框架图 | GCA_004115935.1 |
| | P42 | 印度农业科学大学 | 2019/1/29 | 框架图 | GCA_004118035.1 |
| | A6 | 印度农业科学大学 | 2019/1/29 | 框架图 | GCA_004118065.1 |
| | YL1 | 中国华中农业大学 | 2019/5/22 | 框架图 | GCA_005636205.1 |
| | WJH | 中国广东省农业科学院 | 2019/6/15 | 框架图 | GCA_006350975.1 |
| | A35 | 德国柏林洪堡大学 | 2019/6/15 | 框架图 | GCA_006351595.1 |
| | KT1 | 德国柏林洪堡大学 | 2019/6/15 | 框架图 | GCA_006351615.1 |
| | S1 | 德国柏林洪堡大学 | 2019/6/15 | 框架图 | GCA_006351625.1 |
| | TL7 | 德国柏林洪堡大学 | 2019/6/15 | 框架图 | GCA_006351665.1 |
| | A25 | 德国柏林洪堡大学 | 2019/6/15 | 框架图 | GCA_006351675.1 |
| | TK2 | 德国柏林洪堡大学 | 2019/6/15 | 框架图 | GCA_006351695.1 |
| | S2 | 德国柏林洪堡大学 | 2019/6/15 | 框架图 | GCA_006351705.1 |
| | NKYL29 | 中国科学院 | 2014/8/15 | 精细图 | GCA_000740715.1 |
| | KCTC 13012 | 韩国生物科学与生物技术研究院 | 2015/8/14 | 精细图 | GCA_001267695.1 |
| | K26 | 韩国仁川国立大学 | 2016/4/28 | 精细图 | GCA_001639945.1 |
| | NWUMFk_BS10.5 | 南非西北大学 | 2017/6/21 | 精细图 | GCA_002204665.1 |
| | FTC01 | 巴西南里奥格兰德联邦大学 | 2017/11/6 | 精细图 | GCA_002751885.1 |
| | JW | 中国西北农林科技大学 | 2018/1/31 | 精细图 | GCA_002909615.1 |
| | B6 | 中国农业科学院 | 2018/2/5 | 精细图 | GCA_002916875.1 |
| | DJFZ40 | 德国柏林洪堡大学 | 2018/3/14 | 精细图 | GCA_002998885.1 |
| | GBSW11 | 德国柏林洪堡大学 | 2018/3/14 | 精细图 | GCA_002998915.1 |
| | PEBA20 | 中国山东农业大学 | 2018/3/20 | 精细图 | GCA_003012025.1 |
| | GF423 | 韩国生物科学与生物技术研究院 | 2018/7/15 | 精细图 | GCA_003321435.1 |

续表

| 学名 | 菌株名称 | 测序机构 | 测序时间（年/月/日） | 组装水平 | GenBank 登录号 |
|---|---|---|---|---|---|
| *Bacillus velezensis* | ZeaDK315Endobac16 | 南非西北大学 | 2019/2/3 | 精细图 | GCA_004135455.1 |
| | A3 | 南非西北大学 | 2019/2/24 | 精细图 | GCA_004294525.1 |
| | BUU 004 | 泰国东方大学 | 2019/3/11 | 精细图 | GCA_004337575.1 |
| | UUS-1 | 中国海南大学 | 2019/3/25 | 精细图 | GCA_004378445.1 |
| | SPB7 | 印度本地治里大学 | 2019/5/20 | 精细图 | GCA_005518225.1 |
| | Q2B1 | 中国北京科技大学 | 2019/5/25 | 精细图 | GCA_005843905.1 |
| | CBMB205 | 美国能源部联合基因组研究所 | 2016/10/21 | 精细图 | GCA_900100225.1 |
| | SB1216 | 美国塔尔萨大学 | 2016/5/2 | 完成图 | GCA_001634675.1 |
| | OSY-S3 | 美国俄亥俄州立大学 | 2017/11/13 | 完成图 | GCA_002763555.1 |
| | AGVL-005 | 巴西圣保罗大学 | 2017/11/27 | 完成图 | GCA_002795885.1 |
| | LP16S | 美国农业部农业研究院 | 2019/4/16 | 框架图 | GCA_004798495.1 |
| *Bacillus vietnamensis* | NBRC 101237 | 日本国立技术与评价研究所 | 2016/2/27 | 框架图 | GCA_001591825.1 |
| | HD-02 | 法国热带传染病研究中心 | 2014/5/15 | 框架图 | GCA_000723905.1 |
| | UCD-SED5 | 美国加利福尼亚大学戴维斯分校 | 2015/10/2 | 框架图 | GCA_001305855.1 |
| *Bacillus vireti* | DSM 15602 | 中国福建省农业科学院 | 2015/6/10 | 精细图 | GCA_001026695.1 |
| | LMG 21834 | 比利时根特大学 | 2013/12/16 | 框架图 | GCA_000508325.2 |
| *Bacillus wakoensis* | JCM 9140 | 日本东京大学 | 2013/12/30 | 框架图 | GCA_000513095.1 |
| *Bacillus weihaiensis* | Alg07 | 中国科学院 | 2016/12/5 | 完成图 | GCA_001889165.1 |
| *Bacillus wiedmannii* | MM3 | 美国海军医学研究中心 | 2009/5/29 | 染色体 | GCA_000160955.1 |
| | BAG5X2-1 | 美国布罗德研究所 | 2012/8/21 | 精细图 | GCA_000291375.1 |
| | BAG2X1-2 | 美国布罗德研究所 | 2012/8/21 | 精细图 | GCA_000291495.1 |
| | BAG6X1-1 | 美国布罗德研究所 | 2012/8/29 | 精细图 | GCA_000293565.1 |
| | S612 | 美国洛斯阿拉莫斯国家实验室 | 2015/10/16 | 精细图 | GCA_001317525.1 |
| | FSL W8-0169 | 美国康奈尔大学 | 2016/3/9 | 框架图 | GCA_001583695.1 |
| | FSL K6-0069 | 美国康奈尔大学 | 2016/3/9 | 框架图 | GCA_001584035.1 |
| | FSL H8-0032 | 美国康奈尔大学 | 2016/5/17 | 框架图 | GCA_001645395.1 |
| | FSL H7-0353 | 美国康奈尔大学 | 2016/5/17 | 框架图 | GCA_001645405.1 |
| | FSL M7-0044 | 美国康奈尔大学 | 2016/5/17 | 框架图 | GCA_001645445.1 |
| | FSL M7-0938 | 美国康奈尔大学 | 2016/5/17 | 框架图 | GCA_001645455.1 |
| | FSL M7-1251 | 美国康奈尔大学 | 2016/5/17 | 框架图 | GCA_001645465.1 |
| | FSL J3-0113 | 美国康奈尔大学 | 2016/5/17 | 框架图 | GCA_001645505.1 |
| | FSL P2-0415 | 美国康奈尔大学 | 2016/5/17 | 框架图 | GCA_001645525.1 |
| | FSL P2-0558 | 美国康奈尔大学 | 2016/5/17 | 框架图 | GCA_001645535.1 |
| | FSL P4-0569 | 美国康奈尔大学 | 2016/5/17 | 框架图 | GCA_001645555.1 |

续表

| 学名 | 菌株名称 | 测序机构 | 测序时间（年/月/日） | 组装水平 | GenBank 登录号 |
|---|---|---|---|---|---|
| *Bacillus wiedmannii* | GOE6 | 德国乔治-奥古斯都-哥廷根大学 | 2016/10/12 | 框架图 | GCA_001756265.1 |
| | PJC48 | 中国石河子大学 | 2017/1/4 | 框架图 | GCA_001932005.1 |
| | FSL M8-0091 | 美国康奈尔大学 | 2017/3/3 | 框架图 | GCA_002014635.1 |
| | BGSC 4BK1 | 中国华中农业大学 | 2017/5/17 | 框架图 | GCA_002147065.1 |
| | AFS004017 | 美国康奈尔大学 | 2017/10/16 | 框架图 | GCA_002555945.1 |
| | AFS023251 | 美国康奈尔大学 | 2017/10/16 | 框架图 | GCA_002557315.1 |
| | AFS053345 | 美国康奈尔大学 | 2017/10/18 | 框架图 | GCA_002580025.1 |
| | B4147 | 荷兰格罗宁根大学 | 2015/5/18 | 精细图 | GCA_001008655.1 |
| | 14294-3（M6） | 德国慕尼黑工业大学 | 2015/7/1 | 精细图 | GCA_001044575.1 |
| | RIMV BC 126 | 德国慕尼黑工业大学 | 2015/7/1 | 精细图 | GCA_001044745.1 |
| | MOD1_Bc223 | 美国食品安全与应用营养中心 | 2017/6/19 | 精细图 | GCA_002200215.1 |
| | AFS098222 | 美国北卡罗来纳大学教堂山分校 | 2017/10/13 | 精细图 | GCA_002550225.1 |
| | AFS094920 | 美国北卡罗来纳大学教堂山分校 | 2017/10/13 | 精细图 | GCA_002550635.1 |
| | AFS090430 | 美国北卡罗来纳大学教堂山分校 | 2017/10/13 | 精细图 | GCA_002550875.1 |
| | AFS089424 | 美国北卡罗来纳大学教堂山分校 | 2017/10/13 | 精细图 | GCA_002551545.1 |
| | AFS096149 | 美国北卡罗来纳大学教堂山分校 | 2017/10/13 | 精细图 | GCA_002552205.1 |
| | AFS094619 | 美国北卡罗来纳大学教堂山分校 | 2017/10/13 | 精细图 | GCA_002553125.1 |
| | AFS089520 | 美国北卡罗来纳大学教堂山分校 | 2017/10/13 | 精细图 | GCA_002553405.1 |
| | AFS018713 | 美国北卡罗来纳大学教堂山分校 | 2017/10/16 | 精细图 | GCA_002554835.1 |
| | AFS017127 | 美国北卡罗来纳大学教堂山分校 | 2017/10/16 | 精细图 | GCA_002554975.1 |
| | AFS015207 | 美国北卡罗来纳大学教堂山分校 | 2017/10/16 | 精细图 | GCA_002555085.1 |
| | AFS014747 | 美国北卡罗来纳大学教堂山分校 | 2017/10/16 | 精细图 | GCA_002555095.1 |
| | AFS013151 | 美国北卡罗来纳大学教堂山分校 | 2017/10/16 | 精细图 | GCA_002555155.1 |
| | AFS013084 | 美国北卡罗来纳大学教堂山分校 | 2017/10/16 | 精细图 | GCA_002555165.1 |
| | AFS012729 | 美国北卡罗来纳大学教堂山分校 | 2017/10/16 | 精细图 | GCA_002555265.1 |
| | AFS011149 | 美国北卡罗来纳大学教堂山分校 | 2017/10/16 | 精细图 | GCA_002555305.1 |
| | AFS010764 | 美国北卡罗来纳大学教堂山分校 | 2017/10/16 | 精细图 | GCA_002555385.1 |
| | AFS011216 | 美国北卡罗来纳大学教堂山分校 | 2017/10/16 | 精细图 | GCA_002555485.1 |
| | AFS010157 | 美国北卡罗来纳大学教堂山分校 | 2017/10/16 | 精细图 | GCA_002555505.1 |
| | AFS011906 | 美国北卡罗来纳大学教堂山分校 | 2017/10/16 | 精细图 | GCA_002555555.1 |
| | AFS009340 | 美国北卡罗来纳大学教堂山分校 | 2017/10/16 | 精细图 | GCA_002555645.1 |
| | AFS009197 | 美国北卡罗来纳大学教堂山分校 | 2017/10/16 | 精细图 | GCA_002555665.1 |
| | AFS008176 | 美国北卡罗来纳大学教堂山分校 | 2017/10/16 | 精细图 | GCA_002555735.1 |
| | AFS005864 | 美国北卡罗来纳大学教堂山分校 | 2017/10/16 | 精细图 | GCA_002555855.1 |
| | AFS006440 | 美国北卡罗来纳大学教堂山分校 | 2017/10/16 | 精细图 | GCA_002555885.1 |

续表

| 学名 | 菌株名称 | 测序机构 | 测序时间（年/月/日） | 组装水平 | GenBank 登录号 |
|---|---|---|---|---|---|
| *Bacillus wiedmannii* | AFS002659 | 美国北卡罗来纳大学教堂山分校 | 2017/10/16 | 精细图 | GCA_002556065.1 |
| | AFS002371 | 美国北卡罗来纳大学教堂山分校 | 2017/10/16 | 精细图 | GCA_002556085.1 |
| | AFS002508 | 美国北卡罗来纳大学教堂山分校 | 2017/10/16 | 精细图 | GCA_002556095.1 |
| | AFS000938 | 美国北卡罗来纳大学教堂山分校 | 2017/10/16 | 精细图 | GCA_002556175.1 |
| | AFS000414 | 美国北卡罗来纳大学教堂山分校 | 2017/10/16 | 精细图 | GCA_002556275.1 |
| | AFS001911 | 美国北卡罗来纳大学教堂山分校 | 2017/10/16 | 精细图 | GCA_002556405.1 |
| | AFS002707 | 美国北卡罗来纳大学教堂山分校 | 2017/10/16 | 精细图 | GCA_002556425.1 |
| | AFS027918 | 美国北卡罗来纳大学教堂山分校 | 2017/10/16 | 精细图 | GCA_002556745.1 |
| | AFS027394 | 美国北卡罗来纳大学教堂山分校 | 2017/10/16 | 精细图 | GCA_002556825.1 |
| | AFS026518 | 美国北卡罗来纳大学教堂山分校 | 2017/10/16 | 精细图 | GCA_002556905.1 |
| | AFS026476 | 美国北卡罗来纳大学教堂山分校 | 2017/10/16 | 精细图 | GCA_002556915.1 |
| | AFS026346 | 美国北卡罗来纳大学教堂山分校 | 2017/10/16 | 精细图 | GCA_002557015.1 |
| | AFS024711 | 美国北卡罗来纳大学教堂山分校 | 2017/10/16 | 精细图 | GCA_002557085.1 |
| | AFS025735 | 美国北卡罗来纳大学教堂山分校 | 2017/10/16 | 精细图 | GCA_002557155.1 |
| | AFS024429 | 美国北卡罗来纳大学教堂山分校 | 2017/10/16 | 精细图 | GCA_002557185.1 |
| | AFS024024 | 美国北卡罗来纳大学教堂山分校 | 2017/10/16 | 精细图 | GCA_002557205.1 |
| | AFS023423 | 美国北卡罗来纳大学教堂山分校 | 2017/10/16 | 精细图 | GCA_002557295.1 |
| | AFS023094 | 美国北卡罗来纳大学教堂山分校 | 2017/10/16 | 精细图 | GCA_002557345.1 |
| | AFS023732 | 美国北卡罗来纳大学教堂山分校 | 2017/10/16 | 精细图 | GCA_002557355.1 |
| | AFS022373 | 美国北卡罗来纳大学教堂山分校 | 2017/10/16 | 精细图 | GCA_002557405.1 |
| | AFS021943 | 美国北卡罗来纳大学教堂山分校 | 2017/10/16 | 精细图 | GCA_002557475.1 |
| | AFS020694 | 美国北卡罗来纳大学教堂山分校 | 2017/10/16 | 精细图 | GCA_002557595.1 |
| | AFS020690 | 美国北卡罗来纳大学教堂山分校 | 2017/10/16 | 精细图 | GCA_002557665.1 |
| | AFS008930 | 美国北卡罗来纳大学教堂山分校 | 2017/10/16 | 精细图 | GCA_002557675.1 |
| | AFS029396 | 美国北卡罗来纳大学教堂山分校 | 2017/10/16 | 精细图 | GCA_002557845.1 |
| | AFS028955 | 美国北卡罗来纳大学教堂山分校 | 2017/10/16 | 精细图 | GCA_002557855.1 |
| | AFS086460 | 美国北卡罗来纳大学教堂山分校 | 2017/10/17 | 精细图 | GCA_002568685.1 |
| | AFS081123 | 美国北卡罗来纳大学教堂山分校 | 2017/10/17 | 精细图 | GCA_002568785.1 |
| | AFS080080 | 美国北卡罗来纳大学教堂山分校 | 2017/10/17 | 精细图 | GCA_002568805.1 |
| | AFS079268 | 美国北卡罗来纳大学教堂山分校 | 2017/10/17 | 精细图 | GCA_002568875.1 |
| | AFS078322 | 美国北卡罗来纳大学教堂山分校 | 2017/10/17 | 精细图 | GCA_002568925.1 |
| | AFS075437 | 美国北卡罗来纳大学教堂山分校 | 2017/10/17 | 精细图 | GCA_002568955.1 |
| | AFS080672 | 美国北卡罗来纳大学教堂山分校 | 2017/10/17 | 精细图 | GCA_002569125.1 |
| | AFS078153 | 美国北卡罗来纳大学教堂山分校 | 2017/10/17 | 精细图 | GCA_002569165.1 |
| | AFS077115 | 美国北卡罗来纳大学教堂山分校 | 2017/10/17 | 精细图 | GCA_002569215.1 |

续表

| 学名 | 菌株名称 | 测序机构 | 测序时间（年/月/日） | 组装水平 | GenBank 登录号 |
|---|---|---|---|---|---|
| *Bacillus wiedmannii* | AFS080777 | 美国北卡罗来纳大学教堂山分校 | 2017/10/17 | 精细图 | GCA_002569595.1 |
| | AFS080060 | 美国北卡罗来纳大学教堂山分校 | 2017/10/17 | 精细图 | GCA_002569665.1 |
| | AFS078926 | 美国北卡罗来纳大学教堂山分校 | 2017/10/17 | 精细图 | GCA_002569675.1 |
| | AFS077478 | 美国北卡罗来纳大学教堂山分校 | 2017/10/17 | 精细图 | GCA_002569715.1 |
| | AFS074234 | 美国北卡罗来纳大学教堂山分校 | 2017/10/17 | 精细图 | GCA_002569995.1 |
| | AFS073563 | 美国北卡罗来纳大学教堂山分校 | 2017/10/17 | 精细图 | GCA_002570035.1 |
| | AFS072284 | 美国北卡罗来纳大学教堂山分校 | 2017/10/17 | 精细图 | GCA_002570135.1 |
| | AFS071466 | 美国北卡罗来纳大学教堂山分校 | 2017/10/17 | 精细图 | GCA_002570255.1 |
| | AFS071099 | 美国北卡罗来纳大学教堂山分校 | 2017/10/17 | 精细图 | GCA_002570265.1 |
| | AFS070970 | 美国北卡罗来纳大学教堂山分校 | 2017/10/17 | 精细图 | GCA_002570305.1 |
| | AFS070572 | 美国北卡罗来纳大学教堂山分校 | 2017/10/17 | 精细图 | GCA_002570335.1 |
| | AFS069985 | 美国北卡罗来纳大学教堂山分校 | 2017/10/17 | 精细图 | GCA_002571465.1 |
| | AFS069629 | 美国北卡罗来纳大学教堂山分校 | 2017/10/17 | 精细图 | GCA_002571525.1 |
| | AFS067814 | 美国北卡罗来纳大学教堂山分校 | 2017/10/17 | 精细图 | GCA_002571635.1 |
| | AFS066156 | 美国北卡罗来纳大学教堂山分校 | 2017/10/17 | 精细图 | GCA_002571685.1 |
| | AFS065610 | 美国北卡罗来纳大学教堂山分校 | 2017/10/17 | 精细图 | GCA_002571725.1 |
| | AFS064408 | 美国北卡罗来纳大学教堂山分校 | 2017/10/17 | 精细图 | GCA_002571785.1 |
| | AFS063338 | 美国北卡罗来纳大学教堂山分校 | 2017/10/17 | 精细图 | GCA_002571795.1 |
| | AFS064159 | 美国北卡罗来纳大学教堂山分校 | 2017/10/17 | 精细图 | GCA_002572045.1 |
| | AFS061931 | 美国北卡罗来纳大学教堂山分校 | 2017/10/17 | 精细图 | GCA_002572105.1 |
| | AFS061181 | 美国北卡罗来纳大学教堂山分校 | 2017/10/17 | 精细图 | GCA_002572145.1 |
| | AFS068272 | 美国北卡罗来纳大学教堂山分校 | 2017/10/17 | 精细图 | GCA_002572225.1 |
| | AFS064234 | 美国北卡罗来纳大学教堂山分校 | 2017/10/17 | 精细图 | GCA_002572315.1 |
| | AFS063010 | 美国北卡罗来纳大学教堂山分校 | 2017/10/17 | 精细图 | GCA_002572325.1 |
| | AFS057498 | 美国北卡罗来纳大学教堂山分校 | 2017/10/18 | 精细图 | GCA_002578895.1 |
| | AFS057349 | 美国北卡罗来纳大学教堂山分校 | 2017/10/18 | 精细图 | GCA_002578975.1 |
| | AFS057001 | 美国北卡罗来纳大学教堂山分校 | 2017/10/18 | 精细图 | GCA_002579095.1 |
| | AFS056211 | 美国北卡罗来纳大学教堂山分校 | 2017/10/18 | 精细图 | GCA_002579175.1 |
| | AFS054563 | 美国北卡罗来纳大学教堂山分校 | 2017/10/18 | 精细图 | GCA_002579445.1 |
| | AFS056359 | 美国北卡罗来纳大学教堂山分校 | 2017/10/18 | 精细图 | GCA_002579545.1 |
| | AFS054589 | 美国北卡罗来纳大学教堂山分校 | 2017/10/18 | 精细图 | GCA_002579725.1 |
| | AFS053866 | 美国北卡罗来纳大学教堂山分校 | 2017/10/18 | 精细图 | GCA_002579865.1 |
| | AFS053236 | 美国北卡罗来纳大学教堂山分校 | 2017/10/18 | 精细图 | GCA_002579945.1 |
| | AFS052419 | 美国北卡罗来纳大学教堂山分校 | 2017/10/18 | 精细图 | GCA_002580095.1 |
| | AFS052302 | 美国北卡罗来纳大学教堂山分校 | 2017/10/18 | 精细图 | GCA_002580165.1 |

续表

| 学名 | 菌株名称 | 测序机构 | 测序时间（年/月/日） | 组装水平 | GenBank 登录号 |
|---|---|---|---|---|---|
| *Bacillus wiedmannii* | AFS052086 | 美国北卡罗来纳大学教堂山分校 | 2017/10/18 | 精细图 | GCA_002580235.1 |
| | AFS050757 | 美国北卡罗来纳大学教堂山分校 | 2017/10/18 | 精细图 | GCA_002580335.1 |
| | AFS049329 | 美国北卡罗来纳大学教堂山分校 | 2017/10/18 | 精细图 | GCA_002580565.1 |
| | AFS048126 | 美国北卡罗来纳大学教堂山分校 | 2017/10/18 | 精细图 | GCA_002580595.1 |
| | AFS045844 | 美国北卡罗来纳大学教堂山分校 | 2017/10/18 | 精细图 | GCA_002580785.1 |
| | AFS044295 | 美国北卡罗来纳大学教堂山分校 | 2017/10/18 | 精细图 | GCA_002581055.1 |
| | AFS045893 | 美国北卡罗来纳大学教堂山分校 | 2017/10/18 | 精细图 | GCA_002581585.1 |
| | AFS045501 | 美国北卡罗来纳大学教堂山分校 | 2017/10/18 | 精细图 | GCA_002581635.1 |
| | AFS042581 | 美国北卡罗来纳大学教堂山分校 | 2017/10/18 | 精细图 | GCA_002581905.1 |
| | AFS038776 | 美国北卡罗来纳大学教堂山分校 | 2017/10/18 | 精细图 | GCA_002582255.1 |
| | AFS038775 | 美国北卡罗来纳大学教堂山分校 | 2017/10/18 | 精细图 | GCA_002582335.1 |
| | AFS036998 | 美国北卡罗来纳大学教堂山分校 | 2017/10/18 | 精细图 | GCA_002582515.1 |
| | AFS034338 | 美国北卡罗来纳大学教堂山分校 | 2017/10/18 | 精细图 | GCA_002582835.1 |
| | AFS036771 | 美国北卡罗来纳大学教堂山分校 | 2017/10/18 | 精细图 | GCA_002583885.1 |
| | AFS036521 | 美国北卡罗来纳大学教堂山分校 | 2017/10/18 | 精细图 | GCA_002583915.1 |
| | AFS035656 | 美国北卡罗来纳大学教堂山分校 | 2017/10/18 | 精细图 | GCA_002585485.1 |
| | AFS033387 | 美国北卡罗来纳大学教堂山分校 | 2017/10/18 | 精细图 | GCA_002588735.1 |
| | AFS032503 | 美国北卡罗来纳大学教堂山分校 | 2017/10/18 | 精细图 | GCA_002588915.1 |
| | AFS029838 | 美国北卡罗来纳大学教堂山分校 | 2017/10/18 | 精细图 | GCA_002589135.1 |
| | AFS031137 | 美国北卡罗来纳大学教堂山分校 | 2017/10/18 | 精细图 | GCA_002589405.1 |
| | AFS029692 | 美国北卡罗来纳大学教堂山分校 | 2017/10/18 | 精细图 | GCA_002589455.1 |
| | AFS034073 | 美国北卡罗来纳大学教堂山分校 | 2017/10/18 | 精细图 | GCA_002589515.1 |
| | AFS030115 | 美国北卡罗来纳大学教堂山分校 | 2017/10/18 | 精细图 | GCA_002589695.1 |
| | GBSC45 | 德国柏林洪堡大学 | 2018/3/14 | 精细图 | GCA_002998955.1 |
| | NMSW16 | 德国柏林洪堡大学 | 2018/3/14 | 精细图 | GCA_002998975.1 |
| | NMSL88 | 德国柏林洪堡大学 | 2018/3/14 | 精细图 | GCA_002998985.1 |
| | GBSC29 | 德国柏林洪堡大学 | 2018/3/14 | 精细图 | GCA_002999015.1 |
| | NMSW23 | 德国柏林洪堡大学 | 2018/3/14 | 精细图 | GCA_002999025.1 |
| | LLCG23 | 德国柏林洪堡大学 | 2018/4/2 | 精细图 | GCA_003030885.1 |
| | 2017H2G2 | 丹麦奥胡斯大学 | 2019/3/6 | 精细图 | GCA_004331875.1 |
| | I8 | 以色列魏茨曼科学研究所 | 2019/5/6 | 精细图 | GCA_005217165.1 |
| | I71 | 以色列魏茨曼科学研究所 | 2019/5/6 | 精细图 | GCA_005217335.1 |
| | I130 | 以色列魏茨曼科学研究所 | 2019/5/6 | 精细图 | GCA_005217695.1 |
| | FCC41 | 阿根廷生物多样性与生物技术研究所 | 2018/12/6 | 完成图 | GCA_003866015.1 |

续表

| 学名 | 菌株名称 | 测序机构 | 测序时间（年/月/日） | 组装水平 | GenBank 登录号 |
|---|---|---|---|---|---|
| *Bacillus wiedmannii* | I5 | 以色列魏茨曼科学研究所 | 2019/5/6 | 精细图 | GCA_005217915.1 |
| *Bacillus wudalianchiensis* | FJAT-27215 | 中国福建省农业科学院 | 2016/7/14 | 框架图 | GCA_001685015.1 |
| *Bacillus xiamenensis* | VV3 | 沙特阿拉伯沙特国王大学 | 2016/10/31 | 完成图 | GCA_001857925.1 |
| | HYC-10 | 中国自然资源部第三海洋研究所 | 2012/10/1 | 框架图 | GCA_000300535.1 |
| *Bacillus zeae* | JJ-247 | 美国加州理工学院 | 2018/9/14 | 框架图 | GCA_003570705.1 |
| *Bacillus zhangzhouensis* | DW5-4 | 中国自然资源部第三海洋研究所 | 2014/6/27 | 框架图 | GCA_000715205.1 |
| [*Brevibacterium*] *frigoritolerans* | ZB201705 | 中国北京市农林科学院 | 2019/1/9 | 完成图 | GCA_004006475.1 |
| | 44 | 中国南京工业大学 | 2019/3/30 | 框架图 | GCA_004525735.1 |
| | FJAT-2396 | 中国福建省农业科学院 | 2016/5/4 | 精细图 | GCA_001636405.1 |
| *Bacillus* sp. | 1NLA3E | 美国能源部联合基因组研究所 | 2013/4/30 | 完成图 | GCA_000242895.3 |
| *Bacillus* sp. | JS | 韩国生物科学与生物技术研究院 | 2012/4/20 | 完成图 | GCA_000259365.1 |
| *Bacillus* sp. | X1 | 美国新英格兰生物实验室股份有限公司 | 2014/9/3 | 完成图 | GCA_000747345.1 |
| *Bacillus* sp. | WP8 | 中国盐城师范学院 | 2014/12/11 | 完成图 | GCA_000800825.1 |
| *Bacillus* sp. | Pc3 | 中国自然资源部第三海洋研究所 | 2015/1/6 | 完成图 | GCA_000815145.1 |
| *Bacillus* sp. | BH072 | 荷兰格罗宁根大学 | 2015/1/21 | 完成图 | GCA_000827045.1 |
| *Bacillus* sp. | OxB-1 | 日本富山县立大学 | 2015/1/6 | 完成图 | GCA_000829195.1 |
| *Bacillus* sp. | YP1 | 中国北京航空航天大学 | 2015/2/19 | 完成图 | GCA_000877815.1 |
| *Bacillus* sp. | BS34A | 荷兰莱顿大学 | 2014/11/20 | 完成图 | GCA_000952895.1 |
| *Bacillus* sp. | LM 4-2 | 中国河南科技大学 | 2015/4/22 | 完成图 | GCA_000978495.1 |
| *Bacillus* sp. | SDLI1 | 美国哈佛大学医学院 | 2016/2/9 | 完成图 | GCA_001553895.1 |
| *Bacillus* sp. | IHB B 7164 | 印度科学和工业研究理事会喜马拉雅生物资源技术研究所 | 2016/5/19 | 完成图 | GCA_001648135.1 |
| *Bacillus* sp. | ABP14 | 巴西帕拉纳联邦大学 | 2016/10/24 | 完成图 | GCA_001831375.1 |
| *Bacillus* sp. | H15-1 | 中国石油大学 | 2016/12/9 | 完成图 | GCA_001896025.1 |
| *Bacillus* sp. | 275 | 韩国标准与科学研究所 | 2017/2/14 | 完成图 | GCA_001999205.1 |
| *Bacillus* sp. | FDAARGOS_235 | 美国马里兰大学 | 2018/3/1 | 完成图 | GCA_002073415.2 |
| *Bacillus* sp. | MD-5 | 中国自然资源部第三海洋研究所 | 2017/6/20 | 完成图 | GCA_002201875.1 |
| *Bacillus* sp. | 1s-1 | 中国石油大学（华东） | 2017/8/24 | 完成图 | GCA_002269275.1 |
| *Bacillus* sp. | Lzh-5 | 中国德州学院 | 2017/11/13 | 完成图 | GCA_002763675.1 |
| *Bacillus* sp. | HBCD-sjtu | 中国上海交通大学 | 2017/12/12 | 完成图 | GCA_002833485.1 |
| *Bacillus* sp. | SJ-10 | 韩国釜庆国立大学 | 2017/12/17 | 完成图 | GCA_002843505.1 |
| *Bacillus* sp. | ZY-1-1 | 中国华中农业大学 | 2018/4/10 | 完成图 | GCA_003047165.1 |
| *Bacillus* sp. | Y-01 | 中国自然资源部第一海洋研究所 | 2018/4/10 | 完成图 | GCA_003047225.1 |
| *Bacillus* sp. | DM2 | 中国科学院 | 2018/7/20 | 完成图 | GCA_003330965.1 |

续表

| 学名 | 菌株名称 | 测序机构 | 测序时间（年/月/日） | 组装水平 | GenBank 登录号 |
|---|---|---|---|---|---|
| *Bacillus* sp. | Y1 | 中国台湾成功大学 | 2018/9/21 | 完成图 | GCA_003586445.1 |
| *Bacillus* sp. | FDAARGOS_527 | 美国食品药品监督管理局 | 2018/11/21 | 完成图 | GCA_003812125.1 |
| *Bacillus* sp. | WR11 | 中国周口师范学院 | 2019/1/23 | 完成图 | GCA_004103875.1 |
| *Bacillus* sp. | SYJ | 中国浙江省淡水渔业研究所 | 2019/3/2 | 完成图 | GCA_004322655.1 |
| *Bacillus* sp. | DU-106 | 中国华南农业大学 | 2019/4/18 | 完成图 | GCA_004799705.1 |
| *Bacillus* sp. | FJAT-22090 | 中国福建省农业科学院 | 2015/9/4 | 染色体 | GCA_001278755.1 |
| *Bacillus* sp. | FJAT-18017 | 中国福建省农业科学院 | 2015/9/4 | 染色体 | GCA_001278805.1 |
| *Bacillus* sp. | FJAT-45348 | 中国福建省农业科学院 | 2017/12/6 | 染色体 | GCA_002813025.1 |
| *Bacillus* sp. | COPE52 | 墨西哥圣尼古拉斯伊达尔戈米却肯大学 | 2018/8/4 | 染色体 | GCA_003355115.1 |
| *Bacillus* sp. | E25 | 墨西哥圣尼古拉斯伊达尔戈米却肯大学 | 2018/8/28 | 染色体 | GCA_003429225.1 |
| *Bacillus* sp. | CR71 | 墨西哥圣尼古拉斯伊达尔戈米却肯大学 | 2018/8/28 | 染色体 | GCA_003429245.1 |
| *Bacillus* sp. | FJAT-42376 | 中国福建省农业科学院 | 2018/11/25 | 染色体 | GCA_003816055.1 |
| *Bacillus* sp. | NRRL B-14911 | 美国休斯敦大学 | 2006/3/31 | 精细图 | GCA_000153365.1 |
| *Bacillus* sp. | BT1B_CT2 | 美国布罗德研究所 | 2011/1/18 | 精细图 | GCA_000186125.1 |
| *Bacillus* sp. | 2_A_57_CT2 | 美国布罗德研究所 | 2011/1/18 | 精细图 | GCA_000186145.1 |
| *Bacillus* sp. | 7_6_55CFAA_CT2 | 美国布罗德研究所 | 2011/12/20 | 精细图 | GCA_000238655.1 |
| *Bacillus* sp. | 7_3_47FAA | 美国布罗德研究所 | 2011/12/20 | 精细图 | GCA_000238675.1 |
| *Bacillus* sp. | 37MA | 美国能源部联合基因组研究所 | 2013/4/23 | 精细图 | GCA_000372765.1 |
| *Bacillus* sp. | 105MF | 美国能源部联合基因组研究所 | 2013/4/23 | 精细图 | GCA_000374885.1 |
| *Bacillus* sp. | 95MFCvi2.1 | 美国能源部联合基因组研究所 | 2013/4/23 | 精细图 | GCA_000374965.1 |
| *Bacillus* sp. | 123MFChir2 | 美国能源部联合基因组研究所 | 2013/4/26 | 精细图 | GCA_000383235.1 |
| *Bacillus* sp. | URHB0009 | 美国能源部联合基因组研究所 | 2013/7/11 | 精细图 | GCA_000426085.1 |
| *Bacillus* sp. | SB47 | 印度农业研究委员会花生研究委员会 | 2013/9/10 | 精细图 | GCA_000465445.1 |
| *Bacillus* sp. | NSP9.1 | 印度农业研究委员会花生研究委员会 | 2013/9/10 | 精细图 | GCA_000465465.1 |
| *Bacillus* sp. | SB49 | 印度农业研究委员会花生研究委员会 | 2013/9/20 | 精细图 | GCA_000469135.1 |
| *Bacillus* sp. | NSP2.1 | 印度农业研究委员会花生研究委员会 | 2013/9/25 | 精细图 | GCA_000470975.1 |
| *Bacillus* sp. | UNC438CL73TsuS30 | 美国能源部联合基因组研究所 | 2013/10/30 | 精细图 | GCA_000482345.1 |
| *Bacillus* sp. | NSP22.2 | 印度农业研究委员会花生研究委员会 | 2013/10/28 | 精细图 | GCA_000485775.1 |

续表

| 学名 | 菌株名称 | 测序机构 | 测序时间（年/月/日） | 组装水平 | GenBank 登录号 |
|---|---|---|---|---|---|
| *Bacillus* sp. | 17376 | 土耳其安卡拉大学 | 2013/11/25 | 精细图 | GCA_000498695.1 |
| *Bacillus* sp. | 278922_107 | 美国能源部联合基因组研究所 | 2014/1/7 | 精细图 | GCA_000514135.1 |
| *Bacillus* sp. | 171095_106 | 美国能源部联合基因组研究所 | 2014/1/7 | 精细图 | GCA_000514175.1 |
| *Bacillus* sp. | J37 | 美国能源部联合基因组研究所 | 2014/1/13 | 精细图 | GCA_000518865.1 |
| *Bacillus* sp. | J33 | 美国能源部联合基因组研究所 | 2014/1/13 | 精细图 | GCA_000518885.1 |
| *Bacillus* sp. | J13 | 美国能源部联合基因组研究所 | 2014/1/13 | 精细图 | GCA_000518945.1 |
| *Bacillus* sp. | EB01 | 欧洲生物信息学研究所 | 2014/3/26 | 精细图 | GCA_000613125.1 |
| *Bacillus* sp. | UNC41MFS5 | 美国能源部联合基因组研究所 | 2014/5/8 | 精细图 | GCA_000686805.1 |
| *Bacillus* sp. | UNC125MFCrub1.1 | 美国能源部联合基因组研究所 | 2014/6/11 | 精细图 | GCA_000701305.1 |
| *Bacillus* sp. | MB2021 | 美国能源部联合基因组研究所 | 2014/6/11 | 精细图 | GCA_000701605.1 |
| *Bacillus* sp. | UNC69MF | 美国能源部联合基因组研究所 | 2014/8/28 | 精细图 | GCA_000746035.1 |
| *Bacillus* sp. | UNC322MFChir4.1 | 美国能源部联合基因组研究所 | 2014/8/28 | 精细图 | GCA_000746135.1 |
| *Bacillus* sp. | JFL15 | 中国华南农业大学 | 2015/7/21 | 精细图 | GCA_001184225.1 |
| *Bacillus* sp. | SgD-V-76 | 印度科学和工业研究理事会国家化学实验室 | 2015/12/4 | 精细图 | GCA_001457055.1 |
| *Bacillus* sp. | FJAT-20673 | 中国福建省农业科学院 | 2016/5/4 | 精细图 | GCA_001636485.1 |
| *Bacillus* sp. | HMSC036E02 | 美国圣路易斯华盛顿大学 | 2016/10/25 | 精细图 | GCA_001836235.1 |
| *Bacillus* sp. | HMSC76G11 | 美国圣路易斯华盛顿大学 | 2016/10/25 | 精细图 | GCA_001838545.1 |
| *Bacillus* sp. | FJAT-44921 | 中国福建省农业科学院 | 2017/3/6 | 精细图 | GCA_002019795.1 |
| *Bacillus* sp. | M13（2017） | 中国南京工业大学 | 2017/7/13 | 精细图 | GCA_002218325.1 |
| *Bacillus* sp. | FJAT-45505 | 中国福建省农业科学院 | 2017/11/28 | 精细图 | GCA_002797295.1 |
| *Bacillus* sp. | FJAT-44742 | 中国福建省农业科学院 | 2017/11/28 | 精细图 | GCA_002797315.1 |
| *Bacillus* sp. | FJAT-45037 | 中国福建省农业科学院 | 2017/11/28 | 精细图 | GCA_002797325.1 |
| *Bacillus* sp. | FJAT-46582 | 中国福建省农业科学院 | 2017/11/28 | 精细图 | GCA_002797355.1 |
| *Bacillus* sp. | FJAT-42315 | 中国福建省农业科学院 | 2017/11/28 | 精细图 | GCA_002797375.1 |
| *Bacillus* sp. | FJAT-45086 | 中国福建省农业科学院 | 2017/11/28 | 精细图 | GCA_002797395.1 |
| *Bacillus* sp. | FJAT-45122 | 中国福建省农业科学院 | 2017/11/28 | 精细图 | GCA_002797415.1 |
| *Bacillus* sp. | CGMCC 1.16541 | 中国中山大学 | 2018/5/31 | 精细图 | GCA_003184905.1 |
| *Bacillus* sp. | L75 | 中国南京工业大学 | 2018/10/13 | 精细图 | GCA_003676355.1 |
| *Bacillus* sp. | BO | 法国热带传染病研究中心 | 2017/7/7 | 精细图 | GCA_900188535.1 |
| *Bacillus* sp. | Marseille-P3661 | 法国热带传染病研究中心 | 2018/1/2 | 精细图 | GCA_900240995.1 |
| *Bacillus* sp. | B14905 | 美国克雷格•文特尔研究所 | 2007/3/6 | 框架图 | GCA_000169315.1 |
| *Bacillus* sp. | m3-13 | 墨西哥国立理工学院 | 2010/4/30 | 框架图 | GCA_000175075.1 |
| *Bacillus* sp. | SG-1 | 美国克雷格•文特尔研究所 | 2007/6/15 | 框架图 | GCA_000181495.1 |

续表

| 学名 | 菌株名称 | 测序机构 | 测序时间（年/月/日） | 组装水平 | GenBank 登录号 |
|---|---|---|---|---|---|
| *Bacillus* sp. | 5B6 | 韩国生物科学与生物技术研究院 | 2012/4/23 | 框架图 | GCA_000259405.1 |
| *Bacillus* sp. | M2-6 | 韩国食品研究院 | 2012/5/23 | 框架图 | GCA_000264255.1 |
| *Bacillus* sp. | 916 | 中国江苏省农业科学院 | 2012/7/6 | 框架图 | GCA_000275785.1 |
| *Bacillus* sp. | WBUNB001 | 印度西孟加拉邦科技大学 | 2012/11/2 | 框架图 | GCA_000309525.1 |
| *Bacillus* sp. | WBUNB004 | 印度西孟加拉邦科技大学 | 2012/12/12 | 框架图 | GCA_000319755.1 |
| *Bacillus* sp. | Aph1 | 美国佐治亚大学 | 2013/6/10 | 框架图 | GCA_000409525.1 |
| *Bacillus* sp. | RP1137 | 美国马里兰大学 | 2013/11/27 | 框架图 | GCA_000500145.1 |
| *Bacillus* sp. | JCM 19047 | 日本东京大学 | 2014/2/17 | 框架图 | GCA_000576365.1 |
| *Bacillus* sp. | TS-2 | 日本东洋大学 | 2014/3/6 | 框架图 | GCA_000586495.1 |
| *Bacillus* sp. | H1m | 马来西亚马来亚大学 | 2014/4/18 | 框架图 | GCA_000633295.1 |
| *Bacillus* sp. | H1a | 马来西亚马来亚大学 | 2014/4/18 | 框架图 | GCA_000633475.1 |
| *Bacillus* sp. | SJS | 美国印第安纳大学伯明顿分校 | 2016/5/2 | 框架图 | GCA_000732485.2 |
| *Bacillus* sp. | 72 | 美国能源部联合基因组研究所 | 2014/8/28 | 框架图 | GCA_000744645.1 |
| *Bacillus* sp. | MSP13 | 印度农业研究委员会花生研究委员会 | 2015/1/6 | 框架图 | GCA_000815295.1 |
| *Bacillus* sp. | REN51N | 印度农业研究委员会花生研究委员会 | 2015/1/6 | 框架图 | GCA_000815345.1 |
| *Bacillus* sp. | MSP5.4 | 印度农业研究委员会花生研究委员会 | 2015/1/6 | 框架图 | GCA_000815365.1 |
| *Bacillus* sp. | A053 | 中国自然资源部第三海洋研究所 | 2015/1/16 | 框架图 | GCA_000819585.1 |
| *Bacillus* sp. | B-jedd | 法国热带传染病研究中心 | 2014/10/9 | 框架图 | GCA_000821085.1 |
| *Bacillus* sp. | L_1B0_5 | 马来西亚马来亚大学 | 2015/2/12 | 框架图 | GCA_000836715.1 |
| *Bacillus* sp. | L_1B0_8 | 马来西亚马来亚大学 | 2015/2/12 | 框架图 | GCA_000836745.1 |
| *Bacillus* sp. | CMAA 1185 | 巴西农业部农业研究公司 | 2015/4/8 | 框架图 | GCA_000970655.1 |
| *Bacillus* sp. | UMTAT18 | 澳大利亚莫纳什大学马来西亚分校 | 2015/4/10 | 框架图 | GCA_000971535.1 |
| *Bacillus* sp. | SA1-12 | 印度科学和工业研究理事会微生物技术研究所 | 2015/4/28 | 框架图 | GCA_000981385.1 |
| *Bacillus* sp. | L_1B0_12 | 马来西亚马来亚大学 | 2015/4/30 | 框架图 | GCA_000986655.1 |
| *Bacillus* sp. | LL01 | 美国北得克萨斯州大学 | 2015/6/22 | 框架图 | GCA_001037965.1 |
| *Bacillus* sp. | LK7 | 马来西亚马来亚大学 | 2015/6/30 | 框架图 | GCA_001043515.1 |
| *Bacillus* sp. | LK2 | 马来西亚马来亚大学 | 2015/6/30 | 框架图 | GCA_001043575.1 |
| *Bacillus* sp. | LK10 | 马来西亚马来亚大学 | 2015/6/30 | 框架图 | GCA_001043795.1 |
| *Bacillus* sp. | LF1 | 法国热带传染病研究中心 | 2015/6/30 | 框架图 | GCA_001048695.1 |
| *Bacillus* sp. | Co1-6 | 奥地利格拉茨工业大学 | 2015/7/7 | 框架图 | GCA_001175005.1 |
| *Bacillus* sp. | CHD6a | 中国厦门大学 | 2015/9/18 | 框架图 | GCA_001293645.1 |
| *Bacillus* sp. | JCM 19041 | 日本东京大学 | 2015/10/2 | 框架图 | GCA_001310375.1 |

续表

| 学名 | 菌株名称 | 测序机构 | 测序时间（年/月/日） | 组装水平 | GenBank 登录号 |
|---|---|---|---|---|---|
| *Bacillus* sp. | JCM 19035 | 日本东京大学 | 2015/10/6 | 框架图 | GCA_001310595.1 |
| *Bacillus* sp. | JCM 19034 | 日本东京大学 | 2015/10/2 | 框架图 | GCA_001310635.1 |
| *Bacillus* sp. | FJAT-21955 | 中国福建省农业科学院 | 2015/10/30 | 框架图 | GCA_001420655.1 |
| *Bacillus* sp. | Leaf406 | 德国马克斯•普朗克植物育种研究所 | 2015/11/2 | 框架图 | GCA_001426105.1 |
| *Bacillus* sp. | Leaf49 | 德国马克斯•普朗克植物育种研究所 | 2015/11/2 | 框架图 | GCA_001426125.1 |
| *Bacillus* sp. | TH007 | 美国俄亥俄州立大学 | 2015/11/17 | 框架图 | GCA_001444735.1 |
| *Bacillus* sp. | G1（2015b） | 马来西亚马来亚大学 | 2015/12/24 | 框架图 | GCA_001482475.1 |
| *Bacillus* sp. | G3（2015） | 马来西亚马来亚大学 | 2015/12/24 | 框架图 | GCA_001482495.1 |
| *Bacillus* sp. | AM 13 | 印度公立医学院 | 2016/1/20 | 框架图 | GCA_001518755.1 |
| *Bacillus* sp. | GZT | 中国科学院 | 2016/4/5 | 框架图 | GCA_001611175.1 |
| *Bacillus* sp. | VT 712 | 美国人类微生物学研究所 | 2016/4/7 | 框架图 | GCA_001614195.1 |
| *Bacillus* sp. | MKU004 | 印度马杜赖卡玛拉大学 | 2016/6/3 | 框架图 | GCA_001655735.1 |
| *Bacillus* sp. | SM1 | 印度特里普拉大学 | 2016/6/3 | 框架图 | GCA_001657555.1 |
| *Bacillus* sp. | FJAT-27225 | 中国福建省农业科学院 | 2016/7/14 | 框架图 | GCA_001685025.1 |
| *Bacillus* sp. | FJAT-27986 | 中国福建省农业科学院 | 2016/7/14 | 框架图 | GCA_001685035.1 |
| *Bacillus* sp. | F56 | 日本国立技术与评价研究所 | 2016/8/10 | 框架图 | GCA_001748205.1 |
| *Bacillus* sp. | CMAA 1363 | 巴西农业部农业研究公司 | 2016/10/11 | 框架图 | GCA_001757375.1 |
| *Bacillus* sp. | RZ2MS9 | 巴西圣保罗大学 | 2016/10/21 | 框架图 | GCA_001816185.1 |
| *Bacillus* sp. | MUM 116 | 澳大利亚莫纳什大学马来西亚分校 | 2016/11/4 | 框架图 | GCA_001866655.1 |
| *Bacillus* sp. | MUM 13 | 澳大利亚莫纳什大学马来西亚分校 | 2016/11/4 | 框架图 | GCA_001866725.1 |
| *Bacillus* sp. | 4048 | 中国自然资源部第三海洋研究所 | 2016/11/18 | 框架图 | GCA_001884125.1 |
| *Bacillus* sp. | L27 | 中国自然资源部第三海洋研究所 | 2016/11/18 | 框架图 | GCA_001884145.1 |
| *Bacillus* sp. | NH11B | 中国自然资源部第三海洋研究所 | 2016/11/18 | 框架图 | GCA_001884205.1 |
| *Bacillus* sp. | P14-1 | 中国自然资源部第三海洋研究所 | 2016/11/18 | 框架图 | GCA_001884215.1 |
| *Bacillus* sp. | N35-10-4 | 中国自然资源部第三海洋研究所 | 2016/11/18 | 框架图 | GCA_001884225.1 |
| *Bacillus* sp. | MRMR6 | 美国加利福尼亚州立大学弗雷斯诺分校 | 2017/1/10 | 框架图 | GCA_001940785.1 |
| *Bacillus* sp. | CBA7126 | 韩国基础科学研究所 | 2016/12/6 | 框架图 | GCA_001950175.1 |
| *Bacillus* sp. | I-2 | 瑞士纳沙泰尔大学 | 2017/1/30 | 框架图 | GCA_001974945.1 |
| *Bacillus* sp. | GZB | 中国广东工业大学 | 2017/1/31 | 框架图 | GCA_001975995.1 |
| *Bacillus* sp. | VT-16-64 | 美国人类微生物学研究所 | 2017/2/4 | 框架图 | GCA_001989355.1 |
| *Bacillus* sp. | CDB3 | 澳大利亚伍伦贡大学 | 2017/4/6 | 框架图 | GCA_002081505.1 |
| *Bacillus* sp. | JEM-1 | 美国国家生物防御分析与对策中心 | 2017/5/19 | 框架图 | GCA_002150025.1 |
| *Bacillus* sp. | EAC | 美国莱康明学院 | 2017/5/23 | 框架图 | GCA_002156875.1 |
| *Bacillus* sp. | MB353a | 巴基斯坦法蒂玛真纳女子大学 | 2017/6/29 | 框架图 | GCA_002211135.1 |

续表

| 学名 | 菌株名称 | 测序机构 | 测序时间（年/月/日） | 组装水平 | GenBank 登录号 |
|---|---|---|---|---|---|
| *Bacillus* sp. | KbaL1 | 美国加利福尼亚大学戴维斯分校 | 2017/7/25 | 框架图 | GCA_002233595.1 |
| *Bacillus* sp. | KbaB1 | 美国加利福尼亚大学戴维斯分校 | 2017/7/25 | 框架图 | GCA_002233615.1 |
| *Bacillus* sp. | LYLB4 | 中国北京市科学技术研究院 | 2017/8/1 | 框架图 | GCA_002237975.1 |
| *Bacillus* sp. | OG2 | 欧洲生物信息学研究所 | 2017/8/1 | 框架图 | GCA_002238145.1 |
| *Bacillus* sp. | SA5d-4 | 中国自然资源部第三海洋研究所 | 2017/8/22 | 框架图 | GCA_002262935.1 |
| *Bacillus* sp. | 7788 | 德国比勒费尔德大学 | 2017/8/28 | 框架图 | GCA_002271405.1 |
| *Bacillus* sp. | 7520-S | 德国比勒费尔德大学 | 2017/8/28 | 框架图 | GCA_002271655.1 |
| *Bacillus* sp. | 7586-K | 德国比勒费尔德大学 | 2017/8/28 | 框架图 | GCA_002271785.1 |
| *Bacillus* sp. | 7504-2 | 德国比勒费尔德大学 | 2017/8/28 | 框架图 | GCA_002272205.1 |
| *Bacillus* sp. | 7894-2 | 德国比勒费尔德大学 | 2017/8/28 | 框架图 | GCA_002272225.1 |
| *Bacillus* sp. | 7884-1 | 德国比勒费尔德大学 | 2017/8/28 | 框架图 | GCA_002272245.1 |
| *Bacillus* sp. | X2（2017） | 印度科学和工业研究理事会微生物技术研究所 | 2017/8/30 | 框架图 | GCA_002278635.1 |
| *Bacillus* sp. | 7705b | 德国比勒费尔德大学 | 2017/9/11 | 框架图 | GCA_002289525.1 |
| *Bacillus* sp. | AFS002410 | 美国北卡罗来纳大学教堂山分校 | 2017/10/16 | 框架图 | GCA_002556365.1 |
| *Bacillus* sp. | es.036 | 美国能源部联合基因组研究所 | 2017/10/17 | 框架图 | GCA_002563635.1 |
| *Bacillus* sp. | es.034 | 美国能源部联合基因组研究所 | 2017/10/17 | 框架图 | GCA_002563655.1 |
| *Bacillus* sp. | YF23 | 美国能源部联合基因组研究所 | 2017/10/17 | 框架图 | GCA_002564205.1 |
| *Bacillus* sp. | CX-1 | 中国南京农业大学 | 2017/10/17 | 框架图 | GCA_002564325.1 |
| *Bacillus* sp. | 17-SMS-01 | 中国北京市农林科学院 | 2017/11/3 | 框架图 | GCA_002746455.1 |
| *Bacillus* sp. | YR288 | 美国能源部联合基因组研究所 | 2017/11/28 | 框架图 | GCA_002797955.1 |
| *Bacillus* sp. | mrc49 | 印度生物资源与可持续发展研究所 | 2017/12/2 | 框架图 | GCA_002803435.1 |
| *Bacillus* sp. | BA3 | 意大利工伤卫生署 | 2017/12/12 | 框架图 | GCA_002835675.1 |
| *Bacillus* sp. | BI3 | 意大利工伤卫生署 | 2017/12/19 | 框架图 | GCA_002844795.1 |
| *Bacillus* sp. | V3-13 | 美国加州理工学院 | 2018/1/4 | 框架图 | GCA_002860165.1 |
| *Bacillus* sp. | T33-2 | 美国加州理工学院 | 2018/1/4 | 框架图 | GCA_002860205.1 |
| *Bacillus* sp. | V33-4 | 美国加州理工学院 | 2018/1/4 | 框架图 | GCA_002860225.1 |
| *Bacillus* sp. | M6-12 | 美国加州理工学院 | 2018/1/4 | 框架图 | GCA_002860285.1 |
| *Bacillus* sp. | V5-8f | 美国加州理工学院 | 2018/1/4 | 框架图 | GCA_002863565.1 |
| *Bacillus* sp. | AKBS9 | 印度国家环境工程研究所 | 2018/1/24 | 框架图 | GCA_002896395.1 |
| *Bacillus* sp. | Ru63 | 印度科学和工业研究理事会基因组学与整合生物学研究所 | 2018/2/6 | 框架图 | GCA_002920595.1 |
| *Bacillus* sp. | M21 | 德国乔治-奥古斯都-哥廷根大学 | 2018/3/12 | 框架图 | GCA_002994535.1 |
| *Bacillus* sp. | CJCL2 | 德国柏林洪堡大学 | 2018/3/14 | 框架图 | GCA_002998705.1 |
| *Bacillus* sp. | YBWC18 | 德国柏林洪堡大学 | 2018/3/14 | 框架图 | GCA_002998775.1 |
| *Bacillus* sp. | Nf3 | 美国佐治亚理工学院 | 2018/4/1 | 框架图 | GCA_003028545.1 |

续表

| 学名 | 菌株名称 | 测序机构 | 测序时间（年/月/日） | 组装水平 | GenBank 登录号 |
|---|---|---|---|---|---|
| *Bacillus* sp. | Rc4 | 印度生物资源与可持续发展研究所 | 2018/4/9 | 框架图 | GCA_003046665.1 |
| *Bacillus* sp. | SUBG0010 | 印度绍拉斯彻大学 | 2018/5/26 | 框架图 | GCA_003171815.1 |
| *Bacillus* sp. | YSP-3 | 中国农业科学院 | 2018/6/13 | 框架图 | GCA_003226345.1 |
| *Bacillus* sp. | P14.5 | 墨西哥国立理工学院 | 2018/7/13 | 框架图 | GCA_003316765.1 |
| *Bacillus* sp. | PF5 | 美国中密歇根大学 | 2018/7/26 | 框架图 | GCA_003343345.1 |
| *Bacillus* sp. | K6W | 美国中密歇根大学 | 2018/7/26 | 框架图 | GCA_003343425.1 |
| *Bacillus* sp. | YLB-04 | 中国自然资源部第三海洋研究所 | 2018/8/6 | 框架图 | GCA_003362805.1 |
| *Bacillus* sp. | MT | 美国科比-索耶学院 | 2018/8/16 | 框架图 | GCA_003399495.1 |
| *Bacillus* sp. | OE | 美国科比-索耶学院 | 2018/8/16 | 框架图 | GCA_003399505.1 |
| *Bacillus* sp. | ALD | 美国科比-索耶学院 | 2018/8/16 | 框架图 | GCA_003400165.1 |
| *Bacillus* sp. | RC | 美国科比-索耶学院 | 2018/8/16 | 框架图 | GCA_003400185.1 |
| *Bacillus* sp. | HNG | 美国科比-索耶学院 | 2018/8/16 | 框架图 | GCA_003400205.1 |
| *Bacillus* sp. | dmp10 | 美国科比-索耶学院 | 2018/8/16 | 框架图 | GCA_003400245.1 |
| *Bacillus* sp. | LB（2018） | 美国科比-索耶学院 | 2018/8/16 | 框架图 | GCA_003400255.1 |
| *Bacillus* sp. | HMG | 美国科比-索耶学院 | 2018/8/16 | 框架图 | GCA_003400325.1 |
| *Bacillus* sp. | AW | 美国科比-索耶学院 | 2018/8/16 | 框架图 | GCA_003400345.1 |
| *Bacillus* sp. | dmp5 | 美国科比-索耶学院 | 2018/8/16 | 框架图 | GCA_003401715.1 |
| *Bacillus* sp. | V59.32b | 美国加州理工学院 | 2018/8/27 | 框架图 | GCA_003429085.1 |
| *Bacillus* sp. | V47-23a | 美国加州理工学院 | 2018/8/27 | 框架图 | GCA_003429095.1 |
| *Bacillus* sp. | V44-8 | 美国加州理工学院 | 2018/8/27 | 框架图 | GCA_003429105.1 |
| *Bacillus* sp. | PK3_68 | 沙特阿拉伯阿卜杜拉国王科技大学 | 2018/9/28 | 框架图 | GCA_003600835.1 |
| *Bacillus* sp. | S66 | 中国南京理工大学 | 2018/10/7 | 框架图 | GCA_003676375.1 |
| *Bacillus* sp. | KQ-3 | 中国农业科学院 | 2018/11/4 | 框架图 | GCA_003710255.1 |
| *Bacillus* sp. | SYSU K30001 | 中国中山大学 | 2018/11/30 | 框架图 | GCA_003852715.1 |
| *Bacillus* sp. | FDAARGOS_509 | 美国食品药品监督管理局 | 2018/12/11 | 框架图 | GCA_003938985.1 |
| *Bacillus* sp. | HMF5848 | 韩国外国语大学 | 2018/12/12 | 框架图 | GCA_003944835.1 |
| *Bacillus* sp. | 2B10 | 南非西北大学 | 2018/12/14 | 框架图 | GCA_003946805.1 |
| *Bacillus* sp. | STP3 | 马来西亚理工大学 | 2018/12/14 | 框架图 | GCA_003946965.1 |
| *Bacillus* sp. | XXST-01 | 中国自然资源部第三海洋研究所 | 2018/12/23 | 框架图 | GCA_003966255.1 |
| *Bacillus* sp. | SAJ1 | 印度国家细胞科学中心 | 2018/12/25 | 框架图 | GCA_003971115.1 |
| *Bacillus* sp. | VKPM B-3276 | 俄罗斯库尔恰托夫研究所 | 2019/1/1 | 框架图 | GCA_003990255.1 |
| *Bacillus* sp. | M5HDSG1-1 | 中国遵义医科大学 | 2019/1/8 | 框架图 | GCA_004005475.1 |
| *Bacillus* sp. | TE3 | 墨西哥索诺拉理工学院 | 2019/1/31 | 框架图 | GCA_004124315.1 |
| *Bacillus* sp. | OK085 | 美国能源部联合基因组研究所 | 2019/3/11 | 框架图 | GCA_004341175.1 |

续表

| 学名 | 菌株名称 | 测序机构 | 测序时间（年/月/日） | 组装水平 | GenBank 登录号 |
|---|---|---|---|---|---|
| *Bacillus* sp. | WN066 | 中国农业科学院 | 2019/3/19 | 框架图 | GCA_004358205.1 |
| *Bacillus* sp. | BH2 | 阿尔及利亚库巴高等师范学校 | 2019/3/25 | 框架图 | GCA_004367815.1 |
| *Bacillus* sp. | BH32 | 阿尔及利亚库巴高等师范学校 | 2019/3/25 | 框架图 | GCA_004367825.1 |
| *Bacillus* sp. | DSL-17 | 中国上海海洋大学 | 2019/4/20 | 框架图 | GCA_004801455.1 |
| *Bacillus* sp. | HUB-I-004 | 中国黑龙江大学 | 2019/4/21 | 框架图 | GCA_004801765.1 |
| *Bacillus* sp. | S2（2019） | 美国国立普通医学科学研究所 | 2019/5/4 | 框架图 | GCA_005144805.1 |
| *Bacillus* sp. | H2N5002 | 意大利特伦托大学 | 2019/5/17 | 框架图 | GCA_005502515.1 |
| *Bacillus* sp. | E（2018） | 意大利特伦托大学 | 2019/5/17 | 框架图 | GCA_005503015.1 |
| *Bacillus* sp. | 2SH | 意大利特伦托大学 | 2019/5/17 | 框架图 | GCA_005503255.1 |
| *Bacillus* sp. | HB172195 | 中国热带农业科学院 | 2019/5/23 | 框架图 | GCA_005747095.1 |
| *Bacillus* sp. | KBS0812 | 美国印第安纳大学 | 2019/6/3 | 框架图 | GCA_005937795.1 |
| *Bacillus* sp. | BHET2 | 英国华威大学 | 2019/6/3 | 框架图 | GCA_005938125.1 |
| *Bacillus* sp. | D386 | 中国疾病预防控制中心 | 2019/6/14 | 框架图 | GCA_006346415.1 |
| *Bacillus* sp. | CD3-5 | 德国柏林洪堡大学 | 2019/6/15 | 框架图 | GCA_006349665.1 |
| *Bacillus* sp. | CD3-1a | 德国柏林洪堡大学 | 2019/6/15 | 框架图 | GCA_006349675.1 |
| *Bacillus* sp. | RRD69 | 美国能源部联合基因组研究所 | 2017/1/20 | 框架图 | GCA_900156275.1 |
| *Bacillus* sp. | KS001846 | 美国能源部联合基因组研究所 | 2017/4/8 | 框架图 | GCA_900176455.1 |
| *Bacillus* sp. | OV166 | 美国能源部联合基因组研究所 | 2017/5/13 | 框架图 | GCA_900177675.1 |
| *Bacillus* sp. | Marseille-P3800 | 法国热带传染病研究中心 | 2017/10/23 | 框架图 | GCA_900197585.1 |
| *Bacillus* sp. | GeD10 | 欧洲生物信息学研究所 | 2013/4/23 | 精细图 | GCA_000382845.1 |
| *Bacillus* sp. | TH008 | 美国俄亥俄州立大学 | 2015/4/7 | 精细图 | GCA_000970445.1 |
| *Bacillus* sp. | 220_BSPC | 美国华盛顿大学 | 2015/7/10 | 精细图 | GCA_001054655.1 |
| *Bacillus* sp. | 522_BSPC | 美国华盛顿大学 | 2015/7/10 | 精细图 | GCA_001076885.1 |
| *Bacillus* sp. | 445_BSPC | 美国华盛顿大学 | 2015/7/13 | 精细图 | GCA_001077295.1 |
| *Bacillus* sp. | FJAT-27445 | 中国福建省农业科学院 | 2015/7/21 | 精细图 | GCA_001183905.1 |
| *Bacillus* sp. | FJAT-27916 | 中国福建省农业科学院 | 2015/7/21 | 精细图 | GCA_001183965.1 |
| *Bacillus* sp. | FJAT-27231 | 中国福建省农业科学院 | 2015/7/21 | 精细图 | GCA_001183975.1 |
| *Bacillus* sp. | FJAT-27238 | 中国福建省农业科学院 | 2015/7/21 | 精细图 | GCA_001184755.1 |
| *Bacillus* sp. | FJAT-26652 | 中国福建省农业科学院 | 2015/8/25 | 精细图 | GCA_001273895.1 |
| *Bacillus* sp. | FJAT-27251 | 中国福建省农业科学院 | 2015/8/25 | 精细图 | GCA_001273925.1 |
| *Bacillus* sp. | FJAT-27245 | 中国福建省农业科学院 | 2015/8/25 | 精细图 | GCA_001273955.1 |
| *Bacillus* sp. | FJAT-18019 | 中国福建省农业科学院 | 2015/8/31 | 精细图 | GCA_001275645.1 |
| *Bacillus* sp. | FJAT-21945 | 中国福建省农业科学院 | 2015/8/31 | 精细图 | GCA_001275655.1 |
| *Bacillus* sp. | FJAT-21351 | 中国福建省农业科学院 | 2015/8/31 | 精细图 | GCA_001275665.1 |
| *Bacillus* sp. | FJAT-22058 | 中国福建省农业科学院 | 2015/9/1 | 精细图 | GCA_001277335.1 |

续表

| 学名 | 菌株名称 | 测序机构 | 测序时间（年/月/日） | 组装水平 | GenBank 登录号 |
|---|---|---|---|---|---|
| *Bacillus* sp. | FJAT-21352 | 中国福建省农业科学院 | 2015/9/1 | 精细图 | GCA_001277355.1 |
| *Bacillus* sp. | FJAT-28004 | 中国福建省农业科学院 | 2015/9/10 | 精细图 | GCA_001280845.1 |
| *Bacillus* sp. | FJAT-25509 | 中国福建省农业科学院 | 2015/10/30 | 精细图 | GCA_001420605.1 |
| *Bacillus* sp. | Leaf13 | 德国马克斯•普朗克植物育种研究所 | 2015/11/2 | 精细图 | GCA_001426005.1 |
| *Bacillus* sp. | Leaf75 | 德国马克斯•普朗克植物育种研究所 | 2015/11/2 | 精细图 | GCA_001426025.1 |
| *Bacillus* sp. | Root147 | 德国马克斯•普朗克植物育种研究所 | 2015/11/2 | 精细图 | GCA_001429365.1 |
| *Bacillus* sp. | Root239 | 德国马克斯•普朗克植物育种研究所 | 2015/11/2 | 精细图 | GCA_001429385.1 |
| *Bacillus* sp. | Root920 | 德国马克斯•普朗克植物育种研究所 | 2015/11/2 | 精细图 | GCA_001429445.1 |
| *Bacillus* sp. | Root11 | 德国马克斯•普朗克植物育种研究所 | 2015/11/2 | 精细图 | GCA_001429465.1 |
| *Bacillus* sp. | Root131 | 德国马克斯•普朗克植物育种研究所 | 2015/11/2 | 精细图 | GCA_001429475.1 |
| *Bacillus* sp. | Soil745 | 瑞士联邦理工学院 | 2015/11/2 | 精细图 | GCA_001429835.1 |
| *Bacillus* sp. | Soil768D1 | 瑞士联邦理工学院 | 2015/11/2 | 精细图 | GCA_001429855.1 |
| *Bacillus* sp. | FJAT-25496 | 中国福建省农业科学院 | 2015/11/6 | 精细图 | GCA_001439625.1 |
| *Bacillus* sp. | FJAT-29937 | 中国福建省农业科学院 | 2015/11/8 | 精细图 | GCA_001509555.1 |
| *Bacillus* sp. | FJAT-27445 | 中国福建省农业科学院 | 2016/1/11 | 精细图 | GCA_001510665.1 |
| *Bacillus* sp. | FJAT-29814 | 中国福建省农业科学院 | 2016/1/11 | 精细图 | GCA_001510715.1 |
| *Bacillus* sp. | FJAT-28573 | 中国福建省农业科学院 | 2016/1/26 | 精细图 | GCA_001541085.1 |
| *Bacillus* sp. | JH7 | 韩国高丽大学 | 2016/2/18 | 精细图 | GCA_001563515.1 |
| *Bacillus* sp. | FJAT-27264 | 中国福建省农业科学院 | 2016/7/9 | 精细图 | GCA_001682855.1 |
| *Bacillus* sp. | FJAT-26390 | 中国福建省农业科学院 | 2016/7/9 | 精细图 | GCA_001682865.1 |
| *Bacillus* sp. | FMQ74 | 丹麦奥胡斯大学 | 2016/11/10 | 精细图 | GCA_001875785.1 |
| *Bacillus* sp. | MB366 | 巴基斯坦法蒂玛真纳女子大学 | 2017/1/9 | 精细图 | GCA_001940445.1 |
| *Bacillus* sp. | S1-R5C1-FB | 美国国家生物防御分析与对策中心 | 2017/5/19 | 精细图 | GCA_002151605.1 |
| *Bacillus* sp. | S2-R3J1-FB-BA1 | 美国国家生物防御分析与对策中心 | 2017/5/19 | 精细图 | GCA_002151615.1 |
| *Bacillus* sp. | S1-R2T1-FB | 美国国家生物防御分析与对策中心 | 2017/5/19 | 精细图 | GCA_002151625.1 |
| *Bacillus* sp. | S1-R4H1-FB | 美国国家生物防御分析与对策中心 | 2017/5/19 | 精细图 | GCA_002151665.1 |
| *Bacillus* sp. | S1-R1J2-FB | 美国国家生物防御分析与对策中心 | 2017/5/19 | 精细图 | GCA_002151675.1 |
| *Bacillus* sp. | FJAT-45385 | 中国福建省农业科学院 | 2017/5/22 | 精细图 | GCA_002156385.1 |
| *Bacillus* sp. | K2I17 | 丹麦哥本哈根大学 | 2017/6/27 | 精细图 | GCA_002209985.1 |
| *Bacillus* sp. | DSM 27956 | 印度科学和工业研究理事会国家化学实验室 | 2017/8/1 | 精细图 | GCA_002237795.1 |
| *Bacillus* sp. | FJAT-44876 | 中国福建省农业科学院 | 2017/9/21 | 精细图 | GCA_002335745.1 |
| *Bacillus* sp. | FJAT-45066 | 中国福建省农业科学院 | 2017/9/21 | 精细图 | GCA_002335755.1 |
| *Bacillus* sp. | FJAT-45350 | 中国福建省农业科学院 | 2017/9/21 | 精细图 | GCA_002335805.1 |
| *Bacillus* sp. | AFS094611 | 美国北卡罗来纳大学教堂山分校 | 2017/10/13 | 精细图 | GCA_002550645.1 |

续表

| 学名 | 菌株名称 | 测序机构 | 测序时间（年/月/日） | 组装水平 | GenBank 登录号 |
|---|---|---|---|---|---|
| *Bacillus* sp. | AFS098217 | 美国北卡罗来纳大学教堂山分校 | 2017/10/13 | 精细图 | GCA_002551815.1 |
| *Bacillus* sp. | AFS096315 | 美国北卡罗来纳大学教堂山分校 | 2017/10/13 | 精细图 | GCA_002552175.1 |
| *Bacillus* sp. | AFS094228 | 美国北卡罗来纳大学教堂山分校 | 2017/10/13 | 精细图 | GCA_002553175.1 |
| *Bacillus* sp. | AFS017336 | 美国北卡罗来纳大学教堂山分校 | 2017/10/16 | 精细图 | GCA_002555445.1 |
| *Bacillus* sp. | AFS026049 | 美国北卡罗来纳大学教堂山分校 | 2017/10/16 | 精细图 | GCA_002557105.1 |
| *Bacillus* sp. | AFS014408 | 美国北卡罗来纳大学教堂山分校 | 2017/10/16 | 精细图 | GCA_002557915.1 |
| *Bacillus* sp. | AFS012607 | 美国北卡罗来纳大学教堂山分校 | 2017/10/16 | 精细图 | GCA_002558005.1 |
| *Bacillus* sp. | AFS019443 | 美国北卡罗来纳大学教堂山分校 | 2017/10/16 | 精细图 | GCA_002558095.1 |
| *Bacillus* sp. | AFS006103 | 美国北卡罗来纳大学教堂山分校 | 2017/10/16 | 精细图 | GCA_002559145.1 |
| *Bacillus* sp. | AFS001701 | 美国北卡罗来纳大学教堂山分校 | 2017/10/16 | 精细图 | GCA_002559405.1 |
| *Bacillus* sp. | AFS023182 | 美国北卡罗来纳大学教堂山分校 | 2017/10/16 | 精细图 | GCA_002560575.1 |
| *Bacillus* sp. | AFS018417 | 美国北卡罗来纳大学教堂山分校 | 2017/10/16 | 精细图 | GCA_002560985.1 |
| *Bacillus* sp. | AFS015896 | 美国北卡罗来纳大学教堂山分校 | 2017/10/16 | 精细图 | GCA_002561435.1 |
| *Bacillus* sp. | AFS015802 | 美国北卡罗来纳大学教堂山分校 | 2017/10/16 | 精细图 | GCA_002561455.1 |
| *Bacillus* sp. | AFS017274 | 美国北卡罗来纳大学教堂山分校 | 2017/10/16 | 精细图 | GCA_002561875.1 |
| *Bacillus* sp. | AFS088145 | 美国北卡罗来纳大学教堂山分校 | 2017/10/17 | 精细图 | GCA_002564465.1 |
| *Bacillus* sp. | AFS076308 | 美国北卡罗来纳大学教堂山分校 | 2017/10/17 | 精细图 | GCA_002565135.1 |
| *Bacillus* sp. | AFS077874 | 美国北卡罗来纳大学教堂山分校 | 2017/10/17 | 精细图 | GCA_002566505.1 |
| *Bacillus* sp. | AFS073361 | 美国北卡罗来纳大学教堂山分校 | 2017/10/17 | 精细图 | GCA_002567005.1 |
| *Bacillus* sp. | AFS075960 | 美国北卡罗来纳大学教堂山分校 | 2017/10/17 | 精细图 | GCA_002569255.1 |
| *Bacillus* sp. | AFS075034 | 美国北卡罗来纳大学教堂山分校 | 2017/10/17 | 精细图 | GCA_002569845.1 |
| *Bacillus* sp. | AFS059628 | 美国北卡罗来纳大学教堂山分校 | 2017/10/17 | 精细图 | GCA_002571225.1 |
| *Bacillus* sp. | AFS055030 | 美国北卡罗来纳大学教堂山分校 | 2017/10/18 | 精细图 | GCA_002574545.1 |
| *Bacillus* sp. | AFS054943 | 美国北卡罗来纳大学教堂山分校 | 2017/10/18 | 精细图 | GCA_002574965.1 |
| *Bacillus* sp. | AFS053548 | 美国北卡罗来纳大学教堂山分校 | 2017/10/18 | 精细图 | GCA_002575105.1 |
| *Bacillus* sp. | AFS041924 | 美国北卡罗来纳大学教堂山分校 | 2017/10/18 | 精细图 | GCA_002577195.1 |
| *Bacillus* sp. | AFS040349 | 美国北卡罗来纳大学教堂山分校 | 2017/10/18 | 精细图 | GCA_002577655.1 |
| *Bacillus* sp. | AFS043905 | 美国北卡罗来纳大学教堂山分校 | 2017/10/18 | 精细图 | GCA_002581115.1 |
| *Bacillus* sp. | AFS051223 | 美国北卡罗来纳大学教堂山分校 | 2017/10/18 | 精细图 | GCA_002581245.1 |
| *Bacillus* sp. | AFS033286 | 美国北卡罗来纳大学教堂山分校 | 2017/10/18 | 精细图 | GCA_002583065.1 |
| *Bacillus* sp. | AFS031507 | 美国北卡罗来纳大学教堂山分校 | 2017/10/18 | 精细图 | GCA_002584635.1 |
| *Bacillus* sp. | AFS029637 | 美国北卡罗来纳大学教堂山分校 | 2017/10/18 | 精细图 | GCA_002584985.1 |
| *Bacillus* sp. | AFS029533 | 美国北卡罗来纳大学教堂山分校 | 2017/10/18 | 精细图 | GCA_002585125.1 |
| *Bacillus* sp. | AFS037270 | 美国北卡罗来纳大学教堂山分校 | 2017/10/18 | 精细图 | GCA_002585305.1 |
| *Bacillus* sp. | SN1 | 丹麦奥胡斯大学 | 2017/11/27 | 精细图 | GCA_002796895.1 |

续表

| 学名 | 菌株名称 | 测序机构 | 测序时间（年/月/日） | 组装水平 | GenBank 登录号 |
|---|---|---|---|---|---|
| *Bacillus* sp. | SN10 | 丹麦奥胡斯大学 | 2017/12/12 | 精细图 | GCA_002837395.1 |
| *Bacillus* sp. | SN32 | 丹麦奥胡斯大学 | 2017/12/12 | 精细图 | GCA_002837495.1 |
| *Bacillus* sp. | UMB0728 | 美国芝加哥洛约拉大学 | 2018/1/3 | 精细图 | GCA_002858875.1 |
| *Bacillus* sp. | UMB0893 | 美国芝加哥洛约拉大学 | 2018/1/3 | 精细图 | GCA_002858905.1 |
| *Bacillus* sp. | UMB0899 | 美国芝加哥洛约拉大学 | 2018/1/10 | 精细图 | GCA_002871465.1 |
| *Bacillus* sp. | MBGLi97 | 印度科学和工业研究理事会国家环境工程研究所 | 2018/2/3 | 精细图 | GCA_002915305.1 |
| *Bacillus* sp. | MYb78 | 英国基尔大学 | 2018/3/7 | 精细图 | GCA_002975115.1 |
| *Bacillus* sp. | MYb209 | 英国基尔大学 | 2018/3/7 | 精细图 | GCA_002975175.1 |
| *Bacillus* sp. | MYb56 | 英国基尔大学 | 2018/3/7 | 精细图 | GCA_002976445.1 |
| *Bacillus* sp. | LLTC93 | 德国柏林洪堡大学 | 2018/3/10 | 精细图 | GCA_002993125.1 |
| *Bacillus* sp. | NMCN1 | 德国柏林洪堡大学 | 2018/3/14 | 精细图 | GCA_002998085.1 |
| *Bacillus* sp. | RJGP41 | 德国柏林洪堡大学 | 2018/3/14 | 精细图 | GCA_002998155.1 |
| *Bacillus* sp. | NMCN6 | 德国柏林洪堡大学 | 2018/3/14 | 精细图 | GCA_002998165.1 |
| *Bacillus* sp. | GBSC66 | 德国柏林洪堡大学 | 2018/3/14 | 精细图 | GCA_002998455.1 |
| *Bacillus* sp. | NMCC46 | 德国柏林洪堡大学 | 2018/3/14 | 精细图 | GCA_002998465.1 |
| *Bacillus* sp. | NMCC4 | 德国柏林洪堡大学 | 2018/3/14 | 精细图 | GCA_002998555.1 |
| *Bacillus* sp. | LNXM65 | 德国柏林洪堡大学 | 2018/3/14 | 精细图 | GCA_002998575.1 |
| *Bacillus* sp. | MZGC1 | 德国柏林洪堡大学 | 2018/3/14 | 精细图 | GCA_002998605.1 |
| *Bacillus* sp. | LNXM10 | 德国柏林洪堡大学 | 2018/3/14 | 精细图 | GCA_002998615.1 |
| *Bacillus* sp. | GBSW19 | 德国柏林洪堡大学 | 2018/3/14 | 精细图 | GCA_002998655.1 |
| *Bacillus* sp. | GBSW2 | 德国柏林洪堡大学 | 2018/3/14 | 精细图 | GCA_002998675.1 |
| *Bacillus* sp. | NMTD17 | 德国柏林洪堡大学 | 2018/3/14 | 精细图 | GCA_002998735.1 |
| *Bacillus* sp. | V-88 | 美国能源部联合基因组研究所 | 2018/3/15 | 精细图 | GCA_003001735.1 |
| *Bacillus* sp. | LNXM12-2 | 德国柏林洪堡大学 | 2018/3/15 | 精细图 | GCA_003004355.1 |
| *Bacillus* sp. | LNXM12-1 | 德国柏林洪堡大学 | 2018/3/15 | 精细图 | GCA_003004375.1 |
| *Bacillus* sp. | OV186 | 美国能源部联合基因组研究所 | 2018/4/17 | 精细图 | GCA_003053645.1 |
| *Bacillus* sp. | OV752 | 美国能源部联合基因组研究所 | 2018/4/17 | 精细图 | GCA_003053785.1 |
| *Bacillus* sp. | VMFN-A1 | 美国能源部联合基因组研究所 | 2018/5/22 | 精细图 | GCA_003148545.1 |
| *Bacillus* sp. | 196MF | 美国能源部联合基因组研究所 | 2018/6/12 | 精细图 | GCA_003217275.1 |
| *Bacillus* sp. | AG442 | 美国能源部联合基因组研究所 | 2018/6/19 | 精细图 | GCA_003254235.1 |
| *Bacillus* sp. | YR335 | 美国能源部联合基因组研究所 | 2018/6/21 | 精细图 | GCA_003259415.1 |
| *Bacillus* sp. | SRB_331 | 新西兰植物与食品研究所有限公司 | 2018/6/25 | 精细图 | GCA_003264185.1 |
| *Bacillus* sp. | SRB_8 | 新西兰植物与食品研究所有限公司 | 2018/6/25 | 精细图 | GCA_003264205.1 |
| *Bacillus* sp. | SRB_336 | 新西兰植物与食品研究所有限公司 | 2018/6/25 | 精细图 | GCA_003264215.1 |

续表

| 学名 | 菌株名称 | 测序机构 | 测序时间（年/月/日） | 组装水平 | GenBank 登录号 |
|---|---|---|---|---|---|
| *Bacillus* sp. | DB-2 | 美国能源部联合基因组研究所 | 2018/7/12 | 精细图 | GCA_003315125.1 |
| *Bacillus* sp. | AG236 | 美国能源部联合基因组研究所 | 2018/7/24 | 精细图 | GCA_003337615.1 |
| *Bacillus* sp. | NFR08 | 美国能源部联合基因组研究所 | 2018/7/24 | 精细图 | GCA_003337685.1 |
| *Bacillus* sp. | AG102 | 美国能源部联合基因组研究所 | 2018/7/24 | 精细图 | GCA_003337755.1 |
| *Bacillus* sp. | HMA207 | 日本九州大学 | 2018/8/2 | 精细图 | GCA_003402455.1 |
| *Bacillus* sp. | 3-2-2 | 中国安徽农业大学 | 2018/12/16 | 精细图 | GCA_003605385.2 |
| *Bacillus* sp. | TYF-LIM-B05 | 中国太原理工大学 | 2018/11/7 | 精细图 | GCA_003717485.1 |
| *Bacillus* sp. | C1-1 | 菲律宾大学洛斯巴诺斯分校 | 2018/12/2 | 精细图 | GCA_003856305.1 |
| *Bacillus* sp. | 2A33 | 南非西北大学 | 2018/12/14 | 精细图 | GCA_003946745.1 |
| *Bacillus* sp. | 2D02 | 南非西北大学 | 2018/12/14 | 精细图 | GCA_003946755.1 |
| *Bacillus* sp. | 2D03 | 南非西北大学 | 2018/12/14 | 精细图 | GCA_003946765.1 |
| *Bacillus* sp. | 2A25 | 南非西北大学 | 2018/12/14 | 精细图 | GCA_003946825.1 |
| *Bacillus* sp. | 2B09 | 南非西北大学 | 2018/12/14 | 精细图 | GCA_003946835.1 |
| *Bacillus* sp. | BK245 | 美国能源部联合基因组研究所 | 2019/3/11 | 精细图 | GCA_004340305.1 |
| *Bacillus* sp. | BK100 | 美国能源部联合基因组研究所 | 2019/3/11 | 精细图 | GCA_004345435.1 |
| *Bacillus* sp. | BK006 | 美国能源部联合基因组研究所 | 2019/3/11 | 精细图 | GCA_004345465.1 |
| *Bacillus* sp. | OK077 | 美国能源部联合基因组研究所 | 2019/3/11 | 精细图 | GCA_004346405.1 |
| *Bacillus* sp. | CBEL-1 | 印度卡林加工业技术学院 | 2019/3/13 | 精细图 | GCA_004348885.1 |
| *Bacillus* sp. | AtDRG31 | 美国能源部联合基因组研究所 | 2019/3/22 | 精细图 | GCA_004362125.1 |
| *Bacillus* sp. | BK450 | 美国能源部联合基因组研究所 | 2019/3/22 | 精细图 | GCA_004364885.1 |
| *Bacillus* sp. | AG1163 | 美国能源部联合基因组研究所 | 2019/3/22 | 精细图 | GCA_004365675.1 |
| *Bacillus* sp. | 005/A4HT-01/001 | 新加坡国立教育学院 | 2019/4/4 | 精细图 | GCA_004634445.1 |
| *Bacillus* sp. | 007/AIA-02/001 | 新加坡国立教育学院 | 2019/4/4 | 精细图 | GCA_004634455.1 |
| *Bacillus* sp. | PIC28 | 西班牙可持续农业研究所 | 2019/5/13 | 精细图 | GCA_005287935.1 |
| *Bacillus* sp. | M30 | 乌拉圭共和国大学 | 2019/6/4 | 精细图 | GCA_006007885.1 |
| *Bacillus* sp. | V-76 | 美国能源部联合基因组研究所 | 2016/8/4 | 精细图 | GCA_900094875.1 |
| *Bacillus* sp. | NIO-1130 | 美国能源部联合基因组研究所 | 2016/8/4 | 精细图 | GCA_900094985.1 |
| *Bacillus* sp. | YR331 | 美国能源部联合基因组研究所 | 2016/10/21 | 精细图 | GCA_900100415.1 |
| *Bacillus* sp. | CL96 | 美国能源部联合基因组研究所 | 2016/10/21 | 精细图 | GCA_900100505.1 |
| *Bacillus* sp. | OK048 | 美国能源部联合基因组研究所 | 2016/10/21 | 精细图 | GCA_900103525.1 |
| *Bacillus* sp. | 166AMFTsu | 美国能源部联合基因组研究所 | 2016/10/22 | 精细图 | GCA_900107445.1 |
| *Bacillus* sp. | 112MF | 美国能源部联合基因组研究所 | 2016/10/22 | 精细图 | GCA_900107515.1 |
| *Bacillus* sp. | CL115 | 美国能源部联合基因组研究所 | 2016/10/22 | 精细图 | GCA_900107565.1 |
| *Bacillus* sp. | OK061 | 美国能源部联合基因组研究所 | 2016/10/24 | 精细图 | GCA_900108285.1 |

续表

| 学名 | 菌株名称 | 测序机构 | 测序时间（年/月/日） | 组装水平 | GenBank 登录号 |
|---|---|---|---|---|---|
| *Bacillus* sp. | UNCCL13 | 美国能源部联合基因组研究所 | 2016/11/2 | 精细图 | GCA_900112075.1 |
| *Bacillus* sp. | 491MF | 美国能源部联合基因组研究所 | 2016/11/2 | 精细图 | GCA_900112415.1 |
| *Bacillus* sp. | OV322 | 美国能源部联合基因组研究所 | 2016/11/2 | 精细图 | GCA_900112495.1 |
| *Bacillus* sp. | UNCCL81 | 美国能源部联合基因组研究所 | 2016/11/2 | 精细图 | GCA_900112535.1 |
| *Bacillus* sp. | OV194 | 美国能源部联合基因组研究所 | 2016/11/2 | 精细图 | GCA_900112635.1 |
| *Bacillus* sp. | 71MF | 美国能源部联合基因组研究所 | 2016/11/2 | 精细图 | GCA_900113855.1 |
| *Bacillus* sp. | 5MFCol3.1 | 美国能源部联合基因组研究所 | 2016/11/4 | 精细图 | GCA_900114335.1 |
| *Bacillus* sp. | OK634 | 美国能源部联合基因组研究所 | 2016/11/4 | 精细图 | GCA_900115885.1 |
| *Bacillus* sp. | CL95 | 美国能源部联合基因组研究所 | 2016/11/2 | 精细图 | GCA_900115925.1 |
| *Bacillus* sp. | 103MF | 美国能源部联合基因组研究所 | 2016/11/2 | 精细图 | GCA_900116295.1 |
| *Bacillus* sp. | RU9509.4 | 美国能源部联合基因组研究所 | 2016/11/18 | 精细图 | GCA_900119345.1 |
| *Bacillus* sp. | CL25 | 美国能源部联合基因组研究所 | 2016/11/3 | 精细图 | GCA_900142155.1 |
| *Bacillus* sp. | BC15 | 美国能源部联合基因组研究所 | 2016/11/3 | 精细图 | GCA_900142585.1 |
| *Bacillus* sp. | RU2C | 美国能源部联合基因组研究所 | 2017/1/14 | 精细图 | GCA_900156115.1 |
| *Bacillus* sp. | RUPDJ | 美国能源部联合基因组研究所 | 2017/1/14 | 精细图 | GCA_900156485.1 |
| *Bacillus* sp. | V-88 | 美国能源部联合基因组研究所 | 2017/3/12 | 精细图 | GCA_900168275.1 |
| *Bacillus* sp. | RUTrin4 | 美国能源部联合基因组研究所 | 2017/3/12 | 精细图 | GCA_900168355.1 |
| *Bacillus* sp. | CC120222-01 | 美国能源部联合基因组研究所 | 2017/4/19 | 精细图 | GCA_900177305.1 |
| *Bacillus* sp. | RU27A | 美国能源部联合基因组研究所 | 2017/7/16 | 精细图 | GCA_900188195.1 |
| *Bacillus* sp. | OK838 | 美国能源部联合基因组研究所 | 2017/7/16 | 精细图 | GCA_900188495.1 |
| *Bacillus* sp. | GL120224-02 | 美国能源部联合基因组研究所 | 2017/9/28 | 精细图 | GCA_900215365.1 |
| *Bacillus* sp. | wens01 | 中国中山大学 | 2018/12/10 | 完成图 | GCA_003932815.1 |
| *Bacillus* sp. | B25（2016b） | 西班牙国家政治学院 | 2016/7/5 | 染色体 | GCA_001679765.1 |
| *Bacillus* sp. | MBGLi79 | 印度科学和工业研究理事会国家环境工程研究所 | 2018/2/6 | 染色体 | GCA_002953915.1 |
| *Bacillus* sp. | G9241 | 欧洲基因组研究所 | 2004/5/21 | 精细图 | GCA_000167215.1 |
| *Bacillus* sp. | CAG: 988 | 欧洲生物信息学研究所 | 2013/7/17 | 精细图 | GCA_000437335.1 |
| *Bacillus* sp. | WBUNB009 | 印度西孟加拉邦科技大学 | 2012/12/12 | 框架图 | GCA_000319735.1 |
| *Bacillus* sp. | JGI 001005-J19 | 美国能源部联合基因组研究所 | 2013/10/29 | 框架图 | GCA_000428165.2 |
| *Bacillus* sp. | JGI 001011-F15 | 美国能源部联合基因组研究所 | 2014/1/15 | 框架图 | GCA_000428405.2 |
| *Bacillus* sp. | JGI 0001002-E22 | 美国能源部联合基因组研究所 | 2013/10/29 | 框架图 | GCA_000464175.2 |
| *Bacillus* sp. | JGI 001006-L10 | 美国能源部联合基因组研究所 | 2013/10/28 | 框架图 | GCA_000493835.1 |
| *Bacillus* sp. | JCM 19056 | 日本东京大学 | 2015/10/2 | 框架图 | GCA_001310515.1 |
| *Bacillus* sp. | JCM 19058 | 日本东京大学 | 2015/10/2 | 框架图 | GCA_001310555.1 |
| *Bacillus* sp. | JCM 19059 | 日本东京大学 | 2015/10/2 | 框架图 | GCA_001310655.1 |

续表

| 学名 | 菌株名称 | 测序机构 | 测序时间（年/月/日） | 组装水平 | GenBank 登录号 |
|---|---|---|---|---|---|
| *Bacillus* sp. | ISSFR-25F | 美国国家生物防御分析与对策中心 | 2017/5/19 | 框架图 | GCA_002151595.1 |
| *Bacillus* sp. | UFRGS-B20 | 加拿大多伦多大学 | 2018/1/16 | 框架图 | GCA_002885815.1 |
| *Aeribacillus pallidus* | 8m3 | 俄罗斯科学院 | 2016/4/22 | 精细图 | GCA_001629795.1 |
| | KCTC 3564 | 韩国庆北国立大学 | 2017/8/8 | 完成图 | GCA_002243625.1 |
| | GS3372 | 美国洛斯阿拉莫斯国家实验室 | 2015/3/5 | 框架图 | GCA_000948185.1 |
| | W-12 | 中国南开大学 | 2018/8/22 | 框架图 | GCA_003413715.1 |
| | TD1 | 泰国朱拉蓬医学研究所 | 2019/2/19 | 框架图 | GCA_004210355.1 |
| | 8 | 荷兰格罗宁根大学 | 2016/4/20 | 精细图 | GCA_001624605.1 |
| *Alkalibacillus haloalkaliphilus* | C5 | 印度阿南德农业大学 | 2012/6/18 | 框架图 | GCA_000269905.1 |
| *Alkalicoccus saliphilus* | 6AG | 中国农业科学院 | 2018/4/6 | 精细图 | GCA_003044065.1 |
| *Alteribacillus bidgolensis* | P4B | 美国能源部联合基因组研究所 | 2016/10/21 | 精细图 | GCA_900099745.1 |
| | DSM 25260 | 中国福建省农业科学院 | 2018/1/16 | 精细图 | GCA_002886255.1 |
| *Alteribacillus iranensis* | DSM 23995 | 美国能源部联合基因组研究所 | 2016/11/2 | 精细图 | GCA_900113025.1 |
| *Alteribacillus persepolensis* | DSM 21632 | 美国能源部联合基因组研究所 | 2016/10/21 | 框架图 | GCA_900099605.1 |
| *Amphibacillus jilinensis* | Y1 | 中国浙江大学 | 2012/10/19 | 精细图 | GCA_000306965.1 |
| *Amphibacillus marinus* | CGMCC 1.10434 | 美国能源部联合基因组研究所 | 2016/10/31 | 精细图 | GCA_900110345.1 |
| *Amphibacillus sediminis* | NBRC 103570 | 日本国立技术与评价研究所 | 2016/2/3 | 框架图 | GCA_001552275.1 |
| *Amphibacillus xylanus* | NBRC 15112 | 日本国立技术与评价研究所 | 2012/10/1 | 完成图 | GCA_000307165.1 |
| *Anaerobacillus alkalidiazotrophicus* | DSM 22531 | 英国曼彻斯特大学 | 2016/11/3 | 框架图 | GCA_001866055.1 |
| *Anaerobacillus alkalilacustris* | DSM 18345 | 英国曼彻斯特大学 | 2016/11/3 | 框架图 | GCA_001866005.1 |
| *Anaerobacillus arseniciselenatis* | DSM 15340 | 英国曼彻斯特大学 | 2016/11/3 | 框架图 | GCA_001865995.1 |
| *Anaerobacillus isosaccharinicus* | NB2006 | 英国曼彻斯特大学 | 2016/11/3 | 框架图 | GCA_001866075.1 |
| *Anaerobacillus macyae* | DSM 16346 | 中国福建省农业科学院 | 2015/6/25 | 精细图 | GCA_001039475.1 |
| *Anoxybacillus amylolyticus* | DSM 15939 | 美国洛斯阿拉莫斯国家实验室 | 2016/4/29 | 完成图 | GCA_001634285.1 |
| | MR3C | 美国能源部联合基因组研究所 | 2019/3/11 | 精细图 | GCA_004346755.1 |
| *Anoxybacillus ayderensis* | SK3-4 | 马来西亚理工大学 | 2013/8/5 | 框架图 | GCA_000443775.1 |
| | AB04 | 马来西亚理工大学 | 2015/2/9 | 框架图 | GCA_000833605.1 |
| | MT-Cab | 美国宾夕法尼亚州立大学 | 2017/5/2 | 框架图 | GCA_002117565.1 |
| *Anoxybacillus flavithermus* | WK1 | 美国夏威夷大学马诺阿分校 | 2008/11/13 | 完成图 | GCA_000019045.1 |
| | 52-1A | 瑞士苏黎世大学 | 2017/6/16 | 完成图 | GCA_002197485.1 |
| | TNO-09.006 | 荷兰顶级食品和营养研究所 | 2013/1/2 | 精细图 | GCA_000327465.1 |
| | AK1 | 沙特阿拉伯阿卜杜拉国王科技大学 | 2013/4/4 | 框架图 | GCA_000353425.1 |

续表

| 学名 | 菌株名称 | 测序机构 | 测序时间（年/月/日） | 组装水平 | GenBank 登录号 |
|---|---|---|---|---|---|
| *Anoxybacillus flavithermus* | NBRC 109594 | 日本山口大学 | 2013/4/16 | 框架图 | GCA_000367505.1 |
| | KU2-6_11 | 俄罗斯科学院 | 2017/11/3 | 框架图 | GCA_002742685.1 |
| | FHS-PPAM212 | 韩国高丽大学 | 2019/1/15 | 框架图 | GCA_004025305.1 |
| | B4168 | 荷兰格罗宁根大学 | 2016/3/11 | 精细图 | GCA_001587555.1 |
| | AF14 | 荷兰乳品研究所 | 2016/5/25 | 精细图 | GCA_001651525.1 |
| | AF16 | 荷兰乳品研究所 | 2016/5/25 | 精细图 | GCA_001651545.1 |
| | DSM 2641 | 韩国庆北国立大学 | 2017/8/8 | 完成图 | GCA_002243705.1 |
| | E13 | 中国安徽大学 | 2014/9/10 | 精细图 | GCA_000753835.1 |
| | 25 | 俄罗斯科学院 | 2014/9/9 | 框架图 | GCA_000753775.1 |
| *Anoxybacillus geothermalis* | ATCC BAA-2555 | 美国洛斯阿拉莫斯国家实验室 | 2015/3/5 | 框架图 | GCA_000948315.1 |
| *Anoxybacillus gonensis* | G2 | 马来西亚马来亚大学 | 2015/7/27 | 完成图 | GCA_001187595.1 |
| | DT3-1 | 马来西亚理工大学 | 2013/3/12 | 框架图 | GCA_000346275.1 |
| *Anoxybacillus kamchatkensis* | G10 | 韩国生物科学与生物技术研究院 | 2018/8/15 | 染色体 | GCA_000283415.2 |
| | PD13 | 印度科学和工业研究理事会微生物技术研究所 | 2019/4/17 | 框架图 | GCA_004799135.1 |
| *Anoxybacillus mongoliensis* | MB4 | 印度科学教育研究所 | 2016/12/23 | 框架图 | GCA_001914435.1 |
| *Anoxybacillus pushchinoensis* | K1 | 美国能源部联合基因组研究所 | 2016/11/2 | 精细图 | GCA_900111795.1 |
| *Anoxybacillus suryakundensis* | DSM 27374 | 美国能源部联合基因组研究所 | 2015/10/28 | 精细图 | GCA_001418025.1 |
| *Anoxybacillus tepidamans* | PS2 | 美国能源部联合基因组研究所 | 2014/4/8 | 精细图 | GCA_000620165.1 |
| *Anoxybacillus thermarum* | AF/04 | 马来西亚理工大学 | 2015/2/12 | 框架图 | GCA_000836725.1 |
| *Anoxybacillus vitaminiphilus* | CGMCC 1.8979 | 美国能源部联合基因组研究所 | 2018/6/21 | 精细图 | GCA_003259935.1 |
| *Anoxybacillus* sp. | B2M1 | 美国洛斯阿拉莫斯国家实验室 | 2016/4/29 | 完成图 | GCA_001634265.1 |
| *Anoxybacillus* sp. | B7M1 | 美国洛斯阿拉莫斯国家实验室 | 2016/4/29 | 完成图 | GCA_001634305.1 |
| *Anoxybacillus* sp. | KU2-6（11） | 俄罗斯科学院 | 2014/9/10 | 框架图 | GCA_000753875.1 |
| *Anoxybacillus* sp. | BCO1 | 澳大利亚格里菲斯大学 | 2014/11/26 | 框架图 | GCA_000787435.1 |
| *Anoxybacillus* sp. | P3H1B | 澳大利亚格里菲斯大学 | 2016/2/11 | 框架图 | GCA_001560855.1 |
| *Anoxybacillus* sp. | UARK-01 | 美国阿肯色大学 | 2017/3/30 | 框架图 | GCA_002075365.1 |
| *Anoxybacillus* sp. | 103 | 挪威卑尔根大学 | 2017/2/13 | 精细图 | GCA_001996285.1 |
| *Aquibacillus* sp. | BH258 | 韩国微生物生态与资源研究所 | 2019/5/28 | 框架图 | GCA_005870085.1 |
| *Aquisalibacillus elongatus* | DSM 18090 | 美国能源部联合基因组研究所 | 2018/11/23 | 框架图 | GCA_003843875.1 |
| *Aureibacillus halotolerans* | DSM 28697 | 美国能源部联合基因组研究所 | 2019/3/22 | 精细图 | GCA_004363045.1 |
| *Caldalkalibacillus thermarum* | TA2.A1 | 新西兰奥塔哥大学 | 2011/5/26 | 精细图 | GCA_000218765.2 |
| *Caldibacillus debilis* | DSM 16016 | 美国能源部联合基因组研究所 | 2013/4/26 | 精细图 | GCA_000383875.1 |

续表

| 学名 | 菌株名称 | 测序机构 | 测序时间（年/月/日） | 组装水平 | GenBank 登录号 |
|---|---|---|---|---|---|
| *Caldibacillus debilis* | GB1 | 加拿大曼尼托巴大学 | 2018/10/9 | 框架图 | GCA_003627895.1 |
| | B4135 | 荷兰格罗宁根大学 | 2016/3/11 | 精细图 | GCA_001587535.1 |
| | ZCTH02-B5 | 巴西圣保罗大学 | 2017/5/30 | 框架图 | GCA_002159135.1 |
| | ZCTH5_d | 巴西圣保罗大学 | 2018/8/14 | 框架图 | GCA_003387685.1 |
| | ZCTH6_d | 巴西圣保罗大学 | 2018/8/14 | 框架图 | GCA_003387715.1 |
| | ZCTH4_d | 巴西圣保罗大学 | 2018/8/14 | 框架图 | GCA_003390795.1 |
| *Calditerricola satsumensis* | JCM 14719 | 日本东京大学 | 2015/10/1 | 框架图 | GCA_001311905.1 |
| *Domibacillus aminovorans* | DSM 4337 | 印度科学和工业研究理事会微生物技术研究所 | 2016/5/13 | 精细图 | GCA_001643245.1 |
| | DSM 1314 | 印度科学和工业研究理事会微生物技术研究所 | 2016/5/13 | 精细图 | GCA_001643235.1 |
| *Domibacillus antri* | XD80 | 印度科学和工业研究理事会微生物技术研究所 | 2017/1/5 | 框架图 | GCA_001936625.1 |
| *Domibacillus enclensis* | NIO-1016 | 美国能源部联合基因组研究所 | 2017/1/14 | 框架图 | GCA_900156125.1 |
| | DSM 25145 | 印度科学和工业研究理事会国家化学实验室 | 2017/8/1 | 框架图 | GCA_002237775.1 |
| *Domibacillus epiphyticus* | SAB 38 | 印度科学和工业研究理事会微生物技术研究所 | 2017/1/30 | 精细图 | GCA_001975785.1 |
| *Domibacillus indicus* | SD 111 | 韩国极地研究所 | 2015/4/8 | 框架图 | GCA_000970685.1 |
| *Domibacillus iocasae* | DSM 29979 | 印度科学和工业研究理事会微生物技术研究所 | 2016/9/30 | 框架图 | GCA_001750285.1 |
| *Domibacillus mangrovi* | SAOS 44 | 印度科学和工业研究理事会微生物技术研究所 | 2016/12/16 | 框架图 | GCA_001906925.1 |
| *Domibacillus robiginosus* | WS 4628 | 韩国极地研究所 | 2015/3/30 | 框架图 | GCA_000966195.1 |
| *Domibacillus tundrae* | PAMC 80007 | 韩国极地研究所 | 2015/4/8 | 框架图 | GCA_000970675.1 |
| *Falsibacillus pallidus* | DSM 25281 | 美国能源部联合基因组研究所 | 2018/7/31 | 精细图 | GCA_003350505.1 |
| *Falsibacillus* sp. | GY 10110 | 中国云南大学 | 2018/10/22 | 精细图 | GCA_003668575.1 |
| *Fictibacillus aquaticus* | GDSW-R2A3 | 印度科学和工业研究理事会微生物技术研究所 | 2017/8/10 | 精细图 | GCA_002245695.1 |
| *Fictibacillus arsenicus* | G25-54 | 中国台湾生命科学与技术研究所 | 2016/8/2 | 完成图 | GCA_001642935.2 |
| | Con a/3 | 印度科学和工业研究理事会细胞与分子生物学中心 | 2017/2/13 | 框架图 | GCA_001999465.1 |
| *Fictibacillus enclensis* | NIO-1003 | 印度科学和工业研究理事会国家化学实验室 | 2015/12/4 | 精细图 | GCA_001457035.1 |
| *Fictibacillus gelatini* | DSM 15865 | 美国能源部联合基因组研究所 | 2013/7/16 | 精细图 | GCA_000430745.1 |
| *Fictibacillus macauensis* | ZFHKF-1 | 中国香港大学 | 2012/6/18 | 框架图 | GCA_000269865.1 |
| *Fictibacillus phosphorivorans* | G25-29 | 中国台湾生命科学与技术研究所 | 2016/5/6 | 完成图 | GCA_001629705.2 |
| | P7IIIA | 马来西亚马来亚大学 | 2016/4/13 | 框架图 | GCA_001619875.1 |

续表

| 学名 | 菌株名称 | 测序机构 | 测序时间（年/月/日） | 组装水平 | GenBank 登录号 |
|---|---|---|---|---|---|
| *Fictibacillus solisalsi* | CGMCC 1.6854 | 美国能源部联合基因组研究所 | 2016/10/21 | 精细图 | GCA_900103485.1 |
| *Fictibacillus* sp. | FJAT-27399 | 中国福建省农业科学院 | 2016/1/11 | 精细图 | GCA_001510655.1 |
| *Fictibacillus* sp. | S7 | 中国科学院 | 2019/2/1 | 精细图 | GCA_004127935.1 |
| *Fictibacillus* sp. | BK138 | 美国能源部联合基因组研究所 | 2019/2/20 | 精细图 | GCA_004216955.1 |
| *Filobacillus milosensis* | SH 714 | 中国山东大学（威海） | 2019/3/26 | 精细图 | GCA_004402015.1 |
| *Geobacillus galactosidasius* | DSM 18751 | 南非比勒陀利亚大学 | 2017/7/13 | 框架图 | GCA_002217735.1 |
| *Geobacillus icigianus* | G1w1 | 俄罗斯科学院 | 2014/9/8 | 框架图 | GCA_000750005.1 |
| *Geobacillus jurassicus* | NBRC 107829 | 日本国立技术与评价研究所 | 2016/1/28 | 框架图 | GCA_001544315.1 |
| *Geobacillus kaustophilus* | HTA426 | 日本海洋地球科技研究所 | 2004/12/4 | 完成图 | GCA_000009785.1 |
| | NBRC 102445 | 美国坎贝尔大学 | 2019/5/6 | 完成图 | GCA_005160065.1 |
| | GBlys | 日本九州大学 | 2013/6/25 | 框架图 | GCA_000415905.1 |
| | NBRC 102445 | 日本国立技术与评价研究所 | 2014/8/2 | 框架图 | GCA_000739955.1 |
| | Et2/3 | 美国洛斯阿拉莫斯国家实验室 | 2015/3/5 | 框架图 | GCA_000948165.1 |
| | Et7/4 | 美国洛斯阿拉莫斯国家实验室 | 2015/3/5 | 框架图 | GCA_000948285.1 |
| *Geobacillus lituanicus* | N-3 | 韩国庆北国立大学 | 2017/8/8 | 完成图 | GCA_002243605.1 |
| *Geobacillus stearothermophilus* | 10 | 美国俄克拉何马大学 | 2015/8/26 | 完成图 | GCA_001274575.1 |
| | DSM 458 | 爱尔兰科克大学学院 | 2017/9/13 | 完成图 | GCA_002300135.1 |
| | ATCC 7953 | 美国 MRIGlobal 研究机构 | 2014/6/12 | 框架图 | GCA_000705495.1 |
| | FHS-PHGT51 | 韩国高丽大学 | 2018/10/21 | 框架图 | GCA_003667605.1 |
| | D1 | 新西兰梅西大学 | 2015/7/21 | 精细图 | GCA_001183885.1 |
| | A1 | 新西兰梅西大学 | 2015/7/21 | 精细图 | GCA_001183895.1 |
| | P3 | 新西兰梅西大学 | 2015/7/21 | 精细图 | GCA_001183915.1 |
| | ATCC 12980 | 美国俄亥俄州立大学 | 2015/9/1 | 精细图 | GCA_001277805.1 |
| | B4114 | 荷兰格罗宁根大学 | 2016/3/11 | 精细图 | GCA_001587395.1 |
| | B4109 | 荷兰格罗宁根大学 | 2016/3/11 | 精细图 | GCA_001587495.1 |
| | GS27 | 荷兰乳品研究所 | 2016/5/25 | 精细图 | GCA_001651555.1 |
| | FHS-PCGT429 | 韩国高丽大学 | 2018/10/21 | 精细图 | GCA_003667615.1 |
| | FHS-PPGT111 | 韩国高丽大学 | 2018/10/21 | 精细图 | GCA_003667625.1 |
| | FHS-PPGT130 | 韩国高丽大学 | 2018/10/21 | 精细图 | GCA_003667665.1 |
| | FHS-PCGT134 | 韩国高丽大学 | 2018/10/21 | 精细图 | GCA_003667675.1 |
| *Geobacillus subterraneus* | KCTC 3922 | 韩国庆北国立大学 | 2016/4/12 | 完成图 | GCA_001618685.1 |
| | PSS2 | 美国能源部联合基因组研究所 | 2014/8/28 | 框架图 | GCA_000744755.1 |
| | K | 俄罗斯科学院 | 2016/4/26 | 框架图 | GCA_001632595.1 |
| *Geobacillus thermocatenulatus* | KCTC 3921 | 韩国庆北国立大学 | 2017/8/8 | 完成图 | GCA_002243665.1 |

续表

| 学名 | 菌株名称 | 测序机构 | 测序时间（年/月/日） | 组装水平 | GenBank 登录号 |
|---|---|---|---|---|---|
| *Geobacillus thermocatenulatus* | GS-1 | 中国浙江大学 | 2014/4/2 | 框架图 | GCA_000612265.1 |
| | BGSC 93A1 | 南非比勒陀利亚大学 | 2017/7/13 | 框架图 | GCA_002217655.1 |
| *Geobacillus thermodenitrificans* | NG80-2 | 中国南开大学 | 2007/3/29 | 完成图 | GCA_000015745.1 |
| | KCTC 3902 | 韩国庆北国立大学 | 2017/3/23 | 完成图 | GCA_002072065.1 |
| | T12 | 荷兰瓦格宁根大学 | 2017/5/9 | 完成图 | GCA_002119625.1 |
| | ID-1 | 韩国庆北国立大学 | 2017/10/25 | 完成图 | GCA_002706565.1 |
| | G11MC16 | 美国能源部联合基因组研究所 | 2008/8/15 | 框架图 | GCA_000173035.1 |
| | DSM 465 | 中国南开大学 | 2013/11/12 | 框架图 | GCA_000496575.1 |
| | OS27 | 日本鸟取大学 | 2018/4/14 | 框架图 | GCA_003061505.1 |
| *Geobacillus thermoleovorans* | KCTC 3570 | 韩国庆北国立大学 | 2016/4/5 | 完成图 | GCA_001610955.1 |
| | CCB_US3_UF5 | 美国南密西西比大学 | 2011/12/2 | 完成图 | GCA_000236605.1 |
| | FJAT-2391 | 中国福建省农业科学院 | 2016/9/6 | 完成图 | GCA_001719205.1 |
| | SGAir0734 | 新加坡南洋理工大学 | 2018/6/19 | 染色体 | GCA_003182675.2 |
| | B23 | 日本北海道大学 | 2013/10/9 | 框架图 | GCA_000474195.1 |
| | N7 | 印度伯德万大学 | 2016/8/18 | 框架图 | GCA_001707765.1 |
| | RL | 印度德里大学 | 2019/5/23 | 框架图 | GCA_005720955.1 |
| | SURF-48B | 美国加州理工学院 | 2017/4/3 | 精细图 | GCA_002077815.1 |
| *Geobacillus thermopakistaniensis* | MAS1 | 美国佐治亚大学 | 2013/11/25 | 精细图 | GCA_000498995.1 |
| *Geobacillus thermoresilans* | FW23 | 印度阿加卡研究所 | 2014/4/7 | 框架图 | GCA_000617945.1 |
| *Geobacillus uzenensis* | BGSC 92A1 | 南非比勒陀利亚大学 | 2017/7/13 | 框架图 | GCA_002217665.1 |
| *Geobacillus vulcani* | PSS1 | 美国能源部联合基因组研究所 | 2014/7/24 | 框架图 | GCA_000733845.1 |
| *Geobacillus yumthangensis* | AYN2 | 印度锡金大学 | 2017/10/10 | 精细图 | GCA_002494375.1 |
| *Geobacillus zalihae* | NBRC 101842 | 日本国立技术与评价研究所 | 2016/1/26 | 框架图 | GCA_001544135.1 |
| | SURF-114 | 美国加州理工学院 | 2017/4/3 | 框架图 | GCA_002077855.1 |
| | SURF-189 | 美国加州理工学院 | 2017/4/3 | 精细图 | GCA_002077835.1 |
| *Geobacillus* sp. | WCH70 | 美国能源部联合基因组研究所 | 2009/6/11 | 完成图 | GCA_000023385.1 |
| *Geobacillus* sp. | Y412MC61 | 美国能源部联合基因组研究所 | 2009/10/15 | 完成图 | GCA_000024705.1 |
| *Geobacillus* sp. | C56-T3 | 美国能源部联合基因组研究所 | 2010/6/1 | 完成图 | GCA_000092445.1 |
| *Geobacillus* sp. | Y4.1MC1 | 美国能源部联合基因组研究所 | 2010/11/5 | 完成图 | GCA_000166075.1 |
| *Geobacillus* sp. | Y412MC52 | 美国能源部联合基因组研究所 | 2011/1/7 | 完成图 | GCA_000174795.2 |
| *Geobacillus* sp. | GHH01 | 德国乔治-奥古斯都-哥廷根大学 | 2013/2/4 | 完成图 | GCA_000336445.1 |
| *Geobacillus* sp. | JS12 | 韩国极地研究所 | 2016/3/15 | 完成图 | GCA_001592395.1 |
| *Geobacillus* sp. | WSUCF1 | 美国南达科他矿业技术学院 | 2013/7/11 | 框架图 | GCA_000422025.1 |

续表

| 学名 | 菌株名称 | 测序机构 | 测序时间（年/月/日） | 组装水平 | GenBank 登录号 |
|---|---|---|---|---|---|
| *Geobacillus* sp. | A8 | 南非自由州大学 | 2013/8/15 | 框架图 | GCA_000447395.1 |
| *Geobacillus* sp. | CAMR5420 | 英国巴斯大学 | 2014/5/15 | 框架图 | GCA_000691465.1 |
| *Geobacillus* sp. | T6 | 阿根廷国立农牧技术研究所 | 2015/6/10 | 框架图 | GCA_001025095.1 |
| *Geobacillus* sp. | PA-3 | 德国吉森大学 | 2015/10/23 | 框架图 | GCA_001412125.1 |
| *Geobacillus* sp. | Sah69 | 南非比勒陀利亚大学 | 2015/10/26 | 框架图 | GCA_001414205.1 |
| *Geobacillus* sp. | 1017 | 俄罗斯科学院 | 2016/12/19 | 框架图 | GCA_001908025.1 |
| *Geobacillus* sp. | LEMMY01 | 巴西里约热内卢联邦大学 | 2017/3/20 | 框架图 | GCA_002042905.1 |
| *Geobacillus* sp. | 44B | 美国加州理工学院 | 2017/4/3 | 框架图 | GCA_002077755.1 |
| *Geobacillus* sp. | A8 | 马来西亚玛拉工艺大学 | 2018/6/25 | 框架图 | GCA_003263855.1 |
| *Geobacillus* sp. | ZGt-1 | 瑞典隆德大学 | 2015/6/5 | 精细图 | GCA_001026865.1 |
| *Geobacillus* sp. | B4113_201601 | 荷兰格罗宁根大学 | 2016/3/11 | 精细图 | GCA_001587475.1 |
| *Geobacillus* sp. | 46C-IIa | 美国加州理工学院 | 2017/4/3 | 精细图 | GCA_002077765.1 |
| *Geobacillus* sp. | 47C-IIb | 美国加州理工学院 | 2017/4/3 | 精细图 | GCA_002077775.1 |
| *Geobacillus* sp. | 44C | 美国加州理工学院 | 2017/4/3 | 精细图 | GCA_002077865.1 |
| *Geobacillus* sp. | FJAT-46040 | 福建省农业科学院 | 2017/9/21 | 精细图 | GCA_002335725.1 |
| *Geobacillus* sp. | Manikaran-105 | 美国加州理工学院 | 2017/12/4 | 精细图 | GCA_002809955.1 |
| *Geobacillus* sp. | WSUCF-018B | 美国加州理工学院 | 2017/12/4 | 精细图 | GCA_002809985.1 |
| *Geobacillus* sp. | JSC_T9a | 美国加州理工学院 | 2017/12/4 | 精细图 | GCA_002810005.1 |
| *Geobacillus* sp. | LYN3 | 印度锡金大学 | 2018/4/23 | 精细图 | GCA_003064505.1 |
| *Geobacillus* sp. | PK12 | 泰国他信大学 | 2019/1/30 | 精细图 | GCA_004123125.1 |
| *Geobacillus* sp. | CAMR12739 | 南非比勒陀利亚大学 | 2014/5/15 | 框架图 | GCA_000691445.1 |
| *Geobacillus* sp. | BCO2 | 澳大利亚格里菲斯大学 | 2015/9/18 | 框架图 | GCA_001294475.1 |
| *Geobacillus* sp. | ZCTH4_G | 巴西圣保罗大学 | 2018/8/14 | 框架图 | GCA_003388745.1 |
| ［*Bacillus*］*caldolyticus* | NEB414 | 美国新英格兰生物实验室股份有限公司 | 2017/12/28 | 完成图 | GCA_003595605.1 |
| *Geobacillus genomo* sp. 3 | JF8 | 日本静冈大学 | 2013/11/18 | 完成图 | GCA_000445995.2 |
| *Gracilibacillus boraciitolerans* | JCM 21714 | 日本东京大学 | 2014/1/20 | 框架图 | GCA_000521485.1 |
| *Gracilibacillus dipsosauri* | DD1 | 美国亚利桑那州立大学 | 2018/5/30 | 精细图 | GCA_003176895.1 |
| *Gracilibacillus halophilus* | YIM-C55.5 | 沙特阿拉伯阿卜杜拉国王科技大学 | 2013/4/9 | 框架图 | GCA_000359605.1 |
| *Gracilibacillus kekensis* | CGMCC 1.10681 | 美国能源部联合基因组研究所 | 2016/12/3 | 精细图 | GCA_900143085.1 |
| *Gracilibacillus lacisalsi* | DSM 19029 | 美国能源部联合基因组研究所 | 2013/4/23 | 精细图 | GCA_000377765.1 |
| *Gracilibacillus massiliensis* | Awa-1 | 法国热带传染病研究中心 | 2015/11/6 | 框架图 | GCA_001458115.1 |
| *Gracilibacillus orientalis* | CGMCC 1.4250 | 美国能源部联合基因组研究所 | 2016/11/2 | 精细图 | GCA_900114645.1 |
| *Gracilibacillus phocaeensis* | Marseille-P3801 | 法国热带传染病研究中心 | 2018/12/6 | 精细图 | GCA_900626275.1 |
| *Gracilibacillus timonensis* | Marseille-P2481 | 法国热带传染病研究中心 | 2016/5/12 | 框架图 | GCA_900086715.1 |

续表

| 学名 | 菌株名称 | 测序机构 | 测序时间（年/月/日） | 组装水平 | GenBank 登录号 |
|---|---|---|---|---|---|
| *Gracilibacillus ureilyticus* | CGMCC 1.7727 | 美国能源部联合基因组研究所 | 2016/10/31 | 精细图 | GCA_900111195.1 |
| *Gracilibacillus* sp. | JCM 18966 | 日本东京大学 | 2015/10/2 | 框架图 | GCA_001313105.1 |
| *Gracilibacillus* sp. | JCM 18860 | 日本东京大学 | 2015/10/2 | 框架图 | GCA_001315305.1 |
| *Halalkalibacillus halophilus* | DSM 18494 | 美国能源部联合基因组研究所 | 2013/7/11 | 精细图 | GCA_000423105.1 |
| *Halalkalibacillus* sp. | B3227 | 中国山东大学（威海） | 2017/12/18 | 精细图 | GCA_002844535.1 |
| *Halobacillus aidingensis* | CGMCC 1.3703 | 美国能源部联合基因组研究所 | 2016/10/21 | 精细图 | GCA_900104185.1 |
| *Halobacillus alkaliphilus* | FP5 | 美国能源部联合基因组研究所 | 2016/11/2 | 精细图 | GCA_900113125.1 |
| *Halobacillus dabanensis* | HD-02 | 法国热带传染病研究中心 | 2014/5/15 | 框架图 | GCA_000724105.1 |
|  | CGMCC 1.3704 | 美国能源部联合基因组研究所 | 2016/11/2 | 精细图 | GCA_900114165.1 |
| *Halobacillus halophilus* | DSM 2266 | 德国马克斯•普朗克生物化学研究所 | 2012/4/11 | 完成图 | GCA_000284515.1 |
|  | HL2HP6 | 巴基斯坦福尔曼基督教学院 | 2017/6/27 | 完成图 | GCA_002209425.1 |
| *Halobacillus hunanensis* | Marseille-P3457 | 法国热带传染病研究中心 | 2017/3/11 | 框架图 | GCA_900166655.1 |
| *Halobacillus karajensis* | DSM 14948 | 美国能源部联合基因组研究所 | 2016/10/27 | 精细图 | GCA_900108515.1 |
|  | HD-03 | 法国热带传染病研究中心 | 2014/7/9 | 精细图 | GCA_000731155.1 |
| *Halobacillus kuroshimensis* | DSM 18393 | 美国能源部联合基因组研究所 | 2013/7/11 | 精细图 | GCA_000425705.1 |
| *Halobacillus litoralis* | ERB 031 | 韩国庆北国立大学 | 2019/1/22 | 完成图 | GCA_004101865.1 |
| *Halobacillus mangrovi* | KTB 131 | 韩国庆北国立大学 | 2017/4/18 | 完成图 | GCA_002097535.1 |
| *Halobacillus massiliensis* | Marseille-P3554 | 法国热带传染病研究中心 | 2017/3/24 | 精细图 | GCA_900166625.1 |
| *Halobacillus salinus* | Marseille-P2480 | 法国热带传染病研究中心 | 2017/3/11 | 框架图 | GCA_900166575.1 |
|  | HSL-3 | 泰国朱拉隆功大学 | 2019/4/7 | 精细图 | GCA_004684905.1 |
| *Halobacillus trueperi* | HT-01 | 法国热带传染病研究中心 | 2014/5/15 | 框架图 | GCA_000723525.1 |
|  | KCTC 3686 | 韩国首尔国立大学 | 2018/8/14 | 框架图 | GCA_003386945.1 |
|  | SS1 | 美国明尼苏达大学 | 2018/8/12 | 精细图 | GCA_003382325.1 |
| *Halobacillus* sp. | BAB-2008 | 印度古吉拉特邦科学技术局 | 2012/12/21 | 框架图 | GCA_000328325.1 |
| *Halobacillus* sp. | BBL2006 | 美国印第安纳大学东南分校 | 2014/11/25 | 框架图 | GCA_000786645.1 |
| *Halobacillus* sp. | Marseille-P3879 | 法国热带传染病研究中心 | 2018/1/2 | 框架图 | GCA_900240285.1 |
| *Halobacillus* sp. | KGW1 | 印度卡林加工业技术学院 | 2016/3/16 | 精细图 | GCA_001592845.1 |
| *Halobacillus* sp. | SKP4-6 | 泰国国家科技发展局 | 2019/1/20 | 精细图 | GCA_004078665.1 |
| *Halolactibacillus alkaliphilus* | CGMCC 1.6843 | 美国能源部联合基因组研究所 | 2016/11/2 | 精细图 | GCA_900115465.1 |
| *Halolactibacillus halophilus* | DSM 17073 | 美国能源部联合基因组研究所 | 2016/11/2 | 精细图 | GCA_900115605.1 |
| *Halolactibacillus miurensis* | DSM 17074 | 美国能源部联合基因组研究所 | 2016/11/2 | 精细图 | GCA_900116255.1 |
| *Halolactibacillus* sp. | JCM 19043 | 日本东京大学 | 2015/10/2 | 框架图 | GCA_001310395.1 |
| *Hydrogenibacillus schlegelii* | MA 48 | 美国加州理工学院 | 2016/5/27 | 框架图 | GCA_001653195.1 |
|  | DSM 2000 | 美国哈佛大学医学院 | 2016/2/1 | 精细图 | GCA_001543875.1 |

续表

| 学名 | 菌株名称 | 测序机构 | 测序时间（年/月/日） | 组装水平 | GenBank 登录号 |
|---|---|---|---|---|---|
| *Hydrogenibacillus schlegelii* | AL33 | 俄罗斯科学院 | 2018/4/12 | 框架图 | GCA_003050525.1 |
| *Lentibacillus amyloliquefaciens* | LAM0015 | 中国农业农村部沼气科学研究所 | 2016/1/12 | 完成图 | GCA_001307805.2 |
| *Lentibacillus halodurans* | CGMCC 1.3702 | 美国能源部联合基因组研究所 | 2016/11/2 | 精细图 | GCA_900112045.1 |
| *Lentibacillus jeotgali* | Grbi | 韩国庆熙大学 | 2011/8/31 | 框架图 | GCA_000224785.2 |
| *Lentibacillus juripiscarius* | JCM 12147 | 日本东京大学 | 2015/10/2 | 框架图 | GCA_001311805.1 |
| *Lentibacillus persicus* | DSM 22530 | 美国能源部联合基因组研究所 | 2016/11/2 | 精细图 | GCA_900112705.1 |
| *Lentibacillus salicampi* | ATCC BAA-719 | 美国国立普通医学科学研究所 | 2019/4/2 | 框架图 | GCA_004565465.1 |
| *Lentibacillus sediminis* | 0W14 | 中国山东大学（威海） | 2017/11/13 | 框架图 | GCA_002763455.1 |
| *Lentibacillus* sp. | Marseille-P4043 | 法国热带传染病研究中心 | 2018/2/17 | 精细图 | GCA_900258515.1 |
| *Lentibacillus* sp. | NKC220-2 | 韩国世界泡菜研究所 | 2019/5/29 | 框架图 | GCA_005887555.1 |
| *Lentibacillus* sp. | SSKP1-9 | 泰国国家科技发展局 | 2019/2/6 | 精细图 | GCA_004145795.1 |
| *Lysinibacillus acetophenoni* | JC23 | 美国能源部联合基因组研究所 | 2017/9/28 | 精细图 | GCA_900220965.1 |
| *Lysinibacillus boronitolerans* | F1182 | 韩国食品研究院 | 2012/8/10 | 框架图 | GCA_000286375.1 |
|  | NBRC 103108 | 中国华中农业大学 | 2014/11/6 | 框架图 | GCA_000772935.1 |
| *Lysinibacillus chungkukjangi* | 2RL32 | 美国弗吉尼亚理工大学 | 2018/4/11 | 框架图 | GCA_003049615.1 |
|  | KACC 16626 | 美国能源部联合基因组研究所 | 2018/6/12 | 精细图 | GCA_003217295.1 |
| *Lysinibacillus composti* | MCCC 1A12701 | 中国自然资源部第三海洋研究所 | 2018/12/3 | 精细图 | GCA_003856865.1 |
| *Lysinibacillus contaminans* | DSM 25560 | 福建省农业科学院 | 2015/9/4 | 精细图 | GCA_001278945.1 |
| *Lysinibacillus endophyticus* | DSM 100506 | 中国自然资源部第三海洋研究所 | 2018/10/11 | 精细图 | GCA_003628435.1 |
| *Lysinibacillus fluoroglycofenilyticus* | cmg86 | 美国弗吉尼亚理工大学 | 2018/4/11 | 框架图 | GCA_003049645.1 |
| *Lysinibacillus fusiformis* | RB-21 | 马来西亚马来亚大学 | 2015/2/10 | 完成图 | GCA_000724775.3 |
|  | M5 | 墨西哥 Seqomics 公司 | 2016/9/14 | 精细图 | GCA_001726065.1 |
|  | ZC1 | 美国亚利桑那大学 | 2010/6/21 | 框架图 | GCA_000178135.1 |
|  | ZB2 | 马来西亚理工大学 | 2012/11/21 | 框架图 | GCA_000313955.2 |
|  | H1k | 马来西亚马来亚大学 | 2014/4/18 | 框架图 | GCA_000633275.1 |
|  | SW-B9 | 中国科学院 | 2014/9/16 | 框架图 | GCA_000755455.1 |
|  | Juneja | 美国堪萨斯大学 | 2018/1/4 | 框架图 | GCA_002845985.1 |
|  | ATCC 7055 | 美国弗吉尼亚理工大学 | 2018/4/11 | 框架图 | GCA_003049525.1 |
|  | NRRL NRS-350 | 美国农业部农业研究院 | 2018/8/8 | 框架图 | GCA_003367495.1 |
|  | NBRC 15717 | 日本国立技术与评价研究所 | 2019/6/12 | 框架图 | GCA_006540205.1 |
|  | GM | 俄罗斯喀山联邦大学 | 2017/9/25 | 精细图 | GCA_002358065.1 |
|  | UBA1055 | 澳大利亚昆士兰大学 | 2017/9/20 | 精细图 | GCA_002316405.1 |

续表

| 学名 | 菌株名称 | 测序机构 | 测序时间（年/月/日） | 组装水平 | GenBank 登录号 |
|---|---|---|---|---|---|
| *Lysinibacillus fusiformis* | UBA2062 | 澳大利亚昆士兰大学 | 2017/9/21 | 精细图 | GCA_002332565.1 |
| | UBA2570 | 澳大利亚昆士兰大学 | 2017/9/22 | 精细图 | GCA_002339945.1 |
| | UBA3049 | 澳大利亚昆士兰大学 | 2017/9/26 | 精细图 | GCA_002367505.1 |
| | UBA3547 | 澳大利亚昆士兰大学 | 2017/9/27 | 精细图 | GCA_002376675.1 |
| | UBA3488 | 澳大利亚昆士兰大学 | 2017/9/27 | 精细图 | GCA_002377785.1 |
| | UBA4565 | 澳大利亚昆士兰大学 | 2017/9/28 | 精细图 | GCA_002387075.1 |
| | UBA6565 | 澳大利亚昆士兰大学 | 2017/10/4 | 精细图 | GCA_002434215.1 |
| | UBA6283 | 澳大利亚昆士兰大学 | 2017/10/4 | 精细图 | GCA_002439505.1 |
| *Lysinibacillus halotolerans* | MCCC 1A12703 | 中国自然资源部第三海洋研究所 | 2018/11/5 | 精细图 | GCA_003711845.1 |
| *Lysinibacillus jejuensis* | N2-5$^T$ | 美国弗吉尼亚理工大学 | 2018/4/11 | 框架图 | GCA_003057615.1 |
| *Lysinibacillus macroides* | DSM 54 | 中国福建省农业科学院 | 2015/9/14 | 精细图 | GCA_001281525.1 |
| *Lysinibacillus manganicus* | DSM 26584 | 中国华中农业大学 | 2014/11/6 | 框架图 | GCA_000772945.1 |
| *Lysinibacillus mangiferihumi* | M-GX18 | 美国弗吉尼亚理工大学 | 2018/4/11 | 框架图 | GCA_003049665.1 |
| | CCTCC AB 2010389 | 美国农业部农业研究院 | 2019/5/6 | 框架图 | GCA_005217845.1 |
| *Lysinibacillus massiliensis* | CCUG 49529 | 中国华中农业大学 | 2014/11/6 | 框架图 | GCA_000772965.1 |
| *Lysinibacillus meyeri* | WS4626 | 美国弗吉尼亚理工大学 | 2018/4/11 | 框架图 | GCA_003049505.1 |
| *Lysinibacillus odysseyi* | NBRC 100172 | 中国华中农业大学 | 2014/11/6 | 框架图 | GCA_000773015.1 |
| | UBA6710 | 澳大利亚昆士兰大学 | 2017/10/5 | 精细图 | GCA_002454385.1 |
| *Lysinibacillus pakistanensis* | JCM 18776 | 日本东京大学 | 2015/10/2 | 框架图 | GCA_001312325.1 |
| *Lysinibacillus parviboronicapiens* | VT 1066 | 美国弗吉尼亚理工大学 | 2018/4/11 | 框架图 | GCA_003049515.1 |
| | BAM-582 | 美国弗吉尼亚理工大学 | 2018/4/11 | 框架图 | GCA_003049575.1 |
| | VT 1065 | 美国弗吉尼亚理工大学 | 2018/4/11 | 框架图 | GCA_003049605.1 |
| | JCM 18861 | 日本东京大学 | 2015/10/6 | 框架图 | GCA_001311625.1 |
| *Lysinibacillus saudimassiliensis* | 13S34_air | 法国热带传染病研究中心 | 2014/8/22 | 框架图 | GCA_000935965.1 |
| *Lysinibacillus sinduriensis* | JCM 15800 | 中国华中农业大学 | 2014/11/6 | 框架图 | GCA_000772955.1 |
| *Lysinibacillus sphaericus* | LMG 22257 | 中国上海交通大学 | 2016/10/6 | 完成图 | GCA_001753205.1 |
| | OT4b.25 | 哥伦比亚安第斯大学 | 2016/3/8 | 完成图 | GCA_001581875.1 |
| | III(3)7 | 哥伦比亚安第斯大学 | 2016/3/28 | 完成图 | GCA_001598075.1 |
| | 2362 | 加拿大麦吉尔大学 | 2016/4/22 | 完成图 | GCA_001629735.1 |
| | DSM 28 | 韩国庆北国立大学 | 2018/3/8 | 完成图 | GCA_002982115.1 |
| | KCCM 35418 | 韩国庆北国立大学 | 2019/1/22 | 完成图 | GCA_004101885.1 |
| | CBAM5 | 哥伦比亚安第斯大学 | 2014/2/28 | 精细图 | GCA_000568835.1 |
| | OT4b.31 | 哥伦比亚安第斯大学 | 2013/5/14 | 精细图 | GCA_000392615.1 |

续表

| 学名 | 菌株名称 | 测序机构 | 测序时间（年/月/日） | 组装水平 | GenBank 登录号 |
|---|---|---|---|---|---|
| *Lysinibacillus sphaericus* | KCTC 3346 | 韩国生物科学与生物技术研究院 | 2013/7/15 | 框架图 | GCA_000427235.1 |
| | 1987 | 意大利陆军医学与兽医研究中心 | 2014/6/26 | 框架图 | GCA_000712415.1 |
| | B1-CDA | 瑞典舍夫德大学 | 2015/10/5 | 框架图 | GCA_001306735.1 |
| | OT4b.49 | 加拿大麦吉尔大学 | 2016/4/19 | 框架图 | GCA_001623495.1 |
| | FSL M8-0337 | 美国康奈尔大学 | 2016/9/15 | 框架图 | GCA_001728805.1 |
| | KU skv2 1 | 俄罗斯科学院 | 2017/11/6 | 框架图 | GCA_002751965.1 |
| | NRRL B-23268 | 美国农业部农业研究院 | 2019/5/6 | 框架图 | GCA_005217555.1 |
| | NBRC 15095 | 日本国立技术与评价研究所 | 2019/6/12 | 框架图 | GCA_006539805.1 |
| | NCTC 7582 | 欧洲生物信息学研究所 | 2018/6/29 | 框架图 | GCA_900445455.1 |
| | NCTC 10338 | 欧洲生物信息学研究所 | 2018/8/8 | 框架图 | GCA_900445465.1 |
| | NCTC 11025 | 欧洲生物信息学研究所 | 2018/12/5 | 框架图 | GCA_900618155.1 |
| | 2297 | 中国科学院 | 2014/7/25 | 精细图 | GCA_000733505.1 |
| | SSII-1 | 中国科学院 | 2014/7/25 | 精细图 | GCA_000733525.1 |
| | LP1-G | 中国科学院 | 2014/7/25 | 精细图 | GCA_000733575.1 |
| | NRS1693 | 中国科学院 | 2014/7/25 | 精细图 | GCA_000733585.1 |
| | A1 | 巴西能源与材料研究中心 | 2018/2/7 | 精细图 | GCA_002923795.1 |
| | C3-41 | 中国科学院 | 2008/2/27 | 完成图 | GCA_000017965.1 |
| | UBA3040 | 澳大利亚昆士兰大学 | 2017/9/26 | 精细图 | GCA_002367755.1 |
| | UBA3897 | 澳大利亚昆士兰大学 | 2017/9/28 | 精细图 | GCA_002391755.1 |
| | UBA5714 | 澳大利亚昆士兰大学 | 2017/10/3 | 精细图 | GCA_002419805.1 |
| | UBA5993 | 澳大利亚昆士兰大学 | 2017/10/4 | 精细图 | GCA_002429735.1 |
| | UBA5873 | 澳大利亚昆士兰大学 | 2017/10/4 | 精细图 | GCA_002432065.1 |
| *Lysinibacillus tabacifolii* | K3514 | 美国弗吉尼亚理工大学 | 2018/4/11 | 框架图 | GCA_003049565.1 |
| | KCTC 33042 | 美国农业部农业研究院 | 2019/5/6 | 框架图 | GCA_005217585.1 |
| *Lysinibacillus telephonicus* | S5H2222 | 中国自然资源部第三海洋研究所 | 2018/12/23 | 框架图 | GCA_003966145.1 |
| *Lysinibacillus timonensis* | Marseille-P5727 | 法国热带传染病研究中心 | 2018/3/20 | 染色体 | GCA_900291985.1 |
| *Lysinibacillus varians* | GY32 | 中国广东省微生物研究所 | 2014/3/25 | 完成图 | GCA_000600105.1 |
| | NBRC 109424 | 美国农业部农业研究院 | 2019/5/6 | 框架图 | GCA_005217815.1 |
| *Lysinibacillus xylanilyticus* | SR-86 | 德国慕尼黑工业大学 | 2016/8/21 | 框架图 | GCA_001708185.1 |
| | t26 | 印度生物资源与可持续发展研究所 | 2017/12/3 | 框架图 | GCA_002803495.1 |
| | DSM 23493 | 中国福建省农业科学院 | 2015/7/21 | 精细图 | GCA_001183605.1 |
| *Lysinibacillus xyleni* | JC22 | 美国能源部联合基因组研究所 | 2017/9/28 | 精细图 | GCA_900217795.1 |
| *Lysinibacillus* sp. | YS11 | 韩国高丽大学 | 2018/1/24 | 完成图 | GCA_002896375.1 |
| *Lysinibacillus* sp. | B2A1 | 中国台湾成功大学 | 2018/3/7 | 完成图 | GCA_002973635.1 |
| *Lysinibacillus* sp. | 2017 | 中国疾病预防控制中心 | 2018/4/29 | 完成图 | GCA_003073375.1 |

续表

| 学名 | 菌株名称 | 测序机构 | 测序时间（年/月/日） | 组装水平 | GenBank 登录号 |
|---|---|---|---|---|---|
| *Lysinibacillus* sp. | SGAir0095 | 新加坡南洋理工大学 | 2019/5/17 | 完成图 | GCA_005491425.1 |
| *Lysinibacillus* sp. | ZYM-1 | 中国大连理工大学 | 2015/10/9 | 精细图 | GCA_001308875.1 |
| *Lysinibacillus* sp. | BF-4 | 德国联邦国防军微生物研究所 | 2014/8/26 | 框架图 | GCA_000743635.1 |
| *Lysinibacillus* sp. | A1 | 马来西亚马来亚大学 | 2014/12/16 | 框架图 | GCA_000801965.1 |
| *Lysinibacillus* sp. | LK3 | 马来西亚马来亚大学 | 2015/6/30 | 框架图 | GCA_001043675.1 |
| *Lysinibacillus* sp. | F5 | 马来西亚马来亚大学 | 2015/12/24 | 框架图 | GCA_001482485.1 |
| *Lysinibacillus* sp. | PB300 | 美国农业部农业研究院 | 2018/8/8 | 框架图 | GCA_003367505.1 |
| *Lysinibacillus* sp. | SYSU K30002 | 中国中山大学 | 2018/12/27 | 框架图 | GCA_003977595.1 |
| *Lysinibacillus* sp. | S2017 | 中国疾病预防控制中心 | 2019/4/10 | 框架图 | GCA_004785875.1 |
| *Lysinibacillus* sp. | FJAT-14745 | 中国福建省农业科学院 | 2015/8/31 | 精细图 | GCA_001275675.1 |
| *Lysinibacillus* sp. | FJAT-14222 | 中国福建省农业科学院 | 2015/9/4 | 精细图 | GCA_001278875.1 |
| *Lysinibacillus* sp. | KCTC 13219 | 韩国生物科学与生物技术研究院 | 2016/3/16 | 精细图 | GCA_001592865.1 |
| *Lysinibacillus* sp. | AR18-8 | 美国新墨西哥州立大学 | 2016/8/16 | 精细图 | GCA_001705465.1 |
| *Lysinibacillus* sp. | KCTC 33748 | 印度科学和工业研究理事会国家化学实验室 | 2017/8/1 | 精细图 | GCA_002237755.1 |
| *Lysinibacillus* sp. | YLB-03 | 中国自然资源部第三海洋研究所 | 2018/9/10 | 精细图 | GCA_003515775.1 |
| *Lysinibacillus* sp. | OL1 | 印度北孟加拉邦大学 | 2019/3/5 | 精细图 | GCA_004332175.1 |
| *Lysinibacillus* sp. | YR326 | 美国能源部联合基因组研究所 | 2019/3/22 | 精细图 | GCA_004365745.1 |
| *Lysinibacillus* sp. | SG8 | 美国能源部联合基因组研究所 | 2016/10/17 | 精细图 | GCA_900101005.1 |
| *Lysinibacillus* sp. | SG9 | 美国能源部联合基因组研究所 | 2016/10/17 | 精细图 | GCA_900101635.1 |
| *Lysinibacillus* sp. | LD79 | 美国能源部联合基因组研究所 | 2016/10/17 | 精细图 | GCA_900102355.1 |
| *Lysinibacillus* sp. | BC-14 | 美国能源部联合基因组研究所 | 2016/10/21 | 精细图 | GCA_900104275.1 |
| *Lysinibacillus* sp. | TC-37 | 美国能源部联合基因组研究所 | 2016/10/21 | 精细图 | GCA_900104325.1 |
| *Lysinibacillus* sp. | SG45 | 美国能源部联合基因组研究所 | 2016/10/31 | 精细图 | GCA_900110175.1 |
| *Lysinibacillus* sp. | TC-13 | 美国能源部联合基因组研究所 | 2016/10/31 | 精细图 | GCA_900110625.1 |
| *Lysinibacillus* sp. | SG53 | 美国能源部联合基因组研究所 | 2016/11/2 | 精细图 | GCA_900113785.1 |
| *Lysinibacillus* sp. | BC-43 | 美国能源部联合基因组研究所 | 2016/11/2 | 精细图 | GCA_900116155.1 |
| *Lysinibacillus* sp. | SG55 | 美国能源部联合基因组研究所 | 2016/11/2 | 精细图 | GCA_900116165.1 |
| *Lysinibacillus* sp. | AC-3 | 美国能源部联合基因组研究所 | 2017/3/8 | 精细图 | GCA_900167885.1 |
| *Lysinibacillus* sp. | UBA1058 | 澳大利亚昆士兰大学 | 2017/9/20 | 精细图 | GCA_002316375.1 |
| *Lysinibacillus* sp. | UBA2078 | 澳大利亚昆士兰大学 | 2017/9/21 | 精细图 | GCA_002331675.1 |
| *Lysinibacillus* sp. | UBA2576 | 澳大利亚昆士兰大学 | 2017/9/22 | 精细图 | GCA_002340205.1 |
| *Lysinibacillus* sp. | UBA3551 | 澳大利亚昆士兰大学 | 2017/9/27 | 精细图 | GCA_002376495.1 |
| *Lysinibacillus* sp. | UBA5994 | 澳大利亚昆士兰大学 | 2017/10/4 | 精细图 | GCA_002429725.1 |
| *Lysinibacillus* sp. | UBA5990 | 澳大利亚昆士兰大学 | 2017/10/4 | 精细图 | GCA_002429815.1 |

续表

| 学名 | 菌株名称 | 测序机构 | 测序时间（年/月/日） | 组装水平 | GenBank 登录号 |
|---|---|---|---|---|---|
| *Lysinibacillus* sp. | UBA6290 | 澳大利亚昆士兰大学 | 2017/10/4 | 精细图 | GCA_002439445.1 |
| *Lysinibacillus* sp. | UBA6686 | 澳大利亚昆士兰大学 | 2017/10/5 | 精细图 | GCA_002455205.1 |
| *Lysinibacillus* sp. | UBA7518 | 澳大利亚昆士兰大学 | 2017/10/6 | 精细图 | GCA_002478295.1 |
| *Lysinibacillus* sp. | UBA12273 | 澳大利亚昆士兰大学 | 2018/9/6 | 精细图 | GCA_003485205.1 |
| *Lysinibacillus* sp. | UBA8585 | 澳大利亚昆士兰大学 | 2018/9/7 | 精细图 | GCA_003507435.1 |
| *Lysinibacillus* sp. | UBA9408 | 澳大利亚昆士兰大学 | 2018/9/7 | 精细图 | GCA_003510425.1 |
| *Maribacillus taeanensis* | BH030017 | 中国自然资源部第三海洋研究所 | 2018/7/14 | 框架图 | GCA_003318295.1 |
| *Marinococcus halophilus* | KCTC 2843 | 美国加利福尼亚大学戴维斯分校 | 2017/8/22 | 框架图 | GCA_002265875.1 |
| | Marseille-P3459 | 法国热带传染病研究中心 | 2017/3/11 | 框架图 | GCA_900166605.1 |
| *Marinococcus halotolerans* | DSM 16375 | 美国能源部联合基因组研究所 | 2013/7/9 | 框架图 | GCA_000420725.1 |
| *Marinococcus luteus* | DSM 23126 | 美国能源部联合基因组研究所 | 2016/10/22 | 框架图 | GCA_900106595.1 |
| *Massilibacterium senegalense* | mt8 | 法国热带传染病研究中心 | 2015/4/22 | 精细图 | GCA_001375675.1 |
| *Melghiribacillus thermohalophilus* | DSM 25894 | 美国能源部联合基因组研究所 | 2019/3/11 | 精细图 | GCA_004342905.1 |
| *Natribacillus halophilus* | DSM 21771 | 美国能源部联合基因组研究所 | 2016/10/21 | 精细图 | GCA_900100185.1 |
| *Numidum massiliense* | mt3 | 法国热带传染病研究中心 | 2015/4/20 | 框架图 | GCA_001375555.1 |
| *Oceanobacillus arenosus* | CAU 1183 | 中国疾病预防控制中心 | 2018/8/10 | 精细图 | GCA_003369575.1 |
| *Oceanobacillus bengalensis* | MCCC 1K00260 | 中国自然资源部第三海洋研究所 | 2018/10/11 | 精细图 | GCA_003628445.1 |
| *Oceanobacillus caeni* | HM6 | 印度马哈里希达亚南德大学 | 2015/9/24 | 框架图 | GCA_001298135.1 |
| *Oceanobacillus chungangensis* | CAU 1051 | 中国疾病预防控制中心 | 2018/8/10 | 精细图 | GCA_003369565.1 |
| *Oceanobacillus damuensis* | PT-20 | 中国四川大学 | 2016/4/8 | 精细图 | GCA_001618145.1 |
| *Oceanobacillus halophilus* | DSM 23996 | 中国自然资源部第三海洋研究所 | 2018/10/11 | 框架图 | GCA_003628505.1 |
| *Oceanobacillus iheyensis* | HTE831 | 日本海洋科学技术中心 | 2004/2/19 | 完成图 | GCA_000011245.1 |
| | CHQ24 | 中国科学院 | 2018/3/27 | 完成图 | GCA_003019985.1 |
| | Marseille-P19319 | 法国热带传染病研究中心 | 2017/2/9 | 精细图 | GCA_900162625.1 |
| *Oceanobacillus jeddahense* | S5 | 法国热带传染病研究中心 | 2014/8/4 | 框架图 | GCA_000750635.1 |
| *Oceanobacillus kimchii* | X50 | 韩国庆熙大学 | 2013/2/22 | 染色体 | GCA_000340475.1 |
| *Oceanobacillus limi* | IBRC-M 10780 | 美国能源部联合基因组研究所 | 2016/10/31 | 精细图 | GCA_900111445.1 |
| *Oceanobacillus manasiensis* | S2 | 法国热带传染病研究中心 | 2014/5/15 | 框架图 | GCA_000724085.1 |
| *Oceanobacillus massiliensis* | N'diop | 法国热带传染病研究中心 | 2012/7/19 | 精细图 | GCA_000285495.1 |
| *Oceanobacillus oncorhynchi* | Oc5 | 法国热带传染病研究中心 | 2014/11/12 | 框架图 | GCA_000821065.2 |
| *Oceanobacillus picturae* | S1 | 法国热带传染病研究中心 | 2014/3/19 | 框架图 | GCA_000612865.1 |
| | Heshi-B3 | 日本东京农业大学 | 2015/12/8 | 框架图 | GCA_001485235.1 |
| | DMTMMB24 | 印度马杜赖卡玛拉大学 | 2018/9/20 | 框架图 | GCA_003583285.1 |

续表

| 学名 | 菌株名称 | 测序机构 | 测序时间（年/月/日） | 组装水平 | GenBank 登录号 |
|---|---|---|---|---|---|
| *Oceanobacillus profundus* | DSM 18246 | 中国自然资源部第三海洋研究所 | 2018/9/10 | 框架图 | GCA_003515705.1 |
| *Oceanobacillus rekensis* | PT-11 | 中国四川大学 | 2017/5/19 | 框架图 | GCA_002153375.1 |
| *Oceanobacillus senegalensis* | Marseille-P3587 | 法国热带传染病研究中心 | 2017/4/26 | 精细图 | GCA_900176885.1 |
| *Oceanobacillus sojae* | SK-2 | 法国热带传染病研究中心 | 2017/2/9 | 精细图 | GCA_900162665.1 |
| *Oceanobacillus timonensis* | Marseille-P3532 | 法国热带传染病研究中心 | 2017/3/24 | 精细图 | GCA_900166635.1 |
| *Oceanobacillus* sp. | 143 | 中国疾病预防控制中心 | 2018/8/1 | 完成图 | GCA_003351985.1 |
| *Oceanobacillus* sp. | 160 | 中国疾病预防控制中心 | 2018/8/1 | 完成图 | GCA_003352005.1 |
| *Oceanobacillus* sp. | Castelsardo | 西班牙巴斯克大学 | 2016/6/8 | 框架图 | GCA_001659985.1 |
| *Oceanobacillus* sp. | E9 | 突尼斯西迪塔贝生物技术研究所 | 2016/9/21 | 框架图 | GCA_001741975.1 |
| *Oceanobacillus* sp. | YLB-02 | 中国自然资源部第三海洋研究所 | 2018/10/16 | 框架图 | GCA_003665065.1 |
| *Oceanobacillus* sp. | JCM 19060 | 日本东京大学 | 2015/10/2 | 框架图 | GCA_001310675.1 |
| *Ornithinibacillus californiensis* | DSM 16628 | 中国浙江大学 | 2015/6/23 | 框架图 | GCA_001038485.1 |
| *Ornithinibacillus contaminans* | DSM 22953 | 中国浙江大学 | 2015/8/25 | 框架图 | GCA_001038425.2 |
| *Ornithinibacillus halophilus* | IBRC-M 10683 | 美国能源部联合基因组研究所 | 2016/12/3 | 精细图 | GCA_900129485.1 |
| *Ornithinibacillus scapharcae* | TW25 | 韩国庆熙大学 | 2011/2/25 | 框架图 | GCA_000190475.2 |
| *Ornithinibacillus* sp. | UBA11269 | 澳大利亚昆士兰大学 | 2018/9/5 | 精细图 | GCA_003454625.1 |
| *Parageobacillus caldoxylosilyticus* | NBRC 107762 | 日本国立技术与评价研究所 | 2014/4/11 | 框架图 | GCA_000632715.1 |
| | CIC9 | 韩国生物科学与生物技术研究院 | 2012/11/19 | 框架图 | GCA_000313345.1 |
| | B4119 | 荷兰格罗宁根大学 | 2016/3/11 | 精细图 | GCA_001587505.1 |
| *Parageobacillus thermantarcticus* | M1 | 美国能源部联合基因组研究所 | 2016/11/2 | 精细图 | GCA_900111865.1 |
| *Parageobacillus thermoglucosidasius* | DSM 2542 | 中国科学院 | 2015/9/22 | 完成图 | GCA_001295365.1 |
| | C56-YS93 | 美国能源部联合基因组研究所 | 2011/6/10 | 完成图 | GCA_000178395.2 |
| | NCIMB 11955 | 英国诺丁汉大学 | 2016/8/9 | 完成图 | GCA_001700985.1 |
| | TM242 | 英国诺丁汉大学 | 2016/12/13 | 完成图 | GCA_001902495.1 |
| | TNO-09.020 | 荷兰 TI 食品与营养公司 | 2012/4/18 | 染色体 | GCA_000258725.1 |
| | NBRC 107763 | 日本国立技术与评价研究所 | 2014/4/22 | 框架图 | GCA_000648295.1 |
| | W-2 | 中国南开大学 | 2016/6/3 | 框架图 | GCA_001655645.1 |
| | GT23 | 荷兰乳品研究所 | 2016/5/25 | 精细图 | GCA_001651535.1 |
| | TG4 | 日本京都大学 | 2018/11/28 | 精细图 | GCA_003865195.1 |
| | ZCTH02-B4 | 巴西圣保罗大学 | 2017/5/30 | 框架图 | GCA_002159055.1 |
| *Parageobacillus toebii* | NBRC 107807 | 日本国立技术与评价研究所 | 2016/3/12 | 框架图 | GCA_001598935.1 |

续表

| 学名 | 菌株名称 | 测序机构 | 测序时间（年/月/日） | 组装水平 | GenBank 登录号 |
|---|---|---|---|---|---|
| *Parageobacillus toebii* | B4110 | 荷兰格罗宁根大学 | 2016/3/11 | 精细图 | GCA_001587455.1 |
| | PW12 | 美国明尼苏达大学 | 2018/8/8 | 精细图 | GCA_003367455.1 |
| | DSM 14590 | 美国能源部联合基因组研究所 | 2018/10/25 | 精细图 | GCA_003688615.1 |
| *Parageobacillus genomo* sp. 1 | NUB3621 | 美国埃默里大学 | 2014/4/17 | 染色体 | GCA_000632515.1 |
| *Paraliobacillus quinghaiensis* | YIM-C158 | 中国疾病预防控制中心 | 2018/8/23 | 框架图 | GCA_003426025.1 |
| *Paraliobacillus ryukyuensis* | Marseille-P3391 | 法国热带传染病研究中心 | 2017/3/12 | 框架图 | GCA_900168775.1 |
| | DSM 15140 | 美国能源部联合基因组研究所 | 2018/7/12 | 精细图 | GCA_003315295.1 |
| *Paraliobacillus sediminis* | 126C4 | 中国疾病预防控制中心 | 2018/8/23 | 框架图 | GCA_003426055.1 |
| *Paraliobacillus* sp. | X-1125 | 中国疾病预防控制中心 | 2018/6/27 | 完成图 | GCA_003268595.1 |
| *Paraliobacillus* sp. | PM-2 | 法国热带传染病研究中心 | 2015/4/22 | 框架图 | GCA_001368815.1 |
| *Paraliobacillus* sp. | X-1174 | 中国疾病预防控制中心 | 2018/8/23 | 框架图 | GCA_003426085.1 |
| *Paraliobacillus* sp. | X-1268 | 中国疾病预防控制中心 | 2018/8/23 | 框架图 | GCA_003426095.1 |
| *Paucisalibacillus globulus* | DSM 18846 | 美国能源部联合基因组研究所 | 2013/10/25 | 精细图 | GCA_000482485.1 |
| | PG | 法国热带传染病研究中心 | 2017/5/27 | 精细图 | GCA_900184735.1 |
| *Paucisalibacillus algeriensis* | EB02 | 欧洲生物信息学研究所 | 2014/2/12 | 框架图 | GCA_000577245.1 |
| *Pelagirhabdus alkalitolerans* | S5 | 美国能源部联合基因组研究所 | 2016/10/21 | 精细图 | GCA_900096905.1 |
| *Piscibacillus halophilus* | DSM 21633 | 美国能源部联合基因组研究所 | 2016/10/31 | 框架图 | GCA_900110685.1 |
| *Piscibacillus salipiscarius* | JCM 13188 | 日本东京大学 | 2015/10/2 | 框架图 | GCA_001311865.1 |
| *Pontibacillus chungwhensis* | BH030062 | 中国华中农业大学 | 2014/11/3 | 框架图 | GCA_000770675.1 |
| *Pontibacillus halophilus* | DSM 19796 | 美国能源部联合基因组研究所 | 2013/7/11 | 精细图 | GCA_000425205.1 |
| | JSM 076056 | 中国华中农业大学 | 2014/11/12 | 框架图 | GCA_000775595.1 |
| *Pontibacillus litoralis* | JSM 072002 | 中国华中农业大学 | 2014/11/12 | 框架图 | GCA_000775615.1 |
| *Pontibacillus marinus* | DSM 16465 | 美国能源部联合基因组研究所 | 2013/7/11 | 精细图 | GCA_000425225.1 |
| | BH030004 | 中国华中农业大学 | 2014/11/12 | 框架图 | GCA_000775605.1 |
| *Pontibacillus yanchengensis* | Y32 | 中国华中农业大学 | 2014/11/3 | 框架图 | GCA_000770635.1 |
| *Pseudogracilibacillus auburnensis* | DSM 28556 | 美国能源部联合基因组研究所 | 2018/6/7 | 精细图 | GCA_003201975.1 |
| *Pueribacillus theae* | T8 | 中国上海大学 | 2018/5/8 | 框架图 | GCA_003097615.1 |
| *Quasibacillus thermotolerans* | SgZ-8 | 印度科学和工业研究理事会微生物技术研究所 | 2015/4/7 | 框架图 | GCA_000812025.2 |
| | MTCC 8252 | 印度科学和工业研究理事会微生物技术研究所 | 2015/4/7 | 框架图 | GCA_000818695.2 |
| *Rubeoparvulum massiliense* | mt6 | 法国热带传染病研究中心 | 2015/6/30 | 框架图 | GCA_001049895.1 |
| *Salibacterium halotolerans* | S7 | 美国能源部联合基因组研究所 | 2016/11/2 | 精细图 | GCA_900115625.1 |

续表

| 学名 | 菌株名称 | 测序机构 | 测序时间（年/月/日） | 组装水平 | GenBank 登录号 |
|---|---|---|---|---|---|
| *Salibacterium qingdaonense* | CGMCC 1.6134 | 美国能源部联合基因组研究所 | 2016/11/2 | 精细图 | GCA_900114715.1 |
| *Salimicrobium album* | DSM 20748 | 美国能源部联合基因组研究所 | 2016/10/22 | 精细图 | GCA_900107115.1 |
| *Salimicrobium flavidum* | DSM 23127 | 美国能源部联合基因组研究所 | 2017/1/14 | 精细图 | GCA_900156645.1 |
| *Salimicrobium halophilum* | DSM 4771 | 美国能源部联合基因组研究所 | 2016/10/21 | 精细图 | GCA_900100295.1 |
| *Salimicrobium jeotgali* | MJ3 | 韩国中央大学 | 2016/11/16 | 完成图 | GCA_001685435.3 |
| | PRJEB21453 | 法国热带传染病研究中心 | 2018/1/2 | 精细图 | GCA_900188545.1 |
| *Salimicrobium salexigens* | DSM 22782 | 美国能源部联合基因组研究所 | 2017/1/14 | 精细图 | GCA_900156705.1 |
| *Salimicrobium* sp. | WN024 | 中国农业科学院 | 2017/9/12 | 框架图 | GCA_002295105.1 |
| *Salinibacillus aidingensis* | MSP4 | 印度农业研究理事会 | 2013/5/17 | 框架图 | GCA_000400005.1 |
| *Salinibacillus kushneri* | CGMCC 1.3566 | 美国能源部联合基因组研究所 | 2016/10/31 | 精细图 | GCA_900111405.1 |
| *Salipaludibacillus agaradhaerens* | DSM 8721 | 中国福建省农业科学院 | 2017/3/6 | 精细图 | GCA_002019735.1 |
| *Salipaludibacillus aurantiacus* | S9 | 美国能源部联合基因组研究所 | 2016/10/31 | 精细图 | GCA_900111295.1 |
| *Salipaludibacillus keqinensis* | KQ-12 | 中国农业科学院 | 2018/6/13 | 框架图 | GCA_003226325.1 |
| *Salipaludibacillus neizhouensis* | DSM 19794 | 中国福建省农业科学院 | 2018/1/16 | 精细图 | GCA_002886185.1 |
| | KCTC 13187 | 中国农业科学院 | 2018/10/5 | 框架图 | GCA_003615245.1 |
| *Salirhabdus* sp. | Marseille-P4669 | 法国热带传染病研究中心 | 2018/1/2 | 框架图 | GCA_900240405.1 |
| *Salisediminibacterium haloalkalitolerans* | 10nlg | 美国能源部联合基因组研究所 | 2016/10/31 | 精细图 | GCA_900111285.1 |
| *Salisediminibacterium halotolerans* | DSM 26530 | 美国能源部联合基因组研究所 | 2018/11/23 | 精细图 | GCA_003814815.1 |
| *Saliterribacillus persicus* | DSM 27696 | 美国能源部联合基因组研究所 | 2018/7/24 | 精细图 | GCA_003337485.1 |
| *Salsuginibacillus halophilus* | CGMCC 1.07653 | 美国能源部联合基因组研究所 | 2018/3/23 | 框架图 | GCA_003014715.1 |
| *Salsuginibacillus kocurii* | DSM 18087 | 美国能源部联合基因组研究所 | 2013/4/23 | 精细图 | GCA_000377705.1 |
| *Sediminibacillus albus* | CGMCC 1.6502 | 美国能源部联合基因组研究所 | 2016/10/21 | 精细图 | GCA_900101125.1 |
| *Sediminibacillus halophilus* | CGMCC 1.6199 | 美国能源部联合基因组研究所 | 2016/10/21 | 精细图 | GCA_900103695.1 |
| | NSP9.3 | 印度农业研究委员会花生研究委员会 | 2013/11/14 | 精细图 | GCA_000496855.1 |
| *Sediminibacillus massiliensis* | Marseille-P3518 | 法国热带传染病研究中心 | 2017/2/9 | 精细图 | GCA_900156915.1 |
| *Streptohalobacillus salinus* | DSM 22440 | 美国能源部联合基因组研究所 | 2018/6/7 | 精细图 | GCA_003201605.1 |
| *Tenuibacillus multivorans* | CGMCC 1.3442 | 美国能源部联合基因组研究所 | 2016/10/21 | 精细图 | GCA_900103915.1 |
| *Tepidibacillus decaturensis* | Z9 | 美国伊利诺伊厄巴纳-香槟分校 | 2016/2/16 | 精细图 | GCA_001561915.1 |
| *Tepidibacillus fermentans* | DSM 23802 | 美国能源部联合基因组研究所 | 2019/3/11 | 精细图 | GCA_004342885.1 |
| *Tepidibacillus* sp. | HK-1 | 日本千叶大学 | 2016/8/9 | 精细图 | GCA_001748485.1 |
| *Terribacillus aidingensis* | CGMCC 1.8913 | 美国能源部联合基因组研究所 | 2017/9/28 | 精细图 | GCA_900215625.1 |

续表

| 学名 | 菌株名称 | 测序机构 | 测序时间（年/月/日） | 组装水平 | GenBank 登录号 |
|---|---|---|---|---|---|
| *Terribacillus goriensis* | MP602 | 中国浙江农林大学 | 2014/7/14 | 完成图 | GCA_000725365.1 |
| | DSM 18252 | 中国福建省农业科学院 | 2018/1/16 | 精细图 | GCA_002884435.1 |
| *Terribacillus halophilus* | T-h1 | 法国热带传染病研究中心 | 2017/2/9 | 精细图 | GCA_900162685.1 |
| | DSM 21620 | 美国能源部联合基因组研究所 | 2016/10/21 | 精细图 | GCA_900101385.1 |
| *Terribacillus saccharophilus* | 7528 | 德国比勒费尔德大学 | 2017/8/28 | 框架图 | GCA_002271615.1 |
| | 7521 | 德国比勒费尔德大学 | 2017/8/28 | 框架图 | GCA_002271915.1 |
| | 7518 | 德国比勒费尔德大学 | 2017/8/28 | 框架图 | GCA_002272065.1 |
| | 7517-1 | 德国比勒费尔德大学 | 2017/8/28 | 框架图 | GCA_002272075.1 |
| | 7509 | 德国比勒费尔德大学 | 2017/8/28 | 框架图 | GCA_002272165.1 |
| | 7520-1 | 德国比勒费尔德大学 | 2017/8/28 | 框架图 | GCA_002272675.1 |
| | 7517-W | 德国比勒费尔德大学 | 2017/8/28 | 框架图 | GCA_002272685.1 |
| | 7504-1 | 德国比勒费尔德大学 | 2017/8/28 | 框架图 | GCA_002272735.1 |
| | 7503-2 | 德国比勒费尔德大学 | 2017/8/28 | 框架图 | GCA_002272745.1 |
| | DSM 21619 | 中国福建省农业科学院 | 2017/9/21 | 精细图 | GCA_002335735.1 |
| *Terribacillus* sp. | 7520-G | 德国比勒费尔德大学 | 2017/8/28 | 框架图 | GCA_002271665.1 |
| *Thalassobacillus cyri* | CCM 7597 | 美国能源部联合基因组研究所 | 2016/10/22 | 精细图 | GCA_900107755.1 |
| *Thalassobacillus devorans* | MSP14 | 印度农业研究委员会花生研究委员会 | 2013/11/14 | 精细图 | GCA_000496835.1 |
| | Marseille-P394 | 法国热带传染病研究中心 | 2017/4/25 | 框架图 | GCA_900176565.1 |
| *Thalassobacillus* sp. | JCM 19033 | 日本东京大学 | 2015/10/2 | 框架图 | GCA_001310615.1 |
| *Thalassobacillus* sp. | TM-1 | 法国热带传染病研究中心 | 2015/4/20 | 框架图 | GCA_001368835.1 |
| *Thermolongibacillus altinsuensis* | DSM 24979 | 美国能源部联合基因组研究所 | 2019/3/11 | 精细图 | GCA_004341205.1 |
| *Virgibacillus alimentarius* | J18 | 韩国庆熙大学 | 2014/6/16 | 框架图 | GCA_000709085.1 |
| *Virgibacillus chiguensis* | CGMCC 1.6496 | 美国能源部联合基因组研究所 | 2016/12/3 | 精细图 | GCA_900129865.1 |
| *Virgibacillus dakarensis* | Marseille-P3469 | 法国热带传染病研究中心 | 2017/2/8 | 精细图 | GCA_900155625.1 |
| *Virgibacillus dokdonensis* | Marseille-P2545 | 法国热带传染病研究中心 | 2017/2/17 | 精细图 | GCA_900166595.1 |
| | 21D | 沙特阿拉伯阿卜杜拉国王科技大学 | 2018/1/3 | 完成图 | GCA_002849835.1 |
| | AK90 | 印度科学和工业研究理事会微生物技术研究所 | 2018/8/16 | 框架图 | GCA_003399705.1 |
| *Virgibacillus halodenitrificans* | PDB-F2 | 中国华东理工大学 | 2016/11/14 | 完成图 | GCA_001878675.1 |
| | Bac324 | 沙特阿拉伯阿卜杜拉国王科技大学 | 2018/10/21 | 完成图 | GCA_003667805.1 |
| | 1806 | 韩国生物科学与生物技术研究院 | 2012/9/6 | 框架图 | GCA_000294755.1 |
| | JCM 12304 | 日本东京大学 | 2015/10/2 | 框架图 | GCA_001310895.1 |
| | Marseille-P736 | 法国热带传染病研究中心 | 2017/2/8 | 框架图 | GCA_900162105.1 |

续表

| 学名 | 菌株名称 | 测序机构 | 测序时间（年/月/日） | 组装水平 | GenBank 登录号 |
|---|---|---|---|---|---|
| *Virgibacillus hongkongensis* | CM-4 | 中国香港大学 | 2013/8/13 | 框架图 | GCA_000445495.1 |
| *Virgibacillus indicus* | P2-C2 | 中国科学院 | 2017/8/22 | 框架图 | GCA_002266285.1 |
| *Virgibacillus massiliensis* | Vm-5 | 法国热带传染病研究中心 | 2014/5/16 | 框架图 | GCA_000723585.1 |
| *Virgibacillus ndiopensis* | Marseille-P3835 | 法国热带传染病研究中心 | 2017/10/23 | 框架图 | GCA_900187325.1 |
| *Virgibacillus necropolis* | LMG 19488 | 韩国庆熙大学 | 2017/7/24 | 完成图 | GCA_002224365.1 |
| *Virgibacillus pantothenticus* | DSM 26 | 中国福建省农业科学院 | 2015/7/31 | 精细图 | GCA_001189575.1 |
| | Marseille-P1102 | 法国热带传染病研究中心 | 2017/2/9 | 精细图 | GCA_900162095.1 |
| *Virgibacillus phasianinus* | LM2416 | 韩国庆熙大学 | 2017/7/12 | 完成图 | GCA_002216775.1 |
| *Virgibacillus profundi* | P3-H5 | 中国科学院 | 2017/9/6 | 框架图 | GCA_002287375.1 |
| | P3-B8 | 中国科学院 | 2017/12/4 | 框架图 | GCA_002807645.1 |
| *Virgibacillus proomii* | V-P | 法国热带传染病研究中心 | 2017/2/7 | 框架图 | GCA_900162615.1 |
| *Virgibacillus salinus* | CGMCC 1.10449 | 美国能源部联合基因组研究所 | 2016/10/21 | 精细图 | GCA_900102415.1 |
| *Virgibacillus senegalensis* | SK-1 | 法国热带传染病研究中心 | 2014/9/29 | 精细图 | GCA_000821245.2 |
| *Virgibacillus siamensis* | Marseille-P2607 | 法国热带传染病研究中心 | 2017/2/9 | 框架图 | GCA_900162695.1 |
| *Virgibacillus soli* | PL205 | 加拿大圭尔夫大学 | 2015/11/4 | 精细图 | GCA_001431195.1 |
| *Virgibacillus subterraneus* | CGMCC 1.7734 | 美国能源部联合基因组研究所 | 2016/10/31 | 框架图 | GCA_900110695.1 |
| *Virgibacillus* sp. | SK37 | 泰国苏兰拉里理工大学 | 2014/7/14 | 完成图 | GCA_000725285.1 |
| *Virgibacillus* sp. | 6R | 中国上海海洋大学 | 2016/12/9 | 完成图 | GCA_001895305.1 |
| *Virgibacillus* sp. | Bac332 | 沙特阿拉伯阿卜杜拉国王科技大学 | 2018/10/21 | 完成图 | GCA_003667785.1 |
| *Virgibacillus* sp. | Bac330 | 沙特阿拉伯阿卜杜拉国王科技大学 | 2018/10/21 | 完成图 | GCA_003667845.1 |
| *Virgibacillus* sp. | 7505 | 德国比勒费尔德大学 | 2017/8/28 | 框架图 | GCA_002272135.1 |
| *Virgibacillus* sp. | LJ137 | 中国河南工业大学 | 2018/11/15 | 精细图 | GCA_003730295.1 |
| *Vulcanibacillus modesticaldus* | BR | 美国佐治亚大学 | 2016/9/16 | 框架图 | GCA_001730235.1 |
| **脂环酸芽胞杆菌科（Alicyclobacillaceae da Costa and Rainey 2010，fam. nov.）** | | | | | |
| *Alicyclobacillus acidiphilus* | NBRC 100859 | 日本国立技术与评价研究所 | 2016/1/29 | 框架图 | GCA_001544355.1 |
| *Alicyclobacillus acidocaldarius* | DSM 446 | 美国能源部联合基因组研究所 | 2009/9/9 | 完成图 | GCA_000024285.1 |
| | Tc-4-1 | 中国科学院 | 2011/7/5 | 完成图 | GCA_000219875.1 |
| | LAA1 | 美国能源部联合基因组研究所 | 2008/12/17 | 精细图 | GCA_000173835.1 |
| *Alicyclobacillus acidoterrestris* | ATCC 49025 | 以色列食品质量安全部 | 2013/8/5 | 框架图 | GCA_000444055.1 |
| *Alicyclobacillus contaminans* | DSM 17975 | 美国能源部联合基因组研究所 | 2013/7/15 | 精细图 | GCA_000429525.1 |
| *Alicyclobacillus ferrooxydans* | TC-34 | 美国加州理工学院 | 2015/10/19 | 框架图 | GCA_001399675.1 |
| *Alicyclobacillus herbarius* | DSM 13609 | 美国能源部联合基因组研究所 | 2013/7/16 | 精细图 | GCA_000430585.1 |

续表

| 学名 | 菌株名称 | 测序机构 | 测序时间（年/月/日） | 组装水平 | GenBank 登录号 |
|---|---|---|---|---|---|
| *Alicyclobacillus hesperidum* | DSM 12489 | 美国能源部联合基因组研究所 | 2016/10/22 | 精细图 | GCA_900107035.1 |
| | URH17-3-68 | 中国科学院 | 2012/9/5 | 框架图 | GCA_000294675.1 |
| *Alicyclobacillus kakegawensis* | NBRC 103104 | 日本国立技术与评价研究所 | 2016/2/6 | 框架图 | GCA_001552655.1 |
| *Alicyclobacillus macrosporangiidus* | CPP55 | 美国能源部联合基因组研究所 | 2014/6/11 | 框架图 | GCA_000702485.1 |
| | DSM 17980 | 美国能源部联合基因组研究所 | 2016/11/2 | 精细图 | GCA_900116805.1 |
| *Alicyclobacillus mali* | NBRC 102425 | 日本国立技术与评价研究所 | 2016/2/10 | 框架图 | GCA_001570745.1 |
| *Alicyclobacillus montanus* | USBA-GBX-503 | 美国能源部联合基因组研究所 | 2016/12/3 | 精细图 | GCA_900142255.1 |
| *Alicyclobacillus pomorum* | DSM 14955 | 美国能源部联合基因组研究所 | 2013/9/30 | 精细图 | GCA_000472905.1 |
| *Alicyclobacillus sacchari* | DSM 17974 | 美国能源部联合基因组研究所 | 2019/3/22 | 精细图 | GCA_004366795.1 |
| *Alicyclobacillus sendaiensis* | NBRC 100866 | 日本国立技术与评价研究所 | 2016/2/6 | 框架图 | GCA_001552675.1 |
| *Alicyclobacillus shizuokensis* | NBRC 103103 | 日本国立技术与评价研究所 | 2016/2/3 | 框架图 | GCA_001552255.1 |
| *Alicyclobacillus tengchongensis* | CGMCC 1504 | 中国云南师范大学 | 2015/11/23 | 框架图 | GCA_001447355.1 |
| *Alicyclobacillus vulcanalis* | DSM 16176 | 美国能源部联合基因组研究所 | 2017/1/14 | 精细图 | GCA_900156755.1 |
| *Alicyclobacillus* sp. | RIFOXYA1_FULL_53_8 | 美国加利福尼亚大学伯克利分校 | 2016/10/18 | 精细图 | GCA_001767765.1 |
| *Effusibacillus lacus* | DSM 27172 | 美国能源部联合基因组研究所 | 2019/3/11 | 框架图 | GCA_004343345.1 |
| | skLN1 | 日本北海道大学 | 2017/9/12 | 精细图 | GCA_002335525.1 |
| *Effusibacillus pohliae* | DSM 22757 | 美国能源部联合基因组研究所 | 2013/4/20 | 框架图 | GCA_000376225.1 |
| *Kyrpidia spormannii* | EA-1 | 德国卡尔斯鲁厄理工学院 | 2017/12/4 | 完成图 | GCA_002804065.1 |
| *Kyrpidia tusciae* | DSM 2912 | 美国能源部联合基因组研究所 | 2010/4/29 | 完成图 | GCA_000092905.1 |
| *Sulfobacillus acidophilus* | TPY | 中国科学院 | 2011/7/5 | 完成图 | GCA_000219855.1 |
| | DSM 10332 | 美国能源部联合基因组研究所 | 2011/12/14 | 完成图 | GCA_000237975.1 |
| | AMDSBA3 | 美国加利福尼亚大学伯克利分校 | 2018/3/27 | 精细图 | GCA_003023745.1 |
| *Sulfobacillus benefaciens* | AMDSBA4 | 美国加利福尼亚大学伯克利分校 | 2018/3/27 | 精细图 | GCA_003023695.1 |
| | AMDSBA1 | 美国加利福尼亚大学伯克利分校 | 2018/3/27 | 精细图 | GCA_003023725.1 |
| *Sulfobacillus thermosulfidooxidans* | DSM 9293 | 美国能源部联合基因组研究所 | 2017/4/7 | 精细图 | GCA_900176145.1 |
| | Cutipay | 智利大学 | 2012/9/4 | 精细图 | GCA_000294425.1 |
| | ST | 中国中南大学 | 2013/11/20 | 精细图 | GCA_000497695.1 |
| | CBAR-13 | 智利北方天主教大学 | 2015/9/9 | 精细图 | GCA_001280565.1 |
| | ZBY | 中国中南大学 | 2017/1/17 | 框架图 | GCA_001953275.1 |
| | DX | 中国中南大学 | 2017/1/17 | 框架图 | GCA_001953285.1 |
| | ZJ | 中国中南大学 | 2017/1/17 | 框架图 | GCA_001953295.1 |
| | AMDSBA5 | 美国加利福尼亚大学伯克利分校 | 2018/3/27 | 精细图 | GCA_003023625.1 |

续表

| 学名 | 菌株名称 | 测序机构 | 测序时间（年/月/日） | 组装水平 | GenBank 登录号 |
|---|---|---|---|---|---|
| *Sulfobacillus thermosulfidooxidans* | AMDSBA2 | 美国加利福尼亚大学伯克利分校 | 2018/3/27 | 精细图 | GCA_003023685.1 |
| *Sulfobacillus* sp. | hq2 | 中国科学院 | 2018/1/29 | 精细图 | GCA_002903155.1 |
| *Sulfobacillus* sp. | UBA10397 | 澳大利亚昆士兰大学 | 2018/9/7 | 精细图 | GCA_003511545.1 |
| *Tumebacillus algifaecis* | THMBR28 | 韩国庆熙大学 | 2017/8/8 | 完成图 | GCA_002243515.1 |
| *Tumebacillus avium* | AR23208 | 韩国庆熙大学 | 2017/5/31 | 完成图 | GCA_002162355.1 |
| *Tumebacillus flagellatus* | GST4 | 中国广西科学院 | 2014/6/27 | 框架图 | GCA_000714935.1 |
| *Tumebacillus permanentifrigoris* | DSM 18773 | 美国能源部联合基因组研究所 | 2018/5/22 | 精细图 | GCA_003148565.1 |
| *Tumebacillus* sp. | BK434 | 美国能源部联合基因组研究所 | 2019/3/11 | 精细图 | GCA_004340785.1 |
| **类芽胞杆菌科（Paenibacillaceae De Vos et al.，2010，fam. nov.）** | | | | | |
| *Ammoniphilus oxalaticus* | RAOx-1 | 法国巴斯德研究所 | 2018/10/2 | 框架图 | GCA_003609605.1 |
| *Ammoniphilus* sp. | CFH 90114 | 中国新乡医学院 | 2019/1/30 | 精细图 | GCA_004123195.1 |
| *Ammoniphilus* sp. | YIM 78166 | 中国新乡医学院 | 2019/3/29 | 精细图 | GCA_004522215.1 |
| *Aneurinibacillus aneurinilyticus* | ATCC 12856 | 美国圣路易斯华盛顿大学 | 2013/9/12 | 精细图 | GCA_000466385.1 |
| *Aneurinibacillus migulanus* | DSM 2895 | 中国福建省农业科学院 | 2015/8/26 | 精细图 | GCA_001274715.1 |
| | Nagano E1 | 瑞士纳沙泰尔大学 | 2015/9/18 | 框架图 | GCA_001294525.1 |
| | nagano | 瑞士纳沙泰尔大学 | 2015/2/20 | 精细图 | GCA_000878885.1 |
| | NCTC 7096 | 瑞士纳沙泰尔大学 | 2015/2/20 | 精细图 | GCA_000878905.1 |
| | NBRC 15520 | 日本国立技术与评价研究所 | 2019/6/12 | 框架图 | GCA_006539965.1 |
| | NCTC-7096 | 欧洲生物信息学研究所 | 2015/8/17 | 精细图 | GCA_001282925.1 |
| *Aneurinibacillus soli* | CB4 | 韩国生物科学与生物技术研究院 | 2016/1/13 | 完成图 | GCA_002355375.1 |
| | CECT 8566 | 美国能源部联合基因组研究所 | 2018/6/12 | 精细图 | GCA_003217555.1 |
| *Aneurinibacillus terranovensis* | DSM 18919 | 美国能源部联合基因组研究所 | 2013/7/16 | 精细图 | GCA_000430625.1 |
| *Aneurinibacillus thermoaerophilus* | L420-91 | 美国能源部联合基因组研究所 | 2016/10/21 | 精细图 | GCA_900099925.1 |
| *Aneurinibacillus tyrosinisolvens* | LL-002 | 日本海洋地球科技研究所 | 2015/4/18 | 框架图 | GCA_001015055.1 |
| *Aneurinibacillus* sp. | XH2 | 中国石油大学 | 2016/1/25 | 完成图 | GCA_001439585.2 |
| *Aneurinibacillus* sp. | UBA3580 | 澳大利亚昆士兰大学 | 2017/9/27 | 精细图 | GCA_002375825.1 |
| *Brevibacillus agri* | 5-2 | 中国浙江大学 | 2014/4/2 | 框架图 | GCA_000612125.1 |
| | DSM 6348 | 韩国庆北国立大学 | 2019/1/29 | 完成图 | GCA_004117055.1 |
| | BAB-2500 | 印度古吉拉特邦科学技术局 | 2012/12/21 | 框架图 | GCA_000328345.1 |
| | NRRL NRS-1219 | 美国农业部农业研究院 | 2018/11/4 | 框架图 | GCA_003710885.1 |
| | NBRC 15538 | 日本国立技术与评价研究所 | 2019/6/12 | 框架图 | GCA_006540025.1 |
| *Brevibacillus borstelensis* | AK1 | 沙特阿拉伯阿卜杜拉国王科技大学 | 2013/4/4 | 框架图 | GCA_000353565.1 |

续表

| 学名 | 菌株名称 | 测序机构 | 测序时间（年/月/日） | 组装水平 | GenBank 登录号 |
|---|---|---|---|---|---|
| *Brevibacillus borstelensis* | 3096-7 | 中国浙江大学 | 2014/4/2 | 框架图 | GCA_000612185.1 |
| | cifa_chp40 | 印度中央咸淡水养殖研究所 | 2014/8/8 | 框架图 | GCA_000738785.1 |
| | NRRL NRS-818 | 美国农业部农业研究院 | 2018/11/4 | 框架图 | GCA_003710865.1 |
| | NBRC 15714 | 日本国立技术与评价研究所 | 2019/6/12 | 框架图 | GCA_006540165.1 |
| | UBA3579 | 澳大利亚昆士兰大学 | 2017/9/27 | 精细图 | GCA_002376405.1 |
| *Brevibacillus brevis* | NBRC 100599 | 日本国立技术与评价研究所 | 2009/4/1 | 完成图 | GCA_000010165.1 |
| | X23 | 中国湖南农业大学 | 2017/9/27 | 完成图 | GCA_000296715.2 |
| | DZQ7 | 中国山东农业大学 | 2018/6/28 | 完成图 | GCA_001039275.2 |
| | NCTC 2611 | 欧洲生物信息学研究所 | 2018/12/20 | 完成图 | GCA_900637055.1 |
| | FJAT-0809-GLX | 中国福建省农业科学院 | 2013/3/12 | 框架图 | GCA_000346255.1 |
| | ATCC 35690 | 加拿大麦克马斯特大学 | 2017/5/30 | 框架图 | GCA_002161835.1 |
| | NRRL NRS-604 | 美国农业部农业研究院 | 2018/3/20 | 框架图 | GCA_003012835.1 |
| | NBRC 15304 | 日本国立技术与评价研究所 | 2019/6/12 | 框架图 | GCA_006539845.1 |
| | GZDF3.1 | 中国贵州医科大学 | 2016/5/22 | 精细图 | GCA_001649505.1 |
| | NBRC 110488 | 日本国立技术与评价研究所 | 2016/8/23 | 精细图 | GCA_001748185.1 |
| | DSM 30 | 美国能源部联合基因组研究所 | 2018/8/14 | 精细图 | GCA_003385915.1 |
| *Brevibacillus centrosporus* | NRRL NRS-664 | 美国农业部农业研究院 | 2018/11/4 | 框架图 | GCA_003710815.1 |
| | NBRC 15540 | 日本国立技术与评价研究所 | 2019/6/12 | 框架图 | GCA_006540045.1 |
| *Brevibacillus choshinensis* | DSM 8552 | 中国福建省农业科学院 | 2015/10/30 | 精细图 | GCA_001420695.1 |
| *Brevibacillus fluminis* | JCM 15716 | 美国农业部农业研究院 | 2018/11/4 | 框架图 | GCA_003710825.1 |
| *Brevibacillus formosus* | NF2 | 中国陕西省科学院 | 2017/7/6 | 完成图 | GCA_002215075.1 |
| | NBRC 15716 | 日本国立技术与评价研究所 | 2019/6/12 | 框架图 | GCA_006540185.1 |
| | DSM 9885 | 中国福建省农业科学院 | 2015/5/22 | 精细图 | GCA_001012775.1 |
| | NRRL NRS-863 | 美国农业部农业研究院 | 2018/3/21 | 精细图 | GCA_003013405.1 |
| *Brevibacillus gelatini* | DSM 100115 | 美国农业部农业研究院 | 2018/11/4 | 框架图 | GCA_003710935.1 |
| *Brevibacillus invocatus* | JCM 12215 | 美国农业部农业研究院 | 2018/11/4 | 框架图 | GCA_003710915.1 |
| *Brevibacillus laterosporus* | LMG 15441 | 德国乔治-奥古斯都-哥廷根大学 | 2014/7/22 | 完成图 | GCA_000219535.3 |
| | DSM 25 | 韩国庆北国立大学 | 2017/10/25 | 完成图 | GCA_002706795.1 |
| | ZQ2 | 中国农业科学院 | 2018/1/7 | 完成图 | GCA_002865525.1 |
| | E7593-50 | 美国国家毒理研究中心 | 2018/9/24 | 完成图 | GCA_003590075.1 |
| | Bl-zj | 中国广东海洋大学 | 2018/10/16 | 完成图 | GCA_003663745.1 |
| | BON707 | 巴西奥斯瓦尔多•克鲁兹研究所 | 2018/9/25 | 精细图 | GCA_003594765.1 |
| | GI-9 | 印度科学和工业研究理事会微生物技术研究所 | 2011/12/8 | 框架图 | GCA_000237005.2 |
| | B9 | 中国浙江大学 | 2014/7/25 | 框架图 | GCA_000733515.1 |

续表

| 学名 | 菌株名称 | 测序机构 | 测序时间（年/月/日） | 组装水平 | GenBank 登录号 |
|---|---|---|---|---|---|
| *Brevibacillus laterosporus* | OSY-I1 | 美国俄亥俄州立大学 | 2017/8/18 | 框架图 | GCA_002259955.1 |
| | Lak 1210 | 印度细胞与分子生物学研究中心 | 2017/10/3 | 框架图 | GCA_002412145.1 |
| | BGSP11 | 塞尔维亚贝尔格莱德大学 | 2018/2/13 | 框架图 | GCA_002926995.1 |
| | MG64 | 荷兰格罗宁根大学 | 2018/6/26 | 框架图 | GCA_003265735.1 |
| | PE36 | 美国俄克拉何马大学 | 2013/9/30 | 精细图 | GCA_000472325.2 |
| | Uniss_18 | 意大利萨萨里大学 | 2016/7/29 | 精细图 | GCA_001696705.1 |
| | BGSP7 | 塞尔维亚贝尔格莱德大学 | 2018/2/13 | 精细图 | GCA_002927075.1 |
| | BGSP9 | 塞尔维亚贝尔格莱德大学 | 2018/2/13 | 精细图 | GCA_002927085.1 |
| | NRS590 | 英国林肯大学 | 2019/6/24 | 精细图 | GCA_006438615.1 |
| | UBA5783 | 澳大利亚昆士兰大学 | 2017/10/3 | 精细图 | GCA_002419105.1 |
| *Brevibacillus massiliensis* | phR | 法国热带传染病研究中心 | 2012/8/16 | 精细图 | GCA_000311785.1 |
| *Brevibacillus nitrificans* | JCM 15774 | 美国农业部农业研究院 | 2018/11/4 | 框架图 | GCA_003710965.1 |
| *Brevibacillus panacihumi* | W25 | 中国天津大学 | 2013/12/4 | 精细图 | GCA_000503775.1 |
| | JCM 15085 | 美国农业部农业研究院 | 2018/11/4 | 框架图 | GCA_003710985.1 |
| *Brevibacillus parabrevis* | CN1 | 马来西亚马来亚大学 | 2016/4/13 | 框架图 | GCA_001619605.1 |
| | NRRL NRS-605 | 美国农业部农业研究院 | 2018/11/4 | 框架图 | GCA_003710905.1 |
| | NBRC 12334 | 日本国立技术与评价研究所 | 2019/6/12 | 框架图 | GCA_006539065.1 |
| *Brevibacillus reuszeri* | NIT02 | 日本工业大学 | 2017/11/16 | 框架图 | GCA_002897295.1 |
| | NBRC 15719 | 日本国立技术与评价研究所 | 2019/6/12 | 框架图 | GCA_006540225.1 |
| | DSM 9887 | 中国福建省农业科学院 | 2015/7/27 | 精细图 | GCA_001187725.1 |
| *Brevibacillus thermoruber* | 423 | 土耳其马尔马拉大学 | 2013/8/23 | 精细图 | GCA_000454065.1 |
| | PM1 | 美国能源部联合基因组研究所 | 2014/8/28 | 框架图 | GCA_000744635.1 |
| *Brevibacillus* sp. | SCSIO 07484 | 中国科学院 | 2018/12/23 | 完成图 | GCA_003963515.1 |
| *Brevibacillus* sp. | CF112 | 美国橡树岭国家实验室 | 2012/7/27 | 框架图 | GCA_000282015.1 |
| *Brevibacillus* sp. | BC25 | 美国橡树岭国家实验室 | 2012/7/27 | 框架图 | GCA_000282075.1 |
| *Brevibacillus* sp. | SKDU10 | 印度科学和工业研究理事会微生物技术研究所 | 2016/5/16 | 框架图 | GCA_001645205.1 |
| *Brevibacillus* sp. | WF146 | 中国武汉大学 | 2016/6/21 | 框架图 | GCA_001673705.1 |
| *Brevibacillus* sp. | NRRL NRS-1210 | 美国农业部农业研究院 | 2018/3/21 | 框架图 | GCA_003013395.1 |
| *Brevibacillus* sp. | NRRL NRS-603 | 美国农业部农业研究院 | 2018/3/21 | 框架图 | GCA_003013445.1 |
| *Brevibacillus* sp. | NRRL B-41110 | 美国农业部农业研究院 | 2018/3/21 | 框架图 | GCA_003013475.1 |
| *Brevibacillus* sp. | VP | 美国科比-索耶学院 | 2018/8/16 | 框架图 | GCA_003400265.1 |
| *Brevibacillus* sp. | CFH S0501 | 中国新乡医学院 | 2019/3/29 | 框架图 | GCA_004521915.1 |
| *Brevibacillus* sp. | TGS2-1 | 韩国洛东江国家生物资源研究所 | 2019/5/6 | 框架图 | GCA_005217615.1 |
| *Brevibacillus* sp. | CHY01 | 中国北京化工大学 | 2019/6/10 | 框架图 | GCA_006170445.1 |

续表

| 学名 | 菌株名称 | 测序机构 | 测序时间（年/月/日） | 组装水平 | GenBank 登录号 |
|---|---|---|---|---|---|
| *Brevibacillus* sp. | Leaf182 | 德国马克斯•普朗克植物育种研究所 | 2018/6/28 | 精细图 | GCA_001423865.2 |
| *Brevibacillus* sp. | OK042 | 美国能源部联合基因组研究所 | 2016/11/5 | 精细图 | GCA_900114075.1 |
| *Brevibacillus* sp. | ZCTH3_B | 巴西圣保罗大学 | 2018/8/14 | 框架图 | GCA_003388715.1 |
| *Brevibacillus* sp. | UBA9366 | 澳大利亚昆士兰大学 | 2018/9/6 | 精细图 | GCA_003476365.1 |
| *Brevibacillus* sp. | UBA11289 | 澳大利亚昆士兰大学 | 2018/9/10 | 精细图 | GCA_003521185.1 |
| *Cohnella kolymensis* | VKM B-2846 | 英国金斯顿大学 | 2015/1/27 | 框架图 | GCA_000829465.1 |
| *Cohnella laeviribosi* | DSM 21336 | 美国能源部联合基因组研究所 | 2013/4/23 | 精细图 | GCA_000378425.1 |
| *Cohnella luojiensis* | CCTCC AB 208254 | 中国遵义医科大学 | 2019/3/26 | 框架图 | GCA_004564235.1 |
| *Cohnella lupini* | CECT 8236 | 美国能源部联合基因组研究所 | 2018/8/14 | 精细图 | GCA_003386205.1 |
| *Cohnella panacarvi* | Gsoil 349 | 美国能源部联合基因组研究所 | 2014/1/7 | 精细图 | GCA_000515335.1 |
| *Cohnella phaseoli* | CECT 7287 | 美国能源部联合基因组研究所 | 2018/8/14 | 精细图 | GCA_003386235.1 |
| *Cohnella thermotolerans* | DSM 17683 | 美国能源部联合基因组研究所 | 2013/9/5 | 精细图 | GCA_000429825.1 |
| *Cohnella* sp. | 18JY8-7 | 韩国首尔女子大学 | 2018/11/6 | 完成图 | GCA_003713065.1 |
| *Cohnella* sp. | HS21 | 韩国生物科学与生物技术研究院 | 2019/1/29 | 完成图 | GCA_004295585.1 |
| *Cohnella* sp. | 6021052837 | 法国热带传染病研究中心 | 2017/3/24 | 精细图 | GCA_900169535.1 |
| *Cohnella* sp. | K2E09-144 | 中国科学院 | 2018/9/14 | 框架图 | GCA_003570905.1 |
| *Cohnella* sp. | M2MS4P-1 | 中国遵义医科大学 | 2018/10/11 | 框架图 | GCA_003628305.1 |
| *Cohnella* sp. | AR92 | 阿根廷图库曼国立大学 | 2019/1/2 | 框架图 | GCA_003990975.1 |
| *Cohnella* sp. | CC-MHH1044 | 中国台湾中兴大学 | 2019/4/20 | 框架图 | GCA_004801405.1 |
| *Cohnella* sp. | CIP 111063 | 印度科学和工业研究理事会国家化学实验室 | 2017/8/1 | 精细图 | GCA_002237815.1 |
| *Cohnella* sp. | SgD-V-74 | 美国能源部联合基因组研究所 | 2018/3/15 | 精细图 | GCA_003001675.1 |
| *Cohnella* sp. | OV312 | 美国能源部联合基因组研究所 | 2018/6/12 | 精细图 | GCA_003208555.1 |
| *Cohnella* sp. | CAU 1483 | 韩国中央大学 | 2019/5/1 | 精细图 | GCA_005049045.1 |
| *Cohnella* sp. | OV330 | 美国能源部联合基因组研究所 | 2016/11/5 | 精细图 | GCA_900112065.1 |
| *Cohnella* sp. | ZCTH4_C | 巴西圣保罗大学 | 2018/8/14 | 框架图 | GCA_003388975.1 |
| *Fontibacillus panacisegetis* | DSM 28129 | 美国能源部联合基因组研究所 | 2016/10/21 | 精细图 | GCA_900102215.1 |
| *Fontibacillus phaseoli* | CECT 8333 | 美国能源部联合基因组研究所 | 2018/7/24 | 精细图 | GCA_003337355.1 |
| *Gorillibacterium massiliense* | G5 | 法国热带传染病研究中心 | 2014/1/9 | 框架图 | GCA_000455485.2 |
| *Gorillibacterium timonense* | SN4 | 法国热带传染病研究中心 | 2015/11/4 | 精细图 | GCA_001457415.1 |
| *Paenibacillus aceti* | L14 | 中国华南理工大学 | 2018/10/2 | 精细图 | GCA_003614185.1 |
| *Paenibacillus agaridevorans* | T-3040 | 日本东京农业大学 | 2018/4/4 | 精细图 | GCA_003112455.1 |
| *Paenibacillus alginolyticus* | DSM 5050 | 美国能源部联合基因组研究所 | 2013/7/11 | 精细图 | GCA_000422905.1 |

续表

| 学名 | 菌株名称 | 测序机构 | 测序时间（年/月/日） | 组装水平 | GenBank 登录号 |
|---|---|---|---|---|---|
| *Paenibacillus algorifonticola* | XJ259 | 中国南京工业大学 | 2015/4/15 | 精细图 | GCA_000971975.1 |
| | CGMCC 1.10223 | 美国能源部联合基因组研究所 | 2016/11/5 | 精细图 | GCA_900112925.1 |
| *Paenibacillus alvei* | DSM 29 | 德国乔治-奥古斯都-哥廷根大学 | 2012/8/28 | 框架图 | GCA_000293805.1 |
| | B-LR1 | 法国拉罗谢尔大学 | 2018/8/29 | 染色体 | GCA_900519125.1 |
| | A6-6i-x | 美国食品安全与应用营养中心 | 2013/7/31 | 框架图 | GCA_000442535.1 |
| | TS-15 | 美国食品安全与应用营养中心 | 2013/7/31 | 框架图 | GCA_000442555.1 |
| *Paenibacillus amylolyticus* | Heshi-A3 | 日本东京农业大学 | 2016/2/5 | 框架图 | GCA_001570725.1 |
| | FSL F4-0260 | 美国康奈尔大学 | 2017/1/18 | 框架图 | GCA_001955995.1 |
| | FSL H7-0692 | 美国康奈尔大学 | 2017/1/18 | 框架图 | GCA_001956035.1 |
| | FSL H8-0246 | 美国康奈尔大学 | 2017/1/18 | 框架图 | GCA_001956055.1 |
| | FSL J3-0122 | 美国康奈尔大学 | 2017/1/18 | 框架图 | GCA_001956175.1 |
| | NBRC 15957 | 日本国立技术与评价研究所 | 2018/12/29 | 框架图 | GCA_004001025.1 |
| | S-B4 | 美国匹兹堡州立大学 | 2019/3/20 | 框架图 | GCA_004358835.1 |
| | Sp949 | 丹麦哥本哈根大学 | 2016/10/26 | 框架图 | GCA_900095775.1 |
| | 27C64 | 美国佐治亚大学 | 2018/11/9 | 精细图 | GCA_003719335.1 |
| *Paenibacillus anaericanus* | DSM 15890 | 中国安徽农业大学 | 2019/1/5 | 精细图 | GCA_003994475.1 |
| *Paenibacillus antarcticus* | CECT 5836 | 韩国高丽大学 | 2016/5/5 | 框架图 | GCA_001637225.1 |
| *Paenibacillus antibioticophila* | GD11 | 欧洲生物信息学研究所 | 2013/8/20 | 精细图 | GCA_000455265.1 |
| *Paenibacillus apiarius* | NRRL B-23460 | 美国康奈尔大学 | 2017/5/31 | 框架图 | GCA_002161865.1 |
| *Paenibacillus aquistagni* | 11 | 美国能源部联合基因组研究所 | 2017/4/20 | 框架图 | GCA_900177815.1 |
| *Paenibacillus assamensis* | DSM 18201 | 美国能源部联合基因组研究所 | 2013/7/11 | 精细图 | GCA_000422445.1 |
| *Paenibacillus baekrokdamisoli* | KCTC 33723 | 韩国生物科学与生物技术研究院 | 2018/11/14 | 完成图 | GCA_003945345.1 |
| *Paenibacillus barcinonensis* | CECT 7022 | 美国能源部联合基因组研究所 | 2018/6/12 | 精细图 | GCA_003217495.1 |
| *Paenibacillus barengoltzii* | G22 | 美国布罗德研究所 | 2013/6/14 | 精细图 | GCA_000403375.2 |
| | NBRC 101215 | 日本国立技术与评价研究所 | 2018/12/29 | 框架图 | GCA_004000745.1 |
| | J12 | 美国能源部联合基因组研究所 | 2017/4/19 | 精细图 | GCA_900177265.1 |
| *Paenibacillus beijingensis* | DSM 24997 | 韩国庆北国立大学 | 2015/3/24 | 完成图 | GCA_000961095.1 |
| *Paenibacillus borealis* | DSM 13188 | 美国康奈尔大学 | 2014/9/22 | 完成图 | GCA_000758665.1 |
| | FSL H7-0744 | 美国康奈尔大学 | 2017/1/18 | 框架图 | GCA_001954415.1 |
| *Paenibacillus bouchesdurhonensis* | Marseille-P3071 | 法国热带传染病研究中心 | 2017/2/9 | 精细图 | GCA_900155685.1 |
| *Paenibacillus bovis* | BD3526 | 中国光明乳业股份有限公司 | 2017/5/15 | 完成图 | GCA_001421015.2 |
| *Paenibacillus camerounensis* | G4 | 欧洲生物信息学研究所 | 2014/5/16 | 框架图 | GCA_000723885.1 |

续表

| 学名 | 菌株名称 | 测序机构 | 测序时间（年/月/日） | 组装水平 | GenBank 登录号 |
|---|---|---|---|---|---|
| *Paenibacillus campinasensis* | 7537-G1 | 德国比勒费尔德大学 | 2017/8/28 | 框架图 | GCA_002272015.1 |
| *Paenibacillus castaneae* | DSM 19417 | 中国福建省农业科学院 | 2018/1/16 | 精细图 | GCA_002884445.1 |
| *Paenibacillus catalpae* | CGMCC 1.10784 | 美国能源部联合基因组研究所 | 2016/11/5 | 精细图 | GCA_900112695.1 |
| *Paenibacillus cellulosilyticus* | CECT 5696 | 美国能源部联合基因组研究所 | 2018/5/31 | 精细图 | GCA_003182255.1 |
| *Paenibacillus chibensis* | NBRC 15958 | 日本国立技术与评价研究所 | 2018/12/29 | 框架图 | GCA_004001045.1 |
| *Paenibacillus chitinolyticus* | NBRC 15660 | 日本国立技术与评价研究所 | 2014/8/2 | 框架图 | GCA_000739915.1 |
| | KCCM 41400 | 韩国庆北国立大学 | 2019/1/29 | 完成图 | GCA_004117095.1 |
| *Paenibacillus chondroitinus* | OK414 | 美国能源部联合基因组研究所 | 2014/12/9 | 精细图 | GCA_000799595.1 |
| | NBRC 15376 | 日本国立技术与评价研究所 | 2018/12/29 | 框架图 | GCA_004000765.1 |
| *Paenibacillus contaminans* | CKOBP-6 | 中国上海大学 | 2018/6/30 | 精细图 | GCA_003285015.1 |
| *Paenibacillus crassostreae* | LPB0068 | 韩国高丽大学 | 2016/10/31 | 完成图 | GCA_001857945.1 |
| *Paenibacillus curdlanolyticus* | YK9 | 美国能源部联合基因组研究所 | 2010/8/20 | 精细图 | GCA_000179615.1 |
| *Paenibacillus daejeonensis* | DSM 15491 | 美国能源部联合基因组研究所 | 2013/4/23 | 精细图 | GCA_000378385.1 |
| *Paenibacillus dakarensis* | FF9 | 法国热带传染病研究中心 | 2015/4/9 | 框架图 | GCA_001373415.1 |
| *Paenibacillus darwinianus* | Br | 新西兰奥克兰大学 | 2014/3/26 | 精细图 | GCA_000598065.1 |
| | CE1 | 新西兰奥克兰大学 | 2014/3/26 | 精细图 | GCA_000598085.1 |
| | MB1 | 新西兰奥克兰大学 | 2014/3/26 | 精细图 | GCA_000598105.1 |
| *Paenibacillus dauci* | H9 | 中国南京工业大学 | 2015/4/15 | 精细图 | GCA_000971985.1 |
| *Paenibacillus dendritiformis* | C454 | 以色列特拉维夫大学 | 2012/2/1 | 框架图 | GCA_000245555.2 |
| | PV3-16 | 印度科学和工业研究理事会微生物技术研究所 | 2018/6/18 | 框架图 | GCA_003243025.1 |
| | F-A1 | 美国匹兹堡州立大学 | 2019/3/20 | 框架图 | GCA_004358805.1 |
| *Paenibacillus donghaensis* | KCTC 13049 | 韩国庆北国立大学 | 2017/6/13 | 完成图 | GCA_002192415.1 |
| *Paenibacillus durus* | DSM 1735 | 美国康奈尔大学 | 2014/9/22 | 完成图 | GCA_000756615.1 |
| | ATCC 35681 | 马来西亚理科大学 | 2015/5/7 | 完成图 | GCA_000993825.1 |
| *Paenibacillus ehimensis* | A2 | 中国浙江大学 | 2014/4/2 | 框架图 | GCA_000612225.1 |
| | NBRC 15659 | 日本国立技术与评价研究所 | 2018/12/29 | 框架图 | GCA_004000785.1 |
| *Paenibacillus elgii* | B69 | 中国浙江大学 | 2011/5/12 | 框架图 | GCA_000213315.2 |
| | M63 | 马来西亚马来亚大学 | 2016/4/13 | 框架图 | GCA_001619725.1 |
| | AC13 | 巴西利亚天主教大学 | 2018/4/18 | 框架图 | GCA_003057575.1 |
| | NBRC 100335 | 日本国立技术与评价研究所 | 2018/12/29 | 框架图 | GCA_004000865.1 |
| *Paenibacillus etheri* | SH7 | 西班牙格拉纳达大学 | 2015/12/15 | 精细图 | GCA_001012825.2 |
| *Paenibacillus ferrarius* | CY1 | 中国华中农业大学 | 2017/3/15 | 精细图 | GCA_002027705.1 |
| *Paenibacillus fonticola* | DSM 21315 | 美国能源部联合基因组研究所 | 2013/4/24 | 精细图 | GCA_000381905.1 |

续表

| 学名 | 菌株名称 | 测序机构 | 测序时间（年/月/日） | 组装水平 | GenBank 登录号 |
|---|---|---|---|---|---|
| *Paenibacillus forsythiae* | T98 | 中国农业大学 | 2014/1/15 | 框架图 | GCA_000520735.1 |
| *Paenibacillus ginsengarvi* | KCTC 13059 | 中国华中农业大学 | 2018/10/7 | 精细图 | GCA_003626695.1 |
| *Paenibacillus ginsengihumi* | DSM 21568 | 美国能源部联合基因组研究所 | 2013/4/24 | 精细图 | GCA_000380965.1 |
| *Paenibacillus glacialis* | DSM 22343 | 韩国高丽大学 | 2016/5/5 | 框架图 | GCA_001637205.1 |
| *Paenibacillus glucanolyticus* | DSM 5162 | 美国北卡罗来纳州立大学 | 2016/4/26 | 染色体 | GCA_001632305.1 |
| | W10507 | 美国福赛斯研究所 | 2018/4/4 | 染色体 | GCA_003033945.1 |
| | SLM1 | 美国北卡罗来纳州立大学 | 2016/4/27 | 框架图 | GCA_001633025.1 |
| | FSL R5-0817 | 美国康奈尔大学 | 2017/1/18 | 框架图 | GCA_001955865.1 |
| | NBRC 15330 | 日本国立技术与评价研究所 | 2018/12/29 | 框架图 | GCA_004000885.1 |
| *Paenibacillus glycanilyticus* | NBRC 16618 | 日本国立技术与评价研究所 | 2018/12/29 | 框架图 | GCA_004000805.1 |
| *Paenibacillus gorillae* | G1 | 欧洲生物信息学研究所 | 2013/11/29 | 框架图 | GCA_000513275.1 |
| *Paenibacillus graminis* | DSM 15220 | 美国康奈尔大学 | 2014/9/22 | 完成图 | GCA_000758705.1 |
| | RSA19 | 中国农业大学 | 2014/1/15 | 框架图 | GCA_000520655.1 |
| *Paenibacillus harenae* | DSM 16969 | 美国能源部联合基因组研究所 | 2013/7/11 | 精细图 | GCA_000422465.1 |
| *Paenibacillus hemerocallicola* | KCTC 33185 | 中国中山大学 | 2019/6/11 | 精细图 | GCA_006265175.1 |
| *Paenibacillus herberti* | R33 | 中国首都师范大学 | 2017/7/26 | 精细图 | GCA_002233675.1 |
| *Paenibacillus humicus* | NBRC 102415 | 日本国立技术与评价研究所 | 2018/12/29 | 框架图 | GCA_004000905.1 |
| *Paenibacillus ihbetae* | IHBB 9852 | 印度科学和工业研究理事会喜马拉雅生物资源技术研究所 | 2016/8/5 | 完成图 | GCA_002741055.1 |
| | IHBB 9951 | 印度科学和工业研究理事会喜马拉雅生物资源技术研究所 | 2017/2/13 | 框架图 | GCA_001996445.1 |
| *Paenibacillus ihuae* | GD6 | 法国热带传染病研究中心 | 2015/4/22 | 精细图 | GCA_001368795.1 |
| *Paenibacillus ihumii* | AT5 | 法国热带传染病研究中心 | 2015/10/8 | 精细图 | GCA_001403875.1 |
| *Paenibacillus illinoisensis* | E3 | 沙特阿拉伯阿卜杜拉国王科技大学 | 2018/6/12 | 框架图 | GCA_003224455.1 |
| | NBRC 15959 | 日本国立技术与评价研究所 | 2018/12/29 | 框架图 | GCA_004000925.1 |
| *Paenibacillus jamilae* | NS115 | 印度科学和工业研究理事会微生物技术研究所 | 2015/12/22 | 框架图 | GCA_001477135.1 |
| | CN9 | 马来西亚马来亚大学 | 2016/4/13 | 框架图 | GCA_001619755.1 |
| | KACC 10925 | 韩国首尔国立大学 | 2018/8/26 | 框架图 | GCA_003428495.1 |
| *Paenibacillus jilunlii* | DSM 23019 | 巴西南里奥格兰德联邦大学 | 2016/2/2 | 框架图 | GCA_001546055.1 |
| | CGMCC 1.10239 | 美国能源部联合基因组研究所 | 2016/10/21 | 精细图 | GCA_900102965.1 |
| *Paenibacillus kobensis* | NBRC 15729 | 日本国立技术与评价研究所 | 2018/12/29 | 框架图 | GCA_004000825.1 |
| *Paenibacillus koleovorans* | NBRC 103111 | 日本国立技术与评价研究所 | 2018/12/29 | 框架图 | GCA_004000845.1 |
| *Paenibacillus kribbensis* | AM49 | 韩国生物科学与生物技术研究院 | 2017/8/3 | 完成图 | GCA_002240415.1 |
| | 6hRe76 | 中国河北大学 | 2016/8/15 | 框架图 | GCA_001705305.1 |

续表

| 学名 | 菌株名称 | 测序机构 | 测序时间（年/月/日） | 组装水平 | GenBank 登录号 |
|---|---|---|---|---|---|
| *Paenibacillus lactis* | 154 | 美国能源部联合基因组研究所 | 2011/10/18 | 框架图 | GCA_000230915.2 |
| *Paenibacillus larvae* | ATCC 9545 | 美国康涅狄格州农业试验站 | 2017/2/17 | 完成图 | GCA_002003265.1 |
| | DSM 25430 | 德国乔治-奥古斯都-哥廷根大学 | 2013/12/20 | 完成图 | GCA_000511405.1 |
| | ATCC 13537 | 美国康涅狄格州农业试验站 | 2017/2/28 | 完成图 | GCA_002007765.1 |
| | CCM 38 | 美国康涅狄格州农业试验站 | 2017/3/20 | 完成图 | GCA_002043025.1 |
| | SAG 10367 | 美国康涅狄格州农业试验站 | 2017/4/10 | 完成图 | GCA_002082155.1 |
| | ERIC_I | 德国莱布尼茨研究院 | 2018/2/20 | 完成图 | GCA_002951875.1 |
| | ERIC_II | 德国莱布尼茨研究院 | 2018/2/20 | 完成图 | GCA_002951895.1 |
| | Eric_III | 德国莱布尼茨研究院 | 2018/2/20 | 完成图 | GCA_002951915.1 |
| | Eric_IV | 德国莱布尼茨研究院 | 2018/2/20 | 完成图 | GCA_002951935.1 |
| | BRL-230010 | 美国贝勒医学院 | 2006/8/18 | 精细图 | GCA_000153605.1 |
| | B-3650 | 加拿大英属哥伦比亚大学 | 2017/9/29 | 框架图 | GCA_000187665.4 |
| | DSM 25719 | 德国乔治-奥古斯都-哥廷根大学 | 2013/12/19 | 框架图 | GCA_000511115.1 |
| | MEX14 | 墨西哥国立自治大学 | 2015/5/5 | 框架图 | GCA_000988145.1 |
| *Paenibacillus lautus* | E7593-69 | 美国国家毒理研究中心 | 2018/9/24 | 完成图 | GCA_003590055.1 |
| | FSL F4-0100 | 美国康奈尔大学 | 2017/1/18 | 框架图 | GCA_001955975.1 |
| | MDMC362 | 摩洛哥穆罕默德五世拉巴特大学 | 2018/6/27 | 框架图 | GCA_003269305.1 |
| | NBRC 15380 | 日本国立技术与评价研究所 | 2018/12/29 | 框架图 | GCA_004000945.1 |
| | BHU3 | 印度巴拿勒斯印度教大学 | 2017/10/1 | 精细图 | GCA_002407025.1 |
| *Paenibacillus lentimorbus* | NRRL B-30488 | 印度科学和工业研究理事会国家植物研究所 | 2013/6/14 | 框架图 | GCA_000411595.1 |
| *Paenibacillus lentus* | DSM 25539 | 韩国口腔微生物保藏中心 | 2018/12/9 | 完成图 | GCA_003931855.1 |
| *Paenibacillus luteus* | R-3 | 中国北京理工大学 | 2019/4/19 | 精细图 | GCA_006542765.1 |
| *Paenibacillus macerans* | ATCC 8244 | 美国洛斯阿拉莫斯国家实验室 | 2014/9/2 | 精细图 | GCA_000746875.1 |
| | NBRC 15307 | 日本国立技术与评价研究所 | 2018/12/29 | 框架图 | GCA_004000965.1 |
| | NCTC 6355 | 欧洲生物信息学研究所 | 2018/8/1 | 框架图 | GCA_900454495.1 |
| | FSL R5-0527 | 美国康奈尔大学 | 2017/1/18 | 框架图 | GCA_001956835.1 |
| *Paenibacillus macquariensis* | DSM 2 | 韩国高丽大学 | 2016/5/5 | 框架图 | GCA_001637165.1 |
| | ATCC 23464 | 美国能源部联合基因组研究所 | 2017/1/15 | 精细图 | GCA_900156375.1 |
| | JCM 14954 | 韩国高丽大学 | 2016/5/5 | 框架图 | GCA_001637215.1 |
| *Paenibacillus massiliensis* | DSM 16942 | 美国能源部联合基因组研究所 | 2013/4/23 | 精细图 | GCA_000377505.1 |
| | T7 | 中国农业大学 | 2014/1/15 | 框架图 | GCA_000520695.1 |
| *Paenibacillus montanisoli* | RA17 | 中国华中农业大学 | 2018/6/26 | 框架图 | GCA_003268025.1 |
| *Paenibacillus mucilaginosus* | 3016 | 中国农业科学院 | 2012/2/27 | 完成图 | GCA_000250655.1 |

续表

| 学名 | 菌株名称 | 测序机构 | 测序时间（年/月/日） | 组装水平 | GenBank 登录号 |
|---|---|---|---|---|---|
| *Paenibacillus mucilaginosus* | KNP414 | 中国浙江理工大学 | 2011/6/17 | 完成图 | GCA_000218915.1 |
| | K02 | 中国南京师范大学 | 2013/6/10 | 完成图 | GCA_000258535.2 |
| *Paenibacillus nanensis* | DSM 22867 | 西班牙塞维利亚农业生物与自然资源研究所 | 2018/9/20 | 框架图 | GCA_003583765.1 |
| *Paenibacillus naphthalenovorans* | 32O-Y | 美国伊利诺伊理工大学 | 2015/12/11 | 完成图 | GCA_001465255.1 |
| | 4B1 | 日本静冈大学 | 2019/4/9 | 框架图 | GCA_005403365.1 |
| | PR-N1 | 美国能源部联合基因组研究所 | 2016/10/21 | 框架图 | GCA_900099895.1 |
| *Paenibacillus odorifer* | DSM 15391 | 美国康奈尔大学 | 2014/9/22 | 完成图 | GCA_000758725.1 |
| | CBA7130 | 韩国食品研究院 | 2018/6/18 | 完成图 | GCA_003255855.1 |
| | FSL R5-0883 | 美国康奈尔大学 | 2017/1/18 | 框架图 | GCA_001954285.1 |
| | FSL J3-0159 | 美国康奈尔大学 | 2017/1/18 | 框架图 | GCA_001954295.1 |
| | FSL H3-0280 | 美国康奈尔大学 | 2017/1/18 | 框架图 | GCA_001954335.1 |
| | FSL F4-0152 | 美国康奈尔大学 | 2017/1/18 | 框架图 | GCA_001954345.1 |
| | FSL H7-0604 | 美国康奈尔大学 | 2017/1/18 | 框架图 | GCA_001954365.1 |
| | FSL R5-0636 | 美国康奈尔大学 | 2017/1/18 | 框架图 | GCA_001954375.1 |
| | FSL H7-0710 | 美国康奈尔大学 | 2017/1/18 | 框架图 | GCA_001954425.1 |
| | FSL R5-0923 | 美国康奈尔大学 | 2017/1/18 | 框架图 | GCA_001954445.1 |
| | FSL F4-0085 | 美国康奈尔大学 | 2017/1/18 | 框架图 | GCA_001954455.1 |
| | FSL H8-0069 | 美国康奈尔大学 | 2017/1/18 | 框架图 | GCA_001954495.1 |
| | FSL J3-0155 | 美国康奈尔大学 | 2017/1/18 | 框架图 | GCA_001954505.1 |
| | FSL H8-0175 | 美国康奈尔大学 | 2017/1/18 | 框架图 | GCA_001954515.1 |
| | FSL F4-0134 | 美国康奈尔大学 | 2017/1/18 | 框架图 | GCA_001954535.1 |
| | FSL H8-0147 | 美国康奈尔大学 | 2017/1/18 | 框架图 | GCA_001954575.1 |
| | FSL H7-0713 | 美国康奈尔大学 | 2017/1/18 | 框架图 | GCA_001954585.1 |
| | FSL F4-0242 | 美国康奈尔大学 | 2017/1/18 | 框架图 | GCA_001954595.1 |
| | FSL H7-0918 | 美国康奈尔大学 | 2017/1/18 | 框架图 | GCA_001954615.1 |
| | FSL H7-0718 | 美国康奈尔大学 | 2017/1/18 | 框架图 | GCA_001954655.1 |
| | FSL H3-0287 | 美国康奈尔大学 | 2017/1/18 | 框架图 | GCA_001954665.1 |
| | FSL H7-0694 | 美国康奈尔大学 | 2017/1/18 | 框架图 | GCA_001954675.1 |
| | FSL H3-0305 | 美国康奈尔大学 | 2017/1/18 | 框架图 | GCA_001955495.1 |
| | FSL H7-0443 | 美国康奈尔大学 | 2017/1/18 | 框架图 | GCA_001955545.1 |
| | FSL F4-0077 | 美国康奈尔大学 | 2017/1/18 | 框架图 | GCA_001955555.1 |
| | FSL H7-0433 | 美国康奈尔大学 | 2017/1/18 | 框架图 | GCA_001955595.1 |
| | FSL J3-0153 | 美国康奈尔大学 | 2017/1/18 | 框架图 | GCA_001955755.1 |

续表

| 学名 | 菌株名称 | 测序机构 | 测序时间（年/月/日） | 组装水平 | GenBank 登录号 |
|---|---|---|---|---|---|
| *Paenibacillus odorifer* | FSL H3-0464 | 美国康奈尔大学 | 2017/1/18 | 框架图 | GCA_001955765.1 |
| | FSL H3-0465 | 美国康奈尔大学 | 2017/1/18 | 框架图 | GCA_001955775.1 |
| | FSL R5-0937 | 美国康奈尔大学 | 2017/1/18 | 框架图 | GCA_001955785.1 |
| | FSL F4-0126 | 美国康奈尔大学 | 2017/1/18 | 框架图 | GCA_001955835.1 |
| | FSL H8-0237 | 美国康奈尔大学 | 2017/1/18 | 框架图 | GCA_001955845.1 |
| | VTT E-133288 | 芬兰技术研究中心 | 2017/8/22 | 精细图 | GCA_002264345.1 |
| | UBA3050 | 澳大利亚昆士兰大学 | 2017/9/26 | 精细图 | GCA_002367055.1 |
| *Paenibacillus oryzae* | 1DrF-4 | 中国农业科学院 | 2016/6/21 | 精细图 | GCA_001675045.1 |
| *Paenibacillus pabuli* | NBRC 13638 | 日本国立技术与评价研究所 | 2016/1/6 | 框架图 | GCA_001514495.1 |
| | FSL F4-0087 | 美国康奈尔大学 | 2017/1/18 | 框架图 | GCA_001955985.1 |
| | DB-3 | 美国能源部联合基因组研究所 | 2018/5/31 | 精细图 | GCA_003182535.1 |
| | NG-13 | 美国能源部联合基因组研究所 | 2018/6/21 | 精细图 | GCA_003259455.1 |
| *Paenibacillus paeoniae* | M4BSY-1 | 中国遵义医科大学 | 2018/8/14 | 框架图 | GCA_003388735.1 |
| *Paenibacillus panacisoli* | DSM 21345 | 美国能源部联合基因组研究所 | 2013/7/11 | 精细图 | GCA_000426545.1 |
| *Paenibacillus pasadenensis* | DSM 19293 | 美国能源部联合基因组研究所 | 2013/7/11 | 精细图 | GCA_000422485.1 |
| | R16 | 意大利米兰大学 | 2018/1/5 | 框架图 | GCA_002864175.1 |
| | NBRC 101214 | 日本国立技术与评价研究所 | 2018/12/29 | 框架图 | GCA_004001085.1 |
| *Paenibacillus pectinilyticus* | KCTC 13222 | 中国农业科学院 | 2016/8/5 | 精细图 | GCA_001700435.1 |
| *Paenibacillus peoriae* | HS311 | 韩国生物科学与生物技术研究院 | 2015/12/10 | 完成图 | GCA_001272655.2 |
| | KCTC 3763 | 韩国生物科学与生物技术研究院 | 2011/12/5 | 精细图 | GCA_000236805.2 |
| | FSL A5-0030 | 美国康奈尔大学 | 2017/1/18 | 框架图 | GCA_001955935.1 |
| | FSL H8-0551 | 美国康奈尔大学 | 2017/1/18 | 框架图 | GCA_001956115.1 |
| | FSL J3-0120 | 美国康奈尔大学 | 2017/1/18 | 框架图 | GCA_001956155.1 |
| | FSL R7-0131 | 美国康奈尔大学 | 2017/1/18 | 框架图 | GCA_001956225.1 |
| | FSL R7-0321 | 美国康奈尔大学 | 2017/1/18 | 框架图 | GCA_001956235.1 |
| | IBSD35 | 印度生物资源与可持续发展研究所 | 2018/2/21 | 精细图 | GCA_002937395.1 |
| *Paenibacillus phocaensis* | mt24 | 法国热带传染病研究中心 | 2016/1/29 | 框架图 | GCA_900021165.1 |
| *Paenibacillus physcomitrellae* | XB | 中国首都师范大学 | 2017/8/2 | 染色体 | GCA_002240225.1 |
| *Paenibacillus pini* | JCM 16418 | 日本东京大学 | 2014/2/17 | 框架图 | GCA_000576305.1 |
| *Paenibacillus pinihumi* | DSM 23905 | 美国能源部联合基因组研究所 | 2013/7/11 | 精细图 | GCA_000422505.1 |
| *Paenibacillus pinisoli* | JCM 19203 | 西班牙塞维利亚农业生物与自然资源研究所 | 2018/10/1 | 框架图 | GCA_003605435.1 |
| *Paenibacillus polymyxa* | SC2 | 中国山东农业大学 | 2015/3/27 | 完成图 | GCA_000164985.2 |
| | E681 | 韩国生物科学与生物技术研究院 | 2015/3/18 | 完成图 | GCA_000146875.2 |
| | M1 | 德国比勒费尔德大学 | 2011/8/5 | 完成图 | GCA_000237325.1 |

续表

| 学名 | 菌株名称 | 测序机构 | 测序时间（年/月/日） | 组装水平 | GenBank 登录号 |
|---|---|---|---|---|---|
| *Paenibacillus polymyxa* | CR1 | 加拿大农业及农业食品部 | 2014/11/5 | 完成图 | GCA_000507205.2 |
| | SQR21 | 中国南京农业大学 | 2014/3/19 | 完成图 | GCA_000597985.1 |
| | Sb3-1 | 奥地利格拉茨工业大学 | 2015/1/16 | 完成图 | GCA_000819665.1 |
| | J | 中国西北大学 | 2016/9/6 | 完成图 | GCA_001719045.1 |
| | YC0136 | 中国山东农业大学 | 2018/1/3 | 完成图 | GCA_001874405.3 |
| | YC0573 | 中国山东农业大学 | 2018/1/3 | 完成图 | GCA_001874425.3 |
| | ATCC 15970 | 马来西亚理科大学 | 2016/12/27 | 完成图 | GCA_001922145.1 |
| | HY96-2 | 中国华东理工大学 | 2018/1/21 | 完成图 | GCA_002893885.1 |
| | ZF129 | 中国农业科学院 | 2019/6/12 | 完成图 | GCA_006274405.1 |
| | CF05 | 中国浙江农林大学 | 2014/11/19 | 染色体 | GCA_000785455.1 |
| | ATCC 842 | 韩国生物科学与生物技术研究院 | 2011/6/10 | 精细图 | GCA_000217775.1 |
| | EBL06 | 中国科学院 | 2015/3/18 | 精细图 | GCA_000955925.1 |
| | OSY-DF | 美国俄亥俄州立大学 | 2012/6/8 | 框架图 | GCA_000265445.1 |
| | WLY78 | 中国农业大学 | 2013/9/3 | 框架图 | GCA_000463565.1 |
| | TD94 | 中国农业大学 | 2014/1/15 | 框架图 | GCA_000520775.1 |
| | 1-43 | 中国农业大学 | 2014/1/15 | 框架图 | GCA_000520795.1 |
| | DSM 365 | 中国科学院 | 2014/6/27 | 框架图 | GCA_000714835.1 |
| | CICC 10580 | 中国工业微生物菌种保藏管理中心 | 2014/7/29 | 框架图 | GCA_000735775.1 |
| | NRRL B-30509 | 加拿大阿尔伯塔大学 | 2015/3/4 | 框架图 | GCA_000943535.1 |
| | YUPP-8 | 中国长江大学 | 2015/9/1 | 框架图 | GCA_001277855.1 |
| | CCI-25 | 奥地利技术研究院 | 2016/3/16 | 框架图 | GCA_001593085.1 |
| | ND25 | 印度科学和工业研究理事会国家环境工程研究所 | 2016/6/14 | 框架图 | GCA_001662815.1 |
| | ND24 | 印度科学和工业研究理事会国家环境工程研究所 | 2016/6/16 | 框架图 | GCA_001663585.1 |
| | CFSAN034343 | 美国农业部农业研究院 | 2016/8/18 | 框架图 | GCA_001707685.1 |
| | CFSAN034341 | 美国农业部农业研究院 | 2016/8/23 | 框架图 | GCA_001709075.1 |
| | CFSAN034342 | 美国农业部农业研究院 | 2016/8/23 | 框架图 | GCA_001709135.1 |
| | LY214 | 中国科学院 | 2018/2/5 | 框架图 | GCA_002916985.1 |
| | KP10 | 马来西亚博特拉大学 | 2018/4/16 | 框架图 | GCA_003052505.1 |
| | TH2H2 | 韩国庆尚国立大学 | 2018/11/21 | 框架图 | GCA_003813765.1 |
| | DCB2-2 | 俄罗斯科学院 | 2018/12/25 | 框架图 | GCA_003971075.1 |
| | DSM 292 | 德国慕尼黑工业大学 | 2018/6/5 | 框架图 | GCA_900406265.1 |
| | NCTC 10343 | 欧洲生物信息学研究所 | 2018/8/1 | 框架图 | GCA_900454525.1 |
| | NCTC 7575 | 欧洲生物信息学研究所 | 2018/6/30 | 框架图 | GCA_900454545.1 |
| | A18 | 印度国际遗传工程与生物技术中心 | 2014/12/26 | 精细图 | GCA_000809185.2 |

续表

| 学名 | 菌株名称 | 测序机构 | 测序时间（年/月/日） | 组装水平 | GenBank 登录号 |
|---|---|---|---|---|---|
| *Paenibacillus polymyxa* | KF-1 | 中国济南大学 | 2015/12/23 | 精细图 | GCA_001481575.1 |
| | KCCM 40454 | 韩国生物科学与生物技术研究院 | 2018/1/22 | 精细图 | GCA_002894925.1 |
| | PIC73 | 西班牙可持续农业研究所 | 2019/5/6 | 精细图 | GCA_005217485.1 |
| | NCTC 4744 | 欧洲生物信息学研究所 | 2018/6/29 | 框架图 | GCA_900454375.1 |
| | UBA3557 | 澳大利亚昆士兰大学 | 2017/9/27 | 精细图 | GCA_002376225.1 |
| | TF07-21-d | 中国华大基因 | 2018/8/31 | 精细图 | GCA_003437195.1 |
| *Paenibacillus polysaccharolyticus* | BL9 | 美国能源部联合基因组研究所 | 2016/10/18 | 精细图 | GCA_900102085.1 |
| *Paenibacillus popilliae* | ATCC 14706 | 日本九州大学 | 2012/11/6 | 框架图 | GCA_000315235.1 |
| *Paenibacillus prosopidis* | CECT 7506 | 美国能源部联合基因组研究所 | 2018/7/24 | 精细图 | GCA_003337375.1 |
| *Paenibacillus rhizosphaerae* | FSL R5-0378 | 美国康奈尔大学 | 2017/1/18 | 框架图 | GCA_001956185.1 |
| *Paenibacillus rigui* | JCM 16352 | 印度科学和工业研究理事会微生物技术研究所 | 2017/7/27 | 框架图 | GCA_002234615.1 |
| *Paenibacillus riograndensis* | SBR5 | 德国比勒费尔德大学 | 2015/4/11 | 完成图 | GCA_000981585.1 |
| | CAS34 | 巴西南里奥格兰德联邦大学 | 2016/2/2 | 框架图 | GCA_001546065.1 |
| | CAR114 | 巴西南里奥格兰德联邦大学 | 2016/2/2 | 框架图 | GCA_001546095.1 |
| *Paenibacillus rubinfantis* | mt18 | 法国热带传染病研究中心 | 2015/12/22 | 精细图 | GCA_001486505.1 |
| *Paenibacillus sabinae* | T27 | 中国农业大学 | 2014/4/4 | 完成图 | GCA_000612505.1 |
| *Paenibacillus sanguinis* | DSM 16941 | 美国能源部联合基因组研究所 | 2013/4/23 | 精细图 | GCA_000374825.1 |
| *Paenibacillus selenitireducens* | ES3-24 | 中国华中农业大学 | 2017/3/6 | 框架图 | GCA_002021565.1 |
| *Paenibacillus senegalensis* | JC66 | 法国热带传染病研究中心 | 2012/7/19 | 精细图 | GCA_000285515.1 |
| *Paenibacillus senegalimassiliensis* | SIT18 | 法国热带传染病研究中心 | 2015/12/22 | 精细图 | GCA_001486585.1 |
| *Paenibacillus silvae* | NC2 | 中国福建农林大学 | 2018/6/18 | 框架图 | GCA_003248275.1 |
| *Paenibacillus sinopodophylli* | CCTCC AB 2016047 | 中国云南大学 | 2019/6/3 | 精细图 | GCA_005930355.1 |
| *Paenibacillus solani* | FJAT-22460 | 中国福建省农业科学院 | 2015/9/1 | 精细图 | GCA_001277345.1 |
| *Paenibacillus sonchi* | X19-5 | 中国农业大学 | 2012/12/3 | 框架图 | GCA_000316285.1 |
| *Paenibacillus sophorae* | CGMCC 1.10238 | 美国能源部联合基因组研究所 | 2016/10/31 | 框架图 | GCA_900110315.1 |
| *Paenibacillus stellifer* | DSM 14472 | 美国康奈尔大学 | 2014/9/22 | 完成图 | GCA_000758685.1 |
| *Paenibacillus swuensis* | DY6 | 韩国首尔女子大学 | 2016/5/16 | 完成图 | GCA_001644605.1 |
| *Paenibacillus taichungensis* | NC1 | 中国福建农林大学 | 2018/7/3 | 框架图 | GCA_003287275.1 |
| | VTT E-133285 | 芬兰技术研究中心 | 2017/8/22 | 精细图 | GCA_002264305.1 |
| | DB-4 | 美国能源部联合基因组研究所 | 2018/6/7 | 精细图 | GCA_003201335.1 |
| *Paenibacillus taihuensis* | CGMCC 1.10966 | 美国能源部联合基因组研究所 | 2018/8/14 | 精细图 | GCA_003386535.1 |
| *Paenibacillus taiwanensis* | DSM 18679 | 美国能源部联合基因组研究所 | 2013/7/11 | 精细图 | GCA_000425125.1 |

续表

| 学名 | 菌株名称 | 测序机构 | 测序时间（年/月/日） | 组装水平 | GenBank 登录号 |
|---|---|---|---|---|---|
| *Paenibacillus terrae* | HPL-003 | 韩国 Macrogen 公司 | 2011/11/16 | 完成图 | GCA_000235585.1 |
| | NRRL B-30644 | 加拿大阿尔伯塔大学 | 2015/3/4 | 框架图 | GCA_000943545.1 |
| | PIC167 | 西班牙可持续农业研究所 | 2019/5/6 | 精细图 | GCA_005217525.1 |
| *Paenibacillus terrigena* | DSM 21567 | 美国能源部联合基因组研究所 | 2013/4/23 | 精细图 | GCA_000374845.1 |
| *Paenibacillus thermoaerophilus* | DSM 26310 | 中国中山大学 | 2019/6/3 | 精细图 | GCA_005938195.1 |
| *Paenibacillus thermophilus* | DSM 24746 | 日本国家农业和食品研究组织牲畜与草地科学研究所 | 2018/10/3 | 精细图 | GCA_003851105.1 |
| | JCM 17693 | 日本国家农业和食品研究组织牲畜与草地科学研究所 | 2018/10/3 | 精细图 | GCA_003864435.1 |
| *Paenibacillus thiaminolyticus* | NRRL B-4156 | 美国康奈尔大学 | 2017/5/31 | 框架图 | GCA_002161855.1 |
| | NBRC 15656 | 日本国立技术与评价研究所 | 2018/12/29 | 框架图 | GCA_004001005.1 |
| | NCTC 11027 | 欧洲生物信息学研究所 | 2018/8/1 | 框架图 | GCA_900454555.1 |
| | BO5 | 俄罗斯斯科尔科沃科学技术学院 | 2018/9/24 | 精细图 | GCA_003591545.1 |
| *Paenibacillus tianmuensis* | CGMCC 1.8946 | 美国能源部联合基因组研究所 | 2016/10/13 | 精细图 | GCA_900100345.1 |
| *Paenibacillus tuaregi* | Marseille-P2472 | 法国热带传染病研究中心 | 2016/6/6 | 精细图 | GCA_900086655.1 |
| *Paenibacillus typhae* | CGMCC 1.11012 | 美国能源部联合基因组研究所 | 2016/10/21 | 精细图 | GCA_900099765.1 |
| *Paenibacillus tyrfis* | MSt1 | 澳大利亚莫纳什大学马来西亚分校 | 2014/7/7 | 框架图 | GCA_000722545.1 |
| *Paenibacillus uliginis* | N3/975 | 美国能源部联合基因组研究所 | 2017/4/19 | 染色体 | GCA_900177425.1 |
| *Paenibacillus validus* | NBRC 15382 | 日本国立技术与评价研究所 | 2018/12/29 | 框架图 | GCA_004000985.1 |
| *Paenibacillus vortex* | V453 | 以色列特拉维夫大学 | 2010/12/21 | 框架图 | GCA_000193415.2 |
| *Paenibacillus whitsoniae* | MER 54 | 美国加州理工学院喷气推进实验室 | 2018/12/18 | 精细图 | GCA_003955665.1 |
| *Paenibacillus wulumuqiensis* | Y24 | 中国南京工业大学 | 2015/4/15 | 精细图 | GCA_000971965.1 |
| *Paenibacillus wynnii* | DSM 18334 | 美国康奈尔大学 | 2014/9/25 | 框架图 | GCA_000757885.1 |
| *Paenibacillus xerothermodurans* | ATCC 27380 | 美国加州理工学院喷气推进实验室 | 2018/6/17 | 框架图 | GCA_002220865.2 |
| *Paenibacillus xylanexedens* | PAMC 22703 | 韩国极地研究所 | 2016/12/19 | 完成图 | GCA_001908275.1 |
| | EDO6 | 荷兰格罗宁根大学 | 2018/11/26 | 框架图 | GCA_003833245.1 |
| *Paenibacillus xylaniclasticus* | NBRC 106381 | 日本国立技术与评价研究所 | 2018/12/29 | 框架图 | GCA_004001065.1 |
| *Paenibacillus yonginensis* | DCY84 | 韩国庆熙大学 | 2016/7/15 | 完成图 | GCA_001685395.1 |
| *Paenibacillus zanthoxyli* | JH29 | 中国农业大学 | 2014/1/15 | 框架图 | GCA_000520715.1 |
| *Paenibacillus* sp. | JDR-2 | 美国能源部联合基因组研究所 | 2009/7/2 | 完成图 | GCA_000023585.1 |
| *Paenibacillus* sp. | Y412MC10 | 美国能源部联合基因组研究所 | 2009/10/14 | 完成图 | GCA_000024685.1 |
| *Paenibacillus* sp. | FSL H7-0357 | 美国康奈尔大学 | 2014/9/26 | 完成图 | GCA_000758525.1 |
| *Paenibacillus* sp. | FSL H7-0737 | 美国康奈尔大学 | 2014/9/26 | 完成图 | GCA_000758545.1 |

续表

| 学名 | 菌株名称 | 测序机构 | 测序时间（年/月/日） | 组装水平 | GenBank 登录号 |
|---|---|---|---|---|---|
| *Paenibacillus* sp. | FSL P4-0081 | 美国康奈尔大学 | 2014/9/22 | 完成图 | GCA_000758565.1 |
| *Paenibacillus* sp. | FSL R5-0345 | 美国康奈尔大学 | 2014/9/22 | 完成图 | GCA_000758585.1 |
| *Paenibacillus* sp. | FSL R5-0912 | 美国康奈尔大学 | 2014/9/22 | 完成图 | GCA_000758605.1 |
| *Paenibacillus* sp. | FSL R7-0273 | 美国康奈尔大学 | 2014/9/22 | 完成图 | GCA_000758625.1 |
| *Paenibacillus* sp. | FSL R7-0331 | 美国康奈尔大学 | 2014/9/22 | 完成图 | GCA_000758645.1 |
| *Paenibacillus* sp. | IHBB 10380 | 印度科学和工业研究理事会喜马拉雅生物资源技术研究所 | 2015/3/9 | 完成图 | GCA_000949425.1 |
| *Paenibacillus* sp. | IHB B 3084 | 印度科学和工业研究理事会喜马拉雅生物资源技术研究所 | 2015/11/23 | 完成图 | GCA_001447315.1 |
| *Paenibacillus* sp. | 32O-W | 美国伊利诺伊理工大学 | 2015/12/11 | 完成图 | GCA_001465275.1 |
| *Paenibacillus* sp. | BIHB4019 | 印度科学和工业研究理事会喜马拉雅生物资源技术研究所 | 2016/8/5 | 完成图 | GCA_002741035.1 |
| *Paenibacillus* sp. | lzh-N1 | 中国德州学院 | 2018/1/11 | 完成图 | GCA_002872435.1 |
| *Paenibacillus* sp. | CAA11 | 韩国生物科学与生物技术研究院 | 2018/4/23 | 完成图 | GCA_003060825.1 |
| *Paenibacillus* sp. | DCT19 | 韩国济州国立大学 | 2018/6/27 | 完成图 | GCA_003268635.1 |
| *Paenibacillus* sp. | M-152 | 印度科学和工业研究理事会微生物技术研究所 | 2018/12/3 | 完成图 | GCA_003856555.1 |
| *Paenibacillus* sp. | 18JY67-1 | 韩国首尔女子大学 | 2018/12/18 | 完成图 | GCA_003952225.1 |
| *Paenibacillus* sp. | MBLB1234 | 韩国食品研究院 | 2019/1/3 | 完成图 | GCA_003991425.1 |
| *Paenibacillus* sp. | FW100M-2 | 韩国国家农业科学研究所 | 2019/2/3 | 完成图 | GCA_004135365.1 |
| *Paenibacillus* sp. | HB172198 | 中国热带农业科学院 | 2019/5/22 | 完成图 | GCA_005577435.1 |
| *Paenibacillus* sp. | RUD330 | 俄罗斯莫斯科国立大学 | 2017/8/8 | 染色体 | GCA_002243345.1 |
| *Paenibacillus* sp. | D14 | 美国布罗德研究所 | 2009/7/8 | 精细图 | GCA_000159955.1 |
| *Paenibacillus* sp. | Aloe-11 | 中国西南大学 | 2012/2/9 | 精细图 | GCA_000245715.1 |
| *Paenibacillus* sp. | HW567 | 美国能源部联合基因组研究所 | 2013/4/26 | 精细图 | GCA_000374185.1 |
| *Paenibacillus* sp. | HGH0039 | 美国布罗德研究所 | 2013/6/14 | 精细图 | GCA_000411255.1 |
| *Paenibacillus* sp. | J14 | 美国能源部联合基因组研究所 | 2014/1/13 | 精细图 | GCA_000518465.1 |
| *Paenibacillus* sp. | URHA0014 | 美国能源部联合基因组研究所 | 2014/4/8 | 精细图 | GCA_000620565.1 |
| *Paenibacillus* sp. | UNCCL52 | 美国能源部联合基因组研究所 | 2014/5/8 | 精细图 | GCA_000686825.1 |
| *Paenibacillus* sp. | UNC451MF | 美国能源部联合基因组研究所 | 2014/5/8 | 精细图 | GCA_000686845.1 |
| *Paenibacillus* sp. | UNC217MF | 美国能源部联合基因组研究所 | 2014/5/8 | 精细图 | GCA_000686865.1 |
| *Paenibacillus* sp. | Marseille-P3787 | 法国热带传染病研究中心 | 2018/2/26 | 精细图 | GCA_900289175.1 |
| *Paenibacillus* sp. | HGF5 | 美国克雷格•文特尔研究所 | 2011/4/15 | 框架图 | GCA_000204455.2 |
| *Paenibacillus* sp. | HGF7 | 美国克雷格•文特尔研究所 | 2011/5/20 | 框架图 | GCA_000214295.2 |
| *Paenibacillus* sp. | OSY-SE | 美国俄亥俄州立大学 | 2012/8/3 | 框架图 | GCA_000283315.1 |
| *Paenibacillus* sp. | ICGEB2008 | 国际遗传工程与生物技术中心 | 2012/10/22 | 框架图 | GCA_000307675.1 |

续表

| 学名 | 菌株名称 | 测序机构 | 测序时间（年/月/日） | 组装水平 | GenBank 登录号 |
|---|---|---|---|---|---|
| *Paenibacillus* sp. | PAMC 26794 | 韩国极地研究所 | 2012/11/29 | 框架图 | GCA_000316035.1 |
| *Paenibacillus* sp. | A9 | 中国东北大学 | 2013/3/14 | 框架图 | GCA_000346635.1 |
| *Paenibacillus* sp. | P22 | 奥地利维也纳大学 | 2014/3/5 | 框架图 | GCA_000469945.2 |
| *Paenibacillus* sp. | MAEPY2 | 澳大利亚莫纳什大学 | 2013/11/25 | 框架图 | GCA_000499205.1 |
| *Paenibacillus* sp. | MAEPY1 | 澳大利亚莫纳什大学 | 2013/11/25 | 框架图 | GCA_000499305.1 |
| *Paenibacillus* sp. | JCM 10914 | 日本东京大学 | 2013/11/29 | 框架图 | GCA_000509425.1 |
| *Paenibacillus* sp. | FSL R5-192 | 美国康奈尔大学 | 2014/1/13 | 框架图 | GCA_000517845.1 |
| *Paenibacillus* sp. | FSL R7-269 | 美国康奈尔大学 | 2014/1/13 | 框架图 | GCA_000517865.1 |
| *Paenibacillus* sp. | FSL R5-808 | 美国康奈尔大学 | 2014/1/13 | 框架图 | GCA_000517885.1 |
| *Paenibacillus* sp. | FSL H7-689 | 美国康奈尔大学 | 2014/1/13 | 框架图 | GCA_000517905.1 |
| *Paenibacillus* sp. | FSL H8-237 | 美国康奈尔大学 | 2014/1/13 | 框架图 | GCA_000517925.1 |
| *Paenibacillus* sp. | FSL H8-457 | 美国康奈尔大学 | 2014/1/13 | 框架图 | GCA_000517945.1 |
| *Paenibacillus* sp. | FSL R7-277 | 美国康奈尔大学 | 2014/1/13 | 框架图 | GCA_000517965.1 |
| *Paenibacillus* sp. | 1-18 | 中国农业大学 | 2014/1/15 | 框架图 | GCA_000520755.1 |
| *Paenibacillus* sp. | 1-49 | 中国农业大学 | 2014/1/15 | 框架图 | GCA_000520815.1 |
| *Paenibacillus* sp. | TCA20 | 日本东洋大学 | 2014/7/15 | 框架图 | GCA_000732325.1 |
| *Paenibacillus* sp. | P1XP2 | 澳大利亚格里菲斯大学 | 2014/11/26 | 框架图 | GCA_000787385.1 |
| *Paenibacillus* sp. | IHB B 3415 | 印度科学和工业研究理事会喜马拉雅生物资源技术研究所 | 2014/12/16 | 框架图 | GCA_000802655.2 |
| *Paenibacillus* sp. | VKM B-2647 | 英国金斯顿大学 | 2015/1/27 | 框架图 | GCA_000829455.1 |
| *Paenibacillus* sp. | E194 | 美国威斯康星大学麦迪逊分校 | 2015/3/2 | 框架图 | GCA_000935845.1 |
| *Paenibacillus* sp. | DMB20 | 印度萨达尔•巴特尔大学 | 2015/5/5 | 框架图 | GCA_000987955.1 |
| *Paenibacillus* sp. | VT-400 | 俄罗斯巴甫洛夫医科大学 | 2015/6/17 | 框架图 | GCA_001029205.1 |
| *Paenibacillus* sp. | Mc5Re-14 | 奥地利格拉茨工业大学 | 2015/6/30 | 框架图 | GCA_001049835.1 |
| *Paenibacillus* sp. | JCM 10914 | 日本东京大学 | 2015/10/2 | 框架图 | GCA_001315105.1 |
| *Paenibacillus* sp. | A3 | 印度科学和工业研究理事会微生物技术研究所 | 2015/10/19 | 框架图 | GCA_001399685.1 |
| *Paenibacillus* sp. | Leaf72 | 德国马克斯•普朗克植物育种研究所 | 2015/11/2 | 框架图 | GCA_001422685.1 |
| *Paenibacillus* sp. | DMB5 | 印度萨达尔•巴特尔大学 | 2016/1/19 | 框架图 | GCA_001517085.1 |
| *Paenibacillus* sp. | KS1 | 美国中佛罗里达大学 | 2016/7/6 | 框架图 | GCA_001680695.1 |
| *Paenibacillus* sp. | TI45-13ar | 韩国国家农业科学院 | 2016/9/7 | 框架图 | GCA_001721045.1 |
| *Paenibacillus* sp. | LC231 | 加拿大麦克马斯特大学 | 2016/11/2 | 框架图 | GCA_001860525.1 |
| *Paenibacillus* sp. | NAIST15-1 | 日本东京农业大学 | 2016/9/27 | 框架图 | GCA_001894745.1 |
| *Paenibacillus* sp. | P3E | 巴西南里奥格兰德联邦大学 | 2016/12/19 | 框架图 | GCA_001909045.1 |
| *Paenibacillus* sp. | P26E | 巴西南里奥格兰德联邦大学 | 2016/12/19 | 框架图 | GCA_001909055.1 |
| *Paenibacillus* sp. | P32E | 巴西南里奥格兰德联邦大学 | 2016/12/19 | 框架图 | GCA_001909085.1 |

续表

| 学名 | 菌株名称 | 测序机构 | 测序时间（年/月/日） | 组装水平 | GenBank 登录号 |
|---|---|---|---|---|---|
| *Paenibacillus* sp. | P46E | 巴西南里奥格兰德联邦大学 | 2016/12/19 | 框架图 | GCA_001909095.1 |
| *Paenibacillus* sp. | FSL R5-0765 | 美国康奈尔大学 | 2017/1/18 | 框架图 | GCA_001955855.1 |
| *Paenibacillus* sp. | FSL H7-0326 | 美国康奈尔大学 | 2017/1/18 | 框架图 | GCA_001955535.1 |
| *Paenibacillus* sp. | FSL R7-0333 | 美国康奈尔大学 | 2017/1/18 | 框架图 | GCA_001955915.1 |
| *Paenibacillus* sp. | FSL R7-0337 | 美国康奈尔大学 | 2017/1/18 | 框架图 | GCA_001955925.1 |
| *Paenibacillus* sp. | FSL H7-0331 | 美国康奈尔大学 | 2017/1/18 | 框架图 | GCA_001956045.1 |
| *Paenibacillus* sp. | FSL H8-0548 | 美国康奈尔大学 | 2017/1/18 | 框架图 | GCA_001956095.1 |
| *Paenibacillus* sp. | FSL H8-0259 | 美国康奈尔大学 | 2017/1/18 | 框架图 | GCA_001956105.1 |
| *Paenibacillus* sp. | FSL R5-0490 | 美国康奈尔大学 | 2017/1/18 | 框架图 | GCA_001956215.1 |
| *Paenibacillus* sp. | FSL A5-0031 | 美国康奈尔大学 | 2017/1/18 | 框架图 | GCA_001956295.1 |
| *Paenibacillus* sp. | FSL R7-0273 | 美国康奈尔大学 | 2017/1/18 | 框架图 | GCA_001957005.1 |
| *Paenibacillus* sp. | 32352 | 美国佐治亚大学 | 2017/3/20 | 框架图 | GCA_002042965.1 |
| *Paenibacillus* sp. | MY03 | 中国山东大学 | 2017/6/2 | 框架图 | GCA_002165585.1 |
| *Paenibacillus* sp. | XY044 | 中国福建农林大学 | 2017/8/16 | 框架图 | GCA_002257645.1 |
| *Paenibacillus* sp. | 7884-2 | 德国比勒费尔德大学 | 2017/8/28 | 框架图 | GCA_002272235.1 |
| *Paenibacillus* sp. | 7516 | 德国比勒费尔德大学 | 2017/8/28 | 框架图 | GCA_002272715.1 |
| *Paenibacillus* sp. | 7541 | 德国比勒费尔德大学 | 2017/8/29 | 框架图 | GCA_002276395.1 |
| *Paenibacillus* sp. | 7523-1 | 德国比勒费尔德大学 | 2017/8/28 | 框架图 | GCA_002276415.1 |
| *Paenibacillus* sp. | GM1FR | 德国乔治-奥古斯都-哥廷根大学 | 2017/12/1 | 框架图 | GCA_002803315.1 |
| *Paenibacillus* sp. | GM2FR | 德国乔治-奥古斯都-哥廷根大学 | 2017/12/1 | 框架图 | GCA_002803325.1 |
| *Paenibacillus* sp. | BGI 2013 | 俄罗斯科学院 | 2017/12/16 | 框架图 | GCA_002843485.1 |
| *Paenibacillus* sp. | PCH8 | 印度科学和工业研究理事会喜马拉雅生物资源技术研究所 | 2018/3/5 | 框架图 | GCA_002968835.1 |
| *Paenibacillus* sp. | DXL2 | 中国华中农业大学 | 2018/6/12 | 框架图 | GCA_003217775.1 |
| *Paenibacillus* sp. | SMB1 | 印度科学和工业研究理事会微生物技术研究所 | 2018/6/16 | 框架图 | GCA_003233845.1 |
| *Paenibacillus* sp. | YN15 | 中国上海大学 | 2018/6/30 | 框架图 | GCA_003285005.1 |
| *Paenibacillus* sp. | ATY16 | 美国佛罗里达大学 | 2018/8/16 | 框架图 | GCA_003399985.1 |
| *Paenibacillus* sp. | 1011MAR3C5 | 西班牙塞维利亚农业生物与自然资源研究所 | 2018/9/24 | 框架图 | GCA_003591485.1 |
| *Paenibacillus* sp. | 7197 | 中国北京农林科学院 | 2018/12/1 | 框架图 | GCA_003854965.1 |
| *Paenibacillus* sp. | 3-5-3 | 中国安徽农业大学 | 2019/1/5 | 框架图 | GCA_003994465.1 |
| *Paenibacillus* sp. | LAM7113 | 中国农业科学院 | 2019/1/8 | 框架图 | GCA_003999915.1 |
| *Paenibacillus* sp. | N2SHLJ1 | 中国遵义医科大学 | 2019/2/27 | 框架图 | GCA_004307995.1 |
| *Paenibacillus* sp. | 18JY21-1 | 韩国首尔女子大学 | 2019/3/11 | 框架图 | GCA_004344915.1 |
| *Paenibacillus* sp. | MS74 | 韩国京畿大学 | 2019/3/17 | 框架图 | GCA_004354045.1 |

续表

| 学名 | 菌株名称 | 测序机构 | 测序时间（年/月/日） | 组装水平 | GenBank 登录号 |
|---|---|---|---|---|---|
| *Paenibacillus* sp. | MEC069 | 美国佐治亚大学 | 2019/3/27 | 框架图 | GCA_004514475.1 |
| *Paenibacillus* sp. | R196 | 中国河北大学 | 2019/4/9 | 框架图 | GCA_004764705.1 |
| *Paenibacillus* sp. | SY21-1 | 中国科学院 | 2019/5/7 | 框架图 | GCA_005222705.1 |
| *Paenibacillus* sp. | CFBP13512 | 法国国家农业科学研究院 | 2019/5/7 | 框架图 | GCA_005233705.1 |
| *Paenibacillus* sp. | SYSU_K30003 | 中国中山大学 | 2019/5/24 | 框架图 | GCA_005765165.1 |
| *Paenibacillus* sp. | ASL46 | 韩国牧园大学 | 2019/5/28 | 框架图 | GCA_005869875.1 |
| *Paenibacillus* sp. | GM2 | 法国热带传染病研究中心 | 2015/8/19 | 框架图 | GCA_900069005.1 |
| *Paenibacillus* sp. | OK060 | 美国能源部联合基因组研究所 | 2016/10/21 | 框架图 | GCA_900101205.1 |
| *Paenibacillus* sp. | CF095 | 美国能源部联合基因组研究所 | 2016/10/21 | 框架图 | GCA_900101225.1 |
| *Paenibacillus* sp. | GP183 | 美国能源部联合基因组研究所 | 2016/10/22 | 框架图 | GCA_900104695.1 |
| *Paenibacillus* sp. | CF384 | 美国能源部联合基因组研究所 | 2016/10/22 | 框架图 | GCA_900106745.1 |
| *Paenibacillus* sp. | OK003 | 美国能源部联合基因组研究所 | 2016/10/31 | 框架图 | GCA_900109515.1 |
| *Paenibacillus* sp. | OK076 | 美国能源部联合基因组研究所 | 2016/10/31 | 框架图 | GCA_900110055.1 |
| *Paenibacillus* sp. | OV219 | 美国能源部联合基因组研究所 | 2016/10/31 | 框架图 | GCA_900110075.1 |
| *Paenibacillus* sp. | BC26 | 美国能源部联合基因组研究所 | 2016/11/5 | 框架图 | GCA_900116125.1 |
| *Paenibacillus* sp. | RU4 | 美国能源部联合基因组研究所 | 2017/1/15 | 框架图 | GCA_900156355.1 |
| *Paenibacillus* sp. | RU5A | 美国能源部联合基因组研究所 | 2017/3/12 | 框架图 | GCA_900168305.1 |
| *Paenibacillus* sp. | RU26A | 美国能源部联合基因组研究所 | 2017/9/28 | 框架图 | GCA_900221045.1 |
| *Paenibacillus* sp. | RU5M | 美国能源部联合基因组研究所 | 2017/9/28 | 框架图 | GCA_900221055.1 |
| *Paenibacillus* sp. | St-s | 法国热带传染病研究中心 | 2017/6/24 | 框架图 | GCA_900188525.1 |
| *Paenibacillus* sp. | D9 | 南非夸祖鲁•纳塔尔大学 | 2015/4/10 | 精细图 | GCA_001188365.1 |
| *Paenibacillus* sp. | FJAT-27812 | 福建省农业科学院 | 2015/8/25 | 精细图 | GCA_001273905.1 |
| *Paenibacillus* sp. | A59 | 阿根廷国立农牧技术研究所 | 2015/9/9 | 精细图 | GCA_001280595.1 |
| *Paenibacillus* sp. | Root444D2 | 德国马克斯•普朗克植物育种研究所 | 2015/11/2 | 精细图 | GCA_001426375.1 |
| *Paenibacillus* sp. | Root52 | 德国马克斯•普朗克植物育种研究所 | 2015/11/2 | 精细图 | GCA_001426865.1 |
| *Paenibacillus* sp. | Soil724D2 | 瑞士苏黎世联邦理工学院 | 2015/11/2 | 精细图 | GCA_001427935.1 |
| *Paenibacillus* sp. | Soil750 | 瑞士苏黎世联邦理工学院 | 2015/11/2 | 精细图 | GCA_001428045.1 |
| *Paenibacillus* sp. | Soil766 | 瑞士苏黎世联邦理工学院 | 2015/11/2 | 精细图 | GCA_001428105.1 |
| *Paenibacillus* sp. | Soil522 | 瑞士苏黎世联邦理工学院 | 2015/11/2 | 精细图 | GCA_001428245.1 |
| *Paenibacillus* sp. | Soil787 | 瑞士苏黎世联邦理工学院 | 2015/11/2 | 精细图 | GCA_001429545.1 |
| *Paenibacillus* sp. | FJAT-29882 | 中国福建省农业科学院 | 2016/1/11 | 精细图 | GCA_001510645.1 |
| *Paenibacillus* sp. | FJAT-26967 | 中国福建省农业科学院 | 2016/1/26 | 精细图 | GCA_001541095.1 |
| *Paenibacillus* sp. | O199 | 捷克科学院 | 2016/4/29 | 精细图 | GCA_001636635.1 |
| *Paenibacillus* sp. | 1ZS3-15 | 中国农业科学院 | 2016/5/31 | 精细图 | GCA_001653565.1 |
| *Paenibacillus* sp. | AD87 | 荷兰生态研究所 | 2016/6/8 | 精细图 | GCA_001659845.1 |

续表

| 学名 | 菌株名称 | 测序机构 | 测序时间（年/月/日） | 组装水平 | GenBank 登录号 |
|---|---|---|---|---|---|
| *Paenibacillus* sp. | VT-16-81 | 美国人类微生物学研究所 | 2017/3/14 | 精细图 | GCA_002027255.1 |
| *Paenibacillus* sp. | SSG-1 | 中国四川大学 | 2017/7/25 | 精细图 | GCA_002224835.1 |
| *Paenibacillus* sp. | VTT E-133280 | 芬兰技术研究中心 | 2017/8/22 | 精细图 | GCA_002264385.1 |
| *Paenibacillus* sp. | VTT E-133291 | 芬兰技术研究中心 | 2017/8/22 | 精细图 | GCA_002264395.1 |
| *Paenibacillus* sp. | EZ-K15 | 俄罗斯喀山联邦大学 | 2017/10/17 | 精细图 | GCA_002573715.1 |
| *Paenibacillus* sp. | LK1 | 中国周口师范学院 | 2017/11/4 | 精细图 | GCA_002750415.1 |
| *Paenibacillus* sp. | F4 | 韩国生物科学与生物技术研究院 | 2018/1/22 | 精细图 | GCA_002894905.1 |
| *Paenibacillus* sp. | AR247 | 阿根廷图库曼国立大学 | 2018/3/5 | 精细图 | GCA_002968895.1 |
| *Paenibacillus* sp. | MYb63 | 英国基尔大学 | 2018/3/7 | 精细图 | GCA_002975315.1 |
| *Paenibacillus* sp. | MYb67 | 英国基尔大学 | 2018/3/7 | 精细图 | GCA_002979235.1 |
| *Paenibacillus* sp. | OV191 | 美国能源部联合基因组研究所 | 2018/6/12 | 精细图 | GCA_003217535.1 |
| *Paenibacillus* sp. | VMFN-D1 | 美国能源部联合基因组研究所 | 2018/8/14 | 精细图 | GCA_003386155.1 |
| *Paenibacillus* sp. | RU15A | 美国能源部联合基因组研究所 | 2018/10/15 | 精细图 | GCA_003664305.1 |
| *Paenibacillus* sp. | 598K | 日本东京大学 | 2018/10/16 | 精细图 | GCA_003851045.1 |
| *Paenibacillus* sp. | KCOM 3021 | 韩国口腔微生物保藏中心 | 2018/12/4 | 精细图 | GCA_003863965.1 |
| *Paenibacillus* sp. | BK736 | 美国能源部联合基因组研究所 | 2019/3/11 | 精细图 | GCA_004342525.1 |
| *Paenibacillus* sp. | BK033 | 美国能源部联合基因组研究所 | 2019/3/11 | 精细图 | GCA_004345425.1 |
| *Paenibacillus* sp. | BK673 | 美国能源部联合基因组研究所 | 2019/3/22 | 精细图 | GCA_004362115.1 |
| *Paenibacillus* sp. | YH-JAE5 | 韩国生物科学与生物技术研究院 | 2019/4/26 | 精细图 | GCA_004916975.1 |
| *Paenibacillus* sp. | SYSU_K30004 | 中国中山大学 | 2019/6/3 | 精细图 | GCA_005938385.1 |
| *Paenibacillus* sp. | py1325 | 中国云南大学 | 2019/6/14 | 精细图 | GCA_006345825.1 |
| *Paenibacillus* sp. | CL123 | 美国能源部联合基因组研究所 | 2016/10/21 | 精细图 | GCA_900101595.1 |
| *Paenibacillus* sp. | CL6Col | 美国能源部联合基因组研究所 | 2016/10/21 | 精细图 | GCA_900102125.1 |
| *Paenibacillus* sp. | YR247 | 美国能源部联合基因组研究所 | 2016/10/21 | 精细图 | GCA_900103825.1 |
| *Paenibacillus* sp. | PDC88 | 美国能源部联合基因组研究所 | 2016/10/22 | 精细图 | GCA_900106725.1 |
| *Paenibacillus* sp. | 276b | 美国能源部联合基因组研究所 | 2016/10/22 | 精细图 | GCA_900107875.1 |
| *Paenibacillus* sp. | UNC499MF | 美国能源部联合基因组研究所 | 2016/10/24 | 精细图 | GCA_900107975.1 |
| *Paenibacillus* sp. | 181MFCol5.1 | 美国能源部联合基因组研究所 | 2016/10/31 | 精细图 | GCA_900109125.1 |
| *Paenibacillus* sp. | CL141A | 美国能源部联合基因组研究所 | 2016/10/31 | 精细图 | GCA_900109305.1 |
| *Paenibacillus* sp. | NFR01 | 美国能源部联合基因组研究所 | 2016/10/31 | 精细图 | GCA_900111565.1 |
| *Paenibacillus* sp. | UNC496MF | 美国能源部联合基因组研究所 | 2016/11/5 | 精细图 | GCA_900113915.1 |
| *Paenibacillus* sp. | 1_12 | 美国能源部联合基因组研究所 | 2016/11/5 | 精细图 | GCA_900114475.1 |
| *Paenibacillus* sp. | CL130 | 美国能源部联合基因组研究所 | 2016/11/5 | 精细图 | GCA_900116035.1 |
| *Paenibacillus* sp. | 453MF | 美国能源部联合基因组研究所 | 2016/11/2 | 精细图 | GCA_900116105.1 |
| *Paenibacillus* sp. | UNCCL117 | 美国能源部联合基因组研究所 | 2016/11/12 | 精细图 | GCA_900119055.1 |

续表

| 学名 | 菌株名称 | 测序机构 | 测序时间（年/月/日） | 组装水平 | GenBank 登录号 |
|---|---|---|---|---|---|
| *Paenibacillus* sp. | OV031 | 美国能源部联合基因组研究所 | 2016/12/3 | 精细图 | GCA_900143165.1 |
| *Paenibacillus* sp. | RU4X | 美国能源部联合基因组研究所 | 2017/1/15 | 精细图 | GCA_900155905.1 |
| *Paenibacillus* sp. | J6 | 美国能源部联合基因组研究所 | 2017/4/19 | 精细图 | GCA_900177285.1 |
| *Paenibacillus* sp. | JCM 9795 | 日本东京大学 | 2015/10/2 | 框架图 | GCA_001312545.1 |
| *Paenibacillus* sp. | JCM 9796 | 日本东京大学 | 2015/10/6 | 框架图 | GCA_001312565.1 |
| *Paenibacillus* sp. | JCM 16163 | 日本东京大学 | 2015/10/2 | 框架图 | GCA_001312585.1 |
| *Paenibacillus* sp. | JCM 18996 | 日本东京大学 | 2015/10/2 | 框架图 | GCA_001313085.1 |
| *Paenibacillus* sp. | RIFOXYA1_FULL_44_5 | 美国加利福尼亚大学伯克利分校 | 2016/10/20 | 精细图 | GCA_001806105.1 |
| *Paenibacillus* sp. | UBA2072 | 澳大利亚昆士兰大学 | 2017/9/21 | 精细图 | GCA_002332515.1 |
| *Paenibacillus* sp. | UBA6285 | 澳大利亚昆士兰大学 | 2017/10/4 | 精细图 | GCA_002438345.1 |
| *Paenibacillus* sp. | UBA10718 | 澳大利亚昆士兰大学 | 2018/9/7 | 精细图 | GCA_003514925.1 |
| *Paenibacillus* sp. | UBA10396 | 澳大利亚昆士兰大学 | 2018/9/7 | 精细图 | GCA_003529225.1 |
| *Saccharibacillus kuerlensis* | DSM 22868 | 美国能源部联合基因组研究所 | 2013/4/23 | 精细图 | GCA_000378145.1 |
| *Saccharibacillus sacchari* | DSM 19268 | 美国能源部联合基因组研究所 | 2014/3/4 | 精细图 | GCA_000585395.1 |
| *Saccharibacillus* sp. | O16 | 印度科学和工业研究理事会微生物技术研究所 | 2017/6/9 | 框架图 | GCA_002189105.1 |
| *Saccharibacillus* sp. | O23 | 印度科学和工业研究理事会微生物技术研究所 | 2017/6/22 | 框架图 | GCA_002205895.1 |
| *Thermobacillus composti* | KWC4 | 美国能源部联合基因组研究所 | 2012/12/18 | 完成图 | GCA_000227705.3 |
| *Thermobacillus* sp. | ZCTH02-B1 | 巴西圣保罗大学 | 2017/5/30 | 框架图 | GCA_002159085.1 |
| *Thermobacillus* sp. | ZCTH5_T | 巴西圣保罗大学 | 2018/8/14 | 框架图 | GCA_003390775.1 |
| **巴斯德氏柄菌科（Pasteuriaceae Laurent 1890，familia.）** | | | | | |
| *Pasteuria nishizawae* | North American | 美国伊利诺伊大学厄巴纳-香槟分校 | 2003/7/23 | 框架图 | GCA_000190395.1 |
| *Pasteuria penetrans* | RES148 | 苏格兰詹姆斯•赫顿研究所 | 2018/12/5 | 框架图 | GCA_900538055.1 |
| **动球菌科（Planococcaceae Krasil'nikov 1949，familia.）** | | | | | |
| *Bhargavaea beijingensis* | M6-11 | 美国加利福尼亚大学伯克利分校 | 2018/12/12 | 框架图 | GCA_003944745.1 |
| | CGMCC 1.6762 | 美国能源部联合基因组研究所 | 2016/10/21 | 框架图 | GCA_900101985.1 |
| *Bhargavaea cecembensis* | B-C2 | 法国热带传染病研究中心 | 2014/11/19 | 精细图 | GCA_000826125.2 |
| | DSE10 | 印度科学和工业研究理事会细胞与分子生物学中心 | 2013/3/25 | 框架图 | GCA_000348905.1 |
| | T14 | 马来西亚马来亚大学 | 2016/4/13 | 框架图 | GCA_001619585.1 |
| *Bhargavaea ginsengi* | CGMCC 1.6763 | 美国能源部联合基因组研究所 | 2016/10/31 | 精细图 | GCA_900109165.1 |
| *Jeotgalibacillus alimentarius* | YKJ-13 | 马来西亚理工大学 | 2015/1/27 | 框架图 | GCA_000829445.1 |
| *Jeotgalibacillus campisalis* | SF-57 | 马来西亚理工大学 | 2015/1/27 | 框架图 | GCA_000829515.1 |
| *Jeotgalibacillus malaysiensis* | D5 | 马来西亚理工大学 | 2015/1/14 | 完成图 | GCA_000818095.1 |

续表

| 学名 | 菌株名称 | 测序机构 | 测序时间（年/月/日） | 组装水平 | GenBank 登录号 |
|---|---|---|---|---|---|
| *Jeotgalibacillus marinus* | DSM 1297 | 中国福建省农业科学院 | 2015/8/26 | 框架图 | GCA_001274925.1 |
| *Jeotgalibacillus proteolyticus* | 22-7 | 中国科学院 | 2018/2/13 | 框架图 | GCA_002926065.1 |
| *Jeotgalibacillus salarius* | ASL-1 | 中国科学院 | 2019/3/26 | 精细图 | GCA_004405125.1 |
| *Jeotgalibacillus soli* | P9 | 马来西亚理工大学 | 2015/1/27 | 框架图 | GCA_000829435.1 |
| *Jeotgalibacillus* sp. | S-D1 | 美国匹兹堡州立大学 | 2019/3/20 | 框架图 | GCA_004358665.1 |
| *Jeotgalibacillus* sp. | R-1-5s-1 | 中国科学院 | 2019/3/26 | 精细图 | GCA_004405105.1 |
| *Paenisporosarcina antarctica* | CGMCC 1.6503 | 中国大连大学 | 2019/3/22 | 完成图 | GCA_004367585.1 |
| *Paenisporosarcina indica* | PN2 | 印度科学和工业研究理事会细胞与分子生物学中心 | 2017/1/6 | 框架图 | GCA_001939075.1 |
| *Paenisporosarcina quisquiliarum* | SK 55 | 美国能源部联合基因组研究所 | 2016/10/31 | 框架图 | GCA_900109875.1 |
| *Paenisporosarcina* sp. | K2R23-3 | 中国科学院 | 2018/9/25 | 完成图 | GCA_003595195.1 |
| *Paenisporosarcina* sp. | HGH0030 | 美国布罗德研究所 | 2013/6/14 | 精细图 | GCA_000411295.1 |
| *Paenisporosarcina* sp. | TG20 | 韩国极地研究所 | 2012/8/10 | 框架图 | GCA_000286315.1 |
| *Paenisporosarcina* sp. | TG-14 | 韩国极地研究所 | 2012/9/17 | 框架图 | GCA_000297555.1 |
| *Paenisporosarcina* sp. | OV554 | 美国能源部联合基因组研究所 | 2018/4/20 | 框架图 | GCA_003058165.1 |
| *Psychrobacillus insolitus* | DSM 5 | 美国能源部联合基因组研究所 | 2018/6/19 | 精细图 | GCA_003254155.1 |
| *Psychrobacillus psychrodurans* | DSM 11713 | 美国能源部联合基因组研究所 | 2016/11/2 | 框架图 | GCA_900114885.1 |
| *Psychrobacillus psychrotolerans* | DSM 11706 | 美国能源部联合基因组研究所 | 2016/11/2 | 精细图 | GCA_900115805.1 |
| *Psychrobacillus* sp. | OK028 | 美国能源部联合基因组研究所 | 2016/10/21 | 框架图 | GCA_900103605.1 |
| *Psychrobacillus* sp. | OK032 | 美国能源部联合基因组研究所 | 2016/10/31 | 框架图 | GCA_900111345.1 |
| *Psychrobacillus* sp. | FJAT-21963 | 中国福建省农业科学院 | 2015/10/30 | 精细图 | GCA_001420585.1 |
| *Sporosarcina globispora* | DSM 4 | 中国福建省农业科学院 | 2015/8/26 | 精细图 | GCA_001274725.1 |
| *Sporosarcina koreensis* | S-K12 | 法国热带传染病研究中心 | 2014/11/19 | 精细图 | GCA_000826145.2 |
| | Q1 | 美国康奈尔大学 | 2016/1/22 | 精细图 | GCA_001531445.1 |
| | UBA4168 | 澳大利亚昆士兰大学 | 2017/9/27 | 精细图 | GCA_002380485.1 |
| | UBA7348 | 澳大利亚昆士兰大学 | 2017/10/6 | 精细图 | GCA_002470985.1 |
| *Sporosarcina newyorkensis* | 2681 | 美国贝勒医学院 | 2011/7/8 | 精细图 | GCA_000220335.1 |
| | DSM 23966 | 美国能源部联合基因组研究所 | 2017/3/4 | 精细图 | GCA_900167515.1 |
| *Sporosarcina pasteurii* | BNCC 337394 | 中国东南大学 | 2019/3/26 | 完成图 | GCA_004379295.1 |
| | NCTC 4822 | 欧洲生物信息学研究所 | 2018/8/1 | 精细图 | GCA_900457495.1 |
| *Sporosarcina polymorpha* | D27 | 中国台湾台东大学 | 2014/3/10 | 框架图 | GCA_000586555.1 |
| *Sporosarcina psychrophila* | DSM 6497 | 中国上海交通大学 | 2016/3/14 | 完成图 | GCA_001590685.1 |
| *Sporosarcina ureae* | P17a | 美国加利福尼亚州立大学北岭分校 | 2017/4/7 | 完成图 | GCA_002082015.1 |

续表

| 学名 | 菌株名称 | 测序机构 | 测序时间（年/月/日） | 组装水平 | GenBank 登录号 |
|---|---|---|---|---|---|
| *Sporosarcina ureae* | S204 | 美国加利福尼亚州立大学北岭分校 | 2017/4/7 | 完成图 | GCA_002081995.1 |
| | P8 | 美国加利福尼亚州立大学北岭分校 | 2017/4/20 | 完成图 | GCA_002101375.1 |
| | P32a | 美国加利福尼亚州立大学北岭分校 | 2017/4/25 | 完成图 | GCA_002109325.1 |
| | DSM 2281 | 美国能源部联合基因组研究所 | 2013/7/11 | 精细图 | GCA_000425545.1 |
| *Sporosarcina* sp. | P33 | 美国加利福尼亚州立大学北岭分校 | 2017/4/3 | 完成图 | GCA_002077155.1 |
| *Sporosarcina* sp. | P37 | 美国加利福尼亚州立大学北岭分校 | 2017/4/25 | 完成图 | GCA_002109365.1 |
| *Sporosarcina* sp. | PTS2304 | 韩国庆熙大学 | 2018/8/1 | 完成图 | GCA_003351785.1 |
| *Sporosarcina* sp. | EUR3 2.2.2 | 美国能源部联合基因组研究所 | 2013/10/25 | 框架图 | GCA_000484595.1 |
| *Sporosarcina* sp. | ZBG7A | 马来西亚马来亚大学 | 2015/1/2 | 框架图 | GCA_000813425.1 |
| *Sporosarcina* sp. | HYO08 | 韩国高丽大学 | 2016/2/18 | 框架图 | GCA_001563475.1 |
| *Sporosarcina* sp. | P10 | 美国亚利桑那大学 | 2017/11/3 | 框架图 | GCA_002742995.1 |
| *Sporosarcina* sp. | P12 | 美国亚利桑那大学 | 2017/11/3 | 框架图 | GCA_002743035.1 |
| *Sporosarcina* sp. | P13 | 美国亚利桑那大学 | 2017/11/3 | 框架图 | GCA_002743055.1 |
| *Sporosarcina* sp. | P16b | 美国亚利桑那大学 | 2017/11/3 | 框架图 | GCA_002743065.1 |
| *Sporosarcina* sp. | P16a | 美国亚利桑那大学 | 2017/11/3 | 框架图 | GCA_002743075.1 |
| *Sporosarcina* sp. | P17b | 美国亚利桑那大学 | 2017/11/3 | 框架图 | GCA_002743115.1 |
| *Sporosarcina* sp. | P18a | 美国亚利桑那大学 | 2017/11/3 | 框架图 | GCA_002743135.1 |
| *Sporosarcina* sp. | P1 | 美国亚利桑那大学 | 2017/11/3 | 框架图 | GCA_002743155.1 |
| *Sporosarcina* sp. | P19 | 美国亚利桑那大学 | 2017/11/3 | 框架图 | GCA_002743165.1 |
| *Sporosarcina* sp. | P20a | 美国亚利桑那大学 | 2017/11/3 | 框架图 | GCA_002743175.1 |
| *Sporosarcina* sp. | P21c | 美国亚利桑那大学 | 2017/11/3 | 框架图 | GCA_002743185.1 |
| *Sporosarcina* sp. | P25 | 美国亚利桑那大学 | 2017/11/3 | 框架图 | GCA_002743235.1 |
| *Sporosarcina* sp. | P26b | 美国亚利桑那大学 | 2017/11/3 | 框架图 | GCA_002743245.1 |
| *Sporosarcina* sp. | P2 | 美国亚利桑那大学 | 2017/11/3 | 框架图 | GCA_002743255.1 |
| *Sporosarcina* sp. | P29 | 美国亚利桑那大学 | 2017/11/3 | 框架图 | GCA_002743265.1 |
| *Sporosarcina* sp. | P30 | 美国亚利桑那大学 | 2017/11/3 | 框架图 | GCA_002743315.1 |
| *Sporosarcina* sp. | P31 | 美国亚利桑那大学 | 2017/11/3 | 框架图 | GCA_002743325.1 |
| *Sporosarcina* sp. | P32b | 美国亚利桑那大学 | 2017/11/3 | 框架图 | GCA_002743335.1 |
| *Sporosarcina* sp. | P34 | 美国亚利桑那大学 | 2017/11/3 | 框架图 | GCA_002743375.1 |
| *Sporosarcina* sp. | P35 | 美国亚利桑那大学 | 2017/11/3 | 框架图 | GCA_002743395.1 |
| *Sporosarcina* sp. | P3 | 美国亚利桑那大学 | 2017/11/3 | 框架图 | GCA_002743415.1 |
| *Sporosarcina* sp. | P7 | 美国亚利桑那大学 | 2017/11/3 | 框架图 | GCA_002743425.1 |
| *Sporosarcina* sp. | BI001-red | 马来西亚医学科学技术学院 | 2018/8/13 | 框架图 | GCA_003384035.1 |
| *Ureibacillus thermophilus* | LM102 | 印度 SRM 科技学院 | 2019/3/7 | 染色体 | GCA_004331915.1 |

续表

| 学名 | 菌株名称 | 测序机构 | 测序时间（年/月/日） | 组装水平 | GenBank 登录号 |
|---|---|---|---|---|---|
| *Ureibacillus thermosphaericus* | Thermo-BF | 伊朗农业生物技术研究所 | 2012/5/16 | 框架图 | GCA_000284835.1 |
| | A1 | 日本国家先进工业科学技术研究所 | 2017/6/25 | 完成图 | GCA_002370195.2 |
| *Viridibacillus arenosi* | FSL R5-213 | 美国康奈尔大学 | 2014/1/13 | 框架图 | GCA_000518005.1 |
| | FSL R5-0213 | 美国康奈尔大学 | 2017/1/18 | 框架图 | GCA_001955655.1 |
| *Viridibacillus arvi* | DSM 16317 | 福建省农业科学院 | 2015/8/26 | 精细图 | GCA_001274945.1 |
| *Viridibacillus* sp. | FSL H8-0123 | 美国康奈尔大学 | 2017/1/18 | 框架图 | GCA_001955615.1 |
| *Viridibacillus* sp. | FSL H7-0596 | 美国康奈尔大学 | 2017/1/18 | 框架图 | GCA_001955625.1 |
| *Viridibacillus* sp. | OK051 | 美国能源部联合基因组研究所 | 2017/12/6 | 框架图 | GCA_002813185.1 |
| *Chryseomicrobium excrementi* | ET03 | 印度北孟加拉邦大学 | 2017/11/28 | 精细图 | GCA_002798305.1 |
| *Edaphobacillus lindanitolerans* | MNA4 | 美国能源部联合基因组研究所 | 2017/1/20 | 精细图 | GCA_900156305.1 |
| *Filibacter* sp. | TB-66 | 法国巴斯德研究所 | 2018/11/18 | 精细图 | GCA_900609045.1 |
| *Kurthia gibsonii* | B83 | 印度国际大学 | 2018/10/15 | 框架图 | GCA_003660425.1 |
| | NBRC 15534 | 日本国立技术与评价研究所 | 2019/6/12 | 框架图 | GCA_006539985.1 |
| *Kurthia huakuii* | LAM0618 | 中国农业科学院 | 2013/12/10 | 框架图 | GCA_000505545.1 |
| *Kurthia massiliensis* | JC30 | 法国热带传染病研究中心 | 2012/7/19 | 精细图 | GCA_000285555.1 |
| *Kurthia senegalensis* | JC8E | 法国热带传染病研究中心 | 2012/7/19 | 精细图 | GCA_000285595.1 |
| *Kurthia sibirica* | ATCC 49154 | 美国国立普通医学科学研究所 | 2018/5/20 | 框架图 | GCA_003143975.1 |
| *Kurthia zopfii* | NCTC 404 | 欧洲生物信息学研究所 | 2018/12/20 | 完成图 | GCA_900637935.1 |
| | ATCC 33403 | 美国国立普通医学科学研究所 | 2018/5/20 | 框架图 | GCA_003143955.1 |
| | NCTC 10597 | 欧洲生物信息学研究所 | 2018/8/1 | 框架图 | GCA_900452285.1 |
| | DSM 20580 | 美国能源部联合基因组研究所 | 2019/3/22 | 精细图 | GCA_004363595.1 |
| *Kurthia* sp. | 11kri321 | 美国洛斯阿拉莫斯国家实验室 | 2016/1/25 | 完成图 | GCA_001534765.1 |
| *Kurthia* sp. | Dielmo | 法国热带传染病研究中心 | 2013/5/1 | 精细图 | GCA_000307285.2 |
| *Kurthia* sp. | 3B1D | 美国科林学院 | 2019/1/3 | 框架图 | GCA_003991225.1 |
| *Kurthia* sp. | UBA2474 | 澳大利亚昆士兰大学 | 2017/9/22 | 精细图 | GCA_002342085.1 |
| *Kurthia* sp. | UBA3380 | 澳大利亚昆士兰大学 | 2017/9/26 | 精细图 | GCA_002359015.1 |
| *Kurthia* sp. | UBA4137 | 澳大利亚昆士兰大学 | 2017/9/27 | 精细图 | GCA_002380835.1 |
| *Kurthia* sp. | UBA5785 | 澳大利亚昆士兰大学 | 2017/10/3 | 精细图 | GCA_002418445.1 |
| *Kurthia* sp. | UBA5930 | 澳大利亚昆士兰大学 | 2017/10/4 | 精细图 | GCA_002430955.1 |
| *Planococcus antarcticus* | DSM 14505 | 马来西亚马来亚大学 | 2016/11/1 | 完成图 | GCA_001687565.2 |
| *Planococcus citreus* | DSM 20549 | 美国能源部联合基因组研究所 | 2018/10/15 | 精细图 | GCA_003664125.1 |
| *Planococcus donghaensis* | DSM 22276 | 马来西亚马来亚大学 | 2016/11/1 | 完成图 | GCA_001687665.2 |
| | MPA1U2 | 美国加利福尼亚大学圣克鲁兹分校 | 2011/2/14 | 框架图 | GCA_000189395.2 |

续表

| 学名 | 菌株名称 | 测序机构 | 测序时间（年/月/日） | 组装水平 | GenBank 登录号 |
|---|---|---|---|---|---|
| *Planococcus faecalis* | AJ003 | 韩国亚洲大学 | 2017/3/2 | 完成图 | GCA_002009235.1 |
| | CECT 8759 | 马来西亚马来亚大学 | 2016/10/28 | 框架图 | GCA_001856115.1 |
| *Planococcus halocryophilus* | DSM 24743 | 马来西亚马来亚大学 | 2016/11/1 | 完成图 | GCA_001687585.2 |
| | Or1 | 加拿大麦吉尔大学 | 2013/2/28 | 框架图 | GCA_000342445.1 |
| *Planococcus halotolerans* | SCU63 | 中国四川大学 | 2018/7/6 | 框架图 | GCA_003289955.1 |
| *Planococcus kocurii* | ATCC 43650 | 马来西亚马来亚大学 | 2016/1/29 | 完成图 | GCA_001465835.2 |
| *Planococcus maitriensis* | S1 | 中国四川大学 | 2018/7/6 | 框架图 | GCA_003289925.1 |
| *Planococcus maritimus* | DSM 17275 | 马来西亚马来亚大学 | 2016/11/1 | 完成图 | GCA_001687625.2 |
| | MKU009 | 印度马杜赖卡玛拉大学 | 2016/3/15 | 框架图 | GCA_001592825.1 |
| | SAMP | 印度浦那国家细胞科学中心 | 2016/9/16 | 框架图 | GCA_001730005.1 |
| *Planococcus massiliensis* | ES2 | 法国热带传染病研究中心 | 2014/10/9 | 框架图 | GCA_000821325.2 |
| *Planococcus plakortidis* | DSM 23997 | 马来西亚马来亚大学 | 2016/11/1 | 完成图 | GCA_001687605.2 |
| *Planococcus rifietoensis* | M8 | 马来西亚马来亚大学 | 2016/1/25 | 完成图 | GCA_001465795.2 |
| *Planococcus salinarum* | DSM 23820 | 马来西亚马来亚大学 | 2016/10/28 | 框架图 | GCA_001856085.1 |
| | ISL-16 | 中国四川大学 | 2018/8/27 | 框架图 | GCA_003428865.1 |
| *Planococcus salinus* | LCB217 | 中国科学院 | 2018/11/10 | 框架图 | GCA_003719725.1 |
| *Planococcus versutus* | L10.15 | 马来西亚马来亚大学 | 2016/11/1 | 完成图 | GCA_001186155.3 |
| *Planococcus* sp. | Y42 | 中国科学院 | 2017/2/15 | 完成图 | GCA_001999905.1 |
| *Planococcus* sp. | PAMC 21323 | 韩国原子能研究所 | 2014/11/19 | 完成图 | GCA_000785555.1 |
| *Planococcus* sp. | MB-3u-03 | 美国阿拉斯加大学费尔班克斯分校 | 2017/12/12 | 完成图 | GCA_002833405.1 |
| *Planococcus* sp. | CAU13 | 美国印第安纳大学东南分校 | 2014/11/12 | 框架图 | GCA_000775575.1 |
| *Planococcus* sp. | Urea-trap-24 | 美国阿拉斯加大学费尔班克斯分校 | 2018/1/5 | 框架图 | GCA_002835975.1 |
| *Planococcus* sp. | Urea-3u-39 | 美国阿拉斯加大学费尔班克斯分校 | 2018/1/5 | 框架图 | GCA_002836345.1 |
| *Planococcus* sp. | MB-3u-09 | 美国阿拉斯加大学费尔班克斯分校 | 2018/1/5 | 框架图 | GCA_002836445.1 |
| *Planomicrobium flavidum* | S5-TSA-19 | 印度科学和工业研究理事会微生物技术研究所 | 2017/6/5 | 框架图 | GCA_002167005.1 |
| *Planomicrobium glaciei* | CGMCC 1.6846 | 美国能源部联合基因组研究所 | 2016/10/21 | 精细图 | GCA_900099655.1 |
| | CHR43 | 印度科学和工业研究理事会喜马拉雅生物资源技术研究所 | 2014/1/6 | 框架图 | GCA_000513535.1 |
| | UCD-HAM | 美国加利福尼亚大学戴维斯分校 | 2015/8/18 | 框架图 | GCA_001270075.1 |
| *Planomicrobium koreense* | 10704 | 印度科学和工业研究理事会微生物技术研究所 | 2019/4/9 | 框架图 | GCA_004761975.1 |
| *Planomicrobium okeanokoites* | Marseille-P2029 | 法国热带传染病研究中心 | 2017/4/9 | 框架图 | GCA_900176575.1 |
| | IFO 12536 | 中国四川大学 | 2018/8/27 | 框架图 | GCA_003428875.1 |
| *Planomicrobium soli* | CGMCC 1.12259 | 美国能源部联合基因组研究所 | 2018/3/23 | 精细图 | GCA_003014655.1 |
| *Planomicrobium* sp. | MB-3u-38 | 美国阿拉斯加大学费尔班克斯分校 | 2018/1/5 | 框架图 | GCA_002836425.1 |

续表

| 学名 | 菌株名称 | 测序机构 | 测序时间（年/月/日） | 组装水平 | GenBank 登录号 |
|---|---|---|---|---|---|
| *Planomicrobium* sp. | Y74 | 中国科学院 | 2018/10/22 | 框架图 | GCA_003668635.1 |
| *Planomicrobium* sp. | Y50 | 中国科学院 | 2019/4/10 | 框架图 | GCA_004785625.1 |
| *Tetzosporium hominis* | VT-49 | 美国人类微生物学研究所 | 2017/8/22 | 精细图 | GCA_002265435.1 |
| **芽胞乳杆菌科（Sporolactobacillaceae Ludwig et al. 2010，fam. nov.）** | | | | | |
| *Caenibacillus caldisaponilyticus* | B157 | 日本京都府立大学 | 2017/1/27 | 框架图 | GCA_002003465.1 |
| *Scopulibacillus darangshiensis* | DSM 19377 | 美国能源部联合基因组研究所 | 2019/3/11 | 精细图 | GCA_004341035.1 |
| *Sporolactobacillus inulinus* | CASD | 中国科学院 | 2015/5/22 | 框架图 | GCA_000222445.3 |
| | NBRC 13595 | 日本国立技术与评价研究所 | 2019/6/12 | 框架图 | GCA_006539285.1 |
| *Sporolactobacillus laevolacticus* | DSM 442 | 中国科学院 | 2013/11/18 | 框架图 | GCA_000497245.1 |
| *Sporolactobacillus nakayamae* | ATCC 700379 | 美国能源部联合基因组研究所 | 2016/11/2 | 精细图 | GCA_900113325.1 |
| *Sporolactobacillus pectinivorans* | GD201205 | 深圳市计量质量检测研究院 | 2017/11/28 | 精细图 | GCA_002802965.1 |
| *Sporolactobacillus shoreae* | BK92 | 泰国国家科技发展局 | 2019/4/7 | 精细图 | GCA_004684935.1 |
| *Sporolactobacillus terrae* | DSM 11697 | 中国上海交通大学 | 2014/4/28 | 框架图 | GCA_000648615.1 |
| | DRG1 | 韩国食品研究院 | 2019/1/14 | 完成图 | GCA_004014985.1 |
| | DLG3 | 韩国食品研究院 | 2019/1/14 | 完成图 | GCA_004015165.1 |
| | HKM-1 | 中国上海交通大学 | 2014/4/23 | 框架图 | GCA_000647835.1 |
| | SBT-1 | 泰国朱拉隆功大学 | 2019/6/11 | 精细图 | GCA_006229125.1 |
| *Sporolactobacillus vineae* | DSM 21990 | 美国能源部联合基因组研究所 | 2013/4/23 | 精细图 | GCA_000377985.1 |
| *Sporolactobacillus* sp. | THM7-4 | 泰国国家科技发展局 | 2019/2/10 | 精细图 | GCA_004153165.1 |
| *Sporolactobacillus* sp. | THM19-2 | 泰国国家科技发展局 | 2019/2/10 | 精细图 | GCA_004153195.1 |
| *Sporolactobacillus* sp. | THM7-7 | 泰国国家科技发展局 | 2019/2/10 | 精细图 | GCA_004153225.1 |
| *Sporolactobacillus* sp. | UMGS561 | 欧洲生物信息学研究所 | 2019/1/29 | 框架图 | GCA_900543345.1 |
| *Terrilactibacillus laevilacticus* | NK26-11 | 泰国朱拉隆功大学 | 2019/6/28 | 精细图 | GCA_006517395.1 |
| *Tuberibacillus calidus* | DSM 17572 | 美国能源部联合基因组研究所 | 2013/7/16 | 精细图 | GCA_000430685.1 |
| *Tuberibacillus* sp. | Marseille-P3662 | 法国热带传染病研究中心 | 2017/4/21 | 框架图 | GCA_900178005.1 |
| *Sinobaca qinghaiensis* | DSM 17008 | 美国能源部联合基因组研究所 | 2018/10/2 | 精细图 | GCA_003610495.1 |
| **嗜热放线菌科（Thermoactinomycetaceae Matsuo et al. 2006，fam. nov.）** | | | | | |
| *Baia soyae* | DSM 46831 | 美国能源部联合基因组研究所 | 2019/3/11 | 框架图 | GCA_004341445.1 |
| *Calditerricola satsumensis* | JCM 14719 | 日本东京大学 | 2015/10/1 | 框架图 | GCA_001311905.1 |
| *Desmospora activa* | DSM 45169 | 美国能源部联合基因组研究所 | 2018/4/9 | 框架图 | GCA_003046315.1 |
| *Desmospora* sp. | 8437 | 美国贝勒医学院 | 2011/5/13 | 精细图 | GCA_000213595.1 |
| *Hazenella coriacea* | DSM 45707 | 美国能源部联合基因组研究所 | 2019/3/11 | 框架图 | GCA_004341825.1 |

续表

| 学名 | 菌株名称 | 测序机构 | 测序时间（年/月/日） | 组装水平 | GenBank 登录号 |
|---|---|---|---|---|---|
| *Kroppenstedtia eburnea* | DSM 45196 | 美国能源部联合基因组研究所 | 2017/1/14 | 框架图 | GCA_900156615.1 |
| *Kroppenstedtia sanguinis* | X0209 | 瑞典疾病预防控制中心 | 2019/2/9 | 框架图 | GCA_003847445.2 |
| *Laceyella sacchari* | FBKL4.010 | 中国贵州大学 | 2018/1/21 | 完成图 | GCA_002893785.1 |
| | DSM 43356 | 美国能源部联合基因组研究所 | 2019/3/11 | 精细图 | GCA_004343255.1 |
| | 1-1 | 印度科学和工业研究理事会微生物技术研究所 | 2013/7/9 | 精细图 | GCA_000421885.1 |
| *Laceyella sediminis* | RHA1 | 美国能源部联合基因组研究所 | 2018/3/15 | 框架图 | GCA_003003125.1 |
| *Lihuaxuella thermophila* | DSM 46701 | 美国能源部联合基因组研究所 | 2016/10/31 | 精细图 | GCA_900110165.1 |
| *Marininema halotolerans* | DSM 45789 | 美国能源部联合基因组研究所 | 2016/11/2 | 精细图 | GCA_900116235.1 |
| *Marininema mesophilum* | DSM 45610 | 美国能源部联合基因组研究所 | 2016/10/22 | 精细图 | GCA_900106775.1 |
| *Melghirimyces profundicolus* | DSM 45787 | 美国能源部联合基因组研究所 | 2018/4/17 | 精细图 | GCA_003054245.1 |
| *Melghirimyces thermohalophilus* | DSM 45514 | 美国能源部联合基因组研究所 | 2016/10/21 | 框架图 | GCA_900102685.1 |
| *Novibacillus thermophilus* | SG-1 | 中国广东省科学院生态环境与土壤研究所 | 2017/2/21 | 完成图 | GCA_002005165.1 |
| *Paludifilum halophilum* | DSM 102817 | 瑞士纳沙泰尔大学 | 2017/8/9 | 框架图 | GCA_002245355.1 |
| *Planifilum fimeticola* | DSM 44946 | 美国能源部联合基因组研究所 | 2018/3/15 | 精细图 | GCA_003001905.1 |
| *Planifilum fulgidum* | DSM 44945 | 美国能源部联合基因组研究所 | 2016/11/2 | 精细图 | GCA_900113175.1 |
| *Risungbinella massiliensis* | GD1 | 法国热带传染病研究中心 | 2015/2/20 | 精细图 | GCA_000942395.1 |
| *Seinonella peptonophila* | DSM 44666 | 美国能源部联合基因组研究所 | 2016/12/3 | 精细图 | GCA_900129355.1 |
| *Shimazuella kribbensis* | DSM 45090 | 美国能源部联合基因组研究所 | 2013/9/5 | 精细图 | GCA_000428065.1 |
| *Thermoactinomyces daqus* | H-18 | 中国工业微生物菌种保藏管理中心 | 2014/10/3 | 框架图 | GCA_000763315.1 |
| *Thermoactinomyces vulgaris* | NRRL F-5595 | 美国伊利诺伊大学厄巴纳-香槟分校 | 2015/9/18 | 框架图 | GCA_001294365.1 |
| | CDF | 中国武汉大学 | 2019/3/6 | 完成图 | GCA_001187615.2 |
| | 2H | 美国新英格兰生物实验室股份有限公司 | 2019/5/29 | 完成图 | GCA_005886755.1 |
| | DSM 43016 | 美国能源部联合基因组研究所 | 2018/10/25 | 精细图 | GCA_003688725.1 |
| *Thermoactinomyces* sp. | Gus2-1 | 俄罗斯科学院 | 2014/9/10 | 框架图 | GCA_000753855.1 |
| *Thermoactinomyces* sp. | AS95 | 南非比勒陀利亚大学 | 2016/4/4 | 框架图 | GCA_001606065.1 |
| *Thermoactinomyces* sp. | DSM 45892 | 美国能源部联合基因组研究所 | 2016/10/22 | 框架图 | GCA_900107305.1 |
| *Thermoactinomyces* sp. | DSM 45891 | 美国能源部联合基因组研究所 | 2016/11/18 | 精细图 | GCA_900119485.1 |
| *Thermoflavimicrobium daqui* | FBKL4.011 | 中国贵州大学 | 2018/6/22 | 精细图 | GCA_003313465.1 |
| *Thermoflavimicrobium dichotomicum* | DSM 44778 | 美国能源部联合基因组研究所 | 2016/11/2 | 框架图 | GCA_900114055.1 |
| **芽胞杆菌中科未定的一些种属（unclassified Bacillales）** | | | | | |
| *Acidibacillus ferrooxidans* | SLC66 | 巴西淡水河谷理工学院 | 2016/5/12 | 框架图 | GCA_001642725.1 |

续表

| 学名 | 菌株名称 | 测序机构 | 测序时间（年/月/日） | 组装水平 | GenBank 登录号 |
|---|---|---|---|---|---|
| *Acidibacillus ferrooxidans* | ITV01 | 巴西淡水河谷理工学院 | 2016/1/15 | 框架图 | GCA_001516615.1 |
| | Huett2 | 德国弗莱贝格工业大学 | 2017/3/14 | 框架图 | GCA_002027205.1 |
| *Acidibacillus sulfuroxidans* | Y002 | 巴西淡水河谷理工学院 | 2018/5/21 | 框架图 | GCA_003144315.1 |
| *Desulfuribacillus alkaliarsenatis* | AHT28 | 美国佐治亚大学 | 2016/9/16 | 框架图 | GCA_001730225.1 |
| *Desulfuribacillus stibiiarsenatis* | MLFW-2 | 美国佐治亚大学 | 2016/9/22 | 框架图 | GCA_001742305.1 |
| *Exiguobacterium acetylicum* | DSM 20416 | 美国能源部联合基因组研究所 | 2014/6/11 | 框架图 | GCA_000702605.1 |
| | ZBG2 | 马来西亚马来亚大学 | 2015/8/5 | 框架图 | GCA_001238385.1 |
| *Exiguobacterium alkaliphilum* | 12/1 | 印度科学和工业研究理事会基因组学与整合生物学研究所 | 2014/6/27 | 框架图 | GCA_000714435.1 |
| *Exiguobacterium antarcticum* | Eab7 | 巴西帕拉联邦大学 | 2012/9/27 | 完成图 | GCA_000299435.1 |
| | DSM 14480 | 美国能源部联合基因组研究所 | 2014/5/8 | 框架图 | GCA_000685865.1 |
| *Exiguobacterium aurantiacum* | DSM 6208 | 美国能源部联合基因组研究所 | 2014/6/11 | 框架图 | GCA_000702585.1 |
| | PN47 | 智利阿图罗•普拉特大学 | 2016/10/14 | 框架图 | GCA_001766415.1 |
| | NCTC 13163 | 欧洲生物信息学研究所 | 2018/8/1 | 框架图 | GCA_900450545.1 |
| *Exiguobacterium chiriqhucha* | RW-2 | 加拿大英属哥伦比亚大学 | 2013/7/1 | 框架图 | GCA_000416965.1 |
| | GIC31 | 美国能源部联合基因组研究所 | 2014/6/11 | 框架图 | GCA_000702565.1 |
| | N139 | 西班牙巴伦西亚大学 | 2015/12/22 | 框架图 | GCA_001482445.1 |
| *Exiguobacterium enclense* | NIO-1109 | 印度科学和工业研究理事会国家化学实验室 | 2015/12/4 | 框架图 | GCA_001456895.1 |
| *Exiguobacterium indicum* | RSA11 | 印度科学和工业研究理事会微生物技术研究所 | 2015/12/22 | 框架图 | GCA_001475665.1 |
| | RSA42 | 印度科学和工业研究理事会微生物技术研究所 | 2015/12/22 | 框架图 | GCA_001475695.1 |
| | HHS 31 | 印度细胞与分子生物学研究中心 | 2017/1/6 | 框架图 | GCA_001939065.1 |
| *Exiguobacterium marinum* | DSM 16307 | 美国能源部联合基因组研究所 | 2014/4/8 | 精细图 | GCA_000620845.1 |
| *Exiguobacterium mexicanum* | A-EM | 中国青岛大学 | 2019/6/4 | 完成图 | GCA_005960665.1 |
| | HUD | 英国哈德斯菲尔德大学 | 2014/10/3 | 框架图 | GCA_000763125.1 |
| *Exiguobacterium oxidotolerans* | N4-1P | 加拿大纽芬兰纪念大学 | 2017/7/3 | 染色体 | GCA_002214325.1 |
| | JCM 12280 | 美国能源部联合基因组研究所 | 2014/6/11 | 框架图 | GCA_000702625.1 |
| *Exiguobacterium profundum* | PHM 11 | 印度农业研究理事会国家农业重要微生物管理局 | 2016/12/19 | 精细图 | GCA_001909285.1 |
| *Exiguobacterium sibiricum* | 255-15 | 美国能源部联合基因组研究所 | 2008/4/3 | 完成图 | GCA_000019905.1 |
| | 7-3 | 美国能源部联合基因组研究所 | 2014/4/8 | 精细图 | GCA_000620865.1 |
| *Exiguobacterium undae* | DSM 14481 | 美国能源部联合基因组研究所 | 2014/4/8 | 精细图 | GCA_000620805.1 |
| | 190-11 | 美国能源部联合基因组研究所 | 2014/4/8 | 精细图 | GCA_000620825.1 |
| | KCTC 3810 | 韩国生物科学与生物技术研究院 | 2016/5/24 | 框架图 | GCA_001650325.1 |

续表

| 学名 | 菌株名称 | 测序机构 | 测序时间（年/月/日） | 组装水平 | GenBank 登录号 |
|---|---|---|---|---|---|
| *Exiguobacterium* sp. | AT1b | 美国能源部联合基因组研究所 | 2009/5/5 | 完成图 | GCA_000023045.1 |
| *Exiguobacterium* sp. | MH3 | 中国北京大学深圳研究生院 | 2013/11/12 | 完成图 | GCA_000496635.1 |
| *Exiguobacterium* sp. | ZWU0009 | 美国俄勒冈大学 | 2016/11/29 | 完成图 | GCA_000798935.2 |
| *Exiguobacterium* sp. | U13-1 | 美国新英格兰生物实验室股份有限公司 | 2016/9/30 | 完成图 | GCA_001750115.1 |
| *Exiguobacterium* sp. | OS-77 | 日本九州大学 | 2013/6/12 | 精细图 | GCA_000414195.2 |
| *Exiguobacterium* sp. | HVEsp1 | 中国科学院 | 2017/3/2 | 精细图 | GCA_002009685.1 |
| *Exiguobacterium* sp. | S17 | 阿根廷布宜诺斯艾利斯大学 | 2013/6/17 | 框架图 | GCA_000411915.1 |
| *Exiguobacterium* sp. | RIT341 | 澳大利亚莫纳什大学马来西亚分校 | 2014/4/14 | 框架图 | GCA_000632205.1 |
| *Exiguobacterium* sp. | AB2 | 菲律宾大学迪利曼分校 | 2014/5/27 | 框架图 | GCA_000696055.1 |
| *Exiguobacterium* sp. | NG55 | 美国能源部联合基因组研究所 | 2014/7/24 | 框架图 | GCA_000733785.1 |
| *Exiguobacterium* sp. | BMC-KP | 美国布林莫尔学院 | 2015/8/27 | 框架图 | GCA_001275385.1 |
| *Exiguobacterium* sp. | KKBO11 | 美国休斯敦大学 | 2016/5/16 | 框架图 | GCA_001644945.1 |
| *Exiguobacterium* sp. | SH31 | 智利安德烈斯•贝略大学 | 2016/10/21 | 框架图 | GCA_001816105.1 |
| *Exiguobacterium* sp. | KRL4 | 意大利蛋白质生物化学研究所 | 2016/11/7 | 框架图 | GCA_001870785.1 |
| *Exiguobacterium* sp. | TNDT2 | 沙特阿拉伯阿卜杜拉国王科技大学 | 2018/7/20 | 框架图 | GCA_003331145.1 |
| *Exiguobacterium* sp. | RIT594 | 美国罗切斯特理工学院 | 2018/7/25 | 框架图 | GCA_003339585.1 |
| *Exiguobacterium* sp. | AM39-5BH | 中国华大基因 | 2018/9/6 | 框架图 | GCA_003467445.1 |
| *Exiguobacterium* sp. | RIT452 | 美国罗切斯特理工学院 | 2018/9/26 | 框架图 | GCA_003598705.1 |
| *Exiguobacterium* sp. | SH5S32 | 智利安德烈斯•贝略大学 | 2019/3/9 | 框架图 | GCA_004336775.1 |
| *Exiguobacterium* sp. | SH4S7 | 智利安德烈斯•贝略大学 | 2019/3/9 | 框架图 | GCA_004336795.1 |
| *Exiguobacterium* sp. | SL-9 | 智利安德烈斯•贝略大学 | 2019/3/9 | 框架图 | GCA_004336985.1 |
| *Exiguobacterium* sp. | SL-10 | 智利安德烈斯•贝略大学 | 2019/3/9 | 框架图 | GCA_004337025.1 |
| *Exiguobacterium* sp. | SH5S4 | 智利安德烈斯•贝略大学 | 2019/3/9 | 框架图 | GCA_004337045.1 |
| *Exiguobacterium* sp. | IPBC4 | 智利安德烈斯•贝略大学 | 2019/3/9 | 框架图 | GCA_004337065.1 |
| *Exiguobacterium* sp. | SH5S13 | 智利安德烈斯•贝略大学 | 2019/3/9 | 框架图 | GCA_004337085.1 |
| *Exiguobacterium* sp. | SH1S4 | 智利安德烈斯•贝略大学 | 2019/3/9 | 框架图 | GCA_004337095.1 |
| *Exiguobacterium* sp. | SH3S1 | 智利安德烈斯•贝略大学 | 2019/3/9 | 框架图 | GCA_004337105.1 |
| *Exiguobacterium* sp. | SH3S3 | 智利安德烈斯•贝略大学 | 2019/3/9 | 框架图 | GCA_004337115.1 |
| *Exiguobacterium* sp. | SH0S1 | 智利安德烈斯•贝略大学 | 2019/3/9 | 框架图 | GCA_004337165.1 |
| *Exiguobacterium* sp. | SH1S21 | 智利安德烈斯•贝略大学 | 2019/3/9 | 框架图 | GCA_004337175.1 |
| *Exiguobacterium* sp. | SH0S2 | 智利安德烈斯•贝略大学 | 2019/3/9 | 框架图 | GCA_004337185.1 |
| *Exiguobacterium* sp. | SH0S7 | 智利安德烈斯•贝略大学 | 2019/3/9 | 框架图 | GCA_004337195.1 |
| *Exiguobacterium* sp. | SH1S1 | 智利安德烈斯•贝略大学 | 2019/3/9 | 框架图 | GCA_004337245.1 |
| *Exiguobacterium* sp. | IPCI3 | 智利安德烈斯•贝略大学 | 2019/3/9 | 框架图 | GCA_004337275.1 |

续表

| 学名 | 菌株名称 | 测序机构 | 测序时间（年/月/日） | 组装水平 | GenBank 登录号 |
|---|---|---|---|---|---|
| *Exiguobacterium* sp. | SH3S2 | 智利安德烈斯•贝略大学 | 2019/3/9 | 框架图 | GCA_004337285.1 |
| *Exiguobacterium* sp. | IPCH1 | 智利安德烈斯•贝略大学 | 2019/3/9 | 框架图 | GCA_004337295.1 |
| *Exiguobacterium* sp. | B203-G5 25_7 | 美国能源部联合基因组研究所 | 2019/3/11 | 框架图 | GCA_004339505.1 |
| *Exiguobacterium* sp. | ZOR0005 | 美国俄勒冈大学 | 2014/12/8 | 精细图 | GCA_000798975.1 |
| *Exiguobacterium* sp. | JLM-2 | 中国科学院 | 2015/6/15 | 精细图 | GCA_001027905.1 |
| *Exiguobacterium* sp. | Leaf187 | 德国马克斯•普朗克植物育种研究所 | 2015/11/2 | 精细图 | GCA_001423925.1 |
| *Exiguobacterium* sp. | Leaf196 | 德国马克斯•普朗克植物育种研究所 | 2015/11/2 | 精细图 | GCA_001423965.1 |
| *Exiguobacterium* sp. | HF60 | 中国山东大学 | 2018/7/27 | 精细图 | GCA_003344535.1 |
| *Exiguobacterium* sp. | UBA1053 | 澳大利亚昆士兰大学 | 2017/9/20 | 精细图 | GCA_002316465.1 |
| *Exiguobacterium* sp. | UBA2577 | 澳大利亚昆士兰大学 | 2017/9/22 | 精细图 | GCA_002339865.1 |
| *Exiguobacterium* sp. | UBA3144 | 澳大利亚昆士兰大学 | 2017/9/26 | 精细图 | GCA_002364695.1 |
| *Exiguobacterium* sp. | UBA3039 | 澳大利亚昆士兰大学 | 2017/9/26 | 精细图 | GCA_002367565.1 |
| *Exiguobacterium* sp. | UBA3491 | 澳大利亚昆士兰大学 | 2017/9/27 | 精细图 | GCA_002377745.1 |
| *Exiguobacterium* sp. | UBA4141 | 澳大利亚昆士兰大学 | 2017/9/27 | 精细图 | GCA_002380785.1 |
| *Exiguobacterium* sp. | UBA3968 | 澳大利亚昆士兰大学 | 2017/9/28 | 精细图 | GCA_002385115.1 |
| *Exiguobacterium* sp. | UBA4551 | 澳大利亚昆士兰大学 | 2017/9/28 | 精细图 | GCA_002387265.1 |
| *Exiguobacterium* sp. | UBA4604 | 澳大利亚昆士兰大学 | 2017/9/28 | 精细图 | GCA_002393175.1 |
| *Exiguobacterium* sp. | UBA5002 | 澳大利亚昆士兰大学 | 2017/9/28 | 精细图 | GCA_002396765.1 |
| *Exiguobacterium* sp. | UBA4960 | 澳大利亚昆士兰大学 | 2017/9/28 | 精细图 | GCA_002398685.1 |
| *Exiguobacterium* sp. | UBA6309 | 澳大利亚昆士兰大学 | 2017/10/4 | 精细图 | GCA_002439205.1 |
| *Exiguobacterium* sp. | UBA6282 | 澳大利亚昆士兰大学 | 2017/10/4 | 精细图 | GCA_002440475.1 |
| *Exiguobacterium* sp. | UBA6687 | 澳大利亚昆士兰大学 | 2017/10/5 | 精细图 | GCA_002457835.1 |
| *Exiguobacterium* sp. | UBA7533 | 澳大利亚昆士兰大学 | 2017/10/6 | 精细图 | GCA_002479335.1 |
| *Exiguobacterium* sp. | UBA12233 | 澳大利亚昆士兰大学 | 2018/9/4 | 精细图 | GCA_003444895.1 |
| *Exiguobacterium* sp. | UBA12252 | 澳大利亚昆士兰大学 | 2018/9/5 | 精细图 | GCA_003453815.1 |
| *Exiguobacterium* sp. | UBA8603 | 澳大利亚昆士兰大学 | 2018/9/6 | 精细图 | GCA_003486505.1 |
| *Exiguobacterium* sp. | UBA8830 | 澳大利亚昆士兰大学 | 2018/9/7 | 精细图 | GCA_003501155.1 |
| *Exiguobacterium* sp. | UBA10716 | 澳大利亚昆士兰大学 | 2018/9/10 | 精细图 | GCA_003517445.1 |
| *Exiguobacterium* sp. | UBA8812 | 澳大利亚昆士兰大学 | 2018/9/7 | 精细图 | GCA_003529145.1 |
| *Exiguobacterium* sp. | UBA11312 | 澳大利亚昆士兰大学 | 2018/9/10 | 精细图 | GCA_003535915.1 |
| *Exiguobacterium* sp. | UBA9074 | 澳大利亚昆士兰大学 | 2018/9/10 | 精细图 | GCA_003541515.1 |
| *Gemella asaccharolytica* | KA00071 | 美国圣路易斯华盛顿大学 | 2016/2/8 | 精细图 | GCA_001553005.1 |
| *Gemella bergeri* | ATCC 700627 | 美国圣路易斯华盛顿大学 | 2013/9/20 | 精细图 | GCA_000469465.1 |
| *Gemella cuniculi* | DSM 15828 | 美国能源部联合基因组研究所 | 2013/7/11 | 精细图 | GCA_000425665.1 |

续表

| 学名 | 菌株名称 | 测序机构 | 测序时间（年/月/日） | 组装水平 | GenBank 登录号 |
|---|---|---|---|---|---|
| *Gemella haemolysans* | ATCC 10379 | 美国克雷格•文特尔研究所 | 2009/6/23 | 框架图 | GCA_000173915.1 |
| | NCTC 10459 | 欧洲生物信息学研究所 | 2018/12/20 | 完成图 | GCA_900638055.1 |
| | M341 | 美国布罗德研究所 | 2011/4/15 | 精细图 | GCA_000204355.1 |
| | DNF01167 | 美国圣路易斯华盛顿大学 | 2016/2/8 | 精细图 | GCA_001553035.1 |
| *Gemella massiliensis* | Marseille-P3249 | 法国热带传染病研究中心 | 2016/12/2 | 精细图 | GCA_900120125.1 |
| *Gemella morbillorum* | NCTC 11323 | 欧洲生物信息学研究所 | 2018/6/17 | 完成图 | GCA_900476045.1 |
| | M424 | 美国布罗德研究所 | 2011/1/14 | 精细图 | GCA_000185645.1 |
| *Gemella sanguinis* | ATCC 700632 | 美国能源部联合基因组研究所 | 2014/6/11 | 精细图 | GCA_000701685.1 |
| | M325 | 美国布罗德研究所 | 2013/6/10 | 框架图 | GCA_000204335.2 |
| | 1094_BTHU | 美国华盛顿大学 | 2015/7/10 | 框架图 | GCA_001052115.1 |
| | UMB0186 | 美国芝加哥洛约拉大学 | 2018/1/10 | 精细图 | GCA_002871615.1 |
| *Gemella* sp. | W2231 | 美国福赛斯研究所 | 2016/2/9 | 完成图 | GCA_001553915.1 |
| *Gemella* sp. | ND 6198 | 韩国国立卫生研究所 | 2018/8/1 | 完成图 | GCA_003351945.1 |
| *Gemella* sp. | WT2a | 英国伦敦国王学院 | 2019/4/2 | 框架图 | GCA_004570485.1 |
| *Gemella* sp. | S2_018_000_R3_117 | 美国加利福尼亚大学伯克利分校 | 2019/5/14 | 框架图 | GCA_005768775.1 |
| *Gemella* sp. | UMGS1894 | 欧洲生物信息学研究所 | 2019/1/29 | 框架图 | GCA_900555985.1 |
| *Geomicrobium* sp. | JCM 19037 | 日本东京大学 | 2014/5/21 | 框架图 | GCA_000698105.1 |
| *Geomicrobium* sp. | JCM 19038 | 日本东京大学 | 2014/5/21 | 框架图 | GCA_000698125.1 |
| *Geomicrobium* sp. | JCM 19039 | 日本东京大学 | 2014/5/21 | 框架图 | GCA_000698145.1 |
| *Geomicrobium* sp. | JCM 19055 | 日本东京大学 | 2014/5/21 | 框架图 | GCA_000698185.1 |
| *Rummeliibacillus pycnus* | DSM 15030 | 中国福建省农业科学院 | 2018/1/16 | 精细图 | GCA_002884495.1 |
| *Rummeliibacillus stabekisii* | PP9 | 巴西里约热内卢联邦大学 | 2016/4/8 | 完成图 | GCA_001617605.1 |
| | UBA1589 | 澳大利亚昆士兰大学 | 2017/9/21 | 精细图 | GCA_002322115.1 |
| *Rummeliibacillus* sp. | TYF005 | 中国太原理工大学 | 2018/11/26 | 精细图 | GCA_003844195.1 |
| *Rummeliibacillus* sp. | POC4 | 波兰华沙大学 | 2018/9/19 | 框架图 | GCA_003576525.1 |
| *Solibacillus isronensis* | B3W22 | 印度细胞与分子生物学研究中心 | 2012/9/18 | 框架图 | GCA_000298255.1 |
| | Marseille-P3605 | 法国热带传染病研究中心 | 2017/3/12 | 框架图 | GCA_900168685.1 |
| *Solibacillus kalamii* | ISSFR-015 | 美国加州理工学院喷气推进实验室 | 2017/6/6 | 框架图 | GCA_002174535.1 |
| *Solibacillus silvestris* | DSM 12223 | 美国查尔斯河实验室公司 | 2016/3/10 | 完成图 | GCA_001586195.1 |
| | StLB046 | 日本宇都宫大学 | 2011/4/4 | 完成图 | GCA_000271325.1 |
| | MROC3 | 美国加利福尼亚州立大学弗雷斯诺分校 | 2016/7/1 | 框架图 | GCA_001677985.1 |
| *Solibacillus* sp. | R5-41 | 中国农业大学 | 2017/10/30 | 完成图 | GCA_002736105.1 |
| *Thermicanus aegyptius* | DSM 12793 | 美国能源部联合基因组研究所 | 2013/12/18 | 精细图 | GCA_000510645.1 |

注：[ ] 表示分类地位有改变

# 第二节　芽胞杆菌目各分类阶元的基因组测序进展

## 一、科水平的基因组测序情况

截至 2019 年 6 月 30 日，芽胞杆菌目共有 5591 个菌株的基因组完成了测序。芽胞杆菌目各科属的基因组测序情况如下（表 3-2-1）。

1）芽胞杆菌科（Bacillaceae Fischer 1895，familia.）：有 59 属（有 23 属无基因组）418 个已知种（占该科已知种类的 57.73%）和 509 个未定种的 4472 个菌株完成了基因组测序，占全部芽胞杆菌目基因组的 79.99%，还有 20 属未进行基因组测序。

2）脂环酸芽胞杆菌科（Alicyclobacillaceae da Costa and Rainey 2010，fam. nov.）：有 5 属 28 个已知种（占该科已知种类的 65.12%）和 4 个未定种的 48 个菌株完成了基因组测序，仅占全部芽胞杆菌目基因组的 0.86%。

3）类芽胞杆菌科（Paenibacillaceae De Vos et al. 2010，fam. nov.）：有 9 属（有些属无基因组，下同）167 个已知种（占该科已知种类的 42.07%）和 225 个未定种的 607 个菌株完成了基因组测序，占全部芽胞杆菌目基因组的 10.86%，还有 7 属未进行基因组测序。

4）巴斯德氏柄菌科（Pasteuriaceae Laurent 1890，familia.）：仅包含 1 属 4 种，有 2 种各 1 个菌株完成了基因组测序。

5）动球菌科（Planococcaceae Krasil'nikov 1949，familia.）：有 17 属 88 个已知种（占该科已知种类的 63.31%）和 107 个未定种的 285 个菌株完成了基因组测序，占全部芽胞杆菌目基因组的 5.10%，还有 6 属未进行基因组测序。

6）芽胞乳杆菌科（Sporolactobacillaceae Ludwig et al. 2010，fam. nov.）：有 6 属 12 个已知种（占该科已知种类的 50%）和 5 个未定种的 22 个菌株完成了基因组测序，占全部芽胞杆菌目基因组的 0.39%，还有 2 属未进行基因组测序。

7）嗜热放线菌科（Thermoactinomycetaceae Matsuo et al. 2006，fam. nov.）：有 16 属 22 个已知种（占该科已知种类的 50%）和 6 个未定种的 33 个菌株完成了基因组测序，占全部芽胞杆菌目基因组的 0.59%，还有 7 属未进行基因组测序。

**表 3-2-1　芽胞杆菌目各科属的基因组测序情况统计**

| 序号 | 中文名称 | 拉丁文名称 | 已知物种的数量/个 | 被测序已知物种的数量（未定种的菌株数量）/个 | 被测序的菌株总数量/个 |
|---|---|---|---|---|---|
| | **芽胞杆菌科** | **Bacillaceae** | **724** | **418（509）** | **4472** |
| 1 | 芽胞杆菌属 | *Bacillus* | 349 | 215（428） | 4064 |
| 2 | 好氧芽胞杆菌属 | *Aeribacillus* | 2 | 1 | 6 |
| 3 | 艾丁芽胞杆菌属 | *Aidingibacillus* | 1 | 0 | 0 |
| 4 | 异芽胞杆菌属 | *Aliibacillus* | 1 | 0 | 0 |
| 5 | 碱芽胞杆菌属 | *Alkalibacillus* | 7 | 1 | 1 |
| 6 | 碱球菌属 | *Alkalicoccus* | 2 | 1 | 1 |
| 7 | 别样芽胞杆菌属 | *Allobacillus* | 1 | 0 | 0 |
| 8 | 交替芽胞杆菌属 | *Alteribacillus* | 4 | 3 | 4 |
| 9 | 兼性芽胞杆菌属 | *Amphibacillus* | 9 | 4 | 4 |
| 10 | 厌氧芽胞杆菌属 | *Anaerobacillus* | 6 | 5 | 5 |
| 11 | 无氧芽胞杆菌属 | *Anoxybacillus* | 24 | 12（7） | 36 |

续表

| 序号 | 中文名称 | 拉丁文名称 | 已知物种的数量/个 | 被测序已知物种的数量（未定种的菌株数量）/个 | 被测序的菌株总数量/个 |
|---|---|---|---|---|---|
| 12 | 中盐芽胞杆菌属 | *Aquibacillus* | 5 | 1（1） | 2 |
| 13 | 居盐水芽胞杆菌属 | *Aquisalibacillus* | 1 | 1 | 1 |
| 14 | 金色芽胞杆菌属 | *Aureibacillus* | 1 | 1 | 1 |
| 15 | 燃煤芽胞杆菌属 | *Calculibacillus* | 1 | 0 | 0 |
| 16 | 热碱芽胞杆菌属 | *Caldalkalibacillus* | 2 | 1 | 1 |
| 17 | 热芽胞杆菌属 | *Caldibacillus* | 2 | 1 | 7 |
| 18 | 居热土菌属 | *Calditerricola* | 2 | 0 | 0 |
| 19 | 樱桃样芽胞杆菌属 | *Cerasibacillus* | 1 | 0 | 0 |
| 20 | 堆肥芽胞杆菌属 | *Compostibacillus* | 1 | 0 | 0 |
| 21 | 沙漠芽胞杆菌属 | *Desertibacillus* | 1 | 0 | 0 |
| 22 | 房间芽胞杆菌属 | *Domibacillus* | 9 | 9 | 11 |
| 23 | 虚假芽胞杆菌属 | *Falsibacillus* | 1 | 1（1） | 2 |
| 24 | 发酵芽胞杆菌属 | *Fermentibacillus* | 1 | 0 | 0 |
| 25 | 虚构芽胞杆菌属 | *Fictibacillus* | 12 | 7（3） | 12 |
| 26 | 线芽胞杆菌属 | *Filobacillus* | 1 | 1 | 1 |
| 27 | 地芽胞杆菌属 | *Geobacillus* | 18 | 17（32） | 86 |
| 28 | 纤细芽胞杆菌属 | *Gracilibacillus* | 21 | 10（2） | 12 |
| 29 | 喜盐碱芽胞杆菌属 | *Halalkalibacillus* | 2 | 1（1） | 2 |
| 30 | 喜盐芽胞杆菌属 | *Halobacillus* | 26 | 12（5） | 23 |
| 31 | 盐乳杆菌属 | *Halolactibacillus* | 3 | 3（1） | 4 |
| 32 | 解氢芽胞杆菌属 | *Hydrogenibacillus* | 1 | 1 | 3 |
| 33 | 吉林芽胞杆菌属 | *Jilinibacillus* | 1 | 0 | 0 |
| 34 | 慢生芽胞杆菌属 | *Lentibacillus* | 19 | 7（3） | 10 |
| 35 | 青螺芽胞杆菌属 | *Lottiidibacillus* | 1 | 0 | 0 |
| 36 | 海洋芽胞杆菌属 | *Maribacillus* | 1 | 1 | 1 |
| 37 | 海洋球菌属 | *Marinococcus* | 5 | 3 | 4 |
| 38 | 马赛小杆菌属 | *Massilibacterium* | 1 | 1 | 1 |
| 39 | 迈勒吉尔芽胞杆菌属 | *Melghiribacillus* | 1 | 1 | 1 |
| 40 | 微好氧杆菌属 | *Microaerobacter* | 1 | 0 | 0 |
| 41 | 高钠芽胞杆菌属 | *Natribacillus* | 1 | 1 | 1 |
| 42 | 嗜碱芽胞杆菌属 | *Natronobacillus* | 1 | 0 | 0 |
| 43 | 努米底菌属 | *Numidum* | 1 | 1 | 1 |
| 44 | 大洋芽胞杆菌属 | *Oceanobacillus* | 34 | 19（6） | 29 |
| 45 | 鸟氨酸芽胞杆菌属 | *Ornithinibacillus* | 13 | 4（1） | 5 |
| 46 | 副地芽胞杆菌属 | *Parageobacillus* | 4 | 4（1） | 18 |
| 47 | 海境芽胞杆菌属 | *Paraliobacillus* | 3 | 3（4） | 8 |
| 48 | 副碱芽胞杆菌属 | *Paralkalibacillus* | 1 | 0 | 0 |
| 49 | 少盐芽胞杆菌属 | *Paucisalibacillus* | 2 | 1（1） | 3 |
| 50 | 海洋杆菌属 | *Pelagirhabdus* | 2 | 1 | 1 |
| 51 | 鱼芽胞杆菌属 | *Piscibacillus* | 2 | 2 | 3 |
| 52 | 蓼芽胞杆菌属 | *Polygonibacillus* | 1 | 0 | 0 |
| 53 | 海芽胞杆菌属 | *Pontibacillus* | 7 | 5 | 6 |
| 54 | 普氏菌属 | *Pradoshia* | 1 | 0 | 0 |
| 55 | 假芽胞杆菌属 | *Pseudobacillus* | 2 | 0 | 0 |

续表

| 序号 | 中文名称 | 拉丁文名称 | 已知物种的数量/个 | 被测序已知物种的数量（未定种的菌株数量）/个 | 被测序的菌株总数量/个 |
|---|---|---|---|---|---|
| 56 | 假纤细芽胞杆菌属 | *Pseudogracilibacillus* | 3 | 1 | 1 |
| 57 | 普洱芽胞杆菌属 | *Pueribacillus* | 1 | 1 | 1 |
| 58 | 类似芽胞杆菌属 | *Quasibacillus* | 1 | 1 | 2 |
| 59 | 红发婴儿菌属 | *Rubeoparvulum* | 1 | 1 | 1 |
| 60 | 糖球菌属 | *Saccharococcus* | 1 | 0 | 0 |
| 61 | 盐小杆菌属 | *Salibacterium* | 5 | 2 | 2 |
| 62 | 嗜盐杆菌属 | *Salicibibacter* | 2 | 0 | 0 |
| 63 | 盐微菌属 | *Salimicrobium* | 6 | 5（1） | 7 |
| 64 | 盐渍芽胞杆菌属 | *Salinibacillus* | 3 | 1 | 1 |
| 65 | 盐沼芽胞杆菌属 | *Salipaludibacillus* | 5 | 4 | 5 |
| 66 | 居盐杆菌属 | *Salirhabdus* | 2 | 0（1） | 1 |
| 67 | 盐沉积物小杆菌属 | *Salisediminibacterium* | 3 | 2 | 2 |
| 68 | 居盐土芽胞杆菌属 | *Saliterribacillus* | 1 | 1 | 1 |
| 69 | 栖盐水芽胞杆菌属 | *Salsuginibacillus* | 2 | 2 | 2 |
| 70 | 沉积物芽胞杆菌属 | *Sediminibacillus* | 4 | 3 | 4 |
| 71 | 中华芽胞杆菌属 | *Sinibacillus* | 1 | 0 | 0 |
| 72 | 链喜盐芽胞杆菌属 | *Streptohalobacillus* | 1 | 1 | 1 |
| 73 | 西南印度洋芽胞杆菌属 | *Swionibacillus* | 1 | 0 | 0 |
| 74 | 细纤芽胞杆菌属 | *Tenuibacillus* | 2 | 1 | 1 |
| 75 | 微温芽胞杆菌属 | *Tepidibacillus* | 3 | 2（1） | 3 |
| 76 | 土地芽胞杆菌属 | *Terribacillus* | 4 | 4（1） | 16 |
| 77 | 德斯科科芽胞杆菌属 | *Texcoconibacillus* | 1 | 0 | 0 |
| 78 | 深海芽胞杆菌属 | *Thalassobacillus* | 4 | 2（2） | 5 |
| 79 | 深海杆菌属 | *Thalassorhabdus* | 1 | 0 | 0 |
| 80 | 高温长型芽胞杆菌属 | *Thermolongibacillus* | 2 | 1 | 1 |
| 81 | 枝芽胞杆菌属 | *Virgibacillus* | 40 | 19（6） | 33 |
| 82 | 火山芽胞杆菌属 | *Vulcanibacillus* | 1 | 1 | 1 |
| | **脂环酸芽胞杆菌科** | **Alicyclobacillaceae** | **43** | **28（4）** | **48** |
| 1 | 脂环酸芽胞杆菌属 | *Alicyclobacillus* | 25 | 17（1） | 22 |
| 2 | 多变芽胞杆菌属 | *Effusibacillus* | 3 | 2 | 3 |
| 3 | 科鲁比蒂斯氏菌属 | *Kyrpidia* | 2 | 2 | 2 |
| 4 | 硫化芽胞杆菌属 | *Sulfobacillus* | 5 | 3（2） | 16 |
| 5 | 膨胀芽胞杆菌属 | *Tumebacillus* | 8 | 4（1） | 5 |
| | **类芽胞杆菌科** | **Paenibacillaceae** | **397** | **167（225）** | **607** |
| 1 | 氨芽胞杆菌属 | *Ammoniibacillus* | 1 | 0 | 0 |
| 2 | 嗜氨菌属 | *Ammoniphilus* | 3 | 1（2） | 3 |
| 3 | 解硫胺素芽胞杆菌属 | *Aneurinibacillus* | 9 | 6（2） | 14 |
| 4 | 短芽胞杆菌属 | *Brevibacillus* | 28 | 16（17） | 79 |
| 5 | 曾呈奎菌属 | *Chengkuizengella* | 1 | 0 | 0 |
| 6 | 科恩氏菌属 | *Cohnella* | 36 | 7（13） | 20 |
| 7 | 溪苔芽胞杆菌属 | *Fontibacillus* | 5 | 2 | 2 |
| 8 | 大猩猩小杆菌属 | *Gorillibacterium* | 2 | 2 | 2 |
| 9 | 长杆菌属 | *Longirhabdus* | 1 | 0 | 0 |
| 10 | 海发菌属 | *Marinicrinis* | 2 | 0 | 0 |

续表

| 序号 | 中文名称 | 拉丁文名称 | 已知物种的数量/个 | 被测序已知物种的数量（未定种的菌株数量）/个 | 被测序的菌株总数量/个 |
|---|---|---|---|---|---|
| 11 | 食草酸菌属 | *Oxalophagus* | 1 | 0 | 0 |
| 12 | 类芽胞杆菌属 | *Paenibacillus* | 297 | 130（187） | 480 |
| 13 | 湿地杆菌属 | *Paludirhabdus* | 2 | 0 | 0 |
| 14 | 糖芽胞杆菌属 | *Saccharibacillus* | 6 | 2（2） | 4 |
| 15 | 嗜热芽胞杆菌属 | *Thermobacillus* | 2 | 1（2） | 3 |
| 16 | 木聚糖芽胞杆菌属 | *Xylanibacillus* | 1 | 0 | 0 |
| | **巴斯德氏柄菌科** | **Pasteuriaceae** | **4** | **2** | **2** |
| 1 | 巴斯德氏柄菌属 | *Pasteuria* | 4 | 2 | 2 |
| | **显核菌科/动球菌科** | **Caryophanaceae /Planococcaceae** | **139** | **88（107）** | **285** |
| 1 | 哈格瓦氏菌属 | *Bhargavaea* | 6 | 3 | 6 |
| 2 | 显核菌属 | *Caryophanon* | 2 | 0 | 0 |
| 3 | 金黄微菌属 | *Chryseomicrobium* | 6 | 1 | 1 |
| 4 | 土芽胞杆菌属 | *Edaphobacillus* | 1 | 1 | 1 |
| 5 | 线杆菌属 | *Filibacter* | 1 | 0（1） | 1 |
| 6 | 印度球菌属 | *Indiicoccus* | 1 | 0 | 0 |
| 7 | 咸海鲜芽胞杆菌属 | *Jeotgalibacillus* | 9 | 7（2） | 9 |
| 8 | 库特氏菌属 | *Kurthia* | 8 | 6（8） | 18 |
| 9 | 赖氨酸芽胞杆菌属 | *Lysinibacillus* | 31 | 27（43） | 129 |
| 10 | 似赖氨酸芽胞杆菌属 | *Metalysinibacillus* | 2 | 0 | 0 |
| 11 | 似动球菌属 | *Metaplanococcus* | 1 | 0 | 0 |
| 12 | 似土壤芽胞杆菌属 | *Metasolibacillus* | 1 | 0 | 0 |
| 13 | 类芽胞束菌属 | *Paenisporosarcina* | 4 | 3（5） | 8 |
| 14 | 动球菌属 | *Planococcus* | 18 | 15（7） | 28 |
| 15 | 动微菌属 | *Planomicrobium* | 10 | 5（3） | 11 |
| 16 | 嗜冷芽胞杆菌属 | *Psychrobacillus* | 7 | 3（3） | 6 |
| 17 | 鲁梅尔芽胞杆菌属 | *Rummeliibacillus* | 3 | 2（2） | 5 |
| 18 | 萨维奇氏菌属 | *Savagea* | 1 | 0 | 0 |
| 19 | 土壤芽胞杆菌属 | *Solibacillus* | 3 | 3（1） | 7 |
| 20 | 芽胞束菌属 | *Sporosarcina* | 14 | 7（29） | 45 |
| 21 | 特茨生孢菌属 | *Tetzosporium* | 1 | 1 | 1 |
| 22 | 尿素芽胞杆菌属 | *Ureibacillus* | 6 | 2 | 3 |
| 23 | 绿芽胞杆菌属 | *Viridibacillus* | 3 | 2（3） | 6 |
| | **芽胞乳杆菌科** | **Sporolactobacillaceae** | **24** | **12（5）** | **22** |
| 1 | 垃圾芽胞杆菌属 | *Caenibacillus* | 1 | 1 | 1 |
| 2 | 茶树芽胞杆菌属 | *Camelliibacillus* | 1 | 0 | 0 |
| 3 | 解支链淀粉芽胞杆菌属 | *Pullulanibacillus* | 4 | 0 | 0 |
| 4 | 火山渣芽胞杆菌属 | *Scopulibacillus* | 3 | 1 | 1 |
| 5 | 中华球菌属 | *Sinobaca* | 1 | 1 | 1 |
| 6 | 芽胞乳杆菌属 | *Sporolactobacillus* | 12 | 7（4） | 16 |
| 7 | 土壤乳杆菌属 | *Terrilactibacillus* | 1 | 1 | 1 |
| 8 | 肿块芽胞杆菌属 | *Tuberibacillus* | 1 | 1（1） | 2 |

续表

| 序号 | 中文名称 | 拉丁文名称 | 已知物种的数量/个 | 被测序已知物种的数量（未定种的菌株数量）/个 | 被测序的菌株总数量/个 |
|---|---|---|---|---|---|
| | **嗜热放线菌科** | **Thermoactinomycetaceae** | **44** | **22（6）** | **33** |
| 1 | 白氏菌属 | *Baia* | 1 | 1 | 1 |
| 2 | 黄丝菌属 | *Croceifilum* | 1 | 0 | 0 |
| 3 | 芽胞链菌属 | *Desmospora* | 2 | 1（1） | 2 |
| 4 | 地热微菌属 | *Geothermomicrobium* | 1 | 0 | 0 |
| 5 | 哈森氏菌属 | *Hazenella* | 1 | 1 | 1 |
| 6 | 克罗彭施泰特氏菌属 | *Kroppenstedtia* | 4 | 2 | 2 |
| 7 | 莱西氏菌属 | *Laceyella* | 5 | 2 | 4 |
| 8 | 徐丽华菌属 | *Lihuaxuella* | 1 | 1 | 1 |
| 9 | 海洋丝菌属 | *Marininema* | 2 | 2 | 2 |
| 10 | 嗜热海丝菌属 | *Marinithermofilum* | 1 | 0 | 0 |
| 11 | 马尔克岛霉菌属 | *Mechercharimyces* | 2 | 0 | 0 |
| 12 | 迈勒吉尔霉菌属 | *Melghirimyces* | 3 | 2 | 2 |
| 13 | 新建芽胞杆菌属 | *Novibacillus* | 1 | 1 | 1 |
| 14 | 湿地丝菌属 | *Paludifilum* | 1 | 1 | 1 |
| 15 | 平螺纹丝菌属 | *Planifilum* | 5 | 2 | 2 |
| 16 | 多枝霉菌属 | *Polycladomyces* | 2 | 0 | 0 |
| 17 | 李城彬菌属 | *Risungbinella* | 1 | 1 | 1 |
| 18 | 盐丝菌属 | *Salinithrix* | 1 | 0 | 0 |
| 19 | 制野氏菌属 | *Seinonella* | 1 | 1 | 1 |
| 20 | 岛津氏菌属 | *Shimazuella* | 1 | 1 | 1 |
| 21 | 链孢菌属 | *Staphylospora* | 1 | 0 | 0 |
| 22 | 嗜热放线菌属 | *Thermoactinomyces* | 5 | 2（4） | 9 |
| 23 | 嗜热黄微菌属 | *Thermoflavimicrobium* | 1 | 1（1） | 2 |
| | **芽胞杆菌目科未定的一些属** | **unclassified Bacillales** | **33** | **25（74）** | **122** |
| 1 | 酸芽胞杆菌属 | *Acidibacillus* | 2 | 2 | 5 |
| 2 | 碱乳芽胞杆菌属 | *Alkalilactibacillus* | 1 | 0 | 0 |
| 3 | 脱硫芽胞杆菌属 | *Desulfuribacillus* | 2 | 2 | 2 |
| 4 | 微小杆菌属 | *Exiguobacterium* | 16 | 13（65） | 91 |
| 5 | 孪生球菌属 | *Gemella* | 9 | 7（5） | 19 |
| 6 | 地微菌属 | *Geomicrobium* | 2 | 0（4） | 4 |
| 7 | 能嗜热菌属 | *Thermicanus* | 1 | 1 | 1 |

8）芽胞杆菌中科未定的一些种（unclassified Bacillales）：目前，有 7 属的科未定，有 6 属 25 个已知种（占已知种类的 75.76%）和 74 个未定种的 122 个菌株完成了基因组测序，占全部芽胞杆菌目基因组的 2.41%，还有 1 属未进行基因组测序。

## 二、属水平的基因组测序情况

目前，有 124 属（有些属无基因组，下同）的部分或全部种类完成了基因组测序。基因组数量较多的一些属的基因组测序情况如表 3-2-1 所示。

**1. 芽胞杆菌属**

芽胞杆菌属（*Bacillus* Cohn 1872，genus.）的基因组数量最多，有 215 个种的基因组被测序，占其全部种类的 61.6%，还有 428 个未定种的菌株，共有高达 4064 个基因组，占全部芽胞杆菌目基因组的 72.68%。说明该属是芽胞杆菌目中最受关注的属，主要原因是：芽胞杆菌属的种类适应环境的能力强、在全球不同生境中广泛分布，芽胞杆菌属的一些种类在医学、食品、农业、生物技术、环保等领域得到应用（Adeniji et al.，2019；Kuebutornye et al.，2019；Mu and Cong，2019；Wang et al.，2017e）。

**2. 类芽胞杆菌属**

类芽胞杆菌属（*Paenibacillus* Ash et al. 1994，gen. nov.）的已知种类数量仅次于芽胞杆菌属，为 297 种。目前，有 130 种的基因组被测序，占其全部种类的 43.77%，还有 187 个未定种的菌株，共有 480 个基因组，其数量也仅次于芽胞杆菌属。类芽胞杆菌属的许多种类能够固氮、解磷、产吲哚乙酸、分泌铁载体等，因而能促进植物生长；一些种类能产生具有杀菌、杀虫功能的代谢产物，同时，能诱导植物产生系统抗性，因而被广泛用于植物病虫害的生物防治；许多种类能产生胞外多糖等功能物质，以及多种功能酶（如淀粉酶、纤维素酶、半纤维素酶、脂肪酶、果胶酶、加氧酶、脱氢酶等），因而被广泛用于洗涤剂、食品和饲料、纺织业、造纸业、医药等领域（Grady et al.，2016；Xie et al.，2014）。

**3. 赖氨酸芽胞杆菌属**

赖氨酸芽胞杆菌属（*Lysinibacillus* Ahmed et al. 2007，gen. nov.）的已知种类为 31 种。目前，有 27 种的基因组被测序，占其全部种类的 87.1%，还有 43 个未定种的菌株，共有 129 个基因组，位居所有属的第三位。赖氨酸芽胞杆菌属中研究最广泛的是球形赖氨酸芽胞杆菌（*Lysinibacillus sphaericus*），它能产生具有杀蚊活性的毒素蛋白（Fu et al.，2018a）。

**4. 微小杆菌属**

微小杆菌属（*Exiguobacterium* Collins et al. 1984，gen. nov.）隶属的科未定，现有 16 个已知种类。目前，有 13 种的基因组被测序，占其全部种类的 81.25%，还有 65 个未定种的菌株，共有 91 个基因组。微小杆菌属分布于动物肠道、植物、土壤、极端环境等多种生境中，具有广温性、宽 pH 范围、耐盐等特性（Liu et al.，2018e；Orellana et al.，2018；Patel et al.，2018b），能产生抑菌物质、多种功能酶，被应用于水产益生菌（Jinendiran et al.，2019）、环境修复（Orellana et al.，2018）、工业和农业（Kasana and Pandey，2018）等领域。

**5. 地芽胞杆菌属**

地芽胞杆菌属（*Geobacillus* Nazina et al. 2001，gen. nov.）的已知种类为 18 种［有 4 种重分类至尚未合规化的副地芽胞杆菌属（*Parageobacillus*）］。目前，有 17 种的基因组被测序，占其全部种类的 94.44%，还有 32 个未定种的菌株，共有 86 个基因组。该属最大的特点是绝大多数种类为耐热或嗜热菌，能在45～75℃的温度下生存，广泛分布于天然或人工高温环境（如堆肥体）中，是耐热酶的重要来源，也是生物柴油、化学品的重要生产菌种，同样是食品加工过程中的重要污染源（Atalah et al.，2019；Hussein et al.，2015；McMullan et al.，2004）。

**6. 短芽胞杆菌属**

短芽胞杆菌属（*Brevibacillus* Shida et al. 1996，gen. nov.）的已知种类为 28 种。目前，有 16 种的基因组被测序，占其全部种类的 57.14%，还有 17 个未定种的菌株，共有 79 个基因组。短芽胞杆菌属的种类生活于多种多样的环境中，大部分种类可以产生广谱抗菌物质（抗菌肽、脂肽等），有些种类产生可以诱导植物系统抗性的蛋白质，有些种类可以产生杀虫蛋白，因而应用于植物病虫害的生物防治（Jatoi et al.，2019；Marche et al.，2018；Ruiu，2013；Yang and Yousef，2018）；有些菌株可以降解有机物而用于环境修复（Liu et al.，2019f）；有些菌株可以促进动物生长、抑制病原菌、增强动物免疫力等，因而用作动物益生菌（Che et al.，2016）；有些菌株可以抑制肿瘤细胞生长而用于治疗（Mukai et al.，2018）。由于短芽胞杆菌属的种类具有生长率高、电转效率高、遗传操作简单的特点，许多菌株作为过量表达外源蛋白的宿主菌（Panda et al.，2014）。

**7. 基因组数量为 20 个及以上的属**

基因组数量为 20 个及以上的属还有芽胞束菌属（*Sporosarcina* Kluyver and van Niel 1936，genus.），已知种类为 14 种，有 7 种的基因组被测序，有 29 个未定种的菌株基因组被测序，共有 45 个基因组；无氧芽胞杆菌属（*Anoxybacillus* Pikuta et al. 2000，gen. nov.），已知种类为 24 种，有 12 种的基因组被测序，有 7 个未定种的菌株基因组被测序，共有 36 个基因组；枝芽胞杆菌属（*Virgibacillus* Heyndrickx et al.，1998，gen. nov.），已知种类为 40 种，有 19 种的基因组被测序，有 6 个未定种的菌株基因组被测序，共 33 个基因组；大洋芽胞杆菌属（*Oceanobacillus* Lu et al. 2002，gen. nov.），已知种类为 34 种，有 19 种的基因组被测序，有 6 个未定种的菌株基因组被测序，共有 29 个基因组；动球菌属（*Planococcus* Migula 1894，genus），已知种类为 18 种，有 15 种的基因组被测序，有 7 个未定种的菌株基因组被测序，共有 28 个基因组；喜盐芽胞杆菌属（*Halobacillus* Spring et al. 1996，gen. nov.），已知种类为 26 种，有 12 种的基因组被测序，有 5 个未定种的菌株基因组被测序，共有 23 个基因组；脂环酸芽胞杆菌属（*Alicyclobacillus* Wisotzkey et al. 1992，gen. nov.），已知种类为 25 种，有 17 种的基因组被测序，有 1 个未定种的菌株基因组被测序，共有 22 个基因组；科恩氏菌属（*Cohnella* Kämpfer et al. 2006，gen. nov.），已知种类为 36 种，有 7 种的基因组被测序，有 13 个未定种的菌株基因组被测序，共有 20 个基因组。

## 三、蜡样芽胞杆菌群的基因组测序情况

蜡样芽胞杆菌群（*Bacillus cereus* group）是具有高度同源性的一组芽胞杆菌总称（Fayad et al.，2019）。NCBI 网站 taxonomy 窗口（https://www.ncbi.nlm.nih.gov/taxonomy/?

term =Bacillus+cereus+group）的查询结果显示，目前，该群共有 23 种。

1）合格化发表的 18 种（Liu et al.，2017c；Miller et al.，2016），分别是：①白色芽胞杆菌（*Bacillus albus* Liu et al. 2017，sp. nov.）（8 个基因组）；②炭疽芽胞杆菌（*Bacillus anthracis* Cohn 1872，species.）（232 个基因组）；③兵马俑芽胞杆菌（*Bacillus bingmayongensis* Liu et al. 2014，sp. nov.）（1 个基因组）；④蜡样芽胞杆菌（*Bacillus cereus* Frankland and Frankland 1887，species.）（1033 个基因组）；⑤细胞毒素芽胞杆菌（*Bacillus cytotoxicus* Guinebretière et al. 2013，sp. nov.）（14 个基因组）；⑥泥芽胞杆菌（*Bacillus luti* Liu et al. 2017，sp. nov.）（1 个基因组）；⑦运动芽胞杆菌（*Bacillus mobilis* Liu et al. 2017，sp. nov.）（2 个基因组）；⑧蕈状芽胞杆菌（*Bacillus mycoides* Flügge 1886，species.）（69 个基因组）；⑨硝酸盐还原芽胞杆菌（*Bacillus nitratireducens* Liu et al. 2017，sp. nov.）（1 个基因组）；⑩太平洋芽胞杆菌（*Bacillus pacificus* Liu et al. 2017，sp. nov.）（2 个基因组）；⑪副蕈状芽胞杆菌（*Bacillus paramycoides* Liu et al. 2017，sp. nov.）（1 个基因组）；⑫副炭疽芽胞杆菌（*Bacillus paranthracis* Liu et al. 2017，sp. nov.）（4 个基因组）；⑬解蛋白芽胞杆菌（*Bacillus proteolyticus* Liu et al. 2017，sp. nov.）（1 个基因组）；⑭假蕈状芽胞杆菌（*Bacillus pseudomycoides* Nakamura 1998，sp. nov.）（110 个基因组）；⑮苏云金芽胞杆菌（*Bacillus thuringiensis* Berliner 1915，species.）（502 个基因组）；⑯图瓦永芽胞杆菌（*Bacillus toyonensis* Jiménez et al. 2013，sp. nov.）（210 个基因组）；⑰热带芽胞杆菌（*Bacillus tropicus* Liu et al. 2017，sp. nov.）（1 个基因组）；⑱维德曼氏芽胞杆菌（*Bacillus wiedmannii* Miller et al. 2016，sp. nov.）（156 个基因组）。

2）未合格化发表的 2 种：①狗木芽胞杆菌（*Bacillus gaemokensis* Jung et al. 2010，sp. nov.）（2 个基因组）；②万里浦芽胞杆菌（*Bacillus manliponensis* Jung et al. 2011，sp. nov.）（1 个基因组）。

3）待发表的 2 种：①克氏芽胞杆菌（*Bacillus clarus*）（1 个基因组）；②萨曼氏芽胞杆菌（*Bacillus samanii*）（无基因组）。

4）未正式发表，但在我国得到长期研究的 1 种：家蚕黑胸败血芽胞杆菌（*Bacillus bombysepticus*）（1 个基因组）（付剑锋等，2017；Lin et al.，2016b）。此外，韦氏芽胞杆菌（*Bacillus weihenstephanensis* Lechner et al. 1998，sp. nov.）是蕈状芽胞杆菌的同种异名，被合并到蕈状芽胞杆菌（Liu et al.，2018f）。

截至 2019 年 6 月 30 日，蜡样芽胞杆菌群共计有 2352 个基因组，是芽胞杆菌属中基因组测序最多的群，占芽胞杆菌属基因组的 57.9%、芽胞杆菌目全部基因组的 42.07%，由此可见，基因组学是蜡样芽胞杆菌群的研究热点之一。有如此多的菌株的基因组被测序，与蜡样芽胞杆菌群的种类在全球广泛分布，以及在医学、食品、农业、生物技术、环保等众多领域均极其重要等因素相关。例如，炭疽芽胞杆菌和蜡样芽胞杆菌（产生呕吐毒素的菌株）是重要的临床致病菌（Didelot et al.，2009）；苏云金芽胞杆菌是全球应用最广的微生物农药和转基因作物的杀虫基因的主要来源；图瓦永芽胞杆菌是重要的动物益生菌而被用于饲料添加剂（Kantas et al.，2015）；一些耐冷的原韦氏芽胞杆菌和维德曼氏芽胞杆菌菌株是引起奶制品和冷藏食品污染与腐败的重要原因（Bartoszewicz et al.，2008；Miller et al.，2018a）。

## 四、枯草芽胞杆菌群的基因组测序情况

枯草芽胞杆菌群（*Bacillus subtilis* group）又称为枯草芽胞杆菌复合种（*Bacillus subtilis* species complex），目前至少包括 24 种（Caulier et al.，2019；Dunlap et al.，2017；Fan et al.，2017；Rooney et al.，2009；Shivaji et al.，2006），分别是：空气芽胞杆菌（*Bacillus aerius* Shivaji et al. 2006，sp. nov.）（1 个基因组）、嗜气芽胞杆菌（*Bacillus aerophilus* Shivaji et al. 2006，sp. nov.）（1 个基因组）、高地芽胞杆菌（*Bacillus altitudinis* Shivaji et al. 2006，sp. nov.）（20 个基因组）、解淀粉芽胞杆菌［*Bacillus amyloliquefaciens* (ex Fukumoto 1943) Priest et al. 1987，sp. nov.，nom. rev.］（68 个基因组）、深褐芽胞杆菌（*Bacillus atrophaeus* Nakamura 1989，sp. nov.）（30 个基因组）、大豆发酵芽胞杆菌（*Bacillus glycinifermentans* Kim et al. 2015，sp. nov.）（5 个基因组）、戈壁芽胞杆菌（*Bacillus gobiensis* Liu et al. 2016，sp. nov.）（1 个基因组）、忍盐芽胞杆菌（*Bacillus halotolerans* Tindall 2017，comb. nov.）（18 个基因组）、海恩斯氏芽胞杆菌（*Bacillus haynesii* Dunlap et al. 2017，sp. nov.）（2 个基因组）、地衣芽胞杆菌［*Bacillus licheniformis* (Weigmann 1898) Chester 1901，species.］（87 个基因组）、莫哈维沙漠芽胞杆菌（*Bacillus mojavensis* Roberts et al. 1994，sp. nov.）（2 个基因组）、中村氏芽胞杆菌（*Bacillus nakamurai* Dunlap et al. 2016，sp. nov.）（2 个基因组）、副地衣芽胞杆菌（*Bacillus paralicheniformis* Dunlap et al. 2015，sp. nov.）（26 个基因组）、短小芽胞杆菌（*Bacillus pumilus* Meyer and Gottheil 1901，species.）（46 个基因组）、沙福芽胞杆菌（*Bacillus safensis* Satomi et al. 2006，sp. nov.）（36 个基因组）、暹罗芽胞杆菌（*Bacillus siamensis* Sumpavapol et al. 2010，sp. nov.）（7 个基因组）、索诺拉沙漠芽胞杆菌（*Bacillus sonorensis* Palmisano et al. 2001，sp. nov.）（6 个基因组）、平流层芽胞杆菌［*Bacillus stratosphericus* Shivaji et al. 2006，sp. nov.］（10 个基因组）、枯草芽胞杆菌（*Bacillus subtilis* (Ehrenberg 1835) Cohn 1872，species.）（253 个基因组）、斯威齐氏芽胞杆菌（*Bacillus swezeyi* Dunlap et al. 2017，sp. nov.）（2 个基因组）、特基拉芽胞杆菌（*Bacillus tequilensis* Gatson et al. 2006，sp. nov.）（2 个基因组）、死谷芽胞杆菌（*Bacillus vallismortis* Roberts et al. 1996，sp. nov.）（5 个基因组）、贝莱斯芽胞杆菌（*Bacillus velezensis* Ruiz-García et al. 2005，sp. nov.）（185 个基因组）、厦门芽胞杆菌（*Bacillus xiamenensis* Lai et al. 2014，sp. nov.）（2 个基因组）。枯草芽胞杆菌群共计有 817 个基因组，占芽胞杆菌属基因组的 20.10%、芽胞杆菌目基因组的 14.6%。

在枯草芽胞杆菌群中发现较早的 4 个种分别是枯草芽胞杆菌（1835 年）、地衣芽胞杆菌（1898 年）、短小芽胞杆菌（1901 年）和解淀粉芽胞杆菌（1943 年），它们也是被研究与应用较多的种类。近 30 年间，微生物学家发表了大量（至少 20 个新种）与这 4 个种亲缘关系极其相近的种类，大部分种类与相应种类的 16S rRNA 基因序列相似性超过 99%（尽管 DNA-DNA 相似度低于 70%）。许多种类是基于最小差异而被确定和建立的。例如，将枯草芽胞杆菌的一个分离株划定为新种深褐芽胞杆菌时，在所有的差异中只包括“于含酪氨酸培养基中产褐色色素”这一表型差异（Nakamura，1989）。采用传统的表型分类方法很难区分枯草芽胞杆菌群的种类，加上 DNA-DNA

杂交试验的重复性差，导致一些菌株的错误分类（Rooney et al.，2009），因此，出现分类地位的变动。例如，纤维素芽胞杆菌（*Bacillus cellulasensis* Mawlankar et al. 2016，sp. nov.）和无敌芽胞杆菌（*Bacillus invictae* Branquinho et al. 2014，sp. nov.）均因同种异名而被合并到高地芽胞杆菌（Liu et al.，2015b，2016a）；甲基营养型芽胞杆菌（*Bacillus methylotrophicus* Madhaiyan et al. 2010，sp. nov.）和居水稻芽胞杆菌（*Bacillus oryzicola* Chung et al. 2015，sp. nov.）均因同种异名而被合并到贝莱斯芽胞杆菌（Dunlap et al.，2016c）；香草芽胞杆菌（*Bacillus vanillea* Chen et al. 2015，sp. nov.）因同种异名而被合并到暹罗芽胞杆菌（Dunlap，2015b）。

还有一些种类的分类地位存在争论。例如，阿萨尔基亚芽胞杆菌（*Bacillus axarquiensis* Ruiz-García et al. 2005，sp. nov.）和马拉加芽胞杆菌（*Bacillus malacitensis* Ruiz-García et al. 2005，sp. nov.）是 2005 年发表的 2 个新种（Ruiz-García et al.，2005a）；2007 年，Wang 等重新进行了 16S rRNA 基因序列和 DNA-DNA 杂交分析，认为它们均是莫哈维沙漠芽胞杆菌的同种异名（Wang et al.，2007a）；2016 年，Dunlap 等根据基因组分析结果，认为阿萨尔基亚芽胞杆菌不是莫哈维沙漠芽胞杆菌的同种异名，并且将马拉加芽胞杆菌和忍盐短小杆菌（*Brevibacterium halotolerans*）划分为阿萨尔基亚芽胞杆菌的同种异名（Dunlap et al.，2016c）；2017 年，Tindall 将阿萨尔基亚芽胞杆菌、马拉加芽胞杆菌和忍盐短小杆菌一起重新分类为忍盐芽胞杆菌。尽管枯草芽胞杆菌群中的一些种类分类情况比较混乱，但该群的大部分种类可以产生多种多样的生物活性代谢产物，因此在食品加工、植物保护、动物益生菌等方面得到广泛应用（Caulier et al.，2019）。

## 五、种水平的基因组测序情况

目前，芽胞杆菌目（除了显核菌科、李斯特菌科、葡萄球菌科）至少有 1308 种已知种类，完成基因组测序的有 765 种（占全部已知种类的 58.49%）；其中，仅一个菌株基因组被测序的种类有 484 种（占基因组被测序的种类的 63.27%）；此外，还有 930 个未定种的菌株基因组被测序（一部分是已知种的菌株，另一部分是未完成分类学研究的新种）。以下是基因组数量为 60 个以上种类的情况。

### 1. 蜡样芽胞杆菌

蜡样芽胞杆菌（*Bacillus cereus* Frankland and Frankland 1887，species.）的基因组多达 1039 个。一种细菌有如此多的菌株基因组被测序，主要原因是：①蜡样芽胞杆菌在全球广泛分布，常生活于土壤、植物根际与体内、昆虫与哺乳动物肠道等多样化的生境（Arnesen et al.，2008）；②许多菌株能产生生物活性物质以及可作为化工原料的代谢产物（Zhang et al.，2019j）；③合成广谱抑菌物质与蛋白质（特别是酶类）、杀害虫或线虫的小分子化合物或蛋白质，被用于植物病虫害防治（Kumar et al.，2019；Wang et al.，2019j；Xiao et al.，2018）；④多样化的代谢途径，可以降解多种污染物中的难降解有机物，以及具有重金属吸附和脱毒能力，被用于污染治理和环境修复（Jan et al.，2019；

Muslem et al.，2020；Suyamud et al.，2020）；⑤许多菌株具有耐冷能力，而且芽胞具有耐高温的特性，因此，蜡样芽胞杆菌是污染食品、引起食材和食品腐败变质的主要细菌之一（Omer et al.，2018；Arnesen et al.，2008；Yu et al.，2019）；⑥一些蜡样芽胞杆菌菌株是临床上的病原菌，能产生肠毒素（包括非溶血性肠毒素 Nhe、溶血素 HBL 和细胞毒素 CytK）、致吐毒素（cereulide）、磷脂酶、蛋白酶等毒力因子，常引起肠道疾病（如腹泻和呕吐），其他局部或系统性感染包括急性眼部感染、炭疽样进行性肺炎（anthrax-like progressive pneumonia）、败血症和中枢神经系统感染（多发于免疫抑制患者、静脉药物滥用者和新生儿）（Bottone，2010；Jeßberger et al.，2014；Senesi and Ghelardi，2010）；⑦长期存在蜡样芽胞杆菌、炭疽芽胞杆菌、苏云金芽胞杆菌分类地位的争论（Zheng et al.，2013b），人们希望通过基因组系统分类手段来厘清它们的分类地位。因此，在全球范围内农业、环保、食品、生物技术、质检、疾病预防等领域的众多机构和科研人员参与到蜡样芽胞杆菌的基因组学研究。

**2. 苏云金芽胞杆菌**

苏云金芽胞杆菌（*Bacillus thuringiensis* Berliner 1915，species.）有 502 个菌株的基因组被测序。苏云金芽胞杆菌最大的特点是合成具有杀农业害虫、蚊子或线虫活性的 δ-内毒素（δ-endotoxin），包括伴孢晶体蛋白 Cry 和 Cyt 与营养期杀虫蛋白 Vip，以及具有抗肿瘤活性的抗癌晶体蛋白（parasporin）（Palma et al.，2014；Xu et al.，2014c；Zhang et al.，2017c），苏云金芽胞杆菌制剂不仅是最安全、应用最成功的微生物杀虫剂，也是转基因作物研发的重要基因供体（Jouzani et al.，2017；Raymond and Federici，2017；Sanahuja et al.，2011）。一些苏云金芽胞杆菌菌株还能合成具有杀菌活性的外毒素苏云金素（thuringiensin）（Liu et al.，2014c）、细菌素（bacteriocin）（de la Fuente-Salcido et al.，2013）、几丁质酶等功能物质，可用于微生物杀菌剂。许多苏云金芽胞杆菌菌株具有植物促长等功能，因而用于生物肥料和生物刺激剂（Azizoglu，2019）。因此，苏云金芽胞杆菌吸引了全球范围内的农业、生物技术、医学等领域的机构和科技人员进行大规模的基因组测序，以期发现更多的新功能基因，揭示其防病、促长的作用机理，进行苏云金芽胞杆菌及其近缘种的系统发育分析等。

**3. 枯草芽胞杆菌**

枯草芽胞杆菌［*Bacillus subtilis* (Ehrenberg 1835) Cohn 1872，species.］有 260 个菌株的基因组被测序。枯草芽胞杆菌是第一个被发现的芽胞杆菌，是芽胞杆菌属的模式种，也是模式生物之一，用于研究革兰氏阳性（$G^+$）细菌和芽胞杆菌的生物学，其遗传、进化、芽胞形成、生理、生化、基因组、基因表达与代谢调控、压力响应等方面的研究比较透彻。枯草芽胞杆菌是除了苏云金芽胞杆菌外在全球被应用最多的芽胞杆菌，而且其应用领域非常广泛。大多数菌株能产生大量的具有生物活性的代谢产物，如脂肽类生物表面活性剂、大环内酯类抗生素、非核糖体肽（Kaspar et al.，2019），因而被用于果蔬采后保鲜（Lastochkina et al.，2019）、植物病虫害的生物防治（Nagórska et al.，2007）、动物益生菌制备（Di et al.，2019）。由于其遗传背景清楚、遗传操作工具齐备、代谢途径多样，枯草芽胞杆菌被广泛应用于表达异源蛋白、表面展示功能蛋白、合成生物学的细胞工厂（Cui et al.，2018；Liu et al.，2019g；Zhang et al.，2019k）；一些菌株（特别是纳豆菌株）被用于食品加工、生产保健品等（Chu et al.，2019；Weng al.，2017）；一些菌株由于具有特殊的代谢能力，被应用于污染物的生物修复（Wang et al.，2019k）。

## 4. 炭疽芽胞杆菌

炭疽芽胞杆菌（*Bacillus anthracis* Cohn 1872，species.）有 233 个菌株的基因组被测序。炭疽芽胞杆菌引起的炭疽病是一种人畜共患的急性传染病。人因接触病畜及其产品及食用病畜的肉类而发生感染。临床上主要表现为皮肤坏死、溃疡、焦痂和周围组织广泛水肿及毒血症症状，皮下及浆膜下结缔组织出血性浸润；血液凝固不良，呈煤焦油样，偶可引致肺、肠和脑膜的急性感染，并可伴发败血症。在自然条件下，食草兽最易感，人类中等敏感，主要发生于与动物及畜产品加工接触较多及误食病畜肉的人员中。由于其能引发急性感染，且传染性强，炭疽芽胞杆菌极有可能被用作生物武器，严重威胁人类安全，因此，炭疽芽胞杆菌是被广泛关注的病原菌之一（Pita and Romero，2014）。炭疽芽胞杆菌的毒力因子包括荚膜、致死因子、水肿因子、保护性抗原等，最主要的毒力因子致死因子和水肿因子分别由质粒 pXO1 和 pXO2 编码（Pilo and Frey，2018）。根据来自全球的大量炭疽芽胞杆菌菌株的基因组研究结果，这些菌株可以聚类为三大主要进化枝 A、B 和 C；进化枝 A 的菌株广泛分布于全球，其传播与大规模的羊毛国际贸易相关；进化枝 B 的菌株主要分布在欧洲阿尔卑斯山区域，其传播与当地的牲畜养殖相关（Pilo and Frey，2018）。在自然条件下，炭疽芽胞杆菌常常感染家养和野生的瘤胃动物，而广泛分布于非洲热带深林中的蜡样芽胞杆菌炭疽变种（*B. cereus* biovar. *anthracis*）能引起黑猩猩、大猩猩、大象和山羊等动物发生炭疽病流行（Antonation et al.，2016）。

## 5. 图瓦永芽胞杆菌

图瓦永芽胞杆菌（*Bacillus toyonensis* Jiménez et al. 2013）有 210 个菌株的基因组被测序。一些图瓦永芽胞杆菌菌株具有益生菌特性，被用于饲料添加剂等益生菌制剂（Kantas et al.，2015），研究表明，饲喂图瓦永芽胞杆菌能增强动物对疫苗抗原的免疫响应，提高免疫效果（Santos et al.，2018），而且尽管基因组含有蜡样芽胞杆菌群常见的溶血素 HBL 和非溶血性肠毒素的编码基因，但其表达水平极低或不表达（Abdulmawjood et al.，2019）。此外，有些菌株可用于植物病害的生物防治（Lopes et al.，2017），有些菌株可以产生糖蛋白类的生物絮凝剂（Okaiyeto et al.，2015）。图瓦永芽胞杆菌的相关研究报道不太多，为何有如此多的基因组被测序尚不得而知。

## 6. 贝莱斯芽胞杆菌

贝莱斯芽胞杆菌（*Bacillus velezensis* Ruiz-García et al. 2005，sp. nov.）有 176 个菌株的基因组被测序。贝莱斯芽胞杆菌是 2005 年分离自西班牙贝莱斯河的一个新种（Ruiz-García et al.，2005b）；2008 年，Wang 等认为它是解淀粉芽胞杆菌的同种异名（Wang et al.，2008b）；2016 年，Dunlap 等根据基因组分类学指标，认为它不是解淀粉芽胞杆菌的同种异名，并且将解淀粉芽胞杆菌植物亚种（*Bacillus amyloliquefaciens* subsp. *plantarum*）重新分类为贝莱斯芽胞杆菌（Dunlap et al.，2016b），因此，重新确立了贝莱斯芽胞杆菌是一个独立种的分类地位（Adeniji et al.，2019）。近年来，人们发现贝莱斯芽胞杆菌的许多菌株能产生多种多样的生物活性代谢产物，如能诱导植物系统抗性的3-羟基丁酮（acetoin）和蛋白质（Peng et al.，2019b），具有杀菌活性的细菌素、脂肽等（Luo et al.，2019b；Perumal et al.，2019；Rabbee et al.，2019）。贝莱斯芽胞杆菌的一些菌株被用作动物益生菌（Li et al.，2019i）、生物刺激剂和植物促长剂（Hassan et al.，2019；Fan et al.，2018c；Peng et al.，2019b）、植物病虫害生防制剂（Kang et al.，2019）、有机物的生物降解（Jakinala et al.，2019）等。

**7. 维德曼氏芽胞杆菌**

维德曼氏芽胞杆菌（*Bacillus wiedmannii* Miller et al. 2016，sp. nov.）有156个菌株的基因组被测序。维德曼氏芽胞杆菌是2016年发表的蜡样芽胞杆菌群的一个新种，其模式菌株FSL W8-0169T分离自美国东北部一个奶粉加工厂的鲜奶中，耐冷，具有细胞毒性（Miller et al.，2016）。2018年，Lazarte等报道了一个具有杀蚊活性的菌株FCC41，其基因组含有一条染色体和8个质粒，质粒上有6个伴孢晶体蛋白编码基因（分别是*cry24Ca*、2个*cry4*-like、2个*cry52*-like和*cry41*-like），因此将其命名为维德曼氏芽胞杆菌苏云金变种（*Bacillus wiedmannii* biovar. *thuringiensis*）。维德曼氏芽胞杆菌菌株MSM具有吸附和还原二价钯离子（$Pd^{2+}$）的能力（Chen et al.，2018b）。维德曼氏芽胞杆菌的分布较广，如植物内生（Wang et al.，2019l）、寒冷的青藏高原（Wu et al.，2019c）等。关于维德曼氏芽胞杆菌的研究报道极少（至2019年9月仅5篇文献），而且绝大多数基因组是在2017年被美国北卡罗来纳大学教堂山分校测序的，这样大规模测序的目的和用途尚不清楚。

**8. 假蕈状芽胞杆菌**

假蕈状芽胞杆菌（*Bacillus pseudomycoides* Nakamura 1998，sp. nov.）有110个菌株的基因组被测序。尽管假蕈状芽胞杆菌的一些菌株能产生羊毛硫细菌素类抗生素（lantibiotic）或具有解钾能力等，被用作生物肥料和生物农药（Basi-Chipalu et al.，2015；Pramanik et al.，2019），但是假蕈状芽胞杆菌的多数菌株能分泌蜡样芽胞杆菌群中常见的肠毒素，对哺乳动物的细胞有毒性作用，而且是食品（特别是奶制品）的污染源，易引起食源性疾病（Bartoszewicz et al.，2008；Miller et al.，2018b；Prüss et al.，1999）。

**9. 巨大芽胞杆菌**

巨大芽胞杆菌（*Bacillus megaterium* de Bary 1884，species.）有97个菌株的基因组被测序。巨大芽胞杆菌是发现和研究较早的芽胞杆菌之一，广泛分布于土壤、植物根际或植物内生等生境，也有很广泛的应用。有的菌株（尤其是植物内生菌株）能赋予植物耐旱的能力，有的菌株具有防病和促长功能，有的菌株具有解磷、解钾的能力，因而被用作生物肥料和生物农药（Eke et al.，2019；Saeid et al.，2018）；一些菌株被用作表达外源蛋白的宿主菌（Biedendieck，2016）；许多菌株被用作细胞工厂，用于生产化工原料、药物原料、医学材料等，如细菌肝素、聚羟基脂肪酸酯（PHA 和 PHB）、维生素、生物燃料（异丁醇等）（Boock et al.，2019；Grage et al.，2017；Tsuge et al.，2015；Williams et al.，2019；Zhou et al.，2012b）；一些菌株被用于混凝土的促凝、硬化以及改善性能等（Sun et al.，2019d；Wang et al.，2016b）；一些菌株被用于环境污染物的生物降解（Feng et al.，2018）。

**10. 地衣芽胞杆菌**

地衣芽胞杆菌［*Bacillus licheniformis* (Weigmann 1898) Chester 1901，species.］有 87 个菌株的基因组被测序。地衣芽胞杆菌也是发现和研究较早的芽胞杆菌之一，目前应用最广的领域是益生菌和饲料添加剂，能产生胞外多糖等多种功能物质（Cao et al.，2019b；Gu et al.，2019；Jia et al.，2018；Li et al.，2019j；Xu et al.，2019d）；有些生物毒素（黄曲霉素、玉米赤霉烯酮）降解菌株被添加到饲料中可以减少毒素对动物的毒害作用（Fu et al.，2018b；Wang et al.，2018）。有些菌株被用于生产 γ-聚谷氨酸（γ- poly glutamic acid，γ-PGA）、医药用酶［如左旋天冬酰胺酶（L-asparaginase）］、工业用酶（如酯酶、蛋白酶）等（Abdelrazek et al.，2019；Alrumman et al.，2019；Ojima et al.，2019；Zhang et al.，2018c）；一些具有污染物降解功能的菌株被用于环境修复（Aspholm et al.，2019；Jayalatha and Devatha，2019；Singh and Singla，2019）。

**11. 蕈状芽胞杆菌**

蕈状芽胞杆菌（*Bacillus mycoides* Flügge 1886，species.）有 69 个菌株的基因组被测序。蕈状芽胞杆菌是发现较早的蜡样芽胞杆菌群的成员之一，其最大的特点是在固体培养基上长出顺时针或逆时针排列的根状菌落（rhizoidal colonies）（Cochran and Masuda，2016）。许多植物根际或内生蕈状芽胞杆菌菌株具有抑菌、促长、诱导植物系统抗性等作用，被用作生物肥料和生物农药（Choudhary and Johri，2009；Poleatewich et al.，2012；Yi et al.，2018）；许多菌株能合成抗逆性强的工业用酶或饲料酶（Balasubramanian et al.，2012；Liang et al.，2016）。多数菌株能产生蜡样芽胞杆菌群中常见的肠毒素（Miller et al.，2018b），一些菌株会引起食品污染和腐败（Bartoszewicz et al.，2008；Zhou et al.，2008a），少数菌株能引起临床感染（Heidt et al.，2019）。

**12. 解淀粉芽胞杆菌**

解淀粉芽胞杆菌［*Bacillus amyloliquefaciens* (ex Fukumoto 1943) Priest et al. 1987，sp. nov.，nom. rev.］有 68 个菌株的基因组被测序。解淀粉芽胞杆菌是发现较早的芽胞杆菌之一，也是研究和应用最多的芽胞杆菌之一，在全球广泛分布。解淀粉芽胞杆菌能产生多种多样的生物活性物质，包括具有抗细菌、真菌、病毒、肿瘤活性的脂肽，细菌素，挥发性有机物，胞外多糖等（Bindiya et al.，2019；Cai et al.，2019c；Calvo et al.，2019；Chen et al.，2019m；Hanif et al.，2019；Wu et al.，2019d），以及抗逆性强的具有不同用途的酶，包括植酸酶、磷酸酶、蛋白酶、淀粉酶、纤维素酶、果胶裂解酶、几丁质酶、菊糖水解酶等（Bekli et al.，2019；Devaraj et al.，2019；Meng et al.，2019；Qiu et al.，

2019b），因而具有抗细菌、真菌、病毒、肿瘤，杀作物害虫，促进作物生长，诱导作物系统抗性等功能，被广泛用于作物病虫害的生物防治（Chowdhury et al.，2015；Cui et al.，2019b；Liu et al.，2019h；López-Isasmendi et al.，2019）、作为人和动物益生菌（Cho et al.，2019b；Luan et al.，2019；Vazquez-Mendoza et al.，2020；Wang et al.，2019m）、改善农产品品质（Cisternas-Jamet et al.，2019）。由于具有多样化的代谢途径和极强的代谢能力，一些菌株被用于环境污染物的生物降解和治理（Ferrari et al.，2019；Meng et al.，2019；Yang et al.，2019h；Yuan et al.，2019）。

**13. 基因组数量在 10 个以上的种类**

基因组数量在 20～50 个的种类如下：短小芽胞杆菌（*Bacillus pumilus* Meyer and Gottheil 1901，species.）46 个，多黏类芽胞杆菌［*Paenibacillus polymyxa* (Prazmowski 1880) Ash et al. 1994，comb. nov.］44 个，沙福芽胞杆菌（*Bacillus safensis* Satomi et al. 2006，sp. nov.）36 个，载味类芽胞杆菌（*Paenibacillus odorifer* Berge et al. 2002，sp. nov.）34 个，深褐芽胞杆菌（*Bacillus atrophaeus* Nakamura 1989，sp. nov.）30 个，凝结芽胞杆菌（*Bacillus coagulans* Hammer 1915，species.）30 个，球形赖氨酸芽胞杆菌［*Lysinibacillus sphaericus* (Meyer and Neide 1904) Ahmed et al. 2007，comb. nov.］30 个，副地衣芽胞杆菌（*Bacillus paralicheniformis* Dunlap et al. 2015，sp. nov.）26 个，克劳氏芽胞杆菌（*Bacillus clausii* Nielsen et al. 1995，sp. nov.）21 个，高地芽胞杆菌（*Bacillus altitudinis* Shivaji et al. 2006，sp. nov.）20 个，纺锤形赖氨酸芽胞杆菌［*Lysinibacillus fusiformis* (Priest et al. 1989) Ahmed et al. 2007，comb. nov.］20 个。基因组数量在 10～20 个的种类如下（包含 10 个）：侧胞短芽胞杆菌［*Brevibacillus laterosporus* (Laubach 1916) Shida et al. 1996，comb. nov.］18 个，忍盐芽胞杆菌（*Bacillus halotolerans* Tindall 2017，comb. nov.）18 个，阿氏芽胞杆菌（*Bacillus aryabhattai* Shivaji et al. 2009，sp. nov.）17 个，简单芽胞杆菌［*Bacillus simplex* (ex Meyer and Gottheil 1901) Priest et al. 1989，sp. nov.，nom. rev.］16 个，嗜热噬脂肪地芽胞杆菌［*Geobacillus stearothermophilus* (Donk 1920) Nazina et al. 2001，comb. nov.］15 个，细胞毒素芽胞杆菌（*Bacillus cytotoxicus* Guinebretière et al. 2013，sp. nov.）14 个，好热黄无氧芽胞杆菌（*Anoxybacillus flavithermus* Pikuta et al. 2000，sp. nov.）13 个，幼虫类芽胞杆菌［*Paenibacillus larvae* (White 1906) Ash et al. 1994，comb. nov.］13 个，短短芽胞杆菌［*Brevibacillus brevis* (Migula 1900) Shida et al. 1996，comb. nov.］11 个，平流层芽胞杆菌（*Bacillus stratosphericus* Shivaji et al. 2006，sp. nov.）10 个，嗜糖土地芽胞杆菌（*Terribacillus saccharophilus* An et al. 2007，sp. nov.）10 个。

## 第三节 参与芽胞杆菌基因组测序的国家和机构

### 一、参与芽胞杆菌基因组测序的国家

目前，已经参与了芽胞杆菌基因组测序的共有 58 个国家的 651 家机构表（3-3-1）。在国家层面，参与测序的机构比较多的分别是：中国（140 家）、美国（102 家）、印度

（66 家）、韩国（40 家）、日本（26 家）、巴西（25 家）、德国（21 家）和英国（16 家）；测序的菌株数量比较多的分别是：美国（2734 个）、中国（819 个）、韩国（277 个）、德国（264 个）、印度（204 个）、法国（167 个）、日本（156 个）、荷兰（110 个）、澳大利亚（105 个）、马来西亚（79 个）、巴西（65 个）、英国（59 个）和瑞士（53 个），此外，欧洲生物信息学研究所和欧洲基因组研究所分别测序了 61 个和 12 个菌株的基因组。

**表 3-3-1　参与芽胞杆菌基因组测序的国家和机构统计**

| 参与测序的国家和机构 | 参与测序的机构数量/家 | 测序的种类数量/个 | 测序的菌株数量/个 |
|---|---|---|---|
| | | **亚洲** | |
| 阿拉伯联合酋长国 | 1 | 1 | 1 |
| 阿曼 | 1 | 1 | 1 |
| 巴基斯坦 | 6 | 9 | 12 |
| 菲律宾 | 2 | 3 | 3 |
| 哈萨克斯坦 | 1 | 1 | 1 |
| 韩国 | 40 | 122 | 277 |
| 马来西亚 | 8 | 61 | 79 |
| 孟加拉国 | 2 | 1 | 3 |
| 日本 | 26 | 134 | 156 |
| 沙特阿拉伯 | 2 | 20 | 24 |
| 泰国 | 7 | 16 | 17 |
| 新加坡 | 2 | 7 | 7 |
| 伊朗 | 3 | 2 | 3 |
| 印度 | 66 | 126 | 204 |
| 中国 | 140 | 394 | 819 |
| | | **美洲** | |
| 阿根廷 | 9 | 10 | 12 |
| 巴西 | 25 | 36 | 65 |
| 哥伦比亚 | 3 | 3 | 6 |
| 加拿大 | 13 | 22 | 32 |
| 美国 | 102 | 707 | 2734 |
| 秘鲁 | 1 | 1 | 1 |
| 墨西哥 | 11 | 18 | 24 |
| 乌拉圭 | 1 | 1 | 1 |
| 智利 | 4 | 22 | 23 |
| | | **欧洲** | |
| 爱尔兰 | 2 | 3 | 3 |
| 奥地利 | 3 | 4 | 5 |
| 白俄罗斯 | 1 | 1 | 1 |
| 保加利亚 | 1 | 1 | 1 |
| 比利时 | 4 | 6 | 9 |
| 波兰 | 5 | 4 | 7 |
| 丹麦 | 8 | 16 | 20 |

续表

| 参与测序的国家和机构 | 参与测序的机构数量/家 | 测序的种类数量/个 | 测序的菌株数量/个 |
|---|---|---|---|
| 德国 | 21 | 90 | 264 |
| 俄罗斯 | 10 | 25 | 34 |
| 法国 | 11 | 113 | 167 |
| 芬兰 | 1 | 4 | 4 |
| 格鲁吉亚 | 1 | 1 | 10 |
| 荷兰 | 10 | 34 | 110 |
| 捷克 | 1 | 1 | 1 |
| 挪威 | 3 | 4 | 8 |
| 欧洲基因组研究所 | 1 | 2 | 12 |
| 欧洲生物信息学研究所 | 1 | 37 | 61 |
| 葡萄牙 | 5 | 5 | 6 |
| 瑞典 | 5 | 5 | 5 |
| 瑞士 | 5 | 16 | 53 |
| 塞尔维亚 | 1 | 1 | 3 |
| 苏格兰 | 1 | 1 | 1 |
| 土耳其 | 3 | 4 | 4 |
| 西班牙 | 13 | 17 | 22 |
| 希腊 | 1 | 1 | 1 |
| 匈牙利 | 1 | 1 | 1 |
| 亚美尼亚 | 1 | 1 | 1 |
| 以色列 | 5 | 13 | 34 |
| 意大利 | 10 | 16 | 18 |
| 英国 | 16 | 27 | 59 |
| **大洋洲** | | | |
| 澳大利亚 | 8 | 78 | 105 |
| 新西兰 | 4 | 7 | 13 |
| **非洲** | | | |
| 阿尔及利亚 | 2 | 3 | 3 |
| 摩洛哥 | 1 | 2 | 3 |
| 南非 | 7 | 26 | 38 |
| 突尼斯 | 2 | 2 | 2 |

注：统计物种数量时，将未定种的菌株算作一个独立种（GenBank 对每一个菌株进行了鉴定）；各大洲国家的信息参照 NCBI 的列表

## 二、参与芽胞杆菌基因组测序的机构

在参与芽胞杆菌基因组测序的机构方面，测序的菌株数量比较多的分别是：美国北卡罗来纳大学教堂山分校（1343 个）、美国能源部联合基因组研究所（403 个）、美国康奈尔大学（135 个）、中国华中农业大学（133 个）、中国福建省农业科学院（119 个）、美国食品安全与应用营养中心（117 个）、法国热带传染病研究中心（111 个）、美国布

罗德研究所（106个）、澳大利亚昆士兰大学（90个）、美国洛斯阿拉莫斯国家实验室（77个）、德国比勒费尔德大学（75个）、日本国立技术与评价研究所（69个）、荷兰格罗宁根大学（64个）、中国科学院（62个）、中国自然资源部第三海洋研究所（56个）、马来西亚马来亚大学（56个）、韩国发酵工业微生物研究所（55个）、美国农业部农业研究院（53个）、德国柏林洪堡大学（49个）、德国乔治-奥古斯都-哥廷根大学（45个）、中国农业科学院（45个）、美国海军医学研究中心（45个）、印度科学和工业研究理事会微生物技术研究所（43个）、韩国生物科学与生物技术研究所（42个）、日本东京大学（40个）、美国加州理工学院（35个）、韩国庆北国立大学（27个）、荷兰顶级食品和营养研究所（26个）、德国慕尼黑工业大学（26个）、美国圣犹达儿童研究医院（24个）、美国亚利桑那大学（24个）、美国佐治亚理工学院（24个）、以色列魏茨曼学院（24个）、瑞士纳沙泰尔大学（22个）、沙特阿拉伯阿卜杜拉国王科技大学（21个）、中国农业大学（21个）和英国巴斯大学（20个）。

## 三、进行了大量基因组重测序的机构

由于特别关注某些特定种类，许多机构进行了大量的基因组重测序。例如，美国北卡罗来纳大学教堂山分校分别对42个炭疽芽胞杆菌（*Bacillus anthracis*）、524个蜡样芽胞杆菌（*Bacillus cereus*）、102个（占该种全部基因组的92.7%）假蕈状芽胞杆菌（*Bacillus pseudomycoides*）、59个巨大芽胞杆菌（*Bacillus megaterium*），257个（占该种全部基因组的51.2%）苏云金芽胞杆菌（*Bacillus thuringiensis*）、195个（占该种全部基因组的92.9%）图瓦永芽胞杆菌（*Bacillus toyonensis*）、117个（占该种全部基因组的75%）维德曼氏芽胞杆菌（*Bacillus wiedmannii*）菌株进行了大规模的基因组重测序，占其全部测序的基因组的96.5%；美国食品安全与应用营养中心对112个蜡样芽胞杆菌群（*Bacillus cereus* group）的菌株进行了基因组重测序，占其全部测序的基因组的95.7%；韩国发酵工业微生物研究所比较关注工农业应用较广的种类，其进行的基因组重测序包括解淀粉芽胞杆菌（*Bacillus amyloliquefaciens*）3个、地衣芽胞杆菌（*Bacillus licheniformis*）4个、枯草芽胞杆菌（*Bacillus subtilis*）33个、贝莱斯芽胞杆菌（*Bacillus velezensis*）11个，占其全部测序的基因组的92.7%；美国布罗德研究所对94个蜡样芽胞杆菌群的菌株进行了基因组重测序，占其全部测序的基因组的88.7%；美国洛斯阿拉莫斯国家实验室对60个蜡样芽胞杆菌群菌株进行了基因组重测序，占其全部测序的基因组的77.9%；中国华中农业大学对103个苏云金芽胞杆菌菌株进行了基因组重测序，占其全部测序的基因组的77.4%；德国乔治-奥古斯都-哥廷根大学进行的基因组重测序包括蕈状芽胞杆菌（*Bacillus mycoides*）15个、枯草芽胞杆菌8个、苏云金芽胞杆菌9个，占其全部测序的基因组的71.1%；美国康奈尔大学分别对51个蜡样芽胞杆菌群、31个载味类芽胞杆菌（*Paenibacillus odorifer*）菌株进行了基因组重测序，占其全部测序的基因组的60.7%；德国比勒费尔德大学进行的基因组重测序包括克劳氏芽胞杆菌（*Bacillus clausii*）14个，地衣芽胞杆菌12个、贝莱斯芽胞杆菌7个、嗜糖土地芽胞杆菌（*Terribacillus saccharophilus*）9个，占其全部测序的基因组的56%。

### 四、特别关注某些特定种类基因组的机构

有些机构特别关注某些特定种类的基因组。例如，中国自然资源部第三海洋研究所和福建省农业科学院都关注芽胞杆菌新种的发现与发表，因此，对大量疑似新种的菌株进行了基因组测序，未定种芽胞杆菌（*Bacillus* sp.）的基因组数量分别为 11 个和 42 个；澳大利亚昆士兰大学和智利安德烈斯•贝略大学分别对 23 个和 19 个未定种微小杆菌（*Exiguobacterium* sp.）菌株进行了基因组测序；美国亚利桑那大学对 22 个未定种芽胞束菌（*Sporosarcina* sp.）菌株进行了基因组测序，其全部基因组为 24 个；英国巴斯大学对 19 个苏云金芽胞杆菌菌株进行了基因组测序，其全部基因组为 20 个；美国圣犹达儿童研究医院、美国陆军传染病医学研究所、美国海军医学研究中心、美国佐治亚理工学院只对蜡样芽胞杆菌群菌株进行了基因组测序。

## 第四节　芽胞杆菌基因组测序在年份上的进展

早期，细菌基因组的测序方法是构建基因组 DNA 文库，然后用第一代测序平台进行测序，通量低、周期长、费用高，因此，完成基因组测序的芽胞杆菌较少，主要包括：枯草芽胞杆菌（Kunst et al.，1997）、耐盐芽胞杆菌（*Bacillus halodurans*）（Takami et al.，2000）、伊平屋桥大洋芽胞杆菌（*Oceanobacillus iheyensis*）（Takami et al.，2002）、蜡样芽胞杆菌（Ivanova et al.，2003）、炭疽芽胞杆菌（Read et al.，2003）等。2005 年，第二代测序平台问世，提高了测序通量，芽胞杆菌基因组测序数量逐渐增多；2010 年，Illumina 公司发布标志性测序仪 HiSeq2000，测序通量高，且极大地降低了测序费用，因此，从 2012 年开始，芽胞杆菌基因组数量呈爆发式增加；2017 年，芽胞杆菌基因组数量出现顶峰（表 3-4-1，图 3-4-1）。2016～2018 年，每年被测序的芽胞杆菌种类数量基本相同，但 2017 年被测序的菌株数量多达 2307 个（图 3-4-1），主要原因是一些机构在 2017 年进行了大规模的基因组重测序。例如，美国北卡罗来纳大学教堂山分校 2017 年的重测序情况是：42 个炭疽芽胞杆菌、524 个蜡样芽胞杆菌、59 个巨大芽胞杆菌、101 个假蕈状芽胞杆菌、257 个苏云金芽胞杆菌、195 个图瓦永芽胞杆菌、117 个维德曼氏芽胞杆菌和 36 个未定种芽胞杆菌（*Bacillus* sp.）菌株，中国华中农业大学测定了 88 个苏云金芽胞杆菌基因组（Sajid et al.，2018；Zheng et al.，2017）。

**表 3-4-1　芽胞杆菌基因组测序各年份的数量统计**

| 测序年份 | 物种数量*/个 | 菌株数量/个 |
|---|---|---|
| 1997 | 1 | 1 |
| 2002 | 1 | 1 |
| 2003 | 2 | 2 |
| 2004 | 9 | 19 |
| 2005 | 2 | 2 |
| 2006 | 3 | 3 |
| 2007 | 7 | 7 |

续表

| 测序年份 | 物种数量*/个 | 菌株数量/个 |
|---|---|---|
| 2008 | 9 | 25 |
| 2009 | 14 | 59 |
| 2010 | 15 | 20 |
| 2011 | 36 | 58 |
| 2012 | 59 | 138 |
| 2013 | 131 | 231 |
| 2014 | 192 | 321 |
| 2015 | 247 | 492 |
| 2016 | 376 | 755 |
| 2017 | 409 | 2307 |
| 2018 | 393 | 784 |
| 2019 | 203 | 368 |

*统计物种数量时，将未定种的菌株算作一个独立种（GenBank 对每一个菌株进行了鉴定）

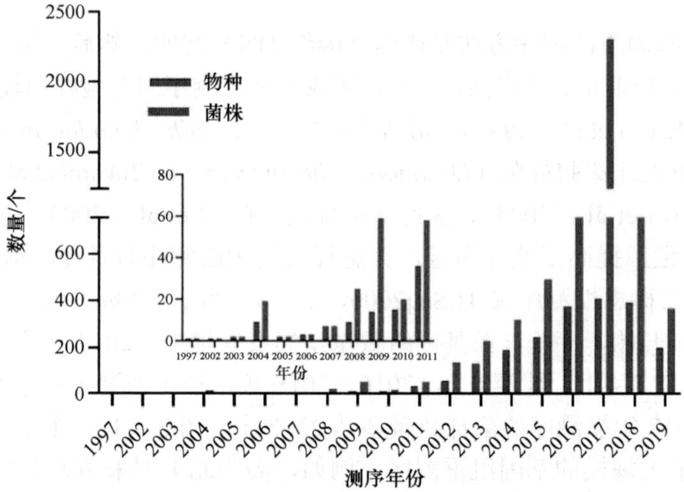


图 3-4-1　各年份的芽胞杆菌目基因组测序数量比较

小图为 1997～2011 年的放大图

# 第五节　芽胞杆菌基因组的拼接组装水平统计

高通量测序的每个反应会读出一条比较短的序列，因此被称为读序（read），是高通量测序仪所产生的原始测序数据，对整个基因组进行测序，就会产生大量的读序。利用序列拼接软件，基于读序之间的重叠区（overlap），通过片段重叠，将这些读序拼接起来而获得一些较长的序列称为重叠群（contig），其序列完整、中间无断点。重叠群经过进一步的拼接组装获得一些更长的序列称为支架（scaffold），这种序列中间可能有断点。由于基因组中的高 G+C 含量、重复序列等复杂结构的存在，最终拼接组装获得的序列往往无法覆盖所有的基因组区域，这部分没有获得序列信息的区域就称为缺口（gap）。

根据具体情况，细菌基因组拼接组装水平（assembly level）可分为 4 类：①仅将短的读序拼接成重叠群，属于基因组框架图水平；②将重叠群组装成多条支架，属于基因组精细图水平；③将重叠群组装成一条支架，但缺口数量超过 3 个，属于基因组染色体水平；④将重叠群组装成一条支架，且缺口数量少于 3 个，属于基因组完成图水平。

目前，在完成测序的 5591 个芽胞杆菌目的基因组中，这 4 类水平的基因组数量和占比分别为：框架图水平有 1843 个，占 32.96%；精细图水平有 2845 个，占 50.89%；染色体水平仅有 132 个，占 2.36%；完成图水平有 771 个，占 13.79%。

完成图和染色体水平的基因组之和大于 5 个的种类包括：枯草芽胞杆菌（*Bacillus subtilis*），108 个完成图水平，10 个染色体水平；贝莱斯芽胞杆菌（*Bacillus velezensis*），83 个完成图水平，7 个染色体水平；炭疽芽胞杆菌（*Bacillus anthracis*），51 个完成图水平，10 个染色体水平；蜡样芽胞杆菌（*Bacillus cereus*），50 个完成图水平，30 个染色体水平；苏云金芽胞杆菌（*Bacillus thuringiensis*），45 个完成图水平，19 个染色体水平；芽胞杆菌属未定名菌株（*Bacillus* spp.），30 个完成图水平，9 个染色体水平；解淀粉芽胞杆菌（*Bacillus amyloliquefaciens*），28 个完成图水平；地衣芽胞杆菌（*Bacillus licheniformis*），26 个完成图水平，3 个染色体水平；类芽胞杆菌属未定名菌株（*Paenibacillus* spp.），21 个完成图水平，1 个染色体水平；多黏类芽胞杆菌（*Paenibacillus polymyxa*），12 个完成图水平，2 个染色体水平；细胞毒素芽胞杆菌（*Bacillus cytotoxicus*），11 个完成图水平；短小芽胞杆菌（*Bacillus pumilus*），10 个完成图水平，1 个染色体水平；巨大芽胞杆菌（*Bacillus megaterium*），9 个完成图水平，2 个染色体水平；幼虫类芽胞杆菌（*Paenibacillus larvae*），9 个完成图水平；凝结芽胞杆菌（*Bacillus coagulans*），8 个完成图水平，1 个染色体水平；副地衣芽胞杆菌（*Bacillus paralicheniformis*），7 个完成图水平；地芽胞杆菌属未定名菌株（*Geobacillus* spp.），7 个完成图水平；球形赖氨酸芽胞杆菌（*Lysinibacillus sphaericus*），7 个完成图水平；蕈状芽胞杆菌（*Bacillus mycoides*），4 个完成图水平，3 个染色体水平；深褐芽胞杆菌（*Bacillus atrophaeus*），4 个完成图水平，2 个染色体水平；纤维素芽胞杆菌（*Bacillus cellulasensis*），5 个完成图水平，1 个染色体水平；沙福芽胞杆菌（*Bacillus safensis*），5 个完成图水平，1 个染色体水平；侧胞短芽胞杆菌（*Brevibacillus laterosporus*），5 个完成图水平；尿素芽胞束菌（*Sporosarcina ureae*），5 个完成图水平；假蕈状芽胞杆菌（*Bacillus pseudomycoides*），2 个完成图水平，3 个染色体水平。

# 第四章 芽胞杆菌基因组分类学与系统发育分析

## 第一节 细菌传统分类学与基因组分类学

### 一、细菌分类学

#### （一）细菌分类学及其研究内容

分类学“Taxonomy”源于古希腊语“τάξις”（taxis 即安排、排列、整理的意识）和“-νομία”（-nomia 即方法的意识）。细菌分类学是指对细菌进行分类、命名和鉴定的一门学科，主要任务是在全面获取细菌生物学特征的基础上，探索其起源、演化以及与其他类群之间的亲缘关系，提出能反映自然发展的分类系统，并将细菌进行分门别类。细菌分类学包括 3 个相互依存又有区别的组成部分：①分类（classification）是指根据表型相似性和系统发育相关性对细菌进行分门别类，根据相似性或相关性水平排列成系统，并对各个分类阶元的特征进行描述，为菌株鉴定提供依据；②命名（nomenclature）是指根据特定法规，为每个分类阶元提供一个专有的名称；③鉴定（identification）是指借助现有的分类系统，通过对菌株的生物学特征进行测定，确定该菌株是已知种类还是未知新种的过程。命名时已经有《国际原核生物命名法典》（*International Code of Nomenclature of Prokaryotes*）即以前的《国际细菌命名法典》（*International Code of Nomenclature of Bacteria*）作为依据，分类与鉴定的方法和手段在不断发展及进步。

#### （二）细菌分类学发展简史

18 世纪，卡尔•冯林奈（Carl von Linnaeus）建立了双名命名法，为现代分类学奠定了基础。直到 19 世纪末，费迪南德•科恩（Ferdinand Cohn）才将细菌分类为属和种，他以及同时代的科学家采用细菌的形态、生长需求、化学反应和致病性等特征进行细菌分类（Schleifer，2009）。1923 年，第一版《伯杰氏细菌鉴定手册》（*Bergey's Manual of Determinative Bacteriology*）中将生物化学和生理特征应用于细菌分类。1947 年，在第四届国际微生物学大会上通过了第一版《国际细菌命名法典》（Buchanan et al.，1948）。

1963 年，DNA-DNA 杂交（DDH）首次应用于细菌分类（McCarthy and Bolton，1963），但直到 20 世纪 80 年代才被广泛应用于细菌分类鉴定（Wayne et al.，1987）。20 世纪 70 年代末至 80 年代，PCR 技术的发展及其在 rRNA 基因扩增方面的应用，给原核生物的分类学带来重大改变（Woese and Fox，1977），到了 90 年代，16S rRNA 基因序列分析被广泛应用于细菌的新种鉴定和已知种类分类地位的重新评价，但直到 2002 年才作为细菌分类的一个关键指标（Stackebrandt et al.，2002）。

多相分类法（polyphasic taxonomy）于 1970 年被提出（Colwell，1970），是当代细菌分类的通用分类方法，整合了表型信息（包括形态，革兰氏染色，培养基、温度、pH、培养时间等培养特性，细胞壁组成、呼吸醌、极性脂等化学分类特征，碳、氮源利用等生物化学特征）和遗传信息（包括 G+C 含量、DDH 关联值、16S rRNA 基因序列相似性），利用尽可能多的数据进行细菌的分类鉴定（Kämpfer and Glaeser，2012）。

## 二、芽胞杆菌的多相分类学

### （一）芽胞杆菌多相分类学的鉴定指标

国际原核微生物系统学委员会的芽胞杆菌属及其近缘生物分类学下属委员会在 2009 年发布了新种描述的最低标准（Logan et al.，2009），芽胞杆菌多相分类学的鉴定指标包括以下几方面。

#### 1. 芽胞杆菌的形态特征

形态特征包括营养期细胞、芽胞囊和菌落形态。①革兰氏染色反应，由于芽胞杆菌目的种类并不都是革兰氏阳性菌，因此革兰氏染色反应需要测试。②营养期细胞形态，需要选择相对“年轻”的液体培养物进行观察。例如，对于好氧菌，一般选择 30℃振荡培养 18～24 h 的培养物。需要在显微镜下观察的项目包括：细胞大小（长×宽）、菌体形状、菌体末端形状（圆形、方形或锥形）、菌体细胞有无呈链状或丝状生长、运动性、有无鞭毛、有无荚膜、有无聚羟基脂肪酸酯（PHA）等储能颗粒（蜡样芽胞杆菌为阳性对照，枯草芽胞杆菌为阴性对照）。③芽胞形成与芽胞囊，在有利于产芽胞的培养基（营养不能太丰富，添加 5 mg/L $MnSO_4$）上，培养时间为 24 h 至 7 d。需要在显微镜下观察的项目包括：是否产芽胞、芽胞形状（球形、圆柱形或椭圆形）、芽胞在芽胞囊中的位置（中生、近中生、近端生或端生）、芽胞囊是否膨大。如果未观察到芽胞，可以通过 PCR 检测芽胞形成的相关基因（如 *spo0A*），说明是否具有形成芽胞的潜能。④菌落形态，肉眼或借助相关设备观察特定培养条件（包括培养基、温度、pH、盐度、培养时间等）下的菌落形态，观察的项目包括：菌落直径、整体菌落形状、隆起状态、菌落扩张或运动趋势、菌落边缘形态、表面质感（光滑或无光泽）、颜色、稠度、培养基黏附性、溶血作用（无、轻微或显著、部分或完整）等。

#### 2. 芽胞杆菌的生理特征

在进行芽胞杆菌的分类与鉴定时，需要测定特定培养基中的生长温度，pH，NaCl 浓度的最低、最适和最高值，氧气需求（严格好氧或兼性厌氧，严格厌氧或兼性好氧），过氧化氢酶与氧化酶活性（阳性或阴性），以及特定的营养需求等生理特征。

#### 3. 芽胞杆菌的生物化学特征

芽胞杆菌的生物化学特征包括碳源利用与代谢特征、氮源利用与代谢特征、利用特定碳源产酸与产气特征，通常采用法国梅里埃公司（bioMérieux）的 API 20E、50CHB 和 VITEK 微生物鉴定系统或美国 Biolog 公司的微生物鉴定系统进行测定。在鉴定芽胞杆菌种类时，必须测定的指标包括：利用 D-葡萄糖是否产酸，能否水解酪蛋白、明胶和淀粉，能否利用柠檬酸。强烈建议测定的指标包括：利用 D-葡萄糖是否产气，利用 L-阿拉伯糖、D-甘露糖、D-木糖和其他特定碳水化合物是否产酸（新种鉴定和描述时为必须测定的指标），伏-波（VP）反应（Voges-Proskauer reaction）（分析细菌在葡萄糖代谢中是否产乙酰甲基甲醇），能否水解七叶苷和尿素，能否还原硝酸盐以及能否将硝酸盐或亚硝酸盐还原为氧化亚氮或氮气，精氨酸双水解酶（将精氨酸经过两步水解，生成有机胺和氨气）活性，能否利用丙酸及其他有机酸作为唯一碳源，能否利用氨基酸和碳水化合物作为唯一碳源；卵磷脂酶活性（是蜡样芽胞杆菌群种类鉴定必须测定的指标），是否产吲哚（底物为色氨酸），能否水解邻硝基苯-β-D-半乳糖苷等。

#### 4. 芽胞杆菌的化学分类特征

目前，有很多指纹图谱技术应用于芽胞杆菌的化学分类，包括脂肪酸甲酯图谱、全细胞蛋白质聚丙烯酰胺凝胶电泳图谱、极性脂图谱、醌类图谱、细胞壁中的氨基酸图谱、热裂解质谱、傅里叶变换红外光谱、拉曼光谱和基质辅助激光解析电离飞行时间质谱等指纹图谱技术。在鉴定细菌种类时，必须测定的指标包括脂肪酸甲酯图谱，细胞壁的诊断性氨基酸（测定胞壁质肽聚糖中的氨基酸组成）；强烈建议测定的指标包括（新属、新种鉴定和描述时为必须测定的指标）胞壁质结构，极性脂双向薄层层析图谱和甲基醌类图谱。

#### 5. 芽胞杆菌的遗传分类特征

在鉴定芽胞杆菌种类时，必须完成的项目包括：提供标准菌株的 16S rRNA 基因序列（序列长度＞1400 nt，歧义性错误率＜0.5%），基于 16S rRNA 基因序列的系统发育分析，以及与亲缘关系最近种类之间的基因组 DNA-DNA 杂交（DDH）试验。强烈建议完成的项目包括：基于单个管家基因（如 *recN*、*rpoB*、*gyrB*、*recA* 等基因）序列的系统发育分析或多个管家基因的多位点序列分析（multilocus sequence analysis，MLSA），DNA 杂交的融解温度值（$\Delta T_m$）测定和 DNA 的 G+C mol%含量（新种鉴定和描述时为必须测定的指标）。

菌株之间 DNA 组成的变化是遗传多样化的一个指示器，因此，细菌染色体 DNA G+C mol%含量测定对于表型相似的疑难菌株鉴定、新的分类单位建立和细菌亲缘关系判定等是一项重要的分类鉴定指标和参考标准，测定方法包括纸层析法、浮力密度法、高效液相色谱法、热变性温度法和荧光法等（González and Saiz-Jimenez，2002）。通常认为，同一个属内 DNA 的 G+C mol%含量差异为 10%～15%，而芽胞杆菌属为 33%～69%。

核酸杂交目前常采用固相杂交及湿法杂交，DNA-DNA 杂交（DDH）适用于种水平的研究，而 DNA-rRNA 杂交适用于属和属以上水平的分类研究。一般认为，DDH 分析得到的 DNA 相关性小于 20%为不同属，20%～60%为属内紧密相关的种，因此相关性小于 70%为不同的种，大于 70%为同种内的不同分离株或亚种（Wayne et al.，1987）。

此外，一些核酸指纹图谱技术也被应用于芽胞杆菌的鉴定，通常能提供亚种和菌株水平的分类信息。例如，扩增片段长度多态性（amplified fragment length polymorphism，

AFLP）、脉冲电场凝胶电泳（pulsed-field gel electrophoresis，PFGE）后的酶切图谱、随机扩增多态性 DNA（random amplified polymorphic DNA，RAPD）、重复元件引物 PCR（repetitive element-primed PCR，rep-PCR）、基因外重复回文序列 PCR（repetitive extragenic palindromic-PCR，REP-PCR）、肠道菌重复基因间一致序列 PCR（enterobacterial repetitive intergenic consensus sequence-PCR，ERIC-PCR）、*boxA* 元件 PCR（BOX-PCR）、(GTG)5-PCR 和 rRNA 基因分型（ribotyping）（因为多数芽胞杆菌的基因组中存在 9～12 个 rRNA 操纵子，rRNA 基因分型具有一定的分类鉴定价值）等，核酸指纹图谱高度相似的菌株可以考虑是同一个种的成员（Logan et al.，2009）。核酸指纹图谱技术应用于分类鉴定的不足之处在于：一些图谱技术的结果很难呈现；由于缺乏标准化，不同实验室的结果无可比性；没有建立相关的数据库。

## （二）传统定种的定量指标

设定细菌定种的各指标的阈值是根据细菌的进化关系，提供一个实用性强、可操作的快速、可靠、可重复的分类指南。目前，细菌的种的定义是指由相互之间的 DDH 关联值≥70%、融解温度值 $\Delta T_m$＜5℃、DNA 的 G+C mol%含量差异＜5%、16S rRNA 基因序列相似性＞98%（早期为 97%）的不同菌株组成的一个群体（Gevers et al.，2005；Kämpfer，2012；Stackebrandt and Ebers，2006）。最近的研究表明，16S rRNA 基因序列相似性的阈值为 98.65%更合适（Kim et al.，2014c）。

其中，DDH 关联值和 16S rRNA 基因序列相似性的阈值被认为是细菌定种的金标。16S rRNA 基因是目前评价细菌分类地位（尤其是属和种水平）的一线工具，2 个菌株之间的 16S rRNA 基因序列相似性＞99%，一般可以认为它们属于同一个种；如果一个菌株与其他菌株间的相似性＜98.7%（或 98.65%），则预示发现了一个新种；如果相似性＜95%，则代表一个新属（Stackebrandt and Ebers，2006）。

随着研究的深入，人们逐步发现上述 2 个细菌定种的金标存在诸多问题。由于 16S rRNA 基因在进化上的保守性，其序列相似性对细菌种的区分度有限，有些种之间的相似性超过 99%甚至达 100%；许多细菌具有多个 16S rRNA 操纵子，存在基因水平转移而获得 16S rRNA 基因的可能性，而且 16S rRNA 操纵子间也具有序列差异，因此常常干扰系统发育树中物种之间的进化关系（Zhi et al.，2012）。就 DDH 关联值来说，存在以下问题：①DNA-DNA 杂交试验对技术和 DNA 样品要求高、耗时费力、易出错、可重复性差。例如，Ruiz-García 等（2005a）根据测定的 DDH 值低于 47%而确定了枯草芽胞杆菌群的 2 个新种阿萨尔基亚芽胞杆菌（*Bacillus axarquiensis*）和马拉加芽胞杆菌（*Bacillus malacitensis*），但 Wang 等（2007a）的测定结果显示，这 2 个种与莫哈维沙漠芽胞杆菌（*Bacillus mojavensis*）之间的 DDH 值均超过 83%，而且能区分这 3 个种的表型特征很少，所以建议将这 2 个种作为莫哈维芽胞杆菌的同种异名。②一些菌株相互之间的 DDH 关联值≥70%，被确定为不同的种甚至不同的属。例如，有些菌株间的 DDH 关联值＞70%，但根据致病性和宿主范围被确定为大肠杆菌（*Escherichia coli*）或志贺氏菌（*Shigella* spp.）（Thompson et al.，2009）。③有些芽胞杆菌种内的一些菌株间的 DDH 关联值＜70%，却无法将它们区分为不同的种（Goris et al.，2007）。因此，现在的分类学家并没有将 70%的 DDH 关联值作为细菌定种的强制性指标（Logan et al.，2009），但当菌株间的 16S rRNA 基因序列相似性＞98.7%时，DDH 关联值则成为一个必需指标（Tindall et al.，2010）。

## 三、基因组分类学

全基因组序列可以为细菌分类提供全面的终极信息，同时高通量测序的费用越来越低的新一代测序技术的出现，使得细菌的全基因组测序变得快速而便宜，因此，基于全基因组的遗传相似性指标完全有可能替代DDH而作为细菌定种的新金标（Konstantinidis and Tiedje，2005；Meier-Kolthoff et al.，2013；Qin et al.，2014b；Richter and Rosselló-Móra，2009）。

### （一）基因组分类学工具

早期，用于系统发育分析的基因组信息包括：卡林基因组特征或相异度（Karlin genomic signature or dissimilarity）（Karlin et al.，1997），基因家族在基因组中的有无（Fitz-Gibbon and House，1999；Wolf et al.，2001），基因的获得与丢失（Tekaia et al.，1999），共享的基因组成（Snel et al.，1999），共享的直系同源（orthologous）基因（Montague and Hutchison，2000），基因内 SNP 或插入缺失（indel）的保守性（Gupta，2001），四核苷酸频率相关系数（tetranucleotide frequency correlation coefficient，TETRA）（Pride et al.，2003），基因结构组织的保守性，二核苷酸相对丰度，密码子使用的偏倚性（codon usage bias）等（Coenye and Vandamme，2003）。

后来，陆续发展了一些用于 2 个种之间遗传相似性两两比对的基因组分类工具，包括：多位点序列分析（multilocus sequence analysis，MLSA），基因组多重比对距离（genome BLAST distance phylogeny，GBDP）（Auch et al.，2006；Henz et al.，2005），平均氨基酸一致性（average amino acid identity，AAI）（Rohwer and Edwards，2002），平均核苷酸一致性（average nucleotide identity，ANI）（Konstantinidis and Tiedje，2005；Goris et al.，2007；Richter and Rosselló-Móra，2009；Kim et al.，2014c），被称为数字化 DDH（digital DDH）的基因组-基因组距离（genome-to-genome distance，GGD）（Auch et al.，2010a，2010b）或称为基因组-基因组电子杂交相似性（*in silico* genome-to-genome hybridization similarity，GGDH）（Thompson et al.，2013）等。

目前，ANI 和 GGD 已成为基因组分类学时代原核生物定种的新金标。Konstantinidis 和 Tiedje（2005）首先发现菌株间 70%的 DDH 值对应于 93%～94%的 ANI 值，因此提出 2 个菌株之间 ANI 值＞94%时，它们属于同一个种。Goris 等（2007）提出 ANI 可以替代 DDH，并将 ANI 阈值提高到 95%。2009 年，研究提出 95%～96% 的 ANI 值等同于 70% 的 DDH 值（Richter and Rosselló-Móra，2009），现在普遍接受 95%～96%的 ANT 作为定种阈值（Kim et al.，2014c）。计算菌株间 ANI 值的方法至少有 4 种，分别是：①运用基于核酸序列局部比对算法的搜索工具（basic local alignment search tool，BlastN）计算 ANI 值，称为 ANIb（Goris et al.，2007）；②运用最大唯一匹配（maximal unique match，

MUM）算法（相关软件为 MUMmer）计算 ANI 值，称为 ANIm（Richter and Rosselló-Mora，2009）；③运用基于 BlastN 算法计算菌株间直系同源基因的 ANI 值，称为 OrthoANIb（Lee et al.，2016c）；④运用 Usearch（超快的序列分析软件，在序列比对、聚类、操作等多领域广泛应用）算法计算菌株间直系同源基因的 ANI 值，称为 OrthoANIu（Edgar，2010）。Yoon 等（2017）对这 4 种计算方法进行了比较，他们发现：在 90%～100%的 ANI 值范围内，4 种计算方法均得到较一致的结果，但当 ANI 值＜90%时，ANIm 与其他 3 种方法的结果不一致；ANIm 和 OrthoANIu 的运算速度比 ANIb 快，当基因组大小超过 7 Mb 时，ANIm 和 OrthoANIu 的计算时间分别为 ANIb 的 1/53 和 1/22。因此，他们建议：用 OrthoANIu 替代 ANI 来计算 ANI 值，以更快的速度获得相同准确性的计算结果，并提供了可在线计算 2 个基因组之间 ANI 值的网站（http://www.ezbiocloud.net/tools/ani），也为实现本地大规模 ANI 值计算（即多个基因组两两之间的计算）提供了可下载的独立运行的 JAVA 程序（http://www.ezbiocloud.net/tools/orthoaniu）。现在也有供在线计算 2 个基因组之间 GGD 的网站（http://ggdc.dsmz.de）（Meier-Kolthoff et al.，2013）。

Qin 等（2014a）认为 ANI 并不适用于设定属的界限，他们提出了一个新指标——保守蛋白质的百分比（percentage of conserved protein，POCP），他们的分析结果提示，同一个属内所有成员的保守蛋白质的百分比应该高于 50%。不过，他们只分析了 8 门 12 目 97 属 235 种的真细菌和古菌基因组，整体样本数量有限，而且厚壁菌门只选了 6 属，芽胞杆菌属只包括 5 种。

## （二）基因组分类学的应用

对绝大多数原核生物类群而言，同一个种的不同菌株之间基因组分类学指标的阈值分别为：＞95%的 AAI 和 ANI 值，＞95%的 MLSA 值，＜10 的卡林基因组相异度，以及＞70%的 GGDH（Thompson et al.，2013）。但对于某些特定的类群，这些阈值可能有一些修正，下面举例来说明。

1）支原体属（*Mycoplasma*）的基因组分类学。支原体属是无细胞壁的革兰氏阳性微生物，目前至少有 158 种（但有些种类的分类地位比较混乱），许多种类是人类、动物和植物的病原菌。通过对 46 个基因组的比较分析，支原体属的定种阈值分别为：≥97%的 MLSA 值（偏高）、≥93.9%的 AAI 值（偏低）、≤8 的卡林基因组相异度（偏低）（Thompson et al.，2011）。

2）弧菌属（*Vibrio*）的基因组分类学。弧菌属的种类分布于多样化的环境中，特别是在海洋中无处不在，目前有 160 余种，一些种类是人类和动物（尤其是水产动物）的病原菌。通过对 32 个基因组的比较分析，弧菌属的定种阈值分别为：＞95%的 MLSA 值、＞96%的 AAI 值、≤10 的卡林基因组相异度、＞61%的蛋白质组相似性（Thompson et al.，2009）。

3）链球菌属（*Streptococcus*）的基因组分类学。链球菌属是革兰氏阳性菌，目前有 120 余种，许多种类是致病菌或条件致病菌，草绿色链球菌群（viridans group streptococci，VGS）（包含 4 个进化枝，20 余种）是人类的正常菌群（分布在人的口腔、消化道和泌尿生殖道），也是条件致病菌。链球菌属的分类状况比较混乱，有些种间的 16S rRNA 基因序列相似性超过 99%。Thompson 等（2013）对 19 种的 67 个基因组进行比较分析后发现，≥95%的 MLSA 值、≥95%的 AAI 值、＞70%的 GGDH 值可以作为链球菌属的定种阈值；牛链球菌（*Streptococcus bovis*）和解没食子酸链球菌（*Streptococcus gallolyticus*）是同种，血液链球菌（*Streptococcus sanguinis*）和口腔链球菌（*Streptococcus oralis*）是同种。

4）泛菌属（*Pantoea*）的基因组分类学。泛菌属是肠杆菌科的革兰氏阴性菌，广泛分布于多种多样的环境中，目前有 22 种，还有 7 种被重分类至塔特姆菌属（*Tatumella*）和混合菌属（*Mixta*）。Tambong（2019）按照定种阈值≥98%的 MLSA 值（偏高）、≥96%的 ANI 值、≥0.998 的 TETRA、≥70%的 GGDH 值，对泛菌属的 206 个菌株的基因组进行比较分析，研究发现：成团泛菌（*Pantoea agglomerans*）的 3 个菌株（共 33 个）、菠萝泛菌（*Pantoea ananatis*）的 2 个菌株（共 56 个）、广布泛菌（*Pantoea vagans*）的 8 个菌株（共 15 个）与各自对应种的模式菌株之间的基因组分类学指标均低于定种阈值，一部分菌株应该是新种，而一部分菌株属于已知的其他种；47 个未定种菌株（*Pantoea* sp.）中，有 25 个可以划分至 11 个已知种中，17 个菌株属于新种，另有 5 个为未知其他种。

5）假单胞菌属（*Pseudomonas*）的基因组分类学。假单胞菌属有 240 余种，是目前包含种类最多的革兰氏阴性菌的一个属。Gomila 等（2015）对 112 个菌株的基因组进行比较分析，研究发现：在基因组被测序的 112 个菌株中，20%为未定种的菌株，30%的已知种的非模式菌株被错误地分类；在基因组分类学指标中，TETRA 可用于假单胞菌属与其他属的区分，ANIb 和 GGD 可用于该属内种的区分；ANIb 值＞95%，MLSA 值＞97%，GGD 值＞70%，可以用于假单胞菌属的定种阈值。

6）红杆菌属（*Rhodobacter*）的基因组分类学。红杆菌属为革兰氏阴性菌，目前有 16 种，营兼性光合异养生活（不产氧气），能固氮，在生物地球化学循环中起重要作用。有 12 种的模式菌株的基因组被测序，其基因组大小为 3.3～4.7 Mb，核心基因组包含 1239 个基因。除了球形红杆菌（*Rhodobacter sphaeroides*）与广温红杆菌（*Rhodobacter megalophilus*）外（二者为同种），其他种间的 GGDH 值和 ANI 值分别为 18.6%～59.0%和 68.25%～94.93%，均低于 GGDH 值 70%和 ANI 值 95%的阈值。基于 16S rRNA 基因序列的系统发育树将这 12 种划分为 4 个进化枝，划分属的 POCP 阈值是 50%，而红杆菌属内不同进化枝间的 POCP 值为 54.2%～88.2%，明显超出了阈值，因此 4 个进化枝代表 4 个独立的属：红杆菌属（*Rhodobacter*）8 种，黄卵菌属（*Luteovulum* gen. nov.）5 种，黄褐卵菌属（*Fuscovulum* gen. nov.）1 种，棕卵菌属（*Phaeovulum* gen. nov.）1 种（Suresh et al.，2019）。

7）衣原体目（Chlamydiales）的基因组分类学。衣原体目是严格细胞内寄生菌，表型差异少，因此主要依靠 DNA 和蛋白质来进行系统发育分析。Pillonel 等（2015）比较分析了来自衣原体目 5 科（目前已建立的科只有衣原体科）15 种（已建立的属只有衣原体属，包含 12 个合格化发表的种）的 21 个基因组，他们首先从基因组中选取保守的 424 个核心基因，然后根据系统发育树的信息排除通过基因水平转移而获得的核心基因，最后进行单个蛋白质序列的系统发育树构建，筛选出能准确预测各个菌株之间亲缘关系的蛋白质序列，最终他们得到 9 个可以区分衣原体目中科、属、种的蛋白质标志物。

# 第二节 芽胞杆菌基因组分类学研究

芽胞杆菌种类众多，种间的表型差异较小，16S rRNA 基因序列的区分能力有限，因此许多种类的分类地位需要重新评价。下面举例简单介绍福建省农业科学院农业微生物创新团队利用基因组分类学指标进行芽胞杆菌新种鉴定和相关种类重分类的情况。

## 一、基于基因组分类指标的芽胞杆菌新种鉴定

### 1. 农田芽胞杆菌（*Bacillus praedii* Liu et al. 2017，sp. nov.）

菌株 FJAT-25547$^T$ 分离自四川盐亭县的农田土壤，嗜碱、嗜盐，生长条件为 15～40℃（最适 30℃）、pH 5.0～12.0（最适 pH 9.0）、0～10%（*W*/*V*）NaCl（最适 4%），好氧，产芽胞。与亲缘关系最近的大宝山芽胞杆菌（‘*Bacillus dabaoshanensis*’ GSS04）菌株 16S rRNA 基因序列相似性为 97.7%；基于 16S rRNA 基因序列的系统发育树可以将其与芽胞杆菌属的其他种类区分开（图 4-2-1）；二者的 ANIb 和 ANIm 值分别为 77.7%和 84.3%，均低于定种的 95%阈值；二者的基因组-基因组电子杂交 *in silico* DDH（*is*DDH）值仅为 22.7%，远低于定种的 70%阈值，因此可以将其确定为 1 个新种，命名为农田芽胞杆菌（*Bacillus praedii* sp. nov.）。

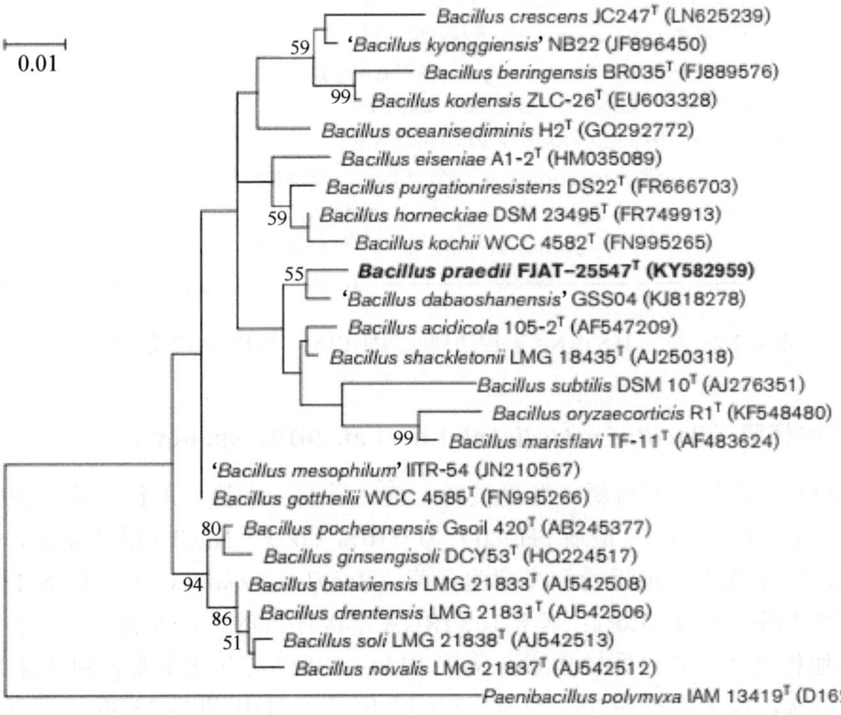


图 4-2-1 基于 16S rRNA 基因序列的菌株 FJAT-25547$^T$ 系统发育树

**2. 胡杨芽胞杆菌（*Bacillus populi* Liu et al. 2018，sp. nov.）**

菌株 FJAT-45347$^T$ 分离自新疆塔克拉玛干沙漠的胡杨根际土壤，嗜碱、嗜盐，生长条件为 15～35℃（最适 25℃）、pH 7.5～12.0（最适 pH 8.0）、0～20%（*W*/*V*）NaCl（最适 8%），好氧，产芽胞。与亲缘关系最近的金橙色芽胞杆菌（*Bacillus aurantiacus*）菌株 K1-5$^T$ 的 16S rRNA 基因序列相似性为 96.1%；基于 16S rRNA 基因序列的系统发育树可以将其与芽胞杆菌属其他种类区分开（图 4-2-2）；菌株 FJAT-45347$^T$ 与克氏芽胞杆菌（*Bacillus clarkii*）菌株 DSM 8720$^T$、蓼属芽胞杆菌（*Bacillus polygoni*）菌株 YN-1$^T$ 和黏琼脂盐沼芽胞杆菌（*Salipaludibacillus agaradhaerens*）菌株 DSM 8721$^T$ 的 ANIb 值分别为 68.5%、68.4%和 68.2%，均低于定种的 95%阈值；它们之间的 *is*DDH 值分别为 26.2%、25.3%和 28.3%，远低于定种的 70%阈值，因此可以将其确定为 1 个新种，命名为胡杨芽胞杆菌（*Bacillus populi* sp. nov.）。

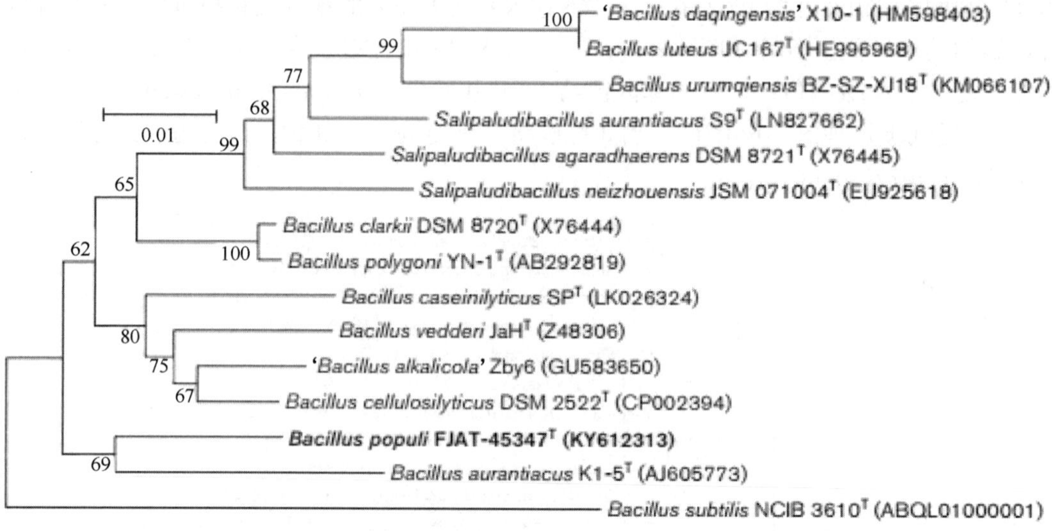


图 4-2-2　基于 16S rRNA 基因序列的菌株 FJAT-45347$^T$ 系统发育树

**3. 魔鬼城芽胞杆菌（*Bacillus urbisdiaboli* Liu et al. 2019，sp. nov.）**

菌株 FJAT-45385$^T$ 分离自新疆魔鬼城的土壤，嗜碱、嗜盐，生长条件为 20～40℃（最适 30℃）、pH 7.0～11.0（最适 pH 9.0）、0～10%（*W*/*V*）NaCl（最适 4%），兼性厌氧，产芽胞。与亲缘关系最近的和光芽胞杆菌（*Bacillus wakoensis*）菌株 N-1$^T$ 的 16S rRNA 基因序列相似性为 97.6%；基于 16S rRNA 基因序列的系统发育树可以将其与芽胞杆菌属其他种类区分开（图 4-2-3）；菌株 FJAT-45385$^T$ 与和光芽胞杆菌菌株 N-1$^T$ 的 ANI 值为 67.8%，低于定种的 95%阈值；它们之间的 *is*DDH 值为 35.5%，远低于定种的 70%阈值，因此可以将其确定为 1 个新种，命名为魔鬼城芽胞杆菌（*Bacillus urbisdiaboli* sp. nov.）。

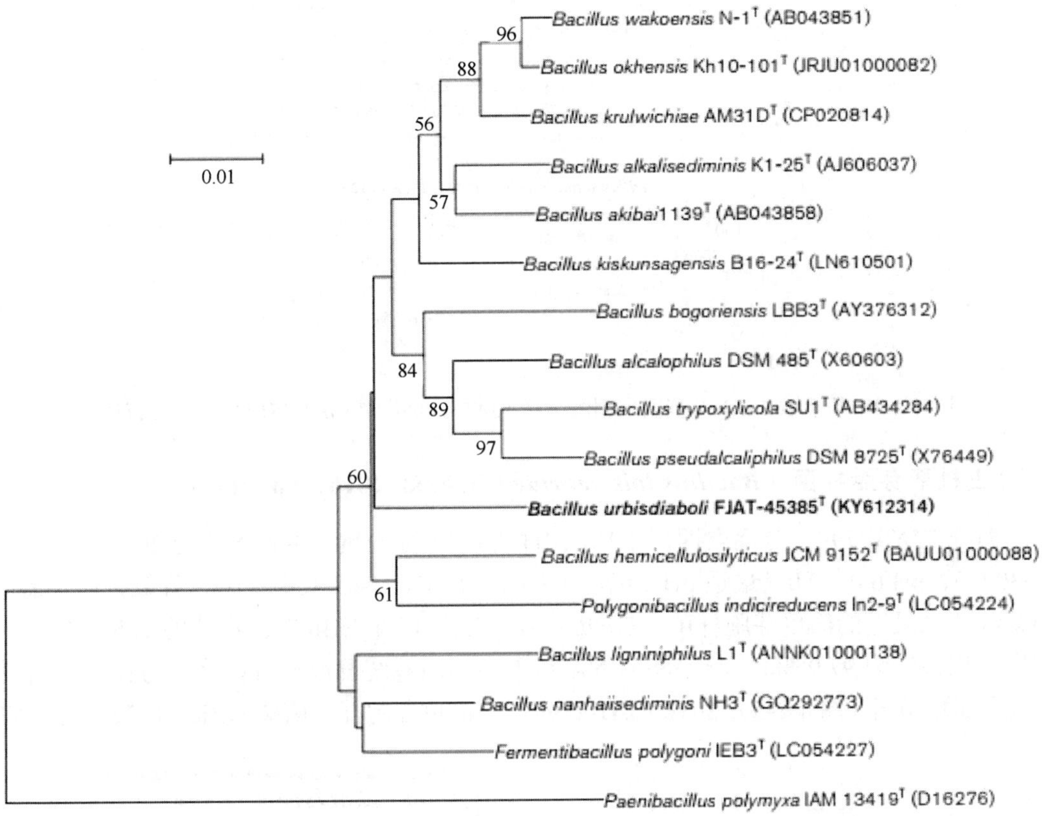


图 4-2-3　基于 16S rRNA 基因序列的菌株 FJAT-45385$^T$ 系统发育树

**4. 碱土芽胞杆菌（*Bacillus alkalisoli* Liu et al. 2019，sp. nov.）和沙漠土芽胞杆菌（*Bacillus solitudinis* Liu et al. 2019，sp. nov.）**

菌株 FJAT-45086$^T$ 和 FJAT-45122$^T$ 均分离自西藏尼玛县的盐碱土，均嗜碱、嗜盐，菌株 FJAT-45086$^T$ 的生长条件为 15～35℃（最适 25～30℃）、pH 6.0～12.0（最适 pH 9.0）、0～10%（*W*/*V*）NaCl（最适 4%），菌株 FJAT-45122$^T$ 的生长条件为 10～40℃（最适 30℃）、pH 7.5～12.0（最适 pH 8.0～9.0）、0～10%（*W*/*V*）NaCl（最适 1%～4%），均兼性厌氧、产芽胞。菌株 FJAT-45086$^T$ 与亲缘关系最近的解半纤维素芽胞杆菌（*Bacillus hemicellulosilyticus*）菌株 JCM 9152$^T$ 的 16S rRNA 基因序列相似性为 96.5%，菌株 FJAT-45122$^T$ 与亲缘关系最近的盐敏芽胞杆菌（*Bacillus halmapalus*）菌株 DSM 8723$^T$ 的 16S rRNA 基因序列相似性为 96.9%；基于 16S rRNA 基因序列的系统发育树可以将二者与芽胞杆菌属其他种类区分开（图 4-2-4）；菌株 FJAT-45086$^T$ 和 FJAT-45122$^T$ 与其亲缘关系最近的种类的 ANI 值均低于定种的 95%阈值，因此可以将其确定为 2 个新种，分别命名为碱土芽胞杆菌（*Bacillus alkalisoli* sp. nov.）和沙漠土芽胞杆菌（*Bacillus solitudinis* sp. nov.）。

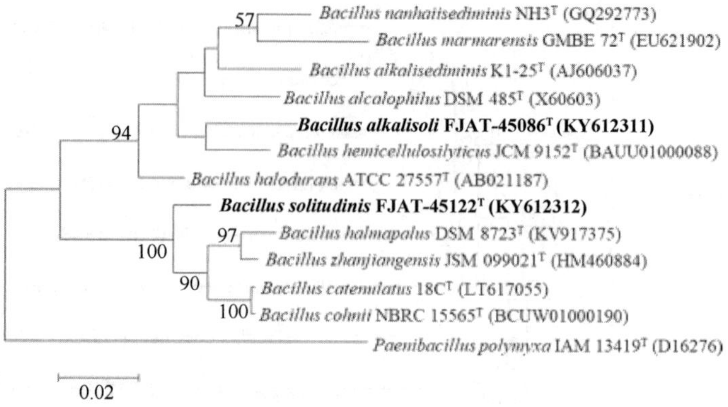


图 4-2-4 基于 16S rRNA 基因序列的菌株 FJAT-45086$^{T}$ 和 FJAT-45122$^{T}$ 系统发育树

## 5. 高山杜鹃芽胞杆菌（*Bacillus loiseleuriae* Liu et al. 2016，sp. nov.）

菌株 FJAT-27997$^{T}$ 分离自四川 1 株高山杜鹃的根际土壤，生长条件为 20～35℃（最适 30℃）、pH 6.0～9.0（最适 pH 7.0）、0～3%（*W*/*V*）NaCl（最适 0），好氧，产芽胞。与亲缘关系最近的简单芽胞杆菌（*Bacillus simplex*）菌株 NBRC 15720$^{T}$ 的 16S rRNA 基因序列相似性为 97.95%；基于 16S rRNA 基因序列的系统发育树可以将其与芽胞杆菌属其他种类区分开（图 4-2-5）；菌株 FJAT-27997$^{T}$ 与简单芽胞杆菌菌株 NBRC 15720$^{T}$ 的 ANI

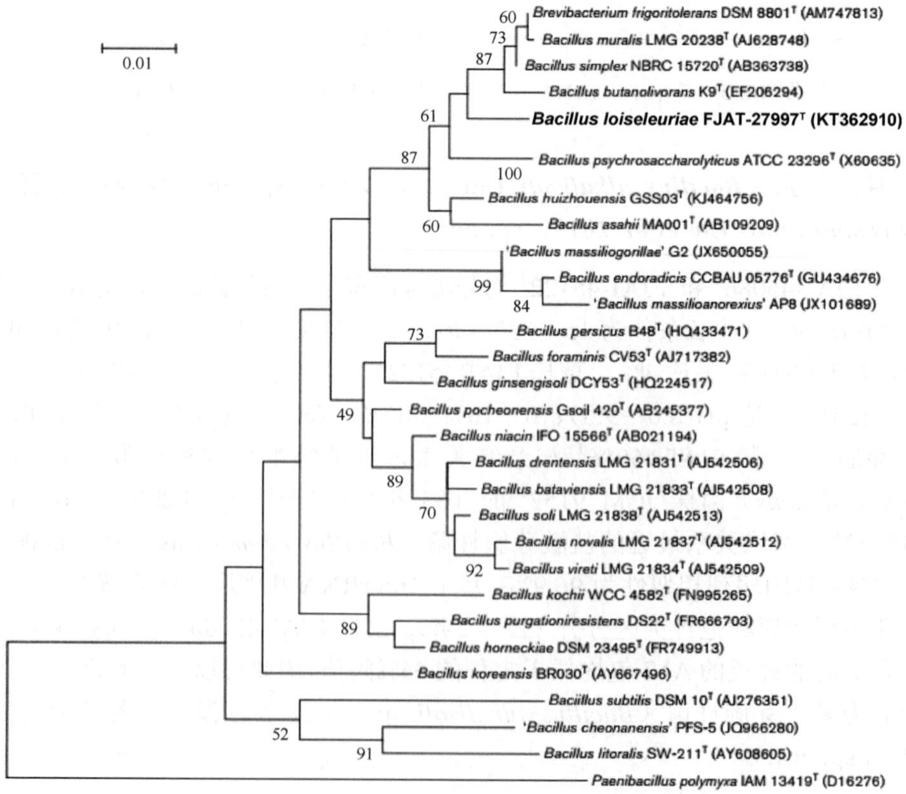


图 4-2-5 基于 16S rRNA 基因序列的菌株 FJAT-27997$^{T}$ 系统发育树

值为 71.6%，低于定种的 95%阈值；它们之间的 *is*DDH 值低于定种的 70%阈值，因此可以将其确定为 1 个新种，命名为高山杜鹃芽胞杆菌（*Bacillus loiseleuriae* sp. nov.）。

### 6. 霞浦芽胞杆菌（*Bacillus xiapuensis* Liu et al. 2016，sp. nov.）

菌株 FJAT-46582$^{T}$ 分离自福建霞浦县的海岸滩涂沉积物，嗜碱，生长条件为 10～30 ℃（最适 25℃）、pH 6.0～11.0（最适 pH 8.0）、0～7%（*W*/*V*）NaCl（最适 0），好氧，产芽胞。菌株 FJAT-46582$^{T}$ 与亲缘关系最近的耐温芽胞杆菌（*Bacillus thermotolerans*）菌株 SgZ-8$^{T}$ 的 16S rRNA 基因序列相似性为 97.6%；基于 16S rRNA 基因序列的系统发育树可以将其与芽胞杆菌属其他种类区分开（图 4-2-6）；菌株 FJAT-46582$^{T}$ 与耐温芽胞杆菌菌株 SgZ-8$^{T}$ 的 ANI 值为 72.3%，低于定种的 95%阈值；它们之间的 *is*DDH 值为 22.9%，远低于定种的 70%阈值，因此可以将其确定为 1 个新种，命名为霞浦芽胞杆菌（*Bacillus xiapuensis* sp. nov.）。

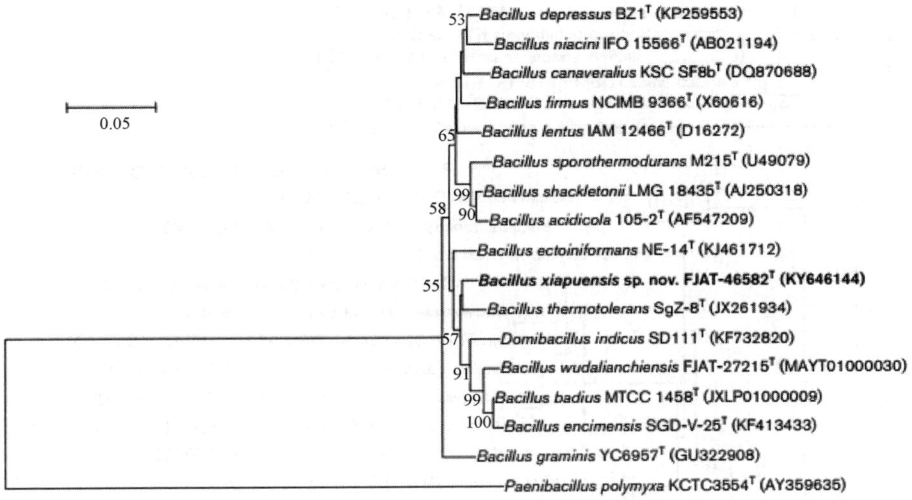


图 4-2-6　基于 16S rRNA 基因序列的菌株 FJAT-46582$^{T}$ 系统发育树

## 二、基于全基因组的芽胞杆菌种类的重分类研究

### 1. 奥飞弹温泉芽胞杆菌是耐盐芽胞杆菌的同种异名

Li 等（2002）的前期研究结果表明，奥飞弹温泉芽胞杆菌（*Bacillus okuhidensis*）菌株 DSM 13666$^{T}$ 与耐盐芽胞杆菌（*Bacillus halodurans*）菌株 DSM 497$^{T}$ 的 16S rRNA 基因序列相似性为 99.3%（已经超过了定种的 98.68%阈值），DDH 关联值为 36%～45%，低于定种的 70%阈值，因此将菌株 DSM 13666$^{T}$ 鉴定为 1 个新种。

但我们的基因组研究发现，菌株 DSM 13666$^{T}$ 和菌株 DSM 497$^{T}$ 的菌落形态与颜色相同，生理生化特征相近，而且二者的 16S rRNA 基因序列相似性为 99.9%；基于 16S rRNA 基因序列和 MLSA（包括 16 个标记基因）的系统发育树均将二者聚类在同一个分支（图 4-2-7）；二者之间的 *is*DDH 值为 93.5%，远远超过定种的 70%阈值；二者之间的

ANIm 和 ANIb 值分别为 99.25%和 98.2%，均超过 95%（阈值）。因此，二者是同种，根据相关分类学原则，将奥飞弹温泉芽胞杆菌（*Bacillus okuhidensis* Li et al. 2002，sp. nov.）确定为耐盐芽胞杆菌［*Bacillus halodurans* (ex Boyer 1973) Nielsen et al. 1995，nom. rev.，comb. nov.］的同种异名。

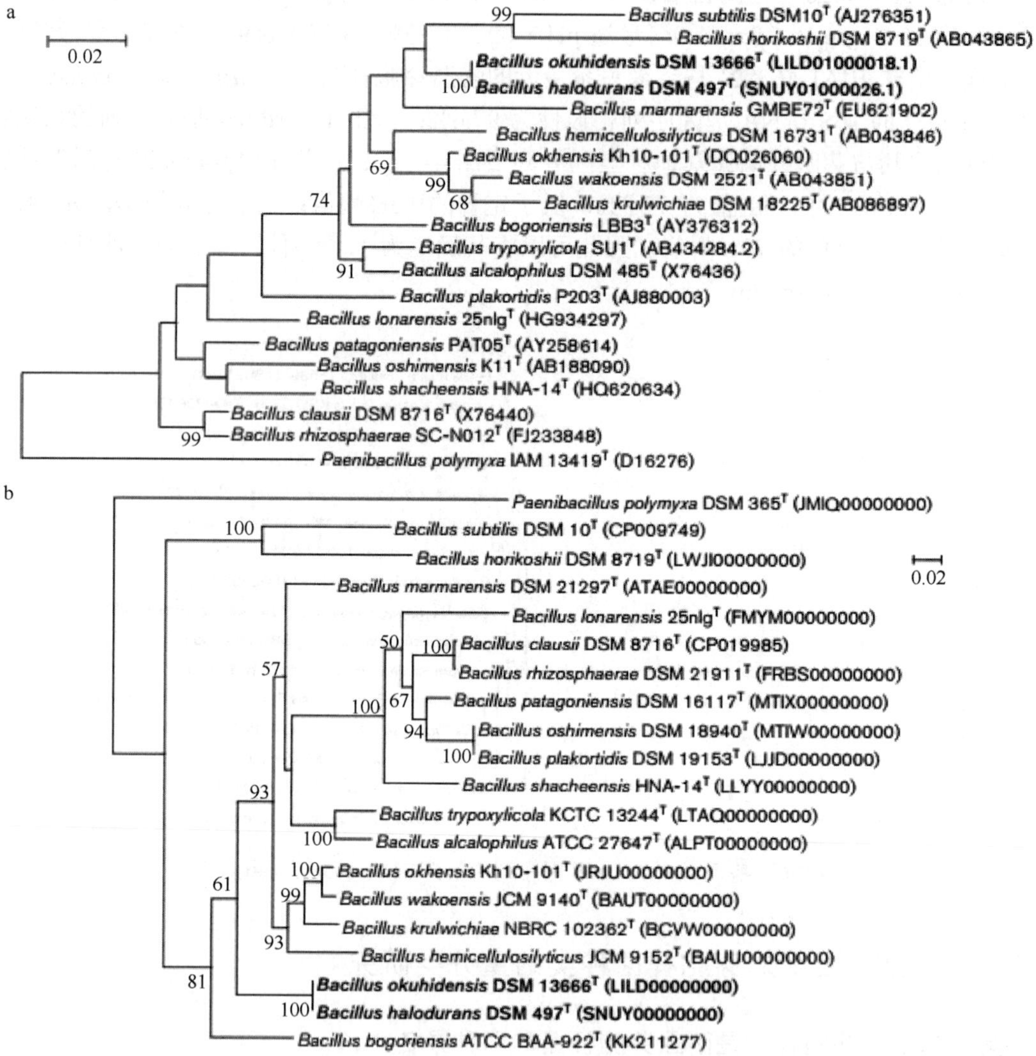


图 4-2-7　基于 16S rRNA 基因序列（a）和 MLSA（b）的菌株 DSM 13666$^T$ 和菌株 DSM 497$^T$ 系统发育树

## 2. 列城芽胞杆菌和扁板海绵芽胞杆菌均是大岛芽胞杆菌的同种异名

Ghosh 等(2007)的研究结果表明，列城芽胞杆菌(*Bacillus lehensis*)菌株 DSM 19099$^T$ 与大岛芽胞杆菌（*Bacillus oshimensis*）菌株 DSM 18940$^T$ 的 16S rRNA 基因序列相似性为 98.8%，但 DDH 关联值为 62%，低于定种的 70%阈值，因此将 DSM 19099$^T$ 鉴定为 1 个新种。

我们的基因组研究发现，菌株 DSM 19099$^T$ 和菌株 DSM 18940$^T$ 的 16S rRNA 基因序列相似性为 99.6%；同时，基于 16S rRNA 基因序列和 MLSA（包括 16 个标记基因）的系统发育树均将 DSM 19099$^T$ 和 DSM 18940$^T$ 聚类在同一个分支，MLSA 系统发育树还将扁板海绵芽胞杆菌（*Bacillus plakortidis*）菌株 DSM 19153$^T$、菌株 DSM 19099$^T$ 和菌株 DSM 18940$^T$ 聚类在同一个分支（图 4-2-8）。扁板海绵芽胞杆菌菌株 DSM 19153$^T$、大岛

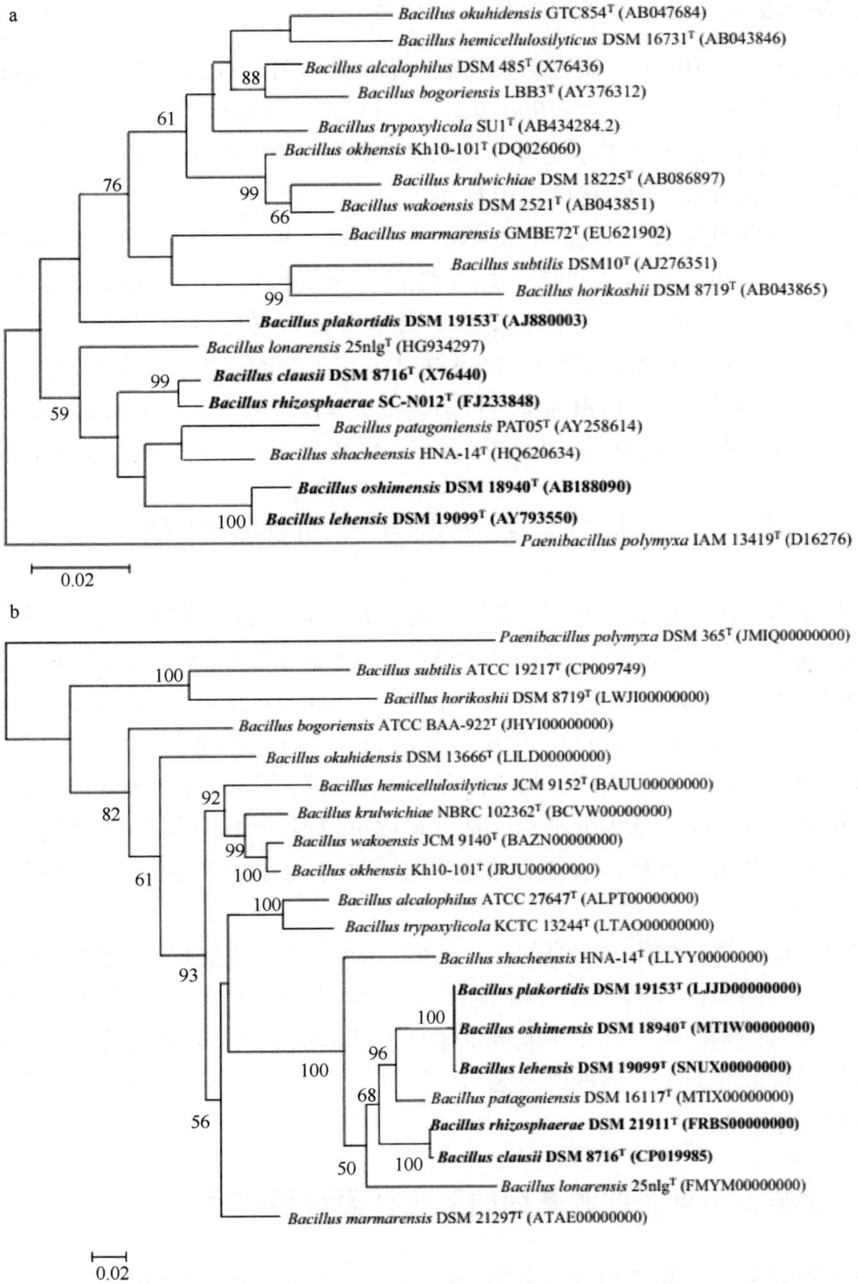


图 4-2-8　基于 16S rRNA 基因序列（a）和 MLSA（b）的菌株 DSM 19153$^T$、菌株 DSM 19099$^T$ 和菌株 DSM 18940$^T$ 系统发育树

芽胞杆菌菌株DSM 18940$^T$和列城芽胞杆菌菌株DSM 19099$^T$两两间的ANI值为98.7%～98.8%，均超过95%的阈值。因此，三者是同种，根据相关分类学原则，将列城芽胞杆菌（*Bacillus lehensis* Ghosh et al. 2007，sp. nov.）和扁板海绵芽胞杆菌（*Bacillus plakortidis* Borchert et al. 2007，sp. nov.）确定为大岛芽胞杆菌（*Bacillus oshimensis* Yumoto et al. 2005，sp. nov.）的同种异名。

**3. 根际芽胞杆菌是克劳氏芽胞杆菌的同种异名**

Madhaiyan 等（2011）的研究结果表明，根际芽胞杆菌（*Bacillus rhizosphaerae*）菌株 SC-N012$^T$与克劳氏芽胞杆菌（*Bacillus clausii*）菌株 DSM 8716$^T$的 16S rRNA 基因序列相似性为 98.9%（已经超过了定种的 98.68%阈值），但 DDH 关联值为 32%，低于定种的 70%阈值，因此将菌株 DSM 21911$^T$鉴定为 1 个新种。

我们的基因组研究发现，菌株 SC-N012$^T$和菌株 DSM 8716$^T$的 G+C mol%含量分别为 44.6%和 44.7%，而不是之前报道的 42.8%～45.5%和 43%；而且基于 16S rRNA 基因序列和 MLSA（包括 16 个标记基因）的系统发育树均将二者聚类在同一个分支（图 4-2-8）；二者的 ANI 值分别为 95.2%～95.5%，超过定种的 95%阈值。因此，二者是同种，根据相关分类学原则，将根际芽胞杆菌（*Bacillus rhizosphaerae* Madhaiyan et al. 2013，sp. nov.）确定为克劳氏芽胞杆菌（*Bacillus clausii* Nielsen et al. 1995，sp. nov.）的同种异名。

## 第三节 基于全基因组直系同源基因的芽胞杆菌系统发育分析

芽胞杆菌目（Bacillales）中，芽胞杆菌属（*Bacillus*）的近缘物种包括 7 科和 1 个待定科，即芽胞杆菌科（Bacillaceae）、脂环酸芽胞杆菌科（Alicyclobacillaceae）、类芽胞杆菌科（Paenibacillaceae）、巴斯德氏柄菌科（Pasteuriaceae）、显核菌科/动球菌科（Caryophanaceae/Planococcaceae）、芽胞乳杆菌科（Sporolactobacillaceae）、嗜热放线菌科（Thermoactinomycetaceae），有些科内存在不产芽胞的属，有些属内存在不产芽胞的种。下文将基于直系同源基因分别构建基因组数量较多的属和科，以及芽胞杆菌目的系统发育树，分别在属、科和目水平上讨论芽胞杆菌的系统发育关系，并试图整理芽胞杆菌的系统分类。

基因组的选择原则如下：①时间段，截至 2019 年 1 月底完成基因组测序的属和种，包括一些未定名的菌株（是独立种的可能性大）。②1 个种只有 1 个菌株的基因组被测序，则选择这个菌株的基因组；有 2 个或多个菌株的基因组被测序，则首先考虑测序和组装质量，选择质量最好的 1 个菌株的基因组，而且在质量相差不大的条件下，优先选择该种模式菌株的基因组。

### 一、基于全基因组直系同源基因的芽胞杆菌科系统发育分析

研究分别对基因组数量相对较多的 10 个属：芽胞杆菌属（*Bacillus*）、无氧芽胞杆菌属（*Anoxybacillus*）、房间芽胞杆菌属（*Domibacillus*）、虚构芽胞杆菌属（*Fictibacillus*）、

地芽胞杆菌属（*Geobacillus*）与副地芽胞杆菌属（*Parageobacillus*）、纤细芽胞杆菌属（*Gracilibacillus*）、喜盐芽胞杆菌属（*Halobacillus*）、慢生芽胞杆菌属（*Lentibacillus*）、大洋芽胞杆菌属（*Oceanobacillus*）和芽胞杆菌科进行了系统发育分析。

## （一）芽胞杆菌属的系统发育分析

从 GenBank 数据库中下载了 232 个基因组，包括 200 个已知种类（其中，145 个基因组是模式菌株的）和 32 个福建省农业科学院农业微生物创新团队分离到的芽胞杆菌属疑似新种（表 4-3-1），构建基于直系同源基因的芽胞杆菌属的无根系统发育树，以多黏类芽胞杆菌（*Paenibacillus polymyxa*）SC2 的基因组作为外类群（outgroup）（登录号为 GCA_000164985.2）。

**表 4-3-1　用于芽胞杆菌属系统发育树构建的种类和菌株信息**

| 编号 | 种类及菌株 | GenBank 登录号 |
|---|---|---|
| 1 | 深海芽胞杆菌（*Bacillus abyssalis*）DSM 25875$^T$ | GCA_002019595.1 |
| 2 | 酸快生芽胞杆菌（*Bacillus acidiceler*）DSM 18954$^T$ | GCA_002128425.1 |
| 3 | 酸居芽胞杆菌（*Bacillus acidicola*）FJAT-2406$^T$ | GCA_001636425.1 |
| 4 | 产酸芽胞杆菌（*Bacillus acidiproducens*）DSM 23148$^T$ | GCA_000374345.1 |
| 5 | 空气芽胞杆菌（*Bacillus aerius*）CH2-D42-30 | GCA_003611925.1 |
| 6 | 嗜气芽胞杆菌（*Bacillus aerophilus*）C772 | GCA_000831655.1 |
| 7 | 艾丁湖芽胞杆菌（*Bacillus aidingensis*）DSM 18341$^T$ | GCA_000429685.1 |
| 8 | 秋叶氏芽胞杆菌（*Bacillus akibai*）JCM 9157$^T$ | GCA_001315085.1 |
| 9 | 白色芽胞杆菌（*Bacillus albus*）PFYN01 | GCA_003966295.1 |
| 10 | 嗜碱芽胞杆菌（*Bacillus alcalophilus*）AV1934$^T$ | GCA_000292245.2 |
| 11 | 碱性解腈芽胞杆菌（*Bacillus alkalinitrilicus*）DSM 22532$^T$ | GCA_002019605.1 |
| 12 | 碱性土芽胞杆菌（*Bacillus alkalitelluris*）FJAT-10368$^T$ | GCA_002153425.1 |
| 13 | 高地芽胞杆菌（*Bacillus altitudinis*）W3 | GCA_000972685.1 |
| 14 | 香鱼海槽芽胞杆菌（*Bacillus alveayuensis*）24KAM51 | GCA_000948175.1 |
| 15 | 解淀粉芽胞杆菌（*Bacillus amyloliquefaciens*）DSM 7$^T$ | GCA_000196735.1 |
| 16 | 安氏芽胞杆菌（*Bacillus andreraoultii*）SIT1$^T$ | GCA_001244735.1 |
| 17 | 炭疽芽胞杆菌（*Bacillus anthracis*）Ames | GCA_000007845.1 |
| 18 | 海水芽胞杆菌（*Bacillus aquimaris*）ES5 | GCA_000751975.1 |
| 19 | 阿氏芽胞杆菌（*Bacillus aryabhattai*）K13 | GCA_002688605.1 |
| 20 | 朝日芽胞杆菌（*Bacillus asahii*）OM18 | GCA_004006295.1 |
| 21 | 深褐芽胞杆菌（*Bacillus atrophaeus*）SRCM101359 | GCA_002173495.1 |
| 22 | 金橙色芽胞杆菌（*Bacillus aurantiacus*）DSM 18675$^T$ | GCA_000429705.1 |
| 23 | 产氮芽胞杆菌（*Bacillus azotoformans*）MEV2011 | GCA_000708505.1 |
| 24 | 栗褐芽胞杆菌（*Bacillus badius*）SgD-V-25 | GCA_001630115.1 |
| 25 | 巴达维亚芽胞杆菌（*Bacillus bataviensis*）LMG 21833$^T$ | GCA_000307875.1 |
| 26 | 贝氏芽胞杆菌（*Bacillus beveridgei*）MLTeJB$^T$ | GCA_001721685.1 |
| 27 | 兵马俑芽胞杆菌（*Bacillus bingmayongensis*）FJAT-13831$^T$ | GCA_000299035.1 |
| 28 | 博戈里亚芽胞杆菌（*Bacillus bogoriensis*）ATCC BAA-922$^T$ | GCA_000621445.1 |
| 29 | 嗜硼芽胞杆菌（*Bacillus boroniphilus*）JCM 21738$^T$ | GCA_000517385.1 |
| 30 | 食丁醇芽胞杆菌（*Bacillus butanolivorans*）PHB-7a | GCA_003410415.1 |
| 31 | 茶叶芽胞杆菌（*Bacillus camelliae*）7578-1$^T$ | GCA_002844575.1 |
| 32 | 晒盐场芽胞杆菌（*Bacillus campisalis*）SA2-6$^T$ | GCA_000986785.1 |

续表

| 编号 | 种类及菌株 | GenBank 登录号 |
|---|---|---|
| 33 | 卡纳维拉尔角芽胞杆菌（*Bacillus canaveralius*）M4.6 | GCA_002860125.1 |
| 34 | 解酪蛋白芽胞杆菌（*Bacillus caseinilyticus*）SP$^{T}$ | GCA_900107275.1 |
| 35 | 洞穴芽胞杆菌（*Bacillus cavernae*）L5$^{T}$ | GCA_003989135.1 |
| 36 | 科研中心芽胞杆菌（*Bacillus cecembensis*）DSM 21993$^{T}$ | GCA_001439635.1 |
| 37 | 纤维素芽胞杆菌（*Bacillus cellulasensis*）NJ-M2 | GCA_001431145.1 |
| 38 | 解纤维素芽胞杆菌（*Bacillus cellulosilyticus*）DSM 2522$^{T}$ | GCA_000177235.2 |
| 39 | 蜡样芽胞杆菌（*Bacillus cereus*）ATCC 14579$^{T}$ | GCA_000007825.1 |
| 40 | 恰甘诺湖芽胞杆菌（*Bacillus chagannorensis*）DSM 18086$^{T}$ | GCA_000429725.1 |
| 41 | 食物芽胞杆菌（*Bacillus cibi*）DSM 16189$^{T}$ | GCA_000709935.2 |
| 42 | 慈湖芽胞杆菌（*Bacillus cihuensis*）FJAT-14515$^{T}$ | GCA_000504145.1 |
| 43 | 环状芽胞杆菌（*Bacillus circulans*）PK3_109 | GCA_003726095.1 |
| 44 | 克氏芽胞杆菌（*Bacillus clarkii*）DSM 8720$^{T}$ | GCA_002019695.1 |
| 45 | 克劳氏芽胞杆菌（*Bacillus clausii*）DSM 8716$^{T}$ | GCA_002250115.1 |
| 46 | 凝结芽胞杆菌（*Bacillus coagulans*）ATCC 7050$^{T}$ | GCA_000832905.1 |
| 47 | 考卉纳芽胞杆菌（*Bacillus coahuilensis*）p1.1.43 | GCA_001516895.1 |
| 48 | 科恩芽胞杆菌（*Bacillus cohnii*）DSM 6307$^{T}$ | GCA_002250055.1 |
| 49 | 黄瓜芽胞杆菌（*Bacillus cucumis*）V32-6 | GCA_002860255.1 |
| 50 | 细胞毒素芽胞杆菌（*Bacillus cytotoxicus*）NVH 391-98$^{T}$ | GCA_000017425.1 |
| 51 | 达里湖芽胞杆菌（*Bacillus daliensis*）CGMCC 1.10369$^{T}$ | GCA_900103955.1 |
| 52 | 腐叶芽胞杆菌（*Bacillus decisifrondis*）DSM 17725$^{T}$ | GCA_001278875.1 |
| 53 | 沙漠芽胞杆菌（*Bacillus deserti*）V1-29 | GCA_002863585.1 |
| 54 | 迪埃尔莫芽胞杆菌（*Bacillus dielmoensis*）FF4$^{T}$ | GCA_000612665.1 |
| 55 | 钻特省芽胞杆菌（*Bacillus drentensis*）FJAT-10044$^{T}$ | GCA_001636415.1 |
| 56 | 蚯蚓芽胞杆菌（*Bacillus eiseniae*）FJAT-2352$^{T}$ | GCA_001636325.1 |
| 57 | 国化室芽胞杆菌（*Bacillus enclensis*）SGD-1123$^{T}$ | GCA_001456935.1 |
| 58 | 内生芽胞杆菌（*Bacillus endophyticus*）DSM 13796$^{T}$ | GCA_900115845.1 |
| 59 | 混料芽胞杆菌（*Bacillus farraginis*）DSM 16013$^{T}$ | GCA_001439965.1 |
| 60 | 苛求芽胞杆菌（*Bacillus fastidiosus*）NBRC 101226$^{T}$ | GCA_001591625.1 |
| 61 | 丝状芽胞杆菌（*Bacillus filamentosus*）Hbe603 | GCA_000972245.3 |
| 62 | 坚强芽胞杆菌（*Bacillus firmus*）14_TX | GCA_003315495.1 |
| 63 | 弯曲芽胞杆菌（*Bacillus flexus*）KLBMP 4941 | GCA_002024265.1 |
| 64 | 小孔芽胞杆菌（*Bacillus foraminis*）Bac44 | GCA_003667765.1 |
| 65 | 福氏芽胞杆菌（*Bacillus fordii*）DSM 16014$^{T}$ | GCA_000374565.1 |
| 66 | 强壮芽胞杆菌（*Bacillus fortis*）DSM 16012$^{T}$ | GCA_003605365.1 |
| 67 | 喷气孔芽胞杆菌（*Bacillus fumarioli*）NBRC 102428$^{T}$ | GCA_001591485.1 |
| 68 | 狗木芽胞杆菌（*Bacillus gaemokensis*）KCTC 13318$^{T}$ | GCA_001590835.1 |

续表

| 编号 | 种类及菌株 | GenBank 登录号 |
| --- | --- | --- |
| 69 | 解半乳糖苷芽胞杆菌（*Bacillus galactosidilyticus*）G25-74 | GCA_001645705.1 |
| 70 | 吉氏芽胞杆菌（*Bacillus gibsonii*）FJAT-10019$^T$ | GCA_001719185.1 |
| 71 | 人参土芽胞杆菌（*Bacillus ginsengihumi*）J57 | GCA_000526655.1 |
| 72 | 大豆发酵芽胞杆菌（*Bacillus glycinifermentans*）BGLY | GCA_900093775.1 |
| 73 | 戈壁芽胞杆菌（*Bacillus gobiensis*）FJAT-4402$^T$ | GCA_001278705.1 |
| 74 | 戈氏芽胞杆菌（*Bacillus gottheilii*）FJAT-2394$^T$ | GCA_001636345.1 |
| 75 | 盐敏芽胞杆菌（*Bacillus halmapalus*）DSM 8723$^T$ | GCA_002019665.1 |
| 76 | 耐盐芽胞杆菌（*Bacillus halodurans*）C-125 | GCA_000011145.1 |
| 77 | 嗜盐噬糖芽胞杆菌（*Bacillus halosaccharovorans*）DSM 25387$^T$ | GCA_002019635.1 |
| 78 | 忍盐芽胞杆菌（*Bacillus halotolerans*）ZB201702 | GCA_004006435.1 |
| 79 | 海恩斯氏芽胞杆菌（*Bacillus haynesii*）NRRL B-41327$^T$ | GCA_001969855.1 |
| 80 | 解半纤维素芽胞杆菌（*Bacillus hemicellulosilyticus*）JCM 9152$^T$ | GCA_001315065.1 |
| 81 | 外村尚芽胞杆菌（*Bacillus hisashii*）C4 | GCA_002270345.1 |
| 82 | 堀越氏芽胞杆菌（*Bacillus horikoshii*）20a | GCA_002157855.1 |
| 83 | 霍氏芽胞杆菌（*Bacillus horneckiae*）FJAT-2351$^T$ | GCA_001636335.1 |
| 84 | 土地芽胞杆菌（*Bacillus humi*）DSM 16318$^T$ | GCA_001439915.1 |
| 85 | 印度芽胞杆菌（*Bacillus indicus*）LMG 22858$^T$ | GCA_000709935.2 |
| 86 | 婴儿芽胞杆菌（*Bacillus infantis*）NRRL B-14911 | GCA_000473245.1 |
| 87 | 吉达芽胞杆菌（*Bacillus jeddahensis*）JCE$^T$ | GCA_000612625.1 |
| 88 | 咸海鲜芽胞杆菌（*Bacillus jeotgali*）DSM 18226$^T$ | GCA_002874535.1 |
| 89 | 柯赫芽胞杆菌（*Bacillus kochii*）BDGP4 | GCA_002276165.1 |
| 90 | 韩国芽胞杆菌（*Bacillus koreensis*）DSM 16467$^T$ | GCA_001274935.1 |
| 91 | 库尔勒芽胞杆菌（*Bacillus korlensis*）NBRC 107688$^T$ | GCA_001591645.1 |
| 92 | 韩研所芽胞杆菌（*Bacillus kribbensis*）DSM 17871$^T$ | GCA_000430765.1 |
| 93 | 克鲁氏芽胞杆菌（*Bacillus krulwichiae*）AM31D$^T$ | GCA_002109385.1 |
| 94 | 列城芽胞杆菌（*Bacillus lehensis*）G1 | GCA_000706725.1 |
| 95 | 迟缓芽胞杆菌（*Bacillus lentus*）NCTC 4824$^T$ | GCA_900478165.1 |
| 96 | 地衣芽胞杆菌（*Bacillus licheniformis*）ATCC 14580$^T$ | GCA_000011645.1 |
| 97 | 嗜木质素芽胞杆菌（*Bacillus ligniniphilus*）L1$^T$ | GCA_000334155.1 |
| 98 | 岸滨芽胞杆菌（*Bacillus litoralis*）Bac94 | GCA_003667825.1 |
| 99 | 高山杜鹃芽胞杆菌（*Bacillus loiseleuriae*）FJAT-27997$^T$ | GCA_001183985.1 |
| 100 | 洛纳尔芽胞杆菌（*Bacillus lonarensis*）25nlg$^T$ | GCA_900096965.1 |
| 101 | 路西法芽胞杆菌（*Bacillus luciferensis*）CH01 | GCA_001712755.1 |
| 102 | 泥芽胞杆菌（*Bacillus luti*）TD41$^T$ | GCA_001884105.1 |
| 103 | 万里浦芽胞杆菌（*Bacillus manliponensis*）JCM 15802$^T$ | GCA_000712595.1 |
| 104 | 解甘露聚糖芽胞杆菌（*Bacillus mannanilyticus*）JCM 10596$^T$ | GCA_000615945.1 |

续表

| 编号 | 种类及菌株 | GenBank 登录号 |
|---|---|---|
| 105 | 海沉积芽胞杆菌（*Bacillus marinisedimentorum*）NC2-31$^{T}$ | GCA_001644195.2 |
| 106 | 黄海芽胞杆菌（*Bacillus marisflavi*）JCM 11544$^{T}$ | GCA_001274775.1 |
| 107 | 马尔马拉芽胞杆菌（*Bacillus marmarensis*）DSM 21297$^{T}$ | GCA_000474275.2 |
| 108 | 马赛冰层芽胞杆菌（*Bacillus massiliglaciei*）Marseille-P2600$^{T}$ | GCA_900098925.1 |
| 109 | 马赛厌食芽胞杆菌（*Bacillus massilioanorexius*）AP8$^{T}$ | GCA_000321185.1 |
| 110 | 马赛加蓬芽胞杆菌（*Bacillus massiliogabonensis*）Marseille-P2639$^{T}$ | GCA_900199725.1 |
| 111 | 马赛大猩猩芽胞杆菌（*Bacillus massiliogorillae*）G2$^{T}$ | GCA_000380245.2 |
| 112 | 马赛塞内加尔芽胞杆菌（*Bacillus massiliosenegalensis*）JC6$^{T}$ | GCA_000311725.1 |
| 113 | 地中海芽胞杆菌（*Bacillus mediterraneensis*）Marseille-P2366$^{T}$ | GCA_900111815.1 |
| 114 | 巨大芽胞杆菌（*Bacillus megaterium*）ATCC 14581$^{T}$ | GCA_000832985.1 |
| 115 | 仙草芽胞杆菌（*Bacillus mesonae*）FJAT-13985$^{T}$ | GCA_001636315.1 |
| 116 | 甲醇芽胞杆菌（*Bacillus methanolicus*）MGA3 | GCA_000724485.1 |
| 117 | 运动芽胞杆菌（*Bacillus mobilis*）ML-A2C4 | GCA_003612955.1 |
| 118 | 莫哈维沙漠芽胞杆菌（*Bacillus mojavensis*）KCTC 3706$^{T}$ | GCA_000507105.1 |
| 119 | 壁芽胞杆菌（*Bacillus muralis*）DSM 16288$^{T}$ | GCA_000245335.1 |
| 120 | 马丁教堂芽胞杆菌（*Bacillus murimartini*）LMG 21005$^{T}$ | GCA_001274705.1 |
| 121 | 蕈状芽胞杆菌（*Bacillus mycoides*）ATCC 6462$^{T}$ | GCA_000832605.1 |
| 122 | 中村氏芽胞杆菌（*Bacillus nakamurai*）NRRL B-41091$^{T}$ | GCA_001584325.1 |
| 123 | 迪奥普芽胞杆菌（*Bacillus ndiopicus*）FF3$^{T}$ | GCA_000612805.1 |
| 124 | 尼氏芽胞杆菌（*Bacillus nealsonii*）FO-92$^{T}$ | GCA_002835805.1 |
| 125 | 烟酸芽胞杆菌（*Bacillus niacini*）DSM 2923$^{T}$ | GCA_000768265.1 |
| 126 | 尼亚美芽胞杆菌（*Bacillus niameyensis*）SIT3$^{T}$ | GCA_001375535.1 |
| 127 | 硝酸盐还原芽胞杆菌（*Bacillus nitratireducens*）4049$^{T}$ | GCA_001884135.1 |
| 128 | 三七土芽胞杆菌（*Bacillus notoginsengisoli*）JCM 30743$^{T}$ | GCA_003515685.1 |
| 129 | 休闲地芽胞杆菌（*Bacillus novalis*）FJAT-14227$^{T}$ | GCA_001636395.1 |
| 130 | 海洋沉积芽胞杆菌（*Bacillus oceanisediminis*）2691 | GCA_000294775.2 |
| 131 | 奥哈芽胞杆菌（*Bacillus okhensis*）Kh10-101$^{T}$ | GCA_000787375.1 |
| 132 | 奥飞弹温泉芽胞杆菌（*Bacillus okuhidensis*）DSM 13666$^{T}$ | GCA_001274915.1 |
| 133 | 噬柴油芽胞杆菌（*Bacillus oleivorans*）JC228$^{T}$ | GCA_900207585.1 |
| 134 | 奥莱龙岛芽胞杆菌（*Bacillus oleronius*）DSM 9356$^{T}$ | GCA_002009555.1 |
| 135 | 稻田土芽胞杆菌（*Bacillus oryziterrae*）ZYK$^{T}$ | GCA_000331575.1 |
| 136 | 大岛芽胞杆菌（*Bacillus oshimensis*）DSM 18940$^{T}$ | GCA_002019765.1 |
| 137 | 太平洋芽胞杆菌（*Bacillus pacificus*）RC-1 | GCA_003858675.1 |
| 138 | 人参地块芽胞杆菌（*Bacillus panaciterrae*）DSM 19096$^{T}$ | GCA_000430785.1 |
| 139 | 副地衣芽胞杆菌（*Bacillus paralicheniformis*）ATCC 9945$^{T}$ | GCA_000408885.1 |
| 140 | 副蕈状芽胞杆菌（*Bacillus paramycoides*）NH24A2$^{T}$ | GCA_001884235.1 |

续表

| 编号 | 种类及菌株 | GenBank 登录号 |
|---|---|---|
| 141 | 副炭疽芽胞杆菌（*Bacillus paranthracis*）Mn5$^T$ | GCA_001883995.1 |
| 142 | 巴塔哥尼亚芽胞杆菌（*Bacillus patagoniensis*）DSM 16117$^T$ | GCA_002019705.1 |
| 143 | 波斯芽胞杆菌（*Bacillus persicus*）DSM 25386$^T$ | GCA_900109925.1 |
| 144 | 扁板海绵芽胞杆菌（*Bacillus plakortidis*）DSM 19153$^T$ | GCA_001420645.1 |
| 145 | 胡杨芽胞杆菌（*Bacillus populi*）FJAT-45347$^T$ | GCA_002352765.2 |
| 146 | 农田芽胞杆菌（*Bacillus praedii*）FJAT-25547$^T$ | GCA_001439605.1 |
| 147 | 解蛋白芽胞杆菌（*Bacillus proteolyticus*）TD42$^T$ | GCA_001884065.1 |
| 148 | 假嗜碱芽胞杆菌（*Bacillus pseudalcaliphilus*）DSM 8725$^T$ | GCA_001038565.1 |
| 149 | 假坚强芽胞杆菌（*Bacillus pseudofirmus*）OF4 | GCA_000005825.2 |
| 150 | 假蕈状芽胞杆菌（*Bacillus pseudomycoides*）DSM 12442$^T$ | GCA_000161455.1 |
| 151 | 冷解糖芽胞杆菌（*Bacillus psychrosaccharolyticus*）ATCC 23296$^T$ | GCA_000305495.2 |
| 152 | 短小芽胞杆菌（*Bacillus pumilus*）SH-B9 | GCA_001578205.1 |
| 153 | 青岛芽胞杆菌（*Bacillus qingdaonensis*）CGMCC 1.6134$^T$ | GCA_900114715.1 |
| 154 | 根际芽胞杆菌（*Bacillus rhizosphaerae*）DSM 21911$^T$ | GCA_900142675.1 |
| 155 | 鲁比婴儿芽胞杆菌（*Bacillus rubiinfantis*）mt2$^T$ | GCA_000752035.1 |
| 156 | 沙福芽胞杆菌（*Bacillus safensis*）KCTC 12796BP | GCA_001895885.1 |
| 157 | 盐芽胞杆菌（*Bacillus salarius*）IM0101 | GCA_003945585.1 |
| 158 | 嗜盐芽胞杆菌（*Bacillus saliphilus*）6AG$^T$ | GCA_003044065.1 |
| 159 | 好盐芽胞杆菌（*Bacillus salsus*）IBRC-M 10078$^T$ | GCA_900104555.1 |
| 160 | 沙特芽胞杆菌（*Bacillus saudimassiliensis*）JCA$^T$ | GCA_000820865.1 |
| 161 | 硒砷芽胞杆菌（*Bacillus selenatarsenatis*）SF-1$^T$ | GCA_000813125.1 |
| 162 | 还原硒酸盐芽胞杆菌（*Bacillus selenitireducens*）MLS10$^T$ | GCA_000093085.1 |
| 163 | 莎车芽胞杆菌（*Bacillus shacheensis*）HNA-14$^T$ | GCA_001484965.1 |
| 164 | 沙氏芽胞杆菌（*Bacillus shackletonii*）LMG 18435$^T$ | GCA_001420715.1 |
| 165 | 暹罗芽胞杆菌（*Bacillus siamensis*）SCSIO 05746 | GCA_002850535.1 |
| 166 | 简单芽胞杆菌（*Bacillus simplex*）DSM 1321$^T$ | GCA_002243645.1 |
| 167 | 史氏芽胞杆菌（*Bacillus smithii*）DSM 4216$^T$ | GCA_001050115.1 |
| 168 | 茄属芽胞杆菌（*Bacillus solani*）FJAT-18043$^T$ | GCA_001420595.1 |
| 169 | 土壤芽胞杆菌（*Bacillus soli*）DSM 15604$^T$ | GCA_002335815.1 |
| 170 | 红树林土壤芽胞杆菌（*Bacillus solimangrovi*）GH2-4$^T$ | GCA_001742425.1 |
| 171 | 索诺拉沙漠芽胞杆菌（*Bacillus sonorensis*）SRCM101395 | GCA_002202015.1 |
| 172 | 芽胞耐热芽胞杆菌（*Bacillus sporothermodurans*）B4102 | GCA_001587375.1 |
| 173 | 平流层芽胞杆菌（*Bacillus stratosphericus*）LAMA 585 | GCA_000353245.1 |
| 174 | 地下芽胞杆菌（*Bacillus subterraneus*）DSM 13966$^T$ | GCA_003937825.1 |
| 175 | 枯草芽胞杆菌（*Bacillus subtilis*）168$^T$ | GCA_000009045.1 |
| 176 | 斯威齐氏芽胞杆菌（*Bacillus swezeyi*）NRRL B-41282$^T$ | GCA_001969555.1 |

续表

| 编号 | 种类及菌株 | GenBank 登录号 |
|---|---|---|
| 177 | 特基拉芽胞杆菌（*Bacillus tequilensis*）NCTC 13306$^T$ | GCA_900445435.1 |
| 178 | 花土芽胞杆菌（*Bacillus terrae*）LMG 29736$^T$ | GCA_003605405.2 |
| 179 | 睾丸芽胞杆菌（*Bacillus testis*）SIT10$^T$ | GCA_001243895.1 |
| 180 | 热噬淀粉芽胞杆菌（*Bacillus thermoamylovorans*）SSBM | GCA_003096215.1 |
| 181 | 耐温芽胞杆菌（*Bacillus thermotolerans*）SgZ-8$^T$ | GCA_000812025.2 |
| 182 | 苏云金芽胞杆菌（*Bacillus thuringiensis*）97-27 无杀虫基因 | GCA_000008505.1 |
| 183 | 苏云金芽胞杆菌（*Bacillus thuringiensis*）CT-43 有杀虫基因 | GCA_000193355.1 |
| 184 | 泰门芽胞杆菌（*Bacillus timonensis*）MM10403188$^T$ | GCA_000285535.1 |
| 185 | 图瓦永芽胞杆菌（*Bacillus toyonensis*）BCT-7112$^T$ | GCA_000496285.1 |
| 186 | 热带芽胞杆菌（*Bacillus tropicus*）N24$^T$ | GCA_001884035.1 |
| 187 | 居甲虫芽胞杆菌（*Bacillus trypoxylicola*）KCTC 13244$^T$ | GCA_001590785.1 |
| 188 | 图阿雷格人芽胞杆菌（*Bacillus tuaregi*）Marseille-P2489$^T$ | GCA_900104575.1 |
| 189 | 乌鲁木齐芽胞杆菌（*Bacillus urumqiensis*）BZ-SZ-XJ18$^T$ | GCA_002993335.1 |
| 190 | 死谷芽胞杆菌（*Bacillus vallismortis*）NBIF-001 | GCA_002113805.1 |
| 191 | 贝莱斯芽胞杆菌（*Bacillus velezensis*）FZB42 | GCA_000015785.1 |
| 192 | 越南芽胞杆菌（*Bacillus vietnamensis*）NBRC 101237$^T$ | GCA_001591825.1 |
| 193 | 原野芽胞杆菌（*Bacillus vireti*）DSM 15602$^T$ | GCA_001026695.1 |
| 194 | 和光芽胞杆菌（*Bacillus wakoensis*）JCM 9140$^T$ | GCA_001315045.1 |
| 195 | 韦氏芽胞杆菌（*Bacillus weihenstephanensis*）KBAB4 | GCA_000018825.1 |
| 196 | 维德曼氏芽胞杆菌（*Bacillus wiedmannii*）MM3 | GCA_000160955.1 |
| 197 | 五大连池芽胞杆菌（*Bacillus wudalianchiensis*）FJAT-27215$^T$ | GCA_001685015.1 |
| 198 | 厦门芽胞杆菌（*Bacillus xiamenensis*）VV3 | GCA_001857925.1 |
| 199 | 玉米芽胞杆菌（*Bacillus zeae*）JJ-247$^T$ | GCA_003570705.1 |
| 200 | 漳州芽胞杆菌（*Bacillus zhangzhouensis*）DW5-4$^T$ | GCA_000715205.1 |
| 201 | *Bacillus* sp. FJAT-27445$^T$ | GCA_001183905.1 |
| 202 | *Bacillus* sp. FJAT-27238$^T$ | GCA_001184755.1 |
| 203 | *Bacillus* sp. FJAT-27251$^T$ | GCA_001273925.1 |
| 204 | *Bacillus* sp. FJAT-21945$^T$ | GCA_001275655.1 |
| 205 | *Bacillus* sp. FJAT-21351$^T$ | GCA_001275665.1 |
| 206 | *Bacillus* sp. FJAT-22058$^T$ | GCA_001277335.1 |
| 207 | *Bacillus* sp. FJAT-21352$^T$ | GCA_001277355.1 |
| 208 | *Bacillus* sp. FJAT-28004$^T$ | GCA_001280845.1 |
| 209 | *Bacillus* sp. FJAT-29937$^T$ | GCA_001509555.1 |
| 210 | *Bacillus* sp. FJAT-29814$^T$ | GCA_001510715.1 |
| 211 | *Bacillus* sp. FJAT-28573$^T$ | GCA_001541085.1 |
| 212 | *Bacillus* sp. FJAT-27264$^T$ | GCA_001682855.1 |
| 213 | *Bacillus* sp. FJAT-26390$^T$ | GCA_001682865.1 |

续表

| 编号 | 种类及菌株 | GenBank 登录号 |
|---|---|---|
| 214 | *Bacillus* sp. FJAT-27997$^T$ | GCA_001183985.1 |
| 215 | *Bacillus* sp. FJAT-27215$^T$ | GCA_001685015.1 |
| 216 | *Bacillus* sp. FJAT-27225$^T$ | GCA_001685025.1 |
| 217 | *Bacillus* sp. FJAT-27986$^T$ | GCA_001685035.1 |
| 218 | *Bacillus* sp. FJAT-25547$^T$ | GCA_001439605.1 |
| 219 | *Bacillus* sp. FJAT-20673$^T$ | GCA_001636485.1 |
| 220 | *Bacillus* sp. FJAT-21955$^T$ | GCA_001420655.1 |
| 221 | *Bacillus* sp. FJAT-22090$^T$ | GCA_001278755.1 |
| 222 | *Bacillus* sp. FJAT-18017$^T$ | GCA_001278805.1 |
| 223 | *Bacillus* sp. FJAT-14578$^T$ | GCA_000504165.1 |
| 224 | *Bacillus* sp. FJAT-27916$^T$ | GCA_001183965.1 |
| 225 | *Bacillus* sp. FJAT-27231$^T$ | GCA_001183975.1 |
| 226 | *Bacillus* sp. FJAT-18043$^T$ | GCA_001420595.1 |
| 227 | *Bacillus* sp. FJAT-25509$^T$ | GCA_001420605.1 |
| 228 | *Bacillus* sp. FJAT-25496$^T$ | GCA_001439625.1 |
| 229 | *Bacillus* sp. FJAT-26652$^T$ | GCA_001273895.1 |
| 230 | *Bacillus* sp. FJAT-27245$^T$ | GCA_001273955.1 |
| 231 | *Bacillus* sp. FJAT-18019$^T$ | GCA_001275645.1 |
| 232 | *Bacillus* sp. FJAT-14266$^T$ | GCA_001719225.1 |

分析结果表明，基于全基因组直系同源基因的系统发育树将芽胞杆菌属的 232 个菌株大致区分为 30 个进化枝（图 4-3-1），具体情况如下。

1）进化枝 1 包括 14 个种/菌株：仙草芽胞杆菌 FJAT-13985$^T$、鲁比婴儿芽胞杆菌 mt2$^T$、*Bacillus* sp. FJAT-29814$^T$、迪埃尔莫芽胞杆菌 FF4$^T$、喷气孔芽胞杆菌 NBRC 102428$^T$、烟酸芽胞杆菌 DSM 2923$^T$、黄瓜芽胞杆菌 V32-6、吉达芽胞杆菌 JCE$^T$、沙特芽胞杆菌 JCA$^T$、巴达维亚芽胞杆菌 LMG 21833$^T$、钻特省芽胞杆菌 FJAT-10044$^T$、土壤芽胞杆菌 DSM 15604$^T$、休闲地芽胞杆菌 FJAT-14227$^T$ 和原野芽胞杆菌 DSM 15602$^T$。

2）进化枝 2 包括 4 个种/菌株：三七土芽胞杆菌 JCM 30743$^T$、*Bacillus* sp. FJAT-27245$^T$、*Bacillus* sp. FJAT-18017$^T$ 和 *Bacillus* sp. FJAT-27225$^T$。

3）进化枝 3 包括 11 个种/菌株：晒盐场芽胞杆菌 SA2-6$^T$、*Bacillus* sp. FJAT-27251$^T$、波斯芽胞杆菌 DSM 25386$^T$、小孔芽胞杆菌 Bac44、地中海芽胞杆菌 Marseille-P2366$^T$、玉米芽胞杆菌 JJ-247$^T$、地下芽胞杆菌 DSM 13966$^T$、咸海鲜芽胞杆菌 DSM 18226$^T$、嗜硼芽胞杆菌 JCM 21738$^T$、硒砷芽胞杆菌 SF-1$^T$ 和卡纳维拉尔角芽胞杆菌 M4.6。

4）进化枝 4 包括 19 个种/菌株：茄属芽胞杆菌 FJAT-18043$^T$、*Bacillus* sp. FJAT-18043$^T$（用于系统发育树准确性的检验）、*Bacillus* sp. FJAT-21945$^T$、马赛加蓬芽胞杆菌 Marseille-P2639$^T$、农田芽胞杆菌 FJAT-25547$^T$、*Bacillus* sp. FJAT-25547$^T$（用于系统发育树准确性的检验）、霍氏芽胞杆菌 FJAT-2351$^T$、*Bacillus* sp. FJAT-25496$^T$、*Bacillus* sp. FJAT-29937$^T$、戈氏芽胞杆菌 FJAT-2394$^T$、蚯蚓芽胞杆菌 FJAT-2352$^T$、柯赫芽胞杆菌 BDGP4、坚强芽胞杆菌 14_TX、海洋沉积芽胞杆菌 2691、婴儿芽胞杆菌 NRRL B-14911$^T$、库尔勒芽胞杆菌 NBRC 107688$^T$、马赛塞内加尔芽胞杆菌 JC6$^T$、环状芽胞杆菌 PK3_109 和尼氏芽胞杆菌 FO-92$^T$。

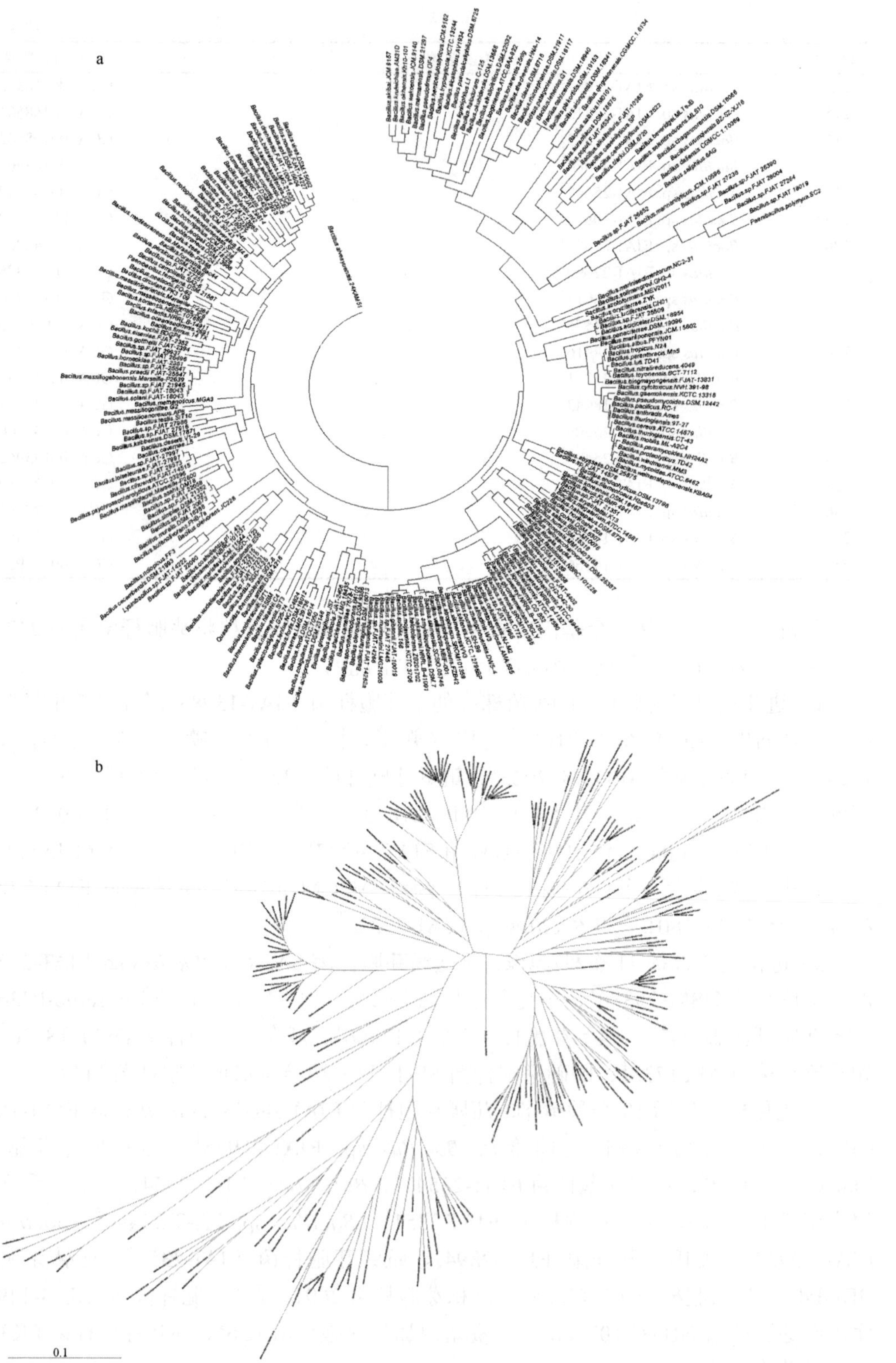


图 4-3-1　基于全基因组直系同源基因的芽胞杆菌属的环状（a）和放射状（b）系统发育树

5）进化枝 5 仅有 1 个种：甲醇芽胞杆菌 MGA3。

6）进化枝 6 包括 5 个种/菌株：*Bacillus* sp. FJAT-27916$^T$、*Bacillus* sp. FJAT-27986$^T$、睾丸芽胞杆菌 SIT10$^T$、马赛厌食芽胞杆菌 AP8$^T$ 和马赛大猩猩芽胞杆菌 G2$^T$。

7）进化枝 7 包括 2 个种：沙漠芽胞杆菌 V1-29 和韩研所芽胞杆菌 DSM 17871$^T$。

8）进化枝 8 包括 14 个种/菌株：食丁醇芽胞杆菌 PHB-7a、壁芽胞杆菌 DSM 16288$^T$、*Bacillus* sp. FJAT-20673$^T$、简单芽胞杆菌 DSM 1321$^T$、*Bacillus* sp. FJAT-21352$^T$、*Bacillus* sp. FJAT-22058$^T$、朝日芽胞杆菌 OM18、马赛冰层芽胞杆菌 Marseille-P2600$^T$、冷解糖芽胞杆菌 ATCC 23296$^T$、慈湖芽胞杆菌 FJAT-14515$^T$、*Bacillus* sp. FJAT-28573$^T$、高山杜鹃芽胞杆菌 FJAT-27997$^T$、*Bacillus* sp. FJAT-27997$^T$（用于系统发育树准确性的检验）和洞穴芽胞杆菌 L5$^T$。

9）进化枝 9 仅有 1 个种：噬柴油芽胞杆菌 JC228$^T$。

10）进化枝 10 包括 8 个种/菌株：海水芽胞杆菌 ES5、国化室芽胞杆菌 SGD-1123$^T$、黄海芽胞杆菌 JCM 11544$^T$、越南芽胞杆菌 NBRC 101237$^T$、考卉纳芽胞杆菌 p1.1.43、*Bacillus* sp. FJAT-22090$^T$、科研中心芽胞杆菌 DSM 21993$^T$ 和迪奥普芽胞杆菌 FF3$^T$。

11）进化枝 11 包括 9 个种/菌株：外村尚芽胞杆菌 C4、热噬淀粉芽胞杆菌 SSBM、安氏芽胞杆菌 SIT1$^T$、史氏芽胞杆菌 DSM 4216$^T$、耐温芽胞杆菌 SgZ-8$^T$（已被重分类为耐热类似芽胞杆菌）、栗褐芽胞杆菌（*Bacillus badius*）SgD-V-25（已被重分类为栗褐假芽胞杆菌）、*Bacillus* sp. FJAT-27231$^T$、五大连池芽胞杆菌 FJAT-27215$^T$（已被重分类为五大连池假芽胞杆菌）和 *Bacillus* sp. FJAT-27215$^T$（用于系统发育树准确性的检验）。该进化枝中，外村尚芽胞杆菌、热噬淀粉芽胞杆菌、安氏芽胞杆菌和史氏芽胞杆菌的分类地位需要重新评价。

12）进化枝 12 包括 6 个种：福氏芽胞杆菌 DSM 16014$^T$、花土芽胞杆菌 LMG 29736$^T$、强壮芽胞杆菌 DSM 16012$^T$、迟缓芽胞杆菌 NCTC 4824$^T$、解半乳糖苷芽胞杆菌 G25-74 和尼亚美芽胞杆菌 SIT3$^T$。

13）进化枝 13 包括 9 个种：混料芽胞杆菌 DSM 16013$^T$、奥莱龙岛芽胞杆菌 DSM 9356$^T$、芽胞耐热芽胞杆菌 B4102、茶叶芽胞杆菌 7578-1$^T$、沙氏芽胞杆菌 LMG 18435$^T$、酸居芽胞杆菌 FJAT-2406$^T$、人参土芽胞杆菌 J57、产酸芽胞杆菌 DSM 23148$^T$ 和凝结芽胞杆菌 ATCC 7050$^T$。

14）进化枝 14 仅有 1 个种：香鱼海槽芽胞杆菌 24KAM51。

15）进化枝 15 包括 31 个种/菌株：戈壁芽胞杆菌 FJAT-4402$^T$、空气芽胞杆菌 CH2-D42-30、副地衣芽胞杆菌 ATCC 9945$^T$、海恩斯氏芽胞杆菌 NRRL B-41327$^T$、地衣芽胞杆菌 ATCC 14580$^T$、斯威齐氏芽胞杆菌 NRRL B-41282$^T$、大豆发酵芽胞杆菌 BGLY、索诺拉沙漠芽胞杆菌 SRCM101395、嗜气芽胞杆菌 C772、*Bacillus* sp. FJAT-21955$^T$、纤维素芽胞杆菌 NJ-M2、平流层芽胞杆菌 LAMA 585、高地芽胞杆菌 W3、漳州芽胞杆菌 DW5-4$^T$、短小芽胞杆菌 SH-B9、沙福芽胞杆菌 KCTC 12796BP、厦门芽胞杆菌 VV3、深褐芽胞杆菌 SRCM101359、贝莱斯芽胞杆菌 FZB42、死谷芽胞杆菌 NBIF-001、暹罗芽胞杆菌 SCSIO 05746、解淀粉芽胞杆菌 DSM 7$^T$、中村氏芽胞杆菌 NRRL B-41091$^T$、忍盐芽胞杆菌 ZB201702、莫哈维沙漠芽胞杆菌 KCTC 3706$^T$、枯草芽胞杆菌 168、吉氏芽胞杆菌 FJAT-10019$^{T}$、*Bacillus* sp. FJAT-27445$^{T}$、马丁教堂芽胞杆菌 LMG 21005$^{T}$、特基拉芽胞杆菌 NCTC 13306$^{T}$ 和 *Bacillus* sp. FJAT-14266$^{T}$。

16）进化枝 16 包括 5 个种：印度芽胞杆菌 LMG 22858$^{T}$、食物芽胞杆菌 DSM 16189$^{T}$（是印度芽胞杆菌的同种异名）、苛求芽胞杆菌 NBRC 101226$^{T}$、岸滨芽胞杆菌 Bac94 和嗜盐噬糖芽胞杆菌 DSM 25387$^{T}$。

17）进化枝 17 包括 6 个种：泰门芽胞杆菌 MM10403188$^{T}$、土地芽胞杆菌 DSM 16318$^{T}$、好盐芽胞杆菌 IBRC-M 10078$^{T}$、科恩芽胞杆菌 DSM 6307$^{T}$、堀越氏芽胞杆菌 20a 和盐敏芽胞杆菌 DSM 8723$^{T}$。

18）进化枝 18 包括 9 个种/菌株：巨大芽胞杆菌 ATCC 14581$^{T}$、阿氏芽胞杆菌 K13、*Bacillus* sp. FJAT-21351$^{T}$、弯曲芽胞杆菌 KLBMP 4941、韩国芽胞杆菌 DSM 16467$^{T}$、丝状芽胞杆菌 Hbe603、内生芽胞杆菌 DSM 13796$^{T}$、*Bacillus* sp. FJAT-14578$^{T}$ 和深海芽胞杆菌 DSM 25875$^{T}$。

19）进化枝 19 包括 22 个种：蜡样芽胞杆菌 ATCC 14579$^{T}$、蕈状芽胞杆菌 ATCC 6462$^{T}$、韦氏芽胞杆菌 KBAB4（是蕈状芽胞杆菌的同种异名）、维德曼氏芽胞杆菌 MM3、解蛋白芽胞杆菌 TD42$^{T}$、副蕈状芽胞杆菌 NH24A2$^{T}$、运动芽胞杆菌 ML-A2C4、苏云金芽胞杆菌 97-27$^{T}$、苏云金芽胞杆菌 CT-43、炭疽芽胞杆菌 Ames、太平洋芽胞杆菌 RC-1、假蕈状芽胞杆菌 DSM 12442$^{T}$、狗木芽胞杆菌 KCTC 13318$^{T}$、细胞毒素芽胞杆菌 NVH 391-98$^{T}$、兵马俑芽胞杆菌 FJAT-13831$^{T}$、图瓦永芽胞杆菌 BCT-7112$^{T}$、硝酸盐还原芽胞杆菌 4049$^{T}$、泥芽胞杆菌 TD41$^{T}$、副炭疽芽胞杆菌 Mn5$^{T}$、热带芽胞杆菌 N24$^{T}$、白色芽胞杆菌 PFYN01 和万里浦芽胞杆菌 JCM 15802$^{T}$。该进化枝的成员均属于蜡样芽胞杆菌群。

20）进化枝 20 仅有 1 个种：人参地块芽胞杆菌 DSM 19096$^{T}$。

21）进化枝 21 包括 3 个种/菌株：酸快生芽胞杆菌 DSM 18954$^{T}$、*Bacillus* sp. FJAT-25509$^{T}$ 和路西法芽胞杆菌 CH01。

22）进化枝 22 包括 2 个种：稻田土芽胞杆菌 ZYK$^{T}$ 和产氮芽胞杆菌 MEV2011。

23）进化枝 23 包括 2 个种：红树林土壤芽胞杆菌 GH2-4$^{T}$ 和海沉积芽胞杆菌 NC2-31$^{T}$。

24）进化枝 24 包括 7 个种/菌株：*Bacillus* sp. FJAT-18019$^{T}$、*Bacillus* sp. FJAT-27264$^{T}$、*Bacillus* sp. FJAT-28004$^{T}$、*Bacillus* sp. FJAT-26390$^{T}$、*Bacillus* sp. FJAT-27238$^{T}$、解甘露聚糖芽胞杆菌 JCM 10596$^{T}$ 和 *Bacillus* sp. FJAT-26652$^{T}$。这 7 个种/菌株与外群种多黏类芽胞杆菌聚类在 1 个进化枝，而且 *Bacillus* sp. FJAT-18019$^{T}$ 和 *Bacillus* sp. FJAT-27264$^{T}$ 已经被我们重新鉴定为类芽胞杆菌属。因此，该进化枝的其他成员的分类地位需要重新评价。

25）进化枝 25 包括 6 个种：嗜盐芽胞杆菌 6AG$^{T}$、达里湖芽胞杆菌 CGMCC 1.10369$^{T}$、乌鲁木齐芽胞杆菌 BZ-SZ-XJ18$^{T}$、恰甘诺湖芽胞杆菌 DSM 18086$^{T}$、还原硒酸盐芽胞杆菌 MLS10$^{T}$ 和贝氏芽胞杆菌 MLTeJB$^{T}$。该进化枝中，嗜盐芽胞杆菌已被重分类为嗜盐碱球菌，因此，其他成员的分类地位需要重新评价。

26）进化枝 26 包括 4 个种：克氏芽胞杆菌 DSM 8720$^{T}$、解纤维素芽胞杆菌 DSM 2522$^{T}$、解酪蛋白芽胞杆菌 SP$^{T}$ 和碱土芽胞杆菌 FJAT-10368$^{T}$。

27）进化枝 27 包括 2 个种：胡杨芽胞杆菌 FJAT-45347$^{T}$ 和金橙色芽胞杆菌 DSM 18675$^{T}$。

28）进化枝 28 包括 3 个种：盐芽胞杆菌 IM0101、青岛芽胞杆菌 CGMCC 1.6134$^{T}$

和艾丁湖芽胞杆菌 DSM 18341$^T$。该进化枝中，青岛芽胞杆菌已被重分类为青岛盐小杆菌，因此，盐芽胞杆菌和艾丁湖芽胞杆菌的分类地位需要重新评价。

29）进化枝 29 包括 8 个种：扁板海绵芽胞杆菌 DSM 19153$^T$、大岛芽胞杆菌 DSM 18940$^T$、列城芽胞杆菌 G1、巴塔哥尼亚芽胞杆菌 DSM 16117$^T$、根际芽胞杆菌 DSM 21911$^T$、克劳氏芽胞杆菌 DSM 8716$^T$、莎车芽胞杆菌 HNA-14$^T$ 和洛纳尔芽胞杆菌 25nlg$^T$。如前所述，扁板海绵芽胞杆菌、大岛芽胞杆菌和列城芽胞杆菌是同种，根际芽胞杆菌和克劳氏芽胞杆菌是同种。

30）进化枝 30 包括 15 个种：博戈里亚芽胞杆菌 ATCC BAA-922$^T$、碱性解腈芽胞杆菌 DSM 22532$^T$、奥飞弹温泉芽胞杆菌 DSM 13666$^T$、耐盐芽胞杆菌 C-125、嗜木质素芽胞杆菌 L1$^T$、假嗜碱芽胞杆菌 DSM 8725$^T$、嗜碱芽胞杆菌 AV1934$^T$、居甲虫芽胞杆菌 KCTC 13244$^T$、解半纤维素芽胞杆菌 JCM 9152$^T$、假坚强芽胞杆菌 OF4、马尔马拉芽胞杆菌 DSM 21297$^T$、和光芽胞杆菌 JCM 9140$^T$、奥哈芽胞杆菌 Kh10-101$^T$、克鲁氏芽胞杆菌 AM31D$^T$ 和秋叶氏芽胞杆菌 JCM 9157$^T$。

根据系统发育树的拓扑结构，结合已有的文献，芽胞杆菌属可以被划分为多个属，需要后续的深入研究。

## （二）无氧芽胞杆菌属的系统发育分析

从 GenBank 数据库中下载了 14 个基因组（表 4-3-2），包括 11 个已知种类（其中，8 个基因组是模式菌株的）和 3 个未定种的菌株。构建基于直系同源基因的无氧芽胞杆菌属的无根系统发育树，以多黏类芽胞杆菌（*Paenibacillus polymyxa*）SC2 的基因组作为外群种（outgroup）（登录号为 GCA_000164985.2）。

**表 4-3-2 用于无氧芽胞杆菌属系统发育树构建的种类和菌株信息**

| 编号 | 种类及菌株 | GenBank 登录号 |
|---|---|---|
| 1 | 解淀粉无氧芽胞杆菌（*Anoxybacillus amylolyticus*）DSM 15939$^T$ | GCA_001634285.1 |
| 2 | 里泽无氧芽胞杆菌（*Anoxybacillus ayderensis*）SK3-4 | GCA_000443775.1 |
| 3 | 好热黄无氧芽胞杆菌（*Anoxybacillus flavithermus*）DSM 2641$^T$ | GCA_002243705.1 |
| 4 | 地热无氧芽胞杆菌（*Anoxybacillus geothermalis*）ATCC BAA-2555$^T$ | GCA_000948315.1 |
| 5 | 格嫩泉无氧芽胞杆菌（*Anoxybacillus gonensis*）G2$^T$ | GCA_001187595.1 |
| 6 | 堪察加无氧芽胞杆菌（*Anoxybacillus kamchatkensis*）G10 | GCA_000283415.2 |
| 7 | 普希金无氧芽胞杆菌（*Anoxybacillus pushchinoensis*）K1$^T$ | GCA_900111795.1 |
| 8 | 日神池无氧芽胞杆菌（*Anoxybacillus suryakundensis*）DSM 27374$^T$ | GCA_001517225.1 |
| 9 | 喜微温无氧芽胞杆菌（*Anoxybacillus tepidamans*）PS2 | GCA_000620165.1 |
| 10 | 温泉无氧芽胞杆菌（*Anoxybacillus thermarum*）AF/04$^T$ | GCA_000836725.1 |
| 11 | 嗜维生素无氧芽胞杆菌（*Anoxybacillus vitaminiphilus*）CGMCC 1.8979$^T$ | GCA_003259935.1 |
| 12 | *Anoxybacillus* sp. b2m1 | GCA_001634265.1 |
| 13 | *Anoxybacillus* sp. b7m1 | GCA_001634305.1 |
| 14 | *Anoxybacillus* sp. 103 | GCA_001996285.1 |

基于直系同源基因的系统发育树将无氧芽胞杆菌属的 14 个菌株很明显地区分为 3 个进化枝（图 4-3-2）。①进化枝 1 包括 8 个种/菌株：*Anoxybacillus* sp. 103、好热黄无氧芽胞杆菌 DSM 2641$^{T}$、日神池无氧芽胞杆菌 DSM 27374$^{T}$、里泽无氧芽胞杆菌 SK3-4、温泉无氧芽胞杆菌 AF/04$^{T}$、格嫩泉无氧芽胞杆菌 G2$^{T}$、堪察加无氧芽胞杆菌 G10 和普希金无氧芽胞杆菌 K1$^{T}$。②进化枝 2 包括 5 个种/菌株：解淀粉无氧芽胞杆菌 DSM 15939$^{T}$、喜微温无氧芽胞杆菌 PS2、*Anoxybacillus* sp. b2m1、*Anoxybacillus* sp. b7m1 和地热无氧芽胞杆菌 ATCC BAA-2555$^{T}$。③进化枝 3 仅有 1 个种/菌株：嗜维生素无氧芽胞杆菌 CGMCC 1.8979$^{T}$。

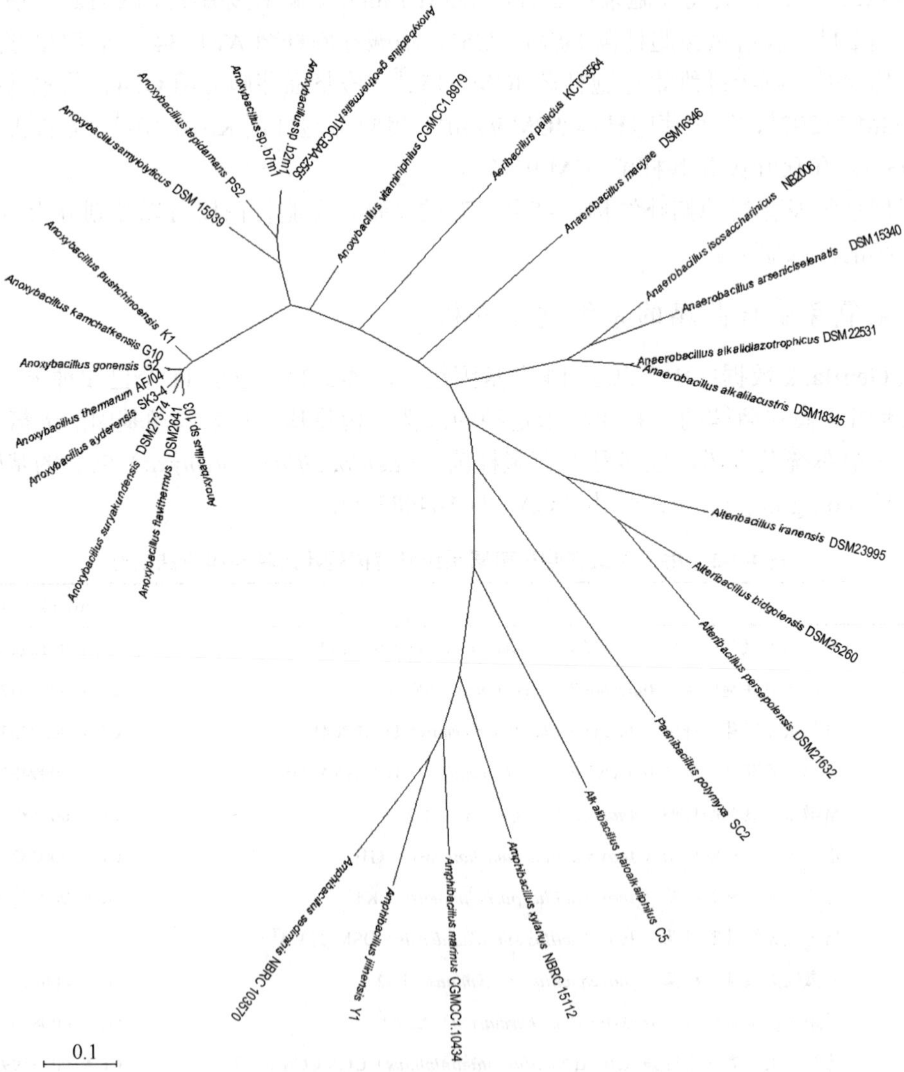


图 4-3-2 基于全基因组直系同源基因的无氧芽胞杆菌属的系统发育树

图中包含了好氧芽胞杆菌属（*Aeribacillus*）1 个、碱芽胞杆菌属（*Alkalibacillus*）1 个、交替芽胞杆菌属（*Alteribacillus*）3 个、兼性芽胞杆菌属（*Amphibacillus*）4 个、厌氧芽胞杆菌属（*Anaerobacillus*）5 个基因组；除了厌氧芽胞杆菌属聚类为 2 个进化枝外，其他各属均各自聚类为 1 个进化枝；无氧芽胞杆菌属的 3 个进化枝位于图的左上角

## （三）房间芽胞杆菌属及近缘属的系统发育分析

从 GenBank 数据库中下载了 9 个房间芽胞杆菌属的基因组（均为模式菌株的基因组），以及居盐水芽胞杆菌属（*Aquisalibacillus*）、热碱芽胞杆菌属（*Caldalkalibacillus*）和热芽胞杆菌属（*Caldibacillus*）各 1 个基因组（表 4-3-3），构建基于全基因组直系同源基因的无根系统发育树，以多黏类芽胞杆菌（*Paenibacillus polymyxa*）SC2 的基因组作为外群种（outgroup）（登录号为 GCA_000164985.2）。

**表 4-3-3　用于房间芽胞杆菌属及近缘属系统发育树构建的种类和菌株信息**

| 编号 | 种类及菌株 | GenBank 登录号 |
|---|---|---|
| 1 | 食氨基酸房间芽胞杆菌（*Domibacillus aminovorans*）DSM 4337$^T$ | GCA_001643245.1 |
| 2 | 洞窟房间芽胞杆菌（*Domibacillus antri*）XD80$^T$ | GCA_001936625.1 |
| 3 | 国化室房间芽胞杆菌（*Domibacillus enclensis*）NIO-1016$^T$ | GCA_900156125.1 |
| 4 | 植物房间芽胞杆菌（*Domibacillus epiphyticus*）SAB 38$^T$ | GCA_001975785.1 |
| 5 | 印度房间芽胞杆菌（*Domibacillus indicus*）SD 111$^T$ | GCA_000970685.1 |
| 6 | 海洋所房间芽胞杆菌（*Domibacillus iocasae*）DSM 29979$^T$ | GCA_001750285.1 |
| 7 | 红树林房间芽胞杆菌（*Domibacillus mangrovi*）SAOS 44$^T$ | GCA_001906925.1 |
| 8 | 铁锈色房间芽胞杆菌（*Domibacillus robiginosus*）WS 4628$^T$ | GCA_000966195.1 |
| 9 | 苔原房间芽胞杆菌（*Domibacillus tundrae*）PAMC 80007$^T$ | GCA_000970675.1 |
| 10 | 延伸居盐水芽胞杆菌（*Aquisalibacillus elongatus*）DSM 18090$^T$ | GCA_003843875.1 |
| 11 | 温泉热碱芽胞杆菌（*Caldalkalibacillus thermarum*）TA2.A1 | GCA_000218765.2 |
| 12 | 虚弱热芽胞杆菌（*Caldibacillus debilis*）DSM 16016$^T$ | GCA_000383875.1 |

基于全基因组直系同源基因的系统发育树显示，房间芽胞杆菌属、居盐水芽胞杆菌属、热碱芽胞杆菌属和热芽胞杆菌属均各自聚类到 1 个分支（图 4-3-3）。房间芽胞杆菌属的种类可区分为 2 个进化枝。①进化枝 1 包括 5 个种：印度房间芽胞杆菌 SD 111$^T$、铁锈色房间芽胞杆菌 WS 4628$^T$、海洋所房间芽胞杆菌 DSM 29979$^T$、苔原房间芽胞杆菌 PAMC 80007$^T$和国化室房间芽胞杆菌 NIO-1016$^T$。②进化枝 2 包括 4 个种：食氨基酸房间芽胞杆菌 DSM 4337$^T$、红树林房间芽胞杆菌 SAOS 44$^T$、洞窟房间芽胞杆菌 XD80$^T$和植物房间芽胞杆菌 SAB 38$^T$（图 4-3-3）。

## （四）虚构芽胞杆菌属及近缘属的系统发育分析

从 GenBank 数据库中下载了 7 个虚构芽胞杆菌属的基因组，包括 6 个已知种类（其中 4 个基因组是模式菌株的）和 1 个疑似新种，以及 2 个虚假芽胞杆菌属（*Falsibacillus*）的基因组，包括 1 个已知种类（模式菌株）和 1 个未定种的菌株（表 4-3-4），构建基于直系同源基因的无根系统发育树，以多黏类芽胞杆菌（*Paenibacillus polymyxa*）SC2 的基因组作为外群种（outgroup）（登录号为 GCA_000164985.2）。

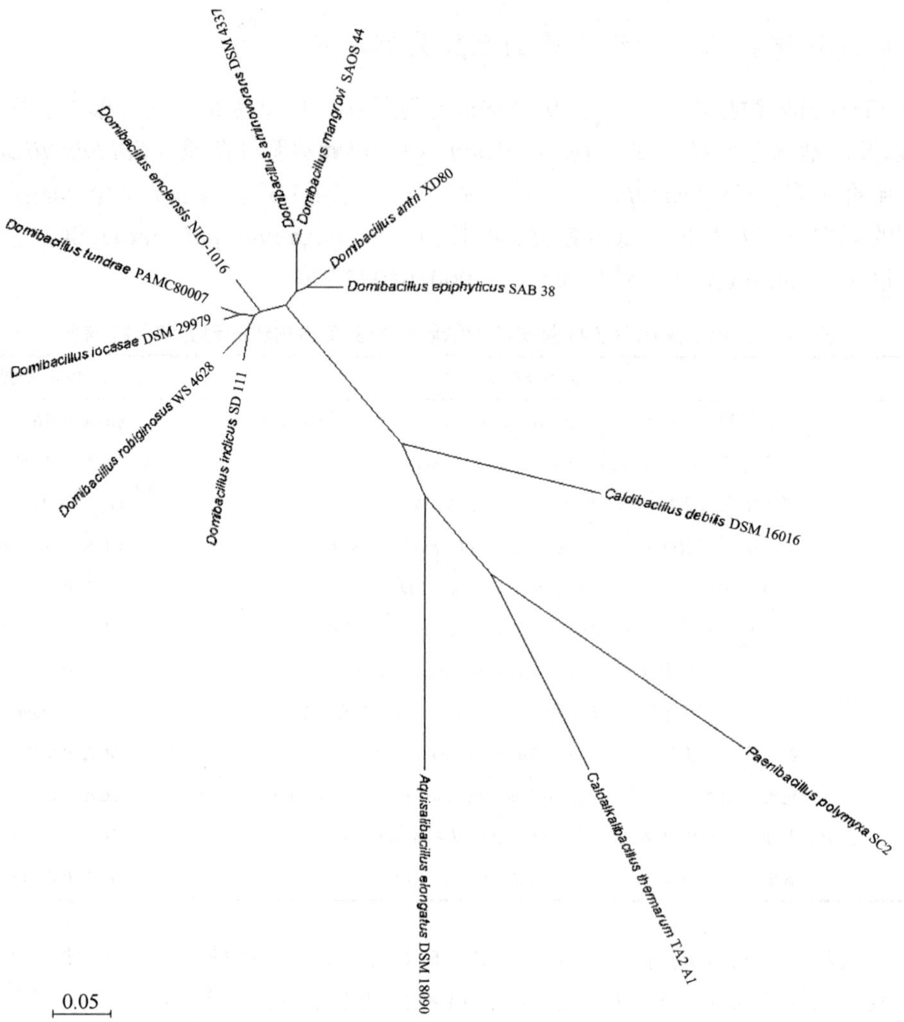


图 4-3-3　基于直系同源基因的房间芽胞杆菌属及近缘属的系统发育树

**表 4-3-4　用于虚构芽胞杆菌属及近缘属系统发育树构建的种类和菌株信息**

| 编号 | 种类及菌株 | GenBank 登录号 |
|---|---|---|
| 1 | 水虚构芽胞杆菌（*Fictibacillus aquaticus*）GDSW-R2A3$^T$ | GCA_002245695.1 |
| 2 | 砷虚构芽胞杆菌（*Fictibacillus arsenicus*）G25-54 | GCA_001642935.2 |
| 3 | 国化室虚构芽胞杆菌（*Fictibacillus enclensis*）NIO-1003$^T$ | GCA_001457035.1 |
| 4 | 澳门虚构芽胞杆菌（*Fictibacillus macauensis*）ZFHKF-1$^T$ | GCA_000269865.1 |
| 5 | 脱磷虚构芽胞杆菌（*Fictibacillus phosphorivorans*）G25-29 | GCA_001629705.2 |
| 6 | 盐土虚构芽胞杆菌（*Fictibacillus solisalsi*）CGMCC 1.6854$^T$ | GCA_900103485.1 |
| 7 | *Fictibacillus* sp. FJAT-27399$^T$ | GCA_001510655.1 |
| 8 | 苍白虚假芽胞杆菌（*Falsibacillus pallidus*）DSM 25281$^T$ | GCA_003350505.1 |
| 9 | *Falsibacillus* sp. GY 10110 | GCA_003668575.1 |

基于全基因组直系同源基因的系统发育树显示，虚构芽胞杆菌属和虚假芽胞杆菌属的种类分别被聚类到 2 个大的分支。虚构芽胞杆菌属的种类可区分为 2 个进化枝。①进化枝 1 包括 4 个种/菌株：盐土虚构芽胞杆菌 CGMCC 1.6854$^{T}$、国化室虚构芽胞杆菌 NIO-1003$^{T}$、*Fictibacillus* sp. FJAT-27399$^{T}$ 和澳门虚构芽胞杆菌 ZFHKF-1$^{T}$。②进化枝 2 包括 3 个种：水虚构芽胞杆菌 GDSW-R2A3$^{T}$、脱磷虚构芽胞杆菌 G25-29 和砷虚构芽胞杆菌 G25-54；作者发现的新种 *Fictibacillus* sp. FJAT-27399$^{T}$ 与该属其他种类可以明显地区分开（图 4-3-4）。

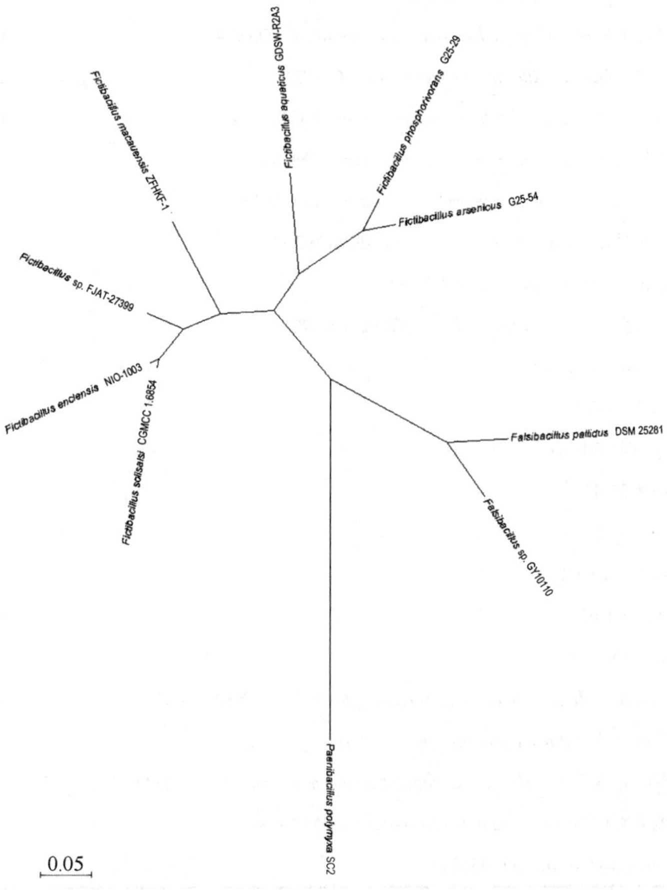


图 4-3-4　基于全基因组直系同源基因的虚构芽胞杆菌属及近缘属的系统发育树

## （五）地芽胞杆菌属和副地芽胞杆菌属的系统发育分析

从 GenBank 数据库中下载了 22 个地芽胞杆菌属的基因组，包括 14 个已知种类（其中 10 个基因组是模式菌株的）、7 个未定种的菌株和 1 个基因组种，以及 5 个副地芽胞杆菌属的基因组，包括 4 个已知种类（均为模式菌株）和 1 个基因组种（表 4-3-5），构建基于直系同源基因的无根系统发育树，以多黏类芽胞杆菌（*Paenibacillus polymyxa*）SC2 的基因组作为外群种（outgroup）（登录号为 GCA_000164985.2）。

表 4-3-5　用于地芽胞杆菌属和副地芽胞杆菌属系统发育树构建的种类和菌株信息

| 编号 | 种类及菌株 | GenBank 登录号 |
|---|---|---|
| 1 | 嗜热地芽胞杆菌（*Geobacillus caldolyticus*）NEB414，未合格化 | GCA_003595605.1 |
| 2 | 产半乳糖地芽胞杆菌（*Geobacillus galactosidasius*）DSM 18751$^T$ | GCA_002217735.1 |
| 3 | 研究所地芽胞杆菌（*Geobacillus icigianus*）G1w1$^T$ | GCA_000750005.1 |
| 4 | 侏罗纪地芽胞杆菌（*Geobacillus jurassicus*）NBRC 107829$^T$ | GCA_001544315.1 |
| 5 | 噬酷热地芽胞杆菌（*Geobacillus kaustophilus*）HTA426 | GCA_000009785.1 |
| 6 | 立陶宛地芽胞杆菌（*Geobacillus lituanicus*）N-3$^T$ | GCA_002243605.1 |
| 7 | 嗜热噬脂肪地芽胞杆菌（*Geobacillus stearothermophilus*）DSM 458$^T$ | GCA_002300135.1 |
| 8 | 地下地芽胞杆菌（*Geobacillus subterraneus*）KCTC 3922$^T$ | GCA_001618685.1 |
| 9 | 热小链地芽胞杆菌（*Geobacillus thermocatenulatus*）KCTC 3921$^T$ | GCA_002243665.1 |
| 10 | 热脱氮地芽胞杆菌（*Geobacillus thermodenitrificans*）NG80-2 | GCA_000015745.1 |
| 11 | 热嗜油地芽胞杆菌（*Geobacillus thermoleovorans*）FJAT-2391$^T$ | GCA_001719205.1 |
| 12 | 乌津油田地芽胞杆菌（*Geobacillus uzenensis*）BGSC 92A1 | GCA_002217665.1 |
| 13 | 火神地芽胞杆菌（*Geobacillus vulcani*）PSS1 | GCA_000733845.1 |
| 14 | 杂力哈地芽胞杆菌（*Geobacillus zalihae*）NBRC 101842$^T$ | GCA_001544135.1 |
| 15 | *Geobacillus* genomo sp. 3 JF8$^T$ | GCA_000445995.2 |
| 16 | *Geobacillus* sp. WCH70$^T$ | GCA_000023385.1 |
| 17 | *Geobacillus* sp. Y412MC61$^T$ | GCA_000024705.1 |
| 18 | *Geobacillus* sp. C56-T3$^T$ | GCA_000092445.1 |
| 19 | *Geobacillus* sp. Y4.1MC1$^T$ | GCA_000166075.1 |
| 20 | *Geobacillus* sp. Y412MC52$^T$ | GCA_000174795.2 |
| 21 | *Geobacillus* sp. GHH01$^T$ | GCA_000336445.1 |
| 22 | *Geobacillus* sp. FJAT-46040$^T$ | GCA_002335725.1 |
| 23 | 热解木糖副地芽胞杆菌（*Parageobacillus caldoxylosilyticus*）NBRC 107762$^T$ | GCA_000632715.1 |
| 24 | 热南极副地芽胞杆菌（*Parageobacillus thermantarcticus*）M1$^T$ | GCA_900111865.1 |
| 25 | 热稳葡萄糖苷酶副地芽胞杆菌（*Parageobacillus thermoglucosidans*）DSM 2542$^T$ | GCA_001295365.1 |
| 26 | 就地堆肥副地芽胞杆菌（*Parageobacillus toebii*）DSM 14590$^T$ | GCA_003688615.1 |
| 27 | *Parageobacillus* genomo sp. 1 NUB3621$^T$ | GCA_000632515.1 |

副地芽胞杆菌属是从地芽胞杆菌属中独立出来的（Aliyu et al.，2016），基于全基因组直系同源基因的系统发育树可以明显地将这 2 个属的种类区分开来（图 4-3-5），具体情况如下。

地芽胞杆菌属的种类可以区分为 5 个进化枝。①进化枝 1 包括 10 个种/菌株：噬酷热地芽胞杆菌 HTA426、热嗜油地芽胞杆菌 FJAT-2391$^T$、嗜热地芽胞杆菌 NEB414、*Geobacillus* sp. FJAT-46040$^T$、*Geobacillus* sp. C56-T3$^T$、*Geobacillus* sp. Y412MC52$^T$、*Geobacillus* sp. Y412MC61$^T$、*Geobacillus* sp. GHH01$^T$、杂力哈地芽胞杆菌 NBRC 101842$^T$

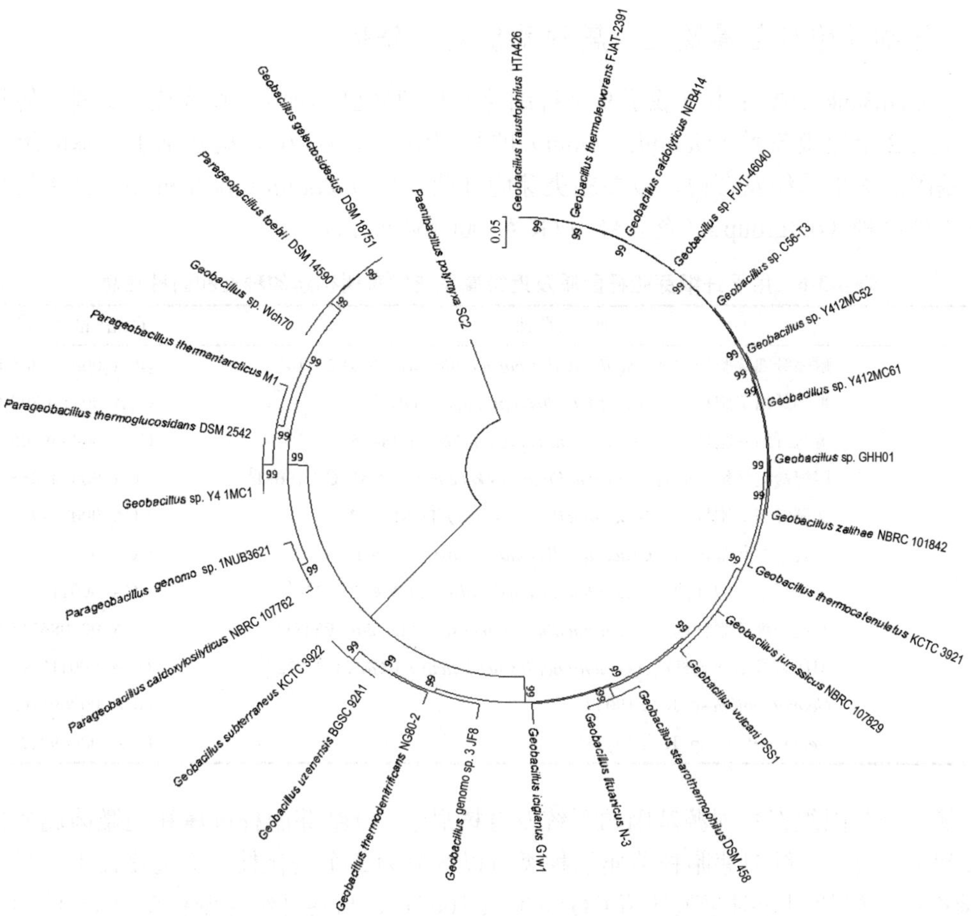


图 4-3-5 基于全基因组直系同源基因的地芽胞杆菌属和副地芽胞杆菌属的系统发育树

和热小链地芽胞杆菌 KCTC 3921$^T$。②进化枝 2 包括 2 个种：侏罗纪地芽胞杆菌 NBRC 107829$^T$ 和火神地芽胞杆菌 PSS1。③进化枝 3 包括 2 个种：嗜热噬脂肪地芽胞杆菌 DSM 458$^T$ 和立陶宛地芽胞杆菌 N-3$^T$。④进化枝 4 仅有 1 个种：研究所地芽胞杆菌 G1w1$^T$。⑤进化枝 5 包括 4 个种/菌株：*Geobacillus* genomo sp. 3 JF8$^T$、热脱氮地芽胞杆菌 NG80-2、乌津油田地芽胞杆菌 BGSC 92A1 和地下地芽胞杆菌 KCTC 3922$^T$（图 4-3-5）。

副地芽胞杆菌属可以区分为 3 个进化枝。①进化枝 1 包括 2 个种/菌株：热解木糖副地芽胞杆菌 NBRC 107762$^T$ 和 *Parageobacillus* genomo sp. 1 NUB3621$^T$。②进化枝 2 包括 3 个种/菌株：*Geobacillus* sp. Y4.1MC1$^T$、热稳葡萄糖苷酶副地芽胞杆菌 DSM 2542$^T$ 和热南极副地芽胞杆菌 M1$^T$。③进化枝 3 包括 3 个种/菌株：*Geobacillus* sp. WCH70$^T$、就地堆肥副地芽胞杆菌 DSM 14590$^T$ 和产半乳糖地芽胞杆菌 DSM 18751$^T$，这 3 个种类/菌株以前均被鉴定为地芽胞杆菌属，但它们聚类到副地芽胞杆菌属的分支，说明它们属于副地芽胞杆菌属（图 4-3-5）。

## （六）纤细芽胞杆菌属及近缘属的系统发育分析

从 GenBank 数据库中下载了 9 个纤细芽胞杆菌属已知种类（均为模式菌株）的基因组，以及 2 个地微菌属（*Geomicrobium*）的基因组（表 4-3-6），构建基于全基因组直系同源基因的无根系统发育树，以多黏类芽胞杆菌（*Paenibacillus polymyxa*）SC2 的基因组作为外群种（outgroup）（登录号为 GCA_000164985.2）。

**表 4-3-6　用于纤细芽胞杆菌属及近缘属系统发育树构建的种类和菌株信息**

| 编号 | 种类及菌株 | GenBank 登录号 |
|---|---|---|
| 1 | 耐硼纤细芽胞杆菌（*Gracilibacillus boraciitolerans*）JCM 21714$^T$ | GCA_000521485.1 |
| 2 | 蜥蜴纤细芽胞杆菌（*Gracilibacillus dipsosauri*）DD1$^T$ | GCA_003176895.1 |
| 3 | 嗜盐纤细芽胞杆菌（*Gracilibacillus halophilus*）YIM-C55.5$^T$ | GCA_000359605.1 |
| 4 | 柯柯盐湖纤细芽胞杆菌（*Gracilibacillus kekensis*）CGMCC 1.10681$^T$ | GCA_900143085.1 |
| 5 | 盐湖纤细芽胞杆菌（*Gracilibacillus lacisalsi*）DSM 19029$^T$ | GCA_000377765.1 |
| 6 | 马赛纤细芽胞杆菌（*Gracilibacillus massiliensis*）Awa-1$^T$ | GCA_001458115.1 |
| 7 | 东边纤细芽胞杆菌（*Gracilibacillus orientalis*）CGMCC 1.4250$^T$ | GCA_900114645.1 |
| 8 | 泰门纤细芽胞杆菌（*Gracilibacillus timonensis*）Marseille-P2481$^T$ | GCA_900086715.1 |
| 9 | 解尿素纤细芽胞杆菌（*Gracilibacillus ureilyticus*）CGMCC 1.7727$^T$ | GCA_900111195.1 |
| 10 | *Geomicrobium* sp. JCM 19037$^T$ | GCA_000698105.1 |
| 11 | *Geomicrobium* sp. JCM 19038$^T$ | GCA_000698125.1 |

基于全基因组直系同源基因的系统发育树显示，纤细芽胞杆菌属和地微菌属各自被聚类到 1 个分支。纤细芽胞杆菌属的种类可以区分为 5 个进化枝。①进化枝 1 包括 3 个种/菌株：柯柯盐湖纤细芽胞杆菌 CGMCC 1.10681$^T$、马赛纤细芽胞杆菌 Awa-1$^T$ 和耐硼纤细芽胞杆菌 JCM 21714$^T$。②进化枝 2 包括 2 个种：东边纤细芽胞杆菌 CGMCC 1.4250$^T$ 和盐湖纤细芽胞杆菌 DSM 19029$^T$。③进化枝 3 仅有 1 个种：泰门纤细芽胞杆菌 Marseille-P2481$^T$。④进化枝 4 包括 2 个种：解尿素纤细芽胞杆菌 CGMCC 1.7727$^T$ 和蜥蜴纤细芽胞杆菌 DD1$^T$。⑤进化枝 5 仅有 1 个种：嗜盐纤细芽胞杆菌 YIM C55.5$^T$（图 4-3-6）。

## （七）喜盐芽胞杆菌属的系统发育分析

从 GenBank 数据库中下载了 12 个喜盐芽胞杆菌属的基因组，包括 11 个已知种类（其中，6 个基因组是模式菌株的）和 1 个未定种的菌株，以及 2 个喜盐碱芽胞杆菌属（*Halalkalibacillus*）的基因组，包括 1 个已知种类（模式菌株）和 1 个未定种的菌株（表 4-3-7），构建基于全基因组直系同源基因的无根系统发育树，以多黏类芽胞杆菌（*Paenibacillus polymyxa*）SC2 的基因组作为外群种（outgroup）（登录号为 GCA_000164985.2）。

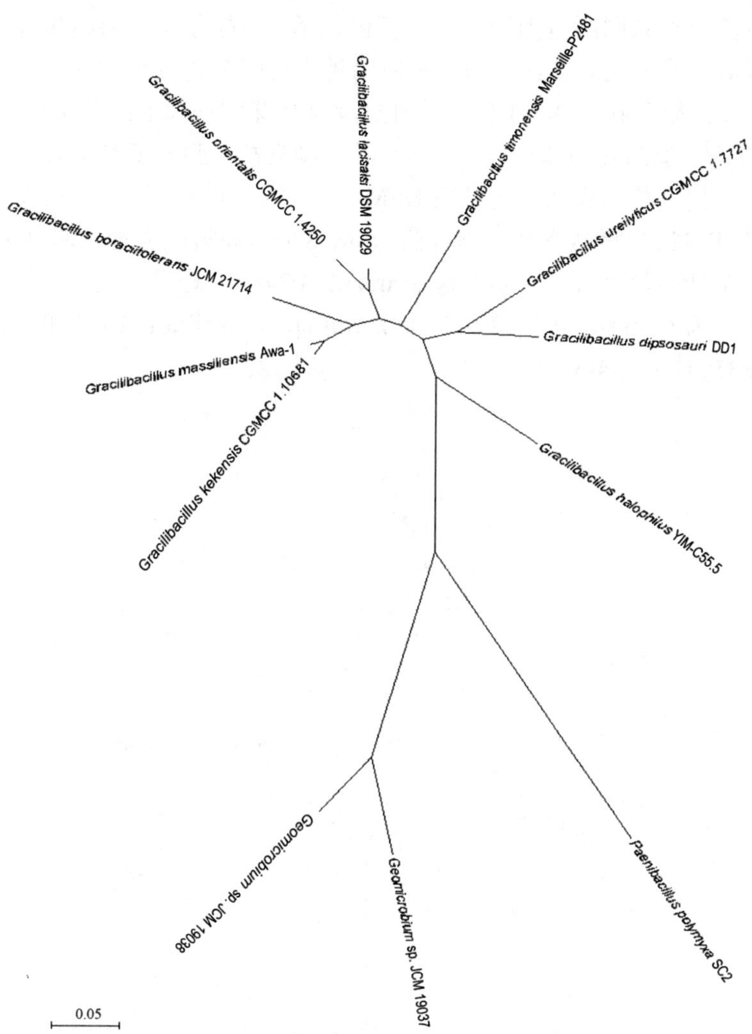


图 4-3-6　基于全基因组直系同源基因的纤细芽胞杆菌属及近缘属的系统发育树

**表 4-3-7　用于喜盐芽胞杆菌属及近缘属系统发育树构建的种类和菌株信息**

| 编号 | 种类及菌株 | GenBank 登录号 |
|---|---|---|
| 1 | 艾丁湖喜盐芽胞杆菌（*Halobacillus aidingensis*）CGMCC 1.3703$^T$ | GCA_900104185.1 |
| 2 | 嗜碱喜盐芽胞杆菌（*Halobacillus alkaliphilus*）FP5$^T$ | GCA_900113125.1 |
| 3 | 达班盐湖喜盐芽胞杆菌（*Halobacillus dabanensis*）HD-02 | GCA_000724105.1 |
| 4 | 嗜盐喜盐芽胞杆菌（*Halobacillus halophilus*）DSM 2266$^T$ | GCA_000284515.1 |
| 5 | 湖南喜盐芽胞杆菌（*Halobacillus hunanensis*）Marseille-P3457 | GCA_900166655.1 |
| 6 | 卡拉季喜盐芽胞杆菌（*Halobacillus karajensis*）DSM 14948$^T$ | GCA_900108515.1 |
| 7 | 黑岛喜盐芽胞杆菌（*Halobacillus kuroshimensis*）DSM 18393$^T$ | GCA_000425705.1 |
| 8 | 红树喜盐芽胞杆菌（*Halobacillus mangrovi*）KTB 131 | GCA_002097535.1 |
| 9 | 马赛喜盐芽胞杆菌（*Halobacillus massiliensis*）Marseille-P3554$^T$ | GCA_900166625.1 |
| 10 | 盐渍喜盐芽胞杆菌（*Halobacillus salinus*）Marseille-P2480 | GCA_900166575.1 |
| 11 | 楚氏喜盐芽胞杆菌（*Halobacillus trueperi*）HT-01 | GCA_000723525.1 |
| 12 | *Halobacillus* sp. Marseille-P3879$^T$ | GCA_900240285.1 |
| 13 | 嗜盐喜盐碱芽胞杆菌（*Halalkalibacillus halophilus*）DSM 18494$^T$ | GCA_000423105.1 |
| 14 | *Halalkalibacillus* sp. B3227$^T$ | GCA_002844535.1 |

基于全基因组直系同源基因的系统发育树显示，喜盐芽胞杆菌属和喜盐碱芽胞杆菌属各自被聚类到 1 个分支。喜盐芽胞杆菌属的种类可区分为 6 个进化枝。①进化枝 1 包括 3 个种：楚氏喜盐芽胞杆菌 HT-01、达班盐湖喜盐芽胞杆菌 HD-02 和卡拉季喜盐芽胞杆菌 DSM 14948$^{T}$。②进化枝 2 仅有 1 个种：艾丁湖喜盐芽胞杆菌 CGMCC 1.3703$^{T}$。③进化枝 3 仅有 1 个种：黑岛喜盐芽胞杆菌 DSM 18393$^{T}$。④进化枝 4 包括 3 个种：红树喜盐芽胞杆菌 KTB 131、嗜盐喜盐芽胞杆菌 DSM 2266$^{T}$ 和嗜碱喜盐芽胞杆菌 FP5$^{T}$。⑤进化枝 5 仅有 1 个种：盐渍喜盐芽胞杆菌 Marseille-P2480。⑥进化枝 6 包括 3 个种/菌株：湖南喜盐芽胞杆菌 Marseille-P3457、*Halobacillus* sp. Marseille-P3879$^{T}$ 和马赛喜盐芽胞杆菌 Marseille-P3554$^{T}$（图 4-3-7）。

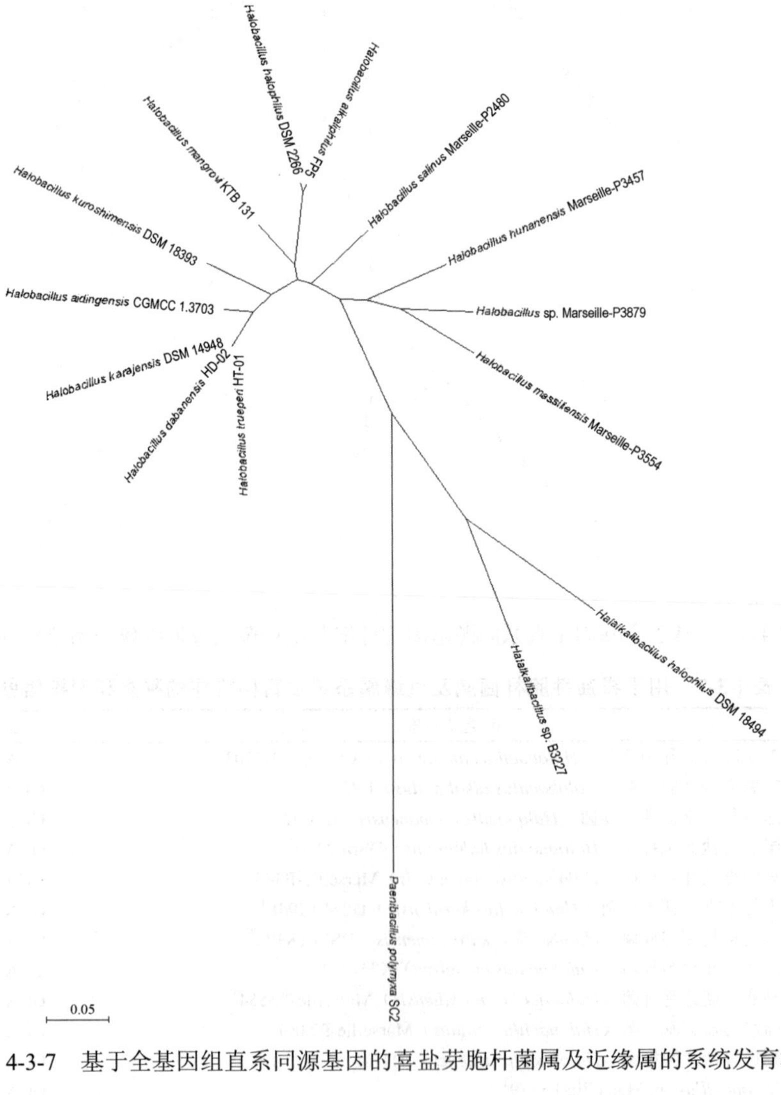


图 4-3-7　基于全基因组直系同源基因的喜盐芽胞杆菌属及近缘属的系统发育树

## （八）慢生芽胞杆菌属及近缘属的系统发育分析

从 GenBank 数据库中下载了 7 个慢生芽胞杆菌属的基因组，包括 6 个已知种类（均为模式菌株）和 1 个未定种的菌株；4 个盐乳杆菌属（*Halolactibacillus*），包括 3 个已知种类（均为模式菌株）和 1 个未定种的菌株；1 个解氢芽胞杆菌属（*Hydrogenibacillus*）的基因组（表 4-3-8）。构建基于全基因组直系同源基因的无根系统发育树，以多黏类芽胞杆菌（*Paenibacillus polymyxa*）SC2 的基因组作为外群种（outgroup）（登录号为 GCA_000164985.2）。

**表 4-3-8 用于慢生芽胞杆菌属及近缘属系统发育树构建的种类和菌株信息**

| 编号 | 种类及菌株 | GenBank 登录号 |
| --- | --- | --- |
| 1 | 解淀粉慢生芽胞杆菌（*Lentibacillus amyloliquefaciens*）LAM0015$^T$ | GCA_001307805.2 |
| 2 | 耐盐慢生芽胞杆菌（*Lentibacillus halodurans*）CGMCC 1.3702$^T$ | GCA_900112045.1 |
| 3 | 咸海鲜慢生芽胞杆菌（*Lentibacillus jeotgali*）Grbi$^T$ | GCA_000224785.2 |
| 4 | 鱼酱慢生芽胞杆菌（*Lentibacillus juripiscarius*）JCM 12147$^T$ | GCA_001311805.1 |
| 5 | 波斯慢生芽胞杆菌（*Lentibacillus persicus*）DSM 22530$^T$ | GCA_900112705.1 |
| 6 | 沉积物慢生芽胞杆菌（*Lentibacillus sediminis*）0W14$^T$ | GCA_002763455.1 |
| 7 | *Lentibacillus* sp. Marseille-P4043$^T$ | GCA_900258515.1 |
| 8 | 嗜碱盐乳杆菌（*Halolactibacillus alkaliphilus*）CGMCC 1.6843$^T$ | GCA_900115465.1 |
| 9 | 嗜盐盐乳杆菌（*Halolactibacillus halophilus*）DSM 17073$^T$ | GCA_900115605.1 |
| 10 | 三浦半岛盐乳杆菌（*Halolactibacillus miurensis*）DSM 17074$^T$ | GCA_900116255.1 |
| 11 | *Halolactibacillus* sp. JCM 19043$^T$ | GCA_001310395.1 |
| 12 | 施氏解氢芽胞杆菌（*Hydrogenibacillus schlegelii*）MA 48$^T$ | GCA_001653195.1 |

基于全基因组直系同源基因的系统发育树显示，慢生芽胞杆菌属、盐乳杆菌属和解氢芽胞杆菌属的种类各自聚类到 1 个分支，而且解氢芽胞杆菌属与慢生芽胞杆菌属和盐乳杆菌属的分歧较大，提示该属可能要从芽胞杆菌科转移至其他科或建立新科。慢生芽胞杆菌属的种类可区分为 6 个进化枝，除了解淀粉慢生芽胞杆菌 LAM0015$^T$ 和波斯慢生芽胞杆菌 DSM 22530$^T$ 聚类在 1 个进化枝外，其他种类均单独为 1 个进化枝（图 4-3-8）。

## （九）大洋芽胞杆菌属的系统发育分析

从 GenBank 数据库中下载了 21 个大洋芽胞杆菌属的基因组，包括 19 个已知种类（其中 14 个基因组是模式菌株的）和 2 个未定种的菌株，以及海洋芽胞杆菌属（*Marinibacillus*）和高钠芽胞杆菌属（*Natribacillus*）各 1 个基因组（表 4-3-9），构建基于全基因组直系同源基因的无根系统发育树。

基于全基因组直系同源基因的系统发育树可以很好地将 3 个生活环境相近的属的种类区分开，海洋芽胞杆菌属和高钠芽胞杆菌属的亲缘关系更近（图 4-3-9）。大洋芽胞杆菌

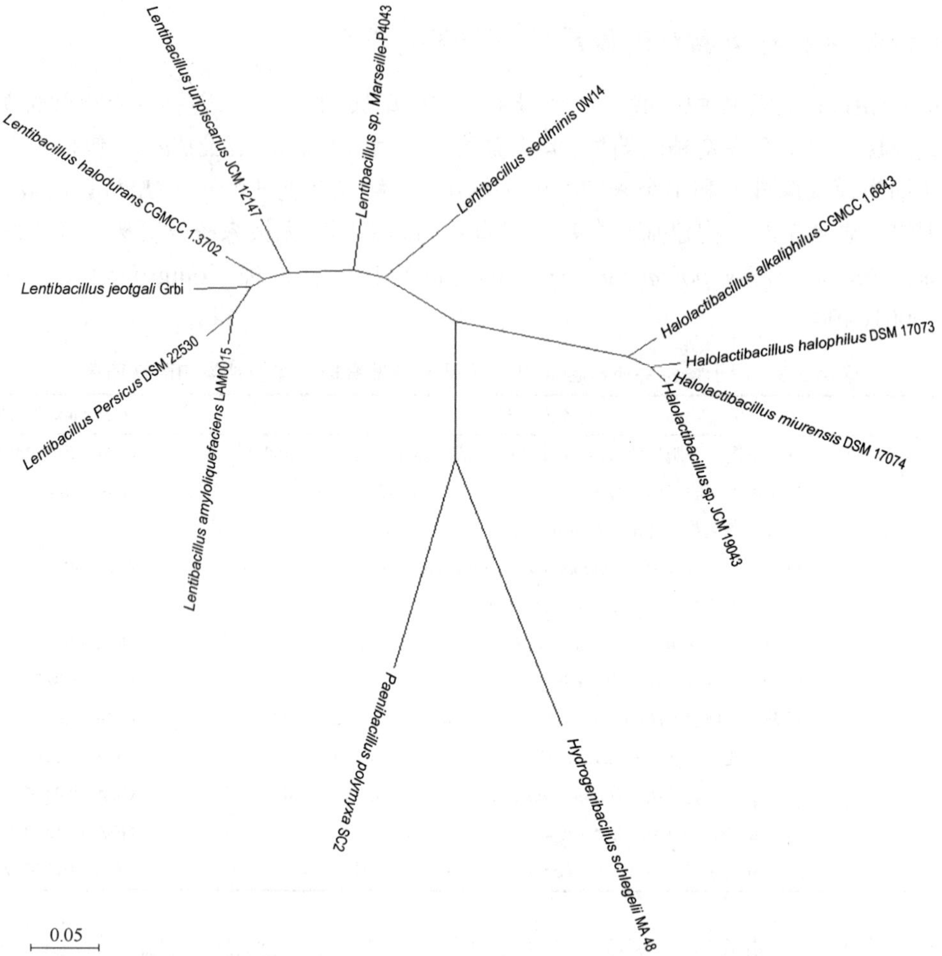


图 4-3-8　基于全基因组直系同源基因的慢生芽胞杆菌属及近缘属的系统发育树

**表 4-3-9　用于大洋芽胞杆菌属及近缘属系统发育树构建的种类和菌株信息**

| 编号 | 种类及菌株 | GenBank 登录号 |
|---|---|---|
| 1 | 海沙大洋芽胞杆菌（*Oceanobacillus arenosus*）CAU 1183$^T$ | GCA_003369575.1 |
| 2 | 孟加拉湾大洋芽胞杆菌（*Oceanobacillus bengalensis*）MCCC 1K00260$^T$ | GCA_003628445.1 |
| 3 | 淤泥大洋芽胞杆菌（*Oceanobacillus caeni*）HM6 | GCA_001298135.1 |
| 4 | 中央大洋芽胞杆菌（*Oceanobacillus chungangensis*）CAU 1051$^T$ | GCA_003369565.1 |
| 5 | 达木斯乡大洋芽胞杆菌（*Oceanobacillus damuensis*）PT-20$^T$ | GCA_001618145.1 |
| 6 | 好盐大洋芽胞杆菌（*Oceanobacillus halophilus*）DSM 23996$^T$ | GCA_003628505.1 |
| 7 | 伊平屋桥大洋芽胞杆菌（*Oceanobacillus iheyensis*）HTE831$^T$ | GCA_000011245.1 |
| 8 | 吉达大洋芽胞杆菌（*Oceanobacillus jeddahense*）S5$^T$ | GCA_000750635.1 |
| 9 | 泡菜大洋芽胞杆菌（*Oceanobacillus kimchii*）X50$^T$ | GCA_000340475.1 |
| 10 | 泥浆大洋芽胞杆菌（*Oceanobacillus limi*）IBRC-M 10780$^T$ | GCA_900111445.1 |
| 11 | 玛纳斯大洋芽胞杆菌（*Oceanobacillus manasiensis*）S2 | GCA_000724085.1 |
| 12 | 马赛大洋芽胞杆菌（*Oceanobacillus massiliensis*）N'diop$^T$ | GCA_000285495.1 |
| 13 | 小鳟鱼大洋芽胞杆菌（*Oceanobacillus oncorhynchi*）Oc5 | GCA_000821065.2 |
| 14 | 图画大洋芽胞杆菌（*Oceanobacillus picturae*）S1 | GCA_000612865.1 |
| 15 | 深层大洋芽胞杆菌（*Oceanobacillus profundus*）DSM 18246$^T$ | GCA_003515705.1 |

续表

| 编号 | 种类及菌株 | GenBank 登录号 |
|---|---|---|
| 16 | 恰热克镇大洋芽胞杆菌（*Oceanobacillus rekensis*）PT-11$^{T}$ | GCA_002153375.1 |
| 17 | 塞内加尔大洋芽胞杆菌（*Oceanobacillus senegalensis*）Marseille-P3587$^{T}$ | GCA_900176885.1 |
| 18 | 大豆大洋芽胞杆菌（*Oceanobacillus sojae*）SK-2 | GCA_900162665.1 |
| 19 | 泰门大洋芽胞杆菌（*Oceanobacillus timonensis*）Marseille-P3532$^{T}$ | GCA_900166635.1 |
| 20 | *Oceanobacillus* sp. 143$^{T}$ | GCA_003351985.1 |
| 21 | *Oceanobacillus* sp. 160$^{T}$ | GCA_003352005.1 |
| 22 | 大安海洋芽胞杆菌（*Marinibacillus taeanensis*）BH030017$^{T}$ | GCA_003318295.1 |
| 23 | 嗜盐高钠芽胞杆菌（*Natrinibacillus halophilus*）DSM 21771$^{T}$ | GCA_900100185.1 |

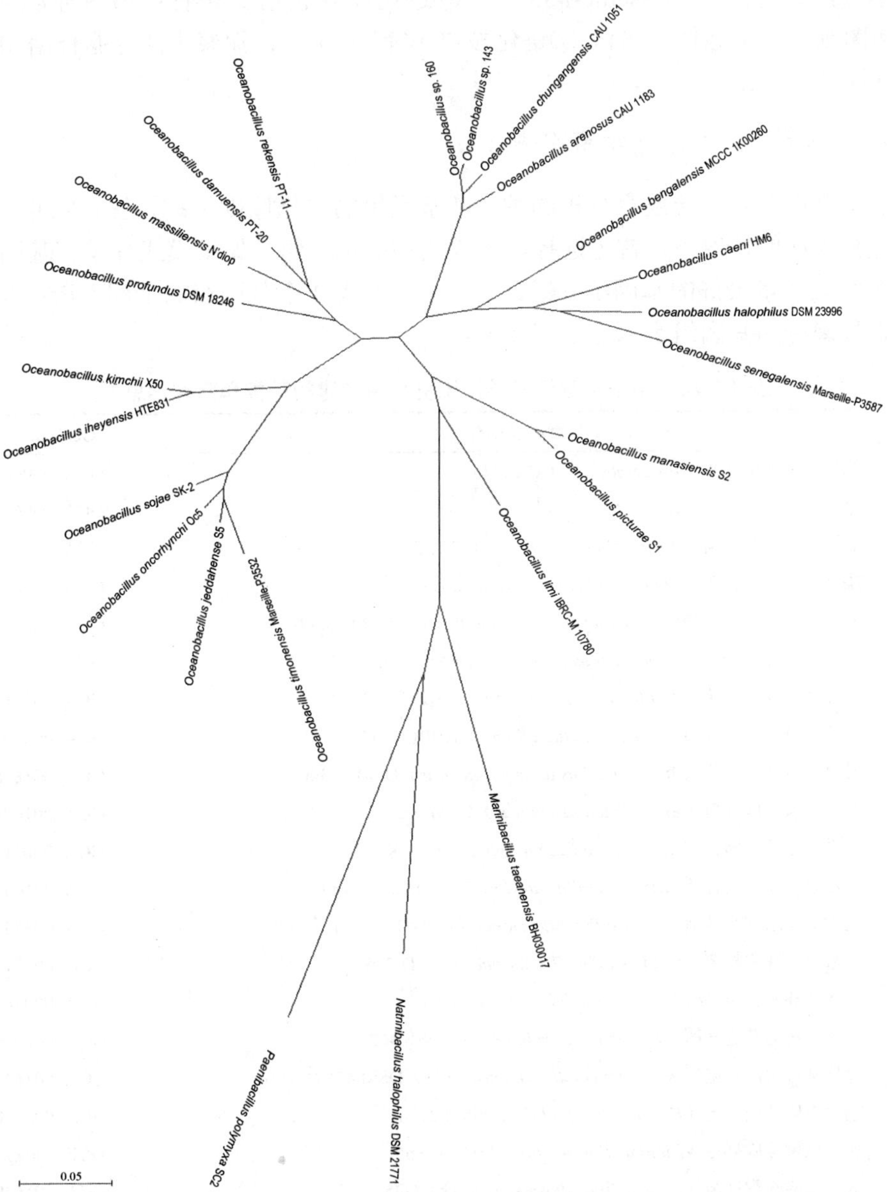


图 4-3-9　基于直系同源基因的大洋芽胞杆菌属及近缘属的系统发育树

属的种类可以区分为 7 个进化枝。①进化枝 1 包括 4 个种：泰门大洋芽胞杆菌 Marseille-P3532$^T$、吉达大洋芽胞杆菌 S5$^T$、小鳟鱼大洋芽胞杆菌 Oc5 和大豆大洋芽胞杆菌 SK-2。②进化枝 2 包括 2 个种：伊平屋桥大洋芽胞杆菌 HTE831$^T$ 和泡菜大洋芽胞杆菌 X50$^T$。③进化枝 3 包括 4 个种：深层大洋芽胞杆菌 DSM 18246$^T$、马赛大洋芽胞杆菌 N'diop$^T$、达木斯乡大洋芽胞杆菌 PT-20$^T$ 和恰热克镇大洋芽胞杆菌 PT-11$^T$。④进化枝 4 包括 4 个种/菌株：*Oceanobacillus* sp. 143$^T$、*Oceanobacillus* sp. 160$^T$、中央大洋芽胞杆菌 CAU 1051$^T$ 和海沙大洋芽胞杆菌 CAU 1183$^T$。⑤进化枝 5 包括 4 个种：孟加拉湾大洋芽胞杆菌 MCCC 1K00260$^T$、淤泥大洋芽胞杆菌 HM6、好盐大洋芽胞杆菌 DSM 23996$^T$ 和塞内加尔大洋芽胞杆菌 Marseille-P3587$^T$。⑥进化枝 6 包括 2 个种：玛纳斯大洋芽胞杆菌 S2 和图画大洋芽胞杆菌 S1。⑦进化枝 7 仅有 1 个种：泥浆大洋芽胞杆菌 IBRC-M 10780$^T$（图 4-3-9）。

### （十）芽胞杆菌科的系统发育分析

用于芽胞杆菌科系统发育分析的种类和基因组的选择原则是：①在 1 个属有多个种的基因组被测序的情况下，首先选择该属模式种的基因组，如果模式种没有基因组，则选择 2 个组装质量最好的基因组；②1 个属只有 1 或 2 个基因组的全部入选；③1 个属只有未定种菌株的基因组也入选（表 4-3-10）。

**表 4-3-10 用于芽胞杆菌科系统发育树构建的种类和菌株信息**

| 编号 | 种类及菌株 | GenBank 登录号 |
|---|---|---|
| 1 | 蜡样芽胞杆菌（*Bacillus cereus*）ATCC 14579$^T$ | GCA_000007825.1 |
| 2 | 枯草芽胞杆菌（*Bacillus subtilis*）168$^{T*}$ | GCA_000009045.1 |
| 3 | 苍白好氧芽胞杆菌（*Aeribacillus pallidus*）KCTC 3564$^*$ | GCA_002243625.1 |
| 4 | 嗜盐碱碱芽胞杆菌（*Alkalibacillus haloalkaliphilus*）C5$^*$ | GCA_000269905.1 |
| 5 | 阿巴德盐湖交替芽胞杆菌（*Alteribacillus bidgolensis*）DSM 25260$^{T*}$ | GCA_002886255.1 |
| 6 | 伊朗交替芽胞杆菌（*Alteribacillus iranensis*）DSM 23995$^T$ | GCA_900113025.1 |
| 7 | 海洋兼性芽胞杆菌（*Amphibacillus marinus*）CGMCC 1.10434$^T$ | GCA_900110345.1 |
| 8 | 木聚糖兼性芽胞杆菌（*Amphibacillus xylanus*）NBRC 15112$^{T*}$ | GCA_000307165.1 |
| 9 | 砷硒厌氧芽胞杆菌（*Anaerobacillus arseniciselenatis*）DSM 15340$^{T*}$ | GCA_001865995.1 |
| 10 | 马氏厌氧芽胞杆菌（*Anaerobacillus macyae*）DSM 16346$^T$ | GCA_001039475.1 |
| 11 | 普希金无氧芽胞杆菌（*Anoxybacillus pushchinoensis*）K1$^{T*}$ | GCA_900111795.1 |
| 12 | 解淀粉无氧芽胞杆菌（*Anoxybacillus amylolyticus*）DSM 15939$^T$ | GCA_001634285.1 |
| 13 | 延伸居盐水芽胞杆菌（*Aquisalibacillus elongatus*）DSM 18090$^{T*}$ | GCA_003843875.1 |
| 14 | 温泉热碱芽胞杆菌（*Caldalkalibacillus thermarum*）TA2.A1$^*$ | GCA_000218765.2 |
| 15 | 虚弱热芽胞杆菌（*Caldibacillus debilis*）DSM 16016$^{T*}$ | GCA_000383875.1 |
| 16 | 铁锈色房间芽胞杆菌（*Domibacillus robiginosus*）WS 4628$^{T*}$ | GCA_000966195.1 |
| 17 | 食氨基酸房间芽胞杆菌（*Domibacillus aminovorans*）DSM 4337$^T$ | GCA_001643245.1 |
| 18 | 苍白虚假芽胞杆菌（*Falsibacillus pallidus*）DSM 25281$^{T*}$ | GCA_003350505.1 |
| 19 | 明胶虚构芽胞杆菌（*Fictibacillus gelatini*）DSM 15865$^{T\#}$ | GCF_000430745.1 |
| 20 | 脱磷虚构芽胞杆菌（*Fictibacillus phosphorivorans*）G25-29 | GCA_001629705.2 |
| 21 | 嗜热噬脂肪地芽胞杆菌（*Geobacillus stearothermophilus*）DSM 458$^{T*}$ | GCA_002300135.1 |

续表

| 编号 | 种类及菌株 | GenBank 登录号 |
|---|---|---|
| 22 | 热脱氮地芽胞杆菌（*Geobacillus thermodenitrificans*）NG80-2 | GCA_000015745.1 |
| 23 | 热稳葡萄糖苷酶副地芽胞杆菌（*Parageobacillus thermoglucosidasius*）DSM 2542$^{T\#}$ | GCA_001295365.1 |
| 24 | 地微菌（*Geomicrobium* sp.）JCM 19037$^{T\&}$，科未定 | GCA_000698105.1 |
| 25 | 盐湖纤细芽胞杆菌（*Gracilibacillus lacisalsi*）DSM 19029$^{T\#}$ | GCA_000377765.1 |
| 26 | 东边纤细芽胞杆菌（*Gracilibacillus orientalis*）CGMCC 1.4250$^{T}$ | GCA_900114645.1 |
| 27 | 嗜盐喜盐碱芽胞杆菌（*Halalkalibacillus halophilus*）DSM 18494$^{T*}$ | GCA_000423105.1 |
| 28 | 嗜盐喜盐芽胞杆菌（*Halobacillus halophilus*）DSM 2266$^{T*}$ | GCA_000284515.1 |
| 29 | 红树喜盐芽胞杆菌（*Halobacillus mangrovi*）KTB 131 | GCA_002097535.1 |
| 30 | 嗜碱盐乳杆菌（*Halolactibacillus alkaliphilus*）CGMCC 1.6843$^{T}$ | GCA_900115465.1 |
| 31 | 嗜盐盐乳杆菌（*Halolactibacillus halophilus*）DSM 17073$^{T*}$ | GCA_900115605.1 |
| 32 | 施氏解氢芽胞杆菌（*Hydrogenibacillus schlegelii*）MA 48$^{T*}$ | GCA_001653195.1 |
| 33 | 解淀粉慢生芽胞杆菌（*Lentibacillus amyloliquefaciens*）LAM0015$^{T\#}$ | GCA_001307805.2 |
| 34 | 耐盐慢生芽胞杆菌（*Lentibacillus halodurans*）CGMCC 1.3702$^{T}$ | GCA_900112045.1 |
| 35 | 耐硼赖氨酸芽胞杆菌（*Lysinibacillus boronitolerans*）NBRC 103108$^{T*}$ | GCA_000772935.1 |
| 36 | 球形赖氨酸芽胞杆菌（*Lysinibacillus sphaericus*）LMG 22257$^{T}$ | GCA_001753205.1 |
| 37 | 大安海洋芽胞杆菌（*Maribacillus taeanensis*）BH030017$^{T*}$ | GCA_003318295.1 |
| 38 | 嗜盐高钠芽胞杆菌（*Natribacillus halophilus*）DSM 21771$^{T*}$ | GCA_900100185.1 |
| 39 | 伊平屋桥大洋芽胞杆菌（*Oceanobacillus iheyensis*）HTE831$^{T*}$ | GCA_000011245.1 |
| 40 | 马赛大洋芽胞杆菌（*Oceanobacillus massiliensis*）N'diop$^{T}$ | GCA_000285495.1 |
| 41 | 加利福尼亚鸟氨酸芽胞杆菌（*Ornithinibacillus californiensis*）DSM 16628$^{T}$ | GCA_001038485.1 |
| 42 | 污血鸟氨酸芽胞杆菌（*Ornithinibacillus contaminans*）DSM 22953$^{T\#}$ | GCA_001038425.2 |
| 43 | 琉球海境芽胞杆菌（*Paraliobacillus ryukyuensis*）Marseille-P3391$^{*}$ | GCA_900168775.1 |
| 44 | 海境芽胞杆菌（*Paraliobacillus* sp.）X-1125$^{T}$ | GCA_003268595.1 |
| 45 | 阿尔及利亚少盐芽胞杆菌（*Paucisalibacillus algeriensis*）EB02$^{T}$ | GCA_000577245.1 |
| 46 | 小球状少盐芽胞杆菌（*Paucisalibacillus globulus*）DSM 18846$^{T*}$ | GCA_000482485.1 |
| 47 | 耐碱海洋杆菌（*Pelagirhabdus alkalitolerans*）S5$^{T*}$ | GCA_900096905.1 |
| 48 | 嗜盐鱼芽胞杆菌（*Piscibacillus halophilus*）DSM 21633$^{T}$ | GCA_900110685.1 |
| 49 | 盐鱼鱼芽胞杆菌（*Piscibacillus salipiscarius*）JCM 13188$^{T*}$ | GCA_001311865.1 |
| 50 | 从化海芽胞杆菌（*Pontibacillus chungwhensis*）BH030062$^{T*}$ | GCA_000770675.1 |
| 51 | 嗜盐海芽胞杆菌（*Pontibacillus halophilus*）DSM 19796$^{T}$ | GCA_000425205.1 |
| 52 | 奥本假纤细芽胞杆菌（*Pseudogracilibacillus auburnensis*）DSM 28556$^{T*}$ | GCA_003201975.1 |
| 53 | 耐热类似芽胞杆菌（*Quasibacillus thermotolerans*）SgZ-8$^{T*}$ | GCA_000812025.2 |
| 54 | 白盐微菌（*Salimicrobium album*）DSM 20748$^{T*}$ | GCA_900107115.1 |
| 55 | 咸海鲜盐微菌（*Salimicrobium jeotgali*）MJ3$^{T}$ | GCA_001685435.3 |
| 56 | 艾丁湖盐渍芽胞杆菌（*Salinibacillus aidingensis*）MSP4$^{*}$ | GCA_000400005.1 |
| 57 | 库氏盐渍芽胞杆菌（*Salinibacillus kushneri*）CGMCC 1.3566$^{T}$ | GCA_900111405.1 |
| 58 | 橘色盐沼芽胞杆菌（*Salipaludibacillus aurantiacus*）S9$^{T*}$ | GCA_900111295.1 |
| 59 | 黏琼脂盐沼芽胞杆菌（*Salipaludibacillus agaradhaerens*）DSM 8721$^{T}$ | GCA_002019735.1 |
| 60 | 居盐杆菌（*Salirhabdus* sp.）Marseille-P4669$^{T\&}$ | GCA_900240405.1 |
| 61 | 耐盐碱盐沉积物小杆菌（*Salisediminibacterium haloalkalitolerans*）10nlg$^{T}$ | GCA_900111285.1 |

续表

| 编号 | 种类及菌株 | GenBank 登录号 |
|---|---|---|
| 62 | 耐盐盐沉积物小杆菌（*Salisediminibacterium halotolerans*）DSM 26530$^{T*}$ | GCA_003814815.1 |
| 63 | 波斯居盐土芽胞杆菌（*Saliterribacillus persicus*）DSM 27696$^{T*}$ | GCA_003337485.1 |
| 64 | 嗜盐栖盐水芽胞杆菌（*Salsuginibacillus halophilus*）CGMCC 1.07653$^{T}$ | GCA_003014715.1 |
| 65 | 考氏栖盐水芽胞杆菌（*Salsuginibacillus kocurii*）DSM 18087$^{T*}$ | GCA_000377705.1 |
| 66 | 白色沉积物芽胞杆菌（*Sediminibacillus albus*）CGMCC 1.6502$^{T}$ | GCA_900101125.1 |
| 67 | 嗜盐沉积物芽胞杆菌（*Sediminibacillus halophilus*）CGMCC 1.6199$^{T*}$ | GCA_900103695.1 |
| 68 | 咸链喜盐芽胞杆菌（*Streptohalobacillus salinus*）DSM 22440$^{T*}$ | GCA_003201605.1 |
| 69 | 多食细纤芽胞杆菌（*Tenuibacillus multivorans*）CGMCC 1.3442$^{T*}$ | GCA_900103915.1 |
| 70 | 迪凯特微温芽胞杆菌（*Tepidibacillus decaturensis*）Z9$^{T\#}$ | GCA_001561915.1 |
| 71 | 戈里土地芽胞杆菌（*Terribacillus goriensis*）DSM 18252$^{T}$ | GCA_002884435.1 |
| 72 | 嗜糖土地芽胞杆菌（*Terribacillus saccharophilus*）DSM 21619$^{T*}$ | GCA_002335735.1 |
| 73 | 赛勒斯王深海芽胞杆菌（*Thalassobacillus cyri*）CCM 7597$^{T}$ | GCA_900107755.1 |
| 74 | 食有机物深海芽胞杆菌（*Thalassobacillus devorans*）MSP14$^{*}$ | GCA_000496835.1 |
| 75 | 泛酸枝芽胞杆菌（*Virgibacillus pantothenticus*）DSM 26$^{T*}$ | GCA_001189575.1 |
| 76 | 墓地枝芽胞杆菌（*Virgibacillus necropolis*）LMG 19488$^{T}$ | GCA_002224365.1 |
| 77 | 中热度火山芽胞杆菌（*Vulcanibacillus modesticaldus*）BR$^{T*}$ | GCA_001730235.1 |
| 78 | 马赛红发婴儿菌（*Rubeoparvulum massiliense*）mt6$^{T*}$ | GCA_001049895.1 |
| 79 | 嗜盐碱球菌（*Alkalicoccus saliphilus*）6AG$^{T*}$ | GCA_003044065.1 |
| 80 | 嗜盐海洋球菌（*Marinococcus halophilus*）KCTC 2843$^{T*}$ | GCA_002265875.1 |
| 81 | 耐盐海洋球菌（*Marinococcus halotolerans*）DSM 16375$^{T}$ | GCA_000420725.1 |

注：T 表示模式菌株；*表示该种是属的模式种；#表示该种不是模式种，但基因组组装质量最好，且模式种无基因组；&表示该菌株的基因组是该属内唯一的基因组；未标记的种是 1 个属内的第二个基因组。下同

基于直系同源基因的系统发育树显示，芽胞杆菌科的各属聚类为 15 个分支，即可以划分为 15 个“属群”（图 4-3-10），具体情况如下。

1）属群 1 包括 4 个属：盐乳杆菌属（*Halolactibacillus*）、链喜盐芽胞杆菌属（*Streptohalobacillus*）、兼性芽胞杆菌属（*Amphibacillus*）和海洋杆菌属（*Pelagirhabdus*），该群的大多数种类嗜盐碱或耐盐碱。

2）属群 2 仅有 1 个属：海境芽胞杆菌属（*Paraliobacillus*），嗜盐。

3）属群 3 包括 2 个属：居盐土芽胞杆菌属（*Saliterribacillus*）和纤细芽胞杆菌属（*Gracilibacillus*），嗜盐或耐盐。

4）属群 4 仅有 1 个属：沉积物芽胞杆菌属（*Sediminibacillus*），嗜盐。

5）属群 5 仅有 1 个属：土地芽胞杆菌属（*Terribacillus*）的戈里土地芽胞杆菌（该属用于本研究的 2 个种聚类在 2 个分歧较大的进化枝上），嗜盐。

6）属群 6 包括 6 个属：假纤细芽胞杆菌属（*Pseudogracilibacillus*）（与群内其他属的分歧稍大）、慢生芽胞杆菌属（*Lentibacillus*）、大洋芽胞杆菌属（*Oceanobacillus*）、鸟氨酸芽胞杆菌属（*Ornithinibacillus*）、少盐芽胞杆菌属（*Paucisalibacillus*）和枝芽胞杆菌属（*Virgibacillus*）（该属用于本研究的 2 个种聚类在 2 个邻近的亚分支上），该群的大多数种类嗜盐或耐盐。

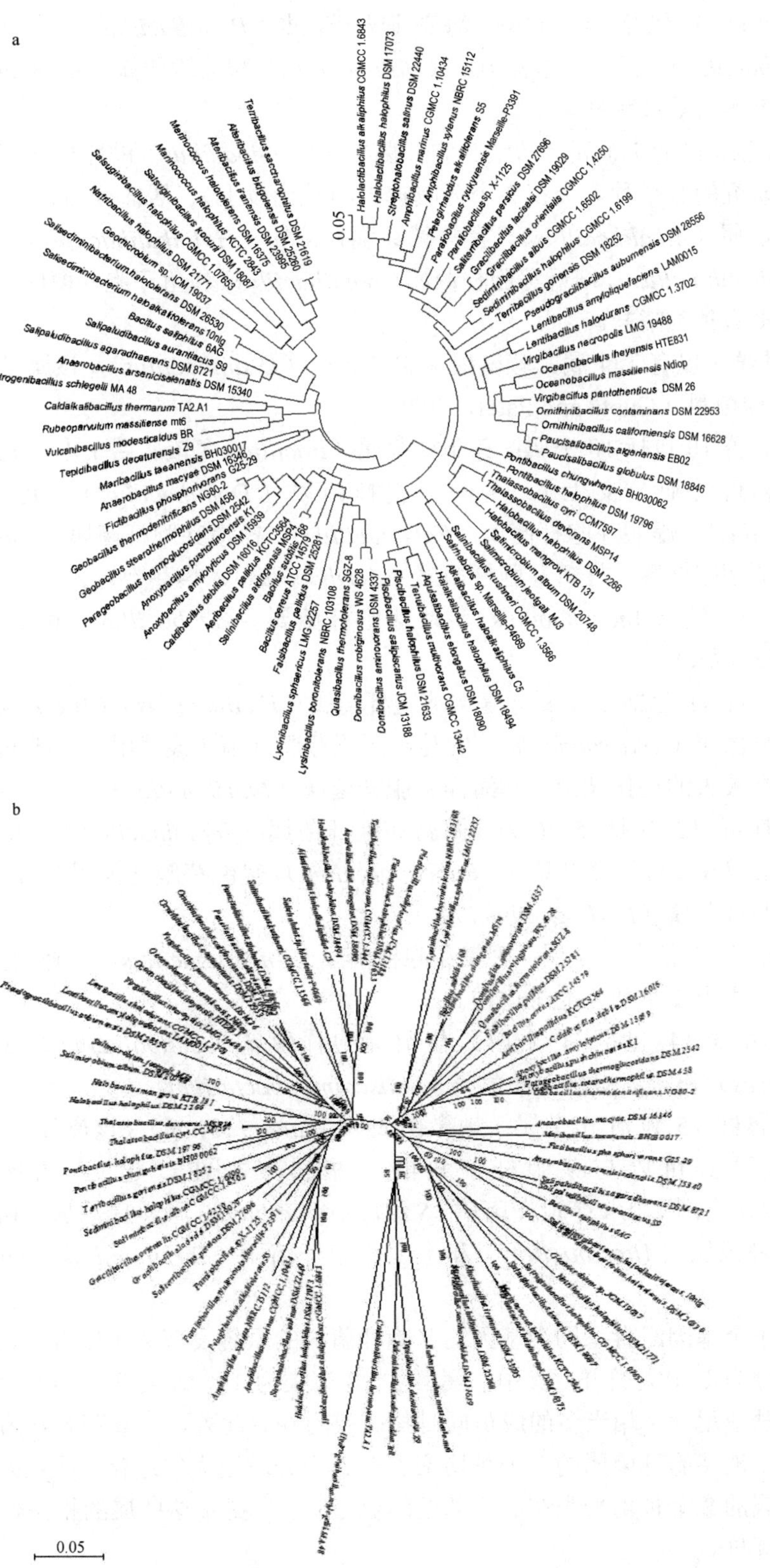


图 4-3-10　基于全基因组直系同源基因的芽胞杆菌科的环状（a）和放射状（b）系统发育树

7）属群 7 包括 4 个属：海芽胞杆菌属（*Pontibacillus*）、深海芽胞杆菌属（*Thalassobacillus*）、喜盐芽胞杆菌属（*Halobacillus*）和盐微菌属（*Salimicrobium*），该群的大多数种类嗜盐或耐盐。

8）属群 8 包括 7 个属：盐渍芽胞杆菌属（*Salinibacillus*）的库氏盐渍芽胞杆菌（该属用于本研究的 2 个种聚类在 2 个分歧较大的进化枝上）、居盐杆菌属（*Salirhabdus*）、碱芽胞杆菌属（*Alkalibacillus*）、喜盐碱芽胞杆菌属（*Halalkalibacillus*）、居盐水芽胞杆菌属（*Aquisalibacillus*）、细纤芽胞杆菌属（*Tenuibacillus*）和鱼芽胞杆菌属（*Piscibacillus*），该群的大多数种类嗜盐。

9）属群 9 仅有 1 个属：赖氨酸芽胞杆菌属（*Lysinibacillus*），该属已被重分类至显核菌科/动球菌科（Gupta and Patel，2020）。

10）属群 10 包括 10 个属：芽胞杆菌属（*Bacillus*）（该属用于本研究的 2 个种聚类在 2 个邻近的亚分支上）、房间芽胞杆菌属（*Domibacillus*）、类似芽胞杆菌属（*Quasibacillus*）、虚假芽胞杆菌属（*Falsibacillus*）、盐渍芽胞杆菌属（*Salinibacillus*）的艾丁湖盐渍芽胞杆菌、好氧芽胞杆菌属（*Aeribacillus*）、热芽胞杆菌属（*Caldibacillus*）、无氧芽胞杆菌属（*Anoxybacillus*）、地芽胞杆菌属（*Geobacillus*）和副地芽胞杆菌属（*Parageobacillus*）。

11）属群 11 包括 3 个属：虚构芽胞杆菌属（*Fictibacillus*）的脱磷虚构芽胞杆菌、厌氧芽胞杆菌属（*Anaerobacillus*）的马氏厌氧芽胞杆菌（该属用于本研究的 2 个种聚类在 2 个分歧较大的进化枝上）和海洋芽胞杆菌属（*Maribacillus*）。

12）属群 12 包括 5 个属：微温芽胞杆菌属（*Tepidibacillus*）、火山芽胞杆菌属（*Vulcanibacillus*）、红发婴儿菌属（*Rubeoparvulum*）、热碱芽胞杆菌属（*Caldalkalibacillus*）和解氢芽胞杆菌属（*Hydrogenibacillus*）。

13）属群 13 仅有 1 个属：厌氧芽胞杆菌属（*Anaerobacillus*）的砷硒厌氧芽胞杆菌，该种单独聚类为 1 个独立的进化枝。

14）属群 14 包括 3 个属：盐沼芽胞杆菌属（*Salipaludibacillus*）、碱球菌属（*Alkalicoccus*）和盐沉积物小杆菌属（*Salisediminibacterium*）。

15）属群 15 包括 6 个属：地微菌属（*Geomicrobium*）（该属被认为科未定，但本研究发现其可以与芽胞杆菌科的一些属聚类在一起）、高钠芽胞杆菌属（*Natribacillus*）、栖盐水芽胞杆菌属（*Salsuginibacillus*）、海洋球菌属（*Marinococcus*）、交替芽胞杆菌属（*Alteribacillus*）和土地芽胞杆菌属（*Terribacillus*）的嗜糖土地芽胞杆菌。

从基于全基因组直系同源基因的芽胞杆菌科的系统发育树可以看出，芽胞杆菌科的各属被划分为 2 个大类群，其中，属群 1～8 聚类为 1 个大类群——嗜盐类群，即其成员一般嗜盐或耐盐，相当多的成员同时嗜碱或耐碱。此外，厌氧芽胞杆菌属、盐渍芽胞杆菌属和土地芽胞杆菌属的 2 个种均聚类在 2 个分歧较大的进化枝上；芽胞杆菌属和枝芽胞杆菌属的 2 个种均聚类在 2 个邻近的亚分支上，提示这些属的相关种类的分类地位需要重新评价。

## 二、基于全基因组直系同源基因的脂环酸芽胞杆菌科系统发育分析

由于脂环酸芽胞杆菌科的其他属的种类和基因组较少，因此只进行了脂环酸芽胞杆菌属和脂环酸芽胞杆菌科的系统发育分析。

### （一）脂环酸芽胞杆菌属及近缘属的系统发育分析

从 GenBank 数据库中下载了 17 个脂环酸芽胞杆菌属（*Alicyclobacillus*）的基因组，包括 16 个已知种类（均为模式菌株）和 1 个未定种的菌株，以及 2 个酸芽胞杆菌属（*Acidibacillus*）的基因组（表 4-3-11），构建基于全基因组直系同源基因的系统发育树。

**表 4-3-11　用于脂环酸芽胞杆菌属及近缘属系统发育树构建的种类和菌株信息**

| 编号 | 种类及菌株 | GenBank 登录号 |
|---|---|---|
| 1 | 嗜酸脂环酸芽胞杆菌（*Alicyclobacillus acidiphilus*）NBRC 100859$^T$ | GCA_001544355.1 |
| 2 | 酸热脂环酸芽胞杆菌（*Alicyclobacillus acidocaldarius*）DSM 446$^T$ | GCA_000024285.1 |
| 3 | 酸土脂环酸芽胞杆菌（*Alicyclobacillus acidoterrestris*）ATCC 49025$^T$ | GCA_000444055.1 |
| 4 | 污染脂环酸芽胞杆菌（*Alicyclobacillus contaminans*）DSM 17975$^T$ | GCA_000429525.1 |
| 5 | 氧化铁脂环酸芽胞杆菌（*Alicyclobacillus ferrooxydans*）TC-34$^T$ | GCA_001399675.1 |
| 6 | 草脂环酸芽胞杆菌（*Alicyclobacillus herbarius*）DSM 13609$^T$ | GCA_000430585.1 |
| 7 | 金星脂环酸芽胞杆菌（*Alicyclobacillus hesperidum*）DSM 12489$^T$ | GCA_900107035.1 |
| 8 | 挂川脂环酸芽胞杆菌（*Alicyclobacillus kakegawensis*）NBRC 103104$^T$ | GCA_001552655.1 |
| 9 | 大胞囊脂环酸芽胞杆菌（*Alicyclobacillus macrosporangiidus*）DSM 17980$^T$ | GCA_900116805.1 |
| 10 | 玛丽脂环酸芽胞杆菌（*Alicyclobacillus mali*）NBRC 102425$^T$ | GCA_001570745.1 |
| 11 | 山脉脂环酸芽胞杆菌（*Alicyclobacillus montanus*）USBA-GBX-503$^T$ | GCA_900142255.1 |
| 12 | 果实脂环酸芽胞杆菌（*Alicyclobacillus pomorum*）DSM 14955$^T$ | GCA_000472905.1 |
| 13 | 仙台脂环酸芽胞杆菌（*Alicyclobacillus sendaiensis*）NBRC 100866$^T$ | GCA_001552675.1 |
| 14 | 静冈脂环酸芽胞杆菌（*Alicyclobacillus shizuokensis*）NBRC 103103$^T$ | GCA_001552255.1 |
| 15 | 腾冲脂环酸芽胞杆菌（*Alicyclobacillus tengchongensis*）CGMCC 1504$^T$ | GCA_001447355.1 |
| 16 | 火神脂环酸芽胞杆菌（*Alicyclobacillus vulcanalis*）DSM 16176$^T$ | GCA_900156755.1 |
| 17 | *Alicyclobacillus* sp. RIFOXYA1_FULL_53_8 | GCA_001767765.1 |
| 18 | 铁氧化酸芽胞杆菌（*Acidibacillus ferrooxidans*）SLC66$^T$ | GCA_001642725.1 |
| 19 | 硫氧化酸芽胞杆菌（*Acidibacillus sulfuroxidans*）Y002$^T$ | GCA_003144315.1 |

基于全基因组直系同源基因的系统发育树显示，脂环酸芽胞杆菌属和酸芽胞杆菌属聚类为 2 个独立分支（图 4-3-11）。

脂环酸芽胞杆菌属的种类可以区分为 10 个进化枝。①进化枝 1 包括 4 个种：酸热脂环酸芽胞杆菌 DSM 446$^T$、仙台脂环酸芽胞杆菌 NBRC 100866$^T$、玛丽脂环酸芽胞杆菌 NBRC 102425$^T$ 和火神脂环酸芽胞杆菌 DSM 16176$^T$。②进化枝 2 包括 2 个种：金星脂环酸芽胞杆菌 DSM 12489$^T$ 和腾冲脂环酸芽胞杆菌 CGMCC 1504$^T$。③进化枝 3 仅有 1 个种：嗜酸脂环酸芽胞杆菌 NBRC 100859$^T$。④进化枝 4 仅有 1 个种：酸土脂环酸芽胞杆菌 ATCC 49025$^T$。⑤进化枝 5 仅有 1 个种：山脉脂环酸芽胞杆菌 USBA-GBX-503$^T$。

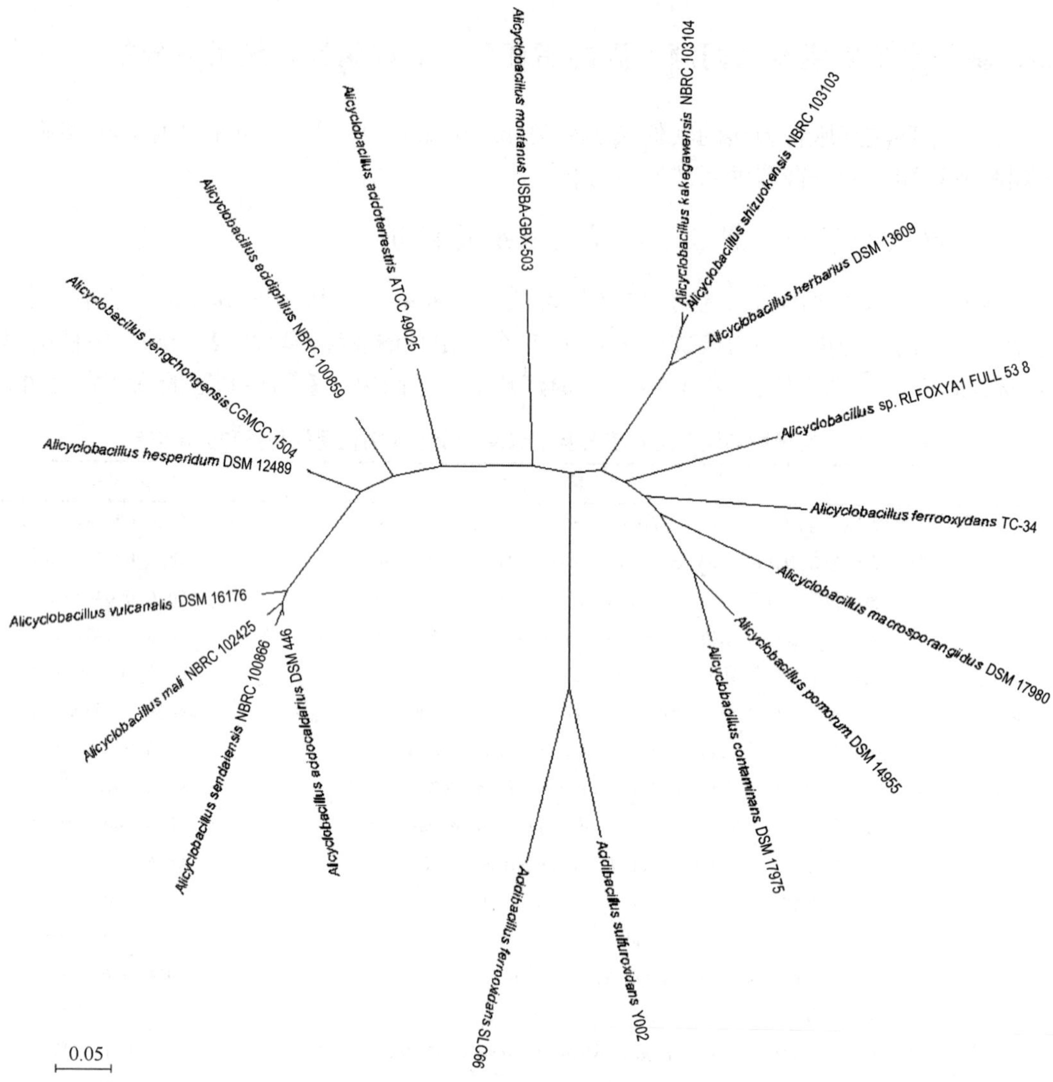


图 4-3-11　基于全基因组直系同源基因的脂环酸芽胞杆菌属及近缘属的系统发育树

⑥进化枝 6 包括 3 个种：挂川脂环酸芽胞杆菌 NBRC 103104$^{T}$、静冈脂环酸芽胞杆菌 NBRC 103103$^{T}$、草脂环酸芽胞杆菌 DSM 13609$^{T}$。⑦进化枝 7 仅有 1 个菌株：*Alicyclobacillus* sp. RIFOXYA1_FULL_53_8。⑧进化枝 8 仅有 1 个种：氧化铁脂环酸芽胞杆菌 TC-34$^{T}$。⑨进化枝 9 仅有 1 个种：大胞囊脂环酸芽胞杆菌 DSM 17980$^{T}$。⑩进化枝 10 包括 2 个种：果实脂环酸芽胞杆菌 DSM 14955$^{T}$ 和污染脂环酸芽胞杆菌 DSM 17975$^{T}$（图 4-3-11）。

## （二）脂环酸芽胞杆菌科的系统发育分析

从脂环酸芽胞杆菌科各属中均选择 2 个基因组用于该科的系统发育分析（表 4-3-12）。

**表 4-3-12　用于脂环酸芽胞杆菌科系统发育树构建的种类和菌株信息**

| 编号 | 种类及菌株 | GenBank 登录号 |
|---|---|---|
| 1 | 铁氧化酸芽胞杆菌（*Acidibacillus ferrooxidans*）SLC66T*，科未定 | GCA_001642725.1 |
| 2 | 硫氧化酸芽胞杆菌（*Acidibacillus sulfuroxidans*）Y002T，科未定 | GCA_003144315.1 |
| 3 | 酸热脂环酸芽胞杆菌（*Alicyclobacillus acidocaldarius*）DSM 446T* | GCA_000024285.1 |
| 4 | 污染脂环酸芽胞杆菌（*Alicyclobacillus contaminans*）DSM 17975T | GCA_000429525.1 |
| 5 | 湖多变芽胞杆菌（*Effusibacillus lacus*）skLN1T* | GCA_002335525.1 |
| 6 | 橘色藻多变芽胞杆菌（*Effusibacillus pohliae*）DSM 22757T | GCA_000376225.1 |
| 7 | 施波尔曼科鲁比蒂斯氏菌（*Kyrpidia spormannii*）EA-1T | GCA_002804065.1 |
| 8 | 托斯卡纳科鲁比蒂斯氏菌（*Kyrpidia tusciae*）DSM 2912T* | GCA_000092905.1 |
| 9 | 嗜酸硫化芽胞杆菌（*Sulfobacillus acidophilus*）DSM 10332T | GCA_000237975.1 |
| 10 | 嗜热硫氧化硫化芽胞杆菌（*Sulfobacillus thermosulfidooxidans*）DSM 9293T* | GCA_900176145.1 |
| 11 | 鸟膨胀芽胞杆菌（*Tumebacillus avium*）AR23208T | GCA_002162355.1 |
| 12 | 霜冻膨胀芽胞杆菌（*Tumebacillus permanentifrigoris*）DSM 18773T* | GCA_003148565.1 |

基于全基因组直系同源基因的系统发育树显示，脂环酸芽胞杆菌科的各属可以被划分为 4 个进化分支。①进化枝 1 包括 2 个属：多变芽胞杆菌属（*Effusibacillus*）和膨胀芽胞杆菌属（*Tumebacillus*）。②进化枝 2 仅有 1 个属：脂环酸芽胞杆菌属（*Alicyclobacillus*），科未定的酸芽胞杆菌属（*Acidibacillus*）与其亲缘关系较近。③进化枝 3 仅有 1 个属：科鲁比蒂斯氏菌属（*Kyrpidia*）。④进化枝 4 仅有 1 个属：硫化芽胞杆菌属（*Sulfobacillus*）（图 4-3-12）。

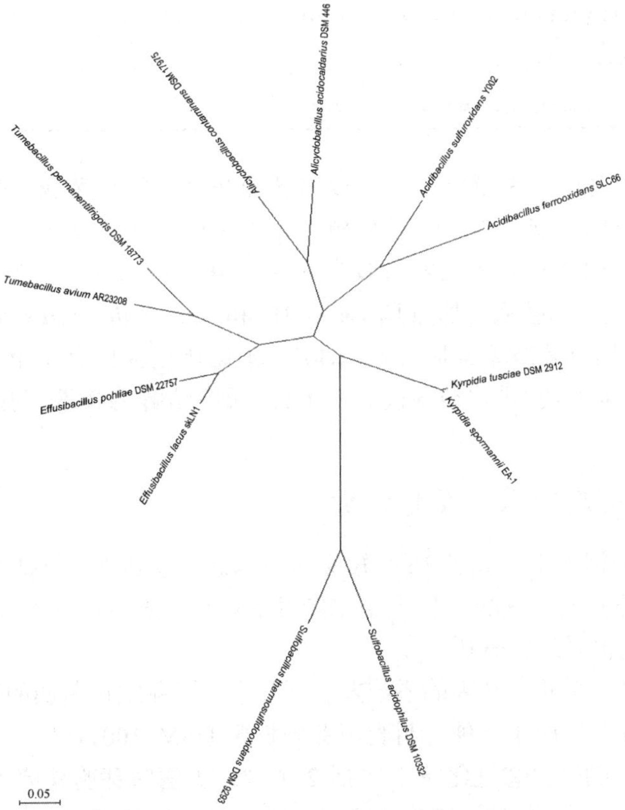


图 4-3-12　基于全基因组直系同源基因的脂环酸芽胞杆菌科的系统发育树

## 三、基于全基因组直系同源基因的类芽胞杆菌科系统发育分析

研究分别对基因组数量较多的 3 个属，即解硫胺素芽胞杆菌属（*Aneurinibacillus*）、短芽胞杆菌属（*Brevibacillus*）和类芽胞杆菌属（*Paenibacillus*），以及类芽胞杆菌科进行系统发育分析。

### （一）解硫胺素芽胞杆菌属及近缘属的系统发育分析

从 GenBank 数据库中下载了 7 个解硫胺素芽胞杆菌属的基因组，包括 6 个已知种类（均为模式菌株）和 1 个未定种的菌株，以及 1 个嗜氨菌属（*Ammoniphilus*）的基因组（表 4-3-13），构建基于全基因组直系同源基因的无根系统发育树。

**表 4-3-13 用于解硫胺素芽胞杆菌属及近缘属系统发育树构建的种类和菌株信息**

| 编号 | 种类及菌株 | GenBank 登录号 |
|---|---|---|
| 1 | 解硫胺素解硫胺素芽胞杆菌（*Aneurinibacillus aneurinilyticus*）ATCC 12856$^T$ | GCA_000466385.1 |
| 2 | 米氏解硫胺素芽胞杆菌（*Aneurinibacillus migulanus*）DSM 2895$^T$ | GCA_001274715.1 |
| 3 | 土壤解硫胺素芽胞杆菌（*Aneurinibacillus soli*）CB4$^T$ | GCA_002355375.1 |
| 4 | 新地站解硫胺素芽胞杆菌（*Aneurinibacillus terranovensis*）DSM 18919$^T$ | GCA_000430625.1 |
| 5 | 嗜热嗜气解硫胺素芽胞杆菌（*Aneurinibacillus thermoaerophilus*）L420-91$^T$ | GCA_900099925.1 |
| 6 | 解酪氨酸解硫胺素芽胞杆菌（*Aneurinibacillus tyrosinisolvens*）LL-002$^T$ | GCA_001015055.1 |
| 7 | *Aneurinibacillus* sp. Xh2 | GCA_001439585.2 |
| 8 | 草酸嗜氨菌（*Ammoniphilus oxalaticus*）RAOx-1$^T$ | GCA_003609605.1 |

基于直系同源基因的系统发育树可以将解硫胺素芽胞杆菌属和嗜氨菌属区分开。解硫胺素芽胞杆菌属可划分为 5 个进化枝。①进化枝 1 包括 2 个种：解硫胺素解硫胺素芽胞杆菌 ATCC 12856$^T$ 和米氏解硫胺素芽胞杆菌 DSM 2895$^T$。②进化枝 2 包括 2 个种/菌株：嗜热嗜气解硫胺素芽胞杆菌 L420-91$^T$ 和 *Aneurinibacillus* sp. Xh2。③进化枝 3 仅有 1 个种：土壤解硫胺素芽胞杆菌 CB4$^T$。④进化枝 4 仅有 1 个种：解酪氨酸解硫胺素芽胞杆菌 LL-002$^T$。⑤进化枝 5 仅有 1 个种：新地站解硫胺素芽胞杆菌 DSM 18919$^T$（图 4-3-13）。

### （二）短芽胞杆菌属的系统发育分析

从 GenBank 数据库中下载了 16 个短芽胞杆菌属的基因组，包括 15 个已知种类（其中有 9 个基因组是模式菌株的）和 1 个未定种的菌株（表 4-3-14），构建基于全基因组直系同源基因的无根系统发育树。

基于全基因组直系同源基因的系统发育树显示，短芽胞杆菌属的种类被聚类为 7 个进化枝。①进化枝 1 包括 3 个种：明胶短芽胞杆菌 DSM 100115$^T$、土壤短芽胞杆菌 5-2 和副短短芽胞杆菌 CN1。②进化枝 2 包括 2 个种：美丽短芽胞杆菌 NF2 和短短芽胞杆菌 NBRC 100599$^T$。③进化枝 3 仅有 1 个种：茹氏短芽胞杆菌 DSM 9887$^T$。④进化枝 4

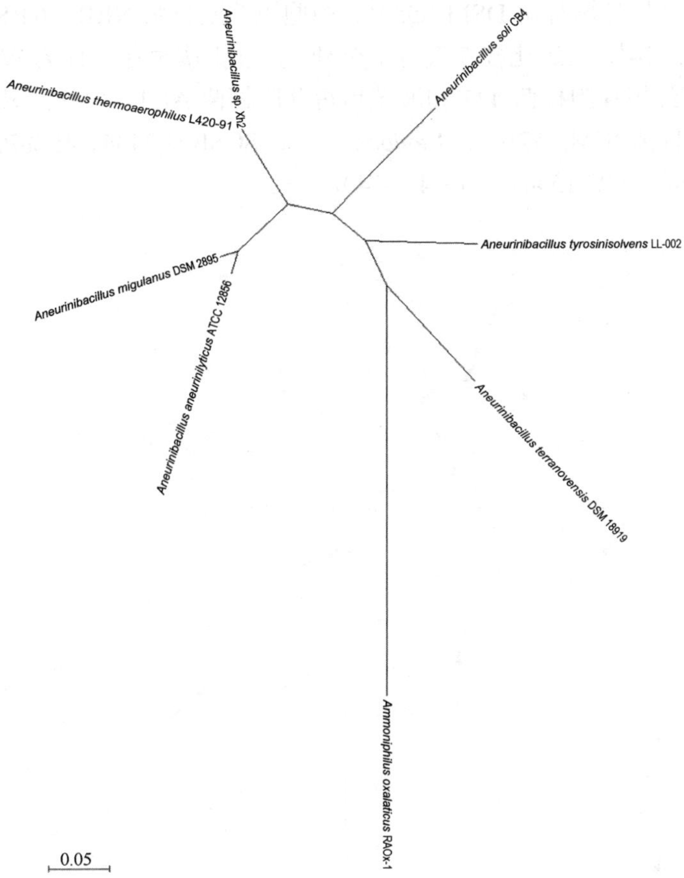


图 4-3-13　基于全基因组直系同源基因的解硫胺素芽胞杆菌属及近缘属的系统发育树

**表 4-3-14　用于短芽胞杆菌属系统发育树构建的种类和菌株信息**

| 编号 | 种类及菌株 | GenBank 登录号 |
|---|---|---|
| 1 | 土壤短芽胞杆菌（*Brevibacillus agri*）5-2 | GCA_000612125.1 |
| 2 | 波茨坦短芽胞杆菌（*Brevibacillus borstelensis*）AK1 | GCA_000353565.1 |
| 3 | 短短芽胞杆菌（*Brevibacillus brevis*）NBRC 100599$^T$ | GCA_000010165.1 |
| 4 | 中胞短芽胞杆菌（*Brevibacillus centrosporus*）NRRL NRS-664$^T$ | GCA_003710815.1 |
| 5 | 千叶短芽胞杆菌（*Brevibacillus choshinensis*）DSM 8552$^T$ | GCA_001420695.1 |
| 6 | 河短芽胞杆菌（*Brevibacillus fluminis*）JCM 15716$^T$ | GCA_003710825.1 |
| 7 | 美丽短芽胞杆菌（*Brevibacillus formosus*）NF2 | GCA_002215075.1 |
| 8 | 明胶短芽胞杆菌（*Brevibacillus gelatini*）DSM 100115$^T$ | GCA_003710935.1 |
| 9 | 侧胞短芽胞杆菌（*Brevibacillus laterosporus*）LMG 15441$^T$ | GCA_000219535.3 |
| 10 | 马赛短芽胞杆菌（*Brevibacillus massiliensis*）phR$^T$ | GCA_000311785.1 |
| 11 | 硝化短芽胞杆菌（*Brevibacillus nitrificans*）JCM 15774$^T$ | GCA_003710965.1 |
| 12 | 人参土壤短芽胞杆菌（*Brevibacillus panacihumi*）W25 | GCA_000503775.1 |
| 13 | 副短短芽胞杆菌（*Brevibacillus parabrevis*）CN1 | GCA_001619605.1 |
| 14 | 茹氏短芽胞杆菌（*Brevibacillus reuszeri*）DSM 9887$^T$ | GCA_001187725.1 |
| 15 | 热红短芽胞杆菌（*Brevibacillus thermoruber*）423 | GCA_000454065.1 |
| 16 | *Brevibacillus* sp. SCSIO 07484 | GCA_003963515.1 |

包括 3 个种：千叶短芽胞杆菌 DSM 8552$^{T}$、中胞短芽胞杆菌 NRRL NRS-664$^{T}$和硝化短芽胞杆菌 JCM 15774$^{T}$。⑤进化枝 5 仅有 1 个种：人参土壤短芽胞杆菌 W25。⑥进化枝 6 包括 2 个种：热红短芽胞杆菌 423 和波茨坦短芽胞杆菌 AK1。⑦进化枝 7 包括 4 个种/菌株：河短芽胞杆菌 JCM 15716$^{T}$、*Brevibacillus* sp. SCSIO 07484、马赛短芽胞杆菌 phR$^{T}$和侧胞短芽胞杆菌 LMG 15441$^{T}$（图 4-3-14）。

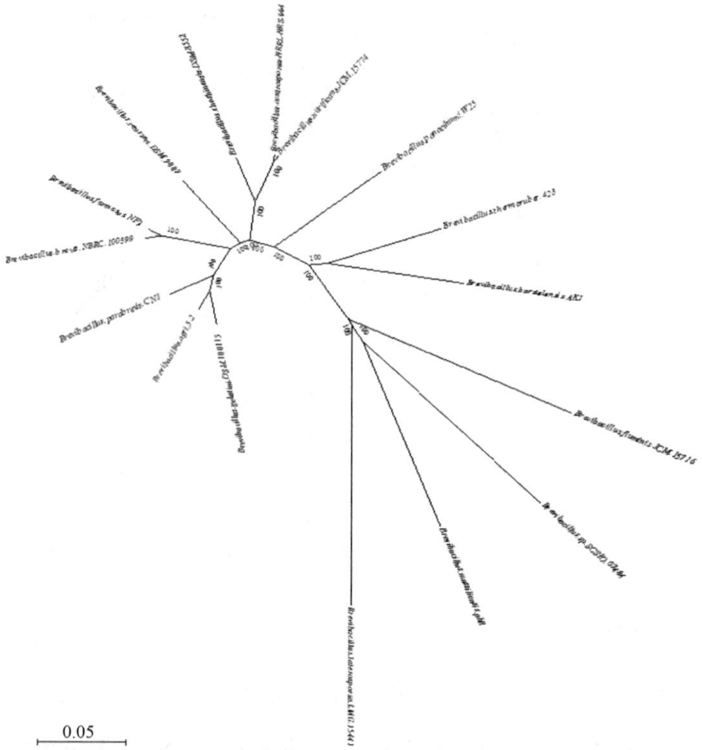


图 4-3-14　基于直系同源基因的短芽胞杆菌属的无根系统发育树

## （三）类芽胞杆菌属及近缘属的系统发育分析

从 GenBank 数据库中下载了 137 个类芽胞杆菌属的基因组，包括 129 个已知种类（其中有 108 个基因组是模式菌株的）和 8 个未定种的菌株，以及 2 个溪苔芽胞杆菌属（*Fontibacillus*）和 2 个大猩猩小杆菌属（*Gorillibacterium*）的基因组（表 4-3-15），构建基于全基因组直系同源基因的无根系统发育树。

**表 4-3-15　用于类芽胞杆菌属及近缘属系统发育树构建的种类和菌株信息**

| 编号 | 种类及菌株 | GenBank 登录号 |
|---|---|---|
| 1 | 乙酸类芽胞杆菌（*Paenibacillus aceti*）L14$^{T}$ | GCA_003614185.1 |
| 2 | 食琼脂类芽胞杆菌（*Paenibacillus agaridevorans*）T-3040 | GCA_003112455.1 |
| 3 | 解藻酸类芽胞杆菌（*Paenibacillus alginolyticus*）DSM 5050$^{T}$ | GCA_000422905.1 |
| 4 | 冷泉类芽胞杆菌（*Paenibacillus algorifonticola*）CGMCC 1.10223$^{T}$ | GCA_900112925.1 |
| 5 | 蜂房类芽胞杆菌（*Paenibacillus alvei*）DSM 29$^{T}$ | GCA_000293805.1 |
| 6 | 解淀粉类芽胞杆菌（*Paenibacillus amylolyticus*）Heshi-A3 | GCA_001570725.1 |

续表

| 编号 | 种类及菌株 | GenBank 登录号 |
|---|---|---|
| 7 | 厌氧生类芽胞杆菌（*Paenibacillus anaericanus*）DSM 15890$^T$ | GCA_003994475.1 |
| 8 | 南极类芽胞杆菌（*Paenibacillus antarcticus*）CECT 5836$^T$ | GCA_001637225.1 |
| 9 | 多药抗类芽胞杆菌（*Paenibacillus antibioticophila*）GD11$^T$ | GCA_000455265.1 |
| 10 | 蜜蜂类芽胞杆菌（*Paenibacillus apiarius*）NRRL B-23460$^T$ | GCA_002161865.1 |
| 11 | 积污池类芽胞杆菌（*Paenibacillus aquistagni*）11$^T$ | GCA_900177815.1 |
| 12 | 阿萨姆类芽胞杆菌（*Paenibacillus assamensis*）DSM 18201$^T$ | GCA_000422445.1 |
| 13 | 白鹿潭类芽胞杆菌（*Paenibacillus baekrokdamisoli*）KCTC 33723$^T$ | GCA_003945345.1 |
| 14 | 巴塞罗那类芽胞杆菌（*Paenibacillus barcinonensis*）CECT 7022$^T$ | GCA_003217495.1 |
| 15 | 巴伦氏类芽胞杆菌（*Paenibacillus barengoltzii*）G22 | GCA_000403375.2 |
| 16 | 北京类芽胞杆菌（*Paenibacillus beijingensis*）DSM 24997$^T$ | GCA_000961095.1 |
| 17 | 北风类芽胞杆菌（*Paenibacillus borealis*）DSM 13188$^T$ | GCA_000758665.1 |
| 18 | 罗讷河口类芽胞杆菌（*Paenibacillus bouchesdurhonensis*）Marseille-P3071$^T$ | GCA_900155685.1 |
| 19 | 牦牛奶类芽胞杆菌（*Paenibacillus bovis*）BD3526$^T$ | GCA_001421015.2 |
| 20 | 喀麦隆类芽胞杆菌（*Paenibacillus camerounensis*）G4$^T$ | GCA_000723885.1 |
| 21 | 坎皮纳斯类芽胞杆菌（*Paenibacillus campinasensis*）7537-G1 | GCA_002272015.1 |
| 22 | 栗树类芽胞杆菌（*Paenibacillus castaneae*）DSM 19417$^T$ | GCA_002884445.1 |
| 23 | 梓树类芽胞杆菌（*Paenibacillus catalpae*）CGMCC 1.10784$^T$ | GCA_900112695.1 |
| 24 | 解纤维素类芽胞杆菌（*Paenibacillus cellulosilyticus*）CECT 5696$^T$ | GCA_003182255.1 |
| 25 | 千叶类芽胞杆菌（*Paenibacillus chibensis*）NBRC 15958$^T$ | GCA_004001045.1 |
| 26 | 解几丁质类芽胞杆菌（*Paenibacillus chitinolyticus*）NBRC 15660$^T$ | GCA_000739915.1 |
| 27 | 软骨素类芽胞杆菌（*Paenibacillus chondroitinus*）OK414 | GCA_000799595.1 |
| 28 | 污染类芽胞杆菌（*Paenibacillus contaminans*）CKOBP-6$^T$ | GCA_003285015.1 |
| 29 | 牡蛎类芽胞杆菌（*Paenibacillus crassostreae*）LPB0068$^T$ | GCA_001857945.1 |
| 30 | 解凝乳类芽胞杆菌（*Paenibacillus curdlanolyticus*）YK9$^T$ | GCA_000179615.1 |
| 31 | 大田类芽胞杆菌（*Paenibacillus daejeonensis*）DSM 15491$^T$ | GCA_000378385.1 |
| 32 | 达喀尔类芽胞杆菌（*Paenibacillus dakarensis*）FF9$^T$ | GCA_001373415.1 |
| 33 | 达尔文类芽胞杆菌（*Paenibacillus darwinianus*）Br$^T$ | GCA_000598065.1 |
| 34 | 胡萝卜类芽胞杆菌（*Paenibacillus dauci*）H9$^T$ | GCA_000971985.1 |
| 35 | 树形类芽胞杆菌（*Paenibacillus dendritiformis*）C454 | GCA_000245555.2 |
| 36 | 东海类芽胞杆菌（*Paenibacillus donghaensis*）KCTC 13049$^T$ | GCA_002192415.1 |
| 37 | 坚韧类芽胞杆菌（*Paenibacillus durus*）DSM 1735$^T$ | GCA_000756615.1 |
| 38 | 爱媛类芽胞杆菌（*Paenibacillus ehimensis*）A2 | GCA_000612225.1 |
| 39 | 乐金类芽胞杆菌（*Paenibacillus elgii*）NBRC 100335$^T$ | GCA_004000865.1 |
| 40 | 食醚类芽胞杆菌（*Paenibacillus etheri*）SH7$^T$ | GCA_001012825.2 |
| 41 | 铁矿类芽胞杆菌（*Paenibacillus ferrarius*）CY1$^T$ | GCA_002027705.1 |
| 42 | 居温泉类芽胞杆菌（*Paenibacillus fonticola*）DSM 21315$^T$ | GCA_000381905.1 |
| 43 | 连翘类芽胞杆菌（*Paenibacillus forsythiae*）T98$^T$ | GCA_000520735.1 |
| 44 | 人参田类芽胞杆菌（*Paenibacillus ginsengarvi*）KCTC 13059$^T$ | GCA_003626695.1 |
| 45 | 人参地类芽胞杆菌（*Paenibacillus ginsengihumi*）DSM 21568$^T$ | GCA_000380965.1 |
| 46 | 冰川类芽胞杆菌（*Paenibacillus glacialis*）DSM 22343$^T$ | GCA_001637205.1 |
| 47 | 解葡聚糖类芽胞杆菌（*Paenibacillus glucanolyticus*）DSM 5162$^T$ | GCA_001632305.1 |
| 48 | 解杂多糖类芽胞杆菌（*Paenibacillus glycanilyticus*）NBRC 16618$^T$ | GCA_004000805.1 |
| 49 | 大猩猩类芽胞杆菌（*Paenibacillus gorillae*）G1$^T$ | GCA_000513275.1 |
| 50 | 草类芽胞杆菌（*Paenibacillus graminis*）DSM 15220$^T$ | GCA_000758705.1 |
| 51 | 沙漠沙类芽胞杆菌（*Paenibacillus harenae*）DSM 16969$^T$ | GCA_000422465.1 |

续表

| 编号 | 种类及菌株 | GenBank 登录号 |
|---|---|---|
| 52 | 短叶剪叶苔类芽胞杆菌（*Paenibacillus herberti*）R33$^T$ | GCA_002233675.1 |
| 53 | 腐殖质类芽胞杆菌（*Paenibacillus humicus*）NBRC 102415$^T$ | GCA_004000905.1 |
| 54 | 生资所类芽胞杆菌（*Paenibacillus ihbetae*）IHBB 9852$^T$ | GCA_002741055.1 |
| 55 | 医教所类芽胞杆菌（*Paenibacillus ihuae*）GD6$^T$ | GCA_001368795.1 |
| 56 | 肥胖症类芽胞杆菌（*Paenibacillus ihumii*）AT5$^T$ | GCA_001403875.1 |
| 57 | 伊利诺伊类芽胞杆菌（*Paenibacillus illinoisensis*）E3 | GCA_003224455.1 |
| 58 | 杰米拉类芽胞杆菌（*Paenibacillus jamilae*）NS115 | GCA_001477135.1 |
| 59 | 李季伦类芽胞杆菌（*Paenibacillus jilunlii*）DSM 23019$^T$ | GCA_001546055.1 |
| 60 | 神户类芽胞杆菌（*Paenibacillus kobensis*）NBRC 15729$^T$ | GCA_004000825.1 |
| 61 | 食叶鞘类芽胞杆菌（*Paenibacillus koleovorans*）NBRC 103111$^T$ | GCA_004000845.1 |
| 62 | 韩研所类芽胞杆菌（*Paenibacillus kribbensis*）AM49$^T$ | GCA_002240415.1 |
| 63 | 牛奶类芽胞杆菌（*Paenibacillus lactis*）154 | GCA_000230915.2 |
| 64 | 幼虫类芽胞杆菌（*Paenibacillus larvae*）ATCC 9545$^T$ | GCA_002003265.1 |
| 65 | 灿烂类芽胞杆菌（*Paenibacillus lautus*）E7593-69 | GCA_003590055.1 |
| 66 | 慢病类芽胞杆菌（*Paenibacillus lentimorbus*）NRRL B-30488$^T$ | GCA_000411595.1 |
| 67 | 缓慢类芽胞杆菌（*Paenibacillus lentus*）DSM 25539$^T$ | GCA_003931855.1 |
| 68 | 浸麻类芽胞杆菌（*Paenibacillus macerans*）ATCC 8244$^T$ | GCA_000746875.1 |
| 69 | 马阔里类芽胞杆菌（*Paenibacillus macquariensis*）ATCC 23464$^T$ | GCA_900156375.1 |
| 70 | 马赛类芽胞杆菌（*Paenibacillus massiliensis*）DSM 16942$^T$ | GCA_000377505.1 |
| 71 | 山区土类芽胞杆菌（*Paenibacillus montanisoli*）RA17$^T$ | GCA_003268025.1 |
| 72 | 胶质类芽胞杆菌（*Paenibacillus mucilaginosus*）3016 | GCA_000250655.1 |
| 73 | 难府类芽胞杆菌（*Paenibacillus nanensis*）DSM 22867$^T$ | GCA_003583765.1 |
| 74 | 食萘类芽胞杆菌（*Paenibacillus naphthalenovorans*）32O-Y | GCA_001465255.1 |
| 75 | 珍珠鸡类芽胞杆菌（*Paenibacillus numidis*）GM2$^T$，有基因组，但种名未发表 | GCA_900069005.1 |
| 76 | 载味类芽胞杆菌（*Paenibacillus odorifer*）DSM 15391$^T$ | GCA_000758725.1 |
| 77 | 水稻类芽胞杆菌（*Paenibacillus oryzae*）1DrF-4$^T$ | GCA_001675045.1 |
| 78 | 饲料类芽胞杆菌（*Paenibacillus pabuli*）NG-13 | GCA_003259455.1 |
| 79 | 芍药类芽胞杆菌（*Paenibacillus paeoniae*）M4BSY-1$^T$ | GCA_003388735.1 |
| 80 | 参田土类芽胞杆菌（*Paenibacillus panacisoli*）DSM 21345$^T$ | GCA_000426545.1 |
| 81 | 帕萨迪纳类芽胞杆菌（*Paenibacillus pasadenensis*）DSM 19293$^T$ | GCA_000422485.1 |
| 82 | 解果胶类芽胞杆菌（*Paenibacillus pectinilyticus*）KCTC 13222$^T$ | GCA_001700435.1 |
| 83 | 皮尔瑞俄类芽胞杆菌（*Paenibacillus peoriae*）HS311 | GCA_001272655.2 |
| 84 | 弗凯亚类芽胞杆菌（*Paenibacillus phocaensis*）mt24$^T$ | GCA_900021165.1 |
| 85 | 小立碗藓类芽胞杆菌（*Paenibacillus physcomitrellae*）XB$^T$ | GCA_002240225.1 |
| 86 | 针叶林土类芽胞杆菌（*Paenibacillus pinesoli*）JCM 19203$^T$ | GCA_003605435.1 |
| 87 | 松树类芽胞杆菌（*Paenibacillus pini*）JCM 16418$^T$ | GCA_000576305.1 |
| 88 | 赤松土类芽胞杆菌（*Paenibacillus pinihumi*）DSM 23905$^T$ | GCA_000422505.1 |
| 89 | 多黏类芽胞杆菌（*Paenibacillus polymyxa*）SC2 | GCA_000164985.2 |
| 90 | 解多糖类芽胞杆菌（*Paenibacillus polysaccharolyticus*）BL9$^T$ | GCA_900102085.1 |
| 91 | 丽金龟子类芽胞杆菌（*Paenibacillus popilliae*）ATCC 14706$^T$ | GCA_000315235.1 |
| 92 | 牧豆树类芽胞杆菌（*Paenibacillus prosopidis*）CECT 7506$^T$ | GCA_003337375.1 |
| 93 | 根际类芽胞杆菌（*Paenibacillus rhizosphaerae*）FSL R5-0378 | GCA_001956185.1 |
| 94 | 湿地类芽胞杆菌（*Paenibacillus rigui*）JCM 16352$^T$ | GCA_002234615.1 |
| 95 | 里奥格兰德类芽胞杆菌（*Paenibacillus riograndensis*）SBR5$^T$ | GCA_000981585.1 |
| 96 | 鲁比婴儿类芽胞杆菌（*Paenibacillus rubinfantis*）mt18$^T$ | GCA_001486505.1 |

续表

| 编号 | 种类及菌株 | GenBank 登录号 |
|---|---|---|
| 97 | 圆柏类芽胞杆菌（*Paenibacillus sabinae*）T27$^T$ | GCA_000612505.1 |
| 98 | 血液类芽胞杆菌（*Paenibacillus sanguinis*）DSM 16941$^T$ | GCA_000374825.1 |
| 99 | 硒还原类芽胞杆菌（*Paenibacillus selenitireducens*）ES3-24$^T$ | GCA_002021565.1 |
| 100 | 塞内加尔类芽胞杆菌（*Paenibacillus senegalensis*）JC66$^T$ | GCA_000285515.1 |
| 101 | 塞内加尔马赛类芽胞杆菌（'*Paenibacillus senegalimassiliensis*'）SIT18$^T$ | GCA_001486585.1 |
| 102 | 雨林土类芽胞杆菌（*Paenibacillus silvae*）NC2 | GCA_003248275.1 |
| 103 | 茄属类芽胞杆菌（*Paenibacillus solani*）FJAT-22460$^T$ | GCA_001277345.1 |
| 104 | 苦苣菜类芽胞杆菌（*Paenibacillus sonchi*）X19-5$^T$ | GCA_000316285.1 |
| 105 | 槐树类芽胞杆菌（*Paenibacillus sophorae*）CGMCC 1.10238$^T$ | GCA_900110315.1 |
| 106 | 星胞类芽胞杆菌（*Paenibacillus stellifer*）DSM 14472$^T$ | GCA_000758685.1 |
| 107 | 女院类芽胞杆菌（*Paenibacillus swuensis*）DY6$^T$ | GCA_001644605.1 |
| 108 | 台中类芽胞杆菌（*Paenibacillus taichungensis*）NC1 | GCA_003287275.1 |
| 109 | 太湖类芽胞杆菌（*Paenibacillus taihuensis*）CGMCC 1.10966$^T$ | GCA_003386535.1 |
| 110 | 台湾类芽胞杆菌（*Paenibacillus taiwanensis*）DSM 18679$^T$ | GCA_000425125.1 |
| 111 | 大地类芽胞杆菌（*Paenibacillus terrae*）HPL-003 | GCA_000235585.1 |
| 112 | 海岸土类芽胞杆菌（*Paenibacillus terrigena*）DSM 21567$^T$ | GCA_900104575.1 |
| 113 | 嗜热类芽胞杆菌（*Paenibacillus thermophilus*）DSM 24746$^T$ | GCA_003851105.1 |
| 114 | 解硫胺素类芽胞杆菌（*Paenibacillus thiaminolyticus*）NRRL B-4156$^T$ | GCA_002161855.1 |
| 115 | 天目山类芽胞杆菌（*Paenibacillus tianmuensis*）CGMCC 1.8946$^T$ | GCA_900100345.1 |
| 116 | 图阿雷格人类芽胞杆菌（*Paenibacillus tuaregi*）Marseille-P2472$^T$ | GCA_900086655.1 |
| 117 | 蒲草类芽胞杆菌（*Paenibacillus typhae*）CGMCC 1.11012$^T$ | GCA_900099765.1 |
| 118 | 泥炭土类芽胞杆菌（*Paenibacillus tyrfis*）MSt1$^T$ | GCA_000722545.1 |
| 119 | 潮湿类芽胞杆菌（*Paenibacillus uliginis*）N3/975$^T$ | GCA_900177425.1 |
| 120 | 强壮类芽胞杆菌（*Paenibacillus validus*）NBRC 15382$^T$ | GCA_004000985.1 |
| 121 | 涡旋类芽胞杆菌（*Paenibacillus vortex*）V453$^T$ | GCA_000193415.2 |
| 122 | 惠特森氏类芽胞杆菌（*Paenibacillus whitsoniae*）MER 54$^T$，有基因组，但种名未发表 | GCA_003955665.1 |
| 123 | 乌鲁木齐类芽胞杆菌（*Paenibacillus wulumuqiensis*）Y24$^T$ | GCA_000971965.1 |
| 124 | 韦恩氏类芽胞杆菌（*Paenibacillus wynnii*）DSM 18334$^T$ | GCA_000757885.1 |
| 125 | 耐干热类芽胞杆菌（*Paenibacillus xerothermodurans*）ATCC 27380$^T$ | GCA_002220865.2 |
| 126 | 食木聚糖类芽胞杆菌（*Paenibacillus xylanexedens*）PAMC 22703 | GCA_001908275.1 |
| 127 | 裂解木聚糖类芽胞杆菌（*Paenibacillus xylaniclasticus*）NBRC 106381$^T$ | GCA_004001065.1 |
| 128 | 龙仁类芽胞杆菌（*Paenibacillus yonginensis*）DCY84$^T$ | GCA_001685395.1 |
| 129 | 野花椒类芽胞杆菌（*Paenibacillus zanthoxyli*）JH29$^T$ | GCA_000520715.1 |
| 130 | *Paenibacillus* sp. JDR-2 | GCA_000023585.1 |
| 131 | *Paenibacillus* sp. FJAT-27812$^T$ | GCA_001273905.1 |
| 132 | *Paenibacillus* sp. Y412MC10 | GCA_000024685.1 |
| 133 | *Paenibacillus* sp. FSL H7-0357 | GCA_000758525.1 |
| 134 | *Paenibacillus* sp. FSL H7-0737 | GCA_000758545.1 |
| 135 | *Paenibacillus* sp. FJAT-22460$^T$ | GCA_001277345.1 |
| 136 | *Paenibacillus* sp. FJAT-29882$^T$ | GCA_001510645.1 |
| 137 | *Paenibacillus* sp. FJAT-26967$^T$ | GCA_001541095.1 |
| 138 | 马赛大猩猩小杆菌（*Gorillibacterium massiliense*）G5$^T$ | GCA_000455485.2 |
| 139 | 泰门大猩猩小杆菌（*Gorillibacterium timonense*）SN4$^T$ | GCA_001457415.1 |
| 140 | 参土溪苔芽胞杆菌（*Fontibacillus panacisegetis*）DSM 28129$^T$ | GCA_900102215.1 |
| 141 | 菜豆溪苔芽胞杆菌（*Fontibacillus phaseoli*）CECT 8333$^T$ | GCA_003337355.1 |

基于全基因组直系同源基因的系统发育树未能将溪苔芽胞杆菌属和大猩猩小杆菌属与类芽胞杆菌属区分开，提示这些属的分类地位需要重新整理。类芽胞杆菌属被聚类为 16 个进化枝（图 4-3-15），具体情况如下。

1）进化枝 1 包括 14 个种/菌株：里奥格兰德类芽胞杆菌 SBR5$^{T}$（是苦苣菜类芽胞杆菌的亚种）、苦苣菜类芽胞杆菌 X19-5$^{T}$、李季伦类芽胞杆菌 DSM 23019$^{T}$、草类芽胞杆菌 DSM 15220$^{T}$、北风类芽胞杆菌 DSM 13188$^{T}$、医教所类芽胞杆菌 GD6$^{T}$、蒲草类芽胞杆菌 CGMCC 1.11012$^{T}$、喀麦隆类芽胞杆菌 G4$^{T}$、*Paenibacillus* sp. FSL H7-0357、东海类芽胞杆菌 KCTC 13049$^{T}$、载味类芽胞杆菌 DSM 15391$^{T}$、食醚类芽胞杆菌 SH7$^{T}$、*Paenibacillus* sp. FSL H7-0737 和韦恩氏类芽胞杆菌 DSM 18334$^{T}$。

a

b

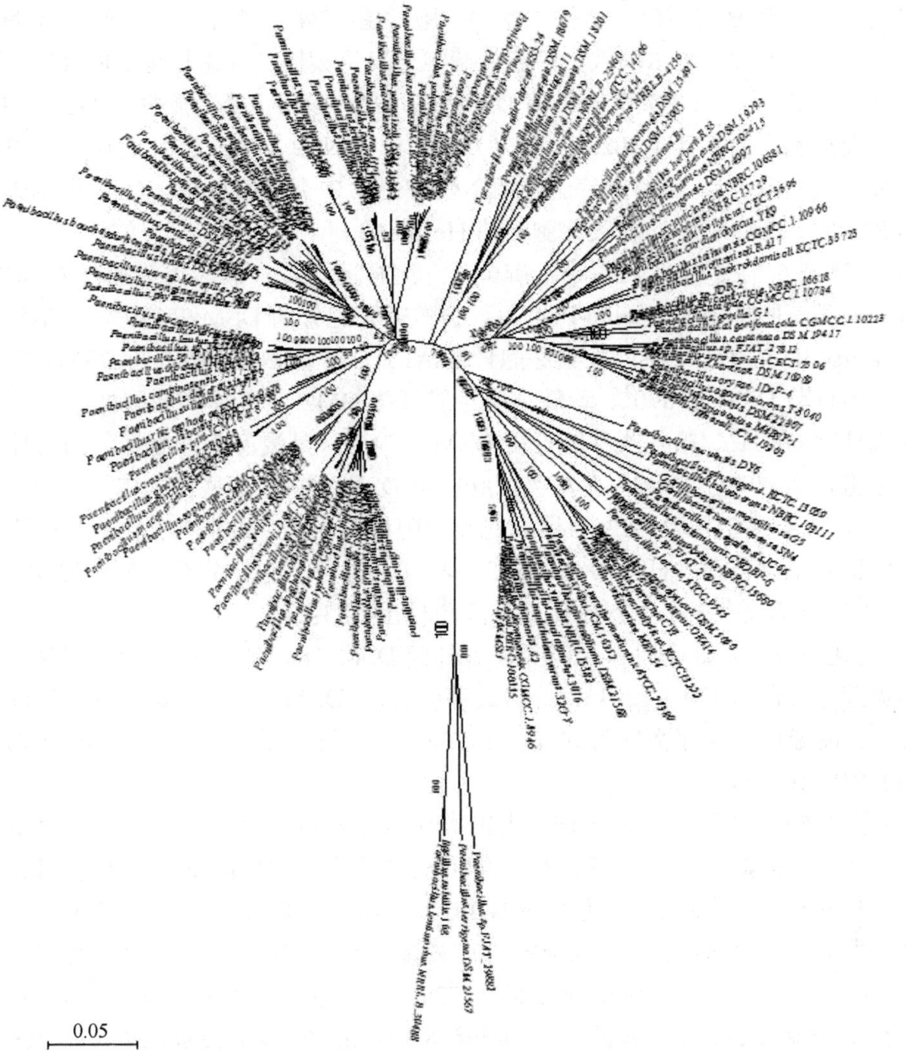

图 4-3-15　基于全基因组直系同源基因的类芽胞杆菌属及近缘属的环状（a）和放射状（b）系统发育树

2）进化枝 2 包括 6 个种：星胞类芽胞杆菌 DSM 14472$^{T}$、圆柏类芽胞杆菌 T27$^{T}$、连翘类芽胞杆菌 T98$^{T}$、野花椒类芽胞杆菌 JH29$^{T}$、坚韧类芽胞杆菌 DSM 1735$^{T}$ 和槐树类芽胞杆菌 CGMCC 1.10238$^{T}$。

3）进化枝 3 包括 7 个种：千叶类芽胞杆菌 NBRC 15958$^{T}$、根际类芽胞杆菌 FSL R5-0378、松树类芽胞杆菌 JCM 16418$^{T}$、牡蛎类芽胞杆菌 LPB0068$^{T}$、冰川类芽胞杆菌 DSM 22343$^{T}$、马阔里类芽胞杆菌 ATCC 23464$^{T}$ 和南极类芽胞杆菌 CECT 5836$^{T}$。

4）进化枝 4 包括 10 个种/菌株：潮湿类芽胞杆菌 N3/975$^{T}$、达喀尔类芽胞杆菌 FF9$^{T}$、坎皮纳斯类芽胞杆菌 7537-G1、牛奶类芽胞杆菌 154、生资所类芽胞杆菌 IHBB 9852$^{T}$、*Paenibacillus* sp. Y412MC10、灿烂类芽胞杆菌 E7593-69、*Paenibacillus* sp. FJAT-22460$^{T}$、涡旋类芽胞杆菌 V453$^{T}$ 和解葡聚糖类芽胞杆菌 DSM 5162$^{T}$。

5）进化枝 5 包括 18 个种：胡萝卜类芽胞杆菌 H9$^{T}$（是沈阳类芽胞杆菌的同种异名）、

牦牛奶类芽胞杆菌 BD3526$^{T}$、乌鲁木齐类芽胞杆菌 Y24$^{T}$、杰米拉类芽胞杆菌 NS115、多黏类芽胞杆菌 SC2、皮尔瑞俄类芽胞杆菌 HS311、大地类芽胞杆菌 HPL-003、韩研所类芽胞杆菌 AM49$^{T}$、马赛类芽胞杆菌 DSM 16942$^{T}$、参田土类芽胞杆菌 DSM 21345$^{T}$、巴塞罗那类芽胞杆菌 CECT 7022$^{T}$、雨林类芽胞杆菌 NC2、解多糖类芽胞杆菌 BL9$^{T}$、伊利诺伊类芽胞杆菌 E3、饲料类芽胞杆菌 NG-13、台中类芽胞杆菌 NC1、食木聚糖类芽胞杆菌 PAMC 22703 和解淀粉类芽胞杆菌 Heshi-A3。

6）进化枝 6 包括 18 个种：小立碗藓类芽胞杆菌 XB$^{T}$、龙仁类芽胞杆菌 DCY84$^{T}$、图阿雷格人类芽胞杆菌 Marseille-P2472$^{T}$、缓慢类芽胞杆菌 DSM 25539$^{T}$、罗讷河口类芽胞杆菌 Marseille-P3071$^{T}$、肥胖症类芽胞杆菌 AT5$^{T}$、居温泉类芽胞杆菌 DSM 21315$^{T}$、厌氧生类芽胞杆菌 DSM 15890$^{T}$、珍珠鸡类芽胞杆菌 GM2$^{T}$、乙酸类芽胞杆菌 L14$^{T}$、多药抗类芽胞杆菌 GD11$^{T}$、嗜热类芽胞杆菌 DSM 24746$^{T}$（是浸麻类芽胞杆菌的同种异名）、浸麻类芽胞杆菌 ATCC 8244$^{T}$、血液类芽胞杆菌 DSM 16941$^{T}$、塞内加尔马赛类芽胞杆菌 SIT18$^{T}$、巴伦氏类芽胞杆菌 G22、鲁比婴儿类芽胞杆菌 mt18$^{T}$ 和弗凯亚类芽胞杆菌 mt24$^{T}$，此外还包括参土溪苔芽胞杆菌 DSM 28129$^{T}$ 和菜豆溪苔芽胞杆菌 CECT 8333$^{T}$。

7）进化枝 7 仅有 1 个种：硒还原类芽胞杆菌 ES3-24$^{T}$。

8）进化枝 8 包括 8 个种：台湾类芽胞杆菌 DSM 18679$^{T}$、积污池类芽胞杆菌 11$^{T}$、阿萨姆类芽胞杆菌 DSM 18201$^{T}$、蜂房类芽胞杆菌 DSM 29$^{T}$、蜜蜂类芽胞杆菌 NRRL B-23460$^{T}$、丽金龟子类芽胞杆菌 ATCC 14706$^{T}$、树形类芽胞杆菌 C454 和解硫胺素类芽胞杆菌 NRRL B-4156$^{T}$。

9）进化枝 9 包括 28 个种/菌株：大田类芽胞杆菌 DSM 15491$^{T}$、赤松土类芽胞杆菌 DSM 23905$^{T}$、达尔文类芽胞杆菌 Br$^{T}$、短叶剪叶苔类芽胞杆菌 R33$^{T}$、帕萨迪纳类芽胞杆菌 DSM 19293$^{T}$、腐殖质类芽胞杆菌 NBRC 102415$^{T}$、北京类芽胞杆菌 DSM 24997$^{T}$、解凝乳类芽胞杆菌 YK9$^{T}$、解纤维素类芽胞杆菌 CECT 5696$^{T}$、裂解木聚糖类芽胞杆菌 NBRC 106381$^{T}$、神户类芽胞杆菌 NBRC 15729$^{T}$、太湖类芽胞杆菌 CGMCC 1.10966$^{T}$、山区土类芽胞杆菌 RA17$^{T}$、白鹿潭类芽胞杆菌 KCTC 33723$^{T}$、*Paenibacillus* sp. JDR-2、解杂多糖类芽胞杆菌 NBRC 16618$^{T}$、梓树类芽胞杆菌 CGMCC 1.10784$^{T}$、大猩猩类芽胞杆菌 G1$^{T}$、冷泉类芽胞杆菌 CGMCC 1.10223$^{T}$、栗树类芽胞杆菌 DSM 19417$^{T}$、*Paenibacillus* sp. FJAT-27812$^{T}$、牧豆树类芽胞杆菌 CECT 7506$^{T}$、沙漠沙类芽胞杆菌 DSM 16969$^{T}$、食琼脂类芽胞杆菌 T-3040、水稻类芽胞杆菌 1DrF-4$^{T}$、难府类芽胞杆菌 DSM 22867$^{T}$、芍药类芽胞杆菌 M4BSY-1$^{T}$ 和针叶林土类芽胞杆菌 JCM 19203$^{T}$。

10）进化枝 10 包括 2 个种：人参田类芽胞杆菌 KCTC 13059$^{T}$ 和食叶鞘类芽胞杆菌 NBRC 103111$^{T}$。

11）进化枝 11 包括 2 个种：塞内加尔类芽胞杆菌 JC66$^{T}$ 和污染类芽胞杆菌 CKOBP-6$^{T}$，此外还包括马赛大猩猩小杆菌 G5$^{T}$ 和泰门大猩猩小杆菌 SN4$^{T}$。

12）进化枝 12 包括 8 个种/菌株：解藻酸类芽胞杆菌 DSM 5050$^{T}$、软骨素类芽胞杆菌 OK414、铁矿类芽胞杆菌 CY1$^{T}$、解果胶类芽胞杆菌 KCTC 13222$^{T}$、惠特森类芽胞杆菌 MER 54$^{T}$、幼虫类芽胞杆菌 ATCC 9545$^{T}$、解几丁质类芽胞杆菌 NBRC 15660$^{T}$ 和 *Paenibacillus* sp. FJAT-26967$^{T}$。

13）进化枝 13 包括 10 个种：耐干热类芽胞杆菌 ATCC 27380$^T$、湿地类芽胞杆菌 JCM 16352$^T$、人参地类芽胞杆菌 DSM 21568$^T$、强壮类芽胞杆菌 NBRC 15382$^T$、食萘类芽胞杆菌 32O-Y、胶质类芽胞杆菌 3016、爱媛类芽胞杆菌 A2、天目山类芽胞杆菌 CGMCC 1.8946$^T$、乐金类芽胞杆菌 NBRC 100335$^T$ 和泥炭土类芽胞杆菌 MSt1$^T$。

14）进化枝 14 仅有 1 个种：女院类芽胞杆菌 DY6$^T$。

15）进化枝 15 包括 2 个种/菌株：海岸土类芽胞杆菌 DSM 21567$^T$ 和 *Paenibacillus* sp. FJAT-29882$^T$。

16）进化枝 16 仅有 1 个种：慢病类芽胞杆菌 NRRL B-30488$^T$。

海岸土类芽胞杆菌 DSM 21567$^T$、*Paenibacillus* sp. FJAT-29882$^T$ 和慢病类芽胞杆菌 NRRL B-30488$^T$ 与外群种枯草芽胞杆菌聚类在 1 个进化枝上，提示这些种（菌株）的分类地位需要重新评价。

## （四）类芽胞杆菌科的系统发育分析

从各属中均选择 2 个基因组用于类芽胞杆菌科的系统发育分析（表 4-3-16）。基于全基因组直系同源基因的系统发育树显示，类芽胞杆菌科的各属均能聚类为各自独立的分支，而且可以区分 6 个进化枝，即“属群”。①属群 1 包括 3 个属：类芽胞杆菌属（*Paenibacillus*）、溪苔芽胞杆菌属（*Fontibacillus*）和糖芽胞杆菌属（*Saccharibacillus*）。②属群 2 包括 2 个属：科恩氏菌属（*Cohnella*）和嗜热芽胞杆菌属（*Thermobacillus*）。③属群 3 仅有 1 个属：大猩猩小杆菌属（*Gorillibacterium*）。④属群 4 仅有 1 个属：短芽胞杆菌属（*Brevibacillus*）。⑤属群 5 仅有 1 个属：嗜氨菌属（*Ammoniphilus*）。⑥属群 6 仅有 1 个属：解硫胺素芽胞杆菌属（*Aneurinibacillus*）（图 4-3-16）。

**表 4-3-16　用于类芽胞杆菌科系统发育树构建的种类和菌株信息**

| 编号 | 种类及菌株 | GenBank 登录号 |
|---|---|---|
| 1 | 草酸嗜氨菌（*Ammoniphilus oxalaticus*）RAOx-1$^{T*}$ | GCA_003609605.1 |
| 2 | 解硫胺素解硫胺素芽胞杆菌（*Aneurinibacillus aneurinilyticus*）ATCC 12856$^{T*}$ | GCA_000466385.1 |
| 3 | 新地站解硫胺素芽胞杆菌（*Aneurinibacillus terranovensis*）DSM 18919$^T$ | GCA_000430625.1 |
| 4 | 短短芽胞杆菌（*Brevibacillus brevis*）NBRC 100599$^{T*}$ | GCA_000010165.1 |
| 5 | 侧胞短芽胞杆菌（*Brevibacillus laterosporus*）LMG 15441 | GCA_000219535.3 |
| 6 | 左旋核糖科恩氏菌（*Cohnella laeviribosi*）DSM 21336$^T$ | GCA_000378425.1 |
| 7 | 耐热科恩氏菌（*Cohnella thermotolerans*）DSM 17683$^{T*}$ | GCA_000429825.1 |
| 8 | 参土溪苔芽胞杆菌（*Fontibacillus panacisegetis*）DSM 28129$^{T\#}$ | GCA_900102215.1 |
| 9 | 菜豆溪苔芽胞杆菌（*Fontibacillus phaseoli*）CECT 8333$^T$ | GCA_003337355.1 |
| 10 | 马赛大猩猩小杆菌（*Gorillibacterium massiliense*）G5$^{T*}$ | GCA_000455485.2 |
| 11 | 泰门大猩猩小杆菌（*Gorillibacterium timonense*）SN4$^T$ | GCA_001457415.1 |
| 12 | 坚韧类芽胞杆菌（*Paenibacillus durus*）DSM 1735$^T$ | GCA_000756615.1 |
| 13 | 多黏类芽胞杆菌（*Paenibacillus polymyxa*）SC2$^*$ | GCA_000164985.2 |
| 14 | 库尔勒糖芽胞杆菌（*Saccharibacillus kuerlensis*）DSM 22868$^T$ | GCA_000378145.1 |
| 15 | 甘蔗糖芽胞杆菌（*Saccharibacillus sacchari*）DSM 19268$^{T*}$ | GCA_000585395.1 |
| 16 | 堆肥嗜热芽胞杆菌（*Thermobacillus composti*）KWC4$^{T\&}$ | GCA_000227705.3 |

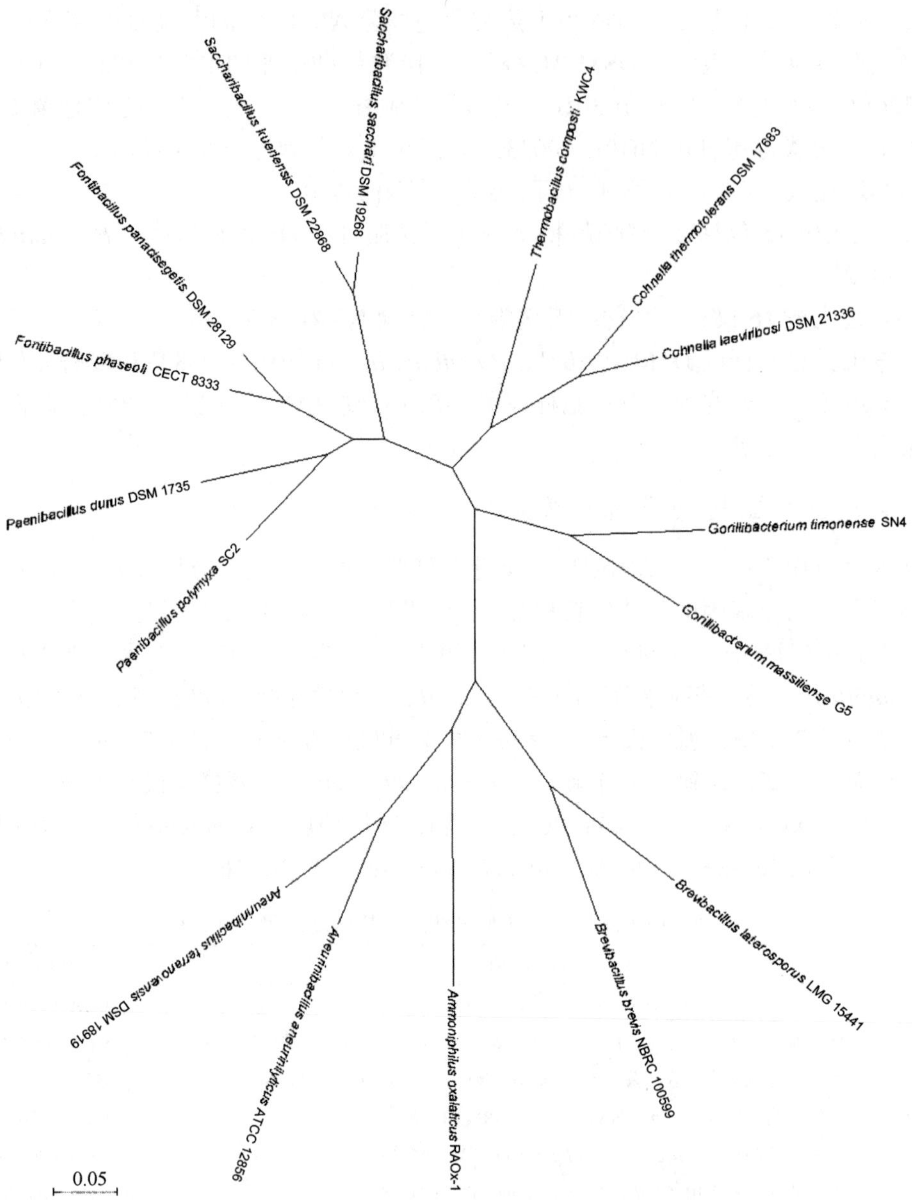


图 4-3-16 基于全基因组直系同源基因的类芽胞杆菌科的系统发育树

## 四、基于全基因组直系同源基因的显核菌科/动球菌科系统发育分析

研究分别对基因组数量相对较多的 5 个属，即咸海鲜芽胞杆菌属（*Jeotgalibacillus*）、赖氨酸芽胞杆菌属（*Lysinibacillus*）、动球菌属（*Planococcus*）、芽胞束菌属（*Sporosarcina*）和类芽胞束菌属（*Paenisporosarcina*），以及显核菌科/动球菌科进行系统发育分析。

## （一）咸海鲜芽胞杆菌属及近缘属的系统发育分析

从 GenBank 数据库中下载了 6 个咸海鲜芽胞杆菌属（均为模式菌株）的基因组和 3 个哈格瓦氏菌属（*Bhargavaea*）的基因组（表 4-3-17），构建基于全基因组直系同源基因的无根系统发育树。

基于全基因组直系同源基因的系统发育树显示，咸海鲜芽胞杆菌属和哈格瓦氏菌属各自聚类为 1 个分支，而且咸海鲜芽胞杆菌属可以划分为 4 个进化枝（图 4-3-17）。①进化枝 1 包括 2 个种：盐地咸海鲜芽胞杆菌 SF-57$^T$ 和解蛋白咸海鲜芽胞杆菌 22-7$^T$。②进

**表 4-3-17　用于咸海鲜芽胞杆菌属及近缘属系统发育树构建的种类和菌株信息**

| 编号 | 种类及菌株 | GenBank 登录号 |
|---|---|---|
| 1 | 食物咸海鲜芽胞杆菌（*Jeotgalibacillus alimentarius*）YKJ-13$^T$ | GCA_000829445.1 |
| 2 | 盐地咸海鲜芽胞杆菌（*Jeotgalibacillus campisalis*）SF-57$^T$ | GCA_000829515.1 |
| 3 | 马来西亚咸海鲜芽胞杆菌（*Jeotgalibacillus malaysiensis*）D5$^T$ | GCA_000818095.1 |
| 4 | 海洋咸海鲜芽胞杆菌（*Jeotgalibacillus marinus*）DSM 1297$^T$ | GCA_001274925.1 |
| 5 | 解蛋白咸海鲜芽胞杆菌（*Jeotgalibacillus proteolyticus*）22-7$^T$ | GCA_002926065.1 |
| 6 | 土壤咸海鲜芽胞杆菌（*Jeotgalibacillus soli*）P9$^T$ | GCA_000829435.1 |
| 7 | 北京哈格瓦氏菌（*Bhargavaea beijingensis*）M6-11 | GCA_003944745.1 |
| 8 | 科研中心哈格瓦氏菌（*Bhargavaea cecembensis*）DSE10$^T$ | GCA_000348905.1 |
| 9 | 人参哈格瓦氏菌（*Bhargavaea ginsengi*）CGMCC 1.6763$^T$ | GCA_900109165.1 |

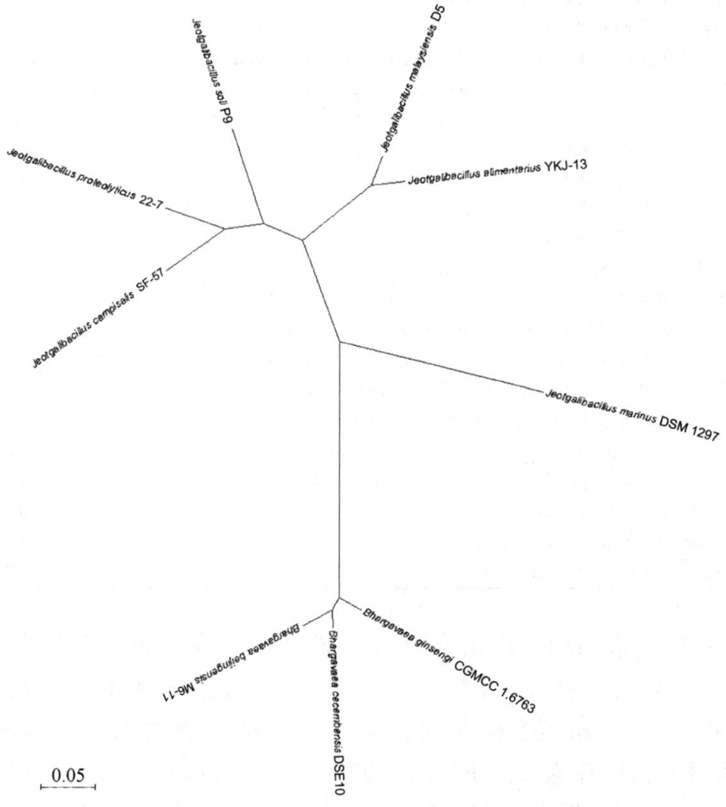


图 4-3-17　基于全基因组直系同源基因的咸海鲜芽胞杆菌属及近缘属的系统发育树

化枝 2 仅有 1 个种：土壤咸海鲜芽胞杆菌 P9$^{T}$。③进化枝 3 包括 2 个种：食物咸海鲜芽胞杆菌 YKJ-13$^{T}$ 和马来西亚咸海鲜芽胞杆菌 D5$^{T}$。④进化枝 4 仅有 1 个种：海洋咸海鲜芽胞杆菌 DSM 1297$^{T}$。

## （二）赖氨酸芽胞杆菌属的系统发育分析

从 GenBank 数据库中下载了 29 个赖氨酸芽胞杆菌属的基因组（表 4-3-18），包括 26 个已知种类（其中，22 个基因组是模式菌株的）和 3 个疑似新种，构建基于全基因组直系同源基因的无根系统发育树，以多黏类芽胞杆菌（*Paenibacillus polymyxa*）SC2 的基因组作为外群种（outgroup）（登录号为 GCA_000164985.2）。

**表 4-3-18 用于赖氨酸芽胞杆菌属系统发育树构建的种类和菌株信息**

| 编号 | 种类及菌株 | GenBank 登录号 |
|---|---|---|
| 1 | 苯乙酮赖氨酸芽胞杆菌（*Lysinibacillus acetophenoni*）JC23$^{T}$ | GCA_900220965.1 |
| 2 | 耐硼赖氨酸芽胞杆菌（*Lysinibacillus boronitolerans*）NBRC 103108$^{T}$ | GCA_000772935.1 |
| 3 | 清国酱赖氨酸芽胞杆菌（*Lysinibacillus chungkukjangi*）KACC 16626$^{T}$ | GCA_003217295.1 |
| 4 | 堆肥赖氨酸芽胞杆菌（*Lysinibacillus composti*）MCCC 1A12701 | GCA_003856865.1 |
| 5 | 污染赖氨酸芽胞杆菌（*Lysinibacillus contaminans*）DSM 25560$^{T}$ | GCA_001278945.1 |
| 6 | 内生赖氨酸芽胞杆菌（*Lysinibacillus endophyticus*）DSM 100506$^{T}$ | GCA_003628435.1 |
| 7 | 解乙羧氟草醚赖氨酸芽胞杆菌（*Lysinibacillus fluoroglycofenilyticus*）cmg86$^{T}$ | GCA_003049645.1 |
| 8 | 纺锤形赖氨酸芽胞杆菌（*Lysinibacillus fusiformis*）RB-21 | GCA_000724775.3 |
| 9 | 耐盐赖氨酸芽胞杆菌（*Lysinibacillus halotolerans*）MCCC 1A12703 | GCA_003711845.1 |
| 10 | 济州赖氨酸芽胞杆菌（*Lysinibacillus jejuensis*）N2-5$^{T}$ | GCA_003057615.1 |
| 11 | 长赖氨酸芽胞杆菌（*Lysinibacillus macrolides*）DSM 54$^{T}$ | GCA_001281525.1 |
| 12 | 锰矿土赖氨酸芽胞杆菌（*Lysinibacillus manganicus*）DSM 26584$^{T}$ | GCA_000772945.1 |
| 13 | 芒果土赖氨酸芽胞杆菌（*Lysinibacillus mangiferihumi*）M-GX18$^{T}$ | GCA_003049665.1 |
| 14 | 马赛赖氨酸芽胞杆菌（*Lysinibacillus massiliensis*）CCUG 49529$^{T}$ | GCA_000772965.1 |
| 15 | 迈耶氏赖氨酸芽胞杆菌（*Lysinibacillus meyeri*）WS 4626$^{T}$ | GCA_003049505.1 |
| 16 | 奥德赛赖氨酸芽胞杆菌（*Lysinibacillus odysseyi*）NBRC 100172$^{T}$ | GCA_000773015.1 |
| 17 | 巴基斯坦赖氨酸芽胞杆菌（*Lysinibacillus pakistanensis*）JCM 18776$^{T}$ | GCA_001312325.1 |
| 18 | 含低硼赖氨酸芽胞杆菌（*Lysinibacillus parviboronicapiens*）VT 1066 | GCA_003049515.1 |
| 19 | 沙特赖氨酸芽胞杆菌（*Lysinibacillus saudimassiliensis*）13S34_air$^{T}$ | GCA_000935965.1 |
| 20 | 新头里赖氨酸芽胞杆菌（*Lysinibacillus sinduriensis*）JCM 15800$^{T}$ | GCA_000772955.1 |
| 21 | 球形赖氨酸芽胞杆菌（*Lysinibacillus sphaericus*）LMG 22257$^{T}$ | GCA_001753205.1 |
| 22 | 烟叶赖氨酸芽胞杆菌（*Lysinibacillus tabacifolii*）K3514$^{T}$ | GCA_003049565.1 |
| 23 | 手机赖氨酸芽胞杆菌（*Lysinibacillus telephonicus*）S5H2222$^{T}$ | GCA_003966145.1 |
| 24 | 变异赖氨酸芽胞杆菌（*Lysinibacillus varians*）GY32$^{T}$ | GCA_000600105.1 |
| 25 | 解木聚糖赖氨酸芽胞杆菌（*Lysinibacillus xylanilyticus*）DSM 23493$^{T}$ | GCA_001183605.1 |
| 26 | 二甲苯赖氨酸芽胞杆菌（*Lysinibacillus xyleni*）JC22$^{T}$ | GCA_900217795.1 |
| 27 | *Lysinibacillus* sp. FJAT-14745$^{T}$ | GCA_001275675.1 |
| 28 | *Lysinibacillus* sp. FJAT-14222$^{T}$ | GCA_001278875.1 |
| 29 | *Lysinibacillus* sp. Marseille-P5727$^{T}$ | GCA_900291985.1 |

基于全基因组直系同源基因的系统发育树可以将赖氨酸芽胞杆菌属的种类分为 10 个进化枝。①进化枝 1 包括 6 个种：二甲苯赖氨酸芽胞杆菌 JC22$^{T}$、内生赖氨酸芽胞杆菌 DSM 100506$^{T}$、手机赖氨酸芽胞杆菌 S5H2222$^{T}$、耐盐赖氨酸芽胞杆菌 MCCC 1A12703、新头里赖氨酸芽胞杆菌 JCM 15800$^{T}$ 和清国酱赖氨酸芽胞杆菌 KACC 16626$^{T}$。②进化枝 2 包括 4 个种/菌株：马赛赖氨酸芽胞杆菌 CCUG 49529$^{T}$、*Lysinibacillus* sp.

Marseille-P5727$^{T}$、锰矿土赖氨酸芽胞杆菌 DSM 26584$^{T}$ 和苯乙酮赖氨酸芽胞杆菌 JC23$^{T}$。③进化枝 3 仅有 1 个种/菌株：堆肥赖氨酸芽胞杆菌 MCCC 1A12701。④进化枝 4 包括 3 个种：奥德赛赖氨酸芽胞杆菌 NBRC 100172$^{T}$、迈耶氏赖氨酸芽胞杆菌 WS 4626$^{T}$ 和解乙羧氟草醚赖氨酸芽胞杆菌 cmg86$^{T}$。⑤进化枝 5 仅有 1 个种：污染赖氨酸芽胞杆菌 DSM 25560$^{T}$。⑥进化枝 6 仅有 1 个种：含低硼赖氨酸芽胞杆菌 VT 1066。⑦进化枝 7 包括 3 个种：变异赖氨酸芽胞杆菌 GY32$^{T}$、烟叶赖氨酸芽胞杆菌 K3514$^{T}$ 和芒果土赖氨酸芽胞杆菌 M-GX18$^{T}$。⑧进化枝 8 包括 7 个种/菌株：解木聚糖赖氨酸芽胞杆菌 DSM 23493$^{T}$、*Lysinibacillus* sp. FJAT-14745$^{T}$、*Lysinibacillus* sp. FJAT-14222$^{T}$、巴基斯坦赖氨酸芽胞杆菌 JCM 18776$^{T}$、长赖氨酸芽胞杆菌 DSM 54$^{T}$、耐硼赖氨酸芽胞杆菌 NBRC 103108$^{T}$ 和纺锤形赖氨酸芽胞杆菌 RB-21。⑨进化枝 9 包括 2 个种：济州赖氨酸芽胞杆菌 N2-5$^{T}$ 和沙特赖氨酸芽胞杆菌 13S34_air$^{T}$。⑩进化枝 10 仅有 1 个种：球形赖氨酸芽胞杆菌 LMG 22257$^{T}$（图 4-3-18）。济州赖氨酸芽胞杆菌、沙特赖氨酸芽胞杆菌和球形赖氨酸芽胞杆菌与其他种类的进化分歧较大，提示这 3 个种的分类地位需要重新评价。

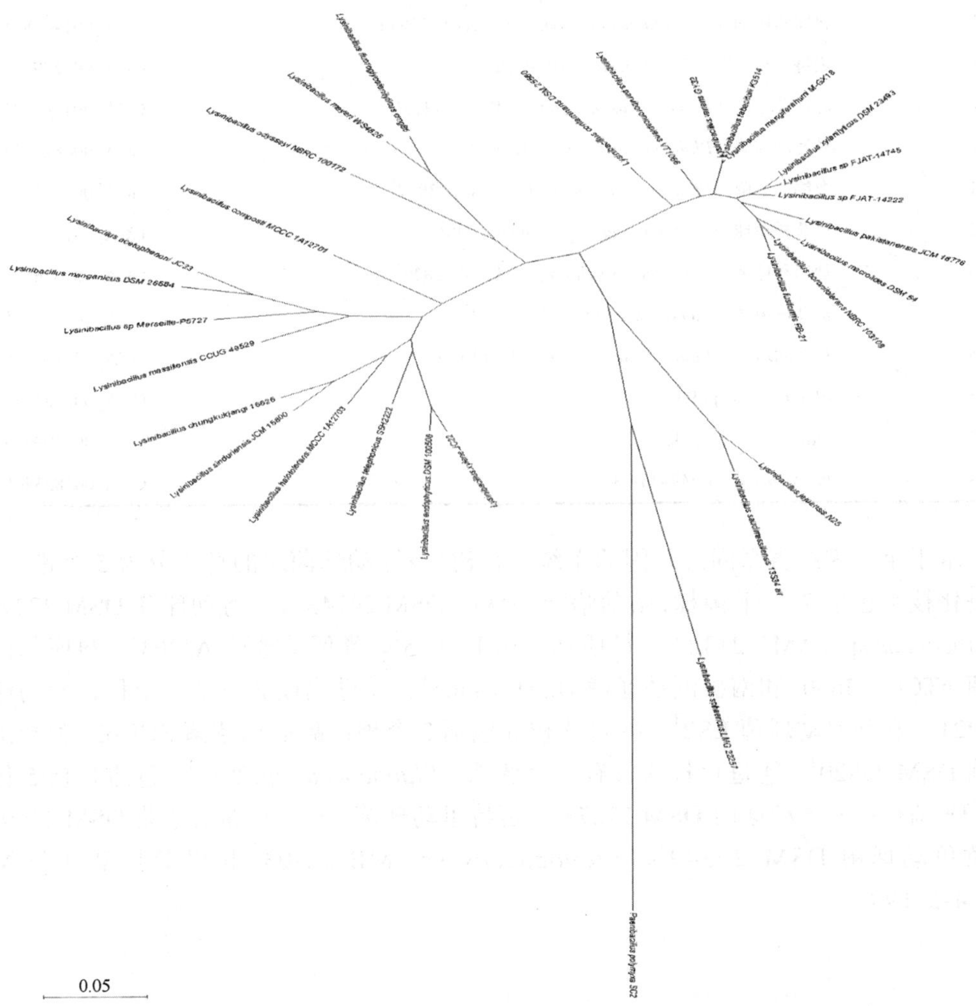


图 4-3-18　基于全基因组直系同源基因的赖氨酸芽胞杆菌属的系统发育树

## （三）动球菌属的系统发育分析

从 GenBank 数据库中下载了 18 个动球菌属的基因组，包括 15 个已知种类（均为模式菌株）和 3 个未定种的菌株（表 4-3-19），构建基于全基因组直系同源基因的无根系统发育树。

**表 4-3-19　用于动球菌属等系统发育树构建的种类和菌株信息**

| 编号 | 种类及菌株 | GenBank 登录号 |
|---|---|---|
| 1 | 南极洲动球菌（*Planococcus antarcticus*）DSM 14505$^{T}$ | GCA_001687565.2 |
| 2 | 橙黄色动球菌（*Planococcus citreus*）DSM 20549$^{T}$ | GCA_003664125.1 |
| 3 | 东海动球菌（*Planococcus donghaensis*）DSM 22276$^{T}$ | GCA_001687665.2 |
| 4 | 粪便动球菌（*Planococcus faecalis*）AJ003$^{T}$ | GCA_002009235.1 |
| 5 | 嗜盐嗜冷动球菌（*Planococcus halocryophilus*）DSM 24743$^{T}$ | GCA_001687585.2 |
| 6 | 耐盐动球菌（*Planococcus halotolerans*）SCU63$^{T}$ | GCA_003289955.1 |
| 7 | 科库尔氏动球菌（*Planococcus kocurii*）ATCC 43650$^{T}$ | GCA_001465835.2 |
| 8 | 迈特里动球菌（*Planococcus maitriensis*）S1$^{T}$ | GCA_003289925.1 |
| 9 | 海洋动球菌（*Planococcus maritimus*）DSM 17275$^{T}$ | GCA_001687625.2 |
| 10 | 马赛动球菌（*Planococcus massiliensis*）ES2$^{T}$ | GCA_000821325.2 |
| 11 | 海绵动球菌（*Planococcus plakortidis*）DSM 23997$^{T}$ | GCA_001687605.2 |
| 12 | 里菲托动球菌（*Planococcus rifietoensis*）M8$^{T}$ | GCA_001465795.2 |
| 13 | 盐田动球菌（*Planococcus salinarum*）DSM 23820$^{T}$ | GCA_001856085.1 |
| 14 | 盐动球菌（*Planococcus salinus*）LCB217$^{T}$ | GCA_003719725.1 |
| 15 | 精明动球菌（*Planococcus versutus*）L10.15$^{T}$ | GCA_001186155.3 |
| 16 | *Planococcus* sp. PAMC 21323$^{T}$ | GCA_000785555.1 |
| 17 | *Planococcus* sp. Y42$^{T}$ | GCA_001999905.1 |
| 18 | *Planococcus* sp. MB-3u-03$^{T}$ | GCA_002833405.1 |

基于全基因组直系同源基因的系统发育树显示，动球菌属的种类分为 5 个进化枝。①进化枝 1 包括 7 个种/菌株：嗜盐嗜冷动球菌 DSM 24743$^{T}$、东海动球菌 DSM 22276$^{T}$、*Planococcus* sp. PAMC 21323$^{T}$、精明动球菌 L10.15$^{T}$、粪便动球菌 AJ003$^{T}$、科库尔氏动球菌 ATCC 43650$^{T}$和南极洲动球菌 DSM 14505$^{T}$。②进化枝 2 包括 2 个种：盐动球菌 LCB217$^{T}$和马赛动球菌 ES2$^{T}$。③进化枝 3 包括 2 个种：耐盐动球菌 SCU63$^{T}$和盐田动球菌 DSM 23820$^{T}$。④进化枝 4 仅有 1 个菌株：*Planococcus* sp. Y42$^{T}$。⑤进化枝 5 包括 6 个种/菌株：海洋动球菌 DSM 17275$^{T}$、迈特里动球菌 S1$^{T}$、海绵动球菌 DSM 23997$^{T}$、橙黄色动球菌 DSM 20549$^{T}$、*Planococcus* sp. MB-3u-03$^{T}$和里菲托动球菌 M8$^{T}$（图 4-3-19）。

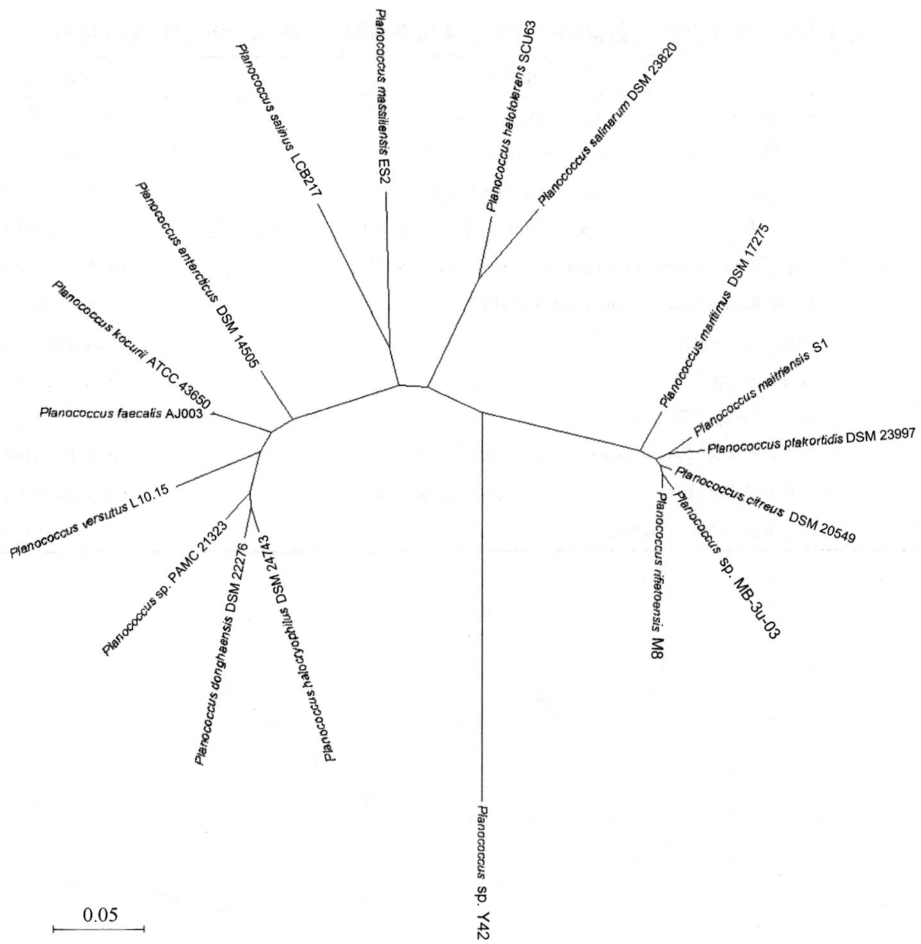


图 4-3-19 基于全基因组直系同源基因的动球菌属的系统发育树

## （四）芽胞束菌属和类芽胞束菌属的系统发育分析

从 GenBank 数据库中下载了 9 个芽胞束菌属的基因组，包括 6 个已知种类（其中有 5 个基因组是模式菌株的）和 3 个未定种的菌株，以及 3 个类芽胞束菌属的基因组，包括 2 个已知种类（均为模式菌株）和 1 个未定种的菌株（表 4-3-20），构建基于全基因组直系同源基因的无根系统发育树。

基于全基因组直系同源基因的系统发育树显示，3 个类芽胞束菌属的种类能聚为 1 个独立分支；芽胞束菌属的种类可以划分为 4 个进化枝。①进化枝 1 包括 5 个种/菌株：*Sporosarcina* sp. P37、*Sporosarcina* sp. P33、尿素芽胞束菌 DSM 2281$^T$、*Sporosarcina* sp. PTS2304 和组约芽胞束菌 2681。②进化枝 2 仅有 1 个种：多形芽胞束菌 D27$^T$。③进化枝 3 包括 2 个种：巴氏芽胞束菌 NCTC 4822$^T$ 和嗜冷芽胞束菌 DSM 6497$^T$。④进化枝 4 仅有 1 个种：球胞芽胞束菌 DSM 4$^T$，它与类芽胞束菌属的亲缘关系更近（图 4-3-20）。

**表 4-3-20 用于芽胞束菌属和类芽胞束菌属系统发育树构建的种类和菌株信息**

| 编号 | 种类及菌株 | GenBank 登录号 |
|---|---|---|
| 1 | 球胞芽胞束菌（*Sporosarcina globispora*）DSM 4$^T$ | GCA_001274725.1 |
| 2 | 纽约芽胞束菌（*Sporosarcina newyorkensis*）2681 | GCA_000220335.1 |
| 3 | 巴氏芽胞束菌（*Sporosarcina pasteurii*）NCTC 4822$^T$ | GCA_900457495.1 |
| 4 | 多形芽胞束菌（*Sporosarcina polymorpha*）D27$^T$，有基因组，但种名未发表 | GCA_000586555.1 |
| 5 | 嗜冷芽胞束菌（*Sporosarcina psychrophila*）DSM 6497$^T$ | GCA_001590685.1 |
| 6 | 尿素芽胞束菌（*Sporosarcina ureae*）DSM 2281$^T$ | GCA_000425545.1 |
| 7 | *Sporosarcina* sp. P33 | GCA_002077155.1 |
| 8 | *Sporosarcina* sp. P37 | GCA_002109365.1 |
| 9 | *Sporosarcina* sp. PTS2304 | GCA_003351785.1 |
| 10 | 印度类芽胞束菌（*Paenisporosarcina indica*）PN2$^T$ | GCA_001939075.1 |
| 11 | 栖水类芽胞束菌（*Paenisporosarcina quisquiliarum*）SK 55$^T$ | GCA_900109875.1 |
| 12 | *Paenisporosarcina* sp. K2R23-3 | GCA_003595195.1 |

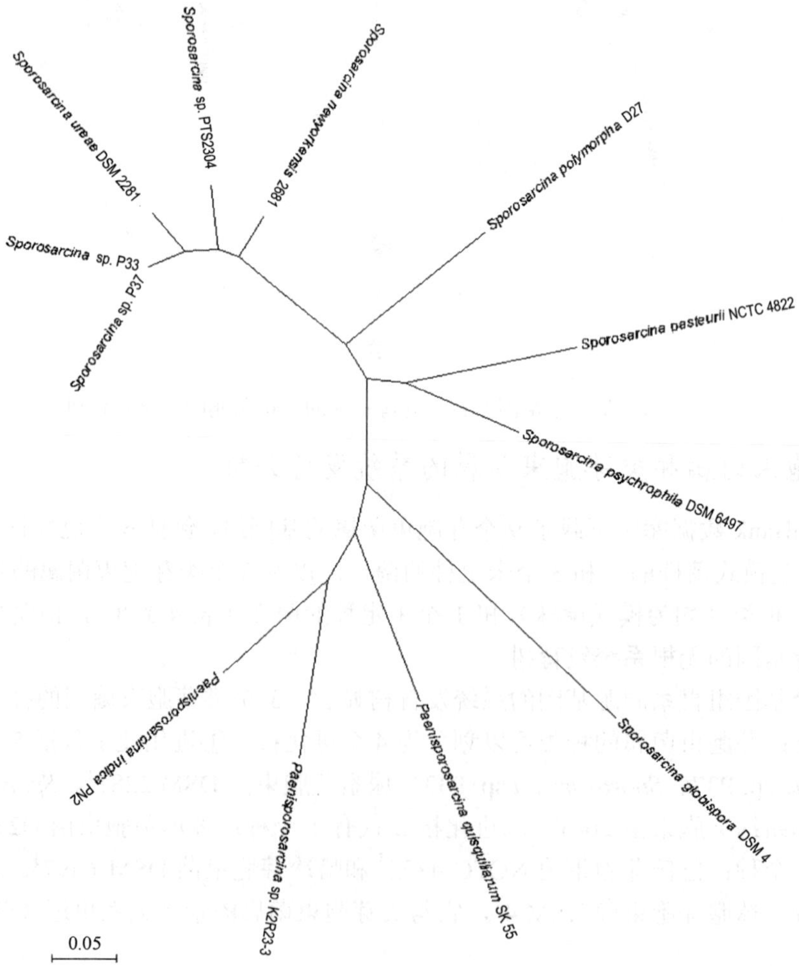


图 4-3-20 基于全基因组直系同源基因的芽胞束菌属和类芽胞束菌属的系统发育树

## （五）显核菌科/动球菌科的系统发育分析

从各属中选择 1 个或 2 个基因组用于显核菌科/动球菌科的系统发育分析（表 4-3-21），构建基于全基因组直系同源基因的无根系统发育树。

**表 4-3-21　用于显核菌科/动球菌科系统发育树构建的种类和菌株信息**

| 编号 | 种类及菌株 | GenBank 登录号 |
| --- | --- | --- |
| 1 | 科研中心哈格瓦氏菌（*Bhargavaea cecembensis*）DSE10$^{T*}$ | GCA_000348905.1 |
| 2 | 人参哈格瓦氏菌（*Bhargavaea ginsengi*）CGMCC 1.6763$^{T}$ | GCA_900109165.1 |
| 3 | 食物咸海鲜芽胞杆菌（*Jeotgalibacillus alimentarius*）YKJ-13$^{T*}$ | GCA_000829445.1 |
| 4 | 马来西亚咸海鲜芽胞杆菌（*Jeotgalibacillus malaysiensis*）D5$^{T}$ | GCA_000818095.1 |
| 5 | 印度类芽胞束菌（*Paenisporosarcina indica*）PN2$^{T}$ | GCA_001939075.1 |
| 6 | 类芽胞束菌（*Paenisporosarcina* sp.）K2R23-3$^{T\#}$ | GCA_003595195.1 |
| 7 | 嗜冷芽胞束菌（*Sporosarcina psychrophila*）DSM 6497$^{T}$ | GCA_001590685.1 |
| 8 | 尿素芽胞束菌（*Sporosarcina ureae*）DSM 2281$^{T*}$ | GCA_000425545.1 |
| 9 | 奇特嗜冷芽胞杆菌（*Psychrobacillus insolitus*）DSM 5$^{T*}$ | GCA_003254155.1 |
| 10 | 耐冷嗜冷芽胞杆菌（*Psychrobacillus psychrotolerans*）DSM 11706$^{T}$ | GCA_900115805.1 |
| 11 | 厚胞鲁梅尔芽胞杆菌（*Rummeliibacillus pycnus*）DSM 15030$^{T}$ | GCA_002884495.1 |
| 12 | 司氏鲁梅尔芽胞杆菌（*Rummeliibacillus stabekisii*）PP9$^{*}$ | GCA_001617605.1 |
| 13 | 印空研土壤芽胞杆菌（*Solibacillus isronensis*）B3W22$^{T}$ | GCA_000298255.1 |
| 14 | 森林土壤芽胞杆菌（*Solibacillus silvestris*）DSM 12223$^{T*}$ | GCA_001586195.1 |
| 15 | 热球状尿素芽胞杆菌（*Ureibacillus thermosphaericus*）A1$^{*}$ | GCA_002370195.2 |
| 16 | 沙地绿芽胞杆菌（*Viridibacillus arenosi*）FSL R5-213 | GCA_000518005.1 |
| 17 | 田地绿芽胞杆菌（*Viridibacillus arvi*）DSM 16317$^{T*}$ | GCA_001274945.1 |
| 18 | 阔显核菌（*Caryophanon latum*）DSM 14151$^{T*}$ | GCA_001700325.1 |
| 19 | 细长显核菌（*Caryophanon tenue*）DSM 14152$^{T}$ | GCA_001700315.1 |
| 20 | 排泄物金黄微菌（*Chryseomicrobium excrementi*）ET03$^{T\&}$ | GCA_002798305.1 |
| 21 | 线杆菌（*Filibacter* sp.）TB-66$^{T\&}$ | GCA_900609045.1 |
| 22 | 马赛库特氏菌（*Kurthia massiliensis*）JC30$^{T}$ | GCA_000285555.1 |
| 23 | 措普夫库特氏菌（*Kurthia zopfii*）NCTC 404$^{*}$ | GCA_900637935.1 |
| 24 | 橙黄色动球菌（*Planococcus citreus*）DSM 20549$^{T*}$ | GCA_003664125.1 |
| 25 | 科库尔氏动球菌（*Planococcus kocurii*）ATCC 43650$^{T}$ | GCA_001465835.2 |
| 26 | 冰川动微菌（*Planomicrobium glaciei*）CGMCC 1.6846$^{T\#}$ | GCA_900099655.1 |
| 27 | 土壤动微菌（*Planomicrobium soli*）CGMCC 1.12259$^{T}$ | GCA_003014655.1 |

基于直系同源基因的系统发育树显示，显核菌科/动球菌科的各属被划分为 6 个进化枝，即 6 个“属群”。①属群 1 包括 3 个属：库特氏菌属（*Kurthia*）、鲁梅尔芽胞杆菌属（*Rummeliibacillus*）和绿芽胞杆菌属（*Viridibacillus*）。②属群 2 包括 3 个属：尿素芽胞杆菌属（*Ureibacillus*）、显核菌属（*Caryophanon*）和土壤芽胞杆菌属（*Solibacillus*）。③属群 3 包括 3 个属：类芽胞束菌属（*Paenisporosarcina*）、金黄微菌属（*Chryseomicrobium*）

和嗜冷芽胞杆菌属（*Psychrobacillus*）。④属群 4 包括 3 个属：线杆菌属（*Filibacter*）、芽胞束菌属（*Sporosarcina*）和哈格瓦氏菌属（*Bhargavaea*）。⑤属群 5 仅有 1 个属：咸海鲜芽胞杆菌属（*Jeotgalibacillus*）。⑥属群 6 包括 2 个属：动球菌属（*Planococcus*）和动微菌属（*Planomicrobium*）（图 4-3-21）。系统发育树的分析结果表明，显核菌属应归属于显核菌科/动球菌科，与土壤芽胞杆菌属的亲缘关系最近。除了属群 5 和属群 6 外，其他各属群中均有产芽胞和不产芽胞的属，因此在系统进化上无法将产芽胞和不产芽胞的种类区分开。

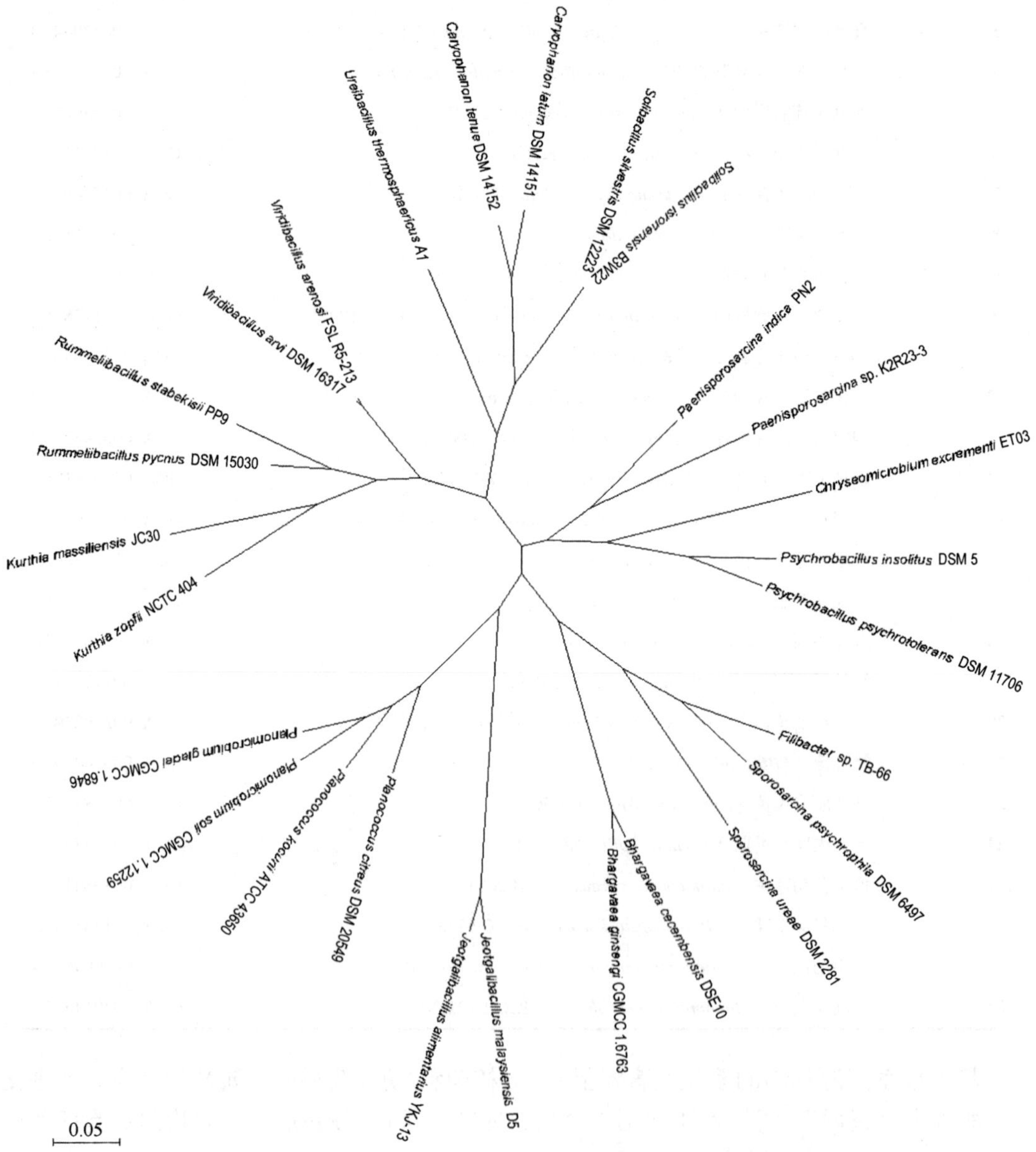


图 4-3-21　基于全基因组直系同源基因的显核菌科/动球菌科的系统发育树

## 五、基于全基因组直系同源基因的嗜热放线菌科系统发育分析

由于嗜热放线菌科各属的种类和基因组均较少，因此只进行该科的系统发育分析。从各属中选择 1 个或 2 个基因组用于嗜热放线菌科的系统发育分析（表 4-3-22），构建基于全基因组直系同源基因的无根系统发育树，以萨摩居热土菌（*Calditerricola satsumensis*）JCM 14719$^{T}$ 的基因组作为外群种（登录号为 GCA_001311905.1）。

**表 4-3-22　用于嗜热放线菌科系统发育树构建的种类和菌株信息**

| 编号 | 种类及菌株 | GenBank 登录号 |
|---|---|---|
| 1 | 活性芽胞链菌（*Desmospora activa*）DSM 45169$^{T*}$ | GCA_003046315.1 |
| 2 | 象牙色克罗彭施泰特氏菌（*Kroppenstedtia eburnea*）DSM 45196$^{T*}$ | GCA_900156615.1 |
| 3 | 血液克罗彭施泰特氏菌（*Kroppenstedtia sanguinis*）X0209$^{T}$ | GCA_003847445.1 |
| 4 | 甘蔗莱西氏菌（*Laceyella sacchari*）FBKL4.010$^{*}$ | GCA_002893785.1 |
| 5 | 沉积物莱西氏菌（*Laceyella sediminis*）RHA1$^{T}$ | GCA_003003125.1 |
| 6 | 嗜热徐丽华菌（*Lihuaxuella thermophile*）DSM 46701$^{T*}$ | GCA_900110165.1 |
| 7 | 耐盐海洋丝菌（*Marininema halotolerans*）DSM 45789$^{T}$ | GCA_900116235.1 |
| 8 | 喜中温海洋丝菌（*Marininema mesophilum*）DSM 45610$^{T*}$ | GCA_900106775.1 |
| 9 | 居深海迈勒吉尔霉菌（*Melghirimyces profundicolus*）DSM 45787$^{T}$ | GCA_003054245.1 |
| 10 | 嗜热嗜盐迈勒吉尔霉菌（*Melghirimyces thermohalophilus*）DSM 45514$^{T\#}$ | GCA_900102685.1 |
| 11 | 嗜热新建芽胞杆菌（*Novibacillus thermophilus*）SG-1$^{T*}$ | GCA_002005165.1 |
| 12 | 嗜盐湿地丝菌（*Paludifilum halophilum*）DSM 102817$^{T*}$ | GCA_002245355.1 |
| 13 | 居堆肥平螺纹丝菌（*Planifilum fimeticola*）DSM 44946$^{T*}$ | GCA_003001905.1 |
| 14 | 光亮平螺纹丝菌（*Planifilum fulgidum*）DSM 44945$^{T}$ | GCA_900113175.1 |
| 15 | 马赛李城彬菌（*Risungbinella massiliensis*）GD1$^{T\&}$ | GCA_000942395.1 |
| 16 | 噬蛋白胨制野氏菌（*Seinonella peptonophila*）DSM 44666$^{T*}$ | GCA_900129355.1 |
| 17 | 韩研所岛津氏菌（*Shimazuella kribbensis*）DSM 45090$^{T*}$ | GCA_000428065.1 |
| 18 | 大曲嗜热放线菌（*Thermoactinomyces daqus*）H-18$^{T}$ | GCA_000763315.1 |
| 19 | 普通嗜热放线菌（*Thermoactinomyces vulgaris*）DSM 43016$^{T*}$ | GCA_003688725.1 |
| 20 | 双枝嗜热黄微菌（*Thermoflavimicrobium dichotomicum*）DSM 44778$^{T*}$ | GCA_900114055.1 |

基于直系同源基因的系统发育树显示，嗜热放线菌科的各属被划分为 4 个进化枝，即 4 个“属群”。①属群 1 包括 7 个属：嗜热放线菌属（*Thermoactinomyces*）、莱西氏菌属（*Laceyella*）、徐丽华菌属（*Lihuaxuella*）、嗜热黄微菌属（*Thermoflavimicrobium*）、制野氏菌属（*Seinonella*）、岛津氏菌属（*Shimazuella*）和李城彬菌属（*Risungbinella*）。②属群 2 包括 5 个属：迈勒吉尔霉菌属（*Melghirimyces*）、克罗彭施泰特氏菌属（*Kroppenstedtia*）、湿地丝菌属（*Paludifilum*）、芽胞链菌属（*Desmospora*）和海洋丝菌属（*Marininema*）。③属群 3 仅有 1 个属：平螺纹丝菌属（*Planifilum*）。④属群 4 仅有 1 个属：新建芽胞杆菌属（*Novibacillus*）（图 4-3-22）。新建芽胞杆菌属与其他属的进化分歧最大，而且是嗜热放线菌科中唯一不产芽胞的属，最新的研究建议：为该属建立 1 个新科——新建芽胞杆菌科（Novibacillaceae fam. nov.）（Jiang et al.，2019e）。

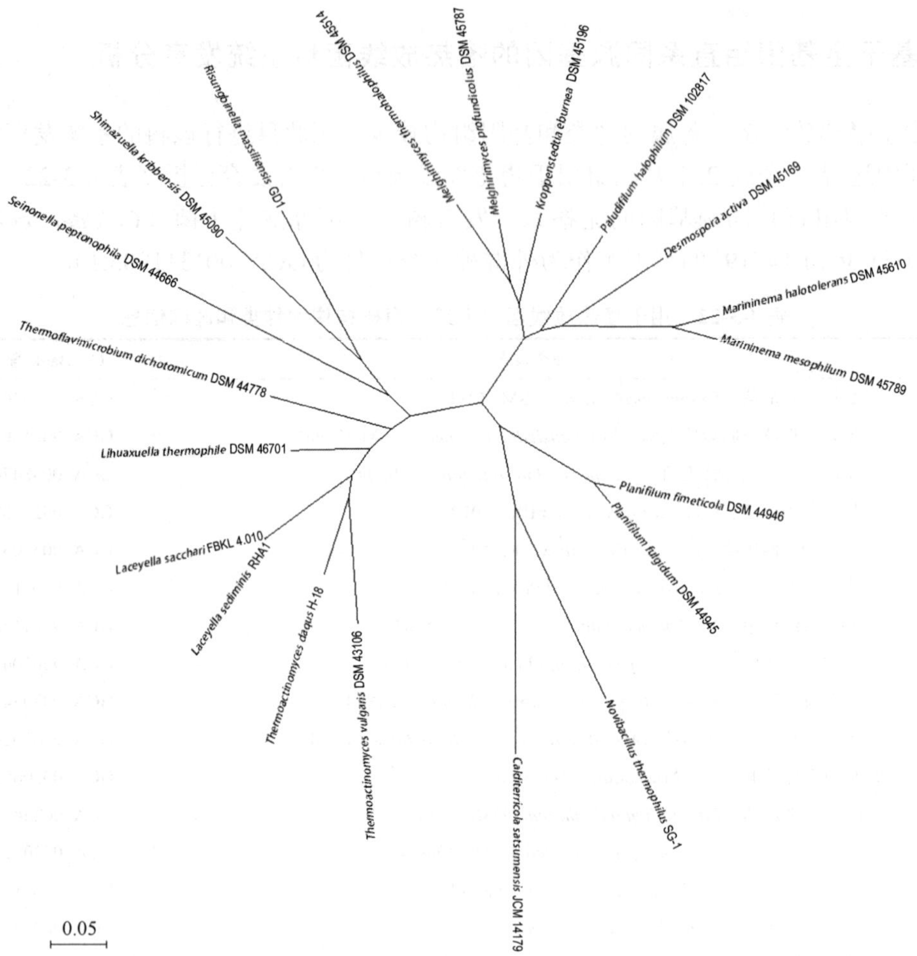


图 4-3-22　基于全基因组直系同源基因的嗜热放线菌科的系统发育树

## 六、基于全基因组直系同源基因的芽胞杆菌目系统发育分析

研究选择 106 个基因组（除个别属外，每个属只选择 1 个种）构建芽胞杆菌目（除李斯特菌科和葡萄球菌科外）的无根系统进化树（表 4-3-23），以德氏乳杆菌（*Lactobacillus delbrueckii*）DSM 20074$^{T}$ 的基因组作为外群种。

**表 4-3-23　用于芽胞杆菌目系统发育树构建的种类和菌株信息**

| 编号 | 种类及菌株 | GenBank 登录号 |
|---|---|---|
| 1 | 枯草芽胞杆菌（*Bacillus subtilis*）168$^{T*}$ | GCA_000009045.1 |
| 2 | 苍白好氧芽胞杆菌（*Aeribacillus pallidus*）KCTC 3564$^{T*}$ | GCA_002243625.1 |
| 3 | 嗜盐碱碱芽胞杆菌（*Alkalibacillus haloalkaliphilus*）C5$^{*}$ | GCA_000269905.1 |
| 4 | 阿巴德盐湖交替芽胞杆菌（*Alteribacillus bidgolensis*）DSM 25260$^{T*}$ | GCA_002886255.1 |
| 5 | 木聚糖兼性芽胞杆菌（*Amphibacillus xylanus*）NBRC 15112$^{T*}$ | GCA_000307165.1 |

续表

| 编号 | 种类及菌株 | GenBank 登录号 |
|---|---|---|
| 6 | 砷硒厌氧芽胞杆菌（*Anaerobacillus arseniciselenatis*）DSM 15340$^{T*}$ | GCA_001865995.1 |
| 7 | 普希金无氧芽胞杆菌（*Anoxybacillus pushchinoensis*）K1$^{T*}$ | GCA_900111795.1 |
| 8 | 延伸居盐水芽胞杆菌（*Aquisalibacillus elongatus*）DSM 18090$^{T*}$ | GCA_003843875.1 |
| 9 | 温泉热碱芽胞杆菌（*Caldalkalibacillus thermarum*）TA2.A1$^{*}$ | GCA_000218765.2 |
| 10 | 虚弱热芽胞杆菌（*Caldibacillus debilis*）DSM 16016$^{T*}$ | GCA_000383875.1 |
| 11 | 铁锈色房间芽胞杆菌（*Domibacillus robiginosus*）WS 4628$^{T*}$ | GCA_000966195.1 |
| 12 | 苍白虚假芽胞杆菌（*Falsibacillus pallidus*）DSM 25281$^{T*}$ | GCA_003350505.1 |
| 13 | 明胶虚构芽胞杆菌（*Fictibacillus gelatini*）DSM 15865$^{T\#}$ | GCF_000430745.1 |
| 14 | 嗜热噬脂肪地芽胞杆菌（*Geobacillus stearothermophilus*）DSM 458$^{T*}$ | GCA_002300135.1 |
| 15 | 热稳葡萄糖苷酶副地芽胞杆菌（*Parageobacillus thermoglucosidans*）DSM 2542$^{T\#}$ | GCA_001295365.1 |
| 16 | 地微菌（*Geomicrobium* sp.）JCM 19037$^{T\&}$ | GCA_000698105.1 |
| 17 | 盐湖纤细芽胞杆菌（*Gracilibacillus lacisalsi*）DSM 19029$^{T\#}$ | GCA_000377765.1 |
| 18 | 嗜盐喜盐碱芽胞杆菌（*Halalkalibacillus halophilus*）DSM 18494$^{T*}$ | GCA_000423105.1 |
| 19 | 嗜盐喜盐芽胞杆菌（*Halobacillus halophilus*）DSM 2266$^{T*}$ | GCA_000284515.1 |
| 20 | 嗜盐盐乳杆菌（*Halolactibacillus halophilus*）DSM 17073$^{T*}$ | GCA_900115605.1 |
| 21 | 施氏解氢芽胞杆菌（*Hydrogenibacillus schlegelii*）MA 48$^{T*}$ | GCA_001653195.1 |
| 22 | 解淀粉慢生芽胞杆菌（*Lentibacillus amyloliquefaciens*）LAM0015$^{T\#}$ | GCA_001307805.2 |
| 23 | 耐硼赖氨酸芽胞杆菌（*Lysinibacillus boronitolerans*）NBRC 103108$^{T*}$ | GCA_000772935.1 |
| 24 | 大安海洋芽胞杆菌（*Maribacillus taeanensis*）BH030017$^{T*}$ | GCA_003318295.1 |
| 25 | 嗜盐高钠芽胞杆菌（*Natribacillus halophilus*）DSM 21771$^{T*}$ | GCA_900100185.1 |
| 26 | 伊平屋桥大洋芽胞杆菌（*Oceanobacillus iheyensis*）HTE831$^{T*}$ | GCA_000011245.1 |
| 27 | 污血鸟氨酸芽胞杆菌（*Ornithinibacillus contaminans*）DSM 22953$^{T\#}$ | GCA_001038425.2 |
| 28 | 琉球海境芽胞杆菌（*Paraliobacillus ryukyuensis*）Marseille-P3391$^{*}$ | GCA_900168775.1 |
| 29 | 小球状少盐芽胞杆菌（*Paucisalibacillus globulus*）DSM 18846$^{T*}$ | GCA_000482485.1 |
| 30 | 耐碱海洋杆菌（*Pelagirhabdus alkalitolerans*）S5$^{T*}$ | GCA_900096905.1 |
| 31 | 嗜盐鱼芽胞杆菌（*Piscibacillus halophilus*）DSM 21633$^{T}$ | GCA_900110685.1 |
| 32 | 盐鱼鱼芽胞杆菌（*Piscibacillus salipiscarius*）JCM 13188$^{T*}$ | GCA_001311865.1 |
| 33 | 从化海芽胞杆菌（*Pontibacillus chungwhensis*）BH030062$^{T*}$ | GCA_000770675.1 |
| 34 | 奥本假纤细芽胞杆菌（*Pseudogracilibacillus auburnensis*）DSM 28556$^{T*}$ | GCA_003201975.1 |
| 35 | 耐热类似芽胞杆菌（*Quasibacillus thermotolerans*）SgZ-8$^{T*}$ | GCA_000812025.2 |
| 36 | 白盐微菌（*Salimicrobium album*）DSM 20748$^{T*}$ | GCA_900107115.1 |
| 37 | 艾丁湖盐渍芽胞杆菌（*Salinibacillus aidingensis*）MSP4$^{*}$ | GCA_000400005.1 |
| 38 | 橘色盐沼芽胞杆菌（*Salipaludibacillus aurantiacus*）s9$^{T*}$ | GCA_900111295.1 |
| 39 | 居盐杆菌（*Salirhabdus* sp.）Marseille-P4669$^{T\&}$ | GCA_900240405.1 |
| 40 | 耐盐盐沉积物小杆菌（*Salisediminibacterium halotolerans*）DSM 26530$^{T*}$ | GCA_003814815.1 |
| 41 | 波斯居盐土芽胞杆菌（*Saliterribacillus persicus*）DSM 27696$^{T*}$ | GCA_003337485.1 |
| 42 | 考氏栖盐水芽胞杆菌（*Salsuginibacillus kocurii*）DSM 18087$^{T*}$ | GCA_000377705.1 |
| 43 | 嗜盐沉积物芽胞杆菌（*Sediminibacillus halophilus*）CGMCC 1.6199$^{T*}$ | GCA_900103695.1 |
| 44 | 咸链喜盐芽胞杆菌（*Streptohalobacillus salinus*）DSM 22440$^{T*}$ | GCA_003201605.1 |
| 45 | 多食细纤芽胞杆菌（*Tenuibacillus multivorans*）CGMCC 1.3442$^{T}$ | GCA_900103915.1 |

续表

| 编号 | 种类及菌株 | GenBank 登录号 |
|---|---|---|
| 46 | 迪凯特微温芽胞杆菌（*Tepidibacillus decaturensis*）Z9T# | GCA_001561915.1 |
| 47 | 嗜糖土地芽胞杆菌（*Terribacillus saccharophilus*）DSM 21619T* | GCA_002335735.1 |
| 48 | 食有机物深海芽胞杆菌（*Thalassobacillus devorans*）MSP14T* | GCA_000496835.1 |
| 49 | 泛酸枝芽胞杆菌（*Virgibacillus pantothenticus*）DSM 26T* | GCA_001189575.1 |
| 50 | 中热度火山芽胞杆菌（*Vulcanibacillus modesticaldus*）BRT* | GCA_001730235.1 |
| 51 | 马赛红发婴儿菌（*Rubeoparvulum massiliense*）mt6T* | GCA_001049895.1 |
| 52 | 嗜盐碱球菌（*Alkalicoccus saliphilus*）6AGT* | GCA_003044065.1 |
| 53 | 嗜盐海洋球菌（*Marinococcus halophilus*）KCTC 2843T* | GCA_002265875.1 |
| 54 | 铁氧化酸芽胞杆菌（*Acidibacillus ferrooxidans*）SLC66T* | GCA_001642725.1 |
| 55 | 酸热脂环酸芽胞杆菌（*Alicyclobacillus acidocaldarius*）DSM 446T* | GCA_000024285.1 |
| 56 | 湖多变芽胞杆菌（*Effusibacillus lacus*）skLN1T* | GCA_002335525.1 |
| 57 | 托斯卡纳科鲁比蒂斯氏菌（*Kyrpidia tusciae*）DSM 2912T* | GCA_000092905.1 |
| 58 | 嗜热硫氧化硫化芽胞杆菌（*Sulfobacillus thermosulfidooxidans*）DSM 9293T* | GCA_900176145.1 |
| 59 | 霜冻膨胀芽胞杆菌（*Tumebacillus permanentifrigoris*）DSM 18773T* | GCA_003148565.1 |
| 60 | 草酸嗜氨菌（*Ammoniphilus oxalaticus*）RAOx-1T* | GCA_003609605.1 |
| 61 | 解硫胺素解硫胺素芽胞杆菌（*Aneurinibacillus aneurinilyticus*）ATCC 12856T* | GCA_000466385.1 |
| 62 | 短短芽胞杆菌（*Brevibacillus brevis*）NBRC 100599T* | GCA_000010165.1 |
| 63 | 耐热科恩氏菌（*Cohnella thermotolerans*）DSM 17683T* | GCA_000429825.1 |
| 64 | 参土溪苔芽胞杆菌（*Fontibacillus panacisegetis*）DSM 28129T# | GCA_900102215.1 |
| 65 | 马赛大猩猩小杆菌（*Gorillibacterium massiliense*）G5T* | GCA_000455485.2 |
| 66 | 多黏类芽胞杆菌（*Paenibacillus polymyxa*）SC2* | GCA_000164985.2 |
| 67 | 甘蔗糖芽胞杆菌（*Saccharibacillus sacchari*）DSM 19268T* | GCA_000585395.1 |
| 68 | 堆肥嗜热芽胞杆菌（*Thermobacillus composti*）KWC4T& | GCA_000227705.3 |
| 69 | 西泽氏巴斯德氏柄菌（*Pasteuria nishizawae*），北美菌株基因组质量较差，在系统发育树中未显现 | GCA_000190395.1 |
| 70 | 穿刺巴斯德氏柄菌（*Pasteuria penetrans*）RES148，基因组质量较差 | GCA_900538055.1 |
| 71 | 科研中心哈格瓦氏菌（*Bhargavaea cecembensis*）DSE10T* | GCA_000348905.1 |
| 72 | 食物咸海鲜芽胞杆菌（*Jeotgalibacillus alimentarius*）YKJ-13T* | GCA_000829445.1 |
| 73 | 类芽胞束菌（*Paenisporosarcina* sp.）K2R23-3T# | GCA_003595195.1 |
| 74 | 尿素芽胞束菌（*Sporosarcina ureae*）DSM 2281T* | GCA_000425545.1 |
| 75 | 奇特嗜冷芽胞杆菌（*Psychrobacillus insolitus*）DSM 5T* | GCA_003254155.1 |
| 76 | 司氏鲁梅尔芽胞杆菌（*Rummeliibacillus stabekisii*）PP9* | GCA_001617605.1 |
| 77 | 森林土壤芽胞杆菌（*Solibacillus silvestris*）DSM 12223T* | GCA_001586195.1 |
| 78 | 热球状尿素芽胞杆菌（*Ureibacillus thermosphaericus*）A1* | GCA_002370195.2 |
| 79 | 田地绿芽胞杆菌（*Viridibacillus arvi*）DSM 16317T* | GCA_001274945.1 |
| 80 | 阔显核菌（*Caryophanon latum*）DSM 14151T* | GCA_001700325.1 |
| 81 | 排泄物金黄微菌（*Chryseomicrobium excrementi*）ET03T& | GCA_002798305.1 |
| 82 | 线杆菌（*Filibacter* sp.）TB-66T& | GCA_900609045.1 |
| 83 | 措普夫库特氏菌（*Kurthia zopfii*）NCTC 404* | GCA_900637935.1 |
| 84 | 橙黄色动球菌（*Planococcus citreus*）DSM 20549T* | GCA_003664125.1 |
| 85 | 冰川动微菌（*Planomicrobium glaciei*）CGMCC 1.6846T# | GCA_900099655.1 |

续表

| 编号 | 种类及菌株 | GenBank 登录号 |
|---|---|---|
| 86 | 溶皂垃圾芽胞杆菌（*Caenibacillus caldisaponilyticus*）B157$^{T*}$ | GCA_002003465.1 |
| 87 | 菊糖芽胞乳杆菌（*Sporolactobacillus inulinus*）CASD$^{*}$ | GCA_000222445.3 |
| 88 | 热生肿块芽胞杆菌（*Tuberibacillus calidus*）DSM 17572$^{T*}$ | GCA_000430685.1 |
| 89 | 青海中华球菌（*Sinobaca qinghaiensis*）DSM 17008$^{T*}$ | GCA_003610495.1 |
| 90 | 萨摩居热土菌（*Calditerricola satsumensis*）JCM 14719$^{T*}$ | GCA_001311905.1 |
| 91 | 活性芽胞链菌（*Desmospora activa*）DSM 45169$^{T*}$ | GCA_003046315.1 |
| 92 | 象牙色克罗彭施泰特氏菌（*Kroppenstedtia eburnea*）DSM 45196$^{T*}$ | GCA_900156615.1 |
| 93 | 甘蔗莱西氏菌（*Laceyella sacchari*）FBKL4.010$^{*}$ | GCA_002893785.1 |
| 94 | 嗜热徐丽华菌（*Lihuaxuella thermophile*）DSM 46701$^{T*}$ | GCA_900110165.1 |
| 95 | 喜中温海洋丝菌（*Marininema mesophilum*）DSM 45610$^{T*}$ | GCA_900106775.1 |
| 96 | 嗜热嗜盐迈勒吉尔霉菌（*Melghirimyces thermohalophilus*）DSM 45514$^{T\#}$ | GCA_900102685.1 |
| 97 | 嗜热新建芽胞杆菌（*Novibacillus thermophilus*）SG-1$^{T*}$ | GCA_002005165.1 |
| 98 | 嗜盐湿地丝菌（*Paludifilum halophilum*）DSM 102817$^{T*}$ | GCA_002245355.1 |
| 99 | 居堆肥平螺纹丝菌（*Planifilum fimeticola*）DSM 44946$^{T*}$ | GCA_003001905.1 |
| 100 | 马赛李城彬菌（*Risungbinella massiliensis*）GD1$^{T\&}$ | GCA_000942395.1 |
| 101 | 噬蛋白胨制野氏菌（*Seinonella peptonophila*）DSM 44666$^{T*}$ | GCA_900129355.1 |
| 102 | 韩研所岛津氏菌（*Shimazuella kribbensis*）DSM 45090$^{T*}$ | GCA_000428065.1 |
| 103 | 普通嗜热放线菌（*Thermoactinomyces vulgaris*）DSM 43016$^{T*}$ | GCA_003688725.1 |
| 104 | 双枝嗜热黄微菌（*Thermoflavimicrobium dichotomicum*）DSM 44778$^{T*}$ | GCA_900114055.1 |
| 105 | 碱砷还原脱硫芽胞杆菌（*Desulfuribacillus alkaliarsenatis*）AHT28$^{T*}$ | GCA_001730225.1 |
| 106 | 还原锑砷脱硫芽胞杆菌（*Desulfuribacillus stibiiarsenatis*）MLFW-2$^{T}$ | GCA_001742305.1 |
| 107 | 德氏乳杆菌（*Lactobacillus delbrueckii*）DSM 20074$^{T*}$ | GCA_001908495.1 |

基于全基因组直系同源基因的系统发育树显示，芽胞杆菌目（除李斯特菌科和葡萄球菌科外）可以划分为至少 30 个进化枝（图 4-3-23），可能代表多个科，具体情况如下。

1）进化枝 1 包括 6 个属：类芽胞杆菌属（*Paenibacillus*）、溪苔芽胞杆菌属（*Fontibacillus*）、糖芽胞杆菌属（*Saccharibacillus*）、科恩氏菌属（*Cohnella*）、嗜热芽胞杆菌属（*Thermobacillus*）和大猩猩小杆菌属（*Gorillibacterium*），均来自类芽胞杆菌科。

2）进化枝 2 仅有 1 个属：短芽胞杆菌属（*Brevibacillus*），来自类芽胞杆菌科。

3）进化枝 3 包括 2 个属：火山芽胞杆菌属（*Vulcanibacillus*）和微温芽胞杆菌属（*Tepidibacillus*），均来自芽胞杆菌科。

4）进化枝 4 仅有 1 个属：脱硫芽胞杆菌属（*Desulfuribacillus*），科未定。

5）进化枝 5 仅有 1 个属：硫化芽胞杆菌属（*Sulfobacillus*），来自脂环酸芽胞杆菌科。

6）进化枝 6 包括 5 个属：科鲁比蒂斯氏菌属（*Kyrpidia*）、脂环酸芽胞杆菌属（*Alicyclobacillus*）、酸芽胞杆菌属（*Acidibacillus*）、膨胀芽胞杆菌属（*Tumebacillus*）、多变芽胞杆菌属（*Effusibacillus*），酸芽胞杆菌属的科未定（根据系统发育树，其应归为脂环酸芽胞杆菌科），其他均来自脂环酸芽胞杆菌科。

7）进化枝 7 仅有 1 个属：红发婴儿菌属（*Rubeoparvulum*），来自芽胞杆菌科。

8）进化枝 8 包括 2 个属：解氢芽胞杆菌属（*Hydrogenibacillus*）和居热土菌属（*Calditerricola*），均来自芽胞杆菌科。

9）进化枝 9 仅有 1 个属：热碱芽胞杆菌属（*Caldalkalibacillus*），来自芽胞杆菌科。

10）进化枝 10 仅有 1 个属：新建芽胞杆菌属（*Novibacillus*），来自嗜热放线菌科。

11）进化枝 11 包括 5 个属：海洋丝菌属（*Marininema*）、迈勒吉尔霉菌属（*Melghirimyces*）、克罗彭施泰特氏菌属（*Kroppenstedtia*）、湿地丝菌属（*Paludifilum*）和芽胞链菌属（*Desmospora*），均来自嗜热放线菌科。

12）进化枝 12 仅有 1 个属：制野氏菌属（*Seinonella*），来自嗜热放线菌科。

13）进化枝 13 包括 2 个属：岛津氏菌属（*Shimazuella*）和李城彬菌属（*Risungbinella*），均来自嗜热放线菌科。

14）进化枝 14 仅有 1 个属：巴斯德氏柄菌属（*Pasteuria*），来自巴斯德氏柄菌科。

15）进化枝 15 包括 5 个属：徐丽华菌属（*Lihuaxuella*）、莱西氏菌属（*Laceyella*）、嗜热黄微菌属（*Thermoflavimicrobium*）、嗜热放线菌属（*Thermoactinomyces*）和平螺纹

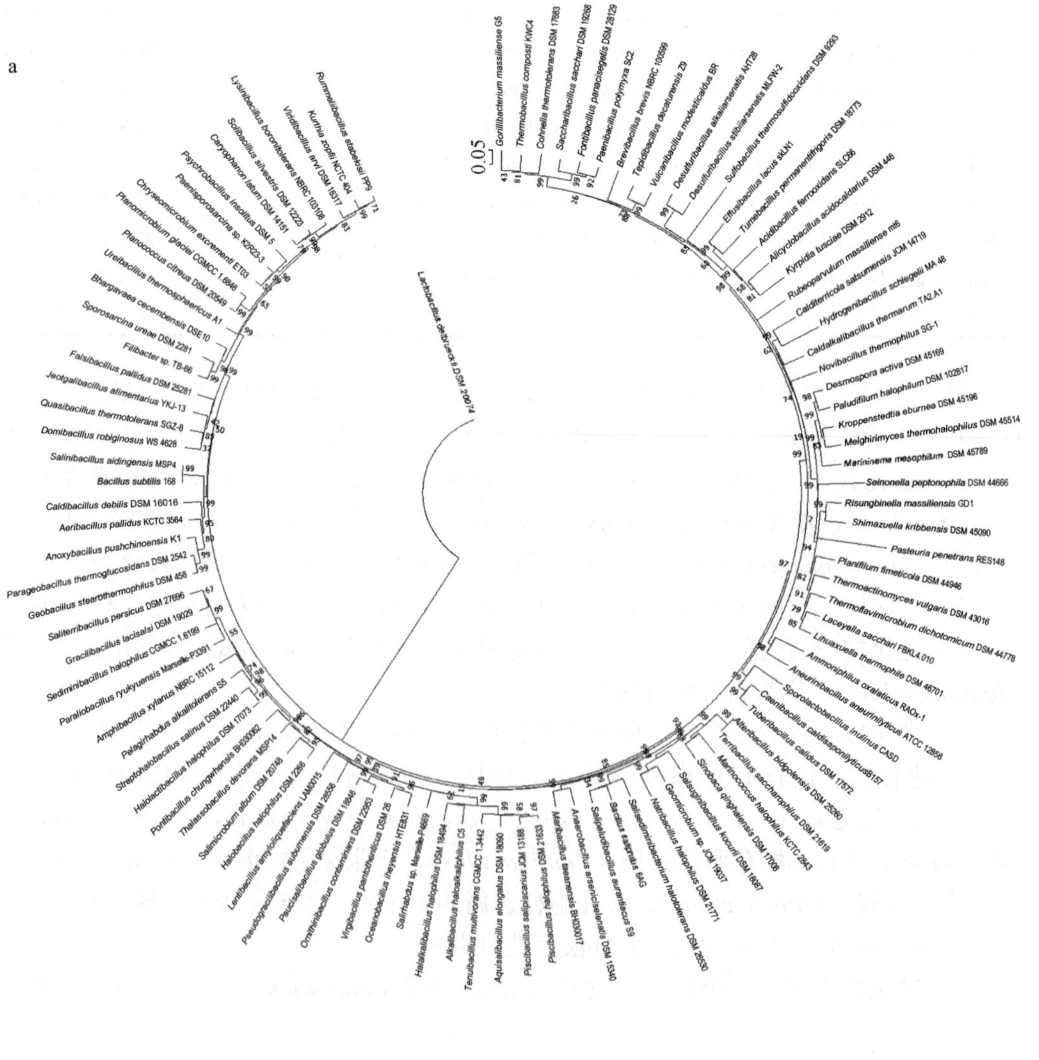

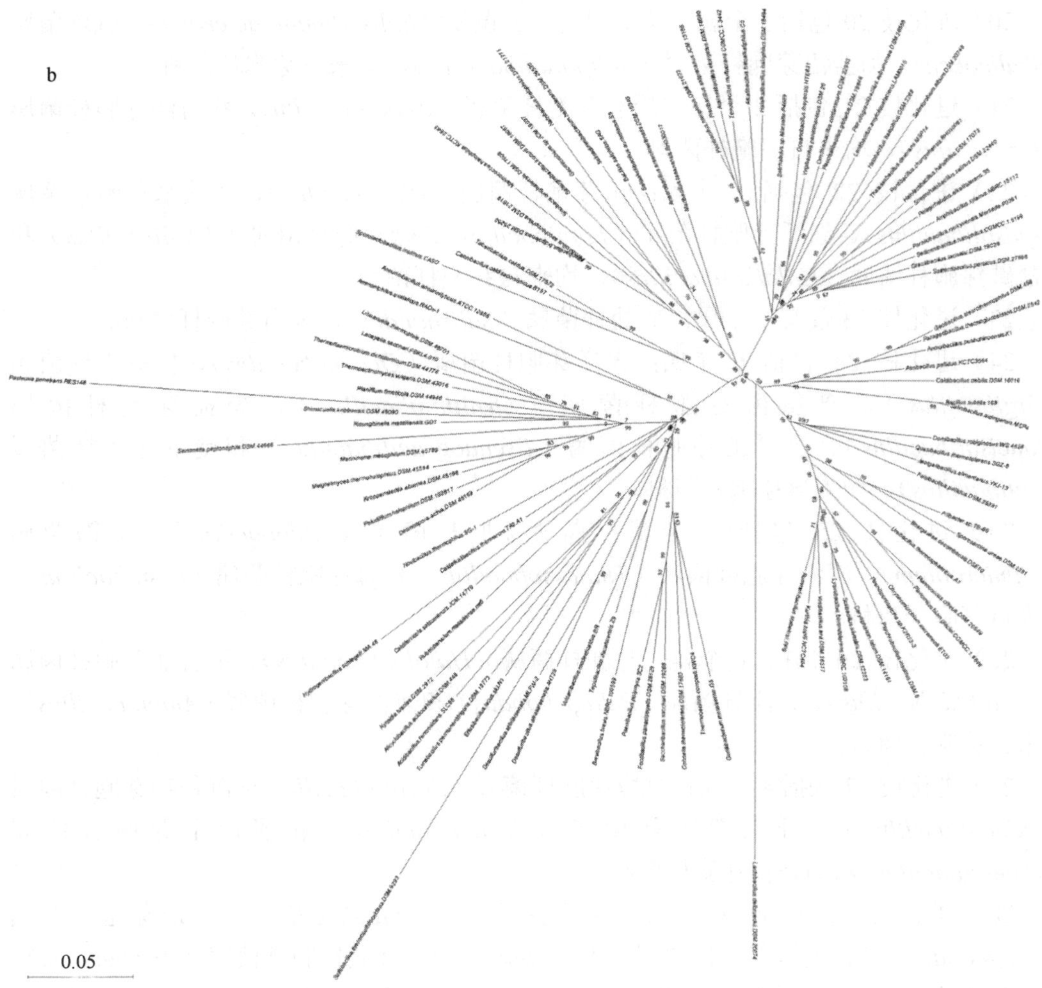


图 4-3-23　基于全基因组直系同源基因的芽胞杆菌目的环状（a）和放射状（b）系统发育树

丝菌属（*Planifilum*），均来自嗜热放线菌科。

16）进化枝 16 包括 2 个属：解硫胺素芽胞杆菌属（*Aneurinibacillus*）和嗜氨菌属（*Ammoniphilus*），均来自类芽胞杆菌科。

17）进化枝 17 包括 3 个属：肿块芽胞杆菌属（*Tuberibacillus*）、垃圾芽胞杆菌属（*Caenibacillus*）和芽胞乳杆菌属（*Sporolactobacillus*），均来自芽胞乳杆菌科。

18）进化枝 18 包括 4 个属：交替芽胞杆菌属（*Alteribacillus*）、土地芽胞杆菌属（*Terribacillus*）、海洋球菌属（*Marinococcus*）和中华球菌属（*Sinobaca*），前 3 个属均来自芽胞杆菌科，中华球菌属来自芽胞乳杆菌科。因此，中华球菌属应被划分到芽胞杆菌科或 1 个新科。

19）进化枝 19 包括 3 个属：栖盐水芽胞杆菌属（*Salsuginibacillus*）、地微菌属（*Geomicrobium*）和高钠芽胞杆菌属（*Natribacillus*），地微菌属的科未定，其他 2 个属均来自芽胞杆菌科。因此，地微菌属应被划分到芽胞杆菌科或 1 个新科。

20）进化枝 20 包括 3 个属：盐沉积物小杆菌属（*Salisediminibacterium*）、碱球菌属（*Alkalicoccus*）和盐沼芽胞杆菌属（*Salipaludibacillus*），均来自芽胞杆菌科。

21）进化枝 21 包括 2 个属：厌氧芽胞杆菌属（*Anaerobacillus*）和海洋芽胞杆菌属（*Maribacillus*），均来自芽胞杆菌科。

22）进化枝 22 包括 5 个属：鱼芽胞杆菌属（*Piscibacillus*）、居盐水芽胞杆菌属（*Aquisalibacillus*）、细纤芽胞杆菌属（*Tenuibacillus*）、碱芽胞杆菌属（*Alkalibacillus*）和喜盐碱芽胞杆菌属（*Halalkalibacillus*），均来自芽胞杆菌科。

23）进化枝 23 仅有 1 个属：居盐杆菌属（*Salirhabdus*），来自芽胞杆菌科。

24）进化枝 24 包括 6 个属：大洋芽胞杆菌属（*Oceanobacillus*）、枝芽胞杆菌属（*Virgibacillus*）、鸟氨酸芽胞杆菌属（*Ornithinibacillus*）、少盐芽胞杆菌属（*Paucisalibacillus*）、假纤细芽胞杆菌属（*Pseudogracilibacillus*）和慢生芽胞杆菌属（*Lentibacillus*），均来自芽胞杆菌科。

25）进化枝 25 包括 4 个属：喜盐芽胞杆菌属（*Halobacillus*）、盐微菌属（*Salimicrobium*）、深海芽胞杆菌属（*Thalassobacillus*）和海芽胞杆菌属（*Pontibacillus*），均来自芽胞杆菌科。

26）进化枝 26 包括 4 个属：盐乳杆菌属（*Halolactibacillus*）、链喜盐芽胞杆菌属（*Streptohalobacillus*）、海洋杆菌属（*Pelagirhabdus*）和兼性芽胞杆菌属（*Amphibacillus*），均来自芽胞杆菌科。

27）进化枝 27 包括 4 个属：海境芽胞杆菌属（*Paraliobacillus*）、沉积物芽胞杆菌属（*Sediminibacillus*）、纤细芽胞杆菌属（*Gracilibacillus*）和居盐土芽胞杆菌属（*Saliterribacillus*），均来自芽胞杆菌科。

28）进化枝 28 包括 7 个属：地芽胞杆菌属（*Geobacillus*）、副地芽胞杆菌属（*Parageobacillus*）、无氧芽胞杆菌属（*Anoxybacillus*）、好氧芽胞杆菌属（*Aeribacillus*）、热芽胞杆菌属（*Caldibacillus*）、芽胞杆菌属（*Bacillus*）和盐渍芽胞杆菌属（*Salinibacillus*），均来自芽胞杆菌科。

29）进化枝 29 包括 4 个属：房间芽胞杆菌属（*Domibacillus*）、类似芽胞杆菌属（*Quasibacillus*）、咸海鲜芽胞杆菌属（*Jeotgalibacillus*）和虚假芽胞杆菌属（*Falsibacillus*），咸海鲜芽胞杆菌属来自显核菌科/动球菌科，其他 3 个属均来自芽胞杆菌科。因此，咸海鲜芽胞杆菌属应被划分到芽胞杆菌科或 1 个新科。

30）进化枝 30 包括 15 个属：线杆菌属（*Filibacter*）、芽胞束菌属（*Sporosarcina*）、哈格瓦氏菌属（*Bhargavaea*）、尿素芽胞杆菌属（*Ureibacillus*）、动球菌属（*Planococcus*）、动微菌属（*Planomicrobium*）、金黄微菌属（*Chryseomicrobium*）、类芽胞束菌属（*Paenisporosarcina*）、嗜冷芽胞杆菌属（*Psychrobacillus*）、显核菌属（*Caryophanon*）、土壤芽胞杆菌属（*Solibacillus*）、赖氨酸芽胞杆菌属（*Lysinibacillus*）、绿芽胞杆菌属（*Viridibacillus*）、库特氏菌属（*Kurthia*）和鲁梅尔芽胞杆菌属（*Rummeliibacillus*），均来自显核菌科/动球菌科。

## 七、讨论

### （一）关于芽胞杆菌目科的划分

Maayer 等（2019）基于 114 个核心蛋白质和核糖体蛋白序列构建了芽胞杆菌目 8 科 86 属的系统发育树（图 4-3-24），根据分析结果他们提出：①类芽胞杆菌科可以划分为 2 个科，分别对应于本研究的进化枝 1 和进化枝 2。②芽胞杆菌科可以划分为 4 个科，芽胞杆菌科 1 包括好氧芽胞杆菌属（*Aeribacillus*）、无氧芽胞杆菌属（*Anoxybacillus*）、热芽胞杆菌属（*Caldibacillus*）、地芽胞杆菌属（*Geobacillus*）、副地芽胞杆菌属（*Parageobacillus*）和芽胞杆菌属（*Bacillus*），对应于本研究的进化枝 28［还包括盐渍芽胞杆菌属（*Salinibacillus*）］；芽胞杆菌科 2 包括海洋杆菌属（*Pelagirhabdus*）、链喜盐芽胞杆菌属（*Streptohalobacillus*）、盐乳杆菌属（*Halolactibacillus*）、兼性芽胞杆菌属（*Amphibacillus*）、沉积物芽胞杆菌属（*Sediminibacillus*）、纤细芽胞杆菌属（*Gracilibacillus*）、慢生芽胞杆菌属（*Lentibacillus*）、枝芽胞杆菌属（*Virgibacillus*）、大洋芽胞杆菌属（*Oceanobacillus*）、鸟氨酸芽胞杆菌属（*Ornithinibacillus*）、少盐芽胞杆菌属（*Paucisalibacillus*）、海芽胞杆菌属（*Pontibacillus*）、深海芽胞杆菌属（*Thalassobacillus*）、喜盐芽胞杆菌属（*Halobacillus*）、盐微菌属（*Salimicrobium*）、细纤芽胞杆菌属（*Tenuibacillus*）、鱼芽胞杆菌属（*Piscibacillus*）和喜盐碱芽胞杆菌属（*Halalkalibacillus*），对应于本研究的进化枝 22～27［还包括居盐水芽胞杆菌属（*Aquisalibacillus*）、碱芽胞杆菌属（*Alkalibacillus*）、居盐杆菌属（*Salirhabdus*）、假纤细芽胞杆菌属（*Pseudogracilibacillus*）、海境芽胞杆菌属（*Paraliobacillus*）和居盐土芽胞杆菌属（*Saliterribacillus*）］；芽胞杆菌科 3 包括高钠芽胞杆菌属（*Natribacillus*）、栖盐水芽胞杆菌属（*Salsuginibacillus*）、海洋球菌属（*Marinococcus*）、中华球菌属（*Sinobaca*）、交替芽胞杆菌属（*Alteribacillus*）、盐沉积物小杆菌属（*Salisediminibacterium*）、盐沼芽胞杆菌属（*Salipaludibacillus*）和厌氧芽胞杆菌属（*Anaerobacillus*），对应于本研究的进化枝 18～21［还包括土地芽胞杆菌属（*Terribacillus*）、地微菌属（*Geomicrobium*）、碱球菌属（*Alkalicoccus*）和海洋芽胞杆菌属（*Maribacillus*）］；芽胞杆菌科 4 包括火山芽胞杆菌属（*Vulcanibacillus*）和微温芽胞杆菌属（*Tepidibacillus*），对应于本研究的进化枝 3。

Maayer 等（2019）的研究中脂环酸芽胞杆菌科对应于本研究的进化枝 6，嗜热放线菌科对应于进化枝 11～13 和进化枝 15，动球菌科对应于进化枝 30；李斯特菌科和葡萄球菌科与乳杆菌科聚类在 1 个进化枝，应将葡萄球菌科与乳杆菌科划分到乳杆菌目；此外，脱硫芽胞杆菌属（*Desulfuribacillus*）、微小杆菌属（*Exiguobacterium*）和能嗜热菌属（*Thermicanus*）均单独成为一个进化枝（图 4-3-24）。

本研究还发现多个独立的进化枝，可能分别对应 1 个科，包括进化枝 2 的短芽胞杆菌属（*Brevibacillus*），进化枝 3 的微温芽胞杆菌属（*Tepidibacillus*）和火山芽胞杆菌属（*Vulcanibacillus*），进化枝 4 的脱硫芽胞杆菌属（*Desulfuribacillus*），进化枝 5 的硫化芽胞杆菌属（*Sulfobacillus*），进化枝 7 的红发婴儿菌属（*Rubeoparvulum*），进化枝 8 的居

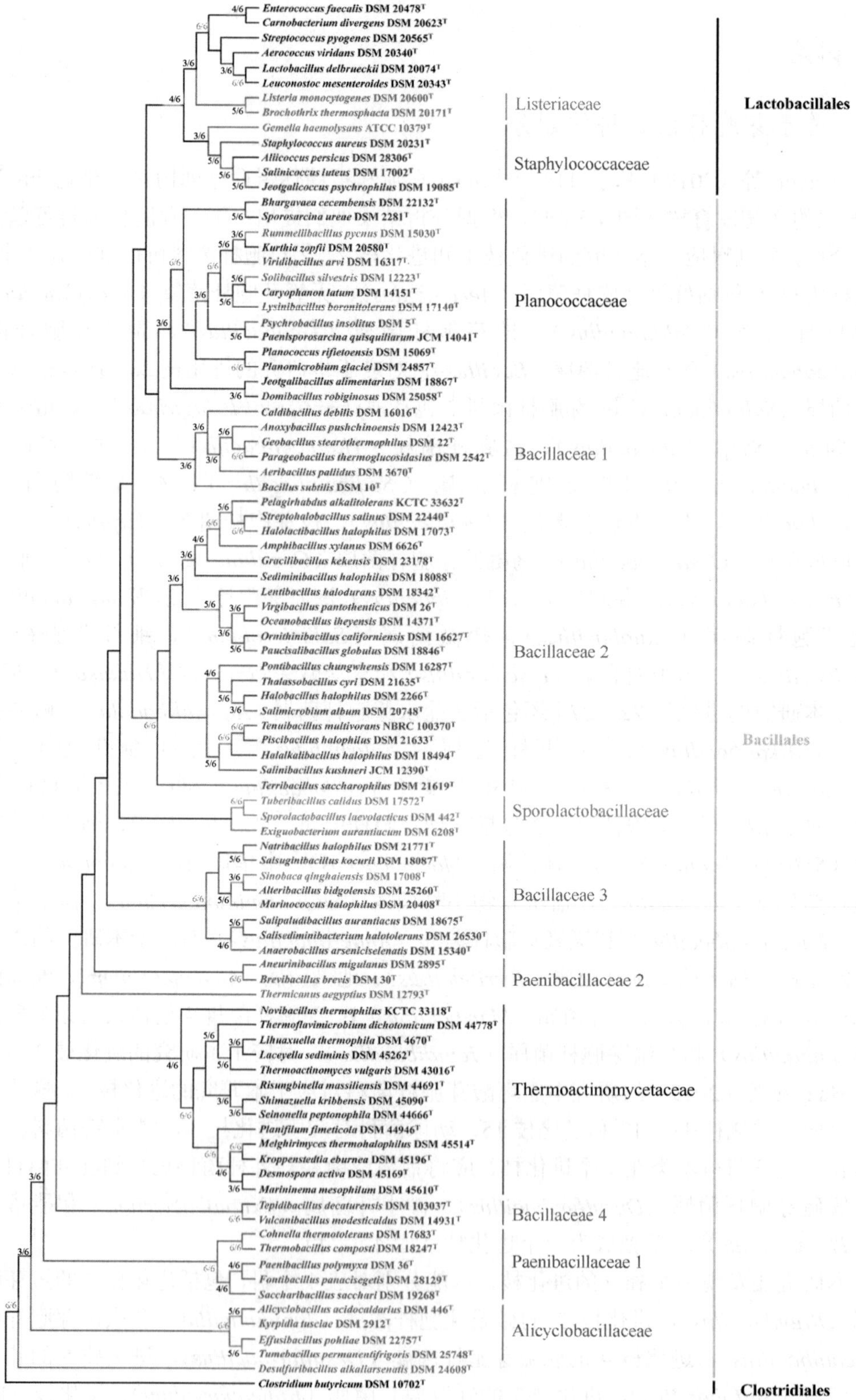


图 4-3-24　基于核心基因组的芽孢杆菌目的系统发育树（Maayer et al.，2019）

热土菌属（*Calditerricola*）和解氢芽胞杆菌属（*Hydrogenibacillus*），进化枝 9 的热碱芽胞杆菌属（*Caldalkalibacillus*），进化枝 10 的新建芽胞杆菌属（*Novibacillus*），进化枝 16 的解硫胺素芽胞杆菌属（*Aneurinibacillus*）和嗜氨菌属（*Ammoniphilus*），进化枝 21 的厌氧芽胞杆菌属（*Anaerobacillus*）和海洋芽胞杆菌属（*Maribacillus*），进化枝 23 的居盐杆菌属（*Salirhabdus*），进化枝 29 的房间芽胞杆菌属（*Domibacillus*）、类似芽胞杆菌属（*Quasibacillus*）、咸海鲜芽胞杆菌属（*Jeotgalibacillus*）和虚假芽胞杆菌属（*Falsibacillus*）（图 4-3-23）。

这些结果与另一个基于 16S rRNA 基因和基因组的芽胞杆菌纲系统发育分析（维基百科：芽胞杆菌纲）的结果高度一致。①建议将类芽胞杆菌科的短芽胞杆菌属（*Brevibacillus*）升格为短芽胞杆菌科（Brevibacillaceae）；②建议将芽胞杆菌科的微温芽胞杆菌属（*Tepidibacillus*）升格为微温芽胞杆菌科（Tepidibacillaceae）；③建议将科未定的脱硫芽胞杆菌属（*Desulfuribacillus*）升格为 1 个独立的目；④建议将芽胞杆菌科的居热土菌属（*Calditerricola*）升格为居热土菌科（Calditerricolaceae）；⑤建议将芽胞杆菌科的热碱芽胞杆菌属（*Caldalkalibacillus*）升格为热碱芽胞杆菌科（Caldalkalibacillaceae）；⑥建议将嗜热放线菌科的新建芽胞杆菌属（*Novibacillus*）升格为新建芽胞杆菌科（Novibacillaceae），科未定的能嗜热菌属（*Thermicanus*）升格为能嗜热菌科（Thermicanaceae），二者隶属于能嗜热菌目（Thermicanales）；⑦类芽胞杆菌科的解硫胺素芽胞杆菌属（*Aneurinibacillus*）升格为解硫胺素芽胞杆菌科（Aneurinibacillaceae）；⑧建议将芽胞杆菌科的厌氧芽胞杆菌属（*Anaerobacillus*）升格为厌氧芽胞杆菌科（Anaerobacillaceae），并与芽胞乳杆菌科（Sporolactobacillaceae）共同隶属于 1 个独立的目；⑨建议将芽胞杆菌科的无氧芽胞杆菌属（*Anoxybacillus*）和房间芽胞杆菌属（*Domibacillus*）分别升格为无氧芽胞杆菌科（Anoxybacillaceae）和房间芽胞杆菌科（Domibacillaceae），二者隶属于 1 个独立的目。

综上所述，芽胞杆菌目至少可以划分为 21 个科，包括：①脂环酸芽胞杆菌科（Alicyclobacillaceae）；②厌氧芽胞杆菌科（Anaerobacillaceae）；③解硫胺素芽胞杆菌科（Aneurinibacillaceae）；④芽胞杆菌科（Bacillaceae）；⑤短芽胞杆菌科（Brevibacillaceae）；⑥热碱芽胞杆菌科（Caldalkalibacillaceae）；⑦居热土菌科（Calditerricolaceae）；⑧显核菌科/动球菌科（Caryophanaceae/Planococcaceae）；⑨脱硫芽胞杆菌科（Desulfuribacillaceae）；⑩房间芽胞杆菌科（Domibacillaceae）；⑪微小杆菌科（Exiguobacteriaceae）；⑫新建芽胞杆菌科（Novibacillaceae）；⑬巴斯德氏柄菌科（Pasteuriaceae）；⑭类芽胞杆菌科（Paenibacillaceae）；⑮红发婴儿菌科（Rubeoparvulaceae）；⑯居盐杆菌科（Salirhabdaceae）；⑰芽胞乳杆菌科（Sporolactobacillaceae）；⑱硫化芽胞杆菌科（Sulfobacillaceae）；⑲微温芽胞杆菌科（Tepidibacillaceae）；⑳能嗜热菌科（Thermicanaceae）；㉑嗜热放线菌科（Thermoactinomycetaceae）。

## （二）关于房间芽胞杆菌属和咸海鲜芽胞杆菌属的分类地位

Maayer 等（2019）的研究发现，原来属于芽胞杆菌科的房间芽胞杆菌属（*Domibacillus*）和原来属于动球菌科的咸海鲜芽胞杆菌属（*Jeotgalibacillus*）聚类在一个分支上，与动球菌科的亲缘关系更近，他们建议将房间芽胞杆菌属归为动球菌科（图 4-2-24）。本研究也发现，二者与来自芽胞杆菌科的类似芽胞杆菌属（*Quasibacillus*）和虚假芽胞杆菌属（*Falsibacillus*）聚类在一个分支上，在系统发育树上介于显核菌科/动球菌科和芽胞杆菌科之间（图 4-2-23）。结合上述的另一个研究结果，我们建议将这 4 个属独立为一个科，即房间芽胞杆菌科（Domibacillaceae）。

### （三）关于中华球菌属的分类地位

青海中华球菌［*Sinobaca qinghaiensis* (Li et al. 2006) Li et al. 2008，comb. nov.］是中华球菌属的唯一一个种，之前被划分到芽胞乳杆菌科，本研究和 Maayer 等（2019）的研究均表明，中华球菌属与交替芽胞杆菌属和海洋球菌属聚类在 1 个分支。因此，中华球菌属应该归属于 Maayer 等（2019）提出的芽胞杆菌科 3，等同于本研究的进化枝 18～21，包括交替芽胞杆菌属（*Alteribacillus*）、土地芽胞杆菌属（*Terribacillus*）、海洋球菌属（*Marinococcus*）、中华球菌属（*Sinobaca*）、栖盐水芽胞杆菌属（*Salsuginibacillus*）、地微菌属（*Geomicrobium*）、高钠芽胞杆菌属（*Natribacillus*）、盐沉积物小杆菌属（*Salisediminibacterium*）、碱球菌属（*Alkalicoccus*）、盐沼芽胞杆菌属（*Salipaludibacillus*）、厌氧芽胞杆菌属（*Anaerobacillus*）和海洋芽胞杆菌属（*Maribacillus*），建议将这 12 个属独立为一个科，即厌氧芽胞杆菌科（Anaerobacillaceae）。

### （四）关于赖氨酸芽胞杆菌属的分类地位

赖氨酸芽胞杆菌属（*Lysinibacillus*）于 2007 年建立，包含 33 种，以前被划分到芽胞杆菌科。本研究与 Maayer 等（2019）以及 Gupta 和 Patel（2020）的研究均发现，赖氨酸芽胞杆菌属与显核菌属（*Caryophanon*）和土壤芽胞杆菌属（*Solibacillus*）聚类在显核菌科/动球菌科进化枝的 1 个分支上。因此，其应被划分至显核菌科/动球菌科。

# 第五章　芽胞杆菌基因组描述

## 第一节　芽胞杆菌科基因组描述

### 一、芽胞杆菌属

芽胞杆菌属（*Bacillus* Cohn 1872，genus.）建立于1872年，是芽胞杆菌目中最早建立的属和第一大属，现有300余种，模式种是枯草芽胞杆菌（*Bacillus subtilis*）。目前，该属有215个已知种类和428个未定种的4064个菌株的基因组被测序，以下选取196个已知种类的基因组进行描述。

#### 1. 深海芽胞杆菌（*Bacillus abyssalis*）DSM 25875$^T$

深海芽胞杆菌（*Bacillus abyssalis* You et al. 2013，sp. nov.）的模式菌株（SCSIO 15042$^T$=DSM 25875$^T$ =CCTCC AB 2012074$^T$ =NBRC 109102$^T$=DSM 12489$^T$）分离自南海沉积物，耐碱，生长条件为20～60℃（最适28～37℃）、pH 6.0～10.0（最适pH 8.0），能耐受10%（*W*/*V*）NaCl，能还原硝酸盐，产芽胞（You et al.，2013b）。目前，该种仅有1个基因组，模式菌株DSM 25875$^T$基因组的GenBank登录号为GCA_002019595.1，测序平台为Illumina HiSeq，于2017年3月6日由福建省农业科学院（Fujian Academy of Agricultural Sciences）提交。

**【基因组的组装】**菌株DSM 25875$^T$基因组的测序深度为211 X，基因组大小为5.774 Mb，组装到6个支架（scaffold），scaffold $N_{50}$*为5 649 380 bp。**【G+C含量】**40.28%。**【非编码RNA】**预测到26个rRNA基因（5S rRNA 14个、16S rRNA 6个、23S rRNA 6个），164个tRNA基因，49个sRNA基因。**【编码基因】**有5959个蛋白质编码基因，编码区总长为4 771 194 bp，占整个基因组的82.63%，基因的平均长度为801 bp。**【基因功能注释】**比对到京都基因和基因组数据库（Kyoto Encyclopedia of Genes and Genomes，KEGG）、直系同源基因聚类（Clusters of Orthologous Groups，COG）数据库和基因本体（Gene Ontology，GO）数据库的基因数量分别为4903个、3806个和3866个，预测到分泌蛋白编码基因114个；在24个COG功能类群中，基因数量前10位的类群分别是：E. 氨基酸转运与代谢（amino acid transport and metabolism）449个，R. 仅一般功能预测（general function prediction only）424个，K. 转录（transcription）365个，G. 碳水化合物转运与代谢（carbohydrate transport and metabolism）351个，C. 能量产生与转换（energy production and conversion）282个，S. 功能未知（function unknown）270个，T. 信号转导机制（signal transduction mechanism）248个，J. 翻译、核糖体结构与合成（translation, ribosomal structure and biogenesis）237个，P. 无机离子转运与代谢（inorganic ion transport and metabolism）233个和H. 辅酶转运与代谢（coenzyme transport and metabolism）224个（图5-1-1）。

---

*注：将scaffold逐个相加，当相加的长度达到scaffold总长度的一半时，最后一个加上的scaffold的长度为scaffold $N_{50}$

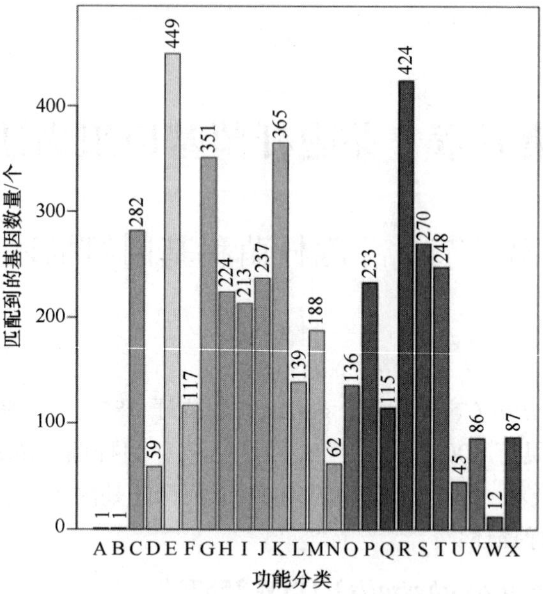


图 5-1-1　深海芽胞杆菌 DSM 25875$^{T}$ 基因组的直系同源基因聚类分析

对于基因组进行 KEGG 和 COG 功能注释，已成为基因组注释的标配内容，其逻辑基础是直系同源基因具有相同的功能。在 COG 分析中，26 个功能类群的中英文名称分别如下：A. RNA 加工与修饰（RNA processing and modification）；B. 染色质结构与动态（chromatin structure and dynamics）；C. 能量产生与转换（energy production and conversion）；D. 细胞周期调控、细胞分裂、染色体分配（cell cycle control，cell division，chromosome partitioning）；E. 氨基酸转运与代谢（amino acid transport and metabolism）；F. 核苷酸转运与代谢（nucleotide transport and metabolism）；G. 碳水化合物转运与代谢（carbohydrate transport and metabolism）；H. 辅酶转运与代谢（coenzyme transport and metabolism）；I. 脂质转运与代谢（lipid transport and metabolism）；J. 翻译、核糖体结构与合成（translation, ribosomal structure and biogenesis）；K. 转录（transcription）；L. 复制、重组与修复（replication, recombination and repair）；M. 细胞壁/膜/包膜生物合成（cell wall/membrane/envelope biogenesis）；N. 细胞运动性（cell motility）；O. 翻译后修饰、蛋白质周转、分子伴侣（post translational modification, protein turnover, chaperone）；P. 无机离子转运与代谢（inorganic ion transport and metabolism）；Q. 次生代谢产物生物合成、转运与分解代谢（secondary metabolites biosynthesis, transport and catabolism）；R. 仅一般功能预测（general function prediction only）；S. 功能未知（function unknown）；T. 信号转导机制（signal transduction mechanism）；U. 胞内运输、分泌与膜泡运输（intracellular trafficking, secretion and vesicular transport）；V. 防御机制（defense mechanism）；W. 胞外结构（extracellular structure）；X. 移动元件组：前噬菌体、转座子（mobilome: prophage, transposon）；Y. 核结构（nuclear structure）；Z. 细胞骨架（cytoskeleton）。下同

**【重复序列】**预测到的重复序列包括：长末端重复序列（long terminal repeat，LTR）155 个，总长为 10 482 bp，平均长度为 68 bp；DNA 重复元件（DNA repeat element）48 个，总长为 2879 bp，平均长度为 60 bp；长散在核元件（long interspersed nuclear element，LINE）50 个，总长为 2973 bp，平均长度为 59 bp；短散在核元件（short interspersed nuclear element，SINE）31 个，总长为 2601 bp，平均长度为 84 bp；滚环（rolling circle，RC）3 个，总长为 182 bp，平均长度为 61 bp；未知（unknown）序列 2 个，总长为 121 bp，平均长度为 60 bp；串联重复序列（tandem repeat，TR）145 个，重复序列长度为 6～1010 bp，总长为 19 050 bp；小卫星 DNA（minisatellite DNA）97 个，重复序列长度为 10～45 bp，总长为 5062 bp；微卫星 DNA（microsatellite DNA）1 个，重复序列长度为 6 bp，总长为 38 bp。**【前噬菌体】**未预测到前噬菌体相关序列信息。**【基因岛】**预测到 15 个基因岛 GI 01～GI 15，长度为 4438～35 385 bp，其 G+C 含量为 34.02%～41.92%。利用已预测得到的基因组信息，如重复序列、G+C 含量等，应用 CIRCOS 工具绘制其基因组圈图（图 5-1-2）。

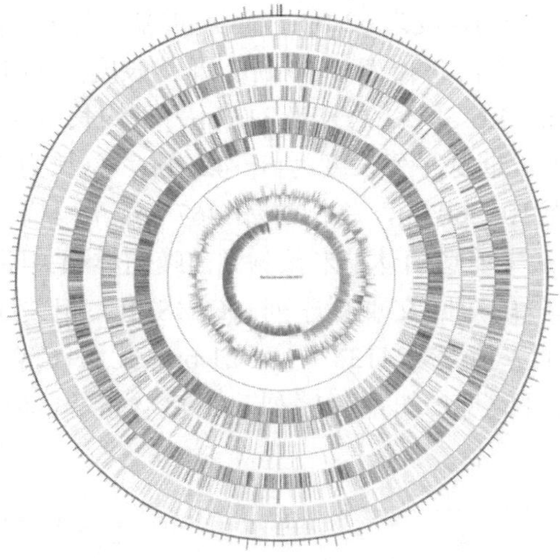

图 5-1-2　深海芽胞杆菌 DSM 25875^T 基因组圈图

基因组圈图说明：最外圈是基因组序列位置坐标，其他由外到内分别是编码基因，COG、真核直系同源基因聚类（Eukaryotic Orthologous Groups，KOG）、基因进化谱系：非监督直系同源基因聚类（Evolutionary Genealogy of Genes: Non-Supervised Orthologous Groups，EggNOG）、KEGG、GO 数据库的基因功能注释结果信息，非编码 RNA（ncRNA），基因组 G+C 含量，基因组 GC 偏移（GC-skew）的分布。下同

## 2. 酸快生芽胞杆菌（*Bacillus acidiceler*）DSM 18954^T

酸快生芽胞杆菌（*Bacillus acidiceler* Peak et al. 2007，sp. nov.）的模式菌株（CBD 119^T=NRRL B-41736^T=DSM 18954^T）分离自 2001 年美国的炭疽攻击事件后一个窗台上被怀疑含有炭疽芽胞杆菌的白色粉末，生长温度不超过 45℃，pH 5.6～8.5（最适 pH 6.0），产芽胞，能产生荚膜，但不属于蜡样芽胞杆菌群，与中性条件（pH 7.1）相比，在酸性条件下（pH 5.9）生长更快（Peak et al.，2007）。目前，该种有 3 个基因组，选择组装最好的模式菌株 DSM 18954^T 的基因组进行描述，其 GenBank 登录号为 GCA_002128425.1，测序平台为 Illumina HiSeq，于 2017 年 5 月 11 日由东北农业大学（Northeast Agricultural University）提交。

**【基因组的组装】**菌株 DSM 18954^T 基因组的测序深度为 349 X，基因组大小为 4.771 Mb，组装到 45 个 scaffolds，scaffold $N_{50}$ 为 406 867 bp。**【G+C 含量】**32.79%。**【非编码 RNA】**预测到 10 个 rRNA 基因（5S rRNA 10 个、16S rRNA 0 个、23S rRNA 0 个），80 个 tRNA 基因，2 个 sRNA 基因。**【编码基因】**有 4775 个蛋白质编码基因，编码区总长为 3 988 983 bp，占整个基因组的 83.61%，基因的平均长度为 835 bp。**【基因功能注释】**比对到 KEGG、COG 和 GO 数据库的基因数量分别为 3922 个、3190 个和 3297 个，预测到分泌蛋白编码基因 100 个；在 24 个 COG 功能类群中，基因数量前 10 位的类群分别是：E. 氨基酸转运与代谢 371 个，R. 仅一般功能预测 365 个，K. 转录 299 个，G. 碳水化合物转运与代谢 298 个，J. 翻译、核糖体结构与合成 271 个，S. 功能未知 239 个，P. 无机离子转运与代谢 207 个，H. 辅酶转运与代谢 203 个，C. 能量产生与转换 197 个和 T. 信号转导机制 180 个（图 5-1-3a）。**【重复序列】**预测到的重复序列包括：LTR

119 个，总长为 7418 bp，平均长度为 62 bp；DNA 重复元件 64 个，总长为 4208 bp，平均长度为 66 bp；LINE 34 个，总长为 2150 bp，平均长度为 63 bp；SINE 11 个，总长为 821 bp，平均长度为 75 bp；RC 5 个，总长为 316 bp，平均长度为 63 bp；未知序列 1 个，长度为 44 bp；TR 299 个，重复序列长度为 6～426 bp，总长为 27 862 bp；小卫星 DNA 239 个，重复序列长度为 10～60 bp，总长为 21 467 bp；微卫星 DNA 4 个，重复序列长度为 6 bp，总长为 319 bp。**【前噬菌体】**未预测到前噬菌体相关序列信息。**【CRISPR】**预测到 8 个成簇的规律间隔的短回文重复序列（CRISPR）相关序列。**【基因岛】**预测到 11 个基因岛 GI 01～GI 11，长度为 4134～18 321 bp，其 G+C 含量为 26.90%～34.73%。利用已预测得到的基因组信息，如重复序列、G+C 含量等，应用 CIRCOS 工具绘制其基因组圈图（图 5-1-3b）。

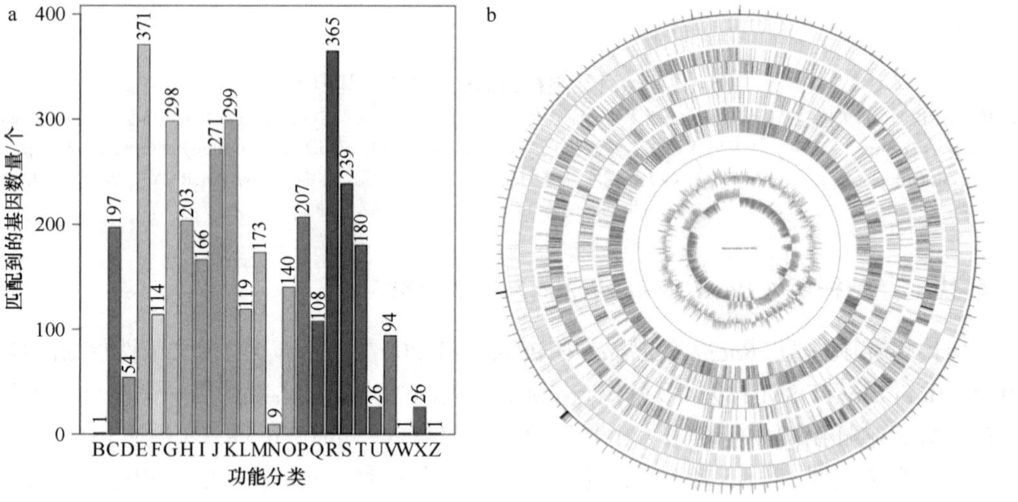


图 5-1-3　酸快生芽胞杆菌 DSM 18954$^{T}$ 基因组的直系同源基因聚类分析（a）和圈图（b）

### 3. 酸居芽胞杆菌（*Bacillus acidicola*）FJAT-2406$^{T}$

酸居芽胞杆菌（*Bacillus acidicola* Albert et al. 2005，sp. nov.）的模式菌株（105-2$^{T}$ = DSM 14745$^{T}$ =ATCC BAA-366$^{T}$ =NRRL B-23453$^{T}$ =FJAT-2406$^{T}$）分离自美国威斯康星州的泥炭藓沼泽泥炭土，嗜中温，嗜酸，生长条件为 15～45℃、pH 3.5～7.0，好氧，产芽胞（Albert et al.，2005）。目前，该种仅有 1 个基因组，模式菌株 FJAT-2406$^{T}$ 基因组的 GenBank 登录号为 GCA_001636425.1，测序平台为 Illumina HiSeq，于 2016 年 5 月 4 日由福建省农业科学院（Fujian Academy of Agricultural Sciences）提交。

**【基因组的组装】**菌株 FJAT-2406$^{T}$ 基因组的测序深度为 357 X，基因组大小为 5.138 Mb，组装到 7 个 scaffolds，scaffold $N_{50}$ 为 4 770 726 bp。**【G+C 含量】**39.39%。**【非编码 RNA】**预测到 29 个 rRNA 基因（5S rRNA 10 个、16S rRNA 9 个、23S rRNA 10 个），110 个 tRNA 基因，6 个 sRNA 基因。**【编码基因】**有 5573 个蛋白质编码基因，编码区总长为 4 040 439 bp，占整个基因组的 78.64%，基因的平均长度为 725 bp。**【基因功能注释】**比对到 KEGG、COG 和 GO 数据库的基因数量分别为 4078 个、3161 个和 3234 个，预测到分泌蛋白编

码基因 65 个；在 24 个 COG 功能类群中，基因数量前 10 位的类群分别是：R. 仅一般功能预测 394 个，E. 氨基酸转运与代谢 330 个，K. 转录 291 个，G. 碳水化合物转运与代谢 275 个，J. 翻译、核糖体结构与合成 252 个，S. 功能未知 241 个，T. 信号转导机制 195 个，M. 细胞壁/膜/包膜生物合成 194 个，C. 能量产生与转换 173 个和 H. 辅酶转运与代谢 172 个（图 5-1-4a）。**【重复序列】**预测到的重复序列包括：LTR 110 个，总长为 9818 bp，平均长度为 89 bp；DNA 重复元件 41 个，总长为 2465 bp，平均长度为 60 bp；LINE 38 个，总长为 2573 bp，平均长度为 68 bp；SINE 8 个，总长为 674 bp，平均长度为 84 bp；RC 6 个，总长为 760 bp，平均长度为 127 bp；未知序列 1 个，长度为 51 bp；TR 231 个，重复序列长度为 3～379 bp，总长为 41 795 bp；小卫星 DNA 155 个，重复序列长度为 10～60 bp，总长为 16 798 bp；微卫星 DNA 3 个，重复序列长度为 3～6 bp，总长为 138 bp。**【CRISPR】**预测到 237 个 CRISPR 相关序列。**【基因岛】**预测到 11 个基因岛 GI 01～GI 11，长度为 4220～85 819 bp，其 G+C 含量为 31.65%～43.99%。利用已预测得到的基因组信息，如重复序列、G+C 含量等，应用 CIRCOS 工具绘制其基因组圈图（图 5-1-4b）。

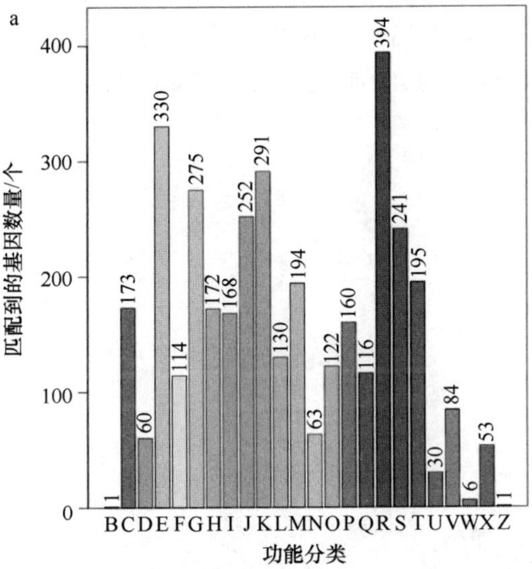


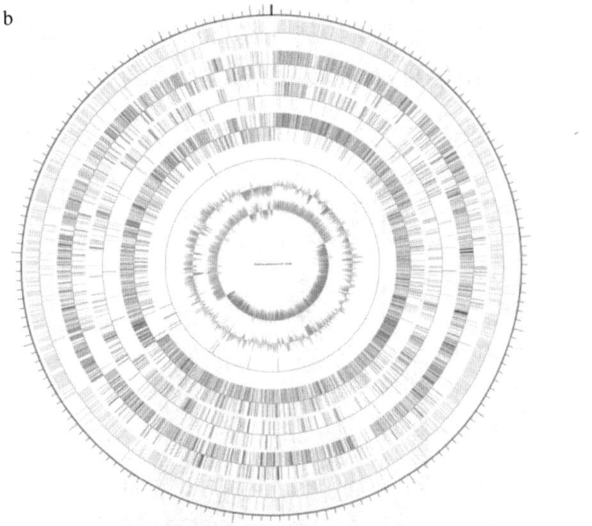


图 5-1-4　酸居芽胞杆菌 FJAT-2406$^{T}$ 基因组的直系同源基因聚类分析（a）和圈图（b）

## 4. 产酸芽胞杆菌（*Bacillus acidiproducens*）DSM 23148$^{T}$

产酸芽胞杆菌（*Bacillus acidiproducens* Jung et al. 2009，sp. nov.）的模式菌株（SL213$^{T}$=KCTC 13078$^{T}$=JCM 14638$^{T}$=DSM 23148$^{T}$）分离自韩国大田市葡萄园土壤，生长条件为 25～55℃（最适 37℃）、pH 6.0～7.5（最适 pH 7.0），兼性厌氧，产乳酸，产芽胞（Jung et al.，2009a）。目前，该种仅有 1 个基因组，模式菌株 DSM 23148$^{T}$ 基因组的 GenBank 登录号为 GCA_000374345.1，测序平台为 Illumina HiSeq，于 2013 年 4 月 23 日由美国能源部联合基因组研究所（DOE Joint Genome Institute）提交。

**【基因组的组装】**菌株 DSM 23148$^{T}$ 基因组的测序深度未知，基因组大小为 3.318 Mb，组装到 103 个 scaffolds，scaffold $N_{50}$ 为 55 346 bp。**【G+C 含量】**44.34%。**【非编码 RNA】**预测到 9 个 rRNA 基因（5S rRNA 9 个、16S rRNA 0 个、23S rRNA 0 个），73 个 tRNA 基因，8 个 sRNA 基因。**【编码基因】**有 3750 个蛋白质编码基因，编码区总长为 2 835 306 bp，占整个基因组的 85.45%，基因的平均长度为 756 bp。**【基因功能注释】**比对到 KEGG、COG 和 GO 数据库的基因数量分别为 2988 个、2363 个和 2291 个，预测到分泌蛋白编码基因 37 个；在 24 个 COG 功能类群中，基因数量前 10 位的类群分别是：E. 氨基酸转运与代谢 276 个，R. 仅一般功能预测 236 个，G. 碳水化合物转运与代谢 231 个，J. 翻译、核糖体结构与合成 205 个，K. 转录 187 个，S. 功能未知 159 个，P. 无机离子转运与代谢 156 个，C. 能量产生与转换 146 个，T. 信号转导机制 140 个和 H. 辅酶转运与代谢 136 个（图 5-1-5a）。**【重复序列】**预测到的重复序列包括：LTR 126 个，总长为 7457 bp，平均长度为 59 bp；DNA 重复元件 41 个，总长为 2465 bp，平均长度为 60 bp；LINE 29 个，总长为 1587 bp，平均长度为 55 bp；SINE 9 个，总长为 702 bp，平均长度为 78 bp；RC 1 个，长度为 113 bp；TR 237 个，重复序列长度为 9～260 bp，总长为 31 434 bp；小卫星 DNA 158 个，重复序列长度为 10～60 bp，总长为 26 429 bp；未预测到微卫星 DNA。**【CRISPR】**预测到 150 个 CRISPR 相关序列。**【基因岛】**预测到 6 个基因岛 GI 01～GI 06，长度为 4915～10 206 bp，其 G+C 含量为 35.75%～47.10%。利用已预测得到的基因组信息，如重复序列、G+C 含量等，应用 CIRCOS 工具绘制其基因组圈图（图 5-1-5b）。

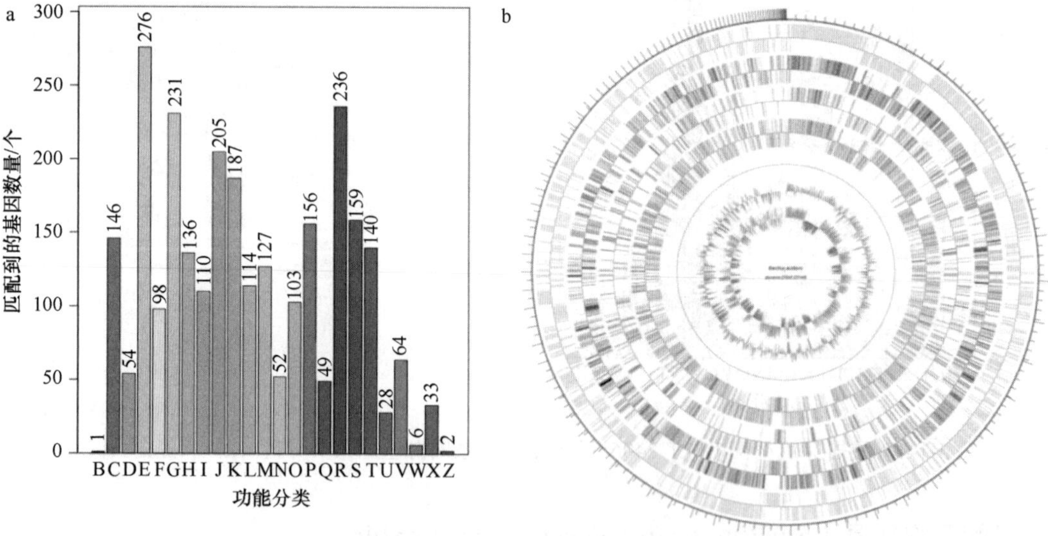


图 5-1-5　产酸芽胞杆菌 DSM 23148$^{T}$ 基因组的直系同源基因聚类分析（a）和圈图（b）

### 5. 空气芽胞杆菌（*Bacillus aerius*）CH2-D42-30

空气芽胞杆菌（*Bacillus aerius* Shivaji et al. 2006，sp. nov.）的模式菌株（24K$^{T}$=MTCC 7303$^{T}$=JCM 13348$^{T}$）分离自收集 24 km 高空空气的冷凝管，生长条件为 8～37℃（40℃时不能生长）、pH 6.0～10.0（pH 11.0 时不能生长），能耐受 11.6%（*W*/*V*）NaCl，好氧，产芽胞（Shivaji et al.，2006）。然而现在无法从任何一家保藏中心和最初描述该种的作

者处获得其模式菌株（Dunlap，2015a）。目前，该种仅有 1 个基因组，非模式菌株 CH2-D42-30 基因组的 GenBank 登录号为 GCA_003611925.1，测序平台为 Illumina HiSeq，于 2018 年 10 月 4 日由中国科学院（Chinese Academy of Sciences）提交。

**【基因组的组装】**菌株 CH2-D42-30 基因组的测序深度为 200 X，基因组大小为 6.374 Mb，组装到 81 个重叠群（contig），contig $N_{50}^{*}$为 241 774 bp。**【G+C 含量】**42.31%。**【非编码 RNA】**预测到 8 个 rRNA 基因（5S rRNA 5 个、16S rRNA 2 个、23S rRNA 1 个），116 个 tRNA 基因，23 个 sRNA 基因。**【编码基因】**有 6661 个蛋白质编码基因，编码区总长为 5 583 933 bp，占整个基因组的 87.6%，基因的平均长度为 838 bp。**【基因功能注释】**比对到 KEGG、COG 和 GO 数据库的基因数量分别为 6063 个、4365 个和 4533 个，预测到分泌蛋白编码基因 118 个；在 25 个 COG 功能类群中，基因数量前 10 位的类群分别是：G. 碳水化合物转运与代谢 480 个，E. 氨基酸转运与代谢 445 个，R. 仅一般功能预测 440 个，J. 翻译、核糖体结构与合成 417 个，K. 转录 413 个，S. 功能未知 305 个，M. 细胞壁/膜/包膜生物合成 280 个，P. 无机离子转运与代谢 272 个，T. 信号转导机制 229 个和 C. 能量产生与转换 226 个（图 5-1-6a）。**【重复序列】**预测到的重复序列包括：LTR 175 个，总长为 11 221 bp，平均长度为 64 bp；DNA 重复元件 54 个，总长为 3673 bp，平均长度为 68 bp；LINE 51 个，总长为 3425 bp，平均长度为 67 bp；SINE 19 个，总长为 1416 bp，平均长度为 75 bp；RC 3 个，总长为 151 bp，平均长度为 50 bp；TR 191 个，重复序列长度为 6～675 bp，总长为 22 711 bp；小卫星 DNA 151 个，重复序列长度为 10～60 bp，总长为 15 963 bp；微卫星 DNA 1 个，重复序列长度为 6 bp，总长为 35 bp。**【CRISPR】**预测到 20 个 CRISPR 相关序列。**【基因岛】**预测到 21 个基因岛 GI 01～GI 21，长度为 6170～35 608 bp，其 G+C 含量为 30.59%～48.58%。利用已预测得到的基因组信息，如重复序列、G+C 含量等，应用 CIRCOS 工具绘制其基因组圈图（图 5-1-6b）。

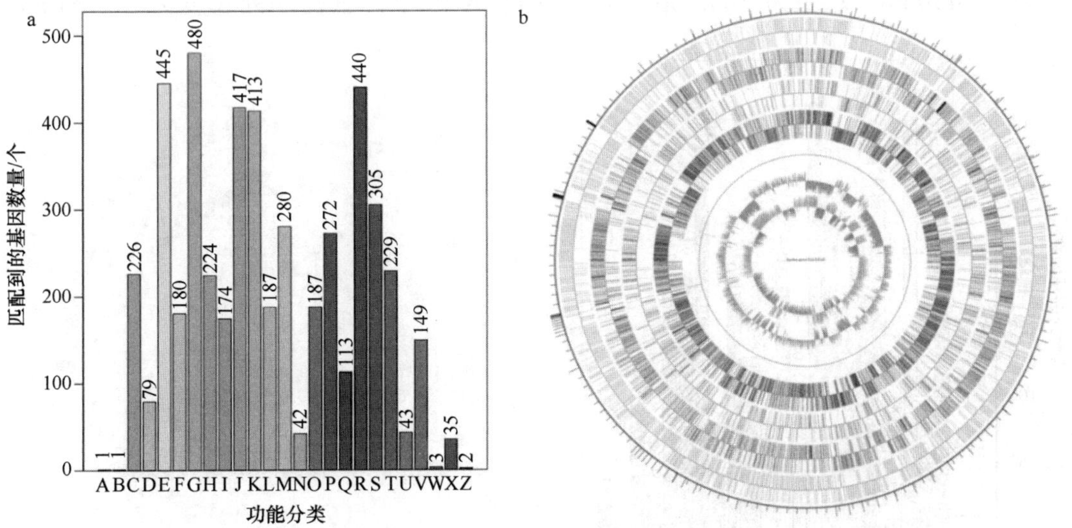


图 5-1-6　空气芽胞杆菌 CH2-D42-30 基因组的直系同源基因聚类分析（a）和圈图（b）

*注：将 contig 逐个相加，当相加的长度达到 contig 总长度的一半时，最后一个加上的 contig 的长度即为 contig $N_{50}$

## 6. 嗜气芽胞杆菌（*Bacillus aerophilus*）C772

嗜气芽胞杆菌（*Bacillus aerophilus* Shivaji et al. 2006，sp. nov.）的模式菌株（28K$^T$=MTCC 7304$^T$ =JCM 13347$^T$）分离自收集 28 km 高空空气的冷凝管，生长条件为 8～37℃（40℃时不能生长）、pH 6.0～10.0（pH 5.0 和 pH 11.0 时不能生长），能耐受 11.6%（*W*/*V*）NaCl，好氧，产芽胞（Shivaji et al.，2006）。目前，该种有 2 个基因组，非模式菌株 C772 基因组的 GenBank 登录号为 GCA_000831655.1，测序平台为 Illumina HiSeq，于 2015 年 2 月 3 日由葡萄牙古尔班基安科学研究所提交。

**【基因组的组装】**菌株 C772 基因组的测序深度为 143 X，基因组大小为 3.753 Mb，组装到 17 个 contigs，contig $N_{50}$ 为 981 173 bp。**【G+C 含量】**41.24%。**【非编码 RNA】**预测到 9 个 rRNA 基因（5S rRNA 7 个、16S rRNA 1 个、23S rRNA 1 个），61 个 tRNA 基因，7 个 sRNA 基因。**【编码基因】**有 3958 个蛋白质编码基因，编码区总长为 3 361 281 bp，占整个基因组的 89.56%，基因的平均长度为 849 bp。**【基因功能注释】**比对到 KEGG、COG 和 GO 数据库的基因数量分别为 3772 个、2822 个和 2758 个，预测到分泌蛋白编码基因 78 个；在 24 个 COG 功能类群中，基因数量前 10 位的类群分别是：E. 氨基酸转运与代谢 317 个，K. 转录 295 个，R. 仅一般功能预测 286 个，G. 碳水化合物转运与代谢 245 个，J. 翻译、核糖体结构与合成 228 个，S. 功能未知 194 个，M. 细胞壁/膜/包膜生物合成 194 个，T. 信号转导机制 183 个，P. 无机离子转运与代谢 176 个和 H. 辅酶转运与代谢 175 个（图 5-1-7a）。**【重复序列】**预测到的重复序列包括：LTR 137 个，总长为 8102 bp，平均长度为 59 bp；DNA 重复元件 42 个，总长为 2427 bp，平均长度为 58 bp；LINE 39 个，总长为 2073 bp，平均长度为 53 bp；SINE 6 个，总长为 494 bp，平均长度为 82 bp；RC 3 个，总长为 152 bp，平均长度为 51 bp；TR 61 个，重复序列长度为 9～450 bp，总长为 7645 bp；小卫星 DNA 48 个，重复序列长度为 11～51 bp，

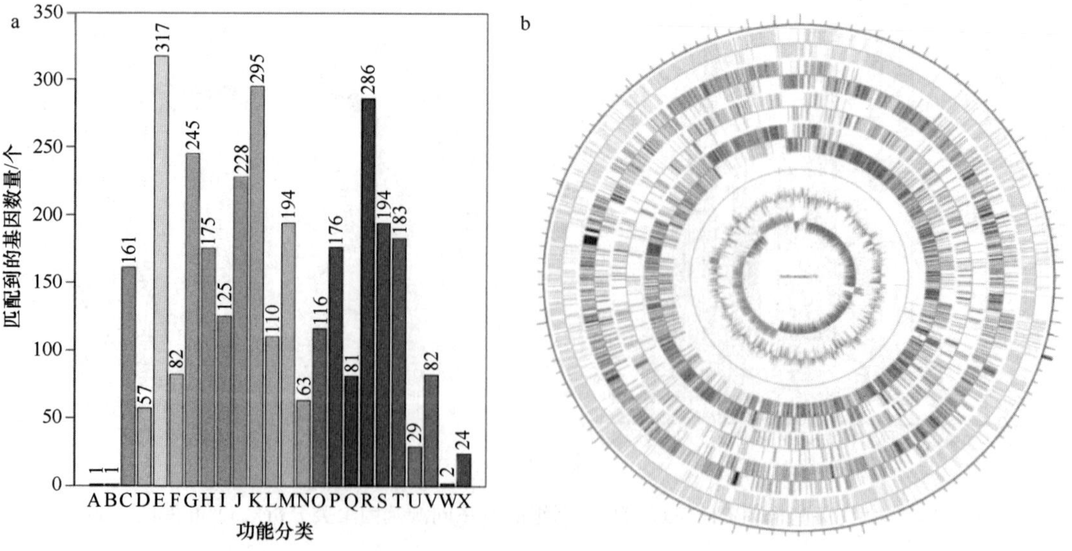


图 5-1-7　嗜气芽胞杆菌 C772 基因组的直系同源基因聚类分析（a）和圈图（b）

总长为 3046 bp；未预测到微卫星 DNA。**【CRISPR】**预测到 15 个 CRISPR 相关序列。**【基因岛】**预测到 5 个基因岛 GI 01～GI 05，长度为 6671～26 215 bp，其 G+C 含量为 35.62%～41.46%。利用已预测得到的基因组信息，如重复序列、G+C 含量等，应用 CIRCOS 工具绘制其基因组圈图（图 5-1-7b）。

## 7. 艾丁湖芽胞杆菌（*Bacillus aidingensis*）DSM 18341$^{T}$

艾丁湖芽胞杆菌（*Bacillus aidingensis* Xue et al. 2008，sp. nov.）的模式菌株（17-5$^{T}$ = CGMCC 1.3227$^{T}$ =DSM 18341$^{T}$）分离自新疆艾丁湖的沉积物，中度嗜盐，生长条件为 22～44℃（最适 37℃）、pH 6.0～9.5（最适 pH 7.2），能耐受 8%～33%（*W*/*V*）NaCl（最适 12%），好氧，产芽胞（Shivaji et al.，2006）。目前，该种仅有 1 个基因组，模式菌株 DSM 18341$^{T}$基因组的 GenBank 登录号为 GCA_000429685.1，测序平台为 Illumina HiSeq，于 2013 年 7 月 15 日由美国能源部联合基因组研究所（DOE Joint Genome Institute）提交。

**【基因组的组装】**菌株 DSM 18341$^{T}$基因组的测序深度未知，基因组大小为 4.418 Mb，组装到 55 个 scaffolds，scaffold $N_{50}$ 为 211 144 bp。**【G+C 含量】**44.63%。**【非编码 RNA】**预测到 4 个 rRNA 基因（5S rRNA 4 个、16S rRNA 0 个、23S rRNA 0 个），57 个 tRNA 基因，28 个 sRNA 基因。**【编码基因】**有 4808 个蛋白质编码基因，编码区总长为 3 881 310 bp，占整个基因组的 87.85%，基因的平均长度为 807 bp。**【基因功能注释】**比对到 KEGG、COG 和 GO 数据库的基因数量分别为 3580 个、2966 个和 3105 个，预测到分泌蛋白编码基因 102 个；在 23 个 COG 功能类群中，基因数量前 10 位的类群分别是：R. 仅一般功能预测 377 个，G. 碳水化合物转运与代谢 356 个，K. 转录 292 个，E. 氨基酸转运与代谢 288 个，C. 能量产生与转换 229 个，J. 翻译、核糖体结构与合成 209 个，S. 功能未知 197 个，P. 无机离子转运与代谢 191 个，M. 细胞壁/膜/包膜生物合成 172 个和 T. 信号转导机制 162 个（图 5-1-8a）。**【重复序列】**预测到的重复序列包括：LTR 150 个，总长

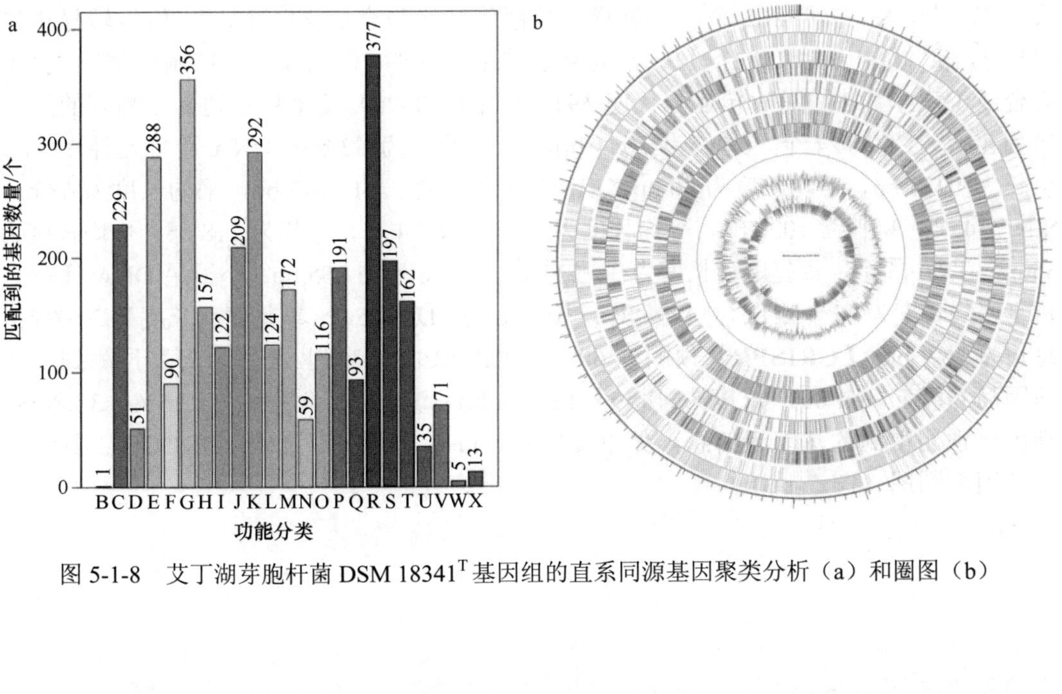


图 5-1-8　艾丁湖芽胞杆菌 DSM 18341$^{T}$基因组的直系同源基因聚类分析（a）和圈图（b）

为 8684 bp，平均长度为 58 bp；DNA 重复元件 33 个，总长为 1825 bp，平均长度为 55 bp；LINE 43 个，总长为 2697 bp，平均长度为 63 bp；SINE 16 个，总长为 1090 bp，平均长度为 68 bp；RC 3 个，总长为 127 bp，平均长度为 42 bp；TR 66 个，重复序列长度为 6～264 bp，总长为 4319 bp；小卫星 DNA 60 个，重复序列长度为 12～55 bp，总长为 3129 bp；微卫星 DNA 1 个，重复序列长度为 6 bp，总长为 27 bp。**【CRISPR】**预测到 94 个 CRISPR 相关序列。**【基因岛】**预测到 9 个基因岛 GI 01～GI 09，长度为 4784～16 012 bp，其 G+C 含量为 38.97%～47.65%。利用已预测得到的基因组信息，如重复序列、G+C 含量等，应用 CIRCOS 工具绘制其基因组圈图（图 5-1-8b）。

**8. 秋叶氏芽胞杆菌（*Bacillus akibai*）JCM 9157$^{T}$**

秋叶氏芽胞杆菌（*Bacillus akibai* Nogi et al. 2005，sp. nov.）的模式菌株（1139$^{T}$=JCM 9157$^{T}$=ATCC 43226$^{T}$）分离自新疆艾丁湖的沉积物，嗜碱，生长条件为 20～45℃（最适 37℃）、pH 8.0～10.0（最适 pH 9.0～10.0），能耐受 7%（*W/V*）NaCl，好氧，产芽胞（Nogi et al.，2005）。目前，该种仅有 1 个基因组，模式菌株 JCM 9157$^{T}$ 基因组的 GenBank 登录号为 GCA_000513135.1，测序平台为 Ion PGM，于 2013 年 12 月 30 日由日本东京大学（The University of Tokyo）提交。

**【基因组的组装】**菌株 JCM 9157$^{T}$ 基因组的测序深度为 23.5 X，基因组大小为 4.740 Mb，组装到 142 个 contigs，contig $N_{50}$ 为 79 963 bp。**【G+C 含量】**37.02%。**【非编码 RNA】**预测到 14 个 rRNA 基因（5S rRNA 13 个、16S rRNA 1 个、23S rRNA 0 个），94 个 tRNA 基因，2 个 sRNA 基因。**【编码基因】**有 5021 个蛋白质编码基因，编码区总长为 3 999 513 bp，占整个基因组的 84.38%，基因的平均长度为 797 bp。**【基因功能注释】**比对到 KEGG、COG 和 GO 数据库的基因数量分别为 4229 个、3147 个和 3316 个，预测到分泌蛋白编码基因 95 个；在 24 个 COG 功能类群中，基因数量前 10 位的类群分别是：R. 仅一般功能预测 343 个，G. 碳水化合物转运与代谢 317 个，E. 氨基酸转运与代谢 314 个，K. 转录 262 个，J. 翻译、核糖体结构与合成 242 个，T. 信号转导机制 231 个，S. 功能未知 230 个，P. 无机离子转运与代谢 204 个，M. 细胞壁/膜/包膜生物合成 194 个和 H. 辅酶转运与代谢 191 个（图 5-1-9a）。**【重复序列】**预测到的重复序列包括：LTR 124 个，总长为 7641 bp，平均长度为 62 bp；DNA 重复元件 32 个，总长为 1923 bp，平均长度为 60 bp；LINE 33 个，总长为 2243 bp，平均长度为 68 bp；SINE 14 个，总长为 1028 bp，平均长度为 73 bp；RC 4 个，总长为 218 bp，平均长度为 55 bp；TR 145 个，重复序列长度为 3～215 bp，总长为 15 055 bp；小卫星 DNA 113 个，重复序列长度为 11～54 bp，总长为 8145 bp；微卫星 DNA 5 个，重复序列长度为 3～6 bp，总长为 267 bp。**【CRISPR】**预测到 60 个 CRISPR 相关序列。**【基因岛】**预测到 9 个基因岛 GI 01～GI 09，长度为 4859～18 630 bp，其 G+C 含量为 31.15%～38.86%。利用已预测得到的基因组信息，如重复序列、G+C 含量等，应用 CIRCOS 工具绘制其基因组圈图（图 5-1-9b）。

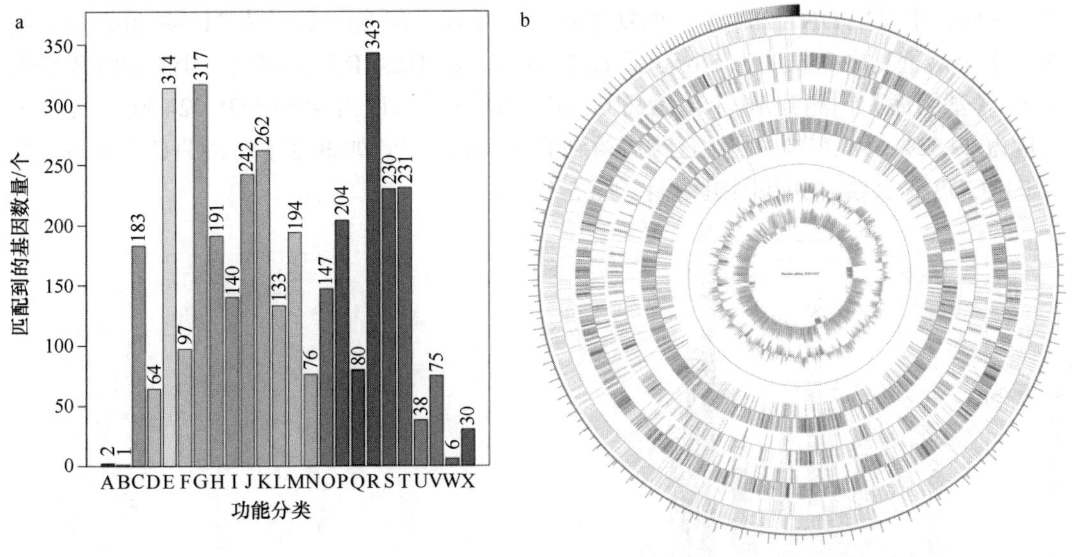


图 5-1-9　秋叶氏芽胞杆菌 JCM 9157$^{T}$ 基因组的直系同源基因聚类分析（a）和圈图（b）

## 9. 白色芽胞杆菌（*Bacillus albus*）PFYN01

白色芽胞杆菌（*Bacillus albus* Liu et al. 2017，sp. nov.）的模式菌株（N35-10-2$^{T}$=MCCC 1A02146$^{T}$= KCTC 33710$^{T}$=LMG 28875$^{T}$）分离自南海沉积物，生长条件为 15～40℃（最适 30℃）、pH 5.0～10.0（最适 pH 7.0），能耐受 0～9%（*W*/*V*）NaCl（最适 0.5%～1%），兼性厌氧，产芽胞（Liu et al.，2017c）。目前，该种有 8 个基因组，选择组装到完成图水平的非模式菌株 PFYN01 的基因组进行描述，其 GenBank 登录号为 GCA_003966295.1，测序平台为 Illumina HiSeq，于 2018 年 12 月 24 日由成都理工大学（Chengdu University of Technology）提交。

**【基因组的组装】**菌株 PFYN01 基因组的测序深度为 100 X，基因组大小为 4.940 Mb，组装到完成图水平，包含 1 条染色体。**【G+C 含量】**35.34%。**【非编码 RNA】**预测到 24 个 rRNA 基因（5S rRNA 8 个、16S rRNA 8 个、23S rRNA 8 个），99 个 tRNA 基因，4 个 sRNA 基因。**【编码基因】**有 5624 个蛋白质编码基因，编码区总长为 4 154 412 bp，占整个基因组的 84.1%，基因的平均长度为 738 bp。**【基因功能注释】**比对到 KEGG、COG 和 GO 数据库的基因数量分别为 5099 个、3683 个和 3624 个，预测到分泌蛋白编码基因 126 个；在 25 个 COG 功能类群中，基因数量前 10 位的类群分别是：R. 仅一般功能预测 410 个，E. 氨基酸转运与代谢 397 个，K. 转录 367 个，S. 功能未知 318 个，J. 翻译、核糖体结构与合成 287 个，G. 碳水化合物转运与代谢 258 个，M. 细胞壁/膜/包膜生物合成 238 个，T. 信号转导机制 238 个，H. 辅酶转运与代谢 233 个和 P. 无机离子转运与代谢 230 个（图 5-1-10a）。**【重复序列】**预测到的重复序列包括：LTR 103 个，总长为 8359 bp，平均长度为 81 bp；DNA 重复元件 47 个，总长为 2983 bp，平均长度为 65 bp；LINE 44 个，总长为 2681 bp，平均长度为 61 bp；SINE 12 个，总长为 939 bp，平均长度为 78 bp；RC 1 个，长度为 67 bp；TR 298 个，重复序列长度为 5～792 bp，总长为

35 949 bp；小卫星 DNA 234 个，重复序列长度为 10～54 bp，总长为 21 846 bp；微卫星 DNA 1 个，重复序列长度为 5 bp，总长为 33 bp。**【CRISPR】**预测到 8 个 CRISPR 相关序列。**【基因岛】**预测到 16 个基因岛 GI 01～GI 16，长度为 4061～35 024 bp，其 G+C 含量为 29.52%～43.17%。利用已预测得到的基因组信息，如重复序列、G+C 含量等，应用 CIRCOS 工具绘制其基因组圈图（图 5-1-10b）。

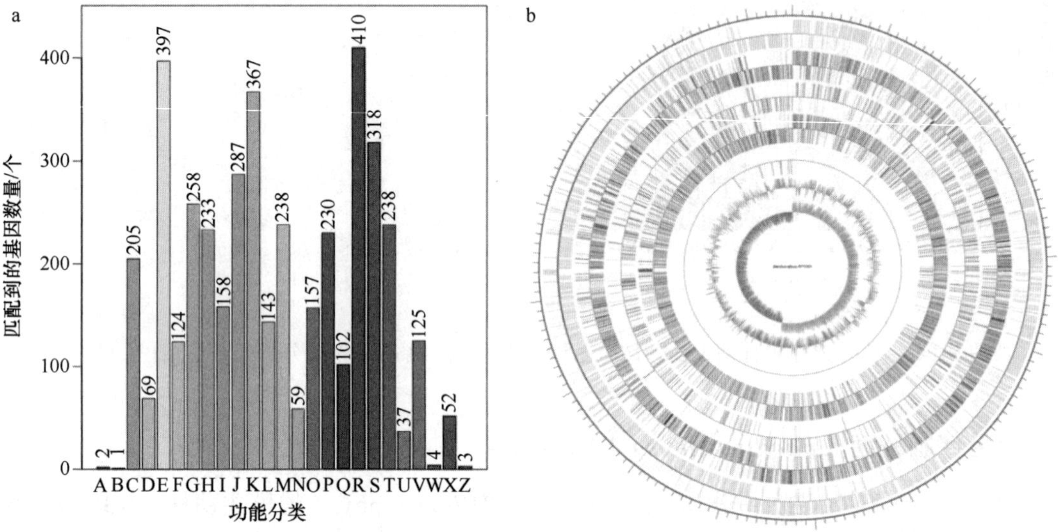


图 5-1-10　白色芽胞杆菌 PFYN01 基因组的直系同源基因聚类分析（a）和圈图（b）

## 10. 嗜碱芽胞杆菌（*Bacillus alcalophilus*）AV1934$^T$

嗜碱芽胞杆菌（*Bacillus alcalophilus* Vedder 1934，species.）是较早发现的芽胞杆菌之一，其模式菌株（AV1934$^T$= ATCC 27647$^T$ =BCRC 15419$^T$ =CCUG 28516$^T$ =CIP 103410$^T$= DSM 485$^T$）来源不详，嗜热、嗜碱，生长条件为 10～70℃（最适 55℃）、pH 8.0～10.0（最适 pH 9.0），能耐受 2%～8%（*W/V*）NaCl，好氧，产芽胞。目前，该种有 2 个基因组，选择组装水平较高的模式菌株 AV1934$^T$ 的基因组进行描述，其 GenBank 登录号为 GCA_000292245.2，测序平台为 454，于 2014 年 9 月 17 日由美国纽约西奈山医学院（Mount Sinai School of Medicine）提交。

**【基因组的组装】**菌株 AV1934$^T$ 基因组的测序深度为 10 X，基因组大小为 4.370 Mb，组装到 182 个 contigs，contig $N_{50}$ 为 50 909 bp。**【G+C 含量】**37.39%。**【非编码 RNA】**预测到 8 个 rRNA 基因（5S rRNA 6 个、16S rRNA 1 个、23S rRNA 1 个），78 个 tRNA 基因，30 个 sRNA 基因。**【编码基因】**有 4481 个蛋白质编码基因，编码区总长为 3 571 776 bp，占整个基因组的 81.73%，基因的平均长度为 797 bp。**【基因功能注释】**比对到 KEGG、COG 和 GO 数据库的基因数量分别为 3532 个、2831 个和 2953 个，预测到分泌蛋白编码基因 92 个；在 25 个 COG 功能类群中，基因数量前 10 位的类群分别是：R. 仅一般功能预测 287 个，E. 氨基酸转运与代谢 284 个，G. 碳水化合物转运与代谢 255 个，K. 转录 252 个，J. 翻译、核糖体结构与合成 241 个，P. 无机离子转运与代谢 216 个，S. 功能未知 198 个，H. 辅酶转运与代谢 158 个和 T. 信号转导机制 158 个，C. 能量产生与转换 150 个和 M. 细胞壁/膜/包膜生物合成 150 个（有并列情况则多一个，后文同）（图 5-1-11a）。**【重复序列】**预测到的重复序列包括：LTR 128 个，总长为 7479 bp，平均长度为 58 bp；DNA 重复元件 43 个，总长为 2374 bp，平均长度为 55 bp；LINE 37 个，总长为 2342 bp，平均长度为 63 bp；SINE 17 个，总长为 987 bp，平均长度为 58 bp；RC 4 个，总长为 178 bp，平均长度为 45 bp；未知序列 1 个，长度为 44 bp；TR 461 个，重复序列长度为 6～283 bp，总长为 67 972 bp；小卫星 DNA 283 个，重复序列长度为 11～57 bp，总长为 51 643 bp；微卫星 DNA 2 个，重复序列长度为 6 bp，总长为 90 bp。**【CRISPR】**预测到 373 个 CRISPR 相关序列。**【基因岛】**预测到 9 个基因岛 GI 01～GI 09，长度为 4580～9027 bp，其 G+C 含量为 33.62%～41.83%。利用已预测得到的基因组信息，如重复序列、G+C 含量等，应用 CIRCOS 工具绘制其基因组圈图（图 5-1-11b）。

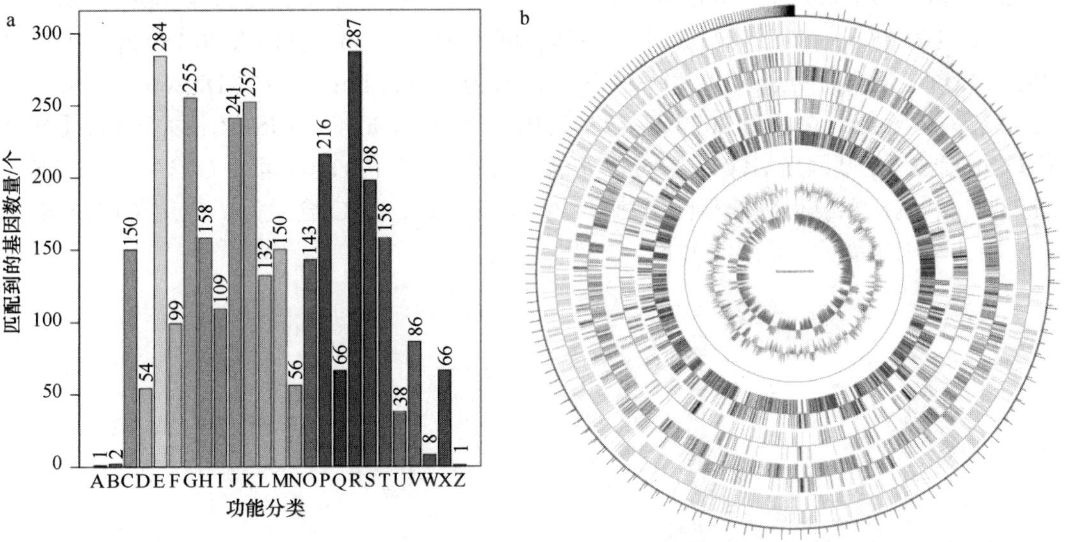


图 5-1-11 嗜碱芽胞杆菌 AV1934$^{T}$基因组的直系同源基因聚类分析（a）和圈图（b）

## 11. 碱性解腈芽胞杆菌（*Bacillus alkalinitrilicus*）DSM 22532$^{T}$

碱性解腈芽胞杆菌（*Bacillus alkalinitrilicus* Sorokin et al. 2009，sp. nov.）的模式菌株（ANL-iso4$^{T}$ =NCCB100120$^{T}$ =UNIQEM U240$^{T}$ =DSM 22532$^{T}$）分离自苏打盐土，中度耐盐、嗜碱，生长条件为 15～41℃（最适 32℃）、pH 7.0～10.2（最适 pH 9.0），能耐受 0.1～1.5 mol/L NaCl，能利用异丁腈（isobutyronitrile）作为唯一的碳源、氮源和能源，严格好氧，产芽胞（Sorokin et al.，2008）。目前，该种仅有 1 个基因组，模式菌株 DSM 22532$^{T}$ 的基因组 GenBank 登录号为 GCA_002019605.1，测序平台为 Illumina HiSeq，于 2017 年 3 月 6 日由福建省农业科学院（Fujian Academy of Agricultural Sciences）提交。

**【基因组的组装】**菌株 DSM 22532$^{T}$ 基因组的测序深度为 203 X，基因组大小为 5.524 Mb，组装到 2 个 scaffolds，scaffold $N_{50}$ 为 5 508 547 bp。**【G+C 含量】**36.82%。

**【非编码 RNA】**预测到 49 个 rRNA 基因（5S rRNA 17 个、16S rRNA 17 个、23S rRNA 15 个），127 个 tRNA 基因，85 个 sRNA 基因。**【编码基因】**有 5592 个蛋白质编码基因，编码区总长为 4 519 215 bp，占整个基因组的 81.81%，基因的平均长度为 808 bp。**【基因功能注释】**比对到 KEGG、COG 和 GO 数据库的基因数量分别为 4516 个、3440 个和 3744 个，预测到分泌蛋白编码基因 77 个；在 23 个 COG 功能类群中，基因数量前 10 位的类群分别是：R. 仅一般功能预测 420 个，E. 氨基酸转运与代谢 328 个，I. 脂质转运与代谢 296 个，K. 转录 262 个，J. 翻译、核糖体结构与合成 235 个，H. 辅酶转运与代谢 232 个，P. 无机离子转运与代谢 230 个，C. 能量产生与转换 225 个，T. 信号转导机制 212 个和 S. 功能未知 209 个（图 5-1-12a）。**【重复序列】**预测到的重复序列包括：LTR 128 个，总长为 11 847 bp，平均长度为 93 bp；DNA 重复元件 47 个，总长为 2739 bp，平均长度为 58 bp；LINE 61 个，总长为 3768 bp，平均长度为 62 bp；SINE 21 个，总长为 1558 bp，平均长度为 74 bp；RC 3 个，总长为 136 bp，平均长度为 45 bp；未知序列 1 个，长度为 65 bp；TR 198 个，重复序列长度为 3～391 bp，总长为 26 189 bp；小卫星 DNA 145 个，重复序列长度为 10～58 bp，总长为 17 311 bp；微卫星 DNA 6 个，重复序列长度为 3～6 bp，总长为 267 bp。**【CRISPR】**预测到 90 个 CRISPR 相关序列。**【基因岛】**预测到 17 个基因岛 GI 01～GI 17，长度为 4577～22 170 bp，其 G+C 含量为 31.2%～45.23%。利用已预测得到的基因组信息，如重复序列、G+C 含量等，应用 CIRCOS 工具绘制其基因组圈图（图 5-1-12b）。

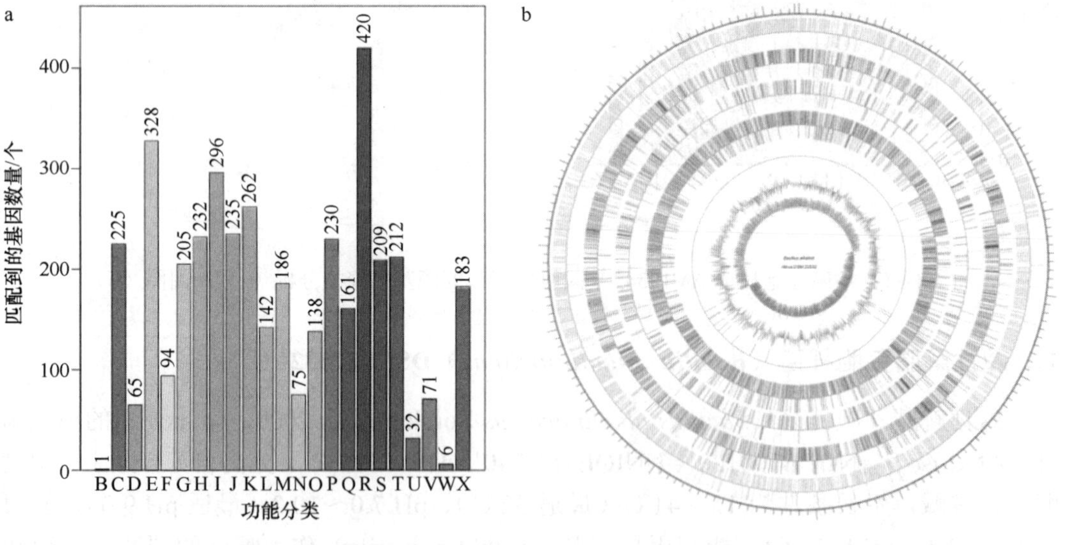


图 5-1-12 碱性解腈芽胞杆菌 DSM 22532$^T$ 基因组的直系同源基因聚类分析（a）和圈图（b）

## 12. 碱性土芽胞杆菌（*Bacillus alkalitelluris*）FJAT-10368$^T$

碱性土芽胞杆菌（*Bacillus alkalitelluris* Lee et al. 2008，sp. nov.）的模式菌株（BA288$^T$=KCTC 3947$^T$=DSM 16976$^T$ = FJAT-10368$^T$）分离自韩国的沙土，中度嗜碱，生长条件为 15～40℃（最适 30℃）、pH 7.0～11.0（最适 pH 9.0～9.5），能耐受 0～4%（*W*/*V*）NaCl，

兼性厌氧，产芽胞（Lee et al.，2008a）。目前，该种仅有 1 个基因组，模式菌株 FJAT-10368$^{T}$ 基因组的 GenBank 登录号为 GCA_002019645.1，测序平台为 Illumina HiSeq，于 2017 年 3 月 6 日由福建省农业科学院（Fujian Academy of Agricultural Sciences）提交。

**【基因组的组装】** 菌株 FJAT-10368$^{T}$ 基因组的测序深度为 203 X，基因组大小为 5.524 Mb，组装到 2 个 scaffolds，scaffold $N_{50}$ 为 5 508 547 bp。**【G+C 含量】** 37.78%。**【非编码 RNA】** 预测到 15 个 rRNA 基因（5S rRNA 10 个、16S rRNA 4 个、23S rRNA 1 个），103 个 tRNA 基因，5 个 sRNA 基因。**【编码基因】** 有 4783 个蛋白质编码基因，编码区总长为 4 002 663 bp，占整个基因组的 72.46%，基因的平均长度为 837 bp。**【基因功能注释】** 比对到 KEGG、COG 和 GO 数据库的基因数量分别为 3893 个、2876 个和 3125 个，预测到分泌蛋白编码基因 73 个；在 24 个 COG 功能类群中，基因数量前 10 位的类群分别是：R. 仅一般功能预测 278 个，J. 翻译、核糖体结构与合成 252 个，E. 氨基酸转运与代谢 248 个，K. 转录 248 个，S. 功能未知 230 个，G. 碳水化合物转运与代谢 211 个，T. 信号转导机制 193 个，C. 能量产生与转换 180 个，P. 无机离子转运与代谢 173 个和 H. 辅酶转运与代谢 167 个（图 5-1-13a）。**【重复序列】** 预测到的重复序列包括：LTR 104 个，总长为 6417 bp，平均长度为 62 bp；DNA 重复元件 42 个，总长为 2723 bp，平均长度为 65 bp；LINE 34 个，总长为 2468 bp，平均长度为 73 bp；SINE 18 个，总长为 1242 bp，平均长度为 69 bp；RC 5 个，总长为 282 bp，平均长度为 56 bp；TR 561 个，重复序列长度为 5～1070 bp，总长为 142 231 bp；小卫星 DNA 414 个，重复序列长度为 10～58 bp，总长为 122 056 bp；微卫星 DNA 3 个，重复序列长度为 5～6 bp，总长为 123 bp。**【CRISPR】** 预测到 475 个 CRISPR 相关序列。**【基因岛】** 预测到 14 个基因岛 GI 01～GI 14，长度为 4354～35 546 bp，其 G+C 含量为 32.41%～42.41%。利用已预测得到的基因组信息，如重复序列、G+C 含量等，应用 CIRCOS 工具绘制其基因组圈图（图 5-1-13b）。

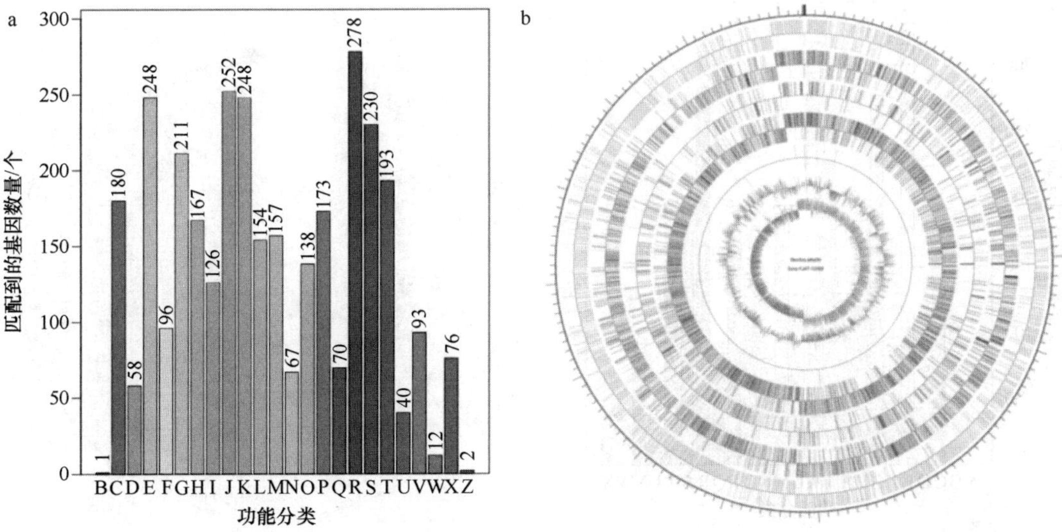


图 5-1-13　碱性土芽胞杆菌 FJAT-10368$^{T}$ 基因组的直系同源基因聚类分析（a）和圈图（b）

## 13. 高地芽胞杆菌（*Bacillus altitudinis*）W3

高地芽胞杆菌（*Bacillus altitudinis* Shivaji et al. 2006，sp. nov.）的模式菌株（41KF2b$^T$=MTCC 7306$^T$=JCM 13350$^T$）分离自收集 41 km 高度空气的冷凝管，生长条件为 8～45℃、pH 5.0～8.0，能耐受 2%（*W/V*）NaCl，好氧，产芽胞（Shivaji et al.，2006）。目前，该种有 20 个基因组，选择组装到完成图水平的非模式菌株 W3 的基因组进行描述，其 GenBank 登录号为 GCA_000972685.1，测序平台为 Illumina Hiseq+ABI 3730，于 2015 年 4 月 16 日由江南大学（Jiangnan University）提交。

**【基因组的组装】**菌株 W3 基因组的测序深度为 272 X，基因组大小为 3.745 Mb，组装到完成图水平，包含 1 条染色体。**【G+C 含量】**41.39%。**【非编码 RNA】**预测到 21 个 rRNA 基因（5S rRNA 7 个、16S rRNA 7 个、23S rRNA 7 个），70 个 tRNA 基因，8 个 sRNA 基因。**【编码基因】**有 3939 个蛋白质编码基因，编码区总长为 3 330 873 bp，占整个基因组的 88.94%，基因的平均长度为 846 bp。**【基因功能注释】**比对到 KEGG、COG 和 GO 数据库的基因数量分别为 3744 个、2803 个和 2734 个，预测到分泌蛋白编码基因 82 个；在 24 个 COG 功能类群中，基因数量前 10 位的类群分别是：E. 氨基酸转运与代谢 316 个，K. 转录 294 个，R. 仅一般功能预测 284 个，G. 碳水化合物转运与代谢 252 个，J. 翻译、核糖体结构与合成 228 个，S. 功能未知 195 个，M. 细胞壁/膜/包膜生物合成 189 个，H. 辅酶转运与代谢 178 个，P. 无机离子转运与代谢 176 个和 T. 信号转导机制 175 个（图 5-1-14a）。**【重复序列】**预测到的重复序列包括：LTR 151 个，总长为 11 300 bp，平均长度为 75 bp；DNA 重复元件 60 个，总长为 3367 bp，平均长度为 56 bp；LINE 46 个，总长为 2503 bp，平均长度为 54 bp；SINE 8 个，总长为 755 bp，平均长度为 94 bp；RC 5 个，总长为 259 bp，平均长度为 52 bp；TR 65 个，重复序列长度为 9～513 bp，总长为 11 117 bp；小卫星 DNA 52 个，重复序列长度为 12～48 bp，总长为 8689 bp；

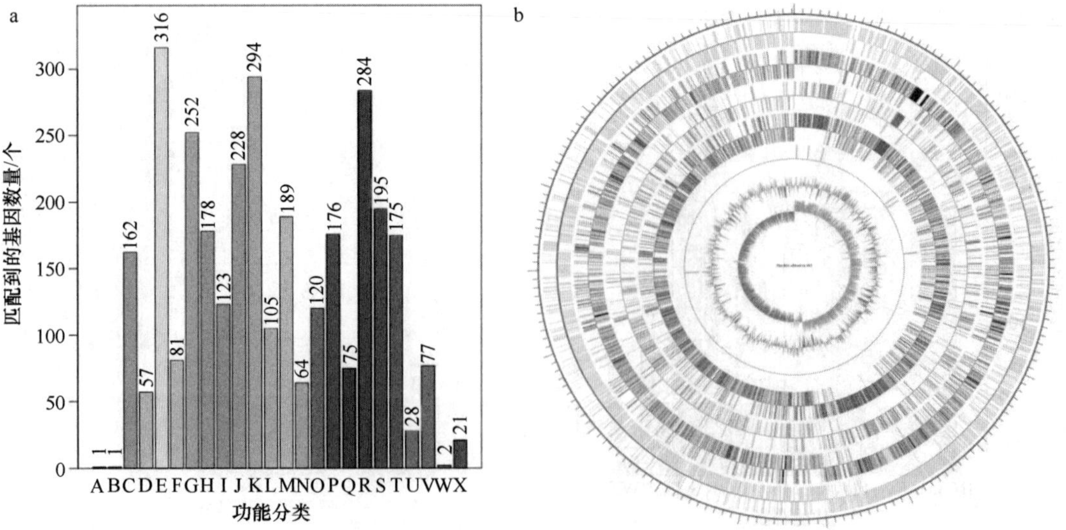


图 5-1-14　高地芽胞杆菌 W3 基因组的直系同源基因聚类分析（a）和圈图（b）

未预测到微卫星 DNA。【**CRISPR**】未预测到 CRISPR 相关序列。【**基因岛**】预测到 7 个基因岛 GI 01～GI 07，长度为 7145～34 662 bp，其 G+C 含量为 34.47%～41.99%。利用已预测得到的基因组信息，如重复序列、G+C 含量等，应用 CIRCOS 工具绘制其基因组圈图（图 5-1-14b）。

## 14. 香鱼海槽芽胞杆菌（*Bacillus alveayuensis*）24KAM51

香鱼海槽芽胞杆菌（*Bacillus alveayuensis* Bae et al. 2005，sp. nov.）的模式菌株（TM1$^T$=KCTC 10634$^T$ =JCM 12523$^T$）分离自西太平洋香鱼海槽的深海（4000 m）沉积物，生长条件为 40～65℃（最适 55℃）、pH 6.5～9.0（最适 pH 7.0～7.5），能耐受 3%（*W*/*V*）NaCl，严格好氧，产芽胞（Bae et al.，2005）。目前，该种仅有 1 个基因组，非模式菌株 24KAM51 基因组的 GenBank 登录号为 GCA_000948175.1，测序平台为 Illumina Hiseq，于 2015 年 3 月 5 日由美国洛斯阿拉莫斯国家实验室（Los Alamos National Laboratory）提交。

【**基因组的组装**】菌株 24KAM51 基因组的测序深度为 409 X，基因组大小为 6.702 Mb，组装到 197 个 contigs，contig $N_{50}$ 为 86 920 bp。【**G+C 含量**】38.13%。【**非编码 RNA**】预测到 5 个 rRNA 基因（5S rRNA 5 个、16S rRNA 0 个、23S rRNA 0 个），88 个 tRNA 基因，6 个 sRNA 基因。【**编码基因**】有 7061 个蛋白质编码基因，编码区总长为 5 719 464 bp，占整个基因组的 85.34%，基因的平均长度为 810 bp。【**基因功能注释**】比对到 KEGG、COG 和 GO 数据库的基因数量分别为 6111 个、4818 个和 4797 个，预测到分泌蛋白编码基因 92 个；在 23 个 COG 功能类群中，基因数量前 10 位的类群分别是：R. 仅一般功能预测 479 个，E. 氨基酸转运与代谢 474 个，J. 翻译、核糖体结构与合成 421 个，K. 转录 377 个，C. 能量产生与转换 340 个，S. 功能未知 323 个，G. 碳水化合物转运与代谢 319 个，H. 辅酶转运与代谢 315 个，T. 信号转导机制 304 个和 P. 无机离子转运与代谢 287 个（图 5-1-15a）。【**重复序列**】预测到的重复序列包括：LTR 166 个，

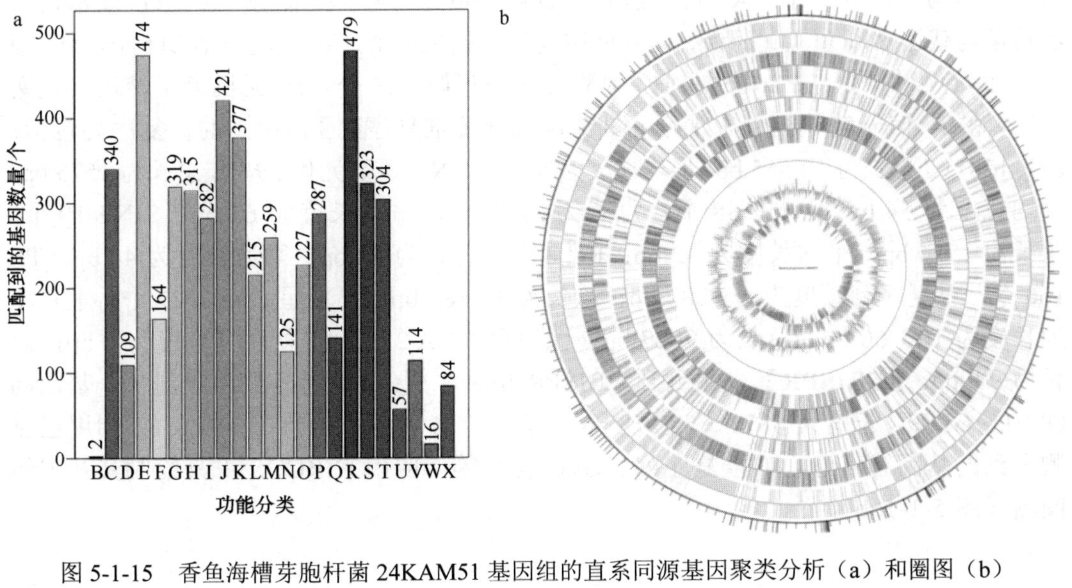


图 5-1-15 香鱼海槽芽胞杆菌 24KAM51 基因组的直系同源基因聚类分析（a）和圈图（b）

总长为 9890 bp，平均长度为 60 bp；DNA 重复元件 54 个，总长为 3436 bp，平均长度为 64 bp；LINE 39 个，总长为 2206 bp，平均长度为 57 bp；SINE 19 个，总长为 1491 bp，平均长度为 78 bp；RC 3 个，总长为 173 bp，平均长度为 58 bp；未知序列 1 个，长度为 55 bp；TR 188 个，重复序列长度为 9～200 bp，总长为 11 016 bp；小卫星 DNA 174 个，重复序列长度为 11～60 bp，总长为 9462 bp；未预测到微卫星 DNA。**【CRISPR】**预测到 159 个 CRISPR 相关序列。**【基因岛】**预测到 12 个基因岛 GI 01～GI 12，长度为 5027～14 793 bp，其 G+C 含量为 28.87%～47.44%。利用已预测得到的基因组信息，如重复序列、G+C 含量等，应用 CIRCOS 工具绘制其基因组圈图（图 5-1-15b）。

### 15. 解淀粉芽胞杆菌（*Bacillus amyloliquefaciens*）DSM 7$^T$

解淀粉芽胞杆菌［*Bacillus amyloliquefaciens* (ex Fukumoto 1943) Priest et al. 1987, sp. nov.，nom. rev.］的模式菌株（ATCC 23350$^T$=BCRC 11601$^T$ =CCUG 28519$^T$ =CFBP 4246$^T$ =CIP 103265$^T$ =DSM 7$^T$）分离自土壤和工业淀粉酶发酵物，生长条件为 15～50℃（最适 30～40℃），最高耐受 6%（*W*/*V*）NaCl，好氧，产芽胞（Priest et al.，1987）。目前，该种有 68 个基因组，选择组装到完成图水平的模式菌株 DSM 7$^T$ 的基因组进行描述，其 GenBank 登录号为 GCA_000196735.1，测序平台为 454 GS FLX，于 2010 年 9 月 23 日由德国比勒费尔德大学（Bielefeld University）提交。

**【基因组的组装】**菌株 DSM 7$^T$ 基因组的测序深度为 27 X，基因组大小为 3.980 Mb，组装到完成图水平，包括 1 条染色体。**【G+C 含量】**46.08%。**【非编码 RNA】**预测到 30 个 rRNA 基因（5S rRNA 10 个、16S rRNA 10 个、23S rRNA 10 个），94 个 tRNA 基因，10 个 sRNA 基因。**【编码基因】**有 4336 个蛋白质编码基因，编码区总长为 3 551 124 bp，占整个基因组的 89.22%，基因的平均长度为 819 bp。**【基因功能注释】**比对到 KEGG、COG 和 GO 数据库的基因数量分别为 4177 个、2896 个和 2781 个，预测到分泌蛋白编码基因 88 个；在 25 个 COG 功能类群中，基因数量前 10 位的类群分别是：E. 氨基酸转运与代谢 311 个，R. 仅一般功能预测 300 个，K. 转录 287 个，G. 碳水化合物转运与代谢 246 个，J. 翻译、核糖体结构与合成 221 个，S. 功能未知 211 个，M. 细胞壁/膜/包膜生物合成 201 个，H. 辅酶转运与代谢 188 个，P. 无机离子转运与代谢 172 个和 T. 信号转导机制 171 个（图 5-1-16a）。**【重复序列】**预测到的重复序列包括：LTR 128 个，总长为 10 555 bp，平均长度为 82 bp；DNA 重复元件 29 个，总长为 1575 bp，平均长度为 54 bp；LINE 38 个，总长为 2403 bp，平均长度为 63 bp；SINE 19 个，总长为 1754 bp，平均长度为 92 bp；RC 2 个，总长为 88 bp，平均长度为 44 bp；TR 166 个，重复序列长度为 6～282 bp，总长为 12 585 bp；小卫星 DNA 141 个，重复序列长度为 10～60 bp，总长为 9027 bp；微卫星 DNA 2 个，重复序列长度为 6 bp，总长为 90 bp。**【CRISPR】**未预测到 CRISPR 相关序列。**【基因岛】**预测到 9 个基因岛 GI 01～GI 09，长度为 8871～72 258 bp，其 G+C 含量为 33.27%～48.63%。利用已预测得到的基因组信息，如重复序列、G+C 含量等，应用 CIRCOS 工具绘制其基因组圈图（图 5-1-16b）。

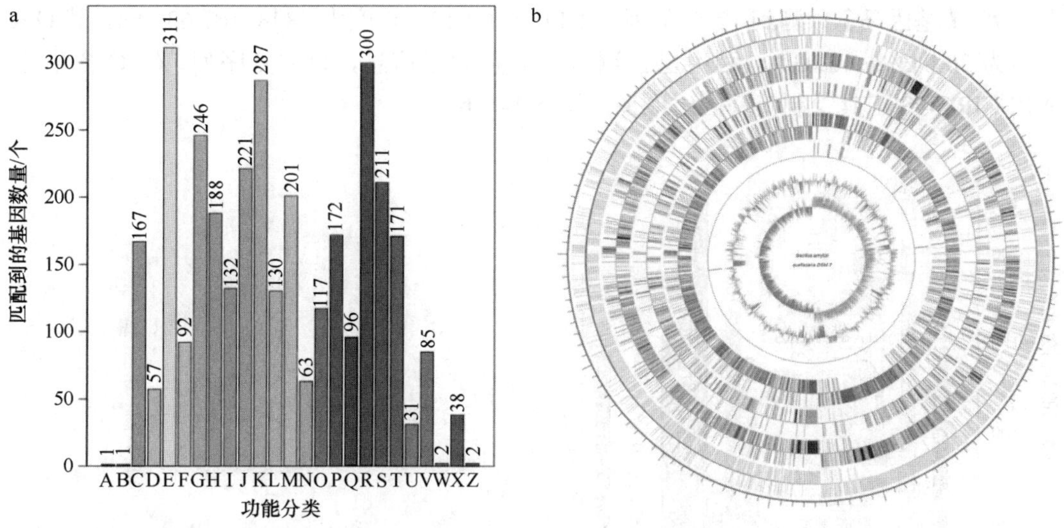


图 5-1-16　解淀粉芽胞杆菌 DSM 7$^T$ 基因组的直系同源基因聚类分析（a）和圈图（b）

## 16. 安氏芽胞杆菌（*Bacillus andreraoultii*）SIT1$^T$

安氏芽胞杆菌（*Bacillus andreraoultii* Traore et al. 2015，sp. nov.）的模式菌株（SIT1$^T$=CSUR P1162$^T$ =DSM 29078$^T$）分离自 1 位患有蛋白质缺乏型营养不良（kwashiorkor）的 2 岁黑人男孩的粪便，生长温度为 25～55℃（最适 37～45℃），好氧，产芽胞（Traore et al.，2015）。目前，该种有 2 个基因组，选择组装水平较高的模式菌株 SIT1$^T$ 的基因组进行描述，其 GenBank 登录号为 GCA_001244735.1，测序平台为 454 GS FLX，于 2015 年 7 月 30 日由法国热带传染病中心（Unité de Recherche en Maladies Infectieuses et Tropicales Emergentes）提交。

**【基因组的组装】**菌株 SIT1$^T$ 基因组的测序深度为 185 X，基因组大小为 4.112 Mb，组装到 14 个 scaffolds，scaffold $N_{50}$ 为 2 871 263 bp。**【G+C 含量】**35.41%。**【非编码 RNA】**预测到 22 个 rRNA 基因（5S rRNA 10 个、16S rRNA 8 个、23S rRNA 4 个），93 个 tRNA 基因，6 个 sRNA 基因。**【编码基因】**有 3992 个蛋白质编码基因，编码区总长为 3 275 154 bp，占整个基因组的 79.65%，基因的平均长度为 820 bp。**【基因功能注释】**比对到 KEGG、COG 和 GO 数据库的基因数量分别为 3240 个、2542 个和 2661 个，预测到分泌蛋白编码基因 36 个；在 23 个 COG 功能类群中，基因数量前 10 位的类群分别是：E. 氨基酸转运与代谢 231 个，R. 仅一般功能预测 228 个，J. 翻译、核糖体结构与合成 220 个，K. 转录 194 个，G. 碳水化合物转运与代谢 185 个，S. 功能未知 170 个，P. 无机离子转运与代谢 168 个，T. 信号转导机制 156 个，C. 能量产生与转换 148 个和 I. 脂质转运与代谢 142 个（图 5-1-17a）。**【重复序列】**预测到的重复序列包括：LTR 113 个，总长为 8476 bp，平均长度为 75 bp；DNA 重复元件 43 个，总长为 2721 bp，平均长度为 63 bp；LINE 37 个，总长为 3413 bp，平均长度为 92 bp；SINE 10 个，总长为 955 bp，平均长度为 96 bp；RC 1 个，长度为 54 bp；未知序列 1 个，长度为 65 bp；TR 246 个，重复序列长度为 9～1997 bp，总长为 101 398 bp；小卫星 DNA 165 个，重复序列长度为 10～56 bp，总长为 27 077 bp；未预测到微卫星 DNA。**【CRISPR】**预测到 209 个 CRISPR 相关序列。**【基因岛】**预测到 12 个基因岛 GI 01～GI 12，长度为 4848～67 633 bp，其 G+C 含量为 20.01%～40.03%。利用已预测得到的基因组信息，如重复序列、G+C 含量等，应用 CIRCOS 工具绘制其基因组圈图（图 5-1-17b）。

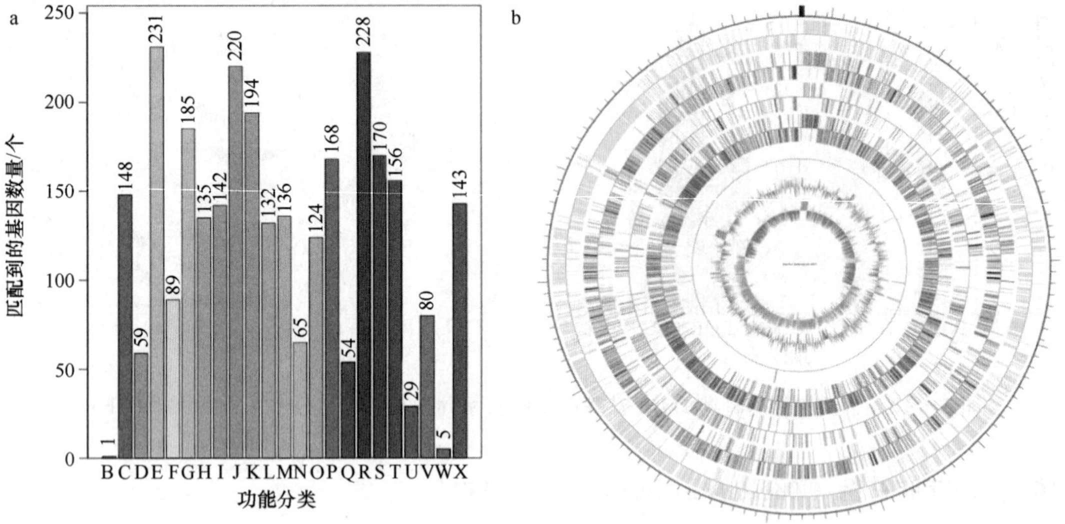


图 5-1-17　安氏芽胞杆菌 SIT1$^{T}$ 基因组的直系同源基因聚类分析（a）和圈图（b）

## 17. 炭疽芽胞杆菌（*Bacillus anthracis*）Ames

炭疽芽胞杆菌（*Bacillus anthracis* Cohn 1872，species.）的模式菌株（ATCC 14578$^{T}$=CIP 66.17$^{T}$ =NCTC 10340$^{T}$）来源不详，兼性厌氧，产芽胞。目前，该种有 242 个基因组，选择第一个完成测序的非模式菌株 Ames 的基因组进行描述，其 GenBank 登录号为 GCA_000007845.1，测序平台为 ABI 3730，于 2003 年 4 月 30 日由美国克雷格•文特尔研究所（J. Craig Venter Institute）提交。

**【基因组的组装】**菌株 Ames 基因组的测序深度未知，基因组大小为 5.227 Mb，组装到完成图水平，包括 1 条染色体。**【G+C 含量】**35.37%。**【非编码 RNA】**预测到 33 个 rRNA 基因（5S rRNA 11 个、16S rRNA 11 个、23S rRNA 11 个），95 个 tRNA 基因，4 个 sRNA 基因。**【编码基因】**有 5689 个蛋白质编码基因，编码区总长为 4 437 876 bp，占整个基因组的 84.9%，基因的平均长度为 780 bp。**【基因功能注释】**比对到 KEGG、COG 和 GO 数据库的基因数量分别为 5597 个、3904 个和 3664 个，预测到分泌蛋白编码基因 132 个；在 25 个 COG 功能类群中，基因数量前 10 位的类群分别是：R. 仅一般功能预测 447 个，E. 氨基酸转运与代谢 405 个，K. 转录 403 个，S. 功能未知 323 个，J. 翻译、核糖体结构与合成 300 个，G. 碳水化合物转运与代谢 283 个，P. 无机离子转运与代谢 252 个，T. 信号转导机制 252 个，M. 细胞壁/膜/包膜生物合成 238 个和 H. 辅酶转运与代谢 231 个（图 5-1-18a）。**【重复序列】**预测到的重复序列包括：LTR 121 个，总长为 10 225 bp，平均长度为 85 bp；DNA 重复元件 44 个，总长为 3097 bp，平均长度为 70 bp；LINE 55 个，总长为 3378 bp，平均长度为 61 bp；SINE 10 个，总长为 842 bp，平均长度为 84 bp；未知序列 1 个，长度为 68 bp；TR 295 个，重复序列长度为 6～606 bp，总长为 25 352 bp；小卫星 DNA 250 个，重复序列长度为 10～54 bp，总长为 17 643 bp；微卫星 DNA 4 个，重复序列长度为 6 bp，总长为 130 bp。**【CRISPR】**预测到 13 个 CRISPR 相关序列。**【基因岛】**预测到 15 个基因岛 GI 01～GI 15，长度为 3324～32 035 bp，其 G+C 含量为 30.05%～40.38%。利用已预测得到的基因组信息，如重复序列、G+C 含量等，应用 CIRCOS 工具绘制其基因组圈图（图 5-1-18b）。

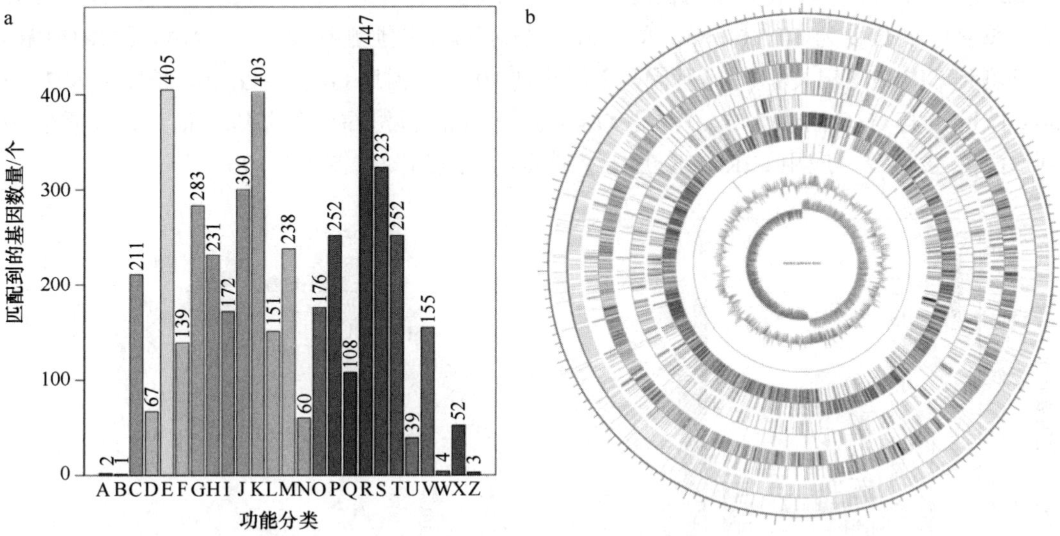


图 5-1-18　炭疽芽胞杆菌 Ames 基因组的直系同源基因聚类分析（a）和圈图（b）

## 18. 海水芽胞杆菌（*Bacillus aquimaris*）ES5

海水芽胞杆菌（*Bacillus aquimaris* Yoon et al. 2003，sp. nov.）的模式菌株（TF-12$^T$ = KCCM 41589$^T$ =JCM 11545$^T$）分离自黄海潮间带的海水，生长条件为 10～44℃（最适 30～37℃）、pH 6.0～7.0、2%～5%（*W*/*V*）NaCl，最高能耐受 18%（*W*/*V*）NaCl，好氧，产芽胞（Yoon et al.，2003a）。目前，该种有 5 个基因组，选择组装水平较高的非模式菌株 ES5 的基因组进行描述，其 GenBank 登录号为 GCA_000751975.2，测序平台为 ABI 3730，于 2014 年 8 月 16 日由法国热带传染病研究中心（Unité de Recherche en Maladies Infectieuses et Tropicales Emergentes）提交。

**【基因组的组装】**菌株 ES5 基因组的测序深度为 194 X，基因组大小为 4.467 Mb，组装到 14 个 scaffolds，scaffold $N_{50}$ 为 991 487 bp。**【G+C 含量】**44.57%。**【非编码 RNA】**预测到 10 个 rRNA 基因（5S rRNA 7 个、16S rRNA 2 个、23S rRNA 1 个），83 个 tRNA 基因，3 个 sRNA 基因。**【编码基因】**有 4672 个蛋白质编码基因，编码区总长为 3 698 853 bp，占整个基因组的 82.80%，基因的平均长度为 792 bp。**【基因功能注释】**比对到 KEGG、COG 和 GO 数据库的基因数量分别为 3850 个、2939 个和 2980 个，预测到分泌蛋白编码基因 95 个；在 25 个 COG 功能类群中，基因数量前 10 位的类群分别是：R. 仅一般功能预测 344 个，E. 氨基酸转运与代谢 304 个，J. 翻译、核糖体结构与合成 263 个，

S. 功能未知 241 个，K. 转录 236 个，G. 碳水化合物转运与代谢 208 个，T. 信号转导机制 178 个，C. 能量产生与转换 173 个，P. 无机离子转运与代谢 165 个和 H. 辅酶转运与代谢 160 个（图 5-1-19a）。【**重复序列**】预测到的重复序列包括：LTR 165 个，总长为 10 181 bp，平均长度为 62 bp；DNA 重复元件 40 个，总长为 2442 bp，平均长度为 61 bp；LINE 43 个，总长为 2446 bp，平均长度为 57 bp；SINE 18 个，总长为 1170 bp，平均长度为 65 bp；RC 6 个，总长为 319 bp，平均长度为 53 bp；未知序列 1 个，长度为 82 bp；TR 297 个，重复序列长度为 8～1977 bp，总长为 92 490 bp；小卫星 DNA 252 个，重复序列长度为 10～60 bp，总长为 14 368 bp；未预测到微卫星 DNA。【**CRISPR**】未预测到 CRISPR 相关序列。【**基因岛**】预测到 10 个基因岛 GI 01～GI 10，长度为 8025～36 641 bp，其 G+C 含量为 36.01%～47.46%。利用已预测得到的基因组信息，如重复序列、G+C 含量等，应用 CIRCOS 工具绘制其基因组圈图（图 5-1-19b）。

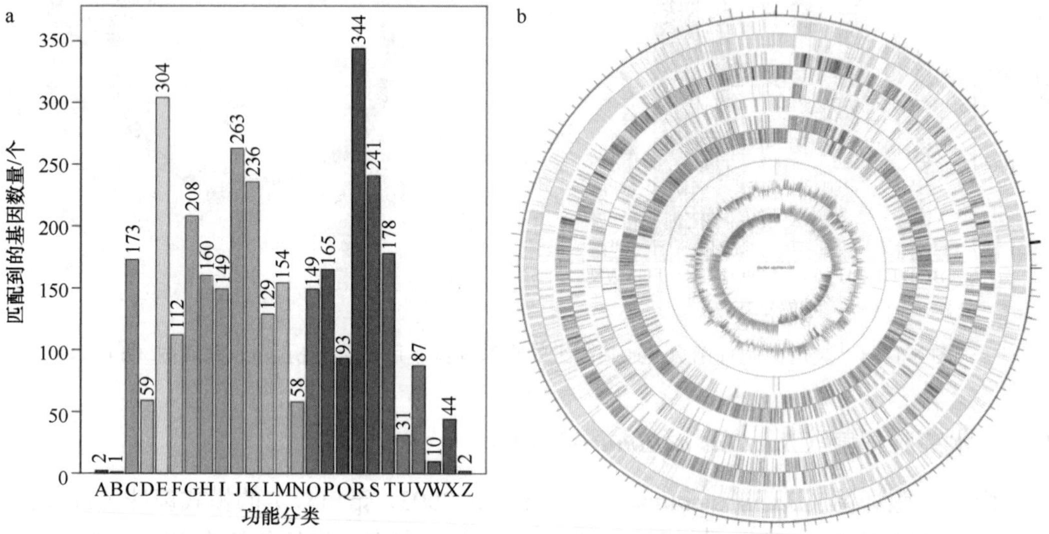


图 5-1-19 海水芽胞杆菌 ES5 基因组的直系同源基因聚类分析（a）和圈图（b）

## 19. 阿氏芽胞杆菌（*Bacillus aryabhattai*）K13

阿氏芽胞杆菌（*Bacillus aryabhattai* Shivaji et al. 2009，sp. nov.）的模式菌株（B8W22$^T$=MTCC 7755$^T$ =JCM 13839$^T$）分离自收集 40～41.4 km 高空空气的冷凝管，生长条件为 10～37℃（42℃时不能生长）、pH 6.0～10.0（pH 4.0 时不能生长），能耐受 11.6%（*W*/*V*）NaCl，好氧，产芽胞（Shivaji et al.，2009）。目前，该种有 17 个基因组，选择组装到完成图水平的非模式菌株 K13 的基因组进行描述，其 GenBank 登录号为 GCA_002688605.1，测序平台为 PacBio，于 2017 年 10 月 24 日由韩国全北国立大学（Jeonbuk National University）提交。

【**基因组的组装**】菌株 K13 基因组的测序深度为 124 X，基因组大小为 5.254 Mb，组装到完成图水平，包括 1 条染色体。【**G+C 含量**】38.16%。【**非编码 RNA**】预测到 42 个 rRNA 基因（5S rRNA 14 个、16S rRNA 14 个、23S rRNA 14 个），129 个 tRNA 基因，

3 个 sRNA 基因。**【编码基因】**有 5581 个蛋白质编码基因，编码区总长为 4 418 769 bp，占整个基因组的 84.1%，基因的平均长度为 792 bp。**【基因功能注释】**比对到 KEGG、COG 和 GO 数据库的基因数量分别为 5278 个、3555 个和 3702 个，预测到分泌蛋白编码基因 101 个；在 24 个 COG 功能类群中，基因数量前 10 位的类群分别是：R. 仅一般功能预测 407 个，E. 氨基酸转运与代谢 393 个，K. 转录 365 个，G. 碳水化合物转运与代谢 316 个，S. 功能未知 281 个，J. 翻译、核糖体结构与合成 262 个，C. 能量产生与转换 233 个，T. 信号转导机制 231 个，P. 无机离子转运与代谢 225 个和 H. 辅酶转运与代谢 218 个（图 5-1-20a）。**【重复序列】**预测到的重复序列包括：LTR 103 个，总长为 9611 bp，平均长度为 93 bp；DNA 重复元件 23 个，总长为 1455 bp，平均长度为 63 bp；LINE 38 个，总长为 2396 bp，平均长度为 63 bp；SINE 25 个，总长为 2139 bp，平均长度为 86 bp；RC 3 个，总长为 137 bp，平均长度为 46 bp；TR 146 个，重复序列长度为 9～549 bp，总长为 22 749 bp；小卫星 DNA 117 个，重复序列长度为 12～60 bp，总长为 10 181 bp；未预测到微卫星 DNA。**【CRISPR】**预测到 33 个 CRISPR 相关序列。**【基因岛】**预测到 8 个基因岛 GI 01～GI 08，长度为 5153～59 208 bp，其 G+C 含量为 33.26%～39.81%。利用已预测得到的基因组信息，如重复序列、G+C 含量等，应用 CIRCOS 工具绘制其基因组圈图（图 5-1-20b）。

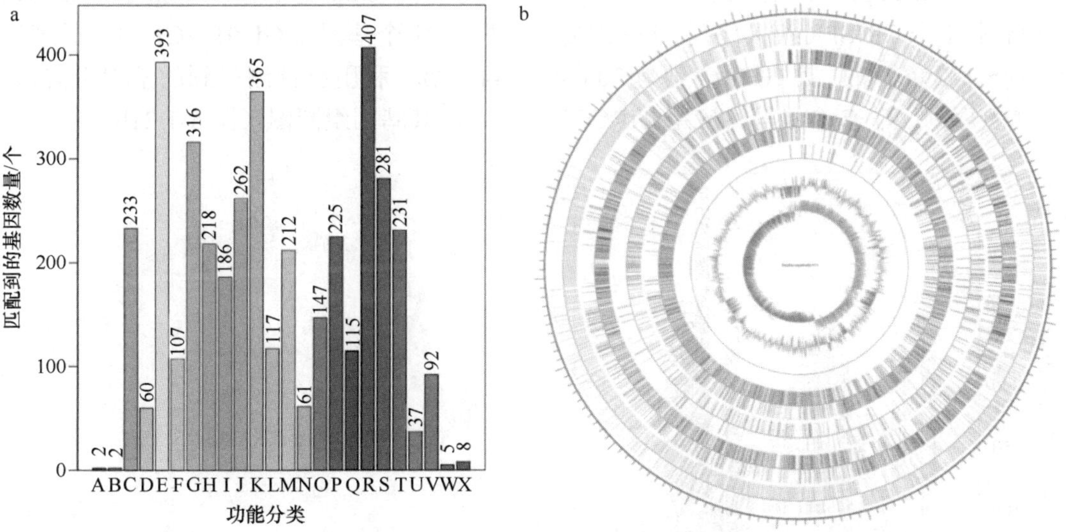


图 5-1-20　阿氏芽胞杆菌 K13 基因组的直系同源基因聚类分析（a）和圈图（b）

## 20. 朝日芽胞杆菌（*Bacillus asahii*）OM18

朝日芽胞杆菌（*Bacillus asahii* Yumoto et al. 2004，sp. nov.）的模式菌株（MA001$^T$ = JCM 12112$^T$ =NCIMB 13969$^T$）分离自日本静冈市的土壤，生长条件为 15～45℃（50℃以上不能生长）、pH 6.0～9.0、0～1%（*W*/*V*）NaCl，能去除粪便中的短链脂肪酸引起的臭味，好氧，产芽胞（Yumoto et al.，2004）。目前，该种有 2 个基因组，选择组装到完成图水平的非模式菌株 OM18 的基因组进行描述，其 GenBank 登录号为 GCA_004006295.1，测

序平台为 PacBio，于 2019 年 1 月 9 日由中国科学院（Chinese Academy of Sciences）提交。

**【基因组的组装】**菌株 OM18 基因组的测序深度为 164 X，基因组大小为 4.887 Mb，组装到完成图水平，包括 1 条染色体和 1 个质粒。**【G+C 含量】**37.48%。**【非编码 RNA】**预测到 54 个 rRNA 基因（5S rRNA 18 个、16S rRNA 18 个、23S rRNA 18 个），150 个 tRNA 基因，3 个 sRNA 基因。**【编码基因】**有 5023 个蛋白质编码基因，编码区总长为 3 988 131 bp，占整个基因组的 81.61%，基因的平均长度为 794 bp。**【基因功能注释】**比对到 KEGG、COG 和 GO 数据库的基因数量分别为 4125 个、3129 个和 3316 个，预测到分泌蛋白编码基因 92 个；在 25 个 COG 功能类群中，基因数量前 10 位的类群分别是：E. 氨基酸转运与代谢 336 个，R. 仅一般功能预测 334 个，K. 转录 263 个，S. 功能未知 242 个，P. 无机离子转运与代谢 229 个，J. 翻译、核糖体结构与合成 228 个，I. 脂质转运与代谢 216 个，C. 能量产生与转换 212 个，H. 辅酶转运与代谢 206 个和 T. 信号转导机制 206 个（图 5-1-21a）。**【重复序列】**预测到的重复序列包括：LTR 133 个，总长为 12 434 bp，平均长度为 93 bp；DNA 重复元件 38 个，总长为 2296 bp，平均长度为 60 bp；LINE 44 个，总长为 3169 bp，平均长度为 72 bp；SINE 17 个，总长为 1016 bp，平均长度为 60 bp；RC 3 个，总长为 178 bp，平均长度为 59 bp；TR 210 个，重复序列长度为 3～1198 bp，总长为 27 080 bp；小卫星 DNA 153 个，重复序列长度为 10～60 bp，总长为 14 862 bp；微卫星 DNA 6 个，重复序列长度为 3～6 bp，总长为 491 bp。**【CRISPR】**预测到 21 个 CRISPR 相关序列。**【基因岛】**预测到 21 个基因岛 GI 01～GI 21，长度为 3731～152 062 bp，其 G+C 含量为 30.03%～44.12%。利用已预测得到的基因组信息，如重复序列、G+C 含量等，应用 CIRCOS 工具绘制其基因组圈图（图 5-1-21b）。

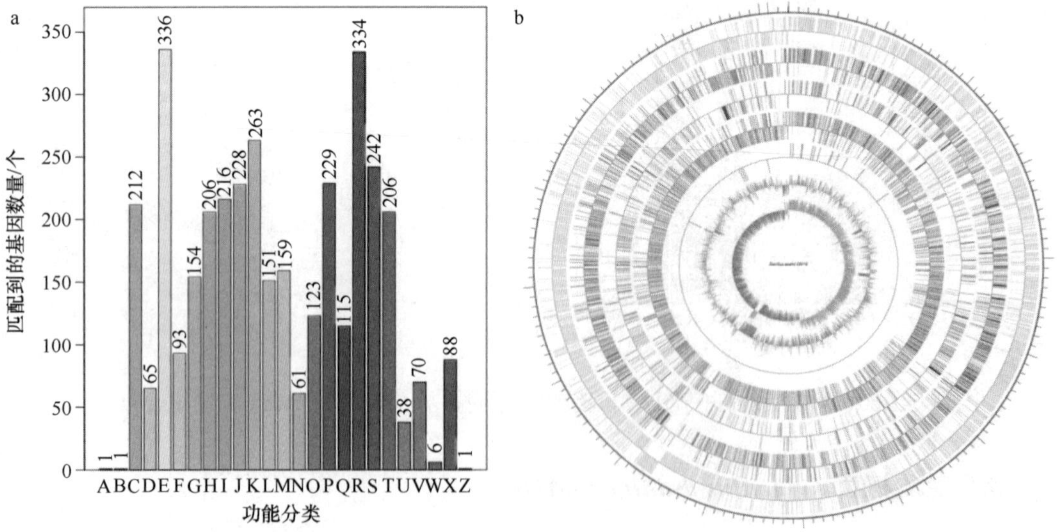


图 5-1-21　朝日芽胞杆菌 OM18 基因组的直系同源基因聚类分析（a）和圈图（b）

## 21. 深褐芽胞杆菌（*Bacillus atrophaeus*）SRCM101359

深褐芽胞杆菌（*Bacillus atrophaeus* Nakamura 1989，sp. nov.）的模式菌株（ATCC

49337$^T$ =CCUG 28524$^T$ =CIP 107159$^T$ =DSM 7264$^T$ =NBRC 15539$^T$ =JCM 9070$^T$ =LMG 16797$^T$ =NRS-213$^T$ =NRRL NRS-213$^T$）分离自美国科罗拉多州的土壤，生长条件为 5～55℃（最适 28～30℃）、pH 5.6、0～7%（*W*/*V*）NaCl，产黑色素，好氧，产芽胞（Nakamura，1989）。目前，该种有 30 个基因组，选择组装到完成图水平的非模式菌株 SRCM101359 的基因组进行描述，其 GenBank 登录号为 GCA_002173495.1，测序平台为 PacBio，于 2017 年 6 月 6 日由韩国发酵工业微生物研究所（Microbial Institute for Fermentation Industry）提交。

**【基因组的组装】**菌株 SRCM101359 基因组的测序深度为 349 X，基因组大小为 4.181 Mb，组装到完成图水平，包括 1 条染色体。**【G+C 含量】**43.32%。**【非编码 RNA】**预测到 24 个 rRNA 基因（5S rRNA 8 个、16S rRNA 8 个、23S rRNA 8 个），82 个 tRNA 基因，9 个 sRNA 基因。**【编码基因】**有 4342 个蛋白质编码基因，编码区总长为 3 691 140 bp，占整个基因组的 88.28%，基因的平均长度为 850 bp。**【基因功能注释】**比对到 KEGG、COG 和 GO 数据库的基因数量分别为 3986 个、3044 个和 2898 个，预测到分泌蛋白编码基因 85 个；在 25 个 COG 功能类群中，基因数量前 10 位的类群分别是：R. 仅一般功能预测 339 个，E. 氨基酸转运与代谢 310 个，K. 转录 298 个，G. 碳水化合物转运与代谢 279 个，J. 翻译、核糖体结构与合成 230 个，S. 功能未知 228 个，M. 细胞壁/膜/包膜生物合成 214 个，T. 信号转导机制 189 个，H. 辅酶转运与代谢 188 个和 P. 无机离子转运与代谢 185 个（图 5-1-22a）。**【重复序列】**预测到的重复序列包括：LTR 168 个，总长为 11 724 bp，平均长度为 70 bp；DNA 重复元件 56 个，总长为 3293 bp，平均长度为 59 bp；LINE 46 个，总长为 2580 bp，平均长度为 56 bp；SINE 12 个，总长为 1142 bp，平均长度为 95 bp；RC 4 个，总长为 246 bp，平均长度为 62 bp；TR 61 个，重复序列长度为 9～282 bp，总长为 5536 bp；小卫星 DNA 52 个，重复序列长度为 12～60 bp，总长为 3209 bp；未预测到微卫星 DNA。**【CRISPR】**预测到 4 个 CRISPR 相关序列。

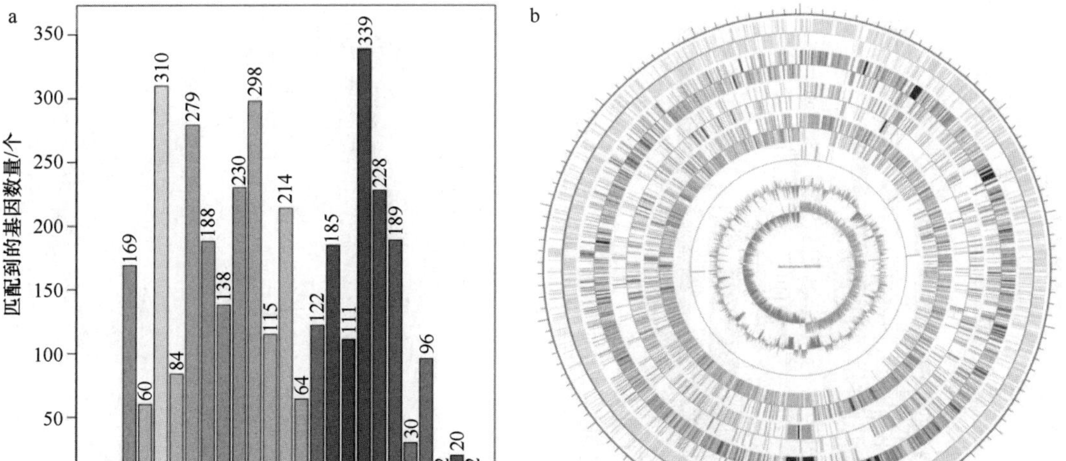


图 5-1-22　深褐芽胞杆菌 SRCM101359 基因组的直系同源基因聚类分析（a）和圈图（b）

**【基因岛】** 预测到 12 个基因岛 GI 01～GI 12，长度为 8191～42 765 bp，其 G+C 含量为 33.73%～44.07%。利用已预测得到的基因组信息，如重复序列、G+C 含量等，应用 CIRCOS 工具绘制其基因组圈图（图 5-1-22b）。

## 22. 金橙色芽胞杆菌（*Bacillus aurantiacus*）DSM 18675$^T$

金橙色芽胞杆菌（*Bacillus aurantiacus* Borsodi et al. 2008，sp. nov.）的模式菌株（K1-5$^T$=DSM 18675$^T$ =CCM 7447$^T$ =NCAIM B002265$^T$）分离自匈牙利的极浅碱性苏打湖，嗜碱、中度嗜盐，生长条件为 10～45℃（最适 28℃）、pH 8.0～12.0（最适 pH 9.5～10.0）、3%～7%（*W*/*V*）NaCl，好氧，产芽胞（Borsodi et al.，2008）。目前，该种仅有 1 个基因组，模式菌株 DSM 18675$^T$ 基因组的 GenBank 登录号为 GCA_000429705.1，测序平台为 Illumina HiSeq，于 2013 年 9 月 5 日由美国能源部联合基因组研究所（DOE Joint Genome Institute）提交。

**【基因组的组装】** 菌株 DSM 18675$^T$ 基因组的测序深度未知，基因组大小为 4.023 Mb，组装到 12 个 scaffolds，scaffold $N_{50}$ 为 2 326 123 bp。**【G+C 含量】** 42.46%。**【非编码 RNA】** 预测到 8 个 rRNA 基因（5S rRNA 8 个、16S rRNA 0 个、23S rRNA 0 个），71 个 tRNA 基因，1 个 sRNA 基因。**【编码基因】** 有 4185 个蛋白质编码基因，编码区总长为 3 439 920 bp，占整个基因组的 85.51%，基因的平均长度为 822 bp。**【基因功能注释】** 比对到 KEGG、COG 和 GO 数据库的基因数量分别为 3289 个、2649 个和 2726 个，预测到分泌蛋白编码基因 106 个；在 24 个 COG 功能类群中，基因数量前 10 位的类群分别是：E. 氨基酸转运与代谢 292 个，R. 仅一般功能预测 285 个，J. 翻译、核糖体结构与合成 236 个，G. 碳水化合物转运与代谢 205 个，K. 转录 198 个，S. 功能未知 192 个，C. 能量产生与转换 176 个，P. 无机离子转运与代谢 173 个，M. 细胞壁/膜/包膜生物合成 155 个和 H. 辅酶转运与代谢 149 个（图 5-1-23a）。**【重复序列】** 预测到的重复序列包括：

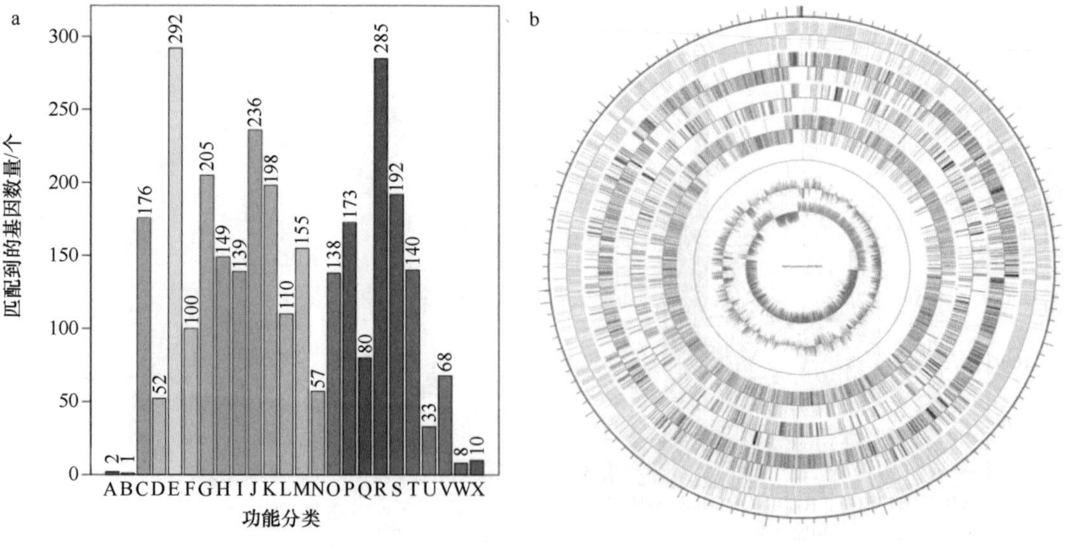


图 5-1-23　金橙色芽胞杆菌 DSM 18675$^T$ 基因组的直系同源基因聚类分析（a）和圈图（b）

LTR 170 个，总长为 10 728 bp，平均长度为 63 bp；DNA 重复元件 55 个，总长为 3692 bp，平均长度为 67 bp；LINE 50 个，总长为 2836 bp，平均长度为 57 bp；SINE 21 个，总长为 1439 bp，平均长度为 69 bp；RC 4 个，总长为 215 bp，平均长度为 54 bp；TR 284 个，重复序列长度为 6～175 bp，总长为 16 787 bp；小卫星 DNA 258 个，重复序列长度为 11～54 bp，总长为 13 893 bp；微卫星 DNA 4 个，重复序列长度为 6 bp，总长为 227 bp。**【CRISPR】**预测到 16 个 CRISPR 相关序列。**【基因岛】**预测到 9 个基因岛 GI 01～GI 09，长度为 4858～33 526 bp，其 G+C 含量为 34.61%～50.95%。利用已预测得到的基因组信息，如重复序列、G+C 含量等，应用 CIRCOS 工具绘制其基因组圈图（图 5-1-23b）。

**23. 产氮芽胞杆菌（*Bacillus azotoformans*）MEV2011**

产氮芽胞杆菌［*Bacillus azotoformans* (ex Pichinoty et al. 1976) Pichinoty et al. 1983, sp. nov., nom. rev.］的模式菌株（$1^T$ =ATCC 29788$^T$ =CCM 2849$^T$=CIP 77.28$^T$ =DSM 1046$^T$= NBRC 15712$^T$ =JCM 12210$^T$ =LMG 9581$^T$ =NRRL B-14310$^T$）分离自土壤，最高生长温度为 42～46℃，4℃时不能生长，能还原硝酸盐和亚硝酸盐而产生 $N_2$，好氧，产芽胞（Pichinoty et al.，1983）。目前，该种有 2 个基因组，选择组装水平较高的非模式菌株 MEV2011 基因组进行描述，其 GenBank 登录号为 GCA_000708505.1，测序平台为 Ion Torrent，于 2014 年 6 月 16 日由丹麦奥胡斯大学（Aarhus University）提交。

**【基因组的组装】**菌株 MEV2011 基因组的测序深度为 110 X，基因组大小为 4.704 Mb，组装到 56 个 contigs，contig $N_{50}$ 为 172 488 bp。**【G+C 含量】**37.49%。**【非编码 RNA】**预测到 18 个 rRNA 基因（5S rRNA 11 个、16S rRNA 4 个、23S rRNA 3 个），94 个 tRNA 基因，16 个 sRNA 基因。**【编码基因】**有 4983 个蛋白质编码基因，编码区总长为 4 080 210 bp，占整个基因组的 86.74%，基因的平均长度为 819 bp。**【基因功能注释】**比对到 KEGG、COG 和 GO 数据库的基因数量分别为 4019 个、3062 个和 3249 个，预测到分泌蛋白编码基因 100 个；在 23 个 COG 功能类群中，基因数量前 10 位的类群分别是：E. 氨基酸转运与代谢 322 个，R. 仅一般功能预测 292 个，K. 转录 257 个，T. 信号转导机制 251 个，C. 能量产生与转换 241 个，J. 翻译、核糖体结构与合成 221 个，P. 无机离子转运与代谢 197 个，S. 功能未知 195 个，H. 辅酶转运与代谢 185 个和 I. 脂质转运与代谢 167 个（图 5-1-24a）。**【重复序列】**预测到的重复序列包括：LTR 99 个，总长为 6685 bp，平均长度为 68 bp；DNA 重复元件 55 个，总长为 3087 bp，平均长度为 56 bp；LINE 24 个，总长为 1532 bp，平均长度为 64 bp；SINE 21 个，总长为 1480 bp，平均长度为 70 bp；RC 2 个，总长为 100 bp，平均长度为 50 bp；TR 157 个，重复序列长度为 6～1187 bp，总长为 24 276 bp；小卫星 DNA 135 个，重复序列长度为 10～54 bp，总长为 11 293 bp；微卫星 DNA 1 个，重复序列长度为 6 bp，总长为 35 bp。**【CRISPR】**预测到 28 个 CRISPR 相关序列。**【基因岛】**预测到 18 个基因岛 GI 01～GI 18，长度为 3878～16 154 bp，其 G+C 含量为 30.67%～46.8%。利用已预测得到的基因组信息，如重复序列、G+C 含量等，应用 CIRCOS 工具绘制其基因组圈图（图 5-1-24b）。

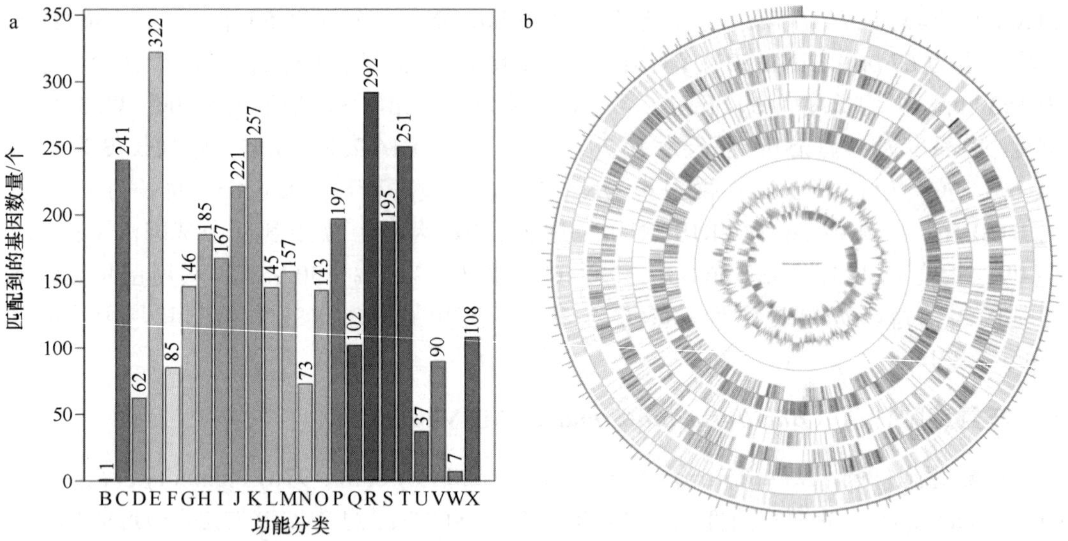


图 5-1-24　产氮芽胞杆菌 MEV2011 基因组的直系同源基因聚类分析（a）和圈图（b）

## 24. 栗褐芽胞杆菌（*Bacillus badius*）SgD-V-25

栗褐芽胞杆菌（*Bacillus badius* Batchelor 1919，species.）的模式菌株（ATCC 14574$^T$= CCUG 7412$^T$ =CIP 58.52$^T$ = DSM 23$^T$ =NBRC 15713$^T$ =JCM 12228$^T$ =LMG 7122$^T$ =NRRL NRS-663$^T$ =VKM B-496$^T$）分离自儿童肠道，生长条件为 15～50℃（最适 30℃）、最适 pH 7.0（pH 5.7 时不能生长）、5%～7%（*W*/*V*）NaCl（10%时不能生长），能还原硝酸盐和亚硝酸盐而产生 $N_2$，好氧，产芽胞（Batchelor，1919）。目前，该种有 7 个基因组，选择组装水平较高的非模式菌株 SgD-V-25 基因组进行描述，其 GenBank 登录号为 GCA_001630115.1，测序平台为 Illumina MiSeq，于 2016 年 4 月 23 日由印度科学和工业研究理事会微生物技术研究所（CSIR-Institute of Microbial Technology）提交。

**【基因组的组装】**菌株 SgD-V-25 基因组的测序深度为 100 X，基因组大小为 3.961 Mb，组装到 53 个 scaffolds，scaffold $N_{50}$ 为 220 683 bp。**【G+C 含量】**44.01%。**【非编码 RNA】**预测到 5 个 rRNA 基因（5S rRNA 3 个、16S rRNA 1 个、23S rRNA 1 个），87 个 tRNA 基因，8 个 sRNA 基因。**【编码基因】**有 4324 个蛋白质编码基因，编码区总长为 3 432 576 bp，占整个基因组的 86.66%，基因的平均长度为 794 bp。**【基因功能注释】**比对到 KEGG、COG 和 GO 数据库的基因数量分别为 3503 个、2707 个和 2754 个，预测到分泌蛋白编码基因 72 个；在 24 个 COG 功能类群中，基因数量前 10 位的类群分别是：E. 氨基酸转运与代谢 321 个，R. 仅一般功能预测 266 个，K. 转录 256 个，J. 翻译、核糖体结构与合成 222 个，S. 功能未知 202 个，T. 信号转导机制 190 个，H. 辅酶转运与代谢 186 个，C. 能量产生与转换 183 个，P. 无机离子转运与代谢 166 个，I. 脂质转运与代谢 144 个和 M. 细胞壁/膜/包膜生物合成 144 个（图 5-1-25a）。**【重复序列】**预测到的重复序列包括：LTR 168 个，总长为 9983 bp，平均长度为 59 bp；DNA 重复元件 53 个，总长为 3255 bp，平均长度为 61 bp；LINE 39 个，总长为 2250 bp，平均长度为 58 bp；SINE 14 个，总长为 1200 bp，平均长度为 86 bp；RC 5 个，总长为 269 bp，平均长度为 54 bp；未知序列 2 个，总长为 92 bp，平均长度为 46 bp；TR 79 个，重复序列长度为 6～261 bp，总长为 10 123 bp；小卫星 DNA 61 个，重复序列长度为 11～60 bp，总长为 2986 bp；微卫星 DNA 1 个，重复序列长度为 6 bp，总长为 30 bp。**【CRISPR】**预测到 30 个 CRISPR 相关序列。**【基因岛】**预测到 5 个基因岛 GI 01～GI 05，长度为 2506～27 056 bp，其 G+C 含量为 35.22%～44.93%。利用已预测得到的基因组信息，如重复序列、G+C 含量等，应用 CIRCOS 工具绘制其基因组圈图（图 5-1-25b）。

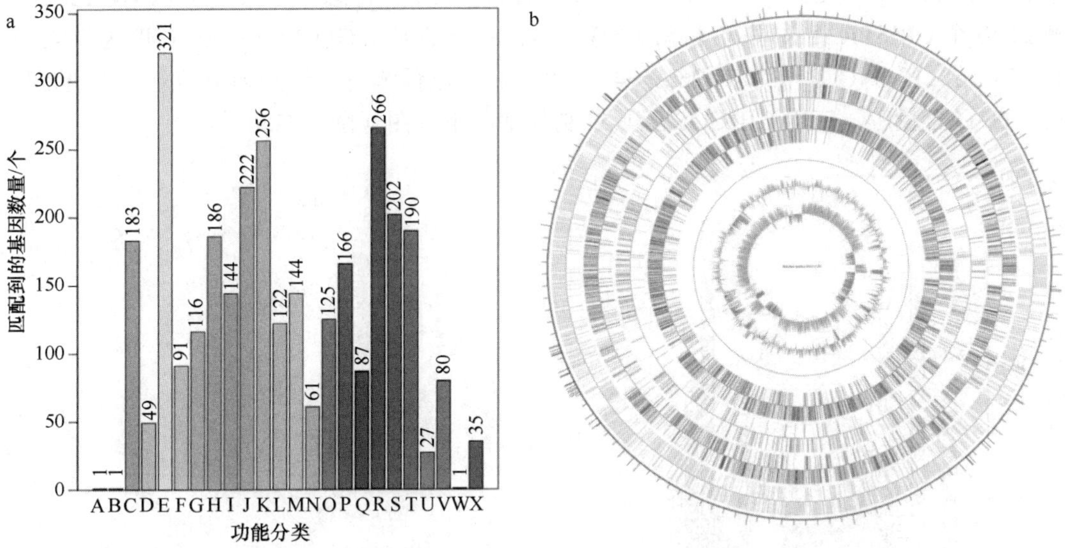


图 5-1-25　栗褐芽胞杆菌 SgD-V-25 基因组的直系同源基因聚类分析（a）和圈图（b）

## 25. 巴达维亚芽胞杆菌（*Bacillus bataviensis*）LMG 21833$^T$

巴达维亚芽胞杆菌（*Bacillus bataviensis* Heyrman et al. 2004，sp. nov.）的模式菌株（LMG 21833$^T$ =R-16315$^T$ =IDA1115$^T$ =DSM 15601$^T$）分离自荷兰德伦特省农业种植区的土壤，最适生长温度为 30℃、最高生长温度为 50～55℃，最适 pH 7.0～8.0、最低 pH 4.0～6.0、最高 pH 9.5～10.0，兼性厌氧，产芽胞（Heyrman et al.，2004）。目前，该种仅有 1 个基因组，模式菌株 LMG 21833$^T$ 基因组的 GenBank 登录号为 GCA_000307875.1，测序平台为 Illumina GAIIx，于 2012 年 10 月 23 日由比利时根特大学（Ghent University）提交。

**【基因组的组装】**菌株 LMG 21833$^T$ 基因组的测序深度为 79.5 X，基因组大小为 5.371 Mb，组装到 197 个 contigs，contig $N_{50}$ 为 82 137 bp。**【G+C 含量】**39.6%。**【非编码 RNA】**预测到 3 个 rRNA 基因（5S rRNA 1 个、16S rRNA 1 个、23S rRNA 1 个），22 个 tRNA 基因，7 个 sRNA 基因。**【编码基因】**有 5480 个蛋白质编码基因，编码区总长为 4 634 469 bp，占整个基因组的 86.29%，基因的平均长度为 846 bp。**【基因功能注释】**比对到 KEGG、COG 和 GO 数据库的基因数量分别为 4695 个、3605 个和 3706 个，预测到分泌蛋白编码基因 88 个；在 24 个 COG 功能类群中，基因数量前 10 位的类群分别是：E. 氨基酸转运与代谢 450 个，R. 仅一般功能预测 417 个，G. 碳水化合物转运与代谢 330 个，K. 转录 312 个，S. 功能未知 250 个，C. 能量产生与转换 249 个，P. 无机离子转运与代谢 248 个，J. 翻译、核糖体结构与合成 246 个，I. 脂质转运与代谢 244 个和 T. 信号转导机制 216 个（图 5-1-26a)。**【重复序列】**预测到的重复序列包括：LTR 142 个，总长为 8572 bp，平均长度为 60 bp；DNA 重复元件 43 个，总长为 3718 bp，平均长度为 86 bp；LINE 31 个，总长为 1754 bp，平均长度为 57 bp；SINE 4 个，总长为 272 bp，平均长度为 68 bp；RC 2 个，总长为 103 bp，平均长度为 52 bp；TR 261 个，重复序列长度为 6～1135 bp，总长为 26 230 bp；小卫星 DNA 230 个，重复序列长度为 10～60 bp，总长为 19 950 bp；微卫星 DNA 2 个，重复序列长度为 6 bp，总长为 88 bp。**【CRISPR】**预测到 40 个 CRISPR 相关序列。**【基因岛】**预测到 9 个基因岛 GI 01～GI 09，长度为 3843～16 571 bp，其 G+C 含量为 34.96%～42.64%。利用已预测得到的基因组信息，如重复序列、G+C 含量等，应用 CIRCOS 工具绘制其基因组圈图（图 5-1-26b)。

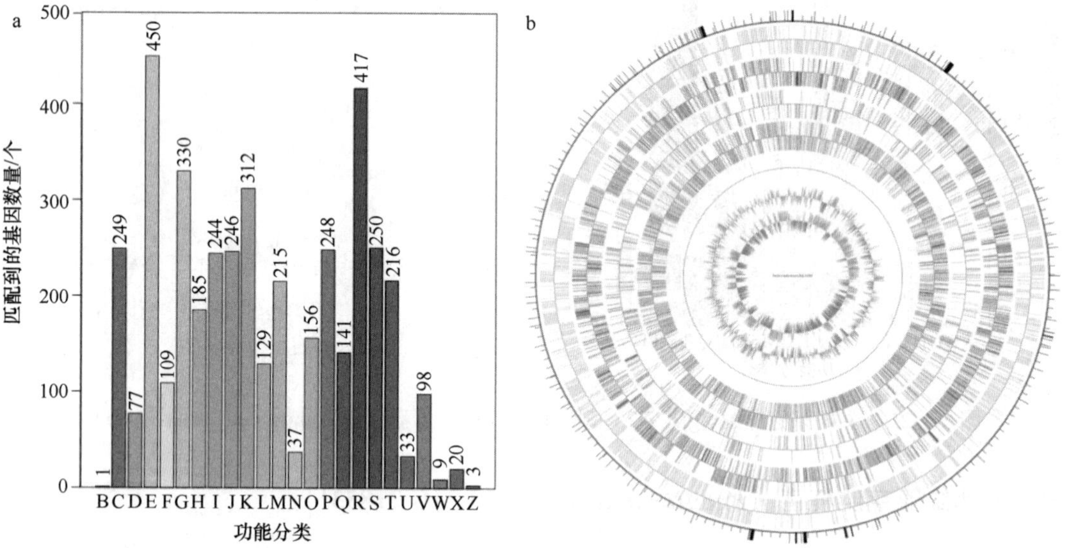


图 5-1-26　巴达维亚芽胞杆菌 LMG 21833^T 基因组的直系同源基因聚类分析（a）和圈图（b）

## 26. 贝氏芽胞杆菌（*Bacillus beveridgei*）MLTeJB^T

贝氏芽胞杆菌（*Bacillus beveridgei* Baesman et al. 2010，sp. nov.）的模式菌株（MLTeJB^T =DSM 22320^T =ATCC BAA-1786^T）分离自美国加利福尼亚州莫诺湖（碱性超高盐度苏打湖），嗜盐、嗜碱，最适生长条件为 40℃、pH 9.0、0.5～1.5 mol/L NaCl，能氧化碲（Te）、硒（Se）和砷（As），兼性厌氧，产芽胞（Baesman et al.，2009*）。目前，该种仅有 1 个基因组，模式菌株 MLTeJB^T 基因组的 GenBank 登录号为 GCA_001721685.1，测序平台为 PacBio，于 2016 年 9 月 8 日由美国特拉华大学（University of Delaware）提交。

**【基因组的组装】**菌株 MLTeJB^T 基因组的测序深度为 269 X，基因组大小为 3.582 Mb，组装到染色体水平，即 1 条染色体。**【G+C 含量】**46.07%。**【非编码 RNA】**预测到 22 个 rRNA 基因（5S rRNA 8 个、16S rRNA 7 个、23S rRNA 7 个），68 个 tRNA 基因，1 个 sRNA 基因。**【编码基因】**有 3545 个蛋白质编码基因，编码区总长为 3 185 757 bp，占整

*注：此细菌种名发表于 2009 年，于 2010 年确认正式有效，因此发表时间与定名时间略有差异，全书同

个基因组的 88.94%，基因的平均长度为 899 bp。【基因功能注释】比对到 KEGG、COG 和 GO 数据库的基因数量分别为 3316 个、2373 个和 2494 个，预测到分泌蛋白编码基因 74 个；在 24 个 COG 功能类群中，基因数量前 10 位的类群分别是：E. 氨基酸转运与代谢 230 个，R. 仅一般功能预测 223 个，C. 能量产生与转换 216 个，G. 碳水化合物转运与代谢 212 个，J. 翻译、核糖体结构与合成 203 个，K. 转录 181 个，P. 无机离子转运与代谢 156 个，T. 信号转导机制 156 个，S. 功能未知 147 个和 H. 辅酶转运与代谢 128 个（图 5-1-27a）。【重复序列】预测到的重复序列包括：LTR 137 个，总长为 10 088 bp，平均长度为 74 bp；DNA 重复元件 36 个，总长为 2532 bp，平均长度为 73 bp；LINE 33 个，总长为 2247 bp，平均长度为 68 bp；SINE 17 个，总长为 1154 bp，平均长度为 68 bp；RC 1 个，长度为 60 bp；未知序列 1 个，长度为 39 bp；TR 58 个，重复序列长度为 6～537 bp，总长为 5503 bp；小卫星 DNA 50 个，重复序列长度为 12～60 bp，总长为 2341 bp；微卫星 DNA 1 个，重复序列长度为 6 bp，总长为 31 bp。【CRISPR】预测到 7 个 CRISPR 相关序列。【基因岛】预测到 8 个基因岛 GI 01～GI 08，长度为 8740～12 475 bp，其 G+C 含量为 37.44%～52.34%。利用已预测得到的基因组信息，如重复序列、G+C 含量等，应用 CIRCOS 工具绘制其基因组圈图（图 5-1-27b）。

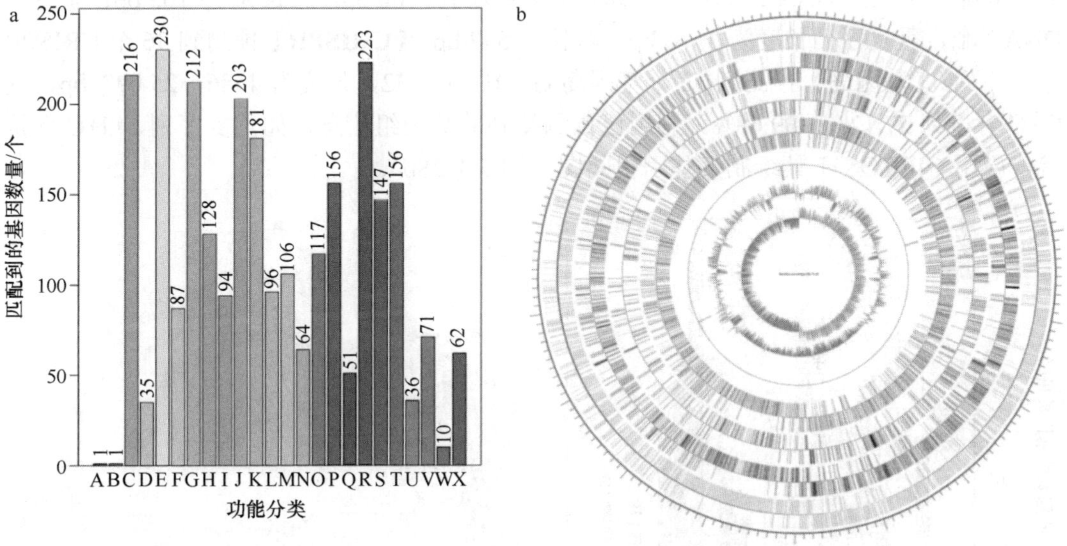


图 5-1-27　贝氏芽胞杆菌 MLTeJB$^{T}$基因组的直系同源基因聚类分析（a）和圈图（b）

## 27. 兵马俑芽胞杆菌（*Bacillus bingmayongensis*）FJAT-13831$^{T}$

兵马俑芽胞杆菌（*Bacillus bingmayongensis* Liu et al. 2014，sp. nov.）的模式菌株（FJAT-13831$^{T}$ =CGMCC 1.12043$^{T}$ =DSM 25427$^{T}$）分离自陕西西安市秦始皇兵马俑 1 号坑附近的土壤，生长条件为 15～45℃（最适 30℃）、pH 4.0～10.0（最适 pH 7.0），兼性好氧，产芽胞（Liu et al.，2014d）。目前，该种仅有 1 个基因组，模式菌株 FJAT-13831$^{T}$ 基因组的 GenBank 登录号为 GCA_000299035.1，测序平台为 Illumina HiSeq，于 2012 年 9 月 24 日由福建省农业科学院（Fujian Academy of Agriculture Sciences）提交。

**【基因组的组装】**菌株 FJAT-13831$^T$基因组的测序深度为 100 X，基因组大小为 5.477 Mb，组装到 63 个 scaffolds，scaffold $N_{50}$为 567 733 bp。**【G+C 含量】**35.49%。**【非编码 RNA】**预测到 8 个 rRNA 基因（5S rRNA 5 个、16S rRNA 1 个、23S rRNA 2 个），83 个 tRNA 基因，6 个 sRNA 基因。**【编码基因】**有 5797 个蛋白质编码基因，编码区总长为 4 478 844 bp，占整个基因组的 81.77%，基因的平均长度为 773 bp。**【基因功能注释】**比对到 KEGG、COG 和 GO 数据库的基因数量分别为 5176 个、3838 个和 3760 个，预测到分泌蛋白编码基因 97 个；在 25 个 COG 功能类群中，基因数量前 10 位的类群分别是：R. 仅一般功能预测 419 个，E. 氨基酸转运与代谢 411 个，K. 转录 393 个，S. 功能未知 300 个，J. 翻译、核糖体结构与合成 296 个，G. 碳水化合物转运与代谢 263 个，M. 细胞壁/膜/包膜生物合成 229 个，H. 辅酶转运与代谢 227 个，T. 信号转导机制 223 个和 C. 能量产生与转换 212 个（图 5-1-28a）。**【重复序列】**预测到的重复序列包括：LTR 131 个，总长为 8309 bp，平均长度为 63 bp；DNA 重复元件 52 个，总长为 3654 bp，平均长度为 70 bp；LINE 36 个，总长为 2241 bp，平均长度为 62 bp；SINE 9 个，总长为 618 bp，平均长度为 69 bp；RC 4 个，总长为 176 bp，平均长度为 44 bp；未知序列 2 个，总长为 293 bp，平均长度为 146 bp；TR 228 个，重复序列长度为 3～1671 bp，总长为 38 356 bp；小卫星 DNA 158 个，重复序列长度为 10～60 bp，总长为 13 105 bp；微卫星 DNA 7 个，重复序列长度为 3～6 bp，总长为 547 bp。**【CRISPR】**预测到 36 个 CRISPR 相关序列。**【基因岛】**预测到 32 个基因岛 GI 01～GI 32，长度为 4586～25 097 bp，其 G+C 含量为 27.12%～39.68%。利用已预测得到的基因组信息，如重复序列、G+C 含量等，应用 CIRCOS 工具绘制其基因组圈图（图 5-1-28b）。

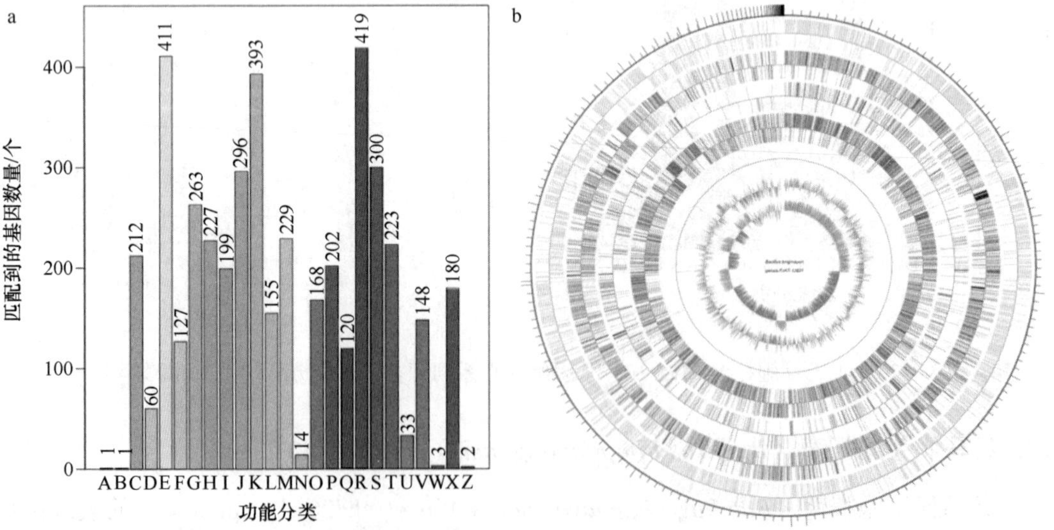


图 5-1-28　兵马俑芽胞杆菌 FJAT-13831$^T$基因组的直系同源基因聚类分析（a）和圈图（b）

## 28. 博戈里亚芽胞杆菌（*Bacillus bogoriensis*）ATCC BAA-922$^T$

博戈里亚芽胞杆菌（*Bacillus bogoriensis* Vargas et al. 2005，sp. nov.）的模式菌株

（LBB3ᵀ =ATCC BAA-922ᵀ =LMG 22234ᵀ）分离自肯尼亚博戈里亚的苏打湖，嗜碱、耐盐，生长条件为 10～40℃（最适 37℃）、pH 8.0～11.0（最适 pH 10.0），耐受 2 mol/L NaCl，严格好氧，产芽胞（Vargas et al.，2005）。目前，该种仅有 1 个基因组，模式菌株 ATCC BAA-922ᵀ 基因组的 GenBank 登录号为 GCA_000621445.1，测序平台为 Illumina HiSeq，于 2014 年 4 月 8 日由美国能源部联合基因组研究所（DOE Joint Genome Institute）提交。

**【基因组的组装】** 菌株 ATCC BAA-922ᵀ 基因组的测序深度未知，基因组大小为 5.002 Mb，组装到 51 个 scaffolds，scaffold $N_{50}$ 为 192 662 bp。**【G+C 含量】** 36.68%。**【非编码 RNA】** 预测到 10 个 rRNA 基因（5S rRNA 8 个、16S rRNA 1 个、23S rRNA 1 个），71 个 tRNA 基因，3 个 sRNA 基因。**【编码基因】** 有 5060 个蛋白质编码基因，编码区总长为 4 312 101 bp，占整个基因组的 86.21%，基因的平均长度为 852 bp。**【基因功能注释】** 比对到 KEGG、COG 和 GO 数据库的基因数量分别为 4109 个、3174 个和 3326 个，预测到分泌蛋白编码基因 107 个；在 24 个 COG 功能类群中，基因数量前 10 位的类群分别是：R. 仅一般功能预测 335 个，G. 碳水化合物转运与代谢 328 个，K. 转录 292 个，E. 氨基酸转运与代谢 288 个，T. 信号转导机制 245 个，J. 翻译、核糖体结构与合成 240 个，S. 功能未知 232 个，P. 无机离子转运与代谢 211 个，H. 辅酶转运与代谢 187 个和 C. 能量产生与转换 166 个（图 5-1-29a）。**【重复序列】** 预测到的重复序列包括：LTR 109 个，总长为 7308 bp，平均长度为 67 bp；DNA 重复元件 36 个，总长为 2377 bp，平均长度为 66 bp；LINE 42 个，总长为 2525 bp，平均长度为 60 bp；SINE 13 个，总长为 902 bp，平均长度为 69 bp；RC 2 个，总长为 73 bp，平均长度为 36 bp；TR 155 个，重复序列长度为 3～1191 bp，总长为 21 666 bp；小卫星 DNA 119 个，重复序列长度为 11～52 bp，总长为 11 544 bp；微卫星 DNA 4 个，重复序列长度为 3～6 bp，总长为 189 bp。**【CRISPR】** 预测到 136 个 CRISPR 相关序列。**【基因岛】** 预测到 6 个基因岛 GI 01～GI 06，长度为 4626～17 879 bp，其 G+C 含量为 31.47%～38.20%。利用已预测得到的基因组信息，如重复序列、G+C 含量等，应用 CIRCOS 工具绘制其基因组圈图（图 5-1-29b）。

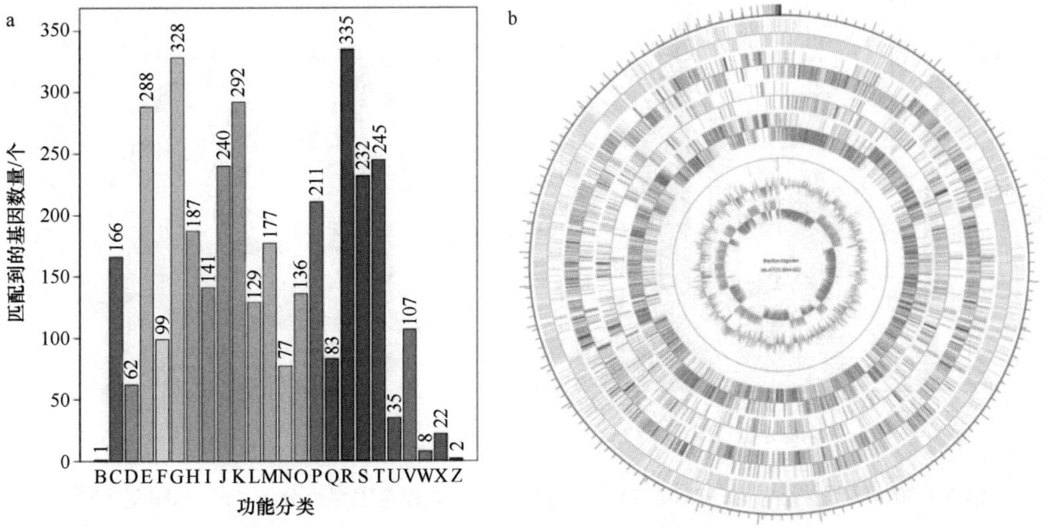


图 5-1-29　博戈里亚芽胞杆菌 ATCC BAA-922ᵀ 基因组的直系同源基因聚类分析（a）和圈图（b）

## 29. 嗜硼芽胞杆菌（*Bacillus boroniphilus*）JCM 21738$^T$

嗜硼芽胞杆菌（*Bacillus boroniphilus* Ahmed et al. 2007，sp. nov.）的模式菌株（DSM 17376$^T$ =IAM 15287$^T$ =ATCC BAA-1204$^T$ =JCM 21738$^T$）分离自土耳其屈塔希亚天然含硼的土壤，生长条件为16～37℃（最适30℃）、pH 6.5～9.0（最适pH 7.5～8.5）、0～7%（*W*/*V*）NaCl（最适0），其生长需要硼，好氧，产芽胞（Ahmed et al.，2007a）。目前，该种仅有1个基因组，模式菌株JCM 21738$^T$基因组的GenBank登录号为GCA_000517385.1，测序平台为Ion PGM，于2014年1月7日由日本东京大学（The University of Tokyo）提交。

**【基因组的组装】**菌株JCM 21738$^T$基因组的测序深度为22 X，基因组大小为4.365 Mb，组装到240个contigs，contig $N_{50}$为40 315 bp。**【G+C含量】**42.02%。**【非编码RNA】**预测到7个rRNA基因（5S rRNA 5个、16S rRNA 1个、23S rRNA 1个），76个tRNA基因，8个sRNA基因。**【编码基因】**有5652个蛋白质编码基因，编码区总长为3 603 804 bp，占整个基因组的82.56%，基因的平均长度为638 bp。**【基因功能注释】**比对到KEGG、COG和GO数据库的基因数量分别为3914个、2979个和3391个，预测到分泌蛋白编码基因80个；在23个COG功能类群中，基因数量前10位的类群分别是：R. 仅一般功能预测318个，E. 氨基酸转运与代谢302个，J. 翻译、核糖体结构与合成243个，S. 功能未知239个，C. 能量产生与转换213个，K. 转录202个，T. 信号转导机制202个，P. 无机离子转运与代谢190个，M. 细胞壁/膜/包膜生物合成177个和H. 辅酶转运与代谢168个（图5-1-30a）。**【重复序列】**预测到的重复序列包括：LTR 205个，总长为11 971 bp，平均长度为58 bp；DNA重复元件70个，总长为4339 bp，平均长度为62 bp；LINE 57个，总长为3206 bp，平均长度为56 bp；SINE 13个，总长为928 bp，平均长度为71 bp；

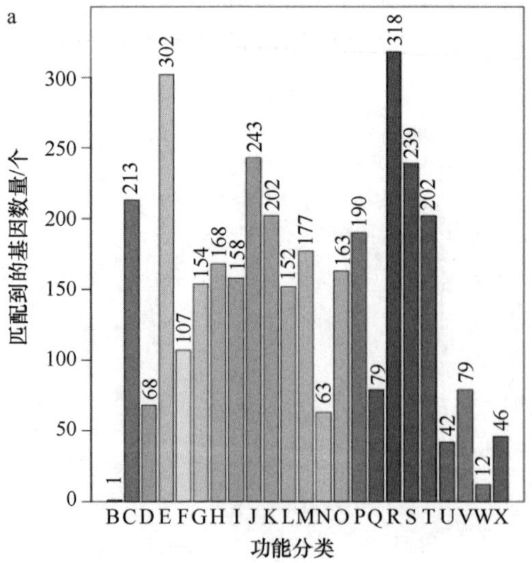


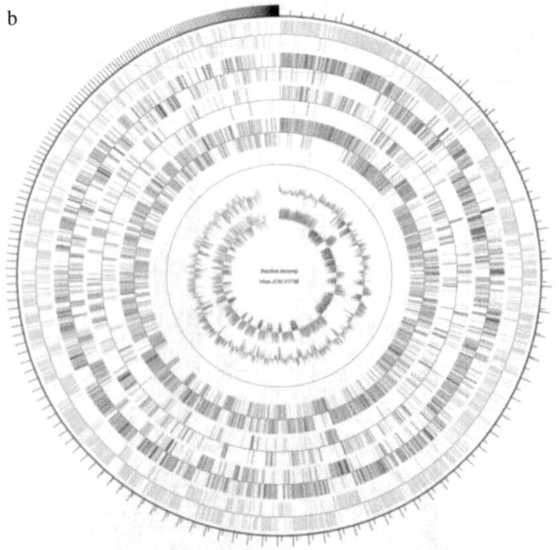


图5-1-30　嗜硼芽胞杆菌JCM 21738$^T$基因组的直系同源基因聚类分析（a）和圈图（b）

RC 4 个，总长为 220 bp，平均长度为 55 bp；未知序列 1 个，长度为 11 bp；TR 329 个，重复序列长度为 3～228 bp，总长为 31 914 bp；小卫星 DNA 298 个，重复序列长度为 10～60 bp，总长为 29 574 bp；微卫星 DNA 4 个，重复序列长度为 3～6 bp，总长为 247 bp。**【CRISPR】**预测到 157 个 CRISPR 相关序列。**【基因岛】**预测到 10 个基因岛 GI 01～GI 10，长度为 4584～6855 bp，其 G+C 含量为 31.07%～45.54%。利用已预测得到的基因组信息，如重复序列、G+C 含量等，应用 CIRCOS 工具绘制其基因组圈图（图 5-1-30b）。

### 30. 食丁醇芽胞杆菌（*Bacillus butanolivorans*）PHB-7a

食丁醇芽胞杆菌（*Bacillus butanolivorans* Kuisiene et al. 2008，sp. nov.）的模式菌株（K9$^T$ =DSM 18926$^T$ =LMG 23974$^T$）分离自立陶宛的土壤，生长条件为 5～45℃（最适 25℃）、pH 6.0～8.8（最适 pH 7.0）、0.5%～5%（*W*/*V*）NaCl（最适 1%），能以丁醇为唯一碳源，可用于环境中丁醇的清除，严格好氧，产芽胞（Kuisiene et al.，2008）。目前，该种有 3 个基因组，选择组装到完成图水平的非模式菌株 PHB-7a 基因组进行描述，其 GenBank 登录号为 GCA_003410415.1，测序平台为 PacBio，于 2018 年 8 月 15 日由上海交通大学（Shanghai Jiao Tong University）提交。

**【基因组的组装】**菌株 PHB-7a 基因组的测序深度为 165 X，基因组大小为 5.568 Mb，组装到完成图水平，包括 1 条染色体。**【G+C 含量】**38.22%。**【非编码 RNA】**预测到 36 个 rRNA 基因（5S rRNA 12 个、16S rRNA 12 个、23S rRNA 12 个），75 个 tRNA 基因，5 个 sRNA 基因。**【编码基因】**有 5724 个蛋白质编码基因，编码区总长为 4 488 735 bp，占整个基因组的 80.62%，基因的平均长度为 784 bp。**【基因功能注释】**比对到 KEGG、COG 和 GO 数据库的基因数量分别为 4799 个、3654 个和 3758 个，预测到分泌蛋白编码基因 99 个；在 24 个 COG 功能类群中，基因数量前 10 位的类群分别是：E. 氨基酸转运与代谢 483 个，R. 仅一般功能预测 435 个，K. 转录 340 个，S. 功能未知 274 个，G. 碳水化合物转运与代谢 259 个，J. 翻译、核糖体结构与合成 258 个，I. 脂质转运与代谢 254 个，P. 无机离子转运与代谢 240 个，C. 能量产生与转换 232 个和 H. 辅酶转运与代谢 228 个（图 5-1-31a）。**【重复序列】**预测到的重复序列包括：LTR 116 个，总长为 10 484 bp，平均长度为 90 bp；DNA 重复元件 37 个，总长为 2332 bp，平均长度为 63 bp；LINE 31 个，总长为 1955 bp，平均长度为 63 bp；SINE 13 个，总长为 940 bp，平均长度为 72 bp；RC 2 个，总长为 122 bp，平均长度为 61 bp；TR 257 个，重复序列长度为 3～784 bp，总长为 33 480 bp；小卫星 DNA 200 个，重复序列长度为 10～60 bp，总长为 18 040 bp；微卫星 DNA 7 个，重复序列长度为 3～6 bp，总长为 336 bp。**【CRISPR】**未预测到 CRISPR 相关序列。**【基因岛】**预测到 14 个基因岛 GI 01～GI 14，长度为 2938～75 855 bp，其 G+C 含量为 32.07%～46.87%。利用已预测得到的基因组信息，如重复序列、G+C 含量等，应用 CIRCOS 工具绘制其基因组圈图（图 5-1-31b）。

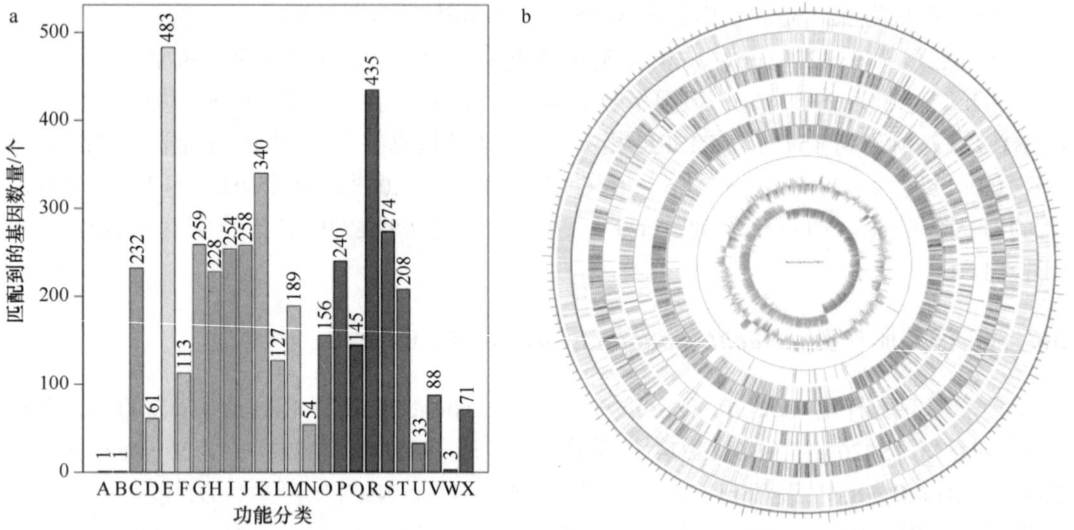


图 5-1-31　食丁醇芽胞杆菌 PHB-7a 基因组的直系同源基因聚类分析（a）和圈图（b）

## 31. 茶叶芽胞杆菌（*Bacillus camelliae*）7578-1$^T$

茶叶芽胞杆菌（*Bacillus camelliae* Niu et al. 2018，sp. nov.）的模式菌株（7578-1$^T$ = CGMCC 1.15374$^T$=KCTC 33845$^T$）分离自云南安宁市 1 家茶厂生产的普洱熟茶，生长条件为 20～55℃（最适 30～45℃）、pH 4.8～7.7（最适 pH 5.5～7.7）、0～10%（*W*/*V*）NaCl，好氧，产芽胞（Niu et al.，2018）。目前，该种仅有 1 个基因组，模式菌株 7578-1$^T$ 基因组的 GenBank 登录号为 GCA_002844575.1，测序平台为 Illumina HiSeq，于 2017 年 12 月 18 日由上海大学（Shanghai University）提交。

**【基因组的组装】**菌株 7578-1$^T$ 基因组的测序深度为 112 X，基因组大小为 4.957 Mb，组装到 80 个 contigs，contig $N_{50}$ 为 180 478 bp。**【G+C 含量】**36.02%。**【非编码 RNA】**预测到 5 个 rRNA 基因（5S rRNA 3 个、16S rRNA 1 个、23S rRNA 1 个），57 个 tRNA 基因，8 个 sRNA 基因。**【编码基因】**有 5321 个蛋白质编码基因，编码区总长为 4 133 283 bp，占整个基因组的 83.38%，基因的平均长度为 777 bp。**【基因功能注释】**比对到 KEGG、COG 和 GO 数据库的基因数量分别为 4242 个、3236 个和 3356 个，预测到分泌蛋白编码基因 59 个；在 25 个 COG 功能类群中，基因数量前 10 位的类群分别是：R. 仅一般功能预测 351 个，E. 氨基酸转运与代谢 350 个，K. 转录 319 个，G. 碳水化合物转运与代谢 289 个，J. 翻译、核糖体结构与合成 263 个，S. 功能未知 234 个，T. 信号转导机制 210 个，M. 细胞壁/膜/包膜生物合成 199 个，H. 辅酶转运与代谢 173 个和 P. 无机离子转运与代谢 171 个（图 5-1-32a）。**【重复序列】**预测到的重复序列包括：LTR 105 个，总长为 6687 bp，平均长度为 64 bp；DNA 重复元件 41 个，总长为 2281 bp，平均长度为 56 bp；LINE 30 个，总长为 1947 bp，平均长度为 65 bp；SINE 10 个，总长为 722 bp，平均长度为 72 bp；RC 2 个，总长为 91 bp，平均长度为 46 bp；TR 229 个，重复序列长度为 3～432 bp，总长为 46 251 bp；小卫星 DNA 151 个，重复序列长度为 10～59 bp，总长为 27 643 bp；微卫星 DNA 4 个，重复序列长度为 3～6 bp，总长为 124 bp。**【CRISPR】**预测到 42 个 CRISPR 相关序列。**【基因岛】**预测到 11 个基因岛 GI 01～GI 11，长度为 3062～16 434 bp，其 G+C 含量为 30.73%～42.26%。利用已预测得到的基因组信息，如重复序列、G+C 含量等，应用 CIRCOS 工具绘制其基因组圈图（图 5-1-32b）。

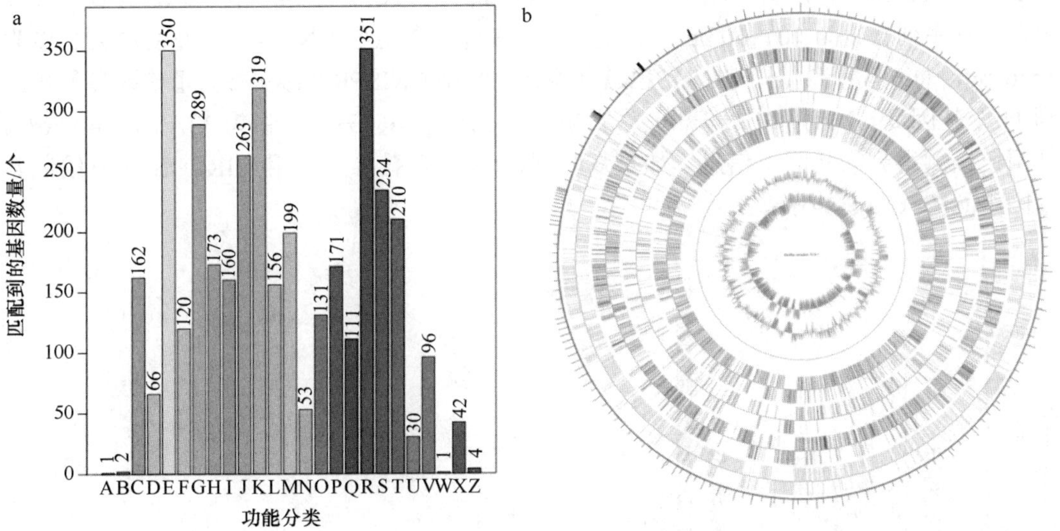


图 5-1-32　茶叶芽胞杆菌 7578-1$^T$ 基因组的直系同源基因聚类分析（a）和圈图（b）

## 32. 晒盐场芽胞杆菌（*Bacillus campisalis*）SA2-6$^T$

晒盐场芽胞杆菌（*Bacillus campisalis* Kumar et al. 2015，sp. nov.）的模式菌株（SA2-6$^T$ = MTCC 11848$^T$ =DSM 28801$^T$）分离自印度孟加拉湾科摩林角的晒盐场样品，生长条件为 20～42℃（最适 37℃）、pH 6.5～9.0（最适 pH 7.0～8.0）、0～7%（*W*/*V*）NaCl，好氧，产芽胞（Kumar et al.，2015）。目前，该种仅有 1 个基因组，模式菌株 SA2-6$^T$ 基因组的 GenBank 登录号为 GCA_000986785.1，测序平台为 Illumina MiSeq，于 2015 年 5 月 1 日由印度科学和工业理事会微生物技术研究所（CSIR-Institute of Microbial Technology）提交。

**【基因组的组装】**菌株 SA2-6$^T$ 基因组的测序深度为 100 X，基因组大小为 5.182 Mb，组装到 102 个 scaffolds，scaffold $N_{50}$ 为 173 403 bp。**【G+C 含量】**45.44%。**【非编码 RNA】**预测到 17 个 rRNA 基因（5S rRNA 17 个、16S rRNA 0 个、23S rRNA 0 个），116 个 tRNA 基因，9 个 sRNA 基因。**【编码基因】**有 5389 个蛋白质编码基因，编码区总长为 4 450 797 bp，占整个基因组的 85.89%，基因的平均长度为 826 bp。**【基因功能注释】**比对到 KEGG、COG 和 GO 数据库的基因数量分别为 4516 个、3514 个和 3519 个，预测到分泌蛋白编码基因 99 个；在 24 个 COG 功能类群中，基因数量前 10 位的类群分别是：R. 仅一般功能预测 429 个，E. 氨基酸转运与代谢 381 个，G. 碳水化合物转运与代谢 337 个，K. 转录 279 个，C. 能量产生与转换 260 个，P. 无机离子转运与代谢 258 个，J. 翻译、核糖体结构与合成 236 个，S. 功能未知 234 个，I. 脂质转运与代谢 233 个和 M. 翻译、核糖体结构与合成 225 个（图 5-1-33a）。**【重复序列】**预测到的重复序列包括：LTR 185 个，总长为 11 889 bp，平均长度为 64 bp；DNA 重复元件 32 个，总长为 2140 bp，平均长度为 67 bp；LINE 56 个，总长为 3106 bp，平均长度为 55 bp；SINE 24 个，总长为 1676 bp，平均长度为 70 bp；RC 1 个，长度为 42 bp；未知序列 3 个，总长为 157 bp，平均长度为 52 bp；TR 342 个，重复序列长度为 5～492 bp，总长为 42 349 bp；小卫星 DNA 238 个，重复序列长度为 10～60 bp，总长为 30 873 bp；微卫星 DNA 4 个，重复序列长度为 5～6 bp，总长为 132 bp。**【CRISPR】**预测到 99 个 CRISPR 相关序列。**【基因岛】**预测到 11 个基因岛 GI 01～GI 11，长度为 3916～14 595 bp，其 G+C 含量为 37.13%～48.56%。利用已预测得到的基因组信息，如重复序列、G+C 含量等，应用 CIRCOS 工具绘制其基因组圈图（图 5-1-33b）。

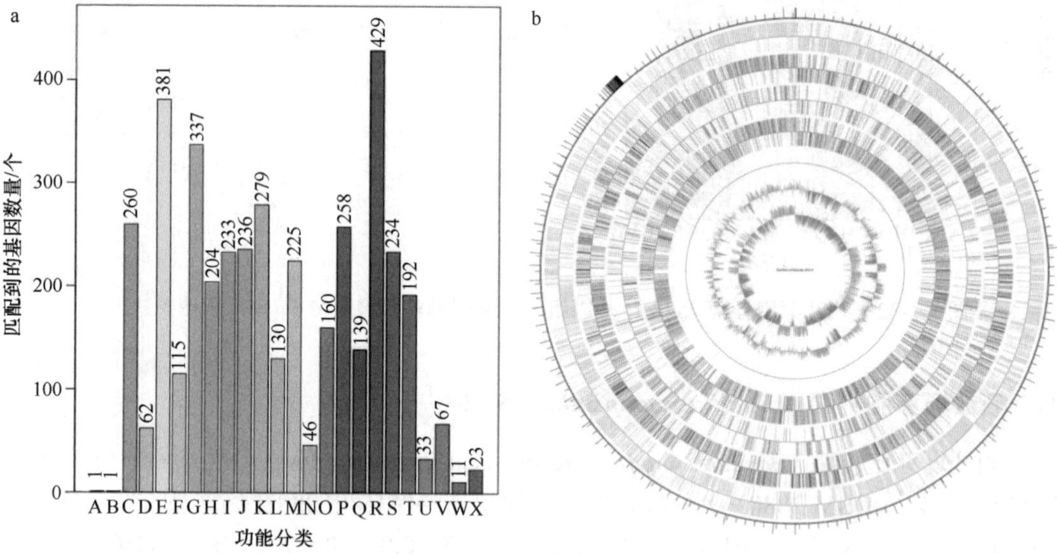


图 5-1-33　晒盐场芽胞杆菌 SA2-6$^T$ 基因组的直系同源基因聚类分析（a）和圈图（b）

## 33. 卡纳维拉尔角芽胞杆菌（*Bacillus canaveralius*）M4.6

卡纳维拉尔角芽胞杆菌（*Bacillus canaveralius* Newcombe et al. 2009，sp. nov.）的模式菌株（KSC SF8b$^T$ =ATCC BAA-1493$^T$ =MTCC 8908$^T$）分离自美国卡纳维拉尔角的肯尼迪航天中心火箭装配车间的表面样品，耐碱，生长条件为 15～45℃（最适 32℃）、pH 7.0～10.5（最适 pH 7.4）、0.5%～15%（*W/V*）NaCl，好氧，产芽胞（Newcombe et al., 2009）。目前，该种有 3 个基因组，选择组装水平较高的非模式菌株 M4.6 的基因组进行描述，其 GenBank 登录号为 GCA_002860125.1，测序平台为 Illumina HiSeq，于 2018 年 1 月 4 日由美国加州理工学院（California Institute of Technology）提交。

**【基因组的组装】**菌株 M4.6 基因组的测序深度为 100 X，基因组大小为 4.695 Mb，组装到 104 个 contigs，contig $N_{50}$ 为 77 021 bp。**【G+C 含量】**41.64%。**【非编码 RNA】**预测到 6 个 rRNA 基因（5S rRNA 4 个、16S rRNA 1 个、23S rRNA 1 个），71 个 tRNA 基因，13 个 sRNA 基因。**【编码基因】**有 4954 个蛋白质编码基因，编码区总长为 4 007 052 bp，占整个基因组的 85.35%，基因的平均长度为 809 bp。**【基因功能注释】**比对到 KEGG、

COG 和 GO 数据库的基因数量分别为 4098 个、3191 个和 3256 个，预测到分泌蛋白编码基因 82 个；在 24 个 COG 功能类群中，基因数量前 10 位的类群分别是：E. 氨基酸转运与代谢 361 个，R. 仅一般功能预测 351 个，G. 碳水化合物转运与代谢 301 个，K. 转录 253 个，C. 能量产生与转换 228 个，S. 功能未知 223 个，J. 翻译、核糖体结构与合成 220 个，P. 无机离子转运与代谢 217 个，T. 信号转导机制 199 个和 H. 辅酶转运与代谢 190 个（图 5-1-34a）。**【重复序列】**预测到的重复序列包括：LTR 172 个，总长为 10 491 bp，平均长度为 61 bp；DNA 重复元件 65 个，总长为 3990 bp，平均长度为 61 bp；LINE 46 个，总长为 2640 bp，平均长度为 57 bp；SINE 11 个，总长为 837 bp，平均长度为 76 bp；RC 3 个，总长为 153 bp，平均长度为 51 bp；未知序列 1 个，长度为 32 bp；TR 199 个，重复序列长度为 4～453 bp，总长为 18 606 bp；小卫星 DNA 158 个，重复序列长度为 11～60 bp，总长为 13 381 bp；微卫星 DNA 2 个，重复序列长度为 4～6 bp，总长为 80 bp。**【CRISPR】**预测到 13 个 CRISPR 相关序列。**【基因岛】**预测到 7 个基因岛 GI 01～GI 07，长度为 2799～21 044 bp，其 G+C 含量为 34.58%～45.65%。利用已预测得到的基因组信息，如重复序列、G+C 含量等，应用 CIRCOS 工具绘制其基因组圈图（图 5-1-34b）。

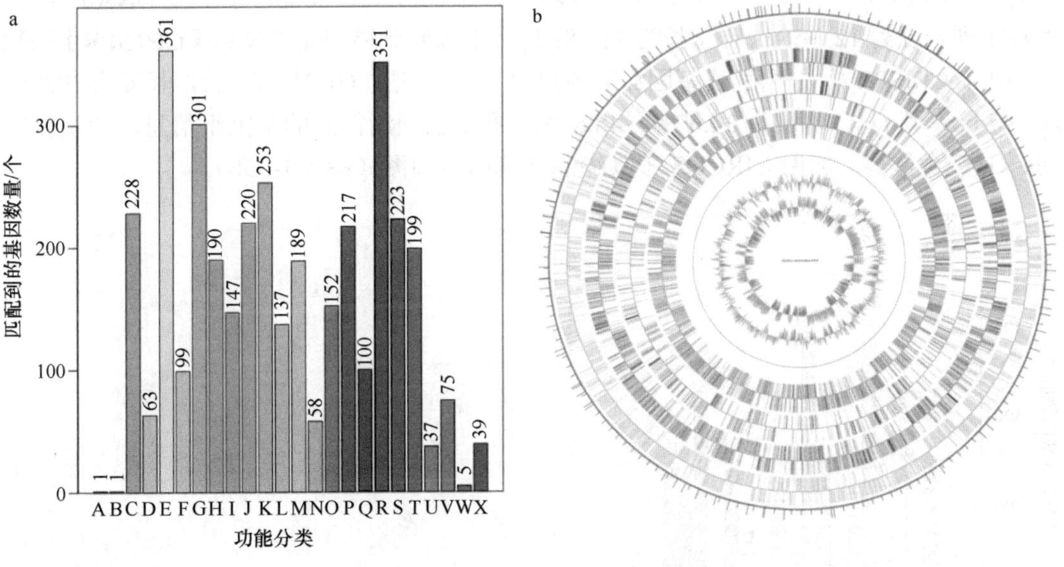


图 5-1-34　卡纳维拉尔角芽胞杆菌 M4.6 基因组的直系同源基因聚类分析（a）和圈图（b）

## 34. 解酪蛋白芽胞杆菌（*Bacillus caseinilyticus*）SP$^{T}$

解酪蛋白芽胞杆菌（*Bacillus caseinilyticus* Vishnuvardhan et al. 2015，sp. nov.）的模式菌株（SP$^{T}$ =MCC 2612$^{T}$ =JCM 30246$^{T}$）分离自印度洛纳湖的沉积物样品，耐盐、中度嗜碱，生长条件为 15～60℃（最适 37℃）、pH 7.0～10.5（最适 pH 9.0）；NaCl 为生长非必需的，但最适生长含量为 6%（*W*/*V*），最高能耐受 28% NaCl；好氧，产芽胞（Vishnuvardhan et al.，2015a）。目前，该种仅有 1 个基因组，模式菌株 SP$^{T}$ 基因组的 GenBank 登录号为 GCA_900107275.1，测序平台为 Illumina HiSeq，于 2016 年 10 月 22 日

由美国能源部联合基因组研究所（DOE Joint Genome Institute）提交。

**【基因组的组装】**菌株 SP$^T$ 基因组的测序深度为 250 X，基因组大小为 5.873 Mb，组装到 61 个 contigs，contig $N_{50}$ 为 209 458 bp。**【G+C 含量】**44.85%。**【非编码 RNA】**预测到 10 个 rRNA 基因（5S rRNA 8 个、16S rRNA 1 个、23S rRNA 1 个），101 个 tRNA 基因，5 个 sRNA 基因。**【编码基因】**有 6137 个蛋白质编码基因，编码区总长为 4 877 592 bp，占整个基因组的 83.05%，基因的平均长度为 795 bp。**【基因功能注释】**比对到 KEGG、COG 和 GO 数据库的基因数量分别为 4368 个、3418 个和 3657 个，预测到分泌蛋白编码基因 100 个；在 25 个 COG 功能类群中，基因数量前 10 位的类群分别是：G. 碳水化合物转运与代谢 482 个，K. 转录 386 个，R. 仅一般功能预测 321 个，E. 氨基酸转运与代谢 289 个，T. 信号转导机制 250 个，P. 无机离子转运与代谢 242 个，J. 翻译、核糖体结构与合成 233 个，C. 能量产生与转换 220 个，S. 功能未知 212 个和 M. 细胞壁/膜/包膜生物合成 199 个（图 5-1-35a）。**【重复序列】**预测到的重复序列包括：LTR 207 个，总长为 12 198 bp，平均长度为 59 bp；DNA 重复元件 66 个，总长为 3881 bp，平均长度为 59 bp；LINE 54 个，总长为 3268 bp，平均长度为 60 bp；SINE 22 个，总长为 1570 bp，平均长度为 71 bp；RC 3 个，总长为 140 bp，平均长度为 47 bp；未知序列 1 个，长度为 39 bp；TR 198 个，重复序列长度为 9～996 bp，总长为 40 213 bp；小卫星 DNA 124 个，重复序列长度为 12～58 bp，总长为 11 988 bp；未预测到微卫星 DNA。**【CRISPR】**预测到 280 个 CRISPR 相关序列。**【基因岛】**预测到 11 个基因岛 GI 01～GI 11，长度为 3937～20 547 bp，其 G+C 含量为 34.67%～48.84%。利用已预测得到的基因组信息，如重复序列、G+C 含量等，应用 CIRCOS 工具绘制其基因组圈图（图 5-1-35b）。

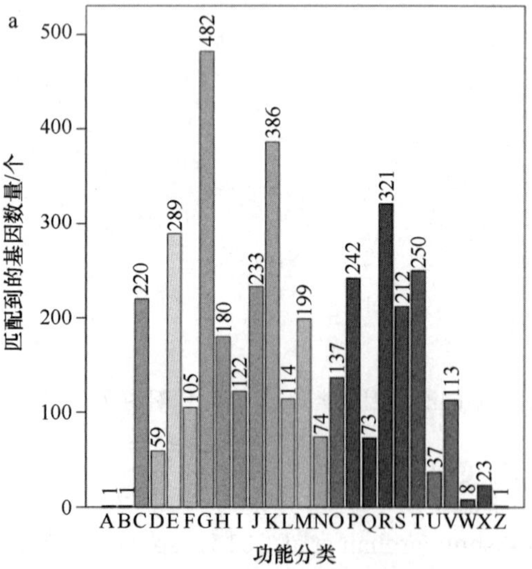


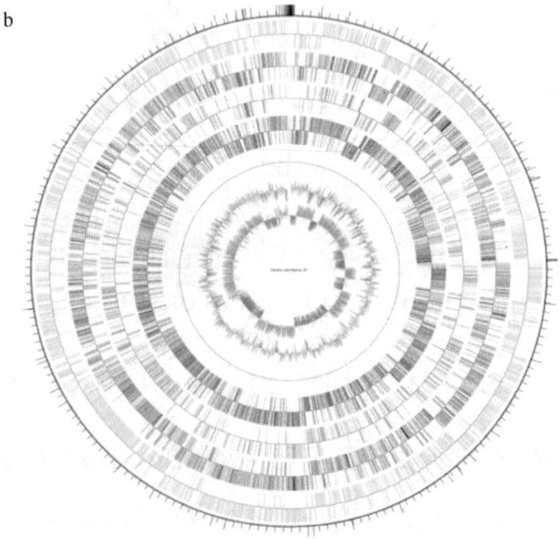


图 5-1-35　解酪蛋白芽胞杆菌 SP$^T$ 基因组的直系同源基因聚类分析（a）和圈图（b）

## 35. 洞穴芽胞杆菌（*Bacillus cavernae*）L5$^T$

洞穴芽胞杆菌（*Bacillus cavernae* Feng et al. 2016，sp. nov.）的模式菌株（L5$^T$ =KCTC

33637$^T$ =CCTCC AB 2015055$^T$）分离自湖北利川市腾龙洞的土壤样品，生长条件为 6～32℃（最适 28℃）、pH 6.0～9.0（最适 pH 7.0）、0～1%（*W*/*V*）NaCl（最适 0），好氧，产芽胞（Feng et al.，2016）。目前，该种仅有 1 个基因组，模式菌株 L5$^T$ 基因组的 GenBank 登录号为 GCA_003989135.1，测序平台为 Illumina HiSeq，于 2018 年 12 月 31 日由美国加州理工学院（California Institute of Technology）提交。

**【基因组的组装】**菌株 L5$^T$ 基因组的测序深度为 100 X，基因组大小为 4.548 Mb，组装到 67 个 scaffolds，scaffold $N_{50}$ 为 170 999 bp。**【G+C 含量】**41.39%。**【非编码 RNA】**预测到 4 个 rRNA 基因（5S rRNA 2 个、16S rRNA 1 个、23S rRNA 1 个），72 个 tRNA 基因，78 个 sRNA 基因。**【编码基因】**有 4797 个蛋白质编码基因，编码区总长为 3 818 220 bp，占整个基因组的 83.95%，基因的平均长度为 796 bp。**【基因功能注释】**比对到 KEGG、COG 和 GO 数据库的基因数量分别为 3913 个、3087 个和 3194 个，预测到分泌蛋白编码基因 97 个；在 25 个 COG 功能类群中，基因数量前 10 位的类群分别是：E. 氨基酸转运与代谢 379 个，R. 仅一般功能预测 371 个，J. 翻译、核糖体结构与合成 237 个，K. 转录 232 个，C. 能量产生与转换 231 个，G. 碳水化合物转运与代谢 229 个，I. 脂质转运与代谢 221 个，S. 功能未知 208 个，H. 辅酶转运与代谢 198 个和 P. 无机离子转运与代谢 195 个（图 5-1-36a）。**【重复序列】**预测到的重复序列包括：LTR 157 个，总长为 9454 bp，平均长度为 60 bp；DNA 重复元件 39 个，总长为 2399 bp，平均长度为 62 bp；LINE 56 个，总长为 3086 bp，平均长度为 55 bp；SINE 10 个，总长为 774 bp，平均长度为 77 bp；RC 2 个，总长为 109 bp，平均长度为 54 bp；未知序列 1 个，长度为 11 bp；TR 240 个，重复序列长度为 4～822 bp，总长为 22 149 bp；小卫星 DNA 190 个，重复序列长度为 10～60 bp，总长为 12 701 bp；微卫星 DNA 2 个，重复序列长度为 4～6 bp，总长为 59 bp。**【CRISPR】**预测到 18 个 CRISPR 相关序列。**【基因岛】**预测到 19 个基因岛 GI 01～GI 19，长度为 4065～14 434 bp，其 G+C 含量为 33.55%～44.87%。利用已预测得到的基因组信息，如重复序列、G+C 含量等，应用 CIRCOS 工具绘制其基因组圈图（图 5-1-36b）。

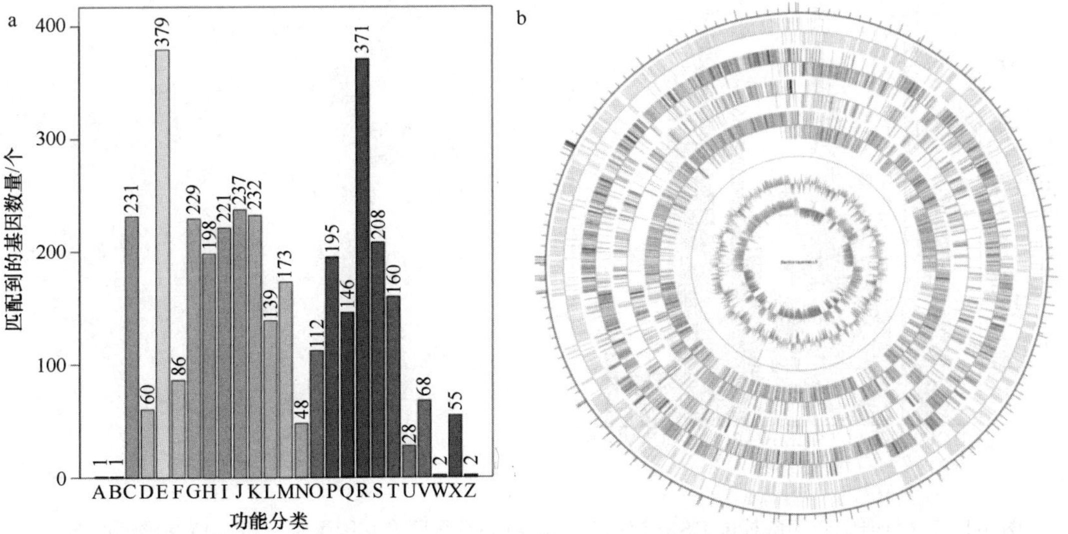


图 5-1-36 洞穴芽胞杆菌 L5$^T$ 基因组的直系同源基因聚类分析（a）和圈图（b）

### 36. 科研中心芽胞杆菌（*Bacillus cecembensis*）DSM 21993$^{T}$

科研中心芽胞杆菌（*Bacillus cecembensis* Reddy et al. 2008，sp. nov.）的模式菌株（PN5$^{T}$ =LMG 23935$^{T}$ =MTCC9127$^{T}$ =JCM 15113$^{T}$ =DSM 21993$^{T}$）分离自印度位于喜马拉雅山脉的平达里冰川（Pindari glacier）附近海拔 3500 m 的土壤样品，耐冷，生长温度为 6～30℃（最适 25℃），好氧，产芽胞（Reddy et al.，2008）。目前，该种仅有 1 个基因组，模式菌株 DSM 21993$^{T}$ 基因组的 GenBank 登录号为 GCA_001439635.1，测序平台为 Illumina HiSeq，于 2015 年 11 月 6 日由福建省农业科学院（Fujian Academy of Agricultural Sciences）提交。

**【基因组的组装】**菌株 DSM 21993$^{T}$ 基因组的测序深度为 150 X，基因组大小为 4.783 Mb，组装到 227 个 scaffolds，scaffold $N_{50}$ 为 161 340 bp。**【G+C 含量】**36.89%。**【非编码 RNA】**预测到 4 个 rRNA 基因（5S rRNA 2 个、16S rRNA 1 个、23S rRNA 1 个），50 个 tRNA 基因，40 个 sRNA 基因。**【编码基因】**有 4858 个蛋白质编码基因，编码区总长为 3 944 370 bp，占整个基因组的 82.47%，基因的平均长度为 812 bp。**【基因功能注释】**比对到 KEGG、COG 和 GO 数据库的基因数量分别为 4214 个、3110 个和 3169 个，预测到分泌蛋白编码基因 108 个；在 24 个 COG 功能类群中，基因数量前 10 位的类群分别是：E. 氨基酸转运与代谢 351 个，K. 转录 320 个，R. 仅一般功能预测 316 个，T. 信号转导机制 248 个，J. 翻译、核糖体结构与合成 246 个，S. 功能未知 236 个，P. 无机离子转运与代谢 236 个，H. 辅酶转运与代谢 183 个，I. 脂质转运与代谢 175 个和 C. 能量产生与转换 169 个（图 5-1-37a）。**【重复序列】**预测到的重复序列包括：LTR 127 个，总长为 8117 bp，平均长度为 64 bp；DNA 重复元件 37 个，总长为 3130 bp，平均长度为 85 bp；LINE 30 个，总长为 4770 bp，平均长度为 159 bp；SINE 9 个，总长为 903 bp，平均长度为 100 bp；RC 3 个，总长为 176 bp，平均长度为 59 bp；TR 165 个，重复序列

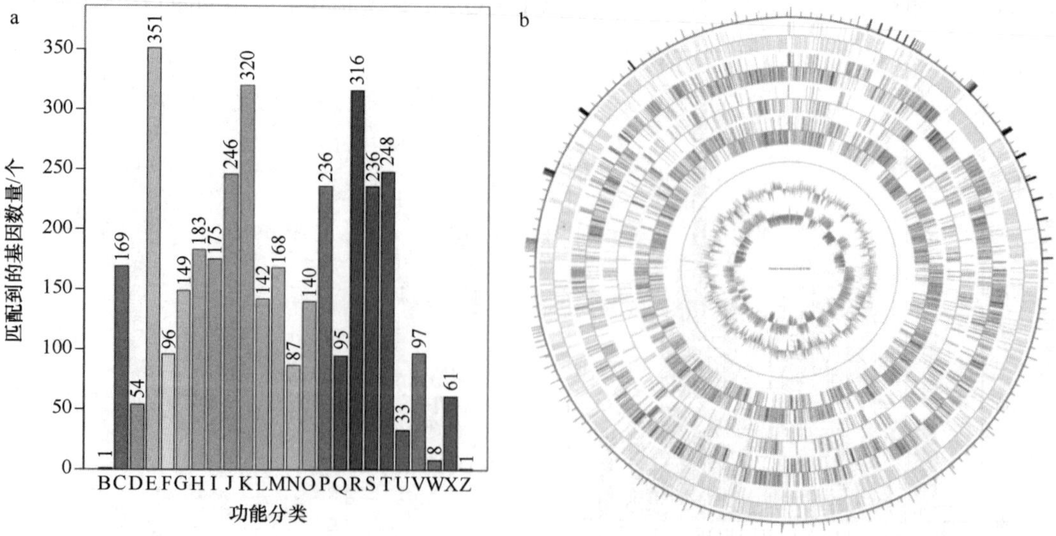


图 5-1-37 科研中心芽胞杆菌 DSM 21993$^{T}$ 基因组的直系同源基因聚类分析（a）和圈图（b）

长度为 1～421 bp，总长为 16 936 bp；小卫星 DNA 127 个，重复序列长度为 10～57 bp，总长为 9565 bp；微卫星 DNA 9 个，重复序列长度为 3～6 bp，总长为 826 bp。**【CRISPR】**预测到 34 个 CRISPR 相关序列。**【基因岛】**预测到 14 个基因岛 GI 01～GI 14，长度为 3052～21 705 bp，其 G+C 含量为 28.13%～39.65%。利用已预测得到的基因组信息，如重复序列、G+C 含量等，应用 CIRCOS 工具绘制其基因组圈图（图 5-1-37b）。

### 37. 纤维素芽胞杆菌（*Bacillus cellulasensis*）NJ-M2

纤维素芽胞杆菌（*Bacillus cellulasensis* Mawlankar et al. 2016，sp. nov.）的模式菌株（NIO-1130$^T$ =NCIM 5461$^T$ =CCTCC AB 2011126$^T$）分离自印度果阿邦的海洋沉积物样品，生长条件为 25～45℃（最适 28℃）、pH 6.0～12.0（最适 pH 7.0～8.0）、0～15%（*W*/*V*）NaCl，好氧，产芽胞（Mawlankar et al.，2016）。该种尚未合格化发表，而且 Liu 等（2016a）认为其应该是高地芽胞杆菌（*Bacillus altitudinis*）的同种异名，但未得到相关机构的确认。目前，该种有 9 个基因组，选择组装到完成图水平的非模式菌株 NJ-M2 基因组进行描述，其 GenBank 登录号为 GCA_001431145.1，测序平台为 ABI 3730+Illumina HiSeq，于 2015 年 11 月 4 日由南京农业大学（Nanjing Agricultural University）提交。

**【基因组的组装】**菌株 NJ-M2 基因组的测序深度为 141 X，基因组大小为 3.793 Mb，组装到完成图水平，包括 1 条染色体。**【G+C 含量】**41.29%。**【非编码 RNA】**预测到 21 个 rRNA 基因（5S rRNA 7 个、16S rRNA 7 个、23S rRNA 7 个），82 个 tRNA 基因，7 个 sRNA 基因。**【编码基因】**有 3982 个蛋白质编码基因，编码区总长为 3 377 541 bp，占整个基因组的 89.05%，基因的平均长度为 848 bp。**【基因功能注释】**比对到 KEGG、COG 和 GO 数据库的基因数量分别为 3770 个、2800 个和 2754 个，预测到分泌蛋白编码基因 82 个；在 24 个 COG 功能类群中，基因数量前 10 位的类群分别是：E. 氨基酸转运与代谢 316 个，K. 转录 287 个，R. 仅一般功能预测 279 个，G. 碳水化合物转运与代谢 245 个，J. 翻译、核糖体结构与合成 227 个，M. 细胞壁/膜/包膜生物合成 196 个，S. 功能未知 195 个，T. 信号转导机制 179 个，P. 无机离子转运与代谢 178 个和 H. 辅酶转运与代谢 174 个（图 5-1-38a）。**【重复序列】**预测到的重复序列包括：LTR 168 个，总长为 12 411 bp，平均长度为 74 bp；DNA 重复元件 58 个，总长为 3806 bp，平均长度为 66 bp；LINE 52 个，总长为 3069 bp，平均长度为 59 bp；SINE 12 个，总长为 1375 bp，平均长度为 115 bp；RC 2 个，总长为 77 bp，平均长度为 38 bp；TR 116 个，重复序列长度为 9～944 bp，总长为 10 225 bp；小卫星 DNA 92 个，重复序列长度为 11～49 bp，总长为 6904 bp；未预测到微卫星 DNA。**【CRISPR】**预测到 22 个 CRISPR 相关序列。**【基因岛】**预测到 11 个基因岛 GI 01～GI 11，长度为 4857～34 662 bp，其 G+C 含量为 32.18%～41.94%。利用已预测得到的基因组信息，如重复序列、G+C 含量等，应用 CIRCOS 工具绘制其基因组圈图（图 5-1-38b）。

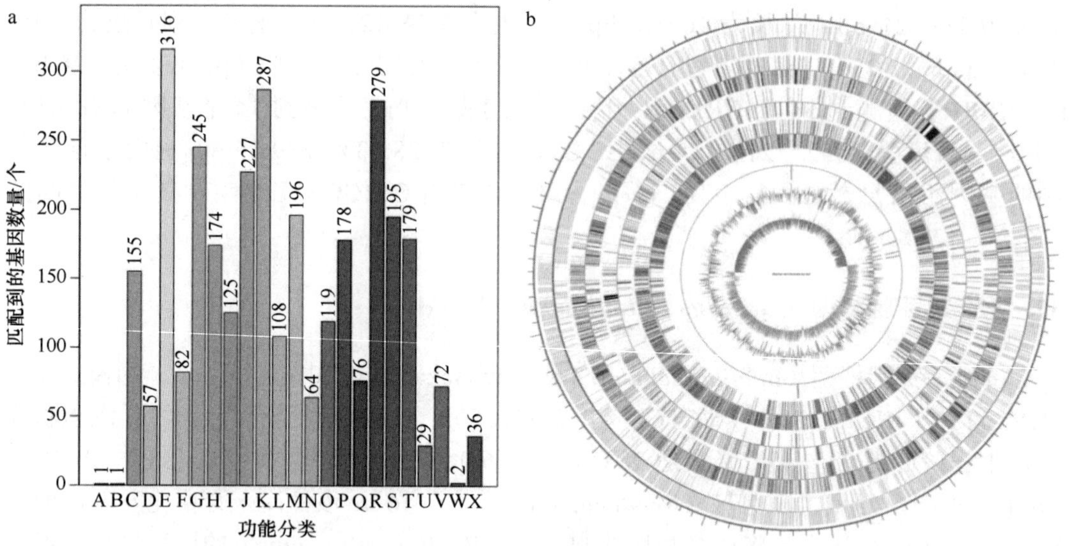


图 5-1-38　纤维素芽胞杆菌 NJ-M2 基因组的直系同源基因聚类分析（a）和圈图（b）

## 38. 解纤维素芽胞杆菌（*Bacillus cellulosilyticus*）DSM 2522$^T$

解纤维素芽胞杆菌（*Bacillus cellulosilyticus* Nogi et al. 2005，sp. nov.）的模式菌株（N-4$^T$ =JCM 9156$^T$=DSM 2522$^T$）来源不详，为工业上高产纤维素酶的菌株，嗜碱，生长条件为 20～40℃（最适 37℃）、pH 8.0～10.0（最适 pH 9.0～10.0），好氧，产芽胞（Nogi et al.，2005）。目前，该种仅有 1 个基因组，模式菌株 DSM 2522$^T$ 基因组的 GenBank 登录号为 GCA_000177235.2，测序平台为 454+Illumina，于 2010 年 12 月 27 日由美国能源部联合基因组研究所（DOE Joint Genome Institute）提交。

**【基因组的组装】**菌株 DSM 2522$^T$ 基因组的测序深度为 30 X，基因组大小为 4.682 Mb，组装到完成图水平，包括 1 条染色体。**【G+C 含量】**36.52%。**【非编码 RNA】**预测到 30 个 rRNA 基因（5S rRNA 10 个、16S rRNA 10 个、23S rRNA 10 个），79 个 tRNA 基因，2 个 sRNA 基因。**【编码基因】**有 4058 个蛋白质编码基因，编码区总长为 3 825 885 bp，占整个基因组的 81.71%，基因的平均长度为 849 bp。**【基因功能注释】**比对到 KEGG、COG 和 GO 数据库的基因数量分别为 4232 个、2724 个和 2968 个，预测到分泌蛋白编码基因 81 个；在 25 个 COG 功能类群中，基因数量前 10 位的类群分别是：R. 仅一般功能预测 270 个，G. 碳水化合物转运与代谢 262 个，J. 翻译、核糖体结构与合成 235 个，K. 转录 232 个，E. 氨基酸转运与代谢 223 个，S. 功能未知 202 个，T. 信号转导机制 182 个，P. 无机离子转运与代谢 170 个，C. 能量产生与转换 161 个和 H. 辅酶转运与代谢 158 个（图 5-1-39a）。**【重复序列】**预测到的重复序列包括：LTR 113 个，总长为 9451 bp，平均长度为 84 bp；DNA 重复元件 29 个，总长为 1775 bp，平均长度为 61 bp；LINE 43 个，总长为 2831 bp，平均长度为 66 bp；SINE 21 个，总长为 1502 bp，平均长度为 72 bp；未知序列 1 个，长度为 46 bp；TR 324 个，重复序列长度为 5～655 bp，总长为 69 609 bp；小卫星 DNA 217 个，重复序列长度为 11～53 bp，总长为 39 685 bp；微卫星 DNA 5 个，重复序列长度为 5～6 bp，总长为 204 bp。**【CRISPR】**预测到 63 个 CRISPR 相关序列。**【基因岛】**预测到 9 个基因岛 GI 01～GI 09，长度为 3811～46 724 bp，其 G+C 含量为 29.99%～44.05%。利用已预测得到的基因组信息，如重复序列、G+C 含量等，应用 CIRCOS 工具绘制其基因组圈图（图 5-1-39b）。

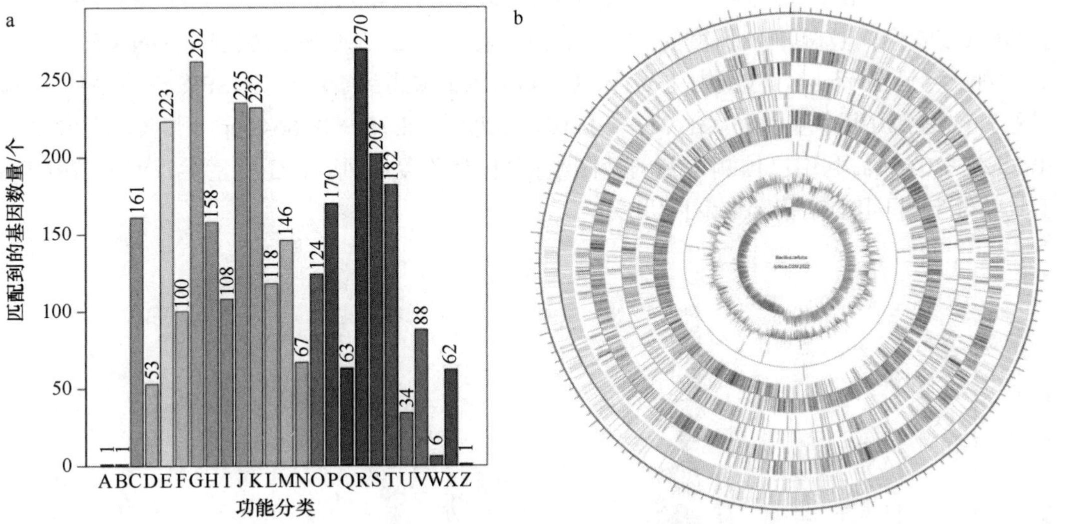


图 5-1-39　解纤维素芽胞杆菌 DSM 2522$^{T}$基因组的直系同源基因聚类分析（a）和圈图（b）

## 39. 蜡样芽胞杆菌（*Bacillus cereus*）ATCC 14579$^{T}$

蜡样芽胞杆菌（*Bacillus cereus* Frankland and Frankland 1887，species.）的模式菌株（ATCC 14579$^{T}$ =CCM 2010$^{T}$ =DSM 31$^{T}$ =NRRL B-3711$^{T}$ =VKM B-504$^{T}$）来源不详，该种的最低生长温度为 10～20℃，嗜冷菌株可以在 6℃以下生长，最高生长温度为 40～45℃，最适 37℃，好氧或兼性厌氧，产芽胞。目前，该种有 1035 个基因组，选择第一个完成测序的模式菌株 ATCC 14579$^{T}$基因组进行描述，其 GenBank 登录号为 GCA_000007825.1，测序平台为 ABI 3730，于 2004 年 7 月 6 日由法国国家农业科学研究院（Institute National de la Recherche Agronomique，INRA）提交。

**【基因组的组装】**菌株 ATCC 14579$^{T}$基因组的测序深度未知，基因组大小为 5.427 Mb，组装到完成图水平，包括 1 条染色体和 1 个质粒。**【G+C 含量】**35.28%。**【非编码 RNA】**预测到 39 个 rRNA 基因（5S rRNA 13 个、16S rRNA 13 个、23S rRNA 13 个），108 个 tRNA 基因，4 个 sRNA 基因。**【编码基因】**有 5733 个蛋白质编码基因，编码区总长为 4 583 169 bp，占整个基因组的 84.45%，基因的平均长度为 799 bp。**【基因功能注释】**比对到 KEGG、COG 和 GO 数据库的基因数量分别为 5510 个、3861 个和 3707 个，预测到分泌蛋白编码基因 129 个；在 25 个 COG 功能类群中，基因数量前 10 位的类群分别是：R. 仅一般功能预测 439 个，E. 氨基酸转运与代谢 405 个，K. 转录 378 个，S. 功能未知 331 个，J. 翻译、核糖体结构与合成 311 个，G. 碳水化合物转运与代谢 280 个，M. 细胞壁/膜/包膜生物合成 250 个，T. 信号转导机制 244 个，P. 无机离子转运与代谢

243 个和 H. 辅酶转运与代谢 236 个（图 5-1-40a）。**【重复序列】**预测到的重复序列包括：LTR 115 个，总长为 11 395 bp，平均长度为 99 bp；DNA 重复元件 45 个，总长为 3261 bp，平均长度为 72 bp；LINE 48 个，总长为 2933 bp，平均长度为 61 bp；SINE 10 个，总长为 680 bp，平均长度为 68 bp；RC 3 个，总长为 144 bp，平均长度为 48 bp；未知序列 1 个，长度为 93 bp；TR 341 个，重复序列长度为 1～1425 bp，总长为 42 933 bp；小卫星 DNA 276 个，重复序列长度为 10～54 bp，总长为 21 590 bp；微卫星 DNA 3 个，重复序列长度为 3～6 bp，总长为 136 bp。**【CRISPR】**预测到 16 个 CRISPR 相关序列。**【基因岛】**预测到 10 个基因岛 GI 01～GI 10，长度为 6275～38 664 bp，其 G+C 含量为 30.25%～40.47%。利用已预测得到的基因组信息，如重复序列、G+C 含量等，应用 CIRCOS 工具绘制其基因组圈图（图 5-1-40b）。

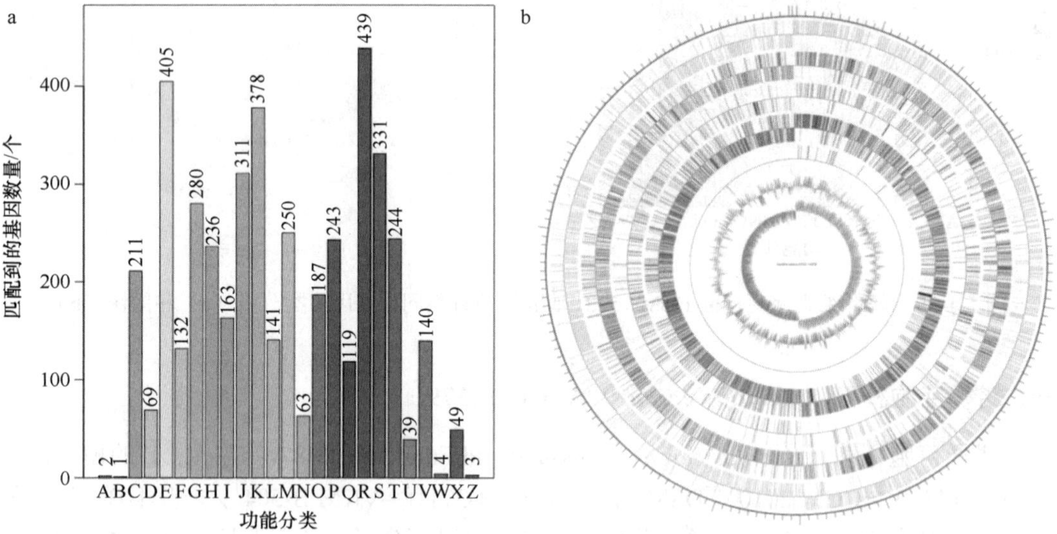


图 5-1-40　蜡样芽胞杆菌 ATCC 14579$^{T}$ 基因组的直系同源基因聚类分析（a）和圈图（b）

## 40. 恰甘诺湖芽胞杆菌（*Bacillus chagannorensis*）DSM 18086$^{T}$

恰甘诺湖芽胞杆菌（*Bacillus chagannorensis* Carrasco et al. 2007，sp. nov.）的模式菌株（CG-15$^{T}$ =CCM 7371$^{T}$ =CECT 7153$^{T}$ =CGMCC 1.6292$^{T}$ =DSM 18086$^{T}$）分离自内蒙古恰甘诺湖（苏打湖），中度嗜盐，生长条件为 6～40℃（最适 37℃）、pH 5.8～11.0（最适 pH 8.5）、3%～20%（*W*/*V*）NaCl（最适 7%），兼性厌氧，产芽胞（Carrasco et al.，2007a）。目前，该种仅有 1 个基因组，模式菌株 DSM 18086$^{T}$ 基因组的 GenBank 登录号为 GCA_000429725.1，测序平台为 Illumina HiSeq，于 2013 年 7 月 15 日由美国能源部联合基因组研究所（DOE Joint Genome Institute）提交。

**【基因组的组装】**菌株 DSM 18086$^{T}$ 基因组的测序深度未知，基因组大小为 3.520 Mb，组装到 38 个 scaffolds，scaffold $N_{50}$ 为 152 261 bp。**【G+C 含量】**52.62%。**【非编码 RNA】**预测到 5 个 rRNA 基因（5S rRNA 5 个、16S rRNA 0 个、23S rRNA 0 个），50 个 tRNA 基因，未预测到 sRNA 基因。**【编码基因】**有 3702 个蛋白质编码基因，编码区总长为 2 986 143 bp，

占整个基因组的 84.83%，基因的平均长度为 807 bp。**【基因功能注释】**比对到 KEGG、COG 和 GO 数据库的基因数量分别为 2583 个、2175 个和 2335 个，预测到分泌蛋白编码基因 78 个；在 23 个 COG 功能类群中，基因数量前 10 位的类群分别是：R. 仅一般功能预测 234 个，E. 氨基酸转运与代谢 229 个，J. 翻译、核糖体结构与合成 208 个，G. 碳水化合物转运与代谢 165 个，C. 能量产生与转换 156 个，K. 转录 156 个，S. 功能未知 152 个，H. 辅酶转运与代谢 149 个，P. 无机离子转运与代谢 128 个和 T. 信号转导机制 117 个（图 5-1-41a）。**【重复序列】**预测到的重复序列包括：LTR 76 个，总长为 5711 bp，平均长度为 75 bp；DNA 重复元件 37 个，总长为 3563 bp，平均长度为 96 bp；LINE 18 个，总长为 1331 bp，平均长度为 74 bp；SINE 13 个，总长为 987 bp，平均长度为 76 bp；RC 4 个，总长为 305 bp，平均长度为 76 bp；TR 138 个，重复序列长度为 3～337 bp，总长为 23 142 bp；小卫星 DNA 98 个，重复序列长度为 10～48 bp，总长为 6239 bp；微卫星 DNA 2 个，重复序列长度为 3～6 bp，总长为 263 bp。**【CRISPR】**预测到 44 个 CRISPR 相关序列。**【基因岛】**预测到 8 个基因岛 GI 01～GI 08，长度为 3969～17 582 bp，其 G+C 含量为 43.14%～52.72%。利用已预测得到的基因组信息，如重复序列、G+C 含量等，应用 CIRCOS 工具绘制其基因组圈图（图 5-1-41b）。

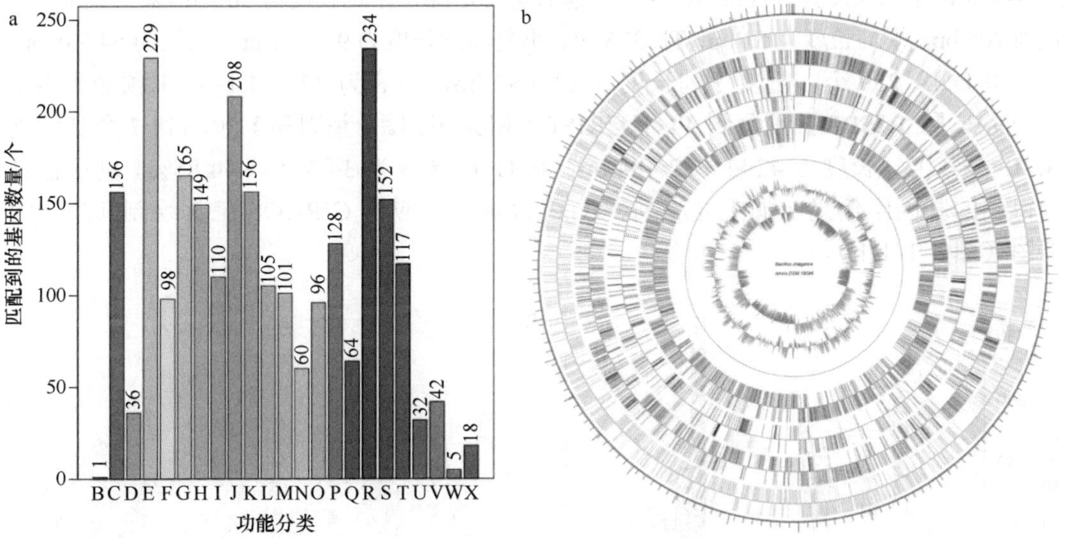


图 5-1-41　恰甘诺湖芽胞杆菌 DSM $18086^T$ 基因组的直系同源基因聚类分析（a）和圈图（b）

## 41. 食物芽胞杆菌（*Bacillus cibi*）DSM $16189^T$

食物芽胞杆菌（*Bacillus cibi* Yoon et al. 2005，sp. nov.）的模式菌株（JG-$30^T$ =KCTC $3880^T$=DSM $16189^T$）分离自韩国传统食品咸海鲜，耐盐，最适生长温度为 37℃（4℃和 50℃时不能生长）、最适 pH 6.5～7.5、NaCl 含量为 0～12%（*W/V*）（最适 0～1%），好氧，产芽胞（Yoon et al.，2005a）。Stropko 等（2014）通过基因组分析，认为该种为印度芽胞杆菌（*Bacillus indicus*）的同种异名，但未得到相关机构的确认。目前，该种仅有 1 个基因组，模式菌株 DSM $16189^T$ 基因组的 GenBank 登录号为 GCA_000709935.2，

测序平台为 Illumina MiSeq，于 2014 年 7 月 22 日由美国莱康明学院（Lycoming College）提交。

**【基因组的组装】**菌株 DSM 16189$^T$ 基因组的测序深度为 71.0 X，基因组大小为 4.072 Mb，组装到 24 个 contigs，contig $N_{50}$ 为 369 209 bp。**【G+C 含量】**44.36%。**【非编码 RNA】**预测到 8 个 rRNA 基因（5S rRNA 6 个、16S rRNA 1 个、23S rRNA 1 个），70 个 tRNA 基因，6 个 sRNA 基因。**【编码基因】**有 4370 个蛋白质编码基因，编码区总长为 3 595 611 bp，占整个基因组的 88.3%，基因的平均长度为 823 bp。**【基因功能注释】**比对到 KEGG、COG 和 GO 数据库的基因数量分别为 3721 个、2932 个和 2884 个，预测到分泌蛋白编码基因 101 个；在 25 个 COG 功能类群中，基因数量前 10 位的类群分别是：R. 仅一般功能预测 343 个，E. 氨基酸转运与代谢 292 个，K. 转录 260 个，J. 翻译、核糖体结构与合成 241 个，G. 碳水化合物转运与代谢 230 个，S. 功能未知 224 个，T. 信号转导机制 184 个，M. 细胞壁/膜/包膜生物合成 179 个，C. 能量产生与转换 178 个和 H. 辅酶转运与代谢 167 个（图 5-1-42a）。**【重复序列】**预测到的重复序列包括：LTR 119 个，总长为 11 585 bp，平均长度为 97 bp；DNA 重复元件 53 个，总长为 3010 bp，平均长度为 57 bp；LINE 45 个，总长为 2621 bp，平均长度为 58 bp；SINE 10 个，总长为 841 bp，平均长度为 84 bp；RC 4 个，总长为 202 bp，平均长度为 50 bp；未知 4 个，总长为 205 bp，平均长度为 51 bp；TR 375 个，重复序列长度为 9～261 bp，总长为 54 538 bp；小卫星 DNA 259 个，重复序列长度为 11～60 bp，总长为 47 414 bp；未预测到微卫星 DNA。**【CRISPR】**预测到 44 个 CRISPR 相关序列。**【基因岛】**预测到 7 个基因岛 GI 01～GI 07，长度为 4244～32 484 bp，其 G+C 含量为 34.59%～44.85%。利用已预测得到的基因组信息，如重复序列、G+C 含量等，应用 CIRCOS 工具绘制其基因组圈图（图 5-1-42b）。

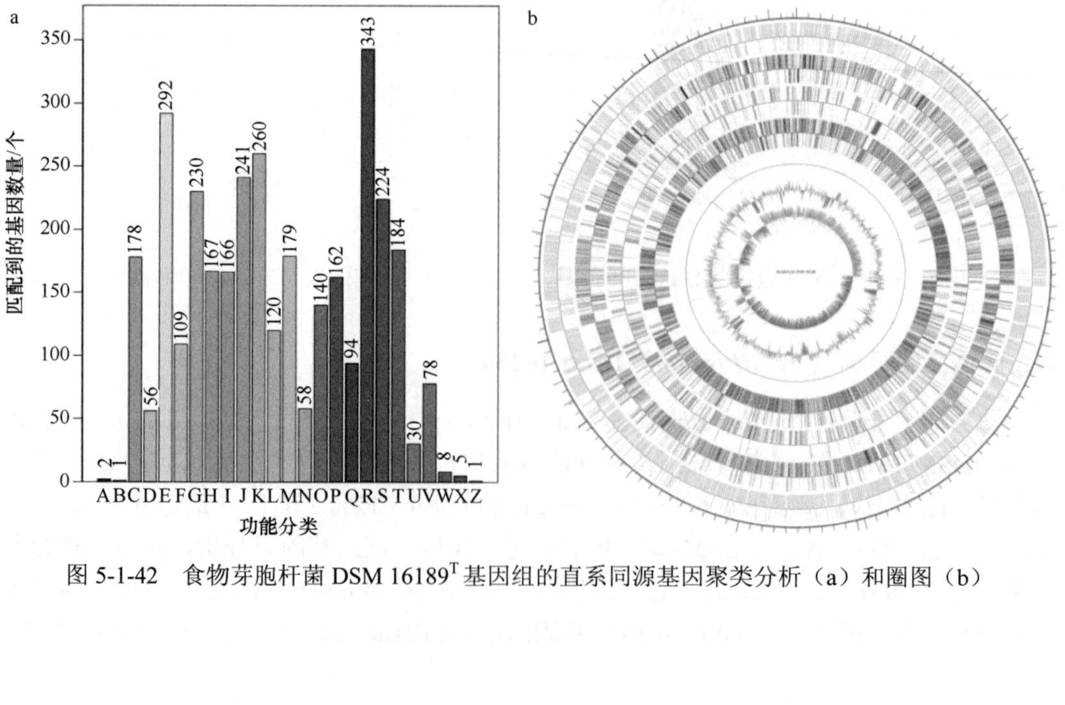


图 5-1-42 食物芽胞杆菌 DSM 16189$^T$ 基因组的直系同源基因聚类分析（a）和圈图（b）

## 42. 慈湖芽胞杆菌（*Bacillus cihuensis*）FJAT-14515$^T$

慈湖芽胞杆菌（*Bacillus cihuensis* Liu et al. 2014，sp. nov.）的模式菌株（FJAT-14515$^T$ = DSM 25969$^T$ =CGMCC 1.12697$^T$）分离自台湾慈湖植物的根际土，生长条件为 10～35℃（最适 30℃）、pH 5.7～9.0（最适 pH 7.0）、0～5%（*W*/*V*）NaCl（最适 1%），好氧，产芽胞（Liu et al.，2014e）。目前，该种仅有 1 个基因组，模式菌株 FJAT-14515$^T$ 基因组的 GenBank 登录号为 GCA_000504145.1，测序平台为 Illumina HiSeq，于 2013 年 12 月 6 日由福建省农业科学院（Fujian Academy of Agricultural Sciences）提交。

**【基因组的组装】**菌株 FJAT-14515$^T$ 基因组的测序深度为 98 X，基因组大小为 5.443 Mb，组装到 28 个 scaffolds，scaffold $N_{50}$ 为 793 370 bp。**【G+C 含量】**37.06%。**【非编码 RNA】**预测到 5 个 rRNA 基因（5S rRNA 2 个、16S rRNA 3 个、23S rRNA 0 个），99 个 tRNA 基因，46 个 sRNA。**【编码基因】**有 5442 个蛋白质编码基因，编码区总长为 4 233 414 bp，占整个基因组的 77.78%，基因的平均长度为 778 bp。**【基因功能注释】**比对到 KEGG、COG 和 GO 数据库的基因数量分别为 4375 个、3333 个和 3482 个，预测到分泌蛋白编码基因 111 个；在 24 个 COG 功能类群中，基因数量前 10 位的类群分别是：E. 氨基酸转运与代谢 422 个，R. 仅一般功能预测 406 个，G. 碳水化合物转运与代谢 348 个，K. 转录 309 个，S. 功能未知 238 个，J. 翻译、核糖体结构与合成 230 个，P. 无机离子转运与代谢 218 个，H. 辅酶转运与代谢 204 个，T. 信号转导机制 196 个和 C. 能量产生与转换 175 个（图 5-1-43a）。**【重复序列】**预测到的重复序列包括：LTR 130 个，总长为 7790 bp，平均长度为 60 bp；DNA 重复元件 33 个，总长为 2175 bp，平均长度为 66 bp；LINE 31 个，总长为 1814 bp，平均长度为 59 bp；SINE 13 个，总长为 680 bp，平均长度为 52 bp；RC 4 个，总长为 176 bp，平均长度为 44 bp；TR 250 个，重复序列长度为 3～1366 bp，总长为 41 691 bp；小卫星 DNA 172 个，重复序列长度为 10～60 bp，总长

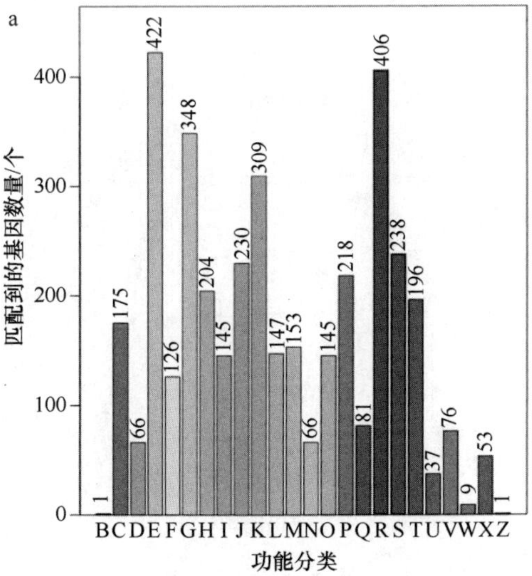


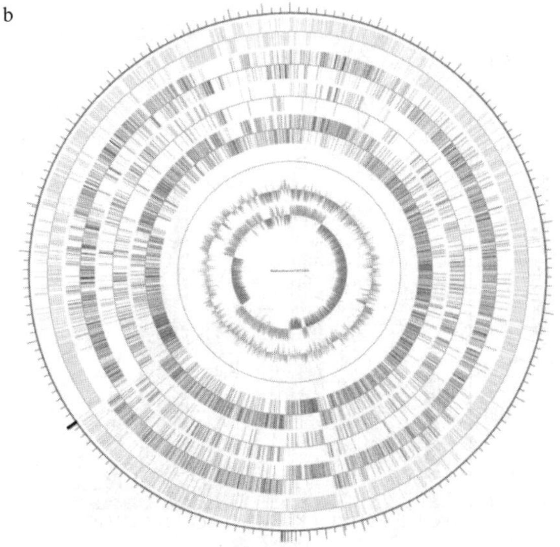


图 5-1-43　慈湖芽胞杆菌 FJAT-14515$^T$ 基因组的直系同源基因聚类分析（a）和圈图（b）

为 13 308 bp；微卫星 DNA 4 个，重复序列长度为 3～6 bp，总长为 242 bp。**【CRISPR】**预测到 4 个 CRISPR 相关序列。**【基因岛】**预测到 19 个基因岛 GI 01～GI 19，长度为 3177～23 508 bp，其 G+C 含量为 31.83%～38.56%。利用已预测得到的基因组信息，如重复序列、G+C 含量等，应用 CIRCOS 工具绘制其基因组圈图（图 5-1-43b）。

### 43. 环状芽胞杆菌（*Bacillus circulans*）PK3_109

环状芽胞杆菌（*Bacillus circulans* Jordan 1890，species.）的模式菌株（ATCC 24$^{T}$ =CCM 2048$^{T}$ =BCRC 10605$^{T}$ =CCUG 7416$^{T}$ =CIP 52.75$^{T}$ =DSM 11$^{T}$ =NBRC 13626$^{T}$ =JCM 2504$^{T}$ = LMG 6926$^{T}$ =NCCB 75011$^{T}$ =NCTC 2610$^{T}$ =NRRL B-378$^{T}$）分离自污水，好氧，产芽胞。目前，该种有 9 个基因组，选择组装到完成图水平的非模式菌株 PK3_109 基因组进行描述，其 GenBank 登录号为 GCA_003726095.1，测序平台为 PacBio，于 2018 年 11 月 14 日由沙特阿拉伯阿卜杜拉国王科技大学（King Abdullah University of Science and Technology）提交。

**【基因组的组装】**菌株 PK3_109 基因组的测序深度为 58 X，基因组大小为 5.175 Mb，组装到完成图水平，包括 1 条染色体。**【G+C 含量】**35.56%。**【非编码 RNA】**预测到 33 个 rRNA 基因（5S rRNA 11 个、16S rRNA 11 个、23S rRNA 11 个），82 个 tRNA 基因，6 个 sRNA 基因。**【编码基因】**有 5308 个蛋白质编码基因，编码区总长为 4 333 827 bp，占整个基因组的 83.75%，基因的平均长度为 816 bp。**【基因功能注释】**比对到 KEGG、COG 和 GO 数据库的基因数量分别为 4394 个、3432 个和 3535 个，预测到分泌蛋白编码基因 91 个；在 23 个 COG 功能类群中，基因数量前 10 位的类群分别是：G. 碳水化合物转运与代谢 483 个，K. 转录 371 个，R. 仅一般功能预测 365 个，E. 氨基酸转运与代谢 335 个，J. 翻译、核糖体结构与合成 264 个，S. 功能未知 252 个，T. 信号转导机制 239 个，P. 无机离子转运与代谢 225 个，H. 辅酶转运与代谢 191 个和 M. 细胞壁/膜/包膜生物合成 191 个（图 5-1-44a）。**【重复序列】**预测到的重复序列包括：LTR 151 个，

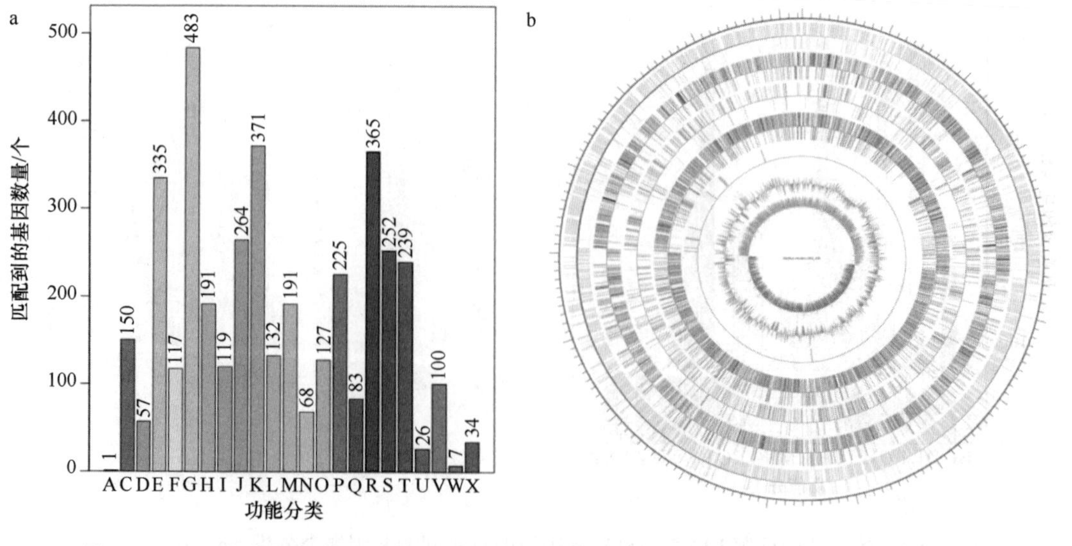


图 5-1-44　环状芽胞杆菌 PK3_109 基因组的直系同源基因聚类分析（a）和圈图（b）

总长为 12 140 bp，平均长度为 80 bp；DNA 重复元件 40 个，总长为 2741 bp，平均长度为 69 bp；LINE 32 个，总长为 3225 bp，平均长度为 101 bp；SINE 16 个，总长为 1151 bp，平均长度为 72 bp；RC 1 个，长度为 37 bp；未知序列 1 个，长度为 67 bp；TR 250 个，重复序列长度为 3～1366 bp，总长为 41 691 bp；小卫星 DNA 172 个，重复序列长度为 10～60 bp，总长为 13 308 bp；微卫星 DNA 4 个，重复序列长度为 3～6 bp，总长为 242 bp。**【CRISPR】**预测到 33 个 CRISPR 相关序列。**【基因岛】**预测到 13 个基因岛 GI 01～GI 13，长度为 3073～45 352 bp，其 G+C 含量为 30.98%～37.39%。利用已预测得到的基因组信息，如重复序列、G+C 含量等，应用 CIRCOS 工具绘制其基因组圈图（图 5-1-44b）。

### 44. 克氏芽胞杆菌（*Bacillus clarkii*）DSM 8720$^T$

克氏芽胞杆菌（*Bacillus clarkii* Nielsen et al. 1995，sp. nov.）的模式菌株（PN-102$^T$ =ATCC 700162$^T$ =CIP 105301$^T$ =DSM 8720$^T$ =LMG 17947$^T$）分离自土壤，嗜碱、耐盐，最适生长 pH 10.0 以上（pH 7.0 时不能生长），能耐受 16%（*W*/*V*）NaCl，好氧，产芽胞（Nielsen et al.，1995）。目前，该种仅有 1 个基因组，模式菌株 DSM 8720$^T$ 基因组的 GenBank 登录号为 GCA_002019695.1，测序平台为 Illumina HiSeq，于 2017 年 3 月 6 日由福建省农业科学院（Fujian Academy of Agricultural Sciences）提交。

**【基因组的组装】**菌株 DSM 8720$^T$ 基因组的测序深度为 236 X，基因组大小为 5.476 Mb，组装到 7 个 scaffolds，scaffold $N_{50}$ 为 5 224 402 bp。**【G+C 含量】**42.12%。**【非编码 RNA】**预测到 26 个 rRNA 基因（5S rRNA 9 个、16S rRNA 8 个、23S rRNA 9 个），111 个 tRNA 基因，2 个 sRNA 基因。**【编码基因】**有 5774 个蛋白质编码基因，编码区总长为 4 517 850 bp，占整个基因组的 82.5%，基因的平均长度为 782 bp。**【基因功能注释】**比对到 KEGG、COG 和 GO 数据库的基因数量分别为 4383 个、3302 个和 3543 个，预测到分泌蛋白编码基因 133 个；在 24 个 COG 功能类群中，基因数量前 10 位的类群分别是：R. 仅一般功能预测 384 个，E. 氨基酸转运与代谢 358 个，K. 转录 258 个，J. 翻译、核糖体结构与合成 256 个，C. 能量产生与转换 238 个，S. 功能未知 234 个，G. 碳水化合物转运与代谢 220 个，H. 辅酶转运与代谢 211 个，P. 无机离子转运与代谢 209 个和 T. 信号转导机制 203 个（图 5-1-45a）。**【重复序列】**预测到的重复序列包括：LTR 223 个，总长为 16 710 bp，平均长度为 72 bp；DNA 重复元件 66 个，总长为 4420 bp，平均长度为 67 bp；LINE 57 个，总长为 3469 bp，平均长度为 61 bp；SINE 31 个，总长为 2428 bp，平均长度为 78 bp；RC 6 个，总长为 348 bp，平均长度为 58 bp；TR 479 个，重复序列长度为 1～1618 bp，总长为 74 490 bp；小卫星 DNA 334 个，重复序列长度为 10～60 bp，总长为 50 180 bp；微卫星 DNA 2 个，重复序列长度为 6 bp，总长为 78 bp。**【CRISPR】**预测到 519 个 CRISPR 相关序列。**【基因岛】**预测到 13 个基因岛 GI 01～GI 13，长度为 4845～33 476 bp，其 G+C 含量为 33.96%～45.87%。利用已预测得到的基因组信息，如重复序列、G+C 含量等，应用 CIRCOS 工具绘制其基因组圈图（图 5-1-45b）。

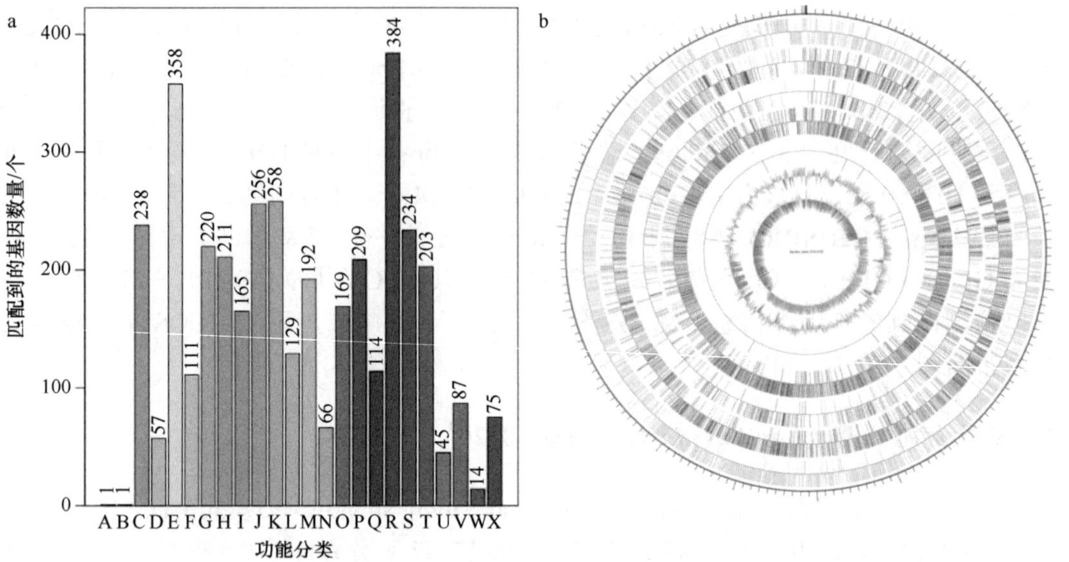


图 5-1-45　克氏芽胞杆菌 DSM 8720$^T$ 基因组的直系同源基因聚类分析（a）和圈图（b）

## 45. 克劳氏芽胞杆菌（*Bacillus clausii*）DSM 8716$^T$

克劳氏芽胞杆菌（*Bacillus clausii* Nielsen et al. 1995，sp. nov.）的模式菌株（PN-23$^T$ = ATCC 700160$^T$ =CCUG 47262$^T$ =CIP 104718$^T$ =DSM 8716$^T$ =LMG 17945$^T$）分离自土壤，中度嗜碱、耐盐，最适生长 pH 7.0～8.0，生长温度为 15～50℃，能耐受 10%（*W*/*V*）NaCl，好氧，产芽胞（Nielsen et al.，1995）。目前，该种有 21 个基因组，选择组装到完成图水平的模式菌株 DSM 8716$^T$ 基因组进行描述，其 GenBank 登录号为 GCA_002250115.1，测序平台为 PacBio，于 2017 年 8 月 14 日由韩国庆北国立大学（Kyungpook National University）提交。

**【基因组的组装】**菌株 DSM 8716$^T$ 基因组的测序深度为 204 X，基因组大小为 4.517 Mb，组装到完成图水平，包括 1 条染色体。**【G+C 含量】**44.68%。**【非编码 RNA】**预测到 22 个 rRNA 基因（5S rRNA 8 个、16S rRNA 7 个、23S rRNA 7 个），75 个 tRNA 基因，12 个 sRNA 基因。**【编码基因】**有 4667 个蛋白质编码基因，编码区总长为 3 967 386 bp，占整个基因组的 87.83%，基因的平均长度为 850 bp。**【基因功能注释】**比对到 KEGG、COG 和 GO 数据库的基因数量分别为 4202 个、3179 个和 3266 个，预测到分泌蛋白编码基因 121 个；在 24 个 COG 功能类群中，基因数量前 10 位的类群分别是：G. 碳水化合物转运与代谢 441 个，E. 氨基酸转运与代谢 361 个，R. 仅一般功能预测 344 个，K. 转录 325 个，J. 翻译、核糖体结构与合成 238 个，P. 无机离子转运与代谢 221 个，S. 功能未知 188 个，T. 信号转导机制 176 个，C. 能量产生与转换 174 个和 H. 辅酶转运与代谢 163 个（图 5-1-46a）。**【重复序列】**预测到的重复序列包括：LTR 176 个，总长为 12 749 bp，平均长度为 72 bp；DNA 重复元件 50 个，总长为 4507 bp，平均长度为 90 bp；LINE 64 个，总长为 3869 bp，平均长度为 60 bp；SINE 14 个，总长为 1225 bp，平均长度为 88 bp；RC 2 个，总长为 108 bp，平均长度为 54 bp；未知序列 3 个，总长为 250 bp，平均长度为 83 bp；TR 78 个，重复序列长度为 6～1623 bp，总长为 14 816 bp；小卫星 DNA 55 个，重复序列长度为 12～60 bp，总长为 4736 bp；微卫星 DNA 1 个，重复序列长度为 6 bp，总长为 55 bp。**【CRISPR】**预测到 121 个 CRISPR 相关序列。**【基因岛】**预测到 19 个基因岛 GI 01～GI 19，长度为 3409～41 483 bp，其 G+C 含量为 35.92%～46.66%。利用已预测得到的基因组信息，如重复序列、G+C 含量等，应用 CIRCOS 工具绘制其基因组圈图（图 5-1-46b）。

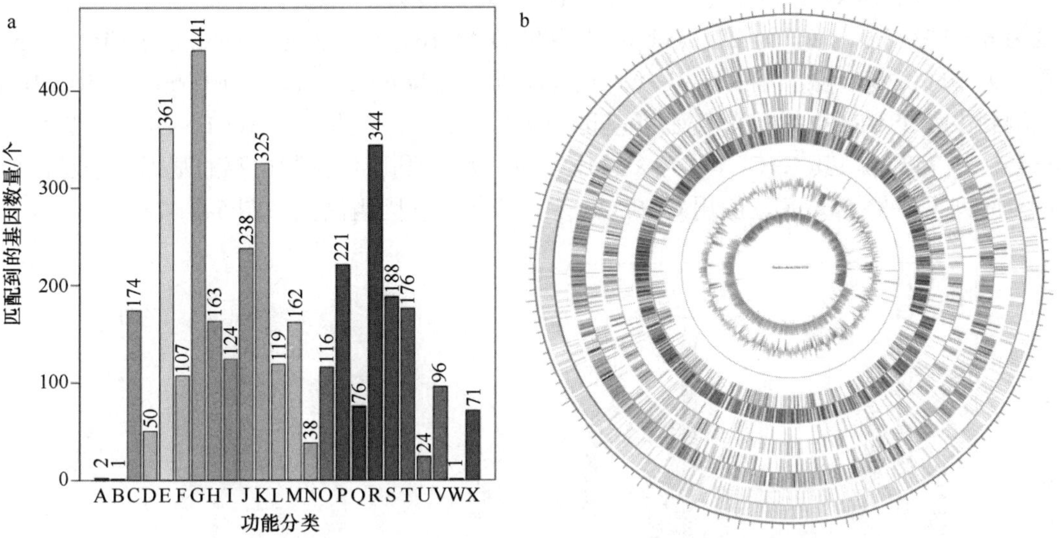


图 5-1-46　克劳氏芽胞杆菌 DSM 8716$^{T}$ 基因组的直系同源基因聚类分析（a）和圈图（b）

## 46. 凝结芽胞杆菌（*Bacillus coagulans*）ATCC 7050$^{T}$

凝结芽胞杆菌（*Bacillus coagulans* Hammer 1915，species.）的模式菌株（ATCC 7050$^{T}$=CCM 2013$^{T}$ =CCUG 7417$^{T}$ =DSM 1$^{T}$ =NBRC 12583$^{T}$ =JCM 2257$^{T}$ =LMG 6326$^{T}$ =NCCB 48014$^{T}$ =NCTC 10334$^{T}$ =NRRL NRS-609$^{T}$）分离自土壤，产乳酸，耐盐，最适生长 pH 7.0～8.0，生长温度为 15～50℃，能耐受 10%（*W*/*V*）NaCl，好氧，产芽胞（Nielsen et al.，1995）。目前，该种有 29 个基因组，选择组装到完成图水平的模式菌株 ATCC 7050$^{T}$ 基因组进行描述，其 GenBank 登录号为 GCA_000832905.1，测序平台为 Illumina HiSeq+PacBio+454 GSFLX，于 2015 年 2 月 5 日由美国洛斯阿拉莫斯国家实验室（Los Alamos National Laboratory）提交。

**【基因组的组装】**菌株 ATCC 7050$^{T}$ 基因组的测序深度为 776 X，基因组大小为 3.367 Mb，组装到完成图水平，包括 1 条染色体。**【G+C 含量】**46.89%。**【非编码 RNA】**预测到 30 个 rRNA 基因（5S rRNA 10 个、16S rRNA 10 个、23S rRNA 10 个），84 个 tRNA 基因，3 个 sRNA 基因。**【编码基因】**有 4093 个蛋白质编码基因，编码区总长为 2 900 175 bp，占整个基因组的 86.14%，基因的平均长度为 709 bp。**【基因功能注释】**比对到 KEGG、COG 和 GO 数据库的基因数量分别为 3318 个、2285 个和 2324 个，预测到分泌蛋白编码基因 37 个；在 23 个 COG 功能类群中，基因数量前 10 位的类群分别是：E. 氨基酸转运与代谢 229 个，R. 仅一般功能预测 212 个，J. 翻译、核糖体结构与合成 197 个，K. 转录 167 个，G. 碳水化合物转运与代谢 164 个，X. 移动元件组：前噬菌体、转座子 161 个，S. 功能未知 149 个，P. 无机离子转运与代谢 137 个，C. 能量产生与转换 127 个、H. 辅酶转运与代谢 126 个和 L. 复制、重组与修复 126 个（图 5-1-47a）。**【重复序列】**预测到的重复序列包括：LTR 111 个，总长为 9218 bp，平均长度为 83 bp；DNA 重复元件 53 个，总长为 2866 bp，平均长度为 54 bp；LINE 25 个，总长为 1431 bp，平均长度为 57 bp；SINE 13 个，总长为 966 bp，平均长度为 74 bp；TR 152 个，重复序列长度为 6～1737 bp，总长为 27 245 bp；小卫星 DNA 109 个，重复序列长度为 10～60 bp，总长为 10 902 bp；微卫星 DNA 1 个，重复序列长度为 6 bp，总长为 105 bp。**【CRISPR】**预测到 136 个 CRISPR 相关序列。**【基因岛】**预测到 31 个基因岛 GI 01～GI 31，长度为 4545～35 743 bp，其 G+C 含量为 35.44%～50.79%。利用已预测得到的基因组信息，如重复序列、G+C 含量等，应用 CIRCOS 工具绘制其基因组圈图（图 5-1-47b）。

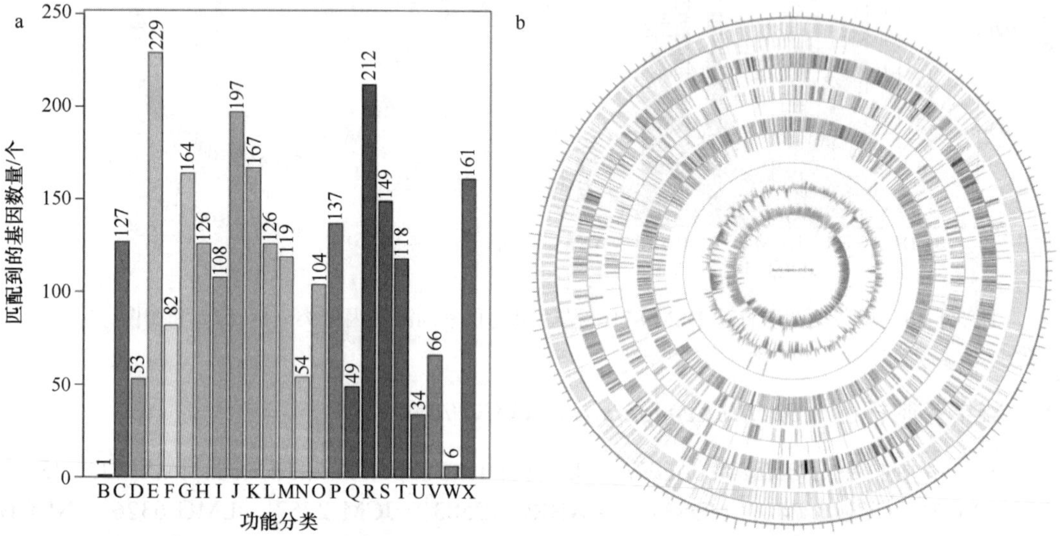


图 5-1-47　凝结芽胞杆菌 ATCC 7050$^T$ 基因组的直系同源基因聚类分析（a）和圈图（b）

## 47. 考卉纳芽胞杆菌（*Bacillus coahuilensis*）p1.1.43

考卉纳芽胞杆菌（*Bacillus coahuilensis* Cerritos et al. 2008，sp. nov.）的模式菌株（m4-4$^T$ =NRRL B-41737$^T$=CECT 7197$^T$）分离自土壤，中度耐盐，最适生长条件为 30～37℃、pH 7.0～8.0、5%（*W*/*V*）NaCl，能耐受 10%（*W*/*V*）NaCl，好氧，产芽胞（Cerritos et al.，2008）。目前，该种有 3 个基因组，选择组装水平较高的非模式菌株 p1.1.43 基因组进行描述，其 GenBank 登录号为 GCA_001516895.1，测序平台为 454，于 2016 年 1 月 15 日由墨西哥国立自治大学（Universidad Nacional Autonoma de México）提交。

**【基因组的组装】**菌株 p1.1.43 基因组的测序深度为 64 X，基因组大小为 3.407 Mb，组装到 59 个 contigs，contig $N_{50}$ 为 88 256 bp。**【G+C 含量】**37.95%。**【非编码 RNA】**预测到 7 个 rRNA 基因（5S rRNA 7 个、16S rRNA 0 个、23S rRNA 0 个），73 个 tRNA

基因，8 个 sRNA 基因。**【编码基因】**有 3590 个蛋白质编码基因，编码区总长为 2 947 581 bp，占整个基因组的 86.52%，基因的平均长度为 821 bp。**【基因功能注释】**比对到 KEGG、COG 和 GO 数据库的基因数量分别为 2951 个、2322 个和 2354 个，预测到分泌蛋白编码基因 55 个；在 24 个 COG 功能类群中，基因数量前 10 位的类群分别是：R. 仅一般功能预测 241 个，J. 翻译、核糖体结构与合成 223 个，E. 氨基酸转运与代谢 207 个，S. 功能未知 183 个，K. 转录 179 个，T. 信号转导机制 171 个，M. 细胞壁/膜/包膜生物合成 139 个，P. 无机离子转运与代谢 138 个，G. 碳水化合物转运与代谢 129 个和 C. 能量产生与转换 128 个（图 5-1-48a）。**【重复序列】**预测到的重复序列包括：LTR 78 个，总长为 4479 bp，平均长度为 57 bp；DNA 重复元件 31 个，总长为 1951 bp，平均长度为 63 bp；LINE 20 个，总长为 1015 bp，平均长度为 51 bp；SINE 15 个，总长为 1109 bp，平均长度为 74 bp；TR 178 个，重复序列长度为 6～230 bp，总长为 21 915 bp；小卫星 DNA 112 个，重复序列长度为 12～60 bp，总长为 11 910 bp；微卫星 DNA 2 个，重复序列长度为 6 bp，总长为 52 bp。**【CRISPR】**预测到 21 个 CRISPR 相关序列。**【基因岛】**预测到 7 个基因岛 GI 01～GI 07，长度为 3220～17 301 bp，其 G+C 含量为 33.66%～43.01%。利用已预测得到的基因组信息，如重复序列、G+C 含量等，应用 CIRCOS 工具绘制其基因组圈图（图 5-1-48b）。

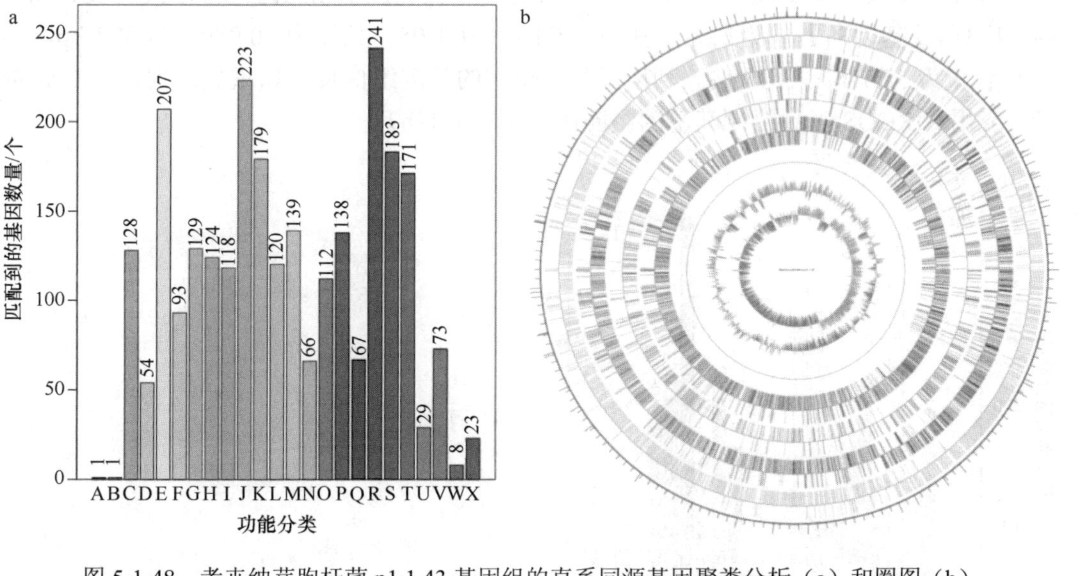


图 5-1-48　考卉纳芽胞杆菌 p1.1.43 基因组的直系同源基因聚类分析（a）和圈图（b）

## 48. 科恩芽胞杆菌（*Bacillus cohnii*）DSM 6307$^T$

科恩芽胞杆菌（*Bacillus cohnii* Spanka and Fritze 1993，sp. nov.）的模式菌株（RSH$^T$ = DSM 6307$^T$）分离自土壤，嗜碱，pH 9.7 时生长，生长温度为 10～47℃，能耐受 5%（*W*/*V*）NaCl，兼性厌氧，产芽胞（Spanka and Fritze，1993）。目前，该种有 2 个基因组，选择组装到完成图水平的模式菌株 DSM 6307$^T$ 基因组进行描述，其 GenBank 登录号为 GCA_002250055.1，测序平台为 PacBio，于 2017 年 8 月 14 日由韩国庆北国立大学

（Kyungpook National University）提交。

**【基因组的组装】** 菌株 DSM 6307$^T$ 基因组的测序深度为 125 X，基因组大小为 4.899 Mb，组装到染色体水平，包括 1 条染色体。**【G+C 含量】** 36.12%。**【非编码 RNA】** 预测到 43 个 rRNA 基因（5S rRNA 14 个、16S rRNA 15 个、23S rRNA 14 个），89 个 tRNA 基因，8 个 sRNA 基因。**【编码基因】** 有 5089 个蛋白质编码基因，编码区总长为 4 149 084 bp，占整个基因组的 84.69%，基因的平均长度为 815 bp。**【基因功能注释】** 比对到 KEGG、COG 和 GO 数据库的基因数量分别为 4243 个、3147 个和 3321 个，预测到分泌蛋白编码基因 88 个；在 23 个 COG 功能类群中，基因数量前 10 位的类群分别是：R. 仅一般功能预测 359 个，E. 氨基酸转运与代谢 318 个，K. 转录 270 个，J. 翻译、核糖体结构与合成 253 个，G. 碳水化合物转运与代谢 236 个，S. 功能未知 227 个，P. 无机离子转运与代谢 207 个，C. 能量产生与转换 197 个，T. 信号转导机制 196 个和 H. 辅酶转运与代谢 178 个（图 5-1-49a）。**【重复序列】** 预测到的重复序列包括：LTR 130 个，总长为 11 838 bp，平均长度为 91 bp；DNA 重复元件 31 个，总长为 1935 bp，平均长度为 62 bp；LINE 47 个，总长为 3212 bp，平均长度为 68 bp；SINE 24 个，总长为 1586 bp，平均长度为 66 bp；RC 1 个，长度为 46 bp；TR 343 个，重复序列长度为 3～492 bp，总长为 41 474 bp；小卫星 DNA 248 个，重复序列长度为 10～51 bp，总长为 21 511 bp；微卫星 DNA 4 个，重复序列长度为 3～6 bp，总长为 210 bp。**【CRISPR】** 预测到 6 个 CRISPR 相关序列。**【基因岛】** 预测到 8 个基因岛 GI 01～GI 08，长度为 10 989～37 337 bp，其 G+C 含量为 32.15%～39.66%。利用已预测得到的基因组信息，如重复序列、G+C 含量等，应用 CIRCOS 工具绘制其基因组圈图（图 5-1-49b）。

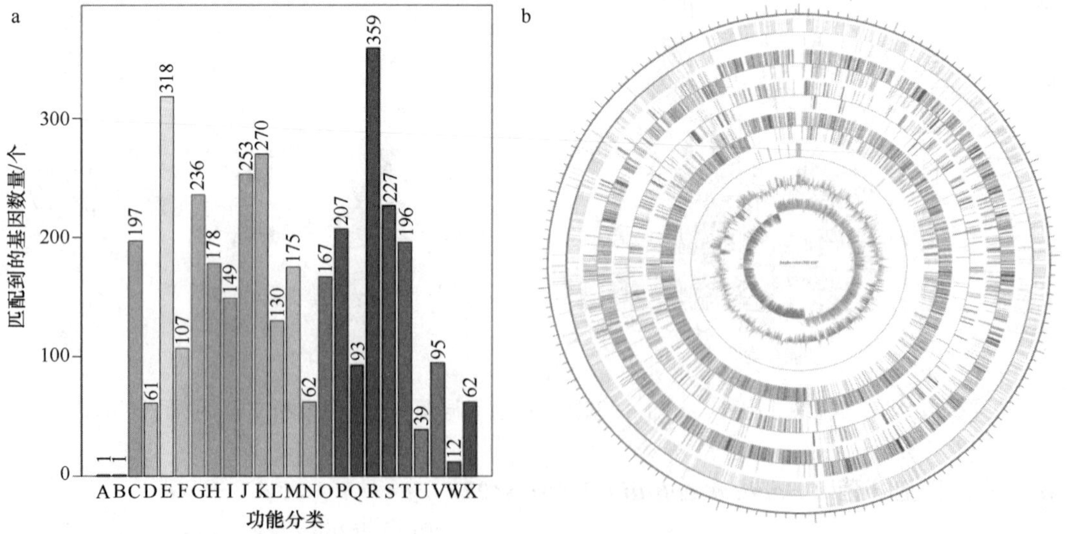


图 5-1-49　科恩芽胞杆菌 DSM 6307$^T$ 基因组的直系同源基因聚类分析（a）和圈图（b）

## 49. 黄瓜芽胞杆菌（*Bacillus cucumis*）V32-6

黄瓜芽胞杆菌（*Bacillus cucumis* Kämpfer et al. 2016，sp. nov.）的模式菌株（AP-6$^T$ =

CIP 110974$^T$=CCM 8651$^T$）分离自黄瓜根际土壤，生长条件为 15～45℃（最适 28～30℃）、0.5%～4%（*W*/*V*）NaCl（最适 1%～2%），兼性厌氧，产芽胞（Kämpfer et al.，2016）。目前，该种仅有 1 个基因组，非模式菌株 V32-6 基因组的 GenBank 登录号为 GCA_002860255.1，测序平台为 Illumina HiSeq，于 2018 年 1 月 4 日由美国加州理工学院（California Institute of Technology）提交。

**【基因组的组装】**菌株 V32-6 基因组的测序深度为 100 X，基因组大小为 5.708 Mb，组装到 110 个 contigs，contig $N_{50}$ 为 158 423 bp。**【G+C 含量】**38.6%。**【非编码 RNA】**预测到 8 个 rRNA 基因（5S rRNA 6 个、16S rRNA 1 个、23S rRNA 1 个），129 个 tRNA 基因，5 个 sRNA 基因。**【编码基因】**有 5728 个蛋白质编码基因，编码区总长为 4 910 088 bp，占整个基因组的 86.02%，基因的平均长度为 857 bp。**【基因功能注释】**比对到 KEGG、COG 和 GO 数据库的基因数量分别为 4910 个、3791 个和 3865 个，预测到分泌蛋白编码基因 120 个；在 25 个 COG 功能类群中，基因数量前 10 位的类群分别是：G. 碳水化合物转运与代谢 505 个，R. 仅一般功能预测 455 个，E. 氨基酸转运与代谢 383 个，K. 转录 336 个，S. 功能未知 278 个，C. 能量产生与转换 271 个，J. 翻译、核糖体结构与合成 247 个，T. 信号转导机制 229 个，P. 无机离子转运与代谢 224 个和 M. 细胞壁/膜/包膜生物合成 216 个（图 5-1-50a）。**【重复序列】**预测到的重复序列包括：LTR 115 个，总长为 7303 bp，平均长度为 64 bp；DNA 重复元件 38 个，总长为 2350 bp，平均长度为 62 bp；LINE 33 个，总长为 1891 bp，平均长度为 57 bp；SINE 20 个，总长为 1737 bp，平均长度为 87 bp；RC 2 个，总长为 118 bp，平均长度为 59 bp；未知序列 1 个，长度为 61 bp；TR 242 个，重复序列长度为 6～243 bp，总长为 21 711 bp；小卫星 DNA 205 个，重复序列长度为 10～60 bp，总长为 19 215 bp；微卫星 DNA 1 个，重复序列长度为 6 bp，总长为 35 bp。**【CRISPR】**预测到 95 个 CRISPR 相关序列。**【基因岛】**预测到 10 个基因岛 GI 01～GI 10，长度为 6822～16 625 bp，其 G+C 含量为 33.74%～40.48%。利用已预测得到的基因组信息，如重复序列、G+C 含量等，应用 CIRCOS 工具绘制其基因组圈图（图 5-1-50b）。

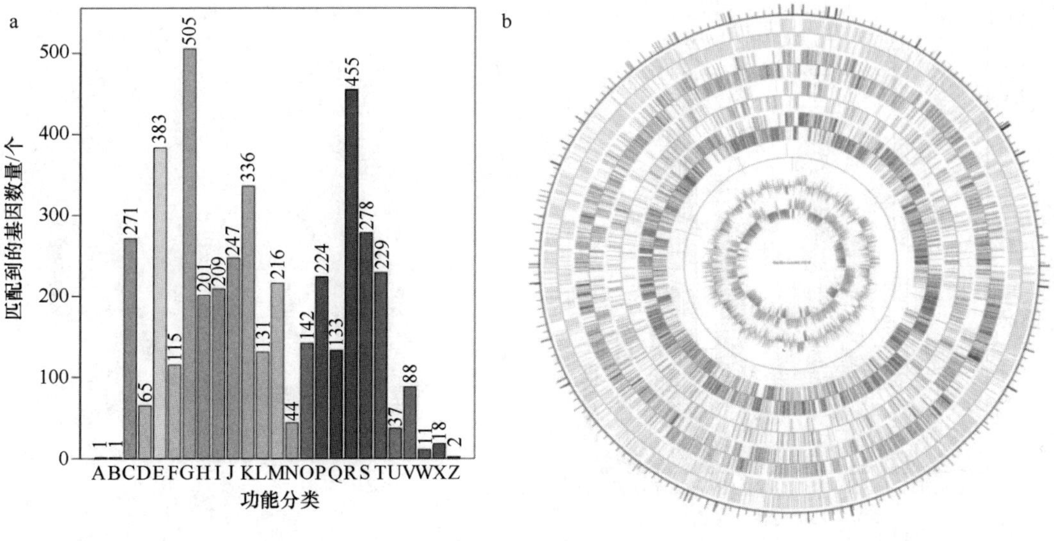


图 5-1-50　黄瓜芽胞杆菌 V32-6 基因组的直系同源基因聚类分析（a）和圈图（b）

## 50. 细胞毒素芽胞杆菌（*Bacillus cytotoxicus*）NVH 391-98$^T$

细胞毒素芽胞杆菌（*Bacillus cytotoxicus* Guinebretière et al. 2013，sp. nov.）的模式菌株（NVH 391-98$^T$ =DSM 22905$^T$ =CIP 110041$^T$）分离自 1998 年法国急性食物中毒事件的污染食品，耐热，生长条件为 20～50℃（最适 30～37℃），好氧，产芽胞（Guinebretière et al.，2013）。目前，该种有 14 个基因组，选择组装到完成图水平的模式菌株 NVH 391-98$^T$ 基因组进行描述，其 GenBank 登录号为 GCA_000017425.1，测序平台为 ABI 3700，于 2007 年 7 月 17 日由美国能源部联合基因组研究所（DOE Joint Genome Institute）提交。

**【基因组的组装】**菌株 NVH 391-98$^T$ 基因组的测序深度为 8 X，基因组大小为 4.094 Mb，组装到完成图水平，包括 1 条染色体和 1 个质粒。**【G+C 含量】**35.86%。**【非编码 RNA】**预测到 39 个 rRNA 基因（5S rRNA 13 个、16S rRNA 13 个、23S rRNA 13 个），106 个 tRNA 基因，4 个 sRNA 基因。**【编码基因】**有 4350 个蛋白质编码基因，编码区总长为 3 376 434 bp，占整个基因组的 82.47%，基因的平均长度为 776 bp。**【基因功能注释】**比对到 KEGG、COG 和 GO 数据库的基因数量分别为 3964 个、2809 个和 2771 个，预测到分泌蛋白编码基因 79 个；在 24 个 COG 功能类群中，基因数量前 10 位的类群分别是：E. 氨基酸转运与代谢 290 个，R. 仅一般功能预测 268 个，K. 转录 245 个，J. 翻译、核糖体结构与合成 244 个，S. 功能未知 230 个，M. 细胞壁/膜/包膜生物合成 183 个，P. 无机离子转运与代谢 174 个，G. 碳水化合物转运与代谢 168 个，T. 信号转导机制 168 个和 H. 辅酶转运与代谢 165 个（图 5-1-51a）。**【重复序列】**预测到的重复序列包括：LTR 114 个，总长为 10 231 bp，平均长度为 90 bp；DNA 重复元件 41 个，总长为 2463 bp，平均长度为 60 bp；LINE 43 个，总长为 2932 bp，平均长度为 56 bp；SINE 10 个，总长为 660 bp，平均长度为 66 bp；RC 5 个，总长为 425 bp，平均长度为 85 bp；未知序列 1 个，长度为 386 bp；TR 128 个，重复序列长度为 6～282 bp，总长为 12 845 bp；小卫星 DNA 107 个，重复序列长度为 11～54 bp，总长为 9303 bp；微卫星 DNA 1 个，重复

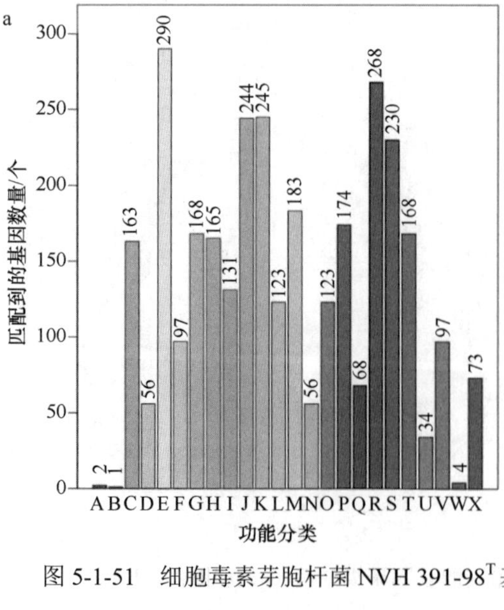


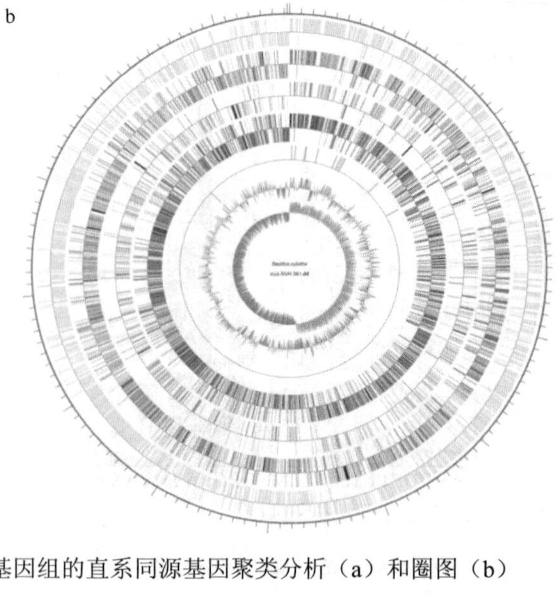

图 5-1-51 细胞毒素芽胞杆菌 NVH 391-98$^T$ 基因组的直系同源基因聚类分析（a）和圈图（b）

序列长度为 6 bp，总长为 168 bp。**【CRISPR】**预测到 25 个 CRISPR 相关序列。**【基因岛】**预测到 19 个基因岛 GI 01～GI 19，长度为 3219～33 599 bp，其 G+C 含量为 30.84%～40.2%。利用已预测得到的基因组信息，如重复序列、G+C 含量等，应用 CIRCOS 工具绘制其基因组圈图（图 5-1-51b）。

## 51. 达里湖芽胞杆菌（*Bacillus daliensis*）CGMCC 1.10369$^T$

达里湖芽胞杆菌（*Bacillus daliensis* Zhai et al. 2012，sp. nov.）的模式菌株（DLS13$^T$ = CGMCC 1.10369$^T$ =JCM 17097$^T$ =NBRC 107572$^T$）分离自内蒙古达里湖的沉积物，嗜碱，生长条件为 10～45℃（最适 30℃）、pH 7.5～11.0（最适 pH 9.0）、0～8%（*W*/*V*）NaCl（最适 2%），兼性厌氧，产芽胞（Zhai et al.，2012）。目前，该种仅有 1 个基因组，模式菌株 CGMCC 1.10369$^T$ 基因组的 GenBank 登录号为 GCA_900103955.1，测序平台为 Illumina HiSeq，于 2016 年 10 月 21 日由美国能源部联合基因组研究所（DOE Joint Genome Institute）提交。

**【基因组的组装】**菌株 CGMCC 1.10369$^T$ 基因组的测序深度为 333 X，基因组大小为 4.094 Mb，组装到 28 个 scaffolds，scaffold $N_{50}$ 为 308 338 bp。**【G+C 含量】**42.29%。**【非编码 RNA】**预测到 5 个 rRNA 基因（5S rRNA 5 个、16S rRNA 0 个、23S rRNA 0 个），52 个 tRNA 基因，1 个 sRNA 基因。**【编码基因】**有 3928 个蛋白质编码基因，编码区总长为 3 209 562 bp，占整个基因组的 78.4%，基因的平均长度为 817 bp。**【基因功能注释】**比对到 KEGG、COG 和 GO 数据库的基因数量分别为 3007 个、2478 个和 2541 个，预测到分泌蛋白编码基因 101 个；在 24 个 COG 功能类群中，基因数量前 10 位的类群分别是：R. 仅一般功能预测 266 个，G. 碳水化合物转运与代谢 257 个，E. 氨基酸转运与代谢 248 个，J. 翻译、核糖体结构与合成 218 个，K. 转录 197 个，S. 功能未知 170 个，C. 能量产生与转换 169 个，H. 辅酶转运与代谢 159 个，T. 信号转导机制 154 个和 P. 无机离子转运与代谢 148 个（图 5-1-52a）。**【重复序列】**预测到的重复序列包括：

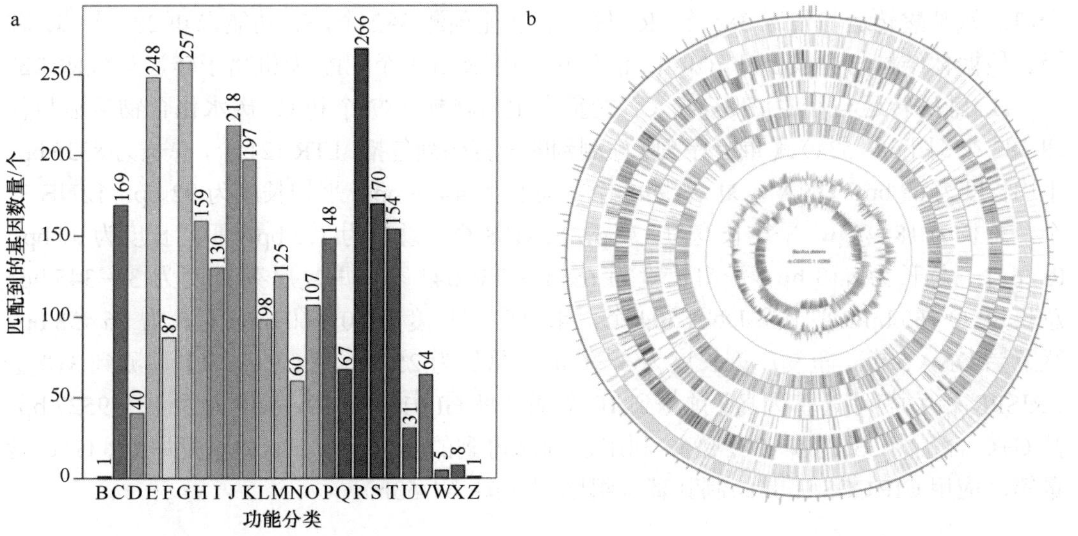


图 5-1-52　达里湖芽胞杆菌 CGMCC 1.10369$^T$ 基因组的直系同源基因聚类分析（a）和圈图（b）

LTR 136 个，总长为 8479 bp，平均长度为 62 bp；DNA 重复元件 39 个，总长为 2777 bp，平均长度为 71 bp；LINE 44 个，总长为 2410 bp，平均长度为 55 bp；SINE 8 个，总长为 617 bp，平均长度为 77 bp；RC 4 个，总长为 279 bp，平均长度为 70 bp；TR 134 个，重复序列长度为 3～281 bp，总长为 14 056 bp；小卫星 DNA 106 个，重复序列长度为 10～54 bp，总长为 5615 bp；微卫星 DNA 1 个，重复序列长度为 3 bp，总长为 49 bp。**【CRISPR】**预测到 9 个 CRISPR 相关序列。**【基因岛】**预测到 9 个基因岛 GI 01～GI 09，长度为 3783～28 424 bp，其 G+C 含量为 31.76%～45.39%。利用已预测得到的基因组信息，如重复序列、G+C 含量等，应用 CIRCOS 工具绘制其基因组圈图（图 5-1-52b）。

### 52. 腐叶芽胞杆菌（*Bacillus decisifrondis*）DSM 17725$^T$

腐叶芽胞杆菌（*Bacillus decisifrondis* Zhang et al. 2007，sp. nov.）的模式菌株（E5HC-32$^T$ =JCM 13601$^T$ =DSM 17725$^T$）分离自澳大利亚昆士兰州的松林湿地腐叶层下方的土壤，嗜碱，生长条件为 25～40℃（最适 30℃）、pH 7.1～9.1（最适 pH 8.4），严格好氧，产芽胞（Zhang et al.，2007）。目前，该种仅有 1 个基因组，模式菌株 DSM 17725$^T$ 基因组的 GenBank 登录号为 GCA_001278875.1，测序平台为 Illumina HiSeq，于 2015 年 9 月 4 日由福建省农业科学院（Fujian Academy of Agricultural Sciences）提交。

**【基因组的组装】**菌株 DSM 17725$^T$ 基因组的测序深度为 150 X，基因组大小为 5.614 Mb，组装到 78 个 scaffolds，scaffold $N_{50}$ 为 198 713 bp。**【G+C 含量】**36.6%。**【非编码 RNA】**预测到 4 个 rRNA 基因（5S rRNA 2 个、16S rRNA 1 个、23S rRNA 1 个），81 个 tRNA 基因，146 个 sRNA 基因。**【编码基因】**有 5899 个蛋白质编码基因，编码区总长为 4 535 232 bp，占整个基因组的 80.78%，基因的平均长度为 769 bp。**【基因功能注释】**比对到 KEGG、COG 和 GO 数据库的基因数量分别为 4612 个、3513 个和 3601 个，预测到分泌蛋白编码基因 113 个；在 25 个 COG 功能类群中，基因数量前 10 位的类群分别是：K. 转录 403 个，E. 氨基酸转运与代谢 385 个，R. 仅一般功能预测 382 个，S. 功能未知 282 个，J. 翻译、核糖体结构与合成 271 个，T. 信号转导机制 269 个，P. 无机离子转运与代谢 222 个，H. 辅酶转运与代谢 216 个，C. 能量产生与转换 187 个和 G. 碳水化合物转运与代谢 182 个（图 5-1-53a）。**【重复序列】**预测到的重复序列包括：LTR 121 个，总长为 8335 bp，平均长度为 69 bp；DNA 重复元件 48 个，总长为 4419 bp，平均长度为 92 bp；LINE 32 个，总长为 1834 bp，平均长度为 57 bp；SINE 8 个，总长为 772 bp，平均长度为 97 bp；RC 6 个，总长为 413 bp，平均长度为 69 bp；TR 641 个，重复序列长度为 3～345 bp，总长为 70 165 bp；小卫星 DNA 504 个，重复序列长度为 10～60 bp，总长为 56 458 bp；微卫星 DNA 5 个，重复序列长度为 3～6 bp，总长为 257 bp。**【CRISPR】**预测到 310 个 CRISPR 相关序列。**【基因岛】**预测到 10 个基因岛 GI 01～GI 10，长度为 3649～9527 bp，其 G+C 含量为 33.17%～38.99%。利用已预测得到的基因组信息，如重复序列、G+C 含量等，应用 CIRCOS 工具绘制其基因组圈图（图 5-1-53b）。

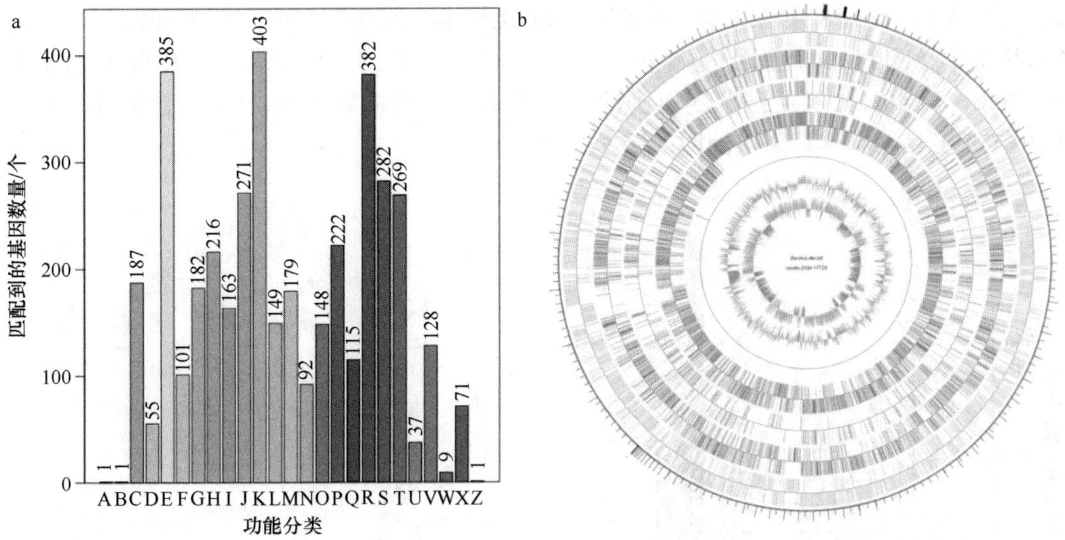


图 5-1-53　腐叶芽胞杆菌 DSM 17725$^T$ 基因组的直系同源基因聚类分析（a）和圈图（b）

## 53. 沙漠芽胞杆菌（*Bacillus deserti*）V1-29

沙漠芽胞杆菌（*Bacillus deserti* Zhang et al. 2012，sp. nov.）的模式菌株（ZLD-8$^T$ = CCTCC AB 207173$^T$=KCTC 13246$^T$）分离自新疆的沙漠土壤，嗜碱，生长条件为 7～45℃（最适 30℃）、pH 6.0～9.0（最适 pH 7.0）、0～4%（*W*/*V*）NaCl（最适 0～1%），严格好氧，产芽胞（Zhang et al.，2011）。目前，该种仅有 1 个基因组，非模式菌株 V1-29 基因组的 GenBank 登录号为 GCA_002863585.1，测序平台为 Illumina HiSeq，于 2018 年 1 月 4 日由美国加州理工学院（California Institute of Technology）提交。

**【基因组的组装】**菌株 V1-29 基因组的测序深度为 100 X，基因组大小为 4.915 Mb，组装到 106 个 contigs，contig $N_{50}$ 为 73 500 bp。**【G+C 含量】**41.11%。**【非编码 RNA】**预测到 8 个 rRNA 基因（5S rRNA 6 个、16S rRNA 1 个、23S rRNA 1 个），91 个 tRNA 基因，10 个 sRNA 基因。**【编码基因】**有 5335 个蛋白质编码基因，编码区总长为 3 914 607 bp，占整个基因组的 79.65%，基因的平均长度为 731 bp。**【基因功能注释】**比对到 KEGG、COG 和 GO 数据库的基因数量分别为 3967 个、3057 个和 3116 个，预测到分泌蛋白编码基因 92 个；在 24 个 COG 功能类群中，基因数量前 10 位的类群分别是：R. 仅一般功能预测 396 个，E. 氨基酸转运与代谢 324 个，G. 碳水化合物转运与代谢 266 个，J. 翻译、核糖体结构与合成 261 个，S. 功能未知 248 个，K. 转录 228 个，T. 信号转导机制 181 个，C. 能量产生与转换 177 个，M. 细胞壁/膜/包膜生物合成 177 个和 P. 无机离子转运与代谢 172 个（图 5-1-54a）。**【重复序列】**预测到的重复序列包括：LTR 201 个，总长为 11 836 bp，平均长度为 59 bp；DNA 重复元件 52 个，总长为 3316 bp，平均长度为 64 bp；LINE 40 个，总长为 2573 bp，平均长度为 64 bp；SINE 15 个，总长为 1211 bp，平均长度为 85 bp；RC 3 个，总长为 157 bp，平均长度为 52 bp；TR 451 个，重复序列长度为 9～399 bp，总长为 41 825 bp；小卫星 DNA 393 个，重复序列长度为 11～60 bp，总长为 34 993 bp；未预测到微卫星 DNA。【**CRISPR**】预测到 136 个 CRISPR 相关序列。【**基因岛**】预测到 11 个基因岛 GI 01～GI 11，长度为 4225～15 218 bp，其 G+C 含量为 32.78%～42.49%。利用已预测得到的基因组信息，如重复序列、G+C 含量等，应用 CIRCOS 工具绘制其基因组圈图（图 5-1-54b）。

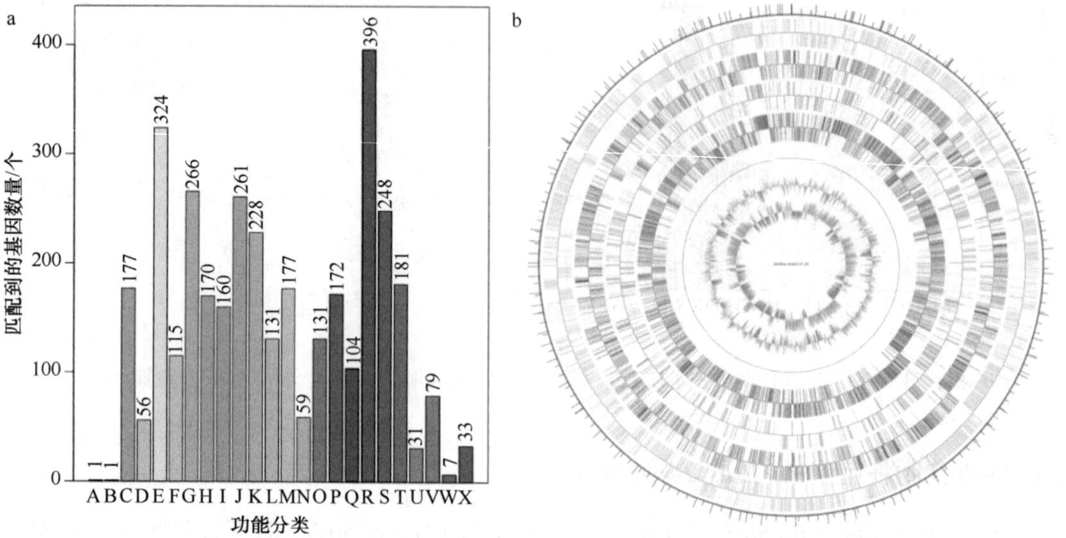


图 5-1-54 沙漠芽胞杆菌 V1-29 基因组的直系同源基因聚类分析（a）和圈图（b）

## 54. 迪埃尔莫芽胞杆菌（*Bacillus dielmoensis*）FF4$^T$

迪埃尔莫芽胞杆菌（*Bacillus dielmoensis* Lo et al. 2015，sp. nov.）的模式菌株（FF4$^T$ = CSUR P3026$^T$ =DSM 27844$^T$）分离自塞内加尔 1 名 16 岁健康男性的皮肤，生长条件为 30～45℃（最适 37℃），好氧，产芽胞（Lo et al.，2015a）。目前，该种仅有 1 个基因组，模式菌株 FF4$^T$ 基因组的 GenBank 登录号为 GCA_000612665.1，测序平台为 Illumina HiSeq，于 2014 年 3 月 12 日由欧洲生物信息学研究所（European Bioinformatics Institute）提交。

【**基因组的组装**】菌株 FF4$^T$ 基因组的测序深度为 61 X，基因组大小为 4.566 Mb，组装到 75 个 scaffolds，scaffold $N_{50}$ 为 102 607 bp。【**G+C 含量**】40.92%。【**非编码 RNA**】预测到 7 个 rRNA 基因（5S rRNA 6 个、16S rRNA 1 个、23S rRNA 0 个），137 个 tRNA 基因，3 个 sRNA 基因。【**编码基因**】有 4558 个蛋白质编码基因，编码区总长为 3 938 556 bp，占整个基因组的 86.26%，基因的平均长度为 864 bp。【**基因功能注释**】比对到 KEGG、COG 和 GO 数据库的基因数量分别为 3868 个、2980 个和 2998 个，预测到分泌蛋白编码基因 88 个；在 24 个 COG 功能类群中，基因数量前 10 位的类群分别是：R. 仅一般功能预测 330 个，E. 氨基酸转运与代谢 321 个，G. 碳水化合物转运与代谢 304 个，K. 转录 264 个，J. 翻译、核糖体结构与合成 225 个，S. 功能未知 224 个，C. 能量产生与转换 210 个，P. 无机离子转运与代谢 194 个，I. 脂质转运与代谢 184 个和 T. 信号转导机制 183 个（图 5-1-55a）。【**重复序列**】预测到的重复序列包括：LTR 138 个，总长为 8204 bp，平均长度为 59 bp；DNA 重复元件 35 个，总长为 1939 bp，平均长度为 55 bp；LINE 50 个，总长为 3040 bp，平均长度为 61 bp；SINE 24 个，总长为 2287 bp，平均长度为 95 bp；RC 4 个，总长为 213 bp，平均长度为 53 bp；TR 168 个，重复序列长度为 7～648 bp，总长为 21 912 bp；小卫星 DNA 133 个，重复序列长度为 10～54 bp，总长为 12 080 bp；未预测到微卫星 DNA。**【CRISPR】**预测到 63 个 CRISPR 相关序列。**【基因岛】**预测到 8 个基因岛 GI 01～GI 08，长度为 5610～12 981 bp，其 G+C 含量为 38.23%～46.88%。利用已预测得到的基因组信息，如重复序列、G+C 含量等，应用 CIRCOS 工具绘制其基因组圈图（图 5-1-55b）。

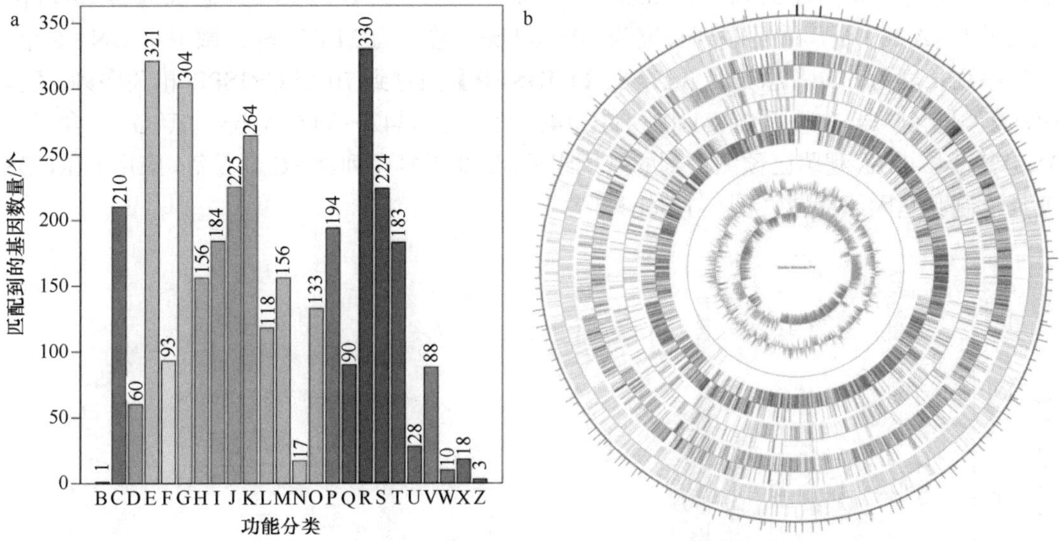


图 5-1-55　迪埃尔莫芽胞杆菌 FF4$^{T}$ 基因组的直系同源基因聚类分析（a）和圈图（b）

## 55. 钻特省芽胞杆菌（*Bacillus drentensis*）FJAT-10044$^{T}$

钻特省芽胞杆菌（*Bacillus drentensis* Heyrman et al. 2004，sp. nov.）的模式菌株（LMG 21831$^{T}$ =R-16337$^{T}$ =IDA1967$^{T}$ =DSM 15600$^{T}$ =FJAT-10044$^{T}$）分离自荷兰德伦特省的农业研究地块的土壤，耐热，最适生长温度为 30℃（最高生长温度为 50～55℃），pH 为 5.5～10.0（最适为 pH 7.0～8.0），兼性厌氧，产芽胞（Heyrman et al.，2004）。目前，该种有 2 个基因组，选择组装水平较高的模式菌株 FJAT-10044$^{T}$ 的基因组进行描述，其 GenBank 登录号为 GCA_001636415.1，测序平台为 Illumina HiSeq，于 2016 年 5 月 4 日由福建省农业科学院（Fujian Academy of Agricultural Sciences）提交。

**【基因组的组装】**菌株 FJAT-10044$^{T}$ 基因组的测序深度为 400 X，基因组大小为 5.305 Mb，组装到 3 个 scaffolds，scaffold $N_{50}$ 为 5 303 701 bp。**【G+C 含量】**38.91%。**【非编码 RNA】**预测到 50 个 rRNA 基因（5S rRNA 17 个、16S rRNA 16 个、23S rRNA 17 个），125 个 tRNA 基因，4 个 sRNA 基因。**【编码基因】**有 5337 个蛋白质编码基因，编码区总长为 4 483 128 bp，占整个基因组的 84.51%，基因的平均长度为 840 bp。**【基因功能注释】**比对到 KEGG、COG 和 GO 数据库的基因数量分别为 4584 个、3491 个和

3524 个，预测到分泌蛋白编码基因 84 个；在 25 个 COG 功能类群中，基因数量前 10 位的类群分别是：R. 仅一般功能预测 394 个，E. 氨基酸转运与代谢 387 个，G. 碳水化合物转运与代谢 293 个，K. 转录 274 个，C. 能量产生与转换 272 个，S. 功能未知 258 个，J. 翻译、核糖体结构与合成 239 个，P. 无机离子转运与代谢 232 个，I. 脂质转运与代谢 221 个和 T. 信号转导机制 210 个（图 5-1-56a）。**【重复序列】**预测到的重复序列包括：LTR 135 个，总长为 13 665 bp，平均长度为 101 bp；DNA 重复元件 29 个，总长为 1950 bp，平均长度为 67 bp；LINE 43 个，总长为 2563 bp，平均长度为 60 bp；SINE 15 个，总长为 957 bp，平均长度为 64 bp；RC 2 个，总长为 109 bp，平均长度为 55 bp；未知序列 1 个，长度为 65 bp；TR 323 个，重复序列长度为 6～913 bp，总长为 34 349 bp；小卫星 DNA 269 个，重复序列长度为 10～60 bp，总长为 21 064 bp；微卫星 DNA 8 个，重复序列长度为 6 bp，总长为 365 bp。**【CRISPR】**预测到 70 个 CRISPR 相关序列。**【基因岛】**预测到 14 个基因岛 GI 01～GI 14，长度为 4342～34 094 bp，其 G+C 含量为 31.51%～42.02%。利用已预测得到的基因组信息，如重复序列、G+C 含量等，应用 CIRCOS 工具绘制其基因组圈图（图 5-1-56b）。

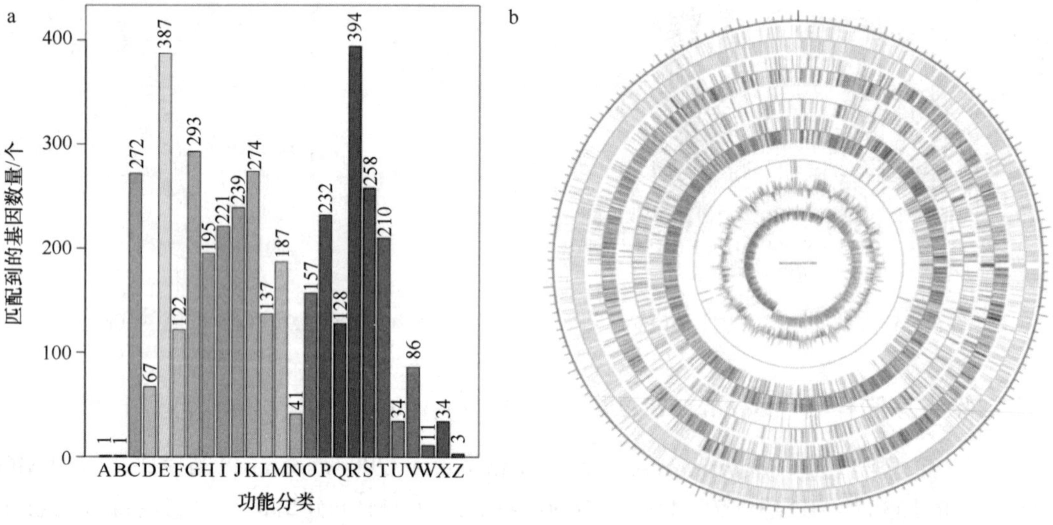


图 5-1-56 钻特省芽胞杆菌 FJAT-10044$^T$ 基因组的直系同源基因聚类分析（a）和圈图（b）

## 56. 蚯蚓芽胞杆菌（*Bacillus eiseniae*）FJAT-2352$^T$

蚯蚓芽胞杆菌（*Bacillus eiseniae* Hong et al. 2012，sp. nov.）的模式菌株（A1-2$^T$ = KCCM 90092$^T$ =JCM 16993$^T$ =FJAT-2352$^T$）分离自蚯蚓的肠道，中度耐盐，生长条件为 15～37℃（最适为 30℃）、pH 6.5～11.0（最适为 pH 7.0）、0～9%（*W*/*V*）NaCl，兼性厌氧，产芽胞（Hong et al.，2012）。目前，该种仅有 1 个基因组，模式菌株 FJAT-2352$^T$ 基因组的 GenBank 登录号为 GCA_001636325.1，测序平台为 Illumina HiSeq，于 2016 年 5 月 4 日由福建省农业科学院（Fujian Academy of Agricultural Sciences）提交。

【基因组的组装】菌株 FJAT-2352$^T$基因组的测序深度为 372 X，基因组大小为 5.471 Mb，组装到 9 个 scaffolds，scaffold $N_{50}$为 2 774 433 bp。【G+C 含量】37.61%。【非编码 RNA】预测到 26 个 rRNA 基因（5S rRNA 10 个、16S rRNA 8 个、23S rRNA 8 个），107 个 tRNA 基因，19 个 sRNA 基因。【编码基因】有 5825 个蛋白质编码基因，编码区总长为 4 602 642 bp，占整个基因组的 84.13%，基因的平均长度为 790 bp。【基因功能注释】比对到 KEGG、COG 和 GO 数据库的基因数量分别为 4847 个、3611 个和 3785 个，预测到分泌蛋白编码基因 110 个；在 24 个 COG 功能类群中，基因数量前 10 位的类群分别是：R. 仅一般功能预测 427 个，E. 氨基酸转运与代谢 417 个，K. 转录 348 个，P. 无机离子转运与代谢 278 个，I. 脂质转运与代谢 266 个，J. 翻译、核糖体结构与合成 265 个，S. 功能未知 257 个，C. 能量产生与转换 232 个，T. 信号转导机制 210 个和 H. 辅酶转运与代谢 209 个（图 5-1-57a）。【重复序列】预测到的重复序列包括：LTR 130 个，总长为 10384 bp，平均长度为 80 bp；DNA 重复元件 31 个，总长为 2056 bp，平均长度为 66 bp；LINE 40 个，总长为 2502 bp，平均长度为 63 bp；SINE 9 个，总长为 671 bp，平均长度为 75 bp；RC 3 个，总长为 174 bp，平均长度为 58 bp；未知 2 个，总长为 83 bp，平均长度为 42 bp；TR 284 个，重复序列长度为 3～924 bp，总长为 38 153 bp；小卫星 DNA 219 个，重复序列长度为 10～60 bp，总长为 31007 bp；微卫星 DNA 2 个，重复序列长度为 3～6 bp，总长为 65 bp。【CRISPR】预测到 41 个 CRISPR 相关序列。【基因岛】预测到 24 个基因岛 GI 01～GI 24，长度为 4244～45 101 bp，其 G+C 含量为 29.46%～41.76%。利用已预测得到的基因组信息，如重复序列、G+C 含量等，应用 CIRCOS 工具绘制其基因组圈图（图 5-1-57b）。

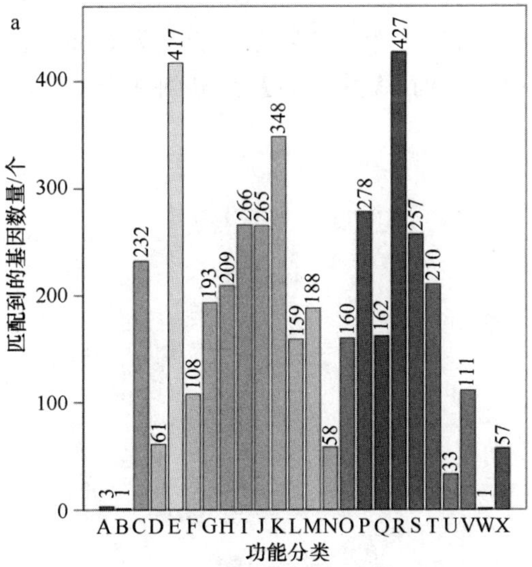


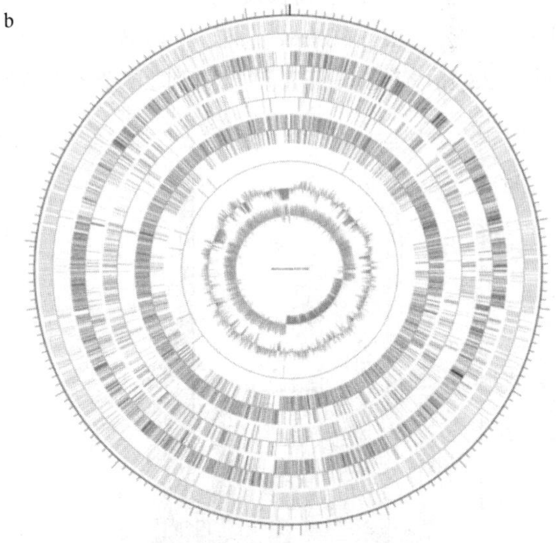


图 5-1-57　蚯蚓芽胞杆菌 FJAT-2352$^T$基因组的直系同源基因聚类分析（a）和圈图（b）

## 57. 国化室芽胞杆菌（*Bacillus enclensis*）SGD-1123$^T$

国化室芽胞杆菌（*Bacillus enclensis* Dastager et al. 2014，sp. nov.）的模式菌株

（SGD-1123$^T$ =NCIM 5450$^T$ =CCTCC AB 2011125$^T$）分离自印度果阿邦硕朗岛的沉积物，耐盐，生长条件为 15～42℃（最适为 30℃）、pH 5.0～12.0（最适为 pH 7.0～7.5）、0～12%（*W*/*V*）NaCl，好氧，产芽胞（Dastager et al.，2014a）。目前，该种仅有 1 个基因组，模式菌株 SGD-1123$^T$ 基因组的 GenBank 登录号为 GCA_001456935.1，测序平台为 Illumina HiSeq，于 2015 年 12 月 4 日由印度科学和工业研究理事会国家化学实验室（CSIR-National Chemical Laboratory）提交。

**【基因组的组装】**菌株 SGD-1123$^T$ 基因组的测序深度未知，基因组大小为 4.482 Mb，组装到 18 个 scaffolds，scaffold $N_{50}$ 为 1 024 389 bp。**【G+C 含量】**44.53%。**【非编码 RNA】**预测到 7 个 rRNA 基因（5S rRNA 7 个、16S rRNA 0 个、23S rRNA 0 个），70 个 tRNA 基因，3 个 sRNA 基因。**【编码基因】**有 4727 个蛋白质编码基因，编码区总长为 3 800 385 bp，占整个基因组的 84.79%，基因的平均长度为 804 bp。**【基因功能注释】**比对到 KEGG、COG 和 GO 数据库的基因数量分别为 3879 个、2992 个和 3065 个，预测到分泌蛋白编码基因 110 个；在 25 个 COG 功能类群中，基因数量前 10 位的类群分别是：R. 仅一般功能预测 353 个，E. 氨基酸转运与代谢 309 个，J. 翻译、核糖体结构与合成 266 个，K. 转录 244 个，S. 功能未知 244 个，G. 碳水化合物转运与代谢 208 个，T. 信号转导机制 182 个，C. 能量产生与转换 181 个，P. 无机离子转运与代谢 172 个，H. 辅酶转运与代谢 168 个和 M. 细胞壁/膜/包膜生物合成 168 个（图 5-1-58a）。**【重复序列】**预测到的重复序列包括：LTR 140 个，总长为 8247 bp，平均长度为 59 bp；DNA 重复元件 42 个，总长为 2510 bp，平均长度为 60 bp；LINE 38 个，总长为 2037 bp，平均长度为 54 bp；SINE 15 个，总长为 975 bp，平均长度为 65 bp；RC 6 个，总长为 328 bp，平均长度为 55 bp；TR 286 个，重复序列长度为 6～366 bp，总长为 19 084 bp；小卫星 DNA 264 个，重复序列长度为 12～60 bp，总长为 14 639 bp；微卫星 DNA 1 个，重复序列长度为 6 bp，总长为 28 bp。**【CRISPR】**预测到 26 个 CRISPR 相关序列。**【基因岛】**预测到 9 个基因岛

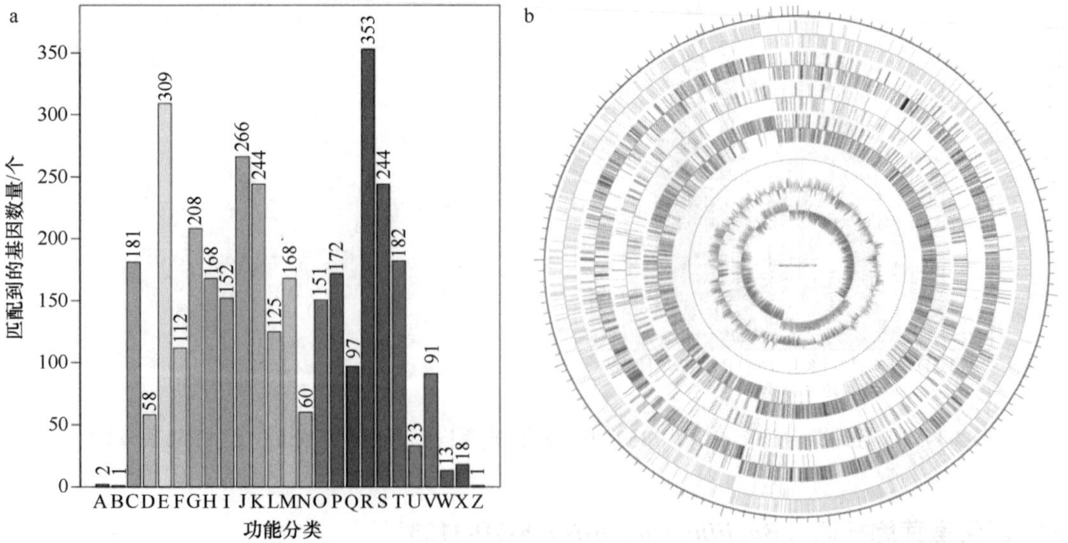


图 5-1-58 国化室芽胞杆菌 SGD-1123$^T$ 基因组的直系同源基因聚类分析（a）和圈图（b）

GI 01～GI 09，长度为 7287～30 125 bp，其 G+C 含量为 34.31%～45.78%。利用已预测得到的基因组信息，如重复序列、G+C 含量等，应用 CIRCOS 工具绘制其基因组圈图（图 5-1-58b）。

## 58. 内生芽胞杆菌（*Bacillus endophyticus*）DSM 13796$^{T}$

内生芽胞杆菌（*Bacillus endophyticus* Reva et al. 2002，sp. nov.）的模式菌株（2DT$^{T}$=UCM B-5715$^{T}$ =CIP 106778T$^{T}$=DSM 13796$^{T}$）分离自塔吉克斯坦杜尚别的棉花植株内部组织，生长条件为 10～45℃（最适为 28℃）、0～10%（*W*/*V*）NaCl，严格好氧，产芽胞（Reva et al.，2002）。目前，该种有 7 个基因组，选择组装水平较高的模式菌株 DSM 13796$^{T}$ 的基因组进行描述，其 GenBank 登录号为 GCA_900115845.1，测序平台为 Illumina HiSeq，于 2016 年 11 月 2 日由美国能源部联合基因组研究所（DOE Joint Genome Institute）提交。

**【基因组的组装】**菌株 DSM 13796$^{T}$ 基因组的测序深度为 264 X，基因组大小为 5.118 Mb，组装到 38 个 scaffolds，scaffold $N_{50}$ 为 293 230 bp。**【G+C 含量】**36.49%。**【非编码 RNA】**预测到 5 个 rRNA 基因（5S rRNA 5 个、16S rRNA 0 个、23S rRNA 0 个），48 个 tRNA 基因，3 个 sRNA 基因。**【编码基因】**有 5371 个蛋白质编码基因，编码区总长为 4 322 601 bp，占整个基因组的 84.46%，基因的平均长度为 805 bp。**【基因功能注释】**比对到 KEGG、COG 和 GO 数据库的基因数量分别为 4792 个、5569 个和 3689 个，预测到分泌蛋白编码基因 88 个；在 24 个 COG 功能类群中，基因数量前 10 位的类群分别是：R. 仅一般功能预测 434 个，E. 氨基酸转运与代谢 412 个，K. 转录 399 个，G. 碳水化合物转运与代谢 378 个，C. 能量产生与转换 248 个，J. 翻译、核糖体结构与合成 245 个，H. 辅酶转运与代谢 225 个，P. 无机离子转运与代谢 222 个，S. 功能未知 217 个和 T. 信号转导机制 202 个（图 5-1-59a）。**【重复序列】**预测到的重复序列包括：

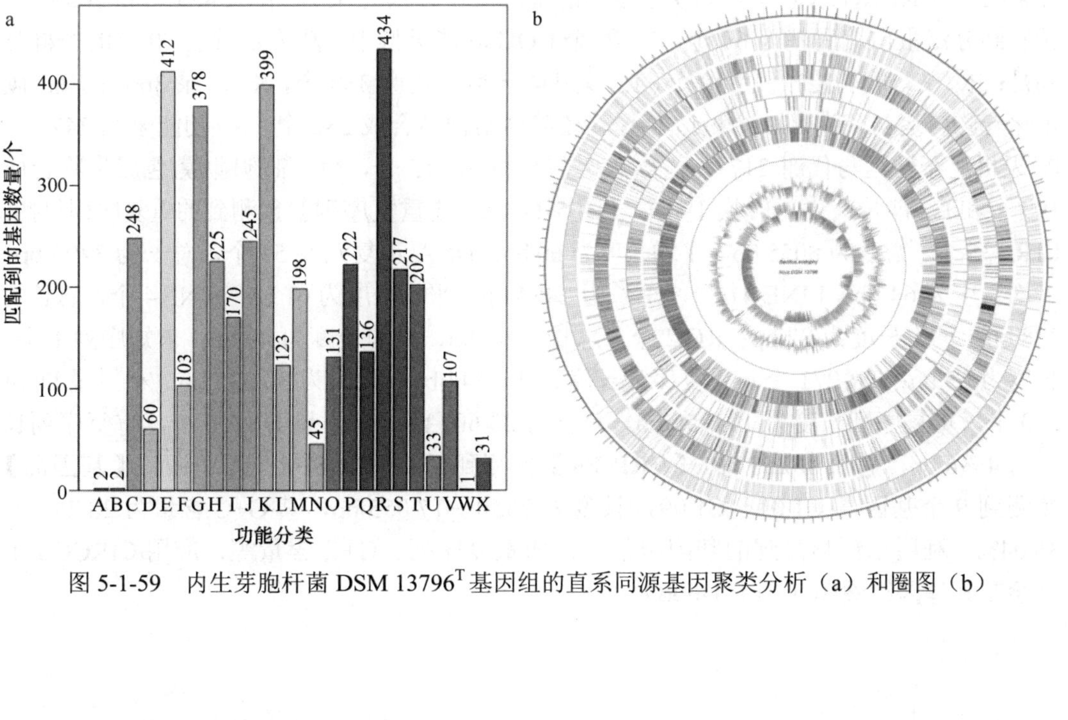


图 5-1-59　内生芽胞杆菌 DSM 13796$^{T}$ 基因组的直系同源基因聚类分析（a）和圈图（b）

LTR 135 个，总长为 7877 bp，平均长度为 58 bp；DNA 重复元件 40 个，总长为 2819 bp，平均长度为 70 bp；LINE 37 个，总长为 2000 bp，平均长度为 54 bp；SINE 7 个，总长为 507 bp，平均长度为 72 bp；RC 5 个，总长为 265 bp，平均长度为 53 bp；TR 160 个，重复序列长度为 3～682 bp，总长为 13 608 bp；小卫星 DNA 134 个，重复序列长度为 10～60 bp，总长为 6222 bp；微卫星 DNA 1 个，重复序列长度为 3 bp，总长为 116 bp。**【CRISPR】**未预测到 CRISPR 相关序列。**【基因岛】**预测到 14 个基因岛 GI 01～GI 14，长度为 4830～25 077 bp，其 G+C 含量为 31.64%～39.84%。利用已预测得到的基因组信息，如重复序列、G+C 含量等，应用 CIRCOS 工具绘制其基因组圈图（图 5-1-59b）。

### 59. 混料芽胞杆菌（*Bacillus farraginis*）DSM 16013$^T$

混料芽胞杆菌（*Bacillus farraginis* Scheldeman et al. 2004，sp. nov.）的模式菌株（R-6540$^T$ =MB 1885$^T$ =LMG 22081$^T$ =DSM 16013$^T$）分离自比利时奶牛养殖场的浓缩混合饲料，最适生长温度为 30～45℃（20℃生长较弱），pH 9.0 能生长（pH 5.0 不能生长），0～7%（*W*/*V*）NaCl 能生长，严格好氧，产芽胞（Scheldeman et al.，2004）。目前，该种仅有 1 个基因组，模式菌株 DSM 16013$^T$ 基因组的 GenBank 登录号为 GCA_001439965.1，测序平台为 Illumina HiSeq，于 2015 年 11 月 6 日由福建省农业科学院（Fujian Academy of Agricultural Sciences）提交。

**【基因组的组装】**菌株 DSM 16013$^T$ 基因组的测序深度为 150 X，基因组大小为 5.309 Mb，组装到 125 个 scaffolds，scaffold $N_{50}$ 为 146 172 bp。**【G+C 含量】**34.69%。**【非编码 RNA】**预测到 1 个 rRNA 基因（5S rRNA 0 个、16S rRNA 1 个、23S rRNA 0 个），61 个 tRNA 基因，6 个 sRNA 基因。**【编码基因】**有 5505 个蛋白质编码基因，编码区总长为 4 400 838 bp，占整个基因组的 82.89%，基因的平均长度为 799 bp。**【基因功能注释】**比对到 KEGG、COG 和 GO 数据库的基因数量分别为 4584 个、3483 个和 3639 个，预测到分泌蛋白编码基因 69 个；在 25 个 COG 功能类群中，基因数量前 10 位的类群分别是：R. 仅一般功能预测 389 个，E. 氨基酸转运与代谢 388 个，K. 转录 360 个，G. 碳水化合物转运与代谢 293 个，J. 翻译、核糖体结构与合成 282 个，S. 功能未知 247 个，P. 无机离子转运与代谢 217 个，T. 信号转导机制 215 个，M. 细胞壁/膜/包膜生物合成 199 个和 C. 能量产生与转换 190 个（图 5-1-60a）。**【重复序列】**预测到的重复序列包括：LTR 135 个，总长为 8055 bp，平均长度为 60 bp；DNA 重复元件 55 个，总长为 3493 bp，平均长度为 64 bp；LINE 41 个，总长为 2484 bp，平均长度为 61 bp；SINE 4 个，总长为 328 bp，平均长度为 82 bp；RC 2 个，总长为 97 bp，平均长度为 49 bp；未知序列 1 个，长度为 63 bp；TR 271 个，重复序列长度为 4～744 bp，总长为 30 335 bp；小卫星 DNA 200 个，重复序列长度为 10～55 bp，总长为 23 602 bp；微卫星 DNA 6 个，重复序列长度为 4～6 bp，总长为 255 bp。**【CRISPR】**预测到 36 个 CRISPR 相关序列。**【基因岛】**预测到 9 个基因岛 GI 01～GI 09，长度为 2550～17 055 bp，其 G+C 含量为 28.24%～36.04%。利用已预测得到的基因组信息，如重复序列、G+C 含量等，应用 CIRCOS 工具绘制其基因组圈图（图 5-1-60b）。

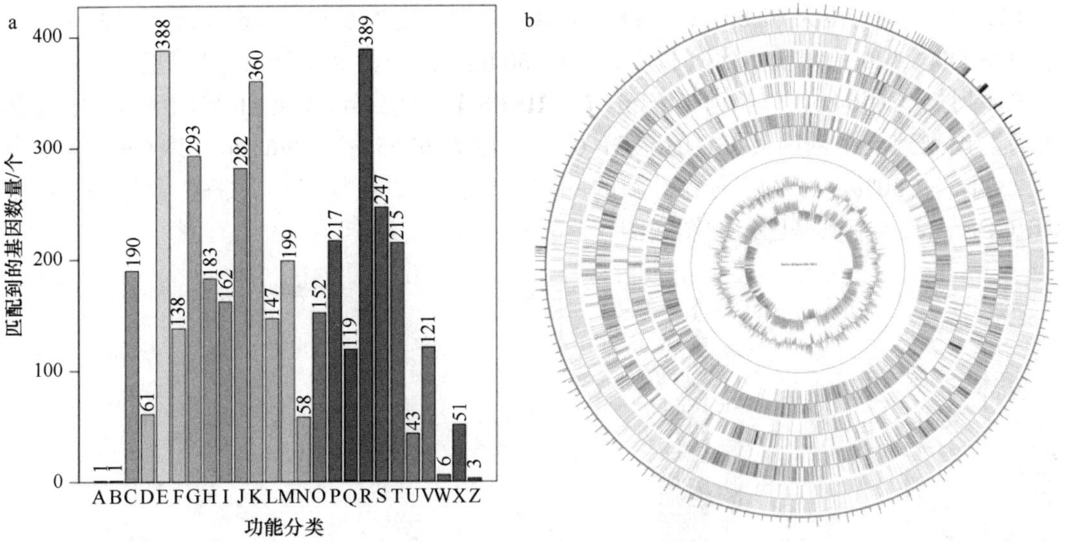


图 5-1-60 混料芽胞杆菌 DSM 16013$^T$ 基因组的直系同源基因聚类分析（a）和圈图（b）

## 60. 苛求芽胞杆菌（*Bacillus fastidiosus*）NBRC 101226$^T$

苛求芽胞杆菌（*Bacillus fastidiosus* den Dooren de Jong 1929，species.）的模式菌株（Delft$^T$ =ATCC 29604$^T$ =DSM 91$^T$ =LMD 29-14$^T$ =NBRC 101226$^T$ =NCCB 29014$^T$ =NRRL NRS-1705$^T$）分离自土壤，生长条件为 10～40℃、最适 pH 7.0～8.5、0～3%（*W*/*V*）NaCl（最适 0），严格好氧，产芽胞。目前，该种仅有 1 个基因组，模式菌株 NBRC 101226$^T$ 基因组的 GenBank 登录号为 GCA_001591625.1，测序平台为 Illumina HiSeq，于 2016 年 2 月 27 日由日本国立技术与评价研究所（National Institute of Technology and Evaluation）提交。

**【基因组的组装】**菌株 NBRC 101226$^T$ 基因组的测序深度为 125 X，基因组大小为 4.411 Mb，组装到 239 个 contigs，contig $N_{50}$ 为 32 252 bp。**【G+C 含量】**35.10%。**【非编码 RNA】**预测到 1 个 rRNA 基因（5S rRNA 0 个、16S rRNA 1 个、23S rRNA 0 个），22 个 tRNA 基因，10 个 sRNA 基因。**【编码基因】**有 4628 个蛋白质编码基因，编码区总长为 3 635 403 bp，占整个基因组的 82.42%，基因的平均长度为 786 bp。**【基因功能注释】**比对到 KEGG、COG 和 GO 数据库的基因数量分别为 3824 个、2826 个和 2914 个，预测到分泌蛋白编码基因 100 个；在 24 个 COG 功能类群中，基因数量前 10 位的类群分别是：R. 仅一般功能预测 296 个，K. 转录 261 个，E. 氨基酸转运与代谢 246 个，S. 功能未知 240 个，J. 翻译、核糖体结构与合成 235 个，P. 无机离子转运与代谢 231 个，T. 信号转导机制 218 个，H. 辅酶转运与代谢 208 个，C. 能量产生与转换 158 个和 M. 细胞壁/膜/包膜生物合成 152 个（图 5-1-61a）。**【重复序列】**预测到的重复序列包括：LTR 130 个，总长为 7926 bp，平均长度为 61 bp；DNA 重复元件 51 个，总长为 3052 bp，平均长度为 60 bp；LINE 48 个，总长为 2722 bp，平均长度为 57 bp；SINE 4 个，总长为 250 bp，平均长度为 63 bp；RC 3 个，总长为 187 bp，平均长度为 62 bp；未知序列 2 个，总长为 123 bp，平均长度为 62 bp；TR 195 个，重复序列长度为 6～343 bp，总长为 12 911 bp；小卫星 DNA 170 个，重复序列长度为 10～60 bp，总长为 8796 bp；微卫星 DNA 3 个，重复序列长度为 6 bp，总长为 146 bp。【**CRISPR**】预测到 48 个 CRISPR 相关序列。【**基因岛**】预测到 5 个基因岛 GI 01～GI 05，长度为 6755～12 096 bp，其 G+C 含量为 33.23%～37.30%。利用已预测得到的基因组信息，如重复序列、G+C 含量等，应用 CIRCOS 工具绘制其基因组圈图（图 5-1-61b）。

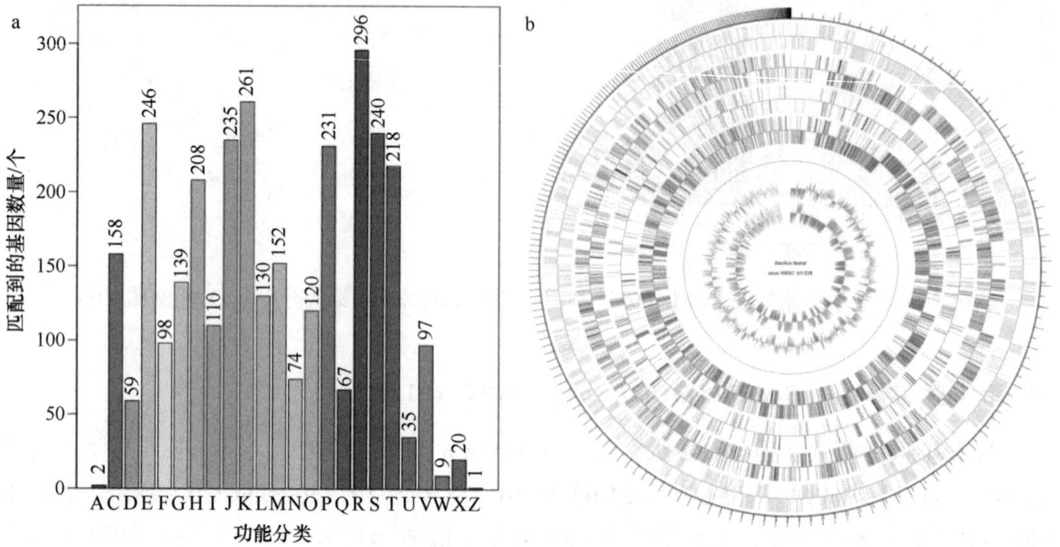


图 5-1-61　苛求芽胞杆菌 NBRC 101226$^T$ 基因组的直系同源基因聚类分析（a）和圈图（b）

## 61. 丝状芽胞杆菌（*Bacillus filamentosus*）Hbe603

丝状芽胞杆菌（*Bacillus filamentosus* Sonalkar et al. 2015，sp. nov.）的模式菌株（SGD-14$^T$=NCIM 5491$^T$ =DSM 27955$^T$）分离自印度果阿邦的海洋沉积物，生长条件为 20～45℃（最适 30℃）、pH 7.0～10.0（最适 pH 7.0～7.5）、0～7%（*W*/*V*）NaCl（最适 0～5%），严格好氧，产芽胞（Sonalkar et al.，2015）。目前，该种有 6 个基因组，选择组装到完成图水平的非模式菌株 Hbe603 的基因组进行描述，其 GenBank 登录号为 GCA_000972245.3，测序平台为 PacBio，于 2016 年 4 月 22 日由天津大学（Tianjin University）提交。

【**基因组的组装**】菌株 Hbe603 基因组的测序深度为 300 X，基因组大小为 5.314 Mb，组装到完成图水平，包括 1 条染色体和 8 个质粒。【**G+C 含量**】36.49%。【**非编码 RNA**】预测到 33 个 rRNA 基因（5S rRNA 11 个、16S rRNA 11 个、23S rRNA 11 个），81 个 tRNA 基因，5 个 sRNA 基因。【**编码基因**】有 5610 个蛋白质编码基因，编码区总长为 4 450 464 bp，占整个基因组的 83.75%，基因的平均长度为 795 bp。【**基因功能注释**】比对到 KEGG、COG 和 GO 数据库的基因数量分别为 5037 个、3565 个和 3742 个，预测到分泌蛋白编码基因 85 个；在 24 个 COG 功能类群中，基因数量前 10 位的类群分别是：R. 仅一般功能预测 441 个，E. 氨基酸转运与代谢 397 个，K. 转录 393 个，G. 碳水化合物转运与代谢 355 个，C. 能量产生与转换 249 个，J. 翻译、核糖体结构与合成 237 个，H. 辅酶转运与代谢 231 个，S. 功能未知 230 个，P. 无机离子转运与代谢 219 个和 T. 信号转导机制 195 个（图 5-1-62a）。**【重复序列】**预测到的重复序列包括：LTR 128 个，总长为 10 741 bp，平均长度为 84 bp；DNA 重复元件 47 个，总长为 2883 bp，平均长度为 61 bp；LINE 43 个，总长为 2774 bp，平均长度为 65 bp；SINE 11 个，总长为 766 bp，平均长度为 70 bp；RC 1 个，长度为 56 bp；TR 172 个，重复序列长度为 6～639 bp，总长为 17 969 bp；小卫星 DNA 140 个，重复序列长度为 10～60 bp，总长为 10 854 bp；微卫星 DNA 1 个，重复序列长度为 6 bp，总长为 92 bp。**【CRISPR】**未预测到 CRISPR 相关序列。**【基因岛】**预测到 10 个基因岛 GI 01～GI 10，长度为 5104～38 162 bp，其 G+C 含量为 31.59%～39.44%。利用已预测得到的基因组信息，如重复序列、G+C 含量等，应用 CIRCOS 工具绘制其基因组圈图（图 5-1-62b）。

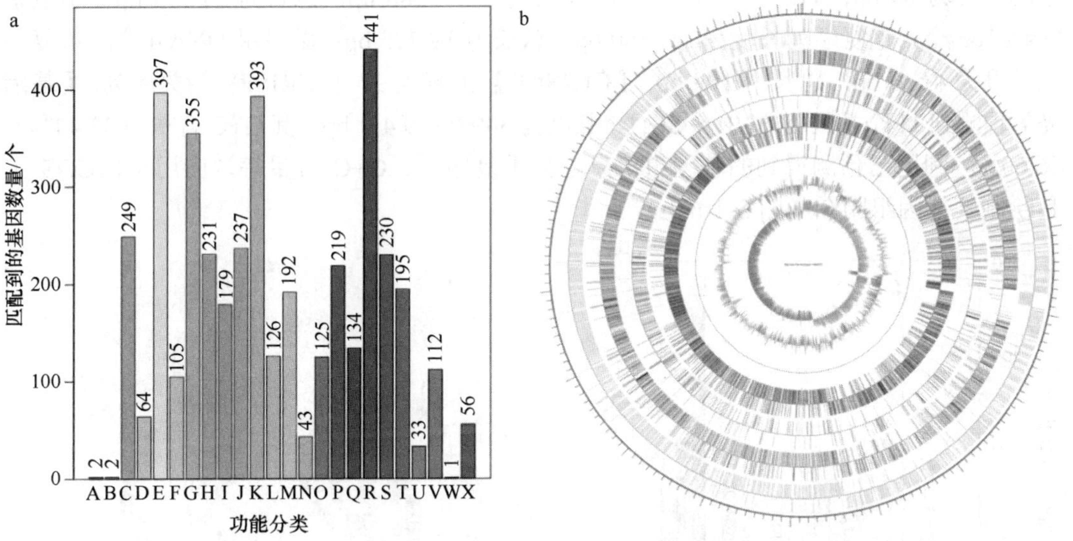


图 5-1-62　丝状芽胞杆菌 Hbe603 基因组的直系同源基因聚类分析（a）和圈图（b）

## 62. 坚强芽胞杆菌（*Bacillus firmus*）14_TX

坚强芽胞杆菌（*Bacillus firmus* Bredemann and Werner 1933，species.）的模式菌株（ATCC 14575$^T$ =CCM 2213$^T$ =BCRC 11730$^T$ =CCUG 7418$^T$ =CIP 52.70$^T$ =DSM 12$^T$ = NRRL B-14307$^T$ =VKM B-498$^T$）分离自土壤，最适生长条件为 30～40℃、pH 7.0～9.0、5%（*W*/*V*）NaCl，兼性好氧，产芽胞。目前，该种有 5 个基因组，选择组装到精细图的非模式菌株 14_TX 的基因组进行描述，其 GenBank 登录号为 GCA_003315495.1，测序平台为 Illumina HiSeq，于 2018 年 7 月 12 日由美国能源部联合基因组研究所（DOE Joint Genome Institute）提交。

**【基因组的组装】**菌株 14_TX 基因组的测序深度为 239 X，基因组大小为 5.314 Mb，组装到 85 个 scaffolds，scaffold $N_{50}$ 为 371 229 bp。**【G+C 含量】**40.85%。**【非编码 RNA】**

预测到 8 个 rRNA 基因（5S rRNA 6 个、16S rRNA 1 个、23S rRNA 1 个），101 个 tRNA 基因，38 个 sRNA 基因。**【编码基因】**有 6342 个蛋白质编码基因，编码区总长为 4 938 873 bp，占整个基因组的 92.94%，基因的平均长度为 779 bp。**【基因功能注释】**比对到 KEGG、COG 和 GO 数据库的基因数量分别为 5334 个、3872 个和 3971 个，预测到分泌蛋白编码基因 130 个；在 25 个 COG 功能类群中，基因数量前 10 位的类群分别是：E. 氨基酸转运与代谢 457 个，R. 仅一般功能预测 453 个，K. 转录 353 个，S. 功能未知 310 个，G. 碳水化合物转运与代谢 296 个，J. 翻译、核糖体结构与合成 269 个，C. 能量产生与转换 259 个，T. 信号转导机制 246 个，P. 无机离子转运与代谢 241 个和 I. 脂质转运与代谢 235 个（图 5-1-63a）。**【重复序列】**预测到的重复序列包括：LTR 220 个，总长为 13 381 bp，平均长度为 61 bp；DNA 重复元件 62 个，总长为 5931 bp，平均长度为 96 bp；LINE 57 个，总长为 3556 bp，平均长度为 62 bp；SINE 18 个，总长为 1471 bp，平均长度为 82 bp；RC 3 个，总长为 151 bp，平均长度为 50 bp；未知序列 6 个，总长为 502 bp，平均长度为 84 bp；TR 205 个，重复序列长度为 4～288 bp，总长为 24 213 bp；小卫星 DNA 166 个，重复序列长度为 11～60 bp，总长为 19 775 bp；微卫星 DNA 4 个，重复序列长度为 4～6 bp，总长为 109 bp。**【CRISPR】**预测到 97 个 CRISPR 相关序列。**【基因岛】**预测到 11 个基因岛 GI 01～GI 11，长度为 3497～29 411 bp，其 G+C 含量为 33.44%～46.60%。利用已预测得到的基因组信息，如重复序列、G+C 含量等，应用 CIRCOS 工具绘制其基因组圈图（图 5-1-63b）。

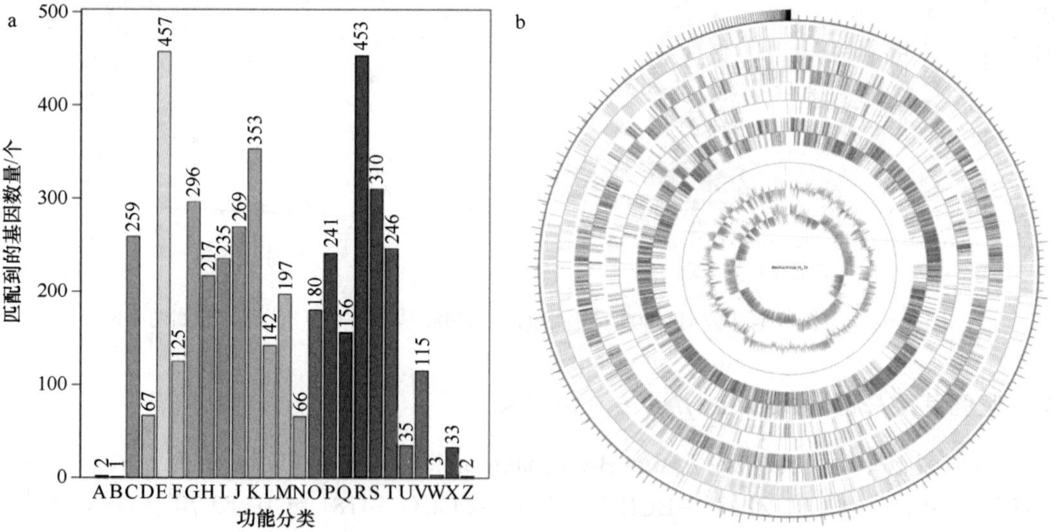


图 5-1-63　坚强芽胞杆菌 14_TX 基因组的直系同源基因聚类分析（a）和圈图（b）

## 63. 弯曲芽胞杆菌（*Bacillus flexus*）KLBMP 4941

弯曲芽胞杆菌［*Bacillus flexus* (ex Batchelor 1919) Priest et al. 1989，sp. nov.，nom. rev.］的模式菌株（ATCC 49095$^{T}$ =DSM 1320$^{T}$ =CCUG 28525$^{T}$ =CIP 106928$^{T}$ =JCM 12301$^{T}$ = LMG 11155$^{T}$ =NRRL NRS-665$^{T}$）分离自土壤，耐盐，最适生长条件为 17～37℃、pH 4.5～

9.5、0～12%（*W*/*V*）NaCl，严格好氧，产芽胞（Priest et al.，1988）。目前，该种有 5 个基因组，选择组装到完成图水平的非模式菌株 KLBMP 4941 的基因组进行描述，其 GenBank 登录号为 GCA_002024265.1，测序平台为 PacBio，于 2017 年 3 月 9 日由江苏师范大学（Jiangsu Normal University）提交。

**【基因组的组装】**菌株 KLBMP 4941 基因组的测序深度为 100 X，基因组大小为 4.104 Mb，组装到完成图水平，包括 1 条染色体和 2 个质粒。**【G+C 含量】**37.96%。**【非编码 RNA】**预测到 36 个 rRNA 基因（5S rRNA 12 个、16S rRNA 12 个、23S rRNA 12 个），102 个 tRNA 基因，3 个 sRNA 基因。**【编码基因】**有 4558 个蛋白质编码基因，编码区总长为 3 457 722 bp，占整个基因组的 84.31%，基因的平均长度为 759 bp。**【基因功能注释】**比对到 KEGG、COG 和 GO 数据库的基因数量分别为 4186 个、2808 个和 2977 个，预测到分泌蛋白编码基因 82 个；在 24 个 COG 功能类群中，基因数量前 10 位的类群分别是：E. 氨基酸转运与代谢 295 个，R. 仅一般功能预测 291 个，K. 转录 241 个，J. 翻译、核糖体结构与合成 235 个，G. 碳水化合物转运与代谢 209 个，S. 功能未知 183 个，M. 细胞壁/膜/包膜生物合成 174 个，P. 无机离子转运与代谢 168 个，C. 能量产生与转换 166 个和 H. 辅酶转运与代谢 166 个（图 5-1-64a）。**【重复序列】**预测到的重复序列包括：LTR 86 个，总长为 8458 bp，平均长度为 98 bp；DNA 重复元件 13 个，总长为 767 bp，平均长度为 59 bp；LINE 37 个，总长为 2308 bp，平均长度为 62 bp；SINE 17 个，总长为 1062 bp，平均长度为 62 bp；TR 92 个，重复序列长度为 6～255 bp，总长为 9020 bp；小卫星 DNA 75 个，重复序列长度为 11～57 bp，总长为 4009 bp；微卫星 DNA 1 个，重复序列长度为 6 bp，总长为 36 bp。**【CRISPR】**未预测到 CRISPR 相关序列。**【基因岛】**预测到 18 个基因岛 GI 01～GI 18，长度为 3893～41 067 bp，其 G+C 含量为 30.94%～40.22%。利用已预测得到的基因组信息，如重复序列、G+C 含量等，应用 CIRCOS 工具绘制其基因组圈图（图 5-1-64b）。

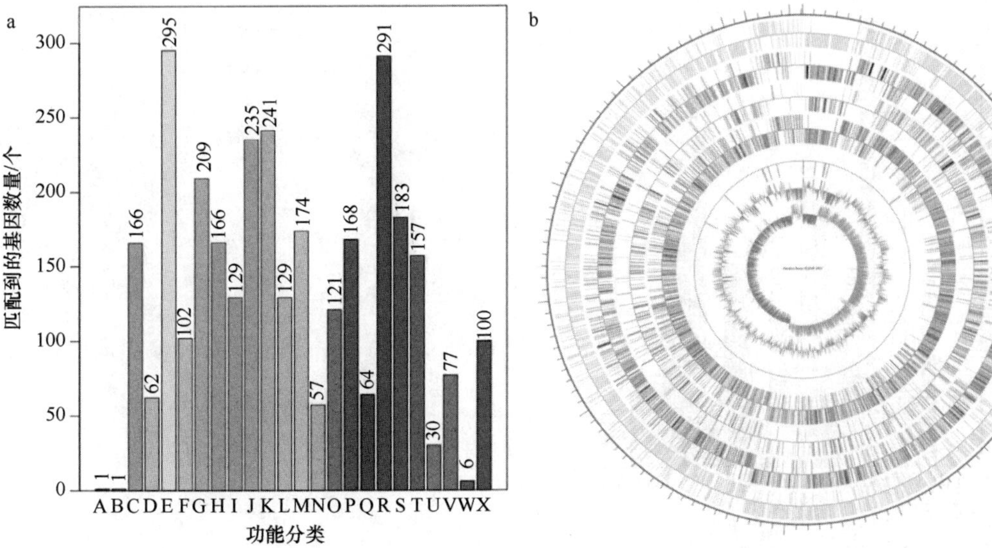


图 5-1-64　弯曲芽胞杆菌 KLBMP 4941 基因组的直系同源基因聚类分析（a）和圈图（b）

## 64. 小孔芽胞杆菌（*Bacillus foraminis*）Bac44

小孔芽胞杆菌（*Bacillus foraminis* Tiago et al. 2006，sp. nov.）的模式菌株（CV53$^T$ = LMG 23174$^T$ =CIP 108889$^T$）分离自葡萄牙南部的地下水，最适生长条件为 40℃（10℃和 50℃不能生长）、pH 7.0～8.5（pH 6.0 和 pH 10.0 不能生长），无盐时生长好（能耐受 3% NaCl），好氧，产芽胞（Tiago et al.，2006）。目前，该种有 2 个基因组，选择组装到完成图水平的非模式菌株 Bac44 的基因组进行描述，其 GenBank 登录号为 GCA_003667765.1，测序平台为 PacBio，于 2018 年 10 月 21 日由沙特阿拉伯阿卜杜拉国王科技大学（King Abdullah University of Science and Technology）提交。

**【基因组的组装】**菌株 Bac44 基因组的测序深度为 257 X，基因组大小为 5.978 Mb，组装到完成图水平，包括 1 条染色体和 1 个质粒。**【G+C 含量】**42.84%。**【非编码 RNA】**预测到 34 个 rRNA 基因（5S rRNA 12 个、16S rRNA 11 个、23S rRNA 11 个），171 个 tRNA 基因，14 个 sRNA 基因。**【编码基因】**有 6273 个蛋白质编码基因，编码区总长为 4 959 687 bp，占整个基因组的 82.97%，基因的平均长度为 795 bp。**【基因功能注释】**比对到 KEGG、COG 和 GO 数据库的基因数量分别为 4956 个、3744 个和 3777 个，预测到分泌蛋白编码基因 116 个；在 25 个 COG 功能类群中，基因数量前 10 位的类群分别是：G. 碳水化合物转运与代谢 521 个，R. 仅一般功能预测 413 个，K. 转录 339 个，E. 氨基酸转运与代谢 336 个，S. 功能未知 287 个，J. 翻译、核糖体结构与合成 263 个，P. 无机离子转运与代谢 248 个，T. 信号转导机制 230 个，C. 能量产生与转换 213 个和 M. 细胞壁/膜/包膜生物合成 205 个（图 5-1-65a）。**【重复序列】**预测到的重复序列包括：LTR 277 个，总长为 19 864 bp，平均长度为 72 bp；DNA 重复元件 57 个，总长为 3313 bp，平均长度为 58 bp；LINE 64 个，总长为 3736 bp，平均长度为 58 bp；SINE 33 个，总长为 2715 bp，平均长度为 82 bp；RC 4 个，总长为 255 bp，平均长度为

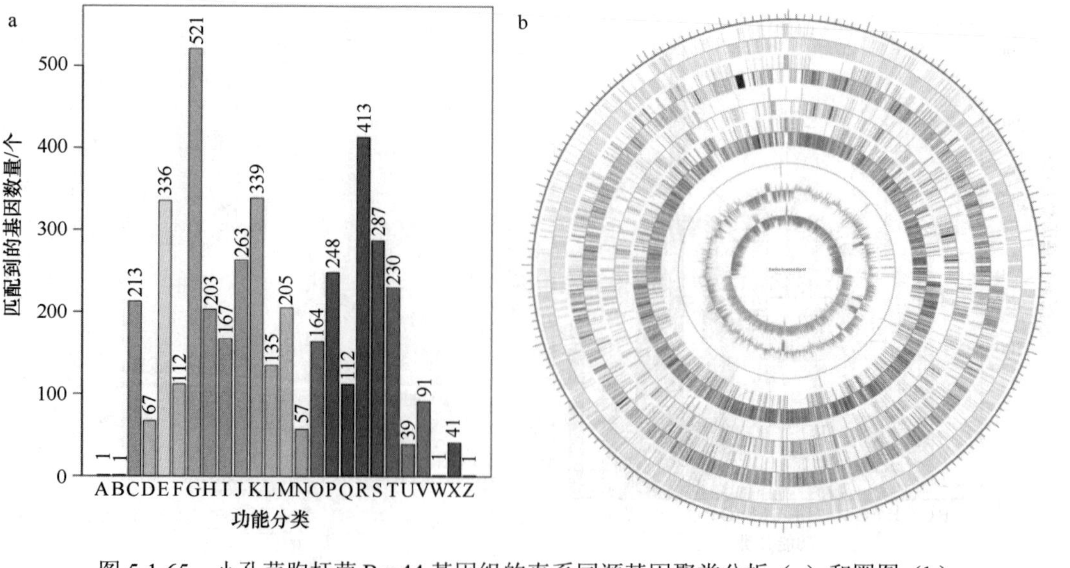


图 5-1-65　小孔芽胞杆菌 Bac44 基因组的直系同源基因聚类分析（a）和圈图（b）

64 bp；未知序列 2 个，总长为 110 bp，平均长度为 55 bp；TR 358 个，重复序列长度为 6～480 bp，总长为 52 267 bp；小卫星 DNA 247 个，重复序列长度为 10～60 bp，总长为 27 688 bp；微卫星 DNA 3 个，重复序列长度为 6 bp，总长为 97 bp。**【CRISPR】**预测到 246 个 CRISPR 相关序列。**【基因岛】**预测到 15 个基因岛 GI 01～GI 15，长度为 3528～38 234 bp，其 G+C 含量为 33.85%～47.25%。利用已预测得到的基因组信息，如重复序列、G+C 含量等，应用 CIRCOS 工具绘制其基因组圈图（图 5-1-65b）。

### 65. 福氏芽胞杆菌（*Bacillus fordii*）DSM 16014$^T$

福氏芽胞杆菌（*Bacillus fordii* Scheldeman et al. 2004，sp. nov.）的模式菌株（R-7190$^T$ = MB 1878$^T$ =LMG 22080$^T$ =DSM 16014$^T$）分离自奶牛场经 100℃热处理 30 min 的物料，最适生长温度为 30～45℃（20℃生长较弱）、pH 9.0、0～7%（*W*/*V*）NaCl，好氧，产芽胞（Scheldeman et al.，2004）。目前，该种仅有 1 个基因组，模式菌株 DSM 16014$^T$ 基因组的 GenBank 登录号为 GCA_000374565.1，测序平台为 Illumina HiSeq 2000，于 2013 年 4 月 23 日由美国能源部联合基因组研究所（DOE Joint Genome Institute）提交。

**【基因组的组装】**菌株 DSM 16014$^T$ 基因组的测序深度未知，基因组大小为 4.509 Mb，组装到 45 个 scaffolds，scaffold $N_{50}$ 为 192 390 bp。**【G+C 含量】**41.22%。**【非编码 RNA】**预测到 6 个 rRNA 基因（5S rRNA 6 个、16S rRNA 0 个、23S rRNA 0 个），62 个 tRNA 基因，4 个 sRNA 基因。**【编码基因】**有 4737 个蛋白质编码基因，编码区总长为 3 804 864 bp，占整个基因组的 84.38%，基因的平均长度为 803 bp。**【基因功能注释】**比对到 KEGG、COG 和 GO 数据库的基因数量分别为 3824 个、3055 个和 3085 个，预测到分泌蛋白编码基因 71 个；在 23 个 COG 功能类群中，基因数量前 10 位的类群分别是：E. 氨基酸转运与代谢 424 个，R. 仅一般功能预测 336 个，K. 转录 287 个，C. 能量产生与转换 238 个，J. 翻译、核糖体结构与合成 227 个，S. 功能未知 210 个，P. 无机离子转运与代谢 206 个，T. 信号转导机制 203 个，H. 辅酶转运与代谢 189 个和 M. 细胞壁/膜/包膜生物合成 174 个（图 5-1-66a）。**【重复序列】**预测到的重复序列包括：LTR 133 个，总长为 7839 bp，平均长度为 59 bp；DNA 重复元件 45 个，总长为 2873 bp，平均长度为 64 bp；LINE 51 个，总长为 2864 bp，平均长度为 56 bp；SINE 8 个，总长为 643 bp，平均长度为 80 bp；RC 5 个，总长为 328 bp，平均长度为 66 bp；未知序列 2 个，总长为 171 bp，平均长度为 86 bp；TR 230 个，重复序列长度为 3～402 bp，总长为 33 941 bp；小卫星 DNA 177 个，重复序列长度为 11～60 bp，总长为 27 894 bp；微卫星 DNA 1 个，重复序列长度为 3 bp，总长为 31 bp。**【CRISPR】**预测到 118 个 CRISPR 相关序列。**【基因岛】**预测到 12 个基因岛 GI 01～GI 12，长度为 3894～14 608 bp，其 G+C 含量为 35.46%～45.23%。利用已预测得到的基因组信息，如重复序列、G+C 含量等，应用 CIRCOS 工具绘制其基因组圈图（图 5-1-66b）。

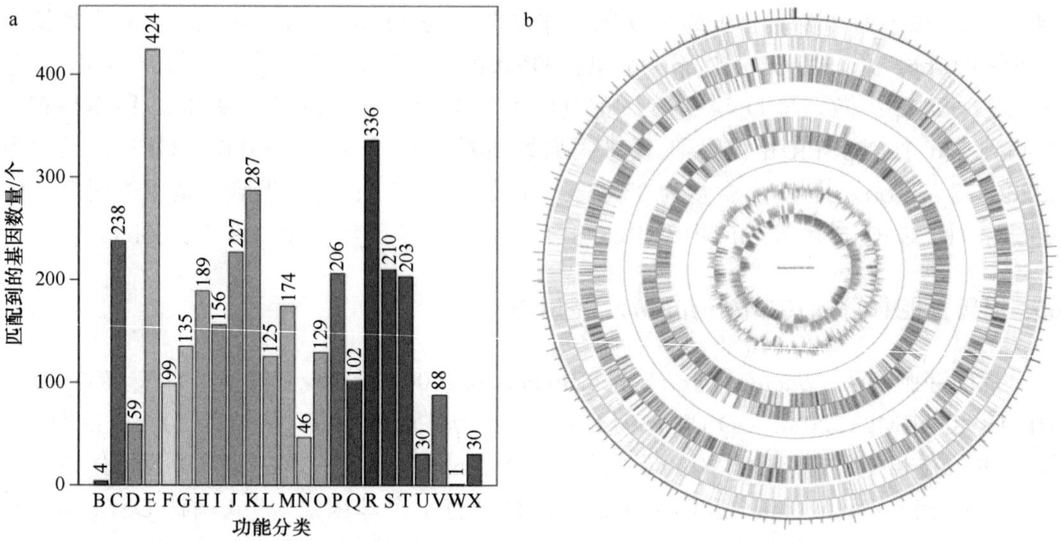


图 5-1-66　福氏芽胞杆菌 DSM 16014$^T$ 基因组的直系同源基因聚类分析（a）和圈图（b）

## 66. 强壮芽胞杆菌（*Bacillus fortis*）DSM 16012$^T$

强壮芽胞杆菌（*Bacillus fortis* Scheldeman et al. 2004，sp. nov.）的模式菌株（R-6514$^T$ = LMG 22079$^T$ =DSM 16012$^T$）分离自比利时奶牛场经 100℃热处理 30 min 的物料，最适生长温度为 30～45℃（20℃生长较弱），pH 9.0 和 pH 5.0 不能生长，0～7%（*W*/*V*）NaCl，好氧，产芽胞（Scheldeman et al.，2004）。目前，该种仅有 1 个基因组，模式菌株 DSM 16012$^T$ 基因组的 GenBank 登录号为 GCA_003605365.2，测序平台为 Illumina HiSeq，于 2019 年 1 月 14 日由安徽农业大学（Anhui Agricultural University）提交。

**【基因组的组装】**菌株 DSM 16012$^T$ 基因组的测序深度为 200 X，基因组大小为 3.607 Mb，组装到 125 个 contigs，contig $N_{50}$ 为 70 439 bp。**【G+C 含量】**43.74%。**【非编码 RNA】**预测到 2 个 rRNA 基因（5S rRNA 1 个、16S rRNA 1 个、23S rRNA 0 个），48 个 tRNA 基因，36 个 sRNA 基因。**【编码基因】**有 3899 个蛋白质编码基因，编码区总长为 3 125 169 bp，占整个基因组的 86.64%，基因的平均长度为 802 bp。**【基因功能注释】**比对到 KEGG、COG 和 GO 数据库的基因数量分别为 3186 个、2559 个和 2510 个，预测到分泌蛋白编码基因 65 个；在 23 个 COG 功能类群中，基因数量前 10 位的类群分别是：E. 氨基酸转运与代谢 342 个，R. 仅一般功能预测 291 个，K. 转录 214 个，J. 翻译、核糖体结构与合成 205 个，S. 功能未知 197 个，C. 能量产生与转换 180 个，H. 辅酶转运与代谢 165 个，T. 信号转导机制 158 个，P. 无机离子转运与代谢 151 个和 M. 细胞壁/膜/包膜生物合成 138 个（图 5-1-67a）。**【重复序列】**预测到的重复序列包括：LTR 149 个，总长为 8469 bp，平均长度为 57 bp；DNA 重复元件 39 个，总长为 2351 bp，平均长度为 60 bp；LINE 42 个，总长为 2310 bp，平均长度为 55 bp；SINE 6 个，总长为 502 bp，平均长度为 84 bp；RC 1 个，长度为 67 bp；TR 152 个，重复序列长度为 9～246 bp，总长为 18 477 bp；小卫星 DNA 120 个，重复序列长度为 12～60 bp，总长为 14 066 bp；

未预测到微卫星 DNA。**【CRISPR】**预测到 39 个 CRISPR 相关序列。**【基因岛】**预测到 8 个基因岛 GI 01～GI 08，长度为 3744～17 389 bp，其 G+C 含量为 38.49%～45.33%。利用已预测得到的基因组信息，如重复序列、G+C 含量等，应用 CIRCOS 工具绘制其基因组圈图（图 5-1-67b）。

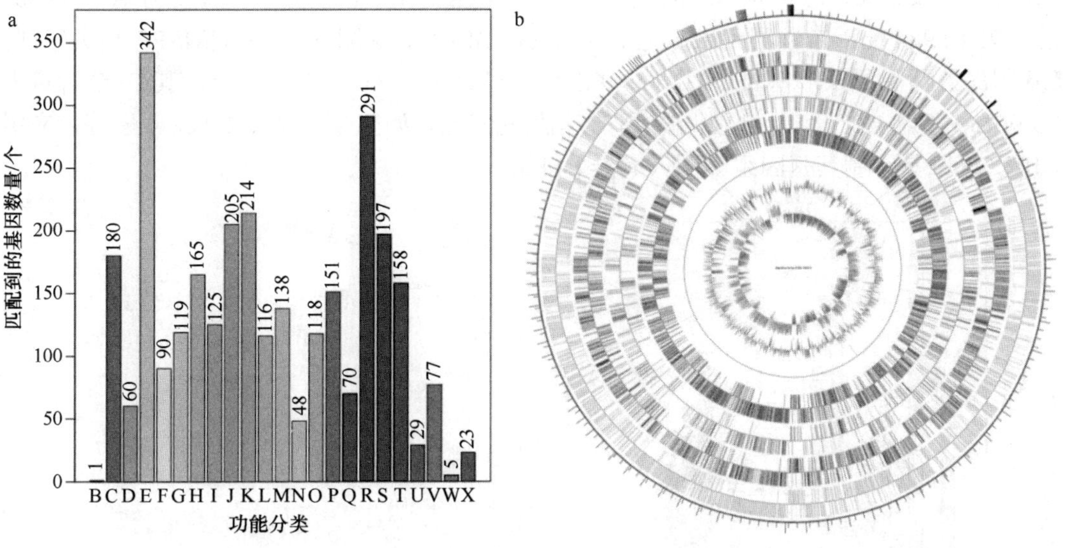


图 5-1-67 强壮芽胞杆菌 DSM 16012$^T$基因组的直系同源基因聚类分析（a）和圈图（b）

## 67. 喷气孔芽胞杆菌（*Bacillus fumarioli*）NBRC 102428$^T$

喷气孔芽胞杆菌（*Bacillus fumarioli* Logan et al. 2000，sp. nov.）的模式菌株（Rcp Sm1$^T$ = CIP 106910$^T$ =JCM 21708$^T$ =LMG 17489$^T$ =NBRC 102428$^T$）分离自南极洲的地热土壤和火山喷气孔土壤，嗜热、嗜酸，生长条件为 25～55℃（最适 50℃）、pH 4.0～6.5（最适 pH 5.0），严格好氧，产芽胞（Logan et al.，2000）。目前，该种仅有 1 个基因组，模式菌株 NBRC 102428$^T$基因组的 GenBank 登录号为 GCA_001591485.1，测序平台为 Illumina HiSeq，于 2016 年 2 月 27 日由日本国立技术与评价研究所（National Institute of Technology and Evaluation）提交。

**【基因组的组装】**菌株 NBRC 102428$^T$基因组的测序深度为 168 X，基因组大小为 3.294 Mb，组装到 283 个 contigs，contig $N_{50}$为 24 279 bp。**【G+C 含量】**40.43%。**【非编码 RNA】**预测到 2 个 rRNA 基因（5S rRNA 0 个、16S rRNA 1 个、23S rRNA 1 个），51 个 tRNA 基因，2 个 sRNA 基因。**【编码基因】**有 3456 个蛋白质编码基因，编码区总长为 2 791 692 bp，占整个基因组的 84.75%，基因的平均长度为 808 bp。**【基因功能注释】**比对到 KEGG、COG 和 GO 数据库的基因数量分别为 2961 个、2342 个和 2341 个，预测到分泌蛋白编码基因 39 个；在 24 个 COG 功能类群中，基因数量前 10 位的类群分别是：E. 氨基酸转运与代谢 277 个，J. 翻译、核糖体结构与合成 213 个，R. 仅一般功能预测 201 个，K. 转录 197 个，G. 碳水化合物转运与代谢 173 个，S. 功能未知 167 个，C. 能量产生与转换 161 个，H. 辅酶转运与代谢 149 个，T. 信号转导机制 149 个和 P. 无机离子转运与代谢 126 个（图 5-1-68a）。**【重复序列】**预测到的重复序列包括：LTR 121 个，总长为 6960 bp，平均长度为 58 bp；DNA 重复元件 42 个，总长为 2563 bp，平均长度为 61 bp；LINE 45 个，总长为 2899 bp，平均长度为 64 bp；SINE 7 个，总长为 447 bp，平均长度为 64 bp；RC 3 个，总长为 182 bp，平均长度为 61 bp；TR 128 个，重复序列长度为 9～333 bp，总长为 12 902 bp；小卫星 DNA 104 个，重复序列长度为 10～60 bp，总长为 10 984 bp；未预测到微卫星 DNA。**【CRISPR】**预测到 97 个 CRISPR 相关序列。**【基因岛】**预测到 4 个基因岛 GI 01～GI 04，长度为 3560～12 799 bp，其 G+C 含量为 35.90%～48.54%。利用已预测得到的基因组信息，如重复序列、G+C 含量等，应用 CIRCOS 工具绘制其基因组圈图（图 5-1-68b）。

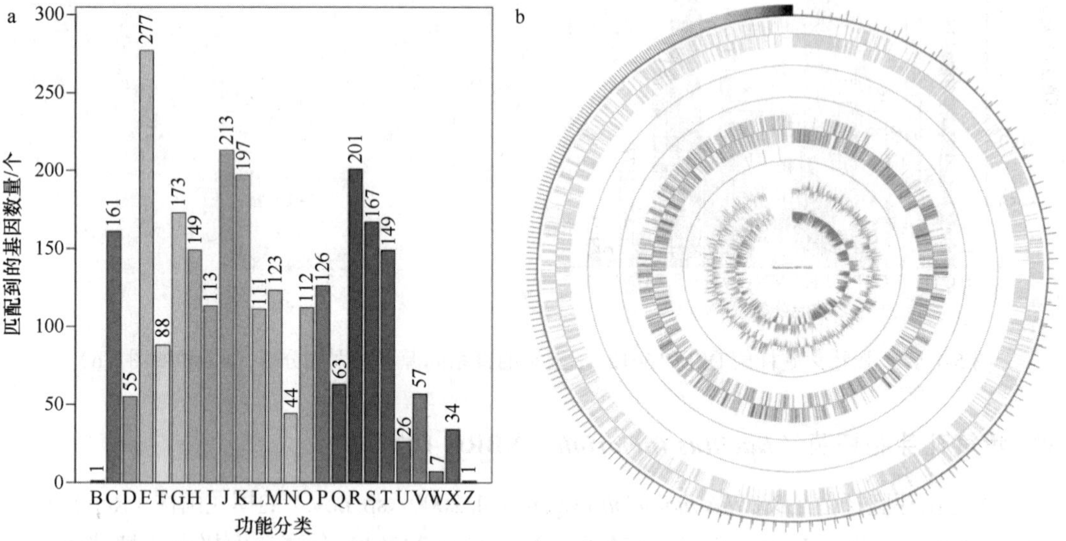


图 5-1-68　喷气孔芽胞杆菌 NBRC 102428$^T$ 基因组的直系同源基因聚类分析（a）和圈图（b）

## 68. 狗木芽胞杆菌（*Bacillus gaemokensis*）KCTC 13318$^T$

狗木芽胞杆菌（*Bacillus gaemokensis* Jung et al. 2010，sp. nov.）的模式菌株（BL3-6$^T$ = KCTC 13318$^T$ =JCM 15801$^T$）分离自南极洲的地热土壤和火山喷气孔土壤，嗜热、嗜酸，生长条件为 25～55℃（最适 50℃）、pH 4.0～6.5（最适 pH 5.0），严格好氧，产芽胞（Jung et al.，2010a）。目前，该种仅有 1 个基因组，模式菌株 KCTC 13318$^T$ 基因组的 GenBank 登录号为 GCA_001590835.1，测序平台为 Illumina HiSeq，于 2016 年 3 月 14 日由韩国生物科学与生物技术研究院（Korea Research Institute of Bioscience and Biotechnology）提交。

**【基因组的组装】**菌株 KCTC 13318$^T$ 基因组的测序深度为 107 X，基因组大小为 5.616 Mb，组装到 70 个 scaffolds，scaffold $N_{50}$ 为 319 435 bp。**【G+C 含量】**35.57%。**【非编码 RNA】**预测到 4 个 rRNA 基因（5S rRNA 2 个、16S rRNA 1 个、23S rRNA 1 个），97 个 tRNA 基因，7 个 sRNA 基因。**【编码基因】**有 5911 个蛋白质编码基因，编码区总长为 4 578 330 bp，占整个基因组的 81.52%，基因的平均长度为 775 bp。**【基因功能注**

**释】**比对到 KEGG、COG 和 GO 数据库的基因数量分别为 5129 个、3717 个和 3752 个，预测到分泌蛋白编码基因 116 个；在 25 个 COG 功能类群中，基因数量前 10 位的类群分别是：R. 仅一般功能预测 413 个，E. 氨基酸转运与代谢 410 个，K. 转录 372 个，S. 功能未知 303 个，J. 翻译、核糖体结构与合成 301 个，G. 碳水化合物转运与代谢 272 个，M. 细胞壁/膜/包膜生物合成 234 个，T. 信号转导机制 219 个，H. 辅酶转运与代谢 210 个和 P. 无机离子转运与代谢 199 个（图 5-1-69a）。**【重复序列】**预测到的重复序列包括：LTR 142 个，总长为 9159 bp，平均长度为 65 bp；DNA 重复元件 42 个，总长为 3509 bp，平均长度为 84 bp；LINE 28 个，总长为 1596 bp，平均长度为 57 bp；SINE 13 个，总长为 806 bp，平均长度为 62 bp；RC 2 个，总长为 72 bp，平均长度为 36 bp；TR 412 个，重复序列长度为 1～340 bp，总长为 51 905 bp；小卫星 DNA 235 个，重复序列长度为 10～60 bp，总长为 19 439 bp；微卫星 DNA 8 个，重复序列长度为 2～6 bp，总长为 305 bp。**【CRISPR】**预测到 47 个 CRISPR 相关序列。**【基因岛】**预测到 23 个基因岛 GI 01～GI 23，长度为 4184～30 820 bp，其 G+C 含量为 31.09%～44.69%。利用已预测得到的基因组信息，如重复序列、G+C 含量等，应用 CIRCOS 工具绘制其基因组圈图（图 5-1-69b）。

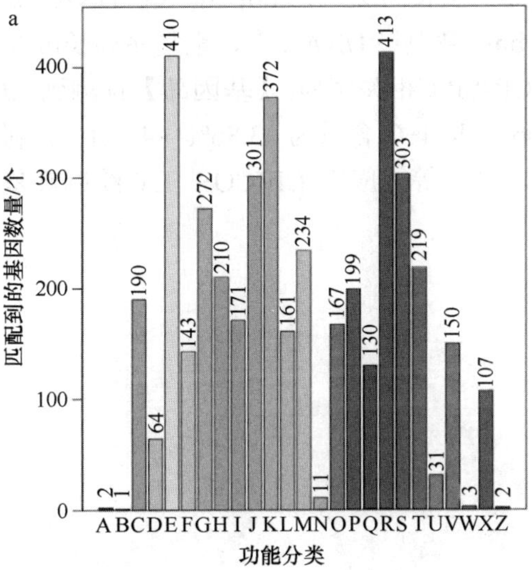


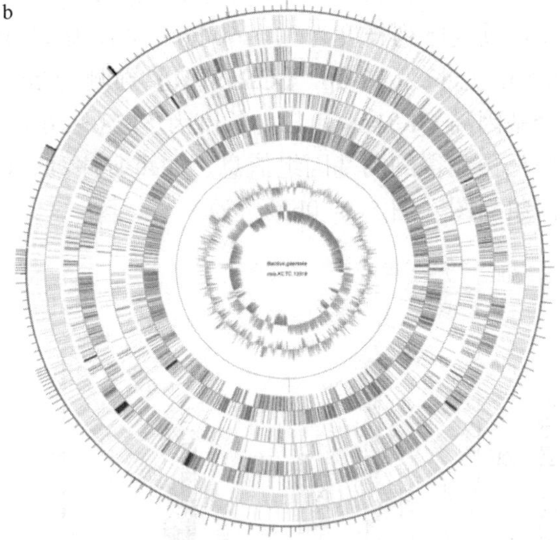


图 5-1-69　狗木芽胞杆菌 KCTC 13318$^{T}$ 基因组的直系同源基因聚类分析（a）和圈图（b）

## 69. 解半乳糖苷芽胞杆菌（*Bacillus galactosidilyticus*）G25-74

解半乳糖苷芽胞杆菌（*Bacillus galactosidilyticus* Heyndrickx et al. 2004，sp. nov.）的模式菌株（LMG 17892$^{T}$ =DSM 15595$^{T}$=Logan B2188$^{T}$ =MB 800$^{T}$）分离自原料乳，生长条件为 30～40℃（50℃不能生长）、pH 6.0～10.5，兼性厌氧，高产耐碱的半乳糖苷酶，产芽胞（Heyndrickx et al.，2004）。目前，该种有 2 个基因组，选择组装水平较高的非模式菌株 G25-74 的基因组进行描述，其 GenBank 登录号为 GCA_001645705.1，测序平台为 Illumina HiSeq，于 2016 年 5 月 17 日由韩国生命科学与技术研究所（Institute of Life Sciences and Technology）提交。

**【基因组的组装】**菌株 G25-74 基因组的测序深度为 170 X，基因组大小为 4.842 Mb，组装到 62 个 scaffolds，scaffold $N_{50}$ 为 155 609 bp。**【G+C 含量】**37.58%。**【非编码 RNA】**预测到 19 个 rRNA 基因（5S rRNA 6 个、16S rRNA 9 个、23S rRNA 4 个），70 个 tRNA 基因，51 个 sRNA 基因。**【编码基因】**有 4771 个蛋白质编码基因，编码区总长为 3 956 571 bp，占整个基因组的 81.71%，基因的平均长度为 829 bp。**【基因功能注释】**比对到 KEGG、COG 和 GO 数据库的基因数量分别为 3907 个、3077 个和 3169 个，预测到分泌蛋白编码基因 63 个；在 23 个 COG 功能类群中，基因数量前 10 位的类群分别是：G. 碳水化合物转运与代谢 468 个，R. 仅一般功能预测 319 个，K. 转录 282 个，J. 翻译、核糖体结构与合成 236 个，E. 氨基酸转运与代谢 232 个，S. 功能未知 227 个，P. 无机离子转运与代谢 200 个，T. 信号转导机制 174 个，H. 辅酶转运与代谢 165 个和 M. 细胞壁/膜/包膜生物合成 158 个（图 5-1-70a）。**【重复序列】**预测到的重复序列包括：LTR 96 个，总长为 6669 bp，平均长度为 69 bp；DNA 重复元件 38 个，总长为 2039 bp，平均长度为 54 bp；LINE 28 个，总长为 1862 bp，平均长度为 67 bp；SINE 6 个，总长为 443 bp，平均长度为 74 bp；RC 2 个，总长为 136 bp，平均长度为 68 bp；未知序列 1 个，长度为 79 bp；TR 156 个，重复序列长度为 6～841 bp，总长为 25 773 bp；小卫星 DNA 105 个，重复序列长度为 11～60 bp，总长为 12 455 bp；微卫星 DNA 2 个，重复序列长度为 6 bp，总长为 77 bp。**【CRISPR】**预测到 24 个 CRISPR 相关序列。**【基因岛】**预测到 12 个基因岛 GI 01～GI 12，长度为 5178～16 113 bp，其 G+C 含量为 33.86%～41.21%。利用已预测得到的基因组信息，如重复序列、G+C 含量等，应用 CIRCOS 工具绘制其基因组圈图（图 5-1-70b）。

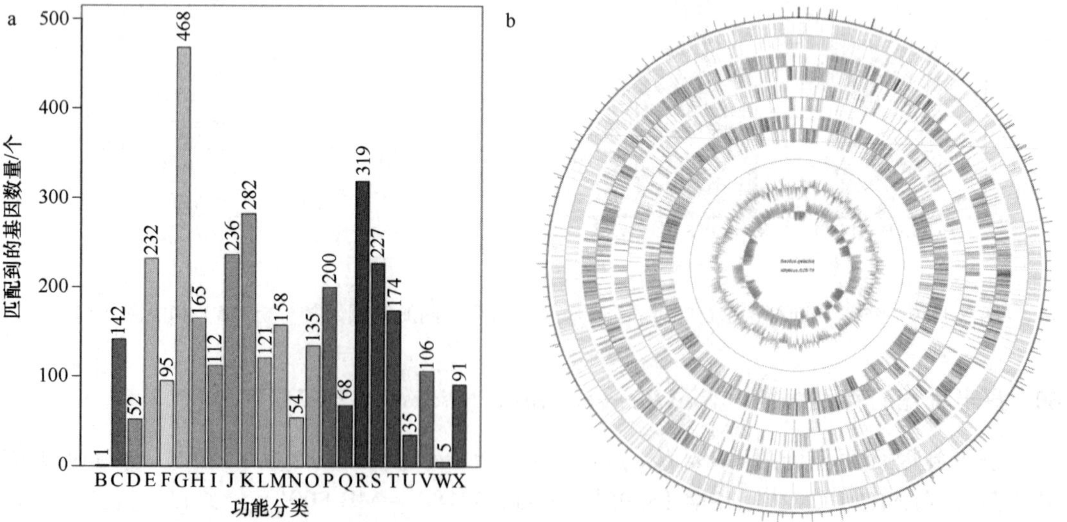


图 5-1-70　解半乳糖苷芽胞杆菌 G25-74 基因组的直系同源基因聚类分析（a）和圈图（b）

## 70. 吉氏芽胞杆菌（*Bacillus gibsonii*）FJAT-10019$^T$

吉氏芽胞杆菌（*Bacillus gibsonii* Nielsen et al. 1995，sp. nov.）的模式菌株（PN-109$^T$ =

ATCC 700164$^T$ =CIP 104720$^T$ =DSM 8722$^T$ =LMG 17949$^T$ =FJAT-10019$^T$）分离自土壤，生长温度为 10～37℃，最适 pH 8.0，能耐受 9%（*W*/*V*）NaCl，好氧，产芽胞（Nielsen et al., 1995）。目前，该种仅有 1 个基因组，模式菌株 FJAT-10019$^T$ 基因组的 GenBank 登录号为 GCA_001719185.1，测序平台为 PacBio，于 2016 年 9 月 6 日由福建省农业科学院（Fujian Academy of Agricultural Sciences）提交。

**【基因组的组装】**菌株 FJAT-10019$^T$ 基因组的测序深度为 279 X，基因组大小为 4.100 Mb，组装到完成图水平，包括 1 条染色体。**【G+C 含量】**43.84%。**【非编码 RNA】**预测到 30 个 rRNA 基因（5S rRNA 10 个、16S rRNA 10 个、23S rRNA 10 个），86 个 tRNA 基因，13 个 sRNA 基因。**【编码基因】**有 4291 个蛋白质编码基因，编码区总长为 3 647 577 bp，占整个基因组的 88.97%，基因的平均长度为 850 bp。**【基因功能注释】**比对到 KEGG、COG 和 GO 数据库的基因数量分别为 4149 个、3163 个和 2929 个，预测到分泌蛋白编码基因 91 个；在 25 个 COG 功能类群中，基因数量前 10 位的类群分别是：R. 仅一般功能预测 352 个，E. 氨基酸转运与代谢 323 个，K. 转录 323 个，G. 碳水化合物转运与代谢 317 个，S. 功能未知 238 个，J. 翻译、核糖体结构与合成 232 个，M. 细胞壁/膜/包膜生物合成 215 个，T. 信号转导机制 205 个，H. 辅酶转运与代谢 201 个和 P. 无机离子转运与代谢 194 个（图 5-1-71a）。**【重复序列】**预测到的重复序列包括：LTR 172 个，总长为 14 416 bp，平均长度为 84 bp；DNA 重复元件 41 个，总长为 2550 bp，平均长度为 62 bp；LINE 59 个，总长为 3562 bp，平均长度为 60 bp；SINE 12 个，总长为 1162 bp，平均长度为 97 bp；未知序列 1 个，长度为 80 bp；TR 60 个，重复序列长度为 9～253 bp，总长为 12 543 bp；小卫星 DNA 44 个，重复序列长度为 12～60 bp，总长为 2849 bp；未预测到微卫星 DNA。**【CRISPR】**未预测到 CRISPR 相关序列。**【基因岛】**预测到 10 个基因岛 GI 01～GI 10，长度为 5858～51 991 bp，其 G+C 含量为 35.19%～43.72%。利用已预测得到的基因组信息，如重复序列、G+C 含量等，应用 CIRCOS 工具绘制其基因组圈图（图 5-1-71b）。

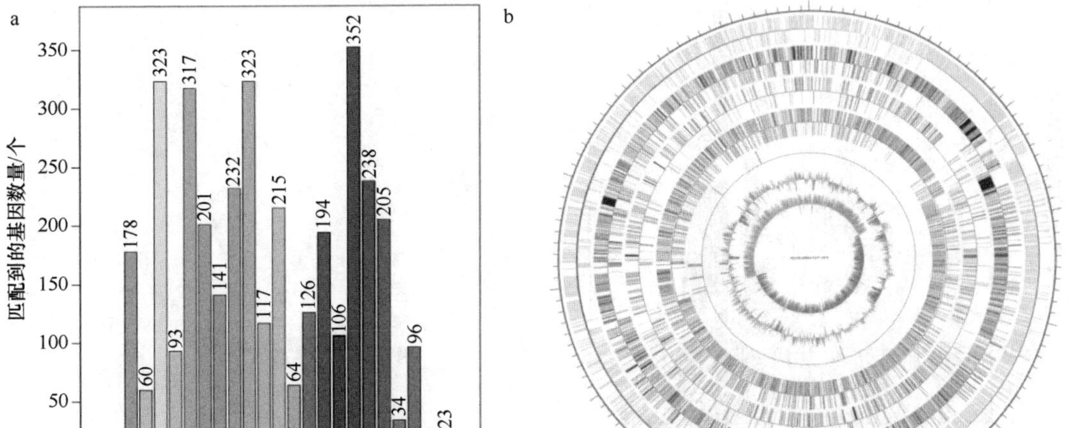


图 5-1-71　吉氏芽胞杆菌 FJAT-10019$^T$ 基因组的直系同源基因聚类分析（a）和圈图（b）

## 71. 人参土芽胞杆菌（*Bacillus ginsengihumi*）J57

人参土芽胞杆菌（*Bacillus ginsengihumi* Ten et al. 2007，sp. nov.）的模式菌株（Gsoil $114^T$ =KCTC $13944^T$ =DSMZ $18134^T$）分离自韩国抱川市的人参地土壤，生长条件为20～45℃（最适30℃）、pH 5.0～10.0（最适pH 6.5～7.0），能耐受10%（*W*/*V*）NaCl，好氧或兼性厌氧，产芽胞（Ten et al.，2006a）。目前，该种有2个基因组，组装水平较高的非模式菌株J57基因组的GenBank登录号为GCA_000526655.1，测序平台为Illumina HiSeq，于2014年1月14日由美国能源部联合基因组研究所（DOE Joint Genome Institute）提交。

**【基因组的组装】**菌株J57基因组的测序深度未知，基因组大小为3.922 Mb，组装到84个contigs，contig $N_{50}$为86 117 bp。**【G+C含量】**35.85%。**【非编码RNA】**预测到9个rRNA基因（5S rRNA 9个、16S rRNA 0个、23S rRNA 0个），74个tRNA基因，5个sRNA基因。**【编码基因】**有3998个蛋白质编码基因，编码区总长为3 243 927 bp，占整个基因组的82.71%，基因的平均长度为811 bp。**【基因功能注释】**比对到KEGG、COG和GO数据库的基因数量分别为3380个、2692个和2714个，预测到分泌蛋白编码基因39个；在24个COG功能类群中，基因数量前10位的类群分别是：R. 仅一般功能预测288个，G. 碳水化合物转运与代谢281个，E. 氨基酸转运与代谢276个，K. 转录249个，J. 翻译、核糖体结构与合成221个，P. 无机离子转运与代谢185个，S. 功能未知179个，H. 辅酶转运与代谢176个，T. 信号转导机制159个和C. 能量产生与转换155个（图5-1-72a）。**【重复序列】**预测到的重复序列包括：LTR 113个，总长为6404 bp，平均长度为57 bp；DNA重复元件38个，总长为3985 bp，平均长度为105 bp；LINE 25个，总长为1336 bp，平均长度为53 bp；SINE 11个，总长为916 bp，平均长度为83 bp；RC 2个，总长为237 bp，平均长度为119 bp；TR 87个，重复序列长度为9～498 bp，总长为5342 bp；小卫星DNA 79个，重复序列长度为10～51 bp，总长为3895 bp；

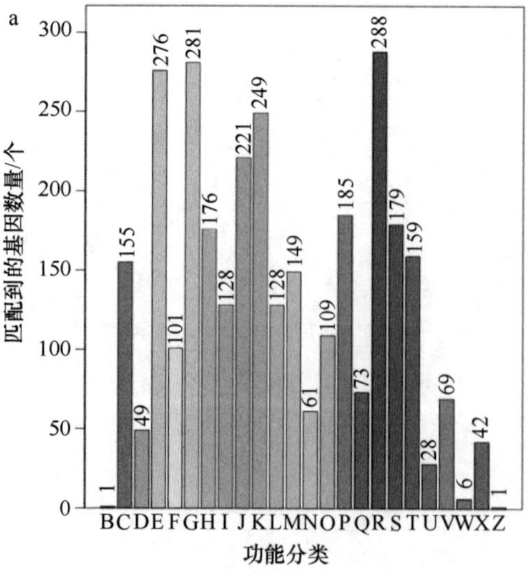


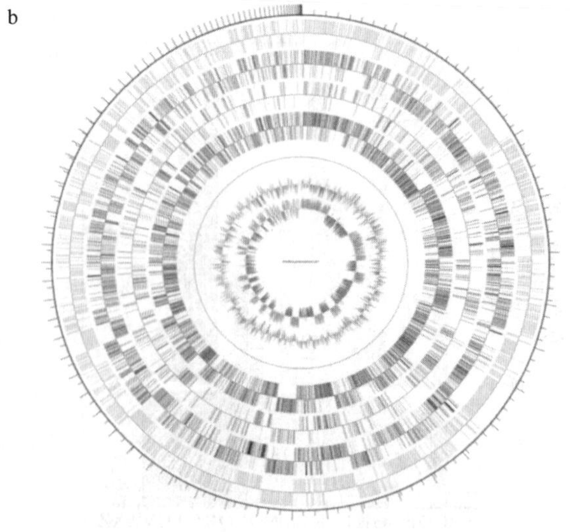


图5-1-72 人参土芽胞杆菌J57基因组的直系同源基因聚类分析（a）和圈图（b）

未预测到微卫星 DNA。【**CRISPR**】预测到 5 个 CRISPR 相关序列。【**基因岛**】预测到 11 个基因岛 GI 01～GI 11，长度为 6570～16 785 bp，其 G+C 含量为 31.16%～37.58%。利用已预测得到的基因组信息，如重复序列、G+C 含量等，应用 CIRCOS 工具绘制其基因组圈图（图 5-1-72b）。

### 72. 大豆发酵芽胞杆菌（*Bacillus glycinifermentans*）BGLY

大豆发酵芽胞杆菌（*Bacillus glycinifermentans* Kim et al. 2015，sp. nov.）的模式菌株（GO-13$^T$ =KACC 18425$^T$=NRRL B-65291$^T$）分离自韩国的发酵豆酱食品（清曲酱），生长条件为 15～55℃（最适 30℃）、pH 5.0～10.0（最适 pH 7.0），能耐受 8%（*W*/*V*）NaCl，兼性厌氧，产芽胞（Kim et al.，2015a）。目前，该种有 5 个基因组，选择组装到完成图水平的非模式菌株 BGLY 的基因组进行描述，其 GenBank 登录号为 GCA_900093775.1，测序平台为 Illumina，于 2016 年 8 月 3 日由德国赢创营养护理股份有限公司（Evonik Nutrition & Care GmbH）提交。

【**基因组的组装**】菌株 BGLY 基因组的测序深度为 137 X，基因组大小为 4.607 Mb，组装到完成图水平，包括 1 条染色体。【**G+C 含量**】46.13%。【**非编码 RNA**】预测到 24 个 rRNA 基因（5S rRNA 8 个、16S rRNA 8 个、23S rRNA 8 个），82 个 tRNA 基因，19 个 sRNA 基因。【**编码基因**】有 5197 个蛋白质编码基因，编码区总长为 4 094 613 bp，占整个基因组的 88.88%，基因的平均长度为 788 bp。【**基因功能注释**】比对到 KEGG、COG 和 GO 数据库的基因数量分别为 4701 个、3384 个和 3330 个，预测到分泌蛋白编码基因 116 个；在 25 个 COG 功能类群中，基因数量前 10 位的类群分别是：R. 仅一般功能预测 352 个，G. 碳水化合物转运与代谢 344 个，K. 转录 344 个，E. 氨基酸转运与代谢 340 个，J. 翻译、核糖体结构与合成 241 个，S. 功能未知 230 个，P. 无机离子转运与代谢 202 个，M. 细胞壁/膜/包膜生物合成 200 个，H. 辅酶转运与代谢 196 个和 T. 信号转导机制 196 个（图 5-1-73a）。【**重复序列**】预测到的重复序列包括：LTR 116 个，

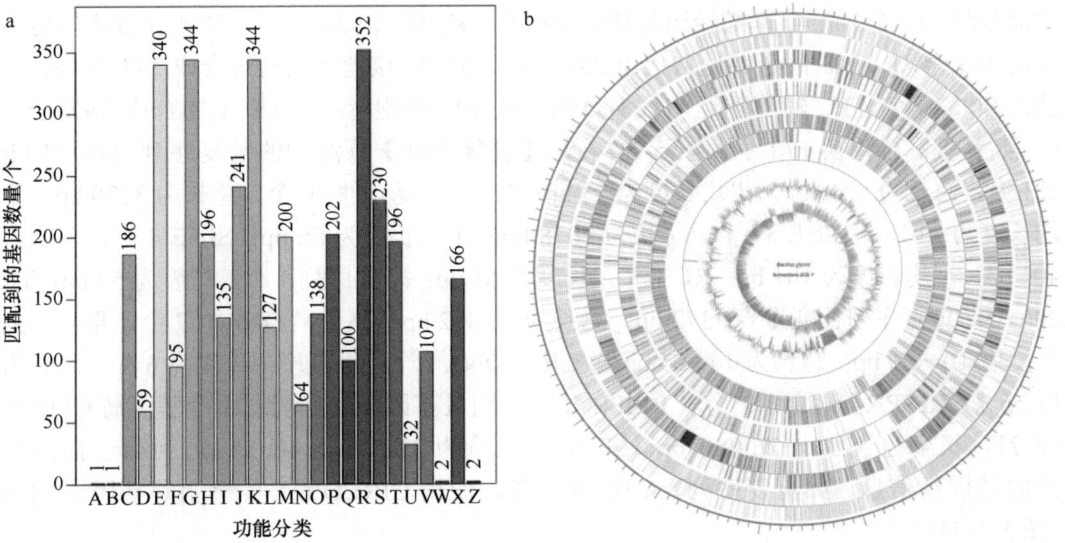


图 5-1-73　大豆发酵芽胞杆菌 BGLY 基因组的直系同源基因聚类分析（a）和圈图（b）

总长为 9172 bp，平均长度为 79 bp；DNA 重复元件 34 个，总长为 2027 bp，平均长度为 60 bp；LINE 30 个，总长为 1881 bp，平均长度为 63 bp；SINE 15 个，总长为 1014 bp，平均长度为 68 bp；RC 1 个，长度为 53 bp；未知序列 1 个，长度为 40 bp；TR 83 个，重复序列长度为 6～1167 bp，总长为 19 652 bp；小卫星 DNA 65 个，重复序列长度为 11～60 bp，总长为 13 661 bp；微卫星 DNA 1 个，重复序列长度为 6 bp，总长为 34 bp。**【CRISPR】**未预测到 CRISPR 相关序列。**【基因岛】**预测到 10 个基因岛 GI 01～GI 10，长度为 5554～141 974 bp，其 G+C 含量为 34.98%～46.28%。利用已预测得到的基因组信息，如重复序列、G+C 含量等，应用 CIRCOS 工具绘制其基因组圈图（图 5-1-73b）。

### 73. 戈壁芽胞杆菌（*Bacillus gobiensis*）FJAT-4402$^T$

戈壁芽胞杆菌（*Bacillus gobiensis* Liu et al. 2016，sp. nov.）的模式菌株（FJAT-4402$^T$ = DSM 29500$^T$ =CGMCC 1.12902$^T$）分离自新疆戈壁滩的野草根际土，生长条件为 15～40℃（最适 30℃）、pH 5.0～10.0（最适 pH 7.0），能耐受 0～3%（*W*/*V*）NaCl（最适 0），好氧，产芽胞（Liu et al.，2016b）。目前，该种仅有 1 个基因组，模式菌株 FJAT-4402$^T$ 基因组的 GenBank 登录号为 GCA_001278705.1，测序平台为 Illumina HiSeq，于 2015 年 9 月 4 日由福建省农业科学院（Fujian Academy of Agricultural Sciences）提交。

**【基因组的组装】**菌株 FJAT-4402$^T$ 基因组的测序深度为 150 X，基因组大小为 4.598 Mb，组装到完成图水平，包括 1 条染色体。**【G+C 含量】**40.44%。**【非编码 RNA】**预测到 24 个 rRNA 基因（5S rRNA 8 个、16S rRNA 8 个、23S rRNA 8 个），77 个 tRNA 基因，4 个 sRNA 基因。**【编码基因】**有 5017 个蛋白质编码基因，编码区总长为 3 940 719 bp，占整个基因组的 85.74%，基因的平均长度为 785 bp。**【基因功能注释】**比对到 KEGG、COG 和 GO 数据库的基因数量分别为 4150 个、3312 个和 3329 个，预测到分泌蛋白编码基因 82 个；在 25 个 COG 功能类群中，基因数量前 10 位的类群分别是：R. 仅一般功能预测 412 个，E. 氨基酸转运与代谢 395 个，K. 转录 354 个，G. 碳水化合物转运与代谢 309 个，P. 无机离子转运与代谢 259 个，J. 翻译、核糖体结构与合成 247 个，S. 功能未知 228 个，H. 辅酶转运与代谢 194 个，M. 细胞壁/膜/包膜生物合成 192 个和 C. 能量产生与转换 179 个（图 5-1-74a）。**【重复序列】**预测到的重复序列包括：LTR 121 个，总长为 8845 bp，平均长度为 73 bp；DNA 重复元件 40 个，总长为 3220 bp，平均长度为 81 bp；LINE 37 个，总长为 2078 bp，平均长度为 56 bp；SINE 4 个，总长为 404 bp，平均长度为 101 bp；RC 1 个，长度为 61 bp；未知序列 1 个，长度为 59 bp；TR 206 个，重复序列长度为 6～372 bp，总长为 17 482 bp；小卫星 DNA 167 个，重复序列长度为 10～60 bp，总长为 14 005 bp；微卫星 DNA 1 个，重复序列长度为 6 bp，总长为 61 bp。**【CRISPR】**预测到 15 个 CRISPR 相关序列。**【基因岛】**预测到 21 个基因岛 GI 01～GI 21，长度为 4734～26 080 bp，其 G+C 含量为 32.52%～46.08%。利用已预测得到的基因组信息，如重复序列、G+C 含量等，应用 CIRCOS 工具绘制其基因组圈图（图 5-1-74b）。

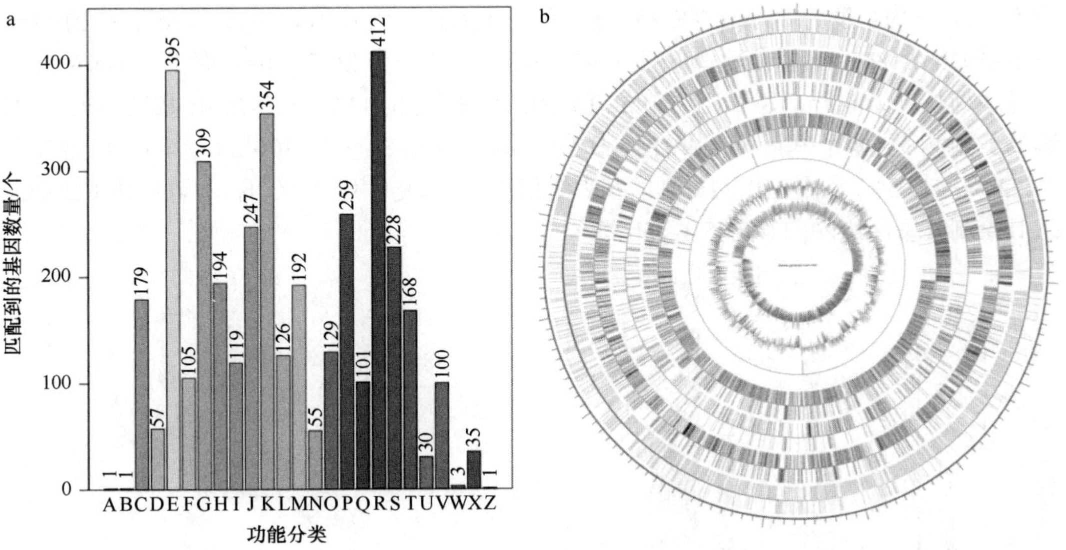


图 5-1-74　戈壁芽胞杆菌 FJAT-4402$^T$ 基因组的直系同源基因聚类分析（a）和圈图（b）

## 74. 戈氏芽胞杆菌（*Bacillus gottheilii*）FJAT-2394$^T$

戈氏芽胞杆菌（*Bacillus gottheilii* Seiler et al. 2013，sp. nov.）的模式菌株（WCC 4585$^T$ = DSM 23668$^T$ =CCUG 59876$^T$=LMG 25856$^T$ =FJAT-2394$^T$）分离自德国 1 个制药厂的生产线，生长条件为 10～40℃（最适 30℃）、pH 7.0～9.5（最适 pH 8.0）、0～8.5%（*W*/*V*）NaCl（最适 0.5%），严格好氧，产芽胞（Seiler et al.，2013a）。目前，该种有 2 个基因组，选择组装水平较高的模式菌株 FJAT-2394$^T$ 的基因组进行描述，其 GenBank 登录号为 GCA_001636345.1，测序平台为 Illumina HiSeq，于 2016 年 5 月 4 日由福建省农业科学院（Fujian Academy of Agricultural Sciences）提交。

**【基因组的组装】**菌株 FJAT-2394$^T$ 基因组的测序深度为 450 X，基因组大小为 4.587 Mb，组装到 3 个 scaffolds，scaffold $N_{50}$ 为 4 584 535 bp。**【G+C 含量】**38.98%。**【非编码 RNA】**预测到 29 个 rRNA 基因（5S rRNA 11 个、16S rRNA 9 个、23S rRNA 9 个），70 个 tRNA 基因，6 个 sRNA 基因。**【编码基因】**有 4751 个蛋白质编码基因，编码区总长为 3 863 895 bp，占整个基因组的 84.24%，基因的平均长度为 813 bp。**【基因功能注释】**比对到 KEGG、COG 和 GO 数据库的基因数量分别为 4041 个、3040 个和 3077 个，预测到分泌蛋白编码基因 105 个；在 23 个 COG 功能类群中，基因数量前 10 位的类群分别是：R. 仅一般功能预测 306 个，E. 氨基酸转运与代谢 283 个，K. 转录 272 个，J. 翻译、核糖体结构与合成 236 个，G. 碳水化合物转运与代谢 231 个，T. 信号转导机制 224 个，S. 功能未知 223 个，P. 无机离子转运与代谢 216 个，C. 能量产生与转换 180 个和 M. 细胞壁/膜/包膜生物合成 168 个（图 5-1-75a）。**【重复序列】**预测到的重复序列包括：LTR 113 个，总长为 9136 bp，平均长度为 81 bp；DNA 重复元件 21 个，总长为 1226 bp，平均长度为 58 bp；LINE 29 个，总长为 1879 bp，平均长度为 65 bp；SINE 9 个，总长为 552 bp，平均长度为 61 bp；RC 2 个，总长为 198 bp，平均长度为 99 bp；未知序列 2 个，总长为 51 bp，平均长度为 26 bp；TR 254 个，重复序列长度为 6～867 bp，总长为 37 010 bp；小卫星 DNA 184 个，重复序列长度为 10～60 bp，总长为 26 720 bp；微卫星 DNA 1 个，重复序列长度为 6 bp，总长为 47 bp。**【CRISPR】**预测到 89 个 CRISPR 相关序列。**【基因岛】**预测到 18 个基因岛 GI 01～GI 18，长度为 5981～52 400 bp，其 G+C 含量为 29.72%～41.03%。利用已预测得到的基因组信息，如重复序列、G+C 含量等，应用 CIRCOS 工具绘制其基因组圈图（图 5-1-75b）。

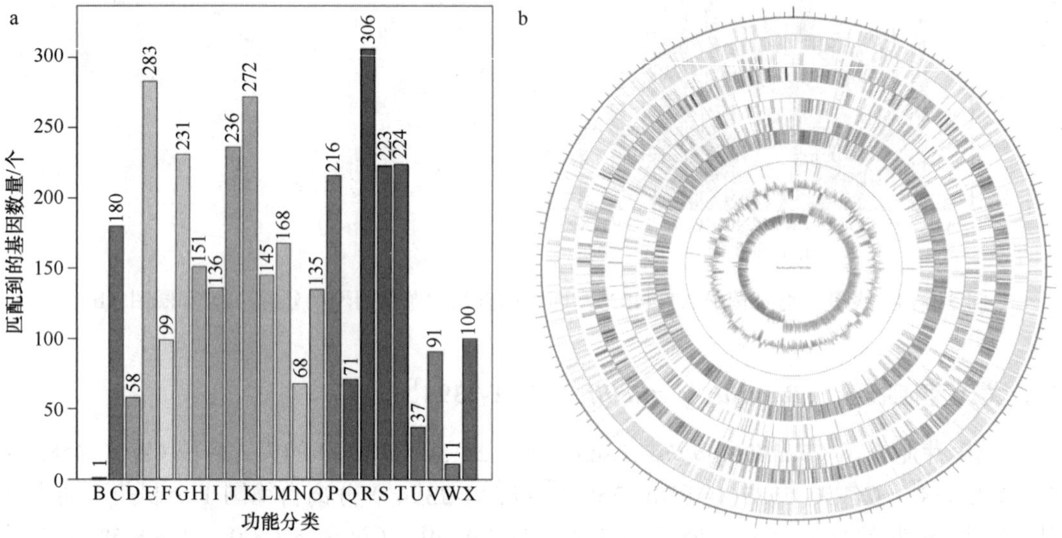


图 5-1-75　戈氏芽胞杆菌 FJAT-2394$^{T}$ 基因组的直系同源基因聚类分析（a）和圈图（b）

## 75. 盐敏芽胞杆菌（*Bacillus halmapalus*）DSM 8723$^{T}$

盐敏芽胞杆菌（*Bacillus halmapalus* Nielsen et al. 1995，sp. nov.）的模式菌株（PN-118$^{T}$ = ATCC 700165$^{T}$ =CIP 105303$^{T}$ =DSM 8723$^{T}$ =JCM 12302$^{T}$ =LMG 17950$^{T}$）分离自土壤，生长温度为 10～40℃，最适 pH 8.0，耐盐能力弱，在 5%（*W*/*V*）NaCl 中不能生长，好氧，产芽胞（Nielsen et al.，1995）。目前，该种仅有 1 个基因组，模式菌株 DSM 8723$^{T}$ 基因组的 GenBank 登录号为 GCA_002019665.1，测序平台为 Illumina HiSeq，于 2017 年 3 月 6 日由福建省农业科学院（Fujian Academy of Agricultural Sciences）提交。

**【基因组的组装】**菌株 DSM 8723$^{T}$ 基因组的测序深度为 221 X，基因组大小为 4.702 Mb，组装到 2 个 scaffolds，scaffold $N_{50}$ 为 4 700 324 bp。**【G+C 含量】**37.59%。**【非编码 RNA】**预测到 27 个 rRNA 基因（5S rRNA 9 个、16S rRNA 9 个、23S rRNA 9 个），79 个 tRNA 基因，4 个 sRNA 基因。**【编码基因】**有 4798 个蛋白质编码基因，编码区总长为 3 986 883 bp，占整个基因组的 84.79%，基因的平均长度为 831 bp。**【基因功能注释】**比对到 KEGG、COG 和 GO 数据库的基因数量分别为 4204 个、3121 个和 3221 个，预测到分泌蛋白编码基因 97 个；在 25 个 COG 功能类群中，基因数量前 10 位的类群分别是：R. 仅一般功能预测 358 个，E. 氨基酸转运与代谢 343 个，K. 转录 290 个，G. 碳水化合物转运与代谢 282 个，J. 翻译、核糖体结构与合成 254 个，S. 功能未知 226 个，P. 无机离子转运与代谢 217 个，T. 信号转导机制 200 个，C. 能量产生与转换 172 个和 H. 辅酶转运与代谢 166 个（图 5-1-76a）。**【重复序列】**预测到的重复序列包括：LTR 105 个，总长为 8974 bp，平均长度为 85 bp；DNA 重复元件 31 个，总长为 1722 bp，平均长度为 56 bp；LINE 40 个，总长为 2383 bp，平均长度为 60 bp；SINE 19 个，总长为 1257 bp，平均长度为 66 bp；RC 1 个，长度为 41 bp；TR 195 个，重复序列长度为 6～420 bp，总长为 27 745 bp；小卫星 DNA 158 个，重复序列长度为 10～53 bp，总长为 23 444 bp；微卫星 DNA 2 个，重复序列长度为 6 bp，总长为 57 bp。**【CRISPR】**预测到 10 个 CRISPR 相关序列。**【基因岛】**预测到 13 个基因岛 GI 01～GI 13，长度为 3864～34 536 bp，其 G+C 含量为 31.24%～41.77%。利用已预测得到的基因组信息，如重复序列、G+C 含量等，应用 CIRCOS 工具绘制其基因组圈图（图 5-1-76b）。

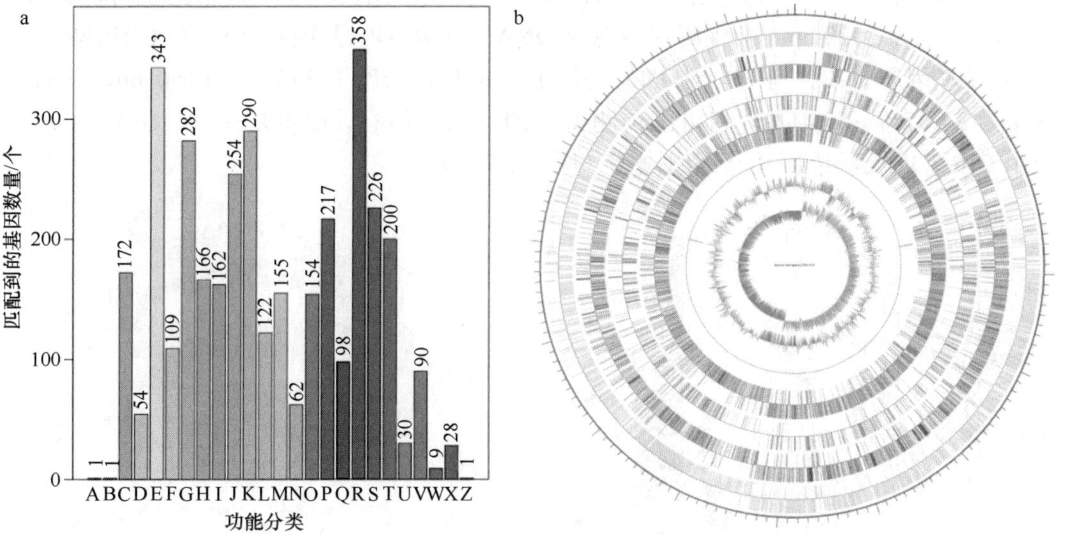


图 5-1-76　盐敏芽胞杆菌 DSM 8723$^{T}$ 基因组的直系同源基因聚类分析（a）和圈图（b）

## 76. 耐盐芽胞杆菌（*Bacillus halodurans*）C-125

耐盐芽胞杆菌［*Bacillus halodurans* (ex Boyer 1973) Nielsen et al. 1995，nom. rev.，comb. nov.］的模式菌株（PN-80$^{T}$ =ATCC 27557$^{T}$ =CIP 105296$^{T}$ =DSM 497$^{T}$ =LMG 7121$^{T}$ = NRRL B-3881$^{T}$）分离自土壤，耐盐、耐碱，生长温度为 15～55℃，最适 pH 9.0～10.0，能耐受 12%（*W*/*V*）NaCl，好氧，产芽胞（Nielsen et al.，1995）。目前，该种有 3 个基因组，选择组装到完成图水平的非模式菌株 C-125 的基因组进行描述，其 GenBank 登录号为 GCA_000011145.1，测序平台为 ABI 3700，于 2004 年 5 月 11 日由日本海洋科学技术中心（Japan Marine Science and Technology Center）提交。

**【基因组的组装】**菌株 C-125 基因组的测序深度未知，基因组大小为 4.202 Mb，组装到完成图水平，包括 1 条染色体。**【G+C 含量】**43.68%。**【非编码 RNA】**预测到 25 个 rRNA 基因（5S rRNA 9 个、16S rRNA 8 个、23S rRNA 8 个），78 个 tRNA 基因，14 个 sRNA 基因。**【编码基因】**有 4287 个蛋白质编码基因，编码区总长为 3 649 548 bp，占整个基因组的 86.85%，基因的平均长度为 851 bp。**【基因功能注释】**比对到 KEGG、COG 和 GO 数据库的基因数量分别为 4033 个、3239 个和 2975 个，预测到分泌蛋白编码基因 84 个；在 24 个 COG 功能类群中，基因数量前 10 位的类群分别是：K. 转录 325 个，G. 碳水化合物转运与代谢 321 个，R. 仅一般功能预测 321 个，E. 氨基酸转运与代谢 301 个，S. 功能未知 255 个，J. 翻译、核糖体结构与合成 238 个，T. 信号转导机制 216 个，P. 无机离子转运与代谢 195 个，C. 能量产生与转换 183 个和 H. 辅酶转运与代谢 172 个（图 5-1-77a）。**【重复序列】**预测到的重复序列包括：LTR 201 个，总长为 14 073 bp，平均长度为 70 bp；DNA 重复元件 49 个，总长为 2949 bp，平均长度为 60 bp；LINE 35 个，总长为 2404 bp，平均长度为 69 bp；SINE 17 个，总长为 1158 bp，平均长度为 68 bp；RC 3 个，总长为 225 bp，平均长度为 75 bp；未知序列 1 个，长度为 85 bp；TR 73 个，重复序列长度为 7～759 bp，总长为 9414 bp；小卫星 DNA 56 个，重复序列长度为 10～49 bp，总长为 2929 bp；未预测到微卫星 DNA。**【CRISPR】**预测到 96 个 CRISPR 相关序列。**【基因岛】**预测到 15 个基因岛 GI 01～GI 15，长度为 3701～40 150 bp，其 G+C 含量为 37.97%～50.46%。利用已预测得到的基因组信息，如重复序列、G+C 含量等，应用 CIRCOS 工具绘制其基因组圈图（图 5-1-77b）。

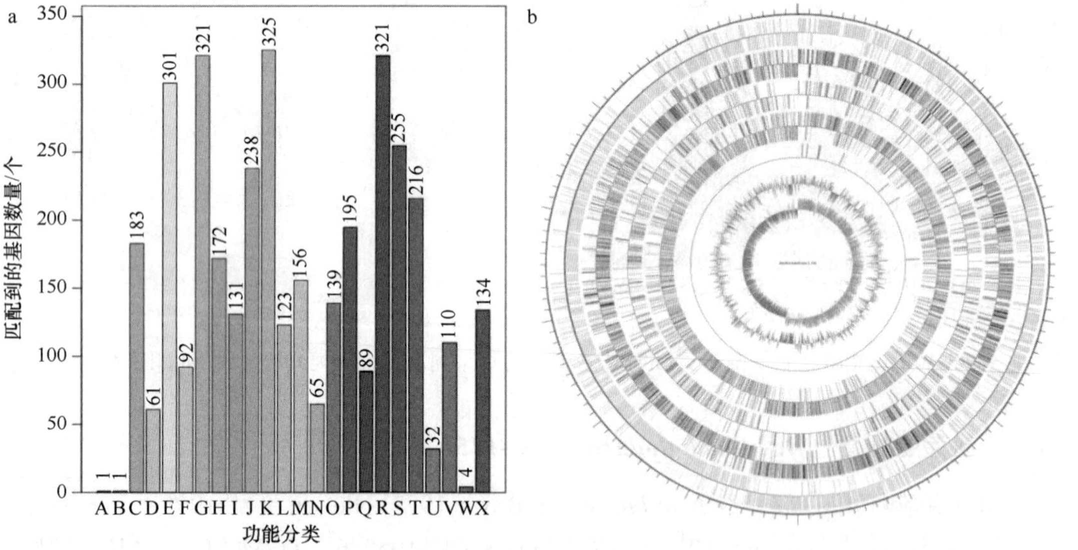


图 5-1-77 耐盐芽胞杆菌 C-125 基因组的直系同源基因聚类分析（a）和圈图（b）

## 77. 嗜盐噬糖芽胞杆菌（*Bacillus halosaccharovorans*）DSM 25387$^T$

嗜盐噬糖芽胞杆菌（*Bacillus halosaccharovorans* Mehrshad et al. 2013，sp. nov.）的模式菌株（E33$^T$ =IBRC-M 10095$^T$ =DSM 25387$^T$）分离自伊朗阿明阿巴德地区（Aran-Bidgol）超盐湖的盐水，中度嗜盐，生长条件为 20～45℃（最适 40℃）、pH 6.0～9.0（最适 pH 7.5～8.0）、0.5%～25%（*W*/*V*）NaCl（最适 5%～15%），严格好氧，产芽胞（Mehrshad et al., 2013）。目前，该种仅有 1 个基因组，模式菌株 DSM 25387$^T$ 基因组的 GenBank 登录号为 GCA_002019635.1，测序平台为 Illumina HiSeq，于 2017 年 3 月 6 日由福建省农业科

学院（Fujian Academy of Agricultural Sciences）提交。

**【基因组的组装】**菌株 DSM 25387$^T$ 基因组的测序深度为 223 X，基因组大小为 5.399 Mb，组装到 4 个 scaffolds，scaffold $N_{50}$ 为 2 975 153 bp。**【G+C 含量】**36.13%。**【非编码 RNA】**预测到 40 个 rRNA 基因（5S rRNA 19 个、16S rRNA 11 个、23S rRNA 10 个），98 个 tRNA 基因，9 个 sRNA 基因。**【编码基因】**有 5307 个蛋白质编码基因，编码区总长为 4 615 155 bp，占整个基因组的 85.48%，基因的平均长度为 870 bp。**【基因功能注释】**比对到 KEGG、COG 和 GO 数据库的基因数量分别为 4735 个、3653 个和 3625 个，预测到分泌蛋白编码基因 118 个；在 24 个 COG 功能类群中，基因数量前 10 位的类群分别是：G. 碳水化合物转运与代谢 533 个，R. 仅一般功能预测 408 个，K. 转录 368 个，E. 氨基酸转运与代谢 307 个，T. 信号转导机制 257 个，J. 翻译、核糖体结构与合成 253 个，S. 功能未知 250 个，P. 无机离子转运与代谢 220 个，M. 细胞壁/膜/包膜生物合成 216 个和 H. 辅酶转运与代谢 195 个（图 5-1-78a）。**【重复序列】**预测到的重复序列包括：LTR 172 个，总长为 12 909 bp，平均长度为 75 bp；DNA 重复元件 45 个，总长为 3027 bp，平均长度为 67 bp；LINE 38 个，总长为 2729 bp，平均长度为 72 bp；SINE 16 个，总长为 1202 bp，平均长度为 75 bp；RC 2 个，总长为 85 bp，平均长度为 43 bp；未知序列 1 个，长度为 61 bp；TR 178 个，重复序列长度为 8～1655 bp，总长为 22 746 bp；小卫星 DNA 141 个，重复序列长度为 10～60 bp，总长为 9567 bp；未预测到微卫星 DNA。**【CRISPR】**预测到 9 个 CRISPR 相关序列。**【基因岛】**预测到 18 个基因岛 GI 01～GI 18，长度为 3564～40 767 bp，其 G+C 含量为 30.75%～39.2%。利用已预测得到的基因组信息，如重复序列、G+C 含量等，应用 CIRCOS 工具绘制其基因组圈图（图 5-1-78b）。

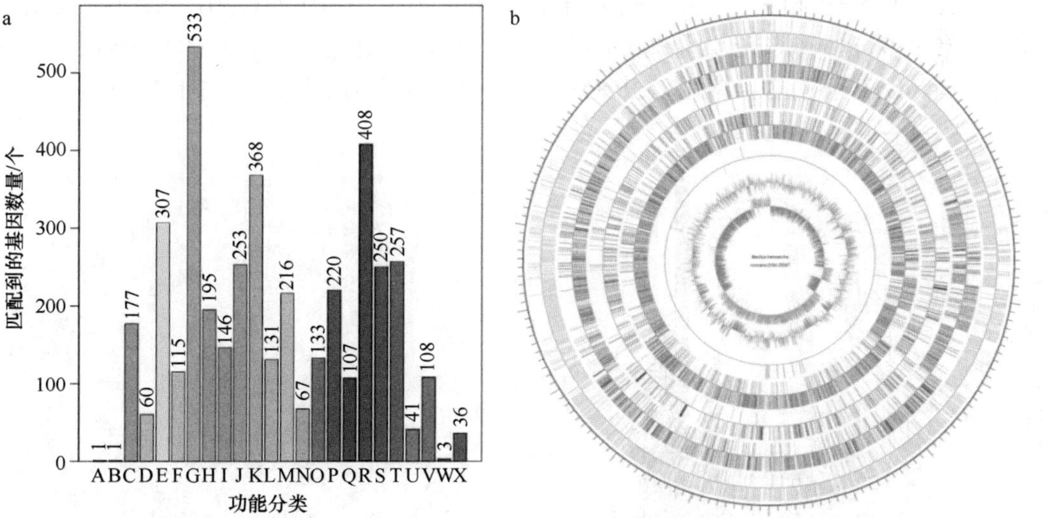


图 5-1-78　嗜盐噬糖芽胞杆菌 DSM 25387$^T$ 基因组的直系同源基因聚类分析（a）和圈图（b）

## 78. 忍盐芽胞杆菌（*Bacillus halotolerans*）ZB201702

忍盐芽胞杆菌（*Bacillus halotolerans* Tindall 2017，comb. nov.）的模式菌株（ATCC 25096$^T$=CIP 67.21$^T$=DSM 8802$^T$）分离自土壤，最适生长条件为 28℃、pH 7.0，好氧，

产芽胞（Ben-Gad and Gerchman，2017）。目前，该种有 18 个基因组，选择组装到完成图水平的非模式菌株 ZB201702 的基因组进行描述，其 GenBank 登录号为 GCA_004006435.1，测序平台为 PacBio，于 2019 年 1 月 9 日由北京市农林科学院（Beijing Academy of Agriculture and Forestry Sciences）提交。

**【基因组的组装】**菌株 ZB201702 基因组的测序深度为 120 X，基因组大小为 5.154 Mb，组装到完成图水平，包括 1 条染色体。**【G+C 含量】**43.8%。**【非编码 RNA】**预测到 30 个 rRNA 基因（5S rRNA 10 个、16S rRNA 10 个、23S rRNA 10 个），86 个 tRNA 基因，9 个 sRNA 基因。**【编码基因】**有 4408 个蛋白质编码基因，编码区总长为 3 676 398 bp，占整个基因组的 71.33%，基因的平均长度为 834 bp。**【基因功能注释】**比对到 KEGG、COG 和 GO 数据库的基因数量分别为 4094 个、3169 个和 2952 个，预测到分泌蛋白编码基因 82 个；在 25 个 COG 功能类群中，基因数量前 10 位的类群分别是：R. 仅一般功能预测 366 个，E. 氨基酸转运与代谢 334 个，K. 转录 320 个，G. 碳水化合物转运与代谢 311 个，J. 翻译、核糖体结构与合成 230 个，S. 功能未知 226 个，M. 细胞壁/膜/包膜生物合成 211 个，H. 辅酶转运与代谢 193 个，P. 无机离子转运与代谢 193 个和 T. 信号转导机制 193 个（图 5-1-79a）。**【重复序列】**预测到的重复序列包括：LTR 174 个，总长为 13 279 bp，平均长度为 76 bp；DNA 重复元件 45 个，总长为 2528 bp，平均长度为 56 bp；LINE 57 个，总长为 3150 bp，平均长度为 55 bp；SINE 14 个，总长为 1339 bp，平均长度为 96 bp；RC 3 个，总长为 170 bp，平均长度为 57 bp；未知序列 3 个，总长为 203 bp，平均长度为 68 bp；TR 77 个，重复序列长度为 9～435 bp，总长为 7687 bp；小卫星 DNA 57 个，重复序列长度为 12～60 bp，总长为 3808 bp；未预测到微卫星 DNA。**【CRISPR】**未预测到 CRISPR 相关序列。**【基因岛】**预测到 14 个基因岛 GI 01～GI 14，长度为 3444～35 930 bp，其 G+C 含量为 34.85%～44.75%。利用已预测得到的基因组信息，如重复序列、G+C 含量等，应用 CIRCOS 工具绘制其基因组圈图（图 5-1-79b）。

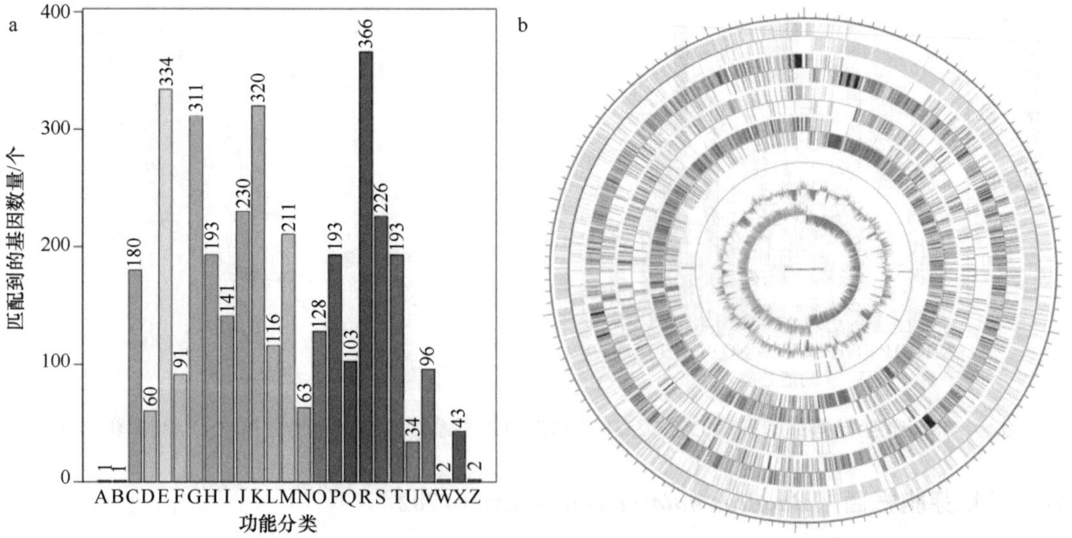


图 5-1-79　忍盐芽胞杆菌 ZB201702 基因组的直系同源基因聚类分析（a）和圈图（b）

## 79. 海恩斯氏芽胞杆菌（*Bacillus haynesii*）NRRL B-41327ᵀ

海恩斯氏芽胞杆菌（*Bacillus haynesii* Dunlap et al. 2017，sp. nov.）的模式菌株（NRRL B-41327$^{T}$ =CCUG 70178$^{T}$）分离自以色列南内盖夫沙漠进化谷 III 的土壤，生长条件为 15～60℃（最适 37℃）、pH 5.5～10.0（最适 pH 7.0）、0～12%（*W*/*V*）NaCl，兼性厌氧，产芽胞（Dunlap et al.，2017）。目前，该种有 2 个基因组，选择组装到精细图水平的模式菌株 NRRL B-41327$^{T}$ 的基因组进行描述，其 GenBank 登录号为 GCA_001969855.1，测序平台为 Illumina MiSeq，于 2017 年 1 月 23 日由美国农业部农业研究院（United States Department of Agriculture，Agricultural Research Service）提交。

**【基因组的组装】**菌株 NRRL B-41327$^{T}$ 基因组的测序深度为 37 X，基因组大小为 4.379 Mb，组装到 76 个 scaffolds，scaffold $N_{50}$ 为 217 091 bp。**【G+C 含量】**45.69%。**【非编码 RNA】**预测到 7 个 rRNA 基因（5S rRNA 4 个、16S rRNA 2 个、23S rRNA 1 个），77 个 tRNA 基因，28 个 sRNA 基因。**【编码基因】**有 4674 个蛋白质编码基因，编码区总长为 3 813 096 bp，占整个基因组的 87.08%，基因的平均长度为 816 bp。**【基因功能注释】**比对到 KEGG、COG 和 GO 数据库的基因数量分别为 4191 个、3205 个和 3101 个，预测到分泌蛋白编码基因 101 个；在 25 个 COG 功能类群中，基因数量前 10 位的类群分别是：G. 碳水化合物转运与代谢 356 个，E. 氨基酸转运与代谢 350 个，R. 仅一般功能预测 348 个，K. 转录 335 个，J. 翻译、核糖体结构与合成 233 个，S. 功能未知 233 个，P. 无机离子转运与代谢 209 个，M. 细胞壁/膜/包膜生物合成 193 个，T. 信号转导机制 189 个和 H. 辅酶转运与代谢 186 个（图 5-1-80a）。**【重复序列】**预测到的重复序列包括：LTR 119 个，总长为 7609 bp，平均长度为 64 bp；DNA 重复元件 42 个，总长为 2639 bp，平均长度为 63 bp；LINE 26 个，总长为 1492 bp，平均长度为 57 bp；SINE 15 个，总长为 1029 bp，平均长度为 69 bp；RC 5 个，总长为 261 bp，平均长度为 52 bp；未知序列 2 个，总长为 135 bp，平均长度为 68 bp；TR 67 个，重复序列长度为 9～123 bp，

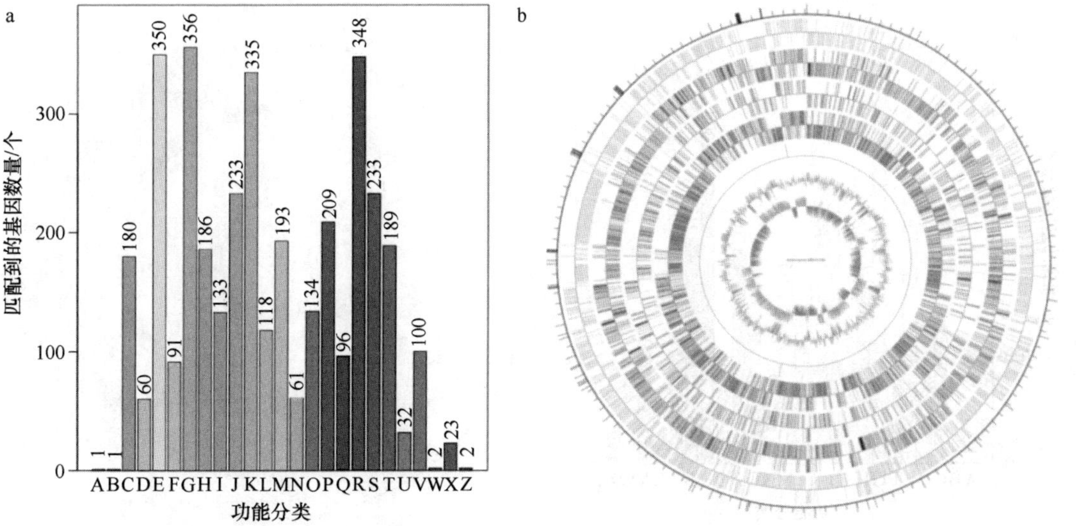


图 5-1-80　海恩斯氏芽胞杆菌 NRRL B-41327$^{T}$ 基因组的直系同源基因聚类分析（a）和圈图（b）

总长为 4762 bp；小卫星 DNA 51 个，重复序列长度为 10～60 bp，总长为 3067 bp；未预测到微卫星 DNA。【**CRISPR**】预测到 4 个 CRISPR 相关序列。【**基因岛**】预测到 15 个基因岛 GI 01～GI 15，长度为 2975～29 427 bp，其 G+C 含量为 34.79%～49.88%。利用已预测得到的基因组信息，如重复序列、G+C 含量等，应用 CIRCOS 工具绘制其基因组圈图（图 5-1-80b）。

### 80. 解半纤维素芽胞杆菌（*Bacillus hemicellulosilyticus*）JCM 9152$^{T}$

解半纤维素芽胞杆菌（*Bacillus hemicellulosilyticus* Nogi et al. 2005，sp. nov.）的模式菌株（C-11$^{T}$ =JCM 9152$^{T}$ =DSM 16731$^{T}$）分离自人造丝废弃物，嗜碱，生长条件为 10～40℃（最适 37℃）、pH 8.0～11.0（最适 pH 10.0），高产半纤维素酶，好氧，产芽胞（Nogi et al.，2005）。目前，该种仅有 1 个基因组，模式菌株 JCM 9152$^{T}$ 基因组的 GenBank 登录号为 GCA_000513115.1，测序平台为 Ion PGM，于 2013 年 12 月 30 日由日本东京大学（The University of Tokyo）提交。

【**基因组的组装**】菌株 JCM 9152$^{T}$ 基因组的测序深度为 27 X，基因组大小为 4.538 Mb，组装到 102 个 contigs，contig $N_{50}$ 为 128 524 bp。【**G+C 含量**】38.17%。【**非编码 RNA**】预测到 2 个 rRNA 基因（5S rRNA 1 个、16S rRNA 1 个、23S rRNA 0 个），72 个 tRNA 基因，2 个 sRNA 基因。【**编码基因**】有 4608 个蛋白质编码基因，编码区总长为 3 830 724 bp，占整个基因组的 84.41%，基因的平均长度为 831 bp。【**基因功能注释**】比对到 KEGG、COG 和 GO 数据库的基因数量分别为 3777 个、2986 个和 3150 个，预测到分泌蛋白编码基因 74 个；在 25 个 COG 功能类群中，基因数量前 10 位的类群分别是：G. 碳水化合物转运与代谢 404 个，K. 转录 302 个，R. 仅一般功能预测 300 个，E. 氨基酸转运与代谢 227 个，J. 翻译、核糖体结构与合成 227 个，S. 功能未知 212 个，T. 信号转导机制 205 个，P. 无机离子转运与代谢 201 个，M. 细胞壁/膜/包膜生物合成 178 个和 H. 辅酶转运与代谢 157 个（图 5-1-81a）。【**重复序列**】预测到的重复序列包括：LTR 82 个，

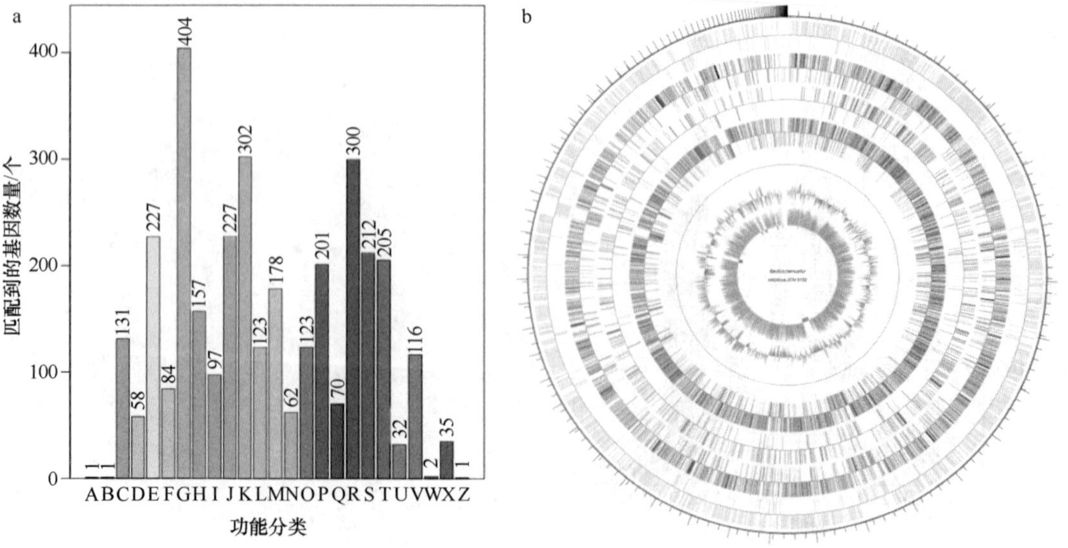


图 5-1-81　解半纤维素芽胞杆菌 JCM 9152$^{T}$ 基因组的直系同源基因聚类分析（a）和圈图（b）

总长为 5273 bp，平均长度为 64 bp；DNA 重复元件 23 个，总长为 1418 bp，平均长度为 62 bp；LINE 14 个，总长为 1130 bp，平均长度为 81 bp；SINE 13 个，总长为 821 bp，平均长度为 63 bp；RC 2 个，总长为 92 bp，平均长度为 46 bp；TR 99 个，重复序列长度为 6～831 bp，总长为 13 982 bp；小卫星 DNA 75 个，重复序列长度为 11～52 bp，总长为 4570 bp；微卫星 DNA 2 个，重复序列长度为 6 bp，总长为 135 bp。**【CRISPR】**预测到 124 个 CRISPR 相关序列。**【基因岛】**预测到 5 个基因岛 GI 01～GI 05，长度为 2803～11 489 bp，其 G+C 含量为 35.78%～43.13%。利用已预测得到的基因组信息，如重复序列、G+C 含量等，应用 CIRCOS 工具绘制其基因组圈图（图 5-1-81b）。

### 81. 外村尚芽胞杆菌（*Bacillus hisashii*）C4

外村尚芽胞杆菌（*Bacillus hisashii* Nishida et al. 2015，sp. nov.）的模式菌株（N-11$^T$=NRBC 110226$^T$=LMG 28201$^T$）分离自无菌小鼠的盲肠，嗜热，生长条件为 25～60℃（最适 50℃）、pH 6.0～8.0（最适 pH 7.0）、0.5%～6%（*W*/*V*）NaCl，兼性厌氧，产芽胞（Nishida et al.，2015）。目前，该种仅有 1 个基因组，非模式菌株 C4 基因组的 GenBank 登录号为 GCA_002270345.1，测序平台为 IonTorrent，于 2017 年 8 月 25 日由印度阿加尔卡研究所（Agharkar Research Institute）提交。

**【基因组的组装】**菌株 C4 基因组的测序深度为 89 X，基因组大小为 3.835 Mb，组装到 172 个 contigs，contig $N_{50}$为 59 388 bp。**【G+C 含量】**37.47%。**【非编码 RNA】**预测到 7 个 rRNA 基因（5S rRNA 5 个、16S rRNA 1 个、23S rRNA 1 个），53 个 tRNA 基因，6 个 sRNA 基因。**【编码基因】**有 4056 个蛋白质编码基因，编码区总长为 3 089 037 bp，占整个基因组的 80.55%，基因的平均长度为 762 bp。**【基因功能注释】**比对到 KEGG、COG 和 GO 数据库的基因数量分别为 3136 个、2532 个和 2659 个，预测到分泌蛋白编码基因 37 个；在 23 个 COG 功能类群中，基因数量前 10 位的类群分别是：R. 仅一般功能预测 254 个，E. 氨基酸转运与代谢 251 个，G. 碳水化合物转运与代谢 228 个，J. 翻译、核糖体结构与合成 218 个，K. 转录 210 个，P. 无机离子转运与代谢 172 个，S. 功能未知 165 个，T. 信号转导机制 155 个，C. 能量产生与转换 147 个，H. 辅酶转运与代谢 143 个和 I. 脂质转运与代谢 143 个（图 5-1-82a）。**【重复序列】**预测到的重复序列包括：LTR 94 个，总长为 5748 bp，平均长度为 61 bp；DNA 重复元件 49 个，总长为 4145 bp，平均长度为 85 bp；LINE 38 个，总长为 2194 bp，平均长度为 58 bp；SINE 4 个，总长为 363 bp，平均长度为 91 bp；未知序列 1 个，长度为 62 bp；TR 279 个，重复序列长度为 8～279 bp，总长为 30 298 bp；小卫星 DNA 205 个，重复序列长度为 12～60 bp，总长为 23 478 bp；未预测到微卫星 DNA。**【CRISPR】**预测到 232 个 CRISPR 相关序列。**【基因岛】**预测到 6 个基因岛 GI 01～GI 06，长度为 7126～13 146 bp，其 G+C 含量为 33.81%～37.92%。利用已预测得到的基因组信息，如重复序列、G+C 含量等，应用 CIRCOS 工具绘制其基因组圈图（图 5-1-82b）。

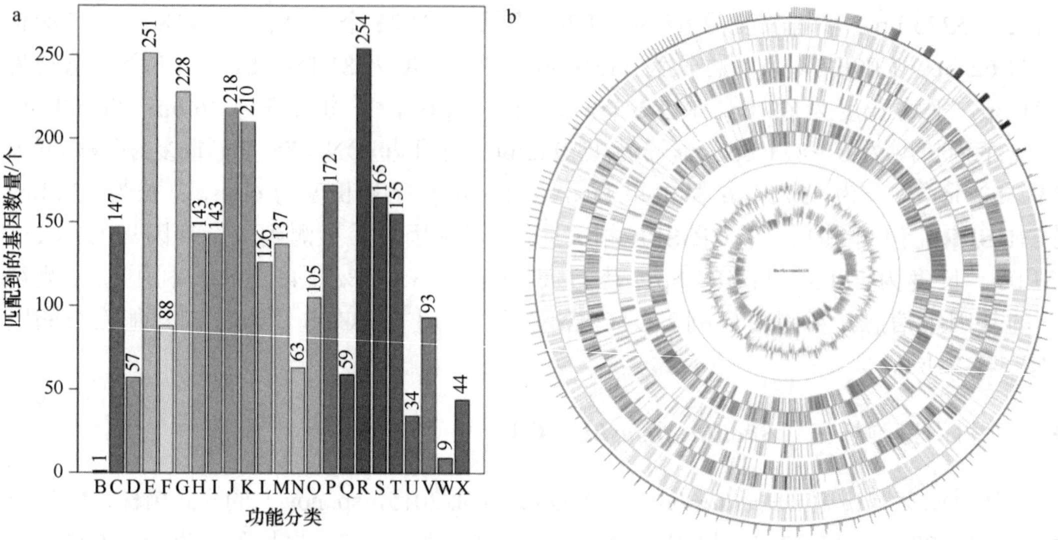


图 5-1-82　外村尚芽胞杆菌 C4 基因组的直系同源基因聚类分析（a）和圈图（b）

## 82. 堀越氏芽胞杆菌（*Bacillus horikoshii*）20a

堀越氏芽胞杆菌（*Bacillus horikoshii* Nielsen et al. 1995，sp. nov.）的模式菌株（PN-121$^{T}$ =ATCC 700161$^{T}$ =CIP 105300$^{T}$ =DSM 8719$^{T}$ =LMG 17946$^{T}$）分离自土壤，中度耐盐、嗜碱，生长温度为 10～40℃，最适 pH 8.0，能耐受 6%～8%（*W*/*V*）NaCl，好氧，产芽胞（Nielsen et al.，1995）。目前，该种有 3 个基因组，选择组装到完成图水平的非模式菌株 20a 的基因组进行描述，其 GenBank 登录号为 GCA_002157855.1，测序平台为 PacBio，于 2017 年 5 月 25 日由墨西哥国立自治大学（Universidad Nacional Autonoma de México）提交。

**【基因组的组装】**菌株 20a 基因组的测序深度为 192 X，基因组大小为 4.296 Mb，组装到完成图水平，包括 1 条染色体和 1 个质粒。**【G+C 含量】**40.54%。**【非编码 RNA】**预测到 24 个 rRNA 基因（5S rRNA 8 个、16S rRNA 8 个、23S rRNA 8 个），72 个 tRNA 基因，4 个 sRNA 基因。**【编码基因】**有 4484 个蛋白质编码基因，编码区总长为 3 679 338 bp，占整个基因组的 85.65%，基因的平均长度为 821 bp。**【基因功能注释】**比对到 KEGG、COG 和 GO 数据库的基因数量分别为 4191 个、2874 个和 2920 个，预测到分泌蛋白编码基因 85 个；在 24 个 COG 功能类群中，基因数量前 10 位的类群分别是：R. 仅一般功能预测 314 个，E. 氨基酸转运与代谢 286 个，J. 翻译、核糖体结构与合成 255 个，K. 转录 243 个，S. 功能未知 218 个，G. 碳水化合物转运与代谢 204 个，T. 信号转导机制 187 个，P. 无机离子转运与代谢 179 个，C. 能量产生与转换 170 个和 H. 辅酶转运与代谢 161 个（图 5-1-83a）。**【重复序列】**预测到的重复序列包括：LTR 119 个，总长为 9145 bp，平均长度为 77 bp；DNA 重复元件 37 个，总长为 2108 bp，平均长度为 57 bp；LINE 43 个，总长为 2719 bp，平均长度为 63 bp；SINE 16 个，总长为 1073 bp，平均长度为 67 bp；RC 2 个，总长为 87 bp，平均长度为 44 bp；TR 350 个，重复序列长度为 6～

444 bp，总长为 39 486 bp；小卫星 DNA 303 个，重复序列长度为 12～54 bp，总长为 37 028 bp；微卫星 DNA 2 个，重复序列长度为 6 bp，总长为 128 bp。**【CRISPR】**预测到 354 个 CRISPR 相关序列。**【基因岛】**预测到 12 个基因岛 GI 01～GI 12，长度为 4879～36 407 bp，其 G+C 含量为 29.77%～41.92%。利用已预测得到的基因组信息，如重复序列、G+C 含量等，应用 CIRCOS 工具绘制其基因组圈图（图 5-1-83b）。

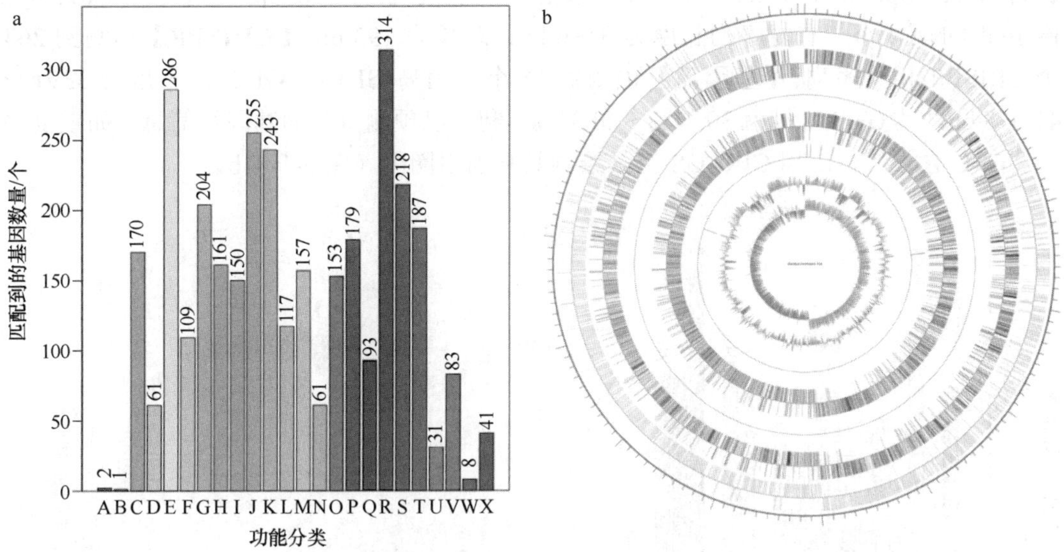


图 5-1-83　堀越氏芽胞杆菌 20a 基因组的直系同源基因聚类分析（a）和圈图（b）

## 83. 霍氏芽胞杆菌（*Bacillus horneckiae*）FJAT-2351$^{T}$

霍氏芽胞杆菌（*Bacillus horneckiae* Vaishampayan et al. 2010，sp. nov.）的模式菌株（1P01SC$^{T}$=NRRL B-59162$^{T}$ =MTCC 9535 $^{T}$）分离自美国肯尼迪航天中心的航天器组装洁净室，耐盐、耐碱，在 10%（*W*/*V*）NaCl 和 pH 10.0（最适 pH 7.0）的条件下生长，最适生长温度为 30℃（4℃和 50℃不能生长），好氧，产芽胞（Vaishampayan et al.，2010）。目前，该种有 2 个基因组，选择组装水平较高的模式菌株 FJAT-2351$^{T}$ 的基因组进行描述，其 GenBank 登录号为 GCA_001636335.1，测序平台为 Illumina HiSeq，于 2016 年 5 月 4 日由福建省农业科学院（Fujian Academy of Agricultural Sciences）提交。

**【基因组的组装】**菌株 FJAT-2351$^{T}$ 基因组的测序深度为 449 X，基因组大小为 4.132 Mb，组装到 5 个 scaffolds，scaffold $N_{50}$ 为 3 460 279 bp。**【G+C 含量】**37.39%。**【非编码 RNA】**预测到 28 个 rRNA 基因（5S rRNA 10 个、16S rRNA 9 个、23S rRNA 9 个），96 个 tRNA 基因，10 个 sRNA 基因。**【编码基因】**有 4188 个蛋白质编码基因，编码区总长为 3 436 824 bp，占整个基因组的 83.18%，基因的平均长度为 821 bp。**【基因功能注释】**比对到 KEGG、COG 和 GO 数据库的基因数量分别为 3660 个、2780 个和 2797 个，预测到分泌蛋白编码基因 75 个；在 23 个 COG 功能类群中，基因数量前 10 位的类群分别是：R. 仅一般功能预测 280 个，E. 氨基酸转运与代谢 266 个，J. 翻译、核糖体结构与合成 241 个，K. 转录 240 个，T. 信号转导机制 210 个，S. 功能未知 205 个，P. 无机离子转运与代谢

204 个，C. 能量产生与转换 178 个，M. 细胞壁/膜/包膜生物合成 161 个和 G. 碳水化合物转运与代谢 158 个（图 5-1-84a）。**【重复序列】**预测到的重复序列包括：LTR 106 个，总长为 8717 bp，平均长度为 82 bp；DNA 重复元件 23 个，总长为 1593 bp，平均长度为 69 bp；LINE 48 个，总长为 2893 bp，平均长度为 60 bp；SINE 3 个，总长为 186 bp，平均长度为 62 bp；RC 1 个，长度为 80 bp；TR 198 个，重复序列长度为 3～315 bp，总长为 38 555 bp；小卫星 DNA 139 个，重复序列长度为 11～52 bp，总长为 31 690 bp；微卫星 DNA 4 个，重复序列长度为 3～6 bp，总长为 193 bp。**【CRISPR】**预测到 263 个 CRISPR 相关序列。**【基因岛】**预测到 15 个基因岛 GI 01～GI 15，长度为 3391～41 918 bp，其 G+C 含量为 30.71%～40.31%。利用已预测得到的基因组信息，如重复序列、G+C 含量等，应用 CIRCOS 工具绘制其基因组圈图（图 5-1-84b）。

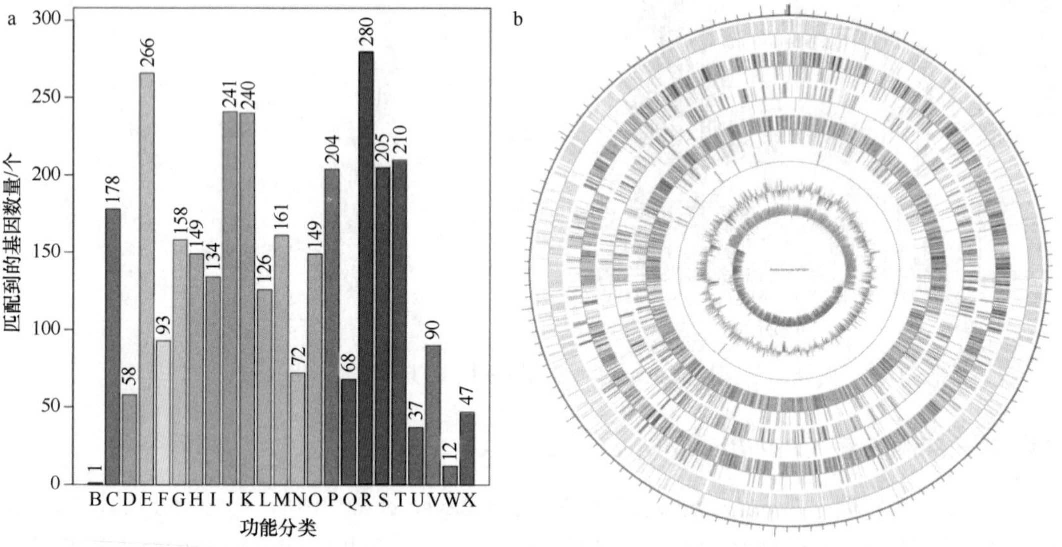


图 5-1-84　霍氏芽胞杆菌 FJAT-2351$^{T}$ 基因组的直系同源基因聚类分析（a）和圈图（b）

## 84. 土地芽胞杆菌（*Bacillus humi*）DSM 16318$^{T}$

土地芽胞杆菌（*Bacillus humi* Heyrman et al. 2005，sp. nov.）的模式菌株（LMG 22167$^{T}$ = DSM 16318$^{T}$）分离自荷兰德伦特省农业区的土壤，最适生长条件为 30℃（20℃生长，45℃不能生长）、pH 7.0（pH 5.0 不能生长）、7%（*W*/*V*）NaCl，好氧，产芽胞（Heyrman et al., 2005a）。目前，该种仅有 1 个基因组，模式菌株 DSM 16318$^{T}$ 基因组的 GenBank 登录号为 GCA_001439915.1，测序平台为 Illumina HiSeq，于 2015 年 11 月 6 日由福建省农业科学院（Fujian Academy of Agricultural Sciences）提交。

**【基因组的组装】**菌株 DSM 16318$^{T}$ 基因组的测序深度为 150 X，基因组大小为 4.836 Mb，组装到 126 个 scaffolds，scaffold $N_{50}$ 为 343 043 bp。**【G+C 含量】**38.20%。**【非编码 RNA】**预测到 4 个 rRNA 基因（5S rRNA 4 个、16S rRNA 0 个、23S rRNA 0 个），65 个 tRNA 基因，223 个 sRNA 基因。**【编码基因】**有 4992 个蛋白质编码基因，编码区总长为 4 068 240 bp，占整个基因组的 84.12%，基因的平均长度为 815 bp。**【基因功能注释】**比对到 KEGG、

COG 和 GO 数据库的基因数量分别为 4197 个、3311 个和 3389 个，预测到分泌蛋白编码基因 90 个；在 25 个 COG 功能类群中，基因数量前 10 位的类群分别是：R. 仅一般功能预测 392 个，E. 氨基酸转运与代谢 378 个，G. 碳水化合物转运与代谢 302 个，K. 转录 286 个，J. 翻译、核糖体结构与合成 248 个，S. 功能未知 239 个，C. 能量产生与转换 220 个，P. 无机离子转运与代谢 214 个，T. 信号转导机制 209 个和 M. 细胞壁/膜/包膜生物合成 194 个（图 5-1-85a）。**【重复序列】**预测到的重复序列包括：LTR 103 个，总长为 6028 bp，平均长度为 59 bp；DNA 重复元件 30 个，总长为 1934 bp，平均长度为 64 bp；LINE 36 个，总长为 2240 bp，平均长度为 62 bp；SINE 10 个，总长为 686 bp，平均长度为 69 bp；RC 1 个，长度为 36 bp；TR 322 个，重复序列长度为 1～269 bp，总长为 37 815 bp；小卫星 DNA 242 个，重复序列长度为 12～60 bp，总长为 34 294 bp；微卫星 DNA 1 个，重复序列长度为 6 bp，总长为 29 bp。**【CRISPR】**预测到 113 个 CRISPR 相关序列。**【基因岛】**预测到 7 个基因岛 GI 01～GI 07，长度为 4454～15 900 bp，其 G+C 含量为 29.14%～39.53%。利用已预测得到的基因组信息，如重复序列、G+C 含量等，应用 CIRCOS 工具绘制其基因组圈图（图 5-1-85b）。

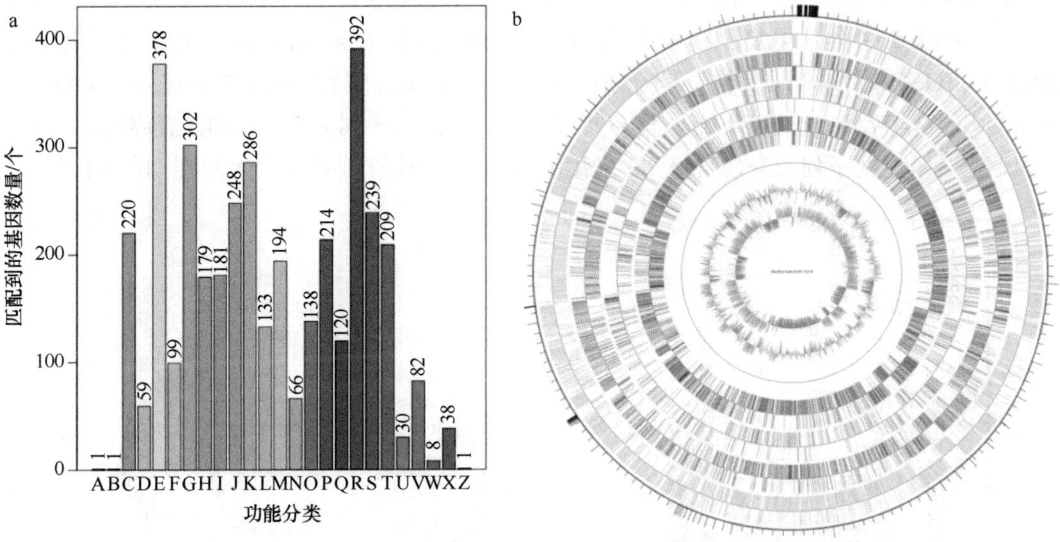


图 5-1-85　土地芽胞杆菌 DSM 16318$^{T}$ 基因组的直系同源基因聚类分析（a）和圈图（b）

## 85. 印度芽胞杆菌（*Bacillus indicus*）LMG 22858$^{T}$

印度芽胞杆菌（*Bacillus indicus* Suresh et al. 2004，sp. nov.）的模式菌株（Sd/3$^{T}$ =MTCC 4374$^{T}$ =DSM 15820$^{T}$= LMG 22858$^{T}$）分离自印度西孟加拉邦的砷污染蓄水层的沙土，生长条件为 15～37℃（最适 30℃）、pH 6.0～7.0、0～2%（*W/V*）NaCl，具有砷抗性，好氧，产芽胞（Suresh et al.，2004）。目前，该种有 2 个基因组，选择组装水平较高的模式菌株 LMG 22858$^{T}$ 的基因组进行描述，其 GenBank 登录号为 GCA_000708755.2，测序平台为 Illumina MiSeq，于 2014 年 7 月 22 日由美国莱康明学院（Lycoming College）提交。

**【基因组的组装】**菌株 LMG 22858$^T$ 基因组的测序深度为 52 X，基因组大小为 4.129 Mb，组装到 22 个 contigs，contig $N_{50}$ 为 653 997 bp。**【G+C 含量】**44.36%。**【非编码 RNA】**预测到 8 个 rRNA 基因（5S rRNA 6 个、16S rRNA 1 个、23S rRNA 1 个），70 个 tRNA 基因，6 个 sRNA 基因。**【编码基因】**有 4370 个蛋白质编码基因，编码区总长为 3 595 611 bp，占整个基因组的 87.08%，基因的平均长度为 823 bp。**【基因功能注释】**比对到 KEGG、COG 和 GO 数据库的基因数量分别为 3721 个、2932 个和 2884 个，预测到分泌蛋白编码基因 101 个；在 25 个 COG 功能类群中，基因数量前 10 位的类群分别是：R. 仅一般功能预测 343 个，E. 氨基酸转运与代谢 292 个，K. 转录 260 个，J. 翻译、核糖体结构与合成 241 个，G. 碳水化合物转运与代谢 230 个，S. 功能未知 224 个，T. 信号转导机制 184 个，M. 细胞壁/膜/包膜生物合成 179 个，C. 能量产生与转换 178 个和 H. 辅酶转运与代谢 167 个（图 5-1-86a）。**【重复序列】**预测到的重复序列包括：LTR 189 个，总长为 11 585 bp，平均长度为 61 bp；DNA 重复元件 53 个，总长为 3010 bp，平均长度为 57 bp；LINE 45 个，总长为 2621 bp，平均长度为 58 bp；SINE 10 个，总长为 841 bp，平均长度为 84 bp；RC 4 个，总长为 202 bp，平均长度为 51 bp；未知序列 4 个，总长为 205 bp，平均长度为 51 bp；TR 375 个，重复序列长度为 9～261 bp，总长为 54 538 bp；小卫星 DNA 259 个，重复序列长度为 11～60 bp，总长为 47 414 bp；未预测到微卫星 DNA。**【CRISPR】**预测到 115 个 CRISPR 相关序列。**【基因岛】**预测到 7 个基因岛 GI 01～GI 07，长度为 4244～32 484 bp，其 G+C 含量为 34.59%～44.85%。利用已预测得到的基因组信息，如重复序列、G+C 含量等，应用 CIRCOS 工具绘制其基因组圈图（图 5-1-86b）。

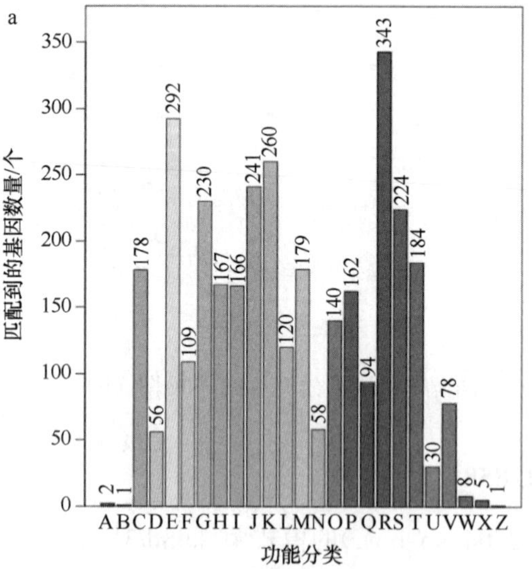


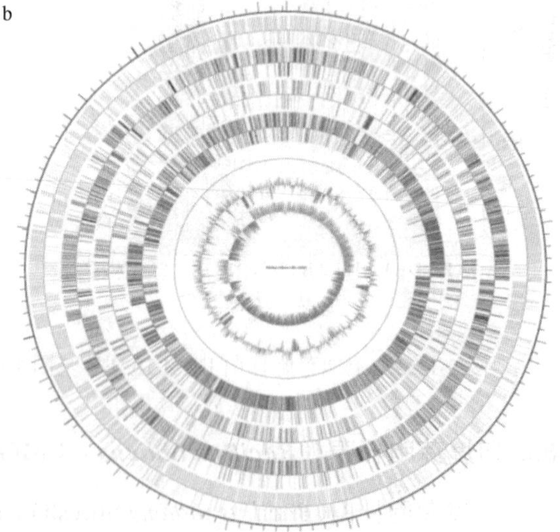


图 5-1-86　印度芽胞杆菌 LMG 22858$^T$ 基因组的直系同源基因聚类分析（a）和圈图（b）

## 86. 婴儿芽胞杆菌（*Bacillus infantis*）NRRL B-14911

婴儿芽胞杆菌（*Bacillus infantis* Ko et al. 2006，sp. nov.）的模式菌株（SMC 4352-2$^T$ = KCCM 90024$^T$=JCM 13437$^T$）分离自韩国患败血症的新生儿血液，血琼脂平板于 37℃时

生长良好，好氧，产芽胞（Ko et al.，2006）。目前，该种有 2 个基因组，选择组装到完成图水平的非模式菌株 NRRL B-14911 的基因组进行描述，其 GenBank 登录号为 GCA_000473245.1，测序平台为 PacBio，于 2013 年 9 月 30 日由美国农业部农业研究院（United States Department of Agriculture，Agricultural Research Service）提交。

**【基因组的组装】**菌株 NRRL B-14911 基因组的测序深度为 25 X，基因组大小为 4.885 Mb，组装到完成图水平，包括 1 条染色体。**【G+C 含量】**46.03%。**【非编码 RNA】**预测到 27 个 rRNA 基因（5S rRNA 9 个、16S rRNA 9 个、23S rRNA 9 个），85 个 tRNA 基因，48 个 sRNA 基因。**【编码基因】**有 5339 个蛋白质编码基因，编码区总长为 4 226 421 bp，占整个基因组的 86.52%，基因的平均长度为 792 bp。**【基因功能注释】**比对到 KEGG、COG 和 GO 数据库的基因数量分别为 4994 个、3291 个和 3318 个，预测到分泌蛋白编码基因 111 个；在 25 个 COG 功能类群中，基因数量前 10 位的类群分别是：R. 仅一般功能预测 365 个，E. 氨基酸转运与代谢 325 个，K. 转录 299 个，G. 碳水化合物转运与代谢 285 个，J. 翻译、核糖体结构与合成 268 个，S. 功能未知 261 个，T. 信号转导机制 248 个，C. 能量产生与转换 197 个，P. 无机离子转运与代谢 193 个和 H. 辅酶转运与代谢 185 个（图 5-1-87a）。**【重复序列】**预测到的重复序列包括：LTR 170 个，总长为 12 580 bp，平均长度为 74 bp；DNA 重复元件 42 个，总长为 2739 bp，平均长度为 65 bp；LINE 50 个，总长为 3217 bp，平均长度为 64 bp；SINE 18 个，总长为 1457 bp，平均长度为 81 bp；RC 2 个，总长为 102 bp，平均长度为 51 bp；未知序列 2 个，总长为 125 bp，平均长度为 63 bp；TR 325 个，重复序列长度为 6～419 bp，总长为 48 131 bp；小卫星 DNA 233 个，重复序列长度为 11～60 bp，总长为 35 746 bp；微卫星 DNA 8 个，重复序列长度为 6 bp，总长为 955 bp。**【CRISPR】**预测到 95 个 CRISPR 相关序列。**【基因岛】**预测到 7 个基因岛 GI 01～GI 07，长度为 7341～62 899 bp，其 G+C 含量为 38.11%～49.56%。利用已预测得到的基因组信息，如重复序列、G+C 含量等，应用 CIRCOS 工具绘制其基因组圈图（图 5-1-87b）。

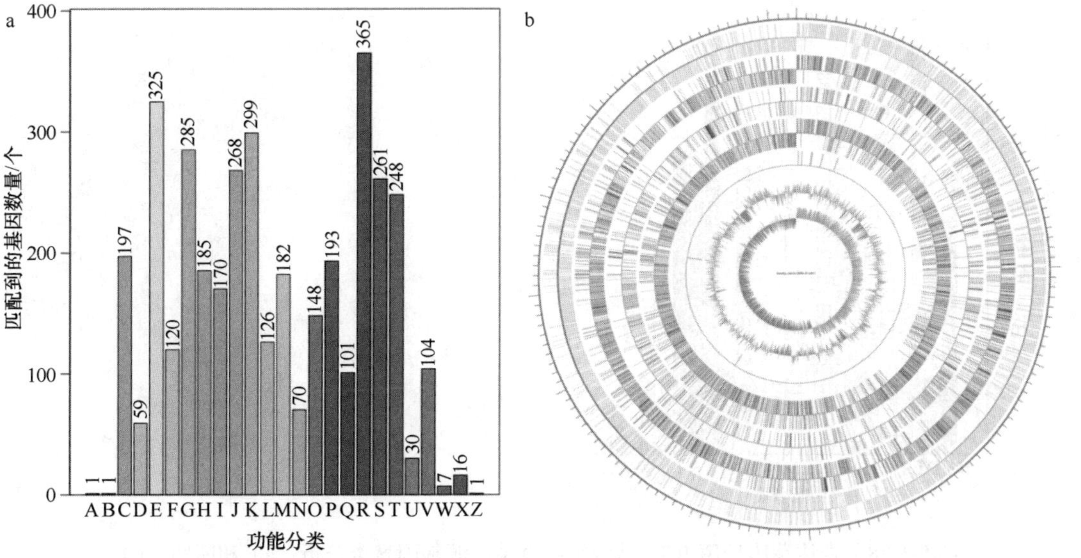


图 5-1-87　婴儿芽胞杆菌 NRRL B-14911 基因组的直系同源基因聚类分析（a）和圈图（b）

## 87. 吉达芽胞杆菌（*Bacillus jeddahensis*）JCE$^T$

吉达芽胞杆菌（*Bacillus jeddahensis* Bittar et al. 2017，sp. nov.）的模式菌株（SMC 4352-2$^T$ =KCCM 90024$^T$ =JCM 13437$^T$）分离自生活于沙特阿拉伯吉达的 1 位 24 岁男性肥胖症患者的粪便，生长温度为 28～45℃（最适 37℃），好氧，产芽胞（Bittar et al.，2015）。目前，该种仅有 1 个基因组，模式菌株 JCE$^T$ 基因组的 GenBank 登录号为 GCA_000612625.1，测序平台为 Illumina MiSeq，于 2014 年 3 月 19 日由法国热带传染病研究中心（Unité de Recherche en Maladies Infectieuses et Tropicales Emergentes）提交。

**【基因组的组装】** 菌株 JCE$^T$ 基因组的测序深度为 95 X，基因组大小为 4.763 Mb，组装到 149 个 contigs，contig N50 为 64 097 bp。**【G+C 含量】** 39.41%。**【非编码 RNA】** 预测到 6 个 rRNA 基因（5S rRNA 4 个、16S rRNA 1 个、23S rRNA 1 个），92 个 tRNA 基因，6 个 sRNA 基因。**【编码基因】** 有 4774 个蛋白质编码基因，编码区总长为 4 044 456 bp，占整个基因组的 84.91%，基因的平均长度为 847 bp。**【基因功能注释】** 比对到 KEGG、COG 和 GO 数据库的基因数量分别为 4117 个、3113 个和 3186 个，预测到分泌蛋白编码基因 65 个；在 24 个 COG 功能类群中，基因数量前 10 位的类群分别是：E. 氨基酸转运与代谢 349 个，R. 仅一般功能预测 313 个，K. 转录 288 个，G. 碳水化合物转运与代谢 267 个，T. 信号转导机制 242 个，J. 翻译、核糖体结构与合成 235 个，S. 功能未知 222 个，P. 无机离子转运与代谢 212 个，C. 能量产生与转换 206 个和 M. 细胞壁/膜/包膜生物合成 189 个（图 5-1-88a）。**【重复序列】** 预测到的重复序列包括：LTR 113 个，总长为 7144 bp，平均长度为 63 bp；DNA 重复元件 39 个，总长为 2163 bp，平均长度为 55 bp；LINE 42 个，总长为 2212 bp，平均长度为 53 bp；SINE 14 个，总长为 997 bp，平均长度为 71 bp；RC 1 个，长度为 80 bp；未知序列 1 个，长度为 52 bp；TR 138 个，

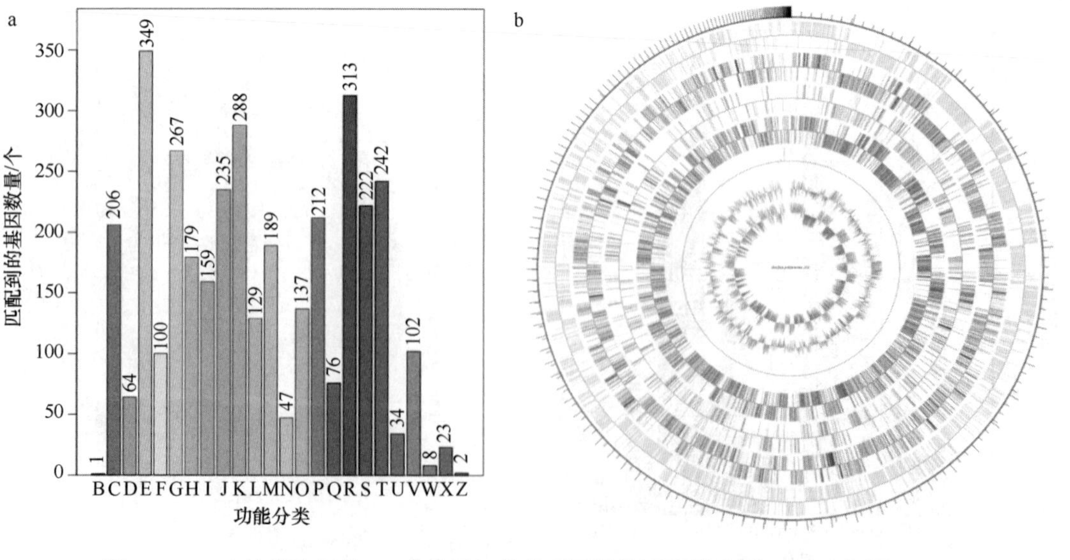


图 5-1-88　吉达芽胞杆菌 JCE$^T$ 基因组的直系同源基因聚类分析（a）和圈图（b）

重复序列长度为 6～1551 bp，总长为 17 644 bp；小卫星 DNA 118 个，重复序列长度为 10～54 bp，总长为 8872 bp；微卫星 DNA 2 个，重复序列长度为 6 bp，总长为 75 bp。**【CRISPR】**预测到 58 个 CRISPR 相关序列。**【基因岛】**预测到 3 个基因岛 GI 01～GI 03，长度分别为 9108 bp、10 349 bp 和 5466 bp，其 G+C 含量分别为 39.33%、35.97%和 34.43%。利用已预测得到的基因组信息，如重复序列、G+C 含量等，应用 CIRCOS 工具绘制其基因组圈图（图 5-1-88b）。

### 88. 咸海鲜芽胞杆菌（*Bacillus jeotgali*）DSM 18226$^T$

咸海鲜芽胞杆菌（*Bacillus jeotgali* Yoon et al. 2001，sp. nov.）的模式菌株（YKJ-10$^T$ = KCCM 41040$^T$ =JCM 10885$^T$ =DSM 18226$^T$）分离自韩国传统发酵食品咸海鲜，耐盐，生长条件为 10～45℃（最适 30～35℃）、最适 pH 7.0～8.0（pH 5.0 不能生长）、0～13%（*W*/*V*）NaCl，兼性厌氧，产芽胞（Yoon et al.，2001a）。目前，该种有 2 个基因组，选择组装到染色体水平的模式菌株 DSM 18226$^T$ 的基因组进行描述，其 GenBank 登录号为 GCA_002874535.1，测序平台为 Illumina HiSeq，于 2017 年 12 月 6 日由福建省农业科学院（Fujian Academy of Agricultural Sciences）提交。

**【基因组的组装】**菌株 DSM 18226$^T$ 基因组的测序深度为 100 X，基因组大小为 4.704 Mb，组装到染色体水平，包括 1 条染色体。**【G+C 含量】**42.17%。**【非编码 RNA】**预测到 28 个 rRNA 基因（5S rRNA 10 个、16S rRNA 8 个、23S rRNA 10 个），84 个 tRNA 基因，7 个 sRNA 基因。**【编码基因】**有 5008 个蛋白质编码基因，编码区总长为 3 973 221 bp，占整个基因组的 84.46%，基因的平均长度为 793 bp。**【基因功能注释】**比对到 KEGG、COG 和 GO 数据库的基因数量分别为 4143 个、3084 个和 3119 个，预测到分泌蛋白编码基因 97 个；在 24 个 COG 功能类群中，基因数量前 10 位的类群分别是：R. 仅一般功能预测 360 个，E. 氨基酸转运与代谢 304 个，J. 翻译、核糖体结构与合成 251 个，S. 功能未知 249 个，K. 转录 235 个，C. 能量产生与转换 230 个，T. 信号转导机制 220 个，P. 无机离子转运与代谢 195 个，G. 碳水化合物转运与代谢 194 个和 O. 翻译后修饰、蛋白质周转和分子伴侣 179 个（图 5-1-89a）。**【重复序列】**预测到的重复序列包括：LTR 212 个，总长为 15 739 bp，平均长度为 74 bp；DNA 重复元件 59 个，总长为 3590 bp，平均长度为 61 bp；LINE 56 个，总长为 3269 bp，平均长度为 58 bp；SINE 18 个，总长为 1281 bp，平均长度为 71 bp；RC 9 个，总长为 508 bp，平均长度为 56 bp；未知序列 1 个，长度为 50 bp；TR 447 个，重复序列长度为 6～209 bp，总长为 62 426 bp；小卫星 DNA 360 个，重复序列长度为 10～60 bp，总长为 8872 bp；预测到微卫星 DNA 1 个，重复序列长度为 6 bp，总长为 62 bp。**【CRISPR】**预测到 139 个 CRISPR 相关序列。**【基因岛】**预测到 6 个基因岛 GI 01～GI 06，长度为 11 076～34 009 bp，其 G+C 含量为 33.44%～43.70%。利用已预测得到的基因组信息，如重复序列、G+C 含量等，应用 CIRCOS 工具绘制其基因组圈图（图 5-1-89b）。

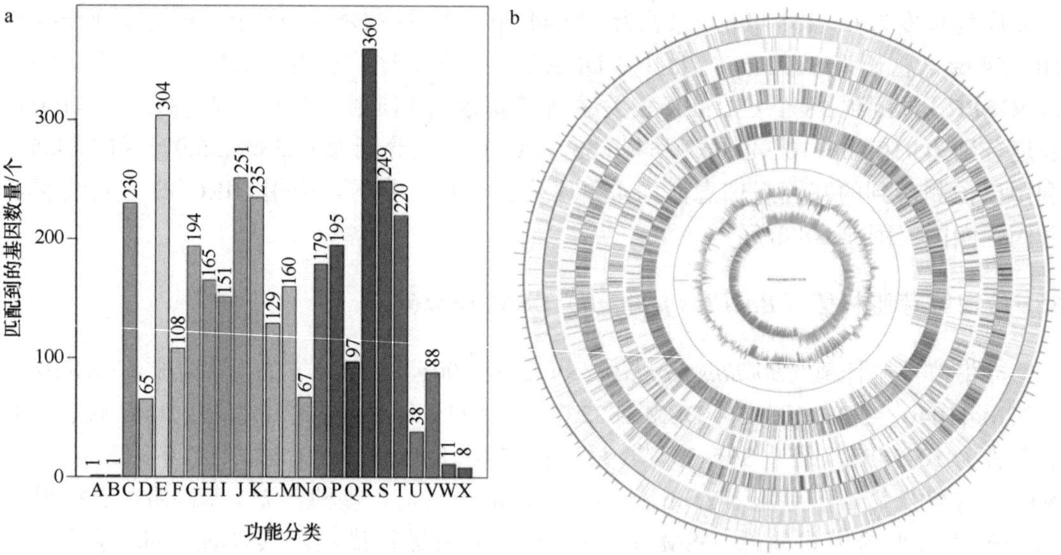


图 5-1-89　咸海鲜芽胞杆菌 DSM 18226ᵀ 基因组的直系同源基因聚类分析（a）和圈图（b）

## 89. 柯赫芽胞杆菌（*Bacillus kochii*）BDGP4

柯赫芽胞杆菌（*Bacillus kochii* Seiler et al. 2012，sp. nov.）的模式菌株（WCC 4582$^{T}$ = SM 23667$^{T}$ =CCUG 59877$^{T}$ =LMG 25855$^{T}$）分离自德国的奶制品，生长条件为 10～40℃（最适 30℃）、pH 6.0～10.5（最适 pH 7.0）、0～10%（*W*/*V*）NaCl（最适 0.5%），严格好氧，产芽胞（Seiler et al.，2012）。目前，该种仅有 1 个基因组，非模式菌株 BDGP4 基因组的 GenBank 登录号为 GCA_002276165.1，测序平台为 PacBio，于 2017 年 8 月 29 日由美国劳伦斯伯克利国家实验室（Lawrence Berkeley National Laboratory）提交。

**【基因组的组装】**菌株 BDGP4 基因组的测序深度为 50 X，基因组大小为 4.694 Mb，组装到完成图水平，包括 1 条染色体和 1 个质粒。**【G+C 含量】**36.77%。**【非编码 RNA】**预测到 30 个 rRNA 基因（5S rRNA 10 个、16S rRNA 10 个、23S rRNA 10 个），107 个 tRNA 基因，5 个 sRNA 基因。**【编码基因】**有 4910 个蛋白质编码基因，编码区总长为 3 974 265 bp，占整个基因组的 84.67%，基因的平均长度为 809 bp。**【基因功能注释】**比对到 KEGG、COG 和 GO 数据库的基因数量分别为 4546 个、3209 个和 3321 个，预测到分泌蛋白编码基因 79 个；在 24 个 COG 功能类群中，基因数量前 10 位的类群分别是：E. 氨基酸转运与代谢 373 个，R. 仅一般功能预测 373 个，K. 转录 310 个，J. 翻译、核糖体结构与合成 261 个，P. 无机离子转运与代谢 234 个，S. 功能未知 215 个，C. 能量产生与转换 212 个，I. 脂质转运与代谢 211 个，M. 细胞壁/膜/包膜生物合成 190 个和 T. 信号转导机制 190 个（图 5-1-90a）。**【重复序列】**预测到的重复序列包括：LTR 146 个，总长为 11 979 bp，平均长度为 82 bp；DNA 重复元件 31 个，总长为 2161 bp，平均长度为 70 bp；LINE 37 个，总长为 2201 bp，平均长度为 59 bp；SINE 14 个，总长为 940 bp，平均长度为 67 bp；RC 2 个，总长为 130 bp，平均长度为 65 bp；未知序列 1 个，长度为 124 bp；TR 237 个，重复序列长度为 6～612 bp，总长为 57 902 bp；小卫星 DNA 174 个，重复序列长度为 10～60 bp，总长为 50 625 bp；微卫星 DNA 2 个，重复序列长度为 6 bp，总长为 115 bp。**【CRISPR】**预测到 74 个 CRISPR 相关序列。**【基因岛】**预测到 13 个基因岛 GI 01～GI 13，长度为 3112～33 134 bp，其 G+C 含量为 31.51%～46.09%。利用已预测得到的基因组信息，如重复序列、G+C 含量等，应用 CIRCOS 工具绘制其基因组圈图（图 5-1-90b）。

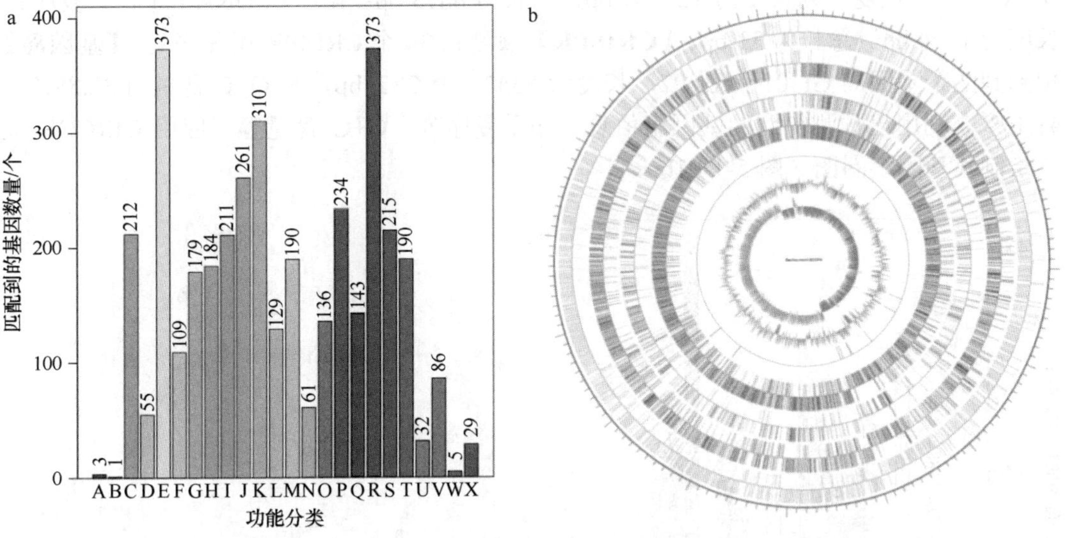


图 5-1-90 柯赫芽胞杆菌 BDGP4 基因组的直系同源基因聚类分析（a）和圈图（b）

## 90. 韩国芽胞杆菌（*Bacillus koreensis*）DSM 16467$^T$

韩国芽胞杆菌（*Bacillus koreensis* Lim et al. 2006，sp. nov.）的模式菌株（BR030$^T$=KCTC 3914$^T$ =DSM 16467$^T$）分离自韩国柳树的根际土，生长条件为 15～48℃（最适 35～40℃）、pH 4.5～9.0（最适 pH 7.0）、0～9%（*W*/*V*）NaCl（最适 0～3%），严格好氧，产芽胞（Lim et al.，2006a）。目前，该种仅有 1 个基因组，模式菌株 DSM 16467$^T$ 基因组的 GenBank 登录号为 GCA_001274935.1，测序平台为 Illumina HiSeq，于 2015 年 8 月 26 日由福建省农业科学院（Fujian Academy of Agricultural Sciences）提交。

**【基因组的组装】**菌株 DSM 16467$^T$ 基因组的测序深度为 150 X，基因组大小为 4.604 Mb，组装到 42 个 contigs，contig $N_{50}$ 为 349 667 bp。**【G+C 含量】**40.06%。**【非编码 RNA】**预测到 3 个 rRNA 基因（5S rRNA 1 个、16S rRNA 1 个、23S rRNA 1 个），71 个 tRNA 基因，4 个 sRNA 基因。**【编码基因】**有 4883 个蛋白质编码基因，编码区总长为 3 947 658 bp，占整个基因组的 85.74%，基因的平均长度为 808 bp。**【基因功能注释】**比对到 KEGG、COG 和 GO 数据库的基因数量分别为 4054 个、3098 个和 3212 个，预测到分泌蛋白编码基因 100 个；在 24 个 COG 功能类群中，基因数量前 10 位的类群分别是：R. 仅一般功能预测 388 个，E. 氨基酸转运与代谢 294 个，K. 转录 291 个，J. 翻译、核糖体结构与合成 262 个，S. 功能未知 236 个，G. 碳水化合物转运与代谢 224 个，T. 信号转导机制 199 个，H. 辅酶转运与代谢 196 个，P. 无机离子转运与代谢

192 个和 C. 能量产生与转换 188 个（图 5-1-91a）。**【重复序列】**预测到的重复序列包括：LTR 108 个，总长为 6014 bp，平均长度为 56 bp；DNA 重复元件 43 个，总长为 2464 bp，平均长度为 57 bp；LINE 38 个，总长为 3711 bp，平均长度为 98 bp；SINE 10 个，总长为 631 bp，平均长度为 63 bp；RC 6 个，总长为 359 bp，平均长度为 60 bp；未知序列 1 个，长度为 42 bp；TR 119 个，重复序列长度为 4～452 bp，总长为 16 336 bp；小卫星 DNA 83 个，重复序列长度为 12～47 bp，总长为 6813 bp；微卫星 DNA 1 个，重复序列长度为 1～4 bp，总长为 31 bp。**【CRISPR】**预测到 34 个 CRISPR 相关序列。**【基因岛】**预测到 7 个基因岛 GI 01～GI 07，长度为 5347～35 232 bp，其 G+C 含量为 32.88%～41.19%。利用已预测得到的基因组信息，如重复序列、G+C 含量等，应用 CIRCOS 工具绘制其基因组圈图（图 5-1-91b）。

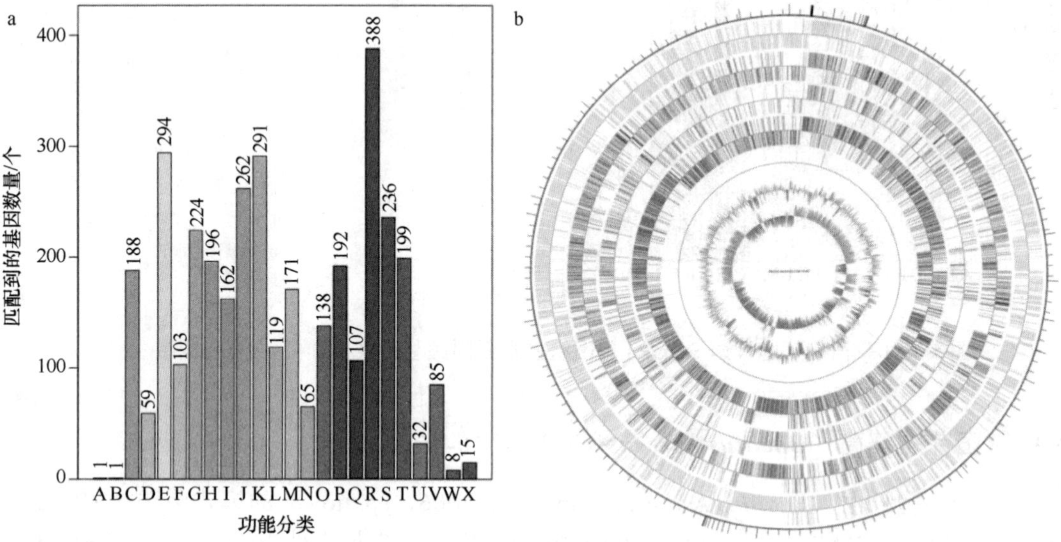


图 5-1-91　韩国芽胞杆菌 DSM 16467$^T$ 基因组的直系同源基因聚类分析（a）和圈图（b）

## 91. 库尔勒芽胞杆菌（*Bacillus korlensis*）NBRC 107688$^T$

库尔勒芽胞杆菌（*Bacillus korlensis* Zhang et al. 2009，sp. nov.）的模式菌株（ZLC-26$^T$ = CCTCC AB 207172$^T$=NRRL B-51302$^T$=NBRC 107688$^T$）分离自新疆库尔勒的沙土，生长条件为 7～45℃（最适 30～37℃）、pH 6.0～11.0（最适 pH 7.0～8.0）、0～8%（*W*/*V*）NaCl（最适 0～2%），严格好氧，产芽胞（Zhang et al.，2009a）。目前，该种仅有 1 个基因组，模式菌株 NBRC 107688$^T$ 基因组的 GenBank 登录号为 GCA_001591645.1，测序平台为 Illumina HiSeq，于 2016 年 2 月 27 日由日本国立技术与评价研究所（National Institute of Technology and Evaluation）提交。

**【基因组的组装】**菌株 NBRC 107688$^T$ 基因组的测序深度为 114 X，基因组大小为 4.951 Mb，组装到 69 个 contigs，contig $N_{50}$ 为 210 519 bp。**【G+C 含量】**38.19%。**【非编码 RNA】**预测到 2 个 rRNA 基因（5S rRNA 0 个、16S rRNA 1 个、23S rRNA 1 个），28 个 tRNA 基因，3 个 sRNA 基因。**【编码基因】**有 4983 个蛋白质编码基因，编码区总

长为 4 362 018 bp，占整个基因组的 87.38%，基因的平均长度为 875 bp。**【基因功能注释】**比对到 KEGG、COG 和 GO 数据库的基因数量分别为 4418 个、3482 个和 3457 个，预测到分泌蛋白编码基因 86 个；在 24 个 COG 功能类群中，基因数量前 10 位的类群分别是：G. 碳水化合物转运与代谢 385 个，R. 仅一般功能预测 363 个，E. 氨基酸转运与代谢 361 个，K. 转录 305 个，T. 信号转导机制 267 个，S. 功能未知 257 个，J. 翻译、核糖体结构与合成 242 个，M. 细胞壁/膜/包膜生物合成 227 个，P. 无机离子转运与代谢 223 个和 C. 能量产生与转换 221 个（图 5-1-92a）。**【重复序列】**预测到的重复序列包括：LTR 117 个，总长为 7157 bp，平均长度为 61 bp；DNA 重复元件 30 个，总长为 1816 bp，平均长度为 61 bp；LINE 29 个，总长为 1717 bp，平均长度为 59 bp；SINE 3 个，总长为 194 bp，平均长度为 65 bp；RC 2 个，总长为 98 bp，平均长度为 49 bp；TR 147 个，重复序列长度为 6～546 bp，总长为 16 256 bp；小卫星 DNA 114 个，重复序列长度为 10～54 bp，总长为 13 029 bp；微卫星 DNA 3 个，重复序列长度为 6 bp，总长为 164 bp。**【CRISPR】**预测到 47 个 CRISPR 相关序列。**【基因岛】**预测到 9 个基因岛 GI 01～GI 09，长度为 7010～17 801 bp，其 G+C 含量为 32.73%～40.77%。利用已预测得到的基因组信息，如重复序列、G+C 含量等，应用 CIRCOS 工具绘制其基因组圈图（图 5-1-92b）。

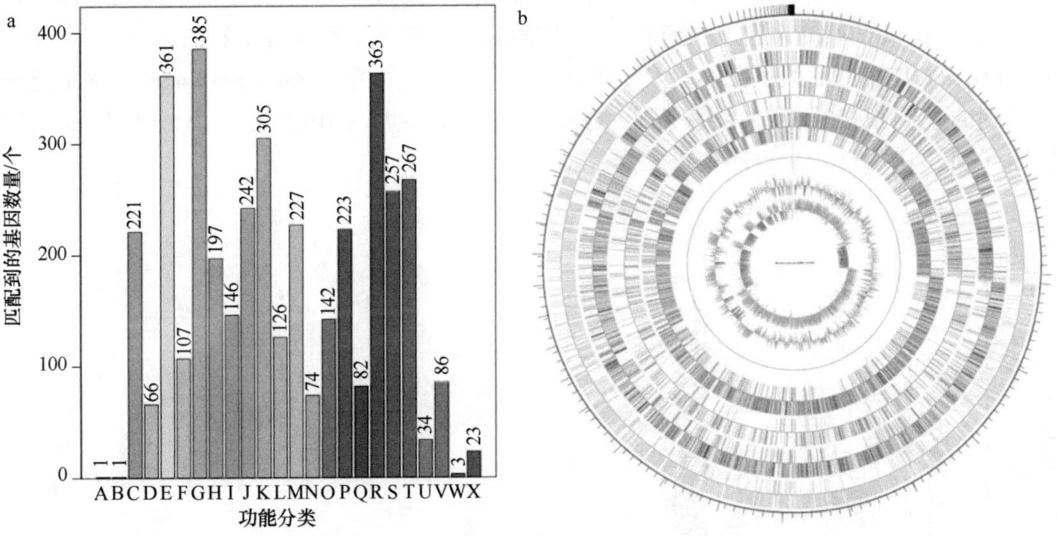


图 5-1-92　库尔勒芽胞杆菌 NBRC 107688$^T$ 基因组的直系同源基因聚类分析（a）和圈图（b）

## 92. 韩研所芽胞杆菌（*Bacillus kribbensis*）DSM 17871$^T$

韩研所芽胞杆菌（*Bacillus kribbensis* Lim et al. 2007，sp. nov.）的模式菌株（BT080$^T$ = KCTC 13934$^T$ =DSM 17871$^T$）分离自韩国济州岛的土壤，生长条件为 13～47℃（最适 30～33℃）、pH 4.0～9.5（最适 pH 5.5～6.5），严格好氧，产芽胞（Lim et al.，2007）。目前，该种仅有 1 个基因组，模式菌株 DSM 17871$^T$ 基因组的 GenBank 登录号为 GCA_000430765.1，测序平台为 Illumina HiSeq，于 2013 年 7 月 16 日由美国能源部联合基因组研究所（DOE Joint Genome Institute）提交。

**【基因组的组装】**菌株 DSM 17871$^{T}$ 基因组的测序深度未知，基因组大小为 5.052 Mb，组装到 38 个 scaffolds，scaffold $N_{50}$ 为 324 735 bp。**【G+C 含量】**43%。**【非编码 RNA】**预测到 8 个 rRNA 基因（5S rRNA 8 个、16S rRNA 0 个、23S rRNA 0 个），74 个 tRNA 基因，6 个 sRNA 基因。**【编码基因】**有 5577 个蛋白质编码基因，编码区总长为 4 236 714 bp，占整个基因组的 83.86%，基因的平均长度为 760 bp。**【基因功能注释】**比对到 KEGG、COG 和 GO 数据库的基因数量分别为 4177 个、3305 个和 3323 个，预测到分泌蛋白编码基因 97 个；在 25 个 COG 功能类群中，基因数量前 10 位的类群分别是：R. 仅一般功能预测 409 个，E. 氨基酸转运与代谢 342 个，G. 碳水化合物转运与代谢 330 个，K. 转录 288 个，J. 翻译、核糖体结构与合成 267 个，S. 功能未知 242 个，C. 能量产生与转换 222 个，T. 信号转导机制 214 个，M. 细胞壁/膜/包膜生物合成 194 个和 H. 辅酶转运与代谢 189 个（图 5-1-93a）。**【重复序列】**预测到的重复序列包括：LTR 203 个，总长为 11 289 bp，平均长度为 56 bp；DNA 重复元件 51 个，总长为 2727 bp，平均长度为 53 bp；LINE 63 个，总长为 3769 bp，平均长度为 60 bp；SINE 15 个，总长为 1081 bp，平均长度为 72 bp；RC 3 个，总长为 135 bp，平均长度为 45 bp；未知序列 1 个，长度为 63 bp；TR 224 个，重复序列长度为 6～387 bp，总长为 32 729 bp；小卫星 DNA 157 个，重复序列长度为 11～60 bp，总长为 16 805 bp；微卫星 DNA 2 个，重复序列长度为 6 bp，总长为 127 bp。**【CRISPR】**预测到 61 个 CRISPR 相关序列。**【基因岛】**预测到 14 个基因岛 GI 01～GI 14，长度为 3278～47 599 bp，其 G+C 含量为 33.94%～45.45%。利用已预测得到的基因组信息，如重复序列、G+C 含量等，应用 CIRCOS 工具绘制其基因组圈图（图 5-1-93b）。

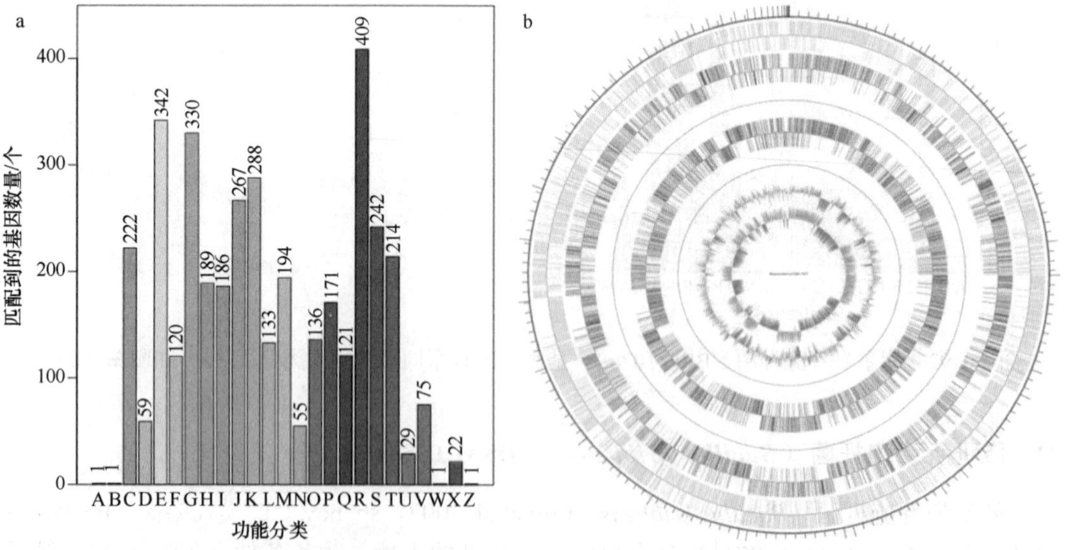


图 5-1-93　韩研所芽胞杆菌 DSM 17871$^{T}$ 基因组的直系同源基因聚类分析（a）和圈图（b）

## 93. 克鲁氏芽胞杆菌（*Bacillus krulwichiae*）AM31D$^{T}$

克鲁氏芽胞杆菌（*Bacillus krulwichiae* Yumoto et al. 2003，sp. nov.）的模式菌株

（AM31D$^T$ =NCIMB 13904$^T$ =JCM 11691$^T$ =IAM 15000$^T$）分离自日本筑波市的土壤，耐盐、嗜碱，生长 pH 为 8.0～10.0（pH 7.0 时不能生长），能耐受 14%（*W*/*V*）NaCl，能分解苯甲酸和羟基苯甲酸，兼性厌氧，产芽胞（Yumoto et al.，2003）。目前，该种有 2 个基因组，选择组装到完成图水平的模式菌株 AM31D$^T$ 的基因组进行描述，其 GenBank 登录号为 GCA_002109385.1，测序平台为 PacBio，于 2017 年 4 月 25 日由美国德雷塞尔大学（Drexel University）提交。

**【基因组的组装】**菌株 AM31D$^T$ 基因组的测序深度为 201 X，基因组大小为 4.611 Mb，组装到完成图水平，包括 1 条染色体。**【G+C 含量】**38.15%。**【非编码 RNA】**预测到 47 个 rRNA 基因（5S rRNA 17 个、16S rRNA 15 个、23S rRNA 15 个），122 个 tRNA 基因，2 个 sRNA 基因。**【编码基因】**有 4989 个蛋白质编码基因，编码区总长为 3 948 243 bp，占整个基因组的 85.63%，基因的平均长度为 791 bp。**【基因功能注释】**比对到 KEGG、COG 和 GO 数据库的基因数量分别为 4676 个、3141 个和 3356 个，预测到分泌蛋白编码基因 78 个；在 23 个 COG 功能类群中，基因数量前 10 位的类群分别是：R. 仅一般功能预测 344 个，E. 氨基酸转运与代谢 337 个，G. 碳水化合物转运与代谢 272 个，K. 转录 263 个，J. 翻译、核糖体结构与合成 237 个，S. 功能未知 221 个，P. 无机离子转运与代谢 217 个，C. 能量产生与转换 210 个，H. 辅酶转运与代谢 196 个和 T. 信号转导机制 189 个（图 5-1-94a）。**【重复序列】**预测到的重复序列包括：LTR 126 个，总长为 11 407 bp，平均长度为 91 bp；DNA 重复元件 25 个，总长为 1713 bp，平均长度为 69 bp；LINE 30 个，总长为 2142 bp，平均长度为 71 bp；SINE 20 个，总长为 1328 bp，平均长度为 66 bp；RC 3 个，总长为 190 bp，平均长度为 63 bp；TR 134 个，重复序列长度为 3～182 bp，总长为 15 161 bp；小卫星 DNA 100 个，重复序列长度为 10～55 bp，总长为 9158 bp；微卫星 DNA 5 个，重复序列长度为 3～6 bp，总长为 186 bp。**【CRISPR】**预测到 2 个 CRISPR 相关序列。**【基因岛】**预测到 15 个基因岛 GI 01～GI 15，长度为 3175～

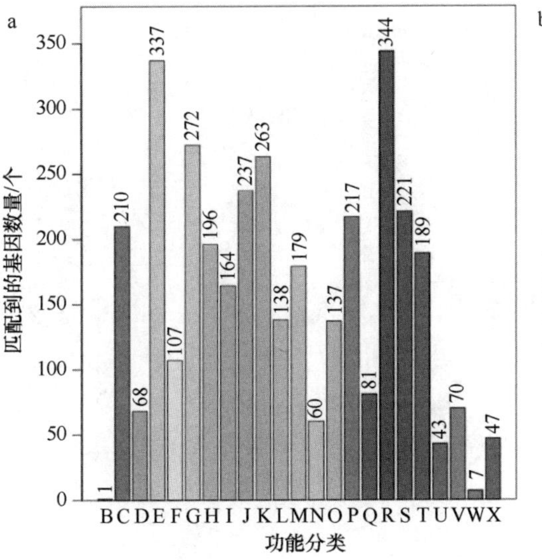


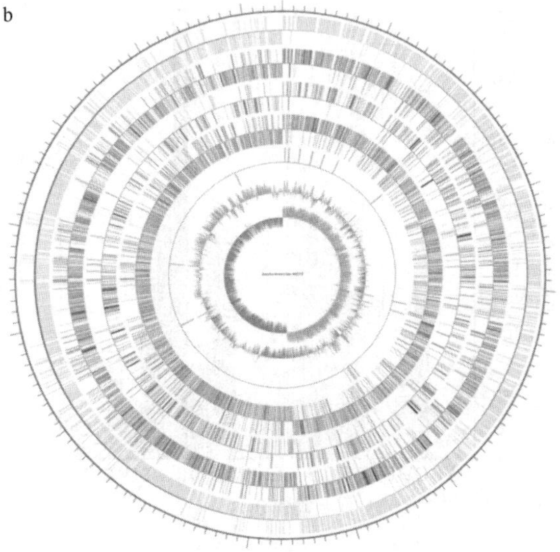


图 5-1-94　克鲁氏芽胞杆菌 AM31D$^T$ 基因组的直系同源基因聚类分析（a）和圈图（b）

24 482 bp，其 G+C 含量为 31.87%～43.74%。利用已预测得到的基因组信息，如重复序列、G+C 含量等，应用 CIRCOS 工具绘制其基因组圈图（图 5-1-94b）。

### 94. 列城芽胞杆菌（*Bacillus lehensis*）G1

列城芽胞杆菌（*Bacillus lehensis* Ghosh et al. 2007，sp. nov.）的模式菌株（MLB2$^T$ = MTCC 7633$^T$ =JCM 13820$^T$）分离自克什米尔列城的土壤，耐碱，生长条件为 10～37℃（最适 25℃）、pH 7.0～11.0（最适 pH 8.0）、0～12%（*W*/*V*）NaCl，好氧，产芽胞（Ghosh et al.，2007）。目前，该种有 2 个基因组，选择组装到完成图水平的非模式菌株 G1 的基因组进行描述，其 GenBank 登录号为 GCA_000706725.1，测序平台为 PacBio，于 2014 年 6 月 13 日由马来西亚基因组研究所（Malaysia Genome Institute）提交。

**【基因组的组装】**菌株 G1 基因组的测序深度未知，基因组大小为 3.993 Mb，组装到完成图水平，包括 1 条染色体。**【G+C 含量】**39.90%。**【非编码 RNA】**预测到 22 个 rRNA 基因（5S rRNA 8 个、16S rRNA 7 个、23S rRNA 7 个），69 个 tRNA 基因，9 个 sRNA 基因。**【编码基因】**有 4128 个蛋白质编码基因，编码区总长为 3 539 673 bp，占整个基因组的 88.65%，基因的平均长度为 857 bp。**【基因功能注释】**比对到 KEGG、COG 和 GO 数据库的基因数量分别为 4001 个、2740 个和 2860 个，预测到分泌蛋白编码基因 95 个；在 24 个 COG 功能类群中，基因数量前 10 位的类群分别是：R. 仅一般功能预测 339 个，E. 氨基酸转运与代谢 313 个，G. 碳水化合物转运与代谢 294 个，J. 翻译、核糖体结构与合成 243 个，K. 转录 238 个，S. 功能未知 185 个，P. 无机离子转运与代谢 178 个，H. 辅酶转运与代谢 168 个，C. 能量产生与转换 153 个和 M. 细胞壁/膜/包膜生物合成 153 个（图 5-1-95a）。**【重复序列】**预测到的重复序列包括：LTR 79 个，总长为 7509 bp，平均长度为 95 bp；DNA 重复元件 25 个，总长为 1580 bp，平均长度为 63 bp；LINE 26 个，总长为 2330 bp，平均长度为 90 bp；SINE 7 个，总长为 619 bp，

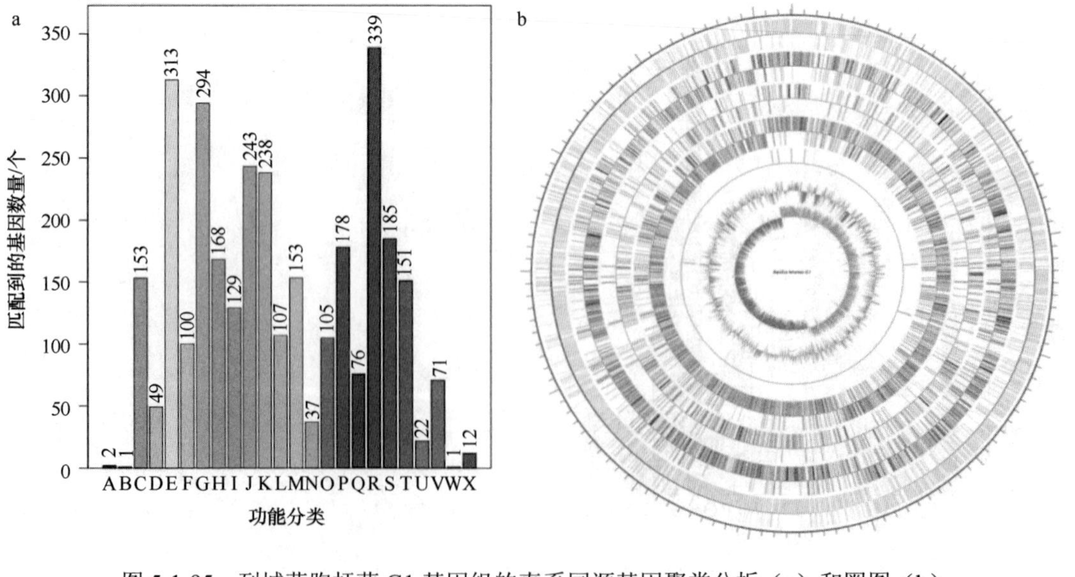


图 5-1-95　列城芽胞杆菌 G1 基因组的直系同源基因聚类分析（a）和圈图（b）

平均长度为 88 bp；RC 7 个，总长为 323 bp，平均长度为 46 bp；TR 196 个，重复序列长度为 6～339 bp，总长为 23 928 bp；小卫星 DNA 147 个，重复序列长度为 12～54 bp，总长为 13 965 bp；微卫星 DNA 1 个，重复序列长度为 6 bp，总长为 719 bp。**【CRISPR】**预测到 47 个 CRISPR 相关序列。**【基因岛】**预测到 10 个基因岛 GI 01～GI 10，长度为 6850～27 658 bp，其 G+C 含量为 33.76%～43.35%。利用已预测得到的基因组信息，如重复序列、G+C 含量等，应用 CIRCOS 工具绘制其基因组圈图（图 5-1-95b）。

### 95. 迟缓芽胞杆菌（*Bacillus lentus*）NCTC 4824$^T$

迟缓芽胞杆菌（*Bacillus lentus* Gibson 1935，species.）的模式菌株（ATCC 10840$^T$ = CCM 2214$^T$ =CCUG 1816$^T$ =DSM 9$^T$ =IAM 12466$^T$ =JCM 2511$^T$ =LMG 16798$^T$ = NCCB 48017$^T$ =NCTC 4824$^T$ =NRRL B-396$^T$）分离自土壤，生长条件为 10～40℃（最适 30℃）、pH 5.0～10.0（最适 pH 8.0），最适 NaCl 浓度为 5%（*W*/*V*），严格好氧，产芽胞。目前，该种有 2 个基因组，选择组装到完成图水平的模式菌株 NCTC 4824$^T$ 的基因组进行描述，其 GenBank 登录号为 GCA_900478165.1，测序平台为 Illumina Hiseq，于 2018 年 6 月 18 日由欧洲生物信息学研究所（European Bioinformatics Institute）提交。

**【基因组的组装】**菌株 NCTC 4824$^T$ 基因组的测序深度为 267 X，基因组大小为 4.384 Mb，组装到完成图水平，包括 1 条染色体。**【G+C 含量】**36.69%。**【非编码 RNA】**预测到 28 个 rRNA 基因（5S rRNA 10 个、16S rRNA 9 个、23S rRNA 9 个），85 个 tRNA 基因，28 个 sRNA 基因。**【编码基因】**有 4286 个蛋白质编码基因，编码区总长为 3 709 785 bp，占整个基因组的 84.62%，基因的平均长度为 866 bp。**【基因功能注释】**比对到 KEGG、COG 和 GO 数据库的基因数量分别为 3698 个、2943 个和 2979 个，预测到分泌蛋白编码基因 62 个；在 23 个 COG 功能类群中，基因数量前 10 位的类群分别是：G. 碳水化合物转运与代谢 418 个，R. 仅一般功能预测 339 个，K. 转录 267 个，E. 氨基酸转运与代谢 238 个，J. 翻译、核糖体结构与合成 222 个，S. 功能未知 221 个，P. 无机离子转运与代谢 195 个，T. 信号转导机制 176 个，M. 细胞壁/膜/包膜生物合成 164 个和 H. 辅酶转运与代谢 149 个（图 5-1-96a）。**【重复序列】**预测到的重复序列包括：LTR 105 个，总长为 8904 bp，平均长度为 85 bp；DNA 重复元件 19 个，总长为 1255 bp，平均长度为 66 bp；LINE 28 个，总长为 1741 bp，平均长度为 62 bp；SINE 17 个，总长为 1112 bp，平均长度为 65 bp；RC 2 个，总长为 94 bp，平均长度为 47 bp；TR 84 个，重复序列长度为 6～1588 bp，总长为 14 804 bp；小卫星 DNA 65 个，重复序列长度为 11～60 bp，总长为 5312 bp；微卫星 DNA 1 个，重复序列长度为 6 bp，总长为 48 bp。**【CRISPR】**未预测到 CRISPR 相关序列。**【基因岛】**预测到 10 个基因岛 GI 01～GI 10，长度为 3463～43 239 bp，其 G+C 含量为 32.15%～39.24%。利用已预测得到的基因组信息，如重复序列、G+C 含量等，应用 CIRCOS 工具绘制其基因组圈图（图 5-1-96b）。

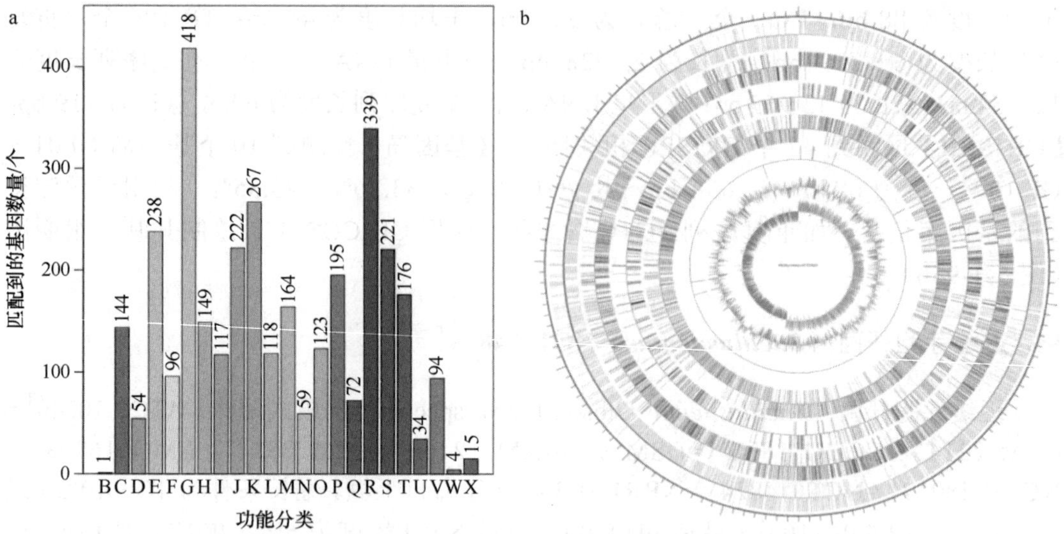


图 5-1-96　迟缓芽胞杆菌 NCTC 4824$^{T}$ 基因组的直系同源基因聚类分析（a）和圈图（b）

## 96. 地衣芽胞杆菌（*Bacillus licheniformis*）ATCC 14580$^{T}$

地衣芽胞杆菌［*Bacillus licheniformis* (Weigmann 1898) Chester 1901，species.］的模式菌株（ATCC 14580$^{T}$ =CCM 2145$^{T}$ =CCUG 7422$^{T}$ =DSM 13$^{T}$ =JCM 2505$^{T}$= LMG 6933$^{T}$ = NCCB 50016$^{T}$ =NCTC 10341$^{T}$ =NRRL NRS-1264$^{T}$）分离自土壤，生长温度为 15～55℃，最适 pH 5.7～6.8，最适 NaCl 浓度为 7%（*W/V*），好氧，产芽胞。目前，该种有 87 个基因组，选择组装到完成图水平的模式菌株 ATCC 14580$^{T}$ 的基因组进行描述，其 GenBank 登录号为 GCA_000011645.1，测序平台为 ABI 3700，于 2007 年 4 月 26 日由丹麦诺维信生物技术有限公司（Novozymes Biotech）提交。

**【基因组的组装】**菌株 ATCC 14580$^{T}$ 基因组的测序深度为 6 X，基因组大小为 4.223 Mb，组装到完成图水平，包括 1 条染色体。**【G+C 含量】**46.19%。**【非编码 RNA】**预测到 21 个 rRNA 基因（5S rRNA 7 个、16S rRNA 7 个、23S rRNA 7 个），72 个 tRNA 基因，27 个 sRNA 基因。**【编码基因】**有 4662 个蛋白质编码基因，编码区总长为 3 766 005 bp，占整个基因组的 89.18%，基因的平均长度为 808 bp。**【基因功能注释】**比对到 KEGG、COG 和 GO 数据库的基因数量分别为 4254 个、3148 个和 3079 个，预测到分泌蛋白编码基因 99 个；在 25 个 COG 功能类群中，基因数量前 10 位的类群分别是：G. 碳水化合物转运与代谢 340 个，E. 氨基酸转运与代谢 331 个，R. 仅一般功能预测 329 个，K. 转录 326 个，J. 翻译、核糖体结构与合成 234 个，S. 功能未知 230 个，P. 无机离子转运与代谢 197 个，M. 细胞壁/膜/包膜生物合成 195 个，T. 信号转导机制 189 个和 C. 能量产生与转换 184 个（图 5-1-97a）。**【重复序列】**预测到的重复序列包括：LTR 117 个，总长为 9707 bp，平均长度为 83 bp；DNA 重复元件 30 个，总长为 1935 bp，平均长度为 65 bp；LINE 32 个，总长为 1989 bp，平均长度为 62 bp；SINE 17 个，总长为 1166 bp，平均长度为 69 bp；RC 1 个，长度为 51 bp；TR 116 个，重复序列长度为 9～282 bp，总长为 8796 bp；小卫星 DNA 84 个，重复序列长度为 10～60 bp，总长为 7433 bp；未预测到微卫星 DNA。【**CRISPR**】未预测到 CRISPR 相关序列。【**基因岛**】预测到 14 个基因岛 GI 01～GI 14，长度为 4032～43 776 bp，其 G+C 含量为 35.82%～44.07%。利用已预测得到的基因组信息，如重复序列、G+C 含量等，应用 CIRCOS 工具绘制其基因组圈图（图 5-1-97b）。

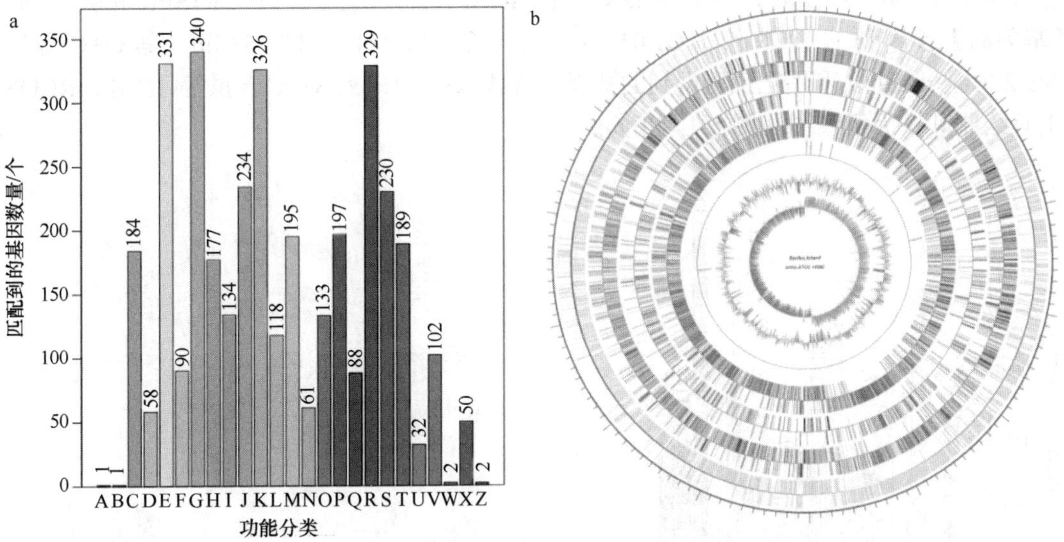


图 5-1-97　地衣芽胞杆菌 ATCC 14580$^T$ 基因组的直系同源基因聚类分析（a）和圈图（b）

## 97. 嗜木质素芽胞杆菌（*Bacillus ligniniphilus*）L1$^T$

嗜木质素芽胞杆菌（*Bacillus ligniniphilus* Zhu et al. 2014，sp. nov.）的模式菌株（L1$^T$ = JCM 18543$^T$ =DSM 26145$^T$）分离自南海沉积物，嗜碱、耐盐，生长条件为 10～45℃（最适 30℃）、pH 6.0～11.0（最适 pH 9.0）、0～10%（*W*/*V*）NaCl（最适 2%），能高效降解木质素，好氧，产芽胞（Zhu et al.，2014a）。目前，该种仅有 1 个基因组，模式菌株 L1$^T$ 基因组的 GenBank 登录号为 GCA_000334155.1，测序平台为 Illumina HiSeq，于 2013 年 1 月 28 日由江苏大学（Jiangsu University）提交。

【**基因组的组装**】菌株 L1$^T$ 基因组的测序深度为 339 X，基因组大小为 3.856 Mb，组装到 196 个 contigs，contig $N_{50}$ 为 40 610 bp。【**G+C 含量**】40.77%。【**非编码 RNA**】预测到 7 个 rRNA 基因（5S rRNA 4 个、16S rRNA 2 个、23S rRNA 1 个），89 个 tRNA 基因，14 个 sRNA 基因。【**编码基因**】有 4002 个蛋白质编码基因，编码区总长为 3 108 765 bp，占整个基因组的 80.62%，基因的平均长度为 777 bp。【**基因功能注释**】比对到 KEGG、COG 和 GO 数据库的基因数量分别为 3248 个、2604 个和 2622 个，预测到分泌蛋白编码基因 60 个；在 23 个 COG 功能类群中，基因数量前 10 位的类群分别是：R. 仅一般功能预测 309 个，E. 氨基酸转运与代谢 251 个，J. 翻译、核糖体结构与合成 213 个，K. 转录 204 个，P. 无机离子转运与代谢 195 个，H. 辅酶转运与代谢 185 个，S. 功能未知 182 个，C. 能量产生与转换 169 个，T. 信号转导机制 166 个和 G. 碳水化合物转运与代谢 155 个（图 5-1-98a）。【**重复序列**】预测到的重复序列包括：LTR 165 个，总长为 9958 bp，平均长度为 60 bp；DNA 重复元件 60 个，总长为 3981 bp，平均长度为 66 bp；LINE 43 个，总长为 2586 bp，平均长度为 60 bp；SINE 13 个，总长为 950 bp，平均长度为 73 bp；RC 1 个，长度为 56 bp；未知序列 1 个，长度为 96 bp；TR 116 个，重复序列长度为 9～282 bp，总长为 8796 bp；小卫星 DNA 84 个，重复序列长度为 10～60 bp，总长为 7433 bp；未预测到微卫星 DNA。**【CRISPR】**预测到 19 个 CRISPR 相关序列。**【基因岛】**预测到 12 个基因岛 GI 01～GI 12，长度为 4213～11 551 bp，其 G+C 含量为 32.0%～41.21%。利用已预测得到的基因组信息，如重复序列、G+C 含量等，应用 CIRCOS 工具绘制其基因组圈图（图 5-1-98b）。

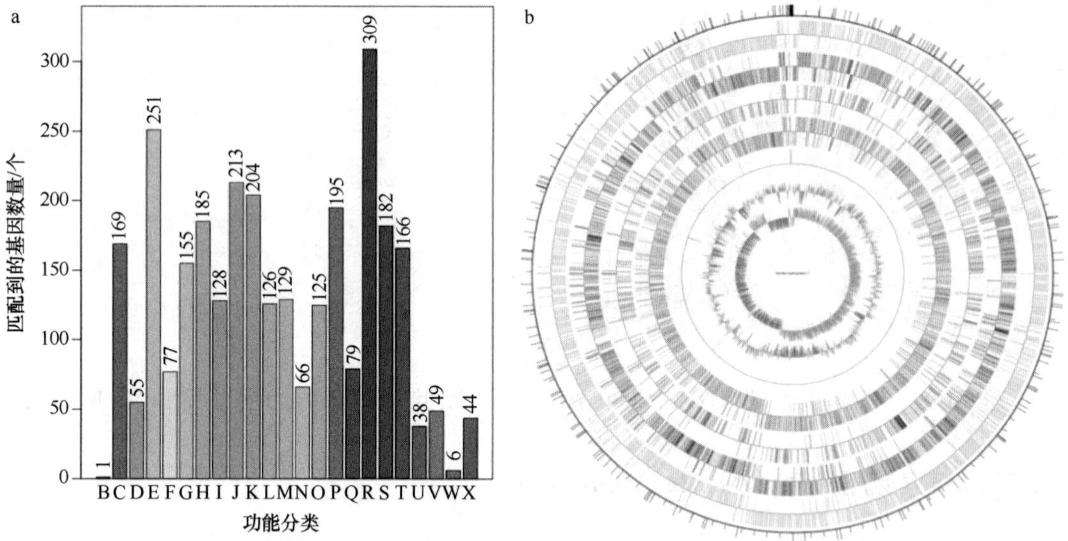


图 5-1-98　嗜木质素芽胞杆菌 L1$^T$ 基因组的直系同源基因聚类分析（a）和圈图（b）

## 98. 岸滨芽胞杆菌（*Bacillus litoralis*）Bac94

岸滨芽胞杆菌（*Bacillus litoralis* Yoon and Oh 2005，sp. nov.）的模式菌株（SW-211$^T$ = KCTC 3898$^T$ =DSM 16303$^T$）分离自黄海的潮间带，嗜碱、耐盐，生长温度为 4～45℃（最适 37℃），最适 pH 7.5，NaCl 浓度为 0～11%（*W*/*V*）（最适 2%～3%），好氧，产芽胞（Yoon and Oh，2005）。目前，该种有 2 个基因组，选择组装到完成图水平的非模式菌株 Bac94 的基因组进行描述，其 GenBank 登录号为 GCA_003667825.1，测序平台为 PacBio，于 2018 年 10 月 21 日由沙特阿拉伯阿卜杜拉国王科技大学（King Abdullah University of Science and Technology）提交。

**【基因组的组装】**菌株 Bac94 基因组的测序深度为 252 X，基因组大小为 5.231 Mb，组装到完成图水平，包括 1 条染色体。**【G+C 含量】**35.86%。**【非编码 RNA】**预测到 58 个 rRNA 基因（5S rRNA 20 个、16S rRNA 19 个、23S rRNA 19 个），153 个 tRNA 基因，8 个 sRNA 基因。**【编码基因】**有 5271 个蛋白质编码基因，编码区总长为 4 377 879 bp，占整个基因组的 83.69%，基因的平均长度为 831 bp。**【基因功能注释】**比对到 KEGG、COG 和 GO 数据库的基因数量分别为 4560 个、3389 个和 3496 个，预测到分泌蛋白编码基因 119 个；在 23 个 COG 功能类群中，基因数量前 10 位的类群分别是：R. 仅一般功能预测 385 个，G. 碳水化合物转运与代谢 344 个，E. 氨基酸转运与代谢 326 个，K. 转录 317 个，T. 信号转导机制 307 个，J. 翻译、核糖体结构与合成 254 个，S. 功能未知 237 个，H. 辅酶转运与代谢 205 个，P. 无机离子转运与代谢 202 个和 M. 细胞壁/膜/包膜生物合成 191 个（图 5-1-99a）。【**重复序列**】预测到的重复序列包括：LTR 143 个，总长为 14 031 bp，平均长度为 98 bp；DNA 重复元件 43 个，总长为 4538 bp，平均长度为 106 bp；LINE 59 个，总长为 4113 bp，平均长度为 70 bp；SINE 23 个，总长为 1792 bp，平均长度为 78 bp；RC 5 个，总长为 294 bp，平均长度为 59 bp；未知序列 1 个，长度为 37 bp；TR 335 个，重复序列长度为 3～309 bp，总长为 68 525 bp；小卫星 DNA 236 个，重复序列长度为 10～54 bp，总长为 55 537 bp；微卫星 DNA 2 个，重复序列长度为 3～6 bp，总长为 81 bp。【**CRISPR**】预测到 119 个 CRISPR 相关序列。【**基因岛**】预测到 15 个基因岛 GI 01～GI 15，长度为 3939～35 001 bp，其 G+C 含量为 28.84%～48.14%。利用已预测得到的基因组信息，如重复序列、G+C 含量等，应用 CIRCOS 工具绘制其基因组圈图（图 5-1-99b）。

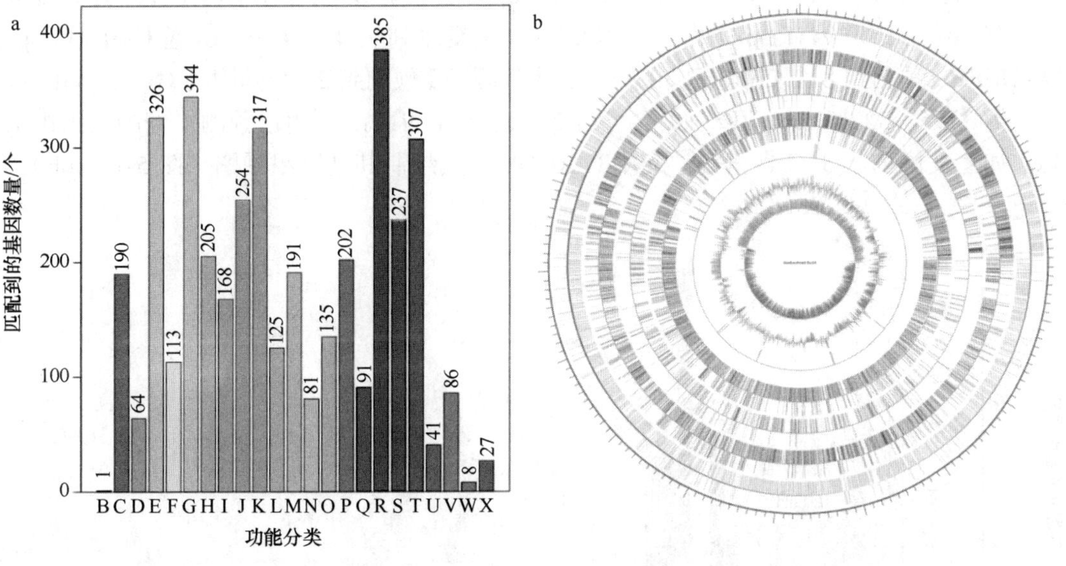


图 5-1-99 岸滨芽胞杆菌 Bac94 基因组的直系同源基因聚类分析（a）和圈图（b）

## 99. 高山杜鹃芽胞杆菌（*Bacillus loiseleuriae*）FJAT-27997$^T$

高山杜鹃芽胞杆菌（*Bacillus loiseleuriae* Liu et al. 2016，sp. nov.）的模式菌株（FJAT-27997$^T$ =CCTCC AB 2015285$^T$ =DSM 101776$^T$）分离自四川高山杜鹃的根际土，生长条件为 20～35℃（最适 30℃）、pH 6.0～9.0（最适 pH 7.0）、0～3%（*W*/*V*）NaCl（最适 0），好氧，产芽胞（Liu et al.，2016c）。目前，该种仅有 1 个基因组，模式菌株 FJAT-27997$^T$基因组的 GenBank 登录号为 GCA_001183985.1，测序平台为 Illumina HiSeq，于 2015 年 7 月 21 日由福建省农业科学院（Fujian Academy of Agricultural Sciences）提交。

**【基因组的组装】**菌株 FJAT-27997$^{T}$ 基因组的测序深度为 100 X，基因组大小为 5.428 Mb，组装到 7 个 scaffolds，scaffold $N_{50}$ 为 5 138 704 bp。**【G+C 含量】**37.54%。**【非编码 RNA】**预测到 20 个 rRNA 基因（5S rRNA 9 个、16S rRNA 4 个、23S rRNA 7 个），98 个 tRNA 基因，13 个 sRNA 基因。**【编码基因】**有 5561 个蛋白质编码基因，编码区总长为 4 260 906 bp，占整个基因组的 78.50%，基因的平均长度为 766 bp。**【基因功能注释】**比对到 KEGG、COG 和 GO 数据库的基因数量分别为 4458 个、3426 个和 3538 个，预测到分泌蛋白编码基因 110 个；在 24 个 COG 功能类群中，基因数量前 10 位的类群分别是：E. 氨基酸转运与代谢 394 个，R. 仅一般功能预测 384 个，G. 碳水化合物转运与代谢 381 个，K. 转录 320 个，J. 翻译、核糖体结构与合成 242 个，P. 无机离子转运与代谢 234 个，S. 功能未知 226 个，T. 信号转导机制 214 个，H. 辅酶转运与代谢 201 个和 M. 细胞壁/膜/包膜生物合成 183 个（图 5-1-100a）。**【重复序列】**预测到的重复序列包括：LTR 125 个，总长为 9601 bp，平均长度为 77 bp；DNA 重复元件 29 个，总长为 1620 bp，平均长度为 56 bp；LINE 39 个，总长为 2166 bp，平均长度为 56 bp；SINE 9 个，总长为 584 bp，平均长度为 65 bp；RC 1 个，长度为 77 bp；未知序列 1 个，长度为 37 bp；TR 165 个，重复序列长度为 4～1163 bp，总长为 22 454 bp；小卫星 DNA 110 个，重复序列长度为 10～55 bp，总长为 9415 bp；微卫星 DNA 5 个，重复序列长度为 4～6 bp，总长为 149 bp。**【CRISPR】**预测到 8 个 CRISPR 相关序列。**【基因岛】**预测到 28 个基因岛 GI 01～GI 28，长度为 3195～32 061 bp，其 G+C 含量为 26.88%～41.91%。利用已预测得到的基因组信息，如重复序列、G+C 含量等，应用 CIRCOS 工具绘制其基因组圈图（图 5-1-100b）。

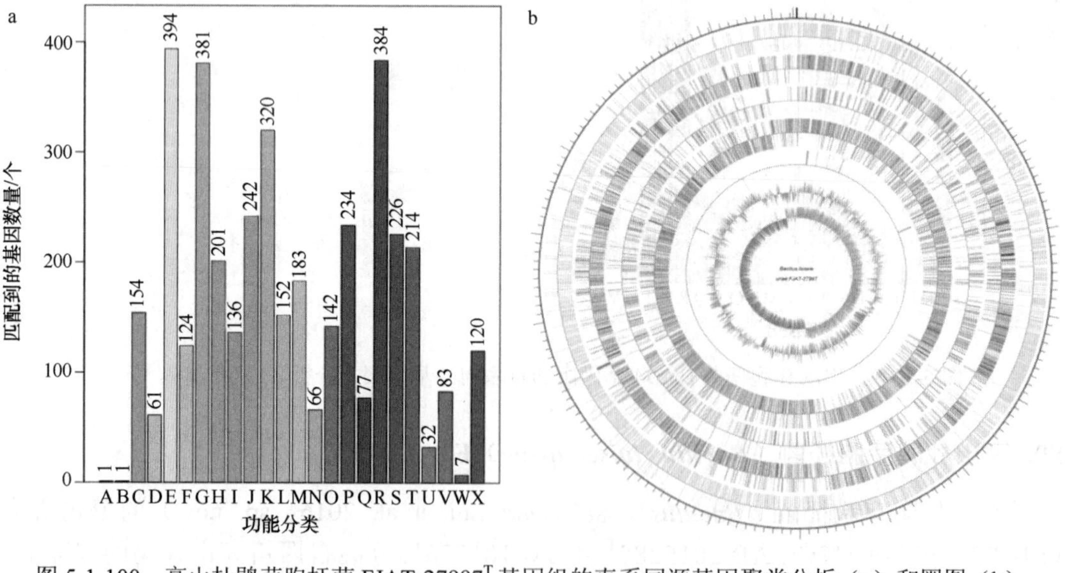


图 5-1-100　高山杜鹃芽胞杆菌 FJAT-27997$^{T}$ 基因组的直系同源基因聚类分析（a）和圈图（b）

## 100. 洛纳尔芽胞杆菌（*Bacillus lonarensis*）25nlg$^{T}$

洛纳尔芽胞杆菌（*Bacillus lonarensis* Reddy et al. 2015，sp. nov.）的模式菌株（25nlg$^{T}$ = KCTC 33413$^{T}$ =LMG 27974$^{T}$ =CGMCC 1.12817$^{T}$）分离自印度洛纳尔苏打湖的沉积物，

耐盐、耐碱，最适生长条件为 35～37℃、pH 9.5（范围为 7.0～11.0）、6%（*W*/*V*）NaCl（最高耐受 22%），好氧，产芽胞（Reddy et al.，2015b）。目前，该种仅有 1 个基因组，模式菌株 25nlg$^T$ 基因组的 GenBank 登录号为 GCA_900096965.1，测序平台为 Illumina HiSeq，于 2016 年 10 月 21 日由美国能源部联合基因组研究所（DOE Joint Genome Institute）提交。

**【基因组的组装】**菌株 25nlg$^T$ 基因组的测序深度为 536 X，基因组大小为 2.582 Mb，组装到 25 个 scaffolds，scaffold $N_{50}$ 为 225 228 bp。**【G+C 含量】**43.28%。**【非编码 RNA】**预测到 10 个 rRNA 基因（5S rRNA 8 个、16S rRNA 1 个、23S rRNA 1 个），67 个 tRNA 基因，5 个 sRNA 基因。**【编码基因】**有 2653 个蛋白质编码基因，编码区总长为 2 281 329 bp，占整个基因组的 88.36%，基因的平均长度为 860 bp。**【基因功能注释】**比对到 KEGG、COG 和 GO 数据库的基因数量分别为 2167 个、1741 个和 1777 个，预测到分泌蛋白编码基因 60 个；在 24 个 COG 功能类群中，基因数量前 10 位的类群分别是：J. 翻译、核糖体结构与合成 210 个，R. 仅一般功能预测 159 个，E. 氨基酸转运与代谢 144 个，K. 转录 140 个，S. 功能未知 127 个，M. 细胞壁/膜/包膜生物合成 119 个，H. 辅酶转运与代谢 112 个，C. 能量产生与转换 100 个，P. 无机离子转运与代谢 100 个和 L. 复制、重组与修复 98 个（图 5-1-101a）。**【重复序列】**预测到的重复序列包括：LTR 124 个，总长为 8491 bp，平均长度为 68 bp；DNA 重复元件 38 个，总长为 2415 bp，平均长度为 64 bp；LINE 27 个，总长为 1648 bp，平均长度为 61 bp；SINE 17 个，总长为 995 bp，平均长度为 59 bp；RC 4 个，总长为 200 bp，平均长度为 50 bp；未知序列 1 个，长度为 57 bp；TR 239 个，重复序列长度为 6～1039 bp，总长为 22 358 bp；小卫星 DNA 150 个，重复序列长度为 12～54 bp，总长为 13 271 bp；微卫星 DNA 1 个，重复序列长度为 6 bp，总长为 48 bp。**【CRISPR】**预测到 77 个 CRISPR 相关序列。**【基因岛】**预测到 10 个

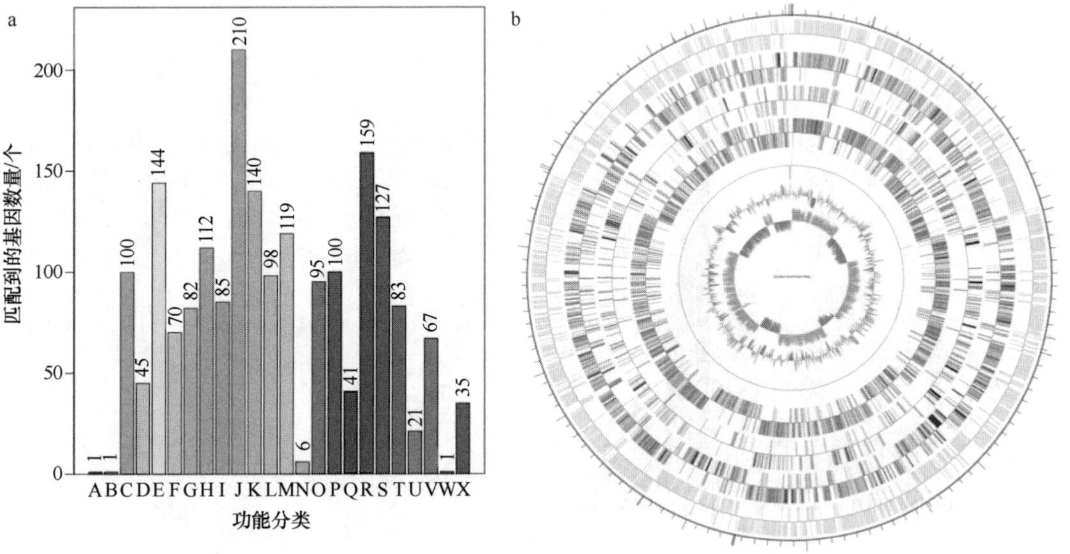


图 5-1-101　洛纳尔芽胞杆菌 25nlg$^T$ 基因组的直系同源基因聚类分析（a）和圈图（b）

基因岛 GI 01～GI 10，长度为 5163～27 667 bp，其 G+C 含量为 35.93%～46.53%。利用已预测得到的基因组信息，如重复序列、G+C 含量等，应用 CIRCOS 工具绘制其基因组圈图（图 5-1-101b）。

### 101. 路西法芽胞杆菌（*Bacillus luciferensis*）CH01

路西法芽胞杆菌（*Bacillus luciferensis* Logan et al. 2002，sp. nov.）的模式菌株（LMG 18422$^T$ =CIP 107105$^T$）分离自南桑德韦奇群岛路西法山活喷气孔的土壤，生长条件为 15～45℃（最适 30℃）、pH 5.5～8.5（最适 pH 7.0），兼性厌氧，产芽胞（Logan et al., 2002）。目前，该种有 2 个基因组，选择组装水平相对较好的非模式菌株 CH01 的基因组进行描述，其 GenBank 登录号为 GCA_001712755.1，测序平台为 Illumina MiSeq，于 2016 年 8 月 24 日由美国北卡罗来纳大学教堂山分校（The University of North Carolina at Chapel Hill）提交。

**【基因组的组装】**菌株 CH01 基因组的测序深度为 50 X，基因组大小为 4.894 Mb，组装到 37 个 contigs，contig $N_{50}$ 为 299 167 bp。**【G+C 含量】**32.94%。**【非编码 RNA】**预测到 13 个 rRNA 基因（5S rRNA 11 个、16S rRNA 1 个、23S rRNA 1 个），78 个 tRNA 基因，2 个 sRNA 基因。**【编码基因】**有 4813 个蛋白质编码基因，编码区总长为 4 073 727 bp，占整个基因组的 83.24%，基因的平均长度为 846 bp。**【基因功能注释】**比对到 KEGG、COG 和 GO 数据库的基因数量分别为 3911 个、3142 个和 3271 个，预测到分泌蛋白编码基因 101 个；在 24 个 COG 功能类群中，基因数量前 10 位的类群分别是：E. 氨基酸转运与代谢 377 个，R. 仅一般功能预测 361 个，K. 转录 297 个，G. 碳水化合物转运与代谢 266 个，J. 翻译、核糖体结构与合成 264 个，S. 功能未知 238 个，C. 能量产生与转换 204 个，T. 信号转导机制 191 个，P. 无机离子转运与代谢 186 个和 H. 辅酶转运与代谢 184 个（图 5-1-102a）。**【重复序列】**预测到的重复序列包括：

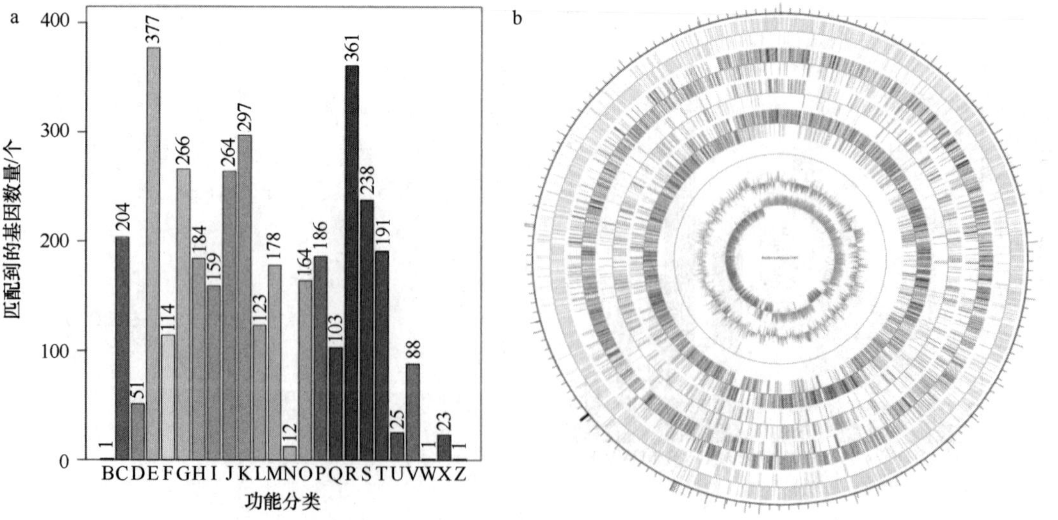


图 5-1-102　路西法芽胞杆菌 CH01 基因组的直系同源基因聚类分析（a）和圈图（b）

LTR 130 个，总长为 8332 bp，平均长度为 64 bp；DNA 重复元件 60 个，总长为 3950 bp，平均长度为 66 bp；LINE 28 个，总长为 1821 bp，平均长度为 65 bp；SINE 12 个，总长为 858 bp，平均长度为 72 bp；未知序列 2 个，总长为 85 bp，平均长度为 42 bp；TR 373 个，重复序列长度为 6～423 bp，总长为 39 528 bp；小卫星 DNA 296 个，重复序列长度为 10～60 bp，总长为 30 467 bp；微卫星 DNA 1 个，重复序列长度为 6 bp，总长为 49 bp。**【CRISPR】**预测到 32 个 CRISPR 相关序列。**【基因岛】**预测到 9 个基因岛 GI 01～GI 09，长度为 4177～14 166 bp，其 G+C 含量为 29.73%～37.41%。利用已预测得到的基因组信息，如重复序列、G+C 含量等，应用 CIRCOS 工具绘制其基因组圈图（图 5-1-102b）。

### 102. 泥芽胞杆菌（*Bacillus luti*）TD41$^T$

泥芽胞杆菌（*Bacillus luti* Liu et al. 2017，sp. nov.）的模式菌株（TD41$^T$ =MCCC 1A00359$^T$ =KCTC 33716$^T$ =LMG 28872$^T$）分离自太平洋的沉积物，生长条件为 10～39℃（最适 30℃）、pH 5.0～10.0（最适 pH 7.0）、0～7%（*W*/*V*）NaCl（最适 0.5%），兼性厌氧，产芽胞（Liu et al.，2017c）。目前，该种仅有 1 个基因组，模式菌株 TD41$^T$ 基因组的 GenBank 登录号为 GCA_001884105.1，测序平台为 Illumina MiSeq，于 2016 年 11 月 18 日由自然资源部第三海洋研究所（The Third Institute of Oceanography，Ministry of Natural Resources）提交。

**【基因组的组装】**菌株 TD41$^T$ 基因组的测序深度为 100 X，基因组大小为 5.094 Mb，组装到 99 个 contigs，contig $N_{50}$ 为 111 820 bp。**【G+C 含量】**35.45%。**【非编码 RNA】**预测到 3 个 rRNA 基因（5S rRNA 2 个、16S rRNA 1 个、23S rRNA 0 个），17 个 tRNA 基因，4 个 sRNA 基因。**【编码基因】**有 5252 个蛋白质编码基因，编码区总长为 4 307 703 bp，占整个基因组的 84.56%，基因的平均长度为 820 bp。**【基因功能注释】**比对到 KEGG、COG 和 GO 数据库的基因数量分别为 5004 个、3688 个和 3500 个，预测到分泌蛋白编码基因 119 个；在 25 个 COG 功能类群中，基因数量前 10 位的类群分别是：R. 仅一般功能预测 436 个，E. 氨基酸转运与代谢 391 个，K. 转录 383 个，S. 功能未知 306 个，J. 翻译、核糖体结构与合成 297 个，G. 碳水化合物转运与代谢 272 个，P. 无机离子转运与代谢 233 个，M. 细胞壁/膜/包膜生物合成 230 个，T. 信号转导机制 228 个和 H. 辅酶转运与代谢 224 个（图 5-1-103a）。**【重复序列】**预测到的重复序列包括：LTR 127 个，总长为 8368 bp，平均长度为 66 bp；DNA 重复元件 41 个，总长为 2512 bp，平均长度为 61 bp；LINE 39 个，总长为 2646 bp，平均长度为 68 bp；SINE 1 个，长度为 61 bp；RC 1 个，长度为 35 bp；未知序列 1 个，长度为 178 bp；TR 243 个，重复序列长度为 3～836 bp，总长为 28 188 bp；小卫星 DNA 189 个，重复序列长度为 10～60 bp，总长为 14 563 bp；微卫星 DNA 2 个，重复序列长度为 3～4 bp，总长为 59 bp。**【CRISPR】**预测到 26 个 CRISPR 相关序列。**【基因岛】**预测到 14 个基因岛 GI 01～GI 14，长度为 3396～29 586 bp，其 G+C 含量为 30.45%～39.63%。利用已预测得到的基因组信息，如重复序列、G+C 含量等，应用 CIRCOS 工具绘制其基因组圈图（图 5-1-103b）。

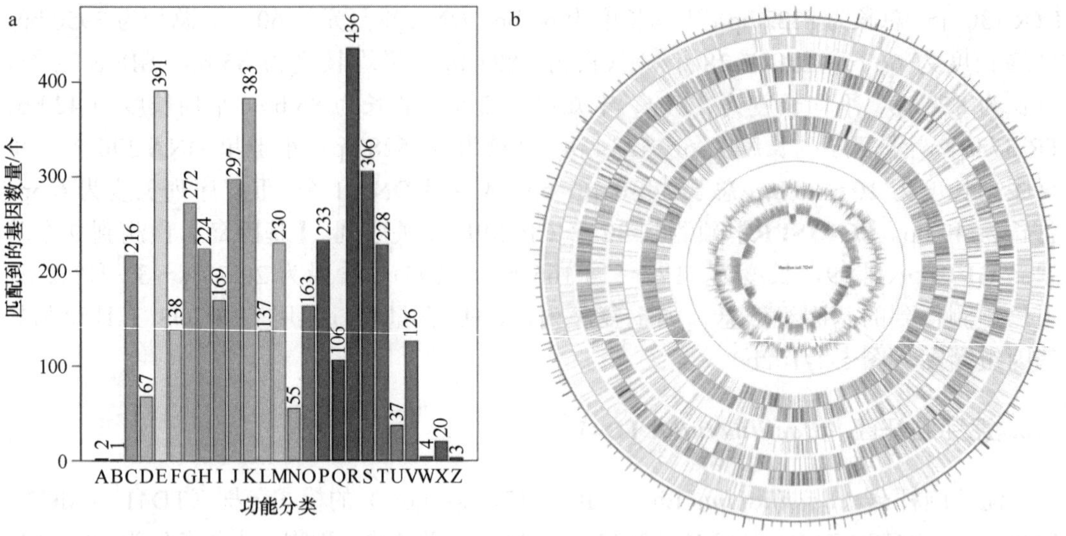


图 5-1-103 泥芽胞杆菌 TD41$^T$ 基因组的直系同源基因聚类分析（a）和圈图（b）

## 103. 万里浦芽胞杆菌（*Bacillus manliponensis*）JCM 15802$^T$

万里浦芽胞杆菌（*Bacillus manliponensis* Jung et al. 2011，sp. nov.）的模式菌株（BL6-6$^T$ =KCTC 13319$^T$=JCM 15802$^T$）分离自黄海潮间带的沉积物，生长条件为 15～40℃（最适 30℃）、pH 5.0～9.0（最适 pH 7.0）、NaCl 浓度在 7%（*W*/*V*）以下，兼性厌氧，产芽胞（Jung et al.，2011）。目前，该种仅有 1 个基因组，模式菌株 JCM 15802$^T$ 基因组的 GenBank 登录号为 GCA_000712595.1，测序平台为 Illumina MiSeq，于 2014 年 6 月 26 日由自然资源部第三海洋研究所（The Third Institute of Oceanography，Ministry of Natural Resources）提交。

**【基因组的组装】**菌株 JCM 15802$^T$ 基因组的测序深度为 100 X，基因组大小为 4.643 Mb，组装到 101 个 contigs，contig $N_{50}$ 为 200 370 bp。**【G+C 含量】**36.02%。**【非编码 RNA】**预测到 3 个 rRNA 基因（5S rRNA 1 个、16S rRNA 1 个、23S rRNA 1 个），45 个 tRNA 基因，4 个 sRNA 基因。**【编码基因】**有 4896 个蛋白质编码基因，编码区总长为 3 892 287 bp，占整个基因组的 83.83%，基因的平均长度为 795 bp。**【基因功能注释】**比对到 KEGG、COG 和 GO 数据库的基因数量分别为 4321 个、3204 个和 3204 个，预测到分泌蛋白编码基因 116 个；在 24 个 COG 功能类群中，基因数量前 10 位的类群分别是：E. 氨基酸转运与代谢 329 个，R. 仅一般功能预测 327 个，K. 转录 305 个，J. 翻译、核糖体结构与合成 285 个，S. 功能未知 262 个，G. 碳水化合物转运与代谢 225 个，M. 细胞壁/膜/包膜生物合成 195 个，H. 辅酶转运与代谢 183 个，T. 信号转导机制 182 个和 C. 能量产生与转换 179 个（图 5-1-104a）。**【重复序列】**预测到的重复序列包括：LTR 107 个，总长为 7407 bp，平均长度为 69 bp；DNA 重复元件 46 个，总长为 2828 bp，平均长度为 61 bp；LINE 44 个，总长为 2504 bp，平均长度为 57 bp；SINE 8 个，总长为 479 bp，平均长度为 60 bp；RC 3 个，总长为 222 bp，平均长度为 74 bp；未知序列

1 个，长度为 215 bp；TR 204 个，重复序列长度为 3～414 bp，总长为 26 227 bp；小卫星 DNA 165 个，重复序列长度为 10～60 bp，总长为 18 370 bp；微卫星 DNA 3 个，重复序列长度为 3～6 bp，总长为 98 bp。**【CRISPR】**预测到 60 个 CRISPR 相关序列。**【基因岛】**预测到 9 个基因岛 GI 01～GI 09，长度为 4210～15 591 bp，其 G+C 含量为 28.01%～38.82%。利用已预测得到的基因组信息，如重复序列、G+C 含量等，应用 CIRCOS 工具绘制其基因组圈图（图 5-1-104b）。

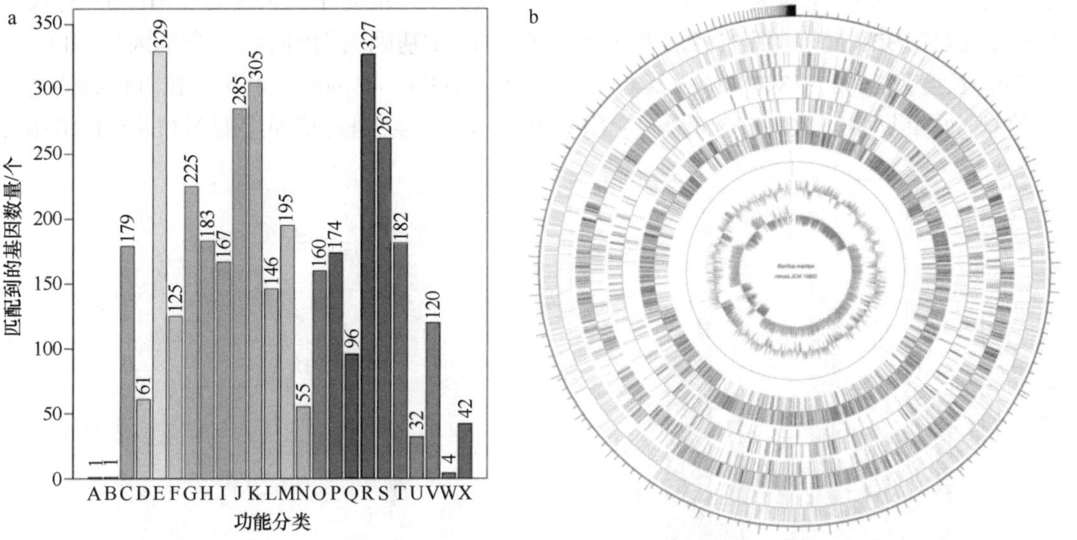


图 5-1-104　万里浦芽胞杆菌 JCM 15802$^{T}$基因组的直系同源基因聚类分析（a）和圈图（b）

## 104. 解甘露聚糖芽胞杆菌（*Bacillus mannanilyticus*）JCM 10596$^{T}$

解甘露聚糖芽胞杆菌（*Bacillus mannanilyticus* Nogi et al. 2005，sp. nov.）的模式菌株（AM-001$^{T}$ =JCM 10596$^{T}$ =DSM 16130$^{T}$）分离自土壤，中度嗜碱，生长条件为 20～45℃（最适 37℃）、pH 8.0～10.0（最适 pH 9.0），高产甘露糖苷酶，好氧，产芽胞（Nogi et al.，2005）。目前，该种仅有 1 个基因组，模式菌株 JCM 10596$^{T}$ 基因组的 GenBank 登录号为 GCA_000615945.1，测序平台为 Ion PGM，于 2014 年 3 月 31 日由日本东京大学（The University of Tokyo）提交。

**【基因组的组装】**菌株 JCM 10596$^{T}$ 基因组的测序深度为 23 X，基因组大小为 4.535 Mb，组装到 108 个 contigs，contig $N_{50}$ 为 83 087 bp。**【G+C 含量】**39.60%。**【非编码 RNA】**预测到 3 个 rRNA 基因（5S rRNA 1 个、16S rRNA 1 个、23S rRNA 1 个），70 个 tRNA 基因，4 个 sRNA 基因。**【编码基因】**有 4913 个蛋白质编码基因，编码区总长为 3 976 965 bp，占整个基因组的 87.69%，基因的平均长度为 809 bp。**【基因功能注释】**比对到 KEGG、COG 和 GO 数据库的基因数量分别为 3474 个、2917 个和 3293 个，预测到分泌蛋白编码基因 58 个；在 24 个 COG 功能类群中，基因数量前 10 位的类群分别是：R. 仅一般功能预测 308 个，E. 氨基酸转运与代谢 307 个，K. 转录 295 个，G. 碳水化合物转运与代谢 249 个，J. 翻译、核糖体结构与合成 224 个，T. 信号转导机制 217 个，P. 无机离子转运与代谢 198 个，S. 功能未知 194 个，C. 能量产生与转换 179 个和 H. 辅酶转运与代谢 175 个（图 5-1-105a）。【**重复序列**】预测到的重复序列包括：LTR 81 个，总长为 4845 bp，平均长度为 60 bp；DNA 重复元件 13 个，总长为 868 bp，平均长度为 67 bp；LINE 28 个，总长为 1583 bp，平均长度为 57 bp；SINE 10 个，总长为 750 bp，平均长度为 75 bp；RC 3 个，总长为 141 bp，平均长度为 47 bp；未知序列 2 个，总长为 138 bp，平均长度为 69 bp；TR 138 个，重复序列长度为 3～493 bp，总长为 7282 bp；小卫星 DNA 115 个，重复序列长度为 10～48 bp，总长为 5276 bp；微卫星 DNA 7 个，重复序列长度为 3～6 bp，总长为 329 bp。【**CRISPR**】预测到 17 个 CRISPR 相关序列。【**基因岛**】预测到 9 个基因岛 GI 01～GI 09，长度为 2642～13 503 bp，其 G+C 含量为 34.83%～41.90%。利用已预测得到的基因组信息，如重复序列、G+C 含量等，应用 CIRCOS 工具绘制其基因组圈图（图 5-1-105b）。

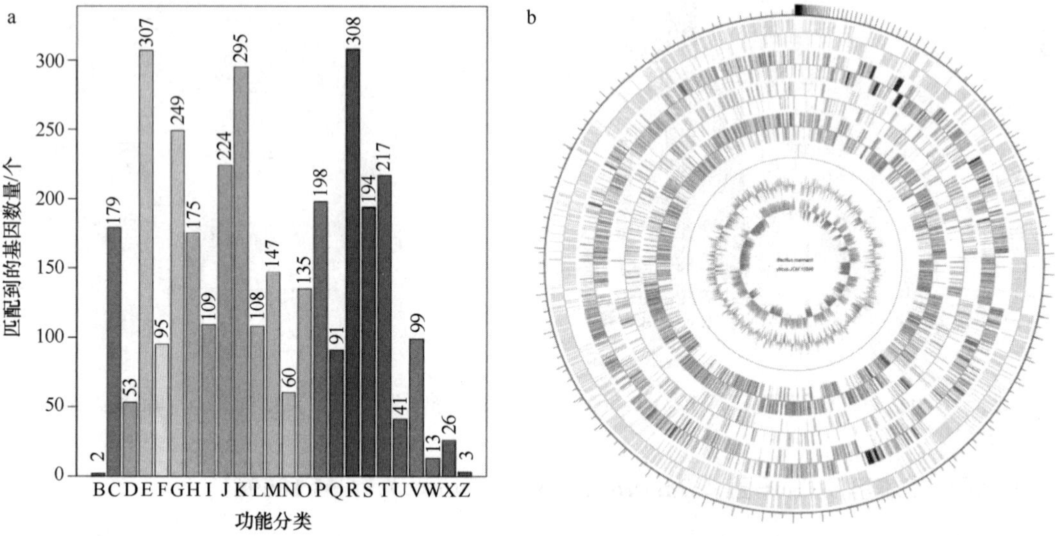


图 5-1-105　解甘露聚糖芽胞杆菌 JCM 10596^T^ 基因组的直系同源基因聚类分析（a）和圈图（b）

## 105. 海沉积芽胞杆菌（*Bacillus marinisedimentorum*）NC2-31^T^

海沉积芽胞杆菌（*Bacillus marinisedimentorum* Guo et al. 2018，sp. nov.）的模式菌株（NC2-31^T^=KCTC 33721^T^ =MCCC 1K01239^T^）分离自威海海岸的沉积物，中度嗜碱，生长条件为 20～45℃（最适 37℃）、pH 6.5～8.5（最适 pH 7.5）、1%～7%（*W*/*V*）NaCl（最适 2%～3%），兼性厌氧，产芽胞（Guo et al.，2018c）。目前，该种仅有 1 个基因组，模式菌株 NC2-31^T^ 基因组的 GenBank 登录号为 GCA_001644195.2，测序平台为 Illumina Hiseq，于 2016 年 10 月 11 日由山东大学（威海）（Shandong University at Weihai）提交。

【**基因组的组装**】菌株 NC2-31^T^ 基因组的测序深度为 202 X，基因组大小为 4.235 Mb，组装到 91 个 contigs，contig $N_{50}$ 为 83 947 bp。【**G+C 含量**】46.26%。【**非编码 RNA**】预测到 6 个 rRNA 基因（5S rRNA 4 个、16S rRNA 1 个、23S rRNA 1 个），90 个 tRNA 基因，6 个 sRNA 基因。【**编码基因**】有 4649 个蛋白质编码基因，编码区总长为 3 535 206 bp，占整个基因组的 83.48%，基因的平均长度为 760 bp。【**基因功能注释**】比对到 KEGG、

COG 和 GO 数据库的基因数量分别为 3462 个、2767 个和 2780 个，预测到分泌蛋白编码基因 83 个；在 23 个 COG 功能类群中，基因数量前 10 位的类群分别是：R. 仅一般功能预测 308 个，E. 氨基酸转运与代谢 265 个，J. 翻译、核糖体结构与合成 235 个，C. 能量产生与转换 234 个，S. 功能未知 231 个，K. 转录 205 个，G. 碳水化合物转运与代谢 185 个，P. 无机离子转运与代谢 180 个，T. 信号转导机制 159 个和 O. 翻译后修饰、蛋白质周转和分子伴侣 156 个（图 5-1-106a）。**【重复序列】**预测到的重复序列包括：LTR 152 个，总长为 9093 bp，平均长度为 60 bp；DNA 重复元件 28 个，总长为 1791 bp，平均长度为 64 bp；LINE 32 个，总长为 1902 bp，平均长度为 59 bp；SINE 16 个，总长为 998 bp，平均长度为 62 bp；RC 2 个，总长为 197 bp，平均长度为 98 bp；未知序列 1 个，长度为 45 bp；TR 208 个，重复序列长度为 3～498 bp，总长为 27 638 bp；小卫星 DNA 146 个，重复序列长度为 11～60 bp，总长为 17 105 bp；微卫星 DNA 4 个，重复序列长度为 3～6 bp，总长为 197 bp。**【CRISPR】**预测到 227 个 CRISPR 相关序列。**【基因岛】**预测到 8 个基因岛 GI 01～GI 08，长度为 6976～21 150 bp，其 G+C 含量为 33.37%～47.55%。利用已预测得到的基因组信息，如重复序列、G+C 含量等，应用 CIRCOS 工具绘制其基因组圈图（图 5-1-106b）。

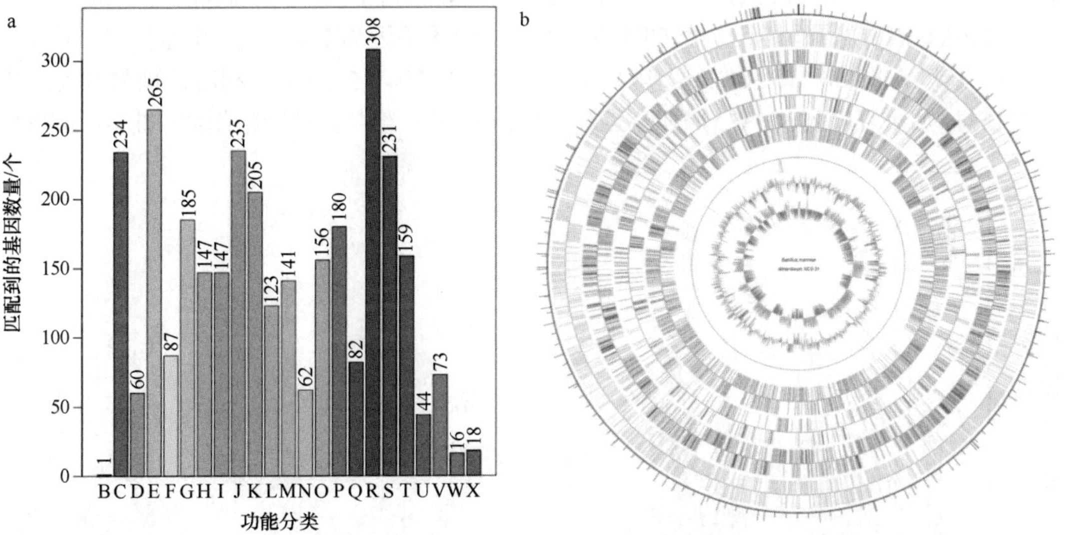


图 5-1-106　海沉积芽胞杆菌 NC2-31$^{T}$ 基因组的直系同源基因聚类分析（a）和圈图（b）

## 106. 黄海芽胞杆菌（*Bacillus marisflavi*）JCM 11544$^{T}$

黄海芽胞杆菌（*Bacillus marisflavi* Yoon et al. 2003，sp. nov.）的模式菌株（TF-11$^{T}$ = KCCM 41588$^{T}$ =JCM 11544$^{T}$）分离自黄海潮间带的海水，生长条件为 10～47℃（最适 30～37℃）、pH 4.5、0～16%（*W*/*V*）NaCl（最适 2%～5%），好氧，产芽胞（Yoon et al., 2003a）。目前，该种有 8 个基因组，选择组装水平较高的模式菌株 JCM 11544$^{T}$ 的基因组进行描述，其 GenBank 登录号为 GCA_001274775.1，测序平台为 Illumina Hiseq，于 2015 年 8 月 26 日由福建省农业科学院（Fujian Academy of Agricultural Sciences）提交。

**【基因组的组装】**菌株 JCM 11544ᵀ基因组的测序深度为 100 X，基因组大小为 4.312 Mb，组装到 11 个 scaffolds，scaffold $N_{50}$ 为 1 039 146 bp。**【G+C 含量】**48.56%。**【非编码 RNA】**预测到 3 个 rRNA 基因（5S rRNA 1 个、16S rRNA 1 个、23S rRNA 1 个），83 个 tRNA 基因，3 个 sRNA 基因。**【编码基因】**有 4521 个蛋白质编码基因，编码区总长为 3 778 266 bp，占整个基因组的 87.62%，基因的平均长度为 836 bp。**【基因功能注释】**比对到 KEGG、COG 和 GO 数据库的基因数量分别为 3844 个、3039 个和 3039 个，预测到分泌蛋白编码基因 97 个；在 24 个 COG 功能类群中，基因数量前 10 位的类群分别是：R. 仅一般功能预测 348 个，E. 氨基酸转运与代谢 324 个，K. 转录 277 个，G. 碳水化合物转运与代谢 261 个，J. 翻译、核糖体结构与合成 258 个，S. 功能未知 236 个，P. 无机离子转运与代谢 189 个，T. 信号转导机制 179 个，H. 辅酶转运与代谢 172 个和 C. 能量产生与转换 171 个（图 5-1-107a）。**【重复序列】**预测到的重复序列包括：LTR 88 个，总长为 5708 bp，平均长度为 65 bp；DNA 重复元件 24 个，总长为 1560 bp，平均长度为 65 bp；LINE 22 个，总长为 1531 bp，平均长度为 70 bp；SINE 11 个，总长为 641 bp，平均长度为 58 bp；RC 3 个，总长为 121 bp，平均长度为 40 bp；未知序列 1 个，长度为 47 bp；TR 137 个，重复序列长度为 6～622 bp，总长为 30 057 bp；小卫星 DNA 77 个，重复序列长度为 10～60 bp，总长为 5395 bp；微卫星 DNA 1 个，重复序列长度为 6 bp，总长为 25 bp。**【CRISPR】**预测到 3 个 CRISPR 相关序列。**【基因岛】**预测到 7 个基因岛 GI 01～GI 07，长度为 6374～16 880 bp，其 G+C 含量为 33.03%～50.79%。利用已预测得到的基因组信息，如重复序列、G+C 含量等，应用 CIRCOS 工具绘制其基因组圈图（图 5-1-107b）。

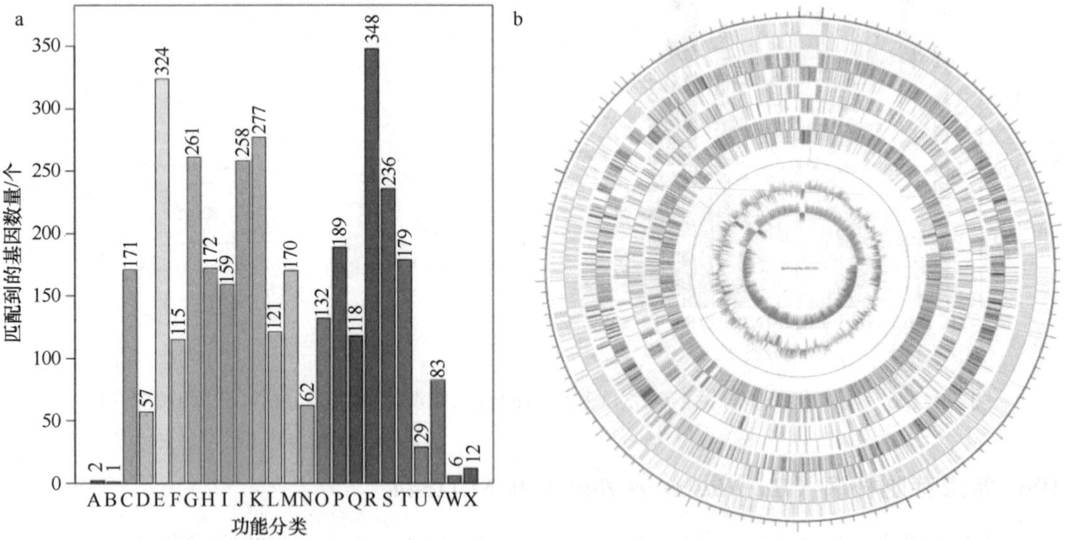


图 5-1-107　黄海芽胞杆菌 JCM 11544ᵀ 基因组的直系同源基因聚类分析（a）和圈图（b）

## 107. 马尔马拉芽胞杆菌（*Bacillus marmarensis*）DSM 21297ᵀ

马尔马拉芽胞杆菌（*Bacillus marmarensis* Denizci et al. 2010，sp. nov.）的模式菌株（72ᵀ =DSM 21297ᵀ =JCM 15719ᵀ）分离自土耳其亚洛瓦省的 1 处蘑菇料堆肥，嗜碱，生

长条件为 10～45℃、pH 8.0～12.5、0～12%（*W*/*V*）NaCl，高产蛋白酶，好氧，产芽胞（Denizci et al.，2010）。目前，该种仅有 1 个基因组，模式菌株 DSM 21297$^T$ 基因组的 GenBank 登录号为 GCA_000474275.2，测序平台为 Illumina Hiseq，于 2013 年 10 月 17 日由美国加利福尼亚大学洛杉矶分校（University of California，Los Angeles）提交。

**【基因组的组装】**菌株 DSM 21297$^T$ 基因组的测序深度为 90 X，基因组大小为 4.021 Mb，组装到 92 个 contigs，contig $N_{50}$ 为 127 450 bp。**【G+C 含量】**39.79%。**【非编码 RNA】**预测到 5 个 rRNA 基因（5S rRNA 1 个、16S rRNA 2 个、23S rRNA 2 个），37 个 tRNA 基因，4 个 sRNA 基因。**【编码基因】**有 4196 个蛋白质编码基因，编码区总长为 3 452 811 bp，占整个基因组的 85.87%，基因的平均长度为 823 bp。**【基因功能注释】**比对到 KEGG、COG 和 GO 数据库的基因数量分别为 3872 个、2772 个和 2800 个，预测到分泌蛋白编码基因 103 个；在 25 个 COG 功能类群中，基因数量前 10 位的类群分别是：R. 仅一般功能预测 309 个，E. 氨基酸转运与代谢 294 个，J. 翻译、核糖体结构与合成 238 个，K. 转录 225 个，S. 功能未知 223 个，G. 碳水化合物转运与代谢 185 个，P. 无机离子转运与代谢 184 个，T. 信号转导机制 183 个，H. 辅酶转运与代谢 181 个和 C. 能量产生与转换 166 个（图 5-1-108a）。**【重复序列】**预测到的重复序列包括：LTR 96 个，总长为 5852 bp，平均长度为 61 bp；DNA 重复元件 31 个，总长为 1873 bp，平均长度为 60 bp；LINE 36 个，总长为 2216 bp，平均长度为 62 bp；SINE 6 个，总长为 383 bp，平均长度为 64 bp；RC 3 个，总长为 141 bp，平均长度为 47 bp；TR 219 个，重复序列长度为 1～162 bp，总长为 10 645 bp；小卫星 DNA 199 个，重复序列长度为 10～60 bp，总长为 8873 bp；微卫星 DNA 3 个，重复序列长度为 3～6 bp，总长为 144 bp。**【CRISPR】**预测到 3 个 CRISPR 相关序列。**【基因岛】**预测到 9 个基因岛 GI 01～GI 09，长度为 4533～14 369 bp，其 G+C 含量为 34.26%～41.37%。利用已预测得到的基因组信息，如重复序列、G+C 含量等，应用 CIRCOS 工具绘制其基因组圈图（图 5-1-108b）。

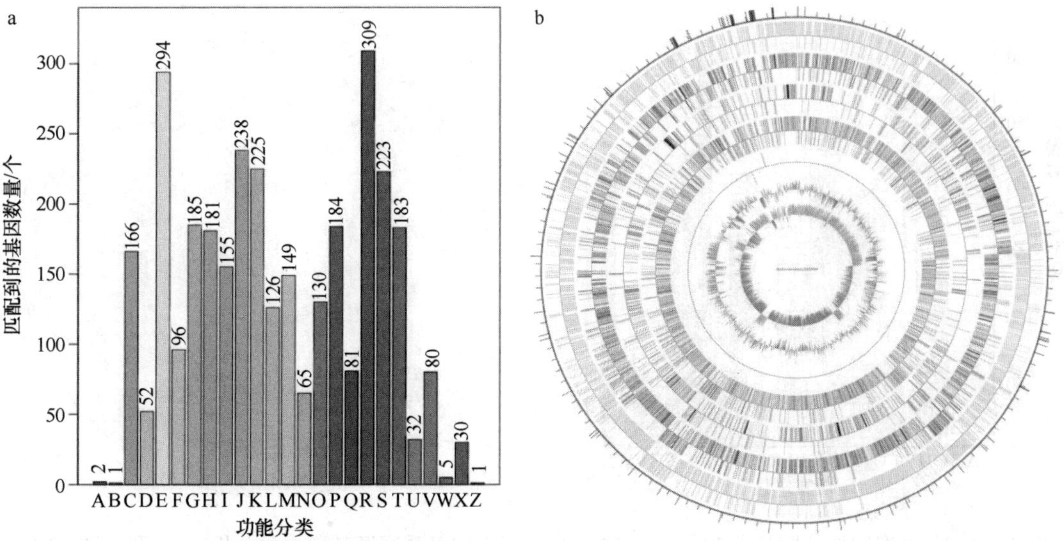


图 5-1-108　马尔马拉芽胞杆菌 DSM 21297$^T$ 基因组的直系同源基因聚类分析（a）和圈图（b）

## 108. 马赛冰层芽胞杆菌（*Bacillus massiliglaciei*）Marseille-P2600$^T$

马赛冰层芽胞杆菌（*Bacillus massiliglaciei* Cadoret et al. 2017，sp. nov.）的模式菌株（Marseille-P2600$^T$ =CSUR P2600$^T$ =DSM 102861$^T$）分离自西伯利亚的永久冻土冰层，最适生长温度为 37℃，好氧，产芽胞（Cadoret et al.，2017）。目前，该种仅有 1 个基因组，模式菌株 Marseille-P2600$^T$ 基因组的 GenBank 登录号为 GCA_900098925.1，测序平台为 Illumina Hiseq，于 2016 年 10 月 25 日由法国热带传染病研究中心（Unité de Recherche en Maladies Infectieuses et Tropicales Emergentes）提交。

**【基因组的组装】** 菌株 Marseille-P2600$^T$ 基因组的测序深度为 87 X，基因组大小为 4.146 Mb，组装到 19 个 scaffolds，scaffold $N_{50}$ 为 722 914 bp。**【G+C 含量】** 42.02%。**【非编码 RNA】** 预测到 11 个 rRNA 基因（5S rRNA 6 个、16S rRNA 3 个、23S rRNA 2 个），70 个 tRNA 基因，4 个 sRNA 基因。**【编码基因】** 有 4663 个蛋白质编码基因，编码区总长为 3 561 462 bp，占整个基因组的 85.90%，基因的平均长度为 764 bp。**【基因功能注释】** 比对到 KEGG、COG 和 GO 数据库的基因数量分别为 3766 个、2903 个和 2959 个，预测到分泌蛋白编码基因 72 个；在 24 个 COG 功能类群中，基因数量前 10 位的类群分别是：E. 氨基酸转运与代谢 325 个，R. 仅一般功能预测 298 个，J. 翻译、核糖体结构与合成 230 个，K. 转录 221 个，X. 移动元件组：前噬菌体、转座子 212 个，S. 功能未知 204 个，G. 碳水化合物转运与代谢 199 个，P. 无机离子转运与代谢 191 个，H. 辅酶转运与代谢 176 个和 C. 能量产生与转换 159 个（图 5-1-109a）。**【重复序列】** 预测到的重复序列包括：LTR 126 个，总长为 7796 bp，平均长度为 62 bp；DNA 重复元件 36 个，总长为 2456 bp，平均长度为 68 bp；LINE 47 个，总长为 2659 bp，平均长度为 56 bp；SINE 18 个，总长为 1104 bp，平均长度为 61 bp；未知序列 2 个，总长为 26 bp，平均

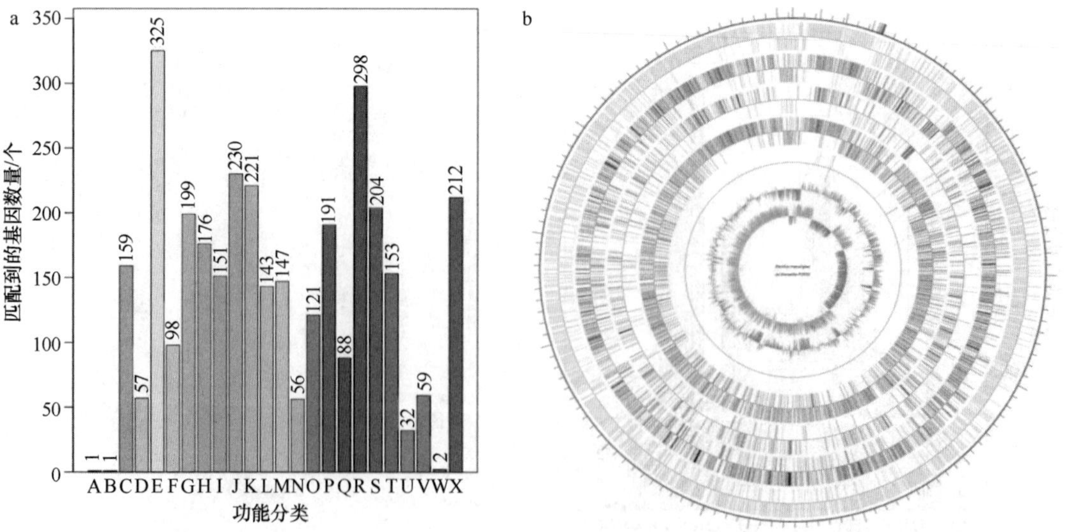


图 5-1-109　马赛冰层芽胞杆菌 Marseille-P2600$^T$ 基因组的直系同源基因聚类分析（a）和圈图（b）

长度为 13 bp；TR 118 个，重复序列长度为 1～1885 bp，总长为 78 370 bp；小卫星 DNA 71 个，重复序列长度为 11～60 bp，总长为 4161 bp；未预测到微卫星 DNA。**【CRISPR】**预测到 117 个 CRISPR 相关序列。**【基因岛】**预测到 32 个基因岛 GI 01～GI 32，长度为 2978～38 855 bp，其 G+C 含量为 32.25%～45.50%。利用已预测得到的基因组信息，如重复序列、G+C 含量等，应用 CIRCOS 工具绘制其基因组圈图（图 5-1-109b）。

### 109. 马赛厌食芽胞杆菌（*Bacillus massilioanorexius*）AP8$^T$

马赛厌食芽胞杆菌（*Bacillus massilioanorexius* Mishra et al. 2013，sp. nov.）的模式菌株（AP8$^T$ = CSUR P201$^T$ = DSM 26092$^T$）分离自法国马赛 1 位神经性厌食症男性患者的粪便，生长温度为 25～45℃（最适 37℃），好氧，不产芽胞（Mishra et al.，2013）。目前，该种仅有 1 个基因组，模式菌株 AP8$^T$ 基因组的 GenBank 登录号为 GCA_000321185.1，测序平台为 454 GS FLX，于 2012 年 12 月 4 日由欧洲生物信息学研究所（European Bioinformatics Institute）提交。

**【基因组的组装】**菌株 AP8$^T$ 基因组的测序深度为 31 X，基因组大小为 4.589 Mb，组装到 120 个 contigs，contig $N_{50}$ 为 74705 bp。**【G+C 含量】**34.09%。**【非编码 RNA】**预测到 8 个 rRNA 基因（5S rRNA 6 个、16S rRNA 1 个、23S rRNA 1 个），91 个 tRNA 基因，14 个 sRNA 基因。**【编码基因】**有 4555 个蛋白质编码基因，编码区总长为 3 730 995 bp，占整个基因组的 81.30%，基因的平均长度为 819 bp。**【基因功能注释】**比对到 KEGG、COG 和 GO 数据库的基因数量分别为 3750 个、3019 个和 3104 个，预测到分泌蛋白编码基因 76 个；在 24 个 COG 功能类群中，基因数量前 10 位的类群分别是：E. 氨基酸转运与代谢 341 个，R. 仅一般功能预测 304 个，K. 转录 271 个，C. 能量产生与转换 242 个，S. 功能未知 234 个，J. 翻译、核糖体结构与合成 225 个，P. 无机离子转运与代谢 202 个，G. 碳水化合物转运与代谢 201 个，T. 信号转导机制 195 个和 H. 辅酶转运与代谢 176 个（图 5-1-110a）。**【重复序列】**预测到的重复序列包括：LTR 134 个，总长为 8961 bp，平均长度为 67 bp；DNA 重复元件 50 个，总长为 2908 bp，平均长度为 58 bp；LINE 23 个，总长为 1503 bp，平均长度为 65 bp；SINE 24 个，总长为 1592 bp，平均长度为 66 bp；RC 5 个，总长为 332 bp，平均长度为 66 bp；未知序列 1 个，长度为 15 bp；TR 112 个，重复序列长度为 4～179 bp，总长为 6840 bp；小卫星 DNA 95 个，重复序列长度为 10～57 bp，总长为 5413 bp；微卫星 DNA 3 个，重复序列长度为 4～6 bp，总长为 158 bp。**【CRISPR】**预测到 19 个 CRISPR 相关序列。**【基因岛】**预测到 10 个基因岛 GI 01～GI 10，长度为 2904～38 545 bp，其 G+C 含量为 29.4%～41.97%。利用已预测得到的基因组信息，如重复序列、G+C 含量等，应用 CIRCOS 工具绘制其基因组圈图（图 5-1-110b）。

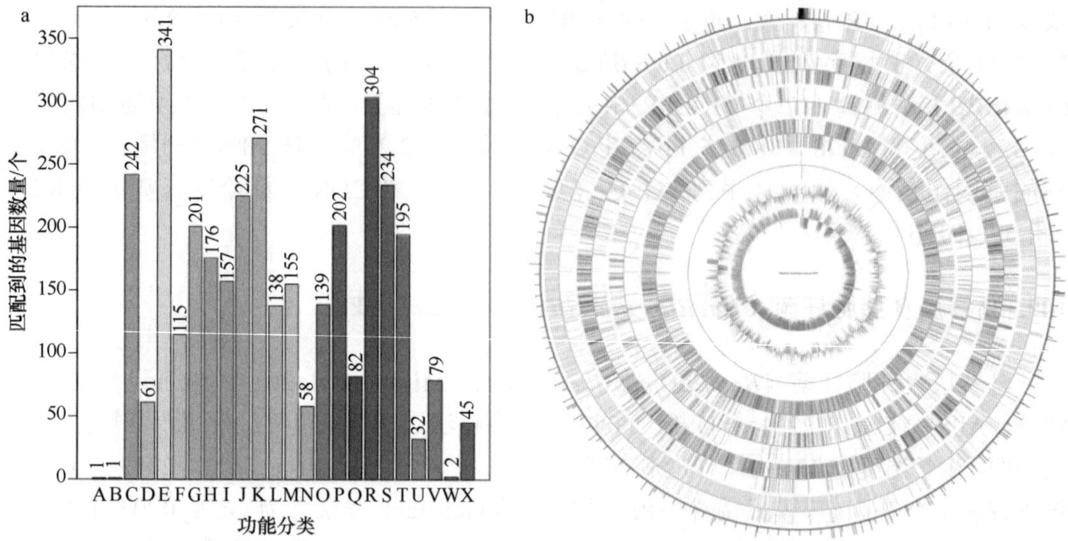


图 5-1-110　马赛厌食芽胞杆菌 AP8ᵀ 基因组的直系同源基因聚类分析（a）和圈图（b）

## 110. 马赛加蓬芽胞杆菌（*Bacillus massiliogabonensis*）Marseille-P2639ᵀ

马赛加蓬芽胞杆菌（*Bacillus massiliogabonensis* Mourembou et al. 2016，sp. nov.）的模式菌株（Marseille-P2639ᵀ）分离自 1 位 16 岁健康加蓬男性的粪便，生长条件为 23～45℃（最适 37℃）、pH 6.0～10.0、0～50 g/L NaCl，好氧，产芽胞（Mourembou et al., 2016）。目前，该种仅有 1 个基因组，模式菌株 Marseille-P2639ᵀ 基因组的 GenBank 登录号为 GCA_900199725.1，测序平台为 Illumina Hiseq，于 2018 年 1 月 2 日由法国热带传染病研究中心（Unité de Recherche en Maladies Infectieuses et Tropicales Emergentes）提交。

**【基因组的组装】**菌株 Marseille-P2639ᵀ 基因组的测序深度为 136 X，基因组大小为 5.232 Mb，组装到 9 个 scaffolds，scaffold $N_{50}$ 为 2 981 597 bp。**【G+C 含量】**37.92%。**【非编码 RNA】**预测到 45 个 rRNA 基因（5S rRNA 12 个、16S rRNA 18 个、23S rRNA 15 个），143 个 tRNA 基因，3 个 sRNA 基因。**【编码基因】**有 5367 个蛋白质编码基因，编码区总长为 4 323 981 bp，占整个基因组的 82.64%，基因的平均长度为 806 bp。**【基因功能注释】**比对到 KEGG、COG 和 GO 数据库的基因数量分别为 4608 个、3367 个和 3457 个，预测到分泌蛋白编码基因 105 个；在 25 个 COG 功能类群中，基因数量前 10 位的类群分别是：R. 仅一般功能预测 360 个，E. 氨基酸转运与代谢 345 个，K. 转录 313 个，S. 功能未知 261 个，J. 翻译、核糖体结构与合成 259 个，T. 信号转导机制 249 个，P. 无机离子转运与代谢 243 个，C. 能量产生与转换 220 个，G. 碳水化合物转运与代谢 199 个和 H. 辅酶转运与代谢 186 个（图 5-1-111a）。**【重复序列】**预测到的重复序列包括：LTR 120 个，总长为 10 671 bp，平均长度为 89 bp；DNA 重复元件 37 个，总长为 2316 bp，平均长度为 63 bp；LINE 47 个，总长为 3066 bp，平均长度为 65 bp；SINE 16 个，总长为 1387 bp，平均长度为 87 bp；RC 3 个，总长为 176 bp，平均长度为 59 bp；TR 350 个，重复序列长度为 6～1801 bp，总长为 69 091 bp；小卫星 DNA 241 个，重复序列长度为 11～60 bp，总长为 39 837 bp；微卫星 DNA 3 个，重复序列长度为 6 bp，总长为 168 bp。**【CRISPR】**预测到 93 个 CRISPR 相关序列。**【基因岛】**预测到 11 个基因岛 GI 01～GI 11，长度为 4624～32 038 bp，其 G+C 含量为 25.19%～48.82%。利用已预测得到的基因组信息，如重复序列、G+C 含量等，应用 CIRCOS 工具绘制其基因组圈图（图 5-1-111b）。

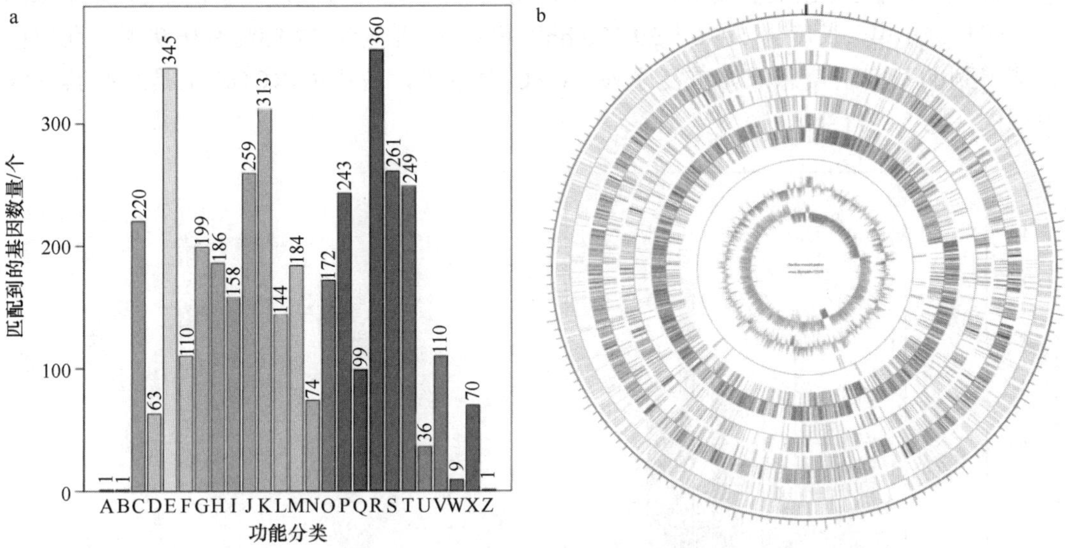


图 5-1-111　马赛加蓬芽胞杆菌 Marseille-P2639$^T$ 基因组的直系同源基因聚类分析（a）和圈图（b）

## 111. 马赛大猩猩芽胞杆菌（*Bacillus massiliogorillae*）G2$^T$

马赛大猩猩芽胞杆菌（*Bacillus massiliogorillae* Keita et al. 2013，sp. nov.）的模式菌株（G2$^T$ =CSUR P206$^T$ =DSM 26159$^T$）分离自喀麦隆大猩猩的粪便，生长条件为 25～45℃（最适 37℃），兼性厌氧，产芽胞（Keita et al.，2013）。目前，该种仅有 1 个基因组，模式菌株 G2$^T$ 基因组的 GenBank 登录号为 GCA_000380245.2，测序平台为 454 GS FLX，于 2013 年 10 月 2 日由欧洲生物信息学研究所（European Bioinformatics Institute）提交。

**【基因组的组装】**菌株 G2$^T$ 基因组的测序深度未知，基因组大小为 5.451 Mb，组装到 12 个 scaffolds，scaffold $N_{50}$ 为 3 535 993 bp。**【G+C 含量】**34.95%。**【非编码 RNA】**预测到 7 个 rRNA 基因（5S rRNA 5 个、16S rRNA 1 个、23S rRNA 1 个），91 个 tRNA 基因，2 个 sRNA 基因。**【编码基因】**有 5367 个蛋白质编码基因，编码区总长为 4 573 821 bp，占整个基因组的 83.91%，基因的平均长度为 852 bp。**【基因功能注释】**比对到 KEGG、COG 和 GO 数据库的基因数量分别为 4419 个、3552 个和 3723 个，预测到分泌蛋白编码基因 109 个；在 24 个 COG 功能类群中，基因数量前 10 位的类群分别是：E. 氨基酸转运与代谢 419 个，K. 转录 368 个，R. 仅一般功能预测 361 个，C. 能量产生与转换 287 个，T. 信号转导机制 257 个，P. 无机离子转运与代谢 249 个，J. 翻译、核糖体结构与合成 237 个，H. 辅酶转运与代谢 228 个，S. 功能未知 226 个和 G. 碳水化合物转运与代谢 225 个（图 5-1-112a）。**【重复序列】**预测到的重复序列包括：LTR 137 个，总长为 8892 bp，平均长度为 65 bp；DNA 重复元件 47 个，总长为 2766 bp，平均长度为 59 bp；LINE 44 个，总长为 3114 bp，平均长度为 71 bp；SINE 18 个，总长为 1269 bp，平均长度为 71 bp；RC 2 个，总长为 96 bp，平均长度为 48 bp；未知序列 1 个，长度为 57 bp；TR 190 个，重复序列长度为 6～420 bp，总长为 16 194 bp；小卫星 DNA 146 个，重复序列长度为 10～60 bp，总长为 11 001 bp；微卫星 DNA 2 个，重复序列长度为 6 bp，总长为 90 bp。**【CRISPR】**预测到 19 个 CRISPR 相关序列。**【基因岛】**预测到 14 个基因岛 GI 01～GI 14，长度为 5076～29 170 bp，其 G+C 含量为 27.83%～36.97%。利用已预测得到的基因组信息，如重复序列、G+C 含量等，应用 CIRCOS 工具绘制其基因组圈图（图 5-1-112b）。

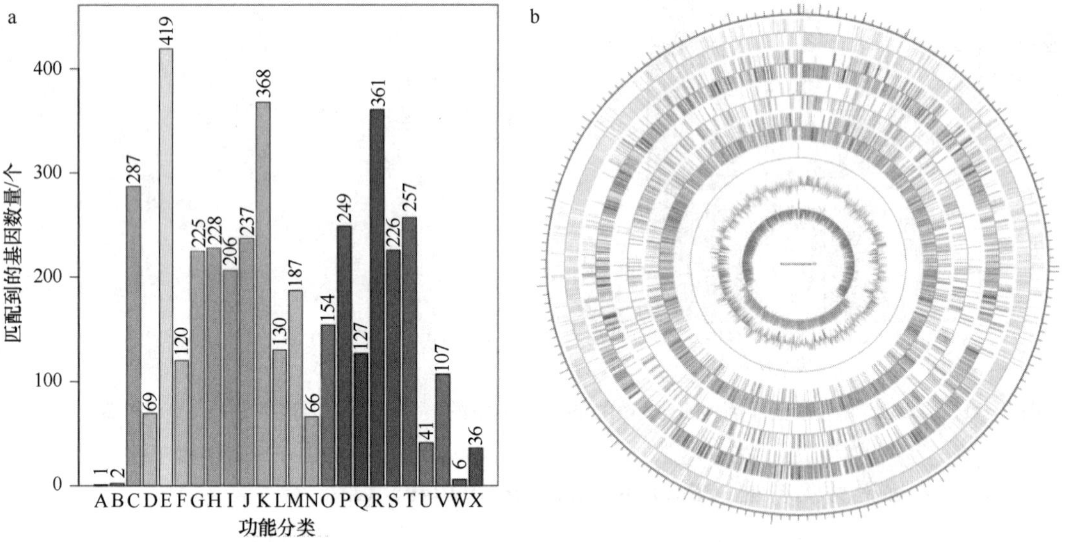


图 5-1-112　马赛大猩猩芽胞杆菌 G2$^{T}$ 基因组的直系同源基因聚类分析（a）和圈图（b）

## 112. 马赛塞内加尔芽胞杆菌（*Bacillus massiliosenegalensis*）JC6$^{T}$

马赛塞内加尔芽胞杆菌（*Bacillus massiliosenegalensis* Ramasamy et al. 2013，sp. nov.）的模式菌株（JC6$^{T}$ = CSUR P151$^{T}$ = DSM 25957$^{T}$）分离自 1 位健康塞内加尔人的粪便，生长温度为 25～45℃（最适 37℃），好氧，产芽胞（Ramasamy et al.，2013）。目前，该种仅有 1 个基因组，模式菌株 JC6$^{T}$ 基因组的 GenBank 登录号为 GCA_000311725.1，测序平台为 454 GS FLX，于 2012 年 8 月 16 日由法国热带传染病研究中心（Unité de Recherche en Maladies Infectieuses et Tropicales Emergentes）提交。

**【基因组的组装】**菌株 JC6$^{T}$ 基因组的测序深度为 54 X，基因组大小为 4.968 Mb，组装到 24 个 scaffolds，scaffold $N_{50}$ 为 701 489 bp。**【G+C 含量】**37.57%。**【非编码 RNA】**预测到 4 个 rRNA 基因（5S rRNA 2 个、16S rRNA 1 个、23S rRNA 1 个），69 个 tRNA 基因，5 个 sRNA 基因。**【编码基因】**有 5075 个蛋白质编码基因，编码区总长为 4 178 169 bp，占整个基因组的 84.10%，基因的平均长度为 823 bp。**【基因功能注释】**比对到 KEGG、COG 和 GO 数据库的基因数量分别为 4324 个、3297 个和 3393 个，预测到分泌蛋白编

码基因 80 个；在 24 个 COG 功能类群中，基因数量前 10 位的类群分别是：E. 氨基酸转运与代谢 334 个，R. 仅一般功能预测 318 个，K. 转录 311 个，C. 能量产生与转换 275 个，P. 无机离子转运与代谢 259 个，J. 翻译、核糖体结构与合成 242 个，T. 信号转导机制 241 个，G. 碳水化合物转运与代谢 239 个，S. 功能未知 225 个和 M. 细胞壁/膜/包膜生物合成 184 个（图 5-1-113a）。**【重复序列】**预测到的重复序列包括：LTR 107 个，总长为 6266 bp，平均长度为 59 bp；DNA 重复元件 39 个，总长为 2649 bp，平均长度为 68 bp；LINE 31 个，总长为 1767 bp，平均长度为 57 bp；SINE 5 个，总长为 303 bp，平均长度为 61 bp；RC 3 个，总长为 120 bp，平均长度为 40 bp；TR 189 个，重复序列长度为 3～261 bp，总长为 22 041 bp；小卫星 DNA 157 个，重复序列长度为 10～60 bp，总长为 17 584 bp；微卫星 DNA 2 个，重复序列长度为 3～6 bp，总长为 126 bp。**【CRISPR】**预测到 390 个 CRISPR 相关序列。**【基因岛】**预测到 14 个基因岛 GI 01～GI 14，长度为 5712～29 496 bp，其 G+C 含量为 28.04%～40.32%。利用已预测得到的基因组信息，如重复序列、G+C 含量等，应用 CIRCOS 工具绘制其基因组圈图（图 5-1-113b）。

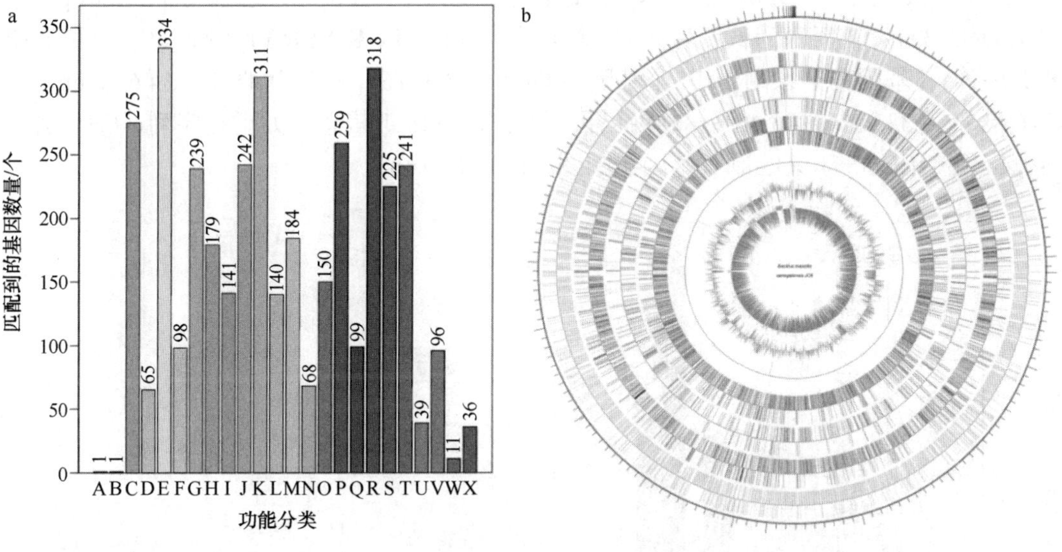


图 5-1-113　马赛塞内加尔芽胞杆菌 JC6$^T$ 基因组的直系同源基因聚类分析（a）和圈图（b）

## 113. 地中海芽胞杆菌（*Bacillus mediterraneensis*）Marseille-P2366$^T$

地中海芽胞杆菌（*Bacillus mediterraneensis* Cadoret et al. 2017，sp. nov.）的模式菌株（Marseille-P2366$^T$ =CSUR P2366$^T$ =DSM 102091$^T$）分离自 1 位健康黑人男性的粪便，最适生长温度为 37℃，好氧，产芽胞（Cadoret et al.，2017）。目前，该种仅有 1 个基因组，模式菌株 Marseille-P2366$^T$ 基因组的 GenBank 登录号为 GCA_900111815.1，测序平台为 Illumina Hiseq，于 2016 年 11 月 2 日由法国热带传染病研究中心（Unité de Recherche en Maladies Infectieuses et Tropicales Emergentes）提交。

**【基因组的组装】**菌株 Marseille-P2366$^T$ 基因组的测序深度为 159 X，基因组大小为 3.341 Mb，组装到 28 个 scaffolds，scaffold $N_{50}$ 为 3 045 374 bp。**【G+C 含量】**42.25%。

**【非编码 RNA】**预测到 16 个 rRNA 基因（5S rRNA 9 个、16S rRNA 6 个、23S rRNA 1 个），85 个 tRNA 基因，5 个 sRNA 基因。**【编码基因】**有 3666 个蛋白质编码基因，编码区总长为 2 852 787 bp，占整个基因组的 85.39%，基因的平均长度为 778 bp。**【基因功能注释】**比对到 KEGG、COG 和 GO 数据库的基因数量分别为 2987 个、2273 个和 2291 个，预测到分泌蛋白编码基因 58 个；在 24 个 COG 功能类群中，基因数量前 10 位的类群分别是：J. 翻译、核糖体结构与合成 209 个，R. 仅一般功能预测 209 个，E. 氨基酸转运与代谢 205 个，S. 功能未知 183 个，K. 转录 167 个，H. 辅酶转运与代谢 155 个，C. 能量产生与转换 148 个，T. 信号转导机制 138 个，P. 无机离子转运与代谢 135 个和 L. 复制、重组与修复 129 个（图 5-1-114a）。**【重复序列】**预测到的重复序列包括：LTR 122 个，总长为 7467 bp，平均长度为 61 bp；DNA 重复元件 32 个，总长为 1979 bp，平均长度为 62 bp；LINE 42 个，总长为 2529 bp，平均长度为 60 bp；SINE 17 个，总长为 1241 bp，平均长度为 73 bp；RC 4 个，总长为 227 bp，平均长度为 57 bp；未知序列 2 个，总长为 167 bp，平均长度为 84 bp；TR 248 个，重复序列长度为 6～811 bp，总长为 37 339 bp；小卫星 DNA 191 个，重复序列长度为 10～60 bp，总长为 11 229 bp；微卫星 DNA 3 个，重复序列长度为 6 bp，总长为 144 bp。**【CRISPR】**预测到 39 个 CRISPR 相关序列。**【基因岛】**预测到 16 个基因岛 GI 01～GI 16，长度为 4172～34 628 bp，其 G+C 含量为 33.41%～46.46%。利用已预测得到的基因组信息，如重复序列、G+C 含量等，应用 CIRCOS 工具绘制其基因组圈图（图 5-1-114b）。

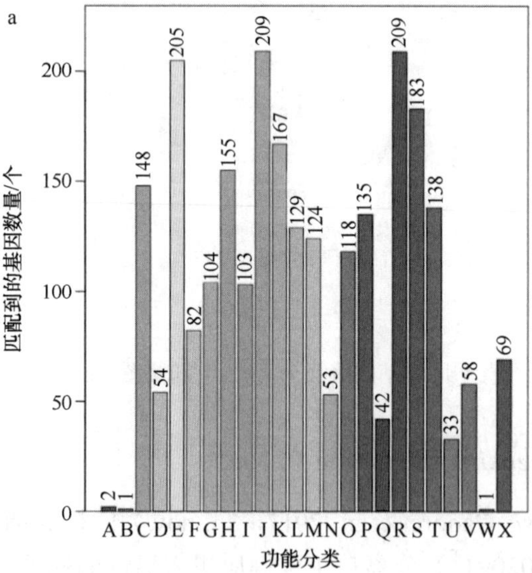


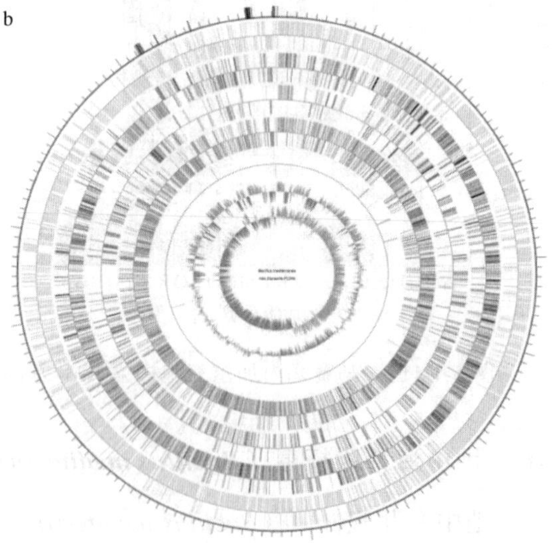


图 5-1-114　地中海芽胞杆菌 Marseille-P2366$^{T}$ 基因组的直系同源基因聚类分析（a）和圈图（b）

## 114. 巨大芽胞杆菌（*Bacillus megaterium*）ATCC 14581$^{T}$

巨大芽胞杆菌（*Bacillus megaterium* de Bary 1884，species.）的模式菌株（ATCC 14581$^{T}$ = CCM 2007$^{T}$ =CCUG 1817$^{T}$ =DSM 32$^{T}$ =JCM 2506$^{T}$ =LMG 7127$^{T}$ =NCTC 10342$^{T}$ =NRIC 1710$^{T}$ =NRRL B-14308$^{T}$）来源不详，生长条件为 3～45℃（最适 30℃）、0～7%（*W*/*V*）

NaCl，好氧，产芽胞。目前，该种有 98 个基因组，选择组装到完成图水平的模式菌株 ATCC 14581$^{T}$ 的基因组进行描述，其 GenBank 登录号为 GCA_000832985.1，测序平台为 Illumina+PacBio+454，于 2015 年 2 月 5 日由美国洛斯阿拉莫斯国家实验室（Los Alamos National Laboratory）提交。

**【基因组的组装】**菌株 ATCC 14581$^{T}$ 基因组的测序深度为 450 X，基因组大小为 5.747 Mb，组装到完成图水平，包括 1 条染色体和 6 个质粒。**【G+C 含量】**37.82%。**【非编码 RNA】**预测到 41 个 rRNA 基因（5S rRNA 15 个、16S rRNA 13 个、23S rRNA 13 个），125 个 tRNA 基因，5 个 sRNA 基因。**【编码基因】**有 6133 个蛋白质编码基因，编码区总长为 4 767 003 bp，占整个基因组的 82.95%，基因的平均长度为 777 bp。**【基因功能注释】**比对到 KEGG、COG 和 GO 数据库的基因数量分别为 5867 个、3819 个和 4050 个，预测到分泌蛋白编码基因 114 个；在 24 个 COG 功能类群中，基因数量前 10 位的类群分别是：E. 氨基酸转运与代谢 454 个，R. 仅一般功能预测 453 个，K. 转录 402 个，G. 碳水化合物转运与代谢 330 个，S. 功能未知 282 个，J. 翻译、核糖体结构与合成 271 个，C. 能量产生与转换 250 个，H. 辅酶转运与代谢 238 个，T. 信号转导机制 235 个和 P. 无机离子转运与代谢 228 个（图 5-1-115a）。**【重复序列】**预测到的重复序列包括：LTR 103 个，总长为 9352 bp，平均长度为 91 bp；DNA 重复元件 27 个，总长为 1489 bp，平均长度为 55 bp；LINE 44 个，总长为 2759 bp，平均长度为 63 bp；SINE 21 个，总长为 1851 bp，平均长度为 88 bp；RC 6 个，总长为 331 bp，平均长度为 55 bp；TR 176 个，重复序列长度为 6～549 bp，总长为 16 713 bp；小卫星 DNA 145 个，重复序列长度为 12～60 bp，总长为 10 211 bp；微卫星 DNA 2 个，重复序列长度为 6 bp，总长为 86 bp。**【CRISPR】**预测到 25 个 CRISPR 相关序列。**【基因岛】**预测到 15 个基因岛 GI 01～GI 15，长度为 3032～71 877 bp，其 G+C 含量为 32.51%～39.41%。利用已预测得到的基因组信息，如重复序列、G+C 含量等，应用 CIRCOS 工具绘制其基因组圈图（图 5-1-115b）。

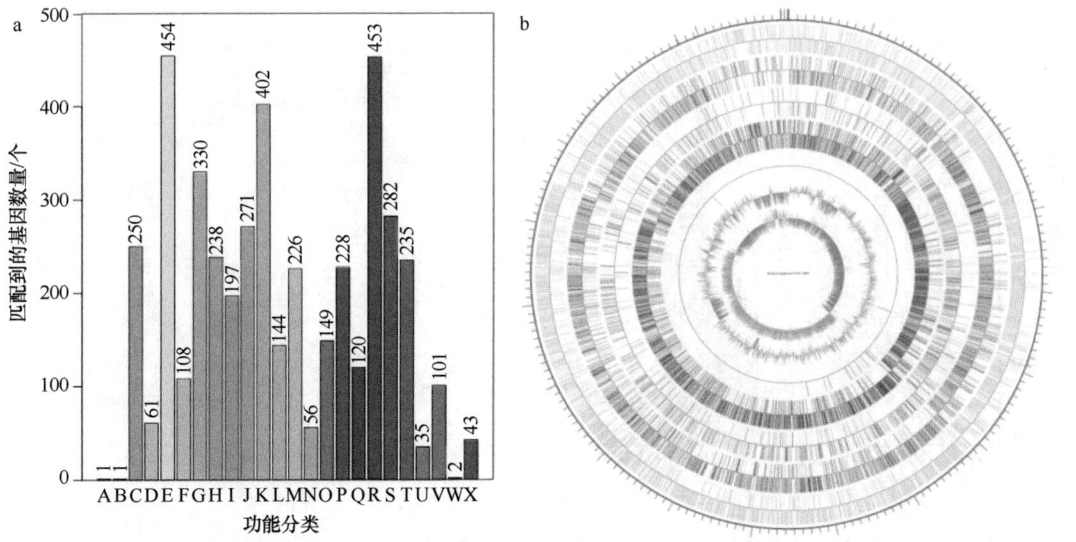


图 5-1-115　巨大芽胞杆菌 ATCC 14581$^{T}$ 基因组的直系同源基因聚类分析（a）和圈图（b）

## 115. 仙草芽胞杆菌（*Bacillus mesonae*）FJAT-13985$^T$

仙草芽胞杆菌（*Bacillus mesonae* Liu et al. 2014，sp. nov.）的模式菌株（FJAT-13985$^T$= DSM 25968$^T$ =CGMCC 1.12238$^T$）分离自仙草植株的根组织，生长条件为 20～45℃（最适 30℃）、pH 5.7～9.0（最适 pH 7.0）、0～2%（*W*/*V*）NaCl（最适 1%），好氧，产芽胞（Liu et al.，2014f）。目前，该种有 2 个基因组，选择组装水平较高的模式菌株 FJAT-13985$^T$的基因组进行描述，其 GenBank 登录号为 GCA_001636315.1，测序平台为 Illumina HiSeq，于 2016 年 5 月 4 日由福建省农业科学院（Fujian Academy of Agricultural Sciences）提交。

**【基因组的组装】**菌株 FJAT-13985$^T$基因组的测序深度为 330 X，基因组大小为 5.808 Mb，组装到 2 个 scaffolds，scaffold $N_{50}$为 5 806 292 bp。**【G+C 含量】**40.30%。**【非编码 RNA】**预测到 38 个 rRNA 基因（5S rRNA 13 个、16S rRNA 12 个、23S rRNA 13 个），104 个 tRNA 基因，5 个 sRNA 基因。**【编码基因】**有 5867 个蛋白质编码基因，编码区总长为 4 955 025 bp，占整个基因组的 85.31%，基因的平均长度为 845 bp。**【基因功能注释】**比对到 KEGG、COG 和 GO 数据库的基因数量分别为 5026 个、3854 个和 3885 个，预测到分泌蛋白编码基因 146 个；在 24 个 COG 功能类群中，基因数量前 10 位的类群分别是：E. 氨基酸转运与代谢 528 个，R. 仅一般功能预测 435 个，K. 转录 338 个，C. 能量产生与转换 309 个，G. 碳水化合物转运与代谢 294 个，S. 功能未知 284 个，J. 翻译、核糖体结构与合成 268 个，P. 无机离子转运与代谢 252 个，T. 信号转导机制 236 个和 M. 细胞壁/膜/包膜生物合成 219 个（图 5-1-116a）。**【重复序列】**预测到的重复序列包括：LTR 142 个，总长为 12 007 bp，平均长度为 85 bp；DNA 重复元件 35 个，总长为 2160 bp，平均长度为 62 bp；LINE 53 个，总长为 3420 bp，平均长度为 65 bp；SINE 15 个，总长为 1085 bp，平均长度为 72 bp；RC 4 个，总长为 213 bp，平均长度为 53 bp；TR 448 个，重复序列长度为 6～375 bp，总长为 65 597 bp；小卫星 DNA 338 个，重复序列长度为 10～60 bp，

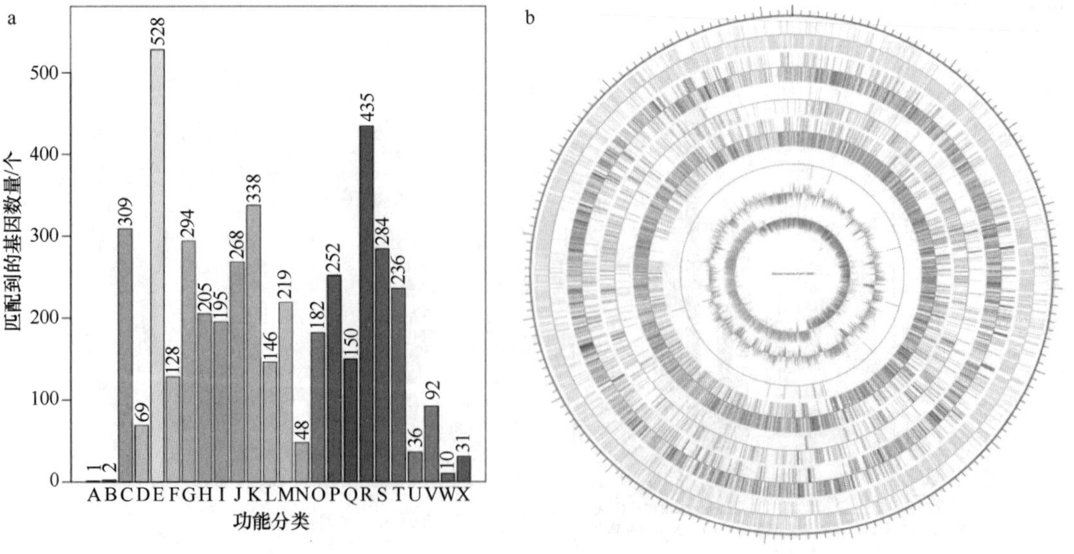


图 5-1-116　仙草芽胞杆菌 FJAT-13985$^T$基因组的直系同源基因聚类分析（a）和圈图（b）

总长为 59 061 bp；微卫星 DNA 5 个，重复序列长度为 6 bp，总长为 211 bp。**【CRISPR】**预测到 399 个 CRISPR 相关序列。**【基因岛】**预测到 13 个基因岛 GI 01～GI 13，长度为 4665～33 382 bp，其 G+C 含量为 32.84%～47.08%。利用已预测得到的基因组信息，如重复序列、G+C 含量等，应用 CIRCOS 工具绘制其基因组圈图（图 5-1-116b）。

## 116. 甲醇芽胞杆菌（*Bacillus methanolicus*）MGA3

甲醇芽胞杆菌（*Bacillus methanolicus* Arfman et al. 1992，sp. nov.）的模式菌株（PB1$^T$=ATCC 51375$^T$=LMG 16799$^T$=NCIMB 13113$^T$）分离自温泉和废水处理系统的土壤，耐热，生长温度为 35～60℃（最适 55℃），严格好氧，产芽胞（Arfman et al.，1992）。目前，该种有 2 个基因组，选择组装到完成图水平的非模式菌株 MGA3 的基因组进行描述，其 GenBank 登录号为 GCA_000724485.1，测序平台为 Illumina MiSeq，于 2014 年 7 月 9 日由德国比勒费尔德大学（Bielefeld University）提交。

**【基因组的组装】**菌株 MGA3 基因组的测序深度为 180 X，基因组大小为 3.425 Mb，组装到完成图水平，包括 1 条染色体和 2 个质粒。**【G+C 含量】**38.58%。**【非编码 RNA】**预测到 27 个 rRNA 基因（5S rRNA 9 个、16S rRNA 9 个、23S rRNA 9 个），92 个 tRNA 基因，3 个 sRNA 基因。**【编码基因】**有 3708 个蛋白质编码基因，编码区总长为 2 871 330 bp，占整个基因组的 83.83%，基因的平均长度为 774 bp。**【基因功能注释】**比对到 KEGG、COG 和 GO 数据库的基因数量分别为 3278 个、2375 个和 2358 个，预测到分泌蛋白编码基因 57 个；在 25 个 COG 功能类群中，基因数量前 10 位的类群分别是：E. 氨基酸转运与代谢 256 个，R. 仅一般功能预测 245 个，J. 翻译、核糖体结构与合成 213 个，S. 功能未知 186 个，K. 转录 166 个，M. 细胞壁/膜/包膜生物合成 156 个，H. 辅酶转运与代谢 153 个，T. 信号转导机制 152 个，P. 无机离子转运与代谢 150 个和 C. 能量产生与转换 146 个（图 5-1-117a）。**【重复序列】**预测到的重复序列包括：LTR 99 个，总长

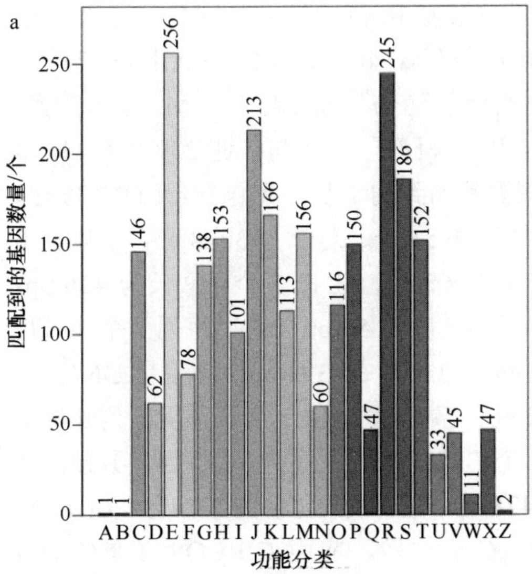


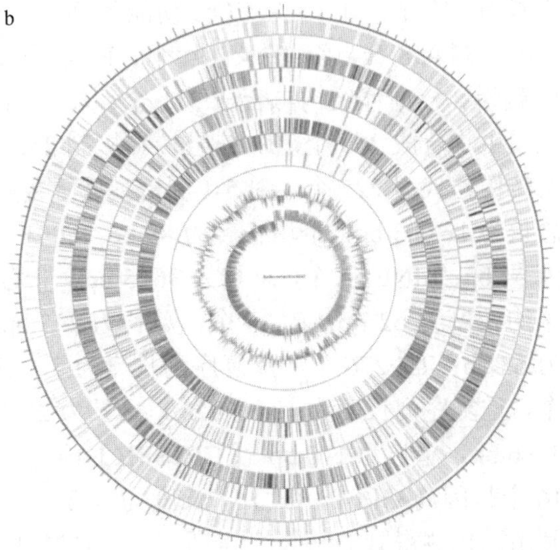


图 5-1-117　甲醇芽胞杆菌 MGA3 基因组的直系同源基因聚类分析（a）和圈图（b）

为 8675 bp，平均长度为 88 bp；DNA 重复元件 29 个，总长为 1895 bp，平均长度为 65 bp；LINE 29 个，总长为 1810 bp，平均长度为 62 bp；SINE 15 个，总长为 1006 bp，平均长度为 67 bp；RC 1 个，长度为 95 bp；未知序列 1 个，长度为 41 bp；TR 178 个，重复序列长度为 6～394 bp，总长为 14 133 bp；小卫星 DNA 157 个，重复序列长度为 10～54 bp，总长为 10 272 bp；微卫星 DNA 1 个，重复序列长度为 6 bp，总长为 30 bp。**【CRISPR】**未预测到 CRISPR 相关序列。**【基因岛】**预测到 16 个基因岛 GI 01～GI 16，长度为 2996～37 093 bp，其 G+C 含量为 33.08%～50.33%。利用已预测得到的基因组信息，如重复序列、G+C 含量等，应用 CIRCOS 工具绘制其基因组圈图（图 5-1-117b）。

### 117. 运动芽胞杆菌（*Bacillus mobilis*）ML-A2C4

运动芽胞杆菌（*Bacillus mobilis* Liu et al. 2017，sp. nov.）的模式菌株（0711P9-1$^{T}$=MCCC 1A05942$^{T}$=KCTC 33717$^{T}$=LMG 28877$^{T}$）分离自印度洋的沉积物，生长条件为 10～39℃（最适 30℃）、pH 5.0～9.0（最适 pH 7.0）、0～9%（*W*/*V*）NaCl（最适 0），兼性厌氧，产芽胞（Liu et al.，2017c）。目前，该种有 2 个基因组，选择组装到完成图水平的非模式菌株 ML-A2C4 的基因组进行描述，其 GenBank 登录号为 GCA_003612955.1，测序平台为 PacBio RSII+Illumina MiSeq，于 2018 年 10 月 4 日由美国农业部农业研究院（United States Department of Agriculture，Agricultural Research Service）提交。

**【基因组的组装】**菌株 ML-A2C4 基因组的测序深度为 106 X，基因组大小为 5.468 Mb，组装到完成图水平，包括 1 条染色体。**【G+C 含量】**35.56%。**【非编码 RNA】**预测到 42 个 rRNA 基因（5S rRNA 14 个、16S rRNA 14 个、23S rRNA 14 个），106 个 tRNA 基因，5 个 sRNA 基因。**【编码基因】**有 5661 个蛋白质编码基因，编码区总长为 4 633 521 bp，占整个基因组的 84.74%，基因的平均长度为 818 bp。**【基因功能注释】**比对到 KEGG、COG 和 GO 数据库的基因数量分别为 5395 个、3895 个和 3731 个，预测到分泌蛋白编码基因 140 个；在 25 个 COG 功能类群中，基因数量前 10 位的类群分别是：R. 仅一般功能预测 438 个，K. 转录 414 个，E. 氨基酸转运与代谢 405 个，S. 功能未知 323 个，J. 翻译、核糖体结构与合成 311 个，G. 碳水化合物转运与代谢 285 个，M. 细胞壁/膜/包膜生物合成 255 个，T. 信号转导机制 252 个，P. 无机离子转运与代谢 239 个和 H. 辅酶转运与代谢 225 个（图 5-1-118a）。**【重复序列】**预测到的重复序列包括：LTR 135 个，总长为 12 003 bp，平均长度为 89 bp；DNA 重复元件 51 个，总长为 3248 bp，平均长度为 64 bp；LINE 56 个，总长为 3645 bp，平均长度为 65 bp；SINE 7 个，总长为 436 bp，平均长度为 62 bp；RC 4 个，总长为 225 bp，平均长度为 56 bp；未知序列 1 个，长度为 68 bp；TR 276 个，重复序列长度为 3～282 bp，总长为 36 393 bp；小卫星 DNA 214 个，重复序列长度为 10～60 bp，总长为 20 482 bp；微卫星 DNA 5 个，重复序列长度为 3～6 bp，总长为 170 bp。**【CRISPR】**预测到 7 个 CRISPR 相关序列。**【基因岛】**预测到 16 个基因岛 GI 01～GI 16，长度为 4737～24 428 bp，其 G+C 含量为 31.4%～41.11%。利用已预测得到的基因组信息，如重复序列、G+C 含量等，应用 CIRCOS 工具绘制其基因组圈图（图 5-1-118b）。

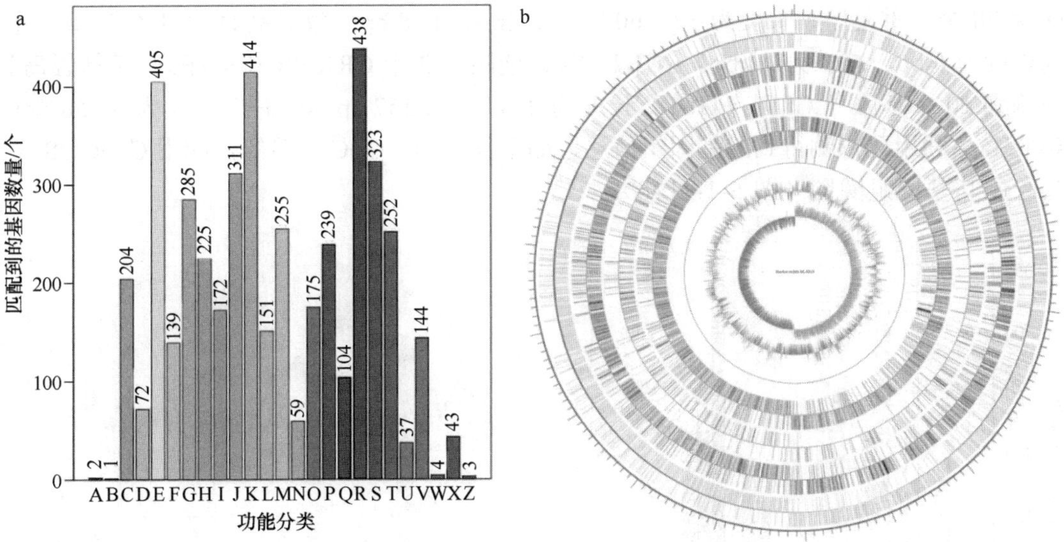


图 5-1-118　运动芽胞杆菌 ML-A2C4 基因组的直系同源基因聚类分析（a）和圈图（b）

## 118. 莫哈维沙漠芽胞杆菌（*Bacillus mojavensis*）KCTC 3706$^T$

莫哈维沙漠芽胞杆菌（*Bacillus mojavensis* Roberts et al. 1994，sp. nov.）的模式菌株（RO-H-1$^T$ =ATCC 51516$^T$ =DSM 9205$^T$ =KCTC 3706$^T$ =JCM 12230$^T$ =LMG 17797$^T$ = NRRL B-14698$^T$）分离自美国莫哈维沙漠的土壤，生长温度为 5～55℃（最适 28～30℃），好氧，产芽胞（Roberts et al.，1994）。目前，该种仅有 1 个基因组，模式菌株 KCTC 3706$^T$ 基因组的 GenBank 登录号为 GCA_000245335.1，测序平台为 ABI 3700+454 GS20，于 2012 年 1 月 25 日由美国哈佛大学医学院（Harvard Medical School）提交。

**【基因组的组装】**菌株 KCTC 3706$^T$ 基因组的测序深度为 18 X，基因组大小为 3.957 Mb，组装到 29 个 scaffolds，scaffold $N_{50}$ 为 346 825 bp。**【G+C 含量】**43.66%。**【非编码 RNA】**预测到 4 个 rRNA 基因（5S rRNA 2 个、16S rRNA 1 个、23S rRNA 1 个），69 个 tRNA 基因，6 个 sRNA 基因。**【编码基因】**有 4216 个蛋白质编码基因，编码区总长为 3 468 753 bp，占整个基因组的 87.66%，基因的平均长度为 823 bp。**【基因功能注释】**比对到 KEGG、COG 和 GO 数据库的基因数量分别为 3916 个、3055 个和 2832 个，预测到分泌蛋白编码基因 83 个；在 25 个 COG 功能类群中，基因数量前 10 位的类群分别是：R. 仅一般功能预测 341 个，E. 氨基酸转运与代谢 319 个，G. 碳水化合物转运与代谢 310 个，K. 转录 310 个，J. 翻译、核糖体结构与合成 229 个，S. 功能未知 221 个，M. 细胞壁/膜/包膜生物合成 210 个，P. 无机离子转运与代谢 192 个，H. 辅酶转运与代谢 191 个和 T. 信号转导机制 190 个（图 5-1-119a）。**【重复序列】**预测到的重复序列包括：LTR 155 个，总长为 9131 bp，平均长度为 59 bp；DNA 重复元件 51 个，总长为 2885 bp，平均长度为 57 bp；LINE 41 个，总长为 2648 bp，平均长度为 65 bp；SINE 7 个，总长为 665 bp，平均长度为 95 bp；RC 1 个，长度为 39 bp；未知序列 1 个，长度为 86 bp；TR 108 个，重复序列长度为 6～282 bp，总长为 11 971 bp；小卫星

DNA 78 个，重复序列长度为 12～60 bp，总长为 8068 bp；微卫星 DNA 1 个，重复序列长度为 6 bp，总长为 44 bp。**【CRISPR】**预测到 2 个 CRISPR 相关序列。**【基因岛】**预测到 10 个基因岛 GI 01～GI 10，长度为 3311～54 357 bp，其 G+C 含量为 35.58%～44.03%。利用已预测得到的基因组信息，如重复序列、G+C 含量等，应用 CIRCOS 工具绘制其基因组圈图（图 5-1-119b）。

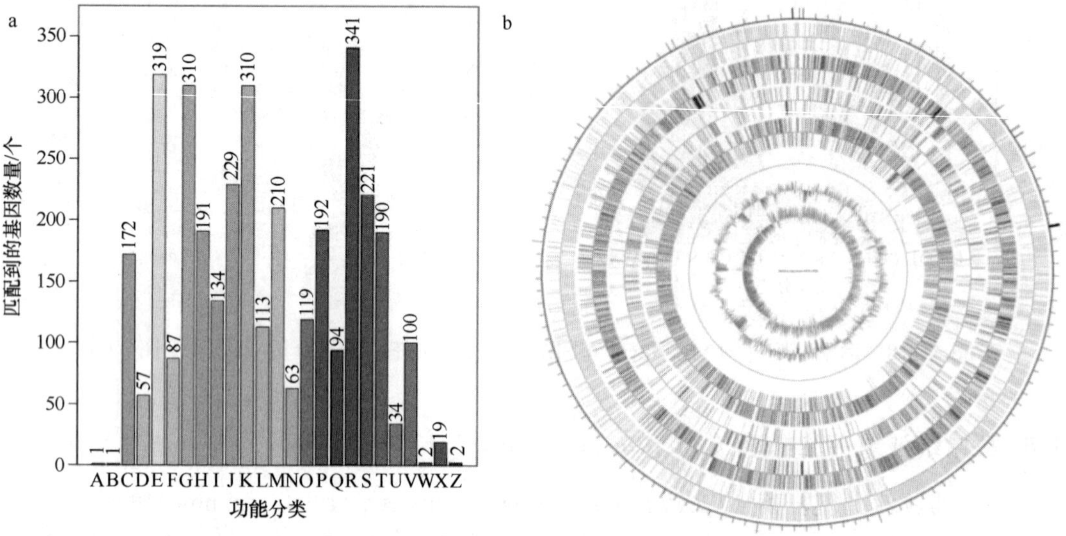


图 5-1-119　莫哈维沙漠芽胞杆菌 KCTC 3706$^{T}$ 基因组的直系同源基因聚类分析（a）和圈图（b）

## 119. 壁芽胞杆菌（*Bacillus muralis*）DSM 16288$^{T}$

壁芽胞杆菌（*Bacillus muralis* Heyrman et al. 2005，sp. nov.）的模式菌株（LMG 20238$^{T}$ = DSM 16288$^{T}$）分离自德国路德会教堂的壁画，最适生长条件为 30℃、pH 7.0，能耐受 7%（*W*/*V*）NaCl，好氧，产芽胞（Heyrman et al.，2005b）。目前，该种有 2 个基因组，选择组装水平较高的模式菌株 DSM 16288$^{T}$ 的基因组进行描述，其 GenBank 登录号为 GCA_001439925.1，测序平台为 Illumina HiSeq，于 2015 年 11 月 6 日由福建省农业科学院（Fujian Academy of Agricultural Sciences）提交。

**【基因组的组装】**菌株 DSM 16288$^{T}$ 基因组的测序深度为 150 X，基因组大小为 5.191 Mb，组装到 101 个 scaffolds，scaffold $N_{50}$ 为 223 242 bp。**【G+C 含量】**40.94%。**【非编码 RNA】**预测到 4 个 rRNA 基因（5S rRNA 2 个、16S rRNA 1 个、23S rRNA 1 个），57 个 tRNA 基因，3 个 sRNA 基因。**【编码基因】**有 5294 个蛋白质编码基因，编码区总长为 4 286 001 bp，占整个基因组的 82.57%，基因的平均长度为 810 bp。**【基因功能注释】**比对到 KEGG、COG 和 GO 数据库的基因数量分别为 4435 个、3460 个和 3476 个，预测到分泌蛋白编码基因 104 个；在 24 个 COG 功能类群中，基因数量前 10 位的类群分别是：R. 仅一般功能预测 406 个，G. 碳水化合物转运与代谢 396 个，E. 氨基酸转运与代谢 372 个，K. 转录 329 个，S. 功能未知 256 个，J. 翻译、核糖体结构与合成 254 个，M. 细胞壁/膜/包膜生物合成 214 个，P. 无机离子转运与代谢 209 个，C. 能量产生与转换 201 个和 H. 辅酶转运与代谢 191 个（图 5-1-120a）。**【重复序列】**预测到的重复序列包括：LTR 164 个，总长为 11 825 bp，平均长度为 72 bp；DNA 重复元件 57 个，总长为 5495 bp，平均长度为 96 bp；LINE 53 个，总长为 3462 bp，平均长度为 65 bp；SINE 12 个，总长为 806 bp，平均长度为 67 bp；RC 4 个，总长为 220 bp，平均长度为 55bp；未知序列 1 个，长度为 79 bp；TR 408 个，重复序列长度为 6～302 bp，总长为 34 621 bp；小卫星 DNA 338 个，重复序列长度为 10～60 bp，总长为 28 279 bp；微卫星 DNA 2 个，重复序列长度为 6 bp，总长为 116 bp。**【CRISPR】**预测到 95 个 CRISPR 相关序列。**【基因岛】**预测到 7 个基因岛 GI 01～GI 07，长度为 3990～30 704 bp，其 G+C 含量为 31.63%～42.95%。利用已预测得到的基因组信息，如重复序列、G+C 含量等，应用 CIRCOS 工具绘制其基因组圈图（图 5-1-120b）。

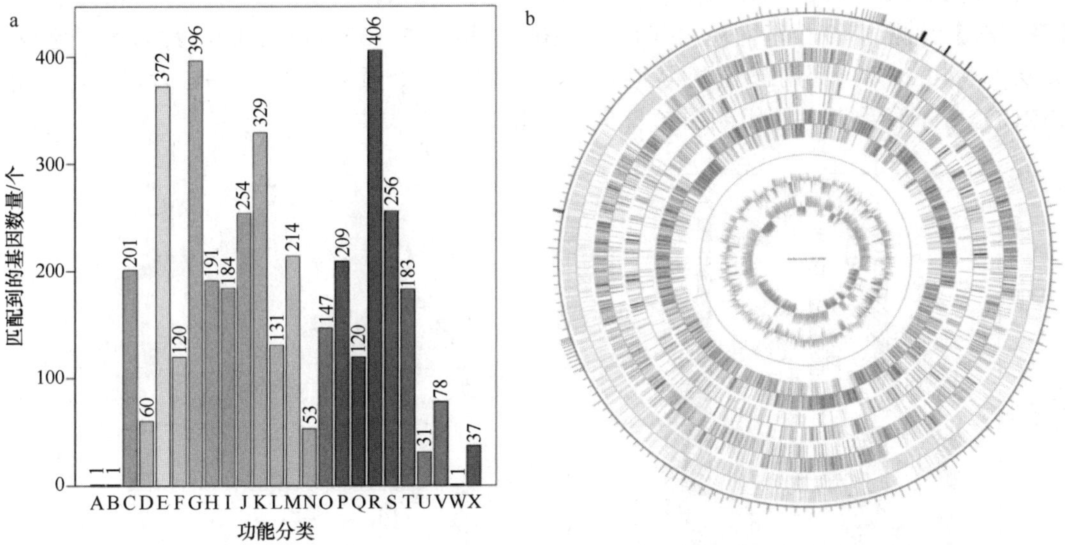


图 5-1-120　壁芽胞杆菌 DSM 16288$^{T}$ 基因组的直系同源基因聚类分析（a）和圈图（b）

## 120. 马丁教堂芽胞杆菌（*Bacillus murimartini*）LMG 21005$^{T}$

马丁教堂芽胞杆菌（*Bacillus murimartini* Borchert et al. 2007，sp. nov.）的模式菌株（LMG 21005$^{T}$ =NCIMB 14102$^{T}$）分离自德国圣马丁教堂的壁画，耐碱，生长条件为 10～30℃（最适 15～20℃）、pH 7.0～10.0（最适 pH 8.5）、0～4%（*W*/*V*）NaCl，好氧，产芽胞（Borchert et al.，2007）。目前，该种仅有 1 个基因组，模式菌株 LMG 21005$^{T}$ 基因组的 GenBank 登录号为 GCA_001274705.1，测序平台为 Illumina HiSeq，于 2015 年 8 月 26 日由福建省农业科学院（Fujian Academy of Agricultural Sciences）提交。

**【基因组的组装】**菌株 LMG 21005$^{T}$ 基因组的测序深度为 100 X，基因组大小为 4.169 Mb，组装到 13 个 scaffolds，scaffold $N_{50}$ 为 1 047 322 bp。**【G+C 含量】**43.40%。**【非编码 RNA】**预测到 4 个 rRNA 基因（5S rRNA 2 个、16S rRNA 1 个、23S rRNA 1 个），70 个 tRNA 基因，13 个 sRNA 基因。**【编码基因】**有 4405 个蛋白质编码基因，编码区总长为 3 715 362 bp，占整个基因组的 89.12%，基因的平均长度为 843 bp。**【基因

功能注释】比对到 KEGG、COG 和 GO 数据库的基因数量分别为 4326 个、3214 个和 2960 个，预测到分泌蛋白编码基因 103 个；在 25 个 COG 功能类群中，基因数量前 10 位的类群分别是：R. 仅一般功能预测 363 个，K. 转录 328 个，E. 氨基酸转运与代谢 324 个，G. 碳水化合物转运与代谢 319 个，S. 功能未知 239 个，J. 翻译、核糖体结构与合成 233 个，M. 细胞壁/膜/包膜生物合成 224 个，T. 信号转导机制 198 个，H. 辅酶转运与代谢 196 个和 P. 无机离子转运与代谢 192 个（图 5-1-121a）。**【重复序列】**预测到的重复序列包括：LTR 152 个，总长为 9180 bp，平均长度为 60 bp；DNA 重复元件 42 个，总长为 2452 bp，平均长度为 58 bp；LINE 58 个，总长为 3476 bp，平均长度为 60 bp；SINE 7 个，总长为 628 bp，平均长度为 90 bp；未知序列 1 个，长度为 71 bp；TR 57 个，重复序列长度为 12～253 bp，总长为 4832 bp；小卫星 DNA 50 个，重复序列长度为 12～60 bp，总长为 2759 bp；未预测到微卫星 DNA。**【CRISPR】**未预测到 CRISPR 相关序列。**【基因岛】**预测到 10 个基因岛 GI 01～GI 10，长度为 5655～84 889 bp，其 G+C 含量为 32.92%～44.36%。利用已预测得到的基因组信息，如重复序列、G+C 含量等，应用 CIRCOS 工具绘制其基因组圈图（图 5-1-121b）。

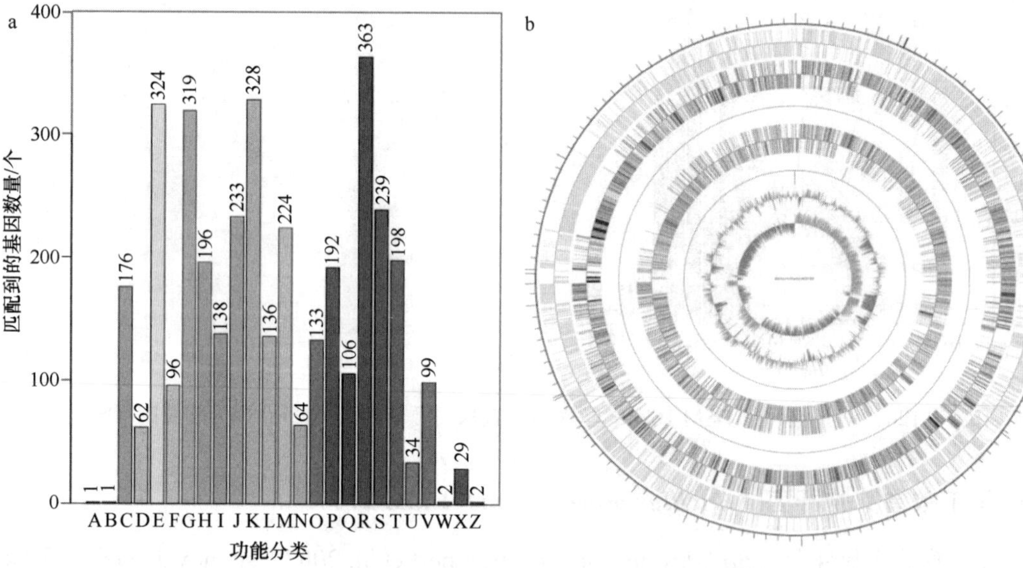


图 5-1-121　马丁教堂芽胞杆菌 LMG 21005$^T$ 基因组的直系同源基因聚类分析（a）和圈图（b）

## 121. 蕈状芽胞杆菌（*Bacillus mycoides*）ATCC 6462$^T$

蕈状芽胞杆菌（*Bacillus mycoides* Flügge 1886，species.）的模式菌株（ATCC 6462$^T$ = CCUG 26678$^T$ =CIP 103472$^T$ =DSM 2048$^T$ =LMG 7128$^T$ =NBRC 101228$^T$ =NCTC 12974$^T$ = NRRL B-14799$^T$）分离自土壤，耐碱，生长条件为 10～40℃、pH 8.0～10.0（最适 pH 9.0）、2%～8%（*W*/*V*）NaCl，形成独特的蕈状菌落，好氧，产芽胞。目前，该种有 69 个基因组，选择组装到完成图水平的模式菌株 ATCC 6462$^T$ 的基因组进行描述，其 GenBank 登录号为 GCA_000832605.1，测序平台为 Illumina+454，于 2015 年 2 月 5 日由美国洛斯阿拉莫斯国家实验室（Los Alamos National Laboratory）提交。

**【基因组的组装】**菌株 ATCC 6462$^T$ 基因组的测序深度为 202 X，基因组大小为 5.637 Mb，组装到完成图水平，包括 1 条染色体和 3 个质粒。**【G+C 含量】**35.38%。**【非编码 RNA】**预测到 36 个 rRNA 基因（5S rRNA 12 个、16S rRNA 12 个、23S rRNA 12 个），107 个 tRNA 基因，6 个 sRNA 基因。**【编码基因】**有 5959 个蛋白质编码基因，编码区总长为 4 690 797 bp，占整个基因组的 83.21%，基因的平均长度为 787 bp。**【基因功能注释】**比对到 KEGG、COG 和 GO 数据库的基因数量分别为 5718 个、3946 个和 3801 个，预测到分泌蛋白编码基因 141 个；在 25 个 COG 功能类群中，基因数量前 10 位的类群分别是：R. 仅一般功能预测 430 个，E. 氨基酸转运与代谢 408 个，K. 转录 408 个，S. 功能未知 328 个，J. 翻译、核糖体结构与合成 312 个，G. 碳水化合物转运与代谢 291 个，M. 细胞壁/膜/包膜生物合成 286 个，T. 信号转导机制 265 个，P. 无机离子转运与代谢 233 个和 H. 辅酶转运与代谢 215 个（图 5-1-122a）。**【重复序列】**预测到的重复序列包括：LTR 138 个，总长为 12 092 bp，平均长度为 88 bp；DNA 重复元件 50 个，总长为 4006 bp，平均长度为 80 bp；LINE 45 个，总长为 3528 bp，平均长度为 78 bp；SINE 16 个，总长为 1048 bp，平均长度为 66 bp；RC 1 个，长度为 79 bp；未知序列 2 个，总长为 145 bp，平均长度为 73 bp；TR 340 个，重复序列长度为 6～1310 bp，总长为 39 022 bp；小卫星 DNA 270 个，重复序列长度为 10～60 bp，总长为 22 292 bp；微卫星 DNA 4 个，重复序列长度为 6 bp，总长为 171 bp。**【CRISPR】**预测到 22 个 CRISPR 相关序列。**【基因岛】**预测到 18 个基因岛 GI 01～GI 18，长度为 5264～33 857 bp，其 G+C 含量为 32.19%～40.49%。利用已预测得到的基因组信息，如重复序列、G+C 含量等，应用 CIRCOS 工具绘制其基因组圈图（图 5-1-122b）。

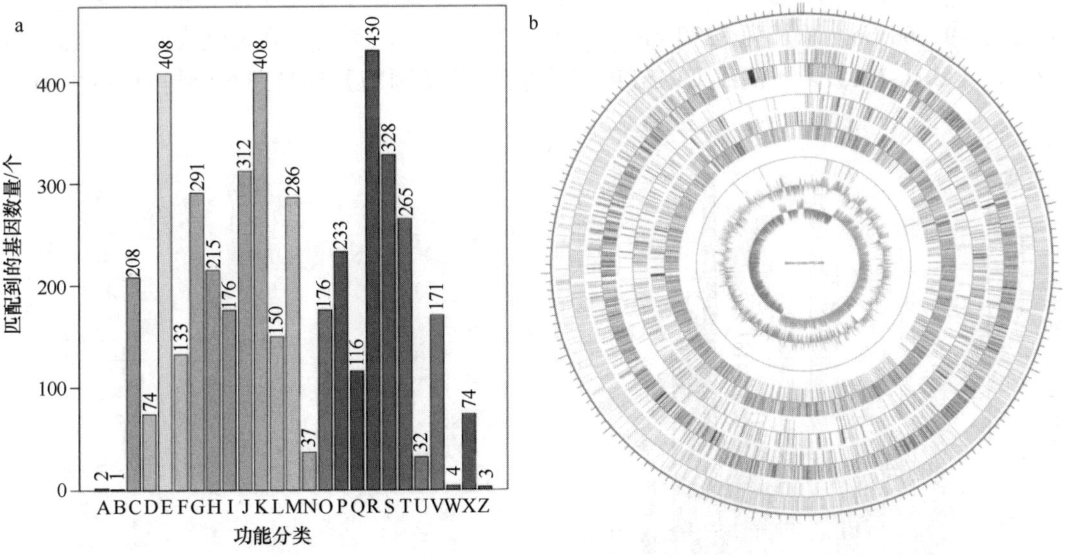


图 5-1-122　蕈状芽胞杆菌 ATCC 6462$^T$ 基因组的直系同源基因聚类分析（a）和圈图（b）

## 122. 中村氏芽胞杆菌（*Bacillus nakamurai*）NRRL B-41091$^T$

中村氏芽胞杆菌（*Bacillus nakamurai* Dunlap et al. 2016，sp. nov.）的模式菌株（NRRL

B-41091$^T$=CCUG 68786$^T$）分离自土壤，耐碱，生长条件为 17～50℃、pH 5.5～10.0（最适 pH 7.0～8.0）、0～9%（$W/V$）NaCl，产黑色素，好氧，产芽胞（Dunlap et al.，2016a）。目前，该种有 2 个基因组，选择组装水平较高的模式菌株 NRRL B-41091$^T$ 的基因组进行描述，其 GenBank 登录号为 GCA_001584325.1，测序平台为 Illumina MiSeq，于 2016 年 3 月 9 日由美国农业部农业研究院（United States Department of Agriculture，Agricultural Research Service）提交。

**【基因组的组装】**菌株 NRRL B-41091$^T$ 基因组的测序深度为 31 X，基因组大小为 3.689 Mb，组装到 45 个 contigs，contig $N_{50}$ 为 142 440 bp。**【G+C 含量】**45.25%。**【非编码 RNA】**预测到 3 个 rRNA 基因（5S rRNA 1 个、16S rRNA 1 个、23S rRNA 1 个），82 个 tRNA 基因，5 个 sRNA 基因。**【编码基因】**有 4112 个蛋白质编码基因，编码区总长为 3 275 553 bp，占整个基因组的 88.79%，基因的平均长度为 797 bp。**【基因功能注释】**比对到 KEGG、COG 和 GO 数据库的基因数量分别为 3683 个、2805 个和 2645 个，预测到分泌蛋白编码基因 75 个；在 25 个 COG 功能类群中，基因数量前 10 位的类群分别是：R. 仅一般功能预测 305 个，E. 氨基酸转运与代谢 296 个，K. 转录 274 个，J. 翻译、核糖体结构与合成 217 个，G. 碳水化合物转运与代谢 212 个，S. 功能未知 207 个，M. 细胞壁/膜/包膜生物合成 197 个，H. 辅酶转运与代谢 174 个，T. 信号转导机制 171 个和 P. 无机离子转运与代谢 167 个（图 5-1-123a）。**【重复序列】**预测到的重复序列包括：LTR 122 个，总长为 7395 bp，平均长度为 61 bp；DNA 重复元件 41 个，总长为 2487 bp，平均长度为 61 bp；LINE 29 个，总长为 1547 bp，平均长度为 53 bp；SINE 9 个，总长为 649 bp，平均长度为 72 bp；RC 1 个，长度为 65 bp；未知序列 1 个，长度为 89 bp；TR 69 个，重复序列长度为 6～153 bp，总长为 4679 bp；小卫星 DNA 54 个，重复序列长度为 10～60 bp，总长为 3288 bp；微卫星 DNA 1 个，重复序列长度为 6 bp，总长为 33 bp。**【CRISPR】**未预测到 CRISPR 相关序列。**【基因岛】**预测到 6 个基因岛 GI 01～

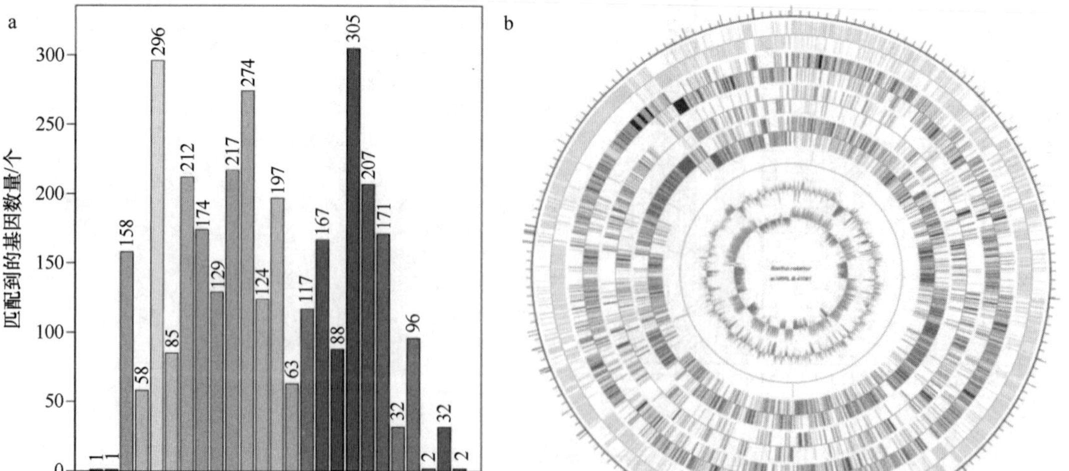


图 5-1-123　中村氏芽胞杆菌 NRRL B-41091$^T$ 基因组的直系同源基因聚类分析（a）和圈图（b）

GI 06，长度为 5244～13 324 bp，其 G+C 含量为 34.82%～45.89%。利用已预测得到的基因组信息，如重复序列、G+C 含量等，应用 CIRCOS 工具绘制其基因组圈图（图 5-1-123b）。

## 123. 迪奥普芽胞杆菌（*Bacillus ndiopicus*）FF3$^T$

迪奥普芽胞杆菌（*Bacillus ndiopicus* Lo et al. 2017，sp. nov.）的模式菌株（FF3$^T$=CSUR P3025$^T$=DSM 27837$^T$）分离自生活于塞内加尔迪奥普村庄的 1 位 39 岁村民的皮肤，好氧，产芽胞（Lo et al.，2015b）。目前，该种仅有 1 个基因组，模式菌株 FF3$^T$ 基因组的 GenBank 登录号为 GCA_000612805.1，测序平台为 Illumina MiSeq，于 2014 年 3 月 26 日由欧洲生物信息学研究所（European Bioinformatics Institute）提交。

**【基因组的组装】**菌株 FF3$^T$ 基因组的测序深度为 52 X，基因组大小为 4.068 Mb，组装到 23 个 scaffolds，scaffold $N_{50}$ 为 673 560 bp。**【G+C 含量】**37.03%。**【非编码 RNA】**预测到 7 个 rRNA 基因（5S rRNA 5 个、16S rRNA 1 个、23S rRNA 1 个），67 个 tRNA 基因，12 个 sRNA 基因。**【编码基因】**有 4054 个蛋白质编码基因，编码区总长为 3 469 512 bp，占整个基因组的 85.29%，基因的平均长度为 856 bp。**【基因功能注释】**比对到 KEGG、COG 和 GO 数据库的基因数量分别为 3445 个、2766 个和 2739 个，预测到分泌蛋白编码基因 86 个；在 25 个 COG 功能类群中，基因数量前 10 位的类群分别是：E. 氨基酸转运与代谢 315 个，R. 仅一般功能预测 312 个，K. 转录 274 个，J. 翻译、核糖体结构与合成 249 个，T. 信号转导机制 224 个，S. 功能未知 214 个，P. 无机离子转运与代谢 198 个，H. 辅酶转运与代谢 163 个，G. 碳水化合物转运与代谢 151 个和 C. 能量产生与转换 134 个（图 5-1-124a）。**【重复序列】**预测到的重复序列包括：LTR 88 个，总长为 5662 bp，平均长度为 64 bp；DNA 重复元件 38 个，总长为 2169 bp，平均长度为 57 bp；LINE 26 个，总长为 1533 bp，平均长度为 59 bp；SINE 10 个，总长为 1030 bp，平均长度为 103 bp；RC 1 个，长度为 37 bp；未知序列 1 个，长度为 74 bp；TR 228 个，重复序列长度为 6～831 bp，总长为 19 614 bp；小卫星 DNA 194 个，重复序列长度为 11～

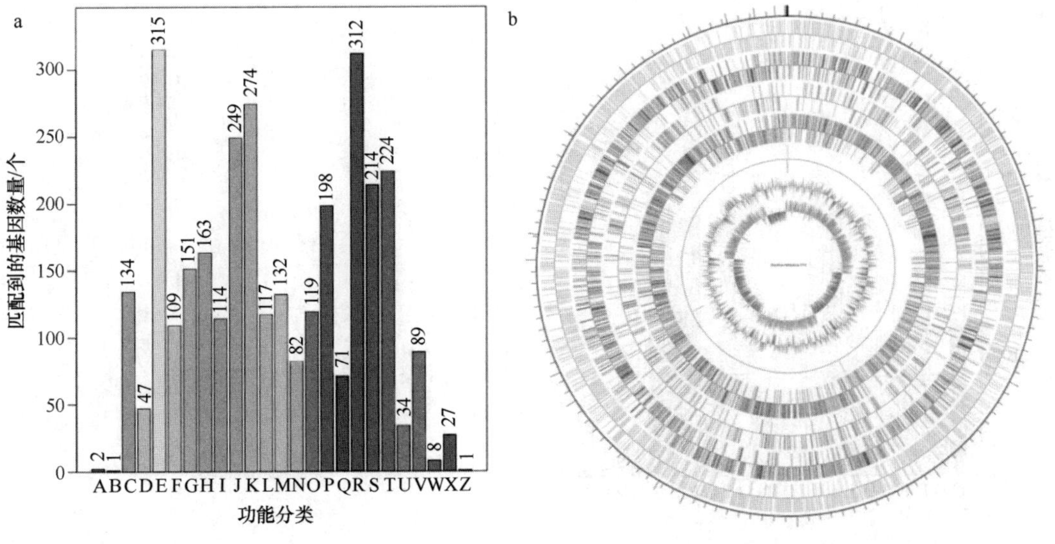


图 5-1-124　迪奥普芽胞杆菌 FF3$^T$ 基因组的直系同源基因聚类分析（a）和圈图（b）

60 bp，总长为 11 109 bp；微卫星 DNA 1 个，重复序列长度为 6 bp，总长为 57 bp。**【CRISPR】**预测到 134 个 CRISPR 相关序列。**【基因岛】**预测到 8 个基因岛 GI 01～GI 08，长度为 4385～25 287 bp，其 G+C 含量为 30.87%～39.72%。利用已预测得到的基因组信息，如重复序列、G+C 含量等，应用 CIRCOS 工具绘制其基因组圈图（图 5-1-124b）。

### 124. 尼氏芽胞杆菌（*Bacillus nealsonii*）FO-92$^T$

尼氏芽胞杆菌（*Bacillus nealsonii* Venkateswaran et al. 2003，sp. nov.）的模式菌株（FO-92$^T$ =ATCC BAAM-519$^T$ =DSM 15077$^T$）分离自美国肯尼迪航天中心的航天器装配车间，生长条件为 25～60℃（最适 30～35℃）、pH 6.0～10.0（最适 pH 7.0）、0～8%（*W*/*V*）NaCl，兼性厌氧，产芽胞（Venkateswaran et al.，2003）。目前，该种有 2 个基因组，选择组装水平较高的模式菌株 FO-92$^T$ 的基因组进行描述，其 GenBank 登录号为 GCA_002835805.1，测序平台为 Illumina HiSeq，于 2017 年 12 月 12 日由美国加州理工学院（California Institute of Technology）提交。

**【基因组的组装】**菌株 FO-92$^T$ 基因组的测序深度为 100 X，基因组大小为 4.691 Mb，组装到 91 个 contigs，contig $N_{50}$ 为 104 758 bp。**【G+C 含量】**34.64%。**【非编码 RNA】**预测到 9 个 rRNA 基因（5S rRNA 7 个、16S rRNA 1 个、23S rRNA 1 个），57 个 tRNA 基因，5 个 sRNA 基因。**【编码基因】**有 4778 个蛋白质编码基因，编码区总长为 3 833 523 bp，占整个基因组的 81.72%，基因的平均长度为 802 bp。**【基因功能注释】**比对到 KEGG、COG 和 GO 数据库的基因数量分别为 3906 个、3082 个和 3186 个，预测到分泌蛋白编码基因 82 个；在 22 个 COG 功能类群中，基因数量前 10 位的类群分别是：G. 碳水化合物转运与代谢 362 个，E. 氨基酸转运与代谢 358 个，R. 仅一般功能预测 328 个，K. 转录 303 个，J. 翻译、核糖体结构与合成 234 个，P. 无机离子转运与代谢 230 个，T. 信号转导机制 215 个，S. 功能未知 214 个，H. 辅酶转运与代谢 189 个和 M. 细胞壁/膜/包膜生物合成 170 个（图 5-1-125a）。**【重复序列】**预测到的重复序列包括：LTR 116 个，

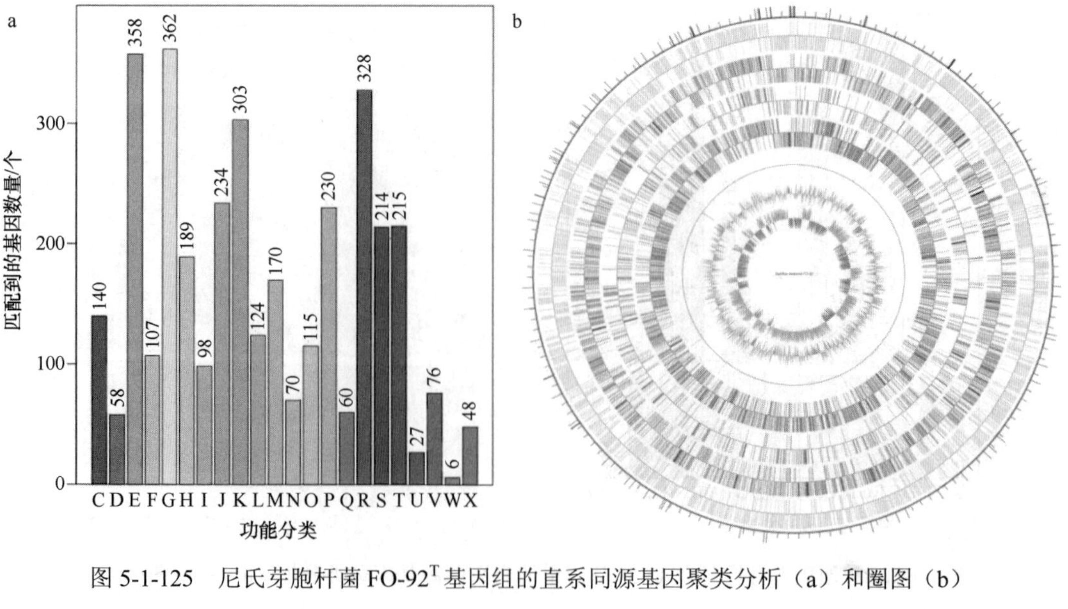


图 5-1-125　尼氏芽胞杆菌 FO-92$^T$ 基因组的直系同源基因聚类分析（a）和圈图（b）

总长为 6868 bp，平均长度为 59 bp；DNA 重复元件 46 个，总长为 2605 bp，平均长度为 57 bp；LINE 54 个，总长为 3020 bp，平均长度为 56 bp；SINE 9 个，总长为 768 bp，平均长度为 85 bp；TR 139 个，重复序列长度为 5～786 bp，总长为 11 749 bp；小卫星 DNA 119 个，重复序列长度为 10～60 bp，总长为 6942 bp；微卫星 DNA 3 个，重复序列长度为 5～6 bp，总长为 104 bp。**【CRISPR】**预测到 23 个 CRISPR 相关序列。**【基因岛】**预测到 20 个基因岛 GI 01～GI 20，长度为 3152～14 856 bp，其 G+C 含量为 29.98%～36.44%。利用已预测得到的基因组信息，如重复序列、G+C 含量等，应用 CIRCOS 工具绘制其基因组圈图（图 5-1-125b）。

### 125. 烟酸芽胞杆菌（*Bacillus niacini*）DSM 2923$^T$

烟酸芽胞杆菌（*Bacillus niacini* Nagel and Andreesen 1991，sp. nov.）的模式菌株（CIP 104585$^T$ =DSM 2923$^T$ =JCM 12306$^T$ =LMG 16677$^T$）分离自美国肯尼迪航天中心的航天器装配车间，生长温度为 10～40℃，最适 pH 7.0～8.0，能以烟酸作为唯一碳源、氮源和能源，好氧，产芽胞（Nagel and Andreesen，1991）。目前，该种有 3 个基因组，选择组装水平较高的模式菌株 DSM 2923$^T$ 的基因组进行描述，其 GenBank 登录号为 GCA_000768265.1，测序平台为 Illumina HiSeq，于 2014 年 10 月 23 日由美国伍斯特学院（The College of Wooster）提交。

**【基因组的组装】**菌株 DSM 2923$^T$ 基因组的测序深度为 30 X，基因组大小为 2.201 Mb，组装到 91 个 scaffolds，scaffold $N_{50}$ 为 26 629 bp。**【G+C 含量】**38.29%。**【非编码 RNA】**预测到 6 个 rRNA 基因（5S rRNA 6 个、16S rRNA 0 个、23S rRNA 0 个），44 个 tRNA 基因，4 个 sRNA 基因。**【编码基因】**有 2158 个蛋白质编码基因，编码区总长为 1 829 616 bp，占整个基因组的 83.13%，基因的平均长度为 848 bp。**【基因功能注释】**比对到 KEGG、COG 和 GO 数据库的基因数量分别为 1849 个、1439 个和 1463 个，预测到分泌蛋白编码基因 35 个；在 24 个 COG 功能类群中，基因数量前 10 位的类群分别是：G. 碳水化合物转运与代谢 184 个，R. 仅一般功能预测 168 个，E. 氨基酸转运与代谢 135 个，K. 转录 110 个，J. 翻译、核糖体结构与合成 107 个，S. 功能未知 107 个，C. 能量产生与转换 93 个，T. 信号转导机制 89 个，I. 脂质转运与代谢 76 个和 P. 无机离子转运与代谢 73 个（图 5-1-126a）。**【重复序列】**预测到的重复序列包括：LTR 82 个，总长为 4792 bp，平均长度为 58 bp；DNA 重复元件 21 个，总长为 1313 bp，平均长度为 63 bp；LINE 27 个，总长为 1577 bp，平均长度为 58 bp；SINE 7 个，总长为 565 bp，平均长度为 81 bp；RC 1 个，长度为 34 bp；未知序列 1 个，长度为 76 bp；TR 170 个，重复序列长度为 9～1524 bp，总长为 29 957 bp；小卫星 DNA 127 个，重复序列长度为 10～60 bp，总长为 23 387 bp；未预测到微卫星 DNA。**【CRISPR】**预测到 54 个 CRISPR 相关序列。**【基因岛】**预测到 1 个基因岛 GI 01，长度为 6940 bp，其 G+C 含量为 35.62%。利用已预测得到的基因组信息，如重复序列、G+C 含量等，应用 CIRCOS 工具绘制其基因组圈图（图 5-1-126b）。

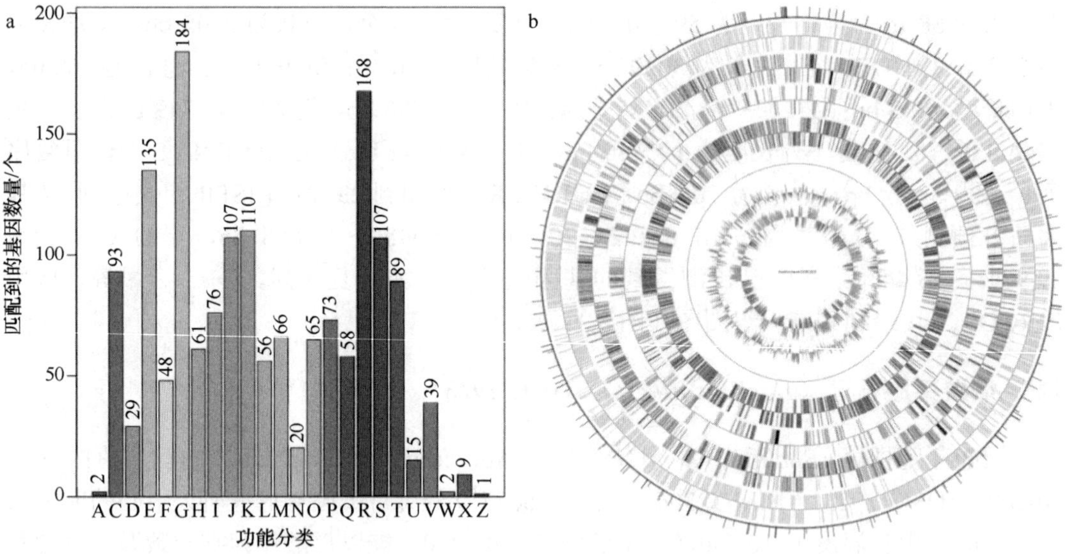


图 5-1-126 烟酸芽胞杆菌 DSM 2923$^{T}$ 基因组的直系同源基因聚类分析（a）和圈图（b）

### 126. 尼亚美芽胞杆菌（*Bacillus niameyensis*）SIT3$^{T}$

尼亚美芽胞杆菌（*Bacillus niameyensis* Tidjani Alou et al. 2015，sp. nov.）的模式菌株（SIT3$^{T}$ =CSUR P1266$^{T}$ =DSM 29725$^{T}$）分离自尼日尔尼亚美的 1 位恶性营养不良儿童的粪便，生长温度为 28～45℃（最适 37℃），好氧，产芽胞（Tidjani Alou et al.，2015a）。目前，该种仅有 1 个基因组，模式菌株 SIT3$^{T}$ 基因组的 GenBank 登录号为 GCA_001375535.1，测序平台为 Illumina HiSeq，于 2015 年 4 月 22 日由法国热带传染病研究中心（Unité de Recherche en Maladies Infectieuses et Tropicales Emergentes）提交。

**【基因组的组装】**菌株 SIT3$^{T}$ 基因组的测序深度为 176 X，基因组大小为 4.684 Mb，组装到 6 个 scaffolds，scaffold $N_{50}$ 为 4 669 777 bp。**【G+C 含量】**37.61%。**【非编码 RNA】**预测到 30 个 rRNA 基因（5S rRNA 11 个、16S rRNA 9 个、23S rRNA 10 个），77 个 tRNA 基因，34 个 sRNA 基因。**【编码基因】**有 4452 个蛋白质编码基因，编码区总长为 3 846 390 bp，占整个基因组的 82.12%，基因的平均长度为 864 bp。**【基因功能注释】**比对到 KEGG、COG 和 GO 数据库的基因数量分别为 3713 个、2883 个和 2987 个，预测到分泌蛋白编码基因 73 个；在 23 个 COG 功能类群中，基因数量前 10 位的类群分别是：R. 仅一般功能预测 316 个，G. 碳水化合物转运与代谢 298 个，K. 转录 237 个，J. 翻译、核糖体结构与合成 233 个，E. 氨基酸转运与代谢 227 个，S. 功能未知 221 个，T. 信号转导机制 194 个，P. 无机离子转运与代谢 191 个，M. 细胞壁/膜/包膜生物合成 174 个和 H. 辅酶转运与代谢 151 个（图 5-1-127a）。**【重复序列】**预测到的重复序列包括：LTR 98 个，总长为 8346 bp，平均长度为 85 bp；DNA 重复元件 23 个，总长为 5137 bp，平均长度为 223 bp；LINE 31 个，总长为 1884 bp，平均长度为 61 bp；SINE 9 个，总长为 765 bp，平均长度为 85 bp；RC 2 个，总长为 265 bp，平均长度为 133 bp；TR 296 个，重复序列长度为 5～1083 bp，总长为 80 609 bp；小卫星 DNA 211 个，重复序列长度为 10～60 bp，总长为 47 843 bp；预测到微卫星 DNA 2 个，重复序列长度为 5～6 bp，总长为 89 bp。【**CRISPR**】预测到 182 个 CRISPR 相关序列。【**基因岛**】预测到 12 个基因岛 GI 01～GI 12，长度为 2437～33 511 bp，其 G+C 含量为 32.23%～40.95%。利用已预测得到的基因组信息，如重复序列、G+C 含量等，应用 CIRCOS 工具绘制其基因组圈图（图 5-1-127b）。

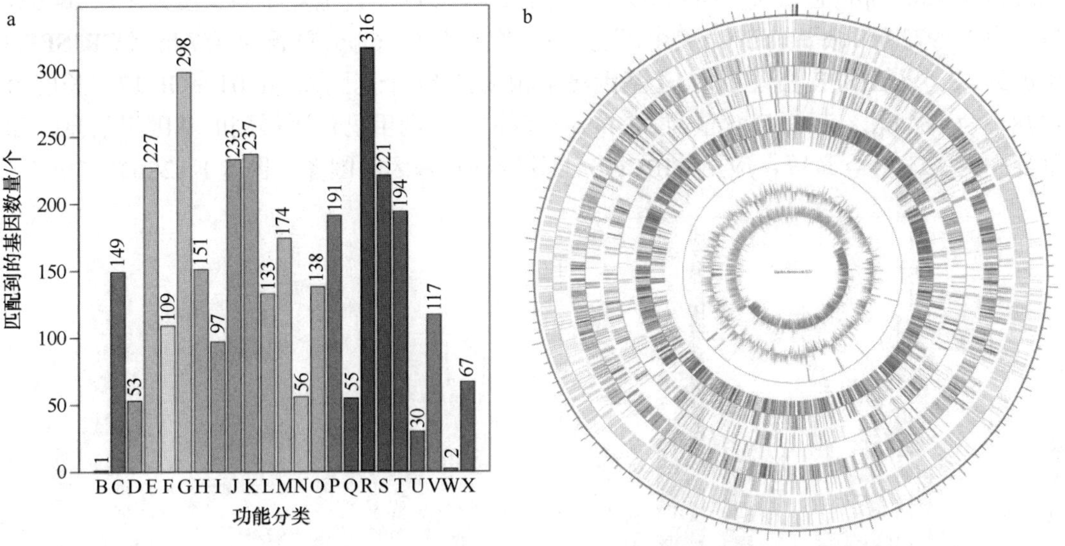


图 5-1-127　尼亚美芽胞杆菌 SIT3$^T$ 基因组的直系同源基因聚类分析（a）和圈图（b）

## 127. 硝酸盐还原芽胞杆菌（*Bacillus nitratireducens*）4049$^T$

硝酸盐还原芽胞杆菌（*Bacillus nitratireducens* Liu et al. 2017，sp. nov.）的模式菌株（4049$^T$ =MCCC 1A00732$^T$ =KCTC 33713$^T$ =LMG 28871$^T$）分离自太平洋的沉积物，生长条件为 7～39℃（最适 30℃）、pH 5.0～9.0（最适 pH 7.0）、0～9%（*W*/*V*）NaCl（最适 0），兼性厌氧，产芽胞（Liu et al.，2017c）。目前，该种仅有 1 个基因组，模式菌株 4049$^T$ 基因组的 GenBank 登录号为 GCA_001884135.1，测序平台为 Illumina HiSeq，于 2016 年 11 月 8 日由自然资源部第三海洋研究所（The Third Institute of Oceanography，Ministry of Natural Resources）提交。

【**基因组的组装**】菌株 4049$^T$ 基因组的测序深度为 100 X，基因组大小为 5.488 Mb，组装到 101 个 contigs，contig $N_{50}$ 为 148 012 bp。【**G+C 含量**】35.3%。【**非编码 RNA**】预测到 2 个 rRNA 基因（5S rRNA 0 个、16S rRNA 1 个、23S rRNA 1 个），26 个 tRNA 基因，4 个 sRNA 基因。【**编码基因**】有 5700 个蛋白质编码基因，编码区总长为 4 593 486 bp，占整个基因组的 83.70%，基因的平均长度为 806 bp。【**基因功能注释**】比对到 KEGG、COG 和 GO 数据库的基因数量分别为 5399 个、3944 个和 3721 个，预测到分泌蛋白编码基因 144 个；在 25 个 COG 功能类群中，基因数量前 10 位的类群分别是：R. 仅一般功能预测 449 个，E. 氨基酸转运与代谢 419 个，K. 转录 384 个，S. 功能未知 323 个，J. 翻译、核糖体结构与合成 304 个，G. 碳水化合物转运与代谢 290 个，M. 细胞壁/膜/

包膜生物合成 262 个，T. 信号转导机制 257 个，H. 辅酶转运与代谢 244 个和 P. 无机离子转运与代谢 238 个（图 5-1-128a）。【重复序列】预测到的重复序列包括：LTR 130 个，总长为 8616 bp，平均长度为 66 bp；DNA 重复元件 53 个，总长为 3177 bp，平均长度为 60 bp；LINE 46 个，总长为 2786 bp，平均长度为 61 bp；SINE 3 个，总长为 195 bp，平均长度为 65 bp；RC 4 个，总长为 202 bp，平均长度为 51 bp；TR 311 个，重复序列长度为 4～307 bp，总长为 25 479 bp；小卫星 DNA 244 个，重复序列长度为 10～54 bp，总长为 17 972 bp；微卫星 DNA 4 个，重复序列长度为 4～6 bp，总长为 457 bp。【CRISPR】预测到 42 个 CRISPR 相关序列。【基因岛】预测到 17 个基因岛 GI 01～GI 17，长度为 4078～14 566 bp，其 G+C 含量为 28.44%～38.67%。利用已预测得到的基因组信息，如重复序列、G+C 含量等，应用 CIRCOS 工具绘制其基因组圈图（图 5-1-128b）。

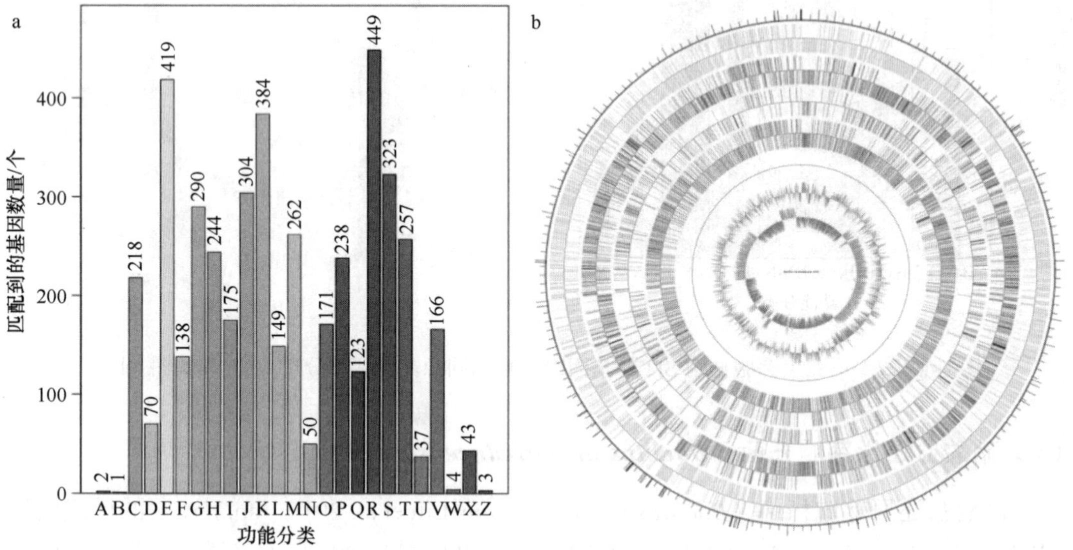


图 5-1-128　硝酸盐还原芽胞杆菌 $4049^T$ 基因组的直系同源基因聚类分析（a）和圈图（b）

## 128. 三七土芽胞杆菌（*Bacillus notoginsengisoli*）JCM $30743^T$

三七土芽胞杆菌（*Bacillus notoginsengisoli* Zhang et al. 2017，sp. nov.）的模式菌株（SYP-B$691^T$ =DSM $29196^T$ =JCM $30743^T$）分离自三七的根际土，生长条件为 21～42℃（最适 37℃）、pH 5.0～10.0（最适 pH 7.0～9.0）、0～3%（*W*/*V*）NaCl（最适 0～2%），好氧，产芽胞（Zhang et al.，2017d）。目前，该种仅有 1 个基因组，模式菌株 JCM $30743^T$ 基因组的 GenBank 登录号为 GCA_003515685.1，测序平台为 Illumina HiSeq，于 2018 年 9 月 10 日由自然资源部第三海洋研究所（The Third Institute of Oceanography，Ministry of Natural Resources）提交。

【基因组的组装】菌株 JCM $30743^T$ 基因组的测序深度为 200 X，基因组大小为 4.787 Mb，组装到 58 个 contigs，contig $N_{50}$ 为 276 951 bp。【G+C 含量】43.78%。【非编码 RNA】预测到 9 个 rRNA 基因（5S rRNA 7 个、16S rRNA 1 个、23S rRNA 1 个），72 个 tRNA 基因，5 个 sRNA 基因。【编码基因】有 5098 个蛋白质编码基因，编码区总长为 4 044 150 bp，

占整个基因组的 84.48%，基因的平均长度为 793 bp。**【基因功能注释】**比对到 KEGG、COG 和 GO 数据库的基因数量分别为 4025 个、2988 个和 3083 个，预测到分泌蛋白编码基因 108 个；在 24 个 COG 功能类群中，基因数量前 10 位的类群分别是：R. 仅一般功能预测 321 个，E. 氨基酸转运与代谢 299 个，G. 碳水化合物转运与代谢 248 个，K. 转录 243 个，J. 翻译、核糖体结构与合成 240 个，S. 功能未知 226 个，C. 能量产生与转换 211 个，M. 细胞壁/膜/包膜生物合成 181 个，P. 无机离子转运与代谢 178 个和 O. 翻译后修饰、蛋白质周转和分子伴侣 177 个（图 5-1-129a）。**【重复序列】**预测到的重复序列包括：LTR 156 个，总长为 13 666 bp，平均长度为 88 bp；DNA 重复元件 49 个，总长为 3146 bp，平均长度为 64 bp；LINE 54 个，总长为 3674 bp，平均长度为 68 bp；SINE 16 个，总长为 1182 bp，平均长度为 74 bp；RC 5 个，总长为 352 bp，平均长度为 70 bp；未知序列 1 个，长度为 68 bp；TR 404 个，重复序列长度为 6～810 bp，总长为 64 343 bp；小卫星 DNA 306 个，重复序列长度为 10～60 bp，总长为 56 820 bp；微卫星 DNA 3 个，重复序列长度为 6 bp，总长为 163 bp。**【CRISPR】**预测到 323 个 CRISPR 相关序列。**【基因岛】**预测到 13 个基因岛 GI 01～GI 13，长度为 5242～14 391 bp，其 G+C 含量为 33.65%～46.69%。利用已预测得到的基因组信息，如重复序列、G+C 含量等，应用 CIRCOS 工具绘制其基因组圈图（图 5-1-129b）。

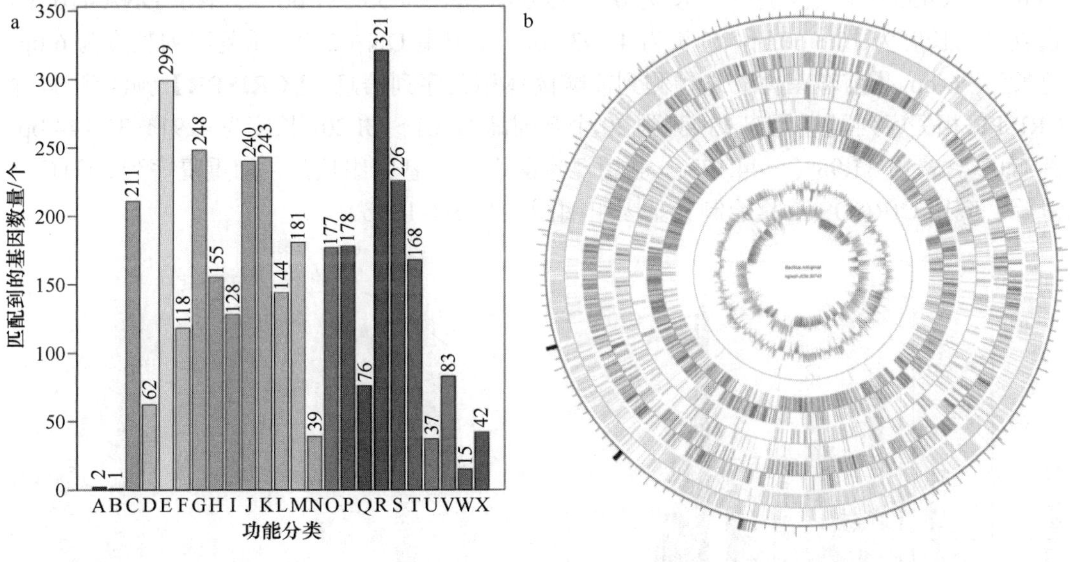


图 5-1-129　三七土芽胞杆菌 JCM 30743$^{T}$ 基因组的直系同源基因聚类分析（a）和圈图（b）

## 129. 休闲地芽胞杆菌（*Bacillus novalis*）FJAT-14227$^{T}$

休闲地芽胞杆菌（*Bacillus novalis* Heyrman et al. 2004，sp. nov.）的模式菌株（LMG 21837$^{T}$ =R-15439$^{T}$ =IDA3307$^{T}$ =DSM 15603$^{T}$ =FJAT-14227$^{T}$）分离自荷兰德伦特省的土壤，最适生长温度为 30～40℃、最高生长温度为 50～55℃，pH 4.0～10.0（最适 pH 7.0～9.0），兼性厌氧，产芽胞（Heyrman et al.，2004）。目前，该种有 2 个基因组，选择组装水平较高的模式菌株 FJAT-14227$^{T}$ 的基因组进行描述，其 GenBank 登录号为 GCA_001636395.1，

测序平台为 Illumina HiSeq，于 2016 年 5 月 4 日由福建省农业科学院（Fujian Academy of Agricultural Sciences）提交。

**【基因组的组装】**菌株 FJAT-14227$^T$ 基因组的测序深度为 260 X，基因组大小为 5.668 Mb，组装到 2 个 scaffolds，scaffold $N_{50}$ 为 5 667 584 bp。**【G+C 含量】**40.01%。**【非编码 RNA】**预测到 36 个 rRNA 基因（5S rRNA 13 个、16S rRNA 11 个、23S rRNA 12 个），118 个 tRNA 基因，5 个 sRNA 基因。**【编码基因】**有 5827 个蛋白质编码基因，编码区总长为 4 828 887 bp，占整个基因组的 85.20%，基因的平均长度为 829 bp。**【基因功能注释】**比对到 KEGG、COG 和 GO 数据库的基因数量分别为 4842 个、3641 个和 3781 个，预测到分泌蛋白编码基因 113 个；在 25 个 COG 功能类群中，基因数量前 10 位的类群分别是：R. 仅一般功能预测 420 个，E. 氨基酸转运与代谢 417 个，K. 转录 333 个，G. 碳水化合物转运与代谢 313 个，S. 功能未知 277 个，J. 翻译、核糖体结构与合成 254 个，P. 无机离子转运与代谢 244 个，C. 能量产生与转换 232 个，T. 信号转导机制 223 个和 M. 细胞壁/膜/包膜生物合成 219 个（图 5-1-130a）。**【重复序列】**预测到的重复序列包括：LTR 159 个，总长为 13 065 bp，平均长度为 82 bp；DNA 重复元件 42 个，总长为 3028 bp，平均长度为 72 bp；LINE 55 个，总长为 4584 bp，平均长度为 83 bp；SINE 24 个，总长为 1694 bp，平均长度为 71 bp；RC 2 个，总长为 95 bp，平均长度为 48 bp；未知序列 1 个，长度为 33 bp；TR 483 个，重复序列长度为 6～973 bp，总长为 55 387 bp；小卫星 DNA 416 个，重复序列长度为 10～60 bp，总长为 41 935 bp；微卫星 DNA 2 个，重复序列长度为 6 bp，总长为 96 bp。**【前噬菌体】**未预测到前噬菌体相关序列信息。**【CRISPR】**预测到 64 个 CRISPR 相关序列。**【基因岛】**预测到 20 个基因岛 GI 01～GI 20，长度为 4291～35 144 bp，其 G+C 含量为 31.98%～44.17%。利用已预测得到的基因组信息，如重复序列、G+C 含量等，应用 CIRCOS 工具绘制其基因组圈图（图 5-1-130b）。

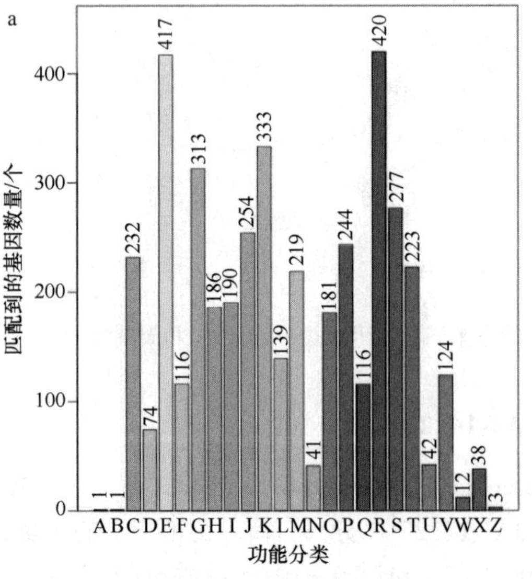


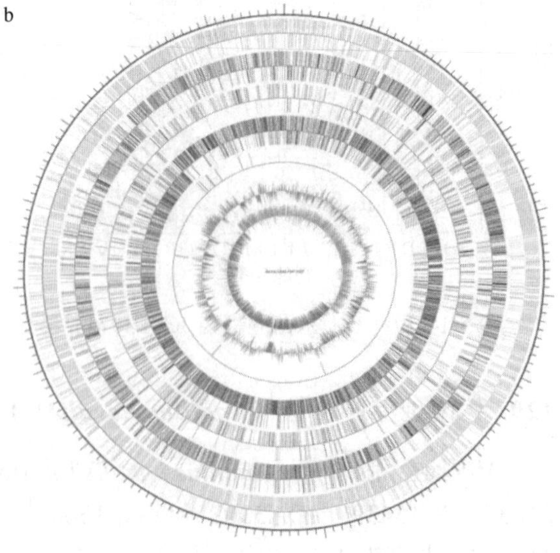


图 5-1-130　休闲地芽胞杆菌 FJAT-14227$^T$ 基因组的直系同源基因聚类分析（a）和圈图（b）

## 130. 海洋沉积芽胞杆菌（*Bacillus oceanisediminis*）2691

海洋沉积芽胞杆菌（*Bacillus oceanisediminis* Zhang et al. 2010，sp. nov.）的模式菌株（H2$^{T}$=CGMCC 1.10115$^{T}$ =JCM 16506$^{T}$）分离自南海的沉积物，生长条件为 4～45℃（最适 37℃）、pH 6.0～10.0（最适 pH 7.0），好氧，产芽胞（Zhang et al.，2010）。目前，该种有 4 个基因组，选择组装到完成图水平的非模式菌株 2691 的基因组进行描述，其 GenBank 登录号为 GCA_000294775.2，测序平台为 PacBio RS II，于 2016 年 5 月 9 日由韩国生物科学与生物技术研究院（Korea Research Institute of Bioscience and Biotechnology）提交。

**【基因组的组装】**菌株 2691 基因组的测序深度为 145 X，基因组大小为 5.849 Mb，组装到完成图水平，包括 1 条染色体和 1 个质粒。**【G+C 含量】**40.88%。**【非编码 RNA】**预测到 33 个 rRNA 基因（5S rRNA 11 个、16S rRNA 11 个、23S rRNA 11 个），106 个 tRNA 基因，40 个 sRNA 基因。**【编码基因】**有 6423 个蛋白质编码基因，编码区总长为 5 017 422 bp，占整个基因组的 85.78%，基因的平均长度为 781 bp。**【基因功能注释】**比对到 KEGG、COG 和 GO 数据库的基因数量分别为 5734 个、3877 个和 3983 个，预测到分泌蛋白编码基因 122 个；在 25 个 COG 功能类群中，基因数量前 10 位的类群分别是：E. 氨基酸转运与代谢 436 个，R. 仅一般功能预测 433 个，K. 转录 342 个，S. 功能未知 317 个，G. 碳水化合物转运与代谢 272 个，J. 翻译、核糖体结构与合成 268 个，P. 无机离子转运与代谢 263 个，C. 能量产生与转换 257 个，T. 信号转导机制 247 个和 H. 辅酶转运与代谢 227 个（图 5-1-131a）。**【重复序列】**预测到的重复序列包括：LTR 201 个，总长为 15 344 bp，平均长度为 76 bp；DNA 重复元件 53 个，总长为 3397 bp，平均长度为 64 bp；LINE 57 个，总长为 3476 bp，平均长度为 61 bp；SINE 19 个，总长为 1694 bp，

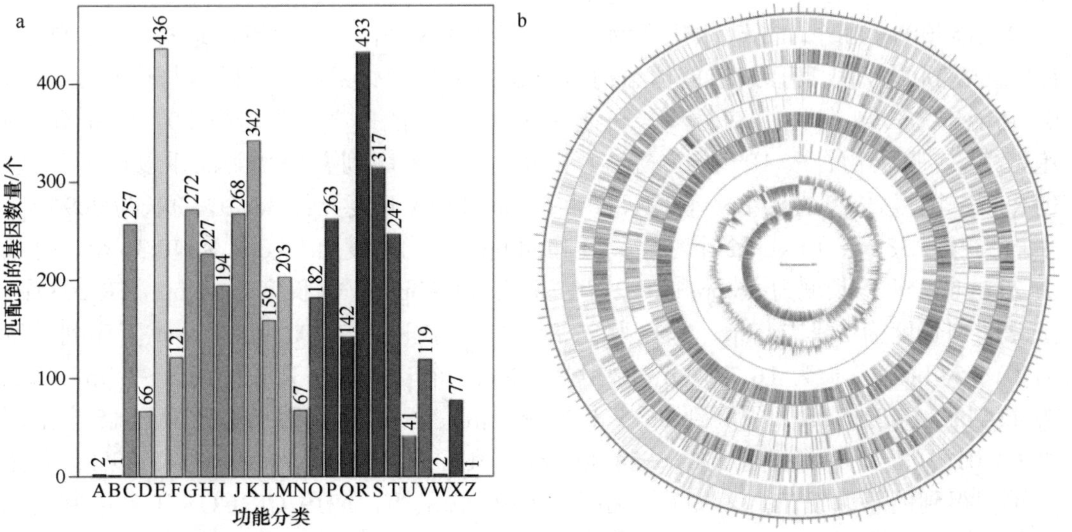


图 5-1-131　海洋沉积芽胞杆菌 2691 基因组的直系同源基因聚类分析（a）和圈图（b）

平均长度为 89 bp；RC 4 个，总长为 247 bp，平均长度为 62 bp；未知序列 1 个，总长为 172 bp，平均长度为 86 bp；TR 228 个，重复序列长度为 5～409 bp，总长为 32 307 bp；小卫星 DNA 155 个，重复序列长度为 12～60 bp，总长为 24 178 bp；微卫星 DNA 2 个，重复序列长度为 5～6 bp，总长为 202 bp。**【CRISPR】**预测到 256 个 CRISPR 相关序列。**【基因岛】**预测到 19 个基因岛 GI 01～GI 19，长度为 6895～45 447 bp，其 G+C 含量为 31.37%～43.49%。利用已预测得到的基因组信息，如重复序列、G+C 含量等，应用 CIRCOS 工具绘制其基因组圈图（图 5-1-131b）。

### 131. 奥哈芽胞杆菌（*Bacillus okhensis*）Kh10-101$^T$

奥哈芽胞杆菌（*Bacillus okhensis* Nowlan et al. 2006，sp. nov.）的模式菌株（Kh10-101$^T$ = JCM 13040$^T$ =ATCC BAA-1137$^T$）分离自印度奥哈港口附近的盐场，耐盐、耐碱，生长条件为 25～40℃（最适 37℃）、pH 7.0～10.0（最适 pH 9.0）、0～10%（*W*/*V*）NaCl（最适 5%），严格好氧，产芽胞（Nowlan et al.，2006）。目前，该种仅有 1 个基因组，模式菌株 Kh10-101$^T$ 基因组的 GenBank 登录号为 GCA_000787375.1，测序平台为 454，于 2014 年 11 月 26 日由印度海得拉巴大学（University of Hyderābād）提交。

**【基因组的组装】**菌株 Kh10-101$^T$ 基因组的测序深度为 28 X，基因组大小为 4.865 Mb，组装到 98 个 contigs，contig $N_{50}$ 为 115 121 bp。**【G+C 含量】**38.15%。**【非编码 RNA】**预测到 8 个 rRNA 基因（5S rRNA 6 个、16S rRNA 1 个、23S rRNA 1 个），156 个 tRNA 基因，7 个 sRNA 基因。**【编码基因】**有 5030 个蛋白质编码基因，编码区总长为 4 133 385 bp，占整个基因组的 84.96%，基因的平均长度为 822 bp。**【基因功能注释】**比对到 KEGG、COG 和 GO 数据库的基因数量分别为 4348 个、3305 个和 3418 个，预测到分泌蛋白编码基因 91 个；在 24 个 COG 功能类群中，基因数量前 10 位的类群分别是：R. 仅一般功能预测 375 个，G. 碳水化合物转运与代谢 333 个，E. 氨基酸转运与代谢 322 个，K. 转录 300 个，J. 翻译、核糖体结构与合成 245 个，P. 无机离子转运与代谢 238 个，S. 功能未知 234 个，T. 信号转导机制 225 个，C. 能量产生与转换 207 个和 M. 细胞壁/膜/包膜生物合成 197 个（图 5-1-132a）。**【重复序列】**预测到的重复序列包括：LTR 122 个，总长为 7982 bp，平均长度为 65 bp；DNA 重复元件 36 个，总长为 2096 bp，平均长度为 58 bp；LINE 32 个，总长为 1784 bp，平均长度为 56 bp；SINE 36 个，总长为 2374 bp，平均长度为 66 bp；RC 2 个，总长为 69 bp，平均长度为 35 bp；TR 203 个，重复序列长度为 3～274 bp，总长为 27 810 bp；小卫星 DNA 142 个，重复序列长度为 10～54 bp，总长为 16 721 bp；微卫星 DNA 5 个，重复序列长度为 3～6 bp，总长为 234 bp。**【CRISPR】**预测到 66 个 CRISPR 相关序列。**【基因岛】**预测到 15 个基因岛 GI 01～GI 15，长度为 2764～24 801 bp，其 G+C 含量为 31.99%～43.29%。利用已预测得到的基因组信息，如重复序列、G+C 含量等，应用 CIRCOS 工具绘制其基因组圈图（图 5-1-132b）。

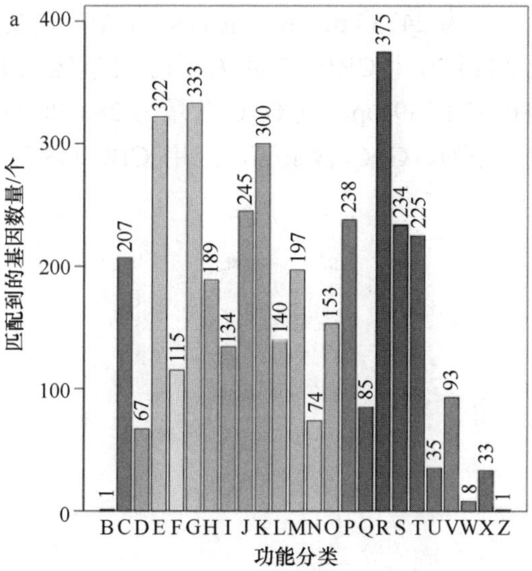


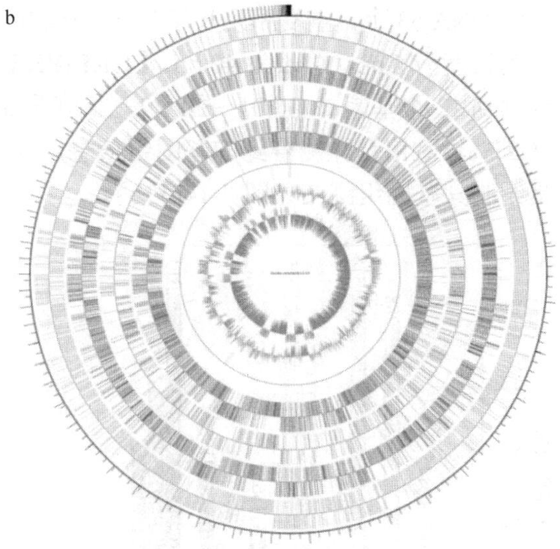


图 5-1-132　奥哈芽胞杆菌 Kh10-101$^T$基因组的直系同源基因聚类分析（a）和圈图（b）

## 132. 奥飞弹温泉芽胞杆菌（*Bacillus okuhidensis*）DSM 13666$^T$

奥飞弹温泉芽胞杆菌（*Bacillus okuhidensis* Li et al. 2002，sp. nov.）的模式菌株（GTC 854$^T$ =JCM 10945$^T$ =DSM 13666$^T$）分离自日本奥飞弹温泉区，嗜热、嗜碱，生长条件为30～60℃（最适 45～50℃）、pH 6.0～11.0（最适 pH 10.5）、0～10%（*W*/*V*）NaCl，严格好氧，产芽胞（Li et al.，2002）。目前，该种仅有 1 个基因组，模式菌株 DSM 13666$^T$ 基因组的 GenBank 登录号为 GCA_001274915.1，测序平台为 Illumina HiSeq，于 2015 年 8 月 26 日由福建省农业科学院（Fujian Academy of Agricultural Sciences）提交。

**【基因组的组装】**菌株 DSM 13666$^T$ 基因组的测序深度为 150 X，基因组大小为 4.095 Mb，组装到 119 个 contigs，contig $N_{50}$ 为 73 181 bp。**【G+C 含量】**43.45%。**【非编码 RNA】**预测到 5 个 rRNA 基因（5S rRNA 4 个、16S rRNA 1 个、23S rRNA 0 个），78 个 tRNA 基因，1 个 sRNA 基因。**【编码基因】**有 4244 个蛋白质编码基因，编码区总长为 3 564 696 bp，占整个基因组的 87.05%，基因的平均长度为 840 bp。**【基因功能注释】**比对到 KEGG、COG 和 GO 数据库的基因数量分别为 3856 个、3048 个和 2862 个，预测到分泌蛋白编码基因 83 个；在 24 个 COG 功能类群中，基因数量前 10 位的类群分别是：G. 碳水化合物转运与代谢 315 个，R. 仅一般功能预测 313 个，K. 转录 311 个，E. 氨基酸转运与代谢 288 个，S. 功能未知 245 个，J. 翻译、核糖体结构与合成 234 个，T. 信号转导机制 211 个，P. 无机离子转运与代谢 195 个，C. 能量产生与转换 175 个和 H. 辅酶转运与代谢 168 个（图 5-1-133a）。**【重复序列】**预测到的重复序列包括：LTR 162 个，总长为 9886 bp，平均长度为 61 bp；DNA 重复元件 41 个，总长为 2367 bp，平均长度为 58 bp；LINE 27 个，总长为 1630 bp，平均长度为 60 bp；SINE 17 个，总长为 1158 bp，平均长度为 68 bp；RC 3 个，总长为 142 bp，平均长度为 47 bp；未知序列 3 个，总长为 202 bp，平均长度为 67 bp；TR 60 个，重复序列长度为 6～1081 bp，总长为 7824 bp；小卫星 DNA 53 个，重复序列长度为 11～54 bp，总长为 2473 bp；微卫星 DNA 1 个，重复序列长度为 6 bp，总长为 40 bp。**【CRISPR】**预测到 26 个 CRISPR 相关序列。**【基因岛】**预测到 12 个基因岛 GI 01～GI 12，长度为 3680～23 739 bp，其 G+C 含量为 28.63%～46.21%。利用已预测得到的基因组信息，如重复序列、G+C 含量等，应用 CIRCOS 工具绘制其基因组圈图（图 5-1-133b）。

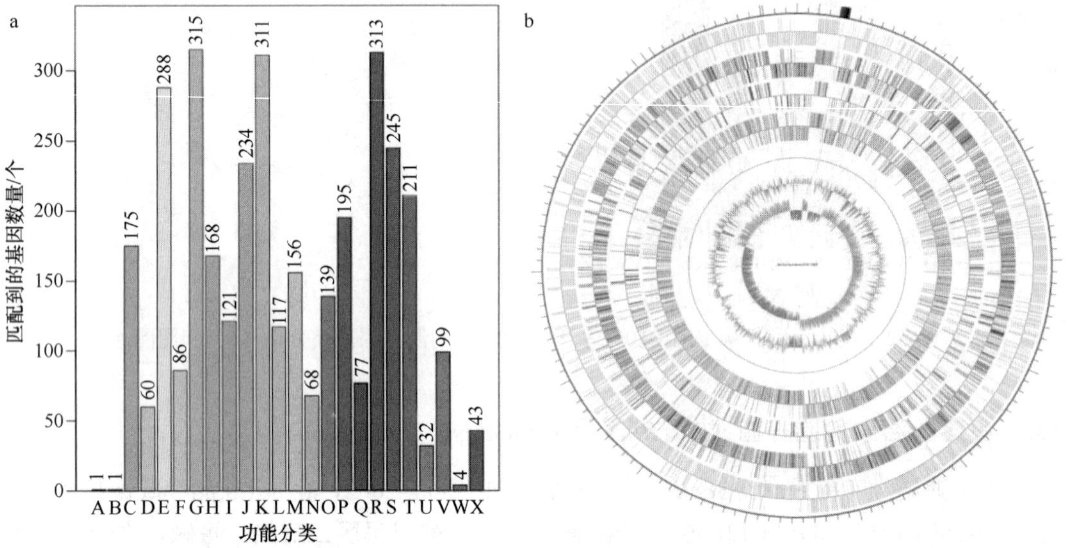


图 5-1-133　奥飞弹温泉芽胞杆菌 DSM 13666$^{T}$ 基因组的直系同源基因聚类分析（a）和圈图（b）

## 133. 噬柴油芽胞杆菌（*Bacillus oleivorans*）JC228$^{T}$

噬柴油芽胞杆菌（*Bacillus oleivorans* Azmatunnisa et al. 2015，sp. nov.）的模式菌株（JC228$^{T}$=LMG 28084$^{T}$ =CCTCC AB 2013353$^{T}$）分离自实验室受污染的培养平板，生长条件为 25～40℃（最适 35℃）、pH 7.0～9.5（最适 pH 7.0）、0～8%（*W*/*V*）NaCl（最适 0～1%），能降解柴油，好氧，产芽胞（Azmatunnisa et al.，2015a）。目前，该种仅有 1 个基因组，模式菌株 JC228$^{T}$ 基因组的 GenBank 登录号为 GCA_900207585.1，测序平台为 Illumina HiSeq，于 2017 年 9 月 28 日由美国能源部联合基因组研究所（DOE Joint Genome Institute）提交。

**【基因组的组装】**菌株 JC228$^{T}$ 基因组的测序深度为 230 X，基因组大小为 4.512 Mb，组装到 26 个 scaffolds，scaffold $N_{50}$ 为 469 987 bp。**【G+C 含量】**39.16%。**【非编码 RNA】**预测到 7 个 rRNA 基因（5S rRNA 5 个、16S rRNA 1 个、23S rRNA 1 个），76 个 tRNA 基因，6 个 sRNA 基因。**【编码基因】**有 4728 个蛋白质编码基因，编码区总长为 3 872 883 bp，占整个基因组的 85.84%，基因的平均长度为 819 bp。**【基因功能注释】**比对到 KEGG、COG 和 GO 数据库的基因数量分别为 3876 个、3063 个和 3123 个，预测到分泌蛋白编码基因 92 个；在 25 个 COG 功能类群中，基因数量前 10 位的类群分别是：E. 氨基酸转运与代谢 382 个，R. 仅一般功能预测 354 个，G. 碳水化合物转运与代谢 281 个，K. 转录 275 个，J. 翻译、核糖体结构与合成 243 个，S. 功能未知 214 个，P. 无机离子转运与代谢 210 个，C. 能量产生与转换 189 个，M. 细胞壁/膜/包膜生物合成 187 个和 T. 信号转导机制 175 个（图 5-1-134a）。**【重复序列】**预测到的重复序列包括：LTR 87 个，总长为 6300 bp，平均长度为 72 bp；DNA 重复元件 26 个，总长为 1744 bp，平均长度为 67 bp；LINE 15 个，总长为 827 bp，平均长度为 55 bp；SINE 9 个，总长为 589 bp，平均长度为 65 bp；RC 1 个，长度为 57 bp；TR 453 个，重复序列长度为 4～267 bp，总长为 40 778 bp；小卫星 DNA 366 个，重复序列长度为 10～60 bp，总长为 36 644 bp；微卫星 DNA 4 个，重复序列长度为 4～6 bp，总长为 219 bp。**【CRISPR】**预测到 124 个 CRISPR 相关序列。**【基因岛】**预测到 11 个基因岛 GI 01～GI 11，长度为 6634～24 568 bp，其 G+C 含量为 30.73%～41.49%。利用已预测得到的基因组信息，如重复序列、G+C 含量等，应用 CIRCOS 工具绘制其基因组圈图（图 5-1-134b）。

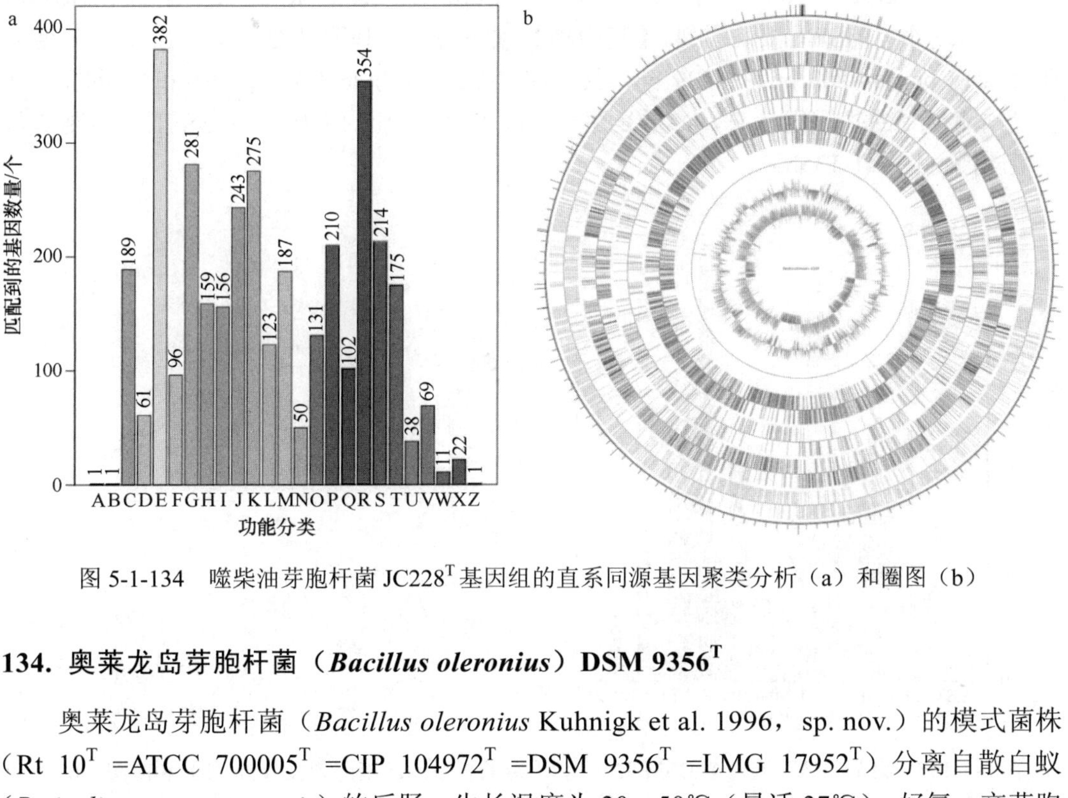


图 5-1-134　噬柴油芽胞杆菌 JC228$^{T}$ 基因组的直系同源基因聚类分析（a）和圈图（b）

## 134. 奥莱龙岛芽胞杆菌（*Bacillus oleronius*）DSM 9356$^{T}$

奥莱龙岛芽胞杆菌（*Bacillus oleronius* Kuhnigk et al. 1996，sp. nov.）的模式菌株（Rt 10$^{T}$ =ATCC 700005$^{T}$ =CIP 104972$^{T}$ =DSM 9356$^{T}$ =LMG 17952$^{T}$）分离自散白蚁（*Reticulitermes santonensis*）的后肠，生长温度为 30～50℃（最适 37℃），好氧，产芽胞（Kuhnigk et al.，1995）。目前，该种仅有 1 个基因组，模式菌株 DSM 9356$^{T}$ 基因组的 GenBank 登录号为 GCA_002009555.1，测序平台为 Illumina HiSeq，于 2017 年 3 月 2 日由南非国家传染病研究所（National Institute for Communicable Diseases）提交。

**【基因组的组装】**菌株 DSM 9356$^{T}$ 基因组的测序深度为 100 X，基因组大小为 5.084 Mb，组装到 587 个 scaffolds，scaffold $N_{50}$ 为 15 135 bp。**【G+C 含量】**34.97%。**【非编码 RNA】**预测到 9 个 rRNA 基因（5S rRNA 7 个、16S rRNA 1 个、23S rRNA 1 个），116 个 tRNA 基因，5 个 sRNA 基因。**【编码基因】**有 5053 个蛋白质编码基因，编码区总长为 4 074 672 bp，占整个基因组的 80.15%，基因的平均长度为 806 bp。**【基因功能注释】**比对到 KEGG、

COG 和 GO 数据库的基因数量分别为 4368 个、3383 个和 3451 个，预测到分泌蛋白编码基因 60 个；在 25 个 COG 功能类群中，基因数量前 10 位的类群分别是：E. 氨基酸转运与代谢 392 个，R. 仅一般功能预测 384 个，K. 转录 342 个，J. 翻译、核糖体结构与合成 283 个，G. 碳水化合物转运与代谢 274 个，S. 功能未知 245 个，P. 无机离子转运与代谢 212 个，T. 信号转导机制 203 个，C. 能量产生与转换 188 个和 H. 辅酶转运与代谢 185 个（图 5-1-135a）。【**重复序列**】预测到的重复序列包括：LTR 173 个，总长为 10 405 bp，平均长度为 60 bp；DNA 重复元件 63 个，总长为 3962 bp，平均长度为 63 bp；LINE 62 个，总长为 3512 bp，平均长度为 57 bp；SINE 21 个，总长为 1698 bp，平均长度为 81 bp；RC 4 个，总长为 227 bp，平均长度为 57 bp；未知序列 1 个，长度为 63 bp；TR 243 个，重复序列长度为 8～272 bp，总长为 31 814 bp；小卫星 DNA 172 个，重复序列长度为 10～57 bp，总长为 26 141 bp；未预测到微卫星 DNA。【**CRISPR**】预测到 122 个 CRISPR 相关序列。【**基因岛**】预测到 3 个基因岛 GI 01～GI 03，长度分别为 8217 bp、14 807 bp 和 4229 bp，其 G+C 含量分别为 36.4%、42.26%和 32.99%。利用已预测得到的基因组信息，如重复序列、G+C 含量等，应用 CIRCOS 工具绘制其基因组圈图（图 5-1-135b）。

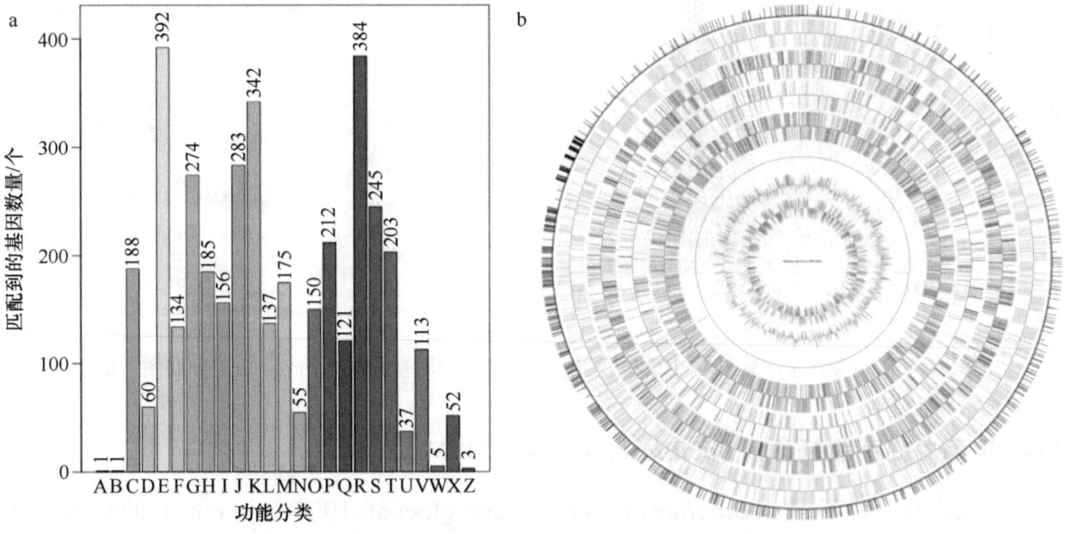


图 5-1-135　奥莱龙岛芽胞杆菌 DSM 9356$^T$ 基因组的直系同源基因聚类分析（a）和圈图（b）

## 135. 稻田土芽胞杆菌（*Bacillus oryziterrae*）ZYK$^T$

稻田土芽胞杆菌（*Bacillus oryziterrae* Bao et al. 2017，sp. nov.）的模式菌株（ZYK$^T$ = DSM 26460$^T$ =CGMCC 1.5179$^T$）分离自云南德宏的稻田土，生长条件为 21～45℃（最适 30℃）、pH 6.0～7.6（最适 pH 7.0）、0～1.1%（*W*/*V*）NaCl（最适 0），兼性厌氧，产芽胞（Bao et al.，2016）。目前，该种仅有 1 个基因组，模式菌株 ZYK$^T$ 基因组的 GenBank 登录号为 GCA_000331575.1，测序平台为 Illumina HiSeq，于 2013 年 1 月 5 日由中国科学院（Chinese Academy of Sciences）提交。

**【基因组的组装】**菌株 ZYK$^T$ 基因组的测序深度为 94 X，基因组大小为 3.576 Mb，组装到 18 个 scaffolds，scaffold $N_{50}$ 为 1 902 401 bp。**【G+C 含量】**36.10%。**【非编码 RNA】**预测到 5 个 rRNA 基因（5S rRNA 1 个、16S rRNA 2 个、23S rRNA 2 个），63 个 tRNA 基因，3 个 sRNA 基因。**【编码基因】**有 3526 个蛋白质编码基因，编码区总长为 3 035 625 bp，占整个基因组的 84.89%，基因的平均长度为 861 bp。**【基因功能注释】**比对到 KEGG、COG 和 GO 数据库的基因数量分别为 2925 个、2335 个和 2395 个，预测到分泌蛋白编码基因 65 个；在 23 个 COG 功能类群中，基因数量前 10 位的类群分别是：E. 氨基酸转运与代谢 269 个，R. 仅一般功能预测 212 个，J. 翻译、核糖体结构与合成 204 个，T. 信号转导机制 198 个，K. 转录 185 个，C. 能量产生与转换 178 个，S. 功能未知 151 个，P. 无机离子转运与代谢 144 个，I. 脂质转运与代谢 134 个和 H. 辅酶转运与代谢 131 个（图 5-1-136a）。**【重复序列】**预测到的重复序列包括：LTR 89 个，总长为 5889 bp，平均长度为 66 bp；DNA 重复元件 45 个，总长为 3281 bp，平均长度为 73 bp；LINE 29 个，总长为 2284 bp，平均长度为 79 bp；SINE 14 个，总长为 972 bp，平均长度为 69 bp；RC 3 个，总长为 186 bp，平均长度为 62 bp；未知序列 1 个，长度为 59 bp；TR 512 个，重复序列长度为 5～399 bp，总长为 57 530 bp；小卫星 DNA 416 个，重复序列长度为 10～59 bp，总长为 41 649 bp；微卫星 DNA 4 个，重复序列长度为 5～6 bp，总长为 256 bp。**【CRISPR】**预测到 221 个 CRISPR 相关序列。**【基因岛】**预测到 10 个基因岛 GI 01～GI 10，长度为 7235～34 447 bp，其 G+C 含量为 29.9%～38.84%。利用已预测得到的基因组信息，如重复序列、G+C 含量等，应用 CIRCOS 工具绘制其基因组圈图（图 5-1-136b）。

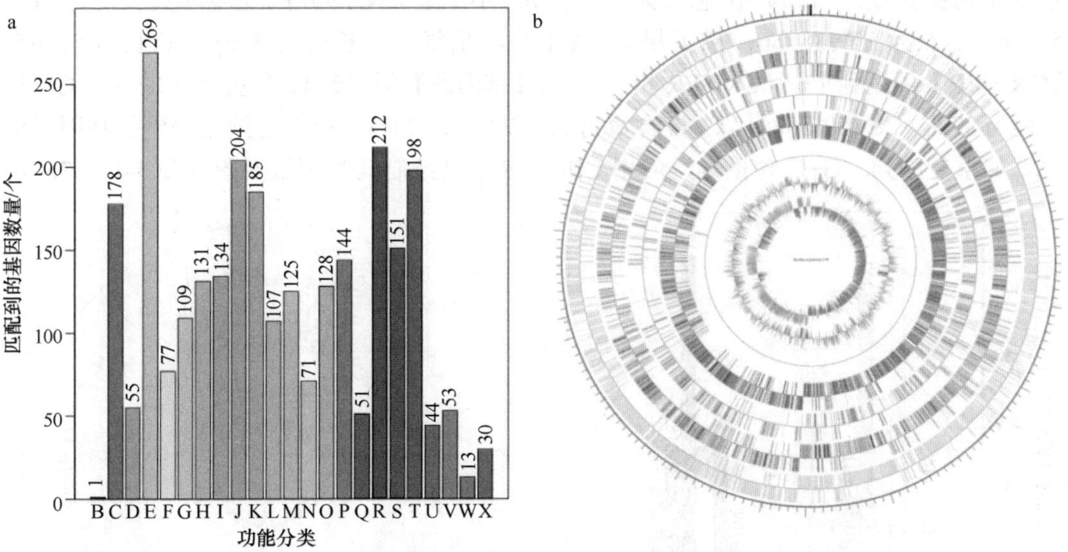


图 5-1-136　稻田土芽胞杆菌 ZYK$^T$ 基因组的直系同源基因聚类分析（a）和圈图（b）

## 136. 大岛芽胞杆菌（*Bacillus oshimensis*）DSM 18940$^T$

大岛芽胞杆菌（*Bacillus oshimensis* Yumoto et al. 2005，sp. nov.）的模式菌株（K11$^T$ = JCM 12663$^T$ =NCIMB 14023$^T$ =DSM 18940$^T$）分离自日本大岛的土壤，嗜盐、嗜碱，生

长温度为 13～42℃（最适 28～32℃）、pH 7.0～10.0（最适 pH 10.0）、0～20%（*W*/*V*）NaCl（最适 7%，0～3%时生长弱），好氧，产芽胞（Yumoto et al.，2005a）。目前，该种仅有 1 个基因组，模式菌株 DSM 18940$^T$ 基因组的 GenBank 登录号为 GCA_002019765.1，测序平台为 Illumina HiSeq，于 2017 年 3 月 6 日由福建省农业科学院（Fujian Academy of Agricultural Sciences）提交。

**【基因组的组装】**菌株 DSM 18940$^T$ 基因组的测序深度为 223 X，基因组大小为 4.058 Mb，组装到 1 个 scaffolds，scaffold $N_{50}$ 为 4 058 377 bp。**【G+C 含量】**39.91%。**【非编码 RNA】**预测到 21 个 rRNA 基因（5S rRNA 9 个、16S rRNA 6 个、23S rRNA 6 个），72 个 tRNA 基因，9 个 sRNA 基因。**【编码基因】**有 4193 个蛋白质编码基因，编码区总长为 3 581 265 bp，占整个基因组的 88.25%，基因的平均长度为 854 bp。**【基因功能注释】**比对到 KEGG、COG 和 GO 数据库的基因数量分别为 3925 个、2745 个和 2878 个，预测到分泌蛋白编码基因 103 个；在 24 个 COG 功能类群中，基因数量前 10 位的类群分别是：R. 仅一般功能预测 327 个，E. 氨基酸转运与代谢 309 个，G. 碳水化合物转运与代谢 297 个，K. 转录 248 个，J. 翻译、核糖体结构与合成 234 个，P. 无机离子转运与代谢 183 个，S. 功能未知 182 个，H. 辅酶转运与代谢 166 个，T. 信号转导机制 151 个和 C. 能量产生与转换 148 个（图 5-1-137a）。**【重复序列】**预测到的重复序列包括：LTR 73 个，总长为 6696 bp，平均长度为 92 bp；DNA 重复元件 19 个，总长为 1543 bp，平均长度为 81 bp；LINE 28 个，总长为 3335 bp，平均长度为 119 bp；SINE 7 个，总长为 476 bp，平均长度为 68 bp；RC 5 个，总长为 224 bp，平均长度为 45 bp；TR 119 个，重复序列长度为 3～1104 bp，总长为 27 357 bp；小卫星 DNA 90 个，重复序列长度为 11～51 bp，总长为 17 988 bp；微卫星 DNA 1 个，重复序列长度为 3 bp，总长为 55 bp。**【CRISPR】**预测到 13 个 CRISPR 相关序列。**【基因岛】**预测到 11 个基因岛 GI 01～GI 11，长度为 3728～28 150 bp，其 G+C 含量为 33.33%～45.74%。利用已预测得到的基因组信息，如重复序列、G+C 含量等，应用 CIRCOS 工具绘制其基因组圈图（图 5-1-137b）。

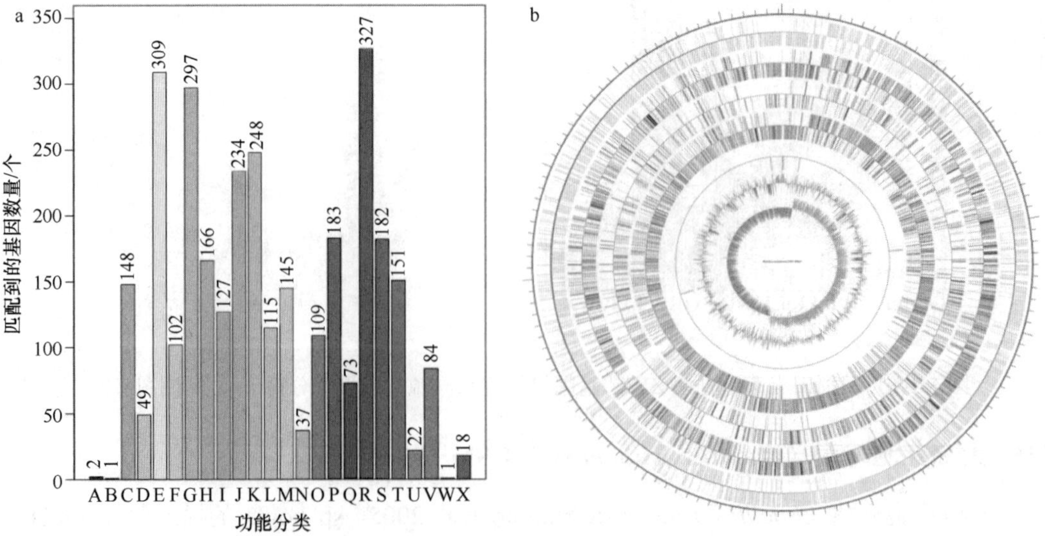


图 5-1-137　大岛芽胞杆菌 DSM 18940$^T$ 基因组的直系同源基因聚类分析（a）和圈图（b）

## 137. 太平洋芽胞杆菌（*Bacillus pacificus*）RC-1

太平洋芽胞杆菌（*Bacillus pacificus* Liu et al. 2017，sp. nov.）的模式菌株（EB422$^{T}$ = MCCC 1A06182$^{T}$ =KCTC 33858$^{T}$）分离自太平洋的沉积物，生长条件为 15～45℃（最适 30℃）、pH 5.0～10.0（最适 pH 6.0）、0～9%（*W*/*V*）NaCl（最适 1%），兼性厌氧，产芽胞（Liu et al.，2017c）。目前，该种有 2 个基因组，选择组装水平较高的非模式菌株 RC-1 基因组进行描述，其 GenBank 登录号为 GCA_003858675.1，测序平台为 Illumina HiSeq，于 2018 年 12 月 3 日由华南农业大学（South China Agriculture University）提交。

**【基因组的组装】**菌株 RC-1 基因组的测序深度为 178 X，基因组大小为 5.378 Mb，组装到 44 个 contigs，contig $N_{50}$ 为 313 571 bp。**【G+C 含量】**35.27%。**【非编码 RNA】**预测到 13 个 rRNA 基因（5S rRNA 11 个、16S rRNA 1 个、23S rRNA 1 个），91 个 tRNA 基因，4 个 sRNA 基因。**【编码基因】**有 5609 个蛋白质编码基因，编码区总长为 4 580 232 bp，占整个基因组的 85.17%，基因的平均长度为 817 bp。**【基因功能注释】**比对到 KEGG、COG 和 GO 数据库的基因数量分别为 5435 个、3866 个和 3700 个，预测到分泌蛋白编码基因 132 个；在 25 个 COG 功能类群中，基因数量前 10 位的类群分别是：R. 仅一般功能预测 443 个，E. 氨基酸转运与代谢 409 个，K. 转录 388 个，S. 功能未知 328 个，J. 翻译、核糖体结构与合成 305 个，G. 碳水化合物转运与代谢 284 个，T. 信号转导机制 241 个，M. 细胞壁/膜/包膜生物合成 238 个，P. 无机离子转运与代谢 238 个和 H. 辅酶转运与代谢 225 个（图 5-1-138a）。**【重复序列】**预测到的重复序列包括：LTR 136 个，总长为 10 071 bp，平均长度为 74 bp；DNA 重复元件 31 个，总长为 2478 bp，平均长度为 80 bp；LINE 40 个，总长为 2738 bp，平均长度为 68 bp；SINE 10 个，总长为 651 bp，平均长度为 65 bp；RC 4 个，总长为 227 bp，平均长度为 57 bp；TR 366 个，重复序列长度为 4～984 bp，总长为 43 092 bp；小卫星 DNA 276 个，重复序列长度为 10～60 bp，

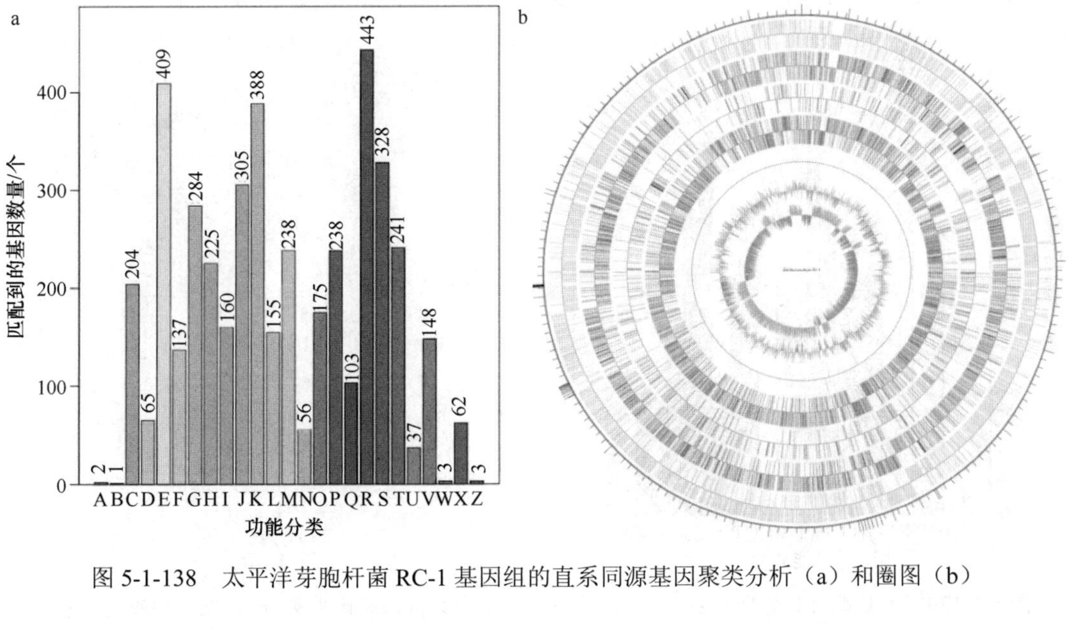


图 5-1-138　太平洋芽胞杆菌 RC-1 基因组的直系同源基因聚类分析（a）和圈图（b）

总长为 23 990 bp；微卫星 DNA 3 个，重复序列长度为 4～5 bp，总长为 91 bp。**【CRISPR】** 预测到 42 个 CRISPR 相关序列。**【基因岛】** 预测到 13 个基因岛 GI 01～GI 13，长度为 2829～27 594 bp，其 G+C 含量为 28.71%～39.68%。利用已预测得到的基因组信息，如重复序列、G+C 含量等，应用 CIRCOS 工具绘制其基因组圈图（图 5-1-138b）。

### 138. 人参地块芽胞杆菌（*Bacillus panaciterrae*）DSM 19096$^T$

人参地块芽胞杆菌（*Bacillus panaciterrae* Ten et al. 2006，sp. nov.）的模式菌株（Gsoil 1517$^T$ =KCTC 13929$^T$ =CCUG 52470$^T$ =LMG 23408$^T$ =DSM 19096$^T$）分离自韩国抱川市的人参种植田，生长条件为 20～45℃（最适 30℃）、pH 5.0～8.5（最适 pH 6.5～7.0）、0～1%（*W*/*V*）NaCl，好氧，产芽胞（Ten et al.，2006b）。目前，该种仅有 1 个基因组，模式菌株 DSM 19096$^T$ 基因组的 GenBank 登录号为 GCA_000430785.1，测序平台为 Illumina HiSeq，于 2013 年 7 月 16 日由美国能源部联合基因组研究所（DOE Joint Genome Institute）提交。

**【基因组的组装】** 菌株 DSM 19096$^T$ 基因组的测序深度未知，基因组大小为 5.412 Mb，组装到 189 个 scaffolds，scaffold $N_{50}$ 为 79 697 bp。**【G+C 含量】** 40.54%。**【非编码 RNA】** 预测到 7 个 rRNA 基因（5S rRNA 7 个、16S rRNA 0 个、23S rRNA 0 个），58 个 tRNA 基因，5 个 sRNA 基因。**【编码基因】** 有 5624 个蛋白质编码基因，编码区总长为 4 240 260 bp，占整个基因组的 78.35%，基因的平均长度为 754 bp。**【基因功能注释】** 比对到 KEGG、COG 和 GO 数据库的基因数量分别为 4389 个、3476 个和 3507 个，预测到分泌蛋白编码基因 102 个；在 25 个 COG 功能类群中，基因数量前 10 位的类群分别是：E. 氨基酸转运与代谢 417 个，K. 转录 371 个，R. 仅一般功能预测 359 个，S. 功能未知 295 个，J. 翻译、核糖体结构与合成 254 个，C. 能量产生与转换 247 个，G. 碳水化合物转运与代谢 241 个，M. 细胞壁/膜/包膜生物合成 211 个，H. 辅酶转运与代谢 200 个和 P. 无机离子转运与代谢 194 个（图 5-1-139a）。**【重复序列】** 预测到的重复序列包括：LTR 208 个，

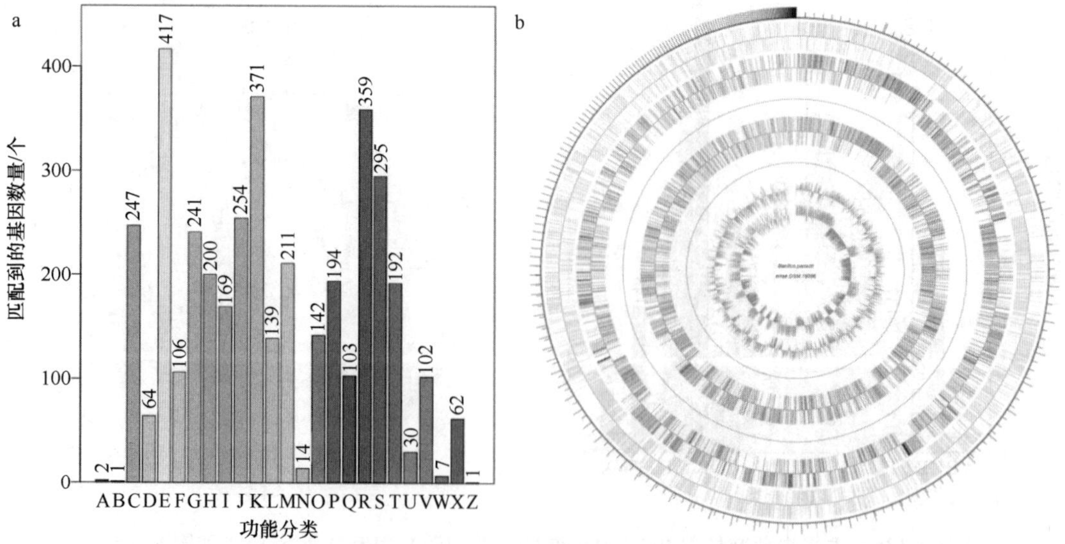


图 5-1-139　人参地块芽胞杆菌 DSM 19096$^T$ 基因组的直系同源基因聚类分析（a）和圈图（b）

总长为 12 932 bp，平均长度为 62 bp；DNA 重复元件 61 个，总长为 3790 bp，平均长度为 62 bp；LINE 48 个，总长为 2959 bp，平均长度为 62 bp；SINE 6 个，总长为 404 bp，平均长度为 67 bp；RC 7 个，总长为 426 bp，平均长度为 61 bp；TR 360 个，重复序列长度为 3～312 bp，总长为 29 796 bp；小卫星 DNA 273 个，重复序列长度为 10～57 bp，总长为 16 401 bp；微卫星 DNA 6 个，重复序列长度为 3～6 bp，总长为 360 bp。**【CRISPR】**预测到 144 个 CRISPR 相关序列。**【基因岛】**预测到 11 个基因岛 GI 01～GI 11，长度为 4493～19 969 bp，其 G+C 含量为 36.41%～43.93%。利用已预测得到的基因组信息，如重复序列、G+C 含量等，应用 CIRCOS 工具绘制其基因组圈图（图 5-1-139b）。

### 139. 副地衣芽胞杆菌（*Bacillus paralicheniformis*）ATCC 9945$^T$

副地衣芽胞杆菌（*Bacillus paralicheniformis* Dunlap et al. 2015，sp. nov.）的模式菌株（KJ-16$^T$ =KACC 18426$^T$=NRRL B-65293$^T$ =ATCC 9945$^T$）分离自韩国的大豆发酵食品清曲酱，生长条件为 15～60℃、pH 6.0～11.0（最适 pH 7.0～8.0）、0～10%（*W*/*V*）NaCl，兼性厌氧，产芽胞（Dunlap et al.，2015）。目前，该种有 26 个基因组，选择组装到完成图水平的模式菌株 ATCC 9945$^T$ 的基因组进行描述，其 GenBank 登录号为 GCA_000408885.1，测序平台为 454，于 2013 年 6 月 5 日由德国乔治-奥古斯都-哥廷根大学（Georg-August-University Goettingen）提交。

**【基因组的组装】**菌株 ATCC 9945$^T$ 基因组的测序深度为 17 X，基因组大小为 4.376 Mb，组装到完成图水平，包括 1 条染色体。**【G+C 含量】**45.92%。**【非编码 RNA】**预测到 21 个 rRNA 基因（5S rRNA 7 个、16S rRNA 7 个、23S rRNA 7 个），72 个 tRNA 基因，28 个 sRNA 基因。**【编码基因】**有 4665 个蛋白质编码基因，编码区总长为 3 899 553 bp，占整个基因组的 89.11%，基因的平均长度为 836 bp。**【基因功能注释】**比对到 KEGG、COG 和 GO 数据库的基因数量分别为 4241 个、3194 个和 3125 个，预测到分泌蛋白编码基因 85 个；在 25 个 COG 功能类群中，基因数量前 10 位的类群分别是：G. 碳水化合物转运与代谢 351 个，R. 仅一般功能预测 335 个，E. 氨基酸转运与代谢 333 个，K. 转录 333 个，S. 功能未知 234 个，J. 翻译、核糖体结构与合成 233 个，P. 无机离子转运与代谢 212 个，M. 细胞壁/膜/包膜生物合成 199 个，T. 信号转导机制 187 个和 C. 能量产生与转换 186 个（图 5-1-140a）。**【重复序列】**预测到的重复序列包括：LTR 133 个，总长为 9784 bp，平均长度为 74 bp；DNA 34 个，总长为 2062 bp，平均长度为 61 bp；LINE 40 个，总长为 2471 bp，平均长度为 62 bp；SINE 21 个，总长为 1534 bp，平均长度为 73 bp；RC 4 个，总长为 220 bp，平均长度为 55 bp；TR 116 个，重复序列长度为 9～282 bp，总长为 11 673 bp；小卫星 DNA 87 个，重复序列长度为 12～60 bp，总长为 9794 bp；未预测到微卫星 DNA。**【CRISPR】**未预测到 CRISPR 相关序列。**【基因岛】**预测到 10 个基因岛 GI 01～GI 10，长度为 6718～27 099 bp，其 G+C 含量为 34.4%～44.28%。利用已预测得到的基因组信息，如重复序列、G+C 含量等，应用 CIRCOS 工具绘制其基因组圈图（图 5-1-140b）。

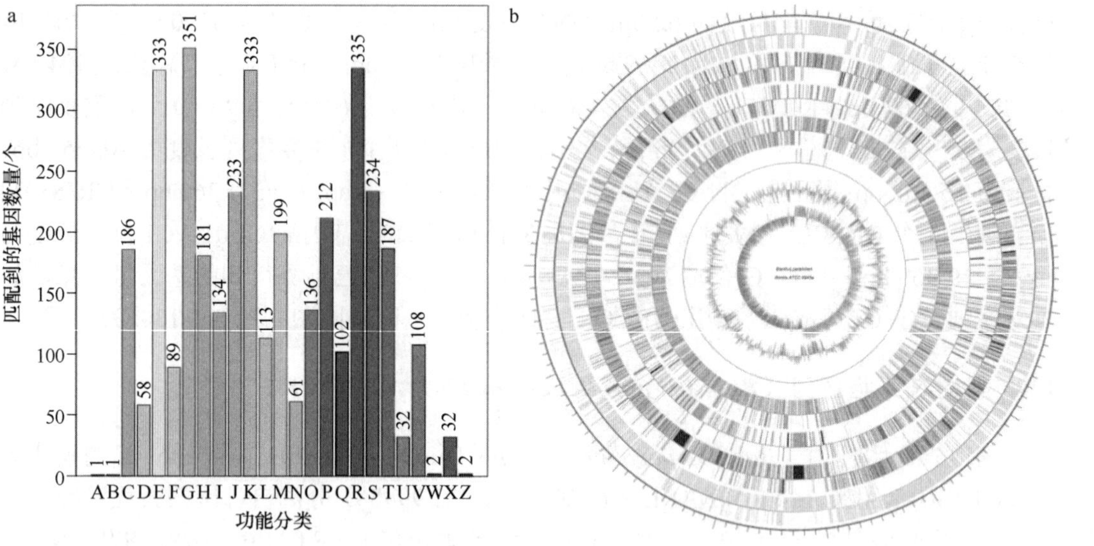


图 5-1-140　副地衣芽胞杆菌 ATCC 9945$^T$ 基因组的直系同源基因聚类分析（a）和圈图（b）

## 140. 副蕈状芽胞杆菌（*Bacillus paramycoides*）NH24A2$^T$

副蕈状芽胞杆菌（*Bacillus paramycoides* Liu et al. 2017，sp. nov.）的模式菌株（NH24A2$^T$ =MCCC 1A04098$^T$ =KCTC 33709$^T$ =LMG 28876$^T$）分离自南海沉积物，生长条件为 15～39℃（最适 30℃）、pH 5.0～9.0（最适 pH 7.0）、0～5%（*W*/*V*）NaCl（最适 0.5%），兼性厌氧，产芽胞（Liu et al.，2017c）。目前，该种仅有 1 个基因组，模式菌株 NH24A2$^T$ 基因组的 GenBank 登录号为 GCA_001884235.1，测序平台为 Illumina Hiseq，于 2016 年 11 月 18 日由自然资源部第三海洋研究所（The Third Institute of Oceanography，Ministry of Natural Resources）提交。

**【基因组的组装】**菌株 NH24A2$^T$ 基因组的测序深度为 100 X，基因组大小为 4.376 Mb，组装到 144 个 contigs，contig $N_{50}$ 为 129 913 bp。**【G+C 含量】**35.21%。**【非编码 RNA】**预测到 3 个 rRNA 基因（5S rRNA 1 个、16S rRNA 1 个、23S rRNA 1 个），17 个 tRNA 基因，6 个 sRNA 基因。**【编码基因】**有 5709 个蛋白质编码基因，编码区总长为 3 594 446 bp，占整个基因组的 82.13%，基因的平均长度为 785 bp。**【基因功能注释】**比对到 KEGG、COG 和 GO 数据库的基因数量分别为 5267 个、3866 个和 3649 个，预测到分泌蛋白编码基因 121 个；在 25 个 COG 功能类群中，基因数量前 10 位的类群分别是：R. 仅一般功能预测 423 个，E. 氨基酸转运与代谢 396 个，K. 转录 396 个，S. 功能未知 325 个，J. 翻译、核糖体结构与合成 307 个，G. 碳水化合物转运与代谢 284 个，T. 信号转导机制 253 个，M. 细胞壁/膜/包膜生物合成 242 个，H. 辅酶转运与代谢 228 个和 P. 无机离子转运与代谢 228 个（图 5-1-141a）。**【重复序列】**预测到的重复序列包括：LTR 118 个，总长为 7733 bp，平均长度为 66 bp；DNA 重复元件 50 个，总长为 3317 bp，平均长度为 66 bp；LINE 40 个，总长为 2623 bp，平均长度为 66 bp；未预测到 SINE；RC 4 个，总长为 177 bp，平均长度为 44 bp；未知序列 1 个，长度为 52 bp；TR 328 个，重复序列长度为 3～792 bp，总长为 47 539 bp；小卫星 DNA 246 个，重复序列长度为 10～60 bp，总长为 18 100 bp；微卫星 DNA 5 个，重复序列长度为 3～6 bp，总长为 817 bp。**【CRISPR】**预测到 49 个 CRISPR 相关序列。**【基因岛】**预测到 12 个基因岛 GI 01～GI 12，长度为 3112～13 032 bp，其 G+C 含量为 32.15%～38.12%。利用已预测得到的基因组信息，如重复序列、G+C 含量等，应用 CIRCOS 工具绘制其基因组圈图（图 5-1-141b）。

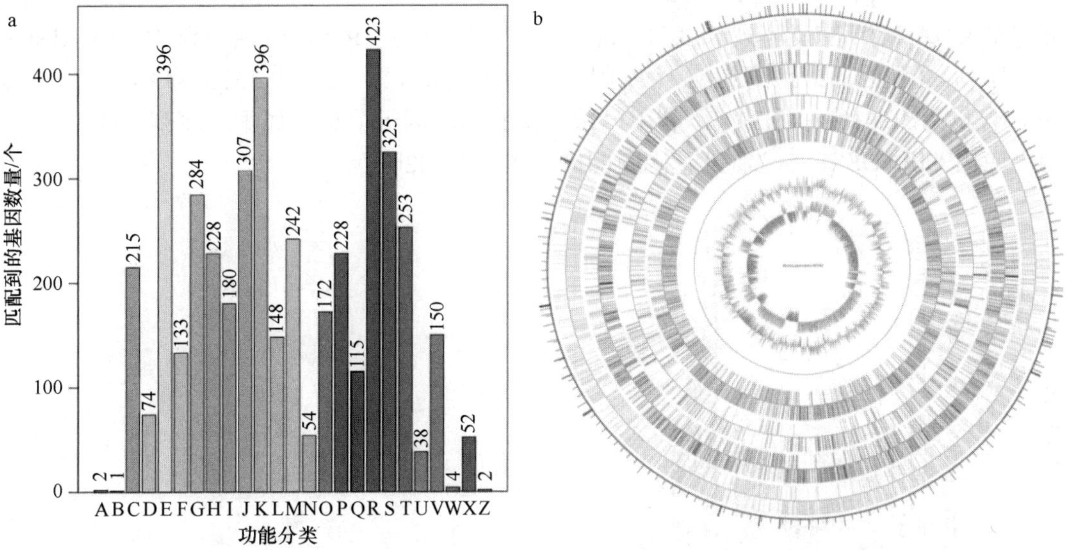


图 5-1-141　副蕈状芽胞杆菌 NH24A2$^T$ 基因组的直系同源基因聚类分析（a）和圈图（b）

## 141. 副炭疽芽胞杆菌（*Bacillus paranthracis*）Mn5$^T$

副炭疽芽胞杆菌（*Bacillus paranthracis* Liu et al. 2017，sp. nov.）的模式菌株（Mn5$^T$ = MCCC 1A00395$^T$ =KCTC 33714$^T$ =LMG 28873$^T$）分离自太平洋的沉积物，生长条件为 15～45℃（最适 30℃）、pH 5.0～10.0（最适 pH 7.0～8.0）、0～9%（*W*/*V*）NaCl（最适 1%～2%），兼性厌氧，产芽胞（Liu et al.，2017c）。目前，该种有 4 个基因组，选择模式菌株 Mn5$^T$ 的基因组进行描述，其 GenBank 登录号为 GCA_001883995.1，测序平台为 Illumina Hiseq，于 2016 年 11 月 18 日由自然资源部第三海洋研究所（The Third Institute of Oceanography，Ministry of Natural Resources）提交。

**【基因组的组装】**菌株 Mn5$^T$ 基因组的测序深度为 100 X，基因组大小为 5.513 Mb，组装到 91 个 contigs，contig $N_{50}$ 为 135 274 bp。**【G+C 含量】**35.19%。**【非编码 RNA】**预测到 2 个 rRNA 基因（5S rRNA 0 个、16S rRNA 1 个、23S rRNA 1 个），17 个 tRNA 基因，7 个 sRNA 基因。**【编码基因】**有 5749 个蛋白质编码基因，编码区总长为 4 640 748 bp，占整个基因组的 84.18%，基因的平均长度为 807 bp。**【基因功能注释】**比对到 KEGG、COG 和 GO 数据库的基因数量分别为 5498 个、3869 个和 3733 个，预测到分泌蛋白编码基因 124 个；在 25 个 COG 功能类群中，基因数量前 10 位的类群分别是：R. 仅一般功能预测 438 个，E. 氨基酸转运与代谢 404 个，K. 转录 391 个，S. 功能未知 326 个，J. 翻译、核糖体结构与合成 304 个，G. 碳水化合物转运与代谢 278 个，P. 无机离子转运与代谢 240 个，T. 信号转导机制 240 个，H. 辅酶转运与代谢 235 个和 M. 细胞壁/膜/包膜生物合成 234 个（图 5-1-142a）。**【重复序列】**预测到的重复序列包括：LTR 121 个，总长为 7866 bp，平均长度为 65 bp；DNA 重复元件 46 个，总长为 3036 bp，平均长度为 66 bp；LINE 50 个，总长为 3754 bp，平均长度为 75 bp；SINE 1 个，长度为 61 bp；RC 5 个，总长为 297 bp，平均长度为 59 bp；TR 365 个，重复序列长度为 6～780 bp，总长为 35 409 bp；小卫星 DNA 294 个，重复序列长度为 10～60 bp，总长为 22 367 bp；微卫星 DNA 2 个，重复序列长度为 6 bp，总长为 54 bp。**【CRISPR】**预测到 71 个 CRISPR 相关序列。**【基因岛】**预测到 14 个基因岛 GI 01～GI 14，长度为 3356～43 130 bp，其 G+C 含量为 30.41%～41.34%。利用已预测得到的基因组信息，如重复序列、G+C 含量等，应用 CIRCOS 工具绘制其基因组圈图（图 5-1-142b）。

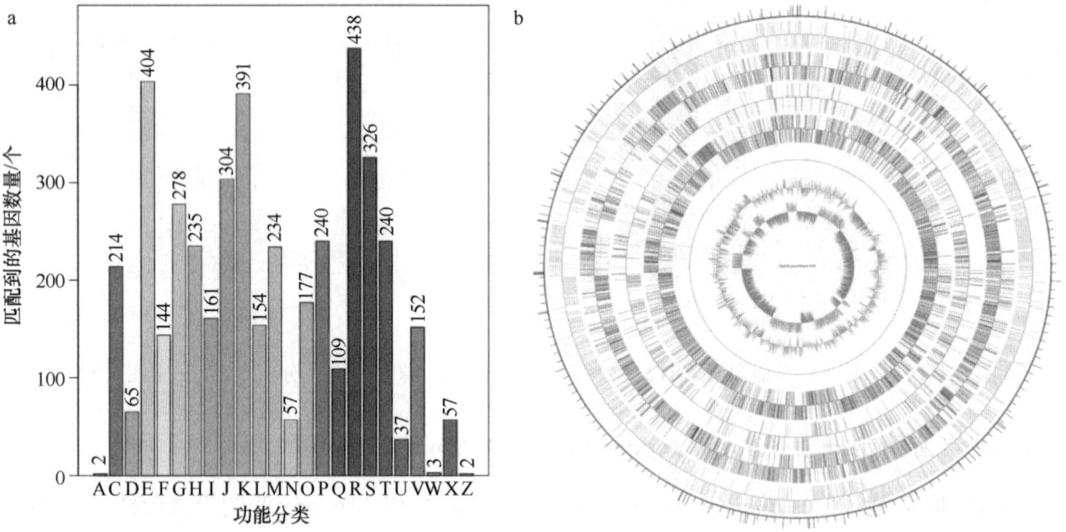


图 5-1-142　副炭疽芽胞杆菌 Mn5$^{T}$ 基因组的直系同源基因聚类分析（a）和圈图（b）

## 142. 巴塔哥尼亚芽胞杆菌（*Bacillus patagoniensis*）DSM 16117$^{T}$

巴塔哥尼亚芽胞杆菌（*Bacillus patagoniensis* Olivera et al. 2005，sp. nov.）的模式菌株（PAT 05$^{T}$ =DSM 16117$^{T}$ =ATCC BAA-965$^{T}$）分离自阿根廷巴塔哥尼亚的滨藜（*Atriplex lampa*）根际土，生长条件为 5～40℃、pH 7.0～10.0（最适 pH 8.0）、0～15%（*W*/*V*）NaCl，好氧，产芽胞（Olivera et al.，2005）。目前，该种仅有 1 个基因组，模式菌株 DSM 16117$^{T}$ 的基因组进行描述，其 GenBank 登录号为 GCA_002019705.1，测序平台为 Illumina Hiseq，于 2017 年 3 月 6 日由福建省农业科学院（Fujian Academy of Agricultural Sciences）提交。

**【基因组的组装】**菌株 DSM 16117$^{T}$ 基因组的测序深度为 226 X，基因组大小为 4.647 Mb，组装到 3 个 scaffolds，scaffold $N_{50}$ 为 4 634 227 bp。**【G+C 含量】**39.58%。**【非编码 RNA】**预测到 22 个 rRNA 基因（5S rRNA 8 个、16S rRNA 7 个、23S rRNA 7 个），74 个 tRNA 基因，14 个 sRNA 基因。**【编码基因】**有 4995 个蛋白质编码基因，编码区总长为 4 039 116 bp，

占整个基因组的 86.92%，基因的平均长度为 809 bp。**【基因功能注释】**比对到 KEGG、COG 和 GO 数据库的基因数量分别为 4216 个、3228 个和 3351 个，预测到分泌蛋白编码基因 117 个；在 24 个 COG 功能类群中，基因数量前 10 位的类群分别是：R. 仅一般功能预测 395 个，G. 碳水化合物转运与代谢 372 个，E. 氨基酸转运与代谢 342 个，K. 转录 302 个，J. 翻译、核糖体结构与合成 251 个，S. 功能未知 226 个，P. 无机离子转运与代谢 193 个，H. 辅酶转运与代谢 181 个，M. 细胞壁/膜/包膜生物合成 179 个和 C. 能量产生与转换 175 个（图 5-1-143a）。**【重复序列】**预测到的重复序列包括：LTR 80 个，总长为 6713 bp，平均长度为 84 bp；DNA 重复元件 24 个，总长为 2007 bp，平均长度为 84 bp；LINE 30 个，总长为 1923 bp，平均长度为 64 bp；SINE 11 个，总长为 959 bp，平均长度为 87 bp；RC 1 个，长度为 30 bp；未知序列 4 个，总长为 277 bp，平均长度为 69 bp；TR 161 个，重复序列长度为 1～483 bp，总长为 15 812 bp；小卫星 DNA 120 个，重复序列长度为 10～57 bp，总长为 10 388 bp；未预测到微卫星 DNA。**【CRISPR】**未预测到 CRISPR 相关序列。**【基因岛】**预测到 17 个基因岛 GI 01～GI 17，长度为 4684～38 737 bp，其 G+C 含量为 32.31%～45.27%。利用已预测得到的基因组信息，如重复序列、G+C 含量等，应用 CIRCOS 工具绘制其基因组圈图（图 5-1-143b）。

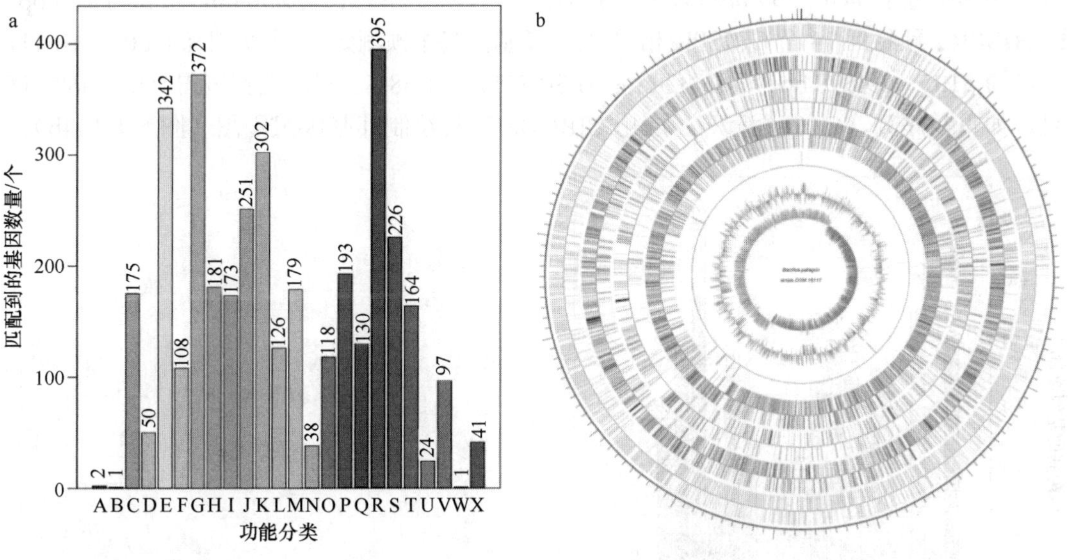


图 5-1-143　巴塔哥尼亚芽胞杆菌 DSM 16117$^T$ 基因组的直系同源基因聚类分析（a）和圈图（b）

## 143. 波斯芽胞杆菌（*Bacillus persicus*）DSM 25386$^T$

波斯芽胞杆菌（*Bacillus persicus* Didari et al. 2013，sp. nov.）的模式菌株（B48$^T$ = IBRC-M 10115$^T$ =DSM 25386$^T$ =CECT 8001$^T$）分离自太平洋的沉积物，轻度嗜盐，生长条件为 10～45℃（最适 35℃）、pH 6.0～9.0（最适 pH 7.5～8.0）、0.5%～10%（*W*/*V*）NaCl（最适 2.5%），严格好氧，产芽胞（Didari et al.，2013）。目前，该种仅有 1 个基因组，模式菌株 DSM 25386$^T$ 基因组的 GenBank 登录号为 GCA_900109925.1，测序平台为 Illumina Hiseq，于 2016 年 10 月 31 日由美国能源部联合基因组研究所（DOE Joint Genome Institute）提交。

**【基因组的组装】** 菌株 DSM 25386T 基因组的测序深度为 219 X，基因组大小为 4.643 Mb，组装到 40 个 scaffolds，scaffold $N_{50}$ 为 246 160 bp。**【G+C 含量】** 39.88%。**【非编码 RNA】** 预测到 15 个 rRNA 基因（5S rRNA 15 个、16S rRNA 0 个、23S rRNA 0 个），113 个 tRNA 基因，8 个 sRNA 基因。**【编码基因】** 有 4783 个蛋白质编码基因，编码区总长为 3 869 433 bp，占整个基因组的 83.34%，基因的平均长度为 809 bp。**【基因功能注释】** 比对到 KEGG、COG 和 GO 数据库的基因数量分别为 4059 个、3057 个和 3081 个，预测到分泌蛋白编码基因 85 个；在 23 个 COG 功能类群中，基因数量前 10 位的类群分别是：R. 仅一般功能预测 348 个，E. 氨基酸转运与代谢 287 个，J. 翻译、核糖体结构与合成 252 个，C. 能量产生与转换 246 个，K. 转录 237 个，S. 功能未知 231 个，I. 脂质转运与代谢 226 个，P. 无机离子转运与代谢 215 个，G. 碳水化合物转运与代谢 200 个和 H. 辅酶转运与代谢 185 个（图 5-1-144a）。**【重复序列】** 预测到的重复序列包括：LTR 106 个，总长为 6233 bp，平均长度为 59 bp；DNA 重复元件 29 个，总长为 1860 bp，平均长度为 64 bp；LINE 31 个，总长为 1693 bp，平均长度为 55 bp；SINE 10 个，总长为 642 bp，平均长度为 64 bp；RC 3 个，总长为 140 bp，平均长度为 47 bp；TR 200 个，重复序列长度为 6～1539 bp，总长为 20 820 bp；小卫星 DNA 168 个，重复序列长度为 11～60 bp，总长为 15 259 bp；微卫星 DNA 5 个，重复序列长度为 6 bp，总长为 273 bp。**【CRISPR】** 预测到 74 个 CRISPR 相关序列。**【基因岛】** 预测到 11 个基因岛 GI 01～GI 11，长度为 5195～39 598 bp，其 G+C 含量为 30.82%～41.58%。利用已预测得到的基因组信息，如重复序列、G+C 含量等，应用 CIRCOS 工具绘制其基因组圈图（图 5-1-144b）。

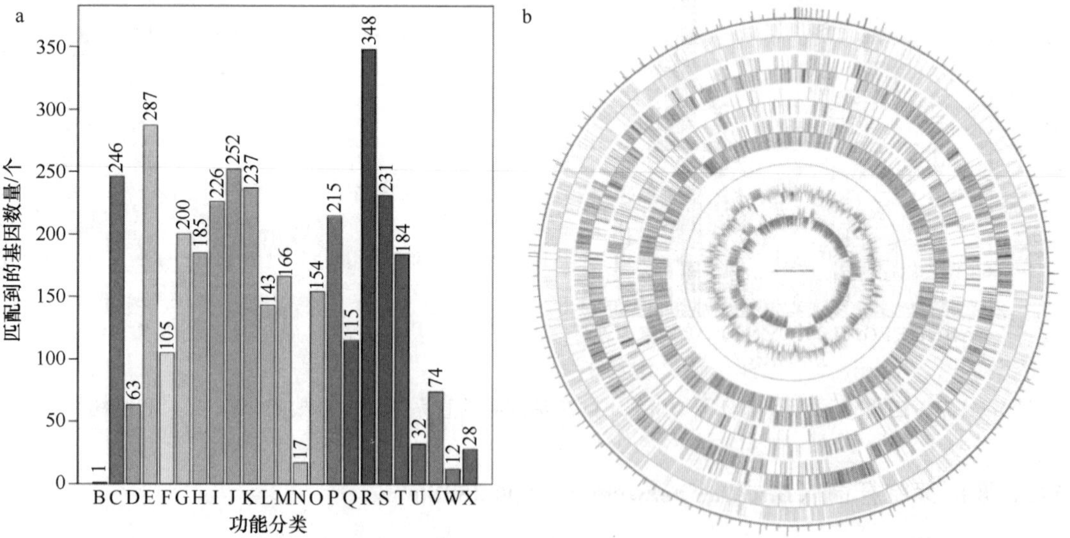


图 5-1-144　波斯芽胞杆菌 DSM 25386T 基因组的直系同源基因聚类分析（a）和圈图（b）

## 144. 扁板海绵芽胞杆菌（*Bacillus plakortidis*）DSM 19153T

扁板海绵芽胞杆菌（*Bacillus plakortidis* Borchert et al. 2007，sp. nov.）的模式菌株（P203T= DSM 19153T =NCIMB 14288T）分离自挪威海的简易扁板海绵（*Plakortis simplex*），生长

条件为 6～30℃（最适 15～20℃）、pH 6.5～10.0（最适 pH 8.5）、0～12%（*W*/*V*）NaCl，好氧，产芽胞（Borchert et al.，2007）。目前，该种仅有 1 个基因组，模式菌株 DSM 19153$^T$ 基因组的 GenBank 登录号为 GCA_001420645.1，测序平台为 Illumina HiSeq，于 2015 年 10 月 30 日由福建省农业科学院（Fujian Academy of Agricultural Sciences）提交。

**【基因组的组装】**菌株 DSM 19153$^T$ 基因组的测序深度为 100 X，基因组大小为 3.968 Mb，组装到 44 个 scaffolds，scaffold $N_{50}$ 为 227 279 bp。**【G+C 含量】**39.78%。**【非编码 RNA】**预测到 5 个 rRNA 基因（5S rRNA 5 个、16S rRNA 0 个、23S rRNA 0 个），70 个 tRNA 基因，2 个 sRNA 基因。**【编码基因】**有 4139 个蛋白质编码基因，编码区总长为 3 522 336 bp，占整个基因组的 88.77%，基因的平均长度为 851 bp。**【基因功能注释】**比对到 KEGG、COG 和 GO 数据库的基因数量分别为 3874 个、2726 个和 2849 个，预测到分泌蛋白编码基因 105 个；在 24 个 COG 功能类群中，基因数量前 10 位的类群分别是：R. 仅一般功能预测 323 个，E. 氨基酸转运与代谢 309 个，G. 碳水化合物转运与代谢 290 个，K. 转录 248 个，J. 翻译、核糖体结构与合成 234 个，P. 无机离子转运与代谢 184 个，S. 功能未知 182 个，H. 辅酶转运与代谢 166 个，T. 信号转导机制 151 个和 C. 能量产生与转换 146 个（图 5-1-145a）。**【重复序列】**预测到的重复序列包括：LTR 68 个，总长为 4595 bp，平均长度为 68 bp；DNA 重复元件 21 个，总长为 1322 bp，平均长度为 63 bp；LINE 17 个，总长为 1146 bp，平均长度为 67 bp；SINE 8 个，总长为 481 bp，平均长度为 60 bp；RC 4 个，总长为 191 bp，平均长度为 48 bp；TR 122 个，重复序列长度为 3～1104 bp，总长为 17 458 bp；小卫星 DNA 86 个，重复序列长度为 11～51 bp，总长为 6889 bp；微卫星 DNA 2 个，重复序列长度为 3～6 bp，总长为 93 bp。**【CRISPR】**预测到 16 个 CRISPR 相关序列。**【基因岛】**预测到 8 个基因岛 GI 01～GI 08，长度为 3175～24 038 bp，其 G+C 含量为 34.96%～41.5%。利用已预测得到的基因组信息，如重复序列、G+C 含量等，应用 CIRCOS 工具绘制其基因组圈图（图 5-1-145b）。

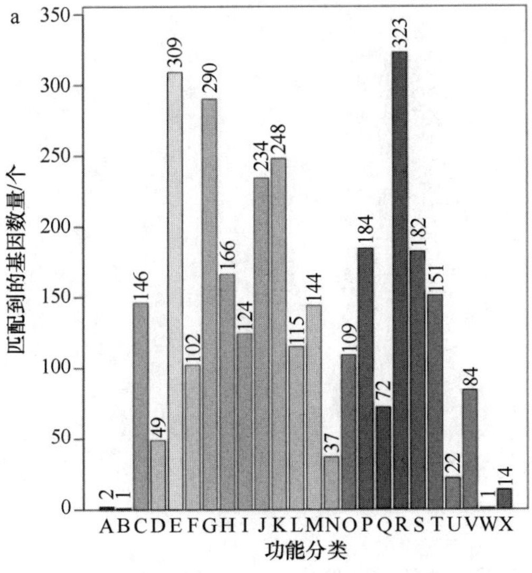


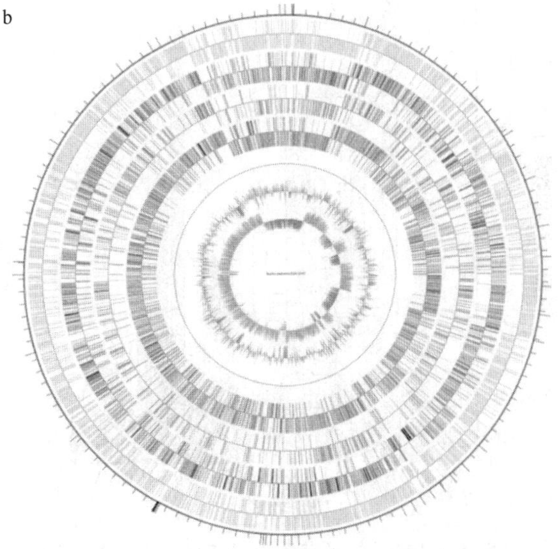


图 5-1-145　扁板海绵芽胞杆菌 DSM 19153$^T$ 基因组的直系同源基因聚类分析（a）和圈图（b）

## 145. 胡杨芽胞杆菌（*Bacillus populi*）FJAT-45347$^T$

胡杨芽胞杆菌（*Bacillus populi* Liu et al. 2018，sp. nov.）的模式菌株（FJAT-45347$^T$ = DSM 104632$^T$ =CCTCC AB 2016257$^T$）分离自塔克拉玛干沙漠的胡杨（*Populus euphratica*）根际土，中度嗜碱、嗜盐，生长条件为 15～35℃（最适 25℃）、pH 7.5～12.0（最适 pH 8.0）、0～20%（*W*/*V*）NaCl（最适 8%），好氧，产芽胞（Liu et al.，2018g）。目前，该种仅有 1 个基因组，模式菌株 FJAT-45347$^T$ 基因组的 GenBank 登录号为 GCA_002352765.2，测序平台为 Illumina HiSeq，于 2017 年 9 月 19 日由福建省农业科学院（Fujian Academy of Agricultural Sciences）提交。

**【基因组的组装】**菌株 FJAT-45347$^T$ 基因组的测序深度为 100 X，基因组大小为 4.518 Mb，组装到 3 个 scaffolds，scaffold $N_{50}$ 为 4 459 871 bp。**【G+C 含量】**40.62%。**【非编码 RNA】**预测到 22 个 rRNA 基因（5S rRNA 9 个、16S rRNA 7 个、23S rRNA 6 个），77 个 tRNA 基因，17 个 sRNA 基因。**【编码基因】**有 4455 个蛋白质编码基因，编码区总长为 3 718 311 bp，占整个基因组的 82.30%，基因的平均长度为 835 bp。**【基因功能注释】**比对到 KEGG、COG 和 GO 数据库的基因数量分别为 3590 个、2866 个和 2958 个，预测到分泌蛋白编码基因 102 个；在 24 个 COG 功能类群中，基因数量前 10 位的类群分别是：E. 氨基酸转运与代谢 333 个，R. 仅一般功能预测 308 个，G. 碳水化合物转运与代谢 255 个，K. 转录 225 个，J. 翻译、核糖体结构与合成 224 个，S. 功能未知 200 个，C. 能量产生与转换 192 个，H. 辅酶转运与代谢 191 个，M. 细胞壁/膜/包膜生物合成 174 个和 P. 无机离子转运与代谢 168 个（图 5-1-146a）。**【重复序列】**预测到的重复序列包括：LTR 130 个，总长为 9289 bp，平均长度为 71 bp；DNA 重复元件 38 个，总长为 2311 bp，平均长度为 61 bp；LINE 38 个，总长为 2333 bp，平均长度为 61 bp；

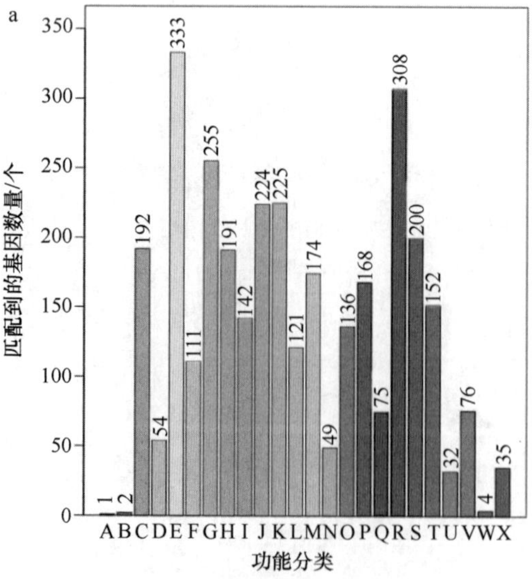


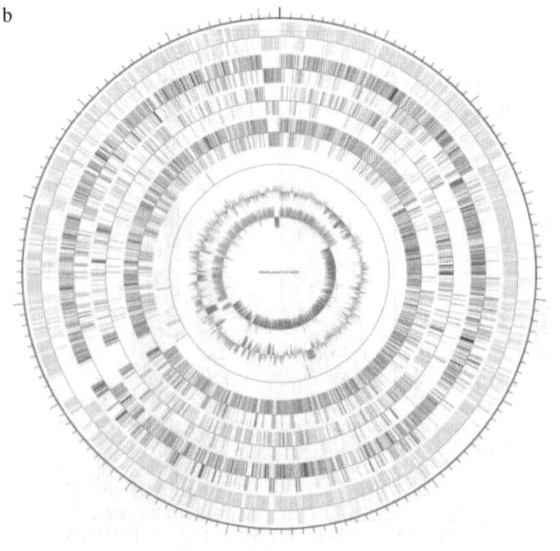


图 5-1-146　胡杨芽胞杆菌 FJAT-45347$^T$ 基因组的直系同源基因聚类分析（a）和圈图（b）

SINE 16 个，总长为 1186 bp，平均长度为 74 bp；RC 4 个，总长为 307 bp，平均长度为 78 bp；TR 210 个，重复序列长度为 6～231 bp，总长为 15 615 bp；小卫星 DNA 164 个，重复序列长度为 11～57 bp，总长为 10 445 bp；微卫星 DNA 1 个，重复序列长度为 6 bp，总长为 44 bp。**【CRISPR】**预测到 6 个 CRISPR 相关序列。**【基因岛】**预测到 9 个基因岛 GI 01～GI 09，长度为 7257～67 878 bp，其 G+C 含量为 33.5%～49.59%。利用已预测得到的基因组信息，如重复序列、G+C 含量等，应用 CIRCOS 工具绘制其基因组圈图（图 5-1-146b）。

### 146. 农田芽胞杆菌（*Bacillus praedii*）FJAT-25547$^T$

农田芽胞杆菌（*Bacillus praedii* Liu et al. 2017，sp. nov.）的模式菌株（FJAT-25547$^T$ = CCTCC AB 2015208$^T$ =DSM 101002$^T$）分离自四川盐亭县临山镇的稻田土，中度嗜盐、嗜碱，生长条件为 15～40℃（最适 30℃）、pH 5.0～12.0（最适 pH 9.0）、0～10%（*W/V*）NaCl（最适 4%），好氧，产芽胞（Liu et al.，2017e）。目前，该种有 2 个基因组，选择组装水平较高的模式菌株 FJAT-25547$^T$ 的基因组进行描述，其 GenBank 登录号为 GCA_001439605.1，测序平台为 Illumina HiSeq，于 2015 年 11 月 6 日由福建省农业科学院（Fujian Academy of Agricultural Sciences）提交。

**【基因组的组装】**菌株 FJAT-25547$^T$ 基因组的测序深度为 150 X，基因组大小为 5.271 Mb，组装到 87 个 scaffolds，scaffold $N_{50}$ 为 154 148 bp。**【G+C 含量】**37.38%。**【非编码 RNA】**预测到 4 个 rRNA 基因（5S rRNA 2 个、16S rRNA 1 个、23S rRNA 1 个），89 个 tRNA 基因，4 个 sRNA 基因。**【编码基因】**有 5481 个蛋白质编码基因，编码区总长为 4 421 271 bp，占整个基因组的 83.88%，基因的平均长度为 807 bp。**【基因功能注释】**比对到 KEGG、COG 和 GO 数据库的基因数量分别为 4709 个、3539 个和 3553 个，预测到分泌蛋白编码基因 99 个；在 25 个 COG 功能类群中，基因数量前 10 位的类群分别是：R. 仅一般功能预测 399 个，E. 氨基酸转运与代谢 371 个，K. 转录 362 个，S. 功能未知 282 个，J. 翻译、核糖体结构与合成 280 个，T. 信号转导机制 255 个，G. 碳水化合物转运与代谢 241 个，P. 无机离子转运与代谢 240 个，C. 能量产生与转换 223 个和 M. 细胞壁/膜/包膜生物合成 187 个（图 5-1-147a）。**【重复序列】**预测到的重复序列包括：LTR 125 个，总长为 7966 bp，平均长度为 64 bp；DNA 重复元件 50 个，总长为 3110 bp，平均长度为 62 bp；LINE 29 个，总长为 1781 bp，平均长度为 61 bp；SINE 8 个，总长为 521 bp，平均长度为 65 bp；RC 5 个，总长为 258 bp，平均长度为 52 bp；TR 308 个，重复序列长度为 1～299 bp，总长为 41 774 bp；小卫星 DNA 213 个，重复序列长度为 10～60 bp，总长为 33 735 bp；微卫星 DNA 3 个，重复序列长度为 6 bp，总长为 181 bp。**【CRISPR】**预测到 130 个 CRISPR 相关序列。**【基因岛】**预测到 8 个基因岛 GI 01～GI 08，长度为 4023～14 845 bp，其 G+C 含量为 29.85%～40.66%。利用已预测得到的基因组信息，如重复序列、G+C 含量等，应用 CIRCOS 工具绘制其基因组圈图（图 5-1-147b）。

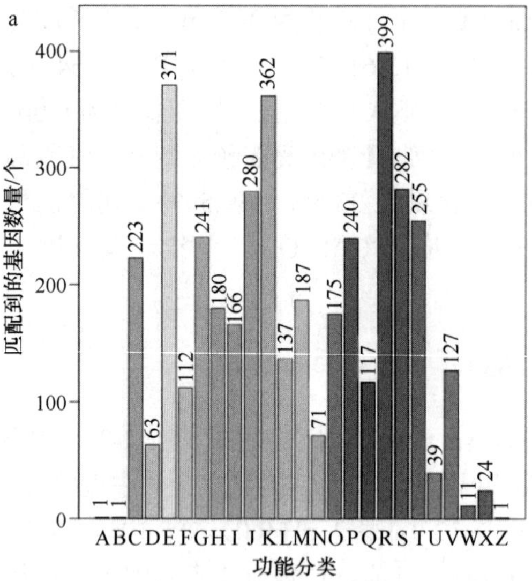


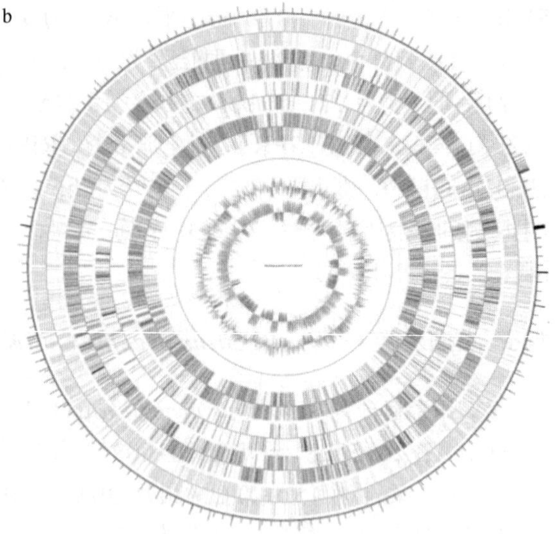


图 5-1-147　农田芽胞杆菌 FJAT-25547$^T$ 基因组的直系同源基因聚类分析（a）和圈图（b）

## 147. 解蛋白芽胞杆菌（*Bacillus proteolyticus*）TD42$^T$

解蛋白芽胞杆菌（*Bacillus proteolyticus* Liu et al. 2017，sp. nov.）的模式菌株（TD42$^T$ = MCCC 1A00365$^T$ =KCTC 33715$^T$=LMG 28870$^T$）分离自太平洋的沉积物，中度嗜碱，生长条件为 10～39℃（最适 30℃）、pH 5.0～10.0（最适 pH 8.0）、0～9%（*W*/*V*）NaCl（最适 0～1%），好氧，产芽胞（Liu et al.，2017c）。目前，该种仅有 1 个基因组，模式菌株 TD42$^T$ 基因组的 GenBank 登录号为 GCA_001884065.1，测序平台为 Illumina HiSeq，于 2016 年 11 月 18 日由自然资源部第三海洋研究所（The Third Institute of Oceanography，Ministry of Natural Resources）提交。

**【基因组的组装】**菌株 TD42$^T$ 基因组的测序深度为 100 X，基因组大小为 5.859 Mb，组装到 170 个 contigs，contig $N_{50}$ 为 131 211 bp。**【G+C 含量】**35.15%。**【非编码 RNA】**预测到 4 个 rRNA 基因（5S rRNA 2 个、16S rRNA 1 个、23S rRNA 1 个），21 个 tRNA 基因，5 个 sRNA 基因。**【编码基因】**有 6206 个蛋白质编码基因，编码区总长为 4 817 517 bp，占整个基因组的 82.22%，基因的平均长度为 776 bp。**【基因功能注释】**比对到 KEGG、COG 和 GO 数据库的基因数量分别为 5769 个、4051 个和 3885 个，预测到分泌蛋白编码基因 148 个；在 25 个 COG 功能类群中，基因数量前 10 位的类群分别是：R. 仅一般功能预测 463 个，E. 氨基酸转运与代谢 431 个，K. 转录 396 个，S. 功能未知 327 个，J. 翻译、核糖体结构与合成 309 个，G. 碳水化合物转运与代谢 289 个，M. 细胞壁/膜/包膜生物合成 271 个，T. 信号转导机制 262 个，H. 辅酶转运与代谢 249 个和 P. 无机离子转运与代谢 238 个（图 5-1-148a）。**【重复序列】**预测到的重复序列包括：LTR 129 个，总长为 8134 bp，平均长度为 63 bp；DNA 重复元件 69 个，总长为 4200 bp，平均长度为 61 bp；LINE 47 个，总长为 2972 bp，平均长度为 63 bp；SINE 2 个，总长为 132 bp，平均长度为 66 bp；RC 5 个，总长为 260 bp，平均长度为 52 bp；未知序列 3 个，总长为 230 bp，平均长度为 77 bp；TR 377 个，重复序列长度为 4～425 bp，总长为 34 438 bp；小卫星 DNA 296 个，重复序列长度为 10～57 bp，总长为 20 823 bp；微卫星 DNA 11 个，重复序列长度为 4～6 bp，总长为 549 bp。**【CRISPR】**预测到 15 个 CRISPR 相关序列。**【基因岛】**预测到 16 个基因岛 GI 01～GI 16，长度为 3522～20 556 bp，其 G+C 含量为 30.66%～38.10%。利用已预测得到的基因组信息，如重复序列、G+C 含量等，应用 CIRCOS 工具绘制其基因组圈图（图 5-1-148b）。

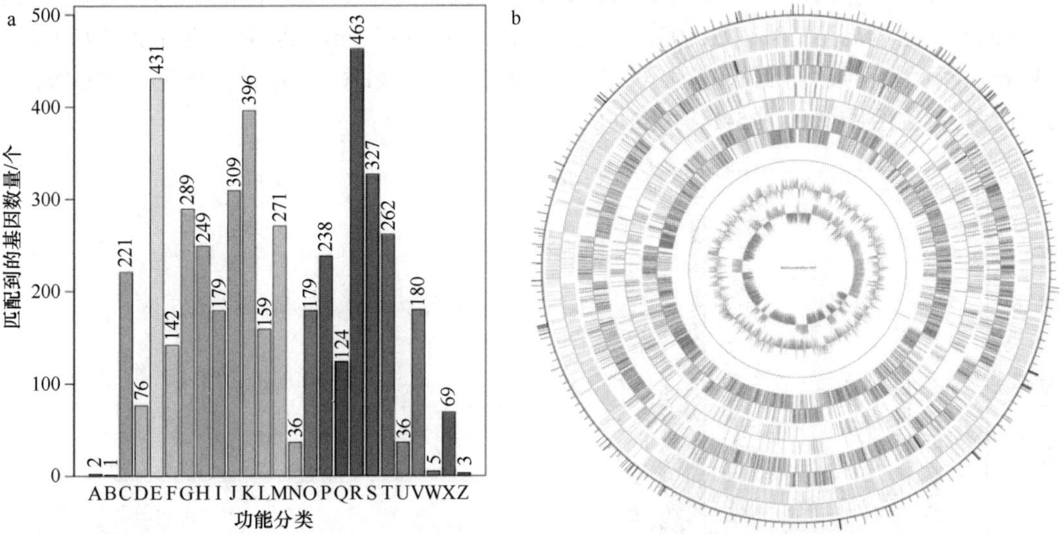


图 5-1-148　解蛋白芽胞杆菌 TD42$^{T}$基因组的直系同源基因聚类分析（a）和圈图（b）

## 148. 假嗜碱芽胞杆菌（*Bacillus pseudalcaliphilus*）DSM 8725$^{T}$

假嗜碱芽胞杆菌（*Bacillus pseudalcaliphilus* corrig. Nielsen et al. 1995，sp. nov.）的模式菌株（PN-137$^{T}$ =ATCC 700166$^{T}$ =CIP 105304$^{T}$ =DSM 8725$^{T}$ =LMG 17951$^{T}$）分离自土壤，嗜碱，生长条件为 10～40℃、最适 pH 10.0（pH 7.0 时不能生长）、0～10%（*W*/*V*）NaCl，好氧，产芽胞（Nielsen et al.，1995）。目前，该种仅有 1 个基因组，模式菌株 DSM 8725$^{T}$基因组的 GenBank 登录号为 GCA_001038565.1，测序平台为 Illumina HiSeq，于 2015 年 6 月 23 日由福建省农业科学院（Fujian Academy of Agricultural Sciences）提交。

**【基因组的组装】**菌株 DSM 8725$^{T}$基因组的测序深度为 150 X，基因组大小为 4.487 Mb，组装到 25 个 scaffolds，scaffold $N_{50}$为 586 609 bp。**【G+C 含量】**37.92%。**【非编码 RNA】**预测到 3 个 rRNA 基因（5S rRNA 3 个、16S rRNA 0 个、23S rRNA 0 个），74 个 tRNA 基因，6 个 sRNA 基因。**【编码基因】**有 4513 个蛋白质编码基因，编码区总长为 3 684 576 bp，占整个基因组的 82.12%，基因的平均长度为 816 bp。**【基因功能注释】**比对到 KEGG、COG 和 GO 数据库的基因数量分别为 5769 个、4051 个和 3885 个，预测到分泌蛋白编码基因 148 个；在 25 个 COG 功能类群中，基因数量前 10 位的类群分别是：R. 仅一般功能预测 312 个，E. 氨基酸转运与代谢 274 个，K. 转录 264 个，G. 碳水化合物转运与代谢 256 个，J. 翻译、核糖体结构与合成 248 个，S. 功能未知 202 个，P. 无机离子转运与代谢 199 个，T. 信号转导机制 169 个，M. 细胞壁/膜/包膜生物合成 166 个和 H. 辅酶转运与代谢 165 个（图 5-1-149a）。**【重复序列】**预测到的重复序列包括：LTR 86 个，总长为 5083 bp，平均长度为 59 bp；DNA 重复元件 22 个，总长为 1408 bp，平均长度为 64 bp；LINE 19 个，总长为 1098 bp，平均长度为 58 bp；SINE 9 个，总长为 680 bp，平均长度为 76 bp；TR 424 个，重复序列长度为 6～383 bp，总长为 68 032 bp；小卫星 DNA 290 个，重复序列长度为 10～54 bp，总长为 61 002 bp；微卫星 DNA 3 个，重复序列长度为 6 bp，总长为 164 bp。**【CRISPR】**预测到 182 个 CRISPR 相关序列。**【基因岛】**预测到 8 个基因岛 GI 01～GI 08，长度为 6929～65 787 bp，其 G+C 含量为 29.91%～46.76%。利用已预测得到的基因组信息，如重复序列、G+C 含量等，应用 CIRCOS 工具绘制其基因组圈图（图 5-1-149b）。

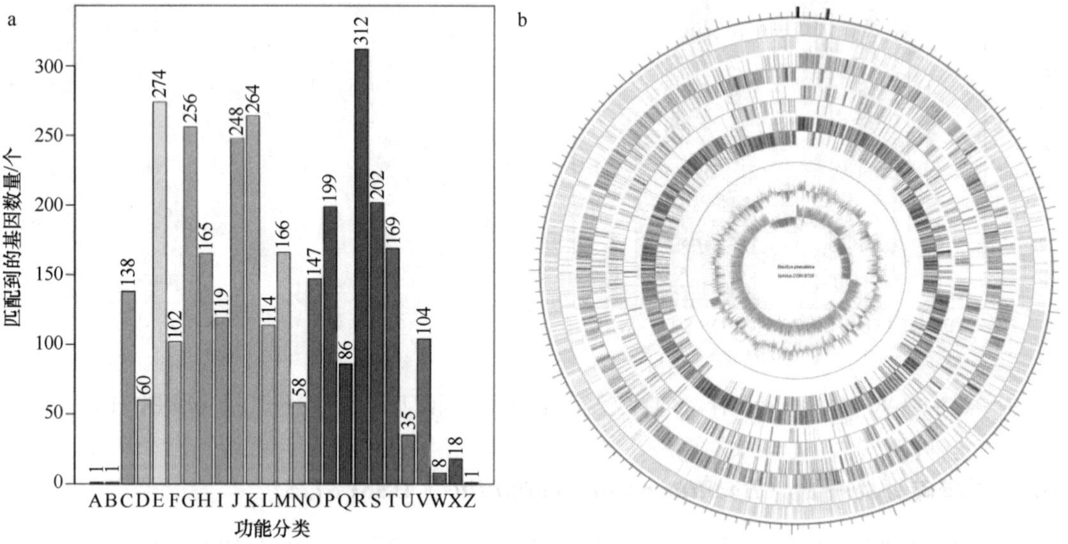


图 5-1-149 假嗜碱芽胞杆菌 DSM 8725$^{T}$ 基因组的直系同源基因聚类分析（a）和圈图（b）

## 149. 假坚强芽胞杆菌（*Bacillus pseudofirmus*）OF4

假坚强芽胞杆菌（*Bacillus pseudofirmus* Nielsen et al. 1995，sp. nov.）的模式菌株（PN-3$^{T}$ =ATCC 700159$^{T}$ =CIP 105299$^{T}$ =DSM 8715$^{T}$ =LMG 17944$^{T}$ =NCIMB 10283$^{T}$）分离自土壤和动物粪便，嗜碱，生长条件为 10～45℃、最适 pH 9.0（pH 7.0 时不能生长）、0～17%（*W*/*V*）NaCl，好氧，产芽胞（Nielsen et al.，1995）。目前，该种有 3 个基因组，选择组装到完成图水平的非模式菌株 OF4 的基因组进行描述，其 GenBank 登录号为 GCA_000005825.2，测序平台为 454 FLX，于 2010 年 12 月 15 日由美国阿勒格尼•辛格研究所（Allegheny-Singer Research Institute）提交。

**【基因组的组装】**菌株 OF4 基因组的测序深度为 54 X，基因组大小为 4.249 Mb，组装到完成图水平，包括 1 条染色体和 2 个质粒。**【G+C 含量】**39.86%。**【非编码 RNA】**预测到 22 个 rRNA 基因（5S rRNA 8 个、16S rRNA 7 个、23S rRNA 7 个），77 个 tRNA 基因，7 个 sRNA 基因。**【编码基因】**有 4357 个蛋白质编码基因，编码区总长为 3 634 788 bp，占整个基因组的 85.54%，基因的平均长度为 834 bp。**【基因功能注释】**比对到 KEGG、COG 和 GO 数据库的基因数量分别为 4261 个、2787 个和 2910 个，预测到分泌蛋白编码基因 102 个；在 24 个 COG 功能类群中，基因数量前 10 位的类群分别是：R. 仅一般功能预测 293 个，E. 氨基酸转运与代谢 283 个，J. 翻译、核糖体结构与合成 231 个，K. 转录 222 个，S. 功能未知 216 个，P. 无机离子转运与代谢 199 个，T. 信号转导机制 176 个，H. 辅酶转运与代谢 171 个，C. 能量产生与转换 169 个和 G. 碳水化合物转运与代谢 163 个（图 5-1-150a）。**【重复序列】**预测到的重复序列包括：LTR 104 个，总长为 7814 bp，平均长度为 75 bp；DNA 重复元件 31 个，总长为 1869 bp，平均长度为 60 bp；LINE 32 个，总长为 2447 bp，平均长度为 76 bp；SINE 11 个，总长为 828 bp，平均长度为 75 bp；RC 1 个，长度为 78 bp；TR 222 个，重复序列长度为 3～217 bp，总长为 12 336 bp；小卫星 DNA 195 个，重复序列长度为 10～60 bp，总长为 9001 bp；微卫星 DNA 2 个，重复序列长度为 3～6 bp，总长为 75 bp。**【CRISPR】**预测到 9 个 CRISPR 相关序列。**【基因岛】**预测到 10 个基因岛 GI 01～GI 10，长度为 6160～28 160 bp，其 G+C 含量为 31.97%～42.31%。利用已预测得到的基因组信息，如重复序列、G+C 含量等，应用 CIRCOS 工具绘制其基因组圈图（图 5-1-150b）。

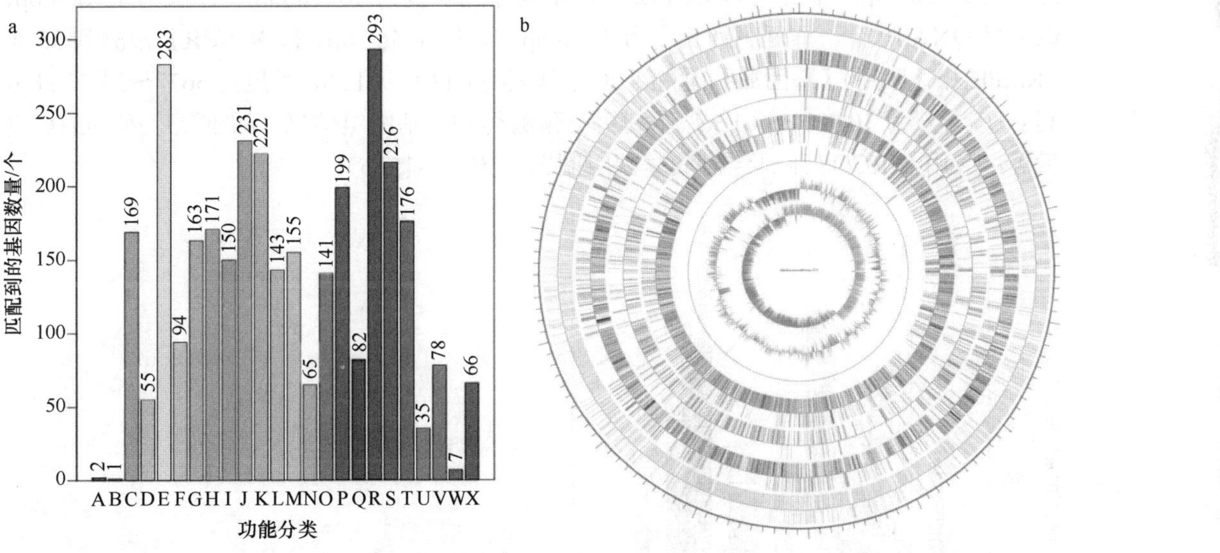


图 5-1-150　假坚强芽胞杆菌 OF4 基因组的直系同源基因聚类分析（a）和圈图（b）

## 150. 假蕈状芽胞杆菌（*Bacillus pseudomycoides*）DSM 12442$^T$

假蕈状芽胞杆菌（*Bacillus pseudomycoides* Nakamura 1998，sp. nov.）的模式菌株（CIP 105700$^T$ =DSM 12442$^T$ =JCM 12231$^T$ =LMG 18993$^T$ =NBRC 101232$^T$ =NRRL B-617$^T$）分离自土壤，生长条件为 15～40℃（最适 28℃）、最适 pH 5.7、0～7%（*W*/*V*）NaCl，兼性厌氧，产芽胞（Nakamura，1998）。目前，该种有 110 个基因组，选择组装到染色体水平的模式菌株 DSM 12442$^T$ 的基因组进行描述，其 GenBank 登录号为 GCA_000161455.1，测序平台为 454 FLX，于 2009 年 5 月 29 日由美国海军医学研究中心（Naval Medical

Research Center）提交。

**【基因组的组装】**菌株 DSM 12442$^T$ 基因组的测序深度未知，基因组大小为 5.783 Mb，组装到染色体水平，包括 1 条染色体。**【G+C 含量】**35.36%。**【非编码 RNA】**预测到 4 个 rRNA 基因（5S rRNA 2 个、16S rRNA 1 个、23S rRNA 1 个），86 个 tRNA 基因，10 个 sRNA 基因。**【编码基因】**有 6070 个蛋白质编码基因，编码区总长为 4 551 264 bp，占整个基因组的 78.70%，基因的平均长度为 750 bp。**【基因功能注释】**比对到 KEGG、COG 和 GO 数据库的基因数量分别为 5497 个、3769 个和 3741 个，预测到分泌蛋白编码基因 112 个；在 25 个 COG 功能类群中，基因数量前 10 位的类群分别是：R. 仅一般功能预测 406 个，E. 氨基酸转运与代谢 397 个，K. 转录 380 个，S. 功能未知 315 个，J. 翻译、核糖体结构与合成 314 个，G. 碳水化合物转运与代谢 265 个，M. 细胞壁/膜/包膜生物合成 262 个，T. 信号转导机制 233 个，H. 辅酶转运与代谢 219 个和 C. 能量产生与转换 197 个（图 5-1-151a）。**【重复序列】**预测到的重复序列包括：LTR 136 个，总长为 8424 bp，平均长度为 62 bp；DNA 重复元件 41 个，总长为 2719 bp，平均长度为 66 bp；LINE 31 个，总长为 1866 bp，平均长度为 60 bp；SINE 7 个，总长为 459 bp，平均长度为 66 bp；RC 7 个，总长为 446 bp，平均长度为 64 bp；TR 255 个，重复序列长度为 3～471 bp，总长为 26 380 bp；小卫星 DNA 192 个，重复序列长度为 10～60 bp，总长为 13 660 bp；微卫星 DNA 10 个，重复序列长度为 3～6 bp，总长为 467 bp。**【CRISPR】**预测到 35 个 CRISPR 相关序列。**【基因岛】**预测到 20 个基因岛 GI 01～GI 20，长度为 5677～33 538 bp，其 G+C 含量为 30.93%～40.36%。利用已预测得到的基因组信息，如重复序列、G+C 含量等，应用 CIRCOS 工具绘制其基因组圈图（图 5-1-151b）。

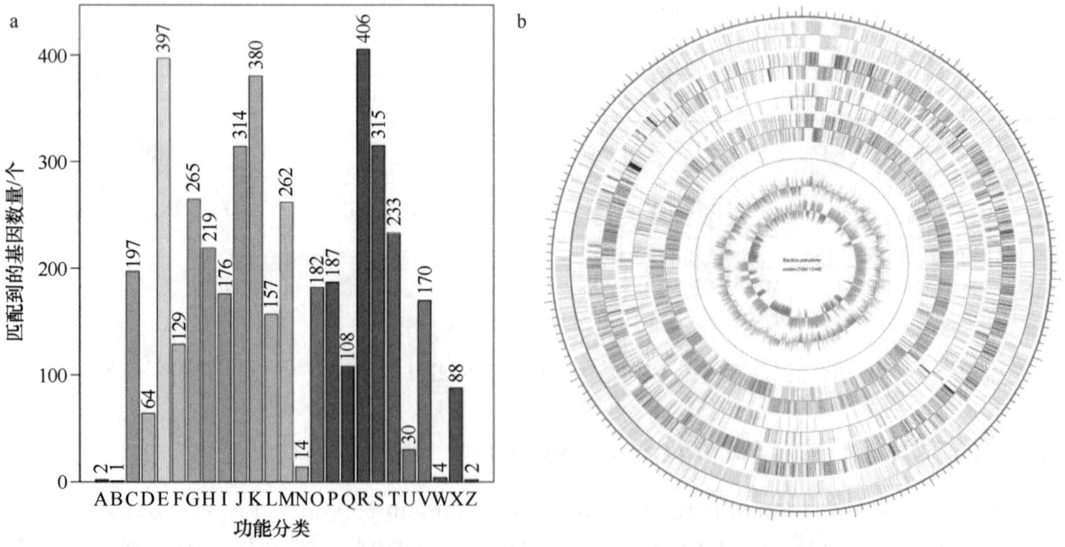


图 5-1-151　假蕈状芽胞杆菌 DSM 12442$^T$ 基因组的直系同源基因聚类分析（a）和圈图（b）

## 151. 冷解糖芽胞杆菌（*Bacillus psychrosaccharolyticus*）ATCC 23296$^T$

冷解糖芽胞杆菌［*Bacillus psychrosaccharolyticus* (ex Larkin and Stokes 1967) Priest et al. 1989，sp. nov.，nom. rev.］的模式菌株（ATCC 23296$^T$ =CCUG 28882$^T$ =DSM6$^T$ =LMG 9580$^T$ =NBRC 101233$^T$ =NRRL NRS-1518$^T$）分离自土壤，生长条件为 0～35℃、pH 6.0～9.5、0～5%（*W*/*V*）NaCl，兼性厌氧，产芽胞（Priest et al.，1988）。目前，该种仅有 1 个基因组，模式菌株 ATCC 23296$^T$基因组的 GenBank 登录号为 GCA_000305495.2，测序平台为 454 FLX+Illumina MiSeq，于 2013 年 4 月 15 日由西班牙马德里康普顿斯大学（Universidad Complutense de Madrid）提交。

**【基因组的组装】**菌株 ATCC 23296$^T$基因组的测序深度为 187 X，基因组大小为 5.783 Mb，组装到 265 个 contigs，contig $N_{50}$为 33 458 bp。**【G+C 含量】**38.82%。**【非编码 RNA】**预测到 8 个 rRNA 基因（5S rRNA 6 个、16S rRNA 1 个、23S rRNA 1 个），85 个 tRNA 基因，5 个 sRNA 基因。**【编码基因】**有 4788 个蛋白质编码基因，编码区总长为 3 767 949 bp，占整个基因组的 65.16%，基因的平均长度为 787 bp。**【基因功能注释】**比对到 KEGG、COG 和 GO 数据库的基因数量分别为 4015 个、3172 个和 3155 个，预测到分泌蛋白编码基因 91 个；在 24 个 COG 功能类群中，基因数量前 10 位的类群分别是：R. 仅一般功能预测 370 个，E. 氨基酸转运与代谢 313 个，G. 碳水化合物转运与代谢 297 个，K. 转录 280 个，J. 翻译、核糖体结构与合成 258 个，S. 功能未知 221 个，P. 无机离子转运与代谢 209 个，T. 信号转导机制 202 个，I. 脂质转运与代谢 190 个和 M. 细胞壁/膜/包膜生物合成 188 个（图 5-1-152a）。**【重复序列】**预测到的重复序列包括：LTR 166 个，总长为 10 219 bp，平均长度为 62 bp；DNA 重复元件 27 个，总长为 1933 bp，平均长度为 72 bp；LINE 51 个，总长为 3180 bp，平均长度为 62 bp；SINE 10 个，总长为 627 bp，平均长度为 63 bp；RC 4 个，总长为 222 bp，平均长度为 56 bp；TR 185 个，重复序列长度为 2～280 bp，总长为 16 682 bp；小卫星 DNA 129 个，重复序列长度为 10～54 bp，总长为 7926 bp；微卫星 DNA 5 个，重复序列长度为 2～6 bp，总长为 191 bp。**【CRISPR】**预测到 3 个 CRISPR 相关序列。**【基因岛】**预测到 4 个基因岛 GI 01～GI 04，

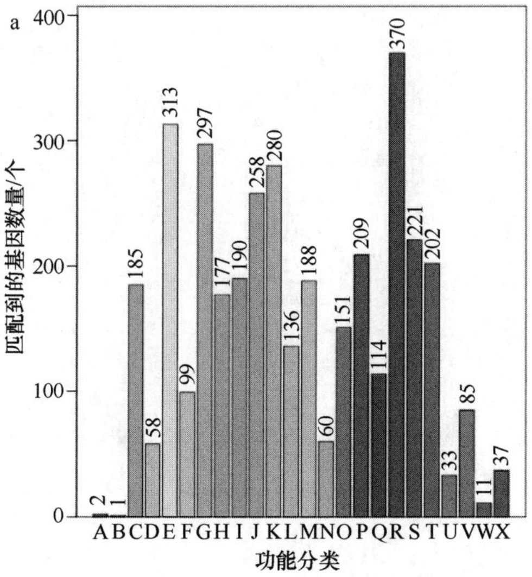


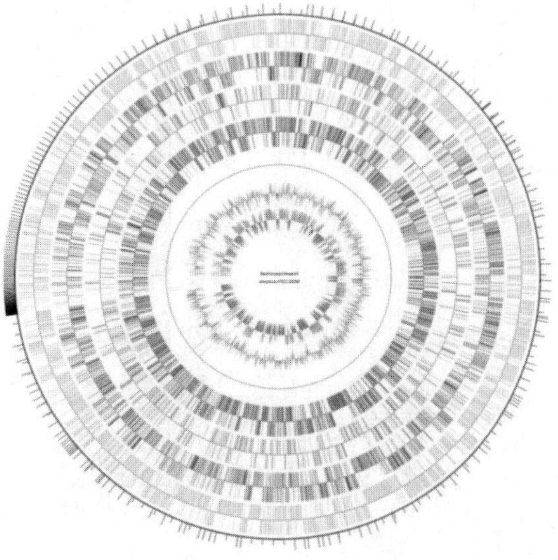


图 5-1-152　冷解糖芽胞杆菌 ATCC 23296$^T$基因组的直系同源基因聚类分析（a）和圈图（b）

长度为 3684～14 682 bp，其 G+C 含量为 36.93%～38.25%。利用已预测得到的基因组信息，如重复序列、G+C 含量等，应用 CIRCOS 工具绘制其基因组圈图（图 5-1-152b）。

### 152. 短小芽胞杆菌（*Bacillus pumilus*）SH-B9

短小芽胞杆菌（*Bacillus pumilus* Meyer and Gottheil 1901，species.）的模式菌株（ATCC 7061$^T$ =CCM 2144$^T$ =CCUG 26015$^T$ =DSM 27$^T$ =JCM 2508$^T$ =LMG 7132$^T$ =NCTC 10337$^T$ = NRIC 1010$^T$ =NRRL NRS-272$^T$）分离自土壤，生长条件为 5～50℃、pH 5.7～9.5、0～10%（*W*/*V*）NaCl，好氧，产芽胞。目前，该种有 45 个基因组，选择组装到完成图水平的非模式菌株 SH-B9 的基因组进行描述，其 GenBank 登录号为 GCA_001578205.1，测序平台为 PacBio，于 2016 年 3 月 1 日由荷兰瓦格宁根大学（Wageningen University）提交。

**【基因组的组装】**菌株 SH-B9 基因组的测序深度为 60 X，基因组大小为 3.879 Mb，组装到完成图水平，包括 1 条染色体和 1 个质粒。**【G+C 含量】**41.42%。**【非编码 RNA】**预测到 24 个 rRNA 基因（5S rRNA 8 个、16S rRNA 8 个、23S rRNA 8 个），81 个 tRNA 基因，12 个 sRNA 基因。**【编码基因】**有 4092 个蛋白质编码基因，编码区总长为 3 452 745 bp，占整个基因组的 89.01%，基因的平均长度为 844 bp。**【基因功能注释】**比对到 KEGG、COG 和 GO 数据库的基因数量分别为 3873 个、2816 个和 2808 个，预测到分泌蛋白编码基因 77 个；在 24 个 COG 功能类群中，基因数量前 10 位的类群分别是：E. 氨基酸转运与代谢 317 个，K. 转录 295 个，R. 仅一般功能预测 289 个，G. 碳水化合物转运与代谢 245 个，J. 翻译、核糖体结构与合成 225 个，S. 功能未知 193 个，M. 细胞壁/膜/包膜生物合成 186 个，T. 信号转导机制 181 个，H. 辅酶转运与代谢 171 个和 P. 无机离子转运与代谢 169 个（图 5-1-153a）。**【重复序列】**预测到的重复序列包括：LTR 174 个，总长为 14 326 bp，平均长度为 82 bp；DNA 重复元件 40 个，总长为 2239 bp，平均长度为 56 bp；LINE 47 个，总长为 2639 bp，平均长度为 56 bp；SINE 9 个，总长为 1020 bp，

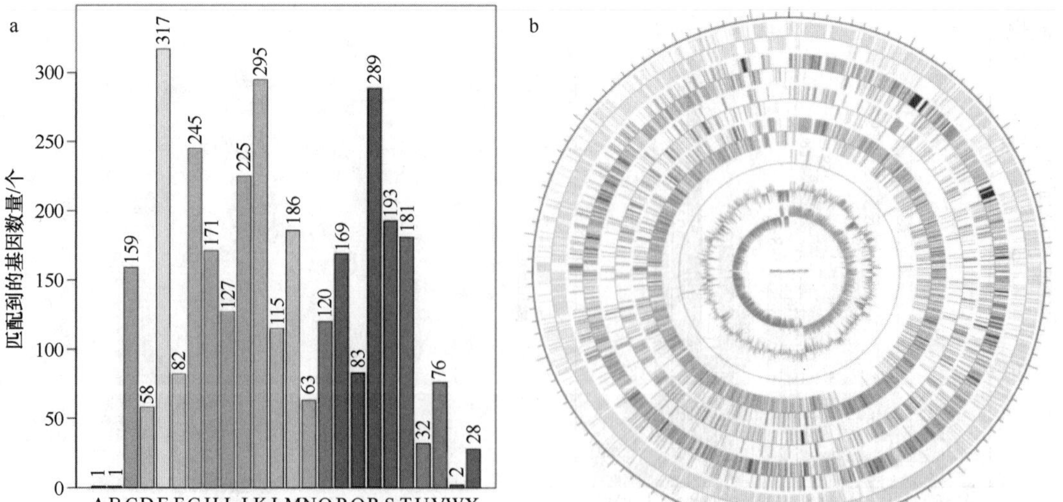


图 5-1-153　短小芽胞杆菌 SH-B9 基因组的直系同源基因聚类分析（a）和圈图（b）

平均长度为 113 bp；RC 5 个，总长为 317 bp，平均长度为 63 bp；未知序列 1 个，长度为 44 bp；TR 128 个，重复序列长度为 8～864 bp，总长为 13 934 bp；小卫星 DNA 102 个，重复序列长度为 11～54 bp，总长为 8879 bp；未预测到微卫星 DNA。**【CRISPR】**未预测到 CRISPR 相关序列。**【基因岛】**预测到 11 个基因岛 GI 01～GI 11，长度为 3459～34 666 bp，其 G+C 含量为 34.58%～42.63%。利用已预测得到的基因组信息，如重复序列、G+C 含量等，应用 CIRCOS 工具绘制其基因组圈图（图 5-1-153b）。

### 153. 根际芽胞杆菌（*Bacillus rhizosphaerae*）DSM 21911$^T$

根际芽胞杆菌（*Bacillus rhizosphaerae* Madhaiyan et al. 2013，sp. nov.）的模式菌株（SC-N012$^T$ =DSM 21911$^T$ = NCCB 100267$^T$）分离自甘蔗根际土，生长条件为 15～40℃（最适 28℃）、pH 3.0～9.0（最适 pH 7.0）、0～5%（*W*/*V*）NaCl，好氧，产芽胞（Madhaiyan et al.，2011）。目前，该种仅有 1 个基因组，模式菌株 DSM 21911$^T$ 基因组的 GenBank 登录号为 GCA_900142675.1，测序平台为 Illumina Hiseq，于 2016 年 12 月 3 日由美国能源部联合基因组研究所（DOE Joint Genome Institute）提交。

**【基因组的组装】**菌株 DSM 21911$^T$ 基因组的测序深度为 282 X，基因组大小为 4.243 Mb，组装到 13 个 scaffolds，scaffold $N_{50}$ 为 544 673 bp。**【G+C 含量】**44.75%。**【非编码 RNA】**预测到 7 个 rRNA 基因（5S rRNA 7 个、16S rRNA 0 个、23S rRNA 0 个），73 个 tRNA 基因，7 个 sRNA 基因。**【编码基因】**有 4395 个蛋白质编码基因，编码区总长为 3 747 198 bp，占整个基因组的 88.31%，基因的平均长度为 853 bp。**【基因功能注释】**比对到 KEGG、COG 和 GO 数据库的基因数量分别为 4002 个、3014 个和 3067 个，预测到分泌蛋白编码基因 111 个；在 24 个 COG 功能类群中，基因数量前 10 位的类群分别是：G. 碳水化合物转运与代谢 402 个，E. 氨基酸转运与代谢 345 个，R. 仅一般功能预测 343 个，K. 转录 315 个，J. 翻译、核糖体结构与合成 234 个，P. 无机离子转运与代谢 212 个，S. 功能未知 185 个，C. 能量产生与转换 170 个，T. 信号转导机制 169 个和 H. 辅酶转运与代谢 156 个（图 5-1-154a）。**【重复序列】**预测到的重复序列包括：LTR 169 个，总长为

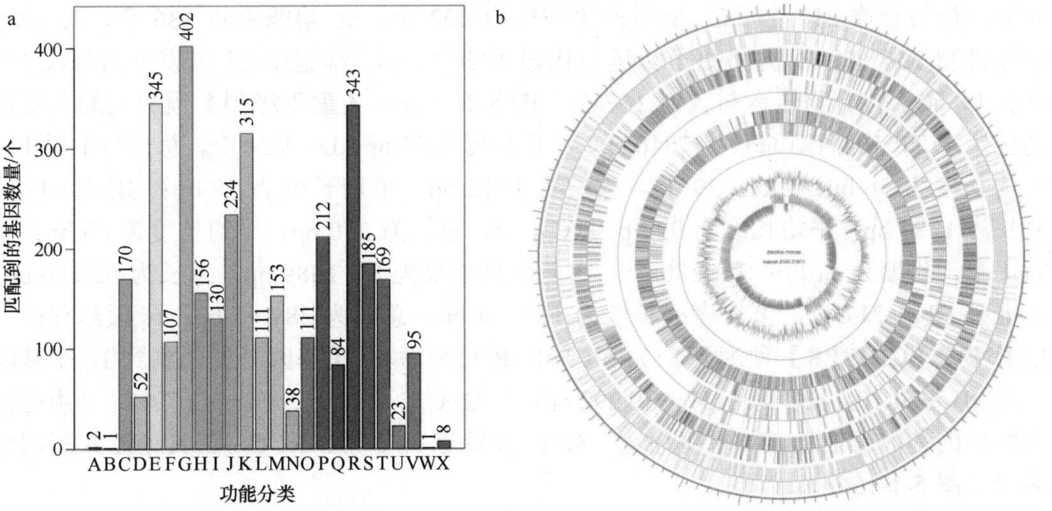


图 5-1-154　根际芽胞杆菌 DSM 21911$^T$ 基因组的直系同源基因聚类分析（a）和圈图（b）

11 104 bp，平均长度为 65 bp；DNA 重复元件 50 个，总长为 2780 bp，平均长度为 56 bp；LINE 46 个，总长为 2681 bp，平均长度为 58 bp；SINE 10 个，总长为 709 bp，平均长度为 71 bp；RC 4 个，总长为 236 bp，平均长度为 59 bp；未知序列 2 个，总长为 163 bp，平均长度约为 82 bp；TR 70 个，重复序列长度为 9～1104 bp，总长为 15 900 bp；小卫星 DNA 49 个，重复序列长度为 12～60 bp，总长为 4528 bp；未预测到微卫星 DNA。**【CRISPR】**预测到 50 个 CRISPR 相关序列。**【基因岛】**预测到 14 个基因岛 GI 01～GI 14，长度为 4809～36 393 bp，其 G+C 含量为 34.96%～46.6%。利用已预测得到的基因组信息，如重复序列、G+C 含量等，应用 CIRCOS 工具绘制其基因组圈图（图 5-1-154b）。

### 154. 鲁比婴儿芽胞杆菌（*Bacillus rubiinfantis*）mt2$^T$

鲁比婴儿芽胞杆菌（*Bacillus rubiinfantis* Tidjiani Alou et al. 2015，sp. nov.）的模式菌株（mt2$^T$ =CSUR P1141$^T$ =DSM 28615$^T$）分离自生活于尼日尔尼亚美的婴儿的粪便，生长温度为 25～45℃（最适 37℃），兼性厌氧，产芽胞（Tidjiani Alou et al.，2015b）。目前，该种仅有 1 个基因组，模式菌株 mt2$^T$ 基因组的 GenBank 登录号为 GCA_000752035.1，测序平台为 Illumina Miseq，于 2014 年 7 月 15 日由法国热带传染病研究中心（Unité de Recherche en Maladies Infectieuses et Tropicales Emergentes）提交。

**【基因组的组装】**菌株 mt2$^T$ 基因组的测序深度为 237 X，基因组大小为 4.310 Mb，组装到 33 个 contigs，contig $N_{50}$ 为 512 012 bp。**【G+C 含量】**39.95%。**【非编码 RNA】**预测到 26 个 rRNA 基因（5S rRNA 11 个、16S rRNA 8 个、23S rRNA 7 个），90 个 tRNA 基因，4 个 sRNA 基因。**【编码基因】**有 4190 个蛋白质编码基因，编码区总长为 3 692 751 bp，占整个基因组的 85.68%，基因的平均长度为 881 bp。**【基因功能注释】**比对到 KEGG、COG 和 GO 数据库的基因数量分别为 3671 个、2814 个和 2865 个，预测到分泌蛋白编码基因 69 个；在 23 个 COG 功能类群中，基因数量前 10 位的类群分别是：E. 氨基酸转运与代谢 347 个，R. 仅一般功能预测 282 个，K. 转录 225 个，J. 翻译、核糖体结构与合成 217 个，C. 能量产生与转换 202 个，S. 功能未知 186 个，T. 信号转导机制 186 个，P. 无机离子转运与代谢 182 个，M. 细胞壁/膜/包膜生物合成 175 个和 G. 碳水化合物转运与代谢 167 个（图 5-1-155a）。**【重复序列】**预测到的重复序列包括：LTR 102 个，总长为 7840 bp，平均长度为 77 bp；DNA 21 个，总长为 1166 bp，平均长度为 56 bp；LINE 29 个，总长为 1715 bp，平均长度为 59 bp；SINE 14 个，总长为 1287 bp，平均长度为 92 bp；RC 4 个，总长为 250 bp，平均长度为 63 bp；未知 1 个，长度为 71 bp；TR 280 个，重复序列长度为 8～1689 bp，总长为 62 230 bp；小卫星 DNA 217 个，重复序列长度为 10～60 bp，总长为 28 595 bp；未预测到微卫星 DNA。**【CRISPR】**预测到 357 个 CRISPR 相关序列。**【基因岛】**预测到 10 个基因岛 GI 01～GI 10，长度为 6157～39 292 bp，其 G+C 含量为 32.98%～42.79%。利用已预测得到的基因组信息，如重复序列、G+C 含量等，应用 CIRCOS 工具绘制其基因组圈图（图 5-1-155b）。

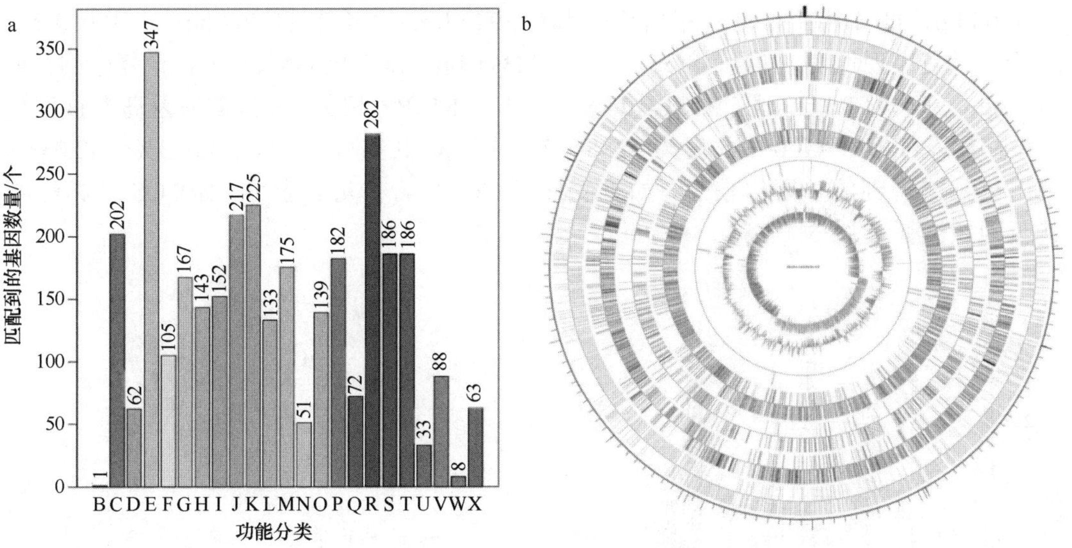


图 5-1-155 鲁比婴儿芽胞杆菌 mt2$^T$基因组的直系同源基因聚类分析（a）和圈图（b）

## 155. 沙福芽胞杆菌（*Bacillus safensis*）KCTC 12796BP

沙福芽胞杆菌（*Bacillus safensis* Satomi et al. 2006，sp. nov.）的模式菌株（FO-36b$^T$=ATCC BAA-1126$^T$ =NBRC 100820$^T$）分离自美国喷气推进实验室的航天器组装车间的表面，生长条件为 10～50℃（最适 30～37℃）、pH 5.6、0～10%（*W*/*V*）NaCl，好氧，产芽胞（Satomi et al.，2006）。目前，该种有 36 个基因组，选择组装到完成图水平的非模式菌株 KCTC 12796BP 的基因组进行描述，其 GenBank 登录号为 GCA_001895885.1，测序平台为 PacBio，于 2016 年 12 月 9 日由韩国 Macrogen 公司（Macrogen，Inc.）提交。

**【基因组的组装】**菌株 KCTC 12796BP 基因组的测序深度为 378 X，基因组大小为 3.973 Mb，组装到完成图水平，包括 1 条染色体和 1 个质粒。**【G+C 含量】**41.41%。**【非编码 RNA】**预测到 24 个 rRNA 基因（5S rRNA 8 个、16S rRNA 8 个、23S rRNA 8 个），81 个 tRNA 基因，8 个 sRNA 基因。**【编码基因】**有 4209 个蛋白质编码基因，编码区总长为 3 537 312 bp，占整个基因组的 89.03%，基因的平均长度为 840 bp。**【基因功能注释】**比对到 KEGG、COG 和 GO 数据库的基因数量分别为 3856 个、2845 个和 2832 个，预测到分泌蛋白编码基因 68 个；在 24 个 COG 功能类群中，基因数量前 10 位的类群分别是：E. 氨基酸转运与代谢 317 个，K. 转录 295 个，R. 仅一般功能预测 291 个，G. 碳水化合物转运与代谢 255 个，J. 翻译、核糖体结构与合成 223 个，S. 功能未知 194 个，M. 细胞壁/膜/包膜生物合成 191 个，H. 辅酶转运与代谢 182 个，T. 信号转导机制 179 个和 P. 无机离子转运与代谢 175 个（图 5-1-156a）。**【重复序列】**预测到的重复序列包括：LTR 200 个，总长为 14 012 bp，平均长度为 70 bp；DNA 重复元件 70 个，总长为 4158 bp，平均长度为 59 bp；LINE 62 个，总长为 3569 bp，平均长度为 58 bp；SINE 11 个，总长为 1159 bp，平均长度为 105 bp；RC 6 个，总长为 361 bp，平均长度为 60 bp；TR 101 个，重复序列长度为 6～944 bp，总长为 11 709 bp；小卫星 DNA 80 个，重复序列长度为 12～48 bp，总长为 8391 bp；微卫星 DNA 1 个，重复序列长度为 6 bp，总长为 35 bp。**【CRISPR】**未预测到 CRISPR 相关序列。**【基因岛】**预测到 9 个基因岛 GI 01～GI 09，长度为 4288～75 542 bp，其 G+C 含量为 33.13%～42.03%。利用已预测得到的基因组信息，如重复序列、G+C 含量等，应用 CIRCOS 工具绘制其基因组圈图（图 5-1-156b）。

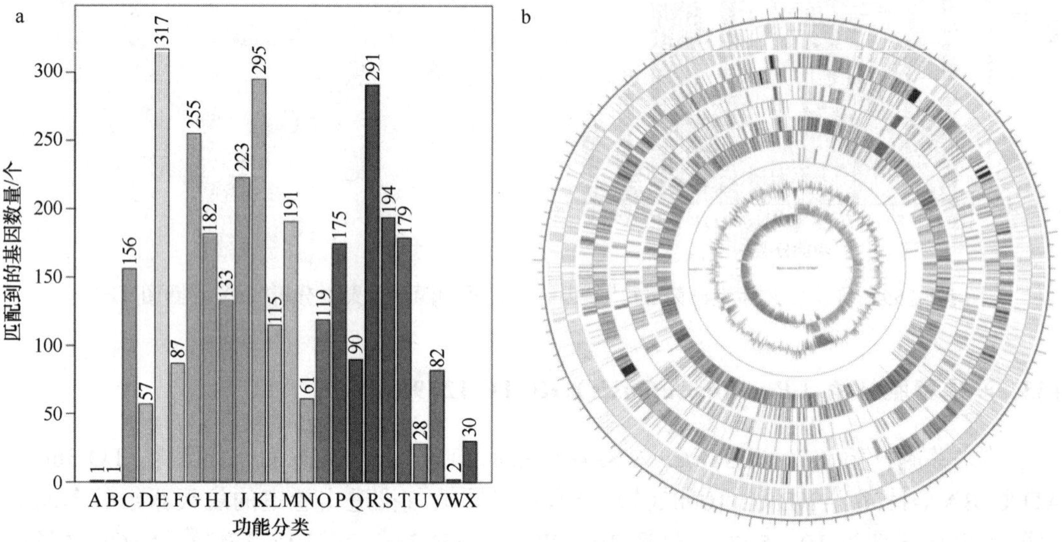


图 5-1-156 沙福芽胞杆菌 KCTC 12796BP 基因组的直系同源基因聚类分析（a）和圈图（b）

### 156. 盐芽胞杆菌（*Bacillus salarius*）IM0101

盐芽胞杆菌（*Bacillus salarius* Lim et al. 2006，sp. nov.）的模式菌株（BH169$^T$=KCTC 3912$^T$=DSM 16461$^T$）分离自我国盐湖的土壤，中度嗜碱、嗜盐，生长条件为 15～40℃（最适 30℃）、pH 6.8～9.5（最适 pH 8.0）、3%～20%（*W*/*V*）NaCl（最适 10%～12%），好氧，产芽胞（Lim et al.，2006b）。目前，该种仅有 1 个基因组，非模式菌株 IM0101 基因组的 GenBank 登录号为 GCA_003945585.1，测序平台为 IonTorrent，于 2018 年 12 月 14 日由泰国朱拉蓬医学研究所（Chulabhorn Graduate Institute）提交。

**【基因组的组装】**菌株 IM0101 基因组的测序深度为 208 X，基因组大小为 6.960 Mb，组装到 326 个 contigs，contig $N_{50}$ 为 112 419 bp。**【G+C 含量】**40.11%。**【非编码 RNA】**预测到 4 个 rRNA 基因（5S rRNA 4 个、16S rRNA 0 个、23S rRNA 0 个），96 个 tRNA 基因，76 个 sRNA 基因。**【编码基因】**有 7294 个蛋白质编码基因，编码区总长为 5 934 246 bp，占整个基因组的 85.26%，基因的平均长度为 814 bp。**【基因功能注释】**比对到 KEGG、COG 和 GO 数据库的基因数量分别为 5667 个、4715 个和 4934 个，预测到分泌蛋白编码基因 164 个；在 24 个 COG 功能类群中，基因数量前 10 位的类群分别是：R. 仅一般功能预测 530 个，G. 碳水化合物转运与代谢 461 个，E. 氨基酸转运与代谢 441 个，K. 转录 387 个，J. 翻译、核糖体结构与合成 376 个，S. 功能未知 338 个，P. 无机离子转运与代谢 332 个，C. 能量产生与转换 321 个，H. 辅酶转运与代谢 318 个和 M. 细胞壁/膜/包膜生物合成 276 个（图 5-1-157a）。**【重复序列】**预测到的重复序列包括：LTR 159 个，总长为 9547 bp，平均长度为 60 bp；DNA 重复元件 55 个，总长为 3664 bp，平均长度为 67 bp；LINE 27 个，总长为 1885 bp，平均长度为 70 bp；SINE 22 个，总长为 1770 bp，平均长度为 80 bp；RC 3 个，总长为 179 bp，平均长度为 60 bp；未知序列 2 个，总长为 184 bp，平均长度为 92 bp；TR 155 个，重复序列长度为 3～964 bp，总长为 13 049 bp；小卫星 DNA 131 个，重复序列长度为 10～54 bp，总长为 7964 bp；微卫星 DNA 7 个，重复序列长度为 3～6 bp，总长为 520 bp。**【CRISPR】**预测到 11 个 CRISPR 相关序列。**【基因岛】**预测到 14 个基因岛 GI 01～GI 14，长度为 4773～13 374 bp，其 G+C 含量为 35.87%～42.92%。利用已预测得到的基因组信息，如重复序列、G+C 含量等，应用 CIRCOS 工具绘制其基因组圈图（图 5-1-157b）。

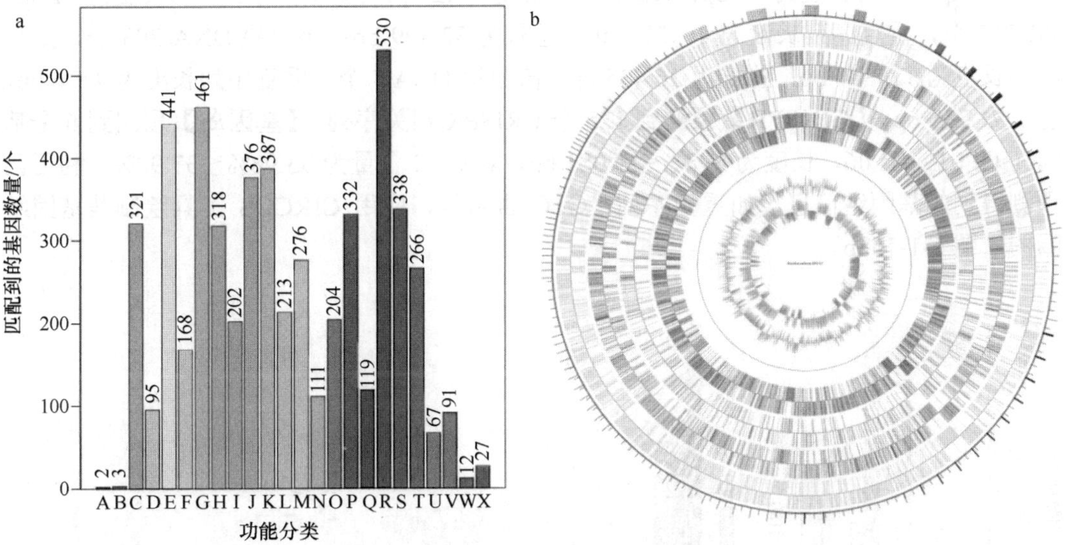


图 5-1-157　盐芽胞杆菌 IM0101 基因组的直系同源基因聚类分析（a）和圈图（b）

## 157. 好盐芽胞杆菌（*Bacillus salsus*）IBRC-M 10078$^T$

好盐芽胞杆菌（*Bacillus salsus* Amoozegar et al. 2013，sp. nov.）的模式菌株（A24$^T$ = IBRC-M 10078$^T$ =KCTC 13816$^T$）分离自伊朗阿明阿巴德地区（Aran-Bidgol）的超盐湖，中度嗜碱、嗜盐，生长条件为 10～40℃（最适 35℃）、pH 7.0～9.0（最适 pH 8.0）、0.5%～7.5%（*W*/*V*）NaCl（最适 3%），严格好氧，产芽胞（Amoozegar et al.，2013）。目前，该种仅有 1 个基因组，模式菌株 IBRC-M 10078$^T$ 基因组的 GenBank 登录号为 GCA_900104555.1，测序平台为 Illumina HiSeq，于 2016 年 10 月 21 日由美国能源部联合基因组研究所（DOE Joint Genome Institute）提交。

**【基因组的组装】**菌株 IBRC-M 10078$^T$ 基因组的测序深度为 210 X，基因组大小为 4.790 Mb，组装到 32 个 scaffolds，scaffold $N_{50}$ 为 278 074 bp。**【G+C 含量】**35.88%。**【非编码 RNA】**预测到 9 个 rRNA 基因（5S rRNA 8 个、16S rRNA 1 个、23S rRNA 0 个），98 个 tRNA 基因，4 个 sRNA 基因。**【编码基因】**有 4717 个蛋白质编码基因，编码区总长为 4 054 785 bp，占整个基因组的 84.65%，基因的平均长度为 860 bp。**【基因功能注释】**比对到 KEGG、COG 和 GO 数据库的基因数量分别为 4032 个、3131 个和 3104 个，预测到分泌蛋白编码基因 80 个；在 24 个 COG 功能类群中，基因数量前 10 位的类群分别是：G. 碳水化合物转运与代谢 338 个，R. 仅一般功能预测 336 个，E. 氨基酸转运与代谢 308 个，S. 功能未知 253 个，J. 翻译、核糖体结构与合成 246 个，K. 转录 245 个，T. 信号转导机制 237 个，P. 无机离子转运与代谢 209 个，M. 细胞壁/膜/包膜生物合成 189 个和 H. 辅酶转运与代谢 173 个（图 5-1-158a）。**【重复序列】**预测到的重复序列包括：LTR 113 个，总长为 6759 bp，平均长度为 60 bp；DNA 重复元件 40 个，总长为 2582 bp，平均长度为 65 bp；LINE 26 个，总长为 1516 bp，平均长度为 58 bp；SINE 16 个，总长为 1089 bp，平均长度为 68 bp；RC 1 个，长度为 42 bp；未知序列 1 个，长度为 71 bp；TR 277 个，重复序列长度为 4～309 bp，总长为 32 499 bp；小卫星 DNA 203 个，重复序列长度为 12～60 bp，总长为 26 435 bp；微卫星 DNA 5 个，重复序列长度为 4～6 bp，总长为 255 bp。**【CRISPR】**预测到 125 个 CRISPR 相关序列。**【基因岛】**预测到 6 个基因岛 GI 01～GI 06，长度为 3981～19 081 bp，其 G+C 含量为 33.98%～37.98%。利用已预测得到的基因组信息，如重复序列、G+C 含量等，应用 CIRCOS 工具绘制其基因组圈图（图 5-1-158b）。

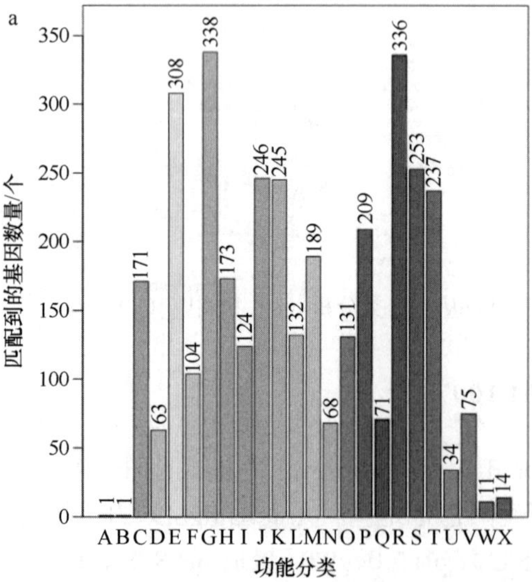


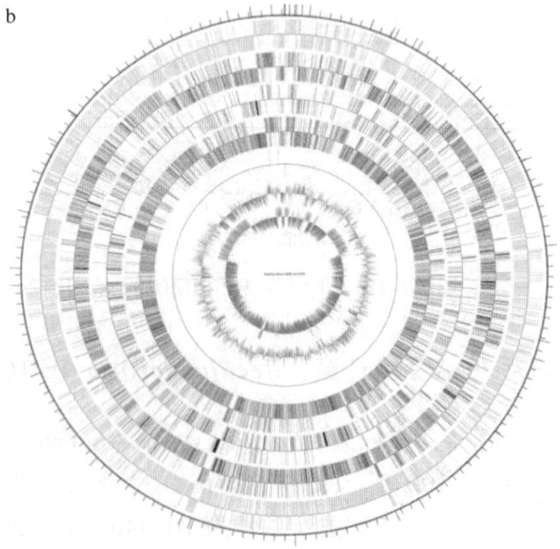


图 5-1-158　好盐芽胞杆菌 IBRC-M 10078$^T$ 基因组的直系同源基因聚类分析（a）和圈图（b）

## 158. 沙特芽胞杆菌（*Bacillus saudimassiliensis*）JCA$^T$

目前，该种尚未正式发表，无相关文献，仅有 1 个基因组，模式菌株 JCA$^T$ 基因组的 GenBank 登录号为 GCA_000820865.2，测序平台为 Illumina MiSeq，于 2014 年 10 月 18 日由法国热带传染病研究中心（Unité de Recherche sur les Maladies Infectieuses et Tropicales Emergentes）提交。

**【基因组的组装】**菌株 JCA$^{T}$ 基因组的测序深度为 108 X，基因组大小为 4.938 Mb，组装到 16 个 scaffolds，scaffold $N_{50}$ 为 734 921 bp。**【G+C 含量】**39.49%。**【非编码 RNA】**预测到 20 个 rRNA 基因（5S rRNA 15 个、16S rRNA 4 个、23S rRNA 1 个），133 个 tRNA 基因，6 个 sRNA 基因。**【编码基因】**有 4956 个蛋白质编码基因，编码区总长为 4 195 866 bp，占整个基因组的 84.97%，基因的平均长度为 847 bp。**【基因功能注释】**比对到 KEGG、COG 和 GO 数据库的基因数量分别为 4253 个、3209 个和 3291 个，预测到分泌蛋白编码基因 68 个；在 24 个 COG 功能类群中，基因数量前 10 位的类群分别是：E. 氨基酸转运与代谢 353 个，R. 仅一般功能预测 322 个，K. 转录 291 个，G. 碳水化合物转运与代谢 275 个，T. 信号转导机制 243 个，J. 翻译、核糖体结构与合成 237 个，S. 功能未知 229 个，P. 无机离子转运与代谢 216 个，C. 能量产生与转换 210 个和 M. 细胞壁/膜/包膜生物合成 191 个（图 5-1-159a）。**【重复序列】**预测到的重复序列包括：LTR 89 个，总长为 5827 bp，平均长度为 65bp；DNA 重复元件 30 个，总长为 1628 bp，平均长度为 54 bp；LINE 37 个，总长为 2695bp，平均长度为 73 bp；SINE 19 个，总长为 1413 bp，平均长度为 74 bp；未知序列 1 个，长度为 52 bp；TR 180 个，重复序列长度为 6～1696 bp，总长为 105 546 bp；小卫星 DNA 102 个，重复序列长度为 10～54 bp，总长为 13 510 bp；微卫星 DNA 2 个，重复序列长度为 6 bp，总长为 75 bp。**【CRISPR】**预测到 64 个 CRISPR 相关序列。**【基因岛】**预测到 9 个基因岛 GI 01～GI 09，长度为 4113～18 196 bp，其 G+C 含量为 31.48%～39.37%。利用已预测得到的基因组信息，如重复序列、G+C 含量等，应用 CIRCOS 工具绘制其基因组圈图（图 5-1-159b）。

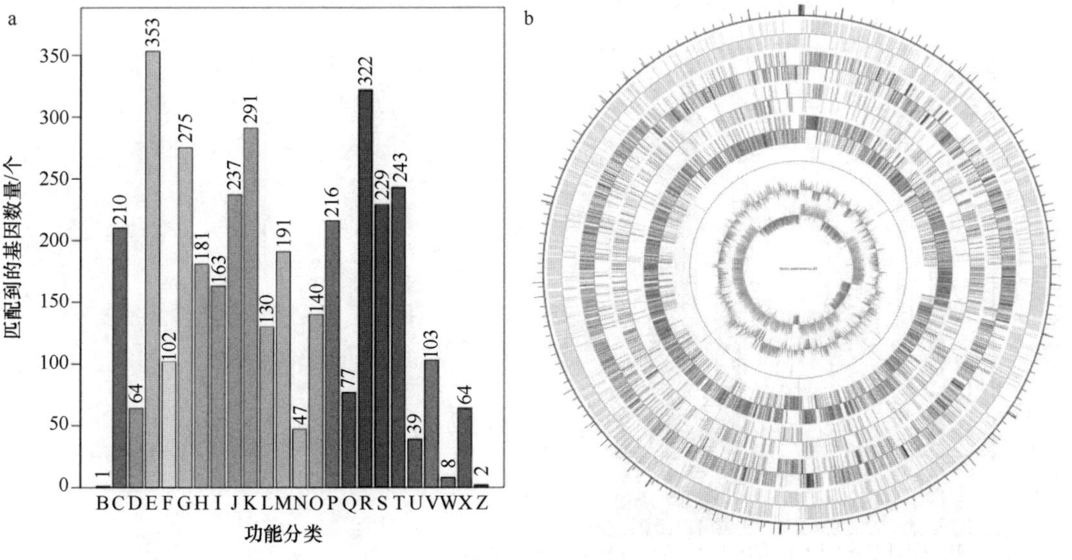


图 5-1-159　沙特芽胞杆菌 JCA$^{T}$ 基因组的直系同源基因聚类分析（a）和圈图（b）

## 159. 硒砷芽胞杆菌（*Bacillus selenatarsenatis*）SF-1$^{T}$

硒砷芽胞杆菌（*Bacillus selenatarsenatis* Yamamura et al. 2007，sp. nov.）的模式菌株（SF-1$^{T}$ =JCM 14380$^{T}$ =DSM 18680$^{T}$）分离自日本 1 座玻璃厂的废水池，生长条件为 25～40℃、pH 7.5～9.0、2%～5%（*W*/*V*）NaCl（7%时不能生长），能还原砷酸盐和硒酸盐，兼性厌氧，产芽胞（Yamamura et al.，2007）。目前，该种仅有 1 个基因组，模式菌株 SF-1$^{T}$基因组的 GenBank 登录号为 GCA_000813125.1，测序平台为 454 GS FLX，于 2014 年 12 月 8 日由日本大阪大学（Osaka University）提交。

**【基因组的组装】**菌株 SF-1$^{T}$基因组的测序深度为 17 X，基因组大小为 4.756 Mb，组装到 145 个 contigs，contig $N_{50}$ 为 58 218 bp。**【G+C 含量】**42.12%。**【非编码 RNA】**预测到 6 个 rRNA 基因（5S rRNA 4 个、16S rRNA 1 个、23S rRNA 1 个），83 个 tRNA 基因，6 个 sRNA 基因。**【编码基因】**有 5054 个蛋白质编码基因，编码区总长为 4 049 451 bp，占整个基因组的 85.14%，基因的平均长度为 801 bp。**【基因功能注释】**比对到 KEGG、COG 和 GO 数据库的基因数量分别为 4199 个、3154 个和 3209 个，预测到分泌蛋白编码基因 100 个；在 24 个 COG 功能类群中，基因数量前 10 位的类群分别是：R. 仅一般功能预测 359 个，E. 氨基酸转运与代谢 319 个，S. 功能未知 257 个，J. 翻译、核糖体结构与合成 254 个，K. 转录 244 个，C. 能量产生与转换 225 个，T. 信号转导机制 218 个，P. 无机离子转运与代谢 208 个，G. 碳水化合物转运与代谢 198 个和 H. 辅酶转运与代谢 180 个（图 5-1-160a）。**【重复序列】**预测到的重复序列包括：LTR 206 个，总长为 12 457 bp，平均长度为 60 bp；DNA 重复元件 52 个，总长为 3089 bp，平均长度为 59 bp；LINE 64 个，总长为 3386 bp，平均长度为 53 bp；SINE 19 个，总长为 1354 bp，平均长度为 71 bp；RC 3 个，总长为 204 bp，平均长度为 68 bp；未知序列 2 个，总长为 170 bp，平均长度为 85 bp；TR 458 个，重复序列长度为 3～259 bp，总长为 49 999 bp；小卫星 DNA

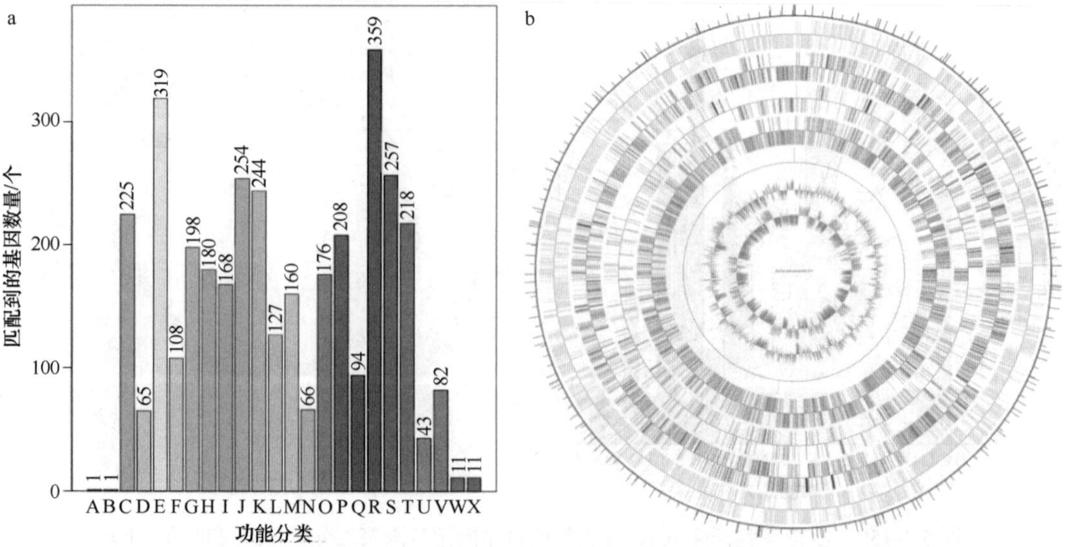


图 5-1-160　硒砷芽胞杆菌 SF-1$^{T}$基因组的直系同源基因聚类分析（a）和圈图（b）

391 个，重复序列长度为 11～60 bp，总长为 47 756 bp；微卫星 DNA 2 个，重复序列长度为 3～4 bp，总长为 71 bp。**【CRISPR】**预测到 215 个 CRISPR 相关序列。**【基因岛】**预测到 8 个基因岛 GI 01～GI 08，长度为 3601～26 890 bp，其 G+C 含量为 30.69%～45.29%。利用已预测得到的基因组信息，如重复序列、G+C 含量等，应用 CIRCOS 工具绘制其基因组圈图（图 5-1-160b）。

## 160. 还原硒酸盐芽胞杆菌（*Bacillus selenitireducens*）MLS10$^T$

还原硒酸盐芽胞杆菌（*Bacillus selenitireducens* Switzer Blum et al. 2001，sp. nov.）的模式菌株（MLS10$^T$ =ATCC 700615$^T$）分离自美国加利福尼亚州的莫诺湖，中度嗜盐、嗜碱，能还原砷酸盐和硒酸盐，兼性厌氧，产芽胞（Switzer Blum et al.，1998）。目前，该种仅有 1 个基因组，模式菌株 MLS10$^T$ 基因组的 GenBank 登录号为 GCA_000093085.1，测序平台为 454 GS FLX，于 2010 年 5 月 28 日由美国能源部联合基因组研究所（DOE Joint Genome Institute）提交。

**【基因组的组装】**菌株 MLS10$^T$ 基因组的测序深度未知，基因组大小为 3.592 Mb，组装到完成图水平，包括 1 条染色体。**【G+C 含量】**48.66%。**【非编码 RNA】**预测到 22 个 rRNA 基因（5S rRNA 8 个、16S rRNA 7 个、23S rRNA 7 个），68 个 tRNA 基因，1 个 sRNA 基因。**【编码基因】**有 3517 个蛋白质编码基因，编码区总长为 3 199 470 bp，占整个基因组的 89.07%，基因的平均长度为 910 bp。**【基因功能注释】**比对到 KEGG、COG 和 GO 数据库的基因数量分别为 3294 个、2332 个和 2450 个，预测到分泌蛋白编码基因 92 个；在 24 个 COG 功能类群中，基因数量前 10 位的类群分别是：E. 氨基酸转运与代谢 223 个，R. 仅一般功能预测 219 个，J. 翻译、核糖体结构与合成 197 个，C. 能量产生与转换 191 个，G. 碳水化合物转运与代谢 180 个，K. 转录 172 个，T. 信号转导机制 169 个，S. 功能未知 153 个，P. 无机离子转运与代谢 146 个和 H. 辅酶转运与代谢 123 个（图 5-1-161a）。

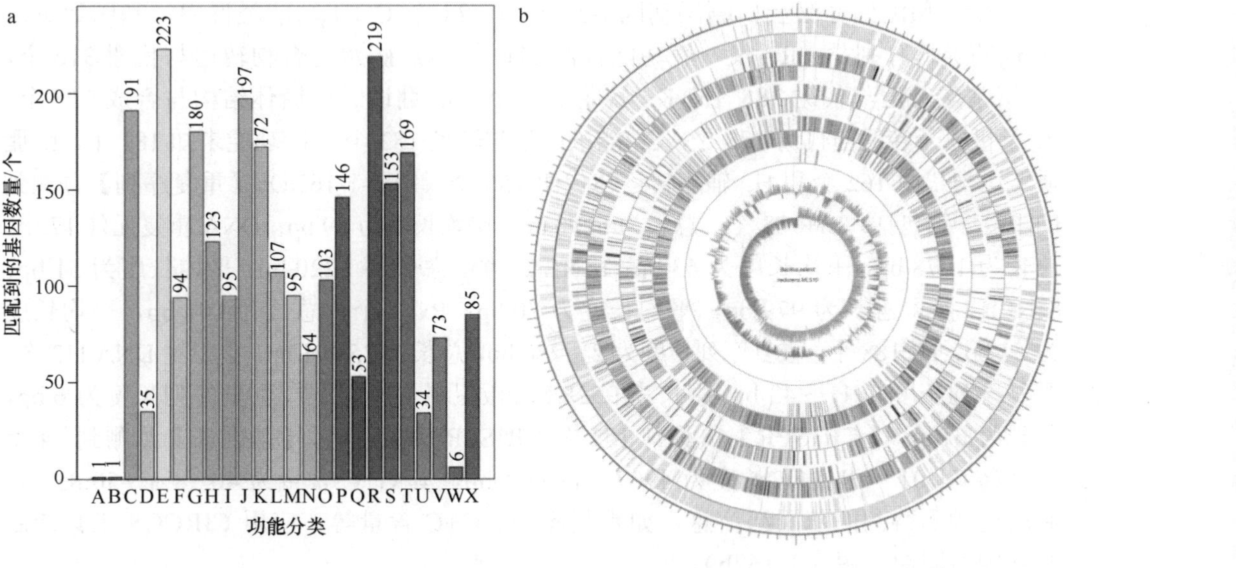


图 5-1-161　还原硒酸盐芽胞杆菌 MLS10$^T$ 基因组的直系同源基因聚类分析（a）和圈图（b）

**【重复序列】** 预测到的重复序列包括：LTR 103 个，总长为 8377 bp，平均长度为 81 bp；DNA 重复元件 20 个，总长为 1327 bp，平均长度为 66 bp；LINE 32 个，总长为 2090 bp，平均长度为 65 bp；SINE 21 个，总长为 1384 bp，平均长度为 66 bp；RC 5 个，总长为 330 bp，平均长度为 66 bp；TR 53 个，重复序列长度为 6～873 bp，总长为 13 939 bp；小卫星 DNA 42 个，重复序列长度为 12～48 bp，总长为 1850 bp；微卫星 DNA 2 个，重复序列长度为 6 bp，总长为 106 bp。**【CRISPR】** 预测到 6 个 CRISPR 相关序列。**【基因岛】** 预测到 10 个基因岛 GI 01～GI 10，长度为 5195～20 816 bp，其 G+C 含量为 33.54%～53.41%。利用已预测得到的基因组信息，如重复序列、G+C 含量等，应用 CIRCOS 工具绘制其基因组圈图（图 5-1-161b）。

### 161. 莎车芽胞杆菌（*Bacillus shacheensis*）HNA-14$^{T}$

莎车芽胞杆菌（*Bacillus shacheensis* Lei et al. 2014，sp. nov.）的模式菌株（HNA-14$^{T}$ = KCTC 33145$^{T}$ =DSM 26902$^{T}$）分离自美国加利福尼亚州的莫诺湖，中度嗜盐、嗜碱，生长条件为 5～40℃（最适 25～30℃）、pH 7.0～10.0（最适 pH 8.0）、0.5%～20%（*W*/*V*）NaCl（最适 5%～10%），严格好氧，产芽胞（Lei et al.，2014）。目前，该种仅有 1 个基因组，模式菌株 HNA-14$^{T}$ 基因组的 GenBank 登录号为 GCA_001484965.1，测序平台为 Illumina MiSeq，于 2016 年 1 月 5 日由四川大学（Sichuan University）提交。

**【基因组的组装】** 菌株 HNA-14$^{T}$ 基因组的测序深度为 232 X，基因组大小为 3.982 Mb，组装到 86 个 scaffolds，scaffold $N_{50}$ 为 164 238 bp。**【G+C 含量】** 47.11%。**【非编码 RNA】** 预测到 4 个 rRNA 基因（5S rRNA 2 个、16S rRNA 1 个、23S rRNA 1 个），71 个 tRNA 基因，2 个 sRNA 基因。**【编码基因】** 有 4143 个蛋白质编码基因，编码区总长为 3 397 647 bp，占整个基因组的 85.33%，基因的平均长度为 820 bp。**【基因功能注释】** 比对到 KEGG、COG 和 GO 数据库的基因数量分别为 3428 个、2813 个和 2777 个，预测到分泌蛋白编码基因 60 个；在 24 个 COG 功能类群中，基因数量前 10 位的类群分别是：R. 仅一般功能预测 326 个，G. 碳水化合物转运与代谢 316 个，E. 氨基酸转运与代谢 288 个，K. 转录 234 个，J. 翻译、核糖体结构与合成 215 个，P. 无机离子转运与代谢 188 个，C. 能量产生与转换 182 个，S. 功能未知 181 个，I. 脂质转运与代谢 162 个和 H. 辅酶转运与代谢 156 个（图 5-1-162a）。**【重复序列】** 预测到的重复序列包括：LTR 88 个，总长为 5190 bp，平均长度为 59 bp；DNA 重复元件 17 个，总长为 1078 bp，平均长度为 63 bp；LINE 24 个，总长为 1220 bp，平均长度为 51 bp；SINE 14 个，总长为 979 bp，平均长度为 70 bp；RC 2 个，总长为 101 bp，平均长度为 51 bp；TR 188 个，重复序列长度为 2～280 bp，总长为 25 401 bp；小卫星 DNA 113 个，重复序列长度为 11～43 bp，总长为 9528 bp；微卫星 DNA 2 个，重复序列长度为 6 bp，总长为 61 bp。**【CRISPR】** 预测到 141 个 CRISPR 相关序列。**【基因岛】** 预测到 14 个基因岛 GI 01～GI 14，长度为 4907～11 968 bp，其 G+C 含量为 40.38%～50.83%。利用已预测得到的基因组信息，如重复序列、G+C 含量等，应用 CIRCOS 工具绘制其基因组圈图（图 5-1-162b）。

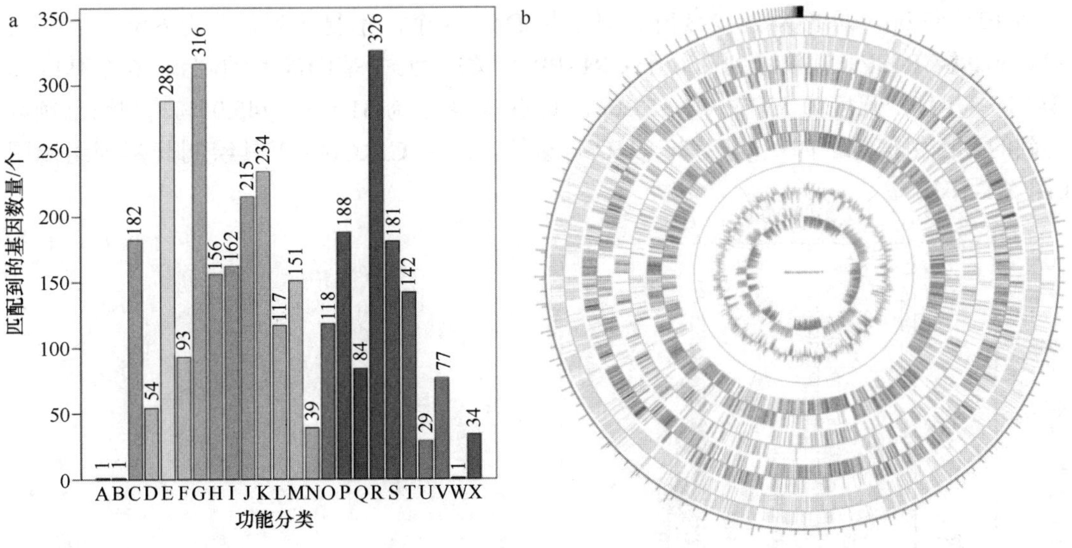


图 5-1-162 莎车芽胞杆菌 HNA-14$^T$基因组的直系同源基因聚类分析（a）和圈图（b）

## 162. 沙氏芽胞杆菌（*Bacillus shackletonii*）LMG 18435$^T$

沙氏芽胞杆菌（*Bacillus shackletonii* Logan et al. 2004，sp. nov.）的模式菌株（LMG 18435$^T$ =CIP 107762$^T$）分离自美国加利福尼亚州的莫诺湖，中度嗜盐、嗜碱，生长条件为 15～55℃（最适 35～40℃）、pH 4.5～9.0（最适 pH 7.0），严格好氧，产芽胞（Logan et al.，2004）。目前，该种仅有 1 个基因组，模式菌株 LMG 18435$^T$基因组的 GenBank 登录号为 GCA_001420715.1，测序平台为 Illumina HiSeq，于 2015 年 10 月 30 日由福建省农业科学院（Fujian Academy of Agricultural Sciences）提交。

**【基因组的组装】**菌株 LMG 18435$^T$基因组的测序深度为 150 X，基因组大小为 5.298 Mb，组装到 24 个 scaffolds，scaffold $N_{50}$ 为 3 831 633 bp。**【G+C 含量】**36.7%。**【非编码 RNA】**预测到 27 个 rRNA 基因（5S rRNA 11 个、16S rRNA 8 个、23S rRNA 8 个），95 个 tRNA 基因，6 个 sRNA 基因。**【编码基因】**有 5483 个蛋白质编码基因，编码区总长为 4 384 506 bp，占整个基因组的 82.76%，基因的平均长度为 800 bp。**【基因功能注释】**比对到 KEGG、COG 和 GO 数据库的基因数量分别为 4530 个、3515 个和 3593 个，预测到分泌蛋白编码基因 74 个；在 25 个 COG 功能类群中，基因数量前 10 位的类群分别是：E. 氨基酸转运与代谢 425 个，R. 仅一般功能预测 400 个，K. 转录 360 个，G. 碳水化合物转运与代谢 320 个，J. 翻译、核糖体结构与合成 279 个，S. 功能未知 252 个，T. 信号转导机制 227 个，M. 细胞壁/膜/包膜生物合成 198 个，H. 辅酶转运与代谢 191 个和 P. 无机离子转运与代谢 190 个（图 5-1-163a）。**【重复序列】**预测到的重复序列包括：LTR 123 个，总长为 9369 bp，平均长度为 76 bp；DNA 重复元件 31 个，总长为 1675 bp，平均长度为 54 bp；LINE 38 个，总长为 2489 bp，平均长度为 66 bp；SINE 18 个，总长为 1605 bp，平均长度为 89 bp；RC 5 个，总长为 330 bp，平均长度为 66 bp；TR 248 个，重复序列长度为 6～402 bp，总长为 31 399 bp；小卫星 DNA 181 个，重复序列长度为 12～52 bp，总长为 24 723 bp；微卫星 DNA 4 个，重复序列长度为 6 bp，总长为 134 bp。**【CRISPR】**预测到 266 个 CRISPR 相关序列。**【基因岛】**预测到 16 个基因岛 GI 01～GI 16，长度为 5377～41 971 bp，其 G+C 含量为 31.58%～45.05%。利用已预测得到的基因组信息，如重复序列、G+C 含量等，应用 CIRCOS 工具绘制其基因组圈图（图 5-1-163b）。

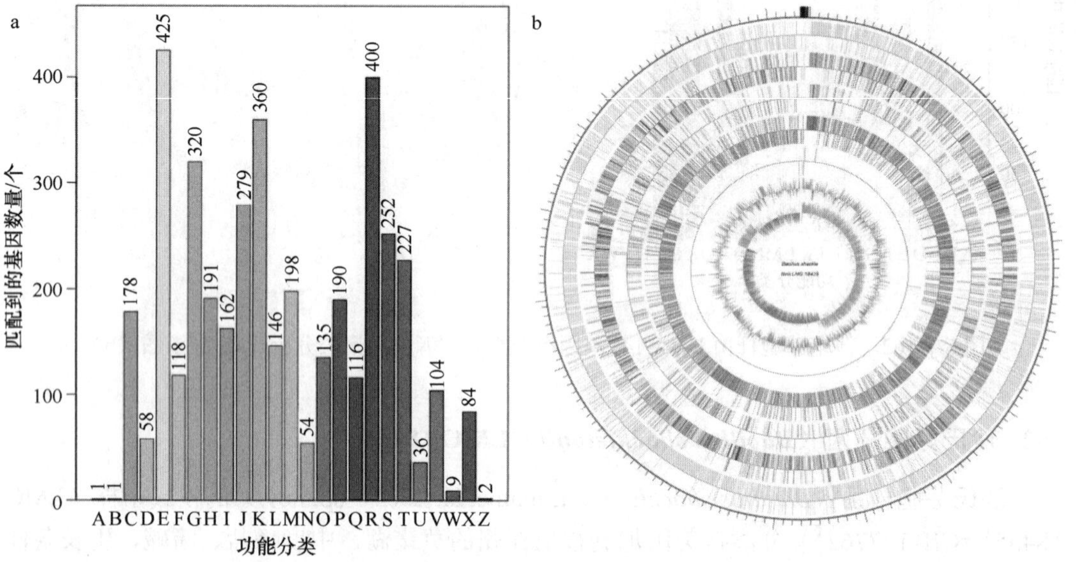


图 5-1-163　沙氏芽胞杆菌 LMG 18435$^{T}$ 基因组的直系同源基因聚类分析（a）和圈图（b）

## 163. 暹罗芽胞杆菌（*Bacillus siamensis*）SCSIO 05746

暹罗芽胞杆菌（*Bacillus siamensis* Sumpavapol et al. 2010，sp. nov.）的模式菌株（PD-A10$^{T}$ =BCC 22614$^{T}$=KCTC 13613$^{T}$）分离自美国加利福尼亚州的莫诺湖，生长条件为 6～55℃（最适 37℃）、pH 4.5～9.0（最适 pH 6.0～7.0）、0～14%（*W*/*V*）NaCl（最适 0），兼性厌氧，产芽胞（Sumpavapol et al.，2010）。目前，该种有 7 个基因组，选择组装到完成图水平的非模式菌株 SCSIO 05746 的基因组进行描述，其 GenBank 登录号为 GCA_002850535.1，测序平台为 Illumina HiSeq+PacBio，于 2018 年 1 月 3 日由中国科学院（Chinese Academy of Sciences）提交。

**【基因组的组装】**菌株 SCSIO 05746 基因组的测序深度为 360 X，基因组大小为 4.281 Mb，组装到完成图水平，包括 1 条染色体和 1 个质粒。**【G+C 含量】**45.96%。**【非编码 RNA】**预测到 27 个 rRNA 基因（5S rRNA 9 个、16S rRNA 9 个、23S rRNA 9 个），87 个 tRNA 基因，15 个 sRNA 基因。**【编码基因】**有 4630 个蛋白质编码基因，编码区总长为 3 833 430 bp，占整个基因组的 91.06%，基因的平均长度为 828 bp。**【基因功能注释】**比对到 KEGG、COG 和 GO 数据库的基因数量分别为 4328 个、2977 个和 2880 个，预测到分泌蛋白编码基因 89 个；在 25 个 COG 功能类群中，基因数量前 10 位的类群分别是：R. 仅一般功能预测 303 个，E. 氨基酸转运与代谢 302 个，K. 转录 282 个，G. 碳水化合物转运与代谢 246 个，J. 翻译、核糖体结构与合成 221 个，S. 功能未知 210 个，

M. 细胞壁/膜/包膜生物合成 204 个，H. 辅酶转运与代谢 189 个，P. 无机离子转运与代谢 176 个和 C. 能量产生与转换 174 个（图 5-1-164a）。**【重复序列】**预测到的重复序列包括：LTR 131 个，总长为 9834 bp，平均长度为 75 bp；DNA 重复元件 38 个，总长为 2093 bp，平均长度为 55 bp；LINE 51 个，总长为 2937 bp，平均长度为 58 bp；SINE 13 个，总长为 929 bp，平均长度为 71 bp；未知序列 3 个，总长为 147 bp，平均长度为 49 bp；TR 153 个，重复序列长度为 6～259 bp，总长为 9839 bp；小卫星 DNA 120 个，重复序列长度为 11～60 bp，总长为 6671 bp；微卫星 DNA 6 个，重复序列长度为 6 bp，总长为 271 bp。**【CRISPR】**预测到 4 个 CRISPR 相关序列。**【基因岛】**预测到 19 个基因岛 GI 01～GI 19，长度为 4443～34 805 bp，其 G+C 含量为 36.42%～47.01%。利用已预测得到的基因组信息，如重复序列、G+C 含量等，应用 CIRCOS 工具绘制其基因组圈图（图 5-1-164b）。

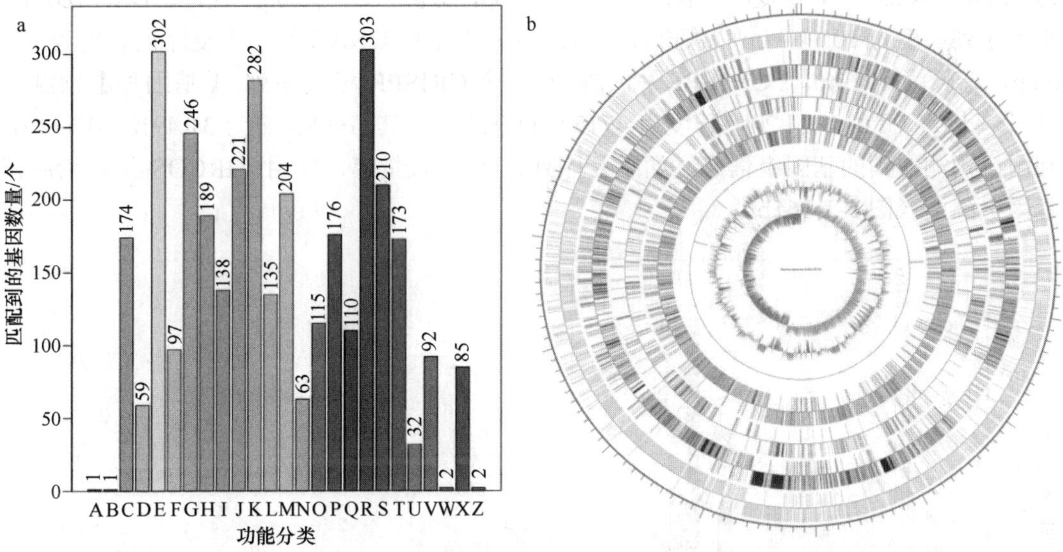


图 5-1-164　暹罗芽胞杆菌 SCSIO 05746 基因组的直系同源基因聚类分析（a）和圈图（b）

## 164. 简单芽胞杆菌（*Bacillus simplex*）DSM 1321$^T$

简单芽胞杆菌［*Bacillus simplex* (ex Meyer and Gottheil 1901) Priest et al. 1989，sp. nov.，nom. rev.］的模式菌株（ATCC 49097$^T$ =CCUG 28889$^T$ =CIP 106934$^T$ =DSM 1321$^T$ = NBRC 15720$^T$ =JCM 12307$^T$ =LMG 11160$^T$ =NRRL NRS-960$^T$）分离自土壤，生长条件为 20～30℃、最适 pH 7.0～9.0，严格好氧，产芽胞（Priest et al.，1988）。目前，该种有 16 个基因组，选择组装到完成图水平的模式菌株 DSM 1321$^T$ 的基因组进行描述，其 GenBank 登录号为 GCA_002243645.1，测序平台为 Illumina HiSeq+PacBio，于 2017 年 8 月 8 日由韩国庆北国立大学（Kyungpook National University）提交。

**【基因组的组装】**菌株 DSM 1321$^T$ 基因组的测序深度未知，基因组大小为 3.381 Mb，组装到完成图水平，包括 1 条染色体和 1 个质粒。**【G+C 含量】**40.75%。**【非编码 RNA】**预测到 37 个 rRNA 基因（5S rRNA 13 个、16S rRNA 12 个、23S rRNA 12 个），94 个 tRNA

基因，5 个 sRNA 基因。**【编码基因】**有 5886 个蛋白质编码基因，编码区总长为 2 800 820 bp，占整个基因组的 82.84%，基因的平均长度为 795 bp。**【基因功能注释】**比对到 KEGG、COG 和 GO 数据库的基因数量分别为 4975 个、3833 个和 3902 个，预测到分泌蛋白编码基因 105 个；在 24 个 COG 功能类群中，基因数量前 10 位的类群分别是：E. 氨基酸转运与代谢 486 个，R. 仅一般功能预测 469 个，K. 转录 364 个，G. 碳水化合物转运与代谢 336 个，S. 功能未知 274 个，P. 无机离子转运与代谢 263 个，J. 翻译、核糖体结构与合成 260 个，C. 能量产生与转换 250 个，H. 辅酶转运与代谢 229 个和 T. 信号转导机制 226 个（图 5-1-165a）。**【重复序列】**预测到的重复序列包括：LTR 166 个，总长为 13 085 bp，平均长度为 79 bp；DNA 重复元件 41 个，总长为 2556 bp，平均长度为 62 bp；LINE 56 个，总长为 3574 bp，平均长度为 64 bp；SINE 16 个，总长为 1173 bp，平均长度为 73 bp；RC 4 个，总长为 193 bp，平均长度为 48 bp；未知序列 1 个，长度为 41 bp；TR 239 个，重复序列长度为 3～1605 bp，总长为 29 335 bp；小卫星 DNA 186 个，重复序列长度为 10～60 bp，总长为 13 618 bp；微卫星 DNA 3 个，重复序列长度为 3～6 bp，总长为 191 bp。**【CRISPR】**预测到 18 个 CRISPR 相关序列。**【基因岛】**预测到 24 个基因岛 GI 01～GI 24，长度为 4712～44 023 bp，其 G+C 含量为 31.49%～47.44%。利用已预测得到的基因组信息，如重复序列、G+C 含量等，应用 CIRCOS 工具绘制其基因组圈图（图 5-1-165b）。

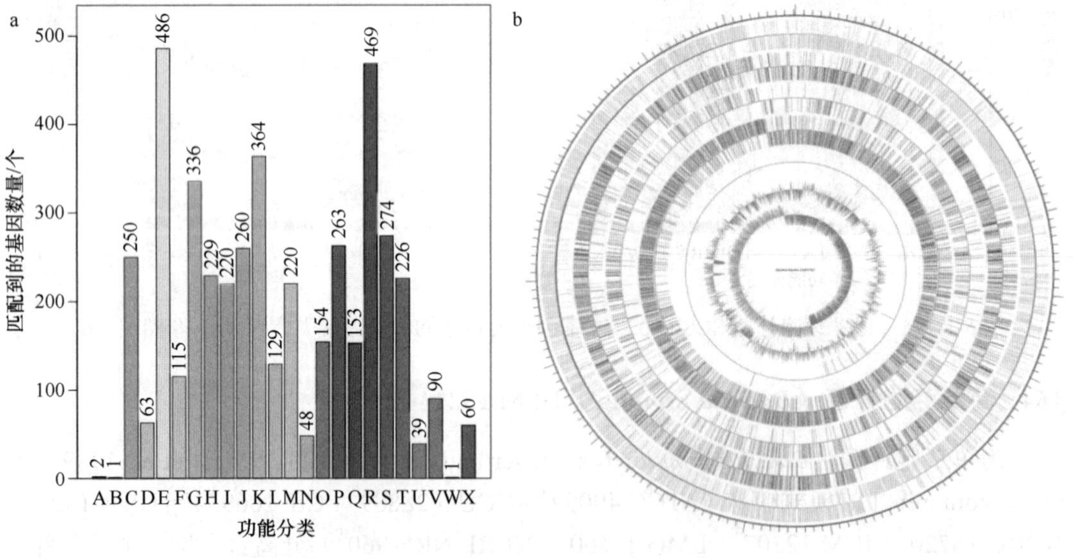


图 5-1-165　简单芽胞杆菌 DSM 1321$^{T}$ 基因组的直系同源基因聚类分析（a）和圈图（b）

## 165. 史氏芽胞杆菌（*Bacillus smithii*）DSM 4216$^{T}$

史氏芽胞杆菌（*Bacillus smithii* Nakamura et al. 1988，sp. nov.）的模式菌株（CCUG 27413$^{T}$ =CIP 103790$^{T}$ =DSM 4216$^{T}$ =JCM 9076$^{T}$ =LMG 12526$^{T}$ =NRRL NRS-173$^{T}$）分离自澳大利亚热加工的白菜，嗜热，生长条件为 25～65℃、最适 pH 5.7，兼性厌氧，产芽胞（Nakamura et al.，1988）。目前，该种有 3 个基因组，选择组装到完成图水平的模式菌

株 DSM 4216$^T$ 的基因组进行描述，其 GenBank 登录号为 GCA_001050115.1，测序平台为 Illumina HiSeq+PacBio，于 2015 年 7 月 8 日由荷兰 Corbion 食品公司提交。

**【基因组的组装】**菌株 DSM 4216$^T$ 基因组的测序深度未知，基因组大小为 3.381 Mb，组装到完成图水平，包括 1 条染色体和 1 个质粒。**【G+C 含量】**40.75%。**【非编码 RNA】**预测到 33 个 rRNA 基因（5S rRNA 11 个、16S rRNA 11 个、23S rRNA 11 个），94 个 tRNA 基因，3 个 sRNA 基因。**【编码基因】**有 3786 个蛋白质编码基因，编码区总长为 2 783 886 bp，占整个基因组的 82.34%，基因的平均长度为 735 bp。**【基因功能注释】**比对到 KEGG、COG 和 GO 数据库的基因数量分别为 3341 个、2293 个和 2263 个，预测到分泌蛋白编码基因 39 个；在 24 个 COG 功能类群中，基因数量前 10 位的类群分别是：E. 氨基酸转运与代谢 256 个，R. 仅一般功能预测 228 个，J. 翻译、核糖体结构与合成 212 个，K. 转录 167 个，G. 碳水化合物转运与代谢 163 个，S. 功能未知 151 个，H. 辅酶转运与代谢 147 个，C. 能量产生与转换 138 个，T. 信号转导机制 134 个和 P. 无机离子转运与代谢 132 个（图 5-1-166a）。**【重复序列】**预测到的重复序列包括：LTR 114 个，总长为 9908 bp，平均长度为 87 bp；DNA 重复元件 38 个，总长为 3252 bp，平均长度为 86 bp；LINE 44 个，总长为 2430 bp，平均长度为 55 bp；SINE 17 个，总长为 1247 bp，平均长度为 73 bp；RC 2 个，总长为 92 bp，平均长度为 46 bp；TR 73 个，重复序列长度为 9～300 bp，总长为 4684 bp；小卫星 DNA 66 个，重复序列长度为 11～50 bp，总长为 3071 bp；未预测到微卫星 DNA。**【CRISPR】**预测到 88 个 CRISPR 相关序列。**【基因岛】**预测到 24 个基因岛 GI 01～GI 24，长度为 4228～32 096 bp，其 G+C 含量为 34.16%～49.03%。利用已预测得到的基因组信息，如重复序列、G+C 含量等，应用 CIRCOS 工具绘制其基因组圈图（图 5-1-166b）。

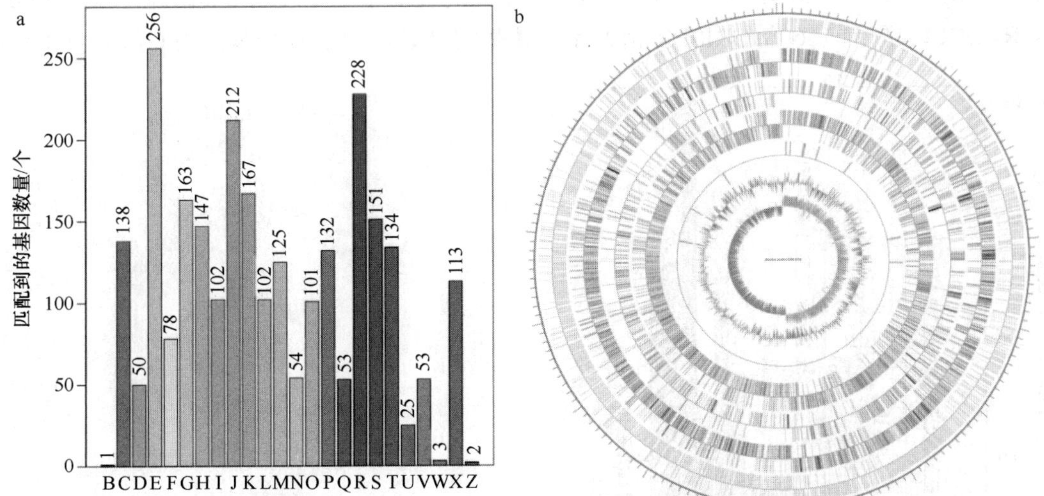


图 5-1-166　史氏芽胞杆菌 DSM 4216$^T$ 基因组的直系同源基因聚类分析（a）和圈图（b）

## 166. 茄属芽胞杆菌（*Bacillus solani*）FJAT-18043$^T$

茄属芽胞杆菌（*Bacillus solani* Liu et al. 2015，sp. nov.）的模式菌株（FJAT-18043$^T$ =

DSM 29501$^T$ =CCTCC AB 2014277$^T$）分离自新疆的1株番茄种植田快的土壤，中度嗜碱，生长条件为20～45℃（最适35℃）、pH 6.0～10.0（最适pH 9.0）、0～10%（*W*/*V*）NaCl（最适0），好氧，产芽胞（Liu et al.，2015c）。目前，该种仅有1个基因组，模式菌株FJAT-18043$^T$基因组的GenBank登录号为GCA_001420595.1，测序平台为Illumina HiSeq，于2015年10月30日由福建省农业科学院（Fujian Academy of Agricultural Sciences）提交。

**【基因组的组装】**菌株FJAT-18043$^T$基因组的测序深度为150 X，基因组大小为5.316 Mb，组装到12个scaffolds，scaffold $N_{50}$为4 991 450 bp。**【G+C 含量】**37.48%。**【非编码 RNA】**预测到24个rRNA基因（5S rRNA 10个、16S rRNA 7个、23S rRNA 7个），124个tRNA基因，4个sRNA基因。**【编码基因】**有5639个蛋白质编码基因，编码区总长为4 469 448 bp，占整个基因组的84.08%，基因的平均长度为793 bp。**【基因功能注释】**比对到KEGG、COG和GO数据库的基因数量分别为4786个、3556个和3669个，预测到分泌蛋白编码基因91个；在25个COG功能类群中，基因数量前10位的类群分别是：E. 氨基酸转运与代谢377个，R. 仅一般功能预测377个，K. 转录351个，J. 翻译、核糖体结构与合成268个，S. 功能未知268个，T. 信号转导机制264个，P. 无机离子转运与代谢245个，G. 碳水化合物转运与代谢244个，C. 能量产生与转换234个和H. 辅酶转运与代谢188个（图5-1-167a）。**【重复序列】**预测到的重复序列包括：LTR 130个，总长为9473 bp，平均长度为73 bp；DNA重复元件39个，总长为2564 bp，平均长度为66 bp；LINE 41个，总长为2338 bp，平均长度为57 bp；SINE 10个，总长为866 bp，平均长度为87 bp；RC 2个，总长为96 bp，平均长度为48 bp；TR 239个，重复序列长度为6～267 bp，总长为25 068 bp；小卫星DNA 189个，重复序列长度为10～53 bp，总长为20 323 bp；微卫星DNA 2个，重复序列长度为6 bp，总长为73 bp。**【CRISPR】**预测到166个CRISPR相关序列。**【基因岛】**预测到16个基因岛GI 01～GI 16，

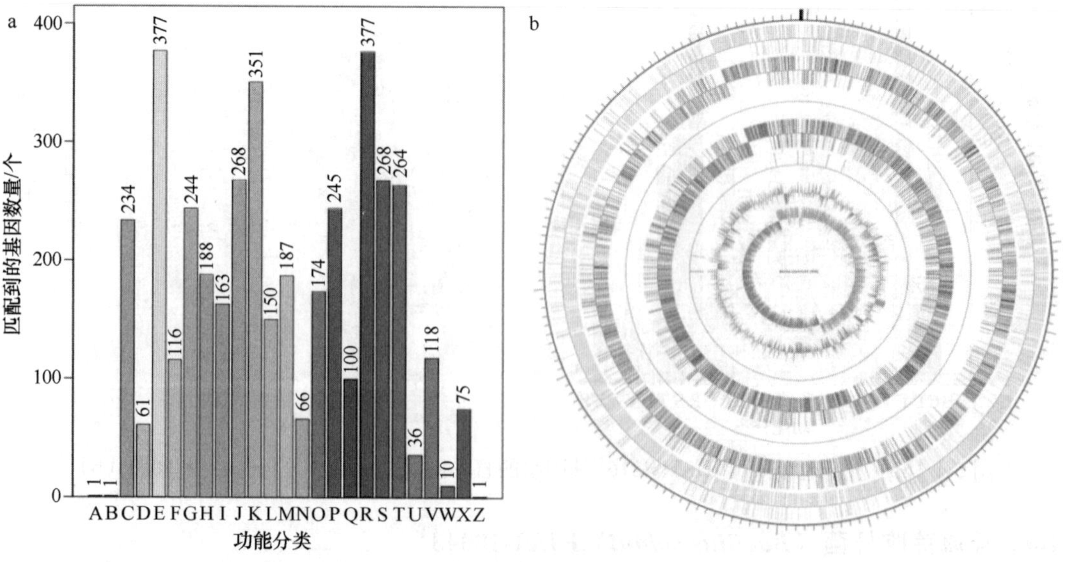


图5-1-167 茄属芽胞杆菌FJAT-18043$^T$基因组的直系同源基因聚类分析（a）和圈图（b）

长度为 3051～71 039 bp，其 G+C 含量为 28.09%～45.35%。利用已预测得到的基因组信息，如重复序列、G+C 含量等，应用 CIRCOS 工具绘制其基因组圈图（图 5-1-167b）。

## 167. 土壤芽胞杆菌（*Bacillus soli*）DSM 15604$^{T}$

土壤芽胞杆菌（*Bacillus soli* Heyrman et al. 2004，sp. nov.）的模式菌株（LMG 21838$^{T}$ = R-16300$^{T}$ =IDA0086$^{T}$ =DSM 15604$^{T}$）分离自荷兰德伦特省农业区的土壤，中度嗜碱，生长条件为 4～45℃（最适 30℃）、pH 4.0～9.5（最适 pH 7.0～8.0），兼性厌氧，产芽胞（Heyrman et al.，2004）。目前，该种有 2 个基因组，选择组装水平较高的模式菌株 DSM 15604$^{T}$ 的基因组进行描述，其 GenBank 登录号为 GCA_002335815.1，测序平台为 Illumina HiSeq，于 2017 年 9 月 21 日由福建省农业科学院（Fujian Academy of Agricultural Sciences）提交。

**【基因组的组装】**菌株 DSM 15604$^{T}$ 基因组的测序深度为 100 X，基因组大小为 5.580 Mb，组装到 4 个 scaffolds，scaffold $N_{50}$ 为 5 578 316 bp。**【G+C 含量】**39.71%。**【非编码 RNA】**预测到 42 个 rRNA 基因（5S rRNA 15 个、16S rRNA 13 个、23S rRNA 14 个），92 个 tRNA 基因，5 个 sRNA 基因。**【编码基因】**有 5760 个蛋白质编码基因，编码区总长为 4 715 241 bp，占整个基因组的 84.50%，基因的平均长度为 819 bp。**【基因功能注释】**比对到 KEGG、COG 和 GO 数据库的基因数量分别为 4778 个、3573 个和 3641 个，预测到分泌蛋白编码基因 108 个；在 25 个 COG 功能类群中，基因数量前 10 位的类群分别是：E. 氨基酸转运与代谢 434 个，R. 仅一般功能预测 407 个，K. 转录 305 个，G. 碳水化合物转运与代谢 289 个，S. 功能未知 262 个，J. 翻译、核糖体结构与合成 253 个，C. 能量产生与转换 244 个，T. 信号转导机制 234 个，M. 细胞壁/膜/包膜生物合成 222 个和 P. 无机离子转运与代谢 212 个（图 5-1-168a）。**【重复序列】**预测到的重复

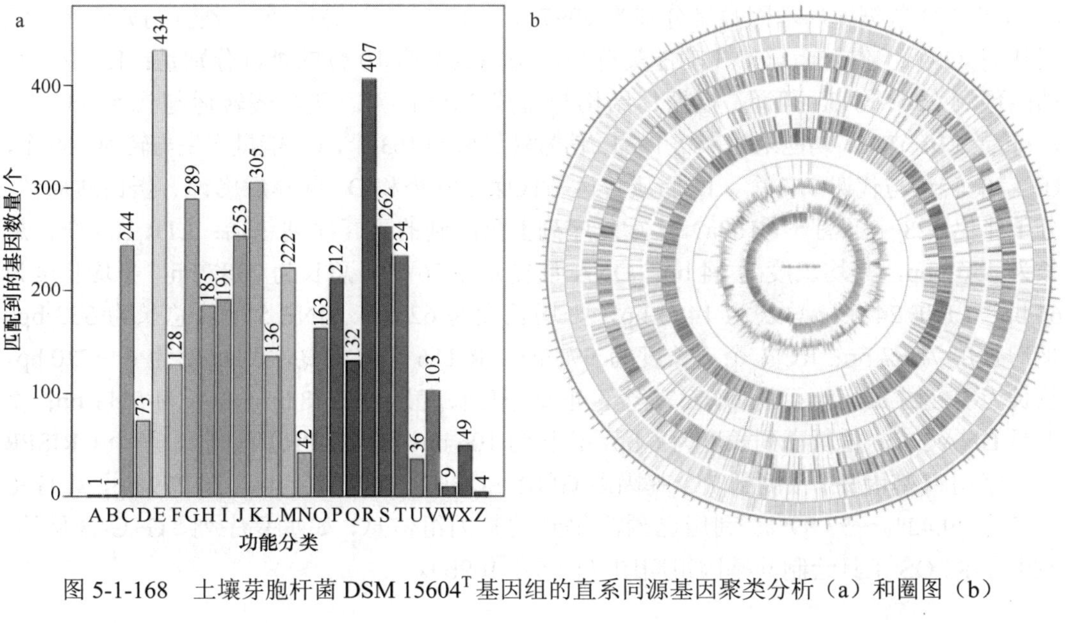


图 5-1-168　土壤芽胞杆菌 DSM 15604$^{T}$ 基因组的直系同源基因聚类分析（a）和圈图（b）

序列包括：LTR 154 个，总长为 13 083 bp，平均长度为 85 bp；DNA 重复元件 36 个，总长为 2161 bp，平均长度为 60 bp；LINE 52 个，总长为 3086 bp，平均长度为 59 bp；SINE 10 个，总长为 730 bp，平均长度为 73 bp；RC 2 个，总长为 139 bp，平均长度为 70 bp；TR 419 个，重复序列长度为 5～1474 bp，总长为 47 989 bp；小卫星 DNA 337 个，重复序列长度为 10～60 bp，总长为 37 098 bp；微卫星 DNA 7 个，重复序列长度为 5～6 bp，总长为 243 bp。**【CRISPR】**预测到 123 个 CRISPR 相关序列。**【基因岛】**预测到 23 个基因岛 GI 01～GI 23，长度为 1971～50 291 bp，其 G+C 含量为 31.93%～46.28%。利用已预测得到的基因组信息，如重复序列、G+C 含量等，应用 CIRCOS 工具绘制其基因组圈图（图 5-1-168b）。

### 168. 红树林土壤芽胞杆菌（*Bacillus solimangrovi*）GH2-4$^{T}$

红树林土壤芽胞杆菌（*Bacillus solimangrovi* Lee et al. 2014，sp. nov.）的模式菌株（GH2-4$^{T}$ =KCTC 33142$^{T}$ =JCM 18994$^{T}$ =DSM 27083$^{T}$）分离自密克罗尼西亚联邦温诺岛近岸边的红树林土壤，中度嗜碱，生长条件为 10～40℃（最适 30～35℃）、pH 5.0～12.0（最适 pH 9.0）、0～9%（*W*/*V*）NaCl（最适 1%～3%），严格好氧，产芽胞（Lee et al.，2014a）。目前，该种仅有 1 个基因组，模式菌株 GH2-4$^{T}$ 基因组的 GenBank 登录号为 GCA_001742425.1，测序平台为 Illumina HiSeq，于 2016 年 9 月 23 日由韩国生物科学与生物技术研究院（Korea Research Institute of Bioscience and Biotechnology）提交。

**【基因组的组装】**菌株 GH2-4$^{T}$ 基因组的测序深度为 178 X，基因组大小为 3.844 Mb，组装到 64 个 scaffolds，scaffold $N_{50}$ 为 104 661 bp。**【G+C 含量】**35.16%。**【非编码 RNA】**预测到 5 个 rRNA 基因（5S rRNA 3 个、16S rRNA 1 个、23S rRNA 1 个），38 个 tRNA 基因，4 个 sRNA 基因。**【编码基因】**有 3772 个蛋白质编码基因，编码区总长为 3 119 745 bp，占整个基因组的 81.16%，基因的平均长度为 827 bp。**【基因功能注释】**比对到 KEGG、COG 和 GO 数据库的基因数量分别为 2997 个、2417 个和 2517 个，预测到分泌蛋白编码基因 82 个；在 25 个 COG 功能类群中，基因数量前 10 位的类群分别是：R. 仅一般功能预测 254 个，J. 翻译、核糖体结构与合成 246 个，E. 氨基酸转运与代谢 237 个，K. 转录 210 个，S. 功能未知 180 个，T. 信号转导机制 163 个，C. 能量产生与转换 160 个，H. 辅酶转运与代谢 157 个，I. 脂质转运与代谢 130 个和 O. 翻译后修饰、蛋白质周转、分子伴侣 128 个（图 5-1-169a）。**【重复序列】**预测到的重复序列包括：LTR 103 个，总长为 6567 bp，平均长度为 64 bp；DNA 重复元件 36 个，总长为 2387 bp，平均长度为 66 bp；LINE 24 个，总长为 1493 bp，平均长度为 62 bp；SINE 5 个，总长为 333 bp，平均长度为 67 bp；RC 1 个，长度为 97 bp；TR 116 个，重复序列长度为 6～720 bp，总长为 17 527 bp；小卫星 DNA 75 个，重复序列长度为 11～48 bp，总长为 5111 bp；微卫星 DNA 3 个，重复序列长度为 6 bp，总长为 106 bp。**【CRISPR】**预测到 67 个 CRISPR 相关序列。**【基因岛】**预测到 7 个基因岛 GI 01～GI 07，长度为 3348～24 279 bp，其 G+C 含量为 29.42%～37.89%。利用已预测得到的基因组信息，如重复序列、G+C 含量等，应用 CIRCOS 工具绘制其基因组圈图（图 5-1-169b）。

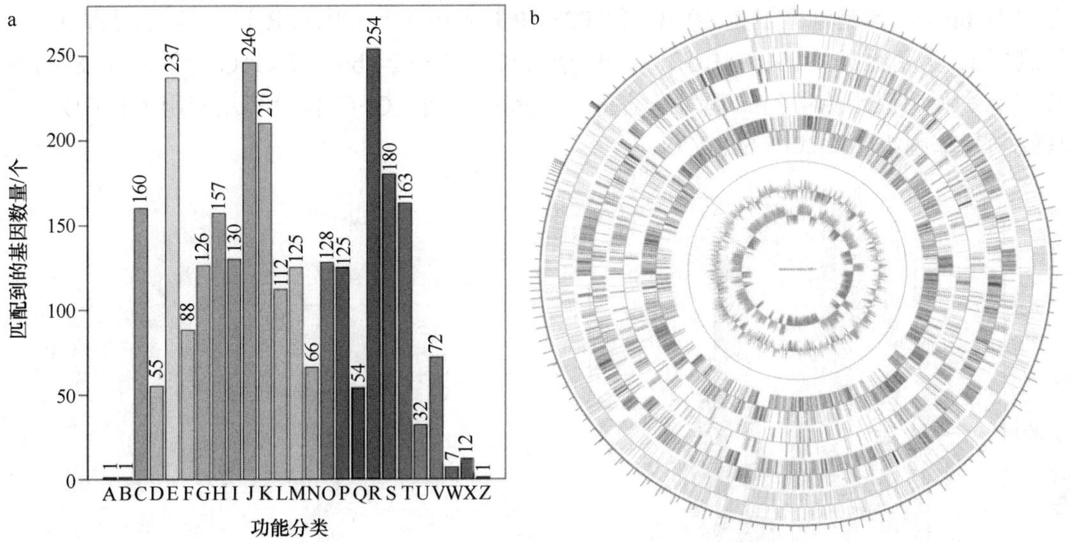


图 5-1-169　红树林土壤芽胞杆菌 GH2-4^T 基因组的直系同源基因聚类分析（a）和圈图（b）

## 169. 索诺拉沙漠芽胞杆菌（*Bacillus sonorensis*）SRCM101395

索诺拉沙漠芽胞杆菌（*Bacillus sonorensis* Palmisano et al. 2001，sp. nov.）的模式菌株（L87-10^T =NRRL B-23154^T）分离自美国亚利桑那州索诺拉沙漠的土壤，中度嗜碱，生长条件为 15～55℃、pH 5.0～7.0、0～3%（*W*/*V*）NaCl，兼性厌氧，产芽胞（Palmisano et al.，2001）。目前，该种有 6 个基因组，选择组装到完成图的非模式菌株 SRCM101395 的基因组进行描述，其 GenBank 登录号为 GCA_002202015.1，测序平台为 PacBio，于 2017 年 6 月 20 日由韩国发酵工业微生物研究所（Microbial Institute for Fermentation Industry）提交。

**【基因组的组装】**菌株 SRCM101395 基因组的测序深度为 181 X，基因组大小为 4.832 Mb，组装到完成图水平，包括 1 条染色体。**【G+C 含量】**45.2%。**【非编码 RNA】**预测到 24 个 rRNA 基因（5S rRNA 8 个、16S rRNA 8 个、23S rRNA 8 个），85 个 tRNA 基因，20 个 sRNA 基因。**【编码基因】**有 5510 个蛋白质编码基因，编码区总长为 4 268 001 bp，占整个基因组的 88.33%，基因的平均长度为 775 bp。**【基因功能注释】**比对到 KEGG、COG 和 GO 数据库的基因数量分别为 4643 个、3376 个和 3371 个，预测到分泌蛋白编码基因 95 个；在 25 个 COG 功能类群中，基因数量前 10 位的类群分别是：G. 碳水化合物转运与代谢 363 个，R. 仅一般功能预测 362 个，E. 氨基酸转运与代谢 358 个，K. 转录 356 个，J. 翻译、核糖体结构与合成 245 个，S. 功能未知 237 个，P. 无机离子转运与代谢 234 个，M. 细胞壁/膜/包膜生物合成 209 个，H. 辅酶转运与代谢 193 个和 C. 能量产生与转换 192 个（图 5-1-170a）。**【重复序列】**预测到的重复序列包括：LTR 141 个，总长为 10 505 bp，平均长度为 75 bp；DNA 重复元件 44 个，总长为 2212 bp，平均长度为 50 bp；LINE 40 个，总长为 2309 bp，平均长度为 58 bp；SINE 14 个，总长为 1117 bp，平均长度为 80 bp；RC 2 个，总长为 124 bp，平均长度为 62 bp；TR 83 个，重复序列长度为 9～1211 bp，总长为 11 898 bp；小卫星 DNA 69 个，重复序列长度为 11～60 bp，总长为 4810 bp；未预测到微卫星 DNA。**【CRISPR】**未预测到 CRISPR 相关序列。**【基因岛】**预测到 12 个基因岛 GI 01～GI 12，长度为 3717～135 024 bp，其 G+C 含量为 32.82%～47.09%。利用已预测得到的基因组信息，如重复序列、G+C 含量等，应用 CIRCOS 工具绘制其基因组圈图（图 5-1-170b）。

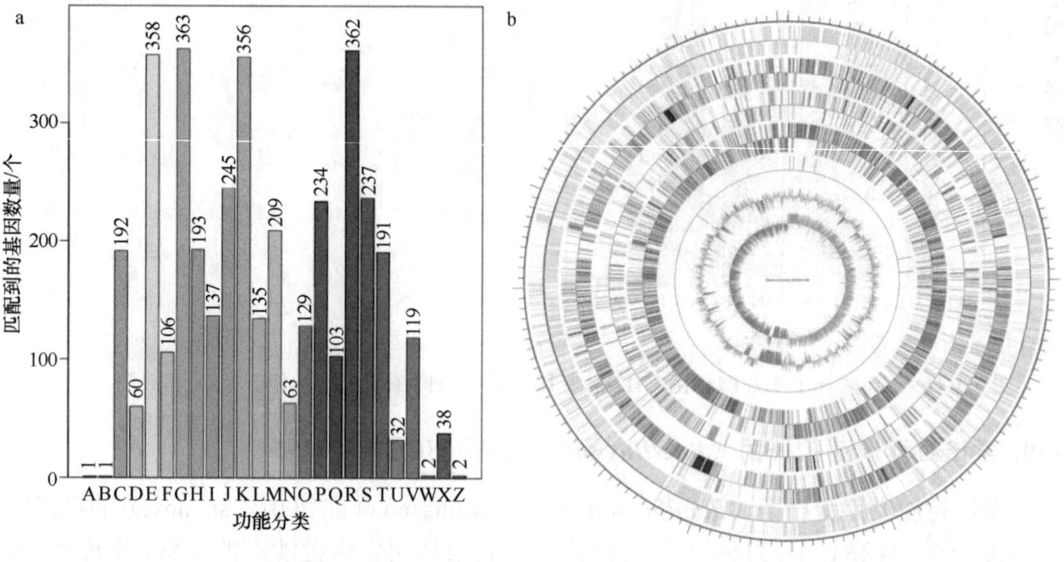


图 5-1-170　索诺拉沙漠芽胞杆菌 SRCM101395 基因组的直系同源基因聚类分析（a）和圈图（b）

## 170. 芽胞耐热芽胞杆菌（*Bacillus sporothermodurans*）B4102

芽胞耐热芽胞杆菌（*Bacillus sporothermodurans* Pettersson et al. 1996，sp. nov.）的模式菌株（M215$^T$ =DSMZ 10599$^T$）分离自美国亚利桑那州索诺拉沙漠的土壤，生长条件为 20～55℃（最适 37℃）、pH 5.0～9.0、0～5%（*W*/*V*）NaCl，好氧，产芽胞（Pettersson et al.，1996）。目前，该种有 5 个基因组，选择组装水平较高的非模式菌株 B4102 的基因组进行描述，其 GenBank 登录号为 GCA_001587375.1，测序平台为 Illumina HiSeq，于 2016 年 3 月 11 日由荷兰格罗宁根大学（University of Groningen）提交。

**【基因组的组装】**菌株 B4102 基因组的测序深度为 100 X，基因组大小为 4.832 Mb，组装到 176 个 scaffolds，scaffold $N_{50}$ 为 74 456 bp。**【G+C 含量】**35.65%。**【非编码 RNA】**预测到 4 个 rRNA 基因（5S rRNA 3 个、16S rRNA 1 个、23S rRNA 0 个），87 个 tRNA 基因，7 个 sRNA 基因。**【编码基因】**有 4282 个蛋白质编码基因，编码区总长为 3 425 670 bp，占整个基因组的 70.90%，基因的平均长度为 800 bp。**【基因功能注释】**比对到 KEGG、COG 和 GO 数据库的基因数量分别为 3576 个、2673 个和 2760 个，预测到分泌蛋白编码基因 61 个；在 25 个 COG 功能类群中，基因数量前 10 位的类群分别是：E. 氨基酸转运与代谢 307 个，R. 仅一般功能预测 283 个，K. 转录 240 个，J. 翻译、核糖体结构与合成 229 个，S. 功能未知 200 个，G. 碳水化合物转运与代谢 167 个，P. 无机离子转运与代谢 156 个，M. 细胞壁/膜/包膜生物合成 154 个，H. 辅酶转运与代谢 149 个和 T. 信号转导机制 148 个（图 5-1-171a）。**【重复序列】**预测到的重复序列包括：LTR 134 个，总长为 7804 bp，平均长度为 58 bp；DNA 重复元件 36 个，总长为 2256 bp，平均长度为 63 bp；LINE 31 个，总长为 1876 bp，平均长度为 61 bp；SINE 15 个，总长为 1393 bp，平均长度为 93 bp；RC 2 个，总长为 127 bp，平均长度为 64 bp；未知序列 1 个，长度为 53 bp；TR 234 个，重复序列长度为 6～264 bp，总长为 30 036 bp；小卫星 DNA 162 个，重复序列长度为 10～60 bp，总长为 21 607 bp；微卫星 DNA 5 个，重复序列长度为 6 bp，总长为 112 bp。**【CRISPR】**预测到 258 个 CRISPR 相关序列。**【基因岛】**预测到 10 个基因岛 GI 01～GI 10，长度为 5427～19 638 bp，其 G+C 含量为 33.41%～38.43%。利用已预测得到的基因组信息，如重复序列、G+C 含量等，应用 CIRCOS 工具绘制其基因组圈图（图 5-1-171b）。

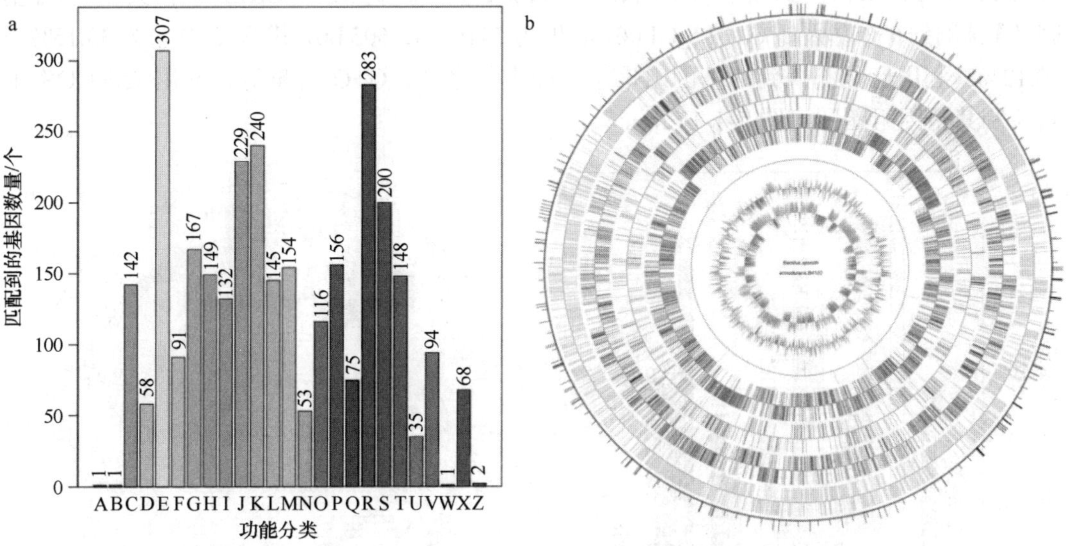


图 5-1-171　芽胞耐热芽胞杆菌 B4102 基因组的直系同源基因聚类分析（a）和圈图（b）

## 171. 平流层芽胞杆菌（*Bacillus stratosphericus*）LAMA 585

平流层芽胞杆菌（*Bacillus stratosphericus* Shivaji et al. 2006，sp. nov.）的模式菌株（41KF2a$^{T}$=MTCC 7305$^{T}$ =JCM 13349$^{T}$）分离自收集海拔 41 km 高空空气的冷凝管，生长条件为 8～45℃、pH 5.0～8.0、0～2%（*W*/*V*）NaCl，好氧，产芽胞（Shivaji et al.，2006）。目前，该种有 10 个基因组，选择组装水平较高的非模式菌株 LAMA 585 的基因组进行描述，其 GenBank 登录号为 GCA_000353245.1，测序平台为 Illumina HiSeq，于 2013 年 3 月 12 日由巴西伊达贾伊山谷大学（Universidade do Vale do Itajai）提交。

**【基因组的组装】**菌株 LAMA 585 基因组的测序深度为 550 X，基因组大小为 3.706 Mb，组装到 19 个 contigs，contig $N_{50}$ 为 369 435 bp。**【G+C 含量】**41.15%。**【非编码 RNA】**预测到 4 个 rRNA 基因（5S rRNA 2 个、16S rRNA 1 个、23S rRNA 1 个），59 个 tRNA 基因，6 个 sRNA 基因。**【编码基因】**有 3954 个蛋白质编码基因，编码区总长为 3 309 486 bp，占整个基因组的 89.30%，基因的平均长度为 837 bp。**【基因功能注释】**比对到 KEGG、COG 和 GO 数据库的基因数量分别为 3727 个、2794 个和 2760 个，预测到分泌蛋白编

码基因 84 个；在 24 个 COG 功能类群中，基因数量前 10 位的类群分别是：E. 氨基酸转运与代谢 315 个，K. 转录 298 个，R. 仅一般功能预测 283 个，G. 碳水化合物转运与代谢 246 个，J. 翻译、核糖体结构与合成 227 个，S. 功能未知 193 个，M. 细胞壁/膜/包膜生物合成 190 个，T. 信号转导机制 183 个，H. 辅酶转运与代谢 175 个和 P. 无机离子转运与代谢 170 个（图 5-1-172a）。**【重复序列】**预测到的重复序列包括：LTR 146 个，总长为 8756 bp，平均长度为 60 bp；DNA 重复元件 51 个，总长为 2869 bp，平均长度为 56 bp；LINE 51 个，总长为 2670 bp，平均长度为 52 bp；SINE 5 个，总长为 425 bp，平均长度为 85 bp；RC 4 个，总长为 162 bp，平均长度为 41 bp；TR 60 个，重复序列长度为 9～262 bp，总长为 4351 bp；小卫星 DNA 50 个，重复序列长度为 12～57 bp，总长为 2894 bp；未预测到微卫星 DNA。**【CRISPR】**预测到 32 个 CRISPR 相关序列。**【基因岛】**预测到 6 个基因岛 GI 01～GI 06，长度为 5416～15 605 bp，其 G+C 含量为 33.15%～40.12%。利用已预测得到的基因组信息，如重复序列、G+C 含量等，应用 CIRCOS 工具绘制其基因组圈图（图 5-1-172b）。

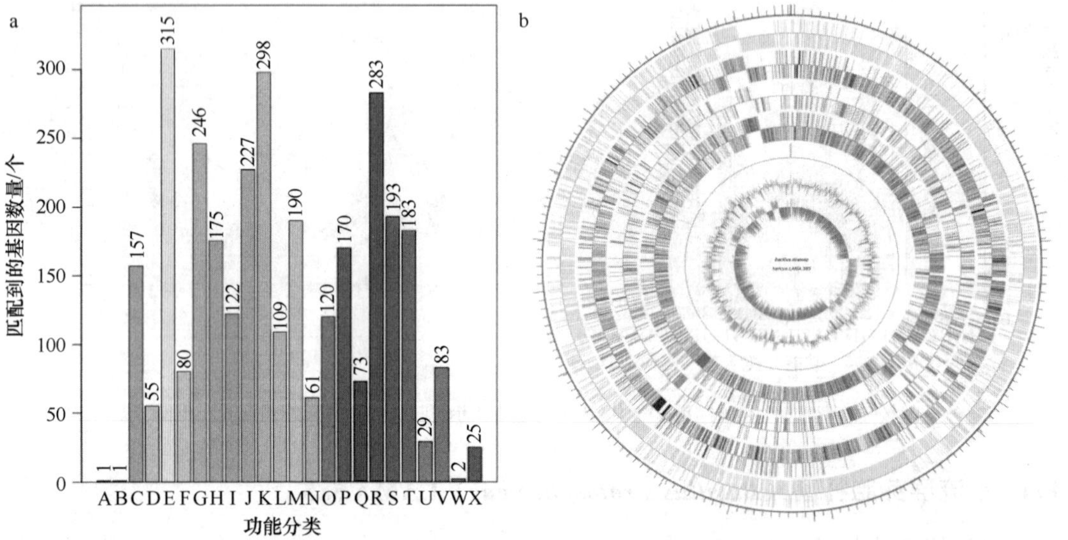


图 5-1-172　平流层芽胞杆菌 LAMA 585 基因组的直系同源基因聚类分析（a）和圈图（b）

## 172. 地下芽胞杆菌（*Bacillus subterraneus*）DSM 13966^T

地下芽胞杆菌（*Bacillus subterraneus* Kanso et al. 2002，sp. nov.）的模式菌株（COOI3B^T =ATCC BAA 136^T =DSM 13966^T）分离自澳大利亚大自流盆地的深层地下热水，生长条件为 25～45℃（最适 37～40℃）、pH 6.0～9.5（最适 pH 7.0～9.0），最适 NaCl 浓度为 5%（*W*/*V*），兼性厌氧，产芽胞（Kanso et al.，2002）。目前，该种有 2 个基因组，选择组装水平较高的模式菌株 DSM 13966^T 的基因组进行描述，其 GenBank 登录号为 GCA_003937825.1，测序平台为 Illumina HiSeq，于 2018 年 12 月 11 日由美国加州理工学院（California Institute of Technology）提交。

**【基因组的组装】**菌株 DSM 13966^T 基因组的测序深度为 30 X，基因组大小为 4.571 Mb，组装到 42 个 contigs，contig $N_{50}$ 为 287 186 bp。**【G+C 含量】**43.94%。**【非编码 RNA】**预测到 7 个 rRNA 基因（5S rRNA 5 个、16S rRNA 1 个、23S rRNA 1 个），81 个 tRNA 基因，6 个 sRNA 基因。**【编码基因】**有 4962 个蛋白质编码基因，编码区总长为 3 948 567 bp，占整个基因组的 86.38%，基因的平均长度为 796 bp。**【基因功能注释】**比对到 KEGG、COG 和 GO 数据库的基因数量分别为 4131 个、3099 个和 3127 个，预测到分泌蛋白编码基因 102 个；在 24 个 COG 功能类群中，基因数量前 10 位的类群分别是：R. 仅一般功能预测 359 个，E. 氨基酸转运与代谢 320 个，S. 功能未知 260 个，J. 翻译、核糖体结构与合成 253 个，K. 转录 238 个，T. 信号转导机制 220 个，C. 能量产生与转换 216 个，G. 碳水化合物转运与代谢 211 个，P. 无机离子转运与代谢 202 个和 H. 辅酶转运与代谢 179 个（图 5-1-173a）。**【重复序列】**预测到的重复序列包括：LTR 216 个，总长为 13 086 bp，平均长度为 61 bp；DNA 重复元件 63 个，总长为 4048 bp，平均长度为 64 bp；LINE 49 个，总长为 2658 bp，平均长度为 49 bp；SINE 19 个，总长为 1359 bp，平均长度为 72 bp；RC 2 个，总长为 97 bp，平均长度为 48 bp；未知序列 1 个，长度为 83 bp；TR 376 个，重复序列长度为 4～212 bp，总长为 34 608 bp；小卫星 DNA 320 个，重复序列长度为 11～60 bp，总长为 22 049 bp；微卫星 DNA 4 个，重复序列长度为 4～6 bp，总长为 164 bp。**【CRISPR】**预测到 157 个 CRISPR 相关序列。**【基因岛】**预测到 8 个基因岛 GI 01～GI 08，长度为 5909～23 404 bp，其 G+C 含量为 32.72%～48.84%。利用已预测得到的基因组信息，如重复序列、G+C 含量等，应用 CIRCOS 工具绘制其基因组圈图（图 5-1-173b）。

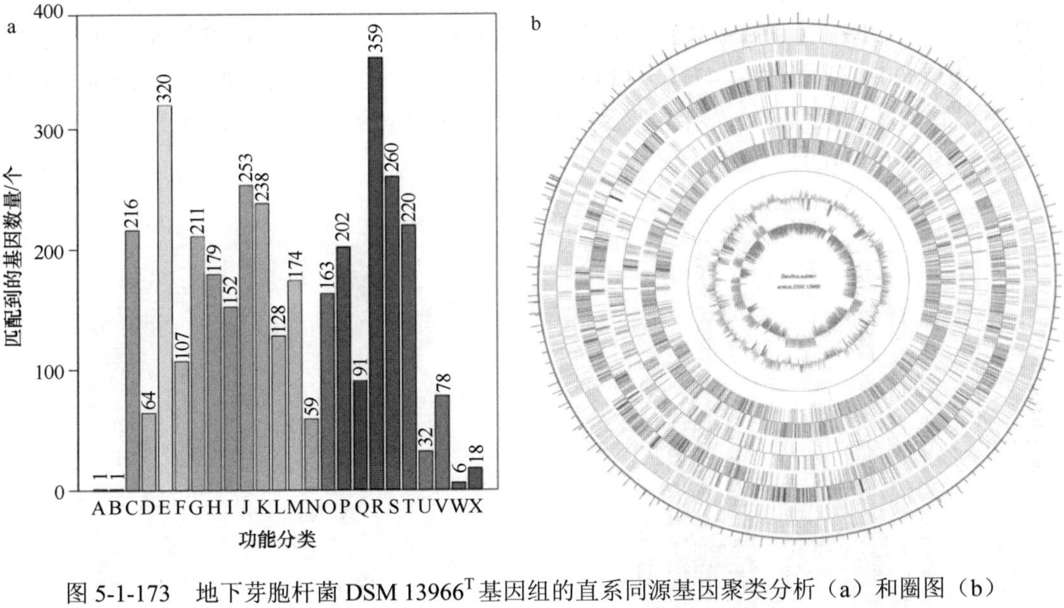


图 5-1-173　地下芽胞杆菌 DSM 13966$^{T}$ 基因组的直系同源基因聚类分析（a）和圈图（b）

## 173. 枯草芽胞杆菌（*Bacillus subtilis*）168$^{T}$

枯草芽胞杆菌［*Bacillus subtilis* (Ehrenberg 1835) Cohn 1872，species.］的模式菌株（168$^{T}$=ATCC 6051$^{T}$ =CCM 2216$^{T}$ =DSM 10$^{T}$ =JCM 1465$^{T}$ =LMG 7135$^{T}$ =NCCB 70064$^{T}$ =

NCTC 3610$^T$ =NRRL NRS-1315$^T$）分离自土壤，生长条件为 5～55℃（最适 28～30℃）、0～7%（*W*/*V*）NaCl，好氧，产芽胞。目前，该种有 260 个基因组，选择组装到完成图水平的模式菌株 168$^T$ 的基因组进行描述，其 GenBank 登录号为 GCA_000009045.1，测序平台为 Illumina HiSeq，于 2009 年 3 月 17 日由欧洲生物信息学研究所（European Bioinformatics Institute）提交。

**【基因组的组装】**菌株 168$^T$ 基因组的测序深度为 30 X，基因组大小为 4.216 Mb，组装到完成图水平，包括 1 条染色体。**【G+C 含量】**43.51%。**【非编码 RNA】**预测到 30 个 rRNA 基因（5S rRNA 10 个、16S rRNA 10 个、23S rRNA 10 个），86 个 tRNA 基因，16 个 sRNA 基因。**【编码基因】**有 4439 个蛋白质编码基因，编码区总长为 3 755 001 bp，占整个基因组的 89.07%，基因的平均长度为 846 bp。**【基因功能注释】**比对到 KEGG、COG 和 GO 数据库的基因数量分别为 4358 个、3212 个和 2961 个，预测到分泌蛋白编码基因 102 个；在 25 个 COG 功能类群中，基因数量前 10 位的类群分别是：R. 仅一般功能预测 363 个，K. 转录 327 个，E. 氨基酸转运与代谢 324 个，G. 碳水化合物转运与代谢 319 个，S. 功能未知 239 个，J. 翻译、核糖体结构与合成 233 个，M. 细胞壁/膜/包膜生物合成 223 个，T. 信号转导机制 197 个，H. 辅酶转运与代谢 196 个和 P. 无机离子转运与代谢 192 个（图 5-1-174a）。**【重复序列】**预测到的重复序列包括：LTR 156 个，总长为 12 015 bp，平均长度为 77 bp；DNA 重复元件 40 个，总长为 2392 bp，平均长度为 60 bp；LINE 58 个，总长为 3505 bp，平均长度为 60 bp；SINE 11 个，总长为 1102 bp，平均长度为 100 bp；未知序列 1 个，长度为 71 bp；TR 55 个，重复序列长度为 12～253 bp，总长为 4141 bp；小卫星 DNA 48 个，重复序列长度为 12～60 bp，总长为 2644 bp；未预测到微卫星 DNA。**【CRISPR】**未预测到 CRISPR 相关序列。**【基因岛】**预测到 7 个基因岛 GI 01～GI 07，长度为 4711～134 968 bp，其 G+C 含量为 33.08%～42.35%。利用已预测得到的基因组信息，如重复序列、G+C 含量等，应用 CIRCOS 工具绘制其基因组圈图（图 5-1-174b）。

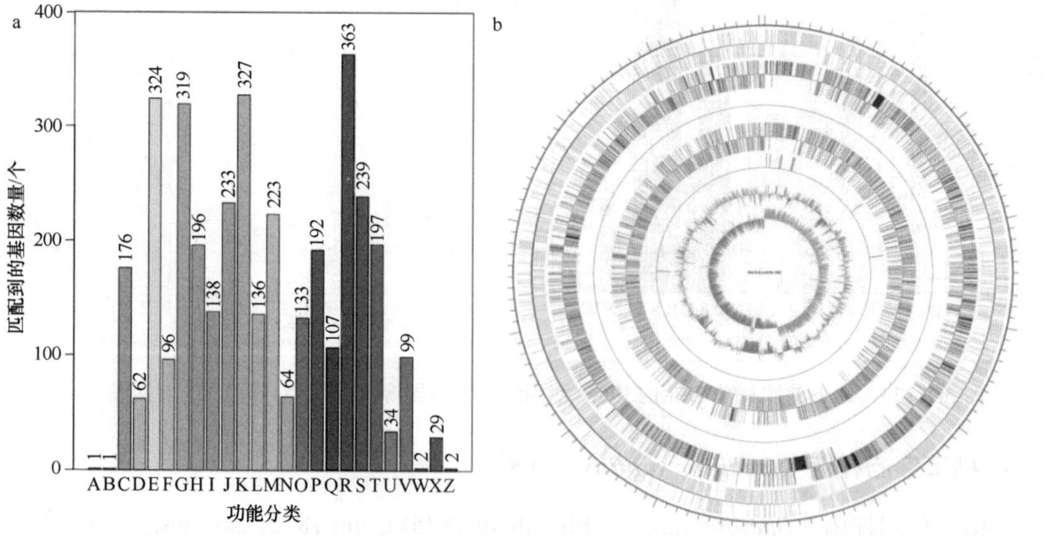


图 5-1-174　枯草芽胞杆菌 168$^T$ 基因组的直系同源基因聚类分析（a）和圈图（b）

## 174. 斯威齐氏芽胞杆菌（*Bacillus swezeyi*）NRRL B-41282$^T$

斯威齐氏芽胞杆菌（*Bacillus swezeyi* Dunlap et al. 2017，sp. nov.）的模式菌株（NRRL B-41282$^T$ =CCUG 70177$^T$）分离自以色列南内盖夫沙漠进化谷 III 的土壤，生长条件为 15～60℃（最适 37℃）、pH 5.5～10.0（最适 pH 7.0）、0～12%（*W*/*V*）NaCl，兼性厌氧，产芽胞（Dunlap et al.，2017）。目前，该种有 2 个基因组，选择组装到水平较好的模式菌株 NRRL B-41282$^T$ 的基因组进行描述，其 GenBank 登录号为 GCA_001969555.1，测序平台为 Illumina MiSeq，于 2017 年 1 月 23 日由美国农业部农业研究院（United States Department of Agriculture，Agricultural Research Service）提交。

**【基因组的组装】**菌株 NRRL B-41282$^T$ 基因组的测序深度为 40 X，基因组大小为 4.520 Mb，组装到 76 个 scaffolds，scaffold $N_{50}$ 为 131 348 bp。**【G+C 含量】**44.33%。**【非编码 RNA】**预测到 7 个 rRNA 基因（5S rRNA 5 个、16S rRNA 1 个、23S rRNA 1 个），68 个 tRNA 基因，25 个 sRNA 基因。**【编码基因】**有 4848 个蛋白质编码基因，编码区总长为 3 952 962 bp，占整个基因组的 87.45%，基因的平均长度为 815 bp。**【基因功能注释】**比对到 KEGG、COG 和 GO 数据库的基因数量分别为 4162 个、3197 个和 3120 个，预测到分泌蛋白编码基因 101 个；在 25 个 COG 功能类群中，基因数量前 10 位的类群分别是：G. 碳水化合物转运与代谢 344 个，R. 仅一般功能预测 338 个，E. 氨基酸转运与代谢 337 个，K. 转录 320 个，J. 翻译、核糖体结构与合成 236 个，S. 功能未知 225 个，P. 无机离子转运与代谢 207 个，M. 细胞壁/膜/包膜生物合成 202 个，T. 信号转导机制 190 个和 H. 辅酶转运与代谢 189 个（图 5-1-175a）。**【重复序列】**预测到的重复序列包括：LTR 167 个，总长为 9946 bp，平均长度为 60 bp；DNA 重复元件 52 个，总长为 3085 bp，平均长度为 59 bp；LINE 43 个，总长为 2666 bp，平均长度为 62 bp；SINE 15 个，总长为 1163 bp，平均长度为 78 bp；RC 5 个，总长为 165 bp，平均长度为 33 bp；未知序列 1 个，长度为 36 bp；TR 78 个，重复序列长度为 3～396 bp，总长为 7289 bp；小卫星

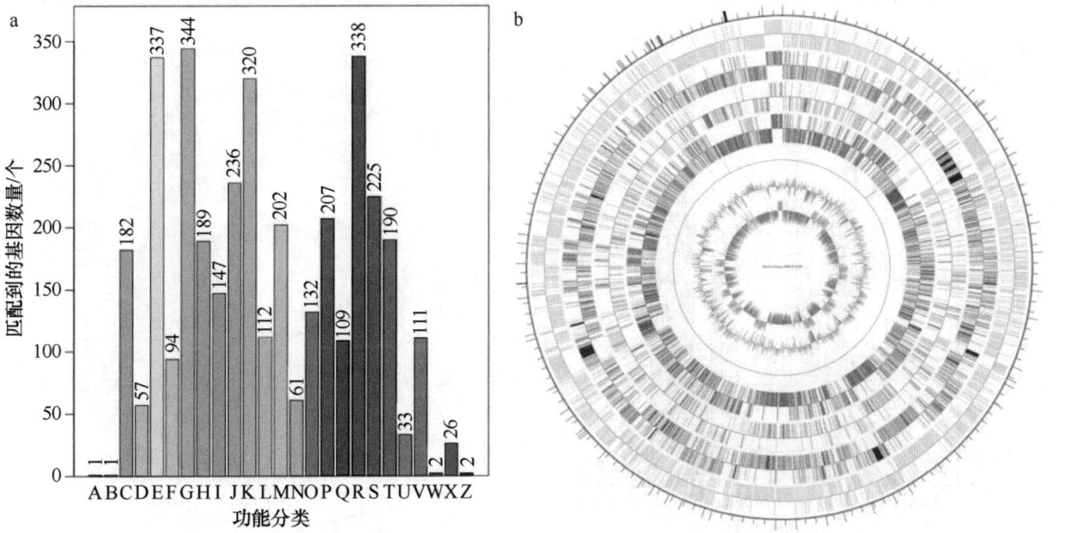


图 5-1-175　斯威齐氏芽胞杆菌 NRRL B-41282$^T$ 基因组的直系同源基因聚类分析（a）和圈图（b）

DNA 63 个，重复序列长度为 12～60 bp，总长为 3866 bp；微卫星 DNA 1 个，重复序列长度为 3 bp，总长为 32 bp。**【CRISPR】**未预测到 CRISPR 相关序列。**【基因岛】**预测到 13 个基因岛 GI 01～GI 13，长度为 2251～10 944 bp，其 G+C 含量为 31.43%～45.22%。利用已预测得到的基因组信息，如重复序列、G+C 含量等，应用 CIRCOS 工具绘制其基因组圈图（图 5-1-175b）。

### 175. 特基拉芽胞杆菌（*Bacillus tequilensis*）NCTC 13306$^T$

特基拉芽胞杆菌（*Bacillus tequilensis* Gatson et al. 2006，sp. nov.）的模式菌株（10b$^T$ = ATCC BAA-819$^T$ =NCTC 13306$^T$）分离自墨西哥特基拉市的 1 座 2000 年前的古墓深井土壤，生长条件为 25～50℃、pH 5.5～8.0，严格好氧，产芽胞，与枯草芽胞杆菌（*B. subtilis*）具有 99%的 16S rDNA 序列相似性（Gatson et al.，2006）。目前，该种有 2 个基因组，选择组装到水平较好的模式菌株 NCTC 13306$^T$ 的基因组进行描述，其 GenBank 登录号为 GCA_900445435.1，测序平台为 Illumina MiSeq，于 2018 年 6 月 29 日由欧洲生物信息学研究所（European Bioinformatics Institute）提交。

**【基因组的组装】**菌株 NCTC 13306$^T$ 基因组的测序深度为 100 X，基因组大小为 3.697 Mb，组装到 63 个 contigs，contig $N_{50}$ 为 117 667 bp。**【G+C 含量】**43.71%。**【非编码 RNA】**预测到 4 个 rRNA 基因（5S rRNA 2 个、16S rRNA 1 个、23S rRNA 1 个），66 个 tRNA 基因，11 个 sRNA 基因。**【编码基因】**有 4222 个蛋白质编码基因，编码区总长为 3 593 013 bp，占整个基因组的 97.19%，基因的平均长度为 851 bp。**【基因功能注释】**比对到 KEGG、COG 和 GO 数据库的基因数量分别为 4116 个、3143 个和 2887 个，预测到分泌蛋白编码基因 92 个；在 25 个 COG 功能类群中，基因数量前 10 位的类群分别是：R. 仅一般功能预测 351 个，K. 转录 322 个，E. 氨基酸转运与代谢 321 个，G. 碳水化合物转运与代谢 317 个，S. 功能未知 236 个，J. 翻译、核糖体结构与合成 231 个，M. 细胞壁/膜/包膜生物合成 217 个，T. 信号转导机制 204 个，H. 辅酶转运与代谢 194 个和 P. 无机离子转运与代谢 193 个（图 5-1-176a）。**【重复序列】**预测到的重复序列包括：

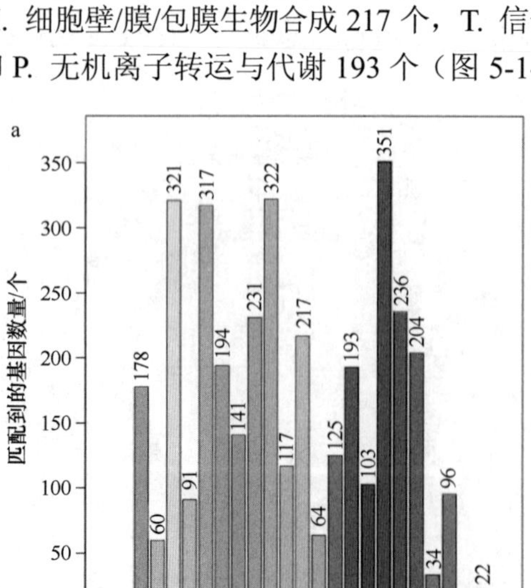


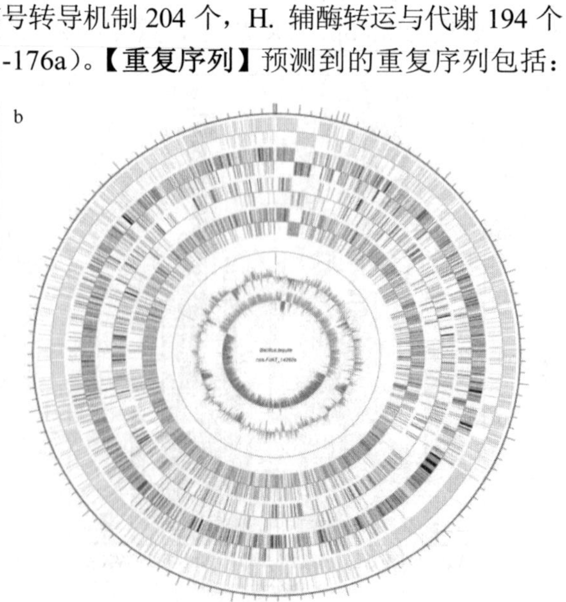


图 5-1-176　特基拉芽胞杆菌 NCTC 13306$^T$ 基因组的直系同源基因聚类分析（a）和圈图（b）

LTR 140 个，总长为 8650 bp，平均长度为 62 bp；DNA 重复元件 44 个，总长为 2756 bp，平均长度为 63 bp；LINE 49 个，总长为 2882 bp，平均长度为 59 bp；SINE 9 个，总长为 960 bp，平均长度为 107 bp；未知序列 1 个，长度为 80 bp；TR 76 个，重复序列长度为 9～243 bp，总长为 5433 bp；小卫星 DNA 60 个，重复序列长度为 12～60 bp，总长为 3558 bp；未预测到微卫星 DNA。**【CRISPR】**未预测到 CRISPR 相关序列。**【基因岛】**预测到 8 个基因岛 GI 01～GI 08，长度为 5709～59 300 bp，其 G+C 含量为 34.48%～44.25%。利用已预测得到的基因组信息，如重复序列、G+C 含量等，应用 CIRCOS 工具绘制其基因组圈图（图 5-1-176b）。

### 176. 花土芽胞杆菌（*Bacillus terrae*）LMG 29736$^T$

花土芽胞杆菌（*Bacillus terrae* Díez-Méndez et al. 2017，sp. nov.）的模式菌株（RA9$^T$ = LMG 29736$^T$ =CECT 9170$^T$）分离自西班牙的 1 株岩蔷薇（*Cistus ladanifer*）的根际土，生长条件为 15～45℃（最适 30℃）、pH 6.0～8.0（最适 pH 7.0）、0～7%（*W*/*V*）NaCl，好氧，产芽胞，与枯草芽胞杆菌（*B. subtilis*）具有 99%的 16S rDNA 序列相似性（Díez-Méndez et al.，2017）。目前，该种有 2 个基因组，选择组装水平较高的模式菌株 LMG 29736$^T$ 的基因组进行描述，其 GenBank 登录号为 GCA_003605405.2，测序平台为 Illumina HiSeq，于 2018 年 12 月 15 日由安徽农业大学（Anhui Agricultural University）提交。

**【基因组的组装】**菌株 LMG 29736$^T$ 基因组的测序深度为 130 X，基因组大小为 5.303 Mb，组装到 68 个 scaffolds，scaffold $N_{50}$ 为 141 235 bp。**【G+C 含量】**40.70%。**【非编码 RNA】**预测到 3 个 rRNA 基因（5S rRNA 1 个、16S rRNA 1 个、23S rRNA 1 个），65 个 tRNA 基因，16 个 sRNA 基因。**【编码基因】**有 5752 个蛋白质编码基因，编码区总长为 4 390 398 bp，占整个基因组的 82.79%，基因的平均长度为 763 bp。**【基因功能注释】**比对到 KEGG、COG 和 GO 数据库的基因数量分别为 4261 个、3303 个和 3567 个，预测到分泌蛋白编码基因 78 个；在 23 个 COG 功能类群中，基因数量前 10 位的类群分别是：E. 氨基酸转运与代谢 455 个，R. 仅一般功能预测 354 个，K. 转录 334 个，C. 能量产生与转换 247 个，J. 翻译、核糖体结构与合成 242 个，P. 无机离子转运与代谢 223 个，S. 功能未知 220 个，T. 信号转导机制 215 个，H. 辅酶转运与代谢 204 个和 I. 脂质转运与代谢 188 个（图 5-1-177a）。**【重复序列】**预测到的重复序列包括：LTR 163 个，总长为 9805 bp，平均长度为 60 bp；DNA 重复元件 47 个，总长为 2579 bp，平均长度为 55 bp；LINE 45 个，总长为 3728 bp，平均长度为 83 bp；SINE 8 个，总长为 729 bp，平均长度为 91 bp；RC 2 个，总长为 130 bp，平均长度为 65 bp；TR 348 个，重复序列长度为 3～1486 bp，总长为 56 802 bp；小卫星 DNA 246 个，重复序列长度为 11～60 bp，总长为 25 855 bp；微卫星 DNA 1 个，重复序列长度为 3 bp，总长为 41 bp。**【CRISPR】**预测到 148 个 CRISPR 相关序列。**【基因岛】**预测到 22 个基因岛 GI 01～GI 22，长度为 4946～36 234 bp，其 G+C 含量为 31.26%～44.31%。利用已预测得到的基因组信息，如重复序列、G+C 含量等，应用 CIRCOS 工具绘制其基因组圈图（图 5-1-177b）。

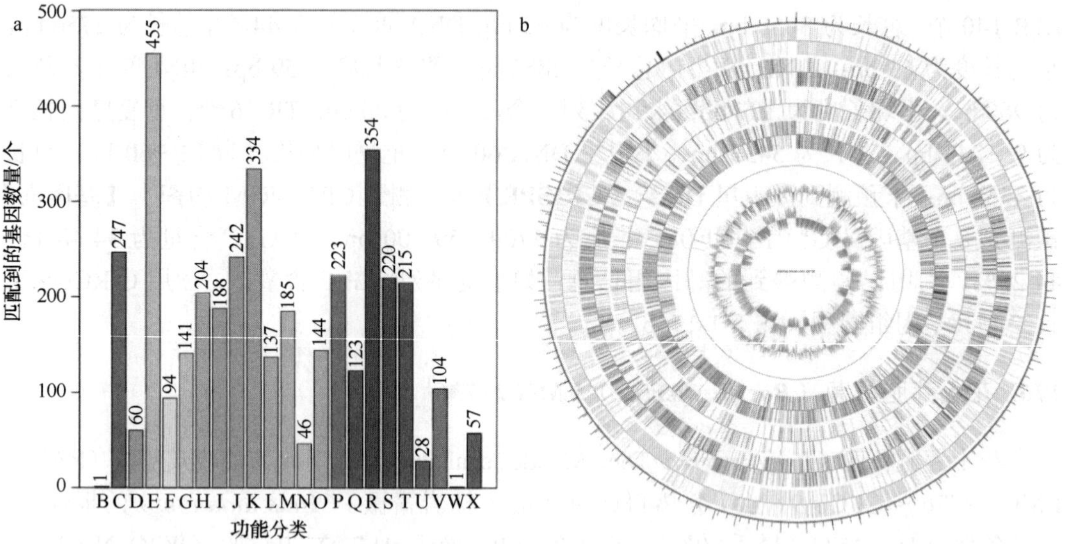


图 5-1-177　花土芽胞杆菌 LMG 29736$^{T}$ 基因组的直系同源基因聚类分析（a）和圈图（b）

## 177. 睾丸芽胞杆菌（*Bacillus testis*）SIT10$^{T}$

睾丸芽胞杆菌（*Bacillus testis* Cimmino et al. 2016，sp. nov.）的模式菌株（SIT10$^{T}$ = CSUR P1492$^{T}$ =DSM 101190$^{T}$）分离自塞内加尔的 1 位 2 岁男孩的粪便，最适生长温度为 37℃，45℃时不能生长，兼性厌氧，产芽胞（Cimmino et al.，2016）。目前，该种仅有 1 个基因组，模式菌株 SIT10$^{T}$ 基因组的 GenBank 登录号为 GCA_001243895.1，测序平台为 Illumina MiSeq，于 2015 年 7 月 21 日由法国热带传染病研究中心（Unité de Recherche en Maladies Infectieuses et Tropicales Emergentes）提交。

**【基因组的组装】**菌株 SIT10$^{T}$ 基因组的测序深度为 179 X，基因组大小为 3.987 Mb，组装到 9 个 scaffolds，scaffold $N_{50}$ 为 3 909 021 bp。**【G+C 含量】**42.76%。**【非编码 RNA】**预测到 40 个 rRNA 基因（5S rRNA 19 个、16S rRNA 12 个、23S rRNA 9 个），124 个 tRNA 基因，2 个 sRNA 基因。**【编码基因】**有 4069 个蛋白质编码基因，编码区总长为 3 297 444 bp，占整个基因组的 82.70%，基因的平均长度为 810 bp。**【基因功能注释】**比对到 KEGG、COG 和 GO 数据库的基因数量分别为 3252 个、2650 个和 2690 个，预测到分泌蛋白编码基因 88 个；在 24 个 COG 功能类群中，基因数量前 10 位的类群分别是：E. 氨基酸转运与代谢 284 个，R. 仅一般功能预测 275 个，J. 翻译、核糖体结构与合成 230 个，K. 转录 202 个，S. 功能未知 193 个，P. 无机离子转运与代谢 179 个，G. 碳水化合物转运与代谢 173 个，C. 能量产生与转换 168 个，T. 信号转导机制 153 个和 M. 细胞壁/膜/包膜生物合成 150 个（图 5-1-178a）。**【重复序列】**预测到的重复序列包括：LTR 206 个，总长为 13 724 bp，平均长度为 67 bp；DNA 重复元件 37 个，总长为 2179 bp，平均长度为 59 bp；LINE 66 个，总长为 3605 bp，平均长度为 55 bp；SINE 31 个，总长为 1937 bp，平均长度为 62 bp；RC 5 个，总长为 276 bp，平均长度为 55 bp；未知序列 1 个，长度为 36 bp；TR 112 个，重复序列长度为 9～1731 bp，总长为 47 100 bp；小卫星 DNA 79 个，重复序列长度为 11～60 bp，总长为 4828 bp；未预测到微卫星 DNA。**【CRISPR】**未预测到 CRISPR 相关序列。【**基因岛**】预测到 13 个基因岛 GI 01～GI 13，长度为 3351～58 899 bp，其 G+C 含量为 32.23%～44.39%。利用已预测得到的基因组信息，如重复序列、G+C 含量等，应用 CIRCOS 工具绘制其基因组圈图（图 5-1-178b）。

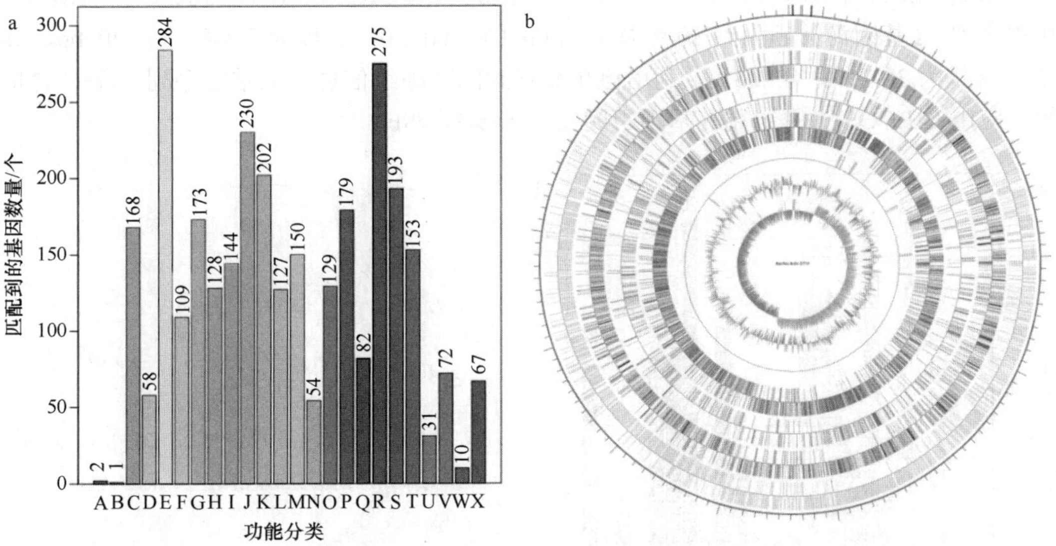


图 5-1-178　睾丸芽胞杆菌 SIT10$^T$ 基因组的直系同源基因聚类分析（a）和圈图（b）

## 178. 热噬淀粉芽胞杆菌（*Bacillus thermoamylovorans*）SSBM

热噬淀粉芽胞杆菌（*Bacillus thermoamylovorans* Combet-Blanc et al. 1995，sp. nov.）的模式菌株（DKP$^T$ =CNCM I-1378$^T$ =LMG 18084$^T$）分离自塞内加尔的棕榈酒饮料，嗜热，最适生长温度为 50℃（最高为 58℃），pH 5.6～8.5（最适 pH 7.0），能降解淀粉，兼性厌氧，产芽胞（Combet-Blanc et al.，1995）。目前，该种有 6 个基因组，选择组装到完成图水平的非模式菌株 SSBM 基因组进行描述，其 GenBank 登录号为 GCA_003096215.1，测序平台为 PacBio，于 2018 年 5 月 7 日由宁波大学（Ningbo University）提交。

【**基因组的组装**】菌株 SSBM 基因组的测序深度为 125 X，基因组大小为 3.987 Mb，组装到完成图水平，包括 1 条染色体。【**G+C 含量**】37.52%。【**非编码 RNA**】预测到 24 个 rRNA 基因（5S rRNA 8 个、16S rRNA 8 个、23S rRNA 8 个），75 个 tRNA 基因，4 个 sRNA 基因。【**编码基因**】有 4185 个蛋白质编码基因，编码区总长为 3 265 185 bp，占整个基因组的 81.90%，基因的平均长度为 780 bp。【**基因功能注释**】比对到 KEGG、COG 和 GO 数据库的基因数量分别为 3319 个、2673 个和 2723 个，预测到分泌蛋白编码基因 40 个；在 24 个 COG 功能类群中，基因数量前 10 位的类群分别是：R. 仅一般功能预测 248 个，E. 氨基酸转运与代谢 245 个，K. 转录 221 个，G. 碳水化合物转运与代谢 219 个，J. 翻译、核糖体结构与合成 215 个，P. 无机离子转运与代谢 187 个，S. 功能未知 171 个，X. 移动元件组：前噬菌体、转座子 168 个，T. 信号转导机制 165 个和 C. 能量产生与转换 152 个（图 5-1-179a）。【**重复序列**】预测到的重复序列包括：LTR 74 个，总长为 6365 bp，平均长度为 86 bp；DNA 重复元件 35 个，总长为 2538 bp，平均长度为 73 bp；LINE 26 个，总长为 1587 bp，平均长度为 61 bp；SINE 7 个，总长为 552 bp，平均长度为 79 bp；RC 1 个，长度为 57 bp；未知序列 1 个，长度为 400 bp；TR 380 个，重复序列长度为 1～405 bp，总长为 87 676 bp；小卫星 DNA 230 个，重复序列长度为 10～60 bp，总长为 66 415 bp；未预测到微卫星 DNA。【**CRISPR**】预测到 341 个 CRISPR 相关序列。【**基因岛**】预测到 30 个基因岛 GI 01～GI 30，长度为 3704～35 320 bp，其 G+C 含量为 30.75%～43.05%。利用已预测得到的基因组信息，如重复序列、G+C 含量等，应用 CIRCOS 工具绘制其基因组圈图（图 5-1-179b）。

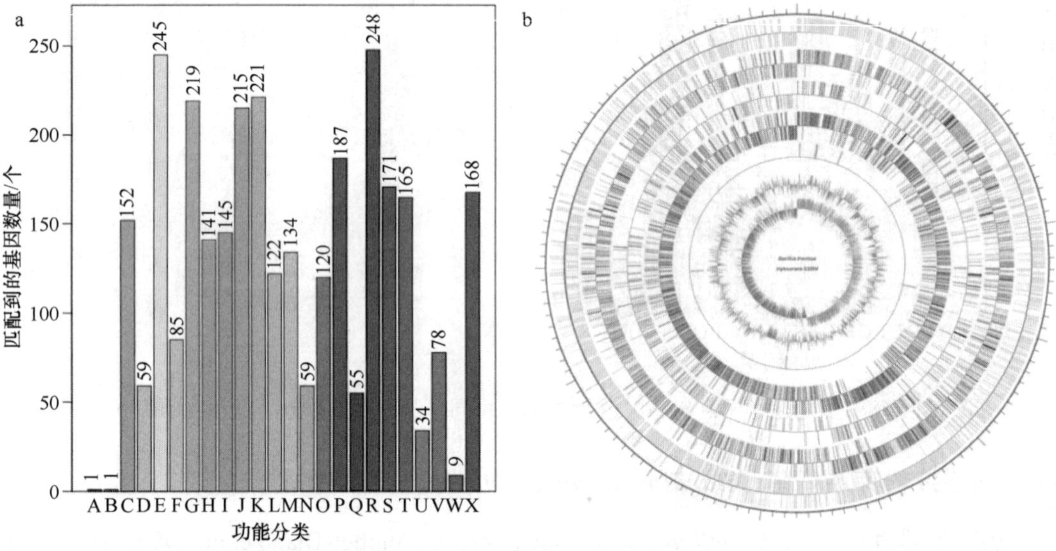


图 5-1-179　热噬淀粉芽胞杆菌 SSBM 基因组的直系同源基因聚类分析（a）和圈图（b）

## 179. 耐温芽胞杆菌（*Bacillus thermotolerans*）SgZ-8$^T$

耐温芽胞杆菌（*Bacillus thermotolerans* Yang et al. 2013，sp. nov.）的模式菌株（SgZ-8$^T$ = CCTCC AB 2012108$^T$ =KACC 16706$^T$）分离自堆肥，嗜热，生长条件为 20～65℃（最适 50℃），pH 6.0～9.0（最适 pH 6.5～7.0）、0～9%（*W*/*V*）NaCl，兼性厌氧，产芽胞（Yang et al. 2013b）。目前，该种有 2 个基因组，选择组装水平较高的模式菌株 SgZ-8$^T$ 的基因组进行描述，其 GenBank 登录号为 GCA_000812025.2，测序平台为 Illumina HiSeq，于 2015 年 4 月 7 日由印度科学和工业研究理事会微生物技术研究所（CSIR-Institute of Microbial Technology）提交。

【**基因组的组装**】菌株 SgZ-8$^T$ 基因组的测序深度为 500 X，基因组大小为 3.806 Mb，组装到 125 个 contigs，contig $N_{50}$ 为 65 489 bp。【**G+C 含量**】44.38%。【**非编码 RNA**】预测到 16 个 rRNA 基因（5S rRNA 14 个、16S rRNA 1 个、23S rRNA 1 个），149 个 tRNA 基因，11 个 sRNA 基因。【**编码基因**】有 4025 个蛋白质编码基因，编码区总长为 3 286 209 bp，占整个基因组的 86.34%，基因的平均长度为 816 bp。【**基因功能注释**】比对到 KEGG、COG 和 GO 数据库的基因数量分别为 3426 个、2717 个和 2711 个，预测到分泌蛋白编码基因 75 个；在 24 个 COG 功能类群中，基因数量前 10 位的类群分别是：R. 仅一般功能预测 286 个，E. 氨基酸转运与代谢 280 个，K. 转录 231 个，J. 翻译、核糖体结构与合成 219 个，C. 能量产生与转换 204 个，S. 功能未知 198 个，H. 辅酶转运与代谢 197 个，P. 无机离子转运与代谢 189 个，I. 脂质转运与代谢 166 个和 T. 信号转导机制 157 个（图 5-1-180a）。**【重复序列】**预测到的重复序列包括：LTR 152 个，总长为 9349 bp，平均长度为 62 bp；DNA 重复元件 37 个，总长为 2079 bp，平均长度为 56 bp；LINE 34 个，总长为 2154 bp，平均长度为 63 bp；SINE 22 个，总长为 1594 bp，平均长度为 72 bp；RC 1 个，长度为 52 bp；未知序列 1 个，长度为 38 bp；TR 69 个，重复序列长度为 8～246 bp，总长为 6573 bp；小卫星 DNA 52 个，重复序列长度为 12～60 bp，总长为 3719 bp；未预测到微卫星 DNA。**【前噬菌体】**未预测到前噬菌体相关序列信息。**【CRISPR】**未预测到 CRISPR 相关序列。**【基因岛】**预测到 5 个基因岛 GI 01～GI 05，长度为 4495～11 569 bp，其 G+C 含量为 36.94%～47.36%。利用已预测得到的基因组信息，如重复序列、G+C 含量等，应用 CIRCOS 工具绘制其基因组圈图（图 5-1-180b）。

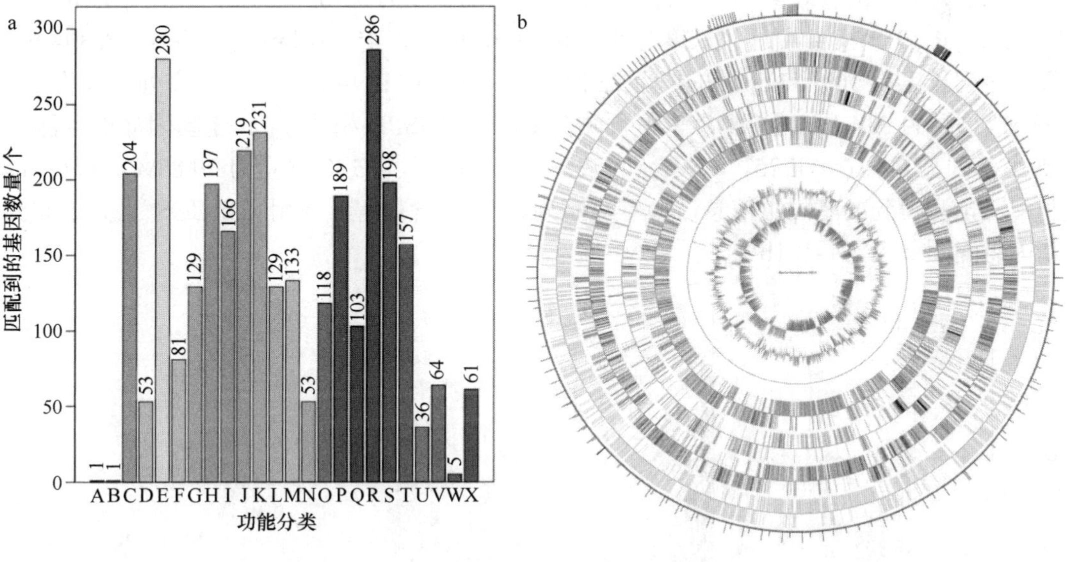


图 5-1-180　耐温芽胞杆菌 SgZ-8$^T$ 基因组的直系同源基因聚类分析（a）和圈图（b）

## 180. 苏云金芽胞杆菌（*Bacillus thuringiensis*）CT-43

苏云金芽胞杆菌（*Bacillus thuringiensis* Berliner 1915，species.）的模式菌株（ATCC 10792$^T$ =CCUG 7429$^T$ =CIP 53.137$^T$ =DSM 2046$^T$ =HAMBI 478$^T$ =JCM 20386$^T$ = LMG 7138$^T$ =NBRC 101235$^T$ =NCAIM B.01292$^T$ =NCCB 70008$^T$ =NRRL HD-735$^T$）分离自德国苏云金州（现为图林根州），生长温度为 10～45℃，兼性厌氧，产芽胞，产杀虫晶体蛋白。目前，该种有 512 个基因组，选择组装到完成图水平的非模式菌株 CT-43（中华亚种）的基因组进行描述，其 GenBank 登录号为 GCA_000193355.1，测序平台为 454 FLX，于 2011 年 3 月 28 日由华中农业大学（Huazhong Agricultural University）提交。

**【基因组的组装】**菌株 CT-43 基因组的测序深度未知，基因组大小为 6.151 Mb，组装到完成图水平，包括 1 条染色体和 10 个质粒。**【G+C 含量】**35.09%。**【非编码 RNA】**预测到 39 个 rRNA 基因（5S rRNA 13 个、16S rRNA 13 个、23S rRNA 13 个），85 个 tRNA 基因，9 个 sRNA 基因。**【编码基因】**有 6568 个蛋白质编码基因（包括 5 个杀虫晶体蛋白基因 *cry1Aa3*、*cry1Ba1*、*cry1Ia14*、*cry2Aa9* 和 *cry2Ab1*），编码区总长为 5 161 200 bp，占整个基因组的 83.91%，基因的平均长度为 786 bp。**【基因功能注释】**比对到 KEGG、COG 和 GO 数据库的基因数量分别为 6397 个、4164 个和 4088 个，预测到分泌蛋白编码基因 144 个；在 25 个 COG 功能类群中，基因数量前 10 位的类群分别是：R. 仅一般功能预测 457 个，K. 转录 438 个，E. 氨基酸转运与代谢 422 个，S. 功能未知 338 个，J. 翻译、核糖体结构与合成 308 个，G. 碳水化合物转运与代谢 294 个，M. 细胞壁/膜/包膜生物合成 255 个，P. 无机离子转运与代谢 250 个，T. 信号转导机制 249 个和 H. 辅酶转运与代谢 237 个（图 5-1-181a）。**【重复序列】**预测到的重复序列包括：LTR 132 个，总长为 13 312 bp，平均长度为 101 bp；DNA 重复元件 48 个，总长为 2874 bp，平均长度为 60 bp；LINE 49 个，总长为 3437 bp，平均长度为 70 bp；SINE 8 个，总长为 525 bp，平均长度为 66 bp；RC 4 个，总长为 221 bp，平均长度为 55 bp；未知序列 1 个，长度为 216 bp；TR 391 个，重复序列长度为 5～1674 bp，总长为 45 682 bp；小卫星 DNA 304 个，重复序列长度为 10～57 bp，总长为 22 212 bp；微卫星 DNA 6 个，重复序列长度为 5～6 bp，总长为 314 bp。**【CRISPR】**预测到 69 个 CRISPR 相关序列。**【基因岛】**预测到 25 个基因岛 GI 01～GI 25，长度为 2972～12 333 bp，其 G+C 含量为 29.83%～40.66%。利用已预测得到的基因组信息，如重复序列、G+C 含量等，应用 CIRCOS 工具绘制其基因组圈图（图 5-1-181b）。

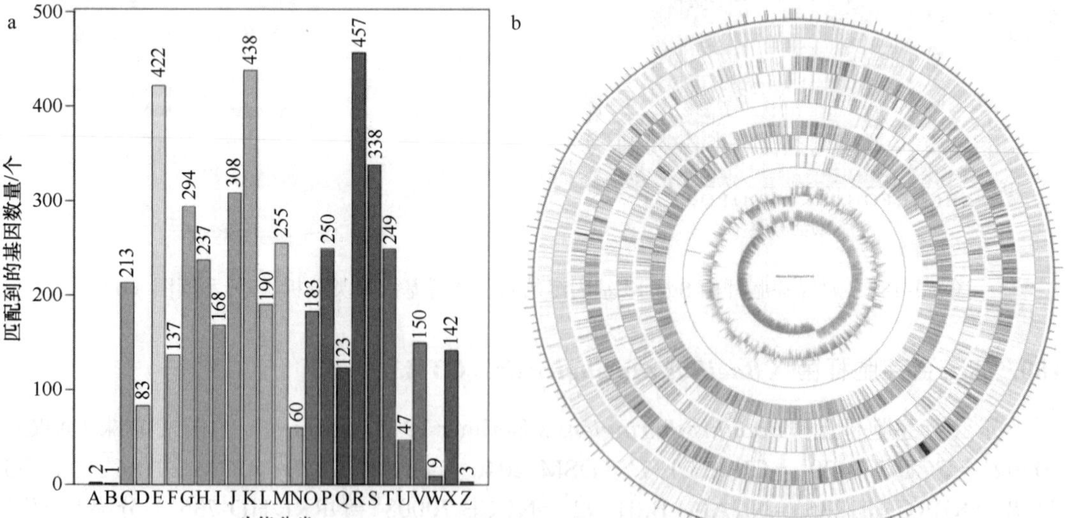


图 5-1-181　苏云金芽胞杆菌 CT-43 基因组的直系同源基因聚类分析（a）和圈图（b）

## 181. 泰门芽胞杆菌（*Bacillus timonensis*）MM10403188$^{T}$

泰门芽胞杆菌（*Bacillus timonensis* Kokcha et al. 2012，sp. nov.）的模式菌株

（MM10403188$^T$ = CSUR P162$^T$ =DSM 25372$^T$）分离自塞内加尔的 1 位健康人的粪便，最适生长温度为 37℃，好氧，产芽胞（Kokcha et al.，2012）。目前，该种有 2 个基因组，选择组装水平较高的模式菌株 MM10403188$^T$ 的基因组进行描述，其 GenBank 登录号为 GCA_000285535.1，测序平台为 454 FLX，于 2012 年 7 月 19 日由法国热带传染病研究中心（Unité de Recherche en Maladies Infectieuses et Tropicales Emergentes）提交。

**【基因组的组装】**菌株 MM10403188$^T$ 基因组的测序深度为 179 X，基因组大小为 4.658 Mb，组装到 72 个 scaffolds，scaffold $N_{50}$ 为 1 190 789 bp。**【G+C 含量】**37.28%。**【非编码 RNA】**预测到 6 个 rRNA 基因（5S rRNA 4 个、16S rRNA 1 个、23S rRNA 1 个），80 个 tRNA 基因，35 个 sRNA 基因。**【编码基因】**有 4736 个蛋白质编码基因，编码区总长为 3 940 500 bp，占整个基因组的 84.60%，基因的平均长度为 832 bp。**【基因功能注释】**比对到 KEGG、COG 和 GO 数据库的基因数量分别为 4050 个、3170 个和 3213 个，预测到分泌蛋白编码基因 86 个；在 23 个 COG 功能类群中，基因数量前 10 位的类群分别是：R. 仅一般功能预测 374 个，E. 氨基酸转运与代谢 360 个，G. 碳水化合物转运与代谢 312 个，K. 转录 260 个，J. 翻译、核糖体结构与合成 245 个，S. 功能未知 230 个，P. 无机离子转运与代谢 212 个，T. 信号转导机制 188 个，M. 细胞壁/膜/包膜生物合成 186 个和 C. 能量产生与转换 176 个（图 5-1-182a）。**【重复序列】**预测到的重复序列包括：LTR 110 个，总长为 6620 bp，平均长度为 60 bp；DNA 重复元件 42 个，总长为 2363 bp，平均长度为 56 bp；LINE 31 个，总长为 1721 bp，平均长度为 56 bp；SINE 13 个，总长为 936 bp，平均长度为 72 bp；RC 4 个，总长为 201 bp，平均长度为 50 bp；TR 332 个，重复序列长度为 6～351 bp，总长为 34 452 bp；小卫星 DNA 258 个，重复序列长度为 10～60 bp，总长为 30 296 bp；微卫星 DNA 2 个，重复序列长度为 6 bp，总长为 83 bp。**【CRISPR】**预测到 71 个 CRISPR 相关序列。**【基因岛】**预测到 12 个基因岛 GI 01～GI 12，长度为 5373～26 584 bp，其 G+C 含量为 30.82%～37.18%。利用已预测得到的基因组信息，如重复序列、G+C 含量等，应用 CIRCOS 工具绘制其基因组圈图（图 5-1-182b）。

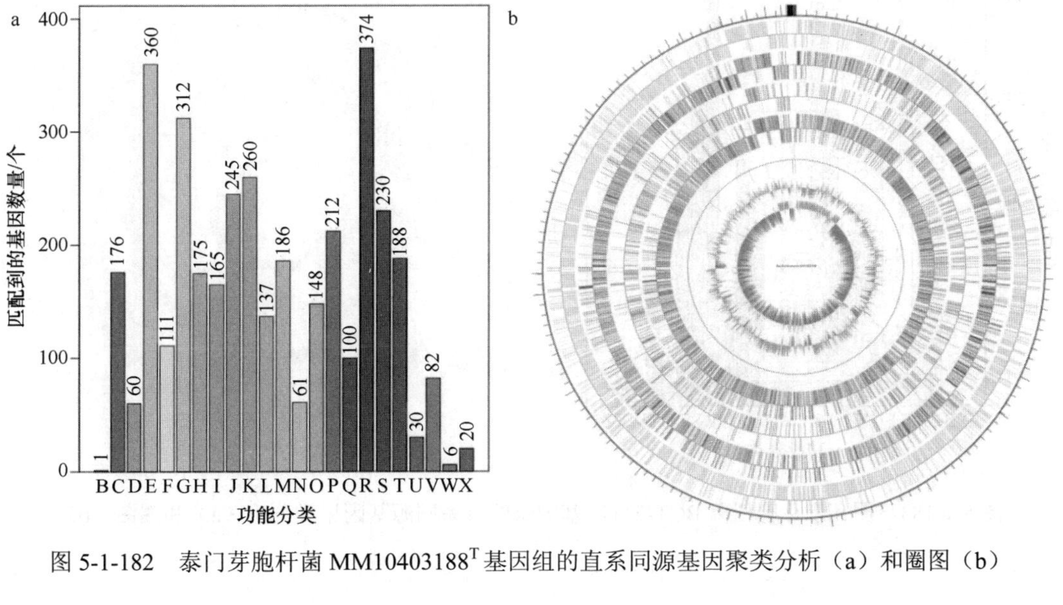


图 5-1-182　泰门芽胞杆菌 MM10403188$^T$ 基因组的直系同源基因聚类分析（a）和圈图（b）

## 182. 图瓦永芽胞杆菌（*Bacillus toyonensis*）BCT-7112$^T$

图瓦永芽胞杆菌（*Bacillus toyonensis* Jiménez et al. 2013）的模式菌株（BCT-7112$^T$ = CECT 876$^T$ =NCIMB 14858$^T$）分离自日本，为益生菌菌株，作为动物饲料添加剂已在全球商业化应用，生长温度为 10～45℃（最适 35℃），兼性厌氧，产芽胞（Jiménez et al.，2013）。目前，该种有 210 个基因组，选择组装到完成图水平的模式菌株 BCT-7112$^T$ 的基因组进行描述，其 GenBank 登录号为 GCA_000496285.1，测序平台为 454+PacBio，于 2013 年 11 月 8 日由西班牙 RUBINUM S.A.公司提交。

**【基因组的组装】**菌株 BCT-7112$^T$ 基因组的测序深度为 115 X，基因组大小为 5.025 Mb，组装到完成图水平，包括 1 条染色体和 2 个质粒。**【G+C 含量】**35.55%。**【非编码 RNA】**预测到 36 个 rRNA 基因（5S rRNA 12 个、16S rRNA 12 个、23S rRNA 12 个），97 个 tRNA 基因，6 个 sRNA 基因。**【编码基因】**有 5239 个蛋白质编码基因，编码区总长为 4 227 741 bp，占整个基因组的 84.13%，基因的平均长度为 807 bp。**【基因功能注释】**比对到 KEGG、COG 和 GO 数据库的基因数量分别为 5094 个、3635 个和 3437 个，预测到分泌蛋白编码基因 129 个；在 25 个 COG 功能类群中，基因数量前 10 位的类群分别是：R. 仅一般功能预测 405 个，E. 氨基酸转运与代谢 389 个，K. 转录 362 个，S. 功能未知 309 个，J. 翻译、核糖体结构与合成 291 个，G. 碳水化合物转运与代谢 261 个，P. 无机离子转运与代谢 241 个，T. 信号转导机制 238 个，M. 细胞壁/膜/包膜生物合成 225 个和 H. 辅酶转运与代谢 219 个（图 5-1-183a）。**【重复序列】**预测到的重复序列包括：LTR 122 个，总长为 10 613 bp，平均长度为 87 bp；DNA 重复元件 55 个，总长为 3794 bp，平均长度为 69 bp；LINE 44 个，总长为 3030 bp，平均长度为 69 bp；SINE 11 个，总长为 693 bp，平均长度为 63 bp；RC 2 个，总长为 87 bp，平均长度为 44 bp；未知序列 2 个，

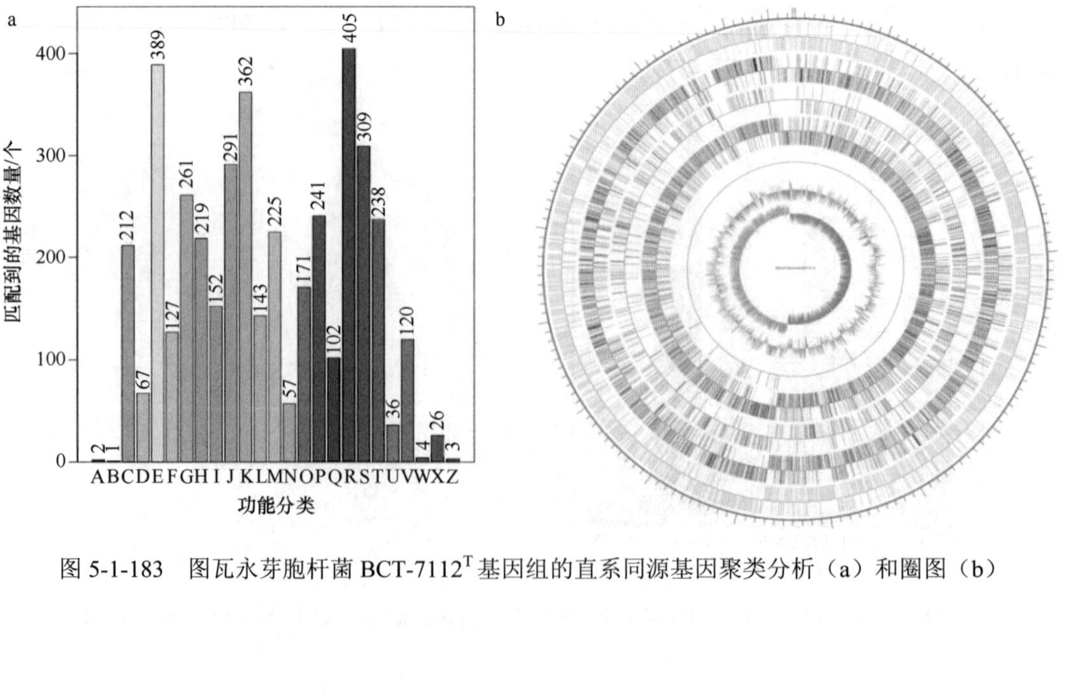


图 5-1-183　图瓦永芽胞杆菌 BCT-7112$^T$ 基因组的直系同源基因聚类分析（a）和圈图（b）

总长为 116 bp，平均长度为 58 bp；TR 307 个，重复序列长度为 3～347 bp，总长为 32 310 bp；小卫星 DNA 256 个，重复序列长度为 10～60 bp，总长为 21 889 bp；微卫星 DNA 1 个，重复序列长度为 3 bp，总长为 26 bp。**【CRISPR】**预测到 58 个 CRISPR 相关序列。**【基因岛】**预测到 17 个基因岛 GI 01～GI 17，长度为 4039～36 178 bp，其 G+C 含量为 30.38%～41.44%。利用已预测得到的基因组信息，如重复序列、G+C 含量等，应用 CIRCOS 工具绘制其基因组圈图（图 5-1-183b）。

### 183. 热带芽胞杆菌（*Bacillus tropicus*）N24$^T$

热带芽胞杆菌（*Bacillus tropicus* Liu et al. 2017，sp. nov.）的模式菌株（N24$^T$ =MCCC 1A01406$^T$ =KCTC 33711$^T$ =LMG 28874$^T$）分离自南海沉积物，生长条件为 15～45℃（最适 30℃）、pH 5.0～9.0（最适 pH 6.0）、0～9%（*W*/*V*）NaCl（最适 0～0.5%），兼性厌氧，产芽胞（Liu et al.，2017c）。目前，该种仅有 1 个基因组，模式菌株 N24$^T$ 基因组的 GenBank 登录号为 GCA_001884035.1，测序平台为 Illumina Hiseq，于 2016 年 11 月 18 日由自然资源部第三海洋研究所（The Third Institute of Oceanography，Ministry of Natural Resources）提交。

**【基因组的组装】**菌株 N24$^T$ 基因组的测序深度为 100 X，基因组大小为 5.218 Mb，组装到 78 个 contigs，contig $N_{50}$ 为 207 933 bp。**【G+C 含量】**35.22%。**【非编码 RNA】**预测到 3 个 rRNA 基因（5S rRNA 1 个、16S rRNA 1 个、23S rRNA 1 个），19 个 tRNA 基因，4 个 sRNA 基因。**【编码基因】**有 5417 个蛋白质编码基因，编码区总长为 4 420 722 bp，占整个基因组的 84.72%，基因的平均长度为 816 bp。**【基因功能注释】**比对到 KEGG、COG 和 GO 数据库的基因数量分别为 5202 个、3855 个和 3629 个，预测到分泌蛋白编码基因 144 个；在 25 个 COG 功能类群中，基因数量前 10 位的类群分别是：R. 仅一般功能预测 455 个，E. 氨基酸转运与代谢 406 个，K. 转录 400 个，S. 功能未知 319 个，J. 翻译、核糖体结构与合成 299 个，G. 碳水化合物转运与代谢 286 个，M. 细胞壁/膜/包膜生物合成 250 个，T. 信号转导机制 245 个，P. 无机离子转运与代谢 244 个和 H. 辅酶转运与代谢 231 个（图 5-1-184a）。**【重复序列】**预测到的重复序列包括：LTR 101 个，总长为 6421 bp，平均长度为 64 bp；DNA 重复元件 47 个，总长为 3262 bp，平均长度为 69 bp；LINE 45 个，总长为 3232 bp，平均长度为 72 bp；SINE 2 个，总长为 136 bp，平均长度为 68 bp；RC 1 个，长度为 53 bp；TR 328 个，重复序列长度为 4～792 bp，总长为 33 020 bp；小卫星 DNA 256 个，重复序列长度为 10～54 bp，总长为 17 954 bp；微卫星 DNA 3 个，重复序列长度为 4～6 bp，总长为 99 bp。**【CRISPR】**预测到 30 个 CRISPR 相关序列。**【基因岛】**预测到 11 个基因岛 GI 01～GI 11，长度为 4335～29 849 bp，其 G+C 含量为 31.24%～38.07%。利用已预测得到的基因组信息，如重复序列、G+C 含量等，应用 CIRCOS 工具绘制其基因组圈图（图 5-1-184b）。

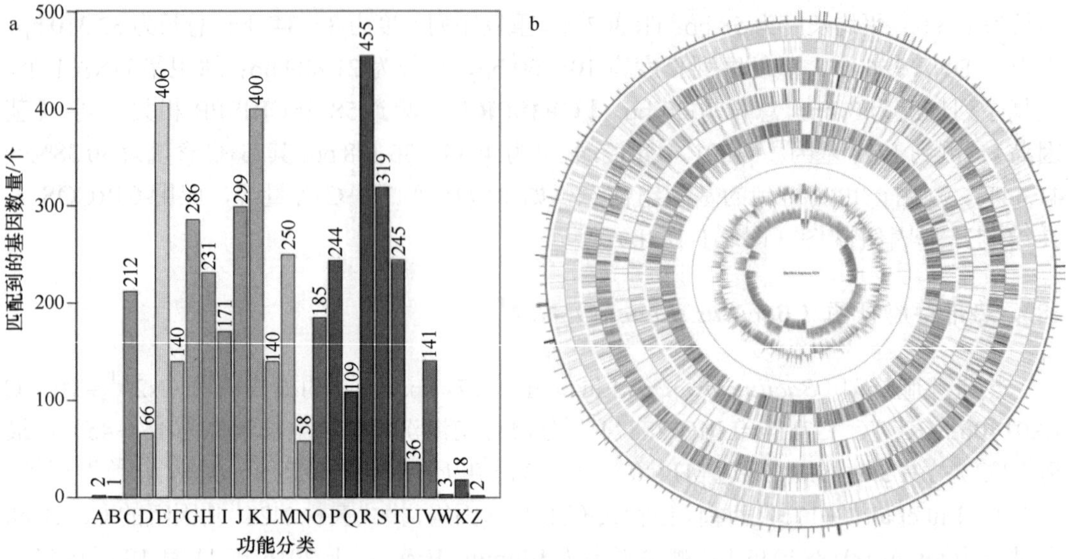


图 5-1-184　热带芽胞杆菌 N24$^T$ 基因组的直系同源基因聚类分析（a）和圈图（b）

## 184. 居甲虫芽胞杆菌（*Bacillus trypoxylicola*）KCTC 13244$^T$

居甲虫芽胞杆菌（*Bacillus trypoxylicola* Aizawa et al. 2010，sp. nov.）的模式菌株（SU1$^T$ = NBRC 102646$^T$ =KCTC 13244$^T$）分离自日本双叉犀金龟，嗜碱，生长条件为 17～37℃（最适 30℃）、pH 8.0～10.0（最适 pH 9.0）、0～17%（*W*/*V*）KCl（最适 0～5%），好氧，产芽胞（Aizawa et al.，2010）。目前，该种有 2 个基因组，选择组装水平较高的模式菌株 KCTC 13244$^T$ 的基因组进行描述，其 GenBank 登录号为 GCA_001590785.1，测序平台为 Illumina Hiseq，于 2016 年 3 月 14 日由韩国生物科学与生物技术研究院（Korea Research Institute of Bioscience and Biotechnology）提交。

**【基因组的组装】**菌株 KCTC 13244$^T$ 基因组的测序深度为 138 X，基因组大小为 4.348 Mb，组装到 40 个 scaffolds，scaffold $N_{50}$ 为 234 311 bp。**【G+C 含量】**35.74%。**【非编码 RNA】**预测到 7 个 rRNA 基因（5S rRNA 5 个、16S rRNA 1 个、23S rRNA 1 个），65 个 tRNA 基因，3 个 sRNA 基因。**【编码基因】**有 4272 个蛋白质编码基因，编码区总长为 3 656 013 bp，占整个基因组的 84.08%，基因的平均长度为 856 bp。**【基因功能注释】**比对到 KEGG、COG 和 GO 数据库的基因数量分别为 3498 个、2790 个和 2865 个，预测到分泌蛋白编码基因 73 个；在 24 个 COG 功能类群中，基因数量前 10 位的类群分别是：G. 碳水化合物转运与代谢 328 个，K. 转录 292 个，R. 仅一般功能预测 288 个，E. 氨基酸转运与代谢 237 个，J. 翻译、核糖体结构与合成 227 个，S. 功能未知 210 个，P. 无机离子转运与代谢 180 个，M. 细胞壁/膜/包膜生物合成 177 个，T. 信号转导机制 171 个和 H. 辅酶转运与代谢 145 个（图 5-1-185a）。**【重复序列】**预测到的重复序列包括：LTR 108 个，总长为 7509 bp，平均长度为 70 bp；DNA 重复元件 29 个，总长为 1883 bp，平均长度为 65 bp；LINE 20 个，总长为 1318 bp，平均长度约为 66 bp；SINE 13 个，总长为 841 bp，平均长度为 65 bp；TR 305 个，重复序列长度为 3～1104 bp，总长为 54 695 bp；

小卫星 DNA 169 个，重复序列长度为 10～54 bp，总长为 14 433 bp；微卫星 DNA 2 个，重复序列长度为 3～6 bp，总长为 153 bp。**【CRISPR】**预测到 118 个 CRISPR 相关序列。**【基因岛】**预测到 12 个基因岛 GI 01～GI 12，长度为 5066～28 188 bp，其 G+C 含量为 32.31%～39.67%。利用已预测得到的基因组信息，如重复序列、G+C 含量等，应用 CIRCOS 工具绘制其基因组圈图（图 5-1-185b）。

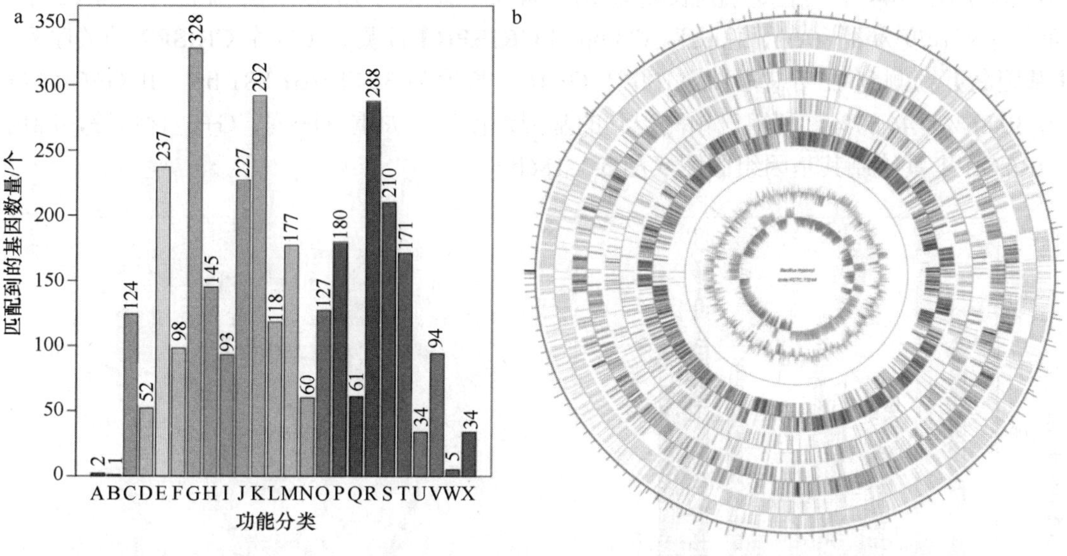


图 5-1-185　居甲虫芽胞杆菌 KCTC 13244$^T$ 基因组的直系同源基因聚类分析（a）和圈图（b）

## 185. 图阿雷格人芽胞杆菌（*Bacillus tuaregi*）Marseille-P2489$^T$

图阿雷格人芽胞杆菌（*Bacillus tuaregi* Cadoret et al. 2017，sp. nov.）的模式菌株（Marseille-P2489$^T$ =CSUR P2489$^T$ =DSM 103460$^T$）分离自 1 位健康的尼日尔女孩的粪便，好氧，不产芽胞（Cadoret et al.，2017）。目前，该种仅有 1 个基因组，模式菌株 Marseille-P2489$^T$ 基因组的 GenBank 登录号为 GCA_900104575.1，测序平台为 Illumina Miseq，于 2016 年 10 月 27 日由法国热带传染病研究中心（Unité de Recherche en Maladies Infectieuses et Tropicales Emergentes）提交。

**【基因组的组装】**菌株 Marseille-P2489$^T$ 基因组的测序深度为 74 X，基因组大小为 4.864 Mb，组装到 16 个 scaffolds，scaffold $N_{50}$ 为 4 368 927 bp。**【G+C 含量】**39.45%。**【非编码 RNA】**预测到 23 个 rRNA 基因（5S rRNA 12 个、16S rRNA 7 个、23S rRNA 4 个），155 个 tRNA 基因，3 个 sRNA 基因。**【编码基因】**有 4873 个蛋白质编码基因，编码区总长为 4 103 868 bp，占整个基因组的 84.37%，基因的平均长度为 842 bp。**【基因功能注释】**比对到 KEGG、COG 和 GO 数据库的基因数量分别为 4136 个、3137 个和 3234 个，预测到分泌蛋白编码基因 75 个；在 23 个 COG 功能类群中，基因数量前 10 位的类群分别是：R. 仅一般功能预测 330 个，E. 氨基酸转运与代谢 315 个，C. 能量产生与转换 249 个，K. 转录 248 个，T. 信号转导机制 236 个，S. 功能未知 231 个，P. 无机离子转运与代谢 229 个，J. 翻译、核糖体结构与合成 217 个，G. 碳水化合物转运与代谢 205 个和 H. 辅酶转运与代谢 194 个（图 5-1-186a）。**【重复序列】**预测到的重复序列包括：LTR 118 个，总长为 7816 bp，平均长度为 66 bp；DNA 重复元件 34 个，总长为 2521 bp，平均长度为 74 bp；LINE 36 个，总长为 2473 bp，平均长度为 69 bp；SINE 16 个，总长为 1382 bp，平均长度为 86 bp；RC 4 个，总长为 281 bp，平均长度为 70 bp；未知序列 1 个，长度为 62 bp；TR 187 个，重复序列长度为 4～882 bp，总长为 29 634 bp；小卫星 DNA 144 个，重复序列长度为 10～54 bp，总长为 16 837 bp；微卫星 DNA 3 个，重复序列长度为 4～6 bp，总长为 333 bp。**【CRISPR】**预测到 178 个 CRISPR 相关序列。**【基因岛】**预测到 16 个基因岛 GI 01～GI 16，长度为 3544～61 881 bp，其 G+C 含量为 30.86%～46.57%。利用已预测得到的基因组信息，如重复序列、G+C 含量等，应用 CIRCOS 工具绘制其基因组圈图（图 5-1-186b）。

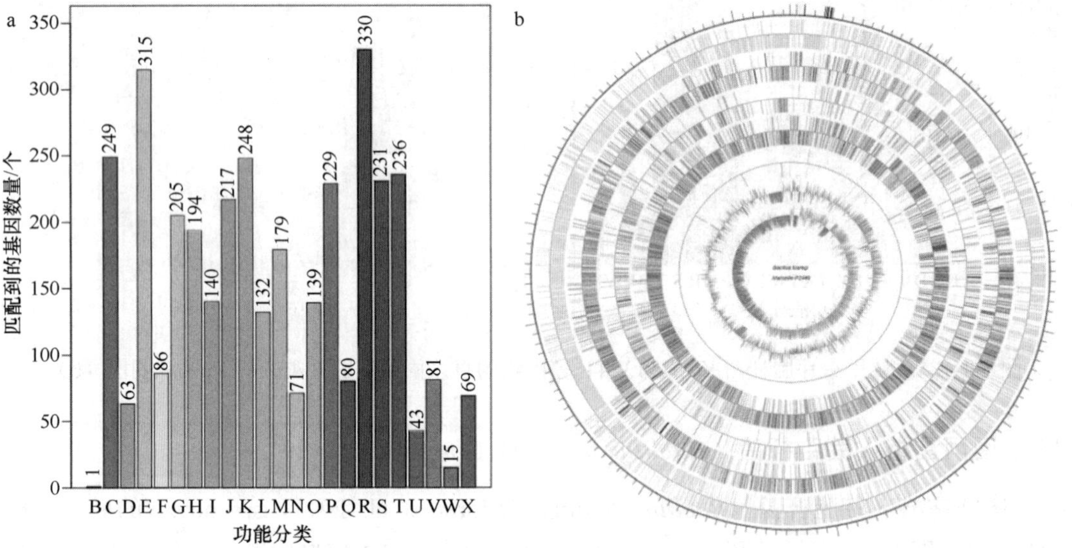


图 5-1-186　图阿雷格人芽胞杆菌 Marseille-P2489$^T$ 基因组的直系同源基因聚类分析（a）和圈图（b）

## 186. 乌鲁木齐芽胞杆菌（*Bacillus urumqiensis*）BZ-SZ-XJ18$^T$

乌鲁木齐芽胞杆菌（*Bacillus urumqiensis* Zhang et al. 2016，sp. nov.）的模式菌株（BZ-SZ-XJ18$^T$ =DSM 29145$^T$ =JCM30195$^T$）分离自新疆乌鲁木齐的 1 个盐碱湖的水和沉积物混合样品，中度嗜盐、嗜碱，生长条件为 8～41℃（最适 37℃）、pH 6.5～10.0（最适 pH 8.5～9.5）、1.3%～25.3%（*W*/*V*）NaCl（最适 6.3%），好氧，产芽胞（Zhang et al.，2016d）。目前，该种仅有 1 个基因组，模式菌株 BZ-SZ-XJ18$^T$ 基因组的 GenBank 登录号为 GCA_002993335.1，测序平台为 Illumina Miseq，于 2018 年 3 月 11 日由中国农业科学院（Chinese Academy of Agricultural Sciences）提交。

**【基因组的组装】**菌株 BZ-SZ-XJ18$^T$ 基因组的测序深度为 382 X，基因组大小为 3.281 Mb，组装到 26 个 scaffolds，scaffold $N_{50}$ 为 219 019 bp。**【G+C 含量】**51.71%。**【非编码 RNA】**预测到 6 个 rRNA 基因（5S rRNA 4 个、16S rRNA 1 个、23S rRNA 1 个），60 个 tRNA 基因，0 个 sRNA 基因。**【编码基因】**有 3425 个蛋白质编码基因，编码区总

长为 2 887 275 bp，占整个基因组的 88.00%，基因的平均长度为 843 bp。**【基因功能注释】**比对到 KEGG、COG 和 GO 数据库的基因数量分别为 2612 个、2199 个和 2254 个，预测到分泌蛋白编码基因 77 个；在 23 个 COG 功能类群中，基因数量前 10 位的类群分别是：R. 仅一般功能预测 230 个，E. 氨基酸转运与代谢 215 个，G. 碳水化合物转运与代谢 210 个，J. 翻译、核糖体结构与合成 202 个，K. 转录 163 个，C. 能量产生与转换 156 个，H. 辅酶转运与代谢 141 个，T. 信号转导机制 139 个，P. 无机离子转运与代谢 137 个和 S. 功能未知 136 个（图 5-1-187a）。**【重复序列】**预测到的重复序列包括：LTR 66 个，总长为 4983 bp，平均长度为 76 bp；DNA 重复元件 26 个，总长为 1760 bp，平均长度为 68 bp；LINE 11 个，总长为 1272 bp，平均长度为 116 bp；SINE 17 个，总长为 1168 bp，平均长度为 69 bp；RC 4 个，总长为 261 bp，平均长度为 65 bp；TR 87 个，重复序列长度为 6～346 bp，总长为 8201 bp；小卫星 DNA 75 个，重复序列长度为 12～48 bp，总长为 3617 bp；微卫星 DNA 3 个，重复序列长度为 6 bp，总长为 250 bp。**【CRISPR】**预测到 48 个 CRISPR 相关序列。**【基因岛】**预测到 8 个基因岛 GI 01～GI 08，长度为 8786～27 521 bp，其 G+C 含量为 35.35%～53.29%。利用已预测得到的基因组信息，如重复序列、G+C 含量等，应用 CIRCOS 工具绘制其基因组圈图（图 5-1-187b）。

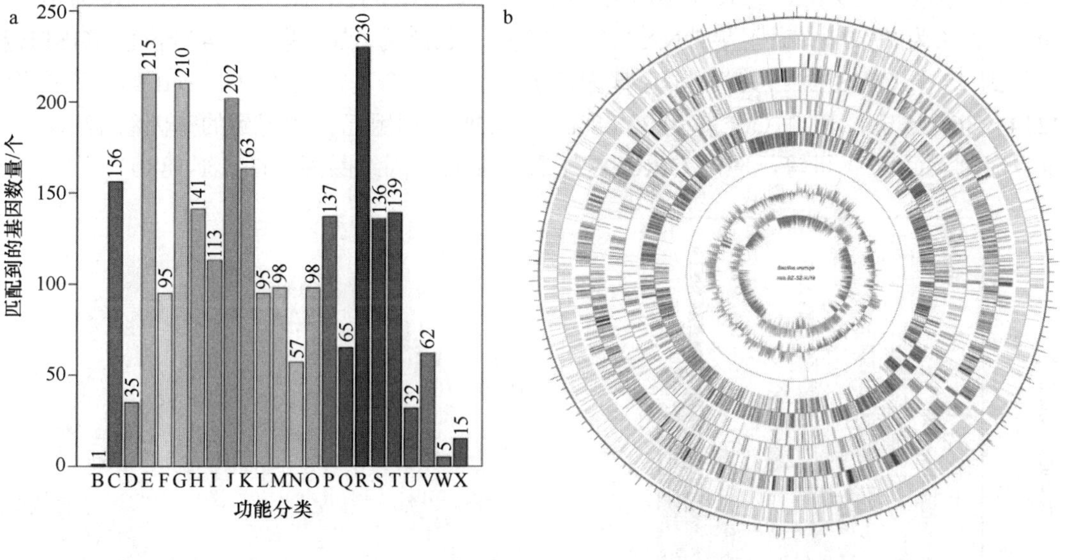


图 5-1-187 乌鲁木齐芽胞杆菌 BZ-SZ-XJ18$^T$ 基因组的直系同源基因聚类分析（a）和圈图（b）

## 187. 死谷芽胞杆菌（*Bacillus vallismortis*）NBIF-001

死谷芽胞杆菌（*Bacillus vallismortis* Roberts et al. 1996，sp. nov.）的模式菌株（DV1-F-3$^T$ =ATCC 700092$^T$ =CIP 104792$^T$ =DSM 11031$^T$ =LMG 18725$^T$ =NBRC 101236$^T$ = NRRL B-14890$^T$）分离自美国加利福尼亚州的死亡谷土壤，嗜盐，最适生长条件为 28～30℃（为 5～50℃）、pH 5.7、10%（*W*/*V*）NaCl，好氧，产芽胞（Roberts et al.，1996）。目前，该种有 5 个基因组，选择组装到完成图水平的非模式菌株 NBIF-001 的基因组进行描述，其 GenBank 登录号为 GCA_002113805.1，测序平台为 PacBio，于 2017 年 4 月 27 日由

湖北省农业科学院（Hubei Academy of Agricultural Sciences）提交。

**【基因组的组装】** 菌株 NBIF-001 基因组的测序深度为 379 X，基因组大小为 3.930 Mb，组装到完成图水平，包括 1 条染色体。**【G+C 含量】** 46.49%。**【非编码 RNA】** 预测到 27 个 rRNA 基因（5S rRNA 9 个、16S rRNA 9 个、23S rRNA 9 个），86 个 tRNA 基因，9 个 sRNA 基因。**【编码基因】** 有 4025 个蛋白质编码基因，编码区总长为 3 526 839 bp，占整个基因组的 89.74%，基因的平均长度为 876 bp。**【基因功能注释】** 比对到 KEGG、COG 和 GO 数据库的基因数量分别为 3884 个、2900 个和 2708 个，预测到分泌蛋白编码基因 86 个；在 25 个 COG 功能类群中，基因数量前 10 位的类群分别是：R. 仅一般功能预测 305 个，E. 氨基酸转运与代谢 303 个，K. 转录 288 个，G. 碳水化合物转运与代谢 266 个，J. 翻译、核糖体结构与合成 222 个，S. 功能未知 208 个，M. 细胞壁/膜/包膜生物合成 198 个，T. 信号转导机制 185 个，H. 辅酶转运与代谢 183 个，C. 能量产生与转换 174 个和 P. 无机离子转运与代谢 174 个（图 5-1-188a）。**【重复序列】** 预测到的重复序列包括：LTR 94 个，总长为 8868 bp，平均长度为 94 bp；DNA 重复元件 26 个，总长为 1512 bp，平均长度为 58 bp；LINE 28 个，总长为 1696 bp，平均长度为 61 bp；SINE 6 个，总长为 576 bp，平均长度为 96 bp；未知序列 1 个，长度为 45 bp；TR 147 个，重复序列长度为 6～259 bp，总长为 10 107 bp；小卫星 DNA 123 个，重复序列长度为 10～60 bp，总长为 7780 bp；微卫星 DNA 1 个，重复序列长度为 6 bp，总长为 40 bp。**【CRISPR】** 预测到 45 个 CRISPR 相关序列。**【基因岛】** 预测到 9 个基因岛 GI 01～GI 09，长度为 4214～36 925 bp，其 G+C 含量为 35.08%～46.45%。利用已预测得到的基因组信息，如重复序列、G+C 含量等，应用 CIRCOS 工具绘制其基因组圈图（图 5-1-188b）。

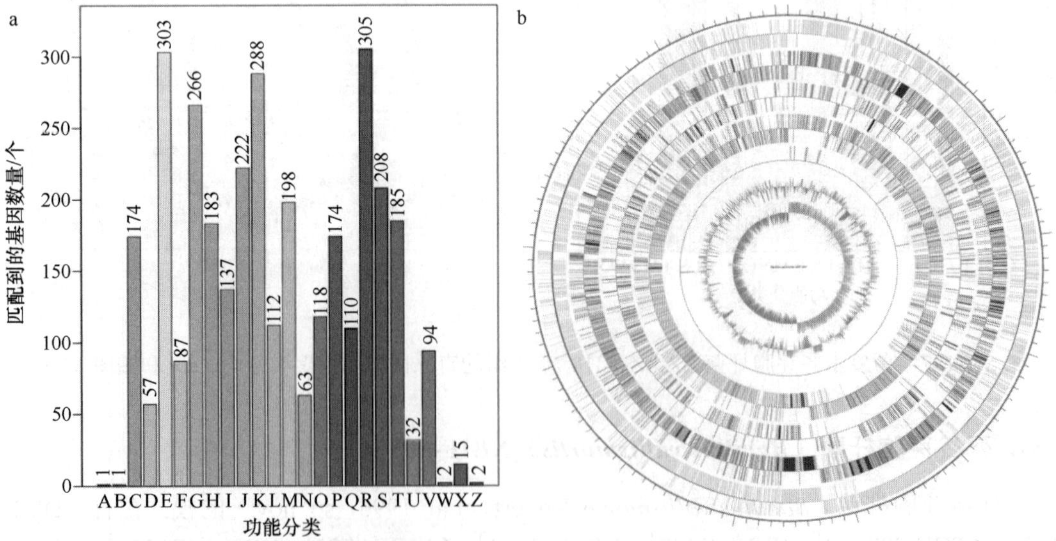


图 5-1-188　死谷芽胞杆菌 NBIF-001 基因组的直系同源基因聚类分析（a）和圈图（b）

## 188. 贝莱斯芽胞杆菌（*Bacillus velezensis*）FZB42

贝莱斯芽胞杆菌（*Bacillus velezensis* Ruiz-García et al. 2005，sp. nov.）的模式菌株

（CR-502$^{T}$ =CECT 5687$^{T}$=LMG 22478$^{T}$）分离自西班牙马拉加贝莱斯河口含盐的水样品，生长条件为 15～45℃、pH 5.0～10.0、耐受 12%（*W*/*V*）NaCl，好氧，产芽胞（Ruiz-García et al.，2005b）。目前，该种有 208 个基因组，选择组装到完成图水平的具有促进植物生长功能的非模式菌株 FZB42（Dunlap et al.，2016b）基因组进行描述，其 GenBank 登录号为 GCA_000015785.2，测序平台为 ABI 3730 XL，于 2017 年 8 月 1 日由德国柏林洪堡大学（Humboldt University of Berlin）提交。

**【基因组的组装】**菌株 FZB42 基因组的测序深度未知，基因组大小为 3.919 Mb，组装到完成图水平，包括 1 条染色体。**【G+C 含量】**46.47%。**【非编码 RNA】**预测到 29 个 rRNA 基因（5S rRNA 10 个、16S rRNA 9 个、23S rRNA 10 个），89 个 tRNA 基因，9 个 sRNA 基因。**【编码基因】**有 4024 个蛋白质编码基因，编码区总长为 3 513 915 bp，占整个基因组的 89.66%，基因的平均长度为 837 bp。**【基因功能注释】**比对到 KEGG、COG 和 GO 数据库的基因数量分别为 3905 个、2916 个和 2722 个，预测到分泌蛋白编码基因 87 个；在 25 个 COG 功能类群中，基因数量前 10 位的类群分别是：R. 仅一般功能预测 314 个，E. 氨基酸转运与代谢 301 个，K. 转录 293 个，G. 碳水化合物转运与代谢 265 个，J. 翻译、核糖体结构与合成 223 个，S. 功能未知 206 个，M. 细胞壁/膜/包膜生物合成 195 个，H. 辅酶转运与代谢 187 个，T. 信号转导机制 186 个和 C. 能量产生与转换 176 个（图 5-1-189b）。**【重复序列】**预测到的重复序列包括：LTR 96 个，总长为 8351 bp，平均长度为 87 bp；DNA 重复元件 24 个，总长为 1399 bp，平均长度为 58 bp；LINE 30 个，总长为 1833 bp，平均长度为 61 bp；SINE 14 个，总长为 1091 bp，平均长度为 78 bp；未知序列 1 个，长度为 45 bp；TR 77 个，重复序列长度为 6～816 bp，总长为 6845 bp；小卫星 DNA 63 个，重复序列长度为 10～60 bp，总长为 4803 bp；微卫星 DNA 1 个，重复序列长度为 6 bp，总长为 58 bp。**【CRISPR】**预测到 5 个 CRISPR 相关序列。**【基因岛】**预测到 9 个基因岛 GI 01～GI 09，重复序列长度为 7066～36 877 bp，

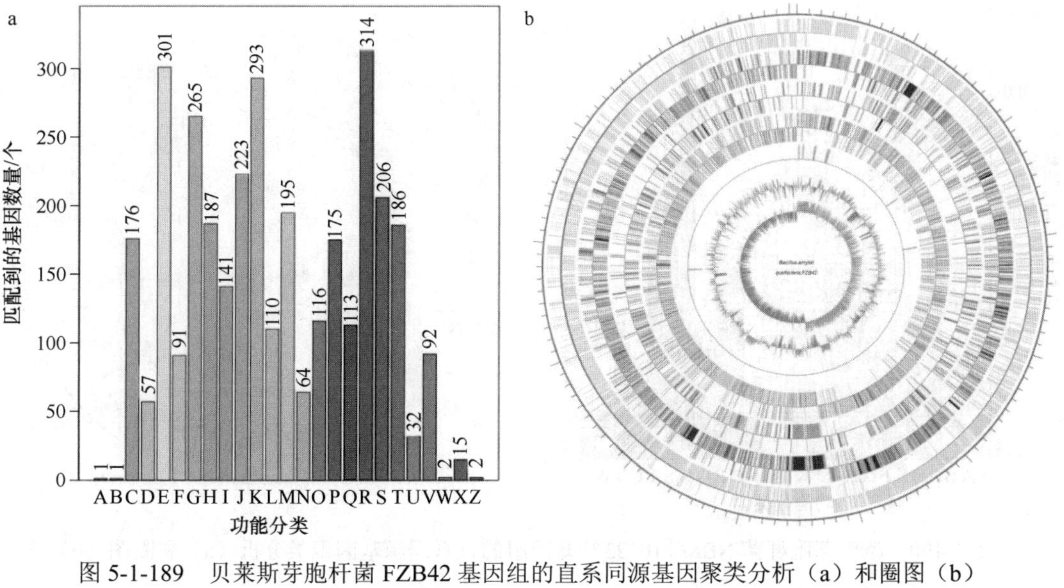


图 5-1-189　贝莱斯芽胞杆菌 FZB42 基因组的直系同源基因聚类分析（a）和圈图（b）

其 G+C 含量为 36.44%～46.43%。利用已预测得到的基因组信息，如重复序列、G+C 含量等，应用 CIRCOS 工具绘制其基因组圈图（图 5-1-189b）。

## 189. 越南芽胞杆菌（*Bacillus vietnamensis*）NBRC 101237$^T$

越南芽胞杆菌（*Bacillus vietnamensis* Noguchi et al. 2004，sp. nov.）的模式菌株（15-1$^T$ =JCM 11124$^T$ =NRIC 0531$^T$ =NRRL 23890$^T$ =NBRC 101237$^T$）分离自越南鱼酱，中度耐盐，生长条件为 10～30℃（最适 30～40℃）、pH 6.5～10.0、0～15%（*W*/*V*）NaCl（最适 1%），好氧，产芽胞（Noguchi et al.，2004）。目前，该种有 3 个基因组，选择组装水平较高的模式菌株 NBRC 101237$^T$ 的基因组进行描述，其 GenBank 登录号为 GCA_001591825.1，测序平台为 Illumina HiSeq，于 2016 年 2 月 27 日由日本国立技术与评价研究所（National Institute of Technology and Evaluation）提交。

**【基因组的组装】**菌株 NBRC 101237$^T$ 基因组的测序深度为 126 X，基因组大小为 4.411 Mb，组装到 123 个 contigs，contig $N_{50}$ 为 77 623 bp。**【G+C 含量】**43.73%。**【非编码 RNA】**预测到 2 个 rRNA 基因（5S rRNA 0 个、16S rRNA 1 个、23S rRNA 1 个），37 个 tRNA 基因，4 个 sRNA 基因。**【编码基因】**有 4619 个蛋白质编码基因，编码区总长为 3 847 452 bp，占整个基因组的 87.22%，基因的平均长度为 833 bp。**【基因功能注释】**比对到 KEGG、COG 和 GO 数据库的基因数量分别为 3944 个、3036 个和 3048 个，预测到分泌蛋白编码基因 99 个；在 24 个 COG 功能类群中，基因数量前 10 位的类群分别是：R. 仅一般功能预测 359 个，E. 氨基酸转运与代谢 312 个，J. 翻译、核糖体结构与合成 261 个，K. 转录 258 个，S. 功能未知 250 个，G. 碳水化合物转运与代谢 209 个，T. 信号转导机制 190 个，P. 无机离子转运与代谢 174 个，M. 细胞壁/膜/包膜生物合成 170 个和 C. 能量产生与转换 169 个（图 5-1-190a）。**【重复序列】**预测

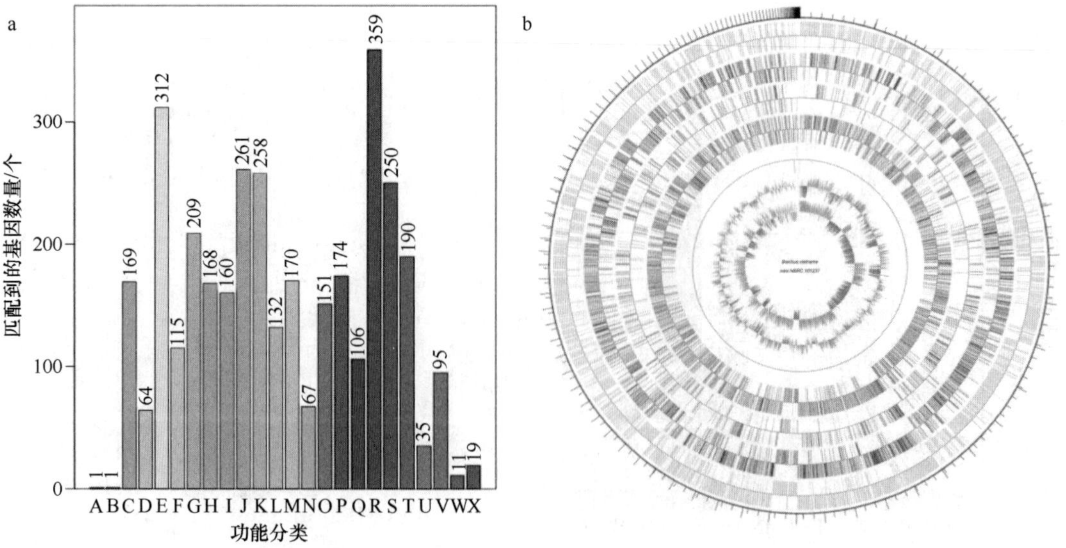


图 5-1-190 越南芽胞杆菌 NBRC 101237$^T$ 基因组的直系同源基因聚类分析（a）和圈图（b）

到的重复序列包括：LTR 183 个，总长为 11 014 bp，平均长度为 60 bp；DNA 重复元件 44 个，总长为 2651 bp，平均长度为 60 bp；LINE 49 个，总长为 2820 bp，平均长度为 58 bp；SINE 6 个，总长为 369 bp，平均长度为 62 bp；RC 2 个，总长为 88 bp，平均长度为 44 bp；TR 82 个，重复序列长度为 6～260 bp，总长为 5363 bp；小卫星 DNA 69 个，重复序列长度为 12～45 bp，总长为 3184 bp；微卫星 DNA 1 个，重复序列长度为 6 bp，总长为 47 bp。**【CRISPR】**预测到 26 个 CRISPR 相关序列。**【基因岛】**预测到 8 个基因岛 GI 01～GI 08，重复序列长度为 6259～17 953 bp，其 G+C 含量为 34.61%～50.38%。利用已预测得到的基因组信息，如重复序列、G+C 含量等，应用 CIRCOS 工具绘制其基因组圈图（图 5-1-190b）。

### 190. 原野芽胞杆菌（*Bacillus vireti*）DSM 15602$^T$

原野芽胞杆菌（*Bacillus vireti* Heyrman et al. 2004，sp. nov.）的模式菌株（LMG 21834$^T$ = R-15447$^T$ =IDA3632$^T$ =DSM 15602$^T$）分离自荷兰德伦特省农业区的土壤，中度耐盐，最适生长条件为 30℃（最高 40～45℃）、pH 7.0，兼性厌氧，产芽胞（Heyrman et al.，2004）。目前，该种有 2 个基因组，选择组装水平较高的模式菌株 DSM 15602$^T$ 的基因组进行描述，其 GenBank 登录号为 GCA_001026695.1，测序平台为 Illumina HiSeq，于 2015 年 6 月 10 日由福建省农业科学院（Fujian Academy of Agricultural Sciences）提交。

**【基因组的组装】**菌株 DSM 15602$^T$ 基因组的测序深度为 150 X，基因组大小为 4.411 Mb，组装到 27 个 scaffolds，scaffold $N_{50}$ 为 530 832 bp。**【G+C 含量】**39.78%。**【非编码 RNA】**预测到 9 个 rRNA 基因（5S rRNA 7 个、16S rRNA 1 个、23S rRNA 1 个），89 个 tRNA 基因，4 个 sRNA 基因。**【编码基因】**有 5496 个蛋白质编码基因，编码区总长为 3 799 635 bp，占整个基因组的 86.14%，基因的平均长度为 832 bp。**【基因功能注释】**比对到 KEGG、COG 和 GO 数据库的基因数量分别为 4613 个、3498 个和 3601 个，预测到分泌蛋白编码基因 89 个；在 24 个 COG 功能类群中，基因数量前 10 位的类群分别是：E. 氨基酸转运与代谢 397 个，R. 仅一般功能预测 394 个，G. 碳水化合物转运与代谢 326 个，K. 转录 296 个，J. 翻译、核糖体结构与合成 254 个，S. 功能未知 253 个，C. 能量产生与转换 248 个，P. 无机离子转运与代谢 223 个，T. 信号转导机制 221 个和 M. 细胞壁/膜/包膜生物合成 220 个（图 5-1-191a）。**【重复序列】**预测到的重复序列包括：LTR 114 个，总长为 7473 bp，平均长度为 66 bp；DNA 重复元件 44 个，总长为 2626 bp，平均长度为 60 bp；LINE 37 个，总长为 2057 bp，平均长度为 56 bp；SINE 10 个，总长为 797 bp，平均长度为 80 bp；RC 2 个，总长为 124 bp，平均长度为 62 bp；未知序列 3 个，总长为 124 bp，平均长度为 41 bp；TR 492 个，重复序列长度为 6～456 bp，总长为 46 752 bp；小卫星 DNA 392 个，重复序列长度为 10～60 bp，总长为 33 855 bp；微卫星 DNA 2 个，重复序列长度为 6 bp，总长为 84 bp。**【CRISPR】**预测到 89 个 CRISPR 相关序列。**【基因岛】**预测到 12 个基因岛 GI 01～GI 12，重复序列长度为 2575～17 843 bp，其 G+C 含量为 33.99%～40.99%。利用已预测得到的基因组信息，如重复序列、G+C 含量等，应用 CIRCOS 工具绘制其基因组圈图（图 5-1-191b）。

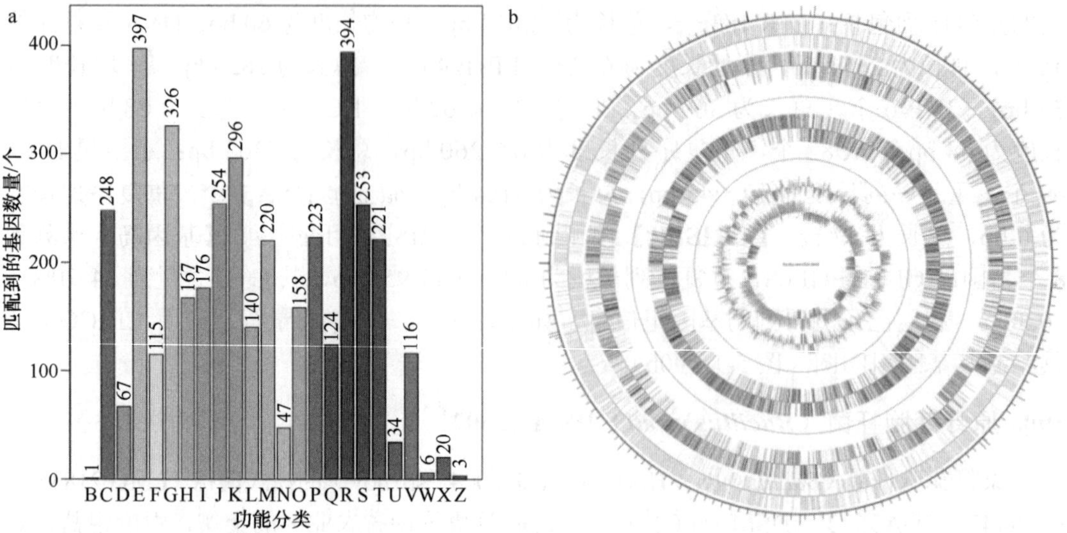


图 5-1-191　原野芽胞杆菌 DSM 15602$^T$ 基因组的直系同源基因聚类分析（a）和圈图（b）

## 191. 和光芽胞杆菌（*Bacillus wakoensis*）JCM 9140$^T$

和光芽胞杆菌（*Bacillus wakoensis* Nogi et al. 2005，sp. nov.）的模式菌株（N-1$^T$ =JCM 9140$^T$ =DSM 2521$^T$）分离自日本和光纯药工业株式会社，嗜碱，生长条件为 10～40℃（最适 37℃）、pH 8.0～10.0（最适 pH 9.0～10.0），高产纤维素酶，好氧，产芽胞（Nogi et al., 2005）。目前，该种仅有 1 个基因组，模式菌株 JCM 9140$^T$ 基因组的 GenBank 登录号为 GCA_00513095.1，测序平台为 Ion PGM，于 2013 年 12 月 30 日由日本东京大学（The University of Tokyo）提交。

**【基因组的组装】**菌株 JCM 9140$^T$ 基因组的测序深度为 25 X，基因组大小为 4.531 Mb，组装到 187 个 contigs，contig $N_{50}$ 为 51 263 bp。**【G+C 含量】**38.28%。**【非编码 RNA】**预测到 4 个 rRNA 基因（5S rRNA 3 个、16S rRNA 1 个、23S rRNA 0 个），106 个 tRNA 基因，3 个 sRNA 基因。**【编码基因】**有 4925 个蛋白质编码基因，编码区总长为 3 817 515 bp，占整个基因组的 84.25%，基因的平均长度为 775 bp。**【基因功能注释】**比对到 KEGG、COG 和 GO 数据库的基因数量分别为 3946 个、3017 个和 3198 个，预测到分泌蛋白编码基因 78 个；在 23 个 COG 功能类群中，基因数量前 10 位的类群分别是：R. 仅一般功能预测 331 个，E. 氨基酸转运与代谢 290 个，K. 转录 246 个，J. 翻译、核糖体结构与合成 240 个，G. 碳水化合物转运与代谢 237 个，T. 信号转导机制 233 个，S. 功能未知 228 个，P. 无机离子转运与代谢 221 个，C. 能量产生与转换 199 个和 H. 辅酶转运与代谢 172 个（图 5-1-192a）。**【重复序列】**预测到的重复序列包括：LTR 130 个，总长为 8305 bp，平均长度为 64 bp；DNA 重复元件 39 个，总长为 2318 bp，平均长度为 59 bp；LINE 39 个，总长为 2812 bp，平均长度为 72 bp；SINE 24 个，总长为 1616 bp，平均长度为 67 bp；未知序列 1 个，长度为 42 bp；TR 170 个，重复序列长度为 3～180 bp，总长为 13 649 bp；小卫星 DNA 138 个，重复序列长度为 10～60 bp，总长为 10 665 bp；微卫星 DNA 7 个，重复序列长度为 3～6 bp，总长为 574 bp。**【CRISPR】**预测到 78 个

CRISPR 相关序列。【基因岛】预测到 7 个基因岛 GI 01～GI 07，重复序列长度为 5090～12 472 bp，其 G+C 含量为 32.53%～38.96%。利用已预测得到的基因组信息，如重复序列、G+C 含量等，应用 CIRCOS 工具绘制其基因组圈图（图 5-1-192b）。

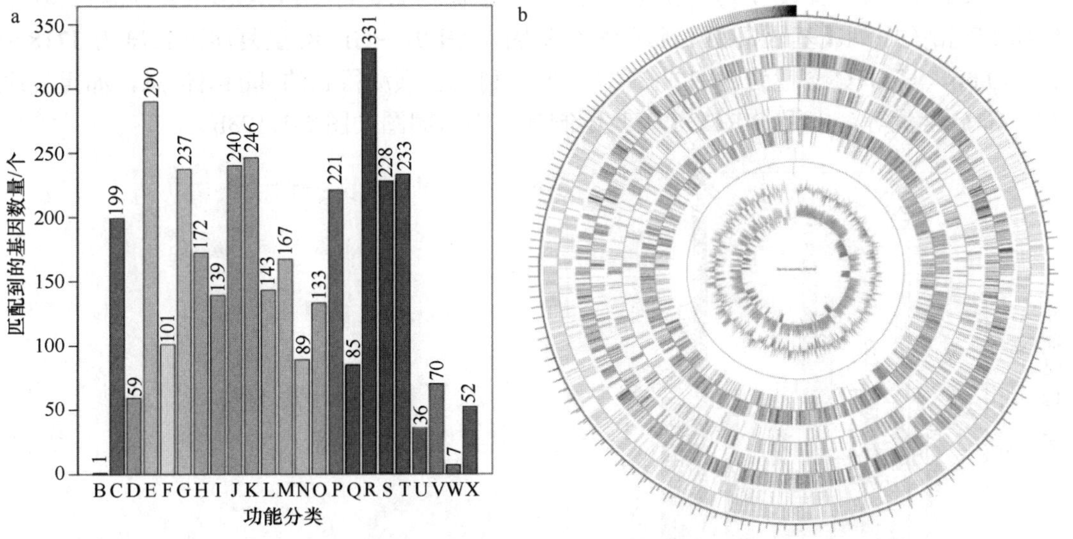


图 5-1-192　和光芽胞杆菌 JCM 9140$^{T}$ 基因组的直系同源基因聚类分析（a）和圈图（b）

## 192. 维德曼氏芽胞杆菌（*Bacillus wiedmannii*）MM3

维德曼氏芽胞杆菌（*Bacillus wiedmannii* Miller et al. 2016，sp. nov.）的模式菌株（FSL W8-0169$^{T}$ =DSM 102050$^{T}$ =LMG 29269$^{T}$）分离自美国奶粉加工厂的原料乳，耐冷，生长温度为 5～43℃（最适 20～40℃），具有细胞毒性，兼性厌氧，产芽胞（Miller et al.，2016）。目前，该种有 156 个基因组，选择组装到染色体水平的非模式菌株 MM3 的基因组进行描述，其 GenBank 登录号为 GCA_000160955.1，测序平台为 454 GS FLX，于 2009 年 5 月 29 日由美国海军医学研究中心（Naval Medical Research Center）提交。

**【基因组的组装】**菌株 MM3 基因组的测序深度未知，基因组大小为 5.547 Mb，组装到染色体水平，包括 1 条染色体。**【G+C 含量】**35.22%。**【非编码 RNA】**预测到 6 个 rRNA 基因（5S rRNA 4 个、16S rRNA 1 个、23S rRNA 1 个），80 个 tRNA 基因，6 个 sRNA 基因。**【编码基因】**有 5746 个蛋白质编码基因，编码区总长为 4 631 433 bp，占整个基因组的 83.49%，基因的平均长度为 806 bp。**【基因功能注释】**比对到 KEGG、COG 和 GO 数据库的基因数量分别为 5426 个、3914 个和 3774 个，预测到分泌蛋白编码基因 134 个；在 25 个 COG 功能类群中，基因数量前 10 位的类群分别是：R. 仅一般功能预测 443 个，E. 氨基酸转运与代谢 419 个，K. 转录 403 个，S. 功能未知 326 个，J. 翻译、核糖体结构与合成 310 个，G. 碳水化合物转运与代谢 283 个，T. 信号转导机制 257 个，M. 细胞壁/膜/包膜生物合成 247 个，P. 无机离子转运与代谢 242 个和 H. 辅酶转运与代谢 233 个（图 5-1-193a）。**【重复序列】**预测到的重复序列包括：LTR 113 个，总长为 7155 bp，平均长度为 63 bp；DNA 重复元件 36 个，总长为 2297 bp，平均长度为 64 bp；LINE

40 个，总长为 2393 bp，平均长度为 60 bp；SINE 8 个，总长为 473 bp，平均长度为 50 bp；RC 2 个，总长为 99 bp，平均长度为 50 bp；TR 340 个，重复序列长度为 2～1020 bp，总长为 37 322 bp；小卫星 DNA 276 个，重复序列长度为 10～60 bp，总长为 17 290 bp；微卫星 DNA 5 个，重复序列长度为 2～6 bp，总长为 170 bp。**【CRISPR】**预测到 36 个 CRISPR 相关序列。**【基因岛】**预测到 18 个基因岛 GI 01～GI 18，重复序列长度为 3718～26 090 bp，其 G+C 含量为 30.27%～37.51%。利用已预测得到的基因组信息，如重复序列、G+C 含量等，应用 CIRCOS 工具绘制其基因组圈图（图 5-1-193b）。

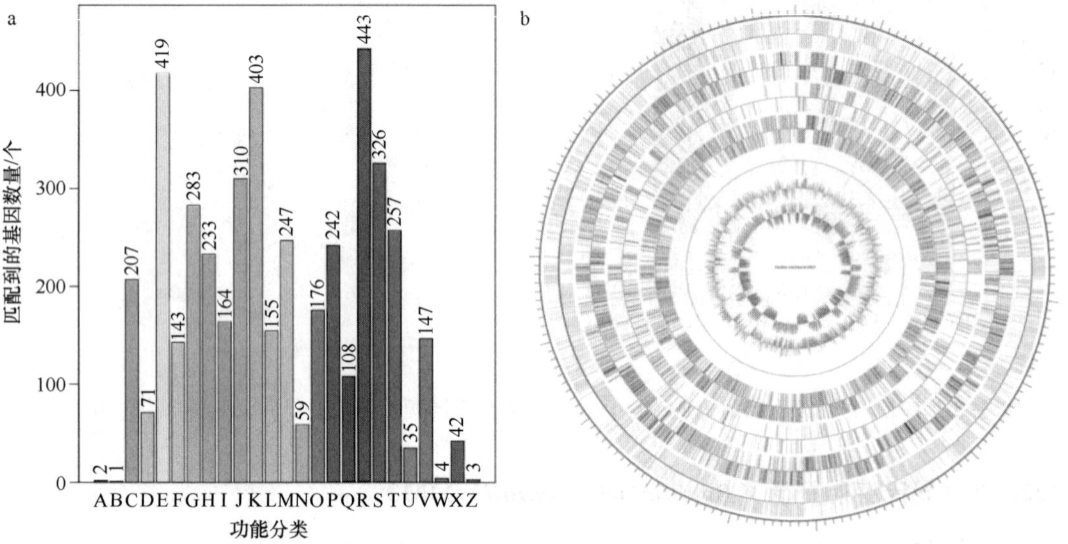


图 5-1-193　维德曼氏芽胞杆菌 MM3 基因组的直系同源基因聚类分析（a）和圈图（b）

## 193. 五大连池芽胞杆菌（*Bacillus wudalianchiensis*）FJAT-27215$^T$

五大连池芽胞杆菌（*Bacillus wudalianchiensis* Liu et al. 2017，sp. nov.）的模式菌株（FJAT-27215$^T$ =CCTCC AB 2015266$^T$ =DSM 100757$^T$）分离自黑龙江五大连池的草地土壤，生长条件为 10～60℃（最适 30℃）、pH 5.0～10.0（最适 pH 7.0）、0～3%（最适 0），好氧，产芽胞（Liu et al.，2017f）。Verma 等（2019）将其重新分类为五大连池假芽胞杆菌（*Pseudobacillus wudalianchiensis*）。目前，该种仅有 1 个基因组，模式菌株 FJAT-27215$^T$ 基因组的 GenBank 登录号为 GCA_001685015.1，测序平台为 Illumina Hiseq，于 2016 年 7 月 14 日由福建省农业科学研究院（Fujian Academy of Agricultural Sciences）提交。

**【基因组的组装】**菌株 FJAT-27215$^T$ 基因组的测序深度为 265 X，基因组大小为 4.427 Mb，组装到 32 个 contigs，contig $N_{50}$ 为 452 696 bp。**【G+C 含量】**41.18%。**【非编码 RNA】**预测到 5 个 rRNA 基因（5S rRNA 4 个、16S rRNA 1 个、23S rRNA 0 个），84 个 tRNA 基因，12 个 sRNA 基因。**【编码基因】**有 4563 个蛋白质编码基因，编码区总长为 3 792 774 bp，占整个基因组的 85.67%，基因的平均长度为 831 bp。**【基因功能注释】**比对到 KEGG、COG 和 GO 数据库的基因数量分别为 3849 个、3027 个和 3065 个，预测到分泌蛋白编码基因 97 个；在 23 个 COG 功能类群中，基因数量前 10 位的类群分

别是：E. 氨基酸转运与代谢 425 个，R. 仅一般功能预测 330 个，K. 转录 265 个，T. 信号转导机制 239 个，S. 功能未知 227 个，J. 翻译、核糖体结构与合成 225 个，C. 能量产生与转换 207 个，H. 辅酶转运与代谢 204 个，P. 无机离子转运与代谢 193 个，G. 碳水化合物转运与代谢 161 个和 I. 脂质转运与代谢 161 个（图 5-1-194a）。**【重复序列】**预测到的重复序列包括：LTR 162 个，总长为 9472 bp，平均长度为 58 bp；DNA 重复元件 38 个，总长为 2426 bp，平均长度为 64 bp；LINE 41 个，总长为 2449 bp，平均长度为 60 bp；SINE 7 个，总长为 657 bp，平均长度为 94 bp；RC 2 个，总长为 154 bp，平均长度为 77 bp；未知序列 1 个，长度为 74 bp；TR 101 个，重复序列长度为 6～1835 bp，总长为 21 842 bp；小卫星 DNA 70 个，重复序列长度为 10～60 bp，总长为 7152 bp；微卫星 DNA 3 个，重复序列长度为 6 bp，总长为 104 bp。**【CRISPR】**预测到 50 个 CRISPR 相关序列。**【基因岛】**预测到 7 个基因岛 GI 01～GI 07，重复序列长度为 4570～58 624 bp，其 G+C 含量为 33.47%～43.30%。利用已预测得到的基因组信息，如重复序列、G+C 含量等，应用 CIRCOS 工具绘制其基因组圈图（图 5-1-194b）。

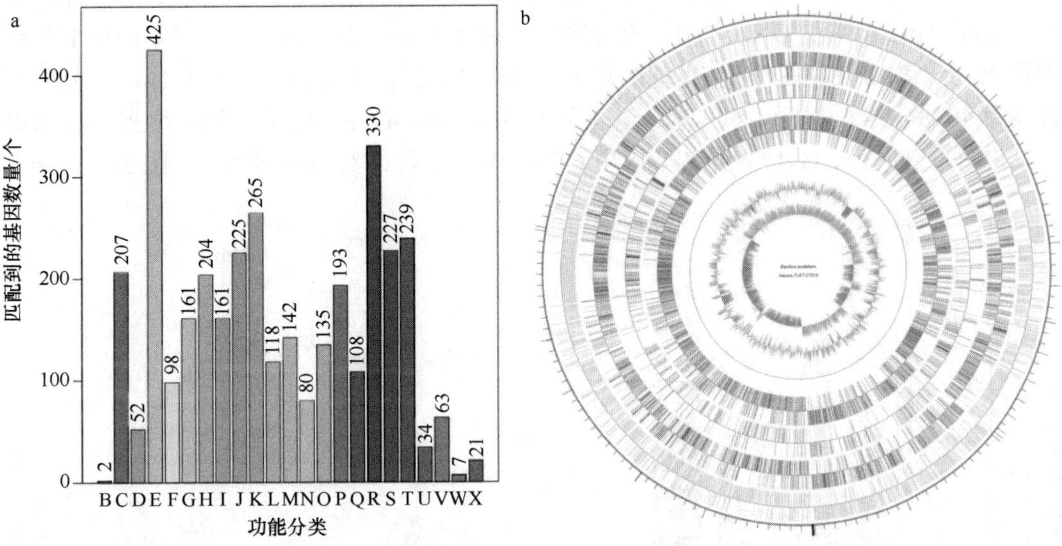


图 5-1-194　五大连池芽胞杆菌 FJAT-27215$^{T}$ 基因组的直系同源基因聚类分析（a）和圈图（b）

## 194. 厦门芽胞杆菌（*Bacillus xiamenensis*）VV3

厦门芽胞杆菌（*Bacillus xiamenensis* Lai et al. 2014，sp. nov.）的模式菌株（HYC-10$^{T}$ = CGMCC NO.1.12326$^{T}$ =LMG 27143$^{T}$ =MCCC 1A00008$^{T}$）分离自福建厦门市海域捕捉到的鲻鱼的肠道内容物，生长条件为 8～45℃（最适 30～37℃）、pH 6.0～11.0（最适 pH 6.0～8.0）、0～12%（最适 1%～3%），好氧，产芽胞（Lai et al.，2014）。目前，该种有 2 个基因组，选择组装到完成图水平的非模式菌株 VV3 的基因组进行描述，其 GenBank 登录号为 GCA_001857925.1，测序平台为 PacBio，于 2016 年 10 月 31 日由沙特阿拉伯沙特国王大学（King Saud University）提交。

**【基因组的组装】**菌株 VV3 基因组的测序深度为 155 X，基因组大小为 3.638 Mb，组装到完成图水平，包括 1 条染色体。**【G+C 含量】**41.53%。**【非编码 RNA】**预测到 24 个 rRNA 基因（5S rRNA 8 个、16S rRNA 8 个、23S rRNA 8 个），81 个 tRNA 基因，12 个 sRNA 基因。**【编码基因】**有 3951 个蛋白质编码基因，编码区总长为 3 222 870 bp，占整个基因组的 88.59%，基因的平均长度为 816 bp。**【基因功能注释】**比对到 KEGG、COG 和 GO 数据库的基因数量分别为 3676 个、2682 个和 2645 个，预测到分泌蛋白编码基因 79 个；在 24 个 COG 功能类群中，基因数量前 10 位的类群分别是：E. 氨基酸转运与代谢 302 个，R. 仅一般功能预测 260 个，K. 转录 245 个，J. 翻译、核糖体结构与合成 220 个，G. 碳水化合物转运与代谢 210 个，S. 功能未知 192 个，M. 细胞壁/膜/包膜生物合成 187 个，H. 辅酶转运与代谢 173 个，P. 无机离子转运与代谢 170 个和 T. 信号转导机制 169 个（图 5-1-195a）。**【重复序列】**预测到的重复序列包括：LTR 175 个，总长为 12 562 bp，平均长度为 72 bp；DNA 重复元件 53 个，总长为 3090 bp，平均长度为 58 bp；LINE 55 个，总长为 3136 bp，平均长度为 57 bp；SINE 12 个，总长为 1089 bp，平均长度为 91 bp；RC 4 个，总长为 162 bp，平均长度为 41 bp；TR 59 个，重复序列长度为 6～432 bp，总长为 6811 bp；小卫星 DNA 45 个，重复序列长度为 12～54 bp，总长为 2445 bp；微卫星 DNA 1 个，重复序列长度为 6 bp，总长为 34 bp。**【CRISPR】**预测到 25 个 CRISPR 相关序列。**【基因岛】**预测到 12 个基因岛 GI 01～GI 12，重复序列长度为 4078～34 663 bp，其 G+C 含量为 33.36%～44.47%。利用已预测得到的基因组信息，如重复序列、G+C 含量等，应用 CIRCOS 工具绘制其基因组圈图（图 5-1-195b）。

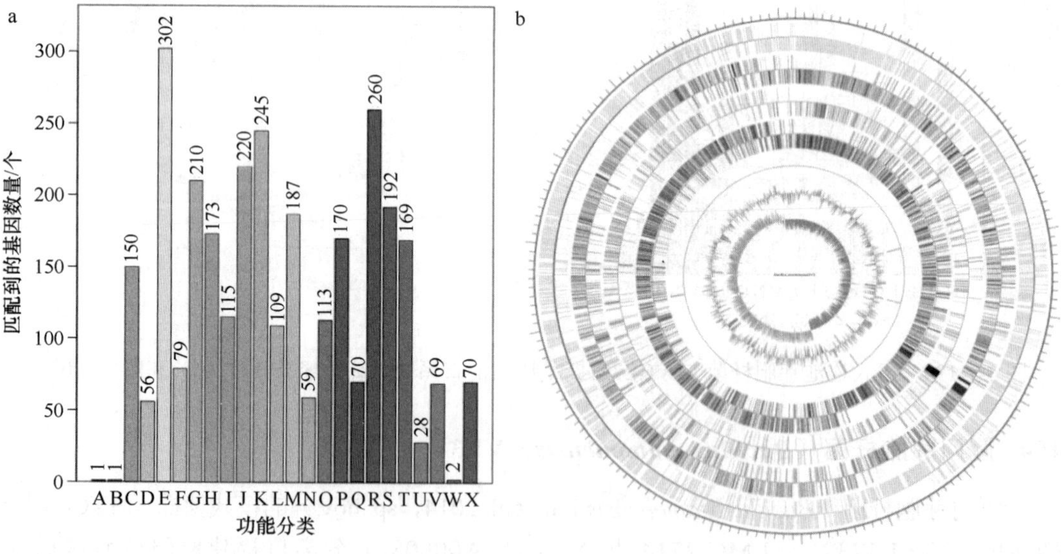


图 5-1-195　厦门芽胞杆菌 VV3 基因组的直系同源基因聚类分析（a）和圈图（b）

## 195. 玉米芽胞杆菌（*Bacillus zeae*）JJ-247$^T$

玉米芽胞杆菌（*Bacillus zeae* Kämpfer et al. 2017，sp. nov.）的模式菌株（JJ-247$^T$ =CCM 8726$^T$ =LMG 29876$^T$）分离自玉米的根际土，最适生长温度为 28～30℃（10℃以下和 50℃以上不能生长），0～8%（*W*/*V*）NaCl（最适 3%～5%），好氧，产芽胞（Kämpfer et al.，2017）。

目前，该种仅有 1 个基因组，模式菌株 JJ-247ᵀ 基因组的 GenBank 登录号为 GCA_003570705.1，测序平台为 Illumina HiSeq，于 2018 年 9 月 14 日由美国加州理工学院（California Institute of Technology）提交。

**【基因组的组装】**菌株 JJ-247ᵀ 基因组的测序深度为 100 X，基因组大小为 4.242 Mb，组装到 79 个 contigs，contig $N_{50}$ 为 117 514 bp。**【G+C 含量】**43.19%。**【非编码 RNA】**预测到 2 个 rRNA 基因（5S rRNA 0 个、16S rRNA 1 个、23S rRNA 1 个），56 个 tRNA 基因，7 个 sRNA 基因。**【编码基因】**有 4699 个蛋白质编码基因，编码区总长为 3 586 860 bp，占整个基因组的 84.56%，基因的平均长度为 763 bp。**【基因功能注释】**比对到 KEGG、COG 和 GO 数据库的基因数量分别为 3784 个、2813 个和 2866 个，预测到分泌蛋白编码基因 67 个；在 24 个 COG 功能类群中，基因数量前 10 位的类群分别是：E. 氨基酸转运与代谢 292 个，R. 仅一般功能预测 277 个，J. 翻译、核糖体结构与合成 243 个，K. 转录 231 个，S. 功能未知 228 个，C. 能量产生与转换 209 个，T. 信号转导机制 187 个，H. 辅酶转运与代谢 171 个，P. 无机离子转运与代谢 167 个和 M. 细胞壁/膜/包膜生物合成 159 个（图 5-1-196a）。**【重复序列】**预测到的重复序列包括：LTR 179 个，总长为 10 518 bp，平均长度为 59 bp；DNA 重复元件 55 个，总长为 4631 bp，平均长度为 84 bp；LINE 45 个，总长为 2686 bp，平均长度为 60 bp；SINE 8 个，总长为 586 bp，平均长度为 73 bp；RC 6 个，总长为 358 bp，平均长度为 60 bp；未知序列 3 个，总长为 64 bp，平均长度为 21 bp；TR 176 个，重复序列长度为 6～411 bp，总长为 13 090 bp；小卫星 DNA 160 个，重复序列长度为 10～60 bp，总长为 11 210 bp；微卫星 DNA 1 个，重复序列长度为 6 bp，总长为 25 bp。**【CRISPR】**预测到 16 个 CRISPR 相关序列。**【基因岛】**预测到 13 个基因岛 GI 01～GI 13，重复序列长度为 6436～22 545 bp，其 G+C 含量为 32.37%～47.09%。利用已预测得到的基因组信息，如重复序列、G+C 含量等，应用 CIRCOS 工具绘制其基因组圈图（图 5-1-196b）。

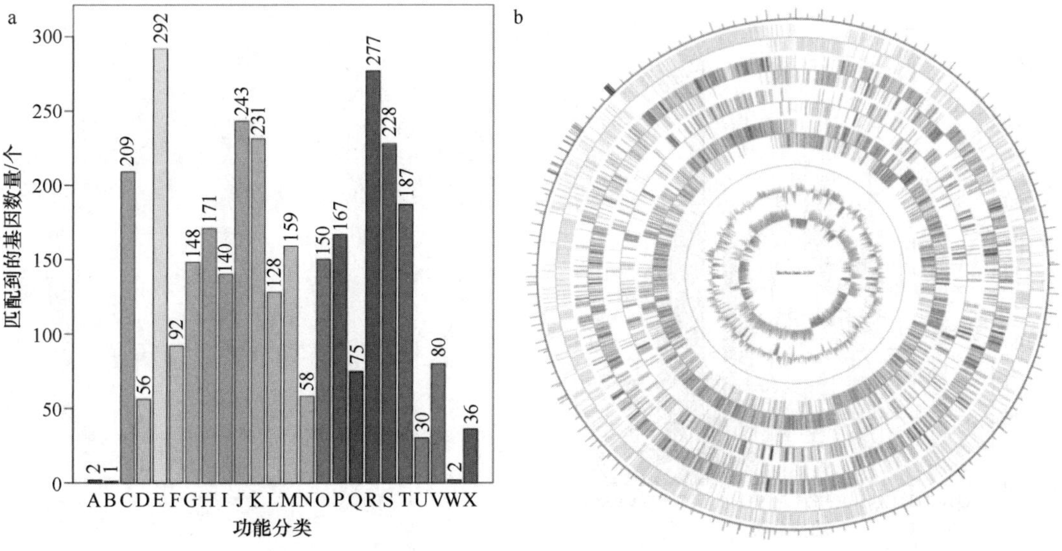


图 5-1-196　玉米芽胞杆菌 JJ-247ᵀ 基因组的直系同源基因聚类分析（a）和圈图（b）

## 196. 漳州芽胞杆菌（*Bacillus zhangzhouensis*）DW5-4$^{T}$

漳州芽胞杆菌（*Bacillus zhangzhouensis* Liu et al. 2016，sp. nov.）的模式菌株（DW5-4$^{T}$ = MCCC 1A08372$^{T}$ =LMG 27144$^{T}$ =KCTC 33531$^{T}$）分离自福建漳州市的 1 个养虾池的水，生长条件为 8～45℃（最适 30～37℃）、pH 5.0～11.0（最适 pH 6.0～9.0）、0～12%（*W*/*V*）NaCl（最适 1%～3%），严格好氧，产芽胞（Liu et al.，2016d）。目前，该种仅有 1 个基因组，模式菌株 DW5-4$^{T}$ 基因组的 GenBank 登录号为 GCA_000715205.1，测序平台为 Illumina HiSeq，于 2014 年 6 月 27 日由自然资源部第三海洋研究所（The Third Institute of Oceanography，Ministry of Natural Resources）提交。

**【基因组的组装】**菌株 DW5-4$^{T}$ 基因组的测序深度为 100 X，基因组大小为 3.736 Mb，组装到 106 个 contigs，contig $N_{50}$ 为 135 699 bp。**【G+C 含量】**41.38%。**【非编码 RNA】**预测到 2 个 rRNA 基因（5S rRNA 1 个、16S rRNA 1 个、23S rRNA 0 个），39 个 tRNA 基因，5 个 sRNA 基因。**【编码基因】**有 3956 个蛋白质编码基因，编码区总长为 3 284 310 bp，占整个基因组的 87.91%，基因的平均长度为 830 bp。**【基因功能注释】**比对到 KEGG、COG 和 GO 数据库的基因数量分别为 3683 个、2752 个和 2719 个，预测到分泌蛋白编码基因 73 个；在 24 个 COG 功能类群中，基因数量前 10 位的类群分别是：E. 氨基酸转运与代谢 310 个，K. 转录 279 个，R. 仅一般功能预测 279 个，G. 碳水化合物转运与代谢 239 个，J. 翻译、核糖体结构与合成 223 个，S. 功能未知 189 个，M. 细胞壁/膜/包膜生物合成 184 个，T. 信号转导机制 177 个，H. 辅酶转运与代谢 176 个和 P. 无机离子转运与代谢 172 个（图 5-1-197a）。**【重复序列】**预测到的重复序列包括：LTR 153 个，总长为 9088 bp，平均长度为 59 bp；DNA 重复元件 52 个，总长为 2919 bp，平均长度为 56 bp；LINE 37 个，总长为 2169 bp，平均长度为 59 bp；SINE 6 个，总长为 379 bp，平均长度为 63 bp；RC 8 个，总长为 560 bp，平均长度为 70 bp；

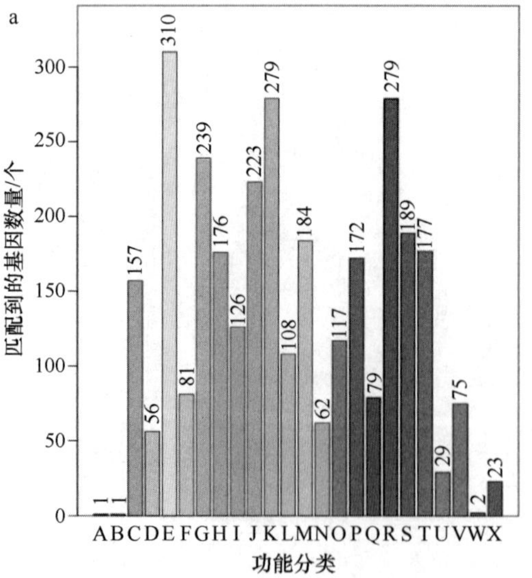


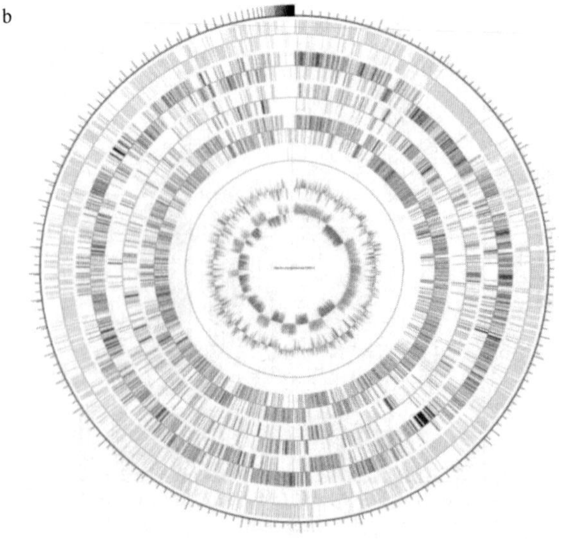


图 5-1-197 漳州芽胞杆菌 DW5-4$^{T}$ 基因组的直系同源基因聚类分析（a）和圈图（b）

TR 119 个，重复序列长度为 6～432 bp，总长为 15 713 bp；小卫星 DNA 75 个，重复序列长度为 11～54 bp，总长为 8029 bp；微卫星 DNA 1 个，重复序列长度为 6 bp，总长为 40 bp。**【CRISPR】**预测到 14 个 CRISPR 相关序列。**【基因岛】**预测到 7 个基因岛 GI 01～GI 07，重复序列长度为 2461～11 623 bp，其 G+C 含量为 32.25%～40.97%。利用已预测得到的基因组信息，如重复序列、G+C 含量等，应用 CIRCOS 工具绘制其基因组圈图（图 5-1-197b）。

## 二、好氧芽胞杆菌属

好氧芽胞杆菌属（*Aeribacillus* Miñana-Galbis et al. 2010，gen. nov.）目前仅有 2 种：堆肥好氧芽胞杆菌（*Aeribacillus composti* Finore et al. 2017，sp. nov.）和苍白好氧芽胞杆菌［*Aeribacillus pallidus* (Scholz et al. 1988) Miñana-Galbis et al. 2010，comb. nov.］。截至 2019 年 6 月 30 日，只有苍白好氧芽胞杆菌的 6 个基因组被测序，而菌株 KCTC 3564 的基因组是完成图，因此，被选择用于描述苍白好氧芽胞杆菌的基因组。

### 苍白好氧芽胞杆菌（*Aeribacillus pallidus*）KCTC 3564

该种的模式菌株（H12$^{T}$ = ATCC 51176$^{T}$ = DSM 3670$^{T}$ = LMG 19006$^{T}$）分离自污泥，嗜热，1987 年研究人员命名为苍白芽胞杆菌（*Bacillus pallidus*）（Scholz et al.，1987），2004 年被重分类为苍白地芽胞杆菌（*Geobacillus pallidus*）（Banat et al.，2004），2010 年被进一步重分类为苍白好氧芽胞杆菌（*Aeribacillus pallidus*）（Miñana-Galbis et al.，2010）。目前，该种有 6 个基因组，选择组装到完成图水平的非模式菌株 KCTC 3564 的基因组进行描述，其 GenBank 登录号为 GCA_002243625.1，测序平台为 PacBio，于 2017 年 8 月 8 日由韩国庆北国立大学（Kyungpook National University）提交。

**【基因组的组装】**菌株 KCTC 3564 基因组的测序深度未知，基因组大小为 4.089 Mb，组装为完成图，包括 1 条染色体。**【G+C 含量】**39.32%。**【非编码 RNA】**预测到 20 个 rRNA 基因（5S rRNA 6 个、16S rRNA 7 个、23S rRNA 7 个），84 个 tRNA 基因，3 个 sRNA 基因。**【编码基因】**有 4578 个蛋白质编码基因，编码区总长为 3 416 514 bp，占整个基因组的 83.55%，基因的平均长度为 746 bp。**【基因功能注释】**比对到 KEGG、COG 和 GO 数据库的基因数量分别为 3854 个、2824 个和 2924 个，预测到分泌蛋白编码基因 48 个；在 24 个 COG 功能类群中，基因数量前 10 位的类群分别是：R. 仅一般功能预测 285 个，E. 氨基酸转运与代谢 264 个，X. 移动元件组：前噬菌体、转座子 259 个，K. 转录 235 个，G. 碳水化合物转运与代谢 209 个，J. 翻译、核糖体结构与合成 209 个，H. 辅酶转运与代谢 188 个，C. 能量产生与转换 179 个，P. 无机离子转运与代谢 177 个和 T. 信号转导机制 161 个（图 5-1-198a）。**【重复序列】**预测到的重复序列包括：LTR 63 个，总长为 5914 bp，平均长度为 94 bp；DNA 重复元件 14 个，总长为 1169 bp，平均长度为 84 bp；LINE 25 个，总长为 1427 bp，平均长度为 57 bp；SINE 11 个，总长为 916 bp，平均长度为 83 bp；RC 1 个，长度为 60 bp；TR 87 个，重复序列长度为 10～1792 bp，总长为 13 274 bp；小卫星 DNA 69 个，重复序列长度为 10～54 bp，总长为 3070 bp；未预测到微卫星 DNA。**【CRISPR】**预测到 159 个 CRISPR 相关序列。**【基因岛】**预测到 33 个基因岛 GI 01～GI 33，重复序列长度为 4081～34 461 bp，其 G+C 含量为 29.91%～49.35%。利用已预测得到的基因组信息，如重复序列、G+C 含量等，应用 CIRCOS 工具绘制其基因组圈图（图 5-1-198b）。

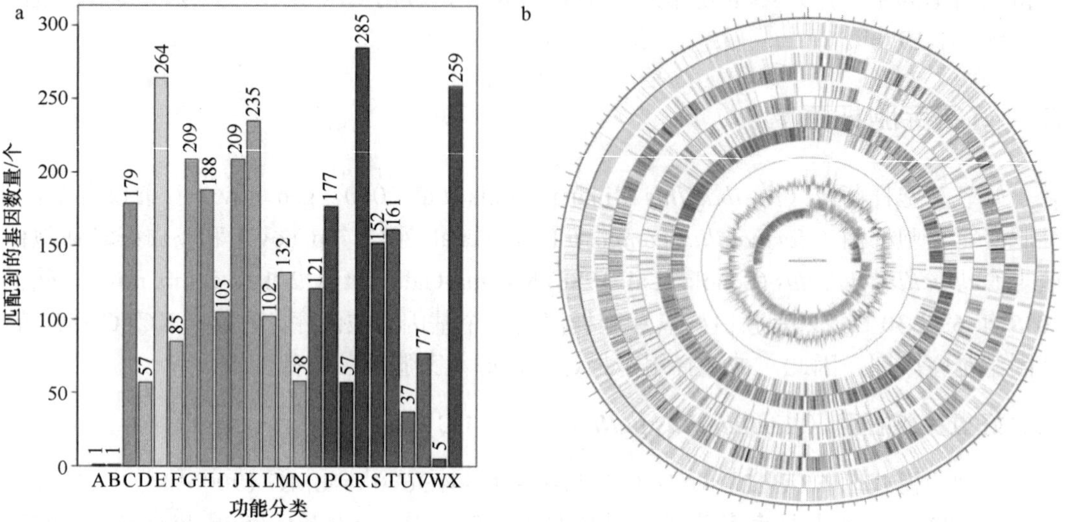


图 5-1-198 苍白好氧芽胞杆菌 KCTC 3564 基因组的直系同源基因聚类分析（a）和圈图（b）

## 三、碱芽胞杆菌属

碱芽胞杆菌属（*Alkalibacillus* Jeon et al. 2005，gen. nov.）现有 7 种，生存环境多样，好氧、嗜碱、嗜盐，模式种为嗜盐碱碱芽胞杆菌（*Alkalibacillus haloalkaliphilus*）（Jeon et al.，2005）。目前，该属仅嗜盐碱碱芽胞杆菌的 1 个基因组被测序。

### 嗜盐碱碱芽胞杆菌（*Alkalibacillus haloalkaliphilus*）C5

嗜盐碱碱芽胞杆菌［*Alkalibacillus haloalkaliphilus* (Fritze 1996) Jeon et al. 2005，comb. nov.］的模式菌株（$WN13^T$ =DSM $5271^T$=ATCC $700606^T$=CIP $106702^T$=JCM $12303^T$=LMG $17943^T$）分离自埃及瓦迪纳顿的盐碱淤泥，能在含有 5%～20% NaCl 的培养基中生长，无 NaCl 时不能生长，最适 pH 9.7，产芽胞，1996 年被命名为嗜盐碱芽胞杆菌（*Bacillus haloalkaliphilus*）（Fritze，1996），2005 年被重分类为嗜盐碱碱芽胞杆菌（*Alkalibacillus haloalkaliphilus*）（Jeon et al.，2005）。目前，该种仅有 1 个基因组，非模式菌株 C5 的基因组 GenBank 登录号为 GCA_000269905.1，测序平台为 IonTorrent，于 2012 年 6 月 18 日由印度阿南德农业大学（Anand Agricultural University）提交。

**【基因组的组装】**菌株 C5 基因组的测序深度为 19 X，基因组大小为 2.908 Mb，组装到 325 个 contigs，contig $N_{50}$ 为 15 918 bp。**【G+C 含量】**37.07%。**【非编码 RNA】**预测到 2 个 rRNA 基因（16S rRNA 1 个、23S rRNA 1 个，未预测到 5S rRNA），50 个 tRNA 基因，6 个 sRNA 基因。**【编码基因】**有 3081 个蛋白质编码基因，编码区总长为 2 330 223 bp，

占整个基因组的 80.13%，基因的平均长度为 756 bp。**【基因功能注释】**比对到 KEGG、COG 和 GO 数据库的基因数量分别为 2407 个、1977 个和 2095 个，预测到分泌蛋白编码基因 63 个；在 24 个 COG 功能类群中，基因数量前 10 位的类群分别是：J. 翻译、核糖体结构与合成 211 个，R. 仅一般功能预测 201 个，E. 氨基酸转运与代谢 187 个，K. 转录 151 个，S. 功能未知 149 个，C. 能量产生与转换 125 个，P. 无机离子转运与代谢 123 个，H. 辅酶转运与代谢 115 个，M. 细胞壁/膜/包膜生物合成 111 个和 G. 碳水化合物转运与代谢 110 个（图 5-1-199a）。**【重复序列】**预测到的重复序列包括：LTR 117 个，总长为 7100 bp，平均长度为 61 bp；DNA 重复元件 44 个，总长为 3079 bp，平均长度为 70 bp；LINE 38 个，总长为 2162 bp，平均长度为 57 bp；SINE 4 个，总长为 204 bp，平均长度为 51 bp；RC 3 个，总长为 165 bp，平均长度为 55 bp；未知序列 1 个，长度为 49 bp；TR 187 个，重复序列长度为 3～147 bp，总长为 9576 bp；小卫星 DNA 176 个，重复序列长度为 10～54 bp，总长为 8998 bp；微卫星 DNA 1 个，重复序列长度为 3 bp，总长为 42 bp。**【CRISPR】**预测到 8 个 CRISPR 相关序列。**【基因岛】**预测到 1 个基因岛 GI 01，长度为 3891 bp，其 G+C 含量为 36.37%。利用已预测得到的基因组信息，如重复序列、G+C 含量等，应用 CIRCOS 工具绘制其基因组圈图（图 5-1-199b）。

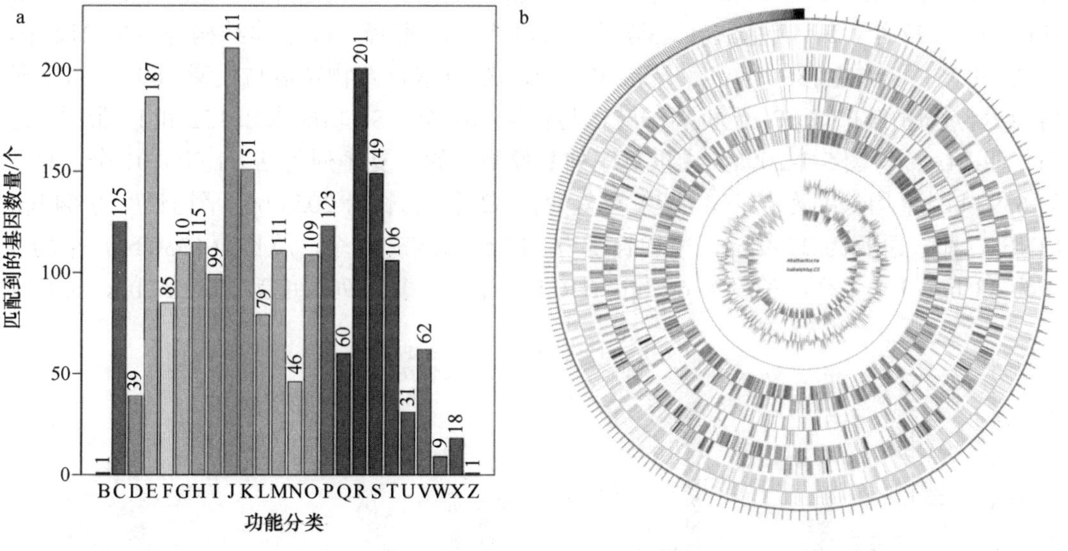


图 5-1-199　嗜盐碱碱芽胞杆菌 C5 基因组的直系同源基因聚类分析（a）和圈图（b）

## 四、碱球菌属

碱球菌属（*Alkalicoccus* Zhao et al. 2017，gen. nov.）于 2017 年建立，目前仅有 2 种：盐湖碱球菌（*Alkalicoccus halolimnae* Zhao et al. 2017，sp. nov.）和嗜盐碱球菌[*Alkalicoccus saliphilus* (Romano et al. 2005) Zhao et al. 2017，comb. nov.]，主要特征为：好氧，不能形成芽胞，中度嗜盐、嗜碱，无 NaCl 时不能生长（Zhao et al.，2017b）。目前，该属仅嗜盐碱球菌的 1 个基因组被测序。

## 嗜盐碱球菌（*Alkalicoccus saliphilus*）6AG$^T$

该种的模式菌株（6AG$^T$ =DSM 15402$^T$=ATCC BAA-957$^T$）分离自意大利坎帕尼亚大区的一个矿坑藻丛，嗜盐、嗜碱，最适生长条件为37℃、15%（*W*/*V*）NaCl、pH 9.0，能耐受高达 25%的 NaCl，不产芽胞，2005 年被命名为嗜盐芽胞杆菌（*Bacillus saliphilus*）（Romano et al., 2005），2017 年被重分类为嗜盐碱球菌（*Alkalicoccus saliphilus*）（Zhao et al., 2017b）。目前，该种仅有 1 个基因组，模式菌株 6AG$^T$ 的基因组 GenBank 登录号为 GCA_003044065.1，测序平台为 Illumina MiSeq，于 2018 年 4 月 6 日由中国农业科学院（Chinese Academy of Agricultural Sciences）提交。

**【基因组的组装】**菌株 6AG$^T$ 基因组的测序深度为 330 X，基因组大小为 3.525 Mb，组装到 70 个 scaffolds，scaffold $N_{50}$ 为 101 144 bp。**【G+C 含量】**45.68%。**【非编码 RNA】**预测到 8 个 rRNA 基因（5S rRNA 6 个、16S rRNA 1 个、23S rRNA 1 个），59 个 tRNA 基因，1 个 sRNA 基因。**【编码基因】**有 3818 个蛋白质编码基因，编码区总长为 3 006 792 bp，占整个基因组的 85.30%，基因的平均长度为 788 bp。**【基因功能注释】**比对到 KEGG、COG 和 GO 数据库的基因数量分别为 2784 个、2335 个和 2419 个，预测到分泌蛋白编码基因 88 个；在 24 个 COG 功能类群中，基因数量前 10 位的类群分别是：R. 仅一般功能预测 272 个，E. 氨基酸转运与代谢 259 个，J. 翻译、核糖体结构与合成 212 个，C. 能量产生与转换 188 个，K. 转录 170 个，G. 碳水化合物转运与代谢 169 个，H. 辅酶转运与代谢 161 个，P. 无机离子转运与代谢 161 个，S. 功能未知 152 和 I. 脂质转运与代谢 143 个（图 5-1-200a）。**【重复序列】**预测到的重复序列包括：LTR 101 个，总长为 6393 bp，平均长度为 63 bp；DNA 重复元件 32 个，总长为 2053 bp，平均长度为 64 bp；LINE 37 个，总长为 2739 bp，平均长度为 74 bp；SINE 16 个，总长为 1330 bp，平均长度为 83 bp；RC 1 个，长度为 66 bp；TR 101 个，重复序列长度为 5～387 bp，总长为

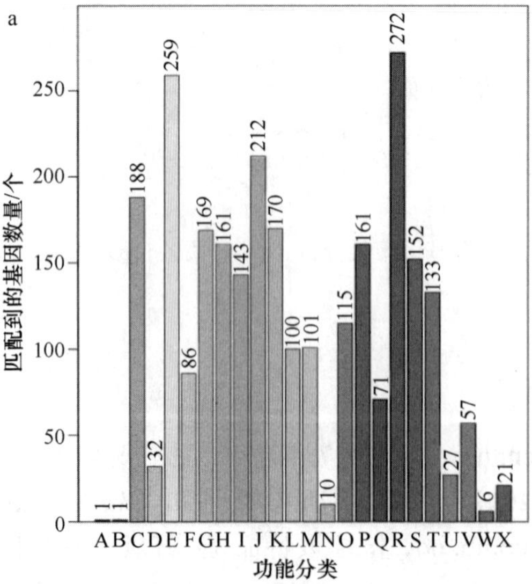


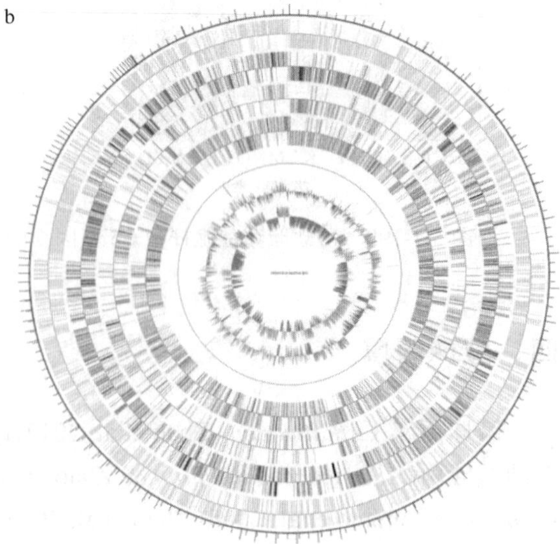

图 5-1-200　嗜盐碱球菌 6AG$^T$ 基因组的直系同源基因聚类分析（a）和圈图（b）

10 399 bp；小卫星 DNA 74 个，重复序列长度为 10～60 bp，总长为 4816 bp；微卫星 DNA 1 个，重复序列长度为 5 bp，总长为 41 bp。**【CRISPR】**预测到 50 个 CRISPR 相关序列。**【基因岛】**预测到 3 个基因岛 GI 01～GI 03，长度分别为 9712 bp、9016 bp 和 9553 bp，其 G+C 含量分别为 44.29%、41.86%和 47.17%。利用已预测得到的基因组信息，如重复序列、G+C 含量等，应用 CIRCOS 工具绘制其基因组圈图（图 5-1-200b）。

## 五、交替芽胞杆菌属

交替芽胞杆菌属（*Alteribacillus* Didari et al. 2012，gen. nov.）于 2012 年建立，目前有 4 种，它们的基本特征是：生长温度为 20～50℃，pH 为 5～11，中度嗜盐，无 NaCl 时不能生长，最高可耐受 24%（*W*/*V*）盐浓度，产芽胞（Begum et al.，2016；Didari et al.，2012）。目前，该属有 3 个已知种类的 4 个基因组被测序。

### 1. 阿巴德盐湖交替芽胞杆菌（*Alteribacillus bidgolensis*）DSM 25260$^{T}$

阿巴德盐湖交替芽胞杆菌（*Alteribacillus bidgolensis* Didari et al. 2012，sp. nov.）的模式菌株（P4B$^{T}$ =CCM 7963$^{T}$ =CECT 7998$^{T}$ =DSM 25260$^{T}$ =IBRC-M 10614$^{T}$ =KCTC 13821$^{T}$）分离自伊朗阿巴德盐湖，中度嗜盐，最适生长条件为 35℃、5%～7.5%（*W*/*V*）NaCl、pH 7.0，产芽胞（Didari et al.，2012）。目前，该种有 2 个基因组，模式菌株 DSM 25260$^{T}$的基因组 GenBank 登录号为 GCA_002886255.1，测序平台为 Illumina HiSeq，于 2018 年 1 月 16 日由福建省农业科学院（Fujian Academy of Agricultural Sciences）提交。

**【基因组的组装】**菌株 DSM 25260$^{T}$基因组的测序深度为 100 X，基因组大小为 4.703 Mb，组装到 2 个 scaffolds，scaffold $N_{50}$ 为 4 342 811 bp。**【G+C 含量】**38.89%。**【非编码 RNA】**预测到 24 个 rRNA 基因（5S rRNA 8 个、16S rRNA 8 个、23S rRNA 8 个），67 个 tRNA 基因，27 个 sRNA 基因。**【编码基因】**有 5129 个蛋白质编码基因，编码区总长为 3 879 024 bp，占整个基因组的 82.48%，基因的平均长度为 756 bp。**【基因功能注释】**比对到 KEGG、COG 和 GO 数据库的基因数量分别为 3740 个、3043 个和 3324 个，预测到分泌蛋白编码基因 91 个；在 24 个 COG 功能类群中，基因数量前 10 位的类群分别是：R. 仅一般功能预测 367 个，E. 氨基酸转运与代谢 329 个，G. 碳水化合物转运与代谢 257 个，K. 转录 257 个，C. 能量产生与转换 246 个，J. 翻译、核糖体结构与合成 208 个，H. 辅酶转运与代谢 208 个，P. 无机离子转运与代谢 202 个，S. 功能未知 197 个和 M. 细胞壁/膜/包膜生物合成 186 个（图 5-1-201a）。**【重复序列】**预测到的重复序列包括：LTR 90 个，总长为 7362 bp，平均长度为 82 bp；DNA 重复元件 35 个，总长为 4078 bp，平均长度为 117 bp；LINE 27 个，总长为 1644 bp，平均长度为 61 bp；SINE 11 个，总长为 862 bp，平均长度为 78 bp；RC 2 个，总长为 118 bp，平均长度为 59 bp；未知序列 1 个，长度为 59 bp；TR 126 个，重复序列长度为 6～218 bp，总长为 14 525 bp；小卫星 DNA 100 个，重复序列长度为 10～60 bp，总长为 9854 bp；微卫星 DNA 2 个，重复序列长度为 6 bp，总长为 1640 bp。**【CRISPR】**预测到 15 个 CRISPR 相关序列。**【基因岛】**预测到 15 个基因岛 GI 01～GI 15，长度为 4098～35 215 bp，其 G+C 含量为 32.51%～48.79%。利用已预测得到的基因组信息，如重复序列、G+C 含量等，应用

CIRCOS 工具绘制其基因组圈图（图 5-1-201b）。

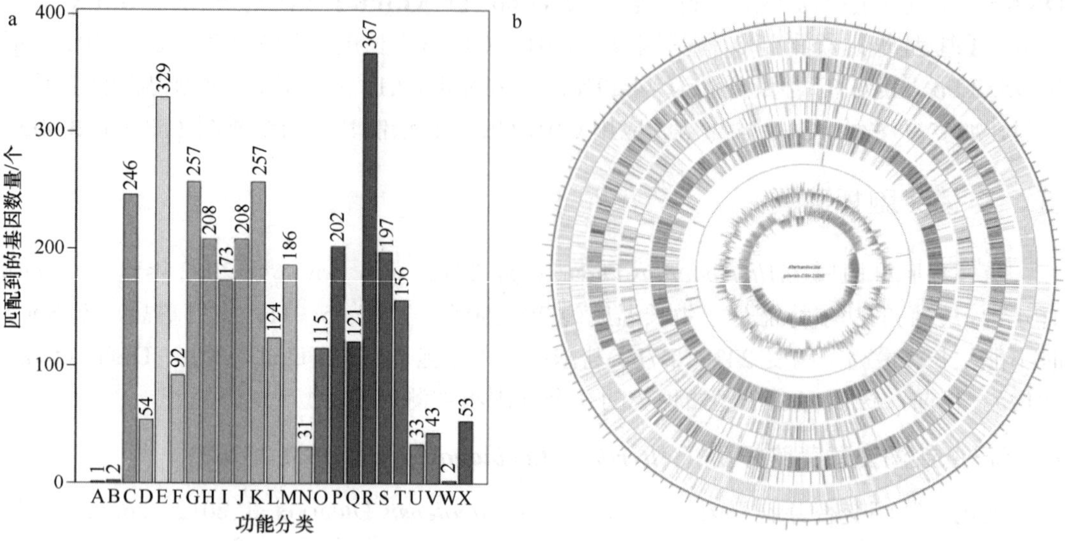


图 5-1-201 阿巴德盐湖交替芽胞杆菌 DSM 25260$^{T}$ 基因组的直系同源基因聚类分析（a）和圈图（b）

## 2. 伊朗交替芽胞杆菌（*Alteribacillus iranensis*）DSM 23995$^{T}$

伊朗交替芽胞杆菌（*Alteribacillus iranensis* Azmatunnisa Begum et al. 2016，comb. nov.）的模式菌株（X5B$^{T}$ =IBRC 10446$^{T}$ =DSM 23995$^{T}$）分离自伊朗阿巴德盐湖的淤泥，中度嗜盐，耐碱，生长条件为 25～45℃（最适 35℃）、pH 7.0～10.0（最适 pH 7.5）、2.5%～15%（*W*/*V*）NaCl（最适 5%～7.5%），产芽胞，2012 年被命名为伊朗芽胞杆菌（*Bacillus iranensis*）（Bagheri et al.，2012），2016 年重分类为伊朗交替芽胞杆菌（*Alteribacillus iranensis*）（Begum et al.，2016）。目前，该种仅有 1 个基因组，模式菌株 DSM 23995$^{T}$ 的基因组 GenBank 登录号为 GCA_900113025.1，测序平台为 Illumina HiSeq，于 2016 年 11 月 2 日由美国能源部联合基因组研究所（DOE Joint Genome Institute）提交。

**【基因组的组装】**菌株 DSM 23995$^{T}$ 基因组的测序深度为 374 X，基因组大小为 3.316 Mb，组装到 21 个 scaffolds，scaffold $N_{50}$ 为 421 372 bp。**【G+C 含量】**41.66%。**【非编码 RNA】**预测到 7 个 rRNA 基因（5S rRNA 6 个、16S rRNA 1 个，未预测到 23S rRNA），56 个 tRNA 基因，33 个 sRNA 基因。**【编码基因】**有 3399 个蛋白质编码基因，编码区总长为 2 845 128 bp，占整个基因组的 85.8%，基因的平均长度为 837 bp。**【基因功能注释】**比对到 KEGG、COG 和 GO 数据库的基因数量分别为 2750 个、2274 个和 2296 个，预测到分泌蛋白编码基因 61 个；在 23 个 COG 功能类群中，基因数量前 10 位的类群分别是：E. 氨基酸转运与代谢 259 个，R. 仅一般功能预测 257 个，J. 翻译、核糖体结构与合成 192 个，C. 能量产生与转换 182 个，H. 辅酶转运与代谢 177 个，P. 无机离子转运与代谢 164 个，K. 转录 161 个，S. 功能未知 155 个，T. 信号转导机制 136 个和 M. 细胞壁/膜/包膜生物合成 130 个（图 5-1-202a）。**【重复序列】**预测到的重复序列包括：LTR 78 个，总长为 4416 bp，平均长度为 57 bp；DNA 重复元件 38 个，总长为 2164 bp，平均长度为 57 bp；LINE 21 个，总长为 1145 bp，平均长度为 55 bp；SINE 9 个，总长为 528 bp，平均长度为 59 bp；RC 1 个，长度为 53 bp；TR 111 个，重复序列长度为 3～332 bp，总长为 15 986 bp；小卫星 DNA 70 个，重复序列长度为 11～60 bp，总长为 5719 bp；微卫星 DNA 2 个，重复序列长度为 3 bp，总长为 103 bp。**【CRISPR】**预测到 29 个 CRISPR 相关序列。**【基因岛】**预测到 5 个基因岛 GI 01～GI 05，长度分别为 8806 bp、17 776 bp、10 691 bp、5973 bp 和 5930 bp，其 G+C 含量分别为 40.77%、41.17%、45.37%、39.24%和 41.89%。利用已预测得到的基因组信息，如重复序列、G+C 含量等，应用 CIRCOS 工具绘制其基因组圈图（图 5-1-202b）。

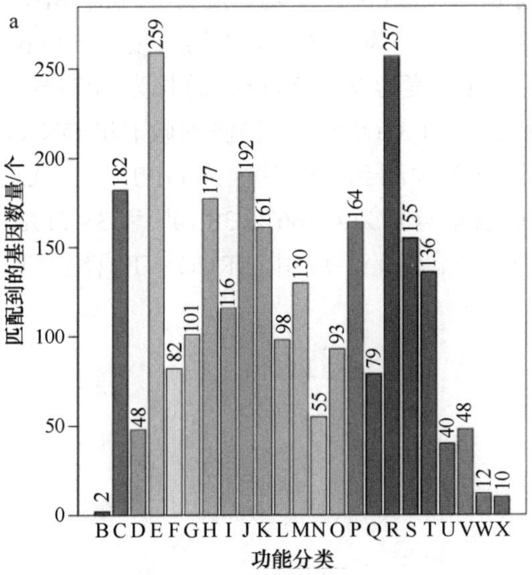


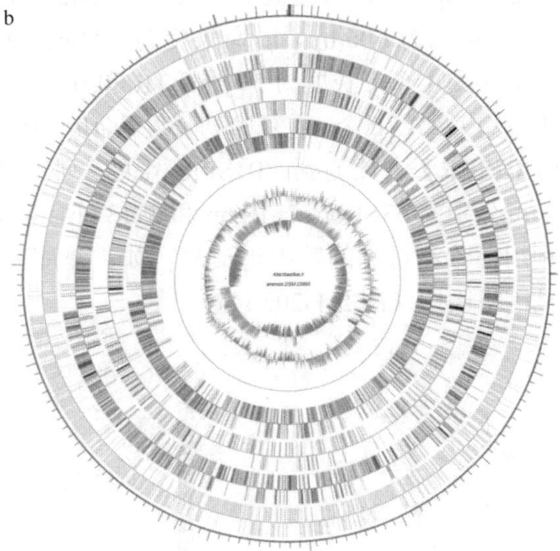


图 5-1-202　伊朗交替芽胞杆菌 DSM 23995$^{T}$ 基因组的直系同源基因聚类分析（a）和圈图（b）

### 3. 波斯波利斯交替芽胞杆菌（*Alteribacillus persepolensis*）DSM 21632$^{T}$

波斯波利斯交替芽胞杆菌［*Alteribacillus persepolensis* (Amoozegar et al. 2009) Didari et al. 2012，comb. nov.］的模式菌株（HS136$^{T}$ =CCM 7595$^{T}$ =DSM 21632$^{T}$ =JCM15720$^{T}$ = LMG 25222$^{T}$）分离自伊霍兹-索尔坦盐湖，中度嗜盐，耐碱，生长条件为 25～45℃（最适 40℃）、pH 7.0～10.0（最适 pH 8.0～8.5）、5%～20%（*W*/*V*）NaCl（最适 10%），好氧，产芽胞，2009 年被命名为波斯波利斯芽胞杆菌（*Bacillus persepolensis*）（Amoozegar et al.，2009a），2012 年被重分类为波斯波利斯交替芽胞杆菌（*Alteribacillus persepolensis*）（Didari et al.，2012）。目前，该种仅有 1 个基因组，模式菌株 DSM 21632$^{T}$ 的基因组 GenBank 登录号为 GCA_900099605.1，测序平台为 Illumina HiSeq，于 2016 年 10 月 21 日由美国能源部联合基因组研究所（DOE Joint Genome Institute）提交。

**【基因组的组装】**菌株 DSM 21632$^{T}$ 基因组的测序深度为 366 X，基因组大小为 3.619 Mb，组装到 65 个 contigs，contig $N_{50}$ 为 130 787 bp。**【G+C 含量】**41.63%。**【非编码 RNA】**预测到 7 个 rRNA 基因（5S rRNA 6 个、16S rRNA 1 个，未预测到 23S rRNA），41 个 tRNA 基因，24 个 sRNA 基因。**【编码基因】**有 3868 个蛋白质编码基因，编码区

总长为 3 084 246 bp，占整个基因组的 85.22%，基因的平均长度为 797 bp。**【基因功能注释】**比对到 KEGG、COG 和 GO 数据库的基因数量分别为 2942 个、2420 个和 2545 个，预测到分泌蛋白编码基因 85 个；在 23 个 COG 功能类群中，基因数量前 10 位的类群分别是：R. 仅一般功能预测 290 个，E. 氨基酸转运与代谢 223 个，J. 翻译、核糖体结构与合成 199 个，H. 辅酶转运与代谢 192 个，C. 能量产生与转换 183 个，K. 转录 178 个，I. 脂质转运与代谢 169 个，P. 无机离子转运与代谢 168 个，S. 功能未知 151 个和 G. 碳水化合物转运与代谢 145 个（图 5-1-203a）。**【重复序列】**预测到的重复序列包括：LTR 138 个，总长为 8359 bp，平均长度为 61 bp；DNA 重复元件 42 个，总长为 2450 bp，平均长度为 58 bp；LINE 42 个，总长为 2563 bp，平均长度为 61 bp；SINE 9 个，总长为 606 bp，平均长度为 67 bp；RC 3 个，总长为 175 bp，平均长度为 58 bp；未知序列 1 个，长度为 57 bp；TR 80 个，重复序列长度为 9～126 bp，总长为 3874 bp；小卫星 DNA 76 个，重复序列长度为 10～45 bp，总长为 3560 bp；未预测到微卫星 DNA。**【CRISPR】**未预测到 CRISPR 相关序列。**【基因岛】**预测到 3 个基因岛 GI 01～GI 03，长度分别为 6361 bp、7818 bp 和 3113 bp，其 G+C 含量分别为 41.66%、38.14%和 38.71%。利用已预测得到的基因组信息，如重复序列、G+C 含量等，应用 CIRCOS 工具绘制其基因组圈图（图 5-1-203b）。

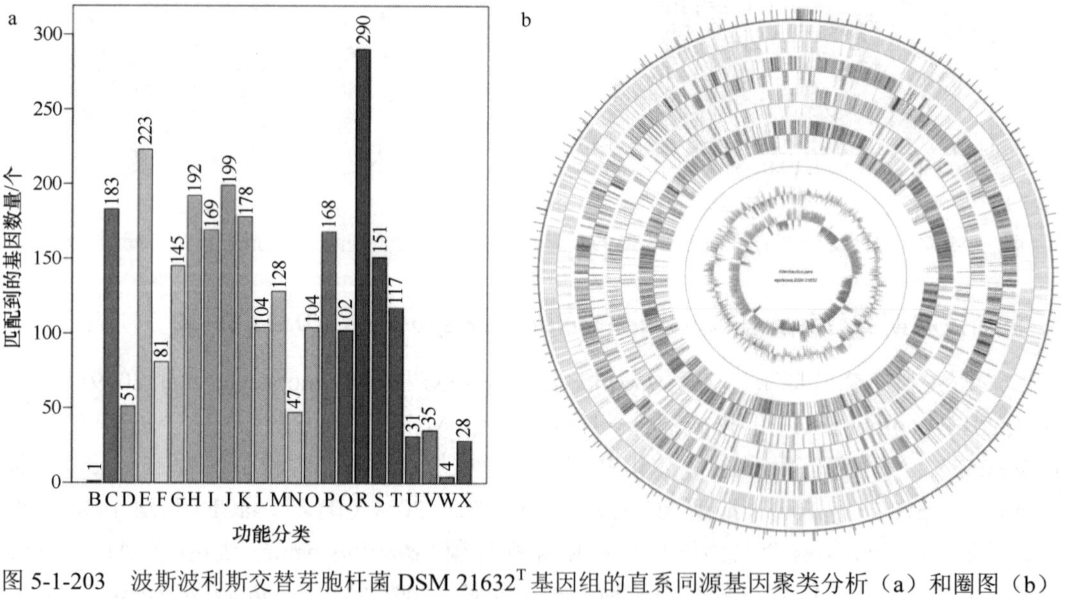


图 5-1-203　波斯波利斯交替芽胞杆菌 DSM 21632$^T$ 基因组的直系同源基因聚类分析（a）和圈图（b）

## 六、兼性芽胞杆菌属

兼性芽胞杆菌属（*Amphibacillus* Niimura et al. 1990，gen. nov.）于 1990 年建立，包括 9 种，模式种是木聚糖兼性芽胞杆菌（*Amphibacillus xylanus*），该属的主要特征为：兼性厌氧，产芽胞（Niimura et al.，1990）。目前，该属有 4 个已知种类的 4 个基因组被测序，现只介绍海洋兼性芽胞杆菌一种。

## 海洋兼性芽胞杆菌（*Amphibacillus marinus*）CGMCC 1.10434$^T$

海洋兼性芽胞杆菌（*Amphibacillus marinus* Ren et al. 2013，sp. nov.）的模式菌株（J1$^T$=CGMCC 1.10434$^T$ =JCM 17099$^T$）分离自南海深海淤泥，耐盐，耐碱，生长条件为 7～55℃（最适 28℃）、pH 7.5～10.0（最适 pH 9.0）、5%～20%（*W*/*V*）NaCl（最适 10%），无 NaCl 能生长，能耐受 12% NaCl，兼性好氧，产芽胞（Ren et al.，2013）。目前，该种仅有 1 个基因组，模式菌株 CGMCC 1.10434$^T$ 的基因组 GenBank 登录号为 GCA_900110345.1，测序平台为 Illumina HiSeq，于 2016 年 10 月 31 日由美国能源部联合基因组研究所（DOE Joint Genome Institute）提交。

**【基因组的组装】**菌株 CGMCC 1.10434$^T$ 基因组的测序深度为 343 X，基因组大小为 3.469 Mb，组装到 65 个 scaffolds，scaffold $N_{50}$ 为 227 437 bp。**【G+C 含量】**38.56%。**【非编码 RNA】**预测到 5 个 rRNA 基因（5S rRNA 3 个、16S rRNA 1 个、23S rRNA 1 个），45 个 tRNA 基因，12 个 sRNA 基因。**【编码基因】**有 3333 个蛋白质编码基因，编码区总长为 2 979 732 bp，占整个基因组的 85.96%，基因的平均长度为 894 bp。**【基因功能注释】**比对到 KEGG、COG 和 GO 数据库的基因数量分别为 2820 个、2367 个和 2361 个，预测到分泌蛋白编码基因 59 个；在 24 个 COG 功能类群中，基因数量前 10 位的类群分别是：G. 碳水化合物转运与代谢 321 个，K. 转录 236 个，E. 氨基酸转运与代谢 234 个，R. 仅一般功能预测 226 个，J. 翻译、核糖体结构与合成 213 个，S. 功能未知 169 个，T. 信号转导机制 156 个，P. 无机离子转运与代谢 146 个，M. 细胞壁/膜/包膜生物合成 144 个和 H. 辅酶转运与代谢 119 个（图 5-1-204a）。**【重复序列】**预测到的重复序列包括：LTR 55 个，总长为 3589 bp，平均长度为 65 bp；DNA 重复元件 19 个，总长为 1583 bp，平均长度为 83 bp；LINE 23 个，总长为 1246 bp，平均长度为 54 bp；SINE 4 个，总长为 246 bp，平均长度为 62 bp；RC 6 个，总长为 287 bp，平均长度为 48 bp；TR 81 个，重复序列长度为 7～153 bp，总长为 6585 bp；小卫星 DNA 64 个，

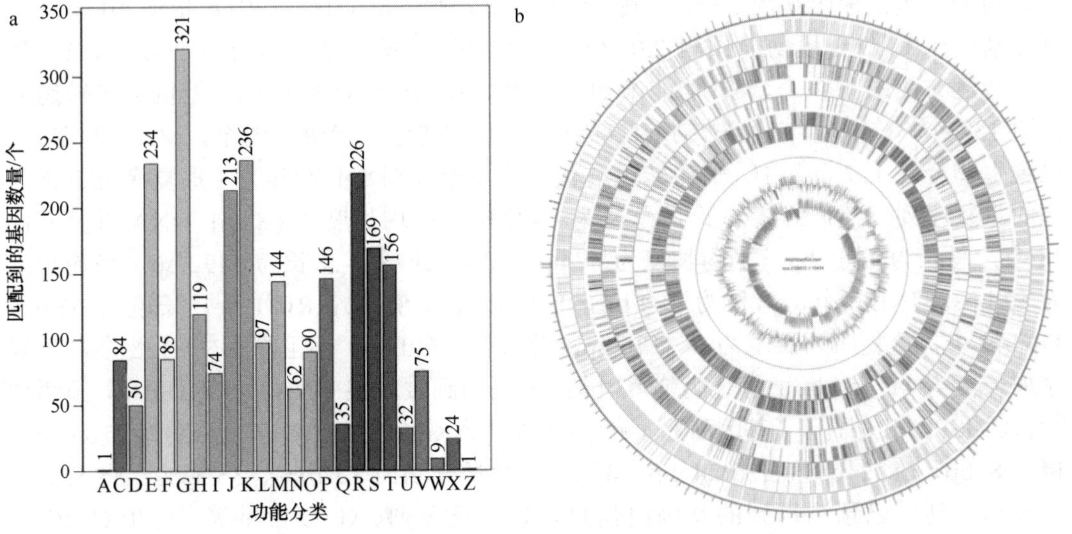


图 5-1-204　海洋兼性芽胞杆菌 CGMCC 1.10434$^T$ 基因组的直系同源基因聚类分析（a）和圈图（b）

重复序列长度为 11～56 bp，总长为 5362 bp；未预测到微卫星 DNA。【**CRISPR**】预测到 14 个 CRISPR 相关序列。【**基因岛**】预测到 8 个基因岛 GI 01～GI 08，长度为 4908～29 237 bp，其 G+C 含量为 32.84%～39.51%。利用已预测得到的基因组信息，如重复序列、G+C 含量等，应用 CIRCOS 工具绘制其基因组圈图（图 5-1-204b）。

## 七、居盐水芽胞杆菌属

居盐水芽胞杆菌属（*Aquisalibacillus* Márquez et al. 2008，gen. nov.）于 2008 建立，仅 1 种，革兰氏染色阴性，未观察到芽胞，中度嗜盐，严格好氧，能还原硝酸盐（Márquez et al.，2008）。目前，仅有 1 个基因组。

### 延伸居盐水芽胞杆菌（*Aquisalibacillus elongatus*）DSM 18090$^T$

延伸居盐水芽胞杆菌（*Aquisalibacillus elongatus* Márquez et al. 2008，sp. nov.）的模式菌株（SH4s$^T$ =CCM 7366$^T$ =CECT 7149$^T$ =DSM 18090$^T$）分离自内蒙古的盐湖，中度嗜盐，生长条件为 20～55℃（最适 37℃）、pH 7.0～10.0（最适 pH 7.5）、3%～20%（*W*/*V*）NaCl（最适 10%），严格好氧，未观察到芽胞（Márquez et al.，2008）。目前，该种仅有 1 个基因组，模式菌株 DSM 18090$^T$ 的基因组 GenBank 登录号为 GCA_003843875.1，测序平台为 Illumina HiSeq，于 2018 年 11 月 23 日由美国能源部联合基因组研究所（DOE Joint Genome Institute）提交。

【**基因组的组装**】菌株 DSM 18090$^T$ 基因组的测序深度为 488 X，基因组大小为 2.878 Mb，组装到 15 个 contigs，contig $N_{50}$ 为 622 577 bp。【**G+C 含量**】37.44%。【**非编码 RNA**】预测到 8 个 rRNA 基因（5S rRNA 6 个、16S rRNA 1 个、23S rRNA 1 个），61 个 tRNA 基因，8 个 sRNA 基因。【**编码基因**】有 3055 个蛋白质编码基因，编码区总长为 2 565 957 bp，占整个基因组的 89.16%，基因的平均长度为 840 bp。【**基因功能注释**】比对到 KEGG、COG 和 GO 数据库的基因数量分别为 2500 个、2050 个和 2178 个，预测到分泌蛋白编码基因 23 个；在 24 个 COG 功能类群中，基因数量前 10 位的类群分别是：R. 仅一般功能预测 236 个，J. 翻译、核糖体结构与合成 208 个，E. 氨基酸转运与代谢 197 个，S. 功能未知 154 个，K. 转录 153 个，P. 无机离子转运与代谢 134 个，C. 能量产生与转换 128 个，I. 脂质转运与代谢 125 个，M. 细胞壁/膜/包膜生物合成 117 个和 H. 辅酶转运与代谢 112 个（图 5-1-205a）。【**重复序列**】预测到的重复序列包括：LTR 66 个，总长为 4492 bp，平均长度为 68 bp；DNA 重复元件 28 个，总长为 1864 bp，平均长度为 67 bp；LINE 26 个，总长为 1492 bp，平均长度为 57 bp；SINE 6 个，总长为 484 bp，平均长度为 81 bp；RC 1 个，长度为 65 bp；TR 149 个，重复序列长度为 9～176 bp，总长为 8770 bp；小卫星 DNA 133 个，重复序列长度为 11～54 bp，总长为 7403 bp；未预测到微卫星 DNA。【**CRISPR**】预测到 3 个 CRISPR 相关序列。【**基因岛**】预测到 4 个基因岛 GI 01～GI 04，长度分别为 25 351 bp、14 298 bp、6822 bp 和 13 024 bp，其 G+C 含量分别为 30.19%、35.53%、35.52%和 34.87%。利用已预测得到的基因组信息，如重复序列、G+C 含量等，应用 CIRCOS 工具绘制其基因组圈图（图 5-1-205b）。

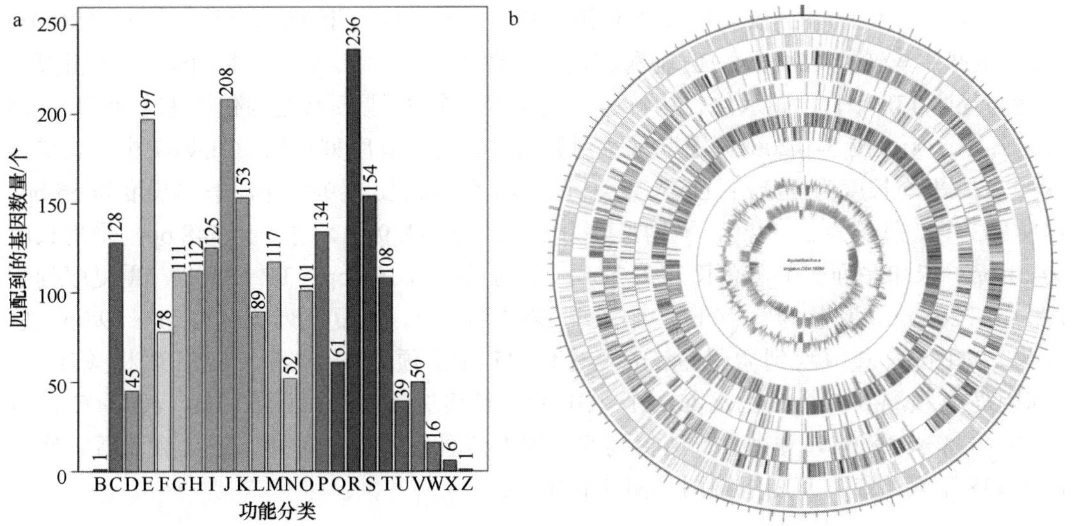


图 5-1-205　延伸居盐水芽胞杆菌 DSM 18090$^T$基因组的直系同源基因聚类分析（a）和圈图（b）

## 八、热碱芽胞杆菌属

热碱芽胞杆菌属（*Caldalkalibacillus* Xue et al. 2006，gen. nov.）于 2006 年建立，目前包括 2 种：温泉热碱芽胞杆菌（*Caldalkalibacillus thermarum* Xue et al. 2006，sp. nov.）和乌宗山热碱芽胞杆菌（*Caldalkalibacillus uzonensis* Zhao et al. 2008，sp. nov.），嗜热，嗜碱，好氧，产芽胞，模式种为温泉热碱芽胞杆菌（Xue et al.，2006）。该属仅有 1 个基因组被测序。

### 温泉热碱芽胞杆菌（*Caldalkalibacillus thermarum*）TA2.A1

温泉热碱芽胞杆菌（*Caldalkalibacillus thermarum* Xue et al. 2006，sp. nov.）的模式菌株（HA6$^T$ =CGMCC 1.4242$^T$ =JCM 13486$^T$）分离自云南腾冲市的碱性温泉，嗜热、嗜碱，生长条件为 45～65℃（最适 60℃）、pH 7.5～10.0（最适 pH 8.5）、0～6%（*W*/*V*）NaCl（最适 1.5%），严格好氧，产芽胞（Xue et al.，2006）。目前，该种仅有 1 个基因组，非模式菌株 TA2.A1 基因组的 GenBank 登录号为 GCA_000218765.2，测序平台为 454 FLX+Illumina HiSeq，于 2011 年 5 月 26 日由新西兰奥塔哥大学（University of Otago）提交。

**【基因组的组装】**菌株 TA2.A1 基因组的测序深度为 234 X，基因组大小为 2.895 Mb，组装到 251 个 scaffolds，scaffold $N_{50}$ 为 28 715 bp。**【G+C 含量】**47.56%。**【非编码 RNA】**预测到 7 个 rRNA 基因（5S rRNA 5 个、16S rRNA 1 个、23S rRNA 1 个），89 个 tRNA 基因，1 个 sRNA 基因。**【编码基因】**有 3039 个蛋白质编码基因，编码区总长为 2 492 628 bp，占整个基因组的 86.10%，基因的平均长度为 820 bp。**【基因功能注释】**比对到 KEGG、COG 和 GO 数据库的基因数量分别为 2353 个、2040 个和 2082 个，预测到分泌蛋白编码基因 32 个；在 25 个 COG 功能类群中，基因数量前 10 位的类群分别是：E. 氨基酸转运与代谢 231 个，R. 仅一般功能预测 197 个，J. 翻译、核糖体结构与合成 186 个，C. 能量产生与转换 164 个，H. 辅酶转运与代谢 157 个，K. 转录 143 个，P. 无机离子转运与代谢 138 个，G. 碳水化合物转运与代谢 135 个，I. 脂质转运与代谢 121 个和 S. 功能未知 103 个（图 5-1-206a）。**【重复序列】**预测到的重复序列包括：LTR 87 个，总长为 5094 bp，平均长度为 59 bp；DNA 重复元件 18 个，总长为 988 bp，平均长度为 55 bp；LINE 33 个，总长为 2111 bp，平均长度为 64 bp；SINE 9 个，总长为 548 bp，平均长度为 61 bp；未知序列 2 个，总长为 212 bp，平均长度为 106 bp；TR 124 个，重复序列长度为 1～205 bp，总长为 5626 bp；小卫星 DNA 119 个，重复序列长度为 11～59 bp，总长为 5041 bp；未预测到微卫星 DNA。**【CRISPR】**预测到 59 个 CRISPR 相关序列。**【基因岛】**预测到 7 个基因岛 GI 01～GI 07，长度为 4747～11 453 bp，其 G+C 含量为 44.67%～50.82%。利用已预测得到的基因组信息，如重复序列、G+C 含量等，应用 CIRCOS 工具绘制其基因组圈图（图 5-1-206b）。

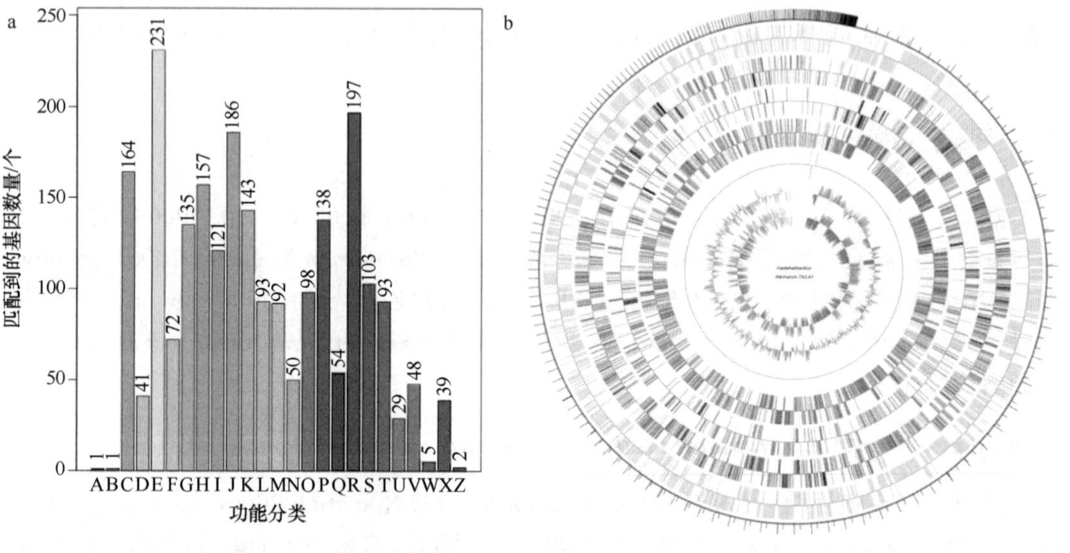


图 5-1-206 温泉热碱芽胞杆菌 TA2.A1 基因组的直系同源基因聚类分析（a）和圈图（b）

## 九、热芽胞杆菌属

热芽胞杆菌属（*Caldibacillus* Coorevits et al. 2012，gen. nov.）于 2012 年建立，目前包含 2 种：食纤维素热芽胞杆菌（*Caldibacillus cellulovorans* Sunna et al. 2000，sp. nov.）（未合格化）和虚弱热芽胞杆菌［*Caldibacillus debilis* (Banat et al. 2004) Coorevits et al. 2012，comb. nov.］，嗜热，严格好氧，产芽胞，模式种为虚弱热芽胞杆菌（Coorevits et al., 2012a）。该属有虚弱热芽胞杆菌的 7 个菌株的基因组被测序。

### 虚弱热芽胞杆菌（*Caldibacillus debilis*）DSM 16016$^T$

虚弱热芽胞杆菌［*Caldibacillus debilis* (Banat et al. 2004) Coorevits et al. 2012，comb.

nov.］的模式菌株（LMG 23386$^{T}$ =DSM 16016$^{T}$ =NCIMB 13995$^{T}$ =Tf$^{T}$ =R-35653$^{T}$）分离自北爱尔兰的冻土表层土壤，嗜热，生长温度为 50～70℃（最适 60℃），严格好氧，产芽胞，于 2004 年被命名为虚弱地芽胞杆菌（*Geoacillus debilis*）（Banat et al.，2004），2012 年被重分类为虚弱热芽胞杆菌（*Caldibacillus debilis*）（Coorevits et al.，2012a）。目前，该种有 7 个基因组，选择组装水平较高的模式菌株 DSM 16016$^{T}$ 的基因组进行描述，其 GenBank 登录号为 GCA_000383875.1，测序平台为 454 FLX+Illumina HiSeq，于 2013 年 4 月 26 日由美国能源部联合基因组研究所（DOE Joint Genome Institute）提交。

**【基因组的组装】**菌株 DSM 16016$^{T}$ 基因组的测序深度未知，基因组大小为 3.060 Mb，组装到 40 个 scaffolds，scaffold $N_{50}$ 为 152 056 bp。**【G+C 含量】**51.62%。**【非编码 RNA】**预测到 5 个 rRNA 基因（5S rRNA 5 个、16S rRNA 0 个、23S rRNA 0 个），58 个 tRNA 基因，1 个 sRNA 基因。**【编码基因】**有 4115 个蛋白质编码基因，编码区总长为 2 676 921 bp，占整个基因组的 87.48%，基因的平均长度为 651 bp。**【基因功能注释】**比对到 KEGG、COG 和 GO 数据库的基因数量分别为 2355 个、1984 个和 1964 个，预测到分泌蛋白编码基因 47 个；在 23 个 COG 功能类群中，基因数量前 10 位的类群分别是：G. 碳水化合物转运与代谢 203 个，R. 仅一般功能预测 200 个，J. 翻译、核糖体结构与合成 198 个，E. 氨基酸转运与代谢 185 个，K. 转录 177 个，S. 功能未知 135 个，P. 无机离子转运与代谢 128 个，M. 细胞壁/膜/包膜生物合成 120 个，T. 信号转导机制 105 个，C. 能量产生与转换 104 个（图 5-1-207a）。**【重复序列】**预测到的重复序列包括：LTR 62 个，总长为 3741 bp，平均长度为 60 bp；DNA 重复元件 20 个，总长为 1447 bp，平均长度为 72 bp；LINE 15 个，总长为 1017 bp，平均长度为 68 bp；SINE 8 个，总长为 536 bp，平均长度为 67 bp；RC 2 个，总长为 181 bp，平均长度为 91 bp；TR 103 个，重复序列长度为 9～252 bp，总长为 6918 bp；小卫星 DNA 94 个，重复序列长度为 10～48 bp，总长为 4407 bp；未预测到微卫星 DNA。**【CRISPR】**预测到 90 个 CRISPR 相关序列。

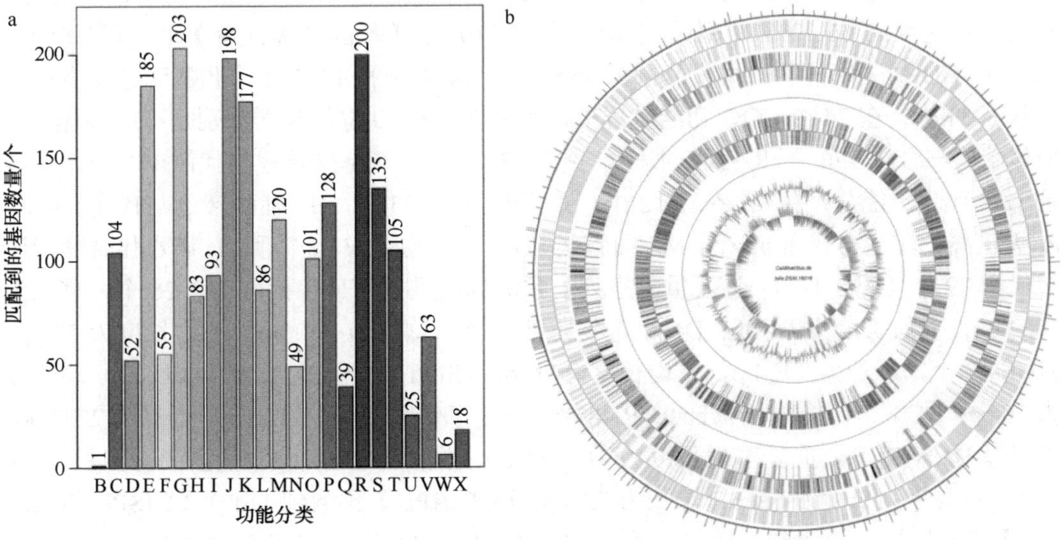


图 5-1-207　虚弱热芽胞杆菌 DSM 16016$^{T}$ 基因组的直系同源基因聚类分析（a）和圈图（b）

**【基因岛】**预测到 8 个基因岛 GI 01～GI 08，长度为 5854～10 914 bp，其 G+C 含量为 33.4%～54.07%。利用已预测得到的基因组信息，如重复序列、G+C 含量等，应用 CIRCOS 工具绘制其基因组圈图（图 5-1-207b）。

## 十、居热土菌属

居热土菌属（*Calditerricola* Moriya et al. 2011，gen. nov.）于 2011 年建立，目前包含 2 种：萨摩居热土菌（*Calditerricola satsumensis* Moriya et al. 2011，sp. nov.）和山村氏居热土菌（*Calditerricola yamamurae* Moriya et al. 2011，sp. nov.），模式种为萨摩居热土菌，均好氧，极度嗜热，未观察到芽胞（Moriya et al.，2011）。该属仅有 1 个基因组被测序。

### 萨摩居热土菌（*Calditerricola satsumensis*）JCM 14719$^T$

萨摩居热土菌（*Calditerricola satsumensis* Moriya et al. 2011，sp. nov.）的模式菌株（YMO81$^T$ =ATCC BAA-1462$^T$ =JCM 14719$^T$ =DSM 45223$^T$）分离自高温堆肥（最高超过 90℃），极度嗜热，生长条件为 56～83℃（最适 78℃）、pH 6.6～8.9（最适 pH 7.5）、0.3%～4%（*W*/*V*）NaCl（最适 2%），好氧，未观察到芽胞（Moriya et al.，2011）。目前，该种仅有 1 个基因组，模式菌株 JCM 14719$^T$ 基因组的 GenBank 登录号为 GCA_001311905.1，测序平台为 Ion PGM，于 2015 年 10 月 1 日由日本东京大学（The University of Tokyo）提交。

**【基因组的组装】**菌株 JCM 14719$^T$ 基因组的测序深度为 46 X，基因组大小为 2.222 Mb，组装到 603 个 contigs，contig $N_{50}$ 为 5966 bp。**【G+C 含量】**63.65%。**【非编码 RNA】**预测到 3 个 rRNA 基因（5S rRNA 1 个、16S rRNA 1 个、23S rRNA 1 个），59 个 tRNA 基因，0 个 sRNA 基因。**【编码基因】**有 2438 个蛋白质编码基因，编码区总长为 1 486 590 bp，占整个基因组的 66.90%，基因的平均长度为 610 bp。**【基因功能注释】**比对到 KEGG、COG 和 GO 数据库的基因数量分别为 1553 个、1401 个和 1555 个，预测到分泌蛋白编码基因 31 个；在 24 个 COG 功能类群中，基因数量前 10 位的类群分别是：J. 翻译、核糖体结构与合成 156 个，R. 仅一般功能预测 133 个，E. 氨基酸转运与代谢 130 个，K. 转录 126 个，C. 能量产生与转换 112 个，S. 功能未知 96 个，H. 辅酶转运与代谢 94 个，P. 无机离子转运与代谢 82 个，M. 细胞壁/膜/包膜生物合成 81 个和 G. 碳水化合物转运与代谢 79 个（图 5-1-208a）。**【重复序列】**预测到的重复序列包括：LTR 26 个，总长为 1662 bp，平均长度为 64 bp；DNA 重复元件 8 个，总长为 460 bp，平均长度为 58 bp；LINE 13 个，总长为 992 bp，平均长度为 76 bp；SINE 8 个，总长为 444 bp，平均长度为 56 bp；RC 1 个，长度为 42 bp；TR 48 个，重复序列长度为 6～126 bp，总长为 2527 bp；小卫星 DNA 40 个，重复序列长度为 10～54 bp，总长为 2066 bp；预测到微卫星 DNA 1 个，重复序列长度为 6 bp，总长为 75 bp。**【CRISPR】**预测到 114 个 CRISPR 相关序列。**【基因岛】**未预测到基因岛。利用已预测得到的基因组信息，如重复序列、G+C 含量等，应用 CIRCOS 工具绘制其基因组圈图（图 5-1-208b）。

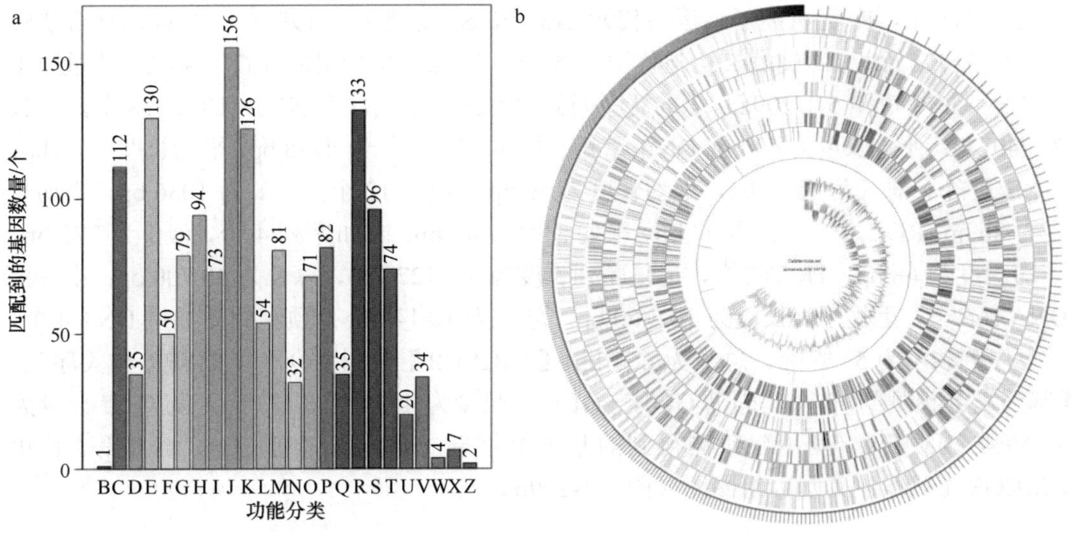


图 5-1-208　萨摩居热土菌 JCM 14719$^T$基因组的直系同源基因聚类分析（a）和圈图（b）

## 十一、房间芽胞杆菌属

房间芽胞杆菌属（*Domibacillus* Seiler et al. 2013，gen. nov.）于 2013 年建立（Seiler et al.，2013b），包含 9 种，好氧，产芽胞，模式种为铁锈色房间芽胞杆菌。目前，该属有 9 个已知种类的 11 个基因组被测序。

### 1. 食氨基酸房间芽胞杆菌（*Domibacillus aminovorans*）DSM 4337$^T$

食氨基酸房间芽胞杆菌（*Domibacillus aminovorans* Verma et al. 2017，sp. nov.）的模式菌株（DSM 4337$^T$ =LMG 16796$^T$）分离自高温堆肥（最高超过 90℃），生长条件为 10～39℃（最适 30℃）、pH 5.5～10.0（最适 pH 7.0～9.0）、0～4%（*W/V*）NaCl（最适 0.5%），好氧，产芽胞（Verma et al.，2017a）。目前，该种有 2 个基因组，选择组装水平较高的模式菌株 DSM 4337$^T$ 的基因组进行描述，其 GenBank 登录号为 GCA_001643245.1，测序平台为 Illumina MiSeq，于 2016 年 5 月 13 日由印度科学和工业研究理事会微生物技术研究所（CSIR-Institute of Microbial Technology）提交。

**【基因组的组装】**菌株 DSM 4337$^T$ 基因组的测序深度为 100 X，基因组大小为 3.731 Mb，组装到 74 个 scaffolds，scaffold $N_{50}$ 为 110 720 bp。**【G+C 含量】**40.56%。**【非编码 RNA】**预测到 11 个 rRNA 基因（5S rRNA 9 个、16S rRNA 1 个、23S rRNA 1 个），74 个 tRNA 基因，10 个 sRNA 基因。**【编码基因】**有 4475 个蛋白质编码基因，编码区总长为 3 380 052 bp，占整个基因组的 90.59%，基因的平均长度为 755 bp。**【基因功能注释】**比对到 KEGG、COG 和 GO 数据库的基因数量分别为 3412 个、2681 个和 2807 个，预测到分泌蛋白编码基因 74 个；在 24 个 COG 功能类群中，基因数量前 10 位的类群分别是：R. 仅一般功能预测 286 个，E. 氨基酸转运与代谢 284 个，K. 转录 251 个，J. 翻译、核糖体结构与合成 215 个，P. 无机离子转运与代谢 213 个，S. 功能未知 198 个，G. 碳水化合物转运与代谢 175 个，H. 辅酶转运与代谢 175 个，T. 信号转导机制 167 个和 C. 能量产生与转换 156 个（图 5-1-209a）。**【重复序列】**预测到的重复序列包括：LTR 118 个，总长为 7407 bp，平均长度为 63 bp；DNA 重复元件 44 个，总长为 2788 bp，平均长度为 63 bp；LINE 27 个，总长为 1512 bp，平均长度为 56 bp；SINE 12 个，总长为 1036 bp，平均长度为 86 bp；RC 2 个，总长为 97 bp，平均长度为 49 bp；未知序列 4 个，总长为 272 bp，平均长度为 68 bp；TR 212 个，重复序列长度为 5～1278 bp，总长为 20 700 bp；小卫星 DNA 166 个，重复序列长度为 10～60 bp，总长为 10 145 bp；预测到微卫星 DNA 4 个，重复序列长度为 5～6 bp，总长为 251 bp。**【CRISPR】**预测到 9 个 CRISPR 相关序列。**【基因岛】**预测到 13 个基因岛 GI 01～GI 13，长度为 4884～56 172 bp，其 G+C 含量为 33.59%～43.13%。利用已预测得到的基因组信息，如重复序列、G+C 含量等，应用 CIRCOS 工具绘制其基因组圈图（图 5-1-209b）。

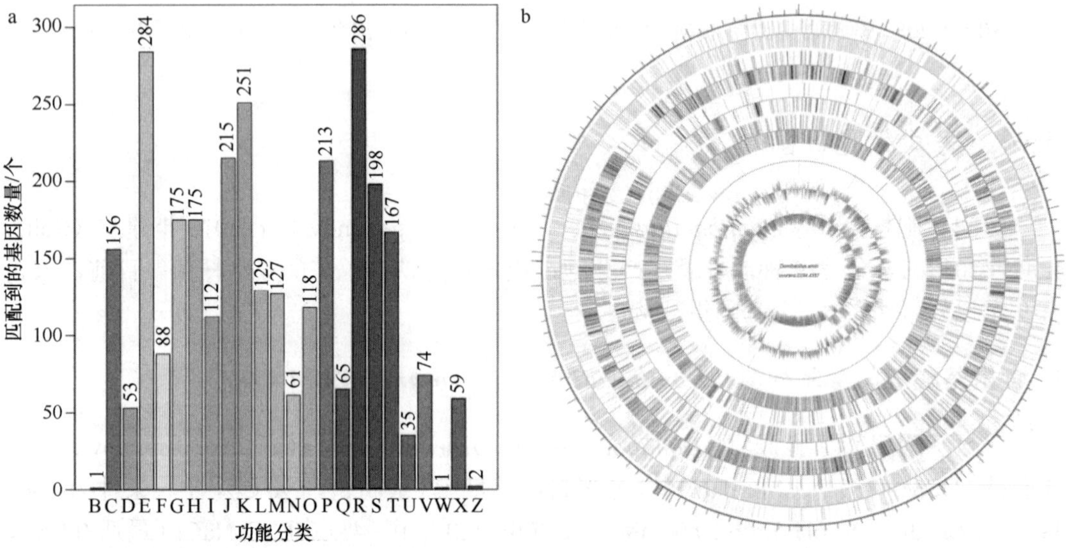


图 5-1-209　食氨基酸房间芽胞杆菌 DSM 4337$^T$ 基因组的直系同源基因聚类分析（a）和圈图（b）

## 2. 洞窟房间芽胞杆菌（*Domibacillus antri*）XD80$^T$

洞窟房间芽胞杆菌（*Domibacillus antri* Xu et al. 2016，sp. nov.）的模式菌株（XD80$^T$ = CCTCC AB 2015053$^T$ =KCTC 33636$^T$）分离自湖北利川市腾龙洞的土壤，生长条件为 15～42℃（最适 28℃）、pH 6.0～10.0（最适 pH 7.0～7.5）、0～6.5%（*W*/*V*）NaCl（最适 2.5%），好氧，产芽胞（Xu et al.，2016c）。目前，该种仅有 1 个基因组，模式菌株 XD80$^T$ 基因组的 GenBank 登录号为 GCA_001936625.1，测序平台为 Illumina MiSeq，于 2017 年 1 月 5 日由印度科学和工业研究理事会微生物技术研究所（CSIR-Institute of Microbial Technology）提交。

**【基因组的组装】**菌株 XD80$^T$ 基因组的测序深度为 100 X，基因组大小为 3.192 Mb，组装到 79 个 contigs，contig $N_{50}$ 为 69 080 bp。**【G+C 含量】**43.92%。**【非编码 RNA】**

预测到 3 个 rRNA 基因（5S rRNA 1 个、16S rRNA 1 个、23S rRNA 1 个），45 个 tRNA 基因，12 个 sRNA 基因。**【编码基因】**有 3609 个蛋白质编码基因，编码区总长为 2 820 849 bp，占整个基因组的 88.37%，基因的平均长度为 782 bp。**【基因功能注释】**比对到 KEGG、COG 和 GO 数据库的基因数量分别为 2827 个、2280 个和 2318 个，预测到分泌蛋白编码基因 71 个；在 23 个 COG 功能类群中，基因数量前 10 位的类群分别是：R. 仅一般功能预测 249 个，J. 翻译、核糖体结构与合成 201 个，E. 氨基酸转运与代谢 198 个，K. 转录 192 个，S. 功能未知 160 个，T. 信号转导机制 156 个，P. 无机离子转运与代谢 154 个，C. 能量产生与转换 152 个，H. 辅酶转运与代谢 151 个和 G. 碳水化合物转运与代谢 144 个（图 5-1-210a）。**【重复序列】**预测到的重复序列包括：LTR 120 个，总长为 7192 bp，平均长度为 60 bp；DNA 重复元件 38 个，总长为 2473 bp，平均长度为 65 bp；LINE 38 个，总长为 2128 bp，平均长度为 56 bp；SINE 3 个，总长为 377 bp，平均长度为 126 bp；RC 3 个，总长为 211 bp，平均长度为 70 bp；TR 66 个，重复序列长度为 1～270 bp，总长为 4171 bp；小卫星 DNA 60 个，重复序列长度为 12～60 bp，总长为 2857 bp；预测到微卫星 DNA 1 个，重复序列长度为 6 bp，总长为 58 bp。**【CRISPR】**预测到 24 个 CRISPR 相关序列。**【基因岛】**预测到 6 个基因岛 GI 01～GI 06，长度为 5181～27 615 bp，其 G+C 含量为 32.77%～46.78%。利用已预测得到的基因组信息，如重复序列、G+C 含量等，应用 CIRCOS 工具绘制其基因组圈图（图 5-1-210b）。

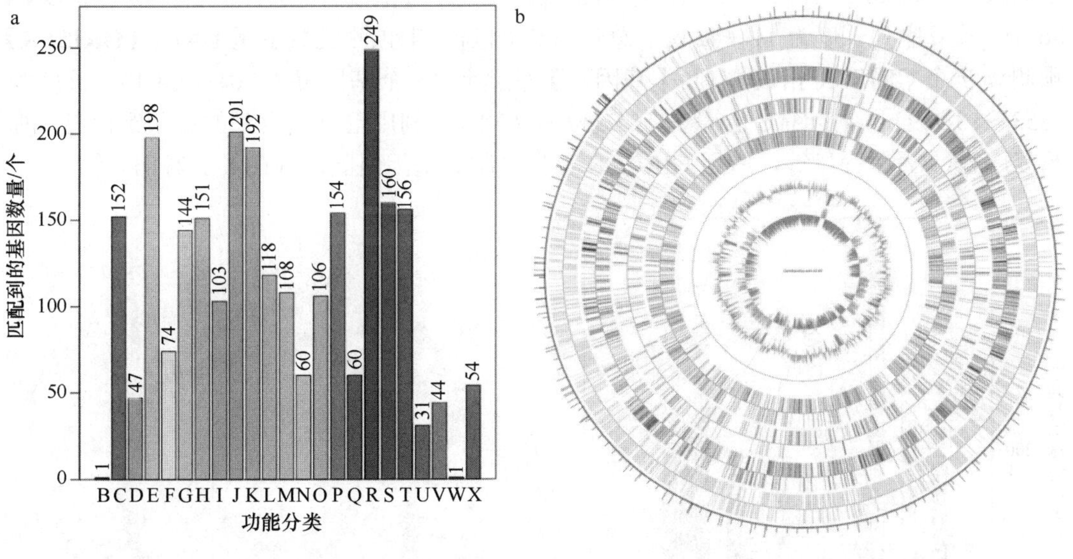


图 5-1-210　洞窟房间芽胞杆菌 XD80$^T$ 基因组的直系同源基因聚类分析（a）和圈图（b）

## 3. 国化室房间芽胞杆菌（*Domibacillus enclensis*）NIO-1016$^T$

国化室房间芽胞杆菌（*Domibacillus enclensis* Sonalkar et al. 2014，sp. nov.）的模式菌株（NIO-1016$^T$ =DSM 25145$^T$ =NCIM 5462$^T$ =CCTCC AB 2011121$^T$）分离自印度果阿邦的海洋沉积物，生长条件为 25～45℃（最适 28～30℃）、0～12%（*W*/*V*）NaCl（非必需），好氧，产芽胞（Sonalkar et al.，2014）。目前，该种有 2 个基因组，选择组装水平

较好的模式菌株NIO-1016$^T$的基因组进行描述，其GenBank登录号为GCA_900156125.1，测序平台为Illumina HiSeq，于2017年1月14日由美国能源部联合基因组研究所（DOE Joint Genome Institute）提交。

**【基因组的组装】**菌株NIO-1016$^T$基因组的测序深度为295 X，基因组大小为3.836 Mb，组装到24个contigs，contig $N_{50}$为381 595 bp。**【G+C含量】**46.54%。**【非编码RNA】**预测到10个rRNA基因（5S rRNA 9个、16S rRNA 1个、23S rRNA 0个），63个tRNA基因，6个sRNA基因。**【编码基因】**有3991个蛋白质编码基因，编码区总长为3 458 154 bp，占整个基因组的90.15%，基因的平均长度为866 bp。**【基因功能注释】**比对到KEGG、COG和GO数据库的基因数量分别为3301个、2783个和2737个，预测到分泌蛋白编码基因101个；在24个COG功能类群中，基因数量前10位的类群分别是：G. 碳水化合物转运与代谢362个，R. 仅一般功能预测291个，K. 转录273个，E. 氨基酸转运与代谢252个，J. 翻译、核糖体结构与合成209个，T. 信号转导机制198个，C. 能量产生与转换189个，S. 功能未知184个，P. 无机离子转运与代谢162个和H. 辅酶转运与代谢153个（图5-1-211a）。**【重复序列】**预测到的重复序列包括：LTR 97个，总长为5886 bp，平均长度为61 bp；DNA重复元件22个，总长为1526 bp，平均长度为69 bp；LINE 25个，总长为1404 bp，平均长度为56 bp；SINE 10个，总长为801 bp，平均长度为80 bp；RC 2个，总长为78 bp，平均长度为39 bp；未知序列2个，总长为130 bp，平均长度为65 bp；TR 93个，重复序列长度为9～117 bp，总长为4171 bp；小卫星DNA 86个，重复序列长度为11～42 bp，总长为5104 bp；未预测到微卫星DNA。**【CRISPR】**预测到7个CRISPR相关序列。**【基因岛】**预测到13个基因岛GI 01～GI 13，长度为4853～18 939 bp，其G+C含量为34.95%～48.32%。利用已预测得到的基因组信息，如重复序列、G+C含量等，应用CIRCOS工具绘制其基因组圈图（图5-1-211b）。

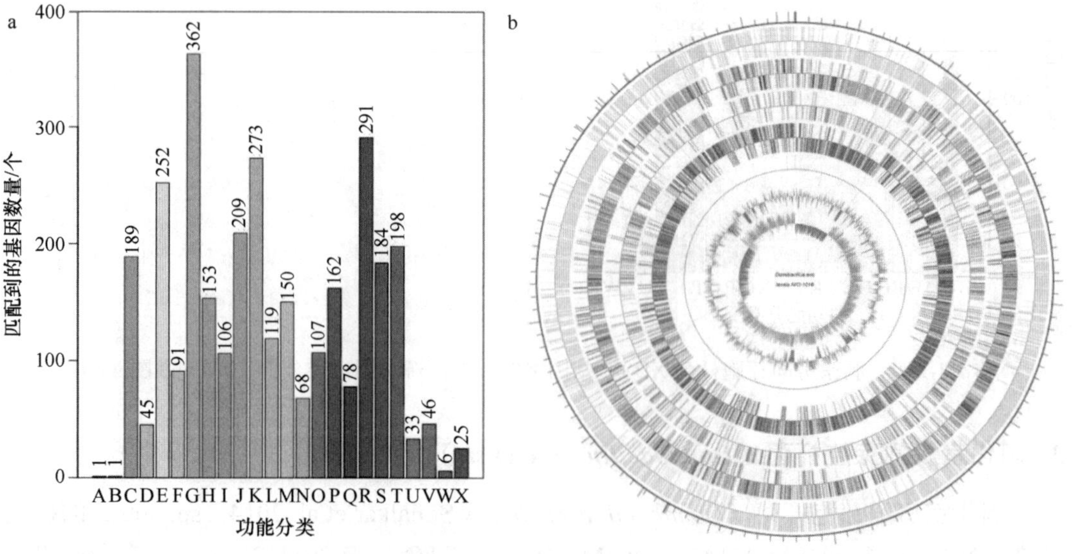


图5-1-211　国化室房间芽胞杆菌NIO-1016$^T$基因组的直系同源基因聚类分析（a）和圈图（b）

## 4. 植物房间芽胞杆菌（*Domibacillus epiphyticus*）SAB 38$^T$

植物房间芽胞杆菌（*Domibacillus epiphyticus* Verma et al. 2017，sp. nov.）的模式菌株（SAB 38$^T$ =DSM 100929$^T$ =KCTC 33830$^T$ =MTCC 12575$^T$）分离自印度果阿邦安朱纳的大型海藻，生长条件为 20～45℃（最适 35～40℃）、pH 5.0～9.0（最适 pH 7.0～7.5）、0～4%（*W*/*V*）NaCl（最适 1%），好氧，产芽胞（Verma et al.，2017b）。目前，该种仅有 1 个基因组，模式菌株 SAB 38$^T$ 基因组的 GenBank 登录号为 GCA_001975785.1，测序平台为 Illumina MiSeq，于 2017 年 1 月 30 日由印度科学和工业研究理事会微生物技术研究所（CSIR-Institute of Microbial Technology）提交。

**【基因组的组装】**菌株 SAB 38$^T$ 基因组的测序深度为 100 X，基因组大小为 3.237 Mb，组装到 44 个 scaffold，scaffold $N_{50}$ 为 132 749 bp。**【G+C 含量】**41.51%。**【非编码 RNA】**预测到 5 个 rRNA 基因（5S rRNA 3 个、16S rRNA 1 个、23S rRNA 1 个），79 个 tRNA 基因，6 个 sRNA 基因。**【编码基因】**有 3468 个蛋白质编码基因，编码区总长为 2 809 809 bp，占整个基因组的 86.80%，基因的平均长度为 810 bp。**【基因功能注释】**比对到 KEGG、COG 和 GO 数据库的基因数量分别为 2826 个、2356 个和 2336 个，预测到分泌蛋白编码基因 55 个；在 24 个 COG 功能类群中，基因数量前 10 位的类群分别是：R. 仅一般功能预测 270 个，E. 氨基酸转运与代谢 211 个，J. 翻译、核糖体结构与合成 209 个，K. 转录 192 个，S. 功能未知 168 个，H. 辅酶转运与代谢 165 个，P. 无机离子转运与代谢 164 个，C. 能量产生与转换 158 个，T. 信号转导机制 156 个和 G. 碳水化合物转运与代谢 150 个（图 5-1-212a）。**【重复序列】**预测到的重复序列包括：LTR 90 个，总长为 5878 bp，平均长度为 65 bp；DNA 重复元件 45 个，总长为 2902 bp，平均长度为 64 bp；LINE 28 个，总长为 1728 bp，平均长度为 62 bp；SINE 13 个，总长为 1101 bp，平均长度为 85 bp；RC 1 个，长度为 48 bp；未知序列 2 个，总长为 117 bp，平均长度为 59 bp；

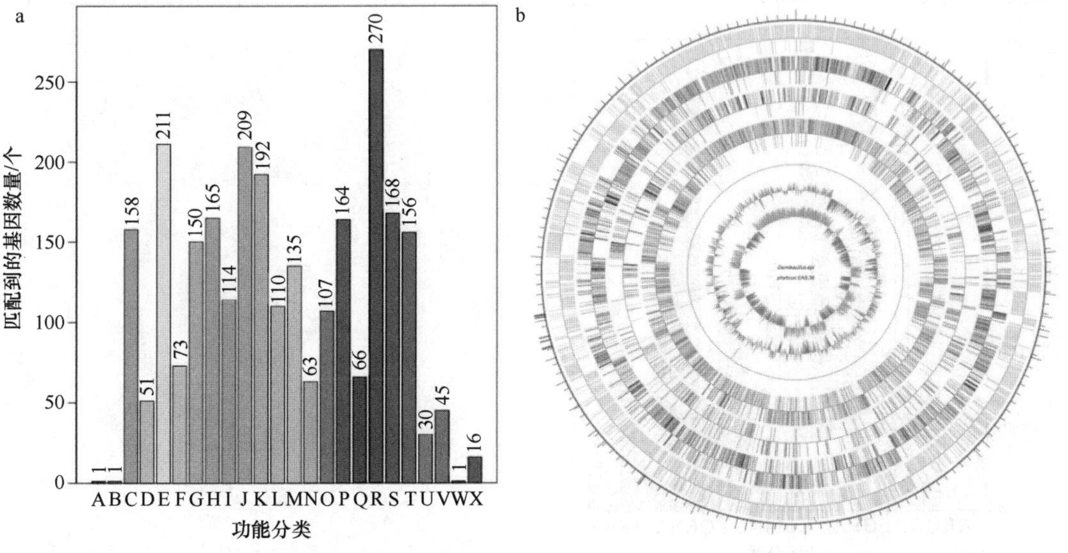


图 5-1-212　植物房间芽胞杆菌 SAB 38$^T$ 基因组的直系同源基因聚类分析（a）和圈图（b）

TR 73 个，重复序列长度为 6～429 bp，总长为 5916 bp；小卫星 DNA 59 个，重复序列长度为 12～60 bp，总长为 2958 bp；预测到微卫星 DNA 3 个，重复序列长度为 6 bp，总长为 114 bp。**【CRISPR】**预测到 5 个 CRISPR 相关序列。**【基因岛】**预测到 9 个基因岛 GI 01～GI 09，长度为 5080～22 664 bp，其 G+C 含量为 33.48%～43.66%。利用已预测得到的基因组信息，如重复序列、G+C 含量等，应用 CIRCOS 工具绘制其基因组圈图（图 5-1-212b）。

## 5. 印度房间芽胞杆菌（*Domibacillus indicus*）SD 111$^{T}$

印度房间芽胞杆菌（*Domibacillus indicus* Sharma et al. 2014，sp. nov.）的模式菌株（SD 111$^{T}$ =MCC 2255$^{T}$ =DSM 28032$^{T}$）分离自印度拉克沙群岛的海洋沉积物，生长条件为 10～40℃（最适 28～30℃）、pH 6.0～10.0（最适 pH 7.5）、0～6%（*W*/*V*）NaCl（最适 2%），好氧，产芽胞（Sharma et al.，2014）。目前，该种仅有 1 个基因组，模式菌株 SD 111$^{T}$ 基因组的 GenBank 登录号为 GCA_000970685.1，测序平台为 Illumina MiSeq，于 2015 年 4 月 8 日由韩国极地研究所（Korea Polar Research Institute）提交。

**【基因组的组装】**菌株 SD 111$^{T}$ 基因组的测序深度为 100 X，基因组大小为 3.604 Mb，组装到 32 个 contigs，contig $N_{50}$ 为 602 761 bp。**【G+C 含量】**44.51%。**【非编码 RNA】**预测到 5 个 rRNA 基因（5S rRNA 4 个、16S rRNA 0 个、23S rRNA 1 个），91 个 tRNA 基因，6 个 sRNA 基因。**【编码基因】**有 4013 个蛋白质编码基因，编码区总长为 3 209 382 bp，占整个基因组的 89.05%，基因的平均长度为 800 bp。**【基因功能注释】**比对到 KEGG、COG 和 GO 数据库的基因数量分别为 3098 个、2559 个和 2531 个，预测到分泌蛋白编码基因 95 个；在 24 个 COG 功能类群中，基因数量前 10 位的类群分别是：R. 仅一般功能预测 277 个，G. 碳水化合物转运与代谢 276 个，K. 转录 231 个，E. 氨基酸转运与代谢 218 个，J. 翻译、核糖体结构与合成 212 个，T. 信号转导机制 179 个，S. 功能未知 177 个，H. 辅酶转运与代谢 164 个，C. 能量产生与转换 159 个和 M. 细胞壁/膜/包膜生物合成 140 个（图 5-1-213a）。**【重复序列】**预测到的重复序列包括：LTR 122 个，

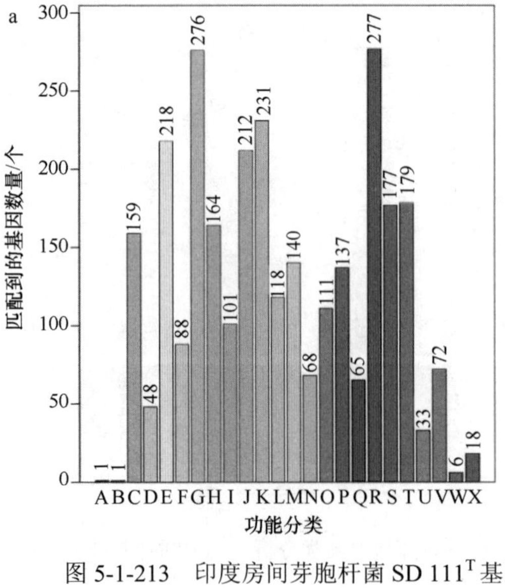


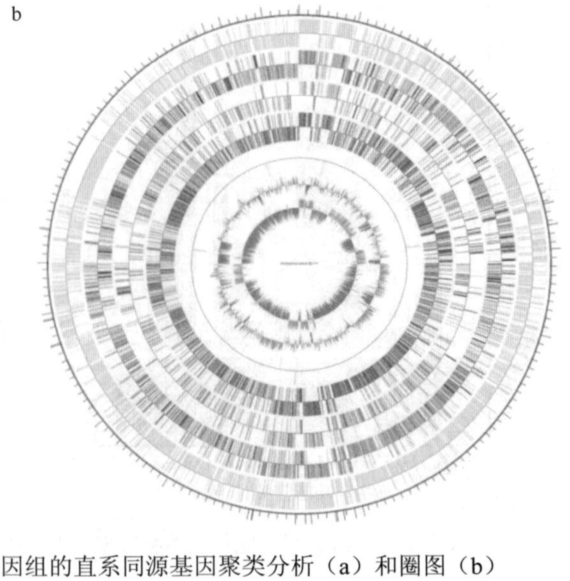


图 5-1-213 印度房间芽胞杆菌 SD 111$^{T}$ 基因组的直系同源基因聚类分析（a）和圈图（b）

总长为 7446 bp，平均长度为 61 bp；DNA 重复元件 34 个，总长为 3165 bp，平均长度为 93 bp；LINE 35 个，总长为 2007 bp，平均长度为 57 bp；SINE 15 个，总长为 1156 bp，平均长度为 77 bp；RC 1 个，长度为 35 bp；未知序列 3 个，总长为 222 bp，平均长度为 74 bp；TR 74 个，重复序列长度为 7～269 bp，总长为 5068 bp；小卫星 DNA 66 个，重复序列长度为 11～60 bp，总长为 3305 bp；未预测到微卫星 DNA。**【CRISPR】**预测到 45 个 CRISPR 相关序列。**【基因岛】**预测到 3 个基因岛 GI 01～GI 03，长度分别为 29 022 bp、8715 bp 和 16 039 bp，其 G+C 含量分别为 36.56%、30.8%和 38.26%。利用已预测得到的基因组信息，如重复序列、G+C 含量等，应用 CIRCOS 工具绘制其基因组圈图（图 5-1-213b）。

### 6. 海洋所房间芽胞杆菌（*Domibacillus iocasae*）DSM 29979$^T$

海洋所房间芽胞杆菌（*Domibacillus iocasae* Sun and Sun 2016，sp. nov.）的模式菌株（S6$^T$ =DSM 29979$^T$ =CCTCC AB 2015183$^T$）分离自印度拉克沙群岛的海洋沉积物，生长条件为 10～45℃（最适 35℃）、pH 6.0～11.0（最适 pH 8.0）、0～8%（*W*/*V*）NaCl（最适 3%），严格好氧，产芽胞（Sun and Sun，2016）。目前，该种仅有 1 个基因组，模式菌株 DSM 29979$^T$ 基因组的 GenBank 登录号为 GCA_001750285.1，测序平台为 Illumina MiSeq，于 2016 年 9 月 30 日由印度科学和工业研究理事会微生物技术研究所（CSIR-Institute of Microbial Technology）提交。

**【基因组的组装】**菌株 DSM 29979$^T$ 基因组的测序深度为 100 X，基因组大小为 3.464 Mb，组装到 26 个 contigs，contig $N_{50}$ 为 402 511 bp。**【G+C 含量】**43.03%。**【非编码 RNA】**预测到 7 个 rRNA 基因（5S rRNA 5 个、16S rRNA 1 个、23S rRNA 1 个），77 个 tRNA 基因，19 个 sRNA 基因。**【编码基因】**有 3845 个蛋白质编码基因，编码区总长为 3 016 326 bp，占整个基因组的 87.08%，基因的平均长度为 784 bp。**【基因功能注释】**比对到 KEGG、COG 和 GO 数据库的基因数量分别为 2976 个、2422 个和 2441 个，预测到分泌蛋白编码基因 68 个；在 24 个 COG 功能类群中，基因数量前 10 位的类群分别是：R. 仅一般功能预测 267 个，E. 氨基酸转运与代谢 213 个，J. 翻译、核糖体结构与合成 211 个，K. 转录 195 个，S. 功能未知 189 个，H. 辅酶转运与代谢 172 个，T. 信号转导机制 172 个，C. 能量产生与转换 169 个，G. 碳水化合物转运与代谢 164 个和 P. 无机离子转运与代谢 163 个（图 5-1-214a）。**【重复序列】**预测到的重复序列包括：LTR 122 个，总长为 7495 bp，平均长度为 61 bp；DNA 重复元件 38 个，总长为 2483 bp，平均长度为 65 bp；LINE 37 个，总长为 2174 bp，平均长度为 59 bp；SINE 9 个，总长为 791 bp，平均长度为 88 bp；RC 2 个，总长为 143 bp，平均长度为 72 bp；未知序列 2 个，总长为 159 bp，平均长度为 80 bp；TR 77 个，重复序列长度为 3～788 bp，总长为 4997 bp；小卫星 DNA 65 个，重复序列长度为 11～53 bp，总长为 3095 bp；预测到微卫星 DNA 4 个，重复序列长度为 3～6 bp，总长为 332 bp。**【CRISPR】**预测到 6 个 CRISPR 相关序列。**【基因岛】**预测到 15 个基因岛 GI 01～GI 15，长度为 4619～22 638 bp，其 G+C 含量为 32.88%～44.97%。利用已预测得到的基因组信息，如重复序列、G+C 含量等，应用 CIRCOS 工具绘制其基因组圈图（图 5-1-214b）。

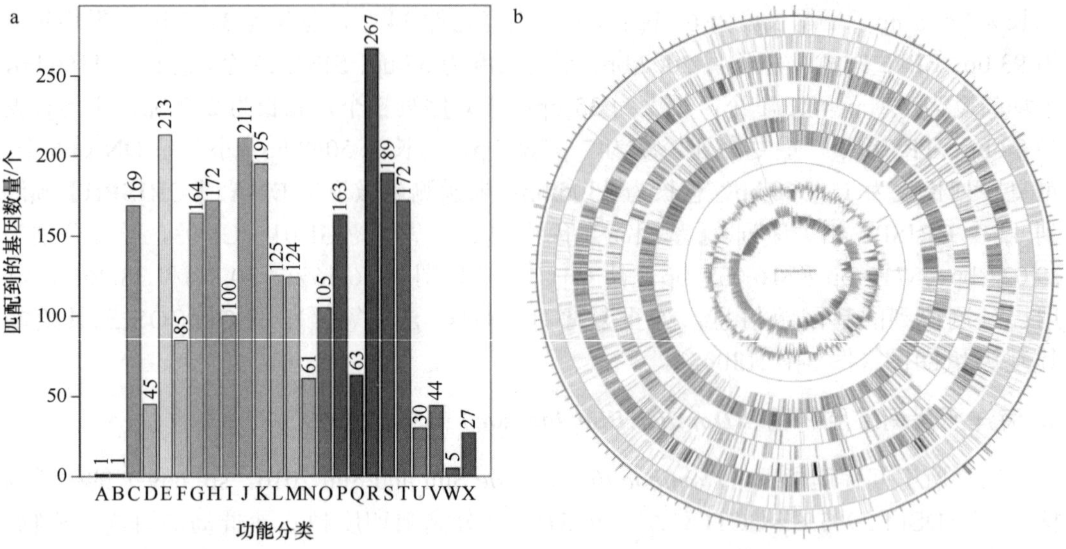


图 5-1-214　海洋所房间芽胞杆菌 DSM 29979$^{T}$ 基因组的直系同源基因聚类分析（a）和圈图（b）

### 7. 红树林房间芽胞杆菌（*Domibacillus mangrovi*）SAOS 44$^{T}$

红树林房间芽胞杆菌（*Domibacillus mangrovi* Verma et al. 2017，sp. nov.）的模式菌株（SAOS 44$^{T}$ =DSM 100930$^{T}$ =KCTC 33820$^{T}$ =MTCC 12571$^{T}$）分离自印度果阿邦的红树林土壤，生长条件为 15～40℃（最适 30℃）、pH 5.0～9.0（最适 pH 7.0～7.5）、0～6%（*W*/*V*）NaCl（最适 2%），好氧，产芽胞（Verma et al.，2017b）。目前，该种仅有 1 个基因组，模式菌株 SAOS 44$^{T}$ 基因组的 GenBank 登录号为 GCA_001906925.1，测序平台为 Illumina MiSeq，于 2016 年 12 月 16 日由印度科学和工业研究理事会微生物技术研究所（CSIR-Institute of Microbial Technolog）提交。

**【基因组的组装】**菌株 SAOS 44$^{T}$ 基因组的测序深度为 100 X，基因组大小为 3.324 Mb，组装到 37 个 contigs，contig $N_{50}$ 为 319 602 bp。**【G+C 含量】**40.64%。**【非编码 RNA】**预测到 5 个 rRNA 基因（5S rRNA 3 个、16S rRNA 1 个、23S rRNA 1 个），59 个 tRNA 基因，143 个 sRNA 基因。**【编码基因】**有 3472 个蛋白质编码基因，编码区总长为 2 815 797 bp，占整个基因组的 84.71%，基因的平均长度为 811 bp。**【基因功能注释】**比对到 KEGG、COG 和 GO 数据库的基因数量分别为 2820 个、2269 个和 2278 个，预测到分泌蛋白编码基因 56 个；在 23 个 COG 功能类群中，基因数量前 10 位的类群分别是：R. 仅一般功能预测 226 个，E. 氨基酸转运与代谢 216 个，J. 翻译、核糖体结构与合成 204 个，K. 转录 192 个，P. 无机离子转运与代谢 170 个，S. 功能未知 164 个，T. 信号转导机制 161 个，H. 辅酶转运与代谢 153 个，C. 碳水化合物转运与代谢 130 个和 M. 细胞壁/膜/包膜生物合成 129 个（图 5-1-215a）。**【重复序列】**预测到的重复序列包括：LTR 99 个，总长为 5939 bp，平均长度为 60 bp；DNA 重复元件 38 个，总长为 2214 bp，平均长度为 58 bp；LINE 29 个，总长为 1632 bp，平均长度为 56 bp；SINE 7 个，总长为 579 bp，平均长度为 83 bp；RC 2 个，总长为 106 bp，平均长度为 53 bp；未知序列 3 个，总长为 198 bp，平均长度为 66 bp；TR 82 个，重复序列长度为 6～203 bp，总长为 5878 bp；小卫星 DNA 73 个，重复序列长度为 10～54 bp，总长为 4052 bp；微卫星 DNA 1 个，重复序列长度为 6 bp，总长为 105 bp。**【CRISPR】**未预测到 CRISPR 相关序列。**【基因岛】**预测到 9 个基因岛 GI 01～GI 09，长度为 4830～17 860 bp，其 G+C 含量为 34.56%～38.92%。利用已预测得到的基因组信息，如重复序列、G+C 含量等，应用 CIRCOS 工具绘制其基因组圈图（图 5-1-215b）。

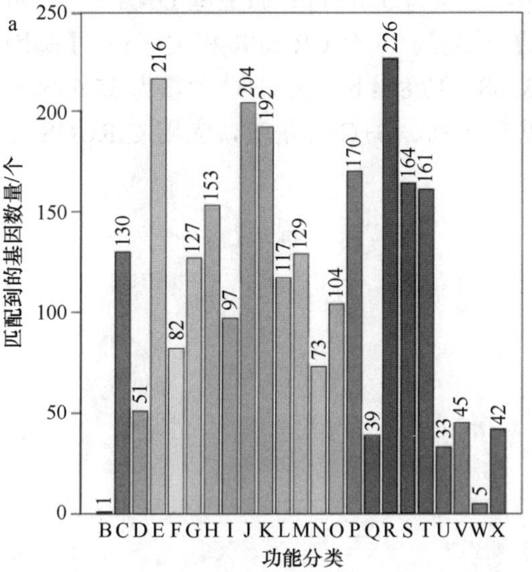


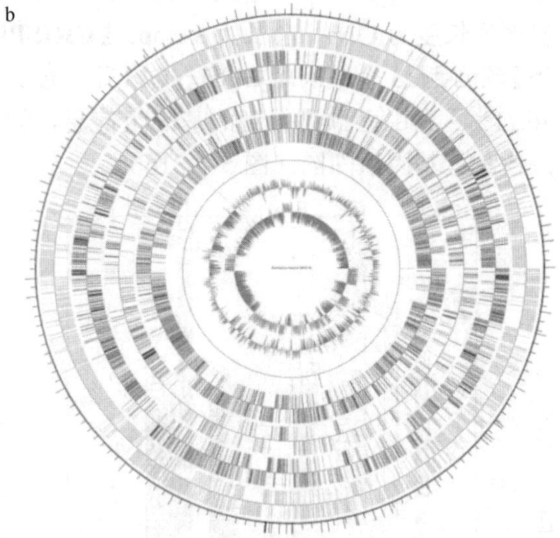


图 5-1-215 红树林房间芽胞杆菌 SAOS 44$^T$ 基因组的直系同源基因聚类分析（a）和圈图（b）

## 8. 铁锈色房间芽胞杆菌（*Domibacillus robiginosus*）WS 4628$^T$

铁锈色房间芽胞杆菌（*Domibacillus robiginosus* Seiler et al. 2013，sp. nov.）的模式菌株（WS 4628$^T$ =DSM 25058$^T$=LMG 26645$^T$）分离自德国的 1 家疫苗生产公司的洁净间，生长条件为 13～45℃（最适 30℃）、pH 6.5～8.5（最适 pH 7.0～8.0）、0～8.5%（*W*/*V*）NaCl（最适 0.5%），好氧，产芽胞（Seiler et al.，2013b）。目前，该种仅有 1 个基因组，模式菌株 WS 4628$^T$ 基因组的 GenBank 登录号为 GCA_000966195.1，测序平台为 Illumina MiSeq，于 2015 年 3 月 30 日由韩国极地研究所（Korea Polar Research Institute）提交。

**【基因组的组装】**菌株 WS 4628$^T$ 基因组的测序深度为 100 X，基因组大小为 4.689 Mb，组装到 106 个 contigs，contig $N_{50}$ 为 92 084 bp。**【G+C 含量】**42.73%。**【非编码 RNA】**预测到 13 个 rRNA 基因（5S rRNA 11 个、16S rRNA 1 个、23S rRNA 1 个），84 个 tRNA 基因，9 个 sRNA。**【编码基因】**有 5098 个蛋白质编码基因，编码区总长为 3 940 959 bp，占整个基因组的 84.05%，基因的平均长度为 773 bp。**【基因功能注释】**比对到 KEGG、COG 和 GO 数据库的基因数量分别为 3815 个、3090 个和 3170 个，预测到分泌蛋白编码基因 117 个；在 24 个 COG 功能类群中，基因数量前 10 位的类群分别是：R. 仅一般功能预测 327 个，G. 碳水化合物转运与代谢 322 个，K. 转录 304 个，E. 氨基酸转运与代谢 275 个，J. 翻译、核糖体结构与合成 230 个，C. 能量产生与转换 225 个，P. 无机离子转运与代谢 219 个，S. 功能未知 214 个，T. 信号转导机制 210 个和 H. 辅酶转运与代谢 180 个（图 5-1-216a）。**【重复序列】**预测到的重复序列包括：LTR 179 个，总长为 10 646 bp，平均长度为 59 bp；DNA 重复元件 62 个，总长为 3815 bp，平均长度为 62 bp；LINE 40 个，总长为 2478 bp，平均长度为 62 bp；SINE 14 个，总长为 1069 bp，平均长度为 76 bp；RC 6 个，总长为 312 bp，平均长度为 52 bp；未知序列 4 个，总长为 302 bp，平均长度为 76 bp；TR 110 个，重复序列长度为 6～240 bp，总长为 8179 bp；小卫星 DNA 91 个，重复序列长度为 10～60 bp，总长为 5289 bp；微卫星 DNA 2 个，重复序列长度为 6 bp，总长为 94 bp。**【CRISPR】**预测到 26 个 CRISPR 相关序列。**【基因岛】**预测到 13 个基因岛 GI 01～GI 13，长度为 3868～17 844 bp，其 G+C 含量为 35.63%～46.71%。利用已预测得到的基因组信息，如重复序列、G+C 含量等，应用 CIRCOS 工具绘制其基因组圈图（图 5-1-216b）。

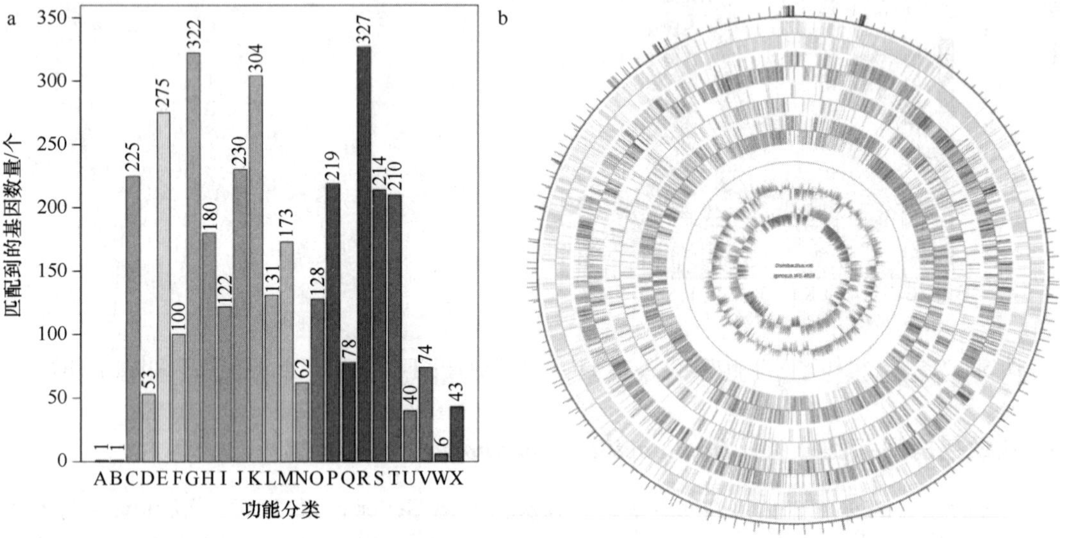


图 5-1-216　铁锈色房间芽胞杆菌 WS 4628$^T$ 基因组的直系同源基因聚类分析（a）和圈图（b）

## 9. 苔原房间芽胞杆菌（*Domibacillus tundrae*）PAMC 80007$^T$

苔原房间芽胞杆菌（*Domibacillus tundrae* Gyeong et al. 2015，sp. nov.）的模式菌株（PAMC 80007$^T$ =JCM 30371$^T$ =KCTC 33549$^T$ =DSM 29572$^T$）分离自德国的 1 家疫苗生产公司的洁净间，生长条件为 10～42℃（最适 30℃）、pH 6.0～8.5（最适 pH 7.0）、0～8%（*W*/*V*）NaCl（最适 2%），好氧，产芽胞（Gyeong et al.，2015）。目前，该种仅有 1 个基因组，模式菌株 PAMC 80007$^T$ 基因组的 GenBank 登录号为 GCA_000970675.1，测序平台为 Illumina MiSeq，于 2015 年 4 月 8 日由韩国极地研究所（Korea Polar Research Institute）提交。

**【基因组的组装】**菌株 PAMC 80007$^T$ 基因组的测序深度为 100 X，基因组大小为 4.689 Mb，组装到 48 个 contigs，contig $N_{50}$ 为 185 980 bp。**【G+C 含量】**43.48%。**【非编码 RNA】**预测到 11 个 rRNA 基因（5S rRNA 9 个、16S rRNA 1 个、23S rRNA 1 个），

94 个 tRNA 基因，36 个 sRNA 基因。**【编码基因】**有 3847 个蛋白质编码基因，编码区总长为 2 957 373 bp，占整个基因组的 63.07%，基因的平均长度为 769 bp。**【基因功能注释】**比对到 KEGG、COG 和 GO 数据库的基因数量分别为 2943 个、2404 个和 2423 个，预测到分泌蛋白编码基因 80 个；在 25 个 COG 功能类群中，基因数量前 10 位的类群分别是：R. 仅一般功能预测 258 个，E. 氨基酸转运与代谢 219 个，J. 翻译、核糖体结构与合成 217 个，K. 转录 205 个，G. 碳水化合物转运与代谢 198 个，S. 功能未知 180 个，T. 信号转导机制 171 个，C. 能量产生与转换 166 个，H. 辅酶转运与代谢 160 个和 P. 无机离子转运与代谢 150 个（图 5-1-217a）。**【重复序列】**预测到的重复序列包括：LTR 136 个，总长为 8285 bp，平均长度为 61 bp；DNA 重复元件 42 个，总长为 2590 bp，平均长度为 62 bp；LINE 20 个，总长为 1049 bp，平均长度为 52 bp；SINE 14 个，总长为 1218 bp，平均长度为 87 bp；RC 2 个，总长为 133 bp，平均长度为 67 bp；未知序列 3 个，总长为 236 bp，平均长度为 79 bp；TR 109 个，重复序列长度为 6～282 bp，总长为 8364 bp；小卫星 DNA 78 个，重复序列长度为 11～52 bp，总长为 3929 bp；微卫星 DNA 1 个，重复序列长度为 6 bp，总长为 29 bp。**【CRISPR】**预测到 3 个 CRISPR 相关序列。**【基因岛】**预测到 8 个基因岛 GI 01～GI 08，长度为 4697～28 722 bp，其 G+C 含量为 33.73%～44.52%。利用已预测得到的基因组信息，如重复序列、G+C 含量等，应用 CIRCOS 工具绘制其基因组圈图（图 5-1-217b）。

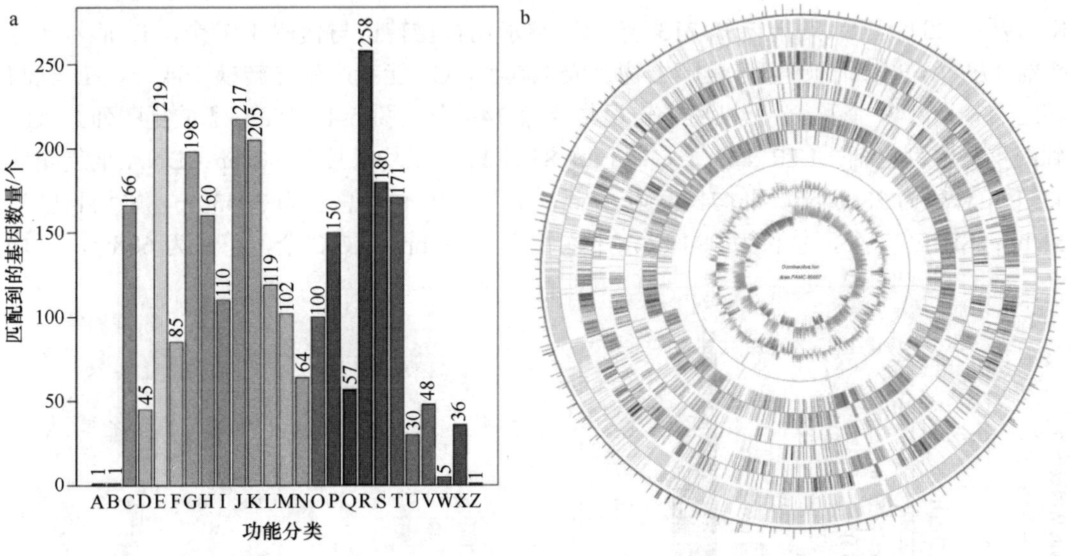


图 5-1-217　苔原房间芽胞杆菌 PAMC 80007$^T$ 基因组的直系同源基因聚类分析（a）和圈图（b）

## 十二、虚假芽胞杆菌属

虚假芽胞杆菌属（*Falsibacillus* Zhou et al. 2009，gen. nov.）于 2009 年建立，目前仅有 1 种，严格好氧，产芽胞（Zhou et al.，2009）。该属仅有 1 个基因组。

## 苍白虚假芽胞杆菌（*Falsibacillus pallidus*）DSM 25281$^{T}$

苍白虚假芽胞杆菌［*Falsibacillus pallidus* (Zhou et al. 2008) Zhou et al. 2009，comb. nov.］的模式菌株（CW 7$^{T}$ =KCTC 13200$^{T}$ =CCTCC AB 207188$^{T}$ =LMG 24451$^{T}$ =DSM 25281$^{T}$）分离自安徽的森林土壤，生长条件为 15～42℃（最适 30～37℃）、pH 6.0～8.5（最适 pH 7.0～8.0）、0～3%（*W*/*V*）NaCl，严格好氧，产芽胞，于 2008 年被命名为苍白芽胞杆菌（*Bacillus pallidus*）（Zhou et al.，2008b），于 2009 年被重分类为苍白虚假芽胞杆菌（*Falsibacillus pallidus*）（Zhou et al.，2009）。目前，该种仅有 1 个基因组，模式菌株 DSM 25281$^{T}$ 基因组的 GenBank 登录号为 GCA_003350505.1，测序平台为 Illumina HiSeq，于 2018 年 7 月 31 日由美国能源部联合基因组研究所（DOE Joint Genome Institute）提交。

**【基因组的组装】**菌株 DSM 25281$^{T}$ 基因组的测序深度为 337 X，基因组大小为 3.866 Mb，组装到 40 个 scaffolds，scaffold $N_{50}$ 为 267 891 bp。**【G+C 含量】**42.23%。**【非编码 RNA】**预测到 8 个 rRNA 基因（5S rRNA 6 个、16S rRNA 1 个、23S rRNA 1 个），72 个 tRNA 基因，4 个 sRNA 基因。**【编码基因】**有 4167 个蛋白质编码基因，编码区总长为 3 397 533 bp，占整个基因组的 87.88%，基因的平均长度为 815 bp。**【基因功能注释】**比对到 KEGG、COG 和 GO 数据库的基因数量分别为 3484 个、2709 个和 2753 个，预测到分泌蛋白编码基因 72 个；在 25 个 COG 功能类群中，基因数量前 10 位的类群分别是：R. 仅一般功能预测 296 个，J. 翻译、核糖体结构与合成 255 个，E. 氨基酸转运与代谢 250 个，K. 转录 228 个，S. 功能未知 213 个，G. 碳水化合物转运与代谢 181 个，T. 信号转导机制 179 个，M. 细胞壁/膜/包膜生物合成 166 个，C. 能量产生与转换 164 个，H. 辅酶转运与代谢 149 个和 P. 无机离子转运与代谢 149 个（图 5-1-218a）。**【重复序列】**预测到的重复序列包括：LTR 143 个，总长为 8584 bp，平均长度为 60 bp；DNA 重复元件 43 个，总长为 2866 bp，平均长度为 67 bp；LINE 50 个，总长为 3043 bp，平均长度为 61 bp；SINE 17 个，总长为 994 bp，平均长度为 58 bp；RC 2 个，总长为 68 bp，平均

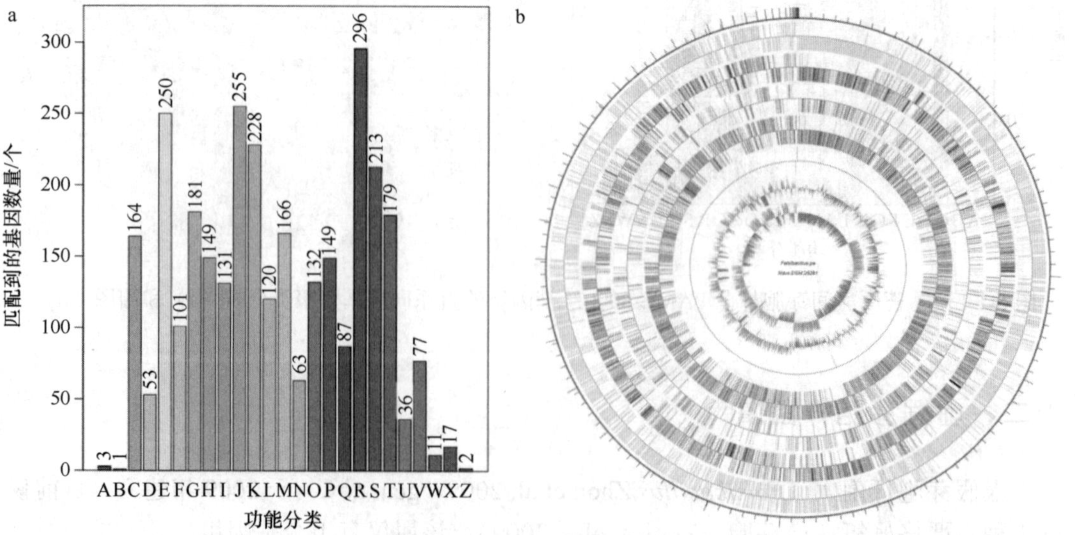


图 5-1-218　苍白虚假芽胞杆菌 DSM 25281$^{T}$ 基因组的直系同源基因聚类分析（a）和圈图（b）

长度为 34 bp；未知序列 1 个，长度为 39 bp；TR 114 个，重复序列长度为 6～381 bp，总长为 10 158 bp；小卫星 DNA 98 个，重复序列长度为 12～54 bp，总长为 6034 bp；微卫星 DNA 1 个，重复序列长度为 6 bp，总长为 64 bp。**【CRISPR】**预测到 16 个 CRISPR 相关序列。**【基因岛】**预测到 7 个基因岛 GI 01～GI 07，长度为 3970～24 374 bp，其 G+C 含量为 34.8%～43.23%。利用已预测得到的基因组信息，如重复序列、G+C 含量等，应用 CIRCOS 工具绘制其基因组圈图（图 5-1-218b）。

## 十三、虚构芽胞杆菌属

虚构芽胞杆菌属（*Fictibacillus* Glaeser et al. 2013，gen. nov.）于 2013 年建立（Glaeser et al.，2013），目前包含 12 种，模式种为奇异虚构芽胞杆菌[*Fictibacillus barbaricus* (Täubel et al. 2003) Glaeser et al. 2013，comb. nov.]［由奇异芽胞杆菌（*Bacillus barbaricus*）重分类而来］，好氧或兼性厌氧，产芽胞。该属有 7 个已知种类和 3 个未定种的 13 个菌株的基因组被测序。

### 1. 水虚构芽胞杆菌（*Fictibacillus aquaticus*）GDSW-R2A3$^T$

水虚构芽胞杆菌（*Fictibacillus aquaticus* Pal et al. 2018，sp. nov.）的模式菌株（GDSW-R2A3$^T$ =VTCC-B-910015$^T$ =CCM 8782$^T$）分离自印度恒河下游的水样品，生长条件为 25～37℃（最适 30℃）、pH 6.0～8.0（最适 pH 7.0）、0～5%（*W*/*V*）NaCl（最适 2%），兼性厌氧，产芽胞（Pal et al.，2018）。目前，该种仅有 1 个基因组，模式菌株 GDSW-R2A3$^T$ 基因组的 GenBank 登录号为 GCA_002245695.1，测序平台为 Illumina HiSeq，于 2017 年 8 月 10 日由印度科学和工业研究理事会微生物技术研究所（CSIR-Institute of Microbial Technology）提交。

**【基因组的组装】**菌株 GDSW-R2A3$^T$ 基因组的测序深度为 100 X，基因组大小为 3.901 Mb，组装到 100 个 scaffolds，scaffold $N_{50}$ 为 737 787 bp。**【G+C 含量】**44.15%。**【非编码 RNA】**预测到 8 个 rRNA 基因（5S rRNA 6 个、16S rRNA 1 个、23S rRNA 1 个），69 个 tRNA 基因，1 个 sRNA 基因。**【编码基因】**有 4087 个蛋白质编码基因，编码区总长为 3 352 215 bp，占整个基因组的 85.93%，基因的平均长度为 820 bp。**【基因功能注释】**比对到 KEGG、COG 和 GO 数据库的基因数量分别为 3442 个、2594 个和 2668 个，预测到分泌蛋白编码基因 107 个；在 24 个 COG 功能类群中，基因数量前 10 位的类群分别是：R. 仅一般功能预测 297 个，E. 氨基酸转运与代谢 264 个，J. 翻译、核糖体结构与合成 253 个，K. 转录 217 个，S. 功能未知 192 个，G. 碳水化合物转运与代谢 180 个，C. 能量产生与转换 165 个，T. 信号转导机制 158 个，M. 细胞壁/膜/包膜生物合成 152 个和 P. 无机离子转运与代谢 143 个（图 5-1-219a）。**【重复序列】**预测到的重复序列包括：LTR 186 个，总长为 11 174 bp，平均长度为 60 bp；DNA 重复元件 45 个，总长为 2515 bp，平均长度为 56 bp；LINE 43 个，总长为 2708 bp，平均长度为 63 bp；SINE 8 个，总长为 573 bp，平均长度为 72 bp；RC 2 个，总长为 84 bp，平均长度为 42 bp；TR 121 个，重复序列长度为 8～252 bp，总长为 7279 bp；小卫星 DNA 112 个，重复序列长度为 11～

60 bp，总长为 6140 bp；未预测到微卫星 DNA。**【CRISPR】**未预测到 CRISPR 相关序列。**【基因岛】**预测到 7 个基因岛 GI 01～GI 07，长度为 6885～24 815 bp，其 G+C 含量为 38.11%～46.40%。利用已预测得到的基因组信息，如重复序列、G+C 含量等，应用 CIRCOS 工具绘制其基因组圈图（图 5-1-219b）。

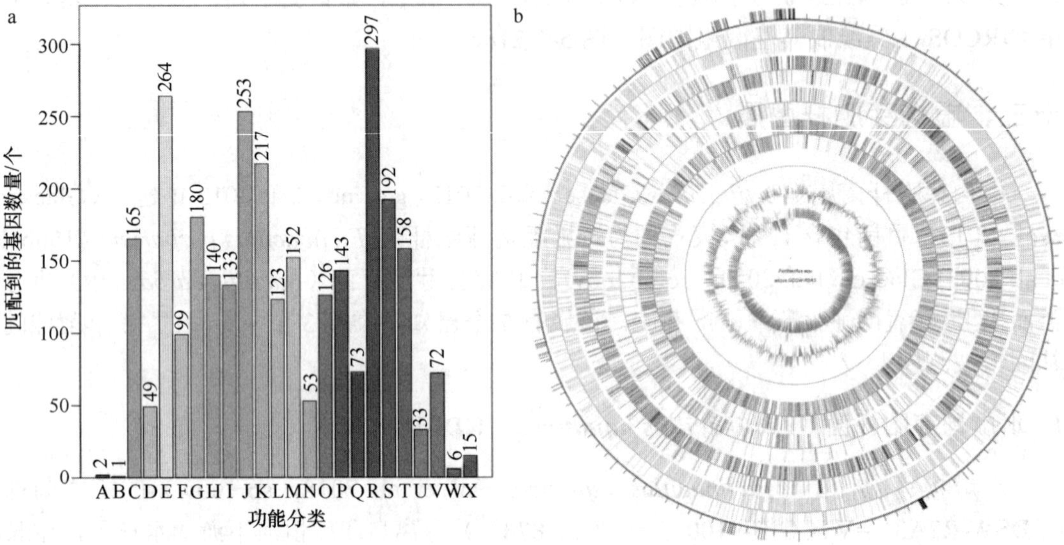


图 5-1-219　水虚构芽胞杆菌 GDSW-R2A3$^{T}$ 基因组的直系同源基因聚类分析（a）和圈图（b）

## 2. 砷虚构芽胞杆菌（*Fictibacillus arsenicus*）G25-54

砷虚构芽胞杆菌[*Fictibacillus arsenicus* (Shivaji et al. 2005) Glaeser et al. 2013，comb. nov.]，由砷芽胞杆菌（*Bacillus arsenicus*）重分类而来的模式菌株（Con a/3$^{T}$ =MTCC 4380$^{T}$ = DSM 15822$^{T}$ =JCM 12167$^{T}$）分离自安徽的森林土壤，生长条件为 20～40℃（最适 30℃）、pH 5.5～8.0、0～1%（*W*/*V*）NaCl，严格好氧，产芽胞，于 2005 年被命名为砷芽胞杆菌（Shivaji et al.，2005），于 2013 年被重分类为砷虚构芽胞杆菌（*Fictibacillus arsenicus*）（Glaeser et al.，2013）。目前，该种有 2 个基因组，选择组装到完成图水平的非模式菌株 G25-54 的基因组进行描述，其 GenBank 登录号为 GCA_001642935.2，测序平台为 Illumina HiSeq，于 2016 年 8 月 2 日由中国台湾生命科学与技术研究所提交。

**【基因组的组装】**菌株 G25-54 基因组的测序深度为 100 X，基因组大小为 4.055 Mb，组装到完成图水平，包括 1 条染色体。**【G+C 含量】**39.67%。**【非编码 RNA】**预测到 21 个 rRNA 基因（5S rRNA 7 个、16S rRNA 7 个、23S rRNA 7 个），62 个 tRNA 基因，2 个 sRNA 基因。**【编码基因】**有 4307 个蛋白质编码基因，编码区总长为 3 498 138 bp，占整个基因组的 86.27%，基因的平均长度为 812 bp。**【基因功能注释】**比对到 KEGG、COG 和 GO 数据库的基因数量分别为 4042 个、2826 个和 2879 个，预测到分泌蛋白编码基因 111 个；在 25 个 COG 功能类群中，基因数量前 10 位的类群分别是：R. 仅一般功能预测 330 个，E. 氨基酸转运与代谢 307 个，J. 翻译、核糖体结构与合成 245 个，G. 碳水化合物转运与代谢 227 个，S. 功能未知 220 个，K. 转录 218 个，P. 无机离子转运与代谢 169 个，C. 能量产生与转换 166 个，H. 辅酶转运与代谢 164 个和 T. 信号转导机制 153 个（图 5-1-220a）。**【重复序列】**预测到的重复序列包括：LTR 80 个，总长为 6420 bp，平均长度为 80 bp；DNA 重复元件 24 个，总长为 1501 bp，平均长度为 63 bp；LINE 25 个，总长为 1624 bp，平均长度为 65 bp；SINE 7 个，总长为 799 bp，平均长度为 114 bp；RC 1 个，长度为 69 bp；TR 180 个，重复序列长度为 9～1551 bp，总长为 13 232 bp；小卫星 DNA 166 个，重复序列长度为 11～60 bp，总长为 9244 bp；未预测到微卫星 DNA。**【CRISPR】**未预测到 CRISPR 相关序列。**【基因岛】**预测到 12 个基因岛 GI 01～GI 12，长度为 4261～36 540 bp，其 G+C 含量为 34.85%～42.01%。利用已预测得到的基因组信息，如重复序列、G+C 含量等，应用 CIRCOS 工具绘制其基因组圈图（图 5-1-220b）。

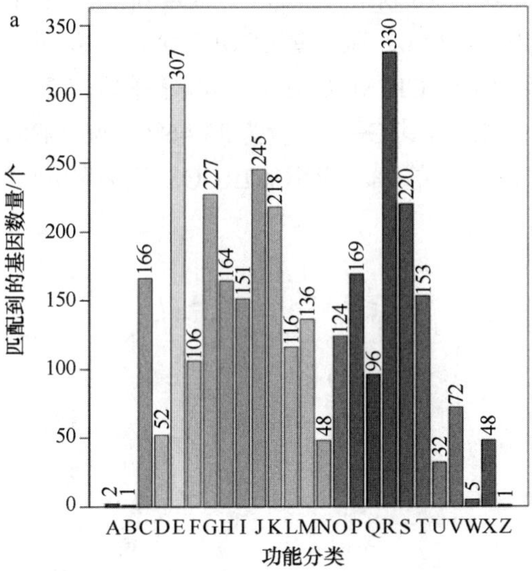


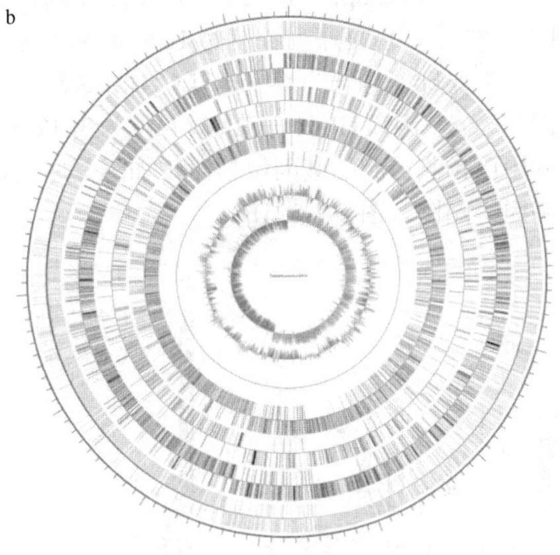


图 5-1-220　砷虚构芽胞杆菌 G25-54 基因组的直系同源基因聚类分析（a）和圈图（b）

## 3. 国化室虚构芽胞杆菌（*Fictibacillus enclensis*）NIO-1003$^T$

国化室虚构芽胞杆菌（*Fictibacillus enclensis* Dastager et al. 2014，sp. nov.）的模式菌株（NIO-1003$^T$ = NCIM 5458$^T$ =DSM 25142$^T$）分离自印度果阿邦的海洋沉积物，生长条件为 15～42℃（最适 30℃）、pH 5.0～12.0（最适 pH 7.0～7.5）、0～12%（*W*/*V*）NaCl，好氧，产芽胞（Dastager et al.，2014b）。目前，该种仅有 1 个基因组，模式菌株 NIO-1003$^T$ 基因组的 GenBank 登录号为 GCA_001457035.1，测序平台为 Illumina HiSeq，于 2015 年 12 月 4 日由印度科学和工业研究理事会国家化学实验室（CSIR-National Chemical Laboratory）提交。

**【基因组的组装】**菌株 NIO-1003$^T$ 基因组的测序深度为 100 X，基因组大小为 4.501 Mb，组装到 10 个 scaffolds，scaffold $N_{50}$ 为 990 889 bp。**【G+C 含量】**44.33%。**【非编码 RNA】**预测到 4 个 rRNA 基因（5S rRNA 4 个、16S rRNA 0 个、23S rRNA 0 个），57 个 tRNA 基因，1 个 sRNA 基因。**【编码基因】**有 4898 个蛋白质编码基因，编码区总长为 3 965 412 bp，

占整个基因组的 88.10%，基因的平均长度为 810 bp。**【基因功能注释】**比对到 KEGG、COG 和 GO 数据库的基因数量分别为 4078 个、3300 个和 3274 个，预测到分泌蛋白编码基因 81 个；在 25 个 COG 功能类群中，基因数量前 10 位的类群分别是：R. 仅一般功能预测 438 个，E. 氨基酸转运与代谢 350 个，G. 碳水化合物转运与代谢 330 个，K. 转录 288 个，J. 翻译、核糖体结构与合成 252 个，S. 功能未知 244 个，C. 能量产生与转换 229 个，H. 辅酶转运与代谢 215 个，I. 脂质转运与代谢 183 个和 P. 无机离子转运与代谢 179 个（图 5-1-221a）。**【重复序列】**预测到的重复序列包括：LTR 182 个，总长为 10 430 bp，平均长度为 57 bp；DNA 重复元件 56 个，总长为 3307 bp，平均长度为 59 bp；LINE 60 个，总长为 3431 bp，平均长度为 57 bp；SINE 9 个，总长为 579 bp，平均长度为 64 bp；RC 3 个，总长为 178 bp，平均长度为 59 bp；未知序列 2 个，总长为 123 bp，平均长度为 62 bp；TR 131 个，重复序列长度为 6～318 bp，总长为 11 304 bp；小卫星 DNA 99 个，重复序列长度为 10～60 bp，总长为 6573 bp；微卫星 DNA 2 个，重复序列长度为 6 bp，总长为 64 bp。**【CRISPR】**预测到 18 个 CRISPR 相关序列。**【基因岛】**预测到 7 个基因岛 GI 01～GI 07，长度为 3612～43 907 bp，其 G+C 含量为 33.46%～46.14%。利用已预测得到的基因组信息，如重复序列、G+C 含量等，应用 CIRCOS 工具绘制其基因组圈图（图 5-1-221b）。

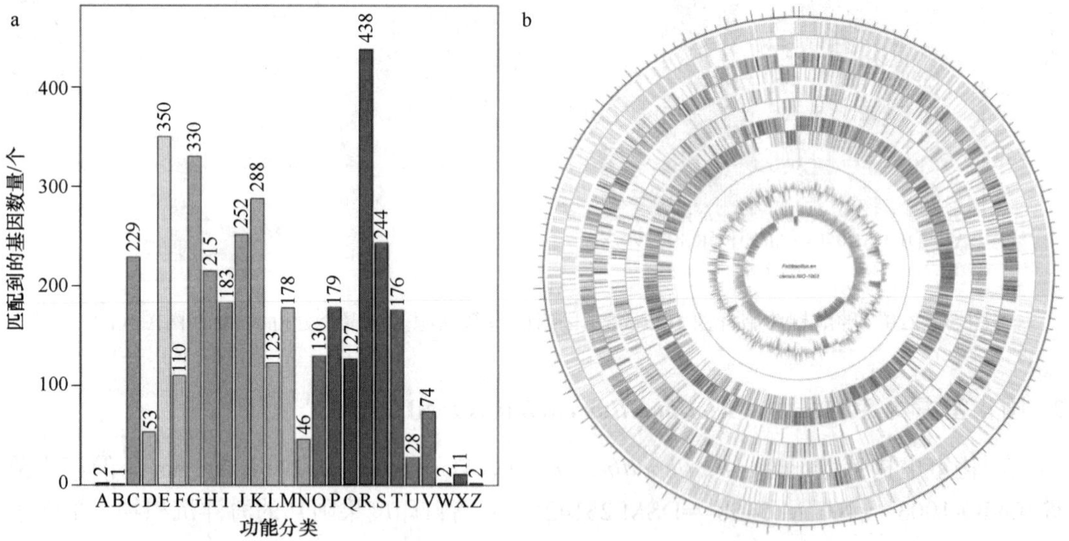


图 5-1-221　国化室虚构芽胞杆菌 NIO-1003$^{T}$ 基因组的直系同源基因聚类分析（a）和圈图（b）

## 4. 明胶虚构芽胞杆菌（*Fictibacillus gelatini*）DSM 15865$^{T}$

明胶虚构芽胞杆菌[*Fictibacillus gelatini* (De Clerck et al. 2004) Glaeser et al. 2013，comb. nov.]，由重分类而来的模式菌株（LMG 21880$^{T}$ =DSM 15865$^{T}$）分离自受到污染的明胶产品，嗜热、嗜盐，最高生长温度为 58～60℃，最适生长温度为 40～50℃，pH 4.0～10.0（最适 5.0～8.0），最适 NaCl 浓度为 15%（*W*/*V*），严格好氧，产芽胞，于 2004 年被命名为明胶芽胞杆菌（*Bacillus gelatini*）（De Clerck et al.，2004）；于 2013 年被重分

类为明胶虚构芽胞杆菌（*Fictibacillus gelatini*）（Glaeser et al.，2013）。目前，该种仅有1个基因组，模式菌株 DSM 15865$^T$ 基因组的 GenBank 登录号为 GCA_000430745.1，测序平台为 Illumina HiSeq，于 2013 年 7 月 16 日由美国能源部联合基因组研究所（DOE Joint Genome Institute）提交。

**【基因组的组装】**菌株 DSM 15865$^T$ 基因组的测序深度未知，基因组大小为 4.171 Mb，组装到 69 个 scaffolds，scaffold $N_{50}$ 为 145 124 bp。**【G+C 含量】**41.39%。**【非编码 RNA】**预测到 6 个 rRNA 基因（5S rRNA 6 个、16S rRNA 0 个、23S rRNA 0 个），83 个 tRNA 基因，5 个 sRNA 基因。**【编码基因】**有 4522 个蛋白质编码基因，编码区总长为 3 612 273 bp，占整个基因组的 86.60%，基因的平均长度为 799 bp。**【基因功能注释】**比对到 KEGG、COG 和 GO 数据库的基因数量分别为 3689 个、2913 个和 2968 个，预测到分泌蛋白编码基因 65 个；在 24 个 COG 功能类群中，基因数量前 10 位的类群分别是：E. 氨基酸转运与代谢 351 个，R. 仅一般功能预测 306 个，K. 转录 275 个，J. 翻译、核糖体结构与合成 229 个，G. 碳水化合物转运与代谢 216 个，S. 功能未知 206 个，H. 辅酶转运与代谢 192 个，M. 细胞壁/膜/包膜生物合成 183 个，P. 无机离子转运与代谢 179 个和 T. 信号转导机制 179 个（图 5-1-222a）。**【重复序列】**预测到的重复序列包括：LTR 123 个，总长为 7554 bp，平均长度为 61 bp；DNA 重复元件 48 个，总长为 3000 bp，平均长度为 63 bp；LINE 35 个，总长为 2155 bp，平均长度为 62 bp；SINE 8 个，总长为 553 bp，平均长度为 69 bp；RC 5 个，总长为 332 bp，平均长度为 66 bp；未知序列 3 个，总长为 148 bp，平均长度为 49 bp；TR 202 个，重复序列长度为 5～309 bp，总长为 19 398 bp；小卫星 DNA 176 个，重复序列长度为 10～54 bp，总长为 13 179 bp；微卫星 DNA 3 个，重复序列长度为 5～6 bp，总长为 100 bp。**【CRISPR】**预测到 11 个 CRISPR 相关序列。**【基因岛】**预测到 9 个基因岛 GI 01～GI 09，长度为 2554～41 388 bp，其 G+C 含量为 34.55%～42.26%。利用已预测得到的基因组信息，如重复序列、G+C 含量等，应用 CIRCOS 工具绘制其基因组圈图（图 5-1-222b）。

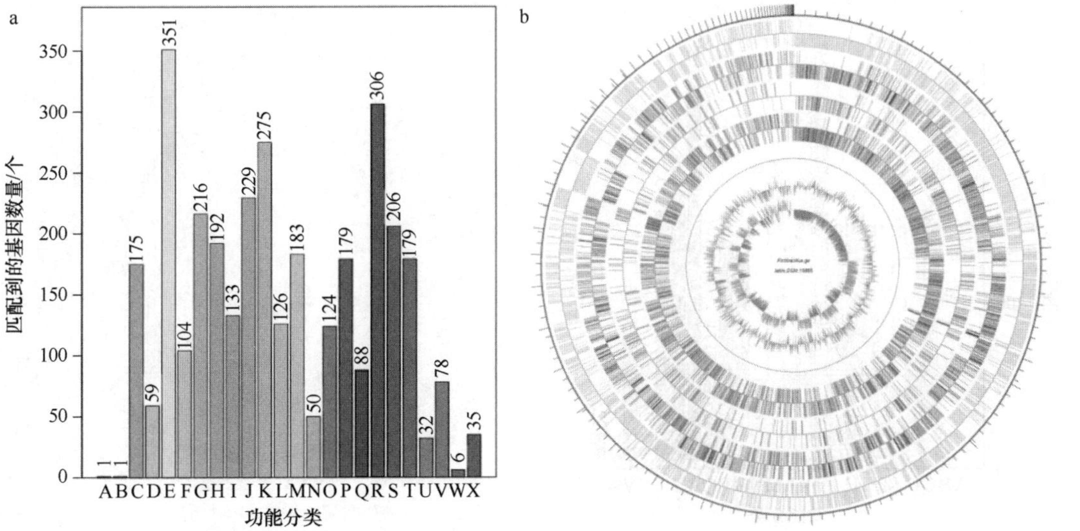


图 5-1-222 明胶虚构芽胞杆菌 DSM 15865$^T$ 基因组的直系同源基因聚类分析（a）和圈图（b）

### 5. 澳门虚构芽胞杆菌（*Fictibacillus macauensis*）ZFHKF-1$^T$

澳门虚构芽胞杆菌（*Fictibacillus macauensis* (Zhang et al. 2006) Glaeser et al. 2013，comb. nov.）的模式菌株（ZFHKF-1$^T$=JCM 13285$^T$=DSM 17262$^T$）分离自安徽的森林土壤，生长条件为 15～42℃（最适 30～37℃）、pH 6.0～8.5（最适 pH 7.0～8.0）、0～3%（*W*/*V*）NaCl，严格好氧，产芽胞，于 2006 年被命名为澳门芽胞杆菌（*Bacillus macauensis*）（Zhang et al.，2006），于 2013 年被重分类为澳门虚构芽胞杆菌（*Fictibacillus macauensis*）（Glaeser et al.，2013）。目前，该种仅有 1 个基因组，模式菌株 ZFHKF-1$^T$ 基因组的 GenBank 登录号为 GCA_000269865.1，测序平台为 Illumina HiSeq，于 2012 年 6 月 18 日由香港大学（The University of Hong Kong）提交。

**【基因组的组装】**菌株 ZFHKF-1$^T$ 基因组的测序深度为 800 X，基因组大小为 3.736 Mb，组装到 55 个 contigs，contig $N_{50}$ 为 213 431 bp。**【G+C 含量】**40.63%。**【非编码 RNA】**预测到 3 个 rRNA 基因（5S rRNA 1 个、16S rRNA 1 个、23S rRNA 1 个），52 个 tRNA 基因，3 个 sRNA 基因。**【编码基因】**有 4065 个蛋白质编码基因，编码区总长为 3 232 923 bp，占整个基因组的 86.53%，基因的平均长度为 795 bp。**【基因功能注释】**比对到 KEGG、COG 和 GO 数据库的基因数量分别为 3209 个、2504 个和 2646 个，预测到分泌蛋白编码基因 104 个；在 24 个 COG 功能类群中，基因数量前 10 位的类群分别是：R. 仅一般功能预测 254 个，E. 氨基酸转运与代谢 240 个，J. 翻译、核糖体结构与合成 237 个，K. 转录 204 个，H. 辅酶转运与代谢 173 个，M. 细胞壁/膜/包膜生物合成 168 个，S. 功能未知 166 个，T. 信号转导机制 155 个，G. 碳水化合物转运与代谢 154 个和 C. 能量产生与转换 150 个（图 5-1-223a）。**【重复序列】**预测到的重复序列包括：LTR 104 个，总长为 6399 bp，平均长度为 62 bp；DNA 重复元件 40 个，总长为 2479 bp，平均长度为 62 bp；LINE 25 个，总长为 1588 bp，平均长度为 64 bp；SINE 3 个，总长为 159 bp，平均长度为 53 bp；TR 331 个，重复序列长度为 1～524 bp，总长为 27 898 bp；小卫星

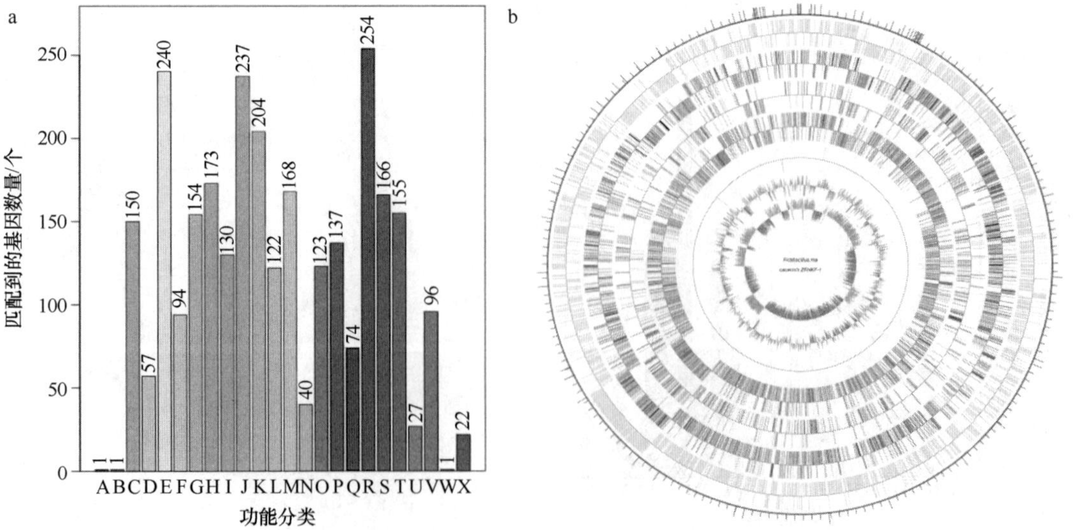


图 5-1-223　澳门虚构芽胞杆菌 ZFHKF-1$^T$ 基因组的直系同源基因聚类分析（a）和圈图（b）

DNA 261 个，重复序列长度为 11～60 bp，总长为 18 450 bp；微卫星 DNA 3 个，重复序列长度为 6 bp，总长为 137 bp。**【CRISPR】**预测到 43 个 CRISPR 相关序列。**【基因岛】**预测到 13 个基因岛 GI 01～GI 13，长度为 4642～22 452 bp，其 G+C 含量为 31.14%～42.13%。利用已预测得到的基因组信息，如重复序列、G+C 含量等，应用 CIRCOS 工具绘制其基因组圈图（图 5-1-223b）。

**6. 脱磷虚构芽胞杆菌（*Fictibacillus phosphorivorans*）G25-29**

脱磷虚构芽胞杆菌（*Fictibacillus phosphorivorans* Glaeser et al. 2013，sp. nov.）的模式菌株（Ca7$^{T}$=CCM 8426$^{T}$=LMG 27063$^{T}$）分离自德国亚琛市的 1 个废水处理生物反应器，生长条件为 15～36℃（最适 28～30℃）、pH 6.5～11.5（最适 pH 7.0～8.0）、0～1%（*W*/*V*）NaCl，好氧，产芽胞（Glaeser et al.，2013）。目前，该种有 2 个基因组，选择组装到完成图水平的非模式菌株 G25-29 的基因组进行描述，其 GenBank 登录号为 GCA_001629705.2，测序平台为 Illumina HiSeq，于 2016 年 5 月 6 日由中国台湾生命科学与技术研究所提交。

**【基因组的组装】**菌株 G25-29 基因组的测序深度为 185 X，基因组大小为 4.231 Mb，组装到完成图水平，包括 1 条染色体。**【G+C 含量】**39.34%。**【非编码 RNA】**预测到 21 个 rRNA 基因（5S rRNA 7 个、16S rRNA 7 个、23S rRNA 7 个），61 个 tRNA 基因，2 个 sRNA 基因。**【编码基因】**有 4440 个蛋白质编码基因，编码区总长为 3 660 555 bp，占整个基因组的 86.52%，基因的平均长度为 824 bp。**【基因功能注释】**比对到 KEGG、COG 和 GO 数据库的基因数量分别为 4206 个、2882 个和 2959 个，预测到分泌蛋白编码基因 104 个；在 25 个 COG 功能类群中，基因数量前 10 位的类群分别是：R. 仅一般功能预测 345 个，E. 氨基酸转运与代谢 289 个，K. 转录 257 个，J. 翻译、核糖体结构与合成 252 个，S. 功能未知 245 个，G. 碳水化合物转运与代谢 215 个，T. 信号转导机制 173 个，C. 能量产生与转换 167 个，P. 无机离子转运与代谢 161 个和 H. 辅酶转运与代谢 156 个（图 5-1-224a）。**【重复序列】**预测到的重复序列包括：LTR 110 个，总长为 8816 bp，

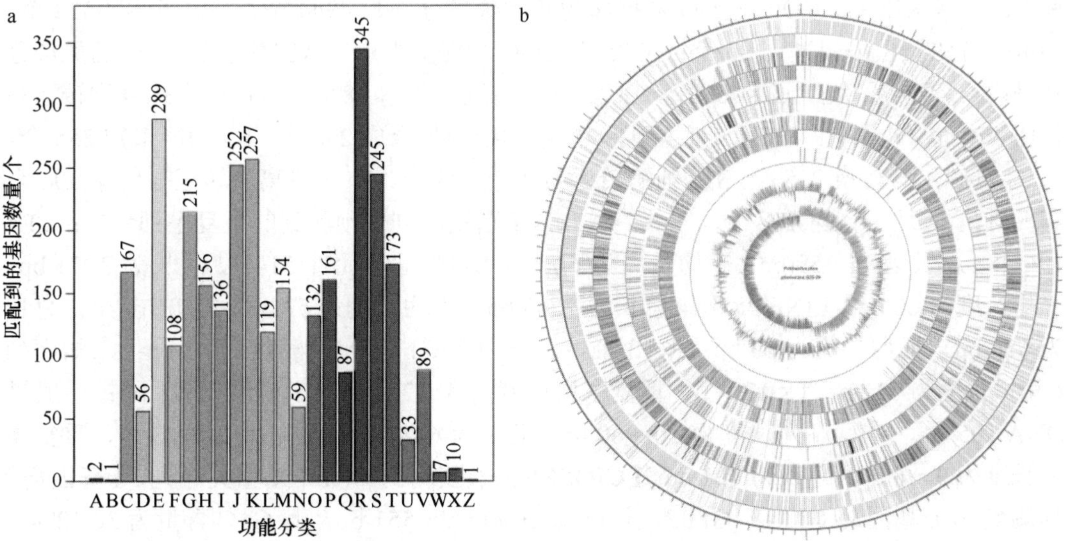


图 5-1-224　脱磷虚构芽胞杆菌 G25-29 基因组的直系同源基因聚类分析（a）和圈图（b）

平均长度为 80 bp；DNA 重复元件 33 个，总长为 2098 bp，平均长度为 64 bp；LINE 32 个，总长为 2213 bp，平均长度为 69 bp；SINE 7 个，总长为 417 bp，平均长度为 60 bp；RC 4 个，总长为 412 bp，平均长度为 103 bp；未知序列 2 个，总长为 102 bp，平均长度为 51 bp；TR 205 个，重复序列长度为 2～935 bp，总长为 15 989 bp；小卫星 DNA 186 个，重复序列长度为 10～60 bp，总长为 12 419 bp；微卫星 DNA 3 个，重复序列长度为 2～6 bp，总长为 95 bp。**【CRISPR】**预测到 2 个 CRISPR 相关序列。**【基因岛】**预测到 10 个基因岛 GI 01～GI 10，长度为 4028～34 056 bp，其 G+C 含量为 29.19%～44.39%。利用已预测得到的基因组信息，如重复序列、G+C 含量等，应用 CIRCOS 工具绘制其基因组圈图（图 5-1-224b）。

**7. 盐土虚构芽胞杆菌（*Fictibacillus solisalsi*）CGMCC 1.6854$^T$**

盐土虚构芽胞杆菌［*Fictibacillus solisalsi* (Liu et al. 2009) Glaeser et al. 2013，comb. nov.］的模式菌株（YC1$^T$ =KCTC 13181$^T$ =CGMCC 1.6854$^T$）分离自安徽的森林土壤，耐盐、嗜碱，生长条件为 15～53℃（最适 35～42℃）、pH 5.0～13.0（最适 pH 7.0～10.0），能耐受 15%（*W*/*V*）NaCl，兼性厌氧，产芽胞，于 2009 年被命名为盐土芽胞杆菌（*Bacillus solisalsi*）（Liu et al.，2009），于 2013 年被重分类为盐土虚构芽胞杆菌（*Fictibacillus solisalsi*）（Glaeser et al.，2013）。目前，该种仅有 1 个基因组，模式菌株 CGMCC 1.6854$^T$ 基因组的 GenBank 登录号为 GCA_900103485.1，测序平台为 Illumina HiSeq，于 2016 年 10 月 21 日由美国能源部联合基因组研究所（DOE Joint Genome Institute）提交。

**【基因组的组装】**菌株 CGMCC 1.6854$^T$ 基因组的测序深度为 247 X，基因组大小为 4.798 Mb，组装到 14 个 scaffolds，scaffold $N_{50}$ 为 3 463 162 bp。**【G+C 含量】**43.98%。**【非编码 RNA】**预测到 7 个 rRNA 基因（5S rRNA 7 个、16S rRNA 0 个、23S rRNA 0 个），61 个 tRNA 基因，1 个 sRNA 基因。**【编码基因】**有 5166 个蛋白质编码基因，编码区总长为 4 253 163 bp，占整个基因组的 88.64%，基因的平均长度为 823 bp。**【基因功能注释】**比对到 KEGG、COG 和 GO 数据库的基因数量分别为 4344 个、3521 个和 3528 个，预测到分泌蛋白编码基因 93 个；在 25 个 COG 功能类群中，基因数量前 10 位的类群分别是：R. 仅一般功能预测 462 个，E. 氨基酸转运与代谢 381 个，G. 碳水化合物转运与代谢 370 个，K. 转录 332 个，J. 翻译、核糖体结构与合成 256 个，S. 功能未知 255 个，C. 能量产生与转换 235 个，H. 辅酶转运与代谢 223 个，P. 无机离子转运与代谢 206 个和 I. 脂质转运与代谢 198 个（图 5-1-225a）。**【重复序列】**预测到的重复序列包括：LTR 194 个，总长为 11 559 bp，平均长度为 60 bp；DNA 重复元件 51 个，总长为 3071 bp，平均长度为 60 bp；LINE 48 个，总长为 2565 bp，平均长度为 53 bp；SINE 10 个，总长为 626 bp，平均长度为 63 bp；RC 3 个，总长为 136 bp，平均长度为 45 bp；未知序列 1 个，长度为 51 bp；TR 120 个，重复序列长度为 3～234 bp，总长为 8375 bp；小卫星 DNA 105 个，重复序列长度为 10～60 bp，总长为 6487 bp；微卫星 DNA 3 个，重复序列长度为 3～6 bp，总长为 101 bp。**【CRISPR】**未预测到 CRISPR 相关序列。**【基因岛】**预测到 7 个基因岛 GI 01～GI 07，长度为 5000～25 551 bp，其 G+C 含量为 36.12%～45.72%。利用已预测得到的基因组信息，如重复序列、G+C 含量等，应用 CIRCOS 工具绘制其基因组圈图（图 5-1-225b）。

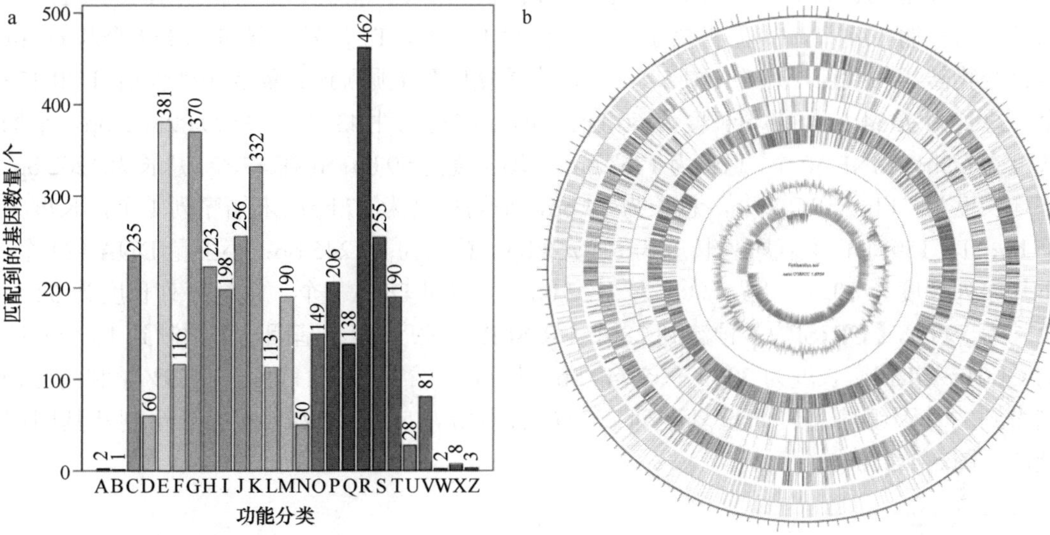


图 5-1-225　盐土虚构芽胞杆菌 CGMCC 1.6854$^T$基因组的直系同源基因聚类分析（a）和圈图（b）

## 十四、地芽胞杆菌属

地芽胞杆菌属（*Geobacillus* Nazina et al. 2001，gen. nov.）于 2001 年建立（Nazina et al.，2001），包含 16 种，模式种为嗜热嗜脂肪地芽胞杆菌[*Geobacillus stearothermophilus* (Donk 1920) Nazina et al. 2001，comb. nov.]，均嗜热，好氧，产芽胞。目前，该属有 16 个已知种类和 32 个未定种的 86 个基因组被测序，以下选取 13 个已知种类的基因组进行描述。

### 1. 产半乳糖地芽胞杆菌（*Geobacillus galactosidasius*）DSM 18751$^T$

产半乳糖地芽胞杆菌（*Geobacillus galactosidasius* Poli et al. 2012，sp. nov.）的模式菌株（CF1B$^T$ =ATCC BAA-1450$^T$ =DSM 18751$^T$）分离自意大利泰奥拉市的 1 个实验堆肥系统，极度嗜热，最适生长条件为 70℃、pH 5.0～9.5，高产半乳糖苷酶，好氧，产芽胞（Poli et al.，2011）。目前，该种仅有 1 个基因组，模式菌株 DSM 18751$^T$基因组的 GenBank 登录号为 GCA_002217735.1，测序平台为 Illumina HiSeq，于 2017 年 7 月 13 日由南非比勒陀利亚大学（University of Pretoria）提交。

**【基因组的组装】**菌株 DSM 18751$^T$基因组的测序深度为 963 X，基因组大小为 3.795 Mb，组装到 6 个 contigs，contig $N_{50}$为 2 017 333 bp。**【G+C 含量】**41.57%。**【非编码 RNA】**预测到 10 个 rRNA 基因（5S rRNA 8 个、16S rRNA 1 个、23S rRNA 1 个），95 个 tRNA 基因，3 个 sRNA 基因。**【编码基因】**有 4229 个蛋白质编码基因，编码区总长为 3 282 636 bp，占整个基因组的 86.50%，基因的平均长度为 766 bp。**【基因功能注释】**比对到 KEGG、COG 和 GO 数据库的基因数量分别为 3506 个、2618 个和 2675 个，预测到分泌蛋白编码基因 50 个；在 24 个 COG 功能类群中，基因数量前 10 位的类群分别是：E. 氨基酸转运与代谢 274 个，R. 仅一般功能预测 241 个，J. 翻译、核糖体结构与合成 218 个，K. 转录 189 个，S. 功能未知 186 个，C. 能量产生与转换 185 个，H. 辅酶转运与代谢 174 个，P. 无机离子转运与代谢 166 个，T. 信号转导机制 153 个和 G. 碳水化合物转运与代谢 151 个（图 5-1-226a）。**【重复序列】**预测到的重复序列包括：LTR 123 个，总长为 7354 bp，平均长度为 60 bp；DNA 重复元件 43 个，总长为 2802 bp，平均长度为 65 bp；LINE 30 个，总长为 1763 bp，平均长度为 59 bp；SINE 17 个，总长为 1262 bp，平均长度为 74 bp；RC 2 个，总长为 74 bp，平均长度为 37 bp；未知序列 1 个，长度为 65 bp；TR 159 个，重复序列长度为 6～768 bp，总长为 19 245 bp；小卫星 DNA 123 个，重复序列长度为 10～58 bp，总长为 6322 bp；微卫星 DNA 1 个，重复序列长度为 6 bp，总长为 59 bp。**【CRISPR】**预测到 28 个 CRISPR 相关序列。**【基因岛】**预测到 18 个基因岛 GI 01～GI 18，长度为 3302～95 748 bp，其 G+C 含量为 34.11%～41.29%。利用已预测得到的基因组信息，如重复序列、G+C 含量等，应用 CIRCOS 工具绘制其基因组圈图（图 5-1-226b）。

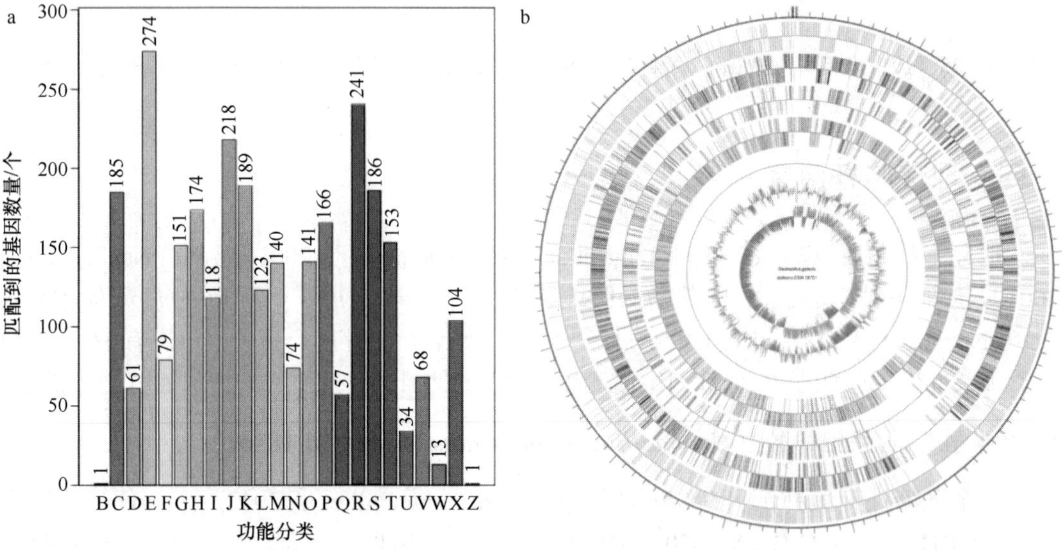


图 5-1-226　产半乳糖地芽胞杆菌 DSM 18751$^T$ 基因组的直系同源基因聚类分析（a）和圈图（b）

## 2. 研究所地芽胞杆菌（*Geobacillus icigianus*）G1w1$^T$

研究所地芽胞杆菌（*Geobacillus icigianus* Bryanskaya et al. 2015，sp. nov.）的模式菌株（G1w1$^T$ =VKM B-2853$^T$ =DSM 28325$^T$）分离自俄罗斯堪察加半岛的 1 个温泉，极度嗜热，生长条件为 50～75℃（最适 60～65℃）、pH 5.0～9.0（最适 pH 6.5～7.0）、0～4%（*W*/*V*）NaCl（最适 1%），好氧，产芽胞（Bryanskaya et al.，2015）。目前，该种仅有 1 个基因组，模式菌株 G1w1$^T$ 基因组的 GenBank 登录号为 GCA_000750005.1，测序平台为 Illumina MiSeq，于 2014 年 9 月 8 日由俄罗斯科学院（Russian Academy of Sciences）提交。

**【基因组的组装】**菌株 G1w1$^T$ 基因组的测序深度为 40 X，基因组大小为 3.458 Mb，组装到 207 个 contigs，contig $N_{50}$ 为 39 998 bp。**【G+C 含量】**52.02%。**【非编码 RNA】**预测到 9 个 rRNA 基因（5S rRNA 8 个、16S rRNA 1 个、23S rRNA 0 个），84 个 tRNA 基因，3 个 sRNA 基因。**【编码基因】**有 3685 个蛋白质编码基因，编码区总长为 2 849 217 bp，占整个基因组的 82.39%，基因的平均长度为 773 bp。**【基因功能注释】**比对到 KEGG、COG 和 GO 数据库的基因数量分别为 3127 个、2397 个和 2263 个，预测到分泌蛋白编码基因 46 个；在 24 个 COG 功能类群中，基因数量前 10 位的类群分别是：E. 氨基酸转运与代谢 258 个，R. 仅一般功能预测 226 个，J. 翻译、核糖体结构与合成 199 个，K. 转录 180 个，S. 功能未知 179 个，H. 辅酶转运与代谢 167 个，C. 能量产生与转换 151 个，T. 信号转导机制 150 个，G. 碳水化合物转运与代谢 142 个和 P. 无机离子转运与代谢 142 个（图 5-1-227a）。**【重复序列】**预测到的重复序列包括：LTR 95 个，总长为 5895 bp，平均长度为 62 bp；DNA 重复元件 29 个，总长为 1917 bp，平均长度为 66 bp；LINE 25 个，总长为 1366 bp，平均长度为 55 bp；SINE 13 个，总长为 859 bp，平均长度为 66 bp；未知序列 1 个，长度为 50 bp；TR 136 个，重复序列长度为 8～174 bp，总长为 14 311 bp；小卫星 DNA 96 个，重复序列长度为 10～56 bp，总长为 7160 bp；未预测到微卫星 DNA。**【CRISPR】**预测到 221 个 CRISPR 相关序列。**【基因岛】**预测到 3 个基因岛 GI 01～GI 03，长度分别为 7231 bp、9310 bp 和 6962 bp，其 G+C 含量分别为 55.46%、56.39%和 49.38%。利用已预测得到的基因组信息，如重复序列、G+C 含量等，应用 CIRCOS 工具绘制其基因组圈图（图 5-1-227b）。

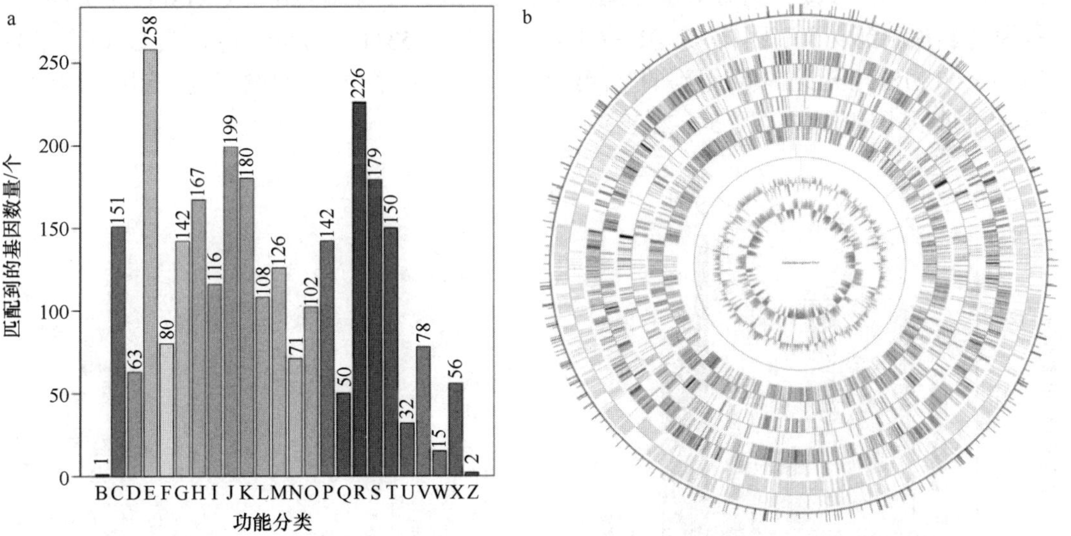


图 5-1-227　研究所地芽胞杆菌 G1w1$^T$ 基因组的直系同源基因聚类分析（a）和圈图（b）

### 3. 侏罗纪地芽胞杆菌（*Geobacillus jurassicus*）NBRC 107829$^T$

侏罗纪地芽胞杆菌（*Geobacillus jurassicus* Nazina et al. 2005，sp. nov.）的模式菌株（DS1$^T$ =VKM B2301$^T$ =DSM 15726$^T$=NBRC 107829$^T$）分离自我国的大港高温油田，嗜热，最适生长温度为 60～65℃，好氧，产芽胞（Nazina et al.，2005）。目前，该种仅有

1 个基因组，模式菌株 NBRC 107829$^T$ 基因组的 GenBank 登录号为 GCA_001544315.1，测序平台为 454 FLX+Illumina HiSeq，于 2016 年 1 月 28 日由日本国立技术与评价研究所（National Institute of Technology and Evaluation）提交。

**【基因组的组装】**菌株 NBRC 107829$^T$ 基因组的测序深度为 134 X，基因组大小为 3.454 Mb，组装到 131 个 contigs，contig $N_{50}$ 为 50 413 bp。**【G+C 含量】**52.21%。**【非编码 RNA】**预测到 7 个 rRNA 基因（5S rRNA 4 个、16S rRNA 2 个、23S rRNA 1 个），84 个 tRNA 基因，5 个 sRNA 基因。**【编码基因】**有 3714 个蛋白质编码基因，编码区总长为 2 963 430 bp，占整个基因组的 85.80%，基因的平均长度为 798 bp。**【基因功能注释】**比对到 KEGG、COG 和 GO 数据库的基因数量分别为 3310 个、2581 个和 2414 个，预测到分泌蛋白编码基因 40 个；在 24 个 COG 功能类群中，基因数量前 10 位的类群分别是：E. 氨基酸转运与代谢 262 个，R. 仅一般功能预测 252 个，J. 翻译、核糖体结构与合成 201 个，K. 转录 200 个，S. 功能未知 189 个，C. 能量产生与转换 169 个，T. 信号转导机制 168 个，H. 辅酶转运与代谢 162 个，G. 碳水化合物转运与代谢 156 个和 P. 无机离子转运与代谢 145 个（图 5-1-228a）。**【重复序列】**预测到的重复序列包括：LTR 78 个，总长为 4993 bp，平均长度为 64 bp；DNA 重复元件 20 个，总长为 1253 bp，平均长度为 63 bp；LINE 19 个，总长为 1167 bp，平均长度为 61 bp；SINE 14 个，总长为 1032 bp，平均长度为 74 bp；未知序列 2 个，总长为 112 bp，平均长度为 56 bp；TR 88 个，重复序列长度为 9～163 bp，总长为 7023 bp；小卫星 DNA 73 个，重复序列长度为 12～60 bp，总长为 5133 bp；未预测到微卫星 DNA。**【CRISPR】**预测到 126 个 CRISPR 相关序列。**【基因岛】**预测到 9 个基因岛 GI 01～GI 09，长度为 5311～10 592 bp，其 G+C 含量为 37.8%～55.21%。利用已预测得到的基因组信息，如重复序列、G+C 含量等，应用 CIRCOS 工具绘制其基因组圈图（图 5-1-228b）。

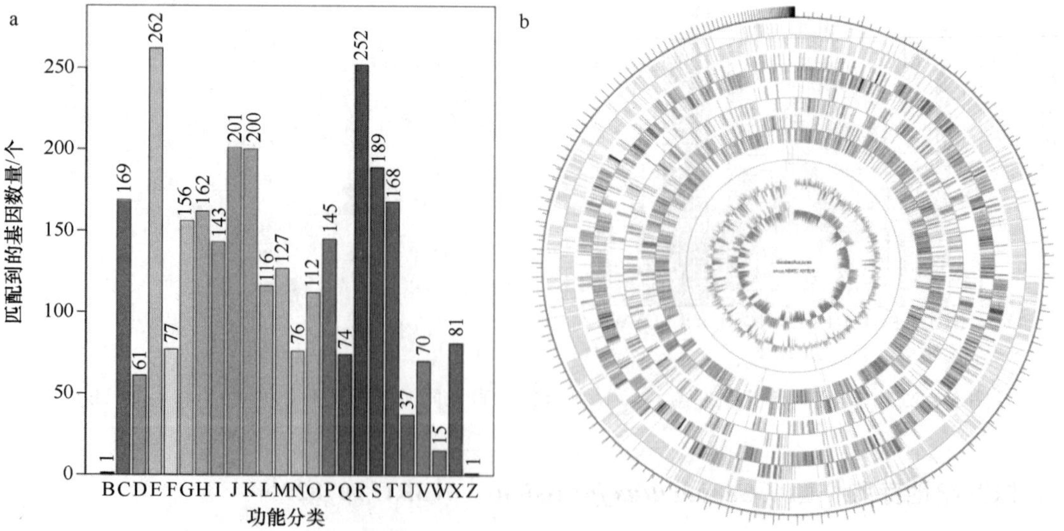


图 5-1-228　侏罗纪地芽胞杆菌 NBRC 107829$^T$ 基因组的直系同源基因聚类分析（a）和圈图（b）

#### 4. 嗜酷热地芽胞杆菌（*Geobacillus kaustophilus*）HTA426

嗜酷热地芽胞杆菌［*Geobacillus kaustophilus* (Priest et al. 1989) Nazina et al. 2001，comb. nov.］的模式菌株（ATCC 8005$^T$ =CCUG 28890$^T$ =CIP 106929$^T$ =DSM 7263$^T$ =JCM 20319$^T$ = LMG 9819$^T$ =NBRC 102445$^T$ =NCCB 30003$^T$ =NRRL NRS-7281$^T$）分离自土壤，嗜热，最适生长温度为 60～65℃，好氧，产芽胞。1928 年由 Prickett 命名为 *Bacillus kaustophilus*，于 1988 年被正式命名为嗜酷热芽胞杆菌（*Bacillus kaustophilus*）（Priest et al.，1988），于 2001 年被重分类为嗜酷热地芽胞杆菌（*Geobacillus kaustophilus*）（Nazina et al.，2001）。目前，该种有 6 个基因组，选择组装到完成图水平的非模式菌株 HTA426 的基因组进行描述，其 GenBank 登录号为 GCA_000009785.1，测序平台为 ABI 3730，于 2004 年 12 月 4 日由日本海洋地球科技研究所（Japan Agency of Marine-Earth Science and Technology）提交。

**【基因组的组装】**菌株 HTA426 基因组的测序深度未知，基因组大小为 3.593 Mb，组装到完成图水平，包括 1 条染色体和 1 个质粒。**【G+C 含量】**51.98%。**【非编码 RNA】**预测到 27 个 rRNA 基因（5S rRNA 9 个、16S rRNA 9 个、23S rRNA 9 个），87 个 tRNA 基因，4 个 sRNA 基因。**【编码基因】**有 3869 个蛋白质编码基因，编码区总长为 3 106 812 bp，占整个基因组的 86.47%，基因的平均长度为 803 bp。**【基因功能注释】**比对到 KEGG、COG 和 GO 数据库的基因数量分别为 3625 个、2669 个和 2489 个，预测到分泌蛋白编码基因 50 个；在 24 个 COG 功能类群中，基因数量前 10 位的类群分别是：R. 仅一般功能预测 269 个，E. 氨基酸转运与代谢 267 个，J. 翻译、核糖体结构与合成 208 个，K. 转录 203 个，S. 功能未知 197 个，G. 碳水化合物转运与代谢 186 个，C. 能量产生与转换 179 个，T. 信号转导机制 169 个，H. 辅酶转运与代谢 168 个和 P. 无机离子转运与代谢 153 个（图 5-1-229a）。**【重复序列】**预测到的重复序列包括：LTR 60 个，总长为 6096 bp，平均长度为 102 bp；DNA 重复元件 13 个，总长为 1107 bp，平均长度为 85 bp；LINE 17 个，总长为 1064 bp，平均长度为 63 bp；SINE 16 个，总长为 1189 bp，平均长

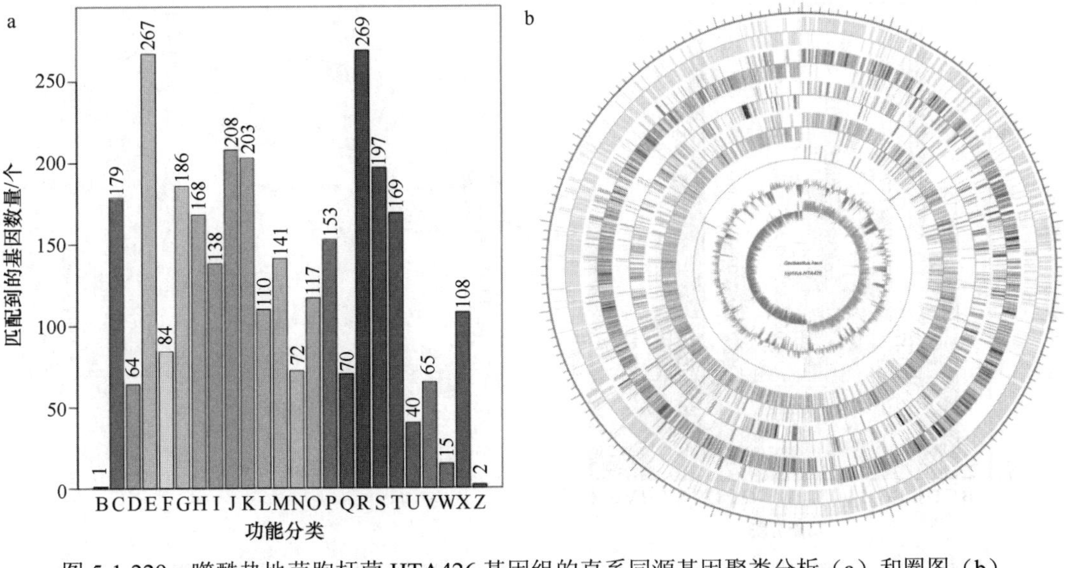


图 5-1-229　嗜酷热地芽胞杆菌 HTA426 基因组的直系同源基因聚类分析（a）和圈图（b）

度为 74 bp；RC 2 个，总长为 179 bp，平均长度为 90 bp；未知序列 3 个，总长为 123 bp，平均长度为 41 bp；TR 107 个，重复序列长度为 1～1774 bp，总长为 13 477 bp；小卫星 DNA 83 个，重复序列长度为 10～60 bp，总长为 6078 bp；未预测到微卫星 DNA。**【CRISPR】**预测到 42 个 CRISPR 相关序列。**【基因岛】**预测到 20 个基因岛 GI 01～GI 20，长度为 3708～44 913 bp，其 G+C 含量为 37.27%～55.23%。利用已预测得到的基因组信息，如重复序列、G+C 含量等，应用 CIRCOS 工具绘制其基因组圈图（图 5-1-229b）。

### 5. 立陶宛地芽胞杆菌（*Geobacillus lituanicus*）N-3$^T$

立陶宛地芽胞杆菌（*Geobacillus lituanicus* Kuisiene et al. 2004，sp. nov.）的模式菌株（N-3$^T$ =DSM 15325$^T$ =VKM B-2294$^T$）分离自立陶宛的 1 个高温油田，嗜热，生长温度为 55～70℃（最适 55～60℃），好氧，产芽胞（Kuisiene et al.，2004）。目前，该种仅有 1 个基因组，模式菌株 N-3$^T$ 基因组的 GenBank 登录号为 GCA_002243605.1，测序平台为 PacBio，于 2017 年 8 月 8 日由韩国庆北国立大学（Kyungpook National University）提交。

**【基因组的组装】**菌株 N-3$^T$ 基因组的测序深度未知，基因组大小为 3.450 Mb，组装到完成图水平，包括 1 条染色体和 1 个质粒。**【G+C 含量】**52.13%。**【非编码 RNA】**预测到 29 个 rRNA 基因（5S rRNA 9 个、16S rRNA 10 个、23S rRNA 10 个），88 个 tRNA 基因，4 个 sRNA 基因。**【编码基因】**有 3731 个蛋白质编码基因，编码区总长为 2 997 804 bp，占整个基因组的 86.89%，基因的平均长度为 803 bp。**【基因功能注释】**比对到 KEGG、COG 和 GO 数据库的基因数量分别为 3451 个、2580 个和 2415 个，预测到分泌蛋白编码基因 44 个；在 23 个 COG 功能类群中，基因数量前 10 位的类群分别是：E. 氨基酸转运与代谢 253 个，R. 仅一般功能预测 252 个，J. 翻译、核糖体结构与合成 203 个，S. 功能未知 185 个，K. 转录 176 个，H. 辅酶转运与代谢 162 个，G. 碳水化合物转运与代谢 157 个，C. 能量产生与转换 156 个，X. 移动元件组：前噬菌体、转座子 153 个和 P. 无机离子转运与代谢 151 个（图 5-1-230a）。**【重复序列】**预测到的重复序列包括：

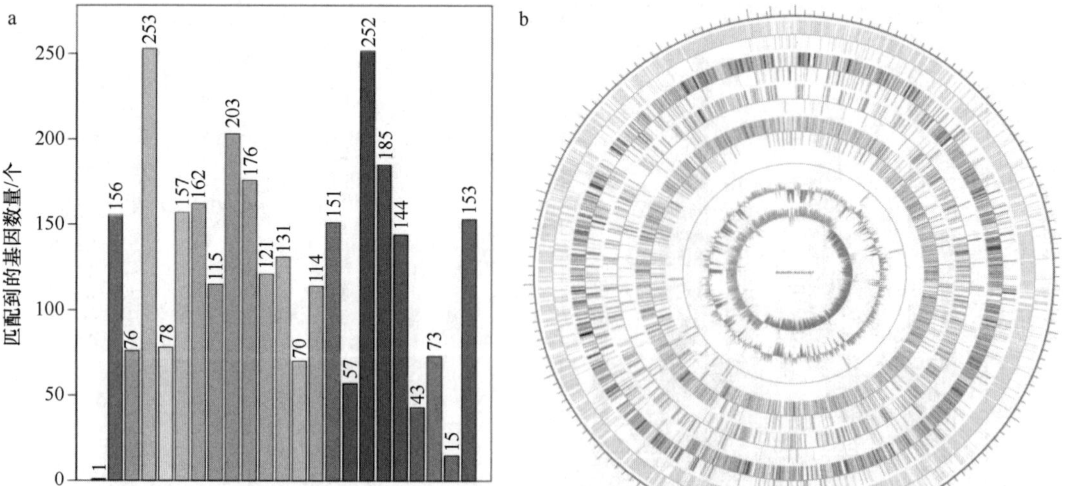


图 5-1-230 立陶宛地芽胞杆菌 N-3$^T$ 基因组的直系同源基因聚类分析（a）和圈图（b）

LTR 68 个，总长为 6556 bp，平均长度为 96 bp；DNA 重复元件 18 个，总长为 1581 bp，平均长度为 88 bp；LINE 19 个，总长为 1306 bp，平均长度为 69 bp；SINE 15 个，总长为 1104 bp，平均长度为 74 bp；未知序列 4 个，总长为 159 bp，平均长度为 40 bp；TR 110 个，重复序列长度为 9～148 bp，总长为 9393 bp；小卫星 DNA 91 个，重复序列长度为 10～60 bp，总长为 5796 bp；未预测到微卫星 DNA。**【CRISPR】**预测到 99 个 CRISPR 相关序列。**【基因岛】**预测到 28 个基因岛 GI 01～GI 28，长度为 3839～56 920 bp，其 G+C 含量为 37.51%～56.70%。利用已预测得到的基因组信息，如重复序列、G+C 含量等，应用 CIRCOS 工具绘制其基因组圈图（图 5-1-230b）。

### 6. 嗜热噬脂肪地芽胞杆菌（*Geobacillus stearothermophilus*）DSM 458$^T$

嗜热噬脂肪地芽胞杆菌［*Geobacillus stearothermophilus* (Donk 1920) Nazina et al. 2001，comb. nov.］的模式菌株（R-35646$^T$ =ATCC 12980$^T$ =CCM 2062$^T$ =CIP 66.23$^T$ =DSM 458$^T$ =JCM 2501$^T$ =KCTC 1752$^T$ =LMG 6939$^T$ =NCCB 75019$^T$ =NCTC 10339$^T$ = NRRL B-1172$^T$ =VKM B-510$^T$）分离自土壤，嗜热，生长条件为 37～75℃（最适 55～65℃）、pH 6.0～8.5（最适 pH 6.2～7.5），好氧，产芽胞。1920 年被命名为嗜热噬脂肪芽胞杆菌（*Bacillus stearothermophilus*）（Donk，1920），2001 年被重分类为嗜热噬脂肪地芽胞杆菌（*Geobacillus stearothermophilus*）（Nazina et al.，2001）。目前，该种有 14 个基因组，选择组装到完成图水平的模式菌株 DSM 458$^T$ 的基因组进行描述，其 GenBank 登录号为 GCA_002300135.1，测序平台为 Pacbio，于 2017 年 9 月 13 日由爱尔兰科克大学学院（University College Cork）提交。

**【基因组的组装】**菌株 DSM 458$^T$ 基因组的测序深度为 148 X，基因组大小为 3.467 Mb，组装到完成图水平，包括 1 条染色体。**【G+C 含量】**52.11%。**【非编码 RNA】**预测到 32 个 rRNA 基因（5S rRNA 10 个、16S rRNA 11 个、23S rRNA 11 个），89 个 tRNA 基因，5 个 sRNA 基因。**【编码基因】**有 3864 个蛋白质编码基因，编码区总长为 2 963 880 bp，占整个基因组的 85.49%，基因的平均长度为 767 bp。**【基因功能注释】**比对到 KEGG、COG 和 GO 数据库的基因数量分别为 3457 个、2558 个和 2440 个，预测到分泌蛋白编码基因 46 个；在 23 个 COG 功能类群中，基因数量前 10 位的类群分别是：R. 仅一般功能预测 252 个，E. 氨基酸转运与代谢 236 个，J. 翻译、核糖体结构与合成 203 个，X. 移动元件组：前噬菌体、转座子 187 个，K. 转录 181 个，S. 功能未知 181 个，H. 辅酶转运与代谢 162 个，G. 碳水化合物转运与代谢 151 个，C. 能量产生与转换 150 个和 P. 无机离子转运与代谢 142 个（图 5-1-231a）。**【重复序列】**预测到的重复序列包括：LTR 77 个，总长为 7742 bp，平均长度为 101 bp；DNA 重复元件 23 个，总长为 2105 bp，平均长度为 92 bp；LINE 22 个，总长为 1452 bp，平均长度为 66 bp；SINE 15 个，总长为 1119 bp，平均长度为 75 bp；未知序列 11 个，总长为 446 bp，平均长度为 41 bp；TR 120 个，重复序列长度为 6～1608 bp，总长为 28 937 bp；小卫星 DNA 94 个，重复序列长度为 10～60 bp，总长为 5958 bp；微卫星 DNA 1 个，重复序列长度为 6 bp，总长为 190 bp。**【CRISPR】**预测到 61 个 CRISPR 相关序列。**【基因岛】**预测到 30 个基因岛 GI 01～GI 30，长度为 3781～56 208 bp，其 G+C 含量为 37.45%～54.46%。利用已预测得到的基因组信息，如重复序列、G+C 含量等，应用 CIRCOS 工具绘制其基因组圈图（图 5-1-231b）。

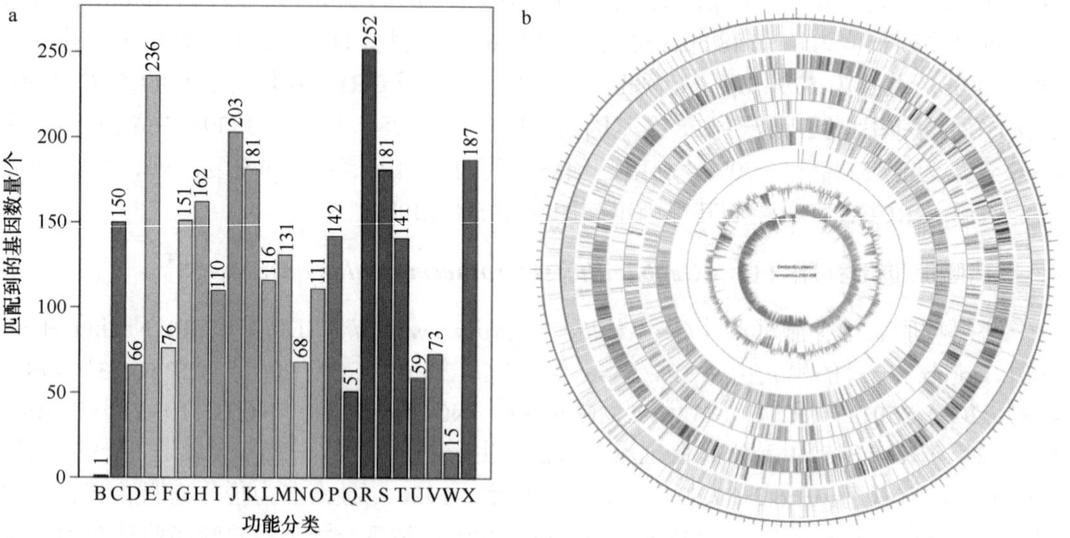


图 5-1-231　嗜热噬脂肪地芽胞杆菌 DSM 458$^{T}$ 基因组的直系同源基因聚类分析（a）和圈图（b）

### 7. 地下地芽胞杆菌（*Geobacillus subterraneus*）KCTC 3922$^{T}$

地下地芽胞杆菌（*Geobacillus subterraneus* Nazina et al. 2001，sp. nov.）的模式菌株（34$^{T}$=VKM B-2226$^{T}$ =DSM 13552$^{T}$ =KCTC 3922$^{T}$）分离自高温油田的地层水，嗜热，生长条件为 37～75℃（最适 55～65℃）、pH 6.0～8.5（最适 pH 6.2～7.5），好氧，产芽胞（Nazina et al.，2001）。目前，该种有 3 个基因组，选择组装到完成图水平的模式菌株 KCTC 3922$^{T}$ 的基因组进行描述，其 GenBank 登录号为 GCA_001618685.1，测序平台为 PacBio，于 2016 年 4 月 12 日由韩国庆北国立大学（Kyungpook National University）提交。

**【基因组的组装】**菌株 KCTC 3922$^{T}$ 基因组的测序深度为 272 X，基因组大小为 3.474 Mb，组装到完成图水平，包括 1 条染色体。**【G+C 含量】**52.19%。**【非编码 RNA】**预测到 27 个 rRNA 基因（5S rRNA 9 个、16S rRNA 9 个、23S rRNA 9 个），88 个 tRNA 基因，6 个 sRNA 基因。**【编码基因】**有 3652 个蛋白质编码基因，编码区总长为 3 001 341 bp，占整个基因组的 86.39%，基因的平均长度为 822 bp。**【基因功能注释】**比对到 KEGG、COG 和 GO 数据库的基因数量分别为 3395 个、2619 个和 2427 个，预测到分泌蛋白编码基因 45 个；在 23 个 COG 功能类群中，基因数量前 10 位的类群分别是：R. 仅一般功能预测 263 个，E. 氨基酸转运与代谢 261 个，J. 翻译、核糖体结构与合成 201 个，S. 功能未知 192 个，K. 转录 182 个，G. 碳水化合物转运与代谢 177 个，C. 能量产生与转换 174 个，H. 辅酶转运与代谢 165 个，P. 无机离子转运与代谢 161 个和 T. 信号转导机制 148 个（图 5-1-232a）。**【重复序列】**预测到的重复序列包括：LTR 71 个，总长为 6683 bp，平均长度为 94 bp；DNA 重复元件 15 个，总长为 1312 bp，平均长度为 87 bp；

LINE 19 个，总长为 1226 bp，平均长度为 65 bp；SINE 16 个，总长为 1299 bp，平均长度为 81 bp；RC 1 个，长度为 83 bp；TR 100 个，重复序列长度为 10～186 bp，总长为 10 517 bp；小卫星 DNA 82 个，重复序列长度为 10～45 bp，总长为 4672 bp；未预测到微卫星 DNA。**【CRISPR】**预测到 82 个 CRISPR 相关序列。**【基因岛】**预测到 17 个基因岛 GI 01～GI 17，长度为 3266～64 264 bp，其 G+C 含量为 38.46%～55.90%。利用已预测得到的基因组信息，如重复序列、G+C 含量等，应用 CIRCOS 工具绘制其基因组圈图（图 5-1-232b）。

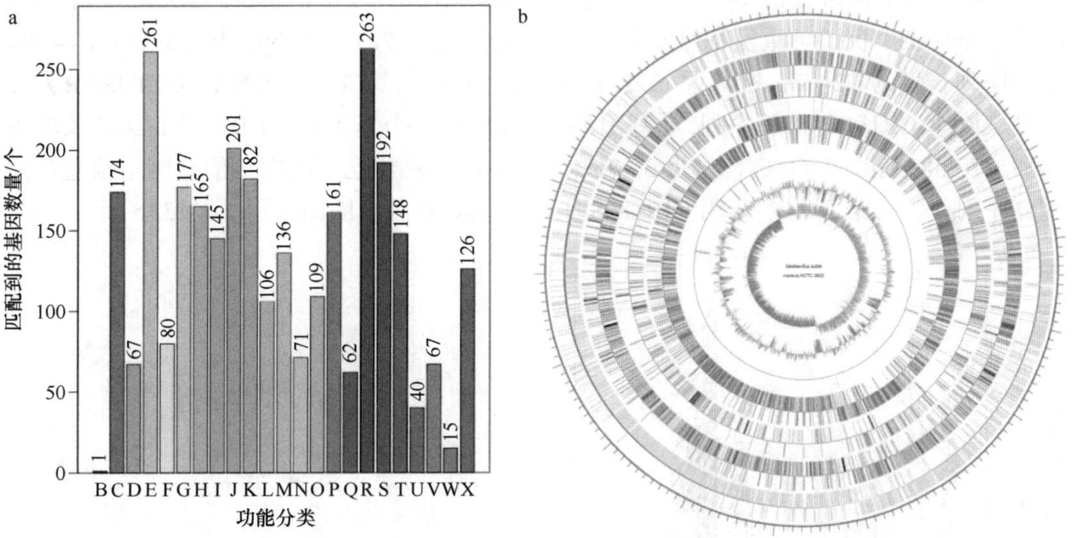


图 5-1-232　地下地芽胞杆菌 KCTC 3922$^T$ 基因组的直系同源基因聚类分析（a）和圈图（b）

## 8. 热小链地芽胞杆菌（*Geobacillus thermocatenulatus*）KCTC 3921$^T$

热小链地芽胞杆菌［*Geobacillus thermocatenulatus* (Golovacheva et al. 1991) Nazina et al. 2001，comb. nov.］的模式菌株（178$^T$ =DSM 730$^T$ =LMG 19007$^T$ =VKM B-1259$^T$ = KCTC 3921$^T$）分离自热气孔气管内的黏液层的地层水，嗜热，生长条件为 35～78℃（固体培养最适温度为 65～75℃，液体培养最适温度为 55～60℃）、0～4%（*W*/*V*）NaCl，好氧，产芽胞。1975 年被命名为热小链芽胞杆菌（*Bacillus thermocatenulatus*）（Golovacheva et al.，1975），2001 年被重分类为热小链地芽胞杆菌（*Geobacillus thermocatenulatus*）（Nazina et al.，2001）。目前，该种有 3 个基因组，选择组装到完成图水平的模式菌株 KCTC 3921$^T$ 的基因组进行描述，其 GenBank 登录号为 GCA_002243665.1，测序平台为 PacBio，于 2017 年 8 月 8 日由韩国庆北国立大学（Kyungpook National University）提交。

**【基因组的组装】**菌株 KCTC 3921$^T$ 基因组的测序深度为 294 X，基因组大小为 3.742 Mb，组装到完成图水平，包括 1 条染色体。**【G+C 含量】**51.88%。**【非编码 RNA】**预测到 31 个 rRNA 基因（5S rRNA 10 个、16S rRNA 10 个、23S rRNA 11 个），88 个 tRNA 基因，5 个 sRNA 基因。**【编码基因】**有 3986 个蛋白质编码基因，编码区总长为 3 206 853 bp，占整个基因组的 85.70%，基因的平均长度为 805 bp。**【基因功能注释】**比对到 KEGG、

COG 和 GO 数据库的基因数量分别为 3654 个、2728 个和 2558 个，预测到分泌蛋白编码基因 60 个；在 24 个 COG 功能类群中，基因数量前 10 位的类群分别是：R. 仅一般功能预测 279 个，E. 氨基酸转运与代谢 278 个，J. 翻译、核糖体结构与合成 212 个，K. 转录 199 个，S. 功能未知 198 个，G. 碳水化合物转运与代谢 176 个，H. 辅酶转运与代谢 174 个，C. 能量产生与转换 169 个，T. 信号转导机制 169 个和 P. 无机离子转运与代谢 166 个（图 5-1-233a）。**【重复序列】**预测到的重复序列包括：LTR 64 个，总长为 6856 bp，平均长度为 107 bp；DNA 重复元件 19 个，总长为 1424 bp，平均长度为 75 bp；LINE 20 个，总长为 1522 bp，平均长度为 76 bp；SINE 13 个，总长为 993 bp，平均长度为 76 bp；TR 106 个，重复序列长度为 7～149 bp，总长为 10 237 bp；小卫星 DNA 74 个，重复序列长度为 12～60 bp，总长为 6336 bp；未预测到微卫星 DNA。**【CRISPR】**预测到 296 个 CRISPR 相关序列。**【基因岛】**预测到 20 个基因岛 GI 01～GI 20，长度为 3968～77 581 bp，其 G+C 含量为 39.75%～54.46%。利用已预测得到的基因组信息，如重复序列、G+C 含量等，应用 CIRCOS 工具绘制其基因组圈图（图 5-1-233b）。

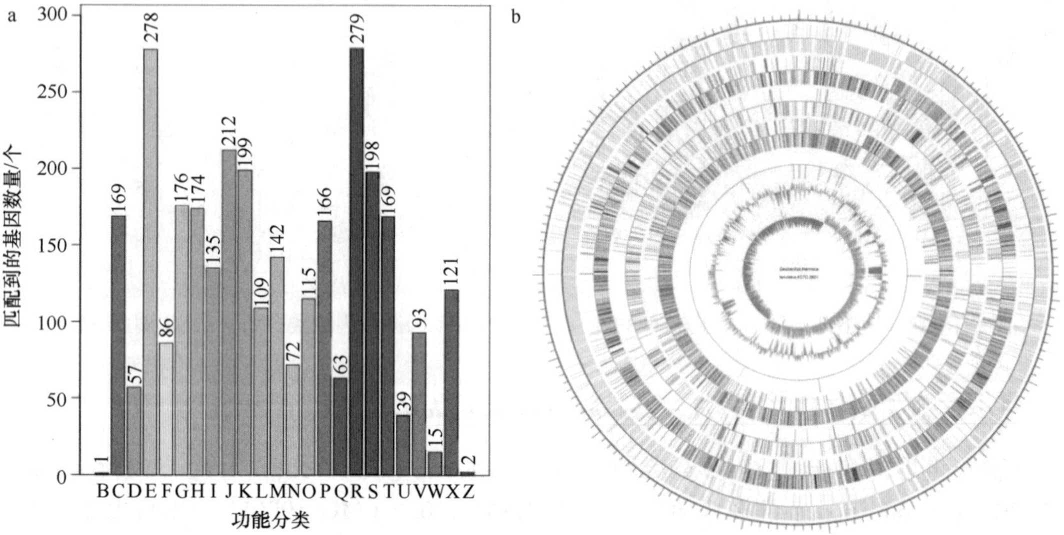


图 5-1-233 热小链地芽胞杆菌 KCTC 3921$^T$基因组的直系同源基因聚类分析（a）和圈图（b）

## 9. 热脱氮地芽胞杆菌（*Geobacillus thermodenitrificans*）NG80-2

热脱氮地芽胞杆菌［*Geobacillus thermodenitrificans* (Manachini et al. 2000) Nazina et al. 2001，comb. nov.］的模式菌株（R-35647$^T$ =ATCC 29492$^T$=BGSC 94A1$^T$ =DSM 465$^T$= LMG 17532$^T$）分离自土壤，嗜热，生长条件为 50～65℃、pH 6.0～8.0、0～3%（*W*/*V*）NaCl，兼性厌氧，产芽胞。2000 年被命名为热脱氮芽胞杆菌（*Bacillus thermodenitrificans*）（Manachini et al.，2000），2001 年被重分类为热脱氮地芽胞杆菌（*Geobacillus thermodenitrificans*）（Nazina et al.，2001）。目前，该种有 7 个基因组，选择组装到完成图水平的非模式菌株 NG80-2 的基因组进行描述，其 GenBank 登录号为 GCA_000015745.1，测序平台为 ABI 3730，于 2007 年 3 月 29 日由南开大学（Nankai University）提交。

**【基因组的组装】**菌株 NG80-2 基因组的测序深度为 9 X，基因组大小为 3.608 Mb，组装到完成图水平，包括 1 条染色体和 1 个质粒。**【G+C 含量】**48.86%。**【非编码 RNA】**预测到 33 个 rRNA 基因（5S rRNA 11 个、16S rRNA 11 个、23S rRNA 11 个），87 个 tRNA 基因，2 个 sRNA 基因。**【编码基因】**有 3870 个蛋白质编码基因，编码区总长为 3 095 295 bp，占整个基因组的 85.79%，基因的平均长度为 800 bp。**【基因功能注释】**比对到 KEGG、COG 和 GO 数据库的基因数量分别为 3516 个、2664 个和 2570 个，预测到分泌蛋白编码基因 57 个；在 24 个 COG 功能类群中，基因数量前 10 位的类群分别是：E. 氨基酸转运与代谢 294 个，R. 仅一般功能预测 254 个，G. 碳水化合物转运与代谢 228 个，K. 转录 212 个，J. 翻译、核糖体结构与合成 209 个，S. 功能未知 195 个，C. 能量产生与转换 190 个，H. 辅酶转运与代谢 172 个，P. 无机离子转运与代谢 170 个和 T. 信号转导机制 161 个（图 5-1-234a）。**【重复序列】**预测到的重复序列包括：LTR 100 个，总长为 8993 bp，平均长度为 90 bp；DNA 重复元件 22 个，总长为 1444 bp，平均长度为 66 bp；LINE 26 个，总长为 1793 bp，平均长度为 69 bp；SINE 21 个，总长为 1595 bp，平均长度为 76 bp；RC 2 个，总长为 136 bp，平均长度为 68 bp；未知序列 1 个，长度为 42 bp；TR 77 个，重复序列长度为 6～1250 bp，总长为 7915 bp；小卫星 DNA 67 个，重复序列长度为 12～48 bp，总长为 3057 bp；微卫星 DNA 1 个，重复序列长度为 6 bp，总长为 76 bp。**【CRISPR】**预测到 28 个 CRISPR 相关序列。**【基因岛】**预测到 14 个基因岛 GI 01～GI 14，长度为 3929～59 703 bp，其 G+C 含量为 36.31%～53.15%。利用已预测得到的基因组信息，如重复序列、G+C 含量等，应用 CIRCOS 工具绘制其基因组圈图（图 5-1-234b）。

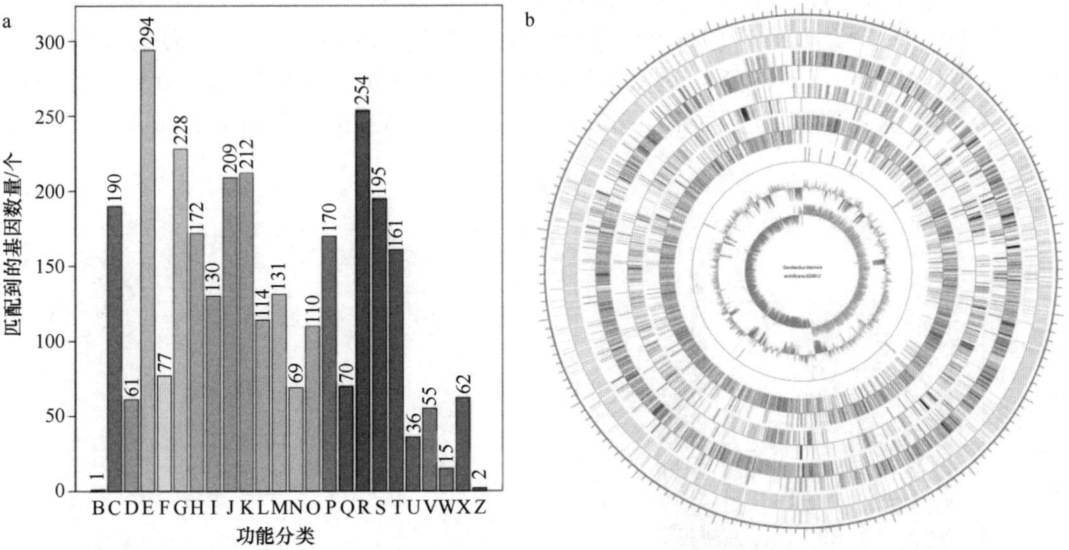


图 5-1-234 热脱氮地芽胞杆菌 NG80-2 基因组的直系同源基因聚类分析（a）和圈图（b）

## 10. 热嗜油地芽胞杆菌（*Geobacillus thermoleovorans*）FJAT-2391$^{T}$

热嗜油地芽胞杆菌［*Geobacillus thermoleovorans* (Zarilla and Perry 1988) Nazina et al. 2001，comb. nov.］的模式菌株（LEH-1$^{T}$ = ATCC 43513$^{T}$ =DSM 5366$^{T}$ =LMG 9823$^{T}$ =

FJAT-2391[T]）分离自热气孔气管内的黏液层，嗜热，生长温度为 42～75℃（最适 55～65℃），最适 pH 6.2～7.5，好氧，产芽胞。1987 年被命名为热嗜油芽胞杆菌（*Bacillus thermoleovorans*）（Zarilla and Perry，1987），2001 年被重分类为热嗜油地芽胞杆菌（*Geobacillus thermoleovorans*）（Nazina et al.，2001）。目前，该种有 8 个基因组，选择组装到完成图水平的模式菌株 FJAT-2391[T] 的基因组进行描述，其 GenBank 登录号为 GCA_001719205.1，测序平台为 PacBio，于 2016 年 9 月 6 日由福建省农业科学院（Fujian Academy of Agricultural Sciences）提交。

**【基因组的组装】**菌株 FJAT-2391[T] 基因组的测序深度为 316 X，基因组大小为 3.544 Mb，组装到完成图水平，包括 1 条染色体。**【G+C 含量】**52.22%。**【非编码 RNA】**预测到 31 个 rRNA 基因（5S rRNA 11 个、16S rRNA 10 个、23S rRNA 10 个），96 个 tRNA 基因，5 个 sRNA 基因。**【编码基因】**有 3802 个蛋白质编码基因，编码区总长为 3 070 734 bp，占整个基因组的 86.65%，基因的平均长度为 808 bp。**【基因功能注释】**比对到 KEGG、COG 和 GO 数据库的基因数量分别为 3537 个、2722 个和 2507 个，预测到分泌蛋白编码基因 52 个；在 23 个 COG 功能类群中，基因数量前 10 位的类群分别是：E. 氨基酸转运与代谢 295 个，R. 仅一般功能预测 274 个，J. 翻译、核糖体结构与合成 213 个，K. 转录 209 个，S. 功能未知 195 个，G. 碳水化合物转运与代谢 192 个，C. 能量产生与转换 177 个，H. 辅酶转运与代谢 175 个，T. 信号转导机制 164 个和 P. 无机离子转运与代谢 162 个（图 5-1-235a）。**【重复序列】**预测到的重复序列包括：LTR 70 个，总长为 7074 bp，平均长度为 101 bp；DNA 重复元件 15 个，总长为 1114 bp，平均长度为 74 bp；LINE 11 个，总长为 743 bp，平均长度为 68 bp；SINE 17 个，总长为 1203 bp，平均长度为 71 bp；RC 2 个，总长为 146 bp，平均长度为 73 bp；未知序列 3 个，总长为 125 bp，平均长度为 42 bp；TR 89 个，重复序列长度为 8～480 bp，总长为 10 410 bp；小卫星 DNA 69 个，重复序列长度为 10～60 bp，总长为 4963 bp；未预测到微卫星 DNA。

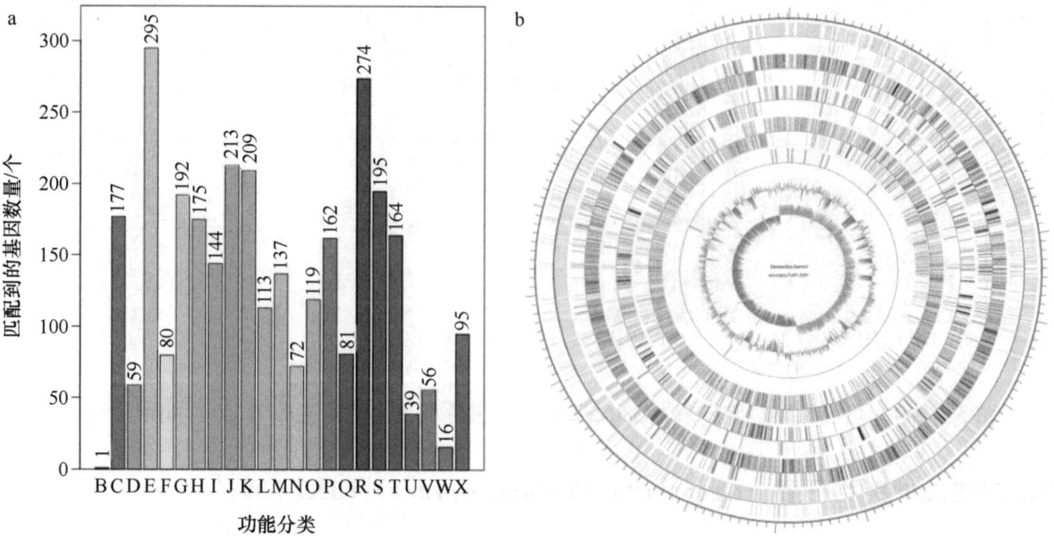


图 5-1-235　热嗜油地芽胞杆菌 FJAT-2391[T] 基因组的直系同源基因聚类分析（a）和圈图（b）

【**CRISPR**】预测到 42 个 CRISPR 相关序列。【**基因岛**】预测到 16 个基因岛 GI 01～GI 16，长度为 3743～50 081 bp，其 G+C 含量为 38.57%～55.22%。利用已预测得到的基因组信息，如重复序列、G+C 含量等，应用 CIRCOS 工具绘制其基因组圈图（图 5-1-235b）。

## 11. 乌津油田地芽胞杆菌（*Geobacillus uzenensis*）BGSC 92A1

乌津油田地芽胞杆菌（*Geobacillus uzenensis* Nazina et al. 2001，sp. nov.）的模式菌株（$U^T$ =VKM B-$2229^T$ =DSM $13551^T$ =AS $12674^T$）分离自高温油田的地层水，嗜热，生长条件为 37～75℃（最适 55～65℃）、pH 6.0～8.5（最适 pH 6.2～7.5），好氧，产芽胞（Nazina et al.，2001）。目前，该种仅有 1 个基因组，非模式菌株 BGSC 92A1 基因组的 GenBank 登录号为 GCA_002217665.1，测序平台为 Illumina HiSeq，于 2017 年 7 月 13 日由南非比勒陀利亚大学（University of Pretoria）提交。

【**基因组的组装**】菌株 BGSC 92A1 基因组的测序深度为 1660 X，基因组大小为 3.358 Mb，组装到 10 个 contigs，contig $N_{50}$ 为 429 603 bp。【**G+C 含量**】52.22%。【**非编码 RNA**】预测到 11 个 rRNA 基因（5S rRNA 9 个、16S rRNA 1 个、23S rRNA 1 个），88 个 tRNA 基因，5 个 sRNA 基因。【**编码基因**】有 3585 个蛋白质编码基因，编码区总长为 2 913 240 bp，占整个基因组的 86.76%，基因的平均长度为 813 bp。【**基因功能注释**】比对到 KEGG、COG 和 GO 数据库的基因数量分别为 3294 个、2537 个和 2383 个，预测到分泌蛋白编码基因 42 个；在 23 个 COG 功能类群中，基因数量前 10 位的类群分别是：E. 氨基酸转运与代谢 262 个，R. 仅一般功能预测 260 个，J. 翻译、核糖体结构与合成 202 个，S. 功能未知 190 个，K. 转录 180 个，G. 碳水化合物转运与代谢 179 个，C. 能量产生与转换 173 个，H. 辅酶转运与代谢 164 个，P. 无机离子转运与代谢 159 个和 I. 脂质转运与代谢 145 个（图 5-1-236a）。【**重复序列**】预测到的重复序列包括：LTR 60 个，总长为 4002 bp，平均长度为 67 bp；DNA 重复元件 18 个，总长为 1575 bp，平均长度为 88 bp；LINE 10 个，总长为 578 bp，平均长度为 58 bp；SINE 17 个，总长为

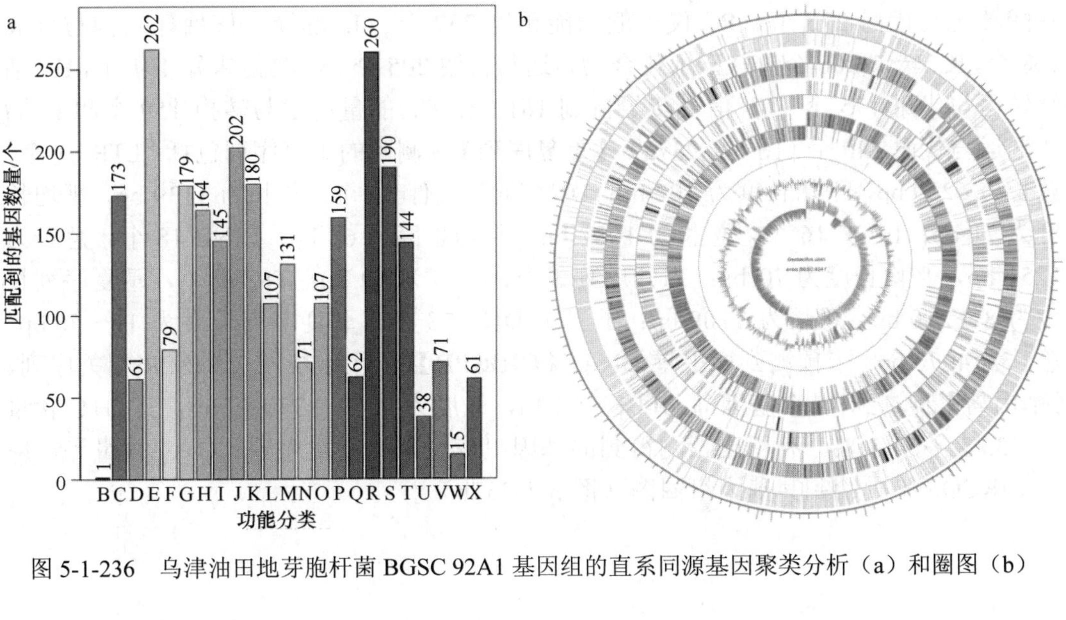


图 5-1-236　乌津油田地芽胞杆菌 BGSC 92A1 基因组的直系同源基因聚类分析（a）和圈图（b）

1357 bp，平均长度为 80 bp；RC 1 个，长度为 83 bp；TR 124 个，重复序列长度为 10～188 bp，总长为 15 670 bp；小卫星 DNA 81 个，重复序列长度为 10～45 bp，总长为 4605 bp；未预测到微卫星 DNA。**【CRISPR】**预测到 105 个 CRISPR 相关序列。**【基因岛】**预测到 16 个基因岛 GI 01～GI 16，长度为 3861～31 032 bp，其 G+C 含量为 38.58%～56.20%。利用已预测得到的基因组信息，如重复序列、G+C 含量等，应用 CIRCOS 工具绘制其基因组圈图（图 5-1-236b）。

**12. 火神地芽胞杆菌（*Geobacillus vulcani*）PSS1**

火神地芽胞杆菌［*Geobacillus vulcani* (Caccamo et al. 2000) Nazina et al. 2004，comb. nov.］的模式菌株（3s-$1^T$ =DSM $13174^T$ =CIP $106305^T$）分离自意大利武尔卡诺岛的浅层热液排出口的沉积物，嗜热，生长条件为 37～72℃（最适 60℃）、pH 5.5～9.0（最适 pH 6.0）、0～3%（*W*/*V*）NaCl（最适 2%），好氧，产芽胞。2000 年被命名为火神芽胞杆菌（*Bacillus vulcani*）（Caccamo et al.，2000），2004 年被重分类为火神地芽胞杆菌（*Geobacillus vulcani*）（Nazina et al.，2004）。目前，该种仅有 1 个基因组，非模式菌株 PSS1 基因组的 GenBank 登录号为 GCA_000733845.1，测序平台为 PacBio+Illumina HiSeq，于 2014 年 7 月 24 日由美国能源部联合基因组研究所（DOE Joint Genome Institute）提交。

**【基因组的组装】**菌株 PSS1 基因组的测序深度未知，基因组大小为 3.389 Mb，组装到完成图水平，包括 1 条染色体。**【G+C 含量】**52.40%。**【非编码 RNA】**预测到 27 个 rRNA 基因（5S rRNA 9 个、16S rRNA 9 个、23S rRNA 9 个），86 个 tRNA 基因，5 个 sRNA 基因。**【编码基因】**有 3648 个蛋白质编码基因，编码区总长为 2 940 120 bp，占整个基因组的 86.75%，基因的平均长度为 806 bp。**【基因功能注释】**比对到 KEGG、COG 和 GO 数据库的基因数量分别为 3257 个、2581 个和 2425 个，预测到分泌蛋白编码基因 60 个；在 24 个 COG 功能类群中，基因数量前 10 位的类群分别是：E. 氨基酸转运与代谢 276 个，R. 仅一般功能预测 257 个，J. 翻译、核糖体结构与合成 208 个，K. 转录 206 个，G. 碳水化合物转运与代谢 205 个，S. 功能未知 191 个，H. 辅酶转运与代谢 175 个，T. 信号转导机制 161 个，C. 能量产生与转换 159 个和 I. 脂质转运与代谢 140 个（图 5-1-237a）。**【重复序列】**预测到的重复序列包括：LTR 61 个，总长为 6229 bp，平均长度为 102 bp；DNA 重复元件 16 个，总长为 1139 bp，平均长度为 71 bp；LINE 16 个，总长为 1087 bp，平均长度为 68 bp；SINE 18 个，总长为 1251 bp，平均长度为 70 bp；未知序列 1 个，长度为 69 bp；TR 90 个，重复序列长度为 8～210 bp，总长为 7109 bp；小卫星 DNA 73 个，重复序列长度为 11～56 bp，总长为 4978 bp；未预测到微卫星 DNA。**【CRISPR】**预测到 28 个 CRISPR 相关序列。**【基因岛】**预测到 14 个基因岛 GI 01～GI 14，长度为 4557～37 857 bp，其 G+C 含量为 33.8%～54.51%。利用已预测得到的基因组信息，如重复序列、G+C 含量等，应用 CIRCOS 工具绘制其基因组圈图（图 5-1-237b）。

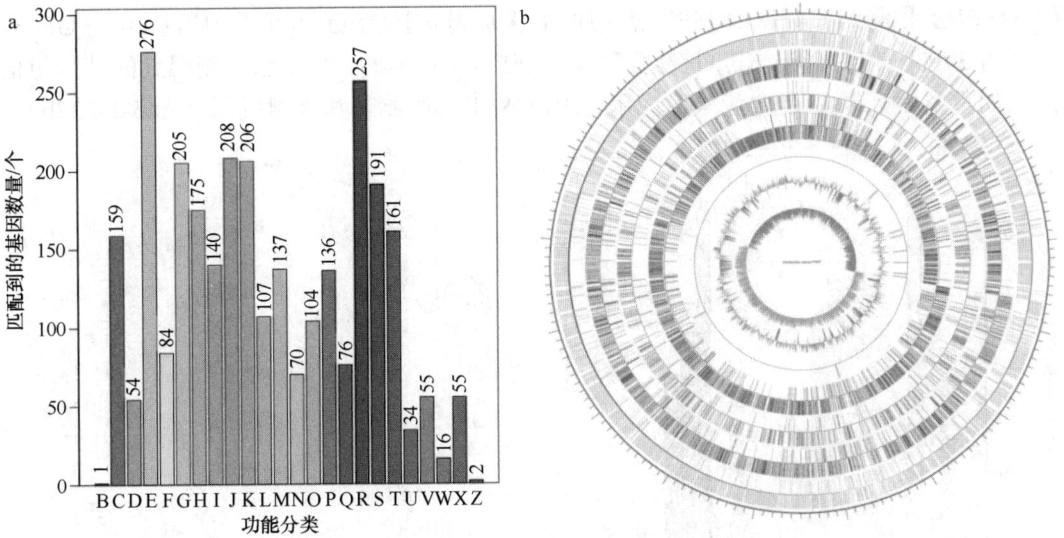


图 5-1-237　火神地芽胞杆菌 PSS1 基因组的直系同源基因聚类分析（a）和圈图（b）

## 13. 杂力哈地芽胞杆菌（*Geobacillus zalihae*）NBRC 101842$^T$

杂力哈地芽胞杆菌（*Geobacillus zalihae* Abd Rahman et al. 2007，sp. nov.）的模式菌株（T1$^T$ =DSM 18318$^T$ =NBRC 101842$^T$）分离自马来西亚棕榈油磨坊的废水，嗜热，生长条件为 50～70℃（最适 65℃）、pH 5.0～9.0（最适 pH 6.5），好氧，产芽胞（Abd Rahman et al.，2007）。目前，该种有 3 个基因组，选择组装水平较高的模式菌株 NBRC 101842$^T$ 的基因组进行描述，其 GenBank 登录号为 GCA_001544135.1，测序平台为 454 FLX+ Illumina HiSeq，于 2016 年 1 月 26 日由日本国立技术与评价研究所（National Institute of Technology and Evaluation）提交。

**【基因组的组装】**菌株 NBRC 101842$^T$ 基因组的测序深度为 113 X，基因组大小为 3.540 Mb，组装到 164 个 contigs，contig $N_{50}$ 为 51 843 bp。**【G+C 含量】**51.88%。**【非编码 RNA】**预测到 8 个 rRNA 基因（5S rRNA 7 个、16S rRNA 0 个、23S rRNA 1 个），82 个 tRNA 基因，3 个 sRNA 基因。**【编码基因】**有 3769 个蛋白质编码基因，编码区总长为 2 991 051 bp，占整个基因组的 84.49%，基因的平均长度为 794 bp。**【基因功能注释】**比对到 KEGG、COG 和 GO 数据库的基因数量分别为 3436 个、2592 个和 2404 个，预测到分泌蛋白编码基因 47 个；在 24 个 COG 功能类群中，基因数量前 10 位的类群分别是：E. 氨基酸转运与代谢 275 个，R. 仅一般功能预测 254 个，J. 翻译、核糖体结构与合成 202 个，G. 碳水化合物转运与代谢 195 个，K. 转录 193 个，S. 功能未知 191 个，H. 辅酶转运与代谢 168 个，T. 信号转导机制 165 个，C. 能量产生与转换 161 个和 P. 无机离子转运与代谢 152 个（图 5-1-238a）。**【重复序列】**预测到的重复序列包括：LTR 67 个，总长为 4125 bp，平均长度为 62 bp；DNA 重复元件 26 个，总长为 2169 bp，平均长度为 83 bp；LINE 16 个，总长为 923 bp，平均长度为 58 bp；SINE 13 个，总长为 957 bp，平均长度为 74 bp；TR 81 个，重复序列长度为 9～149 bp，总长为 6327 bp；小卫星 DNA 71 个，重复序列长度为 10～60 bp，总长为 3915 bp；未预测到微卫星 DNA。

**【CRISPR】** 预测到 114 个 CRISPR 相关序列。**【基因岛】** 预测到 8 个基因岛 GI 01～GI 08，长度为 3793～17 299 bp，其 G+C 含量为 39.65%～55.34%。利用已预测得到的基因组信息，如重复序列、G+C 含量等，应用 CIRCOS 工具绘制其基因组圈图（图 5-1-238b）。

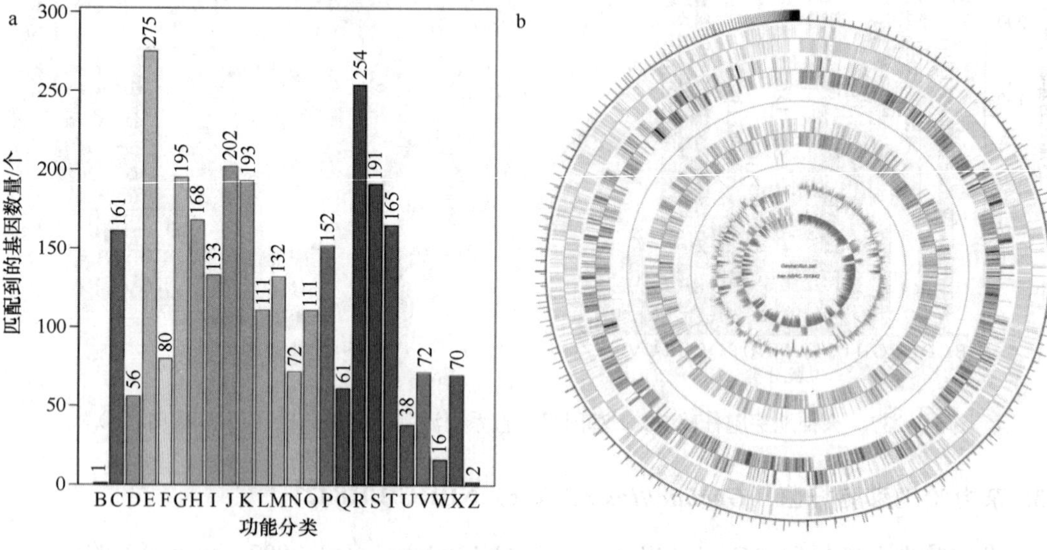


图 5-1-238　杂力哈地芽胞杆菌 NBRC 101842$^T$ 基因组的直系同源基因聚类分析（a）和圈图（b）

## 十五、纤细芽胞杆菌属

纤细芽胞杆菌属（*Gracilibacillus* Wainø et al. 1999，gen. nov.）于 1999 年建立（Wainø et al.，1999），包含 21 种，模式种为耐盐纤细芽胞杆菌（*Gracilibacillus halotolerans* Wainø et al. 1999，sp. nov.），好氧，产芽胞，大多数种类耐盐或嗜盐。目前，该属有 10 个已知种类和 2 个未定种的 12 个基因组被测序，以下选取其中 9 个已知种类的基因组进行描述。

### 1. 耐硼纤细芽胞杆菌（*Gracilibacillus boraciitolerans*）JCM 21714$^T$

耐硼纤细芽胞杆菌（*Gracilibacillus boraciitolerans* Ahmed et al. 2007，sp. nov.）的模式菌株（T-16X$^T$ =DSM 17256$^T$ =IAM 15263$^T$ =ATCC BAA-1190$^T$ =JCM 21714$^T$）分离自土耳其硼含量高的土壤，耐盐、耐硼，生长条件为 16～37℃（最适 25～28℃）、pH 6.0～10.0（最适 pH 7.5～8.5），能耐受 11%（*W*/*V*）NaCl 和 450 mmol/L 硼，好氧，产芽胞（Ahmed et al.，2007b）。目前，该种仅有 1 个基因组，模式菌株 JCM 21714$^T$ 基因组的 GenBank 登录号为 GCA_000521485.1，测序平台为 Ion PGM，于 2014 年 1 月 20 日由日本东京大学（The University of Tokyo）提交。

**【基因组的组装】** 菌株 JCM 21714$^T$ 基因组的测序深度为 34 X，基因组大小为 3.652 Mb，组装到 88 个 contigs，contig $N_{50}$ 为 93 666 bp。**【G+C 含量】** 35.83%。**【非编码 RNA】** 预测到 4 个 rRNA 基因（5S rRNA 2 个、16S rRNA 1 个、23S rRNA 1 个），60 个 tRNA 基因，1 个 sRNA 基因。**【编码基因】** 有 4732 个蛋白质编码基因，编码区总长为 3 065 670 bp，

占整个基因组的 83.94%，基因的平均长度为 648 bp。**【基因功能注释】**比对到 KEGG、COG 和 GO 数据库的基因数量分别为 3089 个、2538 个和 3035 个，预测到分泌蛋白编码基因 64 个；在 23 个 COG 功能类群中，基因数量前 10 位的类群分别是：G. 碳水化合物转运与代谢 314 个，R. 仅一般功能预测 250 个，E. 氨基酸转运与代谢 222 个，K. 转录 206 个，J. 翻译、核糖体结构与合成 199 个，S. 功能未知 186 个，T. 信号转导机制 175 个，H. 辅酶转运与代谢 151 个，M. 细胞壁/膜/包膜生物合成 150 个和 P. 无机离子转运与代谢 146 个（图 5-1-239a）。**【重复序列】**预测到的重复序列包括：LTR 111 个，总长为 6986 bp，平均长度为 63 bp；DNA 重复元件 32 个，总长为 2238 bp，平均长度为 70 bp；LINE 31 个，总长为 1767 bp，平均长度为 57 bp；SINE 5 个，总长为 325 bp，平均长度为 65 bp；RC 1 个，长度为 50 bp；TR 136 个，重复序列长度为 6～126 bp，总长为 7287 bp；小卫星 DNA 123 个，重复序列长度为 12～60 bp，总长为 6602 bp；微卫星 DNA 3 个，重复序列长度为 6 bp，总长为 122 bp。**【CRISPR】**预测到 32 个 CRISPR 相关序列。**【基因岛】**预测到 12 个基因岛 GI 01～GI 12，长度为 3506～13 546 bp，其 G+C 含量为 31.38%～38.04%。利用已预测得到的基因组信息，如重复序列、G+C 含量等，应用 CIRCOS 工具绘制其基因组圈图（图 5-1-239b）。

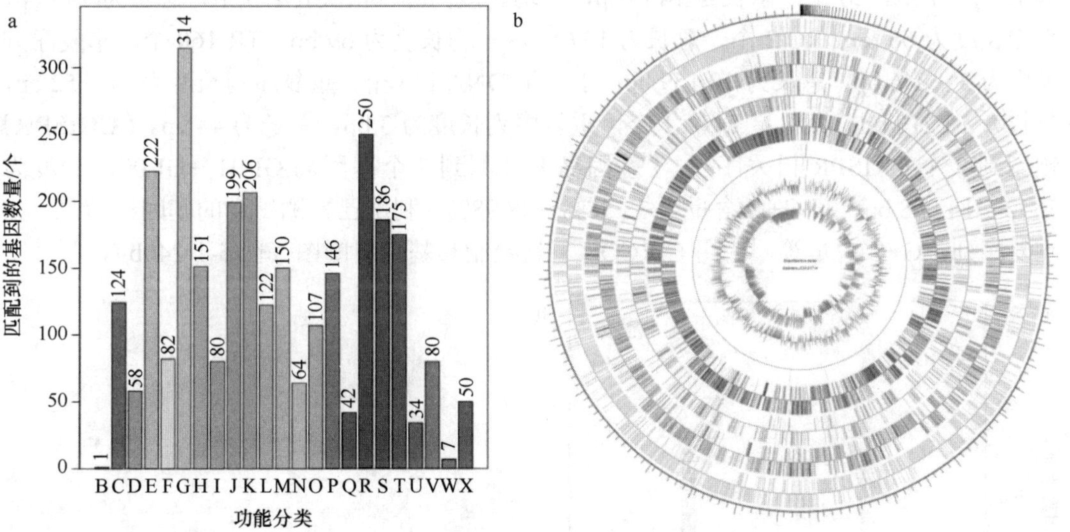


图 5-1-239　耐硼纤细芽胞杆菌 JCM 21714$^T$ 基因组的直系同源基因聚类分析（a）和圈图（b）

## 2. 蜥蜴纤细芽胞杆菌（*Gracilibacillus dipsosauri*）DD1$^T$

蜥蜴纤细芽胞杆菌［*Gracilibacillus dipsosauri* (Lawson et al. 1996) Wainø et al. 1999, comb. nov.］的模式菌株（DD1$^T$ =ATCC 700347$^T$ =CIP 105095$^T$ =DSM 11125$^T$ =LMG 17413$^T$ =NRRL B-23348$^T$）分离自美洲沙蜥蜴的鼻盐腺，嗜盐，生长条件为 28～50℃（最适 45℃）、最适 pH 7.5，最适 NaCl 浓度 15%（*W*/*V*），严格好氧，产芽胞。1996 年被命名为蜥蜴芽胞杆菌（*Bacillus dipsosauri*）（Lawson et al.，1996），1999 年被重分类为蜥蜴纤细芽胞杆菌（*Gracilibacillus dipsosauri*）（Wainø et al.，1999）。目前，该种仅有 1 个

基因组，模式菌株 DD1$^{T}$ 基因组的 GenBank 登录号为 GCA_003176895.1，测序平台为 Illumina MiSeq，于 2018 年 5 月 30 日由美国亚利桑那州立大学（Arizona State University）提交。

**【基因组的组装】**菌株 DD1$^{T}$ 基因组的测序深度为 45 X，基因组大小为 4.187 Mb，组装到 21 个 scaffolds，scaffold $N_{50}$ 为 299 323 bp。**【G+C 含量】**36.90%。**【非编码 RNA】**预测到 1 个 rRNA 基因（5S rRNA 0 个、16S rRNA 1 个、23S rRNA 0 个），44 个 tRNA 基因，9 个 sRNA 基因。**【编码基因】**有 4150 个蛋白质编码基因，编码区总长为 3 694 377 bp，占整个基因组的 88.23%，基因的平均长度为 890 bp。**【基因功能注释】**比对到 KEGG、COG 和 GO 数据库的基因数量分别为 3599 个、2963 个和 2992 个，预测到分泌蛋白编码基因 81 个；在 24 个 COG 功能类群中，基因数量前 10 位的类群分别是：G. 碳水化合物转运与代谢 463 个，R. 仅一般功能预测 318 个，K. 转录 316 个，E. 氨基酸转运与代谢 225 个，S. 功能未知 218 个，J. 翻译、核糖体结构与合成 216 个，P. 无机离子转运与代谢 180 个，T. 信号转导机制 173 个，H. 辅酶转运与代谢 171 个和 M. 细胞壁/膜/包膜生物合成 149 个（图 5-1-240a）。**【重复序列】**预测到的重复序列包括：LTR 88 个，总长为 5124 bp，平均长度为 58 bp；DNA 重复元件 26 个，总长为 1949 bp，平均长度为 75 bp；LINE 26 个，总长为 1454 bp，平均长度为 56 bp；SINE 3 个，总长为 199 bp，平均长度为 66 bp；RC 2 个，总长为 137 bp，平均长度为 69 bp；TR 160 个，重复序列长度为 3～846 bp，总长为 19 159 bp；小卫星 DNA 134 个，重复序列长度为 11～52 bp，总长为 13 216 bp；微卫星 DNA 1 个，重复序列长度为 3 bp，总长为 44 bp。**【CRISPR】**预测到 9 个 CRISPR 相关序列。**【基因岛】**预测到 7 个基因岛 GI 01～GI 07，长度为 5642～14 058 bp，其 G+C 含量为 33.58%～38.98%。利用已预测得到的基因组信息，如重复序列、G+C 含量等，应用 CIRCOS 工具绘制其基因组圈图（图 5-1-240b）。

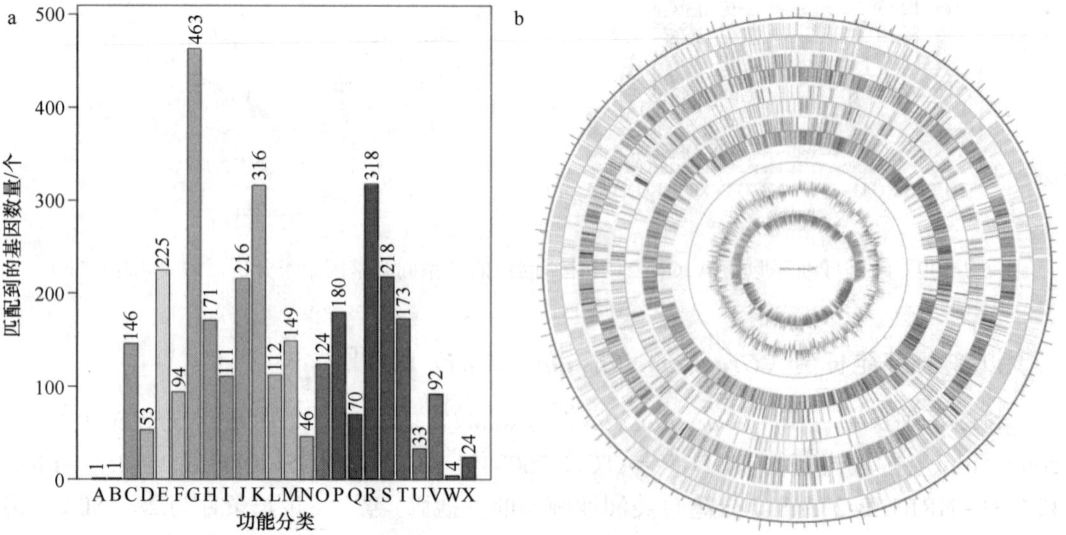


图 5-1-240　蜥蜴纤细芽胞杆菌 DD1$^{T}$ 基因组的直系同源基因聚类分析（a）和圈图（b）

### 3. 嗜盐纤细芽胞杆菌（*Gracilibacillus halophilus*）YIM-C55.5$^{T}$

嗜盐纤细芽胞杆菌（*Gracilibacillus halophilus* Chen et al. 2008，sp. nov.）的模式菌株（YIM-C55.5$^{T}$ =DSM 17856$^{T}$ =CGMCC 1.6303$^{T}$）分离自我国柴达木盆地的盐土，中度嗜热、嗜盐，生长条件为28～60℃（最适45～50℃）、pH 6.0～9.0（最适pH 7.0）、7%～30%（*W*/*V*）NaCl（最适15%），严格好氧，产芽胞（Chen et al.，2008）。目前，该种仅有1个基因组，模式菌株YIM-C55.5$^{T}$基因组的GenBank登录号为GCA_000359605.1，测序平台为IonTorrent，于2013年4月9日由沙特阿拉伯阿卜杜拉国王科技大学（King Abdullah University fo Science and Technology）提交。

**【基因组的组装】**菌株YIM-C55.5$^{T}$基因组的测序深度为150 X，基因组大小为3.034 Mb，组装到104个contigs，contig $N_{50}$为52 219 bp。**【G+C含量】**37.91%。**【非编码RNA】**预测到3个rRNA基因（5S rRNA 1个、16S rRNA 1个、23S rRNA 1个），29个tRNA基因，1个sRNA基因。**【编码基因】**有3225个蛋白质编码基因，编码区总长为2 629 980 bp，占整个基因组的86.68%，基因的平均长度为815 bp。**【基因功能注释】**比对到KEGG、COG和GO数据库的基因数量分别为2603个、2170个和2262个，预测到分泌蛋白编码基因57个；在23个COG功能类群中，基因数量前10位的类群分别是：G. 碳水化合物转运与代谢247个，R. 仅一般功能预测213个，E. 氨基酸转运与代谢191个，J. 翻译、核糖体结构与合成188个，K. 转录174个，H. 辅酶转运与代谢148个，S. 功能未知148个，P. 无机离子转运与代谢145个，M. 细胞壁/膜/包膜生物合成134个和T. 信号转导机制126个（图5-1-241a）。**【重复序列】**预测到的重复序列包括：LTR 91个，总长为5523 bp，平均长度为61 bp；DNA重复元件35个，总长为3205 bp，平均长度为92 bp；LINE 23个，总长为1311 bp，平均长度为57 bp；

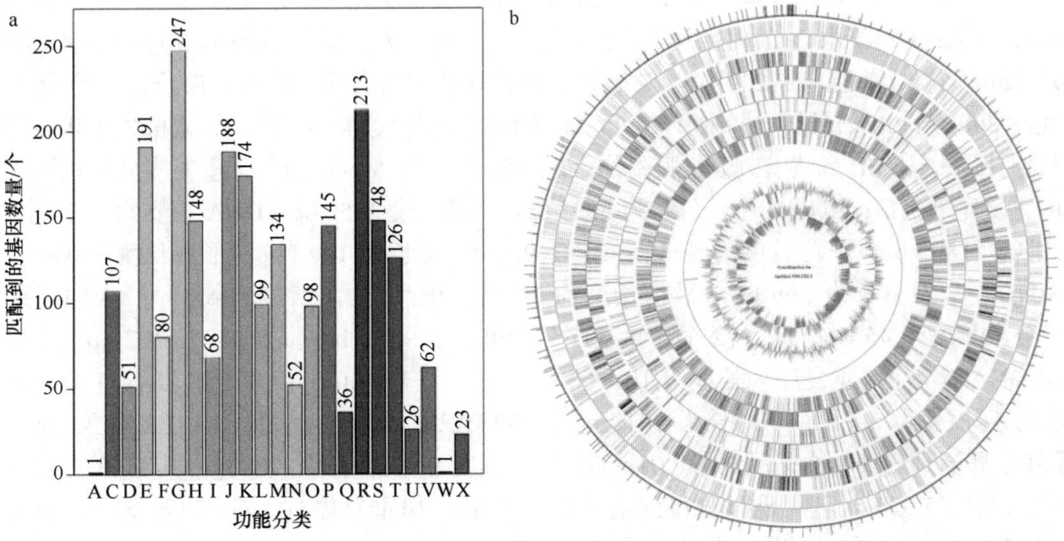


图5-1-241　嗜盐纤细芽胞杆菌YIM-C55.5$^{T}$基因组的直系同源基因聚类分析（a）和圈图（b）

SINE 9 个，总长为 638 bp，平均长度为 71 bp；RC 2 个，总长为 114 bp，平均长度为 57 bp；TR 173 个，重复序列长度为 3～1414 bp，总长为 18 243 bp；小卫星 DNA 158 个，重复序列长度为 10～60 bp，总长为 14 657 bp；微卫星 DNA 1 个，重复序列长度为 3 bp，总长为 62 bp。**【CRISPR】**未预测到 CRISPR 相关序列。**【基因岛】**预测到 2 个基因岛 GI 01～GI 02，长度分别为 6567 bp 和 5915 bp，其 G+C 含量分别为 37.75%和 36.15%。利用已预测得到的基因组信息，如重复序列、G+C 含量等，应用 CIRCOS 工具绘制其基因组圈图（图 5-1-241b）。

### 4. 柯柯盐湖纤细芽胞杆菌（*Gracilibacillus kekensis*）CGMCC 1.10681$^T$

柯柯盐湖纤细芽胞杆菌（*Gracilibacillus kekensis* Gao et al. 2012，sp. nov.）的模式菌株（K170$^T$ =CGMCC 1.10681$^T$ =DSM 23178$^T$）分离自青海的柯柯盐湖，中度嗜盐，生长条件为 6～50℃（最适 40℃）、pH 6.0～11.0（最适 pH 8.0）、0～22%（*W*/*V*）NaCl（最适 3%），严格好氧，产芽胞（Gao et al.，2012a）。目前，该种仅有 1 个基因组，模式菌株 CGMCC 1.10681$^T$基因组的 GenBank 登录号为 GCA_900143085.1，测序平台为 Illumina HiSeq，于 2016 年 12 月 3 日由美国能源部联合基因组研究所（DOE Joint Genome Institute）提交。

**【基因组的组装】**菌株 CGMCC 1.10681$^T$基因组的测序深度为 283 X，基因组大小为 3.982 Mb，组装到 13 个 scaffolds，scaffold $N_{50}$为 481 817 bp。**【G+C 含量】**35.99%。**【非编码 RNA】**预测到 6 个 rRNA 基因（5S rRNA 5 个、16S rRNA 1 个、23S rRNA 0 个），51 个 tRNA 基因，7 个 sRNA 基因。**【编码基因】**有 3879 个蛋白质编码基因，编码区总长为 3 408 477 bp，占整个基因组的 85.60%，基因的平均长度为 879 bp。**【基因功能注释】**比对到 KEGG、COG 和 GO 数据库的基因数量分别为 3286 个、2701 个和 2713 个，预测到分泌蛋白编码基因 68 个；在 24 个 COG 功能类群中，基因数量前 10 位的类群分别是：G. 碳水化合物转运与代谢 358 个，R. 仅一般功能预测 303 个，K. 转录 250 个，S. 功能未知 215 个，J. 翻译、核糖体结构与合成 212 个，E. 氨基酸转运与代谢 200 个，T. 信号转导机制 175 个，H. 辅酶转运与代谢 167 个，P. 无机离子转运与代谢 165 个和 M. 细胞壁/膜/包膜生物合成 151 个（图 5-1-242a）。**【重复序列】**预测到的重复序列包括：LTR 91 个，总长为 5093 bp，平均长度为 56 bp；DNA 重复元件 31 个，总长为 1825 bp，平均长度为 59 bp；LINE 23 个，总长为 1442 bp，平均长度为 63 bp；SINE 5 个，总长为 369 bp，平均长度为 74 bp；RC 1 个，长度为 68 bp；未知序列 1 个，长度为 45 bp；TR 172 个，重复序列长度为 5～576 bp，总长为 15 202 bp；小卫星 DNA 147 个，重复序列长度为 10～60 bp，总长为 11 630 bp；微卫星 DNA 3 个，重复序列长度为 5～6 bp，总长为 141 bp。**【CRISPR】**预测到 65 个 CRISPR 相关序列。**【基因岛】**预测到 9 个基因岛 GI 01～GI 09，长度为 4521～27 818 bp，其 G+C 含量为 33.47%～37.32%。利用已预测得到的基因组信息，如重复序列、G+C 含量等，应用 CIRCOS 工具绘制其基因组圈图（图 5-1-242b）。

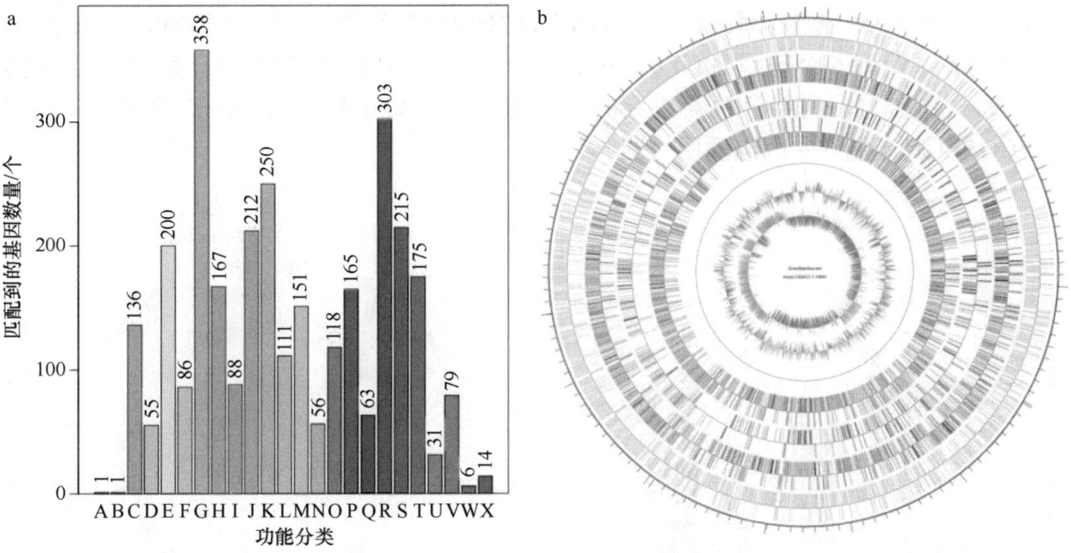


图 5-1-242　柯柯盐湖纤细芽胞杆菌 CGMCC 1.10681$^{T}$基因组的直系同源基因聚类分析（a）和圈图（b）

## 5. 盐湖纤细芽胞杆菌（*Gracilibacillus lacisalsi*）DSM 19029$^{T}$

盐湖纤细芽胞杆菌（*Gracilibacillus lacisalsi* Jeon et al. 2008，sp. nov.）的模式菌株（BH312$^{T}$=KCTC 13129$^{T}$=DSM 19029$^{T}$）分离自新疆的盐湖，嗜盐，生长条件为 15～50℃（最适 40℃）、pH 5.5～10.0（最适 pH 7.5～8.0）、1%～18%（*W*/*V*）NaCl（最适 5%～7%），严格好氧，产芽胞（Jeon et al.，2008）。目前，该种仅有 1 个基因组，模式菌株 DSM 19029$^{T}$基因组的 GenBank 登录号为 GCA_000377765.1，测序平台为 Illumina HiSeq，于 2013 年 4 月 23 日由美国能源部联合基因组研究所（DOE Joint Genome Institute）提交。

**【基因组的组装】**菌株 DSM 19029$^{T}$基因组的测序深度未知，基因组大小为 4.409 Mb，组装到 44 个 scaffolds，scaffold $N_{50}$ 为 297 679 bp。**【G+C 含量】**36.80%。**【非编码 RNA】**预测到 5 个 rRNA 基因（5S rRNA 5 个、16S rRNA 0 个、23S rRNA 0 个），50 个 tRNA 基因，4 个 sRNA 基因。**【编码基因】**有 4406 个蛋白质编码基因，编码区总长为 3 789 423 bp，占整个基因组的 85.95%，基因的平均长度为 860 bp。**【基因功能注释】**比对到 KEGG、COG 和 GO 数据库的基因数量分别为 3654 个、2965 个和 3075 个，预测到分泌蛋白编码基因 95 个；在 23 个 COG 功能类群中，基因数量前 10 位的类群分别是：G. 碳水化合物转运与代谢 414 个，R. 仅一般功能预测 310 个，K. 转录 271 个，E. 氨基酸转运与代谢 264 个，J. 翻译、核糖体结构与合成 225 个，S. 功能未知 224 个，P. 无机离子转运与代谢 203 个，T. 信号转导机制 182 个，H. 辅酶转运与代谢 175 个和 M. 细胞壁/膜/包膜生物合成 165 个（图 5-1-243a）。**【重复序列】**预测到的重复序列包括：LTR 104 个，总长为 6590 bp，平均长度为 63 bp；DNA 重复元件 35 个，总长为 2142 bp，平均长度为 61 bp；LINE 28 个，总长为 1804 bp，平均长度为 64 bp；SINE 5 个，总长为 320 bp，平均长度为 64 bp；RC 3 个，总长为 194 bp，平均长度为 65 bp；TR 225 个，重复序列长度为 9～1044 bp，总长为 20 102 bp；小卫星 DNA 188 个，重复序列长度为 10～51 bp，总长为 12 072 bp；未预测到微卫星 DNA。**【CRISPR】**预测到 38 个 CRISPR 相关序列。**【基因岛】**预测到 6 个基因岛 GI 01～GI 06，长度为 5513～16 765 bp，其 G+C 含量为 31.49%～38.81%。利用已预测得到的基因组信息，如重复序列、G+C 含量等，应用 CIRCOS 工具绘制其基因组圈图（图 5-1-243b）。

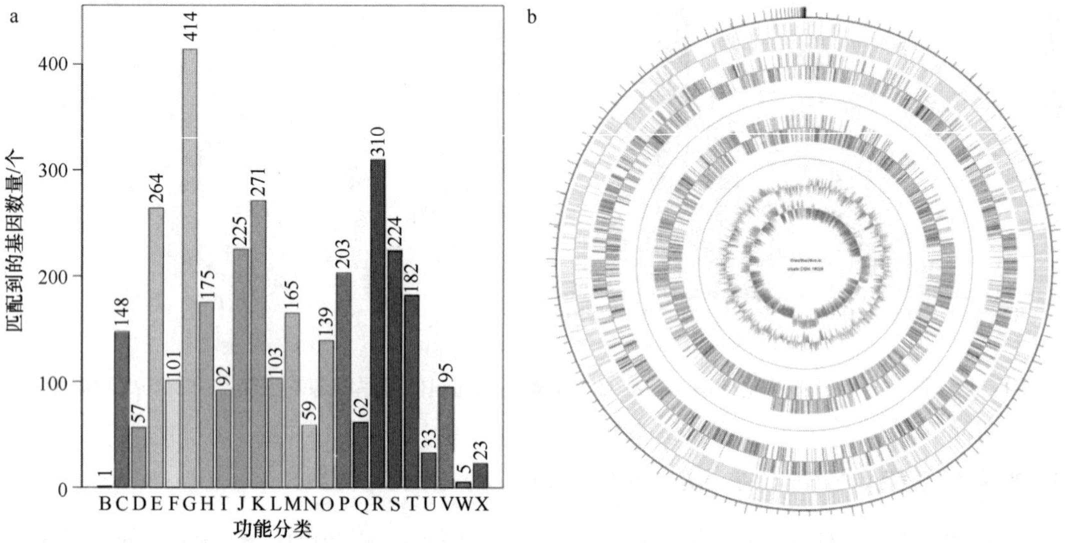


图 5-1-243　盐湖纤细芽胞杆菌 DSM 19029$^{T}$ 基因组的直系同源基因聚类分析（a）和圈图（b）

## 6. 马赛纤细芽胞杆菌（*Gracilibacillus massiliensis*）Awa-1$^{T}$

马赛纤细芽胞杆菌（*Gracilibacillus massiliensis* Diop et al. 2017，sp. nov.）的模式菌株（Awa-1$^{T}$ =CSUR P1441$^{T}$ =DSM 29726$^{T}$）分离自新疆的盐湖，嗜盐，最适生长条件为 37℃、pH 7.0～8.0、75 g/L NaCl，兼性厌氧，不产芽胞（Diop et al.，2016）。目前，该种仅有 1 个基因组，模式菌株 Awa-1$^{T}$ 基因组的 GenBank 登录号为 GCA_001458115.1，测序平台为 Illumina HiSeq，于 2015 年 11 月 6 日由法国热带传染病研究中心（Unité de Recherche en Maladies Infectieuses et Tropicales Emergentes）提交。

**【基因组的组装】**菌株 Awa-1$^{T}$ 基因组的测序深度为 77 X，基因组大小为 4.207 Mb，组装到 13 个 contigs，contig $N_{50}$ 为 978 933 bp。**【G+C 含量】**36.05%。**【非编码 RNA】**预测到 9 个 rRNA 基因（5S rRNA 7 个、16S rRNA 1 个、23S rRNA 1 个），60 个 tRNA 基因，10 个 sRNA 基因。**【编码基因】**有 4016 个蛋白质编码基因，编码区总长为 3 602 259 bp，占整个基因组的 85.63%，基因的平均长度为 897 bp。**【基因功能注释】**比对到 KEGG、COG 和 GO 数据库的基因数量分别为 3334 个、2732 个和 2803 个，预测到分泌蛋白编码基因 85 个；在 23 个 COG 功能类群中，基因数量前 10 位的类群分别是：G. 碳水化合物转运与代谢 360 个，R. 仅一般功能预测 298 个，K. 转录 234 个，E. 氨基酸转运与代谢 213 个，J. 翻译、核糖体结构与合成 213 个，S. 功能未知 200 个，T. 信号转导机制 183 个，H. 辅酶转运与代谢 164 个，P. 无机离子转运与代谢 160 个和 M. 细胞壁/膜/包膜生物合成 154 个（图 5-1-244a）。**【重复序列】**预测到的重复序列包括：LTR 99 个，总长为 6366 bp，平均长度为 64 bp；DNA 重复元件 41 个，总长为 2761 bp，平均长度为 67 bp；LINE 24 个，总长为 1285 bp，平均长度为 54 bp；SINE 6 个，总长为 411 bp，平均长度为 69 bp；RC 2 个，总长为 106 bp，平均长度为 53 bp；TR 210 个，重复序列长度为 6～1116 bp，总长为 27 470 bp；小卫星 DNA 175 个，重复序列长度为 10～54 bp，总长为 17 789 bp；预测到微卫星 DNA 1 个，重复序列长度为 6 bp，总长为 115 bp。**【CRISPR】**预测到 27 个 CRISPR 相关序列。**【基因岛】**预测到 8 个基因岛 GI 01～GI 08，长度为 7232～35 801 bp，其 G+C 含量为 32.01%～37.73%。利用已预测得到的基因组信息，如重复序列、G+C 含量等，应用 CIRCOS 工具绘制其基因组圈图（图 5-1-244b）。

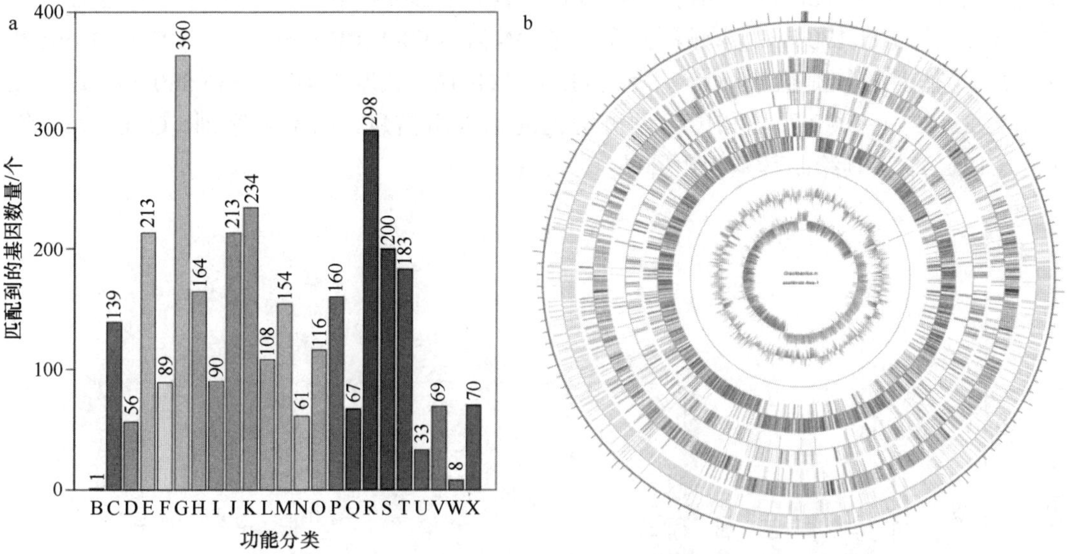


图 5-1-244　马赛纤细芽胞杆菌 Awa-1$^{T}$基因组的直系同源基因聚类分析（a）和圈图（b）

## 7. 东边纤细芽胞杆菌（*Gracilibacillus orientalis*）CGMCC 1.4250$^{T}$

东边纤细芽胞杆菌（*Gracilibacillus orientalis* Carrasco et al. 2006，sp. nov.）的模式菌株（XH-63$^{T}$ =CCM 7326$^{T}$ =AS 1.4250$^{T}$ =CECT 7097$^{T}$ =CGMCC 1.4250$^{T}$）分离自内蒙古锡林浩特的盐湖，嗜盐，生长条件为 4～45℃（最适 37℃）、pH 5.0～9.0（最适 pH 7.5）、1%～20%（*W*/*V*）NaCl（最适 10%），严格好氧，产芽胞（Carrasco et al.，2006）。目前，该种仅有 1 个基因组，模式菌株 CGMCC 1.4250$^{T}$ 基因组的 GenBank 登录号为 GCA_900114645.1，测序平台为 Illumina HiSeq，于 2016 年 11 月 2 日由美国能源部联合基因组研究所（DOE Joint Genome Institute）提交。

**【基因组的组装】**菌株 CGMCC 1.4250$^{T}$ 基因组的测序深度为 273 X，基因组大小为 4.612 Mb，组装到 29 个 scaffolds，scaffold $N_{50}$ 为 268 601 bp。**【G+C 含量】**36.30%。**【非编码 RNA】**预测到 3 个 rRNA 基因（5S rRNA 3 个、16S rRNA 0 个、23S rRNA 0 个），50 个 tRNA 基因，4 个 sRNA 基因。**【编码基因】**有 4503 个蛋白质编码基因，编码区总长为 3 950 409 bp，占整个基因组的 85.66%，基因的平均长度为 877 bp。**【基因功能注

**释】**比对到 KEGG、COG 和 GO 数据库的基因数量分别为 3771 个、3063 个和 3139 个，预测到分泌蛋白编码基因 93 个；在 24 个 COG 功能类群中，基因数量前 10 位的类群分别是：G. 碳水化合物转运与代谢 484 个，R. 仅一般功能预测 344 个，K. 转录 285 个，E. 氨基酸转运与代谢 260 个，J. 翻译、核糖体结构与合成 225 个，S. 功能未知 222 个，P. 无机离子转运与代谢 190 个，H. 辅酶转运与代谢 173 个，T. 信号转导机制 171 个和 M. 细胞壁/膜/包膜生物合成 166 个（图 5-1-245a）。**【重复序列】**预测到的重复序列包括：LTR 105 个，总长为 6730 bp，平均长度为 64 bp；DNA 重复元件 36 个，总长为 2302 bp，平均长度为 64 bp；LINE 27 个，总长为 1408 bp，平均长度为 52 bp；SINE 5 个，总长为 320 bp，平均长度为 64 bp；RC 3 个，总长为 144 bp，平均长度为 48 bp；TR 153 个，重复序列长度为 9～558 bp，总长为 16 171 bp；小卫星 DNA 140 个，重复序列长度为 10～52 bp，总长为 11 170 bp；未预测到微卫星 DNA。**【CRISPR】**预测到 18 个 CRISPR 相关序列。**【基因岛】**预测到 16 个基因岛 GI 01～GI 16，长度为 4089～36 580 bp，其 G+C 含量为 28.41%～36.87%。利用已预测得到的基因组信息，如重复序列、G+C 含量等，应用 CIRCOS 工具绘制其基因组圈图（图 5-1-245b）。

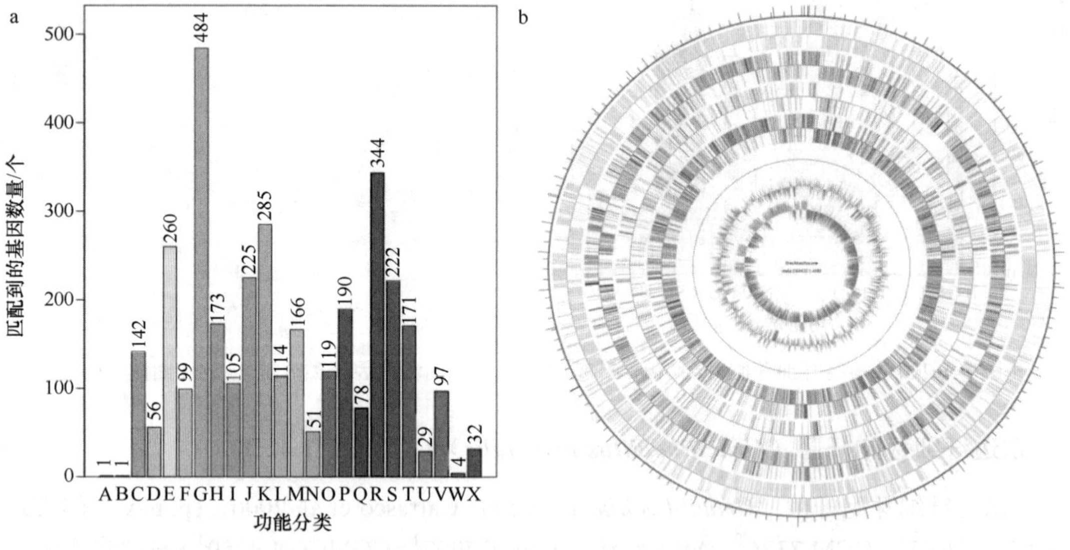


图 5-1-245　东边纤细芽胞杆菌 CGMCC 1.4250$^{T}$ 基因组的直系同源基因聚类分析（a）和圈图（b）

## 8. 泰门纤细芽胞杆菌（*Gracilibacillus timonensis*）Marseille-P2481$^{T}$

泰门纤细芽胞杆菌（*Gracilibacillus timonensis* Diop et al. 2019，sp. nov.）的模式菌株（Marseille-P2481$^{T}$ =CSUR P2481$^{T}$ =DSM 103076$^{T}$）分离自法国马赛 1 位 10 岁儿童的粪便，嗜盐，最适生长条件为 37℃、pH 7.0～8.0、7.5%（*W*/*V*）NaCl，最高能耐受 20%（*W*/*V*）NaCl，兼性厌氧，产芽胞（Diop et al.，2019）。目前，该种仅有 1 个基因组，模式菌株 Marseille-P2481$^{T}$ 基因组的 GenBank 登录号为 GCA_900086715.1，测序平台为 Illumina HiSeq，于 2016 年 5 月 12 日由法国热带传染病研究中心（Unité de Recherche en Maladies Infectieuses et Tropicales Emergentes）提交。

**【基因组的组装】**菌株 Marseille-P2481$^T$基因组的测序深度为 81 X，基因组大小为 4.547 Mb，组装到 12 个 contigs，contig $N_{50}$为 854 682 bp。**【G+C 含量】**39.77%。**【非编码 RNA】**预测到 12 个 rRNA 基因（5S rRNA 6 个、16S rRNA 4 个、23S rRNA 2 个），51 个 tRNA 基因，25 个 sRNA 基因。**【编码基因】**有 4524 个蛋白质编码基因，编码区总长为 3 863 895 bp，占整个基因组的 84.98%，基因的平均长度为 854 bp。**【基因功能注释】**比对到 KEGG、COG 和 GO 数据库的基因数量分别为 3714 个、3000 个和 3138 个，预测到分泌蛋白编码基因 90 个；在 23 个 COG 功能类群中，基因数量前 10 位的类群分别是：G. 碳水化合物转运与代谢 476 个，R. 仅一般功能预测 340 个，K. 转录 301 个，J. 翻译、核糖体结构与合成 211 个，E. 氨基酸转运与代谢 205 个，S. 功能未知 202 个，P. 无机离子转运与代谢 195 个，M. 细胞壁/膜/包膜生物合成 182 个，T. 信号转导机制 178 个和 H. 辅酶转运与代谢 145 个（图 5-1-246a）。**【重复序列】**预测到的重复序列包括：LTR 81 个，总长为 5359 bp，平均长度为 66 bp；DNA 重复元件 31 个，总长为 1856 bp，平均长度为 60 bp；LINE 15 个，总长为 916 bp，平均长度为 61 bp；SINE 7 个，总长为 485 bp，平均长度为 69 bp；RC 1 个，长度为 82 bp；TR 199 个，重复序列长度为 5～656 bp，总长为 30 531 bp；小卫星 DNA 168 个，重复序列长度为 10～54 bp，总长为 24 945 bp；预测到微卫星 DNA 1 个，重复序列长度为 5 bp，总长为 30 bp。**【CRISPR】**预测到 208 个 CRISPR 相关序列。**【基因岛】**预测到 10 个基因岛 GI 01～GI 10，长度为 5431～24 681 bp，其 G+C 含量为 32.67%～43.96%。利用已预测得到的基因组信息，如重复序列、G+C 含量等，应用 CIRCOS 工具绘制其基因组圈图（图 5-1-246b）。

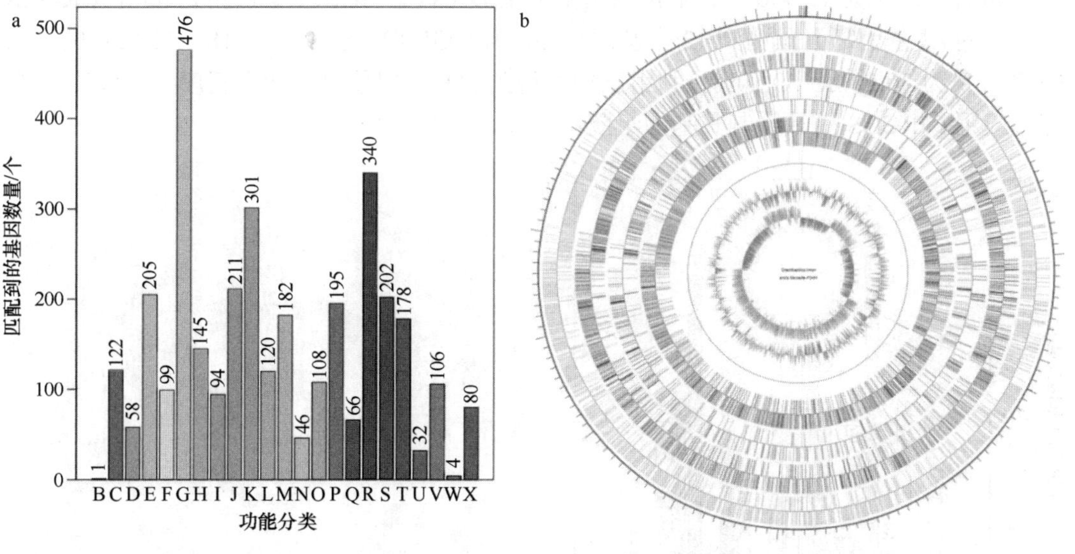


图 5-1-246　泰门纤细芽胞杆菌 Marseille-P2481$^T$基因组的直系同源基因聚类分析（a）和圈图（b）

## 9. 解尿素纤细芽胞杆菌（*Gracilibacillus ureilyticus*）CGMCC 1.7727$^T$

解尿素纤细芽胞杆菌（*Gracilibacillus ureilyticus* Huo et al. 2010，sp. nov.）的模式菌株（MF38$^T$ =CGMCC 1.7727$^T$ =JCM 15711$^T$）分离自新疆民丰县的盐碱土，中度嗜盐，生长

条件为 10～45℃（最适 35～37℃）、pH 6.5～8.5（最适 pH 7.0）、0～15%（*W*/*V*）NaCl（最适 3%），严格好氧，产芽胞（Huo et al.，2010）。目前，该种仅有 1 个基因组，模式菌株 CGMCC 1.7727$^T$ 基因组的 GenBank 登录号为 GCA_900111195.1，测序平台为 Illumina HiSeq，于 2016 年 10 月 31 日由美国能源部联合基因组研究所（DOE Joint Genome Institute）提交。

**【基因组的组装】**菌株 CGMCC 1.7727$^T$ 基因组的测序深度为 325 X，基因组大小为 4.072 Mb，组装到 38 个 scaffolds，scaffold $N_{50}$ 为 148 978 bp。**【G+C 含量】**37.62%。**【非编码 RNA】**预测到 5 个 rRNA 基因（5S rRNA 5 个、16S rRNA 0 个、23S rRNA 0 个），44 个 tRNA 基因，6 个 sRNA 基因。**【编码基因】**有 4137 个蛋白质编码基因，编码区总长为 3 570 702 bp，占整个基因组的 87.69%，基因的平均长度为 863 bp。**【基因功能注释】**比对到 KEGG、COG 和 GO 数据库的基因数量分别为 3441 个、2808 个和 2857 个，预测到分泌蛋白编码基因 94 个；在 24 个 COG 功能类群中，基因数量前 10 位的类群分别是：G. 碳水化合物转运与代谢 361 个，R. 仅一般功能预测 317 个，K. 转录 257 个，J. 翻译、核糖体结构与合成 225 个，S. 功能未知 219 个，E. 氨基酸转运与代谢 210 个，P. 无机离子转运与代谢 186 个，T. 信号转导机制 186 个，H. 辅酶转运与代谢 169 个和 M. 细胞壁/膜/包膜生物合成 151 个（图 5-1-247a）。**【重复序列】**预测到的重复序列包括：LTR 77 个，总长为 4553 bp，平均长度为 59 bp；DNA 重复元件 22 个，总长为 1366 bp，平均长度为 62 bp；LINE 17 个，总长为 1067 bp，平均长度为 63 bp；SINE 4 个，总长为 299 bp，平均长度为 75 bp；RC 3 个，总长为 123 bp，平均长度为 41 bp；TR 142 个，重复序列长度为 10～261 bp，总长为 16 723 bp；小卫星 DNA 117 个，重复序列长度为 10～60 bp，总长为 15 456 bp；未预测到微卫星 DNA。**【CRISPR】**预测到 56 个 CRISPR 相关序列。**【基因岛】**预测到 12 个基因岛 GI 01～GI 12，长度为 3818～11 621 bp，其 G+C 含量为 30.55%～39.10%。利用已预测得到的基因组信息，如重复序列、G+C 含量等，应用 CIRCOS 工具绘制其基因组圈图（图 5-1-247b）。

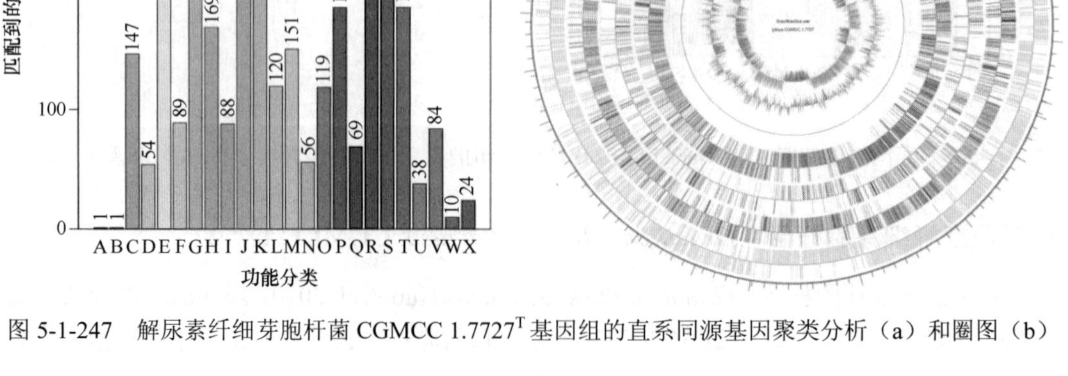


图 5-1-247　解尿素纤细芽胞杆菌 CGMCC 1.7727$^T$ 基因组的直系同源基因聚类分析（a）和圈图（b）

## 十六、喜盐碱芽胞杆菌属

喜盐碱芽胞杆菌属（*Halalkalibacillus* Echigo et al. 2007，gen. nov.）于 2007 年建立，仅有 1 种：嗜盐喜盐碱芽胞杆菌（*Halalkalibacillus halophilus* Echigo et al. 2007，sp. nov.），中度嗜盐、嗜碱，好氧，产芽胞（Echigo et al.，2007）。目前，该属仅 1 个已知种类和 1 个未定种菌株的基因组被测序。

### 嗜盐喜盐碱芽胞杆菌（*Halalkalibacillus halophilus*）DSM 18494$^T$

嗜盐喜盐碱芽胞杆菌（*Halalkalibacillus halophilus* Echigo et al. 2007，sp. nov.）的模式菌株（BH2$^T$=JCM 14192$^T$=DSM 18494$^T$）分离自日本埼玉县的非盐碱庭院土壤，中度嗜盐、嗜碱，生长条件为 20～40℃、pH 5.5～10.0（最适 pH 8.5～9.0）、5%～25%（*W*/*V*）NaCl（最适 10%～15%），好氧，产芽胞（Echigo et al.，2007）。目前，该种仅有 1 个基因组，模式菌株 DSM 18494$^T$ 基因组的 GenBank 登录号为 GCA_000423105.1，测序平台为 Illumina HiSeq，于 2013 年 7 月 11 日由美国能源部联合基因组研究所（DOE Joint Genome Institute）提交。

**【基因组的组装】**菌株 DSM 18494$^T$ 基因组的测序深度未知，基因组大小为 2.708 Mb，组装到 25 个 scaffolds，scaffold $N_{50}$ 为 199 548 bp。**【G+C 含量】**37.43%。**【非编码 RNA】**预测到 5 个 rRNA 基因（5S rRNA 5 个、16S rRNA 0 个、23S rRNA 0 个），59 个 tRNA 基因，未预测到 sRNA 基因。**【编码基因】**有 2813 个蛋白质编码基因，编码区总长为 2 398 113 bp，占整个基因组的 88.56%，基因的平均长度为 853 bp。**【基因功能注释】**比对到 KEGG、COG 和 GO 数据库的基因数量分别为 2325 个、1972 个和 1994 个，预测到分泌蛋白编码基因 62 个；在 24 个 COG 功能类群中，基因数量前 10 位的类群分别是：R. 仅一般功能预测 207 个，J. 翻译、核糖体结构与合成 205 个，E. 氨基酸转运与代谢 200 个，K. 转录 151 个，S. 功能未知 150 个，P. 无机离子转运与代谢 130 个，C. 能量产生与转换 117 个，H. 辅酶转运与代谢 116 个，M. 细胞壁/膜/包膜生物合成 116 个和 G. 碳水化合物转运与代谢 108 个（图 5-1-248a）。**【重复序列】**预测到的重复序列包括：LTR 65 个，总长为 4118 bp，平均长度为 63 bp；DNA 重复元件 29 个，总长为 1636 bp，平均长度为 56 bp；LINE 11 个，总长为 576 bp，平均长度为 52 bp；SINE 7 个，总长为 498 bp，平均长度为 71 bp；TR 218 个，重复序列长度为 6～141 bp，总长为 12 398 bp；小卫星 DNA 189 个，重复序列长度为 12～60 bp，总长为 11 835 bp；微卫星 DNA 1 个，重复序列长度为 6 bp，总长为 67 bp。**【CRISPR】**预测到 8 个 CRISPR 相关序列。**【基因岛】**预测到 7 个基因岛 GI 01～GI 07，长度为 4566～16 960 bp，其 G+C 含量为 34.21%～36.44%。利用已预测得到的基因组信息，如重复序列、G+C 含量等，应用 CIRCOS 工具绘制其基因组圈图（图 5-1-248b）。

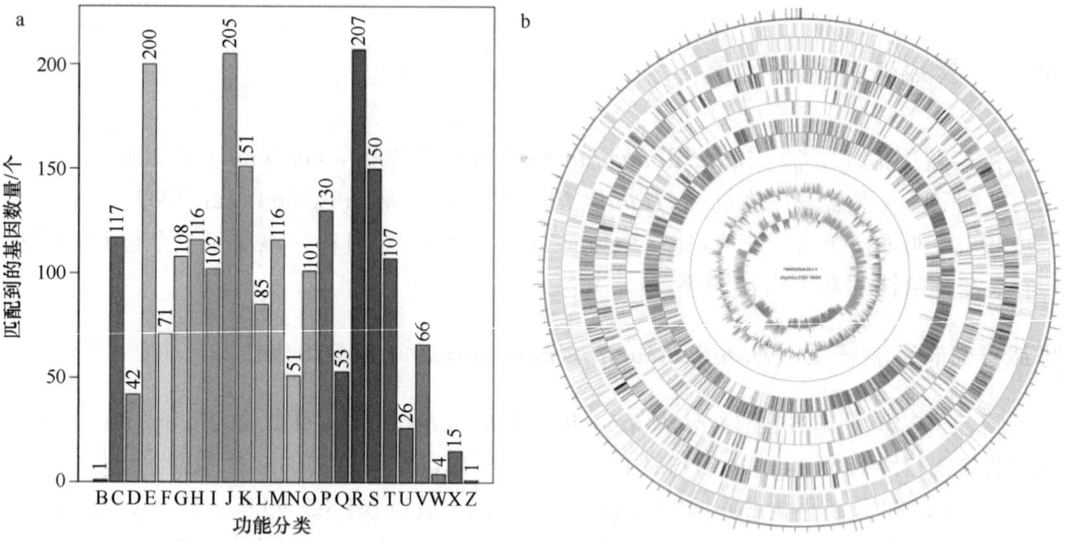


图 5-1-248　嗜盐喜盐碱芽胞杆菌 DSM 18494$^{T}$基因组的直系同源基因聚类分析（a）和圈图（b）

## 十七、喜盐芽胞杆菌属

喜盐芽胞杆菌属（*Halobacillus* Spring et al. 1996，gen. nov.）于 1996 年建立（Spring et al.，1996），包含 25 种，模式种为嗜盐喜盐芽胞杆菌［*Halobacillus halophilus* (Claus et al. 1984) Spring et al. 1996，comb. nov.］，好氧，产芽胞。目前，该属有 12 个已知种类和 5 个未定种菌株的 23 个基因组被测序，以下选取其中 11 个已知种类的基因组进行描述。

### 1. 艾丁湖喜盐芽胞杆菌（*Halobacillus aidingensis*）CGMCC 1.3703$^{T}$

艾丁湖喜盐芽胞杆菌（*Halobacillus aidingensis* Liu et al. 2005，sp. nov.）的模式菌株（AD-6$^{T}$=JCM 12771$^{T}$=CGMCC 1.3703$^{T}$）分离自新疆的艾丁湖，嗜盐，生长条件为 15～40℃（最适 32℃）、pH 6.0～10.0（最适 pH 7.5）、0.5%～20%（*W*/*V*）NaCl（最适 10%），好氧，产芽胞（Liu et al.，2005）。目前，该种仅有 1 个基因组，模式菌株 CGMCC 1.3703$^{T}$基因组的 GenBank 登录号为 GCA_900104185.1，测序平台为 Illumina HiSeq，于 2016 年 10 月 21 日由美国能源部联合基因组研究所（DOE Joint Genome Institute）提交。

**【基因组的组装】**菌株 CGMCC 1.3703$^{T}$基因组的测序深度为 346 X，基因组大小为 4.192 Mb，组装到 45 个 scaffolds，scaffold $N_{50}$为 148 356 bp。**【G+C 含量】**43.55%。**【非编码 RNA】**预测到 7 个 rRNA 基因（5S rRNA 6 个、16S rRNA 1 个、23S rRNA 0 个），47 个 tRNA 基因，4 个 sRNA 基因。**【编码基因】**有 4455 个蛋白质编码基因，编码区总长为 3 605 304 bp，占整个基因组的 86.00%，基因的平均长度为 809 bp。**【基因功能注释】**比对到 KEGG、COG 和 GO 数据库的基因数量分别为 3792 个、3031 个和 2897 个，预测到分泌蛋白编码基因 98 个；在 24 个 COG 功能类群中，基因数量前 10 位的类群分别是：R. 仅一般功能预测 353 个，E. 氨基酸转运与代谢 321 个，G. 碳水化合物转运与代谢 273 个，K. 转录 250 个，S. 功能未知 245 个，J. 翻译、核糖体结构与合成 239 个，

C. 能量产生与转换 184 个，H. 辅酶转运与代谢 181 个，T. 信号转导机制 180 个和 P. 无机离子转运与代谢 177 个（图 5-1-249a）。【**重复序列**】预测到的重复序列包括：LTR 184 个，总长为 10 452 bp，平均长度为 57 bp；DNA 重复元件 49 个，总长为 2698 bp，平均长度为 55 bp；LINE 37 个，总长为 2071 bp，平均长度为 56 bp；SINE 7 个，总长为 445 bp，平均长度为 64 bp；RC 3 个，总长为 148 bp，平均长度为 49 bp；TR 107 个，重复序列长度为 6～339 bp，总长为 8072 bp；小卫星 DNA 100 个，重复序列长度为 12～60 bp，总长为 7039 bp；微卫星 DNA 2 个，重复序列长度为 6 bp，总长为 61 bp。【**CRISPR**】未预测到 CRISPR 相关序列。【**基因岛**】预测到 9 个基因岛 GI 01～GI 09，长度为 5222～15 177 bp，其 G+C 含量为 32.29%～46.75%。利用已预测得到的基因组信息，如重复序列、G+C 含量等，应用 CIRCOS 工具绘制其基因组圈图（图 5-1-249b）。

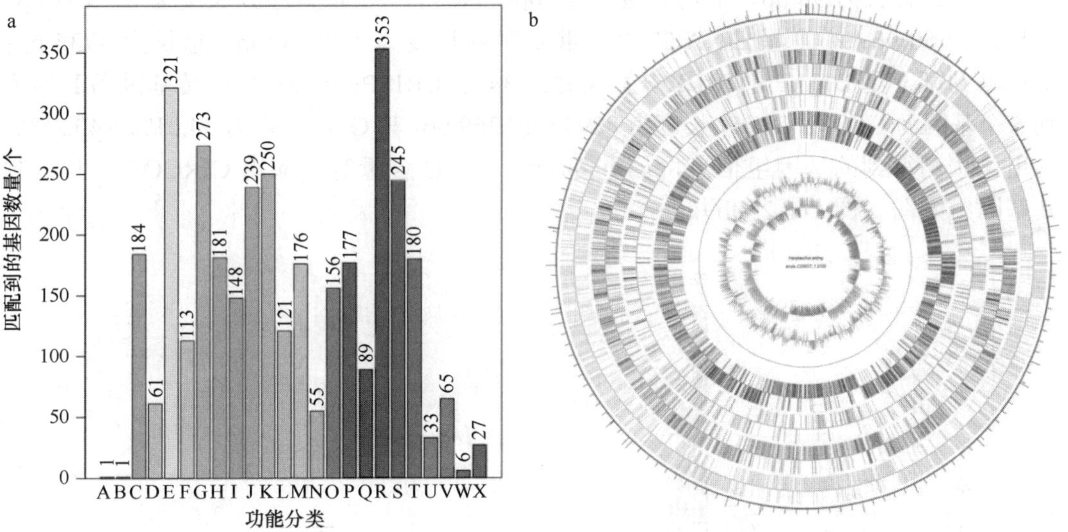


图 5-1-249　艾丁湖喜盐芽胞杆菌 CGMCC 1.3703$^T$ 基因组的直系同源基因聚类分析（a）和圈图（b）

## 2. 嗜碱喜盐芽胞杆菌（*Halobacillus alkaliphilus*）FP5$^T$

嗜碱喜盐芽胞杆菌（*Halobacillus alkaliphilus* Romano et al. 2008，sp. nov.）的模式菌株（FP5$^T$ =DSM 18525$^T$ =ATCC BAA-1361$^T$）分离自西班牙丰特-德彼德拉盐湖，嗜盐、嗜碱，生长条件为 25～45℃（最适 37℃）、pH 6.0～10.0（最适 pH 9.0）、0.5%～20%（*W*/*V*）NaCl（最适 10%），好氧，产芽胞（Romano et al.，2008）。目前，该种仅有 1 个基因组，模式菌株 FP5$^T$ 基因组的 GenBank 登录号为 GCA_900113125.1，测序平台为 Illumina HiSeq，于 2016 年 11 月 2 日由美国能源部联合基因组研究所（DOE Joint Genome Institute）提交。

【**基因组的组装**】菌株 FP5$^T$ 基因组的测序深度为 237 X，基因组大小为 4.093 Mb，组装到 93 个 scaffolds，scaffold $N_{50}$ 为 70 870 bp。【**G+C 含量**】41.62%。【**非编码 RNA**】预测到 8 个 rRNA 基因（5S rRNA 6 个、16S rRNA 1 个、23S rRNA 1 个），56 个 tRNA 基因，90 个 sRNA 基因。【**编码基因**】有 4138 个蛋白质编码基因，编码区总长为 3 434 859 bp，

占整个基因组的 83.92%，基因的平均长度为 830 bp。**【基因功能注释】**比对到 KEGG、COG 和 GO 数据库的基因数量分别为 3796 个、2993 个和 2817 个，预测到分泌蛋白编码基因 80 个；在 23 个 COG 功能类群中，基因数量前 10 位的类群分别是：R. 仅一般功能预测 343 个，E. 氨基酸转运与代谢 292 个，S. 功能未知 262 个，G. 碳水化合物转运与代谢 248 个，K. 转录 241 个，J. 翻译、核糖体结构与合成 238 个，C. 能量产生与转换 189 个，T. 信号转导机制 187 个，M. 细胞壁/膜/包膜生物合成 183 个和 H. 辅酶转运与代谢 178 个（图 5-1-250a）。**【重复序列】**预测到的重复序列包括：LTR 157 个，总长为 8979 bp，平均长度为 57 bp；DNA 重复元件 35 个，总长为 1955 bp，平均长度为 56 bp；LINE 46 个，总长为 2539 bp，平均长度为 55 bp；SINE 7 个，总长为 463 bp，平均长度为 66 bp；RC 6 个，总长为 376 bp，平均长度为 63 bp；未知序列 2 个，总长为 96 bp，平均长度为 48 bp；TR 71 个，重复序列长度为 8～198 bp，总长为 6660 bp；小卫星 DNA 52 个，重复序列长度为 12～60 bp，总长为 4735 bp；未预测到微卫星 DNA。**【CRISPR】**预测到 34 个 CRISPR 相关序列。**【基因岛】**预测到 5 个基因岛 GI 01～GI 05，长度为 8894～12 369 bp，其 G+C 含量为 34.01%～40.25%。利用已预测得到的基因组信息，如重复序列、G+C 含量等，应用 CIRCOS 工具绘制其基因组圈图（图 5-1-250b）。

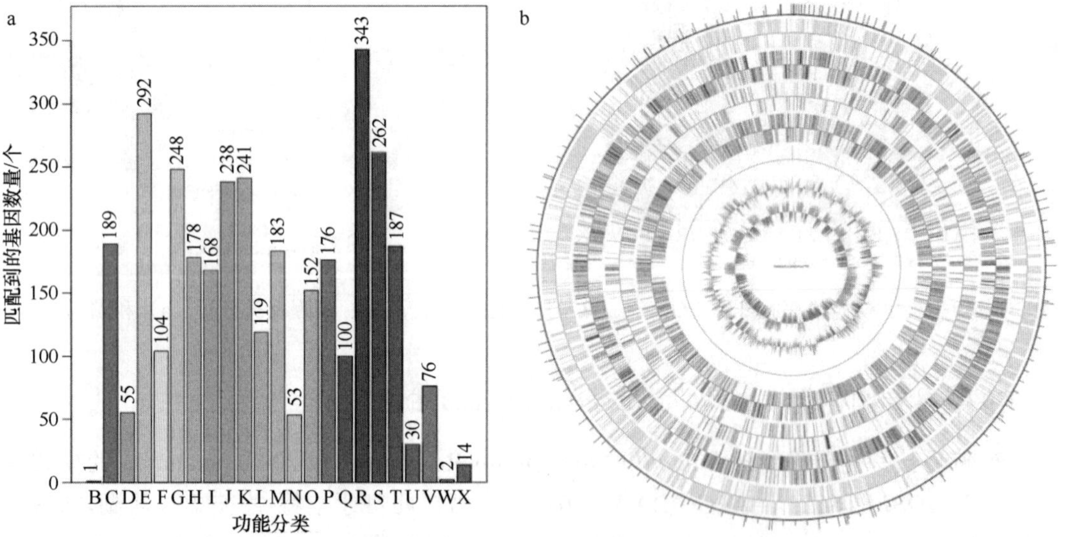


图 5-1-250　嗜碱喜盐芽胞杆菌 FP5$^T$ 基因组的直系同源基因聚类分析（a）和圈图（b）

### 3. 达班盐湖喜盐芽胞杆菌（*Halobacillus dabanensis*）CGMCC 1.3704$^T$

达班盐湖喜盐芽胞杆菌（*Halobacillus dabanensis* Liu et al. 2005，sp. nov.）的模式菌株（D-8$^T$ =JCM 12772$^T$ =CGMCC 1.3704$^T$）分离自新疆的达班盐湖，嗜盐，生长条件为 15～50℃（最适 35℃）、pH 5.0～11.0（最适 pH 7.5）、0.5%～25%（*W*/*V*）NaCl（最适 10%），好氧，产芽胞（Liu et al.，2005）。目前，该种有 2 个基因组，选择组装水平较高的模式菌株 CGMCC 1.3704$^T$ 的基因组进行描述，其 GenBank 登录号为 GCA_900114165.1，

测序平台为 Illumina HiSeq，于 2016 年 11 月 2 日由美国能源部联合基因组研究所（DOE Joint Genome Institute）提交。

**【基因组的组装】**菌株 CGMCC 1.3704$^T$ 基因组的测序深度为 328 X，基因组大小为 4.137 Mb，组装到 24 个 scaffolds，scaffold $N_{50}$ 为 320 298 bp。**【G+C 含量】**41.48%。**【非编码 RNA】**预测到 18 个 rRNA 基因（5S rRNA 9 个、16S rRNA 2 个、23S rRNA 7 个），68 个 tRNA 基因，2 个 sRNA 基因。**【编码基因】**有 4308 个蛋白质编码基因，编码区总长为 3 498 948 bp，占整个基因组的 84.50%，基因的平均长度为 812 bp。**【基因功能注释】**比对到 KEGG、COG 和 GO 数据库的基因数量分别为 3664 个、2930 个和 2898 个，预测到分泌蛋白编码基因 87 个；在 24 个 COG 功能类群中，基因数量前 10 位的类群分别是：R. 仅一般功能预测 340 个，E. 氨基酸转运与代谢 306 个，G. 碳水化合物转运与代谢 251 个 K. 转录 237 个，J. 翻译、核糖体结构与合成 230 个，S. 功能未知 218 个，C. 能量产生与转换 192 个，H. 辅酶转运与代谢 177 个，M. 细胞壁/膜/包膜生物合成 172 个和 P. 无机离子转运与代谢 172 个（图 5-1-251a）。**【重复序列】**预测到的重复序列包括：LTR 157 个，总长为 11 308 bp，平均长度为 72 bp；DNA 重复元件 44 个，总长为 2482 bp，平均长度为 56 bp；LINE 50 个，总长为 2839 bp，平均长度为 57 bp；SINE 8 个，总长为 555 bp，平均长度为 69 bp；RC 6 个，总长为 358 bp，平均长度为 60 bp；TR 83 个，重复序列长度为 6～219 bp，总长为 7014 bp；小卫星 DNA 64 个，重复序列长度为 10～60 bp，总长为 3215 bp；微卫星 DNA 1 个，重复序列长度为 6 bp，总长为 31 bp。**【CRISPR】**预测到 5 个 CRISPR 相关序列。**【基因岛】**预测到 18 个基因岛 GI 01～GI 18，长度为 3530～36 646 bp，其 G+C 含量为 35.08%～43.57%。利用已预测得到的基因组信息，如重复序列、G+C 含量等，应用 CIRCOS 工具绘制其基因组圈图（图 5-1-251b）。

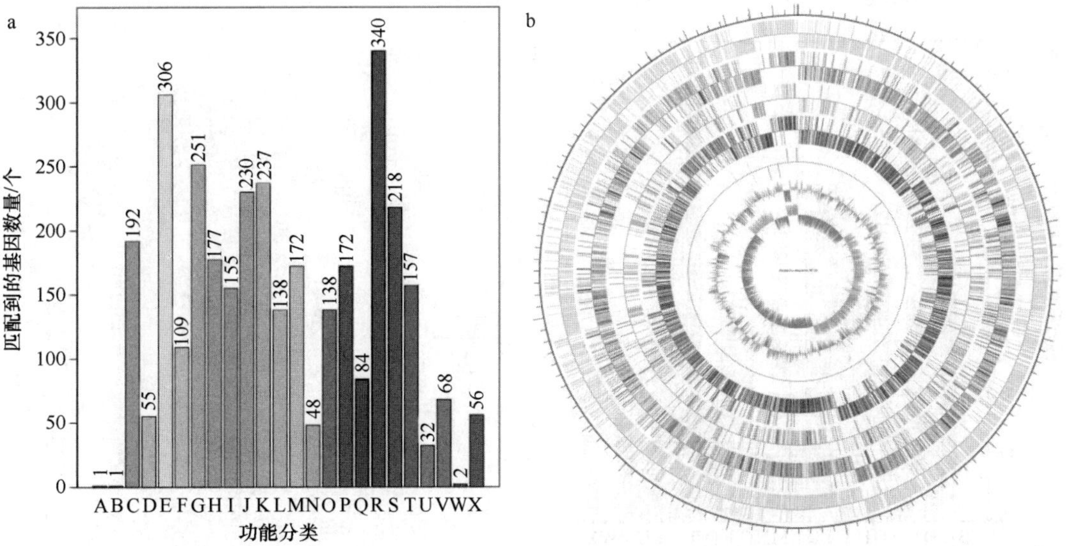


图 5-1-251　达班盐湖喜盐芽胞杆菌 CGMCC 1.3704$^T$ 基因组的直系同源基因聚类分析（a）和圈图（b）

## 4. 嗜盐喜盐芽胞杆菌（*Halobacillus halophilus*）DSM 2266$^{T}$

嗜盐喜盐芽胞杆菌［*Halobacillus halophilus* (Claus et al. 1984) Spring et al. 1996, comb. nov.］的模式菌株（3$^{T}$ =ATCC 35676$^{T}$ =DSM 2266$^{T}$ =JCM 20832$^{T}$ =LMG 17431$^{T}$ = NBRC 102448$^{T}$）分离自含盐量高的沼泽土壤，嗜盐，最适生长含盐量为 30～50 g/L NaCl，好氧，产芽胞。1983 年被命名为嗜盐芽胞束菌（*Sporosarcina halophila*）（Claus et al.，1983）；1996 年被重分类为嗜盐喜盐芽胞杆菌（*Halobacillus halophilus*）（Spring et al.，1996）。目前，该种有 2 个基因组，选择组装到完成图水平的模式菌株 DSM 2266$^{T}$ 的基因组进行描述，其 GenBank 登录号为 GCA_000284515.1，测序平台为 Illumina HiSeq，于 2012 年 4 月 11 日由德国马克斯•普朗克生物化学研究所（Max Planck Institute of Biochemistry）提交。

**【基因组的组装】**菌株 DSM 2266$^{T}$ 基因组的测序深度未知，基因组大小为 4.170 Mb，组装到完成图水平，包括 1 条染色体和 2 个质粒。**【G+C 含量】**41.82%。**【非编码 RNA】**预测到 21 个 rRNA 基因（5S rRNA 7 个、16S rRNA 7 个、23S rRNA 7 个），67 个 tRNA 基因，94 个 sRNA 基因。**【编码基因】**有 4332 个蛋白质编码基因，编码区总长为 3 481 209 bp，占整个基因组的 83.48%，基因的平均长度为 804 bp。**【基因功能注释】**比对到 KEGG、COG 和 GO 数据库的基因数量分别为 4075 个、3034 个和 2824 个，预测到分泌蛋白编码基因 82 个；在 23 个 COG 功能类群中，基因数量前 10 位的类群分别是：R. 仅一般功能预测 342 个，E. 氨基酸转运与代谢 281 个，S. 功能未知 259 个，K. 转录 247 个，J. 翻译、核糖体结构与合成 235 个，G. 碳水化合物转运与代谢 217 个，M. 细胞壁/膜/包膜生物合成 202 个，H. 辅酶转运与代谢 181 个，C. 能量产生与转换 179 个和 T. 信号转导机制 175 个（图 5-1-252a）。**【重复序列】**预测到的重复序列包括：LTR 155 个，总长为 10 767 bp，平均长度为 69 bp；DNA 重复元件 38 个，总长为 2147 bp，平均长度

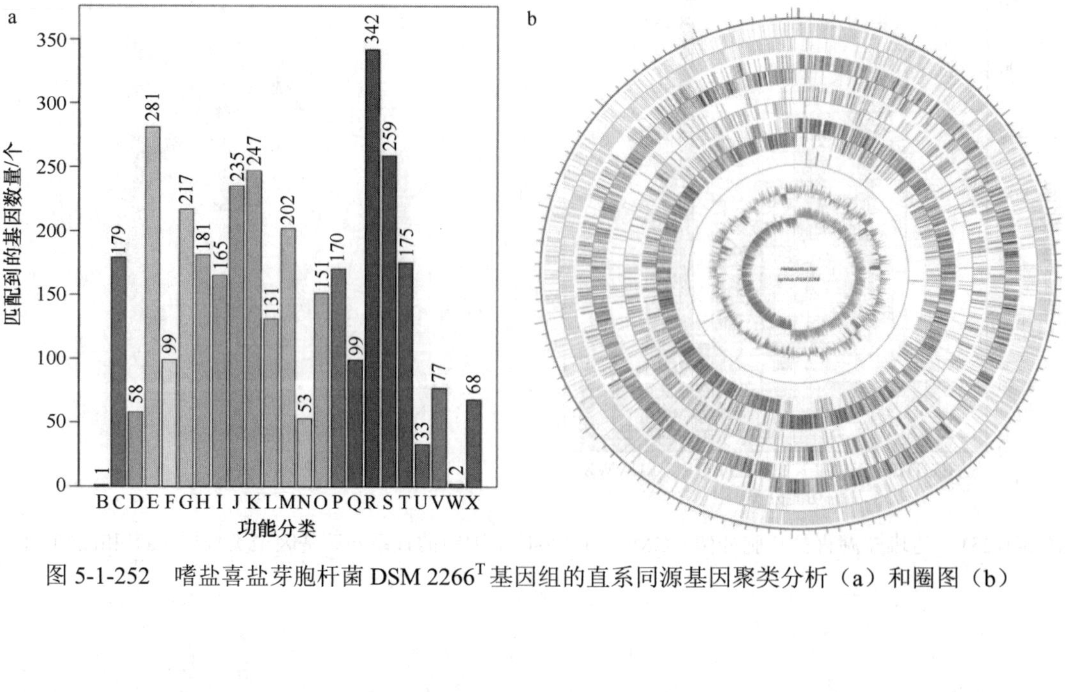


图 5-1-252　嗜盐喜盐芽胞杆菌 DSM 2266$^{T}$ 基因组的直系同源基因聚类分析（a）和圈图（b）

为 57 bp；LINE 48 个，总长为 2958 bp，平均长度为 62 bp；SINE 11 个，总长为 685 bp，平均长度为 62 bp；RC 5 个，总长为 300 bp，平均长度为 60 bp；未知序列 1 个，长度为 45 bp；TR 75 个，重复序列长度为 9～357 bp，总长为 8311 bp；小卫星 DNA 57 个，重复序列长度为 10～45 bp，总长为 4347 bp；未预测到微卫星 DNA。**【CRISPR】**预测到 7 个 CRISPR 相关序列。**【基因岛】**预测到 8 个基因岛 GI 01～GI 08，长度为 5856～32 748 bp，其 G+C 含量为 34.03%～45.11%。利用已预测得到的基因组信息，如重复序列、G+C 含量等，应用 CIRCOS 工具绘制其基因组圈图（图 5-1-252b）。

**5. 湖南喜盐芽胞杆菌（*Halobacillus hunanensis*）Marseille-P3457**

湖南喜盐芽胞杆菌（*Halobacillus hunanensis* Peng et al. 2009，sp. nov.）的模式菌株（JSM 071077$^{T}$=DSM 21184$^{T}$ =KCTC 13235$^{T}$）分离自湖南 1 个盐矿的地下卤水，嗜盐，生长条件为 10～40℃（最适 25～30℃）、pH 6.0～10.0（最适 pH 7.5）、2%～25%（*W*/*V*）NaCl（最适 2%～10%），好氧，产芽胞（Peng et al.，2009）。目前，该种仅有 1 个基因组，非模式菌株 Marseille-P3457 基因组的 GenBank 登录号为 GCA_900166655.1，测序平台为 Illumina HiSeq，于 2017 年 3 月 11 日由法国热带传染病研究中心（Unité de Recherche en Maladies Infectieuses et Tropicales Emergentes）提交。

**【基因组的组装】**菌株 Marseille-P3457 基因组的测序深度为 198 X，基因组大小为 3.982 Mb，组装到 7 个 contigs，contig $N_{50}$ 为 1 420 025 bp。**【G+C 含量】**41.30%。**【非编码 RNA】**预测到 11 个 rRNA 基因（5S rRNA 6 个、16S rRNA 3 个、23S rRNA 2 个），69 个 tRNA 基因，33 个 sRNA 基因。**【编码基因】**有 4122 个蛋白质编码基因，编码区总长为 3 452 331 bp，占整个基因组的 86.70%，基因的平均长度为 838 bp。**【基因功能注释】**比对到 KEGG、COG 和 GO 数据库的基因数量分别为 3635 个、2930 个和 2860 个，预测到分泌蛋白编码基因 82 个；在 24 个 COG 功能类群中，基因数量前 10 位的类群分别是：R. 仅一般功能预测 328 个，E. 氨基酸转运与代谢 321 个，K. 转录 247 个，J. 翻译、核糖体结构与合成 234 个，S. 功能未知 228 个，G. 碳水化合物转运与代谢 201 个，C. 能量产生与转换 199 个，H. 辅酶转运与代谢 183 个，I. 脂质转运与代谢 181 个和 M. 细胞壁/膜/包膜生物合成 171 个（图 5-1-253a）。**【重复序列】**预测到的重复序列包括：LTR 152 个，总长为 9408 bp，平均长度为 62 bp；DNA 重复元件 32 个，总长为 2309 bp，平均长度为 72 bp；LINE 35 个，总长为 2078 bp，平均长度为 59 bp；SINE 7 个，总长为 573 bp，平均长度为 82 bp；RC 3 个，总长为 207 bp，平均长度为 69 bp；TR 81 个，重复序列长度为 9～274 bp，总长为 5015 bp；小卫星 DNA 73 个，重复序列长度为 10～54 bp，总长为 3751 bp；未预测到微卫星 DNA。**【CRISPR】**未预测到 CRISPR 相关序列。**【基因岛】**预测到 7 个基因岛 GI 01～GI 07，长度为 5991～26 674 bp，其 G+C 含量为 33.56%～39.21%。利用已预测得到的基因组信息，如重复序列、G+C 含量等，应用 CIRCOS 工具绘制其基因组圈图（图 5-1-253b）。

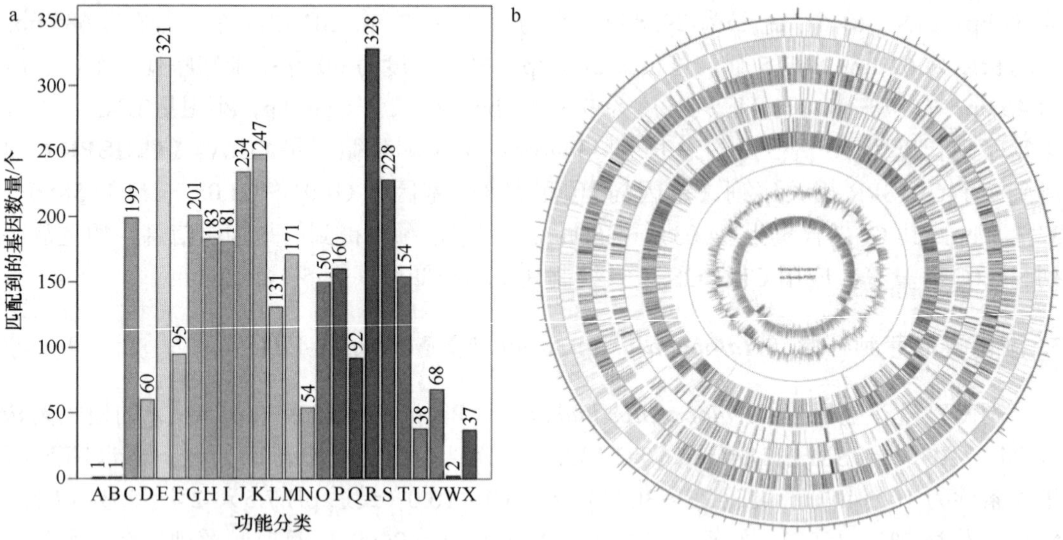


图 5-1-253　湖南喜盐芽胞杆菌 Marseille-P3457 基因组的直系同源基因聚类分析（a）和圈图（b）

## 6. 卡拉季喜盐芽胞杆菌（*Halobacillus karajensis*）DSM 14948$^{T}$

卡拉季喜盐芽胞杆菌（*Halobacillus karajensis* Amoozegar et al. 2003，sp. nov.）的模式菌株（MA-2$^{T}$ =DSM 14948$^{T}$ =LMG 21515$^{T}$）分离自伊朗卡拉季的表层盐碱土，嗜盐，生长条件为 10～49℃（最适 36～38℃）、pH 6.0～9.6（最适 pH 7.5～8.5）、1%～24%（*W*/*V*）NaCl（最适 10%），好氧，产芽胞（Amoozegar et al.，2003）。目前，该种有 2 个基因组，选择组装水平较高的模式菌株 DSM 14948$^{T}$ 的基因组进行描述，其 GenBank 登录号为 GCA_900108515.1，测序平台为 Illumina HiSeq，于 2016 年 10 月 27 日由美国能源部联合基因组研究所（DOE Joint Genome Institute）提交。

**【基因组的组装】**菌株 DSM 14948$^{T}$ 基因组的测序深度为 284 X，基因组大小为 4.071 Mb，组装到 24 个 scaffolds，scaffold $N_{50}$ 为 387 769 bp。**【G+C 含量】**41.42%。**【非编码 RNA】**预测到 8 个 rRNA 基因（5S rRNA 8 个、16S rRNA 0 个、23S rRNA 0 个），68 个 tRNA 基因，2 个 sRNA 基因。**【编码基因】**有 4249 个蛋白质编码基因，编码区总长为 3 473 016 bp，占整个基因组的 85.31%，基因的平均长度为 817 bp。**【基因功能注释】**比对到 KEGG、COG 和 GO 数据库的基因数量分别为 3668 个、2933 个和 2860 个，预测到分泌蛋白编码基因 84 个；在 24 个 COG 功能类群中，基因数量前 10 位的类群分别是：R. 仅一般功能预测 336 个，E. 氨基酸转运与代谢 311 个，G. 碳水化合物转运与代谢 260 个，K. 转录 239 个，J. 翻译、核糖体结构与合成 227 个，S. 功能未知 223 个，C. 能量产生与转换 198 个，H. 辅酶转运与代谢 183 个，M. 细胞壁/膜/包膜生物合成 179 个和 P. 无机离子转运与代谢 170 个（图 5-1-254a）。**【重复序列】**预测到的重复序列包括：LTR 126 个，总长为 7543 bp，平均长度为 60 bp；DNA 重复元件 41 个，总长为 2359 bp，平均长度为 58 bp；LINE 33 个，总长为 1912 bp，平均长度为 58 bp；SINE 7 个，总长为 389 bp，平均长度为 56 bp；RC 5 个，总长为 245 bp，平均长度为 49 bp；TR

51 个，重复序列长度为 6～314 bp，总长为 3447 bp；小卫星 DNA 43 个，重复序列长度为 10～60 bp，总长为 2419 bp；微卫星 DNA 1 个，重复序列长度为 6 bp，总长为 25 bp。**【CRISPR】**预测到 8 个 CRISPR 相关序列。**【基因岛】**预测到 10 个基因岛 GI 01～GI 10，长度为 5690～29 230 bp，其 G+C 含量为 34.0%～42.37%。利用已预测得到的基因组信息，如重复序列、G+C 含量等，应用 CIRCOS 工具绘制其基因组圈图（图 5-1-254b）。

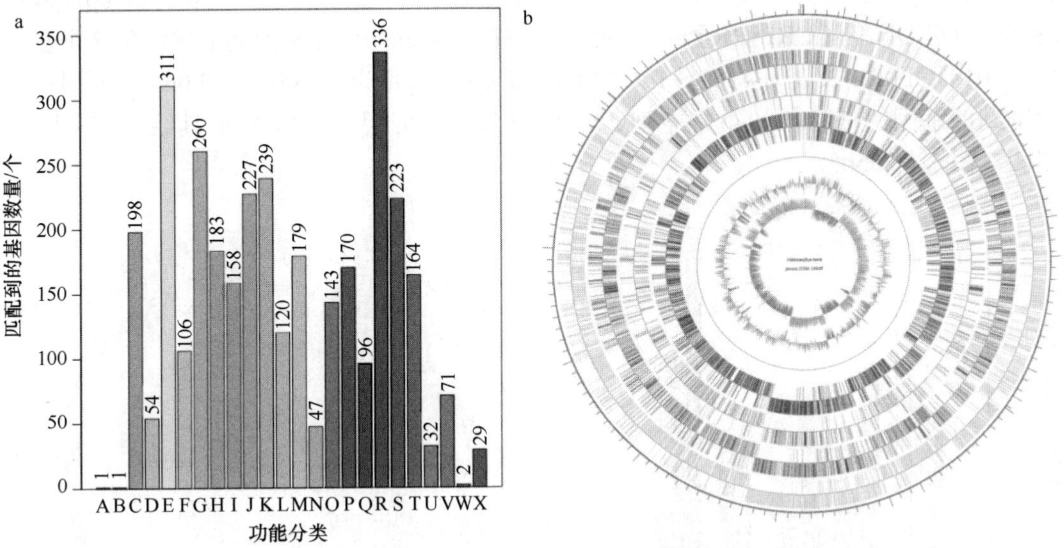


图 5-1-254　卡拉季喜盐芽胞杆菌 DSM 14948$^{T}$ 基因组的直系同源基因聚类分析（a）和圈图（b）

## 7. 黑岛喜盐芽胞杆菌（*Halobacillus kuroshimensis*）DSM 18393$^{T}$

黑岛喜盐芽胞杆菌（*Halobacillus kuroshimensis* Hua et al. 2007，sp. nov.）的模式菌株（IS-Hb7$^{T}$ =JCM 14155$^{T}$ =DSM 18393$^{T}$）分离自日本黑岛深海甲烷冷泉的碳酸盐岩，嗜盐，生长条件为 9～48℃（最适 25℃）、pH 5.5～10.0（最适 pH 7.5～8.0）、0.5%～25%（*W*/*V*）NaCl（最适 6%），兼性厌氧，产芽胞（Hua et al.，2007）。目前，该种仅有 1 个基因组，模式菌株 DSM 18393$^{T}$ 基因组的 GenBank 登录号为 GCA_000425705.1，测序平台为 Illumina HiSeq，于 2013 年 7 月 11 日由美国能源部联合基因组研究所（DOE Joint Genome Institute）提交。

**【基因组的组装】**菌株 DSM 18393$^{T}$ 基因组的测序深度未知，基因组大小为 3.846 Mb，组装到 15 个 scaffolds，scaffold $N_{50}$ 为 440 086 bp。**【G+C 含量】**47.03%。**【非编码 RNA】**预测到 6 个 rRNA 基因（5S rRNA 6 个、16S rRNA 0 个、23S rRNA 0 个），55 个 tRNA 基因，2 个 sRNA 基因。**【编码基因】**有 4137 个蛋白质编码基因，编码区总长为 3 414 477 bp，占整个基因组的 88.78%，基因的平均长度为 825 bp。**【基因功能注释】**比对到 KEGG、COG 和 GO 数据库的基因数量分别为 3548 个、2875 个和 2815 个，预测到分泌蛋白编码基因 74 个；在 24 个 COG 功能类群中，基因数量前 10 位的类群分别是：R. 仅一般功能预测 345 个，E. 氨基酸转运与代谢 300 个，G. 碳水化合物转运与代谢 248 个，K. 转录 248 个，J. 翻译、核糖体结构与合成 227 个，S. 功能未知 220 个，C. 能量产生与转换 193 个，M. 细胞壁/膜/包膜生物合成 189 个，P. 无机离子转运与代谢 174 个和 H. 辅酶转运与代谢 168 个（图 5-1-255a）。**【重复序列】**预测到的重复序列包括：LTR 79 个，总长为 4483 bp，平均长度为 57 bp；DNA 重复元件 20 个，总长为 1311 bp，平均长度为 66 bp；LINE 21 个，总长为 1113 bp，平均长度为 53 bp；SINE 6 个，总长为 347 bp，平均长度为 58 bp；RC 1 个，长度为 51 bp；TR 44 个，重复序列长度为 9～114 bp，总长为 2130 bp；小卫星 DNA 42 个，重复序列长度为 12～57 bp，总长为 2091 bp；未预测到微卫星 DNA。**【CRISPR】**未预测到 CRISPR 相关序列。**【基因岛】**预测到 8 个基因岛 GI 01～GI 08，长度为 4759～17 152 bp，其 G+C 含量为 41.85%～47.06%。利用已预测得到的基因组信息，如重复序列、G+C 含量等，应用 CIRCOS 工具绘制其基因组圈图（图 5-1-255b）。

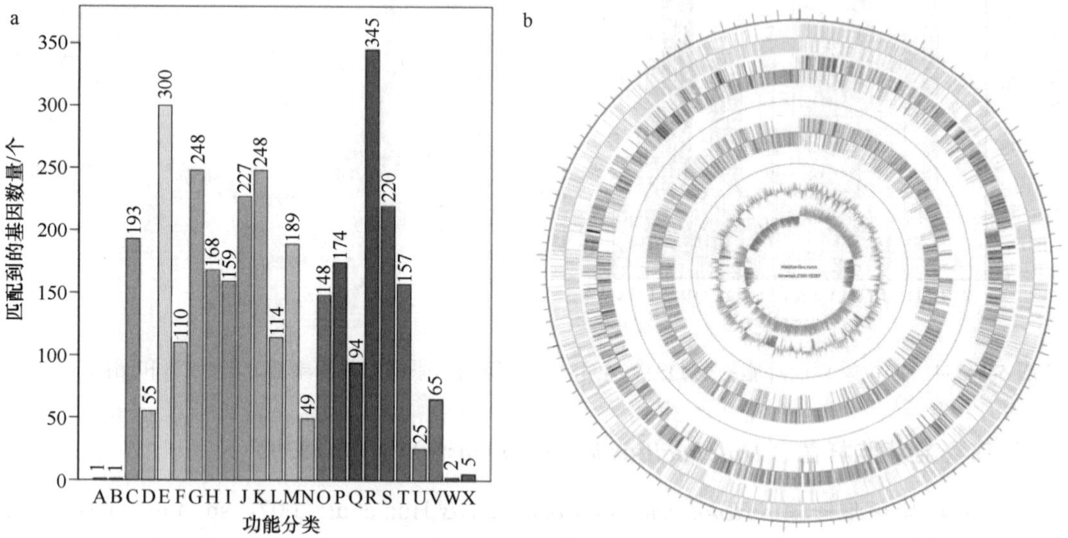


图 5-1-255　黑岛喜盐芽胞杆菌 DSM 18393$^T$ 基因组的直系同源基因聚类分析（a）和圈图（b）

## 8. 红树喜盐芽胞杆菌（*Halobacillus mangrovi*）KTB 131

红树喜盐芽胞杆菌（*Halobacillus mangrovi* Soto-Ramírez et al. 2008，sp. nov.）的模式菌株（MS10$^T$ =CECT 7206$^T$ =CCM 7397$^T$）分离自红树亮叶白骨壤（*Avicennia germinans*）的叶表，嗜盐，生长条件为 10～50℃（最适 33～35℃）、pH 6.0～9.0（最适 pH 7.0）、5%～20%（*W*/*V*）NaCl（最适 10%），兼性厌氧，产芽胞（Hua et al.，2007）。目前，该种仅有 1 个基因组，非模式菌株 KTB 131 基因组的 GenBank 登录号为 GCA_002097535.1，测序平台为 PacBio，于 2017 年 4 月 18 日由韩国庆北国立大学（Kyungpook National University）提交。

**【基因组的组装】**菌株 KTB 131 基因组的测序深度为 208 X，基因组大小为 4.143 Mb，组装到完成图水平，包括 1 条染色体。**【G+C 含量】**41.55%。**【非编码 RNA】**预测到 21 个 rRNA 基因（5S rRNA 7 个、16S rRNA 7 个、23S rRNA 7 个），69 个 tRNA 基因，5 个 sRNA 基因。**【编码基因】**有 4252 个蛋白质编码基因，编码区总长为 3 587 145 bp，

占整个基因组的 86.58%，基因的平均长度为 844 bp。**【基因功能注释】**比对到 KEGG、COG 和 GO 数据库的基因数量分别为 4017 个、3054 个和 2928 个，预测到分泌蛋白编码基因 106 个；在 23 个 COG 功能类群中，基因数量前 10 位的类群分别是：R. 仅一般功能预测 352 个，E. 氨基酸转运与代谢 323 个，G. 碳水化合物转运与代谢 284 个，K. 转录 244 个，S. 功能未知 243 个，J. 翻译、核糖体结构与合成 238 个，C. 能量产生与转换 211 个，H. 辅酶转运与代谢 187 个，M. 细胞壁/膜/包膜生物合成 183 个和 I. 脂质转运与代谢 180 个（图 5-1-256a）。**【重复序列】**预测到的重复序列包括：LTR 164 个，总长为 11 025 bp，平均长度为 67 bp；DNA 重复元件 49 个，总长为 3136 bp，平均长度为 64 bp；LINE 48 个，总长为 2630 bp，平均长度为 55 bp；SINE 13 个，总长为 767 bp，平均长度为 59 bp；RC 2 个，总长为 88 bp，平均长度为 44 bp；TR 60 个，重复序列长度为 6～324 bp，总长为 4088 bp；小卫星 DNA 54 个，重复序列长度为 10～60 bp，总长为 2832 bp；微卫星 DNA 2 个，重复序列长度为 6 bp，总长为 106 bp。**【CRISPR】**未预测到 CRISPR 相关序列。**【基因岛】**预测到 3 个基因岛 GI 01～GI 03，长度分别为 5273 bp、21 831 bp 和 53 542 bp，其 G+C 含量分别为 39.90%、45.31%和 35.95%。利用已预测得到的基因组信息，如重复序列、G+C 含量等，应用 CIRCOS 工具绘制其基因组圈图（图 5-1-256b）。

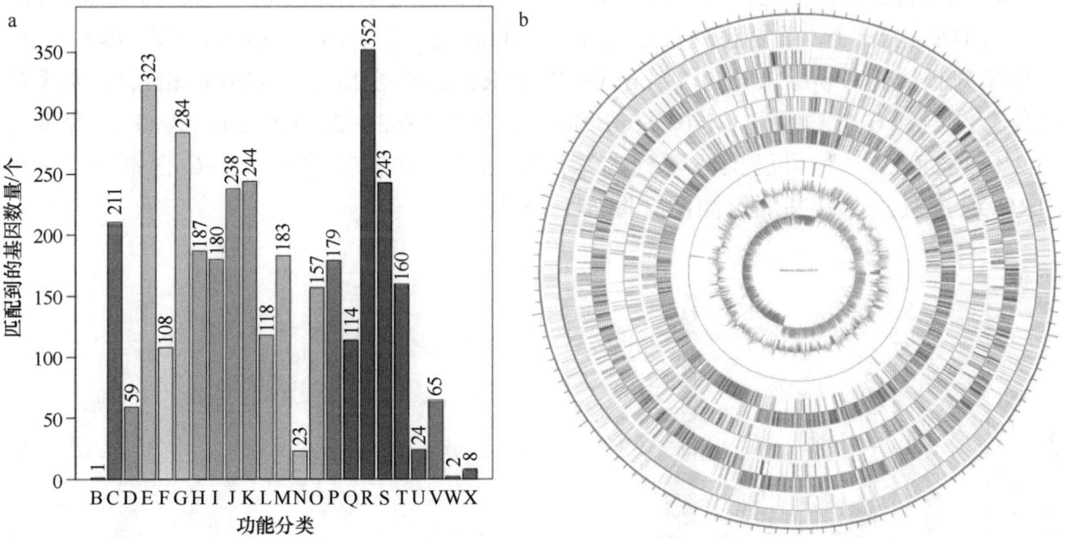


图 5-1-256　红树喜盐芽胞杆菌 KTB 131 基因组的直系同源基因聚类分析（a）和圈图（b）

## 9. 马赛喜盐芽胞杆菌（*Halobacillus massiliensis*）Marseille-P3554$^T$

马赛喜盐芽胞杆菌（*Halobacillus massiliensis* Senghor et al. 2017，sp. nov.）的模式菌株（Marseille-P3554$^T$）分离自 1 位 12 岁男孩的粪便，嗜盐，生长的盐浓度为 5%～20%（*W*/*V*）NaCl（最适 7.5%），好氧，产芽胞（Senghor et al.，2017）。目前，该种仅有 1 个基因组，模式菌株 Marseille-P3554$^T$ 基因组的 GenBank 登录号为 GCA_900166625.1，测

序平台为 Illumina HiSeq，于 2017 年 3 月 24 日由法国热带传染病研究中心（Unité de Recherche en Maladies Infectieuses et Tropicales Emergentes）提交。

**【基因组的组装】** 菌株 Marseille-P3554$^T$ 基因组的测序深度为 208 X，基因组大小为 4.312 Mb，组装到 2 个 scaffolds，scaffold $N_{50}$ 为 4 297 267 bp。**【G+C 含量】** 41.39%。**【非编码 RNA】** 预测到 29 个 rRNA 基因（5S rRNA 10 个、16S rRNA 9 个、23S rRNA 10 个），107 个 tRNA 基因，2 个 sRNA 基因。**【编码基因】** 有 4405 个蛋白质编码基因，编码区总长为 3 660 339 bp，占整个基因组的 84.89%，基因的平均长度为 831 bp。**【基因功能注释】** 比对到 KEGG、COG 和 GO 数据库的基因数量分别为 3868 个、3109 个和 3012 个，预测到分泌蛋白编码基因 82 个；在 24 个 COG 功能类群中，基因数量前 10 位的类群分别是：R. 仅一般功能预测 379 个，E. 氨基酸转运与代谢 319 个，G. 碳水化合物转运与代谢 294 个，K. 转录 278 个，S. 功能未知 241 个，J. 翻译、核糖体结构与合成 238 个，C. 能量产生与转换 215 个，P. 无机离子转运与代谢 185 个，H. 辅酶转运与代谢 184 个和 I. 脂质转运与代谢 175 个（图 5-1-257a）。**【重复序列】** 预测到的重复序列包括：LTR 167 个，总长为 12 678 bp，平均长度为 76 bp；DNA 重复元件 44 个，总长为 2493 bp，平均长度为 57 bp；LINE 64 个，总长为 3790 bp，平均长度为 59 bp；SINE 27 个，总长为 1953 bp，平均长度为 72 bp；RC 3 个，总长为 150 bp，平均长度为 50 bp；TR 191 个，重复序列长度为 1～1519 bp，总长为 29 549 bp；小卫星 DNA 116 个，重复序列长度为 10～60 bp，总长为 7597 bp；微卫星 DNA 1 个，重复序列长度为 6 bp，总长为 99 bp。**【CRISPR】** 预测到 23 个 CRISPR 相关序列。**【基因岛】** 预测到 6 个基因岛 GI 01～GI 06，长度为 9863～25 086 bp，其 G+C 含量为 26.2%～42.04%。利用已预测得到的基因组信息，如重复序列、G+C 含量等，应用 CIRCOS 工具绘制其基因组圈图（图 5-1-257b）。

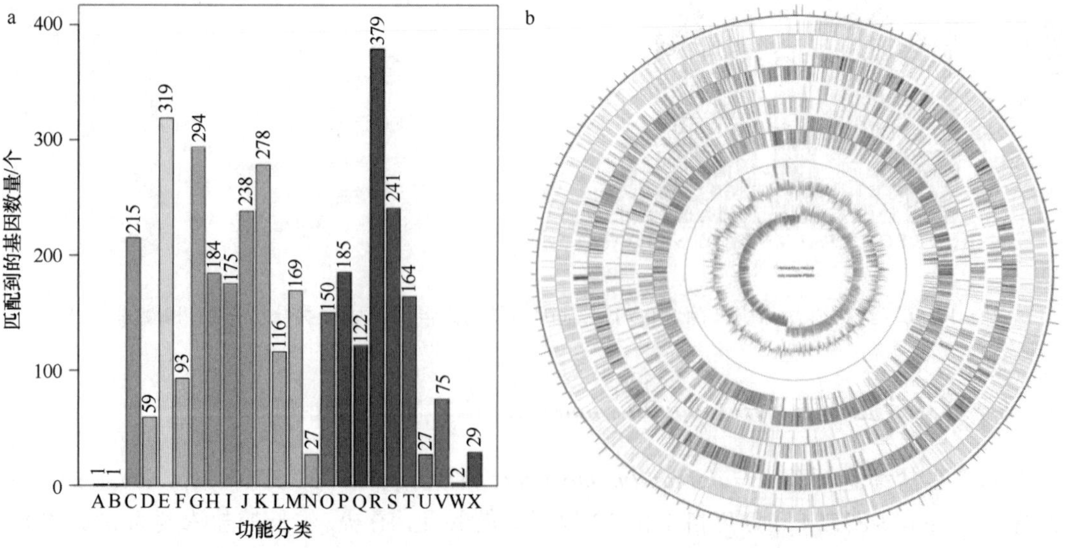


图 5-1-257　马赛喜盐芽胞杆菌 Marseille-P3554$^T$ 基因组的直系同源基因聚类分析（a）和圈图（b）

## 10. 盐渍喜盐芽胞杆菌（*Halobacillus salinus*）Marseille-P2480

盐渍喜盐芽胞杆菌（*Halobacillus salinus* Yoon et al. 2003，sp. nov.）的模式菌株（HSL-3$^T$ =KCCM 41590$^T$ =JCM 11546$^T$）分离自韩国东海岸边的盐湖，嗜盐，生长条件为 10～45℃（最适 30～37℃）、最适 pH 7.0、0～23%（*W/V*）NaCl（最适 2%～10%），好氧，产芽胞（Yoon et al.，2003b）。目前，该种有 2 个基因组，选择非模式菌株 Marseille-P2480 的基因组进行描述，其 GenBank 登录号为 GCA_900166575.1，测序平台为 Illumina HiSeq，于 2017 年 3 月 11 日由法国热带传染病研究中心（Unité de Recherche en Maladies Infectieuses et Tropicales Emergentes）提交。

**【基因组的组装】**菌株 Marseille-P2480 基因组的测序深度为 147 X，基因组大小为 3.767 Mb，组装到 4 个 contigs，contig $N_{50}$ 为 2 278 296 bp。**【G+C 含量】**44.29%。**【非编码 RNA】**预测到 19 个 rRNA 基因（5S rRNA 8 个、16S rRNA 7 个、23S rRNA 4 个），69 个 tRNA 基因，3 个 sRNA 基因。**【编码基因】**有 4051 个蛋白质编码基因，编码区总长为 3 320 361 bp，占整个基因组的 88.14%，基因的平均长度为 820 bp。**【基因功能注释】**比对到 KEGG、COG 和 GO 数据库的基因数量分别为 3502 个、2787 个和 2754 个，预测到分泌蛋白编码基因 93 个；在 24 个 COG 功能类群中，基因数量前 10 位的类群分别是：R. 仅一般功能预测 307 个，E. 氨基酸转运与代谢 258 个，S. 功能未知 239 个，J. 翻译、核糖体结构与合成 237 个，K. 转录 237 个，G. 碳水化合物转运与代谢 208 个，T. 信号转导机制 188 个，C. 能量产生与转换 168 个，M. 细胞壁/膜/包膜生物合成 158 个和 P. 无机离子转运与代谢 158 个（图 5-1-258a）。**【重复序列】**预测到的重复序列包括：LTR 172 个，总长为 10 871 bp，平均长度为 63 bp；DNA 重复元件 42 个，总长为 2611 bp，平均长度为 62 bp；LINE 46 个，总长为 2507 bp，平均长度为 55 bp；SINE 13 个，总长为 847 bp，平均长度为 65 bp；RC 3 个，总长为 176 bp，平均长度为 59 bp；未知序列

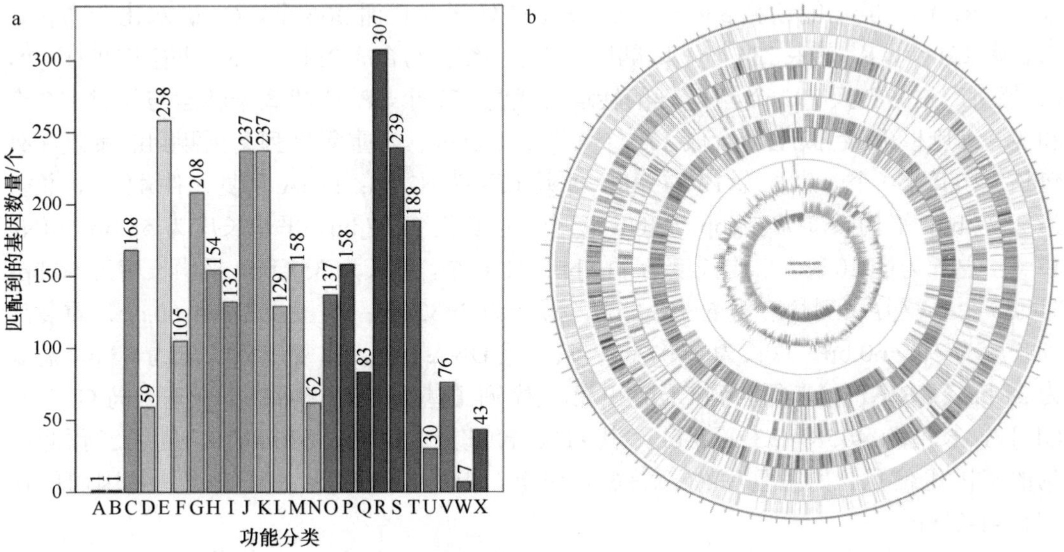


图 5-1-258　盐渍喜盐芽胞杆菌 Marseille-P2480 基因组的直系同源基因聚类分析（a）和圈图（b）

1 个，长度为 58 bp；TR 52 个，重复序列长度为 3～310 bp，总长为 4084 bp；小卫星 DNA 44 个，重复序列长度为 10～60 bp，总长为 3190 bp；微卫星 DNA 1 个，重复序列长度为 3 bp，总长为 32 bp。**【CRISPR】**预测到 6 个 CRISPR 相关序列。**【基因岛】**预测到 12 个基因岛 GI 01～GI 12，长度为 2796～31 236 bp，其 G+C 含量为 36.06%～51.83%。利用已预测得到的基因组信息，如重复序列、G+C 含量等，应用 CIRCOS 工具绘制其基因组圈图（图 5-1-258b）。

**11. 楚氏喜盐芽胞杆菌（*Halobacillus trueperi*）HT-01**

楚氏喜盐芽胞杆菌（*Halobacillus trueperi* Spring et al. 1996，sp. nov.）的模式菌株（SL-$5^T$ =ATCC $700077^T$ =CIP $104797^T$ =DSM $10404^T$ =LMG $17437^T$）分离自美国犹他州大盐湖的超盐沉积物，嗜盐，生长条件为 10～44℃（最适 35℃）、pH 6.0～9.5（最适 pH 7.5）、0.5%～30%（*W*/*V*）NaCl（最适 10%），好氧，产芽胞（Spring et al.，1996）。目前，该种有 3 个基因组，选择非模式菌株 HT-01 的基因组进行描述，其 GenBank 登录号为 GCA_000723525.1，测序平台为 Illumina HiSeq，于 2014 年 5 月 15 日由法国热带传染病研究中心（Unité de Recherche en Maladies Infectieuses et Tropicales Emergentes）提交。

**【基因组的组装】**菌株 HT-01 基因组的测序深度为 57 X，基因组大小为 4.083 Mb，组装到 7 个 contigs，contig $N_{50}$ 为 1 271 989 bp。**【G+C 含量】**41.66%。**【非编码 RNA】**预测到 36 个 rRNA 基因（5S rRNA 10 个、16S rRNA 13 个、23S rRNA 13 个），92 个 tRNA 基因，2 个 sRNA 基因。**【编码基因】**有 4287 个蛋白质编码基因，编码区总长为 3 461 937 bp，占整个基因组的 84.79%，基因的平均长度为 808 bp。**【基因功能注释】**比对到 KEGG、COG 和 GO 数据库的基因数量分别为 3656 个、2911 个和 2871 个，预测到分泌蛋白编码基因 87 个；在 24 个 COG 功能类群中，基因数量前 10 位的类群分别是：R. 仅一般功能预测 340 个，E. 氨基酸转运与代谢 306 个，G. 碳水化合物转运与代谢 251 个，K. 转录 234 个，J. 翻译、核糖体结构与合成 231 个，S. 功能未知 217 个，C. 能量产生与转换 192 个，H. 辅酶转运与代谢 177 个，P. 无机离子转运与代谢 172 个和 M. 细胞壁/膜/包膜生物合成 170 个（图 5-1-259a）。**【重复序列】**预测到的重复序列包括：LTR 150 个，总长为 12 345 bp，平均长度为 82 bp；DNA 重复元件 41 个，总长为 2377 bp，平均长度为 58 bp；LINE 57 个，总长为 3207 bp，平均长度为 56 bp；SINE 17 个，总长为 2020 bp，平均长度为 119 bp；RC 6 个，总长为 358 bp，平均长度为 60 bp；TR 65 个，重复序列长度为 6～314 bp，总长为 3632 bp；小卫星 DNA 60 个，重复序列长度为 10～60 bp，总长为 2907 bp；微卫星 DNA 1 个，重复序列长度为 6 bp，总长为 31 bp。**【CRISPR】**未预测到 CRISPR 相关序列。**【基因岛】**预测到 17 个基因岛 GI 01～GI 17，长度为 4058～33 992 bp，其 G+C 含量为 33.85%～46.44%。利用已预测得到的基因组信息，如重复序列、G+C 含量等，应用 CIRCOS 工具绘制其基因组圈图（图 5-1-259b）。

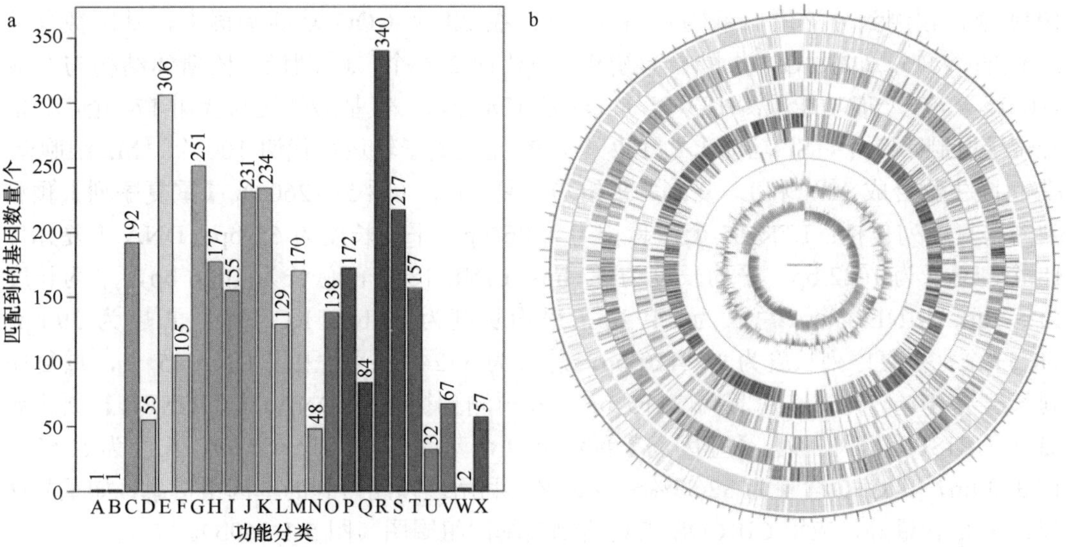


图 5-1-259　楚氏喜盐芽胞杆菌 HT-01 基因组的直系同源基因聚类分析（a）和圈图（b）

## 十八、盐乳杆菌属

盐乳杆菌属（*Halolactibacillus* Ishikawa et al. 2005，gen. nov.）于 2005 年建立（Ishikawa et al.，2005），包含 3 种：嗜碱盐乳杆菌（*Halolactibacillus alkaliphilus* Cao et al. 2008，sp. nov.）、嗜盐盐乳杆菌（*Halolactibacillus halophilus* Ishikawa et al. 2005，sp. nov.）（模式种）和三浦半岛盐乳杆菌（*Halolactibacillus miurensis* Ishikawa et al. 2005，sp. nov.），兼性厌氧、不产芽胞，均为乳酸菌。目前，该属有 3 个已知种类和 1 个未定种菌株的 4 个基因组被测序。

### 1. 嗜碱盐乳杆菌（*Halolactibacillus alkaliphilus*）CGMCC 1.6843$^{T}$

嗜碱盐乳杆菌（*Halolactibacillus alkaliphilus* Cao et al. 2008，sp. nov.）的模式菌株（H-5$^{T}$=CGMCC 1.6843$^{T}$ =NBRC 103919 $^{T}$）分离自内蒙古夏尔淖尔苏打湖的沉积物，嗜盐、嗜碱，生长条件为 15～45℃（最适 28℃）、pH 7.5～13.0（最适 pH 12.0）、0.5%～30%（*W*/*V*）NaCl（最适 2.5%），兼性厌氧，不产芽胞，产乳酸（Cao et al.，2008）。目前，该种有 1 个基因组，选择模式菌株 CGMCC 1.6843$^{T}$ 的基因组进行描述，其 GenBank 登录号为 GCA_900115465.1，测序平台为 Illumina HiSeq，于 2016 年 11 月 2 日由美国能源部联合基因组研究所（DOE Joint Genome Institute）提交。

**【基因组的组装】** 菌株 CGMCC 1.6843$^{T}$ 基因组的测序深度为 396 X，基因组大小为 2.871 Mb，组装到 67 个 scaffolds，scaffold $N_{50}$ 为 65 604 bp。**【G+C 含量】** 38.01%。**【非编码 RNA】** 预测到 7 个 rRNA 基因（5S rRNA 5 个、16S rRNA 1 个、23S rRNA 1 个），47 个 tRNA 基因，未预测到 sRNA 基因。**【编码基因】** 有 2683 个蛋白质编码基因，编码区总长为 2 475 561 bp，占整个基因组的 86.23%，基因的平均长度为 923 bp。**【基因功能注释】** 比对到 KEGG、COG 和 GO 数据库的基因数量分别为 2223 个、1983 个和

1940 个，预测到分泌蛋白编码基因 43 个；在 22 个 COG 功能类群中，基因数量前 10 位的类群分别是：G. 碳水化合物转运与代谢 276 个，J. 翻译、核糖体结构与合成 190 个，R. 仅一般功能预测 183 个，K. 转录 178 个，E. 氨基酸转运与代谢 174 个，T. 信号转导机制 145 个，S. 功能未知 132 个，P. 无机离子转运与代谢 106 个，M. 细胞壁/膜/包膜生物合成 98 个和 L. 复制、重组与修复 94 个（图 5-1-260a）。**【重复序列】**预测到的重复序列包括：LTR 65 个，总长为 4206 bp，平均长度为 65 bp；DNA 重复元件 18 个，总长为 1022 bp，平均长度为 57 bp；LINE 18 个，总长为 1026 bp，平均长度为 57 bp；SINE 4 个，总长为 249 bp，平均长度为 62 bp；RC 1 个，长度为 39 bp；TR 53 个，重复序列长度为 1～420 bp，总长为 3724 bp；小卫星 DNA 45 个，重复序列长度为 10～57 bp，总长为 2115 bp；未预测到微卫星 DNA。**【CRISPR】**预测到 23 个 CRISPR 相关序列。**【基因岛】**预测到 9 个基因岛 GI 01～GI 09，长度为 5353～10 313 bp，其 G+C 含量为 32.57%～37.23%。利用已预测得到的基因组信息，如重复序列、G+C 含量等，应用 CIRCOS 工具绘制其基因组圈图（图 5-1-260b）。

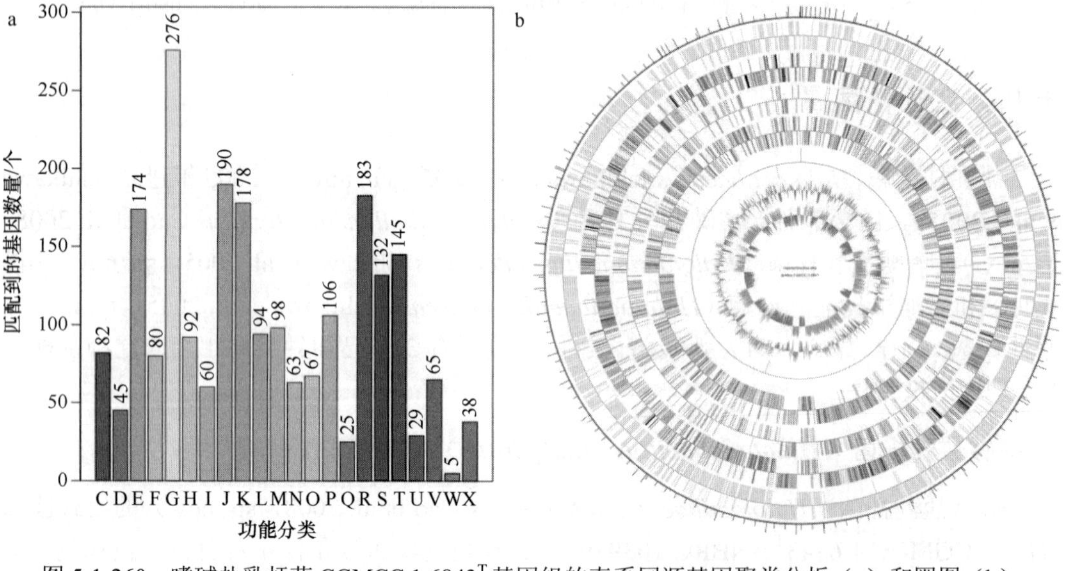


图 5-1-260 嗜碱盐乳杆菌 CGMCC 1.6843$^T$ 基因组的直系同源基因聚类分析（a）和圈图（b）

## 2. 嗜盐盐乳杆菌（*Halolactibacillus halophilus*）DSM 17073$^T$

嗜盐盐乳杆菌（*Halolactibacillus halophilus* Ishikawa et al. 2005，sp. nov.）的模式菌株（M2-2$^T$ =DSM 17073$^T$ =IAM 15242$^T$ =NBRC 100868$^T$ =NRIC 0628$^T$）分离自日本神奈川县的海藻和海绵，嗜盐、嗜碱，生长条件为 5～40℃（最适 30～37℃）、pH 6.5～9.5（最适 pH 8.0～9.0）、0～24%（*W*/*V*）NaCl（最适 2%～3%），兼性厌氧，不产芽胞，产乳酸（Ishikawa et al.，2005）。目前，该种有 1 个基因组，选择模式菌株 DSM 17073$^T$ 的基因组进行描述，其 GenBank 登录号为 GCA_900115605.1，测序平台为 Illumina HiSeq，于 2016 年 11 月 2 日由美国能源部联合基因组研究所（DOE Joint Genome Institute）提交。

【**基因组的组装**】菌株 DSM 17073$^{T}$基因组的测序深度为 355 X，基因组大小为 2.704 Mb，组装到 95 个 scaffolds，scaffold $N_{50}$为 57 488 bp。【**G+C 含量**】38.43%。【**非编码 RNA**】预测到 6 个 rRNA 基因（5S rRNA 4 个、16S rRNA 1 个、23S rRNA 1 个），56 个 tRNA 基因，未预测到 sRNA 基因。【**编码基因**】有 2658 个蛋白质编码基因，编码区总长为 2 295 390 bp，占整个基因组的 84.89%，基因的平均长度为 864 bp。【**基因功能注释**】比对到 KEGG、COG 和 GO 数据库的基因数量分别为 2144 个、1838 个和 1851 个，预测到分泌蛋白编码基因 42 个；在 23 个 COG 功能类群中，基因数量前 10 位的类群分别是：J. 翻译、核糖体结构与合成 193 个，G. 碳水化合物转运与代谢 188 个，E. 氨基酸转运与代谢 168 个，K. 转录 164 个，R. 仅一般功能预测 162 个，S. 功能未知 133 个，T. 信号转导机制 124 个，P. 无机离子转运与代谢 107 个，L. 复制、重组与修复 103 个和 H. 辅酶转运与代谢 90 个（图 5-1-261a）。【**重复序列**】预测到的重复序列包括：LTR 66 个，总长为 4399 bp，平均长度为 67 bp；DNA 重复元件 20 个，总长为 2107 bp，平均长度为 105 bp；LINE 13 个，总长为 859 bp，平均长度为 66 bp；SINE 8 个，总长为 525 bp，平均长度为 66 bp；RC 4 个，总长为 276 bp，平均长度为 69 bp；TR 69 个，重复序列长度为 1～514 bp，总长为 5998 bp；小卫星 DNA 57 个，重复序列长度为 10～42 bp，总长为 2930 bp；微卫星 DNA 1 个，重复序列长度为 6 bp，总长为 40 bp。【**CRISPR**】预测到 21 个 CRISPR 相关序列。【**基因岛**】预测到 6 个基因岛 GI 01～GI 06，长度为 5629～13 993 bp，其 G+C 含量为 35.3%～38.59%。利用已预测得到的基因组信息，如重复序列、G+C 含量等，应用 CIRCOS 工具绘制其基因组圈图（图 5-1-261b）。

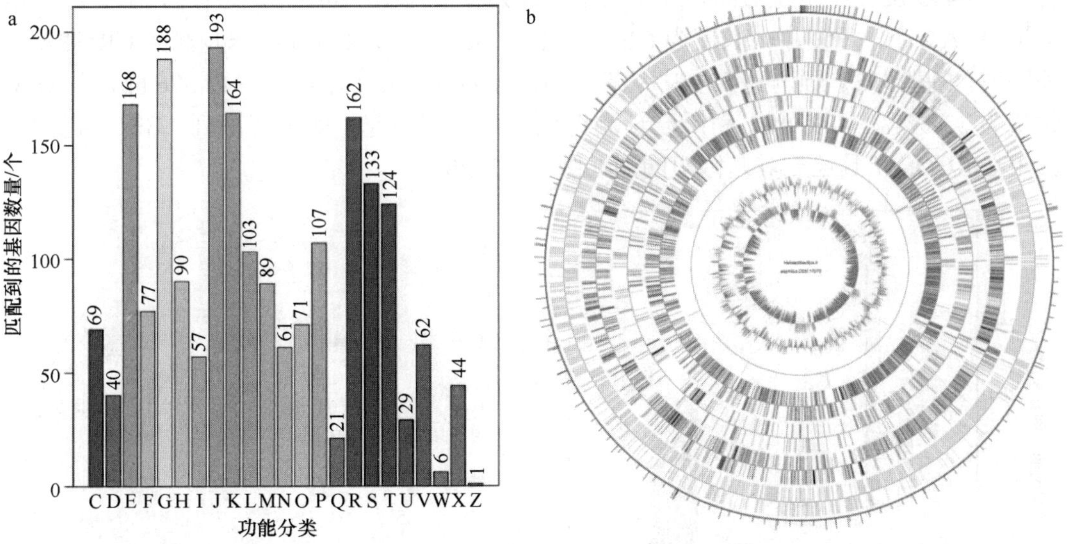


图 5-1-261　嗜盐盐乳杆菌 DSM 17073$^{T}$基因组的直系同源基因聚类分析（a）和圈图（b）

### 3. 三浦半岛盐乳杆菌（*Halolactibacillus miurensis*）DSM 17074$^{T}$

三浦半岛盐乳杆菌（*Halolactibacillus miurensis* Ishikawa et al. 2005，sp. nov.）的模式菌株（M23-1$^{T}$ =DSM 17074$^{T}$ =IAM 15247$^{T}$ =NBRC 100873$^{T}$ =NRIC 0633$^{T}$）分离自日

本神奈川县的海藻，嗜盐、嗜碱，生长条件为 5～45℃（最适 37～40℃）、pH 6.0～10.0（最适 pH 9.5）、0～25.5%（*W*/*V*）NaCl（最适 2.5%～3.0%），兼性厌氧，不产芽胞，产乳酸（Ishikawa et al.，2005）。目前，该种仅有 1 个基因组，模式菌株 DSM 17074[T] 基因组的 GenBank 登录号为 GCA_900116255.1，测序平台为 Illumina HiSeq，于 2016 年 11 月 2 日由美国能源部联合基因组研究所（DOE Joint Genome Institute）提交。

**【基因组的组装】**菌株 DSM 17074[T] 基因组的测序深度为 393 X，基因组大小为 3.169 Mb，组装到 63 个 scaffolds，scaffold $N_{50}$ 为 108 050 bp。**【G+C 含量】**39.09%。**【非编码 RNA】**预测到 9 个 rRNA 基因（5S rRNA 7 个、16S rRNA 1 个、23S rRNA 1 个），57 个 tRNA 基因，0 个 sRNA 基因。**【编码基因】**有 3042 个蛋白质编码基因，编码区总长为 2 756 520 bp，占整个基因组的 86.98%，基因的平均长度为 906 bp。**【基因功能注释】**比对到 KEGG、COG 和 GO 数据库的基因数量分别为 2479 个、2100 个和 2133 个，预测到分泌蛋白编码基因 54 个；在 23 个 COG 功能类群中，基因数量前 10 位的类群分别是：G. 碳水化合物转运与代谢 301 个，K. 转录 198 个，J. 翻译、核糖体结构与合成 194 个，R. 仅一般功能预测 190 个，E. 氨基酸转运与代谢 174 个，T. 信号转导机制 156 个，S. 功能未知 147 个，M. 细胞壁/膜/包膜生物合成 108 个，P. 无机离子转运与代谢 107 个和 L. 复制、重组与修复 103 个（图 5-1-262a）。**【重复序列】**预测到的重复序列包括：LTR 53 个，总长为 3312 bp，平均长度为 62 bp；DNA 重复元件 24 个，总长为 2109 bp，平均长度为 88 bp；LINE 8 个，总长为 502 bp，平均长度为 63 bp；SINE 8 个，总长为 492 bp，平均长度为 62 bp；RC 1 个，长度为 43 bp；TR 71 个，重复序列长度为 6～540 bp，总长为 6445 bp；小卫星 DNA 63 个，重复序列长度为 10～40 bp，总长为 2772 bp；微卫星 DNA 2 个，重复序列长度为 6 bp，总长为 88 bp。**【CRISPR】**未预测到 CRISPR 相关序列。**【基因岛】**预测到 5 个基因岛 GI 01～GI 05，长度为 4988～12 576 bp，其 G+C 含量为 33.53%～40.04%。利用已预测得到的基因组信息，如重复序列、G+C 含量等，应用 CIRCOS 工具绘制其基因组圈图（图 5-1-262b）。

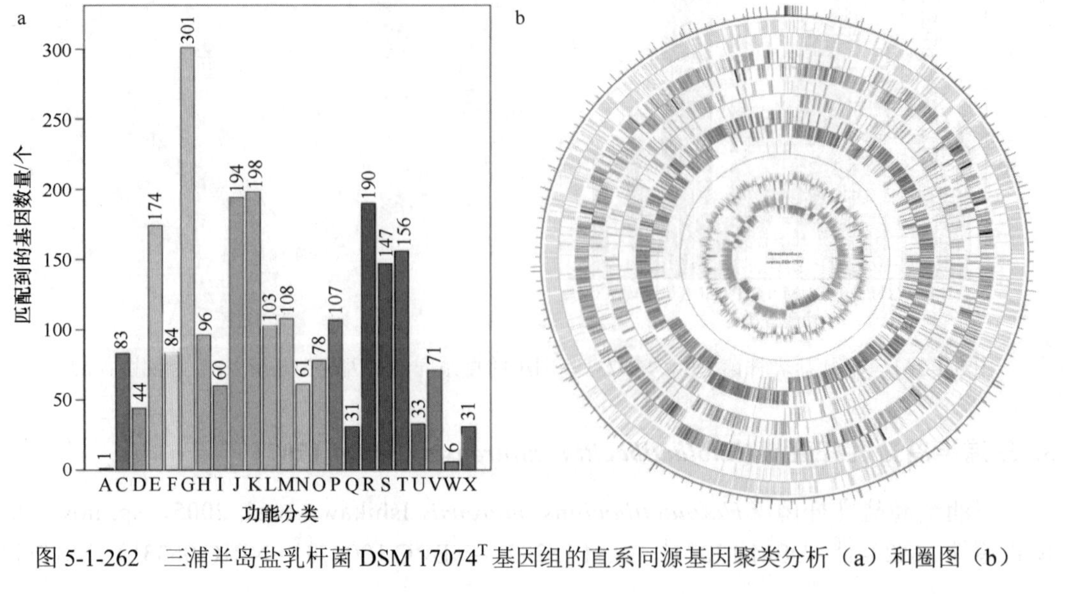


图 5-1-262　三浦半岛盐乳杆菌 DSM 17074[T] 基因组的直系同源基因聚类分析（a）和圈图（b）

## 十九、解氢芽胞杆菌属

解氢芽胞杆菌属（*Hydrogenibacillus* Kämpfer et al. 2013，gen. nov.）于 2013 年建立，仅有 1 种：施氏解氢芽胞杆菌［*Hydrogenibacillus schlegelii* (Schenk and Aragno 1981) Kämpfer et al. 2013，comb. nov.］，（Kämpfer et al.，2013a）。目前，该属有 1 个已知种类的 3 个基因组被测序。

### 施氏解氢芽胞杆菌（*Hydrogenibacillus schlegelii*）MA 48$^T$

施氏解氢芽胞杆菌［*Hydrogenibacillus schlegelii* (Schenk and Aragno 1981) Kämpfer et al. 2013，comb. nov.］的模式菌株（MA 48$^T$ =ATCC 43741$^T$ =CCUG 26017$^T$ =CIP 106933$^T$ = DSM 2000$^T$ =LMG 7133$^T$）分离自瑞士纳沙泰尔 1 个富营养的小湖泊表层沉积物，嗜热，最适生长条件为 70℃、pH 6.0～7.0、0～3%（*W*/*V*）NaCl，好氧，产芽胞。1979 年被命名为施氏芽胞杆菌（*Bacillus schlegelii*）（Schenk and Aragno，1979），2013 年被重分类为施氏解氢芽胞杆菌（*Hydrogenibacillus schlegelii*）（Kämpfer et al.，2013a）。目前，该种有 3 个基因组，选择模式菌株 MA 48$^T$ 的基因组进行描述，其 GenBank 登录号为 GCA_001653195.1，测序平台为 Illumina MiSeq，于 2016 年 5 月 27 日由美国加州理工学院（California Institute of Technology）提交。

**【基因组的组装】**菌株 MA 48$^T$ 基因组的测序深度为 245 X，基因组大小为 2.609 Mb，组装到 67 个 contigs，contig $N_{50}$ 为 105 853 bp。**【G+C 含量】**66.14%。**【非编码 RNA】**预测到 3 个 rRNA 基因（5S rRNA 1 个、16S rRNA 1 个、23S rRNA 1 个），50 个 tRNA 基因，0 个 sRNA 基因。**【编码基因】**有 2582 个蛋白质编码基因，编码区总长为 2 250 942 bp，占整个基因组的 86.28%，基因的平均长度为 872 bp。**【基因功能注释】**比对到 KEGG、COG 和 GO 数据库的基因数量分别为 1878 个、1744 个和 1744 个，预测到分泌蛋白编码基因 22 个；在 25 个 COG 功能类群中，基因数量前 10 位的类群分别是：E. 氨基酸转运与代谢 217 个，J. 翻译、核糖体结构与合成 185 个，C. 能量产生与转换 150 个，R. 仅一般功能预测 129 个，P. 无机离子转运与代谢 122 个，H. 辅酶转运与代谢 121 个，K. 转录 113 个，G. 碳水化合物转运与代谢 98 个，O. 翻译后修饰、蛋白质周转与分子伴侣 95 个和 I. 脂质转运与代谢 87 个（图 5-1-263a）。**【重复序列】**预测到的重复序列包括：LTR 20 个，总长为 1503 bp，平均长度为 75 bp；DNA 重复元件 6 个，总长为 387 bp，平均长度为 65 bp；LINE 5 个，总长为 474 bp，平均长度为 95 bp；SINE 8 个，总长为 500 bp，平均长度为 63 bp；TR 342 个，重复序列长度为 6～138 bp，总长为 16 032 bp；小卫星 DNA 329 个，重复序列长度为 11～59 bp，总长为 14 660 bp；微卫星 DNA 2 个，重复序列长度为 6 bp，总长为 94 bp。**【CRISPR】**预测到 204 个 CRISPR 相关序列。**【基因岛】**预测到 3 个基因岛 GI 01～GI 03，长度分别为 10 257 bp、5558 bp 和 4634 bp，其 G+C 含量分别为 60.64%、64.56%和 61.2%。利用已预测得到的基因组信息，如重复序列、G+C 含量等，应用 CIRCOS 工具绘制其基因组圈图（图 5-1-263b）。

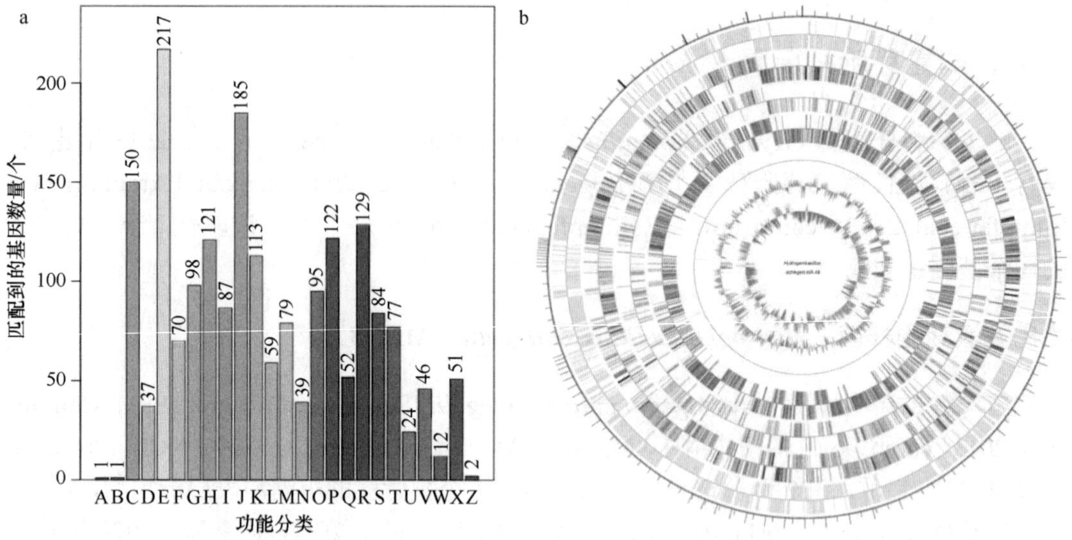


图 5-1-263　施氏解氢芽胞杆菌 MA 48$^T$ 基因组的直系同源基因聚类分析（a）和圈图（b）

## 二十、慢生芽胞杆菌属

慢生芽胞杆菌属（*Lentibacillus* Yoon et al. 2002，gen. nov.）于 2002 年建立（Yoon et al.，2002），包含 18 种，模式种为盐田慢生芽胞杆菌（*Lentibacillus salicampi* Yoon et al. 2002，sp. nov.），好氧或兼性厌氧，大多数种类产芽胞。目前，该属有 7 个已知种类和 3 个未定种菌株的 10 个基因组被测序，以下选取 6 个已知种类的基因组进行描述。

### 1. 解淀粉慢生芽胞杆菌（*Lentibacillus amyloliquefaciens*）LAM0015$^T$

解淀粉慢生芽胞杆菌（*Lentibacillus amyloliquefaciens* Wang et al. 2016，sp. nov.）的模式菌株（LAM0015$^T$ =ACCC 06401$^T$ =JCM 19838$^T$）分离自山东烟台市的沉积物，嗜盐，生长条件为 15～45℃（最适 35℃）、pH 5.0～9.0（最适 pH 7.0）、5%～25%（*W*/*V*）NaCl（最适 7%～12%），好氧，不产芽胞（Wang et al.，2016c）。目前，该种仅有 1 个基因组，模式菌株 LAM0015$^T$ 基因组的 GenBank 登录号为 GCA_001307805.2，测序平台为 PacBio，于 2016 年 1 月 12 日由农业农村部沼气科学研究所（Biogas Institute of Ministry of Agriculture）提交。

**【基因组的组装】**菌株 LAM0015$^T$ 基因组的测序深度为 147 X，基因组大小为 3.858 Mb，组装到完成图水平，包括 1 条染色体。**【G+C 含量】**42.11%。**【非编码 RNA】**预测到 18 个 rRNA 基因（5S rRNA 6 个、16S rRNA 6 个、23S rRNA 6 个），65 个 tRNA 基因，8 个 sRNA 基因。**【编码基因】**有 4161 个蛋白质编码基因，编码区总长为 3 260 904 bp，占整个基因组的 84.52%，基因的平均长度为 784 bp。**【基因功能注释】**比对到 KEGG、COG 和 GO 数据库的基因数量分别为 3752 个、2651 个和 2721 个，预测到分泌蛋白编码基因 62 个；在 24 个 COG 功能类群中，基因数量前 10 位的类群分别是：R. 仅一般功能预测 289 个，E. 氨基酸转运与代谢 278 个，K. 转录 230 个，J. 翻译、核糖体结构与合成 208 个，S. 功能未知 204 个，G. 碳水化合物转运与代谢 194 个，C. 能量产生与转换 186 个，H. 辅酶转运与代谢 166 个，P. 无机离子转运与代谢 163 个和 M. 细胞壁/膜/包膜生物合成 150 个（图 5-1-264a）。**【重复序列】**预测到的重复序列包括：LTR 158 个，总长为 11 345 bp，平均长度为 72 bp；DNA 重复元件 43 个，总长为 2609 bp，平均长度为 61 bp；LINE 40 个，总长为 2630 bp，平均长度为 66 bp；SINE 10 个，总长为 646 bp，平均长度为 65 bp；RC 4 个，总长为 199 bp，平均长度为 50 bp；TR 95 个，重复序列长度为 11～213 bp，总长为 7886 bp；小卫星 DNA 82 个，重复序列长度为 11～54 bp，总长为 5023 bp；未预测到微卫星 DNA。**【CRISPR】**预测到 11 个 CRISPR 相关序列。**【基因岛】**预测到 16 个基因岛 GI 01～GI 16，长度为 5271～38 130 bp，其 G+C 含量为 33.99%～46.08%。利用已预测得到的基因组信息，如重复序列、G+C 含量等，应用 CIRCOS 工具绘制其基因组圈图（图 5-1-264b）。

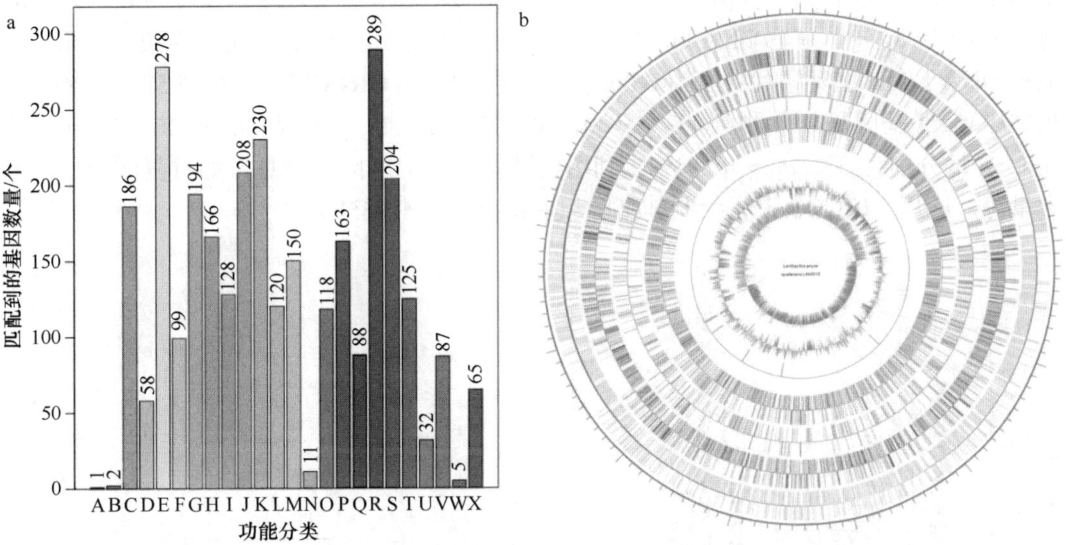


图 5-1-264　解淀粉慢生芽胞杆菌 LAM0015$^{T}$ 基因组的直系同源基因聚类分析（a）和圈图（b）

## 2. 耐盐慢生芽胞杆菌（*Lentibacillus halodurans*）CGMCC 1.3702$^{T}$

耐盐慢生芽胞杆菌（*Lentibacillus halodurans* Yuan et al. 2007，sp. nov.）的模式菌株（8-1$^{T}$ =CGMCC 1.3702$^{T}$ =DSM 18342$^{T}$）分离自新疆的盐湖沉积物，嗜盐，生长条件为 22～45℃（最适 30℃）、pH 6.0～9.0（最适 pH 7.0～7.5）、5%～30%（*W*/*V*）NaCl（最适 8%～12%），好氧，产芽胞（Yuan et al.，2007）。目前，该种仅有 1 个基因组，模式菌株 CGMCC 1.3702$^{T}$ 基因组的 GenBank 登录号为 GCA_900112045.1，测序平台为 Illumina HiSeq，于 2016 年 11 月 2 日由美国能源部联合基因组研究所（DOE Joint Genome Institute）提交。

**【基因组的组装】**菌株 CGMCC 1.3702$^{T}$ 基因组的测序深度为 360 X，基因组大小为 3.671 Mb，组装到 31 个 scaffolds，scaffold $N_{50}$ 为 264 321 bp。**【G+C 含量】**41.57%。**【非编码 RNA】**预测到 4 个 rRNA 基因（5S rRNA 4 个、16S rRNA 0 个、23S rRNA 0 个），

53 个 tRNA 基因，20 个 sRNA 基因。**【编码基因】**有 3842 个蛋白质编码基因，编码区总长为 3 097 650 bp，占整个基因组的 84.38%，基因的平均长度为 806 bp。**【基因功能注释】**比对到 KEGG、COG 和 GO 数据库的基因数量分别为 3245 个、2593 个和 2612 个，预测到分泌蛋白编码基因 75 个；在 25 个 COG 功能类群中，基因数量前 10 位的类群分别是：R. 仅一般功能预测 298 个，E. 氨基酸转运与代谢 288 个，K. 转录 226 个，J. 翻译、核糖体结构与合成 208 个，G. 碳水化合物转运与代谢 196 个，C. 能量产生与转换 193 个，S. 功能未知 170 个，M. 细胞壁/膜/包膜生物合成 159 个，P. 无机离子转运与代谢 155 个和 H. 辅酶转运与代谢 153 个（图 5-1-265a）。**【重复序列】**预测到的重复序列包括：LTR 142 个，总长为 8510 bp，平均长度为 60 bp；DNA 重复元件 45 个，总长为 3184 bp，平均长度为 71 bp；LINE 38 个，总长为 2002 bp，平均长度为 53 bp；SINE 10 个，总长为 629 bp，平均长度为 63 bp；RC 2 个，总长为 95 bp，平均长度为 48 bp；未知序列 2 个，总长为 77 bp，平均长度为 39 bp；TR 71 个，重复序列长度为 6～182 bp，总长为 6345 bp；小卫星 DNA 60 个，重复序列长度为 10～54 bp，总长为 2897 bp；微卫星 DNA 1 个，重复序列长度为 6 bp，总长为 34 bp。**【CRISPR】**预测到 58 个 CRISPR 相关序列。**【基因岛】**预测到 11 个基因岛 GI 01～GI 11，长度为 3615～27 050 bp，其 G+C 含量分别为 33.22%～40.91%。利用已预测得到的基因组信息，如重复序列、G+C 含量等，应用 CIRCOS 工具绘制其基因组圈图（图 5-1-265b）。

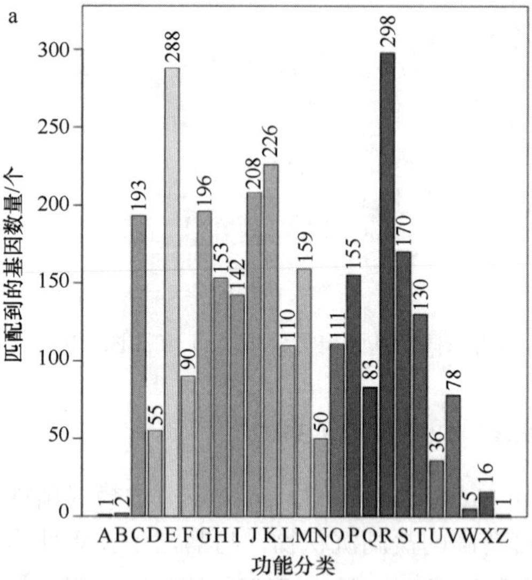

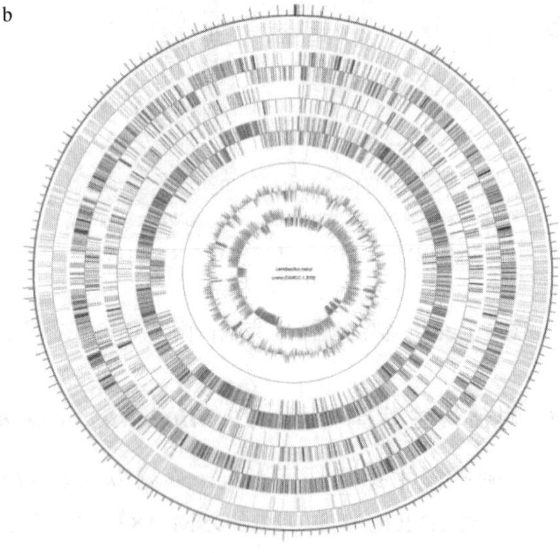


图 5-1-265　耐盐慢生芽胞杆菌 CGMCC 1.3702$^T$ 基因组的直系同源基因聚类分析（a）和圈图（b）

### 3. 咸海鲜慢生芽胞杆菌（*Lentibacillus jeotgali*）Grbi$^T$

咸海鲜慢生芽胞杆菌（*Lentibacillus jeotgali* Jung et al. 2010，sp. nov.）的模式菌株（Grbi$^T$ =KCTC 13300$^T$ =JCM 15795$^T$）分离自韩国传统发酵食品咸海鲜，嗜盐，生长条件为 10～45℃（最适 37℃）、pH 6.0～8.0（最适 pH 8.0）、3%～20%（*W*/*V*）NaCl（最适 10%～15%），严格好氧，产芽胞（Jung et al.，2010b）。目前，该种仅有 1 个基因组，模

式菌株 Grbi$^T$ 基因组的 GenBank 登录号为 GCA_000224785.2，测序平台为 Illumina HiSeq+454 FLX，于 2011 年 8 月 31 日由韩国庆熙大学（Kyung Hee University）提交。

**【基因组的组装】**菌株 Grbi$^T$ 基因组的测序深度为 520 X，基因组大小为 3.776 Mb，组装到 31 个 contigs，contig $N_{50}$ 为 312 432 bp。**【G+C 含量】**42.49%。**【非编码 RNA】**预测到 12 个 rRNA 基因（5S rRNA 3 个、16S rRNA 4 个、23S rRNA 5 个），53 个 tRNA 基因，3 个 sRNA 基因。**【编码基因】**有 3965 个蛋白质编码基因，编码区总长为 3 199 614 bp，占整个基因组的 84.74%，基因的平均长度为 807 bp。**【基因功能注释】**比对到 KEGG、COG 和 GO 数据库的基因数量分别为 3426 个、2628 个和 2659 个，预测到分泌蛋白编码基因 62 个；在 23 个 COG 功能类群中，基因数量前 10 位的类群分别是：E. 氨基酸转运与代谢 301 个，R. 仅一般功能预测 300 个，J. 翻译、核糖体结构与合成 209 个，K. 转录 205 个，C. 能量产生与转换 201 个，S. 功能未知 192 个，H. 辅酶转运与代谢 177 个，G. 碳水化合物转运与代谢 172 个，M. 细胞壁/膜/包膜生物合成 153 个和 P. 无机离子转运与代谢 153 个（图 5-1-266a）。**【重复序列】**预测到的重复序列包括：LTR 153 个，总长为 10 805 bp，平均长度为 71 bp；DNA 重复元件 44 个，总长为 2791 bp，平均长度为 63 bp；LINE 56 个，总长为 3710 bp，平均长度为 66 bp；SINE 12 个，总长为 705 bp，平均长度为 59 bp；RC 3 个，总长为 168 bp，平均长度为 56 bp；TR 233 个，重复序列长度为 6～276 bp，总长为 16 981 bp；小卫星 DNA 189 个，重复序列长度为 11～60 bp，总长为 13 302 bp；微卫星 DNA 1 个，重复序列长度为 6 bp，总长为 39 bp。**【CRISPR】**预测到 13 个 CRISPR 相关序列。**【基因岛】**预测到 14 个基因岛 GI 01～GI 14，长度为 5030～20 376 bp，其 G+C 含量分别为 35.31%～43.73%。利用已预测得到的基因组信息，如重复序列、G+C 含量等，应用 CIRCOS 工具绘制其基因组圈图（图 5-1-266b）。

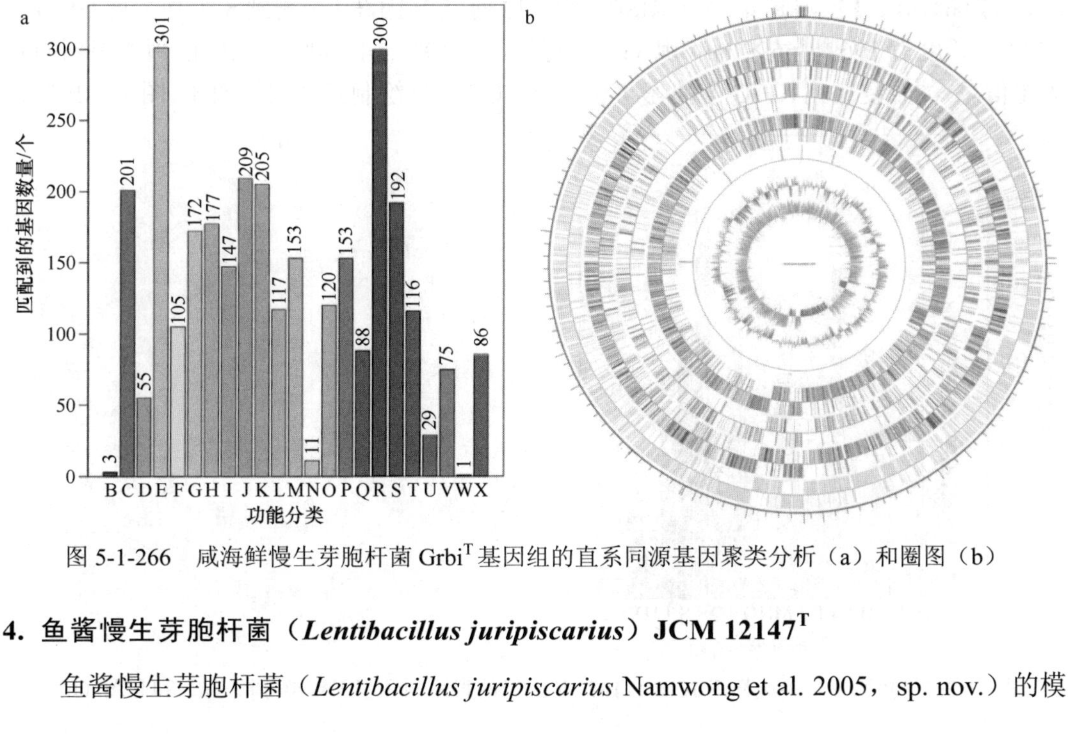


图 5-1-266　咸海鲜慢生芽胞杆菌 Grbi$^T$ 基因组的直系同源基因聚类分析（a）和圈图（b）

## 4. 鱼酱慢生芽胞杆菌（*Lentibacillus juripiscarius*）JCM 12147$^T$

鱼酱慢生芽胞杆菌（*Lentibacillus juripiscarius* Namwong et al. 2005，sp. nov.）的模

式菌株（IS40-3$^{T}$ =JCM 12147$^{T}$ =PCU 229$^{T}$ =TISTR 1535$^{T}$）分离自泰国的发酵鱼酱，嗜盐，生长条件为 10～45℃（最适 37℃）、pH 5.0～9.0（最适 pH 7.0）、3%～30%（*W*/*V*）NaCl（最适 10%），好氧，产芽胞（Namwong et al.，2005）。目前，该种仅有 1 个基因组，模式菌株 JCM 12147$^{T}$ 基因组的 GenBank 登录号为 GCA_001311805.1，测序平台为 Ion PGM，于 2015 年 10 月 2 日由日本东京大学（The University of Tokyo）提交。

**【基因组的组装】**菌株 JCM 12147$^{T}$ 基因组的测序深度为 26 X，基因组大小为 3.208 Mb，组装到 139 个 contigs，contig $N_{50}$ 为 49 927 bp。**【G+C 含量】**44.06%。**【非编码 RNA】**预测到 9 个 rRNA 基因（5S rRNA 7 个、16S rRNA 1 个、23S rRNA 1 个），61 个 tRNA 基因，23 个 sRNA 基因。**【编码基因】**有 5478 个蛋白质编码基因，编码区总长为 2 570 592 bp，占整个基因组的 80.13%，基因的平均长度为 469 bp。**【基因功能注释】**比对到 KEGG、COG 和 GO 数据库的基因数量分别为 2822 个、2233 个和 3176 个，预测到分泌蛋白编码基因 42 个；在 23 个 COG 功能类群中，基因数量前 10 位的类群分别是：E. 氨基酸转运与代谢 268 个，R. 仅一般功能预测 227 个，J. 翻译、核糖体结构与合成 211 个，K. 转录 176 个，C. 能量产生与转换 168 个，P. 无机离子转运与代谢 166 个，S. 功能未知 152 个，H. 辅酶转运与代谢 139 个，M. 细胞壁/膜/包膜生物合成 137 个和 I. 脂质转运与代谢 117 个（图 5-1-267a）。**【重复序列】**预测到的重复序列包括：LTR 116 个，总长为 7287 bp，平均长度为 63 bp；DNA 重复元件 32 个，总长为 2269 bp，平均长度为 71 bp；LINE 24 个，总长为 1305 bp，平均长度为 54 bp；SINE 14 个，总长为 1024 bp，平均长度为 73 bp；RC 4 个，总长为 279 bp，平均长度为 70 bp；未知序列 2 个，总长为 167 bp，平均长度为 84 bp；TR 285 个，重复序列长度为 9～426 bp，总长为 22 849 bp；小卫星 DNA 239 个，重复序列长度为 10～53 bp，总长为 19 749 bp；未预测到微卫星 DNA。**【CRISPR】**预测到 47 个 CRISPR 相关序列。**【基因岛】**预测到 8 个基因岛 GI 01～GI 08，长度为 1969～6699 bp，其 G+C 含量为 34.19%～44.88%。利用已预测得到的基因组信息，如重复序列、G+C 含量等，应用 CIRCOS 工具绘制其基因组圈图（图 5-1-267b）。

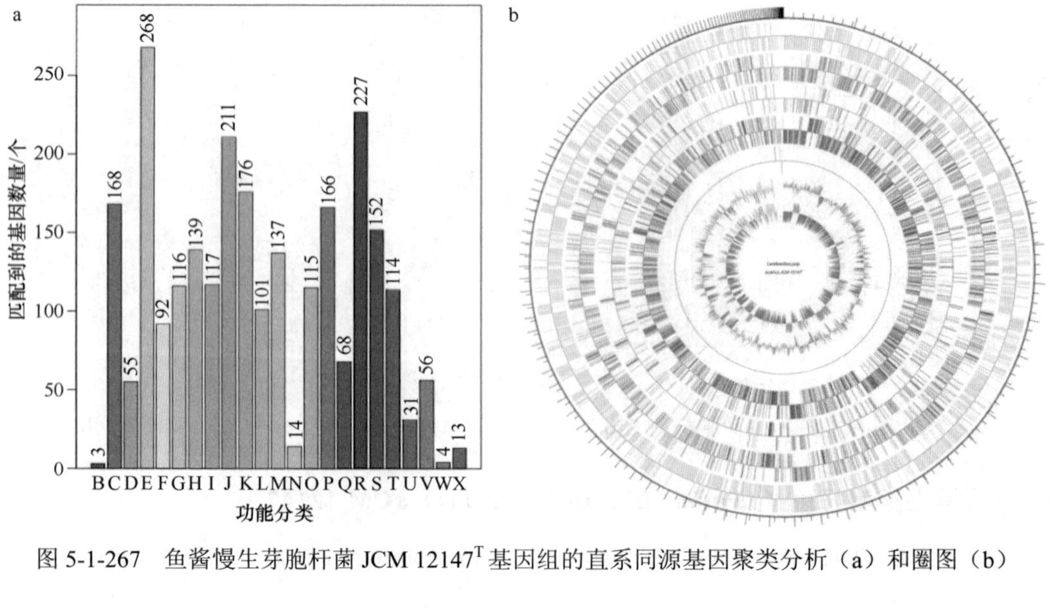


图 5-1-267 鱼酱慢生芽胞杆菌 JCM 12147$^{T}$ 基因组的直系同源基因聚类分析（a）和圈图（b）

### 5. 波斯慢生芽胞杆菌（*Lentibacillus persicus*）DSM 22530$^T$

波斯慢生芽胞杆菌（*Lentibacillus persicus* Sánchez-Porro et al. 2010，sp. nov.）的模式菌株（Amb31$^T$=CCM 7683$^T$ =CECT 7524$^T$ =DSM 22530$^T$ =LMG 25304$^T$）分离自伊朗的超盐湖，嗜盐，生长条件为 15～50℃（最适 30～35℃）、pH 6.0～9.5（最适 pH 7.5）、3%～25%（*W*/*V*）NaCl（最适 7.5%～10%），兼性厌氧，产芽胞（Sánchez-Porro et al., 2010）。目前，该种仅有 1 个基因组，模式菌株 DSM 22530$^T$ 基因组的 GenBank 登录号为 GCA_900112705.1，测序平台为 Illumina HiSeq，于 2016 年 11 月 2 日由美国能源部联合基因组研究所（DOE Joint Genome Institute）提交。

**【基因组的组装】**菌株 DSM 22530$^T$ 基因组的测序深度为 391 X，基因组大小为 3.315 Mb，组装到 23 个 scaffolds，scaffold $N_{50}$ 为 270 965 bp。**【G+C 含量】**42.69%。**【非编码 RNA】**预测到 4 个 rRNA 基因（5S rRNA 4 个、16S rRNA 0 个、23S rRNA 0 个），50 个 tRNA 基因，44 个 sRNA 基因。**【编码基因】**有 3436 个蛋白质编码基因，编码区总长为 2 875 524 bp，占整个基因组的 86.74%，基因的平均长度为 837 bp。**【基因功能注释】**比对到 KEGG、COG 和 GO 数据库的基因数量分别为 3106 个、2428 个和 2416 个，预测到分泌蛋白编码基因 70 个；在 24 个 COG 功能类群中，基因数量前 10 位的类群分别是：R. 仅一般功能预测 257 个，E. 氨基酸转运与代谢 256 个，J. 翻译、核糖体结构与合成 207 个，K. 转录 179 个，S. 功能未知 177 个，C. 能量产生与转换 175 个，M. 细胞壁/膜/包膜生物合成 166 个，H. 辅酶转运与代谢 161 个，G. 碳水化合物转运与代谢 158 个和 P. 无机离子转运与代谢 153 个（图 5-1-268a）。**【重复序列】**预测到的重复序列包括：LTR 139 个，总长为 8463 bp，平均长度为 61 bp；DNA 重复元件 42 个，总长为 2619 bp，平均长度为 62 bp；LINE 35 个，总长为 2077 bp，平均长度为 59 bp；SINE 10 个，总长为 643 bp，平均长度为 64 bp；RC 2 个，总长为 131 bp，平均长度为 66 bp；未知序列 1 个，长度为 39 bp；TR 215 个，重复序列长度为 6～179 bp，

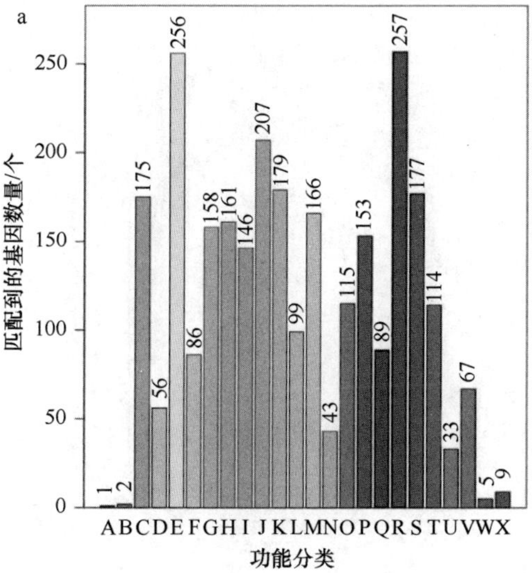


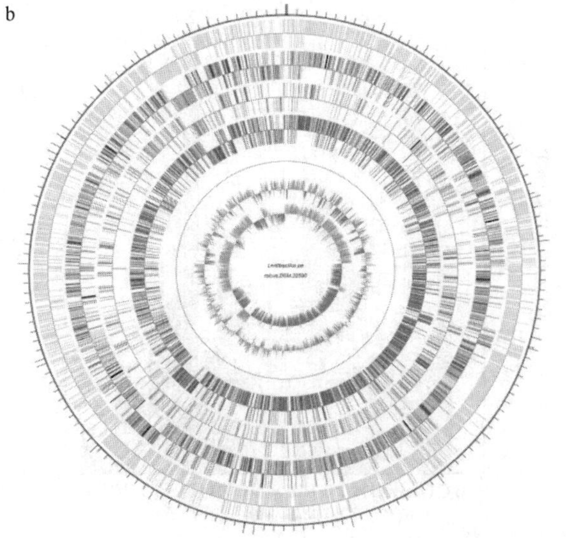


图 5-1-268　波斯慢生芽胞杆菌 DSM 22530$^T$ 基因组的直系同源基因聚类分析（a）和圈图（b）

总长为 15 714 bp；小卫星 DNA 189 个，重复序列长度为 10～60 bp，总长为 13 491 bp；微卫星 DNA 1 个，重复序列长度为 6 bp，总长为 39 bp。**【CRISPR】**未预测到 CRISPR 相关序列。**【基因岛】**预测到 3 个基因岛 GI 01～GI 03，长度分别为 9364 bp、14 670 bp 和 3402 bp，其 G+C 含量分别为 42.8%、36.11%和 33.54%。利用已预测得到的基因组信息，如重复序列、G+C 含量等，应用 CIRCOS 工具绘制其基因组圈图（图 5-1-268b）。

### 6. 沉积物慢生芽胞杆菌（*Lentibacillus sediminis*）0W14$^T$

沉积物慢生芽胞杆菌（*Lentibacillus sediminis* Guo et al. 2017，sp. nov.）的模式菌株（0W14$^T$ =KCTC 33835$^T$ =MCCC 1H00171$^T$）分离自山东威海市文登区的海盐土沉积物，嗜盐，生长条件为 16～45℃（最适 37℃）、pH 7.0～9.0（最适 pH 7.5）、1%～20%（*W*/*V*）NaCl（最适 6%），兼性厌氧，产芽胞（Guo et al.，2017b）。目前，该种仅有 1 个基因组，模式菌株 0W14$^T$ 基因组的 GenBank 登录号为 GCA_002763455.1，测序平台为 Illumina HiSeq，于 2017 年 11 月 13 日由山东大学（威海）（Shandong University，Weihai）提交。

**【基因组的组装】**菌株 0W14$^T$ 基因组的测序深度为 300 X，基因组大小为 3.640 Mb，组装到 34 个 contigs，contig $N_{50}$ 为 350 320 bp。**【G+C 含量】**44.77%。**【非编码 RNA】**预测到 7 个 rRNA 基因（5S rRNA 6 个、16S rRNA 1 个、23S rRNA 0 个），62 个 tRNA 基因，21 个 sRNA 基因。**【编码基因】**有 3887 个蛋白质编码基因，编码区总长为 3 109 953 bp，占整个基因组的 85.44%，基因的平均长度为 800 bp。**【基因功能注释】**比对到 KEGG、COG 和 GO 数据库的基因数量分别为 3264 个、2571 个和 2537 个，预测到分泌蛋白编码基因 63 个；在 23 个 COG 功能类群中，基因数量前 10 位的类群分别是：R. 仅一般功能预测 314 个，E. 氨基酸转运与代谢 266 个，K. 转录 222 个，J. 翻译、核糖体结构与合成 220 个，S. 功能未知 197 个，G. 碳水化合物转运与代谢 178 个，M. 细胞壁/膜/包膜生物合成 165 个，C. 能量产生与转换 151 个，P. 无机离子转运与代谢 149 个和 H. 辅酶转运与代谢 147 个（图 5-1-269a）。**【重复序列】**预测到的重复序列包括：LTR

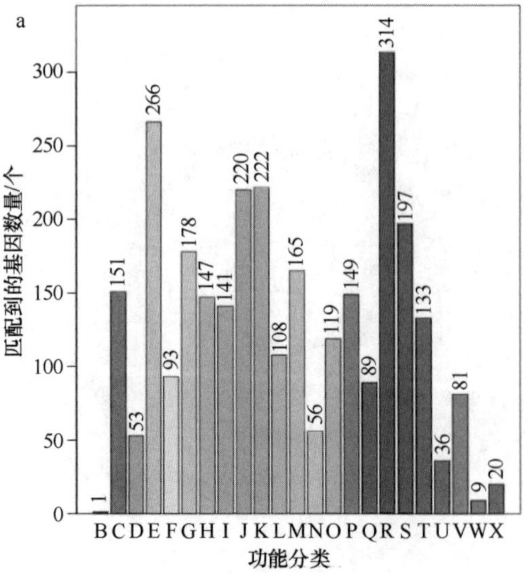


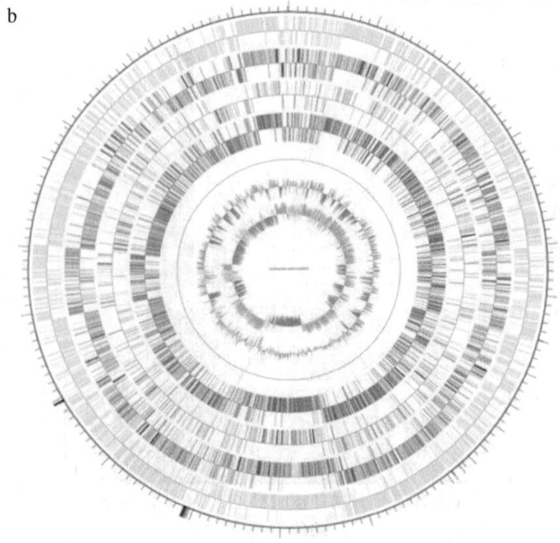


图 5-1-269　沉积物慢生芽胞杆菌 0W14$^T$ 基因组的直系同源基因聚类分析（a）和圈图（b）

141 个，总长为 9817 bp，平均长度为 70 bp；DNA 重复元件 23 个，总长为 1334 bp，平均长度为 58 bp；LINE 26 个，总长为 1834 bp，平均长度为 71 bp；SINE 19 个，总长为 1211 bp，平均长度为 64 bp；RC 5 个，总长为 370 bp，平均长度为 74 bp；TR 254 个，重复序列长度为 8～794 bp，总长为 23 046 bp；小卫星 DNA 220 个，重复序列长度为 11～60 bp，总长为 17 457 bp；未预测到微卫星 DNA。**【CRISPR】**预测到 17 个 CRISPR 相关序列。**【基因岛】**预测到 9 个基因岛 GI 01～GI 09，长度为 4197～23 158 bp，其 G+C 含量为 32.68%～43.75%。利用已预测得到的基因组信息，如重复序列、G+C 含量等，应用 CIRCOS 工具绘制其基因组圈图（图 5-1-269b）。

## 二十一、海洋芽胞杆菌属

海洋芽胞杆菌属（*Maribacillus* Liu et al. 2019，gen. nov.）于 2019 年新建立，仅有 1 种：大安海洋芽胞杆菌［*Maribacillus taeanensis* (Lim et al. 2006) Liu et al. 2019，gen. nov.，comb. nov.］，嗜盐，严格好氧，产芽胞（Liu et al.，2019i）。目前，该属仅有 1 个已知种类的 1 个基因组被测序。

### 大安海洋芽胞杆菌（*Maribacillus taeanensis*）BH030017$^T$

大安海洋芽胞杆菌［*Maribacillus taeanensis* (Lim et al. 2006) Liu et al. 2019，gen. nov.，comb. nov.］的模式菌株（BH030017$^T$ =KCTC 3918$^T$ =DSM 16466 $^T$）分离自韩国大安（现为泰安郡）的海水晒盐场，嗜盐，生长条件为 15～50℃（最适 35℃）、pH 5.5～9.0（最适 pH 7.5）、0～12%（*W*/*V*）NaCl（最适 2%～5%），严格好氧，产芽胞。2006 年被命名为大安芽胞杆菌（*Bacillus taeanensis*）（Lim et al. 2006c），2019 年被重分类为大安海洋芽胞杆菌（*Maribacillus taeanensis*）（Liu et al. 2019i）。目前，该种仅有 1 个基因组，模式菌株 BH030017$^T$ 基因组的 GenBank 登录号为 GCA_003318295.1，测序平台为 Illumina HiSeq，于 2018 年 7 月 14 日由自然资源部第三海洋研究所（The Third Institute of Oceanography，Ministry of Natural Resources）提交。

**【基因组的组装】**菌株 BH030017$^T$ 基因组的测序深度为 100 X，基因组大小为 4.611 Mb，组装到 61 个 contigs，contig $N_{50}$ 为 150 320 bp。**【G+C 含量】**36.75%。**【非编码 RNA】**预测到 11 个 rRNA 基因（5S rRNA 9 个、16S rRNA 1 个、23S rRNA 1 个），112 个 tRNA 基因，9 个 sRNA 基因。**【编码基因】**有 4791 个蛋白质编码基因，编码区总长为 3 914 235 bp，占整个基因组的 84.89%，基因的平均长度为 817 bp。**【基因功能注释】**比对到 KEGG、COG 和 GO 数据库的基因数量分别为 3929 个、3151 个和 3248 个，预测到分泌蛋白编码基因 85 个；在 24 个 COG 功能类群中，基因数量前 10 位的类群分别是：G. 碳水化合物转运与代谢 384 个，R. 仅一般功能预测 361 个，E. 氨基酸转运与代谢 322 个，K. 转录 266 个，S. 功能未知 233 个，C. 能量产生与转换 227 个，J. 翻译、核糖体结构与合成 216 个，P. 无机离子转运与代谢 200 个，T. 信号转导机制 195 个和 H. 辅酶转运与代谢 191 个（图 5-1-270a）。**【重复序列】**预测到的重复序列包括：LTR 119 个，总长为 7475 bp，平均长度为 63 bp；DNA 重复元件 38 个，总长为 2229 bp，平均长度为 59 bp；LINE 43 个，总长为 2568 bp，平均长度为 60 bp；SINE 20 个，总长为 1538 bp，平均长度为

77 bp；RC 1 个，长度为 63 bp；未知序列 1 个，长度为 60 bp；TR 113 个，重复序列长度为 1～1324 bp，总长为 9003 bp；小卫星 DNA 97 个，重复序列长度为 10～60 bp，总长为 4632 bp；微卫星 DNA 1 个，重复序列长度为 5 bp，总长为 40 bp。**【CRISPR】**预测到 4 个 CRISPR 相关序列。**【基因岛】**预测到 13 个基因岛 GI 01～GI 13，长度为 4742～11 425 bp，其 G+C 含量为 28.98%～40.63%。利用已预测得到的基因组信息，如重复序列、G+C 含量等，应用 CIRCOS 工具绘制其基因组圈图（图 5-1-270b）。

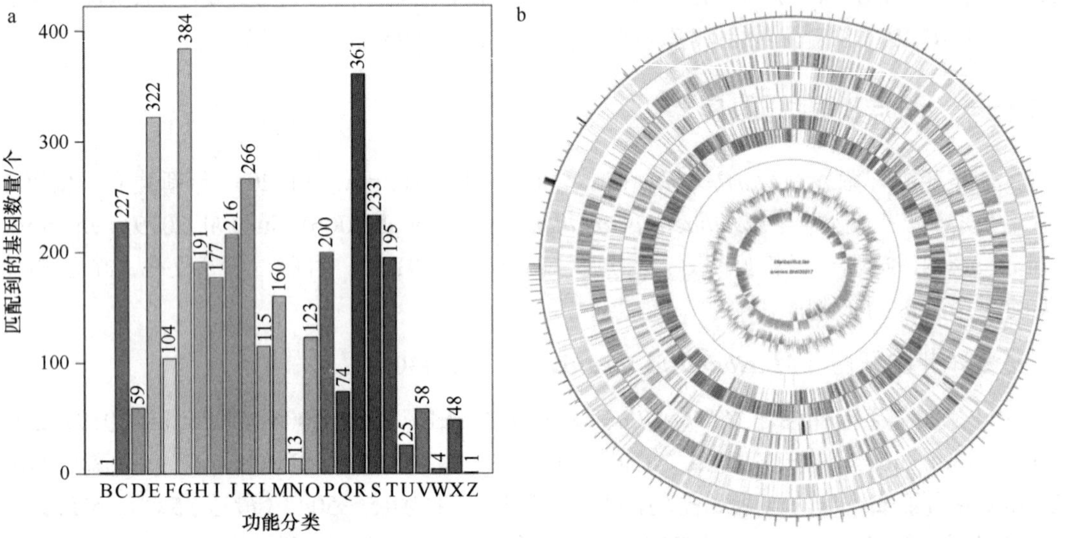


图 5-1-270　大安海洋芽胞杆菌 BH030017$^{T}$ 基因组的直系同源基因聚类分析（a）和圈图（b）

## 二十二、海洋球菌属

海洋球菌属（*Marinococcus* Hao et al. 1985，gen. nov.）于 1985 年建立（Hao et al.，1985），包含 5 种，模式种为嗜盐海洋球菌［*Marinococcus halophilus* (Novitsky and Kushner 1976) Hao et al. 1985，comb. nov.］［由嗜盐动球菌（*Planococcus halophilus*）重分类而来］，好氧，耐盐或嗜盐，均不产芽胞。目前，该属有 3 个已知种类的 4 个基因组被测序。

### 1. 嗜盐海洋球菌（*Marinococcus halophilus*）KCTC 2843$^{T}$

嗜盐海洋球菌［*Marinococcus halophilus* (Novitsky and Kushner 1976) Hao et al. 1985，comb. nov.］的模式菌株（ATCC 27964$^{T}$ =HK 718$^{T}$ =KCTC 2843$^{T}$ =CCM 2706$^{T}$ =DSM 20408$^{T}$ =IAM 12844$^{T}$ =JCM 2479$^{T}$ =LMG 17439$^{T}$ =NBRC 102359$^{T}$）分离自海水和盐土，嗜盐，最适生长条件为 30～37℃、5%～15%（*W*/*V*）NaCl（最高耐受 20%），好氧，不产芽胞。1976 年被命名为嗜盐动球菌（*Planococcus halophilus*）（Novitsky and Kushner，1976），1984 年被重分类为嗜盐海洋球菌（*Marinococcus halophilus*）（Hao et al.，1984）。目前，该种有 2 个基因组，选择组装水平较高的模式菌株 KCTC 2843$^{T}$ 的基因组进行描述，其 GenBank 登录号为 GCA_002265875.1，测序平台为 Illumina HiSeq，于 2017 年 8

月 22 日由美国加利福尼亚大学戴维斯分校（University of California，Davis）提交。

**【基因组的组装】**菌株 KCTC 2843$^T$ 基因组的测序深度为 230 X，基因组大小为 3.262 Mb，组装到 64 个 contigs，contig $N_{50}$ 为 205 141 bp。**【G+C 含量】**47.25%。**【非编码 RNA】**预测到 8 个 rRNA 基因（5S rRNA 6 个、16S rRNA 1 个、23S rRNA 1 个），63 个 tRNA 基因，4 个 sRNA 基因。**【编码基因】**有 3452 个蛋白质编码基因，编码区总长为 2 862 591 bp，占整个基因组的 87.76%，基因的平均长度为 829 bp。**【基因功能注释】**比对到 KEGG、COG 和 GO 数据库的基因数量分别为 2613 个、2316 个和 2363 个，预测到分泌蛋白编码基因 50 个；在 24 个 COG 功能类群中，基因数量前 10 位的类群分别是：R. 仅一般功能预测 299 个，E. 氨基酸转运与代谢 227 个，G. 碳水化合物转运与代谢 227 个，J. 翻译、核糖体结构与合成 208 个，K. 转录 188 个，H. 辅酶转运与代谢 158 个，C. 能量产生与转换 156 个，S. 功能未知 154 个，P. 无机离子转运与代谢 136 个和 T. 信号转导机制 135 个（图 5-1-271a）。**【重复序列】**预测到的重复序列包括：LTR 70 个，总长为 4536 bp，平均长度为 65 bp；DNA 重复元件 19 个，总长为 1597 bp，平均长度为 84 bp；LINE 22 个，总长为 1150 bp，平均长度为 52 bp；SINE 15 个，总长为 1004 bp，平均长度为 67 bp；RC 1 个，长度为 54 bp；未知序列 1 个，长度为 34 bp；TR 55 个，重复序列长度为 9～510 bp，总长为 6522 bp；小卫星 DNA 44 个，重复序列长度为 10～50 bp，总长为 1982 bp；未预测到微卫星 DNA。**【CRISPR】**预测到 5 个 CRISPR 相关序列。**【基因岛】**预测到 8 个基因岛 GI 01～GI 08，长度为 5610～28 462 bp，其 G+C 含量为 40.49%～57.41%。利用已预测得到的基因组信息，如重复序列、G+C 含量等，应用 CIRCOS 工具绘制其基因组圈图（图 5-1-271b）。

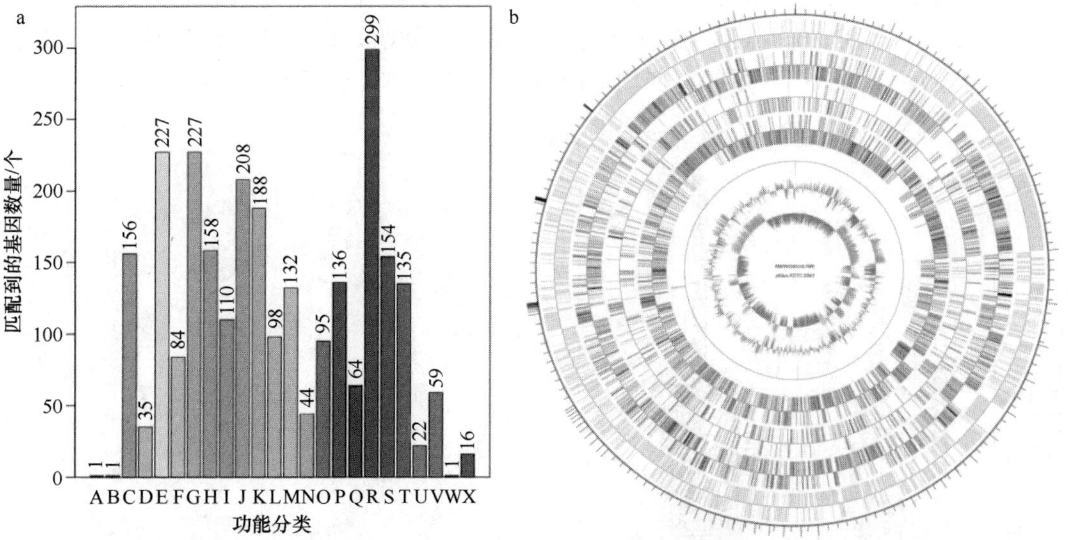


图 5-1-271　嗜盐海洋球菌 KCTC 2843$^T$ 基因组的直系同源基因聚类分析（a）和圈图（b）

## 2. 耐盐海洋球菌（*Marinococcus halotolerans*）DSM 16375$^T$

耐盐海洋球菌（*Marinococcus halotolerans* Li et al. 2005，sp. nov.）的模式菌株（YIM

70157$^T$ =DSM 16375$^T$=KCTC 19045$^T$）分离自青海的盐碱土，嗜盐，最适生长条件为 28℃、pH 7.0～7.5，0～25%（*W/V*）NaCl，好氧，不产芽胞（Li et al.，2005）。目前，该种仅有 1 个基因组，模式菌株 DSM 16375$^T$ 基因组的 GenBank 登录号为 GCA_000420725.1，测序平台为 Illumina HiSeq，于 2013 年 7 月 9 日由美国能源部联合基因组研究所（DOE Joint Genome Institute）提交。

**【基因组的组装】**菌株 DSM 16375$^T$ 基因组的测序深度未知，基因组大小为 3.140 Mb，组装到 56 个 contigs，contig $N_{50}$ 为 109 418 bp。**【G+C 含量】**48.04%。**【非编码 RNA】**预测到 3 个 rRNA 基因（5S rRNA 3 个、16S rRNA 0 个、23S rRNA 0 个），53 个 tRNA 基因，6 个 sRNA 基因。**【编码基因】**有 3304 个蛋白质编码基因，编码区总长为 2 743 020 bp，占整个基因组的 87.36%，基因的平均长度为 830 bp。**【基因功能注释】**比对到 KEGG、COG 和 GO 数据库的基因数量分别为 2548 个、2280 个和 2315 个，预测到分泌蛋白编码基因 42 个；在 24 个 COG 功能类群中，基因数量前 10 位的类群分别是：R. 仅一般功能预测 309 个，G. 碳水化合物转运与代谢 215 个，E. 氨基酸转运与代谢 208 个，J. 翻译、核糖体结构与合成 207 个，K. 转录 175 个，C. 能量产生与转换 162 个，S. 功能未知 158 个，P. 无机离子转运与代谢 148 个，H. 辅酶转运与代谢 147 个和 T. 信号转导机制 143 个（图 5-1-272a）。**【重复序列】**预测到的重复序列包括：LTR 67 个，总长为 4425 bp，平均长度为 66 bp；DNA 重复元件 26 个，总长为 3708 bp，平均长度为 143 bp；LINE 8 个，总长为 457 bp，平均长度为 57 bp；SINE 12 个，总长为 709 bp，平均长度为 59 bp；RC 1 个，长度为 55 bp；TR 45 个，重复序列长度为 10～516 bp，总长为 3648 bp；小卫星 DNA 39 个，重复序列长度为 10～60 bp，总长为 2038 bp；未预测到微卫星 DNA。**【CRISPR】**预测到 3 个 CRISPR 相关序列。**【基因岛】**预测到 5 个基因岛 GI 01～GI 05，长度为 4377～14 930 bp，其 G+C 含量为 44.05%～58.99%。利用已预测得到的基因组信息，如重复序列、G+C 含量等，应用 CIRCOS 工具绘制其基因组圈图（图 5-1-272b）。

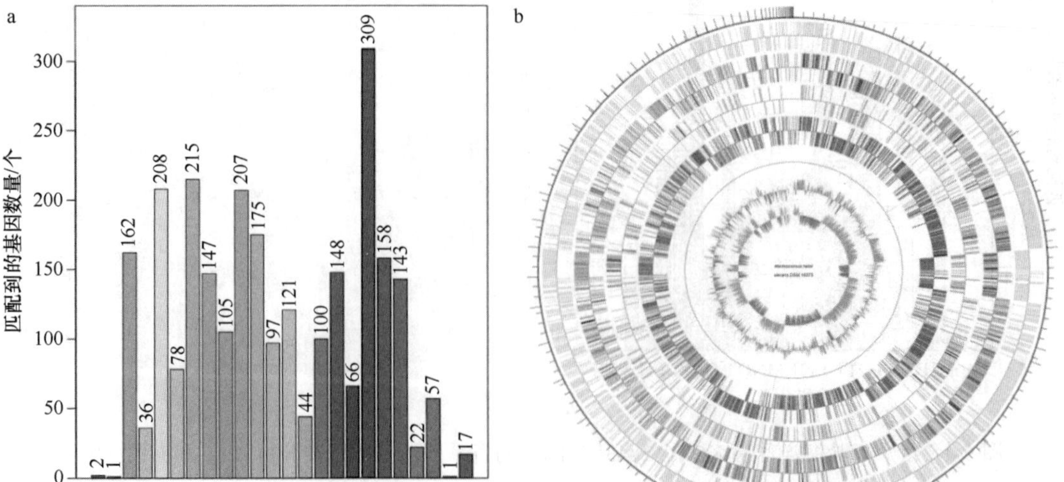


图 5-1-272　耐盐海洋球菌 DSM 16375$^T$ 基因组的直系同源基因聚类分析（a）和圈图（b）

### 3. 橙色海洋球菌（*Marinococcus luteus*）DSM 23126$^T$

橙色海洋球菌（*Marinococcus luteus* Wang et al. 2009，sp. nov.）的模式菌株（YIM 91094$^T$ =KCTC 13214$^T$ =CCTCC AA 208014$^T$ =DSM 23126$^T$）分离自新疆巴里坤湖的沉积物，嗜盐，生长条件为 10～37℃（最适 28℃）、pH 6.0～8.0（最适 pH 7.0）、0～25%（*W*/*V*）NaCl（最适 10%～15%），好氧，不产芽胞（Wang et al.，2009a）。目前，该种仅有 1 个基因组，模式菌株 DSM 23126$^T$ 基因组的 GenBank 登录号为 GCA_900106595.1，测序平台为 Illumina HiSeq，于 2016 年 10 月 22 日由美国能源部联合基因组研究所（DOE Joint Genome Institute）提交。

**【基因组的组装】**菌株 DSM 23126$^T$ 基因组的测序深度为 295 X，基因组大小为 2.909 Mb，组装到 17 个 contigs，contig $N_{50}$ 为 427 356 bp。**【G+C 含量】**48.16%。**【非编码 RNA】**预测到 8 个 rRNA 基因（5S rRNA 6 个、16S rRNA 1 个、23S rRNA 1 个），55 个 tRNA 基因，3 个 sRNA 基因。**【编码基因】**有 3073 个蛋白质编码基因，编码区总长为 2 569 278 bp，占整个基因组的 88.32%，基因的平均长度为 836 bp。**【基因功能注释】**比对到 KEGG、COG 和 GO 数据库的基因数量分别为 2377 个、2141 个和 2138 个，预测到分泌蛋白编码基因 35 个；在 24 个 COG 功能类群中，基因数量前 10 位的类群分别是：R. 仅一般功能预测 296 个，J. 翻译、核糖体结构与合成 211 个，E. 氨基酸转运与代谢 202 个，G. 碳水化合物转运与代谢 201 个，K. 转录 162 个，H. 辅酶转运与代谢 152 个，C. 能量产生与转换 148 个，S. 功能未知 148 个，P. 无机离子转运与代谢 132 个和 T. 信号转导机制 120 个（图 5-1-273a）。**【重复序列】**预测到的重复序列包括：LTR 51 个，总长为 3160 bp，平均长度为 62 bp；DNA 重复元件 12 个，总长为 740 bp，平均长度为 62 bp；LINE 16 个，总长为 1058 bp，平均长度为 66 bp；SINE 11 个，总长为 694 bp，平均长度为 63 bp；未知序列 1 个，长度为 56 bp；TR 39 个，重复序列长度为 9～177 bp，总长为 3465 bp；小卫星 DNA 34 个，重复序列长度为 12～48 bp，总长为 1941 bp；

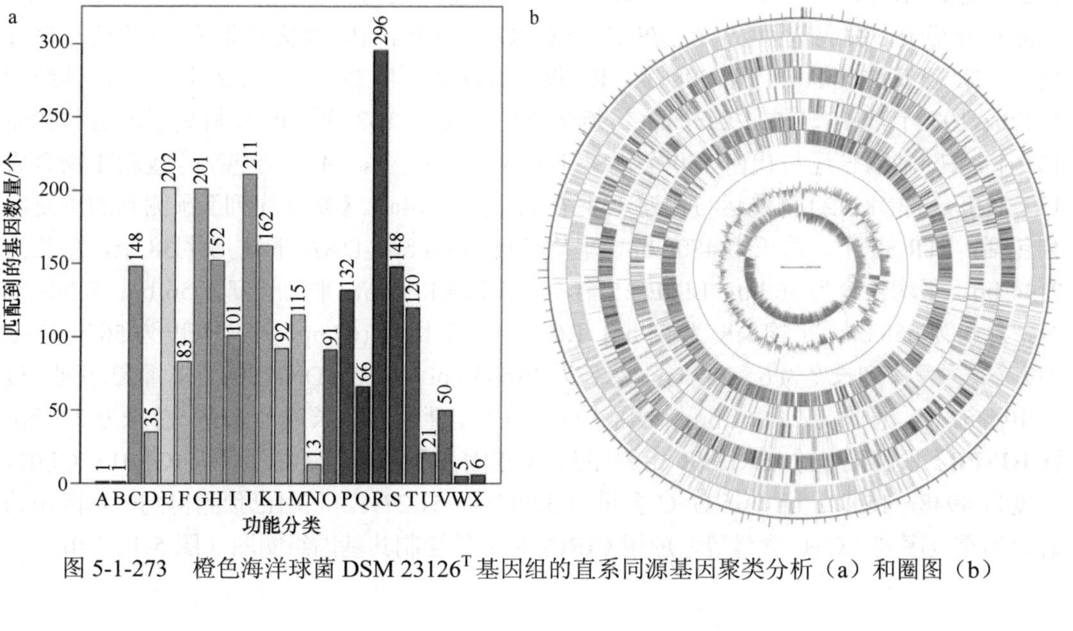


图 5-1-273　橙色海洋球菌 DSM 23126$^T$ 基因组的直系同源基因聚类分析（a）和圈图（b）

未预测到微卫星 DNA。【**CRISPR**】未预测到 CRISPR 相关序列。【**基因岛**】预测到 7 个基因岛 GI 01～GI 07，长度为 6492～19 757 bp，其 G+C 含量为 42.48%～56.82%。利用已预测得到的基因组信息，如重复序列、G+C 含量等，应用 CIRCOS 工具绘制其基因组圈图（图 5-1-273b）。

## 二十三、高钠芽胞杆菌属

高钠芽胞杆菌属（*Natribacillus* Echigo et al. 2012，gen. nov.）于 2012 年建立，仅有 1 种：嗜盐高钠芽胞杆菌（*Natribacillus halophilus* Echigo et al. 2012，sp. nov.），好氧，产芽胞（Echigo et al.，2012）。目前，该属仅有 1 个已知种类的 1 个基因组被测序。

### 嗜盐高钠芽胞杆菌（*Natribacillus halophilus*）DSM 21771$^{T}$

嗜盐高钠芽胞杆菌（*Natribacillus halophilus* Echigo et al. 2012，sp. nov.）的模式菌株（HN30$^{T}$=JCM 15649$^{T}$=DSM 21771$^{T}$）分离自日本的庭院土壤，嗜盐、耐碱，生长条件为 20～40℃（最适 30℃）、pH 6.5～10.0（最适 pH 8.0～8.5）、7%～23%（*W*/*V*）NaCl（最适 10%～15%），好氧，产芽胞（Echigo et al.，2012）。目前，该种仅有 1 个基因组，模式菌株 DSM 21771$^{T}$ 基因组的 GenBank 登录号为 GCA_900100185.1，测序平台为 Illumina HiSeq，于 2016 年 10 月 21 日由美国能源部联合基因组研究所（DOE Joint Genome Institute）提交。

【**基因组的组装**】菌株 DSM 21771$^{T}$ 基因组的测序深度为 368 X，基因组大小为 3.302 Mb，组装到 47 个 scaffolds，scaffold $N_{50}$ 为 162 859 bp。【**G+C 含量**】46.80%。【**非编码 RNA**】预测到 3 个 rRNA 基因（5S rRNA 3 个、16S rRNA 0 个、23S rRNA 0 个），54 个 tRNA 基因，1 个 sRNA 基因。【**编码基因**】有 3562 个蛋白质编码基因，编码区总长为 2 878 665 bp，占整个基因组的 87.18%，基因的平均长度为 808 bp。【**基因功能注释**】比对到 KEGG、COG 和 GO 数据库的基因数量分别为 2794 个、2324 个和 2390 个，预测到分泌蛋白编码基因 69 个；在 23 个 COG 功能类群中，基因数量前 10 位的类群分别是：E. 氨基酸转运与代谢 298 个，R. 仅一般功能预测 264 个，J. 翻译、核糖体结构与合成 193 个，K. 转录 175 个，C. 能量产生与转换 167 个，P. 无机离子转运与代谢 151 个，H. 辅酶转运与代谢 150 个，S. 功能未知 138 个，M. 细胞壁/膜/包膜生物合成 137 个和 G. 碳水化合物转运与代谢 134 个（图 5-1-274a）。【**重复序列**】预测到的重复序列包括：LTR 80 个，总长为 4800 bp，平均长度为 60 bp；DNA 重复元件 38 个，总长为 2144 bp，平均长度为 56 bp；LINE 25 个，总长为 1401 bp，平均长度为 56 bp；SINE 12 个，总长为 658 bp，平均长度为 55 bp；RC 3 个，总长为 167 bp，平均长度为 56 bp；TR 239 个，重复序列长度为 6～287 bp，总长为 26 543 bp；小卫星 DNA 207 个，重复序列长度为 10～52 bp，总长为 24 061 bp；微卫星 DNA 4 个，重复序列长度为 6 bp，总长为 239 bp。【**CRISPR**】预测到 4 个 CRISPR 相关序列。【**基因岛**】预测到 7 个基因岛 GI 01～GI 07，长度为 4948～15 472 bp，其 G+C 含量为 37.87%～51.27%。利用已预测得到的基因组信息，如重复序列、G+C 含量等，应用 CIRCOS 工具绘制其基因组圈图（图 5-1-274b）。

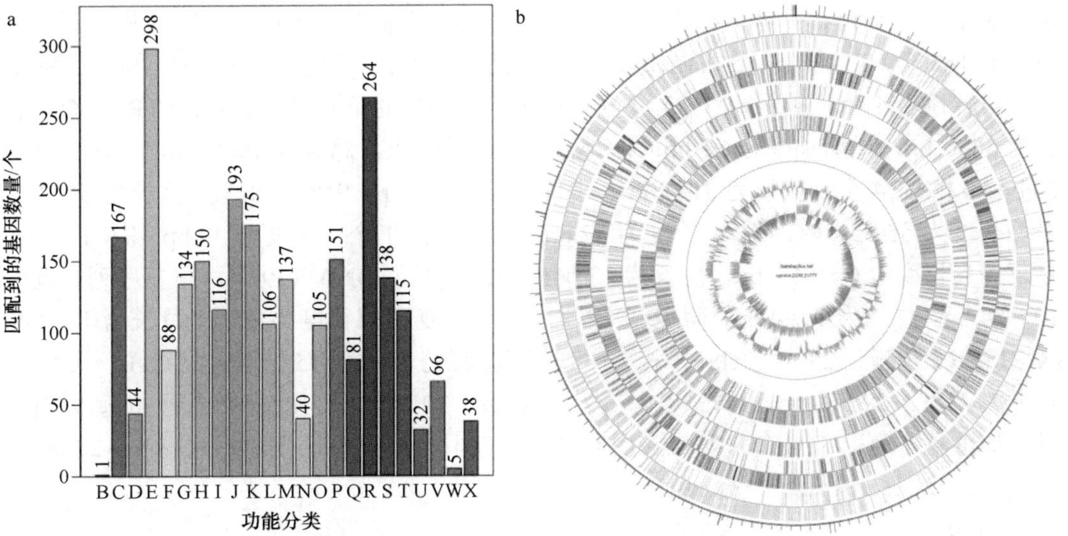


图 5-1-274　嗜盐高钠芽胞杆菌 DSM 21771$^T$ 基因组的直系同源基因聚类分析（a）和圈图（b）

## 二十四、大洋芽胞杆菌属

大洋芽胞杆菌属（*Oceanobacillus* Lu et al. 2002，gen. nov.）于 2001 年建立（Lu et al.，2001），包含 32 种，模式种为伊平屋桥大洋芽胞杆菌（*Oceanobacillus iheyensis* Lu et al. 2002，sp. nov.），好氧或兼性厌氧，产芽胞，大多数种类耐盐或嗜盐、耐碱或嗜碱。目前，该属有 19 个已知种类和 6 个未定种菌株的 29 个基因组被测序。

### 1. 海沙大洋芽胞杆菌（*Oceanobacillus arenosus*）CAU 1183$^T$

海沙大洋芽胞杆菌（*Oceanobacillus arenosus* Kim et al. 2015，sp. nov.）的模式菌株（CAU 1183$^T$=KCTC 33037$^T$=CECT 8560$^T$）分离自韩国济州岛的海沙，中度嗜盐、嗜碱，生长条件为 20～37℃（最适 30℃）、pH 5.5～9.0（最适 pH 8.5）、0～8%（*W*/*V*）NaCl（最适 2%），严格好氧，产芽胞（Kim et al.，2015b）。目前，该种仅有 1 个基因组，模式菌株 CAU 1183$^T$ 基因组的 GenBank 登录号为 GCA_003369575.1，测序平台为 Illumina HiSeq，于 2018 年 8 月 10 日由中国疾病预防控制中心（Chinese Center for Disease Control and Prevention）提交。

**【基因组的组装】**菌株 CAU 1183$^T$ 基因组的测序深度为 400 X，基因组大小为 4.051 Mb，组装到 35 个 scaffolds，scaffold $N_{50}$ 为 196 941 bp。**【G+C 含量】**37.50%。**【非编码 RNA】**预测到 11 个 rRNA 基因（5S rRNA 9 个、16S rRNA 1 个、23S rRNA 1 个），79 个 tRNA 基因，32 个 sRNA 基因。**【编码基因】**有 4169 个蛋白质编码基因，编码区总长为 3 379 176 bp，占整个基因组的 83.42%，基因的平均长度为 811 bp。**【基因功能注释】**比对到 KEGG、COG 和 GO 数据库的基因数量分别为 3549 个、2806 个和 2790 个，预测到分泌蛋白编码基因 64 个；在 24 个 COG 功能类群中，基因数量前 10 位的类群分别是：R. 仅一般功能预测 325 个，G. 碳水化合物转运与代谢 271 个，E. 氨基酸转运与代谢 270 个，K. 转录 268 个，J. 翻译、核糖体结构与合成 223 个，S. 功能未知 210 个，P. 无机离子转运与代谢 168 个，T. 信号转导机制 160 个，M. 细胞壁/膜/包膜生物合成 156 个和 C. 能量产生与转换 155 个（图 5-1-275a）。**【重复序列】**预测到的重复序列包括：LTR 95 个，总长为 5856 bp，平均长度为 62 bp；DNA 重复元件 28 个，总长为 1960 bp，平均长度为 70 bp；LINE 24 个，总长为 1319 bp，平均长度为 55 bp；SINE 10 个，总长为 548 bp，平均长度为 55 bp；RC 1 个，长度为 57 bp；未知序列 1 个，长度为 39 bp；TR 163 个，重复序列长度为 6～649 bp，总长为 13 066 bp；小卫星 DNA 139 个，重复序列长度为 10～54 bp，总长为 9450 bp；微卫星 DNA 3 个，重复序列长度为 6 bp，总长为 142 bp。**【CRISPR】**预测到 25 个 CRISPR 相关序列。**【基因岛】**预测到 15 个基因岛 GI 01～GI 15，长度为 4189～29 559 bp，其 G+C 含量为 31.85%～39.25%。利用已预测得到的基因组信息，如重复序列、G+C 含量等，应用 CIRCOS 工具绘制其基因组圈图（图 5-1-275b）。

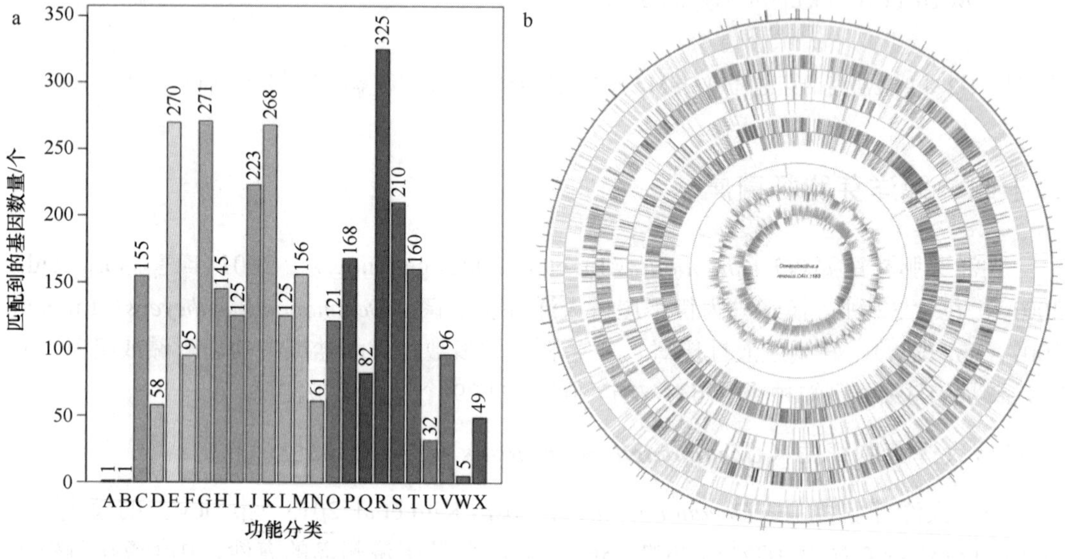


图 5-1-275　海沙大洋芽胞杆菌 CAU 1183$^{T}$ 基因组的直系同源基因聚类分析（a）和圈图（b）

## 2. 孟加拉湾大洋芽胞杆菌（*Oceanobacillus bengalensis*）MCCC 1K00260$^{T}$

孟加拉湾大洋芽胞杆菌（*Oceanobacillus bengalensis* Ouyang et al. 2016，sp. nov.）的模式菌株（Ma-21$^{T}$ =CGMCC 1.12799$^{T}$ =KCTC 33416$^{T}$ =MCCC 1K00260$^{T}$）分离自孟加拉湾 150 m 深处的海水，中度嗜盐、嗜碱，生长条件为 15～45℃（最适 37℃）、pH 6.0～9.5（最适 pH 8.0）、0～15%（*W*/*V*）NaCl（最适 3%），好氧，产芽胞（Ouyang et al.，2015）。目前，该种仅有 1 个基因组，模式菌株 MCCC 1K00260$^{T}$ 基因组的 GenBank 登录号为 GCA_003628445.1，测序平台为 Illumina HiSeq，于 2018 年 10 月 11 日由自然资源部第三海洋研究所（The Third Institute of Oceanography，Ministry of Natural Resources）提交。

**【基因组的组装】**菌株 MCCC 1K00260$^{T}$ 基因组的测序深度为 364 X，基因组大小为 4.041 Mb，组装到 83 个 scaffolds，scaffold $N_{50}$ 为 106 267 bp。**【G+C 含量】**36.53%。**【非编码 RNA】**预测到 9 个 rRNA 基因（5S rRNA 8 个、16S rRNA 1 个、23S rRNA 0 个），

95 个 tRNA 基因，6 个 sRNA 基因。**【编码基因】**有 4063 个蛋白质编码基因，编码区总长为 3 396 264 bp，占整个基因组的 84.05%，基因的平均长度为 836 bp。**【基因功能注释】**比对到 KEGG、COG 和 GO 数据库的基因数量分别为 3533 个、2809 个和 2823 个，预测到分泌蛋白编码基因 80 个；在 23 个 COG 功能类群中，基因数量前 10 位的类群分别是：R. 仅一般功能预测 325 个，E. 氨基酸转运与代谢 281 个，K. 转录 245 个，J. 翻译、核糖体结构与合成 232 个，G. 碳水化合物转运与代谢 217 个，P. 无机离子转运与代谢 212 个，S. 功能未知 200 个，C. 能量产生与转换 179 个，T. 信号转导机制 179 个和 M. 细胞壁/膜/包膜生物合成 161 个（图 5-1-276a）。**【重复序列】**预测到的重复序列包括：LTR 105 个，总长为 6819 bp，平均长度为 65 bp；DNA 重复元件 32 个，总长为 2454 bp，平均长度为 77 bp；LINE 27 个，总长为 1777 bp，平均长度为 66 bp；SINE 22 个，总长为 1460 bp，平均长度为 66 bp；RC 1 个，长度为 77 bp；未知 1 个，长度为 39 bp；TR 310 个，重复序列长度为 4～852 bp，总长为 43 026 bp；小卫星 DNA 260 个，重复序列长度为 11～54 bp，总长为 36 465 bp；微卫星 DNA 3 个，重复序列长度为 4～6 bp，总长为 107 bp。**【CRISPR】**预测到 256 个 CRISPR 相关序列。**【基因岛】**预测到 7 个基因岛 GI 01～GI 07，长度为 6098～12 377 bp，其 G+C 含量为 30.44%～43.36%。利用已预测得到的基因组信息，如重复序列、G+C 含量等，应用 CIRCOS 工具绘制其基因组圈图（图 5-1-276b）。

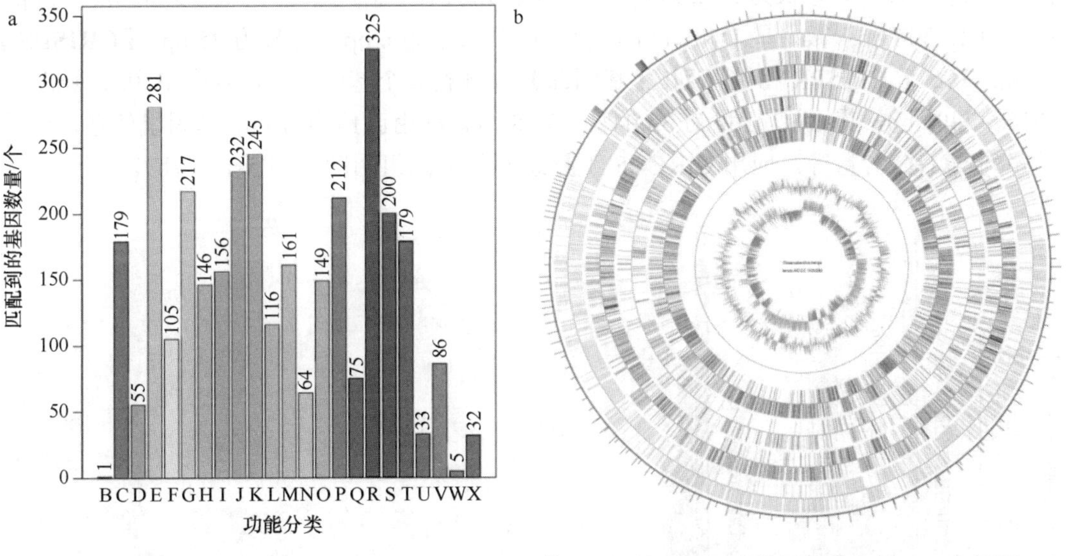


图 5-1-276 孟加拉湾大洋芽胞杆菌 MCCC 1K00260$^{T}$ 基因组的直系同源基因聚类分析（a）和圈图（b）

### 3. 淤泥大洋芽胞杆菌（*Oceanobacillus caeni*）HM6

淤泥大洋芽胞杆菌（*Oceanobacillus caeni* Nam et al. 2008，sp. nov.）的模式菌株（S-11$^{T}$ =KCTC 13061$^{T}$ =CCUG 53534$^{T}$=CIP 109363$^{T}$）分离自韩国污水处理厂的活性淤泥，中度嗜盐，生长条件为 20～45℃（最适 30～40℃）、pH 6.0～9.0（最适 pH 7.0）、0～10%（*W*/*V*）NaCl（最适 2%～5%），好氧，产芽胞（Nam et al.，2008）。目前，该种仅

有 1 个基因组，非模式菌株 HM6 基因组的 GenBank 登录号为 GCA_001298135.1，测序平台为 454 FLX，于 2015 年 9 月 24 日由印度马哈里希达亚南德大学（Maharishi Dayanand University）提交。

**【基因组的组装】** 菌株 HM6 基因组的测序深度为 22 X，基因组大小为 3.579 Mb，组装到 209 个 contigs，contig $N_{50}$ 为 42 610 bp。**【G+C 含量】** 35.71%。**【非编码 RNA】** 预测到 8 个 rRNA 基因（5S rRNA 6 个、16S rRNA 1 个、23S rRNA 1 个），109 个 tRNA 基因，19 个 sRNA 基因。**【编码基因】** 有 3746 个蛋白质编码基因，编码区总长为 2 910 459 bp，占整个基因组的 81.32%，基因的平均长度为 777 bp。**【基因功能注释】** 比对到 KEGG、COG 和 GO 数据库的基因数量分别为 3146 个、2494 个和 2534 个，预测到分泌蛋白编码基因 54 个；在 24 个 COG 功能类群中，基因数量前 10 位的类群分别是：R. 仅一般功能预测 261 个，E. 氨基酸转运与代谢 251 个，J. 翻译、核糖体结构与合成 206 个，K. 转录 198 个，G. 碳水化合物转运与代谢 196 个，S. 功能未知 184 个，C. 能量产生与转换 174 个，P. 无机离子转运与代谢 162 个，I. 脂质转运与代谢 154 个和 H. 辅酶转运与代谢 149 个（图 5-1-277a）。**【重复序列】** 预测到的重复序列包括：LTR 116 个，总长为 7206 bp，平均长度为 62 bp；DNA 重复元件 30 个，总长为 1943 bp，平均长度为 65 bp；LINE 35 个，总长为 2167 bp，平均长度为 62 bp；SINE 21 个，总长为 1424 bp，平均长度为 68 bp；RC 2 个，总长为 162 bp，平均长度为 81 bp；TR 231 个，重复序列长度为 6～249 bp，总长为 20 265 bp；小卫星 DNA 183 个，重复序列长度为 10～54 bp，总长为 18 308 bp；微卫星 DNA 1 个，重复序列长度为 6 bp，总长为 25 bp。**【CRISPR】** 预测到 105 个 CRISPR 相关序列。**【基因岛】** 预测到 6 个基因岛 GI 01～GI 06，长度为 3916～7492 bp，其 G+C 含量为 33.04%～35.82%。利用已预测得到的基因组信息，如重复序列、G+C 含量等，应用 CIRCOS 工具绘制其基因组圈图（图 5-1-277b）。

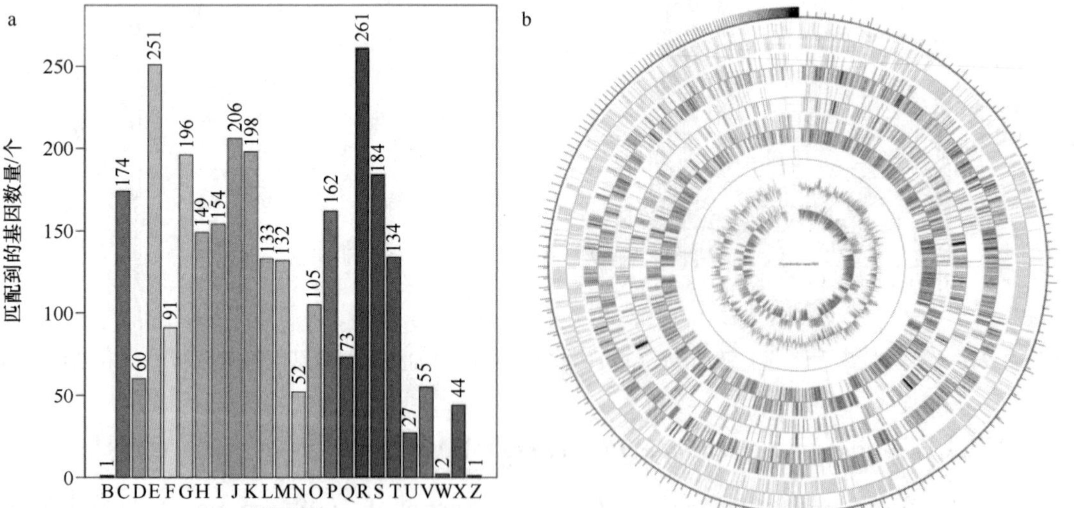


图 5-1-277 淤泥大洋芽胞杆菌 HM6 基因组的直系同源基因聚类分析（a）和圈图（b）

## 4. 中央大洋芽胞杆菌（*Oceanobacillus chungangensis*）CAU 1051$^T$

中央大洋芽胞杆菌（*Oceanobacillus chungangensis* Lee et al. 2013，sp. nov.）的模式菌株（CAU 1051$^T$ =KCTC 33035$^T$ =CCUG 63270$^T$）分离自韩国济州岛的沙丘，中度耐盐、嗜酸，生长条件为 20～37℃（最适 30℃）、pH 4.5～10.0（最适 pH 5.0）、0～10%（*W*/*V*）NaCl，严格好氧，产芽胞（Lee et al.，2013）。目前，该种仅有 1 个基因组，模式菌株 CAU 1051$^T$ 基因组的 GenBank 登录号为 GCA_003369565.1，测序平台为 Illumina HiSeq，于 2018 年 8 月 10 日由中国疾病预防控制中心（Chinese Center for Disease Control and Prevention）提交。

**【基因组的组装】**菌株 CAU 1051$^T$ 基因组的测序深度为 400 X，基因组大小为 4.010 Mb，组装到 31 个 scaffolds，scaffold $N_{50}$ 为 339 061 bp。**【G+C 含量】**36.75%。**【非编码 RNA】**预测到 5 个 rRNA 基因（5S rRNA 3 个、16S rRNA 1 个、23S rRNA 1 个），78 个 tRNA 基因，22 个 sRNA 基因。**【编码基因】**有 4031 个蛋白质编码基因，编码区总长为 3 280 308 bp，占整个基因组的 81.80%，基因的平均长度为 814 bp。**【基因功能注释】**比对到 KEGG、COG 和 GO 数据库的基因数量分别为 3503 个、2795 个和 2740 个，预测到分泌蛋白编码基因 61 个；在 24 个 COG 功能类群中，基因数量前 10 位的类群分别是：R. 仅一般功能预测 314 个，G. 碳水化合物转运与代谢 278 个，E. 氨基酸转运与代谢 271 个，K. 转录 250 个，J. 翻译、核糖体结构与合成 241 个，S. 功能未知 215 个，M. 细胞壁/膜/包膜生物合成 164 个，T. 信号转导机制 159 个，H. 辅酶转运与代谢 154 个和 P. 无机离子转运与代谢 153 个（图 5-1-278a）。**【重复序列】**预测到的重复序列包括：LTR 100 个，总长为 6104 bp，平均长度为 61 bp；DNA 重复元件 38 个，总长为 2349 bp，平均长度为 62 bp；LINE 25 个，总长为 1261 bp，平均长度为 50 bp；SINE 13 个，总长为 764 bp，平均长度为 59 bp；RC 1 个，长度为 44 bp；未知序列 1 个，长度为 56 bp；TR 174 个，

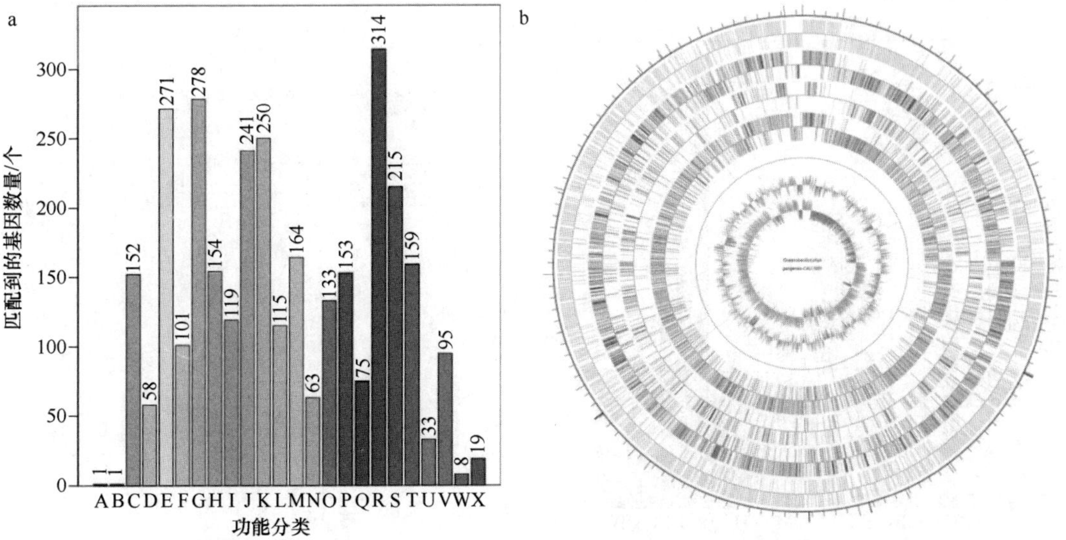


图 5-1-278　中央大洋芽胞杆菌 CAU 1051$^T$ 基因组的直系同源基因聚类分析（a）和圈图（b）

重复序列长度为 6～928 bp，总长为 18 965 bp；小卫星 DNA 153 个，重复序列长度为 10～60 bp，总长为 12 455 bp；微卫星 DNA 2 个，重复序列长度为 6 bp，总长为 59 bp。**【CRISPR】**预测到 28 个 CRISPR 相关序列。**【基因岛】**预测到 15 个基因岛 GI 01～GI 15，长度为 3281～25 923 bp，其 G+C 含量为 32.15%～38.66%。利用已预测得到的基因组信息，如重复序列、G+C 含量等，应用 CIRCOS 工具绘制其基因组圈图（图 5-1-278b）。

### 5. 达木斯乡大洋芽胞杆菌（*Oceanobacillus damuensis*）PT-20$^T$

达木斯乡大洋芽胞杆菌（*Oceanobacillus damuensis* Long et al. 2015，sp. nov.）的模式菌株（PT-20$^T$=KCTC 33146$^T$=DSM 26901$^T$）分离自新疆莎车县达木斯乡的盐碱土，嗜盐、嗜碱，生长条件为 15～40℃（最适 30～37℃）、pH 6.5～11.0（最适 pH 7.5～9.0）、3%～15%（*W*/*V*）NaCl（最适 10%～15%），严格好氧，产芽胞（Long et al.，2015）。目前，该种仅有 1 个基因组，模式菌株 PT-20$^T$ 基因组的 GenBank 登录号为 GCA_001618145.1，测序平台为 Illumina MiSeq，于 2016 年 4 月 8 日由四川大学（Sichuan University）提交。

**【基因组的组装】**菌株 PT-20$^T$ 基因组的测序深度为 189 X，基因组大小为 4.119 Mb，组装到 73 个 scaffolds，scaffold $N_{50}$ 为 129 999 bp。**【G+C 含量】**39.30%。**【非编码 RNA】**预测到 1 个 rRNA 基因（5S rRNA 1 个、16S rRNA 0 个、23S rRNA 0 个），55 个 tRNA 基因，7 个 sRNA 基因。**【编码基因】**有 4185 个蛋白质编码基因，编码区总长为 3 445 821 bp，占整个基因组的 83.66%，基因的平均长度为 823 bp。**【基因功能注释】**比对到 KEGG、COG 和 GO 数据库的基因数量分别为 3544 个、2830 个和 2841 个，预测到分泌蛋白编码基因 79 个；在 23 个 COG 功能类群中，基因数量前 10 位的类群分别是：R. 仅一般功能预测 350 个，E. 氨基酸转运与代谢 321 个，J. 翻译、核糖体结构与合成 224 个，G. 碳水化合物转运与代谢 217 个，K. 转录 206 个，S. 功能未知 200 个，P. 无机离子转运与代谢 197 个，I. 脂质转运与代谢 182 个，H. 辅酶转运与代谢 169 个和 C. 能量产生与转换 167 个（图 5-1-279a）。**【重复序列】**预测到的重复序列包括：

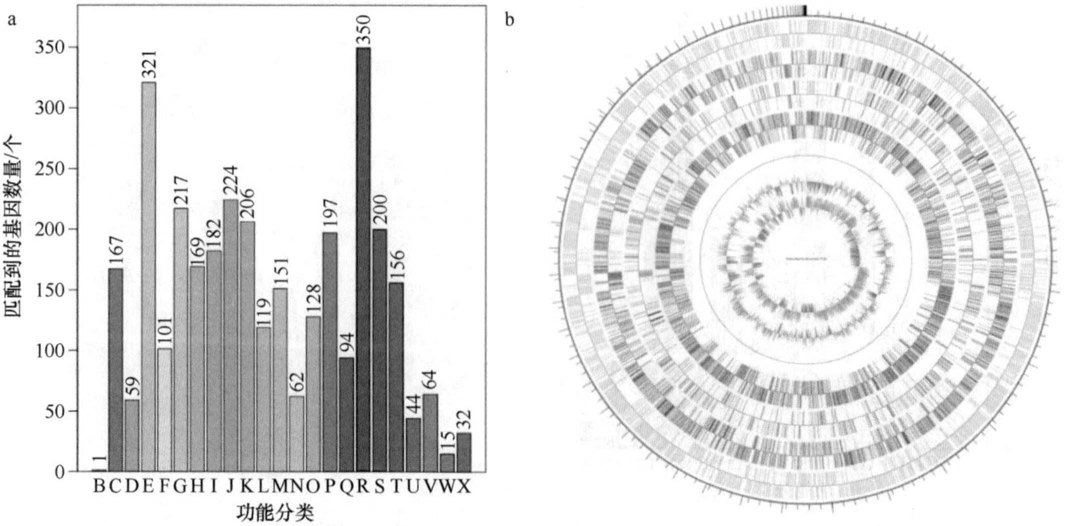


图 5-1-279 达木斯乡大洋芽胞杆菌 PT-20$^T$ 基因组的直系同源基因聚类分析（a）和圈图（b）

LTR 87 个，总长为 4849 bp，平均长度为 56 bp；DNA 重复元件 29 个，总长为 1950 bp，平均长度为 67 bp；LINE 31 个，总长为 1989 bp，平均长度为 64 bp；SINE 3 个，总长为 286 bp，平均长度为 95 bp；RC 4 个，总长为 211 bp，平均长度为 53 bp；TR 148 个，重复序列长度为 3～127 bp，总长为 12 366 bp；小卫星 DNA 122 个，重复序列长度为 11～60 bp，总长为 10 536 bp；微卫星 DNA 3 个，重复序列长度为 6 bp，总长为 119 bp。**【CRISPR】**预测到 41 个 CRISPR 相关序列。**【基因岛】**预测到 8 个基因岛 GI 01～GI 08，长度为 4713～22 933 bp，其 G+C 含量为 31.62%～42.24%。利用已预测得到的基因组信息，如重复序列、G+C 含量等，应用 CIRCOS 工具绘制其基因组圈图（图 5-1-279b）。

### 6. 好盐大洋芽胞杆菌（*Oceanobacillus halophilus*）DSM 23996$^{T}$

好盐大洋芽胞杆菌（*Oceanobacillus halophilus* Amoozegar et al. 2016，sp. nov.）的模式菌株（J8B$^{T}$ =IBRC-M 10444$^{T}$ =DSM 23996$^{T}$）分离自伊朗的 1 个超盐湖的盐水，中度嗜盐、嗜碱，生长条件为 20～45℃（最适 35℃）、pH 6.5～9.0（最适 pH 8.0）、3%～15%（*W*/*V*）NaCl（最适 7.5%），严格好氧，产芽胞（Amoozegar et al.，2016）。目前，该种仅有 1 个基因组，模式菌株 DSM 23996$^{T}$ 基因组的 GenBank 登录号为 GCA_003628505.1，测序平台为 Illumina HiSeq，于 2018 年 10 月 11 日由自然资源部第三海洋研究所（The Third Institute of Oceanography，Ministry of Natural Resources）提交。

**【基因组的组装】**菌株 DSM 23996$^{T}$ 基因组的测序深度为 200 X，基因组大小为 4.081 Mb，组装到 51 个 contigs，contig $N_{50}$ 为 189 505 bp。**【G+C 含量】**36.67%。**【非编码 RNA】**预测到 13 个 rRNA 基因（5S rRNA 11 个、16S rRNA 1 个、23S rRNA 1 个），105 个 tRNA 基因，9 个 sRNA 基因。**【编码基因】**有 3967 个蛋白质编码基因，编码区总长为 3 391 065 bp，占整个基因组的 83.09%，基因的平均长度为 855 bp。**【基因功能注释】**比对到 KEGG、COG 和 GO 数据库的基因数量分别为 3507 个、2819 个和 2809 个，预测到分泌蛋白编码基因 72 个；在 23 个 COG 功能类群中，基因数量前 10 位的类群分别是：R. 仅一般功能预测 306 个，E. 氨基酸转运与代谢 291 个，J. 翻译、核糖体结构与合成 224 个，K. 转录 214 个，S. 功能未知 206 个，G. 碳水化合物转运与代谢 200 个，I. 脂质转运与代谢 194 个，P. 无机离子转运与代谢 194 个，M. 细胞壁/膜/包膜生物合成 190 个和 C. 能量产生与转换 189 个（图 5-1-280a）。**【重复序列】**预测到的重复序列包括：LTR 104 个，总长为 7164 bp，平均长度为 69 bp；DNA 重复元件 34 个，总长为 2333 bp，平均长度为 69 bp；LINE 27 个，总长为 1785 bp，平均长度为 66 bp；SINE 15 个，总长为 932 bp，平均长度为 62 bp；RC 3 个，总长为 206 bp，平均长度为 69 bp；未知序列 1 个，长度为 102 bp；TR 236 个，重复序列长度为 3～474 bp，总长为 34 388 bp；小卫星 DNA 196 个，重复序列长度为 10～60 bp，总长为 27 539 bp；预测到微卫星 DNA 2 个，重复序列长度为 3 bp，总长为 719 bp。**【CRISPR】**预测到 19 个 CRISPR 相关序列。**【基因岛】**预测到 10 个基因岛 GI 01～GI 10，长度为 4293～14 990 bp，其 G+C 含量为 33.71%～39.53%。利用已预测得到的基因组信息，如重复序列、G+C 含量等，应用 CIRCOS 工具绘制其基因组圈图（图 5-1-280b）。

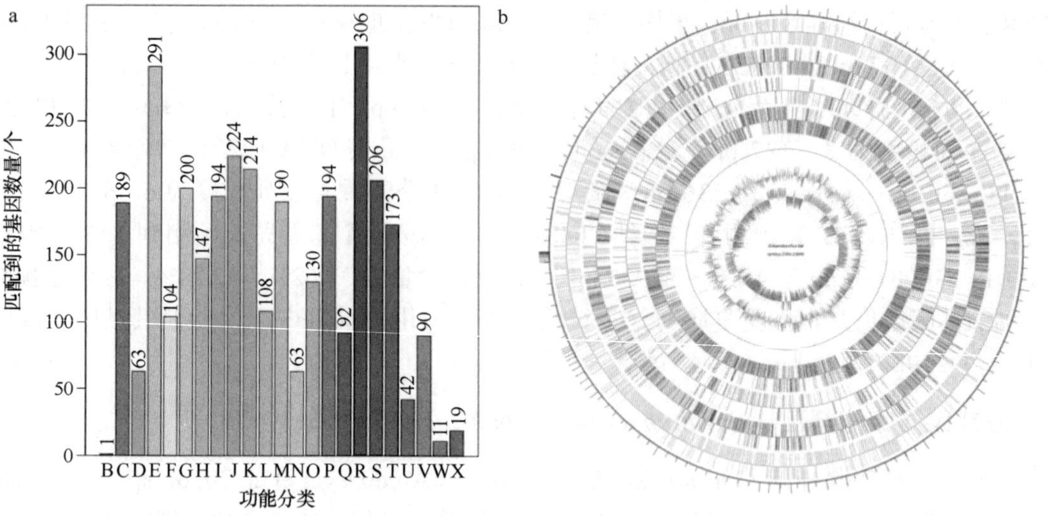


图 5-1-280　好盐大洋芽胞杆菌 DSM 23996$^{T}$基因组的直系同源基因聚类分析（a）和圈图（b）

## 7. 伊平屋桥大洋芽胞杆菌（*Oceanobacillus iheyensis*）HTE831$^{T}$

伊平屋桥大洋芽胞杆菌（*Oceanobacillus iheyensis* Lu et al. 2002，sp. nov.）的模式菌株（HTE831$^{T}$ =JCM 11309$^{T}$ =DSM 14371$^{T}$）分离自日本伊平屋桥 1050 m 深处的沉积物，嗜盐、嗜碱，pH 7.5 时的 NaCl 浓度为 0～21%（*W*/*V*），pH 9.5 时的 NaCl 浓度为 0～18%，最适 NaCl 浓度均为 3%，严格好氧，产芽胞（Lu et al.，2001）。目前，该种有 3 个基因组，选择组装到完成图水平的模式菌株 HTE831$^{T}$的基因组进行描述，其 GenBank 登录号为 GCA_000011245.1，测序平台为 ABI 3730，于 2004 年 2 月 19 日由日本海洋科学技术中心（Japan Marine Science and Technology Center）提交。

**【基因组的组装】**菌株 HTE831$^{T}$基因组的测序深度未知，基因组大小为 3.631 Mb，组装到完成图水平，包括 1 条染色体。**【G+C 含量】**35.68%。**【非编码 RNA】**预测到 22 个 rRNA 基因（5S rRNA 8 个、16S rRNA 7 个、23S rRNA 7 个），69 个 tRNA 基因，10 个 sRNA 基因。**【编码基因】**有 3646 个蛋白质编码基因，编码区总长为 3 097 143 bp，占整个基因组的 85.30%，基因的平均长度为 849 bp。**【基因功能注释】**比对到 KEGG、COG 和 GO 数据库的基因数量分别为 3488 个、2819 个和 2606 个，预测到分泌蛋白编码基因 73 个；在 24 个 COG 功能类群中，基因数量前 10 位的类群分别是：R. 仅一般功能预测 331 个，E. 氨基酸转运与代谢 292 个，K. 转录 252 个，G. 碳水化合物转运与代谢 240 个，J. 翻译、核糖体结构与合成 232 个，S. 功能未知 217 个，P. 无机离子转运与代谢 179 个，C. 能量产生与转换 172 个，M. 细胞壁/膜/包膜生物合成 169 个和 H. 辅酶转运与代谢 161 个（图 5-1-281a）。**【重复序列】**预测到的重复序列包括：LTR 102 个，总长为 7982 bp，平均长度为 78 bp；DNA 重复元件 43 个，总长为 2820 bp，平均长度为 66 bp；LINE 32 个，总长为 2405 bp，平均长度为 75 bp；SINE 11 个，总长为 782 bp，平均长度为 71 bp；RC 2 个，总长为 104 bp，平均长度为 52 bp；未知序列 1 个，长度为 113 bp；TR 126 个，重复序列长度为 9～417 bp，总长为 16 833 bp；小卫星 DNA 104

个，重复序列长度为 10～56 bp，总长为 14 357 bp；未预测到微卫星 DNA。**【CRISPR】**未预测到 CRISPR 相关序列。**【基因岛】**预测到 4 个基因岛 GI 01～GI 04，长度为 10 087～45 919 bp，其 G+C 含量为 29.54%～44.65%。利用已预测得到的基因组信息，如重复序列、G+C 含量等，应用 CIRCOS 工具绘制其基因组圈图（图 5-1-281b）。

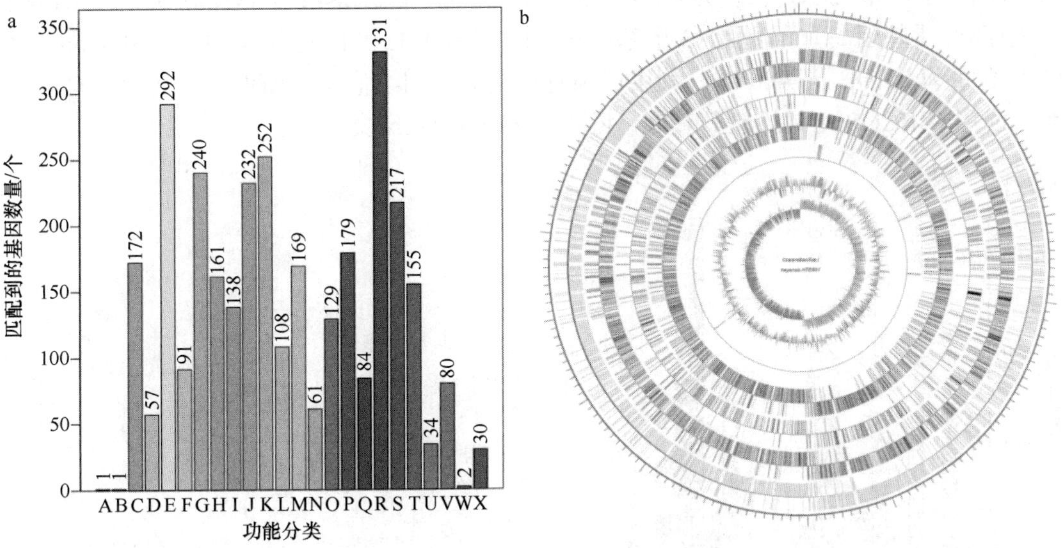


图 5-1-281 伊平屋桥大洋芽胞杆菌 HTE831$^T$基因组的直系同源基因聚类分析（a）和圈图（b）

## 8. 吉达大洋芽胞杆菌（*Oceanobacillus jeddahense*）S5$^T$

吉达大洋芽胞杆菌（*Oceanobacillus jeddahense* Khelaifia et al. 2016，sp. nov.）的模式菌株（S5$^T$ =CSUR P1091$^T$ =DSM 28586$^T$）分离自沙特阿拉伯的 1 位 25 岁肥胖患者的粪便，嗜盐，最适生长条件为 37℃、pH 7.5、10%（*W*/*V*）NaCl，严格好氧，产芽胞（Khelaifia et al.，2016）。目前，该种仅有 1 个基因组，模式菌株 S5$^T$基因组的 GenBank 登录号为 GCA_000750635.1，测序平台为 Illumina MiSeq，于 2014 年 8 月 4 日由法国热带传染病研究中心（Unité de Recherche en Maladies Infectieuses et Tropicales Emergentes）提交。

**【基因组的组装】**菌株 S5$^T$基因组的测序深度为 9 X，基因组大小为 5.388 Mb，组装到 12 个 contigs，contig $N_{50}$为 1 133 160 bp。**【G+C 含量】**37.24%。**【非编码 RNA】**预测到 17 个 rRNA 基因（5S rRNA 7 个、16S rRNA 5 个、23S rRNA 5 个），67 个 tRNA 基因，43 个 sRNA 基因。**【编码基因】**有 5510 个蛋白质编码基因，编码区总长为 4 459 635 bp，占整个基因组的 82.77%，基因的平均长度为 809 bp。**【基因功能注释】**比对到 KEGG、COG 和 GO 数据库的基因数量分别为 4532 个、3628 个和 3709 个，预测到分泌蛋白编码基因 102 个；在 23 个 COG 功能类群中，基因数量前 10 位的类群分别是：R. 仅一般功能预测 438 个，E. 氨基酸转运与代谢 402 个，G. 碳水化合物转运与代谢 401 个，K. 转录 400 个，J. 翻译、核糖体结构与合成 266 个，P. 无机离子转运与代谢 253 个，S. 功能未知 240 个，C. 能量产生与转换 238 个，H. 辅酶转运与代谢 204 个和 T. 信号转导机制 194 个（图 5-1-282a）。**【重复序列】**预测到的重复序列包括：LTR 109 个，总长为

8109 bp，平均长度为 75 bp；DNA 重复元件 43 个，总长为 3183 bp，平均长度为 78 bp；LINE 35 个，总长为 1912 bp，平均长度为 55 bp；SINE 4 个，总长为 246 bp，平均长度为 62 bp；未知序列 1 个，长度为 112 bp；TR 129 个，重复序列长度为 1～417 bp，总长为 11 796 bp；小卫星 DNA 111 个，重复序列长度为 10～54 bp，总长为 7047 bp；微卫星 DNA 5 个，重复序列长度为 6 bp，总长为 166 bp。**【CRISPR】** 预测到 53 个 CRISPR 相关序列。**【基因岛】** 预测到 13 个基因岛 GI 01～GI 13，长度为 3870～31 885 bp，其 G+C 含量为 29.38%～40.05%。利用已预测得到的基因组信息，如重复序列、G+C 含量等，应用 CIRCOS 工具绘制其基因组圈图（图 5-1-282b）。

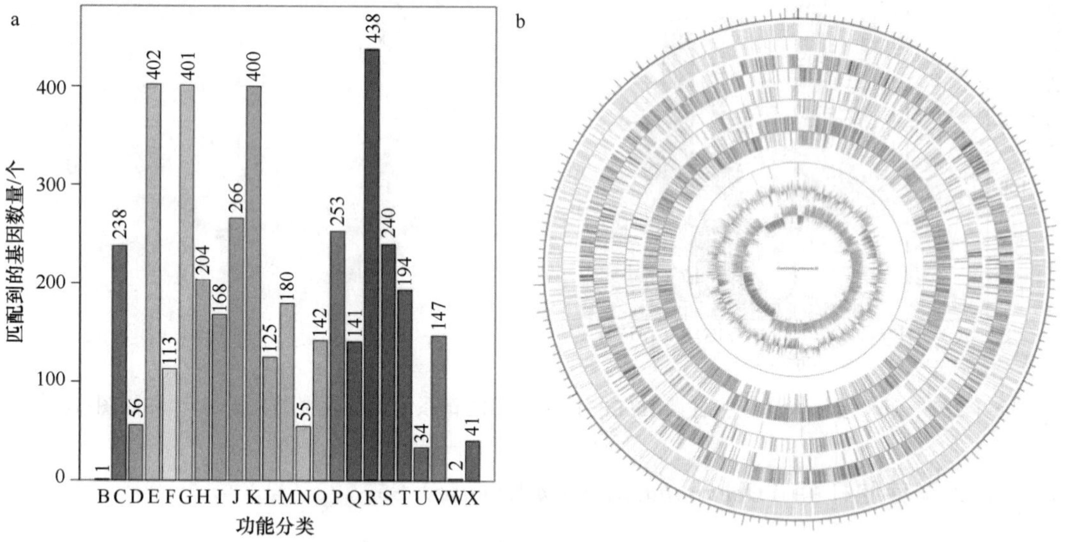


图 5-1-282　吉达大洋芽胞杆菌 S5$^T$ 基因组的直系同源基因聚类分析（a）和圈图（b）

## 9. 泡菜大洋芽胞杆菌（*Oceanobacillus kimchii*）X50$^T$

泡菜大洋芽胞杆菌（*Oceanobacillus kimchii* Whon et al. 2011，sp. nov.）的模式菌株（X50$^T$ =JCM 16803$^T$ =KACC 14914$^T$ =DSM 23341$^T$）分离自韩国传统食品泡菜，嗜盐、嗜碱，生长条件为 15～45℃（最适 37℃）、pH 7.0～10.0（最适 pH 9.0）、0～15%（*W*/*V*）NaCl（最适 3%），好氧，产芽胞（Whon et al.，2010）。目前，该种仅有 1 个基因组，模式菌株 X50$^T$ 基因组的 GenBank 登录号为 GCA_000340475.1，测序平台为 Illumina MiSeq，于 2013 年 2 月 22 日由韩国庆熙大学（Kyung Hee University）提交。

**【基因组的组装】** 菌株 X50$^T$ 基因组的测序深度为 267 X，基因组大小为 3.831 Mb，组装到染色体水平，包括 1 条染色体。**【G+C 含量】** 35.18%。**【非编码 RNA】** 预测到 10 个 rRNA 基因（5S rRNA 4 个、16S rRNA 2 个、23S rRNA 4 个），48 个 tRNA 基因，5 个 sRNA 基因。**【编码基因】** 有 3877 个蛋白质编码基因，编码区总长为 3 287 655 bp，占整个基因组的 85.82%，基因的平均长度为 848 bp。**【基因功能注释】** 比对到 KEGG、COG 和 GO 数据库的基因数量分别为 3595 个、2933 个和 2802 个，预测到分泌蛋白编码基因 70 个；在 25 个 COG 功能类群中，基因数量前 10 位的类群分别是：R. 仅一般功能预测 341 个，E. 氨基酸转运与代谢 290 个，G. 碳水化合物转运与代谢 289 个，K. 转录 279 个，J. 翻译、核糖体结构与合成 246 个，S. 功能未知 223 个，P. 无机离子转运与代谢 186 个，C. 能量产生与转换 172 个，M. 细胞壁/膜/包膜生物合成 170 个和 H. 辅酶转运与代谢 167 个（图 5-1-283a）。**【重复序列】**预测到的重复序列包括：LTR 105 个，总长为 7253 bp，平均长度为 69 bp；DNA 重复元件 30 个，总长为 1831 bp，平均长度为 61 bp；LINE 28 个，总长为 1871 bp，平均长度为 67 bp；SINE 6 个，总长为 370 bp，平均长度为 62 bp；未知序列 1 个，长度为 55 bp；TR 107 个，重复序列长度为 6～417 bp，总长为 9439 bp；小卫星 DNA 88 个，重复序列长度为 10～58 bp，总长为 7902 bp；微卫星 DNA 1 个，重复序列长度为 6 bp，总长为 52 bp。**【CRISPR】**未预测到 CRISPR 相关序列。**【基因岛】**预测到 9 个基因岛 GI 01～GI 09，长度为 3404～53 100 bp，其 G+C 含量为 30.42%～37.68%。利用已预测得到的基因组信息，如重复序列、G+C 含量等，应用 CIRCOS 工具绘制其基因组圈图（图 5-1-283b）。

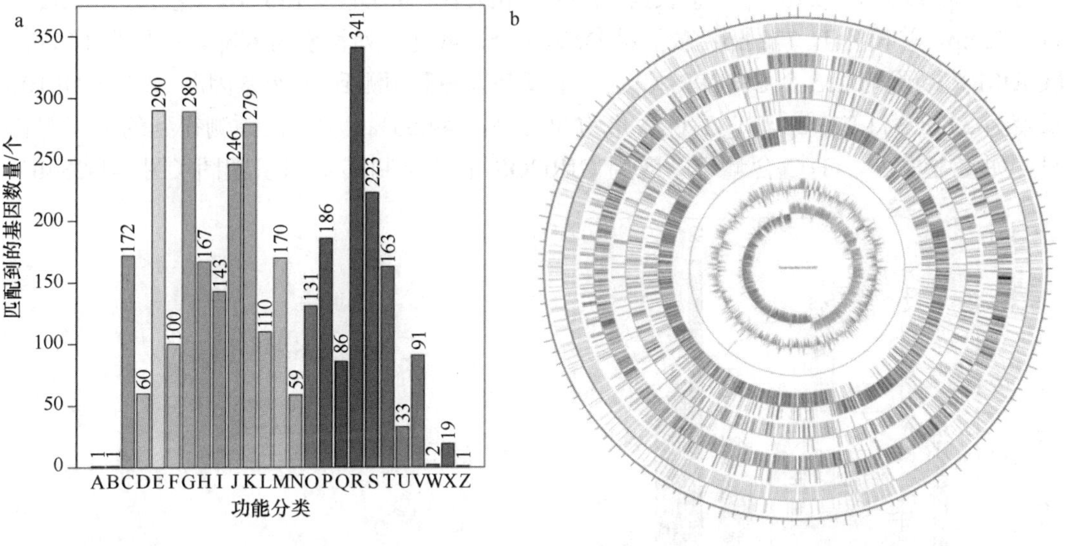


图 5-1-283　泡菜大洋芽胞杆菌 X50$^{T}$ 基因组的直系同源基因聚类分析（a）和圈图（b）

## 10. 泥浆大洋芽胞杆菌（*Oceanobacillus limi*）IBRC-M 10780$^{T}$

泥浆大洋芽胞杆菌（*Oceanobacillus limi* Amoozegar et al. 2014，sp. nov.）的模式菌株（H9B$^{T}$=IBRC-M 10780$^{T}$ =KCTC 13823$^{T}$ =CECT 7997$^{T}$）分离自伊朗的 1 个超盐湖的泥浆，嗜盐，生长条件为 25～45℃（最适 35℃）、pH 6.0～10.0（最适 pH 7.0）、2.5%～10%（*W*/*V*）NaCl（最适 7.5%），严格好氧，产芽胞（Amoozegar et al.，2014）。目前，该种仅有 1 个基因组，模式菌株 IBRC-M 10780$^{T}$ 基因组的 GenBank 登录号为 GCA_900111445.1，测序平台为 Illumina MiSeq，于 2016 年 10 月 31 日由美国能源部联合基因组研究所（DOE Joint Genome Institute）提交。

**【基因组的组装】**菌株 IBRC-M 10780$^{T}$ 基因组的测序深度为 332 X，基因组大小为 3.914 Mb，组装到 51 个 scaffolds，scaffold $N_{50}$ 为 178 095 bp。**【G+C 含量】**36.95%。**【非**

**编码 RNA】**预测到 6 个 rRNA 基因（5S rRNA 5 个、16S rRNA 1 个、23S rRNA 0 个），73 个 tRNA 基因，5 个 sRNA 基因。**【编码基因】**有 4088 个蛋白质编码基因，编码区总长为 3 306 492 bp，占整个基因组的 84.48%，基因的平均长度为 809 bp。**【基因功能注释】**比对到 KEGG、COG 和 GO 数据库的基因数量分别为 3444 个、2665 个和 2679 个，预测到分泌蛋白编码基因 81 个；在 23 个 COG 功能类群中，基因数量前 10 位的类群分别是：R. 仅一般功能预测 285 个，E. 氨基酸转运与代谢 244 个，J. 翻译、核糖体结构与合成 239 个，K. 转录 236 个，S. 功能未知 203 个，P. 无机离子转运与代谢 178 个，T. 信号转导机制 177 个，C. 能量产生与转换 171 个，G. 碳水化合物转运与代谢 161 个和 M. 细胞壁/膜/包膜生物合成 160 个（图 5-1-284a）。**【重复序列】**预测到的重复序列包括：LTR 96 个，总长为 5961 bp，平均长度为 62 bp；DNA 重复元件 30 个，总长为 1843 bp，平均长度为 61 bp；LINE 23 个，总长为 1311 bp，平均长度为 57 bp；SINE 8 个，总长为 505 bp，平均长度为 63 bp；RC 6 个，总长为 377 bp，平均长度为 63 bp；TR 203 个，重复序列长度为 6～278 bp，总长为 17 389 bp；小卫星 DNA 155 个，重复序列长度为 11～52 bp，总长为 11 772 bp；微卫星 DNA 3 个，重复序列长度为 6 bp，总长为 146 bp。**【CRISPR】**预测到 15 个 CRISPR 相关序列。**【基因岛】**预测到 10 个基因岛 GI 01～GI 10，长度为 3728～11 978 bp，其 G+C 含量为 30.67%～44.53%。利用已预测得到的基因组信息，如重复序列、G+C 含量等，应用 CIRCOS 工具绘制其基因组圈图（图 5-1-284b）。

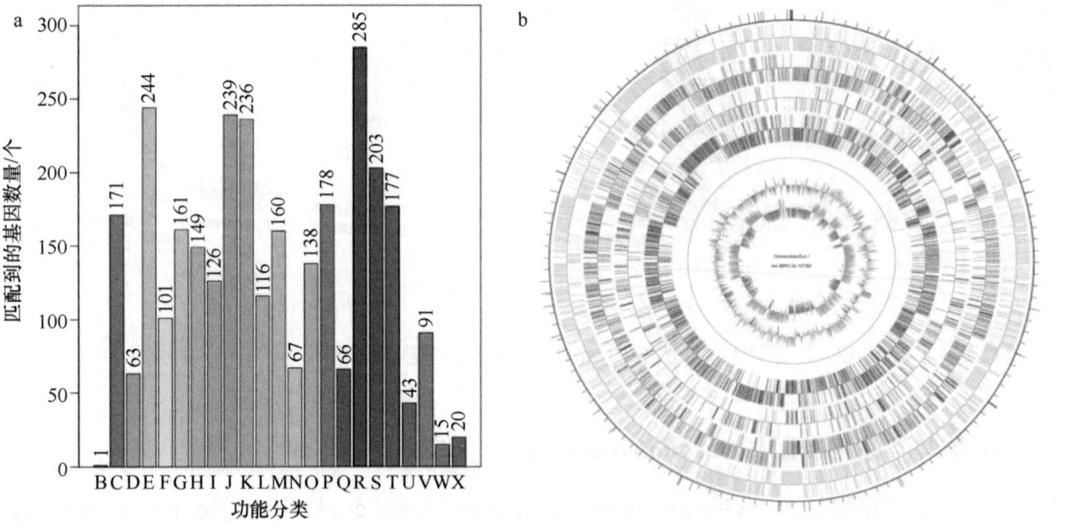


图 5-1-284　泥浆大洋芽胞杆菌 IBRC-M 10780$^{T}$ 基因组的直系同源基因聚类分析（a）和圈图（b）

## 11. 玛纳斯大洋芽胞杆菌（*Oceanobacillus manasiensis*）S2

玛纳斯大洋芽胞杆菌（*Oceanobacillus manasiensis* Wang et al. 2013，sp. nov.）的模式菌株（YD3-56$^{T}$ =CGMCC 1.9105$^{T}$ =NBRC 105903$^{T}$）分离自新疆玛纳斯盐湖的沉积物，嗜盐、嗜碱，生长条件为 10～42℃（最适 30～37℃）、pH 6.0～11.0（最适 pH 8.0～10.0）、2.5%～15%（*W*/*V*）NaCl（最适 5%～10%），好氧，产芽胞（Wang et al.，2010a）。目前，

该种仅有 1 个基因组，非模式菌株 S2 基因组的 GenBank 登录号为 GCA_000724085.1，测序平台为 Illumina MiSeq，于 2014 年 5 月 15 日由法国热带传染病研究中心（Unité de Recherche en Maladies Infectieuses et Tropicales Emergentes）提交。

**【基因组的组装】**菌株 S2 基因组的测序深度为 16 X，基因组大小为 3.807 Mb，组装到 7 个 contigs，contig $N_{50}$ 为 875 389 bp。**【G+C 含量】**38.49%。**【非编码 RNA】**预测到 13 个 rRNA 基因（5S rRNA 7 个、16S rRNA 3 个、23S rRNA 3 个），53 个 tRNA 基因，20 个 sRNA 基因。**【编码基因】**有 3857 个蛋白质编码基因，编码区总长为 3 287 670 bp，占整个基因组的 86.36%，基因的平均长度为 852 bp。**【基因功能注释】**比对到 KEGG、COG 和 GO 数据库的基因数量分别为 3434 个、2710 个和 2695 个，预测到分泌蛋白编码基因 75 个；在 24 个 COG 功能类群中，基因数量前 10 位的类群分别是：R. 仅一般功能预测 304 个，E. 氨基酸转运与代谢 261 个，G. 碳水化合物转运与代谢 252 个，J. 翻译、核糖体结构与合成 240 个，K. 转录 227 个，S. 功能未知 208 个，P. 无机离子转运与代谢 172 个，M. 细胞壁/膜/包膜生物合成 160 个，T. 信号转导机制 157 个和 C. 能量产生与转换 149 个（图 5-1-285a）。**【重复序列】**预测到的重复序列包括：LTR 76 个，总长为 4972 bp，平均长度为 65 bp；DNA 重复元件 15 个，总长为 997 bp，平均长度为 66 bp；LINE 16 个，总长为 883 bp，平均长度为 55 bp；SINE 6 个，总长为 416 bp，平均长度为 69 bp；RC 2 个，总长为 118 bp，平均长度为 59 bp；未知序列 1 个，长度为 33 bp；TR 183 个，重复序列长度为 3～420 bp，总长为 19 213 bp；小卫星 DNA 149 个，重复序列长度为 10～60 bp，总长为 15 400 bp；微卫星 DNA 1 个，重复序列长度为 3 bp，总长为 43 bp。**【CRISPR】**预测到 55 个 CRISPR 相关序列。**【基因岛】**预测到 10 个基因岛 GI 01～GI 10，长度为 6804～20 438 bp，其 G+C 含量为 32.48%～44.39%。利用已预测得到的基因组信息，如重复序列、G+C 含量等，应用 CIRCOS 工具绘制其基因组圈图（图 5-1-285b）。

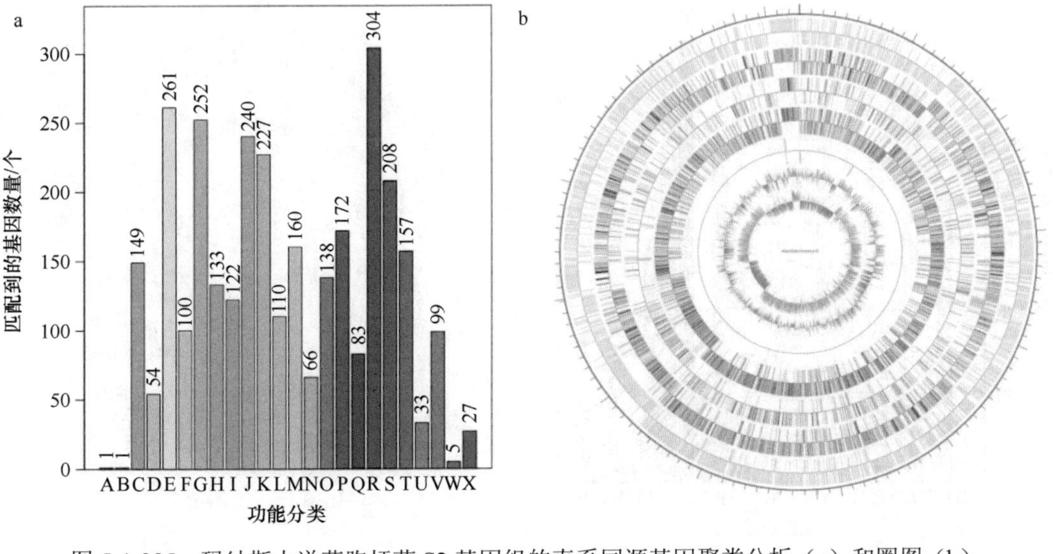


图 5-1-285　玛纳斯大洋芽胞杆菌 S2 基因组的直系同源基因聚类分析（a）和圈图（b）

## 12. 马赛大洋芽胞杆菌（*Oceanobacillus massiliensis*）N'diop$^{T}$

马赛大洋芽胞杆菌（*Oceanobacillus massiliensis* Roux et al. 2013，sp. nov.）的模式菌株（N'diop$^{T}$ CSUR 132$^{T}$ =DSM 24644$^{T}$）分离自健康人的粪便，最适生长条件为 30～37℃、pH 7.0～8.0、0.5%～5%（*W*/*V*）NaCl，好氧，产芽胞（Roux et al.，2013）。目前，该种仅有 1 个基因组，模式菌株 N'diop$^{T}$ 基因组的 GenBank 登录号为 GCA_000285495.1，测序平台为 454 FLX，于 2012 年 7 月 19 日由法国热带传染病研究中心（Unité de Recherche en Maladies Infectieuses et Tropicales Emergentes）提交。

**【基因组的组装】**菌株 N'diop$^{T}$ 基因组的测序深度未知，基因组大小为 3.594 Mb，组装到 50 个 scaffolds，scaffold $N_{50}$ 为 875 617 bp。**【G+C 含量】**40.35%。**【非编码 RNA】**预测到 10 个 rRNA 基因（5S rRNA 8 个、16S rRNA 1 个、23S rRNA 1 个），65 个 tRNA 基因，2 个 sRNA 基因。**【编码基因】**有 3749 个蛋白质编码基因，编码区总长为 2 991 852 bp，占整个基因组的 83.25%，基因的平均长度为 798 bp。**【基因功能注释】**比对到 KEGG、COG 和 GO 数据库的基因数量分别为 3202 个、2549 个和 2470 个，预测到分泌蛋白编码基因 70 个；在 23 个 COG 功能类群中，基因数量前 10 位的类群分别是：R. 仅一般功能预测 263 个，E. 氨基酸转运与代谢 249 个，J. 翻译、核糖体结构与合成 223 个，K. 转录 214 个，P. 无机离子转运与代谢 205 个，S. 功能未知 196 个，G. 碳水化合物转运与代谢 181 个，M. 细胞壁/膜/包膜生物合成 157 个，C. 能量产生与转换 152 个和 T. 信号转导机制 146 个（图 5-1-286a）。**【重复序列】**预测到的重复序列包括：LTR 130 个，总长为 8284 bp，平均长度为 64 bp；DNA 重复元件 34 个，总长为 2641 bp，平均长度为 78 bp；LINE 27 个，总长为 1497 bp，平均长度为 55 bp；SINE 10 个，总长为 716 bp，平均长度为 72 bp；RC 6 个，总长为 304 bp，平均长度为 51 bp；未知序列 2 个，总长为 136 bp，平均长度为 68 bp；TR 321 个，重复序列长度为

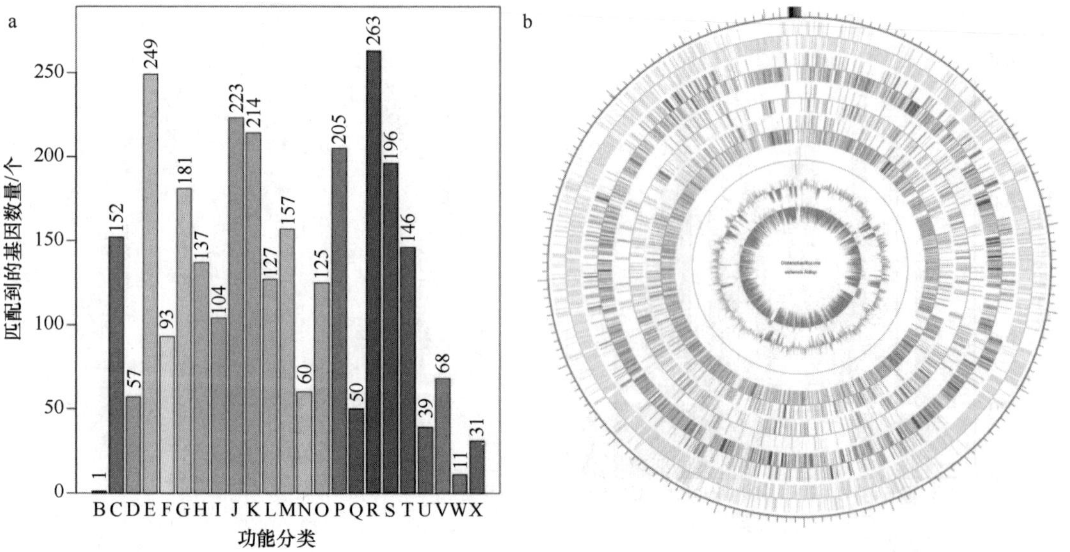


图 5-1-286　马赛大洋芽胞杆菌 N'diop$^{T}$ 基因组的直系同源基因聚类分析（a）和圈图（b）

4～280 bp，总长为 26 481 bp；小卫星 DNA 261 个，重复序列长度为 11～60 bp，总长为 20 785 bp；微卫星 DNA 10 个，重复序列长度为 4～6 bp，总长为 1145 bp。**【CRISPR】**预测到 125 个 CRISPR 相关序列。**【基因岛】**预测到 8 个基因岛 GI 01～GI 08，长度为 9220～30 563 bp，其 G+C 含量为 31.38%～36.12%。利用已预测得到的基因组信息，如重复序列、G+C 含量等，应用 CIRCOS 工具绘制其基因组圈图（图 5-1-286b）。

### 13. 小鳟鱼大洋芽胞杆菌（*Oceanobacillus oncorhynchi*）Oc5

小鳟鱼大洋芽胞杆菌（*Oceanobacillus oncorhynchi* Yumoto et al. 2005，sp. nov.）的模式菌株（R-2$^{T}$ =JCM 12661$^{T}$ =NCIMB 14022$^{T}$）分离自小鳟鱼的皮肤，嗜盐、嗜碱，生长条件为 15～40℃（最适 30～36℃）、pH 9.0～10.0、0～22%（*W*/*V*）NaCl（最适 7%），好氧，产芽胞（Yumoto et al.，2005b）。目前，该种仅有 1 个基因组，非模式菌株 Oc5 基因组的 GenBank 登录号为 GCA_000821065.2，测序平台为 Illumina MiSeq，于 2014 年 11 月 12 日由法国热带传染病研究中心（Unité de Recherche en Maladies Infectieuses et Tropicales Emergentes）提交。

**【基因组的组装】**菌株 Oc5 基因组的测序深度为 33 X，基因组大小为 4.608 Mb，组装到框架图水平，包括 1 条染色体。**【G+C 含量】**39.28%。**【非编码 RNA】**预测到 7 个 rRNA 基因（5S rRNA 5 个、16S rRNA 1 个、23S rRNA 1 个），56 个 tRNA 基因，16 个 sRNA 基因。**【编码基因】**有 4747 个蛋白质编码基因，编码区总长为 3 913 116 bp，占整个基因组的 84.92%，基因的平均长度为 824 bp。**【基因功能注释】**比对到 KEGG、COG 和 GO 数据库的基因数量分别为 3997 个、3286 个和 3300 个，预测到分泌蛋白编码基因 89 个；在 23 个 COG 功能类群中，基因数量前 10 位的类群分别是：R. 仅一般功能预测 394 个，G. 碳水化合物转运与代谢 353 个，E. 氨基酸转运与代谢 347 个，K. 转录 328 个，J. 翻译、核糖体结构与合成 241 个，P. 无机离子转运与代谢 239 个，S. 功能未知 231 个，C. 能量产生与转换 206 个，H. 辅酶转运与代谢 180 个和 T. 信号转导机制 178 个（图 5-1-287a）。

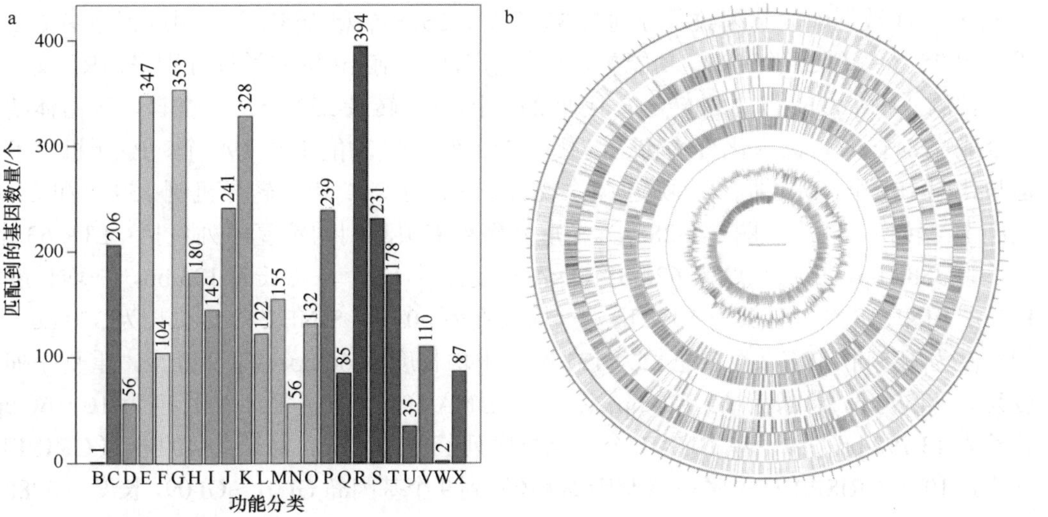


图 5-1-287　小鳟鱼大洋芽胞杆菌 Oc5 基因组的直系同源基因聚类分析（a）和圈图（b）

【**重复序列**】预测到的重复序列包括：LTR 55 个，总长为 3228 bp，平均长度为 59 bp；DNA 重复元件 20 个，总长为 1315 bp，平均长度为 66 bp；LINE 16 个，总长为 946 bp，平均长度为 59 bp；SINE 6 个，总长为 481 bp，平均长度为 80 bp；RC 2 个，总长为 144 bp，平均长度为 72 bp；TR 87 个，重复序列长度为 6～420 bp，总长为 8761 bp；小卫星 DNA 70 个，重复序列长度为 11～48 bp，总长为 4608 bp；微卫星 DNA 1 个，重复序列长度为 6 bp，总长为 348 bp。【**CRISPR**】预测到 3 个 CRISPR 相关序列。【**基因岛**】预测到 17 个基因岛 GI 01～GI 17，长度为 4777～34 346 bp，其 G+C 含量为 33.14%～40.67%。利用已预测得到的基因组信息，如重复序列、G+C 含量等，应用 CIRCOS 工具绘制其基因组圈图（图 5-1-287b）。

**14. 图画大洋芽胞杆菌（*Oceanobacillus picturae*）S1**

图画大洋芽胞杆菌［*Oceanobacillus picturae* (Heyrman et al. 2003) Lee et al. 2006, comb. nov.］的模式菌株（LMG 19492$^T$ =DSM 14867$^T$）分离自西班牙塞维利亚省的 1 座坟墓的壁画，嗜盐，生长条件为 5～40℃（最适 25～35℃），NaCl 浓度为 5%～10%（*W*/*V*），好氧，产芽胞。2003 年被命名为图画枝芽胞杆菌（*Virgibacillus picturae*）（Heyrman et al., 2003），2006 年被重分类为图画大洋芽胞杆菌（*Oceanobacillus picturae*）（Lee et al., 2006）。目前，该种有 3 个基因组，选择组装水平较高的非模式菌株 S1 基因组进行描述，其 GenBank 登录号为 GCA_000612865.1，测序平台为 Illumina MiSeq，于 2014 年 3 月 19 日由法国热带传染病研究中心（Unité de Recherche en Maladies Infectieuses et Tropicales Emergentes）提交。

【**基因组的组装**】菌株 S1 基因组的测序深度为 85 X，基因组大小为 3.675 Mb，组装到 5 个 contigs，contig $N_{50}$ 为 2 198 765 bp。【**G+C 含量**】39.15%。【**非编码 RNA**】预测到 14 个 rRNA 基因（5S rRNA 7 个、16S rRNA 6 个、23S rRNA 1 个），32 个 tRNA 基因，37 个 sRNA 基因。【**编码基因**】有 3802 个蛋白质编码基因，编码区总长为 3 159 672 bp，占整个基因组的 85.98%，基因的平均长度为 831 bp。【**基因功能注释**】比对到 KEGG、COG 和 GO 数据库的基因数量分别为 3381 个、2676 个和 2657 个，预测到分泌蛋白编码基因 75 个；在 23 个 COG 功能类群中，基因数量前 10 位的类群分别是：R. 仅一般功能预测 295 个，E. 氨基酸转运与代谢 277 个，K. 转录 233 个，J. 翻译、核糖体结构与合成 228 个，G. 碳水化合物转运与代谢 212 个，S. 功能未知 199 个，P. 无机离子转运与代谢 181 个，M. 细胞壁/膜/包膜生物合成 160 个，T. 信号转导机制 159 个和 C. 能量产生与转换 144 个（图 5-1-288a）。【**重复序列**】预测到的重复序列包括：LTR 63 个，总长为 3882 bp，平均长度为 62 bp；DNA 重复元件 12 个，总长为 133 bp，平均长度为 11 bp；LINE 18 个，总长为 1078 bp，平均长度为 60 bp；SINE 2 个，总长为 370 bp，平均长度为 185 bp；RC 2 个，总长为 131 bp，平均长度为 66 bp；TR 240 个，重复序列长度为 6～459 bp，总长为 15 777 bp；小卫星 DNA 199 个，重复序列长度为 10～60 bp，总长为 13 792 bp；微卫星 DNA 1 个，重复序列长度为 6 bp，总长为 40 bp。【**CRISPR**】预测到 10 个 CRISPR 相关序列。【**基因岛**】预测到 9 个基因岛 GI 01～GI 09，长度为 5288～28 518 bp，其 G+C 含量为 32.1%～39.97%。利用已预测得到的基因组信息，如重复序列列、G+C 含量等，应用 CIRCOS 工具绘制其基因组圈图（图 5-1-288b）。

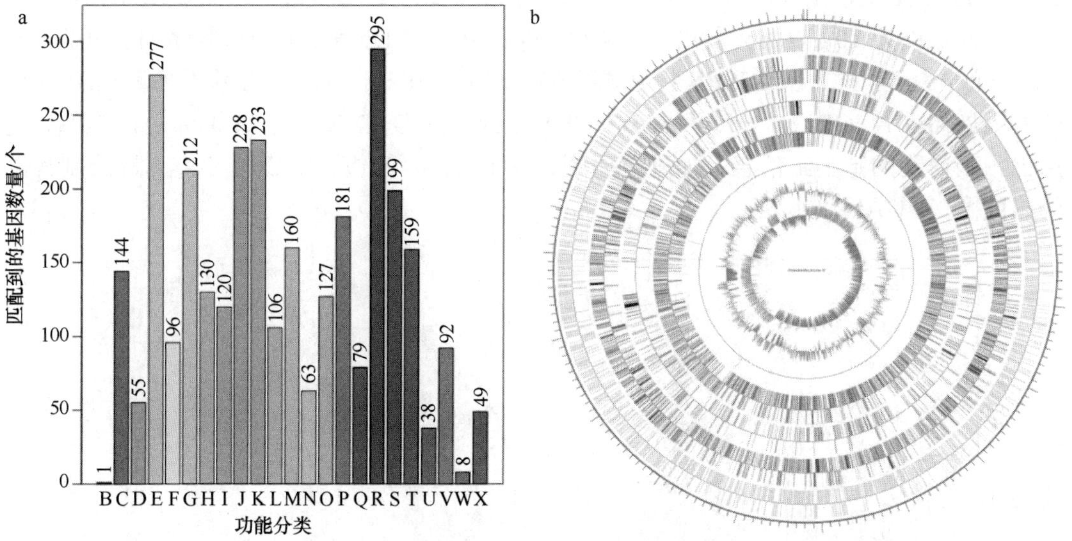


图 5-1-288　图画大洋芽胞杆菌 S1 基因组的直系同源基因聚类分析（a）和圈图（b）

## 15. 深层大洋芽胞杆菌（*Oceanobacillus profundus*）DSM 18246$^T$

深层大洋芽胞杆菌（*Oceanobacillus profundus* Kim et al. 2007，sp. nov.）的模式菌株（CL-MP28$^T$=KCCM 42318$^T$ =DSM 18246$^T$）分离自日本海南部郁陵海盆的 2247 m 深处钻芯的表面，嗜盐、嗜碱，生长条件为 15～42℃（最适 35℃）、pH 6.5～9.5（最适 pH 7.5～8.5）、0～14%（*W*/*V*）NaCl（最适 1%～3%），好氧或兼性厌氧，产芽胞（Kim et al.，2007a）。目前，该种仅有 1 个基因组，模式菌株 DSM 18246$^T$ 基因组的 GenBank 登录号为 GCA_003515705.1，测序平台为 Illumina HiSeq，于 2018 年 9 月 10 日由自然资源部第三海洋研究所（The Third Institute of Oceanography，Ministry of Natural Resources）提交。

**【基因组的组装】**菌株 DSM 18246$^T$ 基因组的测序深度为 200 X，基因组大小为 4.779 Mb，组装到 63 个 contigs，contig $N_{50}$ 为 194 705 bp。**【G+C 含量】**37.62%。**【非编码 RNA】**预测到 10 个 rRNA 基因（5S rRNA 8 个、16S rRNA 1 个、23S rRNA 1 个），96 个 tRNA 基因，28 个 sRNA 基因。**【编码基因】**有 4816 个蛋白质编码基因，编码区总长为 4 040 238 bp，占整个基因组的 84.54%，基因的平均长度为 839 bp。**【基因功能注释】**比对到 KEGG、COG 和 GO 数据库的基因数量分别为 4093 个、3245 个和 3264 个，预测到分泌蛋白编码基因 85 个；在 24 个 COG 功能类群中，基因数量前 10 位的类群分别是：R. 仅一般功能预测 371 个，E. 氨基酸转运与代谢 358 个，K. 转录 312 个，G. 碳水化合物转运与代谢 273 个，J. 翻译、核糖体结构与合成 247 个，S. 功能未知 236 个，C. 能量产生与转换 219 个，P. 无机离子转运与代谢 218 个，H. 辅酶转运与代谢 193 个和 T. 信号转导机制 193 个（图 5-1-289a）。**【重复序列】**预测到的重复序列包括：LTR 117 个，总长为 9994 bp，平均长度为 85 bp；DNA 重复元件 38 个，总长为 3362 bp，平均长度为 88 bp；LINE 48 个，总长为 3750 bp，平均长度为 78 bp；SINE 14 个，总长为 1031 bp，平均长度为 74 bp；RC 4 个，总长为 218 bp，平均长度为 55 bp；未知序列 1 个，长度为 11 bp；TR 171 个，重复序列长度为 5～294 bp，总长为 17 276 bp；小卫星 DNA 141 个，重复序列长度为 10～60 bp，总长为 14 661 bp；微卫星 DNA 2 个，重复序列长度为 5～6 bp，总长为 74 bp。**【CRISPR】**预测到 63 个 CRISPR 相关序列。**【基因岛】**预测到 12 个基因岛 GI 01～GI 12，长度为 5558～18 831 bp，其 G+C 含量为 31.04%～40.52%。利用已预测得到的基因组信息，如重复序列、G+C 含量等，应用 CIRCOS 工具绘制其基因组圈图（图 5-1-289b）。

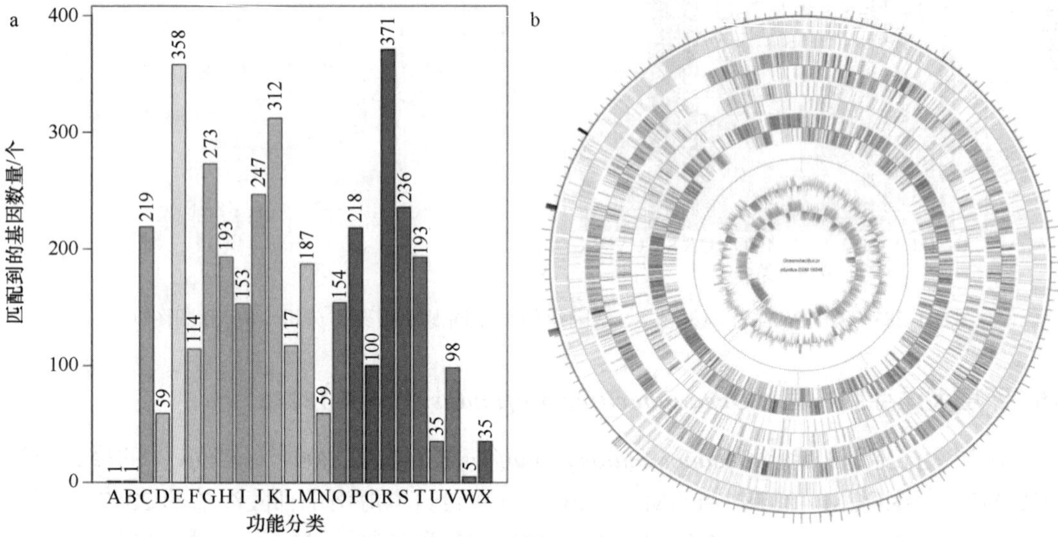


图 5-1-289　深层大洋芽胞杆菌 DSM 18246$^T$ 基因组的直系同源基因聚类分析（a）和圈图（b）

## 16. 恰热克镇大洋芽胞杆菌（*Oceanobacillus rekensis*）PT-11$^T$

恰热克镇大洋芽胞杆菌（*Oceanobacillus rekensis* Long et al. 2015，sp. nov.）的模式菌株（PT-11$^T$ =KCTC 33144$^T$ =DSM 26900$^T$）分离自新疆莎车县恰热克镇的盐碱土，嗜盐、嗜碱，生长条件为 15～40℃（最适 30～37℃）、pH 6.5～10.0（最适 pH 8.0～9.0）、5%～20%（*W/V*）NaCl（最适 5%～12%），严格好氧，产芽胞（Long et al.，2015）。目前，该种仅有 1 个基因组，模式菌株 PT-11$^T$ 基因组的 GenBank 登录号为 GCA_002153375.1，测序平台为 Illumina MiSeq，于 2017 年 5 月 19 日由四川大学（Sichuan University）提交。

**【基因组的组装】**菌株 PT-11$^T$ 基因组的测序深度为 304 X，基因组大小为 3.865 Mb，组装到 19 个 contigs，contig $N_{50}$ 为 702 519 bp。**【G+C 含量】**37.44%。**【非编码 RNA】**预测到 9 个 rRNA 基因（5S rRNA 9 个、16S rRNA 0 个、23S rRNA 0 个），85 个 tRNA 基因，10 个 sRNA 基因。**【编码基因】**有 3917 个蛋白质编码基因，编码区总长为 3 194 253 bp，占整个基因组的 82.65%，基因的平均长度为 815 bp。**【基因功能注释】**比对到 KEGG、COG 和 GO 数据库的基因数量分别为 3408 个、2725 个和 2700 个，预测到分泌蛋白编码基因 69 个；在 24 个 COG 功能类群中，基因数量前 10 位的类群分别是：R. 仅一般功能预测 326 个，E. 氨基酸转运与代谢 284 个，S. 功能未知 214 个，J. 翻译、核糖体结构与合成 213 个，K. 转录 211 个，I. 脂质转运与代谢 201 个，P. 无机离子转运与代谢 191 个，G. 碳水化合物转运与代谢 187 个，C. 能量产生与转换 165 个和 H. 辅酶转运与代谢 161 个（图 5-1-290a）。**【重复序列】**预测到的重复序列包括：LTR 87 个，总长为 5301 bp，平均长度为 61 bp；DNA 重复元件 29 个，总长为 1788 bp，平均长度为 62 bp；LINE 24 个，总长为 1386 bp，平均长度为 58 bp；SINE 13 个，总长为 887 bp，平均长度为 68 bp；RC 2 个，总长为 112 bp，平均长度为 56 bp；TR 192 个，重复序列长度为 6～594 bp，总长为 19 320 bp；小卫星 DNA 150 个，重复序列长度为 12～60 bp，总长为 15 130 bp；微卫星 DNA 2 个，重复序列长度为 6 bp，总长为 65 bp。**【CRISPR】**预测到 9 个 CRISPR 相关序列。**【基因岛】**预测到 11 个基因岛 GI 01～GI 11，长度为 2904～14 782 bp，其 G+C 含量为 31.58%～37.88%。利用已预测得到的基因组信息，如重复序列、G+C 含量等，应用 CIRCOS 工具绘制其基因组圈图（图 5-1-290b）。

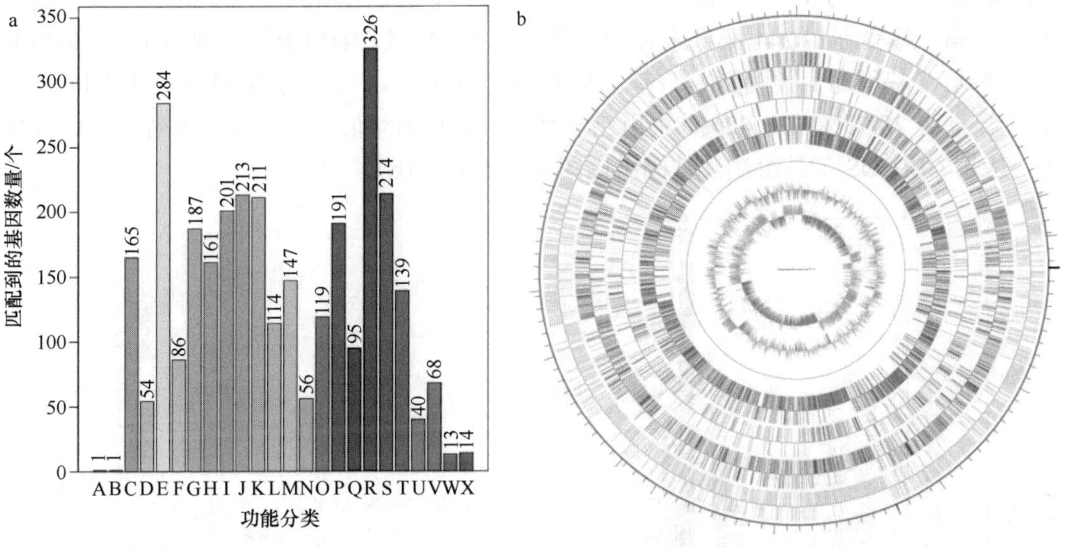


图 5-1-290　恰热克镇大洋芽胞杆菌 PT-11$^{T}$ 基因组的直系同源基因聚类分析（a）和圈图（b）

## 17. 塞内加尔大洋芽胞杆菌（*Oceanobacillus senegalensis*）Marseille-P3587$^{T}$

塞内加尔大洋芽胞杆菌（*Oceanobacillus senegalensis* Senghor et al. 2019，sp. nov.）的模式菌株（Marseille-P3587$^{T}$ =CSUR P3587$^{T}$ =DSM 70613$^{T}$）分离自健康塞内加尔青年人的粪便，嗜盐，生长条件为 25～45℃（最适 37℃）、pH 5.0～9.0（最适 pH 7.5）、5%～25%（*W*/*V*）NaCl（最适 7.5%），好氧，产芽胞（Senghor et al.，2019）。目前，该种仅有 1 个基因组，模式菌株 Marseille-P3587$^{T}$ 基因组的 GenBank 登录号为 GCA_900176885.1，测序平台为 Illumina MiSeq，于 2017 年 4 月 26 日由法国热带传染病研究中心（Unité de Recherche en Maladies Infectieuses et Tropicales Emergentes）提交。

**【基因组的组装】**菌株 Marseille-P3587$^{T}$ 基因组的测序深度为 130 X，基因组大小为 4.300 Mb，组装到 4 个 scaffolds，scaffold $N_{50}$ 为 4 275 839 bp。**【G+C 含量】**36.92%。**【非**

编码 RNA】预测到 62 个 rRNA 基因（5S rRNA 23 个、16S rRNA 20 个、23S rRNA 19 个），206 个 tRNA 基因，9 个 sRNA 基因。【编码基因】有 4164 个蛋白质编码基因，编码区总长为 3 407 967 bp，占整个基因组的 79.26%，基因的平均长度为 818 bp。【基因功能注释】比对到 KEGG、COG 和 GO 数据库的基因数量分别为 3576 个、2800 个和 2817 个，预测到分泌蛋白编码基因 69 个；在 24 个 COG 功能类群中，基因数量前 10 位的类群分别是：R. 仅一般功能预测 339 个，E. 氨基酸转运与代谢 301 个，I. 脂质转运与代谢 215 个，J. 翻译、核糖体结构与合成 215 个，C. 能量产生与转换 207 个，G. 碳水化合物转运与代谢 204 个，P. 无机离子转运与代谢 197 个，S. 功能未知 197 个，K. 转录 194 个和 H. 辅酶转运与代谢 178 个（图 5-1-291a）。【重复序列】预测到的重复序列包括：LTR 144 个，总长为 15 650 bp，平均长度为 109 bp；DNA 重复元件 31 个，总长为 2098 bp，平均长度为 68 bp；LINE 53 个，总长为 3963 bp，平均长度为 75 bp；SINE 27 个，总长为 1971 bp，平均长度为 73 bp；RC 1 个，长度为 112 bp；未知序列 1 个，长度为 39 bp；TR 226 个，重复序列长度为 8～431 bp，总长为 22 093 bp；小卫星 DNA 193 个，重复序列长度为 10～60 bp，总长为 17 244 bp；未预测到微卫星 DNA。【CRISPR】预测到 4 个 CRISPR 相关序列。【基因岛】预测到 8 个基因岛 GI 01～GI 08，长度为 2604～24 711 bp，其 G+C 含量为 28.73%～36.42%。利用已预测得到的基因组信息，如重复序列、G+C 含量等，应用 CIRCOS 工具绘制其基因组圈图（图 5-1-291b）。

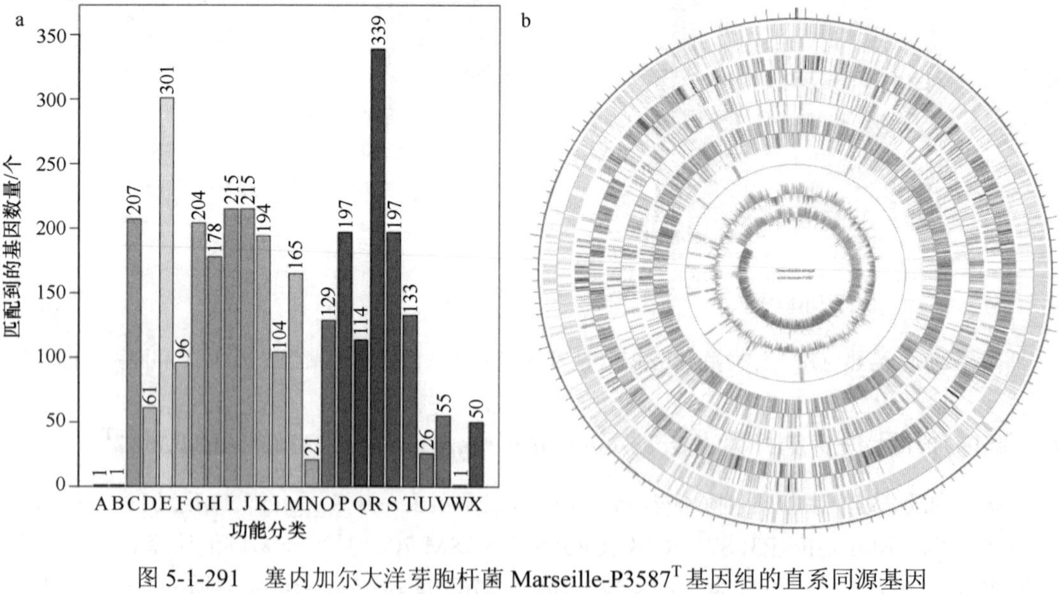


图 5-1-291　塞内加尔大洋芽胞杆菌 Marseille-P3587$^T$ 基因组的直系同源基因聚类分析（a）和圈图（b）

### 18. 大豆大洋芽胞杆菌（*Oceanobacillus sojae*）SK-2

大豆大洋芽胞杆菌（*Oceanobacillus sojae* corrig. Tominaga et al. 2009，sp. nov.）的模式菌株（Y27$^T$ =CIP 109918$^T$ =JCM 15792$^T$ =NRRL B-59181$^T$）分离自日本 1 个豆浆机的表面，嗜盐，生长条件为 15～45℃（最适 30～35℃）、pH 6.0～10.0（最适 pH 8.5）、0～

15%（*W*/*V*）NaCl（最适 5%～12%），好氧，产芽胞（Tominaga et al.，2009）。目前，该种仅有 1 个基因组，非模式菌株 SK-2 基因组的 GenBank 登录号为 GCA_900162665.1，测序平台为 Illumina MiSeq，于 2017 年 2 月 9 日由法国热带传染病研究中心（Unité de Recherche en Maladies Infectieuses et Tropicales Emergentes）提交。

**【基因组的组装】**菌株 SK-2 基因组的测序深度为 301 X，基因组大小为 4.800 Mb，组装到 19 个 scaffolds，scaffold $N_{50}$ 为 1 178 197 bp。**【G+C 含量】**38.33%。**【非编码 RNA】**预测到 14 个 rRNA 基因（5S rRNA 7 个、16S rRNA 3 个、23S rRNA 4 个），69 个 tRNA 基因，41 个 sRNA 基因。**【编码基因】**有 4892 个蛋白质编码基因，编码区总长为 4 053 813 bp，占整个基因组的 84.45%，基因的平均长度为 829 bp。**【基因功能注释】**比对到 KEGG、COG 和 GO 数据库的基因数量分别为 4145 个、3367 个和 3410 个，预测到分泌蛋白编码基因 87 个；在 24 个 COG 功能类群中，基因数量前 10 位的类群分别是：R. 仅一般功能预测 379 个，E. 氨基酸转运与代谢 366 个，G. 碳水化合物转运与代谢 362 个，K. 转录 358 个，J. 翻译、核糖体结构与合成 258 个，P. 无机离子转运与代谢 240 个，S. 功能未知 220 个，T. 信号转导机制 198 个，C. 能量产生与转换 186 个和 H. 辅酶转运与代谢 186 个（图 5-1-292a）。**【重复序列】**预测到的重复序列包括：LTR 86 个，总长为 6224 bp，平均长度为 72 bp；DNA 重复元件 17 个，总长为 1066 bp，平均长度为 63 bp；LINE 27 个，总长为 1496 bp，平均长度为 55 bp；SINE 9 个，总长为 670 bp，平均长度为 74 bp；TR 98 个，重复序列长度为 9～1544 bp，总长为 27 217 bp；小卫星 DNA 75 个，重复序列长度为 11～42 bp，总长为 3956 bp；未预测到微卫星 DNA。**【CRISPR】**预测到 26 个 CRISPR 相关序列。**【基因岛】**预测到 15 个基因岛 GI 01～GI 15，长度为 3643～68 496 bp，其 G+C 含量为 31.78%～44.29%。利用已预测得到的基因组信息，如重复序列、G+C 含量等，应用 CIRCOS 工具绘制其基因组圈图（图 5-1-292b）。

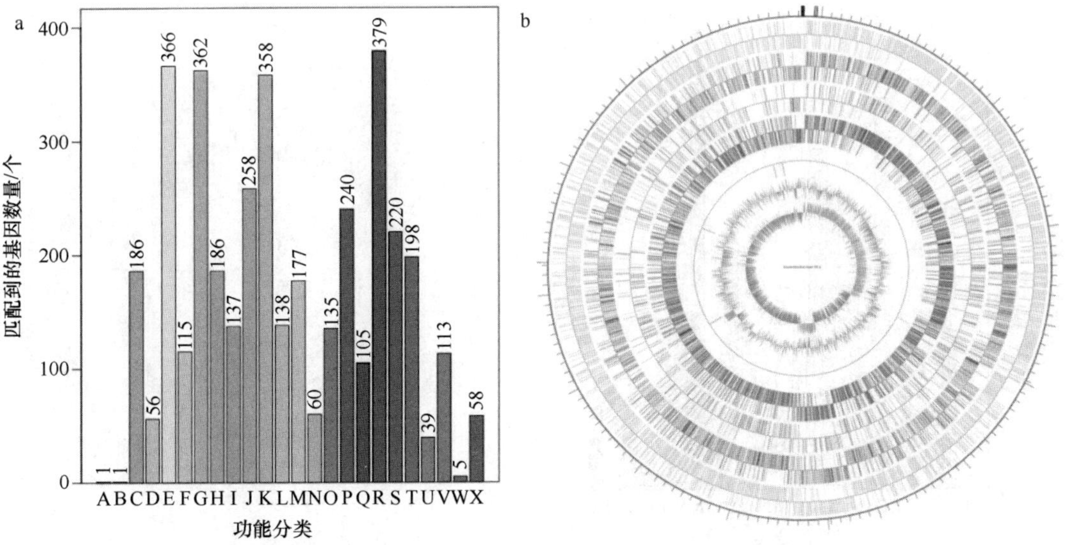


图 5-1-292　大豆大洋芽胞杆菌 SK-2 基因组的直系同源基因聚类分析（a）和圈图（b）

## 19. 泰门大洋芽胞杆菌（*Oceanobacillus timonensis*）Marseille-P3532$^{T}$

泰门大洋芽胞杆菌（*Oceanobacillus timonensis* Senghor et al. 2019，sp. nov.）的模式菌株（Marseille-P3532$^{T}$ =CSUR P3532$^{T}$ =DSM 70981$^{T}$）分离自健康塞内加尔青年人的粪便，嗜盐，生长条件为 25～45℃（最适 37℃）、pH 5.0～9.0（最适 pH 7.5）、0.5%～20%（*W/V*）NaCl（最适 7.5%），好氧，产芽胞（Senghor et al.，2019）。目前，该种仅有 1 个基因组，模式菌株 Marseille-P3532$^{T}$ 基因组的 GenBank 登录号为 GCA_900166635.1，测序平台为 Illumina MiSeq，于 2017 年 3 月 24 日由法国热带传染病研究中心（Unité de Recherche en Maladies Infectieuses et Tropicales Emergentes）提交。

**【基因组的组装】**菌株 Marseille-P3532$^{T}$ 基因组的测序深度为 224 X，基因组大小为 4.485 Mb，组装到 4 个 scaffolds，scaffold $N_{50}$ 为 4 430 231 bp。**【G+C 含量】**38.77%。**【非编码 RNA】**预测到 16 个 rRNA 基因（5S rRNA 5 个、16S rRNA 6 个、23S rRNA 5 个），71 个 tRNA 基因，20 个 sRNA 基因。**【编码基因】**有 4616 个蛋白质编码基因，编码区总长为 3 787 752 bp，占整个基因组的 84.45%，基因的平均长度为 821 bp。**【基因功能注释】**比对到 KEGG、COG 和 GO 数据库的基因数量分别为 3856 个、3116 个和 3153 个，预测到分泌蛋白编码基因 84 个；在 23 个 COG 功能类群中，基因数量前 10 位的类群分别是：R. 仅一般功能预测 406 个，G. 碳水化合物转运与代谢 339 个，E. 氨基酸转运与代谢 316 个，K. 转录 301 个，J. 翻译、核糖体结构与合成 243 个，P. 无机离子转运与代谢 215 个，S. 功能未知 214 个，C. 能量产生与转换 212 个，H. 辅酶转运与代谢 189 个和 M. 细胞壁/膜/包膜生物合成 164 个（图 5-1-293a）。**【重复序列】**预测到的重复序列包括：LTR 66 个，总长为 5627 bp，平均长度为 85 bp；DNA 重复元件 18 个，总长为 1107 bp，平均长度为 62 bp；LINE 14 个，总长为 903 bp，平均长度为 65 bp；

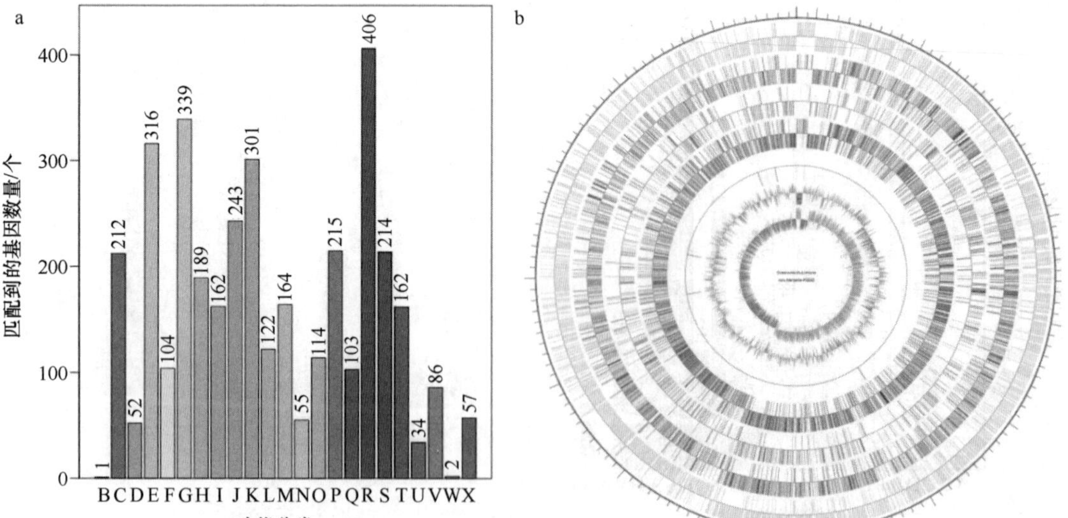


图 5-1-293 泰门大洋芽胞杆菌 Marseille-P3532$^{T}$ 基因组的直系同源基因聚类分析（a）和圈图（b）

SINE 5 个，总长为 415 bp，平均长度为 83 bp；RC 2 个，总长为 170 bp，平均长度为 85 bp；TR 114 个，重复序列长度为 3～1590 bp，总长为 15 471 bp；小卫星 DNA 90 个，重复序列长度为 10～45 bp，总长为 6019 bp；微卫星 DNA 2 个，重复序列长度为 3～6 bp，总长为 179 bp。**【CRISPR】**未预测到 CRISPR 相关序列。**【基因岛】**预测到 15 个基因岛 GI 01～GI 15，长度为 4154～21 897 bp，其 G+C 含量为 33.63%～41.53%。利用已预测得到的基因组信息，如重复序列、G+C 含量等，应用 CIRCOS 工具绘制其基因组圈图（图 5-1-293b）。

## 二十五、鸟氨酸芽胞杆菌属

鸟氨酸芽胞杆菌属（*Ornithinibacillus* Mayr et al. 2006，gen. nov）于 2006 年建立（Mayr et al.，2006），包含 12 种，模式种为巴伐利亚鸟氨酸芽胞杆菌（*Ornithinibacillus bavariensis* Mayr et al. 2006，sp. nov.），好氧，产芽胞。目前，该属有 4 个已知种类和 1 个未定种菌株的 5 个基因组被测序。

### 1. 加利福尼亚鸟氨酸芽胞杆菌（*Ornithinibacillus californiensis*）DSM 16628$^T$

加利福尼亚鸟氨酸芽胞杆菌（*Ornithinibacillus californiensis* Mayr et al. 2006，sp. nov.）的模式菌株（MB-9$^T$ =DSM 16628$^T$ =CCM 7237$^T$）分离自美国加利福尼亚州的圣迭戈教会湾的沉积物，嗜盐，生长条件为 10～37℃（最适 30℃）、pH 5.0～9.0、0.5%～12%（*W*/*V*）NaCl（最适 0.5%～8%），严格好氧，产芽胞（Mayr et al.，2006）。目前，该种仅有 1 个基因组，模式菌株 DSM 16628$^T$ 基因组的 GenBank 登录号为 GCA_001038485.1，测序平台为 Illumina MiSeq，于 2015 年 6 月 23 日由浙江大学（Zhejiang University）提交。

**【基因组的组装】**菌株 DSM 16628$^T$ 基因组的测序深度为 145 X，基因组大小为 3.980 Mb，组装到 70 个 contigs，contig $N_{50}$ 为 108 600 bp。**【G+C 含量】**36.96%。**【非编码 RNA】**预测到 11 个 rRNA 基因（5S rRNA 8 个、16S rRNA 0 个、23S rRNA 3 个），60 个 tRNA 基因，1 个 sRNA 基因。**【编码基因】**有 4120 个蛋白质编码基因，编码区总长为 3 432 717 bp，占整个基因组的 86.25%，基因的平均长度为 833 bp。**【基因功能注释】**比对到 KEGG、COG 和 GO 数据库的基因数量分别为 3544 个、2737 个和 2787 个，预测到分泌蛋白编码基因 76 个；在 24 个 COG 功能类群中，基因数量前 10 位的类群分别是：R. 仅一般功能预测 305 个，E. 氨基酸转运与代谢 279 个，J. 翻译、核糖体结构与合成 240 个，K. 转录 227 个，S. 功能未知 201 个，M. 细胞壁/膜/包膜生物合成 183 个，P. 无机离子转运与代谢 180 个，T. 信号转导机制 167 个，C. 能量产生与转换 157 个和 G. 碳水化合物转运与代谢 149 个（图 5-1-294a）。**【重复序列】**预测到的重复序列包括：LTR 102 个，总长为 6632 bp，平均长度为 65 bp；DNA 重复元件 31 个，总长为 1970 bp，平均长度为 64 bp；LINE 22 个，总长为 1732 bp，平均长度为 79 bp；SINE 9 个，总长为 652 bp，平均长度为 72 bp；RC 2 个，总长为 99 bp，平均长度为 50 bp；未知序列 3 个，总长为 268 bp，平均长度为 89 bp；TR 199 个，重复序列长度为 3～339 bp，总长为 22 125 bp；小卫星 DNA 149 个，重复序列长度为 10～53 bp，总长为 18 578 bp；微卫星 DNA 6 个，重复序列长度为 3～6 bp，总长为 277 bp。【**CRISPR**】预测到 35 个 CRISPR 相关序列。【**基因岛**】预测到 4 个基因岛 GI 01～GI 04，长度为 5409～21 985 bp，其 G+C 含量为 34.91%～38.26%。利用已预测得到的基因组信息，如重复序列、G+C 含量等，应用 CIRCOS 工具绘制其基因组圈图（图 5-1-294b）。

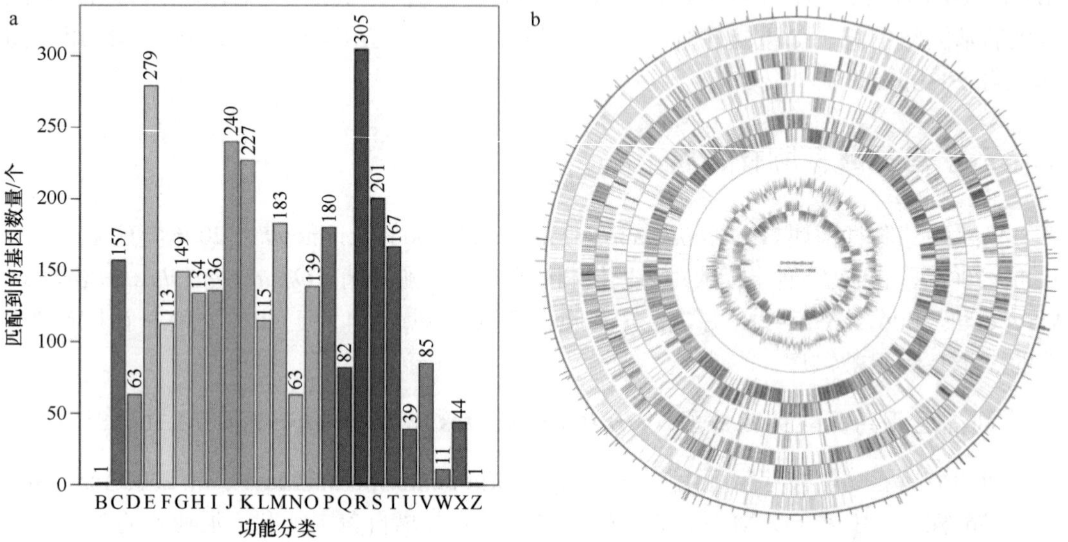


图 5-1-294　加利福尼亚鸟氨酸芽胞杆菌 DSM 16628$^T$ 基因组的直系同源基因聚类分析（a）和圈图（b）

## 2. 污血鸟氨酸芽胞杆菌（*Ornithinibacillus contaminans*）DSM 22953$^T$

污血鸟氨酸芽胞杆菌（*Ornithinibacillus contaminans* Kämpfer et al. 2010，sp. nov.）的模式菌株（CCUG 53201$^T$ =DSM 22953$^T$）分离自瑞典哥德堡 1 位 75 岁妇女的血液，嗜盐，生长条件为 20～45℃（最适 30℃）、pH 6.5～9.5（最适 pH 7.0～9.0）、0～6%（*W*/*V*）NaCl，严格好氧，产芽胞（Kämpfer et al.，2010）。目前，该种仅有 1 个基因组，模式菌株 DSM 22953$^T$ 基因组的 GenBank 登录号为 GCA_001038425.2，测序平台为 Illumina MiSeq，于 2015 年 8 月 25 日由浙江大学（Zhejiang University）提交。

【**基因组的组装**】菌株 DSM 22953$^T$ 基因组的测序深度为 122 X，基因组大小为 3.389 Mb，组装到 53 个 contigs，contig $N_{50}$ 为 149 722 bp。【**G+C 含量**】38.01%。【**非编码 RNA**】预测到 10 个 rRNA 基因（5S rRNA 5 个、16S rRNA 1 个、23S rRNA 4 个），56 个 tRNA 基因，4 个 sRNA 基因。【**编码基因**】有 3479 个蛋白质编码基因，编码区总长为 2 911 737 bp，占整个基因组的 85.92%，基因的平均长度为 837 bp。【**基因功能注释**】比对到 KEGG、COG 和 GO 数据库的基因数量分别为 3035 个、2385 个和 2422 个，预测到分泌蛋白编码基因 57 个；在 24 个 COG 功能类群中，基因数量前 10 位的类群分别是：R. 仅一般功能预测 245 个，J. 翻译、核糖体结构与合成 216 个，K. 转录 214 个，E. 氨基酸转运与代谢 205 个，S. 功能未知 171 个，G. 碳水化合物转运与代谢 164 个，P. 无机离子转运与代谢 151 个，T. 信号转导机制 149 个，M. 细胞壁/膜/包膜生物合成 143 个和 C. 能量产生与转换 132 个（图 5-1-295a）。【**重复序列**】预测到的重复序列包括：

LTR 76 个，总长为 5438 bp，平均长度为 72 bp；DNA 重复元件 25 个，总长为 1546 bp，平均长度为 62 bp；LINE 26 个，总长为 1529 bp，平均长度为 59 bp；SINE 9 个，总长为 637 bp，平均长度为 71 bp；RC 1 个，长度为 47 bp；TR 162 个，重复序列长度为 3～252 bp，总长为 14 430 bp；小卫星 DNA 133 个，重复序列长度为 12～60 bp，总长为 12 264 bp；微卫星 DNA 2 个，重复序列长度为 3～5 bp，总长为 88 bp。**【CRISPR】**预测到 10 个 CRISPR 相关序列。**【基因岛】**预测到 8 个基因岛 GI 01～GI 08，长度为 5730～16 666 bp，其 G+C 含量为 31.99%～37.68%。利用已预测得到的基因组信息，如重复序列、G+C 含量等，应用 CIRCOS 工具绘制其基因组圈图（图 5-1-295b）。

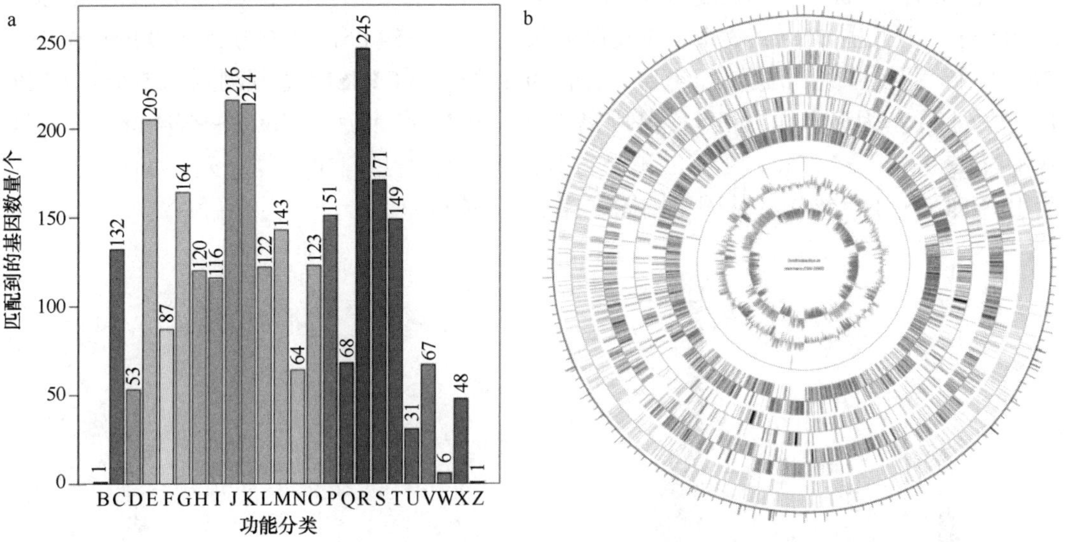


图 5-1-295　污血鸟氨酸芽胞杆菌 DSM 22953$^T$ 基因组的直系同源基因聚类分析（a）和圈图（b）

### 3. 喜盐鸟氨酸芽胞杆菌（*Ornithinibacillus halophilus*）IBRC-M 10683$^T$

喜盐鸟氨酸芽胞杆菌（*Ornithinibacillus halophilus* Bagheri et al. 2013，sp. nov.）的模式菌株（G8B$^T$ =IBRC-M 10683$^T$=KCTC 13822$^T$）分离自伊朗的超盐湖水，嗜盐，生长条件为 20～55℃（最适 35～40℃）、pH 6.5～8.5（最适 pH 7.5～8.0）、0.5%～12.5%（*W*/*V*）NaCl（最适 5%～7.5%），好氧，产芽胞（Bagheri et al.，2013）。目前，该种仅有 1 个基因组，模式菌株 IBRC-M 10683$^T$ 基因组的 GenBank 登录号为 GCA_900129485.1，测序平台为 Illumina HiSeq，于 2016 年 12 月 3 日由美国能源部联合基因组研究所（DOE Joint Genome Institute）提交。

**【基因组的组装】**菌株 IBRC-M 10683$^T$ 基因组的测序深度为 375 X，基因组大小为 3.464 Mb，组装到 109 个 scaffolds，scaffold $N_{50}$ 为 57 438 bp。**【G+C 含量】**35.85%。**【非编码 RNA】**预测到 8 个 rRNA 基因（5S rRNA 7 个、16S rRNA 1 个、23S rRNA 0 个），58 个 tRNA 基因，3 个 sRNA 基因。**【编码基因】**有 3527 个蛋白质编码基因，编码区总长为 2 945 805 bp，占整个基因组的 85.04%，基因的平均长度为 837 bp。**【基因功能注释】**比对到 KEGG、COG 和 GO 数据库的基因数量分别为 3013 个、2377 个和 2409 个，

预测到分泌蛋白编码基因 68 个；在 23 个 COG 功能类群中，基因数量前 10 位的类群分别是：R. 仅一般功能预测 259 个，E. 氨基酸转运与代谢 220 个，J. 翻译、核糖体结构与合成 211 个，K. 转录 192 个，S. 功能未知 190 个，T. 信号转导机制 150 个，C. 能量产生与转换 149 个，P. 无机离子转运与代谢 148 个，M. 细胞壁/膜/包膜生物合成 142 个和 O. 翻译后修饰、蛋白质周转与分子伴侣 136 个（图 5-1-296a）。**【重复序列】**预测到的重复序列包括：LTR 103 个，总长为 6180 bp，平均长度为 60 bp；DNA 重复元件 42 个，总长为 2689 bp，平均长度为 64 bp；LINE 21 个，总长为 1273 bp，平均长度为 61 bp；SINE 4 个，总长为 301 bp，平均长度为 75 bp；RC 1 个，长度为 66 bp；未知序列 3 个，总长为 246 bp，平均长度为 82 bp；TR 315 个，重复序列长度为 3～627 bp，总长为 36 915 bp；小卫星 DNA 233 个，重复序列长度为 11～54 bp，总长为 29 879 bp；微卫星 DNA 5 个，重复序列长度为 3～6 bp，总长为 217 bp。**【CRISPR】**预测到 125 个 CRISPR 相关序列。**【基因岛】**预测到 5 个基因岛 GI 01～GI 05，长度为 3606～9894 bp，其 G+C 含量为 33.72%～34.87%。利用已预测得到的基因组信息，如重复序列、G+C 含量等，应用 CIRCOS 工具绘制其基因组圈图（图 5-1-296b）。

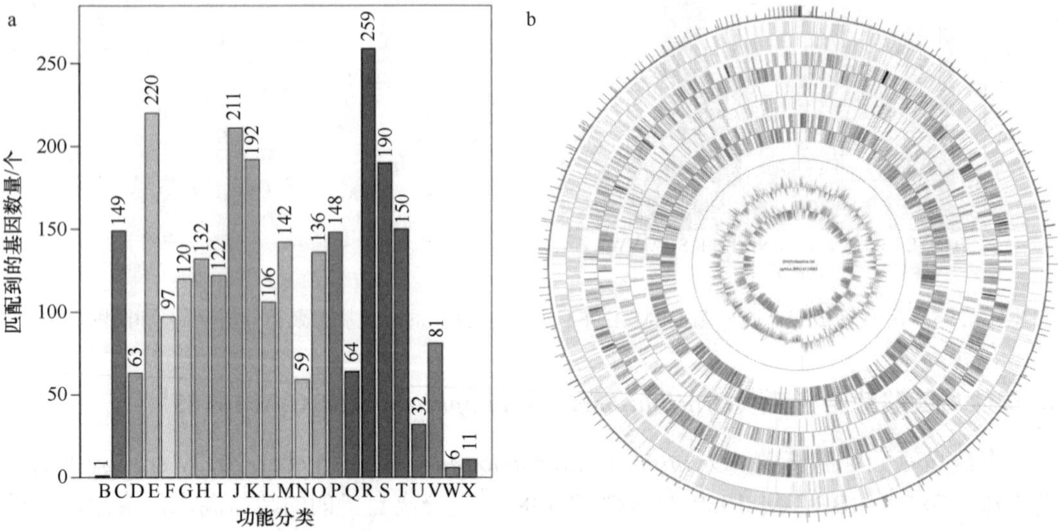


图 5-1-296　喜盐鸟氨酸芽胞杆菌 IBRC-M 10683$^T$ 基因组的直系同源基因聚类分析（a）和圈图（b）

## 4. 拾蛤鸟氨酸芽胞杆菌（*Ornithinibacillus scapharcae*）TW25$^T$

拾蛤鸟氨酸芽胞杆菌（*Ornithinibacillus scapharcae* Shin et al. 2012，sp. nov.）的模式菌株（TW25$^T$=KACC 15116$^T$ =JCM 17314$^T$）分离自韩国南部发生海产大面积死亡事件的死拾蛤，嗜盐，生长条件为 10～37℃（最适 30℃）、pH 7.0～10.0（最适 pH 8.0～9.0）、0～5%（*W*/*V*）NaCl（最适 1%），严格好氧，产芽胞（Shin et al.，2012）。目前，该种仅有 1 个基因组，模式菌株 TW25$^T$ 基因组的 GenBank 登录号为 GCA_000190475.2，测序平台为 454 FLX，于 2011 年 2 月 25 日由韩国庆熙大学（Kyung Hee University）提交。

**【基因组的组装】**菌株 TW25$^T$ 基因组的测序深度为 22 X，基因组大小为 3.844 Mb，组装到 75 个 contigs，contig $N_{50}$ 为 103 447 bp。**【G+C 含量】**36.71%。**【非编码 RNA】**预测到 4 个 rRNA 基因（5S rRNA 2 个、16S rRNA 1 个、23S rRNA 1 个），54 个 tRNA 基因，4 个 sRNA 基因。**【编码基因】**有 4027 个蛋白质编码基因，编码区总长为 3 300 642 bp，占整个基因组的 85.86%，基因的平均长度为 820 bp。**【基因功能注释】**比对到 KEGG、COG 和 GO 数据库的基因数量分别为 3405 个、2652 个和 2740 个，预测到分泌蛋白编码基因 58 个；在 24 个 COG 功能类群中，基因数量前 10 位的类群分别是：R. 仅一般功能预测 300 个，K. 转录 257 个，E. 氨基酸转运与代谢 243 个，J. 翻译、核糖体结构与合成 237 个，S. 功能未知 197 个，G. 碳水化合物转运与代谢 184 个，T. 信号转导机制 178 个，P. 无机离子转运与代谢 160 个，M. 细胞壁/膜/包膜生物合成 156 个和 C. 能量产生与转换 142 个（图 5-1-297a）。**【重复序列】**预测到的重复序列包括：LTR 78 个，总长为 4813 bp，平均长度为 62 bp；DNA 重复元件 33 个，总长为 2221 bp，平均长度为 67 bp；LINE 23 个，总长为 1451 bp，平均长度为 63 bp；SINE 6 个，总长为 489 bp，平均长度为 82 bp；RC 1 个，长度为 55 bp；未知序列 1 个，长度为 65 bp；TR 115 个，重复序列长度为 3～372 bp，总长为 11 416 bp；小卫星 DNA 93 个，重复序列长度为 10～52 bp，总长为 7341 bp；微卫星 DNA 2 个，重复序列长度为 3～6 bp，总长为 68 bp。**【CRISPR】**预测到 7 个 CRISPR 相关序列。**【基因岛】**预测到 5 个基因岛 GI 01～GI 05，长度为 5907～13 421 bp，其 G+C 含量为 36.57%～41.56%。利用已预测得到的基因组信息，如重复序列、G+C 含量等，应用 CIRCOS 工具绘制其基因组圈图（图 5-1-297b）。

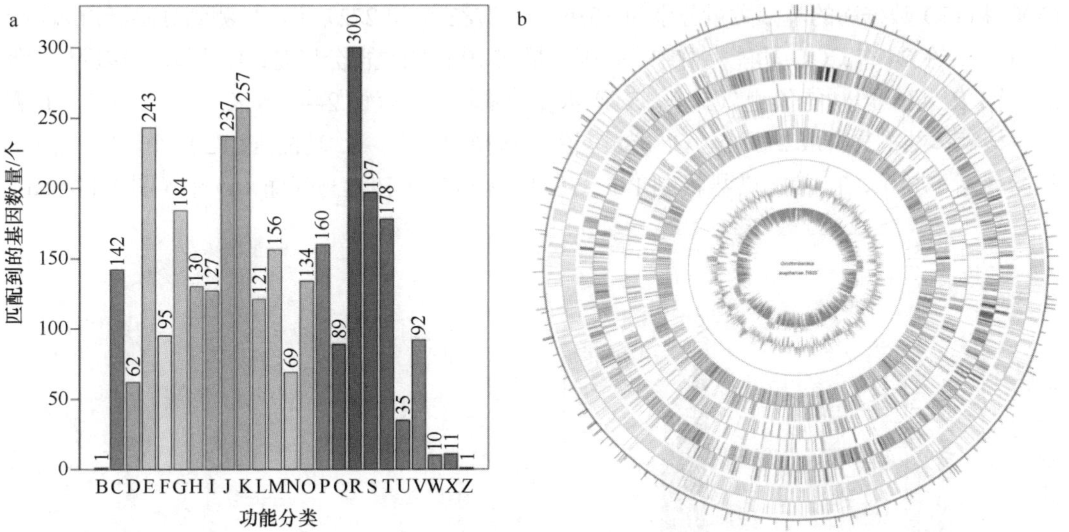


图 5-1-297 拾蛤鸟氨酸芽胞杆菌 TW25$^{T}$ 基因组的直系同源基因聚类分析（a）和圈图（b）

## 二十六、副地芽胞杆菌属

2016 年，基于基因组分类学指标，研究人员将 4 个属于地芽胞杆菌属（*Geobacillus*）的种独立出来，建立了副地芽胞杆菌属（*Parageobacillus* Aliyu et al. 2016，gen. nov.）

（Aliyu et al.，2016），均嗜热、好氧、产芽胞。目前，该属有 4 个已知种类和 1 个未定种菌株的 18 个基因组被测序。

### 1. 热解木糖副地芽胞杆菌（*Parageobacillus caldoxylosilyticus*）NBRC 107762$^T$

热解木糖副地芽胞杆菌［*Parageobacillus caldoxylosilyticus* (Ahmad et al. 2000) Aliyu et al. 2016，comb. nov.］的模式菌株（S1812$^T$ =NBRC 107762$^T$ =ATCC 700356$^T$ =DSM 97-987$^T$）分离自澳大利亚墨尔本的土壤，嗜热，生长温度为 43～75℃（最适 65℃），pH 6.8～7.2，解木糖，好氧，产芽胞。2000 年被命名为热解木糖糖球菌（*Saccharococcus caldoxylosilyticus*）（Ahmad et al.，2000），2001 年被重分类为热解木糖地芽胞杆菌（*Geobacillus caldoxylosilyticus*）（Fortina et al.，2001a），2016 年再次被重分类为热解木糖副地芽胞杆菌（*Parageobacillus caldoxylosilyticus*）（Aliyu et al.，2016）。目前，该种有 3 个基因组，选择组装水平较高的模式菌株 NBRC 107762$^T$ 的基因组进行描述，其 GenBank 登录号为 GCA_000632715.1，测序平台为 454 FLX+Illumina HiSeq，于 2014 年 4 月 11 日由日本国立技术与评价研究所（National Institute of Technology and Evaluation）提交。

**【基因组的组装】**菌株 NBRC 107762$^T$ 基因组的测序深度为 193 X，基因组大小为 3.799 Mb，组装到 130 个 contigs，contig $N_{50}$ 为 56 689 bp。**【G+C 含量】**43.92%。**【非编码 RNA】**预测到 4 个 rRNA 基因（5S rRNA 2 个、16S rRNA 1 个、23S rRNA 1 个），82 个 tRNA 基因，5 个 sRNA 基因。**【编码基因】**有 4086 个蛋白质编码基因，编码区总长为 3 261 789 bp，占整个基因组的 85.86%，基因的平均长度为 798 bp。**【基因功能注释】**比对到 KEGG、COG 和 GO 数据库的基因数量分别为 3536 个、2782 个和 2727 个，预测到分泌蛋白编码基因 56 个；在 24 个 COG 功能类群中，基因数量前 10 位的类群分别是：E. 氨基酸转运与代谢 317 个，R. 仅一般功能预测 265 个，G. 碳水化合物转运与代谢 244 个，K. 转录 218 个，J. 翻译、核糖体结构与合成 215 个，C. 能量产生与转换 207 个，S. 功能未知 201 个，H. 辅酶转运与代谢 178 个，T. 信号转导机制 175 个和 P. 无机离子转运与代谢 165 个（图 5-1-298a）。

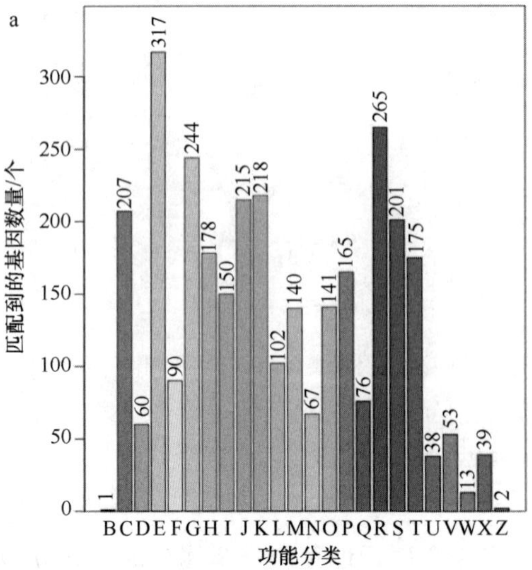


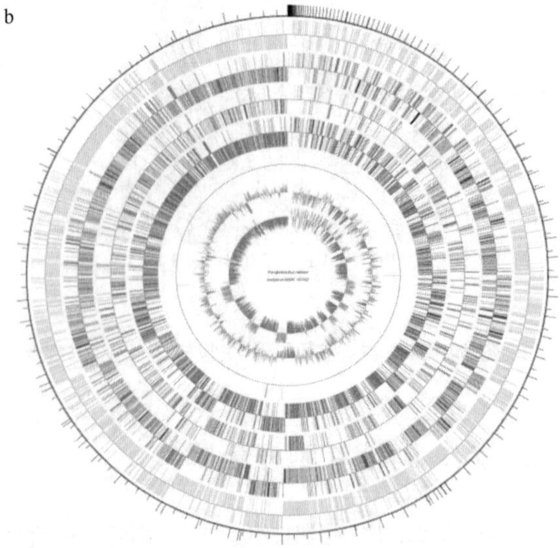


图 5-1-298　热解木糖副地芽胞杆菌 NBRC 107762$^T$ 基因组的直系同源基因聚类分析（a）和圈图（b）

**【重复序列】**预测到的重复序列包括：LTR 131 个，总长为 7697 bp，平均长度为 59 bp；DNA 重复元件 51 个，总长为 3462 bp，平均长度为 68 bp；LINE 37 个，总长为 2180 bp，平均长度为 59 bp；SINE 13 个，总长为 901 bp，平均长度为 69 bp；RC 4 个，总长为 220 bp，平均长度为 55 bp；未知序列 1 个，长度为 64 bp；TR 101 个，重复序列长度为 1～516 bp，总长为 8751 bp；小卫星 DNA 86 个，重复序列长度为 10～60 bp，总长为 4757 bp；未预测到微卫星 DNA。**【CRISPR】**未预测到 CRISPR 相关序列。**【基因岛】**预测到 11 个基因岛 GI 01～GI 11，长度为 3285～20 782 bp，其 G+C 含量为 34.67%～47.45%。利用已预测得到的基因组信息，如重复序列、G+C 含量等，应用 CIRCOS 工具绘制其基因组圈图（图 5-1-298b）。

### 2. 热南极副地芽胞杆菌（*Parageobacillus thermantarcticus*）M1$^T$

热南极副地芽胞杆菌［*Parageobacillus thermantarcticus* (Nicolaus et al. 2002) Aliyu et al. 2016，comb. nov.］的模式菌株（M1$^T$ =R-35644$^T$ =BGSC 20A1$^T$ =DSM 9572$^T$ =LMG 23032$^T$）分离自南极墨尔本山的地热土壤，嗜热、嗜酸，生长条件为 37～65℃（最适 63℃）、pH 5.5～9.0（最适 pH 6.0）、0～2%（*W*/*V*）NaCl，好氧，产芽胞。1996 年被命名为热南极芽胞杆菌（*Bacillus thermoantarcticus*）（Nicolaus et al.，1996），2012 年被重分类为热南极地芽胞杆菌（*Geobacillus thermantarcticus*）（Coorevits et al.，2012a），2016 年再次被重分类为热南极副地芽胞杆菌（*Parageobacillus thermantarcticus*）（Aliyu et al.，2016）。目前，该种仅有 1 个基因组，模式菌株 M1$^T$ 基因组的 GenBank 登录号为 GCA_900111865.1，测序平台为 Illumina HiSeq，于 2016 年 11 月 2 日由美国能源部联合基因组研究所（DOE Joint Genome Institute）提交。

**【基因组的组装】**菌株 M1$^T$基因组的测序深度为 200 X，基因组大小为 3.449 Mb，组装到 106 个 scaffolds，scaffold $N_{50}$ 为 62 351 bp。**【G+C 含量】**43.66%。**【非编码 RNA】**预测到 8 个 rRNA 基因（5S rRNA 7 个、16S rRNA 1 个、23S rRNA 0 个），78 个 tRNA 基因，4 个 sRNA 基因。**【编码基因】**有 3849 个蛋白质编码基因，编码区总长为 2 963 865 bp，占整个基因组的 85.93%，基因的平均长度为 770 bp。**【基因功能注释】**比对到 KEGG、COG 和 GO 数据库的基因数量分别为 3273 个、2481 个和 2462 个，预测到分泌蛋白编码基因 51 个；在 23 个 COG 功能类群中，基因数量前 10 位的类群分别是：E. 氨基酸转运与代谢 246 个，R. 仅一般功能预测 243 个，J. 翻译、核糖体结构与合成 209 个，K. 转录 198 个，S. 功能未知 183 个，G. 碳水化合物转运与代谢 179 个，H. 辅酶转运与代谢 166 个，C. 能量产生与转换 163 个，T. 信号转导机制 161 个和 P. 无机离子转运与代谢 136 个（图 5-1-299a）。**【重复序列】**预测到的重复序列包括：LTR 127 个，总长为 7937 bp，平均长度为 62 bp；DNA 重复元件 54 个，总长为 3392 bp，平均长度为 63 bp；LINE 31 个，总长为 1552 bp，平均长度为 50 bp；SINE 14 个，总长为 951 bp，平均长度为 68 bp；RC 2 个，总长为 105 bp，平均长度为 53 bp；未知序列 3 个，总长为 192 bp，平均长度为 64 bp；TR 109 个，重复序列长度为 6～223 bp，总长为 7233 bp；小卫星 DNA 89 个，重复序列长度为 10～43 bp，总长为 5261 bp；微卫星 DNA 2 个，重复序列长度为 6 bp，总长为 64 bp。**【CRISPR】**预测到 83 个 CRISPR 相关序列。**【基因岛】**预测到 6 个基因岛 GI 01～GI 06，长度为 4571～12 298 bp，其 G+C 含量为 33.4%～43.76%。利用已预测得到的基因组信息，如重复序列、G+C 含量等，应用 CIRCOS 工具绘制其基因组圈图（图 5-1-299b）。

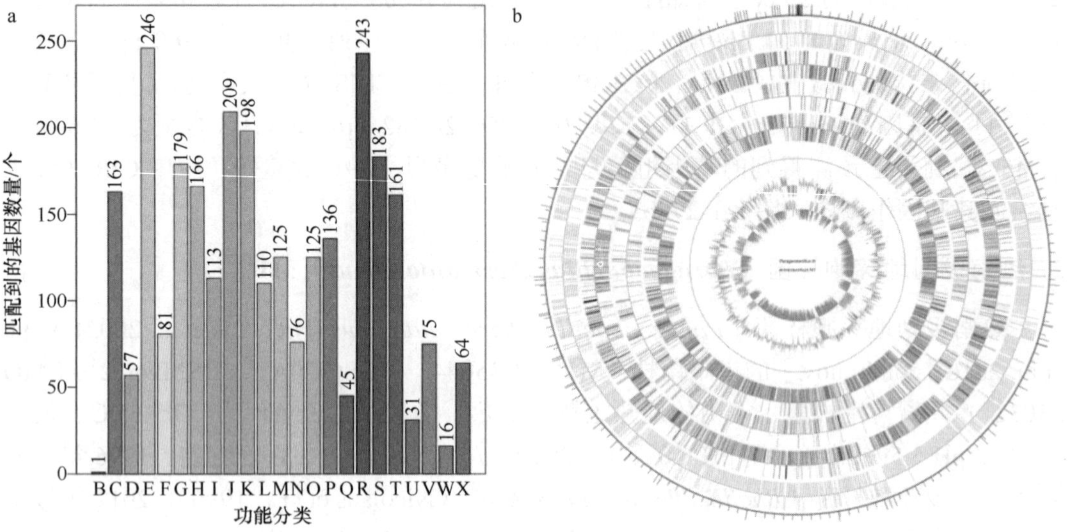


图 5-1-299　热南极副地芽胞杆菌 $M1^T$ 基因组的直系同源基因聚类分析（a）和圈图（b）

### 3. 热稳葡萄糖苷酶副地芽胞杆菌（*Parageobacillus thermoglucosidans*）DSM $2542^T$

热稳葡萄糖苷酶副地芽胞杆菌［*Parageobacillus thermoglucosidans* (Suzuki et al. 1984) Aliyu et al. 2016，comb. nov.］的模式菌株（KP $1006^T$ =R-$35637^T$ =ATCC $43742^T$ =CCUG $28887^T$ =CIP $106930^T$ =DSM $2542^T$ =LMG $7137^T$ =NCIMB $11955^T$ =NRRL B-$14516^T$）分离自日本的土壤，嗜热，生长条件为 42～69℃（最适 61～63℃）、pH 6.5～8.5，好氧，产芽胞。1983 年被命名为热稳葡萄糖苷酶芽胞杆菌（*Bacillus thermoglucosidasius*）（Suzuki et al.，1983），2001 年被重分类为热稳葡萄糖苷酶地芽胞杆菌（*Geobacillus thermoglucosidasius*）（Nazina et al.，2001），2016 年再次被重分类为热稳葡萄糖苷酶副地芽胞杆菌（*Parageobacillus thermoglucosidans*）（Aliyu et al.，2016）。目前，该种有 10 个基因组，选择组装到完成图水平的模式菌株 DSM $2542^T$ 的基因组进行描述，其 GenBank 登录号为 GCA_001295365.1，测序平台为 PacBio，于 2015 年 9 月 22 日由中国科学院（Chinese Academy of Sciences）提交。

**【基因组的组装】**菌株 DSM $2542^T$ 基因组的测序深度为 30 X，基因组大小为 3.873 Mb，组装到完成图水平，包括 1 条染色体。**【G+C 含量】**43.89%。**【非编码 RNA】**预测到 27 个 rRNA 基因（5S rRNA 7 个、16S rRNA 10 个、23S rRNA 10 个），90 个 tRNA 基因，5 个 sRNA 基因。**【编码基因】**有 4308 个蛋白质编码基因，编码区总长为 3 346 767 bp，占整个基因组的 86.41%，基因的平均长度为 777 bp。**【基因功能注释】**比对到 KEGG、COG 和 GO 数据库的基因数量分别为 3764 个、2830 个和 2781 个，预测到分泌蛋白编码基因 60 个；在 24 个 COG 功能类群中，基因数量前 10 位的类群分别是：E. 氨基酸转运与代谢 307 个，R. 仅一般功能预测 281 个，K. 转录 227 个，C. 能量产生与转换 222 个，J. 翻译、核糖体结构与合成 216 个，G. 碳水化合物转运与代谢 210 个，P. 无机离子转运与代谢 187 个，H. 辅酶转运与代谢 186 个，S. 功能未知 185 个和 T. 信号转导机制 176 个（图 5-1-300a）。**【重复序列】**预测到的重复序列包括：LTR 172 个，总长为 12 455 bp，平均长度为 72 bp；DNA 重复元件 54 个，总长为 3504 bp，平均长度为 65 bp；LINE 59 个，总长为 3340 bp，平均长度为 57 bp；SINE 17 个，总长为 1375 bp，平均长度为 81 bp；RC 7 个，总长为 433 bp，平均长度为 62 bp；未知序列 2 个，总长为 97 bp，平均长度为 49 bp；TR 88 个，重复序列长度为 8～495 bp，总长为 6857 bp；小卫星 DNA 77 个，重复序列长度为 11～47 bp，总长为 3986 bp；未预测到微卫星 DNA。**【CRISPR】**预测到 164 个 CRISPR 相关序列。**【基因岛】**预测到 25 个基因岛 GI 01～GI 25，长度为 4199～78 715 bp，其 G+C 含量为 35.8%～47.25%。利用已预测得到的基因组信息，如重复序列、G+C 含量等，应用 CIRCOS 工具绘制其基因组圈图（图 5-1-300b）。

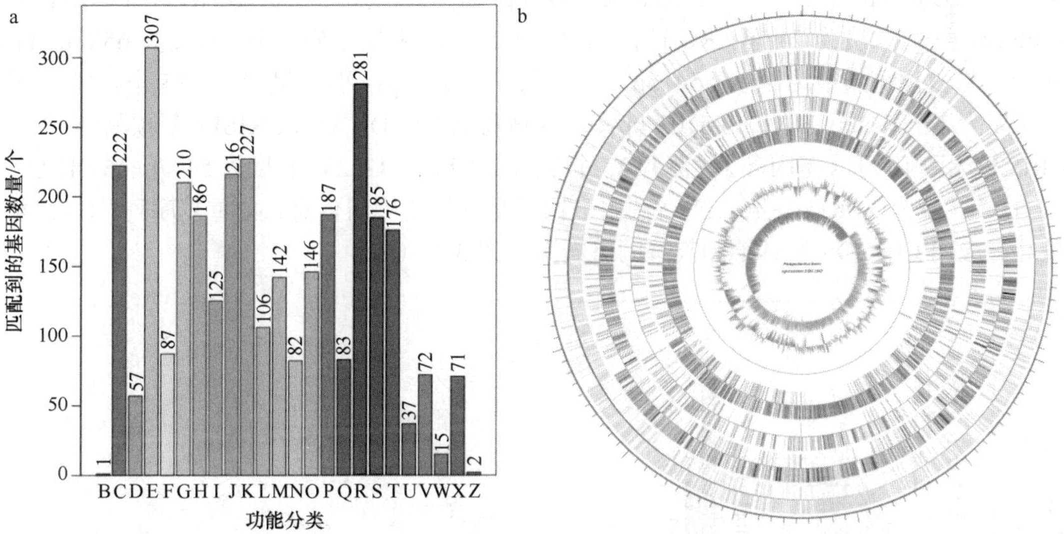


图 5-1-300　热稳葡萄糖苷酶副地芽胞杆菌 DSM 2542$^T$ 基因组的直系同源基因聚类分析（a）和圈图（b）

## 4. 就地堆肥副地芽胞杆菌（*Parageobacillus toebii*）DSM 14590$^T$

就地堆肥副地芽胞杆菌[*Parageobacillus toebii* (Sung et al. 2002) Aliyu et al. 2016, comb. nov.］的模式菌株（SK-1$^T$ =KCTC 0306BP$^T$ =DSM 14590$^T$）分离自韩国的 1 个干草堆肥，嗜热，生长条件为 45～70℃（最适 60℃）、pH 6.0～9.0（最适 pH 7.5），5%（*W*/*V*）NaCl 中不能生长，好氧，产芽胞。2002 年被命名为就地堆肥地芽胞杆菌（*Geobacillus toebii*）（Sung et al.，2002），2016 年被重分类为就地堆肥副地芽胞杆菌（*Parageobacillus toebii*）（Aliyu et al.，2016）。目前，该种有 4 个基因组，选择组装水平较高的模式菌株 DSM 14590$^T$ 的基因组进行描述，其 GenBank 登录号为 GCA_003688615.1，测序平台为 PacBio，于 2018 年 10 月 25 日由美国能源部联合基因组研究所（DOE Joint Genome Institute）提交。

**【基因组的组装】** 菌株 DSM 14590$^{T}$ 基因组的测序深度为 185 X，基因组大小为 3.323 Mb，组装到 2 个 contigs，contig $N_{50}$ 为 3 270 071 bp。**【G+C 含量】** 42.35%。**【非编码 RNA】** 预测到 28 个 rRNA 基因（5S rRNA 8 个、16S rRNA 10 个、23S rRNA 10 个），90 个 tRNA 基因，2 个 sRNA 基因。**【编码基因】** 有 3652 个蛋白质编码基因，编码区总长为 2 870 412 bp，占整个基因组的 86.38%，基因的平均长度为 786 bp。**【基因功能注释】** 比对到 KEGG、COG 和 GO 数据库的基因数量分别为 3172 个、2476 个和 2426 个，预测到分泌蛋白编码基因 38 个；在 24 个 COG 功能类群中，基因数量前 10 位的类群分别是：E. 氨基酸转运与代谢 256 个，R. 仅一般功能预测 248 个，J. 翻译、核糖体结构与合成 210 个，C. 能量产生与转换 186 个，H. 辅酶转运与代谢 176 个，S. 功能未知 176 个，K. 转录 175 个，G. 碳水化合物转运与代谢 148 个，P. 无机离子转运与代谢 147 个和 T. 信号转导机制 143 个（图 5-1-301a）。**【重复序列】** 预测到的重复序列包括：LTR 122 个，总长为 9959 bp，平均长度为 82 bp；DNA 重复元件 46 个，总长为 2976 bp，平均长度为 65 bp；LINE 45 个，总长为 2663 bp，平均长度为 59 bp；SINE 17 个，总长为 1266 bp，平均长度为 74 bp；RC 1 个，长度为 29 bp；未知序列 1 个，长度为 65 bp；TR 99 个，重复序列长度为 9～1554 bp，总长为 14 187 bp；小卫星 DNA 85 个，重复序列长度为 12～54 bp，总长为 5103 bp；未预测到微卫星 DNA。**【CRISPR】** 预测到 22 个 CRISPR 相关序列。**【基因岛】** 预测到 23 个基因岛 GI 01～GI 23，长度为 5407～46 642 bp，其 G+C 含量为 33.67%～46.71%。利用已预测得到的基因组信息，如重复序列、G+C 含量等，应用 CIRCOS 工具绘制其基因组圈图（图 5-1-301b）。

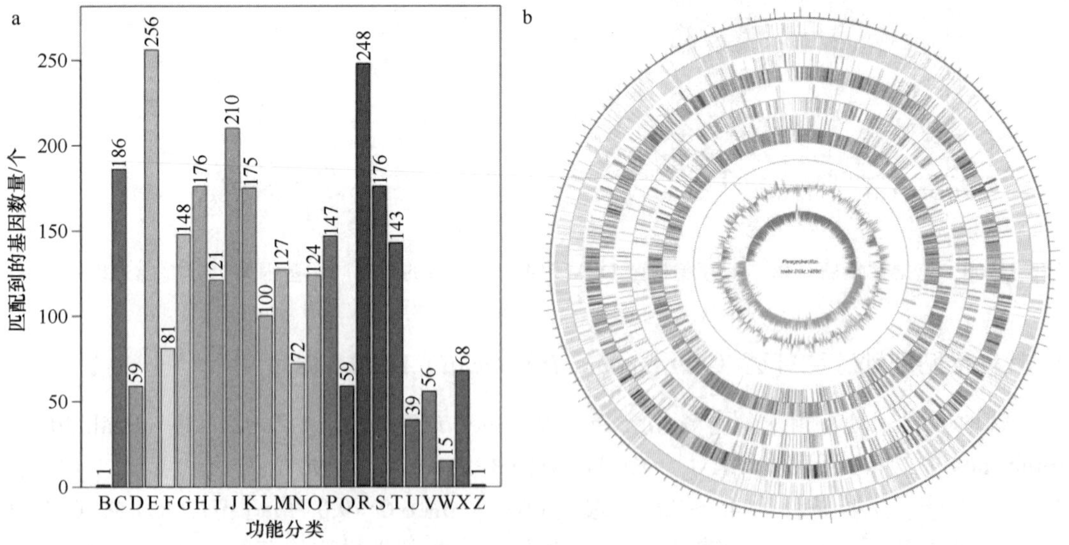


图 5-1-301　就地堆肥副地芽胞杆菌 DSM 14590$^{T}$ 基因组的直系同源基因聚类分析（a）和圈图（b）

## 二十七、海境芽胞杆菌属

海境芽胞杆菌属（*Paraliobacillus* Ishikawa et al. 2002，gen. nov.）于 2002 年建立（Ishikawa et al.，2002），包含 3 种：青海海境芽胞杆菌（*Paraliobacillus quinghaiensis* Chen et al. 2009，sp. nov.)、琉球海境芽胞杆菌(*Paraliobacillus ryukyuensis* Ishikawa et al. 2003，sp. nov.)（模式种）和沉积物海境芽胞杆菌（*Paraliobacillus sediminis* Cao et al. 2017，sp. nov.)，均嗜盐、耐盐、产芽胞。目前，该属有 3 个已知种类和 4 个未定种菌株的 8 个基因组被测序。

## 1. 青海海境芽胞杆菌（*Paraliobacillus quinghaiensis*）YIM-C158$^T$

青海海境芽胞杆菌（*Paraliobacillus quinghaiensis* Chen et al. 2009，sp. nov.）的模式菌株（YIM-C158$^T$ =DSM 17857$^T$ =CGMCC 1.6333$^T$）分离自青海柴达木盆地 1 个盐湖的沉积物，嗜盐、嗜碱，生长条件为 6～50℃（最适 37℃）、pH 6.0～10.0（最适 pH 8.0）、1%～20%（*W*/*V*）NaCl（最适 5%），严格好氧，产芽胞（Chen et al.，2009a）。目前，该种仅有 1 个基因组，模式菌株 YIM-C158$^T$基因组的 GenBank 登录号为 GCA_003426025.1，测序平台为 Illumina HiSeq，于 2018 年 8 月 23 日由中国疾病预防控制中心（Chinese Center for Disease Control and Prevention）提交。

**【基因组的组装】**菌株 YIM-C158$^T$ 基因组的测序深度为 400 X，基因组大小为 3.293 Mb，组装到 67 个 contigs，contig $N_{50}$ 为 132 255 bp。**【G+C 含量】**35.12%。**【非编码 RNA】**预测到 14 个 rRNA 基因（5S rRNA 11 个、16S rRNA 1 个、23S rRNA 1 个），63 个 tRNA 基因，6 个 sRNA 基因。**【编码基因】**有 3280 个蛋白质编码基因，编码区总长为 2 758 665 bp，占整个基因组的 83.77%，基因的平均长度为 841 bp。**【基因功能注释】**比对到 KEGG、COG 和 GO 数据库的基因数量分别为 2754 个、2212 个和 2230 个，预测到分泌蛋白编码基因 66 个；在 23 个 COG 功能类群中，基因数量前 10 位的类群分别是：R. 仅一般功能预测 230 个，J. 翻译、核糖体结构与合成 215 个，E. 氨基酸转运与代谢 192 个，K. 转录 184 个，S. 功能未知 182 个，G. 碳水化合物转运与代谢 172 个，T. 信号转导机制 156 个，P. 无机离子转运与代谢 146 个，M. 细胞壁/膜/包膜生物合成 133 个和 H. 辅酶转运与代谢 116 个（图 5-1-302a）。**【重复序列】**预测到的重复序列包括：

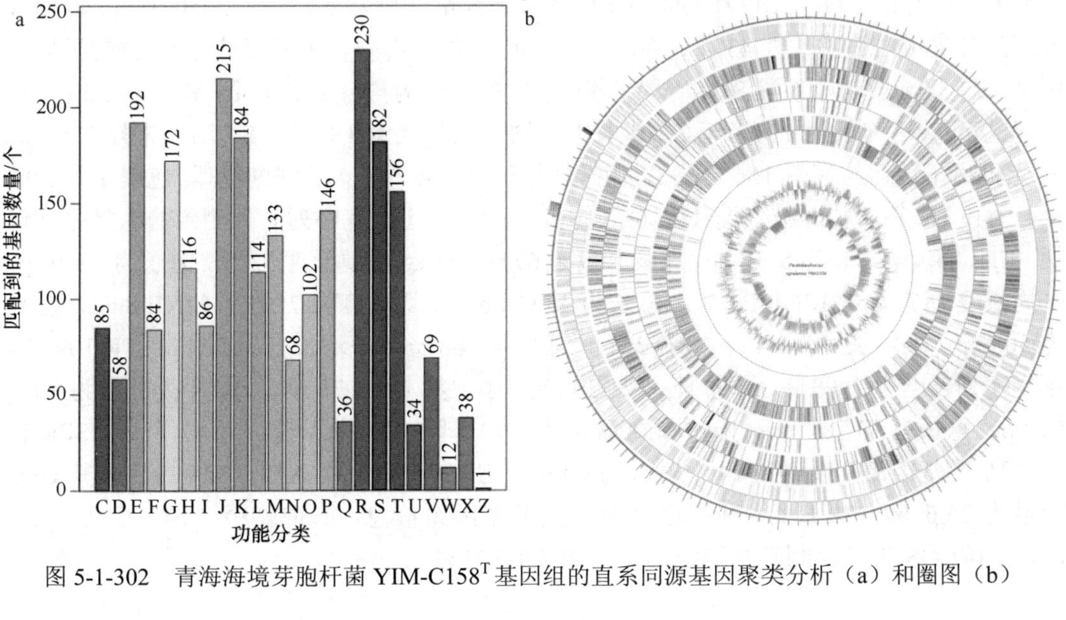


图 5-1-302 青海海境芽胞杆菌 YIM-C158$^T$ 基因组的直系同源基因聚类分析（a）和圈图（b）

LTR 84 个，总长为 5225 bp，平均长度为 62 bp；DNA 重复元件 43 个，总长为 2919 bp，平均长度为 68 bp；LINE 22 个，总长为 1374 bp，平均长度为 62 bp；SINE 7 个，总长为 557 bp，平均长度为 80 bp；RC 1 个，长度为 66 bp；未知序列 1 个，长度为 30 bp；TR 110 个，重复序列长度为 6～435 bp，总长为 10 248 bp；小卫星 DNA 92 个，重复序列长度为 12～54 bp，总长为 5909 bp；微卫星 DNA 1 个，重复序列长度为 6 bp，总长为 47 bp。**【CRISPR】**预测到 26 个 CRISPR 相关序列。**【基因岛】**预测到 5 个基因岛 GI 01～GI 05，长度为 3901～13 590 bp，其 G+C 含量为 32.91%～36.97%。利用已预测得到的基因组信息，如重复序列、G+C 含量等，应用 CIRCOS 工具绘制其基因组圈图（图 5-1-302b）。

**2. 琉球海境芽胞杆菌（*Paraliobacillus ryukyuensis*）Marseille-P3391**

琉球海境芽胞杆菌（*Paraliobacillus ryukyuensis* Ishikawa et al. 2003，sp. nov.）的模式菌株（O15-7$^T$ =DSM 15140$^T$ =IAM 15001$^T$ =NBRC 10001$^T$ =NRIC 0520$^T$）分离自日本冲绳的 1 个海藻堆肥，嗜盐、嗜碱，生长条件为 10～47.5℃（最适 37～40℃）、pH 5.5～9.5（最适 pH 7.0～8.5）、0～22%（*W*/*V*）NaCl（最适 0.75%～3%），兼性厌氧，产芽胞（Ishikawa et al.，2002）。目前，该种有 2 个基因组，选择非模式菌株 Marseille-P3391 的基因组进行描述，其 GenBank 登录号为 GCA_900168775.1，测序平台为 Illumina HiSeq，于2017年3月12日由法国热带传染病研究中心（Unité de Recherche en Maladies Infectieuses et Tropicales Emergentes）提交。

**【基因组的组装】**菌株 Marseille-P3391 基因组的测序深度为 195 X，基因组大小为 3.445 Mb，组装到 17 个 contigs，contig $N_{50}$ 为 1 040 228 bp。**【G+C 含量】**35.93%。**【非编码 RNA】**预测到 10 个 rRNA 基因（5S rRNA 7 个、16S rRNA 2 个、23S rRNA 1 个），63 个 tRNA 基因，39 个 sRNA 基因。**【编码基因】**有 3693 个蛋白质编码基因，编码区总长为 2 939 847 bp，占整个基因组的 85.34%，基因的平均长度为 796 bp。**【基因功能注释】**比对到 KEGG、COG 和 GO 数据库的基因数量分别为 2902 个、2250 个和 2467 个，预测到分泌蛋白编码基因 43 个；在 22 个 COG 功能类群中，基因数量前 10 位的类群分别是：R. 仅一般功能预测 226 个，J. 翻译、核糖体结构与合成 222 个，K. 转录 203 个，E. 氨基酸转运与代谢 191 个，G. 碳水化合物转运与代谢 182 个，S. 功能未知 170 个，P. 无机离子转运与代谢 156 个，T. 信号转导机制 146 个，M. 细胞壁/膜/包膜生物合成 144 个和 H. 辅酶转运与代谢 117 个（图 5-1-303a）。**【重复序列】**预测到的重复序列包括：LTR 85 个，总长为 5713 bp，平均长度为 67 bp；DNA 重复元件 32 个，总长为 2266 bp，平均长度为 71 bp；LINE 23 个，总长为 1734 bp，平均长度为 75 bp；SINE 8 个，总长为 508 bp，平均长度为 64 bp；RC 3 个，总长为 168 bp，平均长度为 56 bp；TR 109 个，重复序列长度为 7～311 bp，总长为 21 208 bp；小卫星 DNA 78 个，重复序列长度为 10～54 bp，总长为 13 781 bp；未预测到微卫星 DNA。**【CRISPR】**预测到 47 个 CRISPR 相关序列。**【基因岛】**预测到 14 个基因岛 GI 01～GI 14，长度为 3829～32 929 bp，其 G+C 含量为 26.61%～38.10%。利用已预测得到的基因组信息，如重复序列、G+C 含量等，应用 CIRCOS 工具绘制其基因组圈图（图 5-1-303b）。

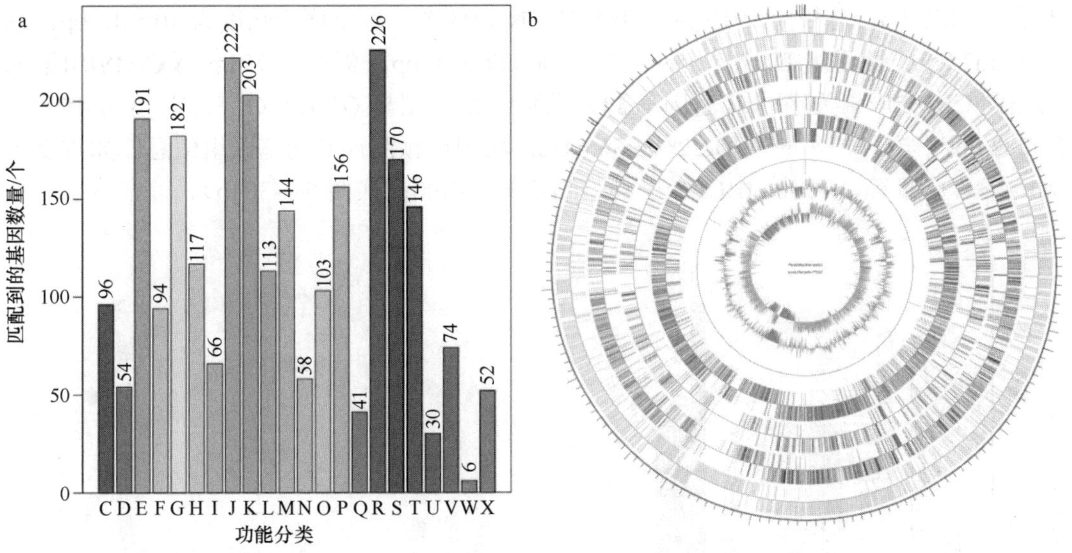


图 5-1-303　琉球海境芽胞杆菌 Marseille-P3391 基因组的直系同源基因聚类分析（a）和圈图（b）

### 3. 沉积物海境芽胞杆菌（*Paraliobacillus sediminis*）126C4$^T$

沉积物海境芽胞杆菌（*Paraliobacillus sediminis* Cao et al. 2017，sp. nov.）的模式菌株（126C4$^T$ =KCTC 33762$^T$ =MCCC 1H00136$^T$）分离自我国东海的沉积物，嗜盐，生长条件为 4～40℃（最适 28～30℃）、pH 5.5～9.0（最适 pH 7.0～7.5）、0～15%（*W*/*V*）NaCl（最适 3%～5%），兼性厌氧，产芽胞（Cao et al.，2017）。目前，该种仅有 1 个基因组，模式菌株 126C4$^T$ 基因组的 GenBank 登录号为 GCA_003426055.1，测序平台为 Illumina HiSeq，于 2018 年 8 月 23 日由中国疾病预防控制中心（Chinese Center for Disease Control and Prevention）提交。

**【基因组的组装】**菌株 126C4$^T$ 基因组的测序深度为 400 X，基因组大小为 4.167 Mb，组装到 4 个 contigs，contig $N_{50}$ 为 1 316 633 bp。**【G+C 含量】**35.25%。**【非编码 RNA】**预测到 3 个 rRNA 基因（5S rRNA 3 个、16S rRNA 0 个、23S rRNA 0 个），35 个 tRNA 基因，3 个 sRNA 基因。**【编码基因】**有 4194 个蛋白质编码基因，编码区总长为 3 588 222 bp，占整个基因组的 86.11%，基因的平均长度为 856 bp。**【基因功能注释】**比对到 KEGG、COG 和 GO 数据库的基因数量分别为 3621 个、2955 个和 2927 个，预测到分泌蛋白编码基因 85 个；在 23 个 COG 功能类群中，基因数量前 10 位的类群分别是：G. 碳水化合物转运与代谢 336 个，R. 仅一般功能预测 322 个，E. 氨基酸转运与代谢 279 个，K. 转录 245 个，J. 翻译、核糖体结构与合成 228 个，S. 功能未知 223 个，T. 信号转导机制 206 个，P. 无机离子转运与代谢 200 个，M. 细胞壁/膜/包膜生物合成 183 个和 H. 辅酶转运与代谢 177 个（图 5-1-304a）。**【重复序列】**预测到的重复序列包括：LTR 90 个，总长为 5328 bp，平均长度为 59 bp；DNA 重复元件 39 个，总长为 2164 bp，平均长度为 55 bp；LINE 22 个，总长为 1277 bp，平均长度为 58 bp；SINE 3 个，总长为 190 bp，平均长度为 63 bp；RC 4 个，总长为 212 bp，平均长度为 53 bp；TR 110 个，重复序列长度为 6～757 bp，总长为 9919 bp；小卫星 DNA 95 个，重复序列长度为 10～48 bp，总长为 5677 bp；微卫星 DNA 2 个，重复序列长度为 6 bp，总长为 55 bp。**【CRISPR】**未预测到 CRISPR 相关序列。**【基因岛】**预测到 11 个基因岛 GI 01～GI 11，长度为 4590～23 282 bp，其 G+C 含量为 31.22%～36.64%。利用已预测得到的基因组信息，如重复序列、G+C 含量等，应用 CIRCOS 工具绘制其基因组圈图（图 5-1-304b）。

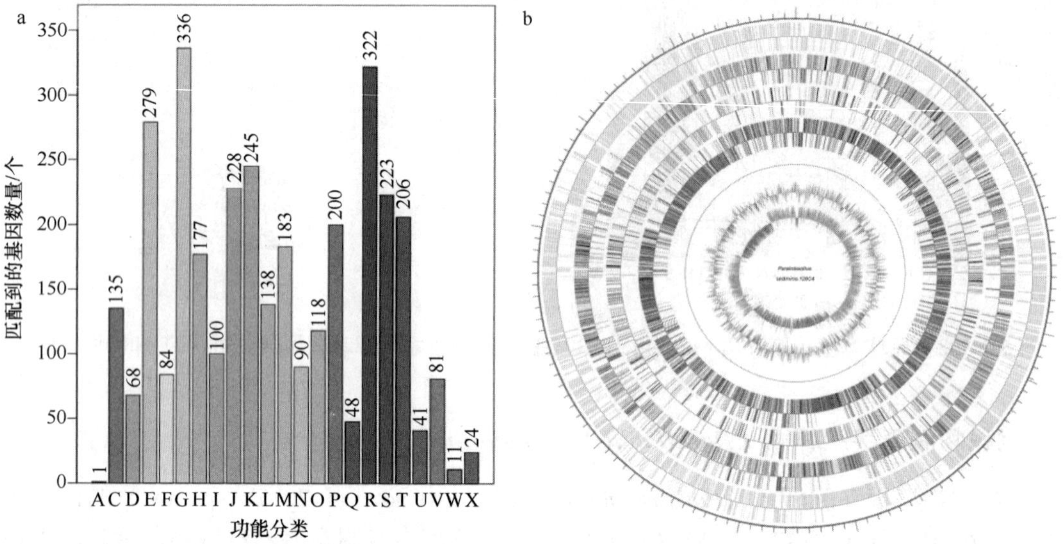


图 5-1-304　沉积物海境芽胞杆菌 126C4$^{T}$ 基因组的直系同源基因聚类分析（a）和圈图（b）

## 二十八、少盐芽胞杆菌属

少盐芽胞杆菌属（*Paucisalibacillus* Nunes et al. 2006，gen. nov.）于 2006 年建立（Nunes et al.，2006），包含 2 种：阿尔及利亚少盐芽胞杆菌（*Paucisalibacillus algeriensis* Bendjama et al. 2014，sp. nov.）和小球状少盐芽胞杆菌（*Paucisalibacillus globulus* Nunes et al. 2006，sp. nov.）（模式种），均产芽胞。目前，该属有 2 个已知种类的 1 个基因组被测序。

### 1. 阿尔及利亚少盐芽胞杆菌（*Paucisalibacillus algeriensis*）EB02$^{T}$

阿尔及利亚少盐芽胞杆菌（*Paucisalibacillus algeriensis* Bendjama et al. 2014，sp. nov.）的模式菌株（EB02$^{T}$ =CSUR P858$^{T}$ =DSM 27335$^{T}$）分离自阿尔及利亚乌姆布瓦吉省的超盐湖边缘的土壤，生长条件为 25～50℃（最适 30～37℃）、pH 6.5～9.0（最适 pH 7.0）、0～5%（*W*/*V*）NaCl（最适 3%～5%），严格好氧，产芽胞（Bendjama et al.，2014）。目前，该种仅有 1 个基因组，模式菌株 EB02$^{T}$ 基因组的 GenBank 登录号为 GCA_000577245.1，测序平台为 Illumina HiSeq，于 2014 年 2 月 12 日由欧洲生物信息学研究所（European Bioinformatics Institute）提交。

**【基因组的组装】**菌株 EB02$^{T}$ 基因组的测序深度为 81 X，基因组大小为 4.007 Mb，组装到 23 个 contigs，contig $N_{50}$ 为 374 979 bp。**【G+C 含量】**35.99%。**【非编码 RNA】**

预测到 9 个 rRNA 基因（5S rRNA 7 个、16S rRNA 1 个、23S rRNA 1 个），73 个 tRNA 基因，9 个 sRNA 基因。**【编码基因】**有 4099 个蛋白质编码基因，编码区总长为 3 439 152 bp，占整个基因组的 85.83%，基因的平均长度为 839 bp。**【基因功能注释】**比对到 KEGG、COG 和 GO 数据库的基因数量分别为 3501 个、2747 个和 2797 个，预测到分泌蛋白编码基因 67 个；在 24 个 COG 功能类群中，基因数量前 10 位的类群分别是：R. 仅一般功能预测 327 个，K. 转录 258 个，J. 翻译、核糖体结构与合成 254 个，E. 氨基酸转运与代谢 252 个，G. 碳水化合物转运与代谢 207 个，S. 功能未知 204 个，M. 细胞壁/膜/包膜生物合成 176 个，T. 信号转导机制 175 个，P. 无机离子转运与代谢 159 个和 C. 能量产生与转换 148 个（图 5-1-305a）。**【重复序列】**预测到的重复序列包括：LTR 115 个，总长为 7093 bp，平均长度为 62 bp；DNA 重复元件 29 个，总长为 1825 bp，平均长度为 63 bp；LINE 27 个，总长为 1628 bp，平均长度为 60 bp；SINE 12 个，总长为 816 bp，平均长度为 68 bp；RC 2 个，总长为 110 bp，平均长度为 55 bp；未知序列 1 个，长度为 120 bp；TR 107 个，重复序列长度为 6～423 bp，总长为 10 851 bp；小卫星 DNA 90 个，重复序列长度为 10～52 bp，总长为 7934 bp；微卫星 DNA 2 个，重复序列长度为 6 bp，总长为 93 bp。**【CRISPR】**预测到 28 个 CRISPR 相关序列。**【基因岛】**预测到 6 个基因岛 GI 01～GI 06，长度为 5050～26 669 bp，其 G+C 含量为 30.68%～37.92%。利用已预测得到的基因组信息，如重复序列、G+C 含量等，应用 CIRCOS 工具绘制其基因组圈图（图 5-1-305b）。

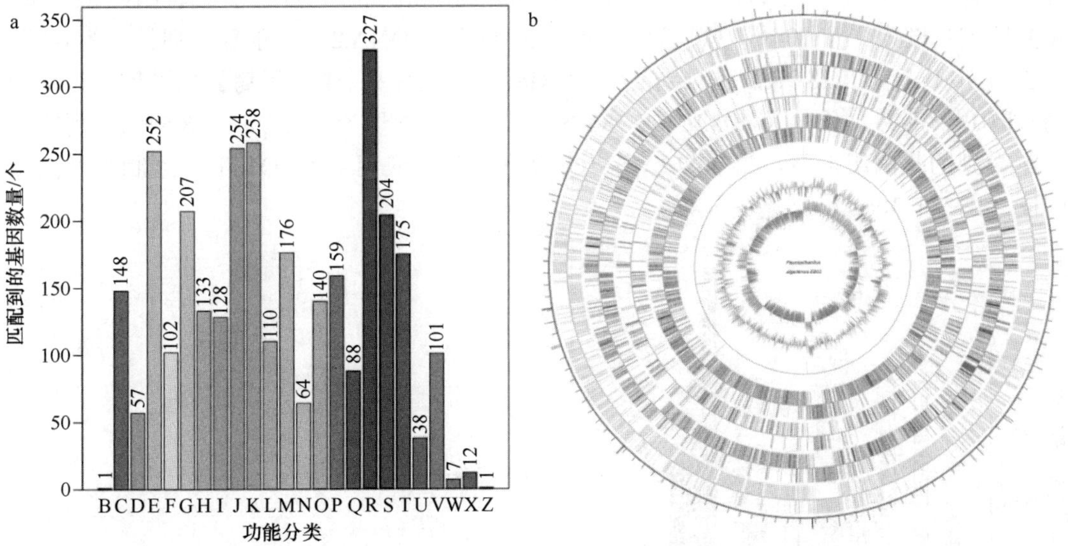


图 5-1-305　阿尔及利亚少盐芽胞杆菌 EB02$^T$ 基因组的直系同源基因聚类分析（a）和圈图（b）

## 2. 小球状少盐芽胞杆菌（*Paucisalibacillus globulus*）DSM 18846$^T$

小球状少盐芽胞杆菌（*Paucisalibacillus globulus* Nunes et al. 2006，sp. nov.）的模式菌株（B22$^T$ =LMG 23148$^T$ =CIP 108857$^T$ =DSM 18846$^T$）分离自葡萄牙的陶土，嗜碱，生长条件为 15～45℃（最适 37℃）、pH 6.5～9.0（最适 pH 8.0～8.5）、0～8%（*W*/*V*）

NaCl（最适 1%），好氧，产芽胞（Nunes et al.，2006）。目前，该种有 2 个基因组，选择组装水平较高的模式菌株 DSM 18846$^T$ 的基因组进行描述，其 GenBank 登录号为 GCA_000482485.1，测序平台为 Illumina HiSeq，于 2013 年 10 月 25 日由美国能源部联合基因组研究所（DOE Joint Genome Institute）提交。

**【基因组的组装】**菌株 DSM 18846$^T$ 基因组的测序深度未知，基因组大小为 4.238 Mb，组装到 35 个 scaffolds，scaffold $N_{50}$ 为 262 403 bp。**【G+C 含量】**35.79%。**【非编码 RNA】**预测到 2 个 rRNA 基因（5S rRNA 2 个、16S rRNA 0 个、23S rRNA 0 个），53 个 tRNA 基因，5 个 sRNA 基因。**【编码基因】**有 4305 个蛋白质编码基因，编码区总长为 3 590 895 bp，占整个基因组的 84.73%，基因的平均长度为 834 bp。**【基因功能注释】**比对到 KEGG、COG 和 GO 数据库的基因数量分别为 3651 个、2821 个和 2866 个，预测到分泌蛋白编码基因 70 个；在 24 个 COG 功能类群中，基因数量前 10 位的类群分别是：R. 仅一般功能预测 304 个，K. 转录 250 个，E. 氨基酸转运与代谢 239 个，J. 翻译、核糖体结构与合成 238 个，S. 功能未知 221 个，G. 碳水化合物转运与代谢 218 个，T. 信号转导机制 196 个，P. 无机离子转运与代谢 180 个，M. 细胞壁/膜/包膜生物合成 169 个和 C. 能量产生与转换 155 个（图 5-1-306a）。**【重复序列】**预测到的重复序列包括：LTR 110 个，总长为 6481 bp，平均长度为 59 bp；DNA 重复元件 34 个，总长为 2250 bp，平均长度为 66 bp；LINE 28 个，总长为 1703 bp，平均长度为 61 bp；SINE 5 个，总长为 426 bp，平均长度为 85 bp；RC 9 个，总长为 522 bp，平均长度为 58 bp；未知序列 1 个，长度为 65 bp；TR 239 个，重复序列长度为 6～468 bp，总长为 25 707 bp；小卫星 DNA 189 个，重复序列长度为 11～60 bp，总长为 20 893 bp；微卫星 DNA 2 个，重复序列长度为 6 bp，总长为 70 bp。**【CRISPR】**预测到 77 个 CRISPR 相关序列。**【基因岛】**预测到 6 个基因岛 GI 01～GI 06，长度为 4042～18 984 bp，其 G+C 含量为 33.32%～38.51%。利用已预测得到的基因组信息，如重复序列、G+C 含量等，应用 CIRCOS 工具绘制其基因组圈图（图 5-1-306b）。

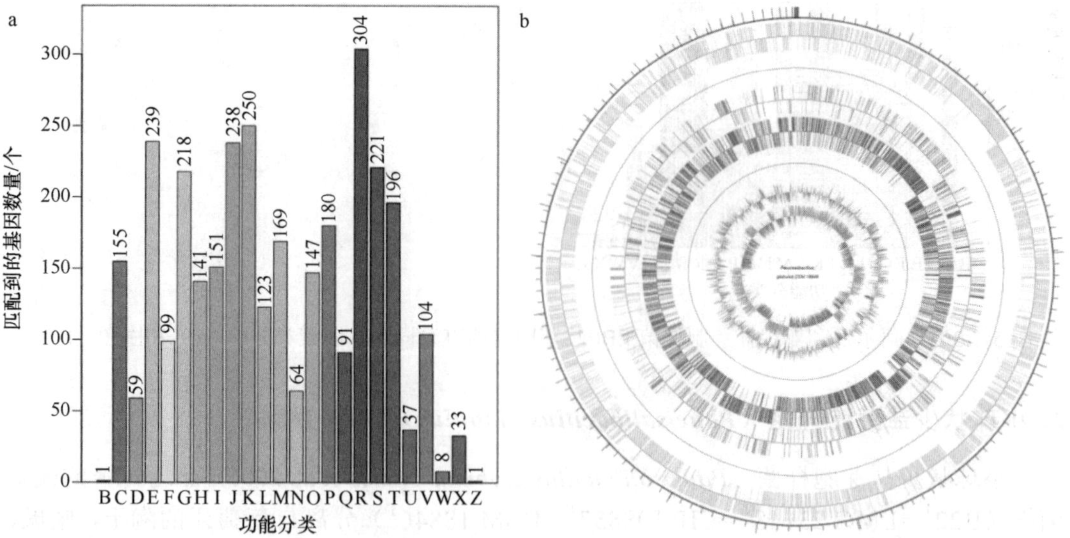


图 5-1-306　小球状少盐芽胞杆菌 DSM 18846$^T$ 基因组的直系同源基因聚类分析（a）和圈图（b）

## 二十九、海洋杆菌属

海洋杆菌属（*Pelagirhabdus* Sultanpuram et al. 2016，gen. nov.）于 2016 年建立，包含 2 种：耐碱海洋杆菌（*Pelagirhabdus alkalitolerans* Sultanpuram et al. 2016，sp. nov.）（模式种）和发酵海洋杆菌［*Pelagirhabdus fermentum* (Zhilina et al. 2002) Sultanpuram et al. 2016，sp. nov.］由发酵兼性芽胞杆菌（*Amphibacillus fermentum*）重分类而来，均不产芽胞（Sultanpuram et al.，2016）。目前，该属仅有 1 个已知种类的 1 个基因组被测序。

### 耐碱海洋杆菌（*Pelagirhabdus alkalitolerans*）$S5^T$

耐碱海洋杆菌（*Pelagirhabdus alkalitolerans* Sultanpuram et al. 2016，sp. nov.）的模式菌株（$S5^T$=KCTC 33632$^T$=CGMCC 1.15177$^T$）分离自印度 Pingaleshwar 海滩的沉积物，嗜盐、嗜碱，生长条件为 20～55℃（最适 37℃）、pH 6.5～11.0（最适 pH 8.5～9.0）、0～16%（*W*/*V*）NaCl（最适 10%），好氧，不产芽胞（Sultanpuram et al.，2016）。目前，该种仅有 1 个基因组，模式菌株 $S5^T$ 基因组的 GenBank 登录号为 GCA_900096905.1，测序平台为 Illumina HiSeq，于 2016 年 10 月 21 日由美国能源部联合基因组研究所（DOE Joint Genome Institute）提交。

**【基因组的组装】**菌株 $S5^T$ 基因组的测序深度为 598 X，基因组大小为 2.528 Mb，组装到 23 个 scaffolds，scaffold $N_{50}$ 为 235 246 bp。**【G+C 含量】**37.08%。**【非编码 RNA】**预测到 9 个 rRNA 基因（5S rRNA 7 个、16S rRNA 1 个、23S rRNA 1 个），56 个 tRNA 基因，4 个 sRNA 基因。**【编码基因】**有 2445 个蛋白质编码基因，编码区总长为 2 240 394 bp，占整个基因组的 88.62%，基因的平均长度为 916 bp。**【基因功能注释】**比对到 KEGG、COG 和 GO 数据库的基因数量分别为 2120 个、1851 个和 1787 个，预测到分泌蛋白编码基因 51 个；在 23 个 COG 功能类群中，基因数量前 10 位的类群分别是：G. 碳水化合物转运与代谢 195 个，J. 翻译、核糖体结构与合成 192 个，R. 仅一般功能预测 169 个，E. 氨基酸转运与代谢 168 个，K. 转录 157 个，T. 信号转导机制 152 个，S. 功能未知 124 个，P. 无机离子转运与代谢 109 个，L. 复制、重组与修复 100 个，H. 辅酶转运与代谢 95 个和 M. 细胞壁/膜/包膜生物合成 95 个（图 5-1-307a）。**【重复序列】**预测到的重复序列包括：LTR 60 个，总长为 3903 bp，平均长度为 65 bp；DNA 重复元件 31 个，总长为 1855 bp，平均长度为 60 bp；LINE 18 个，总长为 1124 bp，平均长度为 62 bp；SINE 10 个，总长为 685 bp，平均长度为 69 bp；RC 5 个，总长为 249 bp，平均长度为 50 bp；未知序列 1 个，长度为 59 bp；TR 66 个，重复序列长度为 6～837 bp，总长为 8203 bp；小卫星 DNA 43 个，重复序列长度为 12～60 bp，总长为 2182 bp；微卫星 DNA 1 个，重复序列长度为 6 bp，总长为 70 bp。**【CRISPR】**预测到 63 个 CRISPR 相关序列。**【基因岛】**预测到 7 个基因岛 GI 01～GI 07，长度为 7922～19 072 bp，其 G+C 含量为 31.47%～39.68%。利用已预测得到的基因组信息，如重复序列、G+C 含量等，应用 CIRCOS 工具绘制其基因组圈图（图 5-1-307b）。

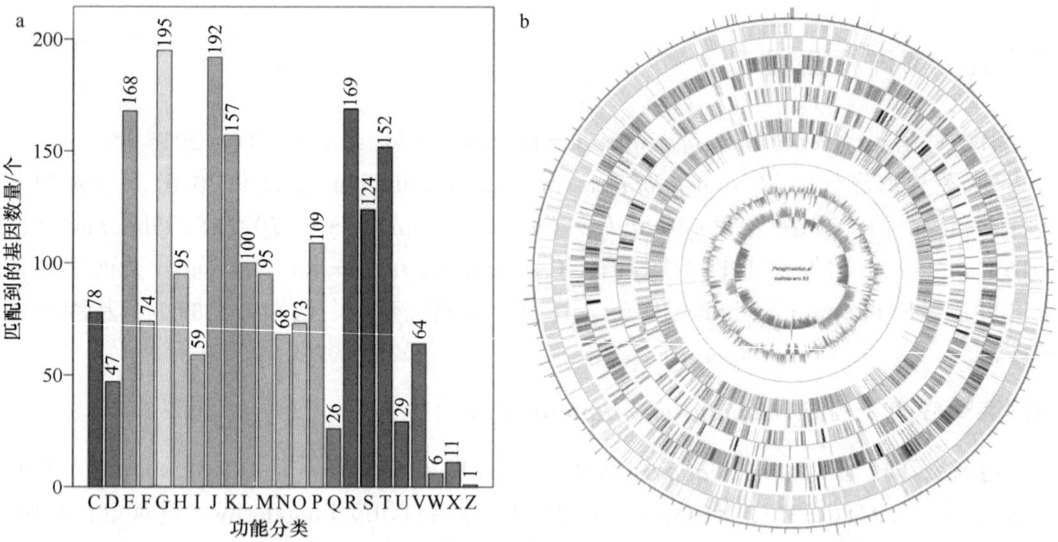


图 5-1-307　耐碱海洋杆菌 S5$^T$ 基因组的直系同源基因聚类分析（a）和圈图（b）

## 三十、鱼芽胞杆菌属

鱼芽胞杆菌属（*Piscibacillus* Tanasupawat et al. 2007，gen. nov.）于 2007 年建立（Tanasupawat et al.，2007），包含 2 种：嗜盐鱼芽胞杆菌（*Piscibacillus halophilus* Amoozegar et al. 2009，sp. nov.）和盐鱼鱼芽胞杆菌（*Piscibacillus salipiscarius* Tanasupawat et al. 2007，sp. nov.）（模式种），均嗜盐、产芽胞。目前，该属有 2 个已知种类的 2 个基因组被测序。

### 1. 嗜盐鱼芽胞杆菌（*Piscibacillus halophilus*）DSM 21633$^T$

嗜盐鱼芽胞杆菌（*Piscibacillus halophilus* Amoozegar et al. 2009，sp. nov.）的模式菌株（HS224$^T$ =CCM 7596$^T$ =DSM 21633$^T$ =JCM 15721$^T$ =LMG 24786$^T$）分离自伊朗的 1 个超盐湖，嗜碱，生长条件为 15～55℃（最适 35℃）、pH 7.0～10.0（最适 pH 7.5）、1%～20%（*W*/*V*）NaCl（最适 10%），兼性厌氧，产芽胞（Amoozegar et al.，2009b）。目前，该种仅有 1 个基因组，模式菌株 DSM 21633$^T$ 基因组的 GenBank 登录号为 GCA_900110685.1，测序平台为 Illumina HiSeq，于 2016 年 10 月 31 日由美国能源部联合基因组研究所（DOE Joint Genome Institute）提交。

**【基因组的组装】**菌株 DSM 21633$^T$ 基因组的测序深度为 355 X，基因组大小为 2.993 Mb，组装到 83 个 contigs，contig $N_{50}$ 为 60 140 bp。**【G+C 含量】**36.73%。**【非编码 RNA】**预测到 4 个 rRNA 基因（5S rRNA 4 个、16S rRNA 0 个、23S rRNA 0 个），47 个 tRNA 基因，7 个 sRNA 基因。**【编码基因】**有 3132 个蛋白质编码基因，编码区总长为 2 627 856 bp，占整个基因组的 87.80%，基因的平均长度为 839 bp。**【基因功能注释】**比对到 KEGG、COG 和 GO 数据库的基因数量分别为 2665 个、2221 个和 2267 个，预测到分泌蛋白编码基因 71 个；在 23 个 COG 功能类群中，基因数量前 10 位的类群分别是：R. 仅一般功能预测 247 个，E. 氨基酸转运与代谢 240 个，J. 翻译、核糖体结构与合成 216 个，K. 转录 170 个，S. 功能未知 162 个，P. 无机离子转运与代谢 153 个，C. 能量产生与转换 139 个，G. 碳水化合物转运与代谢 135 个，H. 辅酶转运与代谢 130 个和 I. 脂质转运与代谢 130 个（图 5-1-308a）。**【重复序列】**预测到的重复序列包括：LTR 79 个，总长为 4569 bp，平均长度为 58 bp；DNA 重复元件 37 个，总长为 4009 bp，平均长度为 108 bp；LINE 15 个，总长为 836 bp，平均长度为 56 bp；SINE 3 个，总长为 158 bp，平均长度为 53 bp；RC 6 个，总长为 447 bp，平均长度为 75 bp；TR 131 个，重复序列长度为 6～63 bp，总长为 7188 bp；小卫星 DNA 121 个，重复序列长度为 10～60 bp，总长为 7111 bp；微卫星 DNA 1 个，重复序列长度为 6 bp，总长为 34 bp。**【CRISPR】**未预测到 CRISPR 相关序列。**【基因岛】**预测到 4 个基因岛 GI 01～GI 04，长度为 6297～7474 bp，其 G+C 含量为 35.16%～38.81%。利用已预测得到的基因组信息，如重复序列、G+C 含量等，应用 CIRCOS 工具绘制其基因组圈图（图 5-1-308b）。

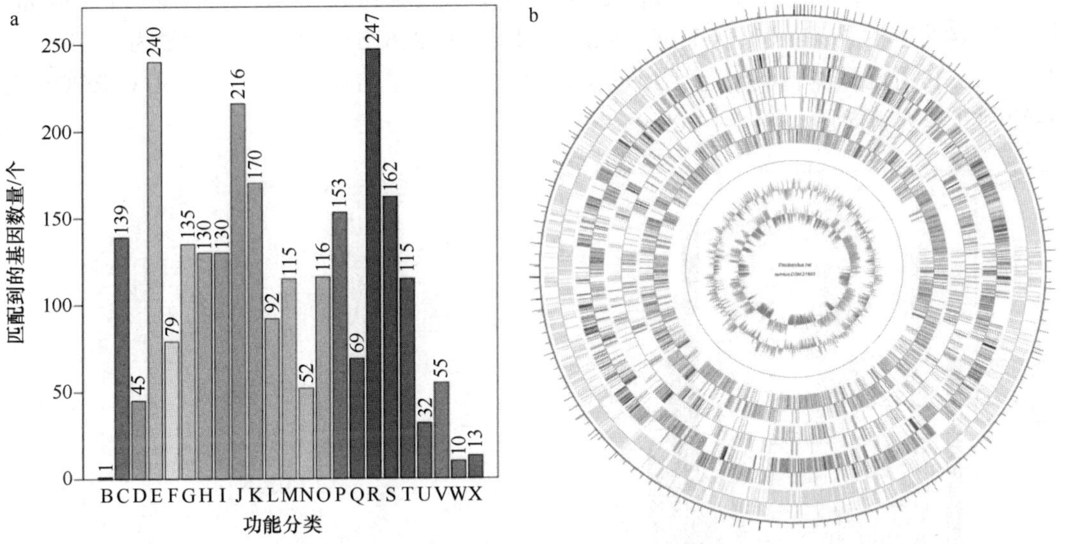


图 5-1-308　嗜盐鱼芽胞杆菌 DSM 21633$^T$ 基因组的直系同源基因聚类分析（a）和圈图（b）

## 2. 盐鱼鱼芽胞杆菌（*Piscibacillus salipiscarius*）JCM 13188$^T$

盐鱼鱼芽胞杆菌（*Piscibacillus salipiscarius* Tanasupawat et al. 2007，sp. nov.）的模式菌株（RBU1-1$^T$ =JCM 13188$^T$ =PCU 270$^T$ =TISTR 1571$^T$）分离自泰国的发酵鱼，嗜盐，生长条件为 15～48℃（最适 37℃）、pH 5.0～9.0（最适 pH 7.0）、2%～30%（*W*/*V*）NaCl（最适 10%～20%），严格好氧，产芽胞（Tanasupawat et al.，2007）。目前，该种仅有 1 个基因组，模式菌株 JCM 13188$^T$ 基因组的 GenBank 登录号为 GCA_001311865.1，测序平台为 Ion PGM，于 2015 年 10 月 2 日由日本东京大学（The University of Tokyo）提交。

**【基因组的组装】**菌株 JCM 13188$^T$ 基因组的测序深度为 30 X，基因组大小为 3.000 Mb，组装到 63 个 contigs，contig $N_{50}$ 为 103 315 bp。**【G+C 含量】**37.10%。**【非编码 RNA】**预测到 4 个 rRNA 基因（5S rRNA 2 个、16S rRNA 1 个、23S rRNA 1 个），61 个 tRNA

基因，2 个 sRNA 基因。**【编码基因】**有 4823 个蛋白质编码基因，编码区总长为 2 523 504 bp，占整个基因组的 84.12%，基因的平均长度为 523 bp。**【基因功能注释】**比对到 KEGG、COG 和 GO 数据库的基因数量分别为 2704 个、2201 个和 2996 个，预测到分泌蛋白编码基因 71 个；在 22 个 COG 功能类群中，基因数量前 10 位的类群分别是：R. 仅一般功能预测 234 个，E. 氨基酸转运与代谢 218 个，J. 翻译、核糖体结构与合成 207 个，K. 转录 160 个，P. 无机离子转运与代谢 160 个，S. 功能未知 155 个，C. 能量产生与转换 150 个，I. 脂质转运与代谢 136 个，H. 辅酶转运与代谢 123 个和 G. 碳水化合物转运与代谢 119 个（图 5-1-309a）。**【重复序列】**预测到的重复序列包括：LTR 93 个，总长为 5844 bp，平均长度为 63 bp；DNA 重复元件 21 个，总长为 1262 bp，平均长度为 60 bp；LINE 13 个，总长为 711 bp，平均长度为 55 bp；SINE 5 个，总长为 427 bp，平均长度为 85 bp；RC 1 个，长度为 44 bp；TR 169 个，重复序列长度为 3～126 bp，总长为 9398 bp；小卫星 DNA 162 个，重复序列长度为 10～45 bp，总长为 8711 bp；微卫星 DNA 1 个，重复序列长度为 3 bp，总长为 63 bp。**【CRISPR】**未预测到 CRISPR 相关序列。**【基因岛】**预测到 6 个基因岛 GI 01～GI 06，长度为 1933～5846 bp，其 G+C 含量为 31.36%～37.58%。利用已预测得到的基因组信息，如重复序列、G+C 含量等，应用 CIRCOS 工具绘制其基因组圈图（图 5-1-309b）。

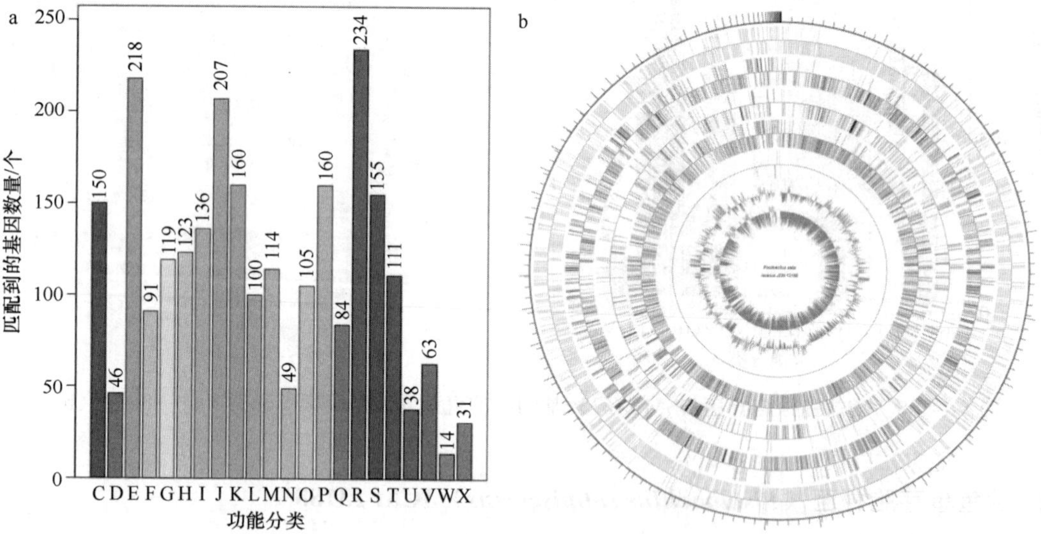


图 5-1-309　盐鱼鱼芽胞杆菌 JCM 13188$^T$ 基因组的直系同源基因聚类分析（a）和圈图（b）

## 三十一、海芽胞杆菌属

海芽胞杆菌属（*Pontibacillus* Lim et al. 2005，gen. nov.）于 2005 年建立（Lim et al., 2005a），包含 7 种，模式种为从化海芽胞杆菌（*Pontibacillus chungwhensis* Lim et al. 2005，sp. nov.），好氧或兼性厌氧，嗜盐，均产芽胞。目前，该属有 5 个已知种类的 7 个基因组被测序。

### 1. 从化海芽胞杆菌（*Pontibacillus chungwhensis*）BH030062$^T$

从化海芽胞杆菌（*Pontibacillus chungwhensis* Lim et al. 2005，sp. nov.）的模式菌株（BH030062$^T$ =KCTC 3890$^T$ =DSM 16287$^T$）分离自黄海的晒盐场，嗜盐、嗜碱，生长条件为 15～45℃（最适 30～35℃）、pH 6.5～9.5（最适 pH 7.5～8.5）、1%～15%（*W*/*V*）NaCl（最适 2%～5%），严格好氧，产芽胞（Lim et al.，2005a）。目前，该种仅有 1 个基因组，模式菌株 BH030062$^T$ 基因组的 GenBank 登录号为 GCA_000770675.1，测序平台为 Illumina HiSeq，于 2014 年 11 月 3 日由华中农业大学（Huazhong Agricultural University）提交。

**【基因组的组装】**菌株 BH030062$^T$ 基因组的测序深度为 190 X，基因组大小为 3.873 Mb，组装到 40 个 contigs，contig $N_{50}$ 为 225 560 bp。**【G+C 含量】**40.76%。**【非编码 RNA】**预测到 4 个 rRNA 基因（5S rRNA 3 个、16S rRNA 1 个、23S rRNA 0 个），56 个 tRNA 基因，36 个 sRNA 基因。**【编码基因】**有 3984 个蛋白质编码基因，编码区总长为 3 312 843 bp，占整个基因组的 85.54%，基因的平均长度为 832 bp。**【基因功能注释】**比对到 KEGG、COG 和 GO 数据库的基因数量分别为 3226 个、2627 个和 2635 个，预测到分泌蛋白编码基因 57 个；在 24 个 COG 功能类群中，基因数量前 10 位的类群分别是：R. 仅一般功能预测 299 个，E. 氨基酸转运与代谢 269 个，J. 翻译、核糖体结构与合成 219 个，S. 功能未知 218 个，K. 转录 212 个，C. 能量产生与转换 185 个，G. 碳水化合物转运与代谢 178 个，P. 无机离子转运与代谢 167 个，T. 信号转导机制 155 个和 M. 细胞壁/膜/包膜生物合成 150 个（图 5-1-310a）。**【重复序列】**预测到的重复序列包括：LTR 97 个，总长为 6128 bp，平均长度为 63 bp；DNA 重复元件 34 个，总长为 2097 bp，平均长度为 62 bp；LINE 35 个，总长为 2428 bp，平均长度为 69 bp；SINE 5 个，总长为 294 bp，平均长度为 59 bp；RC 2 个，总长为 130 bp，平均长度为 65 bp；TR 213 个，重复序列

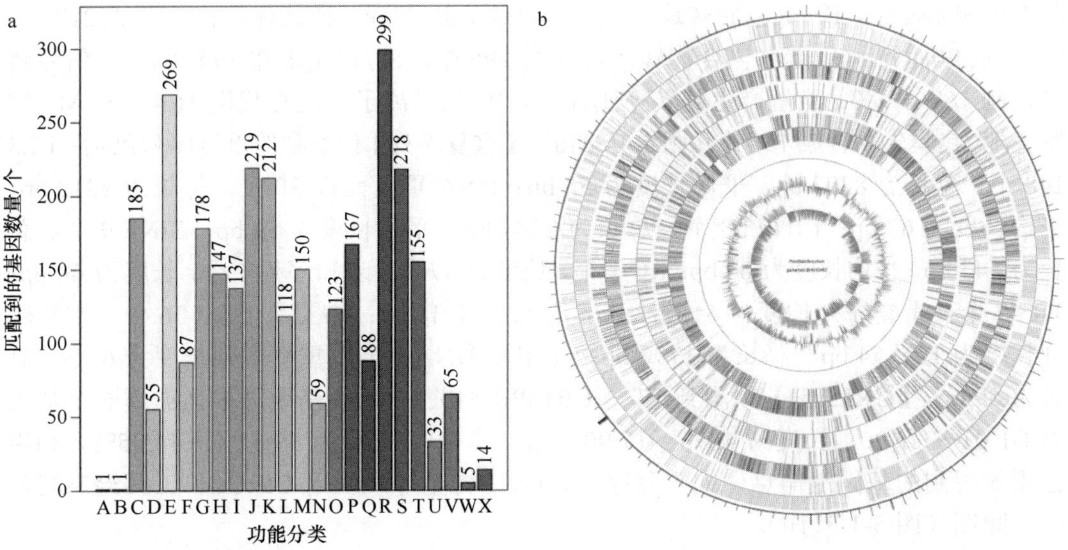


图 5-1-310　从化海芽胞杆菌 BH030062$^T$ 基因组的直系同源基因聚类分析（a）和圈图（b）

长度为 6～236 bp，总长为 24 651 bp；小卫星 DNA 150 个，重复序列长度为 11～51 bp，总长为 13 192 bp；微卫星 DNA 3 个，重复序列长度为 6 bp，总长为 163 bp。**【CRISPR】**预测到 17 个 CRISPR 相关序列。**【基因岛】**预测到 3 个基因岛 GI 01～GI 03，长度分别为 10 362 bp、12 957 bp 和 11 630 bp，其 G+C 含量分别为 37.65%、39.42%和 37.56%。利用已预测得到的基因组信息，如重复序列、G+C 含量等，应用 CIRCOS 工具绘制其基因组圈图（图 5-1-310b）。

**2. 嗜盐海芽胞杆菌（*Pontibacillus halophilus*）DSM 19796$^T$**

嗜盐海芽胞杆菌（*Pontibacillus halophilus* Chen et al. 2009，sp. nov.）的模式菌株（JSM 076056$^T$ =CCTCC AA 207029$^T$ =DSM 19796$^T$ =KCTC 13190$^T$）分离自我国雷州湾的海胆，嗜盐、嗜碱，生长条件为 15～40℃（最适 25～30℃）、pH 6.0～10.0（最适 pH 7.0～8.0）、2%～25%（*W*/*V*）NaCl（最适 5%～10%），严格好氧，产芽胞（Chen et al., 2009b）。目前，该种有 2 个基因组，选择组装水平较高的模式菌株 DSM 19796$^T$ 的基因组进行描述，其 GenBank 登录号为 GCA_000425205.1，测序平台为 Illumina HiSeq，于 2013 年 7 月 11 日由美国能源部联合基因组研究所（DOE Joint Genome Institute）提交。

**【基因组的组装】**菌株 DSM 19796$^T$ 基因组的测序深度未知，基因组大小为 3.671 Mb，组装到 36 个 scaffolds，scaffold $N_{50}$ 为 254 523 bp。**【G+C 含量】**42.66%。**【非编码 RNA】**预测到 6 个 rRNA 基因（5S rRNA 6 个、16S rRNA 0 个、23S rRNA 0 个），56 个 tRNA 基因，4 个 sRNA 基因。**【编码基因】**有 3743 个蛋白质编码基因，编码区总长为 3 215 070 bp，占整个基因组的 87.58%，基因的平均长度为 859 bp。**【基因功能注释】**比对到 KEGG、COG 和 GO 数据库的基因数量分别为 3096 个、2545 个和 2601 个，预测到分泌蛋白编码基因 73 个；在 24 个 COG 功能类群中，基因数量前 10 位的类群分别是：R. 仅一般功能预测 289 个，E. 氨基酸转运与代谢 244 个，J. 翻译、核糖体结构与合成 217 个，K. 转录 208 个，G. 碳水化合物转运与代谢 196 个，S. 功能未知 194 个，T. 信号转导机制 167 个，C. 能量产生与转换 164 个，P. 无机离子转运与代谢 161 个和 M. 细胞壁/膜/包膜生物合成 156 个（图 5-1-311a）。**【重复序列】**预测到的重复序列包括：LTR 148 个，总长为 8203 bp，平均长度为 55 bp；DNA 重复元件 30 个，总长为 2012 bp，平均长度为 67 bp；LINE 38 个，总长为 2244 bp，平均长度为 59 bp；SINE 9 个，总长为 543 bp，平均长度为 60 bp；RC 1 个，长度为 47 bp；未知序列 1 个，长度为 48 bp；TR 47 个，重复序列长度为 6～223 bp，总长为 4911 bp；小卫星 DNA 36 个，重复序列长度为 10～54 bp，总长为 1790 bp；微卫星 DNA 1 个，重复序列长度为 6 bp，总长为 59 bp。**【CRISPR】**预测到 17 个 CRISPR 相关序列。**【基因岛】**预测到 6 个基因岛 GI 01～GI 06，长度为 4675～17 901 bp，其 G+C 含量为 39.59%～44.05%。利用已预测得到的基因组信息，如重复序列、G+C 含量等，应用 CIRCOS 工具绘制其基因组圈图（图 5-1-311b）。

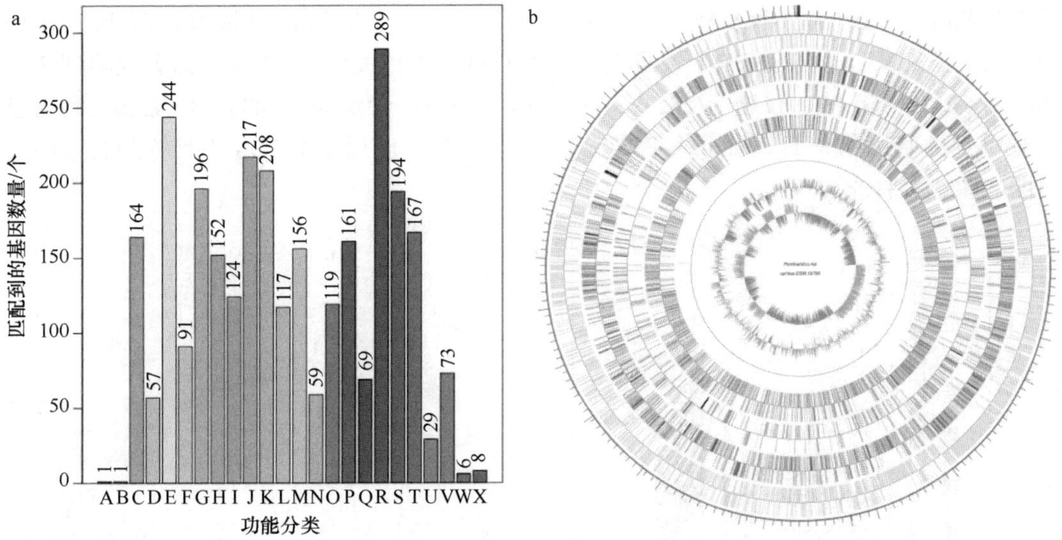


图 5-1-311 嗜盐海芽胞杆菌 DSM 19796$^T$基因组的直系同源基因聚类分析（a）和圈图（b）

### 3. 岸滨海芽胞杆菌（*Pontibacillus litoralis*）JSM 072002$^T$

岸滨海芽胞杆菌（*Pontibacillus litoralis* Chen et al. 2010，sp. nov.）的模式菌株（JSM 072002$^T$ =DSM 21186$^T$ =KCTC 13237$^T$）分离自我国雷州湾的黄海葵（*Anthopleura xanthogrammica*），嗜盐，生长条件为 15～50℃（最适 35℃）、pH 6.0～10.0（最适 pH 7.5）、0.5%～15%（*W*/*V*）NaCl（最适 2%～5%），兼性厌氧，产芽胞（Chen et al.，2010）。目前，该种仅有 1 个基因组，模式菌株 JSM 072002$^T$基因组的 GenBank 登录号为 GCA_000775615.1，测序平台为 Illumina HiSeq，于 2014 年 11 月 12 日由华中农业大学（Huazhong Agricultural University）提交。

**【基因组的组装】**菌株 JSM 072002$^T$基因组的测序深度为 362 X，基因组大小为 3.204 Mb，组装到 97 个 contigs，contig $N_{50}$ 为 112 260 bp。**【G+C 含量】**38.21%。**【非编码 RNA】**预测到 1 个 rRNA 基因（5S rRNA 0 个、16S rRNA 1 个、23S rRNA 0 个），42 个 tRNA 基因，3 个 sRNA 基因。**【编码基因】**有 3237 个蛋白质编码基因，编码区总长为 2 781 438 bp，占整个基因组的 86.81%，基因的平均长度为 859 bp。**【基因功能注释】**比对到 KEGG、COG 和 GO 数据库的基因数量分别为 2733 个、2246 个和 2296 个，预测到分泌蛋白编码基因 54 个；在 23 个 COG 功能类群中，基因数量前 10 位的类群分别是：E. 氨基酸转运与代谢 241 个，R. 仅一般功能预测 204 个，J. 翻译、核糖体结构与合成 196 个，K. 转录 192 个，S. 功能未知 170 个，C. 能量产生与转换 159 个，T. 信号转导机制 144 个，P. 无机离子转运与代谢 143 个，M. 细胞壁/膜/包膜生物合成 137 个和 H. 辅酶转运与代谢 126 个（图 5-1-312a）。**【重复序列】**预测到的重复序列包括：LTR 55 个，总长为 3850 bp，平均长度为 70 bp；DNA 重复元件 28 个，总长为 1914 bp，平均长度为 68 bp；LINE 13 个，总长为 649 bp，平均长度为 50 bp；SINE 5 个，总长为 410 bp，平均长度为 82 bp；RC 1 个，长度为 58 bp；TR 74 个，重复序列长度为 9～339 bp，总长为 8988 bp；小卫星 DNA 56 个，重复序列长度为 12～42 bp，总长为 6555 bp；未预测到微卫星 DNA。**【CRISPR】**预测到 117 个 CRISPR 相关序列。**【基因岛】**预测到 7 个基因岛 GI 01～GI 07，长度为 2821～9906 bp，其 G+C 含量为 32.4%～42.43%。利用已预测得到的基因组信息，如重复序列、G+C 含量等，应用 CIRCOS 工具绘制其基因组圈图（图 5-1-312b）。

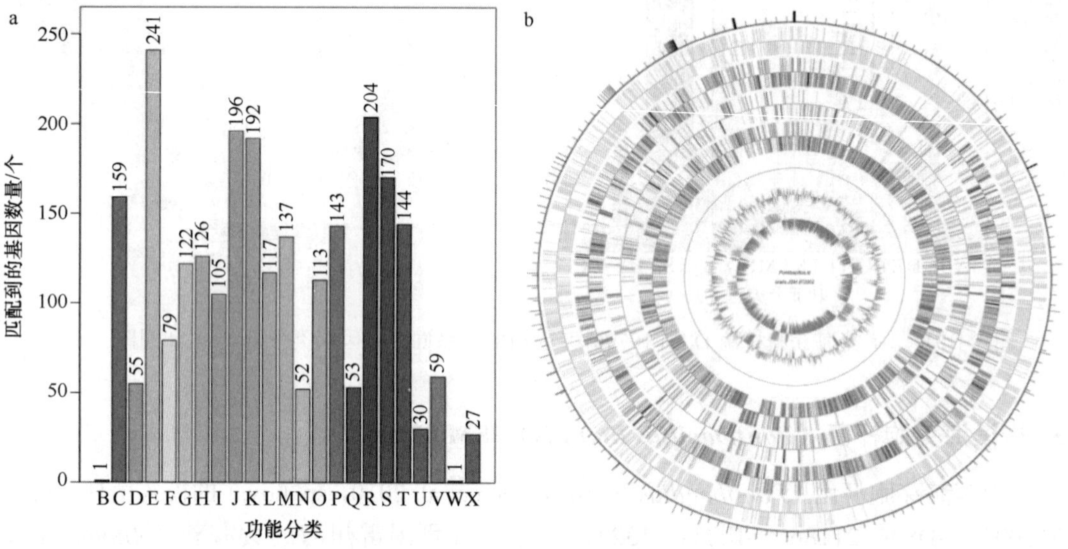


图 5-1-312　岸滨海芽胞杆菌 JSM 072002$^{T}$ 基因组的直系同源基因聚类分析（a）和圈图（b）

### 4. 海洋海芽胞杆菌（*Pontibacillus marinus*）DSM 16465$^{T}$

海洋海芽胞杆菌（*Pontibacillus marinus* Lim et al. 2005，sp. nov.）的模式菌株（BH030004$^{T}$ =KCTC 3917$^{T}$ =DSM 16465$^{T}$）分离自黄海的晒盐场，嗜盐，生长条件为 15～40℃（最适 30℃）、pH 6.0～9.0（最适 pH 7.0～7.5）、1%～9%（*W*/*V*）NaCl（最适 2%～5%），严格好氧，产芽胞（Lim et al.，2005b）。目前，该种有 2 个基因组，选择组装水平较高的模式菌株 DSM 16465$^{T}$ 的基因组进行描述，其 GenBank 登录号为 GCA_000425225.1，测序平台为 Illumina HiSeq，于 2013 年 7 月 11 日由美国能源部联合基因组研究所（DOE Joint Genome Institute）提交。

**【基因组的组装】**菌株 DSM 16465$^{T}$ 基因组的测序深度未知，基因组大小为 4.277 Mb，组装到 77 个 scaffolds，scaffold $N_{50}$ 为 97 515 bp。**【G+C 含量】**38.50%。**【非编码 RNA】**预测到 7 个 rRNA 基因（5S rRNA 7 个、16S rRNA 0 个、23S rRNA 0 个），45 个 tRNA 基因，56 个 sRNA 基因。**【编码基因】**有 4363 个蛋白质编码基因，编码区总长为 3 678 609 bp，占整个基因组的 86.01%，基因的平均长度为 843 bp。**【基因功能注释】**比对到 KEGG、COG 和 GO 数据库的基因数量分别为 3500 个、2813 个和 3010 个，预测到分泌蛋白编码基因 121 个；在 25 个 COG 功能类群中，基因数量前 10 位的类群分别是：R. 仅一般功能预测 321 个，E. 氨基酸转运与代谢 305 个，J. 翻译、核糖体结构与合成 241 个，S. 功能未知 226 个，K. 转录 204 个，C. 能量产生与转换 194 个，G. 碳水化合物转运与代谢 188 个，T. 信号转导机制 187 个，H. 辅酶转运与代谢 178 个和 P. 无机离子转运与代谢 173 个（图 5-1-313a）。**【重复序列】**预测到的重复序列包括：LTR 86 个，总长为 4743 bp，平均长度为 55 bp；DNA 重复元件 30 个，总长为 2075 bp，平均长度为 69 bp；LINE 25 个，总长为 1462 bp，平均长度为 58 bp；SINE 1 个，长度为 132 bp；RC 1 个，长度为 73 bp；未知序列 1 个，长度为 75 bp；TR 211 个，重复序列长度为 9～126 bp，总长为 21 283 bp；小卫星 DNA 182 个，重复序列长度为 11～54 bp，总长为 20 109 bp；未预测到微卫星 DNA。**【CRISPR】**预测到 46 个 CRISPR 相关序列。**【基因岛】**预测到 6 个基因岛 GI 01～GI 06，长度为 4402～15 478 bp，其 G+C 含量为 36.09%～42.76%。利用已预测得到的基因组信息，如重复序列、G+C 含量等，应用 CIRCOS 工具绘制其基因组圈图（图 5-1-313b）。

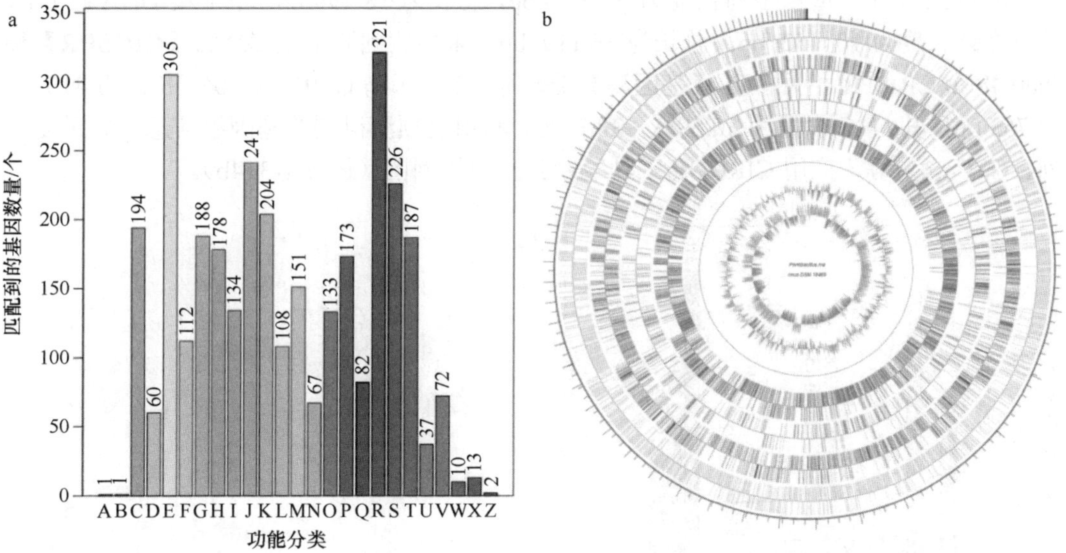


图 5-1-313　海洋海芽胞杆菌 DSM 16465$^T$ 基因组的直系同源基因聚类分析（a）和圈图（b）

### 5. 盐城海芽胞杆菌（*Pontibacillus yanchengensis*）Y32$^T$

盐城海芽胞杆菌（*Pontibacillus yanchengensis* Yang et al. 2011，sp. nov.）的模式菌株（Y32$^T$ =CGMCC 1.10680$^T$ =CCTCC AB209311$^T$ =NRRL B-59408$^T$）分离自江苏盐城三威盐田的表层土壤，嗜盐，生长条件为 15～45℃（最适 35～40℃）、pH 6.0～9.5（最适 pH 7.0～8.0）、3%～20%（*W*/*V*）NaCl（最适 6%～8%），严格好氧，产芽胞（Yang et al.，2011）。目前，该种仅有 1 个基因组，模式菌株 Y32$^T$ 基因组的 GenBank 登录号为 GCA_000770635.1，测序平台为 Illumina HiSeq，于 2014 年 11 月 3 日由华中农业大学（Huazhong Agricultural University）提交。

**【基因组的组装】**菌株 Y32$^T$ 基因组的测序深度为 187 X，基因组大小为 4.281 Mb，组装到 153 个 contigs，contig $N_{50}$ 为 55 350 bp。**【G+C 含量】**38.63%。**【非编码 RNA】**预测到 5 个 rRNA 基因（5S rRNA 4 个、16S rRNA 0 个、23S rRNA 1 个），68 个 tRNA 基因，66 个 sRNA 基因。**【编码基因】**有 4262 个蛋白质编码基因，编码区总长为 3 569 283 bp，

占整个基因组的 83.37%，基因的平均长度为 837 bp。**【基因功能注释】**比对到 KEGG、COG 和 GO 数据库的基因数量分别为 3421 个、2810 个和 2892 个，预测到分泌蛋白编码基因 89 个；在 23 个 COG 功能类群中，基因数量前 10 位的类群分别是：R. 仅一般功能预测 316 个，E. 氨基酸转运与代谢 277 个，K. 转录 233 个，J. 翻译、核糖体结构与合成 228 个，G. 碳水化合物转运与代谢 221 个，S. 功能未知 220 个，C. 能量产生与转换 200 个，T. 信号转导机制 187 个，P. 无机离子转运与代谢 182 个和 M. 细胞壁/膜/包膜生物合成 159 个（图 5-1-314a）。**【重复序列】**预测到的重复序列包括：LTR 123 个，总长为 8147 bp，平均长度为 66 bp；DNA 重复元件 39 个，总长为 2468 bp，平均长度为 63 bp；LINE 24 个，总长为 1302 bp，平均长度为 54 bp；SINE 15 个，总长为 802 bp，平均长度为 53 bp；RC 8 个，总长为 483 bp，平均长度为 60 bp；未知序列 1 个，长度为 56 bp；TR 251 个，重复序列长度为 9～634 bp，总长为 18 799 bp；小卫星 DNA 219 个，重复序列长度为 10～52 bp，总长为 16 119 bp；未预测到微卫星 DNA。**【CRISPR】**预测到 48 个 CRISPR 相关序列。**【基因岛】**预测到 6 个基因岛 GI 01～GI 06，长度为 4105～14 753 bp，其 G+C 含量为 30.59%～38.31%。利用已预测得到的基因组信息，如重复序列、G+C 含量等，应用 CIRCOS 工具绘制其基因组圈图（图 5-1-314b）。

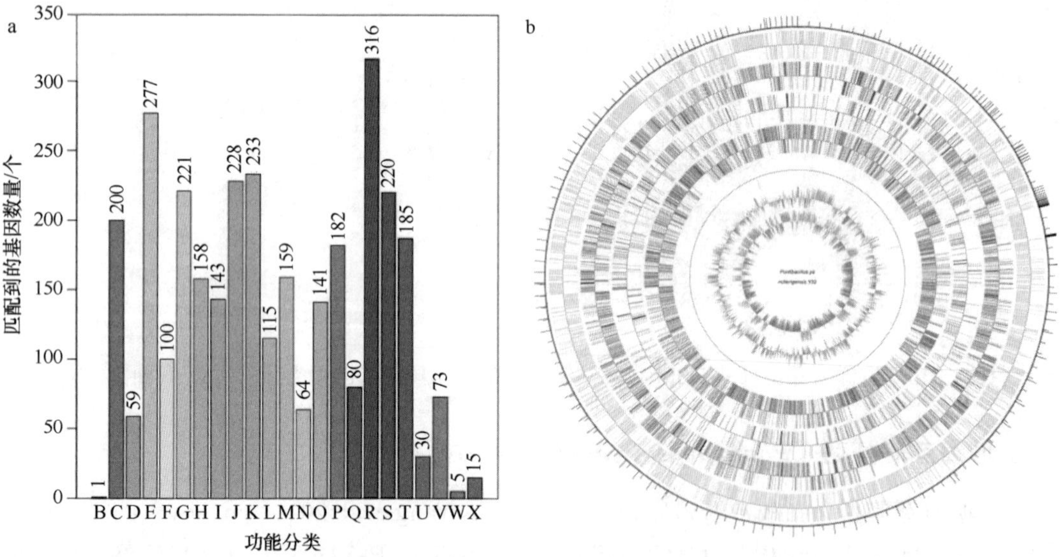


图 5-1-314　盐城海芽胞杆菌 Y32$^{T}$ 基因组的直系同源基因聚类分析（a）和圈图（b）

## 三十二、假纤细芽胞杆菌属

假纤细芽胞杆菌属（*Pseudogracilibacillus* Glaeser et al. 2014，gen. nov.）于 2014 年建立（Glaeser et al.，2014），包含 3 种：奥本假纤细芽胞杆菌（*Pseudogracilibacillus auburnensis* Glaeser et al. 2014，sp. nov.）（模式种）、内生假纤细芽胞杆菌（*Pseudogracilibacillus endophyticus* Park et al. 2018，sp. nov.）和海洋假纤细芽胞杆菌（*Pseudogracilibacillus marinus* Verma et al. 2016，sp. nov.），均产芽胞。目前，该属仅有 1 个已知种类的 1 个基

因组被测序。

## 奥本假纤细芽胞杆菌（*Pseudogracilibacillus auburnensis*）DSM 28556$^T$

奥本假纤细芽胞杆菌（*Pseudogracilibacillus auburnensis* Glaeser et al. 2014，sp. nov.）的模式菌株（P-207$^T$ =CCM 8509$^T$ =LMG 28212$^T$ =CIP 110797$^T$ =DSM 28556$^T$）分离自美国阿拉巴马州奥本市1株玉米的根际土，生长条件为10～36℃（最适28～30℃）、pH 5.5～10.5（最适 pH 7.0～8.0），好氧，产芽胞（Glaeser et al.，2014）。目前，该种仅有 1 个基因组，模式菌株 DSM 28556$^T$ 基因组的 GenBank 登录号为 GCA_003201975.1，测序平台为 Illumina HiSeq，于 2018 年 6 月 7 日由美国能源部联合基因组研究所（DOE Joint Genome Institute）提交。

**【基因组的组装】**菌株 DSM 28556$^T$ 基因组的测序深度为 255 X，基因组大小为 4.780 Mb，组装到 39 个 scaffolds，scaffold $N_{50}$ 为 234 488 bp。**【G+C 含量】**35.60%。**【非编码 RNA】**预测到 6 个 rRNA 基因（5S rRNA 4 个、16S rRNA 1 个、23S rRNA 1 个），54 个 tRNA 基因，20 个 sRNA 基因。**【编码基因】**有 4747 个蛋白质编码基因，编码区总长为 3 885 834 bp，占整个基因组的 81.29%，基因的平均长度为 819 bp。**【基因功能注释】**比对到 KEGG、COG 和 GO 数据库的基因数量分别为 3823 个、3109 个和 3227 个，预测到分泌蛋白编码基因 69 个；在 23 个 COG 功能类群中，基因数量前 10 位的类群分别是：E. 氨基酸转运与代谢 383 个，K. 转录 313 个，R. 仅一般功能预测 311 个，G. 碳水化合物转运与代谢 277 个，C. 能量产生与转换 234 个，P. 无机离子转运与代谢 229 个，J. 翻译、核糖体结构与合成 218 个，S. 功能未知 212 个，T. 信号转导机制 187 个和 I. 脂质转运与代谢 173 个（图 5-1-315a）。**【重复序列】**预测到的重复序列包括：LTR 104 个，总长为 6555 bp，平均长度为 63 bp；DNA 重复元件 45 个，总长为 2828 bp，平均长度为 63 bp；LINE 36 个，总长为 2478 bp，平均长度为 69 bp；SINE 9 个，总长为 753 bp，

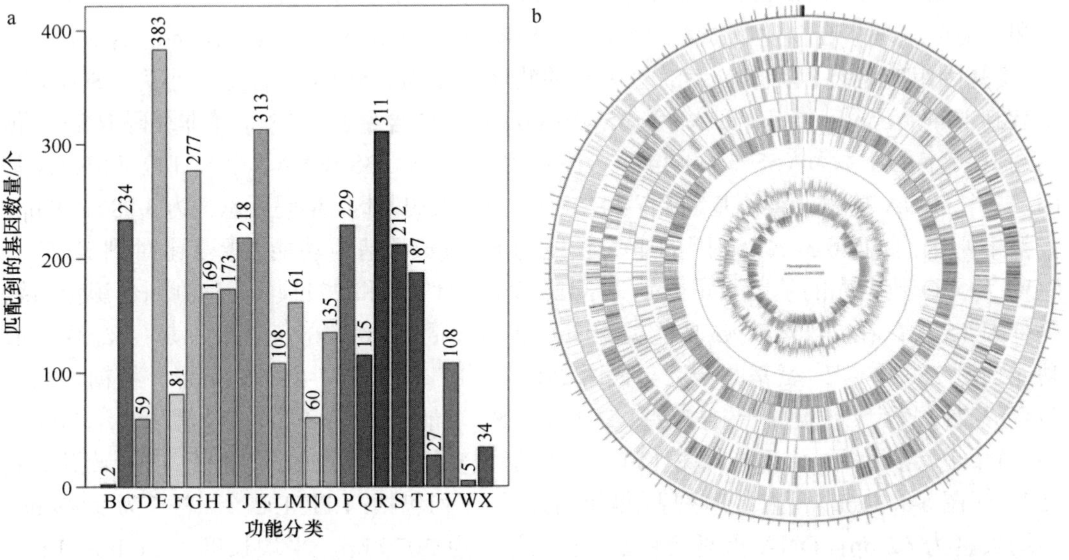


图 5-1-315　奥本假纤细芽胞杆菌 DSM 28556$^T$ 基因组的直系同源基因聚类分析（a）和圈图（b）

平均长度为 84 bp；RC 1 个，长度为 85 bp；未知序列 3 个，总长为 330 bp，平均长度为 110 bp；TR 335 个，重复序列长度为 6～855 bp，总长为 41 638 bp；小卫星 DNA 286 个，重复序列长度为 10～60 bp，总长为 32 909 bp；微卫星 DNA 1 个，重复序列长度为 6 bp，总长为 41 bp。**【CRISPR】**预测到 86 个 CRISPR 相关序列。**【基因岛】**预测到 12 个基因岛 GI 01～GI 12，长度为 3836～20 225 bp，其 G+C 含量为 30.55%～39.21%。利用已预测得到的基因组信息，如重复序列、G+C 含量等，应用 CIRCOS 工具绘制其基因组圈图（图 5-1-315b）。

## 三十三、类似芽胞杆菌属

类似芽胞杆菌属（*Quasibacillus* Verma et al. 2017，gen. nov.）于 2017 年建立，仅有 1 种：耐热类似芽胞杆菌[*Quasibacillus thermotolerans* (Yang et al. 2013) Verma et al. 2017，gen. nov.，comb. nov.]，由耐温芽胞杆菌（*Bacillus thermotolerans*）重分类而来，产芽胞（Verma et al.，2017c）。

### 耐热类似芽胞杆菌（*Quasibacillus thermotolerans*）SgZ-8$^T$

耐热类似芽胞杆菌［*Quasibacillus thermotolerans* (Yang et al. 2013) Verma et al. 2017，gen. nov.，comb. nov.］的模式菌株（SgZ-8$^T$=CCTCC AB 2012108$^T$=KACC 16706$^T$）分离自美国阿拉巴马州奥本市的 1 株玉米的根际土，生长条件为 20～65℃（最适 50℃）、pH 6.0～9.0（最适 pH 6.5～7.0）、0～9%（*W/V*）NaCl（最适 1.5%～2.0%），兼性厌氧，产芽胞。2013 年被命名为耐温芽胞杆菌（*Bacillus thermotolerans*）（Yang et al.，2013b），2017 年被重分类为耐热类似芽胞杆菌（*Quasibacillus thermotolerans*）（Verma et al.，2017c）。目前，该种有 2 个基因组，选择组装水平较高的模式菌株 SgZ-8$^T$ 的基因组进行描述，其 GenBank 登录号为 GCA_000812025.2，测序平台为 Illumina HiSeq，于 2015 年 4 月 7 日由印度科学和工业研究理事会微生物技术研究所（CSIR-Institute of Microbial Technology）提交。

**【基因组的组装】**菌株 SgZ-8$^T$ 基因组的测序深度为 500 X，基因组大小为 3.806 Mb，组装到 124 个 contigs，contig $N_{50}$ 为 65 489 bp。**【G+C 含量】**44.38%。**【非编码 RNA】**预测到 16 个 rRNA 基因（5S rRNA 14 个、16S rRNA 1 个、23S rRNA 1 个），149 个 tRNA 基因，11 个 sRNA 基因。**【编码基因】**有 4025 个蛋白质编码基因，编码区总长为 3 286 209 bp，占整个基因组的 86.34%，基因的平均长度为 816 bp。**【基因功能注释】**比对到 KEGG、COG 和 GO 数据库的基因数量分别为 3426 个、2717 个和 2711 个，预测到分泌蛋白编码基因 75 个；在 24 个 COG 功能类群中，基因数量前 10 位的类群分别是：R. 仅一般功能预测 286 个，E. 氨基酸转运与代谢 280 个，K. 转录 231 个，J. 翻译、核糖体结构与合成 219 个，C. 能量产生与转换 204 个，S. 功能未知 198 个，H. 辅酶转运与代谢 197 个，P. 无机离子转运与代谢 189 个，I. 脂质转运与代谢 166 个和 T. 信号转导机制 157 个（图 5-1-316a）。**【重复序列】**预测到的重复序列包括：LTR 152 个，总长为 9349 bp，平均长度为 62 bp；DNA 重复元件 37 个，总长为 2079 bp，平均长度为 56 bp；LINE 34 个，总长为 2154 bp，平均长度为 63 bp；SINE 22 个，总长为 1594 bp，平均长度为

72 bp；RC 1 个，长度为 52 bp；未知序列 1 个，长度为 38 bp；TR 69 个，重复序列长度为 8～246 bp，总长为 6573 bp；小卫星 DNA 56 个，重复序列长度为 12～60 bp，总长为 3719 bp；未预测到微卫星 DNA。**【CRISPR】**未预测到 CRISPR 相关序列。**【基因岛】**预测到 5 个基因岛 GI 01～GI 05，长度为 4495～11 569 bp，其 G+C 含量为 36.94%～47.36%。利用已预测得到的基因组信息，如重复序列、G+C 含量等，应用 CIRCOS 工具绘制其基因组圈图（图 5-1-316b）。

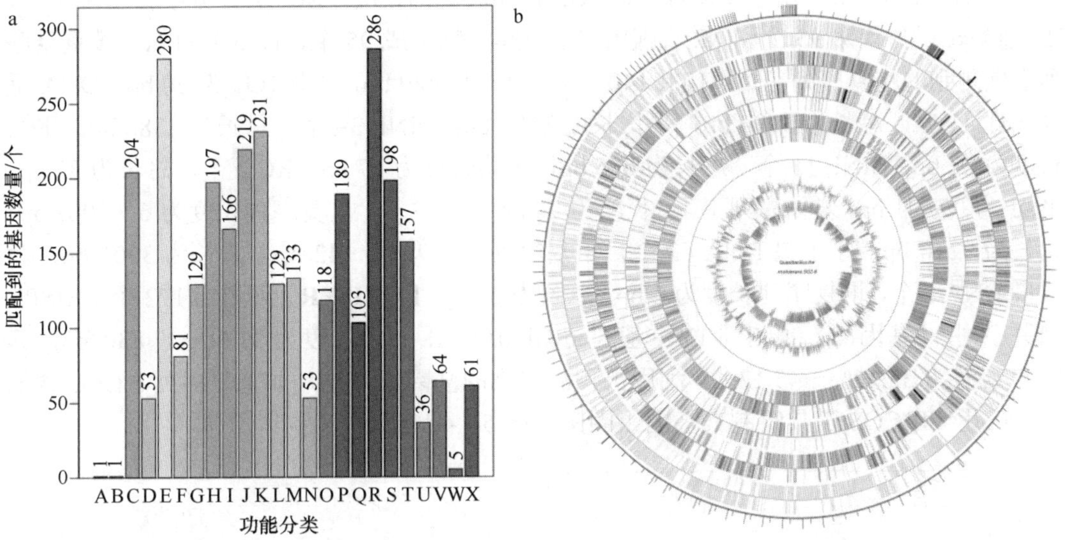


图 5-1-316　耐热类似芽胞杆菌 SgZ-8$^T$ 基因组的直系同源基因聚类分析（a）和圈图（b）

## 三十四、红发婴儿菌属

红发婴儿菌属（*Rubeoparvulum* Tidjani Alou et al. 2016，gen. nov.）于 2016 年建立，仅有个种：马赛红发婴儿菌（*Rubeoparvulum massiliense* Tidjani Alou et al. 2016，sp. nov.），产芽胞（Tidjani Alou et al.，2016a）。目前，该属仅有 1 个已知种类的 1 个基因组被测序。

### 马赛红发婴儿菌（*Rubeoparvulum massiliense*）mt6$^T$

马赛红发婴儿菌（*Rubeoparvulum massiliense* Tidjani Alou et al. 2016，sp. nov.）的模式菌株（mt6$^T$ =CSUR P1473$^T$ =DSM 100479$^T$）分离自塞内加尔 1 位患恶性营养不良的 2 个月大男孩的粪便，最适生长温度为 37℃，兼性厌氧，产芽胞（Tidjani Alou et al.，2016a）。目前，该种仅有 1 个基因组，模式菌株 mt6$^T$ 基因组的 GenBank 登录号为 GCA_001049895.1，测序平台为 Illumina MiSeq，于 2015 年 6 月 30 日由法国热带传染病研究中心（Unité de Recherche en Maladies Infectieuses et Tropicales Emergentes）提交。

**【基因组的组装】**菌株 mt6$^T$ 基因组的测序深度为 318 X，基因组大小为 2.844 Mb，组装到 6 个 contigs，contig $N_{50}$ 为 556 160 bp。**【G+C 含量】**43.75%。**【非编码 RNA】**预测到 9 个 rRNA 基因（5S rRNA 7 个、16S rRNA 1 个、23S rRNA 1 个），67 个 tRNA 基

因，4 个 sRNA 基因。【**编码基因**】有 2844 个蛋白质编码基因，编码区总长为 2 516 112 bp，占整个基因组的 88.47%，基因的平均长度为 885 bp。【**基因功能注释**】比对到 KEGG、COG 和 GO 数据库的基因数量分别为 2188 个、1908 个和 1973 个，预测到分泌蛋白编码基因 32 个；在 24 个 COG 功能类群中，基因数量前 10 位的类群分别是：E. 氨基酸转运与代谢 206 个，J. 翻译、核糖体结构与合成 198 个，R. 仅一般功能预测 175 个，K. 转录 154 个，P. 无机离子转运与代谢 148 个，C. 能量产生与转换 136 个，T. 信号转导机制 115 个，S. 功能未知 111 个，O. 翻译后修饰、蛋白质周转、分子伴侣 101 个，H. 辅酶转运与代谢 95 个和 M. 细胞壁/膜/包膜生物合成 95 个（图 5-1-317a）。【**重复序列**】预测到的重复序列包括：LTR 140 个，总长为 8429 bp，平均长度为 60 bp；DNA 重复元件 41 个，总长为 3794 bp，平均长度为 93 bp；LINE 39 个，总长为 2388 bp，平均长度为 61 bp；SINE 11 个，总长为 625 bp，平均长度为 57 bp；RC 2 个，总长为 82 bp，平均长度为 41 bp；未知序列 1 个，长度为 70 bp；TR 82 个，重复序列长度为 6～1087 bp，总长为 9216 bp；小卫星 DNA 63 个，重复序列长度为 10～42 bp，总长为 3007 bp；微卫星 DNA 1 个，重复序列长度为 6 bp，总长为 36 bp。【**CRISPR**】预测到 172 个 CRISPR 相关序列。【**基因岛**】预测到 13 个基因岛 GI 01～GI 13，长度为 3174～17 830 bp，其 G+C 含量为 35.16%～45.17%。利用已预测得到的基因组信息，如重复序列、G+C 含量等，应用 CIRCOS 工具绘制其基因组圈图（图 5-1-317b）。

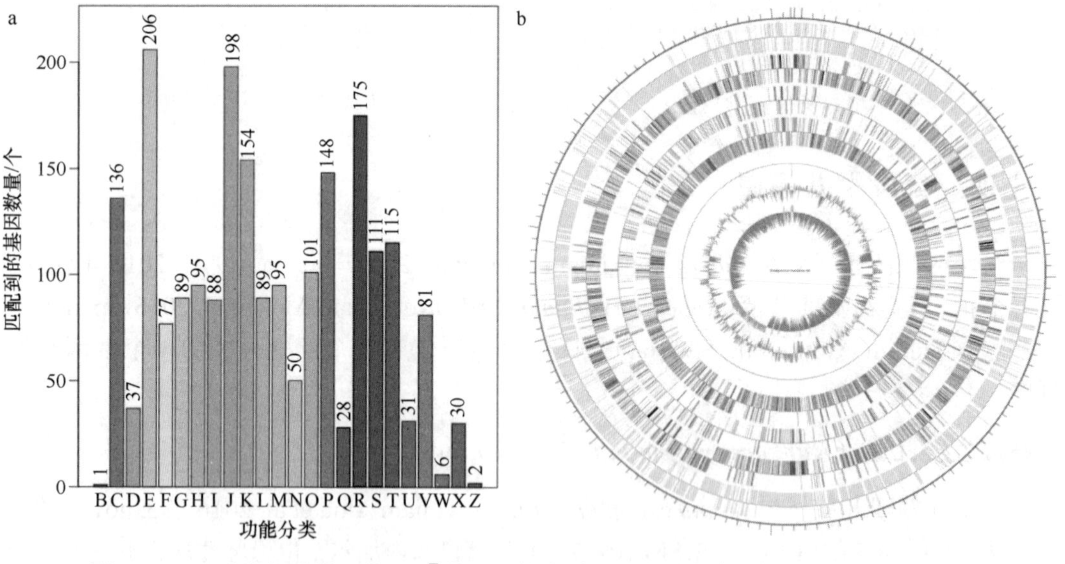


图 5-1-317　马赛红发婴儿菌 mt6$^T$ 基因组的直系同源基因聚类分析（a）和圈图（b）

## 三十五、盐小杆菌属

盐小杆菌属（*Salibacterium* Vishnuvardhan et al. 2015，gen. nov.）于 2015 年建立（Vishnuvardhan et al.，2015b）。目前包含 5 种：喜盐盐小杆菌［*Salibacterium halochares* (Pappa et al. 2010) Vishnuvardhan et al. 2015，sp. nov.］由喜盐芽胞杆菌（*Bacillus halochares*）

重分类而来、耐盐盐小杆菌（*Salibacterium halotolerans* Vishnuvardhan et al. 2015，sp. nov.）、盐湖盐小杆菌（*Salibacterium lacus* Wang et al. 2018，sp. nov.）、硝酸盐还原盐小杆菌（*Salibacterium nitratireducens* Singh et al. 2018，sp. nov.）、青岛盐小杆菌［*Salibacterium qingdaonense* (Wang et al. 2007) Vishnuvardhan et al. 2015，comb. nov.］由青岛芽胞杆菌（*Bacillus qingdaonensis*）重分类而来，模式种为耐盐盐小杆菌（*Salibacterium halotolerans*），均好氧、不产芽胞或未观察到芽胞。该属有 2 个已知种类的 2 个基因组被测序，以下选取青岛盐小杆菌的基因组进行描述。

### 青岛盐小杆菌（*Salibacterium qingdaonense*）CGMCC 1.6134$^T$

青岛盐小杆菌［*Salibacterium qingdaonense* (Wang et al. 2007) Vishnuvardhan et al. 2015，comb. nov.］的模式菌株（CM1$^T$ =CGMCC 1.6134$^T$ =JCM 14087$^T$）分离自青岛的粗海盐，中度嗜盐、嗜碱，生长条件为 25～45℃（最适 37℃）、pH 6.5～10.5（最适 pH 9.0）、2.5%～20%（*W*/*V*）NaCl（最适 12%），严格好氧，未观察到芽胞。2007 年被命名为青岛芽胞杆菌（*Bacillus qingdaonensis*）（Wang et al.，2007b），2015 年被重分类为青岛盐小杆菌（*Salibacterium qingdaonense*）（Vishnuvardhan et al.，2015b）。目前，该种仅有 1 个基因组，模式菌株 CGMCC 1.6134$^T$ 基因组的 GenBank 登录号为 GCA_900114715.1，测序平台为 Illumina HiSeq，于 2016 年 11 月 2 日由美国能源部联合基因组研究所（DOE Joint Genome Institute）提交。

**【基因组的组装】**菌株 CGMCC 1.6134$^T$ 基因组的测序深度为 364 X，基因组大小为 3.517 Mb，组装到 68 个 scaffolds，scaffold $N_{50}$ 为 97 359 bp。**【G+C 含量】**47.45%。**【非编码 RNA】**预测到 3 个 rRNA 基因（5S rRNA 3 个、16S rRNA 0 个、23S rRNA 0 个），54 个 tRNA 基因，14 个 sRNA 基因。**【编码基因】**有 3793 个蛋白质编码基因，编码区总长为 3 059 526 bp，占整个基因组的 86.99%，基因的平均长度为 807 bp。**【基因功能注释】**比对到 KEGG、COG 和 GO 数据库的基因数量分别为 2836 个、2388 个和 2451 个，预测到分泌蛋白编码基因 98 个；在 24 个 COG 功能类群中，基因数量前 10 位的类群分别是：R. 仅一般功能预测 276 个，G. 碳水化合物转运与代谢 261 个，K. 转录 213 个，E. 氨基酸转运与代谢 208 个，J. 翻译、核糖体结构与合成 195 个，S. 功能未知 168 个，C. 能量产生与转换 164 个，P. 无机离子转运与代谢 159 个，H. 辅酶转运与代谢 146 个和 M. 细胞壁/膜/包膜生物合成 143 个（图 5-1-318a）。**【重复序列】**预测到的重复序列包括：LTR 66 个，总长为 4492 bp，平均长度为 68 bp；DNA 重复元件 28 个，总长为 1864 bp，平均长度为 67 bp；LINE 26 个，总长为 1492 bp，平均长度为 57 bp；SINE 6 个，总长为 484 bp，平均长度为 81 bp；RC 1 个，长度为 65 bp；TR 149 个，重复序列长度为 9～176 bp，总长为 8770 bp；小卫星 DNA 133 个，重复序列长度为 11～54 bp，总长为 7403 bp；未预测到微卫星 DNA。**【CRISPR】**预测到 3 个 CRISPR 相关序列。**【基因岛】**预测到 4 个基因岛 GI 01～GI 04，长度为 6822～25 351 bp，其 G+C 含量为 30.19%～35.53%。利用已预测得到的基因组信息，如重复序列、G+C 含量等，应用 CIRCOS 工具绘制其基因组圈图（图 5-1-318b）。

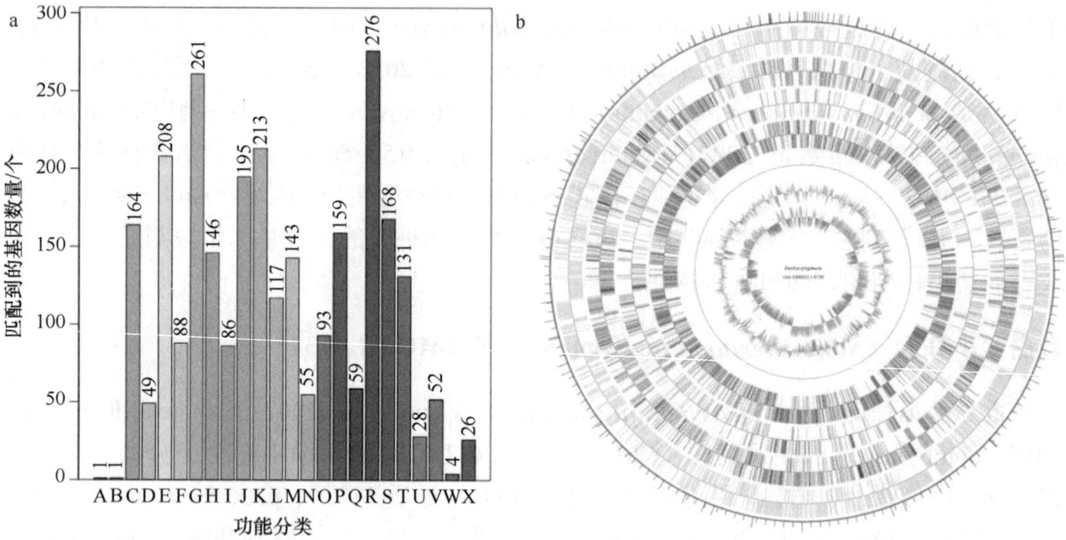


图 5-1-318 青岛盐小杆菌 CGMCC 1.6134$^T$基因组的直系同源基因聚类分析（a）和圈图（b）

## 三十六、盐微菌属

盐微菌属（*Salimicrobium* Yoon et al. 2007，gen. nov.）于 2007 年建立（Yoon et al.，2007a），包含 6 种：白盐微菌［*Salimicrobium album*（Hao et al. 1985）Yoon et al. 2007，comb. nov.］（模式种）、浅黄盐微菌（*Salimicrobium flavidum* Yoon et al. 2009，sp. nov.）、嗜盐盐微菌［*Salimicrobium halophilum*（Ventosa et al. 1990）Yoon et al. 2007，comb. nov.］、咸海鲜盐微菌（*Salimicrobium jeotgali* Choi et al. 2014，sp. nov.）、黄色盐微菌（*Salimicrobium luteum* Yoon et al. 2007，sp. nov.）和需盐盐微菌（*Salimicrobium salexigens* de la Haba et al. 2011，sp. nov.），均嗜盐或耐盐、不产芽胞。目前，该属有 5 个已知种类和 1 个未定种菌株的 7 个基因组被测序。

### 1. 白盐微菌（*Salimicrobium album*）DSM 20748$^T$

白盐微菌（*Salimicrobium album* (Hao et al. 1985) Yoon et al. 2007，comb. nov.）的模式菌株（HK 733$^T$ =ATCC 49811$^T$ =CCM 3517$^T$ =CIP 104820$^T$ =DSM 20748$^T$ =IAM 12845$^T$ =JCM 2574$^T$ =LMG 17430$^T$ =NBRC 102360$^T$ =VKM Ac-1949$^T$）分离自晒盐场，嗜盐，最适生长温度为 30～37℃，NaCl 浓度为 5%～20%（*W*/*V*）（最适 5%～15%），严格好氧，不产芽胞。1985 年被命名为白海洋球菌（*Marinococcus albus*）（Hao et al.，1985），2007 年被重分类为白盐微菌（*Salimicrobium album*）（Yoon et al.，2007a）。目前，该种仅有 1 个基因组，模式菌株 DSM 20748$^T$基因组的 GenBank 登录号为 GCA_900107115.1，测序平台为 Illumina HiSeq，于 2016 年 10 月 22 日由美国能源部联合基因组研究所（DOE Joint Genome Institute）提交。

**【基因组的组装】**菌株 DSM 20748$^T$基因组的测序深度为 330 X，基因组大小为 2.630 Mb，组装到 13 个 scaffolds，scaffold $N_{50}$为 375 745 bp。**【G+C 含量】**46.89%。**【非**

**编码 RNA】**预测到 4 个 rRNA 基因（5S rRNA 3 个、16S rRNA 1 个、23S rRNA 0 个），53 个 tRNA 基因，0 个 sRNA 基因。**【编码基因】**有 2760 个蛋白质编码基因，编码区总长为 2 353 362 bp，占整个基因组的 89.48%，基因的平均长度为 853 bp。**【基因功能注释】**比对到 KEGG、COG 和 GO 数据库的基因数量分别为 2551 个、2105 个和 1977 个，预测到分泌蛋白编码基因 37 个；在 23 个 COG 功能类群中，基因数量前 10 位的类群分别是：E. 氨基酸转运与代谢 227 个，R. 仅一般功能预测 218 个，J. 翻译、核糖体结构与合成 198 个，K. 转录 163 个，S. 功能未知 163 个，C. 能量产生与转换 150 个，G. 碳水化合物转运与代谢 133 个，H. 辅酶转运与代谢 131 个，P. 无机离子转运与代谢 130 个和 I. 脂质转运与代谢 125 个（图 5-1-319a）。**【重复序列】**预测到的重复序列包括：LTR 69 个，总长为 4331 bp，平均长度为 63 bp；DNA 重复元件 15 个，总长为 970 bp，平均长度为 65 bp；LINE 16 个，总长为 878 bp，平均长度为 55 bp；SINE 9 个，总长为 576 bp，平均长度为 64 bp；RC 1 个，长度为 78 bp；TR 41 个，重复序列长度为 6～124 bp，总长为 2172 bp；小卫星 DNA 37 个，重复序列长度为 12～52 bp，总长为 1705 bp；微卫星 DNA 1 个，重复序列长度为 6 bp，总长为 39 bp。**【CRISPR】**未预测到 CRISPR 相关序列。**【基因岛】**预测到 8 个基因岛 GI 01～GI 08，长度为 5918～27 824 bp，其 G+C 含量为 37.67%～51.15%。利用已预测得到的基因组信息，如重复序列、G+C 含量等，应用 CIRCOS 工具绘制其基因组圈图（图 5-1-319b）。

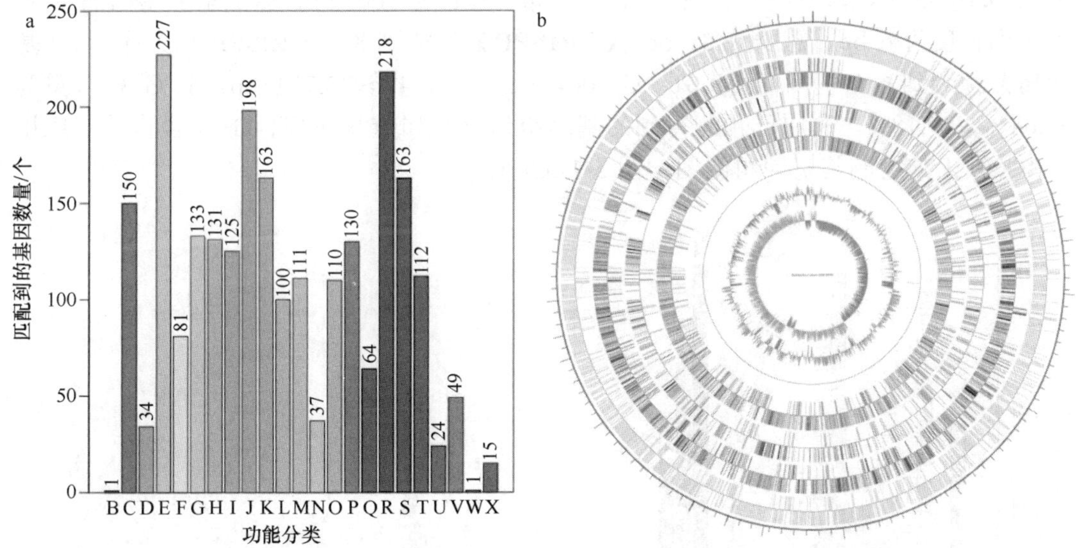


图 5-1-319　白盐微菌 DSM 20748$^T$ 基因组的直系同源基因聚类分析（a）和圈图（b）

## 2. 浅黄盐微菌（*Salimicrobium flavidum*）DSM 23127$^T$

浅黄盐微菌（*Salimicrobium flavidum* Yoon et al. 2009，sp. nov.）的模式菌株（ISL-25$^T$ = KCTC 13260$^T$ =CCUG 56755$^T$ =DSM 23127$^T$）分离自黄海的海洋晒盐场，嗜盐，生长条件为 4～40℃（最适 37℃）、最适 pH 7.0～8.0、1%～26% NaCl（*W*/*V*）（最适 10%），严格好氧，不产芽胞（Yoon et al.，2009）。目前，该种仅有 1 个基因组，模式菌株 DSM 23127$^T$

基因组的 GenBank 登录号为 GCA_900156645.1，测序平台为 Illumina HiSeq，于 2017 年 1 月 14 日由美国能源部联合基因组研究所（DOE Joint Genome Institute）提交。

**【基因组的组装】**菌株 DSM 23127$^T$ 基因组的测序深度为 408 X，基因组大小为 2.901 Mb，组装到 27 个 scaffolds，scaffold $N_{50}$ 为 224 769 bp。**【G+C 含量】**45.48%。**【非编码 RNA】**预测到 9 个 rRNA 基因（5S rRNA 7 个、16S rRNA 1 个、23S rRNA 1 个），65 个 tRNA 基因，1 个 sRNA 基因。**【编码基因】**有 3071 个蛋白质编码基因，编码区总长为 2 529 261 bp，占整个基因组的 87.19%，基因的平均长度为 824 bp。**【基因功能注释】**比对到 KEGG、COG 和 GO 数据库的基因数量分别为 2563 个、2136 个和 2076 个，预测到分泌蛋白编码基因 57 个；在 23 个 COG 功能类群中，基因数量前 10 位的类群分别是：R. 仅一般功能预测 229 个，J. 翻译、核糖体结构与合成 207 个，E. 氨基酸转运与代谢 198 个，S. 功能未知 178 个，K. 转录 169 个，C. 能量产生与转换 146 个，G. 碳水化合物转运与代谢 140 个，T. 信号转导机制 128 个，P. 无机离子转运与代谢 125 个和 I. 脂质转运与代谢 123 个（图 5-1-320a）。**【重复序列】**预测到的重复序列包括：LTR 99 个，总长为 5711 bp，平均长度为 58 bp；DNA 重复元件 22 个，总长为 1460 bp，平均长度为 66 bp；LINE 26 个，总长为 1453 bp，平均长度为 56 bp；SINE 12 个，总长为 800 bp，平均长度为 67 bp；RC 5 个，总长为 246 bp，平均长度为 49 bp；TR 41 个，重复序列长度为 12～1266 bp，总长为 10 047 bp；小卫星 DNA 33 个，重复序列长度为 12～48 bp，总长为 2001 bp；微卫星 DNA 1 个，重复序列长度为 6 bp，总长为 39 bp。**【CRISPR】**预测到 8 个 CRISPR 相关序列。**【基因岛】**预测到 6 个基因岛 GI 01～GI 06，长度为 4842～33 771 bp，其 G+C 含量为 33.64%～49.18%。利用已预测得到的基因组信息，如重复序列、G+C 含量等，应用 CIRCOS 工具绘制其基因组圈图（图 5-1-320b）。

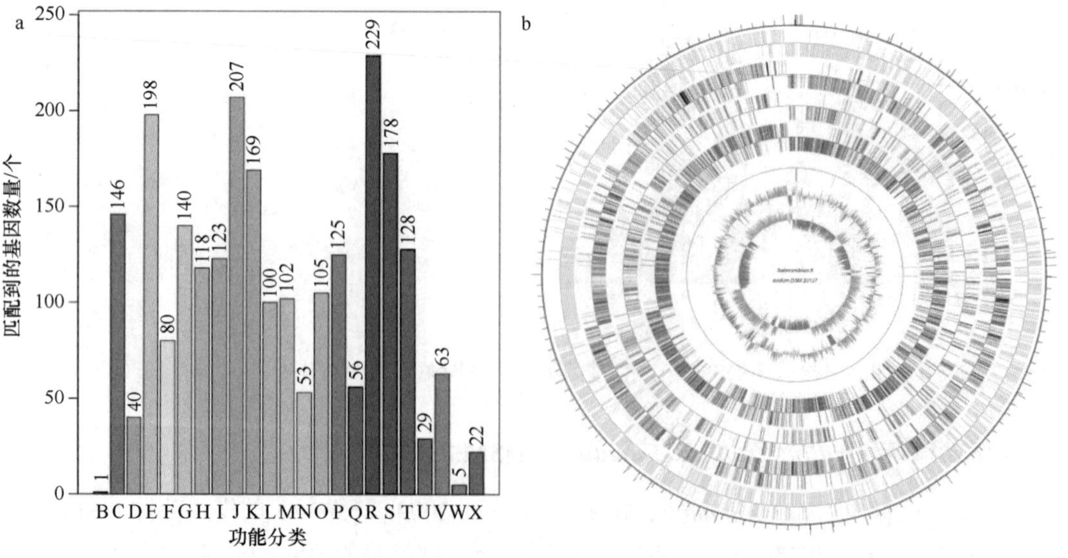


图 5-1-320　浅黄盐微菌 DSM 23127$^T$ 基因组的直系同源基因聚类分析（a）和圈图（b）

### 3. 嗜盐盐微菌（*Salimicrobium halophilum*）DSM 4771$^T$

嗜盐盐微菌［*Salimicrobium halophilum* (Ventosa et al. 1990) Yoon et al. 2007，comb. nov.］的模式菌株（N23-2$^T$ =ATCC 49085$^T$ =CCM 4074$^T$ =DSM 4771$^T$ =HAMBI 2106$^T$ = JCM 12305$^T$ =LMG 17942$^T$ =NBRC 102426$^T$）分离自黄海的海洋晒盐场，嗜盐，最适生长温度为 30～37℃，NaCl 浓度为 5%～20%（*W*/*V*）（最适 5%～15%），严格好氧，不产芽胞。1989 年被命名为嗜盐芽胞杆菌（*Bacillus halophilus*）（Ventosa et al.，1989），2007 年被重分类为嗜盐盐微菌（*Salimicrobium halophilum*）（Yoon et al.，2007a）。目前，该种仅有 1 个基因组，模式菌株 DSM 4771$^T$ 基因组的 GenBank 登录号为 GCA_900100295.1，测序平台为 Illumina HiSeq，于 2016 年 10 月 21 日由美国能源部联合基因组研究所（DOE Joint Genome Institute）提交。

**【基因组的组装】**菌株 DSM 4771$^T$ 基因组的测序深度为 449 X，基因组大小为 3.156 Mb，组装到 20 个 scaffolds，scaffold $N_{50}$ 为 323 028 bp。**【G+C 含量】**46.55%。**【非编码 RNA】**预测到 6 个 rRNA 基因（5S rRNA 6 个、16S rRNA 0 个、23S rRNA 0 个），60 个 tRNA 基因，1 个 sRNA 基因。**【编码基因】**有 3329 个蛋白质编码基因，编码区总长为 2 813 247 bp，占整个基因组的 89.14%，基因的平均长度为 845 bp。**【基因功能注释】**比对到 KEGG、COG 和 GO 数据库的基因数量分别为 2855 个、2340 个和 2289 个，预测到分泌蛋白编码基因 68 个；在 23 个 COG 功能类群中，基因数量前 10 位的类群分别是：R. 仅一般功能预测 250 个，J. 翻译、核糖体结构与合成 217 个，E. 氨基酸转运与代谢 211 个，K. 转录 200 个，G. 碳水化合物转运与代谢 199 个，S. 功能未知 185 个，C. 能量产生与转换 162 个，T. 信号转导机制 144 个，P. 无机离子转运与代谢 139 个和 H. 辅酶转运与代谢 132 个（图 5-1-321a）。**【重复序列】**预测到的重复序列包括：LTR 97 个，总长为 5566 bp，平均长度为 57 bp；DNA 重复元件 29 个，总长为 1862 bp，平均长度为 64 bp；LINE 15 个，总长为 840 bp，平均长度为 56 bp；SINE 10 个，总长为 558 bp，平均长度

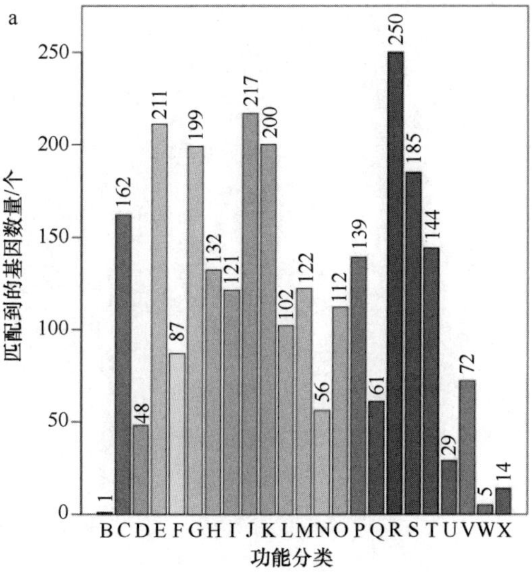


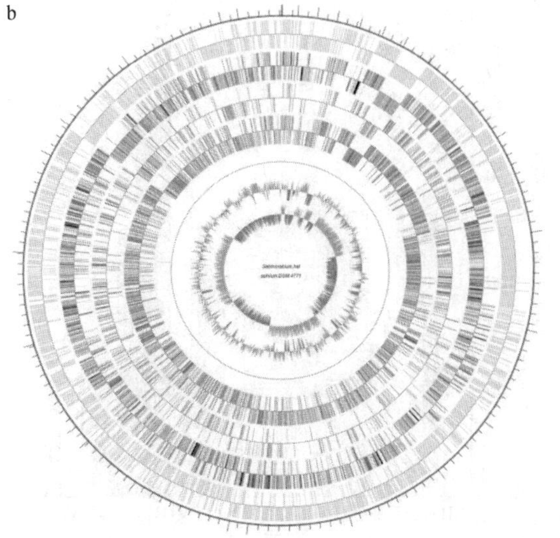


图 5-1-321　嗜盐盐微菌 DSM 4771$^T$ 基因组的直系同源基因聚类分析（a）和圈图（b）

为 56 bp; RC 1 个，长度为 69 bp; TR 39 个，重复序列长度为 13～245 bp，总长为 5707 bp; 小卫星 DNA 30 个，重复序列长度为 13～56 bp，总长为 2133 bp; 未预测到微卫星 DNA。**【CRISPR】**预测到 17 个 CRISPR 相关序列。**【基因岛】**预测到 6 个基因岛 GI 01～GI 06，长度为 4380～31 827 bp，其 G+C 含量为 42.87%～49.20%。利用已预测得到的基因组信息，如重复序列、G+C 含量等，应用 CIRCOS 工具绘制其基因组圈图（图 5-1-321b）。

**4. 咸海鲜盐微菌（*Salimicrobium jeotgali*）MJ3$^{T}$**

咸海鲜盐微菌（*Salimicrobium jeotgali* Choi et al. 2014，sp. nov.）的模式菌株（MJ3$^{T}$ = KACC 16972$^{T}$ =JCM 19758$^{T}$）分离自韩国的发酵凤尾鱼，嗜盐，生长条件为 15～45℃（最适 30℃）、pH 6.0～9.0（最适 pH 7.0～8.0）、1%～24% NaCl（*W*/*V*）（最适 10%），好氧，不产芽胞（Choi et al.，2014）。目前，该种有 2 个基因组，选择组装到完成图水平的模式菌株 MJ3$^{T}$ 的基因组进行描述，其 GenBank 登录号为 GCA_001685435.3，测序平台为 PacBio，于 2016 年 11 月 16 日由韩国中央大学（Chung-Ang University）提交。

**【基因组的组装】**菌株 MJ3$^{T}$ 基因组的测序深度为 291 X，基因组大小为 2.777 Mb，组装到完成图水平，包括 1 条染色体和 2 个质粒。**【G+C 含量】**46.32%。**【非编码 RNA】**预测到 21 个 rRNA 基因（5S rRNA 7 个、16S rRNA 7 个、23S rRNA 7 个），70 个 tRNA 基因，2 个 sRNA 基因。**【编码基因】**有 2910 个蛋白质编码基因，编码区总长为 2 433 108 bp，占整个基因组的 87.62%，基因的平均长度为 836 bp。**【基因功能注释】**比对到 KEGG、COG 和 GO 数据库的基因数量分别为 2731 个、2101 个和 2033 个，预测到分泌蛋白编码基因 40 个；在 23 个 COG 功能类群中，基因数量前 10 位的类群分别是：R. 仅一般功能预测 214 个，E. 氨基酸转运与代谢 210 个，J. 翻译、核糖体结构与合成 204 个，S. 功能未知 168 个，K. 转录 161 个，C. 能量产生与转换 140 个，I. 脂质转运与代谢 123 个，H. 辅酶转运与代谢 121 个，G. 碳水化合物转运与代谢 120 个和 L. 复制、重组与修复 114 个（图 5-1-322a）。**【重复序列】**预测到的重复序列包括：LTR 86 个，总长为

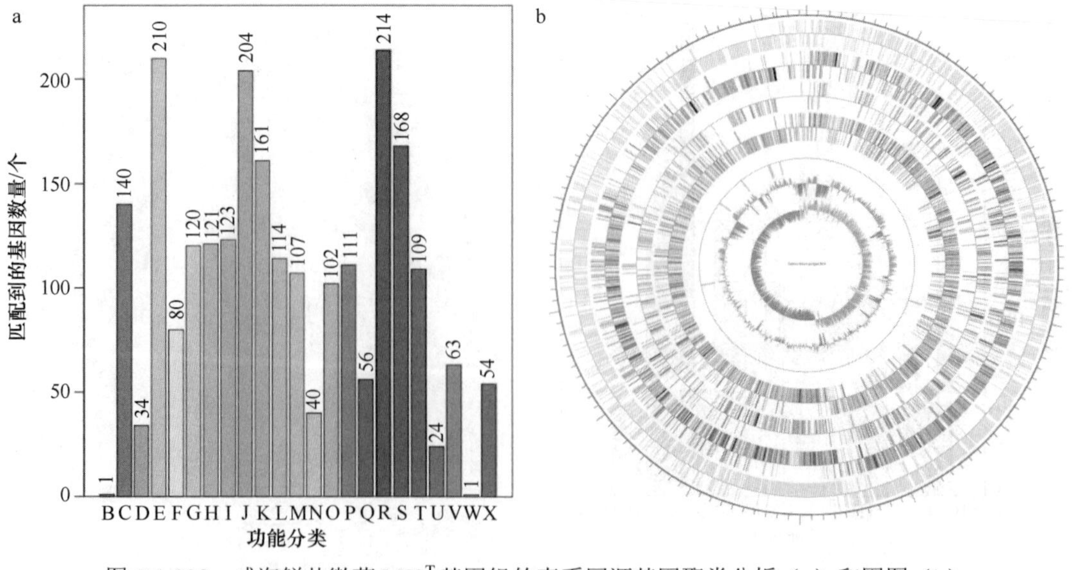


图 5-1-322　咸海鲜盐微菌 MJ3$^{T}$ 基因组的直系同源基因聚类分析（a）和圈图（b）

7089 bp，平均长度为 82 bp；DNA 重复元件 21 个，总长为 1281 bp，平均长度为 61 bp；LINE 20 个，总长为 1383 bp，平均长度为 69 bp；SINE 13 个，总长为 855 bp，平均长度为 66 bp；RC 2 个，总长为 112 bp，平均长度为 56 bp；未知序列 1 个，长度为 70 bp；TR 37 个，重复序列长度为 11～248 bp，总长为 2580 bp；小卫星 DNA 34 个，重复序列长度为 11～52 bp，总长为 1801 bp；未预测到微卫星 DNA。**【CRISPR】**预测到 16 个 CRISPR 相关序列。**【基因岛】**预测到 10 个基因岛 GI 01～GI 10，长度为 3200～28 558 bp，其 G+C 含量为 34.31%～46.82%。利用已预测得到的基因组信息，如重复序列、G+C 含量等，应用 CIRCOS 工具绘制其基因组圈图（图 5-1-322b）。

**5. 需盐盐微菌（*Salimicrobium salexigens*）DSM 22782$^T$**

需盐盐微菌（*Salimicrobium salexigens* de la Haba et al. 2011，sp. nov.）的模式菌株（29CMI$^T$ =CECT 7568$^T$ =JCM 16414$^T$ =LMG 25386$^T$ =DSM 22782$^T$）分离自西班牙盐处理后的兽皮，嗜盐，生长条件为 15～40℃（最适 37℃）、pH 5.0～10.0（最适 pH 7.5）、3%～25% NaCl（*W*/*V*）（最适 7.5%～12.5%），严格好氧，不产芽胞（de la Haba et al.，2011）。目前，该种仅有 1 个基因组，模式菌株 DSM 22782$^T$ 基因组的 GenBank 登录号为 GCA_900156705.1，测序平台为 Illumina HiSeq，于 2017 年 1 月 14 日由美国能源部联合基因组研究所（DOE Joint Genome Institute）提交。

**【基因组的组装】**菌株 DSM 22782$^T$ 基因组的测序深度为 480 X，基因组大小为 2.584 Mb，组装到 34 个 scaffolds，scaffold $N_{50}$ 为 265 111 bp。**【G+C 含量】**46.75%。**【非编码 RNA】**预测到 8 个 rRNA 基因（5S rRNA 6 个、16S rRNA 1 个、23S rRNA 1 个），65 个 tRNA 基因，1 个 sRNA 基因。**【编码基因】**有 2685 个蛋白质编码基因，编码区总长为 2 290 539 bp，占整个基因组的 88.64%，基因的平均长度为 853 bp。**【基因功能注释】**比对到 KEGG、COG 和 GO 数据库的基因数量分别为 2490 个、2046 个和 1946 个，预测到分泌蛋白编码基因 38 个；在 23 个 COG 功能类群中，基因数量前 10 位的类群分别是：R. 仅一般功能预测 217 个，E. 氨基酸转运与代谢 208 个，J. 翻译、核糖体结构与合成 199 个，S. 功能未知 162 个，K. 转录 152 个，C. 能量产生与转换 146 个，P. 无机离子转运与代谢 128 个，H. 辅酶转运与代谢 125 个，I. 脂质转运与代谢 123 个和 G. 碳水化合物转运与代谢 119 个（图 5-1-323a）。**【重复序列】**预测到的重复序列包括：LTR 73 个，总长为 4639 bp，平均长度为 64 bp；DNA 重复元件 16 个，总长为 1030 bp，平均长度为 64 bp；LINE 15 个，总长为 797 bp，平均长度为 53 bp；SINE 11 个，总长为 711 bp，平均长度为 65 bp；RC 1 个，长度为 78 bp；TR 49 个，重复序列长度为 6～591 bp，总长为 4876 bp；小卫星 DNA 42 个，重复序列长度为 12～52 bp，总长为 2267 bp；微卫星 DNA 2 个，重复序列长度为 6 bp，总长为 67 bp。**【CRISPR】**未预测到 CRISPR 相关序列。**【基因岛】**预测到 5 个基因岛 GI 01～GI 05，长度为 8704～23 661 bp，其 G+C 含量为 34.72%～47.87%。利用已预测得到的基因组信息，如重复序列、G+C 含量等，应用 CIRCOS 工具绘制其基因组圈图（图 5-1-323b）。

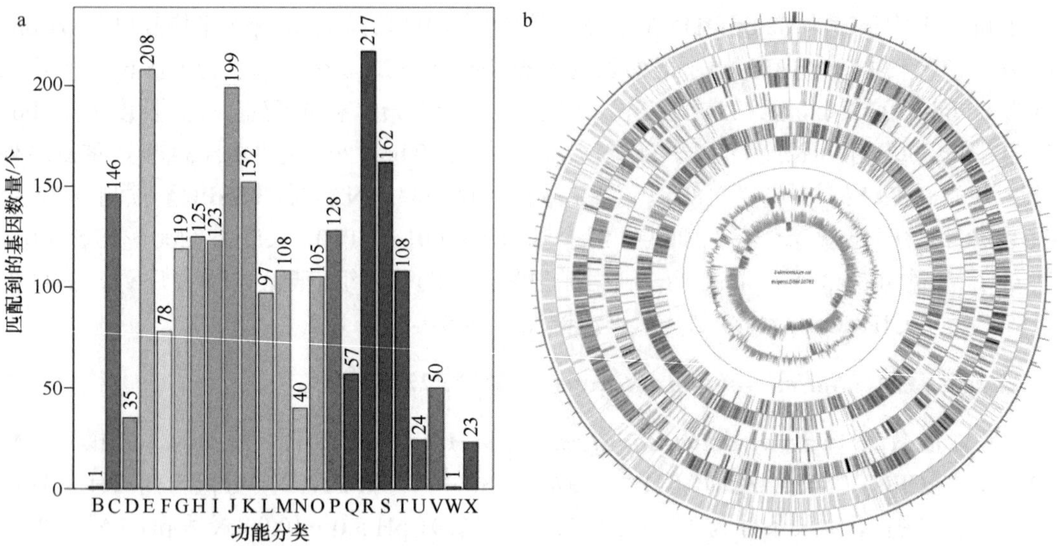


图 5-1-323　需盐盐微菌 DSM 22782$^{T}$ 基因组的直系同源基因聚类分析（a）和圈图（b）

## 三十七、盐渍芽胞杆菌属

盐渍芽胞杆菌属（*Salinibacillus* Ren and Zhou 2005，gen. nov.）于 2005 年建立（Ren and Zhou，2005a），包含 3 种：艾丁湖盐渍芽胞杆菌（*Salinibacillus aidingensis* Ren and Zhou 2005，sp. nov.）（模式种）、库氏盐渍芽胞杆菌（*Salinibacillus kushneri* Ren and Zhou 2005，sp. nov.）和新疆盐渍芽胞杆菌（*Salinibacillus xinjiangensis* Yang et al. 2014，sp. nov.），均嗜盐或耐盐、产芽胞。目前，该属有 2 个已知种类的 2 个基因组被测序。

### 1. 艾丁湖盐渍芽胞杆菌（*Salinibacillus aidingensis*）MSP4

艾丁湖盐渍芽胞杆菌（*Salinibacillus aidingensis* Ren and Zhou 2005，sp. nov.）的模式菌株（25-7$^{T}$ =AS 1.3565$^{T}$ =JCM 12389$^{T}$）分离自新疆的中性盐湖，嗜盐，生长条件为 28～49℃、pH 6.5～7.5、5%～20% NaCl（*W*/*V*）（最适 7.5%～12.5%），严格好氧，产芽胞（Ren and Zhou，2005a）。目前，该种仅有 1 个基因组，非模式菌株 MSP4 基因组的 GenBank 登录号为 GCA_000400005.1，测序平台为 454 FLX，于 2013 年 5 月 17 日由印度农业研究理事会（Indian Council of Agricultural Research）提交。

**【基因组的组装】**菌株 MSP4 基因组的测序深度为 61 X，基因组大小为 7.422 Mb，组装到 21 个 scaffolds，scaffold $N_{50}$ 为 1 071 925 bp。**【G+C 含量】**42.35%。**【非编码 RNA】**预测到 10 个 rRNA 基因（5S rRNA 8 个、16S rRNA 0 个、23S rRNA 2 个），124 个 tRNA 基因，11 个 sRNA 基因。**【编码基因】**有 7769 个蛋白质编码基因，编码区总长为 6 464 211 bp，占整个基因组的 87.10%，基因的平均长度为 832 bp。**【基因功能注释】**比对到 KEGG、COG 和 GO 数据库的基因数量分别为 6723 个、5391 个和 5323 个，预测到分泌蛋白编码基因 137 个；在 25 个 COG 功能类群中，基因数量前 10 位的类群分别是：R. 仅一般功能预测 599 个，E. 氨基酸转运与代谢 534 个，K. 转录 489 个，G. 碳水化合物转运与代谢 450 个，J. 翻译、核糖体结构与合成 442 个，S. 功能未知 386 个，M. 细胞壁/膜/包膜生物合成 351 个，C. 能量产生与转换 340 个，P. 无机离子转运与代谢 338 个和 T. 信号转导机制 337 个（图 5-1-324a）。**【重复序列】**预测到的重复序列包括：LTR 269 个，总长为 15 910 bp，平均长度为 59 bp；DNA 重复元件 72 个，总长为 4103 bp，平均长度为 57 bp；LINE 71 个，总长为 4337 bp，平均长度为 61 bp；SINE 8 个，总长为 914 bp，平均长度为 114 bp；RC 4 个，总长为 259 bp，平均长度为 65 bp；未知序列 3 个，总长为 190 bp，平均长度为 63 bp；TR 235 个，重复序列长度为 6～447 bp，总长为 24 883 bp；小卫星 DNA 193 个，重复序列长度为 10～60 bp，总长为 13 379 bp；微卫星 DNA 1 个，重复序列长度为 6 bp，总长为 28 bp。**【CRISPR】**预测到 150 个 CRISPR 相关序列。**【基因岛】**预测到 15 个基因岛 GI 01～GI 15，长度为 4374～41 569 bp，其 G+C 含量为 34.73%～46.15%。利用已预测得到的基因组信息，如重复序列、G+C 含量等，应用 CIRCOS 工具绘制其基因组圈图（图 5-1-324b）。

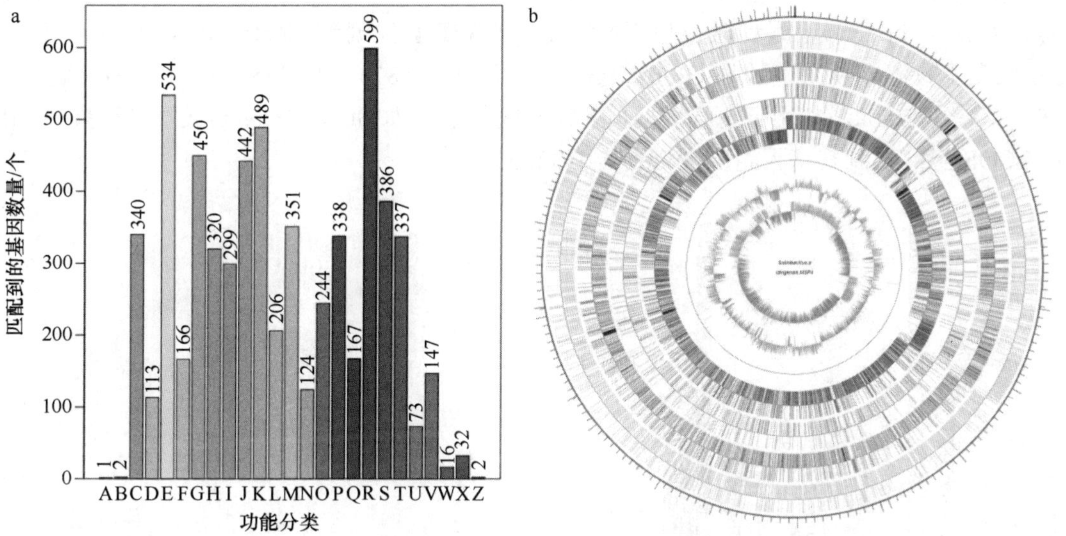


图 5-1-324　艾丁湖盐渍芽胞杆菌 MSP4 基因组的直系同源基因聚类分析（a）和圈图（b）

## 2. 库氏盐渍芽胞杆菌（*Salinibacillus kushneri*）CGMCC 1.3566$^T$

库氏盐渍芽胞杆菌（*Salinibacillus kushneri* Ren and Zhou 2005，sp. nov.）的模式菌株（8-2$^T$ =AS 1.3566$^T$ =JCM 12390$^T$ =CGMCC.1.3566$^T$）分离自新疆的中性盐湖，嗜盐，生长条件为 20～50℃、最适 pH 7.0～8.0、1%～30% NaCl（*W*/*V*），严格好氧，产芽胞（Ren and Zhou，2005a）。目前，该种仅有 1 个基因组，模式菌株 CGMCC 1.3566$^T$ 基因组的 GenBank 登录号为 GCA_900111405.1，测序平台为 Illumina HiSeq，于 2016 年 10 月 31 日由美国能源部联合基因组研究所（DOE Joint Genome Institute）提交。

**【基因组的组装】**菌株 CGMCC 1.3566$^T$ 基因组的测序深度为 218 X，基因组大小为 3.489 Mb，组装到 23 个 scaffolds，scaffold $N_{50}$ 为 268 799 bp。**【G+C 含量】**37.39%。**【非**

**编码 RNA】**预测到 6 个 rRNA 基因（5S rRNA 5 个、16S rRNA 1 个、23S rRNA 0 个），54 个 tRNA 基因，2 个 sRNA 基因。**【编码基因】**有 3689 个蛋白质编码基因，编码区总长为 2 972 991 bp，占整个基因组的 85.21%，基因的平均长度为 806 bp。**【基因功能注释】**比对到 KEGG、COG 和 GO 数据库的基因数量分别为 3025 个、2459 个和 2506 个，预测到分泌蛋白编码基因 59 个；在 24 个 COG 功能类群中，基因数量前 10 位的类群分别是：R. 仅一般功能预测 267 个，E. 氨基酸转运与代谢 260 个，J. 翻译、核糖体结构与合成 217 个，K. 转录 203 个，G. 碳水化合物转运与代谢 189 个，S. 功能未知 167 个，C. 能量产生与转换 165 个，I. 脂质转运与代谢 163 个，P. 无机离子转运与代谢 152 个和 M. 细胞壁/膜/包膜生物合成 145 个（图 5-1-325a）。**【重复序列】**预测到的重复序列包括：LTR 61 个，总长为 3373 bp，平均长度为 55 bp；DNA 重复元件 25 个，总长为 1726 bp，平均长度为 69 bp；LINE 16 个，总长为 838 bp，平均长度为 52 bp；SINE 5 个，总长为 291 bp，平均长度为 58 bp；RC 2 个，总长为 123 bp，平均长度为 62 bp；TR 67 个，重复序列长度为 10～125 bp，总长为 4633 bp；小卫星 DNA 59 个，重复序列长度为 10～52 bp，总长为 2606 bp；未预测到微卫星 DNA。**【CRISPR】**预测到 12 个 CRISPR 相关序列。**【基因岛】**预测到 9 个基因岛 GI 01～GI 09，长度为 5878～21 795 bp，其 G+C 含量为 30.33%～40.78%。利用已预测得到的基因组信息，如重复序列、G+C 含量等，应用 CIRCOS 工具绘制其基因组圈图（图 5-1-325b）。

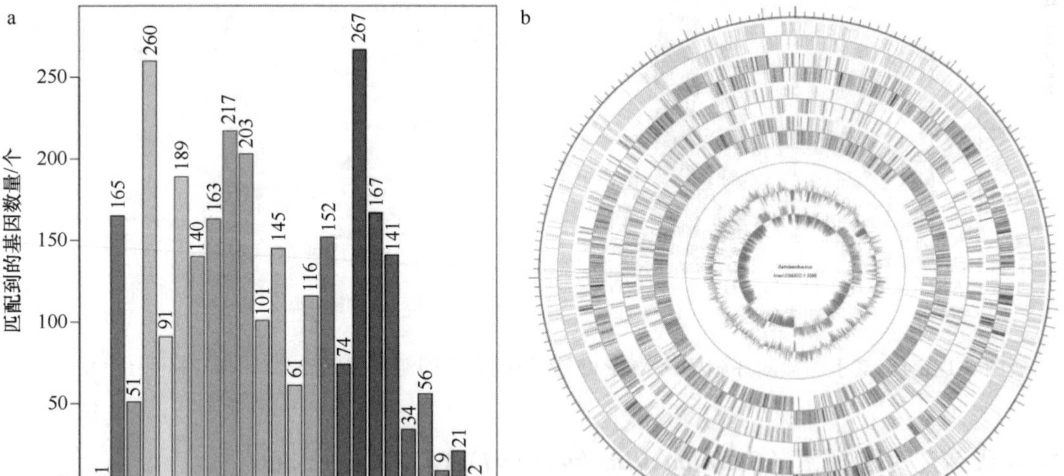


图 5-1-325　库氏盐渍芽胞杆菌 CGMCC 1.3566$^{T}$ 基因组的直系同源基因聚类分析（a）和圈图（b）

## 三十八、盐沼芽胞杆菌属

盐沼芽胞杆菌属（*Salipaludibacillus* Sultanpuram and Mothe 2016，gen. nov.）于 2016 年建立（Sultanpuram and Mothe，2016），包含 5 种：黏琼脂盐沼芽胞杆菌[*Salipaludibacillus agaradhaerens* (Nielsen et al. 1995) Sultanpuram and Mothe 2016，comb. nov.]、橘色盐沼

芽胞杆菌（*Salipaludibacillus aurantiacus* Sultanpuram and Mothe 2016，sp. nov.）（模式种）、嗜盐碱盐沼芽胞杆菌（*Salipaludibacillus halalkaliphilus* Amoozegar et al. 2018，sp. nov.）、雷州盐沼芽胞杆菌［*Salipaludibacillus neizhouensis*（Chen et al. 2009）Sultanpuram and Mothe 2016，comb. nov.］和克钦湖盐沼芽胞杆菌（*Salipaludibacillus keqinensis* Wang et al. 2019，sp. nov.），均产芽胞。目前，该属有 4 个已知种类的 5 个基因组被测序。

### 1. 黏琼脂盐沼芽胞杆菌（*Salipaludibacillus agaradhaerens*）DSM 8721$^T$

黏琼脂盐沼芽胞杆菌［*Salipaludibacillus agaradhaerens* (Nielsen et al. 1995) Sultanpuram and Mothe 2016，comb. nov.］的模式菌株（PN-105$^T$ =ATCC 700163$^T$ =CIP 105302$^T$ =DSM 8721$^T$ =LMG 17948$^T$）分离自土壤，耐盐、嗜碱，生长条件为 10～45℃、最适 pH 10.0、0～16%（*W*/*V*）NaCl，严格好氧，产芽胞，1995 年被命名为黏琼脂芽胞杆菌（*Bacillus agaradhaerens*）（Nielsen et al.，1995），2016 年被重分类为黏琼脂盐沼芽胞杆菌（*Salipaludibacillus agaradhaerens*）（Sultanpuram and Mothe，2016）。目前，该种仅有 1 个基因组，模式菌株 DSM 8721$^T$ 基因组的 GenBank 登录号为 GCA_002019735.1，测序平台为 Illumina HiSeq，于 2017 年 3 月 6 日由福建省农业科学院（Fujian Academy of Agricultural Sciences）提交。

**【基因组的组装】**菌株 DSM 8721$^T$ 基因组的测序深度为 227 X，基因组大小为 4.319 Mb，组装到精细图水平，包括 1 条染色体。**【G+C 含量】**38.91%。**【非编码 RNA】**预测到 22 个 rRNA 基因（5S rRNA 8 个、16S rRNA 7 个、23S rRNA 7 个），74 个 tRNA 基因，14 个 sRNA 基因。**【编码基因】**有 4124 个蛋白质编码基因，编码区总长为 3 521 016 bp，占整个基因组的 81.52%，基因的平均长度为 854 bp。**【基因功能注释】**比对到 KEGG、COG 和 GO 数据库的基因数量分别为 3439 个、2754 个和 2812 个，预测到分泌蛋白编码基因 95 个；在 25 个 COG 功能类群中，基因数量前 10 位的类群分别是：G. 碳水化合物转运与代谢 305 个，R. 仅一般功能预测 270 个，E. 氨基酸转运与代谢 261 个，K. 转录 248 个，J. 翻译、核糖体结构与合成 219 个，P. 无机离子转运与代谢 201 个，S. 功能未知 197 个，T. 信号转导机制 187 个，C. 能量产生与转换 179 个和 H. 辅酶转运与代谢 178 个（图 5-1-326a）。**【重复序列】**预测到的重复序列包括：LTR 73 个，总长为 6500 bp，平均长度为 89 bp；DNA 重复元件 15 个，总长为 974 bp，平均长度为 65 bp；LINE 20 个，总长为 1317 bp，平均长度为 66 bp；SINE 10 个，总长为 639 bp，平均长度为 64 bp；RC 1 个，长度为 34 bp；TR 121 个，重复序列长度为 9～1280 bp，总长为 26 622 bp；小卫星 DNA 78 个，重复序列长度为 11～51 bp，总长为 15 045 bp；未预测到微卫星 DNA。**【CRISPR】**预测到 93 个 CRISPR 相关序列。**【基因岛】**预测到 6 个基因岛 GI 01～GI 06，长度为 8884～40 195 bp，其 G+C 含量为 33.44%～48.71%。利用已预测得到的基因组信息，如重复序列、G+C 含量等，应用 CIRCOS 工具绘制其基因组圈图（图 5-1-326b）。

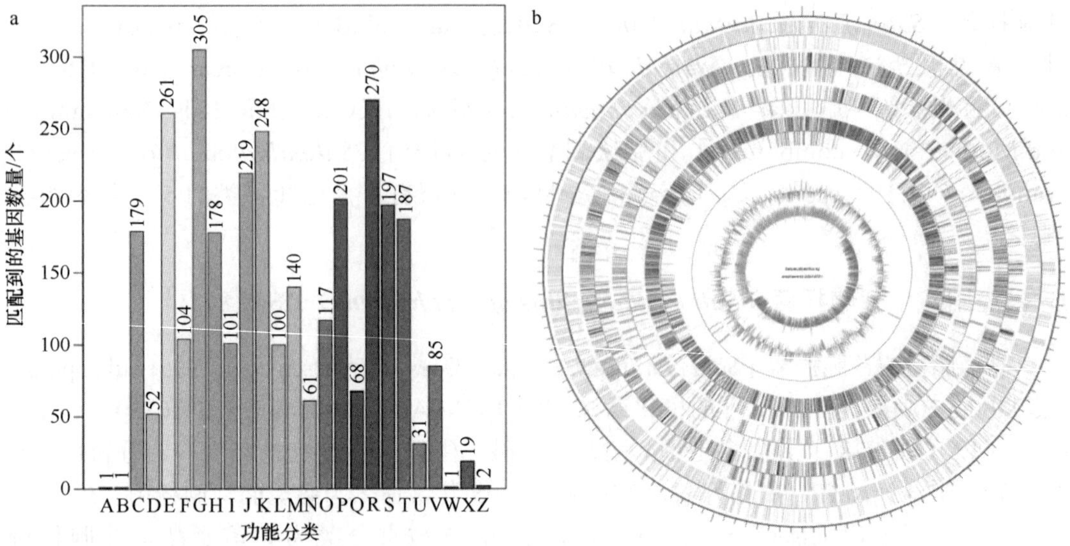


图 5-1-326 黏琼脂盐沼芽胞杆菌 DSM 8721$^T$基因组的直系同源基因聚类分析（a）和圈图（b）

## 2. 橘色盐沼芽胞杆菌（*Salipaludibacillus aurantiacus*）S9$^T$

橘色盐沼芽胞杆菌（*Salipaludibacillus aurantiacus* Sultanpuram and Mothe 2016，sp. nov.）的模式菌株（S9$^T$ =KCTC 33633$^T$ =LMG 28644$^T$）分离自印度的盐湖，嗜盐、嗜碱，生长条件为 20～50℃（最适 37℃）、pH 8.0～11.0（最适 pH 9.0）、0.5%～22% NaCl（*W*/*V*）（最适 3%～5%），好氧，产芽胞（Sultanpuram and Mothe，2016）。目前，该种仅有 1 个基因组，模式菌株 S9$^T$ 基因组的 GenBank 登录号为 GCA_900111295.1，测序平台为 Illumina HiSeq，于 2016 年 10 月 31 日由美国能源部联合基因组研究所（DOE Joint Genome Institute）提交。

**【基因组的组装】**菌株 S9$^T$基因组的测序深度为 339 X，基因组大小为 4.435 Mb，组装到 41 个 scaffolds，scaffold $N_{50}$ 为 238 651 bp。**【G+C 含量】**42.41%。**【非编码 RNA】**预测到 8 个 rRNA 基因（5S rRNA 6 个、16S rRNA 1 个、23S rRNA 1 个），74 个 tRNA 基因，14 个 sRNA 基因。**【编码基因】**有 4512 个蛋白质编码基因，编码区总长为 3 793 200 bp，占整个基因组的 85.53%，基因的平均长度为 841 bp。**【基因功能注释】**比对到 KEGG、COG 和 GO 数据库的基因数量分别为 3696 个、2911 个和 2991 个，预测到分泌蛋白编码基因 109 个；在 25 个 COG 功能类群中，基因数量前 10 位的类群分别是：R. 仅一般功能预测 316 个，E. 氨基酸转运与代谢 289 个，G. 碳水化合物转运与代谢 268 个，C. 能量产生与转换 223 个，J. 翻译、核糖体结构与合成 223 个，K. 转录 213 个，S. 功能未知 213 个，P. 无机离子转运与代谢 197 个，T. 信号转导机制 179 个和 M. 细胞壁/膜/包膜生物合成 172 个（图 5-1-327a）。**【重复序列】**预测到的重复序列包括：LTR 158 个，总长为 9880 bp，平均长度为 63 bp；DNA 重复元件 59 个，总长为 4134 bp，平均长度为 70 bp；LINE 70 个，总长为 7202 bp，平均长度为 103 bp；SINE 18 个，总长为 1172 bp，平均长度为 65 bp；RC 3 个，总长为 193 bp，平均长度为

64 bp；TR 295 个，重复序列长度为 6～810 bp，总长为 37 103 bp；小卫星 DNA 219 个，重复序列长度为 10～60 bp，总长为 18 402 bp；微卫星 DNA 4 个，重复序列长度为 6 bp，总长为 3752 bp。**【CRISPR】**预测到 59 个 CRISPR 相关序列。**【基因岛】**预测到 9 个基因岛 GI 01～GI 09，长度为 4866～17 295 bp，其 G+C 含量为 34.60%～43.91%。利用已预测得到的基因组信息，如重复序列、G+C 含量等，应用 CIRCOS 工具绘制其基因组圈图（图 5-1-327b）。

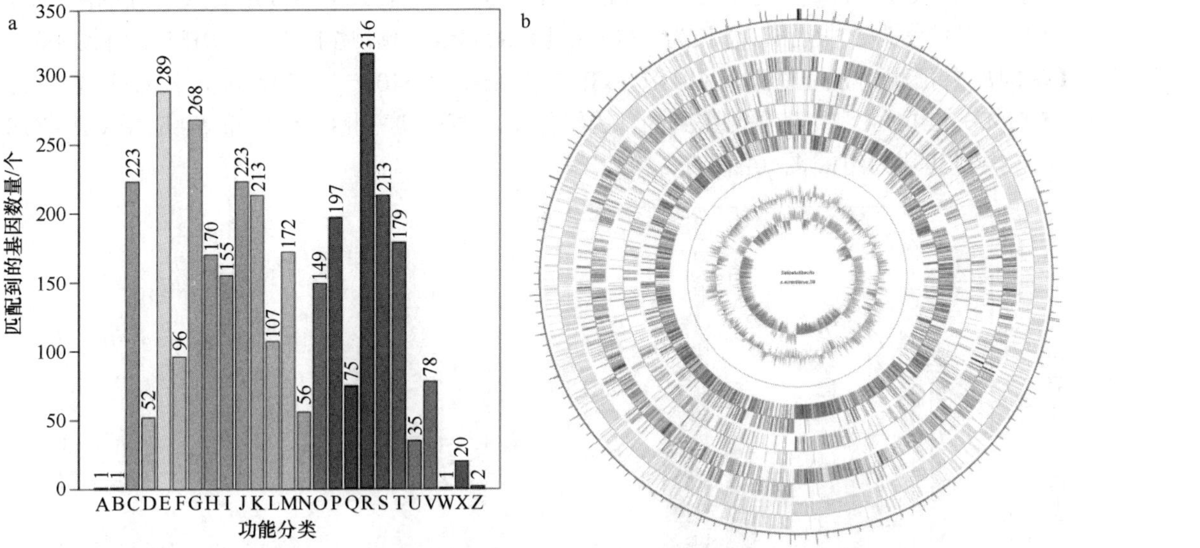


图 5-1-327　橘色盐沼芽胞杆菌 S9$^{T}$ 基因组的直系同源基因聚类分析（a）和圈图（b）

### 3. 克钦湖盐沼芽胞杆菌（*Salipaludibacillus keqinensis*）KQ-12$^{T}$

克钦湖盐沼芽胞杆菌（*Salipaludibacillus keqinensis* Wang et al. 2019，sp. nov.）的模式菌株（KQ-12$^{T}$ =ACCC 60430$^{T}$ =KCTC 33935$^{T}$）分离自黑龙江的盐碱湖克钦湖，嗜盐、嗜碱，生长条件为 4～40℃（最适 25℃）、pH 8.0～10.0（最适 pH 9.0）、0～16%（*W*/*V*）NaCl（最适 8%），好氧，产芽胞（Wang et al.，2019n）。目前，该种仅有 1 个基因组，模式菌株 KQ-12$^{T}$ 基因组的 GenBank 登录号为 GCA_003226325.1，测序平台为 Illumina HiSeq，于 2018 年 6 月 13 日由中国农业科学院（Chinese Academy of Agricultural Sciences）提交。

**【基因组的组装】**菌株 KQ-12$^{T}$ 基因组的测序深度为 240 X，基因组大小为 4.150 Mb，组装到 15 个 contigs，contig $N_{50}$ 为 1 053 560 bp。**【G+C 含量】**39.60%。**【非编码 RNA】**预测到 10 个 rRNA 基因（5S rRNA 8 个、16S rRNA 1 个、23S rRNA 1 个），76 个 tRNA 基因，1 个 sRNA 基因。**【编码基因】**有 4114 个蛋白质编码基因，编码区总长为 3 550 467 bp，占整个基因组的 85.55%，基因的平均长度为 863 bp。**【基因功能注释】**比对到 KEGG、COG 和 GO 数据库的基因数量分别为 3505 个、2799 个和 2861 个，预测到分泌蛋白编码基因 88 个；在 25 个 COG 功能类群中，基因数量前 10 位的类群分别是：R. 仅一般功能预测 306 个，E. 氨基酸转运与代谢 297 个，G. 碳水化合物转运与代谢 234 个，J. 翻译、核糖体结构与合成 225 个，K. 转录 214 个，C. 能量产生与转换 210 个，S. 功能未知 200 个，P. 无机离子转运与代谢 186 个，H. 辅酶转运与代谢 172 个和 T. 信号转导机制 167 个（图 5-1-328a）。**【重复序列】**预测到的重复序列包括：LTR 92 个，总长为 5878 bp，平均长度为 64 bp；DNA 重复元件 32 个，总长为 1872 bp，平均长度为 59 bp；LINE 29 个，总长为 2049 bp，平均长度为 71 bp；SINE 11 个，总长为 735 bp，平均长度为 67 bp；RC 1 个，长度为 79 bp；TR 214 个，重复序列长度为 3～228 bp，总长为 22 729 bp；小卫星 DNA 166 个，重复序列长度为 12～54 bp，总长为 16 498 bp；微卫星 DNA 2 个，重复序列长度为 3～6 bp，总长为 137 bp。**【CRISPR】**预测到 55 个 CRISPR 相关序列。**【基因岛】**预测到 8 个基因岛 GI 01～GI 08，长度为 6402～23 744 bp，其 G+C 含量为 35.52%～42.14%。利用已预测得到的基因组信息，如重复序列、G+C 含量等，应用 CIRCOS 工具绘制其基因组圈图（图 5-1-328b）。

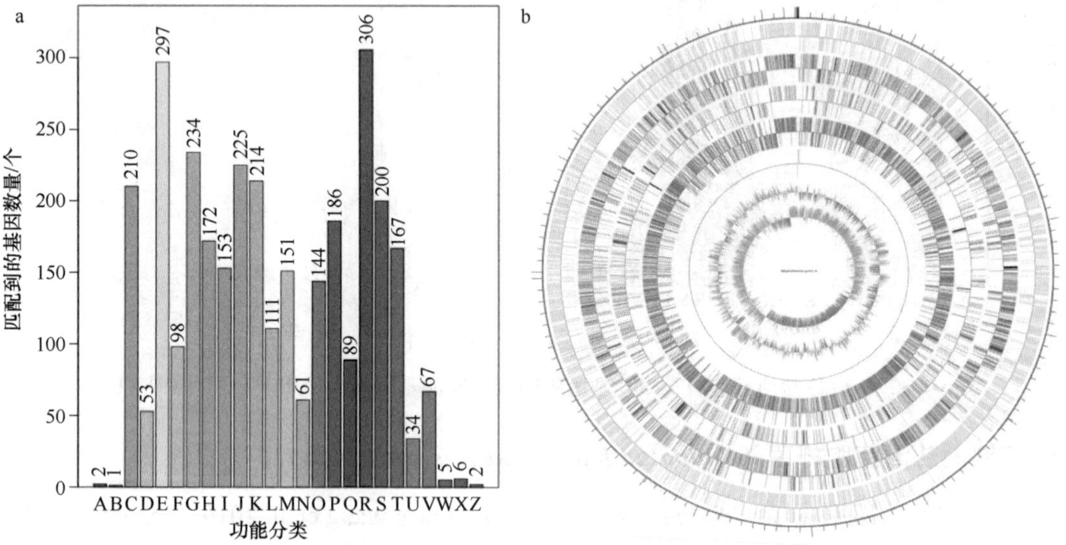


图 5-1-328　克钦湖盐沼芽胞杆菌 KQ-12$^T$ 基因组的直系同源基因聚类分析（a）和圈图（b）

## 4. 雷州盐沼芽胞杆菌（*Salipaludibacillus neizhouensis*）DSM 19794$^T$

雷州盐沼芽胞杆菌［*Salipaludibacillus neizhouensis* (Chen et al. 2009) Sultanpuram and Mothe 2016，comb. nov.］的模式菌株（JSM 071004$^T$ =CCTCC AB 207161$^T$ =DSM 19794$^T$ =KCTC 13187$^T$）分离自我国雷州湾的海葵，嗜盐、嗜碱，生长条件为 6～30℃（最适 25℃）、pH 6.5～10.0（最适 pH 8.5）、0.5%～10%（*W*/*V*）NaCl（最适 2%～4%），好氧，产芽胞，2009 年被命名为雷州芽胞杆菌（*Bacillus neizhouensis*）（Chen et al.，2009c），2016 年被重分类为雷州盐沼芽胞杆菌（*Salipaludibacillus neizhouensis*）（Sultanpuram and Mothe，2016）。目前，该种有 2 个基因组，选择组装水平较高的模式菌株 DSM 19794$^T$ 的基因组进行描述，其 GenBank 登录号为 GCA_002886185.1，测序平台为 Illumina HiSeq，于 2018 年 1 月 16 日由福建省农业科学院（Fujian Academy of Agricultural Sciences）提交。

**【基因组的组装】** 菌株 DSM 19794$^T$ 基因组的测序深度为 100 X，基因组大小为 5.511 Mb，组装到 11 个 scaffolds，scaffold $N_{50}$ 为 3 626 337 bp。**【G+C 含量】** 37.36%。**【非编码 RNA】** 预测到 33 个 rRNA 基因（5S rRNA 13 个、16S rRNA 11 个、23S rRNA 9 个），78 个 tRNA 基因，1 个 sRNA 基因。**【编码基因】** 有 5391 个蛋白质编码基因，编码区总长为 4 471 725 bp，占整个基因组的 81.14%，基因的平均长度为 829 bp。**【基因功能注释】** 比对到 KEGG、COG 和 GO 数据库的基因数量分别为 4354 个、3424 个和 3542 个，预测到分泌蛋白编码基因 95 个；在 23 个 COG 功能类群中，基因数量前 10 位的类群分别是：G. 碳水化合物转运与代谢 453 个，R. 仅一般功能预测 398 个，K. 转录 308 个，E. 氨基酸转运与代谢 289 个，S. 功能未知 239 个，J. 翻译、核糖体结构与合成 237 个，T. 信号转导机制 226 个，C. 能量产生与转换 211 个，H. 辅酶转运与代谢 206 个和 P. 无机离子转运与代谢 199 个（图 5-1-329a）。**【重复序列】** 预测到的重复序列包括：LTR 128 个，总长为 9944 bp，平均长度为 78 bp；DNA 重复元件 40 个，总长为 2275 bp，平均长度为 57 bp；LINE 40 个，总长为 2541 bp，平均长度为 64 bp；SINE 12 个，总长为 1100 bp，平均长度为 92 bp；RC 5 个，总长为 282 bp，平均长度为 56 bp；TR 162 个，重复序列长度为 4～1900 bp，总长为 25 536 bp；小卫星 DNA 113 个，重复序列长度为 10～60 bp，总长为 7009 bp；微卫星 DNA 3 个，重复序列长度为 4～6 bp，总长为 95 bp。**【CRISPR】** 预测到 7 个 CRISPR 相关序列。**【基因岛】** 预测到 18 个基因岛 GI 01～GI 18，长度为 4918～25 488 bp，其 G+C 含量为 30.5%～41.49%。利用已预测得到的基因组信息，如重复序列、G+C 含量等，应用 CIRCOS 工具绘制其基因组圈图（图 5-1-329b）。

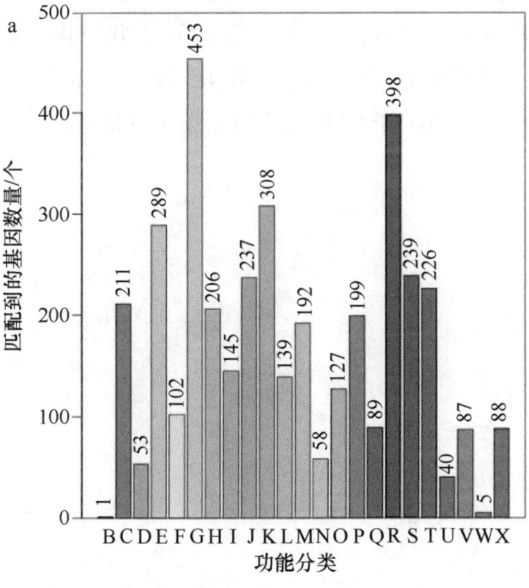


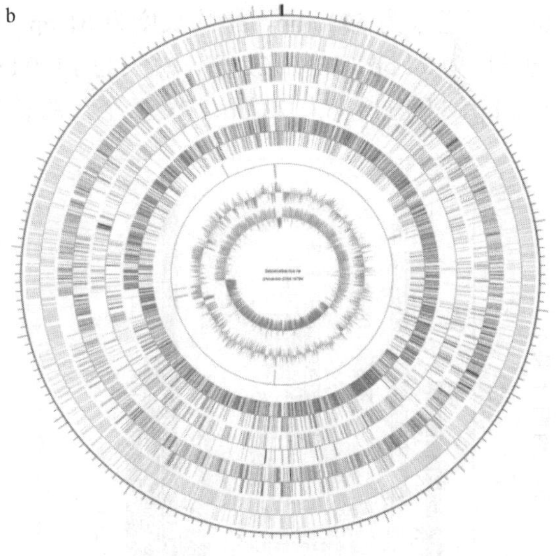


图 5-1-329　雷州盐沼芽胞杆菌 DSM 19794$^T$ 基因组的直系同源基因聚类分析（a）和圈图（b）

## 三十九、居盐杆菌属

居盐杆菌属（*Salirhabdus* Albuquerque et al. 2007，gen. nov.）于 2007 年建立

（Albuquerque et al.，2007），包含 2 种：厄泽比氏居盐杆菌（*Salirhabdus euzebyi* Albuquerque et al. 2007，sp. nov.）（模式种）和盐田居盐杆菌（*Salirhabdus salicampi* Lee and Whang 2017，sp. nov.），均耐盐、产芽胞。目前，该属仅有 1 个未定种菌株的 1 个基因组被测序。

### 居盐杆菌（*Salirhabdus* sp.）Marseille-P4669

居盐杆菌菌株 Marseille-P4669 来自 1 项培养组学研究，其基因组的 GenBank 登录号为 GCA_900240405.1，测序平台为 PacBio，于 2018 年 1 月 2 日由法国热带传染病研究中心（Unité de Recherche en Maladies Infectieuses et Tropicales Emergentes）提交。

**【基因组的组装】**菌株 Marseille-P4669 基因组的测序深度为 17 X，基因组大小为 3.492 Mb，组装到 17 个 Contigs，Contig $N_{50}$ 为 460 808 bp。**【G+C 含量】**36.99%。**【非编码 RNA】**预测到 11 个 rRNA 基因（5S rRNA 9 个、16S rRNA 1 个、23S rRNA 1 个），68 个 tRNA 基因，5 个 sRNA 基因。**【编码基因】**有 3651 个蛋白质编码基因，编码区总长为 3 035 778 bp，占整个基因组的 86.94%，基因的平均长度为 831 bp。**【基因功能注释】**比对到 KEGG、COG 和 GO 数据库的基因数量分别为 3023 个、2437 个和 2514 个，预测到分泌蛋白编码基因 73 个；在 23 个 COG 功能类群中，基因数量前 10 位的类群分别是：R. 仅一般功能预测 263 个，J. 翻译、核糖体结构与合成 240 个，E. 氨基酸转运与代谢 234 个，K. 转录 210 个，G. 碳水化合物转运与代谢 178 个，S. 功能未知 174 个，C. 能量产生与转换 159 个，T. 信号转导机制 146 个，P. 无机离子转运与代谢 144 个和 I. 脂质转运与代谢 137 个（图 5-1-330a）。**【重复序列】**预测到的重复序列包括：LTR 88 个，总长为 5330 bp，平均长度为 61 bp；DNA 重复元件 27 个，总长为 2009 bp，平均长度为 74 bp；LINE 22 个，总长为 1430 bp，平均长度为 65 bp；SINE 11 个，总长为 806 bp，平均长度为 73 bp；RC 2 个，总长为 122 bp，平均长度为 61 bp；TR 186 个，

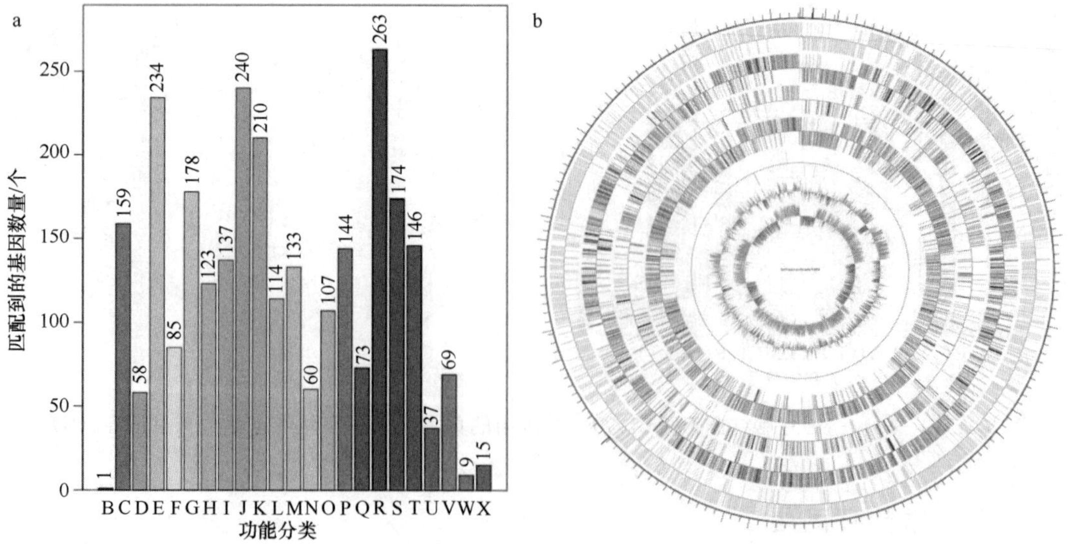


图 5-1-330　居盐杆菌菌株 Marseille-P4669 基因组的直系同源基因聚类分析（a）和圈图（b）

重复序列长度为 4～309 bp，总长为 16 214 bp；小卫星 DNA 142 个，重复序列长度为 10～53 bp，总长为 10 935 bp；微卫星 DNA 2 个，重复序列长度为 4～6 bp，总长为 57 bp。**【CRISPR】**预测到 44 个 CRISPR 相关序列。**【基因岛】**预测到 6 个基因岛 GI 01～GI 06，长度为 6271～10 370 bp，其 G+C 含量为 32.67%～39.76%。利用已预测得到的基因组信息，如重复序列、G+C 含量等，应用 CIRCOS 工具绘制其基因组圈图（图 5-1-330b）。

## 四十、盐沉积物小杆菌属

盐沉积物小杆菌属（*Salisediminibacterium* Jiang et al. 2012，gen. nov.）于 2012 年建立（Jiang et al.，2012），包含 3 种：耐盐碱盐沉积物小杆菌（*Salisediminibacterium haloalkalitolerans* Sultanpuram et al. 2015，sp. nov.）（不产芽胞）、耐盐盐沉积物小杆菌（*Salisediminibacterium halotolerans* Jiang et al. 2012，sp. nov.）（模式种，不产芽胞）和盐田盐沉积物小杆菌［*Salisediminibacterium locisalis* (Márquez et al. 2011) Sultanpuram et al. 2015，comb. nov.］［由盐田芽胞杆菌（*Bacillus locisalis*）重分类而来，产芽胞］（Márquez et al.，2011），均耐盐或嗜盐。目前，该属有 2 个已知种类的 2 个基因组被测序。

### 1. 耐盐碱盐沉积物小杆菌（*Salisediminibacterium haloalkalitolerans*）10nlg$^T$

耐盐碱盐沉积物小杆菌（*Salisediminibacterium haloalkalitolerans* Sultanpuram et al. 2015，sp. nov.）的模式菌株（10nlg$^T$ =KCTC 33414$^T$ =CGMCC 1.12818$^T$）分离自印度的洛纳尔苏打湖，嗜盐、嗜碱，生长条件为 20～50℃（最适 37℃）、pH 6.0～12.0（最适 pH 9.0）、2%～30%（*W/V*）NaCl（最适 8%～10%），好氧，产芽胞（Sultanpuram et al.，2015）。目前，该种仅有 1 个基因组，模式菌株 10nlg$^T$ 基因组的 GenBank 登录号为 GCA_900111285.1，测序平台为 Illumina HiSeq，于 2016 年 10 月 31 日由美国能源部联合基因组研究所（DOE Joint Genome Institute）提交。

**【基因组的组装】**菌株 10nlg$^T$ 基因组的测序深度为 480 X，基因组大小为 2.938 Mb，组装到 68 个 scaffolds，scaffold $N_{50}$ 为 89 773 bp。**【G+C 含量】**47.13%。**【非编码 RNA】**预测到 8 个 rRNA 基因（5S rRNA 6 个、16S rRNA 1 个、23S rRNA 1 个），58 个 tRNA 基因，1 个 sRNA 基因。**【编码基因】**有 2955 个蛋白质编码基因，编码区总长为 2 608 950 bp，占整个基因组的 88.80%，基因的平均长度为 883 bp。**【基因功能注释】**比对到 KEGG、COG 和 GO 数据库的基因数量分别为 2483 个、2081 个和 2067 个，预测到分泌蛋白编码基因 72 个；在 23 个 COG 功能类群中，基因数量前 10 位的类群分别是：R. 仅一般功能预测 218 个，J. 翻译、核糖体结构与合成 199 个，E. 氨基酸转运与代谢 188 个，C. 能量产生与转换 179 个，G. 碳水化合物转运与代谢 166 个，S. 功能未知 143 个，K. 转录 142 个，H. 辅酶转运与代谢 124 个，T. 信号转导机制 123 个和 P. 无机离子转运与代谢 120 个（图 5-1-331a）。**【重复序列】**预测到的重复序列包括：LTR 78 个，总长为 4886 bp，平均长度为 63 bp；DNA 重复元件 31 个，总长为 2144 bp，平均长度为 69 bp；LINE 16 个，总长为 1114 bp，平均长度为 70 bp；SINE 9 个，总长为 661 bp，平均长度为 73 bp；TR 53 个，重复序列长度为 6～465 bp，总长为 5796 bp；小卫星 DNA 42 个，重复序列长度为 10～51 bp，总长为 2370 bp；微卫星 DNA 1 个，重复序列长度为 6 bp，总长为 34 bp。**【CRISPR】**预测到 91 个 CRISPR 相关序列。**【基因岛】**预测到 4 个基因岛 GI 01～GI 04，长度为 6328～10 088 bp，其 G+C 含量为 43.55%～57.74%。利用已预测得到的基因组信息，如重复序列、G+C 含量等，应用 CIRCOS 工具绘制其基因组圈图（图 5-1-331b）。

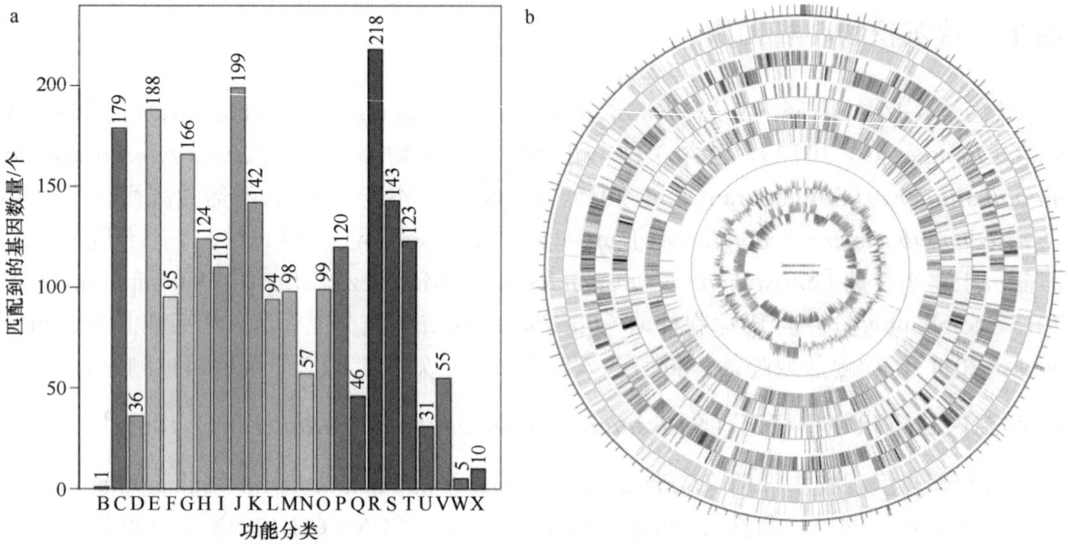


图 5-1-331　耐盐碱盐沉积物小杆菌 10nlg$^{T}$ 基因组的直系同源基因聚类分析（a）和圈图（b）

## 2. 耐盐盐沉积物小杆菌（*Salisediminibacterium halotolerans*）DSM 26530$^{T}$

耐盐盐沉积物小杆菌（*Salisediminibacterium halotolerans* Jiang et al. 2012，sp. nov.）的模式菌株（halo-2$^{T}$ =CGMCC 1.7654$^{T}$ =NBRC 104935$^{T}$ =DSM 26530$^{T}$）分离自内蒙古夏尔淖尔苏打湖的沉积物，嗜盐、嗜碱，生长条件为 18～50℃（最适 37℃）、pH 5.0～10.0（最适 pH 8.0）、3%～30%（*W*/*V*）NaCl（最适 9%），好氧，产芽胞（Jiang et al.，2012）。目前，该种仅有 1 个基因组，模式菌株 DSM 26530$^{T}$ 基因组的 GenBank 登录号为 GCA_003814815.1，测序平台为 Illumina HiSeq，于 2018 年 11 月 23 日由美国能源部联合基因组研究所（DOE Joint Genome Institute）提交。

**【基因组的组装】**菌株 DSM 26530$^{T}$ 基因组的测序深度为 528 X，基因组大小为 2.841 Mb，组装到 11 个 scaffolds，scaffold $N_{50}$ 为 498 384 bp。**【G+C 含量】**46.86%。**【非编码 RNA】**预测到 6 个 rRNA 基因（5S rRNA 4 个、16S rRNA 1 个、23S rRNA 1 个），55 个 tRNA 基因，1 个 sRNA 基因。**【编码基因】**有 2878 个蛋白质编码基因，编码区总长为 2 534 007 bp，占整个基因组的 89.19%，基因的平均长度为 880 bp。**【基因功能注释】**比对到 KEGG、COG 和 GO 数据库的基因数量分别为 2400 个、2035 个和 2014 个，预测到分泌蛋白编码基因 65 个；在 24 个 COG 功能类群中，基因数量前 10 位的类群分别是：R. 仅一般功能预测 214 个，J. 翻译、核糖体结构与合成 197 个，E. 氨基酸转运与代谢 185 个，C. 能量产生与转换 171 个，G. 碳水化合物转运与代谢 157 个，S. 功能未知 138 个，K. 转录 137 个，H. 辅酶转运与代谢 125 个，T. 信号转导机制 124 个和 P. 无机离子转运与代谢 108 个（图 5-1-332a）。**【重复序列】**预测到的重复序列包括：LTR 74 个，总长为 5033 bp，平均长度为 68 bp；DNA 重复元件 35 个，总长为 2476 bp，平均长度为 71 bp；LINE 18 个，总长为 969 bp，平均长度为 54 bp；SINE 9 个，总长为 707 bp，平均长度为 79 bp；TR 49 个，重复序列长度为 6～456 bp，总长为 6745 bp；小卫星 DNA 35 个，重复序列长度为 10～51 bp，总长为 2051 bp；微卫星 DNA 1 个，重复序列长度为 6 bp，总长为 94 bp。**【CRISPR】**预测到 29 个 CRISPR 相关序列。**【基因岛】**预测到 5 个基因岛 GI 01～GI 05，长度为 6154～14 722 bp，其 G+C 含量为 33.51%～46.40%。利用已预测得到的基因组信息，如重复序列、G+C 含量等，应用 CIRCOS 工具绘制其基因组圈图（图 5-1-332b）。

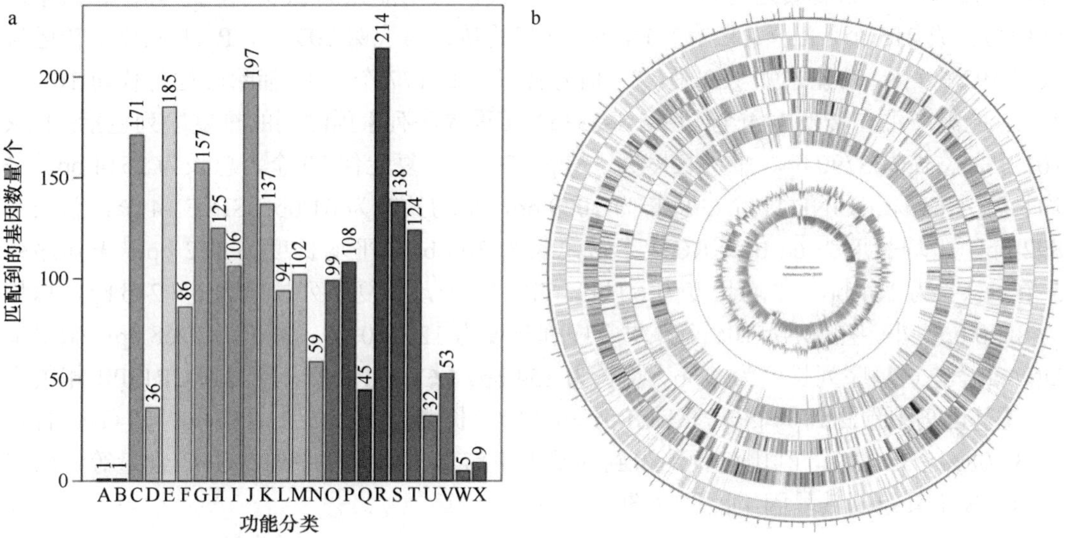


图 5-1-332　耐盐盐沉积物小杆菌 DSM 26530$^T$ 基因组的直系同源基因聚类分析（a）和圈图（b）

## 四十一、居盐土芽胞杆菌属

居盐土芽胞杆菌属（*Saliterribacillus* Amoozegar et al. 2013，gen. nov.）于 2013 年建立，仅有 1 种：波斯居盐土芽胞杆菌（*Saliterribacillus persicus* Amoozegar et al. 2013，sp. nov.），严格好氧，嗜盐，产芽胞（Amoozegar et al.，2013）。目前，该属仅有 1 个已知种类的 1 个基因组被测序。

### 波斯居盐土芽胞杆菌（*Saliterribacillus persicus*）DSM 27696$^T$

波斯居盐土芽胞杆菌（*Saliterribacillus persicus* Amoozegar et al. 2013，sp. nov.）的模式菌株（X4B$^T$ =IBRC-M 10629$^T$ =KCTC 13827$^T$ =DSM 27696$^T$）分离自伊朗的 1 个超盐湖附近的土壤，嗜盐，生长条件为 20～45℃（最适 35℃）、pH 6.0～8.0（最适 pH 7.0）、0.5%～22.5%（*W*/*V*）NaCl（最适 7.5%），严格好氧，产芽胞（Amoozegar et al.，2013）。

目前，该种仅有 1 个基因组，模式菌株 DSM 27696$^T$ 基因组的 GenBank 登录号为 GCA_003337485.1，测序平台为 Illumina HiSeq，于 2018 年 7 月 24 日由美国能源部联合基因组研究所（DOE Joint Genome Institute）提交。

**【基因组的组装】**菌株 DSM 27696$^T$ 基因组的测序深度为 382 X，基因组大小为 3.764 Mb，组装到 37 个 scaffolds，scaffold $N_{50}$ 为 227 542 bp。**【G+C 含量】**35.15%。**【非编码 RNA】**预测到 9 个 rRNA 基因（5S rRNA 7 个、16S rRNA 1 个、23S rRNA 1 个），60 个 tRNA 基因，2 个 sRNA 基因。**【编码基因】**有 3702 个蛋白质编码基因，编码区总长为 3 243 276 bp，占整个基因组的 86.17%，基因的平均长度为 876 bp。**【基因功能注释】**比对到 KEGG、COG 和 GO 数据库的基因数量分别为 3144 个、2600 个和 2615 个，预测到分泌蛋白编码基因 68 个；在 24 个 COG 功能类群中，基因数量前 10 位的类群分别是：G. 碳水化合物转运与代谢 328 个，R. 仅一般功能预测 280 个，J. 翻译、核糖体结构与合成 215 个，K. 转录 212 个，E. 氨基酸转运与代谢 203 个，P. 无机离子转运与代谢 192 个，S. 功能未知 189 个，T. 信号转导机制 177 个，H. 辅酶转运与代谢 165 个和 C. 能量产生与转换 144 个（图 5-1-333a）。**【重复序列】**预测到的重复序列包括：LTR 101 个，总长为 5790 bp，平均长度为 57 bp；DNA 重复元件 39 个，总长为 2514 bp，平均长度为 64 bp；LINE 17 个，总长为 1029 bp，平均长度为 61 bp；SINE 14 个，总长为 892 bp，平均长度为 64 bp；RC 2 个，总长为 304 bp，平均长度为 152 bp；未知序列 3 个，总长为 181 bp，平均长度为 60 bp；TR 117 个，重复序列长度为 6～246 bp，总长为 8528 bp；小卫星 DNA 106 个，重复序列长度为 12～60 bp，总长为 7168 bp；微卫星 DNA 2 个，重复序列长度为 6 bp，总长为 154 bp。**【CRISPR】**未预测到 CRISPR 相关序列。**【基因岛】**预测到 7 个基因岛 GI 01～GI 07，长度为 4922～23 152 bp，其 G+C 含量为 31.08%～35.23%。利用已预测得到的基因组信息，如重复序列、G+C 含量等，应用 CIRCOS 工具绘制其基因组圈图（图 5-1-333b）。

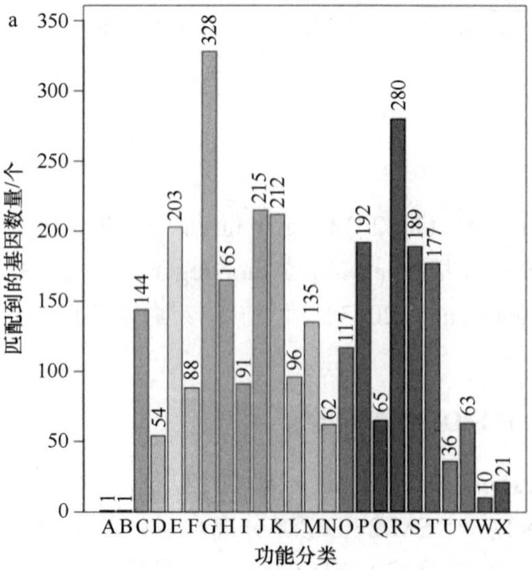


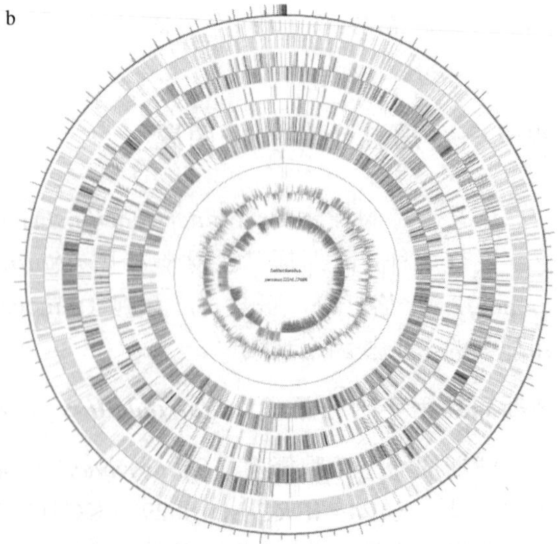


图 5-1-333 波斯居盐土芽胞杆菌 DSM 27696$^T$ 基因组的直系同源基因聚类分析（a）和圈图（b）

## 四十二、栖盐水芽胞杆菌属

栖盐水芽胞杆菌属（*Salsuginibacillus* Carrasco et al. 2007，gen. nov.）于 2007 年建立（Carrasco et al.，2007b），包含 2 种：嗜盐栖盐水芽胞杆菌（*Salsuginibacillus halophilus* Cao et al. 2010，sp. nov.）和考氏栖盐水芽胞杆菌（*Salsuginibacillus kocurii* Carrasco et al. 2007，sp. nov.）（模式种），均嗜盐、产芽胞。目前，该属有 2 个已知种类的 2 个基因组被测序。

### 1. 嗜盐栖盐水芽胞杆菌（*Salsuginibacillus halophilus*）CGMCC 1.07653$^T$

嗜盐栖盐水芽胞杆菌（*Salsuginibacillus halophilus* Cao et al. 2010，sp. nov.）的模式菌株（halo-1$^T$ =CGMCC 1.7653$^T$ =NBRC 104934$^T$）分离自内蒙古夏尔淖尔苏打湖的沉积物，嗜盐、嗜碱，生长条件为 18～50℃（最适 37℃）、pH 5.0～10.0（最适 pH 9.0）、9%～30%（*W/V*）NaCl（最适 19%），好氧，产芽胞（Cao et al.，2010）。目前，该种仅有 1 个基因组，模式菌株 CGMCC 1.07653$^T$ 基因组的 GenBank 登录号为 GCA_003014715.1，测序平台为 Illumina HiSeq，于 2018 年 3 月 23 日由美国能源部联合基因组研究所（DOE Joint Genome Institute）提交。

**【基因组的组装】**菌株 CGMCC 1.07653$^T$ 基因组的测序深度为 497 X，基因组大小为 3.019 Mb，组装到 29 个 contigs，contig $N_{50}$ 为 246 467 bp。**【G+C 含量】**45.97%。**【非编码 RNA】**预测到 12 个 rRNA 基因（5S rRNA 10 个、16S rRNA 1 个、23S rRNA 1 个），58 个 tRNA 基因，1 个 sRNA 基因。**【编码基因】**有 3116 个蛋白质编码基因，编码区总长为 2 610 540 bp，占整个基因组的 86.47%，基因的平均长度为 838 bp。**【基因功能注释】**比对到 KEGG、COG 和 GO 数据库的基因数量分别为 2330 个、2007 个和 2076 个，预测到分泌蛋白编码基因 78 个；在 23 个 COG 功能类群中，基因数量前 10 位的类群分别是：E. 氨基酸转运与代谢 214 个，R. 仅一般功能预测 214 个，J. 翻译、核糖体结构与合成 190 个，K. 转录 149 个，C. 能量产生与转换 144 个，H. 辅酶转运与代谢 136 个，T. 信号转导机制 131 个，P. 无机离子转运与代谢 128 个，S. 功能未知 127 个和 I. 脂质转运与代谢 117 个（图 5-1-334a）。**【重复序列】**预测到的重复序列包括：LTR 111 个，总长为 7918 bp，平均长度为 71 bp；DNA 重复元件 39 个，总长为 2967 bp，平均长度为 76 bp；LINE 33 个，总长为 2560 bp，平均长度为 78 bp；SINE 14 个，总长为 821 bp，平均长度为 59 bp；RC 1 个，长度为 98 bp；未知序列 3 个，总长为 181 bp，平均长度为 60 bp；TR 271 个，重复序列长度为 6～420 bp，总长为 26 079 bp；小卫星 DNA 209 个，重复序列长度为 10～60 bp，总长为 19 474 bp；微卫星 DNA 8 个，重复序列长度为 6 bp，总长为 550 bp。**【CRISPR】**预测到 39 个 CRISPR 相关序列。**【基因岛】**预测到 10 个基因岛 GI 01～GI 10，长度为 4908～15 076 bp，其 G+C 含量为 42.77%～46.85%。利用已预测得到的基因组信息，如重复序列、G+C 含量等，应用 CIRCOS 工具绘制其基因组圈图（图 5-1-334b）。

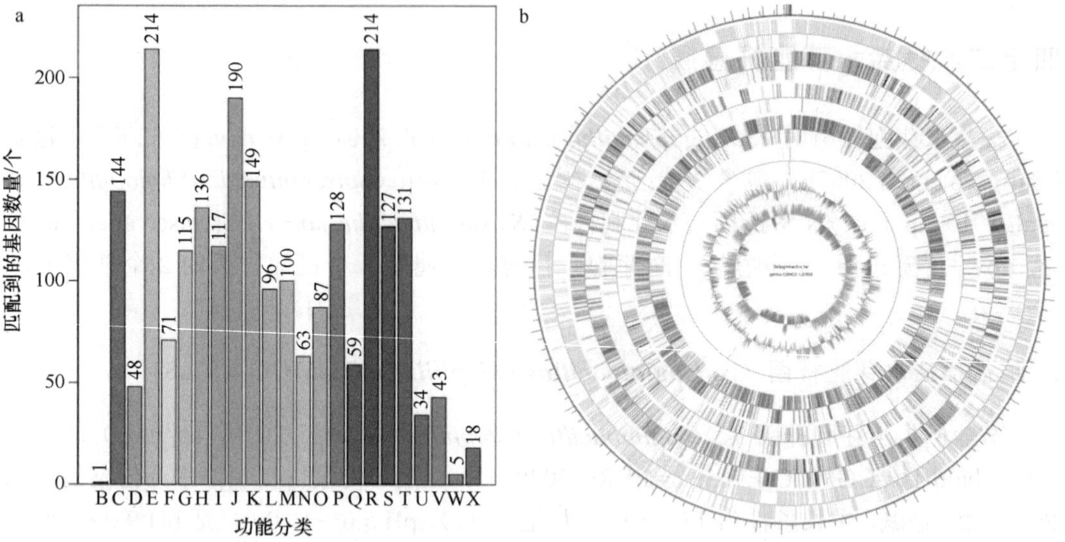


图 5-1-334　嗜盐栖盐水芽胞杆菌 CGMCC 1.07653$^{T}$ 基因组的直系同源基因聚类分析（a）和圈图（b）

## 2. 考氏栖盐水芽胞杆菌（*Salsuginibacillus kocurii*）DSM 18087$^{T}$

考氏栖盐水芽胞杆菌（*Salsuginibacillus kocurii* Carrasco et al. 2007，sp. nov.）的模式菌株（CH9d$^{T}$ =CCM 7365$^{T}$ =CECT 7154$^{T}$ =CGMCC 1.6287$^{T}$ =DSM 18087$^{T}$）分离自内蒙古查干诺尔湖的沉积物，嗜盐、耐碱，生长条件为 20～50℃（最适 37℃）、pH 5.8～10.0（最适 pH 8.5）、3%～20%（*W*/*V*）NaCl（最适 10%），严格好氧，产芽胞（Carrasco et al., 2007）。目前，该种仅有 1 个基因组，模式菌株 DSM 18087$^{T}$ 基因组的 GenBank 登录号为 GCA_000377705.1，测序平台为 Illumina HiSeq，于 2013 年 4 月 23 日由美国能源部联合基因组研究所（DOE Joint Genome Institute）提交。

**【基因组的组装】**菌株 DSM 18087$^{T}$ 基因组的测序深度未知，基因组大小为 3.832 Mb，组装到 23 个 scaffolds，scaffold $N_{50}$ 为 365 989 bp。**【G+C 含量】**43.16%。**【非编码 RNA】**预测到 7 个 rRNA 基因（5S rRNA 7 个、16S rRNA 0 个、23S rRNA 0 个），47 个 tRNA 基因，8 个 sRNA 基因。**【编码基因】**有 3820 个蛋白质编码基因，编码区总长为 3 177 057 bp，占整个基因组的 82.91%，基因的平均长度为 832 bp。**【基因功能注释】**比对到 KEGG、COG 和 GO 数据库的基因数量分别为 2891 个、2457 个和 2519 个，预测到分泌蛋白编码基因 81 个；在 25 个 COG 功能类群中，基因数量前 10 位的类群分别是：R. 仅一般功能预测 279 个，E. 氨基酸转运与代谢 265 个，G. 碳水化合物转运与代谢 209 个，J. 翻译、核糖体结构与合成 201 个，K. 转录 193 个，C. 能量产生与转换 182 个，S. 功能未知 166 个，P. 无机离子转运与代谢 164 个，H. 辅酶转运与代谢 159 个和 T. 信号转导机制 143 个（图 5-1-335a）。**【重复序列】**预测到的重复序列包括：LTR 171 个，总长为 10 583 bp，平均长度为 62 bp；DNA 重复元件 62 个，总长为 4300 bp，平均长度为 69 bp；LINE 36 个，总长为 2202 bp，平均长度为 61 bp；SINE 7 个，总长为 418 bp，平均长度为 60 bp；未知序列 1 个，长度为 81 bp；TR 159 个，重复序列长度为 3～401 bp，总长为 9965 bp；

小卫星 DNA 136 个，重复序列长度为 12～54 bp，总长为 7395 bp；微卫星 DNA 3 个，重复序列长度为 3～6 bp，总长为 117 bp。**【CRISPR】**预测到 24 个 CRISPR 相关序列。**【基因岛】**预测到 7 个基因岛 GI 01～GI 07，长度为 5084～34 726 bp，其 G+C 含量为 35.04%～45.73%。利用已预测得到的基因组信息，如重复序列、G+C 含量等，应用 CIRCOS 工具绘制其基因组圈图（图 5-1-335b）。

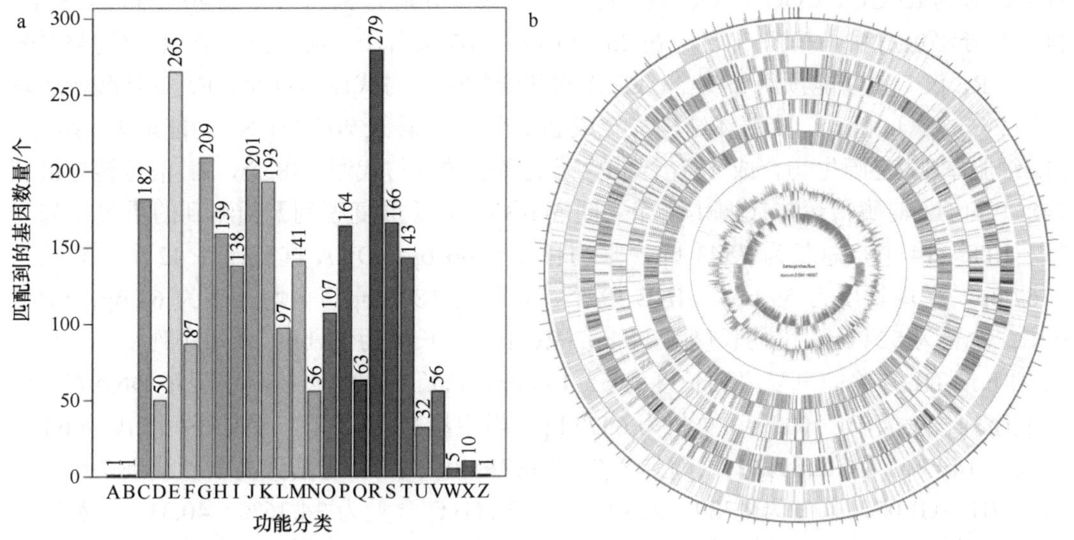


图 5-1-335　考氏栖盐水芽胞杆菌 DSM 18087$^T$ 基因组的直系同源基因聚类分析（a）和圈图（b）

## 四十三、沉积物芽胞杆菌属

沉积物芽胞杆菌属（*Sediminibacillus* Carrasco et al. 2008，gen. nov.）于 2008 年建立（Carrasco et al.，2008），包含 3 种：白色沉积物芽胞杆菌（*Sediminibacillus albus* Wang et al. 2009，sp. nov.）、嗜盐沉积物芽胞杆菌（*Sediminibacillus halophilus* Carrasco et al. 2008，sp. nov.）（模式种）和马赛沉积物芽胞杆菌（*Sediminibacillus massiliensis* Senghor et al. 2018，sp. nov.），均嗜盐，产芽胞或未观察到芽胞。目前，该属有 3 个已知种类的 4 个基因组被测序。

### 1. 白色沉积物芽胞杆菌（*Sediminibacillus albus*）CGMCC 1.6502$^T$

白色沉积物芽胞杆菌（*Sediminibacillus albus* Wang et al. 2009，sp. nov.）的模式菌株（NHBX5$^T$ =DSM 19340$^T$ =CGMCC 1.6502$^T$）分离自青海南霍鲁逊湖的沉积物，嗜盐，生长条件为 10～45℃（最适 37℃）、pH 5.5～9.0（最适 pH 7.5）、0～22%（*W*/*V*）NaCl（最适 7%），严格好氧，产芽胞（Wang et al.，2009b）。目前，该种仅有 1 个基因组，模式菌株 CGMCC 1.6502$^T$ 基因组的 GenBank 登录号为 GCA_900101125.1，测序平台为 Illumina HiSeq，于 2016 年 10 月 21 日由美国能源部联合基因组研究所（DOE Joint Genome Institute）提交。

【**基因组的组装**】菌株 CGMCC 1.6502$^T$ 基因组的测序深度为 352 X，基因组大小为 3.565 Mb，组装到 14 个 scaffolds，scaffold $N_{50}$ 为 634 970 bp。【**G+C 含量**】41.26%。【**非编码 RNA**】预测到 9 个 rRNA 基因（5S rRNA 7 个、16S rRNA 1 个、23S rRNA 1 个），58 个 tRNA 基因，5 个 sRNA 基因。【**编码基因**】有 3732 个蛋白质编码基因，编码区总长为 3 045 714 bp，占整个基因组的 85.43%，基因的平均长度为 816 bp。【**基因功能注释**】比对到 KEGG、COG 和 GO 数据库的基因数量分别为 3117 个、2540 个和 2498 个，预测到分泌蛋白编码基因 70 个；在 23 个 COG 功能类群中，基因数量前 10 位的类群分别是：R. 仅一般功能预测 297 个，G. 碳水化合物转运与代谢 249 个，E. 氨基酸转运与代谢 245 个，J. 翻译、核糖体结构与合成 227 个，K. 转录 207 个，S. 功能未知 190 个，M. 细胞壁/膜/包膜生物合成 167 个，P. 无机离子转运与代谢 148 个，T. 信号转导机制 148 个和 H. 辅酶转运与代谢 147 个（图 5-1-336a）。【**重复序列**】预测到的重复序列包括：LTR 114 个，总长为 7543 bp，平均长度为 66 bp；DNA 重复元件 42 个，总长为 2467 bp，平均长度为 59 bp；LINE 30 个，总长为 1846 bp，平均长度为 62 bp；SINE 9 个，总长为 524 bp，平均长度为 58 bp；RC 1 个，长度为 72 bp；未知序列 1 个，长度为 71 bp；TR 91 个，重复序列长度为 6～183 bp，总长为 10 094 bp；小卫星 DNA 67 个，重复序列长度为 10～60 bp，总长为 6572 bp；微卫星 DNA 2 个，重复序列长度为 6 bp，总长为 149 bp。【**CRISPR**】预测到 8 个 CRISPR 相关序列。【**基因岛**】预测到 7 个基因岛 GI 01～GI 07，长度为 4729～20 462 bp，其 G+C 含量为 34.36%～40.31%。利用已预测得到的基因组信息，如重复序列、G+C 含量等，应用 CIRCOS 工具绘制其基因组圈图（图 5-1-336b）。

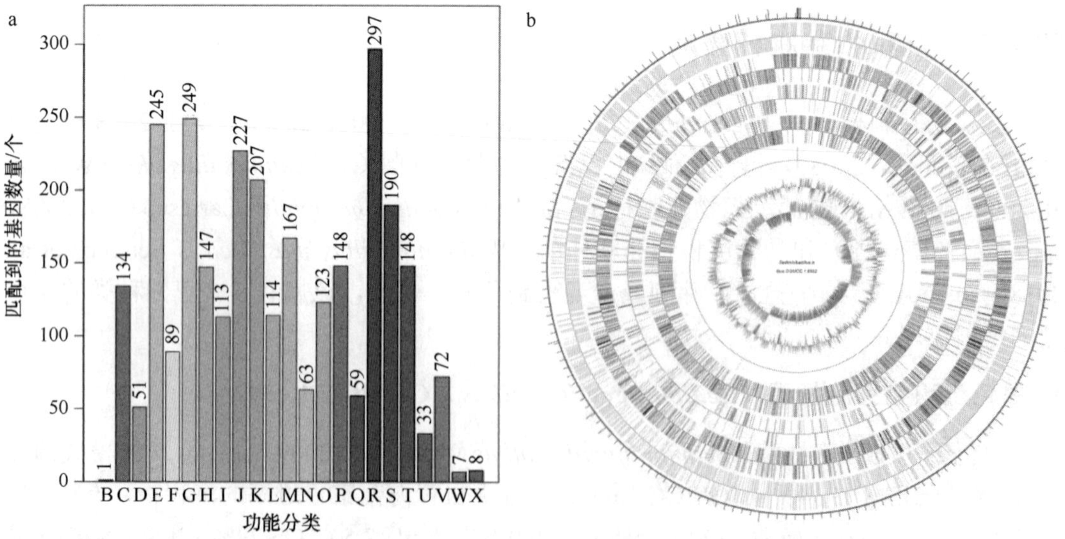


图 5-1-336　白色沉积物芽胞杆菌 CGMCC 1.6502$^T$ 基因组的直系同源基因聚类分析（a）和圈图（b）

## 2. 嗜盐沉积物芽胞杆菌（*Sediminibacillus halophilus*）CGMCC 1.6199$^T$

嗜盐沉积物芽胞杆菌（*Sediminibacillus halophilus* Carrasco et al. 2008，sp. nov.）的

模式菌株（EN8d$^T$ =CCM 7364$^T$ =CECT 7148$^T$ =CGMCC 1.6199$^T$ =DSM 18088$^T$）分离自内蒙古额仁淖尔湖的沉积物，嗜盐，生长条件为 15～55℃（最适 37℃）、pH 5.0～9.0（最适 pH 7.5）、0～20%（*W*/*V*）NaCl（最适 5%～7.5%），兼性厌氧，未观察到芽胞（Carrasco et al.，2008）。目前，该种有 2 个基因组，选择组装水平较高的模式菌株 CGMCC 1.6199$^T$ 的基因组进行描述，其 GenBank 登录号为 GCA_900103695.1，测序平台为 Illumina HiSeq，于 2016 年 10 月 21 日由美国能源部联合基因组研究所（DOE Joint Genome Institute）提交。

**【基因组的组装】**菌株 CGMCC 1.6199$^T$ 基因组的测序深度为 306 X，基因组大小为 4.150 Mb，组装到 13 个 scaffolds，scaffold $N_{50}$ 为 756 573 bp。**【G+C 含量】**42.86%。**【非编码 RNA】**预测到 8 个 rRNA 基因（5S rRNA 7 个、16S rRNA 1 个、23S rRNA 0 个），58 个 tRNA 基因，17 个 sRNA 基因。**【编码基因】**有 4333 个蛋白质编码基因，编码区总长为 3 537 867 bp，占整个基因组的 85.25%，基因的平均长度为 816 bp。**【基因功能注释】**比对到 KEGG、COG 和 GO 数据库的基因数量分别为 3569 个、2883 个和 2869 个，预测到分泌蛋白编码基因 90 个；在 24 个 COG 功能类群中，基因数量前 10 位的类群分别是：R. 仅一般功能预测 330 个，G. 碳水化合物转运与代谢 313 个，E. 氨基酸转运与代谢 288 个，K. 转录 272 个，J. 翻译、核糖体结构与合成 234 个，S. 功能未知 206 个，P. 无机离子转运与代谢 192 个，M. 细胞壁/膜/包膜生物合成 174 个，T. 信号转导机制 172 个和 H. 辅酶转运与代谢 155 个（图 5-1-337a）。**【重复序列】**预测到的重复序列包括：LTR 164 个，总长为 9577 bp，平均长度为 58 bp；DNA 重复元件 47 个，总长为 3065 bp，平均长度为 65 bp；LINE 51 个，总长为 2968 bp，平均长度为 58 bp；SINE 8 个，总长为 460 bp，平均长度为 58 bp；RC 3 个，总长为 180 bp，平均长度为 60 bp；未知序列 1 个，长度为 49 bp；TR 73 个，重复序列长度为 6～182 bp，总长为 6178 bp；小卫星 DNA 57 个，重复序列长度为 11～60 bp，总长为 3473 bp；微卫星 DNA 1 个，重复序列长度为 6 bp，总长为 48 bp。**【CRISPR】**未预测到 CRISPR 相关序列。**【基因岛】**预测到

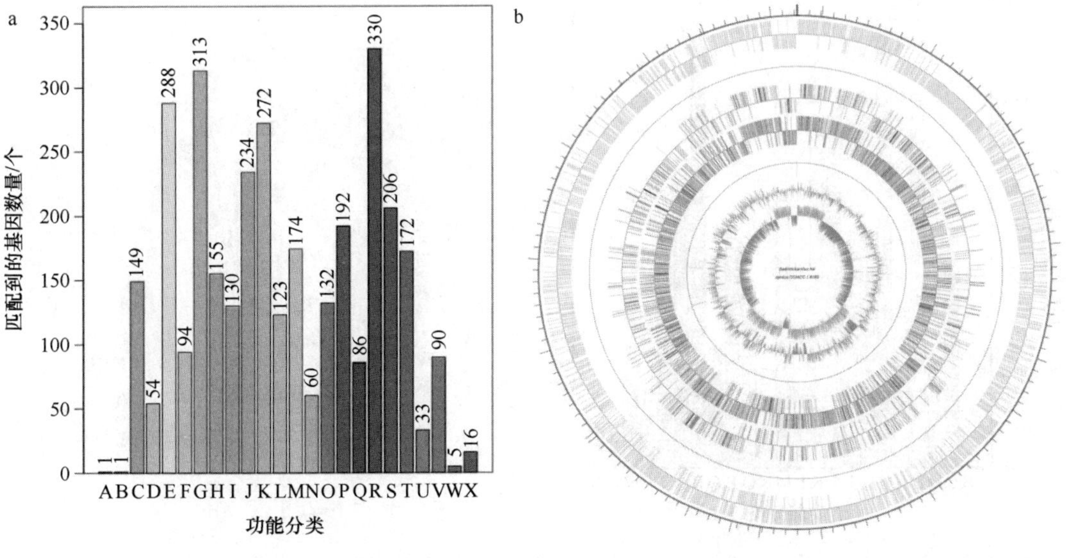


图 5-1-337　嗜盐沉积物芽胞杆菌 CGMCC 1.6199$^T$ 基因组的直系同源基因聚类分析（a）和圈图（b）

10 个基因岛 GI 01～GI 10，长度为 5360～27 790 bp，其 G+C 含量为 31.2%～44.94%。利用已预测得到的基因组信息，如重复序列、G+C 含量等，应用 CIRCOS 工具绘制其基因组圈图（图 5-1-337b）。

### 3. 马赛沉积物芽胞杆菌（*Sediminibacillus massiliensis*）Marseille-P3518$^T$

马赛沉积物芽胞杆菌（*Sediminibacillus massiliensis* Senghor et al. 2018，sp. nov.）的模式菌株（Marseille-P3518$^T$ =CSUR P3518$^T$ =DSM69894$^T$）分离自塞内加尔 1 位年轻男性的粪便，嗜盐，生长条件为 25～45℃（最适 37℃）、pH 5.0～9.0（最适 pH 7.5）、0～20%（*W/V*）NaCl（最适 7.5%），好氧，产芽胞（Senghor et al.，2018）。目前，该种仅有 1 个基因组，模式菌株 Marseille-P3518$^T$ 基因组的 GenBank 登录号为 GCA_900156915.1，测序平台为 Illumina HiSeq，于 2017 年 2 月 9 日由法国热带传染病研究中心（Unité de Recherche en Maladies Infectieuses et Tropicales Emergentes）提交。

**【基因组的组装】**菌株 Marseille-P3518$^T$ 基因组的测序深度为 210 X，基因组大小为 4.348 Mb，组装到 6 个 scaffolds，scaffold $N_{50}$ 为 4 249 507 bp。**【G+C 含量】**42.06%。**【非编码 RNA】**预测到 32 个 rRNA 基因（5S rRNA 15 个、16S rRNA 7 个、23S rRNA 10 个），72 个 tRNA 基因，13 个 sRNA 基因。**【编码基因】**有 4547 个蛋白质编码基因，编码区总长为 3 693 819 bp，占整个基因组的 84.95%，基因的平均长度为 812 bp。**【基因功能注释】**比对到 KEGG、COG 和 GO 数据库的基因数量分别为 3747 个、3021 个和 3004 个，预测到分泌蛋白编码基因 92 个；在 23 个 COG 功能类群中，基因数量前 10 位的类群分别是：R. 仅一般功能预测 358 个，G. 碳水化合物转运与代谢 347 个，E. 氨基酸转运与代谢 280 个，K. 转录 265 个，J. 翻译、核糖体结构与合成 233 个，S. 功能未知 227 个，M. 细胞壁/膜/包膜生物合成 202 个，P. 无机离子转运与代谢 182 个，C. 能量产生与转换 170 个和 T. 信号转导机制 166 个（图 5-1-338a）。**【重复序列】**预测到的重复序列

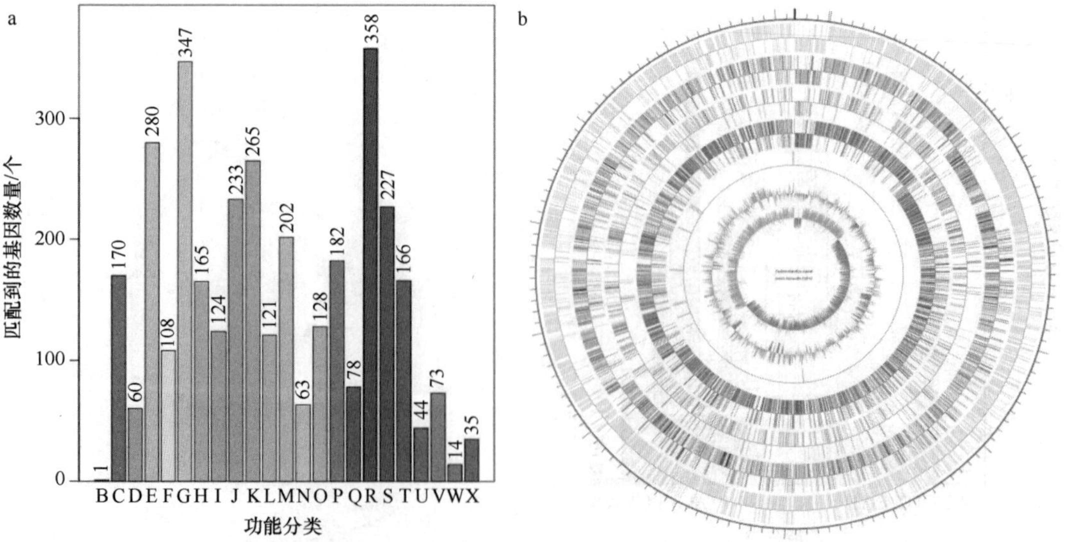


图 5-1-338 马赛沉积物芽胞杆菌 Marseille-P3518$^T$ 基因组的直系同源基因聚类分析（a）和圈图（b）

包括：LTR 205 个，总长为 13 935 bp，平均长度为 68 bp；DNA 重复元件 46 个，总长为 2879 bp，平均长度为 63 bp；LINE 64 个，总长为 3982 bp，平均长度为 62 bp；SINE 10 个，总长为 619 bp，平均长度为 62 bp；RC 3 个，总长为 158 bp，平均长度为 53 bp；TR 127 个，重复序列长度为 5～1849 bp，总长为 84 257 bp；小卫星 DNA 60 个，重复序列长度为 11～60 bp，总长为 5542 bp；微卫星 DNA 3 个，重复序列长度为 5～6 bp，总长为 127 bp。**【CRISPR】**未预测到 CRISPR 相关序列。**【基因岛】**预测到 5 个基因岛 GI 01～GI 05，长度为 5164～22 702 bp，其 G+C 含量为 33.61%～45.09%。利用已预测得到的基因组信息，如重复序列、G+C 含量等，应用 CIRCOS 工具绘制其基因组圈图（图 5-1-338b）。

## 四十四、链喜盐芽胞杆菌属

链喜盐芽胞杆菌属（*Streptohalobacillus* Wang et al. 2011，gen. nov.）于 2011 年建立，包含 1 种：咸链喜盐芽胞杆菌（*Streptohalobacillus salinus* Wang et al. 2011，sp. nov.），嗜盐，兼性厌氧，不产芽胞（Wang et al.，2011c）。目前，该属仅有 1 个已知种类的 1 个基因组被测序。

### 咸链喜盐芽胞杆菌（*Streptohalobacillus salinus*）DSM 22440$^T$

咸链喜盐芽胞杆菌（*Streptohalobacillus salinus* Wang et al. 2011，sp. nov.）的模式菌株（H96B60$^T$ =DSM 22440$^T$ =CGMCC 1.7733$^T$）分离自我国柴达木盆地的盐土，嗜盐，生长条件为 20～40℃（最适 37℃）、pH 6.5～9.0（最适 pH 7.5）、0～20%（*W*/*V*）NaCl（最适 7%），兼性厌氧，不产芽胞（Wang et al.，2011c）。目前，该种仅有 1 个基因组，模式菌株 DSM 22440$^T$ 基因组的 GenBank 登录号为 GCA_003201605.1，测序平台为 Illumina HiSeq，于 2018 年 6 月 7 日由美国能源部联合基因组研究所（DOE Joint Genome Institute）提交。

**【基因组的组装】**菌株 DSM 22440$^T$ 基因组的测序深度为 567 X，基因组大小为 2.529 Mb，组装到 37 个 scaffolds，scaffold $N_{50}$ 为 160 779 bp。**【G+C 含量】**39.37%。**【非编码 RNA】**预测到 9 个 rRNA 基因（5S rRNA 7 个、16S rRNA 1 个、23S rRNA 1 个），57 个 tRNA 基因，2 个 sRNA 基因。**【编码基因】**有 2350 个蛋白质编码基因，编码区总长为 2 183 145 bp，占整个基因组的 86.32%，基因的平均长度为 929 bp。**【基因功能注释】**比对到 KEGG、COG 和 GO 数据库的基因数量分别为 2046 个、1838 个和 1786 个，预测到分泌蛋白编码基因 41 个；在 22 个 COG 功能类群中，基因数量前 10 位的类群分别是：G. 碳水化合物转运与代谢 220 个，J. 翻译、核糖体结构与合成 191 个，E. 氨基酸转运与代谢 171 个，R. 仅一般功能预测 167 个，K. 转录 153 个，T. 信号转导机制 144 个，S. 功能未知 130 个，P. 无机离子转运与代谢 105 个，L. 复制、重组与修复 92 个和 M. 细胞壁/膜/包膜生物合成 92 个（图 5-1-339a）。**【重复序列】**预测到的重复序列包括：LTR 50 个，总长为 3522 bp，平均长度为 70 bp；DNA 重复元件 28 个，总长为 1756 bp，平均长度为 63 bp；LINE 16 个，总长为 875 bp，平均长度为 55 bp；SINE

8 个，总长为 495 bp，平均长度为 62 bp；RC 1 个，长度为 42 bp；未知序列 2 个，总长为 136 bp，平均长度为 68 bp；TR 37 个，重复序列长度为 6～198 bp，总长为 1795 bp；小卫星 DNA 30 个，重复序列长度为 12～45 bp，总长为 1121 bp；微卫星 DNA 1 个，重复序列长度为 6 bp，总长为 61 bp。**【CRISPR】**预测到 12 个 CRISPR 相关序列。**【基因岛】**预测到 7 个基因岛 GI 01～GI 07，长度为 5196～14 148 bp，其 G+C 含量为 33.91%～41.02%。利用已预测得到的基因组信息，如重复序列、G+C 含量等，应用 CIRCOS 工具绘制其基因组圈图（图 5-1-339b）。

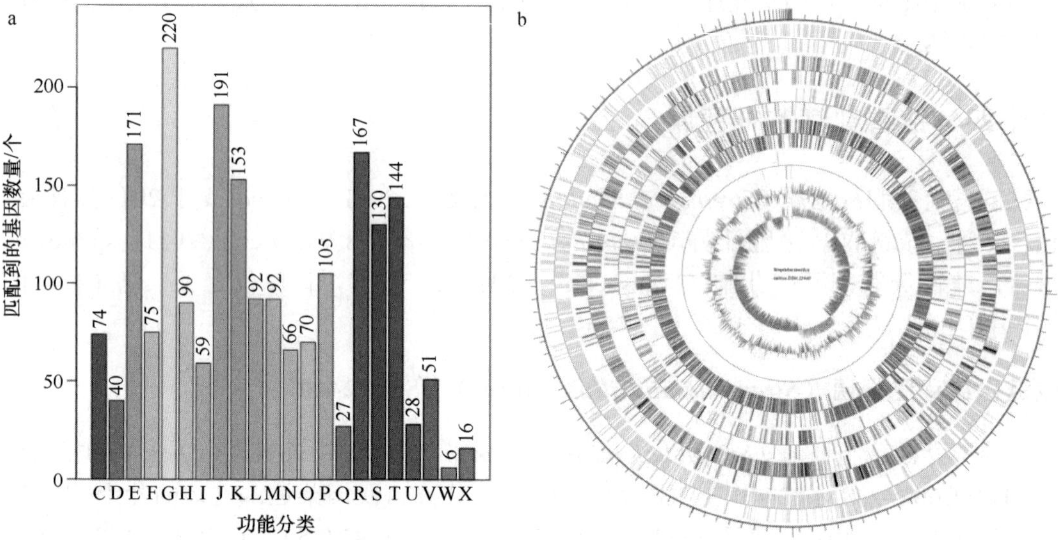


图 5-1-339 咸链喜盐芽胞杆菌 DSM 22440$^T$ 基因组的直系同源基因聚类分析（a）和圈图（b）

## 四十五、细纤芽胞杆菌属

细纤芽胞杆菌属（*Tenuibacillus* Ren and Zhou 2005，gen. nov.）于 2005 年建立（Ren and Zhou，2005b），包含 2 种：耐盐细纤芽胞杆菌（*Tenuibacillus halotolerans* Gao et al. 2013，sp. nov.）和多食细纤芽胞杆菌（*Tenuibacillus multivorans* Ren and Zhou 2005，sp. nov.）（模式种），均产芽胞。目前，该属仅有 1 个已知种类的 1 个基因组被测序。

### 多食细纤芽胞杆菌（*Tenuibacillus multivorans*）CGMCC 1.3442$^T$

多食细纤芽胞杆菌（*Tenuibacillus multivorans* Ren and Zhou 2005，sp. nov.）的模式菌株（28-1$^T$ =AS 1.3442$^T$ =NBRC 100370$^T$ =CGMCC 1.3442$^T$）分离自新疆的中性盐土，嗜盐，生长条件为 21～42℃（最适 36～41℃）、pH 6.5～9.0（最适 pH 7.0～8.0）、1%～20%（*W*/*V*）NaCl（最适 5%），好氧，产芽胞（Ren and Zhou，2005b）。目前，该种仅有 1 个基因组，模式菌株 CGMCC 1.3442$^T$ 基因组的 GenBank 登录号为 GCA_900103915.1，测序平台为 Illumina HiSeq，于 2016 年 10 月 21 日由美国能源部联合基因组研究所（DOE Joint Genome Institute）提交。

**【基因组的组装】**菌株 CGMCC 1.3442$^T$ 基因组的测序深度为 449 X，基因组大小为

2.950 Mb，组装到 18 个 scaffolds，scaffold $N_{50}$ 为 286 777 bp。**【G+C 含量】**37.69%。**【非编码 RNA】**预测到 4 个 rRNA 基因（5S rRNA 3 个、16S rRNA 1 个、23S rRNA 0 个），47 个 tRNA 基因，0 个 sRNA 基因。**【编码基因】**有 3168 个蛋白质编码基因，编码区总长为 2 590 920 bp，占整个基因组的 87.83%，基因的平均长度为 818 bp。**【基因功能注释】**比对到 KEGG、COG 和 GO 数据库的基因数量分别为 2583 个、2079 个和 2173 个，预测到分泌蛋白编码基因 83 个；在 24 个 COG 功能类群中，基因数量前 10 位的类群分别是：R. 仅一般功能预测 221 个，E. 氨基酸转运与代谢 206 个，J. 翻译、核糖体结构与合成 200 个，K. 转录 175 个，S. 功能未知 156 个，P. 无机离子转运与代谢 135 个，I. 脂质转运与代谢 123 个，C. 能量产生与转换 122 个，T. 信号转导机制 117 个和 H. 辅酶转运与代谢 115 个（图 5-1-340a）。**【重复序列】**预测到的重复序列包括：LTR 54 个，总长为 3350 bp，平均长度为 62 bp；DNA 重复元件 25 个，总长为 1538 bp，平均长度为 62 bp；LINE 15 个，总长为 895 bp，平均长度为 60 bp；SINE 5 个，总长为 352 bp，平均长度为 70 bp；RC 2 个，总长为 131 bp，平均长度为 66 bp；TR 204 个，重复序列长度为 9～150 bp，总长为 11 880 bp；小卫星 DNA 174 个，重复序列长度为 10～42 bp，总长为 11 109 bp；未预测到微卫星 DNA。**【CRISPR】**预测到 6 个 CRISPR 相关序列。**【基因岛】**预测到 8 个基因岛 GI 01～GI 08，长度为 6343～41 559 bp，其 G+C 含量为 28.93%～40.68%。利用已预测得到的基因组信息，如重复序列、G+C 含量等，应用 CIRCOS 工具绘制其基因组圈图（图 5-1-340b）。

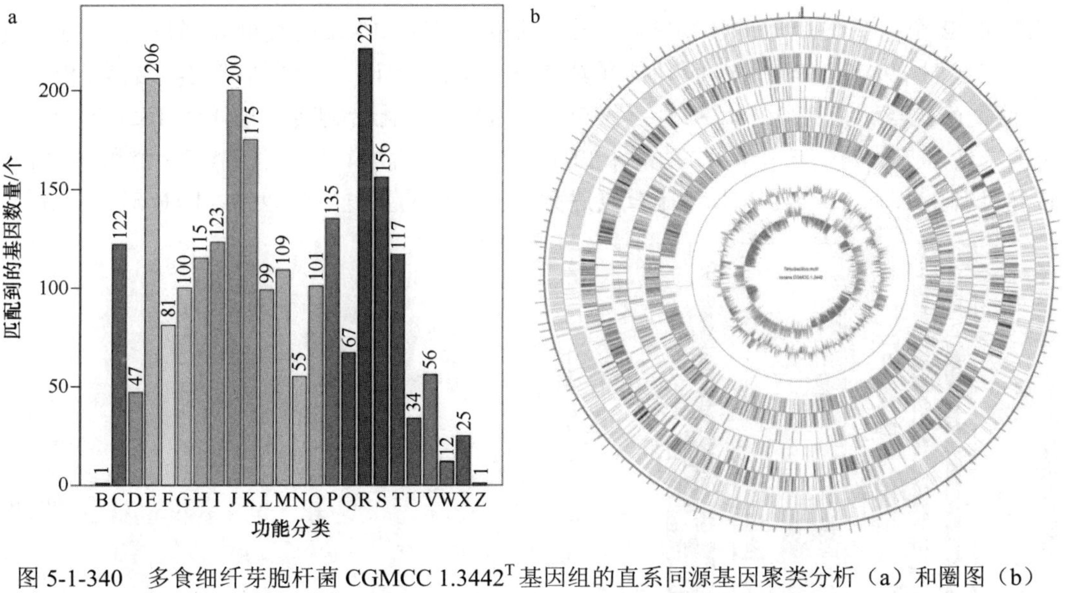


图 5-1-340　多食细纤芽胞杆菌 CGMCC 1.3442$^{T}$ 基因组的直系同源基因聚类分析（a）和圈图（b）

## 四十六、微温芽胞杆菌属

微温芽胞杆菌属（*Tepidibacillus* Slobodkina et al. 2014，gen. nov.）于 2013 年建立（Slobodkina et al.，2013），包含 3 种：迪凯特微温芽胞杆菌（*Tepidibacillus decaturensis* Dong et al. 2016，sp. nov.）、发酵微温芽胞杆菌（*Tepidibacillus fermentans* Slobodkina et al.

2014，sp. nov.）（模式种）和地下微温芽胞杆菌（*Tepidibacillus infernus* Podosokorskaya et al. 2016，sp. nov.），均来自地下环境、产芽胞。目前，该属有 2 个已知种类和 1 个未定种菌株的 3 个基因组被测序，以下只介绍了迪凯特微温芽胞杆菌一种。

### 迪凯特微温芽胞杆菌（*Tepidibacillus decaturensis*）Z9$^T$

迪凯特微温芽胞杆菌（*Tepidibacillus decaturensis* Dong et al. 2016，sp. nov.）的模式菌株（Z9$^T$ =ATCC BAA-2644$^T$ =DSM 103037$^T$）分离自美国伊利诺伊州西蒙砂岩 1.7 km 深处的地下水，耐热、嗜盐，生长条件为 20～60℃（最适 30～40℃）、pH 5.0～8.0（最适 pH 5.2～5.8）、1%～5%（*W*/*V*）NaCl（最适 2.5%），能还原 Fe（III）、Mn（IV）、Co（III）和 Cr（VI），微好氧，产芽胞（Dong et al.，2016）。目前，该种仅有 1 个基因组，模式菌株 Z9$^T$ 基因组的 GenBank 登录号为 GCA_001561915.1，测序平台为 454 FLX+ Illumina HiSeq，于 2016 年 2 月 16 日由美国伊利诺伊大学厄巴纳-香槟分校（University of Illinois at Urbana-Champaign）提交。

**【基因组的组装】**菌株 Z9$^T$ 基因组的测序深度为 5 X，基因组大小为 2.964 Mb，组装到 3 个 scaffolds，scaffold $N_{50}$ 为 2 855 894 bp。**【G+C 含量】**36.09%。**【非编码 RNA】**预测到 0 个 rRNA 基因（5S rRNA 0 个、16S rRNA 0 个、23S rRNA 0 个），52 个 tRNA 基因，4 个 sRNA 基因。**【编码基因】**有 2978 个蛋白质编码基因，编码区总长为 2 435 187 bp，占整个基因组的 82.16%，基因的平均长度为 818 bp。**【基因功能注释】**比对到 KEGG、COG 和 GO 数据库的基因数量分别为 2252 个、1972 个和 2095 个，预测到分泌蛋白编码基因 32 个；在 23 个 COG 功能类群中，基因数量前 10 位的类群分别是：E. 氨基酸转运与代谢 198 个，R. 仅一般功能预测 193 个，J. 翻译、核糖体结构与合成 188 个，C. 能量产生与转换 170 个，K. 转录 156 个，G. 碳水化合物转运与代谢 155 个，P. 无机离子转运与代谢 135 个，S. 功能未知 125 个，H. 辅酶转运与代谢 120 个和 T. 信号转导机制 111 个（图 5-1-341a）。**【重复序列】**预测到的重复序列包括：LTR 57 个，总长

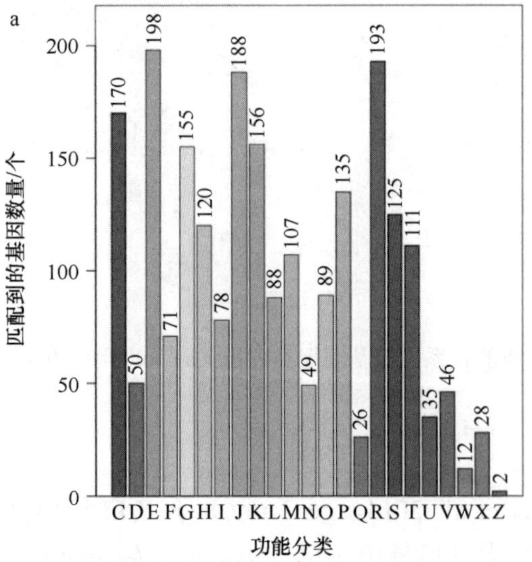


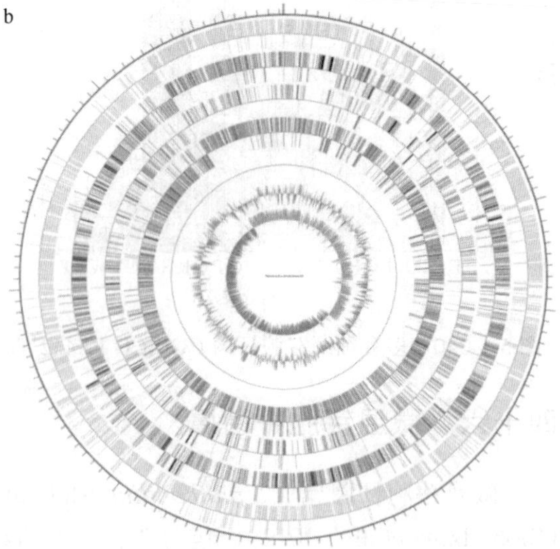


图 5-1-341　迪凯特微温芽胞杆菌 Z9$^T$ 基因组的直系同源基因聚类分析（a）和圈图（b）

为 3287 bp，平均长度为 58 bp；DNA 重复元件 29 个，总长为 1862 bp，平均长度为 64 bp；LINE 17 个，总长为 976 bp，平均长度为 57 bp；SINE 4 个，总长为 265 bp，平均长度为 66 bp；RC 2 个，总长为 94 bp，平均长度为 47 bp；未知序列 1 个，长度为 39 bp；TR 54 个，重复序列长度为 6～54 bp，总长为 2506 bp；小卫星 DNA 50 个，重复序列长度为 11～54 bp，总长为 2372 bp；微卫星 DNA 1 个，重复序列长度为 6 bp，总长为 53 bp。**【CRISPR】**预测到 42 个 CRISPR 相关序列。**【基因岛】**预测到 6 个基因岛 GI 01～GI 06，长度为 6792～21 630 bp，其 G+C 含量为 29.98%～40.15%。利用已预测得到的基因组信息，如重复序列、G+C 含量等，应用 CIRCOS 工具绘制其基因组圈图（图 5-1-341b）。

## 四十七、土地芽胞杆菌属

土地芽胞杆菌属（*Terribacillus* An et al. 2007，gen. nov.）于 2007 年建立（An et al.，2007），包含 4 种：艾丁湖土地芽胞杆菌（*Terribacillus aidingensis* Liu et al. 2010，sp. nov.）、戈里土地芽胞杆菌［*Terribacillus goriensis* (Kim et al. 2007) Krishnamurthi and Chakrabarti 2009，comb. nov.］、嗜盐土地芽胞杆菌（*Terribacillus halophilus* An et al. 2007，sp. nov.）和嗜糖土地芽胞杆菌（*Terribacillus saccharophilus* An et al. 2007，sp. nov.）（模式种），均嗜盐、耐盐、产芽胞。目前，该属有 4 个已知种类和 1 个未定种菌株的 16 个基因组被测序。

### 1. 艾丁湖土地芽胞杆菌（*Terribacillus aidingensis*）CGMCC 1.8913$^T$

艾丁湖土地芽胞杆菌（*Terribacillus aidingensis* Liu et al. 2010，sp. nov.）的模式菌株（YI7-61$^T$ =CGMCC 1.8913$^T$ =NBRC 105790$^T$）分离自新疆艾丁盐湖，耐盐、嗜盐，生长条件为 4～48℃（最适 30～37℃）、pH 5.0～9.0（最适 pH 6.0～7.0）、0.5%～21%（*W*/*V*）NaCl（最适 3%～7%），好氧，产芽胞（Liu et al.，2010）。目前，该种仅有 1 个基因组，模式菌株 CGMCC 1.8913$^T$ 基因组的 GenBank 登录号为 GCA_900215625.1，测序平台为 Illumina HiSeq，于 2017 年 9 月 28 日由美国能源部联合基因组研究所（DOE Joint Genome Institute）提交。

**【基因组的组装】**菌株 CGMCC 1.8913$^T$ 基因组的测序深度为 387 X，基因组大小为 3.390 Mb，组装到 11 个 scaffolds，scaffold $N_{50}$ 为 1 011 788 bp。**【G+C 含量】**42.63%。**【非编码 RNA】**预测到 7 个 rRNA 基因（5S rRNA 5 个、16S rRNA 1 个、23S rRNA 1 个），60 个 tRNA 基因，2 个 sRNA 基因。**【编码基因】**有 3536 个蛋白质编码基因，编码区总长为 2 980 965 bp，占整个基因组的 87.93%，基因的平均长度为 843 bp。**【基因功能注释】**比对到 KEGG、COG 和 GO 数据库的基因数量分别为 3131 个、2437 个和 2469 个，预测到分泌蛋白编码基因 61 个；在 23 个 COG 功能类群中，基因数量前 10 位的类群分别是：R. 仅一般功能预测 285 个，E. 氨基酸转运与代谢 264 个，J. 翻译、核糖体结构与合成 223 个，G. 碳水化合物转运与代谢 207 个，K. 转录 204 个，S. 功能未知 185 个，P. 无机离子转运与代谢 155 个，M. 细胞壁/膜/包膜生物合成 153 个，T. 信号转导机制 151 个和 C. 能量产生与转换 137 个（图 5-1-342a）。**【重复序列】**预测到的重复序列包括：LTR 130 个，总长为 7514 bp，平均长度为 58 bp；DNA 重复元件 37 个，总长为 2044 bp，平均长度为 55 bp；LINE 35 个，总长为 2414 bp，平均长度为 69 bp；SINE 5 个，总长为 302 bp，平均长度为 60 bp；RC 2 个，总长为 78 bp，平均长度为 39 bp；TR 54 个，重复序列长度为 6～258 bp，总长为 5378 bp；小卫星 DNA 43 个，重复序列长度为 11～60 bp，总长为 3060 bp；微卫星 DNA 2 个，重复序列长度为 6 bp，总长为 93 bp。**【CRISPR】** 预测到 3 个 CRISPR 相关序列。**【基因岛】** 预测到 10 个基因岛 GI 01～GI 10，长度为 4011～128 239 bp，其 G+C 含量为 34.24%～45.16%。利用已预测得到的基因组信息，如重复序列、G+C 含量等，应用 CIRCOS 工具绘制其基因组圈图（图 5-1-342b）。

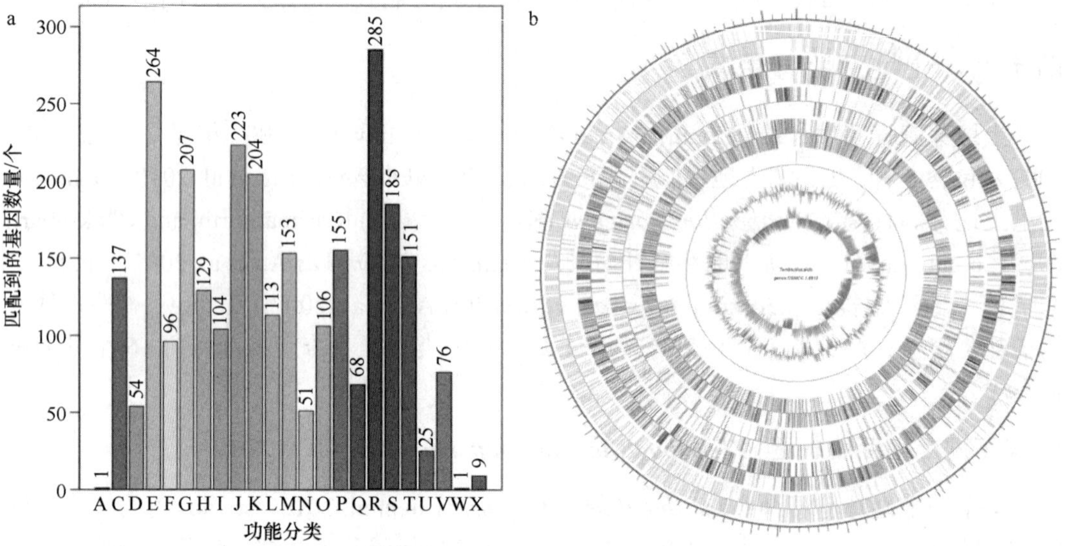


图 5-1-342　艾丁湖土地芽胞杆菌 CGMCC 1.8913$^T$ 基因组的直系同源基因聚类分析（a）和圈图（b）

## 2. 戈里土地芽胞杆菌（*Terribacillus goriensis*）DSM 18252$^T$

戈里土地芽胞杆菌［*Terribacillus goriensis* (Kim et al. 2007) Krishnamurthi and Chakrabarti 2009，comb. nov.］的模式菌株（CL-GR16$^T$ =KCCM 42329$^T$ =DSM 18252$^T$）分离自韩国东部海域的海水，耐盐，生长条件为 15～43℃（最适 30℃）、pH 5.5～9.0（最适 pH 7.5）、0～14%（*W*/*V*）NaCl（最适 0～2%），严格好氧，产芽胞，2007 年被命名为戈里远洋芽胞杆菌（*Pelagibacillus goriensis*）（Kim et al.，2007b），2009 年被重分类为戈里土地芽胞杆菌（*Terribacillus goriensis*）（Krishnamurthi and Chakrabarti，2009）。目前，该种有 2 个基因组，选择组装水平较高的模式菌株 DSM 18252$^T$ 的基因组进行描述，其 GenBank 登录号为 GCA_002884435.1，测序平台为 Illumina HiSeq，于 2018 年 1 月 16 日由福建省农业科学院（Fujian Academy of Agricultural Sciences）提交。

**【基因组的组装】** 菌株 DSM 18252$^T$ 基因组的测序深度为 100 X，基因组大小为 3.621 Mb，组装到 2 个 scaffolds，scaffold $N_{50}$ 为 3 619 655 bp。**【G+C 含量】** 42.66%。**【非编码 RNA】** 预测到 20 个 rRNA 基因（5S rRNA 9 个、16S rRNA 5 个、23S rRNA 6 个），77 个 tRNA 基因，2 个 sRNA 基因。**【编码基因】** 有 3773 个蛋白质编码基因，编码区总长为 3 214 152 bp，占整个基因组的 88.76%，基因的平均长度为 852 bp。**【基因功能注**

释】比对到 KEGG、COG 和 GO 数据库的基因数量分别为 3466 个、2664 个和 2673 个，预测到分泌蛋白编码基因 73 个；在 23 个 COG 功能类群中，基因数量前 10 位的类群分别是：R. 仅一般功能预测 333 个，E. 氨基酸转运与代谢 304 个，G. 碳水化合物转运与代谢 259 个，K. 转录 239 个，J. 翻译、核糖体结构与合成 229 个，S. 功能未知 195 个，P. 无机离子转运与代谢 185 个，T. 信号转导机制 162 个，M. 细胞壁/膜/包膜生物合成 153 个和 C. 能量产生与转换 145 个（图 5-1-343a）。**【重复序列】**预测到的重复序列包括：LTR 181 个，总长为 12 188 bp，平均长度为 67 bp；DNA 重复元件 32 个，总长为 1943 bp，平均长度为 61 bp；LINE 55 个，总长为 3266 bp，平均长度为 59 bp；SINE 5 个，总长为 468 bp，平均长度为 94 bp；RC 5 个，总长为 281 bp，平均长度为 56 bp；TR 123 个，重复序列长度为 8～1023 bp，总长为 17 403 bp；小卫星 DNA 79 个，重复序列长度为 10～54 bp，总长为 7518 bp；未预测到微卫星 DNA。**【CRISPR】**预测到 20 个 CRISPR 相关序列。**【基因岛】**预测到 6 个基因岛 GI 01～GI 06，长度为 3771～39 806 bp，其 G+C 含量为 34.74%～44.70%。利用已预测得到的基因组信息，如重复序列、G+C 含量等，应用 CIRCOS 工具绘制其基因组圈图（图 5-1-343b）。

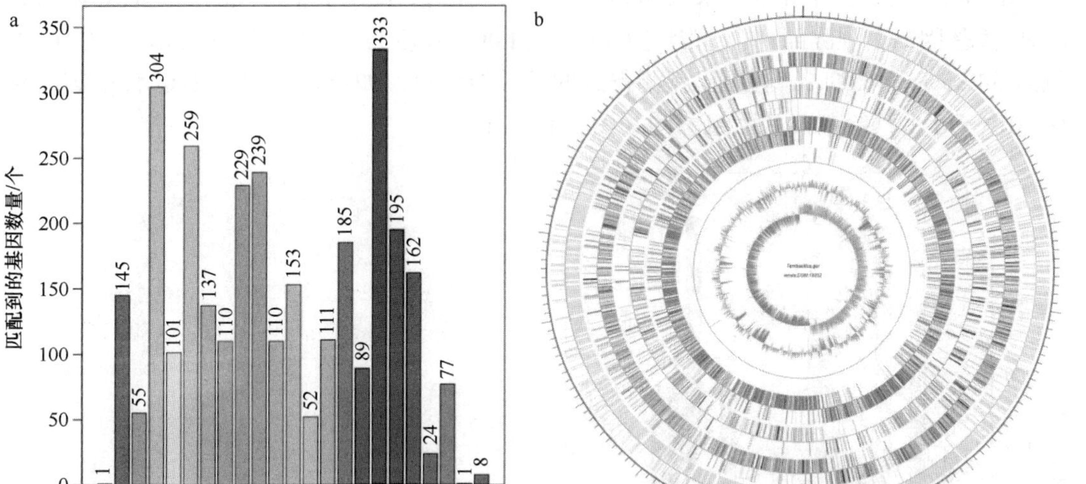


图 5-1-343　戈里土地芽胞杆菌 DSM 18252$^T$ 基因组的直系同源基因聚类分析（a）和圈图（b）

### 3. 嗜盐土地芽胞杆菌（*Terribacillus halophilus*）DSM 21620$^T$

嗜盐土地芽胞杆菌（*Terribacillus halophilus* An et al. 2007，sp. nov.）的模式菌株（002-051$^T$ =IAM 15310$^T$ =KCTC 13937$^T$ =DSM 21620$^T$）分离自日本东京都多摩市的农田土壤，耐盐、嗜盐，生长条件为 5～45℃、pH 5.0～10.0、0～19%（*W*/*V*）NaCl（最适 1%～5%），好氧，产芽胞（An et al.，2007）。目前，该种仅有 2 个基因组，模式菌株 DSM 21620$^T$ 基因组的 GenBank 登录号为 GCA_900101385.1，测序平台为 Illumina HiSeq，于 2016 年 10 月 21 日由美国能源部联合基因组研究所（DOE Joint Genome Institute）提交。

**【基因组的组装】**菌株 DSM 21620$^T$ 基因组的测序深度为 252 X，基因组大小为

3.654 Mb，组装到 25 个 scaffolds，scaffold $N_{50}$ 为 290 165 bp。**【G+C 含量】**44.53%。**【非编码 RNA】**预测到 9 个 rRNA 基因（5S rRNA 7 个、16S rRNA 1 个、23S rRNA 1 个），64 个 tRNA 基因，4 个 sRNA 基因。**【编码基因】**有 3858 个蛋白质编码基因，编码区总长为 3 240 633 bp，占整个基因组的 88.69%，基因的平均长度为 840 bp。**【基因功能注释】**比对到 KEGG、COG 和 GO 数据库的基因数量分别为 3470 个、2735 个和 2715 个，预测到分泌蛋白编码基因 63 个；在 23 个 COG 功能类群中，基因数量前 10 位的类群分别是：R. 仅一般功能预测 314 个，G. 碳水化合物转运与代谢 307 个，E. 氨基酸转运与代谢 283 个，K. 转录 269 个，J. 翻译、核糖体结构与合成 232 个，S. 功能未知 193 个，P. 无机离子转运与代谢 191 个，T. 信号转导机制 170 个，M. 细胞壁/膜/包膜生物合成 162 个和 C. 能量产生与转换 152 个（图 5-1-344a）。**【重复序列】**预测到的重复序列包括：LTR 155 个，总长为 9200 bp，平均长度为 59 bp；DNA 重复元件 38 个，总长为 2302 bp，平均长度为 61 bp；LINE 40 个，总长为 2245 bp，平均长度为 56 bp；SINE 9 个，总长为 592 bp，平均长度为 66 bp；RC 4 个，总长为 233 bp，平均长度为 58 bp；TR 60 个，重复序列长度为 9～1085 bp，总长为 13 595 bp；小卫星 DNA 41 个，重复序列长度为 11～60 bp，总长为 5704 bp；未预测到微卫星 DNA。**【CRISPR】**未预测到 CRISPR 相关序列。**【基因岛】**预测到 9 个基因岛 GI 01～GI 09，长度为 7419～23 647 bp，其 G+C 含量为 34.95%～46.63%。利用已预测得到的基因组信息，如重复序列、G+C 含量等，应用 CIRCOS 工具绘制其基因组圈图（图 5-1-344b）。

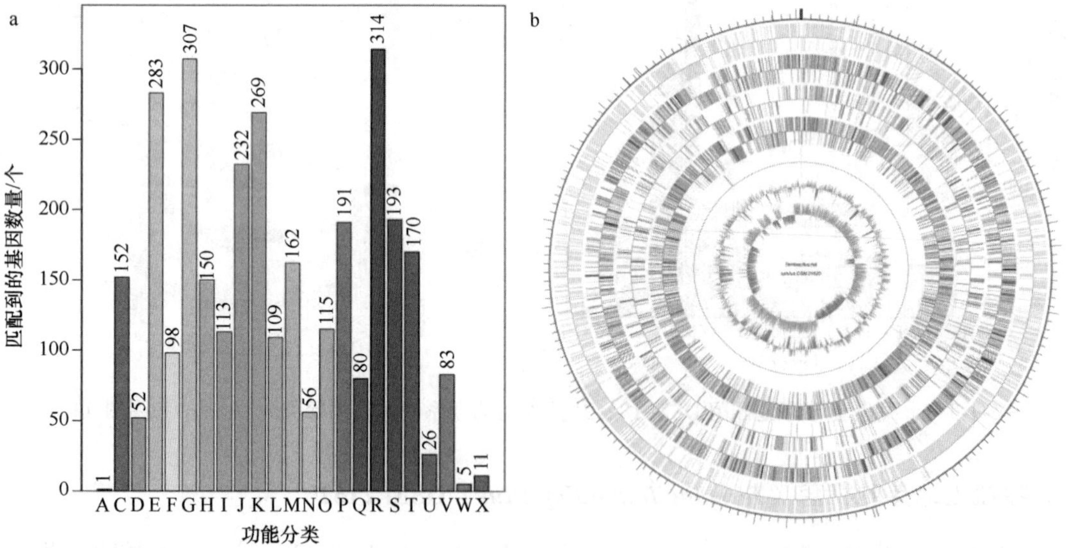


图 5-1-344　嗜盐土地芽胞杆菌 DSM 21620$^T$ 基因组的直系同源基因聚类分析（a）和圈图（b）

## 4. 嗜糖土地芽胞杆菌（*Terribacillus saccharophilus*）DSM 21619$^T$

嗜糖土地芽胞杆菌（*Terribacillus saccharophilus* An et al. 2007，sp. nov.）的模式菌株（002-048$^T$=IAM 15309$^T$ =KCTC 13936$^T$ =DSM 21619$^T$）分离自日本东京都多摩市的农田土壤，耐盐、嗜盐，生长条件为 5～45℃、pH 6.0～10.0、0～16%（*W*/*V*）NaCl

（最适 1%～5%），好氧，产芽胞（An et al.，2007）。目前，该种有 10 个基因组，选择组装水平较高的模式菌株 DSM 21619$^T$ 的基因组进行描述，其 GenBank 登录号为 GCA_002335735.1，测序平台为 Illumina HiSeq，于 2017 年 9 月 21 日由福建省农业科学院（Fujian Academy of Agricultural Sciences）提交。

**【基因组的组装】**菌株 DSM 21619$^T$ 基因组的测序深度为 100 X，基因组大小为 4.703 Mb，组装到 2 个 scaffolds，scaffold $N_{50}$ 为 4 342 811 bp。**【G+C 含量】**38.89%。**【非编码 RNA】**预测到 24 个 rRNA 基因（5S rRNA 8 个、16S rRNA 8 个、23S rRNA 8 个），67 个 tRNA 基因，27 个 sRNA 基因。**【编码基因】**有 5129 个蛋白质编码基因，编码区总长为 3 879 024 bp，占整个基因组的 82.48%，基因的平均长度为 756 bp。**【基因功能注释】**比对到 KEGG、COG 和 GO 数据库的基因数量分别为 3740 个、3043 个和 3324 个，预测到分泌蛋白编码基因 91 个；在 24 个 COG 功能类群中，基因数量前 10 位的类群分别是：R. 仅一般功能预测 367 个，E. 氨基酸转运与代谢 329 个，G. 碳水化合物转运与代谢 257 个，K. 转录 257 个，C. 能量产生与转换 246 个，H. 辅酶转运与代谢 208 个，J. 翻译、核糖体结构与合成 208 个，P. 无机离子转运与代谢 202 个，S. 功能未知 197 个和 M. 细胞壁/膜/包膜生物合成 186 个（图 5-1-345a）。**【重复序列】**预测到的重复序列包括：LTR 90 个，总长为 7362 bp，平均长度为 82 bp；DNA 重复元件 35 个，总长为 4078 bp，平均长度为 117 bp；LINE 27 个，总长为 1644 bp，平均长度为 61 bp；SINE 11 个，总长为 862 bp，平均长度为 78 bp；RC 2 个，总长为 118 bp，平均长度为 59 bp；未知序列 1 个，长度为 35 bp；TR 126 个，重复序列长度为 6～218 bp，总长为 14 525 bp；小卫星 DNA 100 个，重复序列长度为 10～60 bp，总长为 9854 bp；微卫星 DNA 2 个，重复序列长度为 6 bp，总长为 1640 bp。**【CRISPR】**预测到 15 个 CRISPR 相关序列。**【基因岛】**预测到 15 个基因岛 GI 01～GI 15，长度为 4098～35 215 bp，其 G+C 含量为 32.51%～48.79%。利用已预测得到的基因组信息，如重复序列、G+C 含量等，应用 CIRCOS 工具绘制其基因组圈图（图 5-1-345b）。

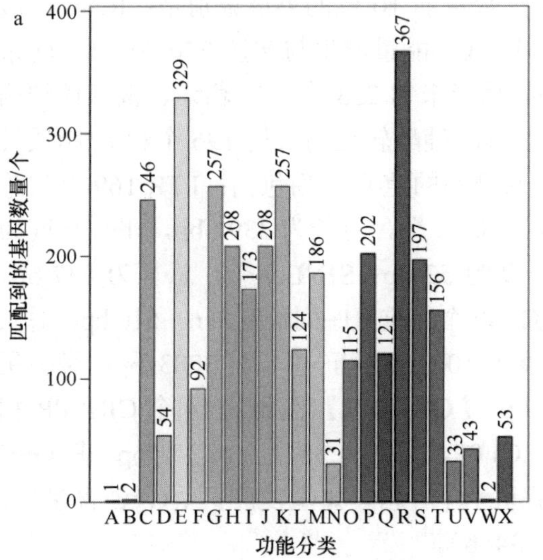


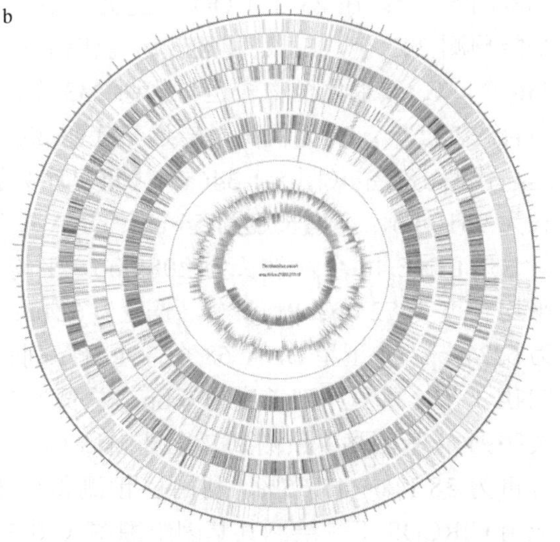


图 5-1-345　嗜糖土地芽胞杆菌 DSM 21619$^T$ 基因组的直系同源基因聚类分析（a）和圈图（b）

## 四十八、深海芽胞杆菌属

深海芽胞杆菌属(*Thalassobacillus* García et al. 2005，gen. nov.)于2005年建立(García et al.，2005)，包含4种：赛勒斯王深海芽胞杆菌（*Thalassobacillus cyri* Sánchez-Porro et al. 2009，sp. nov.)、食有机物深海芽胞杆菌（*Thalassobacillus devorans* García et al. 2005，sp. nov.)（模式种）、黄岛深海芽胞杆菌（*Thalassobacillus hwangdonensis* Lee et al. 2010，sp. nov.）和兽皮深海芽胞杆菌（*Thalassobacillus pellis* Sanchez-Porro et al. 2011，sp. nov.)。目前，该属有2个已知种类和2个未定种菌株的5个基因组被测序。

### 1. 赛勒斯王深海芽胞杆菌（*Thalassobacillus cyri*）CCM 7597$^T$

赛勒斯王深海芽胞杆菌（*Thalassobacillus cyri* Sánchez-Porro et al. 2009，sp. nov.）的模式菌株（HS286$^T$=CCM 7597$^T$=JCM 15722$^T$）分离自伊朗的超盐湖，耐盐、嗜盐，生长条件为5～45℃（最适40℃）、pH 7.0～9.5（最适pH 7.5)、1%～15% NaCl（*W*/*V*）NaCl（最适8%)，严格好氧，产芽胞（An et al.，2007)。目前，该种仅有1个基因组，模式菌株CCM 7597$^T$基因组的GenBank登录号为GCA_900107755.1，测序平台为Illumina HiSeq，于2016年10月22日由美国能源部联合基因组研究所（DOE Joint Genome Institute）提交。

**【基因组的组装】**菌株CCM 7597$^T$基因组的测序深度为244 X，基因组大小为4.301 Mb，组装到37个scaffolds，scaffold $N_{50}$为205 578 bp。**【G+C含量】**42.49%。**【非编码RNA】**预测到9个rRNA基因（5S rRNA 7个、16S rRNA 1个、23S rRNA 1个)，70个tRNA基因，5个sRNA基因。**【编码基因】**有4520个蛋白质编码基因，编码区总长为3 710 445 bp，占整个基因组的86.27%，基因的平均长度为821 bp。**【基因功能注释】**比对到KEGG、COG和GO数据库的基因数量分别为3826个、3088个和3071个，预测到分泌蛋白编码基因85个；在23个COG功能类群中，基因数量前10位的类群分别是：R. 仅一般功能预测342个，E. 氨基酸转运与代谢322个，C. 能量产生与转换270个，K. 转录236个，G. 碳水化合物转运与代谢233个，S. 功能未知233个，J. 翻译、核糖体结构与合成232个，P. 无机离子转运与代谢203个，H. 辅酶转运与代谢196个和I. 脂质转运与代谢185个（图5-1-346a)。**【重复序列】**预测到的重复序列包括：LTR 169个，总长为9510 bp，平均长度为56 bp；DNA重复元件56个，总长为3391 bp，平均长度为61 bp；LINE 40个，总长为2085 bp，平均长度为52 bp；SINE 9个，总长为647 bp，平均长度为72 bp；RC 1个，长度为62 bp；TR 80个，重复序列长度为6～510 bp，总长为6224 bp；小卫星DNA 68个，重复序列长度为10～60 bp，总长为3783 bp；微卫星DNA 1个，重复序列长度为6 bp，总长为32 bp。**【CRISPR】**预测到14个CRISPR相关序列。**【基因岛】**预测到7个基因岛GI 01～GI 07，长度为3841～14 371 bp，其G+C含量为38.1%～45.65%。利用已预测得到的基因组信息，如重复序列、G+C含量等，应用CIRCOS工具绘制其基因组圈图（图5-1-346b)。

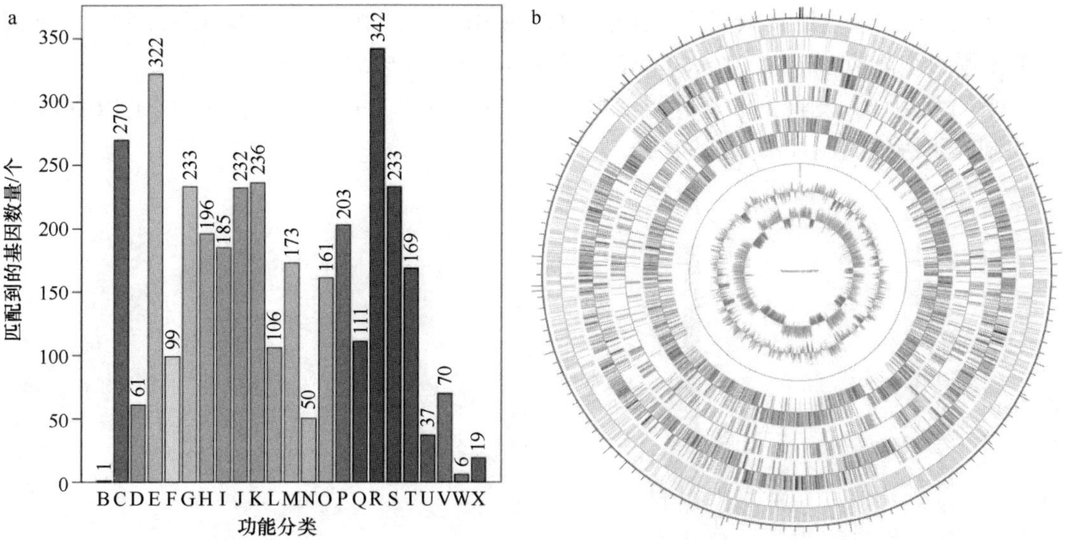


图 5-1-346　赛勒斯王深海芽胞杆菌 CCM 7597$^{T}$ 基因组的直系同源基因聚类分析（a）和圈图（b）

## 2. 食有机物深海芽胞杆菌（*Thalassobacillus devorans*）MSP14

食有机物深海芽胞杆菌（*Thalassobacillus devorans* García et al. 2005，sp. nov.）的模式菌株（G-19.1$^{T}$ =DSM 16966$^{T}$ =CECT 7046$^{T}$ =CCM 7282$^{T}$）分离自西班牙南部的超盐土，耐盐、嗜盐，生长条件为 15～45℃（最适 37℃）、pH 6.0～10.0（最适 pH 7.0）、0.5%～20%（*W*/*V*）NaCl（最适 7.5%～10%），严格好氧，产芽胞（García et al.，2005）。目前，该种有 2 个基因组，选择组装水平较高的非模式菌株 MSP14 的基因组进行描述，其 GenBank 登录号为 GCA_000496835.1，测序平台为 454 FLX，于 2013 年 11 月 14 日由印度农业研究委员会花生研究委员会提交。

**【基因组的组装】**菌株 MSP14 基因组的测序深度为 139 X，基因组大小为 3.935 Mb，组装到 9 个 scaffolds，scaffold $N_{50}$ 为 1 214 989 bp。**【G+C 含量】**42.90%。**【非编码 RNA】**预测到 4 个 rRNA 基因（5S rRNA 2 个、16S rRNA 1 个、23S rRNA 1 个），61 个 tRNA 基因，4 个 sRNA。**【编码基因】**有 4035 个蛋白质编码基因，编码区总长为 3 425 769 bp，占整个基因组的 87.06%，基因的平均长度为 849 bp。**【基因功能注释】**比对到 KEGG、COG 和 GO 数据库的基因数量分别为 3538 个、2871 个和 2813 个，预测到分泌蛋白编码基因 82 个；在 23 个 COG 功能类群中，基因数量前 10 位的类群分别是：R. 仅一般功能预测 323 个，E. 氨基酸转运与代谢 312 个，C. 能量产生与转换 249 个，J. 翻译、核糖体结构与合成 224 个，S. 功能未知 222 个，K. 转录 216 个，G. 碳水化合物转运与代谢 199 个，P. 无机离子转运与代谢 188 个，M. 细胞壁/膜/包膜生物合成 172 个和 H. 辅酶转运与代谢 171 个（图 5-1-347a）。**【重复序列】**预测到的重复序列包括：LTR 161 个，总长为 9651 bp，平均长度为 60 bp；DNA 重复元件 43 个，总长为 2667 bp，平均长度为 62 bp；LINE 44 个，总长为 2390 bp，平均长度为 54 bp；SINE 8 个，总长为 495 bp，平均长度为 62 bp；RC 3 个，总长为 217 bp，平均长度为 72 bp；TR 54 个，重复序列长度为 12～156 bp，总长为 4180 bp；小卫星 DNA 48 个，重复序列长度为 12～60 bp，总长为 2393 bp；未预测到微卫星 DNA。**【CRISPR】**未预测到 CRISPR 相关序列。**【基因岛】**预测到 6 个基因岛 GI 01～GI 06，长度为 4462～39 426 bp，其 G+C 含量为 35.78%～44.67%。利用已预测得到的基因组信息，如重复序列、G+C 含量等，应用 CIRCOS 工具绘制其基因组圈图（图 5-1-347b）。

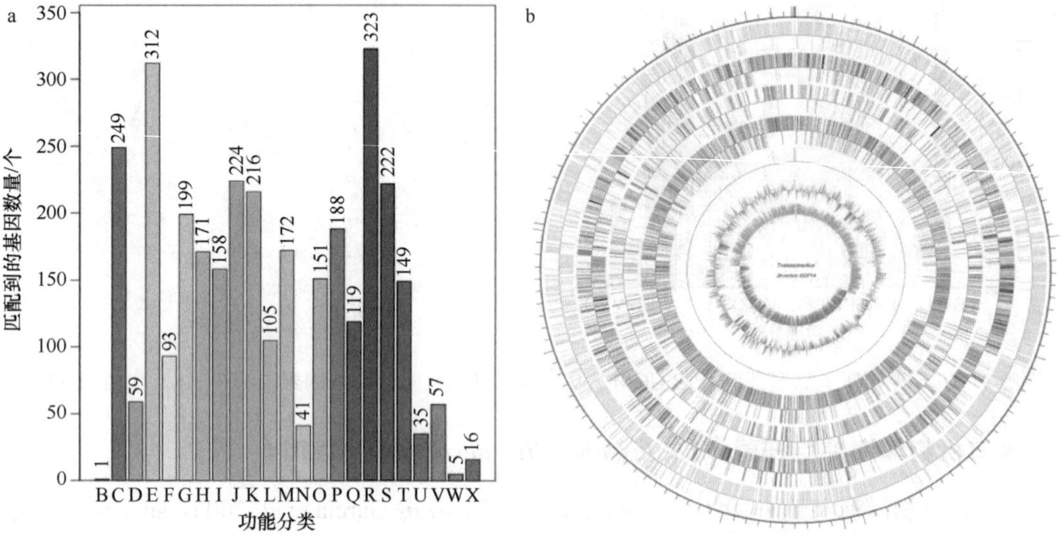


图 5-1-347　食有机物深海芽胞杆菌 MSP14 基因组的直系同源基因聚类分析（a）和圈图（b）

## 四十九、枝芽胞杆菌属

枝芽胞杆菌属（*Virgibacillus* Heyndrickx et al. 1998，gen. nov.）于 1998 年建立（Heyndrickx et al.，1998），包含 40 种，模式种为泛酸枝芽胞杆菌［*Virgibacillus pantothenticus* (Proom and Knight 1950) Heyndrickx et al. 1998，comb. nov.］，均产芽胞。目前，该属有 19 个已知种类和 6 个未定种菌株的 33 个基因组被测序，以下选取 18 个已知种类的基因组进行描述。

### 1. 食物枝芽胞杆菌（*Virgibacillus alimentarius*）J18$^T$

食物枝芽胞杆菌（*Virgibacillus alimentarius* Kim et al. 2011，sp. nov.）的模式菌株（J18$^T$ =KACC 14624$^T$ =JCM 16994$^T$）分离自韩国的传统盐发酵海鲜，嗜碱、嗜盐，生长条件为 4～40℃（最适 37℃）、pH 7.0～11.0（最适 pH 10.0）、0～30%（*W*/*V*）NaCl（最适 9%～10%），好氧，产芽胞（Kim et al.，2011b）。目前，该种仅有 1 个基因组，选择组装水平较高的非模式菌株 J18$^T$ 的基因组进行描述，其 GenBank 登录号为 GCA_000709085.1，测序平台为 IonTorrent，于 2014 年 6 月 16 日由韩国庆熙大学（Kyung Hee University）提交。

**【基因组的组装】**菌株 J18$^T$ 基因组的测序深度为 386 X，基因组大小为 3.046 Mb，组装到 146 个 contigs，contig $N_{50}$ 为 36 623 bp。**【G+C 含量】**37.10%。**【非编码 RNA】**预测到 3 个 rRNA 基因（5S rRNA 1 个、16S rRNA 1 个、23S rRNA 1 个），45 个 tRNA 基因，3 个 sRNA 基因。**【编码基因】**有 3193 个蛋白质编码基因，编码区总长为 2 577 669 bp，

占整个基因组的 84.62%，基因的平均长度为 807 bp。**【基因功能注释】**比对到 KEGG、COG 和 GO 数据库的基因数量分别为 2765 个、2237 个和 2273 个，预测到分泌蛋白编码基因 48 个；在 23 个 COG 功能类群中，基因数量前 10 位的类群分别是：E. 氨基酸转运与代谢 235 个，R. 仅一般功能预测 225 个，J. 翻译、核糖体结构与合成 200 个，K. 转录 178 个，S. 功能未知 170 个，C. 能量产生与转换 168 个，H. 辅酶转运与代谢 162 个，P. 无机离子转运与代谢 159 个，I. 脂质转运与代谢 125 个和 M. 细胞壁/膜/包膜生物合成 117 个（图 5-1-348a）。**【重复序列】**预测到的重复序列包括：LTR 109 个，总长为 6433 bp，平均长度为 59 bp；DNA 重复元件 32 个，总长为 3041 bp，平均长度为 95 bp；LINE 25 个，总长为 1410 bp，平均长度为 56 bp；SINE 9 个，总长为 601 bp，平均长度为 67 bp；RC 3 个，总长为 169 bp，平均长度为 56 bp；TR 132 个，重复序列长度为 9～123 bp，总长为 7586 bp；小卫星 DNA 117 个，重复序列长度为 11～42 bp，总长为 7029 bp；未预测到微卫星 DNA。**【CRISPR】**预测到 6 个 CRISPR 相关序列。**【基因岛】**预测到 2 个基因岛 GI 01 和 GI 02，长度分别为 4897 bp 和 5334 bp，其 G+C 含量分别为 32.18%和 35.13%。利用已预测得到的基因组信息，如重复序列、G+C 含量等，应用 CIRCOS 工具绘制其基因组圈图（图 5-1-348b）。

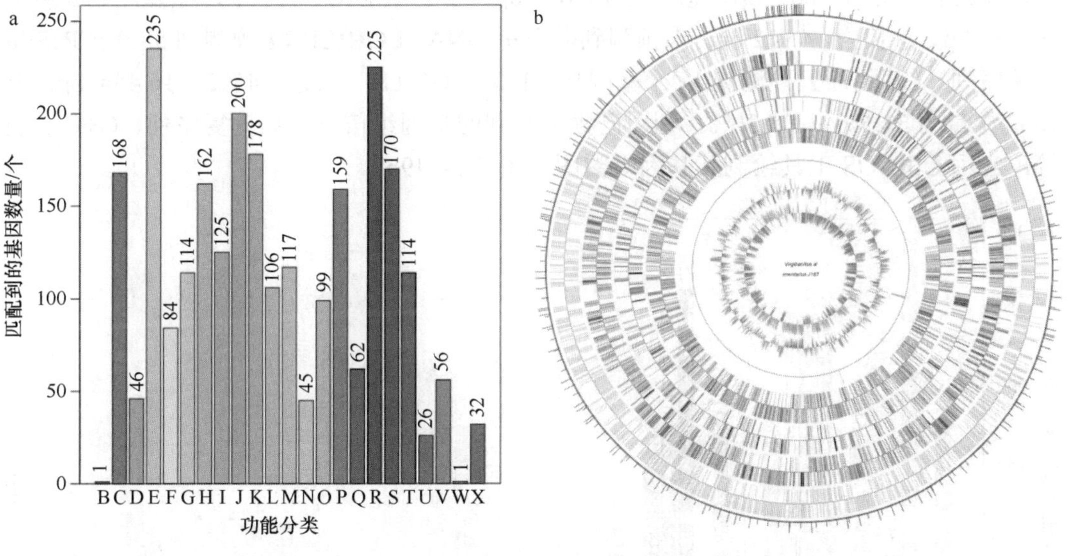


图 5-1-348　食物枝芽胞杆菌 J18$^{T}$ 基因组的直系同源基因聚类分析（a）和圈图（b）

## 2. 废盐田枝芽胞杆菌（*Virgibacillus chiguensis*）CGMCC 1.6496$^{T}$

废盐田枝芽胞杆菌（*Virgibacillus chiguensis* Wang et al. 2008，sp. nov.）的模式菌株（NTU-101$^{T}$ =BCRC 17637$^{T}$ =CGMCC 1.6496$^{T}$）分离自台湾南部废弃的七股（湿地）盐场，耐盐、嗜盐，生长条件为 15～50℃（最适 40℃）、pH 5.0～9.0（最适 pH 7.5）、0～30%（*W*/*V*）NaCl（最适 5%～10%），好氧，产芽胞（Wang et al.，2008c）。目前，该种仅有 1 个基因组，模式菌株 CGMCC 1.6496$^{T}$ 基因组的 GenBank 登录号为 GCA_900129865.1，测序平台为 Illumina HiSeq，于 2016 年 12 月 3 日由美国能源部联合基因组研究所（DOE Joint

Genome Institute）提交。

**【基因组的组装】**菌株 CGMCC 1.6496$^T$ 基因组的测序深度为 301 X，基因组大小为 4.128 Mb，组装到 45 个 scaffolds，scaffold $N_{50}$ 为 195 546 bp。**【G+C 含量】**36.59%。**【非编码 RNA】**预测到 5 个 rRNA 基因（5S rRNA 4 个、16S rRNA 1 个、23S rRNA 0 个），52 个 tRNA 基因，6 个 sRNA 基因。**【编码基因】**有 4017 个蛋白质编码基因，编码区总长为 3 290 070 bp，占整个基因组的 79.70%，基因的平均长度为 819 bp。**【基因功能注释】**比对到 KEGG、COG 和 GO 数据库的基因数量分别为 3461 个、2695 个和 2722 个，预测到分泌蛋白编码基因 48 个；在 23 个 COG 功能类群中，基因数量前 10 位的类群分别是：E. 氨基酸转运与代谢 281 个，R. 仅一般功能预测 264 个，K. 转录 246 个，G. 碳水化合物转运与代谢 223 个，J. 翻译、核糖体结构与合成 220 个，S. 功能未知 182 个，C. 能量产生与转换 181 个，P. 无机离子转运与代谢 178 个，H. 辅酶转运与代谢 164 个和 T. 信号转导机制 159 个（图 5-1-349a）。**【重复序列】**预测到的重复序列包括：LTR 95 个，总长为 5795 bp，平均长度为 61 bp；DNA 重复元件 28 个，总长为 2501 bp，平均长度为 89 bp；LINE 26 个，总长为 2621 bp，平均长度为 101 bp；SINE 10 个，总长为 598 bp，平均长度为 60 bp；RC 3 个，总长为 193 bp，平均长度为 64 bp；TR 200 个，重复序列长度为 8～867 bp，总长为 19 400 bp；小卫星 DNA 151 个，重复序列长度为 10～43 bp，总长为 14 912 bp；未预测到微卫星 DNA。**【CRISPR】**预测到 58 个 CRISPR 相关序列。**【基因岛】**预测到 11 个基因岛 GI 01～GI 11，长度为 4592～16 454 bp，其 G+C 含量为 31.55%～35.30%。利用已预测得到的基因组信息，如重复序列、G+C 含量等，应用 CIRCOS 工具绘制其基因组圈图（图 5-1-349b）。

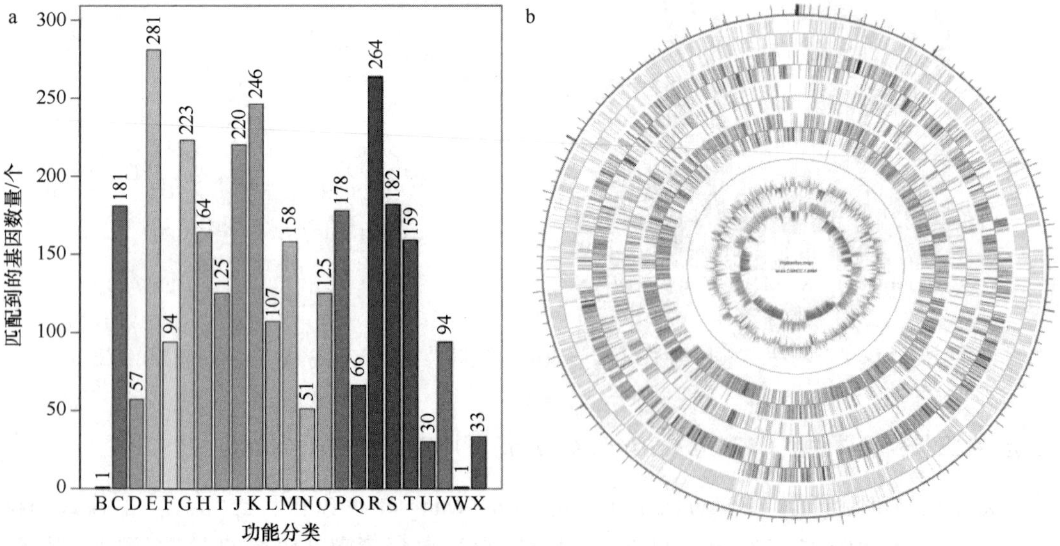


图 5-1-349　废盐田枝芽胞杆菌 CGMCC 1.6496$^T$ 基因组的直系同源基因聚类分析（a）和圈图（b）

### 3. 达喀尔枝芽胞杆菌（*Virgibacillus dakarensis*）Marseille-P3469$^T$

达喀尔枝芽胞杆菌（*Virgibacillus dakarensis* Senghor et al. 2017，sp. nov.）的模式菌

株（Marseille-P3469$^T$）分离自塞内加尔 1 位 15 岁男孩的粪便，耐盐、嗜盐，最适生长温度为 37℃，0～20%（*W/V*）NaCl（最适 10%），兼性厌氧，产芽胞（Senghor et al., 2017）。目前，该种仅有 1 个基因组，模式菌株 Marseille-P3469$^T$ 基因组的 GenBank 登录号为 GCA_900155625.1，测序平台为 Illumina HiSeq，于 2017 年 2 月 8 日由法国热带传染病研究中心（Unité de Recherche en Maladies Infectieuses et Tropicales Emergentes）提交。

**【基因组的组装】**菌株 Marseille-P3469$^T$ 基因组的测序深度为 210 X，基因组大小为 4.753 Mb，组装到 6 个 scaffolds，scaffold $N_{50}$ 为 2 860 113 bp。**【G+C 含量】**39.70%。**【非编码 RNA】**预测到 12 个 rRNA 基因（5S rRNA 6 个、16S rRNA 3 个、23S rRNA 3 个），65 个 tRNA 基因，45 个 sRNA 基因。**【编码基因】**有 5028 个蛋白质编码基因，编码区总长为 3 980 520 bp，占整个基因组的 83.75%，基因的平均长度为 792 bp。**【基因功能注释】**比对到 KEGG、COG 和 GO 数据库的基因数量分别为 4155 个、3188 个和 3307 个，预测到分泌蛋白编码基因 75 个；在 24 个 COG 功能类群中，基因数量前 10 位的类群分别是：E. 氨基酸转运与代谢 338 个，R. 仅一般功能预测 337 个，K. 转录 308 个，G. 碳水化合物转运与代谢 264 个，J. 翻译、核糖体结构与合成 240 个，S. 功能未知 226 个，P. 无机离子转运与代谢 225 个，C. 能量产生与转换 192 个，M. 细胞壁/膜/包膜生物合成 188 个和 T. 信号转导机制 172 个（图 5-1-350a）。**【重复序列】**预测到的重复序列包括：LTR 82 个，总长为 6351 bp，平均长度为 77 bp；DNA 重复元件 29 个，总长为 1619 bp，平均长度为 56 bp；LINE 19 个，总长为 1234 bp，平均长度为 65 bp；SINE 12 个，总长为 783 bp，平均长度为 65 bp；RC 2 个，总长为 151 bp，平均长度为 76 bp；未知序列 1 个，长度为 57 bp；TR 268 个，重复序列长度为 9～483 bp，总长为 28 008 bp；小卫星 DNA 237 个，重复序列长度为 11～60 bp，总长为 23 204 bp；未预测到微卫星 DNA。**【CRISPR】**预测到 34 个 CRISPR 相关序列。**【基因岛】**预测到 23 个基因岛 GI 01～GI 23，长度为 2993～37 682 bp，其 G+C 含量为 32.39%～43.77%。利用已预测得到的基因组信息，如重复序列、G+C 含量等，应用 CIRCOS 工具绘制其基因组圈图（图 5-1-350b）。

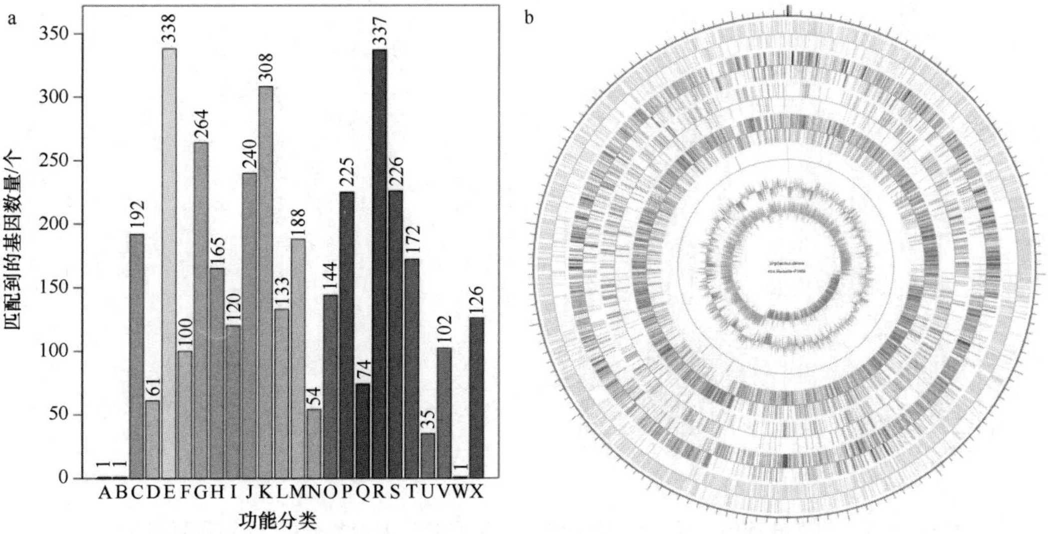


图 5-1-350　达喀尔枝芽胞杆菌 Marseille-P3469$^T$ 基因组的直系同源基因聚类分析（a）和圈图（b）

### 4. 独岛枝芽胞杆菌（*Virgibacillus dokdonensis*）21D

独岛枝芽胞杆菌（*Virgibacillus dokdonensis* Yoon et al. 2005，sp. nov.）的模式菌株（DSW-10$^T$ =KCTC 3933$^T$ =DSM 16826$^T$）分离自台湾南部废弃的赤谷盐场，耐盐、嗜盐，生长条件为 15～50℃（最适 37℃）、最适 pH 7.0～8.0、0～23%（*W*/*V*）NaCl（最适 6%～15%），兼性厌氧，产芽胞（Yoon et al.，2005b）。目前，该种仅有 3 个基因组，选择组装到完成图水平的非模式菌株 21D 的基因组进行描述，其 GenBank 登录号为 GCA_002849835.1，测序平台为 PacBio，于 2018 年 1 月 3 日由沙特阿拉伯阿卜杜拉国王科技大学（King Abdullah University of Science and Technology）提交。

**【基因组的组装】**菌株 21D 基因组的测序深度为 167 X，基因组大小为 4.264 Mb，组装到完成图水平，包括 1 条染色体。**【G+C 含量】**36.58%。**【非编码 RNA】**预测到 18 个 rRNA 基因（5S rRNA 6 个、16S rRNA 6 个、23S rRNA 6 个），63 个 tRNA 基因，13 个 sRNA 基因。**【编码基因】**有 4131 个蛋白质编码基因，编码区总长为 3 436 536 bp，占整个基因组的 80.59%，基因的平均长度为 832 bp。**【基因功能注释】**比对到 KEGG、COG 和 GO 数据库的基因数量分别为 3610 个、2827 个和 2859 个，预测到分泌蛋白编码基因 51 个；在 23 个 COG 功能类群中，基因数量前 10 位的类群分别是：E. 氨基酸转运与代谢 283 个，R. 仅一般功能预测 272 个，G. 碳水化合物转运与代谢 257 个，K. 转录 249 个，J. 翻译、核糖体结构与合成 222 个，P. 无机离子转运与代谢 204 个，S. 功能未知 194 个，C. 能量产生与转换 176 个，H. 辅酶转运与代谢 174 个和 T. 信号转导机制 170 个（图 5-1-351a）。**【重复序列】**预测到的重复序列包括：LTR 89 个，总长为 6683 bp，平均长度为 75 bp；DNA 重复元件 25 个，总长为 1537 bp，平均长度为 61 bp；LINE 26 个，总长为 1614 bp，平均长度为 62 bp；SINE 10 个，总长为 688 bp，平均长度为 69 bp；RC 1 个，长度为 58 bp；未知序列 1 个，长度为 72 bp；

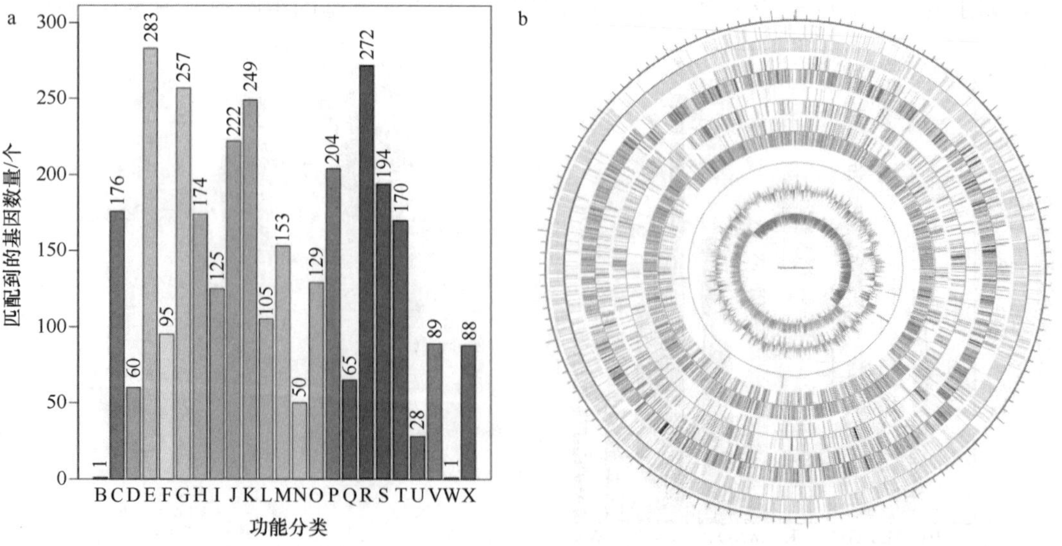


图 5-1-351　独岛枝芽胞杆菌 21D 基因组的直系同源基因聚类分析（a）和圈图（b）

TR 76 个，重复序列长度为 5～1558 bp，总长为 11 797 bp；小卫星 DNA 62 个，重复序列长度为 11～42 bp，总长为 3855 bp；微卫星 DNA 1 个，重复序列长度为 5 bp，总长为 30 bp。**【CRISPR】**预测到 18 个 CRISPR 相关序列。**【基因岛】**预测到 16 个基因岛 GI 01～GI 16，长度为 3402～42 733 bp，其 G+C 含量为 31.10%～50.19%。利用已预测得到的基因组信息，如重复序列、G+C 含量等，应用 CIRCOS 工具绘制其基因组圈图（图 5-1-351b）。

**5. 盐反硝化枝芽胞杆菌（*Virgibacillus halodenitrificans*）PDB-F2**

盐反硝化枝芽胞杆菌［*Virgibacillus halodenitrificans* (Denariaz et al. 1989) Yoon et al. 2004，comb. nov.］的模式菌株（ATCC 49067$^T$ =DSM 10037$^T$ =JCM 12304$^T$ =LMG 9818$^T$）分离自法国的 1 个晒盐场，耐盐、嗜盐，生长条件为 10～45℃（最适 38℃）、pH 5.8～9.6（最适 pH 7.4）、0.35～4.35 mol/L NaCl（最适 0.50～1.35 mol/L），兼性厌氧，产芽胞，1989 年被命名为盐反硝化芽胞杆菌（*Bacillus halodenitrificans*）（Denariaz et al.，1989），2004 年被重分类为盐反硝化枝芽胞杆菌（*Virgibacillus halodenitrificans*）（Yoon et al.，2004a）。目前，该种有 5 个基因组，选择组装到完成图水平的非模式菌株 PDB-F2 基因组进行描述，其 GenBank 登录号为 GCA_001878675.1，测序平台为 Illumina HiSeq+PacBio，于 2016 年 11 月 14 日由华东理工大学（East China University of Science and Technology）提交。

**【基因组的组装】**菌株 PDB-F2 基因组的测序深度为 230 X，基因组大小为 3.918 Mb，组装到完成图水平，包括 1 条染色体和 1 个质粒。**【G+C 含量】**37.41%。**【非编码 RNA】**预测到 24 个 rRNA 基因（5S rRNA 8 个、16S rRNA 8 个、23S rRNA 8 个），62 个 tRNA 基因，22 个 sRNA 基因。**【编码基因】**有 3979 个蛋白质编码基因，编码区总长为 3 325 449 bp，占整个基因组的 84.88%，基因的平均长度为 836 bp。**【基因功能注释】**比对到 KEGG、COG 和 GO 数据库的基因数量分别为 3812 个、2697 个和 2717 个，预测到分泌蛋白编码基因 77 个；在 23 个 COG 功能类群中，基因数量前 10 位的类群分别是：R. 仅一般功能预测 286 个，E. 氨基酸转运与代谢 284 个，J. 翻译、核糖体结构与合成 230 个，K. 转录 219 个，S. 功能未知 207 个，C. 能量产生与转换 186 个，G. 碳水化合物转运与代谢 179 个，P. 无机离子转运与代谢 176 个，H. 辅酶转运与代谢 161 个，M. 细胞壁/膜/包膜生物合成 157 个和 T. 信号转导机制 157 个（图 5-1-352a）。**【重复序列】**预测到的重复序列包括：LTR 80 个，总长为 7281 bp，平均长度为 91 bp；DNA 重复元件 27 个，总长为 1586 bp，平均长度为 59 bp；LINE 29 个，总长为 1622 bp，平均长度为 56 bp；SINE 9 个，总长为 562 bp，平均长度为 62 bp；RC 1 个，长度为 45 bp；未知序列 1 个，长度为 35 bp；TR 324 个，重复序列长度为 6～464 bp，总长为 34 804 bp；小卫星 DNA 252 个，重复序列长度为 11～60 bp，总长为 31 349 bp；微卫星 DNA 1 个，重复序列长度为 6 bp，总长为 26 bp。**【CRISPR】**预测到 18 个 CRISPR 相关序列。**【基因岛】**预测到 7 个基因岛 GI 01～GI 07，长度为 7016～23 469 bp，其 G+C 含量为 30.41%～43.83%。利用已预测得到的基因组信息，如重复序列、G+C 含量等，应用 CIRCOS 工具绘制其基因组圈图（图 5-1-352b）。

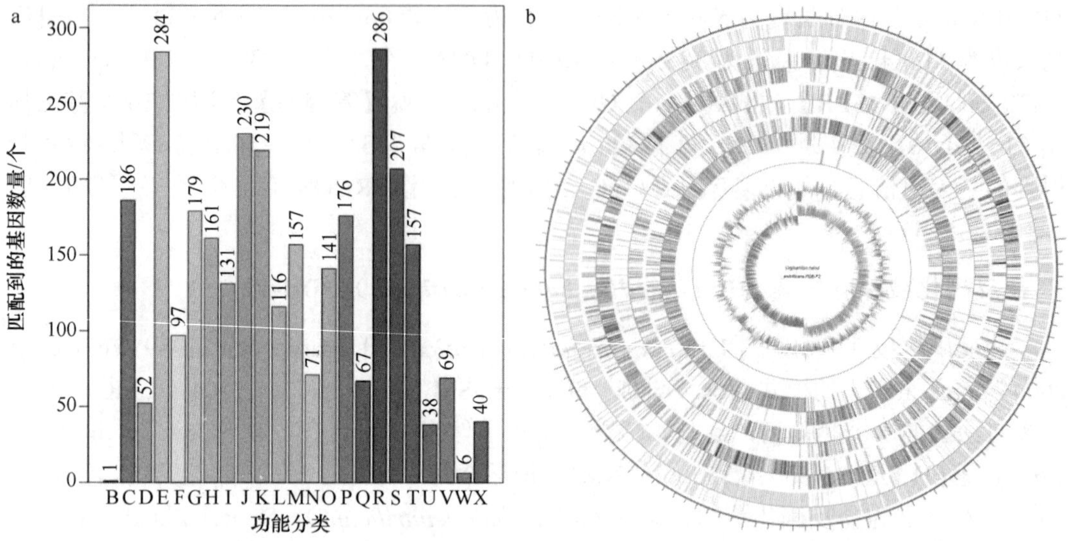


图 5-1-352　盐反硝化枝芽胞杆菌 PDB-F2 基因组的直系同源基因聚类分析（a）和圈图（b）

## 6. 印度洋枝芽胞杆菌（*Virgibacillus indicus*）P2-C2$^T$

印度洋枝芽胞杆菌（*Virgibacillus indicus* Xu et al. 2018，sp. nov.）的模式菌株（P2-C2$^T$ = CGMCC 1.16138$^T$ =NBRC 113014$^T$）分离自印度洋东南部的海洋沉积物，耐盐、嗜盐，生长条件为 4～42℃（最适 25℃）、pH 6.0～10.0、0.5%～15%（*W*/*V*）NaCl，兼性厌氧，产芽胞（Xu et al.，2018c）。目前，该种仅有 1 个基因组，模式菌株 P2-C2$^T$ 基因组的 GenBank 登录号为 GCA_002266285.1，测序平台为 Illumina HiSeq，于 2017 年 8 月 22 日由中国科学院（Chinese Academy of Sciences）提交。

**【基因组的组装】**菌株 P2-C2$^T$ 基因组的测序深度为 200 X，基因组大小为 3.916 Mb，组装到 77 个 contigs，contig $N_{50}$ 为 355 684 bp。**【G+C 含量】**38.32%。**【非编码 RNA】**预测到 8 个 rRNA 基因（5S rRNA 6 个、16S rRNA 1 个、23S rRNA 1 个），62 个 tRNA 基因，7 个 sRNA 基因。**【编码基因】**有 4017 个蛋白质编码基因，编码区总长为 3 344 790 bp，占整个基因组的 85.41%，基因的平均长度为 833 bp。**【基因功能注释】**比对到 KEGG、COG 和 GO 数据库的基因数量分别为 3569 个、2773 个和 2775 个，预测到分泌蛋白编码基因 77 个；在 23 个 COG 功能类群中，基因数量前 10 位的类群分别是：R. 仅一般功能预测 308 个，E. 氨基酸转运与代谢 286 个，K. 转录 241 个，G. 碳水化合物转运与代谢 214 个，J. 翻译、核糖体结构与合成 213 个，S. 功能未知 213 个，P. 无机离子转运与代谢 200 个，M. 细胞壁/膜/包膜生物合成 177 个，C. 能量产生与转换 174 个和 T. 信号转导机制 161 个（图 5-1-353a）。**【重复序列】**预测到的重复序列包括：LTR 92 个，总长为 5767 bp，平均长度为 63 bp；DNA 重复元件 24 个，总长为 1600 bp，平均长度为 67 bp；LINE 18 个，总长为 1298 bp，平均长度为 72 bp；SINE 14 个，总长为 1425 bp，平均长度为 102 bp；RC 3 个，总长为 153 bp，平均长度为 51 bp；未知序列 2 个，总长为 96 bp，平均长度为 48 bp；TR 202 个，重复序列长度为 6～426 bp，总长为 20 893 bp；小卫星 DNA 165 个，重复序列长度为 10～52 bp，总长为 18 923 bp；微卫星 DNA 2 个，重复序列长度为 6 bp，总长为 142 bp。**【CRISPR】**预测到 6 个 CRISPR 相关序列。**【基因岛】**预测到 8 个基因岛 GI 01～GI 08，长度为 3214～21 484 bp，其 G+C 含量为 32.42%～40.06%。利用已预测得到的基因组信息，如重复序列、G+C 含量等，应用 CIRCOS 工具绘制其基因组圈图（图 5-1-353b）。

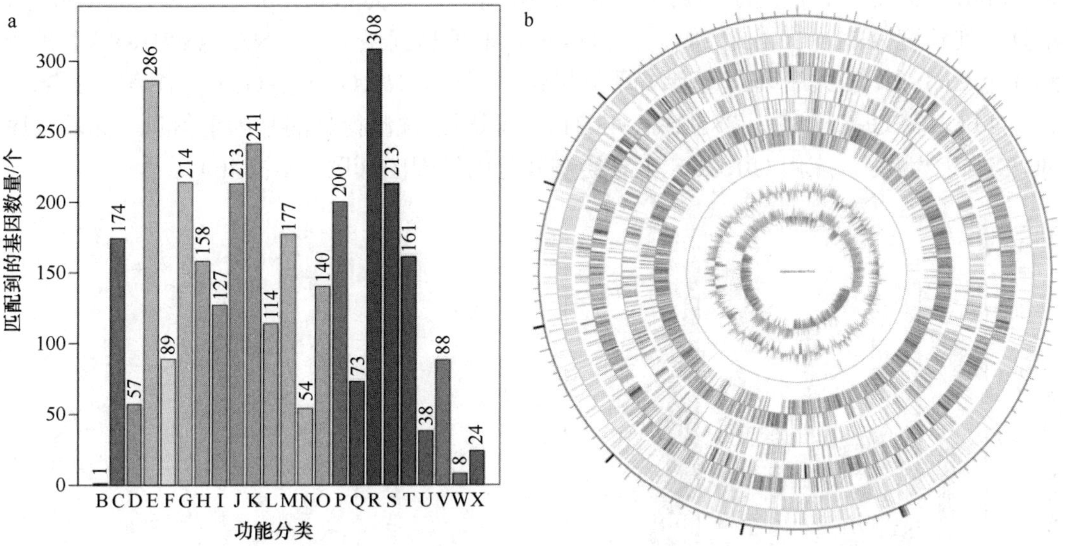


图 5-1-353　印度洋枝芽胞杆菌 P2-C2$^T$ 基因组的直系同源基因聚类分析（a）和圈图（b）

## 7. 马赛枝芽胞杆菌（*Virgibacillus massiliensis*）Vm-5$^T$

马赛枝芽胞杆菌（*Virgibacillus massiliensis* Khelaifia et al. 2015，sp. nov.）的模式菌株（Vm-5$^T$=CSUR P971$^T$=DSM 28587$^T$）分离自亚马孙雨林中 1 位 10 岁男孩的粪便，耐盐、嗜盐，生长条件为最适 37℃、pH 5.0～9.0（最适 pH 7.5）、5～200 g/L NaCl（最适 100 g/L），好氧，产芽胞（Khelaifia et al.，2015）。目前，该种仅有 1 个基因组，模式菌株 Vm-5$^T$ 基因组的 GenBank 登录号为 GCA_000723585.1，测序平台为 Illumina HiSeq，于 2014 年 5 月 16 日由法国热带传染病研究中心（Unité de Recherche en Maladies Infectieuses et Tropicales Emergentes）提交。

**【基因组的组装】**菌株 Vm-5$^T$ 基因组的测序深度为 62 X，基因组大小为 4.353 Mb，组装到 7 个 contigs，contig $N_{50}$ 为 2 664 523 bp。**【G+C 含量】**36.87%。**【非编码 RNA】**预测到 5 个 rRNA 基因（5S rRNA 3 个、16S rRNA 1 个、23S rRNA 1 个），42 个 tRNA 基因，3 个 sRNA 基因。**【编码基因】**有 4533 个蛋白质编码基因，编码区总长为 3 789 078 bp，占整个基因组的 87.05%，基因的平均长度为 836 bp。**【基因功能注释】**比对到 KEGG、COG 和 GO 数据库的基因数量分别为 3941 个、3061 个和 3117 个，预测到分泌蛋白编码基因 74 个；在 23 个 COG 功能类群中，基因数量前 10 位的类群分别是：R. 仅一般功能预测 341 个，E. 氨基酸转运与代谢 323 个，G. 碳水化合物转运与代谢 314 个，K. 转录 292 个，S. 功能未知 238 个，J. 翻译、核糖体结构与合成 226 个，C. 能量产生与转换 193 个，P. 无机离子转运与代谢 190 个，M. 细胞壁/膜/包膜生物合成 183 个和 H. 辅酶转运与代谢 173 个（图 5-1-354a）。【**重复序列**】预测到的重复序列包括：LTR 96 个，总长为 5783 bp，平均长度为 60 bp；DNA 重复元件 20 个，总长为 1249 bp，平均长度为 62 bp；LINE 28 个，总长为 1857 bp，平均长度为 66 bp；SINE 6 个，总长为 454 bp，平均长度为 76 bp；RC 3 个，总长为 183 bp，平均长度为 61 bp；未知序列 1 个，长度为 59 bp；TR 58 个，重复序列长度为 8～1067 bp，总长为 4803 bp；小卫星 DNA 50 个，重复序列长度为 11～36 bp，总长为 2074 bp；未预测到微卫星 DNA。【**CRISPR**】预测到 3 个 CRISPR 相关序列。【**基因岛**】预测到 11 个基因岛 GI 01～GI 11，长度为 3235～23 544 bp，其 G+C 含量为 28.92%～43.31%。利用已预测得到的基因组信息，如重复序列、G+C 含量等，应用 CIRCOS 工具绘制其基因组圈图（图 5-1-354b）。

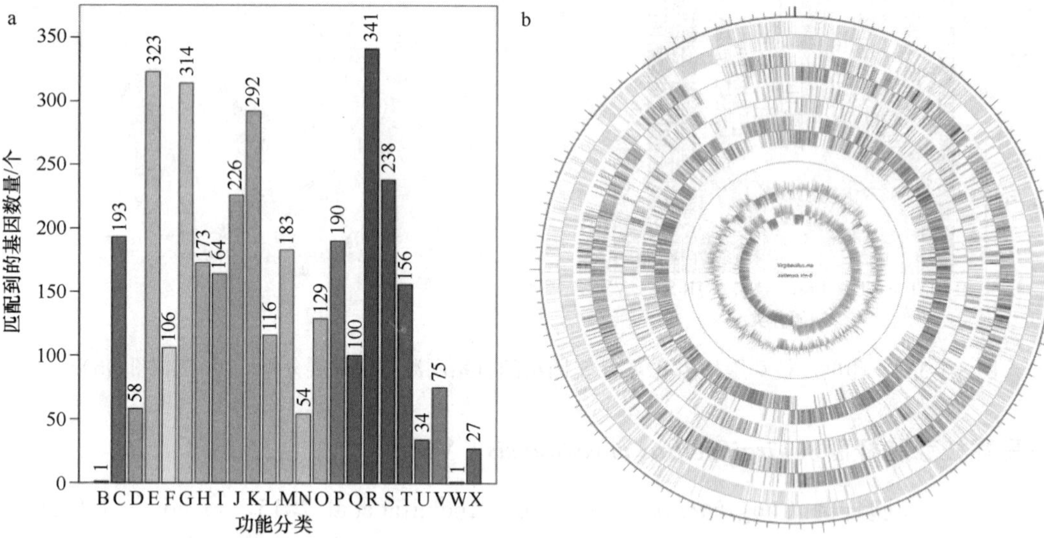


图 5-1-354　马赛枝芽胞杆菌 Vm-5$^T$ 基因组的直系同源基因聚类分析（a）和圈图（b）

## 8. 恩迪奥普枝芽胞杆菌（*Virgibacillus ndiopensis*）Marseille-P3835$^T$

恩迪奥普枝芽胞杆菌（*Virgibacillus ndiopensis* Francis et al. 2019，sp. nov.）的模式菌株（Marseille-P3835$^T$ =CSURP3835$^T$ =CCUG70388$^T$）分离自塞内加尔 1 位 11 岁健康男孩的粪便，耐盐、嗜盐，最适生长条件为 37℃、15%（*W*/*V*）NaCl，兼性厌氧，产芽胞（Francis et al.，2019）。目前，该种仅有 1 个基因组，模式菌株 Marseille-P3835$^T$ 基因组的 GenBank 登录号为 GCA_900187325.1，测序平台为 Illumina MiSeq，于 2017 年 10 月 23 日由法国热带传染病研究中心（Unité de Recherche en Maladies Infectieuses et Tropicales Emergentes）提交。

【**基因组的组装**】菌株 Marseille-P3835$^T$ 基因组的测序深度为 132 X，基因组大小为 3.853 Mb，组装到 6 个 contigs，contig $N_{50}$ 为 1 065 688 bp。【**G+C 含量**】36.37%。【**非编码 RNA**】预测到 10 个 rRNA 基因（5S rRNA 6 个、16S rRNA 2 个、23S rRNA 2 个），55 个 tRNA 基因，3 个 sRNA 基因。【**编码基因**】有 3960 个蛋白质编码基因，编码区总长为 3 318 822 bp，占整个基因组的 86.14%，基因的平均长度为 838 bp。【**基因功能注

**释】**比对到 KEGG、COG 和 GO 数据库的基因数量分别为 3520 个、2780 个和 2800 个，预测到分泌蛋白编码基因 65 个；在 23 个 COG 功能类群中，基因数量前 10 位的类群分别是：E. 氨基酸转运与代谢 327 个，R. 仅一般功能预测 301 个，K. 转录 257 个，J. 翻译、核糖体结构与合成 226 个，G. 碳水化合物转运与代谢 224 个，S. 功能未知 203 个，P. 无机离子转运与代谢 189 个，C. 能量产生与转换 173 个，M. 细胞壁/膜/包膜生物合成 171 个和 T. 信号转导机制 153 个（图 5-1-355a）。**【重复序列】**预测到的重复序列包括：LTR 85 个，总长为 5781 bp，平均长度为 68 bp；DNA 重复元件 33 个，总长为 2080 bp，平均长度为 63 bp；LINE 24 个，总长为 1874 bp，平均长度为 78 bp；SINE 4 个，总长为 366 bp，平均长度为 92 bp；RC 3 个，总长为 159 bp，平均长度为 53 bp；TR 155 个，重复序列长度为 9～958 bp，总长为 17 614 bp；小卫星 DNA 124 个，重复序列长度为 11～60 bp，总长为 12 950 bp；未预测到微卫星 DNA。**【CRISPR】**预测到 3 个 CRISPR 相关序列。**【基因岛】**预测到 12 个基因岛 GI 01～GI 12，长度为 5657～39 541 bp，其 G+C 含量为 31.53%～38.35%。利用已预测得到的基因组信息，如重复序列、G+C 含量等，应用 CIRCOS 工具绘制其基因组圈图（图 5-1-355b）。

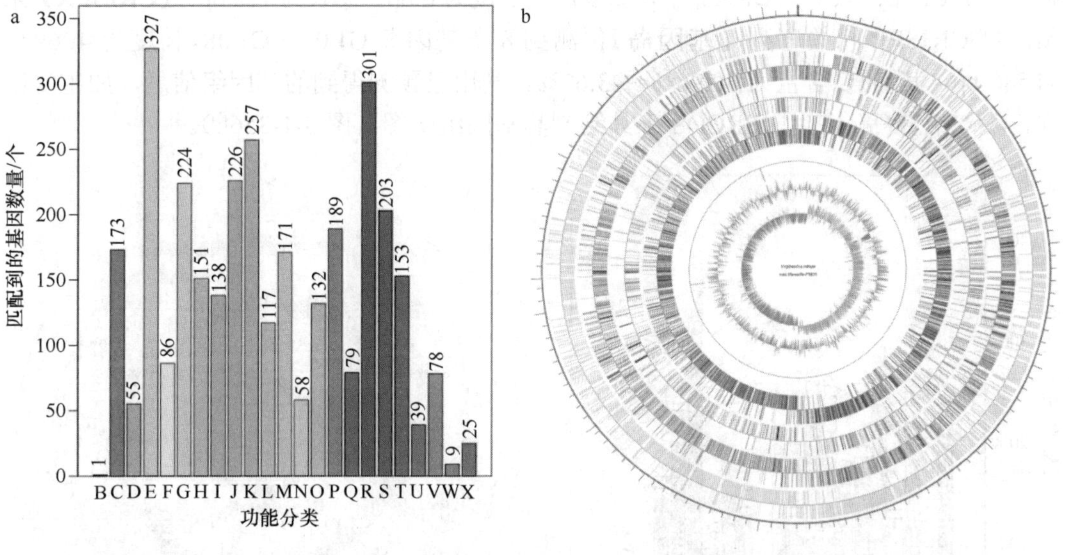


图 5-1-355　恩迪奥普枝芽胞杆菌 Marseille-P3835$^{T}$ 基因组的直系同源基因聚类分析（a）和圈图（b）

## 9. 墓地枝芽胞杆菌（*Virgibacillus necropolis*）LMG 19488$^{T}$

墓地枝芽胞杆菌（*Virgibacillus necropolis* Heyrman et al. 2003，sp. nov.）的模式菌株（LMG 19488$^{T}$ =DSM 14866$^{T}$）分离自西班牙塞维利亚墓地的壁画，耐盐、嗜盐，生长条件为 10～40℃（最适 25～35℃），最适 NaCl 浓度为 5%～10%（*W/V*），兼性厌氧，产芽胞（Heyrman et al.，2003）。目前，该种仅有 1 个基因组，模式菌株 LMG 19488$^{T}$ 基因组的 GenBank 登录号为 GCA_002224365.1，测序平台为 PacBio，于 2017 年 7 月 24 日由韩国庆熙大学（Kyung Hee University）提交。

**【基因组的组装】**菌株 LMG 19488$^{T}$ 基因组的测序深度为 141 X，基因组大小为

4.337 Mb，组装到完成图水平，包括 1 条染色体。【**G+C 含量**】37.27%。【**非编码 RNA**】预测到 22 个 rRNA 基因（5S rRNA 8 个、16S rRNA 7 个、23S rRNA 7 个），62 个 tRNA 基因，40 个 sRNA 基因。【**编码基因**】有 4313 个蛋白质编码基因，编码区总长为 3 673 104 bp，占整个基因组的 84.69%，基因的平均长度为 852 bp。【**基因功能注释**】比对到 KEGG、COG 和 GO 数据库的基因数量分别为 4024 个、3057 个和 3049 个，预测到分泌蛋白编码基因 72 个；在 23 个 COG 功能类群中，基因数量前 10 位的类群分别是：E. 氨基酸转运与代谢 422 个，R. 仅一般功能预测 350 个，G. 碳水化合物转运与代谢 262 个，K. 转录 261 个，J. 翻译、核糖体结构与合成 235 个，P. 无机离子转运与代谢 211 个，S. 功能未知 210 个，C. 能量产生与转换 209 个，H. 辅酶转运与代谢 175 个和 M. 细胞壁/膜/包膜生物合成 168 个（图 5-1-356a）。【**重复序列**】预测到的重复序列包括：LTR 94 个，总长为 7406 bp，平均长度为 79 bp；DNA 重复元件 38 个，总长为 2101 bp，平均长度为 55 bp；LINE 36 个，总长为 2225 bp，平均长度为 62 bp；SINE 7 个，总长为 426 bp，平均长度为 61 bp；RC 2 个，总长为 171 bp，平均长度为 86 bp；TR 137 个，重复序列长度为 6～767 bp，总长为 13 807 bp；小卫星 DNA 111 个，重复序列长度为 11～60 bp，总长为 7561 bp；微卫星 DNA 2 个，重复序列长度为 6 bp，总长为 112 bp。【**CRISPR**】未预测到 CRISPR 相关序列。【**基因岛**】预测到 8 个基因岛 GI 01～GI 08，长度为 4069～34 586 bp，其 G+C 含量为 30.96%～43.67%。利用已预测得到的基因组信息，如重复序列、G+C 含量等，应用 CIRCOS 工具绘制其基因组圈图（图 5-1-356b）。

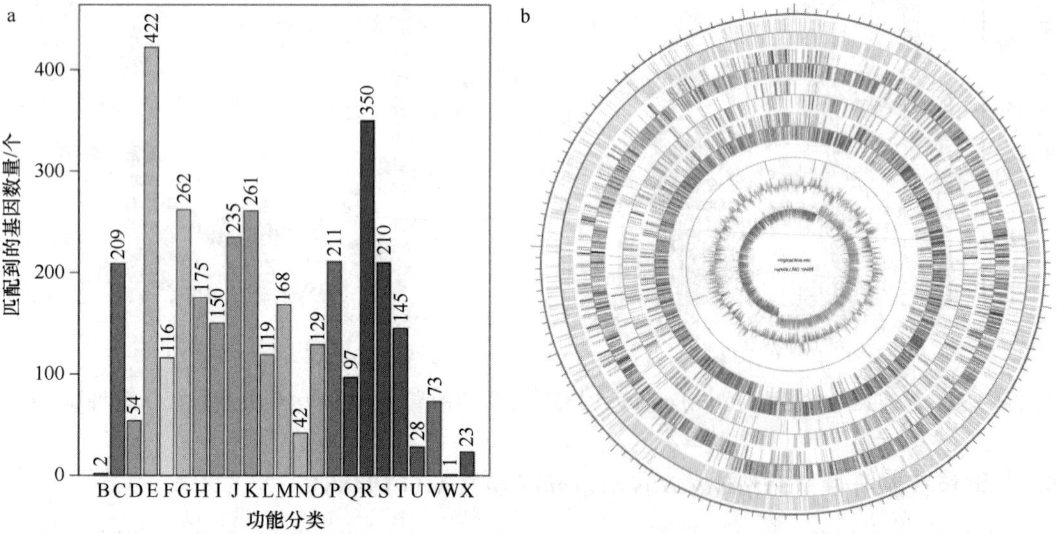


图 5-1-356　墓地枝芽胞杆菌 LMG 19488$^T$ 基因组的直系同源基因聚类分析（a）和圈图（b）

## 10. 泛酸枝芽胞杆菌（*Virgibacillus pantothenticus*）DSM 26$^T$

泛酸枝芽胞杆菌［*Virgibacillus pantothenticus* (Proom and Knight 1950) Heyndrickx et al. 1998，comb. nov.］的模式菌株（B0018$^T$ =ATCC 14576$^T$ =CCUG 7424$^T$ =CFBP 4270$^T$ =CIP 51.24$^T$ =DSM 26$^T$ =HAMBI 476$^T$ =JCM 20334$^T$ =LMG 7129$^T$ =NBRC 102447$^T$ =

NCIMB 8775$^{T}$ =NCTC 8162$^{T}$ =NRRL NRS-1321$^{T}$ =VKM B-507$^{T}$）分离自英国的土壤，最适生长温度为 30℃，兼性厌氧，产芽胞，1950 年被命名为泛酸芽胞杆菌（*Bacillus pantothenticus*）（Proom and Knight，1950），2004 年被重分类为泛酸枝芽胞杆菌（*Virgibacillus pantothenticus*）（Heyndrickx et al.，1998）。目前，该种有 2 个基因组，选择组装水平较高的模式菌株 DSM 26$^{T}$ 的基因组进行描述，其 GenBank 登录号为 GCA_001189575.1，测序平台为 Illumina HiSeq，于 2015 年 7 月 31 日由福建省农业科学院（Fujian Academy of Agricultural Sciences）提交。

**【基因组的组装】**菌株 DSM 26$^{T}$ 基因组的测序深度为 150 X，基因组大小为 4.759 Mb，组装到 16 个 scaffolds，scaffold $N_{50}$ 为 2 767 993 bp。**【G+C 含量】**37.21%。**【非编码 RNA】**预测到 3 个 rRNA 基因（5S rRNA 1 个、16S rRNA 1 个、23S rRNA 1 个），61 个 tRNA 基因，7 个 sRNA 基因。**【编码基因】**有 4678 个蛋白质编码基因，编码区总长为 3 676 377 bp，占整个基因组的 77.25%，基因的平均长度为 786 bp。**【基因功能注释】**比对到 KEGG、COG 和 GO 数据库的基因数量分别为 4105 个、2987 个和 3078 个，预测到分泌蛋白编码基因 51 个；在 23 个 COG 功能类群中，基因数量前 10 位的类群分别是：G. 碳水化合物转运与代谢 304 个，E. 氨基酸转运与代谢 291 个，K. 转录 285 个，R. 仅一般功能预测 284 个，J. 翻译、核糖体结构与合成 224 个，S. 功能未知 209 个，C. 能量产生与转换 199 个，P. 无机离子转运与代谢 189 个，T. 信号转导机制 173 个，H. 辅酶转运与代谢 168 个和 M. 细胞壁/膜/包膜生物合成 168 个（图 5-1-357a）。**【重复序列】**预测到的重复序列包括：LTR 100 个，总长为 6223 bp，平均长度为 62 bp；DNA 重复元件 26 个，总长为 1761 bp，平均长度为 68 bp；LINE 25 个，总长为 1426 bp，平均长度为 57 bp；SINE 11 个，总长为 721 bp，平均长度为 66 bp；RC 2 个，总长为 116 bp，平均长度为 58 bp；TR 96 个，重复序列长度为 3～576 bp，总长为 14 396 bp；小卫星 DNA 76 个，重复序列长度为 11～59 bp，总长为 4700 bp；微卫星 DNA 4 个，重复序列长度为 3～6 bp，

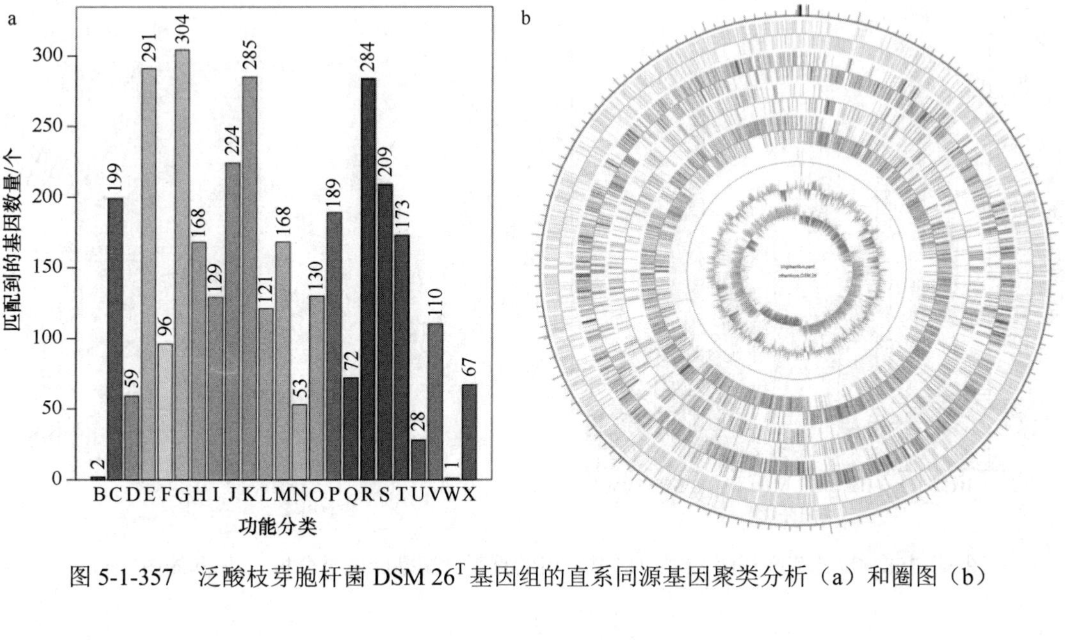


图 5-1-357　泛酸枝芽胞杆菌 DSM 26$^{T}$ 基因组的直系同源基因聚类分析（a）和圈图（b）

总长为 167 bp。**【CRISPR】**预测到 31 个 CRISPR 相关序列。**【基因岛】**预测到 20 个基因岛 GI 01～GI 20，长度为 2832～39 655 bp，其 G+C 含量为 29.46%～37.99%。利用已预测得到的基因组信息，如重复序列、G+C 含量等，应用 CIRCOS 工具绘制其基因组圈图（图 5-1-357b）。

### 11. 雉枝芽胞杆菌（*Virgibacillus phasianinus*）LM2416$^T$

雉枝芽胞杆菌（*Virgibacillus phasianinus* Tak et al. 2018，sp. nov.）的模式菌株（LM2416$^T$ =KCTC 33927$^T$ =JCM 32144$^T$）分离自韩国首尔大公园的蓝鹇（*Lophura swinhoii*）的粪便，耐盐、嗜盐，生长条件为 10～30℃（最适 30℃）、pH 6.0～7.0、0～20%（*W*/*V*）NaCl（最适 10%），好氧，产芽胞（Tak et al.，2018）。目前，该种仅有 1 个基因组，模式菌株 LM2416$^T$ 基因组的 GenBank 登录号为 GCA_002216775.1，测序平台为 PacBio，于 2017 年 7 月 12 日由韩国庆熙大学（Kyung Hee University）提交。

**【基因组的组装】**菌株 LM2416$^T$ 基因组的测序深度为 152 X，基因组大小为 4.071 Mb，组装到完成图水平，包括 1 条染色体。**【G+C 含量】**39.51%。**【非编码 RNA】**预测到 21 个 rRNA 基因（5S rRNA 7 个、16S rRNA 7 个、23S rRNA 7 个），64 个 tRNA 基因，5 个 sRNA 基因。**【编码基因】**有 4144 个蛋白质编码基因，编码区总长为 3 495 795 bp，占整个基因组的 85.87%，基因的平均长度为 844 bp。**【基因功能注释】**比对到 KEGG、COG 和 GO 数据库的基因数量分别为 3867 个、2875 个和 2860 个，预测到分泌蛋白编码基因 82 个；在 23 个 COG 功能类群中，基因数量前 10 位的类群分别是：E. 氨基酸转运与代谢 332 个，R. 仅一般功能预测 323 个，K. 转录 242 个，J. 翻译、核糖体结构与合成 235 个，G. 碳水化合物转运与代谢 215 个，S. 功能未知 203 个，C. 能量产生与转换 190 个，H. 辅酶转运与代谢 181 个，M. 细胞壁/膜/包膜生物合成 178 个和 P. 无机离子转运与代谢 177 个（图 5-1-358a）。**【重复序列】**预测到的重复序列包括：LTR 85 个，总长为 6940 bp，

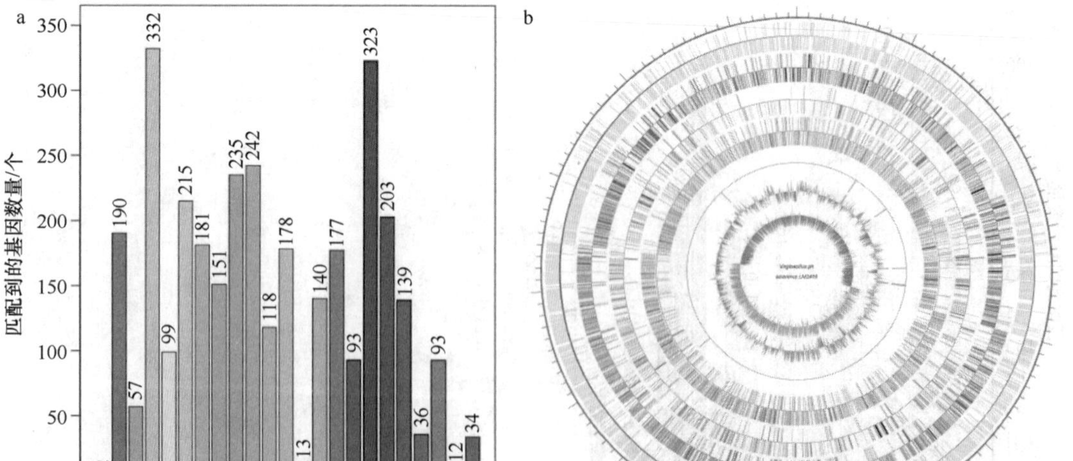


图 5-1-358　雉枝芽胞杆菌 LM2416$^T$ 基因组的直系同源基因聚类分析（a）和圈图（b）

平均长度为 82 bp；DNA 重复元件 32 个，总长为 2030 bp，平均长度为 63 bp；LINE 30 个，总长为 1865 bp，平均长度为 62 bp；SINE 7 个，总长为 382 bp，平均长度为 55 bp；RC 2 个，总长为 145 bp，平均长度为 73 bp；TR 130 个，重复序列长度为 9～465 bp，总长为 13 912 bp；小卫星 DNA 102 个，重复序列长度为 10～60 bp，总长为 7551 bp；未预测到微卫星 DNA。**【CRISPR】**未预测到 CRISPR 相关序列。**【基因岛】**预测到 7 个基因岛 GI 01～GI 07，长度为 6212～33 929 bp，其 G+C 含量为 37.25%～40.80%。利用已预测得到的基因组信息，如重复序列、G+C 含量等，应用 CIRCOS 工具绘制其基因组圈图（图 5-1-358b）。

### 12. 深海枝芽胞杆菌（*Virgibacillus profundi*）P3-H5$^T$

深海枝芽胞杆菌（*Virgibacillus profundi* Xu et al. 2018，sp. nov.）的模式菌株（P3-H5$^T$ = CGMCC 1.16139$^T$ =NBRC 113015$^T$）分离自印度洋东南部的海洋沉积物，耐盐、嗜盐，生长条件为 6～30℃、pH 6.5～9.0、0.5%～15%（*W*/*V*）NaCl，兼性厌氧，产芽胞（Xu et al.，2018c）。目前，该种有 2 个基因组，选择组装水平较高的模式菌株 P3-H5$^T$ 的基因组进行描述，其 GenBank 登录号为 GCA_002287375.1，测序平台为 Illumina HiSeq，于 2017 年 9 月 6 日由中国科学院（Chinese Academy of Sciences）提交。

**【基因组的组装】**菌株 P3-H5$^T$ 基因组的测序深度为 200 X，基因组大小为 4.362 Mb，组装到 154 个 contigs，contig $N_{50}$ 为 257 952 bp。**【G+C 含量】**37.24%。**【非编码 RNA】**预测到 8 个 rRNA 基因（5S rRNA 6 个、16S rRNA 1 个、23S rRNA 1 个），63 个 tRNA 基因，9 个 sRNA 基因。**【编码基因】**有 4478 个蛋白质编码基因，编码区总长为 3 640 416 bp，占整个基因组的 83.46%，基因的平均长度为 813 bp。**【基因功能注释】**比对到 KEGG、COG 和 GO 数据库的基因数量分别为 3739 个、2924 个和 2967 个，预测到分泌蛋白编码基因 72 个；在 23 个 COG 功能类群中，基因数量前 10 位的类群分别是：R. 仅一般功能预测 342 个，E. 氨基酸转运与代谢 320 个，K. 转录 258 个，G. 碳水化合物转运与代谢 233 个，J. 翻译、核糖体结构与合成 227 个，S. 功能未知 220 个，P. 无机离子转运与代谢 191 个，C. 能量产生与转换 181 个，M. 细胞壁/膜/包膜生物合成 173 个和 T. 信号转导机制 171 个（图 5-1-359a）。**【重复序列】**预测到的重复序列包括：LTR 94 个，总长为 6166 bp，平均长度为 66 bp；DNA 重复元件 21 个，总长为 1311 bp，平均长度为 62 bp；LINE 33 个，总长为 3788 bp，平均长度为 115 bp；SINE 13 个，总长为 1510 bp，平均长度为 116 bp；未知序列 1 个，长度为 46 bp；TR 298 个，重复序列长度为 6～270 bp，总长为 19 943 bp；小卫星 DNA 269 个，重复序列长度为 10～60 bp，总长为 18 331 bp；微卫星 DNA 2 个，重复序列长度为 6 bp，总长为 137 bp。**【CRISPR】**预测到 27 个 CRISPR 相关序列。**【基因岛】**预测到 17 个基因岛 GI 01～GI 17，长度为 5326～23 541 bp，其 G+C 含量为 30.47%～39.17%。利用已预测得到的基因组信息，如重复序列、G+C 含量等，应用 CIRCOS 工具绘制其基因组圈图（图 5-1-359b）。

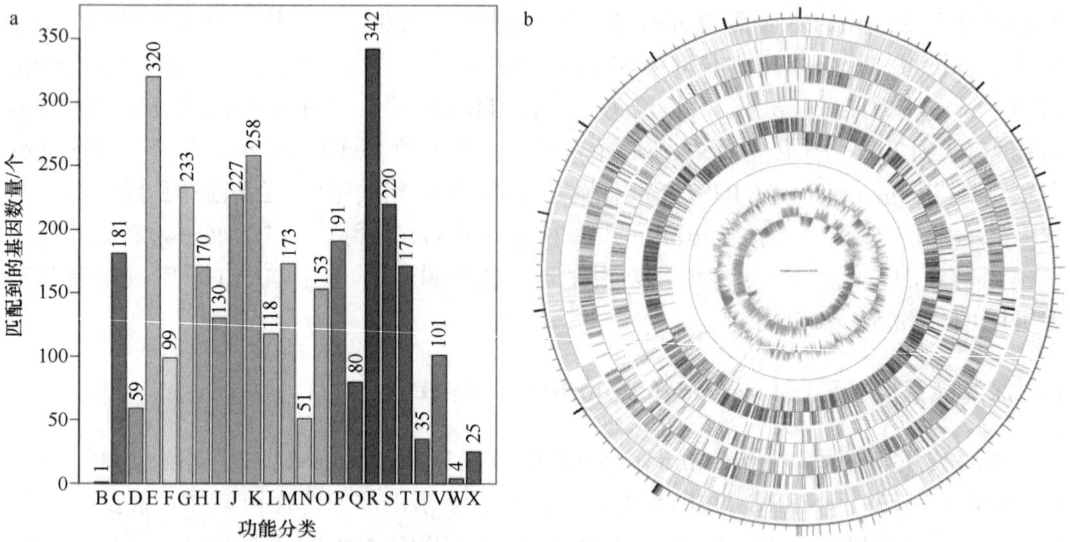


图 5-1-359　深海枝芽胞杆菌 P3-H5$^{T}$ 基因组的直系同源基因聚类分析（a）和圈图（b）

## 13. 普氏枝芽胞杆菌（*Virgibacillus proomii*）V-P

普氏枝芽胞杆菌（*Virgibacillus proomii* Heyndrickx et al. 1999，sp. nov.）的模式菌株（BO413$^{T}$ =F 2737/77$^{T}$ =CIP 106304$^{T}$ =DSM 13055$^{T}$ =LMG 12370$^{T}$）分离自法国的 1 个晒盐场，耐盐、嗜盐，生长条件为 15～50℃（最适 37℃）、0～10%（*W*/*V*）NaCl（最适 4%），好氧，产芽胞（Heyndrickx et al.，1999）。目前，该种仅有 1 个基因组，非模式菌株 V-P 基因组的 GenBank 登录号为 GCA_900162615.1，测序平台为 Illumina MiSeq，于 2017 年 2 月 7 日由法国热带传染病研究中心（Unité de Recherche en Maladies Infectieuses et Tropicales Emergentes）提交。

**【基因组的组装】**菌株 V-P 基因组的测序深度为 105 X，基因组大小为 4.382 Mb，组装到 10 个 contigs，contig $N_{50}$ 为 2 627 878 bp。**【G+C 含量】**35.96%。**【非编码 RNA】**预测到 11 个 rRNA 基因（5S rRNA 6 个、16S rRNA 2 个、23S rRNA 3 个），64 个 tRNA 基因，6 个 sRNA 基因。**【编码基因】**有 4267 个蛋白质编码基因，编码区总长为 3 305 373 bp，占整个基因组的 75.43%，基因的平均长度为 775 bp。**【基因功能注释】**比对到 KEGG、COG 和 GO 数据库的基因数量分别为 3493 个、2740 个和 2801 个，预测到分泌蛋白编码基因 58 个；在 24 个 COG 功能类群中，基因数量前 10 位的类群分别是：R. 仅一般功能预测 272 个，G. 碳水化合物转运与代谢 262 个，E. 氨基酸转运与代谢 251 个，K. 转录 247 个，J. 翻译、核糖体结构与合成 223 个，S. 功能未知 189 个，C. 能量产生与转换 178 个，P. 无机离子转运与代谢 174 个，T. 信号转导机制 161 个和 H. 辅酶转运与代谢 156 个（图 5-1-360a）。**【重复序列】**预测到的重复序列包括：LTR 111 个，总长为 7260 bp，平均长度为 65 bp；DNA 重复元件 37 个，总长为 2322 bp，平均长度为 63 bp；LINE 31 个，总长为 1848 bp，平均长度为 60 bp；SINE 12 个，总长为 875 bp，平均长度为 73 bp；RC 1 个，长度为 47 bp；TR 116 个，重复序列长度为 7～310 bp，总长为 18 616 bp；小卫星 DNA 75 个，重复序列长度为 11～60 bp，总长为 4501 bp；未预测到微卫星 DNA。**【CRISPR】**预测到 43 个 CRISPR 相关序列。**【基因岛】**预测到 14 个基因岛 GI 01～GI 14，长度为 4006～46 526 bp，其 G+C 含量为 29.03%～36.31%。利用已预测得到的基因组信息，如重复序列、G+C 含量等，应用 CIRCOS 工具绘制其基因组圈图（图 5-1-360b）。

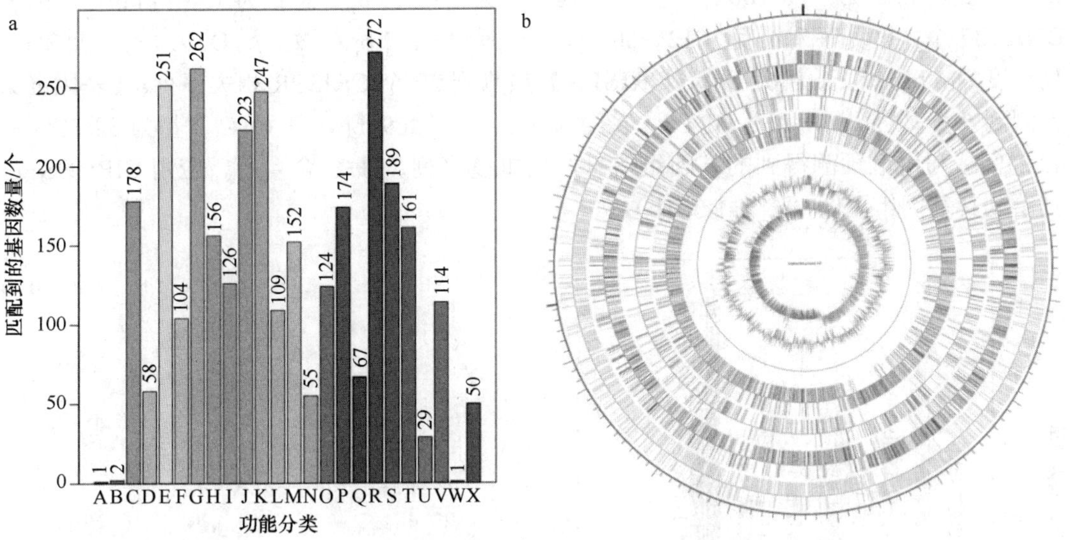


图 5-1-360　普氏枝芽胞杆菌 V-P 基因组的直系同源基因聚类分析（a）和圈图（b）

## 14. 盐湖枝芽胞杆菌（*Virgibacillus salinus*）CGMCC 1.10449$^T$

盐湖枝芽胞杆菌（*Virgibacillus salinus* Carrasco et al. 2009，sp. nov.）的模式菌株（XH-22$^T$ =CCM 7562$^T$ =CECT 7439$^T$ =DSM 21756$^T$=CGMCC 1.10449$^T$）分离自内蒙古锡林浩特市 1 个盐湖的沉积物，耐盐、嗜盐，生长条件为 15～40℃（最适 37℃）、pH 6.0～10.0（最适 pH 7.5）、3%～20%（*W*/*V*）NaCl（最适 10%），好氧，产芽胞（Carrasco et al.，2009）。目前，该种仅有 1 个基因组，模式菌株 CGMCC 1.10449$^T$ 基因组的 GenBank 登录号为 GCA_900102415.1，测序平台为 Illumina HiSeq，于 2016 年 10 月 21 日由美国能源部联合基因组研究所（DOE Joint Genome Institute）提交。

**【基因组的组装】**菌株 CGMCC 1.10449$^T$ 基因组的测序深度为 347 X，基因组大小为 3.758 Mb，组装到 9 个 scaffolds，scaffold $N_{50}$ 为 985 768 bp。**【G+C 含量】**37.35%。**【非编码 RNA】**预测到 7 个 rRNA 基因（5S rRNA 6 个、16S rRNA 1 个、23S rRNA 0 个），53 个 tRNA 基因，22 个 sRNA 基因。**【编码基因】**有 3829 个蛋白质编码基因，编码区总长为 3 198 081 bp，占整个基因组的 85.10%，基因的平均长度为 835 bp。**【基因功能注释】**比对到 KEGG、COG 和 GO 数据库的基因数量分别为 3421 个、2690 个和 2651 个，预测到分泌蛋白编码基因 80 个；在 24 个 COG 功能类群中，基因数量前 10 位的类群分别是：R. 仅一般功能预测 302 个，E. 氨基酸转运与代谢 292 个，J. 翻译、核糖体结构与合成 233 个，S. 功能未知 216 个，K. 转录 212 个，G. 碳水化合物转运与代谢 199 个，M. 细胞壁/膜/包膜生物合成 174 个，C. 能量产生与转换 168 个，P. 无机离子转运与代谢 165 个和 I. 脂质转运与代谢 159 个（图 5-1-361a）。**【重复序列】**预测到的重复序列包括：LTR 58 个，总长为 3154 bp，平均长度为 54 bp；DNA 重复元件 21 个，总长为 1336 bp，平均长度为 64 bp；LINE 22 个，总长为 1137 bp，平均长度为 52 bp；SINE 10 个，总长为 564 bp，平均长度为 56 bp；RC 3 个，总长为 148 bp，平均长度为 49 bp；未知序列 1 个，长度为 23 bp；TR 160 个，重复序列长度为 6～270 bp，总长为 15 074 bp；小卫星 DNA 137 个，重复序列长度为 12～60 bp，总长为 13 132 bp；微卫星 DNA 1 个，重复序列长度为 6 bp，总长为 62 bp。**【CRISPR】**预测到 29 个 CRISPR 相关序列。**【基因岛】**预测到 5 个基因岛 GI 01～GI 05，长度为 7125～27 469 bp，其 G+C 含量为 32.76%～42.27%。利用已预测得到的基因组信息，如重复序列、G+C 含量等，应用 CIRCOS 工具绘制其基因组圈图（图 5-1-361b）。

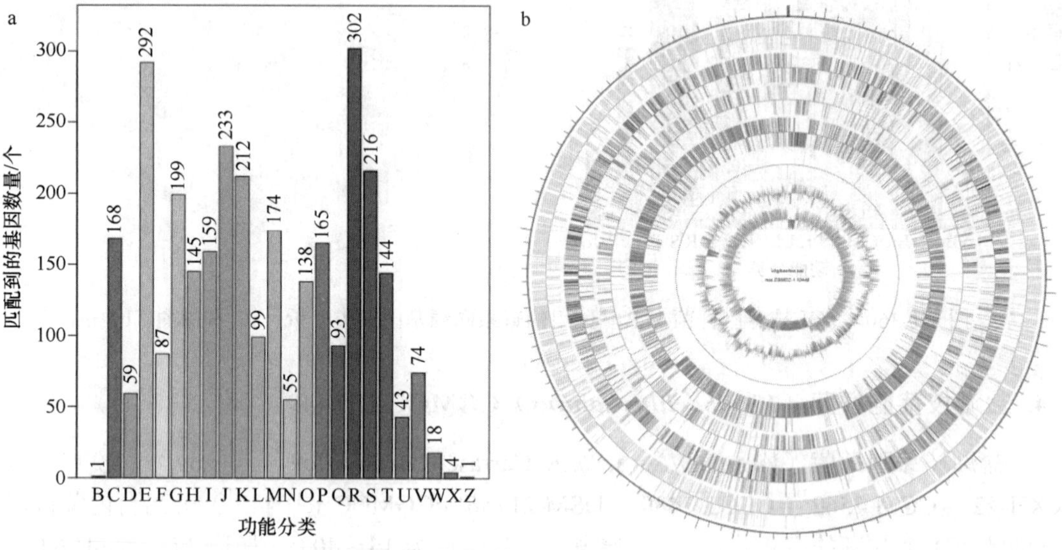


图 5-1-361　盐湖枝芽胞杆菌 CGMCC 1.10449$^T$基因组的直系同源基因聚类分析（a）和圈图（b）

## 15. 塞内加尔枝芽胞杆菌（*Virgibacillus senegalensis*）SK-1$^T$

塞内加尔枝芽胞杆菌（*Virgibacillus senegalensis* Seck et al. 2015，sp. nov.）的模式菌株（SK-1$^T$ =CSUR P1101$^T$ =DSM 28585$^T$）分离自 1 位健康塞内加尔人的粪便，耐盐、嗜盐，生长条件为 15～45℃（最适 37℃）、pH 5.0～9.0（最适 pH 7.5）、5～200 g/L NaCl（最适 100 g/L），好氧，产芽胞（Seck et al.，2015a）。目前，该种仅有 1 个基因组，模式菌株 SK-1$^T$ 基因组的 GenBank 登录号为 GCA_000821245.2，测序平台为 Illumina MiSeq，于 2014 年 9 月 29 日由法国热带传染病研究中心（Unité de Recherche en Maladies Infectieuses et Tropicales Emergentes）提交。

**【基因组的组装】**菌株 SK-1$^T$ 基因组的测序深度为 188 X，基因组大小为 3.925 Mb，组装到 9 个 scaffolds，scaffold $N_{50}$ 为 1 343 247 bp。**【G+C 含量】**42.83%。**【非编码 RNA】**预测到 24 个 rRNA 基因（5S rRNA 14 个、16S rRNA 4 个、23S rRNA 6 个），68 个 tRNA 基因，21 个 sRNA 基因。**【编码基因】**有 4097 个蛋白质编码基因，编码区总长为 3 257 559 bp，

占整个基因组的 83.00%，基因的平均长度为 795 bp。**【基因功能注释】**比对到 KEGG、COG 和 GO 数据库的基因数量分别为 3331 个、2682 个和 2683 个，预测到分泌蛋白编码基因 83 个；在 24 个 COG 功能类群中，基因数量前 10 位的类群分别是：R. 仅一般功能预测 306 个，G. 碳水化合物转运与代谢 269 个，E. 氨基酸转运与代谢 256 个，J. 翻译、核糖体结构与合成 230 个，K. 转录 225 个，S. 功能未知 202 个，M. 细胞壁/膜/包膜生物合成 166 个，P. 无机离子转运与代谢 166 个，T. 信号转导机制 155 个和 H. 辅酶转运与代谢 147 个（图 5-1-362a）。**【重复序列】**预测到的重复序列包括：LTR 151 个，总长为 9772 bp，平均长度为 65 bp；DNA 重复元件 45 个，总长为 2943 bp，平均长度为 65 bp；LINE 48 个，总长为 2740 bp，平均长度为 57 bp；SINE 12 个，总长为 717 bp，平均长度为 60 bp；RC 4 个，总长为 286 bp，平均长度为 72 bp；未知序列 2 个，总长为 149 bp，平均长度为 75 bp；TR 181 个，重复序列长度为 6～1929 bp，总长为 174 209 bp；小卫星 DNA 81 个，重复序列长度为 11～60 bp，总长为 6329 bp；微卫星 DNA 1 个，重复序列长度为 6 bp，总长为 48 bp。**【CRISPR】**预测到 125 个 CRISPR 相关序列。**【基因岛】**预测到 8 个基因岛 GI 01～GI 08，长度为 6335～28 730 bp，其 G+C 含量为 32.89%～37.91%。利用已预测得到的基因组信息，如重复序列、G+C 含量等，应用 CIRCOS 工具绘制其基因组圈图（图 5-1-362b）。

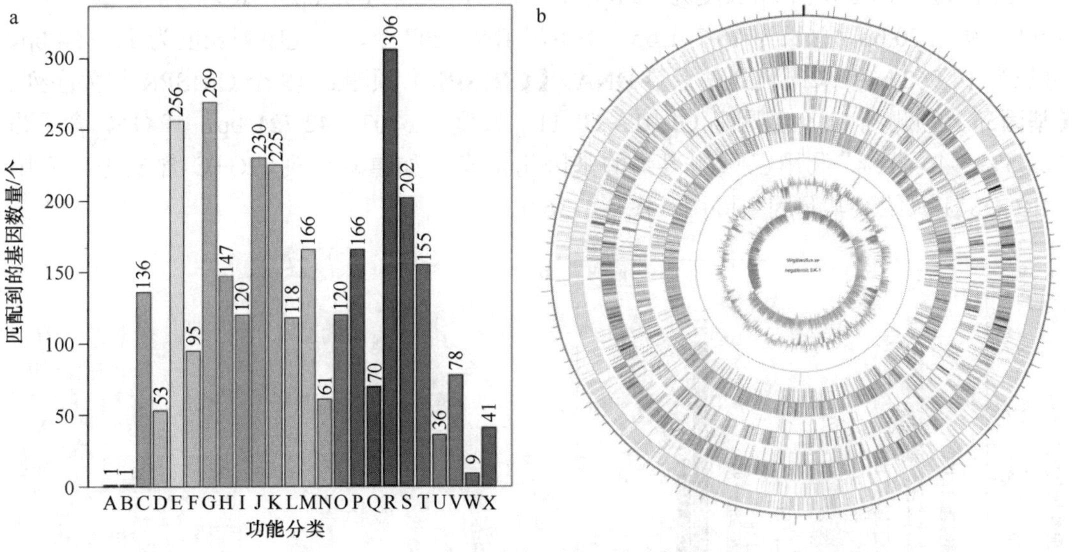


图 5-1-362　塞内加尔枝芽胞杆菌 SK-1$^{T}$ 基因组的直系同源基因聚类分析（a）和圈图（b）

## 16. 暹罗枝芽胞杆菌（*Virgibacillus siamensis*）Marseille-P2607

暹罗枝芽胞杆菌（*Virgibacillus siamensis* Tanasupawat et al. 2011，sp. nov.）的模式菌株（MS3-4$^{T}$ =JCM 15395$^{T}$ =PCU 312$^{T}$ =TISTR 1957$^{T}$）分离自泰国的发酵鱼酱，耐盐、嗜盐，生长条件为 15～40℃（最适 37℃）、pH 7.0～8.0（最适 pH 7.0）、1%～20%（*W*/*V*）NaCl（最适 5%），好氧，产芽胞（Tanasupawat et al.，2010）。目前，该种仅有 1 个基因

组，非模式菌株 Marseille-P2607 基因组的 GenBank 登录号为 GCA_900162695.1，测序平台为 Illumina MiSeq，于 2017 年 2 月 9 日由法国热带传染病研究中心（Unité de Recherche en Maladies Infectieuses et Tropicales Emergentes）提交。

**【基因组的组装】**菌株 Marseille-P2607 基因组的测序深度为 172 X，基因组大小为 3.918 Mb，组装到 7 个 contigs，contig $N_{50}$ 为 3 285 413 bp。**【G+C 含量】**41.14%。**【非编码 RNA】**预测到 10 个 rRNA 基因（5S rRNA 6 个、16S rRNA 2 个、23S rRNA 2 个），64 个 tRNA 基因，2 个 sRNA 基因。**【编码基因】**有 4113 个蛋白质编码基因，编码区总长为 3 436 986 bp，占整个基因组的 87.72%，基因的平均长度为 836 bp。**【基因功能注释】**比对到 KEGG、COG 和 GO 数据库的基因数量分别为 3535 个、2849 个和 2847 个，预测到分泌蛋白编码基因 74 个；在 23 个 COG 功能类群中，基因数量前 10 位的类群分别是：E. 氨基酸转运与代谢 343 个，R. 仅一般功能预测 311 个，G. 碳水化合物转运与代谢 288 个，K. 转录 240 个，J. 翻译、核糖体结构与合成 224 个，S. 功能未知 204 个，P. 无机离子转运与代谢 186 个，C. 能量产生与转换 181 个，H. 辅酶转运与代谢 160 个和 M. 细胞壁/膜/包膜生物合成 151 个（图 5-1-363a）。**【重复序列】**预测到的重复序列包括：LTR 113 个，总长为 7202 bp，平均长度为 64 bp；DNA 重复元件 39 个，总长为 2520 bp，平均长度为 65 bp；LINE 34 个，总长为 1871 bp，平均长度为 55 bp；SINE 14 个，总长为 1009 bp，平均长度为 72 bp；RC 1 个，长度为 33 bp；TR 247 个，重复序列长度为 9～370 bp，总长为 18 741 bp；小卫星 DNA 207 个，重复序列长度为 11～54 bp，总长为 14 962 bp；未预测到微卫星 DNA。**【CRISPR】**预测到 18 个 CRISPR 相关序列。**【基因岛】**预测到 11 个基因岛 GI 01～GI 11，长度为 6703～42 721 bp，其 G+C 含量为 32.65%～40.41%。利用已预测得到的基因组信息，如重复序列、G+C 含量等，应用 CIRCOS 工具绘制其基因组圈图（图 5-1-363b）。

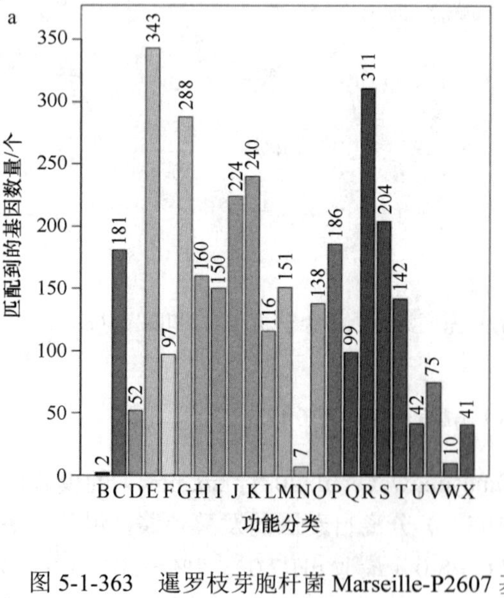


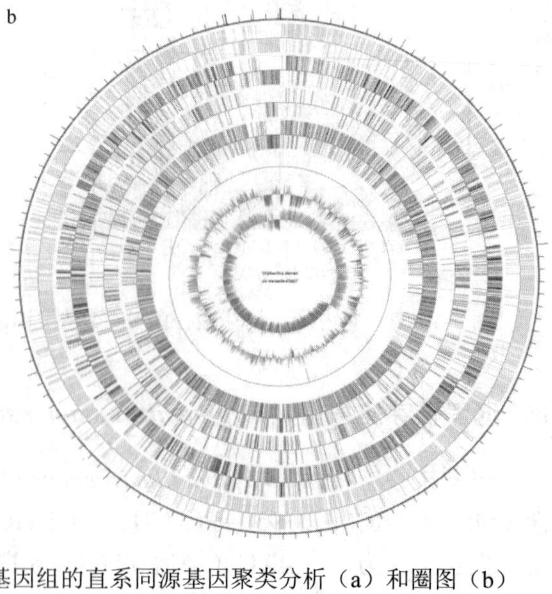


图 5-1-363 暹罗枝芽胞杆菌 Marseille-P2607 基因组的直系同源基因聚类分析（a）和圈图（b）

## 17. 土壤枝芽胞杆菌（*Virgibacillus soli*）PL205

土壤枝芽胞杆菌（*Virgibacillus soli* Kämpfer et al. 2011，sp. nov.）的模式菌株（CC-YMP-6$^T$ =DSM 22952$^T$ =CCM 7714$^T$）分离自台湾阳明山的土壤，生长条件为 15～40℃（最适 25～30℃）、pH 7.0～10.0（最适 pH 7.5～8.5）、0～6%（*W*/*V*）NaCl（最适 10%），兼性厌氧，产芽胞（Kämpfer et al.，2011）。目前，该种仅有 1 个基因组，非模式菌株 PL205 基因组的 GenBank 登录号为 GCA_001431195.1，测序平台为 Illumina HiSeq，于 2015 年 11 月 4 日由加拿大圭尔夫大学（University of Guelph）提交。

**【基因组的组装】**菌株 PL205 基因组的测序深度为 805 X，基因组大小为 5.003 Mb，组装到 104 个 scaffolds，scaffold $N_{50}$ 为 130 375 bp。**【G+C 含量】**37.36%。**【非编码 RNA】**预测到 6 个 rRNA 基因（5S rRNA 5 个、16S rRNA 1 个、23S rRNA 0 个），70 个 tRNA 基因，50 个 sRNA 基因。**【编码基因】**有 4934 个蛋白质编码基因，编码区总长为 4 121 034 bp，占整个基因组的 82.37%，基因的平均长度为 835 bp。**【基因功能注释】**比对到 KEGG、COG 和 GO 数据库的基因数量分别为 3967 个、3121 个和 3269 个，预测到分泌蛋白编码基因 74 个；在 23 个 COG 功能类群中，基因数量前 10 位的类群分别是：G. 碳水化合物转运与代谢 470 个，R. 仅一般功能预测 328 个，K. 转录 292 个，J. 翻译、核糖体结构与合成 236 个，E. 氨基酸转运与代谢 233 个，S. 功能未知 228 个，P. 无机离子转运与代谢 220 个，T. 信号转导机制 194 个，M. 细胞壁/膜/包膜生物合成 166 个和 H. 辅酶转运与代谢 158 个（图 5-1-364a）。**【重复序列】**预测到的重复序列包括：LTR 90 个，总长为 5426 bp，平均长度为 60 bp；DNA 重复元件 43 个，总长为 2363 bp，平均长度为 55 bp；LINE 19 个，总长为 1107 bp，平均长度为 58 bp；SINE 6 个，总长为 447 bp，平均长度为 75 bp；RC 3 个，总长为 160 bp，平均长度为 53 bp；未知序列 1 个，长度为 79 bp；TR 167 个，重复序列长度为 6～924 bp，总长为 27 019 bp；小卫星 DNA 117 个，重复序列长度为 11～60 bp，总长为 10 323 bp；微卫星 DNA 1 个，重复序列长度为 6 bp，

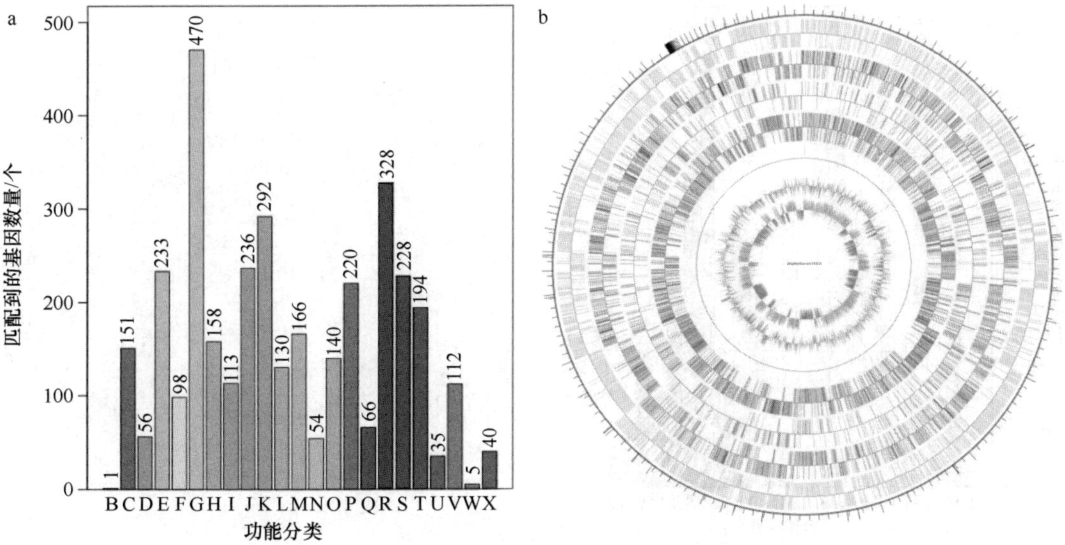


图 5-1-364　土壤枝芽胞杆菌 PL205 基因组的直系同源基因聚类分析（a）和圈图（b）

总长为 44 bp。**【CRISPR】**预测到 25 个 CRISPR 相关序列。**【基因岛】**预测到 10 个基因岛 GI 01～GI 10，长度为 4158～19 393 bp，其 G+C 含量为 33.80%～43.23%。利用已预测得到的基因组信息，如重复序列、G+C 含量等，应用 CIRCOS 工具绘制其基因组圈图（图 5-1-364b）。

## 18. 地下枝芽胞杆菌（*Virgibacillus subterraneus*）CGMCC 1.7734$^T$

地下枝芽胞杆菌（*Virgibacillus subterraneus* Wang et al. 2010，sp. nov.）的模式菌株（H57B72$^T$ =DSM 22441$^T$ =CGMCC 1.7734$^T$）分离自青海柴达木盆地的亚表层盐土，耐盐、嗜盐，生长条件为 10～50℃（最适 30℃）、pH 6.0～9.0（最适 pH 7.5）、0～25%（*W*/*V*）NaCl（最适 9%），严格好氧，产芽胞（Wang et al.，2010b）。目前，该种仅有 1 个基因组，模式菌株 CGMCC 1.7734$^T$ 基因组的 GenBank 登录号为 GCA_900110695.1，测序平台为 Illumina HiSeq，于 2016 年 10 月 31 日由美国能源部联合基因组研究所（DOE Joint Genome Institute）提交。

**【基因组的组装】**菌株 CGMCC 1.7734$^T$ 基因组的测序深度为 347 X，基因组大小为 3.791 Mb，组装到 14 个 contigs，contig $N_{50}$ 为 603 548 bp。**【G+C 含量】**37.38%。**【非编码 RNA】**预测到 7 个 rRNA 基因（5S rRNA 5 个、16S rRNA 1 个、23S rRNA 1 个），53 个 tRNA 基因，23 个 sRNA 基因。**【编码基因】**有 3923 个蛋白质编码基因，编码区总长为 3 222 873 bp，占整个基因组的 85.01%，基因的平均长度为 822 bp。**【基因功能注释】**比对到 KEGG、COG 和 GO 数据库的基因数量分别为 3468 个、2693 个和 2691 个，预测到分泌蛋白编码基因 89 个；在 24 个 COG 功能类群中，基因数量前 10 位的类群分别是：R. 仅一般功能预测 294 个，E. 氨基酸转运与代谢 293 个，J. 翻译、核糖体结构与合成 224 个，K. 转录 216 个，S. 功能未知 212 个，G. 碳水化合物转运与代谢 201 个，M. 细胞壁/膜/包膜生物合成 173 个，C. 能量产生与转换 168 个，P. 无机离子转运与代谢 168 个和 T. 信号转导机制 149 个（图 5-1-365a）。**【重复序列】**预测到的重复序列包括：

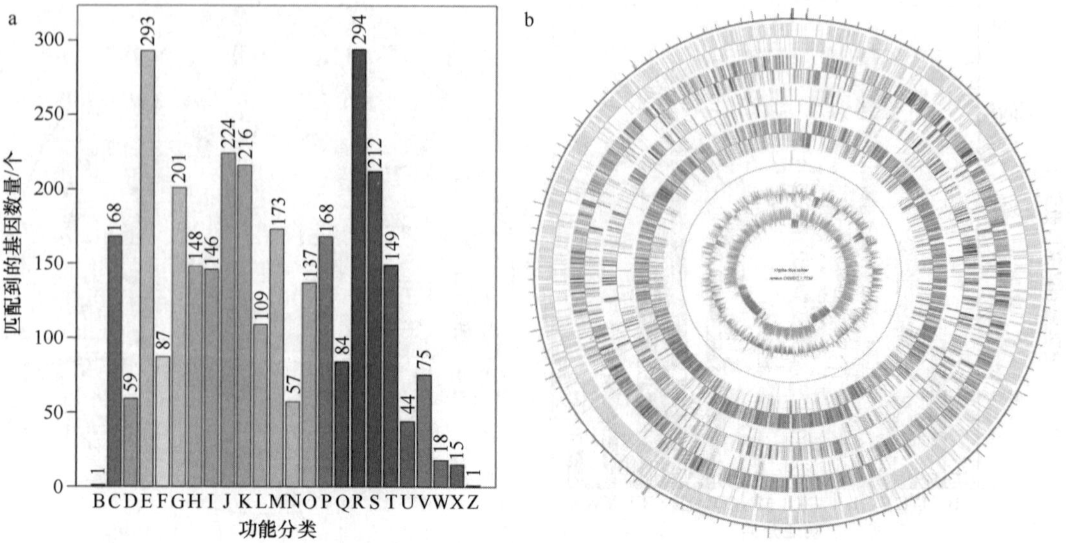


图 5-1-365　地下枝芽胞杆菌 CGMCC 1.7734$^T$ 基因组的直系同源基因聚类分析（a）和圈图（b）

LTR 63 个，总长为 3986 bp，平均长度为 63 bp；DNA 重复元件 23 个，总长为 1491 bp，平均长度为 65 bp；LINE 23 个，总长为 1262 bp，平均长度为 55 bp；SINE 11 个，总长为 650 bp，平均长度为 59 bp；RC 2 个，总长为 92 bp，平均长度为 46 bp；未知序列 1 个，长度为 23 bp；TR 174 个，重复序列长度为 3～270 bp，总长为 15 117 bp；小卫星 DNA 147 个，重复序列长度为 11～60 bp，总长为 12 497 bp；微卫星 DNA 1 个，重复序列长度为 3 bp，总长为 64 bp。**【CRISPR】**预测到 35 个 CRISPR 相关序列。**【基因岛】**预测到 6 个基因岛 GI 01～GI 06，长度为 3896～35 537 bp，其 G+C 含量为 33.1%～36.72%。利用已预测得到的基因组信息，如重复序列、G+C 含量等，应用 CIRCOS 工具绘制其基因组圈图（图 5-1-365b）。

## 五十、火山芽胞杆菌属

火山芽胞杆菌属（*Vulcanibacillus* L' Haridon et al. 2006，gen. nov.）于 2006 年建立，仅有 1 种：中热度火山芽胞杆菌（*Vulcanibacillus modesticaldus* L' Haridon et al. 2006，sp. nov.），产芽胞（L' Haridon et al.，2006）。目前，该属仅有 1 个已知种类的 1 个基因组被测序。

### 中热度火山芽胞杆菌（*Vulcanibacillus modesticaldus*）BR$^T$

中热度火山芽胞杆菌（*Vulcanibacillus modesticaldus* L' Haridon et al. 2006，sp. nov.）的模式菌株（BR$^T$ =DSM 14931$^T$ =JCM 12998$^T$）分离自大西洋中脊的深海热烟囱，嗜热、嗜盐，生长条件为 37～60℃（最适 55℃）、pH 6.0～8.5（最适 pH 7.0）、10～40 g/L NaCl（最适 20～30 g/L），严格厌氧，产芽胞（L' Haridon et al.，2006）。目前，该种仅有 1 个基因组，模式菌株 BR$^T$ 基因组的 GenBank 登录号为 GCA_001730235.1，测序平台为 Illumina MiSeq，于 2016 年 9 月 16 日由美国佐治亚大学（University of Georgia）提交。

**【基因组的组装】**菌株 BR$^T$ 基因组的测序深度为 85 X，基因组大小为 2.224 Mb，组装到 100 个 contigs，contig $N_{50}$ 为 50 162 bp。**【G+C 含量】**33.61%。**【非编码 RNA】**预测到 8 个 rRNA 基因（5S rRNA 6 个、16S rRNA 1 个、23S rRNA 1 个），64 个 tRNA 基因，0 个 sRNA 基因。**【编码基因】**有 2240 个蛋白质编码基因，编码区总长为 1 926 378 bp，占整个基因组的 86.61%，基因的平均长度为 860 bp。**【基因功能注释】**比对到 KEGG、COG 和 GO 数据库的基因数量分别为 1754 个、1516 个和 1628 个，预测到分泌蛋白编码基因 11 个；在 24 个 COG 功能类群中，基因数量前 10 位的类群分别是：J. 翻译、核糖体结构与合成 192 个，R. 仅一般功能预测 133 个，E. 氨基酸转运与代谢 130 个，K. 转录 114 个，C. 能量产生与转换 101 个，S. 功能未知 97 个，P. 无机离子转运与代谢 95 个，H. 辅酶转运与代谢 94 个，T. 信号转导机制 88 个和 M. 细胞壁/膜/包膜生物合成 87 个（图 5-1-366a）。**【重复序列】**预测到的重复序列包括：LTR 71 个，总长为 4806 bp，平均长度为 68 bp；DNA 重复元件 14 个，总长为 915 bp，平均长度为 65 bp；LINE 16 个，总长为 967 bp，平均长度为 60 bp；SINE 8 个，总长为 762 bp，平均长度为 95 bp；未知序列 1 个，长度为 73 bp；TR 59 个，重复序列长度为 6～312 bp，总长为 4104 bp；小卫星 DNA 51 个，重复序列长度为 10～60 bp，总长为 2813 bp；微卫星 DNA 1 个，重复序列长度为 6 bp，总长为 35 bp。**【CRISPR】**预测到 28 个 CRISPR 相关序列。**【基因岛】**预测到 4 个基因岛 GI 01～GI 04，长度为 6140～15 107 bp，其 G+C 含量为 31.30%～34.33%。利用已预测得到的基因组信息，如重复序列、G+C 含量等，应用 CIRCOS 工具绘制其基因组圈图（图 5-1-366b）。

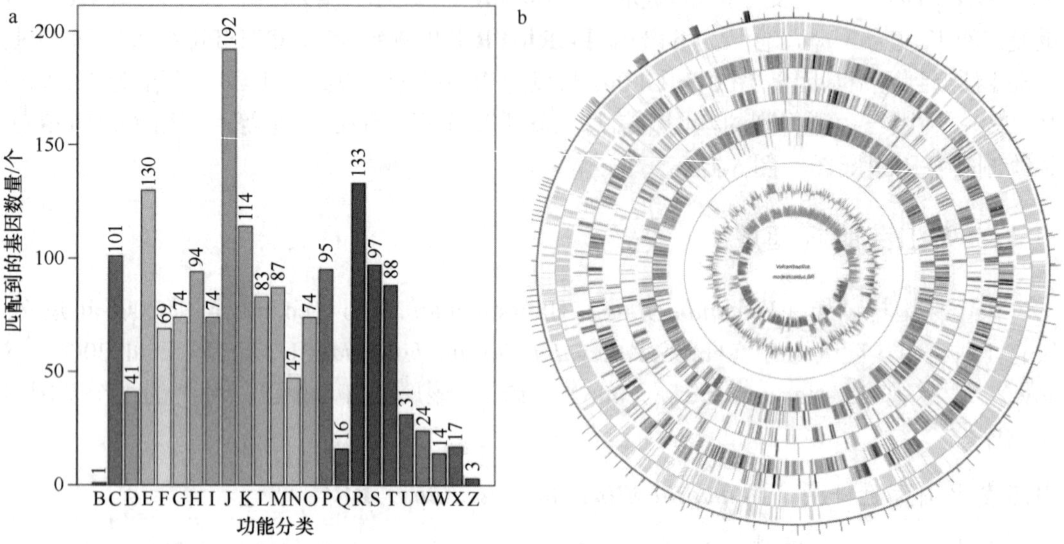


图 5-1-366　中热度火山芽胞杆菌 $BR^T$ 基因组的直系同源基因聚类分析（a）和圈图（b）

# 第二节　脂环酸芽胞杆菌科基因组描述

## 一、脂环酸芽胞杆菌属

脂环酸芽胞杆菌属（*Alicyclobacillus* Wisotzkey et al. 1992，gen. nov.）有 24 种，该属的主要特征是细胞含有 ω-脂环脂肪酸（omega-alicyclic fatty acid），分布于土壤、植物根际或内生，一般嗜酸或耐酸，常造成酸味果汁等污染和腐败，嗜热，产芽胞（Matsubara et al.，2002；Wang et al.，2010c；Wisotzkey et al.，1992）。目前，该属有 17 个已知种类和 1 个未定种的 22 个基因组被测序，以下选取 16 个已知种类的基因组进行描述。

### 1. 嗜酸脂环酸芽胞杆菌（*Alicyclobacillus acidiphilus*）NBRC $100859^T$

嗜酸脂环酸芽胞杆菌（*Alicyclobacillus acidiphilus* Matsubara et al. 2002，sp. nov.）的模式菌株（TA-$67^T$ =DSM $14558^T$ =IAM $14935^T$ =NRIC $6496^T$=NBRC $100859^T$）分离自具有愈创木酚气味的酸性饮料，嗜热、嗜酸，最适生长条件为 50℃、pH 3.0，好氧，产芽胞（Matsubara et al.，2002）。目前，该种仅有 1 个基因组，模式菌株 NBRC $100859^T$ 基因组的 GenBank 登录号为 GCA_001544355.1，测序平台为 454 FLX+Illumina HiSeq，于 2016 年 1 月 29 日由日本国立技术与评价研究所（National Institute of Technology and Evaluation）提交。

【基因组的组装】菌株 NBRC 100859$^T$ 基因组的测序深度为 130 X，基因组大小为 3.865 Mb，组装到 165 个 contig，contig $N_{50}$ 为 57 905 bp。【G+C 含量】54.90%。【非编码 RNA】预测到 2 个 rRNA 基因（5S rRNA 1 个、16S rRNA 0 个、23S rRNA 1 个），71 个 tRNA 基因，未预测到 sRNA 基因。【编码基因】有 3770 个蛋白质编码基因，编码区总长为 3 296 961 bp，占整个基因组的 85.30%，基因的平均长度为 875 bp。【基因功能注释】比对到 KEGG、COG 和 GO 数据库的基因数量分别为 2871 个、2439 个和 2571 个，预测到分泌蛋白编码基因 60 个；在 23 个 COG 功能类群中，基因数量前 10 位的类群分别是：E. 氨基酸转运与代谢 310 个，G. 碳水化合物转运与代谢 282 个，R. 仅一般功能预测 255 个，J. 翻译、核糖体结构与合成 209 个，K. 转录 204 个，P. 无机离子转运与代谢 187 个，M. 细胞壁/膜/包膜生物合成 160 个，H. 辅酶转运与代谢 139 个，T. 信号转导机制 126 个和 L. 复制、重组与修复 121 个（图 5-2-1a）。【重复序列】预测到的重复序列包括：LTR 66 个，总长为 4073 bp，平均长度为 62 bp；DNA 重复元件 17 个，总长为 1273 bp，平均长度为 75 bp；LINE 8 个，总长为 607 bp，平均长度为 76 bp；SINE 11 个，总长为 750 bp，平均长度为 68 bp；RC 2 个，总长为 108 bp，平均长度为 54 bp；TR 361 个，重复序列长度为 5～413 bp，总长为 24 696 bp；小卫星 DNA 246 个，重复序列长度为 10～60 bp，总长为 11 776 bp；微卫星 DNA 11 个，重复序列长度为 5～6 bp，总长为 645 bp。【CRISPR】预测到 275 个 CRISPR 相关序列。【基因岛】预测到 6 个基因岛 GI 01～GI 06，长度分别为 6943 bp、8720 bp、5737 bp、8042 bp、3299 bp 和 9830 bp，其 G+C 含量分别为 53.13%、50.84%、56.77%、48.23%、52.96%和 58.34%。利用已预测得到的基因组信息，如重复序列、G+C 含量等，应用 CIRCOS 工具绘制其基因组圈图（图 5-2-1b）。

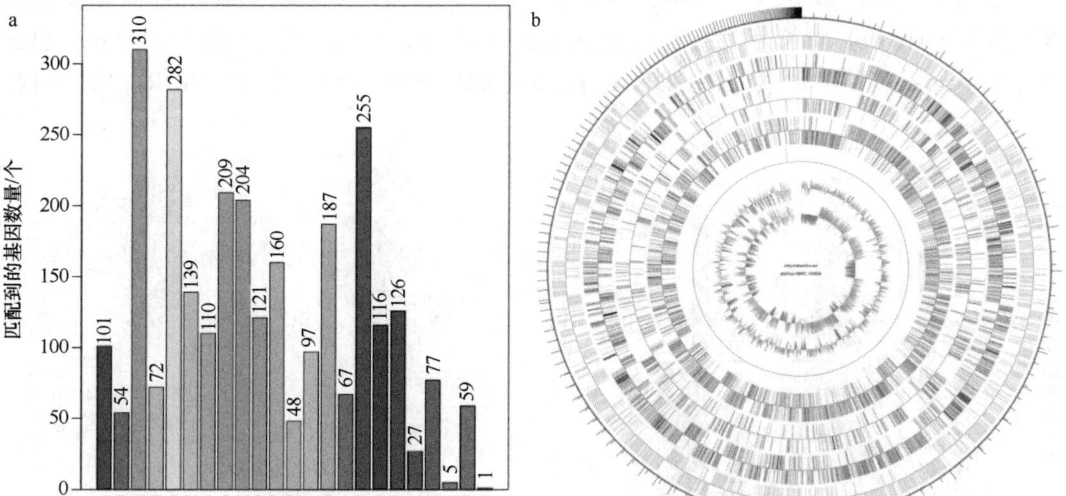


图 5-2-1　嗜酸脂环酸芽胞杆菌 NBRC 100859$^T$ 基因组的直系同源基因聚类分析（a）和圈图（b）

## 2. 酸热脂环酸芽胞杆菌（*Alicyclobacillus acidocaldarius*）DSM 446$^T$

酸热脂环酸芽胞杆菌［*Alicyclobacillus acidocaldarius* (Darland and Brock 1971)

Wisotzkey et al. 1992，comb. nov.］是脂环酸芽胞杆菌属的模式种。该种的模式菌株（106-1A$^{T}$ =ATCC 27009$^{T}$ =CCUG 28521$^{T}$ =CIP 106131$^{T}$ =DSM 446$^{T}$）分离自美国黄石公园的酸热环境土壤样品，嗜酸、嗜热，好氧，产芽胞，1971 年被命名为酸热芽胞杆菌（*Bacillus acidocaldarius*）（Darland and Brock，1971），1992 年被重分类为酸热脂环酸芽胞杆菌（*Alicyclobacillus acidocaldarius*）（Wisotzkey et al.，1992）。目前，该种有 3 个基因组，选择组装到完成图水平的模式菌株 DSM 446 的基因组进行描述，其 GenBank 登录号为 GCA_000024285.1，测序平台为 ABI 3730+454 FLX，于 2009 年 9 月 9 日由美国能源部联合基因组研究所（DOE Joint Genome Institute）提交。

**【基因组的组装】**菌株 DSM 446$^{T}$基因组的测序深度为 27.3 X，基因组大小为 3.206 Mb，组装到完成图水平 1 个染色体和 3 个质粒。**【G+C 含量】**61.89%。**【非编码 RNA】**预测到 18 个 rRNA 基因（5S rRNA 6 个、16S rRNA 6 个、23S rRNA 6 个），64 个 tRNA 基因，未预测到 sRNA 基因。**【编码基因】**有 3179 个蛋白质编码基因，编码区总长为 2 800 155 bp，占整个基因组的 87.34%，基因的平均长度为 881 bp。**【基因功能注释】**比对到 KEGG、COG 和 GO 数据库的基因数量分别为 3033 个、2240 个和 2142 个，预测到分泌蛋白编码基因 39 个；在 23 个 COG 功能类群中，基因数量前 10 位的类群分别是：E. 氨基酸转运与代谢 221 个，G. 碳水化合物转运与代谢 214 个，R. 仅一般功能预测 208 个，K. 转录 190 个，J. 翻译、核糖体结构与合成 189 个，I. 脂质转运与代谢 148 个，H. 辅酶转运与代谢 141 个，L. 复制、重组与修复 137 个，T. 信号转导机制 130 个和 C. 能量产生与转换 127 个（图 5-2-2a）。**【重复序列】**预测到的重复序列包括：LTR 19 个，总长为 2912 bp，平均长度为 153 bp；DNA 重复元件 1 个，长度为 80 bp；LINE 8 个，总长为 881 bp，平均长度为 110 bp；SINE 7 个，总长为 475 bp，平均长度为 68 bp；TR 71 个，重复序列长度为 9～416 bp，总长为 7235 bp；小卫星 DNA 60 个，重复序列长度为 11～42 bp，总长为 3714 bp；未预测到微卫星 DNA。**【CRISPR】**预测到 63 个 CRISPR 相关序列。

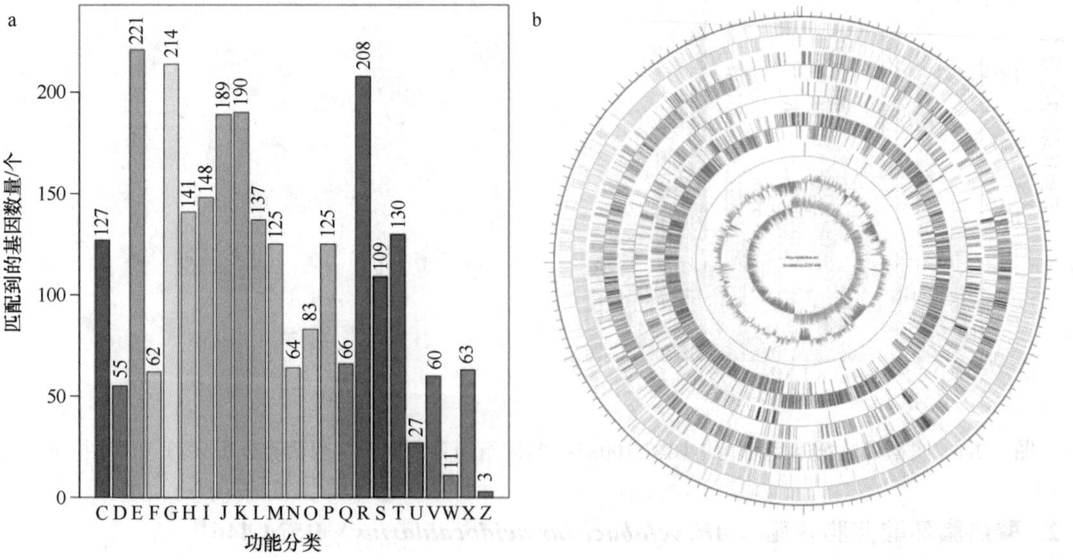


图 5-2-2　酸热脂环酸芽胞杆菌 DSM 446$^{T}$ 基因组的直系同源基因聚类分析（a）和圈图（b）

【基因岛】预测到 15 个基因岛 GI 01～GI 15，重复序列长度为 7165～46 308 bp，其 G+C 含量为 50.81%～64.81%。利用已预测得到的基因组信息，如重复序列、G+C 含量等，应用 CIRCOS 工具绘制其基因组圈图（图 5-2-2b）。

### 3. 酸土脂环酸芽胞杆菌（*Alicyclobacillus acidoterrestris*）ATCC 49025$^T$

酸土脂环酸芽胞杆菌［*Alicyclobacillus acidoterrestris* (Deinhard et al. 1988) Wisotzkey et al. 1992，comb. nov.］的模式菌株（GD3B$^T$ =ATCC 49025$^T$ =CIP 106132$^T$ =DSM 3922$^T$ = LMG 16906$^T$）分离自土壤和苹果汁，耐热、嗜酸，好氧，产芽胞，1987 年被命名为酸土芽胞杆菌（*Bacillus acidoterrestris*）（Deinhard et al.，1987），1992 年被重分类为酸土脂环酸芽胞杆菌（*Alicyclobacillus acidoterrestris*）（Wisotzkey et al.，1992）。目前，该种只有模式菌株 ATCC 49025$^T$ 的基因组，其 GenBank 登录号为 GCA_000444055.1，测序平台为 Illumina HiSeq，于 2013 年 8 月 5 日由以色列食品质量安全部（Department of Food Quality and Safety）提交。

**【基因组的组装】**菌株 ATCC 49025$^T$ 基因组的测序深度为 200 X，基因组大小为 4.064 Mb，组装到 207 个 contigs，contig $N_{50}$ 为 44 524 bp。**【G+C 含量】**52.18%。**【非编码 RNA】**预测到 2 个 rRNA 基因（16S rRNA 1 个、23S rRNA 1 个），131 个 tRNA 基因，1 个 sRNA 基因。**【编码基因】**有 4111 个蛋白质编码基因，编码区总长为 3 434 109 bp，占整个基因组的 84.50%，基因的平均长度为 835 bp。**【基因功能注释】**比对到 KEGG、COG 和 GO 数据库的基因数量分别为 2962 个、2571 个和 2746 个，预测到分泌蛋白编码基因 49 个；在 23 个 COG 功能类群中，基因数量前 10 位的类群分别是：E. 氨基酸转运与代谢 302 个，R. 仅一般功能预测 269 个，G. 碳水化合物转运与代谢 267 个，K. 转录 234 个，J. 翻译、核糖体结构与合成 215 个，H. 辅酶转运与代谢 176 个，C. 能量产生与转换 159 个，P. 无机离子转运与代谢 154 个，M. 细胞壁/膜/包膜生物合成 150 个和 I. 脂质转运与代谢 133 个（图 5-2-3a）。**【重复序列】**预测到的重复序列包括：LTR 94 个，

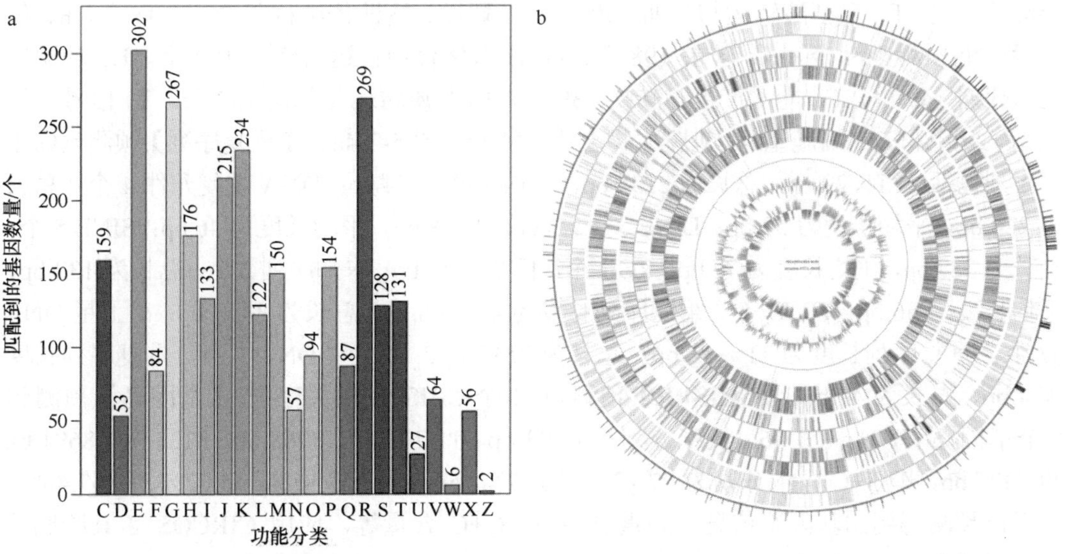


图 5-2-3　酸土脂环酸芽胞杆菌 ATCC 49025$^T$ 基因组的直系同源基因聚类分析（a）和圈图（b）

总长为 6286 bp，平均长度为 67 bp；DNA 重复元件 9 个，总长为 570 bp，平均长度为 63 bp；LINE 13 个，总长为 804 bp，平均长度为 62 bp；SINE 18 个，总长为 1254 bp，平均长度为 70 bp；未知序列 3 个，总长为 179 bp，平均长度为 60 bp；TR 131 个，重复序列长度为 6～276 bp，总长为 8982 bp；小卫星 DNA 102 个，重复序列长度为 10～60 bp，总长为 5417 bp；微卫星 DNA 1 个，重复序列长度为 6 bp，总长为 77 bp。**【CRISPR】**预测到 17 个 CRISPR 相关序列。**【基因岛】**预测到 7 个基因岛 GI 01～GI 07，长度分别为 11 161 bp、8037 bp、8945 bp、5725 bp、6988 bp、7747 bp 和 5598 bp，其 G+C 含量分别为 54.17%、51.85%、49.27%、56.51%、54.75%、50.61%和 48.18%。利用已预测得到的基因组信息，如重复序列、G+C 含量等，应用 CIRCOS 工具绘制其基因组圈图（图 5-2-3b）。

**4. 污染脂环酸芽胞杆菌（*Alicyclobacillus contaminans*）DSM 17975$^T$**

污染脂环酸芽胞杆菌（*Alicyclobacillus contaminans* Goto et al. 2007，sp. nov.）的模式菌株（3-A191$^T$=DSM 17975$^T$=IAM 15224$^T$）分离自日本富士市农田土壤，嗜酸、嗜热，最适生长条件为 50～55℃、pH 4.0～4.5，好氧，产芽胞（Goto et al.，2007）。目前，该种仅有 1 个基因组，模式菌株 DSM 17975$^T$ 基因组的 GenBank 登录号为 GCA_000429525.1，测序平台为 Illumina HiSeq，于 2013 年 7 月 15 日由美国能源部联合基因组研究所（DOE Joint Genome Institute）提交。

**【基因组的组装】**菌株 DSM 17975$^T$ 基因组的测序深度为 200 X，基因组大小为 3.272 Mb，组装到 111 个 scaffolds，scaffold $N_{50}$ 为 64 314 bp。**【G+C 含量】**58.18%。**【非编码 RNA】**预测到 7 个 rRNA 基因（5S rRNA 7 个、16S rRNA 0 个、23S rRNA 0 个），74 个 tRNA 基因，未预测到 sRNA 基因。**【编码基因】**有 3337 个蛋白质编码基因，编码区总长为 2 813 280 bp，占整个基因组的 85.98%，基因的平均长度为 843 bp。**【基因功能注释】**比对到 KEGG、COG 和 GO 数据库的基因数量分别为 2476 个、2163 个和 2299 个，预测到分泌蛋白编码基因 58 个；在 23 个 COG 功能类群中，基因数量前 10 位的类群分别是：E. 氨基酸转运与代谢 240 个，J. 翻译、核糖体结构与合成 206 个，R. 仅一般功能预测 199 个，K. 转录 198 个，G. 碳水化合物转运与代谢 182 个，H. 辅酶转运与代谢 149 个，C. 能量产生与转换 139 个，I. 脂质转运与代谢 137 个，T. 信号转导机制 129 个和 M. 细胞壁/膜/包膜生物合成 124 个（图 5-2-4a）。**【重复序列】**预测到的重复序列包括：LTR 29 个，总长为 2134 bp，平均长度为 74 bp；DNA 重复元件 4 个，总长为 228 bp，平均长度为 57 bp；LINE 5 个，总长为 228 bp，平均长度为 46 bp；SINE 5 个，总长为 387 bp，平均长度为 77 bp；RC 1 个，长度为 38 bp；未知序列 2 个，总长为 132 bp，平均长度为 66 bp；TR 57 个，重复序列长度为 4～168 bp，总长为 3413 bp；小卫星 DNA 47 个，重复序列长度为 11～42 bp，总长为 2517 bp；微卫星 DNA 1 个，重复序列长度为 4 bp，总长为 41 bp。**【CRISPR】**预测到 11 个 CRISPR 相关序列。**【基因岛】**预测到 6 个基因岛 GI 01～GI 06，长度分别为 6183 bp、11 791 bp、8068 bp、8137 bp、8691 bp 和 7377 bp，其 G+C 含量分别为 57.17%、50.57%、54.51%、53.88%、55.02%、和 57.48%。利用已预测得到的基因组信息，如重复序列、G+C 含量等，应用 CIRCOS 工具绘制其基因组圈图（图 5-2-4b）。

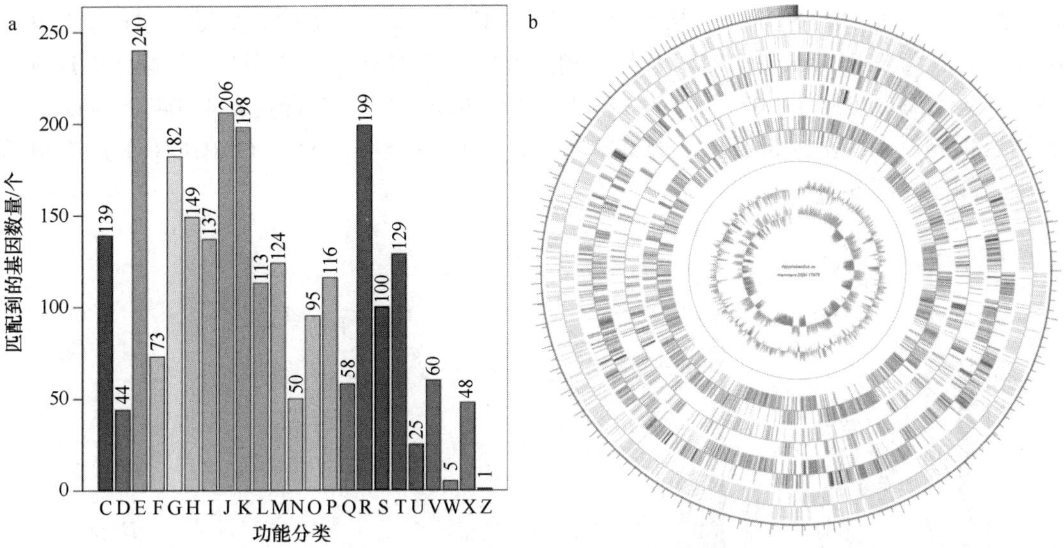


图 5-2-4　污染脂环酸芽胞杆菌 DSM 17975$^{T}$ 基因组的直系同源基因聚类分析（a）和圈图（b）

## 5. 氧化铁脂环酸芽胞杆菌（*Alicyclobacillus ferrooxydans*）TC-34$^{T}$

氧化铁脂环酸芽胞杆菌（*Alicyclobacillus ferrooxydans* Jiang et al. 2008，sp. nov.）的模式菌株（TC-34$^{T}$ =CGMCC 1.6357$^{T}$ =JCM 15090$^{T}$）分离自盐渍土，嗜酸，能氧化铁，最适生长条件为 28℃、pH 3.0，好氧，产芽胞（Jiang et al.，2008）。目前，该种仅有 1 个基因组，模式菌株 TC-34$^{T}$ 基因组的 GenBank 登录号为 GCA_001399675.1，测序平台为 Illumina HiSeq，于 2015 年 10 月 19 日由美国加州理工学院（California Institute of Technology）提交。

**【基因组的组装】**菌株 TC-34$^{T}$ 基因组的测序深度为 50 X，基因组大小为 5.044 Mb，组装到 109 个 contigs，contig $N_{50}$ 为 110 690 bp。**【G+C 含量】**51.29%。**【非编码 RNA】**预测到 6 个 rRNA 基因（5S rRNA 4 个、16S rRNA 1 个、23S rRNA 1 个），85 个 tRNA 基因，6 个 sRNA 基因。**【编码基因】**有 4926 个蛋白质编码基因，编码区总长为 4 236 336 bp，占整个基因组的 83.99%，基因的平均长度为 860 bp。**【基因功能注释】**比对到 KEGG、COG 和 GO 数据库的基因数量分别为 3291 个、2768 个和 3144 个，预测到分泌蛋白编码基因 54 个；在 23 个 COG 功能类群中，基因数量前 10 位的类群分别是：E. 氨基酸转运与代谢 331 个，R. 仅一般功能预测 286 个，G. 碳水化合物转运与代谢 258 个，C. 能量产生与转换 247 个，J. 翻译、核糖体结构与合成 216 个，K. 转录 214 个，I. 脂质转运与代谢 177 个，M. 细胞壁/膜/包膜生物合成 175 个，P. 无机离子转运与代谢 171 个和 T. 信号转导机制 161 个（图 5-2-5a）。**【重复序列】**预测到的重复序列包括：LTR 111 个，总长为 8284 bp，平均长度为 75 bp；DNA 重复元件 30 个，总长为 2536 bp，平均长度为 85 bp；LINE 26 个，总长为 1782 bp，平均长度为 69 bp；SINE 7 个，总长为 479 bp，平均长度为 68 bp；RC 3 个，总长为 202 bp，平均长度为 67 bp；未知序列 1 个，长度为 23 bp；TR 1195 个，重复序列长度为 10～532 bp，总长为 107 110 bp；小卫星 DNA 1001 个，重复序列长度为 10～60 bp，总长为 66 747 bp；微卫星 DNA 16 个，重复序列长度为 4～6 bp，总长为 1193 bp。**【CRISPR】**预测到 621 个 CRISPR 相关序列。**【基因岛】**预测到 7 个基因岛 GI 01～GI 07，长度为 14 200～18 346 bp，其 G+C 含量为 45.04%～48.23%。利用已预测得到的基因组信息，如重复序列、G+C 含量等，应用 CIRCOS 工具绘制其基因组圈图（图 5-2-5b）。

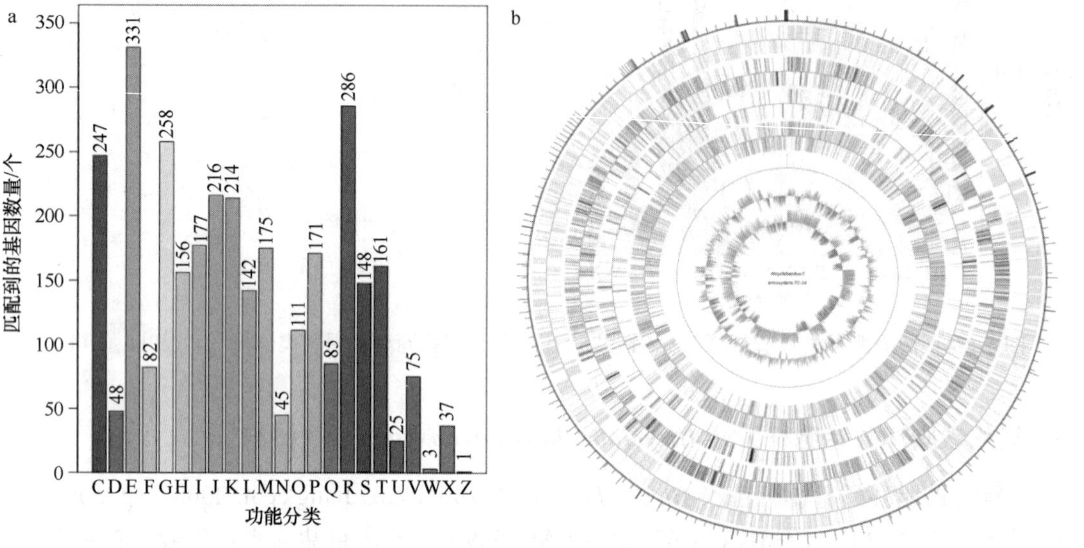


图 5-2-5　氧化铁脂环酸芽胞杆菌 TC-34$^T$ 基因组的直系同源基因聚类分析（a）和圈图（b）

### 6. 草脂环酸芽胞杆菌（*Alicyclobacillus herbarius*）DSM 13609$^T$

草脂环酸芽胞杆菌（*Alicyclobacillus herbarius* Goto et al. 2002，sp. nov.）的模式菌株（CP-1$^T$ =DSM 13609$^T$ =IAM 14883$^T$ =NRIC 0477$^T$）分离自木槿花制成的草药茶，嗜酸、嗜热，最适生长条件为 55～60℃、pH 4.5～5.0，好氧，产芽胞（Goto et al.，2002）。目前，该种仅有 1 个基因组，模式菌株 DSM 13609$^T$ 的基因组 GenBank 登录号为 GCA_000430585.1，测序平台为 Illumina HiSeq，于 2013 年 7 月 16 日由美国能源部联合基因组研究所（DOE Joint Genome Institute）提交。

**【基因组的组装】**菌株 TC-34$^T$ 基因组的测序深度未知，基因组大小为 3.311 Mb，组装到 57 个 scaffolds，scaffold $N_{50}$ 为 136 878 bp。**【G+C 含量】**57.16%。**【非编码 RNA】**预测到 6 个 rRNA 基因（5S rRNA 6 个、16S rRNA 0 个、23S rRNA 0 个），68 个 tRNA 基因，未预测到 sRNA 基因。**【编码基因】**有 3234 个蛋白质编码基因，编码区总长为 2 865 159 bp，占整个基因组的 86.53%，基因的平均长度为 886 bp。**【基因功能注释】**比对到 KEGG、COG 和 GO 数据库的基因数量分别为 2478 个、2117 个和 2307 个，预测到分泌蛋白编码基因 37 个；在 23 个 COG 功能类群中，基因数量前 10 位的类群分别是：E. 氨基酸转运与代谢 255 个，G. 碳水化合物转运与代谢 237 个，R. 仅一般功能预测 220 个，J. 翻译、核糖体结构与合成 189 个，K. 转录 169 个，C. 能量产生与转换 164 个，M. 细胞壁/膜/包膜生物合成 151 个，H. 辅酶转运与代谢 140 个，I. 脂质转运与代谢 133 个和 P. 无机离子转运与代谢 115 个（图 5-2-6a）。【重复序列】预测到的重复序列包括：LTR 22 个，总长为 1368 bp，平均长度为 62 bp；DNA 重复元件 4 个，总长为 219 bp，平均长度为 55 bp；LINE 4 个，总长为 186 bp，平均长度为 47 bp；SINE 3 个，总长为 202 bp，平均长度为 67 bp；TR 105 个，重复序列长度为 9～150 bp，总长为 5281 bp；小卫星 DNA 97 个，重复序列长度为 10～45 bp，总长为 4377 bp；未预测到微卫星 DNA。【CRISPR】预测到 3 个 CRISPR 相关序列。【基因岛】预测到 10 个基因岛 GI 01～GI 10，长度为 6395～14 575 bp，其 G+C 含量为 49.02%～62.88%。利用已预测得到的基因组信息，如重复序列、G+C 含量等，应用 CIRCOS 工具绘制其基因组圈图（图 5-2-6b）。

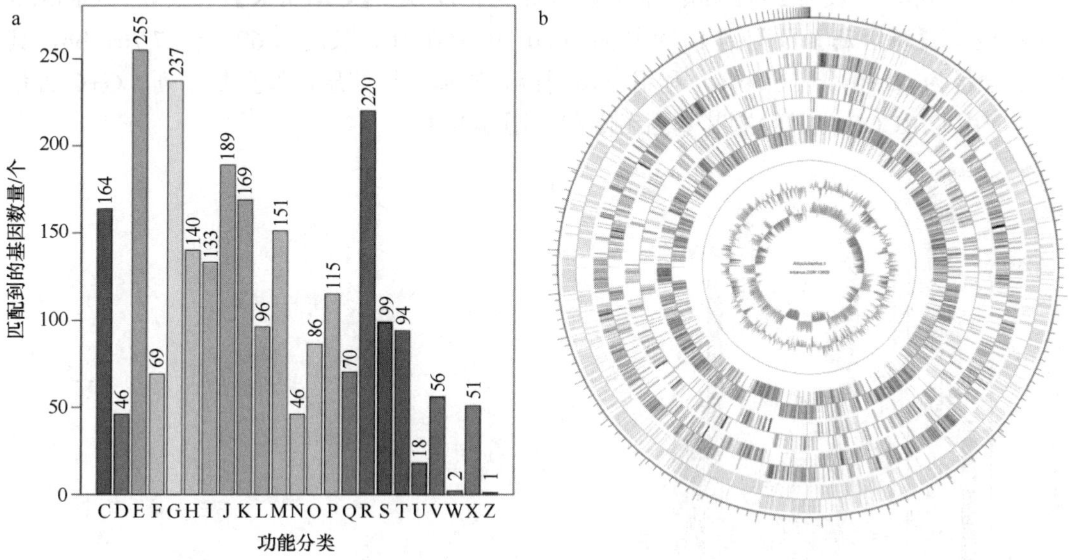


图 5-2-6　草脂环酸芽胞杆菌 DSM 13609$^T$ 基因组的直系同源基因聚类分析（a）和圈图（b）

## 7. 金星脂环酸芽胞杆菌（*Alicyclobacillus hesperidum*）DSM 12489$^T$

金星脂环酸芽胞杆菌（*Alicyclobacillus hesperidum* Albuquerque et al. 2000，sp. nov.）的模式菌株（FR-11$^T$ =DSM 12489$^T$）分离自葡萄牙亚速尔群岛的盐渍土，嗜酸、嗜热，最适生长条件为 50～53℃、pH 3.5～4.0，好氧，产芽胞（Albuquerque et al.，2000）。目前，该种有 2 个基因组，选择组装水平较高的模式菌株 DSM 12489$^T$ 的基因组进行描述，其 GenBank 登录号为 GCA_900107035.1，测序平台为 Illumina HiSeq 2000，于 2016 年 10 月 22 日由美国能源部联合基因组研究所（DOE Joint Genome Institute）提交。

**【基因组的组装】**菌株 DSM 12489$^T$ 基因组的测序深度为 394 X，基因组大小为 2.86 Mb，组装到 53 个 scaffolds，scaffold $N_{50}$ 为 147 474 bp。**【G+C 含量】**53.90%。**【非编码 RNA】**预测到 6 个 rRNA 基因（5S rRNA 6 个、16S rRNA 0 个、23S rRNA 0 个），71 个 tRNA 基因，未预测到 sRNA 基因。**【编码基因】**有 2821 个蛋白质编码基因，编码区总长为 2 544 765 bp，占整个基因组的 88.98%，基因的平均长度为 902 bp。**【基因功能注释】**比对到 KEGG、COG 和 GO 数据库的基因数量分别为 2434 个、2032 个和 1993 个，预测到分泌蛋白编码基因 30 个；在 23 个 COG 功能类群中，基因数量前 10 位的类群分别是：G. 碳水化合物转运与代谢 222 个，E. 氨基酸转运与代谢 219 个，R. 仅一般功能预测 196 个，J. 翻译、核糖体结构与合成 188 个，K. 转录 165 个，H. 辅酶转运与代谢 132 个，M. 细胞壁/膜/包膜生物合成 120 个，S. 功能未知 113 个，T. 信号转导机制 113 个和 C. 能量产生与转换 111 个（图 5-2-7a）。**【重复序列】**预测到的重复序列包括：LTR 25 个，总长为 1806 bp，平均长度为 72 bp；DNA 重复元件 3 个，总长为 189 bp，平均长度为 63 bp；LINE 2 个，总长为 118 bp，平均长度为 59 bp；SINE 12 个，总长为 802 bp，平均长度为 67 bp；RC 1 个，长度为 49 bp；未知序列 1 个，长度为 16 bp；TR 48 个，重复序列长度为 9～126 bp，总长为 3100 bp；小卫星 DNA 42 个，重复序列长度为 11～51 bp，总长为 2391 bp；未预测到微卫星 DNA。**【CRISPR】**未预测到 CRISPR 相关序列。**【基因岛】**预测到 10 个基因岛 GI 01～GI 10，长度为 6947～27 761 bp，其 G+C 含量为 48.30%～56.56%。利用已预测得到的基因组信息，如重复序列、G+C 含量等，应用 CIRCOS 工具绘制其基因组圈图（图 5-2-7b）。

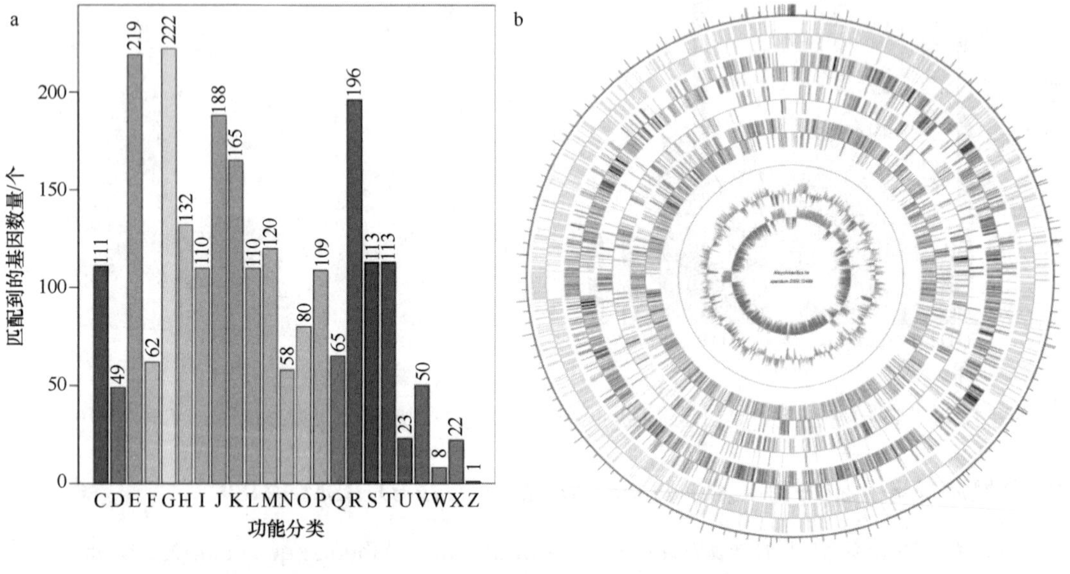


图 5-2-7　金星脂环酸芽胞杆菌 DSM $12489^T$ 基因组的直系同源基因聚类分析（a）和圈图（b）

## 8. 挂川脂环酸芽胞杆菌（*Alicyclobacillus kakegawensis*）NBRC $103104^T$

挂川脂环酸芽胞杆菌（*Alicyclobacillus kakegawensis* Goto et al. 2007，sp. nov.）的模式菌株（5-$A83J^T$ =DSM $17979^T$ =IAM $15227^T$ =NBRC $103104^T$）分离自日本挂川市农田土壤，嗜酸、嗜热，最适生长条件为 50～55℃、pH 4.0～4.5，产芽胞（Goto et al.，2007）。目前，该种仅有 1 个基因组，模式菌株 NBRC $103104^T$ 基因组的 GenBank 登录号为 GCA_001552655.1，测序平台为 Illumina HiSeq 1000，于 2016 年 2 月 6 日由日本国立技术与评价研究所（National Institute of Technology and Evaluation）提交。

**【基因组的组装】**菌株 NBRC $103104^T$ 基因组的测序深度为 167 X，基因组大小为 3.422 Mb，组装到 71 个 contigs，contig $N_{50}$ 为 132 421 bp。**【G+C 含量】**59.10%。**【非编码 RNA】**预测到 3 个 rRNA 基因（5S rRNA 1 个、16S rRNA 1 个、23S rRNA 1 个），58 个

tRNA 基因，未预测到 sRNA 基因。**【编码基因】**有 3328 个蛋白质编码基因，编码区总长为 2 934 669 bp，占整个基因组的 85.76%，基因的平均长度为 882 bp。**【基因功能注释】**比对到 KEGG、COG 和 GO 数据库的基因数量分别为 2549 个、2254 个和 2387 个，预测到分泌蛋白编码基因 45 个；在 23 个 COG 功能类群中，基因数量前 10 位的类群分别是：E. 氨基酸转运与代谢 259 个，G. 碳水化合物转运与代谢 258 个，R. 仅一般功能预测 247 个，J. 翻译、核糖体结构与合成 195 个，K. 转录 194 个，H. 辅酶转运与代谢 150 个，C. 能量产生与转换 147 个，M. 细胞壁/膜/包膜生物合成 138 个，P. 无机离子转运与代谢 134 个和 I. 脂质转运与代谢 133 个（图 5-2-8a）。**【重复序列】**预测到的重复序列包括：LTR 27 个，总长为 1800 bp，平均长度为 67 bp；DNA 重复元件 5 个，总长为 375 bp，平均长度为 71 bp；LINE 5 个，总长为 320 bp，平均长度为 64 bp；SINE 3 个，总长为 202 bp，平均长度为 67 bp；TR 60 个，重复序列长度为 6～45 bp，总长为 2140 bp；小卫星 DNA 56 个，重复序列长度为 10～45 bp，总长为 2079 bp；微卫星 DNA 1 个，重复序列长度为 6 bp，总长为 49 bp。**【CRISPR】**预测到 117 个 CRISPR 相关序列。**【基因岛】**预测到 8 个基因岛 GI 01～GI 08，长度为 6174～23 599 bp，其 G+C 含量为 48.66%～62.89%。利用已预测得到的基因组信息，如重复序列、G+C 含量等，应用 CIRCOS 工具绘制其基因组圈图（图 5-2-8b）。

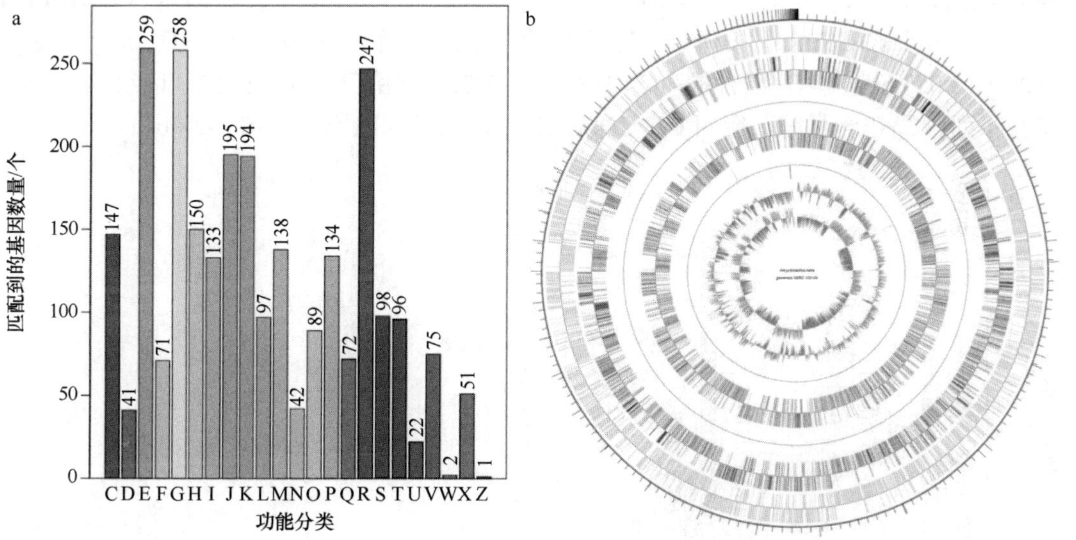


图 5-2-8　挂川脂环酸芽胞杆菌 NBRC 103104$^T$ 基因组的直系同源基因聚类分析（a）和圈图（b）

## 9. 大胞囊脂环酸芽胞杆菌（*Alicyclobacillus macrosporangiidus*）DSM 17980$^T$

大胞囊脂环酸芽胞杆菌（*Alicyclobacillus macrosporangiidus* Goto et al. 2007，sp. nov.）的模式菌株（5-A239-2O-A$^T$ =DSM 17980$^T$ =IAM 15370$^T$ =JCM 21814$^T$）分离自日本藤枝市农田土壤，嗜酸、嗜热，最适生长条件为 50～55℃、pH 4.0～4.5，产芽胞（Goto et al.，2007）。目前，该种有 2 个基因组，选择组装水平较高的模式菌株 DSM 17980$^T$ 的基因组进行描述，其 GenBank 登录号为 GCA_900116805.1，测序平台为 Illumina HiSeq，于 2016

年 11 月 2 日由美国能源部联合基因组研究所（DOE Joint Genome Institute）提交。

**【基因组的组装】**菌株 DSM 17980$^T$ 基因组的测序深度为 218 X，基因组大小为 3.789 Mb，组装到 95 个 scaffolds，scaffold $N_{50}$ 为 133 918 bp。**【G+C 含量】**63.16%。**【非编码 RNA】**预测到 8 个 rRNA 基因（5S rRNA 6 个、16S rRNA 1 个、23S rRNA 1 个），54 个 tRNA 基因，7 个 sRNA 基因。**【编码基因】**有 3755 个蛋白质编码基因，编码区总长为 3 197 175 bp，占整个基因组的 84.38%，基因的平均长度为 851 bp。**【基因功能注释】**比对到 KEGG、COG 和 GO 数据库的基因数量分别为 2768 个、2392 个和 2517 个，预测到分泌蛋白编码基因 53 个；在 23 个 COG 功能类群中，基因数量前 10 位的类群分别是：E. 氨基酸转运与代谢 284 个，R. 仅一般功能预测 252 个，J. 翻译、核糖体结构与合成 207 个，K. 转录 199 个，G. 碳水化合物转运与代谢 184 个，C. 能量产生与转换 178 个，H. 辅酶转运与代谢 168 个，P. 无机离子转运与代谢 157 个，I. 脂质转运与代谢 149 个和 M. 细胞壁/膜/包膜生物合成 131 个（图 5-2-9a）。**【重复序列】**预测到的重复序列包括：LTR 24 个，总长为 1517 bp，平均长度为 63 bp；DNA 重复元件 7 个，总长为 466 bp，平均长度为 67 bp；LINE 6 个，总长为 530 bp，平均长度为 88 bp；SINE 3 个，总长为 180 bp，平均长度为 60 bp；未知序列 1 个，长度为 72 bp；TR 188 个，重复序列长度为 10～555 bp，总长为 10 689 bp；小卫星 DNA 173 个，重复序列长度为 10～54 bp，总长为 7702 bp；微卫星 DNA 1 个，重复序列长度为 6 bp，总长为 29 bp。**【CRISPR】**预测到 216 个 CRISPR 相关序列。**【基因岛】**预测到 8 个基因岛 GI 01～GI 08，长度为 3806～12 053 bp，其 G+C 含量为 54.16%～70.01%。利用已预测得到的基因组信息，如重复序列、G+C 含量等，应用 CIRCOS 工具绘制其基因组圈图（图 5-2-9b）。

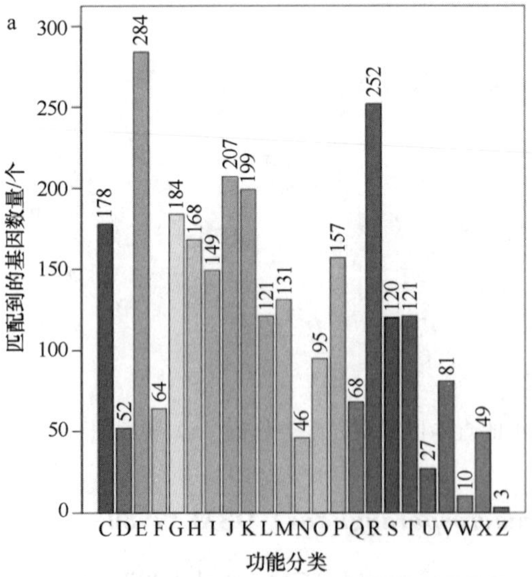


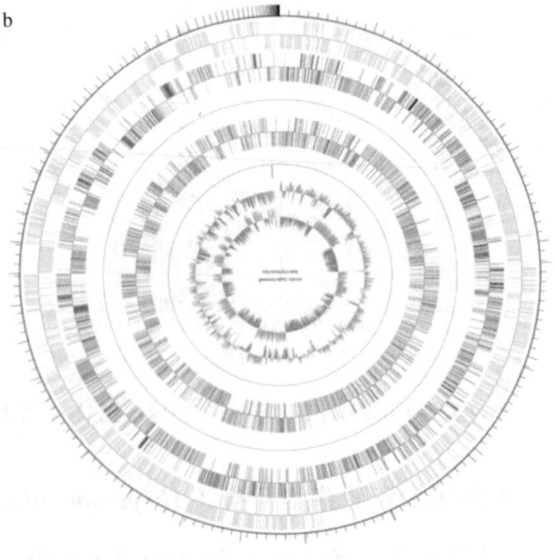


图 5-2-9　大胞囊脂环酸芽胞杆菌 DSM 17980$^T$ 基因组的直系同源基因聚类分析（a）和圈图（b）

## 10. 玛丽脂环酸芽胞杆菌（*Alicyclobacillus mali*）NBRC 102425$^T$

玛丽脂环酸芽胞杆菌（*Alicyclobacillus mali*）是一个概念种，没有任何文献发表。

目前，该种仅有 1 个基因组，模式菌株 NBRC 102425$^T$ 基因组的 GenBank 登录号为 GCA_001570745.1，测序平台为 Illumina HiSeq 1000，于 2016 年 2 月 10 日由日本国立技术与评价研究所（National Institute of Technology and Evaluation）提交。

**【基因组的组装】**菌株 NBRC 102425$^T$ 基因组的测序深度为 99 X，基因组大小为 2.787 Mb，组装到 85 个 contigs，contig $N_{50}$ 为 96 664 bp。**【G+C 含量】**61.90%。**【非编码 RNA】**预测到 2 个 rRNA 基因（5S rRNA 0 个、16S rRNA 1 个、23S rRNA 1 个），61 个 tRNA 基因，1 个 sRNA 基因。**【编码基因】**有 2677 个蛋白质编码基因，编码区总长为 2 462 733 bp，占整个基因组的 88.37%，基因的平均长度为 920 bp。**【基因功能注释】**比对到 KEGG、COG 和 GO 数据库的基因数量分别为 2551 个、2102 个和 1947 个，预测到分泌蛋白编码基因 31 个；在 23 个 COG 功能类群中，基因数量前 10 位的类群分别是：G. 碳水化合物转运与代谢 223 个，E. 氨基酸转运与代谢 220 个，R. 仅一般功能预测 203 个，J. 翻译、核糖体结构与合成 188 个，K. 转录 165 个，I. 脂质转运与代谢 144 个，H. 辅酶转运与代谢 141 个，C. 能量产生与转换 128 个，T. 信号转导机制 125 个，M. 细胞壁/膜/包膜生物合成 122 个和 P. 无机离子转运与代谢 122 个（图 5-2-10a）。**【重复序列】**预测到的重复序列包括：LTR 19 个，总长为 1318 bp，平均长度为 69 bp；DNA 重复元件 5 个，总长为 372 bp，平均长度为 74 bp；LINE 7 个，总长为 402 bp，平均长度为 57 bp；SINE 7 个，总长为 483 bp，平均长度为 69 bp；未知序列 1 个，长度为 61 bp；TR 42 个，重复序列长度为 9～75 bp，总长为 2514 bp；小卫星 DNA 35 个，重复序列长度为 12～45 bp，总长为 1552 bp；未预测到微卫星 DNA。**【CRISPR】**预测到 93 个 CRISPR 相关序列。**【基因岛】**预测到 3 个基因岛 GI 01～GI 03，长度分别为 17 647 bp、10 508 bp 和 78 276 bp，其 G+C 含量分别为 62.92%、64.44%和 59.28%。利用已预测得到的基因组信息，如重复序列、G+C 含量等，应用 CIRCOS 工具绘制其基因组圈图（图 5-2-10b）。

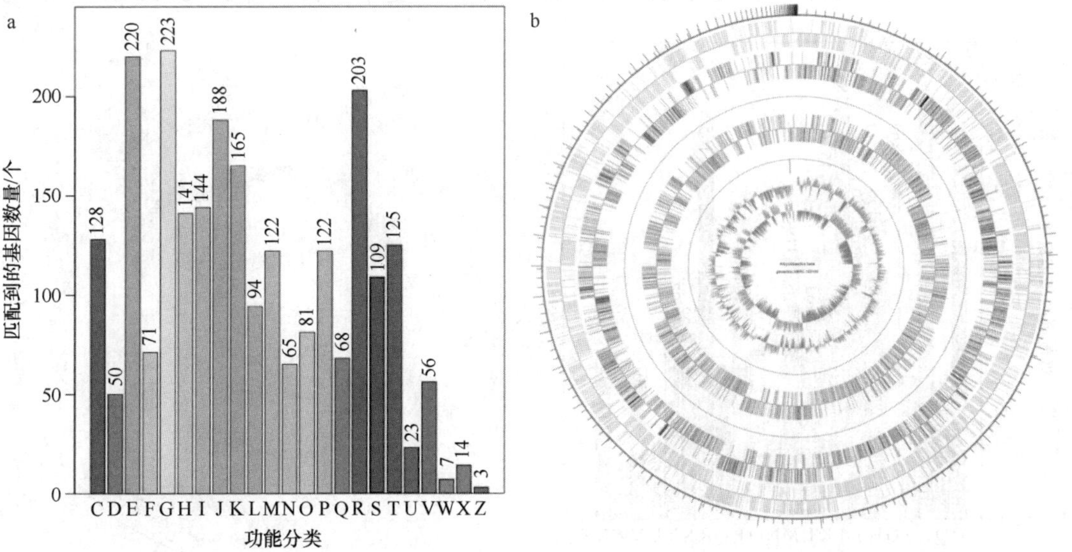


图 5-2-10　玛丽脂环酸芽胞杆菌 NBRC 102425$^T$ 基因组的直系同源基因聚类分析（a）和圈图（b）

## 11. 山脉脂环酸芽胞杆菌（*Alicyclobacillus montanus*）USBA-GBX-503$^T$

山脉脂环酸芽胞杆菌（*Alicyclobacillus montanus* López et al. 2018，sp. nov.）的模式菌株（USBA-GBX-503$^T$ =CMPUJ UGB U503$^T$ =CBMAI1927$^T$）分离自哥伦比亚的酸性热泉，嗜酸、中度嗜热，最适生长条件为 45℃、pH 3.0，好氧，产芽胞（López et al.，2018）。目前，该种仅有 1 个基因组，模式菌株 USBA-GBX-503$^T$ 的基因组 GenBank 登录号为 GCA_900142255.1，测序平台为 Illumina HiSeq，于 2016 年 12 月 3 日由美国能源部联合基因组研究所（DOE Joint Genome Institute）提交。

**【基因组的组装】**菌株 USBA-GBX-503$^T$ 基因组的测序深度为 485 X，基因组大小为 3.046 Mb，组装到 74 个 scaffolds，scaffold $N_{50}$ 为 108 670 bp。**【G+C 含量】**44.61%。**【非编码 RNA】**预测到 8 个 rRNA 基因（5S rRNA 6 个、16S rRNA 1 个、23S rRNA 1 个），53 个 tRNA 基因，未预测到 sRNA 基因。**【编码基因】**有 3168 个蛋白质编码基因，编码区总长为 2 679 648 bp，占整个基因组的 87.97%，基因的平均长度为 846 bp。**【基因功能注释】**比对到 KEGG、COG 和 GO 数据库的基因数量分别为 2207 个、1906 个和 2106 个，预测到分泌蛋白编码基因 38 个；在 23 个 COG 功能类群中，基因数量前 10 位的类群分别是：E. 氨基酸转运与代谢 198 个，J. 翻译、核糖体结构与合成 188 个，R. 仅一般功能预测 165 个，G. 碳水化合物转运与代谢 162 个，K. 转录 157 个，H. 辅酶转运与代谢 136 个，I. 脂质转运与代谢 136 个，C. 能量产生与转换 127 个，M. 细胞壁/膜/包膜生物合成 119 个和 P. 无机离子转运与代谢 106 个（图 5-2-11a）。**【重复序列】**预测到的重复序列包括：LTR 135 个，总长为 7825 bp，平均长度为 58 bp；DNA 重复元件 34 个，总长为 1914 bp，平均长度为 56 bp；LINE 28 个，总长为 1637 bp，平均长度为 58 bp；SINE 4 个，总长为 286 bp，平均长度为 72 bp；RC 4 个，总长为 227 bp，平均长度为 57 bp；未知序列 1 个，长度为 49 bp；TR 48 个，重复序列长度为 3～306 bp，总长为

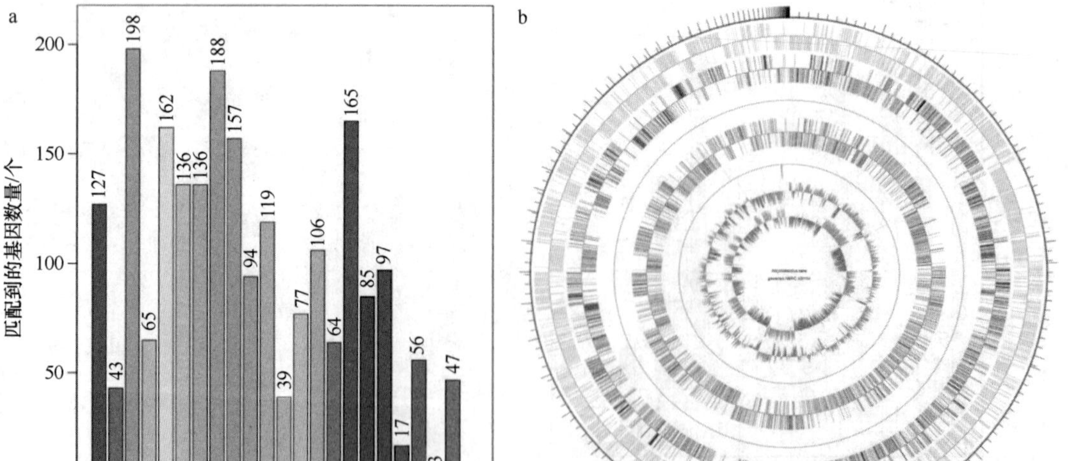


图 5-2-11　山脉脂环酸芽胞杆菌 USBA-GBX-503$^T$ 基因组的直系同源基因聚类分析（a）和圈图（b）

3623 bp；小卫星 DNA 41 个，重复序列长度为 11～42 bp，总长为 2228 bp；微卫星 DNA 1 个，重复序列长度为 3 bp，总长为 31 bp。**【CRISPR】**预测到 4 个 CRISPR 相关序列。**【基因岛】**预测到 6 个基因岛 GI 01～GI 06，长度为 3563～15 103 bp，其 G+C 含量为 41.70%～48.17%。利用已预测得到的基因组信息，如重复序列、G+C 含量等，应用 CIRCOS 工具绘制其基因组圈图（图 5-2-11b）。

## 12. 果实脂环酸芽胞杆菌（*Alicyclobacillus pomorum*）DSM 14955$^T$

果实脂环酸芽胞杆菌（*Alicyclobacillus pomorum* Goto et al. 2003，sp. nov.）的模式菌株（3A$^T$=DSM 14955$^T$=IAM 14988$^T$）分离自日本出口到美国的腐败的混合果汁（橙子、苹果、芒果、菠萝和覆盆子），嗜酸、中度嗜热，最适生长条件为 45～50℃、pH 4.0～4.5，产芽胞（Goto et al.，2003）。目前，该种仅有 1 个基因组，模式菌株 DSM 14955$^T$ 基因组的 GenBank 登录号为 GCA_000472905.1，测序平台为 Illumina HiSeq 2000，于 2013 年 9 月 30 日由美国能源部联合基因组研究所（DOE Joint Genome Institute）提交。

**【基因组的组装】**菌株 DSM 14955$^T$ 基因组的测序深度未知，基因组大小为 3.399 Mb，组装到 36 个 scaffolds，scaffold $N_{50}$ 为 198 176 bp。**【G+C 含量】**53.68%。**【非编码 RNA】**预测到 9 个 rRNA 基因（5S rRNA 9 个、16S rRNA 0 个、23S rRNA 0 个），96 个 tRNA 基因，未预测到 sRNA 基因。**【编码基因】**有 3423 个蛋白质编码基因，编码区总长为 2 898 870 bp，占整个基因组的 85.29%，基因的平均长度为 847 bp。**【基因功能注释】**比对到 KEGG、COG 和 GO 数据库的基因数量分别为 2562 个、2265 个和 2415 个，预测到分泌蛋白编码基因 52 个；在 23 个 COG 功能类群中，基因数量前 10 位的类群分别是：E. 氨基酸转运与代谢 292 个，R. 仅一般功能预测 243 个，G. 碳水化合物转运与代谢 207 个，J. 翻译、核糖体结构与合成 202 个，K. 转录 175 个，C. 能量产生与转换 168 个，H. 辅酶转运与代谢 165 个，M. 细胞壁/膜/包膜生物合成 157 个，I. 脂质转运与代谢 153 个和 P. 无机离子转运与代谢 129 个（图 5-2-12a）。**【重复序列】**预测到的

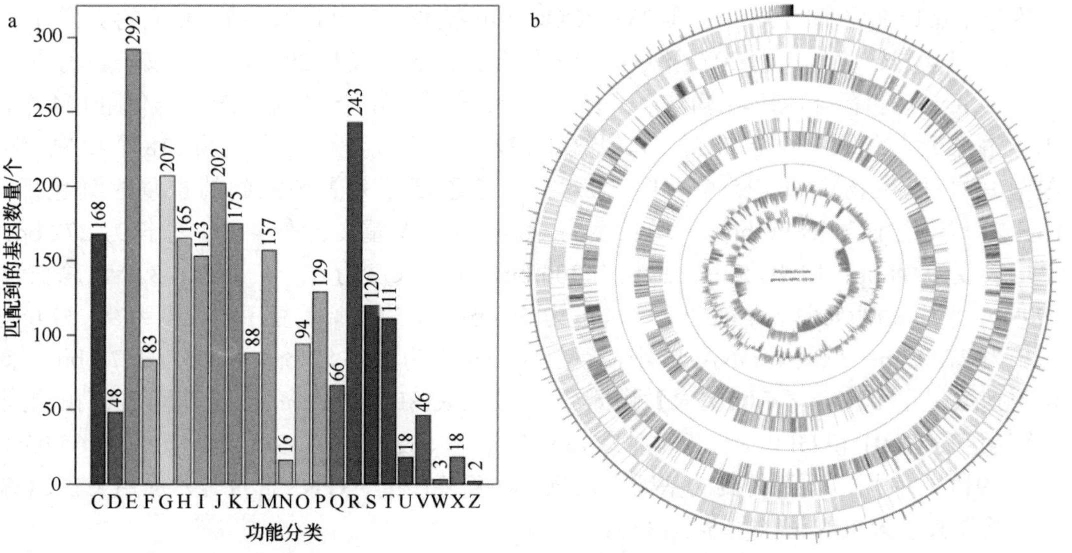


图 5-2-12 果实脂环酸芽胞杆菌 DSM 14955$^T$ 基因组的直系同源基因聚类分析（a）和圈图（b）

重复序列包括：LTR 45 个，总长为 3036 bp，平均长度为 67 bp；DNA 重复元件 3 个，总长为 150 bp，平均长度为 50 bp；LINE 7 个，总长为 404 bp，平均长度为 58 bp；SINE 13 个，总长为 892 bp，平均长度为 69 bp；RC 1 个，长度为 52 bp；未知序列 3 个，总长为 158 bp，平均长度为 53 bp；TR 84 个，重复序列长度为 9～261 bp，总长为 5645 bp；小卫星 DNA 62 个，重复序列长度为 12～57 bp，总长为 3450 bp；未预测到微卫星 DNA。**【CRISPR】**预测到 3 个 CRISPR 相关序列。**【基因岛】**预测到 13 个基因岛 GI 01～GI 13，长度为 3563～15 103 bp，其 G+C 含量为 46.63%～56.57%。利用已预测得到的基因组信息，如重复序列、G+C 含量等，应用 CIRCOS 工具绘制其基因组圈图（图 5-2-12b）。

### 13. 仙台脂环酸芽胞杆菌（*Alicyclobacillus sendaiensis*）NBRC 100866$^T$

仙台脂环酸芽胞杆菌（*Alicyclobacillus sendaiensis* Tsuruoka et al. 2003，sp. nov.）的模式菌株（NTAP-1$^T$ =JCM 11817$^T$ =ATCC BAA-609$^T$ =NBRC 100866$^T$）分离自日本仙台市青叶山公园的土壤，嗜酸、中度嗜热，最适生长条件为 55℃、pH 5.5，好氧，产芽胞（Tsuruoka et al.，2003）。目前，该种仅有 1 个基因组，模式菌株 NBRC 100866$^T$ 基因组的 GenBank 登录号为 GCA_001552675.1，测序平台为 Illumina HiSeq，于 2016 年 2 月 6 日由日本国立技术与评价研究所（National Institute of Technology and Evaluation）提交。

**【基因组的组装】**菌株 NBRC 100866$^T$ 基因组的测序深度为 137 X，基因组大小为 2.794 Mb，组装到 153 个 contigs，contig $N_{50}$ 为 38 367 bp。**【G+C 含量】**62.71%。**【非编码 RNA】**预测到 2 个 rRNA 基因（5S rRNA 0 个、16S rRNA 1 个、23S rRNA 1 个），50 个 tRNA 基因，未预测到 sRNA 基因。**【编码基因】**有 2720 个蛋白质编码基因，编码区总长为 2 394 402 bp，占整个基因组的 85.70%，基因的平均长度为 880 bp。**【基因功能注释】**比对到 KEGG、COG 和 GO 数据库的基因数量分别为 2518 个、2027 个和 1890 个，预测到分泌蛋白编码基因 35 个；在 23 个 COG 功能类群中，基因数量前 10 位的类群分别是：E. 氨基酸转运与代谢 207 个，G. 碳水化合物转运与代谢 201 个，R. 仅一般功能预测 192 个，J. 翻译、核糖体结构与合成 185 个，K. 转录 161 个，I. 脂质转运与代谢 144 个，H. 辅酶转运与代谢 136 个，T. 信号转导机制 125 个，C. 能量产生与转换 118 个和 M. 细胞壁/膜/包膜生物合成 115 个（图 5-2-13a）。**【重复序列】**预测到的重复序列包括：LTR 28 个，总长为 1890 bp，平均长度为 68 bp；DNA 重复元件 4 个，总长为 272 bp，平均长度为 68 bp；LINE 5 个，总长为 306 bp，平均长度为 61 bp；SINE 3 个，总长为 190 bp，平均长度为 63 bp；RC 1 个，长度为 56 bp；TR 52 个，重复序列长度为 9～57 bp，总长为 2700 bp；小卫星 DNA 46 个，重复序列长度为 11～57 bp，总长为 2377 bp；未预测到微卫星 DNA。**【CRISPR】**预测到 29 个 CRISPR 相关序列。**【基因岛】**预测到 2 个基因岛 GI 01 和 GI 02，长度分别为 12 927 bp 和 6621 bp，其 G+C 含量分别为 65.03% 和 65.91%。利用已预测得到的基因组信息，如重复序列、G+C 含量等，应用 CIRCOS 工具绘制其基因组圈图（图 5-2-13b）。

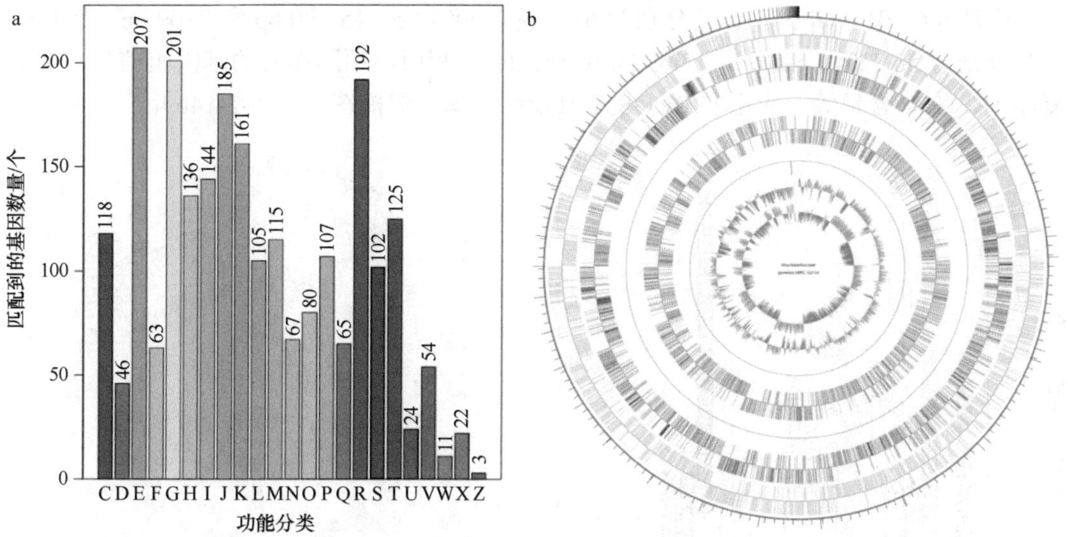


图 5-2-13　仙台脂环酸芽胞杆菌 NBRC 100866$^T$基因组的直系同源基因聚类分析（a）和圈图（b）

## 14. 静冈脂环酸芽胞杆菌（*Alicyclobacillus shizuokensis*）NBRC 103103$^T$

静冈脂环酸芽胞杆菌（*Alicyclobacillus shizuokensis* Goto et al. 2007，sp. nov.）的模式菌株（4-A336$^T$ =DSM 17981$^T$=IAM 15226$^T$=NBRC 103103$^T$）分离自日本静冈市农田土壤，嗜酸、中度嗜热，最适生长条件为 45～50℃、pH 4.0～4.5，好氧，产芽胞（Goto et al.，2007）。目前，该种仅有 1 个基因组，模式菌株 NBRC 103103$^T$基因组的 GenBank 登录号为 GCA_001552255.1，测序平台为 Illumina HiSeq，于 2016 年 2 月 3 日由日本国立技术与评价研究所（National Institute of Technology and Evaluation）提交。

**【基因组的组装】**菌株 NBRC 103103$^T$基因组的测序深度为 117 X，基因组大小为 3.629 Mb，组装到 148 个 contigs，contig $N_{50}$为 69 296 bp。**【G+C 含量】**58.78%。**【非编码 RNA】**预测到 3 个 rRNA 基因（5S rRNA 1 个、16S rRNA 1 个、23S rRNA 1 个），56 个 tRNA 基因，未预测到 sRNA 基因。**【编码基因】**有 3552 个蛋白质编码基因，编码区总长为 3 096 087 bp，占整个基因组的 85.32%，基因的平均长度为 872 bp。**【基因功能注释】**比对到 KEGG、COG 和 GO 数据库的基因数量分别为 2616 个、2267 个和 2445 个，预测到分泌蛋白编码基因 37 个；在 23 个 COG 功能类群中，基因数量前 10 位的类群分别是：E. 氨基酸转运与代谢 254 个，G. 碳水化合物转运与代谢 246 个，R. 仅一般功能预测 240 个，J. 翻译、核糖体结构与合成 205 个，K. 转录 183 个，C. 能量产生与转换 151 个，H. 辅酶转运与代谢 143 个，P. 无机离子转运与代谢 139 个，M. 细胞壁/膜/包膜生物合成 135 个和 I. 脂质转运与代谢 115 个（图 5-2-14a）。**【重复序列】**预测到的重复序列包括：LTR 32 个，总长为 2128 bp，平均长度为 67 bp；DNA 重复元件 6 个，总长为 328 bp，平均长度为 55 bp；LINE 9 个，总长为 818 bp，平均长度为 91 bp；SINE 2 个，总长为 125 bp，平均长度为 63 bp；TR 77 个，重复序列长度为 9～117 bp，总长为 4489 bp；小卫星 DNA 71 个，重复序列长度为 12～48 bp，总长为 3337 bp；未预测到微卫星 DNA。**【CRISPR】**预测到 117 个 CRISPR 相关序列。**【基因岛】**预测到

4 个基因岛 GI 01～GI 04，长度分别为 6111 bp、9007 bp、15 180 bp 和 7809 bp，其 G+C 含量分别为 58.22%、52.10%、53.90%和 55.23%。利用已预测得到的基因组信息，如重复序列、G+C 含量等，应用 CIRCOS 工具绘制其基因组圈图（图 5-2-14b）。

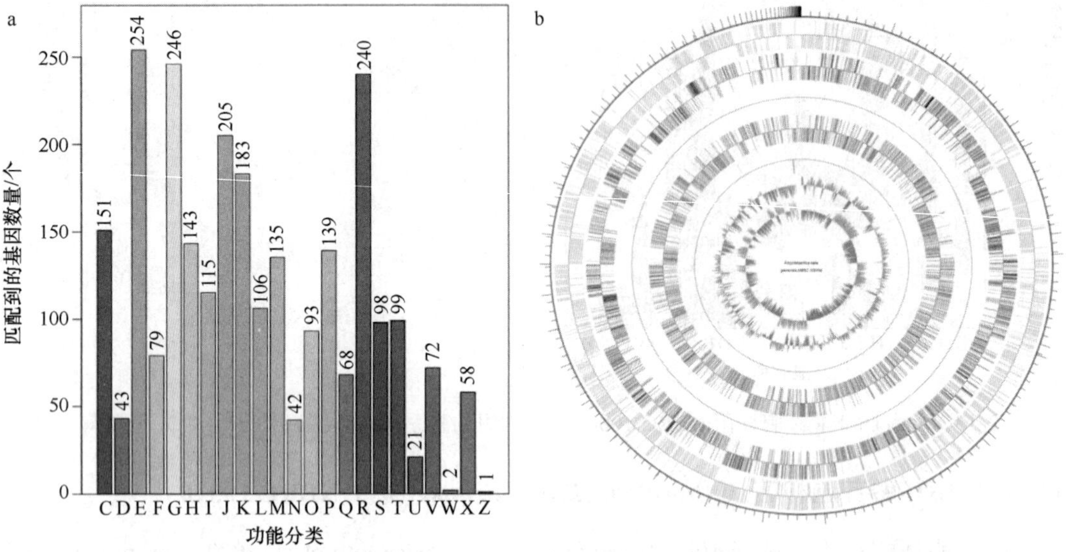


图 5-2-14　静冈脂环酸芽胞杆菌 NBRC 103103^T 基因组的直系同源基因聚类分析（a）和圈图（b）

## 15. 腾冲脂环酸芽胞杆菌（*Alicyclobacillus tengchongensis*）CGMCC 1504^T

腾冲脂环酸芽胞杆菌（*Alicyclobacillus tengchongensis* Kim et al. 2014，sp. nov.）的模式菌株（ACK006^T =KCTC 33022^T =DSM 25924^T =CGMCC 1504^T）分离自云南腾冲市热泉土壤，嗜酸、中度嗜热，最适生长条件为 45℃、pH 3.2，产芽胞（Kim et al.，2014b）。目前，该种仅有 1 个基因组，模式菌株 CGMCC 1504^T 基因组的 GenBank 登录号为 GCA_001447355.1，测序平台为 Solexa Genome Analyzer，于 2015 年 11 月 23 日由云南师范大学（Yunnan Normal University）提交。

**【基因组的组装】**菌株 CGMCC 1504^T 基因组的测序深度为 362 X，基因组大小为 2.809 Mb，组装到 55 个 contigs，contig $N_{50}$ 为 121 584 bp。**【G+C 含量】**53.98%。**【非编码 RNA】**预测到 5 个 rRNA 基因（5S rRNA 5 个、16S rRNA 0 个、23S rRNA 0 个），60 个 tRNA 基因，未预测到 sRNA 基因。**【编码基因】**有 2841 个蛋白质编码基因，编码区总长为 2 512 290 bp，占整个基因组的 89.44%，基因的平均长度为 884 bp。**【基因功能注释】**比对到 KEGG、COG 和 GO 数据库的基因数量分别为 2400 个、2029 个和 2000 个，预测到分泌蛋白编码基因 37 个；在 23 个 COG 功能类群中，基因数量前 10 位的类群分别是：G. 碳水化合物转运与代谢 226 个，E. 氨基酸转运与代谢 222 个，R. 仅一般功能预测 196 个，J. 翻译、核糖体结构与合成 187 个，K. 转录 168 个，H. 辅酶转运与代谢 132 个，M. 细胞壁/膜/包膜生物合成 126 个，P. 无机离子转运与代谢 124 个，T. 信号转导机制 111 个、C. 能量产生与转换 108 个和 I. 脂质转运与代谢 108 个（图 5-2-15a）。**【重复序列】**预测到的重复序列包括：LTR 24 个，总长为 1522 bp，平均长度为 63 bp；

DNA 重复元件 3 个，总长为 231 bp，平均长度为 77 bp；LINE 5 个，总长为 275 bp，平均长度为 55 bp；SINE 8 个，总长为 599 bp，平均长度为 75 bp；TR 100 个，重复序列长度为 10～134 bp，总长为 14 165 bp；小卫星 DNA 53 个，重复序列长度为 11～54 bp，总长为 3483 bp；未预测到微卫星 DNA。**【CRISPR】**预测到 55 个 CRISPR 相关序列。**【基因岛】**预测到 7 个基因岛 GI 01～GI 07，长度为 5677～18 099 bp，其 G+C 含量为 49.30%～57.01%。利用已预测得到的基因组信息，如重复序列、G+C 含量等，应用 CIRCOS 工具绘制其基因组圈图（图 5-2-15b）。

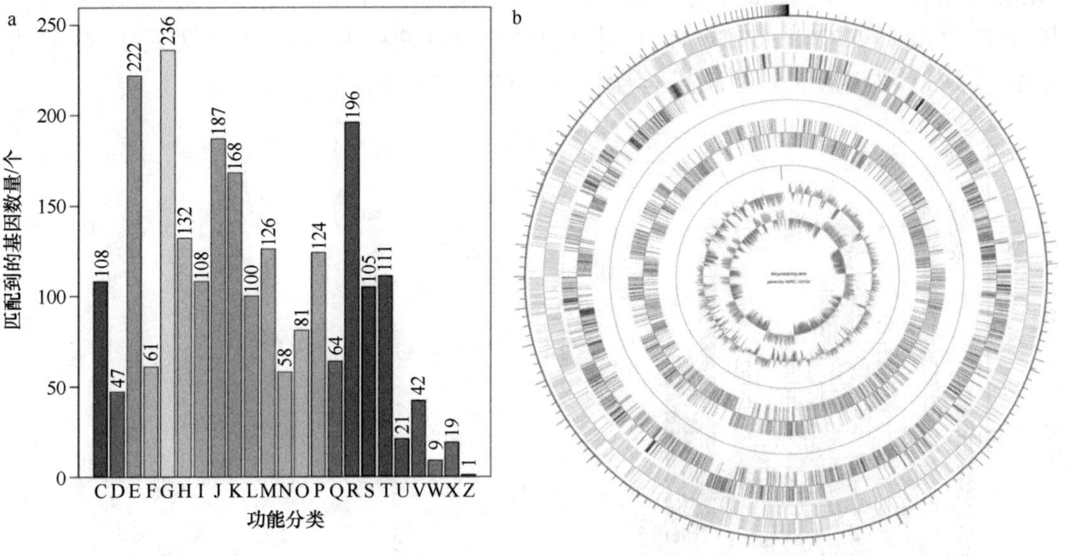


图 5-2-15 腾冲脂环酸芽胞杆菌 CGMCC 1504$^T$ 基因组的直系同源基因聚类分析（a）和圈图（b）

## 16. 火神脂环酸芽胞杆菌（*Alicyclobacillus vulcanalis*）DSM 16176$^T$

火神脂环酸芽胞杆菌（*Alicyclobacillus vulcanalis* Simbahan et al. 2004，sp. nov.）的模式菌株（CsHg2$^T$ =ATCC BAA-915$^T$ =DSM 16176$^T$）分离自美国加利福尼亚州莫哈维沙漠科索温泉，嗜酸、嗜热，最适生长条件为 55℃、pH 4.0，产芽胞（Simbahan et al.，2004）。目前，该种仅有 1 个基因组，模式菌株 DSM 16176$^T$ 基因组的 GenBank 登录号为 GCA_900156755.1，测序平台为 Illumina HiSeq，于 2017 年 1 月 14 日由美国能源部联合基因组研究所（DOE Joint Genome Institute）提交。

**【基因组的组装】**菌株 DSM 16176$^T$ 基因组的测序深度为 466 X，基因组大小为 2.994 Mb，组装到 34 个 scaffolds，scaffold $N_{50}$ 为 208 354 bp。**【G+C 含量】**61.86%。**【非编码 RNA】**预测到 5 个 rRNA 基因（5S rRNA 3 个、16S rRNA 1 个、23S rRNA 1 个），61 个 tRNA 基因，未预测到 sRNA 基因。**【编码基因】**有 2954 个蛋白质编码基因，编码区总长为 2 635 761 bp，占整个基因组的 88.03%，基因的平均长度为 892 bp。**【基因功能注释】**比对到 KEGG、COG 和 GO 数据库的基因数量分别为 2665 个、2162 个和 2046 个，预测到分泌蛋白编码基因 50 个；在 23 个 COG 功能类群中，基因数量前 10 位的类群分别是：G. 碳水化合物转运与代谢 239 个，E. 氨基酸转运与代谢 226 个，R. 仅一般功能预测 199 个，J. 翻译、核糖体结构与合成 190 个，K. 转录 172 个，I. 脂质转运与代谢 152 个，H. 辅酶转运与代谢 143 个，T. 信号转导机制 131 个，C. 能量产生与转换 128 个，M. 细胞壁/膜/包膜生物合成 122 个和 P. 无机离子转运与代谢 122 个（图 5-2-16a）。**【重复序列】**预测到的重复序列包括：LTR 11 个，总长为 925 bp，平均长度为 84 bp；LINE 1 个，长度为 91 bp；SINE 6 个，总长为 423 bp，平均长度为 71 bp；TR 112 个，重复序列长度为 9～59 bp，总长为 6393 bp；小卫星 DNA 107 个，重复序列长度为 10～59 bp，总长为 6193 bp；未预测到微卫星 DNA。**【CRISPR】**预测到 23 个 CRISPR 相关序列。**【基因岛】**预测到 8 个基因岛 GI 01～GI 08，长度为 5478～15 979 bp，其 G+C 含量为 46.72%～67.36%。利用已预测得到的基因组信息，如重复序列、G+C 含量等，应用 CIRCOS 工具绘制其基因组圈图（图 5-2-16b）。

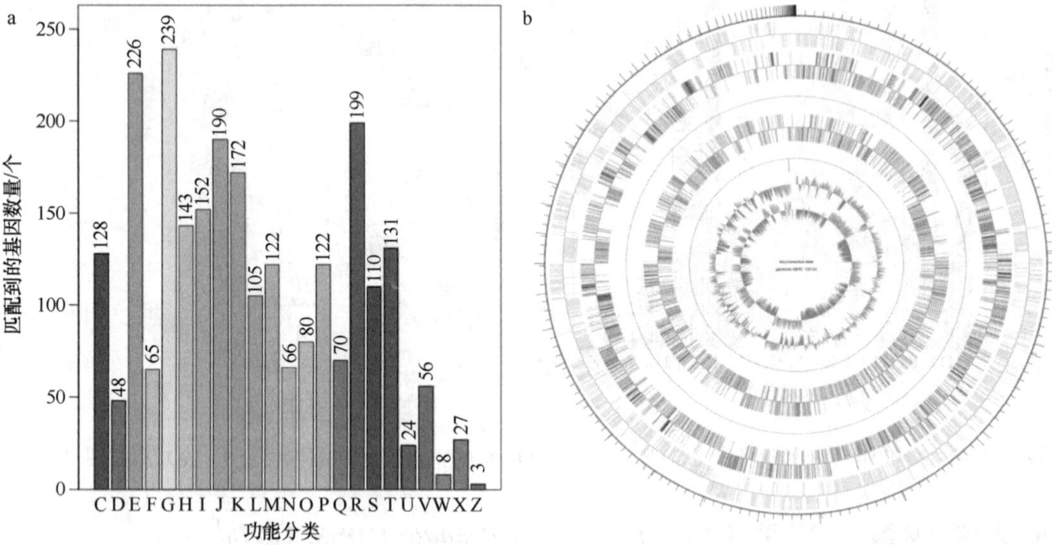


图 5-2-16　火神脂环酸芽胞杆菌 DSM 16176$^{T}$ 基因组的直系同源基因聚类分析（a）和圈图（b）

## 二、多变芽胞杆菌属

多变芽胞杆菌属（*Effusibacillus* Watanabe et al. 2014，gen. nov.）于 2014 年建立（Watanabe et al. 2014），有 3 种：血样多变芽胞杆菌［*Effusibacillus consociatus* (Glaeser et al. 2013) Watanabe et al. 2014，comb. nov.］、湖多变芽胞杆菌（*Effusibacillus lacus* Watanabe et al. 2014，sp. nov.）（模式种）和橘色藻多变芽胞杆菌［*Effusibacillus pohliae* (Imperio et al. 2008) Watanabe et al. 2014，comb. nov.］，好氧或兼性厌氧，产芽胞。目前，该属有 2 个已知种类的 3 个菌株的基因组被测序。

### 1. 湖多变芽胞杆菌（*Effusibacillus lacus*）skLN1$^{T}$

湖多变芽胞杆菌（*Effusibacillus lacus* Watanabe et al. 2014，sp. nov.）的模式菌株（skLN1$^{T}$ =NBRC 109614$^{T}$ =DSM 27172$^{T}$）分离自淡水湖的沉积物，嗜热，生长温度为

28～60℃（最适 50～52℃），最适 pH 7.25～7.5，兼性厌氧，产芽胞（Watanabe et al.，2014）。目前，该种有 2 个基因组，选择组装水平较高的模式菌株 skLN1$^T$ 的基因组进行描述，其 GenBank 登录号为 GCA_002335525.1，测序平台为 Illumina HiSeq，于 2017 年 9 月 12 日由日本北海道大学（Hokkaido University）提交。

**【基因组的组装】**菌株 skLN1$^T$ 基因组的测序深度为 290 X，基因组大小为 3.908 Mb，组装到 127 个 scaffolds，scaffold $N_{50}$ 为 89 652 bp。**【G+C 含量】**49.67%。**【非编码 RNA】**预测到 7 个 rRNA 基因（5S rRNA 6 个、16S rRNA 1 个、23S rRNA 0 个），83 个 tRNA 基因，11 个 sRNA 基因。**【编码基因】**有 4066 个蛋白质编码基因，编码区总长为 3 378 738 bp，占整个基因组的 86.46%，基因的平均长度为 831 bp。**【基因功能注释】**比对到 KEGG、COG 和 GO 数据库的基因数量分别为 3092 个、2583 个和 2740 个，预测到分泌蛋白编码基因 87 个；在 24 个 COG 功能类群中，基因数量前 10 位的类群分别是：E. 氨基酸转运与代谢 326 个，R. 仅一般功能预测 275 个，C. 能量产生与转换 220 个，J. 翻译、核糖体结构与合成 204 个，K. 转录 204 个，P. 无机离子转运与代谢 178 个，G. 碳水化合物转运与代谢 173 个，I. 脂质转运与代谢 169 个，H. 辅酶转运与代谢 164 个和 T. 信号转导机制 158 个（图 5-2-17a）。**【重复序列】**预测到的重复序列包括：LTR 95 个，总长为 6242 bp，平均长度为 66 bp；DNA 重复元件 32 个，总长为 2178 bp，平均长度为 68 bp；LINE 32 个，总长为 1973 bp，平均长度为 62 bp；SINE 18 个，总长为 1190 bp，平均长度为 66 bp；TR 152 个，重复序列长度为 6～153 bp，总长为 14 080 bp；小卫星 DNA 133 个，重复序列长度为 10～54 bp，总长为 12 256 bp；微卫星 DNA 2 个，重复序列长度为 6 bp，总长为 99 bp。**【CRISPR】**预测到 214 个 CRISPR 相关序列。**【基因岛】**预测到 9 个基因岛 GI 01～GI 09，长度为 5347～10 907 bp，其 G+C 含量为 45.64%～52.53%。利用已预测得到的基因组信息，如重复序列、G+C 含量等，应用 CIRCOS 工具绘制其基因组圈图（图 5-2-17b）。

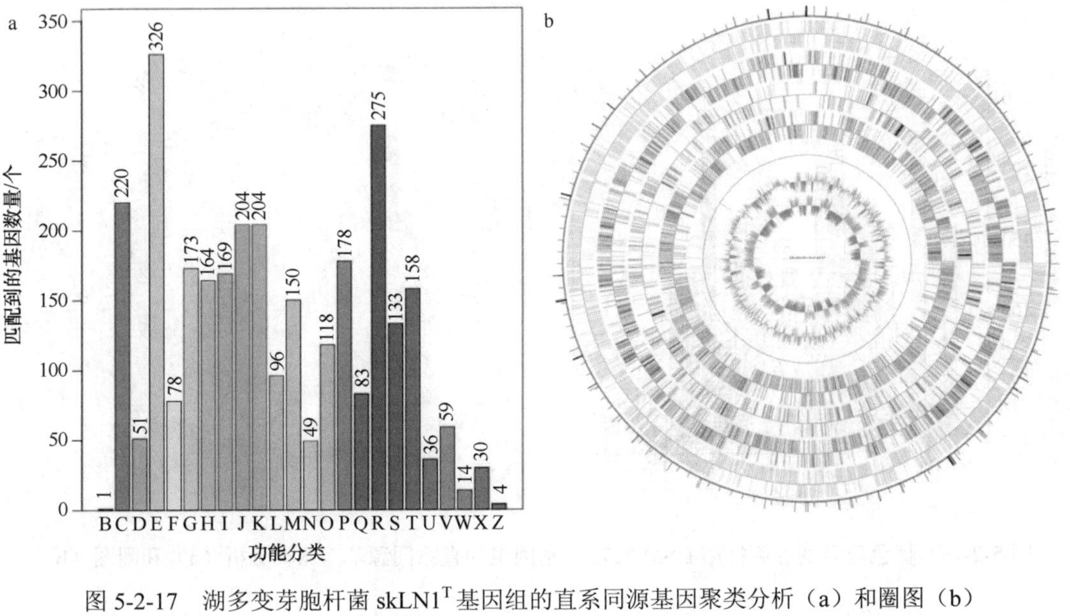


图 5-2-17　湖多变芽胞杆菌 skLN1$^T$ 基因组的直系同源基因聚类分析（a）和圈图（b）

## 2. 橘色藻多变芽胞杆菌（*Effusibacillus pohliae*）DSM 22757$^T$

橘色藻多变芽胞杆菌[*Effusibacillus pohliae* (Imperio et al. 2008) Watanabe et al. 2014，comb. nov.］的模式菌株（MP4$^T$ =CIP 109385$^T$ =NCIMB 14276$^T$ =DSM 22757$^T$）分离自南极墨尔本山的地热土壤，嗜热、嗜酸，生长条件为 42～60℃（最适 55℃）、pH 4.5～7.5（最适 pH 5.5），5%（*W*/*V*）NaCl 不能生长，好氧，产芽胞，2008 年被命名为橘色藻脂环酸芽胞杆菌（*Alicyclobacillus pohliae*）（Imperio et al.，2008），2014 年被重分类为橘色藻多变芽胞杆菌（*Effusibacillus pohliae*）（Watanabe et al.，2014）。目前，该种仅有 1 个基因组，模式菌株 DSM 22757$^T$ 基因组的 GenBank 登录号为 GCA_000376225.1，测序平台为 Illumina HiSeq，于 2013 年 4 月 20 日由美国能源部联合基因组研究所（DOE Joint Genome Institute）提交。

**【基因组的组装】**菌株 DSM 22757$^T$ 基因组的测序深度为 290 X，基因组大小为 3.364 Mb，组装到 135 个 contigs，contig $N_{50}$ 为 74 762 bp。**【G+C 含量】**54.81%。**【非编码 RNA】**预测到 6 个 rRNA 基因（5S rRNA 6 个、16S rRNA 0 个、23S rRNA 0 个），72 个 tRNA 基因，7 个 sRNA 基因。**【编码基因】**有 3462 个蛋白质编码基因，编码区总长为 2 896 443 bp，占整个基因组的 86.10%，基因的平均长度为 795 bp。**【基因功能注释】**比对到 KEGG、COG 和 GO 数据库的基因数量分别为 2705 个、2273 个和 2426 个，预测到分泌蛋白编码基因 80 个；在 24 个 COG 功能类群中，基因数量前 10 位的类群分别是：E. 氨基酸转运与代谢 305 个，R. 仅一般功能预测 216 个，J. 翻译、核糖体结构与合成 198 个，K. 转录 180 个，C. 能量产生与转换 160 个，I. 脂质转运与代谢 159 个，H. 辅酶转运与代谢 154 个，G. 碳水化合物转运与代谢 138 个，P. 无机离子转运与代谢 137 个和 S. 功能未知 132 个（图 5-2-18a）。**【重复序列】**预测到的

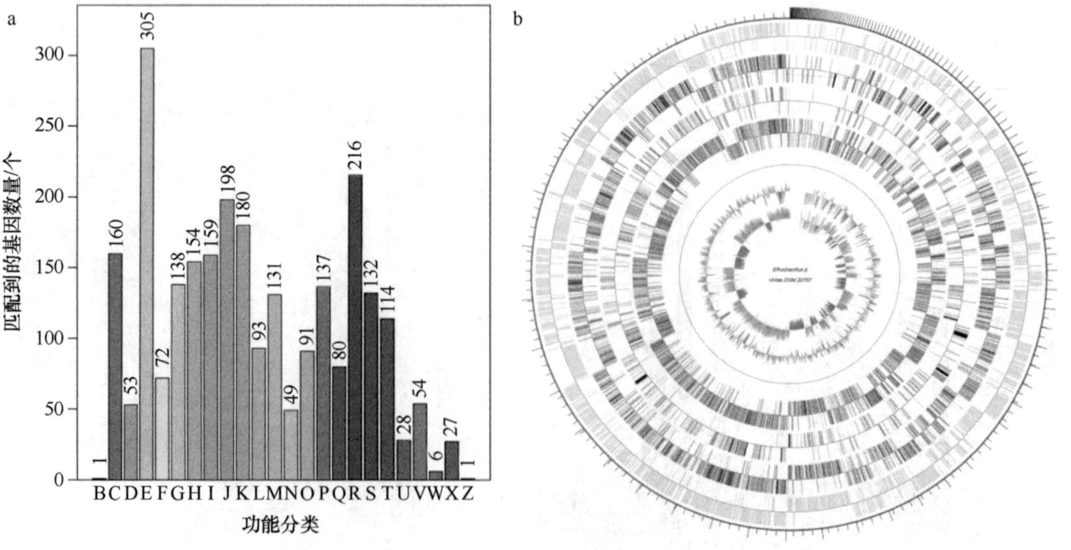


图 5-2-18　橘色藻多变芽胞杆菌 DSM 22757$^T$ 基因组的直系同源基因聚类分析（a）和圈图（b）

重复序列包括：LTR 42 个，总长为 2472 bp，平均长度为 59 bp；DNA 重复元件 7 个，总长为 409 bp，平均长度为 58 bp；LINE 7 个，总长为 397 bp，平均长度为 57 bp；SINE 14 个，总长为 915 bp，平均长度为 65 bp；未知序列 1 个，长度为 48 bp；TR 95 个，重复序列长度为 5～153 bp，总长为 5023 bp；小卫星 DNA 87 个，重复序列长度为 10～57 bp，总长为 4003 bp；微卫星 DNA 4 个，重复序列长度为 5～6 bp，总长为 197 bp。**【CRISPR】**预测到 69 个 CRISPR 相关序列。**【基因岛】**预测到 8 个基因岛 GI 01～GI 08，长度为 6807～13 209 bp，其 G+C 含量为 50.58%～58.84%。利用已预测得到的基因组信息，如重复序列、G+C 含量等，应用 CIRCOS 工具绘制其基因组圈图（图 5-2-18b）。

## 三、科鲁比蒂斯氏菌属

科鲁比蒂斯氏菌属（*Kyrpidia* Klenk et al. 2011，gen. nov.）于 2011 年建立（Klenk et al.，2011），包含 2 种：施波尔曼科鲁比蒂斯氏菌（*Kyrpidia spormannii* Reiner et al. 2018，sp. nov.）和托斯卡纳科鲁比蒂斯氏菌［*Kyrpidia tusciae* (Bonjour and Aragno 1985) Klenk et al. 2012，sp. nov.］（模式种），兼性厌氧或好氧，产芽胞，嗜热，氧化氢分子。目前，该属有 2 个已知种类的 2 个基因组被测序。

### 1. 施波尔曼科鲁比蒂斯氏菌（*Kyrpidia spormannii*）EA-1$^T$

施波尔曼科鲁比蒂斯氏菌（*Kyrpidia spormannii* Reiner et al. 2018，sp. nov.）的模式菌株（EA-1$^T$ =DSM 106492$^T$ =CCOS1194$^T$）分离自葡萄牙亚速尔群岛的热液沉积物，嗜热、嗜酸，最适生长条件为 55℃、pH 5.5、0～1%（*W*/*V*）NaCl，兼性厌氧，产芽胞（Reiner et al.，2018）。目前，该种仅有 1 个基因组，模式菌株 EA-1$^T$ 基因组的 GenBank 登录号为 GCA_002804065.1，测序平台为 PacBio+Illumina MiSeq，于 2017 年 12 月 4 日由德国卡尔斯鲁厄理工学院（Karlsruhe Institute of Technology）提交。

**【基因组的组装】**菌株 EA-1$^T$ 基因组的测序深度为 84 X，基因组大小为 3.352 Mb，组装到完成图水平，包括 1 条染色体。**【G+C 含量】**58.70%。**【非编码 RNA】**预测到 15 个 rRNA 基因（5S rRNA 5 个、16S rRNA 5 个、23S rRNA 5 个），59 个 tRNA 基因，未预测到 sRNA 基因。**【编码基因】**有 3411 个蛋白质编码基因，编码区总长为 2 941 593 bp，占整个基因组的 87.76%，基因的平均长度为 862 bp。**【基因功能注释】**比对到 KEGG、COG 和 GO 数据库的基因数量分别为 2936 个、2515 个和 2291 个，预测到分泌蛋白编码基因 27 个；在 24 个 COG 功能类群中，基因数量前 10 位的类群分别是：E. 氨基酸转运与代谢 303 个，R. 仅一般功能预测 243 个，C. 能量产生与转换 217 个，K. 转录 194 个，J. 翻译、核糖体结构与合成 190 个，H. 辅酶转运与代谢 164 个，I. 脂质转运与代谢 161 个，T. 信号转导机制 135 个，M. 细胞壁/膜/包膜生物合成 132 个和 P. 无机离子转运与代谢 132 个（图 5-2-19a）。**【重复序列】**预测到的重复序列包括：LTR 19 个，总长为 2423 bp，平均长度为 128 bp；DNA 重复元件 2 个，总长为 98 bp，平均长度为 49 bp；LINE 12 个，总长为 735 bp，平均长度为 61 bp；SINE 3 个，总长为 175 bp，平均长度为 58 bp；TR 81 个，重复序列长度为 1～1889 bp，总长为 15 208 bp；小卫星 DNA

61 个，重复序列长度为 12～42 bp，总长为 2823 bp；未预测到微卫星 DNA。**【CRISPR】**预测到 532 个 CRISPR 相关序列。**【基因岛】**预测到 15 个基因岛 GI 01～GI 15，长度为 2180～67 386 bp，其 G+C 含量为 49.28%～61.85%。利用已预测得到的基因组信息，如重复序列、G+C 含量等，应用 CIRCOS 工具绘制其基因组圈图（图 5-2-19b）。

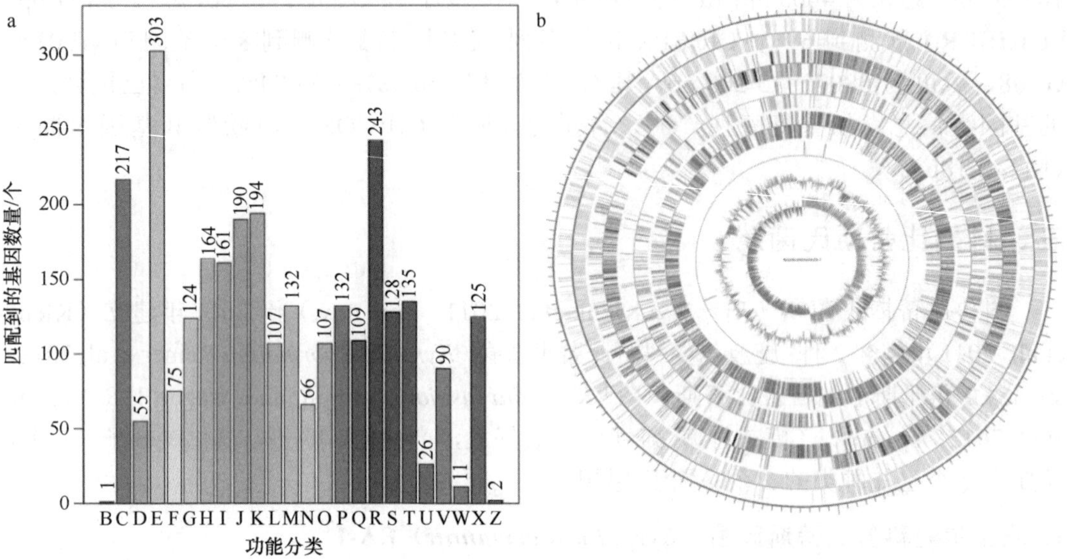


图 5-2-19 施波尔曼科鲁比蒂斯氏菌 EA-1$^{T}$基因组的直系同源基因聚类分析（a）和圈图（b）

## 2. 托斯卡纳科鲁比蒂斯氏菌（*Kyrpidia tusciae*）DSM 2912$^{T}$

托斯卡纳科鲁比蒂斯氏菌［*Kyrpidia tusciae* (Bonjour and Aragno 1985) Klenk et al. 2012，sp. nov.］的模式菌株（T2$^{T}$=DSM 2912$^{T}$=NBRC 15312$^{T}$）分离自意大利地热区的硫气孔，嗜热，生长温度为 47～65℃（最适 55℃），好氧，产芽胞，1984 年被命名为托斯卡纳芽胞杆菌（*Bacillus tusciae*）（Bonjour and Aragno，1984），2011 年被重分类为托斯卡纳科鲁比蒂斯氏菌（*Kyrpidia tusciae*）（Klenk et al. 2011）。目前，该种仅有 1 个基因组，模式菌株 DSM 2912$^{T}$基因组的 GenBank 登录号为 GCA_000092905.1，测序平台为 ABI 3730+454 FLX，于 2010 年 4 月 29 日由美国能源部联合基因组研究所（DOE Joint Genome Institute）提交。

**【基因组的组装】**菌株 DSM 2912$^{T}$基因组的测序深度为 31 X，基因组大小为 3.485 Mb，组装到完成图水平，包括 1 条染色体。**【G+C 含量】**59.11%。**【非编码 RNA】**预测到 15 个 rRNA 基因（5S rRNA 5 个、16S rRNA 5 个、23S rRNA 5 个），60 个 tRNA 基因，未预测到 sRNA 基因。**【编码基因】**有 3484 个蛋白质编码基因，编码区总长为 2 978 025 bp，占整个基因组的 85.45%，基因的平均长度为 855 bp。**【基因功能注释】**比对到 KEGG、COG 和 GO 数据库的基因数量分别为 3155 个、2614 个和 2285 个，预测到分泌蛋白编码基因 29 个；在 24 个 COG 功能类群中，基因数量前 10 位的类群分别是：R. 仅一般功能预测 283 个，E. 氨基酸转运与代谢 269 个，C. 能量产生与转换 211 个，K. 转录 209 个，J. 翻译、核糖体结构与合成 195 个，I. 脂质转运与代谢 173 个，P. 无机离子转运与代谢 166 个，H. 辅酶转运与代谢 162 个，S. 功能未知 138 个和 T. 信号转导机制 137 个（图 5-2-20a）。**【重复序列】**预测到的重复序列包括：LTR 21 个，总长为 2556 bp，平均长度为 122 bp；LINE 11 个，总长为 673 bp，平均长度为 61 bp；SINE 4 个，总长为 199 bp，平均长度为 50 bp；TR 76 个，重复序列长度为 1～1702 bp，总长为 10 007 bp；小卫星 DNA 61 个，重复序列长度为 11～42 bp，总长为 3092 bp；未预测到微卫星 DNA。**【CRISPR】**预测到 422 个 CRISPR 相关序列。**【基因岛】**预测到 23 个基因岛 GI 01～GI 23，长度为 3231～36 413 bp，其 G+C 含量为 51.49%～62.48%。利用已预测得到的基因组信息，如重复序列、G+C 含量等，应用 CIRCOS 工具绘制其基因组圈图（图 5-2-20b）。

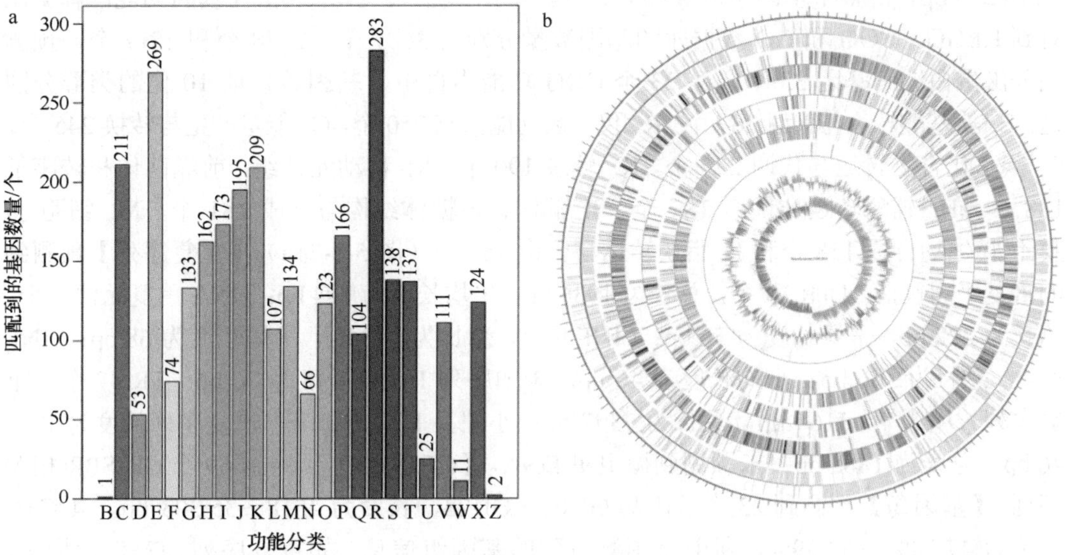


图 5-2-20　托斯卡纳科鲁比蒂斯氏菌 DSM 2912$^T$ 基因组的直系同源基因聚类分析（a）和圈图（b）

## 四、硫化芽胞杆菌属

硫化芽胞杆菌属（*Sulfobacillus* Golovacheva and Karavaiko 1991，gen. nov.）于 1978 年建立（Golovacheva and Karavaĭko，1978），包含 5 种：嗜酸硫化芽胞杆菌（*Sulfobacillus acidophilus* Norris et al. 1996，sp. nov.）、互惠硫化芽胞杆菌（*Sulfobacillus benefaciens* Johnson et al. 2009，sp. nov.）、西伯利亚硫化芽胞杆菌（*Sulfobacillus sibiricus* Melamud et al. 2006，sp. nov.）、嗜热硫氧化硫化芽胞杆菌（*Sulfobacillus thermosulfidooxidans* Golovacheva and Karavaiko 1991，sp. nov.）（模式种）和耐热硫化芽胞杆菌（*Sulfobacillus thermotolerans* Bogdanova et al. 2006，sp. nov.），均产芽胞。目前，该属有 3 个已知种类和 2 个未定种菌株的 16 个基因组被测序。

### 1. 嗜酸硫化芽胞杆菌（*Sulfobacillus acidophilus*）DSM 10332$^T$

嗜酸硫化芽胞杆菌（*Sulfobacillus acidophilus* Norris et al. 1996，sp. nov.）的模式菌株（NAL$^T$ =ATCC 700253$^T$ =DSM 10332$^T$）分离自富含铁、硫磺、硫化物的酸性环境，嗜热、嗜酸，能氧化二价铁和硫化物（自养），最适生长温度为 45～50℃，最适 pH 2.0，

兼性厌氧，产芽胞（Norris et al.，1996）。目前，该种有 3 个基因组，选择组装到完成图水平的模式菌株 DSM 10332^T^ 的基因组进行描述，其 GenBank 登录号为 GCA_000237975.1，测序平台为 Illumina Hiseq+454 FLX，于 2011 年 12 月 14 日由美国能源部联合基因组研究所（DOE Joint Genome Institute）提交。

**【基因组的组装】**菌株 DSM 10332^T^ 基因组的测序深度为 30 X，基因组大小为 3.558 Mb，组装到完成图水平，包括 1 条染色体和 1 个质粒。**【G+C 含量】**56.75%。**【非编码 RNA】**预测到 10 个 rRNA 基因（5S rRNA 0 个、16S rRNA 5 个、23S rRNA 5 个），53 个 tRNA 基因，未预测到 sRNA 基因。**【编码基因】**有 3827 个蛋白质编码基因，编码区总长为 3 178 230 bp，占整个基因组的 89.33%，基因的平均长度为 830 bp。**【基因功能注释】**比对到 KEGG、COG 和 GO 数据库的基因数量分别为 3687 个、2778 个和 2517 个，预测到分泌蛋白编码基因 33 个；在 23 个 COG 功能类群中，基因数量前 10 位的类群分别是：E. 氨基酸转运与代谢 267 个，R. 仅一般功能预测 250 个，C. 能量产生与转换 245 个，G. 碳水化合物转运与代谢 227 个，K. 转录 190 个，X. 移动元件组：前噬菌体和转座子 188 个，H. 辅酶转运与代谢 187 个，J. 翻译、核糖体结构与合成 181 个，M. 细胞壁/膜/包膜生物合成 158 个和 I. 脂质转运与代谢 157 个（图 5-2-21a）。**【重复序列】**预测到的重复序列包括：LTR 10 个，总长为 1936 bp，平均长度为 194 bp；DNA 重复元件 4 个，总长为 222 bp，平均长度为 56 bp；LINE 9 个，总长为 613 bp，平均长度为 68 bp；SINE 8 个，总长为 366 bp，平均长度为 46 bp；未知序列 1 个，长度为 76 bp；TR 47 个，重复序列长度为 7～1164 bp，总长为 7397 bp；小卫星 DNA 40 个，重复序列长度为 11～46 bp，总长为 1885 bp；未预测到微卫星 DNA。**【CRISPR】**预测到 69 个 CRISPR 相关序列。**【基因岛】**预测到 23 个基因岛 GI 01～GI 23，长度为 4518～35 303 bp，其 G+C 含量为 47.74%～62.59%。利用已预测得到的基因组信息，如重复序列、G+C 含量等，应用 CIRCOS 工具绘制其基因组圈图（图 5-2-21b）。

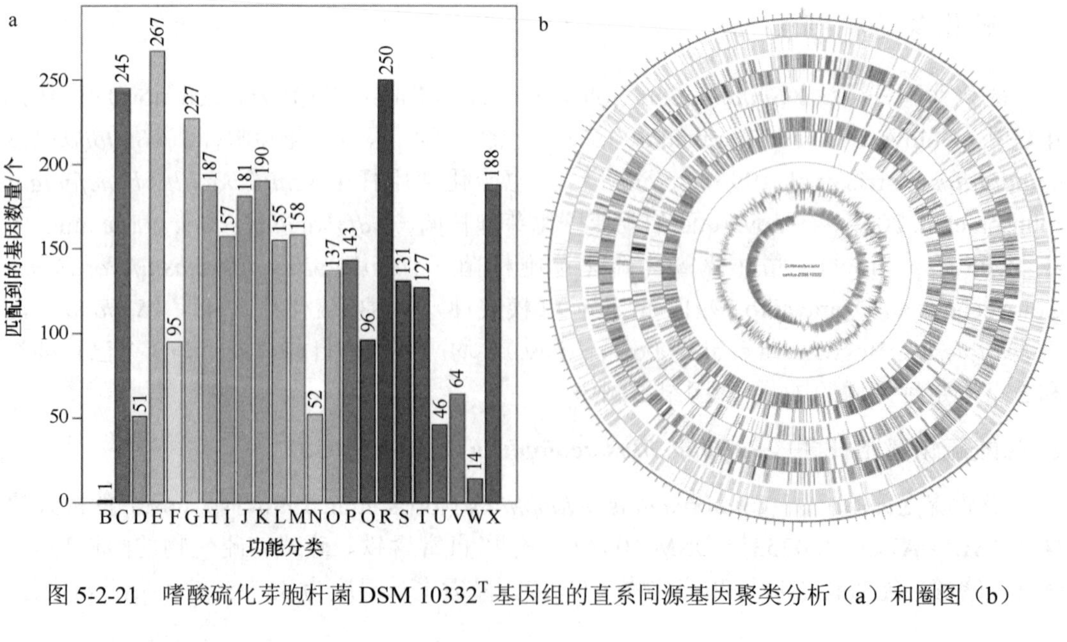


图 5-2-21　嗜酸硫化芽胞杆菌 DSM 10332^T^ 基因组的直系同源基因聚类分析（a）和圈图（b）

## 2. 互惠硫化芽胞杆菌（*Sulfobacillus benefaciens*）AMDSBA4

互惠硫化芽胞杆菌（*Sulfobacillus benefaciens* Johnson et al. 2009，sp. nov.）的模式菌株（$T2^T$ =DSM $2912^T$ =NBRC $15312^T$）分离自生物浸矿搅拌池，耐热、嗜酸，能氧化铁和硫化物，最适生长温度为38.5℃（最高47℃），最适pH 1.5（最低pH 0.8），兼性厌氧，产芽胞（Johnson et al.，2008）。目前，该种有2个基因组，选择组装水平较高的非模式菌株AMDSBA4的基因组进行描述，其GenBank登录号为GCA_003023695.1，测序平台为Illumina HiSeq，于2018年3月27日由美国加利福尼亚大学伯克利分校（University of California，Berkeley）提交。

**【基因组的组装】**菌株AMDSBA4基因组的测序深度为10 X，基因组大小为4.557 Mb，组装到115个scaffolds，scaffold $N_{50}$ 为65 127 bp。**【G+C含量】**51.66%。**【非编码RNA】**预测到0个rRNA基因（5S rRNA 0个、16S rRNA 0个、23S rRNA 0个），45个tRNA基因，0个sRNA基因。**【编码基因】**有4200个蛋白质编码基因，编码区总长为3 411 690 bp，占整个基因组的74.87%，基因的平均长度为812 bp。**【基因功能注释】**比对到KEGG、COG和GO数据库的基因数量分别为2688个、2323个和2600个，预测到分泌蛋白编码基因34个；在23个COG功能类群中，基因数量前10位的类群分别是：E. 氨基酸转运与代谢307个，R. 仅一般功能预测255个，C. 能量产生与转换224个，G. 碳水化合物转运与代谢183个，J. 翻译、核糖体结构与合成181个，I. 脂质转运与代谢179个，K. 转录168个，M. 细胞壁/膜/包膜生物合成141个，H. 辅酶转运与代谢135个和P. 无机离子转运与代谢122个（图5-2-22a）。**【重复序列】**预测到的重复序列包括：LTR 78个，总长为4648 bp，平均长度为60 bp；DNA重复元件24个，总长为1486 bp，平均长度为62 bp；LINE 13个，总长为762 bp，平均长度为59 bp；SINE 11个，总长为543 bp，平均长度为49 bp；RC 3个，总长为147 bp，平均长度为49 bp；未知序列1个，长度

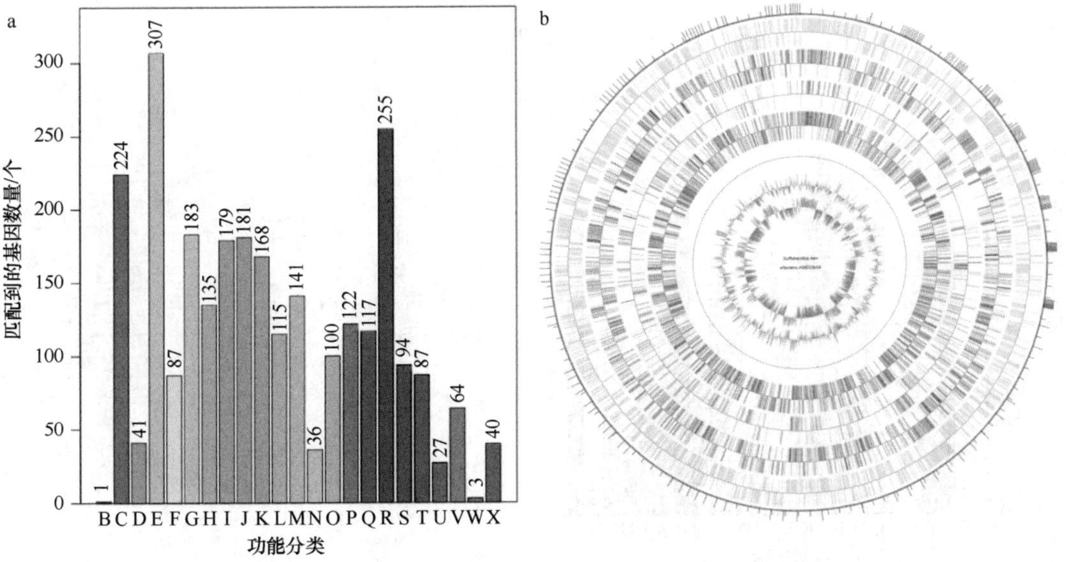


图5-2-22　互惠硫化芽胞杆菌AMDSBA4基因组的直系同源基因聚类分析（a）和圈图（b）

为 76 bp；TR 43 个，重复序列长度为 11～99 bp，总长为 2281 bp；小卫星 DNA 40 个，重复序列长度为 11～44 bp，总长为 1924 bp；未预测到微卫星 DNA。**【CRISPR】**预测到 37 个 CRISPR 相关序列。**【基因岛】**预测到 5 个基因岛 GI 01～GI 05，长度为 4416～10 460 bp，其 G+C 含量为 50.84%～53.17%。利用已预测得到的基因组信息，如重复序列、G+C 含量等，应用 CIRCOS 工具绘制其基因组圈图（图 5-2-22b）。

### 3. 嗜热硫氧化硫化芽胞杆菌（*Sulfobacillus thermosulfidooxidans*）DSM 9293$^T$

嗜热硫氧化硫化芽胞杆菌（*Sulfobacillus thermosulfidooxidans* Golovacheva and Karavaiko 1991，sp. nov.）的模式菌株（AT-1$^T$ =DSM 9293$^T$ =VKM B-1269$^T$）分离自自发热矿床，嗜热、嗜酸，能氧化硫化物，最适生长温度为 50℃，兼性厌氧，产芽胞（Golovacheva and Karavaiko，1978）。目前，该种有 9 个基因组，选择组装水平较高的模式菌株 DSM 9293$^T$ 的基因组进行描述，其 GenBank 登录号为 GCA_900176145.1，测序平台为 Illumina HiSeq，于 2017 年 4 月 7 日由美国能源部联合基因组研究所（DOE Joint Genome Institute）提交。

**【基因组的组装】**菌株 DSM 9293$^T$ 基因组的测序深度为 128 X，基因组大小为 3.861 Mb，组装到 2 个 scaffolds，scaffold $N_{50}$ 为 3 612 359 bp。**【G+C 含量】**49.65%。**【非编码 RNA】**预测到 17 个 rRNA 基因（5S rRNA 5 个、16S rRNA 6 个、23S rRNA 6 个），50 个 tRNA 基因，0 个 sRNA 基因。**【编码基因】**有 4027 个蛋白质编码基因，编码区总长为 3 360 810 bp，占整个基因组的 87.05%，基因的平均长度为 835 bp。**【基因功能注释】**比对到 KEGG、COG 和 GO 数据库的基因数量分别为 2609 个、2282 个和 2529 个，预测到分泌蛋白编码基因 51 个；在 23 个 COG 功能类群中，基因数量前 10 位的类群分别是：E. 氨基酸转运与代谢 252 个，C. 能量产生与转换 202 个，R. 仅一般功能预测 200 个，J. 翻译、核糖体结构与合成 183 个，G. 碳水化合物转运与代谢 176 个，K. 转录 164 个，X. 移动元件组：前噬菌体和转座子 161 个，H. 辅酶转运与代谢 153 个，M. 细胞壁/膜/包膜生物合成 134 个和 P. 无机离子转运与代谢 133 个（图 5-2-23a）。

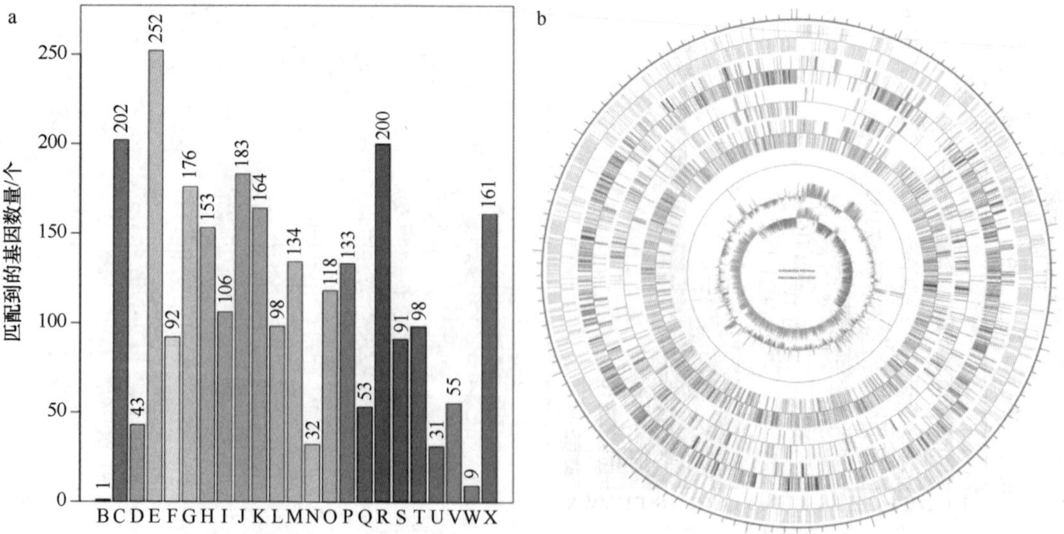


图 5-2-23　嗜热硫氧化硫化芽胞杆菌 DSM 9293$^T$ 基因组的直系同源基因聚类分析（a）和圈图（b）

【重复序列】预测到的重复序列包括：LTR 67 个，总长为 5994 bp，平均长度为 89 bp；DNA 重复元件 13 个，总长为 793 bp，平均长度为 61 bp；LINE 19 个，总长为 1164 bp，平均长度为 61 bp；SINE 8 个，总长为 513 bp，平均长度为 64 bp；RC 2 个，总长为 129 bp，平均长度为 65 bp；未知序列 1 个，长度为 76 bp；TR 63 个，重复序列长度为 6～309 bp，总长为 3562 bp；小卫星 DNA 49 个，重复序列长度为 10～54 bp，总长为 1857 bp；预测到微卫星 DNA 1 个，重复序列长度为 6 bp，总长为 41 bp。**【CRISPR】**预测到 95 个 CRISPR 相关序列。**【基因岛】**预测到 15 个基因岛 GI 01～GI 15，长度为 3267～87 327 bp，其 G+C 含量为 45.88%～59.09%。利用已预测得到的基因组信息，如重复序列、G+C 含量等，应用 CIRCOS 工具绘制其基因组圈图（图 5-2-23b）。

## 五、膨胀芽胞杆菌属

膨胀芽胞杆菌属（*Tumebacillus* Steven et al. 2008，gen. nov.）于 2008 年建立（Steven et al.，2008），包含 8 种，模式种为霜冻膨胀芽胞杆菌（*Tumebacillus permanentifrigoris* Steven et al. 2008，sp. nov.），均产芽胞。目前，该属有 4 个已知种类和 1 个未定种菌株的 5 个基因组被测序。

### 1. 浮藻渣膨胀芽胞杆菌（*Tumebacillus algifaecis*）THMBR28$^T$

浮藻渣膨胀芽胞杆菌（*Tumebacillus algifaecis* Wu et al. 2015，sp. nov.）的模式菌株（THMBR28$^T$ =CGMCC 1.10949$^T$ =NBRC 108765$^T$）分离自太湖水华暴发后被降解的浮藻渣，生长条件为 20～45℃（最适 30℃）、pH 5.0～9.5（最适 pH 6.5～7.5）、0～1%（*W*/*V*）NaCl（最适 0.5%），兼性厌氧，产芽胞（Wu et al.，2015b）。目前，该种仅有 1 个基因组，模式菌株 THMBR28$^T$ 基因组的 GenBank 登录号为 GCA_002243515.1，测序平台为 PacBio，于 2017 年 8 月 8 日由韩国庆熙大学（Kyung Hee University）提交。

**【基因组的组装】**菌株 THMBR28$^T$ 基因组的测序深度为 292 X，基因组大小为 4.517 Mb，组装到完成图水平，包括 1 条染色体。**【G+C 含量】**53.03%。**【非编码 RNA】**预测到 80 个 rRNA 基因（5S rRNA 26 个、16S rRNA 27 个、23S rRNA 27 个），186 个 tRNA 基因，15 个 sRNA 基因。**【编码基因】**有 4086 个蛋白质编码基因，编码区总长为 3 850 815 bp，占整个基因组的 85.25%，基因的平均长度为 942 bp。**【基因功能注释】**比对到 KEGG、COG 和 GO 数据库的基因数量分别为 3776 个、2286 个和 2632 个，预测到分泌蛋白编码基因 99 个；在 25 个 COG 功能类群中，基因数量前 10 位的类群分别是：R. 仅一般功能预测 232 个，J. 翻译、核糖体结构与合成 228 个，E. 氨基酸转运与代谢 212 个，K. 转录 165 个，S. 功能未知 157 个，H. 辅酶转运与代谢 156 个，M. 细胞壁/膜/包膜生物合成 139 个，T. 信号转导机制 128 个，I. 脂质转运与代谢 122 个和 L. 复制、重组与修复 119 个（图 5-2-24a）。**【重复序列】**预测到的重复序列包括：LTR 116 个，总长为 14 908 bp，平均长度为 129 bp；DNA 重复元件 14 个，总长为 1342 bp，平均长度为 96 bp；LINE 40 个，总长为 3335 bp，平均长度为 83 bp；SINE 32 个，总长为 2083 bp，平均长度为 65 bp；RC 1 个，长度为 62 bp；未知序列 4 个，总长为 283 bp，平均长度为 71 bp；TR 197 个，重复序列长度为 6～384 bp，总长为 31 164 bp；小卫星 DNA 129 个，重复序列长度为 10～60 bp，总长为 13 840 bp；微卫星 DNA 2 个，重复序列长度为 6 bp，总长为 160 bp。【**CRISPR**】预测到 52 个 CRISPR 相关序列。【**基因岛**】预测到 15 个基因岛 GI 01～GI 15，长度为 3261～30 151 bp，其 G+C 含量为 42.65%～53.36%。利用已预测得到的基因组信息，如重复序列、G+C 含量等，应用 CIRCOS 工具绘制其基因组圈图（图 5-2-24b）。

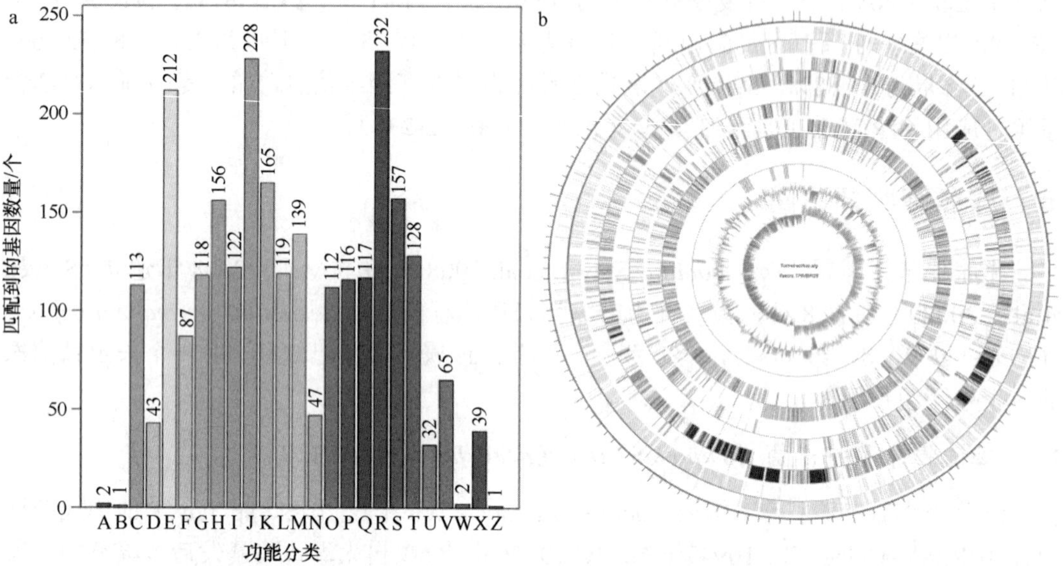


图 5-2-24　浮藻渣膨胀芽胞杆菌 THMBR28^T 基因组的直系同源基因聚类分析（a）和圈图（b）

## 2. 鸟膨胀芽胞杆菌（*Tumebacillus avium*）AR23208^T

鸟膨胀芽胞杆菌（*Tumebacillus avium* Sung et al. 2018，sp. nov.）的模式菌株（AR23208^T=KCTC 33929^T =JCM 32188^T）分离自秃鹫（*Aegypius monachus*）的肠道，最适生长条件为 25～30℃、pH 7.0、无 NaCl，好氧，产芽胞（Sung et al.，2018）。目前，该种仅有 1 个基因组，模式菌株 AR23208^T 基因组的 GenBank 登录号为 GCA_002162355.1，测序平台为 PacBio，于 2017 年 5 月 31 日由韩国庆熙大学（Kyung Hee University）提交。

【**基因组的组装**】菌株 AR23208^T 基因组的测序深度为 270 X，基因组大小为 5.250 Mb，组装到完成图水平，包括 1 条染色体。【**G+C 含量**】56.01%。【**非编码 RNA**】预测到 108 个 rRNA 基因（5S rRNA 32 个、16S rRNA 37 个、23S rRNA 39 个），220 个 tRNA 基因，48 个 sRNA 基因。【**编码基因**】有 4608 个蛋白质编码基因，编码区总长为 4 526 031 bp，占整个基因组的 86.21%，基因的平均长度为 982 bp。【**基因功能注释**】比对到 KEGG、COG 和 GO 数据库的基因数量分别为 4351 个、2550 个和 3024 个，预测到分泌蛋白编码基因 143 个；在 25 个 COG 功能类群中，基因数量前 10 位的类群分别是：R. 仅一般功能预测 266 个，E. 氨基酸转运与代谢 256 个，J. 翻译、核糖体结构与合成 228 个，K. 转录 198 个，S. 功能未知 171 个，H. 辅酶转运与代谢 170 个，T. 信号转导机制 159 个，M. 细胞壁/膜/包膜生物合成 148 个，Q. 次生代谢产物生物合成、转运与分解代谢 144 个和 C. 能量产生与转换 130 个（图 5-2-25a）。【**重复序列**】预测到的重复序列包括：LTR

98 个，总长为 17 363 bp，平均长度为 177 bp；DNA 重复元件 16 个，总长为 1402 bp，平均长度为 88 bp；LINE 49 个，总长为 3611 bp，平均长度为 74 bp；SINE 25 个，总长为 1817 bp，平均长度为 73 bp；TR 229 个，重复序列长度为 6～1067 bp，总长为 27 254 bp；小卫星 DNA 177 个，重复序列长度为 10～57 bp，总长为 13 603 bp；微卫星 DNA 3 个，重复序列长度为 6 bp，总长为 134 bp。**【CRISPR】**预测到 280 个 CRISPR 相关序列。**【基因岛】**预测到 15 个基因岛 GI 01～GI 15，长度为 4279～34 291 bp，其 G+C 含量为 40.73%～57.72%。利用已预测得到的基因组信息，如重复序列、G+C 含量等，应用 CIRCOS 工具绘制其基因组圈图（图 5-2-25b）。

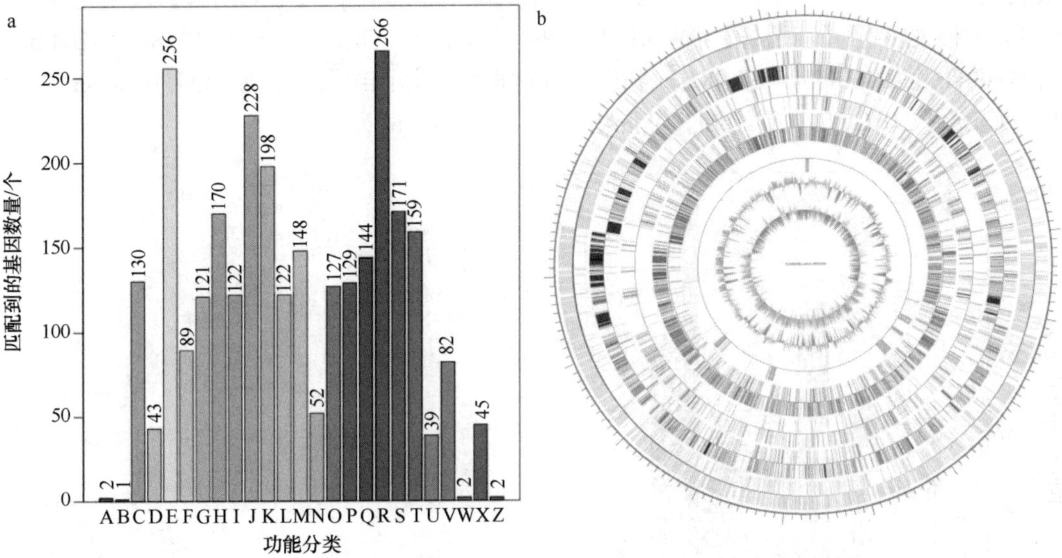


图 5-2-25　鸟膨胀芽胞杆菌 AR23208$^{T}$ 基因组的直系同源基因聚类分析（a）和圈图（b）

### 3. 鞭毛膨胀芽胞杆菌（*Tumebacillus flagellatus*）GST4$^{T}$

鞭毛膨胀芽胞杆菌（*Tumebacillus flagellatus* Wang et al. 2013，sp. nov.）的模式菌株（GST4$^{T}$=CGMCC 1.12170$^{T}$ =DSM 25748$^{T}$）分离自广西南宁市 1 座木薯淀粉加工厂的废水，嗜酸，生长条件为 20～42℃（最适 37℃）、pH 4.5～8.5（最适 pH 5.5）、0～1%（*W*/*V*）NaCl（最适 0.5%），好氧，产芽胞（Wang et al.，2013d）。目前，该种仅有 1 个基因组，模式菌株 GST4$^{T}$ 基因组的 GenBank 登录号为 GCA_000714935.1，测序平台为 Illumina HiSeq，于 2014 年 6 月 27 日由广西科学院（Guangxi Academy of Sciences）提交。

**【基因组的组装】**菌株 GST4$^{T}$ 基因组的测序深度为 157 X，基因组大小为 4.875 Mb，组装到 108 个 contigs，contig $N_{50}$ 为 125 340 bp。**【G+C 含量】**56.54%。**【非编码 RNA】**预测到 4 个 rRNA 基因（5S rRNA 3 个、16S rRNA 1 个、23S rRNA 0 个），35 个 tRNA 基因，8 个 sRNA 基因。**【编码基因】**有 4780 个蛋白质编码基因，编码区总长为 4 262 553 bp，占整个基因组的 87.44%，基因的平均长度为 892 bp。**【基因功能注释】**比对到 KEGG、COG 和 GO 数据库的基因数量分别为 3762 个、2689 个和 3104 个，预测到分泌蛋白编码基因 151 个；在 25 个 COG 功能类群中，基因数量前 10 位的类群分别是：R. 仅一般功能预测 293 个，E. 氨基酸转运与代谢 290 个，J. 翻译、核糖体结构与合成 238 个，K. 转录 218 个，T. 信号转导机制 197 个，S. 功能未知 188 个，G. 碳水化合物转运与代谢 181 个，H. 辅酶转运与代谢 166 个，C. 能量产生与转换 156 个和 I. 脂质转运与代谢 152 个（图 5-2-26a）。**【重复序列】**预测到的重复序列包括：LTR 37 个，总长为 5389 bp，平均长度为 146 bp；DNA 重复元件 13 个，总长为 1077 bp，平均长度为 83 bp；LINE 9 个，总长为 756 bp，平均长度为 84 bp；SINE 7 个，总长为 451 bp，平均长度为 64 bp；未知序列 2 个，总长为 127 bp，平均长度为 64 bp；TR 228 个，重复序列长度为 3～497 bp，总长为 15 131 bp；小卫星 DNA 176 个，重复序列长度为 10～54 bp，总长为 9595 bp；微卫星 DNA 4 个，重复序列长度为 3～6 bp，总长为 218 bp。**【CRISPR】**预测到 86 个 CRISPR 相关序列。**【基因岛】**预测到 11 个基因岛 GI 01～GI 11，长度为 6258～27 204 bp，其 G+C 含量为 40.81%～57.98%。利用已预测得到的基因组信息，如重复序列、G+C 含量等，应用 CIRCOS 工具绘制其基因组圈图（图 5-2-26b）。

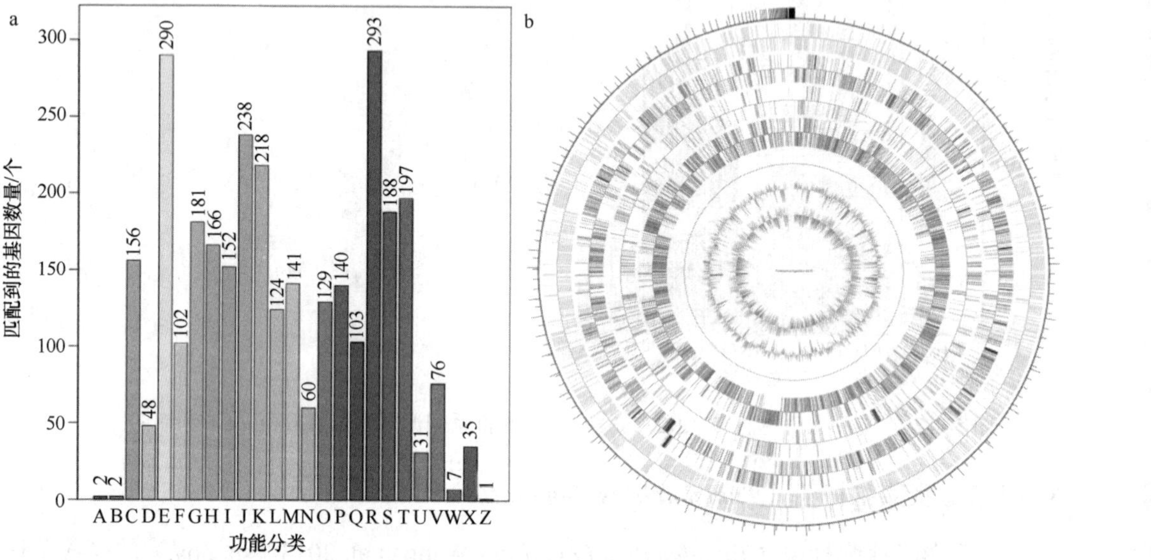


图 5-2-26 鞭毛膨胀芽胞杆菌 GST4$^T$ 基因组的直系同源基因聚类分析（a）和圈图（b）

## 4. 霜冻膨胀芽胞杆菌（*Tumebacillus permanentifrigoris*）DSM 18773$^T$

霜冻膨胀芽胞杆菌（*Tumebacillus permanentifrigoris* Steven et al. 2008，sp. nov.）的模式菌株（Eur1 9.5$^T$ =DSM 18773$^T$ =JCM 14557$^T$）分离自加拿大北极地区 1 个 9 m 深处的冻土样品，耐冷，生长条件为 5～37℃、pH 5.5～8.9、0～0.5%（*W*/*V*）NaCl，好氧，产芽胞（Steven et al.，2008）。目前，该种仅有 1 个基因组，模式菌株 DSM 18773$^T$ 基因组的 GenBank 登录号为 GCA_003148565.1，测序平台为 Illumina HiSeq，于 2018 年 5 月 22 日由美国能源部联合基因组研究所（DOE Joint Genome Institute）提交。

**【基因组的组装】**菌株 DSM 18773$^T$ 基因组的测序深度为 196 X，基因组大小为 4.690 Mb，组装到 61 个 scaffolds，scaffold $N_{50}$ 为 221 585 bp。**【G+C 含量】**54.91%。**【非编码 RNA】**预测到 25 个 rRNA 基因（5S rRNA 25 个、16S rRNA 0 个、23S rRNA 0 个），

217 个 tRNA 基因，6 个 sRNA 基因。**【编码基因】**有 4454 个蛋白质编码基因，编码区总长为 4 104 807 bp，占整个基因组的 87.52%，基因的平均长度为 922 bp。**【基因功能注释】**比对到 KEGG、COG 和 GO 数据库的基因数量分别为 3550 个、2489 个和 2896 个，预测到分泌蛋白编码基因 124 个；在 25 个 COG 功能类群中，基因数量前 10 位的类群分别是：E. 氨基酸转运与代谢 273 个，R. 仅一般功能预测 267 个，J. 翻译、核糖体结构与合成 216 个，K. 转录 190 个，G. 碳水化合物转运与代谢 189 个，T. 信号转导机制 183 个，H. 辅酶转运与代谢 161 个，S. 功能未知 161 个，I. 脂质转运与代谢 150 个和 M. 细胞壁/膜/包膜生物合成 143 个（图 5-2-27a）。**【重复序列】**预测到的重复序列包括：LTR 68 个，总长为 4903 bp，平均长度为 72 bp；DNA 重复元件 6 个，总长为 671 bp，平均长度为 112 bp；LINE 13 个，总长为 1123 bp，平均长度为 86 bp；SINE 36 个，总长为 2111 bp，平均长度为 59 bp；RC 2 个，总长为 148 bp，平均长度为 74 bp；未知序列 3 个，总长为 222 bp，平均长度为 74 bp；TR 172 个，重复序列长度为 6～606 bp，总长为 25 415 bp；小卫星 DNA 131 个，重复序列长度为 10～54 bp，总长为 8043 bp；微卫星 DNA 4 个，重复序列长度为 6 bp，总长为 173 bp。**【CRISPR】**预测到 5 个 CRISPR 相关序列。**【基因岛】**预测到 12 个基因岛 GI 01～GI 12，长度为 6969～20 450 bp，其 G+C 含量为 41.33%～55.13%。利用已预测得到的基因组信息，如重复序列、G+C 含量等，应用 CIRCOS 工具绘制其基因组圈图（图 5-2-27b）。

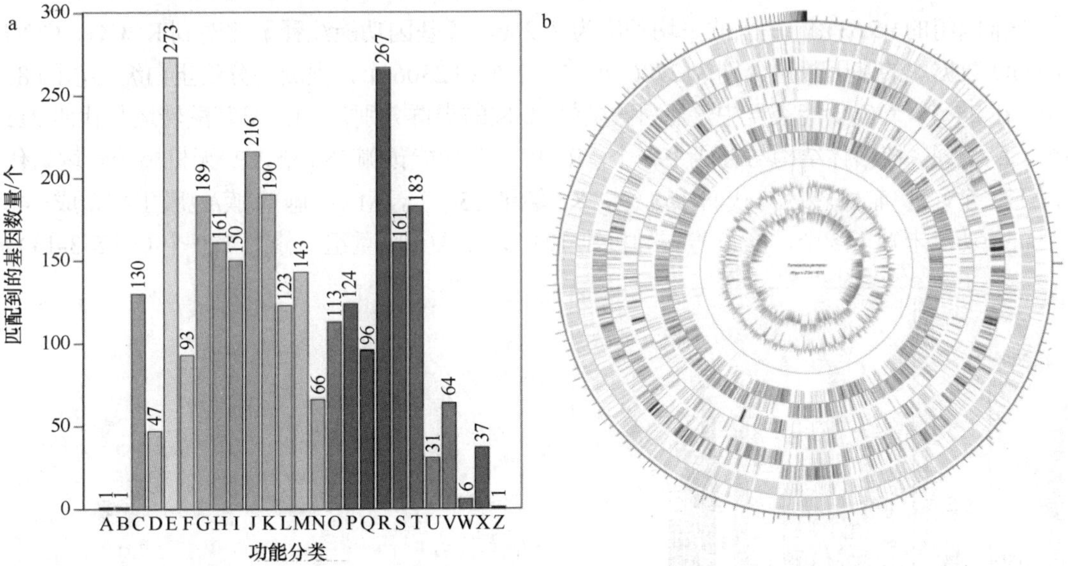


图 5-2-27　霜冻膨胀芽胞杆菌 DSM 18773$^T$ 基因组的直系同源基因聚类分析（a）和圈图（b）

## 第三节　类芽胞杆菌科基因组描述

### 一、嗜氨菌属

嗜氨菌属（*Ammoniphilus* Zaitsev et al. 1998，gen. nov.）于 1998 年建立，仅有 3 种：

草酸嗜氨菌（*Ammoniphilus oxalaticus* Zaitsev et al. 1998，sp. nov.）、食草酸嗜氨菌（*Ammoniphilus oxalivorans* Zaitsev et al. 1998，sp. nov.）和树脂嗜氨菌（*Ammoniphilus resinae* Lin et al. 2016，sp. nov.），好氧或兼性厌氧，嗜中温，耐盐、耐碱，均产芽胞（Lin et al.，2016c；Zaitsev et al.，1998）。目前，该属有 3 个基因组，其中，2 个菌株是未定种（*Ammoniphilus* sp. YIM 78166 和 *Ammoniphilus* sp. CFH 90114）。以草酸嗜氨菌（*Ammoniphilus oxalaticus*）RAOx-1$^{T}$ 的基因组对该属基因组进行描述。

## 草酸嗜氨菌（*Ammoniphilus oxalaticus*）RAOx-1$^{T}$

草酸嗜氨菌（*Ammoniphilus oxalaticus* Zaitsev et al. 1998，sp. nov.）的模式菌株（RAOx-1$^{T}$ =DSM 11538$^{T}$）分离自酸模（*Rumex acetosa*）根际，菌株的生长需要高浓度的铵离子，能利用草酸作为唯一的碳源和能源物质，最适生长条件为 pH 8.0～8.5、28～30℃，能耐受 3%（*W*/*V*）NaCl，好氧，产芽胞（Zaitsev et al.，1998）。目前，该种仅有 1 个基因组，模式菌株 RAOx-1$^{T}$ 的基因组 GenBank 登录号为 GCA_003609605.1，测序平台为 PacBio，于 2018 年 10 月 2 日由法国巴斯德研究所（Institute Pasteur）提交。

**【基因组的组装】**菌株 RAOx-1$^{T}$ 基因组的测序深度为 10 X，基因组大小为 2.994 Mb，组装到 13 个 contigs，contig $N_{50}$ 为 702 945 bp。**【G+C 含量】**43.81%。**【非编码 RNA】**预测到 1 个 rRNA 基因（5S rRNA 0 个、16S rRNA 0 个、23S rRNA 1 个），51 个 tRNA 基因，3 个 sRNA 基因。**【编码基因】**有 3614 个蛋白质编码基因，编码区总长为 2 863 269 bp，占整个基因组的 95.63%，基因的平均长度为 792 bp。**【基因功能注释】**比对到 KEGG、COG 和 GO 数据库的基因数量分别为 2706 个、2102 个和 2306 个，预测到分泌蛋白编码基因 81 个；在 24 个 COG 功能类群中，基因数量前 10 位的类群分别是：E. 氨基酸转运与代谢 215 个，J. 翻译、核糖体结构与合成 195 个，R. 仅一般功能预测 183 个，P. 无机离子转运与代谢 173 个，H. 辅酶转运与代谢 158 个，K. 转录 156 个，M. 细胞壁/膜/包膜生物合成 148 个，S. 功能未知 145 个，T. 信号转导机制 121 和 L. 复制、重组与修复 120 个（图 5-3-1a）。

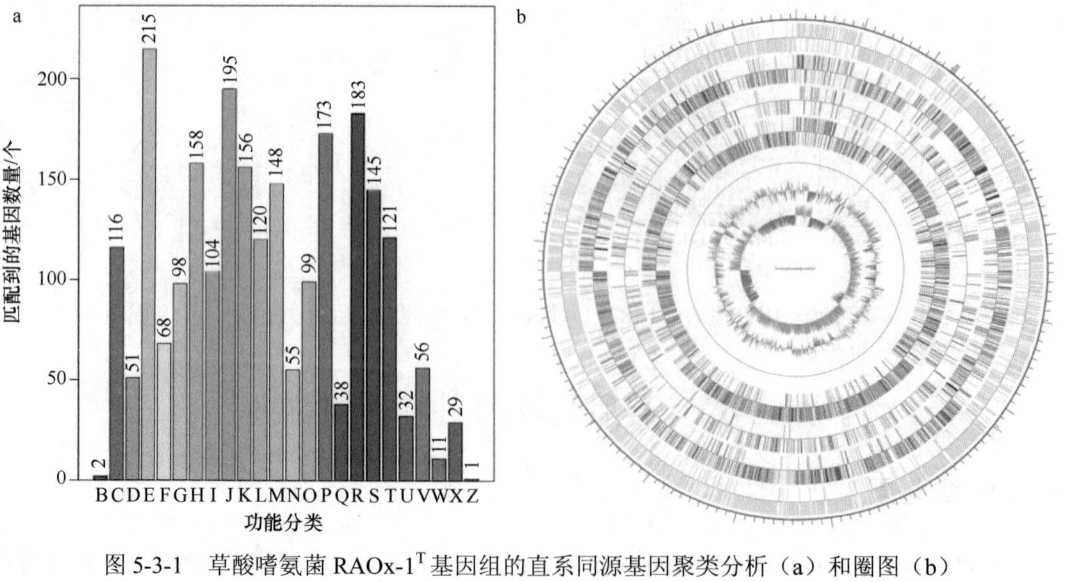


图 5-3-1 草酸嗜氨菌 RAOx-1$^{T}$ 基因组的直系同源基因聚类分析（a）和圈图（b）

**【重复序列】**预测到的重复序列包括：LTR 84 个，总长为 5295 bp，平均长度为 63 bp；DNA 重复元件 34 个，总长为 2006 bp，平均长度为 59 bp；LINE 40 个，总长为 2349 bp，平均长度为 59 bp；SINE 6 个，总长为 486 bp，平均长度为 81 bp；RC 4 个，总长为 314 bp，平均长度为 79 bp；未知序列 1 个，长度为 68 bp；TR 110 个，重复序列长度为 9～335 bp，总长为 16 724 bp；小卫星 DNA 73 个，重复序列长度为 11～52 bp，总长为 6336 bp；未预测到微卫星 DNA。**【CRISPR】**预测到 146 个 CRISPR 相关序列。**【基因岛】**预测到 9 个基因岛 GI 01～GI 09，长度为 5060～19 530 bp，其 G+C 含量为 37.40%～43.78%。利用已预测得到的基因组信息，如重复序列、G+C 含量等，应用 CIRCOS 工具绘制其基因组圈图（图 5-3-1b）。

## 二、解硫胺素芽胞杆菌属

解硫胺素芽胞杆菌属（*Aneurinibacillus* Shida et al. 1996，gen. nov.）于 1996 年建立，现有 9 种，其中 3 种由芽胞杆菌属重分类而来，该属的主要特征为：能还原硝酸盐，好氧，生长条件为 20～50℃（最适 37℃）、pH 5.0～9.0（最适 pH 7.0），2%（*W*/*V*）NaCl 时能生长但被 5% NaCl 抑制，模式种为解硫胺素解硫胺素芽胞杆菌（*Aneurinibacillus aneurinilyticus*）（Shida et al.，1996）。目前，该属有 6 个已知种类和 2 个未定种菌株的 14 个基因组被测序。

### 1. 解硫胺素解硫胺素芽胞杆菌（*Aneurinibacillus aneurinilyticus*）ATCC 12856$^T$

解硫胺素解硫胺素芽胞杆菌［*Aneurinibacillus aneurinilyticus* corrig. (Shida et al. 1994) Shida et al. 1996，comb. nov.］的模式菌株（ATCC 12856$^T$=CIP 104007$^T$ =DSM 5562$^T$ = IAM 1077$^T$ =NBRC 15521$^T$ =JCM 9024$^T$ =LMG 15531$^T$ =NRRL NRS-1589$^T$）于 1952 年分离自人的粪便，生长条件为 20～50℃（最适 37℃）、pH 5.0～9.0（最适 pH 7.0），能产硫胺素水解酶而降解硫胺素，好氧，产芽胞，1994 年被命名为解硫胺素芽胞杆菌（*Bacillus aneurinilyticus*）（Shida et al.，1994），1996 年被重分类为解硫胺素解硫胺素芽胞杆菌（*Aneurinibacillus aneurinilyticus*）（Shida et al.，1996）目前，该种仅有 1 个基因组，模式菌株 ATCC 12856$^T$ 的基因组 GenBank 登录号为 GCA_000466385.1，测序平台为 Illumina，于 2013 年 9 月 12 日由美国圣路易斯华盛顿大学（Washington University in St. Louis）提交。

**【基因组的组装】**菌株 ATCC 12856$^T$ 基因组的测序深度为 75 X，基因组大小为 5.314 Mb，组装到 286 个 scaffolds，scaffold $N_{50}$ 为 43 963 bp。**【G+C 含量】**43.24%。**【非编码 RNA】**预测到 2 个 rRNA 基因（5S rRNA 0 个、16S rRNA 1 个、23S rRNA 1 个），41 个 tRNA 基因，4 个 sRNA 基因。**【编码基因】**有 5535 个蛋白质编码基因，编码区总长为 4 422 486 bp，占整个基因组的 83.22%，基因的平均长度为 799 bp。**【基因功能注释】**比对到 KEGG、COG 和 GO 数据库的基因数量分别为 4380 个、3165 个和 3455 个，预测到分泌蛋白编码基因 84 个；在 24 个 COG 功能类群中，基因数量前 10 位的类群分别是：E. 氨基酸转运与代谢 363 个，K. 转录 347 个，R. 仅一般功能预测 295 个，T. 信号转导机制 254 个，J. 翻译、核糖体结构与合成 239 个，C. 能量产生与转换 219 个，S. 功能未知 203 个，H. 辅酶转运与代谢 195 个，P. 无机离子转运与代谢 182 个和 I. 脂质转运与代谢 175 个（图 5-3-2a）。**【重复序列】**预测到的重复序列包括：LTR 153 个，总长为 9141 bp，平均长度为 60 bp；DNA 重复元件 53 个，总长为 3254 bp，平均长度为 61 bp；LINE 36 个，总长为 2330 bp，平均长度为 65 bp；SINE 8 个，总长为 468 bp，平均长度为 59 bp；RC 3 个，总长为 162 bp，平均长度为 54 bp；TR 122 个，重复序列长度为 3～126 bp，总长为 6945 bp；小卫星 DNA 103 个，重复序列长度为 10～60 bp，总长为 6076 bp；微卫星 DNA 2 个，重复序列长度为 3～6 bp，总长为 129 bp。**【CRISPR】**预测到 174 个 CRISPR 相关序列。**【基因岛】**预测到 8 个基因岛 GI 01～GI 08，长度为 4197～9185 bp，其 G+C 含量为 33.02%～44.75%。利用已预测得到的基因组信息，如重复序列、G+C 含量等，应用 CIRCOS 工具绘制其基因组圈图（图 5-3-2b）。

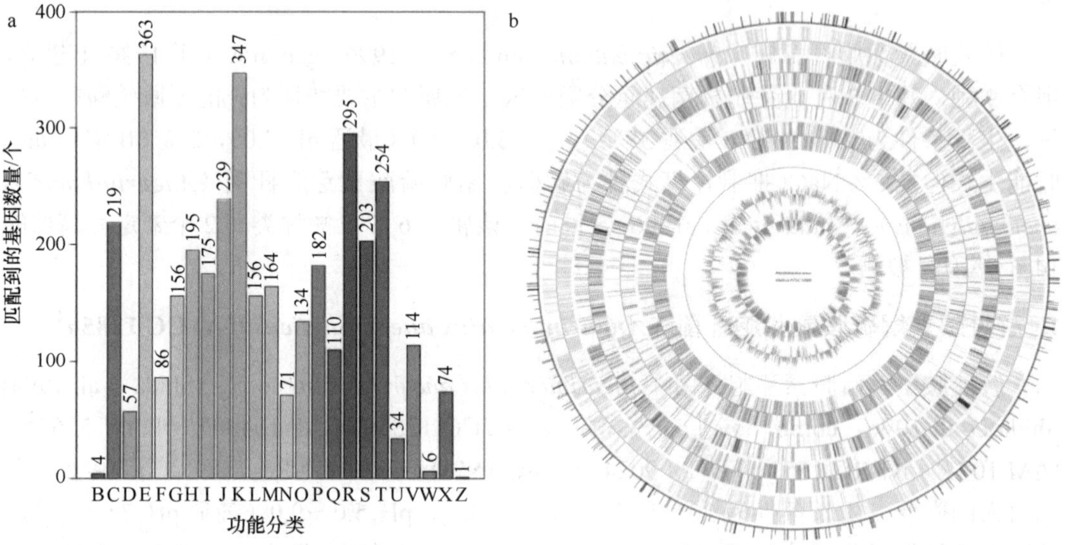


图 5-3-2 解硫胺素解硫胺素芽胞杆菌 ATCC 12856$^T$ 基因组的直系同源基因聚类分析（a）和圈图（b）

## 2. 米氏解硫胺素芽胞杆菌（*Aneurinibacillus migulanus*）DSM 2895$^T$

米氏解硫胺素芽胞杆菌［*Aneurinibacillus migulanus* (Takagi et al. 1993) Shida et al. 1996，comb. nov.］的模式菌株（B0270$^T$ =ATCC 9999$^T$ =CIP 103841$^T$ =DSM 2895$^T$ =NBRC 15520$^T$ =JCM 8504$^T$ =LMG 15427$^T$ =NCTC 7096$^T$ =NRRL NRS-1137$^T$）分离自俄罗斯莫斯科的土壤样品，生长条件为 20～50℃、pH 5.5～9.0，产短杆菌肽 S（gramicidin S），好氧，产芽胞，1993 年被命名为米氏芽胞杆菌（*Bacillus migulanus*）（Takagi et al.，1993），1996 年被重分类为米氏解硫胺素芽胞杆菌（*Aneurinibacillus migulanus*）（Shida et al.，1996）。目前，该种有 6 个基因组，选择组装水平较高的模式菌株 DSM 2895$^T$ 的基因组进行描述，其 GenBank 登录号为 GCA_001274715.1，测序平台为 Illumina HiSeq，于 2015 年 8 月 26 日由福建省农业科学院（Fujian Academy of Agricultural Sciences）提交。

**【基因组的组装】**菌株 DSM 2895$^T$ 基因组的测序深度为 150 X，基因组大小为 6.349 Mb，组装到 28 个 scaffolds，scaffold $N_{50}$ 为 4 944 581 bp。**【G+C 含量】**43.06%。**【非编码 RNA】**

预测到 9 个 rRNA 基因（5S rRNA 4 个、16S rRNA 2 个、23S rRNA 3 个），86 个 tRNA 基因，9 个 sRNA 基因。**【编码基因】**有 6812 个蛋白质编码基因，编码区总长为 5 288 877 bp，占整个基因组的 83.30%，基因的平均长度为 776 bp。**【基因功能注释】**比对到 KEGG、COG 和 GO 数据库的基因数量分别为 5296 个、3864 个和 4248 个，预测到分泌蛋白编码基因 117 个；在 24 个 COG 功能类群中，基因数量前 10 位的类群分别是：E. 氨基酸转运与代谢 484 个，K. 转录 457 个，R. 仅一般功能预测 403 个，T. 信号转导机制 327 个，C. 能量产生与转换 268 个，J. 翻译、核糖体结构与合成 266 个，S. 功能未知 234 个，P. 无机离子转运与代谢 232 个，H. 辅酶转运与代谢 223 个和 G. 碳水化合物转运与代谢 216 个（图 5-3-3a）。**【重复序列】**预测到的重复序列包括：LTR 201 个，总长为 14 237 bp，平均长度为 71 bp；DNA 重复元件 55 个，总长为 3173 bp，平均长度为 58 bp；LINE 60 个，总长为 3712 bp，平均长度为 62 bp；SINE 11 个，总长为 827 bp，平均长度为 75 bp；RC 3 个，总长为 183 bp，平均长度为 61 bp；未知序列 1 个，长度为 226 bp；TR 188 个，重复序列长度为 6～408 bp，总长为 21 524 bp；小卫星 DNA 146 个，重复序列长度为 10～60 bp，总长为 12 249 bp；微卫星 DNA 1 个，重复序列长度为 6 bp，总长为 2036 bp。**【CRISPR】**未预测到 CRISPR 相关序列。**【基因岛】**预测到 38 个基因岛 GI 01～GI 38，长度为 4384～44 081 bp，其 G+C 含量为 32.46%～44.00%。利用已预测得到的基因组信息，如重复序列、G+C 含量等，应用 CIRCOS 工具绘制其基因组圈图（图 5-3-3b）。

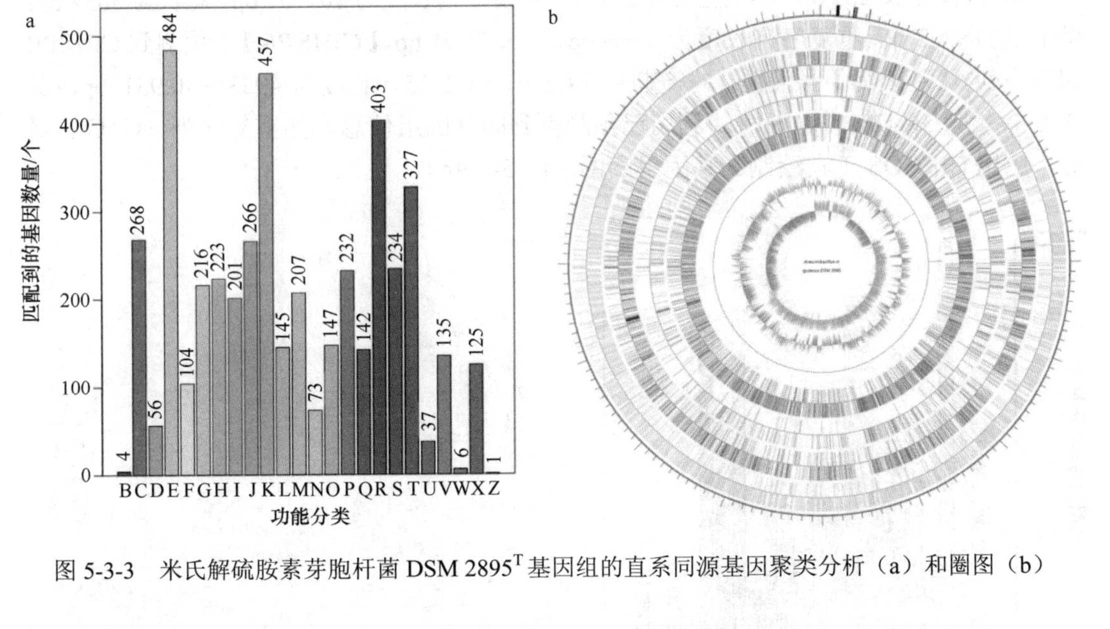


图 5-3-3　米氏解硫胺素芽胞杆菌 DSM 2895$^{T}$ 基因组的直系同源基因聚类分析（a）和圈图（b）

### 3. 土壤解硫胺素芽胞杆菌（*Aneurinibacillus soli*）CB4$^{T}$

土壤解硫胺素芽胞杆菌（*Aneurinibacillus soli* Lee et al. 2014，sp. nov.）的模式菌株（CB4$^{T}$ =KCTC 33505$^{T}$ =CECT 8566$^{T}$）分离自韩国济州岛汉拿山的土壤样品，生长条件为 20～40℃（最适 30～35℃）、pH 5.0～9.0（最适 pH 6.5～7.0）（Lee et al.，2014b）。目前，该种有 2 个基因组，选择组装到完成图水平的模式菌株 CB4$^{T}$ 的基因组进行描述，其

GenBank 登录号为 GCA_002355375.1，测序平台为 PacBio，于 2016 年 1 月 13 日由韩国生物科学与生物技术研究院（Korea Research Institute of Bioscience and Biotechnology）提交。

**【基因组的组装】**菌株 CB4$^T$ 基因组的测序深度为 265 X，基因组大小为 4.117 Mb，组装到完成图水平，包括 1 条染色体。**【G+C 含量】**45.89%。**【非编码 RNA】**预测到 51 个 rRNA 基因（5S rRNA 17 个、216S rRNA 17 个、23S rRNA 17 个），169 个 tRNA 基因，14 个 sRNA 基因。**【编码基因】**有 4131 个蛋白质编码基因，编码区总长为 3 534 780 bp，占整个基因组的 85.86%，基因的平均长度为 856 bp。**【基因功能注释】**比对到 KEGG、COG 和 GO 数据库的基因数量分别为 3925 个、2514 个和 2668 个，预测到分泌蛋白编码基因 90 个；在 24 个 COG 功能类群中，基因数量前 10 位的类群分别是：E. 氨基酸转运与代谢 288 个，K. 转录 241 个，R. 仅一般功能预测 233 个，T. 信号转导机制 218 个，J. 翻译、核糖体结构与合成 206 个，S. 功能未知 173 个，H. 辅酶转运与代谢 159 个，C. 能量产生与转换 158 个，M. 细胞壁/膜/包膜生物合成 139 个和 I. 脂质转运与代谢 138 个（图 5-3-4a）。**【重复序列】**预测到的重复序列包括：LTR 126 个，总长为 11 581 bp，平均长度为 92 bp；DNA 重复元件 17 个，总长为 1065 bp，平均长度为 63 bp；LINE 37 个，总长为 2325 bp，平均长度为 63 bp；SINE 18 个，总长为 1171 bp，平均长度为 65 bp；RC 1 个，长度为 39 bp；未知序列 1 个，长度为 63 bp；TR 116 个，重复序列长度为 4～873 bp，总长为 26 229 bp；小卫星 DNA 71 个，重复序列长度为 10～57 bp，总长为 3857 bp；微卫星 DNA 2 个，重复序列长度为 4～6 bp，总长为 91 bp。**【CRISPR】**未预测到 CRISPR 相关序列。**【基因岛】**预测到 15 个基因岛 GI 01～GI 15，长度为 4953～30 931 bp，其 G+C 含量为 36.42%～44.60%。利用已预测得到的基因组信息，如重复序列、G+C 含量等，应用 CIRCOS 工具绘制其基因组圈图（图 5-3-4b）。

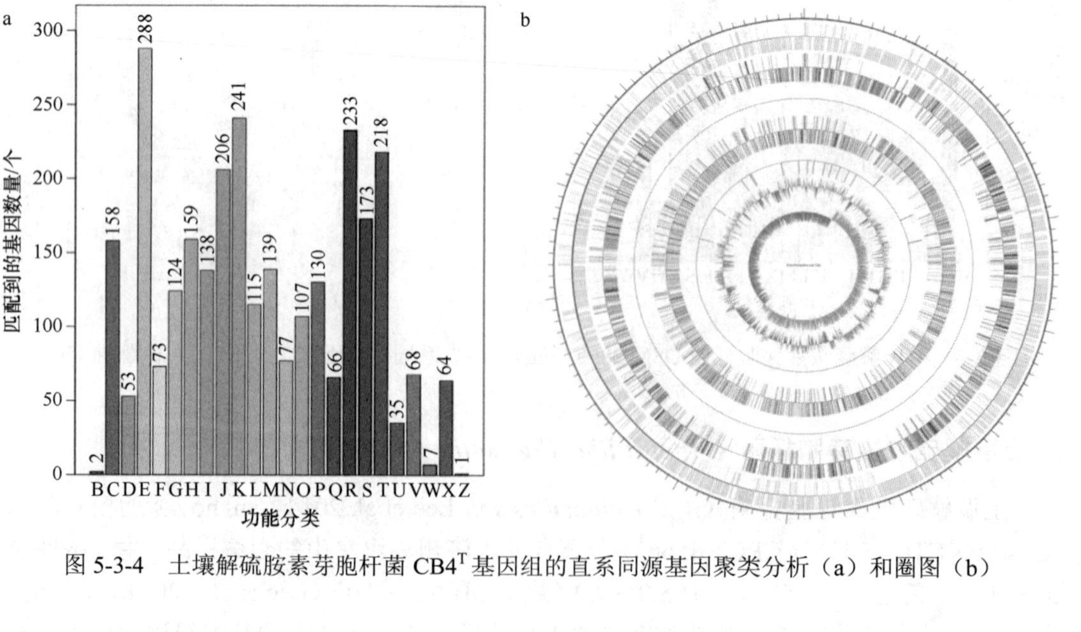


图 5-3-4 土壤解硫胺素芽胞杆菌 CB4$^T$ 基因组的直系同源基因聚类分析（a）和圈图（b）

### 4. 新地站解硫胺素芽胞杆菌（*Aneurinibacillus terranovensis*）DSM 18919$^T$

新地站解硫胺素芽胞杆菌（*Aneurinibacillus terranovensis* Allan et al. 2005，sp. nov.）的模式菌株（Logan B-1599$^T$=LMG 22483$^T$ =DSM 18919$^T$=CIP 108308$^T$）分离自南极洲的地热土壤，耐热、嗜酸，生长条件为 20～55℃（最适 37～45℃）、pH 3.5～6.0（最适 pH 5.0～5.5），微好氧，产芽胞（Allan et al.，2005）。目前，该种仅有 1 个基因组，模式菌株 DSM 18919$^T$ 基因组的 GenBank 登录号为 GCA_000430625.1，测序平台为 Illumina HiSeq 2000，于 2013 年 7 月 16 日由美国能源部联合基因组研究所（DOE Joint Genome Institute）提交。

**【基因组的组装】**菌株 DSM 18919$^T$ 基因组的测序深度未知，基因组大小为 4.248 Mb，组装到 98 个 scaffolds，scaffold $N_{50}$ 为 75 911 bp。**【G+C 含量】**44.89%。**【非编码 RNA】**预测到 0 个 rRNA 基因，76 个 tRNA 基因，6 个 sRNA 基因。**【编码基因】**有 4483 个蛋白质编码基因，编码区总长为 3 659 067 bp，占整个基因组的 86.14%，基因的平均长度为 816 bp。**【基因功能注释】**比对到 KEGG、COG 和 GO 数据库的基因数量分别为 3551 个、2883 个和 2960 个，预测到分泌蛋白编码基因 74 个；在 24 个 COG 功能类群中，基因数量前 10 位的类群分别是：E. 氨基酸转运与代谢 363 个，R. 仅一般功能预测 268 个，K. 转录 256 个，C. 能量产生与转换 242 个，G. 碳水化合物转运与代谢 237 个，T. 信号转导机制 217 个，J. 翻译、核糖体结构与合成 196 个，H. 辅酶转运与代谢 176 个，I. 脂质转运与代谢 174 个和 P. 无机离子转运与代谢 171 个（图 5-3-5a）。**【重复序列】**预测到的重复序列包括：LTR 109 个，总长为 6316 bp，平均长度为 58 bp；DNA 重复元件 50 个，总长为 3000 bp，平均长度为 60 bp；LINE 24 个，总长为 1293 bp，平均长度为 54 bp；SINE 14 个，总长为 731 bp，平均长度为 52 bp；RC 2 个，总长为 85 bp，平均长度为 43 bp；TR 130 个，重复序列长度为 6～162 bp，总长为 6015 bp；小卫星 DNA 111 个，

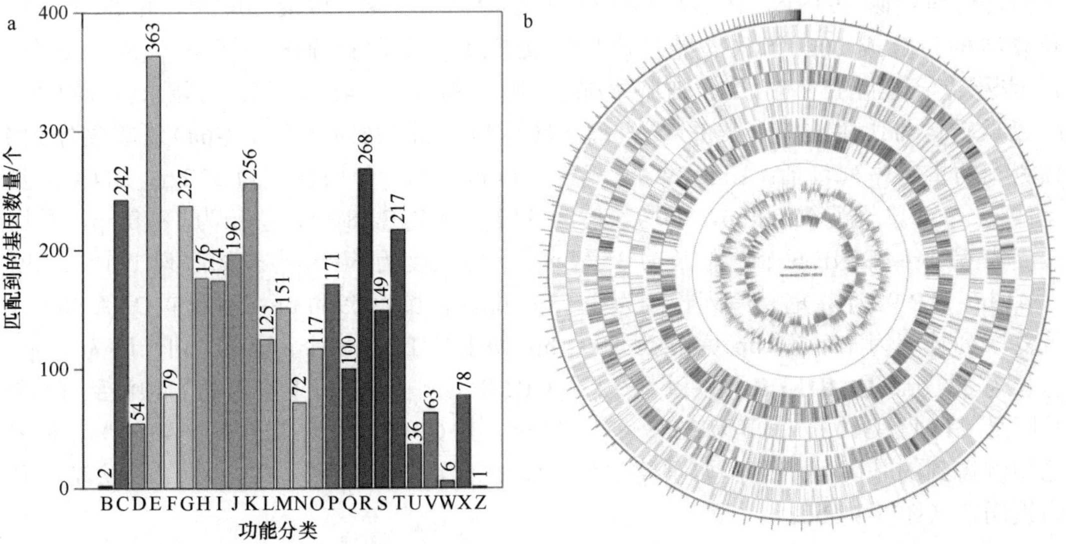


图 5-3-5 新地站解硫胺素芽胞杆菌 DSM 18919$^T$ 基因组的直系同源基因聚类分析（a）和圈图（b）

重复序列长度为 10～54 bp，总长为 5066 bp；微卫星 DNA 3 个，重复序列长度为 6 bp，总长为 120 bp。【CRISPR】预测到 60 个 CRISPR 相关序列。【基因岛】预测到 17 个基因岛 GI 01～GI 17，长度为 2447～18 418 bp，其 G+C 含量为 38.37%～48.61%。利用已预测得到的基因组信息，如重复序列、G+C 含量等，应用 CIRCOS 工具绘制其基因组圈图（图 5-3-5b）。

### 5. 嗜热嗜气解硫胺素芽胞杆菌（*Aneurinibacillus thermoaerophilus*）L420-91$^T$

嗜热嗜气解硫胺素芽胞杆菌［*Aneurinibacillus thermoaerophilus* (Meier-Stauffer et al. 1996) Heyndrickx et al. 1997，comb. nov.］的模式菌株（L420-91$^T$ =ATCC 700303$^T$ =CIP 104816$^T$ =DSM 10154$^T$ =LMG 17165$^T$）分离自奥地利利奥波茨多夫甜菜制糖厂萃取车间，嗜热，生长条件为 40～60℃、pH 7.0～8.0，产芽胞，1996 年被命名为嗜热嗜气芽胞杆菌（*Bacillus thermoaerophilus*）（Meier-Stauffer et al.，1996），1997 年被重分类为嗜热嗜气解硫胺素芽胞杆菌（*Aneurinibacillus thermoaerophilus*）（Heyndrickx et al.，1997）。目前，该种仅有 1 个基因组，模式菌株 L420-91$^T$ 基因组的 GenBank 登录号为 GCA_900099925.1，测序平台为 Illumina HiSeq，于 2016 年 10 月 21 日由美国能源部联合基因组研究所（DOE Joint Genome Institute）提交。

**【基因组的组装】**菌株 L420-91$^T$ 基因组的测序深度为 367 X，基因组大小为 3.659 Mb，组装到 103 个 scaffolds，scaffold $N_{50}$ 为 81 447 bp。**【G+C 含量】**44.57%。**【非编码 RNA】**预测到 0 个 rRNA 基因（5S rRNA 0 个、16S rRNA 0 个、23S rRNA 0 个），61 个 tRNA 基因，2 个 sRNA 基因。**【编码基因】**有 3900 个蛋白质编码基因，编码区总长为 3 125 355 bp，占整个基因组的 85.42%，基因的平均长度为 801 bp。**【基因功能注释】**比对到 KEGG、COG 和 GO 数据库的基因数量分别为 3433 个、2406 个和 2523 个，预测到分泌蛋白编码基因 67 个；在 24 个 COG 功能类群中，基因数量前 10 位的类群分别是：E. 氨基酸转运与代谢 293 个，R. 仅一般功能预测 213 个，K. 转录 204 个，J. 翻译、核糖体结构与合成 202 个，C. 能量产生与转换 170 个，H. 辅酶转运与代谢 170 个，T. 信号转导机制 153 个，M. 细胞壁/膜/包膜生物合成 148 个，S. 功能未知 147 个，I. 脂质转运与代谢 131 个和 P. 无机离子转运与代谢 131 个（图 5-3-6a）。**【重复序列】**预测到的重复序列包括：LTR 89 个，总长为 4680 bp，平均长度为 53 bp；DNA 重复元件 41 个，总长为 2200 bp，平均长度为 54 bp；LINE 28 个，总长为 1878 bp，平均长度为 67 bp；SINE 6 个，总长为 357 bp，平均长度为 60 bp；未知序列 1 个，长度为 41 bp；TR 93 个，重复序列长度为 3～393 bp，总长为 5964 bp；小卫星 DNA 86 个，重复序列长度为 10～60 bp，总长为 5094 bp；微卫星 DNA 1 个，重复序列长度为 3 bp，总长为 32 bp。**【CRISPR】**预测到 22 个 CRISPR 相关序列。**【基因岛】**预测到 13 个基因岛 GI 01～GI 13，长度为 3358～31 711 bp，其 G+C 含量为 32.05%～49.74%。利用已预测得到的基因组信息，如重复序列、G+C 含量等，应用 CIRCOS 工具绘制其基因组圈图（图 5-3-6b）。

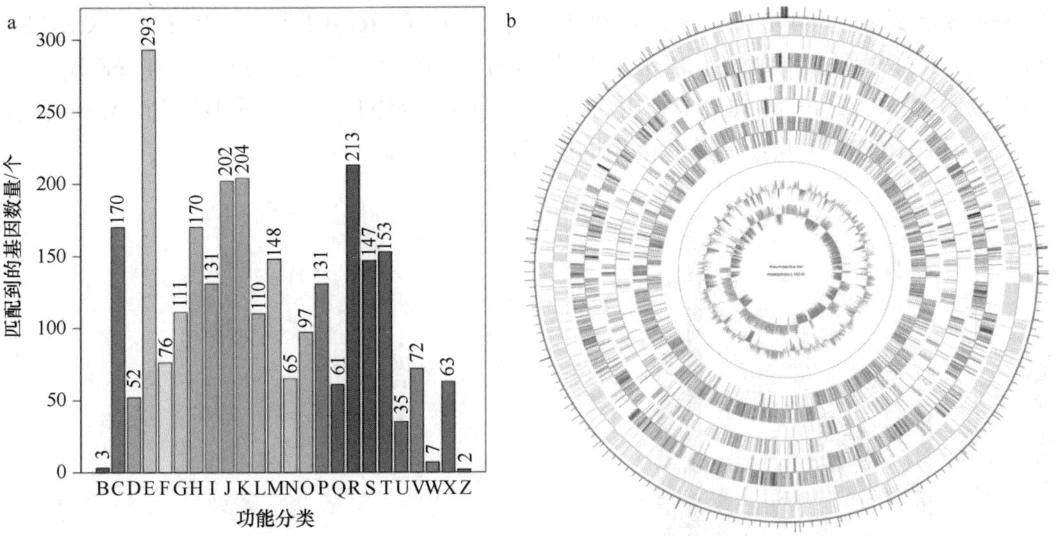


图 5-3-6　嗜热嗜气解硫胺素芽胞杆菌 L420-91$^T$基因组的直系同源基因聚类分析（a）和圈图（b）

## 6. 解酪氨酸解硫胺素芽胞杆菌（*Aneurinibacillus tyrosinisolvens*）LL-002$^T$

解酪氨酸解硫胺素芽胞杆菌（*Aneurinibacillus tyrosinisolvens* Tsubouchi et al. 2015，sp. nov.）的模式菌株（LL-002$^T$ =NBRC 110097$^T$ =CECT 8536$^T$）分离自日本鹿儿岛海湾富含有机物和甲烷的海底沉积物，严格好氧，生长条件为 10～30℃、pH 6.0～6.5、0～1%（*W*/*V*）NaCl，产芽胞（Tsubouchi et al.，2015）。目前，该种仅有 1 个基因组，模式菌株 LL-002$^T$基因组的 GenBank 登录号为 GCA_001015055.1，测序平台为 Ion Torrent，于 2015 年 4 月 18 日由日本海洋地球科技研究所（Japan Agency for Marine-Earth Science and Technology）提交。

**【基因组的组装】**菌株 LL-002$^T$基因组的测序深度为 90 X，基因组大小为 5.694 Mb，组装到 136 个 contigs，contig $N_{50}$ 为 116 063 bp。**【G+C 含量】**44.53%。**【非编码 RNA】**预测到 1 个 rRNA 基因（5S rRNA 0 个、16S rRNA 1 个、23S rRNA 0 个），125 个 tRNA 基因，5 个 sRNA 基因。**【编码基因】**有 6348 个蛋白质编码基因，编码区总长为 4 830 357 bp，占整个基因组的 84.83%，基因的平均长度为 761 bp。**【基因功能注释】**比对到 KEGG、COG 和 GO 数据库的基因数量分别为 4631 个、3499 个和 3923 个，预测到分泌蛋白编码基因 114 个；在 25 个 COG 功能类群中，基因数量前 10 位的类群分别是：E. 氨基酸转运与代谢 407 个，R. 仅一般功能预测 404 个，K. 转录 329 个，T. 信号转导机制 273 个，G. 碳水化合物转运与代谢 265 个，C. 能量产生与转换 253 个，S. 功能未知 231 个，J. 翻译、核糖体结构与合成 221 个，M. 细胞壁/膜/包膜生物合成 210 个和 I. 脂质转运与代谢 209 个（图 5-3-7a）。**【重复序列】**预测到的重复序列包括：LTR 169 个，总长为 10 219 bp，平均长度为 60 bp；DNA 重复元件 46 个，总长为 2803 bp，平均长度为 61 bp；LINE 33 个，总长为 1772 bp，平均长度为 54 bp；SINE 14 个，总长为 893 bp，平均长度为 64 bp；RC 2 个，总长为 88 bp，平均长度为 44 bp；未知序列 1 个，长度为 94 bp；TR 186 个，重复序列长度为 9～705 bp，总长为 12 826 bp；小卫星 DNA 160 个，重复序列长度为

10～60 bp，总长为 8490 bp；未预测到微卫星 DNA。**【CRISPR】**预测到 164 个 CRISPR 相关序列。**【基因岛】**预测到 14 个基因岛 GI 01～GI 14，长度为 3223～34 568 bp，其 G+C 含量为 32.94%～49.75%。利用已预测得到的基因组信息，如重复序列、G+C 含量等，应用 CIRCOS 工具绘制其基因组圈图（图 5-3-7b）。

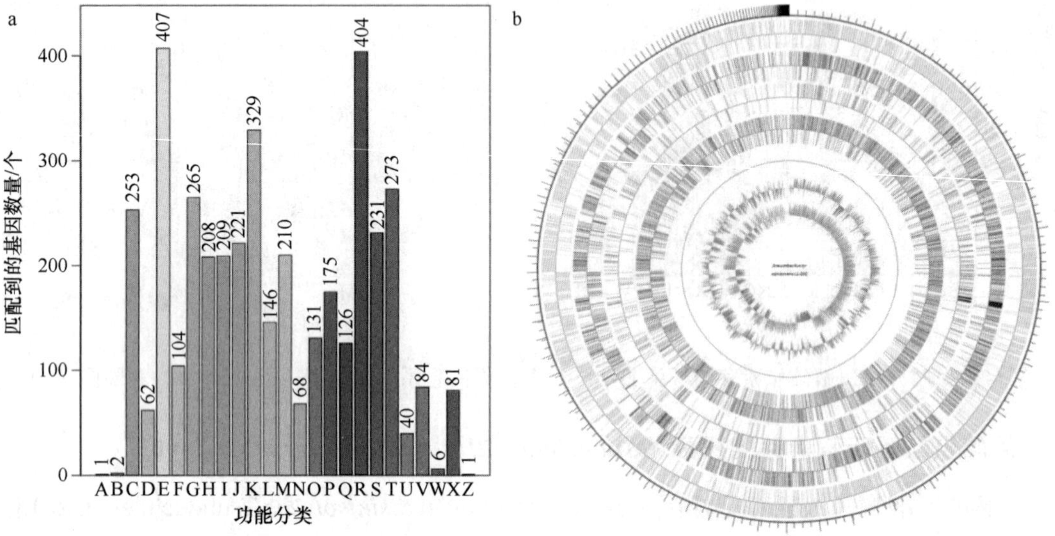


图 5-3-7　解酪氨酸解硫胺素芽胞杆菌 LL-002$^T$ 基因组的直系同源基因聚类分析（a）和圈图（b）

## 三、短芽胞杆菌属

短芽胞杆菌属（*Brevibacillus* Shida et al. 1996，gen. nov.）于 1996 建立（Shida et al.，1996），目前包含 23 种，均好氧、产芽胞，模式种为短短芽胞杆菌（*Brevibacillus brevis*）。该属有 16 个已知种类和 17 个未定种共 79 个菌株的基因组被测序，以下选取 15 个已知种类的基因组进行描述。

### 1. 土壤短芽胞杆菌（*Brevibacillus agri*）DSM 6348$^T$

土壤短芽胞杆菌［*Brevibacillus agri* (Nakamura 1993) Shida et al. 1996，comb. nov.］的模式菌株（ATCC 51663$^T$ =CCUG 31345$^T$ =CIP 104002$^T$ =DSM 6348$^T$ =JCM 9067$^T$ = LMG 15103$^T$ =NRRL NRS-1219$^T$）分离自土壤，生长条件为 10～40℃（最适 28℃）、pH 5.6，3%（*W*/*V*）NaCl 和 50℃抑制生长，严格好氧，产芽胞，1993 年被命名为土壤芽胞杆菌（*Bacillus agri*）（Nakamura，1993），1996 年被重分类为土壤短芽胞杆菌（*Brevibacillus agri*）（Shida et al.，1996）。目前，该种有 5 个基因组，选择组装到完成图水平的模式菌株 DSM 6348$^T$ 的基因组进行描述，其 GenBank 登录号为 GCA_004117055.1，测序平台为 PacBio，于 2019 年 1 月 29 日由韩国庆北国立大学（Kyungpook National University）提交。

**【基因组的组装】**菌株 DSM 6348$^T$ 基因组的测序深度为 196 X，基因组大小为

5.375 Mb，组装到完成图水平，包括 1 条染色体。**【G+C 含量】**54.15%。**【非编码 RNA】**预测到 1 个 rRNA 基因（5S rRNA 0 个、16S rRNA 1 个、23S rRNA 0 个），91 个 tRNA 基因，11 个 sRNA 基因。**【编码基因】**有 5578 个蛋白质编码基因，编码区总长为 4 773 471 bp，占整个基因组的 88.81%，基因的平均长度为 856 bp。**【基因功能注释】**比对到 KEGG、COG 和 GO 数据库的基因数量分别为 4717 个、3754 个和 3678 个，预测到分泌蛋白编码基因 174 个；在 24 个 COG 功能类群中，基因数量前 10 位的类群分别是：E. 氨基酸转运与代谢 531 个，R. 仅一般功能预测 434 个，K. 转录 399 个，T. 信号转导机制 317 个，P. 无机离子转运与代谢 264 个，J. 翻译、核糖体结构与合成 260 个，G. 碳水化合物转运与代谢 258 个，S. 功能未知 252 个，H. 辅酶转运与代谢 221 个和 C. 能量产生与转换 207 个（图 5-3-8a）。**【重复序列】**预测到的重复序列包括：LTR 66 个，总长为 4569 bp，平均长度为 69 bp；DNA 重复元件 17 个，总长为 1274 bp，平均长度为 75 bp；LINE 11 个，总长为 595 bp，平均长度为 54 bp；SINE 23 个，总长为 1373 bp，平均长度为 60 bp；未知序列 1 个，长度为 137 bp；TR 159 个，重复序列长度为 4～378 bp，总长为 12 158 bp；小卫星 DNA 130 个，重复序列长度为 10～60 bp，总长为 7737 bp；微卫星 DNA 3 个，重复序列长度为 4～6 bp，总长为 268 bp。**【CRISPR】**预测到 90 个 CRISPR 相关序列。**【基因岛】**预测到 6 个基因岛 GI 01～GI 06，长度为 4775～21 890 bp，其 G+C 含量为 39.16%～49.75%。利用已预测得到的基因组信息，如重复序列、G+C 含量等，应用 CIRCOS 工具绘制其基因组圈图（图 5-3-8b）。

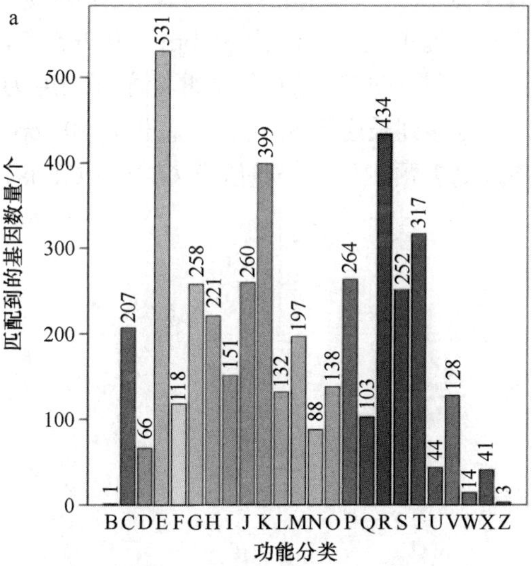


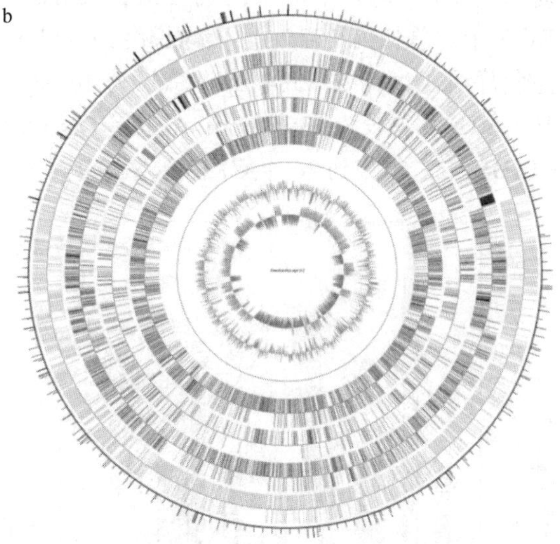


图 5-3-8　土壤短芽胞杆菌 DSM 6348$^{T}$ 基因组的直系同源基因聚类分析（a）和圈图（b）

## 2. 波茨坦短芽胞杆菌（*Brevibacillus borstelensis*）AK1

波茨坦短芽胞杆菌［*Brevibacillus borstelensis* (Shida et al. 1995) Shida et al. 1996，comb. nov.］的模式菌株（ATCC 51668$^{T}$ =CIP 104545$^{T}$ =DSM 6347$^{T}$ =JCM 9022$^{T}$ = LMG 16009$^{T}$ =NRRL NRS-818$^{T}$）分离自德国波茨坦的土壤，生长温度为 20～50℃（最适 30℃），

pH 5.5，2%（*W*/*V*）NaCl 和 55℃抑制生长，严格好氧，产芽胞，1995 年被命名为波茨坦芽胞杆菌（*Bacillus borstelensis*）（Shida et al.，1995），1996 年被重分类为波茨坦短芽胞杆菌（*Brevibacillus borstelensis*）（Shida et al.，1996）。目前，该种有 6 个基因组，选择框架图水平的非模式菌株 AK1 的基因组进行描述，其 GenBank 登录号为 GCA_000353565.1，测序平台为 454 FLX，于 2013 年 4 月 4 日由沙特阿拉伯阿卜杜拉国王科技大学（King Abdullah University of Science and Technology）提交。

**【基因组的组装】**菌株 AK1 基因组的测序深度为 27 X，基因组大小为 5.375 Mb，组装到 29 个 contigs，contig $N_{50}$ 为 611 586 bp。**【G+C 含量】**51.99%。**【非编码 RNA】**预测到 2 个 rRNA 基因（5S rRNA 1 个、16S rRNA 1 个、23S rRNA 0 个），117 个 tRNA 基因，4 个 sRNA 基因。**【编码基因】**有 5286 个蛋白质编码基因，编码区总长为 4 508 982 bp，占整个基因组的 83.89%，基因的平均长度为 853 bp。**【基因功能注释】**比对到 KEGG、COG 和 GO 数据库的基因数量分别为 4439 个、3548 个和 3489 个，预测到分泌蛋白编码基因 141 个；在 24 个 COG 功能类群中，基因数量前 10 位的类群分别是：E. 氨基酸转运与代谢 496 个，K. 转录 401 个，R. 仅一般功能预测 374 个，T. 信号转导机制 268 个，J. 翻译、核糖体结构与合成 256 个，S. 功能未知 252 个，P. 无机离子转运与代谢 240 个，G. 碳水化合物转运与代谢 230 个，C. 能量产生与转换 212 个和 H. 辅酶转运与代谢 206 个（图 5-3-9a）。**【重复序列】**预测到的重复序列包括：LTR 102 个，总长为 6952 bp，平均长度为 68 bp；DNA 重复元件 30 个，总长为 2367 bp，平均长度为 79 bp；LINE 27 个，总长为 2101 bp，平均长度为 78 bp；SINE 34 个，总长为 2154 bp，平均长度为 63 bp；RC 3 个，总长为 157 bp，平均长度为 52 bp；未知序列 1 个，长度为 85 bp；TR 265 个，重复序列长度为 5～584 bp，总长为 16 987 bp；小卫星 DNA 231 个，重复序列长度为 10～60 bp，总长为 13 478 bp；微卫星 DNA 5 个，重复序列长度为 5～6 bp，总长为 199 bp。**【CRISPR】**预测到 36 个 CRISPR 相关序列。**【基因岛】**预测到 8 个基因岛 GI 01～GI 08，

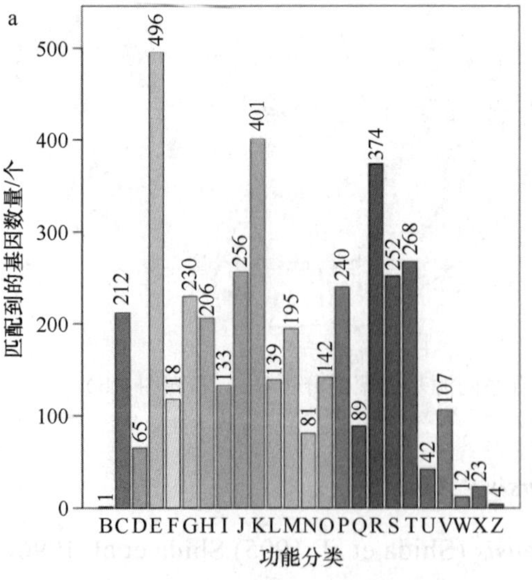


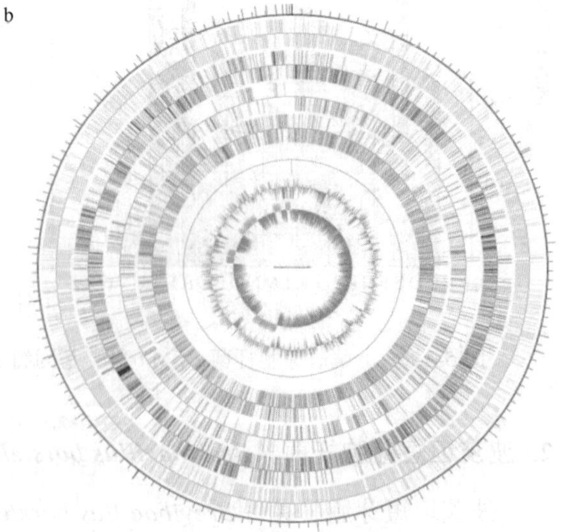


图 5-3-9　波茨坦短芽胞杆菌 AK1 基因组的直系同源基因聚类分析（a）和圈图（b）

长度为 4868～56 589 bp，其 G+C 含量为 38.41%～55.69%。利用已预测得到的基因组信息，如重复序列、G+C 含量等，应用 CIRCOS 工具绘制其基因组圈图（图 5-3-9b）。

### 3. 短短芽胞杆菌（*Brevibacillus brevis*）NBRC 100599$^T$

短短芽胞杆菌［*Brevibacillus brevis* (Migula 1900) Shida et al. 1996，comb. nov.］的模式菌株（ATCC 8246$^T$ =CCM 2050$^T$ =NBRC 100599$^T$ =CCUG 7413$^T$ =CIP 52.86$^T$ = DSM 30$^T$ =JCM 2503$^T$ =LMG 7123$^T$ =NCCB 48009$^T$ =NCTC 2611$^T$ =NRRL NRS-604$^T$ =VKM B-503$^T$）分离自土壤，最适生长条件为 30℃、pH 7.0，5%（*W*/*V*）NaCl 抑制生长，严格好氧，产芽胞，1900 年由 W. 米古拉（W. Migula）命名为短芽胞杆菌（*Bacillus brevis*），1996 年被重分类为短短芽胞杆菌（*Brevibacillus brevis*）（Shida et al.，1996）。目前，该种有 11 个基因组，选择组装到完成图水平的模式菌株 NBRC 100599$^T$ 的基因组进行描述，其 GenBank 登录号为 GCA_000010165.1，测序平台为 454 FLX，于 2009 年 4 月 1 日由日本国立技术与评价研究所（National Institute of Technology and Evaluation）提交。

**【基因组的组装】**菌株 NBRC 100599$^T$ 基因组的测序深度未知，基因组大小为 6.296 Mb，组装到完成图水平，包括 1 条染色体。**【G+C 含量】**47.28%。**【非编码 RNA】**预测到 44 个 rRNA 基因（5S rRNA 14 个、16S rRNA 15 个、23S rRNA 15 个），127 个 tRNA 基因，10 个 sRNA 基因。**【编码基因】**有 6119 个蛋白质编码基因，编码区总长为 5 570 511 bp，占整个基因组的 88.48%，基因的平均长度为 910 bp。**【基因功能注释】**比对到 KEGG、COG 和 GO 数据库的基因数量分别为 5838 个、4383 个和 4061 个，预测到分泌蛋白编码基因 192 个；在 24 个 COG 功能类群中，基因数量前 10 位的类群分别是：E. 氨基酸转运与代谢 551 个，K. 转录 539 个，R. 仅一般功能预测 507 个，T. 信号转导机制 388 个，J. 翻译、核糖体结构与合成 301 个，G. 碳水化合物转运与代谢 298 个，S. 功能未知 297 个，P. 无机离子转运与代谢 271 个，M. 细胞壁/膜/包膜生物合成 260 个和 H. 辅酶转运与代谢 229 个（图 5-3-10a）。**【重复序列】**预测到的重复序列

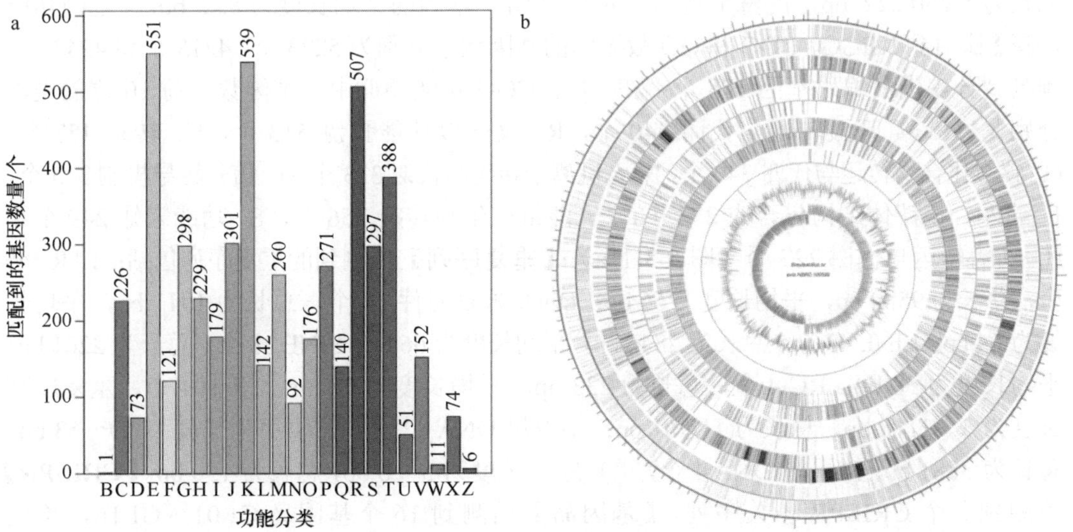


图 5-3-10　短短芽胞杆菌 NBRC 100599$^T$ 基因组的直系同源基因聚类分析（a）和圈图（b）

包括：LTR 143 个，总长为 12 456 bp，平均长度为 87 bp；DNA 重复元件 30 个，总长为 1881 bp，平均长度为 63 bp；LINE 51 个，总长为 3200 bp，平均长度为 63 bp；SINE 41 个，总长为 2836 bp，平均长度为 69 bp；RC 1 个，长度为 88 bp；TR 173 个，重复序列长度为 1～1805 bp，总长为 24 844 bp；小卫星 DNA 125 个，重复序列长度为 10～54 bp，总长为 8109 bp；微卫星 DNA 6 个，重复序列长度为 6 bp，总长为 251 bp。**【CRISPR】**未预测到 CRISPR 相关序列。**【基因岛】**预测到 9 个基因岛 GI 01～GI 09，长度为 5111～34 384 bp，其 G+C 含量为 37.35%～47.72%。利用已预测得到的基因组信息，如重复序列、G+C 含量等，应用 CIRCOS 工具绘制其基因组圈图（图 5-3-10b）。

## 4. 中胞短芽胞杆菌（*Brevibacillus centrosporus*）NRRL NRS-664$^T$

中胞短芽胞杆菌[*Brevibacillus centrosporus*（Nakamura 1993）Shida et al. 1996，comb. nov.] 的模式菌株（ATCC 51661$^T$ =CCUG 31347$^T$ =CIP 104003$^T$ =DSM 8445$^T$ =JCM 9071$^T$ = LMG 15106$^T$ =NRRL NRS-664$^T$）分离自土壤，生长温度为 10～40℃（最适 28℃），pH 5.6，3%（*W*/*V*）NaCl 和 50℃抑制生长，严格好氧，产芽胞，1993 年被命名为中胞芽胞杆菌（*Bacillus centrosporus*）（Nakamura，1993），1996 年被重分类为中胞短芽胞杆菌（*Brevibacillus centrosporus*）（Shida et al.，1996）。目前，该种有 2 个基因组，选择组装水平较高的模式菌株 NRRL NRS-664$^T$ 的基因组进行描述，其 GenBank 登录号为 GCA_003710815.1，测序平台为 Illumina MiSeq，于 2018 年 11 月 4 日由美国农业部农业研究院（United States Department of Agriculture，Agricultural Research Service）提交。

**【基因组的组装】**菌株 NRRL NRS-664$^T$ 基因组的测序深度为 170 X，基因组大小为 5.919 Mb，组装到 71 个 contigs，contig $N_{50}$ 为 204 661 bp。**【G+C 含量】**49.98%。**【非编码 RNA】**预测到 2 个 rRNA 基因（5S rRNA 0 个、16S rRNA 1 个、23S rRNA 1 个），121 个 tRNA 基因，2 个 sRNA 基因。**【编码基因】**有 6161 个蛋白质编码基因，编码区总长为 5 250 222 bp，占整个基因组的 88.70%，基因的平均长度为 852 bp。**【基因功能注释】**比对到 KEGG、COG 和 GO 数据库的基因数量分别为 5273 个、4215 个和 4247 个，预测到分泌蛋白编码基因 178 个；在 24 个 COG 功能类群中，基因数量前 10 位的类群分别是：E. 氨基酸转运与代谢 640 个，R. 仅一般功能预测 513 个，K. 转录 457 个，G. 碳水化合物转运与代谢 340 个，P. 无机离子转运与代谢 323 个，T. 信号转导机制 315 个，J. 翻译、核糖体结构与合成 273 个，C. 能量产生与转换 256 个，S. 功能未知 249 个和 H. 辅酶转运与代谢 227 个（图 5-3-11a）。**【重复序列】**预测到的重复序列包括：LTR 145 个，总长为 9589 bp，平均长度为 66 bp；DNA 重复元件 30 个，总长为 1911 bp，平均长度为 64 bp；LINE 43 个，总长为 2846 bp，平均长度为 66 bp；SINE 38 个，总长为 2201 bp，平均长度为 58 bp；RC 4 个，总长为 233 bp，平均长度为 58 bp；TR 104 个，重复序列长度为 3～1118 bp，总长为 11 901 bp；小卫星 DNA 82 个，重复序列长度为 10～53 bp，总长为 3881 bp；微卫星 DNA 4 个，重复序列长度为 3～6 bp，总长为 150 bp。**【CRISPR】**预测到 2 个 CRISPR 相关序列。**【基因岛】**预测到 16 个基因岛 GI 01～GI 16，长度为 4377～24 081 bp，其 G+C 含量为 38.61%～51.82%。利用已预测得到的基因组信息，如重复序列、G+C 含量等，应用 CIRCOS 工具绘制其基因组圈图（图 5-3-11b）。

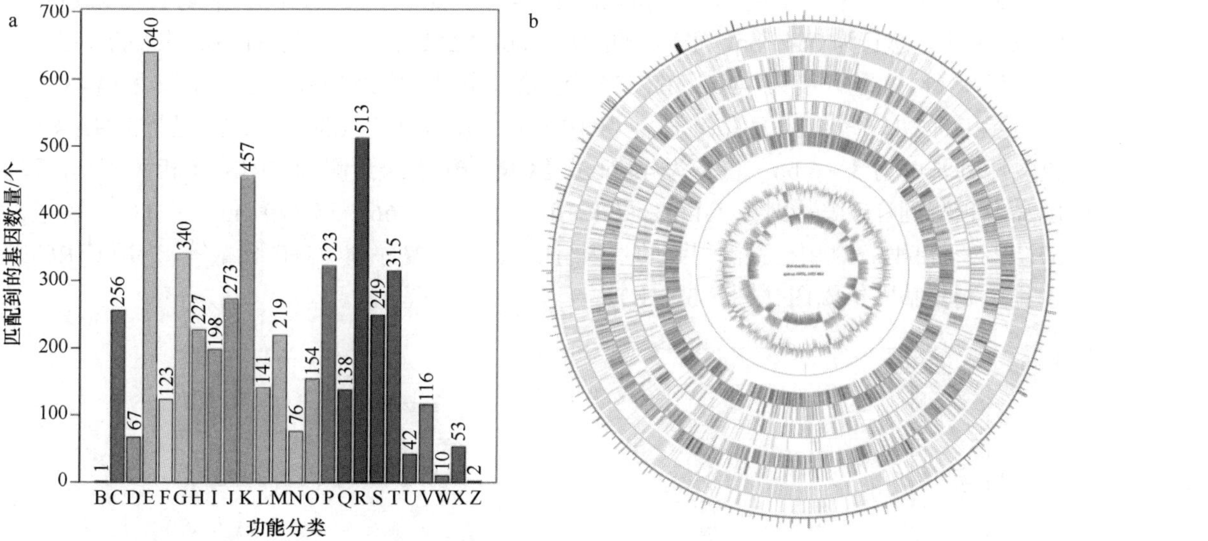


图 5-3-11　中胞短芽胞杆菌 NRRL NRS-664$^T$ 基因组的直系同源基因聚类分析（a）和圈图（b）

## 5. 千叶短芽胞杆菌（*Brevibacillus choshinensis*）DSM 8552$^T$

千叶短芽胞杆菌［*Brevibacillus choshinensis* (Takagi et al. 1993) Shida et al. 1996, comb. nov.］的模式菌株（HPD52$^T$ =ATCC 51359$^T$ =CIP 103838$^T$ =DSM 8552$^T$ =JCM 8505$^T$ = LMG 15968$^T$ =NCIMB 13345$^T$ =NRRL B-23247$^T$）分离自日本千叶县的土壤，生长条件为 50℃、pH 5.5～9.0、2%（*W*/*V*）NaCl，严格好氧，产芽胞，1993 年被命名为千叶芽胞杆菌（*Bacillus choshinensis*）（Takagi et al.，1993），1996 年被重分类为千叶短芽胞杆菌（*Brevibacillus choshinensis*）（Shida et al.，1996）。目前，该种仅有 1 个基因组，模式菌株 DSM 8552$^T$ 基因组的 GenBank 登录号为 GCA_001420695.1，测序平台为 Illumina HiSeq，于 2015 年 10 月 30 日由福建省农业科学院（Fujian Academy of Agricultural Sciences）提交。

**【基因组的组装】**菌株 DSM 8552$^T$ 基因组的测序深度为 150 X，基因组大小为 5.919 Mb，组装到 16 个 scaffolds，scaffold $N_{50}$ 为 2 087 727 bp。**【G+C 含量】**48.36%。**【非编码 RNA】**预测到 24 个 rRNA 基因（5S rRNA 8 个、16S rRNA 8 个、23S rRNA 8 个），141 个 tRNA 基因，10 个 sRNA 基因。**【编码基因】**有 6250 个蛋白质编码基因，编码区总长为 5 492 313 bp，占整个基因组的 92.79%，基因的平均长度为 879 bp。**【基因功能注释】**比对到 KEGG、COG 和 GO 数据库的基因数量分别为 5534 个、4517 个和 4428 个，预测到分泌蛋白编码基因 183 个；在 24 个 COG 功能类群中，基因数量前 10 位的类群分别是：E. 氨基酸转运与代谢 750 个，R. 仅一般功能预测 560 个，K. 转录 493 个，T. 信号转导机制 356 个，G. 碳水化合物转运与代谢 343 个，P. 无机离子转运与代谢 330 个，J. 翻译、核糖体结构与合成 297 个，S. 功能未知 282 个，C. 能量产生与转换 278 个，H. 辅酶转运与代谢 241 个和 M. 细胞壁/膜/包膜生物合成 241 个（图 5-3-12a）。**【重复序列】**预测到的重复序列包括：LTR 153 个，总长为 12 720 bp，平均长度为 83 bp；DNA 重复元件 42 个，总长为 2624 bp，平均长度为 62 bp；LINE 44 个，总长为 2650 bp，平均长度为 60 bp；SINE 39 个，总长为 2649 bp，平均长度为 68 bp；RC 1 个，长度为 31 bp；未知序列 2 个，总长为 88 bp，平均长度为 44 bp；TR 135 个，重复序列长度为 3～837 bp，总长为 14 433 bp；小卫星 DNA 105 个，重复序列长度为 10～54 bp，总长为 6306 bp；微卫星 DNA 4 个，重复序列长度为 3～6 bp，总长为 455 bp。**【CRISPR】**未预测到 CRISPR 相关序列。**【基因岛】**预测到 16 个基因岛 GI 01～GI 16，长度为 4266～35 379 bp，其 G+C 含量为 37.78%～47.94%。利用已预测得到的基因组信息，如重复序列、G+C 含量等，应用 CIRCOS 工具绘制其基因组圈图（图 5-3-12b）。

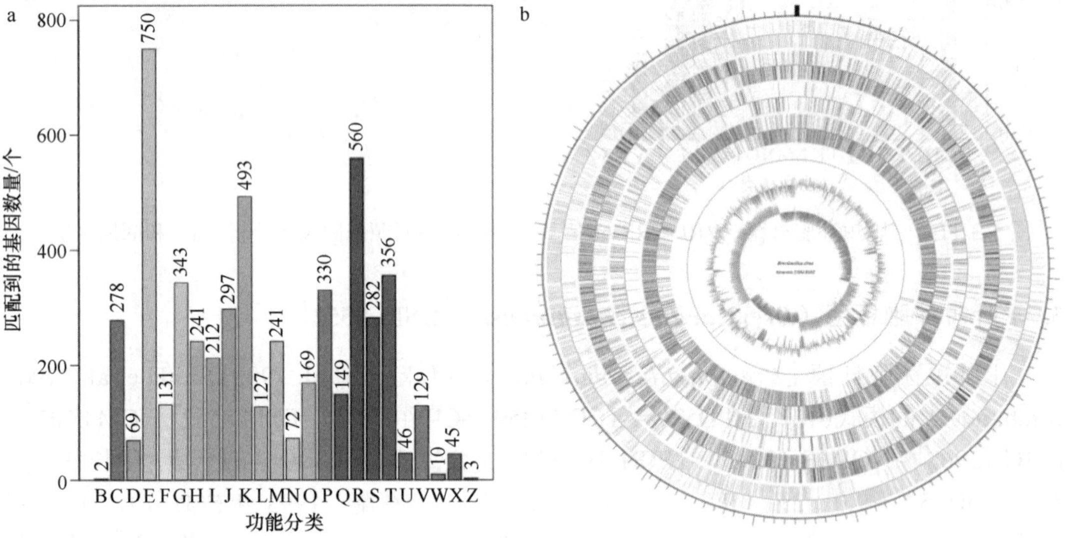


图 5-3-12　千叶短芽胞杆菌 DSM 8552$^{T}$ 基因组的直系同源基因聚类分析（a）和圈图（b）

## 6. 河短芽胞杆菌（*Brevibacillus fluminis*）JCM 15716$^{T}$

河短芽胞杆菌（*Brevibacillus fluminis* Choi et al. 2010，sp. nov.）的模式菌株（CJ71$^{T}$ = KACC 13381$^{T}$ =JCM 15716$^{T}$）分离自韩国汉江入海口湿地的沉积物，生长条件为 20～45℃（最适 30℃）、pH 5.0～8.0（最适 pH 7.0），严格好氧，产芽胞（Choi et al.，2010）。目前，该种仅有 1 个基因组，模式菌株 JCM 15716$^{T}$ 基因组的 GenBank 登录号为 GCA_003710825.1，测序平台为 Illumina MiSeq，于 2018 年 11 月 4 日由美国农业部农业研究院（United States Department of Agriculture，Agricultural Research Service）提交。

**【基因组的组装】**菌株 JCM 15716$^{T}$ 基因组的测序深度为 310 X，基因组大小为 6.456 Mb，组装到 98 个 scaffolds，scaffold $N_{50}$ 为 250 000 bp。**【G+C 含量】**50.36%。**【非编码 RNA】**预测到 2 个 rRNA 基因（5S rRNA 0 个、16S rRNA 1 个、23S rRNA 1 个），121 个 tRNA 基因，1 个 sRNA 基因。**【编码基因】**有 6346 个蛋白质编码基因，编码区总长为 5 710 875 bp，占整个基因组的 88.46%，基因的平均长度为 900 bp。**【基因功能注释】**比对到 KEGG、COG 和 GO 数据库的基因数量分别为 5286 个、4323 个和 4394 个，

预测到分泌蛋白编码基因 176 个；在 24 个 COG 功能类群中，基因数量前 10 位的类群分别是：E. 氨基酸转运与代谢 769 个，K. 转录 525 个，R. 仅一般功能预测 518 个，T. 信号转导机制 384 个，G. 碳水化合物转运与代谢 315 个，P. 无机离子转运与代谢 303 个，J. 翻译、核糖体结构与合成 273 个，S. 功能未知 267 个，C. 能量产生与转换 242 个和 M. 细胞壁/膜/包膜生物合成 220 个（图 5-3-13a）。【**重复序列**】预测到的重复序列包括：LTR 161 个，总长为 10 807 bp，平均长度为 67 bp；DNA 重复元件 27 个，总长为 1801 bp，平均长度为 67 bp；LINE 33 个，总长为 2263 bp，平均长度为 69 bp；SINE 33 个，总长为 2099 bp，平均长度为 64 bp；RC 2 个，总长为 150 bp，平均长度为 75 bp；未知序列 2 个，总长为 112 bp，平均长度为 56 bp；TR 152 个，重复序列长度为 3～341 bp，总长为 14 563 bp；小卫星 DNA 117 个，重复序列长度为 10～60 bp，总长为 6903 bp；微卫星 DNA 4 个，重复序列长度为 3～6 bp，总长为 170 bp。【**CRISPR**】预测到 10 个 CRISPR 相关序列。【**基因岛**】预测到 10 个基因岛 GI 01～GI 10，长度为 3980～59 978 bp，其 G+C 含量为 36.08%～52.40%。利用已预测得到的基因组信息，如重复序列、G+C 含量等，应用 CIRCOS 工具绘制其基因组圈图（图 5-3-13b）。

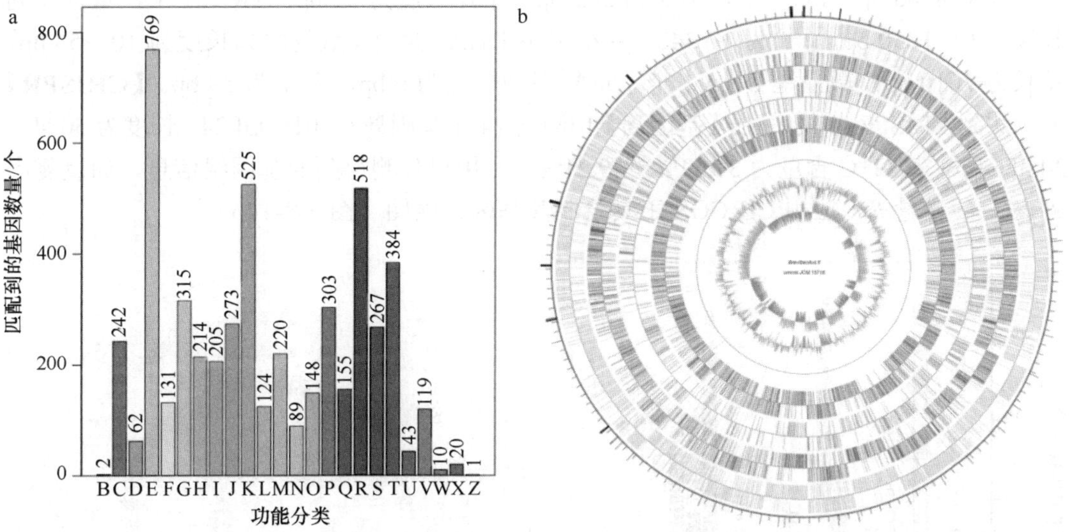


图 5-3-13　河短芽胞杆菌 JCM 15716$^T$ 基因组的直系同源基因聚类分析（a）和圈图（b）

## 7. 美丽短芽胞杆菌（*Brevibacillus formosus*）NF2

美丽短芽胞杆菌［*Brevibacillus formosus* (Shida et al. 1995) Shida et al. 1996，comb. nov.］的模式菌株（F12$^T$ =ATCC 51669$^T$ =CIP 104544$^T$ =DSM 9885$^T$ =JCM 9169$^T$= LMG 16010$^T$ =NRRL NRS-863$^T$）分离自土壤，生长条件为 10～45℃（最适 30℃）、pH 5.6，2%（*W*/*V*）NaCl 和 50℃抑制生长，严格好氧，产芽胞，1995 年被命名为美丽芽胞杆菌（*Bacillus formosus*）（Shida et al.，1995），1996 年被重分类为美丽短芽胞杆菌（*Brevibacillus formosus*）（Shida et al.，1996）。目前，该种有 4 个基因组，选择组装到完成图水平的非模式菌株 NF2 的基因组进行描述，其 GenBank 登录号为 GCA_002215075.1，测序平台

为 PacBio，于 2017 年 7 月 6 日由陕西省科学院（Shaanxi Academy of Sciences）提交。

**【基因组的组装】**菌株 NF2 基因组的测序深度为 168 X，基因组大小为 6.437 Mb，组装到完成图水平，包括 1 条染色体。**【G+C 含量】**47.24%。**【非编码 RNA】**预测到 50 个 rRNA 基因（5S rRNA 16 个、16S rRNA 17 个、23S rRNA 17 个），127 个 tRNA 基因，17 个 sRNA 基因。**【编码基因】**有 6379 个蛋白质编码基因，编码区总长为 5 650 551 bp，占整个基因组的 87.78%，基因的平均长度为 886 bp。**【基因功能注释】**比对到 KEGG、COG 和 GO 数据库的基因数量分别为 5921 个、4270 个和 4184 个，预测到分泌蛋白编码基因 179 个；在 24 个 COG 功能类群中，基因数量前 10 位的类群分别是：E. 氨基酸转运与代谢 543 个，K. 转录 519 个，R. 仅一般功能预测 496 个，T. 信号转导机制 358 个，G. 碳水化合物转运与代谢 291 个，J. 翻译、核糖体结构与合成 288 个，S. 功能未知 283 个，P. 无机离子转运与代谢 264 个，M. 细胞壁/膜/包膜生物合成 244 个和 H. 辅酶转运与代谢 228 个（图 5-3-14a）。**【重复序列】**预测到的重复序列包括：LTR 154 个，总长为 13 989 bp，平均长度为 91 bp；DNA 重复元件 33 个，总长为 1863 bp，平均长度为 56 bp；LINE 57 个，总长为 3749 bp，平均长度为 66 bp；SINE 42 个，总长为 2844 bp，平均长度为 68 bp；RC 5 个，总长为 262 bp，平均长度为 52 bp；TR 161 个，重复序列长度为 6～1050 bp，总长为 17 343 bp；小卫星 DNA 134 个，重复序列长度为 10～54 bp，总长为 7610 bp；微卫星 DNA 1 个，重复序列长度为 6 bp，总长为 59 bp。**【CRISPR】**未预测到 CRISPR 相关序列。**【基因岛】**预测到 24 个基因岛 GI 01～GI 24，长度为 5024～34 386 bp，其 G+C 含量为 37.51%～49.21%。利用已预测得到的基因组信息，如重复序列、G+C 含量等，应用 CIRCOS 工具绘制其基因组圈图（图 5-3-14b）。

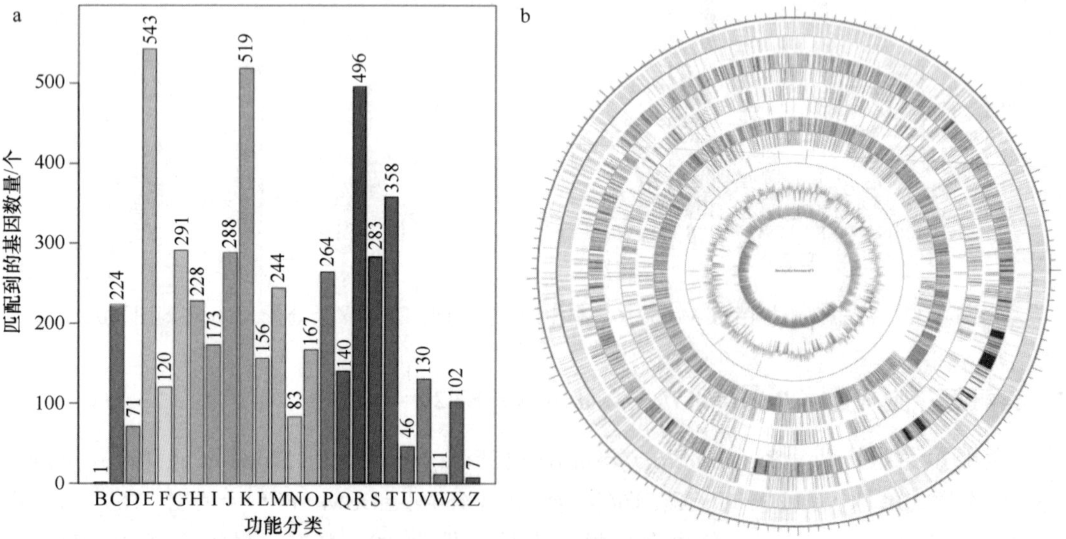


图 5-3-14　美丽短芽胞杆菌 NF2 基因组的直系同源基因聚类分析（a）和圈图（b）

### 8. 明胶短芽胞杆菌（*Brevibacillus gelatini*）DSM 100115$^T$

明胶短芽胞杆菌（*Brevibacillus gelatini* Inan et al. 2016，sp. nov.）的模式菌株（PDF4$^T$=

NCCB 100559$^T$=DSM 100115$^T$）分离自土耳其艾登的温泉，中度嗜热，生长条件为20～50℃（最适40℃）、pH 6.0～9.0（最适pH 7.0）、0～2%（*W*/*V*）NaCl，好氧，产芽胞（Inan et al.，2016）。目前，该种仅有1个基因组，模式菌株DSM 100115$^T$基因组的GenBank登录号为GCA_003710935.1，测序平台为Illumina MiSeq，于2018年11月4日由美国农业部农业研究院（United States Department of Agriculture，Agricultural Research Service）提交。

**【基因组的组装】**菌株DSM 100115$^T$基因组的测序深度为103 X，基因组大小为4.638 Mb，组装到91个contigs，contig $N_{50}$为107 019 bp。**【G+C含量】**51.99%。**【非编码RNA】**预测到3个rRNA基因（5S rRNA 1个、16S rRNA 1个、23S rRNA 1个），117个tRNA基因，9个sRNA基因。**【编码基因】**有4709个蛋白质编码基因，编码区总长为4 047 636 bp，占整个基因组的87.27%，基因的平均长度为860 bp。**【基因功能注释】**比对到KEGG、COG和GO数据库的基因数量分别为3914个、3036个和3003个，预测到分泌蛋白编码基因140个；在24个COG功能类群中，基因数量前10位的类群分别是：E. 氨基酸转运与代谢346个，K. 转录305个，R. 仅一般功能预测301个，T. 信号转导机制252个，J. 翻译、核糖体结构与合成244个，S. 功能未知214个，H. 辅酶转运与代谢188个，M. 细胞壁/膜/包膜生物合成184个，G. 碳水化合物转运与代谢177个和P. 无机离子转运与代谢177个（图5-3-15a）。**【重复序列】**预测到的重复序列包括：LTR 73个，总长为4661 bp，平均长度为64 bp；DNA重复元件12个，总长为739 bp，平均长度为62 bp；LINE 13个，总长为721 bp，平均长度为55 bp；SINE 35个，总长为2193 bp，平均长度为63 bp；TR 93个，重复序列长度为9～672 bp，总长为6927 bp；小卫星DNA 74个，重复序列长度为10～48 bp，总长为4509 bp；未预测到微卫星DNA。**【CRISPR】**预测到47个CRISPR相关序列。**【基因岛】**预测到7个基因岛GI 01～GI 07，长度为4498～16 168 bp，其G+C含量为42.39%～54.00%。利用已预测得到的基因组信息，如重复序列、G+C含量等，应用CIRCOS工具绘制其基因组圈图（图5-3-15b）。

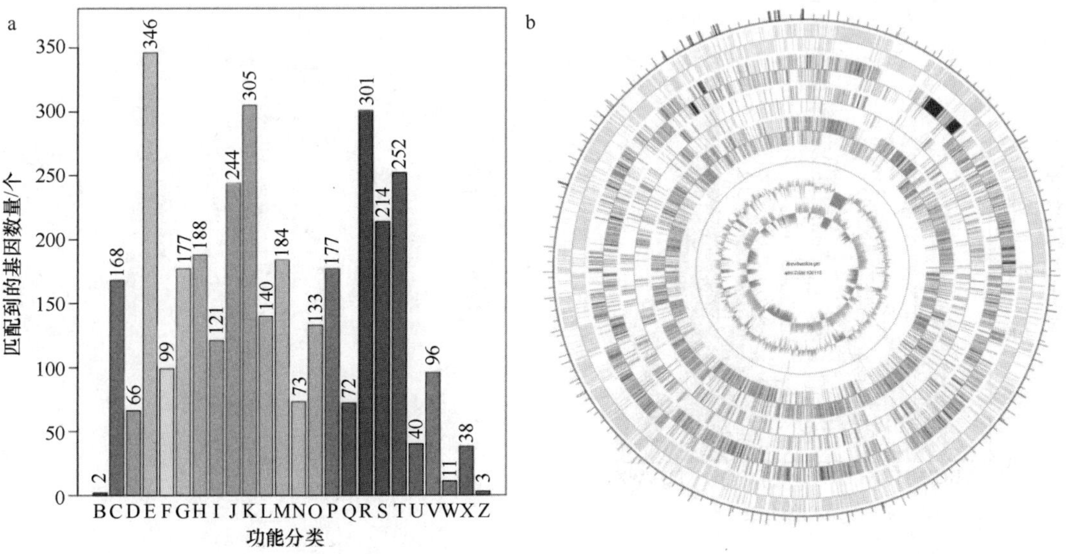


图5-3-15　明胶短芽胞杆菌DSM 100115$^T$基因组的直系同源基因聚类分析（a）和圈图（b）

### 9. 侧胞短芽胞杆菌（*Brevibacillus laterosporus*）LMG 15441$^T$

侧胞短芽胞杆菌［*Brevibacillus laterosporus* (Laubach 1916) Shida et al. 1996，comb. nov.］的模式菌株（ATCC 4517$^T$ =DSM 25$^T$ =JCM 2496$^T$ =LMG 15441$^T$ =NCCB 75013$^T$ = NCTC 6357$^T$ =NRRL NRS-314$^T$ =VKM B-499$^T$）分离自土壤，最适生长条件为 30℃、pH 7.0，5%（*W*/*V*）NaCl 抑制生长，严格好氧，产芽胞，1916 年由 C. A. 兰巴赫（C. A. Laubach）命名为侧胞芽胞杆菌（*Bacillus laterosporus*），1996 年被重分类为侧胞短芽胞杆菌（*Brevibacillus laterosporus*）（Shida et al.，1996）。目前，该种有 18 个基因组，选择组装到完成图水平的模式菌株 LMG 15441$^T$ 的基因组进行描述，其 GenBank 登录号为 GCA_000219535.3，测序平台为 ABI 3730+454 FLX+Illumina HiSeq，于 2014 年 7 月 22 日由德国乔治-奥古斯都-哥廷根大学（Georg-August-University Goettingen）提交。

**【基因组的组装】**菌株 LMG 15441$^T$ 基因组的测序深度为 196 X，基因组大小为 5.154 Mb，组装到完成图水平，包括 1 条染色体和 2 个质粒。**【G+C 含量】**41.10%。**【非编码 RNA】**预测到 36 个 rRNA 基因（5S rRNA 12 个、16S rRNA 12 个、23S rRNA 12 个），113 个 tRNA 基因，3 个 sRNA 基因。**【编码基因】**有 4848 个蛋白质编码基因，编码区总长为 4 380 651 bp，占整个基因组的 85.00%，基因的平均长度为 904 bp。**【基因功能注释】**比对到 KEGG、COG 和 GO 数据库的基因数量分别为 4473 个、3019 个和 3099 个，预测到分泌蛋白编码基因 150 个；在 25 个 COG 功能类群中，基因数量前 10 位的类群分别是：E. 氨基酸转运与代谢 328 个，R. 仅一般功能预测 302 个，K. 转录 298 个，J. 翻译、核糖体结构与合成 239 个，T. 信号转导机制 207 个，G. 碳水化合物转运与代谢 203 个，P. 无机离子转运与代谢 202 个，S. 功能未知 197 个，C. 能量产生与转换 195 个和 H. 辅酶转运与代谢 189 个（图 5-3-16a）。**【重复序列】**预测到的重复序列包括：LTR 205 个，总长为 15 757 bp，平均长度为 77 bp；DNA 重复元件 63 个，总长为 4525 bp，

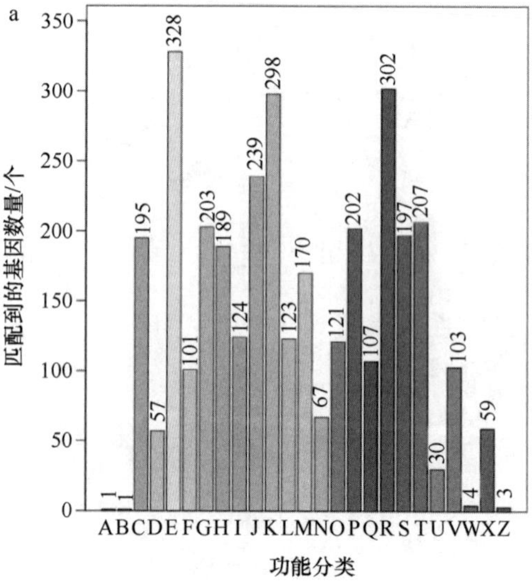


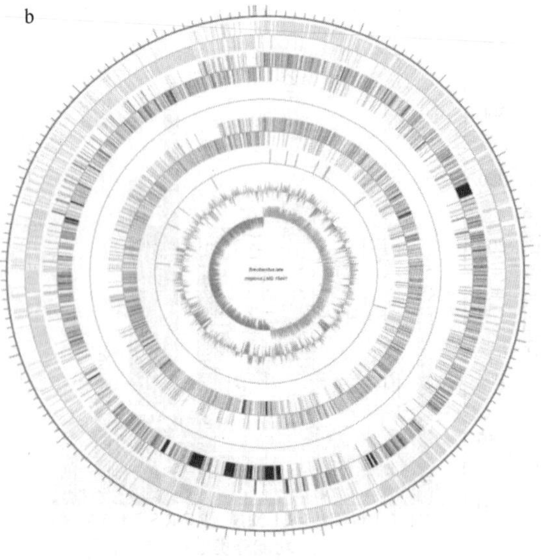


图 5-3-16　侧胞短芽胞杆菌 LMG 15441$^T$ 基因组的直系同源基因聚类分析（a）和圈图（b）

平均长度为 72 bp；LINE 59 个，总长为 3540 bp，平均长度为 60 bp；SINE 21 个，总长为 1675 bp，平均长度为 80 bp；RC 2 个，总长为 86 bp，平均长度为 43 bp；未知序列 2 个，总长为 149 bp，平均长度为 75 bp；TR 177 个，重复序列长度为 3～1786 bp，总长为 22 380 bp；小卫星 DNA 129 个，重复序列长度为 10～54 bp，总长为 11 887 bp；微卫星 DNA 3 个，重复序列长度为 3～6 bp，总长为 99 bp。**【CRISPR】**预测到 9 个 CRISPR 相关序列。**【基因岛】**预测到 16 个基因岛 GI 01～GI 16，长度为 3512～38 045 bp，其 G+C 含量为 30.75%～43.17%。利用已预测得到的基因组信息，如重复序列、G+C 含量等，应用 CIRCOS 工具绘制其基因组圈图（图 5-3-16b）。

### 10. 马赛短芽胞杆菌（*Brevibacillus massiliensis*）phR$^T$

马赛短芽胞杆菌（*Brevibacillus massiliensis* Hugon et al. 2013，sp. nov.）的模式菌株（phR$^T$ =CSUR P177$^T$ =DSM 25447$^T$）分离自法国马赛 1 位肥胖患者的粪便，生长温度为 30～45℃（最适 37℃），严格好氧，产芽胞（Hugon et al.，2013）。目前，该种仅有 1 个基因组，模式菌株 phR$^T$ 基因组的 GenBank 登录号为 GCA_000311785.1，测序平台为 454 GS FLX，于 2012 年 8 月 16 日由法国热带传染病研究中心（Unité de Recherche en Maladies Infectieuses et Tropicales Emergentes）提交。

**【基因组的组装】**菌株 phR$^T$ 基因组的测序深度为 54 X，基因组大小为 5.060 Mb，组装到 37 个 scaffolds，scaffold $N_{50}$ 为 301 181 bp。**【G+C 含量】**53.12%。**【非编码 RNA】**预测到 0 个 rRNA 基因（5S rRNA 0 个、16S rRNA 0 个、23S rRNA 0 个），81 个 tRNA 基因，4 个 sRNA 基因。**【编码基因】**有 5245 个蛋白质编码基因，编码区总长为 4 359 021 bp，占整个基因组的 86.15%，基因的平均长度为 831 bp。**【基因功能注释】**比对到 KEGG、COG 和 GO 数据库的基因数量分别为 4310 个、3561 个和 3574 个，预测到分泌蛋白编码基因 116 个；在 24 个 COG 功能类群中，基因数量前 10 位的类群分别是：E. 氨基酸转运与代谢 601 个，R. 仅一般功能预测 375 个，K. 转录 348 个，G. 碳水化合物转运与代谢 295 个，P. 无机离子转运与代谢 256 个，C. 能量产生与转换 235 个，T. 信号转导机制 227 个，J. 翻译、核糖体结构与合成 222 个，H. 辅酶转运与代谢 216 个和 S. 功能未知 209 个（图 5-3-17a）。**【重复序列】**预测到的重复序列包括：LTR 45 个，总长为 2942 bp，平均长度为 65 bp；DNA 重复元件 21 个，总长为 1297 bp，平均长度为 62 bp；LINE 6 个，总长为 415 bp，平均长度为 69 bp；SINE 17 个，总长为 1105 bp，平均长度为 65 bp；未知序列 1 个，长度为 37 bp；TR 82 个，重复序列长度为 11～141 bp，总长为 5143 bp；小卫星 DNA 74 个，重复序列长度为 11～60 bp，总长为 4081 bp；未预测到微卫星 DNA。**【CRISPR】**预测到 9 个 CRISPR 相关序列。**【基因岛】**预测到 13 个基因岛 GI 01～GI 13，长度为 4728～16 958 bp，其 G+C 含量为 28.16%～55.05%。利用已预测得到的基因组信息，如重复序列、G+C 含量等，应用 CIRCOS 工具绘制其基因组圈图（图 5-3-17b）。

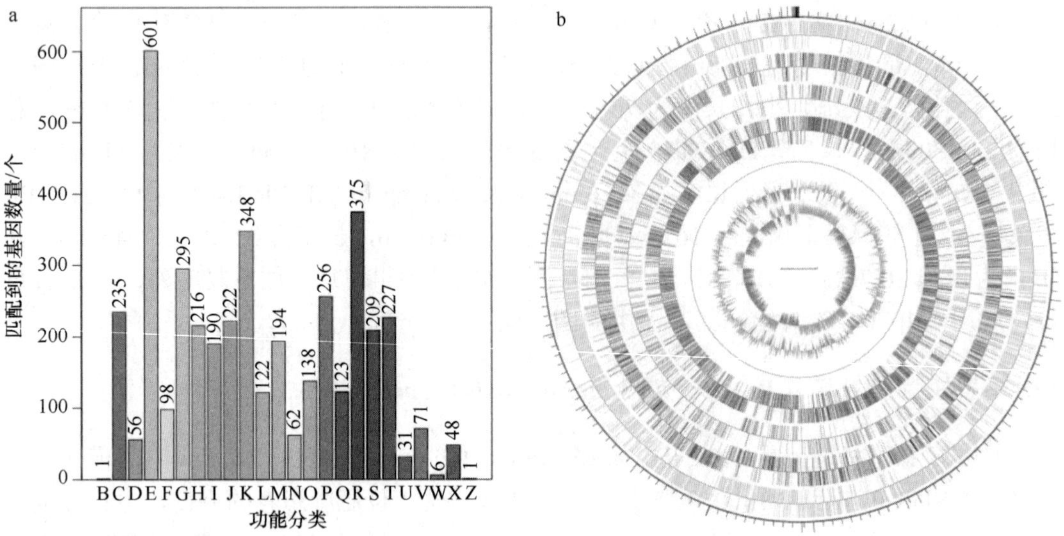


图 5-3-17　马赛短芽胞杆菌 phR$^{T}$ 基因组的直系同源基因聚类分析（a）和圈图（b）

## 11. 硝化短芽胞杆菌（*Brevibacillus nitrificans*）JCM 15774$^{T}$

硝化短芽胞杆菌（*Brevibacillus nitrificans* Takebe et al. 2012，sp. nov.）的模式菌株（DA2$^{T}$ =JCM 15774$^{T}$ =NCIMB 14531$^{T}$）分离自 1 种用于增强废水处理池中微生物降解的微生物菌剂产品，生长条件为 16～44℃（最适 36～40℃）、0～3%（*W*/*V*）NaCl，好氧，产芽胞（Takebe et al.，2012）。目前，该种仅有 1 个基因组，模式菌株 JCM 15774$^{T}$ 基因组的 GenBank 登录号为 GCA_003710965.1，测序平台为 Illumina MiSeq，于 2018 年 11 月 4 日由美国农业部农业研究院（United States Department of Agriculture，Agricultural Research Service）提交。

**【基因组的组装】**菌株 JCM 15774$^{T}$ 基因组的测序深度为 205 X，基因组大小为 6.331 Mb，组装到 40 个 contigs，contig $N_{50}$ 为 395 975 bp。**【G+C 含量】** 50.48%。**【非编码 RNA】** 预测到 3 个 rRNA 基因（5S rRNA 1 个、16S rRNA 1 个、23S rRNA 1 个），129 个 tRNA 基因，2 个 sRNA 基因。**【编码基因】**有 6270 个蛋白质编码基因，编码区总长为 5 649 705 bp，占整个基因组的 89.24%，基因的平均长度为 901 bp。**【基因功能注释】**比对到 KEGG、COG 和 GO 数据库的基因数量分别为 5543 个、4474 个和 4463 个，预测到分泌蛋白编码基因 188 个；在 24 个 COG 功能类群中，基因数量前 10 位的类群分别是：E. 氨基酸转运与代谢 699 个，R. 仅一般功能预测 572 个，K. 转录 491 个，P. 无机离子转运与代谢 364 个，G. 碳水化合物转运与代谢 360 个，T. 信号转导机制 341 个，J. 翻译、核糖体结构与合成 283 个，C. 能量产生与转换 282 个，S. 功能未知 268 个和 H. 辅酶转运与代谢 247 个（图 5-3-18a）。**【重复序列】**预测到的重复序列包括：LTR 192 个，总长为 13 277 bp，平均长度为 69 bp；DNA 重复元件 45 个，总长为 2543 bp，平均长度为 57 bp；LINE 33 个，总长为 2332 bp，平均长度为 71 bp；SINE 39 个，总长为 2282 bp，平均长度为 59 bp；RC 1 个，长度为 52 bp；未知序列 1 个，长度为 104 bp；TR 111 个，重复序列长度为 6～567 bp，总长为 19 197 bp；小卫星 DNA 83 个，重复序列长度为 12～60 bp，总长为 7601 bp；微卫星 DNA 4 个，重复序列长度为 6 bp，总长为 166 bp。**【CRISPR】** 未预测到 CRISPR 相关序列。**【基因岛】** 预测到 14 个基因岛 GI 01～GI 14，长度为 6872～20 380 bp，其 G+C 含量为 38.39%～51.51%。利用已预测得到的基因组信息，如重复序列、G+C 含量等，应用 CIRCOS 工具绘制其基因组圈图（图 5-3-18b）。

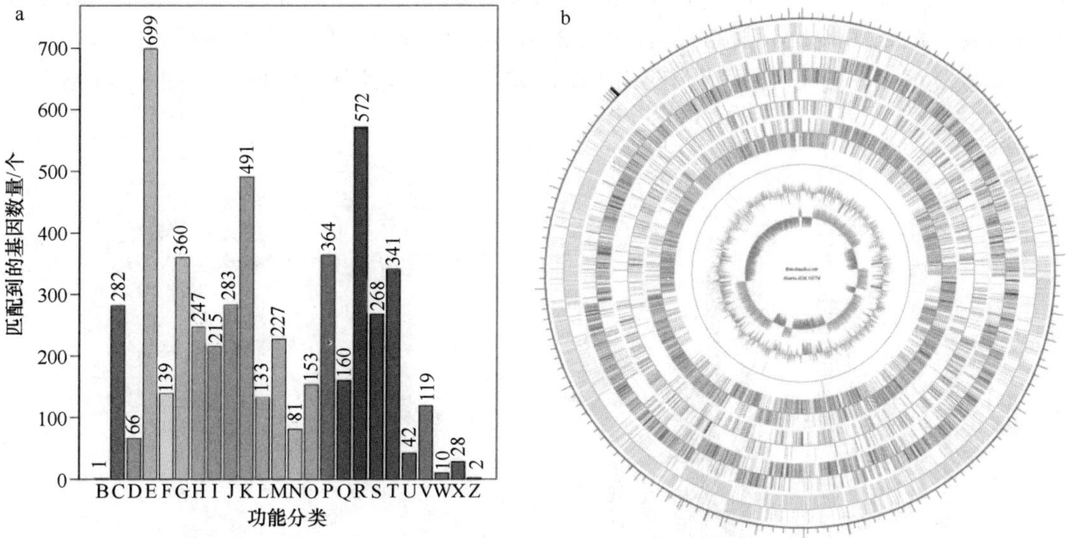


图 5-3-18　硝化短芽胞杆菌 JCM 15774$^{T}$ 基因组的直系同源基因聚类分析（a）和圈图（b）

## 12. 人参土壤短芽胞杆菌（*Brevibacillus panacihumi*）W25

人参土壤短芽胞杆菌（*Brevibacillus panacihumi* Kim et al. 2009，sp. nov.）的模式菌株（DCY35$^{T}$=KCTC 13206$^{T}$=JCM 15085$^{T}$）分离自韩国一种植人参田块的土壤，生长条件为 15～42℃（最适 30℃）、pH 5.0～9.0（最适 pH 7.0），2%（*W*/*V*）NaCl 抑制生长，好氧，产芽胞（Kim et al.，2009a）。目前，该种有 2 个基因组，选择组装水平较高的非模式菌株 W25 的基因组进行描述，其 GenBank 登录号为 GCA_000503775.1，测序平台为 Illumina HiSeq，于 2013 年 12 月 4 日由天津大学（Tianjin University）提交。

**【基因组的组装】** 菌株 W25 基因组的测序深度为 190 X，基因组大小为 5.546 Mb，组装到 11 个 scaffolds，scaffold $N_{50}$ 为 1 760 181 bp。**【G+C 含量】** 50.13%。**【非编码 RNA】** 预测到 33 个 rRNA 基因（5S rRNA 11 个、16S rRNA 11 个、23S rRNA 11 个），135 个 tRNA 基因，14 个 sRNA 基因。**【编码基因】** 有 5624 个蛋白质编码基因，编码区总长为 4 921 755 bp，占整个基因组的 88.74%，基因的平均长度为 875 bp。**【基因功能注释】** 比对到 KEGG、COG 和 GO 数据库的基因数量分别为 4832 个、3886 个和 3802 个，预测到分泌蛋白编码基因 153 个；在 24 个 COG 功能类群中，基因数量前 10 位的类群分别是：E. 氨基酸转运与代谢 505 个，R. 仅一般功能预测 414 个，K. 转录 394 个，T. 信号转导机制 283 个，P. 无机离子转运与代谢 268 个，J. 翻译、核糖体结构与合成 253 个，G. 碳水化合物转运与代谢 251 个，S. 功能未知 251 个，H. 辅酶转运与代谢 232 个和 C. 能量产生与转换 230 个（图 5-3-19a）。**【重复序列】** 预测到的重复序列包括：LTR

171 个，总长为 13 992 bp，平均长度为 82 bp；DNA 重复元件 36 个，总长为 2957 bp，平均长度为 82 bp；LINE 49 个，总长为 3259 bp，平均长度为 67 bp；SINE 55 个，总长为 4149 bp，平均长度为 75 bp；TR 88 个，重复序列长度为 9～724 bp，总长为 10 718 bp；小卫星 DNA 69 个，重复序列长度为 11～60 bp，总长为 3913 bp；未预测到微卫星 DNA。**【CRISPR】**预测到 79 个 CRISPR 相关序列。**【基因岛】**预测到 28 个基因岛 GI 01～GI 28，长度为 4750～32 069 bp，其 G+C 含量为 35.07%～53.52%。利用已预测得到的基因组信息，如重复序列、G+C 含量等，应用 CIRCOS 工具绘制其基因组圈图（图 5-3-19b）。

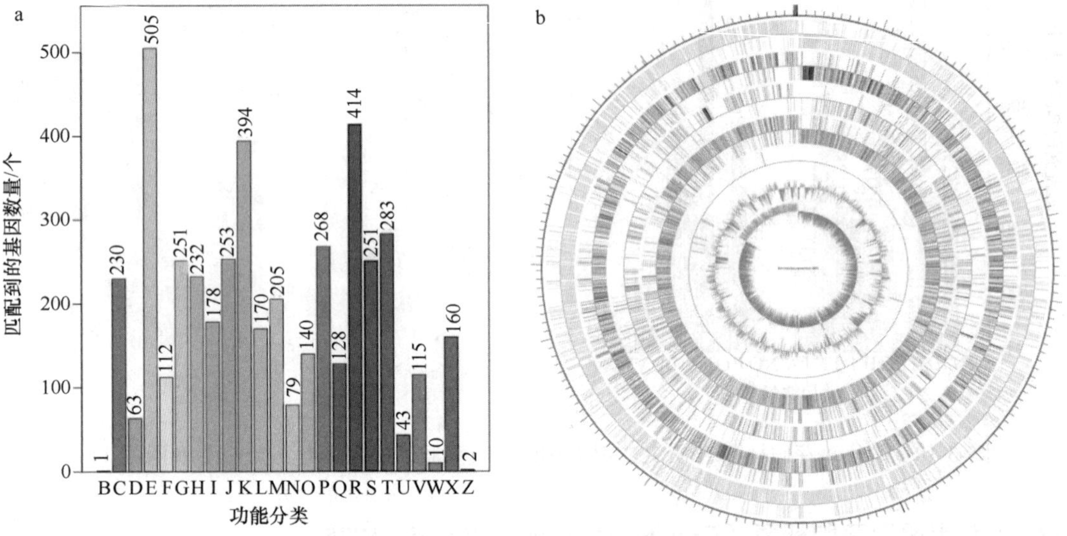


图 5-3-19 人参土壤短芽胞杆菌 W25 基因组的直系同源基因聚类分析（a）和圈图（b）

### 13. 副短短芽胞杆菌（*Brevibacillus parabrevis*）CN1

副短短芽胞杆菌［*Brevibacillus parabrevis* (Takagi et al. 1993) Shida et al. 1996，comb. nov.］的模式菌株（ATCC 10027$^T$ =CIP 103840$^T$ =DSM 8376$^T$ =JCM 8506$^T$ =LMG 15971$^T$ = NRRL NRS-815$^T$）分离自土壤，最适生长条件为 30℃（最高 45～55℃）、pH 7.0，5%（*W*/*V*）NaCl 抑制生长，好氧，产芽胞，1993 年被命名为副短芽胞杆菌（*Bacillus parabrevis*）（Takagi et al.，1993），1996 年被重分类为副短短芽胞杆菌（*Brevibacillus parabrevis*）（Shida et al.，1996）。目前，该种有 3 个基因组，选择框架图水平的非模式菌株 CN1 的基因组进行描述，其 GenBank 登录号为 GCA_001619605.1，测序平台为 Illumina MiSeq，于 2016 年 4 月 13 日由马来西亚马来亚大学（University of Malaya）提交。

**【基因组的组装】**菌株 CN1 基因组的测序深度为 96 X，基因组大小为 5.652 Mb，组装到 136 个 contigs，contig $N_{50}$ 为 143 581 bp。**【G+C 含量】**51.45%。**【非编码 RNA】**预测到 2 个 rRNA 基因（5S rRNA 0 个、16S rRNA 1 个、23S rRNA 1 个），111 个 tRNA 基因，3 个 sRNA 基因。**【编码基因】**有 5534 个蛋白质编码基因，编码区总长为 4 948 593 bp，占整个基因组的 87.55%，基因的平均长度为 894 bp。**【基因功能注释】**比对到 KEGG、COG 和 GO 数据库的基因数量分别为 4759 个、3801 个和 3686 个，预测到分泌蛋白编

码基因 179 个；在 24 个 COG 功能类群中，基因数量前 10 位的类群分别是：E. 氨基酸转运与代谢 531 个，K. 转录 422 个，R. 仅一般功能预测 416 个，T. 信号转导机制 310 个，J. 翻译、核糖体结构与合成 269 个，P. 无机离子转运与代谢 264 个，S. 功能未知 257 个，G. 碳水化合物转运与代谢 239 个，M. 细胞壁/膜/包膜生物合成 218 个和 H. 辅酶转运与代谢 217 个（图 5-3-20a）。**【重复序列】**预测到的重复序列包括：LTR 113 个，总长为 7701 bp，平均长度为 68 bp；DNA 重复元件 20 个，总长为 1501 bp，平均长度为 75 bp；LINE 22 个，总长为 1423 bp，平均长度为 65 bp；SINE 33 个，总长为 2053 bp，平均长度为 62 bp；未知序列 1 个，长度为 47 bp；TR 83 个，重复序列长度为 6～315 bp，总长为 5826 bp；小卫星 DNA 65 个，重复序列长度为 11～54 bp，总长为 3766 bp；微卫星 DNA 3 个，重复序列长度为 6 bp，总长为 105 bp。**【CRISPR】**预测到 36 个 CRISPR 相关序列。**【基因岛】**预测到 10 个基因岛 GI 01～GI 10，长度为 4719～15 084 bp，其 G+C 含量为 38.98%～56.05%。利用已预测得到的基因组信息，如重复序列、G+C 含量等，应用 CIRCOS 工具绘制其基因组圈图（图 5-3-20b）。

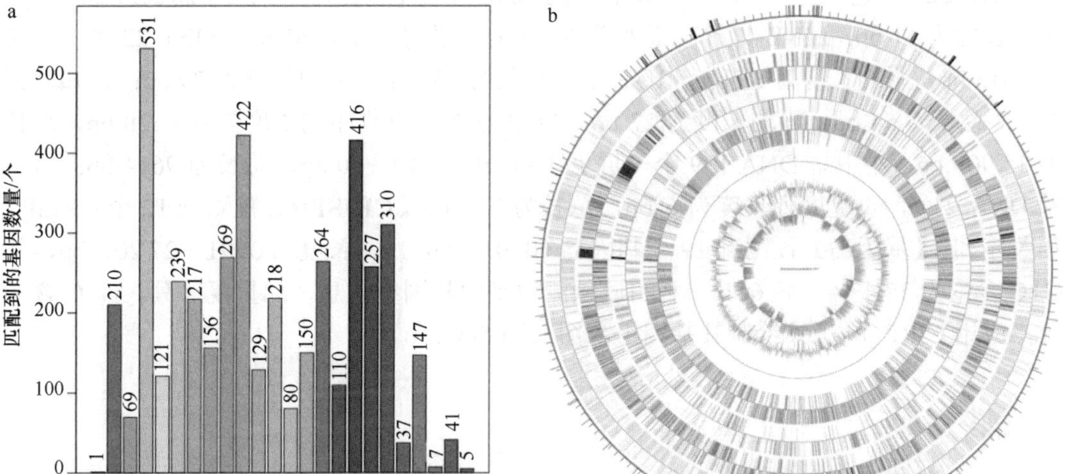


图 5-3-20　副短短芽胞杆菌 CN1 基因组的直系同源基因聚类分析（a）和圈图（b）

## 14. 茹氏短芽胞杆菌（*Brevibacillus reuszeri*）DSM 9887$^T$

茹氏短芽胞杆菌［*Brevibacillus reuszeri* (Shida et al. 1995) Shida et al. 1996，comb. nov.］的模式菌株（ATCC 51665$^T$ =CIP 104543$^T$ =DSM 9887$^T$ =JCM 9170$^T$ =LMG 16012$^T$ = NRRL NRS-1206$^T$）分离自土壤，生长条件为 10～45℃（最适 30℃）、pH 5.5、2%（*W*/*V*）NaCl，3%（*W*/*V*）NaCl 和 50℃抑制生长，严格好氧，产芽胞，1995 年被命名为茹氏芽胞杆菌（*Bacillus reuszeri*）（Shida et al.，1995），1996 年被重分类为茹氏短芽胞杆菌（*Brevibacillus reuszeri*）（Shida et al.，1996）。目前，该种有 3 个基因组，选择组装水平较高的模式菌株 DSM 9887$^T$ 的基因组进行描述，其 GenBank 登录号为 GCA_001187725.1，

测序平台为 Illumina HiSeq，于 2015 年 7 月 27 日由福建省农业科学院（Fujian Academy of Agricultural Sciences）提交。

**【基因组的组装】**菌株 DSM 9887$^T$ 基因组的测序深度为 150 X，基因组大小为 6.986 Mb，组装到 24 个 scaffolds，scaffold $N_{50}$ 为 1 069 988 bp。**【G+C 含量】**46.94%。**【非编码 RNA】**预测到 2 个 rRNA 基因（5S rRNA 0 个、16S rRNA 1 个、23S rRNA 1 个），95 个 tRNA 基因，4 个 sRNA 基因。**【编码基因】**有 7195 个蛋白质编码基因，编码区总长为 6 147 471 bp，占整个基因组的 88.00%，基因的平均长度为 854 bp。**【基因功能注释】**比对到 KEGG、COG 和 GO 数据库的基因数量分别为 6106 个、4779 个和 4765 个，预测到分泌蛋白编码基因 197 个；在 25 个 COG 功能类群中，基因数量前 10 位的类群分别是：E. 氨基酸转运与代谢 811 个，K. 转录 592 个，R. 仅一般功能预测 559 个，T. 信号转导机制 390 个，P. 无机离子转运与代谢 378 个，S. 功能未知 318 个，J. 翻译、核糖体结构与合成 316 个，G. 碳水化合物转运与代谢 310 个，M. 细胞壁/膜/包膜生物合成 257 个和 C. 能量产生与转换 251 个（图 5-3-21a）。**【重复序列】**预测到的重复序列包括：LTR 132 个，总长为 7864 bp，平均长度为 60 bp；DNA 重复元件 34 个，总长为 2080 bp，平均长度为 61 bp；LINE 47 个，总长为 2865 bp，平均长度为 61 bp；SINE 22 个，总长为 1513 bp，平均长度为 69 bp；RC 3 个，总长为 236 bp，平均长度为 79 bp；未知序列 2 个，总长为 54 bp，平均长度为 27 bp；TR 195 个，重复序列长度为 6～628 bp，总长为 15 909 bp；小卫星 DNA 139 个，重复序列长度为 10～60 bp，总长为 9614 bp；微卫星 DNA 2 个，重复序列长度为 6 bp，总长为 73 bp。**【CRISPR】**预测到 12 个 CRISPR 相关序列。**【基因岛】**预测到 19 个基因岛 GI 01～GI 19，长度为 3991～27 201 bp，其 G+C 含量为 37.47%～49.65%。利用已预测得到的基因组信息，如重复序列、G+C 含量等，应用 CIRCOS 工具绘制其基因组圈图（图 5-3-21b）。

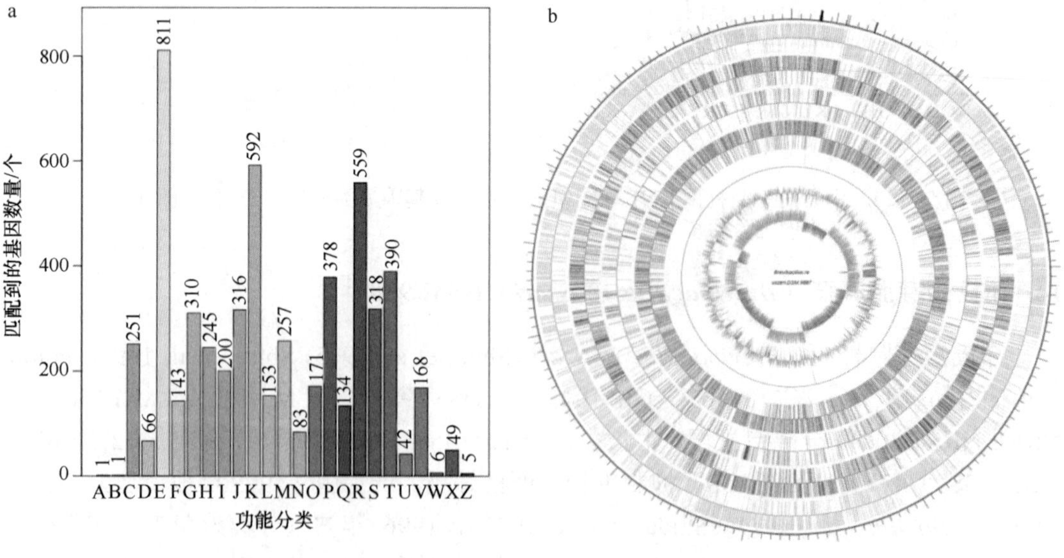


图 5-3-21　茹氏短芽胞杆菌 DSM 9887$^T$ 基因组的直系同源基因聚类分析（a）和圈图（b）

## 15. 热红短芽胞杆菌（*Brevibacillus thermoruber*）423

热红短芽胞杆菌［*Brevibacillus thermoruber* (Manachini et al. 1985) Shida et al. 1996，comb. nov.］的模式菌株（BT2$^{T}$ =MIM 30.8.38$^{T}$ =CIP 105255$^{T}$ =DSM 7064$^{T}$ =LMG 16910$^{T}$）分离自食用菌栽培废弃物的堆肥，嗜热，生长温度为 36～58℃（最适 45～48℃），好氧，产芽胞，1985 年被命名为热红芽胞杆菌（*Bacillus thermoruber*）（Manachini et al.，1985），1996 年被重分类为热红短芽胞杆菌（*Brevibacillus thermoruber*）（Shida et al.，1996）。目前，该种有 2 个基因组，选择组装水平较高的非模式菌株 423 的基因组进行描述，其 GenBank 登录号为 GCA_000454065.1，测序平台为 Illumina HiSeq，于 2013 年 8 月 23 日由土耳其马尔马拉大学（Marmara University）提交。

**【基因组的组装】**菌株 423 基因组的测序深度为 150 X，基因组大小为 4.434 Mb，组装到 15 个 scaffolds，scaffold $N_{50}$ 为 596 854 bp。**【G+C 含量】**58.46%。**【非编码 RNA】**预测到 5 个 rRNA 基因（5S rRNA 1 个、16S rRNA 3 个、23S rRNA 1 个），97 个 tRNA 基因，3 个 sRNA 基因。**【编码基因】**有 4430 个蛋白质编码基因，编码区总长为 3 854 562 bp，占整个基因组的 86.93%，基因的平均长度为 870 bp。**【基因功能注释】**比对到 KEGG、COG 和 GO 数据库的基因数量分别为 3874 个、3156 个和 3038 个，预测到分泌蛋白编码基因 121 个；在 24 个 COG 功能类群中，基因数量前 10 位的类群分别是：E. 氨基酸转运与代谢 394 个，R. 仅一般功能预测 343 个，K. 转录 292 个，G. 碳水化合物转运与代谢 251 个，J. 翻译、核糖体结构与合成 237 个，T. 信号转导机制 218 个，S. 功能未知 212 个，H. 辅酶转运与代谢 208 个，P. 无机离子转运与代谢 206 个和 C. 能量产生与转换 201 个（图 5-3-22a）。**【重复序列】**预测到的重复序列包括：LTR 25 个，总长为 2173 bp，平均长度为 87 bp；DNA 重复元件 8 个，总长为 616 bp，平均长度为 77 bp；LINE 4 个，总长为 339 bp，平均长度为 85 bp；SINE 25 个，总长为 1430 bp，平均长度

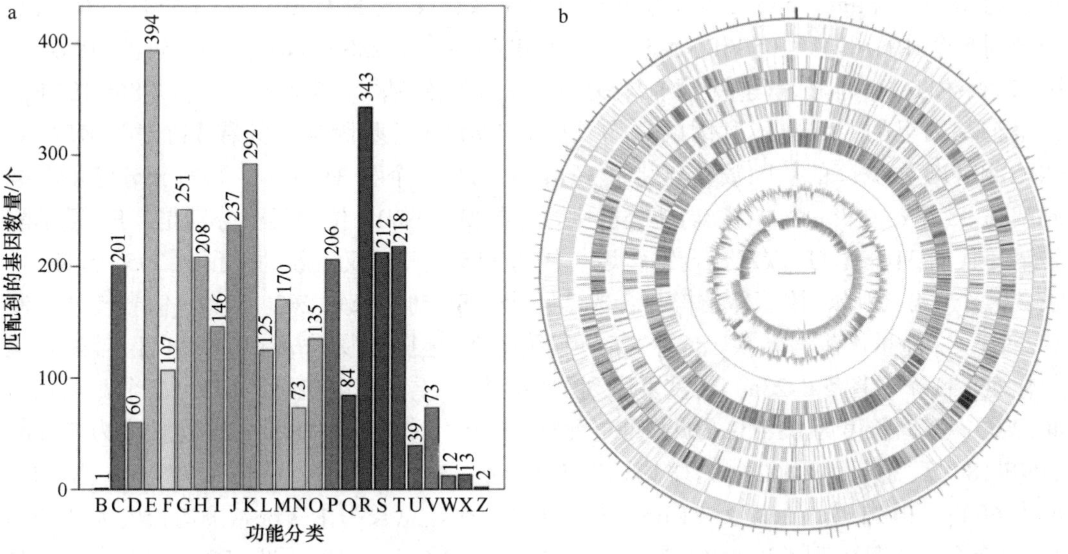


图 5-3-22　热红短芽胞杆菌 423 基因组的直系同源基因聚类分析（a）和圈图（b）

为 57 bp；TR 137 个，重复序列长度为 3～366 bp，总长为 11 460 bp；小卫星 DNA 120 个，重复序列长度为 10～60 bp，总长为 7061 bp；微卫星 DNA 2 个，重复序列长度为 3 bp，总长为 96 bp。**【CRISPR】**未预测到 CRISPR 相关序列。**【基因岛】**预测到 15 个基因岛 GI 01～GI 15，长度为 3675～32 063 bp，其 G+C 含量为 43.96%～63.49%。利用已预测得到的基因组信息，如重复序列、G+C 含量等，应用 CIRCOS 工具绘制其基因组圈图（图 5-3-22b）。

## 四、科恩氏菌属

科恩氏菌属（*Cohnella* Kämpfer et al. 2006，gen. nov.）于 2006 年建立（Kämpfer et al.，2006），包含 33 种，模式种为耐热科恩氏菌（*Cohnella thermotolerans* Kämpfer et al. 2006，sp. nov.），除了根际科恩氏菌（*Cohnella rhizosphaerae* Kämpfer et al. 2014，sp. nov.）未观察到芽胞、润滑油科恩氏菌（*Cohnella lubricantis* Kämpfer et al. 2017，sp. nov.）不产芽胞外，其他种均产芽胞。目前，该属有 7 个已知种类和 13 个未定种菌株的 20 个基因组被测序，以下选取 6 个已知种类的基因组进行描述。

### 1. 科累马科恩氏菌（*Cohnella kolymensis*）VKM B-2846$^T$

科累马科恩氏菌（*Cohnella kolymensis* Kudryashova et al. 2018，sp. nov.）的模式菌株（20.16$^T$ =VKM B-2846$^T$ =DSM 104983$^T$）分离自俄罗斯西伯利亚科累马低地的永久冻土，嗜热，生长条件为 6～43℃（最适 28℃）、pH 4.0～8.0（最适 pH 6.0～7.0）、0～0.5%（*W*/*V*）NaCl，兼性厌氧，产芽胞（Kudryashova et al.，2018）。目前，该种仅有 1 个基因组，模式菌株 VKM B-2846$^T$ 基因组的 GenBank 登录号为 GCA_000829465.1，测序平台为 IonTorrent，于 2015 年 1 月 27 日由英国金斯顿大学（Kingston University）提交。

**【基因组的组装】**菌株 VKM B-2846$^T$ 基因组的测序深度为 18 X，基因组大小为 4.345 Mb，组装到 34 个 contigs，contig $N_{50}$ 为 205 304 bp。**【G+C 含量】**50.51%。**【非编码 RNA】**预测到 8 个 rRNA 基因（5S rRNA 6 个、16S rRNA 1 个、23S rRNA 1 个），54 个 tRNA 基因，2 个 sRNA 基因。**【编码基因】**有 4891 个蛋白质编码基因，编码区总长为 3 865 197 bp，占整个基因组的 88.96%，基因的平均长度为 790 bp。**【基因功能注释】**比对到 KEGG、COG 和 GO 数据库的基因数量分别为 3674 个、2927 个和 3123 个，预测到分泌蛋白编码基因 95 个；在 25 个 COG 功能类群中，基因数量前 10 位的类群分别是：E. 氨基酸转运与代谢 316 个，G. 碳水化合物转运与代谢 315 个，R. 仅一般功能预测 295 个，K. 转录 278 个，J. 翻译、核糖体结构与合成 244 个，S. 功能未知 202 个，T. 信号转导机制 192 个，C. 能量产生与转换 186 个，M. 细胞壁/膜/包膜生物合成 176 个和 H. 辅酶转运与代谢 153 个（图 5-3-23a）。**【重复序列】**预测到的重复序列包括：LTR 67 个，总长为 4072 bp，平均长度为 61 bp；DNA 重复元件 15 个，总长为 1178 bp，平均长度为 79 bp；LINE 18 个，总长为 1002 bp，平均长度为 56 bp；SINE 13 个，总长为 777 bp，平均长度为 60 bp；RC 1 个，长度为 71 bp；未知序列 2 个，总长为 153 bp，平均长度为 77 bp；TR 190 个，重复序列长度为 6～792 bp，总长为 23 641 bp；小卫星 DNA 150 个，重复序列长度为 11～60 bp，总长为 15 246 bp；微卫星 DNA 3 个，重复序列长度为 6 bp，总长为 207 bp。**【CRISPR】**预测到 171 个 CRISPR 相关序列。**【基因岛】**预测到 5 个基因岛 GI 01～GI 05，长度为 6286～30 022 bp，其 G+C 含量为 39.58%～50.29%。利用已预测得到的基因组信息，如重复序列、G+C 含量等，应用 CIRCOS 工具绘制其基因组圈图（图 5-3-23b）。

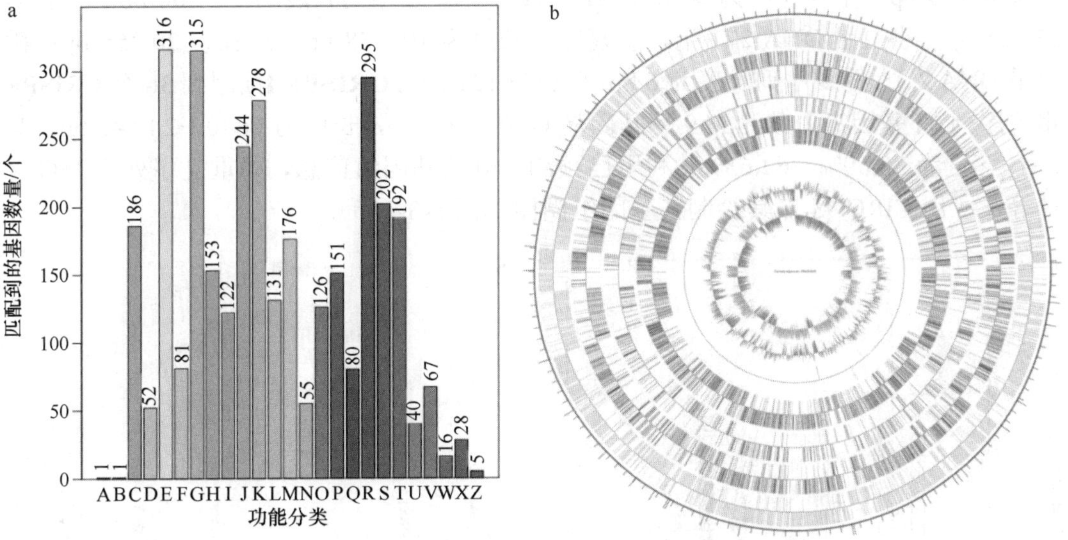


图 5-3-23　科累马科恩氏菌 VKM B-2846$^T$ 基因组的直系同源基因聚类分析（a）和圈图（b）

## 2. 左旋核糖科恩氏菌（*Cohnella laeviribosi*）DSM 21336$^T$

左旋核糖科恩氏菌（*Cohnella laeviribosi* Cho et al. 2007，sp. nov.）的模式菌株（RI-39$^T$ =KCTC 3987$^T$ =KCCM 10653P$^T$ =CCUG 52217$^T$ =DSM 21336$^T$）分离自印度尼西亚的 1 个火山坑，嗜热，生长条件为 30～60℃（最适 45℃）、pH 5.5～8.0（最适 pH 6.5），最适 NaCl 浓度为 0.2%～0.5%（*W*/*V*），好氧，产芽胞（Cho et al.，2007）。目前，该种仅有 1 个基因组，模式菌株 DSM 21336$^T$ 基因组的 GenBank 登录号为 GCA_000378425.1，测序平台为 Illumina HiSeq，于 2013 年 4 月 23 日由美国能源部联合基因组研究所（DOE Joint Genome Institute）提交。

**【基因组的组装】**菌株 DSM 21336$^T$ 基因组的测序深度未知，基因组大小为 4.476 Mb，组装到 102 个 scaffolds，scaffold $N_{50}$ 为 117 391 bp。**【G+C 含量】**57.25%。**【非编码 RNA】**预测到 3 个 rRNA 基因（5S rRNA 3 个、16S rRNA 0 个、23S rRNA 0 个），57 个 tRNA 基因，4 个 sRNA 基因。**【编码基因】**有 4380 个蛋白质编码基因，编码区总长为 3 883 596 bp，占整个基因组的 86.76%，基因的平均长度为 887 bp。**【基因功能注释】**比对到 KEGG、COG 和 GO 数据库的基因数量分别为 3638 个、2980 个和 3014 个，预测到分泌蛋白编码基因 113 个；在 24 个 COG 功能类群中，基因数量前 10 位的类群分别是：G. 碳水化合物转运与代谢 439 个，K. 转录 312 个，R. 仅一般功能预测 294 个，E. 氨基酸转运与代谢 273 个，T. 信号转导机制 227 个，P. 无机离子转运与代谢 224 个，J. 翻译、核糖体结构与合成 219 个，M. 细胞壁/膜/包膜生物合成 179 个，H. 辅酶转运与代谢 165 个和 S. 功能未知 156 个（图 5-3-24a）。**【重复序列】**预测到的重复序列包括：LTR 41 个，总长为 2751 bp，平均长度为 67 bp；DNA 重复元件 10 个，总长为 665 bp，平均长度为 67 bp；LINE 4 个，总长为 222 bp，平均长度为 56 bp；SINE 11 个，总长为 629 bp，平均长度为 57 bp；未知序列 2 个，总长为 185 bp，平均长度为 93 bp；TR 324 个，重复序列长度为 6～300 bp，总长为 27 021 bp；小卫星 DNA 271 个，重复序列长度为 10～58 bp，总长为 20 355 bp；微卫星 DNA 2 个，重复序列长度为 6 bp，总长为 121 bp。**【CRISPR】**预测到 36 个 CRISPR 相关序列。**【基因岛】**预测到 9 个基因岛 GI 01～GI 09，长度为 6680～24 548 bp，其 G+C 含量为 38.59%～62.63%。利用已预测得到的基因组信息，如重复序列、G+C 含量等，应用 CIRCOS 工具绘制其基因组圈图（图 5-3-24b）。

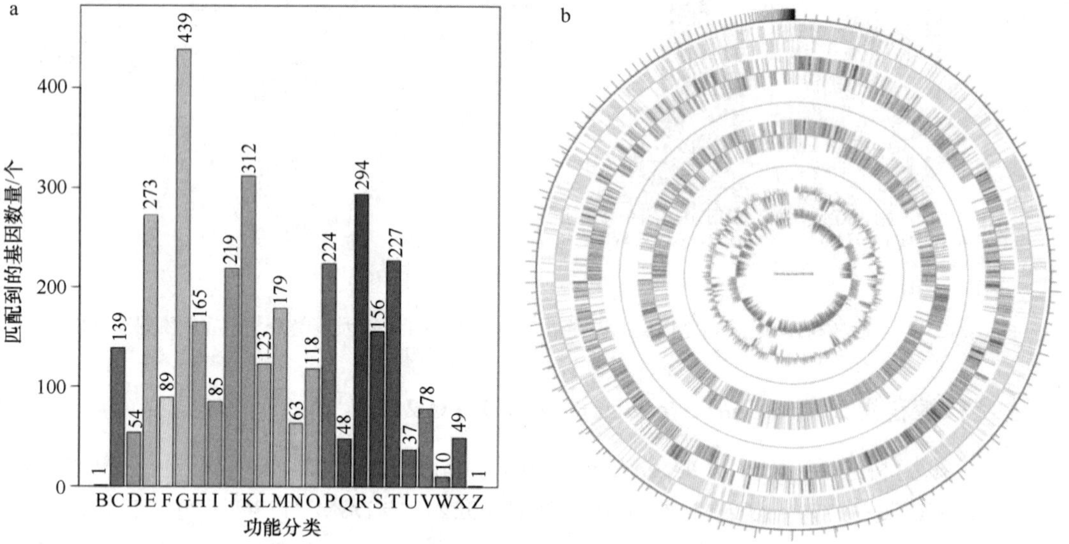


图 5-3-24　左旋核糖科恩氏菌 DSM 21336$^T$ 基因组的直系同源基因聚类分析（a）和圈图（b）

### 3. 羽扇豆科恩氏菌（*Cohnella lupini*）CECT 8236$^T$

羽扇豆科恩氏菌（*Cohnella lupini* Flores-Félix et al. 2014，sp. nov.）的模式菌株（RLAHU4B$^T$=LMG 27416$^T$ =CECT 8236$^T$）分离自白羽扇豆（*Lupinus albus*）的根瘤内，嗜热，生长条件为 10～38℃（最适 28℃）、pH 6.5～8.0（最适 pH 7.0）、0～5%（*W*/*V*）NaCl，兼性厌氧，产芽胞（Flores-Félix et al.，2014a）。目前，该种仅有 1 个基因组，模式菌株 CECT 8236$^T$ 基因组的 GenBank 登录号为 GCA_003386205.1，测序平台为 Illumina HiSeq，于 2018 年 8 月 14 日由美国能源部联合基因组研究所（DOE Joint Genome Institute）提交。

**【基因组的组装】**菌株 CECT 8236$^T$ 基因组的测序深度为 218 X，基因组大小为 6.343 Mb，组装到 65 个 scaffolds，scaffold $N_{50}$ 为 255 223 bp。**【G+C 含量】**50.66%。**【非编码 RNA】**预测到 6 个 rRNA 基因（5S rRNA 4 个、16S rRNA 1 个、23S rRNA 1 个），55 个 tRNA 基因，1 个 sRNA 基因。**【编码基因】**有 5853 个蛋白质编码基因，编码区总

长为 5 631 972 bp，占整个基因组的 88.79%，基因的平均长度为 962 bp。**【基因功能注释】**比对到 KEGG、COG 和 GO 数据库的基因数量分别为 4781 个、3683 个和 3989 个，预测到分泌蛋白编码基因 166 个；在 24 个 COG 功能类群中，基因数量前 10 位的类群分别是：G. 碳水化合物转运与代谢 602 个，R. 仅一般功能预测 427 个，K. 转录 407 个，E. 氨基酸转运与代谢 322 个，T. 信号转导机制 291 个，J. 翻译、核糖体结构与合成 244 个，M. 细胞壁/膜/包膜生物合成 235 个，S. 功能未知 216 个，P. 无机离子转运与代谢 211 个和 H. 辅酶转运与代谢 173 个（图 5-3-25a）。**【重复序列】**预测到的重复序列包括：LTR 130 个，总长为 9101 bp，平均长度为 70 bp；DNA 重复元件 14 个，总长为 966 bp，平均长度为 69 bp；LINE 30 个，总长为 1746 bp，平均长度为 58 bp；SINE 7 个，总长为 413 bp，平均长度为 59 bp；RC 1 个，长度为 60 bp；未知序列 4 个，总长为 254 bp，平均长度为 64 bp；TR 441 个，重复序列长度为 3～1140 bp，总长为 72 320 bp；小卫星 DNA 314 个，重复序列长度为 10～54 bp，总长为 56 485 bp；微卫星 DNA 11 个，重复序列长度为 3～6 bp，总长为 1009 bp。**【CRISPR】**预测到 369 个 CRISPR 相关序列。**【基因岛】**预测到 9 个基因岛 GI 01～GI 09，长度为 4078～32 664 bp，其 G+C 含量为 37.90%～52.99%。利用已预测得到的基因组信息，如重复序列、G+C 含量等，应用 CIRCOS 工具绘制其基因组圈图（图 5-3-25b）。

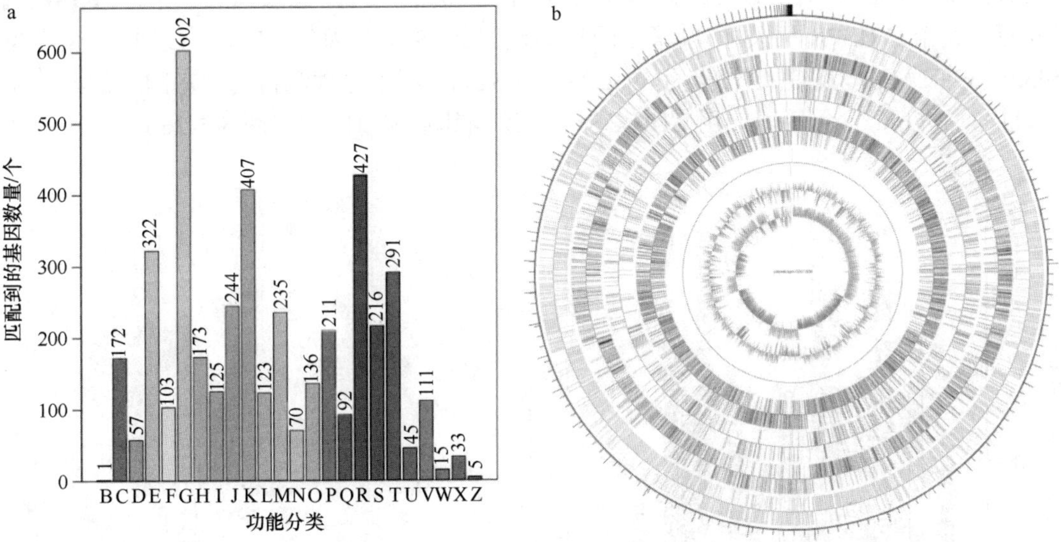


图 5-3-25　羽扇豆科恩氏菌 CECT 8236$^{T}$ 基因组的直系同源基因聚类分析（a）和圈图（b）

## 4. 人参田科恩氏菌（*Cohnella panacarvi*）Gsoil 349$^{T}$

人参田科恩氏菌（*Cohnella panacarvi* Yoon et al. 2011，sp. nov.）的模式菌株（Gsoil 349$^{T}$ =KCTC 13060$^{T}$ =DSM 18696$^{T}$）分离自韩国抱川市人参种植田的土壤，生长条件为 18～45℃（最适 30℃）、pH 5.5～8.0（最适 pH 6.5～7.0）、0～1%（*W*/*V*）NaCl，好氧，产芽胞（Yoon et al.，2007b）。目前，该种仅有 1 个基因组，模式菌株 Gsoil 349$^{T}$ 基因组的 GenBank 登录号为 GCA_000515335.1，测序平台为 454 FLX+ABI 3730，于 2014 年

1 月 7 日由美国能源部联合基因组研究所（DOE Joint Genome Institute）提交。

**【基因组的组装】**菌株 Gsoil 349$^T$ 基因组的测序深度未知，基因组大小为 4.773 Mb，组装到精细图水平，包括 1 条染色体。**【G+C 含量】**54.48%。**【非编码 RNA】**预测到 9 个 rRNA 基因（5S rRNA 5 个、16S rRNA 2 个、23S rRNA 2 个），57 个 tRNA 基因，1 个 sRNA 基因。**【编码基因】**有 4532 个蛋白质编码基因，编码区总长为 4 211 217 bp，占整个基因组的 88.23%，基因的平均长度为 929 bp。**【基因功能注释】**比对到 KEGG、COG 和 GO 数据库的基因数量分别为 3691 个、2890 个和 3048 个，预测到分泌蛋白编码基因 110 个；在 24 个 COG 功能类群中，基因数量前 10 位的类群分别是：G. 碳水化合物转运与代谢 345 个，K. 转录 312 个，R. 仅一般功能预测 308 个，J. 翻译、核糖体结构与合成 233 个，T. 信号转导机制 227 个，E. 氨基酸转运与代谢 221 个，S. 功能未知 181 个，M. 细胞壁/膜/包膜生物合成 179 个，P. 无机离子转运与代谢 159 个和 C. 能量产生与转换 147 个（图 5-3-26a）。**【重复序列】**预测到的重复序列包括：LTR 36 个，总长为 3353 bp，平均长度为 93 bp；DNA 重复元件 12 个，总长为 937 bp，平均长度为 78 bp；LINE 17 个，总长为 1280 bp，平均长度为 75 bp；SINE 6 个，总长为 365 bp，平均长度为 61 bp；未知序列 2 个，总长为 158 bp，平均长度为 79 bp；TR 319 个，重复序列长度为 1～546 bp，总长为 59 166 bp；小卫星 DNA 245 个，重复序列长度为 10～60 bp，总长为 50 078 bp；微卫星 DNA 11 个，重复序列长度为 5～6 bp，总长为 738 bp。**【CRISPR】**预测到 23 个 CRISPR 相关序列。**【基因岛】**预测到 13 个基因岛 GI 01～GI 13，长度为 5432～59 914 bp，其 G+C 含量为 39.45%～53.32%。利用已预测得到的基因组信息，如重复序列、G+C 含量等，应用 CIRCOS 工具绘制其基因组圈图（图 5-3-26b）。

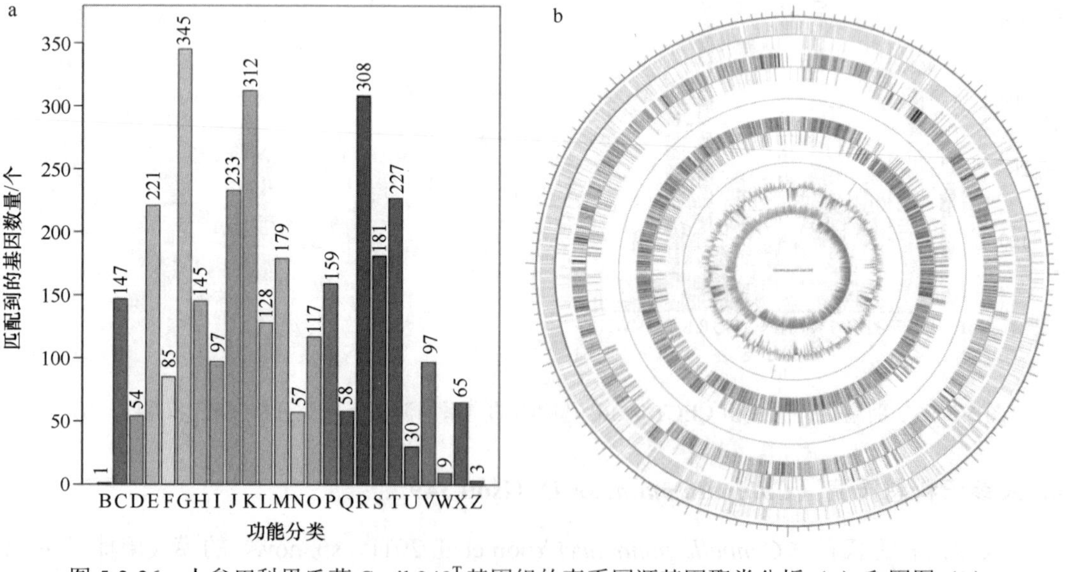


图 5-3-26　人参田科恩氏菌 Gsoil 349$^T$ 基因组的直系同源基因聚类分析（a）和圈图（b）

## 5. 菜豆科恩氏菌（*Cohnella phaseoli*）CECT 7287$^T$

菜豆科恩氏菌（*Cohnella phaseoli* García-Fraile et al. 2008，sp. nov.）的模式菌株

（GSPC1$^T$ =LMG 24086$^T$ =DSM 19269$^T$ =CECT 7287$^T$）分离自西班牙 1 株荷包豆（*Phaseolus coccineus*）的根瘤内，生长条件为 10～45℃（最适 28℃）、pH 6.0～8.0（最适 pH 7.0）、0～2%（*W*/*V*）NaCl，好氧，产芽胞（García-Fraile et al.，2008）。目前，该种仅有 1 个基因组，模式菌株 CECT 7287$^T$ 基因组的 GenBank 登录号为 GCA_003386235.1，测序平台为 Illumina HiSeq，于 2018 年 8 月 14 日由美国能源部联合基因组研究所（DOE Joint Genome Institute）提交。

**【基因组的组装】**菌株 CECT 7287$^T$ 基因组的测序深度为 137 X，基因组大小为 9.402 Mb，组装到 78 个 scaffolds，scaffold $N_{50}$ 为 209 110 bp。**【G+C 含量】**53.60%。**【非编码 RNA】**预测到 7 个 rRNA 基因（5S rRNA 5 个、16S rRNA 1 个、23S rRNA 1 个），64 个 tRNA 基因，5 个 sRNA 基因。**【编码基因】**有 7880 个蛋白质编码基因，编码区总长为 8 389 491 bp，占整个基因组的 89.23%，基因的平均长度为 1065 bp。**【基因功能注释】**比对到 KEGG、COG 和 GO 数据库的基因数量分别为 5927 个、4477 个和 5566 个，预测到分泌蛋白编码基因 336 个；在 24 个 COG 功能类群中，基因数量前 10 位的类群分别是：G. 碳水化合物转运与代谢 968 个，K. 转录 520 个，R. 仅一般功能预测 458 个，T. 信号转导机制 385 个，E. 氨基酸转运与代谢 320 个，P. 无机离子转运与代谢 293 个，J. 翻译、核糖体结构与合成 265 个，M. 细胞壁/膜/包膜生物合成 252 个，S. 功能未知 239 个和 H. 辅酶转运与代谢 192 个（图 5-3-27a）。**【重复序列】**预测到的重复序列包括：LTR 104 个，总长为 7668 bp，平均长度为 74 bp；DNA 重复元件 15 个，总长为 1115 bp，平均长度为 74 bp；LINE 17 个，总长为 1419 bp，平均长度为 83 bp；SINE 7 个，总长为 452 bp，平均长度为 65 bp；未知序列 2 个，总长为 164 bp，平均长度为 82 bp；TR 592 个，重复序列长度为 1～813 bp，总长为 87 430 bp；小卫星 DNA 425 个，重复序列长度为 10～60 bp，总长为 64 881 bp；微卫星 DNA 17 个，重复序列长度为 6 bp，总长为 1020 bp。**【CRISPR】**预测到 658 个 CRISPR 相关序列。**【基因岛】**预测到 14 个基因岛 GI 01～GI 14，

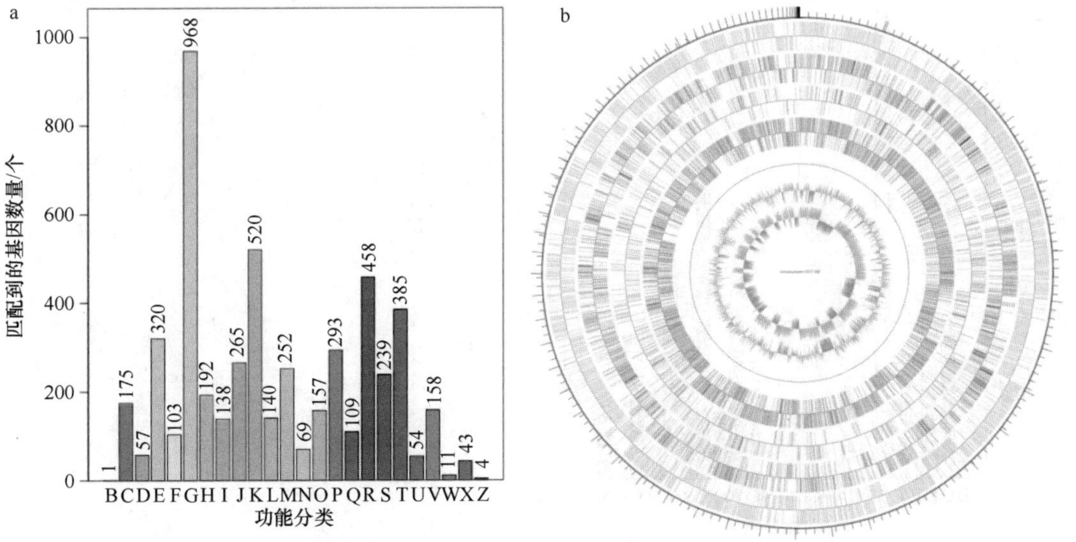


图 5-3-27 菜豆科恩氏菌 CECT 7287$^T$ 基因组的直系同源基因聚类分析（a）和圈图（b）

长度为 2923～26 310 bp，其 G+C 含量为 37.08%～55.89%。利用已预测得到的基因组信息，如重复序列、G+C 含量等，应用 CIRCOS 工具绘制其基因组圈图（图 5-3-27b）。

**6. 耐热科恩氏菌（*Cohnella thermotolerans*）DSM 17683$^T$**

耐热科恩氏菌（*Cohnella thermotolerans* Kämpfer et al. 2006，sp. nov.）的模式菌株（CCUG 47242$^T$ =DSM 17683$^T$ =CIP 108492$^T$）分离自瑞典生产的 1 个工业淀粉样品，生长温度为 20～55℃（最适 30℃），好氧，产芽胞（Kämpfer et al.，2006）。目前，该种仅有 1 个基因组，模式菌株 DSM 17683$^T$ 基因组的 GenBank 登录号为 GCA_000429825.1，测序平台为 Illumina HiSeq，于 2013 年 9 月 5 日由美国能源部联合基因组研究所（DOE Joint Genome Institute）提交。

**【基因组的组装】**菌株 DSM 17683$^T$ 基因组的测序深度未知，基因组大小为 5.051 Mb，组装到 138 个 scaffolds，scaffold $N_{50}$ 为 74 948 bp。**【G+C 含量】**58.30%。**【非编码 RNA】**预测到 3 个 rRNA 基因（5S rRNA 3 个、16S rRNA 0 个、23S rRNA 0 个），54 个 tRNA 基因，5 个 sRNA 基因。**【编码基因】**有 4819 个蛋白质编码基因，编码区总长为 4 341 426 bp，占整个基因组的 85.95%，基因的平均长度为 901 bp。**【基因功能注释】**比对到 KEGG、COG 和 GO 数据库的基因数量分别为 4036 个、3261 个和 3326 个，预测到分泌蛋白编码基因 136 个；在 24 个 COG 功能类群中，基因数量前 10 位的类群分别是：G. 碳水化合物转运与代谢 522 个，K. 转录 350 个，R. 仅一般功能预测 342 个，E. 氨基酸转运与代谢 302 个，T. 信号转导机制 244 个，J. 翻译、核糖体结构与合成 233 个，P. 无机离子转运与代谢 210 个，H. 辅酶转运与代谢 181 个，M. 细胞壁/膜/包膜生物合成 181 个和 S. 功能未知 170 个（图 5-3-28a）。**【重复序列】**预测到的重复序列包括：LTR 47 个，总长为 2873 bp，平均长度为 61 bp；DNA 重复元件 13 个，总长为 851 bp，平均长度为 65 bp；LINE 4 个，总长为 235 bp，平均长度为 59 bp；SINE 7 个，总长为 412 bp，平均

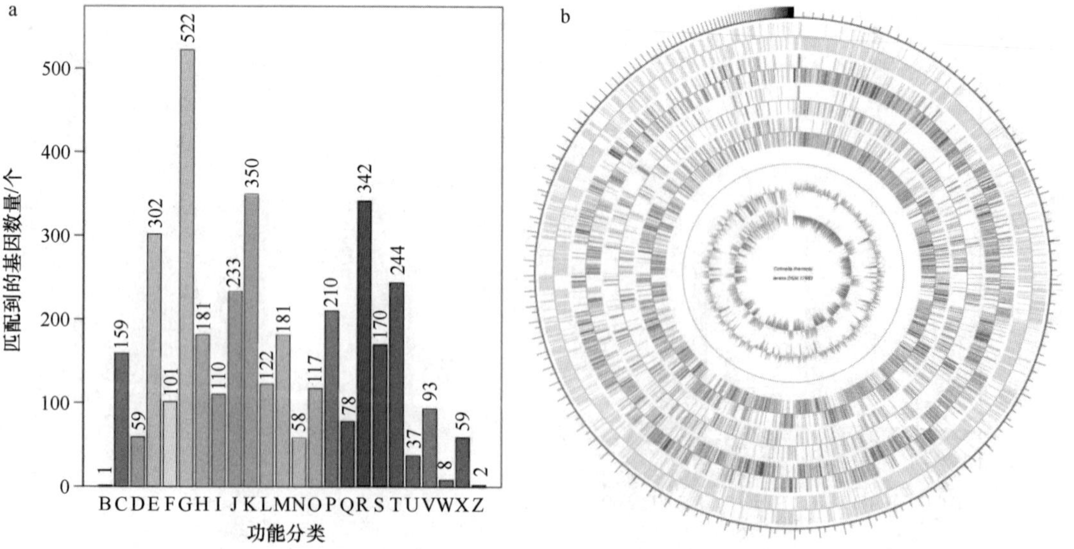


图 5-3-28　耐热科恩氏菌 DSM 17683$^T$ 基因组的直系同源基因聚类分析（a）和圈图（b）

长度为 59 bp；未知序列 2 个，总长为 152 bp，平均长度为 76 bp；TR 201 个，重复序列长度为 6～258 bp，总长为 14 371 bp；小卫星 DNA 174 个，重复序列长度为 10～60 bp，总长为 13 462 bp；微卫星 DNA 2 个，重复序列长度为 6 bp，总长为 60 bp。**【CRISPR】**预测到 111 个 CRISPR 相关序列。**【基因岛】**预测到 12 个基因岛 GI 01～GI 12，长度为 4735～15 792 bp，其 G+C 含量为 47.77%～62.42%。利用已预测得到的基因组信息，如重复序列、G+C 含量等，应用 CIRCOS 工具绘制其基因组圈图（图 5-3-28b）。

## 五、溪苔芽胞杆菌属

溪苔芽胞杆菌属（*Fontibacillus* Saha et al. 2010，gen. nov.）于 2010 年建立（Saha et al.，2010），目前有 5 种，模式种为水域溪苔芽胞杆菌（*Fontibacillus aquaticus* Saha et al. 2010，sp. nov.），好氧或兼性厌氧，产芽胞。该属有 2 个已知种类的 2 个基因组被测序。

### 1. 参土溪苔芽胞杆菌（*Fontibacillus panacisegetis*）DSM 28129$^T$

参土溪苔芽胞杆菌（*Fontibacillus panacisegetis* Lee et al. 2011，sp. nov.）的模式菌株（P11-6$^T$ =KCTC 13564$^T$ =CECT 7605$^T$ =DSM 28129$^T$）分离自韩国锦山郡的人参种植田土壤，生长条件为 15～42℃（最适 25℃）、pH 6.0～8.5（最适 pH 7.0）、0～2%（*W*/*V*）NaCl，兼性厌氧，产芽胞（Lee et al.，2011）。目前，该种仅有 1 个基因组，模式菌株 DSM 28129$^T$ 基因组的 GenBank 登录号为 GCA_900102215.1，测序平台为 Illumina HiSeq，于 2016 年 10 月 21 日由美国能源部联合基因组研究所（DOE Joint Genome Institute）提交。

**【基因组的组装】**菌株 DSM 28129$^T$ 基因组的测序深度为 263 X，基因组大小为 5.265 Mb，组装到 76 个 scaffolds，scaffold $N_{50}$ 为 132 166 bp。**【G+C 含量】**42.83%。**【非编码 RNA】**预测到 4 个 rRNA 基因（5S rRNA 4 个、16S rRNA 0 个、23S rRNA 0 个），61 个 tRNA 基因，3 个 sRNA 基因。**【编码基因】**有 4951 个蛋白质编码基因，编码区总长为 4 540 269 bp，占整个基因组的 86.23%，基因的平均长度为 917 bp。**【基因功能注释】**比对到 KEGG、COG 和 GO 数据库的基因数量分别为 4169 个、3156 个和 3367 个，预测到分泌蛋白编码基因 106 个；在 24 个 COG 功能类群中，基因数量前 10 位的类群分别是：K. 转录 365 个，G. 碳水化合物转运与代谢 338 个，R. 仅一般功能预测 326 个，E. 氨基酸转运与代谢 288 个，J. 翻译、核糖体结构与合成 258 个，P. 无机离子转运与代谢 242 个，T. 信号转导机制 239 个，S. 功能未知 197 个，H. 辅酶转运与代谢 193 个和 M. 细胞壁/膜/包膜生物合成 178 个（图 5-3-29a）。**【重复序列】**预测到的重复序列包括：LTR 190 个，总长为 10 749 bp，平均长度为 57 bp；DNA 重复元件 56 个，总长为 3313 bp，平均长度为 59 bp；LINE 41 个，总长为 2194 bp，平均长度为 54 bp；SINE 12 个，总长为 736 bp，平均长度为 61 bp；RC 4 个，总长为 203 bp，平均长度为 51 bp；未知序列 5 个，总长为 336 bp，平均长度为 67 bp；TR 81 个，重复序列长度为 6～600 bp，总长为 9177 bp；小卫星 DNA 60 个，重复序列长度为 10～54 bp，总长为 2774 bp；微卫星 DNA 1 个，重复序列长度为 6 bp，总长为 67 bp。**【CRISPR】**预测到 34 个 CRISPR 相关序列。**【基因岛】**预测到 9 个基因岛 GI 01～GI 09，长度为 5032～21 937 bp，其 G+C 含量为 35.74%～45.68%。利用已预测得到的基因组信息，如重复序列、G+C 含量等，应用 CIRCOS 工具绘制其基因组圈图（图 5-3-29b）。

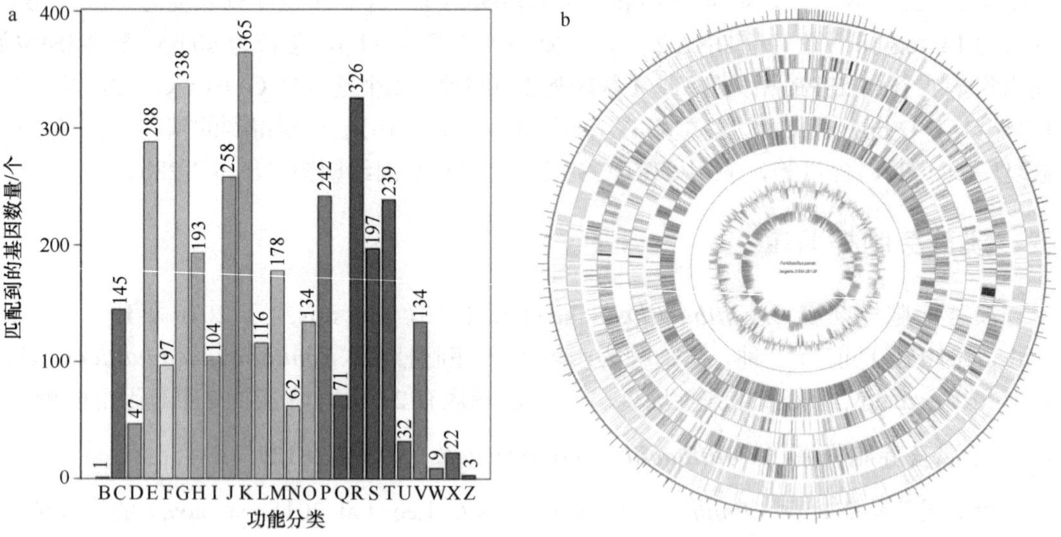


图 5-3-29 参土溪苔芽胞杆菌 DSM 28129$^T$ 基因组的直系同源基因聚类分析（a）和圈图（b）

## 2. 菜豆溪苔芽胞杆菌（*Fontibacillus phaseoli*）CECT 8333$^T$

菜豆溪苔芽胞杆菌（*Fontibacillus phaseoli* Flores-Félix et al. 2014，sp. nov.）的模式菌株（LMG 27589$^T$ =CECT 8333$^T$）分离自西班牙的 1 株菜豆（*Phaseolus vulgaris*）根瘤内，生长条件为 10～45℃（最适 30℃）、pH 6.0～9.0（最适 pH 7.0）、0～5%（*W*/*V*）NaCl（最适 0.5%～1%），兼性厌氧，产芽胞（Flores-Félix et al.，2014b）。目前，该种仅有 1 个基因组，模式菌株 CECT 8333$^T$ 基因组的 GenBank 登录号为 GCA_003337355.1，测序平台为 Illumina HiSeq，于 2018 年 7 月 24 日由美国能源部联合基因组研究所（DOE Joint Genome Institute）提交。

**【基因组的组装】**菌株 CECT 8333$^T$ 基因组的测序深度为 217 X，基因组大小为 5.445 Mb，组装到 30 个 scaffolds，scaffold $N_{50}$ 为 338 657 bp。**【G+C 含量】**49.48%。**【非编码 RNA】**预测到 8 个 rRNA 基因（5S rRNA 7 个、16S rRNA 0 个、23S rRNA 1 个），74 个 tRNA 基因，2 个 sRNA 基因。**【编码基因】**有 5215 个蛋白质编码基因，编码区总长为 4 734 618 bp，占整个基因组的 86.95%，基因的平均长度为 908 bp。**【基因功能注释】**比对到 KEGG、COG 和 GO 数据库的基因数量分别为 4469 个、3335 个和 3511 个，预测到分泌蛋白编码基因 121 个；在 24 个 COG 功能类群中，基因数量前 10 位的类群分别是：G. 碳水化合物转运与代谢 462 个，K. 转录 393 个，R. 仅一般功能预测 330 个，J. 翻译、核糖体结构与合成 270 个，T. 信号转导机制 265 个，E. 氨基酸转运与代谢 242 个，S. 功能未知 218 个，P. 无机离子转运与代谢 202 个，M. 细胞壁/膜/包膜生物合成 192 个和 H. 辅酶转运与代谢 179 个（图 5-3-30a）。**【重复序列】**预测到的重复序列包括：LTR 127 个，总长为 8881 bp，平均长度为 70 bp；DNA 重复元件 35 个，总长为 2914 bp，平均长度为 83 bp；LINE 31 个，总长为 2327 bp，平均长度为 75 bp；SINE 14 个，总长为 883 bp，平均长度为 63 bp；RC 1 个，长度为 94 bp；未知序列 4 个，总长为 297 bp，平均长度为 74 bp；TR 201 个，重复序列长度为 2～990 bp，总长为 20 943 bp；小卫星 DNA 140 个，重复序列长度为 10～60 bp，总长为 8660 bp；微卫星 DNA 7 个，重复序列长度为 2～6 bp，总长为 646 bp。**【CRISPR】**预测到 104 个 CRISPR 相关序列。**【基因岛】**预测到 15 个基因岛 GI 01～GI 15，长度为 5329～62 009 bp，其 G+C 含量为 34.49%～52.99%。利用已预测得到的基因组信息，如重复序列、G+C 含量等，应用 CIRCOS 工具绘制其基因组圈图（图 5-3-30b）。

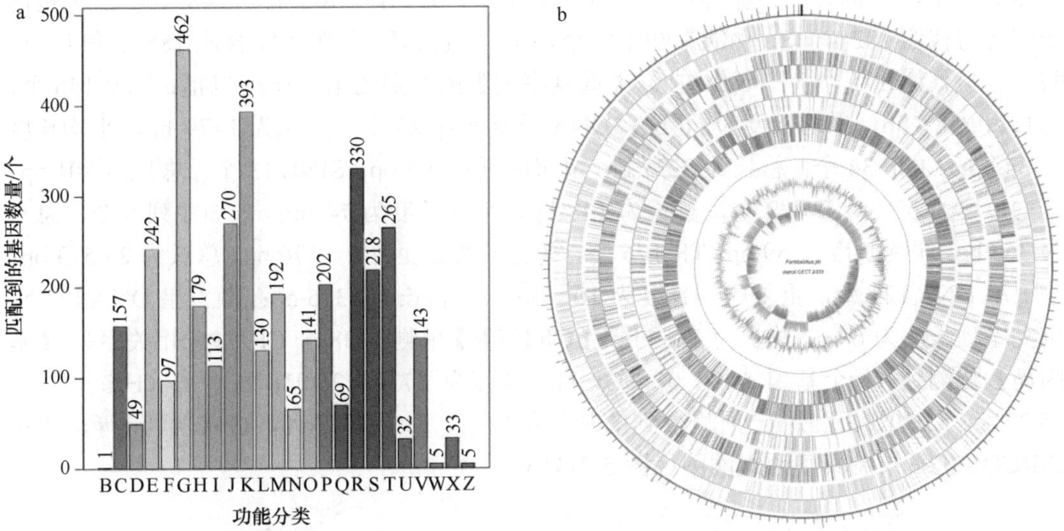


图 5-3-30 菜豆溪苔芽胞杆菌 CECT 8333$^T$ 基因组的直系同源基因聚类分析（a）和圈图（b）

## 六、大猩猩小杆菌属

大猩猩小杆菌属（*Gorillibacterium* Keita et al. 2017，gen. nov.）发表于 2014 年（Keita et al.，2014a），于 2017 年正式建立，包含 2 种：马赛大猩猩小杆菌（*Gorillibacterium massiliense* Keita et al. 2017，sp. nov.）（模式种，不产芽胞）和泰门大猩猩小杆菌（*Gorillibacterium timonense* Ndongo et al. 2018，sp. nov.）（产芽胞）。目前，该属有 2 个已知种类的 2 个基因组被测序。

### 1. 马赛大猩猩小杆菌（*Gorillibacterium massiliense*）G5$^T$

马赛大猩猩小杆菌（*Gorillibacterium massiliense* Keita et al. 2017，sp. nov.）的模式菌株（G5$^T$ =CSUR P290$^T$ =DSM 27179$^T$）分离自喀麦隆 1 只大猩猩的粪便，最适生长温度为 37℃，兼性厌氧，不产芽胞（Keita et al.，2014a）。目前，该种仅有 1 个基因组，模式菌株 G5$^T$ 基因组的 GenBank 登录号为 GCA_000455485.2，测序平台为 454 FLX，于 2014 年 1 月 9 日由法国热带传染病研究中心（Unité de Recherche en Maladies Infectieuses et Tropicales Emergentes）提交。

**【基因组的组装】**菌株 G5$^T$ 基因组的测序深度为 25 X，基因组大小为 5.546 Mb，组装到 189 个 contigs，contig $N_{50}$ 为 61 650 bp。**【G+C 含量】**50.38%。**【非编码 RNA】**预测到 7 个 rRNA 基因（5S rRNA 5 个、16S rRNA 1 个、23S rRNA 1 个），69 个 tRNA 基因，3 个 sRNA 基因。**【编码基因】**有 5160 个蛋白质编码基因，编码区总长为 4 695 861 bp，占整个基因组的 84.67%，基因的平均长度为 910 bp。**【基因功能注释】**比对到 KEGG、COG 和 GO 数据库的基因数量分别为 4135 个、3278 个和 3456 个，预测到分泌蛋白编码基因 118 个；在 25 个 COG 功能类群中，基因数量前 10 位的类群分别是：G. 碳水化合物转运与代谢 484 个，K. 转录 378 个，R. 仅一般功能预测 350 个，E. 氨基酸转运与代谢 281 个，J. 翻译、核糖体结构与合成 251 个，T. 信号转导机制 248 个，P. 无机离子转运与代谢 202 个，S. 功能未知 191 个，M. 细胞壁/膜/包膜生物合成 185 个和 H. 辅酶转运与代谢 175 个（图 5-3-31a）。**【重复序列】**预测到的重复序列包括：LTR 146 个，总长为 9587 bp，平均长度为 66 bp；DNA 重复元件 23 个，总长为 1479 bp，平均长度为 64 bp；LINE 34 个，总长为 2222 bp，平均长度为 65 bp；SINE 13 个，总长为 801 bp，平均长度为 62 bp；RC 2 个，总长为 148 bp，平均长度为 74 bp；未知序列 6 个，总长为 355 bp，平均长度为 59 bp；TR 176 个，重复序列长度为 6～576 bp，总长为 25 573 bp；小卫星 DNA 123 个，重复序列长度为 10～60 bp，总长为 8315 bp；微卫星 DNA 13 个，重复序列长度为 6 bp，总长为 1354 bp。**【CRISPR】**预测到 38 个 CRISPR 相关序列。**【基因岛】**预测到 11 个基因岛 GI 01～GI 11，长度为 3736～26 016 bp，其 G+C 含量为 35.27%～53.39%。利用已预测得到的基因组信息，如重复序列、G+C 含量等，应用 CIRCOS 工具绘制其基因组圈图（图 5-3-31b）。

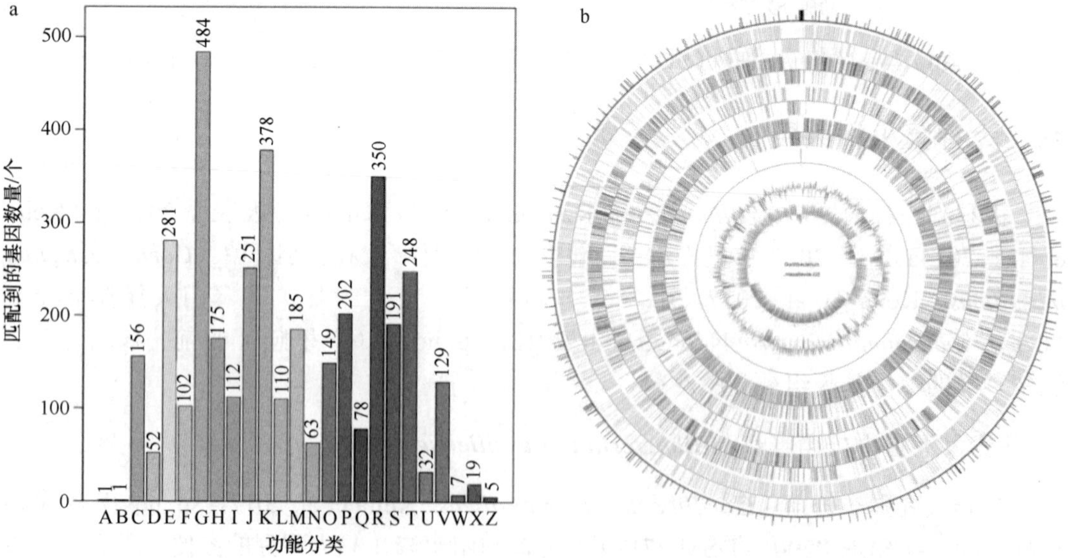


图 5-3-31　马赛大猩猩小杆菌 $G5^T$ 基因组的直系同源基因聚类分析（a）和圈图（b）

## 2. 泰门大猩猩小杆菌（*Gorillibacterium timonense*）$SN4^T$

泰门大猩猩小杆菌（*Gorillibacterium timonense* Ndongo et al. 2018，sp. nov.）的模式菌株（$SN4^T$ =CSUR $P2011^T$）分离自 1 位肥胖的亚马孙人的粪便，最适生长温度为 37

℃，兼性厌氧，产芽胞（Ndongo et al.，2018）。目前，该种有 1 个基因组，模式菌株 SN4$^T$ 基因组的 GenBank 登录号为 GCA_001457415.1，测序平台为 Illumina HiSeq，于 2015 年 11 月 4 日由法国热带传染病研究中心（Unité de Recherche en Maladies Infectieuses et Tropicales Emergentes）提交。

**【基因组的组装】**菌株 SN4$^T$ 基因组的测序深度为 110 X，基因组大小为 5.264 Mb，组装到 7 个 scaffolds，scaffold $N_{50}$ 为 1 130 530 bp。**【G+C 含量】**53.33%。**【非编码 RNA】**预测到 7 个 rRNA 基因（5S rRNA 5 个、16S rRNA 1 个、23S rRNA 1 个），61 个 tRNA 基因，2 个 sRNA 基因。**【编码基因】**有 4970 个蛋白质编码基因，编码区总长为 4 587 489 bp，占整个基因组的 87.15%，基因的平均长度为 923 bp。**【基因功能注释】**比对到 KEGG、COG 和 GO 数据库的基因数量分别为 3995 个、3099 个和 3320 个，预测到分泌蛋白编码基因 97 个；在 23 个 COG 功能类群中，基因数量前 10 位的类群分别是：K. 转录 374 个，G. 碳水化合物转运与代谢 362 个，R. 仅一般功能预测 351 个，E. 氨基酸转运与代谢 281 个，J. 翻译、核糖体结构与合成 258 个，T. 信号转导机制 228 个，S. 功能未知 192 个，M. 细胞壁/膜/包膜生物合成 190 个，P. 无机离子转运与代谢 185 个和 H. 辅酶转运与代谢 155 个（图 5-3-32a）。**【重复序列】**预测到的重复序列包括：LTR 69 个，总长为 4820 bp，平均长度为 70 bp；DNA 重复元件 7 个，总长为 712 bp，平均长度为 102 bp；LINE 11 个，总长为 704 bp，平均长度为 54 bp；SINE 11 个，总长为 598 bp，平均长度为 64 bp；未知序列 2 个，总长为 157 bp，平均长度为 78 bp；TR 239 个，重复序列长度为 5～912 bp，总长为 23 180 bp；小卫星 DNA 187 个，重复序列长度为 10～60 bp，总长为 13 071 bp；微卫星 DNA 5 个，重复序列长度为 5～6 bp，总长为 340 bp。**【CRISPR】**预测到 50 个 CRISPR 相关序列。**【基因岛】**预测到 15 个基因岛 GI 01～GI 15，长度为 4060～34 595 bp，其 G+C 含量为 40.88%～52.76%。利用已预测得到的基因组信息，如重复序列、G+C 含量等，应用 CIRCOS 工具绘制其基因组圈图（图 5-3-32b）。

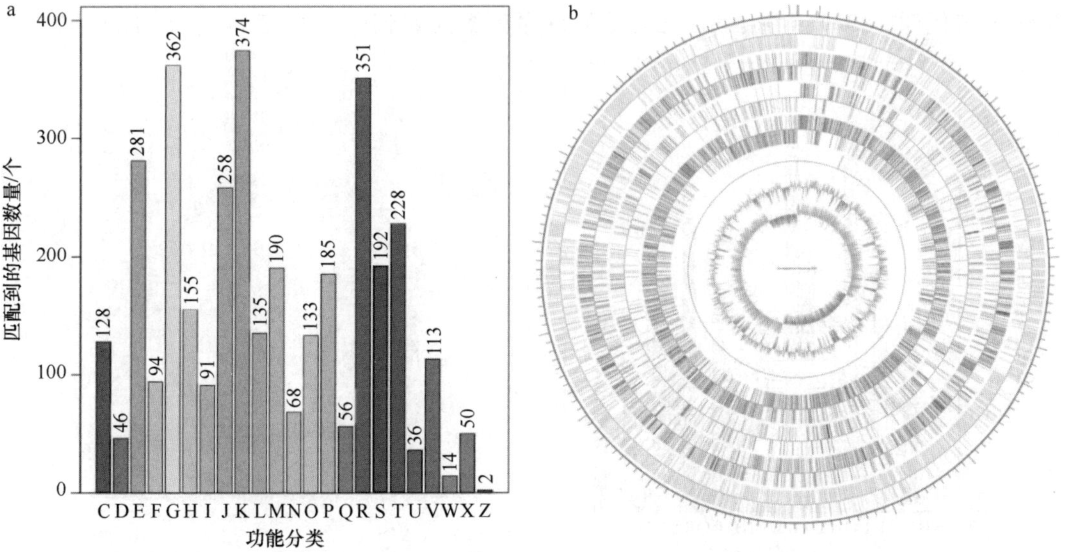


图 5-3-32　泰门大猩猩小杆菌 SN4$^T$ 基因组的直系同源基因聚类分析（a）和圈图（b）

## 七、类芽胞杆菌属

类芽胞杆菌属（*Paenibacillus* Ash et al. 1994，gen. nov.）于 1993 年建立（Ash et al., 1993），包含 283 种，模式种为多黏类芽胞杆菌[*Paenibacillus polymyxa* (Prazmowski 1880) Ash et al. 1994，comb. nov.]，好氧或兼性厌氧，产芽胞。目前，该属有 130 个已知种类和 185 个未定种菌株的 478 个基因组被测序。以下选取 128 个已知种类的基因组进行描述。

### 1. 乙酸类芽胞杆菌（*Paenibacillus aceti*）L14$^T$

乙酸类芽胞杆菌（*Paenibacillus aceti* Li et al. 2016，sp. nov.）的模式菌株（L14$^T$=CGMCC 1.15420$^T$=JCM 31170$^T$）分离自我国传统食醋的乙酸发酵物，生长条件为 15～50℃（最适 37℃）、pH 4.0～10.0（最适 pH 8.0）、0～8%（*W*/*V*）NaCl（最适 0.5%），兼性厌氧，产芽胞（Li et al.，2016）。目前，该种仅有 1 个基因组，模式菌株 L14$^T$ 基因组的 GenBank 登录号为 GCA_003614185.1，测序平台为 Illumina HiSeq，于 2018 年 10 月 2 日由华南理工大学（South China University of Technology）提交。

**【基因组的组装】**菌株 L14$^T$ 基因组的测序深度为 339 X，基因组大小为 5.612 Mb，组装到 11 个 scaffolds，scaffold $N_{50}$ 为 5 572 757 bp。**【G+C 含量】**47.92%。**【非编码 RNA】**预测到 20 个 rRNA 基因（5S rRNA 7 个、16S rRNA 9 个、23S rRNA 4 个），92 个 tRNA 基因，4 个 sRNA 基因。**【编码基因】**有 5147 个蛋白质编码基因，编码区总长为 4 731 528 bp，占整个基因组的 84.31%，基因的平均长度为 919 bp。**【基因功能注释】**比对到 KEGG、COG 和 GO 数据库的基因数量分别为 4266 个、3161 个和 3440 个，预测到分泌蛋白编码基因 113 个；在 25 个 COG 功能类群中，基因数量前 10 位的类群分别是：G. 碳水化合物转运与代谢 422 个，K. 转录 354 个，R. 仅一般功能预测 304 个，E. 氨基酸转运与代谢 275 个，J. 翻译、核糖体结构与合成 236 个，T. 信号转导机制 233 个，S. 功能未知 184 个，P. 无机离子转运与代谢 180 个，M. 细胞壁/膜/包膜生物合成 174 个和 H. 辅酶转运与代谢 169 个（图 5-3-33a）。**【重复序列】**预测到的重复序列包括：LTR 99 个，

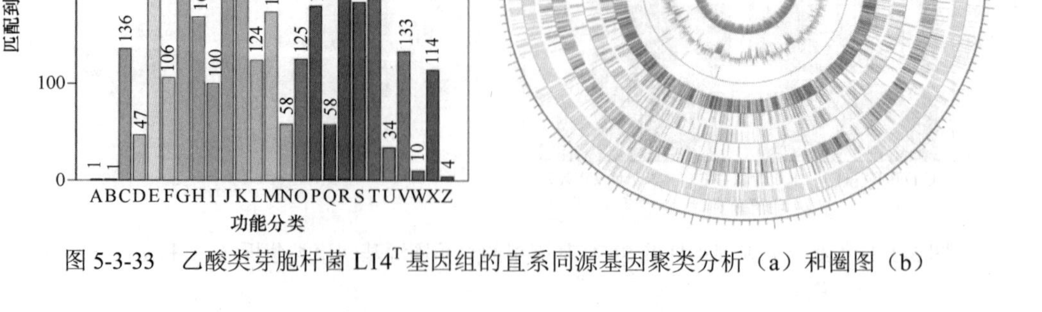


图 5-3-33　乙酸类芽胞杆菌 L14$^T$ 基因组的直系同源基因聚类分析（a）和圈图（b）

总长为 6017 bp，平均长度为 61 bp；DNA 重复元件 31 个，总长为 2289 bp，平均长度为 74 bp；LINE 36 个，总长为 2609 bp，平均长度为 72 bp；SINE 20 个，总长为 1244 bp，平均长度为 62 bp；RC 2 个，总长为 130 bp，平均长度为 65 bp；未知序列 6 个，总长为 469 bp，平均长度为 78 bp；TR 239 个，重复序列长度为 5～912 bp，总长为 23 180 bp；小卫星 DNA 187 个，重复序列长度为 10～60 bp，总长为 13 071 bp；微卫星 DNA 5 个，重复序列长度为 5～6 bp，总长为 340 bp。**【CRISPR】**预测到 295 个 CRISPR 相关序列。**【基因岛】**预测到 19 个基因岛 GI 01～GI 19，长度为 5208～46 624 bp，其 G+C 含量为 34.79%～47.60%。利用已预测得到的基因组信息，如重复序列、G+C 含量等，应用 CIRCOS 工具绘制其基因组圈图（图 5-3-33b）。

**2. 食琼脂类芽胞杆菌（*Paenibacillus agaridevorans*）T-3040**

食琼脂类芽胞杆菌（*Paenibacillus agaridevorans* Uetanabaro et al. 2003，sp. nov.）的模式菌株（$65^T$=DSM $1355^T$ =CIP $107436^T$）分离自墨西哥帕里库廷火山的土壤（采集于 1975 年），喜中温，最高生长温度为 35℃，最适 pH 5.7，最适 NaCl 浓度为 5%（*W*/*V*），兼性厌氧，产芽胞（Uetanabaro et al.，2003）。目前，该种仅有 1 个基因组，非模式菌株 T-3040 基因组的 GenBank 登录号为 GCA_003112455.1，测序平台为 Illumina HiSeq，于 2018 年 4 月 4 日由日本东京农业大学（Tokyo University of Agriculture）提交。

**【基因组的组装】**菌株 T-3040 基因组的测序深度为 108 X，基因组大小为 8.694 Mb，组装到 467 个 scaffolds，scaffold $N_{50}$ 为 117 306 bp。**【G+C 含量】**51.61%。**【非编码 RNA】**预测到 3 个 rRNA 基因（5S rRNA 2 个、16S rRNA 1 个、23S rRNA 0 个），70 个 tRNA 基因，3 个 sRNA 基因。**【编码基因】**有 6782 个蛋白质编码基因，编码区总长为 7 013 859 bp，占整个基因组的 80.67%，基因的平均长度为 1034 bp。**【基因功能注释】**比对到 KEGG、COG 和 GO 数据库的基因数量分别为 5327 个、3919 个和 4687 个，预测到分泌蛋白编码基因 247 个；在 24 个 COG 功能类群中，基因数量前 10 位的类群分别是：G. 碳水化合物转运与代谢 871 个，K. 转录 440 个，R. 仅一般功能预测 421 个，T. 信号转导机制 305 个，E. 氨基酸转运与代谢 278 个，J. 翻译、核糖体结构与合成 232 个，M. 细胞壁/膜/包膜生物合成 221 个，P. 无机离子转运与代谢 211 个，S. 功能未知 208 个和 H. 辅酶转运与代谢 170 个（图 5-3-34a）。**【重复序列】**预测到的重复序列包括：LTR 142 个，总长为 9208 bp，平均长度为 65 bp；DNA 重复元件 35 个，总长为 2359 bp，平均长度为 67 bp；LINE 35 个，总长为 2393 bp，平均长度为 68 bp；SINE 12 个，总长为 671 bp，平均长度为 56 bp；RC 7 个，总长为 388 bp，平均长度为 55 bp；未知序列 3 个，总长为 213 bp，平均长度为 71 bp；TR 697 个，重复序列长度为 1～867 bp，总长为 84 242 bp；小卫星 DNA 503 个，重复序列长度为 10～60 bp，总长为 63 268 bp；微卫星 DNA 10 个，重复序列长度为 5～6 bp，总长为 733 bp。**【CRISPR】**预测到 527 个 CRISPR 相关序列。**【基因岛】**预测到 6 个基因岛 GI 01～GI 06，长度为 8019～14 816 bp，其 G+C 含量为 41.89%～55.82%。利用已预测得到的基因组信息，如重复序列、G+C 含量等，应用 CIRCOS 工具绘制其基因组圈图（图 5-3-34b）。

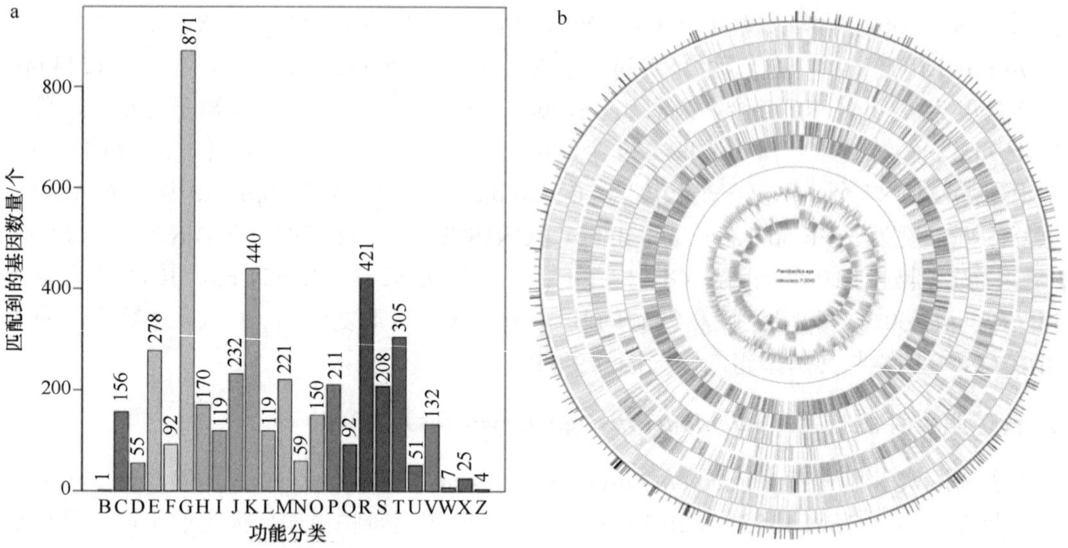


图 5-3-34 食琼脂类芽胞杆菌 T-3040 基因组的直系同源基因聚类分析（a）和圈图（b）

### 3. 解藻酸类芽胞杆菌（*Paenibacillus alginolyticus*）DSM 5050$^T$

解藻酸类芽胞杆菌［*Paenibacillus alginolyticus* (Nakamura 1987) Shida et al. 1997, comb. nov.］的模式菌株（HSCC 175$^T$ =ATCC 51185$^T$ =CIP 103122$^T$ =DSM 5050$^T$ =JCM 9068$^T$ =LMG 18039$^T$ =NRRL NRS-1347$^T$）分离自土壤，生长条件为 5～40℃（最适 28～30℃）、pH 5.6、0～3%（*W*/*V*）NaCl，好氧，产芽胞，1987 年被命名为解藻酸芽胞杆菌（*Bacillus alginolyticus*）（Nakamura，1987），1997 年被重分类为解藻酸类芽胞杆菌（*Paenibacillus alginolyticus*）（Shida et al.，1997a）。目前，该种仅有 1 个基因组，模式菌株 DSM 5050$^T$ 基因组的 GenBank 登录号为 GCA_000422905.1，测序平台为 Illumina HiSeq，于 2013 年 7 月 11 日由美国能源部联合基因组研究所（DOE Joint Genome Institute）提交。

**【基因组的组装】**菌株 DSM 5050$^T$ 基因组的测序深度未知，基因组大小为 8.329 Mb，组装到 214 个 scaffolds，scaffold $N_{50}$ 为 73 459 bp。**【G+C 含量】**44.82%。**【非编码 RNA】**预测到 5 个 rRNA 基因（5S rRNA 5 个、16S rRNA 0 个、23S rRNA 0 个），86 个 tRNA 基因，1 个 sRNA 基因。**【编码基因】**有 8149 个蛋白质编码基因，编码区总长为 7 136 385 bp，占整个基因组的 85.68%，基因的平均长度为 876 bp。**【基因功能注释】**比对到 KEGG、COG 和 GO 数据库的基因数量分别为 6428 个、4882 个和 5342 个，预测到分泌蛋白编码基因 233 个；在 25 个 COG 功能类群中，基因数量前 10 位的类群分别是：G. 碳水化合物转运与代谢 824 个，R. 仅一般功能预测 572 个，K. 转录 544 个，E. 氨基酸转运与代谢 425 个，T. 信号转导机制 421 个，S. 功能未知 289 个，M. 细胞壁/膜/包膜生物合成 288 个，P. 无机离子转运与代谢 276 个，J. 翻译、核糖体结构与合成 269 个和 C. 能量产生与转换 253 个（图 5-3-35a）。**【重复序列】**预测到的重复序列包括：LTR 324 个，总长为 18 806 bp，平均长度为 58 bp；DNA 重复元件 107 个，总长为 6273 bp，平均长度为 59 bp；LINE 89 个，总长为 5038 bp，平均长度为 57 bp；SINE 24 个，总长为 1537 bp，平均长度为 64 bp；RC 9 个，总长为 498 bp，平均长度为 55 bp；未知序列 4 个，总长为 245 bp，平均长度为 61 bp；TR 391 个，重复序列长度为 2～549 bp，总长为 38 615 bp；小卫星 DNA 267 个，重复序列长度为 10～60 bp，总长为 15 427 bp；微卫星 DNA 35 个，重复序列长度为 2～6 bp，总长为 2416 bp。**【CRISPR】**预测到 72 个 CRISPR 相关序列。**【基因岛】**预测到 16 个基因岛 GI 01～GI 16，长度为 4581～21 225 bp，其 G+C 含量为 38.59%～50.56%。利用已预测得到的基因组信息，如重复序列、G+C 含量等，应用 CIRCOS 工具绘制其基因组圈图（图 5-3-35b）。

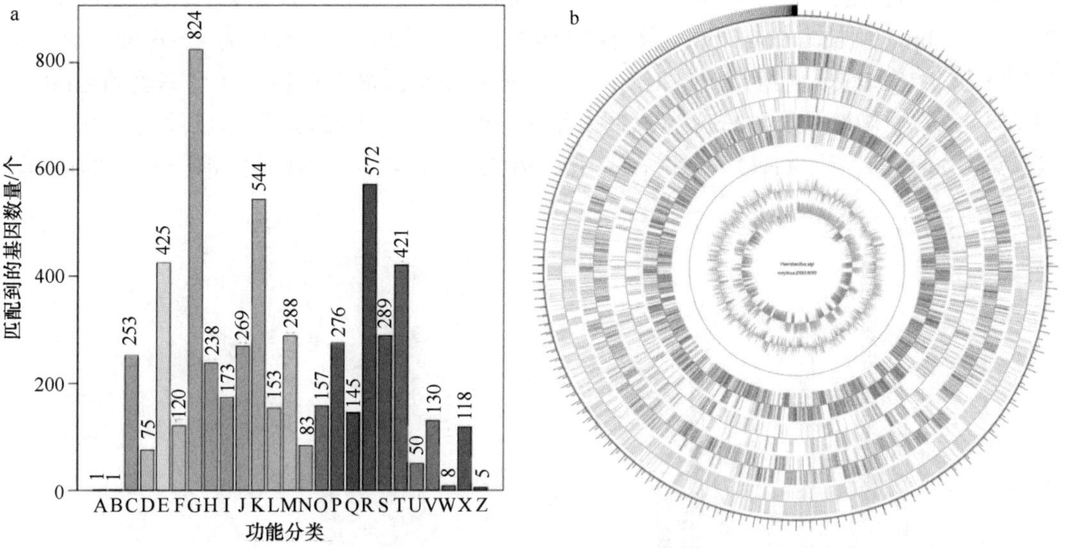


图 5-3-35　解藻酸类芽胞杆菌 DSM 5050$^{T}$ 基因组的直系同源基因聚类分析（a）和圈图（b）

## 4. 冷泉类芽胞杆菌（*Paenibacillus algorifonticola*）CGMCC 1.10223$^{T}$

冷泉类芽胞杆菌（*Paenibacillus algorifonticola* Tang et al. 2011，sp. nov.）的模式菌株（XJ259$^{T}$=CGMCC 1.10223$^{T}$=JCM 16598$^{T}$）分离自新疆的 1 个冷泉，生长条件为 10～37℃（最适 20～30℃）、pH 7.0～8.0（最适 7.3～7.8）、0～3%（*W*/*V*）NaCl（最适 0～1%），兼性厌氧，产芽胞（Tang et al.，2011）。目前，该种有 2 个基因组，选择组装水平较高的模式菌株 CGMCC 1.10223$^{T}$ 的基因组进行描述，其 GenBank 登录号为 GCA_900112925.1，测序平台为 Illumina HiSeq，于 2016 年 11 月 5 日由美国能源部联合基因组研究所（DOE Joint Genome Institute）提交。

**【基因组的组装】**菌株 CGMCC 1.10223$^{T}$ 基因组的测序深度为 175 X，基因组大小为 7.468 Mb，组装到 76 个 scaffolds，scaffold $N_{50}$ 为 226 336 bp。**【G+C 含量】**48.38%。**【非编码 RNA】**预测到 2 个 rRNA 基因（5S rRNA 2 个、16S rRNA 0 个、23S rRNA 0 个），66 个 tRNA 基因，5 个 sRNA 基因。**【编码基因】**有 7052 个蛋白质编码基因，编码区总长为 6 440 301 bp，占整个基因组的 86.24%，基因的平均长度为 913 bp。**【基因功能注释】**比对到 KEGG、COG 和 GO 数据库的基因数量分别为 5766 个、4290 个和 4654 个，预测到分泌蛋白编码基因 179 个；在 25 个 COG 功能类群中，基因数量前 10 位的类群

分别是：G. 碳水化合物转运与代谢 681 个，K. 转录 534 个，R. 仅一般功能预测 515 个，E. 氨基酸转运与代谢 365 个，T. 信号转导机制 333 个，P. 无机离子转运与代谢 294 个，J. 翻译、核糖体结构与合成 257 个，S. 功能未知 247 个，M. 细胞壁/膜/包膜生物合成 241 个和 H. 辅酶转运与代谢 215 个（图 5-3-36a）。**【重复序列】**预测到的重复序列包括：LTR 124 个，总长为 8005 bp，平均长度为 65 bp；DNA 重复元件 35 个，总长为 2259 bp，平均长度为 65 bp；LINE 35 个，总长为 2301 bp，平均长度为 66 bp；SINE 7 个，总长为 358 bp，平均长度为 51 bp；未知序列 4 个，总长为 312 bp，平均长度为 78 bp；TR 268 个，重复序列长度为 4～936 bp，总长为 31 164 bp；小卫星 DNA 179 个，重复序列长度为 10～57 bp，总长为 9601 bp；微卫星 DNA 12 个，重复序列长度为 4～6 bp，总长为 522 bp。**【CRISPR】**预测到 58 个 CRISPR 相关序列。**【基因岛】**预测到 14 个基因岛 GI 01～GI 14，长度为 3700～58 993 bp，其 G+C 含量为 41.85%～51.95%。利用已预测得到的基因组信息，如重复序列、G+C 含量等，应用 CIRCOS 工具绘制其基因组圈图（图 5-3-36b）。

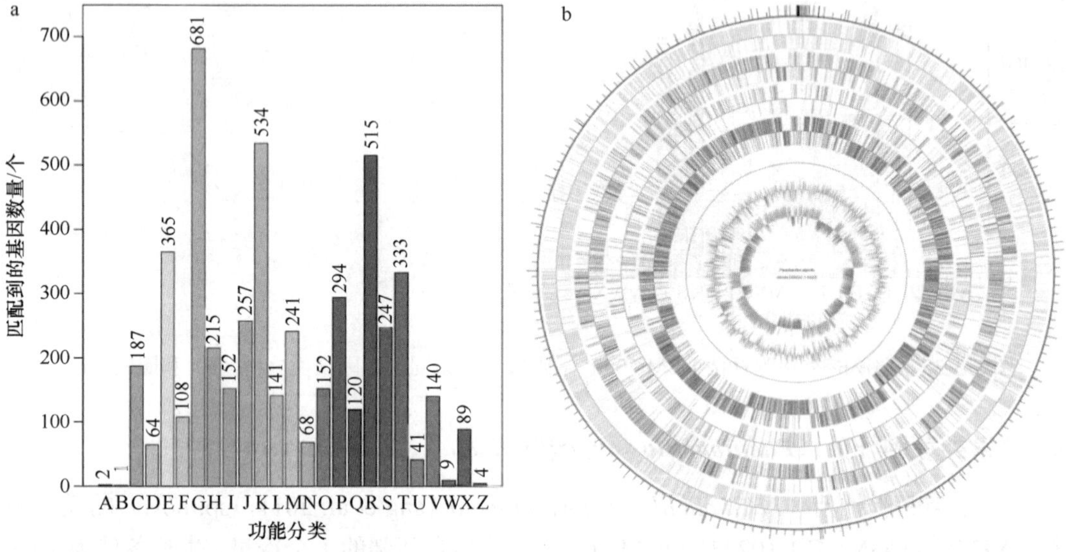


图 5-3-36　冷泉类芽胞杆菌 CGMCC 1.10223$^T$ 基因组的直系同源基因聚类分析（a）和圈图（b）

## 5. 蜂房类芽胞杆菌（*Paenibacillus alvei*）DSM 29$^T$

蜂房类芽胞杆菌［*Paenibacillus alvei* (Cheshire and Cheyne 1885) Ash et al. 1994, comb. nov.］的模式菌株（ATCC 6344$^T$ =CCUG 1815$^T$ =CIP 66.18$^T$ =DSM 29$^T$ =JCM 20131$^T$ =LMG 13253$^T$ =NCCB 48008$^T$ =NRRL B-383$^T$ =VKM B-502$^T$）分离自患病的蜜蜂幼虫，最适生长温度为 30℃，兼性厌氧，产芽胞，1885 年被命名为蜂房芽胞杆菌（*Bacillus alvei* Cheshire and Cheyne 1885），1993 年被重分类为蜂房类芽胞杆菌（*Paenibacillus alvei*）（Ash et al.，1993）。目前，该种有 4 个基因组，选择组装水平较高的模式菌株 DSM 29$^T$ 的基因组进行描述，其 GenBank 登录号为 GCA_000293805.1，测序平台为 454 FLX+ ABI 3703，于 2012 年 8 月 28 日由德国乔治-奥古斯都-哥廷根大学（Georg-August-University Goettingen）提交。

【基因组的组装】菌株 DSM 29$^T$ 基因组的测序深度为 18 X，基因组大小为 6.835 Mb，组装到 25 个 contigs，contig $N_{50}$ 为 680 734 bp。【G+C 含量】45.89%。【非编码 RNA】预测到 28 个 rRNA 基因（5S rRNA 10 个、16S rRNA 9 个、23S rRNA 9 个），79 个 tRNA 基因，7 个 sRNA 基因。【编码基因】有 7088 个蛋白质编码基因，编码区总长为 5 835 453 bp，占整个基因组的 85.38%，基因的平均长度为 823 bp。【基因功能注释】比对到 KEGG、COG 和 GO 数据库的基因数量分别为 4936 个、3644 个和 4213 个，预测到分泌蛋白编码基因 127 个；在 25 个 COG 功能类群中，基因数量前 10 位的类群分别是：K. 转录 426 个，R. 仅一般功能预测 375 个，E. 氨基酸转运与代谢 359 个，G. 碳水化合物转运与代谢 347 个，J. 翻译、核糖体结构与合成 260 个，T. 信号转导机制 253 个，S. 功能未知 221 个，P. 无机离子转运与代谢 208 个，M. 细胞壁/膜/包膜生物合成 196 个和 C. 能量产生与转换 183 个（图 5-3-37a）。【重复序列】预测到的重复序列包括：LTR 209 个，总长为 15 050 bp，平均长度为 72 bp；DNA 重复元件 43 个，总长为 2426 bp，平均长度为 56 bp；LINE 58 个，总长为 3770 bp，平均长度为 65 bp；SINE 20 个，总长为 1298 bp，平均长度为 65 bp；RC 4 个，总长为 258 bp，平均长度为 65 bp；未知序列 6 个，总长为 428 bp，平均长度为 71 bp；TR 203 个，重复序列长度为 4～925 bp，总长为 22 766 bp；小卫星 DNA 148 个，重复序列长度为 10～58 bp，总长为 8570 bp；微卫星 DNA 5 个，重复序列长度为 4～6 bp，总长为 209 bp。【CRISPR】预测到 101 个 CRISPR 相关序列。【基因岛】预测到 26 个基因岛 GI 01～GI 26，长度为 2781～50 295 bp，其 G+C 含量为 37.53%～54.28%。利用已预测得到的基因组信息，如重复序列、G+C 含量等，应用 CIRCOS 工具绘制其基因组圈图（图 5-3-37b）。

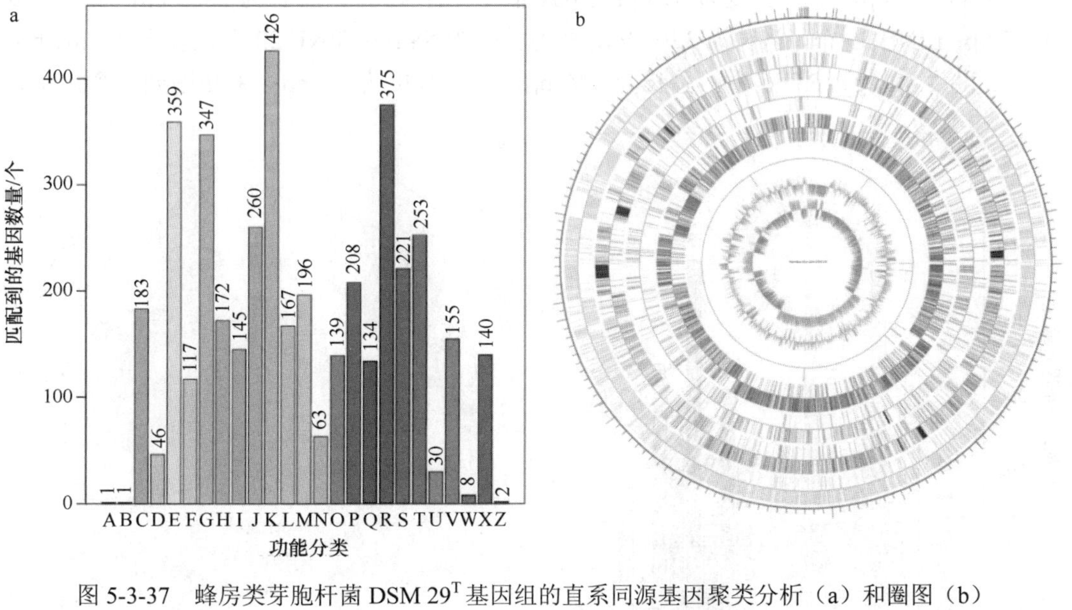


图 5-3-37　蜂房类芽胞杆菌 DSM 29$^T$ 基因组的直系同源基因聚类分析（a）和圈图（b）

## 6. 解淀粉类芽胞杆菌（*Paenibacillus amylolyticus*）Heshi-A3

解淀粉类芽胞杆菌［*Paenibacillus amylolyticus* (Nakamura 1984) Ash et al. 1994，comb.

nov.］的模式菌株（HSCC 434$^T$ = ATCC 9995$^T$ =CCUG 28514$^T$ =CIP 103117$^T$ =DSM 3034$^T$ = JCM 9906$^T$ =LMG 11153$^T$ =NRRL NRS-290$^T$）分离自土壤，生长条件为 10～40℃（最适 37℃）、pH 4.5～9.0（最适 pH 7.0）、0～2%（*W*/*V*）NaCl，兼性厌氧，产芽胞，1911 年被命名为“解淀粉芽胞杆菌”（“*Bacillus amylolyticus*” Choukévitch 1911），1984 年正式命名为解淀粉芽胞杆菌（*Bacillus amylolyticus*）（Nakamura，1984a），1993 年被重分类为解淀粉类芽胞杆菌（*Paenibacillus amylolyticus*）（Ash et al.，1993）。目前，该种有 9 个基因组，选择非模式菌株 Heshi-A3 的基因组进行描述，其 GenBank 登录号为 GCA_001570725.1，测序平台为 Illumina MiSeq，于 2016 年 2 月 5 日由日本东京农业大学（Tokyo University of Agriculture）提交。

**【基因组的组装】**菌株 Heshi-A3 基因组的测序深度为 509 X，基因组大小为 6.761 Mb，组装到 15 个 contigs，contig $N_{50}$ 为 4 046 726 bp。**【G+C 含量】**46.15%。**【非编码 RNA】**预测到 12 个 rRNA 基因（5S rRNA 10 个、16S rRNA 1 个、23S rRNA 1 个），93 个 tRNA 基因，3 个 sRNA 基因。**【编码基因】**有 6117 个蛋白质编码基因，编码区总长为 5 856 870 bp，占整个基因组的 86.63%，基因的平均长度为 957 bp。**【基因功能注释】**比对到 KEGG、COG 和 GO 数据库的基因数量分别为 5607 个、3961 个和 4196 个，预测到分泌蛋白编码基因 174 个；在 24 个 COG 功能类群中，基因数量前 10 位的类群分别是：G. 碳水化合物转运与代谢 591 个，K. 转录 484 个，R. 仅一般功能预测 483 个，E. 氨基酸转运与代谢 368 个，T. 信号转导机制 300 个，J. 翻译、核糖体结构与合成 294 个，P. 无机离子转运与代谢 268 个，S. 功能未知 221 个，H. 辅酶转运与代谢 220 个和 M. 细胞壁/膜/包膜生物合成 199 个（图 5-3-38a）。**【重复序列】**预测到的重复序列包括：LTR 183 个，总长为 11 225 bp，平均长度为 61 bp；DNA 重复元件 42 个，总长为 2808 bp，平均长度为 67 bp；LINE 55 个，总长为 3202 bp，平均长度为 58 bp；SINE 22 个，总长为 1081 bp，平均长度为 49 bp；RC 6 个，总长为 426 bp，平均长度为 71 bp；未知序列 5 个，总长

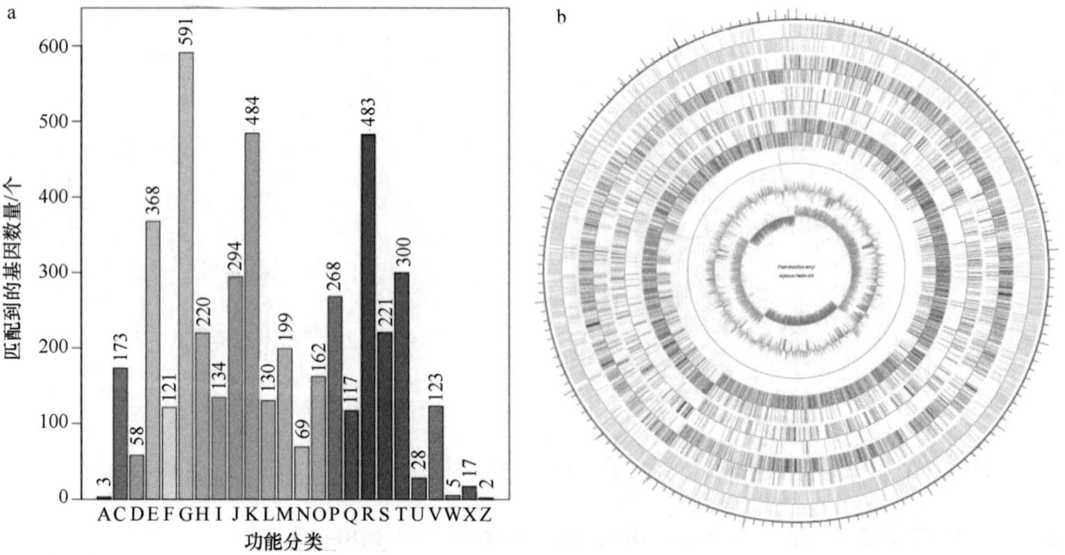


图 5-3-38　解淀粉类芽胞杆菌 Heshi-A3 基因组的直系同源基因聚类分析（a）和圈图（b）

为 364 bp，平均长度为 73 bp；TR 131 个，重复序列长度为 1～1056 bp，总长为 22 432 bp；小卫星 DNA 77 个，重复序列长度为 10～45 bp，总长为 4383 bp；微卫星 DNA 7 个，重复序列长度为 3～6 bp，总长为 298 bp。**【CRISPR】**预测到 53 个 CRISPR 相关序列。**【基因岛】**预测到 8 个基因岛 GI 01～GI 08，长度为 7943～72 552 bp，其 G+C 含量为 35.37%～47.11%。利用已预测得到的基因组信息，如重复序列、G+C 含量等，应用 CIRCOS 工具绘制其基因组圈图（图 5-3-38b）。

**7. 厌氧生类芽胞杆菌（*Paenibacillus anaericanus*）DSM 15890$^T$**

厌氧生类芽胞杆菌（*Paenibacillus anaericanus* Horn et al. 2005，sp. nov.）的模式菌株（MH21$^T$=DSM 15890$^T$=ATCC BAA-844$^T$）分离自土壤，生长条件为 5～40℃（最适 30～35℃）、pH 5.8～8.6（最适 pH 7.7）、0～2%（*W*/*V*）NaCl，兼性厌氧，产芽胞（Horn et al.，2005）。目前，该种仅有 1 个基因组，模式菌株 DSM 15890$^T$基因组的 GenBank 登录号为 GCA_003994475.1，测序平台为 Illumina HiSeq，于 2019 年 1 月 5 日由安徽农业大学（Anhui Agricultural University）提交。

**【基因组的组装】**菌株 DSM 15890$^T$基因组的测序深度为 200 X，基因组大小为 6.069 Mb，组装到 93 个 scaffolds，scaffold $N_{50}$为 190 404 bp。**【G+C 含量】**42.11%。**【非编码 RNA】**预测到 6 个 rRNA 基因（5S rRNA 3 个、16S rRNA 2 个、23S rRNA 1 个），56 个 tRNA 基因，2 个 sRNA 基因。**【编码基因】**有 5676 个蛋白质编码基因，编码区总长为 5 285 232 bp，占整个基因组的 87.09%，基因的平均长度为 931 bp。**【基因功能注释】**比对到 KEGG、COG 和 GO 数据库的基因数量分别为 4881 个、3600 个和 3917 个，预测到分泌蛋白编码基因 134 个；在 24 个 COG 功能类群中，基因数量前 10 位的类群分别是：G. 碳水化合物转运与代谢 521 个，K. 转录 436 个，R. 仅一般功能预测 377 个，T. 信号转导机制 283 个，J. 翻译、核糖体结构与合成 279 个，E. 氨基酸转运与代谢 267 个，P. 无机离子转运与代谢 244 个，S. 功能未知 216 个，M. 细胞壁/膜/包膜生物合成 199 个和 H. 辅酶转运与代谢 186 个（图 5-3-39a）。**【重复序列】**预测到的重复序列

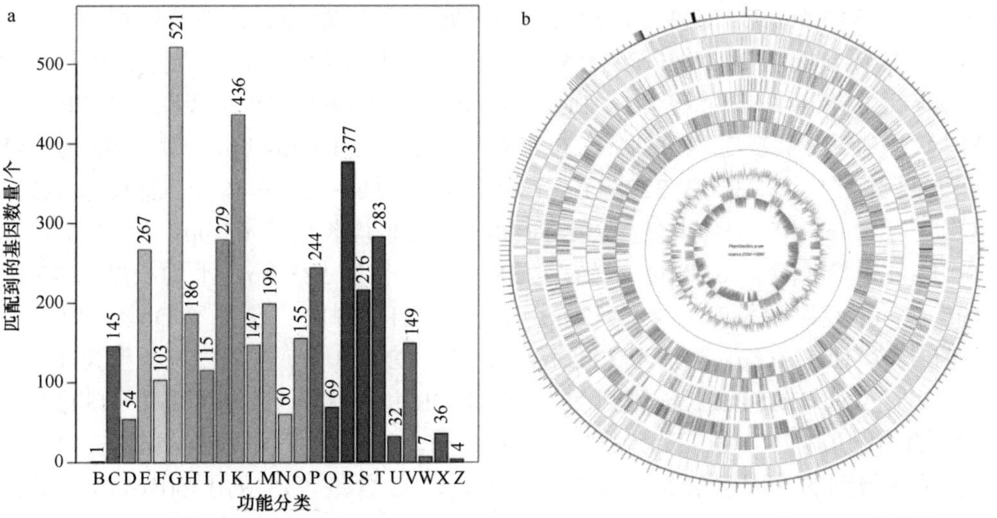


图 5-3-39　厌氧生类芽胞杆菌 DSM 15890$^T$基因组的直系同源基因聚类分析（a）和圈图（b）

包括：LTR 210 个，总长为 14 100 bp，平均长度为 67 bp；DNA 重复元件 57 个，总长为 3355 bp，平均长度为 59 bp；LINE 61 个，总长为 3580 bp，平均长度为 59 bp；SINE 4 个，总长为 290 bp，平均长度为 73 bp；RC 4 个，总长为 264 bp，平均长度为 66 bp；未知序列 2 个，总长为 151 bp，平均长度为 76 bp；TR 274 个，重复序列长度为 5～1338 bp，总长为 35 143 bp；小卫星 DNA 192 个，重复序列长度为 10～57 bp，总长为 16 552 bp；微卫星 DNA 9 个，重复序列长度为 5～6 bp，总长为 1602 bp。**【CRISPR】**预测到 141 个 CRISPR 相关序列。**【基因岛】**预测到 13 个基因岛 GI 01～GI 13，长度为 4497～22 810 bp，其 G+C 含量为 34.74%～46.85%。利用已预测得到的基因组信息，如重复序列、G+C 含量等，应用 CIRCOS 工具绘制其基因组圈图（图 5-3-39b）。

### 8. 南极类芽胞杆菌（*Paenibacillus antarcticus*）CECT 5836$^T$

南极类芽胞杆菌（*Paenibacillus antarcticus* Montes et al. 2004，sp. nov.）的模式菌株（20CM$^T$ =LMG 22078$^T$ =CECT 5836$^T$）分离自南极沉积物，耐冷，生长条件为 6～31℃（最适 10～15℃）、0～4%（*W/V*）NaCl，兼性厌氧，产芽胞（Montes et al.，2004）。目前，该种仅有 1 个基因组，模式菌株 CECT 5836$^T$ 基因组的 GenBank 登录号为 GCA_001637225.1，测序平台为 Illumina HiSeq，于 2016 年 5 月 5 日由韩国高丽大学（Korea University）提交。

**【基因组的组装】**菌株 CECT 5836$^T$ 基因组的测序深度为 106 X，基因组大小为 5.373 Mb，组装到 55 个 contigs，contig $N_{50}$ 为 300 520 bp。**【G+C 含量】**40.46%。**【非编码 RNA】**预测到 12 个 rRNA 基因（5S rRNA 10 个、16S rRNA 1 个、23S rRNA 1 个），107 个 tRNA 基因，1 个 sRNA 基因。**【编码基因】**有 5023 个蛋白质编码基因，编码区总长为 4 656 273 bp，占整个基因组的 86.66%，基因的平均长度为 927 bp。**【基因功能注释】**比对到 KEGG、COG 和 GO 数据库的基因数量分别为 4470 个、3239 个和 3441 个，预测到分泌蛋白编码基因 121 个；在 23 个 COG 功能类群中，基因数量前 10 位的类群分别是：G. 碳水化合物转运与代谢 419 个，R. 仅一般功能预测 352 个，K. 转录 349 个，E. 氨基酸转运与代谢 290 个，J. 翻译、核糖体结构与合成 254 个，T. 信号转导机制 248 个，P. 无机离子转运与代谢 238 个，S. 功能未知 195 个，H. 辅酶转运与代谢 185 个和 M. 细胞壁/膜/包膜生物合成 178 个（图 5-3-40a）。**【重复序列】**预测到的重复序列包括：LTR 156 个，总长为 10 004 bp，平均长度为 64 bp；DNA 重复元件 55 个，总长为 3295 bp，平均长度为 60 bp；LINE 45 个，总长为 2732 bp，平均长度为 61 bp；SINE 14 个，总长为 865 bp，平均长度为 62 bp；RC 5 个，总长为 309 bp，平均长度为 62 bp；未知序列 8 个，总长为 583 bp，平均长度为 73 bp；TR 195 个，重复序列长度为 4～642 bp，总长为 21 255 bp；小卫星 DNA 139 个，重复序列长度为 10～60 bp，总长为 7063 bp；微卫星 DNA 3 个，重复序列长度为 4～6 bp，总长为 83 bp。**【CRISPR】**预测到 23 个 CRISPR 相关序列。**【基因岛】**预测到 13 个基因岛 GI 01～GI 13，长度为 5813～41 441 bp，其 G+C 含量为 34.56%～42.25%。利用已预测得到的基因组信息，如重复序列、G+C 含量等，应用 CIRCOS 工具绘制其基因组圈图（图 5-3-40b）。

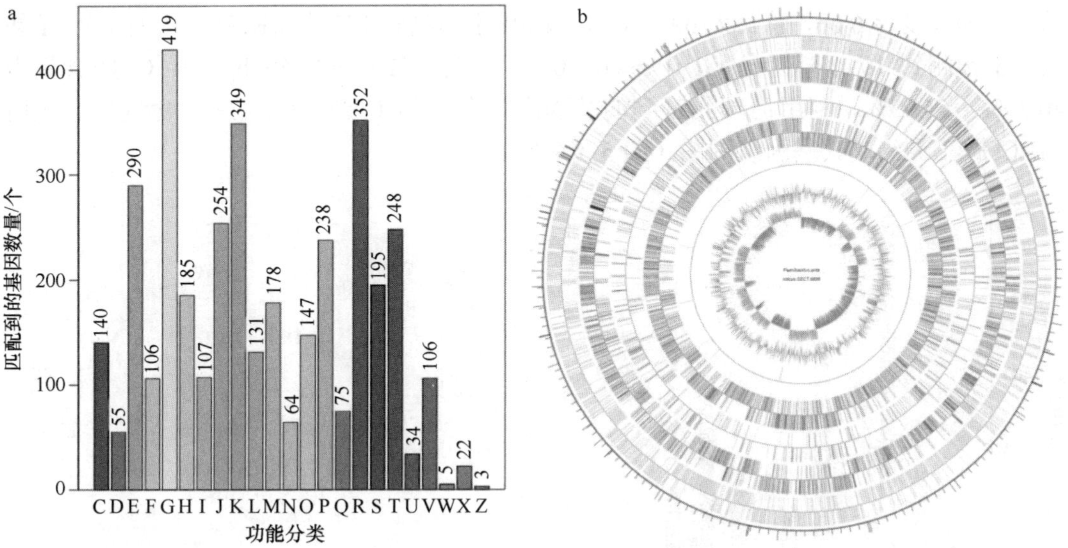


图 5-3-40　南极类芽胞杆菌 CECT 5836$^{T}$基因组的直系同源基因聚类分析（a）和圈图（b）

### 9. 多药抗类芽胞杆菌（*Paenibacillus antibioticophila*）GD11$^{T}$

多药抗类芽胞杆菌（*Paenibacillus antibioticophila* Dubourg et al. 2015，sp. nov.）的模式菌株（GD11$^{T}$ =DSM 28228$^{T}$ =CSUR P1358$^{T}$）分离自法国马赛 1 位感染抗多种药物的结核病菌的 63 岁妇女的粪便，生长温度为 25～37℃，好氧，产芽胞（Dubourg et al., 2015）。目前，该种仅有 1 个基因组，模式菌株 GD11$^{T}$ 基因组的 GenBank 登录号为 GCA_000455265.1，测序平台为 454 FLX，于 2013 年 8 月 20 日由欧洲生物信息学研究所（European Bioinformatics Institute）提交。

**【基因组的组装】**菌株 GD11$^{T}$基因组的测序深度为 20 X，基因组大小为 5.585 Mb，组装到 9 个 scaffolds，scaffold $N_{50}$ 为 3 049 380 bp。**【G+C 含量】**49.10%。**【非编码 RNA】**预测到 4 个 rRNA 基因（5S rRNA 2 个、16S rRNA 1 个、23S rRNA 1 个），68 个 tRNA 基因，5 个 sRNA 基因。**【编码基因】**有 5307 个蛋白质编码基因，编码区总长为 4 831 236 bp，占整个基因组的 86.50%，基因的平均长度为 910 bp。**【基因功能注释】**比对到 KEGG、COG 和 GO 数据库的基因数量分别为 4527 个、3378 个和 3620 个，预测到分泌蛋白编码基因 134 个；在 24 个 COG 功能类群中，基因数量前 10 位的类群分别是：G. 碳水化合物转运与代谢 568 个，K. 转录 399 个，R. 仅一般功能预测 332 个，J. 翻译、核糖体结构与合成 255 个，T. 信号转导机制 250 个，E. 氨基酸转运与代谢 248 个，P. 无机离子转运与代谢 232 个，S. 功能未知 190 个，M. 细胞壁/膜/包膜生物合成 187 个和 H. 辅酶转运与代谢 169 个（图 5-3-41a）。**【重复序列】**预测到的重复序列包括：LTR 129 个，总长为 10 312 bp，平均长度为 80 bp；DNA 重复元件 21 个，总长为 1471 bp，平均长度为 70 bp；LINE 30 个，总长为 2212 bp，平均长度为 74 bp；SINE 14 个，总长为 936 bp，平均长度为 67 bp；RC 2 个，总长为 121 bp，平均长度为 61 bp；未知序列 5 个，总长为 383 bp，平均长度为 77 bp；TR 273 个，重复序列长度为 6～356 bp，总长为 26 234 bp；小卫星 DNA 234 个，重复序列长度为 10～60 bp，总长为 21 998 bp；微卫星 DNA 1 个，重复序列长度为 6 bp，总长为 69 bp。**【CRISPR】**预测到 173 个 CRISPR 相关序列。**【基因岛】**预测到 10 个基因岛 GI 01～GI 10，长度为 5610～62 160 bp，其 G+C 含量为 40.39%～54.93%。利用已预测得到的基因组信息，如重复序列、G+C 含量等，应用 CIRCOS 工具绘制其基因组圈图（图 5-3-41b）。

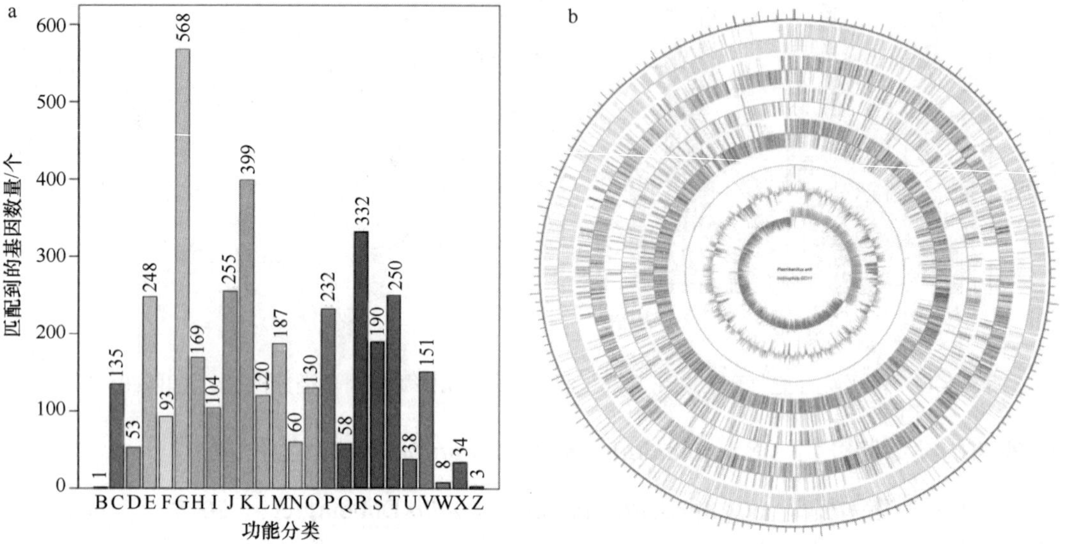


图 5-3-41 多药抗类芽胞杆菌 GD11$^T$ 基因组的直系同源基因聚类分析（a）和圈图（b）

### 10. 蜜蜂类芽胞杆菌（*Paenibacillus apiarius*）NRRL B-23460$^T$

蜜蜂类芽胞杆菌［*Paenibacillus apiaries* (ex Katznelson 1955) Nakamura 1996，nom. rev.，comb. nov.］的模式菌株（CIP 104902$^T$ =DSM 5581$^T$ =LMG 17433$^T$ =NRRL B-23460$^T$ = NRRL NRS-1438$^T$）分离自蜜蜂幼虫，最适生长温度为 30～37℃，好氧，产芽胞，1995 年被命名为蜜蜂芽胞杆菌（*Bacillus apiarius*）（Katznelson，1955），1996 年被重分类为蜜蜂类芽胞杆菌（*Paenibacillus apiarius*）（Nakamura，1996）。目前，该种仅有 1 个基因组，模式菌株 NRRL B-23460$^T$ 基因组的 GenBank 登录号为 GCA_002161865.1，测序平台为 Illumina MiSeq，于 2017 年 5 月 31 日由美国康奈尔大学（Cornell University）提交。

**【基因组的组装】**菌株 NRRL B-23460$^T$ 基因组的测序深度为 150 X，基因组大小为 5.405 Mb，组装到 51 个 contigs，contig $N_{50}$ 为 280 248 bp。**【G+C 含量】**50.49%。**【非编码 RNA】**预测到 9 个 rRNA 基因（5S rRNA 7 个、16S rRNA 1 个、23S rRNA 1 个），76 个 tRNA 基因，4 个 sRNA 基因。**【编码基因】**有 5035 个蛋白质编码基因，编码区总长为 4 554 969 bp，占整个基因组的 84.27%，基因的平均长度为 905 bp。**【基因功能注释】**比对到 KEGG、COG 和 GO 数据库的基因数量分别为 4040 个、3158 个和 3340 个，预测到分泌蛋白编码基因 127 个；在 25 个 COG 功能类群中，基因数量前 10 位的类群分别是：G. 碳水化合物转运与代谢 345 个，E. 氨基酸转运与代谢 330 个，R. 仅一般功能预测 329 个，K. 转录 318 个，J. 翻译、核糖体结构与合成 238 个，T. 信号转导机制 220 个，P. 无机离子转运与代谢 214 个，M. 细胞壁/膜/包膜生物合成 188 个，H. 辅酶转运与代谢 184 个和 S. 功能未知 184 个（图 5-3-42a）。**【重复序列】**预测到的重复序列包括：LTR 119 个，总长为 8035 bp，平均长度为 68 bp；DNA 重复元件 30 个，总长为 2230 bp，平均长度为 74 bp；LINE 25 个，总长为 5123 bp，平均长度为 205 bp；SINE 13 个，总长为 725 bp，平均长度为 56 bp；未知序列 5 个，总长为 320 bp，平均长度为 64 bp；TR 120 个，重复序列长度为 6～648 bp，总长为 20 189 bp；小卫星 DNA 89 个，重复序列长度为 10～60 bp，总长为 10 286 bp；微卫星 DNA 4 个，重复序列长度为 6 bp，总长为 4087 bp。**【CRISPR】**预测到 52 个 CRISPR 相关序列。**【基因岛】**预测到 10 个基因岛 GI 01～GI 10，长度为 5797～21 465 bp，其 G+C 含量为 38.33%～54.50%。利用已预测得到的基因组信息，如重复序列、G+C 含量等，应用 CIRCOS 工具绘制其基因组圈图（图 5-3-42b）。

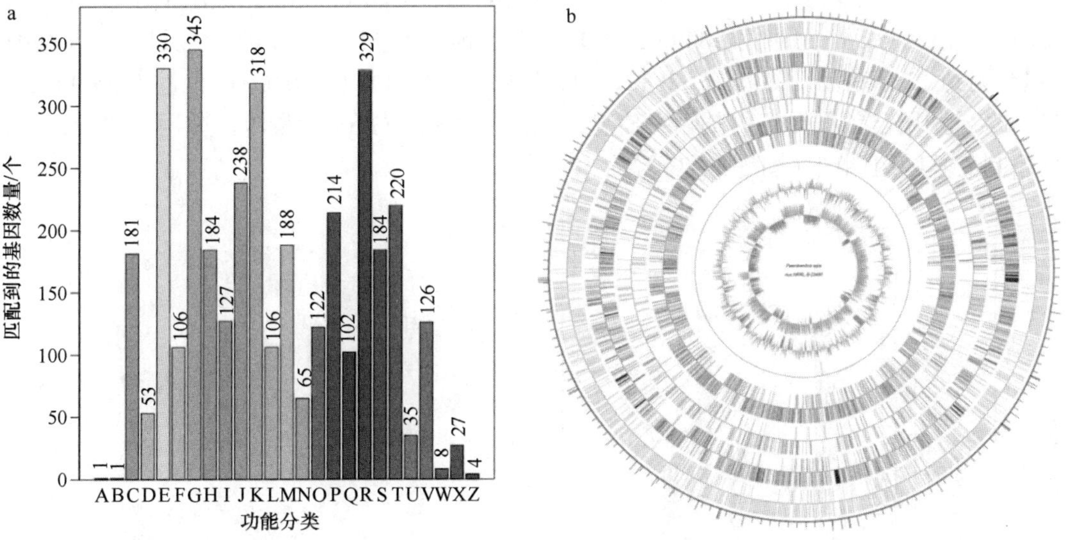


图 5-3-42　蜜蜂类芽胞杆菌 NRRL B-23460$^{T}$ 基因组的直系同源基因聚类分析（a）和圈图（b）

### 11. 积污池类芽胞杆菌（*Paenibacillus aquistagni*）11$^{T}$

积污池类芽胞杆菌（*Paenibacillus aquistagni* Simon et al. 2017，sp. nov.）的模式菌株（11$^{T}$ =ZIM B1027$^{T}$ =LMG 29561$^{T}$=CCM 8679$^{T}$）分离自斯洛文尼亚采列 1 个收集工业废水的积污池里的水，生长条件为 10～46℃（最适 30℃）、pH 5.5～13.0（最适 pH 7.0）、0～1.5%（*W*/*V*）NaCl，兼性厌氧，产芽胞（Simon et al.，2017）。目前，该种仅有 1 个基因组，模式菌株 11$^{T}$ 基因组的 GenBank 登录号为 GCA_900177815.1，测序平台为 Illumina HiSeq，于 2017 年 4 月 20 日由美国能源部联合基因组研究所（DOE Joint Genome Institute）提交。

**【基因组的组装】**菌株 11$^{T}$ 基因组的测序深度为 220 X，基因组大小为 5.386 Mb，组装到 18 个 contigs，contig $N_{50}$ 为 607 808 bp。**【G+C 含量】**47.46%。**【非编码 RNA】**预测到 9 个 rRNA 基因（5S rRNA 7 个、16S rRNA 1 个、23S rRNA 1 个），76 个 tRNA 基因，1 个 sRNA 基因。**【编码基因】**有 5026 个蛋白质编码基因，编码区总长为 4 625 175 bp，占整个基因组的 85.87%，基因的平均长度为 920 bp。**【基因功能注释】**比对到 KEGG、

COG 和 GO 数据库的基因数量分别为 4054 个、3184 个和 3381 个，预测到分泌蛋白编码基因 97 个；在 24 个 COG 功能类群中，基因数量前 10 位的类群分别是：G. 碳水化合物转运与代谢 381 个，R. 仅一般功能预测 362 个，K. 转录 325 个，E. 氨基酸转运与代谢 282 个，J. 翻译、核糖体结构与合成 262 个，P. 无机离子转运与代谢 224 个，T. 信号转导机制 207 个，S. 功能未知 206 个，M. 细胞壁/膜/包膜生物合成 176 个和 H. 辅酶转运与代谢 164 个（图 5-3-43a）。**【重复序列】**预测到的重复序列包括：LTR 117 个，总长为 6872 bp，平均长度为 59 bp；DNA 重复元件 27 个，总长为 2247 bp，平均长度为 83 bp；LINE 32 个，总长为 1817 bp，平均长度为 57 bp；SINE 12 个，总长为 734 bp，平均长度为 61 bp；RC 2 个，总长为 118 bp，平均长度为 59 bp；未知序列 3 个，总长为 213 bp，平均长度为 71 bp；TR 115 个，重复序列长度为 6～741 bp，总长为 11 271 bp；小卫星 DNA 90 个，重复序列长度为 10～54 bp，总长为 4708 bp；微卫星 DNA 3 个，重复序列长度为 6 bp，总长为 284 bp。**【CRISPR】**预测到 92 个 CRISPR 相关序列。**【基因岛】**预测到 12 个基因岛 GI 01～GI 12，长度为 5557～56 499 bp，其 G+C 含量为 34.99%～52.18%。利用已预测得到的基因组信息，如重复序列、G+C 含量等，应用 CIRCOS 工具绘制其基因组圈图（图 5-3-43b）。

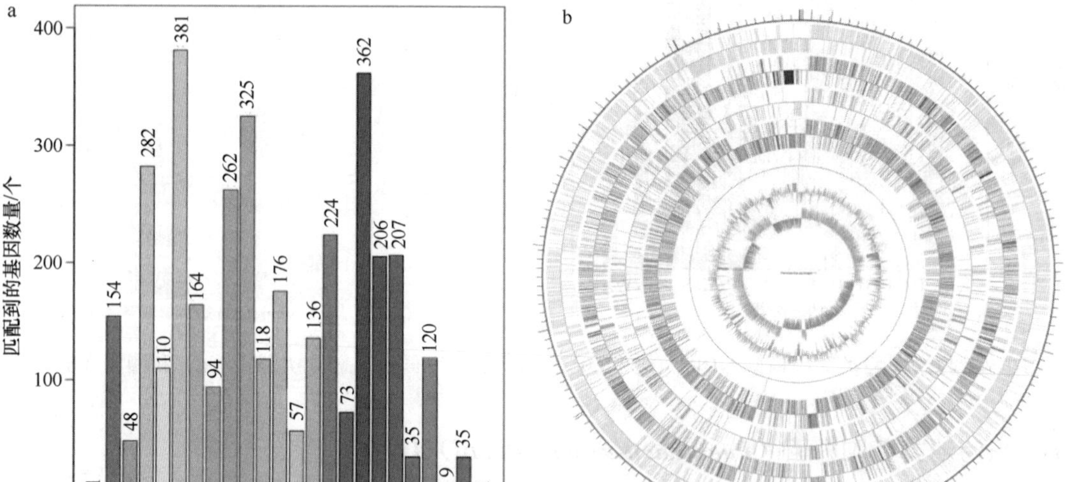


图 5-3-43　积污池类芽胞杆菌 $11^T$ 基因组的直系同源基因聚类分析（a）和圈图（b）

## 12. 阿萨姆类芽胞杆菌（*Paenibacillus assamensis*）DSM $18201^T$

阿萨姆类芽胞杆菌（*Paenibacillus assamensis* Saha et al. 2005，sp. nov.）的模式菌株（GPTSA $11^T$=MTCC $6934^T$ =DSM $18201^T$ =JCM $13186^T$）分离自印度阿萨姆邦的 1 个温泉，生长条件为 20～37℃、pH 6.8～12.0、0～2.5%（*W*/*V*）NaCl，严格好氧，产芽胞（Saha et al.，2005）。目前，该种仅有 1 个基因组，模式菌株 DSM $18201^T$ 基因组的 GenBank 登录号为 GCA_000422445.1，测序平台为 Illumina HiSeq，于 2013 年 7 月 11 日由美国能源部联合基因组研究所（DOE Joint Genome Institute）提交。

**【基因组的组装】**菌株 DSM 18201$^T$基因组的测序深度未知，基因组大小为 5.028 Mb，组装到 32 个 scaffolds，scaffold $N_{50}$为 375 261 bp。**【G+C 含量】**43.28%。**【非编码 RNA】**预测到 6 个 rRNA 基因（5S rRNA 6 个、16S rRNA 0 个、23S rRNA 0 个），67 个 tRNA 基因，3 个 sRNA 基因。**【编码基因】**有 4514 个蛋白质编码基因，编码区总长为 4 276 116 bp，占整个基因组的 85.05%，基因的平均长度为 947 bp。**【基因功能注释】**比对到 KEGG、COG 和 GO 数据库的基因数量分别为 3607 个、2850 个和 3030 个，预测到分泌蛋白编码基因 111 个；在 25 个 COG 功能类群中，基因数量前 10 位的类群分别是：R. 仅一般功能预测 299 个，K. 转录 283 个，E. 氨基酸转运与代谢 271 个，J. 翻译、核糖体结构与合成 252 个，G. 碳水化合物转运与代谢 240 个，T. 信号转导机制 207 个，S. 功能未知 197 个，P. 无机离子转运与代谢 182 个，M. 细胞壁/膜/包膜生物合成 169 个和 H. 辅酶转运与代谢 167 个（图 5-3-44a）。**【重复序列】**预测到的重复序列包括：LTR 190 个，总长为 11 173 bp，平均长度为 59 bp；DNA 重复元件 47 个，总长为 2866 bp，平均长度为 61 bp；LINE 51 个，总长为 3440 bp，平均长度为 67 bp；SINE 12 个，总长为 697 bp，平均长度为 58 bp；RC 5 个，总长为 280 bp，平均长度为 56 bp；未知序列 4 个，总长为 302 bp，平均长度为 76 bp；TR 169 个，重复序列长度为 3～495 bp，总长为 14 899 bp；小卫星 DNA 120 个，重复序列长度为 11～60 bp，总长为 7642 bp；微卫星 DNA 12 个，重复序列长度为 3～6 bp，总长为 750 bp。**【CRISPR】**预测到 101 个 CRISPR 相关序列。**【基因岛】**预测到 10 个基因岛 GI 01～GI 10，长度为 5172～28 615 bp，其 G+C 含量为 36.59%～46.94%。利用已预测得到的基因组信息，如重复序列、G+C 含量等，应用 CIRCOS 工具绘制其基因组圈图（图 5-3-44b）。

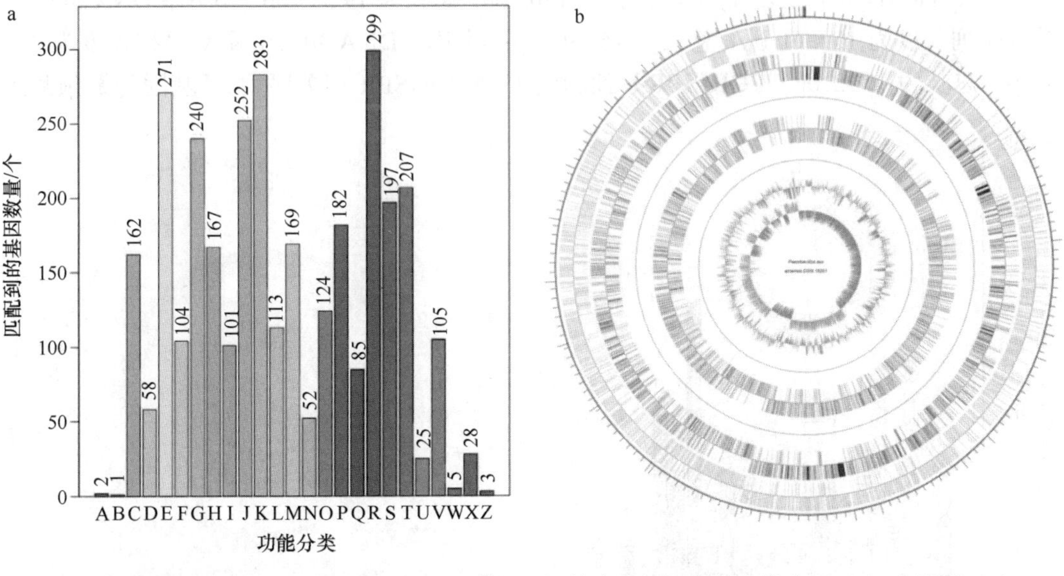


图 5-3-44　阿萨姆类芽胞杆菌 DSM 18201$^T$基因组的直系同源基因聚类分析（a）和圈图（b）

## 13. 白鹿潭类芽胞杆菌（*Paenibacillus baekrokdamisoli*）KCTC 33723$^T$

白鹿潭类芽胞杆菌（*Paenibacillus baekrokdamisoli* Lee et al. 2016，sp. nov.）的模式

菌株（Back-11$^T$=KCTC 33723$^T$=CECT 8890$^T$）分离自韩国济州岛白鹿潭 1 个火山湖的沉积物，生长条件为 10～30℃（最适 25℃）、pH 6.0～9.0（最适 pH 7.0）、0～1%（*W*/*V*）NaCl，严格好氧，产芽胞（Lee et al.，2016b）。目前，该种仅有 1 个基因组，模式菌株 KCTC 33723$^T$ 基因组的 GenBank 登录号为 GCA_003945345.1，测序平台为 PacBio，于 2018 年 11 月 14 日由韩国生物科学与生物技术研究院（Korea Research Institute of Bioscience and Biotechnology）提交。

**【基因组的组装】**菌株 KCTC 33723$^T$ 基因组的测序深度为 142 X，基因组大小为 7.261 Mb，组装到完成图水平，包括 1 条染色体。**【G+C 含量】**45.30%。**【非编码 RNA】**预测到 27 个 rRNA 基因（5S rRNA 9 个、16S rRNA 9 个、23S rRNA 9 个），74 个 tRNA 基因，3 个 sRNA 基因。**【编码基因】**有 6648 个蛋白质编码基因，编码区总长为 6 330 456 bp，占整个基因组的 87.18%，基因的平均长度为 952 bp。**【基因功能注释】**比对到 KEGG、COG 和 GO 数据库的基因数量分别为 5280 个、3892 个和 4423 个，预测到分泌蛋白编码基因 164 个；在 24 个 COG 功能类群中，基因数量前 10 位的类群分别是：G. 碳水化合物转运与代谢 650 个，R. 仅一般功能预测 471 个，K. 转录 448 个，E. 氨基酸转运与代谢 334 个，T. 信号转导机制 302 个，J. 翻译、核糖体结构与合成 273 个，M. 细胞壁/膜/包膜生物合成 224 个，S. 功能未知 221 个，P. 无机离子转运与代谢 204 个和 H. 辅酶转运与代谢 184 个（图 5-3-45a）。**【重复序列】**预测到的重复序列包括：LTR 267 个，总长为 20 311 bp，平均长度为 76 bp；DNA 重复元件 75 个，总长为 4753 bp，平均长度为 63 bp；LINE 75 个，总长为 5082 bp，平均长度为 64 bp；SINE 17 个，总长为 1096 bp，平均长度为 68 bp；RC 1 个，长度为 41 bp；未知序列 5 个，总长为 325 bp，平均长度为 65 bp；TR 511 个，重复序列长度为 3～1305 bp，总长为 79 597 bp；小卫星 DNA 347 个，重复序列长度为 10～60 bp，总长为 25 897 bp；微卫星 DNA 30 个，重复序列长度为 3～6 bp，总长为 1792 bp。**【CRISPR】**预测到 12 个 CRISPR 相关序列。**【基因岛】**预测到

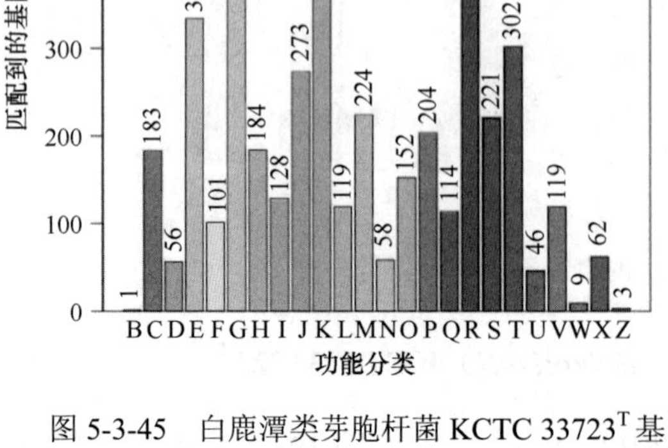


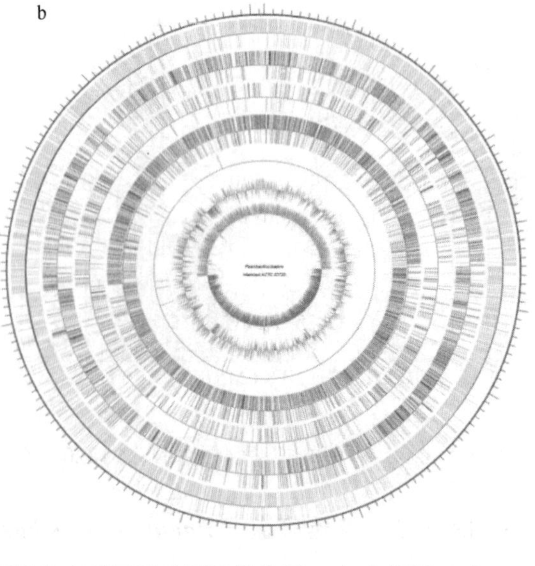


图 5-3-45　白鹿潭类芽胞杆菌 KCTC 33723$^T$ 基因组的直系同源基因聚类分析（a）和圈图（b）

11 个基因岛 GI 01～GI 11，长度为 4848～36 928 bp，其 G+C 含量为 34.42%～51.29%。利用已预测得到的基因组信息，如重复序列、G+C 含量等，应用 CIRCOS 工具绘制其基因组圈图（图 5-3-45b）。

### 14. 巴塞罗那类芽胞杆菌（*Paenibacillus barcinonensis*）CECT 7022$^T$

巴塞罗那类芽胞杆菌（*Paenibacillus barcinonensis* Sánchez et al. 2005，sp. nov.）的模式菌株（BP-23$^T$ =CECT 7022$^T$ =DSM 15478$^T$）分离自西班牙埃布罗河三角洲的稻田土壤，生长条件为 10～40℃、pH 5.0～10.4、0～5%（*W*/*V*）NaCl，兼性厌氧，产木聚糖酶，产芽胞（Sánchez et al.，2005）。目前，该种仅有 1 个基因组，模式菌株 CECT 7022$^T$基因组的 GenBank 登录号为 GCA_003217495.1，测序平台为 Illumina HiSeq，于 2018 年 6 月 12 日由美国能源部联合基因组研究所（DOE Joint Genome Institute）提交。

**【基因组的组装】**菌株 CECT 7022$^T$基因组的测序深度为 217 X，基因组大小为 6.261 Mb，组装到 71 个 scaffolds，scaffold $N_{50}$ 为 265 951 bp。**【G+C 含量】**46.95%。**【非编码 RNA】**预测到 10 个 rRNA 基因（5S rRNA 8 个、16S rRNA 1 个、23S rRNA 1 个），89 个 tRNA 基因，2 个 sRNA 基因。**【编码基因】**有 5839 个蛋白质编码基因，编码区总长为 5 312 922 bp，占整个基因组的 84.86%，基因的平均长度为 910 bp。**【基因功能注释】**比对到 KEGG、COG 和 GO 数据库的基因数量分别为 5006 个、3454 个和 3748 个，预测到分泌蛋白编码基因 137 个；在 24 个 COG 功能类群中，基因数量前 10 位的类群分别是：G. 碳水化合物转运与代谢 472 个，R. 仅一般功能预测 395 个，K. 转录 392 个，E. 氨基酸转运与代谢 328 个，J. 翻译、核糖体结构与合成 272 个，T. 信号转导机制 267 个，P. 无机离子转运与代谢 219 个，S. 功能未知 206 个，H. 辅酶转运与代谢 185 个和 M. 细胞壁/膜/包膜生物合成 172 个（图 5-3-46a）。**【重复序列】**预测到的重复序列

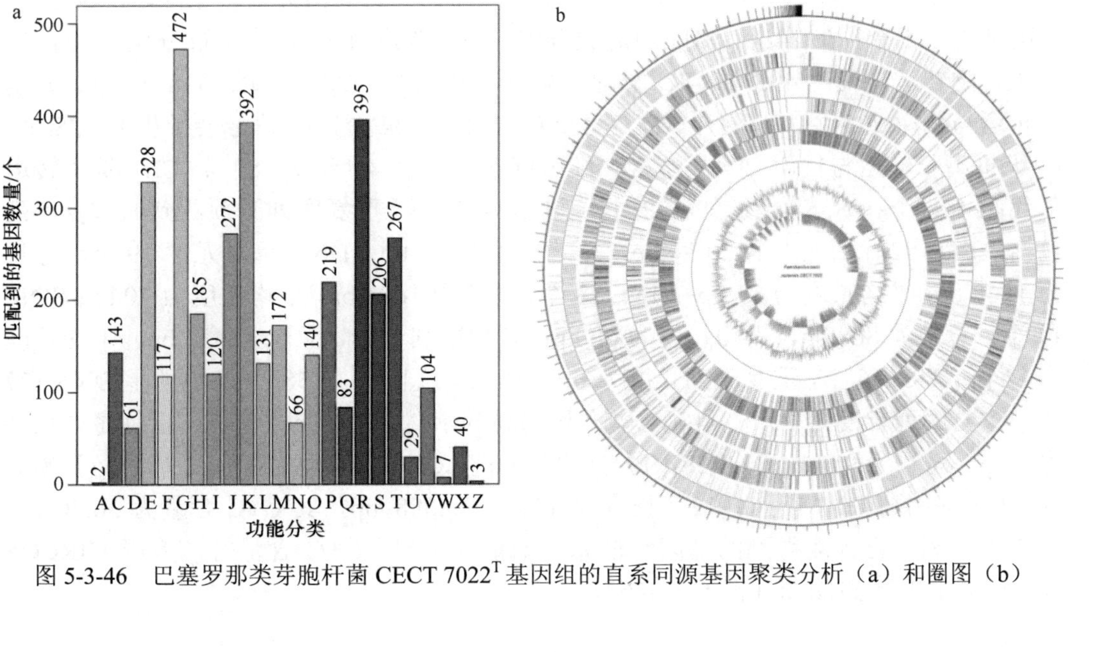


图 5-3-46 巴塞罗那类芽胞杆菌 CECT 7022$^T$基因组的直系同源基因聚类分析（a）和圈图（b）

包括：LTR 120 个，总长为 7440 bp，平均长度为 62 bp；DNA 重复元件 28 个，总长为 2062 bp，平均长度为 74 bp；LINE 34 个，总长为 2087 bp，平均长度为 61 bp；SINE 13 个，总长为 680 bp，平均长度为 52 bp；未知序列 5 个，总长为 390 bp，平均长度为 78 bp；TR 215 个，重复序列长度为 4～387 bp，总长为 18 757 bp；小卫星 DNA 144 个，重复序列长度为 10～60 bp，总长为 7620 bp；微卫星 DNA 16 个，重复序列长度为 4～6 bp，总长为 695 bp。**【CRISPR】**预测到 83 个 CRISPR 相关序列。**【基因岛】**预测到 11 个基因岛 GI 01～GI 11，长度为 4823～41 764 bp，其 G+C 含量为 33.94%～47.55%。利用已预测得到的基因组信息，如重复序列、G+C 含量等，应用 CIRCOS 工具绘制其基因组圈图（图 5-3-46b）。

**15. 巴伦氏类芽胞杆菌（*Paenibacillus barengoltzii*）G22**

巴伦氏类芽胞杆菌（*Paenibacillus barengoltzii* Osman et al. 2006，sp. nov.）的模式菌株（SAFN-016$^T$=ATCC BAA-1209$^T$ =NBRC 101215$^T$）分离自美国加利福尼亚州帕萨迪纳的喷气推进实验室航天器装配车间的洁净间地板，生长条件为 10～50℃（最适 37℃）、pH 4.5～9.0（最适 pH 7.0）、0～2%（*W*/*V*）NaCl，严格好氧，产芽胞（Osman et al.，2006）。目前，该种有 3 个基因组，选择组装水平较高的非模式菌株 G22 的基因组进行描述，其 GenBank 登录号为 GCA_000403375.2，测序平台为 Illumina HiSeq，于 2013 年 6 月 14 日由美国布罗德研究所（Broad Institute）提交。

**【基因组的组装】**菌株 G22 基因组的测序深度为 267 X，基因组大小为 4.781 Mb，组装到 5 个 scaffolds，scaffold $N_{50}$ 为 1 503 945 bp。**【G+C 含量】**51.93%。**【非编码 RNA】**预测到 12 个 rRNA 基因（5S rRNA 4 个、16S rRNA 4 个、23S rRNA 4 个），75 个 tRNA 基因，3 个 sRNA 基因。**【编码基因】**有 4399 个蛋白质编码基因，编码区总长为 4 141 410 bp，占整个基因组的 86.62%，基因的平均长度为 941 bp。**【基因功能注释】**比对到 KEGG、COG 和 GO 数据库的基因数量分别为 3977 个、3149 个和 3192 个，预测到分泌蛋白编码基因 115 个；在 24 个 COG 功能类群中，基因数量前 10 位的类群分别是：G. 碳水化合物转运与代谢 493 个，K. 转录 336 个，R. 仅一般功能预测 318 个，E. 氨基酸转运与代谢 275 个，J. 翻译、核糖体结构与合成 244 个，T. 信号转导机制 228 个，P. 无机离子转运与代谢 204 个，M. 细胞壁/膜/包膜生物合成 181 个，H. 辅酶转运与代谢 178 个和 S. 功能未知 172 个（图 5-3-47a）。**【重复序列】**预测到的重复序列包括：LTR 82 个，总长为 5431 bp，平均长度为 66 bp；DNA 重复元件 19 个，总长为 1548 bp，平均长度为 81 bp；LINE 23 个，总长为 1608 bp，平均长度为 70 bp；SINE 14 个，总长为 868 bp，平均长度为 62 bp；未知序列 5 个，总长为 431 bp，平均长度为 86 bp；TR 166 个，重复序列长度为 6～336 bp，总长为 15 586 bp；小卫星 DNA 137 个，重复序列长度为 10～54 bp，总长为 7336 bp；微卫星 DNA 2 个，重复序列长度为 6 bp，总长为 95 bp。**【CRISPR】**预测到 80 个 CRISPR 相关序列。**【基因岛】**预测到 12 个基因岛 GI 01～GI 12，长度为 4246～30 688 bp，其 G+C 含量为 36.70%～55.27%。利用已预测得到的基因组信息，如重复序列、G+C 含量等，应用 CIRCOS 工具绘制其基因组圈图（图 5-3-47b）。

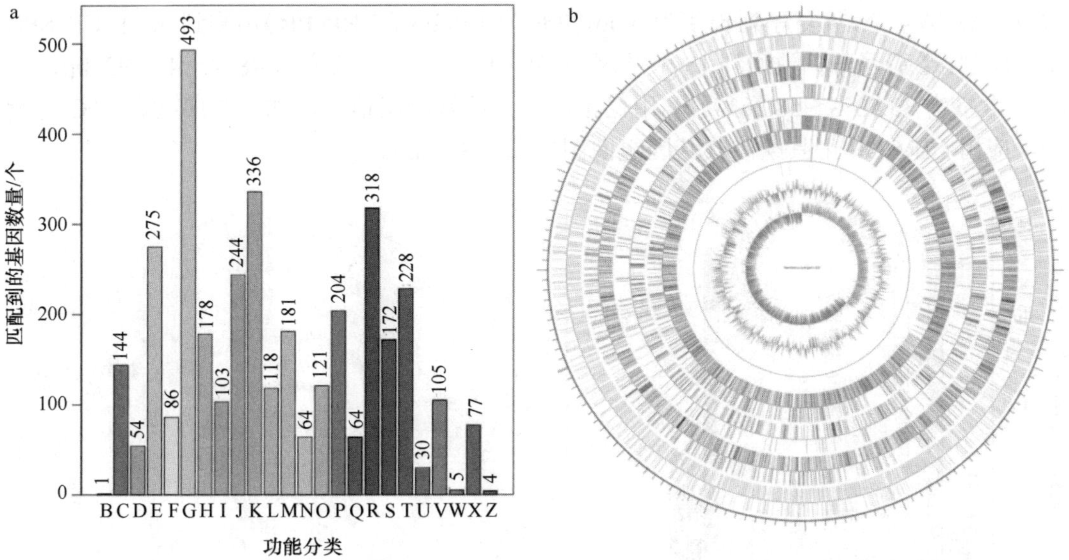


图 5-3-47　巴伦氏类芽胞杆菌 G22 基因组的直系同源基因聚类分析（a）和圈图（b）

### 16. 北京类芽胞杆菌（*Paenibacillus beijingensis*）DSM 24997$^T$

北京类芽胞杆菌（*Paenibacillus beijingensis* Gao et al. 2012，sp. nov.）的模式菌株（7188$^T$ =ACCC 03082$^T$ =DSM 24997$^T$）分离自北京的 1 个枣园根际土，生长条件为 4～40℃（最适 30℃）、pH 6.0～12.0（最适 pH 7.0）、0～1%（*W*/*V*）NaCl，好氧，产芽胞，固氮（Gao et al.，2012b）。目前，该种仅有 1 个基因组，模式菌株 DSM 24997$^T$ 基因组的 GenBank 登录号为 GCA_000961095.1，测序平台为 PacBio，于 2015 年 3 月 24 日由韩国庆北国立大学（Kyungpook National University）提交。

**【基因组的组装】**菌株 DSM 24997$^T$ 基因组的测序深度未知，基因组大小为 5.750 Mb，组装到完成图水平，包括 1 条染色体。**【G+C 含量】**52.53%。**【非编码 RNA】**预测到 28 个 rRNA 基因（5S rRNA 10 个、16S rRNA 9 个、23S rRNA 9 个），89 个 tRNA 基因，1 个 sRNA 基因。**【编码基因】**有 5608 个蛋白质编码基因，编码区总长为 4 959 993 bp，占整个基因组的 86.26%，基因的平均长度为 884 bp。**【基因功能注释】**比对到 KEGG、COG 和 GO 数据库的基因数量分别为 5042 个、3672 个和 3761 个，预测到分泌蛋白编码基因 140 个；在 23 个 COG 功能类群中，基因数量前 10 位的类群分别是：R. 仅一般功能预测 476 个，E. 氨基酸转运与代谢 456 个，G. 碳水化合物转运与代谢 453 个，K. 转录 387 个，P. 无机离子转运与代谢 260 个，J. 翻译、核糖体结构与合成 254 个，T. 信号转导机制 220 个，H. 辅酶转运与代谢 217 个，S. 功能未知 203 个和 C. 能量产生与转换 193 个（图 5-3-48a）。**【重复序列】**预测到的重复序列包括：LTR 67 个，总长为 6604 bp，平均长度为 99 bp；DNA 重复元件 19 个，总长为 1478 bp，平均长度为 78 bp；LINE 22 个，总长为 1600 bp，平均长度为 73 bp；SINE 13 个，总长为 830 bp，平均长度为 64 bp；未知序列 4 个，总长为 309 bp，平均长度为 77 bp；TR 420 个，重复序列长度为 6～942 bp，总长为 36 044 bp；小卫星 DNA 347 个，重复序列长度为 10～60 bp，总长为 23 277 bp；

微卫星 DNA 4 个，重复序列长度为 6 bp，总长为 155 bp。**【CRISPR】**预测到 52 个 CRISPR 相关序列。**【基因岛】**预测到 18 个基因岛 GI 01～GI 18，长度为 4834～44 192 bp，其 G+C 含量为 33.53%～58.28%。利用已预测得到的基因组信息，如重复序列、G+C 含量等，应用 CIRCOS 工具绘制其基因组圈图（图 5-3-48b）。

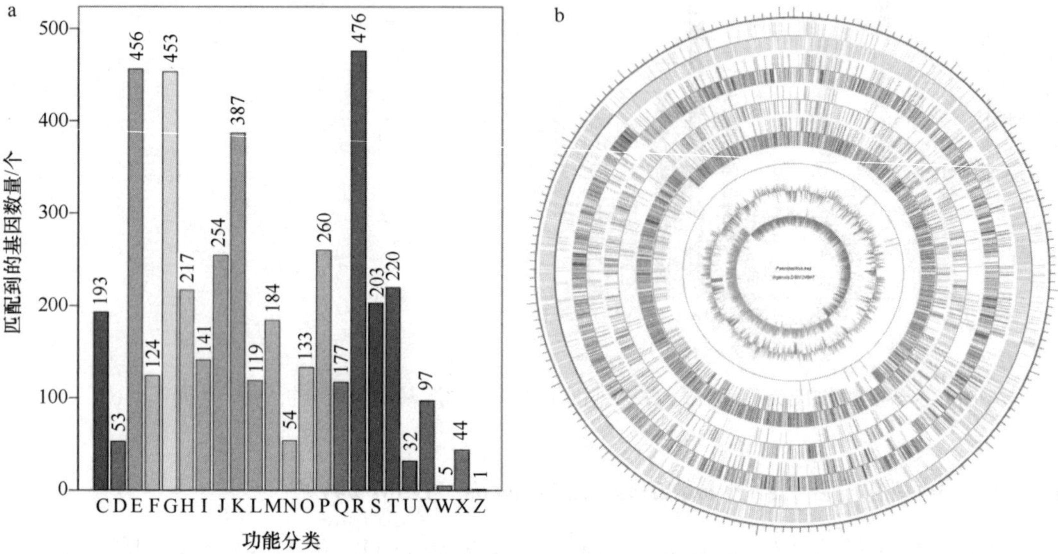


图 5-3-48 北京类芽胞杆菌 DSM 24997$^T$ 基因组的直系同源基因聚类分析（a）和圈图（b）

## 17. 北风类芽胞杆菌（*Paenibacillus borealis*）DSM 13188$^T$

北风类芽胞杆菌（*Paenibacillus borealis* Elo et al. 2001，sp. nov.）的模式菌株（KK19$^T$ = DSM 13188$^T$ =CCUG 43137$^T$）分离自芬兰的云杉林腐殖土，生长条件为 5～37℃（最适 28℃）、pH 5.6～8.0（最适 pH 7.0）、0～4%（*W*/*V*）NaCl，好氧，产芽胞，固氮（Elo et al.，2001）。目前，该种有 2 个基因组，选择组装到完成图水平的模式菌株 DSM 13188$^T$ 的基因组进行描述，其 GenBank 登录号为 GCA_000758665.1，测序平台为 PacBio，于 2014 年 9 月 22 日由美国康奈尔大学（Cornell University）提交。

**【基因组的组装】**菌株 DSM 13188$^T$ 基因组的测序深度未知，基因组大小为 8.157 Mb，组装到完成图水平，包括 1 条染色体。**【G+C 含量】**51.38%。**【非编码 RNA】**预测到 30 个 rRNA 基因（5S rRNA 10 个、16S rRNA 10 个、23S rRNA 10 个），86 个 tRNA 基因，1 个 sRNA 基因。**【编码基因】**有 7241 个蛋白质编码基因，编码区总长为 7 077 612 bp，占整个基因组的 86.77%，基因的平均长度为 977 bp。**【基因功能注释】**比对到 KEGG、COG 和 GO 数据库的基因数量分别为 6824 个、4495 个和 4929 个，预测到分泌蛋白编码基因 159 个；在 23 个 COG 功能类群中，基因数量前 10 位的类群分别是：G. 碳水化合物转运与代谢 756 个，K. 转录 579 个，R. 仅一般功能预测 527 个，E. 氨基酸转运与代谢 375 个，T. 信号转导机制 361 个，J. 翻译、核糖体结构与合成 312 个，P. 无机离子转运与代谢 290 个，H. 辅酶转运与代谢 224 个，S. 功能未知 223 个和 M. 细胞壁/膜/包膜生物合成 220 个（图 5-3-49a）。**【重复序列】**预测到的重复序列包括：LTR 178 个，总长为 15 547 bp，平均长度为 87 bp；DNA 重复元件 50 个，总长为 4306 bp，平均长度为 86 bp；LINE 95 个，总长为 9016 bp，平均长度为 95 bp；SINE 10 个，总长为 721 bp，平均长度为 72 bp；RC 1 个，长度为 40 bp；未知序列 5 个，总长为 309 bp，平均长度为 62 bp；TR 768 个，重复序列长度为 1～828 bp，总长为 77 440 bp；小卫星 DNA 571 个，重复序列长度为 10～60 bp，总长为 56 991 bp；微卫星 DNA 22 个，重复序列长度为 3～6 bp，总长为 1353 bp。**【CRISPR】**预测到 203 个 CRISPR 相关序列。**【基因岛】**预测到 16 个基因岛 GI 01～GI 16，长度为 3545～42 160 bp，其 G+C 含量为 39.72%～56.90%。利用已预测得到的基因组信息，如重复序列、G+C 含量等，应用 CIRCOS 工具绘制其基因组圈图（图 5-3-49b）。

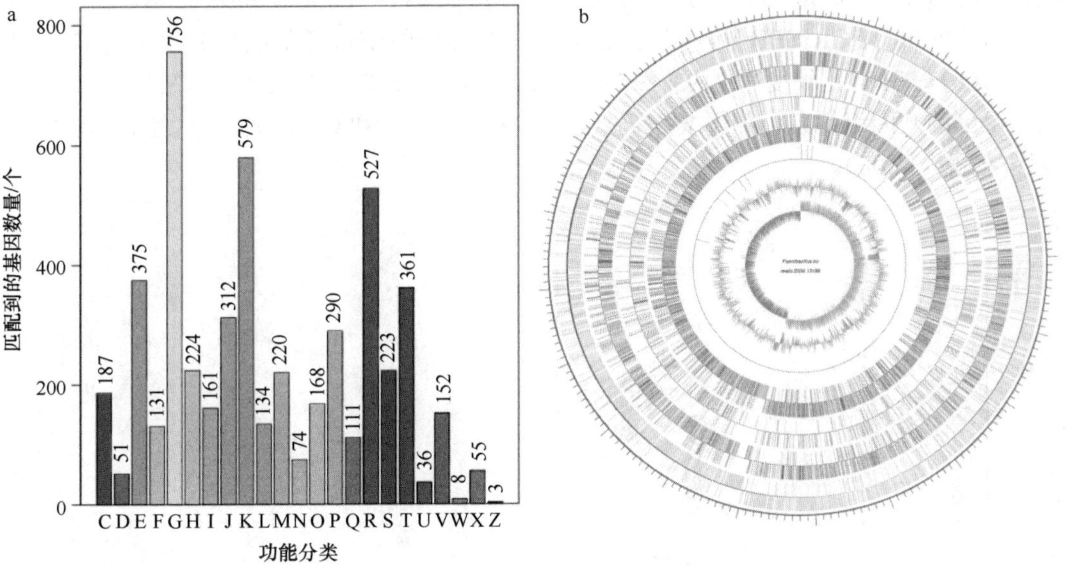


图 5-3-49　北风类芽胞杆菌 DSM 13188$^T$ 基因组的直系同源基因聚类分析（a）和圈图（b）

## 18. 罗讷河口类芽胞杆菌（*Paenibacillus bouchesdurhonensis*）Marseille-P3071$^T$

罗讷河口类芽胞杆菌（*Paenibacillus bouchesdurhonensis* Pham et al. 2017，sp. nov.）的模式菌株（Marseille-P3071$^T$ =CSUR P3071$^T$ =DSM 103972$^T$）分离自 1 位患有急性营养不良的塞内加尔女孩的粪便，最适生长温度为 37℃，好氧，产芽胞（Pham et al., 2017）。目前，该种仅有 1 个基因组，模式菌株 Marseille-P3071$^T$ 基因组的 GenBank 登录号为 GCA_900155685.1，测序平台为 Illumina MiSeq，于 2017 年 2 月 9 日由法国热带传染病研究中心（Unité de Recherche en Maladies Infectieuses et Tropicales Emergentes）提交。

**【基因组的组装】**菌株 Marseille-P3071$^T$ 基因组的测序深度为 210 X，基因组大小为 5.825 Mb，组装到 8 个 scaffolds，scaffold $N_{50}$ 为 4 816 051 bp。**【G+C 含量】**47.45%。**【非编码 RNA】**预测到 20 个 rRNA 基因（5S rRNA 9 个、16S rRNA 5 个、23S rRNA 6 个），80 个 tRNA 基因，1 个 sRNA 基因。**【编码基因】**有 5273 个蛋白质编码基因，编码区总长为 5 070 654 bp，占整个基因组的 87.05%，基因的平均长度为 962 bp。**【基因功能注释】**比对到 KEGG、COG 和 GO 数据库的基因数量分别为 4375 个、3274 个和 3507 个，

预测到分泌蛋白编码基因 112 个；在 25 个 COG 功能类群中，基因数量前 10 位的类群分别是：G. 碳水化合物转运与代谢 536 个，K. 转录 355 个，R. 仅一般功能预测 306 个，E. 氨基酸转运与代谢 239 个，J. 翻译、核糖体结构与合成 236 个，T. 信号转导机制 234 个，P. 无机离子转运与代谢 190 个，M. 细胞壁/膜/包膜生物合成 187 个，S. 功能未知 181 个和 H. 辅酶转运与代谢 180 个（图 5-3-50a）。**【重复序列】**预测到的重复序列包括：LTR 130 个，总长为 8992 bp，平均长度为 69 bp；DNA 重复元件 27 个，总长为 1864 bp，平均长度为 68 bp；LINE 41 个，总长为 2874 bp，平均长度为 70 bp；SINE 12 个，总长为 821 bp，平均长度为 68 bp；未知序列 4 个，总长为 289 bp，平均长度为 72 bp；TR 216 个，重复序列长度为 1～870 bp，总长为 18 376 bp；小卫星 DNA 176 个，重复序列长度为 10～60 bp，总长为 9571 bp；微卫星 DNA 5 个，重复序列长度为 3～6 bp，总长为 326 bp。**【CRISPR】**预测到 72 个 CRISPR 相关序列。**【基因岛】**预测到 17 个基因岛 GI 01～GI 17，长度为 2193～35 693 bp，其 G+C 含量为 34.24%～47.56%。利用已预测得到的基因组信息，如重复序列、G+C 含量等，应用 CIRCOS 工具绘制其基因组圈图（图 5-3-50b）。

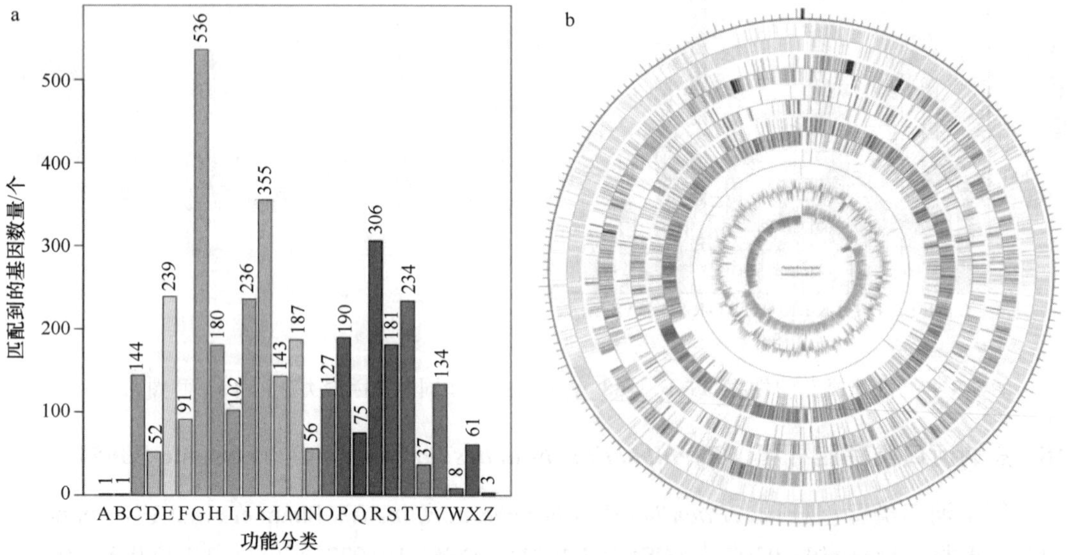


图 5-3-50 罗讷河口类芽胞杆菌 Marseille-P3071$^{T}$基因组的直系同源基因聚类分析（a）和圈图（b）

## 19. 牦牛奶类芽胞杆菌（*Paenibacillus bovis*）BD3526$^{T}$

牦牛奶类芽胞杆菌（*Paenibacillus bovis* Gao et al. 2016，sp. nov.）的模式菌株（BD3526$^{T}$ =DSM 28815$^{T}$ =CGMCC 8333$^{T}$）分离自西藏的牦牛乳，生长条件为 10～40℃（最适 30～35℃）、pH 5.0～8.5（最适 pH 6.0～6.5）、0～10%（*W*/*V*）NaCl（最适 0～2%），好氧或兼性厌氧，产芽胞（Gao et al.，2016b）。目前，该种仅有 1 个基因组，模式菌株 BD3526$^{T}$基因组的 GenBank 登录号为 GCA_001421015.2，测序平台为 PacBio+Illumina HiSeq，于 2017 年 5 月 15 日由光明乳业股份有限公司（Bright Dairy & Food Co.，Ltd）提交。

**【基因组的组装】**菌株 BD3526$^T$ 基因组的测序深度为 136 X，基因组大小为 5.517 Mb，组装到完成图水平，包括 1 条染色体和 1 个质粒。**【G+C 含量】**47.21%。**【非编码 RNA】**预测到 28 个 rRNA 基因（5S rRNA 10 个、16S rRNA 9 个、23S rRNA 9 个），85 个 tRNA 基因，1 个 sRNA 基因。**【编码基因】**有 5026 个蛋白质编码基因，编码区总长为 4 578 012 bp，占整个基因组的 82.98%，基因的平均长度为 911 bp。**【基因功能注释】**比对到 KEGG、COG 和 GO 数据库的基因数量分别为 4654 个、3157 个和 3295 个，预测到分泌蛋白编码基因 165 个；在 24 个 COG 功能类群中，基因数量前 10 位的类群分别是：G. 碳水化合物转运与代谢 416 个，R. 仅一般功能预测 389 个，K. 转录 335 个，E. 氨基酸转运与代谢 300 个，J. 翻译、核糖体结构与合成 272 个，T. 信号转导机制 255 个，P. 无机离子转运与代谢 214 个，H. 辅酶转运与代谢 181 个，S. 功能未知 176 个和 C. 能量产生与转换 137 个（图 5-3-51a）。**【重复序列】**预测到的重复序列包括：LTR 137 个，总长为 11 633 bp，平均长度为 85 bp；DNA 重复元件 43 个，总长为 2934 bp，平均长度为 68 bp；LINE 58 个，总长为 4109 bp，平均长度为 71 bp；SINE 16 个，总长为 1157 bp，平均长度为 72 bp；RC 2 个，总长为 117 bp，平均长度为 59 bp；未知序列 6 个，总长为 483 bp，平均长度为 81 bp；TR 253 个，重复序列长度为 4～1151 bp，总长为 24 035 bp；小卫星 DNA 143 个，重复序列长度为 10～60 bp，总长为 7055 bp；微卫星 DNA 41 个，重复序列长度为 4～6 bp，总长为 3143 bp。**【CRISPR】**预测到 7 个 CRISPR 相关序列。**【基因岛】**预测到 6 个基因岛 GI 01～GI 06，长度为 9243～22 261 bp，其 G+C 含量为 41.14%～48.00%。利用已预测得到的基因组信息，如重复序列、G+C 含量等，应用 CIRCOS 工具绘制其基因组圈图（图 5-3-51b）。

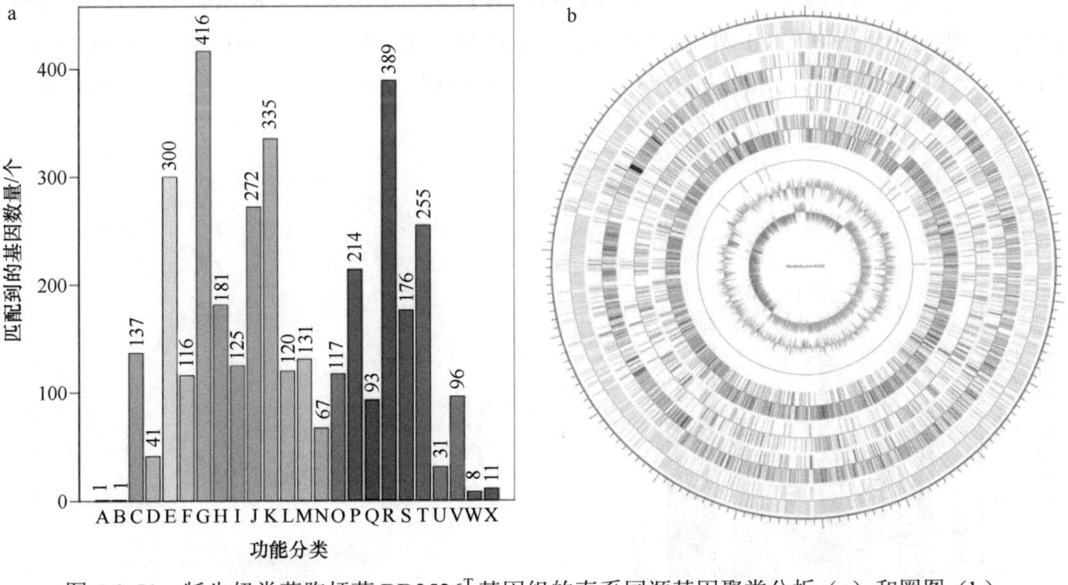


图 5-3-51　牦牛奶类芽胞杆菌 BD3526$^T$ 基因组的直系同源基因聚类分析（a）和圈图（b）

## 20. 喀麦隆类芽胞杆菌（*Paenibacillus camerounensis*）G4$^T$

喀麦隆类芽胞杆菌（*Paenibacillus camerounensis* Keita et al. 2016，sp. nov.）的模式

菌株（G4$^T$=CSUR P208$^T$=DSM 26182$^T$）分离自喀麦隆的野生大猩猩的粪便，最适生长温度为37℃，兼性厌氧，产芽胞（Keita et al.，2016）。目前，该种仅有1个基因组，模式菌株G4$^T$基因组的GenBank登录号为GCA_000723885.1，测序平台为Illumina HiSeq，于2014年5月16日由欧洲生物信息学研究所（European Bioinformatics Institute）提交。

**【基因组的组装】**菌株G4$^T$基因组的测序深度为53 X，基因组大小为6.934 Mb，组装到154个contigs，contig $N_{50}$为98 259 bp。**【G+C含量】**51.36%。**【非编码RNA】**预测到10个rRNA基因（5S rRNA 8个、16S rRNA 1个、23S rRNA 1个），81个tRNA基因，2个sRNA基因。**【编码基因】**有6172个蛋白质编码基因，编码区总长为5 960 418 bp，占整个基因组的85.96%，基因的平均长度为966 bp。**【基因功能注释】**比对到KEGG、COG和GO数据库的基因数量分别为5703个、3946个和4173个，预测到分泌蛋白编码基因191个；在23个COG功能类群中，基因数量前10位的类群分别是：G. 碳水化合物转运与代谢608个，K. 转录464个，R. 仅一般功能预测422个，E. 氨基酸转运与代谢348个，T. 信号转导机制323个，J. 翻译、核糖体结构与合成286个，P. 无机离子转运与代谢282个，S. 功能未知222个，H. 辅酶转运与代谢204个和M. 细胞壁/膜/包膜生物合成196个（图5-3-52a）。**【重复序列】**预测到的重复序列包括：LTR 168个，总长为12 831 bp，平均长度为76 bp；DNA重复元件38个，总长为2713 bp，平均长度为71 bp；LINE 52个，总长为4085 bp，平均长度为79 bp；SINE 19个，总长为1075 bp，平均长度为57 bp；RC 2个，总长为187 bp，平均长度为94 bp；未知序列5个，总长为372 bp，平均长度为74 bp；TR 520个，重复序列长度为6～468 bp，总长为59 276 bp；小卫星DNA 384个，重复序列长度为10～60 bp，总长为42 024 bp；微卫星DNA 11个，重复序列长度为6 bp，总长为676 bp。**【CRISPR】**预测到126个CRISPR相关序列。**【基因岛】**预测到9个基因岛GI 01～GI 09，长度为3996～16 705 bp，其G+C含量为38.99%～56.52%。利用已预测得到的基因组信息，如重复序列、G+C含量等，应用CIRCOS工具绘制其基因组圈图（图5-3-52b）。

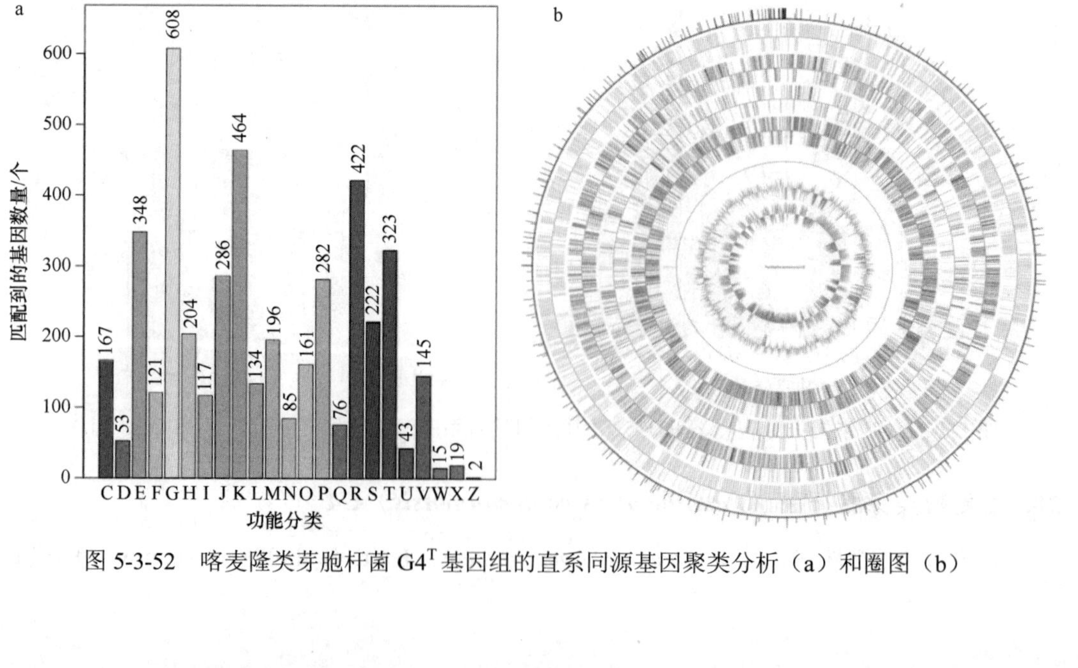


图5-3-52　喀麦隆类芽胞杆菌G4$^T$基因组的直系同源基因聚类分析（a）和圈图（b）

## 21. 坎皮纳斯类芽胞杆菌（*Paenibacillus campinasensis*）7537-G1

坎皮纳斯类芽胞杆菌（*Paenibacillus campinasensis* Yoon et al. 1998，sp. nov.）的模式菌株（$325^T$ =KCTC 0364BP$^T$）分离自巴西的土壤，嗜碱，生长条件为 10～45℃（最适 40℃）、pH 7.5～10.5（最适 pH 10.0）、0～7%（*W*/*V*）NaCl（最适 0～2%），好氧，产芽胞（Yoon et al.，1998）。目前，该种仅有 1 个基因组，非模式菌株 7537-G1 基因组的 GenBank 登录号为 GCA_002272015.1，测序平台为 Illumina HiSeq，于 2017 年 8 月 28 日由德国比勒费尔德大学（Bielefeld University）提交。

**【基因组的组装】**菌株 7537-G1 基因组的测序深度为 47 X，基因组大小为 5.624 Mb，组装到 170 个 contigs，contig $N_{50}$ 为 99 345 bp。**【G+C 含量】**51.95%。**【非编码 RNA】**预测到 3 个 rRNA 基因（5S rRNA 1 个、16S rRNA 1 个、23S rRNA 1 个），49 个 tRNA 基因，1 个 sRNA 基因。**【编码基因】**有 5314 个蛋白质编码基因，编码区总长为 4 808 241 bp，占整个基因组的 85.50%，基因的平均长度为 905 bp。**【基因功能注释】**比对到 KEGG、COG 和 GO 数据库的基因数量分别为 4648 个、3369 个和 3542 个，预测到分泌蛋白编码基因 138 个；在 24 个 COG 功能类群中，基因数量前 10 位的类群分别是：G. 碳水化合物转运与代谢 513 个，K. 转录 372 个，R. 仅一般功能预测 348 个，E. 氨基酸转运与代谢 303 个，J. 翻译、核糖体结构与合成 248 个，P. 无机离子转运与代谢 233 个，T. 信号转导机制 229 个，S. 功能未知 209 个，H. 辅酶转运与代谢 186 个和 M. 细胞壁/膜/包膜生物合成 184 个（图 5-3-53a）。**【重复序列】**预测到的重复序列包括：LTR 89 个，总长为 5922 bp，平均长度为 67 bp；DNA 重复元件 25 个，总长为 1812 bp，平均长度为 72 bp；LINE 18 个，总长为 1256 bp，平均长度为 70 bp；SINE 9 个，总长为 580 bp，平均长度为 64 bp；RC 1 个，长度为 56 bp；未知序列 3 个，总长为 226 bp，平均长度为

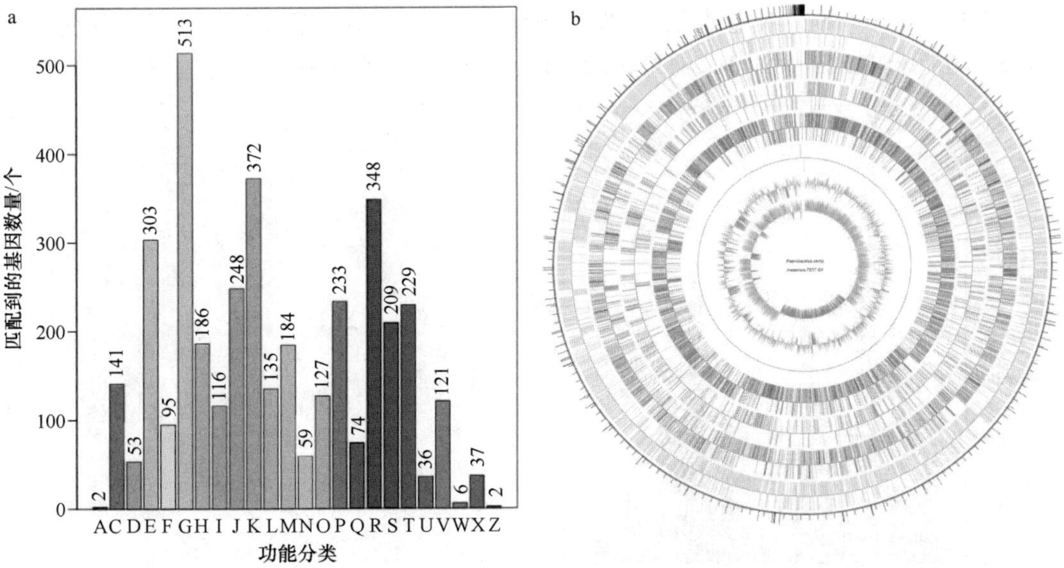


图 5-3-53　坎皮纳斯类芽胞杆菌 7537-G1 基因组的直系同源基因聚类分析（a）和圈图（b）

75 bp；TR 240 个，重复序列长度为 6～135 bp，总长为 12 591 bp；小卫星 DNA 198 个，重复序列长度为 10～60 bp，总长为 10 930 bp；微卫星 DNA 3 个，重复序列长度为 6 bp，总长为 116 bp。**【CRISPR】**预测到 86 个 CRISPR 相关序列。**【基因岛】**预测到 6 个基因岛 GI 01～GI 06，长度为 10 039～19 003 bp，其 G+C 含量为 43.04%～56.01%。利用已预测得到的基因组信息，如重复序列、G+C 含量等，应用 CIRCOS 工具绘制其基因组圈图（图 5-3-53b）。

## 22. 栗树类芽胞杆菌（*Paenibacillus castaneae*）DSM 19417$^T$

栗树类芽胞杆菌（*Paenibacillus castaneae* Valverde et al. 2008，sp. nov.）的模式菌株（Ch-32$^T$ =CECT 7279$^T$ =DSM 19417$^T$）分离自西班牙欧洲栗（*Castanea sativa*）的叶际，最适生长条件为 30℃、pH 7.0、2%（*W*/*V*）NaCl，好氧，产芽胞（Valverde et al.，2008）。目前，该种仅有 1 个基因组，模式菌株 DSM 19417$^T$ 基因组的 GenBank 登录号为 GCA_002884445.1，测序平台为 Illumina HiSeq，于 2018 年 1 月 16 日由福建省农业科学院（Fujian Academy of Agricultural Sciences）提交。

**【基因组的组装】**菌株 DSM 19417$^T$ 基因组的测序深度为 100 X，基因组大小为 6.306 Mb，组装到 4 个 scaffolds，scaffold $N_{50}$ 为 6 296 508 bp。**【G+C 含量】**44.72%。**【非编码 RNA】**预测到 25 个 rRNA 基因（5S rRNA 9 个、16S rRNA 9 个、23S rRNA 7 个），93 个 tRNA 基因，1 个 sRNA 基因。**【编码基因】**有 5866 个蛋白质编码基因，编码区总长为 5 523 357 bp，占整个基因组的 87.59%，基因的平均长度为 942 bp。**【基因功能注释】**比对到 KEGG、COG 和 GO 数据库的基因数量分别为 5078 个、3779 个和 4041 个，预测到分泌蛋白编码基因 147 个；在 24 个 COG 功能类群中，基因数量前 10 位的类群分别是：G. 碳水化合物转运与代谢 671 个，R. 仅一般功能预测 435 个，K. 转录 407 个，T. 信号转导机制 277 个，J. 翻译、核糖体结构与合成 271 个，E. 氨基酸转运与代谢 270 个，M. 细胞壁/膜/包膜生物合成 231 个，P. 无机离子转运与代谢 226 个，S. 功能未知 215 个和 H. 辅酶转运与代谢 187 个（图 5-3-54a）。**【重复序列】**预测

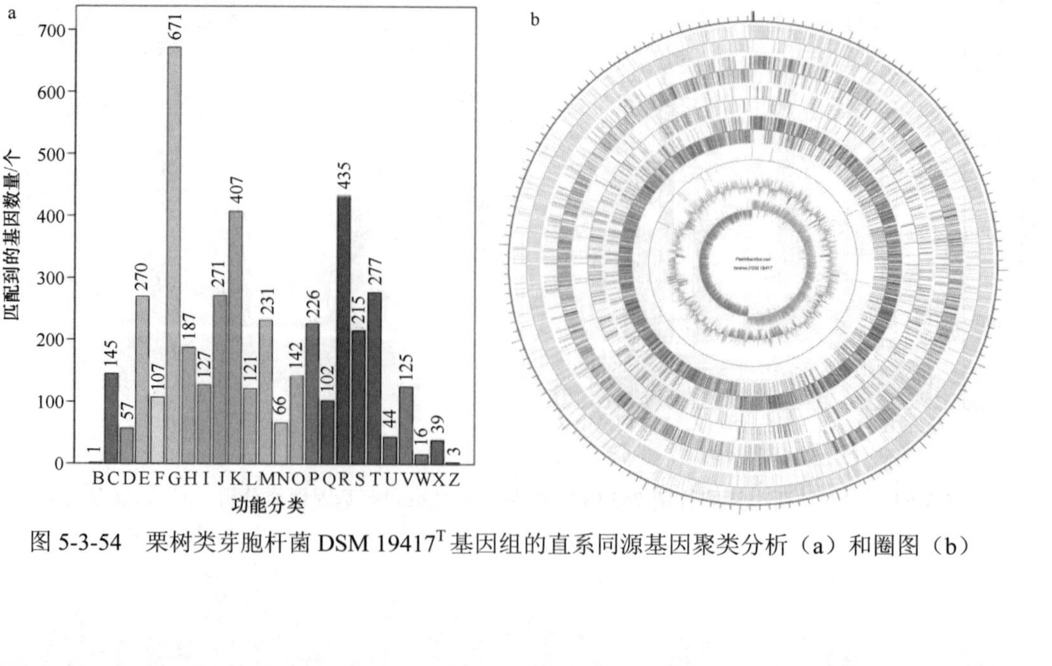


图 5-3-54 栗树类芽胞杆菌 DSM 19417$^T$ 基因组的直系同源基因聚类分析（a）和圈图（b）

到的重复序列包括：LTR 231 个，总长为 15 844 bp，平均长度为 69 bp；DNA 重复元件 50 个，总长为 3252 bp，平均长度为 65 bp；LINE 70 个，总长为 4772 bp，平均长度为 68 bp；SINE 19 个，总长为 1187 bp，平均长度为 62 bp；RC 4 个，总长为 283 bp，平均长度为 71 bp；未知序列 6 个，总长为 408 bp，平均长度为 68 bp；TR 282 个，重复序列长度为 4～1803 bp，总长为 44 999 bp；小卫星 DNA 202 个，重复序列长度为 10～60 bp，总长为 22 476 bp；微卫星 DNA 6 个，重复序列长度为 4～6 bp，总长为 465 bp。**【CRISPR】**预测到 77 个 CRISPR 相关序列。**【基因岛】**预测到 19 个基因岛 GI 01～GI 19，长度为 6265～38 779 bp，其 G+C 含量为 33.92%～54.43%。利用已预测得到的基因组信息，如重复序列、G+C 含量等，应用 CIRCOS 工具绘制其基因组圈图（图 5-3-54b）。

### 23. 梓树类芽胞杆菌（*Paenibacillus catalpae*）CGMCC 1.10784$^{T}$

梓树类芽胞杆菌（*Paenibacillus catalpae* Zhang et al. 2013，sp. nov.）的模式菌株（D75$^{T}$ =DSM 24714$^{T}$ =CGMCC 1.10784$^{T}$）分离自四川绵阳市黄金树（*Catalpa speciosa*）的根际土，生长条件为 15～40℃（最适 25～28℃）、pH 6.0～8.0（最适 pH 7.0）、0～2%（*W*/*V*）NaCl（最适 0.5%～1%），好氧，产芽胞（Zhang et al.，2013c）。目前，该种仅有 1 个基因组，模式菌株 CGMCC 1.10784$^{T}$ 基因组的 GenBank 登录号为 GCA_900112695.1，测序平台为 Illumina HiSeq，于 2016 年 11 月 5 日由美国能源部联合基因组研究所（DOE Joint Genome Institute）提交。

**【基因组的组装】**菌株 CGMCC 1.10784$^{T}$ 基因组的测序深度为 204 X，基因组大小为 6.620 Mb，组装到 14 个 scaffolds，scaffold $N_{50}$ 为 943 211 bp。**【G+C 含量】**49.48%。**【非编码 RNA】**预测到 4 个 rRNA 基因（5S rRNA 3 个、16S rRNA 1 个、23S rRNA 0 个），58 个 tRNA 基因，1 个 sRNA 基因。**【编码基因】**有 6065 个蛋白质编码基因，编码区总长为 5 894 703 bp，占整个基因组的 89.04%，基因的平均长度为 972 bp。**【基因功能注释】**比对到 KEGG、COG 和 GO 数据库的基因数量分别为 5565 个、4152 个和 4322 个，预测到分泌蛋白编码基因 217 个；在 24 个 COG 功能类群中，基因数量前 10 位的类群分别是：G. 碳水化合物转运与代谢 784 个，K. 转录 511 个，R. 仅一般功能预测 479 个，E. 氨基酸转运与代谢 325 个，T. 信号转导机制 312 个，J. 翻译、核糖体结构与合成 262 个，P. 无机离子转运与代谢 262 个，M. 细胞壁/膜/包膜生物合成 255 个，S. 功能未知 242 个和 H. 辅酶转运与代谢 196 个（图 5-3-55a）。**【重复序列】**预测到的重复序列包括：LTR 157 个，总长为 10 543 bp，平均长度为 67 bp；DNA 重复元件 31 个，总长为 2674 bp，平均长度为 86 bp；LINE 44 个，总长为 2997 bp，平均长度为 68 bp；SINE 9 个，总长为 566 bp，平均长度为 63 bp；RC 3 个，总长为 131 bp，平均长度为 44 bp；未知序列 3 个，总长为 183 bp，平均长度为 61 bp；TR 309 个，重复序列长度为 4～426 bp，总长为 33 107 bp；小卫星 DNA 200 个，重复序列长度为 11～60 bp，总长为 14 846 bp；微卫星 DNA 7 个，重复序列长度为 4～6 bp，总长为 511 bp。**【CRISPR】**预测到 165 个 CRISPR 相关序列。**【基因岛】**预测到 19 个基因岛 GI 01～GI 19，长度为 14 937～25 557 bp，其 G+C 含量为 38.94%～56.88%。利用已预测得到的基因组信息，如重复序列、G+C 含量等，应用 CIRCOS 工具绘制其基因组圈图（图 5-3-55b）。

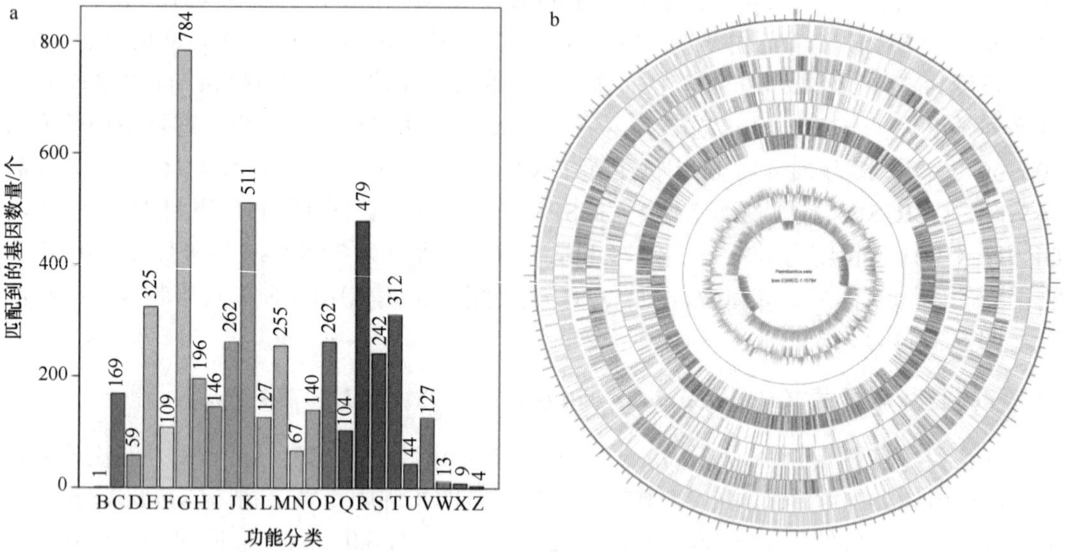


图 5-3-55　梓树类芽胞杆菌 CGMCC 1.10784$^T$基因组的直系同源基因聚类分析（a）和圈图（b）

### 24. 解纤维素类芽胞杆菌（*Paenibacillus cellulosilyticus*）CECT 5696$^T$

解纤维素类芽胞杆菌（*Paenibacillus cellulosilyticus* Rivas et al. 2006，sp. nov.）的模式菌株（PALXIL08$^T$ =LMG 22232$^T$ =CECT 5696$^T$）分离自四川绵阳市海枣（伊拉克蜜枣）（*Phoenix dactylifera*）的苞片，生长条件为 10～37℃（最适 28℃）、最适 pH 7.0、0～2%（*W*/*V*）NaCl，降解纤维素和木聚糖，好氧或兼性厌氧，产芽胞（Rivas et al.，2006）。目前，该种仅有 1 个基因组，模式菌株 CECT 5696$^T$ 基因组的 GenBank 登录号为 GCA_003182255.1，测序平台为 Illumina HiSeq，于 2018 年 5 月 31 日由美国能源部联合基因组研究所（DOE Joint Genome Institute）提交。

**【基因组的组装】**菌株 CECT 5696$^T$基因组的测序深度为 170 X，基因组大小为 6.962 Mb，组装到 78 个 scaffolds，scaffold $N_{50}$为 180 778 bp。**【G+C 含量】**50.45%。**【非编码 RNA】**预测到 4 个 rRNA 基因（5S rRNA 2 个、16S rRNA 1 个、23S rRNA 1 个），107 个 tRNA 基因，2 个 sRNA 基因。**【编码基因】**有 6190 个蛋白质编码基因，编码区总长为 5 988 882 bp，占整个基因组的 86.02%，基因的平均长度为 968 bp。**【基因功能注释】**比对到 KEGG、COG 和 GO 数据库的基因数量分别为 5108 个、3878 个和 4179 个，预测到分泌蛋白编码基因 194 个；在 25 个 COG 功能类群中，基因数量前 10 位的类群分别是：G. 碳水化合物转运与代谢 585 个，K. 转录 463 个，R. 仅一般功能预测 430 个，E. 氨基酸转运与代谢 316 个，T. 信号转导机制 296 个，J. 翻译、核糖体结构与合成 275 个，M. 细胞壁/膜/包膜生物合成 243 个，P. 无机离子转运与代谢 237 个，S. 功能未知 220 个和 H. 辅酶转运与代谢 207 个（图 5-3-56a）。**【重复序列】**预测到的重复序列包括：LTR 178 个，总长为 12 916 bp，平均长度为 73 bp；DNA 重复元件 46 个，总长为 3117 bp，平均长度为 68 bp；LINE 59 个，总长为 4925 bp，平均长度为 83 bp；

SINE 22 个，总长为 1616 bp，平均长度为 73 bp；RC 3 个，总长为 173 bp，平均长度为 58 bp；未知序列 6 个，总长为 454 bp，平均长度为 76 bp；TR 490 个，重复序列长度为 1～996 bp，总长为 80 091 bp；小卫星 DNA 317 个，重复序列长度为 10～60 bp，总长为 36 635 bp；微卫星 DNA 23 个，重复序列长度为 4～6 bp，总长为 1058 bp。**【CRISPR】**预测到 384 个 CRISPR 相关序列。**【基因岛】**预测到 10 个基因岛 GI 01～GI 10，长度为 5859～26 172 bp，其 G+C 含量为 36.25%～54.21%。利用已预测得到的基因组信息，如重复序列、G+C 含量等，应用 CIRCOS 工具绘制其基因组圈图（图 5-3-56b）。

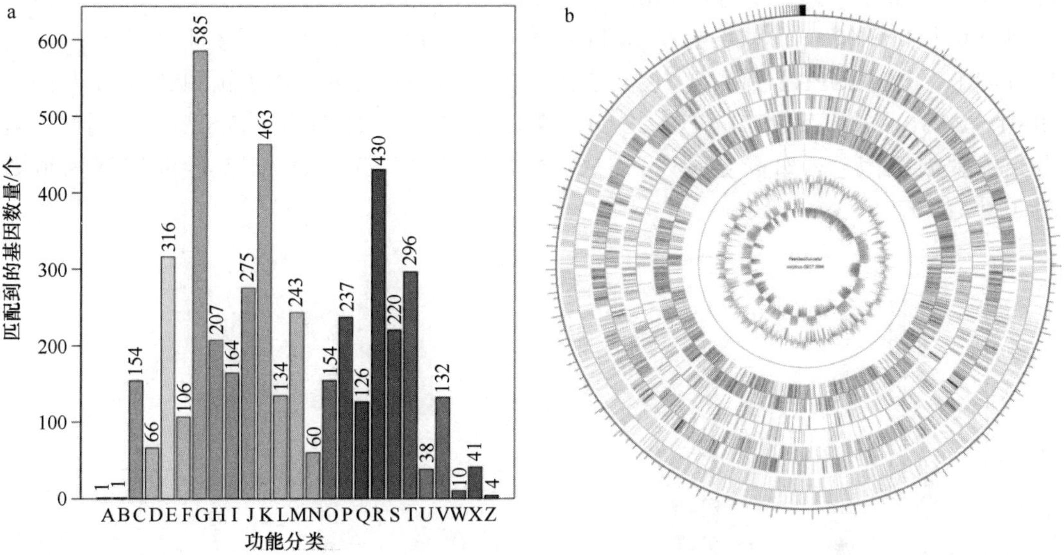


图 5-3-56　解纤维素类芽胞杆菌 CECT 5696^T 基因组的直系同源基因聚类分析（a）和圈图（b）

## 25. 千叶类芽胞杆菌（*Paenibacillus chibensis*）NBRC 15958^T

千叶类芽胞杆菌（*Paenibacillus chibensis* Shida et al. 1997，sp. nov.）的模式菌株（HSCC 442^T =JCM 9905^T =NBRC 15958^T =IFO 15958^T）分离自日本的土壤，生长条件为 10～50℃（最适 37℃）、pH 4.5～9.0（最适 pH 7.0）、0～2%（*W*/*V*）NaCl，严格好氧，产芽胞（Shida et al.，1997b）。目前，该种仅有 1 个基因组，模式菌株 NBRC 15958^T 基因组的 GenBank 登录号为 GCA_004001045.1，测序平台为 Illumina HiSeq，于 2018 年 12 月 29 日由日本国立技术与评价研究所（National Institute of Technology and Evaluation）提交。

**【基因组的组装】**菌株 NBRC 15958^T 基因组的测序深度为 98 X，基因组大小为 5.910 Mb，组装到 76 个 contigs，contig $N_{50}$ 为 146 090 bp。**【G+C 含量】**51.66%。**【非编码 RNA】**预测到 2 个 rRNA 基因（5S rRNA 0 个、16S rRNA 1 个、23S rRNA 1 个），45 个 tRNA 基因，1 个 sRNA 基因。**【编码基因】**有 5693 个蛋白质编码基因，编码区总长为 5 164 887 bp，占整个基因组的 87.39%，基因的平均长度为 907 bp。**【基因功能注释】**比对到 KEGG、COG 和 GO 数据库的基因数量分别为 4900 个、3644 个和 3857 个，预测到分泌蛋白编码基因 171 个；在 23 个 COG 功能类群中，基因数量前 10 位的类群

分别是：G. 碳水化合物转运与代谢 567 个，K. 转录 418 个，R. 仅一般功能预测 412 个，E. 氨基酸转运与代谢 312 个，J. 翻译、核糖体结构与合成 270 个，T. 信号转导机制 260 个，S. 功能未知 244 个，P. 无机离子转运与代谢 227 个，M. 细胞壁/膜/包膜生物合成 195 个和 H. 辅酶转运与代谢 182 个（图 5-3-57a）。【**重复序列**】预测到的重复序列包括：LTR 100 个，总长为 6503 bp，平均长度为 65 bp；DNA 重复元件 15 个，总长为 1099 bp，平均长度为 73 bp；LINE 25 个，总长为 1658 bp，平均长度为 66 bp；SINE 5 个，总长为 315 bp，平均长度为 63 bp；未知序列 3 个，总长为 214 bp，平均长度为 71 bp；TR 148 个，重复序列长度为 6～465 bp，总长为 10 430 bp；小卫星 DNA 119 个，重复序列长度为 11～60 bp，总长为 5556 bp；微卫星 DNA 1 个，重复序列长度为 6 bp，总长为 41 bp。【**CRISPR**】预测到 56 个 CRISPR 相关序列。【**基因岛**】预测到 10 个基因岛 GI 01～GI 10，长度为 3744～50 622 bp，其 G+C 含量为 41.71%～55.88%。利用已预测得到的基因组信息，如重复序列、G+C 含量等，应用 CIRCOS 工具绘制其基因组圈图（图 5-3-57b）。

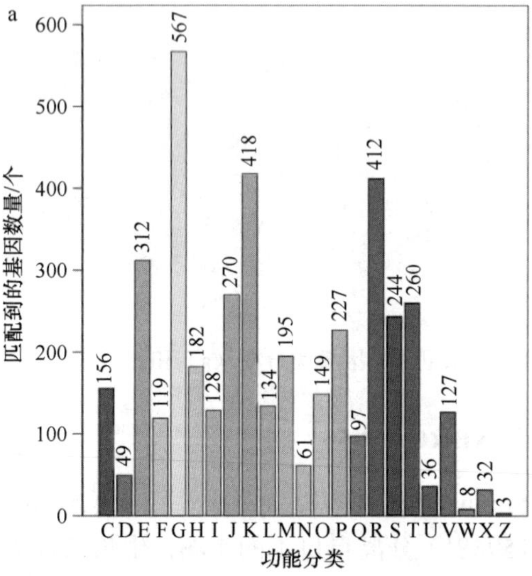


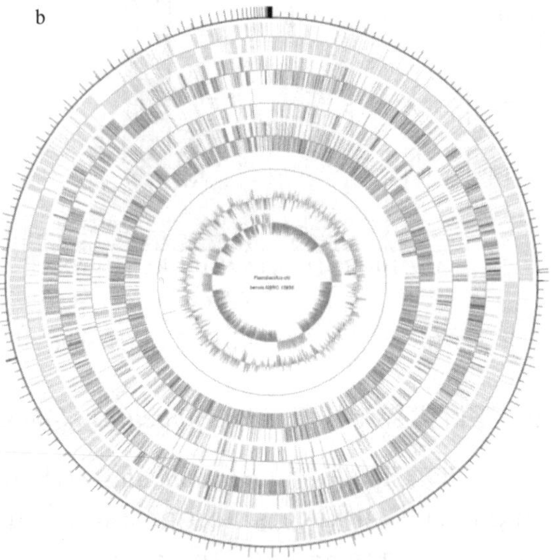


图 5-3-57 千叶类芽胞杆菌 NBRC 15958$^{T}$基因组的直系同源基因聚类分析（a）和圈图（b）

## 26. 解几丁质类芽胞杆菌（*Paenibacillus chitinolyticus*）NBRC 15660$^{T}$

解几丁质类芽胞杆菌［*Paenibacillus chitinolyticus* (Kuroshima et al. 1996) Lee et al. 2004，comb. nov.］的模式菌株（EAG-3$^{T}$ = CIP 104914$^{T}$ =DSM 11030$^{T}$ =NBRC 15660$^{T}$ = JCM 12162$^{T}$ =KCTC 3791$^{T}$ =LMG 18047$^{T}$ =NRRL B-23119$^{T}$）分离自日本鹿儿岛县的花园土壤，生长温度为 18～45℃（最适 25～37℃），降解几丁质，好氧，产芽胞，1996 年被命名为解几丁质芽胞杆菌（*Bacillus chitinolyticus*）（Kuroshima et al.，1996），2004 年被重分类为解几丁质类芽胞杆菌（*Paenibacillus chitinolyticus*）（Lee et al.，2004）。目前，该种仅有 2 个基因组，模式菌株 NBRC 15660$^{T}$基因组的 GenBank 登录号为 GCA_000739915.1，测序平台为 454 FLX+Illumina HiSeq，于 2014 年 8 月 2 日由日本国立技术与评价研究所

(National Institute of Technology and Evaluation)提交。

**【基因组的组装】**菌株 NBRC 15660$^T$ 基因组的测序深度为 84 X，基因组大小为 6.432 Mb，组装到 32 个 contigs，contig $N_{50}$ 为 428 757 bp。**【G+C 含量】**52.37%。**【非编码 RNA】**预测到 4 个 rRNA 基因（5S rRNA 2 个、16S rRNA 1 个、23S rRNA 1 个），85 个 tRNA 基因，2 个 sRNA 基因。**【编码基因】**有 6148 个蛋白质编码基因，编码区总长为 5 524 755 bp，占整个基因组的 85.89%，基因的平均长度为 899 bp。**【基因功能注释】**比对到 KEGG、COG 和 GO 数据库的基因数量分别为 4925 个、3782 个和 3988 个，预测到分泌蛋白编码基因 163 个；在 24 个 COG 功能类群中，基因数量前 10 位的类群分别是：K. 转录 470 个，R. 仅一般功能预测 446 个，G. 碳水化合物转运与代谢 435 个，E. 氨基酸转运与代谢 340 个，T. 信号转导机制 295 个，J. 翻译、核糖体结构与合成 280 个，P. 无机离子转运与代谢 248 个，S. 功能未知 242 个，M. 细胞壁/膜/包膜生物合成 222 个和 H. 辅酶转运与代谢 208 个（图 5-3-58a）。**【重复序列】**预测到的重复序列包括：LTR 79 个，总长为 5505 bp，平均长度为 70 bp；DNA 重复元件 14 个，总长为 840 bp，平均长度为 60 bp；LINE 19 个，总长为 1175 bp，平均长度为 62 bp；SINE 12 个，总长为 727 bp，平均长度为 61 bp；RC 1 个，长度为 168 bp；未知序列 5 个，总长为 333 bp，平均长度为 67 bp；TR 258 个，重复序列长度为 6～828 bp，总长为 25 381 bp；小卫星 DNA 200 个，重复序列长度为 10～60 bp，总长为 14 042 bp；微卫星 DNA 6 个，重复序列长度为 6 bp，总长为 478 bp。**【CRISPR】**预测到 17 个 CRISPR 相关序列。**【基因岛】**预测到 14 个基因岛 GI 01～GI 14，长度为 4680～62 745 bp，其 G+C 含量为 34.89%～56.25%。利用已预测得到的基因组信息，如重复序列、G+C 含量等，应用 CIRCOS 工具绘制其基因组圈图（图 5-3-58b）。

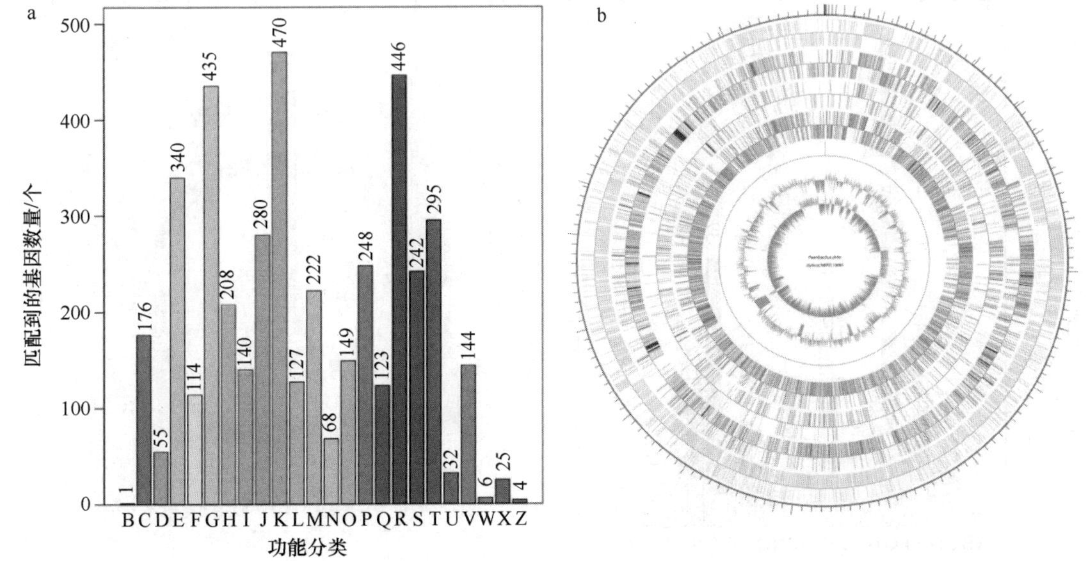


图 5-3-58　解几丁质类芽胞杆菌 NBRC 15660$^T$ 基因组的直系同源基因聚类分析（a）和圈图（b）

## 27. 软骨素类芽胞杆菌（*Paenibacillus chondroitinus*）OK414

软骨素类芽胞杆菌［*Paenibacillus chondroitinus* (Nakamura 1987) Shida et al. 1997, comb. nov.］的模式菌株（HSCC 176$^T$ =ATCC 51184$^T$ =CCUG 28527$^T$ =CIP 103123$^T$ =DSM 5051$^T$ =NBRC 15376$^T$ =JCM 9072$^T$ =LMG 18040$^T$ =NRRL NRS-1351$^T$）分离自土壤，生长条件为 5～40℃（最适 28～30℃）、pH 5.6、0～2%（*W*/*V*）NaCl，好氧，产芽胞，1987 年被命名为软骨素芽胞杆菌（*Bacillus chondroitinus*）（Nakamura，1987），1997 年被重分类为软骨素类芽胞杆菌（*Paenibacillus chondroitinus*）（Shida et al.，1997a）。目前，该种有 2 个基因组，选择组装水平较高的非模式菌株 OK414 的基因组进行描述，其 GenBank 登录号为 GCA_000799595.1，测序平台为 Illumina HiSeq，于 2014 年 12 月 9 日由美国能源部联合基因组研究所（DOE Joint Genome Institute）提交。

**【基因组的组装】**菌株 OK414 基因组的测序深度未知，基因组大小为 8.697 Mb，组装到 101 个 scaffolds，scaffold $N_{50}$ 为 151 768 bp。**【G+C 含量】**44.43%。**【非编码 RNA】**预测到 8 个 rRNA 基因（5S rRNA 7 个、16S rRNA 1 个、23S rRNA 0 个），87 个 tRNA 基因，2 个 sRNA 基因。**【编码基因】**有 8350 个蛋白质编码基因，编码区总长为 7 541 973 bp，占整个基因组的 86.72%，基因的平均长度为 903 bp。**【基因功能注释】**比对到 KEGG、COG 和 GO 数据库的基因数量分别为 6663 个、5121 个和 5640 个，预测到分泌蛋白编码基因 279 个；在 25 个 COG 功能类群中，基因数量前 10 位的类群分别是：G. 碳水化合物转运与代谢 1054 个，R. 仅一般功能预测 639 个，K. 转录 552 个，E. 氨基酸转运与代谢 451 个，T. 信号转导机制 398 个，S. 功能未知 304 个，M. 细胞壁/膜/包膜生物合成 281 个，J. 翻译、核糖体结构与合成 273 个，C. 能量产生与转换 269 个和 P. 无机离子转运与代谢 251 个（图 5-3-59a）。**【重复序列】**预测到的重复序列包括：LTR 344 个，

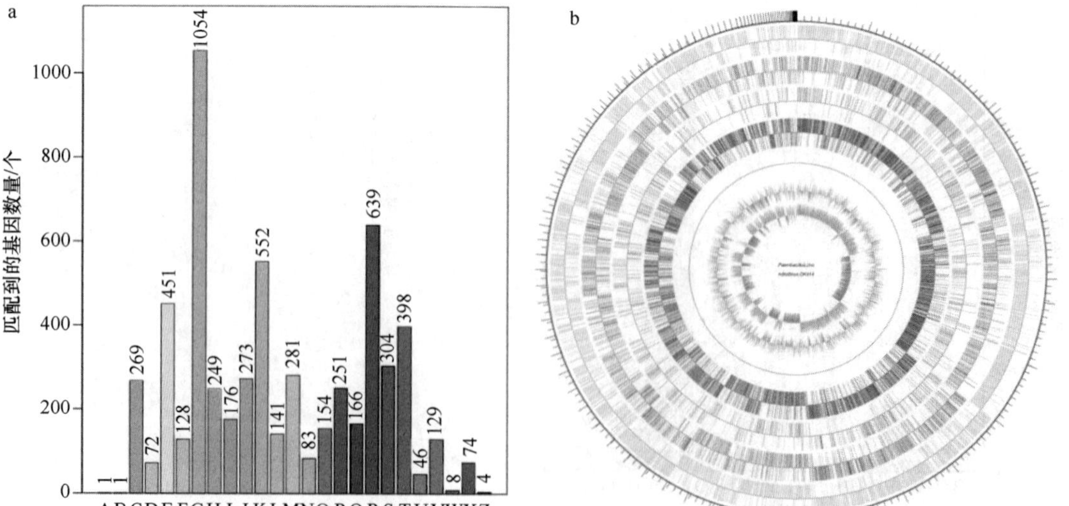


图 5-3-59　软骨素类芽胞杆菌 OK414 基因组的直系同源基因聚类分析（a）和圈图（b）

总长为 20 103 bp，平均长度为 58 bp；DNA 重复元件 72 个，总长为 4311 bp，平均长度为 60 bp；LINE 93 个，总长为 5920 bp，平均长度为 64 bp；SINE 20 个，总长为 1254 bp，平均长度为 63 bp；RC 8 个，总长为 462 bp，平均长度为 58 bp；未知序列 4 个，总长为 299 bp，平均长度为 75 bp；TR 379 个，重复序列长度为 1～792 bp，总长为 38 509 bp；小卫星 DNA 265 个，重复序列长度为 10～60 bp，总长为 16 576 bp；微卫星 DNA 30 个，重复序列长度为 2～6 bp，总长为 2397 bp。**【CRISPR】**预测到 146 个 CRISPR 相关序列。**【基因岛】**预测到 10 个基因岛 GI 01～GI 10，长度为 5277～22 027 bp，其 G+C 含量为 32.17%～46.91%。利用已预测得到的基因组信息，如重复序列、G+C 含量等，应用 CIRCOS 工具绘制其基因组圈图（图 5-3-59b）。

## 28. 污染类芽胞杆菌（*Paenibacillus contaminans*）CKOBP-6$^T$

污染类芽胞杆菌（*Paenibacillus contaminans* Chou et al. 2009，sp. nov.）的模式菌株（CKOBP-6$^T$ =BCRC 17728$^T$ =LMG 24216$^T$）分离自实验室污染的平板，生长条件为 10～37℃、pH 6.5～8.0、0～2%（*W*/*V*）NaCl，好氧，产芽胞（Chou et al.，2009）。目前，该种有 1 个基因组，选择组装水平较高的非模式菌株 CKOBP-6 的基因组进行描述，其 GenBank 登录号为 GCA_003285015.1，测序平台为 Illumina HiSeq，于 2018 年 6 月 30 日由上海大学（Shanghai University）提交。

**【基因组的组装】**菌株 CKOBP-6 基因组的测序深度为 148 X，基因组大小为 10.233 Mb，组装到 104 个 scaffolds，scaffold $N_{50}$ 为 285 136 bp。**【G+C 含量】**51.51%。**【非编码 RNA】**预测到 2 个 rRNA 基因（5S rRNA 1 个、16S rRNA 0 个、23S rRNA 1 个），54 个 tRNA 基因，3 个 sRNA 基因。**【编码基因】**有 8962 个蛋白质编码基因，编码区总长为 8 860 944 bp，占整个基因组的 86.59%，基因的平均长度为 989 bp。**【基因功能注释】**比对到 KEGG、COG 和 GO 数据库的基因数量分别为 6257 个、4650 个和 5730 个，预测到分泌蛋白编码基因 295 个；在 24 个 COG 功能类群中，基因数量前 10 位的类群分别是：G. 碳水化合物转运与代谢 856 个，R. 仅一般功能预测 554 个，K. 转录 523 个，T. 信号转导机制 372 个，E. 氨基酸转运与代谢 368 个，M. 细胞壁/膜/包膜生物合成 290 个，P. 无机离子转运与代谢 290 个，J. 翻译、核糖体结构与合成 282 个，S. 功能未知 278 个和 H. 辅酶转运与代谢 207 个（图 5-3-60a）。**【重复序列】**预测到的重复序列包括：LTR 168 个，总长为 13 021 bp，平均长度为 78 bp；DNA 重复元件 46 个，总长为 4331 bp，平均长度为 94 bp；LINE 50 个，总长为 4506 bp，平均长度为 90 bp；SINE 9 个，总长为 647 bp，平均长度为 72 bp；RC 2 个，总长为 149 bp，平均长度为 75 bp；未知序列 1 个，长度为 82 bp；TR 717 个，重复序列长度为 1～891 bp，总长为 109 374 bp；小卫星 DNA 471 个，重复序列长度为 10～60 bp，总长为 47 927 bp；微卫星 DNA 27 个，重复序列长度为 4～6 bp，总长为 2176 bp。**【CRISPR】**预测到 248 个 CRISPR 相关序列。**【基因岛】**预测到 14 个基因岛 GI 01～GI 14，长度为 5680～45 249 bp，其 G+C 含量为 38.04%～56.04%。利用已预测得到的基因组信息，如重复序列、G+C 含量等，应用 CIRCOS 工具绘制其基因组圈图（图 5-3-60b）。

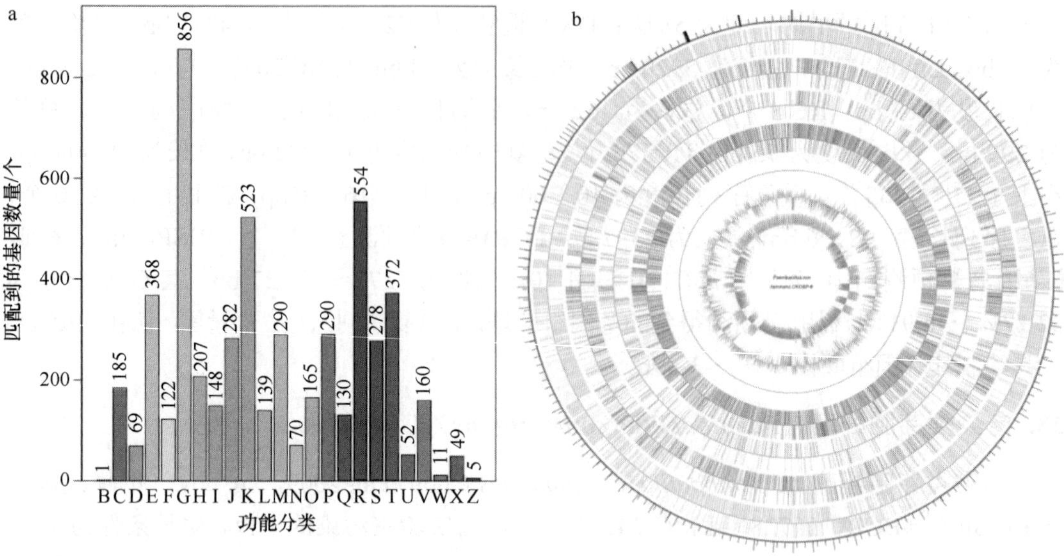


图 5-3-60　污染类芽胞杆菌 CKOBP-6$^T$ 基因组的直系同源基因聚类分析（a）和圈图（b）

## 29. 牡蛎类芽胞杆菌（*Paenibacillus crassostreae*）LPB0068$^T$

牡蛎类芽胞杆菌（*Paenibacillus crassostreae* Shin et al. 2018，sp. nov.）的模式菌株（LPB0068$^T$=KACC 18694$^T$ =JCM 31183$^T$）分离自韩国灵兴岛的 1 只长牡蛎（*Crassostrea gigas*），生长条件为 6～35℃（最适 25℃）、pH 6.5～8.5（最适 pH 7.0）、0～3%（*W*/*V*）NaCl，好氧，产芽胞（Shin et al.，2018）。目前，该种仅有 1 个基因组，模式菌株 LPB0068$^T$ 基因组的 GenBank 登录号为 GCA_001857945.1，测序平台为 PacBio，于 2016 年 10 月 31 日由韩国高丽大学（Korea University）提交。

**【基因组的组装】**菌株 LPB0068$^T$ 基因组的测序深度为 278 X，基因组大小为 4.757 Mb，组装到完成图水平，包括 1 条染色体和 3 个质粒。**【G+C 含量】**39.93%。**【非编码 RNA】**预测到 30 个 rRNA 基因（5S rRNA 10 个、16S rRNA 10 个、23S rRNA 10 个），91 个 tRNA 基因，7 个 sRNA 基因。**【编码基因】**有 4580 个蛋白质编码基因，编码区总长为 4 113 876 bp，占整个基因组的 86.48%，基因的平均长度为 898 bp。**【基因功能注释】**比对到 KEGG、COG 和 GO 数据库的基因数量分别为 4329 个、3038 个和 3115 个，预测到分泌蛋白编码基因 93 个；在 24 个 COG 功能类群中，基因数量前 10 位的类群分别是：G. 碳水化合物转运与代谢 394 个，K. 转录 331 个，R. 仅一般功能预测 326 个，J. 翻译、核糖体结构与合成 242 个，E. 氨基酸转运与代谢 226 个，T. 信号转导机制 217 个，P. 无机离子转运与代谢 201 个，M. 细胞壁/膜/包膜生物合成 189 个，H. 辅酶转运与代谢 183 个和 S. 功能未知 170 个（图 5-3-61a）。**【重复序列】**预测到的重复序列包括：LTR 111 个，总长为 9335 bp，平均长度为 84 bp；DNA 重复元件 26 个，总长为 1816 bp，平均长度为 70 bp；LINE 33 个，总长为 2028 bp，平均长度为 61 bp；SINE 10 个，总长为 688 bp，平均长度为 69 bp；RC 4 个，总长为 214 bp，平均长度为 54 bp；未知序列 5 个，总长为 379 bp，平均长度为 76 bp；TR 130 个，重复序列长度为 5～1955 bp，总长为 17 011 bp；

小卫星 DNA 88 个，重复序列长度为 10～60 bp，总长为 6398 bp；微卫星 DNA 4 个，重复序列长度为 5～6 bp，总长为 224 bp。**【CRISPR】**预测到 167 个 CRISPR 相关序列。**【基因岛】**预测到 14 个基因岛 GI 01～GI 14，长度为 4521～18 553 bp，其 G+C 含量为 34.39%～48.84%。利用已预测得到的基因组信息，如重复序列、G+C 含量等，应用 CIRCOS 工具绘制其基因组圈图（图 5-3-61b）。

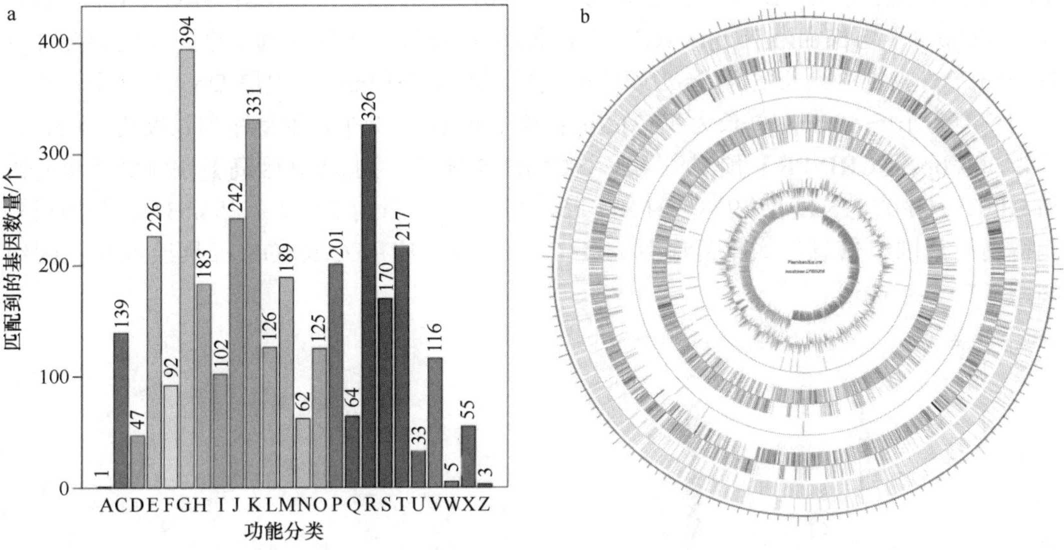


图 5-3-61　牡蛎类芽胞杆菌 LPB0068$^{T}$ 基因组的直系同源基因聚类分析（a）和圈图（b）

### 30. 解凝乳类芽胞杆菌（*Paenibacillus curdlanolyticus*）YK9$^{T}$

解凝乳类芽胞杆菌［*Paenibacillus curdlanolyticus* (Kanzawa et al. 1995) Shida et al. 1997，comb. nov.］的模式菌株（YK9$^{T}$ =HSCC 491$^{T}$ =ATCC 51898$^{T}$ =CIP 104575$^{T}$ =DSM 10247$^{T}$ = NBRC 15724$^{T}$ =JCM 12163$^{T}$ =LMG 18050$^{T}$ =NRRL B-23243$^{T}$）分离自土壤，最适生长条件为 30℃、pH 7.0、0～4%（*W*/*V*）NaCl，好氧，产芽胞，1995 年被命名为解凝乳芽胞杆菌（*Bacillus curdlanolyticus*）（Kanzawa et al.，1995），1997 年被重分类为解凝乳类芽胞杆菌（*Paenibacillus curdlanolyticus*）（Shida et al.，1997a）。目前，该种仅有 1 个基因组，模式菌株 YK9$^{T}$ 基因组的 GenBank 登录号为 GCA_000179615.1，测序平台为 454 FLX+Illumina HiSeq，于 2010 年 8 月 20 日由美国能源部联合基因组研究所（DOE Joint Genome Institute）提交。

**【基因组的组装】**菌株 YK9$^{T}$ 基因组的测序深度为 40 X，基因组大小为 5.453 Mb，组装到 40 个 scaffolds，scaffold $N_{50}$ 为 310 454 bp。**【G+C 含量】**51.94%。**【非编码 RNA】**预测到 32 个 rRNA 基因（5S rRNA 12 个、16S rRNA 10 个、23S rRNA 10 个），101 个 tRNA 基因，1 个 sRNA 基因。**【编码基因】**有 4946 个蛋白质编码基因，编码区总长为 4 766 100 bp，占整个基因组的 87.40%，基因的平均长度为 964 bp。**【基因功能注释】**比对到 KEGG、COG 和 GO 数据库的基因数量分别为 4112 个、3163 个和 3331 个，预测到分泌蛋白编码基因 144 个；在 25 个 COG 功能类群中，基因数量前 10 位的类群分别

是：K. 转录 360 个，R. 仅一般功能预测 349 个，G. 碳水化合物转运与代谢 346 个，E. 氨基酸转运与代谢 259 个，J. 翻译、核糖体结构与合成 248 个，T. 信号转导机制 241 个，M. 细胞壁/膜/包膜生物合成 202 个，H. 辅酶转运与代谢 193 个，P. 无机离子转运与代谢 189 个和 S. 功能未知 189 个（图 5-3-62a）。【**重复序列**】预测到的重复序列包括：LTR 121 个，总长为 11 111 bp，平均长度为 92 bp；DNA 重复元件 28 个，总长为 2131 bp，平均长度为 76 bp；LINE 37 个，总长为 2949 bp，平均长度为 80 bp；SINE 24 个，总长为 1809 bp，平均长度为 75 bp；RC 1 个，长度为 80 bp；未知序列 1 个，长度为 72 bp；TR 286 个，重复序列长度为 6～1049 bp，总长为 54 751 bp；小卫星 DNA 210 个，重复序列长度为 10～60 bp，总长为 37 212 bp；微卫星 DNA 7 个，重复序列长度为 6 bp，总长为 305 bp。【**CRISPR**】预测到 423 个 CRISPR 相关序列。【**基因岛**】预测到 7 个基因岛 GI 01～GI 07，长度为 5978～21 811 bp，其 G+C 含量为 34.59%～54.83%。利用已预测得到的基因组信息，如重复序列、G+C 含量等，应用 CIRCOS 工具绘制其基因组圈图（图 5-3-62b）。

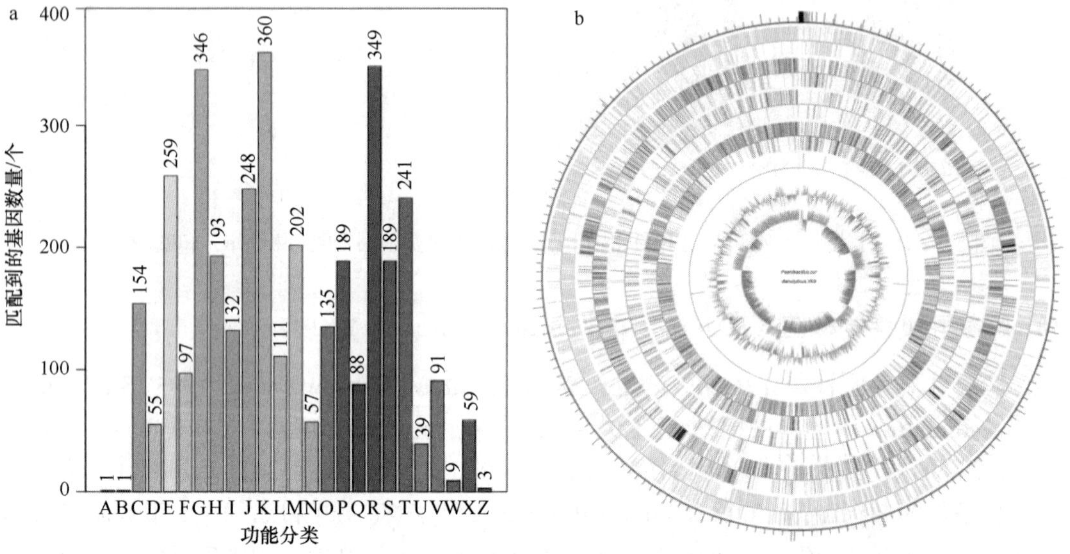


图 5-3-62　解凝乳类芽胞杆菌 YK9$^{T}$ 基因组的直系同源基因聚类分析（a）和圈图（b）

## 31. 大田类芽胞杆菌（*Paenibacillus daejeonensis*）DSM 15491$^{T}$

大田类芽胞杆菌（*Paenibacillus daejeonensis* Lee et al. 2002，sp. nov.）的模式菌株（AP-20$^{T}$ =KCTC 3745$^{T}$ =JCM 11236$^{T}$ =DSM 15491$^{T}$）分离自土壤，嗜碱，生长条件为 30℃、pH 7.0～13.0（最适 pH 8.0），好氧，产芽胞（Lee et al.，2002）。目前，该种仅有 1 个基因组，模式菌株 DSM 15491$^{T}$ 基因组的 GenBank 登录号为 GCA_000378385.1，测序平台为 454 FLX+Illumina HiSeq，于 2013 年 4 月 23 日由美国能源部联合基因组研究所（DOE Joint Genome Institute）提交。

【**基因组的组装**】菌株 DSM 15491$^{T}$ 基因组的测序深度未知，基因组大小为 7.464 Mb，组装到 36 个 scaffolds，scaffold $N_{50}$ 为 440 685 bp。【**G+C 含量**】53.27%。【**非编码 RNA**】

预测到 3 个 rRNA 基因（5S rRNA 3 个、16S rRNA 0 个、23S rRNA 0 个），61 个 tRNA 基因，4 个 sRNA 基因。**【编码基因】**有 6522 个蛋白质编码基因，编码区总长为 6 558 489 bp，占整个基因组的 87.87%，基因的平均长度为 1006 bp。**【基因功能注释】**比对到 KEGG、COG 和 GO 数据库的基因数量分别为 5449 个、4029 个和 4527 个，预测到分泌蛋白编码基因 241 个；在 24 个 COG 功能类群中，基因数量前 10 位的类群分别是：G. 碳水化合物转运与代谢 720 个，K. 转录 466 个，R. 仅一般功能预测 451 个，T. 信号转导机制 315 个，J. 翻译、核糖体结构与合成 268 个，E. 氨基酸转运与代谢 263 个，P. 无机离子转运与代谢 261 个，M. 细胞壁/膜/包膜生物合成 233 个，S. 功能未知 229 个和 H. 辅酶转运与代谢 207 个（图 5-3-63a）。**【重复序列】**预测到的重复序列包括：LTR 83 个，总长为 5925 bp，平均长度为 71 bp；DNA 重复元件 18 个，总长为 1278 bp，平均长度为 71 bp；LINE 17 个，总长为 1347 bp，平均长度为 79 bp；SINE 8 个，总长为 464 bp，平均长度为 58 bp；RC 2 个，总长为 71 bp，平均长度为 36 bp；未知序列 3 个，总长为 218 bp，平均长度为 73 bp；TR 595 个，重复序列长度为 6～627 bp，总长为 86 883 bp；小卫星 DNA 412 个，重复序列长度为 10～54 bp，总长为 72 194 bp；微卫星 DNA 6 个，重复序列长度为 6 bp，总长为 277 bp。**【CRISPR】**预测到 715 个 CRISPR 相关序列。**【基因岛】**预测到 15 个基因岛 GI 01～GI 15，长度为 4645～36 674 bp，其 G+C 含量为 41.52%～56.78%。利用已预测得到的基因组信息，如重复序列、G+C 含量等，应用 CIRCOS 工具绘制其基因组圈图（图 5-3-63b）。

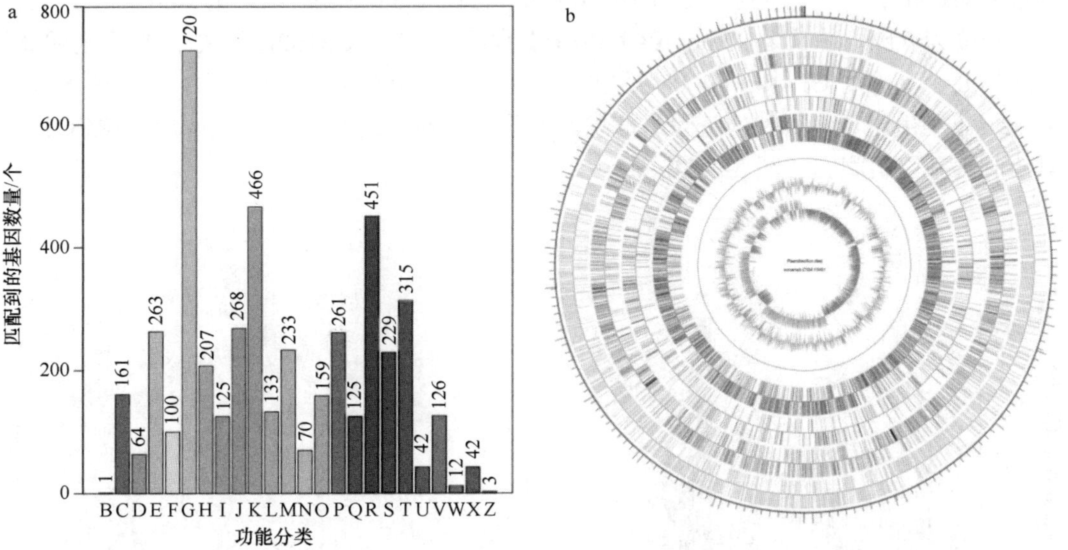


图 5-3-63　大田类芽胞杆菌 DSM 15491$^T$ 基因组的直系同源基因聚类分析（a）和圈图（b）

## 32. 达喀尔类芽胞杆菌（*Paenibacillus dakarensis*）FF9$^T$

达喀尔类芽胞杆菌（*Paenibacillus dakarensis* Lo et al. 2016，sp. nov.）的模式菌株（FF9$^T$ =CSUR P1429$^T$ =DSM 29777$^T$）分离自塞内加尔达喀尔的 1 名 16 个月大幼儿的血液样品，生长温度为 28～37℃（最适 37℃），兼性厌氧，产芽胞（Lo et al.，2016）。目

前，该种仅有 1 个基因组，模式菌株 FF9$^T$ 基因组的 GenBank 登录号为 GCA_001373415.1，测序平台为 Illumina HiSeq，于 2015 年 4 月 9 日由法国热带传染病研究中心（Unité de Recherche en Maladies Infectieuses et Tropicales Emergentes）提交。

**【基因组的组装】**菌株 FF9$^T$ 基因组的测序深度为 65 X，基因组大小为 4.569 Mb，组装到 102 个 contigs，contig $N_{50}$ 为 76 042 bp。**【G+C 含量】**45.70%。**【非编码 RNA】**预测到 3 个 rRNA 基因（5S rRNA 1 个、16S rRNA 1 个、23S rRNA 1 个），69 个 tRNA 基因，6 个 sRNA 基因。**【编码基因】**有 4424 个蛋白质编码基因，编码区总长为 3 921 408 bp，占整个基因组的 85.83%，基因的平均长度为 886 bp。**【基因功能注释】**比对到 KEGG、COG 和 GO 数据库的基因数量分别为 3839 个、2799 个和 2934 个，预测到分泌蛋白编码基因 116 个；在 23 个 COG 功能类群中，基因数量前 10 位的类群分别是：G. 碳水化合物转运与代谢 356 个，R. 仅一般功能预测 310 个，K. 转录 261 个，J. 翻译、核糖体结构与合成 243 个，E. 氨基酸转运与代谢 221 个，S. 功能未知 196 个，T. 信号转导机制 180 个，P. 无机离子转运与代谢 162 个，H. 辅酶转运与代谢 155 个和 M. 细胞壁/膜/包膜生物合成 152 个（图 5-3-64a）。**【重复序列】**预测到的重复序列包括：LTR 155 个，总长为 9001 bp，平均长度为 58 bp；DNA 重复元件 45 个，总长为 2823 bp，平均长度为 63 bp；LINE 37 个，总长为 2198 bp，平均长度为 59 bp；SINE 11 个，总长为 958 bp，平均长度为 87 bp；RC 2 个，总长为 83 bp，平均长度为 42 bp；未知序列 2 个，总长为 99 bp，平均长度为 50 bp；TR 87 个，重复序列长度为 1～483 bp，总长为 9117 bp；小卫星 DNA 66 个，重复序列长度为 10～60 bp，总长为 3860 bp；微卫星 DNA 1 个，重复序列长度为 6 bp，总长为 95 bp。**【CRISPR】**预测到 65 个 CRISPR 相关序列。**【基因岛】**预测到 8 个基因岛 GI 01～GI 08，长度为 5643～14 902 bp，其 G+C 含量为 36.91%～48.92%。利用已预测得到的基因组信息，如重复序列、G+C 含量等，应用 CIRCOS 工具绘制其基因组圈图（图 5-3-64b）。

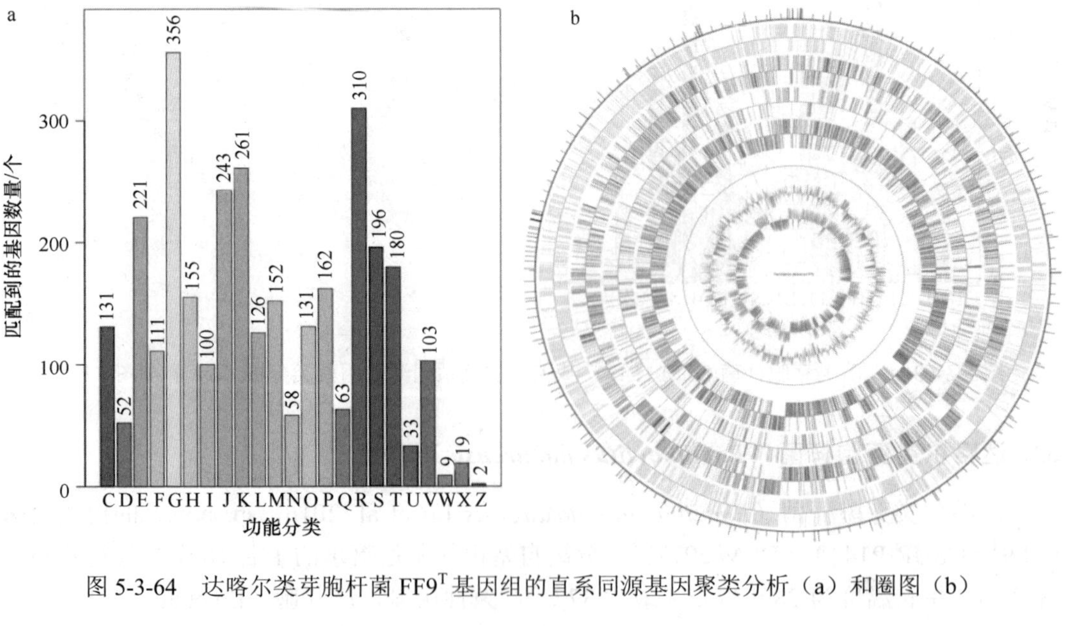


图 5-3-64　达喀尔类芽胞杆菌 FF9$^T$ 基因组的直系同源基因聚类分析（a）和圈图（b）

## 33. 达尔文类芽胞杆菌（*Paenibacillus darwinianus*）$Br^T$

达尔文类芽胞杆菌（*Paenibacillus darwinianus* Dsouza et al. 2014，sp. nov.）的模式菌株（$Br^T$ =DSM 27245$^T$ =ICMP 19912$^T$）分离自南极洲威尔曼湖区的土壤，生长条件为15～37℃（最适 18℃）、pH 6.0～10.0（最适 pH 7.0）、0～4%（*W*/*V*）NaCl，严格好氧，产芽胞（Dsouza et al.，2014）。目前，该种有 3 个基因组，选择组装水平较高的模式菌株 $Br^T$ 的基因组进行描述，其 GenBank 登录号为 GCA_000598065.1，测序平台为 Illumina HiSeq，于 2014 年 3 月 26 日由新西兰奥克兰大学（The University of Auckland）提交。

**【基因组的组装】**菌株 $Br^T$ 基因组的测序深度为 1000 X，基因组大小为 3.004 Mb，组装到 111 个 scaffolds，scaffold $N_{50}$ 为 42 380 bp。**【G+C 含量】**56.87%。**【非编码 RNA】**预测到 3 个 rRNA 基因（5S rRNA 1 个、16S rRNA 1 个、23S rRNA 1 个），22 个 tRNA 基因，1 个 sRNA 基因。**【编码基因】**有 2722 个蛋白质编码基因，编码区总长为 2 349 225 bp，占整个基因组的 78.20%，基因的平均长度为 863 bp。**【基因功能注释】**比对到 KEGG、COG 和 GO 数据库的基因数量分别为 2372 个、1945 个和 1849 个，预测到分泌蛋白编码基因 42 个；在 24 个 COG 功能类群中，基因数量前 10 位的类群分别是：G. 碳水化合物转运与代谢 262 个，R. 仅一般功能预测 191 个，E. 氨基酸转运与代谢 179 个，J. 翻译、核糖体结构与合成 177 个，K. 转录 171 个，T. 信号转导机制 139 个，C. 能量产生与转换 121 个，H. 辅酶转运与代谢 116 个，P. 无机离子转运与代谢 116 个和 S. 功能未知 110 个（图 5-3-65a）。**【重复序列】**预测到的重复序列包括：LTR 33 个，总长为 2023 bp，平均长度为 61 bp；DNA 重复元件 9 个，总长为 605 bp，平均长度为 67 bp；LINE 5 个，总长为 300 bp，平均长度为 60 bp；SINE 5 个，总长为 254 bp，平均长度为 51 bp；RC 1 个，长度为 48 bp；未知序列 1 个，长度为 71 bp；TR 100 个，重复序列长度为 6～807 bp，总长为 15 112 bp；小卫星 DNA 75 个，重复序列长度为 10～58 bp，总长为 4280 bp；

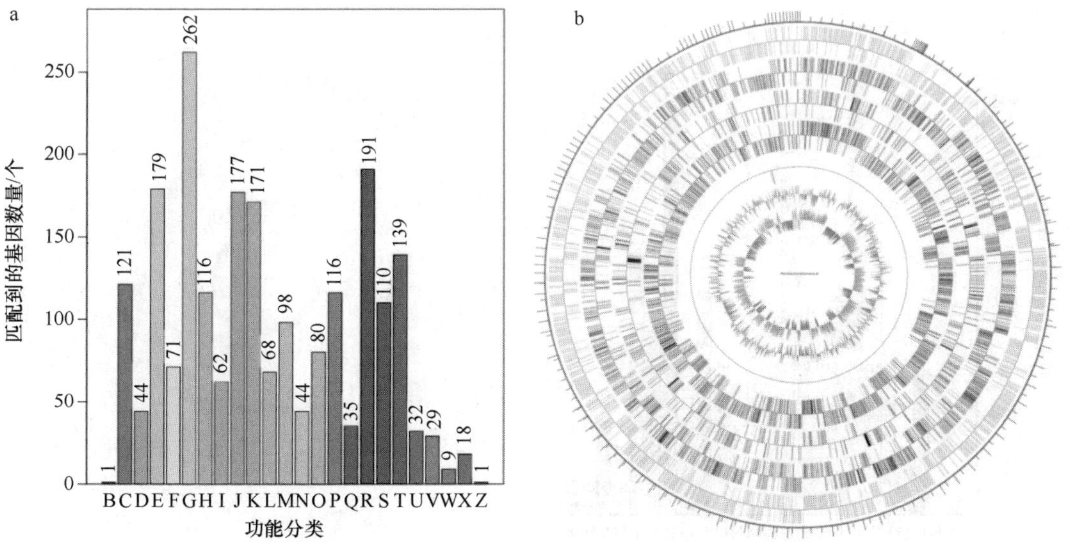


图 5-3-65　达尔文类芽胞杆菌 $Br^T$ 基因组的直系同源基因聚类分析（a）和圈图（b）

微卫星 DNA 1 个，重复序列长度为 6 bp，总长为 48 bp。**【CRISPR】**未预测到 CRISPR 相关序列。**【基因岛】**预测到 4 个基因岛 GI 01～GI 04，长度为 2553～7232 bp，其 G+C 含量为 50.08%～55.49%。利用已预测得到的基因组信息，如重复序列、G+C 含量等，应用 CIRCOS 工具绘制其基因组圈图（图 5-3-65b）。

### 34. 胡萝卜类芽胞杆菌（*Paenibacillus dauci*）H9$^T$

胡萝卜类芽胞杆菌（*Paenibacillus dauci* Zhu et al. 2015，sp. nov.）的模式菌株（H9$^T$ = CPCC 100608$^T$ =JCM 30283$^T$）分离自新疆的 1 个胡萝卜样品，最适生长温度为 30℃、最高 42℃，最适 pH 6.0～7.0，0～5%（*W*/*V*）NaCl 能生长，好氧，产芽胞（Zhu et al.，2015b），2019 年被重分类为沈阳类芽胞杆菌（*Paenibacillus shenyangensis* Jiang et al. 2015，sp. nov.）的同种异名（Sant'Anna et al.，2019）。目前，该种仅有 1 个基因组，模式菌株 H9$^T$ 基因组的 GenBank 登录号为 GCA_000971985.1，测序平台为 Illumina HiSeq，于 2015 年 4 月 15 日由南京工业大学（Nanjing Tech University）提交。

**【基因组的组装】**菌株 H9$^T$ 基因组的测序深度为 12 X，基因组大小为 5.449 Mb，组装到 19 个 scaffolds，scaffold $N_{50}$ 为 815 348 bp。**【G+C 含量】**46.50%。**【非编码 RNA】**预测到 3 个 rRNA 基因（5S rRNA 1 个、16S rRNA 1 个、23S rRNA 1 个），77 个 tRNA 基因，1 个 sRNA 基因。**【编码基因】**有 4837 个蛋白质编码基因，编码区总长为 4 509 102 bp，占整个基因组的 82.75%，基因的平均长度为 932 bp。**【基因功能注释】**比对到 KEGG、COG 和 GO 数据库的基因数量分别为 4382 个、3153 个和 3243 个，预测到分泌蛋白编码基因 175 个；在 24 个 COG 功能类群中，基因数量前 10 位的类群分别是：G. 碳水化合物转运与代谢 429 个，R. 仅一般功能预测 395 个，K. 转录 327 个，E. 氨基酸转运与代谢 304 个，J. 翻译、核糖体结构与合成 269 个，T. 信号转导机制 253 个，P. 无机离子转运与代谢 217 个，H. 辅酶转运与代谢 179 个，S. 功能未知 178 个和 C. 能量产生与转换 138 个（图 5-3-66a）。**【重复序列】**预测到的重复序列包括：LTR 174 个，总长为

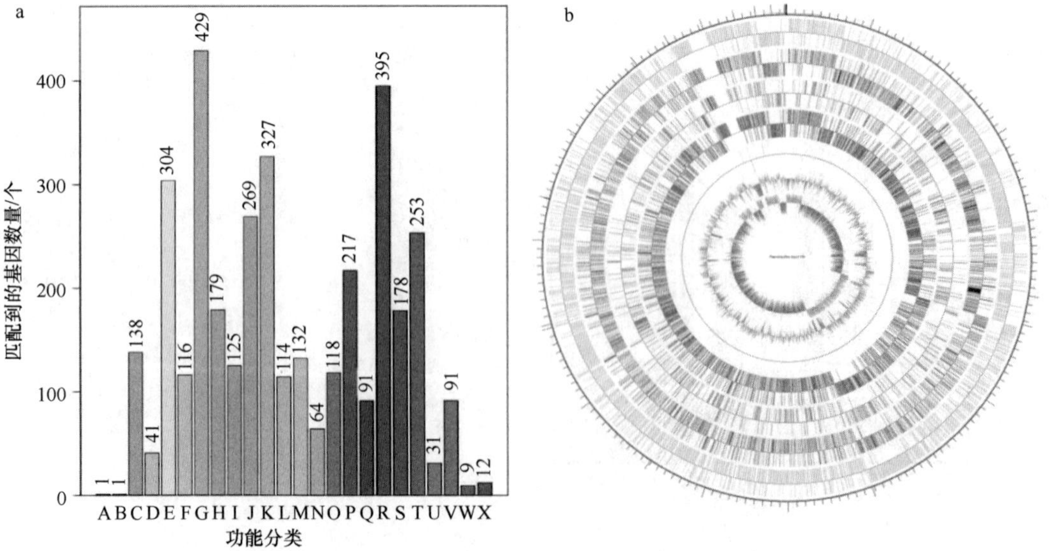


图 5-3-66　胡萝卜类芽胞杆菌 H9$^T$ 基因组的直系同源基因聚类分析（a）和圈图（b）

10 722 bp，平均长度为 62 bp；DNA 重复元件 48 个，总长为 3380 bp，平均长度为 68 bp；LINE 49 个，总长为 3340 bp，平均长度为 70 bp；SINE 17 个，总长为 930 bp，平均长度为 55 bp；RC 1 个，长度为 52 bp；未知序列 5 个，总长为 355 bp，平均长度为 71 bp；TR 164 个，重复序列长度为 5～312 bp，总长为 13 842 bp；小卫星 DNA 90 个，重复序列长度为 11～43 bp，总长为 4853 bp；微卫星 DNA 21 个，重复序列长度为 5～6 bp，总长为 1708 bp。**【CRISPR】**预测到 6 个 CRISPR 相关序列。**【基因岛】**预测到 9 个基因岛 GI 01～GI 09，长度为 9230～27 168 bp，其 G+C 含量为 36.25%～47.69%。利用已预测得到的基因组信息，如重复序列、G+C 含量等，应用 CIRCOS 工具绘制其基因组圈图（图 5-3-66b）。

### 35. 树形类芽胞杆菌（*Paenibacillus dendritiformis*）C454

树形类芽胞杆菌（*Paenibacillus dendritiformis* Tcherpakov et al. 1999，sp. nov.）的模式菌株（T168$^{T}$=30A1$^{T}$ =CIP 105967$^{T}$）分离自枯草芽胞杆菌（*Bacillus subtilis*）168 的培养物，生长条件为 20～45℃（最适 37℃）、pH 5.6、0～5%（*W*/*V*）NaCl，好氧，产芽胞（Tcherpakov et al.，1999）。目前，该种有 3 个基因组，选择组装水平较高的非模式菌株 C454 的基因组进行描述，其 GenBank 登录号为 GCA_000245555.2，测序平台为 454 FLX+Illumina HiSeq，于 2012 年 2 月 1 日由以色列特拉维夫大学（Tel-Aviv University）提交。

**【基因组的组装】**菌株 C454 基因组的测序深度为 240 X，基因组大小为 6.376 Mb，组装到 199 个 contigs，contig $N_{50}$ 为 55 370 bp。**【G+C 含量】**54.12%。**【非编码 RNA】**预测到 1 个 rRNA 基因（5S rRNA 0 个、16S rRNA 0 个、23S rRNA 1 个），29 个 tRNA 基因，3 个 sRNA 基因。**【编码基因】**有 6020 个蛋白质编码基因，编码区总长为 5 348 700 bp，占整个基因组的 83.89%，基因的平均长度为 888 bp。**【基因功能注释】**比对到 KEGG、COG 和 GO 数据库的基因数量分别为 4746 个、3672 个和 3842 个，预测到分泌蛋白编码基因 132 个；在 25 个 COG 功能类群中，基因数量前 10 位的类群分别是：G. 碳水化合物转运与代谢 434 个，K. 转录 420 个，R. 仅一般功能预测 397 个，E. 氨基酸转运与代谢 389 个，T. 信号转导机制 275 个，J. 翻译、核糖体结构与合成 260 个，P. 无机离子转运与代谢 258 个，M. 细胞壁/膜/包膜生物合成 222 个，S. 功能未知 214 个和 C. 能量产生与转换 199 个（图 5-3-67a）。**【重复序列】**预测到的重复序列包括：LTR 86 个，总长为 5919 bp，平均长度为 69 bp；DNA 重复元件 22 个，总长为 1607 bp，平均长度为 73 bp；LINE 22 个，总长为 1163 bp，平均长度为 53 bp；SINE 5 个，总长为 283 bp，平均长度为 57 bp；未知序列 1 个，长度为 76 bp；TR 402 个，重复序列长度为 6～1574 bp，总长为 41 533 bp；小卫星 DNA 322 个，重复序列长度为 10～60 bp，总长为 28 211 bp；微卫星 DNA 2 个，重复序列长度为 6 bp，总长为 57 bp。**【CRISPR】**预测到 118 个 CRISPR 相关序列。**【基因岛】**预测到 10 个基因岛 GI 01～GI 10，长度为 3983～20 379 bp，其 G+C 含量为 38.45%～58.52%。利用已预测得到的基因组信息，如重复序列、G+C 含量等，应用 CIRCOS 工具绘制其基因组圈图（图 5-3-67b）。

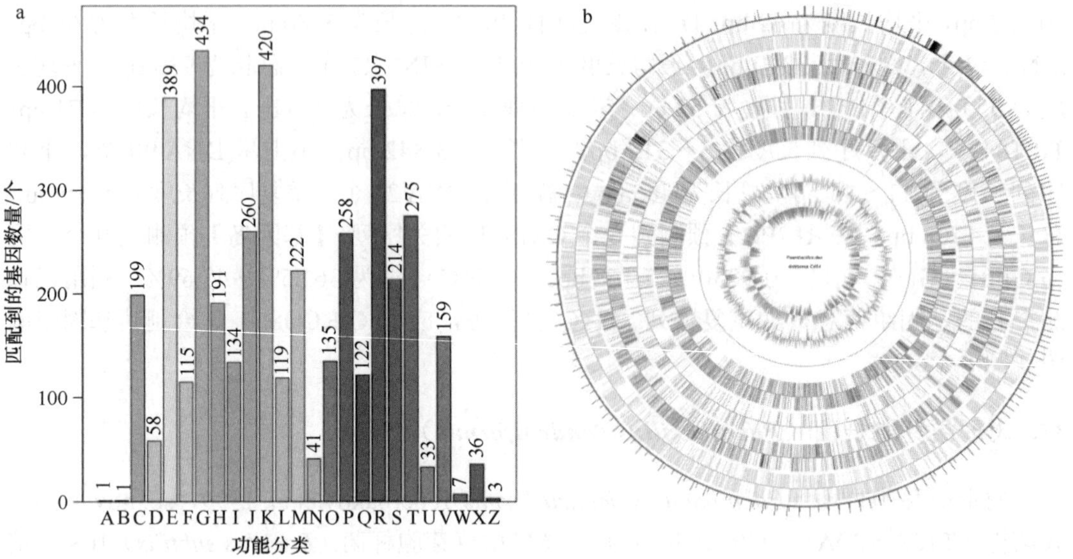


图 5-3-67 树形类芽胞杆菌 C454 基因组的直系同源基因聚类分析（a）和圈图（b）

## 36. 东海类芽胞杆菌（*Paenibacillus donghaensis*）KCTC 13049$^{T}$

东海类芽胞杆菌（*Paenibacillus donghaensis* Choi et al. 2008，sp. nov.）的模式菌株（JH8$^{T}$=KCTC 13049$^{T}$=LMG 23780$^{T}$）分离自韩国东部海域的沉积物，生长条件为 6～30℃（最适 20～25℃）、0～3%（*W*/*V*）NaCl，固氮，兼性厌氧，产芽胞（Choi et al.，2008）。目前，该种仅有 1 个基因组，模式菌株 KCTC 13049$^{T}$ 基因组的 GenBank 登录号为 GCA_002192415.1，测序平台为 PacBio，于 2017 年 6 月 13 日由韩国庆北国立大学（Kyungpook National University）提交。

**【基因组的组装】**菌株 KCTC 13049$^{T}$ 基因组的测序深度为 85 X，基因组大小为 8.542 Mb，组装到完成图水平，包括 1 条染色体。**【G+C 含量】**49.66%。**【非编码 RNA】**预测到 27 个 rRNA 基因（5S rRNA 9 个、16S rRNA 9 个、23S rRNA 9 个），92 个 tRNA 基因，4 个 sRNA 基因。**【编码基因】**有 8088 个蛋白质编码基因，编码区总长为 7 201 629 bp，占整个基因组的 84.31%，基因的平均长度为 890 bp。**【基因功能注释】**比对到 KEGG、COG 和 GO 数据库的基因数量分别为 7388 个、4420 个和 5037 个，预测到分泌蛋白编码基因 187 个；在 23 个 COG 功能类群中，基因数量前 10 位的类群分别是：G. 碳水化合物转运与代谢 710 个，K. 转录 582 个，R. 仅一般功能预测 456 个，E. 氨基酸转运与代谢 388 个，T. 信号转导机制 368 个，J. 翻译、核糖体结构与合成 286 个，P. 无机离子转运与代谢 261 个，M. 细胞壁/膜/包膜生物合成 233 个，S. 功能未知 225 个和 V. 防御机制 205 个（图 5-3-68a）。**【重复序列】**预测到的重复序列包括：LTR 187 个，总长为 16 651 bp，平均长度为 89 bp；DNA 重复元件 59 个，总长为 5020 bp，平均长度为 85 bp；LINE 113 个，总长为 11 537 bp，平均长度为 102 bp；SINE 13 个，总长为 810 bp，平均长度为 62 bp；RC 3 个，总长为 207 bp，平均长度为 69 bp；未知序列 5 个，总长为 351 bp，平均长度为 70 bp；TR 694 个，重复序列长度为 3～639 bp，总长为 81 709 bp；小卫星

DNA 493 个，重复序列长度为 10～60 bp，总长为 54 249 bp；微卫星 DNA 23 个，重复序列长度为 3～6 bp，总长为 1450 bp。**【CRISPR】**预测到 174 个 CRISPR 相关序列。**【基因岛】**预测到 25 个基因岛 GI 01～GI 25，长度为 3760～67 672 bp，其 G+C 含量为 33.92%～52.41%。利用已预测得到的基因组信息，如重复序列、G+C 含量等，应用 CIRCOS 工具绘制其基因组圈图（图 5-3-68b）。

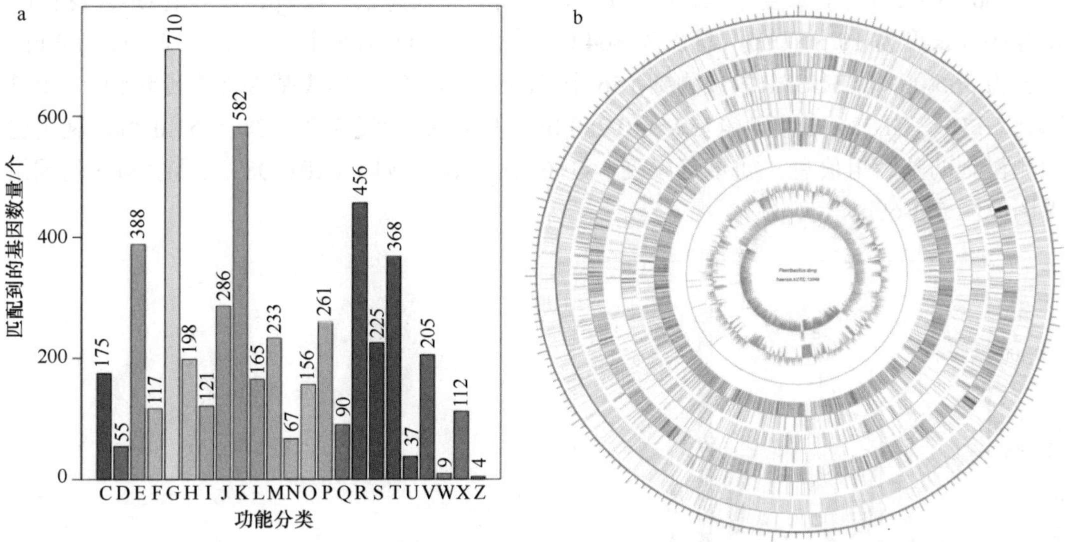


图 5-3-68　东海类芽胞杆菌 KCTC 13049$^{T}$ 基因组的直系同源基因聚类分析（a）和圈图（b）

## 37. 坚韧类芽胞杆菌（*Paenibacillus durus*）DSM 1735$^{T}$

坚韧类芽胞杆菌［*Paenibacillus durus* corrig. (Smith and Cato 1974) Collins et al. 1994，comb. nov.］的模式菌株（ATCC 27763$^{T}$ =DSM 1735$^{T}$ =VPI 6563$^{T}$）分离自黑海的沉积物，生长温度为 30℃，厌氧或兼性厌氧，产芽胞，1974 年被命名为坚韧梭菌（*Clostridium durum* Smith and Cato 1974），1994 年被重分类为坚韧类芽胞杆菌（*Paenibacillus durus*）（Collins et al.，1994）。目前，该种有 2 个基因组，选择组装到完成图水平的模式菌株 DSM 1735$^{T}$ 的基因组进行描述，其 GenBank 登录号为 GCA_000756615.1，测序平台为 PacBio，于 2014 年 9 月 22 日由美国康奈尔大学（Cornell University）提交。

**【基因组的组装】**菌株 DSM 1735$^{T}$ 基因组的测序深度未知，基因组大小为 6.053 Mb，组装到完成图水平，包括 1 条染色体和 1 个质粒。**【G+C 含量】**50.80%。**【非编码 RNA】**预测到 27 个 rRNA 基因（5S rRNA 9 个、16S rRNA 9 个、23S rRNA 9 个），85 个 tRNA 基因，4 个 sRNA 基因。**【编码基因】**有 5696 个蛋白质编码基因，编码区总长为 5 265 423 bp，占整个基因组的 86.99%，基因的平均长度为 924 bp。**【基因功能注释】**比对到 KEGG、COG 和 GO 数据库的基因数量分别为 5228 个、3527 个和 3723 个，预测到分泌蛋白编码基因 124 个；在 25 个 COG 功能类群中，基因数量前 10 位的类群分别是：R. 仅一般功能预测 454 个，K. 转录 398 个，G. 碳水化合物转运与代谢 338 个，E. 氨基酸转运与代谢 326 个，P. 无机离子转运与代谢 267 个，J. 翻译、核糖体结构与合成 265 个，T. 信号转导机制 215 个，H. 辅酶转运与代谢 214 个，C. 能量产生与转换 190 个和 M. 细胞壁/膜/包膜生物合成 187 个（图 5-3-69a）。**【重复序列】**预测到的重复序列包括：LTR 109 个，总长为 9577 bp，平均长度为 88 bp；DNA 重复元件 24 个，总长为 1638 bp，平均长度为 68 bp；LINE 35 个，总长为 2362 bp，平均长度为 67 bp；SINE 16 个，总长为 968 bp，平均长度为 61 bp；RC 1 个，长度为 39 bp；未知序列 3 个，总长为 218 bp，平均长度为 73 bp；TR 241 个，重复序列长度为 6～1311 bp，总长为 28 972 bp；小卫星 DNA 182 个，重复序列长度为 10～57 bp，总长为 8642 bp；微卫星 DNA 5 个，重复序列长度为 6 bp，总长为 365 bp。**【CRISPR】**预测到 156 个 CRISPR 相关序列。**【基因岛】**预测到 23 个基因岛 GI 01～GI 23，长度为 4759～40 283 bp，其 G+C 含量为 35.93%～51.08%。利用已预测得到的基因组信息，如重复序列、G+C 含量等，应用 CIRCOS 工具绘制其基因组圈图（图 5-3-69b）。

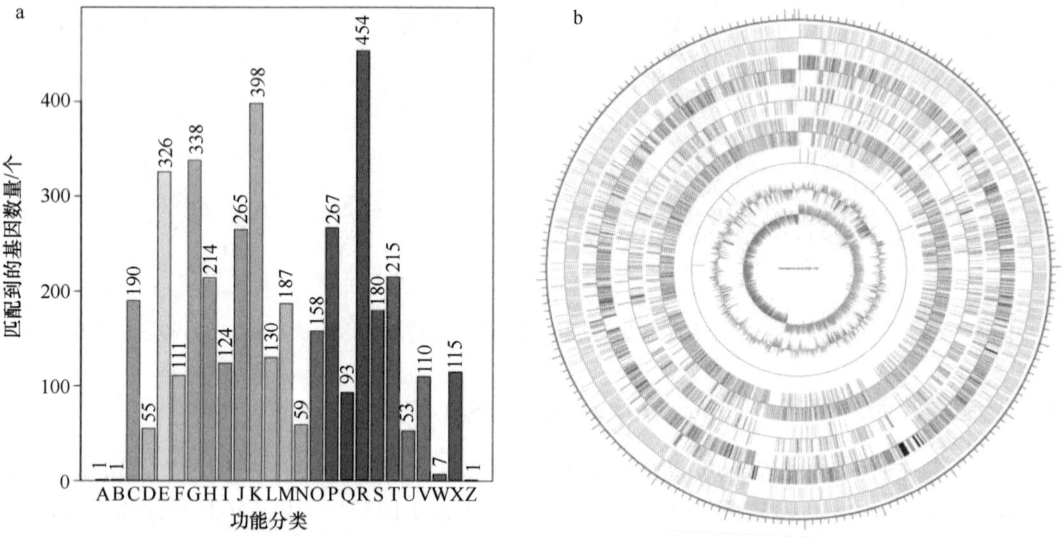


图 5-3-69 坚韧类芽胞杆菌 DSM 1735$^T$ 基因组的直系同源基因聚类分析（a）和圈图（b）

## 38. 爱媛类芽胞杆菌（*Paenibacillus ehimensis*）A2

爱媛类芽胞杆菌［*Paenibacillus ehimensis* (Kuroshima et al. 1996) Lee et al. 2004，comb. nov.］的模式菌株（EAG-3$^T$ = CIP 104914$^T$ =DSM 11030$^T$ =NBRC 15660$^T$ =JCM 12162$^T$ =KCTC 3791$^T$ =LMG 18047$^T$ =NRRL B-23119$^T$）分离自日本松山市爱媛县的花园土壤，生长温度为 18～53℃（最适 28～40℃），降解几丁质，好氧，产芽胞，1996 年被命名为爱媛芽胞杆菌（*Bacillus ehimensis*）（Kuroshima et al.，1996），2004 年被重分类为爱媛类芽胞杆菌（*Paenibacillus ehimensis*）（Lee et al.，2004）。目前，该种有 2 个基因组，选择组装水平较高的非模式菌株 A2 的基因组进行描述，其 GenBank 登录号为 GCA_000612225.1，测序平台为 Illumina HiSeq，于 2014 年 4 月 2 日由浙江大学（Zhejiang University）提交。

**【基因组的组装】**菌株 A2 基因组的测序深度为 180 X，基因组大小为 7.650 Mb，组装到 180 个 contigs，contig $N_{50}$ 为 126 773 bp。**【G+C 含量】**54.17%。**【非编码 RNA】**预测到 2 个 rRNA 基因（5S rRNA 1 个、16S rRNA 1 个、23S rRNA 0 个），47 个 tRNA 基因，6 个 sRNA 基因。**【编码基因】**有 7150 个蛋白质编码基因，编码区总长为 6 546 270 bp，占整个基因组的 85.57%，基因的平均长度为 916 bp。**【基因功能注释】**比对到 KEGG、COG 和 GO 数据库的基因数量分别为 6019 个、4654 个和 4803 个，预测到分泌蛋白编码基因 233 个；在 25 个 COG 功能类群中，基因数量前 10 位的类群分别是：K. 转录 604 个，G. 碳水化合物转运与代谢 591 个，R. 仅一般功能预测 505 个，E. 氨基酸转运与代谢 482 个，T. 信号转导机制 386 个，P. 无机离子转运与代谢 293 个，S. 功能未知 292 个，J. 翻译、核糖体结构与合成 277 个，M. 细胞壁/膜/包膜生物合成 247 个和 C. 能量产生与转换 246 个（图 5-3-70a）。**【重复序列】**预测到的重复序列包括：LTR 70 个，总长为 4435 bp，平均长度为 63 bp；DNA 重复元件 17 个，总长为 922 bp，平均长度为 54 bp；LINE 17 个，总长为 918 bp，平均长度为 54 bp；SINE 6 个，总长为 380 bp，平均长度为 63 bp；RC 1 个，长度为 40 bp；未知序列 1 个，长度为 71 bp；TR 223 个，重复序列长度为 5～450 bp，总长为 22 264 bp；小卫星 DNA 177 个，重复序列长度为 10～60 bp，总长为 11 650 bp；微卫星 DNA 2 个，重复序列长度为 5～6 bp，总长为 66 bp。**【CRISPR】**预测到 32 个 CRISPR 相关序列。**【基因岛】**预测到 12 个基因岛 GI 01～GI 12，长度为 5608～17 684 bp，其 G+C 含量为 36.92%～58.75%。利用已预测得到的基因组信息，如重复序列、G+C 含量等，应用 CIRCOS 工具绘制其基因组圈图（图 5-3-70b）。

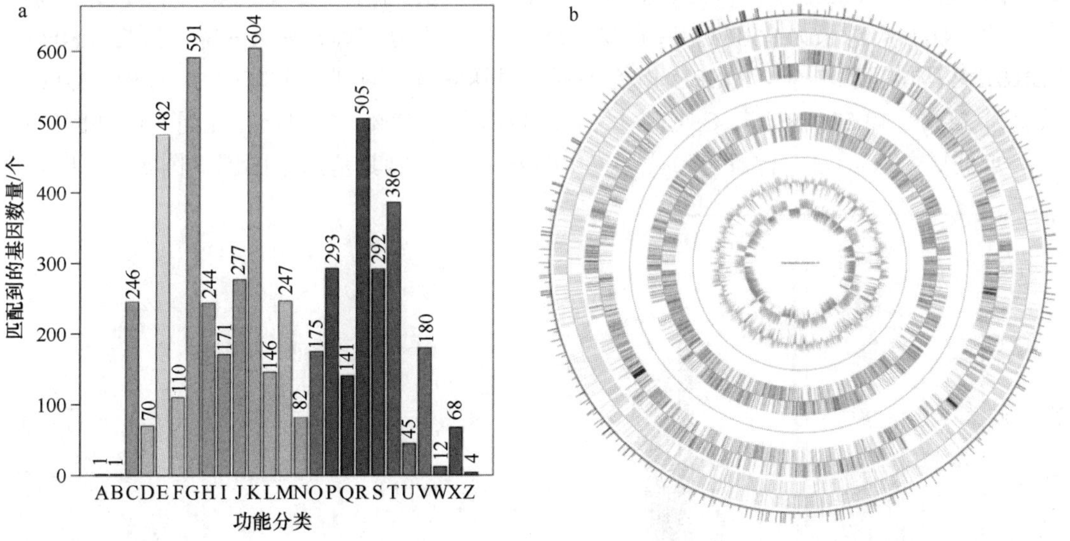


图 5-3-70　爱媛类芽胞杆菌 A2 基因组的直系同源基因聚类分析（a）和圈图（b）

## 39. 乐金类芽胞杆菌（*Paenibacillus elgii*）NBRC 100335$^{T}$

乐金类芽胞杆菌（*Paenibacillus elgii* Kim et al. 2004，sp. nov.）的模式菌株（SD17$^{T}$ = KCTC 10016BP$^{T}$ =NBRC 100335$^{T}$）分离自韩国的 1 株紫苏（*Perilla frutescens*）的根，生长条件为 20～45℃、pH 6.0～8.5（最适 pH 7.0）、0～2%（*W*/*V*）NaCl，兼性厌氧，产

芽胞（Kim et al., 2004）。目前，该种有 4 个基因组，选择组装水平较高的模式菌株 NBRC 100335$^{T}$ 的基因组进行描述，其 GenBank 登录号为 GCA_004000865.1，测序平台为 Illumina HiSeq，于 2018 年 12 月 29 日由日本国立技术与评价研究所（National Institute of Technology and Evaluation）提交。

**【基因组的组装】**菌株 NBRC 100335$^{T}$ 基因组的测序深度为 74 X，基因组大小为 7.568 Mb，组装到 156 个 contigs，contig $N_{50}$ 为 122 523 bp。**【G+C 含量】**53.40%。**【非编码 RNA】**预测到 1 个 rRNA 基因（5S rRNA 0 个、16S rRNA 1 个、23S rRNA 0 个），48 个 tRNA 基因，4 个 sRNA 基因。**【编码基因】**有 6989 个蛋白质编码基因，编码区总长为 6 454 041 bp，占整个基因组的 85.28%，基因的平均长度为 923 bp。**【基因功能注释】**比对到 KEGG、COG 和 GO 数据库的基因数量分别为 5940 个、4633 个和 4733 个，预测到分泌蛋白编码基因 246 个；在 25 个 COG 功能类群中，基因数量前 10 位的类群分别是：K. 转录 620 个，G. 碳水化合物转运与代谢 607 个，R. 仅一般功能预测 514 个，E. 氨基酸转运与代谢 482 个，T. 信号转导机制 396 个，S. 功能未知 308 个，J. 翻译、核糖体结构与合成 287 个，P. 无机离子转运与代谢 275 个，M. 细胞壁/膜/包膜生物合成 258 个和 H. 辅酶转运与代谢 254 个（图 5-3-71a）。**【重复序列】**预测到的重复序列包括：LTR 71 个，总长为 4648 bp，平均长度为 65 bp；DNA 重复元件 22 个，总长为 1553 bp，平均长度为 71 bp；LINE 20 个，总长为 1355 bp，平均长度为 68 bp；SINE 6 个，总长为 371 bp，平均长度为 62 bp；RC 1 个，长度为 67 bp；未知序列 1 个，长度为 76 bp；TR 211 个，重复序列长度为 6～972 bp，总长为 27 884 bp；小卫星 DNA 148 个，重复序列长度为 11～60 bp，总长为 9686 bp；微卫星 DNA 1 个，重复序列长度为 6 bp，总长为 80 bp。**【CRISPR】**预测到 47 个 CRISPR 相关序列。**【基因岛】**预测到 8 个基因岛 GI 01～GI 08，长度为 3238～40 525 bp，其 G+C 含量为 38.11%～58.22%。利用已预测得到的基因组信息，如重复序列、G+C 含量等，应用 CIRCOS 工具绘制其基因组圈图（图 5-3-71b）。

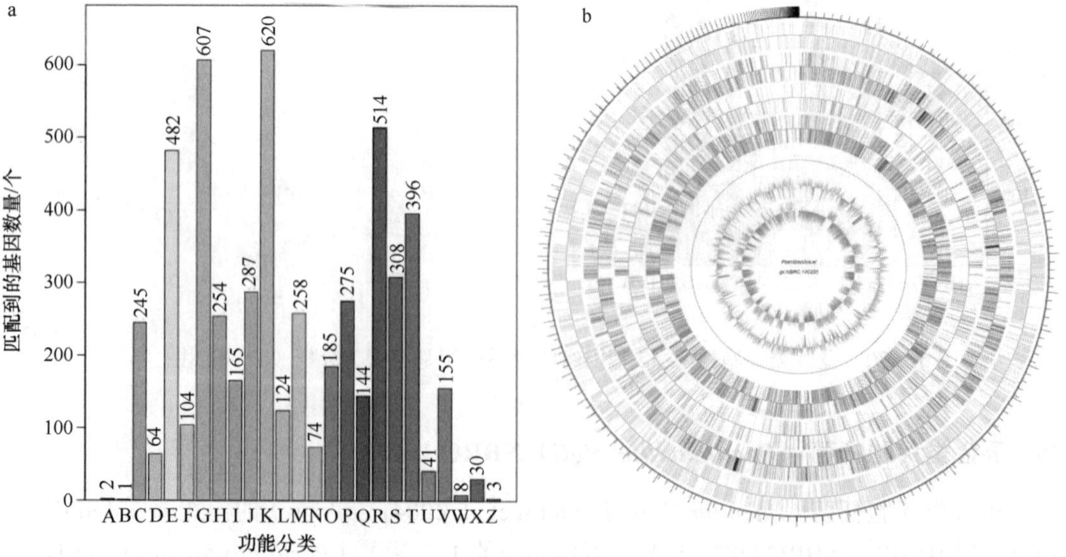


图 5-3-71　乐金类芽胞杆菌 NBRC 100335$^{T}$ 基因组的直系同源基因聚类分析（a）和圈图（b）

## 40. 食醚类芽胞杆菌（*Paenibacillus etheri*）SH7$^T$

食醚类芽胞杆菌（*Paenibacillus etheri* Guisado et al. 2016，sp. nov.）的模式菌株（SH7$^T$ =CECT 8558$^T$ =DSM 29760$^T$）分离自西班牙格拉纳达的1个小工厂受碳氢化合物污染的土壤，生长条件为5～50℃（最适30℃）、pH 7.0～8.0（最适pH 7.5）、0～0.8%（*W*/*V*）NaCl（最适0），兼性厌氧，产芽胞（Guisado et al.，2016）。目前，该种仅有1个基因组，模式菌株SH7$^T$基因组的GenBank登录号为GCA_001012825.2，测序平台为Illumina MiSeq，于2015年12月15日由西班牙格拉纳达大学（University of Granada）提交。

**【基因组的组装】**菌株SH7$^T$基因组的测序深度为41 X，基因组大小为6.635 Mb，组装到108个scaffolds，scaffold $N_{50}$为534 997 bp。**【G+C含量】**43.54%。**【非编码RNA】**预测到13个rRNA基因（5S rRNA 12个、16S rRNA 1个、23S rRNA 0个），94个tRNA基因，1个sRNA基因。**【编码基因】**有6144个蛋白质编码基因，编码区总长为5 734 860 bp，占整个基因组的86.43%，基因的平均长度为933 bp。**【基因功能注释】**比对到KEGG、COG和GO数据库的基因数量分别为5519个、3856个和4150个，预测到分泌蛋白编码基因164个；在24个COG功能类群中，基因数量前10位的类群分别是：G. 碳水化合物转运与代谢577个，K. 转录487个，R. 仅一般功能预测443个，T. 信号转导机制300个，E. 氨基酸转运与代谢297个，J. 翻译、核糖体结构与合成283个，P. 无机离子转运与代谢255个，M. 细胞壁/膜/包膜生物合成217个，S. 功能未知217个和H. 辅酶转运与代谢185个（图5-3-72a）。**【重复序列】**预测到的重复序列包括：LTR 248个，总长为15 987 bp，平均长度为64 bp；DNA重复元件67个，总长为4097 bp，平均长度为61 bp；LINE 81个，总长为4495 bp，平均长度为55 bp；SINE 18个，总长为1112 bp，平均长度为62 bp；RC 7个，总长为330 bp，平均长度为47 bp；未知序列4个，总长为302 bp，平均长度为76 bp；TR 254个，重复序列长度为6～936 bp，总长为33 394 bp；

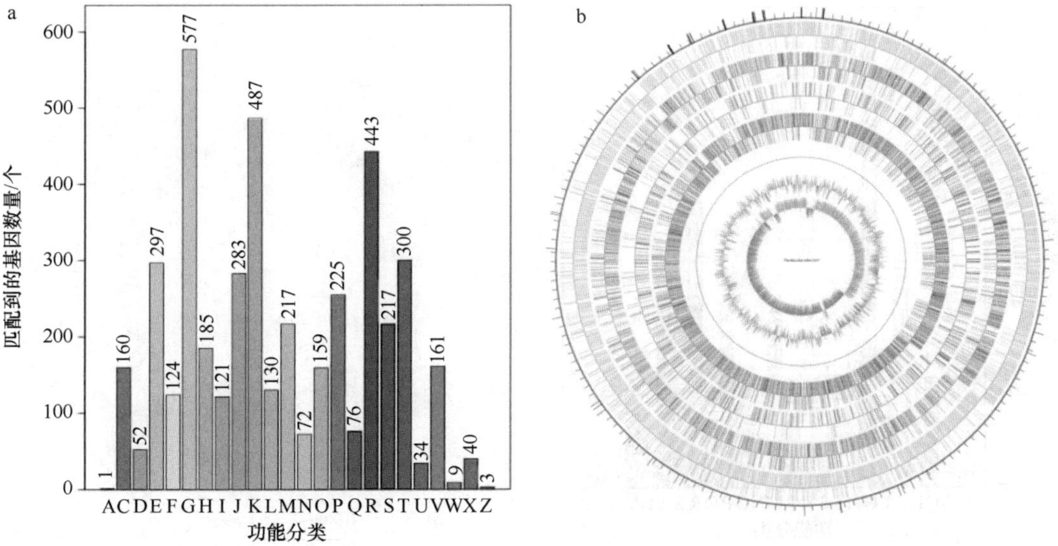


图5-3-72　食醚类芽胞杆菌SH7$^T$基因组的直系同源基因聚类分析（a）和圈图（b）

小卫星 DNA 159 个，重复序列长度为 12～54 bp，总长为 13 342 bp；微卫星 DNA 15 个，重复序列长度为 6 bp，总长为 1001 bp。**【CRISPR】**预测到 74 个 CRISPR 相关序列。**【基因岛】**预测到 12 个基因岛 GI 01～GI 12，长度为 6287～23 645 bp，其 G+C 含量为 34.19%～45.44%。利用已预测得到的基因组信息，如重复序列、G+C 含量等，应用 CIRCOS 工具绘制其基因组圈图（图 5-3-72b）。

## 41. 铁矿类芽胞杆菌（*Paenibacillus ferrarius*）CY1$^T$

铁矿类芽胞杆菌（*Paenibacillus ferrarius* Cao et al. 2015，sp. nov.）的模式菌株（CY1$^T$ = KCTC 33419$^T$ =CCTCC AB 2013369$^T$）分离自湖南的 1 个铁矿的土壤，生长条件为 6～37℃（最适 28℃）、pH 5.0～8.0（最适 pH 6.0～7.0）、0～1.5%（*W*/*V*）NaCl，好氧，产芽胞（Cao et al.，2015）。目前，该种仅有 1 个基因组，模式菌株 CY1$^T$ 基因组的 GenBank 登录号为 GCA_002027705.1，测序平台为 Illumina HiSeq，于 2017 年 3 月 15 日由华中农业大学（Huazhong Agricultural University）提交。

**【基因组的组装】**菌株 CY1$^T$ 基因组的测序深度为 290 X，基因组大小为 9.184 Mb，组装到 73 个 scaffolds，scaffold $N_{50}$ 为 242 133 bp。**【G+C 含量】**45.64%。**【非编码 RNA】**预测到 5 个 rRNA 基因（5S rRNA 4 个、16S rRNA 1 个、23S rRNA 0 个），58 个 tRNA 基因，1 个 sRNA 基因。**【编码基因】**有 8651 个蛋白质编码基因，编码区总长为 8 033 187 bp，占整个基因组的 87.47%，基因的平均长度为 929 bp。**【基因功能注释】**比对到 KEGG、COG 和 GO 数据库的基因数量分别为 6650 个、4974 个和 5619 个，预测到分泌蛋白编码基因 290 个；在 25 个 COG 功能类群中，基因数量前 10 位的类群分别是：G. 碳水化合物转运与代谢 901 个，K. 转录 599 个，R. 仅一般功能预测 591 个，T. 信号转导机制 441 个，E. 氨基酸转运与代谢 410 个，P. 无机离子转运与代谢 325 个，M. 细胞壁/膜/包膜生物合成 294 个，S. 功能未知 284 个，J. 翻译、核糖体结构与合成 279 个和 H. 辅酶转运与代谢 236 个（图 5-3-73a）。**【重复序列】**预测到的重复序列包括：LTR 276 个，

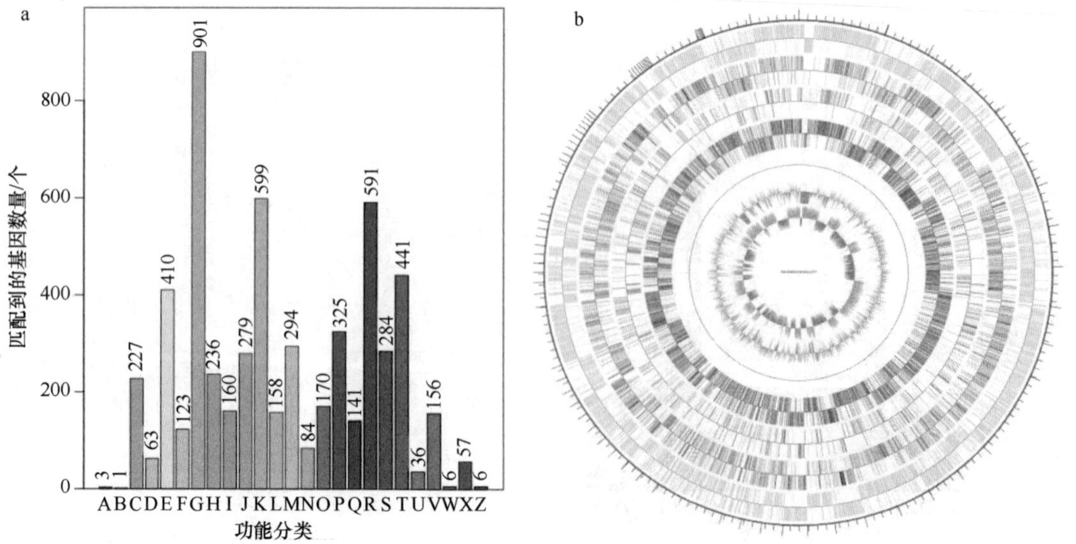


图 5-3-73　铁矿类芽胞杆菌 CY1$^T$ 基因组的直系同源基因聚类分析（a）和圈图（b）

总长为 17 733 bp，平均长度为 64 bp；DNA 重复元件 94 个，总长为 6233 bp，平均长度为 66 bp；LINE 96 个，总长为 8563 bp，平均长度为 89 bp；SINE 13 个，总长为 802 bp，平均长度为 62 bp；RC 10 个，总长为 597 bp，平均长度为 60 bp；未知序列 4 个，总长为 439 bp，平均长度为 110 bp；TR 730 个，重复序列长度为 3～675 bp，总长为 103 353 bp；小卫星 DNA 425 个，重复序列长度为 10～60 bp，总长为 41 521 bp；微卫星 DNA 54 个，重复序列长度为 3～6 bp，总长为 4913 bp。**【CRISPR】**预测到 304 个 CRISPR 相关序列。**【基因岛】**预测到 18 个基因岛 GI 01～GI 18，长度为 4664～23 627 bp，其 G+C 含量为 31.36%～48.94%。利用已预测得到的基因组信息，如重复序列、G+C 含量等，应用 CIRCOS 工具绘制其基因组圈图（图 5-3-73b）。

**42. 居温泉类芽胞杆菌（*Paenibacillus fonticola*）DSM 21315$^{T}$**

居温泉类芽胞杆菌（*Paenibacillus fonticola* Chou et al. 2007，sp. nov.）的模式菌株（ZL$^{T}$=BCRC 17579$^{T}$ =LMG 23577$^{T}$ =DSM 21315$^{T}$）分离自台湾嘉义县的中伦温泉水样，生长条件为 20～45℃、pH 7.0～10.0，兼性厌氧，产芽胞（Chou et al.，2007）。目前，该种仅有 1 个基因组，模式菌株 DSM 21315$^{T}$ 基因组的 GenBank 登录号为 GCA_000381905.1，测序平台为 Illumina HiSeq，于 2013 年 4 月 24 日由美国能源部联合基因组研究所（DOE Joint Genome Institute）提交。

**【基因组的组装】**菌株 DSM 21315$^{T}$ 基因组的测序深度未知，基因组大小为 6.309 Mb，组装到 62 个 scaffolds，scaffold $N_{50}$ 为 164 385 bp。**【G+C 含量】**47.67%。**【非编码 RNA】**预测到 5 个 rRNA 基因（5S rRNA 5 个、16S rRNA 0 个、23S rRNA 0 个），68 个 tRNA 基因，1 个 sRNA 基因。**【编码基因】**有 5830 个蛋白质编码基因，编码区总长为 5 364 087 bp，占整个基因组的 85.02%，基因的平均长度为 920 bp。**【基因功能注释】**比对到 KEGG、COG 和 GO 数据库的基因数量分别为 4901 个、3714 个和 3914 个，预测到分泌蛋白编码基因 139 个；在 25 个 COG 功能类群中，基因数量前 10 位的类群分别是：G. 碳水化合物转运与代谢 693 个，K. 转录 439 个，R. 仅一般功能预测 375 个，T. 信号转导机制 285 个，E. 氨基酸转运与代谢 280 个，J. 翻译、核糖体结构与合成 263 个，P. 无机离子转运与代谢 219 个，M. 细胞壁/膜/包膜生物合成 203 个，S. 功能未知 202 个和 H. 辅酶转运与代谢 194 个（图 5-3-74a）。**【重复序列】**预测到的重复序列包括：LTR 129 个，总长为 8398 bp，平均长度为 65 bp；DNA 重复元件 36 个，总长为 3238 bp，平均长度为 90 bp；LINE 43 个，总长为 4370 bp，平均长度为 102 bp；SINE 12 个，总长为 686 bp，平均长度为 57 bp；RC 1 个，长度为 159 bp；未知序列 4 个，总长为 300 bp，平均长度为 75 bp；TR 1045 个，重复序列长度为 3～696 bp，总长为 70 828 bp；小卫星 DNA 827 个，重复序列长度为 10～60 bp，总长为 52 564 bp；微卫星 DNA 27 个，重复序列长度为 3～6 bp，总长为 1435 bp。**【CRISPR】**预测到 167 个 CRISPR 相关序列。**【基因岛】**预测到 10 个基因岛 GI 01～GI 10，长度为 6234～21 376 bp，其 G+C 含量为 34.89%～52.66%。利用已预测得到的基因组信息，如重复序列、G+C 含量等，应用 CIRCOS 工具绘制其基因组圈图（图 5-3-74b）。

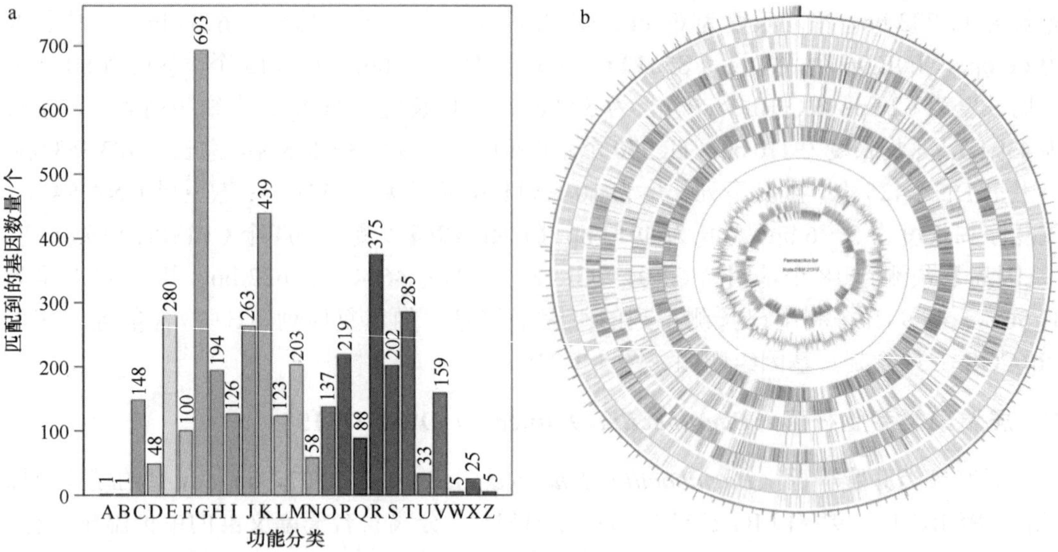


图 5-3-74　居温泉类芽胞杆菌 DSM 21315$^T$ 基因组的直系同源基因聚类分析（a）和圈图（b）

## 43. 连翘类芽胞杆菌（*Paenibacillus forsythiae*）T98$^T$

连翘类芽胞杆菌（*Paenibacillus forsythiae* Ma and Chen 2008，sp. nov.）的模式菌株（T98$^T$=CCBAU 10203$^T$=DSM 17842$^T$）分离自北京的 1 株奇异连翘（*Forsythia mira*）的根际土，生长条件为 10～40℃（最适 30℃）、pH 4.0～10.0（最适 pH 7.0～7.2）、0～3%（*W*/*V*）NaCl，固氮，兼性好氧，产芽胞（Ma and Chen，2008）。目前，该种仅有 1 个基因组，模式菌株 T98$^T$ 基因组的 GenBank 登录号为 GCA_000520735.1，测序平台为 Illumina HiSeq，于 2014 年 1 月 15 日由中国农业大学（China Agricultural University）提交。

**【基因组的组装】**菌株 T98$^T$ 基因组的测序深度为 116 X，基因组大小为 5.081 Mb，组装到 896 个 contigs，contig $N_{50}$ 为 11 184 bp。**【G+C 含量】**52.93%。**【非编码 RNA】**预测到 1 个 rRNA 基因（5S rRNA 0 个、16S rRNA 1 个、23S rRNA 0 个），33 个 tRNA 基因，3 个 sRNA 基因。**【编码基因】**有 4290 个蛋白质编码基因，编码区总长为 3 591 717 bp，占整个基因组的 70.69%，基因的平均长度为 837 bp。**【基因功能注释】**比对到 KEGG、COG 和 GO 数据库的基因数量分别为 3767 个、2737 个和 2844 个，预测到分泌蛋白编码基因 68 个；在 24 个 COG 功能类群中，基因数量前 10 位的类群分别是：K. 转录 320 个，R. 仅一般功能预测 302 个，G. 碳水化合物转运与代谢 294 个，E. 氨基酸转运与代谢 268 个，J. 翻译、核糖体结构与合成 223 个，P. 无机离子转运与代谢 206 个，T. 信号转导机制 185 个，H. 辅酶转运与代谢 165 个，M. 细胞壁/膜/包膜生物合成 161 个和 C. 能量产生与转换 152 个（图 5-3-75a）。**【重复序列】**预测到的重复序列包括：LTR 119 个，总长为 6769 bp，平均长度为 57 bp；DNA 重复元件 25 个，总长为 1566 bp，平均长度为 63 bp；LINE 37 个，总长为 1788 bp，平均长度为 48 bp；SINE 8 个，总长为 516 bp，平均长度为 65 bp；RC 2 个，总长为 148 bp，平均长度为 74 bp；未知序列 1 个，长度为 76 bp；TR 122 个，重复序列长度为 6～216 bp，总长为 7520 bp；小卫星 DNA 97 个，重复序列长度为 10～54 bp，总长为 4627 bp；微卫星 DNA 1 个，重复序列长度为 6 bp，总长为 59 bp。**【CRISPR】**预测到 118 个 CRISPR 相关序列。**【基因岛】**预测到 1 个基因岛 GI 01，长度为 7846 bp，其 G+C 含量为 47.11%。利用已预测得到的基因组信息，如重复序列、G+C 含量等，应用 CIRCOS 工具绘制其基因组圈图（图 5-3-75b）。

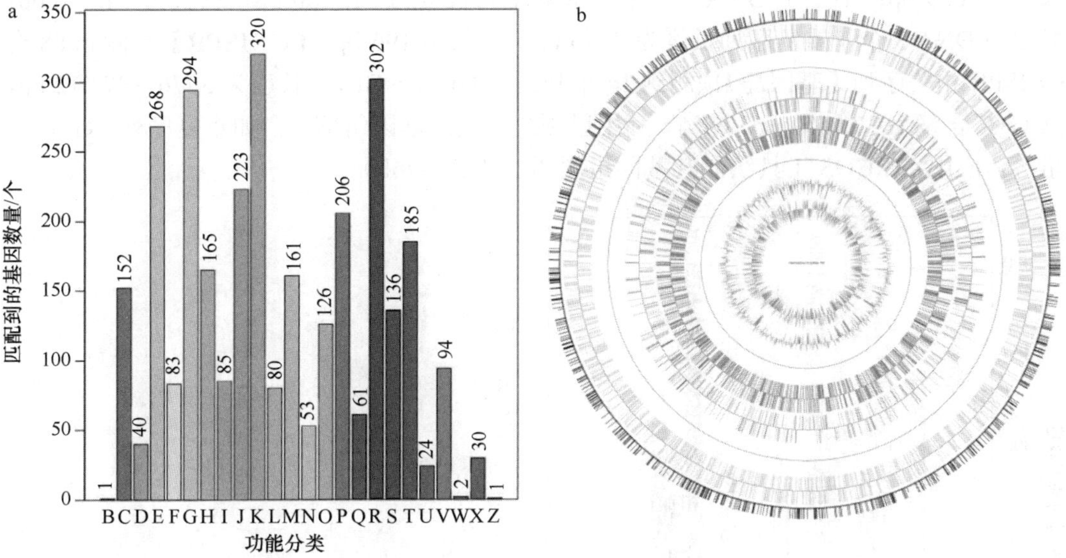


图 5-3-75 连翘类芽胞杆菌 T98$^T$ 基因组的直系同源基因聚类分析（a）和圈图（b）

## 44. 人参田类芽胞杆菌（*Paenibacillus ginsengarvi*）KCTC 13059$^T$

人参田类芽胞杆菌（*Paenibacillus ginsengarvi* Yoon et al. 2007，sp. nov.）的模式菌株（Gsoil 139$^T$ =KCTC 13059$^T$ =DSM 18677$^T$）分离自韩国抱川市的人参田土壤，生长条件为 18～45℃（最适 37℃）、pH 5.0～8.5（最适 pH 6.5～7.0）、0～2%（*W*/*V*）NaCl，好氧，产芽胞（Yoon et al.，2007c）。目前，该种仅有 1 个基因组，模式菌株 KCTC 13059$^T$ 基因组的 GenBank 登录号为 GCA_003626695.1，测序平台为 Illumina HiSeq，于 2018 年 10 月 7 日由华中农业大学（Huazhong Agricultural University）提交。

**【基因组的组装】**菌株 KCTC 13059$^T$ 基因组的测序深度为 229 X，基因组大小为 8.283 Mb，组装到 71 个 scaffolds，scaffold $N_{50}$ 为 217 190 bp。**【G+C 含量】**54.22%。**【非编码 RNA】**预测到 6 个 rRNA 基因（5S rRNA 5 个、16S rRNA 1 个、23S rRNA 0 个），70 个 tRNA 基因，1 个 sRNA 基因。**【编码基因】**有 7492 个蛋白质编码基因，编码区总长为 7 259 907 bp，占整个基因组的 87.65%，基因的平均长度为 969 bp。**【基因功能注释】**比对到 KEGG、COG 和 GO 数据库的基因数量分别为 5408 个、4015 个和 4912 个，预测到分泌蛋白编码基因 296 个；在 24 个 COG 功能类群中，基因数量前 10 位的类群分别是：R. 仅一般功能预测 501 个，K. 转录 489 个，G. 碳水化合物转运与代谢 469 个，E. 氨基酸转运与代谢 345 个，T. 信号转导机制 327 个，J. 翻译、核糖体结构与合成 285 个，M. 细胞壁/膜/包膜生物合成 250 个，S. 功能未知 249 个，P. 无机离子转运与代谢 233 个和 H. 辅酶转运与代谢 230 个（图 5-3-76a）。**【重复序列】**预测到的重复序列包括：

LTR 78 个，总长为 5442 bp，平均长度为 70 bp；DNA 重复元件 16 个，总长为 1321 bp，平均长度为 83 bp；LINE 16 个，总长为 1029 bp，平均长度为 64 bp；SINE 15 个，总长为 976 bp，平均长度为 65 bp；RC 3 个，总长为 180 bp，平均长度为 60 bp；未知序列 3 个，总长为 213 bp，平均长度为 71 bp；TR 267 个，重复序列长度为 4～1671 bp，总长为 49 629 bp；小卫星 DNA 177 个，重复序列长度为 11～60 bp，总长为 14 766 bp；微卫星 DNA 3 个，重复序列长度为 4～6 bp，总长为 196 bp。**【CRISPR】**预测到 88 个 CRISPR 相关序列。**【基因岛】**预测到 14 个基因岛 GI 01～GI 14，长度为 3976～47 412 bp，其 G+C 含量为 37.95%～53.63%。利用已预测得到的基因组信息，如重复序列、G+C 含量等，应用 CIRCOS 工具绘制其基因组圈图（图 5-3-76b）。

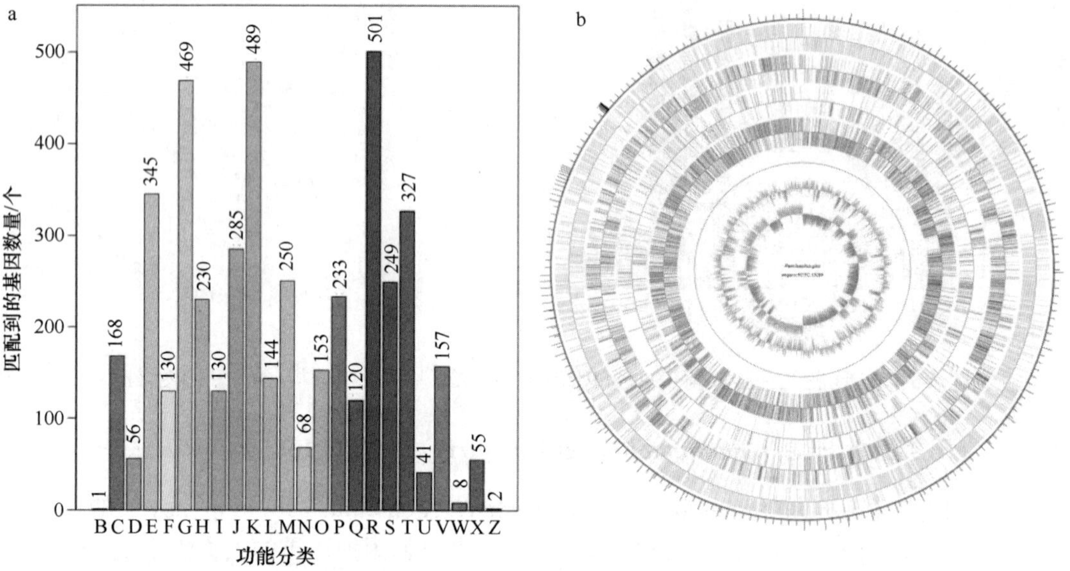


图 5-3-76　人参田类芽胞杆菌 KCTC 13059$^T$ 基因组的直系同源基因聚类分析（a）和圈图（b）

## 45. 人参地类芽胞杆菌（*Paenibacillus ginsengihumi*）DSM 21568$^T$

人参地类芽胞杆菌（*Paenibacillus ginsengihumi* Kim et al. 2008，sp. nov.）的模式菌株（DCY16$^T$ =KCTC 13141$^T$ =JCM 14928$^T$ =DSM 21568$^T$）分离自韩国的人参田土壤，生长条件为 25～42℃（最适 37℃）、pH 7.0～9.0，好氧，产芽胞（Kim et al.，2008）。目前，该种仅有 1 个基因组，模式菌株 DSM 21568$^T$ 基因组的 GenBank 登录号为 GCA_000380965.1，测序平台为 Illumina HiSeq，于 2013 年 4 月 24 日由美国能源部联合基因组研究所（DOE Joint Genome Institute）提交。

**【基因组的组装】**菌株 DSM 21568$^T$ 基因组的测序深度未知，基因组大小为 5.675 Mb，组装到 144 个 scaffolds，scaffold $N_{50}$ 为 76 256 bp。**【G+C 含量】**57.08%。**【非编码 RNA】**预测到 4 个 rRNA 基因（5S rRNA 4 个、16S rRNA 0 个、23S rRNA 0 个），70 个 tRNA 基因，3 个 sRNA 基因。**【编码基因】**有 5332 个蛋白质编码基因，编码区总长为 4 728 261 bp，占整个基因组的 83.32%，基因的平均长度为 887 bp。**【基因功能注释】**比对到 KEGG、

COG 和 GO 数据库的基因数量分别为 4373 个、3466 个和 3510 个，预测到分泌蛋白编码基因 154 个；在 24 个 COG 功能类群中，基因数量前 10 位的类群分别是：G. 碳水化合物转运与代谢 509 个，K. 转录 374 个，R. 仅一般功能预测 354 个，E. 氨基酸转运与代谢 311 个，T. 信号转导机制 250 个，J. 翻译、核糖体结构与合成 236 个，P. 无机离子转运与代谢 225 个，M. 细胞壁/膜/包膜生物合成 222 个，S. 功能未知 211 个和 H. 辅酶转运与代谢 191 个（图 5-3-77a）。**【重复序列】**预测到的重复序列包括：LTR 69 个，总长为 6458 bp，平均长度为 94 bp；DNA 重复元件 22 个，总长为 1817 bp，平均长度为 83 bp；LINE 15 个，总长为 917 bp，平均长度为 61 bp；SINE 9 个，总长为 557 bp，平均长度为 62 bp；未知序列 3 个，总长为 205 bp，平均长度为 68 bp；TR 845 个，重复序列长度为 3～267 bp，总长为 69 367 bp；小卫星 DNA 688 个，重复序列长度为 10～60 bp，总长为 52 930 bp；微卫星 DNA 1 个，重复序列长度为 3 bp，总长为 105 bp。**【CRISPR】**预测到 416 个 CRISPR 相关序列。**【基因岛】**预测到 5 个基因岛 GI 01～GI 05，长度为 5357～14 297 bp，其 G+C 含量为 42.59%～58.14%。利用已预测得到的基因组信息，如重复序列、G+C 含量等，应用 CIRCOS 工具绘制其基因组圈图（图 5-3-77b）。

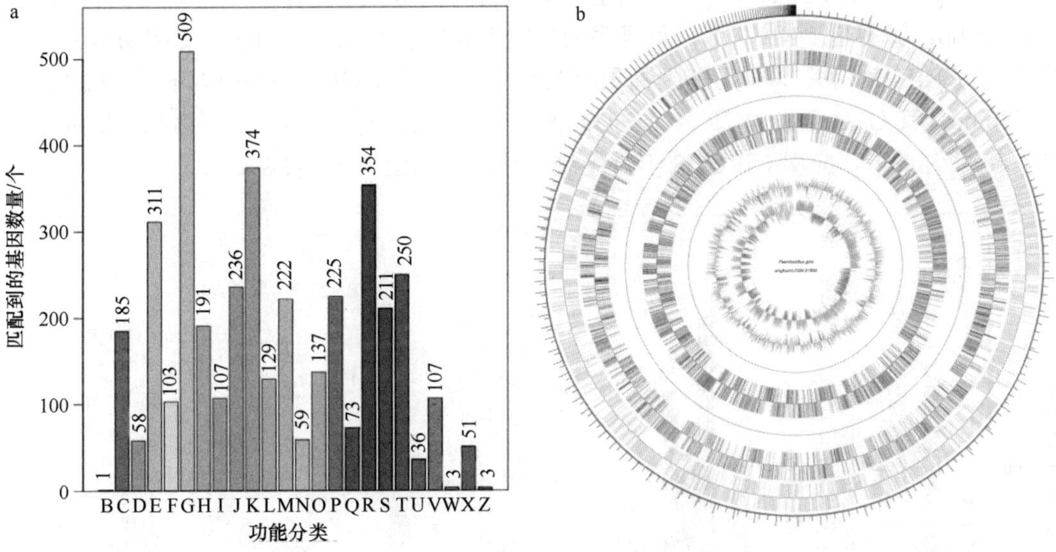


图 5-3-77　人参地类芽胞杆菌 DSM 21568$^T$ 基因组的直系同源基因聚类分析（a）和圈图（b）

## 46. 冰川类芽胞杆菌（*Paenibacillus glacialis*）DSM 22343$^T$

冰川类芽胞杆菌（*Paenibacillus glacialis* Kishore et al. 2010，sp. nov.）的模式菌株（KFC91$^T$=NCCB 100252$^T$=DSM 22343$^T$）分离自印度喜马拉雅山脉的卡夫尼冰川，生长条件为 6～30℃（最适 22℃）、pH 6.0～7.5（最适 pH 7.0）、0～2%（*W*/*V*）NaCl，好氧，产芽胞（Kishore et al.，2010）。目前，该种仅有 1 个基因组，模式菌株 DSM 22343$^T$ 基因组的 GenBank 登录号为 GCA_001637205.1，测序平台为 Illumina MiSeq，于 2016 年 5 月 5 日由韩国高丽大学（Korea University）提交。

**【基因组的组装】**菌株 DSM 22343$^T$ 基因组的测序深度为 106 X，基因组大小为

5.709 Mb，组装到 80 个 contigs，contig $N_{50}$ 为 236 453 bp。**【G+C 含量】**40.68%。**【非编码 RNA】**预测到 15 个 rRNA 基因（5S rRNA 13 个、16S rRNA 1 个、23S rRNA 1 个），108 个 tRNA 基因，1 个 sRNA 基因。**【编码基因】**有 5475 个蛋白质编码基因，编码区总长为 4 786 359 bp，占整个基因组的 83.84%，基因的平均长度为 874 bp。**【基因功能注释】**比对到 KEGG、COG 和 GO 数据库的基因数量分别为 4710 个、3284 个和 3505 个，预测到分泌蛋白编码基因 137 个；在 23 个 COG 功能类群中，基因数量前 10 位的类群分别是：K. 转录 380 个，R. 仅一般功能预测 349 个，G. 碳水化合物转运与代谢 307 个，E. 氨基酸转运与代谢 280 个，J. 翻译、核糖体结构与合成 272 个，T. 信号转导机制 268 个，P. 无机离子转运与代谢 214 个，S. 功能未知 213 个，M. 细胞壁/膜/包膜生物合成 191 个和 H. 辅酶转运与代谢 190 个（图 5-3-78a）。**【重复序列】**预测到的重复序列包括：LTR 165 个，总长为 9965 bp，平均长度为 60 bp；DNA 重复元件 38 个，总长为 4044 bp，平均长度为 106 bp；LINE 53 个，总长为 3315 bp，平均长度为 63 bp；SINE 13 个，总长为 835 bp，平均长度为 64 bp；RC 6 个，总长为 340 bp，平均长度为 57 bp；未知序列 8 个，总长为 610 bp，平均长度为 76 bp；TR 151 个，重复序列长度为 6～1458 bp，总长为 26 550 bp；小卫星 DNA 111 个，重复序列长度为 10～60 bp，总长为 6125 bp；微卫星 DNA 3 个，重复序列长度为 6 bp，总长为 92 bp。**【CRISPR】**预测到 77 个 CRISPR 相关序列。**【基因岛】**预测到 17 个基因岛 GI 01～GI 17，长度为 3222～18 786 bp，其 G+C 含量为 29.91%～43.96%。利用已预测得到的基因组信息，如重复序列、G+C 含量等，应用 CIRCOS 工具绘制其基因组圈图（图 5-3-78b）。

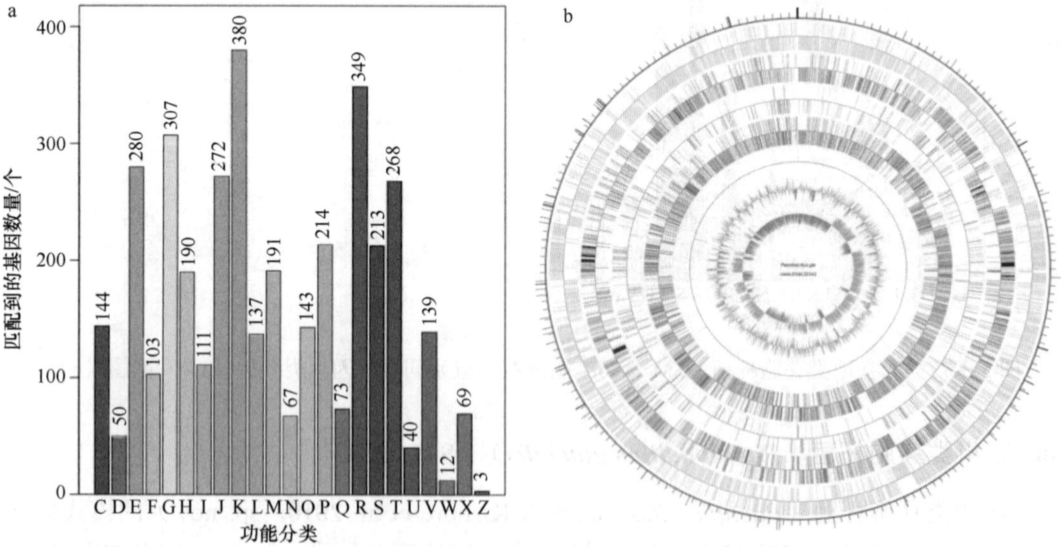


图 5-3-78 冰川类芽胞杆菌 DSM 22343$^{T}$ 基因组的直系同源基因聚类分析（a）和圈图（b）

## 47. 解葡聚糖类芽胞杆菌（*Paenibacillus glucanolyticus*）DSM 5162$^{T}$

解葡聚糖类芽胞杆菌［*Paenibacillus glucanolyticus* (Alexander and Priest 1989) Shida et al. 1997，comb. nov.］的模式菌株（S93$^{T}$ =HSCC 171$^{T}$ =ATCC 49278$^{T}$ =CCUG 28523$^{T}$ =

CIP 106935$^{T}$ =DSM 5162$^{T}$ =LMG 12239$^{T}$ =NCIMB 12809$^{T}$ =NRRL B-14679$^{T}$）分离自土壤，生长条件为 17～37℃、pH 5.7，兼性厌氧，产芽胞，1989 年被命名为解葡聚糖芽胞杆菌（*Bacillus glucanolyticus*）（Alexander and Priest，1989），1997 年被重分类为解葡聚糖类芽胞杆菌（*Paenibacillus glucanolyticus*）（Shida et al.，1997a）。目前，该种有 6 个基因组，选择组装到染色体水平的模式菌株 DSM 5162$^{T}$ 的基因组进行描述，其 GenBank 登录号为 GCA_001632305.1，测序平台为 PacBio+Illumina MiSeq，于 2016 年 4 月 26 日由美国北卡罗来纳州立大学（North Carolina State University）提交。

**【基因组的组装】**菌株 DSM 5162$^{T}$ 基因组的测序深度为 240 X，基因组大小为 5.898 Mb，组装到染色体水平，包括 1 条染色体。**【G+C 含量】**49.19%。**【非编码 RNA】**预测到 24 个 rRNA 基因（5S rRNA 8 个、16S rRNA 8 个、23S rRNA 8 个），73 个 tRNA 基因，2 个 sRNA 基因。**【编码基因】**有 5564 个蛋白质编码基因，编码区总长为 5 093 877 bp，占整个基因组的 86.37%，基因的平均长度为 916 bp。**【基因功能注释】**比对到 KEGG、COG 和 GO 数据库的基因数量分别为 4998 个、3603 个和 3801 个，预测到分泌蛋白编码基因 148 个；在 24 个 COG 功能类群中，基因数量前 10 位的类群分别是：G. 碳水化合物转运与代谢 556 个，K. 转录 431 个，R. 仅一般功能预测 400 个，E. 氨基酸转运与代谢 315 个，J. 翻译、核糖体结构与合成 274 个，T. 信号转导机制 271 个，S. 功能未知 234 个，P. 无机离子转运与代谢 233 个，H. 辅酶转运与代谢 184 个和 M. 细胞壁/膜/包膜生物合成 178 个（图 5-3-79a）。**【重复序列】**预测到的重复序列包括：LTR 145 个，总长为 11 817 bp，平均长度为 81 bp；DNA 重复元件 35 个，总长为 2597 bp，平均长度为 74 bp；LINE 42 个，总长为 3259 bp，平均长度为 78 bp；SINE 13 个，总长为 854 bp，平均长度为 66 bp；RC 2 个，总长为 177 bp，平均长度为 89 bp；未知序列 4 个，总长为 284 bp，平均长度为 71 bp；TR 272 个，重复序列长度为 6～570 bp，总长为 33 971 bp；小卫星 DNA 185 个，重复序列长度为 10～60 bp，总长为 15 207 bp；微卫星 DNA 3 个，

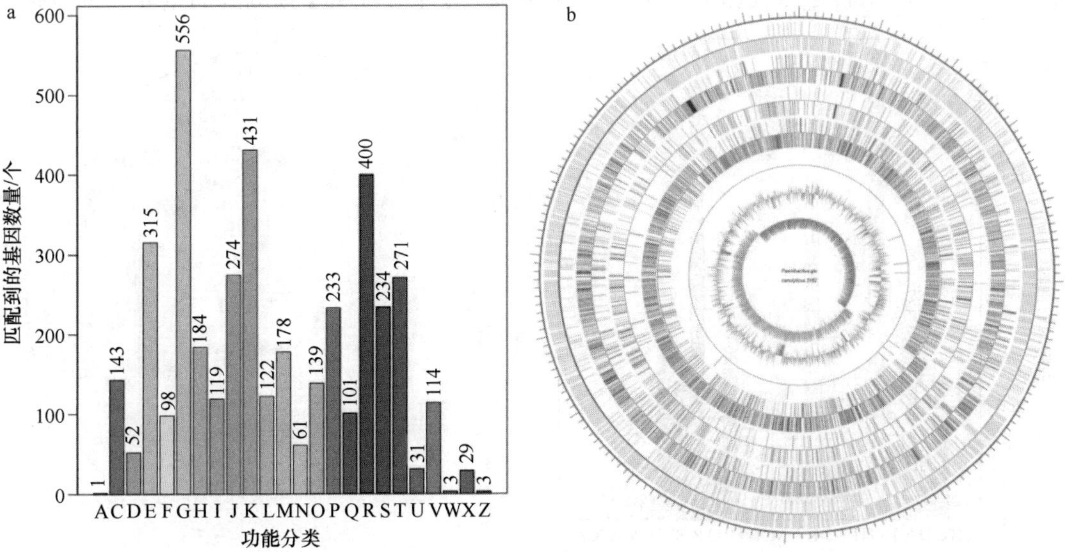


图 5-3-79　解葡聚糖类芽胞杆菌 DSM 5162$^{T}$ 基因组的直系同源基因聚类分析（a）和圈图（b）

重复序列长度为 6 bp，总长为 87 bp。**【CRISPR】**预测到 27 个 CRISPR 相关序列。**【基因岛】**预测到 8 个基因岛 GI 01～GI 08，长度为 4381～47 657 bp，其 G+C 含量为 38.07%～47.80%。利用已预测得到的基因组信息，如重复序列、G+C 含量等，应用 CIRCOS 工具绘制其基因组圈图（图 5-3-79b）。

## 48. 解杂多糖类芽胞杆菌（*Paenibacillus glycanilyticus*）NBRC 16618$^T$

解杂多糖类芽胞杆菌（*Paenibacillus glycanilyticus* Dasman et al. 2002，sp. nov.）的模式菌株（DS-1$^T$ =NBRC 16618$^T$ =JCM 11221$^T$ =NRRL B-23455$^T$）分离自土壤，最适生长条件为 28～37℃、pH 5.7，5%（*W*/*V*）NaCl 不能生长，能降解由普通念珠藻（*Nostoc commune*）产生的杂多糖，兼性好氧，产芽胞（Dasman et al.，2002）。目前，该种仅有 1 个基因组，模式菌株 NBRC 16618$^T$ 基因组的 GenBank 登录号为 GCA_004000805.1，测序平台为 Illumina HiSeq，于 2018 年 12 月 29 日由日本国立技术与评价研究所（National Institute of Technology and Evaluation）提交。

**【基因组的组装】**菌株 NBRC 16618$^T$ 基因组的测序深度为 66 X，基因组大小为 6.888 Mb，组装到 94 个 contigs，contig $N_{50}$ 为 152 729 bp。**【G+C 含量】**50.83%。**【非编码 RNA】**预测到 1 个 rRNA 基因（5S rRNA 0 个、16S rRNA 1 个、23S rRNA 0 个），44 个 tRNA 基因，1 个 sRNA 基因。**【编码基因】**有 6305 个蛋白质编码基因，编码区总长为 6 110 310 bp，占整个基因组的 88.71%，基因的平均长度为 969 bp。**【基因功能注释】**比对到 KEGG、COG 和 GO 数据库的基因数量分别为 5914 个、4269 个和 4508 个，预测到分泌蛋白编码基因 218 个；在 24 个 COG 功能类群中，基因数量前 10 位的类群分别是：G. 碳水化合物转运与代谢 765 个，R. 仅一般功能预测 529 个，K. 转录 527 个，E. 氨基酸转运与代谢 337 个，T. 信号转导机制 321 个，J. 翻译、核糖体结构与合成 277 个，P. 无机离子转运与代谢 264 个，M. 细胞壁/膜/包膜生物合成 253 个，S. 功能未知 242 个和 H. 辅酶转运与代谢 203 个（图 5-3-80a）。**【重复序列】**预测到的重复序列包括：

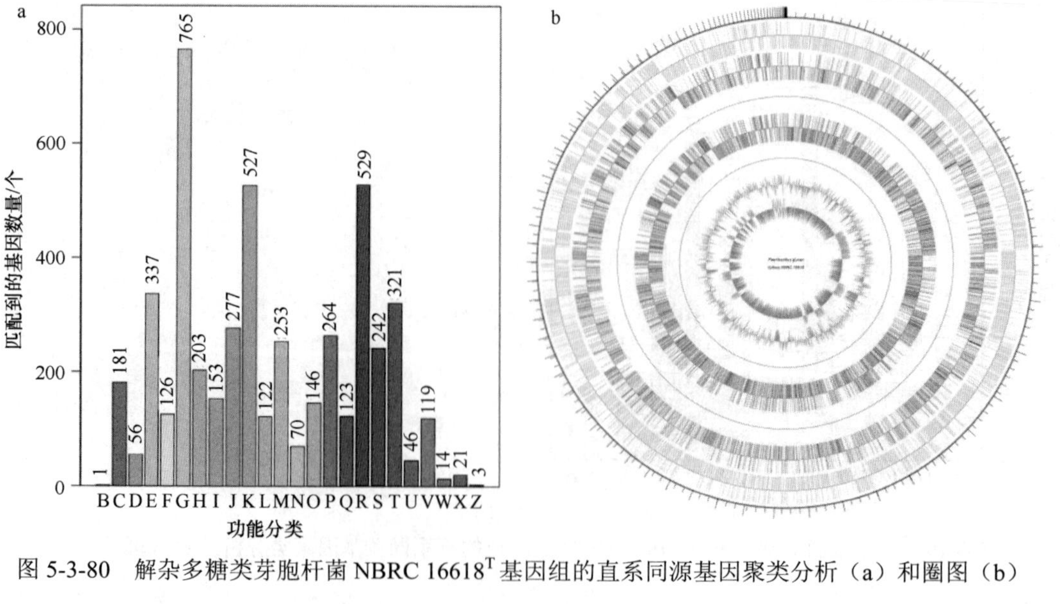


图 5-3-80　解杂多糖类芽胞杆菌 NBRC 16618$^T$ 基因组的直系同源基因聚类分析（a）和圈图（b）

LTR 164 个，总长为 11 678 bp，平均长度为 71 bp；DNA 重复元件 35 个，总长为 2678 bp，平均长度为 77 bp；LINE 41 个，总长为 2685 bp，平均长度为 65 bp；SINE 7 个，总长为 362 bp，平均长度为 52 bp；未知序列 1 个，长度为 82 bp；TR 329 个，重复序列长度为 6～426 bp，总长为 38 489 bp；小卫星 DNA 200 个，重复序列长度为 10～60 bp，总长为 13 741 bp；微卫星 DNA 7 个，重复序列长度为 6 bp，总长为 526 bp。**【CRISPR】**预测到 238 个 CRISPR 相关序列。**【基因岛】**预测到 5 个基因岛 GI 01～GI 05，长度为 6317～16 070 bp，其 G+C 含量为 40.46%～55.20%。利用已预测得到的基因组信息，如重复序列、G+C 含量等，应用 CIRCOS 工具绘制其基因组圈图（图 5-3-80b）。

### 49. 大猩猩类芽胞杆菌（*Paenibacillus gorillae*）G1$^{T}$

大猩猩类芽胞杆菌（*Paenibacillus gorillae* Keita et al. 2014，sp. nov.）的模式菌株（G1$^{T}$ =CSUR P205$^{T}$ =DSM 26181$^{T}$）分离自喀麦隆的大猩猩粪便，生长温度为 25～37℃（最适 25℃），兼性厌氧，产芽胞（Keita et al.，2014b）。目前，该种仅有 1 个基因组，模式菌株 G1$^{T}$ 基因组的 GenBank 登录号为 GCA_000513275.1，测序平台为 Illumina HiSeq，于 2013 年 11 月 29 日由欧洲生物信息学研究所（European Bioinformatics Institute）提交。

**【基因组的组装】**菌株 G1$^{T}$ 基因组的测序深度为 14 X，基因组大小为 6.258 Mb，组装到 167 个 contigs，contig $N_{50}$ 为 65 161 bp。**【G+C 含量】**48.79%。**【非编码 RNA】**预测到 2 个 rRNA 基因（5S rRNA 0 个、16S rRNA 1 个、23S rRNA 1 个），60 个 tRNA 基因，1 个 sRNA 基因。**【编码基因】**有 6018 个蛋白质编码基因，编码区总长为 5 334 183 bp，占整个基因组的 85.24%，基因的平均长度为 886 bp。**【基因功能注释】**比对到 KEGG、COG 和 GO 数据库的基因数量分别为 4949 个、3729 个和 4060 个，预测到分泌蛋白编码基因 119 个；在 25 个 COG 功能类群中，基因数量前 10 位的类群分别是：G. 碳水化合物转运与代谢 506 个，K. 转录 466 个，R. 仅一般功能预测 438 个，E. 氨基酸转运与代谢 339 个，T. 信号转导机制 294 个，P. 无机离子转运与代谢 276 个，J. 翻译、核糖体结构与合成 264 个，M. 细胞壁/膜/包膜生物合成 215 个，S. 功能未知 209 个和 H. 辅酶转运与代谢 191 个（图 5-3-81a）。**【重复序列】**预测到的重复序列包括：LTR 189 个，总长为 13 338 bp，平均长度为 71 bp；DNA 重复元件 46 个，总长为 3461 bp，平均长度为 75 bp；LINE 65 个，总长为 4793 bp，平均长度为 74 bp；SINE 11 个，总长为 654 bp，平均长度为 59 bp；RC 4 个，总长为 207 bp，平均长度为 52 bp；未知序列 4 个，总长为 329 bp，平均长度为 82 bp；TR 394 个，重复序列长度为 4～675 bp，总长为 58 074 bp；小卫星 DNA 235 个，重复序列长度为 10～60 bp，总长为 22 647 bp；微卫星 DNA 17 个，重复序列长度为 4～6 bp，总长为 1157 bp。**【CRISPR】**预测到 440 个 CRISPR 相关序列。**【基因岛】**预测到 11 个基因岛 GI 01～GI 11，长度为 4344～10 819 bp，其 G+C 含量为 37.29%～51.50%。利用已预测得到的基因组信息，如重复序列、G+C 含量等，应用 CIRCOS 工具绘制其基因组圈图（图 5-3-81b）。

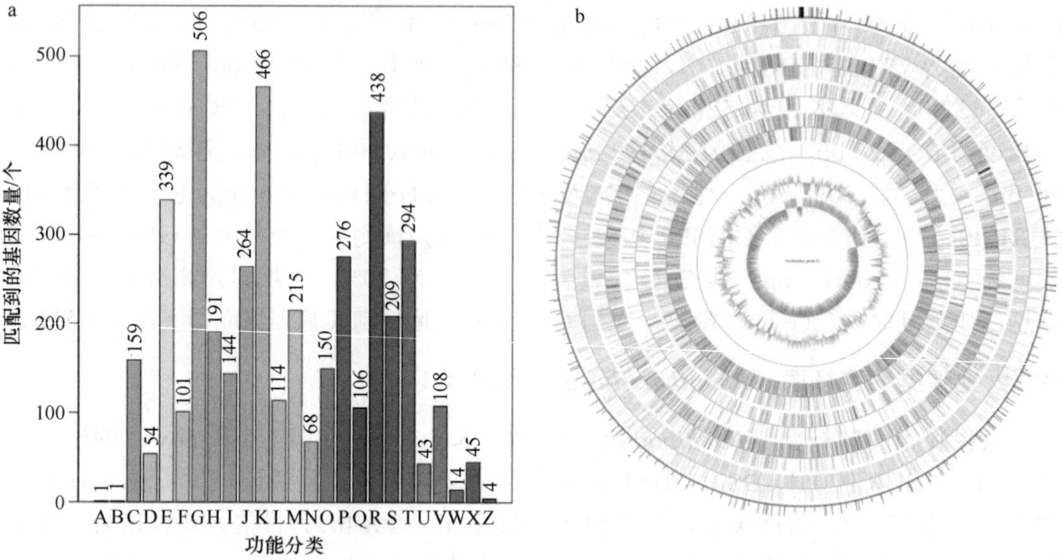


图 5-3-81　大猩猩类芽胞杆菌 G1$^T$ 基因组的直系同源基因聚类分析（a）和圈图（b）

### 50. 草类芽胞杆菌（*Paenibacillus graminis*）DSM 15220$^T$

草类芽胞杆菌（*Paenibacillus graminis* Berge et al. 2002，sp. nov.）的模式菌株（RSA19$^T$ =ATCC BAA-95$^T$ =LMG 19080$^T$ =DSM 15220$^T$）分离自法国的 1 株玉米的根际土，生长温度为 5～40℃，固氮，兼性厌氧，产芽胞（Berge et al.，2002）。目前，该种有 2 个基因组，选择组装到完成图水平的模式菌株 DSM 15220$^T$ 的基因组进行描述，其 GenBank 登录号为 GCA_000758705.1，测序平台为 PacBio，于 2014 年 9 月 22 日由美国康奈尔大学（Cornell University）提交。

**【基因组的组装】**菌株 DSM 15220$^T$ 基因组的测序深度未知，基因组大小为 7.166 Mb，组装到完成图水平，包括 1 条染色体。**【G+C 含量】**50.56%。**【非编码 RNA】**预测到 30 个 rRNA 基因（5S rRNA 10 个、16S rRNA 10 个、23S rRNA 10 个），88 个 tRNA 基因，5 个 sRNA 基因。**【编码基因】**有 6601 个蛋白质编码基因，编码区总长为 6 174 867 bp，占整个基因组的 86.17%，基因的平均长度为 935 bp。**【基因功能注释】**比对到 KEGG、COG 和 GO 数据库的基因数量分别为 6111 个、4049 个和 4355 个，预测到分泌蛋白编码基因 164 个；在 23 个 COG 功能类群中，基因数量前 10 位的类群分别是：G. 碳水化合物转运与代谢 619 个，K. 转录 521 个，R. 仅一般功能预测 436 个，T. 信号转导机制 347 个，E. 氨基酸转运与代谢 345 个，J. 翻译、核糖体结构与合成 295 个，P. 无机离子转运与代谢 236 个，M. 细胞壁/膜/包膜生物合成 221 个，S. 功能未知 212 个和 H. 辅酶转运与代谢 200 个（图 5-3-82a）。**【重复序列】**预测到的重复序列包括：LTR 173 个，总长为 15 335 bp，平均长度为 89 bp；DNA 重复元件 36 个，总长为 2587 bp，平均长度为 72 bp；LINE 72 个，总长为 5257 bp，平均长度为 73 bp；SINE 8 个，总长为 527 bp，平均长度为 66 bp；RC 1 个，长度为 64 bp；未知序列 5 个，总长为 340 bp，平均长度为 68 bp；TR 548 个，重复序列长度为 5～594 bp，总长为 71 723 bp；小卫星 DNA 437 个，重复序列长度为 10～60 bp，总长为 56 195 bp；微卫星 DNA 8 个，重复序列长度为 5～6 bp，总长为 527 bp。**【CRISPR】**预测到 160 个 CRISPR 相关序列。**【基因岛】**预测到 21 个基因岛 GI 01～GI 21，长度为 3813～18 192 bp，其 G+C 含量为 36.12%～57.21%。利用已预测得到的基因组信息，如重复序列、G+C 含量等，应用 CIRCOS 工具绘制其基因组圈图（图 5-3-82b）。

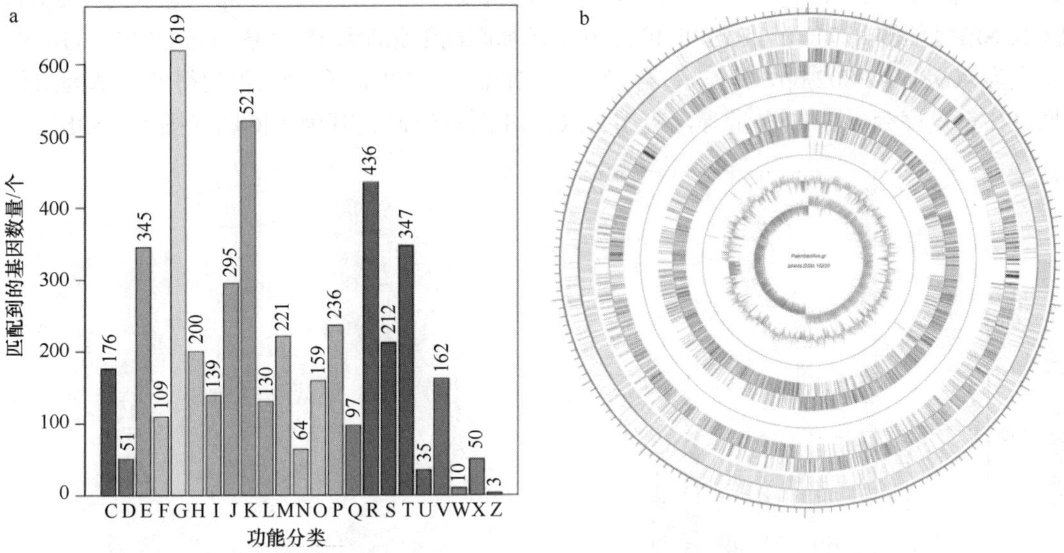


图 5-3-82　草类芽胞杆菌 DSM 15220$^T$ 基因组的直系同源基因聚类分析（a）和圈图（b）

## 51. 沙漠沙类芽胞杆菌（*Paenibacillus harenae*）DSM 16969$^T$

沙漠沙类芽胞杆菌（*Paenibacillus harenae* Jeon et al. 2009，sp. nov.）的模式菌株（B519$^T$ =KCTC 3951$^T$ =DSM 16969$^T$）分离自甘肃的沙漠沙，生长条件为 10～40℃（最适 32～35℃）、pH 6.0～10.0（最适 pH 6.5～7.0），严格好氧，产芽胞（Jeon et al.，2009）。目前，该种仅有 1 个基因组，模式菌株 DSM 16969$^T$ 基因组的 GenBank 登录号为 GCA_000422465.1，测序平台为 Illumina HiSeq，于 2013 年 7 月 11 日由美国能源部联合基因组研究所（DOE Joint Genome Institute）提交。

**【基因组的组装】**菌株 DSM 16969$^T$ 基因组的测序深度未知，基因组大小为 6.968 Mb，组装到 28 个 scaffolds，scaffold $N_{50}$ 为 790 799 bp。**【G+C 含量】**50.68%。**【非编码 RNA】**预测到 5 个 rRNA 基因（5S rRNA 5 个、16S rRNA 0 个、23S rRNA 0 个），77 个 tRNA 基因，3 个 sRNA 基因。**【编码基因】**有 6600 个蛋白质编码基因，编码区总长为 6 113 796 bp，占整个基因组的 87.74%，基因的平均长度为 926 bp。**【基因功能注释】**比对到 KEGG、COG 和 GO 数据库的基因数量分别为 5503 个、4230 个和 4432 个，预测到分泌蛋白编码基因 169 个；在 25 个 COG 功能类群中，基因数量前 10 位的类群分别是：G. 碳水化合物转运与代谢 787 个，K. 转录 533 个，R. 仅一般功能预测 477 个，T. 信号转导机制 313 个，E. 氨基酸转运与代谢 312 个，J. 翻译、核糖体结构与合成 264 个，S. 功能未知 256 个，P. 无机离子转运与代谢 234 个，M. 细胞壁/膜/包膜生物合成 232 个和 H. 辅酶转运与代谢 179 个（图 5-3-83a）。**【重复序列】**预测到的重复序列包括：LTR 128 个，总长为 8619 bp，平均长度为 67 bp；DNA 重复元件 29 个，总长为 2012 bp，平均长度为 69 bp；LINE 20 个，总长为 1513 bp，平均长度为 76 bp；SINE 11 个，总长为 667 bp，平均长度为 61 bp；未知序列 4 个，总长为 272 bp，平均长度为 68 bp；TR 257 个，重复序列长度为 6～185 bp，总长为 21 331 bp；小卫星 DNA 214 个，重复序列长度为 10～52 bp，总长为 15 644 bp；微卫星 DNA 7 个，重复序列长度为 5～6 bp，总长为 463 bp。**【CRISPR】**预测到 71 个 CRISPR 相关序列。**【基因岛】**预测到 18 个基因岛 GI 01～GI 18，长度为 4298～42 802 bp，其 G+C 含量为 37.71%～53.32%。利用已预测得到的基因组信息，如重复序列、G+C 含量等，应用 CIRCOS 工具绘制其基因组圈图（图 5-3-83b）。

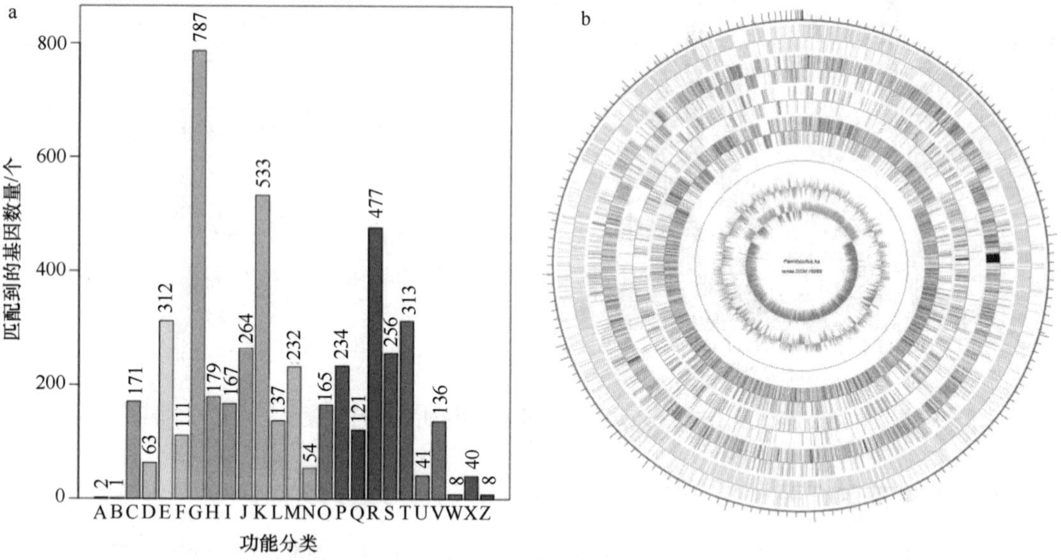


图 5-3-83　沙漠沙类芽胞杆菌 DSM 16969$^T$ 基因组的直系同源基因聚类分析（a）和圈图（b）

## 52. 短叶剪叶苔类芽胞杆菌（*Paenibacillus herberti*）R33$^T$

短叶剪叶苔类芽胞杆菌（*Paenibacillus herberti* Guo et al. 2015，sp. nov.）的模式菌株（R33$^T$ =CGMCC 1.15042$^T$ =DSM 29849$^T$）分离自我国嘎瓦龙冰川的活短叶剪叶苔（*Herbertus sendtneri*），生长条件为 6～37℃（最适 28℃）、pH 5.0～9.5（最适 pH 7.5～8.0）、1%～2%（*W*/*V*）NaCl（最适 1%），好氧，产芽胞（Guo et al.，2015）。目前，该种仅有 1 个基因组，模式菌株 R33$^T$ 基因组的 GenBank 登录号为 GCA_002233675.1，测序平台为 Illumina HiSeq，于 2017 年 7 月 26 日由首都师范大学（Capital Normal University）提交。

**【基因组的组装】**菌株 R33$^T$ 基因组的测序深度为 200 X，基因组大小为 5.414 Mb，组装到 17 个 scaffolds，scaffold $N_{50}$ 为 2 773 355 bp。**【G+C 含量】**50.99%。**【非编码 RNA】**预测到 13 个 rRNA 基因（5S rRNA 3 个、16S rRNA 5 个、23S rRNA 5 个），74 个 tRNA 基因，4 个 sRNA 基因。**【编码基因】**有 5061 个蛋白质编码基因，编码区总长为 4 645 362 bp，占整个基因组的 85.80%，基因的平均长度为 918 bp。**【基因功能注释】**比对到 KEGG、

COG 和 GO 数据库的基因数量分别为 3971 个、3011 个和 3248 个，预测到分泌蛋白编码基因 156 个；在 24 个 COG 功能类群中，基因数量前 10 位的类群分别是：G. 碳水化合物转运与代谢 375 个，R. 仅一般功能预测 325 个，K. 转录 320 个，E. 氨基酸转运与代谢 259 个，J. 翻译、核糖体结构与合成 237 个，T. 信号转导机制 234 个，P. 无机离子转运与代谢 190 个，S. 功能未知 181 个，M. 细胞壁/膜/包膜生物合成 170 个和 H. 辅酶转运与代谢 147 个（图 5-3-84a）。**【重复序列】**预测到的重复序列包括：LTR 115 个，总长为 9746 bp，平均长度为 85 bp；DNA 重复元件 28 个，总长为 2910 bp，平均长度为 104 bp；LINE 42 个，总长为 3630 bp，平均长度为 86 bp；SINE 12 个，总长为 801 bp，平均长度为 67 bp；RC 5 个，总长为 297 bp，平均长度为 59 bp；未知序列 4 个，总长为 320 bp，平均长度为 80 bp；TR 716 个，重复序列长度为 5～1628 bp，总长为 81 986 bp；小卫星 DNA 487 个，重复序列长度为 10～60 bp，总长为 60 900 bp；微卫星 DNA 22 个，重复序列长度为 5～6 bp，总长为 1301 bp。**【CRISPR】**预测到 957 个 CRISPR 相关序列。**【基因岛】**预测到 11 个基因岛 GI 01～GI 11，长度为 3547～34 986 bp，其 G+C 含量为 37.91%～55.67%。利用已预测得到的基因组信息，如重复序列、G+C 含量等，应用 CIRCOS 工具绘制其基因组圈图（图 5-3-84b）。

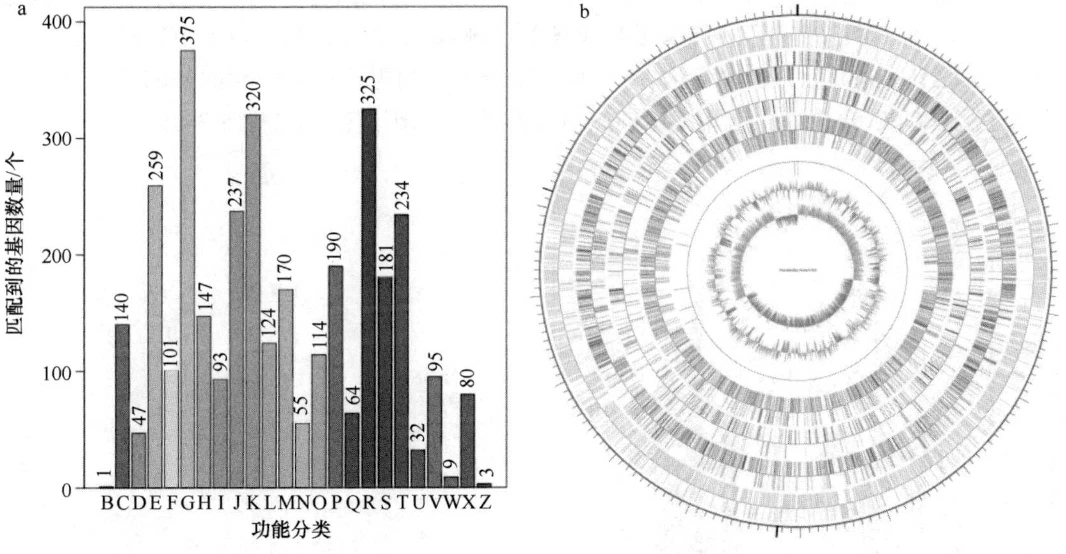


图 5-3-84　短叶剪叶苔类芽胞杆菌 R33$^{T}$基因组的直系同源基因聚类分析（a）和圈图（b）

## 53. 腐殖质类芽胞杆菌（*Paenibacillus humicus*）NBRC 102415$^{T}$

腐殖质类芽胞杆菌（*Paenibacillus humicus* Vaz-Moreira et al. 2007，sp. nov.）的模式菌株（PC-147$^{T}$ =DSM 18784$^{T}$ =NBRC 102415$^{T}$ =LMG 23886$^{T}$）分离自家禽羽毛堆肥产品，生长条件为 15～40℃、pH 5.5～10.0、0～3%（*W*/*V*）NaCl，好氧，产芽胞（Vaz-Moreira et al.，2007）。目前，该种仅有 1 个基因组，模式菌株 NBRC 102415$^{T}$基因组的 GenBank 登录号为 GCA_004000905.1，测序平台为 Illumina HiSeq，于 2018 年 12 月 29 日由日本国立技术与评价研究所（National Institute of Technology and Evaluation）提交。

**【基因组的组装】**菌株 NBRC 102415$^T$基因组的测序深度为 99 X，基因组大小为 5.599 Mb，组装到 115 个 contigs，contig $N_{50}$为 90 606 bp。**【G+C 含量】**58.06%。**【非编码 RNA】**预测到 2 个 rRNA 基因（5S rRNA 1 个、16S rRNA 1 个、23S rRNA 0 个），39 个 tRNA 基因，1 个 sRNA 基因。**【编码基因】**有 5320 个蛋白质编码基因，编码区总长为 4 728 096 bp，占整个基因组的 84.45%，基因的平均长度为 889 bp。**【基因功能注释】**比对到 KEGG、COG 和 GO 数据库的基因数量分别为 4325 个、3297 个和 3422 个，预测到分泌蛋白编码基因 185 个；在 24 个 COG 功能类群中，基因数量前 10 位的类群分别是：G. 碳水化合物转运与代谢 425 个，R. 仅一般功能预测 374 个，K. 转录 352 个，E. 氨基酸转运与代谢 309 个，J. 翻译、核糖体结构与合成 255 个，T. 信号转导机制 244 个，P. 无机离子转运与代谢 219 个，M. 细胞壁/膜/包膜生物合成 208 个，S. 功能未知 199 个和 H. 辅酶转运与代谢 161 个（图 5-3-85a）。**【重复序列】**预测到的重复序列包括：LTR 59 个，总长为 4578 bp，平均长度为 78 bp；DNA 重复元件 18 个，总长为 1234 bp，平均长度为 69 bp；LINE 16 个，总长为 1137 bp，平均长度为 71 bp；SINE 5 个，总长为 290 bp，平均长度为 58 bp；未知序列 1 个，长度为 87 bp；TR 709 个，重复序列长度为 4～828 bp，总长为 52 345 bp；小卫星 DNA 602 个，重复序列长度为 10～60 bp，总长为 40 942 bp；微卫星 DNA 15 个，重复序列长度为 4～6 bp，总长为 1167 bp。**【CRISPR】**预测到 127 个 CRISPR 相关序列。**【基因岛】**预测到 12 个基因岛 GI 01～GI 12，长度为 5473～24 617 bp，其 G+C 含量为 39.88%～58.26%。利用已预测得到的基因组信息，如重复序列、G+C 含量等，应用 CIRCOS 工具绘制其基因组圈图（图 5-3-85b）。

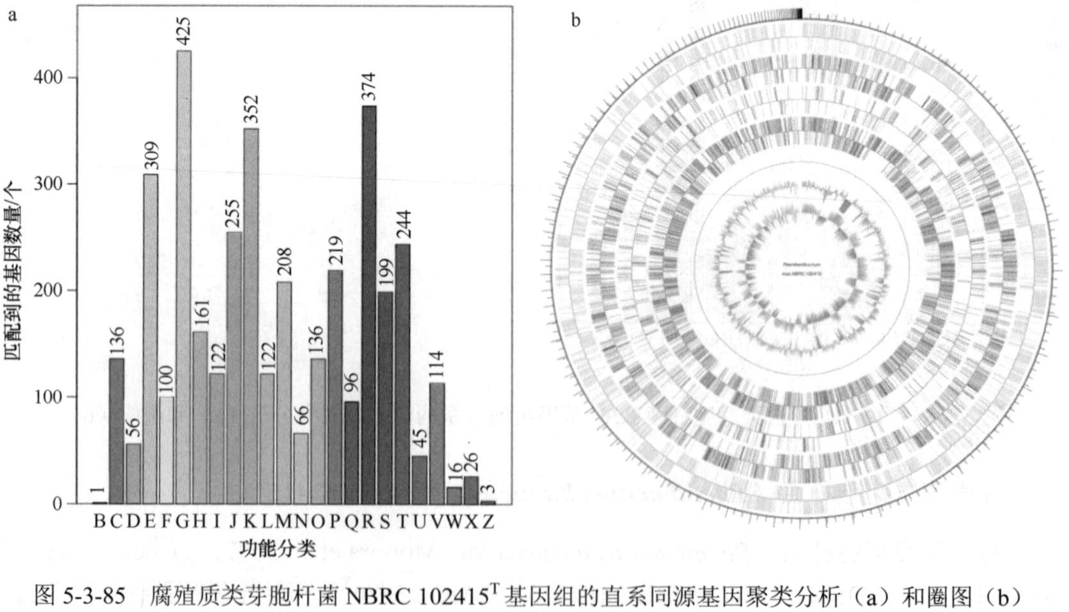


图 5-3-85 腐殖质类芽胞杆菌 NBRC 102415$^T$基因组的直系同源基因聚类分析（a）和圈图（b）

## 54. 生资所类芽胞杆菌（*Paenibacillus ihbetae*）IHBB 9852$^T$

生资所类芽胞杆菌（*Paenibacillus ihbetae* Kiran et al. 2017，sp. nov.）的模式菌株（IHBB 9852$^T$ =MTCC 12459$^T$ =MCC 2795$^T$ =JCM 31131$^T$ =KACC 19072$^T$）分离自印度高

海拔的苏拉杰塔尔湖，好氧，产芽胞（Kiran et al.，2017）。目前，该种仅有 2 个基因组，模式菌株 IHBB 9852$^T$ 基因组的 GenBank 登录号为 GCA_002741055.1，测序平台为 Illumina HiSeq，于 2016 年 8 月 5 日由印度科学和工业研究理事会喜马拉雅生物资源技术研究所（CSIR-Institute of Himalayan Bioresource Technology）提交。

**【基因组的组装】**菌株 IHBB 9852$^T$ 基因组的测序深度为 99 X，基因组大小为 6.594 Mb，组装到完成图水平，包括 1 条染色体。**【G+C 含量】**52.11%。**【非编码 RNA】**预测到 27 个 rRNA 基因（5S rRNA 9 个、16S rRNA 9 个、23S rRNA 9 个），73 个 tRNA 基因，5 个 sRNA 基因。**【编码基因】**有 6191 个蛋白质编码基因，编码区总长为 5 621 325 bp，占整个基因组的 85.25%，基因的平均长度为 908 bp。**【基因功能注释】**比对到 KEGG、COG 和 GO 数据库的基因数量分别为 5795 个、4040 个和 4169 个，预测到分泌蛋白编码基因 169 个；在 24 个 COG 功能类群中，基因数量前 10 位的类群分别是：G. 碳水化合物转运与代谢 680 个，K. 转录 537 个，R. 仅一般功能预测 449 个，E. 氨基酸转运与代谢 340 个，T. 信号转导机制 299 个，J. 翻译、核糖体结构与合成 281 个，P. 无机离子转运与代谢 244 个，S. 功能未知 243 个，H. 辅酶转运与代谢 213 个和 M. 细胞壁/膜/包膜生物合成 205 个（图 5-3-86a）。**【重复序列】**预测到的重复序列包括：LTR 91 个，总长为 7886 bp，平均长度为 87 bp；DNA 重复元件 21 个，总长为 1737 bp，平均长度为 83 bp；LINE 35 个，总长为 2386 bp，平均长度为 68 bp；SINE 14 个，总长为 907 bp，平均长度为 65 bp；RC 1 个，长度为 50 bp；未知序列 4 个，总长为 294 bp，平均长度为 74 bp；TR 368 个，重复序列长度为 6～813 bp，总长为 35 230 bp；小卫星 DNA 290 个，重复序列长度为 10～60 bp，总长为 18 926 bp；微卫星 DNA 13 个，重复序列长度为 6 bp，总长为 684 bp。**【CRISPR】**预测到 22 个 CRISPR 相关序列。**【基因岛】**预测到 7 个基因岛 GI 01～GI 07，长度为 5759～42 407 bp，其 G+C 含量为 36.36%～51.06%。利用已预测得到的基因组信息，如重复序列、G+C 含量等，应用 CIRCOS 工具绘制其基因组圈图（图 5-3-86b）。

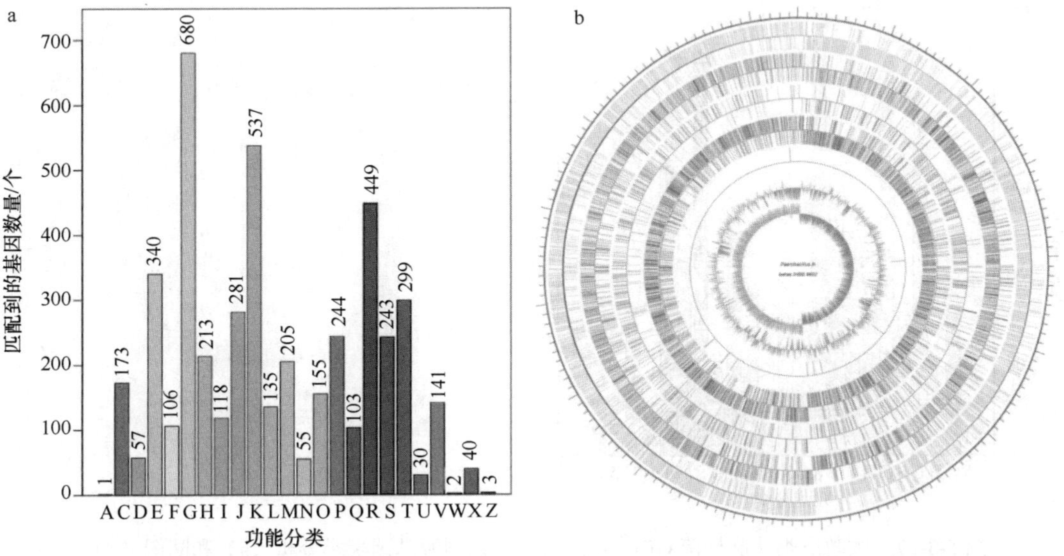


图 5-3-86　生资所类芽胞杆菌 IHBB 9852$^T$ 基因组的直系同源基因聚类分析（a）和圈图（b）

## 55. 医教所类芽胞杆菌（*Paenibacillus ihuae*）GD6$^T$

医教所类芽胞杆菌（*Paenibacillus ihuae* Al-Bayssari et al. 2018，sp. nov.）的模式菌株（GD6$^T$ =CSUR P892$^T$ =DSMZ 45751$^T$）分离自 1 位 69 岁法国人的粪便，生长温度为 37℃，好氧，产芽胞（Al-Bayssari et al.，2018）。目前，该种仅有 1 个基因组，模式菌株 GD6$^T$ 基因组的 GenBank 登录号为 GCA_001368795.1，测序平台为 PacBio，于 2015 年 4 月 22 日由法国热带传染病研究中心（Unité de Recherche en Maladies Infectieuses et Tropicales Emergentes）提交。

**【基因组的组装】**菌株 GD6$^T$ 基因组的测序深度为 10 X，基因组大小为 6.725 Mb，组装到 13 个 scaffolds，scaffold $N_{50}$ 为 4 295 883 bp。**【G+C 含量】**49.60%。**【非编码 RNA】**预测到 6 个 rRNA 基因（5S rRNA 4 个、16S rRNA 1 个、23S rRNA 1 个），60 个 tRNA 基因，2 个 sRNA 基因。**【编码基因】**有 6435 个蛋白质编码基因，编码区总长为 5 540 619 bp，占整个基因组的 82.39%，基因的平均长度为 889 bp。**【基因功能注释】**比对到 KEGG、COG 和 GO 数据库的基因数量分别为 5503 个、3838 个和 4149 个，预测到分泌蛋白编码基因 167 个；在 24 个 COG 功能类群中，基因数量前 10 位的类群分别是：G. 碳水化合物转运与代谢 512 个，K. 转录 472 个，R. 仅一般功能预测 432 个，E. 氨基酸转运与代谢 354 个，T. 信号转导机制 336 个，J. 翻译、核糖体结构与合成 294 个，P. 无机离子转运与代谢 255 个，S. 功能未知 225 个，H. 辅酶转运与代谢 203 个和 M. 细胞壁/膜/包膜生物合成 201 个（图 5-3-87a）。**【重复序列】**预测到的重复序列包括：LTR 150 个，总长为 9295 bp，平均长度为 62 bp；DNA 重复元件 29 个，总长为 2060 bp，平均长度为 71 bp；LINE 43 个，总长为 3592 bp，平均长度为 84 bp；SINE 6 个，总长为 448 bp，平均长度为 75 bp；RC 3 个，总长为 187 bp，平均长度为 62 bp；未知序列

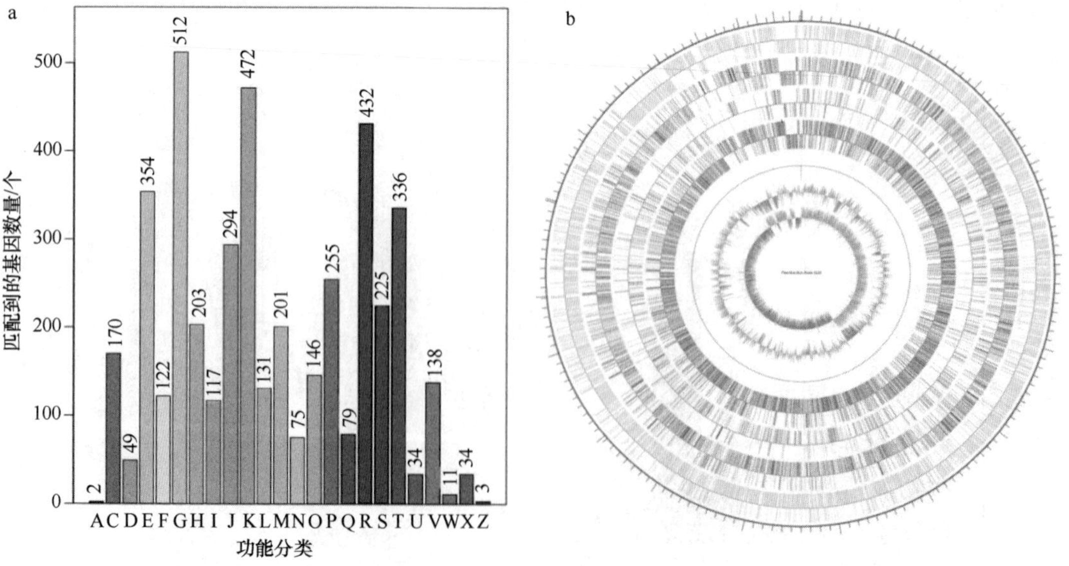


图 5-3-87　医教所类芽胞杆菌 GD6$^T$ 基因组的直系同源基因聚类分析（a）和圈图（b）

4 个，总长为 243 bp，平均长度为 61 bp；TR 285 个，重复序列长度为 6～552 bp，总长为 25 434 bp；小卫星 DNA 216 个，重复序列长度为 10～51 bp，总长为 16 337 bp；微卫星 DNA 8 个，重复序列长度为 6 bp，总长为 538 bp。**【CRISPR】**预测到 151 个 CRISPR 相关序列。**【基因岛】**预测到 19 个基因岛 GI 01～GI 19，长度为 3760～41 903 bp，其 G+C 含量为 33.40%～54.82%。利用已预测得到的基因组信息，如重复序列、G+C 含量等，应用 CIRCOS 工具绘制其基因组圈图（图 5-3-87b）。

### 56. 肥胖症类芽胞杆菌（*Paenibacillus ihumii*）AT5$^{T}$

肥胖症类芽胞杆菌（*Paenibacillus ihumii* Togo et al. 2017，sp. nov.）的模式菌株（AT5$^{T}$ =CSUR 1981$^{T}$ =DSM 100664$^{T}$）分离自法国的 1 位肥胖症患者的粪便，生长温度为 37℃，兼性厌氧，产芽胞（Togo et al.，2016）。目前，该种仅有 1 个基因组，模式菌株 AT5$^{T}$ 基因组的 GenBank 登录号为 GCA_001403875.1，测序平台为 Illumina HiSeq，于 2015 年 10 月 8 日由法国热带传染病研究中心（Unité de Recherche en Maladies Infectieuses et Tropicales Emergentes）提交。

**【基因组的组装】**菌株 AT5$^{T}$ 基因组的测序深度为 122 X，基因组大小为 5.924 Mb，组装到 12 个 scaffolds，scaffold $N_{50}$ 为 4 112 046 bp。**【G+C 含量】**50.20%。**【非编码 RNA】**预测到 13 个 rRNA 基因（5S rRNA 6 个、16S rRNA 5 个、23S rRNA 2 个），67 个 tRNA 基因，1 个 sRNA 基因。**【编码基因】**有 5431 个蛋白质编码基因，编码区总长为 5 064 561 bp，占整个基因组的 85.49%，基因的平均长度为 933 bp。**【基因功能注释】**比对到 KEGG、COG 和 GO 数据库的基因数量分别为 4543 个、3455 个和 3623 个，预测到分泌蛋白编码基因 108 个；在 25 个 COG 功能类群中，基因数量前 10 位的类群分别是：G. 碳水化合物转运与代谢 556 个，K. 转录 383 个，R. 仅一般功能预测 337 个，E. 氨基酸转运与代谢 251 个，J. 翻译、核糖体结构与合成 250 个，T. 信号转导机制 237 个，S. 功能未知 208 个，M. 细胞壁/膜/包膜生物合成 203 个，P. 无机离子转运与代谢 197 个和 H. 辅酶转运与代谢 189 个（图 5-3-88a）。**【重复序列】**预测到的重复序列包括：LTR 149 个，总长为 11 112 bp，平均长度为 75 bp；DNA 重复元件 48 个，总长为 5076 bp，平均长度为 106 bp；LINE 42 个，总长为 3776 bp，平均长度为 90 bp；SINE 13 个，总长为 827 bp，平均长度为 64 bp；RC 2 个，总长为 269 bp，平均长度为 135 bp；未知序列 6 个，总长为 593 bp，平均长度为 99 bp；TR 911 个，重复序列长度为 4～699 bp，总长为 72 579 bp；小卫星 DNA 753 个，重复序列长度为 10～60 bp，总长为 66 223 bp；微卫星 DNA 12 个，重复序列长度为 4～6 bp，总长为 704 bp。**【CRISPR】**预测到 106 个 CRISPR 相关序列。**【基因岛】**预测到 19 个基因岛 GI 01～GI 19，长度为 4542～78 487 bp，其 G+C 含量为 35.72%～55.32%。利用已预测得到的基因组信息，如重复序列、G+C 含量等，应用 CIRCOS 工具绘制其基因组圈图（图 5-3-88b）。

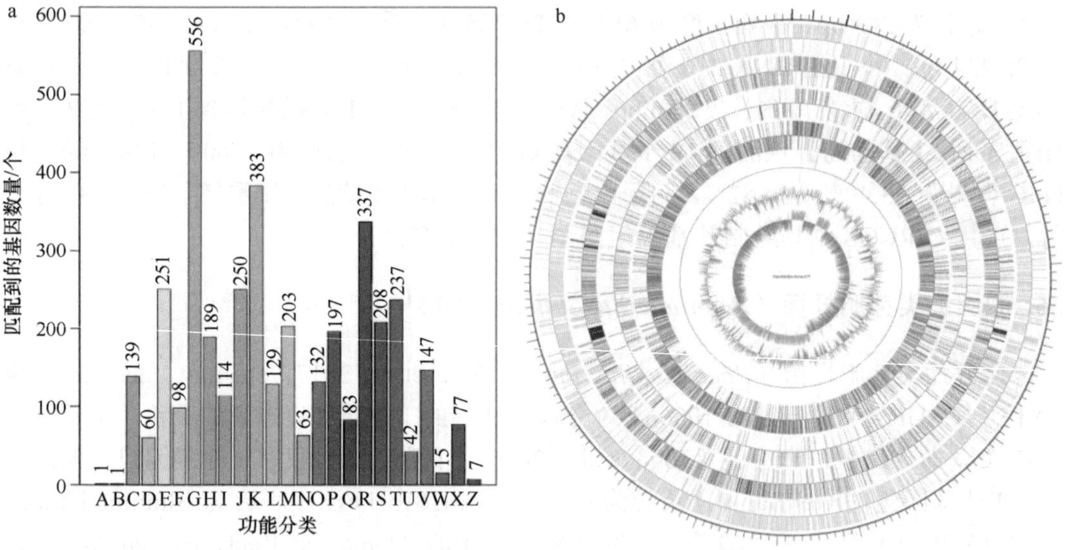


图 5-3-88　肥胖症类芽胞杆菌 AT5$^T$ 基因组的直系同源基因聚类分析（a）和圈图（b）

## 57. 伊利诺伊类芽胞杆菌（*Paenibacillus illinoisensis*）E3

伊利诺伊类芽胞杆菌（*Paenibacillus illinoisensis* Shida et al. 1997，sp. nov.）的模式菌株（HSCC 309$^T$ = JCM 9907$^T$ =IFO 1595$^T$）分离自美国伊利诺伊州的土壤，生长条件为 10～50℃（最适 37℃）、pH 4.5～9.0（最适 pH 7.0）、0～2%（*W*/*V*）NaCl，兼性厌氧，产芽胞（Shida et al.，1997b）。目前，该种有 2 个基因组，选择组装水平较高的非模式菌株 E3 的基因组进行描述，其 GenBank 登录号为 GCA_003224455.1，测序平台为 Illumina HiSeq，于 2018 年 6 月 12 日由沙特阿拉伯阿卜杜拉国王科技大学（King Abdullah University of Science and Technology）提交。

**【基因组的组装】**菌株 E3 基因组的测序深度为 800 X，基因组大小为 7.109 Mb，组装到 38 个 contigs，contig $N_{50}$ 为 508 593 bp。**【G+C 含量】**46.29%。**【非编码 RNA】**预测到 1 个 rRNA 基因（5S rRNA 1 个、16S rRNA 0 个、23S rRNA 0 个），45 个 tRNA 基因，1 个 sRNA 基因。**【编码基因】**有 6766 个蛋白质编码基因，编码区总长为 6 111 072 bp，占整个基因组的 85.96%，基因的平均长度为 903 bp。**【基因功能注释】**比对到 KEGG、COG 和 GO 数据库的基因数量分别为 5900 个、4206 个和 4492 个，预测到分泌蛋白编码基因 178 个；在 24 个 COG 功能类群中，基因数量前 10 位的类群分别是：G. 碳水化合物转运与代谢 664 个，K. 转录 517 个，R. 仅一般功能预测 510 个，E. 氨基酸转运与代谢 367 个，T. 信号转导机制 318 个，J. 翻译、核糖体结构与合成 293 个，P. 无机离子转运与代谢 278 个，S. 功能未知 246 个，H. 辅酶转运与代谢 227 个和 M. 细胞壁/膜/包膜生物合成 204 个（图 5-3-89a）。**【重复序列】**预测到的重复序列包括：LTR 153 个，总长为 9170 bp，平均长度为 60 bp；DNA 重复元件 39 个，总长为 2811 bp，平均长度为 72 bp；LINE 50 个，总长为 2914 bp，平均长度为 58 bp；SINE 3 个，总长为 184 bp，平均长度为 61 bp；RC 3 个，总长为 163 bp，平均长度为 54 bp；未知序列 2 个，总长为 97 bp，平均长度为 49 bp；TR 105 个，重复序列长度为 5～453 bp，总长为 10 909 bp；小卫星 DNA 78 个，重复序列长度为 11～42 bp，总长为 3704 bp；微卫星 DNA 5 个，重复序列长度为 5～6 bp，总长为 267 bp。**【CRISPR】**预测到 3 个 CRISPR 相关序列。**【基因岛】**预测到 16 个基因岛 GI 01～GI 16，长度为 4732～23 013 bp，其 G+C 含量为 33.53%～52.28%。利用已预测得到的基因组信息，如重复序列、G+C 含量等，应用 CIRCOS 工具绘制其基因组圈图（图 5-3-89b）。

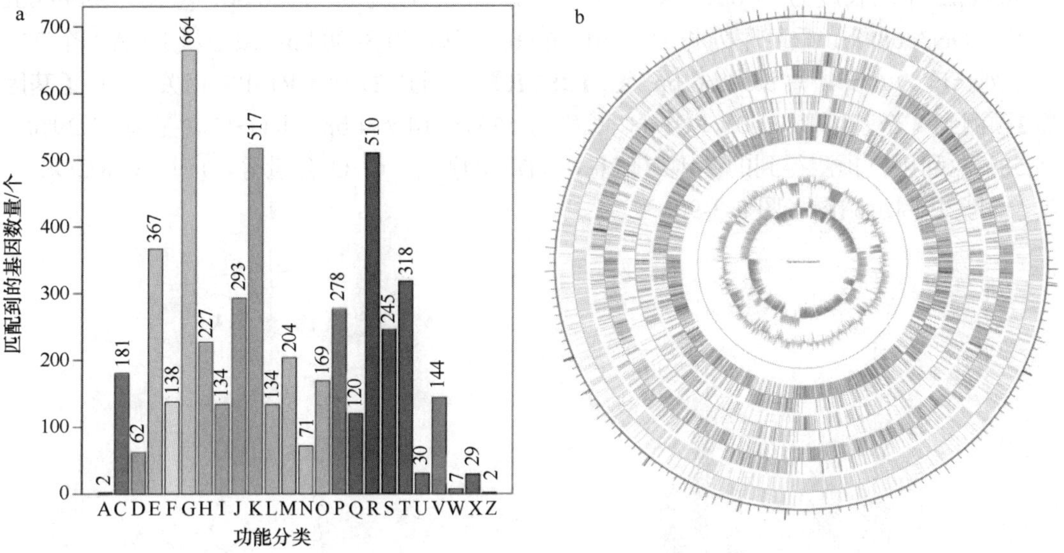


图 5-3-89　伊利诺伊类芽胞杆菌 E3 基因组的直系同源基因聚类分析（a）和圈图（b）

## 58. 杰米拉类芽胞杆菌（*Paenibacillus jamilae*）NS115

杰米拉类芽胞杆菌（*Paenibacillus jamilae* Aguilera et al. 2001，sp. nov.）的模式菌株（B.3$^T$ =CECT 5266$^T$ =DSM 13815$^T$）分离自榨取橄榄油的废水，生长条件为 30～40℃（最适 30℃）、pH 5.0～12.0（最适 pH 7.0）、0～2%（*W/V*）NaCl，兼性厌氧，产芽胞（Aguilera et al.，2001）。目前，该种有 3 个基因组，选择组装水平较高的非模式菌株 NS115 的基因组进行描述，其 GenBank 登录号为 GCA_001477135.1，测序平台为 Illumina MiSeq，于 2015 年 12 月 22 日由印度科学和工业研究理事会微生物技术研究所（CSIR-Institute of Microbial Technology）提交。

**【基因组的组装】**菌株 NS115 基因组的测序深度为 49 X，基因组大小为 5.587 Mb，组装到 311 个 contigs，contig $N_{50}$ 为 58 412 bp。**【G+C 含量】**45.57%。**【非编码 RNA】**预测到 15 个 rRNA 基因（5S rRNA 13 个、16S rRNA 1 个、23S rRNA 1 个），59 个 tRNA 基因，5 个 sRNA 基因。**【编码基因】**有 4988 个蛋白质编码基因，编码区总长为 4 640 622 bp，占整个基因组的 83.06%，基因的平均长度为 930 bp。**【基因功能注释】**比对到 KEGG、COG 和 GO 数据库的基因数量分别为 4705 个、3330 个和 3418 个，预测到分泌蛋白编码基因 118 个；在 24 个 COG 功能类群中，基因数量前 10 位的类群分别是：G. 碳水化合物转运与代谢 443 个，K. 转录 373 个，R. 仅一般功能预测 354 个，E. 氨基酸转运与代谢 318 个，J. 翻译、核糖体结构与合成 269 个，T. 信号转导机制 238 个，P. 无机离子转运与代谢 224 个，H. 辅酶转运与代谢 198 个，M. 细胞壁/膜/包膜生物合成 185 个和 S. 功能未知 176 个（图 5-3-90a）。**【重复序列】**预测到的重复序列包括：LTR 175 个，总长为 10 568 bp，平均长度为 60 bp；DNA 重复元件 57 个，总长为 3683 bp，平均长度为 65 bp；LINE 45 个，总长为 2478 bp，平均长度为 71 bp；SINE 12 个，总长为 846 bp，平均长度为 55 bp；RC 3 个，总长为 133 bp，平均长度为 44 bp；未知序列 4 个，总长为 308 bp，平均长度为 77 bp；TR 90 个，重复序列长度为 6～1530 bp，总长为 9999 bp；小卫星 DNA 68 个，重复序列长度为 10～60 bp，总长为 3600 bp；微卫星 DNA 1 个，重复序列长度为 6 bp，总长为 66 bp。**【CRISPR】**预测到 27 个 CRISPR 相关序列。**【基因岛】**预测到 8 个基因岛 GI 01～GI 08，长度为 5357～14 834 bp，其 G+C 含量为 41.29%～45.58%。利用已预测得到的基因组信息，如重复序列、G+C 含量等，应用 CIRCOS 工具绘制其基因组圈图（图 5-3-90b）。

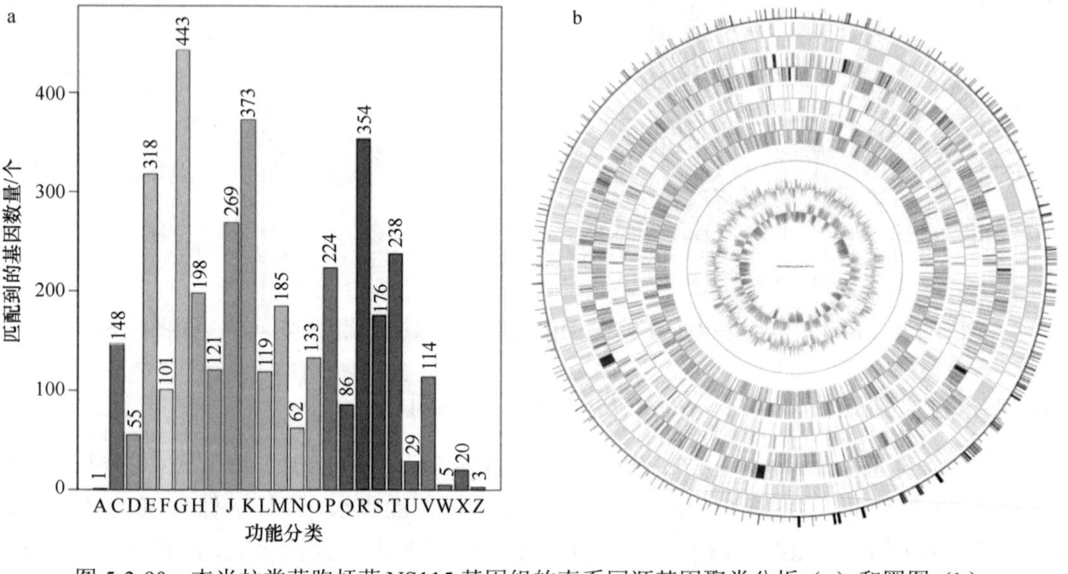


图 5-3-90　杰米拉类芽胞杆菌 NS115 基因组的直系同源基因聚类分析（a）和圈图（b）

## 59. 李季伦类芽胞杆菌（*Paenibacillus jilunlii*）DSM 23019$^T$

李季伦类芽胞杆菌（*Paenibacillus jilunlii* Jin et al. 2011，sp. nov.）的模式菌株（Be17$^T$ = CGMCC 1.10239$^T$ =DSM 23019$^T$）分离自北京植物园的 1 株四季秋海棠（*Begonia semperflorens*）的根际，生长条件为 15～50℃（最适 30℃）、pH 4.0～9.0（最适 pH 6.0）、0～3%（*W*/*V*）NaCl，兼性厌氧，产芽胞（Jin et al.，2011a）。目前，该种有 2 个基因组，选择的模式菌株 DSM 23019$^T$ 的基因组进行描述，其 GenBank 登录号为 GCA_001546055.1，测序平台为 Illumina MiSeq，于 2016 年 2 月 2 日由巴西南里奥格兰德联邦大学（Federal University of Rio Grande do Sul，Brazil）提交。

**【基因组的组装】**菌株 DSM 23019$^T$ 基因组的测序深度为 66 X，基因组大小为 7.076 Mb，组装到 124 个 contigs，contig $N_{50}$ 为 201 315 bp。**【G+C 含量】**50.87%。**【非编码 RNA】**

预测到 10 个 rRNA 基因（5S rRNA 9 个、16S rRNA 1 个、23S rRNA 0 个），83 个 tRNA 基因，6 个 sRNA 基因。**【编码基因】**有 6411 个蛋白质编码基因，编码区总长为 6 070 446 bp，占整个基因组的 85.79%，基因的平均长度为 947 bp。**【基因功能注释】**比对到 KEGG、COG 和 GO 数据库的基因数量分别为 5827 个、4025 个和 4332 个，预测到分泌蛋白编码基因 172 个；在 23 个 COG 功能类群中，基因数量前 10 位的类群分别是：G. 碳水化合物转运与代谢 630 个，K. 转录 534 个，R. 仅一般功能预测 449 个，T. 信号转导机制 356 个，E. 氨基酸转运与代谢 345 个，J. 翻译、核糖体结构与合成 292 个，P. 无机离子转运与代谢 244 个，M. 细胞壁/膜/包膜生物合成 216 个，H. 辅酶转运与代谢 210 个和 S. 功能未知 208 个（图 5-3-91a）。**【重复序列】**预测到的重复序列包括：LTR 161 个，总长为 13 354 bp，平均长度为 83 bp；DNA 重复元件 40 个，总长为 2772 bp，平均长度为 69 bp；LINE 62 个，总长为 5344 bp，平均长度为 86 bp；SINE 14 个，总长为 1240 bp，平均长度为 89 bp；RC 3 个，总长为 213 bp，平均长度为 71 bp；未知序列 8 个，总长为 448 bp，平均长度为 56 bp；TR 662 个，重复序列长度为 1～762 bp，总长为 83 806 bp；小卫星 DNA 519 个，重复序列长度为 10～60 bp，总长为 63 796 bp；微卫星 DNA 13 个，重复序列长度为 4～6 bp，总长为 859 bp。**【CRISPR】**预测到 309 个 CRISPR 相关序列。**【基因岛】**预测到 18 个基因岛 GI 01～GI 18，长度为 3285～16 399 bp，其 G+C 含量为 37.97%～56.98%。利用已预测得到的基因组信息，如重复序列、G+C 含量等，应用 CIRCOS 工具绘制其基因组圈图（图 5-3-91b）。

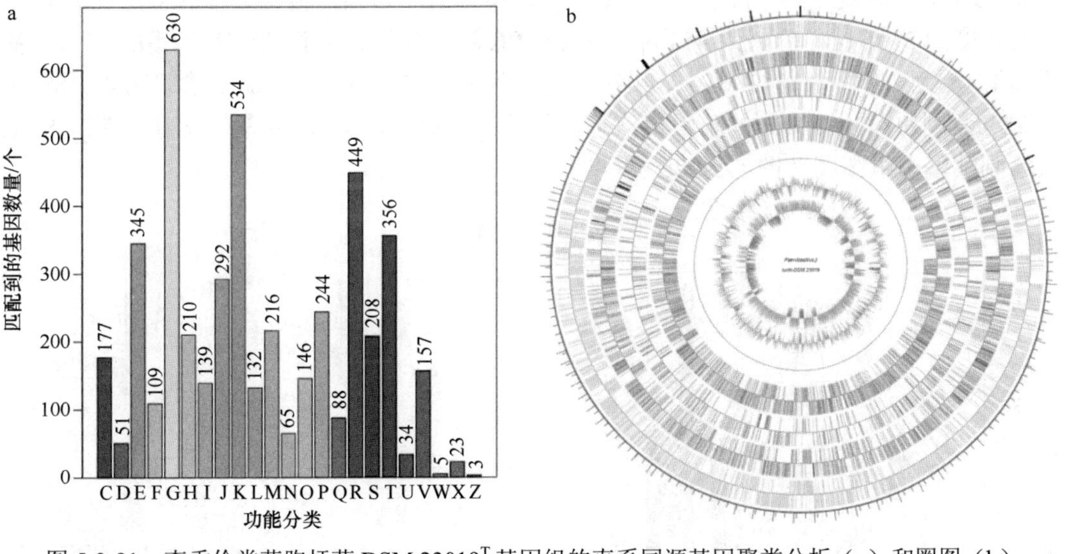


图 5-3-91　李季伦类芽胞杆菌 DSM 23019$^T$ 基因组的直系同源基因聚类分析（a）和圈图（b）

## 60. 神户类芽胞杆菌（*Paenibacillus kobensis*）NBRC 15729$^T$

神户类芽胞杆菌[*Paenibacillus kobensis* (Kanzawa et al. 1995) Shida et al. 1997，comb. nov.] 的模式菌株（YK205$^T$ =NBRC 15729$^T$）分离自日本神户市的土壤，能水解凝胶多糖，好氧，产芽胞，1995 年被命名为神户芽胞杆菌（*Bacillus kobensis*）（Kanzawa et al., 1995），1997 年被重分类为神户类芽胞杆菌（*Paenibacillus kobensis*）（Shida et al., 1997a）。

目前，该种仅有 1 个基因组，模式菌株 NBRC 15729$^{T}$ 基因组的 GenBank 登录号为 GCA_004000825.1，测序平台为 Illumina HiSeq，于 2018 年 12 月 29 日由日本国立技术与评价研究所（National Institute of Technology and Evaluation）提交。

**【基因组的组装】**菌株 NBRC 15729$^{T}$ 基因组的测序深度为 71 X，基因组大小为 6.469 Mb，组装到 167 个 contigs，contig $N_{50}$ 为 89 259 bp。**【G+C 含量】**52.21%。**【非编码 RNA】**预测到 1 个 rRNA 基因（5S rRNA 0 个、16S rRNA 1 个、23S rRNA 0 个），38 个 tRNA 基因，1 个 sRNA 基因。**【编码基因】**有 5791 个蛋白质编码基因，编码区总长为 5 501 706 bp，占整个基因组的 85.05%，基因的平均长度为 950 bp。**【基因功能注释】**比对到 KEGG、COG 和 GO 数据库的基因数量分别为 4718 个、3597 个和 3850 个，预测到分泌蛋白编码基因 170 个；在 25 个 COG 功能类群中，基因数量前 10 位的类群分别是：G. 碳水化合物转运与代谢 440 个，R. 仅一般功能预测 421 个，K. 转录 409 个，E. 氨基酸转运与代谢 310 个，J. 翻译、核糖体结构与合成 266 个，T. 信号转导机制 265 个，M. 细胞壁/膜/包膜生物合成 229 个，P. 无机离子转运与代谢 228 个，H. 辅酶转运与代谢 222 个和 S. 功能未知 205 个（图 5-3-92a）。**【重复序列】**预测到的重复序列包括：LTR 134 个，总长为 9231 bp，平均长度为 69 bp；DNA 重复元件 25 个，总长为 1758 bp，平均长度为 70 bp；LINE 29 个，总长为 1972 bp，平均长度为 68 bp；SINE 9 个，总长为 534 bp，平均长度为 59 bp；RC 3 个，总长为 131 bp，平均长度为 44 bp；未知序列 1 个，长度为 76 bp；TR 406 个，重复序列长度为 3～966 bp，总长为 42 816 bp；小卫星 DNA 298 个，重复序列长度为 10～60 bp，总长为 22 099 bp；微卫星 DNA 12 个，重复序列长度为 3～6 bp，总长为 452 bp。**【CRISPR】**预测到 170 个 CRISPR 相关序列。**【基因岛】**预测到 7 个基因岛 GI 01～GI 07，长度为 2482～17 452 bp，其 G+C 含量为 45.18%～53.22%。利用已预测得到的基因组信息，如重复序列、G+C 含量等，应用 CIRCOS 工具绘制其基因组圈图（图 5-3-92b）。

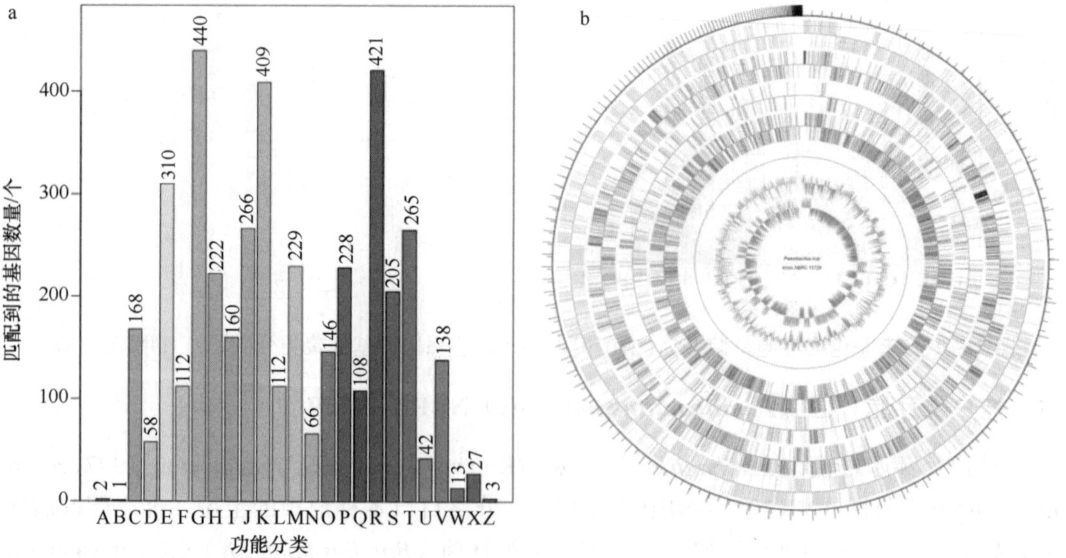


图 5-3-92　神户类芽胞杆菌 NBRC 15729$^{T}$ 基因组的直系同源基因聚类分析（a）和圈图（b）

## 61. 食叶鞘类芽胞杆菌（*Paenibacillus koleovorans*）NBRC 103111$^T$

食叶鞘类芽胞杆菌（*Paenibacillus koleovorans* Takeda et al. 2002，sp. nov.）的模式菌株（TB$^T$ =JCM 11186$^T$ =IAM 14926$^T$ =KCTC 13912$^T$ =NBRC 103111$^T$）分离自土壤，最适生长条件为 30℃、pH 7.0，5%（*W*/*V*）NaCl 时不能生长，能生活于浮游球衣藻（*Sphaerotilus natans*）的叶鞘，兼性厌氧，产芽胞（Takeda et al.，2002）。目前，该种仅有 1 个基因组，模式菌株 NBRC 103111$^T$ 基因组的 GenBank 登录号为 GCA_004000845.1，测序平台为 Illumina HiSeq，于 2018 年 12 月 29 日由日本国立技术与评价研究所（National Institute of Technology and Evaluation）提交。

**【基因组的组装】**菌株 NBRC 103111$^T$ 基因组的测序深度为 147 X，基因组大小为 7.544 Mb，组装到 284 个 contigs，contig $N_{50}$ 为 54 929 bp。**【G+C 含量】**54.87%。**【非编码 RNA】**预测到 2 个 rRNA 基因（5S rRNA 1 个、16S rRNA 1 个、23S rRNA 0 个），55 个 tRNA 基因，3 个 sRNA 基因。**【编码基因】**有 6528 个蛋白质编码基因，编码区总长为 6 470 499 bp，占整个基因组的 85.77%，基因的平均长度为 991 bp。**【基因功能注释】**比对到 KEGG、COG 和 GO 数据库的基因数量分别为 4830 个、3696 个和 4308 个，预测到分泌蛋白编码基因 146 个；在 24 个 COG 功能类群中，基因数量前 10 位的类群分别是：G. 碳水化合物转运与代谢 546 个，R. 仅一般功能预测 460 个，K. 转录 373 个，E. 氨基酸转运与代谢 267 个，T. 信号转导机制 254 个，J. 翻译、核糖体结构与合成 250 个，M. 细胞壁/膜/包膜生物合成 233 个，S. 功能未知 217 个，P. 无机离子转运与代谢 215 个和 H. 辅酶转运与代谢 185 个（图 5-3-93a）。**【重复序列】**预测到的重复序列包括：LTR 123 个，总长为 8116 bp，平均长度为 66 bp；DNA 重复元件 31 个，总长为 2410 bp，平均长度为 78 bp；LINE 48 个，总长为 5056 bp，平均长度为 105 bp；SINE 7 个，总长为 446 bp，平均长度为 64 bp；RC 1 个，长度为 52 bp；未知序列 3 个，总长

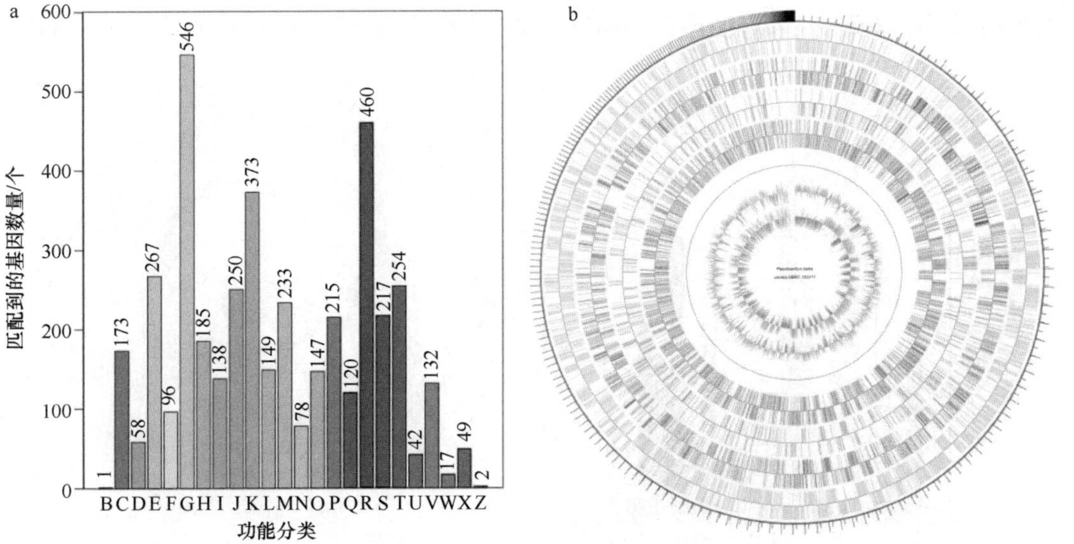


图 5-3-93　食叶鞘类芽胞杆菌 NBRC 103111$^T$ 基因组的直系同源基因聚类分析（a）和圈图（b）

为 221 bp，平均长度为 74 bp；TR 595 个，重复序列长度为 2～846 bp，总长为 44 070 bp；小卫星 DNA 427 个，重复序列长度为 10～60 bp，总长为 29 410 bp；微卫星 DNA 38 个，重复序列长度为 2～6 bp，总长为 2872 bp。**【CRISPR】**预测到 649 个 CRISPR 相关序列。**【基因岛】**预测到 10 个基因岛 GI 01～GI 10，长度为 5050～18 514 bp，其 G+C 含量为 42.21%～57.52%。利用已预测得到的基因组信息，如重复序列、G+C 含量等，应用 CIRCOS 工具绘制其基因组圈图（图 5-3-93b）。

### 62. 韩研所类芽胞杆菌（*Paenibacillus kribbensis*）AM49$^{T}$

韩研所类芽胞杆菌（*Paenibacillus kribbensis* Yoon et al. 2003，sp. nov.）的模式菌株（AM49$^{T}$ =KCTC 0766BP$^{T}$ =JCM 11465$^{T}$）分离自韩国大田市的土壤，最适生长条件为 10～44℃（最适 30～37℃）、pH 6.5～8.0、0～4%（*W*/*V*）NaCl（最适 0～2%），兼性厌氧，产芽胞（Yoon et al.，2003c）。目前，该种有 2 个基因组，选择组装到完成图水平的模式菌株 AM49$^{T}$ 基因组进行描述，其 GenBank 登录号为 GCA_002240415.1，测序平台为 PacBio，于 2017 年 8 月 3 日由韩国生物科学与生物技术研究院（Korea Research Institute of Bioscience and Biotechnology）提交。

**【基因组的组装】**菌株 AM49$^{T}$ 基因组的测序深度为 100 X，基因组大小为 5.779 Mb，组装到完成图水平，包括 1 条染色体。**【G+C 含量】**46.78%。**【非编码 RNA】**预测到 30 个 rRNA 基因（5S rRNA 10 个、16S rRNA 10 个、23S rRNA 10 个），92 个 tRNA 基因，4 个 sRNA 基因。**【编码基因】**有 5374 个蛋白质编码基因，编码区总长为 5 013 018 bp，占整个基因组的 86.75%，基因的平均长度为 933 bp。**【基因功能注释】**比对到 KEGG、COG 和 GO 数据库的基因数量分别为 4878 个、3508 个和 3635 个，预测到分泌蛋白编码基因 136 个；在 24 个 COG 功能类群中，基因数量前 10 位的类群分别是：G. 碳水化合物转运与代谢 520 个，K. 转录 410 个，E. 氨基酸转运与代谢 362 个，R. 仅一般功能预测 355 个，J. 翻译、核糖体结构与合成 254 个，T. 信号转导机制 249 个，P. 无机离子转运与代谢 248 个，H. 辅酶转运与代谢 203 个，C. 能量产生与转换 189 个和 S. 功能未知 187 个（图 5-3-94a）。

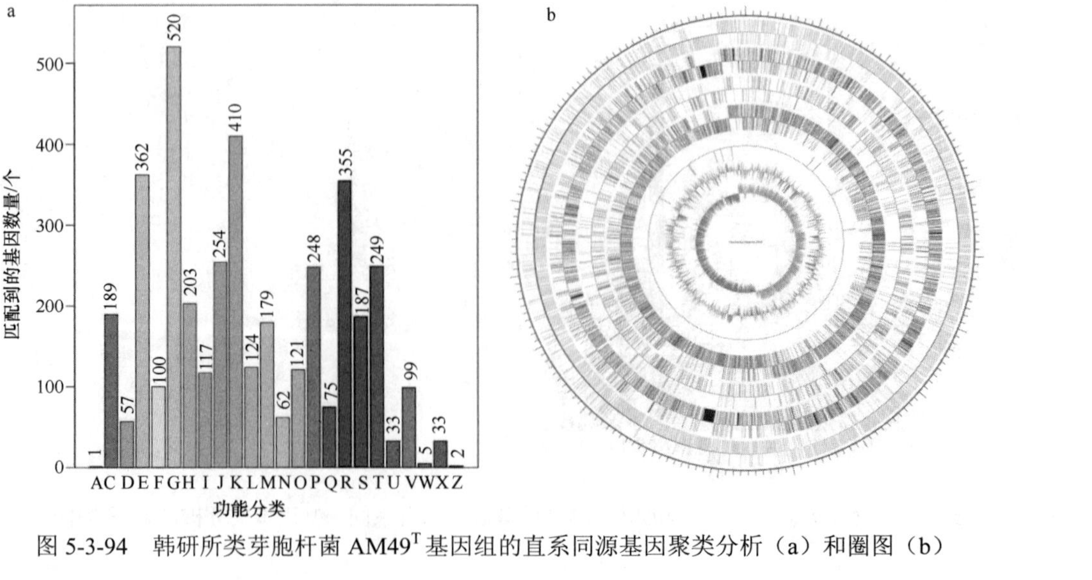


图 5-3-94 韩研所类芽胞杆菌 AM49$^{T}$ 基因组的直系同源基因聚类分析（a）和圈图（b）

**【重复序列】**预测到的重复序列包括：LTR 131 个，总长为 10 725 bp，平均长度为 82 bp；DNA 重复元件 40 个，总长为 2931 bp，平均长度为 73 bp；LINE 32 个，总长为 1823 bp，平均长度为 57 bp；SINE 15 个，总长为 1124 bp，平均长度为 75 bp；RC 3 个，总长为 222 bp，平均长度为 74 bp；未知序列 7 个，总长为 464 bp，平均长度为 66 bp；TR 154 个，重复序列长度为 6～1440 bp，总长为 24 011 bp；小卫星 DNA 125 个，重复序列长度为 10～54 bp，总长为 8708 bp；微卫星 DNA 1 个，重复序列长度为 6 bp，总长为 30 bp。**【CRISPR】**预测到 103 个 CRISPR 相关序列。**【基因岛】**预测到 14 个基因岛 GI 01～GI 14，长度为 5941～35 403 bp，其 G+C 含量为 34.6%～46.95%。利用已预测得到的基因组信息，如重复序列、G+C 含量等，应用 CIRCOS 工具绘制其基因组圈图（图 5-3-94b）。

**63. 牛奶类芽胞杆菌（*Paenibacillus lactis*）154**

牛奶类芽胞杆菌（*Paenibacillus lactis* Scheldeman et al. 2004，sp. nov.）的模式菌株（MB 1871$^T$ =LMG 21940$^T$ =DSM 15596$^T$）分离自牛奶生产厂受到顽固污染的鲜奶产品，最适生长条件为 30～40℃（最高 50～55℃）、pH 7.0（生长为 pH 5.0～11.0），5%（*W*/*V*）NaCl 不能生长，好氧，产芽胞（Scheldeman et al.，2004）。目前，该种有 1 个基因组，选择组装水平较高的非模式菌株 154 的基因组进行描述，其 GenBank 登录号为 GCA_000230915.2，测序平台为 454 FLX+Illumina HiSeq，于 2011 年 10 月 18 日由美国能源部联合基因组研究所（DOE Joint Genome Institute）提交。

**【基因组的组装】**菌株 154 基因组的测序深度为 30 X，基因组大小为 6.806 Mb，组装到 56 个 contigs，contig $N_{50}$ 为 379 334 bp。**【G+C 含量】**51.83%。**【非编码 RNA】**预测到 12 个 rRNA 基因（5S rRNA 8 个、16S rRNA 1 个、23S rRNA 3 个），73 个 tRNA 基因，4 个 sRNA 基因。**【编码基因】**有 6415 个蛋白质编码基因，编码区总长为 5 811 825 bp，占整个基因组的 85.39%，基因的平均长度为 906 bp。**【基因功能注释】**比对到 KEGG、COG 和 GO 数据库的基因数量分别为 5827 个、4091 个和 4295 个，预测到分泌蛋白编码基因 178 个；在 24 个 COG 功能类群中，基因数量前 10 位的类群分别是：G. 碳水化合物转运与代谢 689 个，K. 转录 532 个，R. 仅一般功能预测 449 个，E. 氨基酸转运与代谢 329 个，T. 信号转导机制 309 个，J. 翻译、核糖体结构与合成 283 个，S. 功能未知 254 个，P. 无机离子转运与代谢 236 个，H. 辅酶转运与代谢 198 个和 M. 细胞壁/膜/包膜生物合成 196 个（图 5-3-95a）。**【重复序列】**预测到的重复序列包括：LTR 90 个，总长为 6686 bp，平均长度为 74 bp；DNA 重复元件 26 个，总长为 1900 bp，平均长度为 73 bp；LINE 18 个，总长为 1213 bp，平均长度为 67 bp；SINE 16 个，总长为 1038 bp，平均长度为 65 bp；未知序列 4 个，总长为 294 bp，平均长度为 74 bp；TR 407 个，重复序列长度为 6～352 bp，总长为 36 875 bp；小卫星 DNA 337 个，重复序列长度为 10～60 bp，总长为 27 503 bp；微卫星 DNA 1 个，重复序列长度为 6 bp，总长为 38 bp。**【CRISPR】**预测到 141 个 CRISPR 相关序列。**【基因岛】**预测到 15 个基因岛 GI 01～GI 15，长度为 3937～42 810 bp，其 G+C 含量为 39.37%～52.40%。利用已预测得到的基因组信息，如重复序列、G+C 含量等，应用 CIRCOS 工具绘制其基因组圈图（图 5-3-95b）。

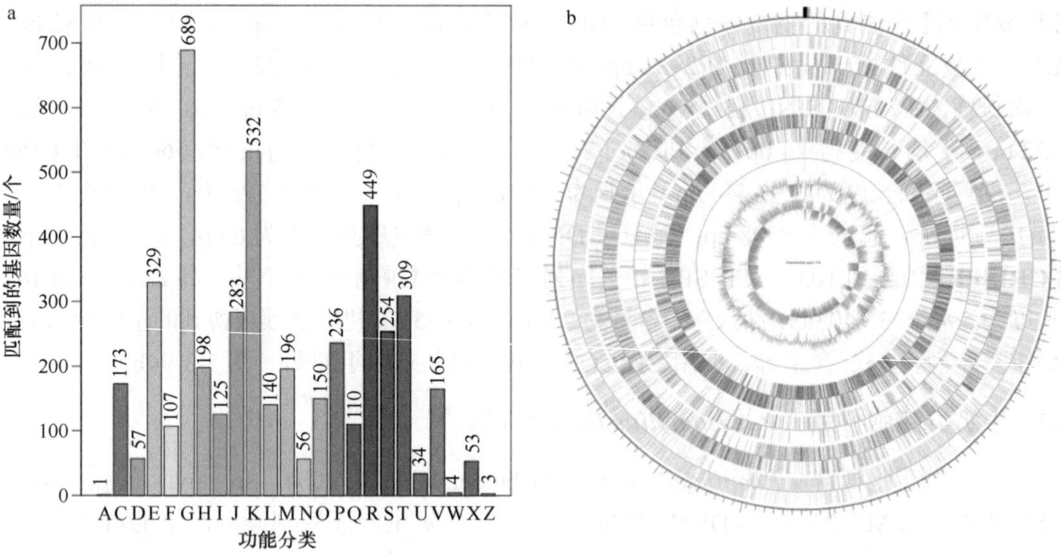


图 5-3-95　牛奶类芽胞杆菌 154 基因组的直系同源基因聚类分析（a）和圈图（b）

## 64. 幼虫类芽胞杆菌（*Paenibacillus larvae*）ATCC 9545$^T$

幼虫类芽胞杆菌［*Paenibacillus larvae* (White 1906) Ash et al. 1994，comb. nov.］的模式菌株（ATCC 9545$^T$ =CCUG 28515$^T$ =CIP 104618$^T$ =DSM 7030$^T$ =LMG 9820$^T$ = LMG 15969$^T$ =NRRL B-2605$^T$）分离自患腐臭病的蜜蜂幼虫，生长温度为 20～40℃（最适 37℃），兼性厌氧，产芽胞，1906 年被命名为幼虫芽胞杆菌（*Bacillus larvae* White 1906），1993 年被重分类为幼虫类芽胞杆菌（*Paenibacillus larvae*）（Ash et al.，1993）。目前，该种有 13 个基因组，选择组装到完成图水平的模式菌株 ATCC 9545$^T$的基因组进行描述，其 GenBank 登录号为 GCA_002003265.1，测序平台为 PacBio，于 2017 年 2 月 17 日由美国康涅狄格州农业试验站（Connecticut Agricultural Experiment Station）提交。

**【基因组的组装】**菌株 ATCC 9545$^T$基因组的测序深度为 147 X，基因组大小为 4.290 Mb，组装到完成图水平，包括 1 条染色体。**【G+C 含量】**44.16%。**【非编码 RNA】**预测到 24 个 rRNA 基因（5S rRNA 8 个、16S rRNA 8 个、23S rRNA 8 个），80 个 tRNA 基因，10 个 sRNA 基因。**【编码基因】**有 5137 个蛋白质编码基因，编码区总长为 3 648 231 bp，占整个基因组的 85.04%，基因的平均长度为 710 bp。**【基因功能注释】**比对到 KEGG、COG 和 GO 数据库的基因数量分别为 4116 个、2731 个和 3054 个，预测到分泌蛋白编码基因 62 个；在 24 个 COG 功能类群中，基因数量前 10 位的类群分别是：K. 转录 242 个，E. 氨基酸转运与代谢 233 个，R. 仅一般功能预测 221 个，J. 翻译、核糖体结构与合成 216 个，G. 碳水化合物转运与代谢 215 个，X. 移动元件组：前噬菌体、转座子 212 个，M. 细胞壁/膜/包膜生物合成 179 个，H. 辅酶转运与代谢 163 个，C. 能量产生与转换 157 个和 T. 信号转导机制 154 个（图 5-3-96a）。**【重复序列】**预测到的重复序列包括：LTR 158 个，总长为 11 310 bp，平均长度为 72 bp；DNA 重复元件 58 个，总长为 3795 bp，平均长度为 65 bp；LINE 62 个，总长为 4027 bp，平均长度为 65 bp；SINE 19 个，总长为 1322 bp，平均长度为 70 bp；RC 3 个，总长为 152 bp，平均长度为 51 bp；未知序列 5 个，总长为 383 bp，平均长度为 77 bp；TR 94 个，重复序列长度为 5～1265 bp，总长为 14 233 bp；小卫星 DNA 68 个，重复序列长度为 10～48 bp，总长为 4594 bp；微卫星 DNA 3 个，重复序列长度为 5～6 bp，总长为 193 bp。**【CRISPR】**预测到 32 个 CRISPR 相关序列。**【基因岛】**预测到 22 个基因岛 GI 01～GI 22，长度为 2172～55 527 bp，其 G+C 含量为 32.73%～50.11%。利用已预测得到的基因组信息，如重复序列、G+C 含量等，应用 CIRCOS 工具绘制其基因组圈图（图 5-3-96b）。

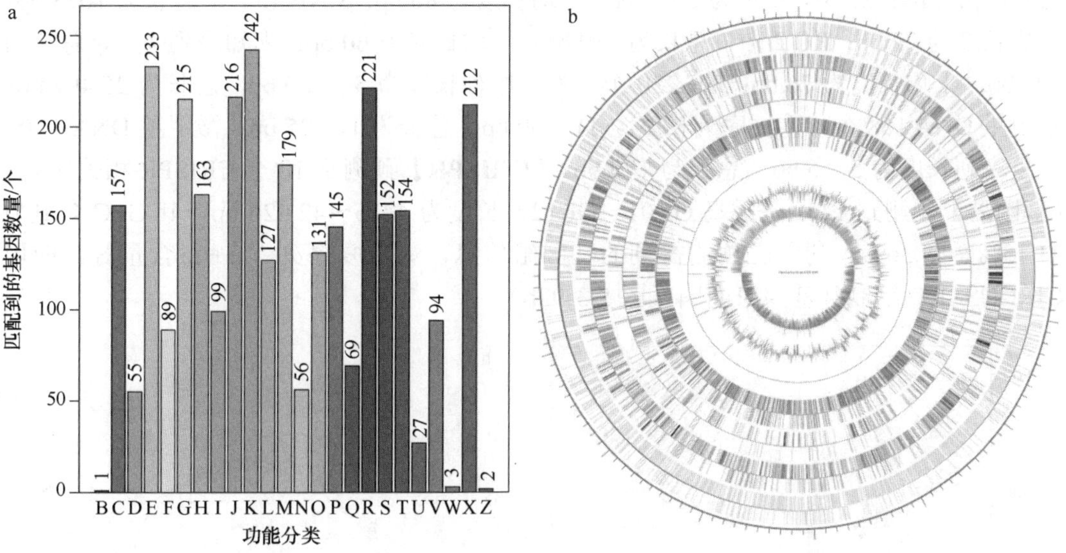


图 5-3-96　幼虫类芽胞杆菌 ATCC 9545$^T$ 基因组的直系同源基因聚类分析（a）和圈图（b）

## 65. 灿烂类芽胞杆菌（*Paenibacillus lautus*）E7593-69

灿烂类芽胞杆菌［*Paenibacillus lautus* (Nakamura 1984) Heyndrickx et al. 1996，comb. nov.］的模式菌株（ATCC 43898$^T$ =CIP 103118$^T$ =DSM 3035$^T$ =NBRC 15380$^T$ =JCM 9073$^T$ = LMG 11157$^T$ =NRRL NRS-666$^T$）分离自人的肠道和土壤，生长温度为 5～50℃（最适 28～30℃），兼性厌氧，产芽胞，1919 年被命名为灿烂芽胞杆菌（*Bacillus lautus* Batchelor 1919），1984 年被确定为灿烂芽胞杆菌（*Bacillus lautus*）（Nakamura，1984a），1996 年被重分类为灿烂类芽胞杆菌（*Paenibacillus lautus*）（Heyndrickx et al.，1996）。目前，该种有 5 个基因组，选择组装到完成图水平的非模式菌株 E7593-69 的基因组进行描述，其 GenBank 登录号为 GCA_003590055.1，测序平台为 Illumina HiSeq+PacBio，于 2018 年 9 月 24 日由美国国家毒理研究中心（National Center for Toxicological Research）提交。

**【基因组的组装】**菌株 E7593-69 基因组的测序深度为 14 X，基因组大小为 7.355 Mb，组装到完成图水平，包括 1 条染色体和 1 个质粒。**【G+C 含量】**50.84%。**【非编码 RNA】**预测到 24 个 rRNA 基因（5S rRNA 8 个、16S rRNA 8 个、23S rRNA 8 个），73 个 tRNA 基因，5 个 sRNA 基因。**【编码基因】**有 6867 个蛋白质编码基因，编码区总长为 6 399 492 bp，占整个基因组的 87.01%，基因的平均长度为 932 bp。**【基因功能注释】**比对到 KEGG、

COG 和 GO 数据库的基因数量分别为 6286 个、4417 个和 4716 个，预测到分泌蛋白编码基因 185 个；在 24 个 COG 功能类群中，基因数量前 10 位的类群分别是：G. 碳水化合物转运与代谢 770 个，K. 转录 552 个，R. 仅一般功能预测 494 个，E. 氨基酸转运与代谢 355 个，T. 信号转导机制 324 个，J. 翻译、核糖体结构与合成 293 个，S. 功能未知 281 个，P. 无机离子转运与代谢 276 个，M. 细胞壁/膜/包膜生物合成 216 个和 H. 辅酶转运与代谢 213 个（图 5-3-97a）。【**重复序列**】预测到的重复序列包括：LTR 145 个，总长为 12 119 bp，平均长度为 84 bp；DNA 重复元件 35 个，总长为 2249 bp，平均长度为 64 bp；LINE 37 个，总长为 2977 bp，平均长度为 80 bp；SINE 15 个，总长为 1073 bp，平均长度为 72 bp；RC 2 个，总长为 119 bp，平均长度为 60 bp；未知序列 4 个，总长为 305 bp，平均长度为 76 bp；TR 220 个，重复序列长度为 5～639 bp，总长为 25 407 bp；小卫星 DNA 168 个，重复序列长度为 11～60 bp，总长为 12 325 bp；微卫星 DNA 4 个，重复序列长度为 5～6 bp，总长为 179 bp。【**CRISPR**】预测到 18 个 CRISPR 相关序列。【**基因岛**】预测到 12 个基因岛 GI 01～GI 12，长度为 4216～42 426 bp，其 G+C 含量为 41.15%～54.36%。利用已预测得到的基因组信息，如重复序列、G+C 含量等，应用 CIRCOS 工具绘制其基因组圈图（图 5-3-97b）。

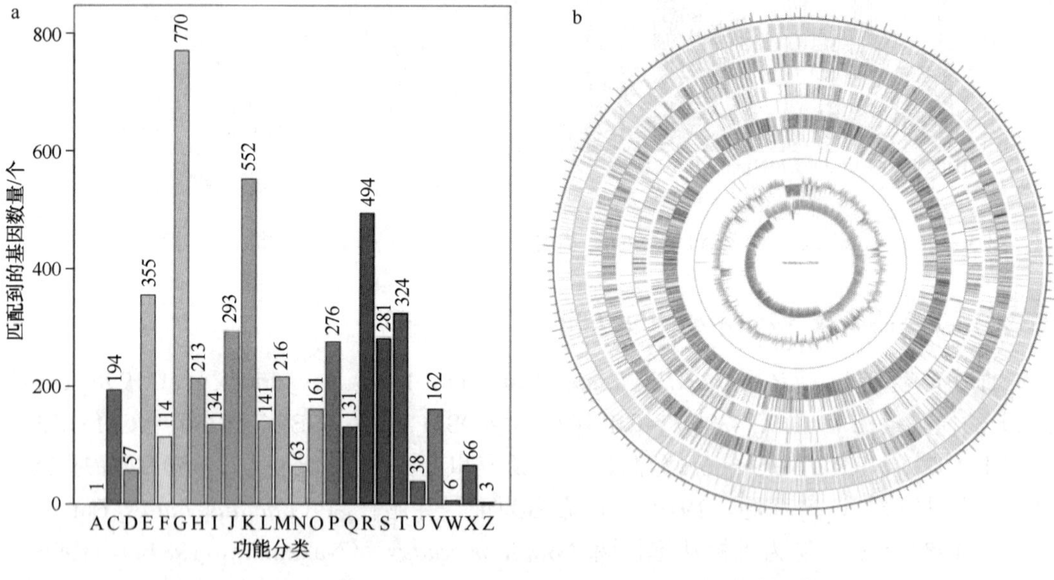


图 5-3-97　灿烂类芽胞杆菌 E7593-69 基因组的直系同源基因聚类分析（a）和圈图（b）

## 66. 慢病类芽胞杆菌（*Paenibacillus lentimorbus*）NRRL B-30488$^{T}$

慢病类芽胞杆菌［*Paenibacillus lentimorbus* (Dutky 1940) Pettersson et al. 1999，comb. nov.］的模式菌株（ATCC 14707$^{T}$ =CCUG 28883$^{T}$ =LMG 20224$^{T}$ =NCCB 75014$^{T}$ =NRRL B-2522$^{T}$ =NRRL B-30488$^{T}$）分离自患病的日本丽金龟幼虫，生长温度为 20～35℃（最适 30℃），兼性厌氧，产芽胞，1940 年被命名为慢病芽胞杆菌（*Bacillus lentimorbus*）（Dutky 1940），1999 年被重分类为慢病类芽胞杆菌（*Paenibacillus lentimorbus*）（Pettersson et al.，

1999）。目前，该种仅有 1 个基因组，模式菌株 NRRL B-30488$^{T}$基因组的 GenBank 登录号为 GCA_000411595.1，测序平台为 454 FLX，于 2013 年 6 月 14 日由印度科学和工业研究理事会国家植物研究所（CSIR-National Botanical Research Institute）提交。

**【基因组的组装】**菌株 NRRL B-30488$^{T}$基因组的测序深度为 20 X，基因组大小为 3.913 Mb，组装到 47 个 contigs，contig $N_{50}$为 187 978 bp。**【G+C 含量】**46.36%。**【非编码 RNA】**预测到 4 个 rRNA 基因（5S rRNA 2 个、16S rRNA 1 个、23S rRNA 1 个），81 个 tRNA 基因，7 个 sRNA 基因。**【编码基因】**有 4651 个蛋白质编码基因，编码区总长为 3 450 783 bp，占整个基因组的 88.19%，基因的平均长度为 742 bp。**【基因功能注释】**比对到 KEGG、COG 和 GO 数据库的基因数量分别为 3920 个、2962 个和 3007 个，预测到分泌蛋白编码基因 70 个；在 24 个 COG 功能类群中，基因数量前 10 位的类群分别是：E. 氨基酸转运与代谢 311 个，R. 仅一般功能预测 311 个，K. 转录 297 个，G. 碳水化合物转运与代谢 268 个，J. 翻译、核糖体结构与合成 226 个，M. 细胞壁/膜/包膜生物合成 201 个，S. 功能未知 201 个，H. 辅酶转运与代谢 194 个，P. 无机离子转运与代谢 183 个和 T. 信号转导机制 179 个（图 5-3-98a）。**【重复序列】**预测到的重复序列包括：LTR 97 个，总长为 5880 bp，平均长度为 61 bp；DNA 重复元件 27 个，总长为 1668 bp，平均长度为 62 bp；LINE 26 个，总长为 1424 bp，平均长度为 55 bp；SINE 9 个，总长为 632 bp，平均长度为 70 bp；RC 1 个，长度为 43 bp；未知序列 1 个，长度为 45 bp；TR 70 个，重复序列长度为 9～162 bp，总长为 4403 bp；小卫星 DNA 57 个，重复序列长度为 10～60 bp，总长为 2844 bp；未预测到微卫星 DNA。**【CRISPR】**未预测到 CRISPR 相关序列。**【基因岛】**预测到 7 个基因岛 GI 01～GI 07，长度为 3393～26 871 bp，其 G+C 含量为 35.40%～48.04%。利用已预测得到的基因组信息，如重复序列、G+C 含量等，应用 CIRCOS 工具绘制其基因组圈图（图 5-3-98b）。

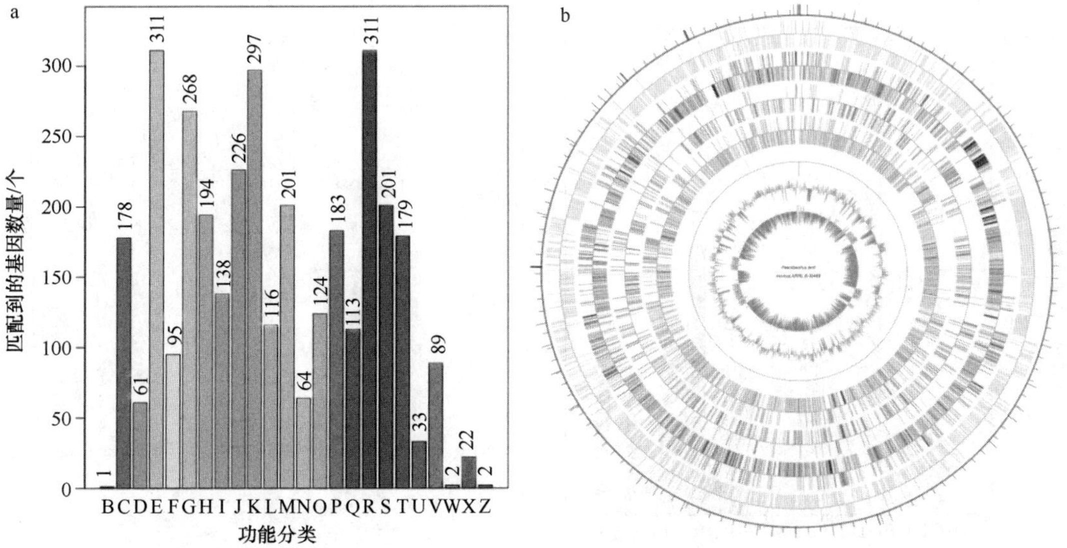


图 5-3-98 慢病类芽胞杆菌 NRRL B-30488$^{T}$基因组的直系同源基因聚类分析（a）和圈图（b）

## 67. 缓慢类芽胞杆菌（*Paenibacillus lentus*）DSM 25539$^{T}$

缓慢类芽胞杆菌（*Paenibacillus lentus* Li et al. 2014，sp. nov.）的模式菌株（CMG1240$^{T}$ = ATCC BAA-2594$^{T}$ =DSM 25539$^{T}$）分离自美国的土壤，生长条件为 30～50℃（最适 35～41℃）、pH 6.0～10.0（最适 pH 7.5）、1%～4%（*W*/*V*）NaCl，好氧，产芽胞（Li et al., 2014c）。目前，该种仅有 1 个基因组，模式菌株 DSM 25539$^{T}$ 基因组的 GenBank 登录号为 GCA_003931855.1，测序平台为 Illumina HiSeq+PacBio，于 2018 年 12 月 9 日由韩国口腔微生物保藏中心（Korean Collection for Oral Microbiology）提交。

**【基因组的组装】**菌株 DSM 25539$^{T}$ 基因组的测序深度为 327 X，基因组大小为 5.289 Mb，组装到完成图水平，包括 1 条染色体。**【G+C 含量】**46.45%。**【非编码 RNA】**预测到 24 个 rRNA 基因（5S rRNA 8 个、16S rRNA 8 个、23S rRNA 8 个），73 个 tRNA 基因，1 个 sRNA 基因。**【编码基因】**有 4875 个蛋白质编码基因，编码区总长为 4 558 302 bp，占整个基因组的 86.18%，基因的平均长度为 935 bp。**【基因功能注释】**比对到 KEGG、COG 和 GO 数据库的基因数量分别为 4132 个、3100 个和 3264 个，预测到分泌蛋白编码基因 110 个；在 25 个 COG 功能类群中，基因数量前 10 位的类群分别是：G. 碳水化合物转运与代谢 463 个，K. 转录 320 个，R. 仅一般功能预测 284 个，J. 翻译、核糖体结构与合成 235 个，E. 氨基酸转运与代谢 226 个，T. 信号转导机制 224 个，S. 功能未知 176 个，H. 辅酶转运与代谢 169 个，M. 细胞壁/膜/包膜生物合成 168 个和 P. 无机离子转运与代谢 166 个（图 5-3-99a）。**【重复序列】**预测到的重复序列包括：LTR 143 个，总长为 9911 bp，平均长度为 69 bp；DNA 重复元件 33 个，总长为 2147 bp，平均长度为 65 bp；LINE 41 个，总长为 2769 bp，平均长度为 68 bp；SINE 13 个，总长为 875 bp，平均长度为 67 bp；RC 2 个，总长为 87 bp，平均长度为 44 bp；未知序列 5 个，总长为 327 bp，平均长度为 65 bp；TR 363 个，重复序列长度为 1～330 bp，总长为 24 916 bp；

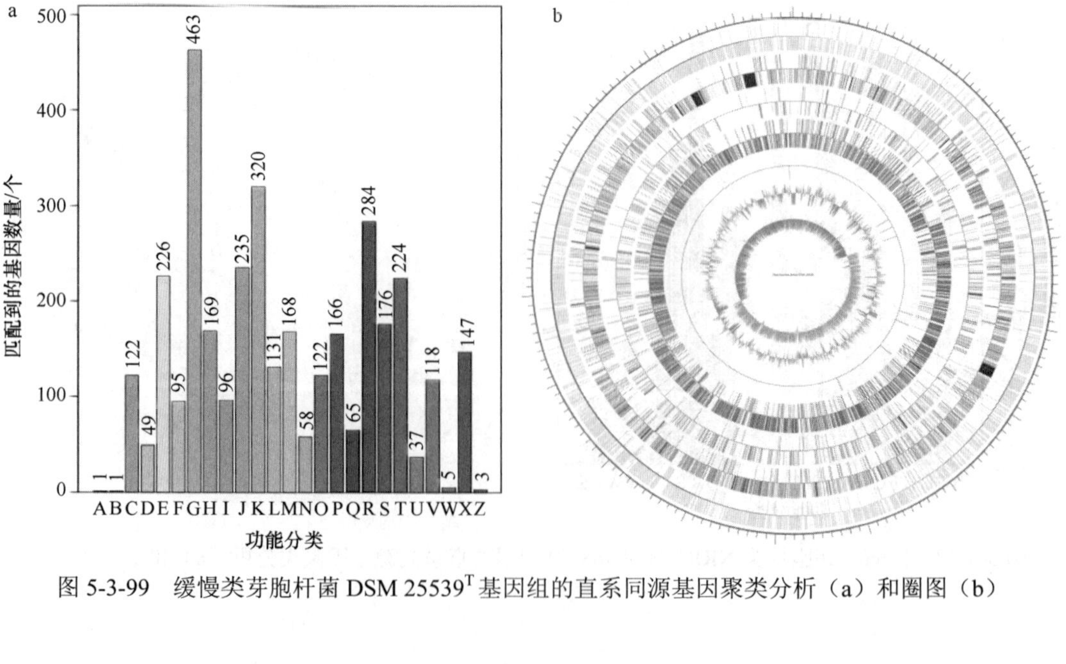


图 5-3-99　缓慢类芽胞杆菌 DSM 25539$^{T}$ 基因组的直系同源基因聚类分析（a）和圈图（b）

小卫星 DNA 285 个，重复序列长度为 10～59 bp，总长为 16 455 bp；微卫星 DNA 18 个，重复序列长度为 3～6 bp，总长为 1426 bp。**【CRISPR】**预测到 29 个 CRISPR 相关序列。**【基因岛】**预测到 20 个基因岛 GI 01～GI 20，长度为 6482～35 664 bp，其 G+C 含量为 34.68%～48.11%。利用已预测得到的基因组信息，如重复序列、G+C 含量等，应用 CIRCOS 工具绘制其基因组圈图（图 5-3-99b）。

## 68. 浸麻类芽胞杆菌（*Paenibacillus macerans*）ATCC 8244$^T$

浸麻类芽胞杆菌［*Paenibacillus macerans* (Schardinger 1905) Ash et al. 1994，comb. nov.］的模式菌株（ATCC 8244$^T$ =CCM 2012$^T$ =CCUG 7423$^T$ =CIP 66.19$^T$ =DSM 24$^T$ =JCM 2500$^T$ =KCTC 1822$^T$ =LMG 6324$^T$ =NRRL B-172$^T$ =VKM B-506$^T$）分离自土壤，最适生长温度为 30℃，兼性厌氧，产芽胞，1905 年被命名为浸麻芽胞杆菌（*Bacillus macerans* Schardinger 1905），1993 年被重分类为浸麻类芽胞杆菌（*Paenibacillus macerans*）（Ash et al.，1993）。目前，该种有 4 个基因组，选择组装到完成图水平的模式菌株 ATCC 8244$^T$ 的基因组进行描述，其 GenBank 登录号为 GCA_000746875.1，测序平台为 Illumina HiSeq+454 FLX，于 2014 年 9 月 2 日由美国洛斯阿拉莫斯国家实验室（Los Alamos National Laboratory）提交。

**【基因组的组装】**菌株 ATCC 8244$^T$ 基因组的测序深度为 149 X，基因组大小为 7.338 Mb，组装到精细图水平，包括 1 条染色体。**【G+C 含量】**52.56%。**【非编码 RNA】**预测到 10 个 rRNA 基因（5S rRNA 5 个、16S rRNA 2 个、23S rRNA 3 个），75 个 tRNA 基因，5 个 sRNA 基因。**【编码基因】**有 6928 个蛋白质编码基因，编码区总长为 6 196 068 bp，占整个基因组的 85.80%，基因的平均长度为 894 bp。**【基因功能注释】**比对到 KEGG、COG 和 GO 数据库的基因数量分别为 5648 个、4175 个和 4540 个，预测到分泌蛋白编码基因 148 个；在 24 个 COG 功能类群中，基因数量前 10 位的类群分别是：G. 碳水化合物转运与代谢 765 个，K. 转录 516 个，R. 仅一般功能预测 408 个，E. 氨基酸转运与代谢 353 个，T. 信号转导机制 311 个，P. 无机离子转运与代谢 291 个，J. 翻译、核糖体结构与合成 262 个，M. 细胞壁/膜/包膜生物合成 243 个，S. 功能未知 232 个和 H. 辅酶转运与代谢 200 个（图 5-3-100a）。**【重复序列】**预测到的重复序列包括：LTR 110 个，总长为 8132 bp，平均长度为 74 bp；DNA 重复元件 28 个，总长为 2214 bp，平均长度为 79 bp；LINE 21 个，总长为 1743 bp，平均长度为 83 bp；SINE 11 个，总长为 778 bp，平均长度为 71 bp；RC 2 个，总长为 257 bp，平均长度为 129 bp；未知序列 4 个，总长为 329 bp，平均长度为 82 bp；TR 678 个，重复序列长度为 2～1913 bp，总长为 54 448 bp；小卫星 DNA 564 个，重复序列长度为 10～60 bp，总长为 28 878 bp；微卫星 DNA 9 个，重复序列长度为 2～6 bp，总长为 375 bp。**【CRISPR】**预测到 402 个 CRISPR 相关序列。**【基因岛】**预测到 13 个基因岛 GI 01～GI 13，长度为 7701～69 966 bp，其 G+C 含量为 34.18%～50.44%。利用已预测得到的基因组信息，如重复序列、G+C 含量等，应用 CIRCOS 工具绘制其基因组圈图（图 5-3-100b）。

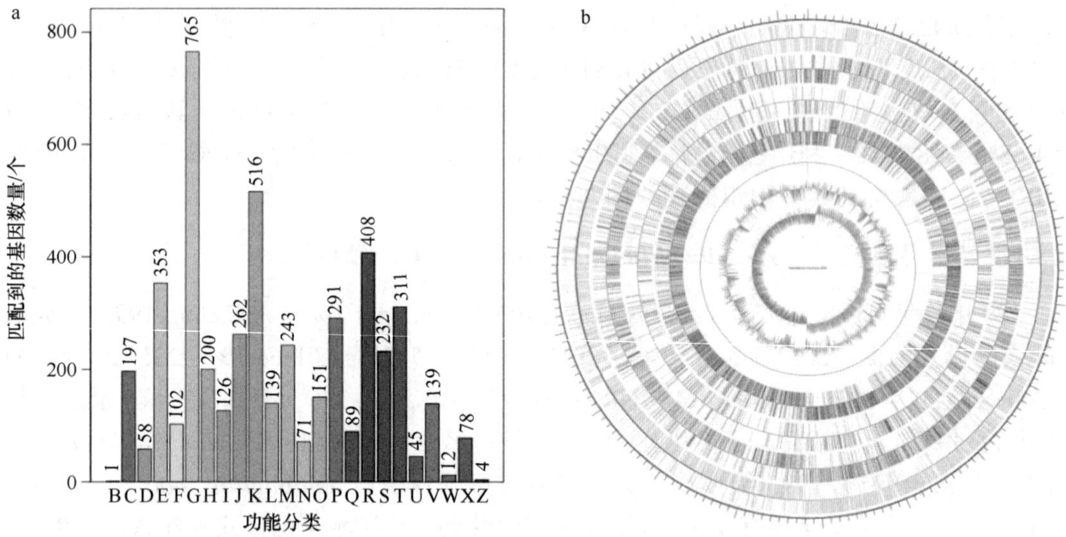


图 5-3-100　浸麻类芽胞杆菌 ATCC 8244$^{T}$基因组的直系同源基因聚类分析（a）和圈图（b）

## 69. 马阔里类芽胞杆菌（*Paenibacillus macquariensis*）ATCC 23464$^{T}$

马阔里类芽胞杆菌［*Paenibacillus macquariensis* (Marshall and Ohye 1966) Ash et al. 1994, comb. nov.］由马阔里芽胞杆菌（*Bacillus macquariensis*）重分类而来，模式菌株（ATCC 23464$^{T}$ =CCUG 37394$^{T}$ =CIP 103269$^{T}$ = DSM 2$^{T}$ =LMG 6935$^{T}$ =NCTC 10419$^{T}$ =NRRL B-14306$^{T}$）分离自南极洲的土壤，最适生长温度为 20℃，好氧，产芽胞，1966 年被命名为马阔里芽胞杆菌（*Bacillus macquariensis*）(Marshall and Ohye，1966)，1993 年被重分类为马阔里类芽胞杆菌（*Paenibacillus macquariensis*）(Ash et al.，1993)。目前，该种有 3 个基因组，选择组装水平较高的模式菌株 ATCC 23464$^{T}$的基因组进行描述，其 GenBank 登录号为 GCA_900156375.1，测序平台为 Illumina HiSeq，于 2017 年 1 月 15 日由美国能源部联合基因组研究所（DOE Joint Genome Institute）提交。

**【基因组的组装】**菌株 ATCC 23464$^{T}$基因组的测序深度为 324 X，基因组大小为 6.263 Mb，组装到 72 个 scaffolds，scaffold $N_{50}$为 308 611 bp。**【G+C 含量】**40.71%。**【非编码 RNA】**预测到 8 个 rRNA 基因（5S rRNA 7 个、16S rRNA 1 个、23S rRNA 0 个），88 个 tRNA 基因，1 个 sRNA 基因。**【编码基因】**有 6018 个蛋白质编码基因，编码区总长为 5 332 044 bp，占整个基因组的 85.14%，基因的平均长度为 886 bp。**【基因功能注释】**比对到 KEGG、COG 和 GO 数据库的基因数量分别为 5059 个、3568 个和 3915 个，预测到分泌蛋白编码基因 148 个；在 23 个 COG 功能类群中，基因数量前 10 位的类群分别是：G. 碳水化合物转运与代谢 477 个，K. 转录 418 个，R. 仅一般功能预测 410 个，E. 氨基酸转运与代谢 290 个，J. 翻译、核糖体结构与合成 284 个，T. 信号转导机制 270 个，P. 无机离子转运与代谢 229 个，S. 功能未知 215 个，M. 细胞壁/膜/包膜生物合成 202 个和 H. 辅酶转运与代谢 184 个（图 5-3-101a）。**【重复序列】**预测到的重复序列包括：LTR 192 个，总长为 12 205 bp，平均长度为 64 bp；DNA 重复元件 52 个，总长为 3271 bp，平均长度为 63 bp；LINE 55 个，总长为 3387 bp，平均长度为 62 bp；SINE 11

个，总长为 701 bp，平均长度为 64 bp；RC 2 个，总长为 111 bp，平均长度为 56 bp；未知序列 4 个，总长为 299 bp，平均长度为 75 bp；TR 208 个，重复序列长度为 5～639 bp，总长为 26 371 bp；小卫星 DNA 140 个，重复序列长度为 10～60 bp，总长为 7878 bp；微卫星 DNA 9 个，重复序列长度为 5～6 bp，总长为 450 bp。**【CRISPR】**预测到 34 个 CRISPR 相关序列。**【基因岛】**预测到 16 个基因岛 GI 01～GI 16，长度为 3928～31 219 bp，其 G+C 含量为 32.27%～45.67%。利用已预测得到的基因组信息，如重复序列、G+C 含量等，应用 CIRCOS 工具绘制其基因组圈图（图 5-3-101b）。

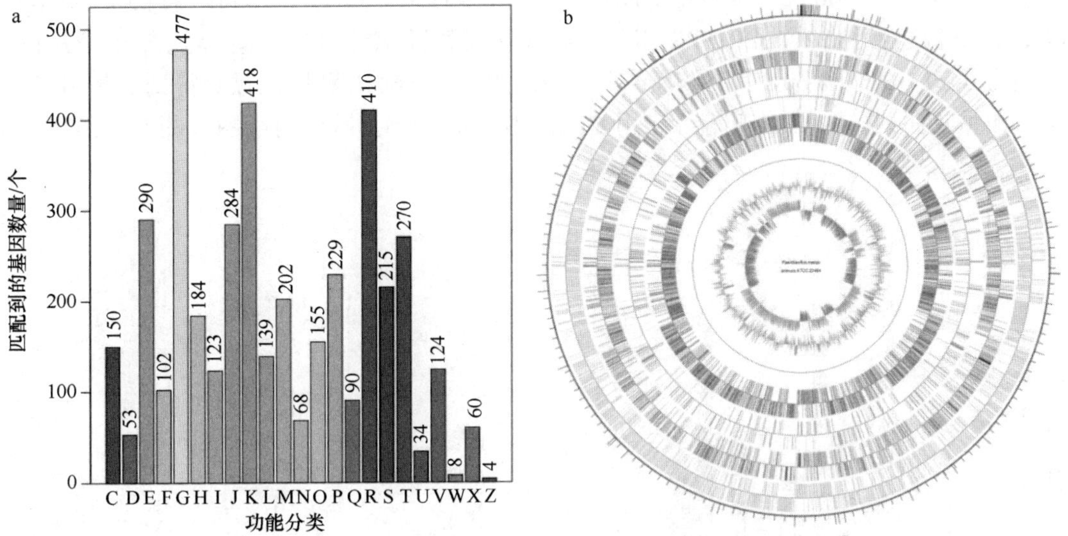


图 5-3-101 马阔里类芽胞杆菌 ATCC 23464$^T$ 基因组的直系同源基因聚类分析（a）和圈图（b）

## 70. 马赛类芽胞杆菌（*Paenibacillus massiliensis*）DSM 16942$^T$

马赛类芽胞杆菌（*Paenibacillus massiliensis* Roux and Raoult 2004，sp. nov.）的模式菌株（2301065$^T$ =CIP 107939$^T$ =CCUG 48215$^T$ =DSM 16942$^T$）分离自人的血液培养物，最适生长温度为 30～37℃，在 5%（*W*/*V*）NaCl 中能生长，兼性厌氧，产芽胞（Roux and Raoult，2004）。目前，该种有 2 个基因组，选择组装水平较高的模式菌株 DSM 16942$^T$ 的基因组进行描述，其 GenBank 登录号为 GCA_000377505.1，测序平台为 Illumina HiSeq，于 2013 年 4 月 23 日由美国能源部联合基因组研究所（DOE Joint Genome Institute）提交。

**【基因组的组装】**菌株 DSM 16942$^T$ 基因组的测序深度未知，基因组大小为 6.386 Mb，组装到 36 个 scaffolds，scaffold $N_{50}$ 为 406 563 bp。**【G+C 含量】**48.50%。**【非编码 RNA】**预测到 4 个 rRNA 基因（5S rRNA 4 个、16S rRNA 0 个、23S rRNA 0 个），89 个 tRNA 基因，1 个 sRNA 基因。**【编码基因】**有 5613 个蛋白质编码基因，编码区总长为 5 432 919 bp，占整个基因组的 85.08%，基因的平均长度为 968 bp。**【基因功能注释】**比对到 KEGG、COG 和 GO 数据库的基因数量分别为 4940 个、3670 个和 3900 个，预测到分泌蛋白编码基因 138 个；在 24 个 COG 功能类群中，基因数量前 10 位的类群分别是：G. 碳水化合物转运与代谢 552 个，R. 仅一般功能预测 419 个，K. 转录 405 个，E. 氨基酸转运与代谢 369 个，P. 无机离子转运与代谢 282 个，J. 翻译、核糖体结构与合成 279 个，T. 信号转导机制 245 个，S. 功能未知 207 个，H. 辅酶转运与代谢 197 个和 M. 细胞壁/膜/包膜生物合成 192 个（图 5-3-102a）。**【重复序列】**预测到的重复序列包括：LTR 129 个，总长为 8642 bp，平均长度为 67 bp；DNA 重复元件 44 个，总长为 2967 bp，平均长度为 67 bp；LINE 39 个，总长为 3418 bp，平均长度为 88 bp；SINE 18 个，总长为 1195 bp，平均长度为 66 bp；未知序列 5 个，总长为 342 bp，平均长度为 68 bp；TR 547 个，重复序列长度为 4～708 bp，总长为 36 624 bp；小卫星 DNA 433 个，重复序列长度为 10～51 bp，总长为 22 068 bp；微卫星 DNA 10 个，重复序列长度为 4～6 bp，总长为 595 bp。**【CRISPR】**预测到 127 个 CRISPR 相关序列。**【基因岛】**预测到 13 个基因岛 GI 01～GI 13，长度为 6431～31 654 bp，其 G+C 含量为 37.51%～48.86%。利用已预测得到的基因组信息，如重复序列、G+C 含量等，应用 CIRCOS 工具绘制其基因组圈图（图 5-3-102b）。

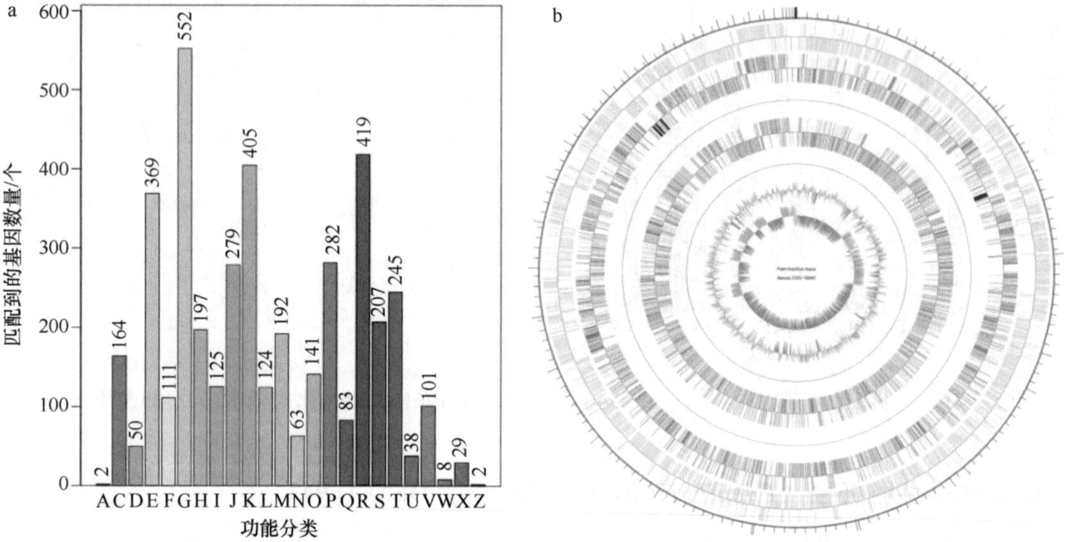


图 5-3-102　马赛类芽胞杆菌 DSM 16942$^{T}$ 基因组的直系同源基因聚类分析（a）和圈图（b）

## 71. 山区土类芽胞杆菌（*Paenibacillus montanisoli*）RA17$^{T}$

山区土类芽胞杆菌（*Paenibacillus montanisoli* Wu et al. 2018，sp. nov.）的模式菌株（RA17$^{T}$ =KCTC 33894$^{T}$ =CCTCC AB 2017053$^{T}$）分离自湖北大畈镇的土壤，生长条件为 6～37℃（最适 28℃）、pH 6.0～9.0（最适 pH 6.0～7.0）、0～1%（*W*/*V*）NaCl，好氧，产芽胞（Wu et al.，2018d）。目前，该种仅有 1 个基因组，模式菌株 RA17$^{T}$ 基因组的 GenBank 登录号为 GCA_003268025.1，测序平台为 Illumina HiSeq，于 2018 年 6 月 26 日由华中农业大学（Huazhong Agricultural University）提交。

**【基因组的组装】**菌株 RA17$^{T}$ 基因组的测序深度为 448 X，基因组大小为 6.172 Mb，组装到 12 个 contigs，contig $N_{50}$ 为 1 381 869 bp。**【G+C 含量】**52.81%。**【非编码 RNA】**预测到 4 个 rRNA 基因（5S rRNA 3 个、16S rRNA 1 个、23S rRNA 0 个），79 个 tRNA 基因，4 个 sRNA 基因。**【编码基因】**有 5865 个蛋白质编码基因，编码区总长为 5 490 162 bp，占

整个基因组的 88.95%，基因的平均长度为 936 bp。**【基因功能注释】**比对到 KEGG、COG 和 GO 数据库的基因数量分别为 4841 个、3674 个和 3972 个，预测到分泌蛋白编码基因 160 个；在 24 个 COG 功能类群中，基因数量前 10 位的类群分别是：G. 碳水化合物转运与代谢 590 个，R. 仅一般功能预测 464 个，K. 转录 355 个，E. 氨基酸转运与代谢 332 个，J. 翻译、核糖体结构与合成 257 个，M. 细胞壁/膜/包膜生物合成 235 个，T. 信号转导机制 228 个，S. 功能未知 222 个，P. 无机离子转运与代谢 208 个和 H. 辅酶转运与代谢 177 个（图 5-3-103a）。**【重复序列】**预测到的重复序列包括：LTR 89 个，总长为 5764 bp，平均长度为 65 bp；DNA 重复元件 27 个，总长为 2199 bp，平均长度为 81 bp；LINE 20 个，总长为 1383 bp，平均长度为 69 bp；SINE 13 个，总长为 869 bp，平均长度为 67 bp；未知序列 4 个，总长为 304 bp，平均长度为 76 bp；TR 305 个，重复序列长度为 6～1254 bp，总长为 41 831 bp；小卫星 DNA 230 个，重复序列长度为 10～60 bp，总长为 30 093 bp；微卫星 DNA 4 个，重复序列长度为 6 bp，总长为 199 bp。**【CRISPR】**预测到 305 个 CRISPR 相关序列。**【基因岛】**预测到 7 个基因岛 GI 01～GI 07，长度为 6476～44 941 bp，其 G+C 含量为 40.94%～56.45%。利用已预测得到的基因组信息，如重复序列、G+C 含量等，应用 CIRCOS 工具绘制其基因组圈图（图 5-3-103b）。

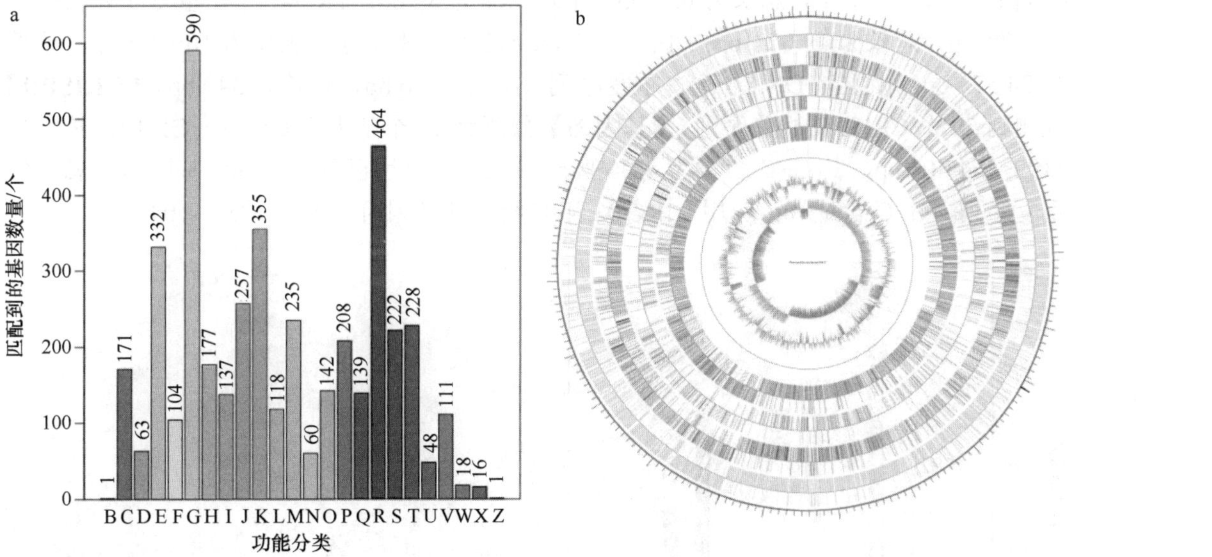


图 5-3-103　山区土类芽胞杆菌 RA17$^{T}$ 基因组的直系同源基因聚类分析（a）和圈图（b）

## 72. 胶质类芽胞杆菌（*Paenibacillus mucilaginosus*）3016

胶质类芽胞杆菌［*Paenibacillus mucilaginosus* (Avakyan et al. 1998) Hu et al. 2010, comb. nov.］的模式菌株（1480D$^{T}$ =CIP 105815$^{T}$ =HSCC 1605$^{T}$ =KCTC 3870$^{T}$ =VKM B-1480D$^{T}$ =VKPM B-7519$^{T}$）分离自土壤，生长温度为 10～45℃，好氧，产芽胞，1986 年被命名为胶质芽胞杆菌（*Bacillus mucilaginosus*）（Avakyan et al.，1986），1998 年确定其分类地位，于 2010 年被重分类为胶质类芽胞杆菌（*Paenibacillus mucilaginosus*）（Hu et al.，2010）。目前，该种有 3 个基因组，选择组装到完成图水平的非模式菌株 3016 的基因组进行描述，其 GenBank 登录号为 GCA_000250655.1，测序平台为 454 FLX，于 2012 年 2 月 27 日由中国农业科学院（Chinese Academy of Agricutural Sciences）提交。

**【基因组的组装】**菌株 3016 基因组的测序深度为 83 X，基因组大小为 8.739 Mb，组装到完成图水平，包括 1 条染色体。**【G+C 含量】**58.30%。**【非编码 RNA】**预测到 39 个 rRNA 基因（5S rRNA 13 个、16S rRNA 13 个、23S rRNA 13 个），173 个 tRNA 基因，3 个 sRNA 基因。**【编码基因】**有 7794 个蛋白质编码基因，编码区总长为 7 388 757 bp，占整个基因组的 84.55%，基因的平均长度为 948 bp。**【基因功能注释】**比对到 KEGG、COG 和 GO 数据库的基因数量分别为 7337 个、5511 个和 5048 个，预测到分泌蛋白编码基因 292 个；在 25 个 COG 功能类群中，基因数量前 10 位的类群分别是：G. 碳水化合物转运与代谢 926 个，K. 转录 713 个，R. 仅一般功能预测 650 个，T. 信号转导机制 502 个，E. 氨基酸转运与代谢 445 个，S. 功能未知 331 个，P. 无机离子转运与代谢 313 个，J. 翻译、核糖体结构与合成 302 个，M. 细胞壁/膜/包膜生物合成 270 个和 H. 辅酶转运与代谢 250 个（图 5-3-104a）。**【重复序列】**预测到的重复序列包括：LTR 75 个，总长为 9798 bp，平均长度为 134 bp；DNA 重复元件 17 个，总长为 1358 bp，平均长度为 80 bp；LINE 26 个，总长为 2130 bp，平均长度为 82 bp；SINE 26 个，总长为 1673 bp，平均长度为 64 bp；未知序列 7 个，总长为 622 bp，平均长度为 89 bp；TR 547 个，重复序列长度为 5～828 bp，总长为 49 071 bp；小卫星 DNA 415 个，重复序列长度为 10～60 bp，总长为 24 573 bp；微卫星 DNA 8 个，重复序列长度为 5～6 bp，总长为 340 bp。**【CRISPR】**预测到 59 个 CRISPR 相关序列。**【基因岛】**预测到 17 个基因岛 GI 01～GI 17，长度为 6192～54 408 bp，其 G+C 含量为 42.46%～59.82%。利用已预测得到的基因组信息，如重复序列、G+C 含量等，应用 CIRCOS 工具绘制其基因组圈图（图 5-3-104b）。

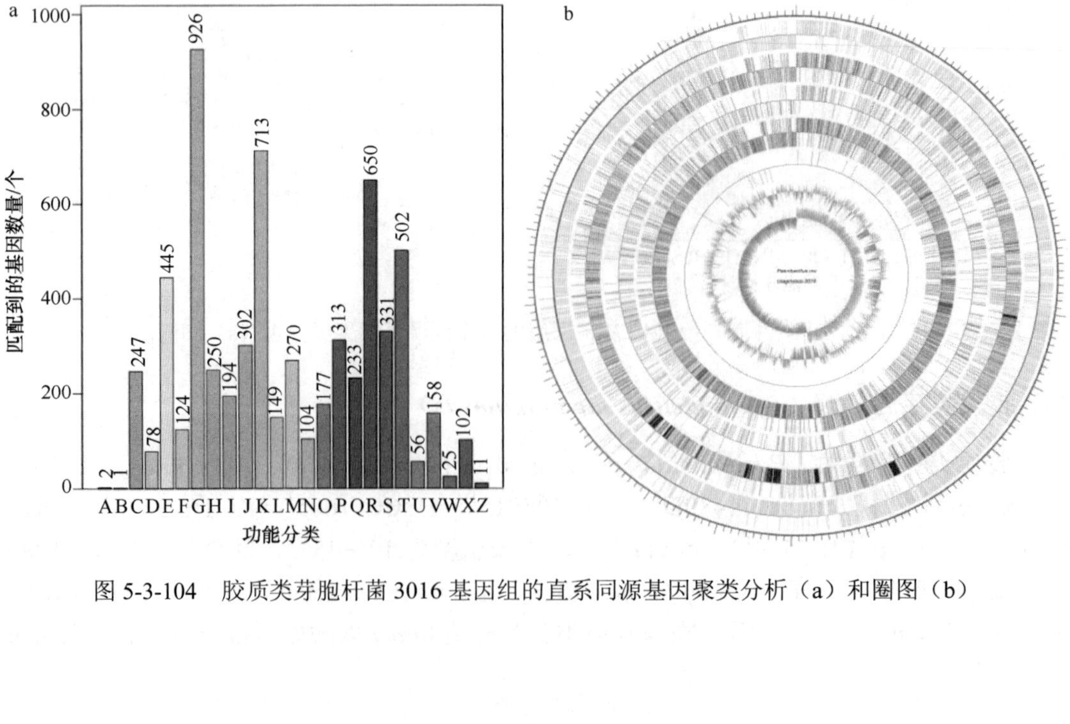


图 5-3-104　胶质类芽胞杆菌 3016 基因组的直系同源基因聚类分析（a）和圈图（b）

## 73. 难府类芽胞杆菌（*Paenibacillus nanensis*）DSM 22867$^{T}$

难府类芽胞杆菌（*Paenibacillus nanensis* Khianngam et al. 2009，sp. nov.）的模式菌株（MX2-3$^{T}$ =KCTC 13044$^{T}$ =PCU 276$^{T}$ =TISTR 1828$^{T}$ =DSM 22867$^{T}$）分离自泰国难府的土壤，生长条件为 20～45℃（最适 37℃）、pH 6.5～9.0（最适 pH 7.5）、0～3%（*W*/*V*）NaCl，兼性厌氧，产芽胞（Khianngam et al.，2009）。目前，该种仅有 1 个基因组，选择模式菌株 DSM 22867$^{T}$ 的基因组进行描述，其 GenBank 登录号为 GCA_003583765.1，测序平台为 Illumina HiSeq，于 2018 年 9 月 20 日由西班牙塞维利亚农业生物与自然资源研究所（Institute of Natural Resources and Agrobiology of Seville）提交。

**【基因组的组装】**菌株 DSM 22867$^{T}$ 基因组的测序深度为 30 X，基因组大小为 6.119 Mb，组装到 45 个 contigs，contig $N_{50}$ 为 267 651 bp。**【G+C 含量】**52.62%。**【非编码 RNA】**预测到 6 个 rRNA 基因（5S rRNA 5 个、16S rRNA 1 个、23S rRNA 0 个），66 个 tRNA 基因，3 个 sRNA 基因。**【编码基因】**有 5561 个蛋白质编码基因，编码区总长为 5 462 883 bp，占整个基因组的 89.28%，基因的平均长度为 982 bp。**【基因功能注释】**比对到 KEGG、COG 和 GO 数据库的基因数量分别为 4801 个、3695 个和 3883 个，预测到分泌蛋白编码基因 170 个；在 24 个 COG 功能类群中，基因数量前 10 位的类群分别是：G. 碳水化合物转运与代谢 623 个，K. 转录 457 个，R. 仅一般功能预测 392 个，T. 信号转导机制 295 个，J. 翻译、核糖体结构与合成 269 个，E. 氨基酸转运与代谢 266 个，S. 功能未知 223 个，P. 无机离子转运与代谢 211 个，M. 细胞壁/膜/包膜生物合成 209 个和 H. 辅酶转运与代谢 169 个（图 5-3-105a）。**【重复序列】**预测到的重复序列包括：LTR 100 个，总长为 7803 bp，平均长度为 78 bp；DNA 重复元件 22 个，总长为 1623 bp，平均长度为 74 bp；LINE 20 个，总长为 1207 bp，平均长度为 60 bp；

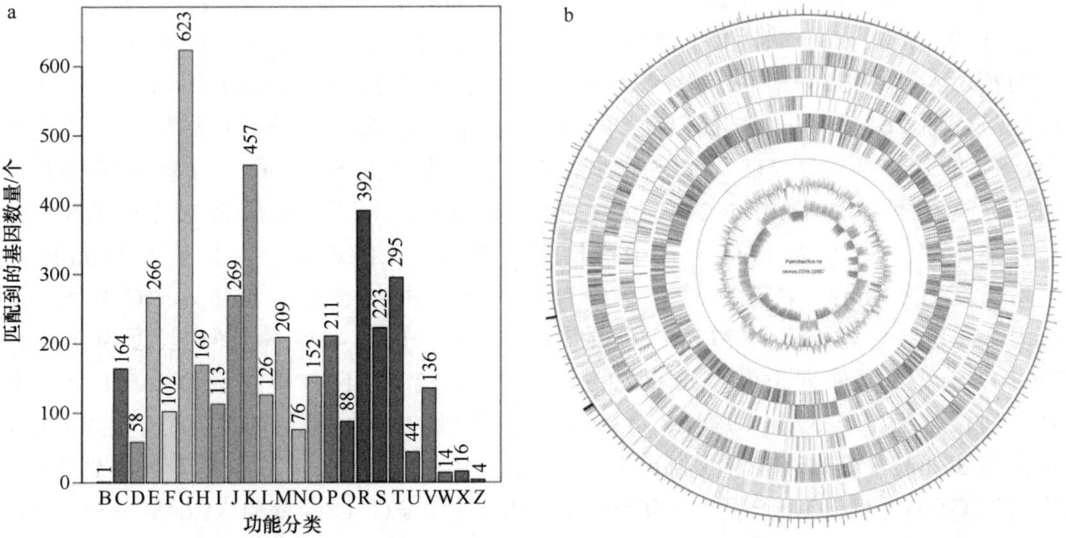


图 5-3-105 难府类芽胞杆菌 DSM 22867$^{T}$ 基因组的直系同源基因聚类分析（a）和圈图（b）

SINE 12 个，总长为 792 bp，平均长度为 66 bp；未知序列 4 个，总长为 299 bp，平均长度为 75 bp；TR 551 个，重复序列长度为 3～1377 bp，总长为 93 051 bp；小卫星 DNA 350 个，重复序列长度为 10～57 bp，总长为 66 188 bp；微卫星 DNA 8 个，重复序列长度为 3～6 bp，总长为 522 bp。**【CRISPR】**预测到 643 个 CRISPR 相关序列。**【基因岛】**预测到 8 个基因岛 GI 01～GI 08，长度为 7520～35 526 bp，其 G+C 含量为 38.59%～55.23%。利用已预测得到的基因组信息，如重复序列、G+C 含量等，应用 CIRCOS 工具绘制其基因组圈图（图 5-3-105b）。

### 74. 食萘类芽胞杆菌（*Paenibacillus naphthalenovorans*）32O-Y

食萘类芽胞杆菌（*Paenibacillus naphthalenovorans* Daane et al. 2002，sp. nov.）的模式菌株（PR-N1$^{T}$ =ATCC BAA-206$^{T}$ =DSM 14203$^{T}$）分离自法国 1 株小麦的根，最适生长温度为 30～37℃，NaCl 浓度为 0～3%（*W*/*V*），严格好氧，产芽胞（Daane et al., 2002）。目前，该种有 3 个基因组，选择组装到完成图水平的非模式菌株 32O-Y 的基因组进行描述，其 GenBank 登录号为 GCA_001465255.1，测序平台为 PacBio+Illumina MiSeq，于 2015 年 12 月 11 日由美国伊利诺伊理工大学（Illinois Institute of Technology）提交。

**【基因组的组装】**菌株 32O-Y 基因组的测序深度为 109 X，基因组大小为 5.200 Mb，组装到完成图水平，包括 1 条染色体。**【G+C 含量】**49.68%。**【非编码 RNA】**预测到 34 个 rRNA 基因（5S rRNA 12 个、16S rRNA 11 个、23S rRNA 11 个），93 个 tRNA 基因，1 个 sRNA 基因。**【编码基因】**有 5398 个蛋白质编码基因，编码区总长为 4 599 297 bp，占整个基因组的 88.45%，基因的平均长度为 852 bp。**【基因功能注释】**比对到 KEGG、COG 和 GO 数据库的基因数量分别为 5006 个、3490 个和 3575 个，预测到分泌蛋白编码基因 142 个；在 24 个 COG 功能类群中，基因数量前 10 位的类群分别是：R. 仅一般功能预测 427 个，E. 氨基酸转运与代谢 388 个，G. 碳水化合物转运与代谢 366 个，K. 转录 299 个，C. 能量产生与转换 270 个，P. 无机离子转运与代谢 265 个，H. 辅酶转运与代谢 236 个，J. 翻译、核糖体结构与合成 229 个，T. 信号转导机制 215 个和 S. 功能未知 188 个（图 5-3-106a）。**【重复序列】**预测到的重复序列包括：LTR 114 个，总长为 10 609 bp，平均长度为 93 bp；DNA 重复元件 25 个，总长为 1781 bp，平均长度为 71 bp；LINE 30 个，总长为 1906 bp，平均长度为 64 bp；SINE 20 个，总长为 1512 bp，平均长度为 76 bp；RC 3 个，总长为 231 bp，平均长度为 77 bp；未知序列 6 个，总长为 438 bp，平均长度为 73 bp；TR 107 个，重复序列长度为 6～627 bp，总长为 12 493 bp；小卫星 DNA 81 个，重复序列长度为 11～57 bp，总长为 4350 bp；微卫星 DNA 1 个，重复序列长度为 6 bp，总长为 37 bp。**【CRISPR】**预测到 16 个 CRISPR 相关序列。**【基因岛】**预测到 13 个基因岛 GI 01～GI 13，长度为 5465～171 306 bp，其 G+C 含量为 31.64%～54.46%。利用已预测得到的基因组信息，如重复序列、G+C 含量等，应用 CIRCOS 工具绘制其基因组圈图（图 5-3-106b）。

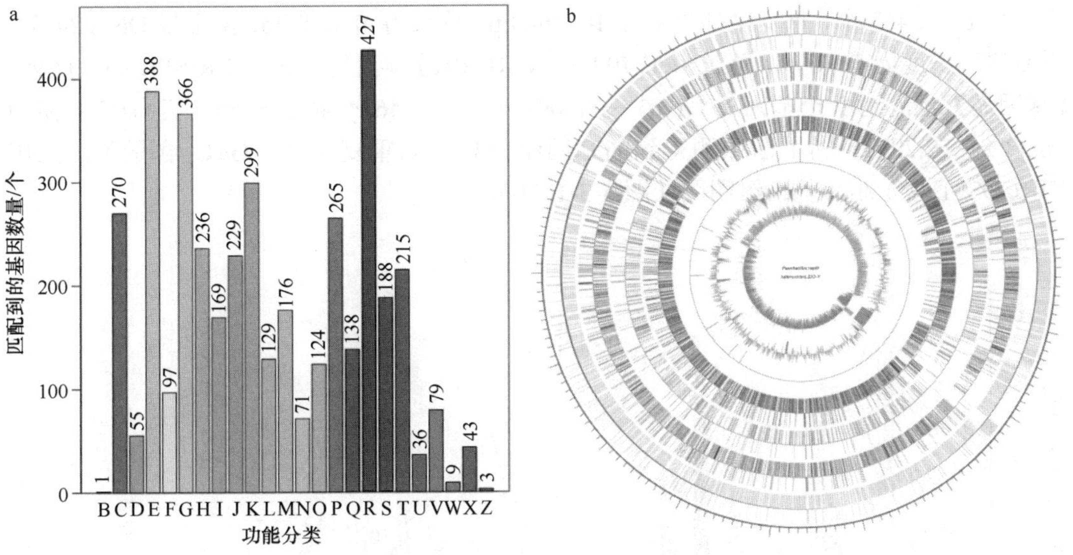


图 5-3-106　食萘类芽胞杆菌 32O-Y 基因组的直系同源基因聚类分析（a）和圈图（b）

## 75. 载味类芽胞杆菌（*Paenibacillus odorifer*）DSM 15391$^{T}$

载味类芽胞杆菌（*Paenibacillus odorifer* Berge et al. 2002，sp. nov.）的模式菌株（TOD45$^{T}$ =ATCC BAA-93$^{T}$ =LMG 19079$^{T}$ =DSM 15391$^{T}$）分离自法国 1 株小麦的根，生长温度为 5～35℃，固氮，兼性厌氧，产芽胞（Berge et al.，2002）。目前，该种有 34 个基因组，选择组装到完成图水平的模式菌株 DSM 15391$^{T}$ 的基因组进行描述，其 GenBank 登录号为 GCA_000758725.1，测序平台为 PacBio，于 2014 年 9 月 22 日由美国康奈尔大学（Cornell University）提交。

**【基因组的组装】**菌株 DSM 15391$^{T}$ 基因组的测序深度未知，基因组大小为 6.812 Mb，组装到完成图水平，包括 1 条染色体。**【G+C 含量】**44.21%。**【非编码 RNA】**预测到 30 个 rRNA 基因（5S rRNA 10 个、16S rRNA 10 个、23S rRNA 10 个），86 个 tRNA 基因，2 个 sRNA 基因。**【编码基因】**有 6129 个蛋白质编码基因，编码区总长为 5 913 723 bp，占整个基因组的 86.81%，基因的平均长度为 965 bp。**【基因功能注释】**比对到 KEGG、COG 和 GO 数据库的基因数量分别为 5836 个、3989 个和 4264 个，预测到分泌蛋白编码基因 185 个；在 24 个 COG 功能类群中，基因数量前 10 位的类群分别是：G. 碳水化合物转运与代谢 634 个，K. 转录 505 个，R. 仅一般功能预测 457 个，E. 氨基酸转运与代谢 333 个，T. 信号转导机制 304 个，J. 翻译、核糖体结构与合成 289 个，P. 无机离子转运与代谢 270 个，M. 细胞壁/膜/包膜生物合成 221 个，S. 功能未知 217 个和 H. 辅酶转运与代谢 205 个（图 5-3-107a）。**【重复序列】**预测到的重复序列包括：LTR 327 个，总长为 23 106 bp，平均长度为 71 bp；DNA 重复元件 74 个，总长为 4606 bp，平均长度为 62 bp；LINE 98 个，总长为 8037 bp，平均长度为 82 bp；SINE 14 个，总长为 759 bp，平均长度为 54 bp；RC 9 个，总长为 539 bp，平均长度为 60 bp；未知序列 7 个，总长为 540 bp，平均长度为 77 bp；TR 661 个，重复序列长度为 5～675 bp，总长为 89 652 bp；

小卫星 DNA 453 个，重复序列长度为 10～60 bp，总长为 48 698 bp；微卫星 DNA 24 个，重复序列长度为 5～6 bp，总长为 1770 bp。**【CRISPR】**预测到 325 个 CRISPR 相关序列。**【基因岛】**预测到 9 个基因岛 GI 01～GI 09，长度为 9462～46 225 bp，其 G+C 含量为 38.58%～52.29%。利用已预测得到的基因组信息，如重复序列、G+C 含量等，应用 CIRCOS 工具绘制其基因组圈图（图 5-3-107b）。

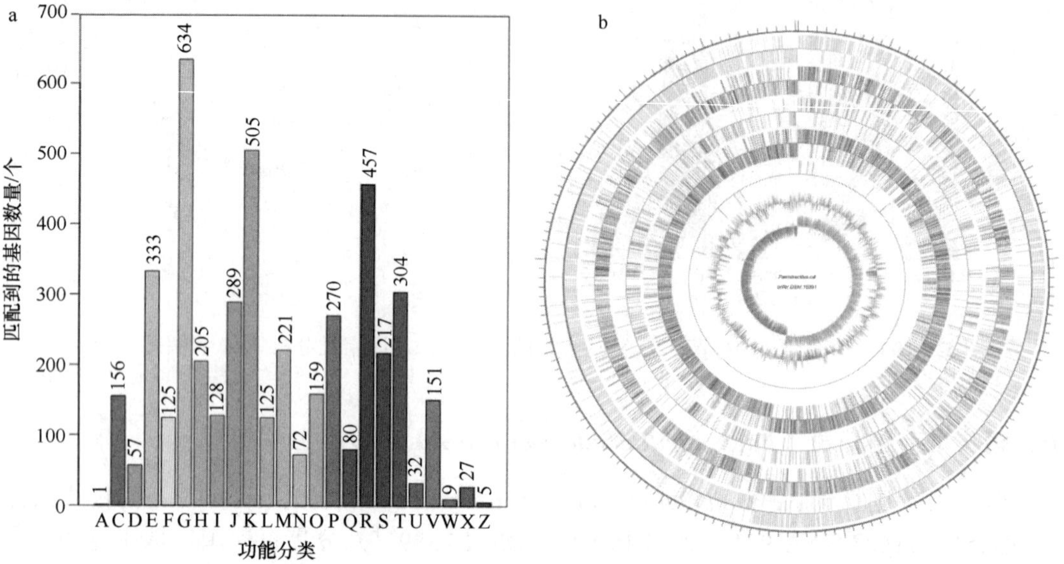


图 5-3-107 载味类芽胞杆菌 DSM 15391$^T$ 基因组的直系同源基因聚类分析（a）和圈图（b）

## 76. 水稻类芽胞杆菌（*Paenibacillus oryzae*）1DrF-4$^T$

水稻类芽胞杆菌（*Paenibacillus oryzae* Zhang et al. 2016，sp. nov.）的模式菌株（1DrF-4$^T$ =ACCC 19927$^T$ =JCM 30486$^T$）分离自湖南祁阳县（现为祁阳市）的水稻根，生长条件为 15～40℃、pH 6.0～11.0、0～3%（*W*/*V*）NaCl，固氮，兼性厌氧，产芽胞（Zhang et al.，2016e）。目前，该种有 1 个基因组，对模式菌株 1DrF-4$^T$ 的基因组进行描述，其 GenBank 登录号为 GCA_001675045.1，测序平台为 Illumina HiSeq，于 2016 年 6 月 21 日由中国农业科学院（Chinese Academy of Agricultural Sciences）提交。

**【基因组的组装】**菌株 1DrF-4$^T$ 基因组的测序深度为 60 X，基因组大小为 5.906 Mb，组装到 80 个 scaffolds，scaffold $N_{50}$ 为 153 070 bp。**【G+C 含量】**49.45%。**【非编码 RNA】**预测到 7 个 rRNA 基因（5S rRNA 7 个、16S rRNA 0 个、23S rRNA 0 个），68 个 tRNA 基因，2 个 sRNA 基因。**【编码基因】**有 5490 个蛋白质编码基因，编码区总长为 5 212 518 bp，占整个基因组的 88.26%，基因的平均长度为 949 bp。**【基因功能注释】**比对到 KEGG、COG 和 GO 数据库的基因数量分别为 4518 个、3426 个和 3666 个，预测到分泌蛋白编码基因 135 个；在 25 个 COG 功能类群中，基因数量前 10 位的类群分别是：G. 碳水化合物转运与代谢 458 个，K. 转录 411 个，R. 仅一般功能预测 372 个，T. 信号转导机制 286 个，E. 氨基酸转运与代谢 277 个，J. 翻译、核糖体结构与合成 266 个，M. 细胞壁/膜/包膜生物合成 210 个，P. 无机离子转运与代谢 203 个，S. 功能未知 199 个和 H. 辅酶转运与代谢 183 个（图 5-3-108a）。**【重复序列】**预测到的重复序列包括：LTR 169 个，总长为 13 591 bp，平均长度为 80 bp；DNA 重复元件 46 个，总长为 3342 bp，平均长度为 73 bp；LINE 26 个，总长为 1918 bp，平均长度为 74 bp；SINE 10 个，总长为 605 bp，平均长度为 61 bp；RC 3 个，总长为 147 bp，平均长度为 49 bp；未知序列 2 个，总长为 160 bp，平均长度为 80 bp；TR 713 个，重复序列长度为 3～1599 bp，总长为 88 986 bp；小卫星 DNA 530 个，重复序列长度为 10～57 bp，总长为 52 904 bp；微卫星 DNA 14 个，重复序列长度为 3～6 bp，总长为 1588 bp。**【CRISPR】**预测到 410 个 CRISPR 相关序列。**【基因岛】**预测到 9 个基因岛 GI 01～GI 09，长度为 4580～22 574 bp，其 G+C 含量为 35.48%～50.70%。利用已预测得到的基因组信息，如重复序列、G+C 含量等，应用 CIRCOS 工具绘制其基因组圈图（图 5-3-108b）。

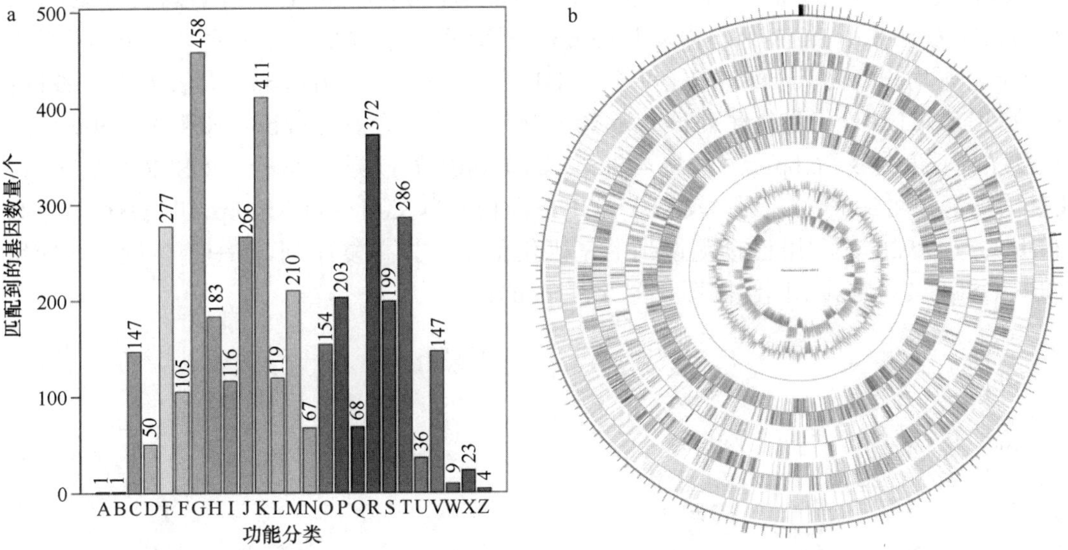


图 5-3-108　水稻类芽胞杆菌 1DrF-4$^T$ 基因组的直系同源基因聚类分析（a）和圈图（b）

## 77. 饲料类芽胞杆菌（*Paenibacillus pabuli*）NG-13

饲料类芽胞杆菌［*Paenibacillus pabuli* (Nakamura 1984) Ash et al. 1994，comb. nov.］的模式菌株（ATCC 43899$^T$ =CCUG 27415$^T$ =CIP 103119$^T$ =DSM 3036$^T$ =JCM 9074$^T$ = LMG 15970$^T$ =NRRL NRS-924$^T$）分离自饲料，生长温度为 5～40℃（最适 28～30℃），好氧，产芽胞，1923 年被命名为饲料芽胞杆菌（*Bacillus pabuli* Schieblich 1923），1984 年分类地位被确定（Nakamura，1984a），1993 年被重分类为饲料类芽胞杆菌（*Paenibacillus pabuli*）（Ash et al.，1993）。目前，该种有 4 个基因组，选择组装水平较高的非模式菌株 NG-13 的基因组进行描述，其 GenBank 登录号为 GCA_003259455.1，测序平台为 Illumina HiSeq，于 2018 年 6 月 21 日由美国能源部联合基因组研究所（DOE Joint Genome Institute）提交。

**【基因组的组装】**菌株 NG-13 基因组的测序深度为 206 X，基因组大小为 7.115 Mb，组装到 38 个 scaffolds，scaffold $N_{50}$ 为 344 037 bp。**【G+C 含量】**46.27%。**【非编码 RNA】**

预测到 5 个 rRNA 基因（5S rRNA 5 个、16S rRNA 0 个、23S rRNA 0 个），77 个 tRNA 基因，4 个 sRNA 基因。**【编码基因】**有 6592 个蛋白质编码基因，编码区总长为 6 132 768 bp，占整个基因组的 86.19%，基因的平均长度为 930 bp。**【基因功能注释】**比对到 KEGG、COG 和 GO 数据库的基因数量分别为 5885 个、4136 个和 4455 个，预测到分泌蛋白编码基因 192 个；在 24 个 COG 功能类群中，基因数量前 10 位的类群分别是：G. 碳水化合物转运与代谢 690 个，K. 转录 516 个，R. 仅一般功能预测 502 个，E. 氨基酸转运与代谢 388 个，T. 信号转导机制 309 个，J. 翻译、核糖体结构与合成 295 个，P. 无机离子转运与代谢 270 个，S. 功能未知 220 个，M. 细胞壁/膜/包膜生物合成 214 个和 H. 辅酶转运与代谢 213 个（图 5-3-109a）。**【重复序列】**预测到的重复序列包括：LTR 177 个，总长为 10 767 bp，平均长度为 61 bp；DNA 重复元件 44 个，总长为 2818 bp，平均长度为 64 bp；LINE 58 个，总长为 3444 bp，平均长度为 59 bp；SINE 14 个，总长为 698 bp，平均长度为 50 bp；RC 2 个，总长为 73 bp，平均长度为 37 bp；未知序列 3 个，总长为 230 bp，平均长度为 77 bp；TR 199 个，重复序列长度为 3～630 bp，总长为 20 299 bp；小卫星 DNA 121 个，重复序列长度为 10～54 bp，总长为 10 024 bp；微卫星 DNA 9 个，重复序列长度为 3～6 bp，总长为 429 bp。**【CRISPR】**预测到 26 个 CRISPR 相关序列。**【基因岛】**预测到 13 个基因岛 GI 01～GI 13，长度为 3341～21 614 bp，其 G+C 含量为 34.14%～47.92%。利用已预测得到的基因组信息，如重复序列、G+C 含量等，应用 CIRCOS 工具绘制其基因组圈图（图 5-3-109b）。

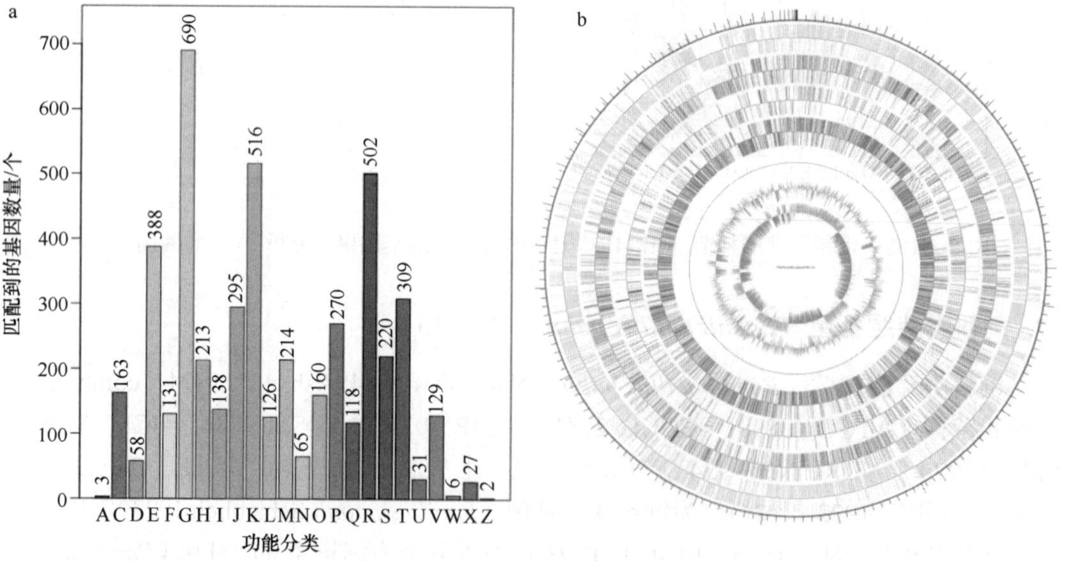


图 5-3-109　饲料类芽胞杆菌 NG-13 基因组的直系同源基因聚类分析（a）和圈图（b）

## 78. 芍药类芽胞杆菌（*Paenibacillus paeoniae*）M4BSY-1$^T$

芍药类芽胞杆菌（*Paenibacillus paeoniae* Yan and Tuo 2018，sp. nov.）的模式菌株（M4BSY-1$^T$ =KCTC 33997$^T$ =CGMCC 1.13667$^T$）分离自贵州的 1 株芍药（*Paeonia lactiflora*）的叶，生长条件为 10～37℃（最适 30℃）、pH 7.0～13.0（最适 pH 7.0～8.0）、

0～5%（*W*/*V*）NaCl（最适 1%～2%），好氧，产芽胞（Yan and Tuo，2018）。目前，该种仅有 1 个基因组，模式菌株 M4BSY-1$^T$ 基因组的 GenBank 登录号为 GCA_003388735.1，测序平台为 Illumina HiSeq，于 2018 年 8 月 14 日由遵义医科大学（Zunyi Medical University）提交。

**【基因组的组装】**菌株 M4BSY-1$^T$ 基因组的测序深度为 100 X，基因组大小为 5.788 Mb，组装到 17 个 contigs，contig $N_{50}$ 为 925 906 bp。**【G+C 含量】**48.76%。**【非编码 RNA】**预测到 6 个 rRNA 基因（5S rRNA 4 个、16S rRNA 1 个、23S rRNA 1 个），68 个 tRNA 基因，1 个 sRNA 基因。**【编码基因】**有 5379 个蛋白质编码基因，编码区总长为 5 085 015 bp，占整个基因组的 87.85%，基因的平均长度为 945 bp。**【基因功能注释】**比对到 KEGG、COG 和 GO 数据库的基因数量分别为 4389 个、3335 个和 3599 个，预测到分泌蛋白编码基因 126 个；在 25 个 COG 功能类群中，基因数量前 10 位的类群分别是：K. 转录 411 个，G. 碳水化合物转运与代谢 377 个，R. 仅一般功能预测 374 个，E. 氨基酸转运与代谢 276 个，T. 信号转导机制 268 个，J. 翻译、核糖体结构与合成 262 个，P. 无机离子转运与代谢 230 个，S. 功能未知 200 个，M. 细胞壁/膜/包膜生物合成 196 个和 H. 辅酶转运与代谢 176 个（图 5-3-110a）。**【重复序列】**预测到的重复序列包括：LTR 163 个，总长为 11 647 bp，平均长度为 71 bp；DNA 重复元件 36 个，总长为 2583 bp，平均长度为 72 bp；LINE 35 个，总长为 2425 bp，平均长度为 69 bp；SINE 8 个，总长为 506 bp，平均长度为 63 bp；RC 4 个，总长为 264 bp，平均长度为 66 bp；未知序列 3 个，总长为 222 bp，平均长度为 74 bp；TR 429 个，重复序列长度为 3～1649 bp，总长为 50 165 bp；小卫星 DNA 296 个，重复序列长度为 11～60 bp，总长为 32 822 bp；微卫星 DNA 6 个，重复序列长度为 3～6 bp，总长为 334 bp。**【CRISPR】**预测到 371 个 CRISPR 相关序列。**【基因岛】**预测到 9 个基因岛 GI 01～GI 09，长度为 6004～59 334 bp，其 G+C 含量为 38.81%～52.62%。利用已预测得到的基因组信息，如重复序列、G+C 含量等，应用 CIRCOS 工具绘制其基因组圈图（图 5-3-110b）。

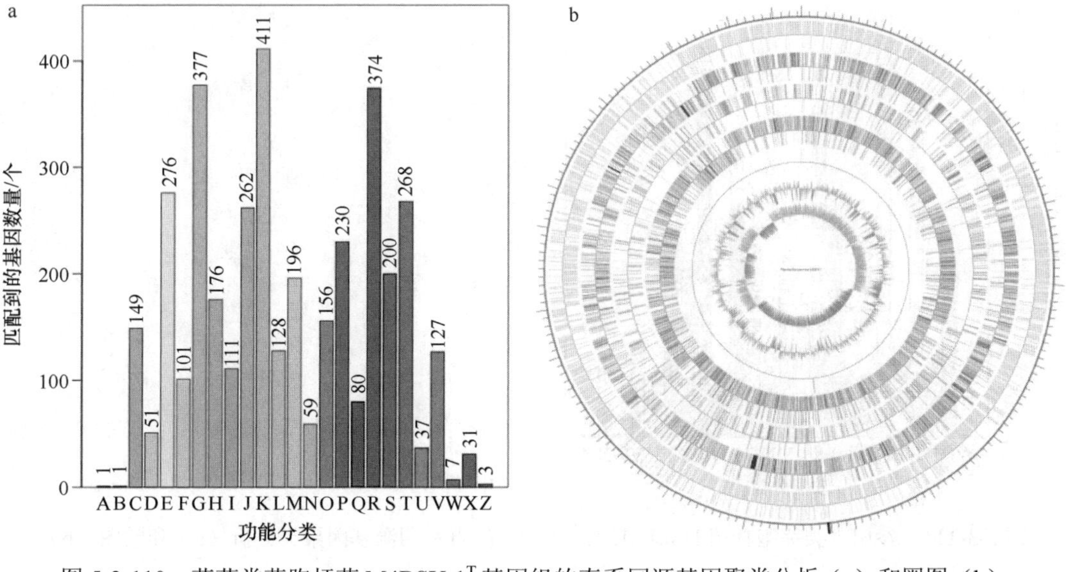


图 5-3-110　芍药类芽胞杆菌 M4BSY-1$^T$ 基因组的直系同源基因聚类分析（a）和圈图（b）

## 79. 参田土类芽胞杆菌（*Paenibacillus panacisoli*）DSM 21345$^T$

参田土类芽胞杆菌（*Paenibacillus panacisoli* Ten et al. 2006，sp. nov.）的模式菌株（Gsoil 1411$^T$ =KCTC 13020$^T$ =LMG 23405$^T$ =DSM 21345$^T$）分离自韩国抱川市的人参田土壤，生长条件为 15～45℃（最适 37℃）、pH 4.5～9.0（最适 pH 6.5）、0～5%（*W*/*V*）NaCl，兼性厌氧，产芽胞（Ten et al.，2006c）。目前，该种仅有 1 个基因组，模式菌株 DSM 21345$^T$ 基因组的 GenBank 登录号为 GCA_000426545.1，测序平台为 Illumina HiSeq，于 2013 年 7 月 11 日由美国能源部联合基因组研究所（DOE Joint Genome Institute）提交。

**【基因组的组装】**菌株 DSM 21345$^T$ 基因组的测序深度未知，基因组大小为 6.326 Mb，组装到 43 个 scaffolds，scaffold $N_{50}$ 为 347 963 bp。**【G+C 含量】**48.26%。**【非编码 RNA】**预测到 7 个 rRNA 基因（5S rRNA 7 个、16S rRNA 0 个、23S rRNA 0 个），87 个 tRNA 基因，2 个 sRNA 基因。**【编码基因】**有 5706 个蛋白质编码基因，编码区总长为 5 318 967 bp，占整个基因组的 84.08%，基因的平均长度为 932 bp。**【基因功能注释】**比对到 KEGG、COG 和 GO 数据库的基因数量分别为 4948 个、3622 个和 3828 个，预测到分泌蛋白编码基因 134 个；在 24 个 COG 功能类群中，基因数量前 10 位的类群分别是：G. 碳水化合物转运与代谢 513 个，R. 仅一般功能预测 418 个，K. 转录 396 个，E. 氨基酸转运与代谢 355 个，P. 无机离子转运与代谢 275 个，J. 翻译、核糖体结构与合成 273 个，T. 信号转导机制 242 个，S. 功能未知 209 个，H. 辅酶转运与代谢 200 个和 M. 细胞壁/膜/包膜生物合成 185 个（图 5-3-111a）。**【重复序列】**预测到的重复序列包括：LTR 121 个，总长为 8003 bp，平均长度为 66 bp；DNA 重复元件 37 个，总长为 2637 bp，平均长度为 71 bp；LINE 39 个，总长为 3357 bp，平均长度为 86 bp；SINE 15 个，总长为 1006 bp，平均长度为 67 bp；RC 1 个，长度为 56 bp；未知序列 4 个，总长为 285 bp，

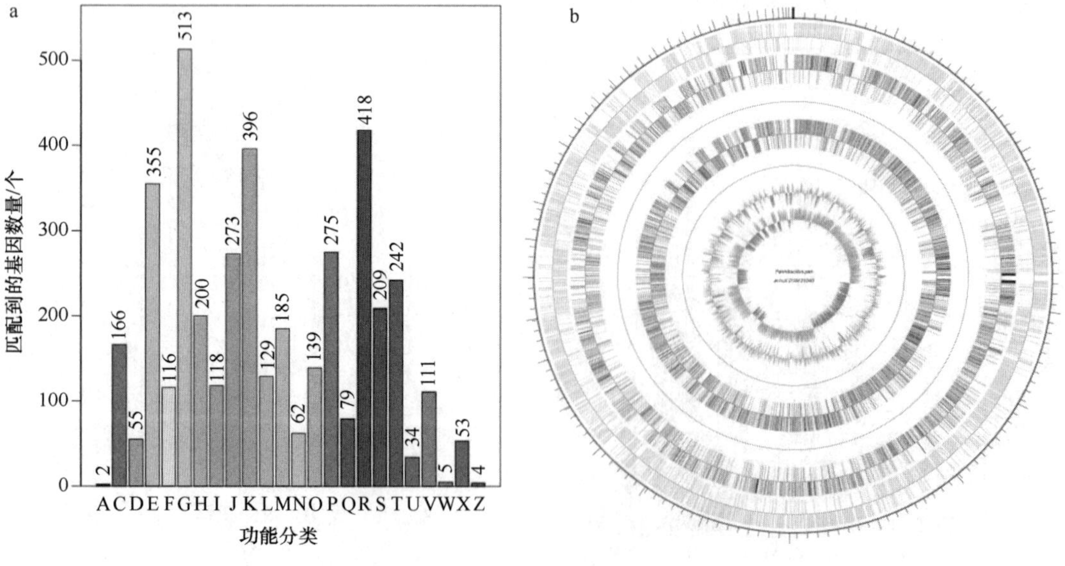


图 5-3-111　参田土类芽胞杆菌 DSM 21345$^T$ 基因组的直系同源基因聚类分析（a）和圈图（b）

平均长度为 71 bp；TR 448 个，重复序列长度为 4～357 bp，总长为 24 725 bp；小卫星 DNA 382 个，重复序列长度为 10～60 bp，总长为 18 523 bp；微卫星 DNA 10 个，重复序列长度为 4～6 bp，总长为 534 bp。**【CRISPR】**预测到 48 个 CRISPR 相关序列。**【基因岛】**预测到 12 个基因岛 GI 01～GI 12，长度为 6289～29 316 bp，其 G+C 含量为 36.78%～48.25%。利用已预测得到的基因组信息，如重复序列、G+C 含量等，应用 CIRCOS 工具绘制其基因组圈图（图 5-3-111b）。

### 80. 帕萨迪纳类芽胞杆菌（*Paenibacillus pasadenensis*）DSM 19293$^T$

帕萨迪纳类芽胞杆菌（*Paenibacillus pasadenensis* Osman et al. 2006，sp. nov.）的模式菌株（SAFN-007$^T$ =ATCC BAA-1211$^T$ =NBRC 101214$^T$ =DSM 19293$^T$）分离自美国加利福尼亚州帕萨迪纳的喷气推进实验室航天器装配车间的入口地板，生长条件为 10～50℃（最适 37℃）、pH 4.5～9.0（最适 pH 7.0）、0～2%（*W*/*V*）NaCl，兼性厌氧，产芽胞（Osman et al.，2006）。目前，该种有 3 个基因组，选择组装水平较高的模式菌株 DSM 19293$^T$ 的基因组进行描述，其 GenBank 登录号为 GCA_000422485.1，测序平台为 Illumina HiSeq，于 2013 年 7 月 11 日由美国能源部联合基因组研究所（DOE Joint Genome Institute）提交。

**【基因组的组装】**菌株 DSM 19293$^T$ 基因组的测序深度未知，基因组大小为 5.714 Mb，组装到 49 个 scaffolds，scaffold $N_{50}$ 为 260 617 bp。**【G+C 含量】**63.26%。**【非编码 RNA】**预测到 3 个 rRNA 基因（5S rRNA 3 个、16S rRNA 0 个、23S rRNA 0 个），71 个 tRNA 基因，3 个 sRNA 基因。**【编码基因】**有 4954 个蛋白质编码基因，编码区总长为 4 823 004 bp，占整个基因组的 84.41%，基因的平均长度为 974 bp。**【基因功能注释】**比对到 KEGG、COG 和 GO 数据库的基因数量分别为 4148 个、3266 个和 3340 个，预测到分泌蛋白编码基因 189 个；在 25 个 COG 功能类群中，基因数量前 10 位的类群分别是：G. 碳水化合物转运与代谢 458 个，R. 仅一般功能预测 358 个，K. 转录 352 个，E. 氨基酸转运与代谢 294 个，T. 信号转导机制 246 个，P. 无机离子转运与代谢 244 个，J. 翻译、核糖体结构与合成 227 个，S. 功能未知 197 个，M. 细胞壁/膜/包膜生物合成 183 个和 H. 辅酶转运与代谢 162 个（图 5-3-112a）。**【重复序列】**预测到的重复序列包括：LTR 39 个，总长为 2895 bp，平均长度为 74 bp；DNA 重复元件 8 个，总长为 536 bp，平均长度为 67 bp；LINE 13 个，总长为 1132 bp，平均长度为 87 bp；SINE 11 个，总长为 673 bp，平均长度为 61 bp；未知序列 3 个，总长为 227 bp，平均长度为 76 bp；TR 1222 个，重复序列长度为 5～453 bp，总长为 108 729 bp；小卫星 DNA 1029 个，重复序列长度为 10～60 bp，总长为 100 748 bp；微卫星 DNA 17 个，重复序列长度为 5～6 bp，总长为 1342 bp。**【CRISPR】**预测到 686 个 CRISPR 相关序列。**【基因岛】**预测到 13 个基因岛 GI 01～GI 13，长度为 4100～60 460 bp，其 G+C 含量为 38.35%～66.64%。利用已预测得到的基因组信息，如重复序列、G+C 含量等，应用 CIRCOS 工具绘制其基因组圈图（图 5-3-112b）。

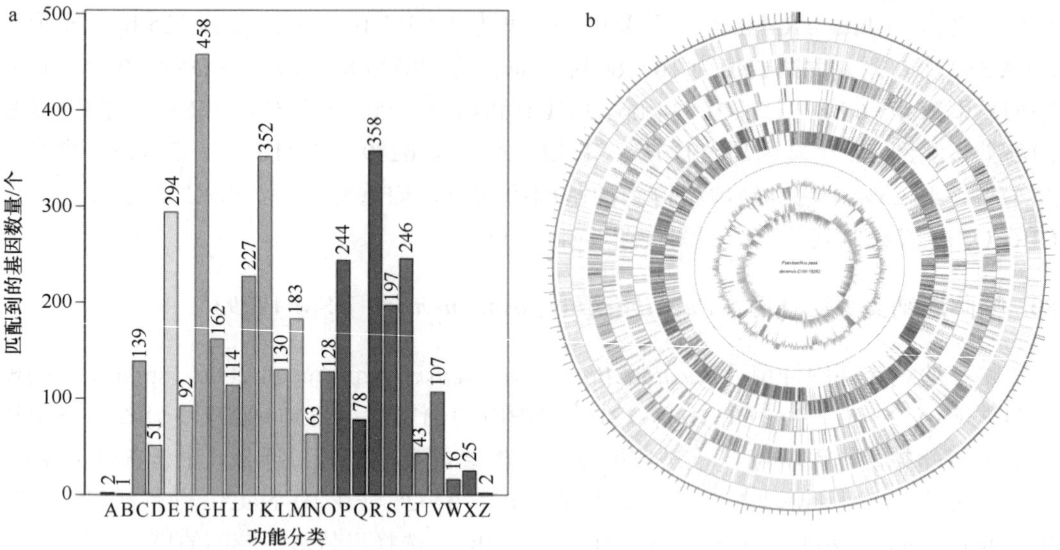


图 5-3-112　帕萨迪纳类芽胞杆菌 DSM 19293[T] 基因组的直系同源基因聚类分析（a）和圈图（b）

## 81. 解果胶类芽胞杆菌（*Paenibacillus pectinilyticus*）KCTC 13222[T]

解果胶类芽胞杆菌（*Paenibacillus pectinilyticus* Park et al. 2009，sp. nov.）的模式菌株（RCB-08[T] =KCTC 13222[T] =CECT 7358[T]）分离自突灶螽（*Diestrammena apicalis*）的肠道，生长条件为 15～30℃（最适 30℃）、pH 6.0～8.7、0～0.5%（*W*/*V*）NaCl，能降解果胶，兼性厌氧，产芽胞（Park et al.，2009）。目前，该种仅有 1 个基因组，模式菌株 KCTC 13222[T] 基因组的 GenBank 登录号为 GCA_001700435.1，测序平台为 Illumina HiSeq，于 2016 年 8 月 5 日由中国农业科学院（Chinese Academy of Agricultural Sciences）提交。

**【基因组的组装】**菌株 KCTC 13222[T] 基因组的测序深度为 60 X，基因组大小为 7.878 Mb，组装到 32 个 scaffolds，scaffold $N_{50}$ 为 601 187 bp。**【G+C 含量】**45.69%。**【非编码 RNA】**预测到 6 个 rRNA 基因（5S rRNA 6 个、16S rRNA 0 个、23S rRNA 0 个），101 个 tRNA 基因，1 个 sRNA 基因。**【编码基因】**有 6878 个蛋白质编码基因，编码区总长为 7 000 743 bp，占整个基因组的 88.86%，基因的平均长度为 1018 bp。**【基因功能注释】**比对到 KEGG、COG 和 GO 数据库的基因数量分别为 5630 个、4286 个和 4849 个，预测到分泌蛋白编码基因 270 个；在 25 个 COG 功能类群中，基因数量前 10 位的类群分别是：G. 碳水化合物转运与代谢 827 个，R. 仅一般功能预测 508 个，K. 转录 491 个，T. 信号转导机制 344 个，E. 氨基酸转运与代谢 319 个，J. 翻译、核糖体结构与合成 263 个，M. 细胞壁/膜/包膜生物合成 256 个，S. 功能未知 248 个，P. 无机离子转运与代谢 241 个和 H. 辅酶转运与代谢 212 个（图 5-3-113a）。**【重复序列】**预测到的重复序列包括：LTR 270 个，总长为 17 916 bp，平均长度为 66 bp；DNA 重复元件 115 个，总长为 5398 bp，平均长度为 47 bp；LINE 79 个，总长为 5167 bp，平均长度为 65 bp；SINE 28 个，总长为 1739 bp，平均长度为 62 bp；RC 5 个，总长为 269 bp，平均长度为 54 bp；

未知序列 8 个，总长为 577 bp，平均长度为 72 bp；TR 650 个，重复序列长度为 3～873 bp，总长为 94 669 bp；小卫星 DNA 391 个，重复序列长度为 10～55 bp，总长为 57 172 bp；微卫星 DNA 35 个，重复序列长度为 3～6 bp，总长为 3078 bp。**【CRISPR】** 预测到 373 个 CRISPR 相关序列。**【基因岛】**预测到 18 个基因岛 GI 01～GI 18，长度为 4432～32 519 bp，其 G+C 含量为 30.26%～49.93%。利用已预测得到的基因组信息，如重复序列、G+C 含量等，应用 CIRCOS 工具绘制其基因组圈图（图 5-3-113b）。

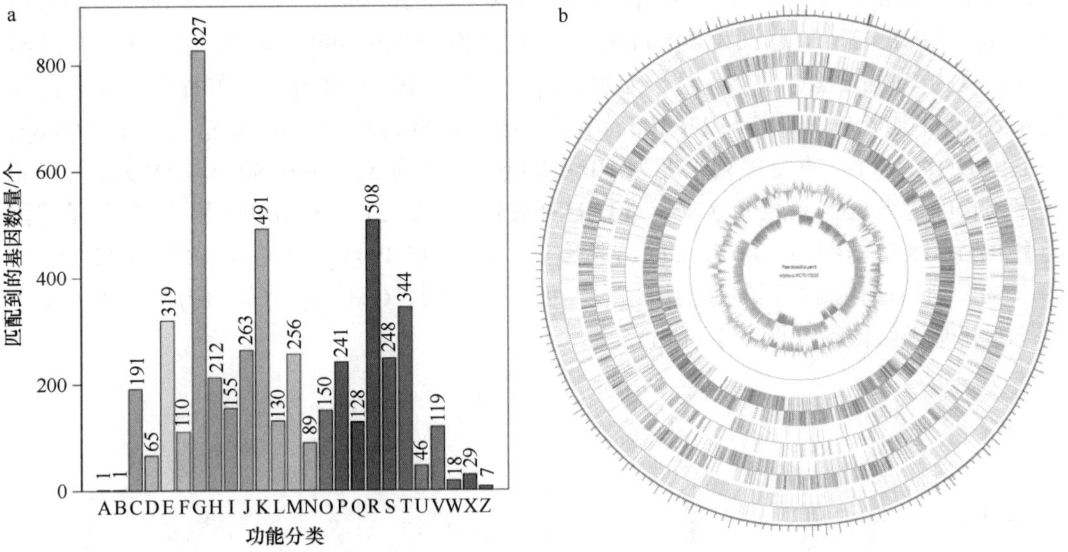


图 5-3-113　解果胶类芽胞杆菌 KCTC 13222$^{T}$ 基因组的直系同源基因聚类分析（a）和圈图（b）

## 82. 皮尔瑞俄类芽胞杆菌（*Paenibacillus peoriae*）HS311

皮尔瑞俄类芽胞杆菌［*Paenibacillus peoriae* (Montefusco et al. 1993) Heyndrickx et al. 1996，comb. nov.］的模式菌株（BD-57$^{T}$ =ATCC 51925$^{T}$ =CIP 103812$^{T}$ =DSM 8320$^{T}$ =NBRC 15541$^{T}$ =LMG 14832$^{T}$ =NRRL B-14750$^{T}$）分离自土壤或腐败的有机质，生长条件为 5～45℃（最适 28～30℃）、pH 5.6、0～2%（*W*/*V*）NaCl，兼性厌氧，产芽胞，1993 年被命名为皮尔瑞俄芽胞杆菌（*Bacillus peoriae*）（Montefusco et al.，1993），1996 年被重分类为皮尔瑞俄类芽胞杆菌（*Paenibacillus peoriae*）（Heyndrickx et al.，1996）。目前，该种有 8 个基因组，选择组装到完成图水平的非模式菌株 HS311 的基因组进行描述，其 GenBank 登录号为 GCA_001272655.2，测序平台为 PacBio，于 2015 年 12 月 10 日由韩国生物科学与生物技术研究院（Korea Research Institute of Bioscience and Biotechnology）提交。

**【基因组的组装】**菌株 HS311 基因组的测序深度为 78 X，基因组大小为 6.220 Mb，组装到完成图水平，包括 1 条染色体和 1 个质粒。**【G+C 含量】**45.49%。**【非编码 RNA】**预测到 39 个 rRNA 基因（5S rRNA 13 个、16S rRNA 13 个、23S rRNA 13 个），99 个 tRNA 基因，3 个 sRNA 基因。**【编码基因】**有 5684 个蛋白质编码基因，编码区总长为 5 371 554 bp，占整个基因组的 86.36%，基因的平均长度为 945 bp。**【基因功能注释】**比对到 KEGG、

COG 和 GO 数据库的基因数量分别为 5281 个、3583 个和 3780 个，预测到分泌蛋白编码基因 137 个；在 24 个 COG 功能类群中，基因数量前 10 位的类群分别是：G. 碳水化合物转运与代谢 499 个，K. 转录 421 个，R. 仅一般功能预测 402 个，E. 氨基酸转运与代谢 372 个，J. 翻译、核糖体结构与合成 268 个，T. 信号转导机制 244 个，P. 无机离子转运与代谢 238 个，H. 辅酶转运与代谢 208 个，M. 细胞壁/膜/包膜生物合成 190 个和 S. 功能未知 187 个（图 5-3-114a）。**【重复序列】**预测到的重复序列包括：LTR 200 个，总长为 14 712 bp，平均长度为 74 bp；DNA 重复元件 58 个，总长为 3394 bp，平均长度为 59 bp；LINE 42 个，总长为 2456 bp，平均长度为 58 bp；SINE 18 个，总长为 1272 bp，平均长度为 71 bp；RC 3 个，总长为 186 bp，平均长度为 62 bp；未知序列 6 个，总长为 428 bp，平均长度为 71 bp；TR 105 个，重复序列长度为 6～1530 bp，总长为 15 765 bp；小卫星 DNA 79 个，重复序列长度为 10～60 bp，总长为 5171 bp；微卫星 DNA 2 个，重复序列长度为 6 bp，总长为 53 bp。**【CRISPR】**预测到 21 个 CRISPR 相关序列。**【基因岛】**预测到 18 个基因岛 GI 01～GI 18，长度为 3890～45 494 bp，其 G+C 含量为 32.74%～49.16%。利用已预测得到的基因组信息，如重复序列、G+C 含量等，应用 CIRCOS 工具绘制其基因组圈图（图 5-3-114b）。

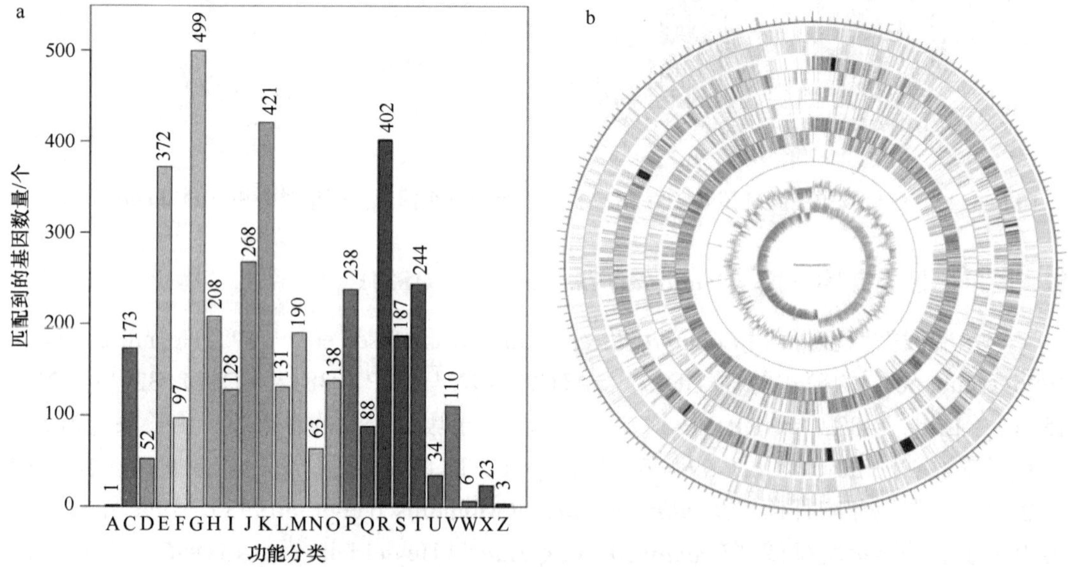


图 5-3-114　皮尔瑞俄类芽胞杆菌 HS311 基因组的直系同源基因聚类分析（a）和圈图（b）

### 83. 弗凯亚类芽胞杆菌（*Paenibacillus phocaensis*）mt24$^T$

弗凯亚类芽胞杆菌（*Paenibacillus phocaensis* Tidjani Alou et al. 2016，sp. nov.）的模式菌株（mt24$^T$ =CSUR P2238 =DSM 101777$^T$）分离自尼日尔 1 名 13 个月大的健康女婴的肠道菌群，生长温度为 37℃，兼性厌氧，产芽胞（Tidjani Alou et al. 2016b）。目前，该种仅有 1 个基因组，模式菌株 mt24$^T$ 基因组的 GenBank 登录号为 GCA_900021165.1，测序平台为 Illumina MiSeq，于 2016 年 1 月 29 日由法国热带传染病研究中心（Unité de Recherche en Maladies Infectieuses et Tropicales Emergentes）提交。

【**基因组的组装**】菌株 mt24$^T$ 基因组的测序深度为 68 X，基因组大小为 5.515 Mb，组装到 39 个 contigs，contig $N_{50}$ 为 218 069 bp。【**G+C 含量**】53.54%。【**非编码 RNA**】预测到 13 个 rRNA 基因（5S rRNA 8 个、16S rRNA 2 个、23S rRNA 3 个），76 个 tRNA 基因，2 个 sRNA 基因。【**编码基因**】有 5103 个蛋白质编码基因，编码区总长为 4 774 749 bp，占整个基因组的 86.58%，基因的平均长度为 936 bp。【**基因功能注释**】比对到 KEGG、COG 和 GO 数据库的基因数量分别为 4499 个、3392 个和 3520 个，预测到分泌蛋白编码基因 132 个；在 24 个 COG 功能类群中，基因数量前 10 位的类群分别是：G. 碳水化合物转运与代谢 578 个，K. 转录 393 个，R. 仅一般功能预测 326 个，E. 氨基酸转运与代谢 263 个，T. 信号转导机制 257 个，J. 翻译、核糖体结构与合成 244 个，P. 无机离子转运与代谢 203 个，M. 细胞壁/膜/包膜生物合成 197 个，S. 功能未知 194 个和 H. 辅酶转运与代谢 172 个（图 5-3-115a）。【**重复序列**】预测到的重复序列包括：LTR 66 个，总长为 5722 bp，平均长度为 87 bp；DNA 重复元件 21 个，总长为 2066 bp，平均长度为 98 bp；LINE 24 个，总长为 3171 bp，平均长度为 132 bp；SINE 17 个，总长为 1017 bp，平均长度为 60 bp；未知序列 4 个，总长为 308 bp，平均长度为 77 bp；TR 447 个，重复序列长度为 5～1148 bp，总长为 57 775 bp；小卫星 DNA 307 个，重复序列长度为 10～60 bp，总长为 20 138 bp；微卫星 DNA 7 个，重复序列长度为 5～6 bp，总长为 576 bp。【**CRISPR**】预测到 183 个 CRISPR 相关序列。【**基因岛**】预测到 9 个基因岛 GI 01～GI 09，长度为 5631～42 710 bp，其 G+C 含量为 39.62%～55.09%。利用已预测得到的基因组信息，如重复序列、G+C 含量等，应用 CIRCOS 工具绘制其基因组圈图（图 5-3-115b）。

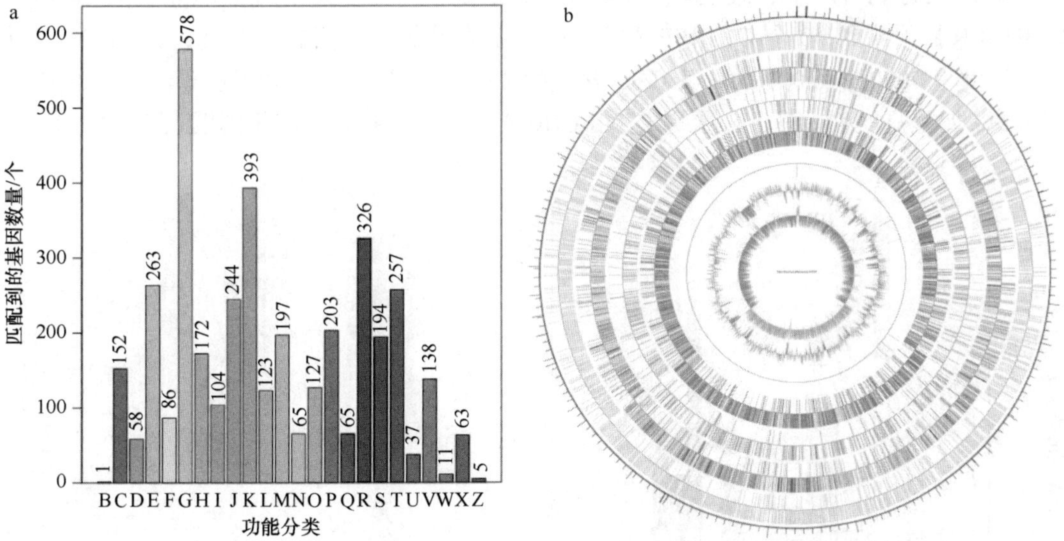


图 5-3-115　弗凯亚类芽胞杆菌 mt24$^T$ 基因组的直系同源基因聚类分析（a）和圈图（b）

## 84. 小立碗藓类芽胞杆菌（*Paenibacillus physcomitrellae*）XB$^T$

小立碗藓类芽胞杆菌（*Paenibacillus physcomitrellae* Zhou et al. 2015，sp. nov.）的模式菌株（XB$^T$ =CGMCC 1.15044$^T$ =DSM 29851$^T$）分离自小立碗藓（*Physcomitrella patens*），

生长条件为 25～32℃（最适 28℃）、pH 5.0～8.5（最适 pH 7.0～7.5）、0～3%（*W*/*V*）NaCl（最适 0），兼性厌氧，产芽胞（Zhou et al.，2015）。目前，该种仅有 1 个基因组，模式菌株 $XB^T$ 基因组的 GenBank 登录号为 GCA_002240225.1，测序平台为 Illumina HiSeq，于 2017 年 8 月 2 日由首都师范大学（Capital Normal University）提交。

**【基因组的组装】**菌株 $XB^T$ 基因组的测序深度为 200 X，基因组大小为 4.829 Mb，组装到染色体水平，包括 1 条染色体。**【G+C 含量】**50.69%。**【非编码 RNA】**预测到 28 个 rRNA 基因（5S rRNA 10 个、16S rRNA 9 个、23S rRNA 9 个），83 个 tRNA 基因，4 个 sRNA 基因。**【编码基因】**有 4576 个蛋白质编码基因，编码区总长为 4 180 869 bp，占整个基因组的 86.58%，基因的平均长度为 914 bp。**【基因功能注释】**比对到 KEGG、COG 和 GO 数据库的基因数量分别为 4089 个、3066 个和 3145 个，预测到分泌蛋白编码基因 116 个；在 24 个 COG 功能类群中，基因数量前 10 位的类群分别是：G. 碳水化合物转运与代谢 434 个，K. 转录 346 个，R. 仅一般功能预测 337 个，E. 氨基酸转运与代谢 269 个，J. 翻译、核糖体结构与合成 250 个，T. 信号转导机制 228 个，P. 无机离子转运与代谢 187 个，S. 功能未知 183 个，M. 细胞壁/膜/包膜生物合成 175 个和 H. 辅酶转运与代谢 162 个（图 5-3-116a）。**【重复序列】**预测到的重复序列包括：LTR 118 个，总长为 10 457 bp，平均长度为 89 bp；DNA 重复元件 24 个，总长为 1808 bp，平均长度为 75 bp；LINE 49 个，总长为 3902 bp，平均长度为 80 bp；SINE 20 个，总长为 1200 bp，平均长度为 60 bp；未知序列 5 个，总长为 311 bp，平均长度为 62 bp；TR 336 个，重复序列长度为 4～287 bp，总长为 16 190 bp；小卫星 DNA 280 个，重复序列长度为 10～60 bp，总长为 11 494 bp；微卫星 DNA 13 个，重复序列长度为 4～6 bp，总长为 547 bp。**【CRISPR】**预测到 40 个 CRISPR 相关序列。**【基因岛】**预测到 9 个基因岛 GI 01～GI 09，长度为 7070～36 091 bp，其 G+C 含量为 36.99%～53.10%。利用已预测得到的基因组信息，如重复序列、G+C 含量等，应用 CIRCOS 工具绘制其基因组圈图（图 5-3-116b）。

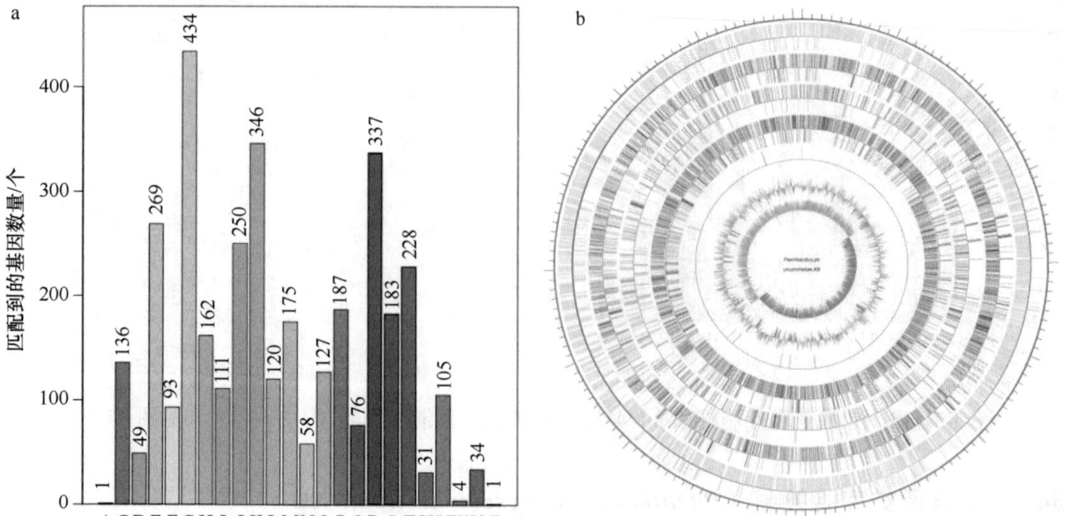


图 5-3-116　小立碗藓类芽胞杆菌 $XB^T$ 基因组的直系同源基因聚类分析（a）和圈图（b）

## 85. 针叶林土类芽胞杆菌（*Paenibacillus pinisoli*）JCM 19203$^{T}$

针叶林土类芽胞杆菌（*Paenibacillus pinisoli* Moon and Kim 2014，sp. nov.）的模式菌株（KACC 17472$^{T}$ =KEMB 9005-025$^{T}$ =JCM 19203$^{T}$）分离自韩国京畿道的松林土壤，生长条件为 15～45℃（最适 25～40℃）、pH 6.0～9.5（最适 pH 6.5～9.5）、0～5%（*W/V*）NaCl（最适 0～3%），好氧，产芽胞（Moon and Kim，2014）。目前，该种仅有 1 个基因组，模式菌株 JCM 19203$^{T}$ 基因组的 GenBank 登录号为 GCA_003605435.1，测序平台为 Illumina HiSeq，于 2018 年 10 月 1 日由西班牙塞维利亚农业生物与自然资源研究所（Institute of Natural Resources and Agrobiology of Seville）提交。

**【基因组的组装】**菌株 JCM 19203$^{T}$ 基因组的测序深度为 30 X，基因组大小为 5.962 Mb，组装到 19 个 contigs，contig $N_{50}$ 为 867 578 bp。**【G+C 含量】**51.78%。**【非编码 RNA】**预测到 8 个 rRNA 基因（5S rRNA 6 个、16S rRNA 1 个、23S rRNA 1 个），70 个 tRNA 基因，2 个 sRNA 基因。**【编码基因】**有 5595 个蛋白质编码基因，编码区总长为 5 223 738 bp，占整个基因组的 87.62%，基因的平均长度为 934 bp。**【基因功能注释】**比对到 KEGG、COG 和 GO 数据库的基因数量分别为 4678 个、3538 个和 3800 个，预测到分泌蛋白编码基因 141 个；在 25 个 COG 功能类群中，基因数量前 10 位的类群分别是：K. 转录 449 个，G. 碳水化合物转运与代谢 448 个，R. 仅一般功能预测 395 个，E. 氨基酸转运与代谢 284 个，T. 信号转导机制 284 个，J. 翻译、核糖体结构与合成 261 个，P. 无机离子转运与代谢 238 个，S. 功能未知 228 个，M. 细胞壁/膜/包膜生物合成 206 个和 H. 辅酶转运与代谢 177 个（图 5-3-117a）。**【重复序列】**预测到的重复序列包括：LTR 91 个，总长为 7855 bp，平均长度为 86 bp；DNA 重复元件 30 个，总长为 2795 bp，平均长度为 93 bp；LINE 29 个，总长为 2526 bp，平均长度为 87 bp；SINE 7 个，总长为 460 bp，平均长度为 66 bp；RC 4 个，总长为 215 bp，平均长度为 54 bp；未知序列 4 个，总长

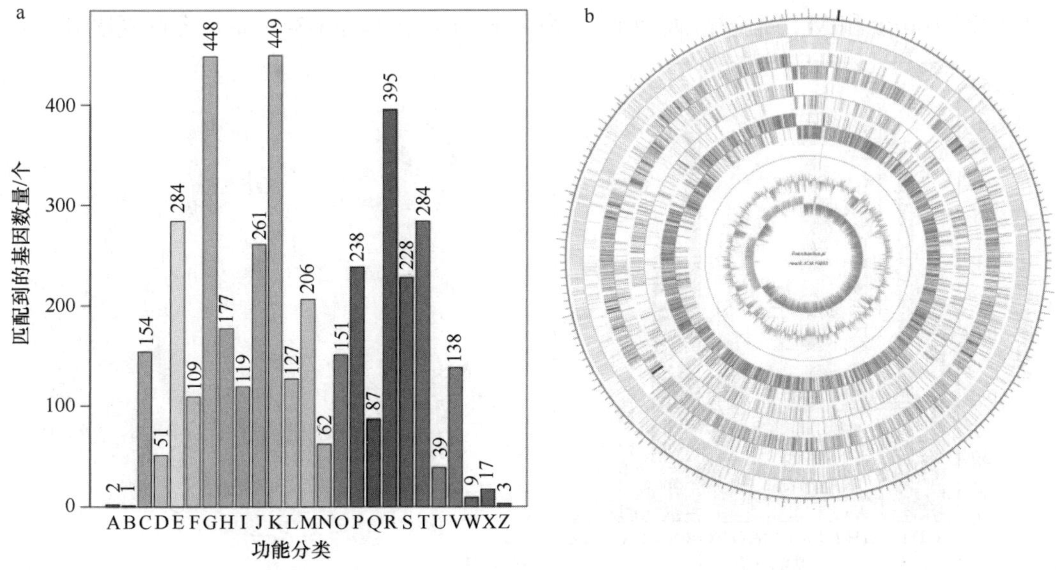


图 5-3-117　针叶林土类芽胞杆菌 JCM 19203$^{T}$ 基因组的直系同源基因聚类分析（a）和圈图（b）

为 307 bp，平均长度为 77 bp；TR 554 个，重复序列长度为 6～966 bp，总长为 98 016 bp；小卫星 DNA 385 个，重复序列长度为 10～54 bp，总长为 76 402 bp；微卫星 DNA 10 个，重复序列长度为 6 bp，总长为 854 bp。**【CRISPR】**预测到 892 个 CRISPR 相关序列。**【基因岛】**预测到 12 个基因岛 GI 01～GI 12，长度为 5047～76 298 bp，其 G+C 含量为 41.85%～56.32%。利用已预测得到的基因组信息，如重复序列、G+C 含量等，应用 CIRCOS 工具绘制其基因组圈图（图 5-3-117b）。

### 86. 松树类芽胞杆菌（*Paenibacillus pini*）JCM 16418$^T$

松树类芽胞杆菌（*Paenibacillus pini* Kim et al. 2011，sp. nov.）的模式菌株（S22$^T$ = KCTC 13694$^T$ =KACC 14198$^T$ =JCM 16418$^T$）分离自韩国大田市的松树根际土，生长条件为 10～37℃（最适 20～30℃）、pH 5.0～8.0（最适 pH 7.0～8.0）、0～3%（*W*/*V*）NaCl，严格好氧，产芽胞（Kim et al.，2009b）。目前，该种仅有 1 个基因组，模式菌株 JCM 16418$^T$ 基因组的 GenBank 登录号为 GCA_000576305.1，测序平台为 Illumina HiSeq，于 2014 年 2 月 17 日由日本东京大学（The University of Tokyo）提交。

**【基因组的组装】**菌株 JCM 16418$^T$ 基因组的测序深度为 26 X，基因组大小为 4.962 Mb，组装到 68 个 contigs，contig $N_{50}$ 为 258 739 bp。**【G+C 含量】**42.02%。**【非编码 RNA】**预测到 5 个 rRNA 基因（5S rRNA 3 个、16S rRNA 1 个、23S rRNA 1 个），77 个 tRNA 基因，1 个 sRNA 基因。**【编码基因】**有 5164 个蛋白质编码基因，编码区总长为 4 310 550 bp，占整个基因组的 86.87%，基因的平均长度为 835 bp。**【基因功能注释】**比对到 KEGG、COG 和 GO 数据库的基因数量分别为 4083 个、3001 个和 3361 个，预测到分泌蛋白编码基因 135 个；在 23 个 COG 功能类群中，基因数量前 10 位的类群分别是：G. 碳水化合物转运与代谢 334 个，R. 仅一般功能预测 322 个，K. 转录 311 个，E. 氨基酸转运与代谢 279 个，J. 翻译、核糖体结构与合成 259 个，P. 无机离子转运与代谢 214 个，S. 功能未知 199 个，T. 信号转导机制 198 个，H. 辅酶转运与代谢 166 个和 M. 细胞壁/膜/包膜生物合成 164 个（图 5-3-118a）。**【重复序列】**预

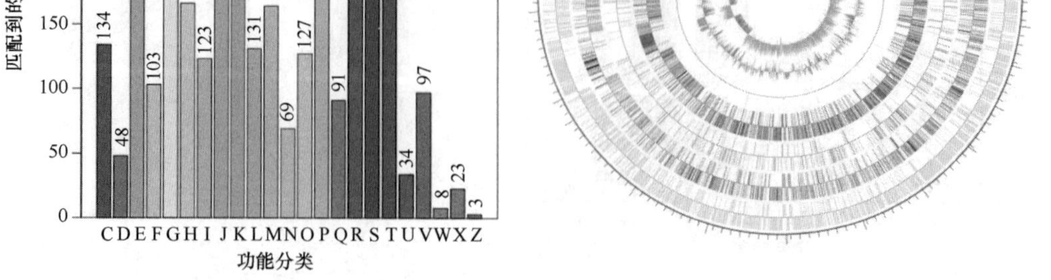


图 5-3-118　松树类芽胞杆菌 JCM 16418$^T$ 基因组的直系同源基因聚类分析（a）和圈图（b）

测到的重复序列包括：LTR 188 个，总长为 10 919 bp，平均长度为 58 bp；DNA 重复元件 63 个，总长为 3955 bp，平均长度为 63 bp；LINE 48 个，总长为 2486 bp，平均长度为 52 bp；SINE 13 个，总长为 634 bp，平均长度为 49 bp；RC 5 个，总长为 344 bp，平均长度为 69 bp；未知序列 4 个，总长为 304 bp，平均长度为 76 bp；TR 149 个，重复序列长度为 5～1299 bp，总长为 15 489 bp；小卫星 DNA 124 个，重复序列长度为 10～60 bp，总长为 6367 bp；微卫星 DNA 2 个，重复序列长度为 5～6 bp，总长为 152 bp。**【CRISPR】**预测到 30 个 CRISPR 相关序列。**【基因岛】**预测到 8 个基因岛 GI 01～GI 08，长度为 4106～13 398 bp，其 G+C 含量为 34.34%～47.62%。利用已预测得到的基因组信息，如重复序列、G+C 含量等，应用 CIRCOS 工具绘制其基因组圈图（图 5-3-118b）。

**87. 赤松土类芽胞杆菌（*Paenibacillus pinihumi*）DSM 23905$^T$**

赤松土类芽胞杆菌（*Paenibacillus pinihumi* Kim et al. 2010，sp. nov.）的模式菌株（S23$^T$ =KCTC 13695$^T$ =KACC 14199$^T$ =JCM 16419$^T$=DSM23905$^T$）分离自韩国大田市的赤松（*Pinus densiflora*）根际土，生长条件为 15～37℃（最适 25～30℃）、pH 5.5～9.0（最适 pH 7.5）、0～3%（*W*/*V*）NaCl，严格好氧，产芽胞（Kim et al.，2009c）。目前，该种有 1 个基因组，选择组装水平较高的模式菌株 DSM 23905$^T$ 的基因组进行描述，其 GenBank 登录号为 GCA_000422505.1，测序平台为 Illumina HiSeq，于 2013 年 7 月 11 日由美国能源部联合基因组研究所（DOE Joint Genome Institute）提交。

**【基因组的组装】**菌株 DSM 23905$^T$ 基因组的测序深度未知，基因组大小为 6.761 Mb，组装到 45 个 scaffolds，scaffold $N_{50}$ 为 363 842 bp。**【G+C 含量】**48.57%。**【非编码 RNA】**预测到 3 个 rRNA 基因（5S rRNA 3 个、16S rRNA 0 个、23S rRNA 0 个），64 个 tRNA 基因，1 个 sRNA 基因。**【编码基因】**有 6373 个蛋白质编码基因，编码区总长为 5 783 376 bp，占整个基因组的 85.54%，基因的平均长度为 907 bp。**【基因功能注释】**比对到 KEGG、COG 和 GO 数据库的基因数量分别为 5030 个、3805 个和 4109 个，预测到分泌蛋白编码基因 162 个；在 25 个 COG 功能类群中，基因数量前 10 位的类群分别是：G. 碳水化合物转运与代谢 472 个，K. 转录 452 个，R. 仅一般功能预测 429 个，E. 氨基酸转运与代谢 373 个，T. 信号转导机制 283 个，P. 无机离子转运与代谢 277 个，J. 翻译、核糖体结构与合成 270 个，M. 细胞壁/膜/包膜生物合成 220 个，S. 功能未知 215 个和 H. 辅酶转运与代谢 197 个（图 5-3-119a）。**【重复序列】**预测到的重复序列包括：LTR 157 个，总长为 9811 bp，平均长度为 62 bp；DNA 重复元件 37 个，总长为 2355 bp，平均长度为 64 bp；LINE 31 个，总长为 1894 bp，平均长度为 61 bp；SINE 9 个，总长为 522 bp，平均长度为 58 bp；RC 3 个，总长为 217 bp，平均长度为 72 bp；未知序列 4 个，总长为 120 bp，平均长度为 30 bp；TR 171 个，重复序列长度为 6～360 bp，总长为 13 745 bp；小卫星 DNA 125 个，重复序列长度为 11～54 bp，总长为 8500 bp；微卫星 DNA 1 个，重复序列长度为 6 bp，总长为 36 bp。**【CRISPR】**预测到 58 个 CRISPR 相关序列。**【基因岛】**预测到 16 个基因岛 GI 01～GI 16，长度为 5341～28 342 bp，其 G+C 含量为 34.21%～52.00%。利用已预测得到的基因组信息，如重复序列、G+C 含量等，应用

CIRCOS 工具绘制其基因组圈图（图 5-3-119b）。

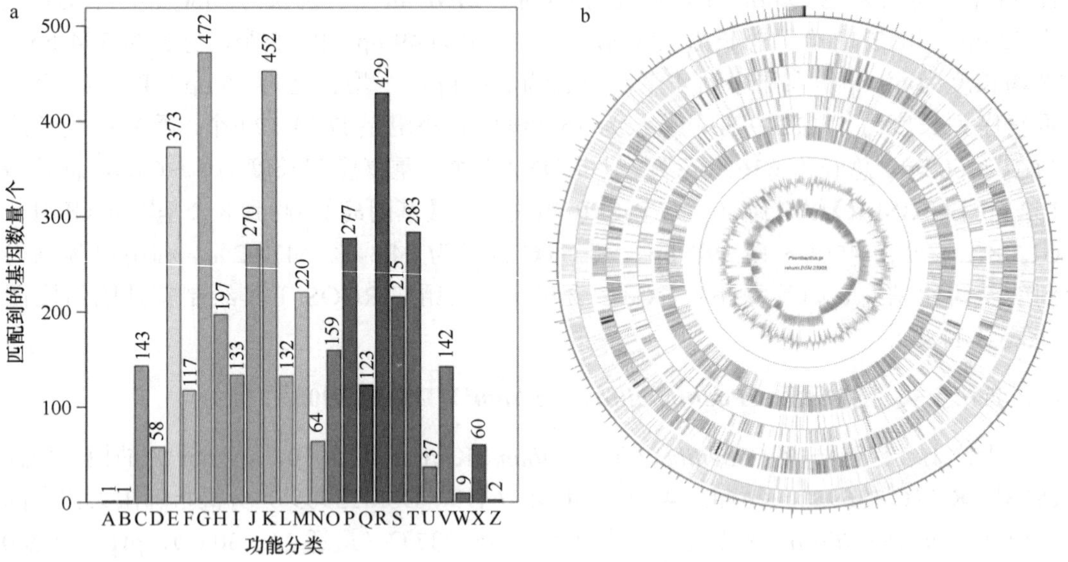


图 5-3-119　赤松土类芽胞杆菌 DSM 23905$^{T}$ 基因组的直系同源基因聚类分析（a）和圈图（b）

## 88. 多黏类芽胞杆菌（*Paenibacillus polymyxa*）SC2

多黏类芽胞杆菌［*Paenibacillus polymyxa* (Prazmowski 1880) Ash et al. 1994，comb. nov.］的模式菌株（ATCC 842$^{T}$ =CCUG 7426$^{T}$ =CFBP 4258$^{T}$ =CIP 66.22$^{T}$ =DSM 36$^{T}$ =JCM 2507$^{T}$ =LMG 13294$^{T}$ =NCCB 24016$^{T}$ =NCTC 10343$^{T}$ =NRRL B-4317$^{T}$ =VKM B-514$^{T}$）分离自土壤，生长温度为 4～40℃（最适 30℃），好氧，产芽胞。该种有过多次的重分类，先后被命名为多黏梭菌（*Clostridium polymyxa* Prazmowski 1880）、多黏颗粒杆菌［*Granulobacter polymyxa* (Prazmowski 1880) Beijerinck 1893］、多黏气芽胞杆菌［*Aerobacillus polymyxa* (Prazmowski 1880) Donker 1926］和多黏芽胞杆菌［*Bacillus polymyxa* (Prazmowski 1880) Macé 1889，species.］，1993 年被重分类为多黏类芽胞杆菌（*Paenibacillus polymyxa*）（Ash et al.，1993）。目前，该种有 43 个基因组，选择组装到完成图水平的非模式菌株 SC2 的基因组进行描述，其 GenBank 登录号为 GCA_000164985.2，测序平台为 PacBio，于 2015 年 3 月 27 日由山东农业大学（Shandong Agricultural University）提交。

**【基因组的组装】**菌株 SC2 基因组的测序深度为 135 X，基因组大小为 6.239 Mb，组装到完成图水平，包括 1 条染色体和 1 个质粒。**【G+C 含量】**44.61%。**【非编码 RNA】**预测到 41 个 rRNA 基因（5S rRNA 14 个、16S rRNA 13 个、23S rRNA 14 个），164 个 tRNA 基因，3 个 sRNA 基因。**【编码基因】**有 5994 个蛋白质编码基因，编码区总长为 5 336 952 bp，占整个基因组的 85.54%，基因的平均长度为 890 bp。**【基因功能注释】**比对到 KEGG、COG 和 GO 数据库的基因数量分别为 5681 个、3445 个和 3768 个，预测到分泌蛋白编码基因 141 个；在 24 个 COG 功能类群中，基因数量前 10 位的类群分别是：G. 碳水化合物转运与代谢 460 个，K. 转录 388 个，R. 仅一般功能预测 376 个，E. 氨基酸转运与代谢 309 个，J. 翻译、核糖体结构与合成 287 个，T. 信号转导机制 243 个，

P. 无机离子转运与代谢 211 个，H. 辅酶转运与代谢 200 个，M. 细胞壁/膜/包膜生物合成 184 个和 S. 功能未知 180 个（图 5-3-120a）。**【重复序列】**预测到的重复序列包括：LTR 200 个，总长为 16 974 bp，平均长度为 85 bp；DNA 重复元件 65 个，总长为 4388 bp，平均长度为 68 bp；LINE 52 个，总长为 3178 bp，平均长度为 61 bp；SINE 41 个，总长为 2935 bp，平均长度为 72 bp；RC 1 个，长度为 57 bp；未知序列 7 个，总长为 527 bp，平均长度为 75 bp；TR 147 个，重复序列长度为 5～1530 bp，总长为 20 329 bp；小卫星 DNA 112 个，重复序列长度为 12～60 bp，总长为 8124 bp；微卫星 DNA 4 个，重复序列长度为 5～6 bp，总长为 147 bp。**【CRISPR】**预测到 5 个 CRISPR 相关序列。**【基因岛】**预测到 14 个基因岛 GI 01～GI 14，长度为 2905～50 853 bp，其 G+C 含量为 34.13%～54.19%。利用已预测得到的基因组信息，如重复序列、G+C 含量等，应用 CIRCOS 工具绘制其基因组圈图（图 5-3-120b）。

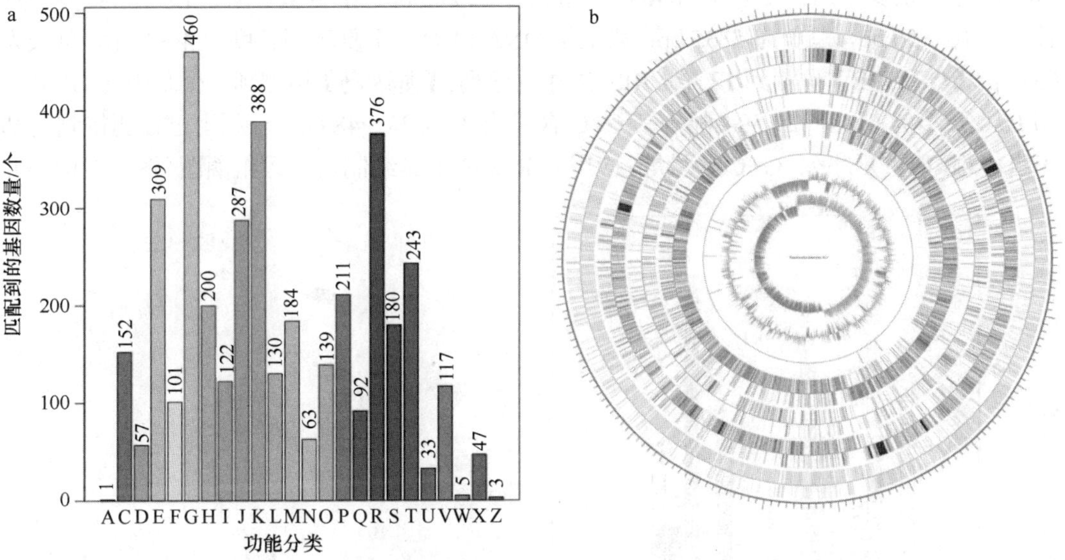


图 5-3-120　多黏类芽胞杆菌 SC2 基因组的直系同源基因聚类分析（a）和圈图（b）

## 89. 解多糖类芽胞杆菌（*Paenibacillus polysaccharolyticus*）BL9$^T$

解多糖类芽胞杆菌（*Paenibacillus polysaccharolyticus* Madhaiyan et al. 2017，sp. nov.）的模式菌株（BL9$^T$ =NBRC 105191$^T$ =ICMP 17623$^T$）分离自印度泰米尔纳德邦农业大学的黄槽竹（*Phyllostachys aureosulcata*）的竹叶，生长条件为 15～37℃（最适 28～30℃）、pH 4.0～10.0（最适 pH 6.5）、0～5%（*W*/*V*）NaCl，严格好氧，产芽胞（Madhaiyan et al., 2017）。目前，该种仅有 1 个基因组，选择模式菌株 BL9$^T$ 的基因组进行描述，其 GenBank 登录号为 GCA_900102085.1，测序平台为 Illumina HiSeq，于 2016 年 10 月 18 日由美国能源部联合基因组研究所（DOE Joint Genome Institute）提交。

**【基因组的组装】**菌株 BL9$^T$ 基因组的测序深度为 225 X，基因组大小为 6.495 Mb，组装到 34 个 scaffolds，scaffold $N_{50}$ 为 275 548 bp。**【G+C 含量】**45.60%。**【非编码 RNA】**预测到 6 个 rRNA 基因（5S rRNA 6 个、16S rRNA 0 个、23S rRNA 0 个），46 个 tRNA 基

因，3 个 sRNA 基因。【**编码基因**】有 5810 个蛋白质编码基因，编码区总长为 5 611 521 bp，占整个基因组的 86.40%，基因的平均长度为 966 bp。【**基因功能注释**】比对到 KEGG、COG 和 GO 数据库的基因数量分别为 5176 个、3675 个和 3927 个，预测到分泌蛋白编码基因 153 个；在 24 个 COG 功能类群中，基因数量前 10 位的类群分别是：G. 碳水化合物转运与代谢 534 个，R. 仅一般功能预测 450 个，K. 转录 444 个，E. 氨基酸转运与代谢 336 个，J. 翻译、核糖体结构与合成 282 个，T. 信号转导机制 275 个，P. 无机离子转运与代谢 240 个，S. 功能未知 211 个，H. 辅酶转运与代谢 197 个和 M. 细胞壁/膜/包膜生物合成 188 个（图 5-3-121a）。【**重复序列**】预测到的重复序列包括：LTR 213 个，总长为 12 421 bp，平均长度为 58 bp；DNA 重复元件 56 个，总长为 3329 bp，平均长度为 59 bp；LINE 52 个，总长为 3062 bp，平均长度为 59 bp；SINE 6 个，总长为 319 bp，平均长度为 53 bp；RC 5 个，总长为 255 bp，平均长度为 51 bp；未知序列 1 个，长度为 79 bp；TR 179 个，重复序列长度为 4～840 bp，总长为 22 205 bp；小卫星 DNA 115 个，重复序列长度为 10～50 bp，总长为 5835 bp；微卫星 DNA 14 个，重复序列长度为 4～6 bp，总长为 657 bp。【**CRISPR**】预测到 12 个 CRISPR 相关序列。【**基因岛**】预测到 9 个基因岛 GI 01～GI 09，长度为 6144～29 594 bp，其 G+C 含量为 33.65%～48.64%。利用已预测得到的基因组信息，如重复序列、G+C 含量等，应用 CIRCOS 工具绘制其基因组圈图（图 5-3-121b）。

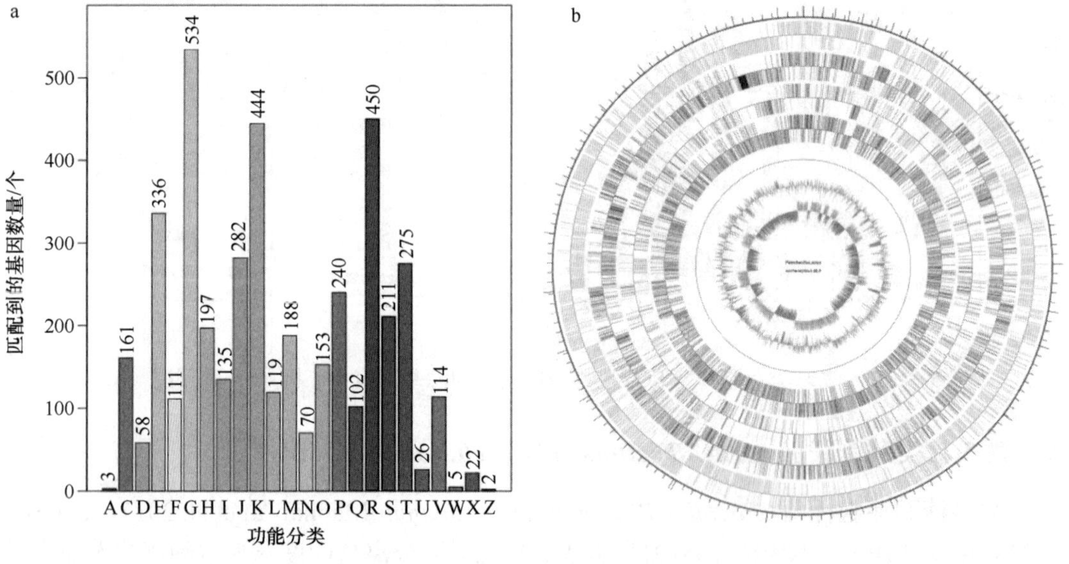


图 5-3-121 解多糖类芽胞杆菌 BL9$^T$ 基因组的直系同源基因聚类分析（a）和圈图（b）

## 90. 丽金龟子类芽胞杆菌（*Paenibacillus popilliae*）ATCC 14706$^T$

丽金龟子类芽胞杆菌[*Paenibacillus popilliae* (Dutky 1940) Pettersson et al. 1999，comb. nov.] 的模式菌株（ATCC 14706$^T$ =CCUG 28881$^T$ =CIP 10606$^T$ =NCCB 75017$^T$ =NRRL B-2309$^T$）分离自患白腐病的丽金龟子幼虫，生长温度为 20～31℃（最适 26℃），兼性厌氧，产芽胞，1940 年被命名为丽金龟子芽胞杆菌（*Bacillus popilliae*）（Dutky，1940），1999 年被重分类为丽金龟子类芽胞杆菌（*Paenibacillus popilliae*）（Pettersson et al.，1999）。

目前，该种仅有 1 个基因组，模式菌株 ATCC 14706$^{T}$ 基因组的 GenBank 登录号为 GCA_000315235.1，测序平台为 Illumina HiSeq，于 2012 年 11 月 6 日由日本九州大学（Kyushu University）提交。

**【基因组的组装】**菌株 ATCC 14706$^{T}$ 基因组的测序深度为 1200 X，基因组大小为 3.834 Mb，组装到 583 个 contigs，contig N$_{50}$ 为 43 349 bp。**【G+C 含量】**51.03%。**【非编码 RNA】**预测到 4 个 rRNA 基因（5S rRNA 3 个、16S rRNA 1 个、23S rRNA 0 个），75 个 tRNA 基因，8 个 sRNA 基因。**【编码基因】**有 3860 个蛋白质编码基因，编码区总长为 2 950 626 bp，占整个基因组的 76.96%，基因的平均长度为 764 bp。**【基因功能注释】**比对到 KEGG、COG 和 GO 数据库的基因数量分别为 2666 个、2014 个和 2250 个，预测到分泌蛋白编码基因 68 个；在 23 个 COG 功能类群中，基因数量前 10 位的类群分别是：J. 翻译、核糖体结构与合成 199 个，K. 转录 182 个，M. 细胞壁/膜/包膜生物合成 167 个，R. 仅一般功能预测 166 个，E. 氨基酸转运与代谢 150 个，G. 碳水化合物转运与代谢 135 个，T. 信号转导机制 134 个，S. 功能未知 131 个，L. 复制、重组与修复 116 个，C. 能量产生与转换 108 个和 H. 辅酶转运与代谢 108 个（图 5-3-122a）。**【重复序列】**预测到的重复序列包括：LTR 70 个，总长为 4292 bp，平均长度为 61 bp；DNA 重复元件 17 个，总长为 1016 bp，平均长度为 60 bp；LINE 22 个，总长为 1256 bp，平均长度为 57 bp；SINE 16 个，总长为 1008 bp，平均长度为 63 bp；RC 1 个，长度为 37 bp；未知序列 5 个，总长为 380 bp，平均长度为 76 bp；TR 151 个，重复序列长度为 5～662 bp，总长为 17 086 bp；小卫星 DNA 115 个，重复序列长度为 10～60 bp，总长为 8788 bp；微卫星 DNA 3 个，重复序列长度为 5～6 bp，总长为 119 bp。**【CRISPR】**预测到 156 个 CRISPR 相关序列。**【基因岛】**预测到 14 个基因岛 GI 01～GI 14，长度为 3091～8831 bp，其 G+C 含量为 36.22%～56.71%。利用已预测得到的基因组信息，如重复序列、G+C 含量等，应用 CIRCOS 工具绘制其基因组圈图（图 5-3-122b）。

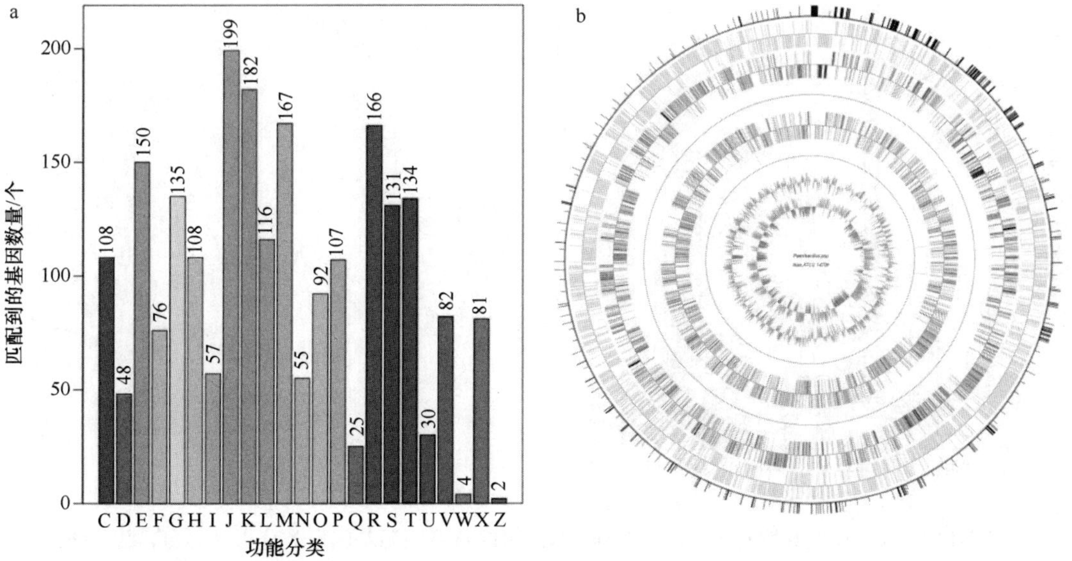


图 5-3-122　丽金龟子类芽胞杆菌 ATCC 14706$^{T}$ 基因组的直系同源基因聚类分析（a）和圈图（b）

## 91. 牧豆树类芽胞杆菌（*Paenibacillus prosopidis*）CECT 7506$^{T}$

牧豆树类芽胞杆菌（*Paenibacillus prosopidis* Valverde et al. 2010，sp. nov.）的模式菌株（PW21$^{T}$ =LMG 25259$^{T}$ =CECT 7506$^{T}$ =DSM 22405$^{T}$）分离自突尼斯的 1 棵牧豆树（*Prosopis farcta*）的根瘤，生长条件为 5～40℃（最适 30℃）、pH 6.5～8.0（最适 pH 7.0）、0～2%（*W*/*V*）NaCl，好氧，产芽胞（Valverde et al.，2010）。目前，该种仅有 1 个基因组，模式菌株 CECT 7506$^{T}$ 基因组的 GenBank 登录号为 GCA_003337375.1，测序平台为 Illumina HiSeq，于 2018 年 7 月 24 日由美国能源部联合基因组研究所（DOE Joint Genome Institute）提交。

**【基因组的组装】**菌株 CECT 7506$^{T}$ 基因组的测序深度为 224 X，基因组大小为 6.636 Mb，组装到 81 个 scaffolds，scaffold $N_{50}$ 为 320 574 bp。**【G+C 含量】**47.20%。**【非编码 RNA】**预测到 5 个 rRNA 基因（5S rRNA 3 个、16S rRNA 1 个、23S rRNA 1 个），69 个 tRNA 基因，3 个 sRNA 基因。**【编码基因】**有 6269 个蛋白质编码基因，编码区总长为 5 759 010 bp，占整个基因组的 86.78%，基因的平均长度为 919 bp。**【基因功能注释】**比对到 KEGG、COG 和 GO 数据库的基因数量分别为 5129 个、3925 个和 4112 个，预测到分泌蛋白编码基因 187 个；在 25 个 COG 功能类群中，基因数量前 10 位的类群分别是：G. 碳水化合物转运与代谢 736 个，R. 仅一般功能预测 433 个，K. 转录 430 个，E. 氨基酸转运与代谢 303 个，T. 信号转导机制 295 个，J. 翻译、核糖体结构与合成 255 个，S. 功能未知 233 个，M. 细胞壁/膜/包膜生物合成 229 个，P. 无机离子转运与代谢 215 个和 H. 辅酶转运与代谢 183 个（图 5-3-123a）。**【重复序列】**预测到的重复序列包括：LTR 142 个，总长为 9781 bp，平均长度为 69 bp；DNA 重复元件 39 个，总长为 2645 bp，平均长度为 68 bp；LINE 45 个，总长为 2823 bp，平均长度为 63 bp；SINE 8 个，

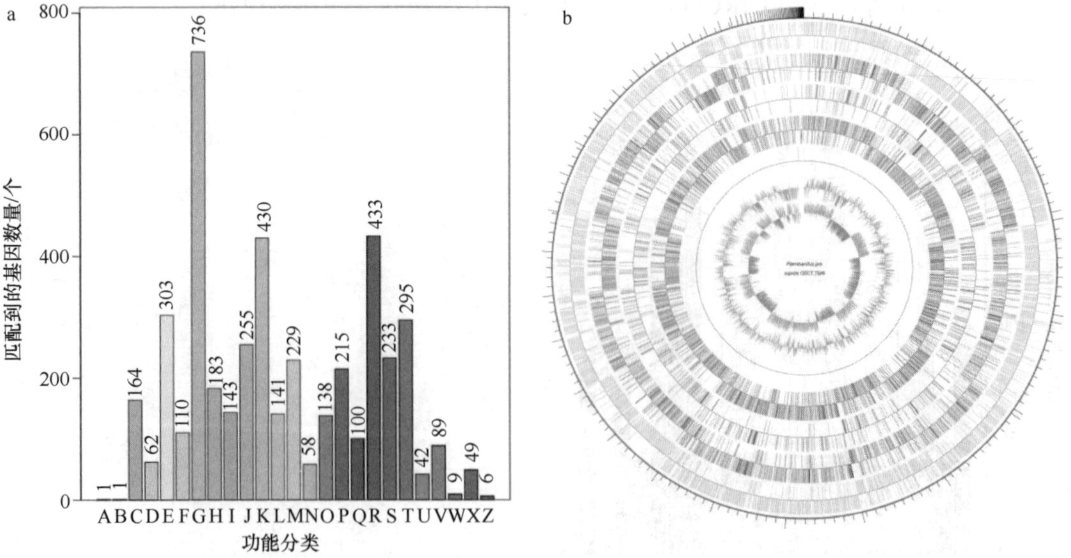


图 5-3-123　牧豆树类芽胞杆菌 CECT 7506$^{T}$ 基因组的直系同源基因聚类分析（a）和圈图（b）

总长为 521 bp，平均长度为 65 bp；RC 1 个，长度为 46 bp；未知序列 4 个，总长为 289 bp，平均长度为 72 bp；TR 271 个，重复序列长度为 4～1290 bp，总长为 35 942 bp；小卫星 DNA 198 个，重复序列长度为 10～60 bp，总长为 14 562 bp；微卫星 DNA 12 个，重复序列长度为 4～6 bp，总长为 1462 bp。**【CRISPR】**预测到 117 个 CRISPR 相关序列。**【基因岛】**预测到 11 个基因岛 GI 01～GI 11，长度为 4135～54 231 bp，其 G+C 含量为 37.45%～52.06%。利用已预测得到的基因组信息，如重复序列、G+C 含量等，应用 CIRCOS 工具绘制其基因组圈图（图 5-3-123b）。

### 92. 根际类芽胞杆菌（*Paenibacillus rhizosphaerae*）FSL R5-0378

根际类芽胞杆菌（*Paenibacillus rhizosphaerae* Rivas et al. 2005，sp. nov.）的模式菌株（CECAP06$^{T}$ =LMG 21955$^{T}$ =CECT 5831$^{T}$）分离自阿根廷的 1 株鹰嘴豆（*Cicer arietinum*）的根际土，生长条件为 10～37℃（最适 28℃）、pH 5.0～9.0（最适 pH 7.0）、0～5%（*W*/*V*）NaCl，严格好氧，产芽胞（Rivas et al.，2005）。目前，该种仅有 1 个基因组，非模式菌株 FSL R5-0378 基因组的 GenBank 登录号为 GCA_001956185.1，测序平台为 Illumina HiSeq，于 2017 年 1 月 18 日由美国康奈尔大学（Cornell University）提交。

**【基因组的组装】**菌株 FSL R5-0378 基因组的测序深度为 81 X，基因组大小为 7.773 Mb，组装到 77 个 contigs，contig $N_{50}$ 为 466 004 bp。**【G+C 含量】**52.68%。**【非编码 RNA】**预测到 3 个 rRNA 基因（5S rRNA 1 个、16S rRNA 2 个、23S rRNA 0 个），67 个 tRNA 基因，3 个 sRNA 基因。**【编码基因】**有 7441 个蛋白质编码基因，编码区总长为 6 689 976 bp，占整个基因组的 86.07%，基因的平均长度为 899 bp。**【基因功能注释】**比对到 KEGG、COG 和 GO 数据库的基因数量分别为 6450 个、4842 个和 5101 个，预测到分泌蛋白编码基因 227 个；在 23 个 COG 功能类群中，基因数量前 10 位的类群分别是：G. 碳水化合物转运与代谢 839 个，K. 转录 674 个，R. 仅一般功能预测 637 个，E. 氨基酸转运与代谢 402 个，J. 翻译、核糖体结构与合成 311 个，T. 信号转导机制 305 个，P. 无机离子转运与代谢 296 个，S. 功能未知 289 个，H. 辅酶转运与代谢 244 个和 M. 细胞壁/膜/包膜生物合成 243 个（图 5-3-124a）。**【重复序列】**预测到的重复序列包括：LTR 89 个，总长为 6286 bp，平均长度为 71 bp；DNA 重复元件 28 个，总长为 2175 bp，平均长度为 78 bp；LINE 12 个，总长为 866 bp，平均长度为 72 bp；SINE 9 个，总长为 522 bp，平均长度为 58 bp；RC 3 个，总长为 217 bp，平均长度为 72 bp；RC 1 个，长度为 50 bp；未知序列 4 个，总长为 256 bp，平均长度为 64 bp；TR 235 个，重复序列长度为 5～552 bp，总长为 21 756 bp；小卫星 DNA 186 个，重复序列长度为 10～60 bp，总长为 10 548 bp；微卫星 DNA 7 个，重复序列长度为 5～6 bp，总长为 351 bp。**【CRISPR】**预测到 8 个 CRISPR 相关序列。**【基因岛】**预测到 11 个基因岛 GI 01～GI 11，长度为 5287～41 095 bp，其 G+C 含量为 40.27%～57.19%。利用已预测得到的基因组信息，如重复序列、G+C 含量等，应用 CIRCOS 工具绘制其基因组圈图（图 5-3-124b）。

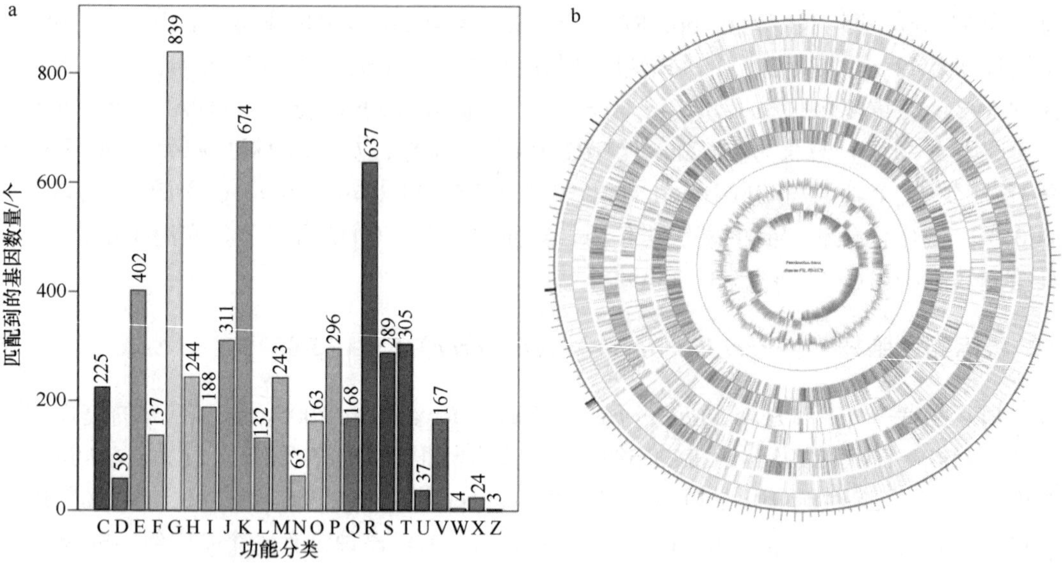


图 5-3-124 根际类芽胞杆菌 FSL R5-0378 基因组的直系同源基因聚类分析（a）和圈图（b）

## 93. 湿地类芽胞杆菌（*Paenibacillus rigui*）JCM 16352$^T$

湿地类芽胞杆菌（*Paenibacillus rigui* Baik et al. 2011，sp. nov.）的模式菌株（WPCB173$^T$ =KCTC 13282$^T$ =JCM 16352$^T$）分离自韩国牛浦湿地的淡水，生长条件为15～37℃（最适 30℃）、pH 5.0～8.0（最适 pH 6.0～7.0）、0～1%（*W*/*V*）NaCl，好氧，产芽胞（Baik et al.，2011）。目前，该种仅有 1 个基因组，模式菌株 JCM 16352$^T$ 基因组的 GenBank 登录号为 GCA_002234615.1，测序平台为 Illumina MiSeq，于 2017 年 7 月 27 日由印度科学和工业研究理事会微生物技术研究所（CSIR-Institute of Microbial Technology）提交。

**【基因组的组装】**菌株 JCM 16352$^T$ 基因组的测序深度为 100 X，基因组大小为 7.173 Mb，组装到 106 个 contigs，contig $N_{50}$ 为 153 275 bp。**【G+C 含量】**50.26%。**【非编码 RNA】**预测到 2 个 rRNA 基因（5S rRNA 0 个、16S rRNA 1 个、23S rRNA 1 个），90 个 tRNA 基因，1 个 sRNA 基因。**【编码基因】**有 6540 个蛋白质编码基因，编码区总长为 6 290 505 bp，占整个基因组的 87.70%，基因的平均长度为 962 bp。**【基因功能注释】**比对到 KEGG、COG 和 GO 数据库的基因数量分别为 5549 个、4337 个和 4457 个，预测到分泌蛋白编码基因 213 个；在 25 个 COG 功能类群中，基因数量前 10 位的类群分别是：G. 碳水化合物转运与代谢 733 个，R. 仅一般功能预测 530 个，K. 转录 508 个，T. 信号转导机制 369 个，E. 氨基酸转运与代谢 353 个，M. 细胞壁/膜/包膜生物合成 264 个，P. 无机离子转运与代谢 264 个，S. 功能未知 257 个，J. 翻译、核糖体结构与合成 252 个和 H. 辅酶转运与代谢 242 个（图 5-3-125a）。**【重复序列】**预测到的重复序列包括：LTR 137 个，总长为 9069 bp，平均长度为 66 bp；DNA 重复元件 29 个，总长为 2192 bp，平均长度为 76 bp；LINE 35 个，总长为 2948 bp，平均长度为 84 bp；SINE 16 个，总长为 1114 bp，平均长度为 70 bp；RC 1 个，长度为 44 bp；未知序列 6 个，总长为 402 bp，平均长度为 67 bp；TR 227 个，重复序列长度为 5～558 bp，总长为 27 918 bp；小卫星 DNA 160 个，重复序列长度为 10～60 bp，总长为 11 687 bp；微卫星 DNA 9 个，重复序列长度为 5～6 bp，总长为 553 bp。**【CRISPR】**预测到 15 个 CRISPR 相关序列。**【基因岛】**预测到 11 个基因岛 GI 01～GI 11，长度为 3944～28 665 bp，其 G+C 含量为 35.25%～56.62%。利用已预测得到的基因组信息，如重复序列、G+C 含量等，应用 CIRCOS 工具绘制其基因组圈图（图 5-3-125b）。

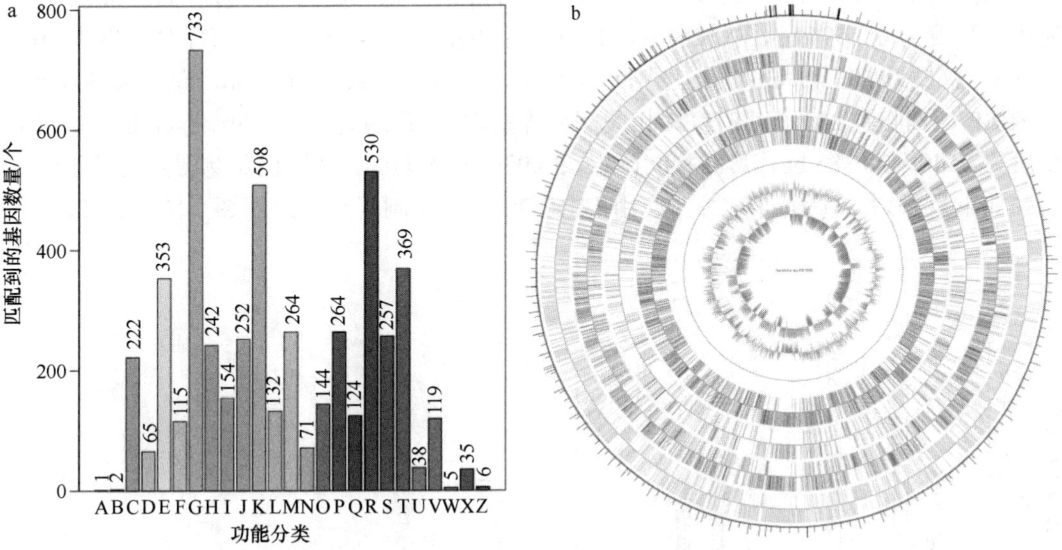


图 5-3-125　湿地类芽胞杆菌 JCM 16352$^{T}$基因组的直系同源基因聚类分析（a）和圈图（b）

## 94. 里奥格兰德类芽胞杆菌（*Paenibacillus riograndensis*）SBR5$^{T}$

里奥格兰德类芽胞杆菌（*Paenibacillus riograndensis* Beneduzi et al. 2010，sp. nov.）的模式菌株（SBR5$^{T}$ =CCGB 1313$^{T}$ =CECT 7330$^{T}$）分离自巴西南里奥格兰德州的小麦（*Triticum aestivum*）根际土，最适生长条件为 28℃、pH 7.0、5%（*W*/*V*）NaCl，兼性厌氧，产芽胞（Beneduzi et al.，2010）。基因组的分析表明，其应该为苦苣菜类芽胞杆菌（*Paenibacillus sonchi*）的亚种（Sant'Anna et al.，2017）。目前，该种有 3 个基因组，选择组装到完成图水平的模式菌株 SBR5$^{T}$ 的基因组进行描述，其 GenBank 登录号为 GCA_000981585.1，测序平台为 Illumina HiSeq，于 2015 年 4 月 11 日由德国比勒费尔德大学（Bielefeld University）提交。

**【基因组的组装】**菌株 SBR5$^{T}$ 基因组的测序深度为 198 X，基因组大小为 7.920 Mb，组装到完成图水平，包括 1 条染色体。**【G+C 含量】**50.97%。**【非编码 RNA】**预测到 27 个 rRNA 基因（5S rRNA 9 个、16S rRNA 9 个、23S rRNA 9 个），87 个 tRNA 基因，4 个 sRNA 基因。**【编码基因】**有 7120 个蛋白质编码基因，编码区总长为 6 810 270 bp，占整个基因组的 85.99%，基因的平均长度为 956 bp。**【基因功能注释】**比对到 KEGG、COG 和 GO 数据库的基因数量分别为 6632 个、4437 个和 4828 个，预测到分泌蛋白编码基因 198 个；在 23 个 COG 功能类群中，基因数量前 10 位的类群分别是：G. 碳水化合物转运与代谢 729 个，K. 转录 573 个，R. 仅一般功能预测 476 个，E. 氨基酸转运与代谢 383 个，T. 信号转导机制 374 个，J. 翻译、核糖体结构与合成 300 个，P. 无机离子转运与代谢 260 个，S. 功能未知 232 个，M. 细胞壁/膜/包膜生物合成 226 个和 H. 辅酶转运与代谢 214 个（图 5-3-126a）。**【重复序列】**预测到的重复序列包括：LTR 184 个，总长为 15 232 bp，平均长度为 83 bp；DNA 重复元件 45 个，总长为 3217 bp，平均长度为 71 bp；LINE 71 个，总长为 5661 bp，平均长度为 80 bp；SINE 11 个，总长为 721 bp，平均长度为 66 bp；未知序列 9 个，总长为 958 bp，平均长度为 106 bp；TR 556 个，重复序列长度为 6～594 bp，总长为 65 317 bp；小卫星 DNA 455 个，重复序列长度为 10～60 bp，总长为 50 645 bp；微卫星 DNA 9 个，重复序列长度为 6 bp，总长为 504 bp。**【CRISPR】**预测到 283 个 CRISPR 相关序列。**【基因岛】**预测到 18 个基因岛 GI 01～GI 18，长度为 3540～20 385 bp，其 G+C 含量为 35.97%～58.11%。利用已预测得到的基因组信息，如重复序列、G+C 含量等，应用 CIRCOS 工具绘制其基因组圈图（图 5-3-126b）。

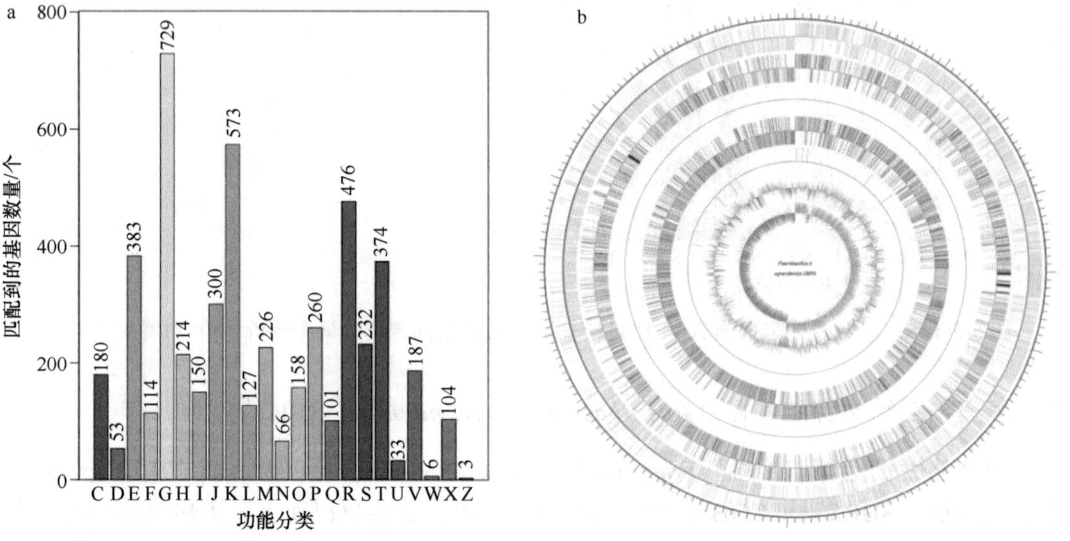


图 5-3-126　里奥格兰德类芽胞杆菌 SBR5$^{T}$ 基因组的直系同源基因聚类分析（a）和圈图（b）

## 95. 鲁比婴儿类芽胞杆菌（*Paenibacillus rubinfantis*）mt18$^{T}$

鲁比婴儿类芽胞杆菌（*Paenibacillus rubinfantis* Pham et al. 2017，sp. nov.）的模式菌株（mt18$^{T}$ =CSUR P2076 =DSM 101191$^{T}$）分离自患有急性营养不良的尼日尔男孩的粪便，最适生长温度为 37℃，好氧，产芽胞（Pham et al.，2017）。目前，该种仅有 1 个基因组，模式菌株 mt18$^{T}$ 基因组的 GenBank 登录号为 GCA_001486505.1，测序平台为 PacBio，于 2015 年 12 月 22 日由法国热带传染病研究中心（Unité de Recherche en Maladies Infectieuses et Tropicales Emergentes）提交。

**【基因组的组装】**菌株 mt18$^{T}$ 基因组的测序深度为 136 X，基因组大小为 5.370 Mb，组装到 20 个 scaffolds，scaffold $N_{50}$ 为 1 323 777 bp。**【G+C 含量】**53.02%。**【非编码 RNA】**预测到 10 个 rRNA 基因（5S rRNA 9 个、16S rRNA 1 个、23S rRNA 0 个），72 个 tRNA 基

因，4 个 sRNA 基因。【**编码基因**】有 5084 个蛋白质编码基因，编码区总长为 4 686 798 bp，占整个基因组的 87.28%，基因的平均长度为 922 bp。【**基因功能注释**】比对到 KEGG、COG 和 GO 数据库的基因数量分别为 4477 个、3426 个和 3508 个，预测到分泌蛋白编码基因 123 个；在 24 个 COG 功能类群中，基因数量前 10 位的类群分别是：G. 碳水化合物转运与代谢 521 个，K. 转录 383 个，R. 仅一般功能预测 333 个，E. 氨基酸转运与代谢 285 个，T. 信号转导机制 249 个，J. 翻译、核糖体结构与合成 247 个，P. 无机离子转运与代谢 217 个，S. 功能未知 199 个，H. 辅酶转运与代谢 198 个和 M. 细胞壁/膜/包膜生物合成 194 个（图 5-3-127a）。【**重复序列**】预测到的重复序列包括：LTR 54 个，总长为 3963 bp，平均长度为 73 bp；DNA 重复元件 22 个，总长为 2411 bp，平均长度为 110 bp；LINE 30 个，总长为 2967 bp，平均长度为 99 bp；SINE 11 个，总长为 650 bp，平均长度为 59 bp；RC 1 个，长度为 69 bp；未知序列 4 个，总长为 294 bp，平均长度为 74 bp；TR 397 个，重复序列长度为 4～613 bp，总长为 45 369 bp；小卫星 DNA 261 个，重复序列长度为 10～60 bp，总长为 19 602 bp；微卫星 DNA 6 个，重复序列长度为 4～6 bp，总长为 667 bp。【**CRISPR**】预测到 167 个 CRISPR 相关序列。【**基因岛**】预测到 17 个基因岛 GI 01～GI 17，长度为 5830～47 665 bp，其 G+C 含量为 36.56%～62.09%。利用已预测得到的基因组信息，如重复序列、G+C 含量等，应用 CIRCOS 工具绘制其基因组圈图（图 5-3-127b）。

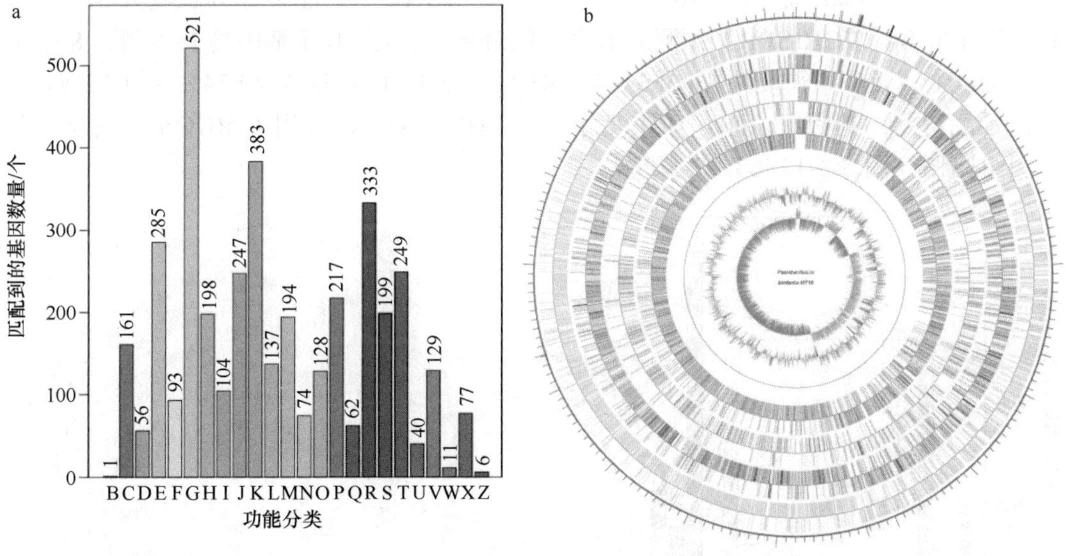


图 5-3-127　鲁比婴儿类芽胞杆菌 mt18$^T$ 基因组的直系同源基因聚类分析（a）和圈图（b）

## 96. 圆柏类芽胞杆菌（*Paenibacillus sabinae*）T27$^T$

圆柏类芽胞杆菌（*Paenibacillus sabinae* Ma et al. 2007，sp. nov.）的模式菌株（T27$^T$ = CCBAU 10202$^T$ =DSM 17841$^T$）分离自北京的 1 株高山柏（*Sabina squamata*）的根际土，生长条件为 6～37℃（最适 30℃）、pH 4.2～10.0（最适 pH 7.2）、0～3%（*W*/*V*）NaCl，固氮，好氧，产芽胞（Ma et al.，2007a）。目前，该种仅有 1 个基因组，模式菌株 T27$^T$

基因组的 GenBank 登录号为 GCA_000612505.1，测序平台为 454 FLX+Solexa，于 2014 年 4 月 4 日由中国农业大学（China Agricultural University）提交。

**【基因组的组装】**菌株 T27$^T$ 基因组的测序深度为 263 X，基因组大小为 5.271 Mb，组装到完成图水平，包括 1 条染色体。**【G+C 含量】**52.63%。**【非编码 RNA】**预测到 26 个 rRNA 基因（5S rRNA 8 个、16S rRNA 9 个、23S rRNA 9 个），82 个 tRNA 基因，3 个 sRNA 基因。**【编码基因】**有 5090 个蛋白质编码基因，编码区总长为 4 555 815 bp，占整个基因组的 86.43%，基因的平均长度为 895 bp。**【基因功能注释】**比对到 KEGG、COG 和 GO 数据库的基因数量分别为 4760 个、3367 个和 3489 个，预测到分泌蛋白编码基因 108 个；在 23 个 COG 功能类群中，基因数量前 10 位的类群分别是：R. 仅一般功能预测 429 个，G. 碳水化合物转运与代谢 379 个，K. 转录 369 个，E. 氨基酸转运与代谢 328 个，J. 翻译、核糖体结构与合成 266 个，P. 无机离子转运与代谢 243 个，T. 信号转导机制 216 个，H. 辅酶转运与代谢 208 个，M. 细胞壁/膜/包膜生物合成 190 个和 C. 能量产生与转换 186 个（图 5-3-128a）。**【重复序列】**预测到的重复序列包括：LTR 71 个，总长为 6812 bp，平均长度为 96 bp；DNA 重复元件 8 个，总长为 574 bp，平均长度为 72 bp；LINE 25 个，总长为 1964 bp，平均长度为 79 bp；SINE 14 个，总长为 884 bp，平均长度为 63 bp；未知序列 4 个，总长为 294 bp，平均长度为 74 bp；TR 272 个，重复序列长度为 5～1020 bp，总长为 24 206 bp；小卫星 DNA 222 个，重复序列长度为 10～60 bp，总长为 10 853 bp；微卫星 DNA 2 个，重复序列长度为 5～6 bp，总长为 120 bp。**【CRISPR】**预测到 6 个 CRISPR 相关序列。**【基因岛】**预测到 8 个基因岛 GI 01～GI 08，长度为 10 383～49 443 bp，其 G+C 含量为 40.34%～51.82%。利用已预测得到的基因组信息，如重复序列、G+C 含量等，应用 CIRCOS 工具绘制其基因组圈图（图 5-3-128b）。

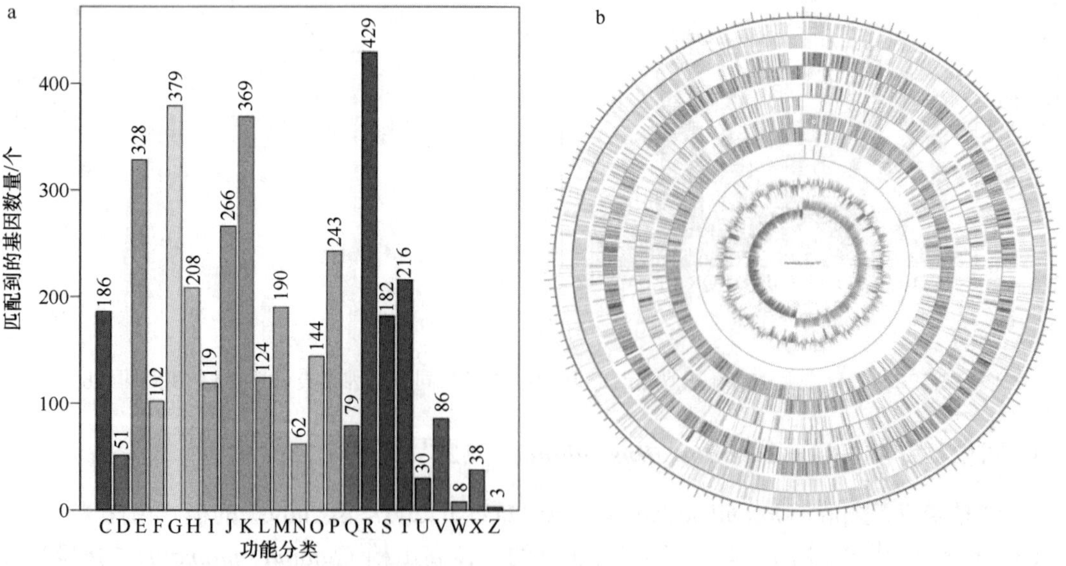


图 5-3-128　圆柏类芽胞杆菌 T27$^T$ 基因组的直系同源基因聚类分析（a）和圈图（b）

## 97. 血液类芽胞杆菌（*Paenibacillus sanguinis*）DSM 16941$^T$

血液类芽胞杆菌（*Paenibacillus sanguinis* Roux and Raoult 2004，sp. nov.）的模式菌株（2301083$^T$ =CIP 107938$^T$ =CCUG 48214$^T$ =DSM 16941$^T$）分离自人的血液培养物，最适生长温度为 30～37℃，5%（*W*/*V*）NaCl 时不能生长，好氧，产芽胞（Roux and Raoult，2004）。目前，该种有 1 个基因组，选择组装到精细图水平的模式菌株 DSM 16941$^T$ 的基因组进行描述，其 GenBank 登录号为 GCA_000374825.1，测序平台为 Illumina HiSeq，于 2013 年 4 月 23 日由美国能源部联合基因组研究所（DOE Joint Genome Institute）提交。

**【基因组的组装】**菌株 DSM 16941$^T$ 基因组的测序深度未知，基因组大小为 4.804 Mb，组装到 36 个 scaffolds，scaffold $N_{50}$ 为 259 833 bp。**【G+C 含量】**49.31%。**【非编码 RNA】**预测到 6 个 rRNA 基因（5S rRNA 6 个、16S rRNA 0 个、23S rRNA 0 个），71 个 tRNA 基因，5 个 sRNA 基因。**【编码基因】**有 4509 个蛋白质编码基因，编码区总长为 4 213 428 bp，占整个基因组的 87.71%，基因的平均长度为 934 bp。**【基因功能注释】**比对到 KEGG、COG 和 GO 数据库的基因数量分别为 3935 个、2965 个和 3072 个，预测到分泌蛋白编码基因 102 个；在 24 个 COG 功能类群中，基因数量前 10 位的类群分别是：G. 碳水化合物转运与代谢 455 个，K. 转录 314 个，E. 氨基酸转运与代谢 285 个，R. 仅一般功能预测 285 个，J. 翻译、核糖体结构与合成 223 个，P. 无机离子转运与代谢 222 个，T. 信号转导机制 192 个，S. 功能未知 165 个，M. 细胞壁/膜/包膜生物合成 161 个和 H. 辅酶转运与代谢 155 个（图 5-3-129a）。**【重复序列】**预测到的重复序列包括：LTR 118 个，总长为 7401 bp，平均长度为 63 bp；DNA 重复元件 31 个，总长为 2148 bp，平均长度为 69 bp；LINE 20 个，总长为 1363 bp，平均长度为 68 bp；SINE 10 个，总长为 644 bp，

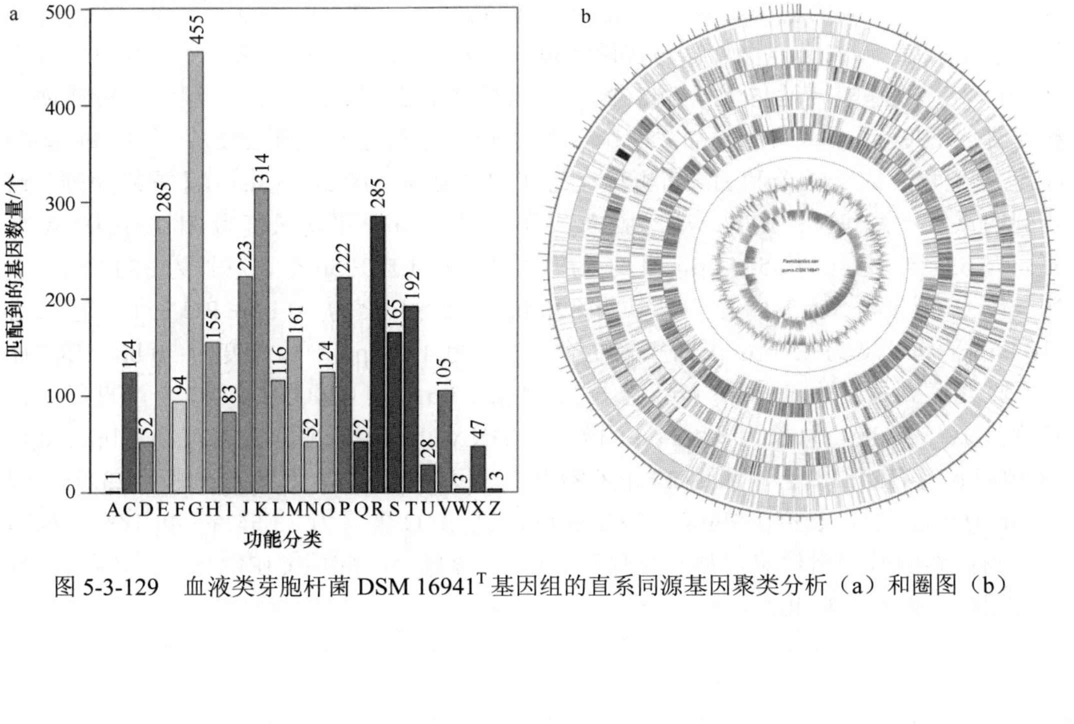


图 5-3-129　血液类芽胞杆菌 DSM 16941$^T$ 基因组的直系同源基因聚类分析（a）和圈图（b）

平均长度为 64 bp；RC 2 个，总长为 117 bp，平均长度为 59 bp；未知序列 4 个，总长为 287 bp，平均长度为 72 bp；TR 185 个，重复序列长度为 6～224 bp，总长为 12 370 bp；小卫星 DNA 156 个，重复序列长度为 10～60 bp，总长为 8965 bp；微卫星 DNA 2 个，重复序列长度为 6 bp，总长为 303 bp。**【CRISPR】**预测到 123 个 CRISPR 相关序列。**【基因岛】**预测到 8 个基因岛 GI 01～GI 08，长度为 5542～38 096 bp，其 G+C 含量为 39.40%～55.90%。利用已预测得到的基因组信息，如重复序列、G+C 含量等，应用 CIRCOS 工具绘制其基因组圈图（图 5-3-129b）。

### 98. 硒还原类芽胞杆菌（*Paenibacillus selenitireducens*）ES3-24$^T$

硒还原类芽胞杆菌（*Paenibacillus selenitireducens* Yao et al. 2014，sp. nov.）的模式菌株（ES3-24$^T$=KCTC 33157$^T$ =CCTCC AB2013097$^T$）分离自湖北恩施市的硒矿土，生长条件为 15～37℃（最适 28℃）、pH 5.0～10.0（最适 pH 7.0～8.0）、0～2%（*W*/*V*）NaCl，能还原硒酸盐，兼性厌氧，产芽胞（Yao et al.，2014a）。目前，该种仅有 1 个基因组，模式菌株 ES3-24$^T$ 基因组的 GenBank 登录号为 GCA_002021565.1，测序平台为 Illumina Hiseq，于 2017 年 3 月 6 日由华中农业大学（Huazhong Agricultural University）提交。

**【基因组的组装】**菌株 ES3-24$^T$ 基因组的测序深度为 355 X，基因组大小为 6.891 Mb，组装到 44 个 contigs，contig $N_{50}$ 为 435 853 bp。**【G+C 含量】**44.92%。**【非编码 RNA】**预测到 15 个 rRNA 基因（5S rRNA 5 个、16S rRNA 1 个、23S rRNA 9 个），75 个 tRNA 基因，6 个 sRNA 基因。**【编码基因】**有 6612 个蛋白质编码基因，编码区总长为 6 008 757 bp，占整个基因组的 87.20%，基因的平均长度为 909 bp。**【基因功能注释】**比对到 KEGG、COG 和 GO 数据库的基因数量分别为 5579 个、4196 个和 4559 个，预测到分泌蛋白编码基因 176 个；在 24 个 COG 功能类群中，基因数量前 10 位的类群分别是：G. 碳水化合物转运与代谢 589 个，K. 转录 510 个，R. 仅一般功能预测 469 个，E. 氨基酸转运与代谢 368 个，T. 信号转导机制 312 个，J. 翻译、核糖体结构与合成 299 个，S. 功能未知 255 个，P. 无机离子转运与代谢 252 个，M. 细胞壁/膜/包膜生物合成 241 个和 H. 辅酶转运与代谢 220 个（图 5-3-130a）。**【重复序列】**预测到的重复序列包括：LTR 245 个，总长为 17 418 bp，平均长度为 71 bp；DNA 重复元件 63 个，总长为 3574 bp，平均长度为 57 bp；LINE 56 个，总长为 3340 bp，平均长度为 60 bp；SINE 15 个，总长为 896 bp，平均长度为 60 bp；RC 2 个，总长为 110 bp，平均长度为 55 bp；未知序列 7 个，总长为 488 bp，平均长度为 70 bp；TR 210 个，重复序列长度为 6～616 bp，总长为 24 457 bp；小卫星 DNA 147 个，重复序列长度为 10～56 bp，总长为 9893 bp；微卫星 DNA 11 个，重复序列长度为 6 bp，总长为 506 bp。**【CRISPR】**预测到 27 个 CRISPR 相关序列。**【基因岛】**预测到 23 个基因岛 GI 01～GI 23，长度为 4464～29 258 bp，其 G+C 含量为 33.54%～49.14%。利用已预测得到的基因组信息，如重复序列、G+C 含量等，应用 CIRCOS 工具绘制其基因组圈图（图 5-3-130b）。

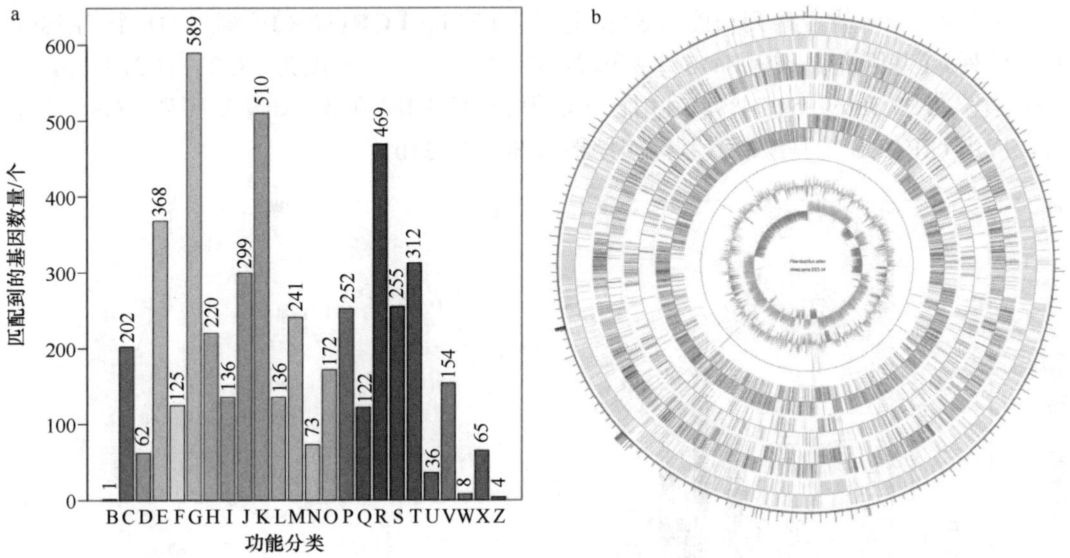


图 5-3-130　硒还原类芽胞杆菌 ES3-24$^{T}$基因组的直系同源基因聚类分析（a）和圈图（b）

## 99. 塞内加尔类芽胞杆菌（*Paenibacillus senegalensis*）JC66$^{T}$

塞内加尔类芽胞杆菌（*Paenibacillus senegalensis* Mishra et al. 2015，sp. nov.）的模式菌株（JC66$^{T}$ =CSUR P157$^{T}$ =DSM 25958$^{T}$）分离自 1 位塞内加尔人的粪便，生长温度为 30～45℃（最适 37℃），厌氧，产芽胞（Mishra et al.，2001）。目前，该种仅有 1 个基因组，模式菌株 JC66$^{T}$基因组的 GenBank 登录号为 GCA_000285515.1，测序平台为 454 FLX，于 2012 年 7 月 19 日由法国热带传染病研究中心（Unité de Recherche en Maladies Infectieuses et Tropicales Emergentes）提交。

**【基因组的组装】**菌株 JC66$^{T}$基因组的测序深度为 21 X，基因组大小为 5.615 Mb，组装到 96 个 scaffolds，scaffold $N_{50}$ 为 776 519 bp。**【G+C 含量】**48.20%。**【非编码 RNA】**预测到 5 个 rRNA 基因（5S rRNA 3 个、16S rRNA 1 个、23S rRNA 1 个），58 个 tRNA 基因，3 个 sRNA 基因。**【编码基因】**有 5241 个蛋白质编码基因，编码区总长为 4 570 650 bp，占整个基因组的 81.40%，基因的平均长度为 872 bp。**【基因功能注释】**比对到 KEGG、COG 和 GO 数据库的基因数量分别为 4003 个、3077 个和 3414 个，预测到分泌蛋白编码基因 120 个；在 24 个 COG 功能类群中，基因数量前 10 位的类群分别是：G. 碳水化合物转运与代谢 415 个，K. 转录 349 个，R. 仅一般功能预测 331 个，E. 氨基酸转运与代谢 266 个，J. 翻译、核糖体结构与合成 233 个，M. 细胞壁/膜/包膜生物合成 217 个，T. 信号转导机制 204 个，P. 无机离子转运与代谢 190 个，H. 辅酶转运与代谢 174 个和 S. 功能未知 162 个（图 5-3-131a）。**【重复序列】**预测到的重复序列包括：LTR 90 个，总长为 6052 bp，平均长度为 67 bp；DNA 重复元件 19 个，总长为 1057 bp，平均长度为 56 bp；LINE 24 个，总长为 2918 bp，平均长度为 122 bp；SINE 13 个，总长为 860 bp，平均长度为 66 bp；未知序列 1 个，长度为 76 bp；TR 1053 个，重复序列长度为 6～537 bp，总长为 70 302 bp；小卫星 DNA 961 个，重复序列长度为 10～60 bp，总长为 63 707 bp；

微卫星 DNA 5 个，重复序列长度为 6 bp，总长为 627 bp。【**CRISPR**】预测到 116 个 CRISPR 相关序列。【**基因岛**】预测到 15 个基因岛 GI 01～GI 15，长度为 6830～41 323 bp，其 G+C 含量为 37.59%～51.74%。利用已预测得到的基因组信息，如重复序列、G+C 含量等，应用 CIRCOS 工具绘制其基因组圈图（图 5-3-131b）。

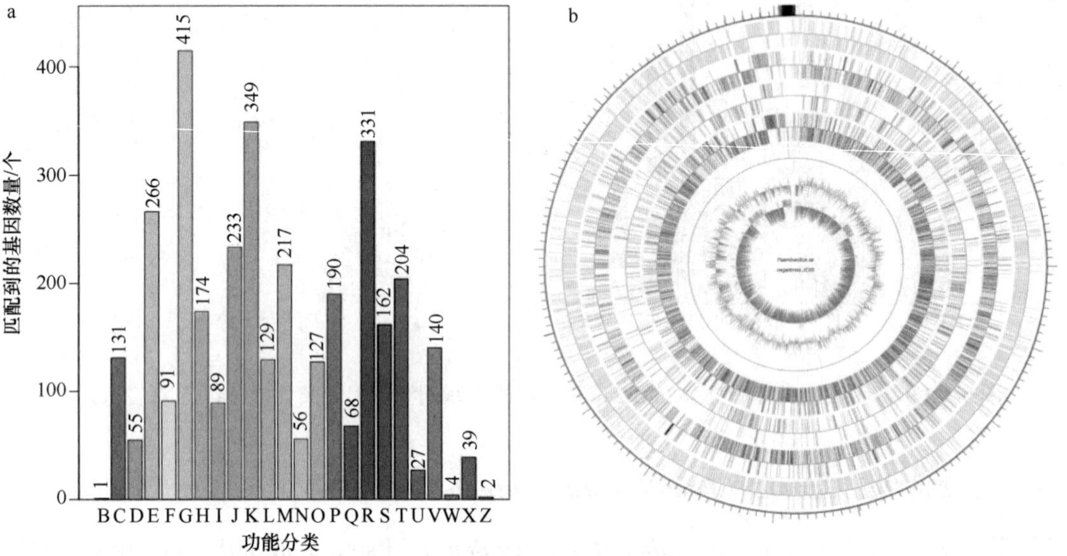


图 5-3-131　塞内加尔类芽胞杆菌 JC66$^{T}$ 基因组的直系同源基因聚类分析（a）和圈图（b）

## 100. 塞内加尔马赛类芽胞杆菌（*Paenibacillus senegalimassiliensis*）SIT18$^{T}$

塞内加尔马赛类芽胞杆菌（*Paenibacillus senegalimassiliensis* Pham et al. 2017，sp. nov.）的模式菌株（SIT18$^{T}$ =CSUR P2144$^{T}$ =CCUG 69869$^{T}$）分离自 1 位塞内加尔人的粪便，最适生长温度为 37℃，好氧，产芽胞（Pham et al.，2017）。目前，该种仅有 1 个基因组，模式菌株 SIT18$^{T}$ 基因组的 GenBank 登录号为 GCA_001486585.1，测序平台为 Illumina MiSeq，于 2015 年 12 月 22 日由法国热带传染病研究中心（Unité de Recherche en Maladies Infectieuses et Tropicales Emergentes）提交。

【**基因组的组装**】菌株 SIT18$^{T}$ 基因组的测序深度为 96 X，基因组大小为 5.060 Mb，组装到 15 个 scaffolds，scaffold $N_{50}$ 为 924 910 bp。【**G+C 含量**】49.18%。【**非编码 RNA**】预测到 7 个 rRNA 基因（5S rRNA 5 个、16S rRNA 1 个、23S rRNA 1 个），74 个 tRNA 基因，2 个 sRNA 基因。【**编码基因**】有 4723 个蛋白质编码基因，编码区总长为 4 499 085 bp，占整个基因组的 88.91%，基因的平均长度为 953 bp。【**基因功能注释**】比对到 KEGG、COG 和 GO 数据库的基因数量分别为 4176 个、3120 个和 3292 个，预测到分泌蛋白编码基因 121 个；在 24 个 COG 功能类群中，基因数量前 10 位的类群分别是：G. 碳水化合物转运与代谢 519 个，K. 转录 318 个，R. 仅一般功能预测 313 个，E. 氨基酸转运与代谢 278 个，J. 翻译、核糖体结构与合成 231 个，P. 无机离子转运与代谢 225 个，T. 信号转导机制 204 个，S. 功能未知 179 个，M. 细胞壁/膜/包膜生物合成 175 个和 H. 辅酶转运与代谢 168 个（图 5-3-132a）。【**重复序列**】预测到的重复序列包括：LTR 115 个，总长为 7160 bp，平均长度为 62 bp；DNA 重复元件 16 个，总长为 1071 bp，平均长度为 67 bp；LINE 30 个，总长为 1888 bp，平均长度为 63 bp；SINE 10 个，总长为 591 bp，平均长度为 59 bp；RC 2 个，总长为 195 bp，平均长度为 98 bp；未知序列 5 个，总长为 360 bp，平均长度为 72 bp；TR 91 个，重复序列长度为 4～328 bp，总长为 9987 bp；小卫星 DNA 61 个，重复序列长度为 10～60 bp，总长为 4217 bp；微卫星 DNA 6 个，重复序列长度为 4～6 bp，总长为 224 bp。**【CRISPR】**预测到 134 个 CRISPR 相关序列。**【基因岛】**预测到 15 个基因岛 GI 01～GI 15，长度为 5058～30 063 bp，其 G+C 含量为 36.07%～51.87%。利用已预测得到的基因组信息，如重复序列、G+C 含量等，应用 CIRCOS 工具绘制其基因组圈图（图 5-3-132b）。

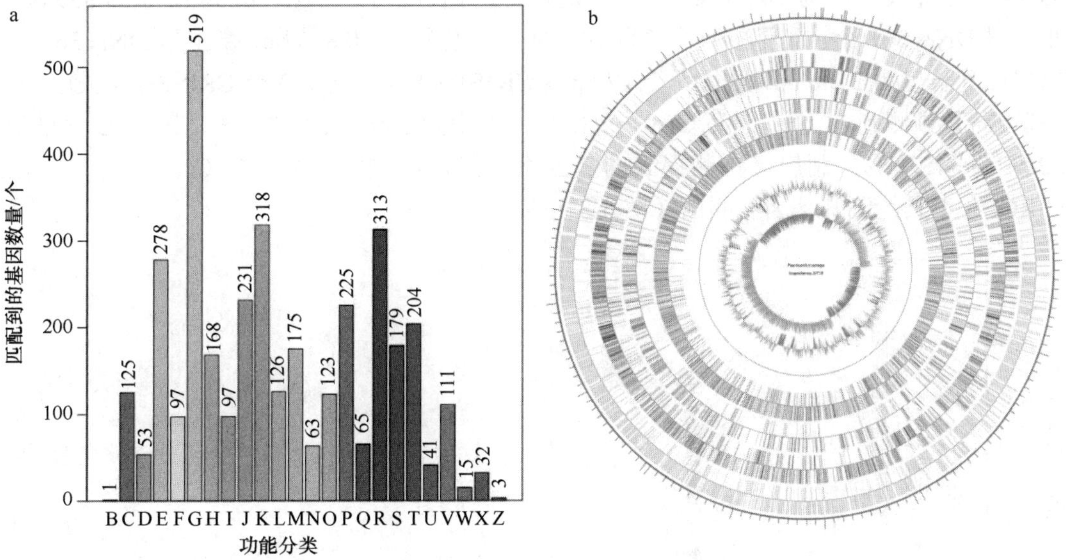


图 5-3-132　塞内加尔马赛类芽胞杆菌 SIT18$^{T}$ 基因组的直系同源基因聚类分析（a）和圈图（b）

## 101. 雨林土类芽胞杆菌（*Paenibacillus silvae*）NC2

雨林土类芽胞杆菌（*Paenibacillus silvae* Huang et al. 2017，sp. nov.）的模式菌株（DB13031$^{T}$ =CGMCC 1.12770$^{T}$ =DSM 28013$^{T}$）分离自海南佳西自然保护区的热带雨林土壤，生长条件为 10～53℃（最适 30～37℃）、pH 5.0～11.0（最适 pH 7.0～9.0）、0～4%（*W*/*V*）NaCl（最适 0～2%），兼性厌氧，产芽胞（Huang et al.，2017b）。目前，该种仅有 1 个基因组，非模式菌株 NC2 基因组的 GenBank 登录号为 GCA_003248275.1，测序平台为 Illumina HiSeq，于 2018 年 6 月 18 日由福建农林大学（Fujian Agriculture and Forestry University）提交。

**【基因组的组装】**菌株 NC2 基因组的测序深度为 50 X，基因组大小为 6.796 Mb，组装到 179 个 contigs，contig $N_{50}$ 为 86 672 bp。**【G+C 含量】**46.88%。**【非编码 RNA】**预测到 3 个 rRNA 基因（5S rRNA 1 个、16S rRNA 1 个、23S rRNA 1 个），71 个 tRNA 基因，4 个 sRNA 基因。**【编码基因】**有 6259 个蛋白质编码基因，编码区总长为 5 721 417 bp，占整个基因组的 84.19%，基因的平均长度为 914 bp。**【基因功能注释】**比对到 KEGG、

COG 和 GO 数据库的基因数量分别为 5382 个、3741 个和 4108 个，预测到分泌蛋白编码基因 167 个；在 24 个 COG 功能类群中，基因数量前 10 位的类群分别是：G. 碳水化合物转运与代谢 550 个，K. 转录 456 个，R. 仅一般功能预测 425 个，E. 氨基酸转运与代谢 351 个，T. 信号转导机制 287 个，J. 翻译、核糖体结构与合成 286 个，P. 无机离子转运与代谢 246 个，S. 功能未知 212 个，H. 辅酶转运与代谢 201 个和 M. 细胞壁/膜/包膜生物合成 193 个（图 5-3-133a）。**【重复序列】**预测到的重复序列包括：LTR 162 个，总长为 9649 bp，平均长度为 60 bp；DNA 重复元件 65 个，总长为 4292 bp，平均长度为 66 bp；LINE 52 个，总长为 3365 bp，平均长度为 65 bp；SINE 17 个，总长为 960 bp，平均长度为 56 bp；RC 4 个，总长为 175 bp，平均长度为 44 bp；未知序列 2 个，总长为 147 bp，平均长度为 74 bp；TR 457 个，重复序列长度为 1～440 bp，总长为 29 859 bp；小卫星 DNA 361 个，重复序列长度为 10～60 bp，总长为 20 835 bp；微卫星 DNA 36 个，重复序列长度为 3～6 bp，总长为 1647 bp。**【CRISPR】**预测到 143 个 CRISPR 相关序列。**【基因岛】**预测到 11 个基因岛 GI 01～GI 11，长度为 3304～21 328 bp，其 G+C 含量为 32.57%～45.96%。利用已预测得到的基因组信息，如重复序列、G+C 含量等，应用 CIRCOS 工具绘制其基因组圈图（图 5-3-133b）。

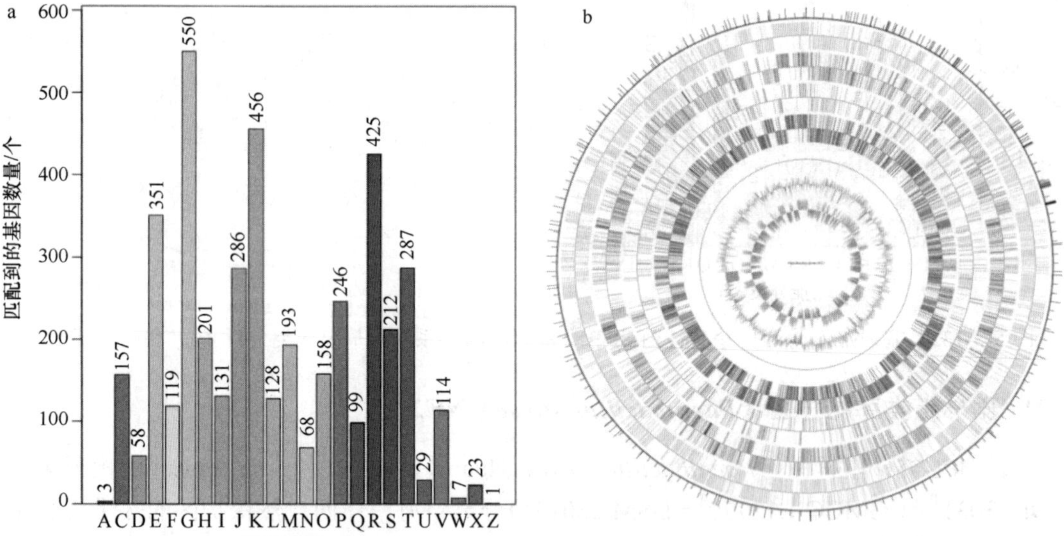


图 5-3-133　雨林土类芽胞杆菌 NC2 基因组的直系同源基因聚类分析（a）和圈图（b）

## 102. 茄属类芽胞杆菌（*Paenibacillus solani*）FJAT-22460$^T$

茄属类芽胞杆菌（*Paenibacillus solani* Liu et al. 2016，sp. nov.）的模式菌株（FJAT-22460$^T$ =DSM 100999$^T$ =CCTCC AB 2015207$^T$）分离自新疆的马铃薯田土壤，生长条件为 10～40℃（最适 30℃）、pH 5.0～12.0（最适 pH 7.0）、0～5%（*W/V*）NaCl（最适 0），好氧，产芽胞（Liu et al.，2016e）。目前，该种仅有 1 个基因组，模式菌株 FJAT-22460$^T$ 基因组的 GenBank 登录号为 GCA_001277345.1，测序平台为 Illumina HiSeq，于 2015 年 9 月 1 日由福建省农业科学院（Fujian Academy of Agricultural Sciences）提交。

**【基因组的组装】**菌株 FJAT-22460$^T$ 基因组的测序深度为 150 X，基因组大小为 6.199 Mb，组装到 9 个 scaffolds，scaffold $N_{50}$ 为 3 624 640 bp。**【G+C 含量】**47.00%。**【非编码 RNA】**预测到 3 个 rRNA 基因（5S rRNA 3 个、16S rRNA 0 个、23S rRNA 0 个），72 个 tRNA 基因，2 个 sRNA 基因。**【编码基因】**有 5865 个蛋白质编码基因，编码区总长为 5 296 593 bp，占整个基因组的 85.44%，基因的平均长度为 903 bp。**【基因功能注释】**比对到 KEGG、COG 和 GO 数据库的基因数量分别为 5150 个、3590 个和 3890 个，预测到分泌蛋白编码基因 127 个；在 23 个 COG 功能类群中，基因数量前 10 位的类群分别是：G. 碳水化合物转运与代谢 440 个，K. 转录 425 个，R. 仅一般功能预测 404 个，E. 氨基酸转运与代谢 306 个，J. 翻译、核糖体结构与合成 290 个，P. 无机离子转运与代谢 248 个，T. 信号转导机制 244 个，S. 功能未知 241 个，H. 辅酶转运与代谢 198 个和 M. 细胞壁/膜/包膜生物合成 182 个（图 5-3-134a）。**【重复序列】**预测到的重复序列包括：LTR 127 个，总长为 8482 bp，平均长度为 67 bp；DNA 重复元件 33 个，总长为 3192 bp，平均长度为 97 bp；LINE 34 个，总长为 2439 bp，平均长度为 72 bp；SINE 13 个，总长为 715 bp，平均长度为 55 bp；未知序列 6 个，总长为 363 bp，平均长度为 61 bp；TR 140 个，重复序列长度为 4～642 bp，总长为 19 806 bp；小卫星 DNA 90 个，重复序列长度为 11～60 bp，总长为 7688 bp；微卫星 DNA 3 个，重复序列长度为 4～6 bp，总长为 142 bp。**【CRISPR】**预测到 34 个 CRISPR 相关序列。**【基因岛】**预测到 7 个基因岛 GI 01～GI 07，长度为 4867～52 835 bp，其 G+C 含量为 35.08%～49.59%。利用已预测得到的基因组信息，如重复序列、G+C 含量等，应用 CIRCOS 工具绘制其基因组圈图（图 5-3-134b）。

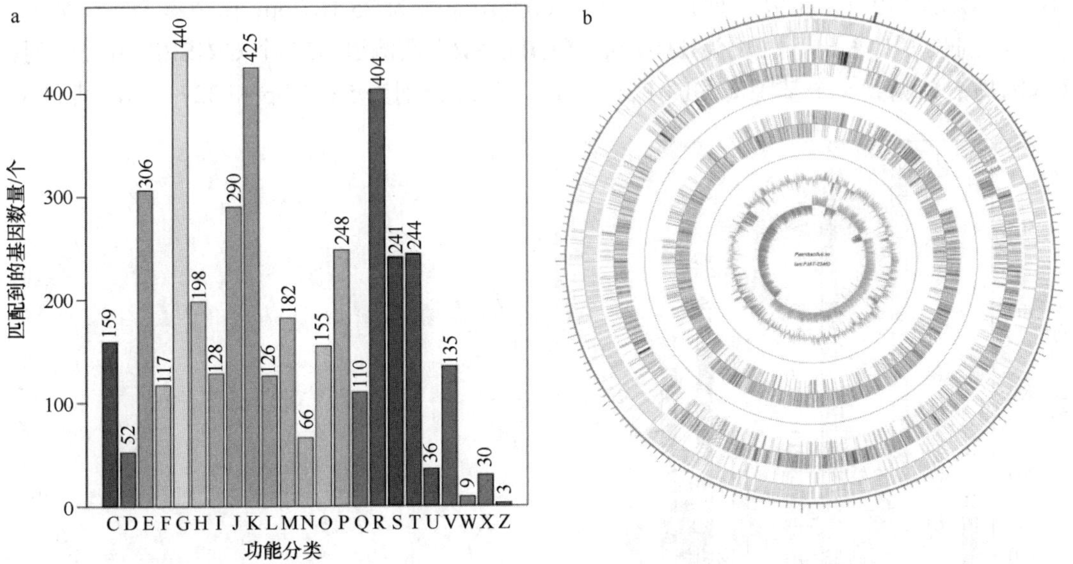


图 5-3-134　茄属类芽胞杆菌 FJAT-22460$^T$ 基因组的直系同源基因聚类分析（a）和圈图（b）

## 103. 苦苣菜类芽胞杆菌（*Paenibacillus sonchi*）X19-5$^T$

苦苣菜类芽胞杆菌（*Paenibacillus sonchi* Hong et al. 2009，sp. nov.）的模式菌株

（X19-5$^T$ =CCBAU 83901$^T$ =LMG 24727$^T$）分离自新疆的苦苣菜（*Sonchus oleraceus*）的根际土，生长条件为 10～40℃（最适 30℃）、最适 pH 7.0～7.2、0～3%（*W*/*V*）NaCl，固氮，好氧，产芽胞（Hong et al.，2009）。目前，该种仅有 1 个基因组，模式菌株 X19-5$^T$ 基因组的 GenBank 登录号为 GCA_000316285.1，测序平台为 Illumina HiSeq，于 2012 年 12 月 3 日由中国农业大学（China Agricultural University）提交。

**【基因组的组装】**菌株 X19-5$^T$ 基因组的测序深度为 79 X，基因组大小为 7.507 Mb，组装到 127 个 contigs，contig $N_{50}$ 为 12 951 bp。**【G+C 含量】**50.40%。**【非编码 RNA】**预测到 1 个 rRNA 基因（5S rRNA 0 个、16S rRNA 1 个、23S rRNA 0 个），44 个 tRNA 基因，7 个 sRNA 基因。**【编码基因】**有 6098 个蛋白质编码基因，编码区总长为 5 246 601 bp，占整个基因组的 69.89%，基因的平均长度为 860 bp。**【基因功能注释】**比对到 KEGG、COG 和 GO 数据库的基因数量分别为 5332 个、3635 个和 3952 个，预测到分泌蛋白编码基因 158 个；在 23 个 COG 功能类群中，基因数量前 10 位的类群分别是：G. 碳水化合物转运与代谢 554 个，K. 转录 512 个，R. 仅一般功能预测 376 个，T. 信号转导机制 332 个，E. 氨基酸转运与代谢 292 个，J. 翻译、核糖体结构与合成 269 个，M. 细胞壁/膜/包膜生物合成 210 个，P. 无机离子转运与代谢 206 个，S. 功能未知 194 个和 H. 辅酶转运与代谢 168 个（图 5-3-135a）。**【重复序列】**预测到的重复序列包括：LTR 234 个，总长为 14 015 bp，平均长度为 60 bp；DNA 重复元件 57 个，总长为 3456 bp，平均长度为 61 bp；LINE 61 个，总长为 3869 bp，平均长度为 63 bp；SINE 10 个，总长为 670 bp，平均长度为 67 bp；RC 4 个，总长为 226 bp，平均长度为 57 bp；未知序列 3 个，总长为 144 bp，平均长度为 48 bp；TR 419 个，重复序列长度为 6～297 bp，总长为 30 307 bp；小卫星 DNA 349 个，重复序列长度为 10～60 bp，总长为 25 167 bp；微卫星 DNA 17 个，重复序列长度为 6 bp，总长为 1107 bp。**【CRISPR】**预测到 357 个 CRISPR 相关序列。**【基因岛】**预测到 2 个基因岛 GI 01 和 GI 02，长度分别为 5355 bp 和 3271 bp，其 G+C

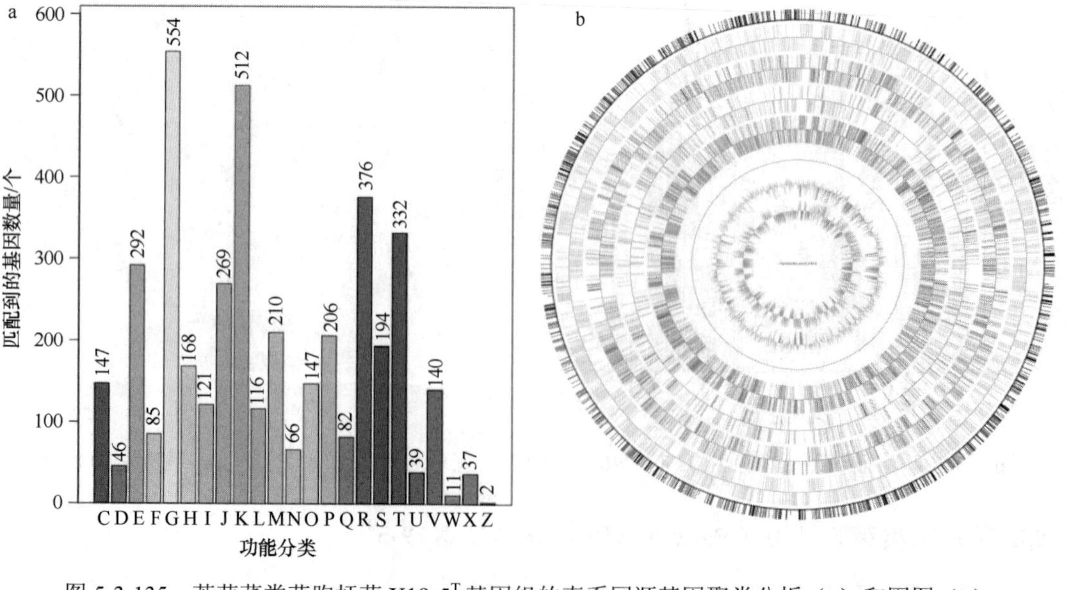


图 5-3-135　苦苣菜类芽胞杆菌 X19-5$^T$ 基因组的直系同源基因聚类分析（a）和圈图（b）

含量分别为 40.47%和 42.13%。利用已预测得到的基因组信息，如重复序列、G+C 含量等，应用 CIRCOS 工具绘制其基因组圈图（图 5-3-135b）。

## 104. 槐树类芽胞杆菌（*Paenibacillus sophorae*）CGMCC 1.10238$^{T}$

槐树类芽胞杆菌（*Paenibacillus sophorae* Jin et al. 2011，sp. nov.）的模式菌株（S27$^{T}$ = CGMCC 1.10238$^{T}$ =DSM 23020$^{T}$）分离自北京的槐树（*Sophora japonica*）的根际土，生长条件为 15～50℃（30℃）、pH 4.0～8.0（最适 pH 6.0）、0～3%（*W*/*V*）NaCl，固氮，兼性厌氧，产芽胞（Jin et al.，2011b）。目前，该种仅有 1 个基因组，模式菌株 CGMCC 1.10238$^{T}$ 基因组的 GenBank 登录号为 GCA_900110315.1，测序平台为 Illumina HiSeq，于 2016 年 10 月 31 日由美国能源部联合基因组研究所（DOE Joint Genome Institute）提交。

**【基因组的组装】**菌株 CGMCC 1.10238$^{T}$ 基因组的测序深度为 209 X，基因组大小为 5.807 Mb，组装到 41 个 contigs，contig $N_{50}$ 为 317 585 bp。**【G+C 含量】**50.18%。**【非编码 RNA】**预测到 6 个 rRNA 基因（5S rRNA 6 个、16S rRNA 0 个、23S rRNA 0 个），77 个 tRNA 基因，2 个 sRNA 基因。**【编码基因】**有 5828 个蛋白质编码基因，编码区总长为 5 044 194 bp，占整个基因组的 86.86%，基因的平均长度为 866 bp。**【基因功能注释】**比对到 KEGG、COG 和 GO 数据库的基因数量分别为 5037 个、3556 个和 3754 个，预测到分泌蛋白编码基因 136 个；在 23 个 COG 功能类群中，基因数量前 10 位的类群分别是：R. 仅一般功能预测 458 个，K. 转录 407 个，G. 碳水化合物转运与代谢 394 个，E. 氨基酸转运与代谢 334 个，J. 翻译、核糖体结构与合成 265 个，P. 无机离子转运与代谢 255 个，T. 信号转导机制 235 个，H. 辅酶转运与代谢 212 个，C. 能量产生与转换 199 个和 M. 细胞壁/膜/包膜生物合成 195 个（图 5-3-136a）。**【重复序列】**预测到的重复序列包括：LTR 92 个，总长为 6055 bp，平均长度为 66 bp；DNA 重复元件 14 个，总长为 873 bp，平均长度为 62 bp；LINE 30 个，总长为 2103 bp，平均长度为 70 bp；

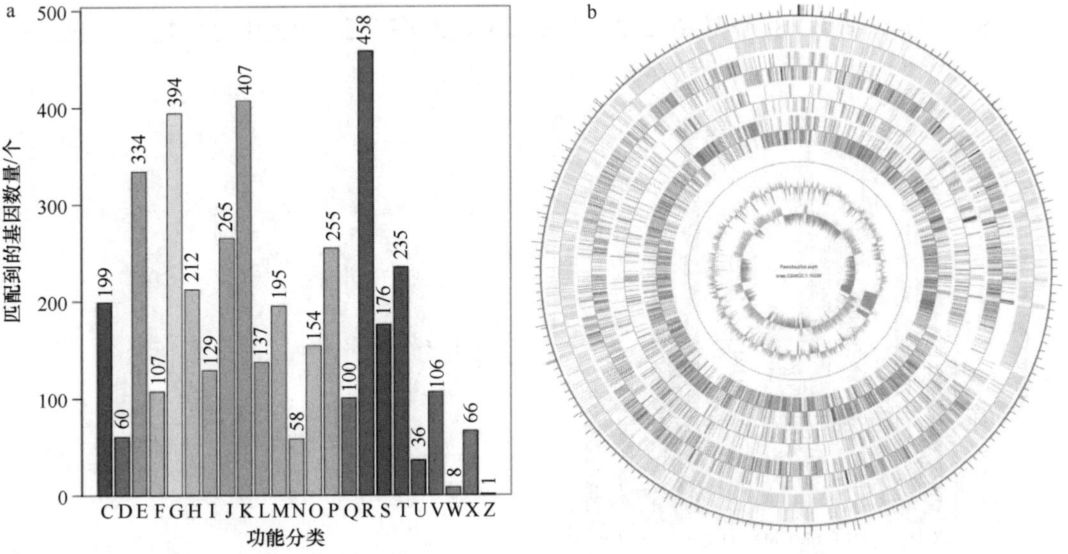


图 5-3-136　槐树类芽胞杆菌 CGMCC 1.10238$^{T}$ 基因组的直系同源基因聚类分析（a）和圈图（b）

SINE 12 个，总长为 719 bp，平均长度为 60 bp；RC 2 个，总长为 86 bp，平均长度为 43 bp；未知序列 4 个，总长为 298 bp，平均长度为 75 bp；TR 179 个，重复序列长度为 2～1260 bp，总长为 17 595 bp；小卫星 DNA 147 个，重复序列长度为 10～49 bp，总长为 6692 bp；微卫星 DNA 4 个，重复序列长度为 2～6 bp，总长为 279 bp。**【CRISPR】**预测到 10 个 CRISPR 相关序列。**【基因岛】**预测到 14 个基因岛 GI 01～GI 14，长度为 2306～53 504 bp，其 G+C 含量为 32.80%～55.11%。利用已预测得到的基因组信息，如重复序列、G+C 含量等，应用 CIRCOS 工具绘制其基因组圈图（图 5-3-136b）。

## 105. 星胞类芽胞杆菌（*Paenibacillus stellifer*）DSM 14472$^T$

星胞类芽胞杆菌（*Paenibacillus stellifer* Suominen et al. 2003，sp. nov.）的模式菌株（IS 1$^T$=DSM 14472$^T$ =CCUG 45566 $^T$）分离自 1 位塞内加尔人的粪便，最适生长温度为 37℃，好氧，产芽胞（Suominen et al.，2003）。目前，该种仅有 1 个基因组，模式菌株 DSM 14472$^T$基因组的 GenBank 登录号为 GCA_000758685.1，测序平台为 PacBio，于 2014 年 9 月 22 日由美国康奈尔大学（Cornell University）提交。

**【基因组的组装】**菌株 DSM 14472$^T$基因组的测序深度未知，基因组大小为 5.659 Mb，组装到完成图水平，包括 1 条染色体。**【G+C 含量】**53.54%。**【非编码 RNA】**预测到 33 个 rRNA 基因（5S rRNA 11 个、16S rRNA 11 个、23S rRNA 11 个），87 个 tRNA 基因，4 个 sRNA 基因。**【编码基因】**有 5403 个蛋白质编码基因，编码区总长为 4 843 662 bp，占整个基因组的 85.59%，基因的平均长度为 896 bp。**【基因功能注释】**比对到 KEGG、COG 和 GO 数据库的基因数量分别为 4992 个、3459 个和 3613 个，预测到分泌蛋白编码基因 114 个；在 23 个 COG 功能类群中，基因数量前 10 位的类群分别是：K. 转录 407 个，R. 仅一般功能预测 399 个，G. 碳水化合物转运与代谢 360 个，E. 氨基酸转运与代谢 296 个，J. 翻译、核糖体结构与合成 274 个，P. 无机离子转运与代谢 262 个，T. 信号转导机制 255 个，H. 辅酶转运与代谢 192 个，M. 细胞壁/膜/包膜生物合成 190 个和 S. 功能未知 188 个（图 5-3-137a）。**【重复序列】**预测到的重复序列包括：

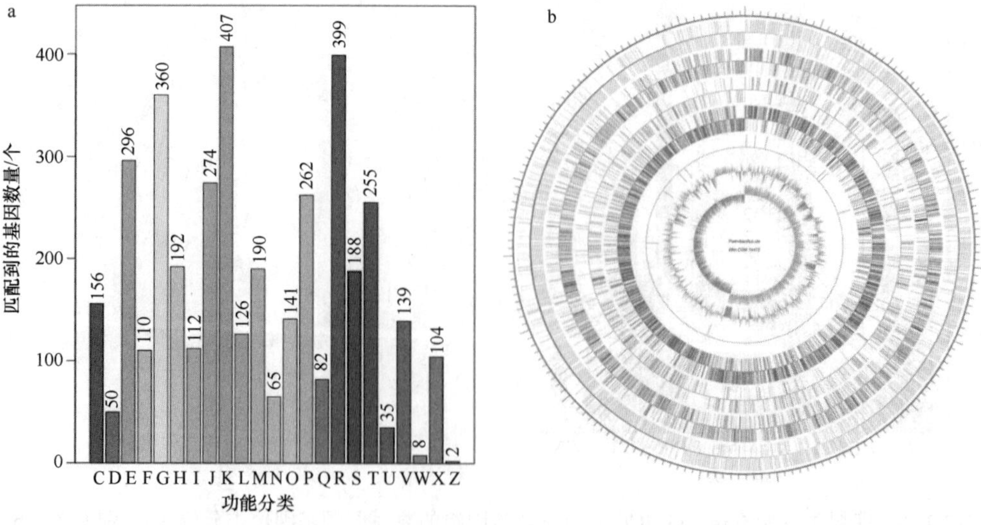


图 5-3-137　星胞类芽胞杆菌 DSM 14472$^T$基因组的直系同源基因聚类分析（a）和圈图（b）

LTR 75 个，总长为 6941 bp，平均长度为 93 bp；DNA 重复元件 13 个，总长为 868 bp，平均长度为 67 bp；LINE 24 个，总长为 1455 bp，平均长度为 61 bp；SINE 16 个，总长为 1039 bp，平均长度为 65 bp；未知序列 4 个，总长为 294 bp，平均长度为 74 bp；TR 354 个，重复序列长度为 5～837 bp，总长为 28 308 bp；小卫星 DNA 305 个，重复序列长度为 10～57 bp，总长为 15 862 bp；微卫星 DNA 3 个，重复序列长度为 5～6 bp，总长为 125 bp。**【CRISPR】**预测到 102 个 CRISPR 相关序列。**【基因岛】**预测到 21 个基因岛 GI 01～GI 21，长度为 5717～83 853 bp，其 G+C 含量为 38.12%～55.95%。利用已预测得到的基因组信息，如重复序列、G+C 含量等，应用 CIRCOS 工具绘制其基因组圈图（图 5-3-137b）。

### 106. 女院类芽胞杆菌（*Paenibacillus swuensis*）DY6$^T$

女院类芽胞杆菌（*Paenibacillus swuensis* Lee et al. 2014，sp. nov.）的模式菌株（DY6$^T$ = KCTC 33026$^T$ =JCM 18491$^T$）分离自韩国全罗北道全州市的土壤，生长条件为 10～30℃（30℃）、pH 6.0～10.0（最适 pH 7.0）、0～3%（*W*/*V*）NaCl（最适 0～1%），严格好氧，产芽胞（Lee et al. 2014c）。目前，该种仅有 1 个基因组，模式菌株 SIT18$^T$ 基因组的 GenBank 登录号为 GCA_001644605.1，测序平台为 PacBio，于 2016 年 5 月 16 日由韩国首尔女子大学（Seoul Women's University）提交。

**【基因组的组装】**菌株 DY6$^T$ 基因组的测序深度未知，基因组大小为 5.013 Mb，组装到完成图水平，包括 1 条染色体。**【G+C 含量】**48.92%。**【非编码 RNA】**预测到 30 个 rRNA 基因（5S rRNA 10 个、16S rRNA 10 个、23S rRNA 10 个），87 个 tRNA 基因，1 个 sRNA 基因。**【编码基因】**有 4557 个蛋白质编码基因，编码区总长为 4 471 206 bp，占整个基因组的 89.19%，基因的平均长度为 981 bp。**【基因功能注释】**比对到 KEGG、COG 和 GO 数据库的基因数量分别为 4311 个、2980 个和 3117 个，预测到分泌蛋白编码基因 140 个；在 25 个 COG 功能类群中，基因数量前 10 位的类群分别是：G. 碳水化合物转运与代谢 412 个，R. 仅一般功能预测 332 个，K. 转录 296 个，E. 氨基酸转运与代谢 277 个，J. 翻译、核糖体结构与合成 225 个，S. 功能未知 211 个，T. 信号转导机制 205 个，M. 细胞壁/膜/包膜生物合成 177 个，P. 无机离子转运与代谢 165 个和 H. 辅酶转运与代谢 153 个（图 5-3-138a）。**【重复序列】**预测到的重复序列包括：LTR 117 个，总长为 10 673 bp，平均长度为 91 bp；DNA 重复元件 24 个，总长为 2068 bp，平均长度为 86 bp；LINE 33 个，总长为 2355 bp，平均长度为 71 bp；SINE 15 个，总长为 904 bp，平均长度为 60 bp；RC 2 个，总长为 123 bp，平均长度为 62 bp；未知序列 5 个，总长为 373 bp，平均长度为 75 bp；TR 345 个，重复序列长度为 5～828 bp，总长为 35 556 bp；小卫星 DNA 230 个，重复序列长度为 10～59 bp，总长为 20 775 bp；微卫星 DNA 11 个，重复序列长度为 5～6 bp，总长为 1116 bp。**【CRISPR】**预测到 59 个 CRISPR 相关序列。**【基因岛】**预测到 7 个基因岛 GI 01～GI 07，长度为 4530～28 088 bp，其 G+C 含量为 38.38%～45.03%。利用已预测得到的基因组信息，如重复序列、G+C 含量等，应用 CIRCOS 工具绘制其基因组圈图（图 5-3-138b）。

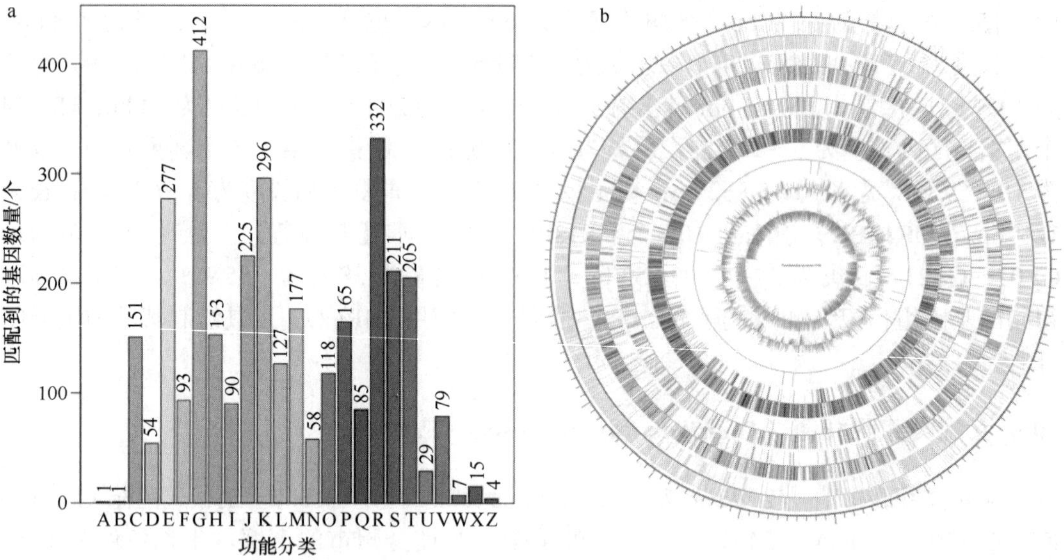


图 5-3-138　女院类芽胞杆菌 DY6$^T$ 基因组的直系同源基因聚类分析（a）和圈图（b）

## 107. 台中类芽胞杆菌（*Paenibacillus taichungensis*）NC1

台中类芽胞杆菌（*Paenibacillus taichungensis* Lee et al. 2008，sp. nov.）的模式菌株（V10537$^T$ =BCRC 17757$^T$ =DSM 19942$^T$）分离自台湾台中市的土壤，生长条件为 5～40℃（最适 30℃）、pH 5.0～11.0（最适 pH 6.0～8.0）、0～7%（*W*/*V*）NaCl，兼性厌氧，产芽胞（Lee et al.，2008b）。目前，该种有 3 个基因组，选择非模式菌株 NC1 的基因组进行描述，其 GenBank 登录号为 GCA_003287275.1，测序平台为 Illumina HiSeq，于 2018 年 7 月 3 日由福建农林大学（Fujian Agriculture and Forestry University）提交。

**【基因组的组装】**菌株 NC1 基因组的测序深度为 50 X，基因组大小为 6.991 Mb，组装到 58 个 contigs，contig $N_{50}$ 为 469 418 bp。**【G+C 含量】**46.17%。**【非编码 RNA】**预测到 4 个 rRNA 基因（5S rRNA 2 个、16S rRNA 1 个、23S rRNA 1 个），82 个 tRNA 基因，3 个 sRNA 基因。**【编码基因】**有 6429 个蛋白质编码基因，编码区总长为 6 065 058 bp，占整个基因组的 86.76%，基因的平均长度为 943 bp。**【基因功能注释】**比对到 KEGG、COG 和 GO 数据库的基因数量分别为 5883 个、4208 个和 4488 个，预测到分泌蛋白编码基因 209 个；在 24 个 COG 功能类群中，基因数量前 10 位的类群分别是：G. 碳水化合物转运与代谢 706 个，K. 转录 533 个，R. 仅一般功能预测 515 个，E. 氨基酸转运与代谢 400 个，T. 信号转导机制 309 个，J. 翻译、核糖体结构与合成 294 个，P. 无机离子转运与代谢 290 个，S. 功能未知 226 个，H. 辅酶转运与代谢 217 个和 M. 细胞壁/膜/包膜生物合成 215 个（图 5-3-139a）。**【重复序列】**预测到的重复序列包括：LTR 201 个，总长为 11 990 bp，平均长度为 60 bp；DNA 重复元件 59 个，总长为 3597 bp，平均长度为 61 bp；LINE 53 个，总长为 3249 bp，平均长度为 61 bp；SINE 20 个，总长为 1076 bp，平均长度为 54 bp；RC 2 个，总长为 76 bp，平均长度为 38 bp；未知序列 5 个，总长为 385 bp，平均长度为 77 bp；TR 116 个，重复序列长度为 4～966 bp，总长为 13 960 bp；

小卫星 DNA 70 个，重复序列长度为 11～60 bp，总长为 4220 bp；微卫星 DNA 5 个，重复序列长度为 4～6 bp，总长为 228 bp。**【CRISPR】**预测到 14 个 CRISPR 相关序列。**【基因岛】**预测到 10 个基因岛 GI 01～GI 10，长度为 5695～51 379 bp，其 G+C 含量为 35.67%～46.1%。利用已预测得到的基因组信息，如重复序列、G+C 含量等，应用 CIRCOS 工具绘制其基因组圈图（图 5-3-139b）。

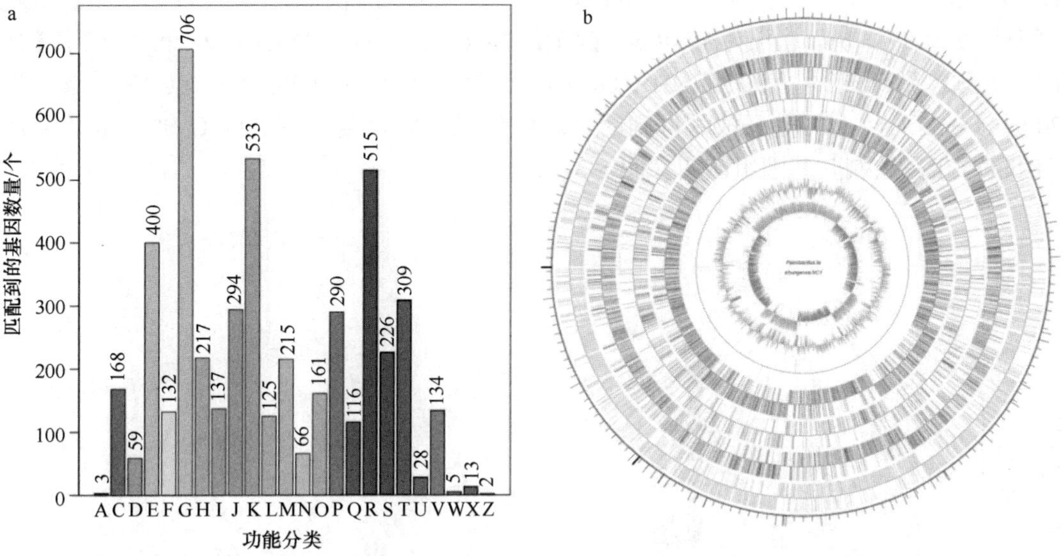


图 5-3-139　台中类芽胞杆菌 NC1 基因组的直系同源基因聚类分析（a）和圈图（b）

## 108. 太湖类芽胞杆菌（*Paenibacillus taihuensis*）CGMCC 1.10966$^T$

太湖类芽胞杆菌（*Paenibacillus taihuensis* Wu et al. 2013，sp. nov.）的模式菌株（THMBG22$^T$ =CGMCC 1.10966$^T$ =NBRC 108766$^T$）分离自富营养化时期的太湖藻类浮渣，生长条件为 20～40℃（30～37℃）、pH 5.0～9.0（最适 pH 6.0～7.0），兼性厌氧，产芽胞（Wu et al.，2013b）。目前，该种仅有 1 个基因组，模式菌株 CGMCC 1.10966$^T$ 基因组的 GenBank 登录号为 GCA_003386535.1，测序平台为 Illumina HiSeq，于 2018 年 8 月 14 日由美国能源部联合基因组研究所（DOE Joint Genome Institute）提交。

**【基因组的组装】**菌株 CGMCC 1.10966$^T$ 基因组的测序深度为 182 X，基因组大小为 6.789 Mb，组装到 85 个 scaffolds，scaffold $N_{50}$ 为 128 511 bp。**【G+C 含量】**51.62%。**【非编码 RNA】**预测到 3 个 rRNA 基因（5S rRNA 3 个、16S rRNA 0 个、23S rRNA 0 个），60 个 tRNA 基因，1 个 sRNA 基因。**【编码基因】**有 6330 个蛋白质编码基因，编码区总长为 5 937 045 bp，占整个基因组的 87.45%，基因的平均长度为 938 bp。**【基因功能注释】**比对到 KEGG、COG 和 GO 数据库的基因数量分别为 5191 个、3896 个和 4325 个，预测到分泌蛋白编码基因 176 个；在 24 个 COG 功能类群中，基因数量前 10 位的类群分别是：G. 碳水化合物转运与代谢 629 个，R. 仅一般功能预测 482 个，K. 转录 407 个，E. 氨基酸转运与代谢 332 个，T. 信号转导机制 293 个，J. 翻译、核糖体结构与合成 276 个，S. 功能未知 244 个，M. 细胞壁/膜/包膜生物合成 237 个，P. 无机离子转运与代谢

212 个和 H. 辅酶转运与代谢 182 个（图 5-3-140a）。【**重复序列**】预测到的重复序列包括：LTR 130 个，总长为 8714 bp，平均长度为 67 bp；DNA 重复元件 36 个，总长为 2480 bp，平均长度为 69 bp；LINE 42 个，总长为 3002 bp，平均长度为 71 bp；SINE 14 个，总长为 1004 bp，平均长度为 72 bp；RC 1 个，长度为 45 bp；未知序列 2 个，总长为 152 bp，平均长度为 76 bp；TR 507 个，重复序列长度为 3～864 bp，总长为 50 634 bp；小卫星 DNA 331 个，重复序列长度为 10～60 bp，总长为 26 851 bp；微卫星 DNA 41 个，重复序列长度为 3～6 bp，总长为 1718 bp。【**CRISPR**】预测到 424 个 CRISPR 相关序列。【**基因岛**】预测到 16 个基因岛 GI 01～GI 16，长度为 3685～22 283 bp，其 G+C 含量为 34.91%～56.13%。利用已预测得到的基因组信息，如重复序列、G+C 含量等，应用 CIRCOS 工具绘制其基因组圈图（图 5-3-140b）。

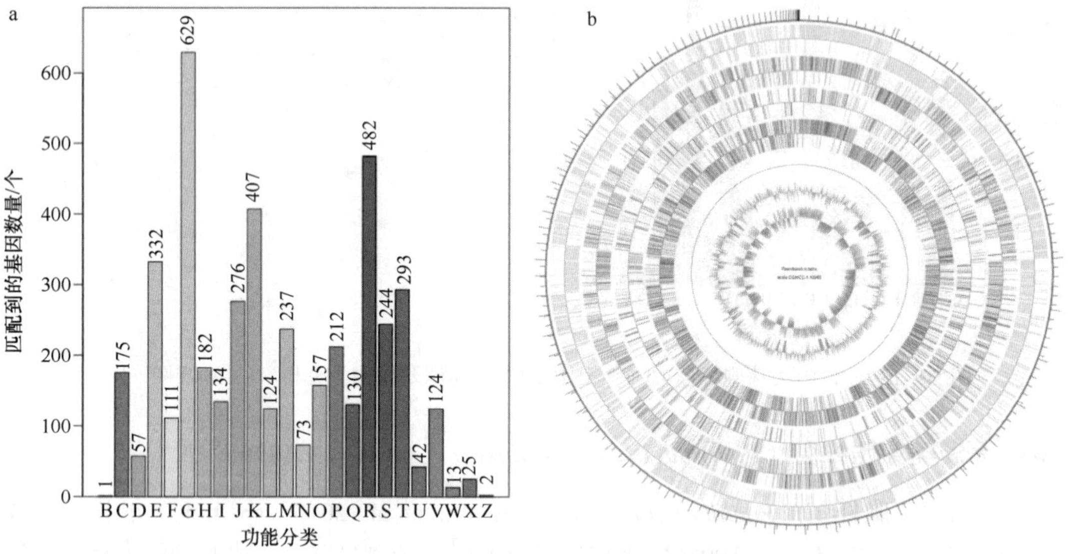


图 5-3-140　太湖类芽胞杆菌 CGMCC 1.10966$^T$ 基因组的直系同源基因聚类分析（a）和圈图（b）

## 109. 台湾类芽胞杆菌（*Paenibacillus taiwanensis*）DSM 18679$^T$

台湾类芽胞杆菌（*Paenibacillus taiwanensis* Lee et al. 2007，sp. nov.）的模式菌株（G-soil-2-3$^T$ =BCRC 17411$^T$ =IAM 15414$^T$ =LMG 23799$^T$ =DSM 18679$^T$）分离自台湾台中市雾峰区的农田土壤，生长条件为 10～45℃（最适 30℃）、pH 4.5～12.0（最适 pH 6.0～8.0）、0～4%（*W*/*V*）NaCl，兼性厌氧，产芽胞（Lee et al.，2007）。目前，该种仅有 1 个基因组，模式菌株 DSM 18679$^T$ 基因组的 GenBank 登录号为 GCA_000425125.1，测序平台为 Illumina HiSeq，于 2013 年 7 月 11 日由美国能源部联合基因组研究所（DOE Joint Genome Institute）提交。

【**基因组的组装**】菌株 DSM 18679$^T$ 基因组的测序深度未知，基因组大小为 5.248 Mb，组装到 20 个 scaffolds，scaffold $N_{50}$ 为 566 267 bp。【**G+C 含量**】44.83%。【**非编码 RNA**】预测到 5 个 rRNA 基因（5S rRNA 5 个、16S rRNA 0 个、23S rRNA 0 个），68 个 tRNA 基因，2 个 sRNA 基因。【**编码基因**】有 4718 个蛋白质编码基因，编码区总长为 4 483 224 bp，

占整个基因组的 85.43%，基因的平均长度为 950 bp。【**基因功能注释**】比对到 KEGG、COG 和 GO 数据库的基因数量分别为 3836 个、3030 个和 3191 个，预测到分泌蛋白编码基因 110 个；在 25 个 COG 功能类群中，基因数量前 10 位的类群分别是：E. 氨基酸转运与代谢 319 个，K. 转录 319 个，R. 仅一般功能预测 299 个，G. 碳水化合物转运与代谢 293 个，J. 翻译、核糖体结构与合成 242 个，P. 无机离子转运与代谢 221 个，T. 信号转导机制 220 个，S. 功能未知 199 个，M. 细胞壁/膜/包膜生物合成 186 个和 H. 辅酶转运与代谢 169 个（图 5-3-141a）。【**重复序列**】预测到的重复序列包括：LTR 203 个，总长为 11 494 bp，平均长度为 57 bp；DNA 重复元件 52 个，总长为 4679 bp，平均长度为 90 bp；LINE 43 个，总长为 2474 bp，平均长度为 58 bp；SINE 12 个，总长为 661 bp，平均长度为 55 bp；RC 2 个，总长为 98 bp，平均长度为 49 bp；未知序列 3 个，总长为 221 bp，平均长度为 74 bp；TR 171 个，重复序列长度为 4～860 bp，总长为 15 251 bp；小卫星 DNA 135 个，重复序列长度为 10～54 bp，总长为 9304 bp；微卫星 DNA 6 个，重复序列长度为 4～6 bp，总长为 197 bp。【**CRISPR**】预测到 49 个 CRISPR 相关序列。【**基因岛**】预测到 9 个基因岛 GI 01～GI 09，长度为 7998～18 974 bp，其 G+C 含量为 36.22%～46.29%。利用已预测得到的基因组信息，如重复序列、G+C 含量等，应用 CIRCOS 工具绘制其基因组圈图（图 5-3-141b）。

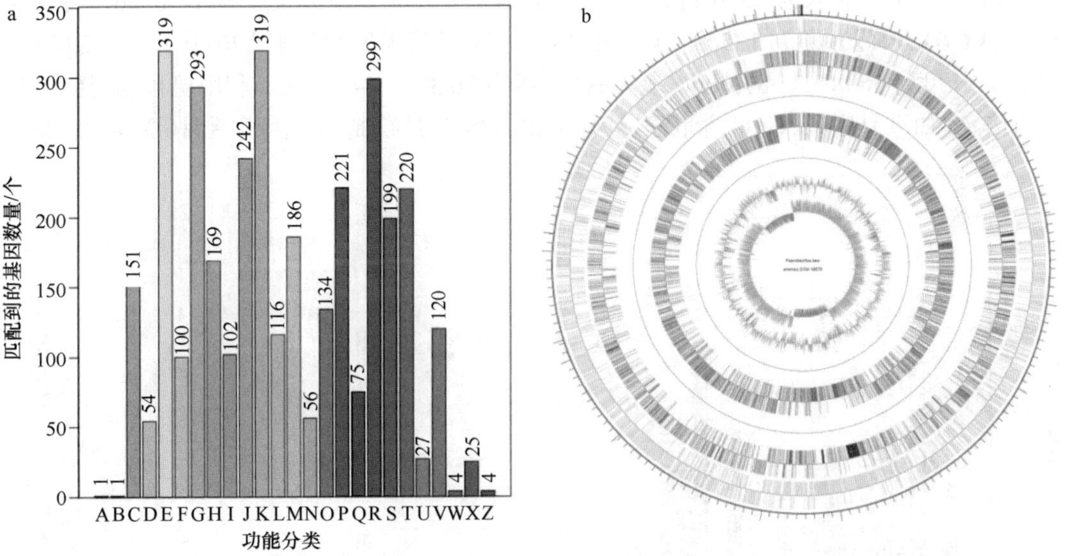


图 5-3-141　台湾类芽胞杆菌 DSM 18679$^{T}$ 基因组的直系同源基因聚类分析（a）和圈图（b）

## 110. 大地类芽胞杆菌（*Paenibacillus terrae*）HPL-003

大地类芽胞杆菌（*Paenibacillus terrae* Yoon et al. 2003，sp. nov.）的模式菌株（AM141$^{T}$ = KCCM 41557$^{T}$ =JCM 11466$^{T}$）分离自韩国大田市的土壤，生长条件为 10～40℃（最适 30℃）、pH 6.5～8.0、0～3%（*W*/*V*）NaCl（最适 0～2%），兼性厌氧，产芽胞（Yoon et al.，2003c）。目前，该种有 3 个基因组，选择组装到完成图水平的非模式菌株 HPL-003 的基因组进行描述，其 GenBank 登录号为 GCA_000235585.1，测序平台为 454 FLX，于

2011 年 11 月 16 日由韩国 Macrogen Inc.公司（Macrogen Inc.）提交。

**【基因组的组装】**菌株 HPL-003 基因组的测序深度为 25 X，基因组大小为 6.083 Mb，组装到完成图水平，包括 1 条染色体。**【G+C 含量】**46.77%。**【非编码 RNA】**预测到 28 个 rRNA 基因（5S rRNA 10 个、16S rRNA 9 个、23S rRNA 9 个），89 个 tRNA 基因，4 个 sRNA 基因。**【编码基因】**有 5719 个蛋白质编码基因，编码区总长为 5 244 480 bp，占整个基因组的 86.22%，基因的平均长度为 917 bp。**【基因功能注释】**比对到 KEGG、COG 和 GO 数据库的基因数量分别为 5460 个、3669 个和 3829 个，预测到分泌蛋白编码基因 151 个；在 24 个 COG 功能类群中，基因数量前 10 位的类群分别是：G. 碳水化合物转运与代谢 532 个，K. 转录 425 个，R. 仅一般功能预测 389 个，E. 氨基酸转运与代谢 364 个，P. 无机离子转运与代谢 257 个，J. 翻译、核糖体结构与合成 253 个，T. 信号转导机制 241 个，H. 辅酶转运与代谢 214 个，S. 功能未知 191 个和 C. 能量产生与转换 188 个（图 5-3-142a）。**【重复序列】**预测到的重复序列包括：LTR 156 个，总长为 11 859 bp，平均长度为 76 bp；DNA 重复元件 36 个，总长为 2925 bp，平均长度为 81 bp；LINE 28 个，总长为 1784 bp，平均长度为 64 bp；SINE 11 个，总长为 854 bp，平均长度为 78 bp；RC 2 个，总长为 92 bp，平均长度为 46 bp；未知序列 5 个，总长为 360 bp，平均长度为 72 bp；TR 110 个，重复序列长度为 3～510 bp，总长为 8940 bp；小卫星 DNA 93 个，重复序列长度为 11～45 bp，总长为 4836 bp；微卫星 DNA 2 个，重复序列长度为 3～6 bp，总长为 58 bp。**【CRISPR】**预测到 135 个 CRISPR 相关序列。**【基因岛】**预测到 20 个基因岛 GI 01～GI 20，长度为 5898～35 873 bp，其 G+C 含量为 36.37%～49.94%。利用已预测得到的基因组信息，如重复序列、G+C 含量等，应用 CIRCOS 工具绘制其基因组圈图（图 5-3-142b）。

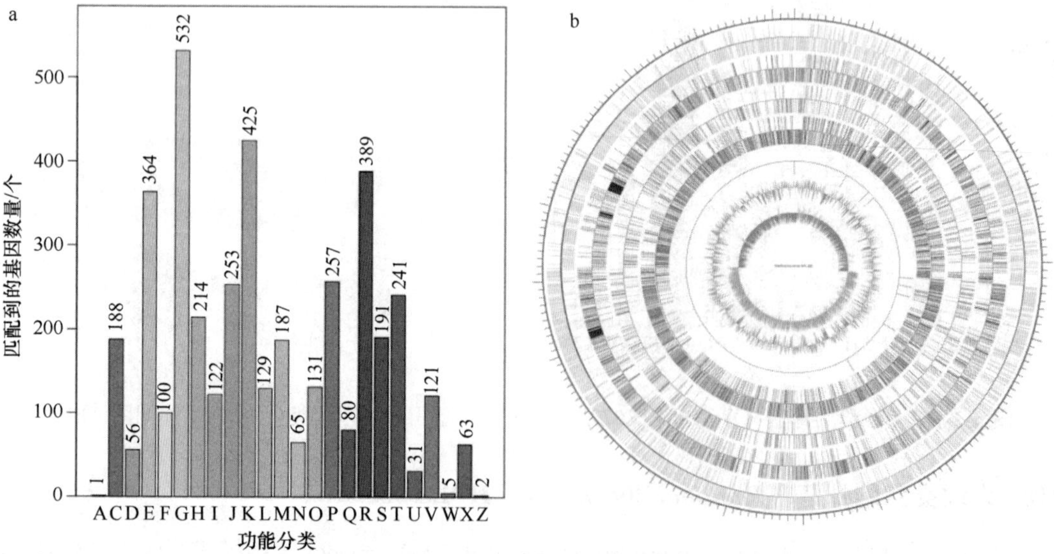


图 5-3-142　大地类芽胞杆菌 HPL-003 基因组的直系同源基因聚类分析（a）和圈图（b）

## 111. 海岸土类芽胞杆菌（*Paenibacillus terrigena*）DSM 21567^T

海岸土类芽胞杆菌（*Paenibacillus terrigena* Xie and Yokota 2007，sp. nov.）的模式菌

株（A35$^T$ =IAM 15291$^T$ =CCTCC AB206026$^T$ =DSM 21567$^T$）分离自日本千叶县的海岸土壤，生长条件为 6～32℃、pH 4.0～10.0、3.5%（*W*/*V*）NaCl，兼性厌氧，产芽胞（Xie and Yokota，2007）。目前，该种仅有 1 个基因组，模式菌株 DSM 21567$^T$ 基因组的 GenBank 登录号为 GCA_006374845.1，测序平台为 Illumina HiSeq，于 2013 年 4 月 23 日由美国能源部联合基因组研究所（DOE Joint Genome Institute）提交。

**【基因组的组装】**菌株 DSM 21567$^T$ 基因组的测序深度未知，基因组大小为 4.864 Mb，组装到 40 个 scaffolds，scaffold $N_{50}$ 为 475 789 bp。**【G+C 含量】**39.45%。**【非编码 RNA】**预测到 23 个 rRNA 基因（5S rRNA 12 个、16S rRNA 7 个、23S rRNA 4 个），155 个 tRNA 基因，3 个 sRNA 基因。**【编码基因】**有 4873 个蛋白质编码基因，编码区总长为 4 103 868 bp，占整个基因组的 84.37%，基因的平均长度为 842 bp。**【基因功能注释】**比对到 KEGG、COG 和 GO 数据库的基因数量分别为 4136 个、3137 个和 3234 个，预测到分泌蛋白编码基因 75 个；在 23 个 COG 功能类群中，基因数量前 10 位的类群分别是：R. 仅一般功能预测 330 个，E. 氨基酸转运与代谢 315 个，C. 能量产生与转换 249 个，K. 转录 248 个，T. 信号转导机制 236 个，S. 功能未知 231 个，P. 无机离子转运与代谢 229 个，J. 翻译、核糖体结构与合成 217 个，G. 碳水化合物转运与代谢 205 个和 H. 辅酶转运与代谢 194 个（图 5-3-143a）。**【重复序列】**预测到的重复序列包括：LTR 118 个，总长为 7816 bp，平均长度为 66 bp；DNA 重复元件 34 个，总长为 2521 bp，平均长度为 74 bp；LINE 36 个，总长为 2473 bp，平均长度为 69 bp；SINE 16 个，总长为 1382 bp，平均长度为 86 bp；RC 4 个，总长为 281 bp，平均长度为 70 bp；未知序列 1 个，长度为 62 bp；TR 187 个，重复序列长度为 4～882 bp，总长为 29 634 bp；小卫星 DNA 144 个，重复序列长度为 10～54 bp，总长为 16 837 bp；微卫星 DNA 3 个，重复序列长度为 4～6 bp，总长为 333 bp。**【CRISPR】**预测到 178 个 CRISPR 相关序列。**【基因岛】**预测到 15 个基因岛 GI 01～GI 15，长度为 3544～61 881 bp，其 G+C 含量为 30.86%～46.57%。利用已预测得到的基因组信息，如重复序列、G+C 含量等，应用 CIRCOS 工具绘制其基因组圈图（图 5-3-143b）。

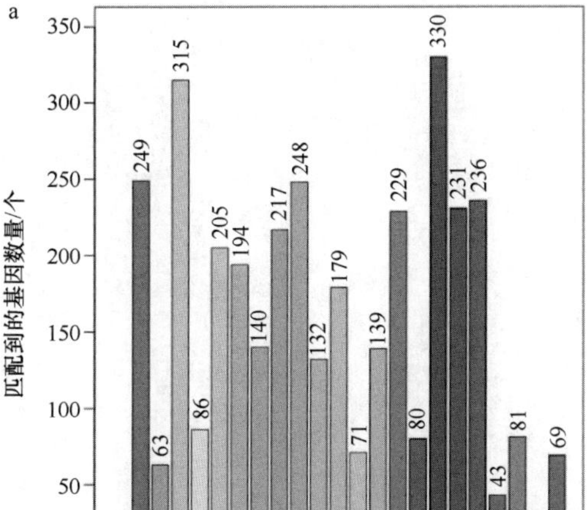


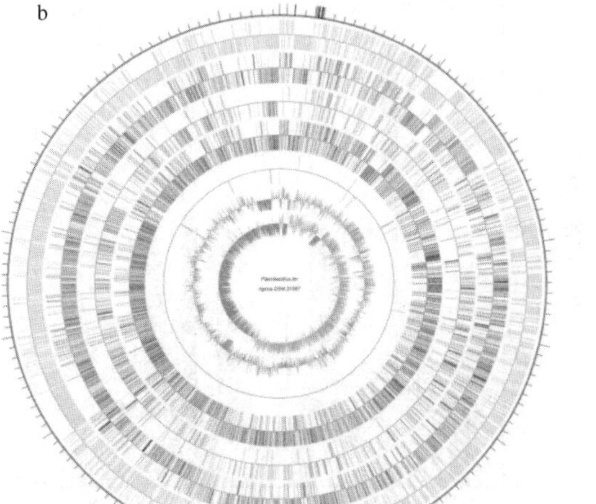


图 5-3-143　海岸土类芽胞杆菌 DSM 21567$^T$ 基因组的直系同源基因聚类分析（a）和圈图（b）

## 112. 嗜热类芽胞杆菌（*Paenibacillus thermophilus*）DSM 24746$^{T}$

嗜热类芽胞杆菌（*Paenibacillus thermophilus* Zhou et al. 2012，sp. nov.）的模式菌株（WP-1$^{T}$ =DSM 24746$^{T}$ =JCM 17693$^{T}$ =CCTCC AB 2011115$^{T}$）分离自福建的温泉沉积物，嗜热，生长条件为 37～60℃（最适 42～45℃）、pH 3.0～9.0（最适 pH 6.5～7.0）、0～3%（*W*/*V*）NaCl（最适 1%），严格好氧，产芽胞（Zhou et al.，2012c）。目前，该种有 2 个基因组，选择组装水平较高的模式菌株 DSM 24746$^{T}$ 的基因组进行描述，其 GenBank 登录号为 GCA_003851105.1，测序平台为 Illumina MiSeq，于 2018 年 10 月 3 日由日本国家农业和食品研究组织牲畜与草地科学研究所（NARO-Institute of Livestock and Grassland Science）提交。

**【基因组的组装】**菌株 DSM 24746$^{T}$ 基因组的测序深度为 200 X，基因组大小为 7.108 Mb，组装到 88 个 scaffolds，scaffold $N_{50}$ 为 467 371 bp。**【G+C 含量】**52.85%。**【非编码 RNA】**预测到 8 个 rRNA 基因（5S rRNA 8 个、16S rRNA 0 个、23S rRNA 0 个），79 个 tRNA 基因，5 个 sRNA 基因。**【编码基因】**有 6673 个蛋白质编码基因，编码区总长为 6 028 722 bp，占整个基因组的 84.82%，基因的平均长度为 903 bp。**【基因功能注释】**比对到 KEGG、COG 和 GO 数据库的基因数量分别为 5507 个、4135 个和 4402 个，预测到分泌蛋白编码基因 157 个；在 24 个 COG 功能类群中，基因数量前 10 位的类群分别是：G. 碳水化合物转运与代谢 758 个，K. 转录 508 个，R. 仅一般功能预测 405 个，E. 氨基酸转运与代谢 352 个，T. 信号转导机制 314 个，P. 无机离子转运与代谢 288 个，J. 翻译、核糖体结构与合成 260 个，M. 细胞壁/膜/包膜生物合成 239 个，S. 功能未知 227 个和 H. 辅酶转运与代谢 199 个（图 5-3-144a）。**【重复序列】**预测到的重复序列包括：LTR 84 个，总长为 5994 bp，平均长度为 71 bp；DNA 重复元件 24 个，总长为 1534 bp，平均长度为 64 bp；LINE 24 个，总长为 1827 bp，

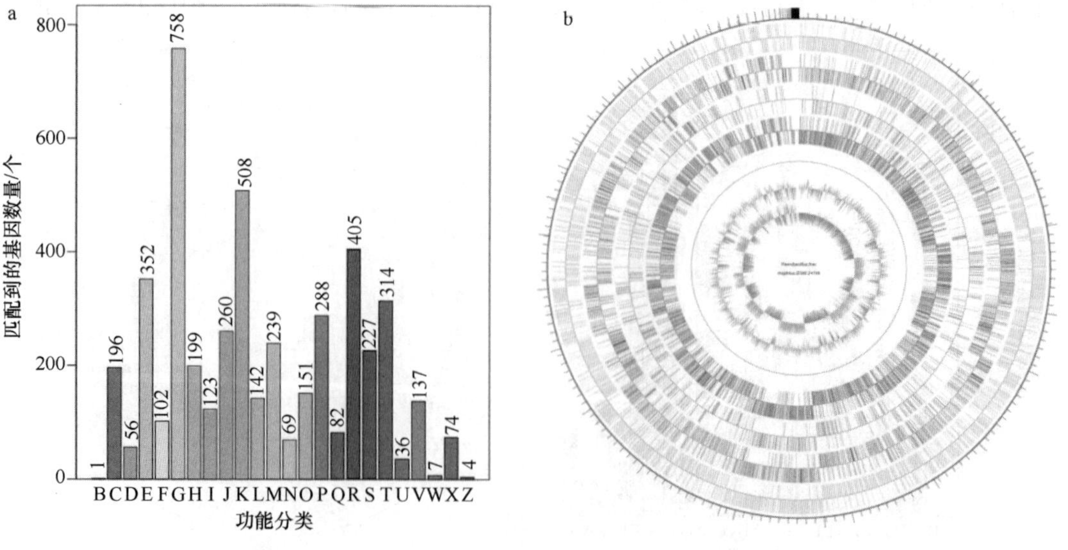


图 5-3-144　嗜热类芽胞杆菌 DSM 24746$^{T}$ 基因组的直系同源基因聚类分析（a）和圈图（b）

平均长度为 76 bp；SINE 14 个，总长为 816 bp，平均长度为 58 bp；RC 2 个，总长为 256 bp，平均长度为 128 bp；未知序列 3 个，总长为 267 bp，平均长度为 89 bp；TR 698 个，重复序列长度为 4～1913 bp，总长为 50 926 bp；小卫星 DNA 599 个，重复序列长度为 10～60 bp，总长为 29 136 bp；微卫星 DNA 6 个，重复序列长度为 4～6 bp，总长为 253 bp。**【CRISPR】**预测到 255 个 CRISPR 相关序列。**【基因岛】**预测到 13 个基因岛 GI 01～GI 13，长度为 6471～36 192 bp，其 G+C 含量为 41.20%～57.35%。利用已预测得到的基因组信息，如重复序列、G+C 含量等，应用 CIRCOS 工具绘制其基因组圈图（图 5-3-144b）。

## 113. 解硫胺素类芽胞杆菌（*Paenibacillus thiaminolyticus*）NRRL B-4156$^T$

解硫胺素类芽胞杆菌［*Paenibacillus thiaminolyticus* (Nakamura 1990) Shida et al. 1997，comb. nov.］的模式菌株（AHU 1393$^T$ =HSCC 148$^T$ =CCUG 28880$^T$ =CIP 104430$^T$ = DSM 7262$^T$ =JCM 8360$^T$ =LMG 17412$^T$ =NCTC 12999$^T$ =NRRL B-4156$^T$）分离自人的粪便，生长条件为 20～45℃（最适 28℃）、pH 4.9～5.5、0～5%（*W*/*V*）NaCl，兼性厌氧，产芽胞。该种被先后命名为解硫胺素芽胞杆菌（*Bacillus thiaminolyticus* Kuno 1951）、解硫胺素梭菌［*Clostridium thiaminolyticum* (Kuno 1951) Kimura and Liao 1953］，1990 年被确定为解硫胺素芽胞杆菌（*Bacillus thiaminolyticus*）（Nakamura，1990），1997 年被重分类为解硫胺素类芽胞杆菌（*Paenibacillus thiaminolyticus*）（Shida et al.，1997a）。目前，该种有 4 个基因组，选择组装水平较高的模式菌株 NRRL B-4156$^T$ 的基因组进行描述，其 GenBank 登录号为 GCA_002161855.1，测序平台为 Illumina MiSeq，于 2017 年 5 月 31 日由美国康奈尔大学（Cornell University）提交。

**【基因组的组装】**菌株 NRRL B-4156$^T$ 基因组的测序深度为 150 X，基因组大小为 6.537 Mb，组装到 47 个 contigs，contig $N_{50}$ 为 254 830 bp。**【G+C 含量】**53.64%。**【非编码 RNA】**预测到 7 个 rRNA 基因（5S rRNA 5 个、16S rRNA 1 个、23S rRNA 1 个），78 个 tRNA 基因，2 个 sRNA 基因。**【编码基因】**有 6105 个蛋白质编码基因，编码区总长为 5 467 104 bp，占整个基因组的 83.63%，基因的平均长度为 896 bp。**【基因功能注释】**比对到 KEGG、COG 和 GO 数据库的基因数量分别为 4788 个、3740 个和 3923 个，预测到分泌蛋白编码基因 135 个；在 25 个 COG 功能类群中，基因数量前 10 位的类群分别是：G. 碳水化合物转运与代谢 421 个，K. 转录 416 个，E. 氨基酸转运与代谢 385 个，R. 仅一般功能预测 384 个，T. 信号转导机制 288 个，J. 翻译、核糖体结构与合成 280 个，P. 无机离子转运与代谢 249 个，C. 能量产生与转换 223 个，M. 细胞壁/膜/包膜生物合成 220 个和 S. 功能未知 207 个（图 5-3-145a）。**【重复序列】**预测到的重复序列包括：LTR 64 个，总长为 5037 bp，平均长度为 79 bp；DNA 重复元件 11 个，总长为 903 bp，平均长度为 82 bp；LINE 17 个，总长为 1238 bp，平均长度为 73 bp；SINE 14 个，总长为 818 bp，平均长度为 58 bp；RC 1 个，长度为 56 bp；未知序列 5 个，总长为 324 bp，平均长度为 65 bp；TR 771 个，重复序列长度为 6～1572 bp，总长为 70 245 bp；小卫星 DNA 647 个，重复序列长度为 10～60 bp，总长为 48 985 bp；微卫星 DNA 2 个，重复序列长度为 6 bp，总长为 130 bp。**【CRISPR】**预测到 170 个 CRISPR 相关序列。**【基**

因岛】预测到 15 个基因岛 GI 01～GI 15，长度为 5981～22 892 bp，其 G+C 含量为 38.70%～51.42%。利用已预测得到的基因组信息，如重复序列、G+C 含量等，应用 CIRCOS 工具绘制其基因组圈图（图 5-3-145b）。

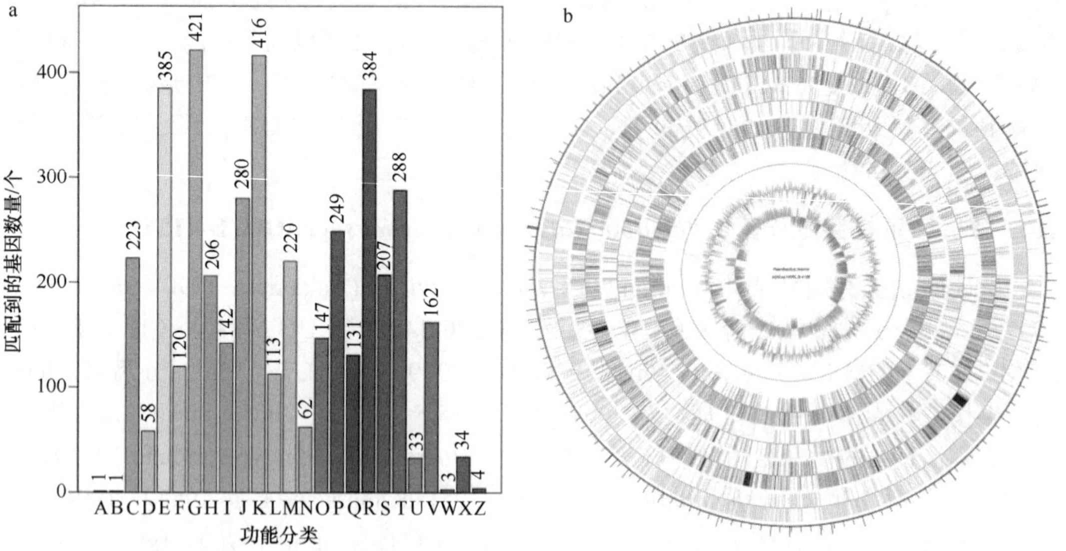


图 5-3-145 解硫胺素类芽胞杆菌 NRRL B-4156$^T$基因组的直系同源基因聚类分析（a）和圈图（b）

## 114. 天目山类芽胞杆菌（*Paenibacillus tianmuensis*）CGMCC 1.8946$^T$

天目山类芽胞杆菌（*Paenibacillus tianmuensis* Wu et al. 2011，sp. nov.）的模式菌株（B27$^T$ =DSM 22342$^T$ =CGMCC 1.8946$^T$）分离自浙江天目山国家级自然保护区的土壤，生长条件为 20～37℃（30℃）、pH 6.0～8.0（最适 pH 7.0）、0～2%（*W*/*V*）NaCl，严格好氧，产芽胞（Wu et al.，2011）。目前，该种仅有 1 个基因组，模式菌株 CGMCC 1.8946$^T$ 基因组的 GenBank 登录号为 GCA_900100345.1，测序平台为 Illumina HiSeq，于 2016 年 10 月 13 日由美国能源部联合基因组研究所（DOE Joint Genome Institute）提交。

**【基因组的组装】**菌株 DSM 13188$^T$ 基因组的测序深度为 209 X，基因组大小为 6.030 Mb，组装到 113 个 scaffolds，scaffold $N_{50}$ 为 101 498 bp。**【G+C 含量】**52.47%。**【非编码 RNA】**预测到 5 个 rRNA 基因（5S rRNA 5 个、16S rRNA 0 个、23S rRNA 0 个），76 个 tRNA 基因，5 个 sRNA 基因。**【编码基因】**有 5785 个蛋白质编码基因，编码区总长为 5 133 825 bp，占整个基因组的 85.14%，基因的平均长度为 887 bp。**【基因功能注释】**比对到 KEGG、COG 和 GO 数据库的基因数量分别为 4746 个、3678 个和 3756 个，预测到分泌蛋白编码基因 159 个；在 25 个 COG 功能类群中，基因数量前 10 位的类群分别是：K. 转录 419 个，R. 仅一般功能预测 397 个，G. 碳水化合物转运与代谢 375 个，E. 氨基酸转运与代谢 373 个，T. 信号转导机制 299 个，J. 翻译、核糖体结构与合成 265 个，M. 细胞壁/膜/包膜生物合成 230 个，P. 无机离子转运与代谢 228 个，S. 功能未知 221 个和 H. 辅酶转运与代谢 212 个（图 5-3-146a）。**【重复序列】**预测到的重复序列包括：LTR 89 个，总长为 5611 bp，平均长度为 63 bp；DNA 重复元件 26 个，总长为 1822 bp，平均长度为 70 bp；LINE 13 个，总长为 897 bp，平均长度为 69 bp；SINE 10 个，总长为 638 bp，平均长度为 64 bp；RC 3 个，总长为 271 bp，平均长度为 90 bp；未知序列 3 个，总长为 182 bp，平均长度为 61 bp；TR 189 个，重复序列长度为 3～1906 bp，总长为 23 150 bp；小卫星 DNA 138 个，重复序列长度为 11～48 bp，总长为 7404 bp；微卫星 DNA 3 个，重复序列长度为 3～6 bp，总长为 192 bp。**【CRISPR】**预测到 113 个 CRISPR 相关序列。**【基因岛】**预测到 10 个基因岛 GI 01～GI 10，长度为 4043～16 808 bp，其 G+C 含量为 34.06%～53.15%。利用已预测得到的基因组信息，如重复序列、G+C 含量等，应用 CIRCOS 工具绘制其基因组圈图（图 5-3-146b）。

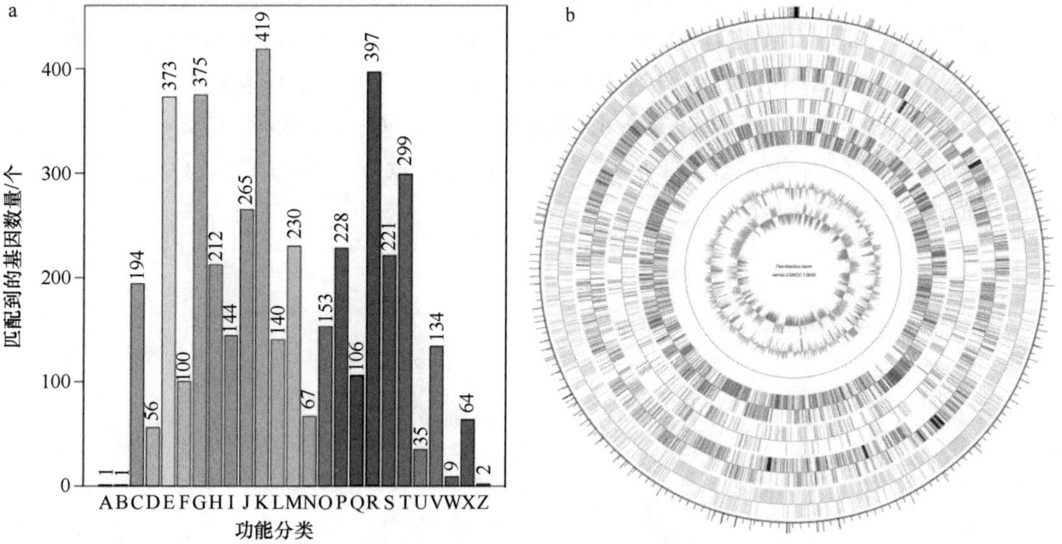


图 5-3-146　天目山类芽胞杆菌 CGMCC 1.8946$^{T}$基因组的直系同源基因聚类分析（a）和圈图（b）

## 115. 图阿雷格人类芽胞杆菌（*Paenibacillus tuaregi*）Marseille-P2472$^{T}$

图阿雷格人类芽胞杆菌（*Paenibacillus tuaregi* Pham et al. 2017，sp. nov.）的模式菌株（Marseille-P2472$^{T}$ =CSUR P2472$^{T}$ =DSM 102801$^{T}$）分离自 1 位健康尼日尔女孩的粪便，最适生长温度为 37℃，好氧，产芽胞（Pham et al.，2017）。目前，该种仅有 1 个基因组，模式菌株 Marseille-P2472$^{T}$基因组的 GenBank 登录号为 GCA_900086655.1，测序平台为 PacBio，于 2016 年 6 月 6 日由法国热带传染病研究中心（Unité de Recherche en Maladies Infectieuses et Tropicales Emergentes）提交。

**【基因组的组装】**菌株 Marseille-P2472$^{T}$基因组的测序深度为 75 X，基因组大小为 5.669 Mb，组装到 4 个 scaffolds，scaffold $N_{50}$ 为 5 631 190 bp。**【G+C 含量】**49.13%。**【非编码 RNA】**预测到 17 个 rRNA 基因（5S rRNA 9 个、16S rRNA 6 个、23S rRNA 2 个），91 个 tRNA 基因，1 个 sRNA 基因。**【编码基因】**有 5249 个蛋白质编码基因，编码区总长为 4 869 477 bp，占整个基因组的 85.90%，基因的平均长度为 928 bp。**【基因功能注释】**比对到 KEGG、COG 和 GO 数据库的基因数量分别为 4570 个、3446 个和 3555 个，预测到分泌蛋白编码基因 152 个；在 24 个 COG 功能类群中，基因数

量前 10 位的类群分别是：G. 碳水化合物转运与代谢 466 个，K. 转录 461 个，R. 仅一般功能预测 384 个，E. 氨基酸转运与代谢 287 个，J. 翻译、核糖体结构与合成 269 个，T. 信号转导机制 265 个，S. 功能未知 225 个，P. 无机离子转运与代谢 210 个，M. 细胞壁/膜/包膜生物合成 188 个和 H. 辅酶转运与代谢 178 个（图 5-3-147a）。**【重复序列】**预测到的重复序列包括：LTR 133 个，总长为 10 023 bp，平均长度为 75 bp；DNA 重复元件 34 个，总长为 2383 bp，平均长度为 70 bp；LINE 48 个，总长为 3303 bp，平均长度为 69 bp；SINE 16 个，总长为 1036 bp，平均长度为 65 bp；RC 2 个，总长为 98 bp，平均长度为 49 bp；未知序列 4 个，总长为 293 bp，平均长度为 73 bp；TR 226 个，重复序列长度为 4～570 bp，总长为 23 347 bp；小卫星 DNA 171 个，重复序列长度为 10～60 bp，总长为 9469 bp；微卫星 DNA 3 个，重复序列长度为 4～6 bp，总长为 95 bp。**【CRISPR】**预测到 3 个 CRISPR 相关序列。**【基因岛】**预测到 5 个基因岛 GI 01～GI 05，长度为 8638～68 781 bp，其 G+C 含量为 47.17%～51.70%。利用已预测得到的基因组信息，如重复序列、G+C 含量等，应用 CIRCOS 工具绘制其基因组圈图（图 5-3-147b）。

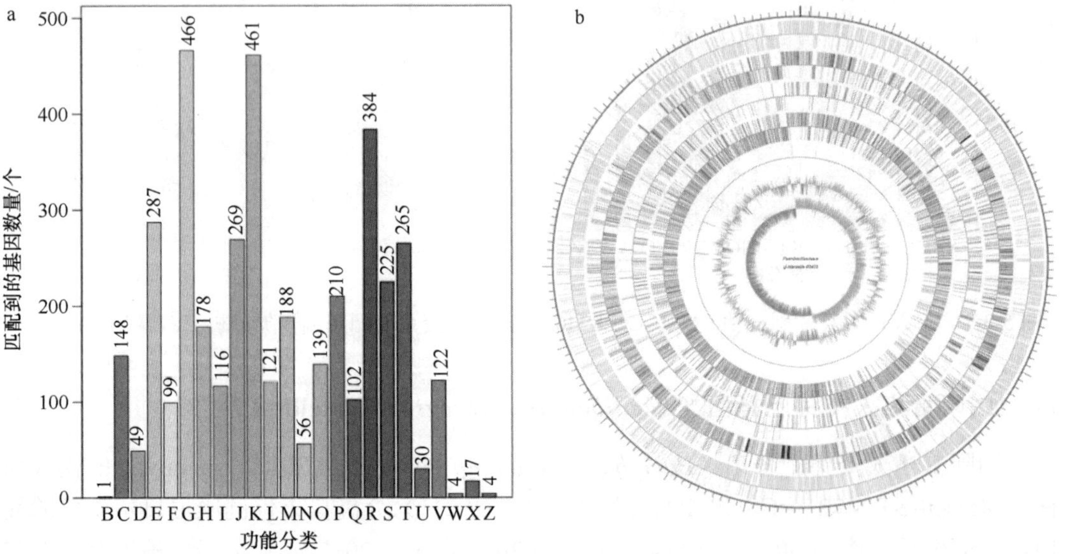


图 5-3-147 图阿雷格人类芽胞杆菌 Marseille-P2472$^T$ 基因组的直系同源基因聚类分析（a）和圈图（b）

## 116. 蒲草类芽胞杆菌（*Paenibacillus typhae*）CGMCC 1.11012$^T$

蒲草类芽胞杆菌（*Paenibacillus typhae* Kong et al. 2013，sp. nov.）的模式菌株（xj7$^T$ = CGMCC 1.11012$^T$ =DSM 25190$^T$）分离自北京翠湖湿地水烛（*Typha angustifolia*）的根，生长条件为 10～40℃（最适 28～30℃）、pH 6.0～10.0（最适 pH 7.0～7.5）、0～3%（*W*/*V*）NaCl（最适 0.5%），兼性厌氧，产芽胞，固氮（Kong et al.，2013）。目前，该种仅有 1 个基因组，模式菌株 CGMCC 1.11012$^T$ 基因组的 GenBank 登录号为 GCA_900099765.1，测序平台为 Illumina HiSeq，于 2016 年 10 月 21 日由美国能源部联合基因组研究所（DOE Joint Genome Institute）提交。

【**基因组的组装**】菌株 CGMCC 1.11012$^{T}$ 基因组的测序深度为 148 X，基因组大小为 6.740 Mb，组装到 92 个 scaffolds，scaffold $N_{50}$ 为 111 451 bp。【**G+C 含量**】51.62%。【**非编码 RNA**】预测到 8 个 rRNA 基因（5S rRNA 7 个、16S rRNA 1 个、23S rRNA 0 个），78 个 tRNA 基因，1 个 sRNA 基因。【**编码基因**】有 6058 个蛋白质编码基因，编码区总长为 5 810 061 bp，占整个基因组的 86.20%，基因的平均长度为 959 bp。【**基因功能注释**】比对到 KEGG、COG 和 GO 数据库的基因数量分别为 5603 个、3938 个和 4130 个，预测到分泌蛋白编码基因 190 个；在 23 个 COG 功能类群中，基因数量前 10 位的类群分别是：G. 碳水化合物转运与代谢 583 个，K. 转录 469 个，R. 仅一般功能预测 438 个，E. 氨基酸转运与代谢 331 个，T. 信号转导机制 326 个，J. 翻译、核糖体结构与合成 297 个，P. 无机离子转运与代谢 277 个，S. 功能未知 221 个，M. 细胞壁/膜/包膜生物合成 215 个和 H. 辅酶转运与代谢 199 个（图 5-3-148a）。【**重复序列**】预测到的重复序列包括：LTR 115 个，总长为 8565 bp，平均长度为 74 bp；DNA 重复元件 27 个，总长为 1938 bp，平均长度为 72 bp；LINE 31 个，总长为 2491 bp，平均长度为 80 bp；SINE 14 个，总长为 791 bp，平均长度为 57 bp；RC 3 个，总长为 243 bp，平均长度为 81 bp；未知序列 5 个，总长为 399 bp，平均长度为 80 bp；TR 401 个，重复序列长度为 6～338 bp，总长为 34 849 bp；小卫星 DNA 304 个，重复序列长度为 10～60 bp，总长为 23 542 bp；微卫星 DNA 13 个，重复序列长度为 6 bp，总长为 1180 bp。【**CRISPR**】预测到 102 个 CRISPR 相关序列。【**基因岛**】预测到 14 个基因岛 GI 01～GI 14，长度为 4949～27 326 bp，其 G+C 含量为 34.34%～56.92%。利用已预测得到的基因组信息，如重复序列、G+C 含量等，应用 CIRCOS 工具绘制其基因组圈图（图 5-3-148b）。

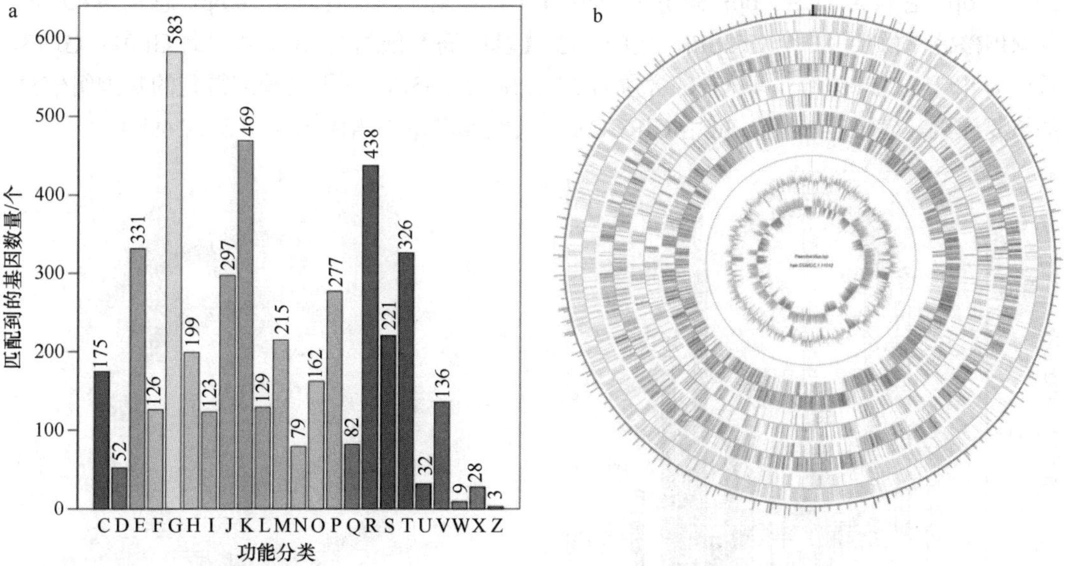


图 5-3-148　蒲草类芽胞杆菌 CGMCC 1.11012$^{T}$ 基因组的直系同源基因聚类分析（a）和圈图（b）

## 117. 泥炭土类芽胞杆菌（*Paenibacillus tyrfis*）MSt1$^{T}$

泥炭土类芽胞杆菌（*Paenibacillus tyrfis* Aw et al. 2016，sp. nov.）的模式菌株（MSt1$^{T}$=

DSM 100708$^{T}$ =MCCC 1K01247$^{T}$）分离自马来西亚热带雨林的泥炭土，生长条件为 20～42℃（最适 30℃）、pH 3.0～10.0（最适 pH 6.0～7.0）、0～2%（*W*/*V*）NaCl（最适 1%），具有广谱抗菌活性，兼性厌氧，产芽胞（Aw et al.，2016）。目前，该种仅有 1 个基因组，模式菌株 MSt1$^{T}$基因组的 GenBank 登录号为 GCA_000722545.1，测序平台为 Illumina MiSeq，于 2014 年 7 月 7 日由莫纳什大学马来西亚分校（Monash University Malaysia）提交。

**【基因组的组装】**菌株 MSt1$^{T}$ 基因组的测序深度为 30 X，基因组大小为 8.033 Mb，组装到 100 个 contigs，contig $N_{50}$ 为 215 818 bp。**【G+C 含量】**53.01%。**【非编码 RNA】**预测到 9 个 rRNA 基因（5S rRNA 8 个、16S rRNA 0 个、23S rRNA 1 个），92 个 tRNA 基因，6 个 sRNA 基因。**【编码基因】**有 7535 个蛋白质编码基因，编码区总长为 6 975 630 bp，占整个基因组的 86.84%，基因的平均长度为 926 bp。**【基因功能注释】**比对到 KEGG、COG 和 GO 数据库的基因数量分别为 6192 个、4758 个和 5011 个，预测到分泌蛋白编码基因 231 个；在 25 个 COG 功能类群中，基因数量前 10 位的类群分别是：K. 转录 612 个，G. 碳水化合物转运与代谢 564 个，R. 仅一般功能预测 533 个，E. 氨基酸转运与代谢 489 个，T. 信号转导机制 394 个，J. 翻译、核糖体结构与合成 301 个，P. 无机离子转运与代谢 296 个，S. 功能未知 288 个，M. 细胞壁/膜/包膜生物合成 272 个和 H. 辅酶转运与代谢 269 个（图 5-3-149a）。**【重复序列】**预测到的重复序列包括：LTR 91 个，总长为 6248 bp，平均长度为 69 bp；DNA 重复元件 32 个，总长为 2710 bp，平均长度为 85 bp；LINE 14 个，总长为 1805 bp，平均长度为 129 bp；SINE 18 个，总长为 1207 bp，平均长度为 67 bp；RC 4 个，总长为 238 bp，平均长度为 60 bp；未知序列 7 个，总长为 429 bp，平均长度为 61 bp；TR 275 个，重复序列长度为 5～1366 bp，总长为 39 804 bp；小卫星 DNA 180 个，重复序列长度为 10～60 bp，总长为 11 307 bp；微卫星 DNA 5 个，重复序列长度为 5～6 bp，总长为 652 bp。**【CRISPR】**预测到 80 个 CRISPR 相关序列。**【基因岛】**预测到 13 个基因岛 GI 01～GI 13，长度为 4571～21 391 bp，其 G+C 含量为 34.49%～52.35%。利用已预测得到的基因组信息，如重复序列、G+C 含量等，应用 CIRCOS 工具绘制其基因组圈图（图 5-3-149b）。

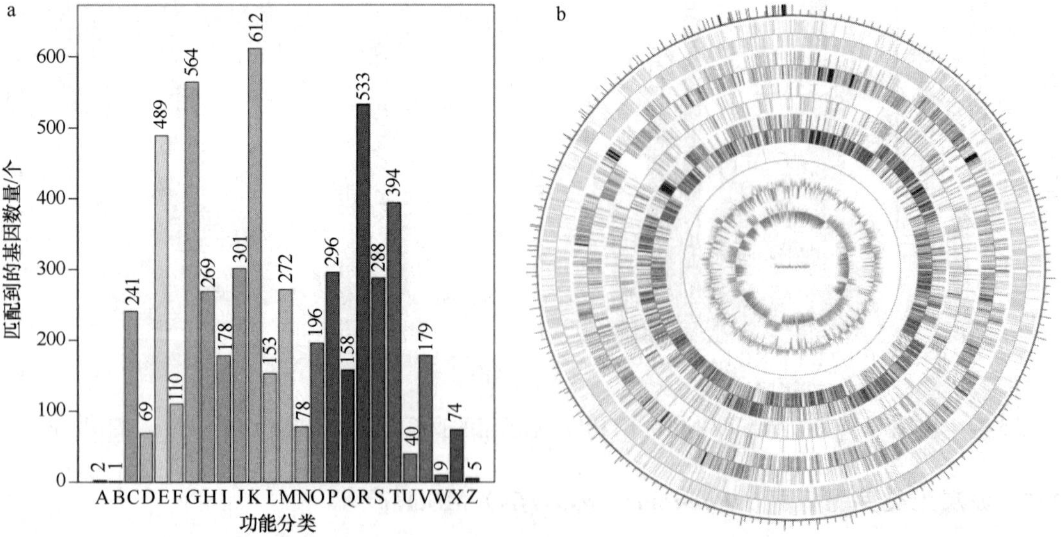


图 5-3-149　泥炭土类芽胞杆菌 MSt1$^{T}$ 基因组的直系同源基因聚类分析（a）和圈图（b）

## 118. 潮湿类芽胞杆菌（*Paenibacillus uliginis*）N3/975$^{T}$

潮湿类芽胞杆菌（*Paenibacillus uliginis* Behrendt et al. 2011，sp. nov.）的模式菌株（N3/975$^{T}$ =DSM 21861$^{T}$ =LMG 24790$^{T}$）分离自沼泽地的土壤，最适生长温度为30℃，固氮，兼性厌氧，产芽胞（Behrendt et al.，2010）。目前，该种仅有1个基因组，模式菌株N3/975$^{T}$基因组的GenBank登录号为GCA_900177425.1，测序平台为Illumina HiSeq，于2017年4月19日由美国能源部联合基因组研究所（DOE Joint Genome Institute）提交。

**【基因组的组装】**菌株N3/975$^{T}$基因组的测序深度为350 X，基因组大小为6.452 Mb，组装到染色体水平，包括1条染色体。**【G+C含量】**44.98%。**【非编码RNA】**预测到9个rRNA基因（5S rRNA 7个、16S rRNA 1个、23S rRNA 1个），64个tRNA基因，2个sRNA基因。**【编码基因】**有6229个蛋白质编码基因，编码区总长为5 466 399 bp，占整个基因组的84.72%，基因的平均长度为878 bp。**【基因功能注释】**比对到KEGG、COG和GO数据库的基因数量分别为5367个、3825个和4119个，预测到分泌蛋白编码基因138个；在24个COG功能类群中，基因数量前10位的类群分别是：K. 转录457个，G. 碳水化合物转运与代谢446个，R. 仅一般功能预测436个，E. 氨基酸转运与代谢343个，J. 翻译、核糖体结构与合成331个，T. 信号转导机制270个，P. 无机离子转运与代谢231个，S. 功能未知215个，M. 细胞壁/膜/包膜生物合成209个和H. 辅酶转运与代谢189个（图5-3-150a）。**【重复序列】**预测到的重复序列包括：LTR 167个，总长为9310 bp，平均长度为56 bp；DNA重复元件65个，总长为3701 bp，平均长度为57 bp；LINE 54个，总长为3305 bp，平均长度为61 bp；SINE 9个，总长为474 bp，平均长度为53 bp；RC 2个，总长为106 bp，平均长度为53 bp；未知序列6个，总长为315 bp，平均长度为53 bp；TR 123个，重复序列长度为6～234 bp，总长为9102 bp；

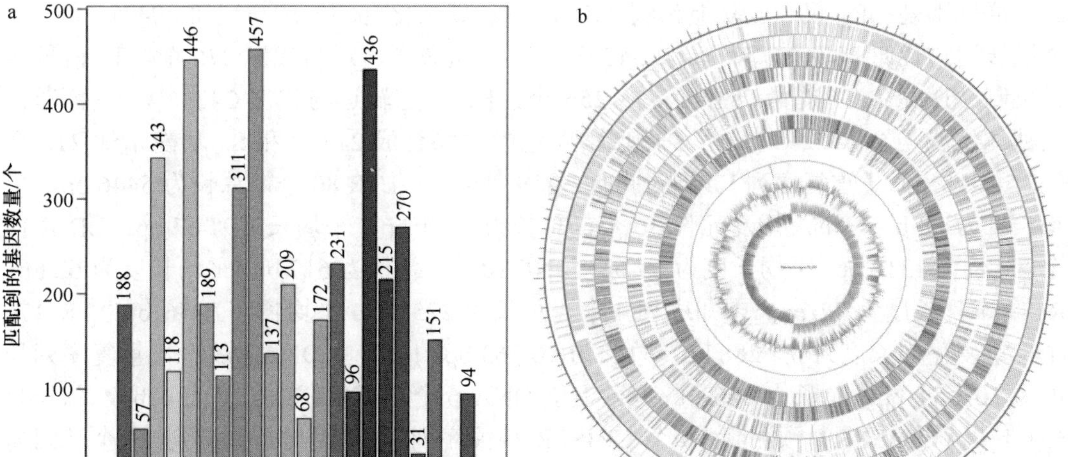


图5-3-150　潮湿类芽胞杆菌N3/975$^{T}$基因组的直系同源基因聚类分析（a）和圈图（b）

小卫星 DNA 101 个，重复序列长度为 10～54 bp，总长为 5284 bp；微卫星 DNA 4 个，重复序列长度为 6 bp，总长为 189 bp。**【CRISPR】**预测到 3 个 CRISPR 相关序列。**【基因岛】**预测到 17 个基因岛 GI 01～GI 17，长度为 4724～36 484 bp，其 G+C 含量为 34.37%～51.26%。利用已预测得到的基因组信息，如重复序列、G+C 含量等，应用 CIRCOS 工具绘制其基因组圈图（图 5-3-150b）。

### 119. 强壮类芽胞杆菌（*Paenibacillus validus*）NBRC 15382$^T$

强壮类芽胞杆菌［*Paenibacillus validus* (Nakamura 1984) Ash et al. 1994，comb. nov.］的模式菌株（ATCC 43897$^T$ =CCUG 28520$^T$ =CFBP 4263$^T$ =CIP 103120$^T$ =DSM 3037$^T$ = NBRC 15382$^T$ =JCM 9077$^T$ =LMG 11161$^T$ =NRRL NRS-1000$^T$）分离自土壤，生长温度为 5～50℃（最适 28～30℃），好氧，产芽胞，1935 年被命名为强壮芽胞杆菌（*Bacillus validus* Bredemann and Heigener 1935），1984 年确定其分类地位（Nakamura，1984a），1993 年被重分类为强壮类芽胞杆菌（*Paenibacillus validus*）（Ash et al.，1993）。目前，该种仅有 1 个基因组，模式菌株 NBRC 15382$^T$ 基因组的 GenBank 登录号为 GCA_004000985.1，测序平台为 Illumina HiSeq，于 2018 年 12 月 29 日由日本国立技术与评价研究所（National Institute of Technology and Evaluation）提交。

**【基因组的组装】**菌株 NBRC 15382$^T$ 基因组的测序深度为 102 X，基因组大小为 5.535 Mb，组装到 134 个 contigs，contig $N_{50}$ 为 97 473 bp。**【G+C 含量】**52.18%。**【非编码 RNA】**预测到 3 个 rRNA 基因（5S rRNA 1 个、16S rRNA 1 个、23S rRNA 1 个），62 个 tRNA 基因，1 个 sRNA 基因。**【编码基因】**有 5430 个蛋白质编码基因，编码区总长为 4 815 150 bp，占整个基因组的 86.99%，基因的平均长度为 887 bp。**【基因功能注释】**比对到 KEGG、COG 和 GO 数据库的基因数量分别为 4654 个、3685 个和 3681 个，预测到分泌蛋白编码基因 128 个；在 24 个 COG 功能类群中，基因数量前 10 位的类群分别是：R. 仅一般功能预测 440 个，G. 碳水化合物转运与代谢 404 个，E. 氨基酸转运与代谢 387 个，K. 转录 340 个，P. 无机离子转运与代谢 276 个，T. 信号转导机制 261 个，C. 能量产生与转换 256 个，H. 辅酶转运与代谢 248 个，J. 翻译、核糖体结构与合成 221 个，M. 细胞壁/膜/包膜生物合成 218 个和 S. 功能未知 218 个（图 5-3-151a）。**【重复序列】**预测到的重复序列包括：LTR 80 个，总长为 5446 bp，平均长度为 68 bp；DNA 重复元件 36 个，总长为 2411 bp，平均长度为 67 bp；LINE 19 个，总长为 1314 bp，平均长度为 69 bp；SINE 10 个，总长为 617 bp，平均长度为 62 bp；RC 1 个，长度为 72 bp；未知序列 4 个，总长为 225 bp，平均长度为 56 bp；TR 176 个，重复序列长度为 6～288 bp，总长为 10 363 bp；小卫星 DNA 143 个，重复序列长度为 10～54 bp，总长为 8463 bp；微卫星 DNA 6 个，重复序列长度为 6 bp，总长为 631 bp。**【CRISPR】**预测到 10 个 CRISPR 相关序列。**【基因岛】**预测到 13 个基因岛 GI 01～GI 13，长度为 4897～15 562 bp，其 G+C 含量为 40.47%～59.74%。利用已预测得到的基因组信息，如重复序列、G+C 含量等，应用 CIRCOS 工具绘制其基因组圈图（图 5-3-151b）。

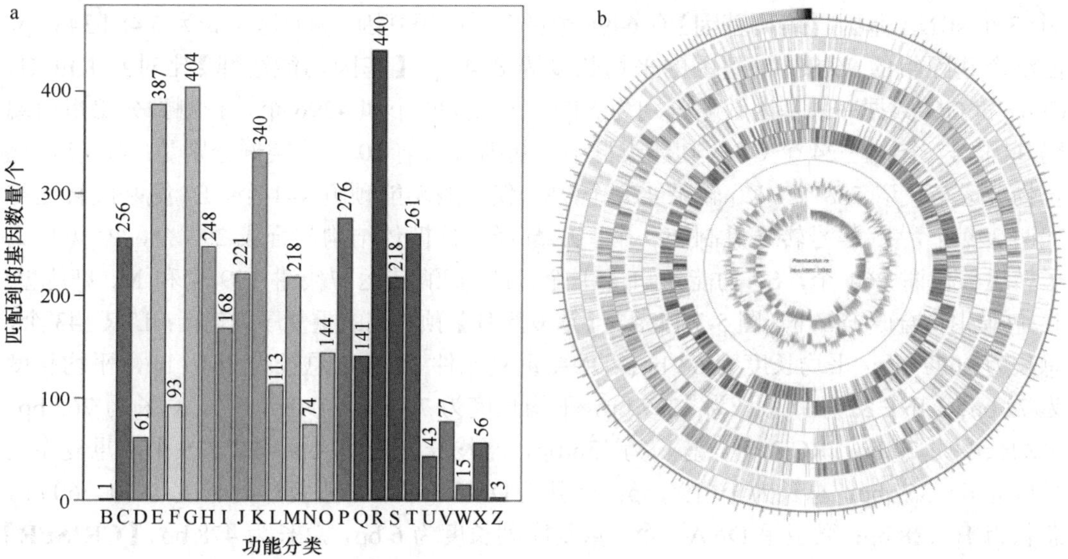


图 5-3-151　强壮类芽胞杆菌 NBRC 15382$^T$基因组的直系同源基因聚类分析（a）和圈图（b）

## 120. 涡旋类芽胞杆菌（*Paenibacillus vortex*）V453$^T$

涡旋类芽胞杆菌（*Paenibacillus vortex* Ben-Jacob et al. 1995，sp. nov.）的模式菌株（V453$^T$）分离自土壤，最适生长温度为 28℃，好氧，产芽胞（Ben-Jacob et al.，1995）。其存在独特的群体行为，即产生特定图案的菌落结构（图 5-3-152）（Sirota-Madi et al.，2010）。目前，该种仅有 1 个基因组，模式菌株 V453$^T$ 基因组的 GenBank 登录号为 GCA_000193415.2，测序平台为 454 FLX+Illumina HiSeq，于 2010 年 12 月 21 日由以色列特拉维夫大学（Tel Aviv University）提交。

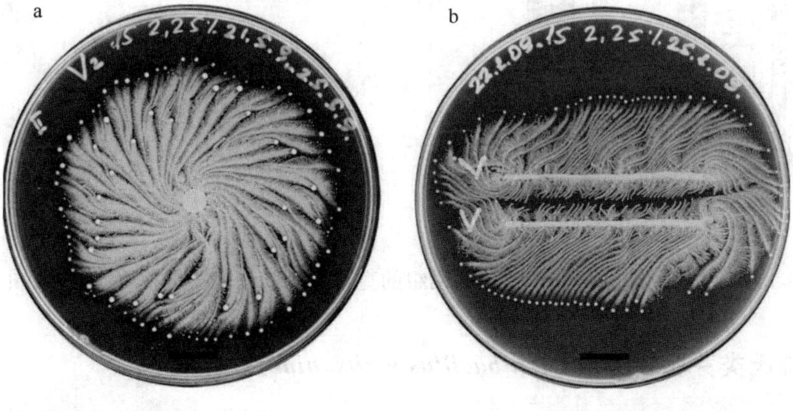


图 5-3-152　涡旋类芽胞杆菌的单个菌落（a）和 2 个菌落（b）的结构（Sirota-Madi et al.，2010）

**【基因组的组装】**菌株 V453$^T$ 基因组的测序深度为 289 X，基因组大小为 6.386 Mb，组装到 56 个 contigs，contig $N_{50}$ 为 224 669 bp。**【G+C 含量】**48.80%。**【非编码 RNA】**预测到 3 个 rRNA 基因（5S rRNA 1 个、16S rRNA 1 个、23S rRNA 1 个），57 个 tRNA 基

因，3 个 sRNA 基因。**【编码基因】**有 6496 个蛋白质编码基因，编码区总长为 5 484 348 bp，占整个基因组的 85.88%，基因的平均长度为 844 bp。**【基因功能注释】**比对到 KEGG、COG 和 GO 数据库的基因数量分别为 5476 个、3930 个和 4296 个，预测到分泌蛋白编码基因 147 个；在 24 个 COG 功能类群中，基因数量前 10 位的类群分别是：G. 碳水化合物转运与代谢 588 个，K. 转录 478 个，R. 仅一般功能预测 441 个，E. 氨基酸转运与代谢 349 个，T. 信号转导机制 299 个，J. 翻译、核糖体结构与合成 294 个，P. 无机离子转运与代谢 264 个，S. 功能未知 251 个，H. 辅酶转运与代谢 199 个和 M. 细胞壁/膜/包膜生物合成 186 个（图 5-3-153a）。**【重复序列】**预测到的重复序列包括：LTR 143 个，总长为 9677 bp，平均长度为 68 bp；DNA 重复元件 36 个，总长为 2610 bp，平均长度为 73 bp；LINE 32 个，总长为 2237 bp，平均长度为 70 bp；SINE 11 个，总长为 765 bp，平均长度为 70 bp；RC 3 个，总长为 236 bp，平均长度为 79 bp；TR 225 个，重复序列长度为 6～357 bp，总长为 19 199 bp；小卫星 DNA 168 个，重复序列长度为 10～60 bp，总长为 10 128 bp；微卫星 DNA 7 个，重复序列长度为 6 bp，总长为 478 bp。**【CRISPR】**预测到 29 个 CRISPR 相关序列。**【基因岛】**预测到 15 个基因岛 GI 01～GI 15，长度为 5077～28 838 bp，其 G+C 含量为 35.62%～53.92%。利用已预测得到的基因组信息，如重复序列、G+C 含量等，应用 CIRCOS 工具绘制其基因组圈图（图 5-3-153b）。

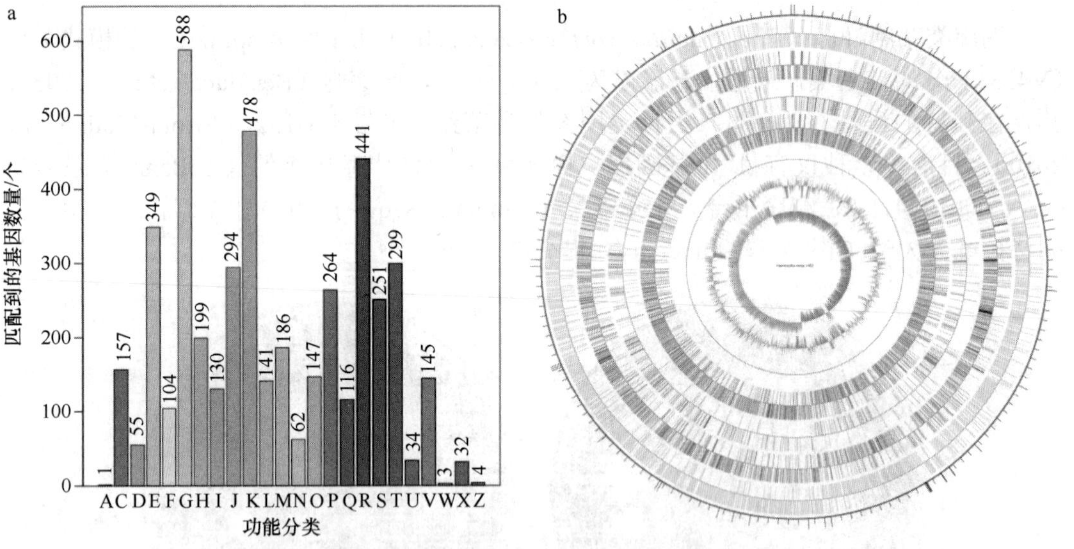


图 5-3-153　涡旋类芽胞杆菌 V453$^{T}$ 基因组的直系同源基因聚类分析（a）和圈图（b）

## 121. 惠特森氏类芽胞杆菌（*Paenibacillus whitsoniae*）MER 54$^{T}$

惠特森氏类芽胞杆菌（*Paenibacillus whitsoniae*）的模式菌株（MER 54$^{T}$）分离自美国火星探测器的表面，好氧，产芽胞。目前，该种仅有 1 个基因组，模式菌株 MER 54$^{T}$ 基因组的 GenBank 登录号为 GCA_003955665.1，测序平台为 Illumina HiSeq，于 2018 年 12 月 18 日由美国加州理工学院喷气推进实验室（Jet Propulsion Laboratory，California Institute of Technology）提交。

【**基因组的组装**】菌株 MER 54$^{T}$基因组的测序深度为 10 X，基因组大小为 7.422 Mb，组装到 174 个 scaffolds，scaffold $N_{50}$为 84 016 bp。【**G+C 含量**】51.66%。【**非编码 RNA**】预测到 5 个 rRNA 基因（5S rRNA 3 个、16S rRNA 1 个、23S rRNA 1 个），94 个 tRNA 基因，1 个 sRNA 基因。【**编码基因**】有 6417 个蛋白质编码基因，编码区总长为 6 431 442 bp，占整个基因组的 86.65%，基因的平均长度为 1002 bp。【**基因功能注释**】比对到 KEGG、COG 和 GO 数据库的基因数量分别为 5277 个、4024 个和 4537 个，预测到分泌蛋白编码基因 243 个；在 24 个 COG 功能类群中，基因数量前 10 位的类群分别是：G. 碳水化合物转运与代谢 800 个，K. 转录 473 个，R. 仅一般功能预测 457 个，T. 信号转导机制 349 个，E. 氨基酸转运与代谢 301 个，J. 翻译、核糖体结构与合成 248 个，P. 无机离子转运与代谢 246 个，M. 细胞壁/膜/包膜生物合成 227 个，S. 功能未知 224 个和 H. 辅酶转运与代谢 197 个（图 5-3-154a）。【**重复序列**】预测到的重复序列包括：LTR 134 个，总长为 8573 bp，平均长度为 64 bp；DNA 重复元件 34 个，总长为 2594 bp，平均长度为 76 bp；LINE 49 个，总长为 3427 bp，平均长度为 70 bp；SINE 17 个，总长为 1074 bp，平均长度为 63 bp；RC 2 个，总长为 124 bp，平均长度为 62 bp；未知序列 4 个，总长为 289 bp，平均长度为 72 bp；TR 288 个，重复序列长度为 4～417 bp，总长为 25 375 bp；小卫星 DNA 200 个，重复序列长度为 10～54 bp，总长为 12 697 bp；微卫星 DNA 15 个，重复序列长度为 4～6 bp，总长为 941 bp。【**CRISPR**】预测到 164 个 CRISPR 相关序列。【**基因岛**】预测到 7 个基因岛 GI 01～GI 07，长度为 3225～29 348 bp，其 G+C 含量为 41.57%～56.95%。利用已预测得到的基因组信息，如重复序列、G+C 含量等，应用 CIRCOS 工具绘制其基因组圈图（图 5-3-154b）。

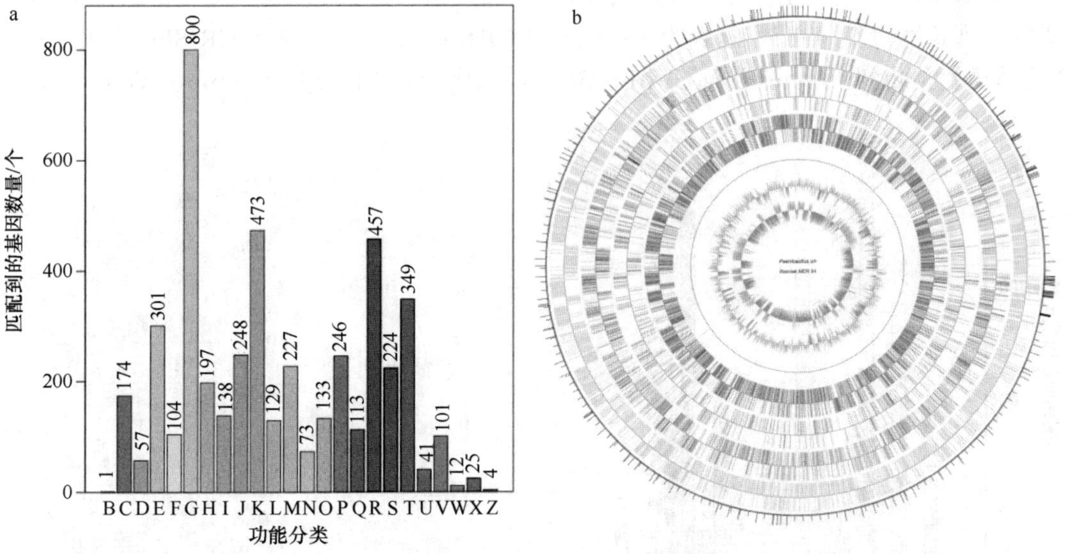


图 5-3-154　惠特森氏类芽胞杆菌 MER 54$^{T}$基因组的直系同源基因聚类分析（a）和圈图（b）

## 122. 乌鲁木齐类芽胞杆菌（*Paenibacillus wulumuqiensis*）Y24$^{T}$

乌鲁木齐类芽胞杆菌（*Paenibacillus wulumuqiensis* Zhu et al. 2015，sp. nov.）的模式

菌株（Y24$^T$=CPCC 100602$^T$=JCM 30284$^T$）分离自新疆乌鲁木齐的1个冷泉样品，最适生长温度为30℃、最高45℃，最适pH 7.0～8.0，0～5%（*W*/*V*）NaCl能生长，好氧，产芽胞(Zhu et al.，2015b)。目前，该种仅有1个基因组，模式菌株Y24$^T$基因组的GenBank登录号为GCA_000971965.1，测序平台为Illumina HiSeq，于2015年4月15日由南京工业大学（Nanjing Tech University）提交。

**【基因组的组装】**菌株Y24$^T$基因组的测序深度为12 X，基因组大小为5.241 Mb，组装到33个scaffolds，scaffold $N_{50}$为459 295 bp。**【G+C含量】**49.19%。**【非编码RNA】**预测到6个rRNA基因（5S rRNA 3个、16S rRNA 1个、23S rRNA 2个），80个tRNA基因，2个sRNA基因。**【编码基因】**有4762个蛋白质编码基因，编码区总长为4 350 207 bp，占整个基因组的83.00%，基因的平均长度为914 bp。**【基因功能注释】**比对到KEGG、COG和GO数据库的基因数量分别为4186个、3032个和3147个，预测到分泌蛋白编码基因158个；在25个COG功能类群中，基因数量前10位的类群分别是：G. 碳水化合物转运与代谢401个，R. 仅一般功能预测369个，K. 转录323个，E. 氨基酸转运与代谢295个，J. 翻译、核糖体结构与合成259个，T. 信号转导机制244个，P. 无机离子转运与代谢196个，S. 功能未知174个，H. 辅酶转运与代谢168个和M. 细胞壁/膜/包膜生物合成135个（图5-3-155a）。**【重复序列】**预测到的重复序列包括：LTR 95个，总长为6694 bp，平均长度为70 bp；DNA重复元件32个，总长为2088 bp，平均长度为65 bp；LINE 43个，总长为3206 bp，平均长度为75 bp；SINE 18个，总长为1191 bp，平均长度为66 bp；RC 2个，总长为137 bp，平均长度为69 bp；未知序列3个，总长为222 bp，平均长度为74 bp；TR 158个，重复序列长度为5～200 bp，总长为9874 bp；小卫星DNA 107个，重复序列长度为10～60 bp，总长为5391 bp；微卫星DNA 15个，重复序列长度为5～6 bp，总长为1379 bp。**【CRISPR】**预测到9个CRISPR相关序列。**【基因岛】**预测到13个基因岛GI 01～GI 13，长度为5154～32 049 bp，其G+C含量为

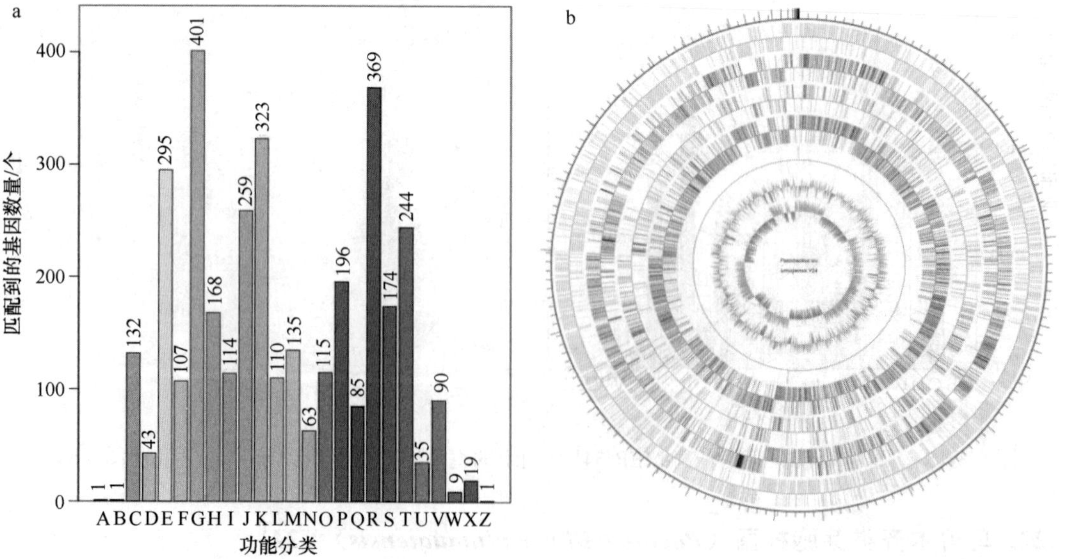


图5-3-155 乌鲁木齐类芽胞杆菌Y24$^T$基因组的直系同源基因聚类分析（a）和圈图（b）

34.04%～51.96%。利用已预测得到的基因组信息，如重复序列、G+C 含量等，应用 CIRCOS 工具绘制其基因组圈图（图 5-3-155b）。

## 123. 韦恩氏类芽胞杆菌（*Paenibacillus wynnii*）DSM 18334$^T$

韦恩氏类芽胞杆菌（*Paenibacillus wynnii* Rodríguez-Díaz et al. 2005，sp. nov.）的模式菌株（LMG 22176$^T$ =CIP 108306$^T$ =DSM 18334$^T$）分离自南极洲亚历山大岛的土壤，生长条件为 6～37℃（最适 20℃）、pH 6.0～10.0（最适 pH 7.0～8.0）、0～2%（*W*/*V*）NaCl，兼性厌氧，产芽胞（Rodríguez-Díaz et al.，2005）。目前，该种仅有 1 个基因组，模式菌株 DSM 18334$^T$ 基因组的 GenBank 登录号为 GCA_000757885.1，测序平台为 PacBio，于 2014 年 9 月 25 日由美国康奈尔大学（Cornell University）提交。

**【基因组的组装】**菌株 DSM 18334$^T$ 基因组的测序深度为 150 X，基因组大小为 5.989 Mb，组装到 3 个 scaffolds，scaffold $N_{50}$ 为 2 616 840 bp。**【G+C 含量】**44.86%。**【非编码 RNA】**预测到 30 个 rRNA 基因（5S rRNA 10 个、16S rRNA 10 个、23S rRNA 10 个），84 个 tRNA 基因，2 个 sRNA。**【编码基因】**有 5739 个蛋白质编码基因，编码区总长为 5 208 636 bp，占整个基因组的 86.97%，基因的平均长度为 908 bp。**【基因功能注释】**比对到 KEGG、COG 和 GO 数据库的基因数量分别为 5018 个、3479 个和 3729 个，预测到分泌蛋白编码基因 120 个；在 23 个 COG 功能类群中，基因数量前 10 位的类群分别是：G. 碳水化合物转运与代谢 498 个，K. 转录 391 个，R. 仅一般功能预测 385 个，T. 信号转导机制 284 个，E. 氨基酸转运与代谢 273 个，J. 翻译、核糖体结构与合成 263 个，M. 细胞壁/膜/包膜生物合成 215 个，P. 无机离子转运与代谢 190 个，S. 功能未知 189 个和 H. 辅酶转运与代谢 188 个（图 5-3-156a）。**【重复序列】**预测到的重复序列包括：LTR 229 个，总长为 16 371 bp，平均长度为 71 bp；DNA 重复元件 56 个，总长为 3691 bp，平均长度为 66 bp；LINE 73 个，总长为 4589 bp，平均长度为 63 bp；SINE

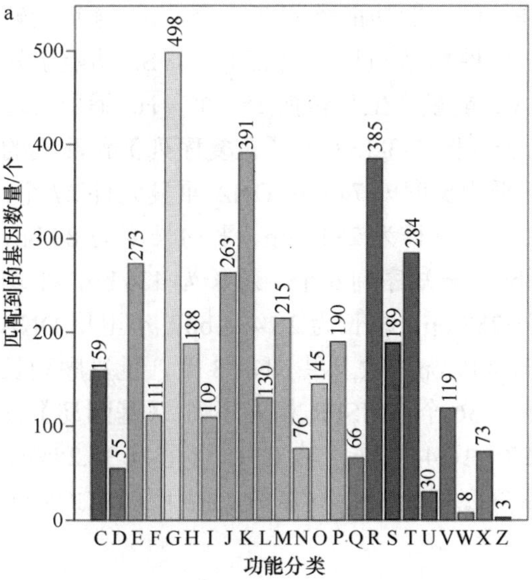


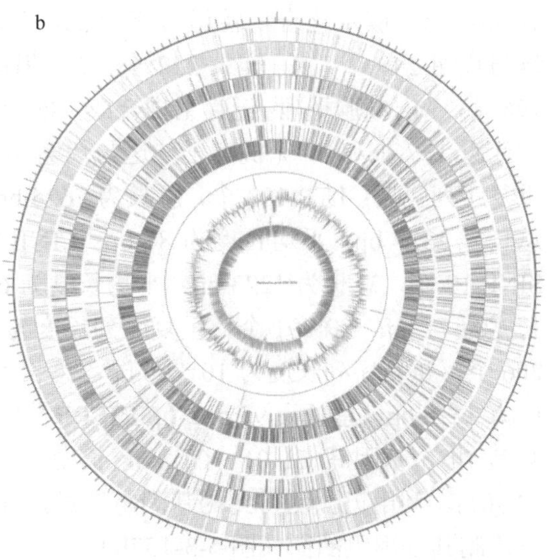


图 5-3-156　韦恩氏类芽胞杆菌 DSM 18334$^T$ 基因组的直系同源基因聚类分析（a）和圈图（b）

14 个，总长为 829 bp，平均长度为 59 bp；RC 2 个，总长为 85 bp，平均长度为 43 bp；未知序列 1 个，长度为 49 bp；TR 286 个，重复序列长度为 3～773 bp，总长为 31 008 bp；小卫星 DNA 210 个，重复序列长度为 10～52 bp，总长为 19 863 bp；微卫星 DNA 16 个，重复序列长度为 3～6 bp，总长为 752 bp。**【CRISPR】**预测到 182 个 CRISPR 相关序列。**【基因岛】**预测到 15 个基因岛 GI 01～GI 15，长度为 6776～50 223 bp，其 G+C 含量为 35.03%～51.66%。利用已预测得到的基因组信息，如重复序列、G+C 含量等，应用 CIRCOS 工具绘制其基因组圈图（图 5-3-156b）。

### 124. 耐干热类芽胞杆菌（*Paenibacillus xerothermodurans*）ATCC 27380$^T$

耐干热类芽胞杆菌（*Paenibacillus xerothermodurans* Kaur et al. 2018，sp. nov.）的模式菌株（DSM 520$^T$ =NRRL NRS-1629$^T$ =ATCC 27380$^T$）分离自美国佛罗里达州卡纳维拉尔角热压处理的土壤，生长条件为 20～42℃（最适 37℃）、pH 6.0～10.0（最适 pH 7.0）、0.5%～3%（*W*/*V*）NaCl（最适 0.5%），兼性厌氧，产芽胞（Kaur et al.，2018）。目前，该种仅有 1 个基因组，模式菌株 ATCC 27380$^T$ 基因组的 GenBank 登录号为 GCA_002220865.2，测序平台为 Illumina HiSeq，于 2018 年 6 月 17 日由美国加州理工学院喷气推进实验室（Jet Propulsion Laboratory，California Institute of Technology）提交。

**【基因组的组装】**菌株 ATCC 27380$^T$ 基因组的测序深度为 100 X，基因组大小为 4.362 Mb，组装到 34 个 contigs，contig $N_{50}$ 为 319 899 bp。**【G+C 含量】**51.03%。**【非编码 RNA】**预测到 8 个 rRNA 基因（5S rRNA 6 个、16S rRNA 1 个、23S rRNA 1 个），107 个 tRNA 基因，1 个 sRNA 基因。**【编码基因】**有 4308 个蛋白质编码基因，编码区总长为 3 725 742 bp，占整个基因组的 85.41%，基因的平均长度为 865 bp。**【基因功能注释】**比对到 KEGG、COG 和 GO 数据库的基因数量分别为 3531 个、2881 个和 2836 个，预测到分泌蛋白编码基因 124 个；在 24 个 COG 功能类群中，基因数量前 10 位的类群分别是：G. 碳水化合物转运与代谢 398 个，R. 仅一般功能预测 353 个，E. 氨基酸转运与代谢 249 个，K. 转录 222 个，J. 翻译、核糖体结构与合成 221 个，S. 功能未知 196 个，M. 细胞壁/膜/包膜生物合成 185 个，C. 能量产生与转换 181 个，H. 辅酶转运与代谢 177 个和 P. 无机离子转运与代谢 162 个（图 5-3-157a）。**【重复序列】**预测到的重复序列包括：LTR 103 个，总长为 7625 bp，平均长度为 74 bp；DNA 重复元件 27 个，总长为 2324 bp，平均长度为 86 bp；LINE 32 个，总长为 2813 bp，平均长度为 88 bp；SINE 19 个，总长为 1223 bp，平均长度为 64 bp；未知序列 6 个，总长为 424 bp，平均长度为 71 bp；TR 291 个，重复序列长度为 3～288 bp，总长为 28 438 bp；小卫星 DNA 206 个，重复序列长度为 10～60 bp，总长为 18 417 bp；微卫星 DNA 3 个，重复序列长度为 3～6 bp，总长为 95 bp。**【CRISPR】**预测到 36 个 CRISPR 相关序列。**【基因岛】**预测到 14 个基因岛 GI 01～GI 14，长度为 4893～16 447 bp，其 G+C 含量为 35.28%～54.90%。利用已预测得到的基因组信息，如重复序列、G+C 含量等，应用 CIRCOS 工具绘制其基因组圈图（图 5-3-157b）。

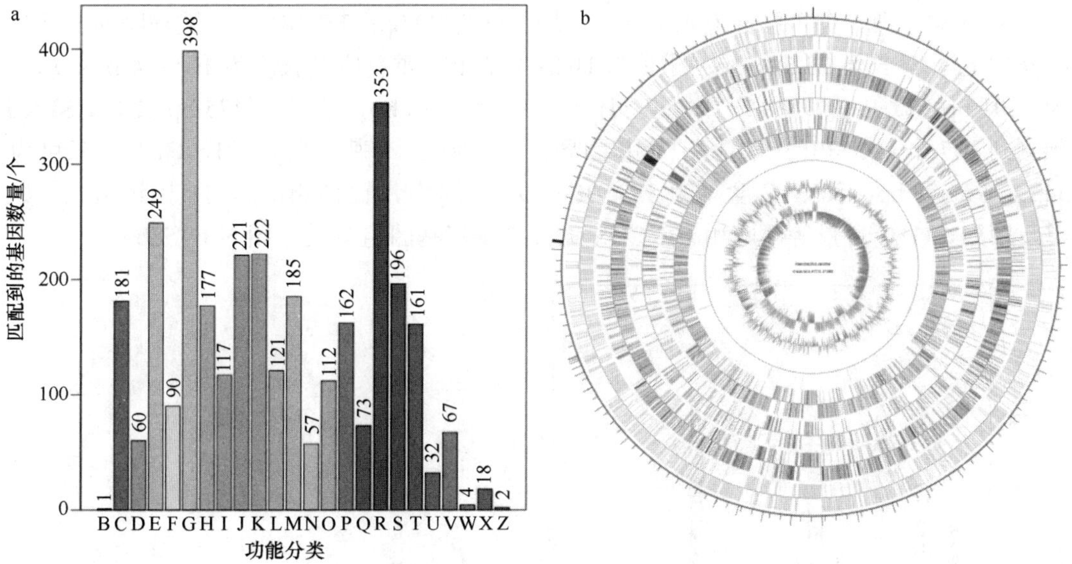


图 5-3-157 耐干热类芽胞杆菌 ATCC 27380$^T$ 基因组的直系同源基因聚类分析（a）和圈图（b）

## 125. 食木聚糖类芽胞杆菌（*Paenibacillus xylanexedens*）PAMC 22703

食木聚糖类芽胞杆菌（*Paenibacillus xylanexedens* Nelson et al. 2009，sp. nov.）的模式菌株（B22a$^T$ =NRRL B-51090$^T$ =DSM 21292$^T$）分离自美国阿拉斯加州北部的酸性苔原土壤，耐冷，降解木聚糖，生长条件为 13～32℃（最适 23℃）、pH 5.7～8.8（最适 pH 6.0），兼性厌氧，产芽胞（Nelson et al.，2009）。目前，该种有 2 个基因组，选择组装到完成图水平的非模式菌株 PAMC 22703 的基因组进行描述，其 GenBank 登录号为 GCA_001908275.1，测序平台为 PacBio，于 2016 年 12 月 19 日由韩国极地研究所（Korea Polar Research Institute）提交。

**【基因组的组装】**菌株 PAMC 22703 基因组的测序深度为 120 X，基因组大小为 7.098 Mb，组装到完成图水平，包括 1 条染色体和 1 个质粒。**【G+C 含量】**45.94%。**【非编码 RNA】**预测到 36 个 rRNA 基因（5S rRNA 12 个、16S rRNA 12 个、23S rRNA 12 个），103 个 tRNA 基因，6 个 sRNA 基因。**【编码基因】**有 6394 个蛋白质编码基因，编码区总长为 6 081 933 bp，占整个基因组的 85.69%，基因的平均长度为 951 bp。**【基因功能注释】**比对到 KEGG、COG 和 GO 数据库的基因数量分别为 6038 个、4059 个和 4311 个，预测到分泌蛋白编码基因 179 个；在 24 个 COG 功能类群中，基因数量前 10 位的类群分别是：G. 碳水化合物转运与代谢 628 个，K. 转录 492 个，R. 仅一般功能预测 474 个，E. 氨基酸转运与代谢 367 个，T. 信号转导机制 298 个，J. 翻译、核糖体结构与合成 297 个，P. 无机离子转运与代谢 249 个，S. 功能未知 222 个，H. 辅酶转运与代谢 197 个和 M. 细胞壁/膜/包膜生物合成 194 个（图 5-3-158a）。**【重复序列】**预测到的重复序列包括：LTR 249 个，总长为 18 691 bp，平均长度为 75 bp；DNA 重复元件 59 个，总长为 3720 bp，平均长度为 63 bp；LINE 74 个，总长为 4964 bp，平均长度为 67 bp；SINE 20 个，总长为 1052 bp，平均长度为 53 bp；RC 7 个，总长为 396 bp，平均长度为

57 bp；未知序列 6 个，总长为 421 bp，平均长度为 70 bp；TR 181 个，重复序列长度为 3～630 bp，总长为 23 584 bp；小卫星 DNA 107 个，重复序列长度为 10～54 bp，总长为 8201 bp；微卫星 DNA 7 个，重复序列长度为 3～6 bp，总长为 475 bp。**【CRISPR】**预测到 107 个 CRISPR 相关序列。**【基因岛】**预测到 12 个基因岛 GI 01～GI 12，长度为 5429～36 373 bp，其 G+C 含量为 35.49%～49.73%。利用已预测得到的基因组信息，如重复序列、G+C 含量等，应用 CIRCOS 工具绘制其基因组圈图（图 5-3-158b）。

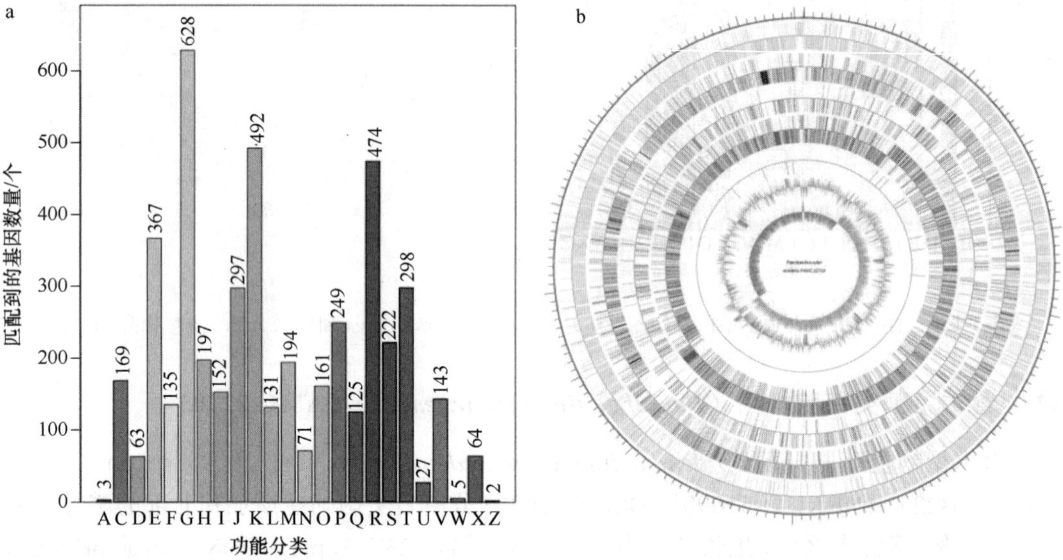


图 5-3-158　食木聚糖类芽胞杆菌 PAMC 22703 基因组的直系同源基因聚类分析（a）和圈图（b）

## 126. 裂解木聚糖类芽胞杆菌（*Paenibacillus xylaniclasticus*）NBRC 106381$^T$

裂解木聚糖类芽胞杆菌（*Paenibacillus xylaniclasticus* Tachaapaikoon et al. 2012，sp. nov.）的模式菌株（TW1$^T$ =NBRC 106381$^T$ =KCTC 13719$^T$ =TISTR 1914$^T$）分离自处理菠萝废弃物的厌氧发酵池的淤泥，生长条件为 30～50℃（最适 37℃）、pH 6.0～7.5（最适 pH 7.0），降解木聚糖和纤维素，兼性厌氧，产芽胞（Tachaapaikoon et al.，2012）。目前，该种仅有 1 个基因组，模式菌株 NBRC 106381$^T$ 基因组的 GenBank 登录号为 GCA_004001065.1，测序平台为 Illumina HiSeq，于 2018 年 12 月 29 日由日本国立技术与评价研究所（National Institute of Technology and Evaluation）提交。

**【基因组的组装】**菌株 NBRC 106381$^T$ 基因组的测序深度为 158 X，基因组大小为 4.925 Mb，组装到 106 个 contigs，contig $N_{50}$ 为 237 058 bp。**【G+C 含量】**49.58%。**【非编码 RNA】**预测到 3 个 rRNA 基因（5S rRNA 1 个、16S rRNA 1 个、23S rRNA 1 个），44 个 tRNA 基因，1 个 sRNA 基因。**【编码基因】**有 4563 个蛋白质编码基因，编码区总长为 4 187 271 bp，占整个基因组的 85.02%，基因的平均长度为 918 bp。**【基因功能注释】**比对到 KEGG、COG 和 GO 数据库的基因数量分别为 3640 个、2788 个和 2984 个，预测到分泌蛋白编码基因 93 个；在 24 个 COG 功能类群中，基因数量前 10 位的类群分

别是：R. 仅一般功能预测 297 个，K. 转录 251 个，E. 氨基酸转运与代谢 248 个，G. 碳水化合物转运与代谢 247 个，J. 翻译、核糖体结构与合成 231 个，T. 信号转导机制 202 个，M. 细胞壁/膜/包膜生物合成 194 个，H. 辅酶转运与代谢 183 个，P. 无机离子转运与代谢 173 个和 S. 功能未知 167 个（图 5-3-159a）。**【重复序列】**预测到的重复序列包括：LTR 128 个，总长为 8855 bp，平均长度为 69 bp；DNA 重复元件 32 个，总长为 1997 bp，平均长度为 62 bp；LINE 33 个，总长为 2382 bp，平均长度为 72 bp；SINE 9 个，总长为 578 bp，平均长度为 64 bp；RC 2 个，总长为 162 bp，平均长度为 81 bp；未知序列 1 个，长度为 58 bp；TR 120 个，重复序列长度为 5～1194 bp，总长为 12 843 bp；小卫星 DNA 89 个，重复序列长度为 10～54 bp，总长为 6864 bp；微卫星 DNA 1 个，重复序列长度为 5 bp，总长为 55 bp。**【CRISPR】**预测到 77 个 CRISPR 相关序列。**【基因岛】**预测到 10 个基因岛 GI 01～GI 10，长度为 5573～32 408 bp，其 G+C 含量为 35.72%～52.10%。利用已预测得到的基因组信息，如重复序列、G+C 含量等，应用 CIRCOS 工具绘制其基因组圈图（图 5-3-159b）。

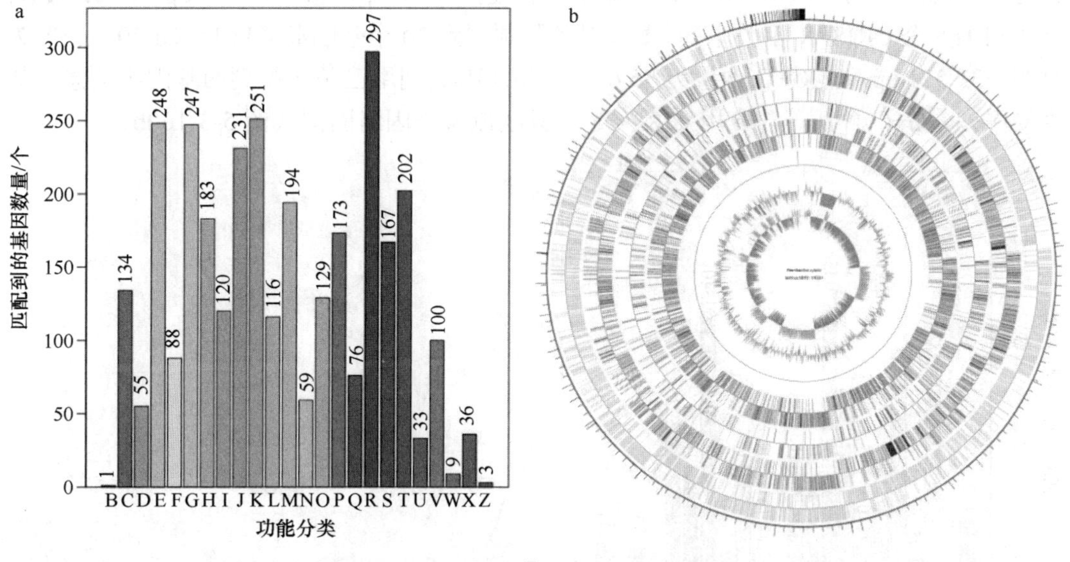


图 5-3-159　裂解木聚糖类芽胞杆菌 NBRC 106381$^T$基因组的直系同源基因聚类分析（a）和圈图（b）

## 127. 龙仁类芽胞杆菌（*Paenibacillus yonginensis*）DCY84$^T$

龙仁类芽胞杆菌（*Paenibacillus yonginensis* Sukweenadhi et al. 2014，sp. nov.）的模式菌株（DCY84$^T$ =KCTC 33428$^T$ =JCM 19885$^T$）分离自韩国京畿道龙仁森林的腐殖土，生长条件为 15～40℃（最适 30℃）、pH 5.0～9.0（最适 pH 8.0）、0.5%～4.5%（*W*/*V*）NaCl（最适 0.5%），好氧，产芽胞（Sukweenadhi et al.，2014）。目前，该种仅有 1 个基因组，模式菌株 DCY84$^T$ 基因组的 GenBank 登录号为 GCA_001685395.1，测序平台为 PacBio，于 2016 年 7 月 15 日由韩国庆熙大学（Kyung Hee University）提交。

**【基因组的组装】**菌株 DCY84$^T$ 基因组的测序深度为 130 X，基因组大小为 4.986 Mb，组装到完成图水平，包括 1 条染色体。**【G+C 含量】**51.01%。**【非编码 RNA】**预测到 30 个

rRNA 基因（5S rRNA 10 个、16S rRNA 10 个、23S rRNA 10 个），85 个 tRNA 基因，6 个 sRNA 基因。**【编码基因】**有 4798 个蛋白质编码基因，编码区总长为 4 303 002 bp，占整个基因组的 86.30%，基因的平均长度为 897 bp。**【基因功能注释】**比对到 KEGG、COG 和 GO 数据库的基因数量分别为 4401 个、3170 个和 3282 个，预测到分泌蛋白编码基因 114 个；在 23 个 COG 功能类群中，基因数量前 10 位的类群分别是：G. 碳水化合物转运与代谢 422 个，K. 转录 358 个，R. 仅一般功能预测 340 个，E. 氨基酸转运与代谢 277 个，J. 翻译、核糖体结构与合成 258 个，T. 信号转导机制 225 个，S. 功能未知 185 个，P. 无机离子转运与代谢 184 个，M. 细胞壁/膜/包膜生物合成 183 个和 H. 辅酶转运与代谢 159 个（图 5-3-160a）。**【重复序列】**预测到的重复序列包括：LTR 91 个，总长为 8474 bp，平均长度为 93 bp；DNA 重复元件 23 个，总长为 1793 bp，平均长度为 78 bp；LINE 39 个，总长为 2307 bp，平均长度为 59 bp；SINE 24 个，总长为 1448 bp，平均长度为 60 bp；未知序列 7 个，总长为 397 bp，平均长度为 57 bp；TR 158 个，重复序列长度为 4～266 bp，总长为 8739 bp；小卫星 DNA 120 个，重复序列长度为 10～60 bp，总长为 5156 bp；微卫星 DNA 8 个，重复序列长度为 4～6 bp，总长为 374 bp。**【CRISPR】**预测到 185 个 CRISPR 相关序列。**【基因岛】**预测到 20 个基因岛 GI 01～GI 20，长度为 2199～37 571 bp，其 G+C 含量为 35.61%～53.30%。利用已预测得到的基因组信息，如重复序列、G+C 含量等，应用 CIRCOS 工具绘制其基因组圈图（图 5-3-160b）。

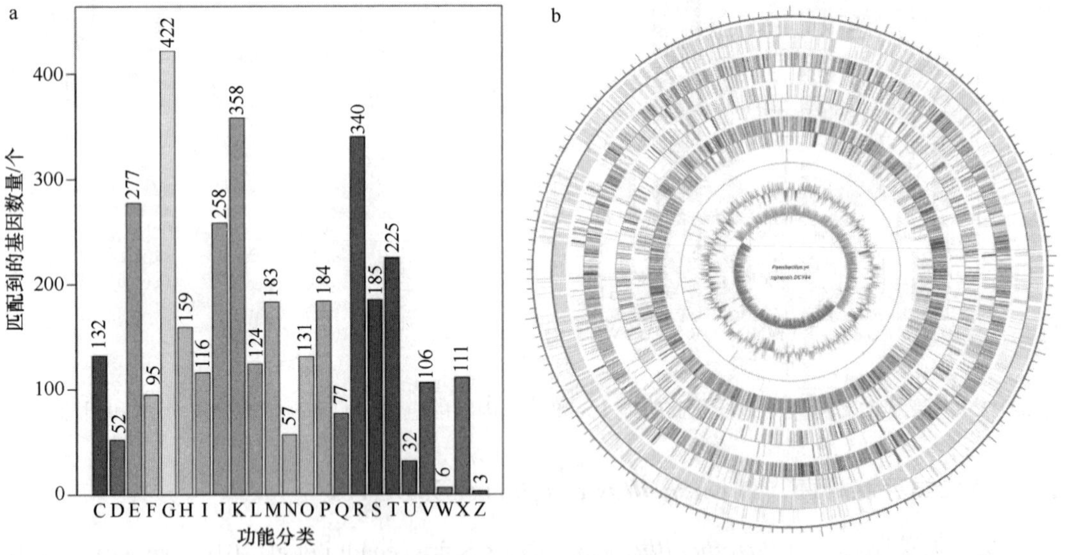


图 5-3-160　龙仁类芽胞杆菌 DCY84$^{T}$ 基因组的直系同源基因聚类分析（a）和圈图（b）

## 128. 野花椒类芽胞杆菌（*Paenibacillus zanthoxyli*）JH29$^{T}$

野花椒类芽胞杆菌（*Paenibacillus zanthoxyli* Ma et al. 2007，sp. nov.）的模式菌株（JH29$^{T}$ =CCBAU 10243$^{T}$ =DSM 18202$^{T}$）分离自北京的野花椒（*Zanthoxylum simulans*）根际土，生长条件为 6～37℃、pH 4.2～10.0、0～3%（*W*/*V*）NaCl，固氮，兼性厌氧，

产芽胞（Ma et al.，2007b）。目前，该种仅有 1 个基因组，模式菌株 JH29$^T$ 基因组的 GenBank 登录号为 GCA_000520715.1，测序平台为 Illumina HiSeq，于 2014 年 1 月 15 日由中国农业大学（China Agricultural University）提交。

**【基因组的组装】**菌株 JH29$^T$ 基因组的测序深度为 117 X，基因组大小为 5.046 Mb，组装到 714 个 contigs，contig $N_{50}$ 为 13 835 bp。**【G+C 含量】**50.87%。**【非编码 RNA】**预测到 0 个 rRNA 基因（5S rRNA 0 个、16S rRNA 0 个、23S rRNA 0 个），48 个 tRNA 基因，3 个 sRNA 基因。**【编码基因】**有 4648 个蛋白质编码基因，编码区总长为 3 729 627 bp，占整个基因组的 73.91%，基因的平均长度为 802 bp。**【基因功能注释】**比对到 KEGG、COG 和 GO 数据库的基因数量分别为 4008 个、2906 个和 3031 个，预测到分泌蛋白编码基因 87 个；在 24 个 COG 功能类群中，基因数量前 10 位的类群分别是：K. 转录 361 个，R. 仅一般功能预测 335 个，E. 氨基酸转运与代谢 277 个，G. 碳水化合物转运与代谢 272 个，J. 翻译、核糖体结构与合成 233 个，T. 信号转导机制 209 个，P. 无机离子转运与代谢 186 个，H. 辅酶转运与代谢 178 个，M. 细胞壁/膜/包膜生物合成 170 个和 C. 能量产生与转换 167 个（图 5-3-161a）。**【重复序列】**预测到的重复序列包括：LTR 127 个，总长为 7124 bp，平均长度为 56 bp；DNA 重复元件 20 个，总长为 1102 bp，平均长度为 55 bp；LINE 38 个，总长为 2160 bp，平均长度为 57 bp；SINE 9 个，总长为 494 bp，平均长度为 55 bp；RC 1 个，长度为 66 bp；未知序列 2 个，总长为 99 bp，平均长度为 50 bp；TR 135 个，重复序列长度为 3～504 bp，总长为 10 409 bp；小卫星 DNA 103 个，重复序列长度为 10～60 bp，总长为 5253 bp；微卫星 DNA 3 个，重复序列长度为 3～6 bp，总长为 175 bp。**【CRISPR】**预测到 79 个 CRISPR 相关序列。**【基因岛】**未预测到基因岛相关信息。利用已预测得到的基因组信息，如重复序列、G+C 含量等，应用 CIRCOS 工具绘制其基因组圈图（图 5-3-161b）。

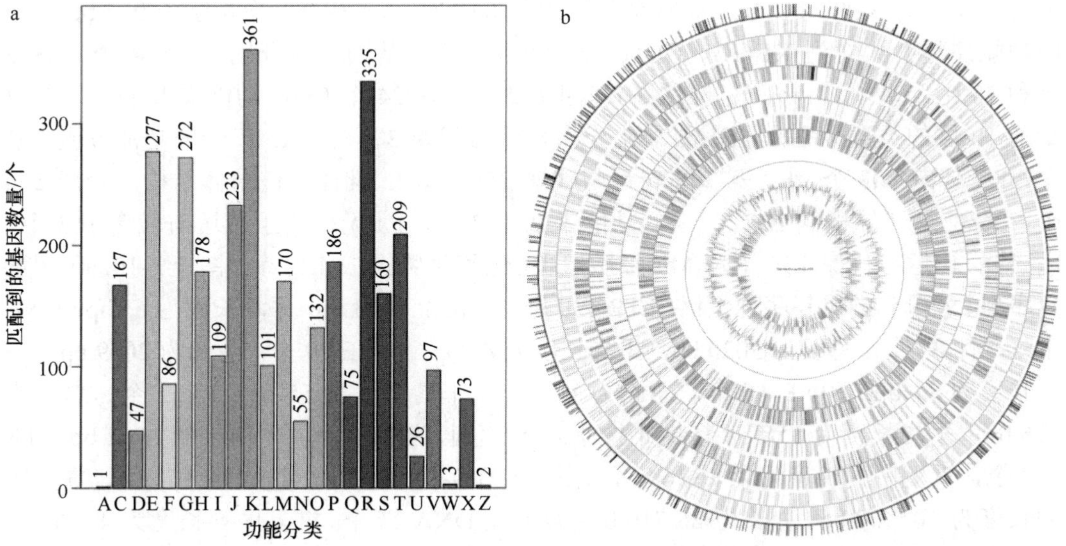


图 5-3-161　野花椒类芽胞杆菌 JH29$^T$ 基因组的直系同源基因聚类分析（a）和圈图（b）

## 八、糖芽胞杆菌属

糖芽胞杆菌属（*Saccharibacillus* Rivas et al. 2008，gen. nov.）于 2008 年建立（Rivas et al.，2008），包含 5 种：沙漠糖芽胞杆菌（*Saccharibacillus deserti* Sun et al. 2016，sp. nov.）、内生糖芽胞杆菌（*Saccharibacillus endophyticus* Kämpfer et al. 2016，sp. nov.）、库尔勒糖芽胞杆菌（*Saccharibacillus kuerlensis* Yang et al. 2009，sp. nov.）、庆笙糖芽胞杆菌（*Saccharibacillus qingshengii* Han et al. 2016，sp. nov.）和甘蔗糖芽胞杆菌（*Saccharibacillus sacchari* Rivas et al. 2008，sp. nov.）（模式种），均产芽胞。目前，该属有 2 个已知种类和 2 个未定种菌株的 4 个基因组被测序。

### 1. 库尔勒糖芽胞杆菌（*Saccharibacillus kuerlensis*）DSM 22868$^T$

库尔勒糖芽胞杆菌（*Saccharibacillus kuerlensis* Yang et al. 2009，sp. nov.）的模式菌株（HR1$^T$ =KCTC 13182$^T$ =JCM 14865$^T$ =CGMCC 1.6964$^T$ =DSM 22868$^T$）分离自新疆库尔勒沙漠土壤，生长条件为 15～42℃（最适 30～37℃）、pH 5.0～10.0（最适 pH 6.0～8.0），6%（*W/V*）NaCl 抑制生长，好氧，产芽胞（Yang et al.，2009）。目前，该种仅有 1 个基因组，模式菌株 DSM 22868$^T$ 基因组的 GenBank 登录号为 GCA_000378145.1，测序平台为 Illumina HiSeq，于 2013 年 4 月 23 日由美国能源部联合基因组研究所（DOE Joint Genome Institute）提交。

**【基因组的组装】**菌株 DSM 22868$^T$ 基因组的测序深度未知，基因组大小为 4.700 Mb，组装到 56 个 scaffolds，scaffold $N_{50}$ 为 180 383 bp。**【G+C 含量】**50.69%。**【非编码 RNA】**预测到 7 个 rRNA 基因（5S rRNA 7 个、16S rRNA 0 个、23S rRNA 0 个），60 个 tRNA 基因，1 个 sRNA 基因。**【编码基因】**有 4318 个蛋白质编码基因，编码区总长为 3 994 146 bp，占整个基因组的 84.98%，基因的平均长度为 925 bp。**【基因功能注释】**比对到 KEGG、COG 和 GO 数据库的基因数量分别为 3524 个、2843 个和 2891 个，预测到分泌蛋白编码基因 122 个；在 24 个 COG 功能类群中，基因数量前 10 位的类群分别是：G. 碳水化合物转运与代谢 375 个，R. 仅一般功能预测 331 个，K. 转录 303 个，E. 氨基酸转运与代谢 256 个，J. 翻译、核糖体结构与合成 254 个，T. 信号转导机制 237 个，S. 功能未知 167 个，P. 无机离子转运与代谢 163 个，H. 辅酶转运与代谢 154 个和 M. 细胞壁/膜/包膜生物合成 128 个（图 5-3-162a）。**【重复序列】**预测到的重复序列包括：LTR 139 个，总长为 8983 bp，平均长度为 65 bp；DNA 重复元件 35 个，总长为 3020 bp，平均长度为 86 bp；LINE 29 个，总长为 2059 bp，平均长度为 71 bp；SINE 15 个，总长为 829 bp，平均长度为 55 bp；RC 2 个，总长为 316 bp，平均长度为 158 bp；未知序列 3 个，总长为 245 bp，平均长度为 82 bp；TR 547 个，重复序列长度为 4～336 bp，总长为 31 979 bp；小卫星 DNA 460 个，重复序列长度为 10～60 bp，总长为 25 719 bp；微卫星 DNA 23 个，重复序列长度为 4～6 bp，总长为 1405 bp。**【CRISPR】**预测到 47 个 CRISPR 相关序列。**【基因岛】**预测到 7 个基因岛 GI 01～GI 07，长度为 4926～23 713 bp，其 G+C 含量为 46.12%～54.38%。

利用已预测得到的基因组信息，如重复序列、G+C 含量等，应用 CIRCOS 工具绘制其基因组圈图（图 5-3-162b）。

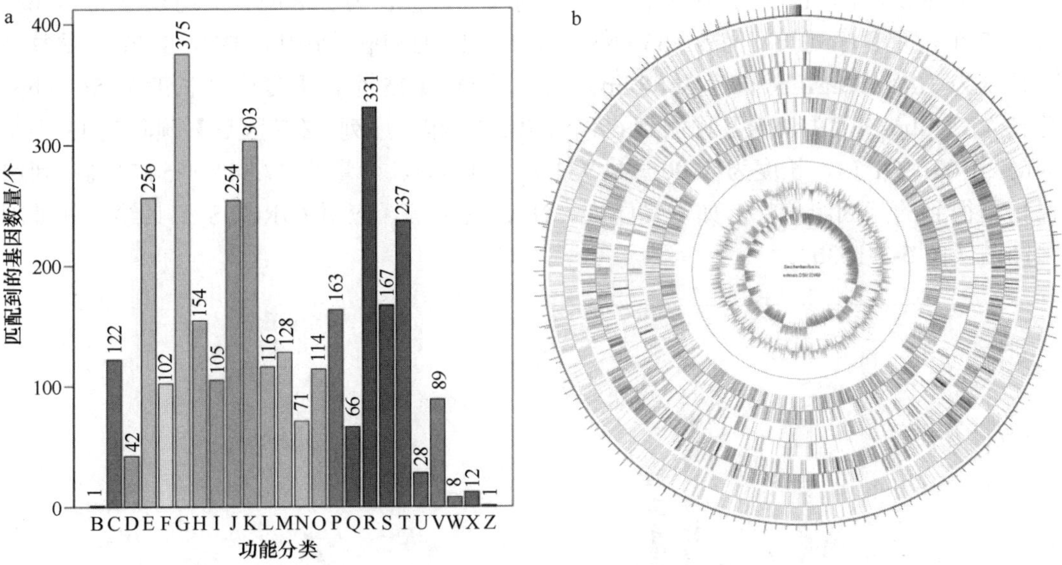


图 5-3-162 库尔勒糖芽胞杆菌 DSM 22868$^T$ 基因组的直系同源基因聚类分析（a）和圈图（b）

## 2. 甘蔗糖芽胞杆菌（*Saccharibacillus sacchari*）DSM 19268$^T$

甘蔗糖芽胞杆菌（*Saccharibacillus sacchari* Rivas et al. 2008，sp. nov.）的模式菌株（GR21$^T$ =LMG 24085$^T$ =DSM 19268$^T$）分离自西班牙格拉纳达的甘蔗（*Saccharum officinarum*）汁，最适生长条件为 28℃（为 20～55℃）、pH 7.0，2%（*W*/*V*）NaCl 能生长，好氧或兼性厌氧，产芽胞（Rivas et al.，2008）。目前，该种仅有 1 个基因组，模式菌株 DSM 19268 基因组的 GenBank 登录号为 GCA_000585395.1，测序平台为 454 FLX+ABI 3730，于 2014 年 3 月 4 日由美国能源部联合基因组研究所（DOE Joint Genome Institute）提交。

**【基因组的组装】**菌株 DSM 19268 基因组的测序深度未知，基因组大小为 6.075 Mb，组装到精细图水平，包括 1 条染色体。**【G+C 含量】**52.71%。**【非编码 RNA】**预测到 8 个 rRNA 基因（5S rRNA 5 个、16S rRNA 2 个、23S rRNA 1 个），72 个 tRNA 基因，2 个 sRNA 基因。**【编码基因】**有 5670 个蛋白质编码基因，编码区总长为 5 215 869 bp，占整个基因组的 85.86%，基因的平均长度为 920 bp。**【基因功能注释】**比对到 KEGG、COG 和 GO 数据库的基因数量分别为 4487 个、3500 个和 3661 个，预测到分泌蛋白编码基因 192 个；在 25 个 COG 功能类群中，基因数量前 10 位的类群分别是：G. 碳水化合物转运与代谢 495 个，R. 仅一般功能预测 425 个，K. 转录 419 个，E. 氨基酸转运与代谢 306 个，T. 信号转导机制 298 个，J. 翻译、核糖体结构与合成 284 个，P. 无机离子转运与代谢 227 个，S. 功能未知 198 个，H. 辅酶转运与代谢 175 个和 C. 能量产生与转换 150 个（图 5-3-163a）。**【重复序列】**预测到的重复序列包括：LTR 80 个，总长为

5729 bp，平均长度为 72 bp；DNA 重复元件 8 个，总长为 646 bp，平均长度为 81 bp；LINE 19 个，总长为 1445 bp，平均长度为 76 bp；SINE 8 个，总长为 479 bp，平均长度为 60 bp；RC 1 个，长度为 78 bp；未知序列 3 个，总长为 228 bp，平均长度为 76 bp；TR 127 个，重复序列长度为 5～336 bp，总长为 11 935 bp；小卫星 DNA 88 个，重复序列长度为 10～60 bp，总长为 5688 bp；微卫星 DNA 15 个，重复序列长度为 5～6 bp，总长为 718 bp。**【CRISPR】**预测到 69 个 CRISPR 相关序列。**【基因岛】**预测到 13 个基因岛 GI 01～GI 13，长度为 5100～44 931 bp，其 G+C 含量为 37.34%～54.70%。利用已预测得到的基因组信息，如重复序列、G+C 含量等，应用 CIRCOS 工具绘制其基因组圈图（图 5-3-163b）。

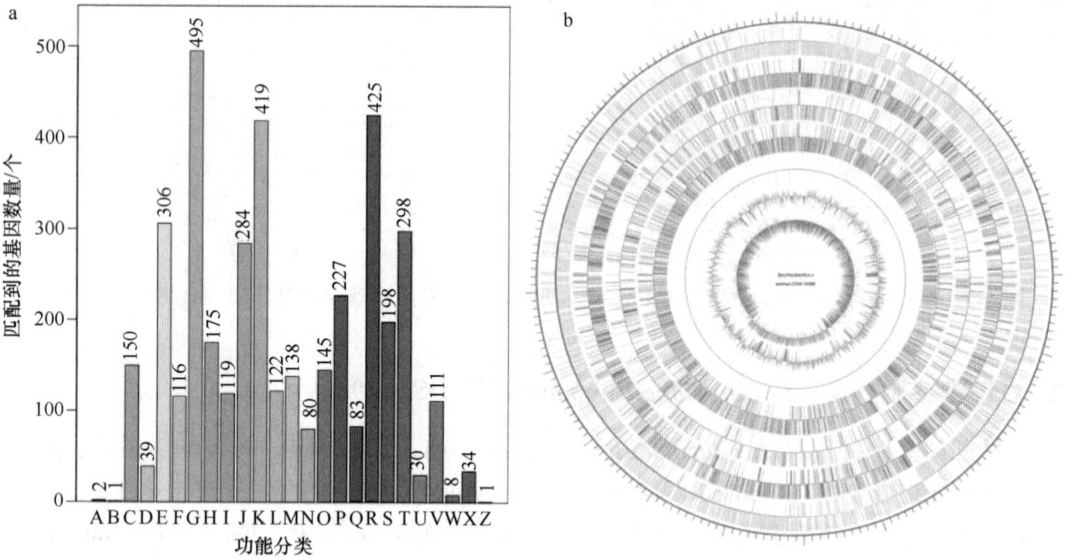


图 5-3-163　甘蔗糖芽胞杆菌 DSM 19268$^T$ 基因组的直系同源基因聚类分析（a）和圈图（b）

## 九、嗜热芽胞杆菌属

嗜热芽胞杆菌属（*Thermobacillus* Touzel et al. 2000，gen. nov.）于 2000 年建立（Touzel et al.，2000），包含 2 种：堆肥嗜热芽胞杆菌（*Thermobacillus composti* Watanabe et al. 2007，sp. nov.）和解木聚糖嗜热芽胞杆菌（*Thermobacillus xylanilyticus* Touzel et al. 2000，sp. nov.）（模式种），均嗜热、产芽胞。目前，该属有 1 个已知种类和 2 个未定种菌株的 3 个基因组被测序。

### 堆肥嗜热芽胞杆菌（*Thermobacillus composti*）KWC4$^T$

堆肥嗜热芽胞杆菌（*Thermobacillus composti* Watanabe et al. 2007，sp. nov.）的模式菌株（KWC4$^T$ =DSM 18247$^T$ =JCM 13945$^T$）分离自堆肥反应器，嗜热、嗜碱，生长条件为 32～61℃（最适 50℃）、pH 5.6～10.1（最适 pH 9.0）、0～4.4%（*W/V*）NaCl（最适 0），好氧，产芽胞（Watanabe et al.，2007）。目前，该种仅有 1 个基因组，模式菌株 KWC4$^T$

基因组的 GenBank 登录号为 GCA_000227705.3，测序平台为 454 FLX+Illumina HiSeq，于 2012 年 12 月 18 日由美国能源部联合基因组研究所（DOE Joint Genome Institute）提交。

**【基因组的组装】**菌株 KWC4$^{T}$ 基因组的测序深度为 30 X，基因组大小为 4.356 Mb，组装到完成图水平，包括 1 条染色体和 1 个质粒。**【G+C 含量】**60.11%。**【非编码 RNA】**预测到 15 个 rRNA 基因（5S rRNA 5 个、16S rRNA 5 个、23S rRNA 5 个），59 个 tRNA 基因，0 个 sRNA 基因。**【编码基因】**有 4156 个蛋白质编码基因，编码区总长为 3 801 573 bp，占整个基因组的 87.27%，基因的平均长度为 913 bp。**【基因功能注释】**比对到 KEGG、COG 和 GO 数据库的基因数量分别为 3898 个、3122 个和 2843 个，预测到分泌蛋白编码基因 97 个；在 24 个 COG 功能类群中，基因数量前 10 位的类群分别是：G. 碳水化合物转运与代谢 444 个，K. 转录 329 个，R. 仅一般功能预测 286 个，T. 信号转导机制 252 个，J. 翻译、核糖体结构与合成 227 个，E. 氨基酸转运与代谢 222 个，M. 细胞壁/膜/包膜生物合成 188 个，S. 功能未知 174 个，X. 移动元件组：前噬菌体、转座子 172 个和 P. 无机离子转运与代谢 146 个（图 5-3-164a）。**【重复序列】**预测到的重复序列包括：LTR 32 个，总长为 3755 bp，平均长度为 117 bp；DNA 重复元件 7 个，总长为 450 bp，平均长度为 64 bp；LINE 13 个，总长为 1109 bp，平均长度为 85 bp；SINE 8 个，总长为 690 bp，平均长度为 86 bp；未知序列 2 个，总长为 142 bp，平均长度为 71 bp；TR 214 个，重复序列长度为 8～1888 bp，总长为 20 332 bp；小卫星 DNA 180 个，重复序列长度为 10～60 bp，总长为 13 064 bp；未预测到微卫星 DNA。**【CRISPR】**预测到 307 个 CRISPR 相关序列。**【基因岛】**预测到 28 个基因岛 GI 01～GI 28，长度为 4510～45 227 bp，其 G+C 含量为 43.16%～63.68%。利用已预测得到的基因组信息，如重复序列、G+C 含量等，应用 CIRCOS 工具绘制其基因组圈图（图 5-3-164b）。

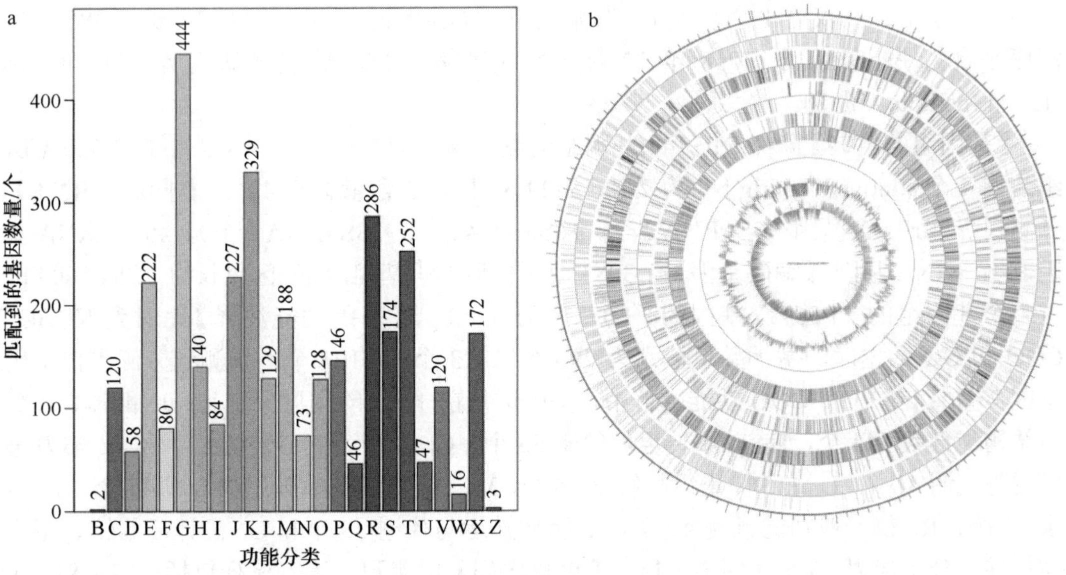


图 5-3-164　堆肥嗜热芽胞杆菌 KWC4$^{T}$ 基因组的直系同源基因聚类分析（a）和圈图（b）

# 第四节 巴斯德氏柄菌科基因组描述

## 巴斯德氏柄菌属

巴斯德氏柄菌属（*Pasteuria* Metchnikoff 1888，genus.）于 1888 年建立，包含 4 个合格化发表的种类：西泽氏巴斯德氏柄菌（*Pasteuria nishizawae* Sayre et al. 1992，sp. nov.）（寄生于胞囊线虫）、穿刺巴斯德氏柄菌［*Pasteuria penetrans* (ex Thorne 1940) Sayre and Starr 1986，nom. rev.，comb. nov.］（寄生于根结线虫）、多枝巴斯德氏柄菌（*Pasteuria ramosa* Metchnikoff 1888，species.）（模式种，寄生于水蚤）和索恩巴斯德氏柄菌（*Pasteuria thornei* Starr and Sayre 1988，sp. nov.）（寄生于根腐线虫）；2 个候选种（Candidatus）：奥尔德里奇巴斯德氏柄菌（Candidatus_*Pasteuria aldrichii* Giblin-Davis et al. 2011，sp. nov.）（寄生于 *Bursilla* 线虫）和美高尔夫协会巴斯德氏柄菌（Candidatus_*Pasteuria usgae* Giblin-Davis et al. 2003，sp. nov.）（寄生于线虫 *Belonolaimus longicaudatus*）；2 个概念种：*Pasteuria goettingianae*（寄生于豌豆胞囊线虫）和哈氏巴斯德氏柄菌（*Pasteuria hartismeri* Bishop et al. 2007，sp. nov.）（寄生于根结线虫），均产芽胞。目前，该属有 2 个已知种类的 2 个基因组被测序，其中，西泽氏巴斯德氏柄菌的基因组测序质量太差，不作描述。

### 穿刺巴斯德氏柄菌（*Pasteuria penetrans*）RES148

穿刺巴斯德氏柄菌［*Pasteuria penetrans* (ex Thorne 1940) Sayre and Starr 1986，nom. rev.，comb. nov.］重寄生于根结线虫，不可培养，因此，无模式菌株的实体被保藏，丝状生长，产芽胞，1975 年被分类为穿刺芽胞杆菌[*Bacillus penetrans* (Thorne 1940) Mankau 1975]，1985 年被重分类为穿刺巴斯德氏柄菌（*Pasteuria penetrans*）（Sayre and Starr 1985）。目前，该种仅有 1 个基因组，其基因组的 GenBank 登录号为 GCA_900538055.1，测序平台为 PacBio，于 2018 年 12 月 5 日由苏格兰詹姆斯•赫顿研究所（The James Hutton Institute）提交。

**【基因组的组装】**菌株 RES148 基因组的测序深度为 50 X，基因组大小为 2.520 Mb，组装到 4 个 contigs，contig $N_{50}$ 为 2 186 542 bp。**【G+C 含量】**46.48%。**【非编码 RNA】**预测到 7 个 rRNA 基因（5S rRNA 2 个、16S rRNA 3 个、23S rRNA 2 个），45 个 tRNA 基因，0 个 sRNA 基因。**【编码基因】**有 3983 个蛋白质编码基因，编码区总长为 1 954 560 bp，占整个基因组的 73.56%，基因的平均长度为 491 bp。**【基因功能注释】**比对到 KEGG、COG 和 GO 数据库的基因数量分别为 796 个、713 个和 1195 个，预测到分泌蛋白编码基因 27 个；在 23 个 COG 功能类群中，基因数量前 10 位的类群分别是：J. 翻译、核糖体结构与合成 144 个，H. 辅酶转运与代谢 56 个，C. 能量产生与转换 52 个，E. 氨基酸转运与代谢 47 个，L. 复制、重组与修复 45 个，M. 细胞壁/膜/包膜生物合成 45 个，K. 转录 43 个，R. 仅一般功能预测 40 个，I. 脂质转运与代谢 38 个和 O. 翻译后修饰、蛋白质周转、分子伴侣 36 个（图 5-4-1a）。**【重复序列】**预测到的重复序列包括：LTR 81 个，总长为 6863 bp，平均长度为 85 bp；DNA 重复元件 15 个，总长为 884 bp，平均长度为

59 bp；LINE 33 个，总长为 4128 bp，平均长度为 125 bp；SINE 12 个，总长为 690 bp，平均长度为 58 bp；RC 2 个，总长为 83 bp，平均长度为 42 bp；未知序列 1 个，长度为 63 bp；TR 646 个，重复序列长度为 6～1925 bp，总长为 85 775 bp；小卫星 DNA 472 个，重复序列长度为 10～60 bp，总长为 41 288 bp；微卫星 DNA 4 个，重复序列长度为 6 bp，总长为 168 bp。**【CRISPR】**预测到 18 个 CRISPR 相关序列。**【基因岛】**预测到 7 个基因岛 GI 01～GI 07，长度为 2583～14 134 bp，其 G+C 含量为 43.94%～53.19%。利用已预测得到的基因组信息，如重复序列、G+C 含量等，应用 CIRCOS 工具绘制其基因组圈图（图 5-4-1b）。

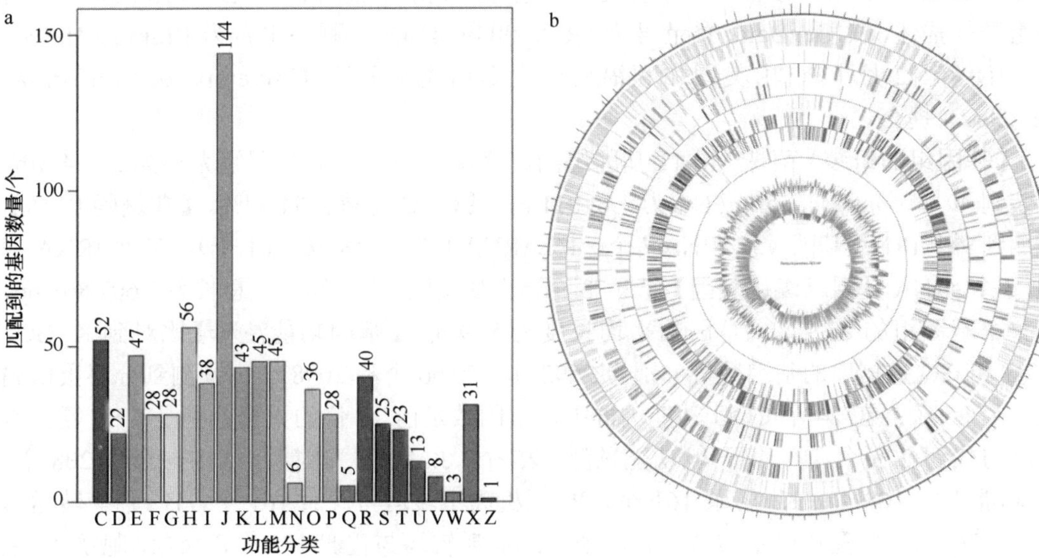


图 5-4-1　穿刺巴斯德氏柄菌 RES148 基因组的直系同源基因聚类分析（a）和圈图（b）

# 第五节　动球菌科基因组描述

## 一、哈格瓦氏菌属

哈格瓦氏菌属（*Bhargavaea* Manorama et al. 2009，gen. nov.）于 2009 年建立（Manorama et al.，2009）。目前，该属包含 6 种，分别是北京哈格瓦氏菌［*Bhargavaea beijingensis* (Qiu et al. 2009) Verma et al. 2012，comb. nov.］［由北京芽胞杆菌（*Bacillus beijingensis*）重分类而来］、科研中心哈格瓦氏菌（*Bhargavaea cecembensis* Manorama et al. 2009，sp. nov.）、长春哈格瓦氏菌（*Bhargavaea changchunensis* Tian et al. 2018，sp. nov.）、人参哈格瓦氏菌［*Bhargavaea ginsengi* (Qiu et al. 2009) Verma et al. 2012，comb. nov.］［由人参芽胞杆菌（*Bacillus ginsengi*）重分类而来］、印度哈格瓦氏菌（*Bhargavaea indica* Verma et al. 2013，sp. nov.）和乌拉尔哈格瓦氏菌［*Bhargavaea ullalensis* Glaeser et al. 2013，sp. nov.］，模式种为科研中心哈格瓦氏菌，均好氧、不产芽胞或未观察到芽胞。该属有 3 个已知种类的 6 个菌株的基因组被测序，以下对 3 个已知种类的基因组进行描述。

### 1. 北京哈格瓦氏菌（*Bhargavaea beijingensis*）M6-11

北京哈格瓦氏菌［*Bhargavaea beijingensis* (Qiu et al. 2009) Verma et al. 2012，comb. nov.］的模式菌株（ge10$^T$ =DSM 19037$^T$ =CGMCC 1.6762$^T$）分离自北京栽培的人参根内，生长条件为 7～45℃（最适 30℃）、pH 5.5～11.0（最适 pH 7.0～8.0）、0～12%（*W*/*V*）NaCl，严格好氧，未观察到芽胞，2009 年被命名为北京芽胞杆菌（*Bacillus beijingensis*）（Qiu et al.，2009），2012 年被重分类为北京哈格瓦氏菌（*Bhargavaea beijingensis*）（Verma et al.，2012）。目前，该种有 2 个基因组，选择组装水平较高的非模式菌株 M6-11 的基因组进行描述，其 GenBank 登录号为 GCA_003944745.1，测序平台为 Illumina HiSeq，于 2018 年 12 月 12 日由美国加利福尼亚大学伯克利分校（University of California，Berkeley）提交。

**【基因组的组装】**菌株 M6-11 基因组的测序深度为 50 X，基因组大小为 2.964 Mb，组装到 47 个 contigs，contig $N_{50}$ 为 142 011 bp。**【G+C 含量】**54.04%。**【非编码 RNA】**预测到 9 个 rRNA 基因（5S rRNA 7 个、16S rRNA 1 个、23S rRNA 1 个），56 个 tRNA 基因，3 个 sRNA 基因。**【编码基因】**有 3073 个蛋白质编码基因，编码区总长为 2 607 861 bp，占整个基因组的 87.98%，基因的平均长度为 849 bp。**【基因功能注释】**比对到 KEGG、COG 和 GO 数据库的基因数量分别为 2592 个、2166 个和 2098 个，预测到分泌蛋白编码基因 65 个；在 24 个 COG 功能类群中，基因数量前 10 位的类群分别是：E. 氨基酸转运与代谢 273 个，R. 仅一般功能预测 225 个，J. 翻译、核糖体结构与合成 208 个，S. 功能未知 168 个，K. 转录 161 个，P. 无机离子转运与代谢 161 个，H. 辅酶转运与代谢 141 个，C. 能量产生与转换 131 个，I. 脂质转运与代谢 123 个，M. 细胞壁/膜/包膜生物合成 121 个和 T. 信号转导机制 121 个（图 5-5-1a）。**【重复序列】**预测到的重复序列包括：LTR 34 个，总长为 2399 bp，平均长度为 71 bp；DNA 重复元件 8 个，总长

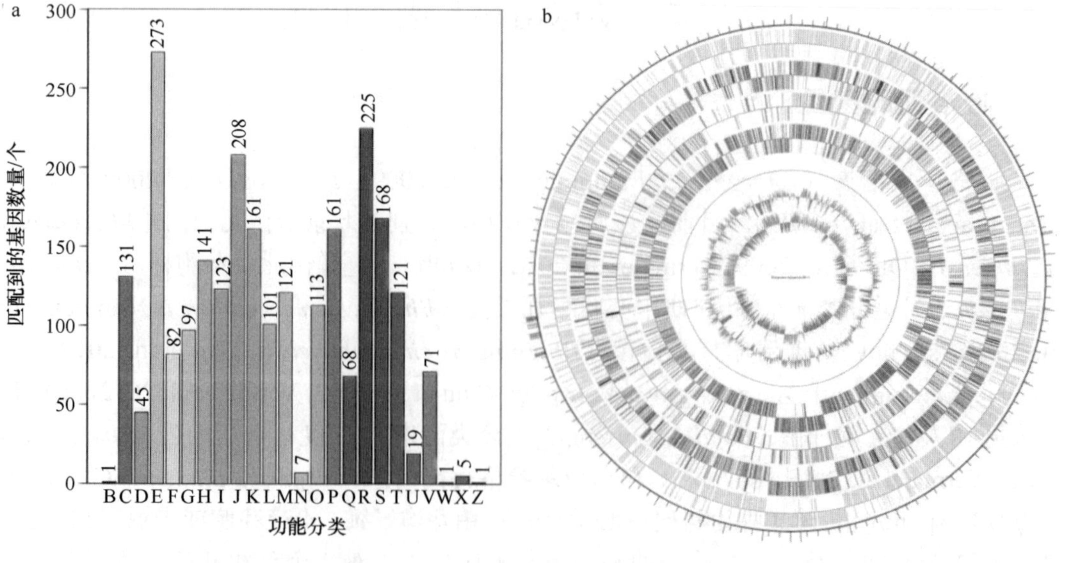


图 5-5-1　北京哈格瓦氏菌 M6-11 基因组的直系同源基因聚类分析（a）和圈图（b）

为 535 bp，平均长度为 67 bp；LINE 6 个，总长为 454 bp，平均长度为 76 bp；SINE 6 个，总长为 381 bp，平均长度为 64 bp；TR 148 个，重复序列长度为 8～909 bp，总长为 12 661 bp；小卫星 DNA 135 个，重复序列长度为 12～60 bp，总长为 9263 bp；未预测到微卫星 DNA。**【CRISPR】**预测到 48 个 CRISPR 相关序列。**【基因岛】**预测到 9 个基因岛 GI 01～GI 09，长度为 5060～15 959 bp，其 G+C 含量为 44.88%～56.16%。利用已预测得到的基因组信息，如重复序列、G+C 含量等，应用 CIRCOS 工具绘制其基因组圈图（图 5-5-1b）。

### 2. 科研中心哈格瓦氏菌（*Bhargavaea cecembensis*）DSE10$^T$

科研中心哈格瓦氏菌（*Bhargavaea cecembensis* Manorama et al. 2009，sp. nov.）的模式菌株（DSE10$^T$ =LMG 24411$^T$ =JCM 14375$^T$）分离自印度洋查戈斯-拉克代夫海脊（Chagos-Laccadive ridge）处的深海沉积物，生长条件为 15～55℃（最适 37℃）、pH 7.0～7.5、0～6%（*W*/*V*）NaCl，好氧，不产芽胞（Manorama et al.，2009）。目前，该种有 3 个基因组，选择模式菌株 DSE10$^T$ 的基因组进行描述，其 GenBank 登录号为 GCA_000348905.1，测序平台为 454 FLX，于 2013 年 3 月 25 日由印度科学和工业研究理事会细胞与分子生物学中心（CSIR-Centre for Cellular and Molecular Biology）提交。

**【基因组的组装】**菌株 DSE10$^T$ 基因组的测序深度为 38 X，基因组大小为 3.207 Mb，组装到 39 个 contigs，contig $N_{50}$ 为 182 792 bp。**【G+C 含量】**54.83%。**【非编码 RNA】**预测到 6 个 rRNA 基因（5S rRNA 4 个、16S rRNA 1 个、23S rRNA 1 个），63 个 tRNA 基因，2 个 sRNA 基因。**【编码基因】**有 3264 个蛋白质编码基因，编码区总长为 2 843 253 bp，占整个基因组的 88.66%，基因的平均长度为 871 bp。**【基因功能注释】**比对到 KEGG、COG 和 GO 数据库的基因数量分别为 2872 个、2358 个和 2275 个，预测到分泌蛋白编码基因 88 个；在 24 个 COG 功能类群中，基因数量前 10 位的类群分别是：E. 氨基酸转运与代谢 305 个，R. 仅一般功能预测 278 个，J. 翻译、核糖体结构与合成 214 个，S. 功能未知 174 个，K. 转录 164 个，P. 无机离子转运与代谢 162 个，C. 能量产生与转换 154 个，I. 脂质转运与代谢 147 个，H. 辅酶转运与代谢 141 个和 G. 碳水化合物转运与代谢 135 个（图 5-5-2a）。**【重复序列】**预测到的重复序列包括：LTR 26 个，总长为 2134 bp，平均长度为 82 bp；DNA 重复元件 13 个，总长为 1049 bp，平均长度为 81 bp；LINE 5 个，总长为 284 bp，平均长度为 57 bp；SINE 7 个，总长为 444 bp，平均长度为 63 bp；RC 2 个，总长为 112 bp，平均长度为 56 bp；TR 181 个，重复序列长度为 9～186 bp，总长为 12 417 bp；小卫星 DNA 164 个，重复序列长度为 12～60 bp，总长为 9431 bp；未预测到微卫星 DNA。**【CRISPR】**预测到 6 个 CRISPR 相关序列。**【基因岛】**预测到 6 个基因岛 GI 01～GI 06，长度为 4114～14 828 bp，其 G+C 含量为 39.94%～58.53%。利用已预测得到的基因组信息，如重复序列、G+C 含量等，应用 CIRCOS 工具绘制其基因组圈图（图 5-5-2b）。

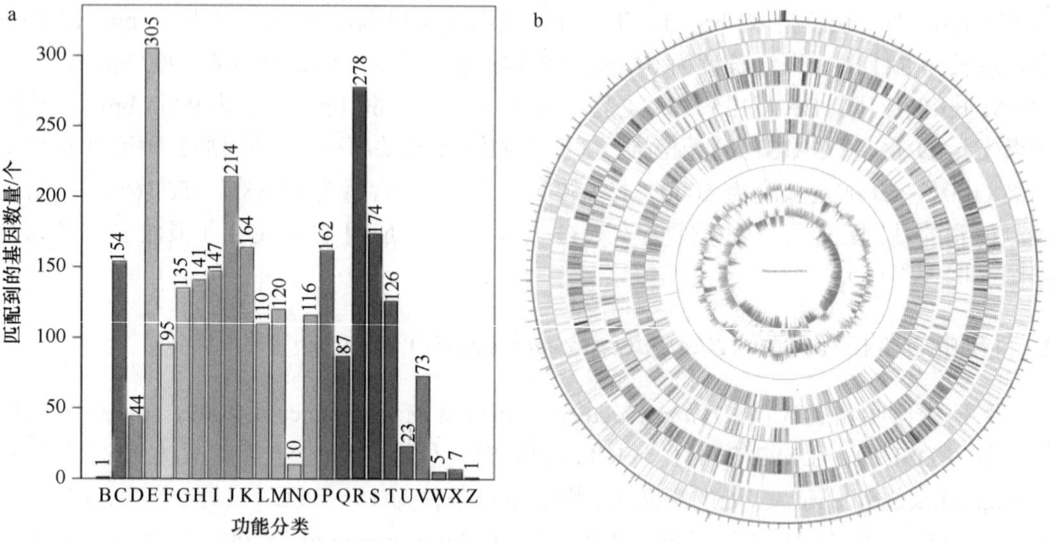


图 5-5-2 科研中心哈格瓦氏菌 DSE10$^T$ 基因组的直系同源基因聚类分析（a）和圈图（b）

### 3. 人参哈格瓦氏菌（*Bhargavaea ginsengi*）CGMCC 1.6763$^T$

人参哈格瓦氏菌［*Bhargavaea ginsengi* (Qiu et al. 2009) Verma et al. 2012，comb. nov.］的模式菌株（ge14$^T$ =DSM 19038$^T$ =CGMCC 1.6763$^T$）分离自北京栽培的人参根内，生长条件为 4～45℃（最适 30℃）、pH 6.0～11.0（最适 pH 7.0～8.0）、0～10%（*W*/*V*）NaCl，严格好氧，不产芽胞，2009 年被命名为人参芽胞杆菌（*Bacillus ginsengi*）（Qiu et al.，2009），2012 年被重分类为人参哈格瓦氏菌（*Bhargavaea ginsengi*）（Verma et al.，2012）。目前，该种仅有 1 个基因组，模式菌株 CGMCC 1.6763$^T$ 基因组的 GenBank 登录号为 GCA_900109165.1，测序平台为 Illumina HiSeq，于 2016 年 10 月 31 日由美国能源部联合基因组研究所（DOE Joint Genome Institute）提交。

**【基因组的组装】**菌株 CGMCC 1.6763$^T$ 基因组的测序深度为 353 X，基因组大小为 3.101 Mb，组装到 14 个 scaffolds，scaffold $N_{50}$ 为 663 461 bp。**【G+C 含量】**53.76%。**【非编码 RNA】**预测到 5 个 rRNA 基因（5S rRNA 5 个、16S rRNA 0 个、23S rRNA 0 个），52 个 tRNA 基因，2 个 sRNA 基因。**【编码基因】**有 3188 个蛋白质编码基因，编码区总长为 2 763 843 bp，占整个基因组的 89.13%，基因的平均长度为 867 bp。**【基因功能注释】**比对到 KEGG、COG 和 GO 数据库的基因数量分别为 2765 个、2293 个和 2230 个，预测到分泌蛋白编码基因 84 个；在 24 个 COG 功能类群中，基因数量前 10 位的类群分别是：E. 氨基酸转运与代谢 287 个，R. 仅一般功能预测 269 个，J. 翻译、核糖体结构与合成 215 个，S. 功能未知 169 个，K. 转录 168 个，P. 无机离子转运与代谢 167 个，I. 脂质转运与代谢 152 个，C. 能量产生与转换 142 个，H. 辅酶转运与代谢 139 个和 T. 信号转导机制 121 个（图 5-5-3a）。**【重复序列】**预测到的重复序列包括：LTR 29 个，总长为 1834 bp，平均长度为 63 bp；DNA 重复元件 3 个，总长为 200 bp，平均长度为 67 bp；LINE 7 个，总长为 428 bp，平均长度为 61 bp；SINE 5 个，总长为 317 bp，平均长度为 63 bp；RC 1 个，长度为 34 bp；TR 204 个，重复序列长度为 6～149 bp，总长为

12 194 bp；小卫星 DNA 190 个，重复序列长度为 12～60 bp，总长为 11 165 bp；微卫星 DNA 2 个，重复序列长度为 6 bp，总长为 85 bp。**【CRISPR】**预测到 9 个 CRISPR 相关序列。**【基因岛】**预测到 8 个基因岛 GI 01～GI 08，长度为 3848～15 730 bp，其 G+C 含量为 39.22%～56.83%。利用已预测得到的基因组信息，如重复序列、G+C 含量等，应用 CIRCOS 工具绘制其基因组圈图（图 5-5-3b）。

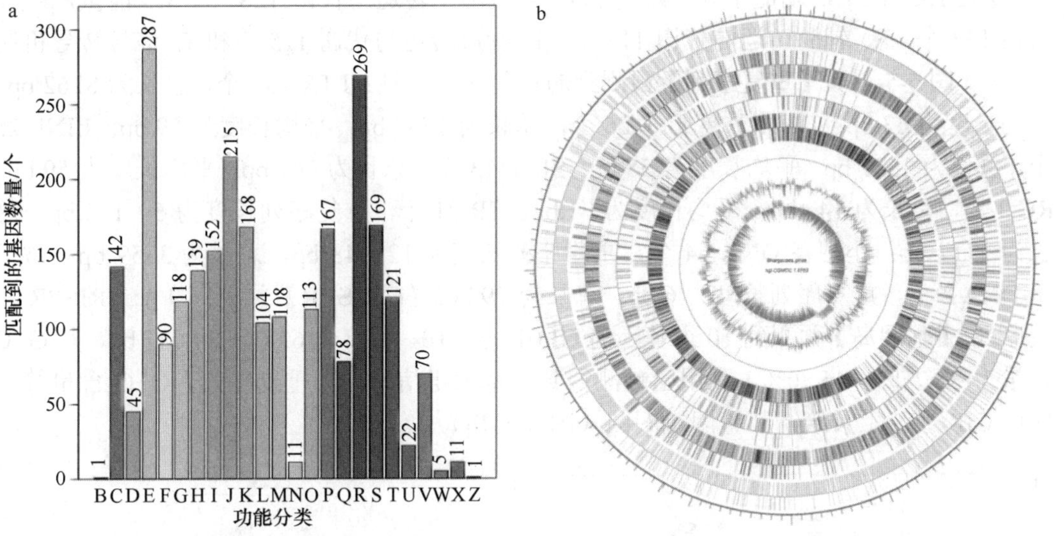


图 5-5-3　人参哈格瓦氏菌 CGMCC 1.6763$^T$ 基因组的直系同源基因聚类分析（a）和圈图（b）

## 二、金黄微菌属

金黄微菌属（*Chryseomicrobium* Arora et al. 2011，gen. nov.）于 2011 年建立，包含 6 种，模式种为微技所金黄微菌（*Chryseomicrobium imtechense* Arora et al. 2011，sp. nov.），均好氧，不产芽胞（Arora et al.，2011）目前，该属仅有排泄物金黄微菌的 1 个基因组被测序。

### 排泄物金黄微菌（*Chryseomicrobium excrementi*）ET03$^T$

排泄物金黄微菌（*Chryseomicrobium excrementi* Saha et al. 2018，sp. nov.）的模式菌株（ET03$^T$ =KCTC 33943$^T$ =LMG 30119$^T$ =JCM 32415$^T$）分离自印度北孟加拉邦大学的蚯蚓排泄物，轻度耐盐，生长条件为 20～40℃（最适 35～37℃）、pH 6.0～9.0（最适 pH 7.0）、0～8%（*W*/*V*）NaCl（最适 2%），严格好氧，不产芽胞（Saha et al.，2018）。目前，该种仅有 1 个基因组，模式菌株 ET03$^T$ 基因组的 GenBank 登录号为 GCA_002798305.1，测序平台为 Illumina NextSeq 500，于 2017 年 11 月 28 日由印度北孟加拉邦大学（University of North Bengal）提交。

**【基因组的组装】**菌株 ET03$^T$ 基因组的测序深度为 3 X，基因组大小为 2.644 Mb，组装到 14 个 scaffolds，scaffold $N_{50}$ 为 894 072 bp。**【G+C 含量】**43.66%。**【非编码 RNA】**预测到 9 个 rRNA 基因（5S rRNA 7 个、16S rRNA 1 个、23S rRNA 1 个），49 个 tRNA 基

因，2 个 sRNA 基因。【编码基因】有 2745 个蛋白质编码基因，编码区总长为 2 393 016 bp，占整个基因组的 90.51%，基因的平均长度为 872 bp。【基因功能注释】比对到 KEGG、COG 和 GO 数据库的基因数量分别为 2326 个、1996 个和 1959 个，预测到分泌蛋白编码基因 64 个；在 25 个 COG 功能类群中，基因数量前 10 位的类群分别是：E. 氨基酸转运与代谢 227 个，J. 翻译、核糖体结构与合成 210 个，R. 仅一般功能预测 209 个，K. 转录 155 个，S. 功能未知 145 个，P. 无机离子转运与代谢 128 个，C. 能量产生与转换 127 个，H. 辅酶转运与代谢 117 个，I. 脂质转运与代谢 115 个和 T. 信号转导机制 111 个（图 5-5-4a）。【重复序列】预测到的重复序列包括：LTR 131 个，总长为 8262 bp，平均长度为 63 bp；DNA 重复元件 26 个，总长为 1539 bp，平均长度为 59 bp；LINE 28 个，总长为 1531 bp，平均长度为 55 bp；SINE 13 个，总长为 761 bp，平均长度为 59 bp；RC 2 个，总长为 142 bp，平均长度为 71 bp；TR 81 个，重复序列长度为 6～132 bp，总长为 5717 bp；小卫星 DNA 64 个，重复序列长度为 12～48 bp，总长为 3359 bp；微卫星 DNA 2 个，重复序列长度为 6 bp，总长为 79 bp。【CRISPR】预测到 9 个 CRISPR 相关序列。【基因岛】预测到 10 个基因岛 GI 01～GI 10，长度为 6221～24 037 bp，其 G+C 含量为 33.77%～46.80%。利用已预测得到的基因组信息，如重复序列、G+C 含量等，应用 CIRCOS 工具绘制其基因组圈图（图 5-5-4b）。

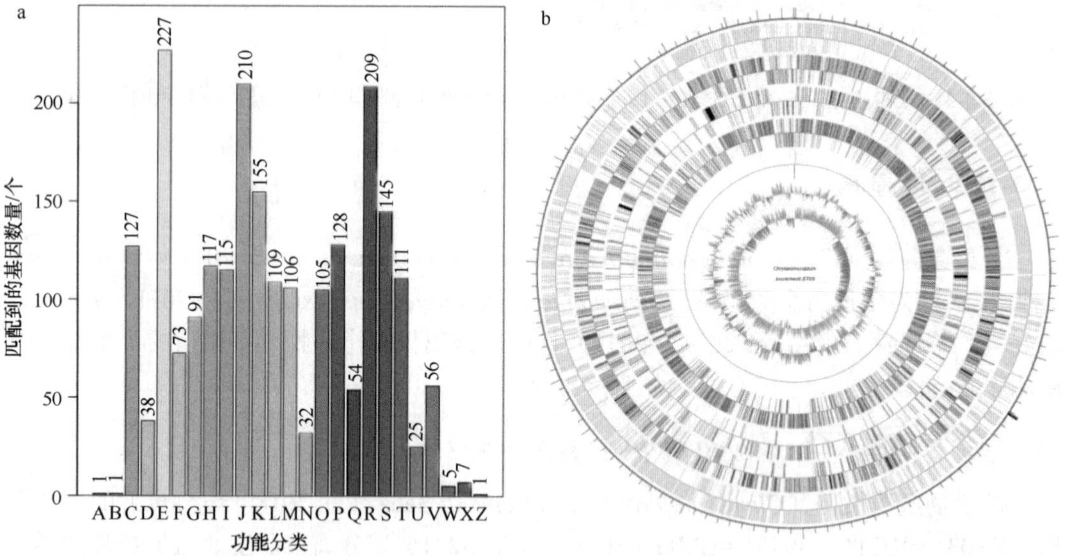


图 5-5-4　排泄物金黄微菌 ET03$^{T}$ 基因组的直系同源基因聚类分析（a）和圈图（b）

## 三、咸海鲜芽胞杆菌属

咸海鲜芽胞杆菌属（*Jeotgalibacillus* Yoon et al. 2001，gen. nov.）于 2001 年建立（Yoon et al.，2001b），包含 9 种，模式种为食物咸海鲜芽胞杆菌（*Jeotgalibacillus alimentarius* Yoon et al. 2001，sp. nov.），兼性厌氧或好氧，产芽胞。目前该属有 7 个已知种类和 2 个未定种菌株的 9 个基因组被测序，以下选取 6 个已知种类的基因组进行描述。

## 1. 食物咸海鲜芽胞杆菌（*Jeotgalibacillus alimentarius*）YKJ-13$^T$

食物咸海鲜芽胞杆菌（*Jeotgalibacillus alimentarius* Yoon et al. 2001，sp. nov.）的模式菌株（YKJ-13$^T$ =KCCM 80002$^T$ =JCM 10872$^T$）分离自韩国的传统发酵食品咸海鲜，嗜盐，生长条件为 10～45℃（最适 30～35℃）、最适 pH 7.0～8.0、0～19%（*W*/*V*）NaCl，兼性厌氧，产芽胞（Yoon et al.，2001b）。目前，该种仅有 1 个基因组，模式菌株 YKJ-13$^T$ 基因组的 GenBank 登录号为 GCA_000829445.1，测序平台为 Illumina MiSeq，于 2015 年 1 月 27 日由马来西亚理工大学（Universiti Teknologi Malaysia）提交。

**【基因组的组装】**菌株 YKJ-13$^T$ 基因组的测序深度为 230 X，基因组大小为 3.365 Mb，组装到 32 个 contigs，contig $N_{50}$ 为 315 125 bp。**【G+C 含量】**43.12%。**【非编码 RNA】**预测到 9 个 rRNA 基因（5S rRNA 8 个、16S rRNA 1 个、23S rRNA 0 个），74 个 tRNA 基因，3 个 sRNA 基因。**【编码基因】**有 3603 个蛋白质编码基因，编码区总长为 2 957 238 bp，占整个基因组的 87.88%，基因的平均长度为 821 bp。**【基因功能注释】**比对到 KEGG、COG 和 GO 数据库的基因数量分别为 3203 个、2415 个和 2427 个，预测到分泌蛋白编码基因 81 个；在 24 个 COG 功能类群中，基因数量前 10 位的类群分别是：R. 仅一般功能预测 275 个，J. 翻译、核糖体结构与合成 228 个，E. 氨基酸转运与代谢 223 个，K. 转录 197 个，S. 功能未知 182 个，T. 信号转导机制 168 个，G. 碳水化合物转运与代谢 161 个，C. 能量产生与转换 151 个，P. 无机离子转运与代谢 150 个和 H. 辅酶转运与代谢 140 个（图 5-5-5a）。**【重复序列】**预测到的重复序列包括：LTR 165 个，总长为 9922 bp，平均长度为 60 bp；DNA 重复元件 54 个，总长为 3219 bp，平均长度为 60 bp；LINE 38 个，总长为 2162 bp，平均长度为 57 bp；SINE 18 个，总长为 1302 bp，平均长度为 72 bp；TR 90 个，重复序列长度为 7～196 bp，总长为 5481 bp；小卫星 DNA 80 个，重复序列长度为 11～59 bp，总长为 3871 bp；未预测到微卫星 DNA。**【CRISPR】**预测到

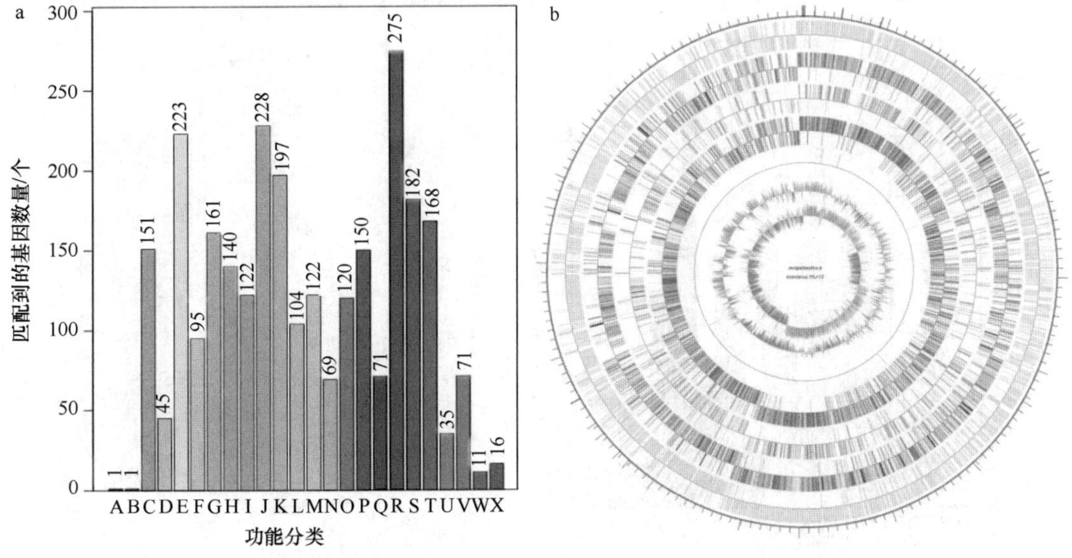


图 5-5-5　食物咸海鲜芽胞杆菌 YKJ-13$^T$ 基因组的直系同源基因聚类分析（a）和圈图（b）

14 个 CRISPR 相关序列。【基因岛】预测到 5 个基因岛 GI 01～GI 05，长度为 4579～11 055 bp，其 G+C 含量为 38.07%～43.37%。利用已预测得到的基因组信息，如重复序列、G+C 含量等，应用 CIRCOS 工具绘制其基因组圈图（图 5-5-5b）。

## 2. 盐地咸海鲜芽胞杆菌（*Jeotgalibacillus campisalis*）SF-57$^T$

盐地咸海鲜芽胞杆菌［*Jeotgalibacillus campisalis* (Yoon et al. 2004) Yoon et al. 2010, sp. nov.］的模式菌株（SF-57$^T$ =KCCM 41644$^T$ =JCM 11810$^T$）分离自韩国的 1 个海洋晒盐场，嗜盐，生长条件为 6～39℃（最适 30℃）、最适 pH 7.0～8.0、0.5%～15%（*W*/*V*）NaCl（最适 2%～3%），好氧，产芽胞，2004 年被命名为盐地海洋芽胞杆菌（*Marinibacillus campisalis*）(Yoon et al.，2004b)，2010 年被重分类为盐地咸海鲜芽胞杆菌（*Jeotgalibacillus campisalis*）（Yoon et al.，2010a）。目前，该种仅有 1 个基因组，模式菌株 SF-57$^T$ 基因组的 GenBank 登录号为 GCA_000829515.1，测序平台为 Illumina MiSeq，于 2015 年 1 月 27 日由马来西亚理工大学（Universiti Teknologi Malaysia）提交。

【基因组的组装】菌株 SF-57$^T$ 基因组的测序深度为 270 X，基因组大小为 3.650 Mb，组装到 24 个 contigs，contig $N_{50}$ 为 510 690 bp。【G+C 含量】41.05%。【非编码 RNA】预测到 6 个 rRNA 基因（5S rRNA 4 个、16S rRNA 1 个、23S rRNA 1 个），69 个 tRNA 基因，3 个 sRNA 基因。【编码基因】有 3752 个蛋白质编码基因，编码区总长为 3 158 286 bp，占整个基因组的 86.53%，基因的平均长度为 842 bp。【基因功能注释】比对到 KEGG、COG 和 GO 数据库的基因数量分别为 3179 个、2548 个和 2518 个，预测到分泌蛋白编码基因 61 个；在 24 个 COG 功能类群中，基因数量前 10 位的类群分别是：R. 仅一般功能预测 293 个，E. 氨基酸转运与代谢 241 个，J. 翻译、核糖体结构与合成 233 个，S. 功能未知 191 个，K. 转录 187 个，G. 碳水化合物转运与代谢 182 个，H. 辅酶转运与代谢 160 个，M. 细胞壁/膜/包膜生物合成 157 个，P. 无机离子转运与代谢 155 个和 T. 信号转导机制 151 个（图 5-5-6a）。【重复序列】预测到的重复序列包括：LTR 158 个，

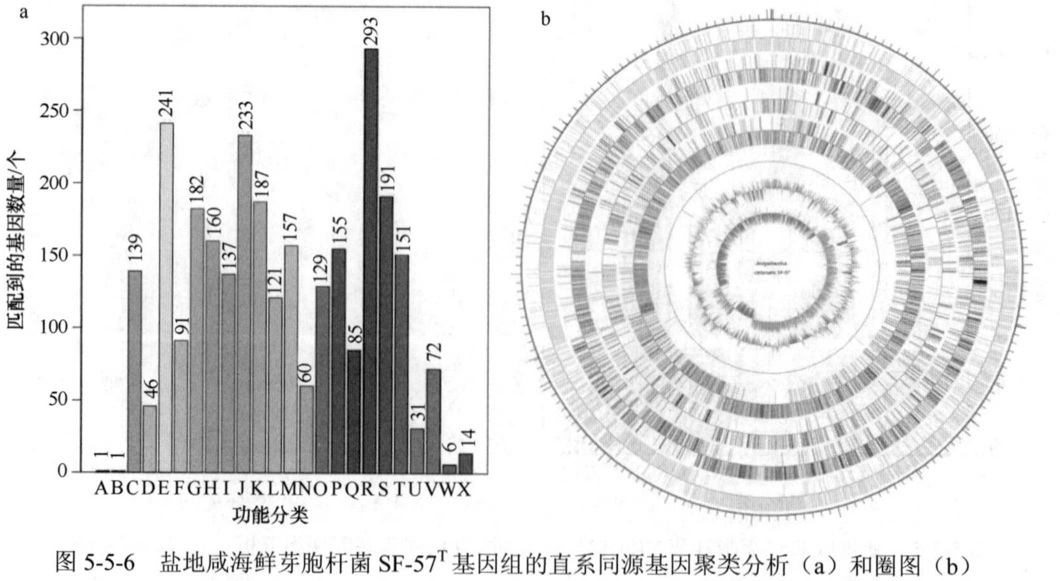


图 5-5-6　盐地咸海鲜芽胞杆菌 SF-57$^T$ 基因组的直系同源基因聚类分析（a）和圈图（b）

总长为 11 188 bp，平均长度为 71 bp；DNA 重复元件 29 个，总长为 1769 bp，平均长度为 61 bp；LINE 26 个，总长为 1705 bp，平均长度为 66 bp；SINE 11 个，总长为 714 bp，平均长度为 65 bp；RC 2 个，总长为 79 bp，平均长度为 40 bp；TR 134 个，重复序列长度为 9～333 bp，总长为 21 505 bp；小卫星 DNA 98 个，重复序列长度为 11～60 bp，总长为 11 275 bp；未预测到微卫星 DNA。**【CRISPR】**预测到 24 个 CRISPR 相关序列。**【基因岛】**预测到 10 个基因岛 GI 01～GI 10，长度为 4819～18 091 bp，其 G+C 含量为 33.13%～44.51%。利用已预测得到的基因组信息，如重复序列、G+C 含量等，应用 CIRCOS 工具绘制其基因组圈图（图 5-5-6b）。

### 3. 马来西亚咸海鲜芽胞杆菌（*Jeotgalibacillus malaysiensis*）D5$^T$

马来西亚咸海鲜芽胞杆菌（*Jeotgalibacillus malaysiensis* Yaakop et al. 2015，sp. nov.）的模式菌株（D5$^T$=DSM 28777$^T$=KCTC33550$^T$）分离自马来西亚南部沙滩中的海水，嗜盐，生长条件为 6～50℃（最适 37℃）、pH 6.0～11.0（最适 pH 7.0～8.0）、0～30%（*W*/*V*）NaCl（最适 10%），好氧，产芽胞（Yaakop et al.，2015）。目前，该种仅有 1 个基因组，模式菌株 D5$^T$基因组的 GenBank 登录号为 GCA_000818095.1，测序平台为 PacBio，于 2015 年 1 月 14 日由马来西亚理工大学（Universiti Teknologi Malaysia）提交。

**【基因组的组装】**菌株 D5$^T$基因组的测序深度为 314 X，基因组大小为 4.120 Mb，组装到完成图水平，包括 1 条染色体和 1 个质粒。**【G+C 含量】**42.36%。**【非编码 RNA】**预测到 27 个 rRNA 基因（5S rRNA 9 个、16S rRNA 9 个、23S rRNA 9 个），119 个 tRNA 基因，2 个 sRNA 基因。**【编码基因】**有 4570 个蛋白质编码基因，编码区总长为 3 563 136 bp，占整个基因组的 86.48%，基因的平均长度为 780 bp。**【基因功能注释】**比对到 KEGG、COG 和 GO 数据库的基因数量分别为 4371 个、2556 个和 2833 个，预测到分泌蛋白编码基因 93 个；在 24 个 COG 功能类群中，基因数量前 10 位的类群分别是：R. 仅一般功能预测 290 个，E. 氨基酸转运与代谢 235 个，J. 翻译、核糖体结构与合成 233 个，K. 转录 190 个，G. 碳水化合物转运与代谢 189 个，S. 功能未知 182 个，P. 无机离子转运与代谢 160 个，T. 信号转导机制 154 个，C. 能量产生与转换 153 个和 H. 辅酶转运与代谢 150 个（图 5-5-7a）。**【重复序列】**预测到的重复序列包括：LTR 176 个，总长为 12 226 bp，平均长度为 69 bp；DNA 重复元件 41 个，总长为 2543 bp，平均长度为 62 bp；LINE 49 个，总长为 3001 bp，平均长度为 61 bp；SINE 25 个，总长为 1780 bp，平均长度为 71 bp；RC 3 个，总长为 201 bp，平均长度为 67 bp；未知序列 2 个，总长为 105 bp，平均长度为 53 bp；TR 110 个，重复序列长度为 8～873 bp，总长为 9781 bp；小卫星 DNA 91 个，重复序列长度为 12～54 bp，总长为 5072 bp；未预测到微卫星 DNA。**【CRISPR】**预测到 7 个 CRISPR 相关序列。**【基因岛】**预测到 7 个基因岛 GI 01～GI 07，长度为 2713～42 626 bp，其 G+C 含量为 32.45%～45.06%。利用已预测得到的基因组信息，如重复序列、G+C 含量等，应用 CIRCOS 工具绘制其基因组圈图（图 5-5-7b）。

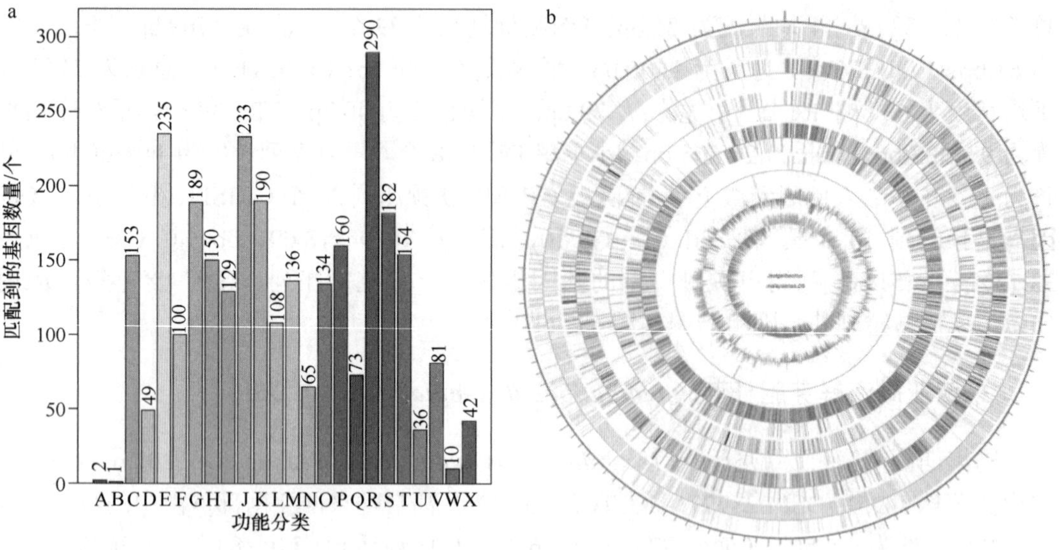


图 5-5-7　马来西亚咸海鲜芽胞杆菌 D5$^{T}$ 基因组的直系同源基因聚类分析（a）和圈图（b）

## 4. 海洋咸海鲜芽胞杆菌（*Jeotgalibacillus marinus*）DSM 1297$^{T}$

海洋咸海鲜芽胞杆菌［*Jeotgalibacillus marinus* (Rüger and Richter 1979) Yoon et al. 2010，sp. nov.］的模式菌株（581$^{T}$ =ATCC 29841$^{T}$ =CCUG 28884$^{T}$ =CIP 103308$^{T}$ =DSM 1297$^{T}$ =LMG 6930$^{T}$ =NRRL B-14321$^{T}$）分离自深海沉积物，嗜冷，大多数菌株的生长温度为 1～4℃，少数菌株的最高生长温度可达 30℃，最适 NaCl 浓度为 1.2%～2.4%（*W*/*V*），好氧，产芽胞，1979 年被分类为球胞芽胞杆菌海洋亚种（*Bacillus globisporus* subsp. *marinus* Rüger and Richter 1979），1983 年被独立为海洋芽胞杆菌（*Bacillus marinus*）（Rüger，1983），2001 年被重分类为海洋海洋芽胞杆菌（*Marinibacillus marinus*）（Yoon et al.，2001b），2010 年再次被重分类为海洋咸海鲜芽胞杆菌（*Jeotgalibacillus marinus*）（Yoon et al.，2010a）。目前，该种仅有 1 个基因组，模式菌株 DSM 1297$^{T}$ 基因组的 GenBank 登录号为 GCA_001274925.1，测序平台为 Illumina HiSeq，于 2015 年 8 月 26 日由福建省农业科学院（Fujian Academy of Agricultural Sciences）提交。

**【基因组的组装】**菌株 DSM 1297$^{T}$ 基因组的测序深度为 150 X，基因组大小为 4.100 Mb，组装到 18 个 contigs，contig $N_{50}$ 为 630 521 bp。**【G+C 含量】**43.76%。**【非编码 RNA】**预测到 5 个 rRNA 基因（5S rRNA 3 个、16S rRNA 1 个、23S rRNA 1 个），66 个 tRNA 基因，12 个 sRNA 基因。**【编码基因】**有 4264 个蛋白质编码基因，编码区总长为 3 659 859 bp，占整个基因组的 89.26%，基因的平均长度为 858 bp。**【基因功能注释】**比对到 KEGG、COG 和 GO 数据库的基因数量分别为 4140 个、3181 个和 2925 个，预测到分泌蛋白编码基因 95 个；在 25 个 COG 功能类群中，基因数量前 10 位的类群分别是：R. 仅一般功能预测 356 个，K. 转录 329 个，E. 氨基酸转运与代谢 320 个，G. 碳水化合物转运与代谢 320 个，S. 功能未知 239 个，J. 翻译、核糖体结构与合成 233 个，M. 细胞壁/膜/包膜生物合成 218 个，T. 信号转导机制 202 个，P. 无机离子转运与代谢 198 个和 H. 辅酶转运与代谢 191 个（图 5-5-8a）。**【重复序列】**预测到的重复序列包括：LTR 176 个，总长为 10 485 bp，平均长度为 60 bp；DNA 重复元件 53 个，总长为 3003 bp，平均长度为 57 bp；LINE 40 个，总长为 2350 bp，平均长度为 59 bp；SINE 7 个，总长为 650 bp，平均长度为 93 bp；RC 3 个，总长为 155 bp，平均长度为 52 bp；TR 54 个，重复序列长度为 10～508 bp，总长为 7573 bp；小卫星 DNA 42 个，重复序列长度为 10～60 bp，总长为 3156 bp；未预测到微卫星 DNA。**【CRISPR】**预测到 19 个 CRISPR 相关序列。**【基因岛】**预测到 11 个基因岛 GI 01～GI 11，长度为 5505～25 295 bp，其 G+C 含量为 35.66%～43.78%。利用已预测得到的基因组信息，如重复序列、G+C 含量等，应用 CIRCOS 工具绘制其基因组圈图（图 5-5-8b）。

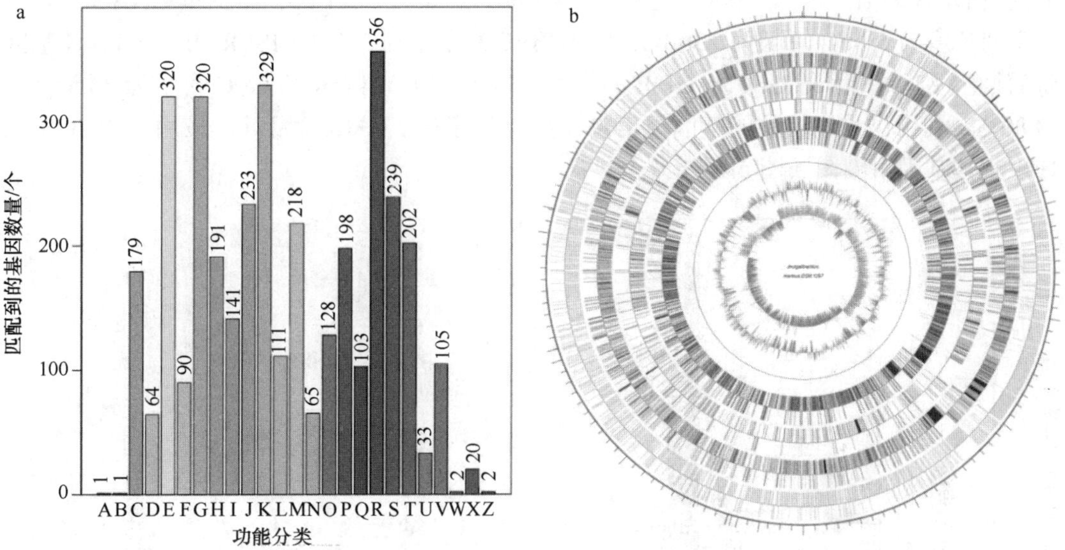


图 5-5-8　海洋咸海鲜芽胞杆菌 DSM 1297$^T$ 基因组的直系同源基因聚类分析（a）和圈图（b）

## 5. 解蛋白咸海鲜芽胞杆菌（*Jeotgalibacillus proteolyticus*）22-7$^T$

解蛋白咸海鲜芽胞杆菌（*Jeotgalibacillus proteolyticus* Li et al. 2018，sp. nov.）的模式菌株（22-7$^T$ =MCCC 1H00228$^T$ =KCTC 33930$^T$）分离自我国雷州湾的海洋沉积物，耐盐，生长条件为 10～40℃（最适 33℃）、pH 6.0～9.5（最适 pH 7.5）、0～10%（*W*/*V*）NaCl（最适 2%），好氧，产芽胞（Li et al.，2018e）。目前，该种仅有 1 个基因组，模式菌株 22-7$^T$ 基因组的 GenBank 登录号为 GCA_002926065.1，测序平台为 Illumina HiSeq，于 2018 年 2 月 13 日由中国科学院（Chinese Academy of Sciences）提交。

**【基因组的组装】**菌株 22-7$^T$ 基因组的测序深度为 600 X，基因组大小为 4.233 Mb，组装到 17 个 contigs，contig $N_{50}$ 为 593 671 bp。**【G+C 含量】**41.62%。**【非编码 RNA】**预测到 14 个 rRNA 基因（5S rRNA 3 个、16S rRNA 8 个、23S rRNA 3 个），49 个 tRNA 基因，4 个 sRNA 基因。**【编码基因】**有 4433 个蛋白质编码基因，编码区总长为 3 692 712 bp，占整个基因组的 87.24%，基因的平均长度为 833 bp。**【基因功能注释】**比对到 KEGG、COG 和 GO 数据库的基因数量分别为 3762 个、2976 个和 2958 个，预测到分泌蛋白编

码基因 110 个；在 24 个 COG 功能类群中，基因数量前 10 位的类群分别是：R. 仅一般功能预测 357 个，G. 碳水化合物转运与代谢 306 个，E. 氨基酸转运与代谢 301 个，K. 转录 242 个，J. 翻译、核糖体结构与合成 238 个，S. 功能未知 224 个，P. 无机离子转运与代谢 183 个，M. 细胞壁/膜/包膜生物合成 172 个，C. 能量产生与转换 169 个和 H. 辅酶转运与代谢 166 个（图 5-5-9a）。**【重复序列】**预测到的重复序列包括：LTR 153 个，总长为 9835 bp，平均长度为 64 bp；DNA 重复元件 51 个，总长为 3218 bp，平均长度为 63 bp；LINE 58 个，总长为 3419 bp，平均长度为 59 bp；SINE 11 个，总长为 701 bp，平均长度为 64 bp；RC 3 个，总长为 126 bp，平均长度为 42 bp；未知序列 2 个，总长为 124 bp，平均长度为 62 bp；TR 126 个，重复序列长度为 6～368 bp，总长为 15 856 bp；小卫星 DNA 94 个，重复序列长度为 11～45 bp，总长为 4641 bp；微卫星 DNA 3 个，重复序列长度为 6 bp，总长为 236 bp。**【CRISPR】**预测到 3 个 CRISPR 相关序列。**【基因岛】**预测到 7 个基因岛 GI 01～GI 07，长度为 5829～21 394 bp，其 G+C 含量为 34.51%～43.80%。利用已预测得到的基因组信息，如重复序列、G+C 含量等，应用 CIRCOS 工具绘制其基因组圈图（图 5-5-9b）。

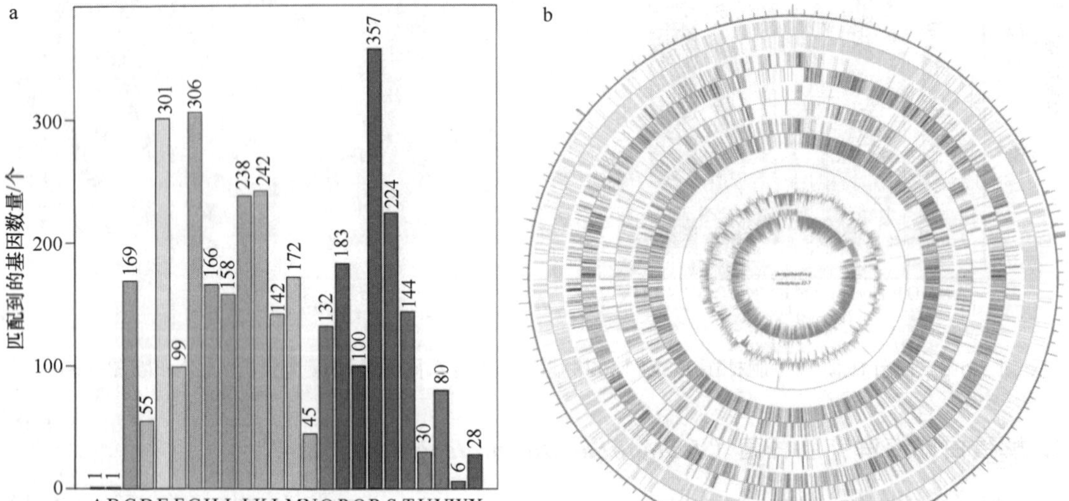


图 5-5-9　解蛋白咸海鲜芽胞杆菌 22-7$^T$ 基因组的直系同源基因聚类分析（a）和圈图（b）

### 6. 土壤咸海鲜芽胞杆菌（*Jeotgalibacillus soli*）P9$^T$

土壤咸海鲜芽胞杆菌（*Jeotgalibacillus soli* Cunha et al. 2012，sp. nov.）的模式菌株（P9$^T$ =DSM 23228$^T$ =LMG 25523$^T$）分离自我国雷州湾的海洋沉积物，耐盐，生长条件为 15～40℃（最适 30～37℃）、pH 5.5～10.5（最适 pH 8.0～8.5）、0～9%（*W*/*V*）NaCl（最适 0～1%），严格好氧，产芽胞（Cunha et al.，2012）。目前，该种仅有 1 个基因组，模式菌株 P9$^T$ 基因组的 GenBank 登录号为 GCA_000829435.1，测序平台为 Illumina MiSeq，于 2015 年 1 月 27 日由马来西亚理工大学（Universiti Teknologi Malaysia）提交。

【**基因组的组装**】菌株 P9$^T$ 基因组的测序深度为 200 X，基因组大小为 3.777 Mb，组装到 24 个 contigs，contig $N_{50}$ 为 525 494 bp。【**G+C 含量**】39.73%。【**非编码 RNA**】预测到 6 个 rRNA 基因（5S rRNA 4 个、16S rRNA 1 个、23S rRNA 1 个），78 个 tRNA 基因，3 个 sRNA 基因。【**编码基因**】有 4010 个蛋白质编码基因，编码区总长为 3 171 822 bp，占整个基因组的 83.98%，基因的平均长度为 791 bp。【**基因功能注释**】比对到 KEGG、COG 和 GO 数据库的基因数量分别为 3240 个、2627 个和 2660 个，预测到分泌蛋白编码基因 74 个；在 25 个 COG 功能类群中，基因数量前 10 位的类群分别是：R. 仅一般功能预测 295 个，E. 氨基酸转运与代谢 293 个，G. 碳水化合物转运与代谢 223 个，J. 翻译、核糖体结构与合成 221 个，K. 转录 193 个，S. 功能未知 184 个，C. 能量产生与转换 167 个，P. 无机离子转运与代谢 166 个，H. 辅酶转运与代谢 161 个和 T. 信号转导机制 161 个（图 5-5-10a）。【**重复序列**】预测到的重复序列包括：LTR 79 个，总长为 5308 bp，平均长度为 67 bp；DNA 重复元件 23 个，总长为 2967 bp，平均长度为 129 bp；LINE 21 个，总长为 1080 bp，平均长度为 51 bp；SINE 14 个，总长为 827 bp，平均长度为 59 bp；TR 78 个，重复序列长度为 6～467 bp，总长为 7212 bp；小卫星 DNA 63 个，重复序列长度为 11～60 bp，总长为 3351 bp；微卫星 DNA 1 个，重复序列长度为 6 bp，总长为 196 bp。【**CRISPR**】预测到 10 个 CRISPR 相关序列。【**基因岛**】预测到 10 个基因岛 GI 01～GI 10，长度为 6398～23 619 bp，其 G+C 含量为 33.92%～41.50%。利用已预测得到的基因组信息，如重复序列、G+C 含量等，应用 CIRCOS 工具绘制其基因组圈图（图 5-5-10b）。

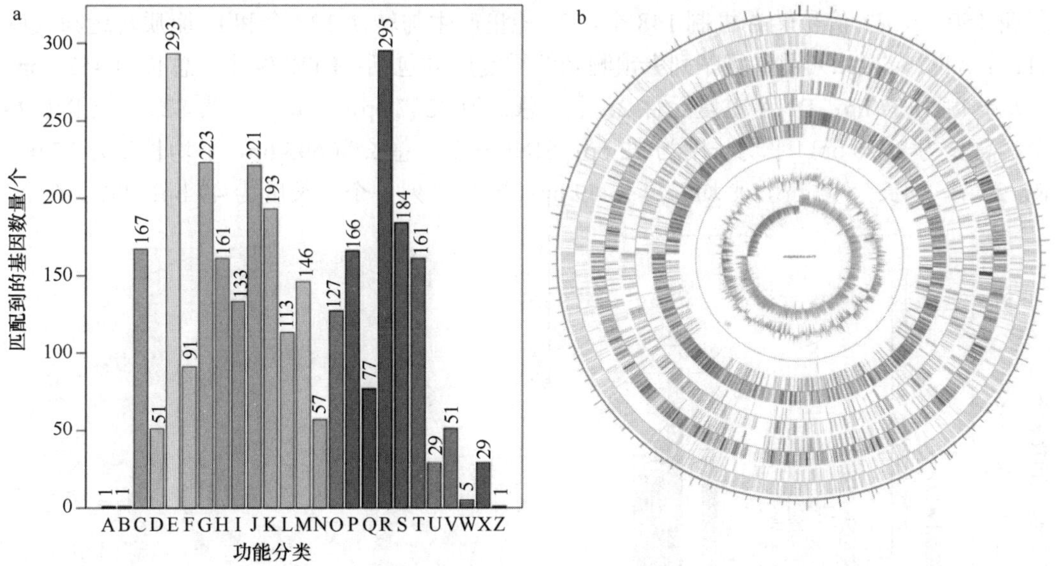


图 5-5-10 土壤咸海鲜芽胞杆菌 P9$^T$ 基因组的直系同源基因聚类分析（a）和圈图（b）

## 四、库特氏菌属

库特氏菌属（*Kurthia* Trevisan 1885，genus.）于 1885 年建立，包含 8 种，模式种为

措普夫库特氏菌［*Kurthia zopfii* (Kurth 1883) Trevisan 1885，species.］，好氧或兼性厌氧，不产芽胞。目前，该属有 6 个已知种类和 8 个未定种菌株的 18 个基因组被测序。

## 1. 吉氏库特氏菌（*Kurthia gibsonii*）B83

吉氏库特氏菌（*Kurthia gibsonii* Shaw and Keddie 1983，sp. nov.）的模式菌株（ATCC 43195$^T$ =CIP 103250$^T$ =DSM 20636$^T$ =JCM 6105$^T$ =LMG 17316$^T$）分离自肉制品，最适生长温度为 30℃，兼性厌氧，不产芽胞（Shaw and Keddie，1983）。目前，该种有 2 个基因组，选择组装水平较高的非模式菌株 B83 的基因组进行描述，其 GenBank 登录号为 GCA_003660425.1，测序平台为 Illumina NextSeq，于 2018 年 10 月 15 日由印度国际大学（Visva-Bharati University）提交。

**【基因组的组装】**菌株 B83 基因组的测序深度为 388 X，基因组大小为 2.936 Mb，组装到 41 个 contigs，contig $N_{50}$ 为 140 789 bp。**【G+C 含量】**36.38%。**【非编码 RNA】**预测到 9 个 rRNA 基因（5S rRNA 7 个、16S rRNA 1 个、23S rRNA 1 个），63 个 tRNA 基因，7 个 sRNA 基因。**【编码基因】**有 2951 个蛋白质编码基因，编码区总长为 2 569 482 bp，占整个基因组的 87.52%，基因的平均长度为 871 bp。**【基因功能注释】**比对到 KEGG、COG 和 GO 数据库的基因数量分别为 2811 个、2145 个和 2178 个，预测到分泌蛋白编码基因 71 个；在 23 个 COG 功能类群中，基因数量前 10 位的类群分别是：E. 氨基酸转运与代谢 265 个，R. 仅一般功能预测 212 个，J. 翻译、核糖体结构与合成 207 个，K. 转录 176 个，P. 无机离子转运与代谢 159 个，S. 功能未知 151 个，H. 辅酶转运与代谢 150 个，T. 信号转导机制 148 个，C. 能量产生与转换 127 个和 I. 脂质转运与代谢 111 个（图 5-5-11a）。**【重复序列】**预测到的重复序列包括：LTR 79 个，总长为 4524 bp，平均长度为 57 bp；DNA 重复元件 28 个，总长为 2287 bp，平均长度为 82 bp；LINE 29 个，总长为 2096 bp，平均长度为 72 bp；SINE 9 个，总长为 695 bp，平均长度为 77 bp；RC 2 个，总长为 97 bp，平均长度为 49 bp；未知序列 1 个，长度为 47 bp；TR 156 个，

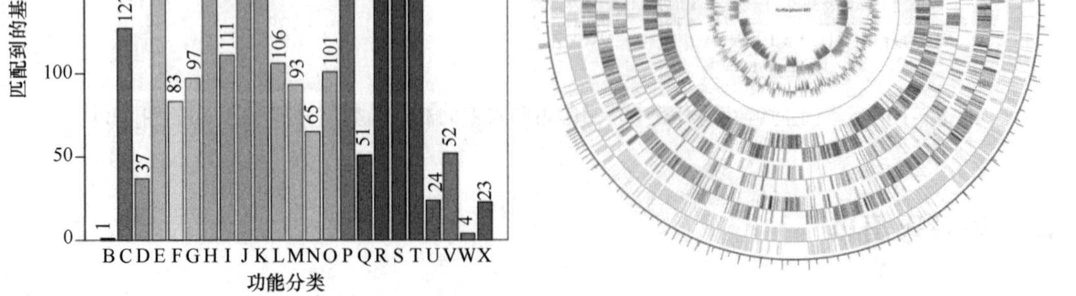


图 5-5-11　吉氏库特氏菌 B83 基因组的直系同源基因聚类分析（a）和圈图（b）

重复序列长度为 6～976 bp，总长为 11 882 bp；小卫星 DNA 146 个，重复序列长度为 11～51 bp，总长为 7952 bp；微卫星 DNA 1 个，重复序列长度为 6 bp，总长为 29 bp。**【CRISPR】**未预测到 CRISPR 相关序列。**【基因岛】**预测到 10 个基因岛 GI 01～GI 10，长度为 4697～14 368 bp，其 G+C 含量为 29.26%～37.80%。利用已预测得到的基因组信息，如重复序列、G+C 含量等，应用 CIRCOS 工具绘制其基因组圈图（图 5-5-11b）。

### 2. 华葵库特氏菌（*Kurthia huakuii*）LAM0618$^T$

华葵库特氏菌（*Kurthia huakuii* Ruan et al. 2014，sp. nov.）的模式菌株（LAM0618$^T$ = ACCC 06121$^T$ =JCM 19187$^T$）分离自河北 1 个大型沼气池的沼液，生长条件为 10～45℃（最适 30℃）、pH 5.5～9.5（最适 pH 7.0），能耐受 70 g/L NaCl，兼性厌氧，不产芽胞（Ruan et al.，2014）。目前，该种仅有 1 个基因组，模式菌株 LAM0618$^T$ 基因组的 GenBank 登录号为 GCA_000505545.1，测序平台为 Illumina HiSeq，于 2013 年 12 月 10 日由中国农业科学院（Chinese Academy of Agricultural Sciences）提交。

**【基因组的组装】**菌株 LAM0618$^T$ 基因组的测序深度为 100 X，基因组大小为 3.549 Mb，组装到 56 个 contigs，contig $N_{50}$ 为 317 103 bp。**【G+C 含量】**39.91%。**【非编码 RNA】**预测到 35 个 rRNA 基因（5S rRNA 10 个、16S rRNA 15 个、23S rRNA 10 个），112 个 tRNA 基因，2 个 sRNA 基因。**【编码基因】**有 3618 个蛋白质编码基因，编码区总长为 3 033 678 bp，占整个基因组的 85.48%，基因的平均长度为 838 bp。**【基因功能注释】**比对到 KEGG、COG 和 GO 数据库的基因数量分别为 2847 个、2377 个和 2471 个，预测到分泌蛋白编码基因 118 个；在 24 个 COG 功能类群中，基因数量前 10 位的类群分别是：E. 氨基酸转运与代谢 259 个，R. 仅一般功能预测 235 个，J. 翻译、核糖体结构与合成 221 个，K. 转录 195 个，P. 无机离子转运与代谢 179 个，H. 辅酶转运与代谢 163 个，T. 信号转导机制 162 个，S. 功能未知 153 个，C. 能量产生与转换 138 个和 I. 脂质转运与代谢 134 个（图 5-5-12a）。**【重复序列】**预测到的重复序列包括：LTR 89 个，总长为 7345 bp，

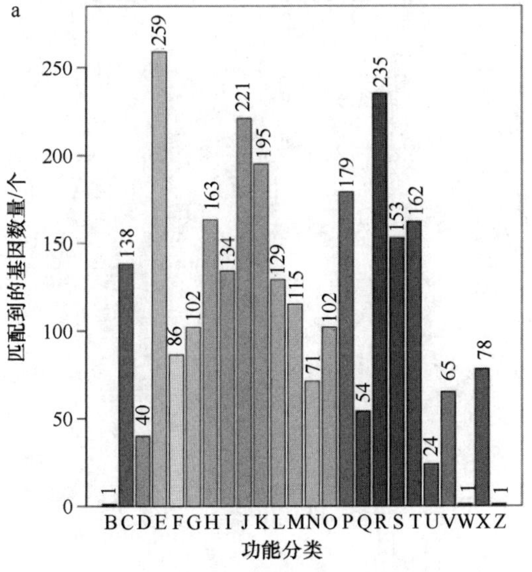


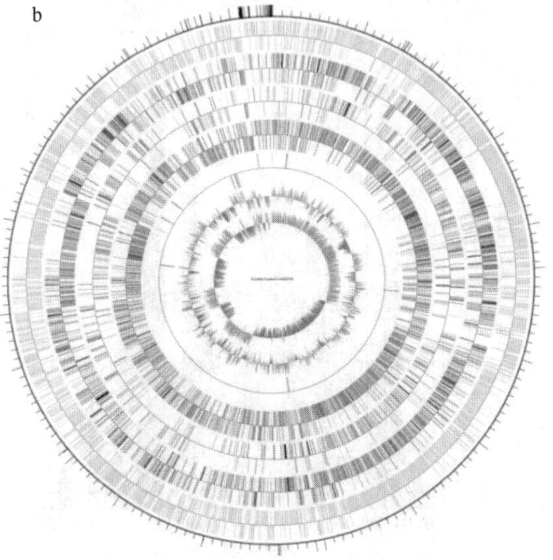


图 5-5-12 华葵库特氏菌 LAM0618$^T$ 基因组的直系同源基因聚类分析（a）和圈图（b）

平均长度为 83 bp；DNA 重复元件 41 个，总长为 3320 bp，平均长度为 81 bp；LINE 38 个，总长为 2585 bp，平均长度为 68 bp；SINE 20 个，总长为 1220 bp，平均长度为 61 bp；RC 2 个，总长为 184 bp，平均长度为 92 bp；TR 97 个，重复序列长度为 6～226 bp，总长为 6648 bp；小卫星 DNA 78 个，重复序列长度为 10～54 bp，总长为 4180 bp；微卫星 DNA 1 个，重复序列长度为 6 bp，总长为 61 bp。**【CRISPR】**预测到 78 个 CRISPR 相关序列。**【基因岛】**预测到 11 个基因岛 GI 01～GI 11，长度为 2452～29 710 bp，其 G+C 含量为 30.27%～39.04%。利用已预测得到的基因组信息，如重复序列、G+C 含量等，应用 CIRCOS 工具绘制其基因组圈图（图 5-5-12b）。

### 3. 马赛库特氏菌（*Kurthia massiliensis*）JC30$^{T}$

马赛库特氏菌（*Kurthia massiliensis* Roux et al. 2013，sp. nov.）的模式菌株（JC30$^{T}$ = CSUR 141$^{T}$=DSM 24639$^{T}$）分离自 1 位塞内加尔人的粪便，在绵羊血平板 37℃生长，好氧，不产芽胞（Roux et al.，2012）。目前，该种仅有 1 个基因组，模式菌株 JC30$^{T}$ 基因组的 GenBank 登录号为 GCA_000285555.1，测序平台为 454 FLX，于 2012 年 7 月 19 日由法国热带传染病研究中心（Unité de Recherche en Maladies Infectieuses et Tropicales Emergentes）提交。

**【基因组的组装】**菌株 JC30$^{T}$ 基因组的测序深度未知，基因组大小为 3.231 Mb，组装到 63 个 scaffolds，scaffold $N_{50}$ 为 358 739 bp。**【G+C 含量】**39.26%。**【非编码 RNA】**预测到 6 个 rRNA 基因（5S rRNA 4 个、16S rRNA 1 个、23S rRNA 1 个），89 个 tRNA 基因，2 个 sRNA 基因。**【编码基因】**有 3285 个蛋白质编码基因，编码区总长为 2 770 014 bp，占整个基因组的 85.73%，基因的平均长度为 843 bp。**【基因功能注释】**比对到 KEGG、COG 和 GO 数据库的基因数量分别为 2581 个、2207 个和 2330 个，预测到分泌蛋白编码基因 126 个；在 25 个 COG 功能类群中，基因数量前 10 位的类群分别是：E. 氨基酸转运与代谢 237 个，R. 仅一般功能预测 229 个，J. 翻译、核糖体结构与合成 216 个，P. 无机离子转运与代谢 172 个，K. 转录 168 个，H. 辅酶转运与代谢 167 个，S. 功能未知 150 个，T. 信号转导机制 150 个，I. 脂质转运与代谢 126 个和 C. 能量产生与转换 124 个（图 5-5-13a）。

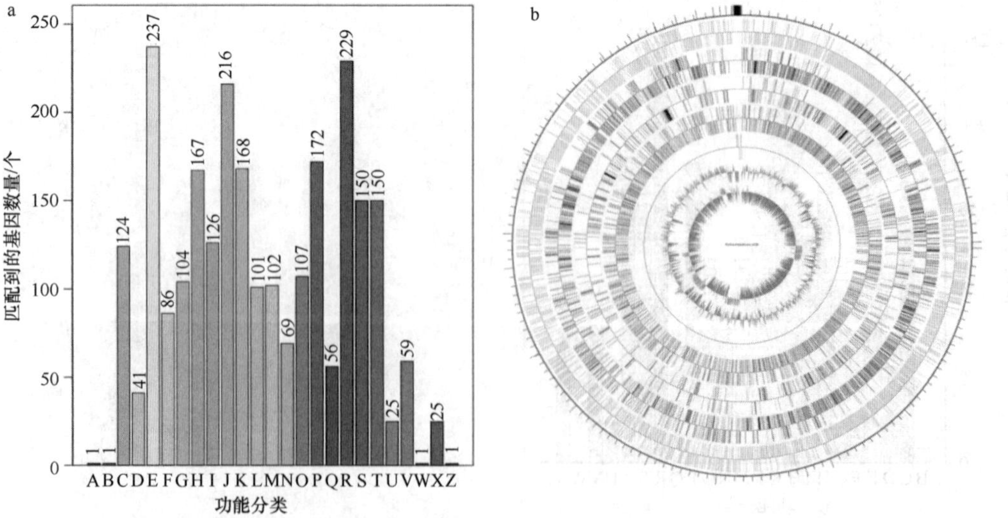


图 5-5-13　马赛库特氏菌 JC30$^{T}$ 基因组的直系同源基因聚类分析（a）和圈图（b）

**【重复序列】**预测到的重复序列包括：LTR 52 个，总长为 3143 bp，平均长度为 60 bp；DNA 重复元件 22 个，总长为 2087 bp，平均长度为 95 bp；LINE 22 个，总长为 1257 bp，平均长度为 57 bp；SINE 13 个，总长为 949 bp，平均长度为 73 bp；TR 87 个，重复序列长度为 11～141 bp，总长为 6108 bp；小卫星 DNA 79 个，重复序列长度为 11～54 bp，总长为 4753 bp；未预测到微卫星 DNA。**【CRISPR】**预测到 24 个 CRISPR 相关序列。**【基因岛】**预测到 10 个基因岛 GI 01～GI 10，长度为 4568～27 306 bp，其 G+C 含量为 30.0%～41.46%。利用已预测得到的基因组信息，如重复序列、G+C 含量等，应用 CIRCOS 工具绘制其基因组圈图（图 5-5-13b）。

#### 4. 塞内加尔库特氏菌（*Kurthia senegalensis*）JC8E$^T$

塞内加尔库特氏菌（*Kurthia senegalensis* Roux et al. 2016，sp. nov.）的模式菌株（JC8E$^T$ =CSUR P138$^T$ =DSM 24641$^T$）分离自 1 位塞内加尔人的粪便，在绵羊血平板 37℃生长，好氧，不产芽胞（Roux et al.，2014）。目前，该种仅有 1 个基因组，模式菌株 JC8E$^T$ 基因组的 GenBank 登录号为 GCA_000285595.1，测序平台为 454 FLX，于 2012 年 7 月 19 日由法国热带传染病研究中心（Unité de Recherche en Maladies Infectieuses et Tropicales Emergentes）提交。

**【基因组的组装】**菌株 JC8E$^T$ 基因组的测序深度未知，基因组大小为 2.987 Mb，组装到 43 个 scaffolds，scaffold $N_{50}$ 为 434 399 bp。**【G+C 含量】**38.22%。**【非编码 RNA】**预测到 9 个 rRNA 基因（5S rRNA 7 个、16S rRNA 1 个、23S rRNA 1 个），82 个 tRNA 基因，2 个 sRNA 基因。**【编码基因】**有 3139 个蛋白质编码基因，编码区总长为 2 550 039 bp，占整个基因组的 85.37%，基因的平均长度为 812 bp。**【基因功能注释】**比对到 KEGG、COG 和 GO 数据库的基因数量分别为 2423 个、2071 个和 2177 个，预测到分泌蛋白编码基因 77 个；在 23 个 COG 功能类群中，基因数量前 10 位的类群分别是：E. 氨基酸转运与代谢 236 个，J. 翻译、核糖体结构与合成 216 个，R. 仅一般功能预测 214 个，K. 转录 157 个，P. 无机离子转运与代谢 154 个，S. 功能未知 151 个，T. 信号转导机制 131 个，H. 辅酶转运与代谢 130 个，I. 脂质转运与代谢 126 个和 C. 能量产生与转换 114 个（图 5-5-14a）。**【重复序列】**预测到的重复序列包括：LTR 63 个，总长为 4246 bp，平均长度为 67 bp；DNA 重复元件 26 个，总长为 1521 bp，平均长度为 59 bp；LINE 18 个，总长为 979 bp，平均长度为 54 bp；SINE 15 个，总长为 887 bp，平均长度为 59 bp；RC 2 个，总长为 91 bp，平均长度为 46 bp；TR 114 个，重复序列长度为 6～1953 bp，总长为 13 722 bp；小卫星 DNA 92 个，重复序列长度为 10～57 bp，总长为 6119 bp；微卫星 DNA 3 个，重复序列长度为 6 bp，总长为 104 bp。**【CRISPR】**未预测到 CRISPR 相关序列。**【基因岛】**预测到 6 个基因岛 GI 01～GI 06，长度为 4272～12 131 bp，其 G+C 含量为 34.68%～38.73%。利用已预测得到的基因组信息，如重复序列、G+C 含量等，应用 CIRCOS 工具绘制其基因组圈图（图 5-5-14b）。

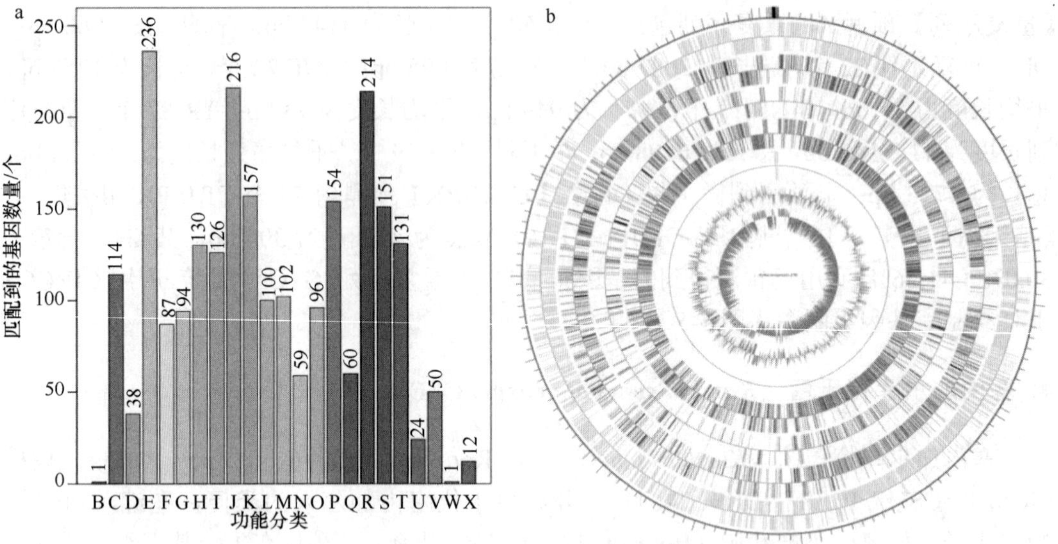


图 5-5-14　塞内加尔库特氏菌 JC8E$^T$ 基因组的直系同源基因聚类分析（a）和圈图（b）

### 5. 西伯利亚库特氏菌（*Kurthia sibirica*）ATCC 49154$^T$

西伯利亚库特氏菌（*Kurthia sibirica* Belikova et al. 1988，sp. nov.）的模式菌株（13-22$^T$ = ATCC 49154$^T$ =CCM 3477$^T$ =CIP 103418$^T$ =DSM 4747$^T$ =JCM 8563$^T$ =LMG 17317$^T$ = NBRC 101530$^T$ =VKM B-1549$^T$）分离自俄罗斯西伯利亚冻土中的猛犸象，好氧，不产芽胞（Belikova et al.，1986）。目前，该种仅有 1 个基因组，模式菌株 ATCC 49154$^T$ 基因组的 GenBank 登录号为 GCA_003143975.1，测序平台为 Illumina HiSeq，于 2018 年 5 月 20 日由美国国立普通医学科学研究所（National Institute of General Medical Sciences）提交。

**【基因组的组装】**菌株 ATCC 49154$^T$ 基因组的测序深度为 334 X，基因组大小为 3.497 Mb，组装到 79 个 contigs，contig $N_{50}$ 为 138 251 bp。**【G+C 含量】**36.42%。**【非编码 RNA】**预测到 5 个 rRNA 基因（5S rRNA 3 个、16S rRNA 1 个、23S rRNA 1 个），69 个 tRNA 基因，7 个 sRNA 基因。**【编码基因】**有 3418 个蛋白质编码基因，编码区总长为 2 908 701 bp，占整个基因组的 83.18%，基因的平均长度为 851 bp。**【基因功能注释】**比对到 KEGG、COG 和 GO 数据库的基因数量分别为 2799 个、2292 个和 2367 个，预测到分泌蛋白编码基因 81 个；在 23 个 COG 功能类群中，基因数量前 10 位的类群分别是：E. 氨基酸转运与代谢 277 个，R. 仅一般功能预测 228 个，J. 翻译、核糖体结构与合成 204 个，P. 无机离子转运与代谢 175 个，K. 转录 172 个，S. 功能未知 162 个，T. 信号转导机制 153 个，C. 能量产生与转换 140 个，H. 辅酶转运与代谢 140 个和 I. 脂质转运与代谢 138 个（图 5-5-15a）。**【重复序列】**预测到的重复序列包括：LTR 106 个，总长为 6550 bp，平均长度为 62 bp；DNA 重复元件 23 个，总长为 3236 bp，平均长度为 141 bp；LINE 37 个，总长为 2471 bp，平均长度为 67 bp；SINE 21 个，总长为 1480 bp，平均长度为 70 bp；RC 1 个，长度为 63 bp；TR 171 个，重复序列长度为 6～282 bp，总长为 18 583 bp；小卫星 DNA 129 个，重复序列长度为 10～51 bp，总长为 9906 bp；微卫星 DNA 1 个，重复序列长度为 6 bp，总长为 47 bp。【**CRISPR**】预测到 34 个 CRISPR 相关序列。【**基因岛**】预测到 10 个基因岛 GI 01～GI 10，长度为 3719～12 612 bp，其 G+C 含量为 30.08%～38.86%。利用已预测得到的基因组信息，如重复序列、G+C 含量等，应用 CIRCOS 工具绘制其基因组圈图（图 5-5-15b）。

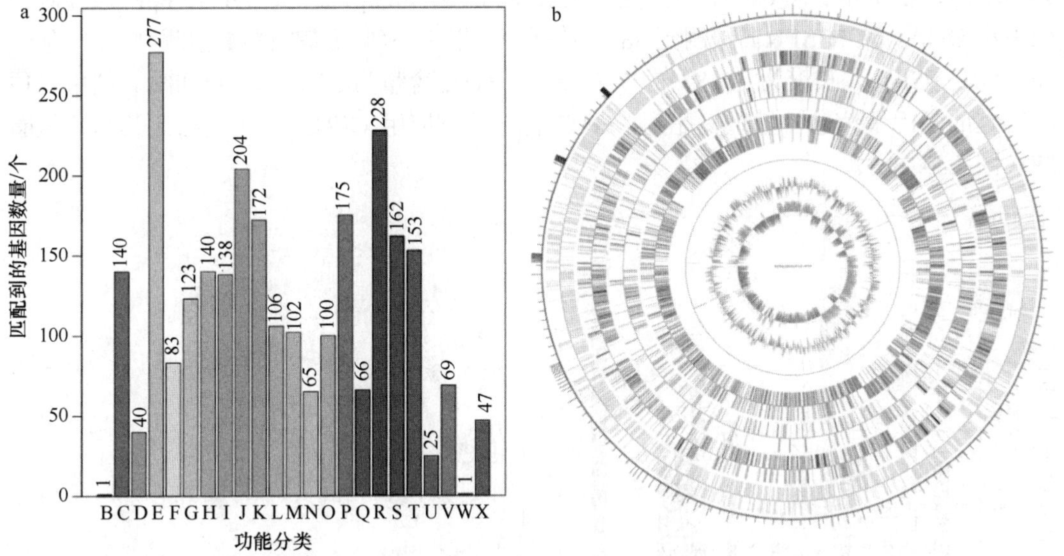


图 5-5-15　西伯利亚库特氏菌 ATCC 49154$^T$ 基因组的直系同源基因聚类分析（a）和圈图（b）

## 6. 措普夫库特氏菌（*Kurthia zopfii*）NCTC 404

措普夫库特氏菌［*Kurthia zopfii* (Kurth 1883) Trevisan 1885，species.］的模式菌株（ATCC 33403$^T$ =CCUG 38890$^T$ =CIP 103249$^T$ =DSM 20580$^T$ =JCM 6101$^T$ =LMG 17318$^T$ = NBRC 101529$^T$ =NCTC 10597$^T$ =VKM B-1568$^T$）分离自火鸡的盲肠，最适生长温度为 26℃，兼性厌氧，不产芽胞。目前，该种有 4 个基因组，选择组装到完成图水平的非模式菌株 NCTC 404 的基因组进行描述，其 GenBank 登录号为 GCA_900637935.1，测序平台为 Illumina HiSeq，于 2018 年 12 月 20 日由欧洲生物信息学研究所（European Bioinformatics Institute）提交。

【**基因组的组装**】菌株 NCTC 404 基因组的测序深度为 100 X，基因组大小为 3.062 Mb，组装到完成图水平，包括 1 条染色体。【**G+C 含量**】36.87%。【**非编码 RNA**】预测到 26 个 rRNA 基因（5S rRNA 9 个、16S rRNA 9 个、23S rRNA 8 个），78 个 tRNA 基因，2 个 sRNA 基因。【**编码基因**】有 3053 个蛋白质编码基因，编码区总长为 2 617 383 bp，占整个基因组的 85.48%，基因的平均长度为 857 bp。【**基因功能注释**】比对到 KEGG、COG 和 GO 数据库的基因数量分别为 2643 个、2167 个和 2217 个，预测到分泌蛋白编码基因 66 个；在 24 个 COG 功能类群中，基因数量前 10 位的类群分别是：X. 移动元件组：前噬菌体、转座子 228 个，E. 氨基酸转运与代谢 210 个，J. 翻译、核糖体结构与合成 198 个，R. 仅一般功能预测 185 个，K. 转录 149 个，P. 无机离子转运与代谢 145 个，S. 功能未知 137 个，H. 辅酶转运与代谢 136 个，C. 能量产生与转换 124 个和 T. 信号转导机制 123 个（图 5-5-16a）。【**重复序列**】预测到的重复序列包括：LTR 80 个，总长为 6710 bp，平均长度为 84 bp；DNA 重复元件 29 个，总长为 9559 bp，平均长度为 330 bp；LINE 23 个，总长为 1545 bp，平均长度为 67 bp；SINE 10 个，总长为 750 bp，平均长度为 75 bp；RC 1 个，长度为 63 bp；TR 84 个，重复序列长度为 8～1548 bp，总长为 38 307 bp；小卫星 DNA 58 个，重复序列长度为 12～52 bp，总长为 4175 bp；未预测到微卫星 DNA。【**CRISPR**】预测到 38 个 CRISPR 相关序列。【**基因岛**】预测到 16 个基因岛 GI 01～GI 16，长度为 5018～34 115 bp，其 G+C 含量为 31.18%～42.98%。利用已预测得到的基因组信息，如重复序列、G+C 含量等，应用 CIRCOS 工具绘制其基因组圈图（图 5-5-16b）。

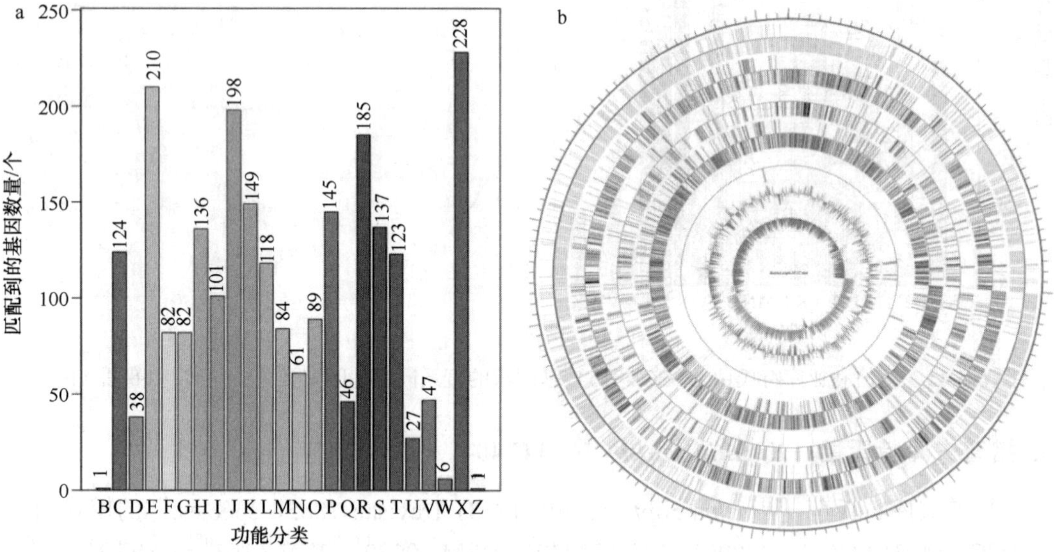


图 5-5-16　措普夫库特氏菌 NCTC 404 基因组的直系同源基因聚类分析（a）和圈图（b）

## 五、赖氨酸芽胞杆菌属

赖氨酸芽胞杆菌属（*Lysinibacillus* Ahmed et al. 2007，gen. nov.）于 2007 年建立（Ahmed et al.，2007c），包含 30 种，模式种为耐硼赖氨酸芽胞杆菌（*Lysinibacillus boronitolerans* Ahmed et al. 2007，sp. nov.），好氧或兼性厌氧，产芽胞。目前，该属有 27 个已知种类和 43 个未定种菌株的 127 个基因组被测序，以下选取 26 个已知种类的基因组进行描述。

### 1. 苯乙酮赖氨酸芽胞杆菌（*Lysinibacillus acetophenoni*）JC23$^T$

苯乙酮赖氨酸芽胞杆菌（*Lysinibacillus acetophenoni* Azmatunnisa et al. 2015，sp. nov.）的模式菌株（JC23$^T$ =CCUG 57911$^T$ =KCTC 13605$^T$ =NBRC 105754$^T$ =DSM 23394$^T$）分离自有机溶剂苯乙酮，生长条件为 25～40℃（最适 35℃）、pH 6.0～9.0（最适 pH 7.0）、0～2%（*W*/*V*）NaCl，好氧，产芽胞（Azmatunnisa et al.，2015b）。目前，该种仅有 1 个基因组，模式菌株 JC23$^T$ 基因组的 GenBank 登录号为 GCA_900220965.1，测序平台为

Illumina HiSeq，于 2017 年 9 月 28 日由美国能源部联合基因组研究所（DOE Joint Genome Institute）提交。

**【基因组的组装】**菌株 JC23T 基因组的测序深度为 300 X，基因组大小为 3.977 Mb，组装到 39 个 scaffolds，scaffold $N_{50}$ 为 209 274 bp。**【G+C 含量】**34.87%。**【非编码 RNA】**预测到 13 个 rRNA 基因（5S rRNA 12 个、16S rRNA 0 个、23S rRNA 1 个），110 个 tRNA 基因，15 个 sRNA 基因。**【编码基因】**有 3999 个蛋白质编码基因，编码区总长为 3 356 178 bp，占整个基因组的 84.39%，基因的平均长度为 839 bp。**【基因功能注释】**比对到 KEGG、COG 和 GO 数据库的基因数量分别为 3396 个、2737 个和 2736 个，预测到分泌蛋白编码基因 84 个；在 24 个 COG 功能类群中，基因数量前 10 位的类群分别是：E. 氨基酸转运与代谢 334 个，R. 仅一般功能预测 311 个，J. 翻译、核糖体结构与合成 253 个，K. 转录 214 个，S. 功能未知 214 个，T. 信号转导机制 175 个，P. 无机离子转运与代谢 169 个，C. 能量产生与转换 160 个，H. 辅酶转运与代谢 148 个和 M. 细胞壁/膜/包膜生物合成 140 个（图 5-5-17a）。**【重复序列】**预测到的重复序列包括：LTR 132 个，总长为 8352 bp，平均长度为 63 bp；DNA 重复元件 49 个，总长为 5083 bp，平均长度为 104 bp；LINE 37 个，总长为 2312 bp，平均长度为 62 bp；SINE 18 个，总长为 1586 bp，平均长度为 88 bp；RC 1 个，长度为 43 bp；未知序列 1 个，长度为 50 bp；TR 499 个，重复序列长度为 3～432 bp，总长为 71 324 bp；小卫星 DNA 318 个，重复序列长度为 11～60 bp，总长为 51 796 bp；微卫星 DNA 6 个，重复序列长度为 3～6 bp，总长为 295 bp。**【CRISPR】**预测到 265 个 CRISPR 相关序列。**【基因岛】**预测到 9 个基因岛 GI 01～GI 09，长度为 3378～12 148 bp，其 G+C 含量为 31.78%～38.95%。利用已预测得到的基因组信息，如重复序列、G+C 含量等，应用 CIRCOS 工具绘制其基因组圈图（图 5-5-17b）。

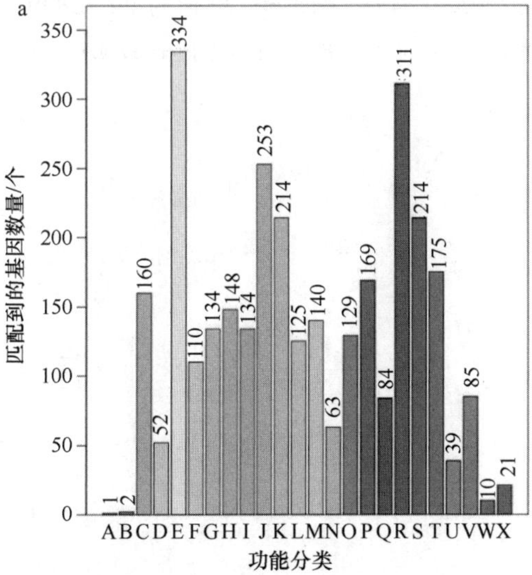


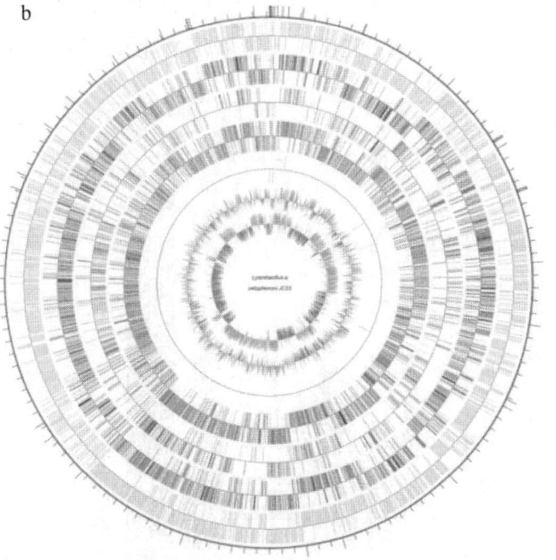


图 5-5-17 苯乙酮赖氨酸芽胞杆菌 JC23T 基因组的直系同源基因聚类分析（a）和圈图（b）

## 2. 耐硼赖氨酸芽胞杆菌（*Lysinibacillus boronitolerans*）NBRC 103108T

耐硼赖氨酸芽胞杆菌（*Lysinibacillus boronitolerans* Ahmed et al. 2007，sp. nov.）的

模式菌株（10a$^T$=DSM 17140$^T$ =NBRC 103108$^T$ =IAM 15262$^T$ =ATCC BAA-1146$^T$）分离自日本东京大学试验田的土壤，中度耐盐，嗜硼，生长条件为 16～45℃（最适 37℃）、pH 5.5～9.5（最适 pH 7.0～8.0）、0～5%（*W/V*）NaCl，能耐受 100 mmol/L 硼，好氧，产芽胞（Ahmed et al.，2007c）。目前，该种有 2 个基因组，选择组装水平较高的模式菌株 NBRC 103108$^T$ 的基因组进行描述，其 GenBank 登录号为 GCA_000772935.1，测序平台为 Illumina HiSeq，于 2014 年 11 月 6 日由华中农业大学（Huazhong Agricultural University）提交。

**【基因组的组装】**菌株 NBRC 103108$^T$ 基因组的测序深度为 149 X，基因组大小为 4.564 Mb，组装到 39 个 contigs，contig $N_{50}$ 为 165 589 bp。**【G+C 含量】**37.55%。**【非编码 RNA】**预测到 4 个 rRNA 基因（5S rRNA 3 个、16S rRNA 1 个、23S rRNA 0 个），52 个 tRNA 基因，3 个 sRNA 基因。**【编码基因】**有 4657 个蛋白质编码基因，编码区总长为 3 911 106 bp，占整个基因组的 85.69%，基因的平均长度为 840 bp。**【基因功能注释】**比对到 KEGG、COG 和 GO 数据库的基因数量分别为 4239 个、3304 个和 3154 个，预测到分泌蛋白编码基因 104 个；在 25 个 COG 功能类群中，基因数量前 10 位的类群分别是：E. 氨基酸转运与代谢 385 个，R. 仅一般功能预测 361 个，K. 转录 355 个，T. 信号转导机制 281 个，S. 功能未知 276 个，J. 翻译、核糖体结构与合成 272 个，P. 无机离子转运与代谢 233 个，H. 辅酶转运与代谢 203 个，C. 能量产生与转换 183 个，G. 碳水化合物转运与代谢 162 个和 M. 细胞壁/膜/包膜生物合成 162 个（图 5-5-18a）。**【重复序列】**预测到的重复序列包括：LTR 100 个，总长为 6168 bp，平均长度为 62 bp；DNA 重复元件 25 个，总长为 1487 bp，平均长度为 59 bp；LINE 30 个，总长为 2198 bp，平均长度为 73 bp；SINE 11 个，总长为 707 bp，平均长度为 64 bp；未知序列 2 个，总长为 109 bp，平均长度为 55 bp；TR 218 个，重复序列长度为 4～413 bp，总长为 24 728 bp；小卫星 DNA 152 个，重复序列长度为 10～60 bp，总长为 11 880 bp；微卫星 DNA 4 个，

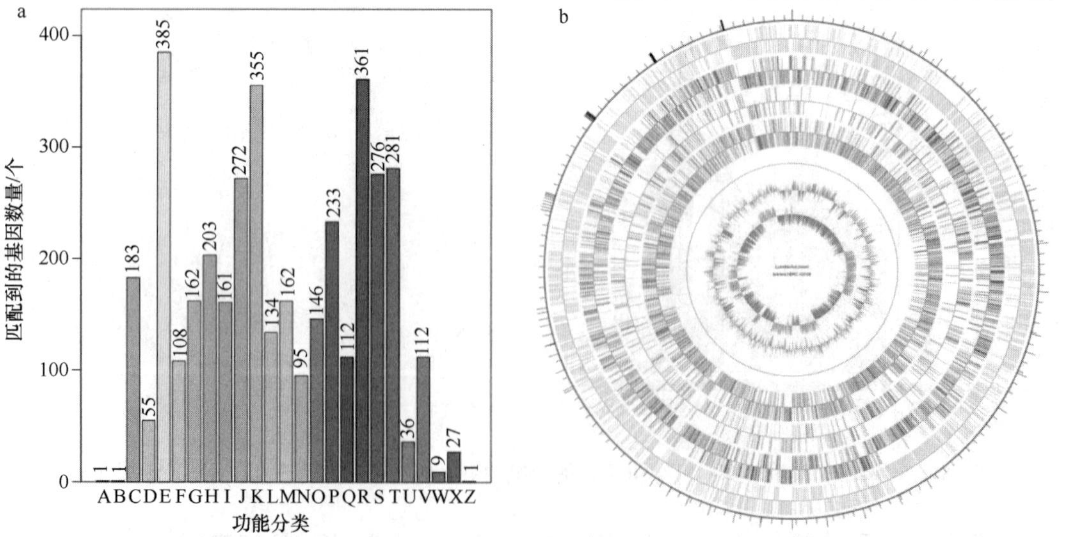


图 5-5-18　耐硼赖氨酸芽胞杆菌 NBRC 103108$^T$ 基因组的直系同源基因聚类分析（a）和圈图（b）

重复序列长度为 4～6 bp，总长为 170 bp。**【CRISPR】**预测到 77 个 CRISPR 相关序列。**【基因岛】**预测到 10 个基因岛 GI 01～GI 10，长度为 4160～27 614 bp，其 G+C 含量为 30.36%～39.32%。利用已预测得到的基因组信息，如重复序列、G+C 含量等，应用 CIRCOS 工具绘制其基因组圈图（图 5-5-18b）。

### 3. 清国酱赖氨酸芽胞杆菌（*Lysinibacillus chungkukjangi*）KACC 16626$^T$

清国酱赖氨酸芽胞杆菌（*Lysinibacillus chungkukjangi* Kim et al. 2013，sp. nov.）的模式菌株（2RL3-2$^T$ =KACC 16626$^T$ =NBRC 108948$^T$）分离自韩国传统大豆发酵食品清曲酱，生长条件为 10～45℃（最适 30℃）、pH 6.0～9.0（最适 pH 7.0）、0～3%（*W*/*V*）NaCl（最适 0），能耐受 100 mmol/L 硼，好氧，产芽胞（Kim et al.，2013a）。目前，该种有 2 个基因组，选择组装水平较高的模式菌株 KACC 16626$^T$ 的基因组进行描述，其 GenBank 登录号为 GCA_003217295.1，测序平台为 Illumina HiSeq，于 2018 年 6 月 12 日由美国能源部联合基因组研究所（DOE Joint Genome Institute）提交。

**【基因组的组装】**菌株 KACC 16626$^T$ 基因组的测序深度为 306 X，基因组大小为 3.878 Mb，组装到 83 个 scaffolds，scaffold $N_{50}$ 为 105 399 bp。**【G+C 含量】**36.70%。**【非编码 RNA】**预测到 12 个 rRNA 基因（5S rRNA 10 个、16S rRNA 1 个、23S rRNA 1 个），66 个 tRNA 基因，9 个 sRNA 基因。**【编码基因】**有 3871 个蛋白质编码基因，编码区总长为 3 261 267 bp，占整个基因组的 84.10%，基因的平均长度为 842 bp。**【基因功能注释】**比对到 KEGG、COG 和 GO 数据库的基因数量分别为 3343 个、2687 个和 2661 个，预测到分泌蛋白编码基因 81 个；在 24 个 COG 功能类群中，基因数量前 10 位的类群分别是：E. 氨基酸转运与代谢 292 个，R. 仅一般功能预测 287 个，J. 翻译、核糖体结构与合成 239 个，K. 转录 224 个，S. 功能未知 210 个，T. 信号转导机制 198 个，P. 无机离子转运与代谢 184 个，H. 辅酶转运与代谢 161 个，C. 能量产生与转换 147 个和 I. 脂质转运与代谢 146 个（图 5-5-19a）。**【重复序列】**预测到的重复序列包括：LTR 98 个，

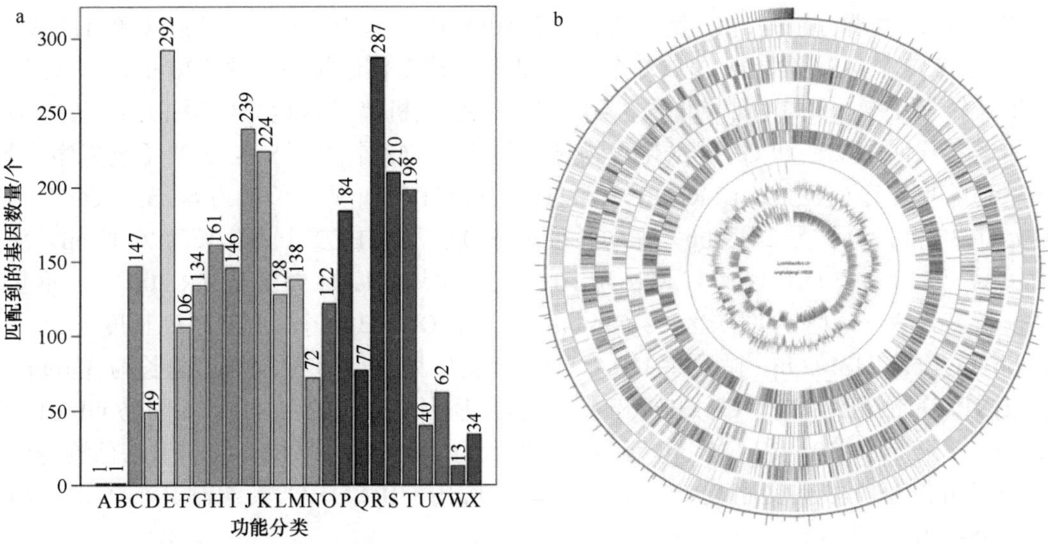


图 5-5-19　清国酱赖氨酸芽胞杆菌 KACC 16626$^T$ 基因组的直系同源基因聚类分析（a）和圈图（b）

总长为 6400 bp，平均长度为 65 bp；DNA 重复元件 37 个，总长为 2394 bp，平均长度为 65 bp；LINE 35 个，总长为 2144 bp，平均长度为 61 bp；SINE 10 个，总长为 884 bp，平均长度为 88 bp；RC 5 个，总长为 261 bp，平均长度为 52 bp；TR 285 个，重复序列长度为 3～467 bp，总长为 42 198 bp；小卫星 DNA 193 个，重复序列长度为 11～60 bp，总长为 35 660 bp；微卫星 DNA 6 个，重复序列长度为 3～6 bp，总长为 324 bp。**【CRISPR】**预测到 221 个 CRISPR 相关序列。**【基因岛】**预测到 8 个基因岛 GI 01～GI 08，长度为 4326～19 923 bp，其 G+C 含量为 29.48%～38.21%。利用已预测得到的基因组信息，如重复序列、G+C 含量等，应用 CIRCOS 工具绘制其基因组圈图（图 5-5-19b）。

#### 4. 堆肥赖氨酸芽胞杆菌（*Lysinibacillus composti*）MCCC 1A12701

堆肥赖氨酸芽胞杆菌（*Lysinibacillus composti* Hayat et al. 2014，sp. nov.）的模式菌株（NCCP-36$^{T}$ =DSM 24785$^{T}$ =JCM 18777$^{T}$ =KCTC 13796$^{T}$）分离自水果和蔬菜废弃物的好氧堆肥体，生长条件为 10～45℃（最适 28℃）、pH 6.5～8.5（最适 pH 7.0）、0～5%（*W*/*V*）NaCl，能耐受 50 mmol/L 硼，好氧，产芽胞（Hayat et al.，2014）。目前，该种仅有 1 个基因组，非模式菌株 MCCC 1A12701 基因组的 GenBank 登录号为 GCA_003856865.1，测序平台为 Illumina HiSeq，于 2018 年 12 月 3 日由自然资源部第三海洋研究所（The Third Institute of Oceanography，Ministry of Natural Resources）提交。

**【基因组的组装】**菌株 MCCC 1A12701 基因组的测序深度为 200 X，基因组大小为 4.260 Mb，组装到 57 个 scaffolds，scaffold $N_{50}$ 为 189 300 bp。**【G+C 含量】**35.78%。**【非编码 RNA】**预测到 11 个 rRNA 基因（5S rRNA 10 个、16S rRNA 1 个、23S rRNA 0 个），97 个 tRNA 基因，28 个 sRNA 基因。**【编码基因】**有 4123 个蛋白质编码基因，编码区总长为 3 524 511 bp，占整个基因组的 82.74%，基因的平均长度为 855 bp。**【基因功能注释】**比对到 KEGG、COG 和 GO 数据库的基因数量分别为 3546 个、2860 个和 2822 个，预测到分泌蛋白编码基因 87 个；在 24 个 COG 功能类群中，基因数量前 10 位的类群分别是：E. 氨基酸转运与代谢 372 个，R. 仅一般功能预测 318 个，K. 转录 229 个，S. 功能未知 228 个，J. 翻译、核糖体结构与合成 226 个，C. 能量产生与转换 197 个，T. 信号转导机制 197 个，P. 无机离子转运与代谢 193 个，H. 辅酶转运与代谢 182 个和 G. 碳水化合物转运与代谢 158 个（图 5-5-20a）。**【重复序列】**预测到的重复序列包括：LTR 113 个，总长为 7471 bp，平均长度为 66 bp；DNA 重复元件 37 个，总长为 2219 bp，平均长度为 60 bp；LINE 32 个，总长为 2607 bp，平均长度为 81 bp；SINE 14 个，总长为 1016 bp，平均长度为 73 bp；TR 300 个，重复序列长度为 3～261 bp，总长为 33 604 bp；小卫星 DNA 209 个，重复序列长度为 10～60 bp，总长为 21 402 bp；微卫星 DNA 9 个，重复序列长度为 3～6 bp，总长为 330 bp。**【CRISPR】**预测到 41 个 CRISPR 相关序列。**【基因岛】**预测到 11 个基因岛 GI 01～GI 11，长度为 3110～17 135 bp，其 G+C 含量为 28.70%～38.60%。利用已预测得到的基因组信息，如重复序列、G+C 含量等，应用 CIRCOS 工具绘制其基因组圈图（图 5-5-20b）。

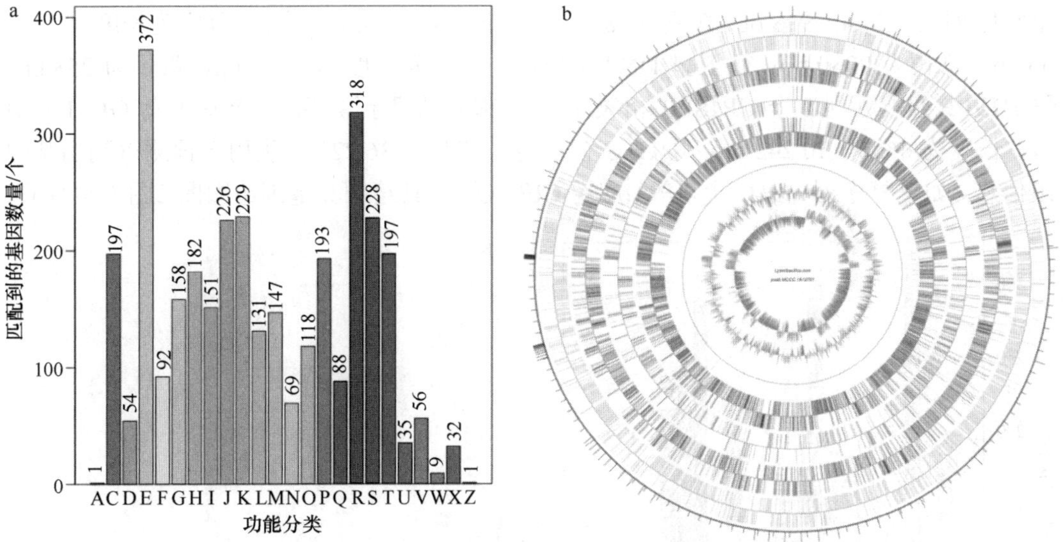


图 5-5-20　堆肥赖氨酸芽胞杆菌 MCCC 1A12701 基因组的直系同源基因聚类分析（a）和圈图（b）

### 5. 污染赖氨酸芽胞杆菌（*Lysinibacillus contaminans*）DSM 25560$^T$

污染赖氨酸芽胞杆菌（*Lysinibacillus contaminans* Kämpfer et al. 2013，sp. nov.）的模式菌株（FSt3A$^T$=CCM 8383$^T$=DSM 25560$^T$ =CIP 110362$^T$）分离自德国吉森市 1 个培养肠杆菌属菌株平板的污染菌落，生长条件为 15～45℃（最适 30℃）、pH 6.5～10.5（最适 pH 7.0～8.0）、1%～7%（*W*/*V*）NaCl，好氧，产芽胞（Kämpfer et al.，2013b）。目前，该种仅有 1 个基因组，模式菌株 DSM 25560$^T$ 基因组的 GenBank 登录号为 GCA_001278945.1，测序平台为 Illumina HiSeq，于 2015 年 9 月 4 日由福建省农业科学院（Fujian Academy of Agricultural Sciences）提交。

**【基因组的组装】**菌株 DSM 25560$^T$ 基因组的测序深度为 150 X，基因组大小为 4.100 Mb，组装到 9 个 scaffolds，scaffold $N_{50}$ 为 2 598 722 bp。**【G+C 含量】**37.37%。**【非编码 RNA】**预测到 6 个 rRNA 基因（5S rRNA 3 个、16S rRNA 1 个、23S rRNA 2 个），74 个 tRNA 基因，12 个 sRNA 基因。**【编码基因】**有 4066 个蛋白质编码基因，编码区总长为 3 389 685 bp，占整个基因组的 82.68%，基因的平均长度为 834 bp。**【基因功能注释】**比对到 KEGG、COG 和 GO 数据库的基因数量分别为 3546 个、2803 个和 2752 个，预测到分泌蛋白编码基因 87 个；在 24 个 COG 功能类群中，基因数量前 10 位的类群分别是：E. 氨基酸转运与代谢 299 个，R. 仅一般功能预测 291 个，K. 转录 290 个，S. 功能未知 218 个，T. 信号转导机制 215 个，P. 无机离子转运与代谢 194 个，C. 能量产生与转换 178 个，J. 翻译、核糖体结构与合成 173 个，H. 辅酶转运与代谢 172 个和 G. 碳水化合物转运与代谢 168 个（图 5-5-21a）。**【重复序列】**预测到的重复序列包括：LTR 74 个，总长为 4671 bp，平均长度为 63 bp；DNA 重复元件 22 个，总长为 1599 bp，平均长度为 73 bp；LINE 24 个，总长为 1796 bp，平均长度为 75 bp；SINE 5 个，总长为 430 bp，平均长度为 86 bp；RC 3 个，总长为 131 bp，平均长度为 44 bp；TR 145 个，重复序列长度为 4～918 bp，总长为 18 210 bp；小卫星 DNA 112 个，重复序列长度为 11～60 bp，总长为 9030 bp；微卫星 DNA 5 个，重复序列长度为 4～6 bp，总长为 258 bp。**【CRISPR】**预测到 2 个 CRISPR 相关序列。**【基因岛】**预测到 11 个基因岛 GI 01～GI 11，长度为 6626～20 242 bp，其 G+C 含量为 31.77%～36.22%。利用已预测得到的基因组信息，如重复序列、G+C 含量等，应用 CIRCOS 工具绘制其基因组圈图（图 5-5-21b）。

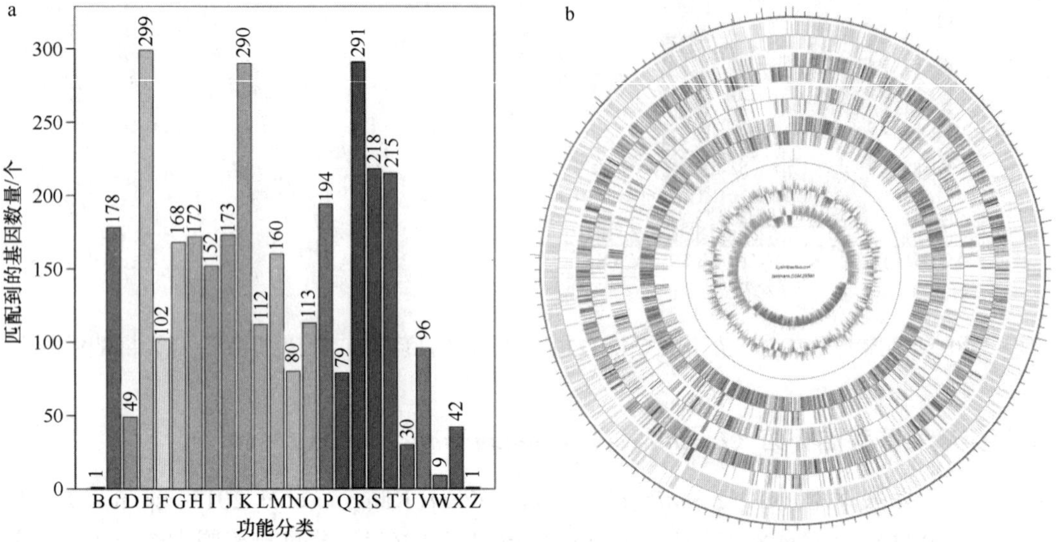


图 5-5-21　污染赖氨酸芽胞杆菌 DSM 25560$^T$ 基因组的直系同源基因聚类分析（a）和圈图（b）

## 6. 内生赖氨酸芽胞杆菌（*Lysinibacillus endophyticus*）DSM 100506$^T$

内生赖氨酸芽胞杆菌（*Lysinibacillus endophyticus* Yu et al. 2017，sp. nov.）的模式菌株（C9$^T$ =DSM 100506$^T$ =CGMCC 1.15291$^T$）分离自黑龙江海伦市 1 株表面经过消毒的玉米根内，生长条件为 20～50℃（最适 30℃）、pH 5.0～8.0（最适 pH 7.0）、0～4.5%（*W*/*V*）NaCl，好氧，产芽胞（Yu et al.，2016b）。目前，该种仅有 1 个基因组，模式菌株 DSM 100506$^T$ 基因组的 GenBank 登录号为 GCA_003628435.1，测序平台为 Illumina HiSeq，于 2018 年 10 月 11 日由自然资源部第三海洋研究所（Third Institute of Oceanography，Ministry of Natural Resources）提交。

**【基因组的组装】**菌株 DSM 100506$^T$ 基因组的测序深度为 200 X，基因组大小为 3.535 Mb，组装到 123 个 scaffolds，scaffold $N_{50}$ 为 67 386 bp。**【G+C 含量】**34.95%。**【非编码 RNA】**预测到 9 个 rRNA 基因（5S rRNA 7 个、16S rRNA 1 个、23S rRNA 1 个），86 个 tRNA 基因，6 个 sRNA 基因。**【编码基因】**有 3570 个蛋白质编码基因，编码区总长为 3 001 029 bp，占整个基因组的 84.89%，基因的平均长度为 841 bp。**【基因功能注释】**比对到 KEGG、COG 和 GO 数据库的基因数量分别为 3082 个、2531 个和 2492 个，预测到分泌蛋白编码基因 71 个；在 23 个 COG 功能类群中，基因数量前 10 位的类群分别是：E. 氨基酸转运与代谢 286 个，R. 仅一般功能预测 252 个，J. 翻译、核糖体结构与合成 220 个，K. 转录 202 个，S. 功能未知 200 个，T. 信号转导机制 192 个，P. 无机离子转运与代谢 181 个，H. 辅酶转运与代谢 154 个，C. 能量产生与转换 146 个和 I. 脂质转运与代谢 141 个（图 5-5-22a）。**【重复序列】**预测到的重复序列包括：LTR 103 个，总长为 6670 bp，平均长度为 65 bp；DNA 重复元件 41 个，总长为 2493 bp，平均长度为 61 bp；LINE 26 个，总长为 1606 bp，平均长度为 62 bp；SINE 13 个，总长为 1323 bp，平均长度为 102 bp；RC 2 个，总长为 129 bp，平均长度为 65 bp；未知序列 1 个，长度为 51 bp；TR 215 个，重复序列长度为 1～306 bp，总长为 34 284 bp；小卫星 DNA 138 个，重复序列长度为 11～52 bp，总长为 20 562 bp；微卫星 DNA 1 个，重复序列长度为 6 bp，总长为 41 bp。**【CRISPR】**预测到 156 个 CRISPR 相关序列。**【基因岛】**预测到 1 个基因岛 GI 01，长度为 7266 bp，其 G+C 含量为 33.86%。利用已预测得到的基因组信息，如重复序列、G+C 含量等，应用 CIRCOS 工具绘制其基因组圈图（图 5-5-22b）。

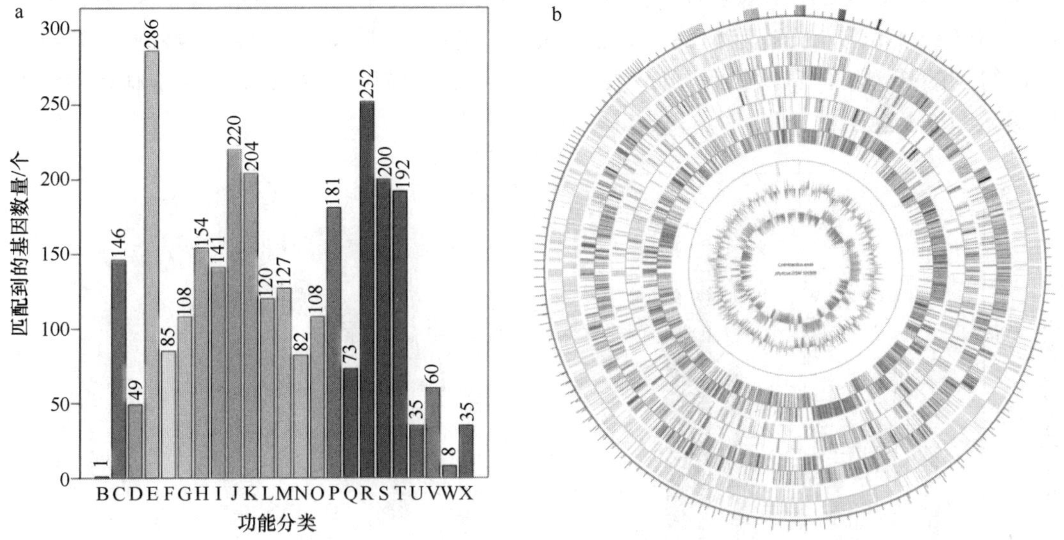


图 5-5-22　内生赖氨酸芽胞杆菌 DSM 100506$^T$基因组的直系同源基因聚类分析（a）和圈图（b）

## 7. 解乙羧氟草醚赖氨酸芽胞杆菌（*Lysinibacillus fluoroglycofenilyticus*）cmg86$^T$

解乙羧氟草醚赖氨酸芽胞杆菌（*Lysinibacillus fluoroglycofenilyticus* Cheng et al. 2015，sp. nov.）的模式菌株（cmg86$^T$=KCTC 33183$^T$=CCTCC AB 2013247$^T$）分离自江苏苏州市桐泾公园乙羧氟草醚污染的土壤，生长条件为 20～45℃、pH 6.5～10.0、0～5.5%（*W*/*V*）NaCl，好氧，产芽胞（Cheng et al.，2015）。目前，该种仅有 1 个基因组，模式菌株 cmg86$^T$基因组的 GenBank 登录号为 GCA_003049645.1，测序平台为 Illumina MiSeq，于 2018 年 4 月 11 日由美国弗吉尼亚理工大学（Virginia Polytechnic Institute and State University）提交。

**【基因组的组装】**菌株 cmg86$^T$基因组的测序深度为 500 X，基因组大小为 3.600 Mb，组装到 43 个 contigs，contig $N_{50}$为 2 280 247 bp。**【G+C 含量】**38.34%。**【非编码 RNA】**预测到 10 个 rRNA 基因（5S rRNA 9 个、16S rRNA 1 个、23S rRNA 0 个），71 个 tRNA 基因，44 个 sRNA 基因。**【编码基因】**有 3494 个蛋白质编码基因，编码区总长为 3 037 869 bp，占整个基因组的 84.39%，基因的平均长度为 869 bp。**【基因功能注释】**比对到 KEGG、

COG 和 GO 数据库的基因数量分别为 2989 个、2519 个和 2425 个，预测到分泌蛋白编码基因 65 个；在 25 个 COG 功能类群中，基因数量前 10 位的类群分别是：E. 氨基酸转运与代谢 281 个，R. 仅一般功能预测 256 个，J. 翻译、核糖体结构与合成 225 个，K. 转录 220 个，T. 信号转导机制 209 个，P. 无机离子转运与代谢 185 个，S. 功能未知 185 个，H. 辅酶转运与代谢 150 个，G. 碳水化合物转运与代谢 144 个和 M. 细胞壁/膜/包膜生物合成 137 个（图 5-5-23a）。**【重复序列】**预测到的重复序列包括：LTR 60 个，总长为 3878 bp，平均长度为 65 bp；DNA 重复元件 17 个，总长为 952 bp，平均长度为 56 bp；LINE 20 个，总长为 1736 bp，平均长度为 87 bp；SINE 10 个，总长为 868 bp，平均长度为 87 bp；RC 1 个，长度为 61 bp；TR 129 个，重复序列长度为 10～831 bp，总长为 16 315 bp；小卫星 DNA 105 个，重复序列长度为 10～60 bp，总长为 5572 bp；未预测到微卫星 DNA。**【CRISPR】**预测到 40 个 CRISPR 相关序列。**【基因岛】**预测到 8 个基因岛 GI 01～GI 08，长度为 5188～40 272 bp，其 G+C 含量为 31.33%～39.83%。利用已预测得到的基因组信息，如重复序列、G+C 含量等，应用 CIRCOS 工具绘制其基因组圈图（图 5-5-23b）。

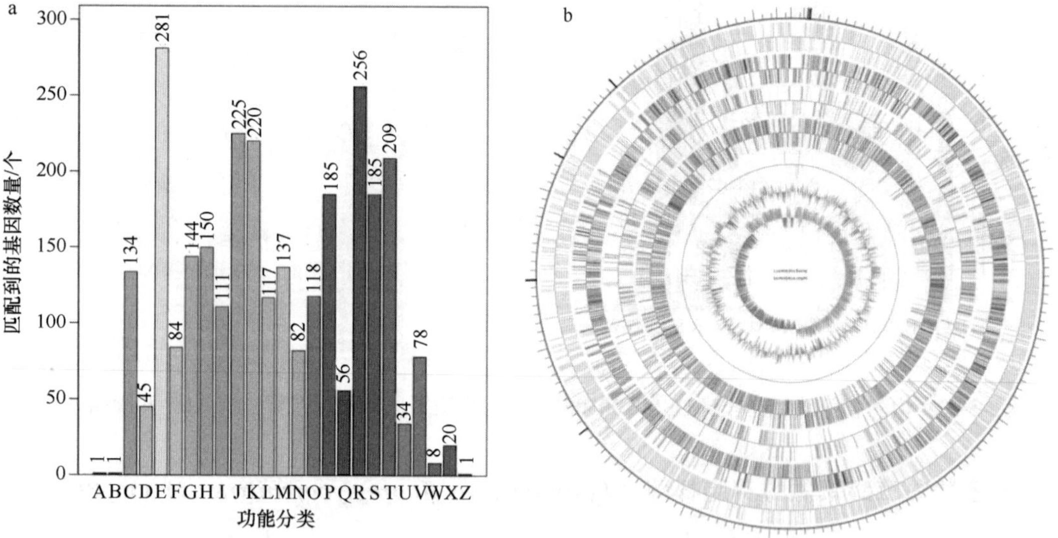


图 5-5-23　解乙羧氟草醚赖氨酸芽胞杆菌 cmg86$^{T}$ 基因组的直系同源基因聚类分析（a）和圈图（b）

## 8. 纺锤形赖氨酸芽胞杆菌（*Lysinibacillus fusiformis*）RB-21

纺锤形赖氨酸芽胞杆菌［*Lysinibacillus fusiformis* (Priest et al. 1989) Ahmed et al. 2007，comb. nov.］的模式菌株（ATCC 7055$^{T}$ =CCUG 28888$^{T}$ = DSM 2898$^{T}$ =JCM 12229$^{T}$ = LMG 9816$^{T}$ =NRRL NRS-350$^{T}$）分离自土壤，生长条件为 17～37℃、pH 6.0～9.5、2%～5%（*W*/*V*）NaCl，好氧，产芽胞。早在 1901 年被命名为纺锤形芽胞杆菌（*Bacillus fusiformis* Meyer and Gottheil 1901），1988 年将其分类地位确定为纺锤形芽胞杆菌（*Bacillus fusiformis*）（Priest et al.，1988），2007 年被重分类为纺锤形赖氨酸芽胞杆菌（*Lysinibacillus fusiformis*）（Ahmed et al.，2007c）。目前，该种有 20 个基因组，选择组装到完成图水平

的非模式菌株 RB-21 的基因组进行描述，其 GenBank 登录号为 GCA_000724775.3，测序平台为 PacBio，于 2015 年 2 月 10 日由马来西亚马来亚大学（University of Malaya）提交。

**【基因组的组装】** 菌株 RB-21 基因组的测序深度为 104 X，基因组大小为 4.844 Mb，组装到完成图水平，包括 1 条染色体。**【G+C 含量】** 37.62%。**【非编码 RNA】** 预测到 42 个 rRNA 基因（5S rRNA 15 个、16S rRNA 13 个、23S rRNA 14 个），107 个 tRNA 基因，2 个 sRNA 基因。**【编码基因】** 有 4931 个蛋白质编码基因，编码区总长为 4 146 243 bp，占整个基因组的 85.60%，基因的平均长度为 841 bp。**【基因功能注释】** 比对到 KEGG、COG 和 GO 数据库的基因数量分别为 4672 个、3486 个和 3312 个，预测到分泌蛋白编码基因 106 个；在 25 个 COG 功能类群中，基因数量前 10 位的类群分别是：E. 氨基酸转运与代谢 405 个，R. 仅一般功能预测 385 个，K. 转录 360 个，S. 功能未知 292 个，J. 翻译、核糖体结构与合成 286 个，T. 信号转导机制 286 个，P. 无机离子转运与代谢 274 个，H. 辅酶转运与代谢 206 个，C. 能量产生与转换 181 个 G. 碳水化合物转运与代谢 172 个（图 5-5-24a）。**【重复序列】** 预测到的重复序列包括：LTR 126 个，总长为 11 438 bp，平均长度为 91 bp；DNA 重复元件 32 个，总长为 2393 bp，平均长度为 75 bp；LINE 45 个，总长为 3426 bp，平均长度为 76 bp；SINE 9 个，总长为 718 bp，平均长度为 80 bp；RC 3 个，总长为 168 bp，平均长度为 56 bp；TR 105 个，重复序列长度为 4～639 bp，总长为 12 375 bp；小卫星 DNA 81 个，重复序列长度为 11～54 bp，总长为 8692 bp；微卫星 DNA 4 个，重复序列长度为 4～6 bp，总长为 220 bp。**【CRISPR】** 预测到 11 个 CRISPR 相关序列。**【基因岛】** 预测到 12 个基因岛 GI 01～GI 12，长度为 4049～26 235 bp，其 G+C 含量为 30.48%～41.82%。利用已预测得到的基因组信息，如重复序列、G+C 含量等，应用 CIRCOS 工具绘制其基因组圈图（图 5-5-24b）。

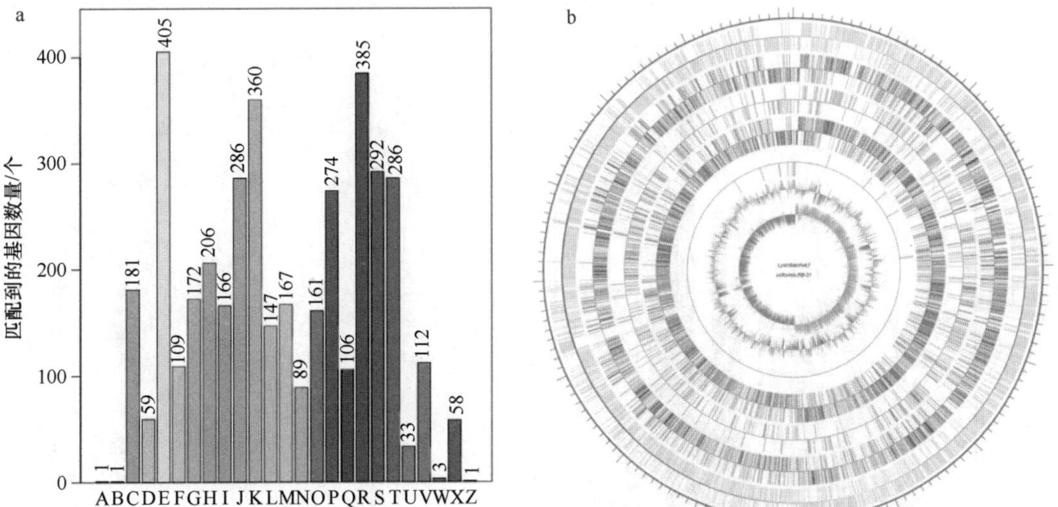


图 5-5-24　纺锤形赖氨酸芽胞杆菌 RB-21 基因组的直系同源基因聚类分析（a）和圈图（b）

**9. 耐盐赖氨酸芽胞杆菌（*Lysinibacillus halotolerans*）MCCC 1A12703**

耐盐赖氨酸芽胞杆菌（*Lysinibacillus halotolerans* Kong et al. 2014，sp. nov.）的模式菌株（LAM612$^{T}$ =ACCC 00718$^{T}$ =JCM 19611$^{T}$）分离自山东德州市的盐碱土，耐盐，生长条件为 15～55℃（最适 35℃）、pH 5.0～10.0（最适 pH 6.0）、0～10%（*W*/*V*）NaCl（最适 3%），好氧，产芽胞（Kong et al.，2014）。目前，该种仅有 1 个基因组，非模式菌株 MCCC 1A12703 基因组的 GenBank 登录号为 GCA_003711845.1，测序平台为 Illumina HiSeq，于 2018 年 11 月 5 日由自然资源部第三海洋研究所（Third Institute of Oceanography，Ministry of Natural Resources）提交。

**【基因组的组装】**菌株 MCCC 1A12703 基因组的测序深度为 200 X，基因组大小为 3.549 Mb，组装到 109 个 scaffolds，scaffold $N_{50}$ 为 64 951 bp。**【G+C 含量】**35.19%。**【非编码 RNA】**预测到 7 个 rRNA 基因（5S rRNA 5 个、16S rRNA 1 个、23S rRNA 1 个），57 个 tRNA 基因，2 个 sRNA 基因。**【编码基因】**有 3685 个蛋白质编码基因，编码区总长为 3 024 612 bp，占整个基因组的 85.22%，基因的平均长度为 821 bp。**【基因功能注释】**比对到 KEGG、COG 和 GO 数据库的基因数量分别为 3190 个、2599 个和 2582 个，预测到分泌蛋白编码基因 60 个；在 25 个 COG 功能类群中，基因数量前 10 位的类群分别是：E. 氨基酸转运与代谢 284 个，R. 仅一般功能预测 283 个，J. 翻译、核糖体结构与合成 237 个，K. 转录 221 个，S. 功能未知 204 个，P. 无机离子转运与代谢 191 个，H. 辅酶转运与代谢 157 个，T. 信号转导机制 156 个，I. 脂质转运与代谢 155 个和 M. 细胞壁/膜/包膜生物合成 144 个（图 5-5-25a）。**【重复序列】**预测到的重复序列包括：LTR 108 个，总长为 6360 bp，平均长度为 59 bp；DNA 重复元件 49 个，总长为 3090 bp，平均长度为 63 bp；LINE 36 个，总长为 2220 bp，平均长度为 62 bp；SINE 7 个，总长为 470 bp，平均长度为 67 bp；RC 2 个，总长为 162 bp，平均长度为 81 bp；未知序列 1 个，长度

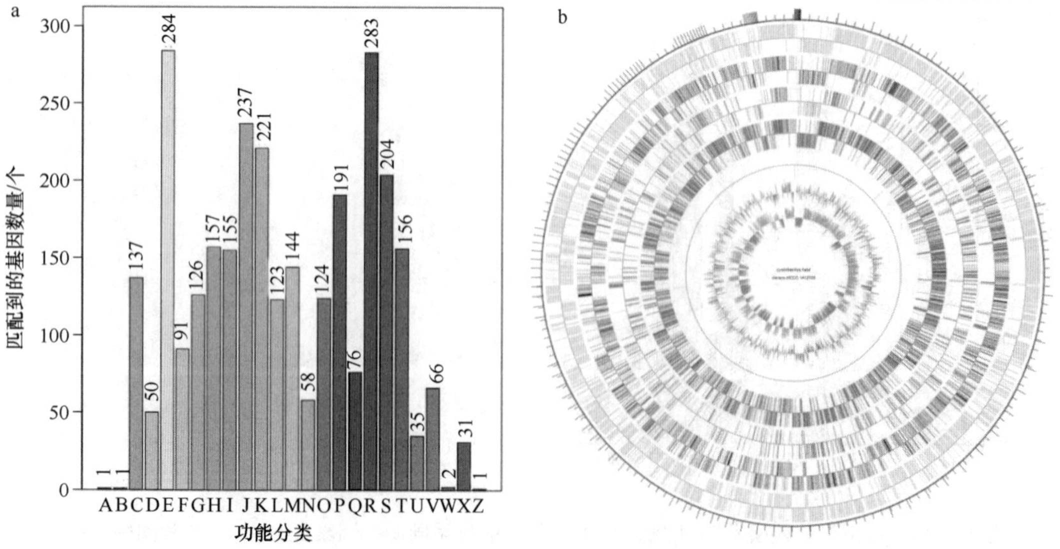


图 5-5-25　耐盐赖氨酸芽胞杆菌 MCCC 1A12703 基因组的直系同源基因聚类分析（a）和圈图（b）

为 37 bp；TR 72 个，重复序列长度为 6～477 bp，总长为 8006 bp；小卫星 DNA 58 个，重复序列长度为 12～54 bp，总长为 2786 bp；微卫星 DNA 1 个，重复序列长度为 6 bp，总长为 62 bp。**【CRISPR】**预测到 11 个 CRISPR 相关序列。**【基因岛】**预测到 5 个基因岛 GI 01～GI 05，长度为 5101～9127 bp，其 G+C 含量为 28.94%～35.22%。利用已预测得到的基因组信息，如重复序列、G+C 含量等，应用 CIRCOS 工具绘制其基因组圈图（图 5-5-25b）。

## 10. 济州赖氨酸芽胞杆菌（*Lysinibacillus jejuensis*）N2-5$^T$

济州赖氨酸芽胞杆菌（*Lysinibacillus jejuensis* Kim et al. 2013，sp. nov.）的模式菌株（N2-5$^T$ =DSM 28310$^T$ =KCTC 13837$^T$）分离自韩国济州岛的养猪废弃物，生长条件为 10～37℃（最适 30℃）、pH 6.0～10.0（最适 pH 7.0）、1%～3%（*W*/*V*）NaCl，好氧，产芽胞（Kim et al.，2013b）。目前，该种仅有 1 个基因组，模式菌株 N2-5$^T$ 基因组的 GenBank 登录号为 GCA_003057615.1，测序平台为 Illumina HiSeq，于 2018 年 4 月 11 日由美国弗吉尼亚理工大学（Virginia Polytechnic Institute and State University）提交。

**【基因组的组装】**菌株 N2-5$^T$ 基因组的测序深度为 500 X，基因组大小为 2.837 Mb，组装到 230 个 contigs，contig $N_{50}$ 为 48 781 bp。**【G+C 含量】**39.63%。**【非编码 RNA】**预测到 10 个 rRNA 基因（5S rRNA 8 个、16S rRNA 1 个、23S rRNA 1 个），67 个 tRNA 基因，6 个 sRNA 基因。**【编码基因】**有 2827 个蛋白质编码基因，编码区总长为 2 434 869 bp，占整个基因组的 85.83%，基因的平均长度为 861 bp。**【基因功能注释】**比对到 KEGG、COG 和 GO 数据库的基因数量分别为 2305 个、1969 个和 1963 个，预测到分泌蛋白编码基因 73 个；在 24 个 COG 功能类群中，基因数量前 10 位的类群分别是：J. 翻译、核糖体结构与合成 200 个，R. 仅一般功能预测 191 个，E. 氨基酸转运与代谢 185 个，H. 辅酶转运与代谢 151 个，T. 信号转导机制 150 个，S. 功能未知 143 个，K. 转录 136 个，P. 无机离子转运与代谢 135 个，L. 复制、重组与修复 114 个和 C. 能量产生与转换 108 个（图 5-5-26a）。**【重复序列】**预测到的重复序列包括：LTR 78 个，总长为 4942 bp，平均

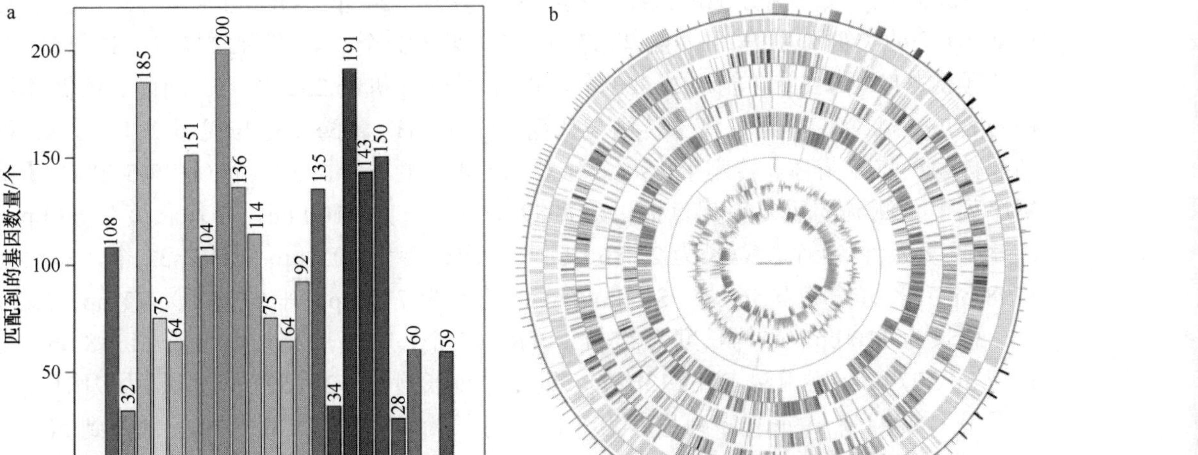


图 5-5-26　济州赖氨酸芽胞杆菌 N2-5$^T$ 基因组的直系同源基因聚类分析（a）和圈图（b）

长度为 63 bp；DNA 重复元件 24 个，总长为 2025 bp，平均长度为 84 bp；LINE 36 个，总长为 3107 bp，平均长度为 86 bp；SINE 15 个，总长为 953 bp，平均长度为 64 bp；RC 2 个，总长为 118 bp，平均长度为 59 bp；TR 85 个，重复序列长度为 9～202 bp，总长为 7038 bp；小卫星 DNA 67 个，重复序列长度为 10～60 bp，总长为 4340 bp；未预测到微卫星 DNA。**【CRISPR】**预测到 110 个 CRISPR 相关序列。**【基因岛】**预测到 10 个基因岛 GI 01～GI 10，长度为 6490～14 213 bp，其 G+C 含量为 30.75%～40.81%。利用已预测得到的基因组信息，如重复序列、G+C 含量等，应用 CIRCOS 工具绘制其基因组圈图（图 5-5-26b）。

**11. 长赖氨酸芽胞杆菌（*Lysinibacillus macroides*）DSM 54$^T$**

长赖氨酸芽胞杆菌［*Lysinibacillus macrolides* (ex Bennett and Canale-Parola 1965) Coorevits et al. 2012，sp. nov.，nom. rev.］的模式菌株（LMG 18474$^T$ =DSM 54$^T$ =ATCC 12905$^T$）分离自牛粪，最适生长温度为 26℃，好氧，产芽胞。1941 年分离得到，1965 年被命名为长芽胞杆菌（*Bacillus macroides* Bennett and Canale-Parola 1965），2012 年被重分类为长赖氨酸芽胞杆菌（*Lysinibacillus macroides*）（Coorevits et al.，2012b）。目前，该种仅有 1 个基因组，模式菌株 DSM 54$^T$基因组的 GenBank 登录号为 GCA_001281525.1，测序平台为 Illumina HiSeq，于 2015 年 9 月 14 日由福建省农业科学院（Fujian Academy of Agricultural Sciences）提交。

**【基因组的组装】**菌株 DSM 54$^T$ 基因组的测序深度为 150 X，基因组大小为 4.866 Mb，组装到 10 个 scaffolds，scaffold $N_{50}$ 为 1 112 050 bp。**【G+C 含量】**37.87%。**【非编码 RNA】**预测到 7 个 rRNA 基因（5S rRNA 4 个、16S rRNA 1 个、23S rRNA 2 个），86 个 tRNA 基因，4 个 sRNA 基因。**【编码基因】**有 4955 个蛋白质编码基因，编码区总长为 4 120 068 bp，占整个基因组的 84.67%，基因的平均长度为 831 bp。**【基因功能注释】**比对到 KEGG、COG 和 GO 数据库的基因数量分别为 4144 个、3227 个和 3265 个，预测到分泌蛋白编码基因 97 个；在 24 个 COG 功能类群中，基因数量前 10 位的类群分别是：E. 氨基酸转运与代谢 332 个，K. 转录 324 个，R. 仅一般功能预测 312 个，S. 功能未知 263 个，T. 信号转导机制 252 个，J. 翻译、核糖体结构与合成 234 个，P. 无机离子转运与代谢 212 个，H. 辅酶转运与代谢 201 个，X. 移动元件组：前噬菌体、转座子 188 个和 C. 能量产生与转换 176 个（图 5-5-27a）。**【重复序列】**预测到的重复序列包括：LTR 89 个，总长为 6100 bp，平均长度为 69 bp；DNA 重复元件 59 个，总长为 23 866 bp，平均长度为 405 bp；LINE 32 个，总长为 1798 bp，平均长度为 56 bp；SINE 11 个，总长为 779 bp，平均长度为 71 bp；RC 2 个，总长为 110 bp，平均长度为 55 bp；TR 209 个，重复序列长度为 6～1738 bp，总长为 30 307 bp；小卫星 DNA 130 个，重复序列长度为 12～60 bp，总长为 9101 bp；微卫星 DNA 1 个，重复序列长度为 6 bp，总长为 34 bp。**【CRISPR】**预测到 509 个 CRISPR 相关序列。**【基因岛】**预测到 32 个基因岛 GI 01～GI 32，长度为 3894～35 652 bp，其 G+C 含量为 23.64%～41.70%。利用已预测得到的基因组信息，如重复序列、G+C 含量等，应用 CIRCOS 工具绘制其基因组圈图（图 5-5-27b）。

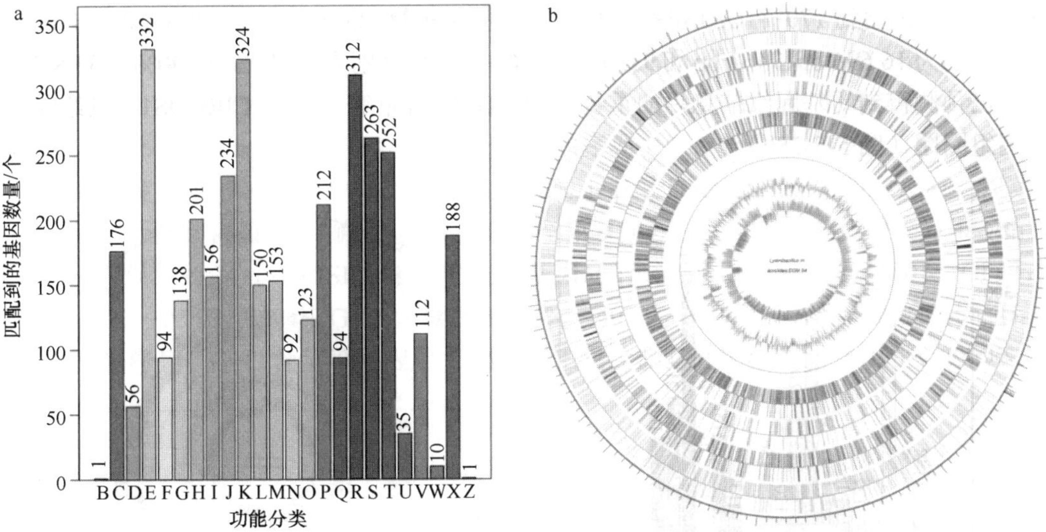


图 5-5-27　长赖氨酸芽胞杆菌 DSM 54^T^ 基因组的直系同源基因聚类分析（a）和圈图（b）

## 12. 锰矿土赖氨酸芽胞杆菌（*Lysinibacillus manganicus*）DSM 26584^T^

锰矿土赖氨酸芽胞杆菌（*Lysinibacillus manganicus* Liu et al. 2013，sp. nov.）的模式菌株（Mn1-7$^T$=DSM 26584$^T$ =CCTCC AB 2012916$^T$）分离自天津的锰矿土，生长条件为15～45℃（最适 37℃）、pH 5.0～10.0（最适 pH 7.0）、0～5.5%（*W*/*V*）NaCl，好氧，产芽胞（Liu et al.，2013）。目前，该种仅有 1 个基因组，模式菌株 DSM 26584$^T$ 基因组的 GenBank 登录号为 GCA_000772945.1，测序平台为 Illumina HiSeq，于 2014 年 11 月 6 日由华中农业大学（Huazhong Agricultural University）提交。

**【基因组的组装】**菌株 DSM 26584$^T$ 基因组的测序深度为 320 X，基因组大小为 4.047 Mb，组装到 81 个 contigs，contig $N_{50}$ 为 152 617 bp。**【G+C 含量】**34.87%。**【非编码 RNA】**预测到 8 个 rRNA 基因（5S rRNA 8 个、16S rRNA 0 个、23S rRNA 0 个），59 个 tRNA 基因，27 个 sRNA 基因。**【编码基因】**有 4014 个蛋白质编码基因，编码区总长为 3 410 616 bp，占整个基因组的 84.28%，基因的平均长度为 850 bp。**【基因功能注释】**比对到 KEGG、COG 和 GO 数据库的基因数量分别为 3430 个、2761 个和 2755 个，预测到分泌蛋白编码基因 87 个；在 25 个 COG 功能类群中，基因数量前 10 位的类群分别是：E. 氨基酸转运与代谢 343 个，R. 仅一般功能预测 316 个，J. 翻译、核糖体结构与合成 252 个，S. 功能未知 218 个，K. 转录 216 个，P. 无机离子转运与代谢 188 个，T. 信号转导机制 186 个，M. 细胞壁/膜/包膜生物合成 156 个，C. 能量产生与转换 148 个和 I. 脂质转运与代谢 140 个（图 5-5-28a）。**【重复序列】**预测到的重复序列包括：LTR 117 个，总长为 7171 bp，平均长度为 61 bp；DNA 重复元件 45 个，总长为 2816 bp，平均长度为 63 bp；LINE 34 个，总长为 2231 bp，平均长度为 66 bp；SINE 13 个，总长为 1131 bp，平均长度为 87 bp；RC 4 个，总长为 182 bp，平均长度为 46 bp；TR 406 个，重复序列长度为 3～423 bp，总长为 62 294 bp；小卫星 DNA 272 个，重复序列长度为 10～60 bp，总长为 51 274 bp；微卫星 DNA 7 个，重复序列长度为 3～6 bp，总长为 359 bp。

长为 3 377 595 bp，占整个基因组的 84.44%，基因的平均长度为 859 bp。**【基因功能注释】**比对到 KEGG、COG 和 GO 数据库的基因数量分别为 3388 个、2729 个和 2750 个，预测到分泌蛋白编码基因 101 个；在 23 个 COG 功能类群中，基因数量前 10 位的类群分别是：E. 氨基酸转运与代谢 315 个，R. 仅一般功能预测 289 个，K. 转录 231 个，J. 翻译、核糖体结构与合成 212 个，S. 功能未知 197 个，P. 无机离子转运与代谢 194 个，T. 信号转导机制 183 个，M. 细胞壁/膜/包膜生物合成 163 个，C. 能量产生与转换 155 个，G. 碳水化合物转运与代谢 155 个和 H. 辅酶转运与代谢 155 个（图 5-5-30a）。**【重复序列】**预测到的重复序列包括：LTR 89 个，总长为 5467 bp，平均长度为 61 bp；DNA 重复元件 48 个，总长为 4072 bp，平均长度为 85 bp；LINE 30 个，总长为 1734 bp，平均长度为 58 bp；SINE 10 个，总长为 932 bp，平均长度为 93 bp；RC 3 个，总长为 178 bp，平均长度为 59 bp；TR 199 个，重复序列长度为 4～270 bp，总长为 20 941 bp；小卫星 DNA 149 个，重复序列长度为 11～60 bp，总长为 12 726 bp；微卫星 DNA 1 个，重复序列长度为 4 bp，总长为 31 bp。**【CRISPR】**预测到 45 个 CRISPR 相关序列。**【基因岛】**预测到 8 个基因岛 GI 01～GI 08，长度为 6218～11 657 bp，其 G+C 含量为 31.34%～36.33%。利用已预测得到的基因组信息，如重复序列、G+C 含量等，应用 CIRCOS 工具绘制其基因组圈图（图 5-5-30b）。

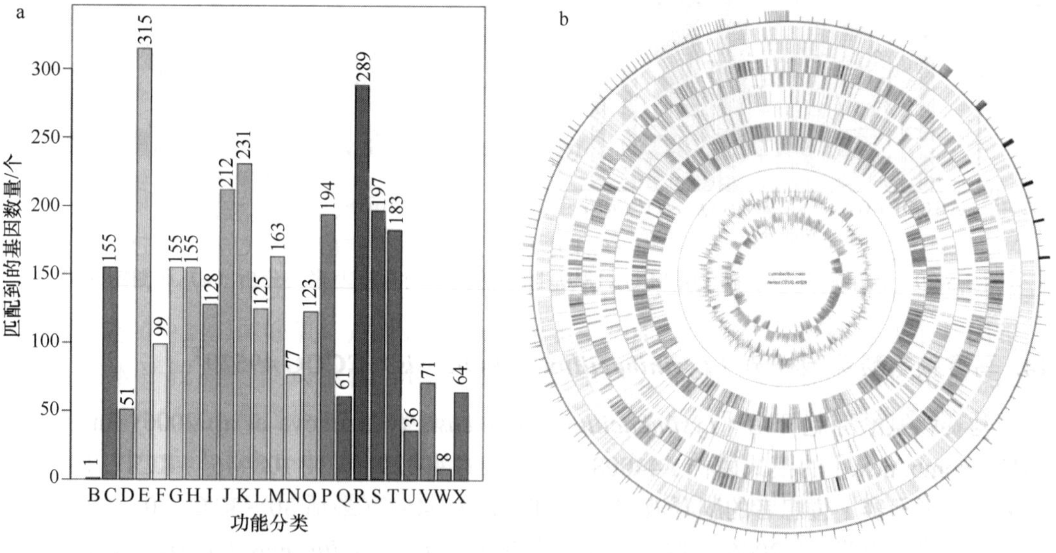


图 5-5-30　马赛赖氨酸芽胞杆菌 CCUG 49529$^T$ 基因组的直系同源基因聚类分析（a）和圈图（b）

## 15. 迈耶氏赖氨酸芽胞杆菌（*Lysinibacillus meyeri*）WS 4626$^T$

迈耶氏赖氨酸芽胞杆菌（*Lysinibacillus meyeri* Seiler et al. 2013，sp. nov.）的模式菌株（WS 4626$^T$ =DSM 25057$^T$ =LMG 26643$^T$）分离自德国巴伐利亚州的 1 个诊所，生长条件为 10～42℃（最适 30℃）、pH 6.5～8.5（最适 pH 7.0～8.0）、0～5.5%（*W*/*V*）NaCl（最适 0.5%），严格好氧，产芽胞（Seiler et al.，2013c）。目前，该种仅有 1 个基因组，

模式菌株 WS 4626$^T$基因组的 GenBank 登录号为 GCA_003049505.1，测序平台为 Illumina MiSeq，于 2018 年 4 月 11 日由美国弗吉尼亚理工大学（Virginia Polytechnic Institute and State University）提交。

**【基因组的组装】**菌株 WS 4626$^T$ 基因组的测序深度为 500 X，基因组大小为 4.371 Mb，组装到 307 个 contigs，contig $N_{50}$ 为 32 934 bp。**【G+C 含量】**37.94%。**【非编码 RNA】**预测到 0 个 rRNA 基因（5S rRNA 0 个、16S rRNA 0 个、23S rRNA 0 个），15 个 tRNA 基因，42 个 sRNA 基因。**【编码基因】**有 4413 个蛋白质编码基因，编码区总长为 3 659 880 bp，占整个基因组的 83.73%，基因的平均长度为 829 bp。**【基因功能注释】**比对到 KEGG、COG 和 GO 数据库的基因数量分别为 3580 个、2828 个和 2900 个，预测到分泌蛋白编码基因 96 个；在 24 个 COG 功能类群中，基因数量前 10 位的类群分别是：E. 氨基酸转运与代谢 296 个，K. 转录 289 个，R. 仅一般功能预测 285 个，J. 翻译、核糖体结构与合成 247 个，P. 无机离子转运与代谢 224 个，T. 信号转导机制 222 个，S. 功能未知 216 个，H. 辅酶转运与代谢 187 个，M. 细胞壁/膜/包膜生物合成 154 个和 G. 碳水化合物转运与代谢 146 个（图 5-5-31a）。**【重复序列】**预测到的重复序列包括：LTR 117 个，总长为 7091 bp，平均长度为 61 bp；DNA 重复元件 55 个，总长为 3305 bp，平均长度为 60 bp；LINE 39 个，总长为 2284 bp，平均长度为 59 bp；SINE 4 个，总长为 251 bp，平均长度为 63 bp；RC 2 个，总长为 139 bp，平均长度为 70 bp；未知序列 2 个，总长为 83 bp，平均长度为 42 bp；TR 312 个，重复序列长度为 7～300 bp，总长为 21 670 bp；小卫星 DNA 265 个，重复序列长度为 12～60 bp，总长为 18 420 bp；未预测到微卫星 DNA。**【CRISPR】**预测到 133 个 CRISPR 相关序列。**【基因岛】**未预测到基因岛相关信息。利用已预测得到的基因组信息，如重复序列、G+C 含量等，应用 CIRCOS 工具绘制其基因组圈图（图 5-5-31b）。

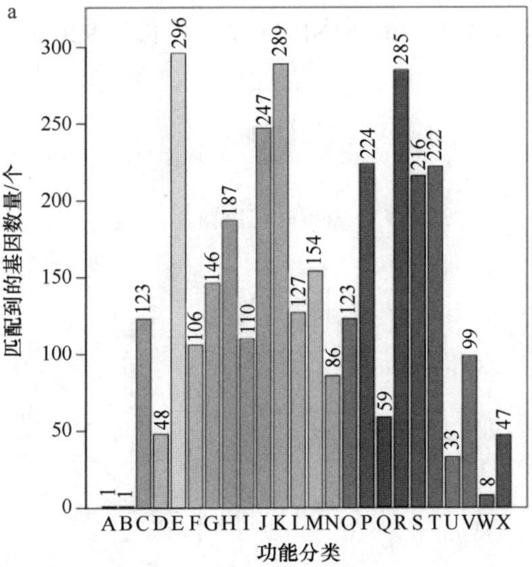


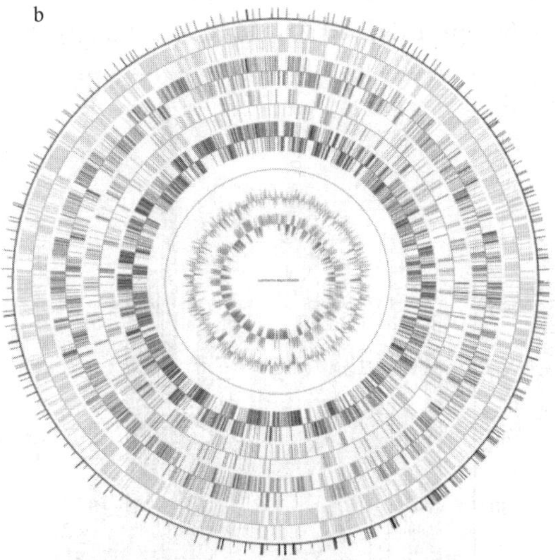


图 5-5-31　迈耶氏赖氨酸芽胞杆菌 WS 4626$^T$ 基因组的直系同源基因聚类分析（a）和圈图（b）

## 16. 奥德赛赖氨酸芽胞杆菌（*Lysinibacillus odysseyi*）NBRC 100172$^{T}$

奥德赛赖氨酸芽胞杆菌［*Lysinibacillus odyssey* (La Duc et al. 2004) Jung et al. 2012，comb. nov.］的模式菌株（34hs-1$^{T}$ =ATCC PTA-4993$^{T}$ =NRRL B-30641$^{T}$ =NBRC 100172$^{T}$）分离自美国火星探测器奥德赛的表面，生长条件为 25～42℃（最适 30～35℃）、pH 6.0～10.0（最适 pH 7.0）、0～5%（*W*/*V*）NaCl，好氧，产芽胞，2004 年被命名为奥德赛芽胞杆菌（*Bacillus odysseyi*）（La Duc et al.，2004），2012 年被重分类为奥德赛赖氨酸芽胞杆菌（*Lysinibacillus odysseyi*）（Jung et al.，2012）。目前，该种有 2 个基因组，选择模式菌株 NBRC 100172$^{T}$ 的基因组进行描述，其 GenBank 登录号为 GCA_000773015.1，测序平台为 Illumina HiSeq，于 2014 年 11 月 6 日由华中农业大学（Huazhong Agricultural University）提交。

**【基因组的组装】**菌株 NBRC 100172$^{T}$ 基因组的测序深度为 235 X，基因组大小为 4.513 Mb，组装到 60 个 contigs，contig $N_{50}$ 为 350 187 bp。**【G+C 含量】**40.96%。**【非编码 RNA】**预测到 4 个 rRNA 基因（5S rRNA 4 个、16S rRNA 0 个、23S rRNA 0 个），67 个 tRNA 基因，5 个 sRNA 基因。**【编码基因】**有 4733 个蛋白质编码基因，编码区总长为 3 789 039 bp，占整个基因组的 83.96%，基因的平均长度为 801 bp。**【基因功能注释】**比对到 KEGG、COG 和 GO 数据库的基因数量分别为 3902 个、2990 个和 3010 个，预测到分泌蛋白编码基因 81 个；在 23 个 COG 功能类群中，基因数量前 10 位的类群分别是：R. 仅一般功能预测 347 个，E. 氨基酸转运与代谢 308 个，K. 转录 297 个，J. 翻译、核糖体结构与合成 255 个，S. 功能未知 232 个，T. 信号转导机制 218 个，P. 无机离子转运与代谢 185 个，I. 脂质转运与代谢 180 个，H. 辅酶转运与代谢 179 个和 C. 能量产生与转换 169 个（图 5-5-32a）。**【重复序列】**预测到的重复序列包括：LTR 148 个，总长为 8410 bp，平均长度为 57 bp；DNA 重复元件 46 个，总长为 2696 bp，平均长度为 59 bp；LINE 40 个，总长为 2262 bp，平均长度为 57 bp；SINE 11 个，总长为 920 bp，

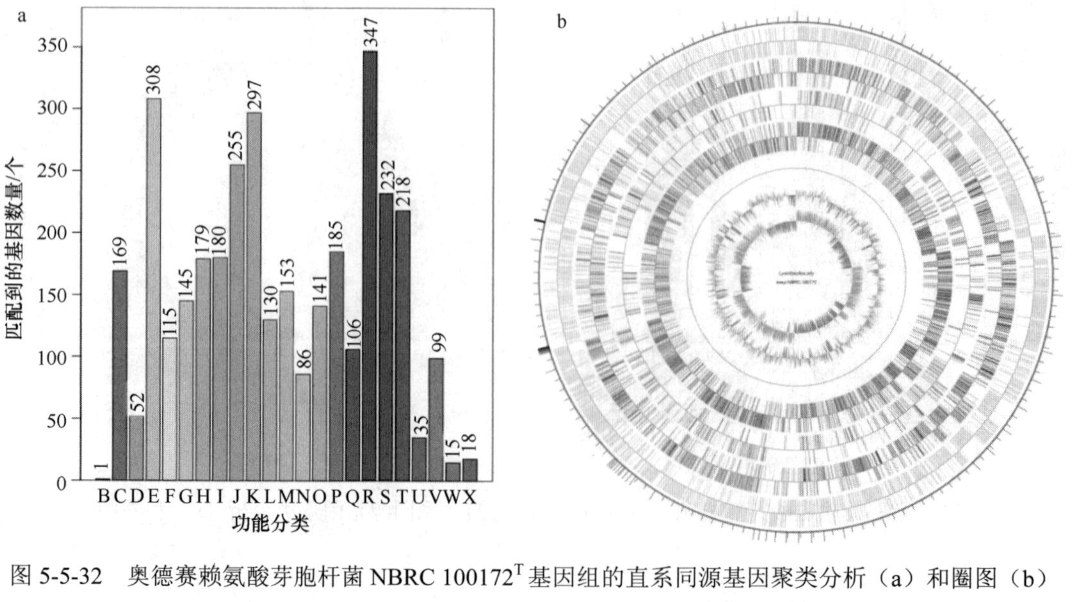


图 5-5-32　奥德赛赖氨酸芽胞杆菌 NBRC 100172$^{T}$ 基因组的直系同源基因聚类分析（a）和圈图（b）

平均长度为 84 bp；RC 4 个，总长为 242 bp，平均长度为 61 bp；未知序列 2 个，总长为 105 bp，平均长度为 53 bp；TR 102 个，重复序列长度为 2～282 bp，总长为 7302 bp；小卫星 DNA 87 个，重复序列长度为 10～60 bp，总长为 4770 bp；微卫星 DNA 4 个，重复序列长度为 2～6 bp，总长为 278 bp。**【CRISPR】**预测到 7 个 CRISPR 相关序列。**【基因岛】**预测到 11 个基因岛 GI 01～GI 11，长度为 4785～29 684 bp，其 G+C 含量为 33.27%～43.39%。利用已预测得到的基因组信息，如重复序列、G+C 含量等，应用 CIRCOS 工具绘制其基因组圈图（图 5-5-32b）。

### 17. 巴基斯坦赖氨酸芽胞杆菌（*Lysinibacillus pakistanensis*）JCM $18776^T$

巴基斯坦赖氨酸芽胞杆菌（*Lysinibacillus pakistanensis* Ahmed et al. 2014，sp. nov.）的模式菌株（NCCP-$54^T$ =DSM $24784^T$ =JCM $18776^T$ =KCTC $13795^T$）分离自巴基斯坦 1 株大豆的根际土，生长条件为 10～45℃（最适 28℃）、pH 6.0～9.0（最适 pH 7.0）、0～6%（*W/V*）NaCl，好氧，产芽胞（Ahmed et al.，2014）。目前，该种仅有 1 个基因组，模式菌株 JCM $18776^T$ 基因组的 GenBank 登录号为 GCA_001312325.1，测序平台为 Ion PGM，于 2015 年 10 月 2 日由日本东京大学（The University of Tokyo）提交。

**【基因组的组装】**菌株 JCM $18776^T$ 基因组的测序深度为 30 X，基因组大小为 5.009 Mb，组装到 73 个 contigs，contig $N_{50}$ 为 125 874 bp。**【G+C 含量】**36.33%。**【非编码 RNA】**预测到 5 个 rRNA 基因（5S rRNA 3 个、16S rRNA 1 个、23S rRNA 1 个），74 个 tRNA 基因，30 个 sRNA 基因。**【编码基因】**有 8491 个蛋白质编码基因，编码区总长为 3 957 315 bp，占整个基因组的 79.00%，基因的平均长度为 466 bp。**【基因功能注释】**比对到 KEGG、COG 和 GO 数据库的基因数量分别为 4507 个、3526 个和 4726 个，预测到分泌蛋白编码基因 65 个；在 24 个 COG 功能类群中，基因数量前 10 位的类群分别是：K. 转录 416 个，E. 氨基酸转运与代谢 383 个，R. 仅一般功能预测 380 个，T. 信号转导机制 292 个，S. 功能未知 286 个，J. 翻译、核糖体结构与合成 274 个，P. 无机离子转运与代谢 259 个，H. 辅酶转运与代谢 211 个，C. 能量产生与转换 198 个和 M. 细胞壁/膜/包膜生物合成 192 个（图 5-5-33a）。**【重复序列】**预测到的重复序列包括：LTR 123 个，总长为 8203 bp，平均长度为 67 bp；DNA 重复元件 31 个，总长为 2054 bp，平均长度为 66 bp；LINE 43 个，总长为 2693 bp，平均长度为 63 bp；SINE 9 个，总长为 740 bp，平均长度为 82 bp；RC 4 个，总长为 147 bp，平均长度为 37 bp；未知序列 2 个，总长为 173 bp，平均长度为 87 bp；TR 207 个，重复序列长度为 6～336 bp，总长为 16 916 bp；小卫星 DNA 178 个，重复序列长度为 11～48 bp，总长为 12 538 bp；微卫星 DNA 2 个，重复序列长度为 6 bp，总长为 177 bp。**【CRISPR】**预测到 82 个 CRISPR 相关序列。**【基因岛】**预测到 8 个基因岛 GI 01～GI 08，长度为 2692～6757 bp，其 G+C 含量为 30.29%～38.19%。利用已预测得到的基因组信息，如重复序列、G+C 含量等，应用 CIRCOS 工具绘制其基因组圈图（图 5-5-33b）。

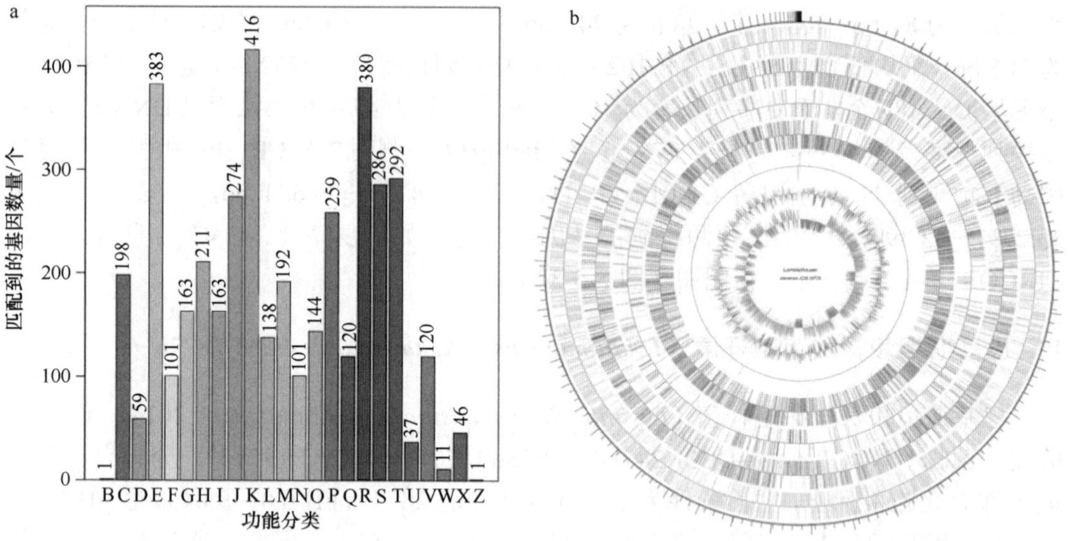


图 5-5-33　巴基斯坦赖氨酸芽胞杆菌 JCM 18776$^T$ 基因组的直系同源基因聚类分析（a）和圈图（b）

## 18. 含低硼赖氨酸芽胞杆菌（*Lysinibacillus parviboronicapiens*）VT 1066

含低硼赖氨酸芽胞杆菌（*Lysinibacillus parviboronicapiens* Miwa et al. 2009，sp. nov.）的模式菌株（BAM-582$^T$ =NBRC 103144$^T$=KCTC 13154$^T$）分离自土耳其的土壤，生长条件为 10～37℃（最适 30℃）、pH 6.0～8.0（最适 pH 7.0）、0～6%（*W*/*V*）NaCl，好氧，产芽胞（Miwa et al.，2009）。目前，该种有 4 个基因组，选择组装水平较高的非模式菌株 VT 1066 的基因组进行描述，其 GenBank 登录号为 GCA_003049515.1，测序平台为 Illumina MiSeq，于 2018 年 4 月 11 日由美国弗吉尼亚理工大学（Virginia Polytechnic Institute and State University）提交。

**【基因组的组装】**菌株 VT 1066 基因组的测序深度为 500 X，基因组大小为 4.746 Mb，组装到 71 个 contigs，contig $N_{50}$ 为 169 518 bp。**【G+C 含量】**37.48%。**【非编码 RNA】**预测到 13 个 rRNA 基因（5S rRNA 13 个、16S rRNA 0 个、23S rRNA 0 个），79 个 tRNA 基因，10 个 sRNA 基因。**【编码基因】**有 4827 个蛋白质编码基因，编码区总长为 3 912 624 bp，占整个基因组的 82.44%，基因的平均长度为 811 bp。**【基因功能注释】**比对到 KEGG、COG 和 GO 数据库的基因数量分别为 4179 个、3265 个和 3614 个，预测到分泌蛋白编码基因 106 个；在 25 个 COG 功能类群中，基因数量前 10 位的类群分别是：E. 氨基酸转运与代谢 355 个，R. 仅一般功能预测 353 个，K. 转录 330 个，S. 功能未知 277 个，T. 信号转导机制 268 个，J. 翻译、核糖体结构与合成 259 个，P. 无机离子转运与代谢 242 个，H. 辅酶转运与代谢 198 个，M. 细胞壁/膜/包膜生物合成 173 个和 I. 脂质转运与代谢 171 个（图 5-5-34a）。**【重复序列】**预测到的重复序列包括：LTR 96 个，总长为 6612 bp，平均长度为 69 bp；DNA 重复元件 35 个，总长为 2530 bp，平均长度为 72 bp；LINE 33 个，总长为 2702 bp，平均长度为 82 bp；SINE 10 个，总长为 889 bp，平均长度为 89 bp；RC 5 个，总长为 255 bp，平均长度为 51 bp；未知序列 1 个，长度为 53 bp；TR 201 个，重复序列长度为 1～342 bp，总长为 19 600 bp；小卫星 DNA 154 个，重复序列长度为 10～60 bp，总长为 11 381 bp；微卫星 DNA 4 个，重复序列长度为 6 bp，总长为 964 bp。**【CRISPR】**预测到 35 个 CRISPR 相关序列。**【基因岛】**预测到 13 个基因岛 GI 01～GI 13，长度为 2728～35 587 bp，其 G+C 含量为 28.24%～39.41%。利用已预测得到的基因组信息，如重复序列、G+C 含量等，应用 CIRCOS 工具绘制其基因组圈图（图 5-5-34b）。

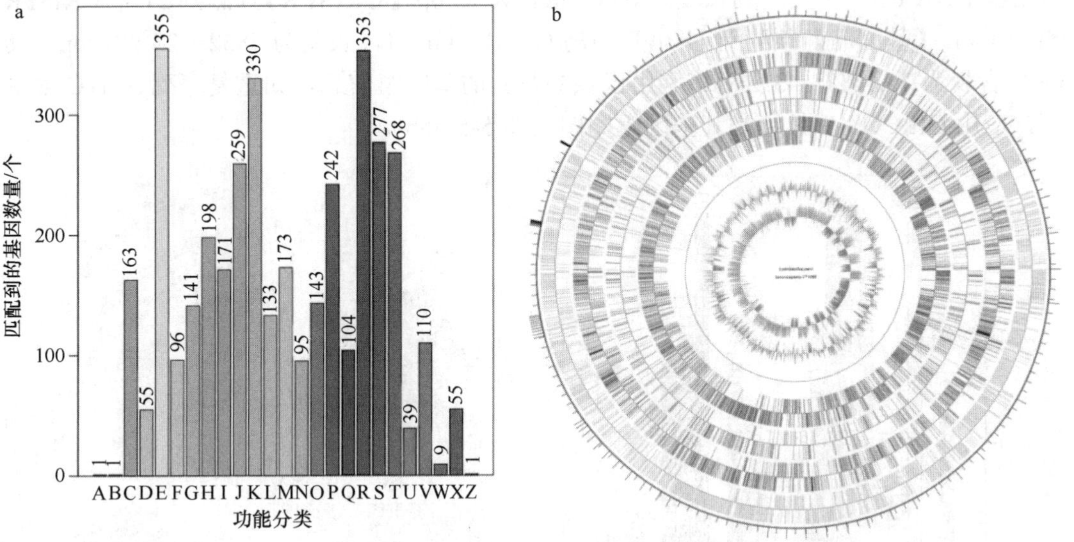


图 5-5-34　含低硼赖氨酸芽胞杆菌 VT 1066 基因组的直系同源基因聚类分析（a）和圈图（b）

## 19. 沙特赖氨酸芽胞杆菌（*Lysinibacillus saudimassiliensis*）13S34_air$^T$

沙特赖氨酸芽胞杆菌（*Lysinibacillus saudimassiliensis* Papadioti et al. 2016，sp. nov.）的模式菌株（13S34_air$^T$ =CSUR =P1222$^T$）分离自沙特阿拉伯麦加的城市空气样品，最适生长温度为 37℃，0.5～5%（*W*/*V*）NaCl 能生长（最适 0.5%），好氧，产芽胞（Papadioti et al.，2016）。目前，该种仅有 1 个基因组，模式菌株 13S34_air$^T$ 基因组的 GenBank 登录号为 GCA_000935965.1，测序平台为 Illumina MiSeq，于 2014 年 8 月 22 日由法国热带传染病研究中心（Unité de Recherche en Maladies Infectieuses et Tropicales Emergentes）提交。

**【基因组的组装】**菌株 13S34_air$^T$ 基因组的测序深度为 36 X，基因组大小为 2.592 Mb，组装到 11 个 contigs，contig $N_{50}$ 为 661 170 bp。**【G+C 含量】**40.23%。**【非编码 RNA】**预测到 9 个 rRNA 基因（5S rRNA 7 个、16S rRNA 1 个、23S rRNA 1 个），77 个 tRNA 基因，3 个 sRNA 基因。**【编码基因】**有 2675 个蛋白质编码基因，编码区总长为 2 329 386 bp，占整个基因组的 89.87%，基因的平均长度为 871 bp。**【基因功能注释】**比对到 KEGG、COG 和 GO 数据库的基因数量分别为 2280 个、2015 个和 1912 个，预测到分泌蛋白编码基因 79 个；在 24 个 COG 功能类群中，基因数量前 10 位的类群分别是：E. 氨基酸转运与代谢 205 个，R. 仅一般功能预测 203 个，J. 翻译、核糖体结构与合成 201 个，H. 辅酶转运与代谢 163 个，S. 功能未知 152 个，T. 信号转导机制 140 个，P. 无机离子转运与代谢 138 个，K. 转录 135 个，C. 能量产生与转换 115 个和 I. 脂质转运与代谢

103 个（图 5-5-35a）。【**重复序列**】预测到的重复序列包括：LTR 39 个，总长为 2876 bp，平均长度为 74 bp；DNA 重复元件 16 个，总长为 985 bp，平均长度为 62 bp；LINE 14 个，总长为 1129 bp，平均长度为 81 bp；SINE 13 个，总长为 865 bp，平均长度为 67 bp；RC 1 个，长度为 41 bp；未知序列 1 个，长度为 35 bp；TR 56 个，重复序列长度为 6～200 bp，总长为 7515 bp；小卫星 DNA 34 个，重复序列长度为 11～60 bp，总长为 2331 bp；微卫星 DNA 1 个，重复序列长度为 6 bp，总长为 25 bp。【**CRISPR**】预测到 21 个 CRISPR 相关序列。【**基因岛**】预测到 11 个基因岛 GI 01～GI 11，长度为 5832～23 701 bp，其 G+C 含量为 35.10%～43.96%。利用已预测得到的基因组信息，如重复序列、G+C 含量等，应用 CIRCOS 工具绘制其基因组圈图（图 5-5-35b）。

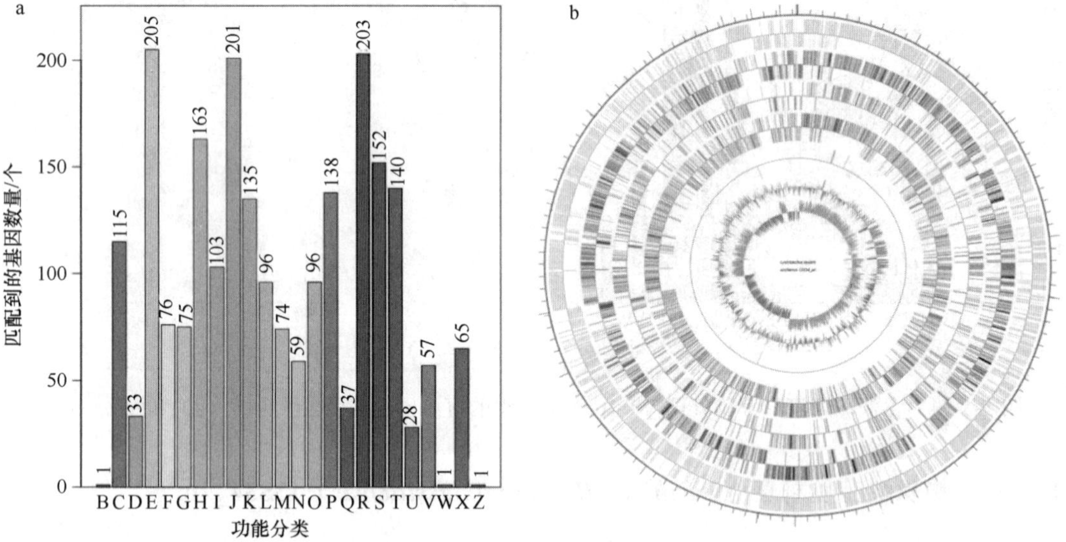


图 5-5-35　沙特赖氨酸芽胞杆菌 13S34_air$^T$ 基因组的直系同源基因聚类分析（a）和圈图（b）

## 20. 新头里赖氨酸芽胞杆菌（*Lysinibacillus sinduriensis*）JCM 15800$^T$

新头里赖氨酸芽胞杆菌（*Lysinibacillus sinduriensis* Jung et al. 2012，sp. nov.）的模式菌株（BLB-1$^T$=KCTC 13296$^T$ =JCM 15800$^T$）分离自黄海新头里沙滩的潮间带沉积物，生长条件为 15～45℃（最适 30℃）、pH 5.0～9.0（最适 pH 7.0）、0～5%（*W*/*V*）NaCl，严格好氧，产芽胞（Jung et al.，2012）。目前，该种仅有 1 个基因组，模式菌株 JCM 15800$^T$ 基因组的 GenBank 登录号为 GCA_000772955.1，测序平台为 Illumina HiSeq，于 2014 年 11 月 6 日由华中农业大学（Huazhong Agricultural University）提交。

【**基因组的组装**】菌株 JCM 15800$^T$ 基因组的测序深度为 168 X，基因组大小为 4.017 Mb，组装到 55 个 contigs，contig $N_{50}$ 为 170 712 bp。【**G+C 含量**】38.73%。【**非编码 RNA**】预测到 1 个 rRNA 基因（5S rRNA 1 个、16S rRNA 0 个、23S rRNA 0 个），46 个 tRNA 基因，3 个 sRNA 基因。【**编码基因**】有 4038 个蛋白质编码基因，编码区总长为 3 365 832 bp，占整个基因组的 83.79%，基因的平均长度为 834 bp。【**基因功能注释**】比对到 KEGG、COG 和 GO 数据库的基因数量分别为 3482 个、2799 个和 2731 个，

预测到分泌蛋白编码基因 92 个；在 24 个 COG 功能类群中，基因数量前 10 位的类群分别是：E. 氨基酸转运与代谢 312 个，R. 仅一般功能预测 308 个，J. 翻译、核糖体结构与合成 242 个，K. 转录 240 个，S. 功能未知 229 个，T. 信号转导机制 209 个，P. 无机离子转运与代谢 197 个，H. 辅酶转运与代谢 178 个，G. 碳水化合物转运与代谢 166 个和 M. 细胞壁/膜/包膜生物合成 157 个（图 5-5-36a）。**【重复序列】**预测到的重复序列包括：LTR 76 个，总长为 4916 bp，平均长度为 65 bp；DNA 重复元件 21 个，总长为 1259 bp，平均长度为 60 bp；LINE 20 个，总长为 1170 bp，平均长度为 59 bp；SINE 4 个，总长为 291 bp，平均长度为 73 bp；RC 1 个，长度为 46 bp；TR 181 个，重复序列长度为 3～430 bp，总长为 26 191 bp；小卫星 DNA 112 个，重复序列长度为 10～60 bp，总长为 17 708 bp；微卫星 DNA 4 个，重复序列长度为 3～6 bp，总长为 177 bp。**【CRISPR】**预测到 100 个 CRISPR 相关序列。**【基因岛】**预测到 8 个基因岛 GI 01～GI 08，长度为 5704～20 054 bp，其 G+C 含量为 30.38%～39.41%。利用已预测得到的基因组信息，如重复序列、G+C 含量等，应用 CIRCOS 工具绘制其基因组圈图（图 5-5-36b）。

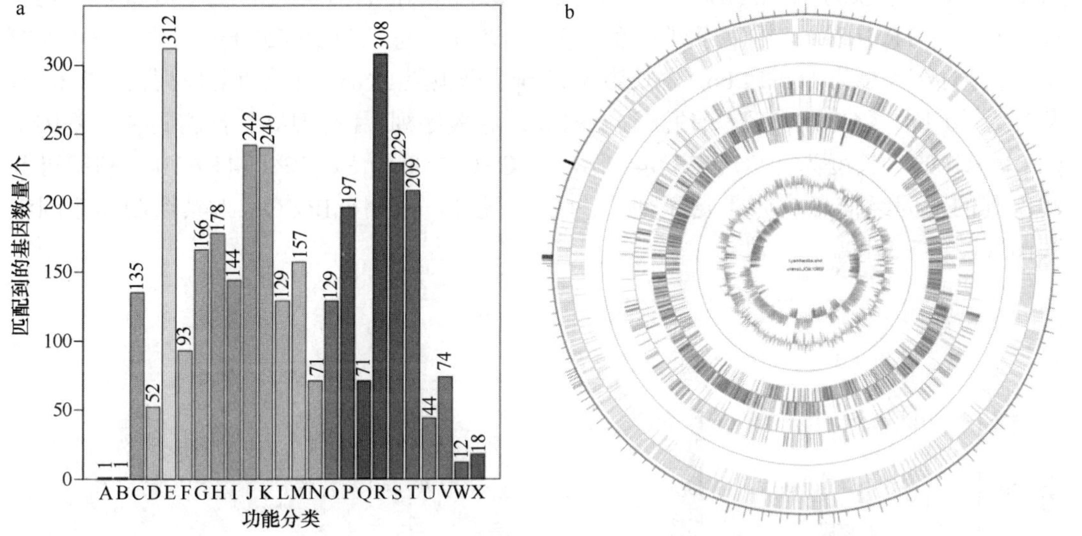


图 5-5-36　新头里赖氨酸芽胞杆菌 JCM 15800$^T$ 基因组的直系同源基因聚类分析（a）和圈图（b）

## 21. 球形赖氨酸芽胞杆菌（*Lysinibacillus sphaericus*）LMG 22257$^T$

球形赖氨酸芽胞杆菌［*Lysinibacillus sphaericus* (Meyer and Neide 1904) Ahmed et al. 2007，comb. nov.］的模式菌株（ATCC 14577$^T$ =CCM 2120$^T$ =CIP 65.30$^T$ =DSM 28$^T$ =JCM 2502$^T$ =LMG 22257$^T$ = NCCB 75018$^T$ =NCTC 1033$^T$ =NRRL B-23268$^T$ =VKM B-509$^T$）分离自土壤，生长条件为 10～45℃（最适 30℃）、0～5%（*W*/*V*）NaCl，好氧，产芽胞，1904 年被命名为球形芽胞杆菌（*Bacillus sphaericus* Meyer and Neide 1904，species.），2007 年被重分类为球形赖氨酸芽胞杆菌（*Lysinibacillus sphaericus*）（Ahmed et al.，2007c）。目前，该种有 30 个基因组，选择组装到完成图水平的模式菌株 LMG 22257$^T$ 的基因组进行描述，其 GenBank 登录号为 GCA_001753205.1，测序平台为 PacBio+Illumina HiSeq，

于 2016 年 10 月 6 日由上海交通大学（Shanghai Jiao Tong University）提交。

**【基因组的组装】** 菌株 LMG 22257$^{T}$ 基因组的测序深度为 313 X，基因组大小为 3.437 Mb，组装到完成图水平，包括 1 条染色体。**【G+C 含量】** 38.99%。**【非编码 RNA】** 预测到 27 个 rRNA 基因（5S rRNA 9 个、16S rRNA 9 个、23S rRNA 9 个），69 个 tRNA 基因，5 个 sRNA 基因。**【编码基因】** 有 3414 个蛋白质编码基因，编码区总长为 2 929 692 bp，占整个基因组的 85.24%，基因的平均长度为 858 bp。**【基因功能注释】** 比对到 KEGG、COG 和 GO 数据库的基因数量分别为 3047 个、2464 个和 2419 个，预测到分泌蛋白编码基因 54 个；在 23 个 COG 功能类群中，基因数量前 10 位的类群分别是：E. 氨基酸转运与代谢 310 个，R. 仅一般功能预测 261 个，J. 翻译、核糖体结构与合成 221 个，S. 功能未知 179 个，P. 无机离子转运与代谢 166 个，K. 转录 164 个，I. 脂质转运与代谢 154 个，G. 碳水化合物转运与代谢 152 个，H. 辅酶转运与代谢 152 个和 C. 能量产生与转换 141 个（图 5-5-37a）。**【重复序列】** 预测到的重复序列包括：LTR 72 个，总长为 7952 bp，平均长度为 110 bp；DNA 重复元件 16 个，总长为 1126 bp，平均长度为 70 bp；LINE 22 个，总长为 1371 bp，平均长度为 62 bp；SINE 11 个，总长为 690 bp，平均长度为 63 bp；TR 108 个，重复序列长度为 6～1379 bp，总长为 15 459 bp；小卫星 DNA 71 个，重复序列长度为 11～51 bp，总长为 5161 bp；微卫星 DNA 1 个，重复序列长度为 6 bp，总长为 30 bp。**【CRISPR】** 未预测到 CRISPR 相关序列。**【基因岛】** 预测到 9 个基因岛 GI 01～GI 09，长度为 4087～33 443 bp，其 G+C 含量为 34.12%～41.65%。利用已预测得到的基因组信息，如重复序列、G+C 含量等，应用 CIRCOS 工具绘制其基因组圈图（图 5-5-37b）。

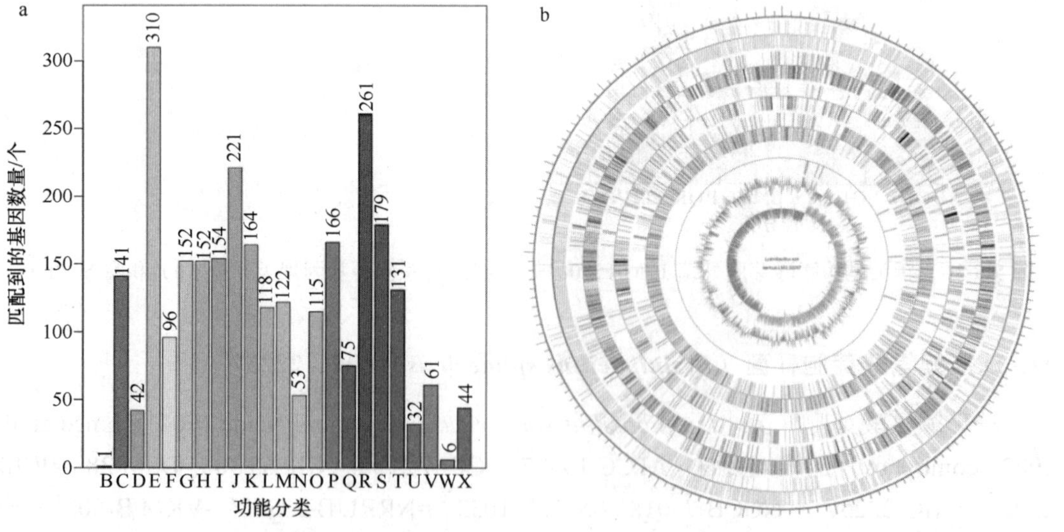


图 5-5-37　球形赖氨酸芽胞杆菌 LMG 22257$^{T}$ 基因组的直系同源基因聚类分析（a）和圈图（b）

## 22. 烟叶赖氨酸芽胞杆菌（*Lysinibacillus tabacifolii*）K3514$^{T}$

烟叶赖氨酸芽胞杆菌（*Lysinibacillus tabacifolii* Duan et al. 2014，sp. nov.）的模式菌株（K3514$^{T}$=KCTC 33042$^{T}$ =CCTCC AB 2012050$^{T}$）分离自云南经过表面消毒的烟叶，

生长条件为 8～40℃（最适 28～32℃）、pH 5.0～10.0（最适 6.0～8.0）、0～7%（*W/V*）NaCl（最适 0），严格好氧，产芽胞（Duan et al.，2013）。目前，该种有 2 个基因组，选择组装水平较高的模式菌株 K3514$^T$ 的基因组进行描述，其 GenBank 登录号为 GCA_003049565.1，测序平台为 Illumina MiSeq，于 2018 年 4 月 11 日由美国弗吉尼亚理工大学（Virginia Polytechnic Institute and State University）提交。

**【基因组的组装】**菌株 K3514$^T$ 基因组的测序深度为 500 X，基因组大小为 4.508 Mb，组装到 37 个 contigs，contig $N_{50}$ 为 462 090 bp。**【G+C 含量】**37.14%。**【非编码 RNA】**预测到 12 个 rRNA 基因（5S rRNA 12 个、16S rRNA 0 个、23S rRNA 0 个），90 个 tRNA 基因，4 个 sRNA 基因。**【编码基因】**有 4526 个蛋白质编码基因，编码区总长为 3 816 552 bp，占整个基因组的 84.66%，基因的平均长度为 843 bp。**【基因功能注释】**比对到 KEGG、COG 和 GO 数据库的基因数量分别为 4208 个、3095 个和 3083 个，预测到分泌蛋白编码基因 102 个；在 25 个 COG 功能类群中，基因数量前 10 位的类群分别是：E. 氨基酸转运与代谢 373 个，R. 仅一般功能预测 326 个，K. 转录 290 个，J. 翻译、核糖体结构与合成 254 个，T. 信号转导机制 244 个，S. 功能未知 239 个，P. 无机离子转运与代谢 238 个，H. 辅酶转运与代谢 200 个，C. 能量产生与转换 173 个和 M. 细胞壁/膜/包膜生物合成 155 个（图 5-5-38a）。**【重复序列】**预测到的重复序列包括：LTR 120 个，总长为 7667 bp，平均长度为 64 bp；DNA 重复元件 35 个，总长为 2513 bp，平均长度为 72 bp；LINE 28 个，总长为 1862 bp，平均长度为 67 bp；SINE 13 个，总长为 950 bp，平均长度为 73 bp；RC 2 个，总长为 94 bp，平均长度为 47 bp；TR 208 个，重复序列长度为 3～539 bp，总长为 16 051 bp；小卫星 DNA 164 个，重复序列长度为 10～54 bp，总长为 10 821 bp；微卫星 DNA 4 个，重复序列长度为 3～6 bp，总长为 202 bp。**【CRISPR】**预测到 8 个 CRISPR 相关序列。**【基因岛】**预测到 9 个基因岛 GI 01～GI 09，长度为 8583～19 251 bp，其 G+C 含量为 30.46%～39.41%。利用已预测得到的基因组信息，如重复序列、G+C 含量等，应用 CIRCOS 工具绘制其基因组圈图（图 5-5-38b）。

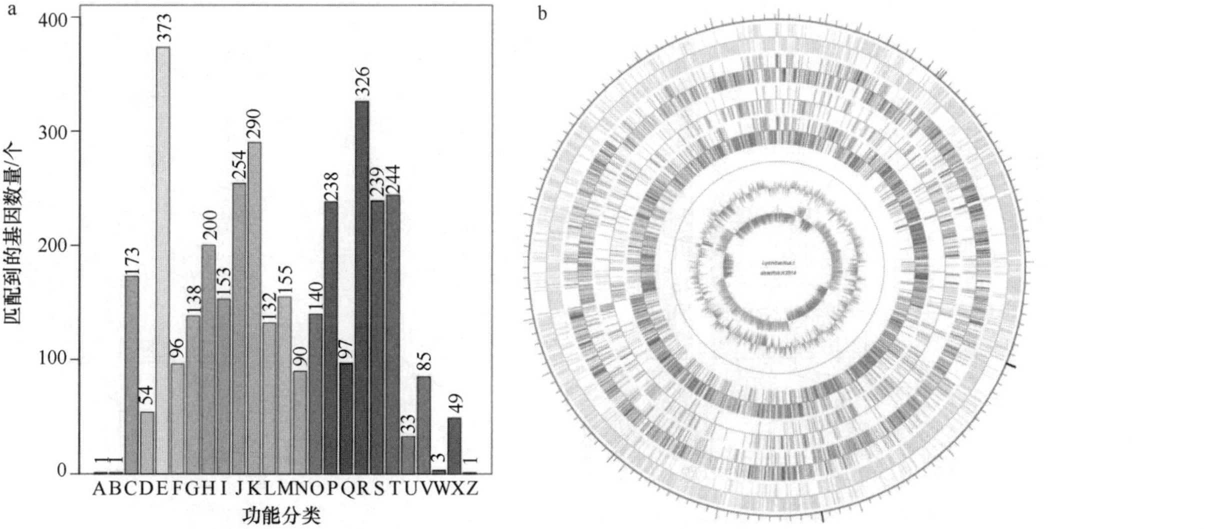


图 5-5-38　烟叶赖氨酸芽胞杆菌 K3514$^T$ 基因组的直系同源基因聚类分析（a）和圈图（b）

## 23. 手机赖氨酸芽胞杆菌（*Lysinibacillus telephonicus*）S5H2222$^T$

手机赖氨酸芽胞杆菌（*Lysinibacillus telephonicus* Rahi et al. 2017，sp. nov.）的模式菌株（S5H2222$^T$=MCC 3065$^T$ =KACC 18714$^T$ =LMG 29294$^T$）分离自手机屏幕，生长条件为 10～55℃（最适 37℃）、pH 5.0～9.0（最适 7.0）、0～10%（*W*/*V*）NaCl，好氧，产芽胞（Rahi et al.，2017）。目前，该种仅有 1 个基因组，模式菌株 S5H2222$^T$基因组的 GenBank 登录号为 GCA_003966145.1，测序平台为 Illumina HiSeq，于 2018 年 12 月 23 日由自然资源部第三海洋研究所（Third Institute of Oceanography，Ministry of Natural Resources）提交。

**【基因组的组装】**菌株 S5H2222$^T$基因组的测序深度为 200 X，基因组大小为 4.347 Mb，组装到 158 个 contigs，contig $N_{50}$ 为 56 666 bp。**【G+C 含量】**34.83%。**【非编码 RNA】**预测到 10 个 rRNA 基因（5S rRNA 9 个、16S rRNA 1 个、23S rRNA 0 个），80 个 tRNA 基因，18 个 sRNA 基因。**【编码基因】**有 4235 个蛋白质编码基因，编码区总长为 3 620 124 bp，占整个基因组的 83.28%，基因的平均长度为 855 bp。**【基因功能注释】**比对到 KEGG、COG 和 GO 数据库的基因数量分别为 3675 个、2985 个和 2948 个，预测到分泌蛋白编码基因 99 个；在 24 个 COG 功能类群中，基因数量前 10 位的类群分别是：E. 氨基酸转运与代谢 369 个，R. 仅一般功能预测 332 个，K. 转录 277 个，S. 功能未知 239 个，P. 无机离子转运与代谢 232 个，J. 翻译、核糖体结构与合成 223 个，G. 碳水化合物转运与代谢 204 个，T. 信号转导机制 198 个，H. 辅酶转运与代谢 176 个和 C. 能量产生与转换 165 个（图 5-5-39a）。**【重复序列】**预测到的重复序列包括：LTR 128 个，总长为 7810 bp，平均长度为 61 bp；DNA 重复元件 56 个，总长为 3390 bp，平均长度为 61 bp；LINE 39 个，总长为 2474 bp，平均长度为 63 bp；SINE 9 个，总长为 782 bp，平均长度为 87 bp；RC 5 个，总长为 257 bp，平均长度为 51 bp；TR 180 个，重复序列长度为 3～306 bp，总长为 18 556 bp；小卫星 DNA 137 个，重复序列长度为 11～60 bp，总长为

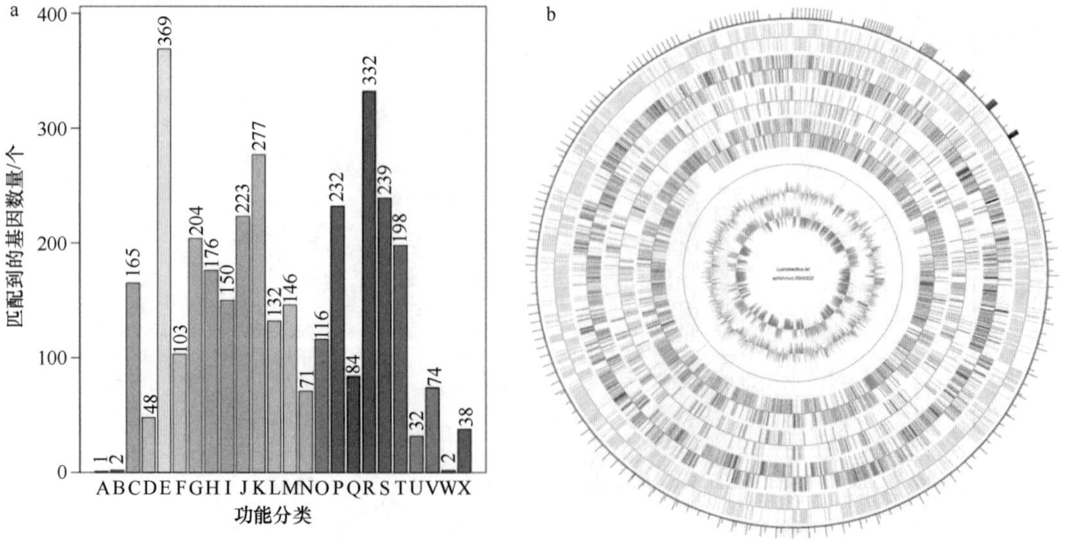


图 5-5-39　手机赖氨酸芽胞杆菌 S5H2222$^T$基因组的直系同源基因聚类分析（a）和圈图（b）

11 825 bp；微卫星 DNA 3 个，重复序列长度为 3～6 bp，总长为 156 bp。【CRISPR】预测到 12 个 CRISPR 相关序列。【基因岛】预测到 10 个基因岛 GI 01～GI 10，长度为 5058～9883 bp，其 G+C 含量为 30.72%～35.55%。利用已预测得到的基因组信息，如重复序列、G+C 含量等，应用 CIRCOS 工具绘制其基因组圈图（图 5-5-39b）。

## 24. 变异赖氨酸芽胞杆菌（*Lysinibacillus varians*）GY32$^T$

变异赖氨酸芽胞杆菌（*Lysinibacillus varians* Zhu et al. 2014，sp. nov.）的模式菌株（GY32$^T$ =NBRC 109424$^T$ =CGMCC 1.12212$^T$ =CCTCC M 2011307$^T$）分离自广东贵屿镇电子垃圾污染的河流沉积物，生长条件为 15～45℃、pH 6.0～9.0，能耐受 4%（*W*/*V*）NaCl 和 150 mmol/L 硼酸盐，好氧，产芽胞（Zhu et al.，2014b）。目前，该种有 2 个基因组，选择组装到完成图水平的模式菌株 GY32$^T$ 的基因组进行描述，其 GenBank 登录号为 GCA_000600105.1，测序平台为 Illumina HiSeq，于 2014 年 3 月 25 日由广东省微生物研究所（Guangdong Institute of Microbiology）提交。

**【基因组的组装】**菌株 GY32$^T$ 基因组的测序深度为 200 X，基因组大小为 4.663 Mb，组装到完成图水平，包括 1 条染色体。**【G+C 含量】**37.18%。**【非编码 RNA】**预测到 31 个 rRNA 基因（5S rRNA 11 个、16S rRNA 10 个、23S rRNA 10 个），98 个 tRNA 基因，5 个 sRNA 基因。**【编码基因】**有 4718 个蛋白质编码基因，编码区总长为 3 926 577 bp，占整个基因组的 84.21%，基因的平均长度为 832 bp。**【基因功能注释】**比对到 KEGG、COG 和 GO 数据库的基因数量分别为 4538 个、3119 个和 3139 个，预测到分泌蛋白编码基因 101 个；在 25 个 COG 功能类群中，基因数量前 10 位的类群分别是：E. 氨基酸转运与代谢 364 个，R. 仅一般功能预测 330 个，K. 转录 286 个，J. 翻译、核糖体结构与合成 254 个，S. 功能未知 247 个，P. 无机离子转运与代谢 242 个，T. 信号转导机制 242 个，H. 辅酶转运与代谢 204 个，C. 能量产生与转换 172 个和 I. 脂质转运与代谢 154 个（图 5-5-40a）。**【重复序列】**预测到的重复序列包括：

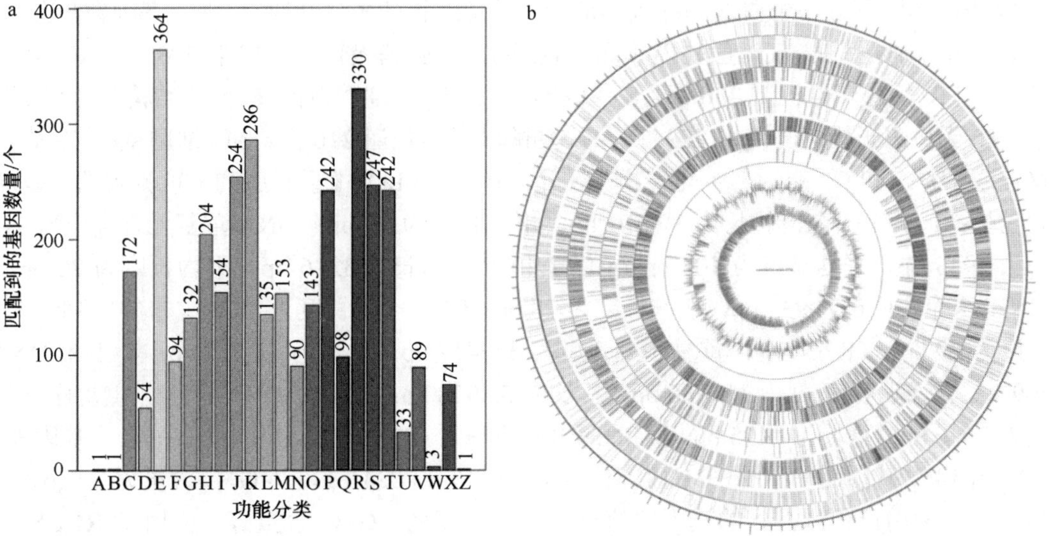


图 5-5-40 变异赖氨酸芽胞杆菌 GY32$^T$ 基因组的直系同源基因聚类分析（a）和圈图（b）

LTR 120 个，总长为 10 028 bp，平均长度为 84 bp；DNA 重复元件 26 个，总长为 1939 bp，平均长度为 75 bp；LINE 45 个，总长为 3052 bp，平均长度为 68 bp；SINE 8 个，总长为 536 bp，平均长度为 67 bp；RC 4 个，总长为 227 bp，平均长度为 57 bp；TR 184 个，重复序列长度为 3～317 bp，总长为 14 452 bp；小卫星 DNA 150 个，重复序列长度为 10～54 bp，总长为 10 322 bp；微卫星 DNA 3 个，重复序列长度为 3～6 bp，总长为 150 bp。**【CRISPR】**未预测到 CRISPR 相关序列。**【基因岛】**预测到 14 个基因岛 GI 01～GI 14，长度为 3151～31 316 bp，其 G+C 含量为 28.37%～41.80%。利用已预测得到的基因组信息，如重复序列、G+C 含量等，应用 CIRCOS 工具绘制其基因组圈图（图 5-5-40b）。

**25. 解木聚糖赖氨酸芽胞杆菌（*Lysinibacillus xylanilyticus*）DSM 23493$^{T}$**

解木聚糖赖氨酸芽胞杆菌（*Lysinibacillus xylanilyticus* Lee et al. 2010，sp. nov.）的模式菌株（XDB9$^{T}$ =KCTC 13423$^{T}$ =CCUG 57438$^{T}$=DSM 23493$^{T}$）分离自韩国鸡龙山的深林腐殖土，生长条件为 10～40℃（最适 30℃）、pH 5.0～9.0、0～5%（*W*/*V*）NaCl，好氧，产芽胞（Lee et al.，2010）。目前，该种有 3 个基因组，选择组装水平较高的模式菌株 DSM 23493$^{T}$ 的基因组进行描述，其 GenBank 登录号为 GCA_001183605.1，测序平台为 Illumina HiSeq，于 2015 年 7 月 21 日由福建省农业科学院（Fujian Academy of Agricultural Sciences）提交。

**【基因组的组装】**菌株 DSM 23493$^{T}$ 基因组的测序深度为 150 X，基因组大小为 5.222 Mb，组装到 13 个 scaffolds，scaffold $N_{50}$ 为 1 020 536 bp。**【G+C 含量】**36.62%。**【非编码 RNA】**预测到 17 个 rRNA 基因（5S rRNA 8 个、16S rRNA 5 个、23S rRNA 4 个），100 个 tRNA 基因，191 个 sRNA 基因。**【编码基因】**有 5296 个蛋白质编码基因，编码区总长为 4 202 811 bp，占整个基因组的 80.48%，基因的平均长度为 794 bp。**【基因功能注释】**比对到 KEGG、COG 和 GO 数据库的基因数量分别为 4424 个、3443 个和 3425 个，预测到分泌蛋白编码基因 100 个；在 25 个 COG 功能类群中，基因数量前 10 位的类群分别是：R. 仅一般功能预测 384 个，E. 氨基酸转运与代谢 373 个，K. 转录 371 个，T. 信号转导机制 286 个，S. 功能未知 285 个，J. 翻译、核糖体结构与合成 279 个，P. 无机离子转运与代谢 229 个，H. 辅酶转运与代谢 210 个，M. 细胞壁/膜/包膜生物合成 186 个和 C. 能量产生与转换 181 个（图 5-5-41a）。**【重复序列】**预测到的重复序列包括：LTR 133 个，总长为 10 070 bp，平均长度为 76 bp；DNA 重复元件 47 个，总长为 4943 bp，平均长度为 105 bp；LINE 40 个，总长为 3216 bp，平均长度为 80 bp；SINE 12 个，总长为 933 bp，平均长度为 78 bp；RC 1 个，长度为 43 bp；未知序列 1 个，长度为 59 bp；TR 635 个，重复序列长度为 3～417 bp，总长为 72 514 bp；小卫星 DNA 509 个，重复序列长度为 11～60 bp，总长为 55 958 bp；微卫星 DNA 11 个，重复序列长度为 3～6 bp，总长为 1495 bp。**【CRISPR】**预测到 191 个 CRISPR 相关序列。**【基因岛】**预测到 14 个基因岛 GI 01～GI 14，长度为 4577～33 024 bp，其 G+C 含量为 29.16%～39.63%。利用已预测得到的基因组信息，如重复序列、G+C 含量等，应用 CIRCOS 工具绘制其基因组圈图（图 5-5-41b）。

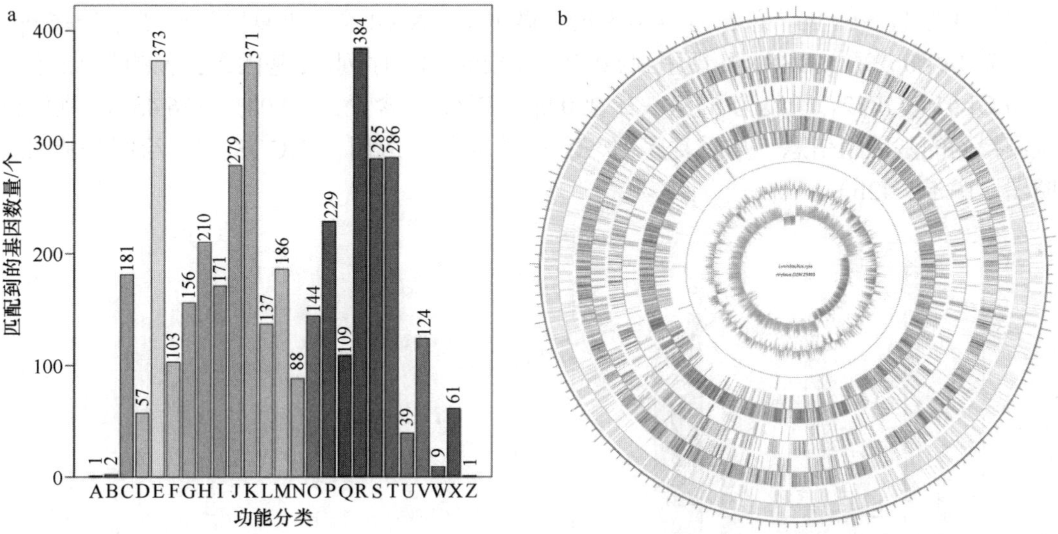


图 5-5-41 解木聚糖赖氨酸芽胞杆菌 DSM 23493$^T$基因组的直系同源基因聚类分析（a）和圈图（b）

## 26. 二甲苯赖氨酸芽胞杆菌（*Lysinibacillus xyleni*）JC22$^T$

二甲苯赖氨酸芽胞杆菌（*Lysinibacillus xyleni* Begum et al. 2016，sp. nov.）的模式菌株（JC22$^T$=CCUG 57912$^T$=KCTC 13604$^T$=NBRC 105753$^T$=DSM 23555$^T$）分离自 1 瓶二甲苯，生长条件为 25～40℃（最适 35～37℃）、pH 6.0～10.0（最适 pH 7.0～8.0），好氧，产芽胞（Begum et al.，2016）。目前，该种有 1 个基因组，选择组装水平较高的模式菌株 JC22$^T$ 的基因组进行描述，其 GenBank 登录号为 GCA_900217795.1，测序平台为 Illumina HiSeq，于 2017 年 9 月 28 日由美国能源部联合基因组研究所（DOE Joint Genome Institute）提交。

**【基因组的组装】**菌株 JC22$^T$基因组的测序深度为 281 X，基因组大小为 4.051 Mb，组装到 31 个 scaffolds，scaffold $N_{50}$ 为 278 781 bp。**【G+C 含量】**35.16%。**【非编码 RNA】**预测到 11 个 rRNA 基因（5S rRNA 9 个、16S rRNA 1 个、23S rRNA 1 个），88 个 tRNA 基因，4 个 sRNA 基因。**【编码基因】**有 4033 个蛋白质编码基因，编码区总长为 3 501 858 bp，占整个基因组的 86.44%，基因的平均长度为 868 bp。**【基因功能注释】**比对到 KEGG、COG 和 GO 数据库的基因数量分别为 3314 个、2658 个和 2760 个，预测到分泌蛋白编码基因 87 个；在 23 个 COG 功能类群中，基因数量前 10 位的类群分别是：E. 氨基酸转运与代谢 282 个，R. 仅一般功能预测 264 个，K. 转录 233 个，J. 翻译、核糖体结构与合成 223 个，T. 信号转导机制 220 个，S. 功能未知 209 个，P. 无机离子转运与代谢 180 个，H. 辅酶转运与代谢 157 个，C. 能量产生与转换 154 个和 M. 细胞壁/膜/包膜生物合成 143 个（图 5-5-42a）。**【重复序列】**预测到的重复序列包括：LTR 110 个，总长为 7191 bp，平均长度为 65 bp；DNA 重复元件 40 个，总长为 2516 bp，平均长度为 63 bp；LINE 29 个，总长为 1992 bp，平均长度为 69 bp；SINE 17 个，总长为 1243 bp，平均长度为 73 bp；RC 2 个，总长为 101 bp，平均长度为 51 bp；未知序列 1 个，长度为 90 bp；TR 249 个，重复序列长度为 3～399 bp，总长为 24 582 bp；小卫星 DNA 189 个，重复序列长度为 11～60 bp，总长为 14 629 bp；微卫星 DNA 4 个，重复序列长度为 3～6 bp，总长为 140 bp。【**CRISPR**】预测到 50 个 CRISPR 相关序列。【**基因岛**】预测到 12 个基因岛 GI 01～GI 12，长度为 5581～20 990 bp，其 G+C 含量为 29.04%～36.45%。利用已预测得到的基因组信息，如重复序列、G+C 含量等，应用 CIRCOS 工具绘制其基因组圈图（图 5-5-42b）。

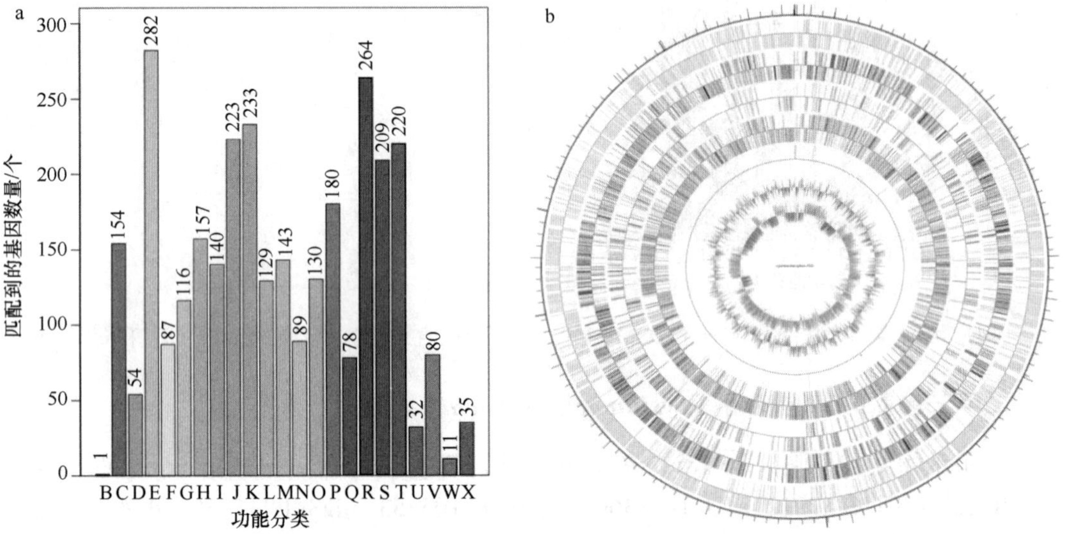


图 5-5-42　二甲苯赖氨酸芽胞杆菌 JC22$^{T}$ 基因组的直系同源基因聚类分析（a）和圈图（b）

## 六、类芽胞束菌属

类芽胞束菌属（*Paenisporosarcina* Krishnamurthi et al. 2009，gen. nov.）于 2009 年建立（Krishnamurthi et al.，2009a），包含 4 种：南极类芽胞束菌［*Paenisporosarcina antarctica* (Wu et al. 2008) Reddy et al. 2013，comb. nov.］［由南极芽胞束菌（*Sporosarcina antarctica*）重分类而来］、印度类芽胞束菌（*Paenisporosarcina indica* Reddy et al. 2013，sp. nov.）、麦克默多类芽胞束菌［*Paenisporosarcina macmurdoensis* (Reddy et al. 2003) Krishnamurthi et al. 2009，comb. nov.］［由麦克默多芽胞束菌（*Sporosarcina macmurdoensis*）重分类而来］、栖水类芽胞束菌（*Paenisporosarcina quisquiliarum* Krishnamurthi et al. 2009，sp. nov.）（模式种），均产芽胞。目前，该属有 3 个已知种类和 5 个未定种菌株的 8 个基因组被测序，以下选取 2 个已知种类的基因组进行描述。

### 1. 印度类芽胞束菌（*Paenisporosarcina indica*）PN2$^{T}$

印度类芽胞束菌（*Paenisporosarcina indica* Reddy et al. 2013，sp. nov.）的模式菌株（PN2$^{T}$ =LMG 23933$^{T}$ =JCM 15114$^{T}$）分离自印度喜马拉雅山脉品达里冰川（海拔 3500 m）的土壤，耐冷，生长条件为 0～25℃（最适 20℃）、pH 6.0～8.0（最适 pH 7.0）、0～4%（*W*/*V*）NaCl，好氧，产芽胞（Reddy et al.，2013）。目前，该种仅有 1 个基因组，模式菌株 PN2$^{T}$ 基因组的 GenBank 登录号为 GCA_001939075.1，测序平台为 454 FLX，于 2017

年 1 月 6 日由印度科学和工业研究理事会细胞与分子生物学中心（CSIR-Centre for Cellular and Molecular Biology）提交。

**【基因组的组装】**菌株 PN2$^T$ 基因组的测序深度为 85 X，基因组大小为 3.610 Mb，组装到 19 个 contigs，contig $N_{50}$ 为 808 478 bp。**【G+C 含量】**38.47%。**【非编码 RNA】**预测到 4 个 rRNA 基因（5S rRNA 2 个、16S rRNA 1 个、23S rRNA 1 个），80 个 tRNA 基因，10 个 sRNA 基因。**【编码基因】**有 3690 个蛋白质编码基因，编码区总长为 3 038 430 bp，占整个基因组的 84.05%，基因的平均长度为 823 bp。**【基因功能注释】**比对到 KEGG、COG 和 GO 数据库的基因数量分别为 3093 个、2457 个和 2448 个，预测到分泌蛋白编码基因 86 个；在 25 个 COG 功能类群中，基因数量前 10 位的类群分别是：E. 氨基酸转运与代谢 309 个，R. 仅一般功能预测 282 个，J. 翻译、核糖体结构与合成 242 个，K. 转录 201 个，S. 功能未知 193 个，P. 无机离子转运与代谢 151 个，C. 能量产生与转换 149 个，T. 信号转导机制 136 个，I. 脂质转运与代谢 133 个和 M. 细胞壁/膜/包膜生物合成 130 个（图 5-5-43a）。**【重复序列】**预测到的重复序列包括：LTR 67 个，总长为 4568 bp，平均长度为 68 bp；DNA 重复元件 29 个，总长为 1716 bp，平均长度为 59 bp；LINE 27 个，总长为 2104 bp，平均长度为 78 bp；SINE 13 个，总长为 831 bp，平均长度为 64 bp；RC 2 个，总长为 169 bp，平均长度为 85 bp；未知序列 1 个，长度为 80 bp；TR 181 个，重复序列长度为 2～1548 bp，总长为 21 925 bp；小卫星 DNA 146 个，重复序列长度为 11～54 bp，总长为 9532 bp；微卫星 DNA 7 个，重复序列长度为 2～6 bp，总长为 719 bp。**【CRISPR】**预测到 6 个 CRISPR 相关序列。**【基因岛】**预测到 10 个基因岛 GI 01～GI 10，长度为 6280～55 656 bp，其 G+C 含量为 31.7%～39.14%。利用已预测得到的基因组信息，如重复序列、G+C 含量等，应用 CIRCOS 工具绘制其基因组圈图（图 5-5-43b）。

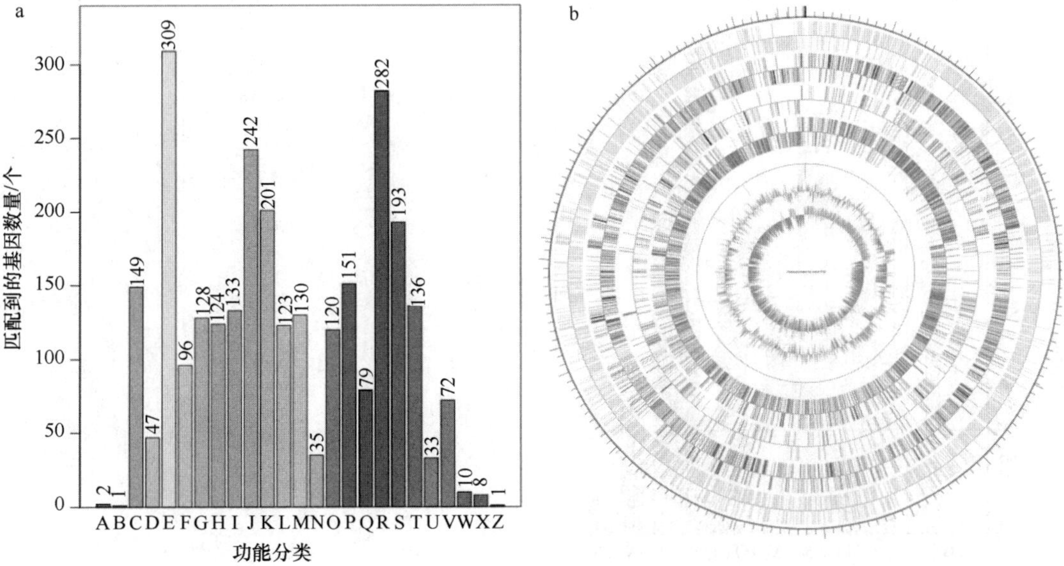


图 5-5-43　印度类芽胞束菌 PN2$^T$ 基因组的直系同源基因聚类分析（a）和圈图（b）

## 2. 栖水类芽胞束菌（*Paenisporosarcina quisquiliarum*）SK 55$^T$

栖水类芽胞束菌（*Paenisporosarcina quisquiliarum* Krishnamurthi et al. 2009，sp. nov.）的模式菌株（SK 55$^T$ =MTCC7604$^T$ =JCM 14041$^T$）分离自印度昌迪加尔 1 个垃圾填埋场的表层土壤，生长条件为 15～37℃（最适 25～30℃）、pH 6.0～9.0（最适 pH 7.0～8.0）、0～3%（*W*/*V*）NaCl，严格好氧，产芽胞（Krishnamurthi et al.，2009a）。目前，该种仅有 1 个基因组，模式菌株 SK 55$^T$ 基因组的 GenBank 登录号为 GCA_900109875.1，测序平台为 Illumina HiSeq，于 2016 年 10 月 31 日由美国能源部联合基因组研究所（DOE Joint Genome Institute）提交。

**【基因组的组装】**菌株 SK 55$^T$ 基因组的测序深度为 337 X，基因组大小为 4.033 Mb，组装到 20 个 contigs，contig $N_{50}$ 为 324 129 bp。**【G+C 含量】**35.96%。**【非编码 RNA】**预测到 7 个 rRNA 基因（5S rRNA 7 个、16S rRNA 0 个、23S rRNA 0 个），54 个 tRNA 基因，21 个 sRNA 基因。**【编码基因】**有 4102 个蛋白质编码基因，编码区总长为 3 419 052 bp，占整个基因组的 84.78%，基因的平均长度为 834 bp。**【基因功能注释】**比对到 KEGG、COG 和 GO 数据库的基因数量分别为 3566 个、2836 个和 2774 个，预测到分泌蛋白编码基因 91 个；在 25 个 COG 功能类群中，基因数量前 10 位的类群分别是：R. 仅一般功能预测 308 个，E. 氨基酸转运与代谢 292 个，J. 翻译、核糖体结构与合成 257 个，K. 转录 255 个，S. 功能未知 229 个，G. 碳水化合物转运与代谢 215 个，T. 信号转导机制 199 个，P. 无机离子转运与代谢 185 个，H. 辅酶转运与代谢 157 个和 M. 细胞壁/膜/包膜生物合成 157 个（图 5-5-44a）。**【重复序列】**预测到的重复序列包括：LTR 90 个，总长为 5432 bp，平均长度为 60 bp；DNA 重复元件 26 个，总长为 1737 bp，平均长度为 67 bp；LINE 32 个，总长为 1852 bp，平均长度为 58 bp；SINE 9 个，总长为 577 bp，平均长度为 64 bp；RC 2 个，总长为 82 bp，平均长度为 41 bp；未知序列 1 个，长度为

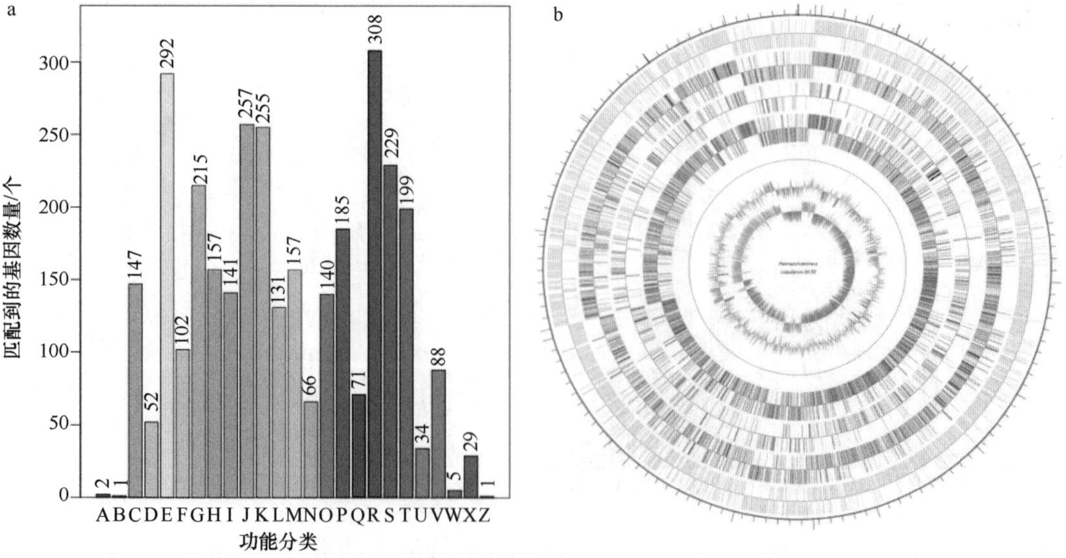


图 5-5-44　栖水类芽胞束菌 SK 55$^T$ 基因组的直系同源基因聚类分析（a）和圈图（b）

81 bp；TR 115 个，重复序列长度为 3～287 bp，总长为 13 816 bp；小卫星 DNA 79 个，重复序列长度为 10～60 bp，总长为 4437 bp；微卫星 DNA 7 个，重复序列长度为 3～6 bp，总长为 488 bp。**【CRISPR】**预测到 14 个 CRISPR 相关序列。**【基因岛】**预测到 6 个基因岛 GI 01～GI 06，长度为 5172～18 050 bp，其 G+C 含量为 33.42%～40.02%。利用已预测得到的基因组信息，如重复序列、G+C 含量等，应用 CIRCOS 工具绘制其基因组圈图（图 5-5-44b）。

## 七、动球菌属

动球菌属（*Planococcus* Migula 1894，genus.）于 1894 年建立，包含 18 种，模式种为橙黄色动球菌（*Planococcus citreus* Migula 1894，species.），均不产芽胞。目前该属有 15 个已知种类和 7 个未定种菌株的 28 个基因组被测序。

### 1. 南极洲动球菌（*Planococcus antarcticus*）DSM 14505$^T$

南极洲动球菌（*Planococcus antarcticus* Reddy et al. 2002，sp. nov.）的模式菌株（26or$^T$ =MTCC 3854$^T$ =DSM 14505$^T$）分离自南极洲麦克默多站的蓝细菌垫，嗜冷、耐盐，生长条件为 2～30℃（最适 20℃）、pH 6.0～12.0、0～12%（*W*/*V*）NaCl，好氧，不产芽胞（Verma et al.，2012）。目前，该种有 2 个基因组，选择组装到完成图水平的模式菌株 DSM 14505$^T$ 的基因组进行描述，其 GenBank 登录号为 GCA_001687565.2，测序平台为 PacBio，于 2016 年 11 月 1 日由马来西亚马来亚大学（University of Malaya）提交。

**【基因组的组装】**菌株 DSM 14505$^T$ 基因组的测序深度为 144 X，基因组大小为 3.805 Mb，组装到完成图水平，包括 1 条染色体和 2 个质粒。**【G+C 含量】**43.17%。**【非编码 RNA】**预测到 28 个 rRNA 基因（5S rRNA 10 个、16S rRNA 9 个、23S rRNA 9 个），71 个 tRNA 基因，5 个 sRNA 基因。**【编码基因】**有 4027 个蛋白质编码基因，编码区总长为 3 206 889 bp，占整个基因组的 84.28%，基因的平均长度为 796 bp。**【基因功能注释】**比对到 KEGG、COG 和 GO 数据库的基因数量分别为 3657 个、2684 个和 2685 个，预测到分泌蛋白编码基因 78 个；在 25 个 COG 功能类群中，基因数量前 10 位的类群分别是：R. 仅一般功能预测 311 个，E. 氨基酸转运与代谢 303 个，J. 翻译、核糖体结构与合成 240 个，P. 无机离子转运与代谢 188 个，S. 功能未知 186 个，K. 转录 184 个，G. 碳水化合物转运与代谢 183 个，C. 能量产生与转换 163 个，H. 辅酶转运与代谢 162 个和 I. 脂质转运与代谢 153 个（图 5-5-45a）。**【重复序列】**预测到的重复序列包括：LTR 201 个，总长为 13 894 bp，平均长度为 69 bp；DNA 重复元件 53 个，总长为 3329 bp，平均长度为 63 bp；LINE 55 个，总长为 3248 bp，平均长度为 59 bp；SINE 16 个，总长为 1146 bp，平均长度为 72 bp；RC 5 个，总长为 263 bp，平均长度为 53 bp；未知序列 3 个，总长为 204 bp，平均长度为 68 bp；TR 131 个，重复序列长度为 6～247 bp，总长为 19 677 bp；小卫星 DNA 83 个，重复序列长度为 11～60 bp，总长为 4739 bp；微卫星 DNA 3 个，重复序列长度为 6 bp，总长为 320 bp。**【CRISPR】**预测到 23 个 CRISPR 相关序列。**【基因岛】**预测到 14 个基因岛 GI 01～GI 14，长度为 4911～41 919 bp，其 G+C 含量为 34.86%～

49.11%。利用已预测得到的基因组信息，如重复序列、G+C 含量等，应用 CIRCOS 工具绘制其基因组圈图（图 5-5-45b）。

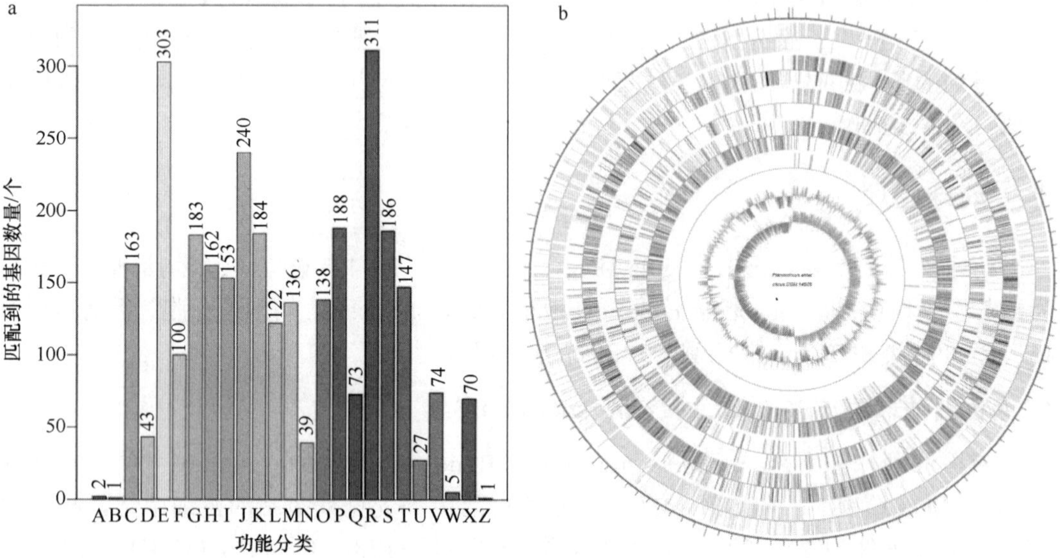


图 5-5-45　南极洲动球菌 DSM 14505$^{T}$ 基因组的直系同源基因聚类分析（a）和圈图（b）

## 2. 橙黄色动球菌（*Planococcus citreus*）DSM 20549$^{T}$

橙黄色动球菌（*Planococcus citreus* Migula 1894，species.）的模式菌株（ATCC 14404$^{T}$ = CIP 81.74$^{T}$ =DSM 20549$^{T}$ =JCM 2532$^{T}$ =LMG 17319$^{T}$ =VKM B-1307$^{T}$）分离自海水，最适生长温度为 26℃，好氧，不产芽胞。目前，该种有 1 个基因组，选择组装水平较高的模式菌株 DSM 20549$^{T}$ 的基因组进行描述，其 GenBank 登录号为 GCA_003664125.1，测序平台为 Illumina HiSeq，于 2018 年 10 月 15 日由美国能源部联合基因组研究所（DOE Joint Genome Institute）提交。

**【基因组的组装】**菌株 DSM 20549$^{T}$ 基因组的测序深度为 401 X，基因组大小为 3.429 Mb，组装到 13 个 scaffolds，scaffold $N_{50}$ 为 411 183 bp。**【G+C 含量】**48.57%。**【非编码 RNA】**预测到 8 个 rRNA 基因（5S rRNA 6 个、16S rRNA 1 个、23S rRNA 1 个），50 个 tRNA 基因，11 个 sRNA 基因。**【编码基因】**有 3540 个蛋白质编码基因，编码区总长为 3 019 257 bp，占整个基因组的 88.05%，基因的平均长度为 853 bp。**【基因功能注释】**比对到 KEGG、COG 和 GO 数据库的基因数量分别为 3309 个、2502 个和 2501 个，预测到分泌蛋白编码基因 93 个；在 25 个 COG 功能类群中，基因数量前 10 位的类群分别是：R. 仅一般功能预测 289 个，E. 氨基酸转运与代谢 274 个，J. 翻译、核糖体结构与合成 234 个，S. 功能未知 186 个，K. 转录 180 个，I. 脂质转运与代谢 169 个，G. 碳水化合物转运与代谢 165 个，P. 无机离子转运与代谢 162 个，C. 能量产生与转换 152 个，H. 辅酶转运与代谢 140 个和 T. 信号转导机制 140 个（图 5-5-46a）。**【重复序列】**预测到的重复序列包括：LTR 85 个，总长为 5723 bp，平均长度为 67 bp；DNA 重复元件 25 个，总长为 1553 bp，平均长度为 62 bp；LINE 19 个，总长为 1382 bp，平均长度为 73 bp；SINE 10 个，总长为 767 bp，平均长度为 77 bp；RC 3 个，总长为 271 bp，平均长度为 90 bp；未知序列 1 个，长度为 68 bp；TR 60 个，重复序列长度为 1～247 bp，总长为 5282 bp；小卫星 DNA 49 个，重复序列长度为 10～48 bp，总长为 2286 bp；微卫星 DNA 1 个，重复序列长度为 6 bp，总长为 46 bp。**【CRISPR】**未预测到 CRISPR 相关序列。**【基因岛】**预测到 6 个基因岛 GI 01～GI 06，长度为 8520～23 734 bp，其 G+C 含量为 35.49%～46.64%。利用已预测得到的基因组信息，如重复序列、G+C 含量等，应用 CIRCOS 工具绘制其基因组圈图（图 5-5-46b）。

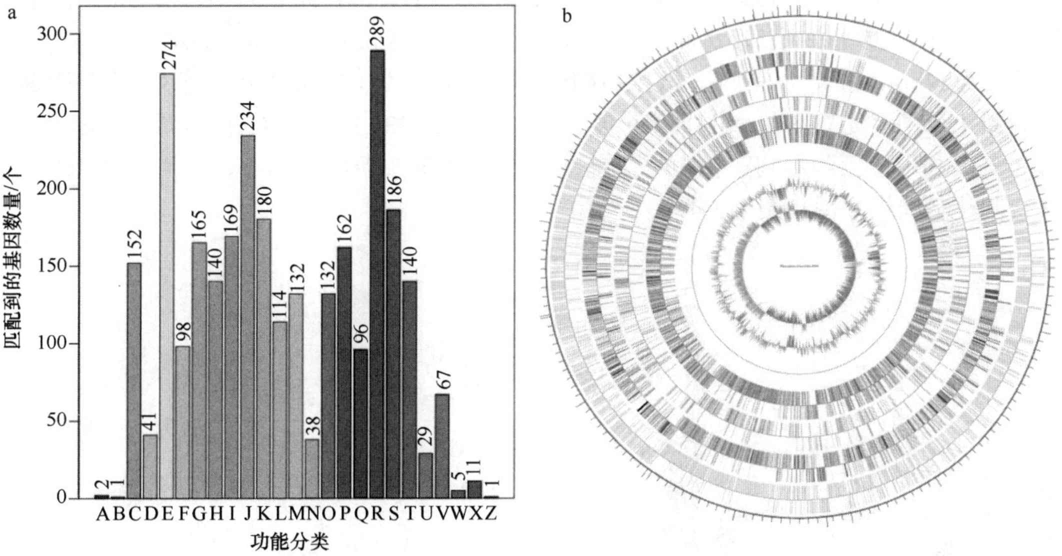


图 5-5-46　橙黄色动球菌 DSM 20549$^T$ 基因组的直系同源基因聚类分析（a）和圈图（b）

### 3. 东海动球菌（*Planococcus donghaensis*）DSM 22276$^T$

东海动球菌（*Planococcus donghaensis* Choi et al. 2007，sp. nov.）的模式菌株（JH1$^T$ = KCTC 13050$^T$ =LMG 23779$^T$ =DSM 22276$^T$）分离自韩国东部海域的深海沉积物，生长条件为 6～37℃（最适 25～30℃）、最适 pH 7.5～8.0、0～12%（*W*/*V*）NaCl（最适 2%），好氧，不产芽胞（Choi et al.，2007）。目前，该种有 2 个基因组，选择组装到完成图水平的模式菌株 DSM 22276$^T$ 的基因组进行描述，其 GenBank 登录号为 GCA_001687665.2，测序平台为 PacBio，于 2016 年 11 月 1 日由马来西亚马来亚大学（University of Malaya）提交。

**【基因组的组装】**菌株 DSM 22276$^T$ 基因组的测序深度为 146 X，基因组大小为 3.319 Mb，组装到完成图水平，包括 1 条染色体和 1 个质粒。**【G+C 含量】**40.08%。**【非编码 RNA】**预测到 33 个 rRNA 基因（5S rRNA 11 个、16S rRNA 11 个、23S rRNA 11 个），79 个 tRNA 基因，2 个 sRNA 基因。**【编码基因】**有 3285 个蛋白质编码基因，编码区总长为 2 887 893 bp，占整个基因组的 87.01%，基因的平均长度为 879 bp。**【基因功能注释】**比对到 KEGG、COG 和 GO 数据库的基因数量分别为 3174 个、2446 个和 2361 个，预测到分泌蛋白编码基因 83 个；在 25 个 COG 功能类群中，基因数量前 10

位的类群分别是：R. 仅一般功能预测 282 个，E. 氨基酸转运与代谢 262 个，J. 翻译、核糖体结构与合成 229 个，S. 功能未知 183 个，K. 转录 171 个，G. 碳水化合物转运与代谢 167 个，H. 辅酶转运与代谢 156 个，I. 脂质转运与代谢 154 个，T. 信号转导机制 154 个和 C. 能量产生与转换 151 个（图 5-5-47a）。**【重复序列】**预测到的重复序列包括：LTR 80 个，总长为 7568 bp，平均长度为 95 bp；DNA 重复元件 23 个，总长为 1432 bp，平均长度为 62 bp；LINE 25 个，总长为 1741 bp，平均长度为 70 bp；SINE 15 个，总长为 1048 bp，平均长度为 70 bp；RC 1 个，长度为 48 bp；未知序列 3 个，总长为 232 bp，平均长度为 77 bp；TR 199 个，重复序列长度为 6～318 bp，总长为 16 929 bp；小卫星 DNA 149 个，重复序列长度为 12～60 bp，总长为 9933 bp；微卫星 DNA 1 个，重复序列长度为 6 bp，总长为 66 bp。**【CRISPR】**预测到 19 个 CRISPR 相关序列。**【基因岛】**预测到 4 个基因岛 GI 01～GI 04，长度为 11 182～28 232 bp，其 G+C 含量为 34.13%～37.87%。利用已预测得到的基因组信息，如重复序列、G+C 含量等，应用 CIRCOS 工具绘制其基因组圈图（图 5-5-47b）。

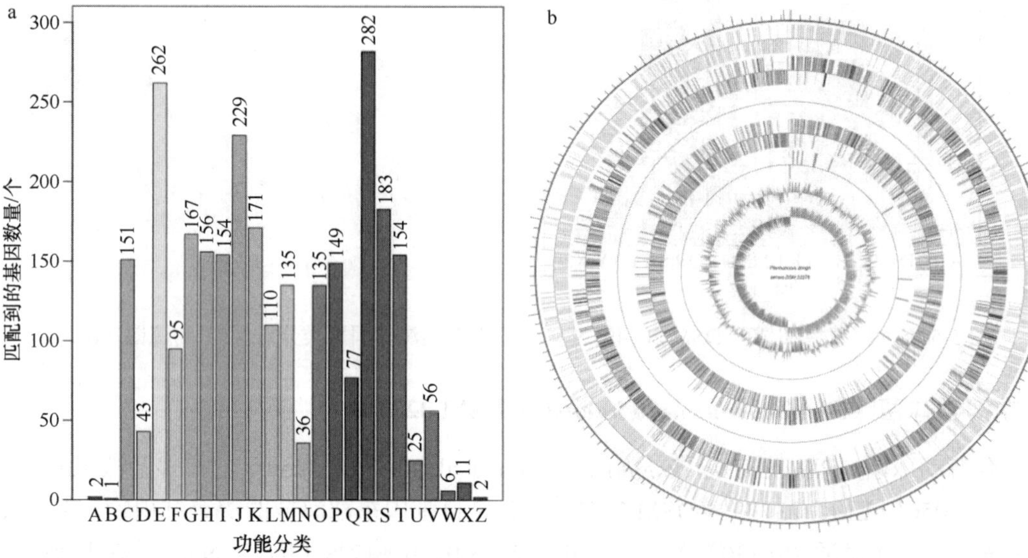


图 5-5-47　东海动球菌 DSM 22276$^T$ 基因组的直系同源基因聚类分析（a）和圈图（b）

### 4. 粪便动球菌（*Planococcus faecalis*）AJ003$^T$

粪便动球菌（*Planococcus faecalis* Kim et al. 2015，sp. nov.）的模式菌株（AJ003$^T$ = KCTC 33580$^T$ =CECT 8759$^T$）分离自南极洲企鹅的粪便，适应温度广，耐盐，生长条件为−20～30℃（最适 25℃）、pH 5.0～9.0（最适 7.0）、0～21%（*W*/*V*）NaCl，好氧，不产芽胞（Kim et al.，2015c）。目前，该种有 2 个基因组，选择组装到完成图水平的模式菌株 AJ003$^T$ 的基因组进行描述，其 GenBank 登录号为 GCA_002009235.1，测序平台为 PacBio，于 2017 年 3 月 2 日由韩国亚洲大学（Ajou University）提交。

**【基因组的组装】**菌株 AJ003$^T$ 基因组的测序深度为 100 X，基因组大小为 3.496 Mb，组装到完成图水平，包括 1 条染色体。**【G+C 含量】**40.91%。**【非编码 RNA】**预测到

27 个 rRNA 基因（5S rRNA 9 个、16S rRNA 9 个、23S rRNA 9 个），71 个 tRNA 基因，2 个 sRNA 基因。**【编码基因】**有 3543 个蛋白质编码基因，编码区总长为 3 009 747 bp，占整个基因组的 86.09%，基因的平均长度为 849 bp。**【基因功能注释】**比对到 KEGG、COG 和 GO 数据库的基因数量分别为 3382 个、2530 个和 2501 个，预测到分泌蛋白编码基因 65 个；在 25 个 COG 功能类群中，基因数量前 10 位的类群分别是：R. 仅一般功能预测 294 个，E. 氨基酸转运与代谢 282 个，J. 翻译、核糖体结构与合成 236 个，K. 转录 189 个，P. 无机离子转运与代谢 188 个，S. 功能未知 181 个，I. 脂质转运与代谢 159 个，G. 碳水化合物转运与代谢 154 个，T. 信号转导机制 151 个和 H. 辅酶转运与代谢 149 个（图 5-5-48a）。**【重复序列】**预测到的重复序列包括：LTR 139 个，总长为 10 253 bp，平均长度为 74 bp；DNA 重复元件 34 个，总长为 2089 bp，平均长度为 61 bp；LINE 43 个，总长为 2733 bp，平均长度为 64 bp；SINE 15 个，总长为 948 bp，平均长度为 63 bp；RC 5 个，总长为 211 bp，平均长度为 42 bp；未知序列 3 个，总长为 204 bp，平均长度为 68 bp；TR 106 个，重复序列长度为 6～525 bp，总长为 16 783 bp；小卫星 DNA 67 个，重复序列长度为 10～48 bp，总长为 5128 bp；微卫星 DNA 2 个，重复序列长度为 6 bp，总长为 93 bp。**【CRISPR】**预测到 5 个 CRISPR 相关序列。**【基因岛】**预测到 10 个基因岛 GI 01～GI 10，长度为 5703～38 797 bp，其 G+C 含量为 35.23%～44.61%。利用已预测得到的基因组信息，如重复序列、G+C 含量等，应用 CIRCOS 工具绘制其基因组圈图（图 5-5-48b）。

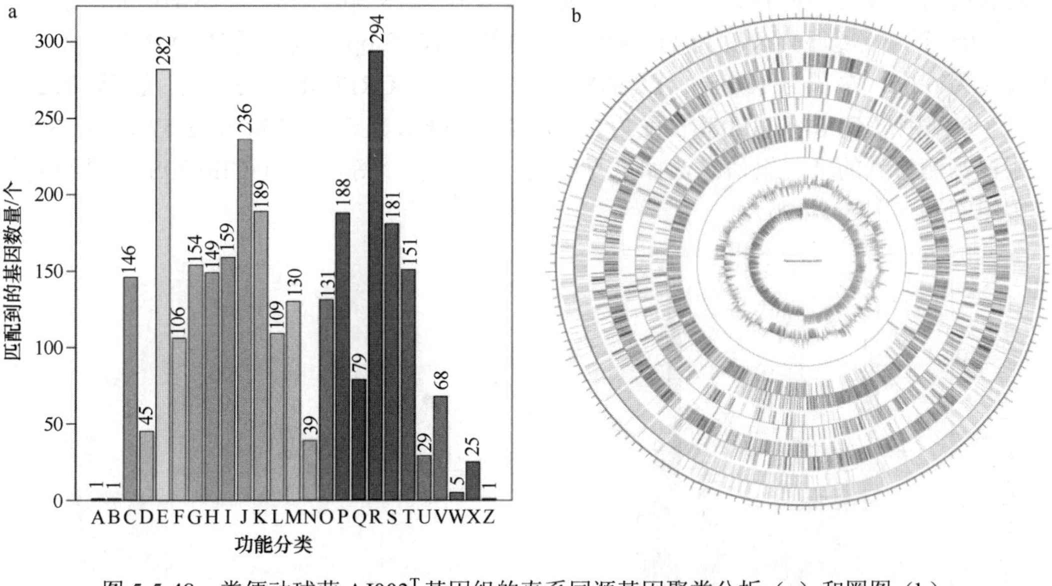


图 5-5-48　粪便动球菌 AJ003$^T$ 基因组的直系同源基因聚类分析（a）和圈图（b）

## 5. 嗜盐嗜冷动球菌（*Planococcus halocryophilus*）DSM 24743$^T$

嗜盐嗜冷动球菌（*Planococcus halocryophilus* Mykytczuk et al. 2012，sp. nov.）的模式菌株（Or1$^T$ =DSM 24743$^T$ =JCM 17719$^T$）分离自加拿大北极地区永久冻土的活动层土壤，耐冷、耐盐，生长条件为−10～37℃（最适 25℃）、pH 6.0～11.0（最适 7.0～8.0）、

0～19%（*W*/*V*）NaCl，好氧，不产芽胞（Mykytczuk et al.，2012）。目前，该种有 2 个基因组，选择组装到完成图水平的模式菌株 DSM 24743$^{T}$ 的基因组进行描述，其 GenBank 登录号为 GCA_001687585.2，测序平台为 PacBio，于 2016 年 11 月 1 日由马来西亚马来亚大学（University of Malaya）提交。

**【基因组的组装】** 菌株 DSM 24743$^{T}$ 基因组的测序深度为 244 X，基因组大小为 3.425 Mb，组装到完成图水平，包括 1 条染色体。**【G+C 含量】** 40.05%。**【非编码 RNA】** 预测到 30 个 rRNA 基因（5S rRNA 10 个、16S rRNA 10 个、23S rRNA 10 个），72 个 tRNA 基因，2 个 sRNA 基因。**【编码基因】** 有 3445 个蛋白质编码基因，编码区总长为 2 963 076 bp，占整个基因组的 86.51%，基因的平均长度为 860 bp。**【基因功能注释】** 比对到 KEGG、COG 和 GO 数据库的基因数量分别为 3287 个、2497 个和 2423 个，预测到分泌蛋白编码基因 81 个；在 25 个 COG 功能类群中，基因数量前 10 位的类群分别是：R. 仅一般功能预测 297 个，E. 氨基酸转运与代谢 287 个，J. 翻译、核糖体结构与合成 233 个，S. 功能未知 182 个，G. 碳水化合物转运与代谢 166 个，K. 转录 165 个，P. 无机离子转运与代谢 161 个，I. 脂质转运与代谢 155 个，T. 信号转导机制 151 个和 H. 辅酶转运与代谢 149 个（图 5-5-49a）。**【重复序列】** 预测到的重复序列包括：LTR 80 个，总长为 7636 bp，平均长度为 95 bp；DNA 重复元件 18 个，总长为 1753 bp，平均长度为 97 bp；LINE 26 个，总长为 1619 bp，平均长度为 62 bp；SINE 17 个，总长为 1116 bp，平均长度为 66 bp；RC 4 个，总长为 220 bp，平均长度为 55 bp；未知序列 3 个，总长为 232 bp，平均长度为 77 bp；TR 141 个，重复序列长度为 6～278 bp，总长为 16 410 bp；小卫星 DNA 105 个，重复序列长度为 11～60 bp，总长为 8719 bp；微卫星 DNA 3 个，重复序列长度为 6 bp，总长为 136 bp。**【CRISPR】** 未预测到 CRISPR 相关序列。**【基因岛】** 预测到 8 个基因岛 GI 01～GI 08，长度为 8576～23 373 bp，其 G+C 含量为 33.57%～41.39%。利用已预测得到的基因组信息，如重复序列、G+C 含量等，应用 CIRCOS 工具绘制其基因组圈图（图 5-5-49b）。

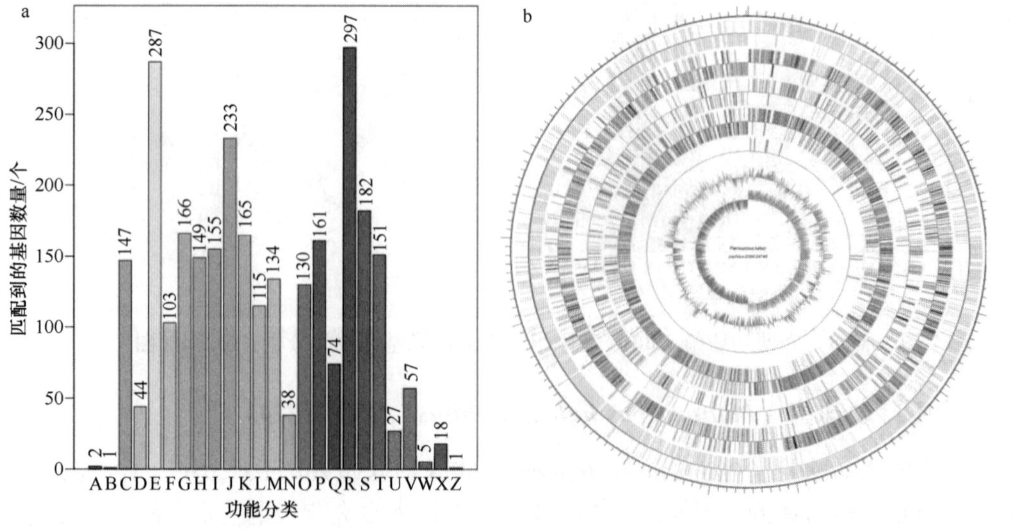


图 5-5-49　嗜盐嗜冷动球菌 DSM 24743$^{T}$ 基因组的直系同源基因聚类分析（a）和圈图（b）

### 6. 耐盐动球菌（*Planococcus halotolerans*）SCU63$^T$

耐盐动球菌（*Planococcus halotolerans* Gan et al. 2018，sp. nov.）的模式菌株（SCU63$^T$ = CGMCC 1.13628$^T$ =KCTC 43001$^T$）分离自甘肃敦煌雅丹国家地质公园的盐土，耐冷、耐盐，生长条件为 0～40℃（最适 30～35℃）、pH 6.5～9.0（最适 7.0～7.5）、0～15%（*W*/*V*）NaCl（最适 3%），好氧，不产芽胞（Gan et al.，2018a）。目前，该种仅有 1 个基因组，模式菌株 SCU63$^T$ 基因组的 GenBank 登录号为 GCA_003289955.1，测序平台为 Illumina HiSeq，于 2018 年 7 月 6 日由四川大学（Sichuan University）提交。

**【基因组的组装】**菌株 SCU63$^T$ 基因组的测序深度为 303 X，基因组大小为 3.623 Mb，组装到 17 个 contigs，contig $N_{50}$ 为 420 213 bp。**【G+C 含量】**44.57%。**【非编码 RNA】**预测到 8 个 rRNA 基因（5S rRNA 6 个、16S rRNA 1 个、23S rRNA 1 个），51 个 tRNA 基因，5 个 sRNA 基因。**【编码基因】**有 3807 个蛋白质编码基因，编码区总长为 3 155 139 bp，占整个基因组的 87.09%，基因的平均长度为 829 bp。**【基因功能注释】**比对到 KEGG、COG 和 GO 数据库的基因数量分别为 3348 个、2570 个和 2571 个，预测到分泌蛋白编码基因 97 个；在 25 个 COG 功能类群中，基因数量前 10 位的类群分别是：R. 仅一般功能预测 310 个，E. 氨基酸转运与代谢 266 个，J. 翻译、核糖体结构与合成 248 个，S. 功能未知 200 个，K. 转录 181 个，G. 碳水化合物转运与代谢 178 个，I. 脂质转运与代谢 158 个，O. 翻译后修饰、蛋白质周转、分子伴侣 154 个，H. 辅酶转运与代谢 153 个和 C. 能量产生与转换 149 个（图 5-5-50a）。**【重复序列】**预测到的重复序列包括：LTR 172 个，总长为 10 213 bp，平均长度为 59 bp；DNA 重复元件 44 个，总长为 2804 bp，平均长度为 64 bp；LINE 47 个，总长为 2936 bp，平均长度为 62 bp；SINE 10 个，总长为 746 bp，平均长度为 75 bp；RC 3 个，总长为 123 bp，平均长度为 41 bp；未知序列 2 个，总长为 136 bp，平均长度为 68 bp；TR 260 个，重复序列长度为 6～258 bp，总长为 19 038 bp；小卫星 DNA 231 个，重复序列长度为 11～60 bp，总长为 14 165 bp；

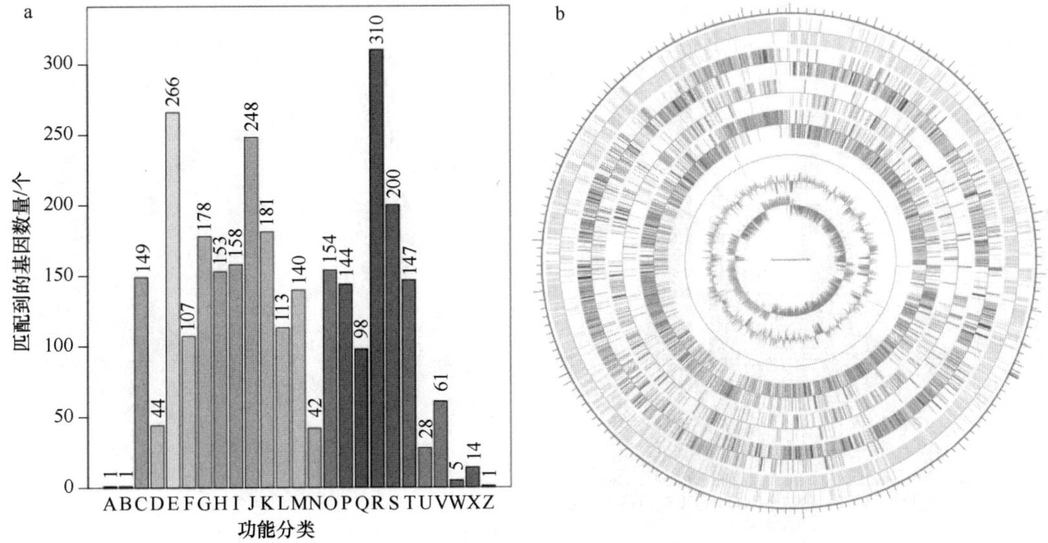


图 5-5-50　耐盐动球菌 SCU63$^T$ 基因组的直系同源基因聚类分析（a）和圈图（b）

微卫星 DNA 3 个，重复序列长度为 6 bp，总长为 140 bp。**【CRISPR】**预测到 30 个 CRISPR 相关序列。**【基因岛】**预测到 5 个基因岛 GI 01～GI 05，长度为 6089～14 683 bp，其 G+C 含量为 34.50%～46.33%。利用已预测得到的基因组信息，如重复序列、G+C 含量等，应用 CIRCOS 工具绘制其基因组圈图（图 5-5-50b）。

### 7. 科库尔氏动球菌（*Planococcus kocurii*）ATCC 43650$^{T}$

科库尔氏动球菌（*Planococcus kocurii* Hao and Komagata 1986，sp. nov.）的模式菌株（HK 701$^{T}$ =AJ 3345$^{T}$ =ATCC 43650$^{T}$ =CCM 1849$^{T}$ =DSM 20747$^{T}$ =IAM 12847$^{T}$ =JCM 2569$^{T}$ =LMG 17320$^{T}$ =NCIMB 629$^{T}$）分离自北海鳕鱼（*Gadus callarias*）的皮肤，耐盐，最适生长条件为 25～30℃、0～10%（*W*/*V*）NaCl，好氧，不产芽胞（Hao and Komagata，1985）。目前，该种仅有 1 个基因组，模式菌株 ATCC 43650$^{T}$ 基因组的 GenBank 登录号为 GCA_001465835.2，测序平台为 PacBio，于 2016 年 1 月 29 日由马来西亚马来亚大学（University of Malaya）提交。

**【基因组的组装】**菌株 ATCC 43650$^{T}$ 基因组的测序深度为 280 X，基因组大小为 3.486 Mb，组装到完成图水平，包括 1 条染色体和 1 个质粒。**【G+C 含量】**40.91%。**【非编码 RNA】**预测到 27 个 rRNA 基因（5S rRNA 9 个、16S rRNA 9 个、23S rRNA 9 个），71 个 tRNA 基因，2 个 sRNA 基因。**【编码基因】**有 3485 个蛋白质编码基因，编码区总长为 2 987 772 bp，占整个基因组的 85.71%，基因的平均长度为 857 bp。**【基因功能注释】**比对到 KEGG、COG 和 GO 数据库的基因数量分别为 3325 个、2533 个和 2506 个，预测到分泌蛋白编码基因 71 个；在 25 个 COG 功能类群中，基因数量前 10 位的类群分别是：R. 仅一般功能预测 307 个，E. 氨基酸转运与代谢 280 个，J. 翻译、核糖体结构与合成 236 个，K. 转录 191 个，P. 无机离子转运与代谢 185 个，S. 功能未知 184 个，I. 脂质转运与代谢 158 个，T. 信号转导机制 156 个，G. 碳水化合物转运与代谢 151 个和 H. 辅酶转运与代谢 149 个（图 5-5-51a）。**【重复序列】**预测到的重复序列包括：

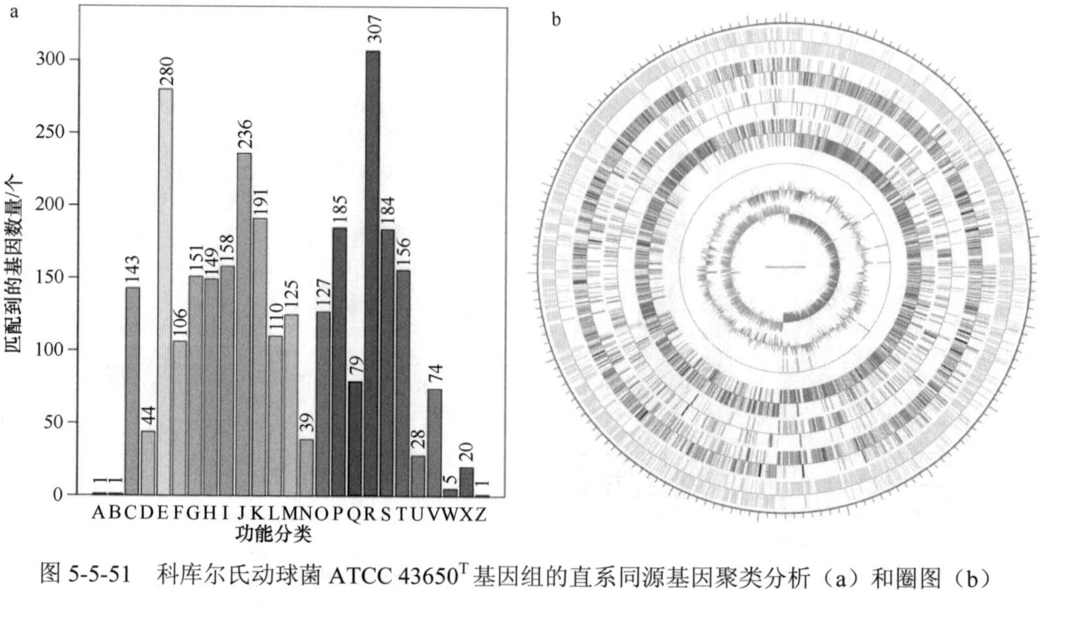


图 5-5-51 科库尔氏动球菌 ATCC 43650$^{T}$ 基因组的直系同源基因聚类分析（a）和圈图（b）

LTR 147 个，总长为 10 721 bp，平均长度为 73 bp；DNA 重复元件 40 个，总长为 2637 bp，平均长度为 66 bp；LINE 46 个，总长为 2878 bp，平均长度为 63 bp；SINE 15 个，总长为 948 bp，平均长度为 63 bp；RC 3 个，总长为 130 bp，平均长度为 43 bp；未知序列 3 个，总长为 204 bp，平均长度为 68 bp；TR 123 个，重复序列长度为 5～252 bp，总长为 16 493 bp；小卫星 DNA 82 个，重复序列长度为 11～60 bp，总长为 6163 bp；微卫星 DNA 3 个，重复序列长度为 5～6 bp，总长为 301 bp。**【CRISPR】**未预测到 CRISPR 相关序列。**【基因岛】**预测到 12 个基因岛 GI 01～GI 12，长度为 6308～35 382 bp，其 G+C 含量为 35.87%～50.06%。利用已预测得到的基因组信息，如重复序列、G+C 含量等，应用 CIRCOS 工具绘制其基因组圈图（图 5-5-51b）。

### 8. 迈特里动球菌（*Planococcus maitriensis*）S1$^T$

迈特里动球菌（*Planococcus maitriensis* Alam et al. 2004，sp. nov.）的模式菌株（S1$^T$ = MTCC 4827$^T$ =DSM 15305$^T$）分离自南极洲印度迈特里站附近的蓝细菌浮垫，耐冷，好氧，不产芽胞（Alam et al.，2003）。目前，该种仅有 1 个基因组，模式菌株 S1$^T$ 基因组的 GenBank 登录号为 GCA_003289925.1，测序平台为 Illumina HiSeq，于 2018 年 7 月 6 日由四川大学（Sichuan University）提交。

**【基因组的组装】**菌株 S1$^T$ 基因组的测序深度为 334 X，基因组大小为 3.146 Mb，组装到 16 个 contigs，contig $N_{50}$ 为 397 773 bp。**【G+C 含量】**49.91%。**【非编码 RNA】**预测到 8 个 rRNA 基因（5S rRNA 6 个、16S rRNA 1 个、23S rRNA 1 个），50 个 tRNA 基因，4 个 sRNA 基因。**【编码基因】**有 3224 个蛋白质编码基因，编码区总长为 2 771 766 bp，占整个基因组的 88.10%，基因的平均长度为 860 bp。**【基因功能注释】**比对到 KEGG、COG 和 GO 数据库的基因数量分别为 3019 个、2337 个和 2304 个，预测到分泌蛋白编码基因 86 个；在 25 个 COG 功能类群中，基因数量前 10 位的类群分别是：R. 仅一般功能预测 286 个，E. 氨基酸转运与代谢 265 个，J. 翻译、核糖体结构与合成 225 个，S. 功能未知 176 个，P. 无机离子转运与代谢 165 个，C. 能量产生与转换 160 个，K. 转录 158 个，I. 脂质转运与代谢 155 个，H. 辅酶转运与代谢 146 个和 G. 碳水化合物转运与代谢 140 个（图 5-5-52a）。**【重复序列】**预测到的重复序列包括：LTR 84 个，总长为 5800 bp，平均长度为 69 bp；DNA 重复元件 22 个，总长为 3401 bp，平均长度为 155 bp；LINE 22 个，总长为 1470 bp，平均长度为 67 bp；SINE 10 个，总长为 694 bp，平均长度为 69 bp；RC 2 个，总长为 143 bp，平均长度为 72 bp；未知序列 3 个，总长为 205 bp，平均长度为 68 bp；TR 40 个，重复序列长度为 10～216 bp，总长为 3196 bp；小卫星 DNA 36 个，重复序列长度为 10～48 bp，总长为 1997 bp；未预测到微卫星 DNA。**【CRISPR】**预测到 14 个 CRISPR 相关序列。**【基因岛】**预测到 3 个基因岛 GI 01～GI 03，长度分别为 12 567 bp、21 398 bp 和 7824 bp，其 G+C 含量分别为 39.34%、41.29%和 51.76%。利用已预测得到的基因组信息，如重复序列、G+C 含量等，应用 CIRCOS 工具绘制其基因组圈图（图 5-5-52b）。

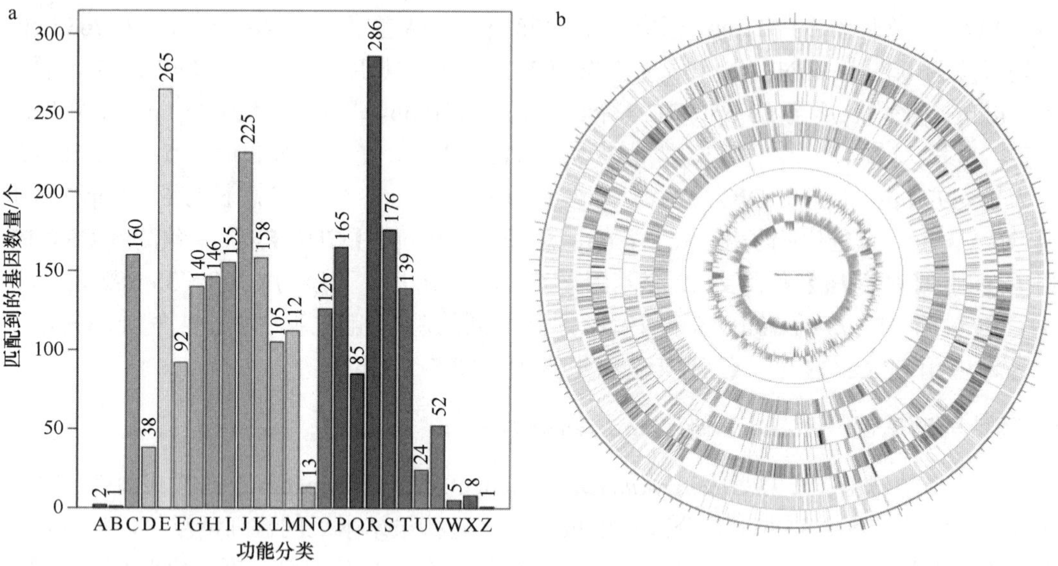


图 5-5-52　迈特里动球菌 S1$^T$ 基因组的直系同源基因聚类分析（a）和圈图（b）

### 9. 海洋动球菌（*Planococcus maritimus*）DSM 17275$^T$

海洋动球菌（*Planococcus maritimus* Yoon et al. 2003，sp. nov.）的模式菌株（TF-9$^T$ = KCCM 41587$^T$ =JCM 11543$^T$ =DSM 17275$^T$）分离自黄海的潮间带海水，耐冷、耐盐，生长条件为 4～41℃（最适 30℃）、最适 pH 6.0～8.0、0～17%（*W*/*V*）NaCl（最适 2%），严格好氧，不产芽胞（Yoon et al.，2003d）。目前，该种有 3 个基因组，选择组装到完成图水平的模式菌株 DSM 17275$^T$ 的基因组进行描述，其 GenBank 登录号为 GCA_001687625.2，测序平台为 PacBio，于 2016 年 11 月 1 日由马来西亚马来亚大学（University of Malaya）提交。

**【基因组的组装】**菌株 DSM 17275$^T$ 基因组的测序深度为 249 X，基因组大小为 3.281 Mb，组装到完成图水平，包括 1 条染色体。**【G+C 含量】**47.17%。**【非编码 RNA】**预测到 27 个 rRNA 基因（5S rRNA 9 个、16S rRNA 9 个、23S rRNA 9 个），71 个 tRNA 基因，12 个 sRNA 基因。**【编码基因】**有 3340 个蛋白质编码基因，编码区总长为 2 851 434 bp，占整个基因组的 86.91%，基因的平均长度为 854 bp。**【基因功能注释】**比对到 KEGG、COG 和 GO 数据库的基因数量分别为 3107 个、2374 个和 2339 个，预测到分泌蛋白编码基因 99 个；在 25 个 COG 功能类群中，基因数量前 10 位的类群分别是：R. 仅一般功能预测 272 个，E. 氨基酸转运与代谢 258 个，J. 翻译、核糖体结构与合成 232 个，S. 功能未知 175 个，G. 碳水化合物转运与代谢 165 个，K. 转录 165 个，I. 脂质转运与代谢 149 个，T. 信号转导机制 148 个，C. 能量产生与转换 146 个和 P. 无机离子转运与代谢 142 个（图 5-5-53a）。**【重复序列】**预测到的重复序列包括：LTR 77 个，总长为 6751 bp，平均长度为 88 bp；DNA 重复元件 20 个，总长为 1386 bp，平均长度为 69 bp；LINE 28 个，总长为 2044 bp，平均长度为 73 bp；SINE 13 个，总长为 967 bp，平均长度为 74 bp；RC 3 个，总长为 209 bp，平均长度为 70 bp；未知序列 4 个，总长为 255 bp，平均长度为 64 bp；TR 87 个，重复序列长度为 7～438 bp，总长为 17 001 bp；小卫星 DNA 52 个，重复序列长度为 10～48 bp，总长为 2926 bp；未预测到微卫星 DNA。**【CRISPR】**预测到 8 个 CRISPR 相关序列。**【基因岛】**预测到 4 个基因岛 GI 01～GI 04，长度为 8642～56 979 bp，其 G+C 含量为 35.76%～42.26%。利用已预测得到的基因组信息，如重复序列、G+C 含量等，应用 CIRCOS 工具绘制其基因组圈图（图 5-5-53b）。

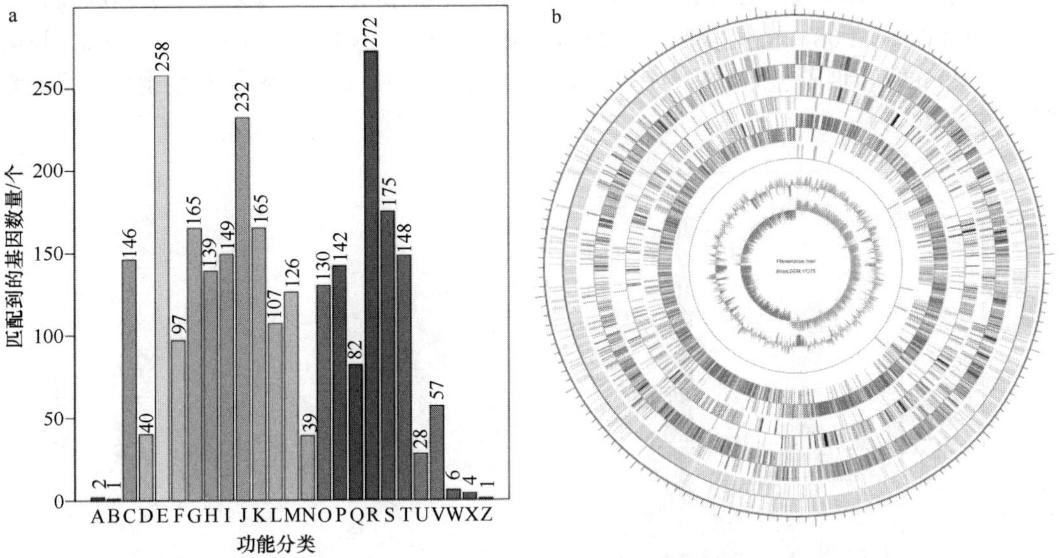


图 5-5-53　海洋动球菌 DSM 17275$^T$ 基因组的直系同源基因聚类分析（a）和圈图（b）

## 10. 马赛动球菌（*Planococcus massiliensis*）ES2$^T$

马赛动球菌（*Planococcus massiliensis* Seck et al. 2015，sp. nov.）的模式菌株（ES2$^T$ = CSUR P1103$^T$ =DSM 28915$^T$）分离自 1 位健康塞内加尔人的粪便，耐盐，最适生长条件为 37℃、pH 7.0～8.0、75 g/L NaCl，严格好氧，不产芽胞（Seck et al.，2015b）。目前，该种仅有 1 个基因组，模式菌株 ES2$^T$ 基因组的 GenBank 登录号为 GCA_000821325.2，测序平台为 Illumina MiSeq，于 2014 年 10 月 9 日由法国热带传染病研究中心（Unité de Recherche en Maladies Infectieuses et Tropicales Emergentes）提交。

**【基因组的组装】**菌株 ES2$^T$ 基因组的测序深度为 32 X，基因组大小为 3.357 Mb，组装到框架图水平，包括 1 条染色体。**【G+C 含量】**45.95%。**【非编码 RNA】**预测到 13 个 rRNA 基因（5S rRNA 8 个、16S rRNA 2 个、23S rRNA 3 个），61 个 tRNA 基因，2 个 sRNA 基因。**【编码基因】**有 3518 个蛋白质编码基因，编码区总长为 2 999 058 bp，占整个基因组的 89.34%，基因的平均长度为 852 bp。**【基因功能注释】**比对到 KEGG、COG 和 GO 数据库的基因数量分别为 3179 个、2542 个和 2448 个，预测到分泌蛋白编码基因 71 个；在 25 个 COG 功能类群中，基因数量前 10 位的类群分别是：R. 仅一般功能预测 306 个，E. 氨基酸转运与代谢 278 个，J. 翻译、核糖体结构与合成 238 个，K. 转录 211 个，S. 功能未知 191 个，G. 碳水化合物转运与代谢 190 个，I. 脂质转运与代谢 158 个，T. 信号转导机制 158 个，C. 能量产生与转换 148 个和 H. 辅酶转运与代谢 141 个

（图 5-5-54a）。【重复序列】预测到的重复序列包括：LTR 129 个，总长为 8435 bp，平均长度为 65 bp；DNA 重复元件 35 个，总长为 1977 bp，平均长度为 56 bp；LINE 31 个，总长为 1790 bp，平均长度为 58 bp；SINE 12 个，总长为 894 bp，平均长度为 75 bp；未知序列 3 个，总长为 183 bp，平均长度为 61 bp；TR 86 个，重复序列长度为 12～196 bp，总长为 8419 bp；小卫星 DNA 68 个，重复序列长度为 12～60 bp，总长为 4277 bp；未预测到微卫星 DNA。【CRISPR】预测到 7 个 CRISPR 相关序列。【基因岛】预测到 8 个基因岛 GI 01～GI 08，长度为 3421～24 905 bp，其 G+C 含量为 38.05%～51.89%。利用已预测得到的基因组信息，如重复序列、G+C 含量等，应用 CIRCOS 工具绘制其基因组圈图（图 5-5-54b）。

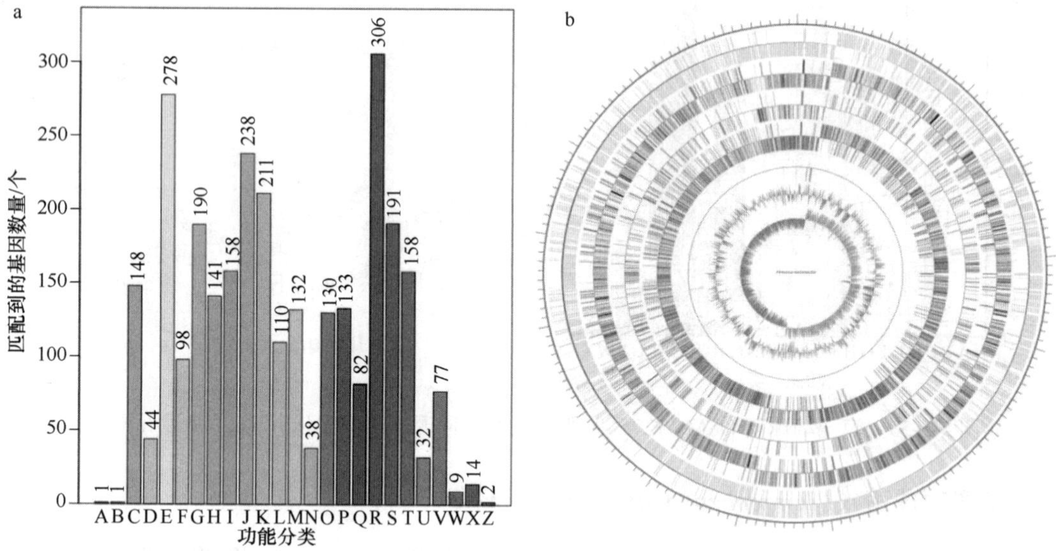


图 5-5-54　马赛动球菌 ES2$^{T}$ 基因组的直系同源基因聚类分析（a）和圈图（b）

### 11. 海绵动球菌（*Planococcus plakortidis*）DSM 23997$^{T}$

海绵动球菌（*Planococcus plakortidis* Kaur et al. 2012，sp. nov.）的模式菌株［AS/ASP6（II）$^{T}$ =MTCC 8491$^{T}$ =DSM 23997$^{T}$］分离自孟加拉湾的简易扁板海绵（*Plakortis simplex*），生长条件为 15～37℃（最适 30℃）、pH 6.0～10.0、0～7%（*W*/*V*）NaCl，好氧，不产芽胞（Kaur et al.，2012）。目前，该种仅有 1 个基因组，模式菌株 DSM 23997$^{T}$ 基因组的 GenBank 登录号为 GCA_001687605.2，测序平台为 PacBio，于 2016 年 11 月 1 日由马来西亚马来亚大学（University of Malaya）提交。

【基因组的组装】菌株 DSM 23997$^{T}$ 基因组的测序深度为 201 X，基因组大小为 3.262 Mb，组装到完成图水平，包括 1 条染色体。【G+C 含量】49.97%。【非编码 RNA】预测到 27 个 rRNA 基因（5S rRNA 9 个、16S rRNA 9 个、23S rRNA 9 个），71 个 tRNA 基因，6 个 sRNA 基因。【编码基因】有 3388 个蛋白质编码基因，编码区总长为 2 832 219 bp，占整个基因组的 86.82%，基因的平均长度为 836 bp。【基因功能注释】比对到 KEGG、COG 和 GO 数据库的基因数量分别为 3177 个、2388 个和 2363 个，预测到分泌蛋白编码基因 92 个；在 25 个 COG 功能类群中，基因数量前 10 位的类群分别是：R. 仅一般功能预测 278 个，E. 氨基酸转运与代谢 274 个，J. 翻译、核糖体结构与合成 225 个，S. 功能未知 183 个，K. 转录 158 个，P. 无机离子转运与代谢 157 个，I. 脂质转运与代谢 153 个，C. 能量产生与转换 152 个，T. 信号转导机制 142 个，G. 碳水化合物转运与代谢 140 个和 H. 辅酶转运与代谢 140 个（图 5-5-55a）。**【重复序列】**预测到的重复序列包括：LTR 105 个，总长为 9551 bp，平均长度为 91 bp；DNA 重复元件 27 个，总长为 2331 bp，平均长度为 86 bp；LINE 29 个，总长为 2199 bp，平均长度为 76 bp；SINE 17 个，总长为 1319 bp，平均长度为 78 bp；RC 3 个，总长为 143 bp，平均长度为 48 bp；未知序列 3 个，总长为 204 bp，平均长度为 68 bp；TR 60 个，重复序列长度为 2～246 bp，总长为 7061 bp；小卫星 DNA 47 个，重复序列长度为 12～48 bp，总长为 2422 bp；未预测到微卫星 DNA。**【CRISPR】**未预测到 CRISPR 相关序列。**【基因岛】**预测到 5 个基因岛 GI 01～GI 05，长度为 10 795～46 722 bp，其 G+C 含量为 37.62%～49.83%。利用已预测得到的基因组信息，如重复序列、G+C 含量等，应用 CIRCOS 工具绘制其基因组圈图（图 5-5-55b）。

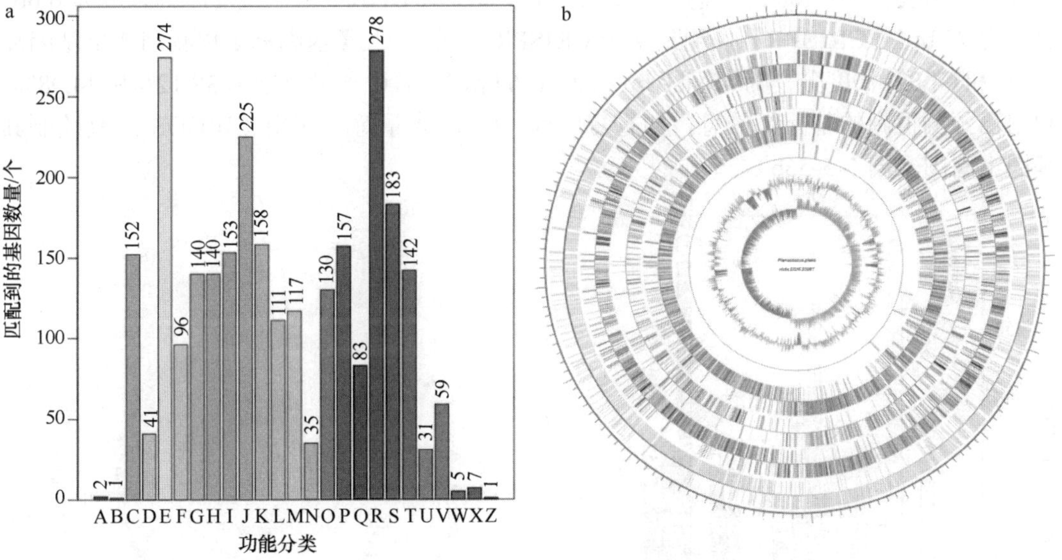


图 5-5-55　海绵动球菌 DSM 23997$^T$ 基因组的直系同源基因聚类分析（a）和圈图（b）

## 12. 里菲托动球菌（*Planococcus rifietoensis*）M8$^T$

里菲托动球菌（*Planococcus rifietoensis* corrig. Romano et al. 2003，sp. nov.）的模式菌株（M8$^T$ =ATCC BAA-790$^T$ =DSM 15069$^T$）分离自意大利里菲托温泉的藻类浮垫，最适生长条件为 37℃、pH 9.0、1.8 mol/L NaCl，好氧，不产芽胞（Romano et al.，2003）。目前，该种仅有 1 个基因组，模式菌株 M8$^T$ 基因组的 GenBank 登录号为 GCA_001465795.2，测序平台为 PacBio，于 2016 年 1 月 25 日由马来西亚马来亚大学（University of Malaya）提交。

**【基因组的组装】**菌株 M8$^T$ 基因组的测序深度为 131 X，基因组大小为 3.505 Mb，组装到完成图水平，包括 1 条染色体。**【G+C 含量】**48.45%。**【非编码 RNA】**预测到 27 个 rRNA 基因（5S rRNA 9 个、16S rRNA 9 个、23S rRNA 9 个），72 个 tRNA 基因，8 个 sRNA 基因。**【编码基因】**有 3606 个蛋白质编码基因，编码区总长为 3 051 852 bp，占整个基因组的 87.07%，基因的平均长度为 846 bp。**【基因功能注释】**比对到 KEGG、COG 和 GO 数据库的基因数量分别为 3437 个、2522 个和 2508 个，预测到分泌蛋白编码基因 94 个；在 25 个 COG 功能类群中，基因数量前 10 位的类群分别是：R. 仅一般功能预测 295 个，E. 氨基酸转运与代谢 292 个，J. 翻译、核糖体结构与合成 244 个，K. 转录 189 个，S. 功能未知 177 个，G. 碳水化合物转运与代谢 174 个，I. 脂质转运与代谢 166 个，P. 无机离子转运与代谢 162 个，T. 信号转导机制 152 个和 C. 能量产生与转换 150 个（图 5-5-56a）。**【重复序列】**预测到的重复序列包括：LTR 85 个，总长为 7703 bp，平均长度为 91 bp；DNA 重复元件 30 个，总长为 2030 bp，平均长度为 68 bp；LINE 31 个，总长为 2235 bp，平均长度为 72 bp；SINE 15 个，总长为 1077 bp，平均长度为 72 bp；RC 2 个，总长为 89 bp，平均长度为 45 bp；未知序列 3 个，总长为 204 bp，平均长度为 68 bp；TR 69 个，重复序列长度为 6～491 bp，总长为 10 611 bp；小卫星 DNA 47 个，重复序列长度为 10～60 bp，总长为 2163 bp；微卫星 DNA 2 个，重复序列长度为 6 bp，总长为 75 bp。**【CRISPR】**预测到 7 个 CRISPR 相关序列。**【基因岛】**预测到 2 个基因岛 GI 01 和 GI 02，长度分别为 45 680 bp 和 21 106 bp，其 G+C 含量分别为 38.12%和 44.98%。利用已预测得到的基因组信息，如重复序列、G+C 含量等，应用 CIRCOS 工具绘制其基因组圈图（图 5-5-56b）。

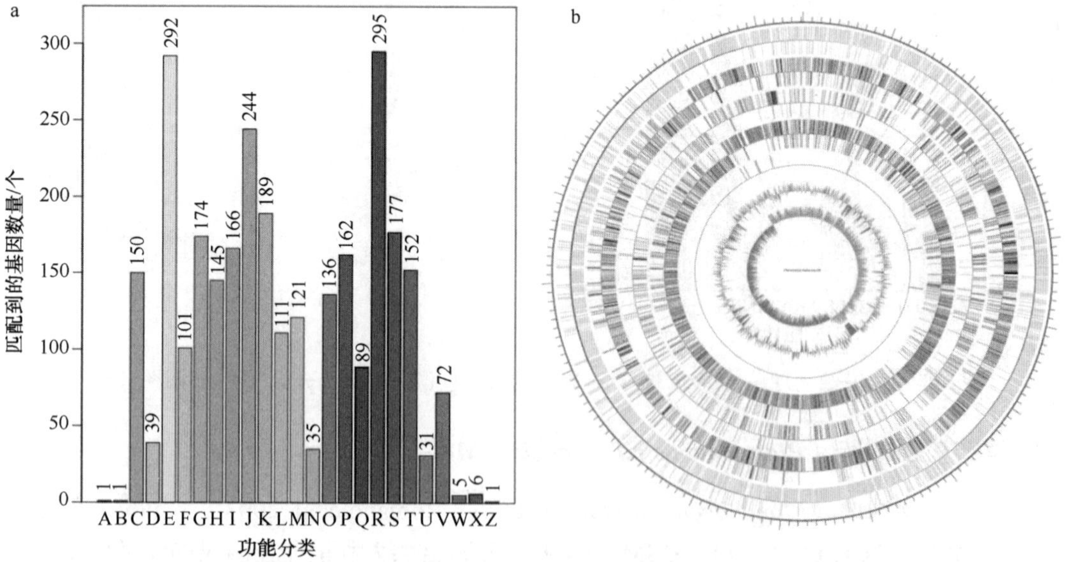


图 5-5-56　里菲托动球菌 M8$^T$ 基因组的直系同源基因聚类分析（a）和圈图（b）

## 13. 盐田动球菌（*Planococcus salinarum*）DSM 23820$^T$

盐田动球菌（*Planococcus salinarum* Yoon et al. 2010，sp. nov.）的模式菌株（ISL-16$^T$=KCTC 13584$^T$ =CCUG 57753$^T$ =DSM 23820$^T$）分离自黄海的 1 个海水晒盐场，耐冷、耐

盐，生长条件为 6～38℃（最适 30℃）、最适 pH 7.0～7.5、0～13%（*W*/*V*）NaCl（最适 2%），好氧，不产芽胞（Yoon et al.，2010b）。目前，该种有 2 个基因组，选择组装水平较高的模式菌株 DSM 23820$^T$ 基因组进行描述，其 GenBank 登录号为 GCA_001856085.1，测序平台为 PacBio，于 2016 年 10 月 28 日由马来西亚马来亚大学（University of Malaya）提交。

**【基因组的组装】**菌株 DSM 23820$^T$ 基因组的测序深度为 18 X，基因组大小为 1.074 Mb，组装到 145 个 contigs，contig $N_{50}$ 为 9772 bp。**【G+C 含量】**47.97%。**【非编码 RNA】**预测到 24 个 rRNA 基因（5S rRNA 8 个、16S rRNA 8 个、23S rRNA 8 个），31 个 tRNA 基因，1 个 sRNA 基因。**【编码基因】**有 1929 个蛋白质编码基因，编码区总长为 793 950 bp，占整个基因组的 73.92%，基因的平均长度为 615 bp。**【基因功能注释】**比对到 KEGG、COG 和 GO 数据库的基因数量分别为 883 个、682 个和 773 个，预测到分泌蛋白编码基因 17 个；在 22 个 COG 功能类群中，基因数量前 10 位的类群分别是：J. 翻译、核糖体结构与合成 69 个，E. 氨基酸转运与代谢 65 个，R. 仅一般功能预测 60 个，S. 功能未知 59 个，P. 无机离子转运与代谢 49 个，I. 脂质转运与代谢 48 个，H. 辅酶转运与代谢 47 个，K. 转录 47 个，T. 信号转导机制 44 个和 G. 碳水化合物转运与代谢 40 个（图 5-5-57a）。**【重复序列】**预测到的重复序列包括：LTR 57 个，总长为 5274 bp，平均长度为 93 bp；DNA 重复元件 14 个，总长为 757 bp，平均长度为 54 bp；LINE 23 个，总长为 1395 bp，平均长度为 61 bp；SINE 6 个，总长为 376 bp，平均长度为 63 bp；RC 1 个，长度为 74 bp；未知序列 2 个，总长为 135 bp，平均长度为 68 bp；TR 72 个，重复序列长度为 9～273 bp，总长为 4537 bp；小卫星 DNA 67 个，重复序列长度为 12～51 bp，总长为 3555 bp；未预测到微卫星 DNA。**【CRISPR】**预测到 6 个 CRISPR 相关序列。**【基因岛】**预测到 2 个基因岛 GI 01 和 GI 02，长度分别为 4476 bp 和 5161 bp，其 G+C 含量分别为 50.40%和 48.19%。利用已预测得到的基因组信息，如重复序列、G+C 含量等，应用 CIRCOS 工具绘制其基因组圈图（图 5-5-57b）。

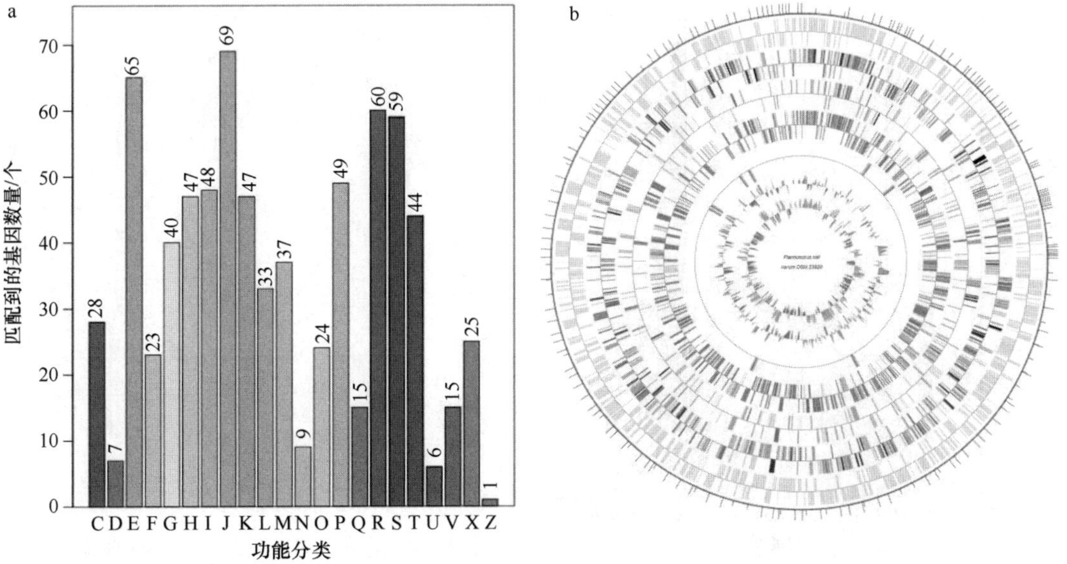


图 5-5-57　盐田动球菌 DSM 23820$^T$ 基因组的直系同源基因聚类分析（a）和圈图（b）

## 14. 盐动球菌（*Planococcus salinus*）LCB217$^{T}$

盐动球菌（*Planococcus salinus* Gan et al. 2018，sp. nov.）的模式菌株（LCB217$^{T}$ = CGMCC 1.15685$^{T}$ =KCTC 33861$^{T}$）分离自我国西北的盐碱土，嗜碱、嗜盐，生长条件为10～45℃（最适 30℃）、pH 7.0～9.0（最适 9.0）、3%～15%（*W*/*V*）NaCl（最适 3%～5%），好氧，不产芽胞（Gan et al.，2018b）。目前，该种仅有 1 个基因组，模式菌株 LCB217$^{T}$ 基因组的 GenBank 登录号为 GCA_003719725.1，测序平台为 Illumina HiSeq，于 2018 年 11 月 10 日由中国科学院（Chinese Academy of Sciences）提交。

**【基因组的组装】**菌株 LCB217$^{T}$ 基因组的测序深度为 100 X，基因组大小为 3.335 Mb，组装到 34 个 contigs，contig $N_{50}$ 为 351 116 bp。**【G+C 含量】**46.13%。**【非编码 RNA】**预测到 2 个 rRNA 基因（5S rRNA 1 个、16S rRNA 1 个、23S rRNA 0 个），40 个 tRNA 基因，8 个 sRNA 基因。**【编码基因】**有 3470 个蛋白质编码基因，编码区总长为 2 937 081 bp，占整个基因组的 88.07%，基因的平均长度为 846 bp。**【基因功能注释】**比对到 KEGG、COG 和 GO 数据库的基因数量分别为 3054 个、2441 个和 2385 个，预测到分泌蛋白编码基因 94 个；在 25 个 COG 功能类群中，基因数量前 10 位的类群分别是：R. 仅一般功能预测 310 个，E. 氨基酸转运与代谢 272 个，J. 翻译、核糖体结构与合成 214 个，I. 脂质转运与代谢 202 个，S. 功能未知 180 个，C. 能量产生与转换 170 个，K. 转录 165 个，H. 辅酶转运与代谢 156 个，P. 无机离子转运与代谢 151 个和 T. 信号转导机制 136 个（图 5-5-58a）。**【重复序列】**预测到的重复序列包括：LTR 101 个，总长为 6077 bp，平均长度为 60 bp；DNA 重复元件 28 个，总长为 1520 bp，平均长度为 54 bp；LINE 28 个，总长为 1800 bp，平均长度为 64 bp；SINE 7 个，总长为 469 bp，平均长度为 67 bp；未知序列 3 个，总长为 207 bp，平均长度为 69 bp；TR 105 个，重复序列长度为 1～203 bp，总长为 9143 bp；小卫星 DNA 86 个，重复序列长度为 11～50 bp，总长为 4388 bp；

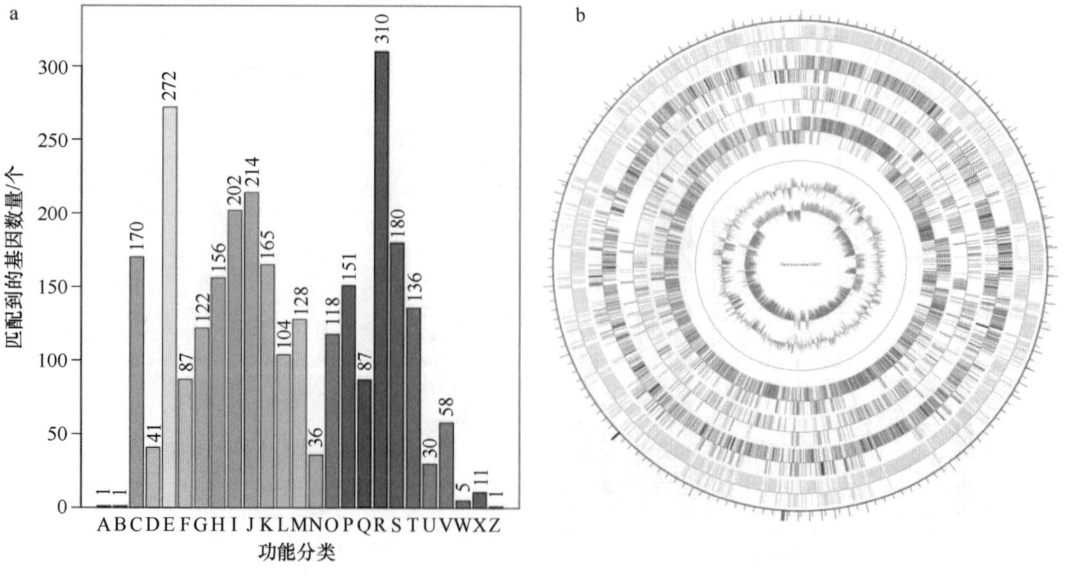


图 5-5-58　盐动球菌 LCB217$^{T}$ 基因组的直系同源基因聚类分析（a）和圈图（b）

微卫星 DNA 3 个，重复序列长度为 6 bp，总长为 104 bp。**【CRISPR】**未预测到 CRISPR 相关序列。**【基因岛】**预测到 2 个基因岛 GI 01 和 GI 02，长度分别为 10 821 bp 和 22 780 bp，其 G+C 含量分别为 42%和 40.17%。利用已预测得到的基因组信息，如重复序列、G+C 含量等，应用 CIRCOS 工具绘制其基因组圈图（图 5-5-58b）。

### 15. 精明动球菌（*Planococcus versutus*）L10.15$^{T}$

精明动球菌（*Planococcus versutus* See-Too et al. 2017，sp. nov.）的模式菌株（L10.15$^{T}$ = DSM 101994$^{T}$ =KACC 18918$^{T}$）分离自南极洲阿德莱德岛的土壤，耐冷、耐盐，生长条件为 6～30℃（最适 26℃）、pH 6.0～11.0（最适 7.0～8.0）、0～15%（*W*/*V*）NaCl（最适 6%），好氧，不产芽胞（See-Too et al.，2017）。目前，该种仅有 1 个基因组，模式菌株 L10.15$^{T}$ 基因组的 GenBank 登录号为 GCA_001186155.3，测序平台为 PacBio，于 2016 年 11 月 1 日由马来西亚马来亚大学（University of Malaya）提交。

**【基因组的组装】**菌株 L10.15$^{T}$ 基因组的测序深度为 212 X，基因组大小为 3.330 Mb，组装到完成图水平，包括 1 条染色体和 2 个质粒。**【G+C 含量】**39.38%。**【非编码 RNA】**预测到 27 个 rRNA 基因（5S rRNA 9 个、16S rRNA 9 个、23S rRNA 9 个），71 个 tRNA 基因，3 个 sRNA 基因。**【编码基因】**有 3456 个蛋白质编码基因，编码区总长为 2 871 642 bp，占整个基因组的 86.21%，基因的平均长度为 831 bp。**【基因功能注释】**比对到 KEGG、COG 和 GO 数据库的基因数量分别为 3253 个、2400 个和 2391 个，预测到分泌蛋白编码基因 80 个；在 25 个 COG 功能类群中，基因数量前 10 位的类群分别是：R. 仅一般功能预测 274 个，E. 氨基酸转运与代谢 273 个，J. 翻译、核糖体结构与合成 222 个，P. 无机离子转运与代谢 170 个，S. 功能未知 169 个，K. 转录 163 个，I. 脂质转运与代谢 158 个，C. 能量产生与转换 148 个，H. 辅酶转运与代谢 142 个和 G. 碳水化合物转运与代谢 142 个（图 5-5-59a）。**【重复序列】**预测到的重

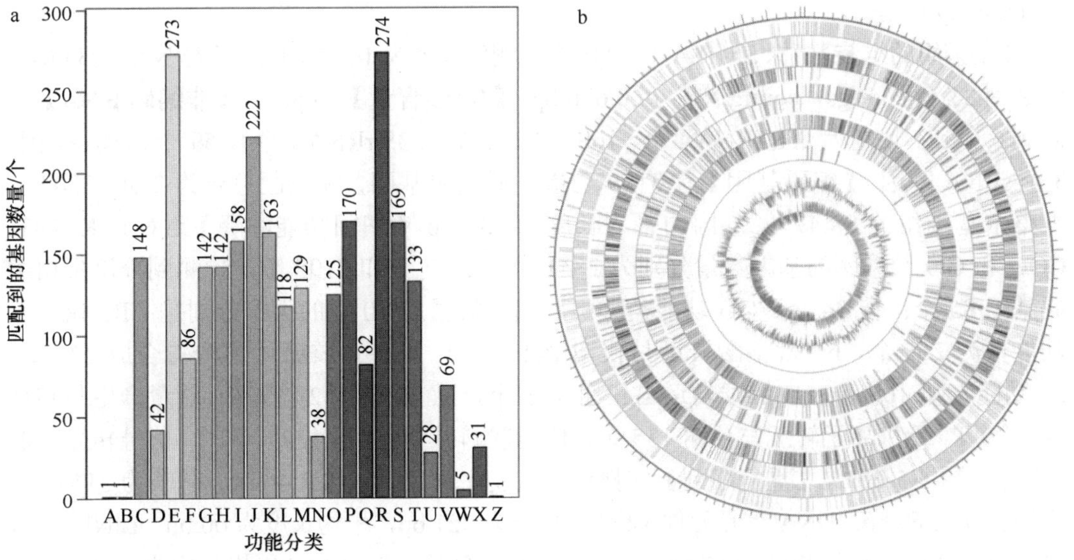


图 5-5-59　精明动球菌 L10.15$^{T}$ 基因组的直系同源基因聚类分析（a）和圈图（b）

复序列包括：LTR 86 个，总长为 7629 bp，平均长度为 89 bp；DNA 重复元件 28 个，总长为 1708 bp，平均长度为 61 bp；LINE 28 个，总长为 1971 bp，平均长度为 70 bp；SINE 14 个，总长为 915 bp，平均长度为 65 bp；未知序列 3 个，总长为 204 bp，平均长度为 68 bp；TR 95 个，重复序列长度为 6～549 bp，总长为 13 616 bp；小卫星 DNA 66 个，重复序列长度为 10～53 bp，总长为 3529 bp；微卫星 DNA 2 个，重复序列长度为 6 bp，总长为 79 bp。**【CRISPR】**预测到 15 个 CRISPR 相关序列。**【基因岛】**预测到 10 个基因岛 GI 01～GI 10，长度为 2420～61 014 bp，其 G+C 含量为 32.92%～44.42%。利用已预测得到的基因组信息，如重复序列、G+C 含量等，应用 CIRCOS 工具绘制其基因组圈图（图 5-5-59b）。

## 八、动微菌属

动微菌属（*Planomicrobium* Yoon et al. 2001，gen. nov.）于 2001 年建立（Yoon et al. 2001d），包含 10 种，模式种为韩国动微菌（*Planomicrobium koreense* Yoon et al. 2001，sp. nov.），不产芽胞。目前，该属有 5 个已知种类和 3 个未定种菌株的 11 个基因组被测序，以下选取 4 个已知种类的基因组进行描述。

### 1. 浅黄色动微菌（*Planomicrobium flavidum*）S5-TSA-19

浅黄色动微菌（*Planomicrobium flavidum* Jung et al. 2009，sp. nov.）的模式菌株（K22-03$^T$=MTCC 6226$^T$=DSM 16419$^T$=JCM 12481$^T$）分离自黄海的海水晒盐场，耐冷、耐盐，生长条件为 6～37℃（最适 30℃）、最适 pH 7.0～8.0、0～13%（*W*/*V*）NaCl，好氧，不产芽胞（Jung et al.，2009b）。目前，该种仅有 1 个基因组，非模式菌株 S5-TSA-19 基因组的 GenBank 登录号为 GCA_002167005.1，测序平台为 Ion Torrent，于 2017 年 6 月 5 日由印度科学和工业研究理事会微生物技术研究所（CSIR-Institute of Microbial Technology）提交。

**【基因组的组装】**菌株 S5-TSA-19 基因组的测序深度为 100 X，基因组大小为 3.033 Mb，组装到 83 个 contigs，contig $N_{50}$ 为 60 676 bp。**【G+C 含量】**53.50%。**【非编码 RNA】**预测到 6 个 rRNA 基因（5S rRNA 4 个、16S rRNA 1 个、23S rRNA 1 个），59 个 tRNA 基因，3 个 sRNA 基因。**【编码基因】**有 3199 个蛋白质编码基因，编码区总长为 2 683 380 bp，占整个基因组的 88.47%，基因的平均长度为 839 bp。**【基因功能注释】**比对到 KEGG、COG 和 GO 数据库的基因数量分别为 2841 个、2237 个和 2195 个，预测到分泌蛋白编码基因 85 个；在 24 个 COG 功能类群中，基因数量前 10 位的类群分别是：R. 仅一般功能预测 265 个，E. 氨基酸转运与代谢 245 个，J. 翻译、核糖体结构与合成 225 个，S. 功能未知 166 个，I. 脂质转运与代谢 153 个，K. 转录 152 个，C. 能量产生与转换 144 个，P. 无机离子转运与代谢 135 个，H. 辅酶转运与代谢 132 个和 T. 信号转导机制 128 个（图 5-5-60a）。**【重复序列】**预测到的重复序列包括：LTR 46 个，总长为 3153 bp，平均长度为 69 bp；DNA 重复元件 12 个，总长为 721 bp，平均长度为 60 bp；LINE 7 个，总长为 364 bp，平均长度为 52 bp；SINE 12 个，总长为 779 bp，平均长度为 65 bp；RC 1 个，长度为 48 bp；TR 242 个，重复序列长度为 6～218 bp，总长为 15 653 bp；小卫星

DNA 209 个，重复序列长度为 11～60 bp，总长为 14 875 bp；微卫星 DNA 1 个，重复序列长度为 6 bp，总长为 145 bp。**【CRISPR】**预测到 64 个 CRISPR 相关序列。**【基因岛】**预测到 4 个基因岛 GI 01～GI 04，长度为 3635～7407 bp，其 G+C 含量为 42.64%～54.38%。利用已预测得到的基因组信息，如重复序列、G+C 含量等，应用 CIRCOS 工具绘制其基因组圈图（图 5-5-60b）。

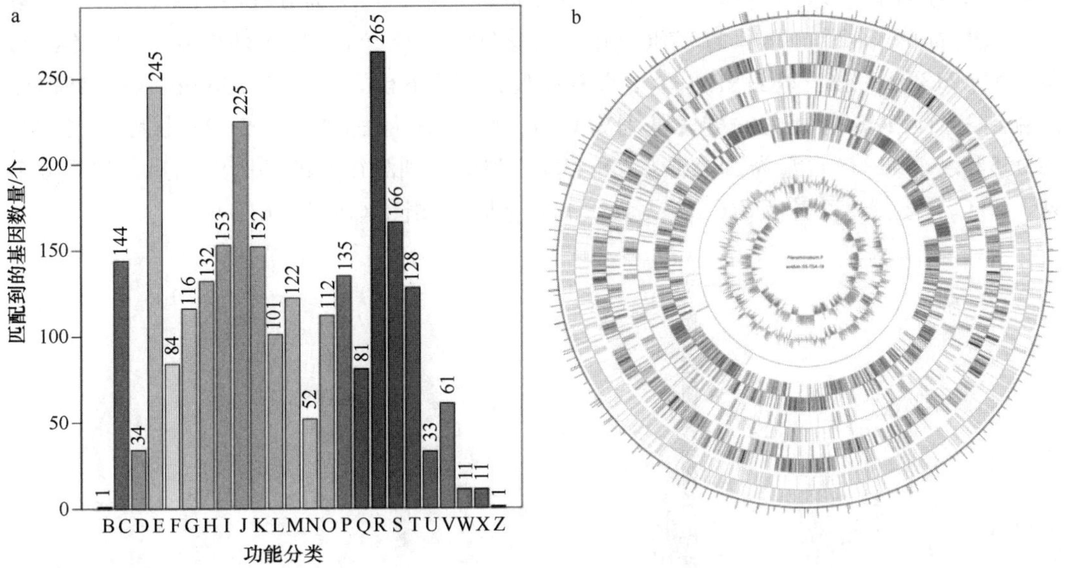


图 5-5-60　浅黄色动微菌 S5-TSA-19 基因组的直系同源基因聚类分析（a）和圈图（b）

## 2. 冰川动微菌（*Planomicrobium glaciei*）CGMCC 1.6846$^{T}$

冰川动微菌（*Planomicrobium glaciei* Zhang et al. 2009，sp. nov.）的模式菌株（0423$^{T}$ = CGMCC 1.6846$^{T}$ =JCM 15088$^{T}$）分离自新疆 1 号冰川，耐冷、耐盐，生长条件为 6～28℃（最适 20～21℃）、pH 5.0～10.0（最适 6.0～7.5）、0～11%（*W*/*V*）NaCl，好氧，不产芽胞（Zhang et al.，2009b）。目前，该种有 3 个基因组，选择组装水平较高的模式菌株 CGMCC 1.6846$^{T}$ 的基因组进行描述，其 GenBank 登录号为 GCA_900099655.1，测序平台为 Illumina HiSeq，于 2016 年 10 月 21 日由美国能源部联合基因组研究所（DOE Joint Genome Institute）提交。

**【基因组的组装】**菌株 CGMCC 1.6846$^{T}$ 基因组的测序深度为 295 X，基因组大小为 3.918 Mb，组装到 33 个 scaffolds，scaffold $N_{50}$ 为 198 901 bp。**【G+C 含量】**46.74%。**【非编码 RNA】**预测到 7 个 rRNA 基因（5S rRNA 7 个、16S rRNA 0 个、23S rRNA 0 个），55 个 tRNA 基因，2 个 sRNA 基因。**【编码基因】**有 4037 个蛋白质编码基因，编码区总长为 3 426 066 bp，占整个基因组的 87.44%，基因的平均长度为 849 bp。**【基因功能注释】**比对到 KEGG、COG 和 GO 数据库的基因数量分别为 3585 个、2865 个和 2786 个，预测到分泌蛋白编码基因 92 个；在 25 个 COG 功能类群中，基因数量前 10 位的类群分别是：R. 仅一般功能预测 386 个，E. 氨基酸转运与代谢 326 个，J. 翻译、核糖体结构与合成 247 个，G. 碳水化合物转运与代谢 227 个，K. 转录 214 个，S. 功能未知 214 个，I. 脂质转运与代谢 197 个，C. 能量产生与转换 183 个，T. 信号转导机制 179 个和 H. 辅酶转运与代谢 177 个（图 5-5-61a）。**【重复序列】**预测到的重复序列包括：LTR 85 个，总长为 4970 bp，平均长度为 58 bp；DNA 重复元件 18 个，总长为 1174 bp，平均长度为 65 bp；LINE 30 个，总长为 1695 bp，平均长度为 57 bp；SINE 7 个，总长为 567 bp，平均长度为 81 bp；未知序列 3 个，总长为 200 bp，平均长度为 67 bp；TR 138 个，重复序列长度为 6～242 bp，总长为 8786 bp；小卫星 DNA 122 个，重复序列长度为 10～54 bp，总长为 6213 bp；微卫星 DNA 3 个，重复序列长度为 6 bp，总长为 226 bp。**【CRISPR】**预测到 34 个 CRISPR 相关序列。**【基因岛】**预测到 7 个基因岛 GI 01～GI 07，长度为 6273～28 055 bp，其 G+C 含量为 38.30%～48.43%。利用已预测得到的基因组信息，如重复序列、G+C 含量等，应用 CIRCOS 工具绘制其基因组圈图（图 5-5-61b）。

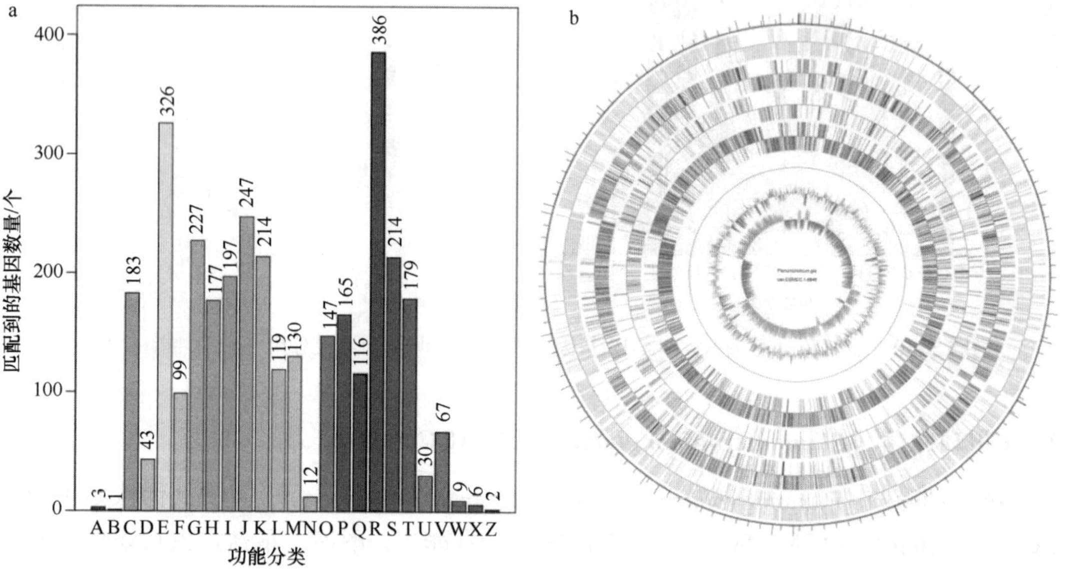


图 5-5-61　冰川动微菌 CGMCC 1.6846$^{T}$ 基因组的直系同源基因聚类分析（a）和圈图（b）

### 3. 海床动微菌（*Planomicrobium okeanokoites*）Marseille-P2029

海床动微菌[*Planomicrobium okeanokoites* (ZoBell and Upham 1944) Yoon et al. 2001, comb. nov.]的模式菌株（ATCC 33414$^{T}$ =CCM 320$^{T}$ =CIP 105082$^{T}$ = NBRC 12536$^{T}$ =LMG 4030$^{T}$ =NCIMB 561$^{T}$ =VKM B-1175$^{T}$）分离自海水，最适生长温度为 20～37℃，最适 NaCl 浓度为 3%～5%（*W*/*V*），大于 6%时不能生长，严格好氧，不产芽胞，1944 年被命名为海床黄杆菌（*Flavobacterium okeanokoites*），1996 年被重分类为海床动球菌（*Planococcus okeanokoites*）（Nakagawa et al.，1996），2001 年再次被重分类为海床动微菌（*Planomicrobium okeanokoites*）（Yoon et al.，2001d）。目前，该种有 2 个基因组，选择组装水平较高的非模式菌株 Marseille-P2029 的基因组进行描述，其 GenBank 登录号为 GCA_900176575.1，测序平台为 PacBio，于 2017 年 4 月 9 日由法国热带传染病研究中心（Unité de Recherche en Maladies Infectieuses et Tropicales Emergentes）提交。

**【基因组的组装】**菌株 Marseille-P2029 基因组的测序深度为 97 X，基因组大小为 3.434 Mb，组装到 10 个 contigs，contig $N_{50}$ 为 2 142 662 bp。**【G+C 含量】**45.40%。**【非编码 RNA】**预测到 9 个 rRNA 基因（5S rRNA 7 个、16S rRNA 1 个、23S rRNA 1 个），58 个 tRNA 基因，4 个 sRNA 基因。**【编码基因】**有 3637 个蛋白质编码基因，编码区总长为 3 015 921 bp，占整个基因组的 87.83%，基因的平均长度为 829 bp。**【基因功能注释】**比对到 KEGG、COG 和 GO 数据库的基因数量分别为 3159 个、2404 个和 2404 个，预测到分泌蛋白编码基因 88 个；在 25 个 COG 功能类群中，基因数量前 10 位的类群分别是：R. 仅一般功能预测 284 个，J. 翻译、核糖体结构与合成 234 个，E. 氨基酸转运与代谢 221 个，S. 功能未知 199 个，K. 转录 174 个，G. 碳水化合物转运与代谢 150 个，I. 脂质转运与代谢 149 个，T. 信号转导机制 145 个，M. 细胞壁/膜/包膜生物合成 144 个和 H. 辅酶转运与代谢 143 个（图 5-5-62a）。**【重复序列】**预测到的重复序列包括：LTR 134 个，总长为 7831 bp，平均长度为 58 bp；DNA 重复元件 27 个，总长为 1526 bp，平均长度为 57 bp；LINE 32 个，总长为 1761 bp，平均长度为 55 bp；SINE 11 个，总长为 798 bp，平均长度为 73 bp；RC 1 个，长度为 55 bp；未知序列 2 个，总长为 136 bp，平均长度为 68 bp；TR 275 个，重复序列长度为 3～1890 bp，总长为 27 730 bp；小卫星 DNA 248 个，重复序列长度为 10～60 bp，总长为 14 030 bp；微卫星 DNA 2 个，重复序列长度为 3～6 bp，总长为 83 bp。**【CRISPR】**预测到 14 个 CRISPR 相关序列。**【基因岛】**预测到 5 个基因岛 GI 01～GI 05，长度为 4472～17 491 bp，其 G+C 含量为 38.12%～49.09%。利用已预测得到的基因组信息，如重复序列、G+C 含量等，应用 CIRCOS 工具绘制其基因组圈图（图 5-5-62b）。

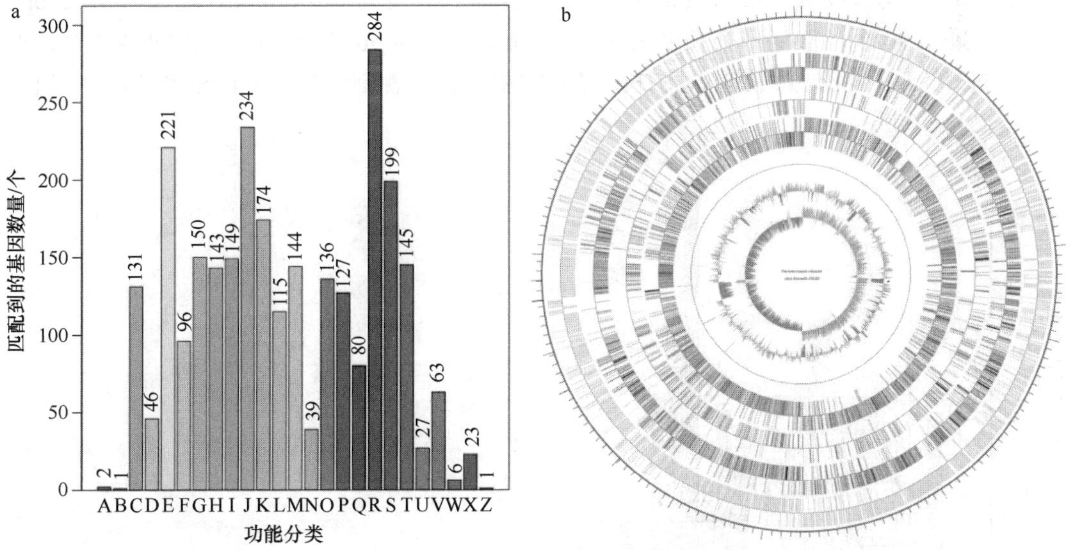


图 5-5-62　海床动微菌 Marseille-P2029 基因组的直系同源基因聚类分析（a）和圈图（b）

## 4. 土壤动微菌（*Planomicrobium soli*）CGMCC 1.12259$^T$

土壤动微菌（*Planomicrobium soli* Luo et al. 2014，sp. nov.）的模式菌株（XN13$^T$ =

CGMCC 1.12259$^T$ =KCTC 33047$^T$）分离自内蒙古阿拉善国家地质公园的土壤，耐冷、耐盐，生长条件为 6～38℃（最适 28～30℃）、pH 6.0～10.0（最适 7.0～8.0）、0.5%～7.5%（*W*/*V*）NaCl（最适 3%～4%），好氧，不产芽胞（Luo et al.，2014）。目前，该种仅有 1 个基因组，模式菌株 CGMCC 1.12259$^T$ 基因组的 GenBank 登录号为 GCA_003014655.1，测序平台为 Illumina HiSeq，于 2018 年 3 月 23 日由美国能源部联合基因组研究所（DOE Joint Genome Institute）提交。

**【基因组的组装】**菌株 CGMCC 1.12259$^T$ 基因组的测序深度为 276 X，基因组大小为 3.593 Mb，组装到 35 个 scaffolds，scaffold $N_{50}$ 为 290 363 bp。**【G+C 含量】**43.35%。**【非编码 RNA】**预测到 10 个 rRNA 基因（5S rRNA 8 个、16S rRNA 1 个、23S rRNA 1 个），58 个 tRNA 基因，2 个 sRNA 基因。**【编码基因】**有 3648 个蛋白质编码基因，编码区总长为 3 132 264 bp，占整个基因组的 87.18%，基因的平均长度为 859 bp。**【基因功能注释】**比对到 KEGG、COG 和 GO 数据库的基因数量分别为 3231 个、2548 个和 2488 个，预测到分泌蛋白编码基因 101 个；在 25 个 COG 功能类群中，基因数量前 10 位的类群分别是：R. 仅一般功能预测 326 个，E. 氨基酸转运与代谢 293 个，J. 翻译、核糖体结构与合成 237 个，G. 碳水化合物转运与代谢 229 个，K. 转录 189 个，S. 功能未知 184 个，T. 信号转导机制 171 个，H. 辅酶转运与代谢 161 个，C. 能量产生与转换 151 个和 I. 脂质转运与代谢 150 个（图 5-5-63a）。**【重复序列】**预测到的重复序列包括：LTR 153 个，总长为 8981 bp，平均长度为 59 bp；DNA 重复元件 46 个，总长为 2673 bp，平均长度为 59 bp；LINE 49 个，总长为 3073 bp，平均长度为 63 bp；SINE 9 个，总长为 688 bp，平均长度为 76 bp；RC 4 个，总长为 253 bp，平均长度为 63 bp；未知序列 3 个，总长为 228 bp，平均长度为 76 bp；TR 106 个，重复序列长度为 6～498 bp，总长为 9225 bp；小卫星 DNA 90 个，重复序列长度为 11～51 bp，总长为 5627 bp；微卫星 DNA 2 个，重复序列长度为 6 bp，总长为 326 bp。**【CRISPR】**预测到 11 个 CRISPR 相关序列。

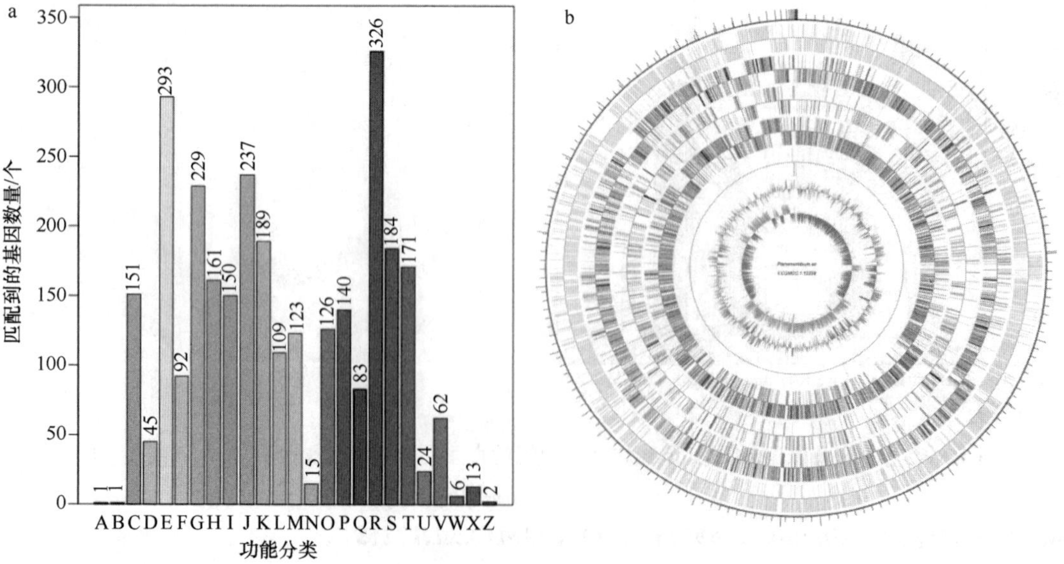


图 5-5-63　土壤动微菌 CGMCC 1.12259$^T$ 基因组的直系同源基因聚类分析（a）和圈图（b）

【**基因岛**】预测到 7 个基因岛 GI 01～GI 07，长度为 6733～19 630 bp，其 G+C 含量为 30.98%～47.59%。利用已预测得到的基因组信息，如重复序列、G+C 含量等，应用 CIRCOS 工具绘制其基因组圈图（图 5-5-63b）。

## 九、嗜冷芽胞杆菌属

嗜冷芽胞杆菌属（*Psychrobacillus* Krishnamurthi et al. 2011，gen. nov.）于 2011 年建立（Krishnamurthi et al.，2010），包含 5 种：奇特嗜冷芽胞杆菌［*Psychrobacillus insolitus* (Larkin and Stokes 1967) Krishnamurthi et al. 2011，comb. nov.］（模式种）、毛蚁头嗜冷芽胞杆菌（*Psychrobacillus lasiicapitis* Shen et al. 2017，sp. nov.）、忍冷嗜冷芽胞杆菌［*Psychrobacillus psychrodurans* (Abd El-Rahman et al. 2002) Krishnamurthi et al. 2011，comb. nov.］、耐冷嗜冷芽胞杆菌［*Psychrobacillus psychrotolerans*（Abd El-Rahman et al. 2002）Krishnamurthi et al. 2011，comb. nov.］和土壤嗜冷芽胞杆菌（*Psychrobacillus soli* Pham et al. 2015，sp. nov.），均耐冷或嗜冷，产芽胞。目前，该属有 3 个已知种类和 3 个未定种菌株的 6 个基因组被测序。

### 1. 奇特嗜冷芽胞杆菌（*Psychrobacillus insolitus*）DSM $5^T$

奇特嗜冷芽胞杆菌［*Psychrobacillus insolitus* (Larkin and Stokes 1967) Krishnamurthi et al. 2011，comb. nov.］的模式菌株（ATCC $23299^T$ =CCUG $7420^T$ = CIP $103268^T$ =DSM $5^T$ = HAMBI $477^T$ =LMG $17757^T$ =NRRL B-$3395^T$）分离自土壤，耐冷，生长温度为 0～25℃（最适 15℃）、0～2%（*W*/*V*）NaCl，好氧，产芽胞，1967 年被命名为奇特芽胞杆菌（*Bacillus insolitus*）（Larkin and Stokes，1967），2011 年被重分类为奇特嗜冷芽胞杆菌（*Psychrobacillus insolitus*）（Krishnamurthi et al.，2010）。目前，该种仅有 1 个基因组，模式菌株 DSM $5^T$ 基因组的 GenBank 登录号为 GCA_003254155.1，测序平台为 Illumina HiSeq，于 2018 年 6 月 19 日由美国能源部联合基因组研究所（DOE Joint Genome Institute）提交。

【**基因组的组装**】菌株 DSM $5^T$ 基因组的测序深度为 450 X，基因组大小为 3.288 Mb，组装到 33 个 scaffolds，scaffold $N_{50}$ 为 415 134 bp。【**G+C 含量**】36.01%。【**非编码 RNA**】预测到 13 个 rRNA 基因（5S rRNA 11 个、16S rRNA 1 个、23S rRNA 1 个），63 个 tRNA 基因，8 个 sRNA 基因。【**编码基因**】有 3432 个蛋白质编码基因，编码区总长为 2 800 950 bp，占整个基因组的 85.19%，基因的平均长度为 816 bp。【**基因功能注释**】比对到 KEGG、COG 和 GO 数据库的基因数量分别为 2944 个、2374 个和 2315 个，预测到分泌蛋白编码基因 51 个；在 24 个 COG 功能类群中，基因数量前 10 位的类群分别是：E. 氨基酸转运与代谢 255 个，R. 仅一般功能预测 249 个，J. 翻译、核糖体结构与合成 208 个，K. 转录 187 个，P. 无机离子转运与代谢 187 个，S. 功能未知 177 个，H. 辅酶转运与代谢 162 个，I. 脂质转运与代谢 149 个，T. 信号转导机制 148 个和 C. 能量产生与转换 137 个（图 5-5-64a）。【**重复序列**】预测到的重复序列包括：LTR 91 个，总长为 5659 bp，平均长度为 62 bp；DNA 重复元件 32 个，总长为 2090 bp，平均长度为 65 bp；LINE 30 个，总长为 1955 bp，平均长度为 65 bp；SINE 7 个，总长为 410 bp，平均长度为 59 bp；RC 1 个，长度为 59 bp；TR 197 个，重复序列长度为 3～747 bp，总长为 17 065 bp；小卫星

DNA 141 个，重复序列长度为 10～60 bp，总长为 10 021 bp；微卫星 DNA 10 个，重复序列长度为 3～6 bp，总长为 661 bp。**【CRISPR】**预测到 15 个 CRISPR 相关序列。**【基因岛】**预测到 7 个基因岛 GI 01～GI 07，长度为 5945～17 772 bp，其 G+C 含量为 30.29%～38.42%。利用已预测得到的基因组信息，如重复序列、G+C 含量等，应用 CIRCOS 工具绘制其基因组圈图（图 5-5-64b）。

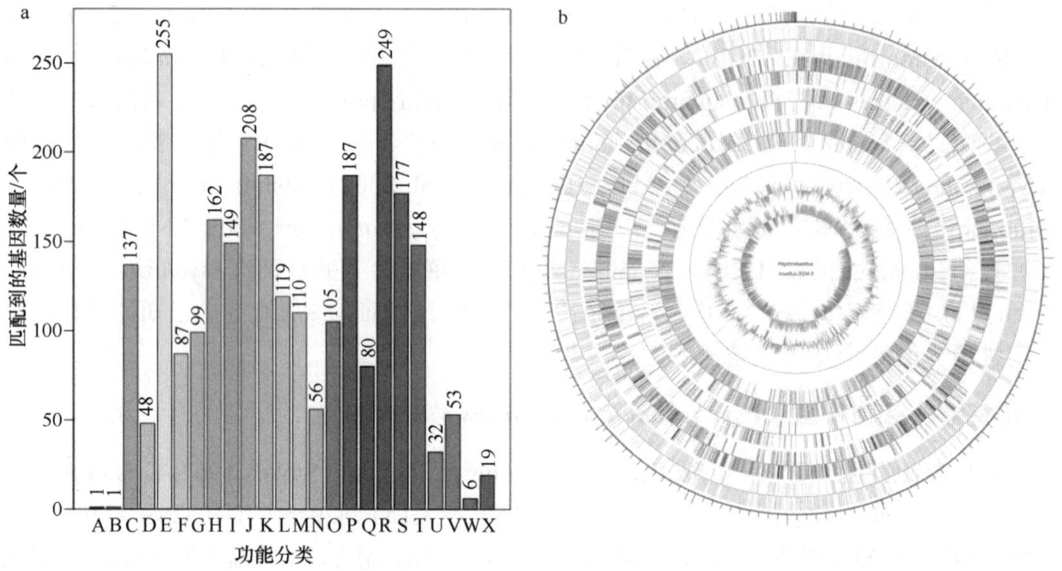


图 5-5-64 奇特嗜冷芽胞杆菌 DSM $5^T$ 基因组的直系同源基因聚类分析（a）和圈图（b）

## 2. 忍冷嗜冷芽胞杆菌（*Psychrobacillus psychrodurans*）DSM $11713^T$

忍冷嗜冷芽胞杆菌［*Psychrobacillus psychrodurans* (Abd El-Rahman et al. 2002) Krishnamurthi et al. 2011，comb. nov.］的模式菌株（68E$3^T$ =DSM $11713^T$ =NCIMB $13837^T$）分离自埃及的花园土壤，耐冷，生长温度为–2～30℃（最适 15℃）、0～5%（*W*/*V*）NaCl，好氧，产芽胞，2002 年被命名为忍冷芽胞杆菌（*Bacillus psychrodurans*）（Abd El-Rahman et al.，2002），2011 年被重分类为忍冷嗜冷芽胞杆菌（*Psychrobacillus psychrodurans*）（Krishnamurthi et al.，2010）。目前，该种仅有 1 个基因组，模式菌株 DSM $11713^T$ 基因组的 GenBank 登录号为 GCA_900114885.1，测序平台为 Illumina HiSeq，于 2016 年 11 月 2 日由美国能源部联合基因组研究所（DOE Joint Genome Institute）提交。

**【基因组的组装】**菌株 DSM $11713^T$ 基因组的测序深度为 222 X，基因组大小为 4.017 Mb，组装到 48 个 contigs，contig $N_{50}$ 为 221 948 bp。**【G+C 含量】**35.99%。**【非编码 RNA】**预测到 12 个 rRNA 基因（5S rRNA 10 个、16S rRNA 1 个、23S rRNA 1 个），61 个 tRNA 基因，21 个 sRNA 基因。**【编码基因】**有 4100 个蛋白质编码基因，编码区总长为 3 391 185 bp，占整个基因组的 84.42%，基因的平均长度为 827 bp。**【基因功能注释】**比对到 KEGG、COG 和 GO 数据库的基因数量分别为 3536 个、2817 个和 2760 个，预测到分泌蛋白编码基因 92 个；在 25 个 COG 功能类群中，基因数量前 10 位的类群分别是：R. 仅一般功能预测 305 个，E. 氨基酸转运与代谢 294 个，J. 翻译、核糖体结构与合成 258 个，K. 转录 248 个，S. 功能未知 227 个，T. 信号转导机制 205 个，G. 碳水化合物转运与代谢 200 个，P. 无机离子转运与代谢 172 个，H. 辅酶转运与代谢 152 个和 M. 细胞壁/膜/包膜生物合成 150 个（图 5-5-65a）。**【重复序列】**预测到的重复序列包括：LTR 93 个，总长为 5743 bp，平均长度为 62 bp；DNA 重复元件 19 个，总长为 1315 bp，平均长度为 69 bp；LINE 41 个，总长为 2448 bp，平均长度为 60 bp；SINE 9 个，总长为 577 bp，平均长度为 64 bp；RC 1 个，长度为 39 bp；未知序列 2 个，总长为 169 bp，平均长度为 85 bp；TR 134 个，重复序列长度为 4～528 bp，总长为 24 262 bp；小卫星 DNA 68 个，重复序列长度为 10～60 bp，总长为 3970 bp；微卫星 DNA 3 个，重复序列长度为 4～6 bp，总长为 299 bp。**【CRISPR】**预测到 21 个 CRISPR 相关序列。**【基因岛】**预测到 7 个基因岛 GI 01～GI 07，长度为 5093～18 953 bp，其 G+C 含量为 33.86%～39.19%。利用已预测得到的基因组信息，如重复序列、G+C 含量等，应用 CIRCOS 工具绘制其基因组圈图（图 5-5-65b）。

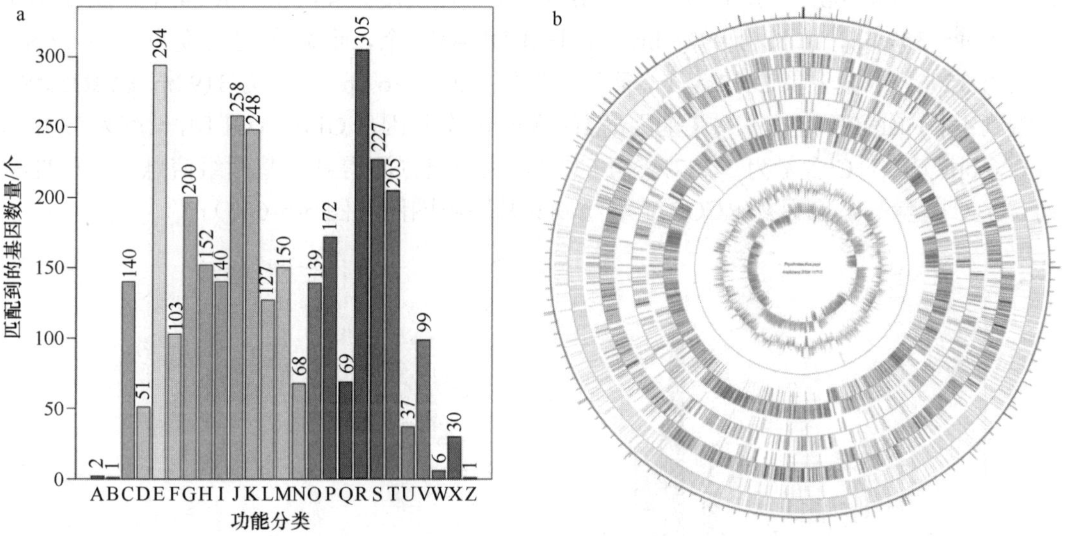


图 5-5-65　忍冷嗜冷芽胞杆菌 DSM 11713$^T$ 基因组的直系同源基因聚类分析（a）和圈图（b）

### 3. 耐冷嗜冷芽胞杆菌（*Psychrobacillus psychrotolerans*）DSM 11706$^T$

耐冷嗜冷芽胞杆菌［*Psychrobacillus psychrotolerans* (Abd El-Rahman et al. 2002) Krishnamurthi et al. 2011，comb. nov.］的模式菌株（3H1$^T$ =DSM 11706$^T$ =NCIMB 13838$^T$）分离自德国哥廷根的农田土壤，耐冷，生长温度为–2～30℃，NaCl 浓度为 0～5%（*W*/*V*），好氧，产芽胞，2002 年被命名为耐冷芽胞杆菌（*Bacillus psychrotolerans*）（Abd El-Rahman et al.，2002），2011 年被重分类为耐冷嗜冷芽胞杆菌（*Psychrobacillus psychrotolerans*）（Krishnamurthi et al.，2010）。目前，该种仅有 1 个基因组，模式菌株 DSM 11706$^T$ 基因组的 GenBank 登录号为 GCA_900115805.1，测序平台为 Illumina HiSeq，于 2016 年 11 月 2 日由美国能源部联合基因组研究所（DOE Joint Genome Institute）提交。

**【基因组的组装】**菌株 DSM 11706$^T$ 基因组的测序深度为 308 X，基因组大小为

3.608 Mb，组装到 20 个 scaffolds，scaffold $N_{50}$ 为 322 979 bp。**【G+C 含量】**36.36%。**【非编码 RNA】**预测到 11 个 rRNA 基因（5S rRNA 9 个、16S rRNA 1 个、23S rRNA 1 个），55 个 tRNA 基因，19 个 sRNA 基因。**【编码基因】**有 3679 个蛋白质编码基因，编码区总长为 3 112 332 bp，占整个基因组的 86.26%，基因的平均长度为 846 bp。**【基因功能注释】**比对到 KEGG、COG 和 GO 数据库的基因数量分别为 3226 个、2592 个和 2540 个，预测到分泌蛋白编码基因 86 个；在 24 个 COG 功能类群中，基因数量前 10 位的类群分别是：E. 氨基酸转运与代谢 292 个，R. 仅一般功能预测 276 个，J. 翻译、核糖体结构与合成 242 个，K. 转录 216 个，S. 功能未知 206 个，G. 碳水化合物转运与代谢 191 个，T. 信号转导机制 180 个，P. 无机离子转运与代谢 159 个，M. 细胞壁/膜/包膜生物合成 145 个和 H. 辅酶转运与代谢 138 个（图 5-5-66a）。**【重复序列】**预测到的重复序列包括：LTR 76 个，总长为 4933 bp，平均长度为 65 bp；DNA 重复元件 30 个，总长为 1678 bp，平均长度为 56 bp；LINE 28 个，总长为 1702 bp，平均长度为 61 bp；SINE 9 个，总长为 640 bp，平均长度为 71 bp；RC 1 个，长度为 49 bp；TR 84 个，重复序列长度为 4～357 bp，总长为 9973 bp；小卫星 DNA 61 个，重复序列长度为 10～60 bp，总长为 3506 bp；微卫星 DNA 5 个，重复序列长度为 4～6 bp，总长为 319 bp。**【CRISPR】**预测到 4 个 CRISPR 相关序列。**【基因岛】**预测到 10 个基因岛 GI 01～GI 10，长度为 5308～21 020 bp，其 G+C 含量为 32.57%～40.37%。利用已预测得到的基因组信息，如重复序列、G+C 含量等，应用 CIRCOS 工具绘制其基因组圈图（图 5-5-66b）。

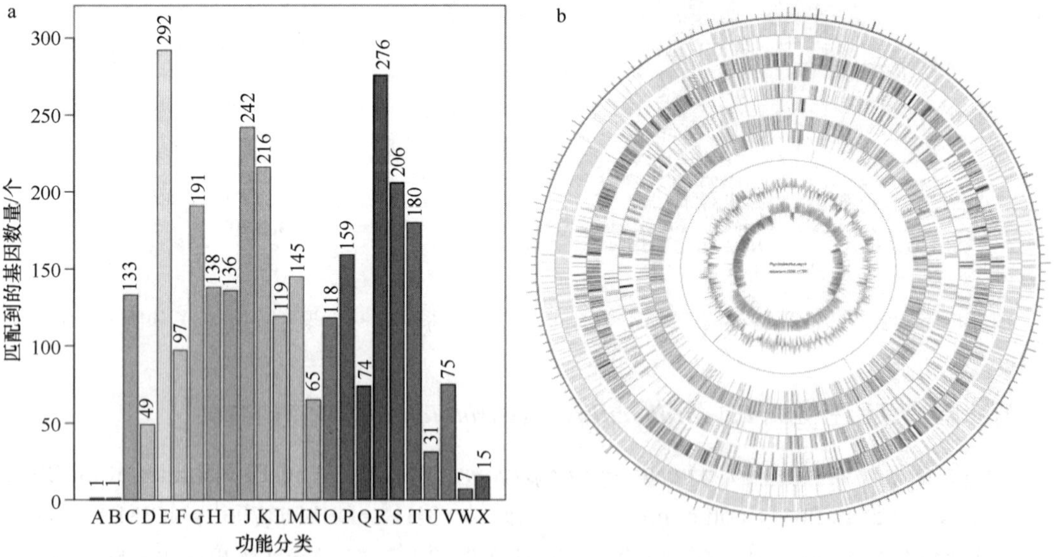


图 5-5-66　耐冷嗜冷芽胞杆菌 DSM 11706ᵀ 基因组的直系同源基因聚类分析（a）和圈图（b）

## 十、鲁梅尔芽胞杆菌属

鲁梅尔芽胞杆菌属（*Rummeliibacillus* Vaishampayan et al. 2009，gen. nov.）于 2009 年建立（Vaishampayan et al.，2009），包含 3 种：厚胞鲁梅尔芽胞杆菌［*Rummeliibacillus pycnus* (Nakamura et al. 2002) Vaishampayan et al. 2009，comb. nov.］、司氏鲁梅尔芽胞杆

菌（*Rummeliibacillus stabekisii* Vaishampayan et al. 2009，sp. nov.）（模式种）和水原鲁梅尔芽胞杆菌（*Rummeliibacillus suwonensis* Her and Kim 2013，sp. nov.），均产芽胞。目前，该属有 2 个已知种类和 2 个未定种菌株的 5 个基因组被测序。

## 1. 厚胞鲁梅尔芽胞杆菌（*Rummeliibacillus pycnus*）DSM 15030$^T$

厚胞鲁梅尔芽胞杆菌［*Rummeliibacillus pycnus* (Nakamura et al. 2002) Vaishampayan et al. 2009，comb. nov.］的模式菌株（NRRL NRS-1691$^T$=JCM 11075$^T$=DSM 15030$^T$）分离自土壤，生长条件为 5～45℃（最适 28～30℃），最适 pH 5.7，严格好氧，产芽胞，2002 年被命名为厚胞芽胞杆菌（*Bacillus pycnus*）（Nakamura et al.，2002），2009 年被重分类为厚胞鲁梅尔芽胞杆菌（*Rummeliibacillus pycnus*）（Vaishampayan et al.，2009）。目前，该种仅有 1 个基因组，模式菌株 DSM 15030$^T$ 基因组的 GenBank 登录号为 GCA_002884495.1，测序平台为 Illumina HiSeq，于 2018 年 1 月 16 日由福建省农业科学院（Fujian Academy of Agricultural Sciences）提交。

**【基因组的组装】**菌株 DSM 15030$^T$ 基因组的测序深度为 100 X，基因组大小为 3.851 Mb，组装到精细图水平，包括 1 条染色体。**【G+C 含量】**34.64%。**【非编码 RNA】**预测到 37 个 rRNA 基因（5S rRNA 13 个、16S rRNA 12 个、23S rRNA 12 个），116 个 tRNA 基因，21 个 sRNA 基因。**【编码基因】**有 3816 个蛋白质编码基因，编码区总长为 3 183 426 bp，占整个基因组的 82.66%，基因的平均长度为 834 bp。**【基因功能注释】**比对到 KEGG、COG 和 GO 数据库的基因数量分别为 3331 个、2640 个和 2641 个，预测到分泌蛋白编码基因 78 个；在 25 个 COG 功能类群中，基因数量前 10 位的类群分别是：E. 氨基酸转运与代谢 312 个，R. 仅一般功能预测 277 个，J. 翻译、核糖体结构与合成 238 个，K. 转录 209 个，S. 功能未知 204 个，H. 辅酶转运与代谢 184 个，T. 信号转导机制 176 个，P. 无机离子转运与代谢 175 个，C. 能量产生与转换 172 个和 I. 脂质转运与代谢 151 个（图 5-5-67a）。**【重复序列】**预测到的重复序列包括：LTR 118 个，总长为 9973 bp，平均

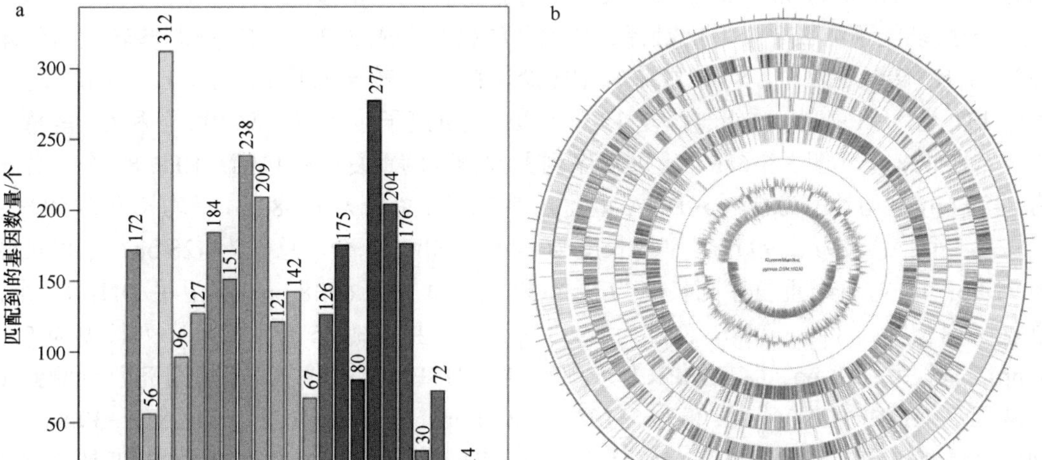


图 5-5-67　厚胞鲁梅尔芽胞杆菌 DSM 15030$^T$ 基因组的直系同源基因聚类分析（a）和圈图（b）

长度为 85 bp；DNA 重复元件 43 个，总长为 2466 bp，平均长度为 57 bp；LINE 38 个，总长为 2352 bp，平均长度为 62 bp；SINE 12 个，总长为 758 bp，平均长度为 63 bp；RC 3 个，总长为 127 bp，平均长度为 42 bp；未知序列 1 个，长度为 56 bp；TR 134 个，重复序列长度为 6～297 bp，总长为 13 225 bp；小卫星 DNA 106 个，重复序列长度为 10～60 bp，总长为 6476 bp；微卫星 DNA 1 个，重复序列长度为 6 bp，总长为 45 bp。**【CRISPR】**未预测到 CRISPR 相关序列。**【基因岛】**预测到 10 个基因岛 GI 01～GI 10，长度为 6235～32 809 bp，其 G+C 含量为 29.97%～44.93%。利用已预测得到的基因组信息，如重复序列、G+C 含量等，应用 CIRCOS 工具绘制其基因组圈图（图 5-5-67b）。

## 2. 司氏鲁梅尔芽胞杆菌（*Rummeliibacillus stabekisii*）PP9

司氏鲁梅尔芽胞杆菌（*Rummeliibacillus stabekisii* Vaishampayan et al. 2009，sp. nov.）的模式菌株（KSC-SF6g$^{T}$=NRRL B-51320$^{T}$=NBRC 104870$^{T}$）分离自德国哥廷根的农田土壤，最适生长温度为 28～32℃，NaCl 浓度为 0～7%（*W*/*V*），好氧，产芽胞（Vaishampayan et al.，2009）。目前，该种仅有 2 个基因组，非模式菌株 PP9 基因组的 GenBank 登录号为 GCA_001617605.1，测序平台为 PacBio，于 2016 年 4 月 8 日由巴西里约热内卢联邦大学（Federal University of Rio de Janeiro）提交。

**【基因组的组装】**菌株 PP9 基因组的测序深度为 430 X，基因组大小为 3.421 Mb，组装到完成图水平，包括 1 条染色体和 1 个质粒。**【G+C 含量】**37.64%。**【非编码 RNA】**预测到 36 个 rRNA 基因（5S rRNA 12 个、16S rRNA 12 个、23S rRNA 12 个），101 个 tRNA 基因，6 个 sRNA 基因。**【编码基因】**有 3567 个蛋白质编码基因，编码区总长为 2 901 006 bp，占整个基因组的 84.80%，基因的平均长度为 813 bp。**【基因功能注释】**比对到 KEGG、COG 和 GO 数据库的基因数量分别为 3343 个、2344 个和 2391 个，预测到分泌蛋白编码基因 55 个；在 24 个 COG 功能类群中，基因数量前 10 位的类群分别是：R. 仅一般功能预测 258 个，J. 翻译、核糖体结构与合成 237 个，E. 氨基酸转运与代谢 232 个，K. 转录 210 个，S. 功能未知 191 个，T. 信号转导机制 157 个，H. 辅酶转运与代谢 131 个，L. 复制、重组与修复 130 个，P. 无机离子转运与代谢 130 个和 C. 能量产生与转换 128 个（图 5-5-68a）。**【重复序列】**预测到的重复序列包括：LTR 87 个，总长为 8429 bp，平均长度为 97 bp；DNA 重复元件 20 个，总长为 1158 bp，平均长度为 58 bp；LINE 33 个，总长为 2099 bp，平均长度为 64 bp；SINE 6 个，总长为 428 bp，平均长度为 71 bp；TR 97 个，重复序列长度为 5～357 bp，总长为 6838 bp；小卫星 DNA 80 个，重复序列长度为 11～60 bp，总长为 4253 bp；微卫星 DNA 5 个，重复序列长度为 5～6 bp，总长为 241 bp。**【CRISPR】**未预测到 CRISPR 相关序列。**【基因岛】**预测到 6 个基因岛 GI 01～GI 06，长度为 5313～65 810 bp，其 G+C 含量为 31.28%～39.84%。利用已预测得到的基因组信息，如重复序列、G+C 含量等，应用 CIRCOS 工具绘制其基因组圈图（图 5-5-68b）。

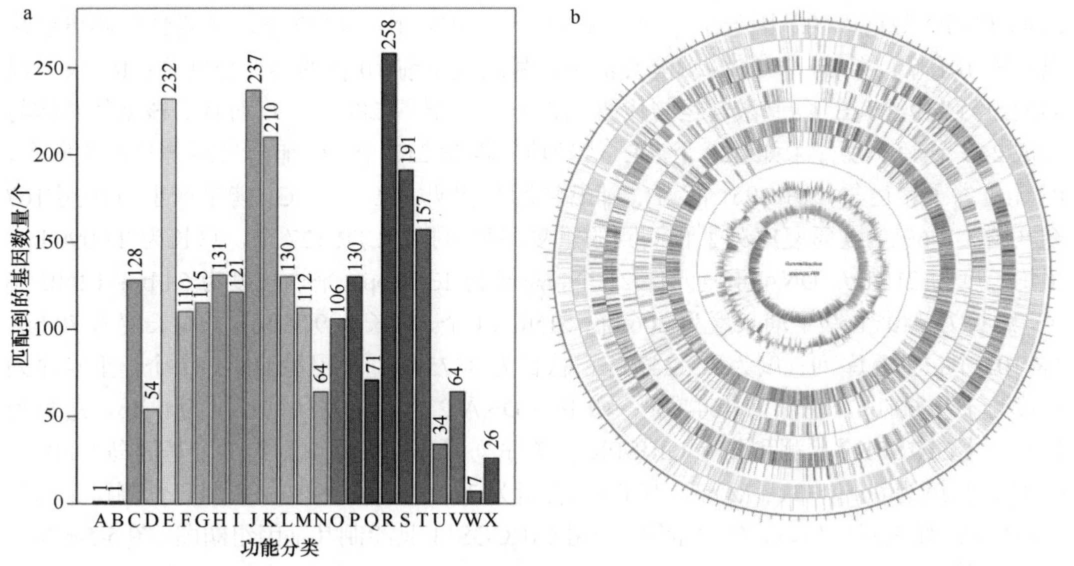


图 5-5-68　司氏鲁梅尔芽胞杆菌 PP9 基因组的直系同源基因聚类分析（a）和圈图（b）

## 十一、土壤芽胞杆菌属

土壤芽胞杆菌属（*Solibacillus* Krishnamurthi et al. 2009，gen. nov.）于 2009 年建立（Krishnamurthi et al.，2009b），包含 3 种：印空研土壤芽胞杆菌［*Solibacillus isronensis* (Shivaji et al. 2009) Mual et al. 2016，comb. nov.］、卡拉姆土壤芽胞杆菌（*Solibacillus kalamii* Checinska et al. 2017，sp. nov.）和森林土壤芽胞杆菌［*Solibacillus silvestris* (Rheims et al. 1999) Krishnamurthi et al. 2009，comb. nov.］（模式种），均产芽胞。目前，该属有 3 个已知种类和 1 个未定种菌株的 7 个基因组被测序。

### 1. 印空研土壤芽胞杆菌（*Solibacillus isronensis*）B3W22$^{T}$

印空研土壤芽胞杆菌［*Solibacillus isronensis* (Shivaji et al. 2009) Mual et al. 2016，comb. nov.］的模式菌株（B3W22$^{T}$=MTCC 7902$^{T}$ =JCM 13838$^{T}$）分离自印度收集海拔 27～30 km 高空空气的冷凝管，生长条件为 5～37℃、pH 6.0～10.0、0～5.8%（*W/V*）NaCl，好氧，产芽胞，2009 年被命名为印空研芽胞杆菌（*Bacillus isronensis*）（Shivaji et al.，2009），2016 年被重分类为印空研土壤芽胞杆菌（*Solibacillus isronensis*）（Mual et al.，2016）。目前，该种有 2 个基因组，选择组装水平较高的模式菌株 B3W22$^{T}$ 的基因组进行描述，其 GenBank 登录号为 GCA_000298255.1，测序平台为 454 FLX，于 2012 年 9 月 18 日由印度细胞与分子生物学研究中心（Centre for Cellular and Molecular Biology）提交。

**【基因组的组装】**菌株 B3W22$^{T}$ 基因组的测序深度为 34 X，基因组大小为 4.020 Mb，组装到 177 个 contigs，contig $N_{50}$ 为 136 236 bp。**【G+C 含量】**38.76%。**【非编码 RNA】**预测到 12 个 rRNA 基因（5S rRNA 9 个、16S rRNA 1 个、23S rRNA 2 个），89 个 tRNA 基因，40 个 sRNA 基因。**【编码基因】**有 4028 个蛋白质编码基因，编码区总长为 3 376 701 bp，占整个基因组的 84.00%，基因的平均长度为 838 bp。**【基因功能注释】**比对到 KEGG、

COG 和 GO 数据库的基因数量分别为 3811 个、2939 个和 2779 个，预测到分泌蛋白编码基因 101 个；在 25 个 COG 功能类群中，基因数量前 10 位的类群分别是：R. 仅一般功能预测 349 个，E. 氨基酸转运与代谢 312 个，K. 转录 280 个，J. 翻译、核糖体结构与合成 248 个，S. 功能未知 227 个，T. 信号转导机制 212 个，I. 脂质转运与代谢 196 个，P. 无机离子转运与代谢 195 个，H. 辅酶转运与代谢 176 个和 C. 能量产生与转换 167 个（图 5-5-69a）。**【重复序列】**预测到的重复序列包括：LTR 127 个，总长为 27 090 bp，平均长度为 213 bp；DNA 重复元件 21 个，总长为 1351 bp，平均长度为 64 bp；LINE 36 个，总长为 7405 bp，平均长度为 206 bp；SINE 14 个，总长为 974 bp，平均长度为 70 bp；TR 107 个，重复序列长度为 6～247 bp，总长为 8875 bp；小卫星 DNA 87 个，重复序列长度为 11～60 bp，总长为 4644 bp；微卫星 DNA 2 个，重复序列长度为 6 bp，总长为 167 bp。**【CRISPR】**预测到 2 个 CRISPR 相关序列。**【基因岛】**预测到 7 个基因岛 GI 01～GI 07，长度为 6619～31 172 bp，其 G+C 含量为 32.13%～41.64%。利用已预测得到的基因组信息，如重复序列、G+C 含量等，应用 CIRCOS 工具绘制其基因组圈图（图 5-5-69b）。

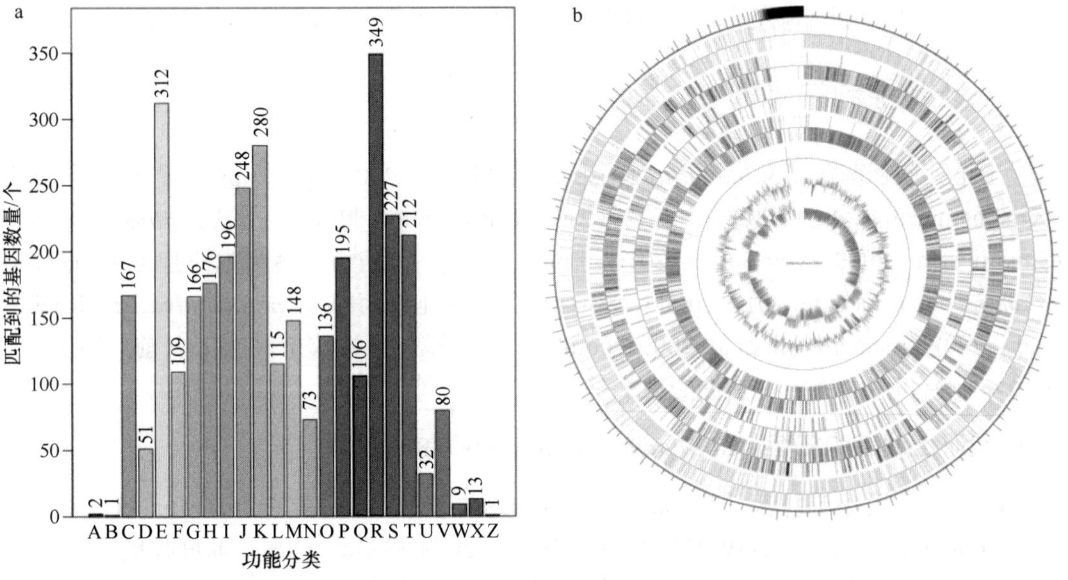


图 5-5-69　印空研土壤芽胞杆菌 B3W22$^{T}$ 基因组的直系同源基因聚类分析（a）和圈图（b）

## 2. 卡拉姆土壤芽胞杆菌（*Solibacillus kalamii*）ISSFR-015$^{T}$

卡拉姆土壤芽胞杆菌（*Solibacillus kalamii* Checinska et al. 2017，sp. nov.）的模式菌株（ISSFR-015$^{T}$ =NRRL B-65388$^{T}$ =DSM 101595$^{T}$）分离自国际空间站的高效微粒捕获滤器，生长条件为 12～37℃（最适 30℃）、pH 6.0～10.0（最适 pH 8.0）、0～5%（*W*/*V*）NaCl，好氧，产芽胞（Checinska et al.，2017）。目前，该种仅有 1 个基因组，模式菌株 ISSFR-015$^{T}$ 基因组的 GenBank 登录号为 GCA_002174535.1，测序平台为 Illumina MiSeq，于 2017 年 6 月 6 日由美国加州理工学院喷气推进实验室（Jet Propulsion Laboratory，California Institute of Technology）提交。

**【基因组的组装】**菌株 ISSFR-015$^{T}$ 基因组的测序深度为 150 X，基因组大小为 3.809 Mb，组装到 28 个 contigs，contig $N_{50}$ 为 199 024 bp。**【G+C 含量】**38.60%。**【非编码 RNA】**预测到 10 个 rRNA 基因（5S rRNA 8 个、16S rRNA 1 个、23S rRNA 1 个），62 个 tRNA 基因，33 个 sRNA 基因。**【编码基因】**有 3884 个蛋白质编码基因，编码区总长为 3 268 302 bp，占整个基因组的 85.80%，基因的平均长度为 841 bp。**【基因功能注释】**比对到 KEGG、COG 和 GO 数据库的基因数量分别为 3639 个、2890 个和 2698 个，预测到分泌蛋白编码基因 88 个；在 25 个 COG 功能类群中，基因数量前 10 位的类群分别是：R. 仅一般功能预测 339 个，E. 氨基酸转运与代谢 311 个，K. 转录 273 个，J. 翻译、核糖体结构与合成 247 个，S. 功能未知 224 个，T. 信号转导机制 200 个，P. 无机离子转运与代谢 191 个，I. 脂质转运与代谢 186 个，H. 辅酶转运与代谢 176 个和 G. 碳水化合物转运与代谢 168 个（图 5-5-70a）。**【重复序列】**预测到的重复序列包括：LTR 77 个，总长为 5887 bp，平均长度为 76 bp；DNA 重复元件 14 个，总长为 958 bp，平均长度为 68 bp；LINE 23 个，总长为 1773 bp，平均长度为 77 bp；SINE 11 个，总长为 724 bp，平均长度为 66 bp；未知序列 1 个，长度为 71 bp；TR 111 个，重复序列长度为 6～269 bp，总长为 10 446 bp；小卫星 DNA 83 个，重复序列长度为 10～60 bp，总长为 6116 bp；微卫星 DNA 5 个，重复序列长度为 6 bp，总长为 218 bp。**【CRISPR】**未预测到 CRISPR 相关序列。**【基因岛】**预测到 6 个基因岛 GI 01～GI 06，长度为 6058～20 019 bp，其 G+C 含量为 32.31%～39.85%。利用已预测得到的基因组信息，如重复序列、G+C 含量等，应用 CIRCOS 工具绘制其基因组圈图（图 5-5-70b）。

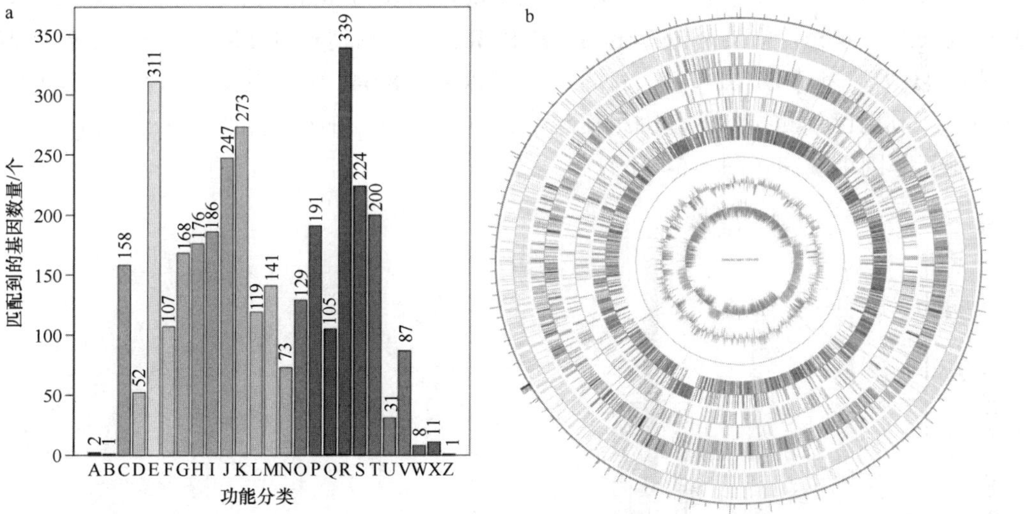


图 5-5-70 卡拉姆土壤芽胞杆菌 ISSFR-015$^{T}$ 基因组的直系同源基因聚类分析（a）和圈图（b）

## 3. 森林土壤芽胞杆菌（*Solibacillus silvestris*）DSM 12223$^{T}$

森林土壤芽胞杆菌［*Solibacillus silvestris* (Rheims et al. 1999) Krishnamurthi et al. 2009，comb. nov.］的模式菌株（HR3-23$^{T}$ =DSM 12223$^{T}$ =ATCC BAA-269$^{T}$ =CIP 106059$^{T}$）分离自德国不伦瑞克的深林土壤，生长条件为 10～40℃（最适 20～30℃）、0～5%（*W*/*V*）

NaCl，好氧，产芽胞，1999 年被命名为森林芽胞杆菌（*Bacillus silvestris*）（Rheims et al.，1999），2009 年被重分类为森林土壤芽胞杆菌（*Solibacillus silvestris*）（Krishnamurthi et al.，2009b）。目前，该种有 3 个基因组，选择组装到完成图水平的模式菌株 B3W22$^{T}$ 的基因组进行描述，其 GenBank 登录号为 GCA_001586195.1，测序平台为 PacBio，于 2016 年 3 月 10 日由美国查尔斯河实验室（Charles River Laboratories）公司提交。

**【基因组的组装】**菌株 B3W22$^{T}$ 基因组的测序深度为 173 X，基因组大小为 3.991 Mb，组装到完成图水平，包括 1 条染色体。**【G+C 含量】**38.60%。**【非编码 RNA】**预测到 36 个 rRNA 基因（5S rRNA 12 个、16S rRNA 12 个、23S rRNA 12 个），116 个 tRNA 基因，40 个 sRNA 基因。**【编码基因】**有 4024 个蛋白质编码基因，编码区总长为 3 393 135 bp，占整个基因组的 85.01%，基因的平均长度为 843 bp。**【基因功能注释】**比对到 KEGG、COG 和 GO 数据库的基因数量分别为 3838 个、2948 个和 2781 个，预测到分泌蛋白编码基因 101 个；在 25 个 COG 功能类群中，基因数量前 10 位的类群分别是：R. 仅一般功能预测 349 个，E. 氨基酸转运与代谢 315 个，K. 转录 278 个，J. 翻译、核糖体结构与合成 248 个，S. 功能未知 228 个，T. 信号转导机制 211 个，I. 脂质转运与代谢 196 个，P. 无机离子转运与代谢 195 个，H. 辅酶转运与代谢 176 个、C. 能量产生与转换 167 个和 G.碳水化合物转运与代谢 167 个（图 5-5-71a）。**【重复序列】**预测到的重复序列包括：LTR 92 个，总长为 8793 bp，平均长度为 96 bp；DNA 重复元件 20 个，总长为 1336 bp，平均长度为 67 bp；LINE 33 个，总长为 2417 bp，平均长度为 73 bp；SINE 18 个，总长为 1501 bp，平均长度为 83 bp；TR 91 个，重复序列长度为 6～402 bp，总长为 8721 bp；小卫星 DNA 73 个，重复序列长度为 12～54 bp，总长为 3886 bp；微卫星 DNA 2 个，重复序列长度为 6 bp，总长为 167 bp。**【CRISPR】**未预测到 CRISPR 相关序列。**【基因岛】**预测到 11 个基因岛 GI 01～GI 11，长度为 5008～48 647 bp，其 G+C 含量为 30.93%～39.76%。利用已预测得到的基因组信息，如重复序列、G+C 含量等，应用 CIRCOS 工具绘制其基因组圈图（图 5-5-71b）。

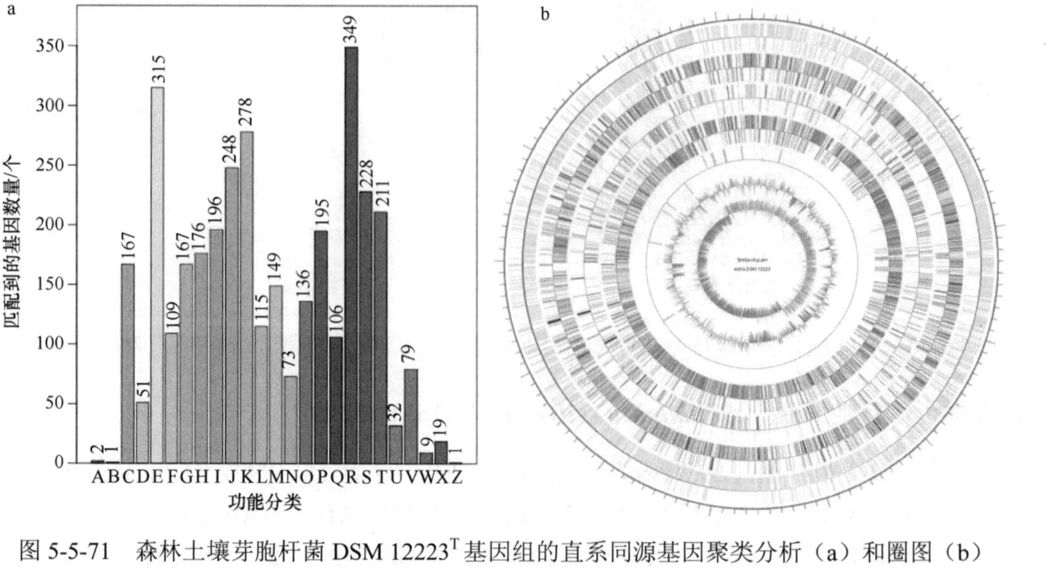


图 5-5-71　森林土壤芽胞杆菌 DSM 12223$^{T}$ 基因组的直系同源基因聚类分析（a）和圈图（b）

## 十二、芽胞束菌属

芽胞束菌属（*Sporosarcina* Kluyver and van Niel 1936，genus.）于 1936 年建立，包含 14 种，模式种为尿素芽胞束菌［*Sporosarcina ureae* (Beijerinck 1901) Kluyver and van Niel 1936，species.］，均产芽胞。目前，该属有 7 个已知种类和 29 个未定种菌株的 45 个基因组被测序。

### 1. 球胞芽胞束菌（*Sporosarcina globispora*）DSM $4^T$

球胞芽胞束菌［*Sporosarcina globispora* (Larkin and Stokes 1967) Yoon et al. 2001，comb. nov.］的模式菌株（W $25^T$ =ATCC $23301^T$ =CCUG $7419^T$ =CIP $103266^T$ =DSM $4^T$ = HAMBI $471^T$ =NBRC $16082^T$ =JCM $10046^T$ =LMG $6928^T$ =NRRL B-$3396^T$ =VKM B-$1435^T$）分离自土壤，耐冷，最适生长温度为 15℃，好氧，产芽胞，1967 年被命名为球胞芽胞杆菌（*Bacillus globisporus*）（Larkin and Stokes，1967），2001 年被重分类为球胞芽胞束菌（*Sporosarcina globispora*）（Yoon et al.，2001d）。目前，该种仅有 1 个基因组，模式菌株 DSM $4^T$ 基因组的 GenBank 登录号为 GCA_001274725.1，测序平台为 Illumina HiSeq，于 2015 年 8 月 26 日由福建省农业科学院（Fujian Academy of Agricultural Sciences）提交。

**【基因组的组装】**菌株 DSM $4^T$ 基因组的测序深度为 150 X，基因组大小为 5.674 Mb，组装到 21 个 scaffolds，scaffold $N_{50}$ 为 5 539 694 bp。**【G+C 含量】**40.46%。**【非编码 RNA】**预测到 28 个 rRNA 基因（5S rRNA 12 个、16S rRNA 8 个、23S rRNA 8 个），116 个 tRNA 基因，58 个 sRNA 基因。**【编码基因】**有 6181 个蛋白质编码基因，编码区总长为 4 772 328 bp，占整个基因组的 84.11%，基因的平均长度为 772 bp。**【基因功能注释】**比对到 KEGG、COG 和 GO 数据库的基因数量分别为 4949 个、3615 个和 3782 个，预测到分泌蛋白编码基因 128 个；在 25 个 COG 功能类群中，基因数量前 10 位的类群分别是：E. 氨基酸转运与代谢 397 个，R. 仅一般功能预测 395 个，K. 转录 310 个，S. 功能未知 283 个，J. 翻译、核糖体结构与合成 265 个，G. 碳水化合物转运与代谢 246 个，P. 无机离子转运与代谢 246 个，C. 能量产生与转换 220 个，T. 信号转导机制 220 个和 H. 辅酶转运与代谢 205 个（图 5-5-72a）。**【重复序列】**预测到的重复序列包括：LTR 183 个，总长为 13 195 bp，平均长度为 72 bp；DNA 重复元件 49 个，总长为 3095 bp，平均长度为 63 bp；LINE 43 个，总长为 2835 bp，平均长度为 66 bp；SINE 13 个，总长为 1018 bp，平均长度为 78 bp；RC 1 个，长度为 65 bp；TR 215 个，重复序列长度为 3～754 bp，总长为 32 534 bp；小卫星 DNA 163 个，重复序列长度为 11～60 bp，总长为 24 529 bp；微卫星 DNA 4 个，重复序列长度为 3～6 bp，总长为 121 bp。**【CRISPR】**预测到 2 个 CRISPR 相关序列。**【基因岛】**预测到 16 个基因岛 GI 01～GI 16，长度为 2891～92 047 bp，其 G+C 含量为 31.40%～43.96%。利用已预测得到的基因组信息，如重复序列、G+C 含量等，应用 CIRCOS 工具绘制其基因组圈图（图 5-5-72b）。

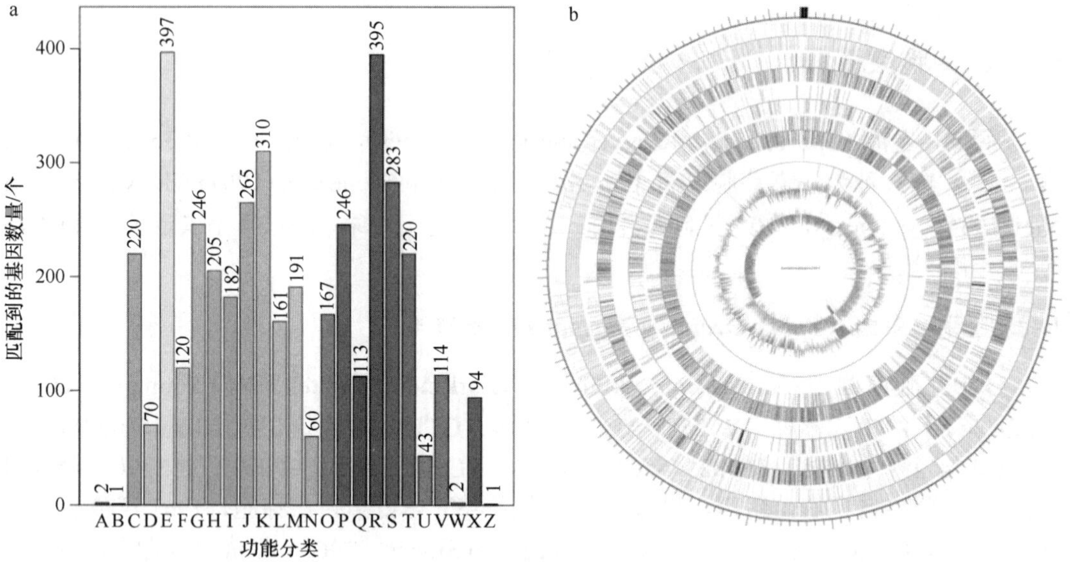


图 5-5-72　球胞芽胞束菌 DSM 4$^T$ 基因组的直系同源基因聚类分析（a）和圈图（b）

## 2. 韩国芽胞束菌（*Sporosarcina koreensis*）S-K12

韩国芽胞束菌（*Sporosarcina koreensis* Kwon et al. 2007，sp. nov.）的模式菌株（F73$^T$ = KACC 11299$^T$ =DSM 16921$^T$）分离自韩国水原的高地土壤，生长条件为 15～40℃（最适 30℃）、pH 6.0～9.0（最适 pH 7.0）、0～7%（*W*/*V*）NaCl，好氧，产芽胞（Kwon et al.，2007）。目前，该种有 4 个基因组，选择组装水平较高的非模式菌株 S-K12 的基因组进行描述，其 GenBank 登录号为 GCA_000826145.2，测序平台为 Illumina HiSeq，于 2014 年 11 月 19 日由法国热带传染病研究中心（Unité de Recherche en Maladies Infectieuses et Tropicales Emergentes）提交。

**【基因组的组装】**菌株 S-K12 基因组的测序深度为 214 X，基因组大小为 2.914 Mb，组装到 6 个 scaffolds，scaffold $N_{50}$ 为 1 842 957 bp。**【G+C 含量】**54.01%。**【非编码 RNA】**预测到 13 个 rRNA 基因（5S rRNA 7 个、16S rRNA 4 个、23S rRNA 2 个），78 个 tRNA 基因，7 个 sRNA 基因。**【编码基因】**有 2987 个蛋白质编码基因，编码区总长为 2 565 666 bp，占整个基因组的 88.05%，基因的平均长度为 859 bp。**【基因功能注释】**比对到 KEGG、COG 和 GO 数据库的基因数量分别为 2625 个、2117 个和 2099 个，预测到分泌蛋白编码基因 72 个；在 24 个 COG 功能类群中，基因数量前 10 位的类群分别是：E. 氨基酸转运与代谢 220 个，J. 翻译、核糖体结构与合成 206 个，R. 仅一般功能预测 205 个，S. 功能未知 171 个，P. 无机离子转运与代谢 157 个，K. 转录 156 个，T. 信号转导机制 144 个，C. 能量产生与转换 139 个，H. 辅酶转运与代谢 125 个和 I. 脂质转运与代谢 115 个（图 5-5-73a）。**【重复序列】**预测到的重复序列包括：LTR 26 个，总长为 2279 bp，平均长度为 88 bp；DNA 重复元件 5 个，总长为 402 bp，平均长度为 80 bp；LINE 6 个，总长为 528 bp，平均长度为 88 bp；SINE 12 个，总长为 925 bp，平均长度为 77 bp；TR 347 个，重复序列长度为 6～901 bp，总长为 25 374 bp；小卫星 DNA 314 个，重复序列长度为 10～60 bp，总长为 19 348 bp；微卫星 DNA 2 个，重复序列长度为 6 bp，总长为 295 bp。**【CRISPR】**预测到 14 个 CRISPR 相关序列。**【基因岛】**预测到 6 个基因岛 GI 01～GI 06，长度为 8099～19 577 bp，其 G+C 含量为 34.59%～58.41%。利用已预测得到的基因组信息，如重复序列、G+C 含量等，应用 CIRCOS 工具绘制其基因组圈图（图 5-5-73b）。

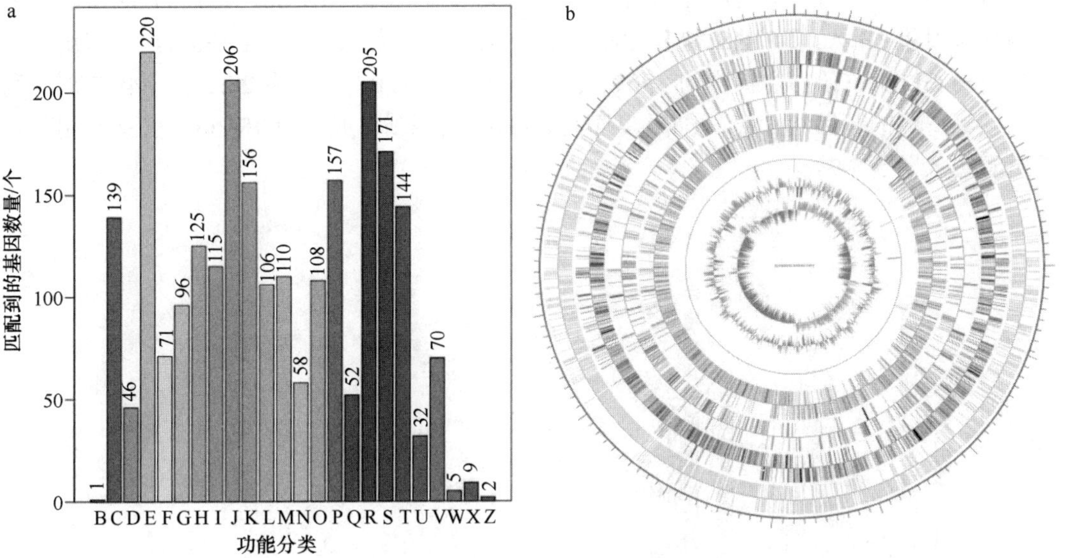


图 5-5-73　韩国芽胞束菌 S-K12 基因组的直系同源基因聚类分析（a）和圈图（b）

### 3. 纽约芽胞束菌（*Sporosarcina newyorkensis*）2681

纽约芽胞束菌（*Sporosarcina newyorkensis* Wolfgang et al. 2012，sp. nov.）的模式菌株（6062$^{T}$ =DSM 23544$^{T}$ =CCUG 59649$^{T}$ =LMG 26022$^{T}$）分离自美国纽约州的 1 份临床血液样品，嗜盐、嗜碱，生长条件为 10～42℃（最适 22～28℃）、最适 pH 7.2～9.5、2%～13%（*W*/*V*）NaCl，兼性厌氧，产芽胞（Wolfgang et al.，2012）。目前，该种有 2 个基因组，选择组装水平较高的非模式菌株 2681 的基因组进行描述，其 GenBank 登录号为 GCA_000220335.1，测序平台为 454 FLX，于 2011 年 7 月 8 日由美国贝勒医学院（Baylor College of Medicine）提交。

**【基因组的组装】**菌株 2681 基因组的测序深度为 22 X，基因组大小为 3.727 Mb，组装到 42 个 scaffolds，scaffold $N_{50}$ 为 954 874 bp。**【G+C 含量】**42.14%。**【非编码 RNA】**预测到 7 个 rRNA 基因（5S rRNA 5 个、16S rRNA 1 个、23S rRNA 1 个），60 个 tRNA 基因，14 个 sRNA 基因。**【编码基因】**有 3691 个蛋白质编码基因，编码区总长为 3 076 167 bp，占整个基因组的 82.54%，基因的平均长度为 833 bp。**【基因功能注释】**比对到 KEGG、COG 和 GO 数据库的基因数量分别为 3282 个、2532 个和 2562 个，预测到分泌蛋白编码基因 71 个；在 24 个 COG 功能类群中，基因数量前 10 位的类群分别是：E. 氨基酸转运与代谢 289 个，R. 仅一般功能预测 257 个，K. 转录 209 个，J. 翻译、核糖体结构与合成 206 个，P. 无机离子转运与代谢 189 个，C. 能量产生与转换 185 个，S. 功能未知 181 个，H. 辅酶转运与代谢 167 个，I. 脂质转运与代谢 146 个和 T. 信号转导机制

144 个（图 5-5-74a）。**【重复序列】**预测到的重复序列包括：LTR 125 个，总长为 7333 bp，平均长度为 59 bp；DNA 重复元件 33 个，总长为 3256 bp，平均长度为 99 bp；LINE 36 个，总长为 2086 bp，平均长度为 58 bp；SINE 9 个，总长为 573 bp，平均长度为 64 bp；RC 3 个，总长为 164 bp，平均长度为 55 bp；TR 102 个，重复序列长度为 7～413 bp，总长为 11 975 bp；小卫星 DNA 64 个，重复序列长度为 10～60 bp，总长为 5281 bp；未预测到微卫星 DNA。**【CRISPR】**预测到 8 个 CRISPR 相关序列。**【基因岛】**预测到 13 个基因岛 GI 01～GI 13，长度为 3909～50 931 bp，其 G+C 含量为 28.21%～49.72%。利用已预测得到的基因组信息，如重复序列、G+C 含量等，应用 CIRCOS 工具绘制其基因组圈图（图 5-5-74b）。

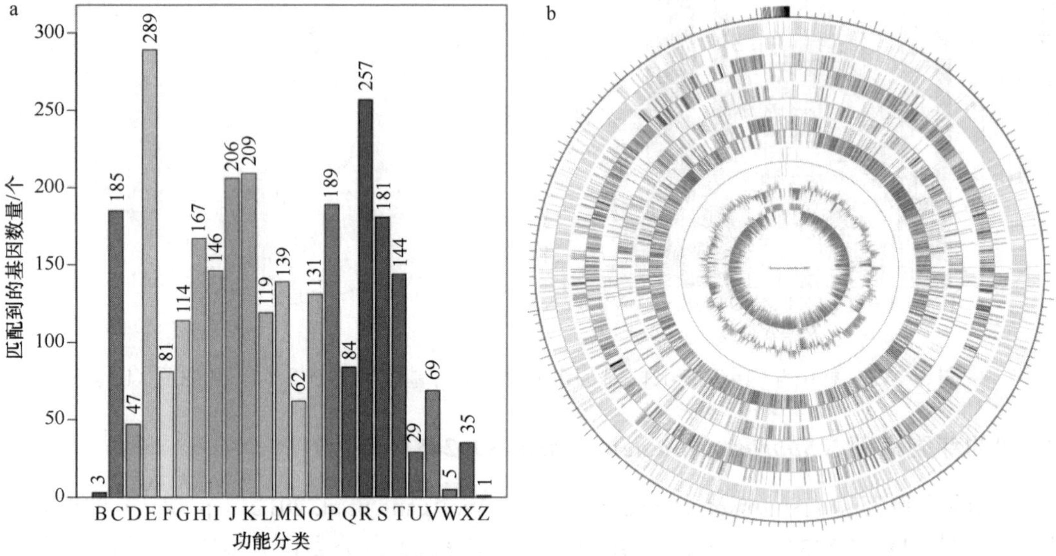


图 5-5-74　组约芽胞束菌 2681 基因组的直系同源基因聚类分析（a）和圈图（b）

## 4. 巴氏芽胞束菌（*Sporosarcina pasteurii*）NCTC 4822$^{T}$

巴氏芽胞束菌［*Sporosarcina pasteurii* (Miquel 1889) Yoon et al. 2001，comb. nov.］的模式菌株（ATCC 11859$^{T}$ =CCUG 7425$^{T}$ =CIP 66.21$^{T}$ =DSM 33$^{T}$ =LMG 7130$^{T}$ =NCCB 48021$^{T}$ =NCIMB 8841$^{T}$ =NCTC 4822$^{T}$ =NRRL NRS-673$^{T}$ =VKM B-513$^{T}$）分离自土壤，最适生长温度为 30℃，好氧，产芽胞，1889 年被命名为巴氏尿杆菌（*Urobacillus pasteurii* Miquel 1889），1898 年被重命名为巴氏芽胞杆菌［*Bacillus pasteurii* (Miquel 1889) Chester 1898，species.］，2001 年被重分类为巴氏芽胞束菌（*Sporosarcina pasteurii*）（Yoon et al.，2001d）。目前，该种有 2 个基因组，选择组装到完成图水平的非模式菌株 BNCC 337394 的基因组进行描述，其 GenBank 登录号为 GCA_900457495.1，测序平台为 PacBio，于 2019 年 3 月 26 日由东南大学（Southeast University）提交。

**【基因组的组装】**菌株 BNCC 337394 基因组的测序深度为 12 X，基因组大小为 3.254 Mb，组装到完成图水平，包括 1 条染色体。**【G+C 含量】**39.18%。**【非编码 RNA】**预测到 24 个 rRNA 基因（5S rRNA 8 个、16S rRNA 8 个、23S rRNA 8 个），69 个 tRNA 基

因，9 个 sRNA 基因。**【编码基因】**有 3284 个蛋白质编码基因，编码区总长为 2 827 395 bp，占整个基因组的 86.89%，基因的平均长度为 861 bp。**【基因功能注释】**比对到 KEGG、COG 和 GO 数据库的基因数量分别为 2955 个、2421 个和 2355 个，预测到分泌蛋白编码基因 66 个；在 23 个 COG 功能类群中，基因数量前 10 位的类群分别是：E. 氨基酸转运与代谢 287 个，R. 仅一般功能预测 263 个，J. 翻译、核糖体结构与合成 217 个，S. 功能未知 180 个，P. 无机离子转运与代谢 174 个，K. 转录 168 个，C. 能量产生与转换 157 个，G. 碳水化合物转运与代谢 149 个，H. 辅酶转运与代谢 149 个和 I. 脂质转运与代谢 148 个（图 5-5-75a）。**【重复序列】**预测到的重复序列包括：LTR 52 个，总长为 5208 bp，平均长度为 100 bp；DNA 重复元件 14 个，总长为 868 bp，平均长度为 62 bp；LINE 21 个，总长为 1257 bp，平均长度为 60 bp；SINE 11 个，总长为 731 bp，平均长度为 66 bp；RC 1 个，长度为 45 bp；TR 63 个，重复序列长度为 6～270 bp，总长为 5564 bp；小卫星 DNA 43 个，重复序列长度为 11～60 bp，总长为 2650 bp；微卫星 DNA 3 个，重复序列长度为 6 bp，总长为 128 bp。**【CRISPR】**预测到 6 个 CRISPR 相关序列。**【基因岛】**预测到 12 个基因岛 GI 01～GI 12，长度为 4629～35 059 bp，其 G+C 含量为 32.28%～41.50%。利用已预测得到的基因组信息，如重复序列、G+C 含量等，应用 CIRCOS 工具绘制其基因组圈图（图 5-5-75b）。

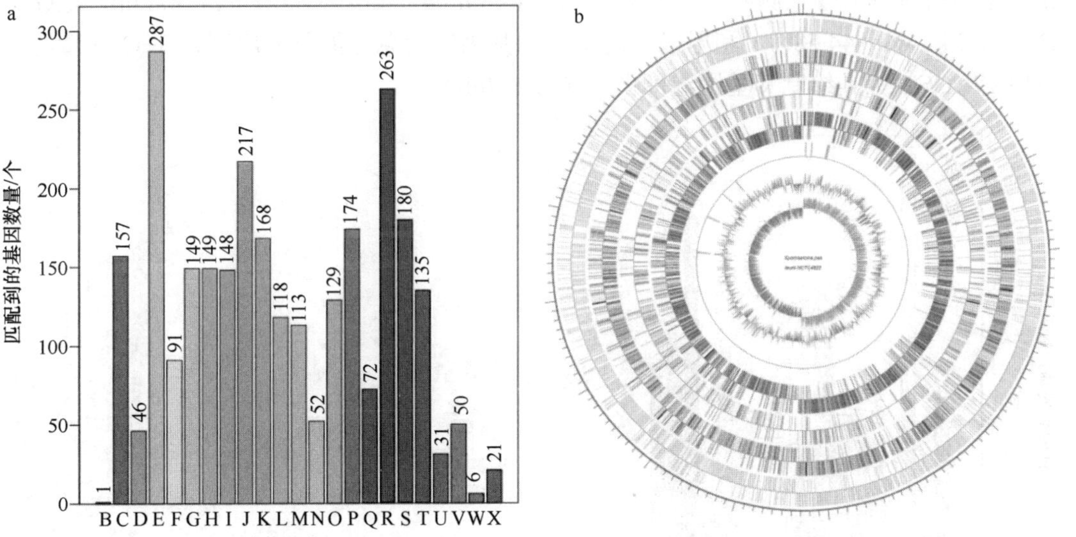


图 5-5-75　巴氏芽胞束菌 BNCC 337394 基因组的直系同源基因聚类分析（a）和圈图（b）

## 5. 多形芽胞束菌（*Sporosarcina polymorpha*）D27$^T$

多形芽胞束菌（*Sporosarcina polymorpha*）的模式菌株 D27$^T$ 分离自小溪的沉积物，最适生长温度为 30℃，好氧，产芽胞。该种尚未正式发表。目前，该种仅有 1 个基因组，模式菌株 D27$^T$ 基因组的 GenBank 登录号为 GCA_000586555.1，测序平台为 Illumina HiSeq，于 2014 年 3 月 10 日由中国台湾台东大学提交。

**【基因组的组装】**菌株 D27$^T$ 基因组的测序深度为 550 X，基因组大小为 3.634 Mb，组装到 65 个 contigs，contig $N_{50}$ 为 190 000 bp。**【G+C 含量】**41.61%。**【非编码 RNA】**预测到 9 个 rRNA 基因（5S rRNA 7 个、16S rRNA 1 个、23S rRNA 1 个），68 个 tRNA 基因，10 个 sRNA 基因。**【编码基因】**有 3695 个蛋白质编码基因，编码区总长为 3 107 559 bp，占整个基因组的 85.51%，基因的平均长度为 841 bp。**【基因功能注释】**比对到 KEGG、COG 和 GO 数据库的基因数量分别为 3226 个、2517 个和 2550 个，预测到分泌蛋白编码基因 80 个；在 24 个 COG 功能类群中，基因数量前 10 位的类群分别是：E. 氨基酸转运与代谢 301 个，R. 仅一般功能预测 277 个，J. 翻译、核糖体结构与合成 237 个，K. 转录 220 个，S. 功能未知 198 个，P. 无机离子转运与代谢 170 个，T. 信号转导机制 162 个，C. 能量产生与转换 147 个，H. 辅酶转运与代谢 139 个和 I. 脂质转运与代谢 137 个（图 5-5-76a）。**【重复序列】**预测到的重复序列包括：LTR 147 个，总长为 9103 bp，平均长度为 62 bp；DNA 重复元件 36 个，总长为 2600 bp，平均长度为 72 bp；LINE 37 个，总长为 2136 bp，平均长度为 58 bp；SINE 10 个，总长为 786 bp，平均长度为 79 bp；RC 4 个，总长为 256 bp，平均长度为 64 bp；TR 296 个，重复序列长度为 6～411 bp，总长为 28 388 bp；小卫星 DNA 235 个，重复序列长度为 12～60 bp，总长为 20 521 bp；微卫星 DNA 5 个，重复序列长度为 6 bp，总长为 295 bp。**【CRISPR】**预测到 1 个 CRISPR 相关序列。**【基因岛】**预测到 4 个基因岛 GI 01～GI 04，长度为 3527～21 308 bp，其 G+C 含量为 34.34%～44.58%。利用已预测得到的基因组信息，如重复序列、G+C 含量等，应用 CIRCOS 工具绘制其基因组圈图（图 5-5-76b）。

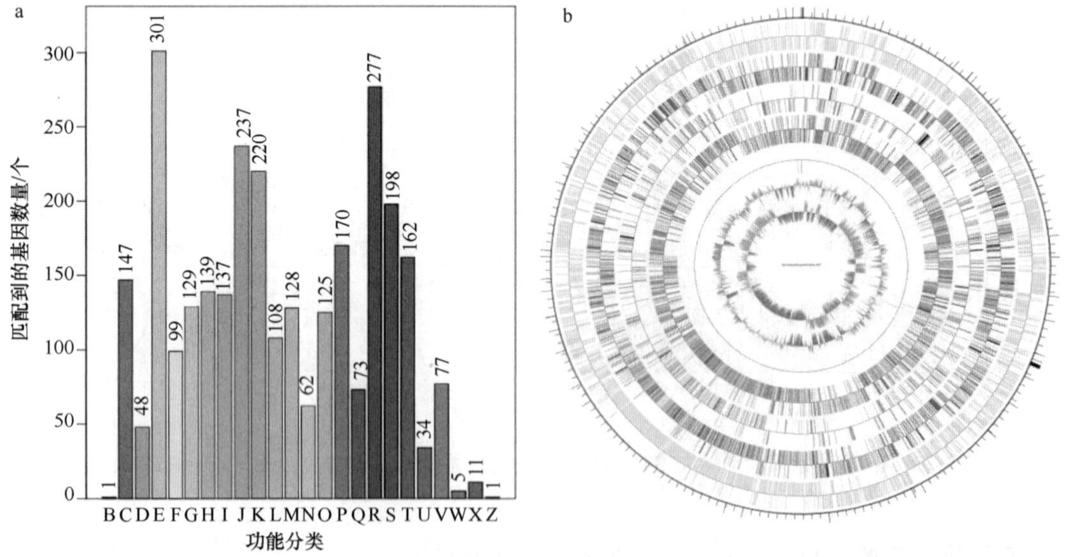


图 5-5-76　多形芽胞束菌 D27$^T$ 基因组的直系同源基因聚类分析（a）和圈图（b）

### 6. 嗜冷芽胞束菌（*Sporosarcina psychrophila*）DSM 6497$^T$

嗜冷芽胞束菌［*Sporosarcina psychrophila* (Nakamura 1984) Yoon et al. 2001，comb. nov.］，产芽胞，由 *Bacillus psychrophilus* 重分类而来的模式菌株（ATCC 23304$^T$ =CCM

2117$^{T}$ =BCRC 11738$^{T}$ =CCUG 28886$^{T}$ =CIP 103267$^{T}$ = DSM 3$^{T}$ =DSM 6497$^{T}$ =IAM 12468$^{T}$ = NBRC 15381$^{T}$ =JCM 9075$^{T}$ =LMG 6929$^{T}$ =NRRL B-3397$^{T}$）分离自土壤，最适生长温度为30℃，好氧，产芽胞，1967 年被命名为嗜冷芽胞杆菌（Larkin and Stokes，1967），1984 年被正式命名为嗜冷芽胞杆菌（*Bacillus psychrophilus*）（Nakamura，1984b），2001 年被重分类为嗜冷芽胞束菌（*Sporosarcina psychrophila*）（Yoon et al.，2001d）。目前，该种仅有 1 个基因组，模式菌株 DSM 6497$^{T}$ 基因组的 GenBank 登录号为 GCA_001590685.1，测序平台为 PacBio+Illumina HiSeq，于 2016 年 3 月 14 日由上海交通大学（Shanghai Jiao Tong University）提交。

**【基因组的组装】** 菌株 DSM 6497$^{T}$ 基因组的测序深度为 290 X，基因组大小为 4.674 Mb，组装到完成图水平，包括 1 条染色体。**【G+C 含量】** 40.33%。**【非编码 RNA】** 预测到 31 个 rRNA 基因（5S rRNA 11 个、16S rRNA 10 个、23S rRNA 10 个），70 个 tRNA 基因，40 个 sRNA 基因。**【编码基因】** 有 4701 个蛋白质编码基因，编码区总长为 3 835 797 bp，占整个基因组的 82.07%，基因的平均长度为 816 bp。**【基因功能注释】** 比对到 KEGG、COG 和 GO 数据库的基因数量分别为 4338 个、3092 个和 3096 个，预测到分泌蛋白编码基因 102 个；在 25 个 COG 功能类群中，基因数量前 10 位的类群分别是：E. 氨基酸转运与代谢 414 个，R. 仅一般功能预测 350 个，K. 转录 270 个，J. 翻译、核糖体结构与合成 249 个，S. 功能未知 241 个，P. 无机离子转运与代谢 236 个，G. 碳水化合物转运与代谢 211 个，T. 信号转导机制 199 个，H. 辅酶转运与代谢 176 个和 C. 能量产生与转换 167 个（图 5-5-77a）。**【重复序列】** 预测到的重复序列包括：LTR 172 个，总长为 14 199 bp，平均长度为 83 bp；DNA 重复元件 53 个，总长为 3880 bp，平均长度为 73 bp；LINE 47 个，总长为 3647 bp，平均长度为 78 bp；SINE 10 个，总长为 620 bp，平均长度为 62 bp；RC 3 个，总长为 232 bp，平均长度为 77 bp；TR 402 个，重复序列长度为 3～324 bp，总长为 39 653 bp；小卫星 DNA 271 个，重复序列长度为 10～60 bp，总长

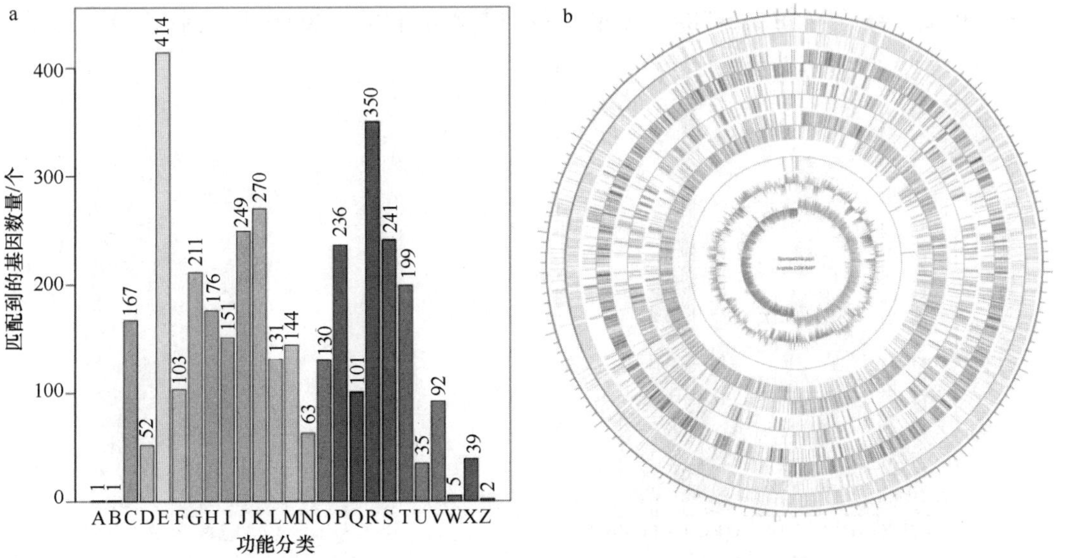


图 5-5-77　嗜冷芽胞束菌 DSM 6497$^{T}$ 基因组的直系同源基因聚类分析（a）和圈图（b）

为 30 900 bp；微卫星 DNA 11 个，重复序列长度为 3～6 bp，总长为 784 bp。**【CRISPR】**预测到 16 个 CRISPR 相关序列。**【基因岛】**预测到 16 个基因岛 GI 01～GI 16，长度为 3999～27 319 bp，其 G+C 含量为 31.77%～37.70%。利用已预测得到的基因组信息，如重复序列、G+C 含量等，应用 CIRCOS 工具绘制其基因组圈图（图 5-5-77b）。

**7. 尿素芽胞束菌（*Sporosarcina ureae*）DSM 2281$^{T}$**

尿素芽胞束菌［*Sporosarcina ureae* (Beijerinck 1901) Kluyver and van Niel 1936, species.］的模式菌株（ATCC 6473$^{T}$ =DSM 2281$^{T}$ =NBRC 12699$^{T}$ =JCM 2577$^{T}$ =LMG 17366$^{T}$ =VKM B-595$^{T}$）的来源不详，最适生长温度为 26℃，好氧，产芽胞，1901 年被命名为尿素动束菌（*Planosarcina ureae* Beijerinck 1901），1909 年被重命名为尿素芽胞束菌［*Sporosarcina ureae* (Beijerinck 1901) Orla-Jensen 1909］，1936 年被正式命名为尿素芽胞束菌。目前，该种有 5 个基因组，选择组装水平较高的模式菌株 DSM 2281$^{T}$ 的基因组进行描述，其 GenBank 登录号为 GCA_000425545.1，测序平台为 Illumina HiSeq，于 2013 年 7 月 11 日由美国能源部联合基因组研究所（DOE Joint Genome Institute）提交。

**【基因组的组装】**菌株 DSM 2281$^{T}$ 基因组的测序深度未知，基因组大小为 3.319 Mb，组装到 35 个 scaffolds，scaffold $N_{50}$ 为 154 461 bp。**【G+C 含量】**41.41%。**【非编码 RNA】**预测到 6 个 rRNA 基因（5S rRNA 6 个、16S rRNA 0 个、23S rRNA 0 个），55 个 tRNA 基因，2 个 sRNA 基因。**【编码基因】**有 3353 个蛋白质编码基因，编码区总长为 2 854 983 bp，占整个基因组的 86.02%，基因的平均长度为 851 bp。**【基因功能注释】**比对到 KEGG、COG 和 GO 数据库的基因数量分别为 3084 个、2400 个和 2323 个，预测到分泌蛋白编码基因 73 个；在 24 个 COG 功能类群中，基因数量前 10 位的类群分别是：E. 氨基酸转运与代谢 263 个，R. 仅一般功能预测 260 个，J. 翻译、核糖体结构与合成 209 个，S. 功能未知 183 个，P. 无机离子转运与代谢 182 个，K. 转录 175 个，C. 能量产生与转换 167 个，H. 辅酶转运与代谢 158 个，I. 脂质转运与代谢 146 个和 T. 信号转导机制 145 个（图 5-5-78a）。**【重复序列】**预测到的重复序列包括：LTR 119 个，

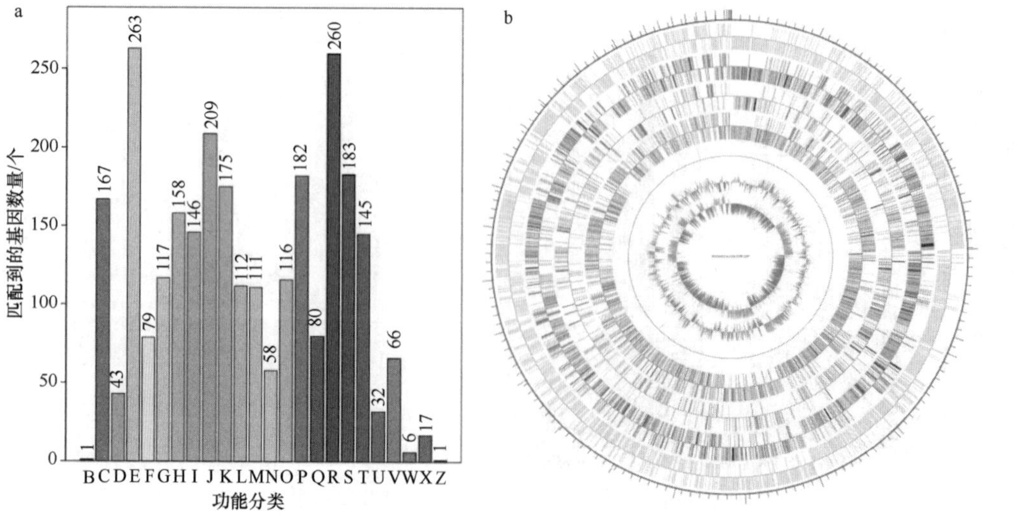


图 5-5-78　尿素芽胞束菌 DSM 2281$^{T}$ 基因组的直系同源基因聚类分析（a）和圈图（b）

总长为 6888 bp，平均长度为 58 bp；DNA 重复元件 29 个，总长为 1591 bp，平均长度为 55 bp；LINE 29 个，总长为 1659 bp，平均长度为 57 bp；SINE 8 个，总长为 556 bp，平均长度为 70 bp；RC 2 个，总长为 124 bp，平均长度为 62 bp；未知序列 1 个，长度为 60 bp；TR 157 个，重复序列长度为 4～329 bp，总长为 20 103 bp；小卫星 DNA 99 个，重复序列长度为 12～53 bp，总长为 7430 bp；微卫星 DNA 3 个，重复序列长度为 4～6 bp，总长为 99 bp。**【CRISPR】**预测到 23 个 CRISPR 相关序列。**【基因岛】**预测到 5 个基因岛 GI 01～GI 05，长度为 6362～12 896 bp，其 G+C 含量为 38.24%～40.29%。利用已预测得到的基因组信息，如重复序列、G+C 含量等，应用 CIRCOS 工具绘制其基因组圈图（图 5-5-78b）。

## 十三、尿素芽胞杆菌属

尿素芽胞杆菌属（*Ureibacillus* Fortina et al. 2001，gen. nov.）于 2001 年建立（Fortina et al.，2001b），包含 5 种，模式种为热球状尿素芽胞杆菌（*Ureibacillus thermosphaericus* (Andersson et al. 1996) Fortina et al. 2001，comb. nov.），均产芽胞。目前，该属有 2 个已知种类的 3 个基因组被测序，以下介绍了热球状尿素芽胞杆菌的基因组。

### 热球状尿素芽胞杆菌（*Ureibacillus thermosphaericus*）A1

热球状尿素芽胞杆菌［*Ureibacillus thermosphaericus* (Andersson et al. 1996) Fortina et al. 2001，comb. nov.］的模式菌株（P-11$^{T}$ =CIP 104857$^{T}$ =DSM 10633$^{T}$ =HAMBI 1900$^{T}$ = LMG 17959$^{T}$）分离自城市空气，嗜热，生长条件为 32～64℃、最适 pH 9.0、0～5%（*W*/*V*）NaCl，严格好氧，产芽胞，1995 年被命名为热球状芽胞杆菌（*Bacillus thermosphaericus*）（Andersson et al.，1995），2001 年被重分类为热球状尿素芽胞杆菌（*Ureibacillus thermosphaericus*）（Fortina et al.，2001b）。目前，该种有 2 个基因组，选择组装到完成图水平的非模式菌株 A1 的基因组进行描述，其 GenBank 登录号为 GCA_002370195.2，测序平台为 PacBio，于 2017 年 6 月 25 日由日本国家先进工业科学技术研究所（National Institute of Advanced Industrial Science and Technology）提交。

**【基因组的组装】**菌株 A1 基因组的测序深度为 407 X，基因组大小为 3.488 Mb，组装到完成图水平，包括 1 条染色体。**【G+C 含量】**36.34%。**【非编码 RNA】**预测到 27 个 rRNA 基因（5S rRNA 9 个、16S rRNA 9 个、23S rRNA 9 个），83 个 tRNA 基因，2 个 sRNA 基因。**【编码基因】**有 3553 个蛋白质编码基因，编码区总长为 2 898 612 bp，占整个基因组的 83.10%，基因的平均长度为 816 bp。**【基因功能注释】**比对到 KEGG、COG 和 GO 数据库的基因数量分别为 2954 个、2443 个和 2431 个，预测到分泌蛋白编码基因 49 个；在 24 个 COG 功能类群中，基因数量前 10 位的类群分别是：E. 氨基酸转运与代谢 283 个，X. 移动元件组：前噬菌体、转座子 222 个，R. 仅一般功能预测 213 个，J. 翻译、核糖体结构与合成 210 个，K. 转录 162 个，P. 无机离子转运与代谢 162 个，H. 辅酶转运与代谢 159 个，S. 功能未知 158 个，T. 信号转导机制 152 个和 C. 能量产生与转换 130 个（图 5-5-79a）。**【重复序列】**预测到的重复序列包括：LTR 106 个，总长为 10 074 bp，平均长度为 95 bp；DNA 重复元件 33 个，总长为 2658 bp，平均长度为 81 bp；LINE 42

个，总长为 2828 bp，平均长度为 67 bp；SINE 16 个，总长为 1226 bp，平均长度为 77 bp；RC 1 个，长度为 50 bp；TR 312 个，重复序列长度为 9～1664 bp，总长为 59 178 bp；小卫星 DNA 186 个，重复序列长度为 10～55 bp，总长为 22 404 bp；未预测到微卫星 DNA。**【CRISPR】**预测到 153 个 CRISPR 相关序列。**【基因岛】**预测到 22 个基因岛 GI 01～GI 22，长度为 4131～27 870 bp，其 G+C 含量为 28.45%～50.65%。利用已预测得到的基因组信息，如重复序列、G+C 含量等，应用 CIRCOS 工具绘制其基因组圈图（图 5-5-79b）。

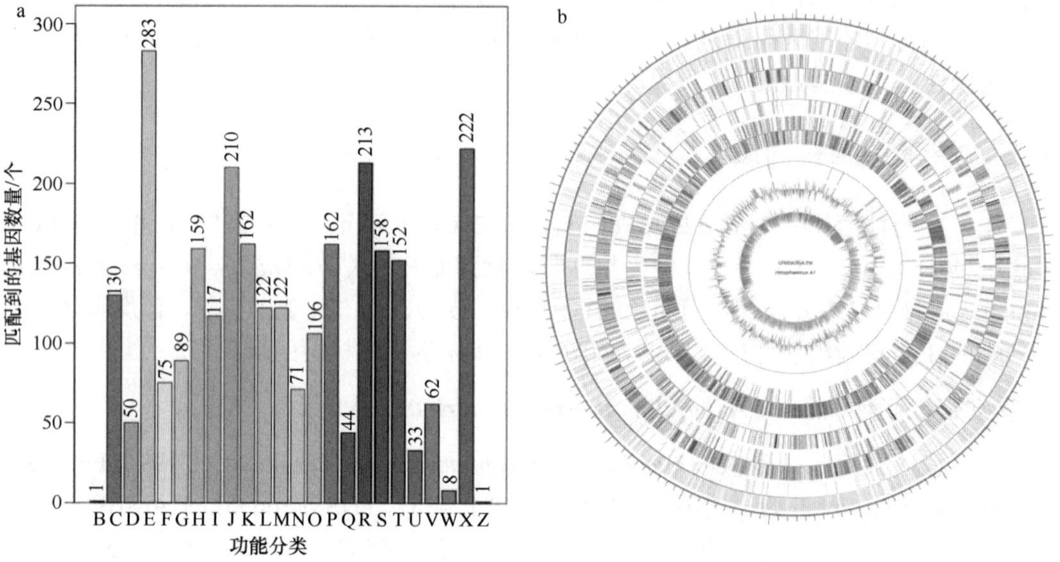


图 5-5-79　热球状尿素芽胞杆菌 A1 基因组的直系同源基因聚类分析（a）和圈图（b）

## 十四、绿芽胞杆菌属

绿芽胞杆菌属（*Viridibacillus* Albert et al. 2007，gen. nov.）于 2007 年建立（Albert et al.，2007b），包含 3 种：沙地绿芽胞杆菌［*Viridibacillus arenosi* (Heyrman et al. 2005) Albert et al. 2007，comb. nov.］、田地绿芽胞杆菌［*Viridibacillus arvi* (Heyrman et al. 2005) Albert et al. 2007，comb. nov.］（模式种）和奈台氏绿芽胞杆菌［*Viridibacillus neidei* (Nakamura et al. 2002) Albert et al. 2007，comb. nov.］，均产芽胞。目前，该属有 2 个已知种类和 3 个未定种菌株的 6 个基因组被测序。

### 1. 沙地绿芽胞杆菌（*Viridibacillus arenosi*）FSL R5-213

沙地绿芽胞杆菌［*Viridibacillus arenosi* (Heyrman et al. 2005) Albert et al. 2007，comb. nov.］的模式菌株（DSM 16319$^T$ =LMG 22166$^T$）分离自荷兰德伦特省农业研究区域的土壤，嗜热，生长条件为 20～30℃、最适 pH 7.0、0～5%（*W/V*）NaCl，严格好氧，产芽胞，2005 年被命名为沙地芽胞杆菌（*Bacillus arenosi*）（Heyrman et al.，2005），2007 年被重分类为沙地绿芽胞杆菌（*Viridibacillus arenosi*）（Albert et al.，2007b）。目前，该种有 2 个基因组，选择组装到框架图水平的非模式菌株 FSL R5-213 的基因组进行描

述，其 GenBank 登录号为 GCA_000518005.1，测序平台为 Illumina HiSeq，于 2014 年 1 月 13 日由美国康奈尔大学（Cornell University）提交。

**【基因组的组装】**菌株 FSL R5-213 基因组的测序深度为 40 X，基因组大小为 4.445 Mb，组装到 47 个 contigs，contig $N_{50}$ 为 450 430 bp。**【G+C 含量】**35.28%。**【非编码 RNA】**预测到 4 个 rRNA 基因（5S rRNA 2 个、16S rRNA 1 个、23S rRNA 1 个），59 个 tRNA 基因，12 个 sRNA 基因。**【编码基因】**有 4521 个蛋白质编码基因，编码区总长为 3 707 070 bp，占整个基因组的 83.40%，基因的平均长度为 820 bp。**【基因功能注释】**比对到 KEGG、COG 和 GO 数据库的基因数量分别为 3869 个、3079 个和 3114 个，预测到分泌蛋白编码基因 82 个；在 25 个 COG 功能类群中，基因数量前 10 位的类群分别是：E. 氨基酸转运与代谢 392 个，R. 仅一般功能预测 353 个，K. 转录 309 个，J. 翻译、核糖体结构与合成 269 个，S. 功能未知 238 个，P. 无机离子转运与代谢 217 个，T. 信号转导机制 215 个，G. 碳水化合物转运与代谢 178 个，H. 辅酶转运与代谢 172 个和 I. 脂质转运与代谢 163 个（图 5-5-80a）。**【重复序列】**预测到的重复序列包括：LTR 107 个，总长为 6815 bp，平均长度为 64 bp；DNA 重复元件 45 个，总长为 3360 bp，平均长度为 75 bp；LINE 26 个，总长为 1580 bp，平均长度为 61 bp；SINE 11 个，总长为 655 bp，平均长度为 60 bp；RC 2 个，总长为 124 bp，平均长度为 62 bp；未知序列 1 个，长度为 97 bp；TR 199 个，重复序列长度为 4～281 bp，总长为 15 790 bp；小卫星 DNA 153 个，重复序列长度为 11～54 bp，总长为 11 284 bp；微卫星 DNA 10 个，重复序列长度为 4～6 bp，总长为 508 bp。**【CRISPR】**预测到 66 个 CRISPR 相关序列。**【基因岛】**预测到 6 个基因岛 GI 01～GI 06，长度为 5805～21 250 bp，其 G+C 含量为 28.43%～37.21%。利用已预测得到的基因组信息，如重复序列、G+C 含量等，应用 CIRCOS 工具绘制其基因组圈图（图 5-5-80b）。

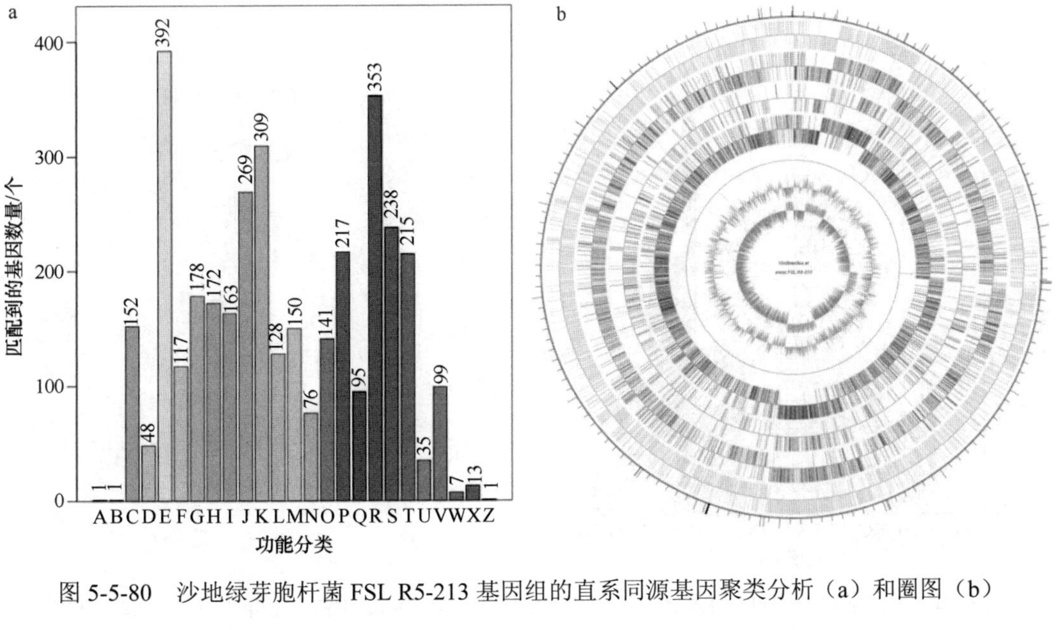


图 5-5-80　沙地绿芽胞杆菌 FSL R5-213 基因组的直系同源基因聚类分析（a）和圈图（b）

## 2. 田地绿芽胞杆菌（*Viridibacillus arvi*）DSM 16317$^T$

田地绿芽胞杆菌［*Viridibacillus arvi* (Heyrman et al. 2005) Albert et al. 2007，comb. nov.］的模式菌株（LMG 22165$^T$ =DSM 16317$^T$）分离自荷兰德伦特省农业研究区域的土壤，嗜热，生长条件为 20～30℃、最适 pH 7.0、0～5%（*W*/*V*）NaCl，兼性厌氧，产芽胞，2005 年被命名为田地芽胞杆菌（*Bacillus arvi*）（Heyrman et al.，2005），2007 年被重分类为田地绿芽胞杆菌（*Viridibacillus arvi*）（Albert et al.，2007b）。目前，该种仅有 1 个基因组，选择模式菌株 DSM 16317$^T$ 的基因组进行描述，其 GenBank 登录号为 GCA_001274945.1，测序平台为 Illumina HiSeq，于 2015 年 8 月 26 日由福建省农业科学院（Fujian Academy of Agricultural Sciences）提交。

**【基因组的组装】**菌株 DSM 16317$^T$ 基因组的测序深度为 150 X，基因组大小为 4.759 Mb，组装到 19 个 scaffolds，scaffold $N_{50}$ 为 1 733 574 bp。**【G+C 含量】**35.35%。**【非编码 RNA】**预测到 5 个 rRNA 基因（5S rRNA 2 个、16S rRNA 2 个、23S rRNA 1 个），57 个 tRNA 基因，15 个 sRNA 基因。**【编码基因】**有 4728 个蛋白质编码基因，编码区总长为 3 928 932 bp，占整个基因组的 82.56%，基因的平均长度为 831 bp。**【基因功能注释】**比对到 KEGG、COG 和 GO 数据库的基因数量分别为 4024 个、3230 个和 3260 个，预测到分泌蛋白编码基因 83 个；在 25 个 COG 功能类群中，基因数量前 10 位的类群分别是：E. 氨基酸转运与代谢 416 个，R. 仅一般功能预测 376 个，K. 转录 315 个，J. 翻译、核糖体结构与合成 268 个，S. 功能未知 240 个，T. 信号转导机制 227 个，P. 无机离子转运与代谢 224 个，G. 碳水化合物转运与代谢 222 个，H. 辅酶转运与代谢 180 个和 I. 脂质转运与代谢 180 个（图 5-5-81a）。**【重复序列】**预测到的重复序列包括：LTR 124 个，总长为 7924 bp，平均长度为 64 bp；DNA 重复元件 35 个，总长为 2428 bp，平均长度为 69 bp；LINE 34 个，总长为 2021 bp，平均长度为 59 bp；SINE 7 个，

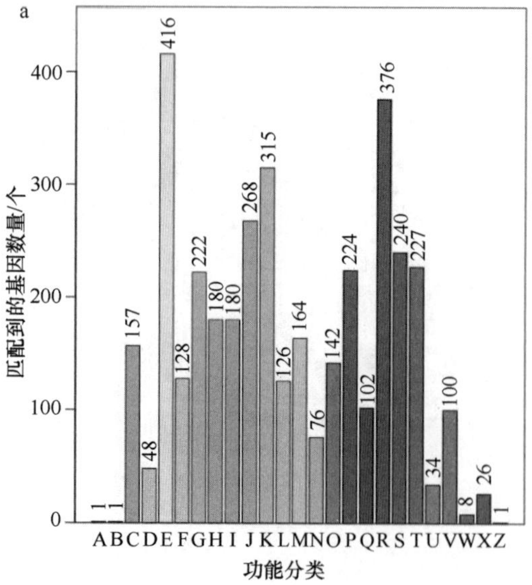


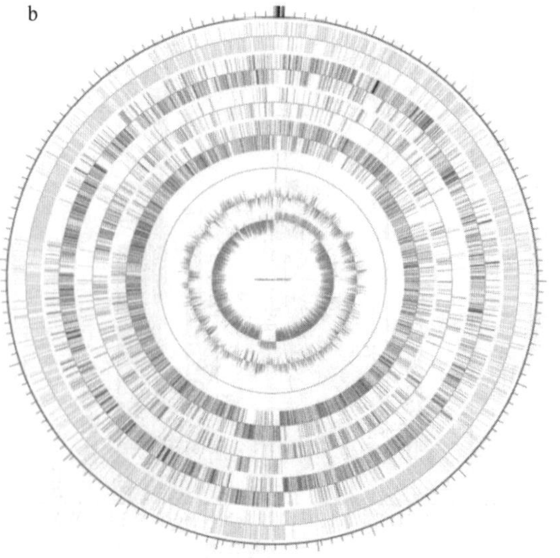


图 5-5-81 田地绿芽胞杆菌 DSM 16317$^T$ 基因组的直系同源基因聚类分析（a）和圈图（b）

总长为 537 bp，平均长度为 77 bp；RC 2 个，总长为 102 bp，平均长度为 51 bp；未知序列 2 个，总长为 108 bp，平均长度为 54 bp；TR 313 个，重复序列长度为 1～472 bp，总长为 30 034 bp；小卫星 DNA 247 个，重复序列长度为 10～60 bp，总长为 21 447 bp；微卫星 DNA 3 个，重复序列长度为 4～6 bp，总长为 117 bp。**【CRISPR】**预测到 13 个 CRISPR 相关序列。**【基因岛】**预测到 13 个基因岛 GI 01～GI 13，长度为 6272～24 771 bp，其 G+C 含量为 24.08%～38.49%。利用已预测得到的基因组信息，如重复序列、G+C 含量等，应用 CIRCOS 工具绘制其基因组圈图（图 5-5-81b）。

# 第六节　芽胞乳杆菌科基因组描述

## 一、垃圾芽胞杆菌属

垃圾芽胞杆菌属（*Caenibacillus* Tsujimoto et al. 2016，gen. nov.）于 2016 年建立，目前仅有 1 种，模式种为溶皂垃圾芽胞杆菌（*Caenibacillus caldisaponilyticus*），好氧，嗜热，产芽胞（Tsujimoto et al.，2016）。该属仅有 1 个基因组被测序。

### 溶皂垃圾芽胞杆菌（*Caenibacillus caldisaponilyticus*）B157$^T$

溶皂垃圾芽胞杆菌（*Caenibacillus caldisaponilyticus* Tsujimoto et al. 2016，sp. nov.）的模式菌株（B157$^T$ =NBRC 111400$^T$ =DSM 101100$^T$）分离自 1 个酸性垃圾堆放场，嗜热、耐酸，生长条件为 40～65℃（最适 50～60℃）、pH 4.8～8.1（最适 pH 6.2），解磷脂，好氧，产芽胞（Tsujimoto et al.，2016）。目前，该种仅有 1 个基因组，模式菌株 B157$^T$ 基因组的 GenBank 登录号为 GCA_002003465.1，测序平台为 Ion PGM，于 2017 年 1 月 27 日由日本京都府立大学（Kyoto Prefectural University）提交。

**【基因组的组装】**菌株 B157$^T$ 基因组的测序深度为 80 X，基因组大小为 3.356 Mb，组装到 181 个 contigs，contig $N_{50}$ 为 60 783 bp。**【G+C 含量】**51.77%。**【非编码 RNA】**预测到 9 个 rRNA 基因（5S rRNA 6 个、16S rRNA 2 个、23S rRNA 1 个），65 个 tRNA 基因，0 个 sRNA 基因。**【编码基因】**有 3837 个蛋白质编码基因，编码区总长为 2 715 735 bp，占整个基因组的 80.92%，基因的平均长度为 708 bp。**【基因功能注释】**比对到 KEGG、COG 和 GO 数据库的基因数量分别为 2510 个、2149 个和 2201 个，预测到分泌蛋白编码基因 43 个；在 24 个 COG 功能类群中，基因数量前 10 位的类群分别是：R. 仅一般功能预测 222 个，J. 翻译、核糖体结构与合成 218 个，E. 氨基酸转运与代谢 205 个，G. 碳水化合物转运与代谢 189 个，K. 转录 173 个，M. 细胞壁/膜/包膜生物合成 138 个，S. 功能未知 131 个，I. 脂质转运与代谢 124 个，T. 信号转导机制 124 个和 C. 能量产生与转换 118 个（图 5-6-1a）。**【重复序列】**预测到的重复序列包括：LTR 82 个，总长为 5190 bp，平均长度为 63 bp；DNA 重复元件 20 个，总长为 1501 bp，平均长度为 75 bp；LINE 29 个，总长为 1651 bp，平均长度为 57 bp；SINE 9 个，总长为 629 bp，平均长度为 70 bp；RC 1 个，长度为 136 bp；TR 81 个，重复序列长度为 8～391 bp，总长为 6322 bp；小卫星 DNA 66 个，重复序列长度为 11～45 bp，总长为 3020 bp；未预测到微卫星 DNA。

**【CRISPR】**预测到 322 个 CRISPR 相关序列。**【基因岛】**预测到 3 个基因岛 GI 01～GI 03，长度分别为 12 820 bp、9673 bp 和 5326 bp，其 G+C 含量分别为 47.54%、55.38%和 55.60%。利用已预测得到的基因组信息，如重复序列、G+C 含量等，应用 CIRCOS 工具绘制其基因组圈图（图 5-6-1b）。

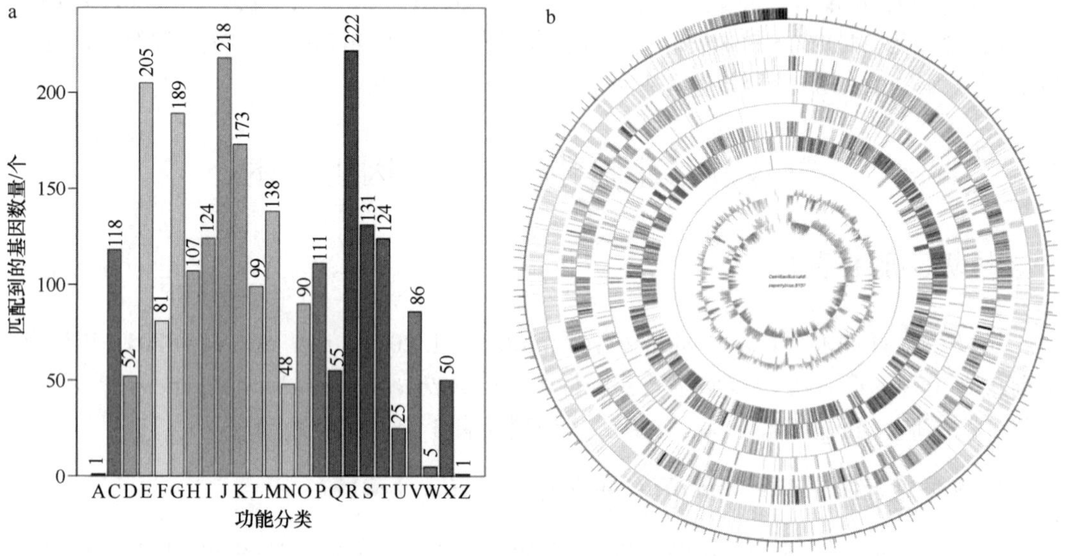


图 5-6-1　溶皂垃圾芽胞杆菌 B157$^{T}$ 基因组的直系同源基因聚类分析（a）和圈图（b）

## 二、中华球菌属

中华球菌属（*Sinobaca* Li et al. 2008，gen. nov.）于 2008 年建立，仅有 1 种：青海中华球菌［*Sinobaca qinghaiensis* (Li et al. 2006) Li et al. 2008，comb. nov.］，嗜盐、嗜碱，好氧，不产芽胞（Li et al.，2008）。目前，该属仅有 1 个已知种类的 1 个基因组被测序。

### 青海中华球菌（*Sinobaca qinghaiensis*）DSM 17008$^{T}$

青海中华球菌［*Sinobaca qinghaiensis* (Li et al. 2006) Li et al. 2008，comb. nov.］的模式菌株（YIM 70212$^{T}$ =KCTC 3943$^{T}$ =DSM 17008$^{T}$）分离自青海的超盐土壤，嗜盐、嗜碱，生长条件为 10～45℃（最适 28℃）、pH 7.5～11.0（最适 pH 8.0～9.5）、1%～25%（*W*/*V*）NaCl（最适 10%），好氧，不产芽胞，2006 年被命名为青海中华球菌（*Sinococcus qinghaiensis*）（Li et al.，2006），2008 年被重命名为青海中华球菌（*Sinobaca qinghaiensis*）（Li et al.，2008）。目前，该种仅有 1 个基因组，模式菌株 DSM 17008$^{T}$ 基因组的 GenBank 登录号为 GCA_003610495.1，测序平台为 Illumina HiSeq，于 2018 年 10 月 2 日由美国能源部联合基因组研究所（DOE Joint Genome Institute）提交。

**【基因组的组装】**菌株 DSM 17008$^{T}$ 基因组的测序深度为 411 X，基因组大小为 3.404 Mb，组装到 14 个 scaffolds，scaffold $N_{50}$ 为 478 137 bp。**【G+C 含量】**44.70%。**【非

**编码 RNA】** 预测到 7 个 rRNA 基因（5S rRNA 5 个、16S rRNA 1 个、23S rRNA 1 个），49 个 tRNA 基因，1 个 sRNA 基因。**【编码基因】** 有 3565 个蛋白质编码基因，编码区总长为 3 034 119 bp，占整个基因组的 89.13%，基因的平均长度为 851 bp。**【基因功能注释】** 比对到 KEGG、COG 和 GO 数据库的基因数量分别为 2837 个、2481 个和 2472 个，预测到分泌蛋白编码基因 56 个；在 23 个 COG 功能类群中，基因数量前 10 位的类群分别是：R. 仅一般功能预测 308 个，E. 氨基酸转运与代谢 250 个，G. 碳水化合物转运与代谢 216 个，J. 翻译、核糖体结构与合成 211 个，K. 转录 199 个，C. 能量产生与转换 194 个，S. 功能未知 170 个，P. 无机离子转运与代谢 168 个，H. 辅酶转运与代谢 161 个和 T. 信号转导机制 149 个（图 5-6-2a）。**【重复序列】** 预测到的重复序列包括：LTR 113 个，总长为 7031 bp，平均长度为 62 bp；DNA 重复元件 42 个，总长为 3076 bp，平均长度为 73 bp；LINE 28 个，总长为 1840 bp，平均长度为 66 bp；SINE 12 个，总长为 924 bp，平均长度为 77 bp；RC 1 个，长度为 53 bp；TR 69 个，重复序列长度为 4～90 bp，总长为 3870 bp；小卫星 DNA 63 个，重复序列长度为 10～54 bp，总长为 3695 bp；微卫星 DNA 2 个，重复序列长度为 4～6 bp，总长为 149 bp。**【CRISPR】** 预测到 7 个 CRISPR 相关序列。**【基因岛】** 预测到 6 个基因岛 GI 01～GI 06，长度为 6988～31 094 bp，其 G+C 含量为 30.56%～44.00%。利用已预测得到的基因组信息，如重复序列、G+C 含量等，应用 CIRCOS 工具绘制其基因组圈图（图 5-6-2b）。

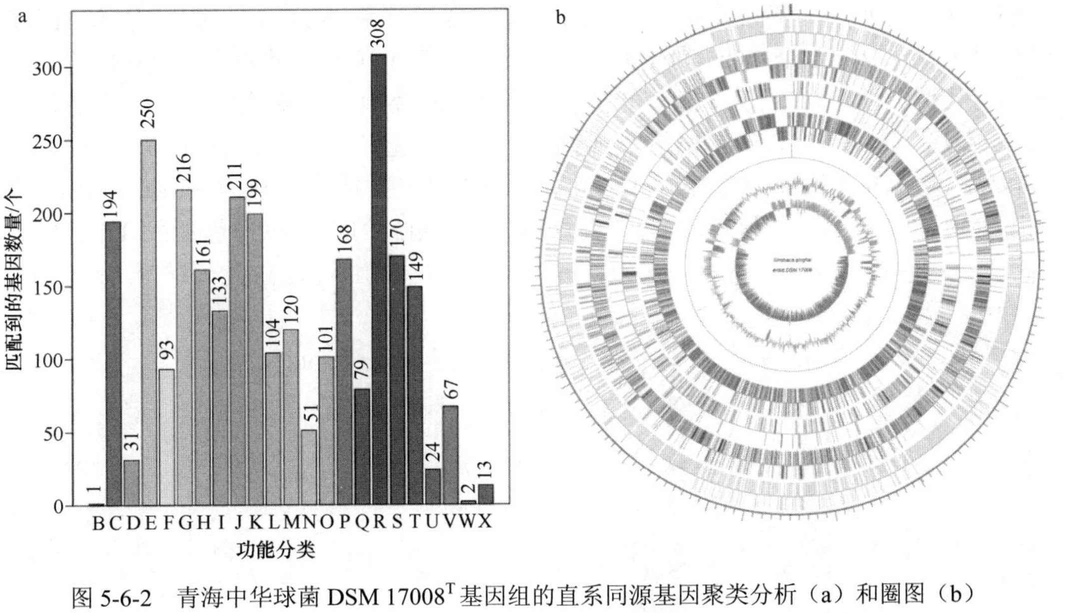


图 5-6-2　青海中华球菌 DSM 17008$^T$ 基因组的直系同源基因聚类分析（a）和圈图（b）

## 三、芽胞乳杆菌属

芽胞乳杆菌属（*Sporolactobacillus* Kitahara and Suzuki 1963，genus.）于 1963 年建立（Kitahara and Suzuki，1963），包含 13 种，模式种为菊糖芽胞乳杆菌［*Sporolactobacillus inulinus* (Kitahara and Suzuki 1963) Kitahara and Lai 1967，species.］，均为乳酸菌，产芽

胞。目前，该属有 7 个已知种类和 4 个未定种菌株的 16 个基因组被测序，以下选取 6 个已知种类的基因组进行描述。

### 1. 菊糖芽胞乳杆菌（*Sporolactobacillus inulinus*）CASD

菊糖芽胞乳杆菌［*Sporolactobacillus inulinus* (Kitahara and Suzuki 1963) Kitahara and Lai 1967，species.］的模式菌株（ATCC 15538$^T$ =CIP 103254$^T$ =CIP 103279$^T$ =DSM 20348$^T$ = HAMBI 2162$^T$ =NBRC 13595$^T$ =JCM 6014$^T$ =LMG 11481$^T$ =NRRL B-14021$^T$ =VKM B-1597$^T$）分离自鸡饲料，产 D-乳酸，最适生长温度为 37℃，厌氧，产芽胞，1963 年被命名为菊糖乳杆菌(芽胞乳杆菌亚属)［*Lactobacillus* (subgen. *Sporolactobacillus*) *inulinus*］（Kitahara and Suzuki，1963），1967 年被正式命名为菊糖芽胞乳杆菌（*Sporolactobacillus inulinus*）（Kitahara and Lai，1967）。目前，该种有 2 个基因组，选择组装水平较高的非模式菌株 CASD 的基因组进行描述，其 GenBank 登录号为 GCA_000222445.3，测序平台为 Illumina HiSeq，于 2015 年 5 月 22 日由中国科学院（Chinese Academy of Sciences）提交。

**【基因组的组装】**菌株 CASD 基因组的测序深度为 500 X，基因组大小为 3.010 Mb，组装到 236 个 contigs，contig $N_{50}$ 为 27 753 bp。**【G+C 含量】**45.11%。**【非编码 RNA】**预测到 0 个 rRNA 基因（5S rRNA 0 个、16S rRNA 0 个、23S rRNA 0 个），22 个 tRNA 基因，29 个 sRNA 基因。**【编码基因】**有 3053 个蛋白质编码基因，编码区总长为 2 519 022 bp，占整个基因组的 83.69%，基因的平均长度为 825 bp。**【基因功能注释】**比对到 KEGG、COG 和 GO 数据库的基因数量分别为 2312 个、1993 个和 2038 个，预测到分泌蛋白编码基因 31 个；在 22 个 COG 功能类群中，基因数量前 10 位的类群分别是：E. 氨基酸转运与代谢 249 个，R. 仅一般功能预测 204 个，J. 翻译、核糖体结构与合成 198 个，K. 转录 183 个，G. 碳水化合物转运与代谢 153 个，P. 无机离子转运与代谢 153 个，T. 信号转导机制 123 个，S. 功能未知 120 个，H. 辅酶转运与代谢 119 个和 M. 细胞壁/膜/包膜生物合成 115 个（图 5-6-3a）。**【重复序列】**预测到的重复序列包括：LTR 100 个，

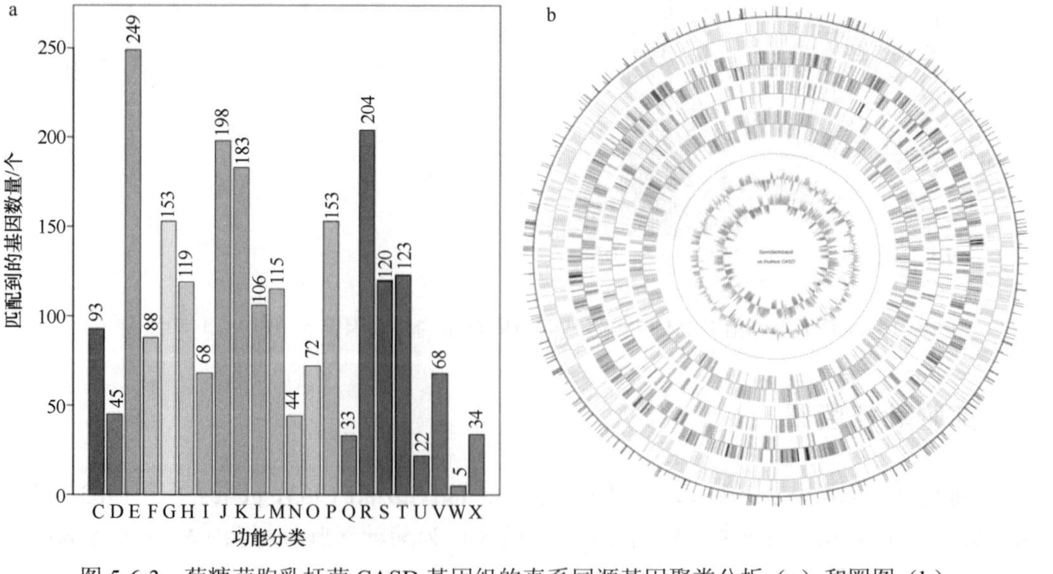


图 5-6-3　菊糖芽胞乳杆菌 CASD 基因组的直系同源基因聚类分析（a）和圈图（b）

总长为 5987 bp，平均长度为 60 bp；DNA 重复元件 28 个，总长为 1547 bp，平均长度为 55 bp；LINE 36 个，总长为 2089 bp，平均长度为 58 bp；SINE 3 个，总长为 197 bp，平均长度为 66 bp；RC 4 个，总长为 255 bp，平均长度为 64 bp；TR 103 个，重复序列长度为 8～87 bp，总长为 6899 bp；小卫星 DNA 98 个，重复序列长度为 12～48 bp，总长为 6817 bp；未预测到微卫星 DNA。**【CRISPR】**预测到 44 个 CRISPR 相关序列。**【基因岛】**预测到 4 个基因岛 GI 01～GI 04，长度为 3381～8072 bp，其 G+C 含量为 40.37%～44.82%。利用已预测得到的基因组信息，如重复序列、G+C 含量等，应用 CIRCOS 工具绘制其基因组圈图（图 5-6-3b）。

**2. 乳酸芽胞乳杆菌（*Sporolactobacillus laevolacticus*）DSM 442$^T$**

乳酸芽胞乳杆菌［*Sporolactobacillus laevolacticus* (Andersch et al. 1994) Hatayama et al. 2006，comb. nov.］的模式菌株（M 8$^T$ =ATCC 23492$^T$ =BCRC 11598$^T$ =CCUG 33623$^T$ =CIP 104421$^T$ =DSM 442$^T$ =IAM 12321$^T$ =JCM 2513$^T$ =KCTC 3117$^T$ =LMG 16675$^T$ =NBRC 102473$^T$ =NCIMB 10269$^T$）分离自毛茛（*Ranunculus sceleratus*）的根际，产 D-乳酸，最适生长温度为 30℃、最高 40℃，耐酸，pH 3.8～4.5 能生长，5%（*W*/*V*）NaCl 不能生长，兼性厌氧，产芽胞，1967 年被命名为乳酸芽胞杆菌（*Bacillus laevolacticus* Nakayama and Yanoshi，1967），1994 年被正式分类为乳酸芽胞杆菌（*Bacillus laevolacticus*）（Andersch et al.，1994），2006 年被重分类为乳酸芽胞乳杆菌（*Sporolactobacillus laevolacticus*）（Hatayama et al.，2006）。目前，该种仅有 1 个基因组，模式菌株 DSM 442$^T$基因组的 GenBank 登录号为 GCA_000497245.1，测序平台为 Illumina HiSeq，于 2013 年 11 月 18 日由中国科学院（Chinese Academy of Sciences）提交。

**【基因组的组装】**菌株 DSM 442$^T$ 基因组的测序深度为 474 X，基因组大小为 3.590 Mb，组装到 32 个 contigs，contig $N_{50}$ 为 230 340 bp。**【G+C 含量】**42.72%。**【非编码 RNA】**预测到 2 个 rRNA 基因（5S rRNA 0 个、16S rRNA 1 个、23S rRNA 1 个），63 个 tRNA 基因，51 个 sRNA 基因。**【编码基因】**有 3733 个蛋白质编码基因，编码区总长为 3 068 352 bp，占整个基因组的 85.47%，基因的平均长度为 822 bp。**【基因功能注释】**比对到 KEGG、COG 和 GO 数据库的基因数量分别为 2842 个、2386 个和 2484 个，预测到分泌蛋白编码基因 38 个；在 23 个 COG 功能类群中，基因数量前 10 位的类群分别是：E. 氨基酸转运与代谢 310 个，R. 仅一般功能预测 276 个，K. 转录 246 个，J. 翻译、核糖体结构与合成 224 个，G. 碳水化合物转运与代谢 221 个，S. 功能未知 164 个，M. 细胞壁/膜/包膜生物合成 154 个，T. 信号转导机制 137 个，H. 辅酶转运与代谢 131 个和 P. 无机离子转运与代谢 130 个（图 5-6-4a）。**【重复序列】**预测到的重复序列包括：LTR 152 个，总长为 9197 bp，平均长度为 61 bp；DNA 重复元件 39 个，总长为 2399 bp，平均长度为 62 bp；LINE 23 个，总长为 1260 bp，平均长度为 55 bp；SINE 12 个，总长为 786 bp，平均长度为 66 bp；RC 2 个，总长为 106 bp，平均长度为 53 bp；TR 134 个，重复序列长度为 10～258 bp，总长为 11 792 bp；小卫星 DNA 96 个，重复序列长度为 10～60 bp，总长为 5070 bp；未预测到微卫星 DNA。**【CRISPR】**预测到 9 个 CRISPR 相关序列。**【基因岛】**预测到 11 个基因岛 GI 01～GI 11，长度为 4429～

19 807 bp，其 G+C 含量为 34.38%～45.42%。利用已预测得到的基因组信息，如重复序列、G+C 含量等，应用 CIRCOS 工具绘制其基因组圈图（图 5-6-4b）。

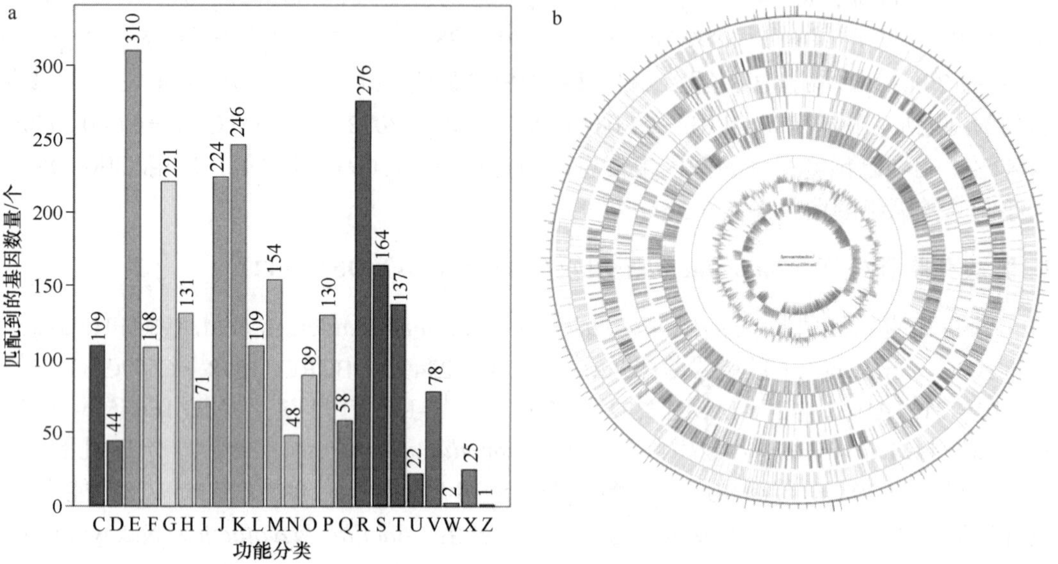


图 5-6-4　乳酸芽胞乳杆菌 DSM 442$^T$ 基因组的直系同源基因聚类分析（a）和圈图（b）

### 3. 中山氏芽胞乳杆菌（*Sporolactobacillus nakayamae*）ATCC 700379$^T$

中山氏芽胞乳杆菌（*Sporolactobacillus nakayamae* Yanagida et al. 1997，sp. nov.）的模式菌株（M-114$^T$ =ATCC 700379$^T$ =CCUG 41660$^T$ =CIP 105319$^T$ =DSM 11696$^T$ =JCM 3514$^T$ =LMG 18787$^T$ =NBRC 101526$^T$）分离自日本的土壤，产 D,L-乳酸，最适生长温度为 30℃，15℃可以生长，厌氧，产芽胞（Yanagida ct al.，1997）。目前，该种仅有 1 个基因组，模式菌株 ATCC 700379$^T$ 基因组的 GenBank 登录号为 GCA_900113325.1，测序平台为 Illumina HiSeq，于 2016 年 11 月 2 日由美国能源部联合基因组研究所（DOE Joint Genome Institute）提交。

**【基因组的组装】**菌株 ATCC 700379$^T$ 基因组的测序深度为 280 X，基因组大小为 3.539 Mb，组装到 48 个 scaffolds，scaffold $N_{50}$ 为 161 806 bp。**【G+C 含量】**43.77%。**【非编码 RNA】**预测到 7 个 rRNA 基因（5S rRNA 6 个、16S rRNA 1 个、23S rRNA 0 个），60 个 tRNA 基因，42 个 sRNA 基因。**【编码基因】**有 3616 个蛋白质编码基因，编码区总长为 2 986 056 bp，占整个基因组的 84.38%，基因的平均长度为 826 bp。**【基因功能注释】**比对到 KEGG、COG 和 GO 数据库的基因数量分别为 2722 个、2314 个和 2398 个，预测到分泌蛋白编码基因 31 个；在 22 个 COG 功能类群中，基因数量前 10 位的类群分别是：E. 氨基酸转运与代谢 318 个，R. 仅一般功能预测 247 个，K. 转录 218 个，J. 翻译、核糖体结构与合成 216 个，G. 碳水化合物转运与代谢 191 个，P. 无机离子转运与代谢 176 个，T. 信号转导机制 144 个，S. 功能未知 141 个，M. 细胞壁/膜/包膜生物合成 136 个和 H. 辅酶转运与代谢 135 个（图 5-6-5a）。**【重复序列】**预测到的重复序列包括：LTR 164 个，总长为 10 233 bp，平均长度为 62 bp；DNA 重复元件 38 个，总长为 2545 bp，平均长度为 67 bp；LINE 37 个，总长为 2185 bp，平均长度为 59 bp；SINE 10 个，总长为 718 bp，平均长度为 72 bp；RC 3 个，总长为 214 bp，平均长度为 71 bp；未知序列 2 个，总长为 112 bp，平均长度为 56 bp；TR 250 个，重复序列长度为 8～282 bp，总长为 22 519 bp；小卫星 DNA 198 个，重复序列长度为 10～60 bp，总长为 16 280 bp；未预测到微卫星 DNA。**【CRISPR】**预测到 3 个 CRISPR 相关序列。**【基因岛】**预测到 6 个基因岛 GI 01～GI 06，长度为 4226～18 400 bp，其 G+C 含量为 37.81%～45.84%。利用已预测得到的基因组信息，如重复序列、G+C 含量等，应用 CIRCOS 工具绘制其基因组圈图（图 5-6-5b）。

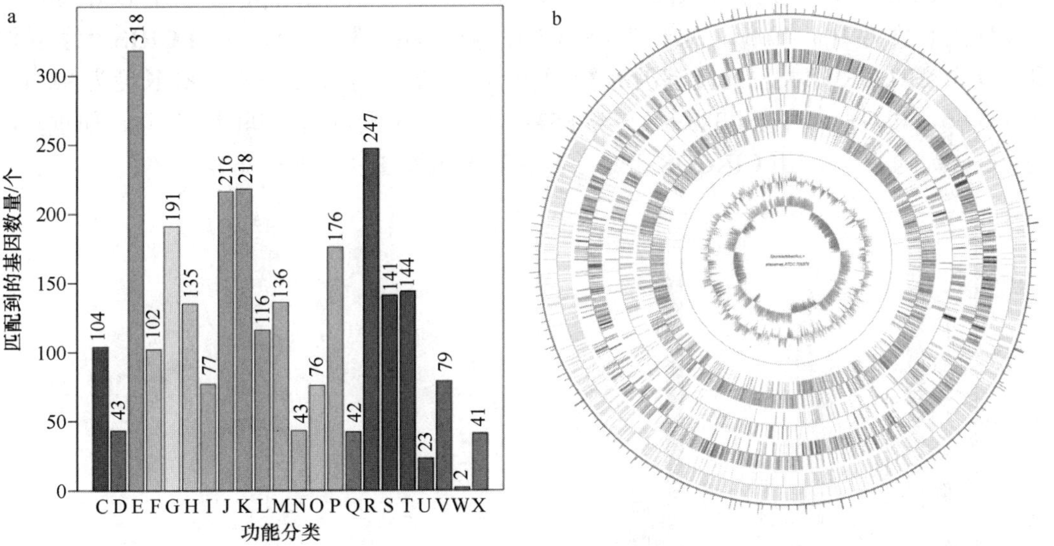


图 5-6-5　中山氏芽胞乳杆菌 ATCC 700379$^T$ 基因组的直系同源基因聚类分析（a）和圈图（b）

## 4. 食果胶芽胞乳杆菌（*Sporolactobacillus pectinivorans*）GD201205$^T$

食果胶芽胞乳杆菌（*Sporolactobacillus pectinivorans* Lan et al. 2016，sp. nov.）的模式菌株（GD201205$^T$ =CICC 23867$^T$ =KCTC 15488$^T$）分离自腐败的果冻产品，产 D,L-乳酸，生长条件为 20～40℃（最适 37℃）、pH 4.0～7.0（最适 pH 6.0）、0～2%（*W*/*V*）NaCl（最适 1%），兼性厌氧，产芽胞（Lan et al.，2016）。目前，该种仅有 1 个基因组，模式菌株 GD201205$^T$ 基因组的 GenBank 登录号为 GCA_002802965.1，测序平台为 Illumina HiSeq，于 2017 年 11 月 28 日由深圳市计量质量检测研究院（Shenzhen Academy of Metrology and Quality Inspection）提交。

**【基因组的组装】**菌株 GD201205$^T$ 基因组的测序深度为 172 X，基因组大小为 3.927 Mb，组装到 14 个 scaffolds，scaffold $N_{50}$ 为 3 890 159 bp。**【G+C 含量】**44.27%。**【非编码 RNA】**预测到 14 个 rRNA 基因（5S rRNA 5 个、16S rRNA 6 个、23S rRNA 3 个），64 个 tRNA 基因，12 个 sRNA 基因。**【编码基因】**有 4266 个蛋白质编码基因，编码区总长为 3 280 836 bp，占整个基因组的 83.55%，基因的平均长度为 769 bp。**【基因

功能注释】比对到 KEGG、COG 和 GO 数据库的基因数量分别为 3030 个、2515 个和 2729 个，预测到分泌蛋白编码基因 26 个；在 22 个 COG 功能类群中，基因数量前 10 位的类群分别是：R. 仅一般功能预测 315 个，E. 氨基酸转运与代谢 297 个，K. 转录 272 个，G. 碳水化合物转运与代谢 241 个，J. 翻译、核糖体结构与合成 217 个，M. 细胞壁/膜/包膜生物合成 161 个，P. 无机离子转运与代谢 161 个，S. 功能未知 149 个，T. 信号转导机制 142 个和 H. 辅酶转运与代谢 134 个（图 5-6-6a）。**【重复序列】**预测到的重复序列包括：LTR 154 个，总长为 9518 bp，平均长度为 62 bp；DNA 重复元件 37 个，总长为 2251 bp，平均长度为 61 bp；LINE 33 个，总长为 1964 bp，平均长度为 60 bp；SINE 10 个，总长为 636 bp，平均长度为 64 bp；RC 4 个，总长为 190 bp，平均长度为 48 bp；TR 120 个，重复序列长度为 7～405 bp，总长为 11 820 bp；小卫星 DNA 88 个，重复序列长度为 10～49 bp，总长为 4821 bp；未预测到微卫星 DNA。**【CRISPR】**预测到 169 个 CRISPR 相关序列。**【基因岛】**预测到 18 个基因岛 GI 01～GI 18，长度为 3841～19 563 bp，其 G+C 含量为 32.75%～48.85%。利用已预测得到的基因组信息，如重复序列、G+C 含量等，应用 CIRCOS 工具绘制其基因组圈图（图 5-6-6b）。

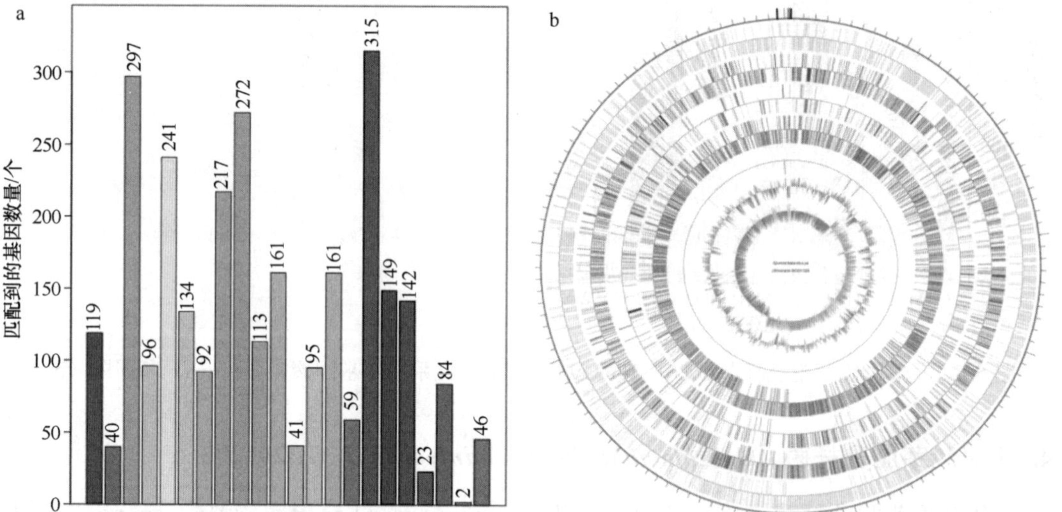


图 5-6-6　食果胶芽胞乳杆菌 GD201205$^{T}$ 基因组的直系同源基因聚类分析（a）和圈图（b）

### 5. 土地芽胞乳杆菌（*Sporolactobacillus terrae*）DRG1

土地芽胞乳杆菌（*Sporolactobacillus terrae* Yanagida et al. 1997，sp. nov.）的模式菌株（M-116$^{T}$ =ATCC 700380$^{T}$ =CIP 105317$^{T}$ =DSM 11697$^{T}$ =JCM 3516$^{T}$ =LMG 18887$^{T}$ = NBRC 101527$^{T}$）分离自日本的土壤，产 D-乳酸，最适生长温度为 30℃，15℃可以生长，厌氧，产芽胞（Yanagida et al.，1997）。目前，该种有 5 个基因组，选择组装到完成图水平的非模式菌株 DRG1 的基因组进行描述，其 GenBank 登录号为 GCA_004014985.1，测序平台为 PacBio，于 2019 年 1 月 14 日由韩国食品研究院（Korea Food Research Institute）提交。

【基因组的组装】菌株 DRG1 基因组的测序深度为 82 X，基因组大小为 3.250 Mb，组装到完成图水平，包括 1 条染色体。【G+C 含量】45.29%。【非编码 RNA】预测到 18 个 rRNA 基因（5S rRNA 6 个、16S rRNA 6 个、23S rRNA 6 个），63 个 tRNA 基因，12 个 sRNA 基因。【编码基因】有 3369 个蛋白质编码基因，编码区总长为 2 772 978 bp，占整个基因组的 85.32%，基因的平均长度为 823 bp。【基因功能注释】比对到 KEGG、COG 和 GO 数据库的基因数量分别为 2524 个、2182 个和 2240 个，预测到分泌蛋白编码基因 34 个；在 22 个 COG 功能类群中，基因数量前 10 位的类群分别是：E. 氨基酸转运与代谢 304 个，R. 仅一般功能预测 226 个，J. 翻译、核糖体结构与合成 206 个，K. 转录 189 个，G. 碳水化合物转运与代谢 181 个，P. 无机离子转运与代谢 177 个，H. 辅酶转运与代谢 129 个，T. 信号转导机制 121 个，M. 细胞壁/膜/包膜生物合成 120 个和 S. 功能未知 115 个（图 5-6-7a）。【重复序列】预测到的重复序列包括：LTR 118 个，总长为 8326 bp，平均长度为 71 bp；DNA 重复元件 38 个，总长为 2217 bp，平均长度为 58 bp；LINE 35 个，总长为 2131 bp，平均长度为 61 bp；SINE 11 个，总长为 658 bp，平均长度为 60 bp；RC 4 个，总长为 215 bp，平均长度为 54 bp；TR 114 个，重复序列长度为 10～492 bp，总长为 13 114 bp；小卫星 DNA 100 个，重复序列长度为 10～48 bp，总长为 7363 bp；未预测到微卫星 DNA。【CRISPR】预测到 40 个 CRISPR 相关序列。【基因岛】预测到 18 个基因岛 GI 01～GI 18，长度为 5117～28 737 bp，其 G+C 含量为 37.67%～45.91%。利用已预测得到的基因组信息，如重复序列、G+C 含量等，应用 CIRCOS 工具绘制其基因组圈图（图 5-6-7b）。

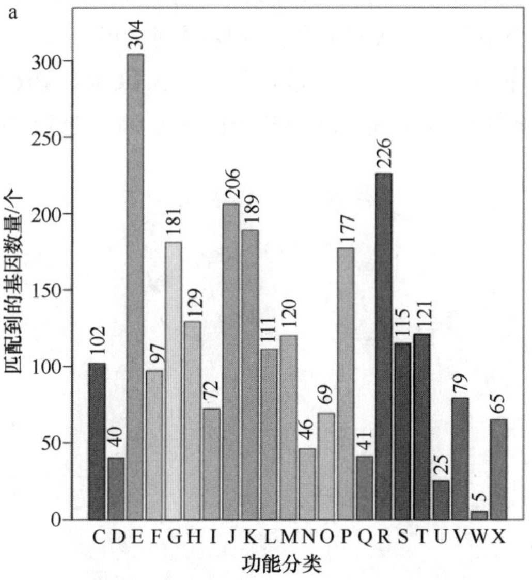


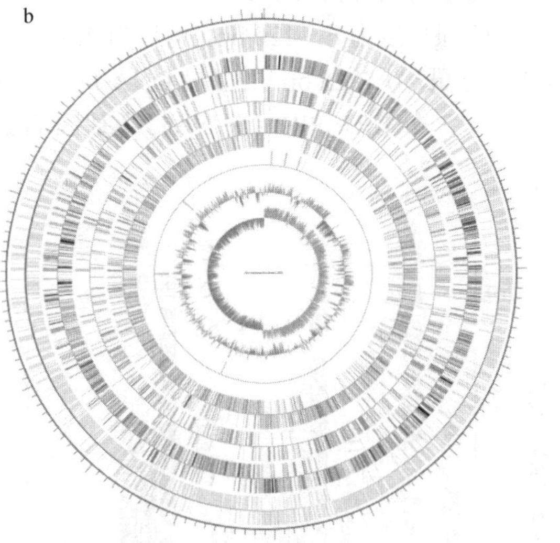


图 5-6-7　土地芽胞乳杆菌 DRG1 基因组的直系同源基因聚类分析（a）和圈图（b）

## 6. 葡萄园芽胞乳杆菌（*Sporolactobacillus vineae*）DSM 21990^T^

葡萄园芽胞乳杆菌（*Sporolactobacillus vineae* Chang et al. 2008，sp. nov.）的模式菌

株（SL153$^T$ =KCTC 5376$^T$ =JCM 14637$^T$ =DSM 21990$^T$）分离自韩国1个葡萄园的土壤，产D-乳酸，生长条件为25～40℃（最适37℃）、最适pH 6.0～7.0、0～7%（*W*/*V*）NaCl，兼性厌氧，产芽胞（Chang et al.，2008）。目前，该种有1个基因组，选择组装水平较高的模式菌株DSM 21990$^T$的基因组进行描述，其GenBank登录号为GCA_000377985.1，测序平台为Illumina HiSeq，于2013年4月23日由美国能源部联合基因组研究所（DOE Joint Genome Institute）提交。

**【基因组的组装】**菌株DSM 21990$^T$基因组的测序深度未知，基因组大小为2.862 Mb，组装到45个scaffolds，scaffold $N_{50}$为312 853 bp。**【G+C含量】**49.52%。**【非编码RNA】**预测到3个rRNA基因（5S rRNA 3个、16S rRNA 0个、23S rRNA 0个），56个tRNA基因，1个sRNA基因。**【编码基因】**有2978个蛋白质编码基因，编码区总长为2 491 575 bp，占整个基因组的87.06%，基因的平均长度为837 bp。**【基因功能注释】**比对到KEGG、COG和GO数据库的基因数量分别为2212个、1930个和1965个，预测到分泌蛋白编码基因28个；在22个COG功能类群中，基因数量前10位的类群分别是：E. 氨基酸转运与代谢235个，J. 翻译、核糖体结构与合成198个，R. 仅一般功能预测193个，G. 碳水化合物转运与代谢170个，K. 转录135个，P. 无机离子转运与代谢133个，M. 细胞壁/膜/包膜生物合成129个，C. 能量产生与转换118个，H. 辅酶转运与代谢114个和S. 功能未知114个（图5-6-8a）。**【重复序列】**预测到的重复序列包括：LTR 68个，总长为4752 bp，平均长度为70 bp；DNA重复元件26个，总长为1618 bp，平均长度为62 bp；LINE 15个，总长为912 bp，平均长度为61 bp；SINE 8个，总长为681 bp，平均长度为85 bp；RC 1个，长度为44 bp；未知序列1个，长度为51 bp；TR 113个，重复序列长度为6～120 bp，总长为5891 bp；小卫星DNA 101个，重复序列长度为10～42 bp，总长为5825 bp；微卫星DNA 1个，重复序列长度为6 bp，总长为35 bp。**【CRISPR】**预测到2个CRISPR相关序列。**【基因岛】**预测到4个基因岛GI 01～GI 04，长度为

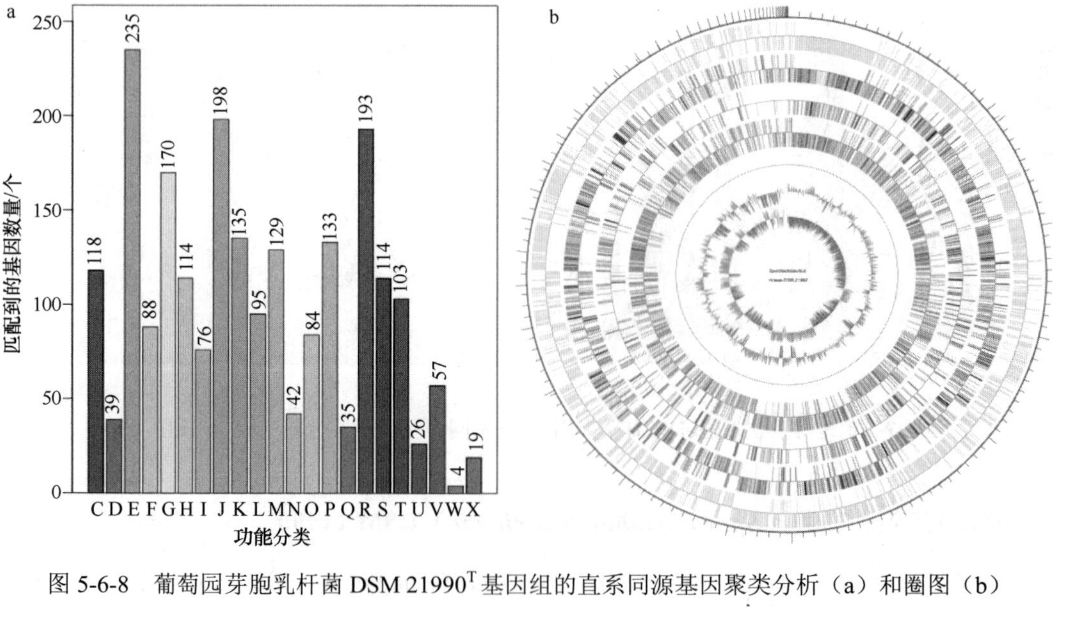


图5-6-8 葡萄园芽胞乳杆菌DSM 21990$^T$基因组的直系同源基因聚类分析（a）和圈图（b）

5869～20 201 bp，其 G+C 含量为 41.92%～52.96%。利用已预测得到的基因组信息，如重复序列、G+C 含量等，应用 CIRCOS 工具绘制其基因组圈图（图 5-6-8b）。

## 四、肿块芽胞杆菌属

肿块芽胞杆菌属（*Tuberibacillus* Hatayama et al. 2006，gen. nov.）于 2006 年建立，仅有 1 种：热生肿块芽胞杆菌（*Tuberibacillus calidus* Hatayama et al. 2006，sp. nov.），嗜热，产芽胞（Hatayama et al.，2006）。目前，该属有 1 个已知种类和 1 个未定种菌株的 2 个基因组被测序。

### 热生肿块芽胞杆菌（*Tuberibacillus calidus*）DSM 17572$^T$

热生肿块芽胞杆菌（*Tuberibacillus calidus* Hatayama et al. 2006，sp. nov.）的模式菌株（607$^T$ =JCM 13397$^T$ =DSM 17572$^T$）分离自日本的 1 个堆肥，嗜热，生长条件为 40～60℃（最适 50～55℃）、pH 5.0～7.0、0～4%（*W*/*V*）NaCl，好氧，产芽胞（Hatayama et al.，2006）。目前，该种仅有 1 个基因组，模式菌株 DSM 17572$^T$ 基因组的 GenBank 登录号为 GCA_000430685.1，测序平台为 Illumina HiSeq，于 2013 年 7 月 16 日由美国能源部联合基因组研究所（DOE Joint Genome Institute）提交。

**【基因组的组装】**菌株 DSM 17572$^T$ 基因组的测序深度未知，基因组大小为 3.242 Mb，组装到 81 个 scaffolds，scaffold $N_{50}$ 为 71 654 bp。**【G+C 含量】**44.00%。**【非编码 RNA】**预测到 5 个 rRNA 基因（5S rRNA 5 个、16S rRNA 0 个、23S rRNA 0 个），57 个 tRNA 基因，1 个 sRNA 基因。**【编码基因】**有 3507 个蛋白质编码基因，编码区总长为 2 745 900 bp，占整个基因组的 84.70%，基因的平均长度为 783 bp。**【基因功能注释】**比对到 KEGG、COG 和 GO 数据库的基因数量分别为 2574 个、2130 个和 2216 个，预测到分泌蛋白编码基因 37 个；在 23 个 COG 功能类群中，基因数量前 10 位的类群分别是：E. 氨基酸转运与代谢 244 个，J. 翻译、核糖体结构与合成 211 个，R. 仅一般功能预测 197 个，K. 转录 172 个，G. 碳水化合物转运与代谢 161 个，S. 功能未知 136 个，I. 脂质转运与代谢 133 个，C. 能量产生与转换 132 个，H. 辅酶转运与代谢 123 个和 P. 无机离子转运与代谢 118 个（图 5-6-9a）。**【重复序列】**预测到的重复序列包括：LTR 125 个，总长为 7254 bp，平均长度为 58 bp；DNA 重复元件 39 个，总长为 2150 bp，平均长度为 55 bp；LINE 22 个，总长为 1194 bp，平均长度为 54 bp；SINE 7 个，总长为 443 bp，平均长度为 63 bp；RC 2 个，总长为 131 bp，平均长度为 66 bp；未知序列 1 个，总长为 130 bp，平均长度为 130 bp；TR 125 个，重复序列长度为 12～305 bp，总长为 23 467 bp；小卫星 DNA 69 个，重复序列长度为 12～52 bp，总长为 3618 bp；未预测到微卫星 DNA。**【CRISPR】**预测到 24 个 CRISPR 相关序列。**【基因岛】**预测到 6 个基因岛 GI 01～GI 06，长度为 6606～10 307 bp，其 G+C 含量为 36.72%～46.96%。利用已预测得到的基因组信息，如重复序列、G+C 含量等，应用 CIRCOS 工具绘制其基因组圈图（图 5-6-9b）。

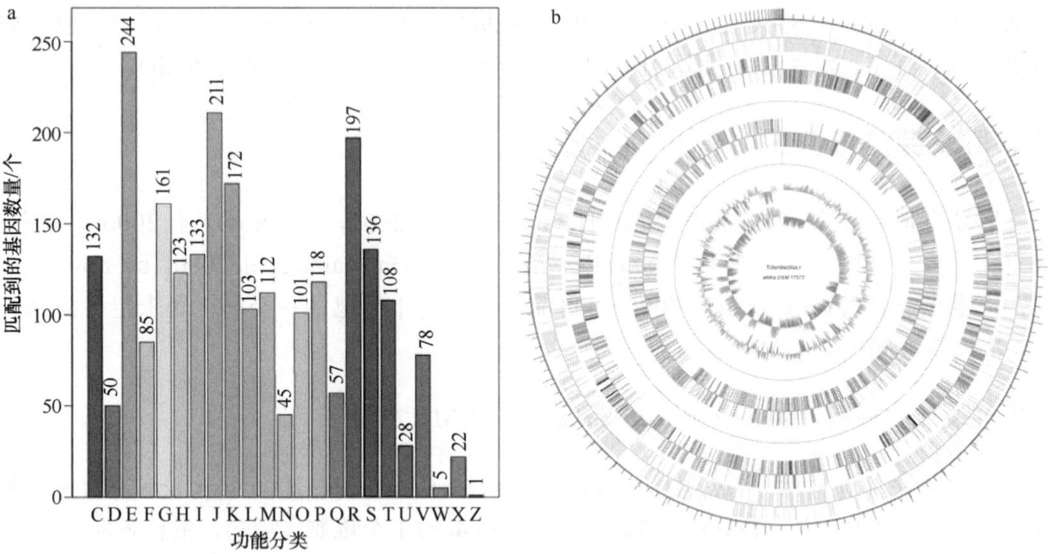


图 5-6-9　热生肿块芽胞杆菌 DSM 17572^T^ 基因组的直系同源基因聚类分析（a）和圈图（b）

# 第七节　嗜热放线菌科基因组描述

## 一、芽胞链菌属

芽胞链菌属（*Desmospora* Yassin et al. 2009，gen. nov.）于 2009 年建立，包含 2 种：活性芽胞链菌（*Desmospora activa* Yassin et al. 2009，sp. nov.）（模式种）和深海芽胞链菌（*Desmospora profundinema* Zhang et al. 2015，sp. nov.），均好氧、产芽胞（Yassin et al.，2009）。目前，该属仅活性芽胞链菌的 1 个基因组被测序。

### 活性芽胞链菌（*Desmospora activa*）DSM 45169$^T$

活性芽胞链菌（*Desmospora activa* Yassin et al. 2009，sp. nov.）的模式菌株（IMMIB L-1269$^T$ =DSM 45169$^T$ =CCUG 55916$^T$）分离自 1 位疑似肺结核患者的痰，生长温度为 37～50℃，好氧，产芽胞（Yassin et al.，2009）。目前，该种仅有 1 个基因组，模式菌株 DSM 45169$^T$ 基因组的 GenBank 登录号为 GCA_003046315.1，测序平台为 Illumina HiSeq，于 2018 年 4 月 9 日由美国能源部联合基因组研究所（DOE Joint Genome Institute）提交。

**【基因组的组装】**菌株 DSM 45169$^T$ 基因组的测序深度为 295 X，基因组大小为 3.793 Mb，组装到 16 个 contigs，contig $N_{50}$ 为 2 754 541 bp。**【G+C 含量】**49.02%。**【非编码 RNA】**预测到 7 个 rRNA 基因（5S rRNA 5 个、16S rRNA 1 个、23S rRNA 1 个），52 个 tRNA 基因，0 个 sRNA 基因。**【编码基因】**有 3904 个蛋白质编码基因，编码区总长为 3 309 975 bp，占整个基因组的 87.27%，基因的平均长度为 848 bp。**【基因功能注释】**比对到 KEGG、COG 和 GO 数据库的基因数量分别为 2835 个、2460 个和 2583 个，预测到分泌蛋白编码基因 75 个；在 25 个 COG 功能类群中，基因数量前 10 位的类群分

别是：E. 氨基酸转运与代谢 277 个，G. 碳水化合物转运与代谢 276 个，R. 仅一般功能预测 261 个，K. 转录 229 个，J. 翻译、核糖体结构与合成 217 个，C. 能量产生与转换 169 个，H. 辅酶转运与代谢 153 个，P. 无机离子转运与代谢 146 个，S. 功能未知 145 个和 M. 细胞壁/膜/包膜生物合成 140 个（图 5-7-1a）。**【重复序列】**预测到的重复序列包括：LTR 73 个，总长为 4966 bp，平均长度为 68 bp；DNA 重复元件 18 个，总长为 1629 bp，平均长度为 91 bp；LINE 19 个，总长为 1110 bp，平均长度为 58 bp；SINE 9 个，总长为 470 bp，平均长度为 52 bp；RC 1 个，长度为 67 bp；未知序列 4 个，总长为 101 bp，平均长度为 25 bp；TR 119 个，重复序列长度为 5～1022 bp，总长为 11 777 bp；小卫星 DNA 97 个，重复序列长度为 10～60 bp，总长为 8126 bp；微卫星 DNA 1 个，重复序列长度为 5 bp，总长为 34 bp。**【CRISPR】**预测到 26 个 CRISPR 相关序列。**【基因岛】**预测到 11 个基因岛 GI 01～GI 11，长度为 6202～13 848 bp，其 G+C 含量为 37.60%～50.31%。利用已预测得到的基因组信息，如重复序列、G+C 含量等，应用 CIRCOS 工具绘制其基因组圈图（图 5-7-1b）。

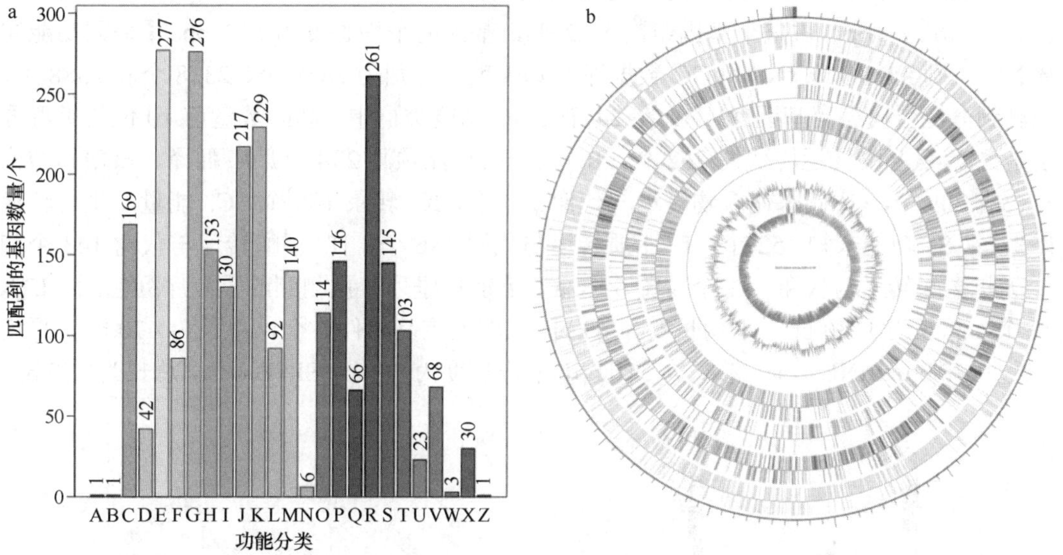


图 5-7-1　活性芽胞链菌 DSM 45169$^T$ 基因组的直系同源基因聚类分析（a）和圈图（b）

## 二、克罗彭施泰特氏菌属

克罗彭施泰特氏菌属（*Kroppenstedtia* von Jan et al. 2011，gen. nov.）于 2011 年建立（von Jan et al.，2011），包含 4 种：象牙色克罗彭施泰特氏菌（*Kroppenstedtia eburnea* von Jan et al. 2011，sp. nov.）（模式种）、广州克罗彭施泰特氏菌（*Kroppenstedtia guangzhouensis* Yang et al. 2013，sp. nov.）、肺克罗彭施泰特氏菌（*Kroppenstedtia pulmonis* Bell et al. 2016，sp. nov.）和血液克罗彭施泰特氏菌（*Kroppenstedtia sanguinis* Bell et al. 2016，sp. nov.），均好氧、丝状生长、产芽胞。目前，该属有 2 个已知种类的 2 个基因组被测序。

### 1. 象牙色克罗彭施泰特氏菌（*Kroppenstedtia eburnea*）DSM 45196$^{T}$

象牙色克罗彭施泰特氏菌（*Kroppenstedtia eburnea* von Jan et al. 2011，sp. nov.）的模式菌株（JFMB-ATE$^{T}$ =DSM 45196$^{T}$ =NRRL B-24804$^{T}$ =CCUG 59226$^{T}$）分离自德国南部的 1 个委外生产服务企业生产的 C 级塑料表面，生长条件为 25～50℃、pH 5.0～8.5，好氧，丝状生长，形成象牙色菌落，既产链状节孢子（arthrospore），也产抗热性芽胞（endospore），单生于不分枝的孢子梗（sporophore）（von Jan et al.，2011）。目前，该种仅有 1 个基因组，模式菌株 DSM 45196$^{T}$ 基因组的 GenBank 登录号为 GCA_900156615.1，测序平台为 Illumina HiSeq，于 2017 年 1 月 14 日由美国能源部联合基因组研究所（DOE Joint Genome Institute）提交。

**【基因组的组装】**菌株 DSM 45196$^{T}$ 基因组的测序深度为 392 X，基因组大小为 3.532 Mb，组装到 27 个 contigs，contig $N_{50}$ 为 305 803 bp。**【G+C 含量】**54.08%。**【非编码 RNA】**预测到 4 个 rRNA 基因（5S rRNA 2 个、16S rRNA 1 个、23S rRNA 1 个），58 个 tRNA 基因，0 个 sRNA 基因。**【编码基因】**有 3751 个蛋白质编码基因，编码区总长为 3 046 677 bp，占整个基因组的 86.26%，基因的平均长度为 812 bp。**【基因功能注释】**比对到 KEGG、COG 和 GO 数据库的基因数量分别为 2658 个、2318 个和 2388 个，预测到分泌蛋白编码基因 48 个；在 24 个 COG 功能类群中，基因数量前 10 位的类群分别是：E. 氨基酸转运与代谢 262 个，R. 仅一般功能预测 238 个，J. 翻译、核糖体结构与合成 209 个，G. 碳水化合物转运与代谢 194 个，K. 转录 186 个，C. 能量产生与转换 153 个，S. 功能未知 152 个，I. 脂质转运与代谢 146 个，H. 辅酶转运与代谢 143 个和 P. 无机离子转运与代谢 141 个（图 5-7-2a）。**【重复序列】**预测到的重复序列包括：LTR 25 个，总长为 1730 bp，平均长度为 69 bp；DNA 重复元件 6 个，总长为 470 bp，平均长度为 78 bp；LINE 4 个，总长为 316 bp，平均长度为 79 bp；SINE 4 个，总长为 229 bp，

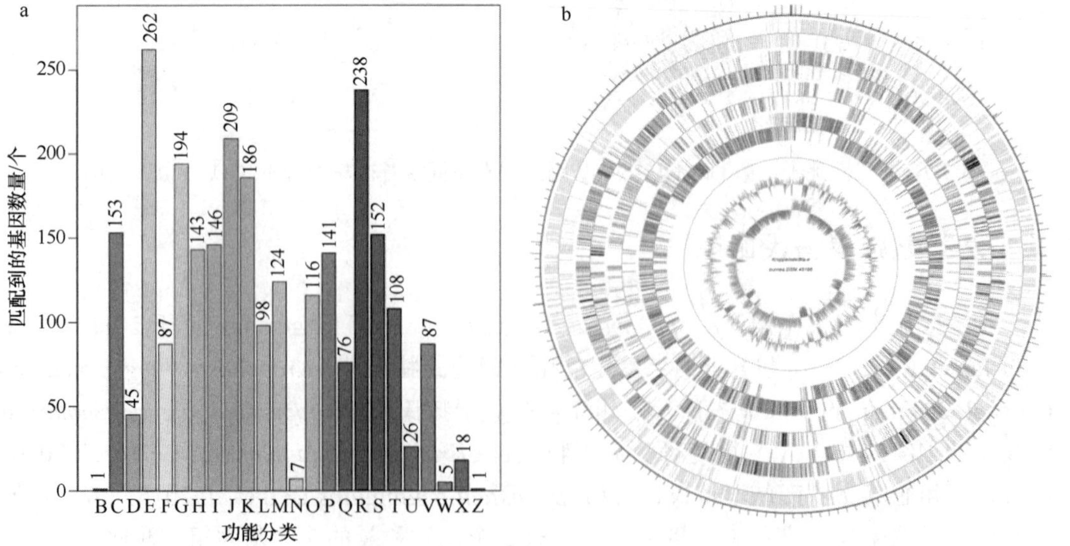


图 5-7-2　象牙色克罗彭施泰特氏菌 DSM 45196$^{T}$ 基因组的直系同源基因聚类分析（a）和圈图（b）

平均长度为 57 bp；RC 1 个，长度为 47 bp；未知序列 1 个，长度为 16 bp；TR 125 个，重复序列长度为 3～234 bp，总长为 10 678 bp；小卫星 DNA 108 个，重复序列长度为 10～55 bp，总长为 8830 bp；微卫星 DNA 1 个，重复序列长度为 3 bp，总长为 64 bp。**【CRISPR】**预测到 71 个 CRISPR 相关序列。**【基因岛】**预测到 8 个基因岛 GI 01～GI 08，长度为 4838～24 691 bp，其 G+C 含量为 43.75%～54.80%。利用已预测得到的基因组信息，如重复序列、G+C 含量等，应用 CIRCOS 工具绘制其基因组圈图（图 5-7-2b）。

**2. 血液克罗彭施泰特氏菌（*Kroppenstedtia sanguinis*）X0209$^T$**

血液克罗彭施泰特氏菌（*Kroppenstedtia sanguinis* Bell et al. 2016，sp. nov.）的模式菌株（X0209$^T$ =DSM 45749$^T$ =CCUG 38657$^T$）分离自瑞典耶夫勒市 1 位 59 岁男性患者的血液样品，生长温度为 35～50℃，好氧，丝状生长，形成浅黄色菌落，不形成气生菌丝，球形芽胞单生于基底菌丝的孢子梗（Bell et al.，2016）。目前，该种仅有 1 个基因组，模式菌株 X0209$^T$ 基因组的 GenBank 登录号为 GCA_003847445.2，测序平台为 Illumina MiSeq，于 2019 年 2 月 9 日由瑞典疾病预防控制中心（Centers for Disease Control and Prevention）提交。

**【基因组的组装】**菌株 X0209$^T$ 基因组的测序深度为 120 X，基因组大小为 3.730 Mb，组装到 28 个 contigs，contig $N_{50}$ 为 260 037 bp。**【G+C 含量】**68.81%。**【非编码 RNA】**预测到 4 个 rRNA 基因（5S rRNA 2 个、16S rRNA 1 个、23S rRNA 1 个），45 个 tRNA 基因，3 个 sRNA 基因。**【编码基因】**有 3588 个蛋白质编码基因，编码区总长为 3 408 642 bp，占整个基因组的 91.38%，基因的平均长度为 950 bp。**【基因功能注释】**比对到 KEGG、COG 和 GO 数据库的基因数量分别为 3155 个、2514 个和 2311 个，预测到分泌蛋白编码基因 93 个；在 24 个 COG 功能类群中，基因数量前 10 位的类群分别是：R. 仅一般功能预测 312 个，I. 脂质转运与代谢 270 个，K. 转录 232 个，E. 氨基酸转运与代谢 203 个，J. 翻译、核糖体结构与合成 186 个，H. 辅酶转运与代谢 178 个，C. 能量产生与转换 170 个，P. 无机离子转运与代谢 169 个，S. 功能未知 166 个、G. 碳水化合物转运与代谢 139 个和 Q. 次生代谢产物生物合成、转运与分解代谢 139 个（图 5-7-3a）。**【重复序列】**预测到的重复序列包括：LTR 17 个，总长为 1230 bp，平均长度为 72 bp；DNA 重复元件 1 个，总长为 91 bp，平均长度为 91 bp；LINE 3 个，总长为 254 bp，平均长度为 85 bp；SINE 5 个，总长为 318 bp，平均长度为 64 bp；RC 1 个，长度为 100 bp；TR 423 个，重复序列长度为 6～772 bp，总长为 25 800 bp；小卫星 DNA 399 个，重复序列长度为 11～60 bp，总长为 20 838 bp；微卫星 DNA 2 个，重复序列长度为 6 bp，总长为 52 bp。**【CRISPR】**预测到 5 个 CRISPR 相关序列。**【基因岛】**预测到 6 个基因岛 GI 01～GI 06，长度为 4814～10 375 bp，其 G+C 含量为 57.50%～70.77%。利用已预测得到的基因组信息，如重复序列、G+C 含量等，应用 CIRCOS 工具绘制其基因组圈图（图 5-7-3b）。

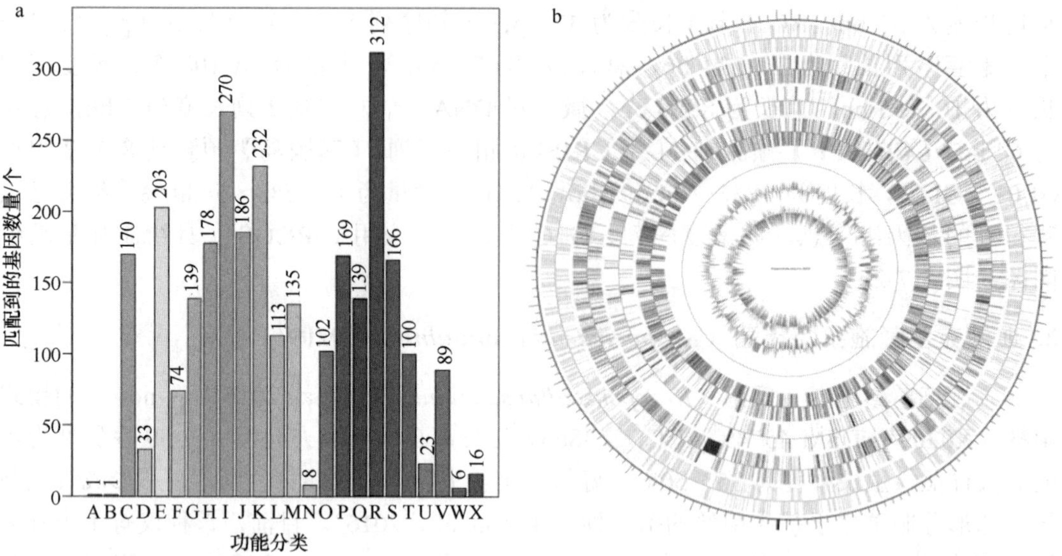


图 5-7-3　血液克罗彭施泰特氏菌 X0209$^{T}$ 基因组的直系同源基因聚类分析（a）和圈图（b）

## 三、莱西氏菌属

莱西氏菌属（*Laceyella* Yoon et al. 2005，gen. nov.）于 2005 年建立（Yoon et al.，2005c），包含 5 种，模式种为甘蔗莱西氏菌［*Laceyella sacchari* (Lacey 1971) Yoon et al. 2005，comb. nov.］，好氧或兼性厌氧，产芽胞。目前，该属有 2 个已知种类的 4 个基因组被测序。

### 1. 甘蔗莱西氏菌（*Laceyella sacchari*）FBKL4.010

甘蔗莱西氏菌［*Laceyella sacchari* (Lacey 1971) Yoon et al. 2005，comb. nov.］的模式菌株（ATCC 27375$^{T}$ =CCUG 7967$^{T}$ =DSM 43356$^{T}$ =JCM 3137$^{T}$ =KCTC 9790$^{T}$ = NCIMB 10486$^{T}$ =NCTC 10721$^{T}$ =NRRL B-16981$^{T}$）分离自特立尼达岛的甘蔗渣，嗜热，最适生长温度为 50℃，好氧，丝状生长，产芽胞，1971 年被命名为甘蔗嗜热放线菌（*Thermoactinomyces sacchari*）（Lacey，1971），2005 年被重分类为甘蔗莱西氏菌（*Laceyella sacchari*）（Yoon et al.，2005c）。目前，该种有 3 个基因组，选择组装到完成图水平的非模式菌株 FBKL 4.010 的基因组进行描述，其 GenBank 登录号为 GCA_002893785.1，测序平台为 Illumina MiSeq+PacBio，于 2018 年 1 月 21 日由贵州大学（Guizhou University）提交。

**【基因组的组装】**菌株 FBKL4.010 基因组的测序深度为 202 X，基因组大小为 3.374 Mb，组装到完成图水平，包括 1 条染色体。**【G+C 含量】**49.18%。**【非编码 RNA】**预测到 34 个 rRNA 基因（5S rRNA 11 个、16S rRNA 12 个、23S rRNA 11 个），97 个 tRNA 基因，0 个 sRNA 基因。**【编码基因】**有 3530 个蛋白质编码基因，编码区总长为 2 848 224 bp，占整个基因组的 84.42%，基因的平均长度为 807 bp。**【基因功能注释】**比对到 KEGG、COG 和 GO 数据库的基因数量分别为 2354 个、2044 个和 2136

个，预测到分泌蛋白编码基因 58 个；在 23 个 COG 功能类群中，基因数量前 10 位的类群分别是：E. 氨基酸转运与代谢 236 个，J. 翻译、核糖体结构与合成 203 个，R. 仅一般功能预测 202 个，K. 转录 173 个，G. 碳水化合物转运与代谢 136 个，H. 辅酶转运与代谢 131 个，C. 能量产生与转换 122 个，S. 功能未知 119 个，O. 翻译后修饰、蛋白质周转、分子伴侣 112 个和 P. 无机离子转运与代谢 110 个（图 5-7-4a）。**【重复序列】**预测到的重复序列包括：LTR 83 个，总长为 6674 bp，平均长度为 80 bp；DNA 重复元件 21 个，总长为 1110 bp，平均长度为 53 bp；LINE 30 个，总长为 2134 bp，平均长度为 71 bp；SINE 24 个，总长为 1446 bp，平均长度为 60 bp；RC 2 个，总长为 127 bp，平均长度为 64 bp；TR 50 个，重复序列长度为 1～360 bp，总长为 5993 bp；小卫星 DNA 36 个，重复序列长度为 10～60 bp，总长为 1721 bp；未预测到微卫星 DNA。**【CRISPR】**预测到 160 个 CRISPR 相关序列。**【基因岛】**预测到 14 个基因岛 GI 01～GI 14，长度为 3633～26 160 bp，其 G+C 含量为 37.61%～50.24%。利用已预测得到的基因组信息，如重复序列、G+C 含量等，应用 CIRCOS 工具绘制其基因组圈图（图 5-7-4b）。

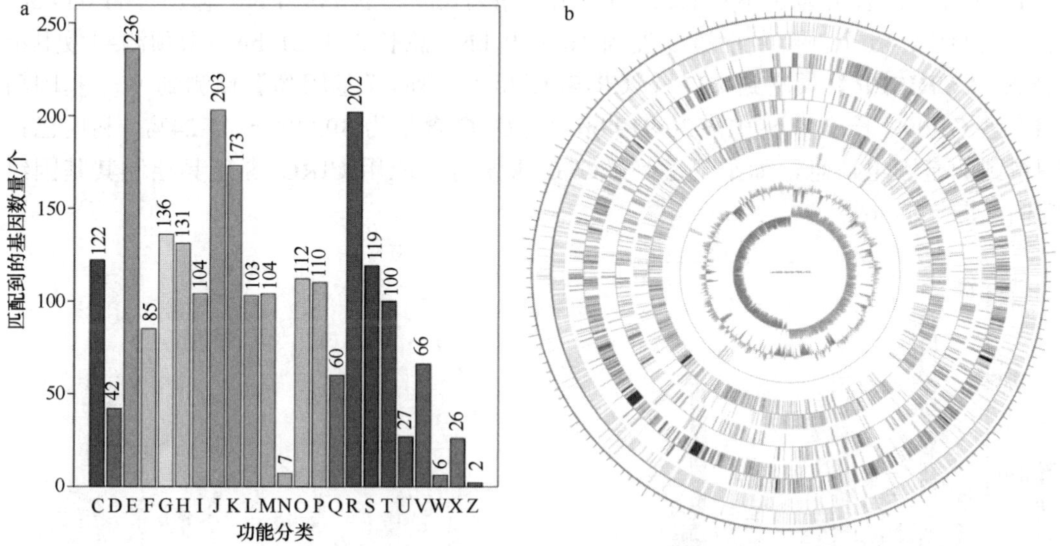


图 5-7-4　甘蔗莱西氏菌 FBKL4.010 基因组的直系同源基因聚类分析（a）和圈图（b）

### 2. 沉积物莱西氏菌（*Laceyella sediminis*）RHA1$^{T}$

沉积物莱西氏菌（*Laceyella sediminis* Chen et al. 2012，sp. nov.）的模式菌株（RHA1$^{T}$=DSM 45263$^{T}$=CCTCC AA 208058$^{T}$）分离自云南腾冲市的温泉沉积物，嗜热，生长条件为 28～65℃（最适 55℃）、pH 5.0～9.0（最适 pH 7.0）、0～1%（*W/V*）NaCl（最适 0），好氧，丝状生长，产白色气生菌丝、黄白色基底菌丝，产芽胞（Chen et al.，2012）。目前，该种仅有 1 个基因组，模式菌株 RHA1$^{T}$ 基因组的 GenBank 登录号为 GCA_003003125.1，测序平台为 Illumina HiSeq，于 2018 年 3 月 15 日由美国能源部联合基因组研究所（DOE Joint Genome Institute）提交。

**【基因组的组装】** 菌株 RHA1 基因组的测序深度为 313 X，基因组大小为 3.392 Mb，组装到 44 个 contigs，contig $N_{50}$ 为 214 790 bp。**【G+C 含量】** 48.89%。**【非编码 RNA】** 预测到 10 个 rRNA 基因（5S rRNA 8 个、16S rRNA 1 个、23S rRNA 1 个），75 个 tRNA 基因，0 个 sRNA 基因。**【编码基因】** 有 3577 个蛋白质编码基因，编码区总长为 2 885 571 bp，占整个基因组的 85.07%，基因的平均长度为 807 bp。**【基因功能注释】** 比对到 KEGG、COG 和 GO 数据库的基因数量分别为 2390 个、2063 个和 2224 个，预测到分泌蛋白编码基因 62 个；在 23 个 COG 功能类群中，基因数量前 10 位的类群分别是：E. 氨基酸转运与代谢 238 个，J. 翻译、核糖体结构与合成 204 个，R. 仅一般功能预测 203 个，K. 转录 176 个，G. 碳水化合物转运与代谢 134 个，H. 辅酶转运与代谢 133 个，C. 能量产生与转换 126 个，S. 功能未知 120 个，O. 翻译后修饰、蛋白质周转、分子伴侣 117 个和 P. 无机离子转运与代谢 116 个（图 5-7-5a）。**【重复序列】** 预测到的重复序列包括：LTR 78 个，总长为 4859 bp，平均长度为 62 bp；DNA 重复元件 19 个，总长为 1241 bp，平均长度为 65 bp；LINE 23 个，总长为 1374 bp，平均长度为 60 bp；SINE 19 个，总长为 1084 bp，平均长度为 57 bp；RC 3 个，总长为 181 bp，平均长度为 60 bp；TR 61 个，重复序列长度为 9～1971 bp，总长为 11 639 bp；小卫星 DNA 40 个，重复序列长度为 10～39 bp，总长为 1721 bp；未预测到微卫星 DNA。**【CRISPR】** 预测到 137 个 CRISPR 相关序列。**【基因岛】** 预测到 9 个基因岛 GI 01～GI 09，长度为 5901～20 919 bp，其 G+C 含量为 39.99%～45.24%。利用已预测得到的基因组信息，如重复序列、G+C 含量等，应用 CIRCOS 工具绘制其基因组圈图（图 5-7-5b）。

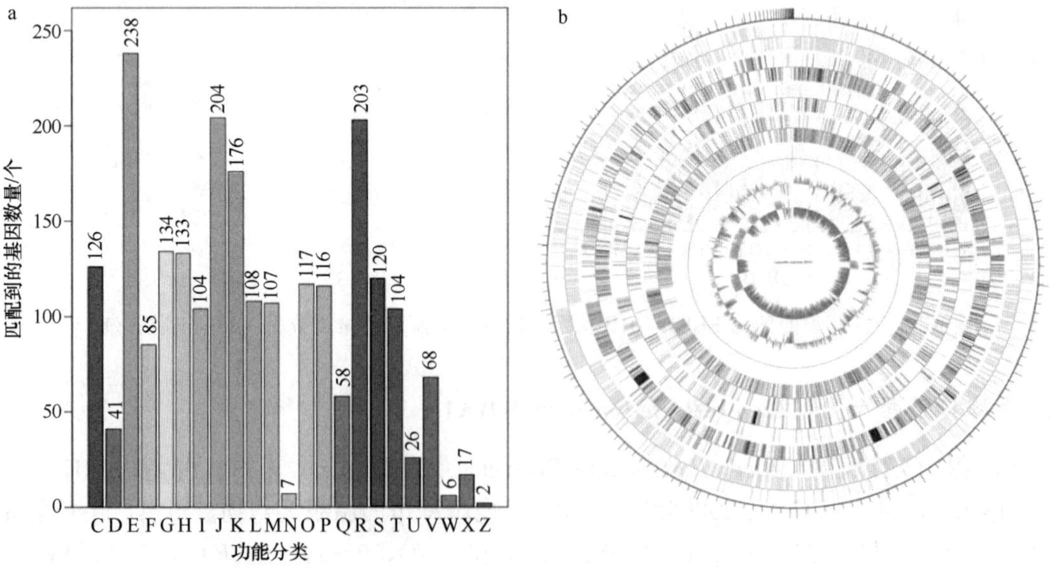


图 5-7-5 沉积物莱西氏菌 RHA1$^{T}$ 基因组的直系同源基因聚类分析（a）和圈图（b）

## 四、徐丽华菌属

徐丽华菌属（*Lihuaxuella* Yu et al. 2013，gen. nov.）于 2013 年建立，仅有 1 种：嗜

热徐丽华菌（*Lihuaxuella thermophile* Yu et al. 2013，sp. nov.），嗜热，好氧，丝状生长，产芽胞（Yu et al.，2012）。目前，该属仅有 1 个已知种类的 1 个基因组被测序。

### 嗜热徐丽华菌（*Lihuaxuella thermophile*）DSM 46701$^T$

嗜热徐丽华菌（*Lihuaxuella thermophile* Yu et al. 2013，sp. nov.）的模式菌株（YIM 77831$^T$ =CCTCC AA 2011024$^T$ =JCM 18059$^T$ =DSM 46701$^T$）分离自云南腾冲市火山热海国家地质公园的地热土壤，嗜热，生长条件为 28～65℃（最适 50℃）、pH 6.0～8.0（最适 pH 7.0），好氧，丝状生长，不产气生菌丝，芽胞产生于分枝的基底菌丝（Yu et al.，2012）。目前，该种仅有 1 个基因组，模式菌株 DSM 46701$^T$ 基因组的 GenBank 登录号为 GCA_900110165.1，测序平台为 Illumina HiSeq，于 2016 年 10 月 31 日由美国能源部联合基因组研究所（DOE Joint Genome Institute）提交。

**【基因组的组装】**菌株 DSM 46701$^T$ 基因组的测序深度为 245 X，基因组大小为 3.809 Mb，组装到 40 个 scaffolds，scaffold $N_{50}$ 为 237 386 bp。**【G+C 含量】**48.95%。**【非编码 RNA】**预测到 7 个 rRNA 基因（5S rRNA 5 个、16S rRNA 1 个、23S rRNA 1 个），65 个 tRNA 基因，0 个 sRNA 基因。**【编码基因】**有 4154 个蛋白质编码基因，编码区总长为 3 289 611 bp，占整个基因组的 86.36%，基因的平均长度为 792 bp。**【基因功能注释】**比对到 KEGG、COG 和 GO 数据库的基因数量分别为 2790 个、2420 个和 2587 个，预测到分泌蛋白编码基因 67 个；在 23 个 COG 功能类群中，基因数量前 10 位的类群分别是：E. 氨基酸转运与代谢 288 个，R. 仅一般功能预测 264 个，G. 碳水化合物转运与代谢 234 个，J. 翻译、核糖体结构与合成 202 个，K. 转录 197 个，C. 能量产生与转换 167 个，H. 辅酶转运与代谢 166 个，M. 细胞壁/膜/包膜生物合成 151 个，S. 功能未知 147 个和 I. 脂质转运与代谢 138 个（图 5-7-6a）。**【重复序列】**预测到的重复序列包括：LTR 75 个，总长为 5030 bp，平均长度为 67 bp；DNA 重复元件 20 个，总长为 1426 bp，平均长度为 71 bp；LINE 21 个，总长为 1201 bp，平均长度为 57 bp；SINE 12 个，总长

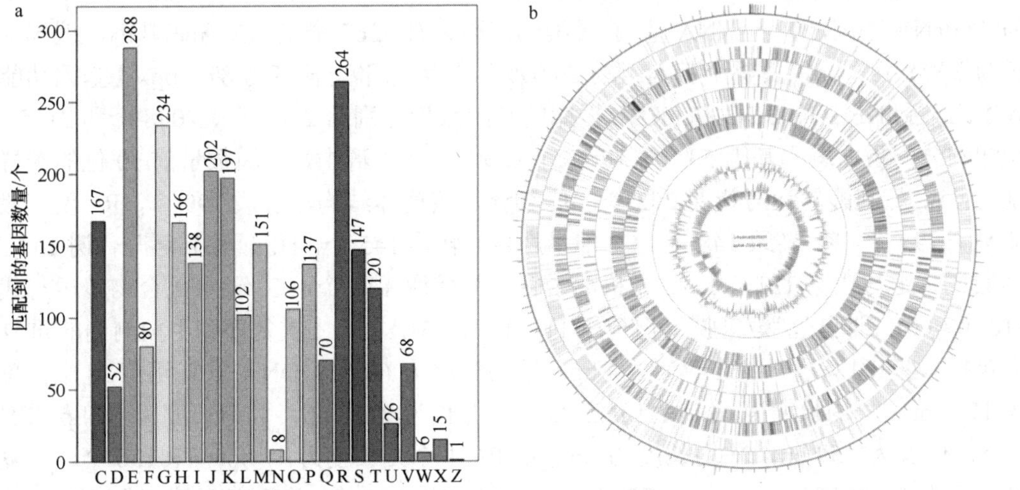


图 5-7-6　嗜热徐丽华菌 DSM 46701$^T$ 基因组的直系同源基因聚类分析（a）和圈图（b）

为 672 bp，平均长度为 56 bp；未知序列 2 个，总长为 236 bp，平均长度为 118 bp；TR 86 个，重复序列长度为 9～1172 bp，总长为 9405 bp；小卫星 DNA 73 个，重复序列长度为 12～60 bp，总长为 3560 bp；未预测到微卫星 DNA。**【CRISPR】**预测到 141 个 CRISPR 相关序列。**【基因岛】**预测到 8 个基因岛 GI 01～GI 08，长度为 3440～13 236 bp，其 G+C 含量为 39.02%～48.86%。利用已预测得到的基因组信息，如重复序列、G+C 含量等，应用 CIRCOS 工具绘制其基因组圈图（图 5-7-6b）。

## 五、海洋丝菌属

海洋丝菌属（*Marininema* Li et al. 2012，gen. nov.）于 2012 年建立（Li et al.，2012），包含 2 种：耐盐海洋丝菌（*Marininema halotolerans* Zhang et al. 2013，sp. nov.）和喜中温海洋丝菌（*Marininema mesophilum* Li et al. 2012，sp. nov.）（模式种），产芽胞。目前，该属有 2 个已知种类的 2 个基因组被测序。

### 1. 耐盐海洋丝菌（*Marininema halotolerans*）DSM 45789$^T$

耐盐海洋丝菌（*Marininema halotolerans* Zhang et al. 2013，sp. nov.）的模式菌株（YIM M11385$^T$=CCTCC AB 2012052$^T$=DSM 45789$^T$）分离自印度小安达曼岛的沉积物，耐盐，生长条件为 25～42℃（最适 28℃）、pH 6.0～8.0（最适 pH 7.0）、0～10%（*W*/*V*）NaCl，好氧，丝状生长，不产气生菌丝，产芽胞（Zhang et al.，2013d）。目前，该种仅有 1 个基因组，模式菌株 DSM 45789$^T$ 基因组的 GenBank 登录号为 GCA_900116235.1，测序平台为 Illumina HiSeq，于 2016 年 11 月 2 日由美国能源部联合基因组研究所（DOE Joint Genome Institute）提交。

**【基因组的组装】**菌株 DSM 45789$^T$ 基因组的测序深度为 353 X，基因组大小为 3.569 Mb，组装到 24 个 scaffolds，scaffold $N_{50}$ 为 313 628 bp。**【G+C 含量】**44.80%。**【非编码 RNA】**预测到 7 个 rRNA 基因（5S rRNA 5 个、16S rRNA 1 个、23S rRNA 1 个），54 个 tRNA 基因，0 个 sRNA 基因。**【编码基因】**有 3267 个蛋白质编码基因，编码区总长为 2 858 385 bp，占整个基因组的 80.09%，基因的平均长度为 875 bp。**【基因功能注释】**比对到 KEGG、COG 和 GO 数据库的基因数量分别为 2382 个、2048 个和 2175 个，预测到分泌蛋白编码基因 53 个；在 25 个 COG 功能类群中，基因数量前 10 位的类群分别是：E. 氨基酸转运与代谢 252 个，J. 翻译、核糖体结构与合成 199 个，R. 仅一般功能预测 193 个，K. 转录 148 个，C. 能量产生与转换 145 个，H. 辅酶转运与代谢 142 个，I. 脂质转运与代谢 131 个，P. 无机离子转运与代谢 131 个，G. 碳水化合物转运与代谢 118 个和 M. 细胞壁/膜/包膜生物合成 113 个（图 5-7-7a）。**【重复序列】**预测到的重复序列包括：LTR 138 个，总长为 9404 bp，平均长度为 68 bp；DNA 重复元件 28 个，总长为 1711 bp，平均长度为 61 bp；LINE 35 个，总长为 2053 bp，平均长度为 59 bp；SINE 7 个，总长为 459 bp，平均长度为 66 bp；RC 1 个，长度为 47 bp；TR 130 个，重复序列长度为 7～1816 bp，总长为 26 784 bp；小卫星 DNA 85 个，重复序列长度为 10～60 bp，总长为 7244 bp；未预测到微卫星 DNA。**【CRISPR】**未预测到 CRISPR 相关序列。**【基因岛】**预测到 9 个基因岛 GI 01～GI 09，长度为 4038～26 020 bp，其 G+C 含量为

37.15%～47.18%。利用已预测得到的基因组信息，如重复序列、G+C 含量等，应用 CIRCOS 工具绘制其基因组圈图（图 5-7-7b）。

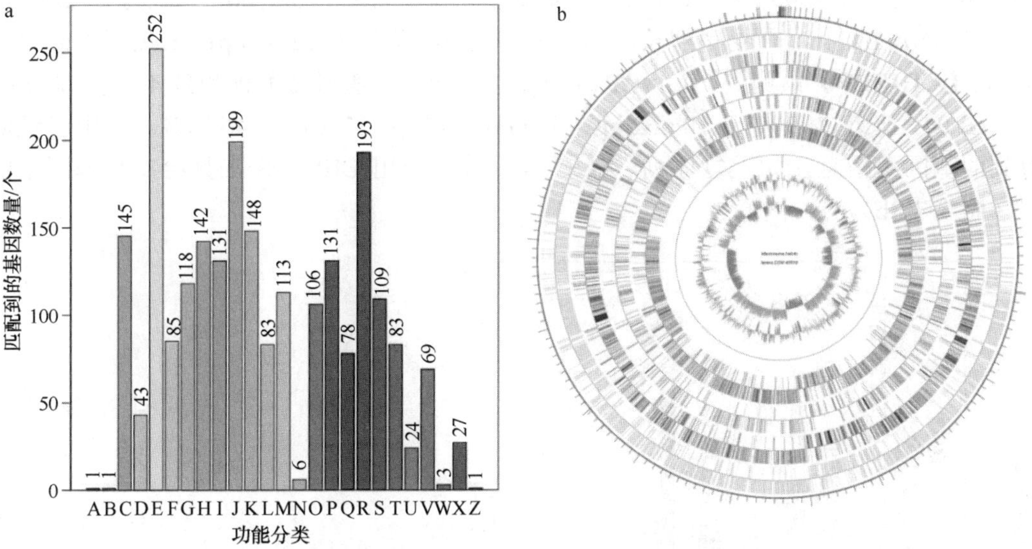


图 5-7-7　耐盐海洋丝菌 DSM 45789[T] 基因组的直系同源基因聚类分析（a）和圈图（b）

## 2. 喜中温海洋丝菌（*Marininema mesophilum*）DSM 45610[T]

喜中温海洋丝菌（*Marininema mesophilum* Li et al. 2012，sp. nov.）的模式菌株（SCSIO 10219[T] =CCTCC AA 2011006[T] =DSM 45610[T]）分离自南海 2105 m 深处的沉积物，生长条件为 25～35℃（最适 30℃）、pH 5.0～8.0（最适 pH 6.0～7.0）、0～7%（*W*/*V*）NaCl，好氧，丝状生长，不产气生菌丝，产芽胞（Li et al.，2012）。目前，该种仅有 1 个基因组，模式菌株 DSM 45610[T] 基因组的 GenBank 登录号为 GCA_900106775.1，测序平台为 Illumina HiSeq，于 2016 年 10 月 22 日由美国能源部联合基因组研究所（DOE Joint Genome Institute）提交。

**【基因组的组装】**菌株 DSM 45610[T] 基因组的测序深度为 376 X，基因组大小为 3.332 Mb，组装到 42 个 scaffolds，scaffold $N_{50}$ 为 174 613 bp。**【G+C 含量】**44.77%。**【非编码 RNA】**预测到 5 个 rRNA 基因（5S rRNA 3 个、16S rRNA 1 个、23S rRNA 1 个），57 个 tRNA 基因，1 个 sRNA 基因。**【编码基因】**有 3610 个蛋白质编码基因，编码区总长为 3 087 537 bp，占整个基因组的 92.66%，基因的平均长度为 855 bp。**【基因功能注释】**比对到 KEGG、COG 和 GO 数据库的基因数量分别为 2435 个、2039 个和 2225 个，预测到分泌蛋白编码基因 43 个；在 25 个 COG 功能类群中，基因数量前 10 位的类群分别是：E. 氨基酸转运与代谢 237 个，J. 翻译、核糖体结构与合成 211 个，R. 仅一般功能预测 193 个，C. 能量产生与转换 153 个，H. 辅酶转运与代谢 148 个，I. 脂质转运与代谢 143 个，K. 转录 140 个，S. 功能未知 125 个，P. 无机离子转运与代谢 122 个和 M. 细胞壁/膜/包膜生物合成 116 个（图 5-7-8a）。**【重复序列】**预测到的重复序列包括：LTR 122 个，总长为 7312 bp，平均长度为 60 bp；

DNA 重复元件 41 个，总长为 2392 bp，平均长度为 58 bp；LINE 36 个，总长为 2178 bp，平均长度为 61 bp；SINE 9 个，总长为 614 bp，平均长度为 68 bp；RC 3 个，总长为 136 bp，平均长度为 45 bp；TR 112 个，重复序列长度为 9～1500 bp，总长为 26 229 bp；小卫星 DNA 62 个，重复序列长度为 10～54 bp，总长为 5254 bp；未预测到微卫星 DNA。**【CRISPR】**预测到 70 个 CRISPR 相关序列。**【基因岛】**预测到 4 个基因岛 GI 01～GI 04，长度为 5647～10 662 bp，其 G+C 含量为 37.26%～46.77%。利用已预测得到的基因组信息，如重复序列、G+C 含量等，应用 CIRCOS 工具绘制其基因组圈图（图 5-7-8b）。

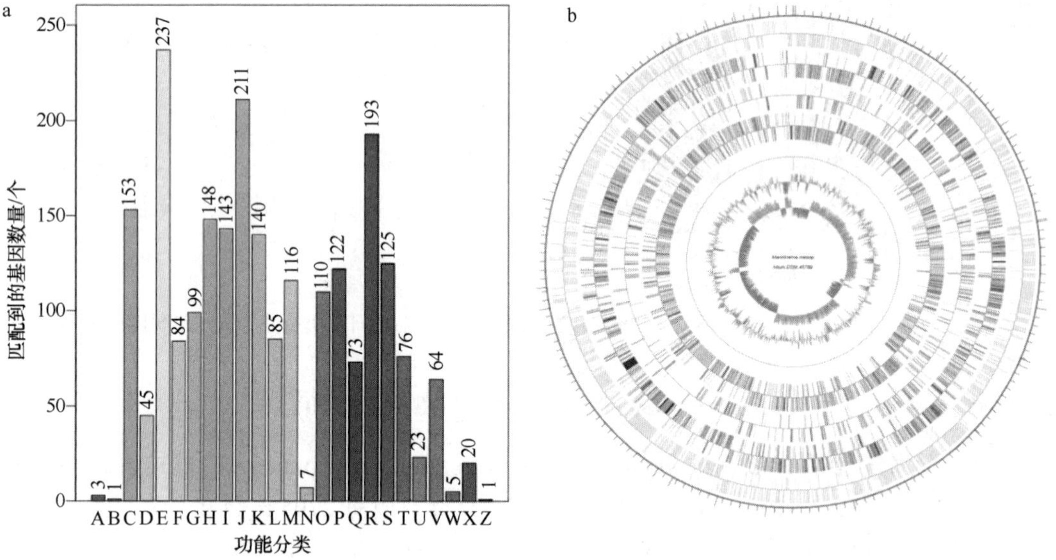


图 5-7-8　喜中温海洋丝菌 DSM 45610$^T$ 基因组的直系同源基因聚类分析（a）和圈图（b）

## 六、迈勒吉尔霉菌属

迈勒吉尔霉菌属（*Melghirimyces* Addou et al. 2012，gen. nov.）于 2012 年建立（Addou et al.，2012），包含 3 种：阿尔及利亚迈勒吉尔霉菌（*Melghirimyces algeriensis* Addou et al. 2012，sp. nov.）（模式种）、居深海迈勒吉尔霉菌（*Melghirimyces profundicolus* Li et al. 2013，sp. nov.）和嗜热嗜盐迈勒吉尔霉菌（*Melghirimyces thermohalophilus* Addou et al. 2013，sp. nov.），均好氧、产芽胞。目前，该属有 2 个已知种类的 2 个基因组被测序。

### 1. 居深海迈勒吉尔霉菌（*Melghirimyces profundicolus*）DSM 45787$^T$

居深海迈勒吉尔霉菌（*Melghirimyces profundicolus* Li et al. 2013，sp. nov.）的模式菌株（SCSIO 11153$^T$ =DSM 45787$^T$ =CCTCC AA 2012007$^T$ =NBRC 109068$^T$）分离自印度洋的深海沉积物，嗜热、耐盐，生长条件为 37～65℃（最适 50～55℃）、pH 4.0～8.0（最适 pH 7.0）、0～12%（*W*/*V*）NaCl（最适 3%），好氧，丝状生长，产芽胞（Li et al.，

2013b)。目前，该种仅有 1 个基因组，模式菌株 DSM 45787$^T$ 基因组的 GenBank 登录号为 GCA_003054245.1，测序平台为 Illumina HiSeq，于 2018 年 4 月 17 日由美国能源部联合基因组研究所（DOE Joint Genome Institute）提交。

**【基因组的组装】**菌株 DSM 45787$^T$ 基因组的测序深度为 247 X，基因组大小为 3.769 Mb，组装到 68 个 scaffolds，scaffold $N_{50}$ 为 117 949 bp。**【G+C 含量】**55.06%。**【非编码 RNA】**预测到 8 个 rRNA 基因（5S rRNA 6 个、16S rRNA 1 个、23S rRNA 1 个），54 个 tRNA 基因，0 个 sRNA 基因。**【编码基因】**有 4150 个蛋白质编码基因，编码区总长为 3 230 475 bp，占整个基因组的 85.71%，基因的平均长度为 778 bp。**【基因功能注释】**比对到 KEGG、COG 和 GO 数据库的基因数量分别为 2831 个、2448 个和 2532 个，预测到分泌蛋白编码基因 59 个；在 24 个 COG 功能类群中，基因数量前 10 位的类群分别是：E. 氨基酸转运与代谢 306 个，R. 仅一般功能预测 267 个，G. 碳水化合物转运与代谢 210 个，J. 翻译、核糖体结构与合成 206 个，C. 能量产生与转换 195 个，H. 辅酶转运与代谢 184 个，K. 转录 171 个，I. 脂质转运与代谢 163 个，P. 无机离子转运与代谢 153 个和 S. 功能未知 147 个（图 5-7-9a）。**【重复序列】**预测到的重复序列包括：LTR 31 个，总长为 2217 bp，平均长度为 72 bp；DNA 重复元件 6 个，总长为 574 bp，平均长度为 96 bp；LINE 7 个，总长为 475 bp，平均长度为 68 bp；SINE 6 个，总长为 340 bp，平均长度为 57 bp；未知序列 1 个，长度为 62 bp；TR 161 个，重复序列长度为 9～390 bp，总长为 20 093 bp；小卫星 DNA 146 个，重复序列长度为 11～56 bp，总长为 19 062 bp；未预测到微卫星 DNA。**【CRISPR】**预测到 3 个 CRISPR 相关序列。**【基因岛】**预测到 7 个基因岛 GI 01～GI 07，长度为 4604～14 467 bp，其 G+C 含量为 46.48%～61.96%。利用已预测得到的基因组信息，如重复序列、G+C 含量等，应用 CIRCOS 工具绘制其基因组圈图（图 5-7-9b）。

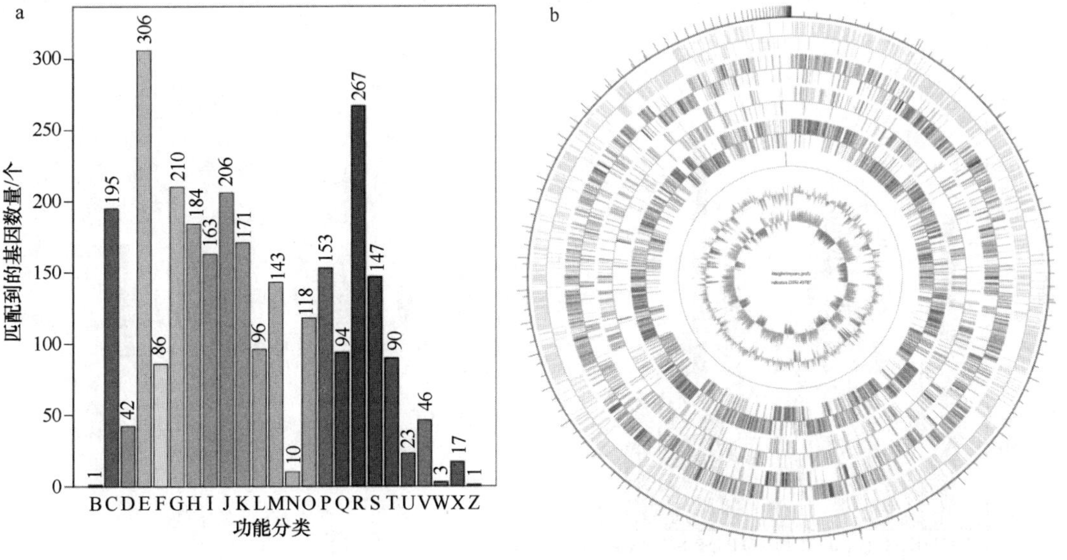


图 5-7-9　居深海迈勒吉尔霉菌 DSM 45787$^T$ 基因组的直系同源基因聚类分析（a）和圈图（b）

**2. 嗜热嗜盐迈勒吉尔霉菌（*Melghirimyces thermohalophilus*）DSM 45514$^T$**

嗜热嗜盐迈勒吉尔霉菌（*Melghirimyces thermohalophilus* Addou et al. 2013，sp. nov.）的模式菌株（Nari11A$^T$ =DSM 45514$^T$ =CCUG 60050$^T$）分离自阿尔及利亚迈勒吉尔盐湖盆地的土壤，嗜热、嗜盐，生长条件为 43～60℃、pH 5.0～10.0、5%～20%（*W/V*）NaCl，好氧，丝状生长，产芽胞（Addou et al.，2013）。目前，该种仅有 1 个基因组，模式菌株 DSM 45514$^T$ 基因组的 GenBank 登录号为 GCA_900102685.1，测序平台为 Illumina HiSeq，于 2016 年 10 月 21 日由美国能源部联合基因组研究所（DOE Joint Genome Institute）提交。

**【基因组的组装】**菌株 DSM 45514$^T$ 基因组的测序深度为 381 X，基因组大小为 3.189 Mb，组装到 35 个 scaffolds，scaffold $N_{50}$ 为 164 745 bp。**【G+C 含量】**52.90%。**【非编码 RNA】**预测到 5 个 rRNA 基因（5S rRNA 4 个、16S rRNA 1 个、23S rRNA 0 个），57 个 tRNA 基因，0 个 sRNA 基因。**【编码基因】**有 3458 个蛋白质编码基因，编码区总长为 2 777 367 bp，占整个基因组的 87.09%，基因的平均长度为 803 bp。**【基因功能注释】**比对到 KEGG、COG 和 GO 数据库的基因数量分别为 2482 个、2164 个和 2253 个，预测到分泌蛋白编码基因 50 个；在 24 个 COG 功能类群中，基因数量前 10 位的类群分别是：E. 氨基酸转运与代谢 269 个，R. 仅一般功能预测 237 个，J. 翻译、核糖体结构与合成 199 个，C. 能量产生与转换 191 个，I. 脂质转运与代谢 166 个，G. 碳水化合物转运与代谢 163 个，K. 转录 157 个，H. 辅酶转运与代谢 144 个，P. 无机离子转运与代谢 142 个和 S. 功能未知 125 个（图 5-7-10a）。**【重复序列】**预测到的重复序列包括：LTR 39 个，总长为 2417 bp，平均长度为 62 bp；DNA 重复元件 5 个，总长为 423 bp，平均长度为 85 bp；LINE 8 个，总长为 497 bp，平均长度为 62 bp；SINE 8 个，总长为 447 bp，平均长度为 56 bp；TR 33 个，重复序列长度为 7～60 bp，总长为 2233 bp；小卫星 DNA

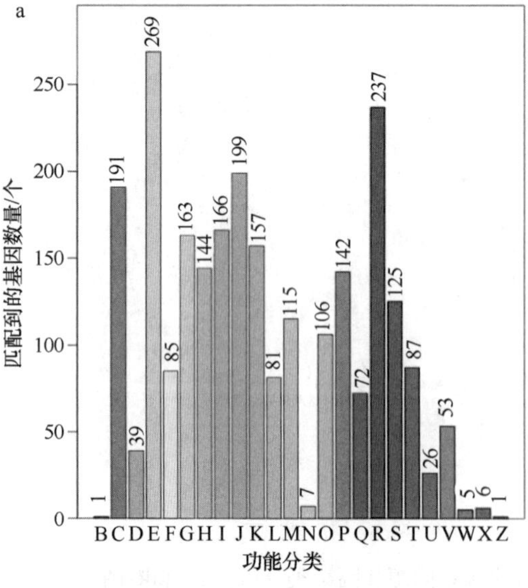


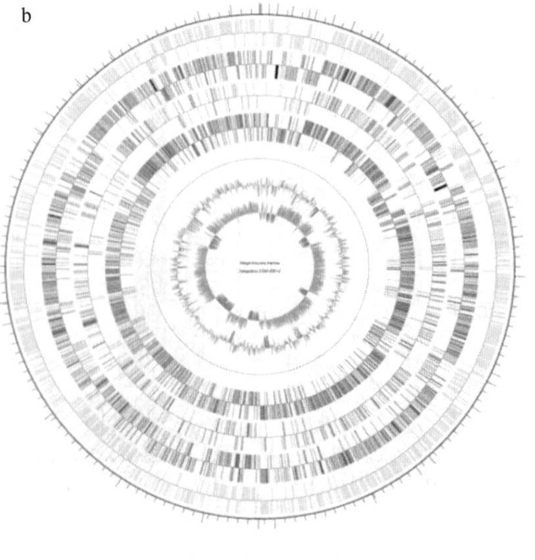


图 5-7-10　嗜热嗜盐迈勒吉尔霉菌 DSM 45514$^T$ 基因组的直系同源基因聚类分析（a）和圈图（b）

30 个，重复序列长度为 12～60 bp，总长为 2134 bp；未预测到微卫星 DNA。**【CRISPR】**未预测到 CRISPR 相关序列。**【基因岛】**预测到 5 个基因岛 GI 01～GI 05，长度为 7872～16 458 bp，其 G+C 含量为 43.02%～55.52%。利用已预测得到的基因组信息，如重复序列、G+C 含量等，应用 CIRCOS 工具绘制其基因组圈图（图 5-7-10b）。

## 七、新建芽胞杆菌属

新建芽胞杆菌属（*Novibacillus* Yang et al. 2015，gen. nov.）于 2015 年建立，仅有 1 种：嗜热新建芽胞杆菌（*Novibacillus thermophilus* Yang et al. 2015，sp. nov.），嗜热，兼性厌氧，不产芽胞（Yang et al.，2015b）。目前，该属有 1 个已知种类的 1 个基因组被测序。

### 嗜热新建芽胞杆菌（*Novibacillus thermophilus*）SG-1$^{T}$

嗜热新建芽胞杆菌（*Novibacillus thermophilus* Yang et al. 2015，sp. nov.）的模式菌株（SG-1$^{T}$ =KCTC 33118$^{T}$=CGMCC 1.12771$^{T}$）分离自广东徐闻县的盐碱土壤，嗜热、嗜盐，生长条件为 30～65℃（最适 50℃）、pH 6.5～10.5（最适 7.5～8.0）、0～10%（*W*/*V*）NaCl（最适 5%～7%），兼性厌氧，丝状生长，不产芽胞（Yang et al.，2015b）。目前，该种仅有 1 个基因组，模式菌株 SG-1$^{T}$基因组的 GenBank 登录号为 GCA_002005165.1，测序平台为 Illumina HiSeq，于 2017 年 2 月 21 日由广东省科学院生态环境与土壤研究所（Institute of Eco-Environmental and Soil Sciences，Guangdong Academy of Sciences）提交。

**【基因组的组装】**菌株 SG-1$^{T}$基因组的测序深度为 291 X，基因组大小为 3.629 Mb，组装到完成图水平，包括 1 条染色体。**【G+C 含量】**50.44%。**【非编码 RNA】**预测到 12 个 rRNA 基因（5S rRNA 4 个、16S rRNA 4 个、23S rRNA 4 个），51 个 tRNA 基因，1 个 sRNA 基因。**【编码基因】**有 3777 个蛋白质编码基因，编码区总长为 3 216 492 bp，占整个基因组的 88.63%，基因的平均长度为 852 bp。**【基因功能注释】**比对到 KEGG、COG 和 GO 数据库的基因数量分别为 3447 个、2510 个和 2668 个，预测到分泌蛋白编码基因 61 个；在 24 个 COG 功能类群中，基因数量前 10 位的类群分别是：G. 碳水化合物转运与代谢 320 个，E. 氨基酸转运与代谢 287 个，R. 仅一般功能预测 242 个，K. 转录 205 个，J. 翻译、核糖体结构与合成 194 个，C. 能量产生与转换 165 个，P. 无机离子转运与代谢 154 个，M. 细胞壁/膜/包膜生物合成 140 个，H. 辅酶转运与代谢 136 个和 S. 功能未知 133 个（图 5-7-11a）。**【重复序列】**预测到的重复序列包括：LTR 67 个，总长为 5544 bp，平均长度为 83 bp；DNA 重复元件 15 个，总长为 932 bp，平均长度为 62 bp；LINE 29 个，总长为 1929 bp，平均长度为 67 bp；SINE 10 个，总长为 632 bp，平均长度为 63 bp；RC 1 个，长度为 70 bp；未知序列 1 个，长度为 13 bp；TR 43 个，重复序列长度为 9～291 bp，总长为 3980 bp；小卫星 DNA 36 个，重复序列长度为 11～45 bp，总长为 1839 bp；未预测到微卫星 DNA。**【CRISPR】**预测到 75 个 CRISPR 相关序列。**【基因岛】**预测到 15 个基因岛 GI 01～GI 15，长度为 5145～41 395 bp，其 G+C 含量为 39.89%～56.93%。利用已预测得到的基因组信息，如重复序列、G+C 含量等，应用 CIRCOS 工具绘制其基因组圈图（图 5-7-11b）。

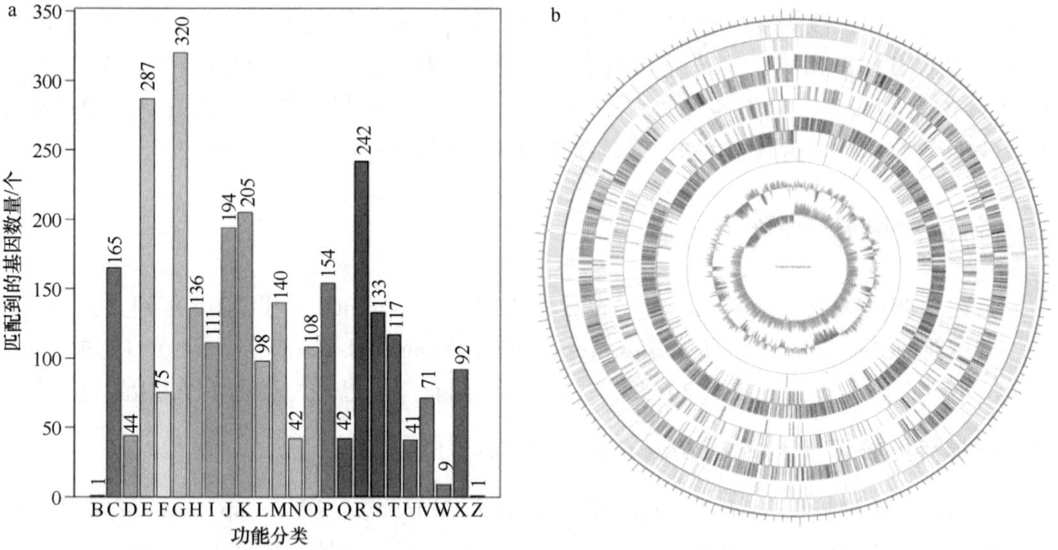


图 5-7-11　嗜热新建芽胞杆菌 SG-1ᵀ 基因组的直系同源基因聚类分析（a）和圈图（b）

## 八、湿地丝菌属

湿地丝菌属（*Paludifilum* Frikha-Dammak et al. 2016，gen. nov.）于 2016 年建立，仅有 1 种：嗜盐湿地丝菌（*Paludifilum halophilum* Frikha-Dammak et al. 2016，sp. nov.），丝状生长，嗜盐，耐热，好氧，产芽胞（Frikha-Dammak et al.，2016）。目前，该属仅有 1 个已知种类的 1 个基因组被测序。

### 嗜盐湿地丝菌（*Paludifilum halophilum*）DSM 102817$^{T}$

嗜盐湿地丝菌（*Paludifilum halophilum* Frikha-Dammak et al. 2016，sp. nov.）的模式菌株（SMBg3$^{T}$ =DSM 102817$^{T}$ =CCUG 68698$^{T}$）分离自突尼斯 1 个晒盐场的表层土壤，嗜热、耐酸，最适生长条件为 40～45℃、pH 8.0～9.0（能生长的 pH 范围为 pH 5.0～11.0）、10%（*W*/*V*）NaCl，丝状生长，嗜盐，耐热，好氧，产芽胞（Frikha-Dammak et al.，2016）。目前，该种仅有 1 个基因组，模式菌株 DSM 102817$^{T}$ 基因组的 GenBank 登录号为 GCA_002245355.1，测序平台为 Illumina MiSeq，于 2017 年 8 月 9 日由瑞士纳沙泰尔大学（University of Neuchatel）提交。

**【基因组的组装】**菌株 DSM 102817$^{T}$ 基因组的测序深度为 100 X，基因组大小为 3.790 Mb，组装到 231 个 contigs，contig $N_{50}$ 为 304 586 bp。**【G+C 含量】**51.49%。**【非编码 RNA】**预测到 6 个 rRNA 基因（5S rRNA 4 个、16S rRNA 1 个、23S rRNA 1 个），58 个 tRNA 基因，0 个 sRNA 基因。**【编码基因】**有 4052 个蛋白质编码基因，编码区总长为 3 242 892 bp，占整个基因组的 85.56%，基因的平均长度为 800 bp。**【基因功能注释】**比对到 KEGG、COG 和 GO 数据库的基因数量分别为 2806 个、2387 个和 2480 个，预测到分泌蛋白编码基因 54 个；在 23 个 COG 功能类群中，基因数量前 10 位的类群分别是：E. 氨基酸转运与代谢 280 个，R. 仅一般功能预测 239 个，G. 碳水化合物转运与代谢 213 个，J. 翻译、核糖体结构与合成 195 个，K. 转录 181 个，C. 能量产生与转换 176 个，S. 功能未知 158 个，H. 辅酶转运与代谢 157 个，P. 无机离子转运与代谢 141 个和 I. 脂质转运与代谢 137 个（图 5-7-12a）。**【重复序列】**预测到的重复序列包括：LTR 88 个，总长为 9142 bp，平均长度为 104 bp；DNA 重复元件 22 个，总长为 1583 bp，平均长度为 72 bp；LINE 24 个，总长为 3642 bp，平均长度为 152 bp；SINE 17 个，总长为 1456 bp，平均长度为 86 bp；RC 1 个，长度为 70 bp；TR 86 个，重复序列长度为 2～1090 bp，总长为 9291 bp；小卫星 DNA 67 个，重复序列长度为 10～57 bp，总长为 3534 bp；微卫星 DNA 2 个，重复序列长度为 2～3 bp，总长为 122 bp。**【CRISPR】**预测到 181 个 CRISPR 相关序列。**【基因岛】**预测到 10 个基因岛 GI 01～GI 10，长度为 3656～35 297 bp，其 G+C 含量为 38.09%～54.19%。利用已预测得到的基因组信息，如重复序列、G+C 含量等，应用 CIRCOS 工具绘制其基因组圈图（图 5-7-12b）。

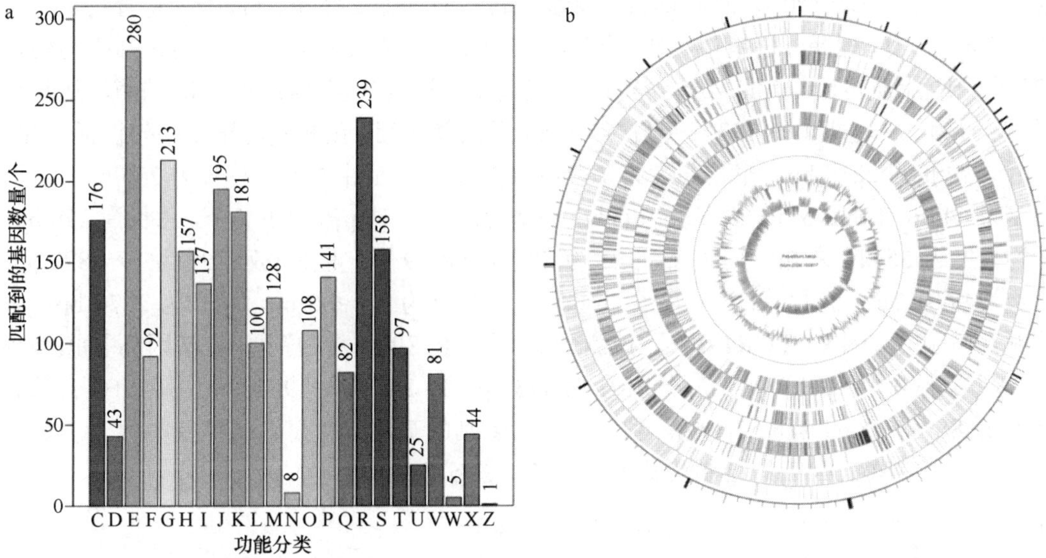


图 5-7-12　嗜盐湿地丝菌 DSM 102817$^{T}$ 基因组的直系同源基因聚类分析（a）和圈图（b）

## 九、平螺纹丝菌属

平螺纹丝菌属（*Planifilum* Hatayama et al. 2005，gen. nov.）于 2005 年建立（Hatayama et al.，2005），包含 5 种：淤泥平螺纹丝菌（*Planifilum caeni* Yu et al. 2015，sp. nov.）、堆肥平螺纹丝菌（*Planifilum composti* Han et al. 2013，sp. nov.）、居堆肥平螺纹丝菌（*Planifilum fimeticola* Hatayama et al. 2005，sp. nov.）（模式种）、光亮平螺纹丝菌（*Planifilum fulgidum* Hatayama et al. 2005，sp. nov.）和云南平螺纹丝菌（*Planifilum yunnanense* Zhang et al. 2007，sp. nov.），均产芽胞。目前，该属有 2 个已知种类的 2 个基因组被测序。

### 1. 居堆肥平螺纹丝菌（*Planifilum fimeticola*）DSM 44946$^{T}$

居堆肥平螺纹丝菌（*Planifilum fimeticola* Hatayama et al. 2005，sp. nov.）的模式菌株（H0165$^{T}$ =ATCC BAA-969$^{T}$ =JCM 12507$^{T}$=DSM 44946$^{T}$）分离自突尼斯 1 个晒盐场的表

层土壤，嗜热，生长温度为 50～65℃（最适 55～63℃），丝状生长，无气生菌丝，好氧，芽胞单生（Hatayama et al.，2005）。目前，该种仅有 1 个基因组，模式菌株 DSM 44946$^{T}$ 基因组的 GenBank 登录号为 GCA_003001905.1，测序平台为 Illumina HiSeq，于 2018 年 3 月 15 日由美国能源部联合基因组研究所（DOE Joint Genome Institute）提交。

**【基因组的组装】**菌株 DSM 44946$^{T}$ 基因组的测序深度为 298 X，基因组大小为 3.587 Mb，组装到 73 个 scaffolds，scaffold $N_{50}$ 为 104 598 bp。**【G+C 含量】**57.49%。**【非编码 RNA】**预测到 6 个 rRNA 基因（5S rRNA 4 个、16S rRNA 1 个、23S rRNA 1 个），55 个 tRNA 基因，0 个 sRNA 基因。**【编码基因】**有 3754 个蛋白质编码基因，编码区总长为 3 123 207 bp，占整个基因组的 87.07%，基因的平均长度为 832 bp。**【基因功能注释】**比对到 KEGG、COG 和 GO 数据库的基因数量分别为 2737 个、2382 个和 2422 个，预测到分泌蛋白编码基因 51 个；在 24 个 COG 功能类群中，基因数量前 10 位的类群分别是：R. 仅一般功能预测 274 个，E. 氨基酸转运与代谢 272 个，G. 碳水化合物转运与代谢 246 个，J. 翻译、核糖体结构与合成 220 个，K. 转录 184 个，C. 能量产生与转换 173 个，I. 脂质转运与代谢 145 个，P. 无机离子转运与代谢 142 个，H. 辅酶转运与代谢 139 个和 S. 功能未知 133 个（图 5-7-13a）。**【重复序列】**预测到的重复序列包括：LTR 29 个，总长为 2214 bp，平均长度为 76 bp；DNA 重复元件 4 个，总长为 255 bp，平均长度为 64 bp；LINE 6 个，总长为 305 bp，平均长度为 51 bp；SINE 5 个，总长为 279 bp，平均长度为 56 bp；未知序列 1 个，长度为 78 bp；TR 49 个，重复序列长度为 11～822 bp，总长为 9601 bp；小卫星 DNA 43 个，重复序列长度为 11～60 bp，总长为 2970 bp；未预测到微卫星 DNA。**【CRISPR】**预测到 65 个 CRISPR 相关序列。**【基因岛】**预测到 3 个基因岛 GI 01～GI 03，长度分别为 14 473 bp、11 131 bp 和 9544 bp，其 G+C 含量分别为 59.88%、48.04%和 57.39%。利用已预测得到的基因组信息，如重复序列、G+C 含量等，应用 CIRCOS 工具绘制其基因组圈图（图 5-7-13b）。

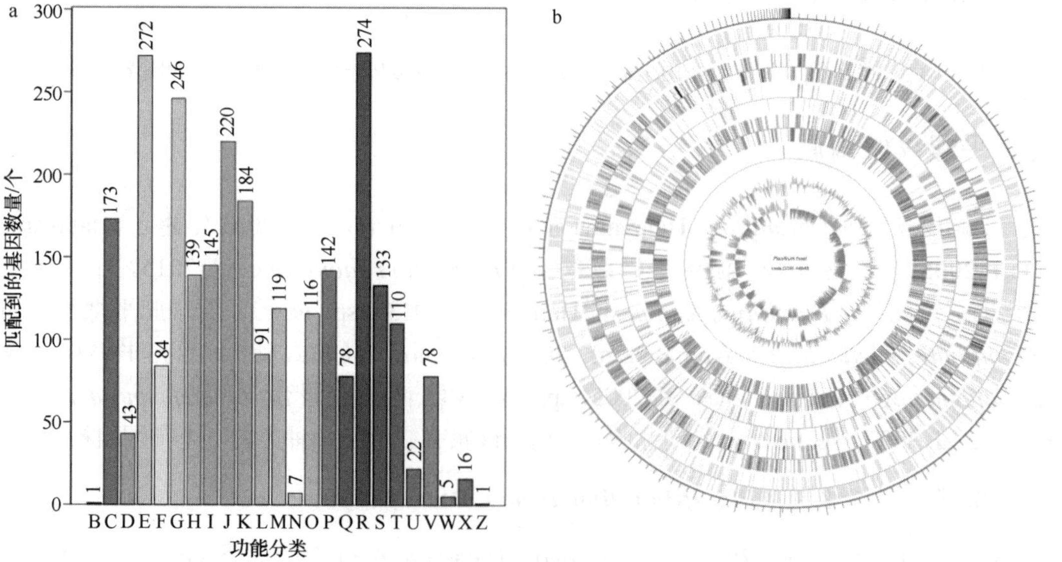


图 5-7-13　居堆肥平螺纹丝菌 DSM 44946$^{T}$ 基因组的直系同源基因聚类分析（a）和圈图（b）

## 2. 光亮平螺纹丝菌（*Planifilum fulgidum*）DSM 44945$^T$

光亮平螺纹丝菌（*Planifilum fulgidum* Hatayama et al. 2005，sp. nov.）的模式菌株（500275$^T$ =ATCC BAA-970$^T$ =JCM 12508$^T$ =DSM 44945$^T$）分离自突尼斯 1 个晒盐场的表层土壤，嗜热，生长温度为 50～67℃（最适 60～65℃），丝状生长，无气生菌丝，好氧，芽胞单生（Hatayama et al.，2005）。目前，该种仅有 1 个基因组，模式菌株 DSM 44945$^T$ 基因组的 GenBank 登录号为 GCA_900113175.1，测序平台为 Illumina HiSeq，于 2016 年 11 月 2 日由美国能源部联合基因组研究所（DOE Joint Genome Institute）提交。

**【基因组的组装】**菌株 DSM 44945$^T$ 基因组的测序深度为 376 X，基因组大小为 3.382 Mb，组装到 62 个 scaffolds，scaffold $N_{50}$ 为 91 496 bp。**【G+C 含量】**58.55%。**【非编码 RNA】**预测到 3 个 rRNA 基因（5S rRNA 3 个、16S rRNA 0 个、23S rRNA 0 个），55 个 tRNA 基因，0 个 sRNA 基因。**【编码基因】**有 3681 个蛋白质编码基因，编码区总长为 2 909 550 bp，占整个基因组的 86.03%，基因的平均长度为 790 bp。**【基因功能注释】**比对到 KEGG、COG 和 GO 数据库的基因数量分别为 2528 个、2220 个和 2235 个，预测到分泌蛋白编码基因 59 个；在 24 个 COG 功能类群中，基因数量前 10 位的类群分别是：E. 氨基酸转运与代谢 276 个，R. 仅一般功能预测 246 个，G. 碳水化合物转运与代谢 219 个，J. 翻译、核糖体结构与合成 214 个，K. 转录 167 个，C. 能量产生与转换 162 个，P. 无机离子转运与代谢 139 个，H. 辅酶转运与代谢 134 个，I. 脂质转运与代谢 130 个和 S. 功能未知 123 个（图 5-7-14a）。**【重复序列】**预测到的重复序列包括：LTR 20 个，总长为 1243 bp，平均长度为 62 bp；DNA 重复元件 5 个，总长为 347 bp，平均长度为 69 bp；LINE 2 个，总长为 135 bp，平均长度为 68 bp；SINE 7 个，总长为 474 bp，平均长度为 68 bp；RC 7 个，总长为 481 bp，平均长度为 69 bp；未知序列 1 个，长度为 15 bp；TR 86 个，重复序列长度为 6～799 bp，总长为 8329 bp；小卫星 DNA 65 个，重复序列

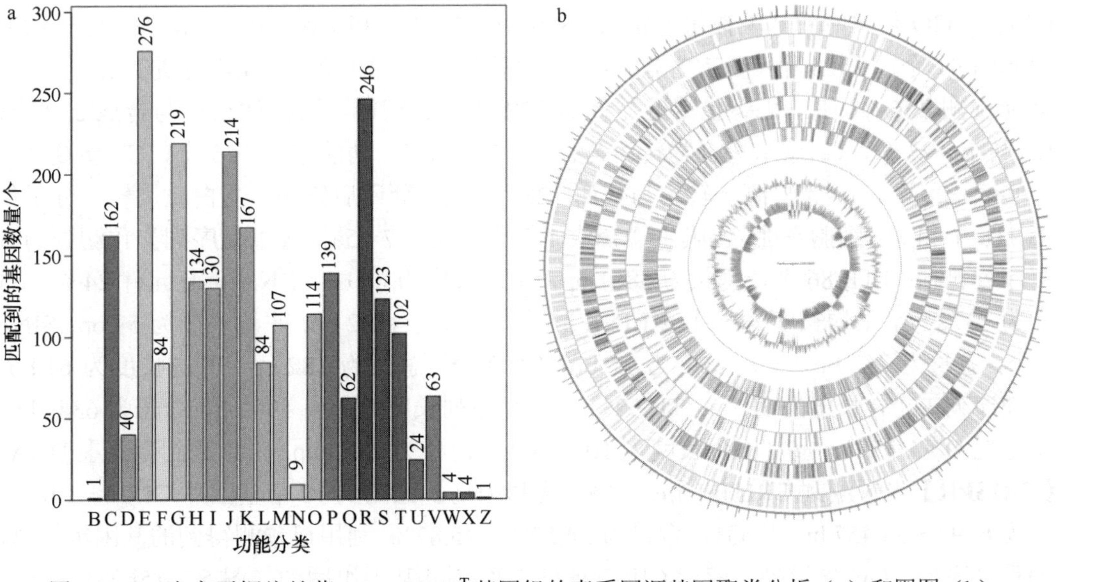


图 5-7-14　光亮平螺纹丝菌 DSM 44945$^T$ 基因组的直系同源基因聚类分析（a）和圈图（b）

长度为 12～60 bp，总长为 4949 bp；微卫星 DNA 1 个，重复序列长度为 6 bp，总长为 64 bp。【**CRISPR**】预测到 107 个 CRISPR 相关序列。【**基因岛**】预测到 6 个基因岛 GI 01～GI 06，长度为 5528～9170 bp，其 G+C 含量为 46.81%～62.28%。利用已预测得到的基因组信息，如重复序列、G+C 含量等，应用 CIRCOS 工具绘制其基因组圈图（图 5-7-14b）。

## 十、李城彬菌属

李城彬菌属（*Risungbinella* Kim et al. 2015，gen. nov.）于 2015 年建立（Kim et al.，2015d），包含 2 种：马赛李城彬菌（*Risungbinella massiliensis* Dubourg et al. 2016，sp. nov.）和平壤李城彬菌（*Risungbinella pyongyangensis* Kim et al. 2015，sp. nov.）（模式种），产芽胞。目前，该属仅有 1 个已知种类的 1 个基因组被测序。

### 马赛李城彬菌（*Risungbinella massiliensis*）GD1$^T$

马赛李城彬菌（*Risungbinella massiliensis* Dubourg et al. 2016，sp. nov.）的模式菌株（GD1$^T$ =DSM 46691$^T$ =CSUR P1082$^T$）分离自感染立克次氏体的 1 位 38 岁男性的粪便，生长温度为 25～37℃（最适 37℃），好氧，产芽胞（Dubourg et al.，2016）。目前，该种仅有 1 个基因组，模式菌株 GD1$^T$ 基因组的 GenBank 登录号为 GCA_000942395.1，测序平台为 Illumina MiSeq，于 2015 年 2 月 20 日由法国热带传染病研究中心（Unité de Recherche en Maladies Infectieuses et Tropicales Emergentes）提交。

【**基因组的组装**】菌株 GD1$^T$ 基因组的测序深度为 92 X，基因组大小为 3.421 Mb，组装到 7 个 scaffolds，scaffold $N_{50}$ 为 2 122 970 bp。【**G+C 含量**】40.25%。【**非编码 RNA**】预测到 21 个 rRNA 基因（5S rRNA 9 个、16S rRNA 9 个、23S rRNA 3 个），65 个 tRNA 基因，1 个 sRNA 基因。【**编码基因**】有 3666 个蛋白质编码基因，编码区总长为 2 904 774 bp，占整个基因组的 84.91%，基因的平均长度为 792 bp。【**基因功能注释**】比对到 KEGG、COG 和 GO 数据库的基因数量分别为 2500 个、2163 个和 2384 个，预测到分泌蛋白编码基因 41 个；在 23 个 COG 功能类群中，基因数量前 10 位的类群分别是：R. 仅一般功能预测 256 个，E. 氨基酸转运与代谢 232 个，J. 翻译、核糖体结构与合成 212 个，K. 转录 192 个，G. 碳水化合物转运与代谢 157 个，S. 功能未知 145 个，C. 能量产生与转换 128 个，P. 无机离子转运与代谢 128 个，O. 翻译后修饰、蛋白质周转、分子伴侣 118 个和 M. 细胞壁/膜/包膜生物合成 117 个（图 5-7-15a）。【**重复序列**】预测到的重复序列包括：LTR 86 个，总长为 5861 bp，平均长度为 68 bp；DNA 重复元件 24 个，总长为 1372 bp，平均长度为 57 bp；LINE 27 个，总长为 1592 bp，平均长度为 59 bp；SINE 8 个，总长为 762 bp，平均长度为 95 bp；RC 3 个，总长为 182 bp，平均长度为 61 bp；未知序列 1 个，长度为 30 bp；TR 62 个，重复序列长度为 10～599 bp，总长为 6341 bp；小卫星 DNA 55 个，重复序列长度为 10～54 bp，总长为 2975 bp；未预测到微卫星 DNA。【**CRISPR**】未预测到 CRISPR 相关序列。【**基因岛**】预测到 10 个基因岛 GI 01～10，长度为 6192～30 457 bp，其 G+C 含量为 34.53%～45.87%。利用已预测得到的基因组信息，如重复序列、GC 含量等，应用 CIRCOS 工具绘制其基因组圈图（图 5-7-15b）。

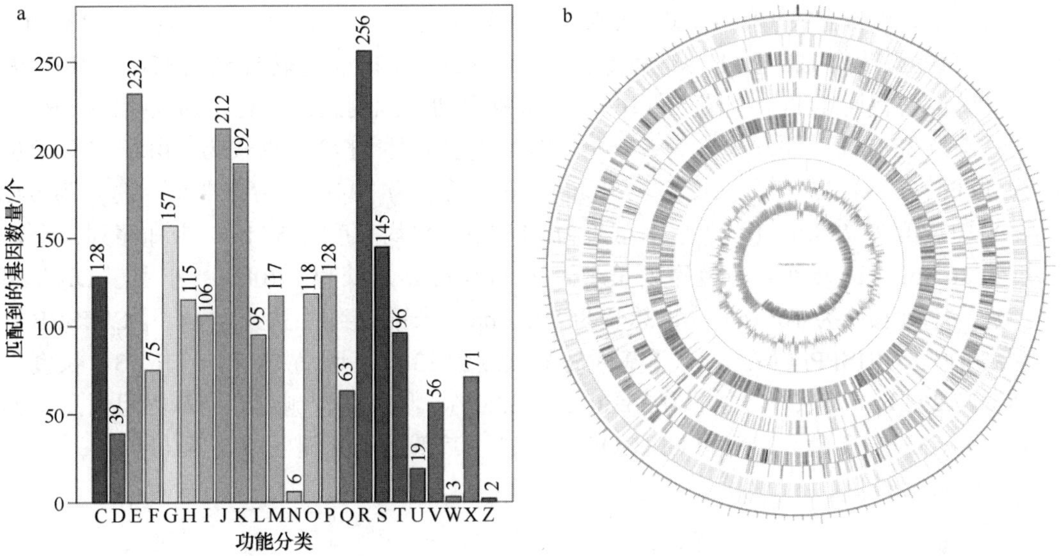


图 5-7-15　马赛李城彬菌 GD1$^T$基因组的直系同源基因聚类分析（a）和圈图（b）

## 十一、制野氏菌属

制野氏菌属（*Seinonella* Yoon et al. 2005，gen. nov.）于 2005 年建立，仅有 1 种：噬蛋白胨制野氏菌［*Seinonella peptonophila* (Nonomura and Ohara 1971) Yoon et al. 2005，comb. nov.］，由噬蛋白胨嗜热放线菌（*Thermoactinomyces peptonophilus*）重分类而来，产芽胞（Yoon et al.，2005c）。目前，该属仅有 1 个已知种类的 1 个基因组被测序。

### 噬蛋白胨制野氏菌（*Seinonella peptonophila*）DSM 44666$^T$

噬蛋白胨制野氏菌（*Seinonella peptonophila* (Nonomura and Ohara 1971) Yoon et al. 2005，comb. nov.）的模式菌株（ATCC 27302$^T$ =DSM 44666$^T$ =JCM 10113$^T$ =KCTC 9740$^T$）分离自土壤，最适生长温度为 37℃，好氧，产芽胞，1971 年被命名为噬蛋白胨嗜热放线菌（Nonomura and Ohara，1971），2005 年被重分类为噬蛋白胨制野氏菌（*Seinonella peptonophila*）（Yoon et al.，2005c）。目前，该种仅有 1 个基因组，模式菌株 DSM 44666$^T$基因组的 GenBank 登录号为 GCA_900129355.1，测序平台为 Illumina HiSeq，于 2016 年 12 月 3 日由美国能源部联合基因组研究所（DOE Joint Genome Institute）提交。

**【基因组的组装】**菌株 DSM 44666$^T$基因组的测序深度为 328 X，基因组大小为 3.844 Mb，组装到 41 个 scaffolds，scaffold $N_{50}$为 255 117 bp。**【G+C 含量】**39.16%。**【非编码 RNA】**预测到 6 个 rRNA 基因（5S rRNA 4 个、16S rRNA 1 个、23S rRNA 1 个），53 个 tRNA 基因，1 个 sRNA 基因。**【编码基因】**有 3969 个蛋白质编码基因，编码区总长为 3 191 193 bp，占整个基因组的 83.02%，基因的平均长度为 804 bp。**【基因功能注释】**比对到 KEGG、COG 和 GO 数据库的基因数量分别为 2466 个、2084 个和 2490 个，预测到分泌蛋白编码基因 41 个；在 24 个 COG 功能类群中，基因数量前 10 位的类群分别是：K. 转录 235 个，R. 仅一般功能预测 225 个，E. 氨基酸转运与代谢 220 个，J. 翻译、核糖体结构与合成 191 个，G. 碳水化合物转运与代谢 179 个，S. 功能未知 136 个，C. 能量产生与转换 128 个，H. 辅酶转运与代谢 128 个，T. 信号转导机制 126 个和 P. 无机离子转运与代谢 112 个（图 5-7-16a）。**【重复序列】**预测到的重复序列包括：LTR 54 个，总长为 3348 bp，平均长度为 62 bp；DNA 重复元件 11 个，总长为 540 bp，平均长度为 49 bp；LINE 25 个，总长为 1750 bp，平均长度为 70 bp；SINE 7 个，总长为 542 bp，平均长度为 77 bp；RC 2 个，总长为 114 bp，平均长度为 57 bp；未知序列 1 个，长度为 16 bp；TR 95 个，重复序列长度为 9～304 bp，总长为 7761 bp；小卫星 DNA 84 个，重复序列长度为 10～60 bp，总长为 5906 bp；未预测到微卫星 DNA。**【CRISPR】**预测到 41 个 CRISPR 相关序列。**【基因岛】**预测到 13 个基因岛 GI 01～GI 13，长度为 3858～27 293 bp，其 G+C 含量为 35.50%～42.20%。利用已预测得到的基因组信息，如重复序列、G+C 含量等，应用 CIRCOS 工具绘制其基因组圈图（图 5-7-16b）。

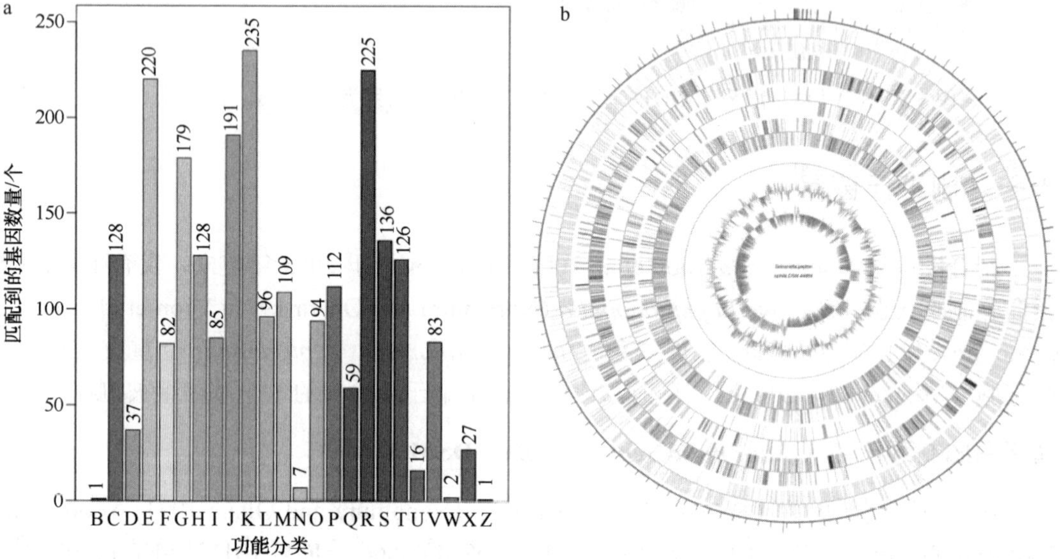


图 5-7-16 噬蛋白胨制野氏菌 DSM 44666$^T$ 基因组的直系同源基因聚类分析（a）和圈图（b）

## 十二、岛津氏菌属

岛津氏菌属（*Shimazuella* Park et al. 2007，gen. nov.）于 2007 年建立，仅有 1 种：韩研所岛津氏菌（*Shimazuella kribbensis* Park et al. 2007，sp. nov.），产芽胞（Park et al.，2007）。目前，该属仅有 1 个已知种类的 1 个基因组被测序。

### 韩研所岛津氏菌（*Shimazuella kribbensis*）DSM 45090$^T$

韩研所岛津氏菌（*Shimazuella kribbensis* Park et al. 2007，sp. nov.）的模式菌株（A 9500$^T$ =KCTC 9933$^T$ =DSM 45090$^T$）分离自韩国小白山的土壤，嗜中温，生长温度为 20～37℃（最适 32℃），产气生菌丝，好氧，芽胞单生（Park et al.，2007）。目前，该种仅有 1 个基因组，模式菌株 DSM 45090$^T$ 基因组的 GenBank 登录号为 GCA_000428065.1，

测序平台为 Illumina HiSeq，于 2013 年 9 月 5 日由美国能源部联合基因组研究所（DOE Joint Genome Institute）提交。

**【基因组的组装】**菌株 DSM 45090$^T$ 基因组的测序深度未知，基因组大小为 4.185 Mb，组装到 42 个 scaffolds，scaffold $N_{50}$ 为 244 454 bp。**【G+C 含量】**38.36%。**【非编码 RNA】**预测到 4 个 rRNA 基因（5S rRNA 4 个、16S rRNA 0 个、23S rRNA 0 个），53 个 tRNA 基因，1 个 sRNA 基因。**【编码基因】**有 4584 个蛋白质编码基因，编码区总长为 3 427 407 bp，占整个基因组的 81.90%，基因的平均长度为 748 bp。**【基因功能注释】**比对到 KEGG、COG 和 GO 数据库的基因数量分别为 2788 个、2335 个和 2711 个，预测到分泌蛋白编码基因 60 个；在 23 个 COG 功能类群中，基因数量前 10 位的类群分别是：K. 转录 272 个，E. 氨基酸转运与代谢 270 个，R. 仅一般功能预测 251 个，J. 翻译、核糖体结构与合成 198 个，G. 碳水化合物转运与代谢 152 个，S. 功能未知 150 个，T. 信号转导机制 138 个，P. 无机离子转运与代谢 135 个，C. 能量产生与转换 132 个和 H. 辅酶转运与代谢 126 个（图 5-7-17a）。**【重复序列】**预测到的重复序列包括：LTR 91 个，总长为 5698 bp，平均长度为 63 bp；DNA 重复元件 33 个，总长为 2733 bp，平均长度为 83 bp；LINE 21 个，总长为 1363 bp，平均长度为 65 bp；SINE 7 个，总长为 688 bp，平均长度为 98 bp；未知序列 1 个，长度为 59 bp；TR 193 个，重复序列长度为 6～1364 bp，总长为 22 635 bp；小卫星 DNA 147 个，重复序列长度为 10～60 bp，总长为 10 180 bp；微卫星 DNA 2 个，重复序列长度为 6 bp，总长为 85 bp。**【CRISPR】**预测到 11 个 CRISPR 相关序列。**【基因岛】**预测到 14 个基因岛 GI 01～GI 14，长度为 3391～17 143 bp，其 G+C 含量为 33.76%～42.90%。利用已预测得到的基因组信息，如重复序列、G+C 含量等，应用 CIRCOS 工具绘制其基因组圈图（图 5-7-17b）。

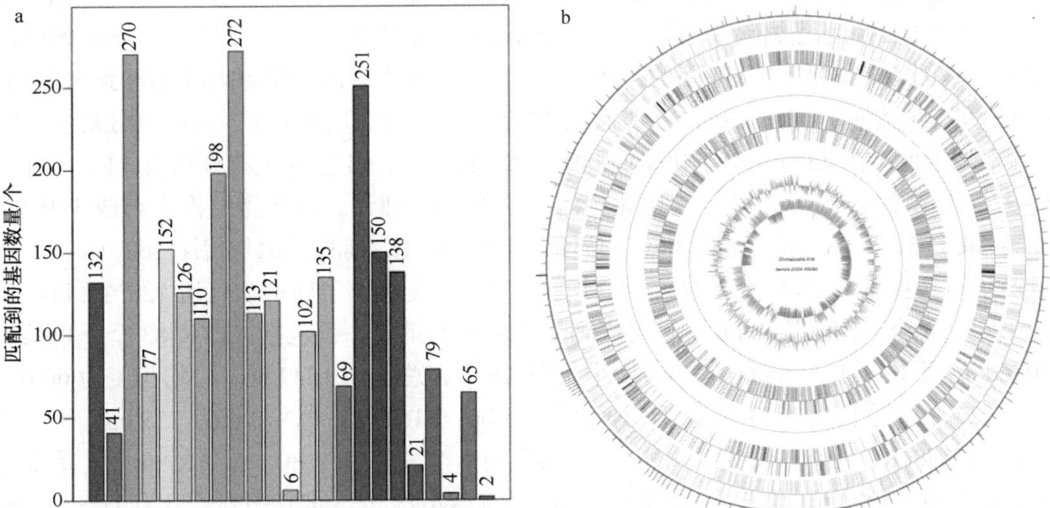


图 5-7-17　韩研所岛津氏菌 DSM 45090$^T$ 基因组的直系同源基因聚类分析（a）和圈图（b）

## 十三、嗜热放线菌属

嗜热放线菌属（*Thermoactinomyces* Tsilinsky 1899，genus.）于 1899 年建立，包含 5 种：大曲嗜热放线菌（*Thermoactinomyces daqus* Yao et al. 2014，sp. nov.）、广西嗜热放线菌（*Thermoactinomyces guangxiensis* Wu et al. 2015，sp. nov.）、中间嗜热放线菌（*Thermoactinomyces intermedius* Kurup et al. 1981，sp. nov.）、汉舍莱嗜热放线菌（*Thermoactinomyces khenchelensis* Mokrane et al. 2017，sp. nov.）和普通嗜热放线菌（*Thermoactinomyces vulgaris* Tsilinsky 1899，species.）（模式种），均嗜热、产芽胞。目前，该属有 2 个已知种类和 4 个未定种菌株的 9 个基因组被测序。

### 1. 大曲嗜热放线菌（*Thermoactinomyces daqus*）H-18$^T$

大曲嗜热放线菌（*Thermoactinomyces daqus* Yao et al. 2014，sp. nov.）的模式菌株（H-18$^T$ =DSM 45914$^T$ =CICC 10681$^T$）分离自山东扳倒井股份有限公司生产芝麻香型白酒的高温大曲，嗜热，生长条件为 45～60℃（最适 55℃）、pH 5.0～9.0（最适 pH 7.0），产气生菌丝，好氧，芽胞单生（Yao et al.，2014b）。目前，该种仅有 1 个基因组，模式菌株 H-18$^T$ 基因组的 GenBank 登录号为 GCA_000763315.1，测序平台为 Illumina HiSeq，于 2014 年 10 月 3 日由中国工业微生物菌种保藏管理中心（China Center of Industrial Culture Collection）提交。

**【基因组的组装】**菌株 H-18$^T$ 基因组的测序深度为 312 X，基因组大小为 3.442 Mb，组装到 86 个 contigs，contig $N_{50}$ 为 116 061 bp。**【G+C 含量】**48.82%。**【非编码 RNA】**预测到 3 个 rRNA 基因（5S rRNA 2 个、16S rRNA 1 个、23S rRNA 0 个），58 个 tRNA 基因，0 个 sRNA 基因。**【编码基因】**有 4139 个蛋白质编码基因，编码区总长为 3 006 498 bp，占整个基因组的 87.35%，基因的平均长度为 726 bp。**【基因功能注释】**比对到 KEGG、COG 和 GO 数据库的基因数量分别为 2527 个、2165 个和 2411 个，预测到分泌蛋白编码基因 39 个；在 23 个 COG 功能类群中，基因数量前 10 位的类群分别是：E. 氨基酸转运与代谢 247 个，R. 仅一般功能预测 218 个，J. 翻译、核糖体结构与合成 199 个，K. 转录 175 个，G. 碳水化合物转运与代谢 173 个，H. 辅酶转运与代谢 162 个，C. 能量产生与转换 149 个，I. 脂质转运与代谢 138 个，P. 无机离子转运与代谢 128 个和 S. 功能未知 124 个（图 5-7-18a）。**【重复序列】**预测到的重复序列包括：LTR 83 个，总长为 5036 bp，平均长度为 61 bp；DNA 重复元件 26 个，总长为 1547 bp，平均长度为 60 bp；LINE 22 个，总长为 1381 bp，平均长度为 63 bp；SINE 13 个，总长为 725 bp，平均长度为 62 bp；RC 1 个，长度为 42 bp；未知序列 1 个，长度为 80 bp；TR 80 个，重复序列长度为 9～390 bp，总长为 4184 bp；小卫星 DNA 77 个，重复序列长度为 11～51 bp，总长为 3351 bp；未预测到微卫星 DNA。**【CRISPR】**预测到 19 个 CRISPR 相关序列。**【基因岛】**预测到 9 个基因岛 GI 01～GI 09，长度为 3595～24 946 bp，其 G+C 含量为 39.14%～48.91%。利用已预测得到的基因组信息，如重复序列、G+C 含量等，应用 CIRCOS 工具绘制其基因组圈图（图 5-7-18b）。

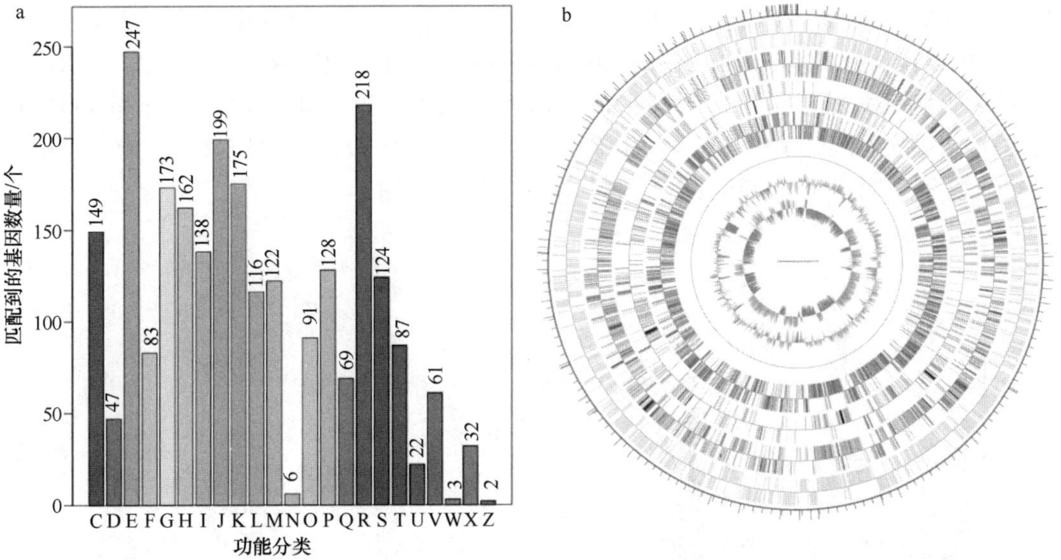


图 5-7-18　大曲嗜热放线菌 H-18$^{T}$基因组的直系同源基因聚类分析（a）和圈图（b）

## 2. 普通嗜热放线菌（*Thermoactinomyces vulgaris*）DSM 43016$^{T}$

普通嗜热放线菌（*Thermoactinomyces vulgaris* Tsilinsky 1899，species.）的模式菌株（ATCC 43649$^{T}$ =DSM 43016$^{T}$ =NBRC 13606$^{T}$ =JCM 3162$^{T}$ =KCC A-0162$^{T}$ =KCTC 9076$^{T}$ = VKM Ac-1195$^{T}$）分离自堆肥，嗜热，最适生长温度为 50～55℃，产气生菌丝，好氧，产芽胞。目前，该种有 4 个基因组，选择组装水平较高的模式菌株 DSM 43016$^{T}$ 的基因组进行描述，其 GenBank 登录号为 GCA_003688725.1，测序平台为 Illumina HiSeq，于 2018 年 10 月 25 日由美国能源部联合基因组研究所（DOE Joint Genome Institute）提交。

**【基因组的组装】**菌株 DSM 43016$^{T}$基因组的测序深度为 400 X，基因组大小为 2.558 Mb，组装到 15 个 scaffolds，scaffold $N_{50}$ 为 562 030 bp。**【G+C 含量】**47.93%。**【非编码 RNA】**预测到 6 个 rRNA 基因（5S rRNA 6 个、16S rRNA 0 个、23S rRNA 0 个），54 个 tRNA 基因，0 个 sRNA 基因。**【编码基因】**有 2952 个蛋白质编码基因，编码区总长为 2 298 642 bp，占整个基因组的 89.86%，基因的平均长度为 779 bp。**【基因功能注释】**比对到 KEGG、COG 和 GO 数据库的基因数量分别为 2019 个、1792 个和 1894 个，预测到分泌蛋白编码基因 40 个；在 23 个 COG 功能类群中，基因数量前 10 位的类群分别是：E. 氨基酸转运与代谢 211 个，J. 翻译、核糖体结构与合成 193 个，R. 仅一般功能预测 154 个，C. 能量产生与转换 144 个，K. 转录 138 个，H. 辅酶转运与代谢 128 个，I. 脂质转运与代谢 120 个，G. 碳水化合物转运与代谢 117 个，P. 无机离子转运与代谢 114 个和 S. 功能未知 102 个（图 5-7-19a）。**【重复序列】**预测到的重复序列包括：LTR 48 个，总长为 2925 bp，平均长度为 61 bp；DNA 重复元件 14 个，总长为 794 bp，平均长度为 57 bp；LINE 6 个，总长为 304 bp，平均长度为 51 bp；SINE 10 个，总长为 526 bp，平均长度为 53 bp；RC 1 个，长度为 33 bp；未知序列 1 个，长度为 46 bp；TR

26 个，重复序列长度为 12～155 bp，总长为 1560 bp；小卫星 DNA 24 个，重复序列长度为 12～48 bp，总长为 1004 bp；未预测到微卫星 DNA。**【CRISPR】**预测到 12 个 CRISPR 相关序列。**【基因岛】**预测到 2 个基因岛 GI 01 和 GI 02，长度分别为 12 572 bp 和 3605 bp，其 G+C 含量分别为 35.19%和 47.91%。利用已预测得到的基因组信息，如重复序列、G+C 含量等，应用 CIRCOS 工具绘制其基因组圈图（图 5-7-19b）。

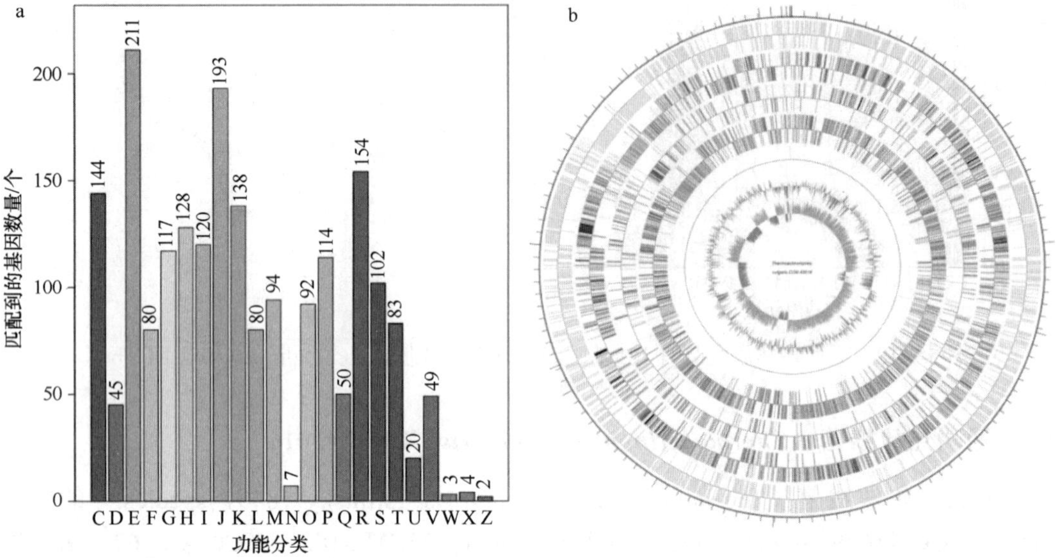


图 5-7-19　普通嗜热放线菌 DSM 43016$^T$ 基因组的直系同源基因聚类分析（a）和圈图（b）

## 十四、嗜热黄微菌属

嗜热黄微菌属（*Thermoflavimicrobium* Yoon et al. 2005，gen. nov.）于 2005 年建立（Yoon et al.，2005c），包含 2 种：大曲嗜热黄微菌（*Thermoflavimicrobium daqui* Li et al. 2019，sp. nov.）和双枝嗜热黄微菌［*Thermoflavimicrobium dichotomicum* (Krasil'nikov and Agre 1964) Yoon et al. 2005，comb. nov.］（模式种），均嗜热、产芽胞。目前，该属有 2 个已知种类的 2 个基因组被测序。

### 1. 双枝嗜热黄微菌（*Thermoflavimicrobium dichotomicum*）DSM 44778$^T$

双枝嗜热黄微菌［*Thermoflavimicrobium dichotomicum* (Krasil'nikov and Agre 1964) Yoon et al. 2005，comb. nov.］的模式菌株（114$^T$ =ATCC 49854$^T$ =DSM 44778$^T$ =JCM 9688$^T$ = KCTC 3667$^T$ =VKM Ac-1435$^T$）分离自土壤和蘑菇堆肥，嗜热，55℃生长，30℃不能生长，0.5%（*W*/*V*）NaCl 时生长、1%时不能生长，产气生菌丝，好氧，芽胞固着于双歧分枝的孢子梗内，1964 年被命名为双枝双歧放线菌（*Actinobifida dichotomica* Krasil'nikov and Agre 1964），1973 年被重命名为双枝嗜热放线菌（*Thermoactinomyces dichotomicus* corrig. (Krasil'nikov and Agre 1964) Cross and Goodfellow 1973），2005 年被重分类为双枝嗜热黄微菌（*Thermoflavimicrobium dichotomicum*）（Yoon et al.，2005c）目前，该种仅

有 1 个基因组，模式菌株 DSM 44778$^T$ 基因组的 GenBank 登录号为 GCA_900114055.1，测序平台为 Illumina HiSeq，于 2016 年 11 月 2 日由美国能源部联合基因组研究所（DOE Joint Genome Institute）提交。

**【基因组的组装】** 菌株 DSM 44778$^T$ 基因组的测序深度为 262 X，基因组大小为 3.853 Mb，组装到 77 个 scaffolds，scaffold $N_{50}$ 为 151 243 bp。**【G+C 含量】** 42.52%。**【非编码 RNA】** 预测到 11 个 rRNA 基因（5S rRNA 10 个、16S rRNA 1 个、23S rRNA 0 个），75 个 tRNA 基因，0 个 sRNA 基因。**【编码基因】** 有 3931 个蛋白质编码基因，编码区总长为 3 221 130 bp，占整个基因组的 83.60%，基因的平均长度为 819 bp。**【基因功能注释】** 比对到 KEGG、COG 和 GO 数据库的基因数量分别为 2734 个、2389 个和 2532 个，预测到分泌蛋白编码基因 44 个；在 23 个 COG 功能类群中，基因数量前 10 位的类群分别是：E. 氨基酸转运与代谢 295 个，R. 仅一般功能预测 251 个，J. 翻译、核糖体结构与合成 215 个，K. 转录 200 个，C. 能量产生与转换 186 个，G. 碳水化合物转运与代谢 175 个，H. 辅酶转运与代谢 171 个，I. 脂质转运与代谢 168 个，S. 功能未知 139 个和 P. 无机离子转运与代谢 128 个（图 5-7-20a）。**【重复序列】** 预测到的重复序列包括：LTR 163 个，总长为 9813 bp，平均长度为 60 bp；DNA 重复元件 44 个，总长为 2807 bp，平均长度为 64 bp；LINE 40 个，总长为 4149 bp，平均长度为 104 bp；SINE 16 个，总长为 918 bp，平均长度为 57 bp；TR 96 个，重复序列长度为 3～780 bp，总长为 10 264 bp；小卫星 DNA 79 个，重复序列长度为 11～54 bp，总长为 5656 bp；微卫星 DNA 2 个，重复序列长度为 3～6 bp，总长为 108 bp。**【CRISPR】** 预测到 26 个 CRISPR 相关序列。**【基因岛】** 预测到 12 个基因岛 GI 01～GI 12，长度为 2752～12 717 bp，其 G+C 含量为 36.37%～46.22%。利用已预测得到的基因组信息，如重复序列、G+C 含量等，应用 CIRCOS 工具绘制其基因组圈图（图 5-7-20b）。

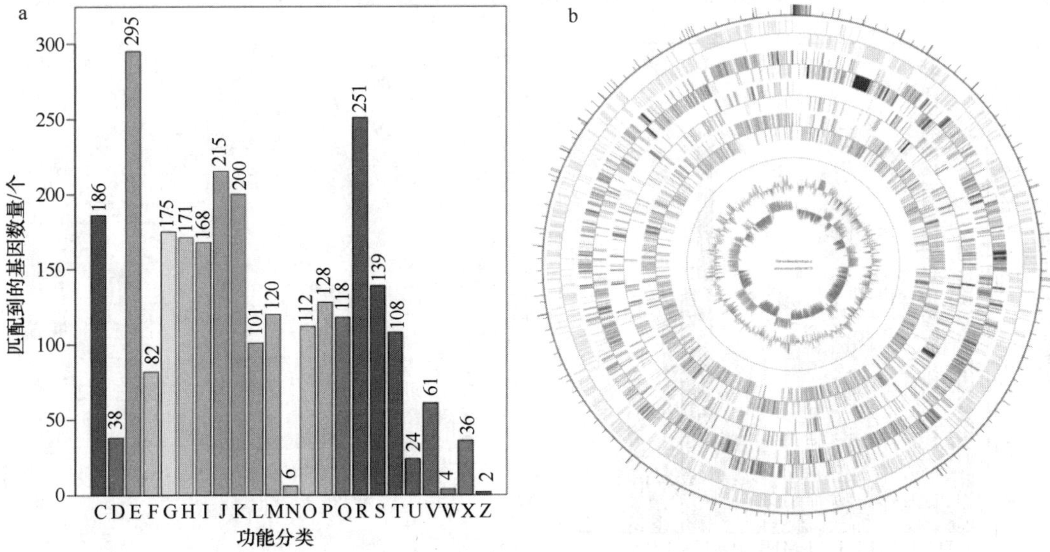


图 5-7-20　双枝嗜热黄微菌 DSM 44778$^T$ 基因组的直系同源基因聚类分析（a）和圈图（b）

## 2. 大曲嗜热黄微菌（*Thermoflavimicrobium daqui*）FBKL4.011T

大曲嗜热黄微菌（*Thermoflavimicrobium daqui* Li et al. 2019，sp. nov.）的模式菌株（FBKL4.011T =KCTC 43036T =CICC 24504T）分离自贵州生产茅台香型白酒的大曲，嗜热，生长温度为 45～65℃，最适温度为 45℃，产气生菌丝，好氧，芽胞单生于长而分枝的孢子梗内（Li et al.，2019h）。目前，该种仅有 1 个基因组，模式菌株 FBKL4.011T 基因组的 GenBank 登录号为 GCA_003313465.1，测序平台为 Illumina MiSeq，于 2018 年 6 月 22 日由贵州大学（Guizhou University）提交。

**【基因组的组装】**菌株 FBKL4.011T 基因组的测序深度为 132 X，基因组大小为 3.868 Mb，组装到 40 个 scaffolds，scaffold $N_{50}$ 为 396 411 bp。**【G+C 含量】**37.82%。**【非编码 RNA】**预测到 11 个 rRNA 基因（5S rRNA 10 个、16S rRNA 0 个、23S rRNA 1 个），85 个 tRNA 基因，0 个 sRNA 基因。**【编码基因】**有 3679 个蛋白质编码基因，编码区总长为 3 200 796 bp，占整个基因组的 82.75%，基因的平均长度为 870 bp。**【基因功能注释】**比对到 KEGG、COG 和 GO 数据库的基因数量分别为 2583 个、2279 个和 2449 个，预测到分泌蛋白编码基因 44 个；在 23 个 COG 功能类群中，基因数量前 10 位的类群分别是：E. 氨基酸转运与代谢 266 个，R. 仅一般功能预测 231 个，J. 翻译、核糖体结构与合成 221 个，K. 转录 219 个，H. 辅酶转运与代谢 160 个，C. 能量产生与转换 156 个，S. 功能未知 146 个，P. 无机离子转运与代谢 135 个，I. 脂质转运与代谢 126 个和 G. 碳水化合物转运与代谢 122 个（图 5-7-21a）。**【重复序列】**预测到的重复序列包括：LTR 88 个，总长为 5837 bp，平均长度为 66 bp；DNA 重复元件 32 个，总长为 1850 bp，平均长度为 58 bp；LINE 26 个，总长为 1437 bp，平均长度为 55 bp；SINE 14 个，总长为 884 bp，平均长度为 63 bp；RC 2 个，总长为 112 bp，平均长度为 56 bp；TR 105 个，重复序列长度为 7～720 bp，总长为 8209 bp；小卫星 DNA 86 个，重复序列长度为 10～

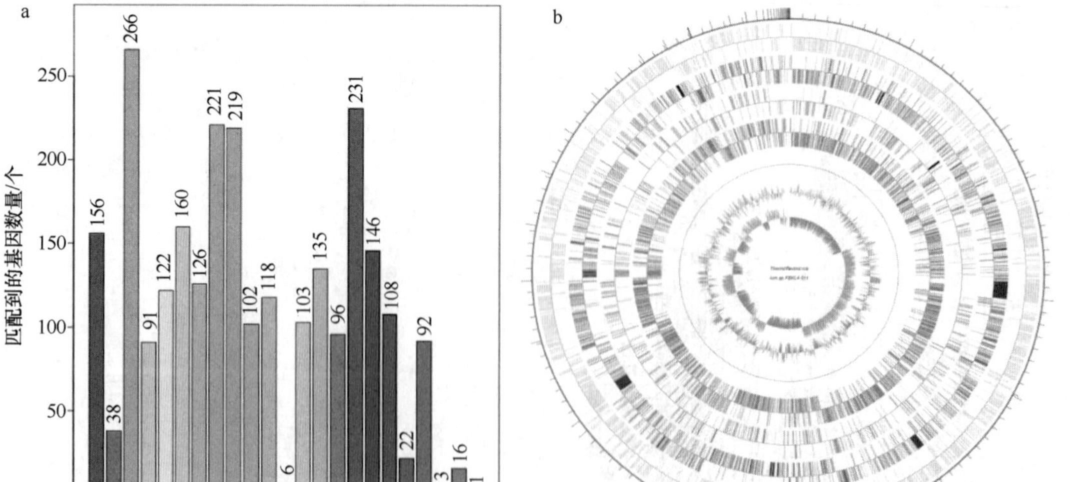


图 5-7-21　大曲嗜热黄微菌 FBKL4.011T 基因组的直系同源基因聚类分析（a）和圈图（b）

54 bp，总长为 5241 bp；未预测到微卫星 DNA。**【CRISPR】**预测到 90 个 CRISPR 相关序列。**【基因岛】**预测到 3 个基因岛 GI 01～GI 03，长度分别为 7392 bp、5574 bp 和 21 567 bp，其 G+C 含量分别为 36.81%、36.69%和 32.54%。利用已预测得到的基因组信息，如重复序列、G+C 含量等，应用 CIRCOS 工具绘制其基因组圈图（图 5-7-21b）。

## 第八节　未定科芽胞杆菌基因组描述

以下这些属在分类地位上，不属于芽胞杆菌目已经建立的任何科，有些属的种类能形成芽胞而有些不能，从系统发育关系来看，它们可能属于不同的科，即还有多个科待建立。

### 一、酸芽胞杆菌属

酸芽胞杆菌属（*Acidibacillus* Holanda et al. 2015，gen. nov.）由 Holanda 等于 2015 年建立，仅包含 2 种嗜酸的种类（Holanda et al.，2015），均未合格化。目前，该属有 2 个已知种类的 4 个基因组被测序。

#### 1. 铁氧化酸芽胞杆菌（*Acidibacillus ferrooxidans*）SLC66$^{T}$

铁氧化酸芽胞杆菌（*Acidibacillus ferrooxidans* Holanda et al. 2015，sp. nov.）的模式菌株是 SLC66$^{T}$，分离自美国矿山废渣表土，嗜中温、嗜酸，最适生长条件为 30℃、pH 2.9，能氧化还原性铁（Holanda et al.，2016）。菌株 SLC66$^{T}$ 的 16S rRNA 基因序列登录号是 AY040739.1，基因组序列登录号是 GCA_001642725.1，测序平台为 Illumina MiSeq，于 2016 年 5 月 12 日由巴西淡水河谷理工学院（Vale Institute of Technology）提交。

**【基因组的组装】**菌株 SLC66$^{T}$ 基因组的测序深度为 34.7 X；基因组大小为 3.0 Mb；包含 98 个 contigs，contig $N_{50}$ 为 49 097 bp。**【G+C 含量】**51.97%。**【非编码 RNA】**预测到 1 个 rRNA 基因 5S rRNA 1 个，54 个 tRNA 基因，0 个 sRNA 基因。**【编码基因】**有 3018 个蛋白质编码基因，编码区总长为 2 633 364 bp，占整个基因组的 87.78%，基因的平均长度为 873 bp。**【基因功能注释】**比对到 KEGG、COG 和 GO 数据库的基因数量分别为 2101 个、1838 个和 2026 个，预测到分泌蛋白编码基因 33 个；在 23 个 COG 功能类群中，基因数量前 10 位的 COG 功能类群分别是：E. 氨基酸转运与代谢 237 个，J. 翻译、核糖体结构与合成 197 个，R. 仅一般功能预测 182 个，K. 转录 158 个，C. 能量产生与转换 145 个，G. 碳水化合物转运与代谢 137 个，H. 辅酶转运与代谢 126 个，P. 无机离子转运与代谢 117 个，M. 细胞壁/膜/包膜生物合成 100 个和 I. 脂质转运与代谢 93 个（图 5-8-1a）。**【重复序列】**预测到的重复序列包括：LTR 52 个，总长为 2923 bp，平均长度为 56 bp；DNA 重复元件 13 个，总长为 689 bp，平均长度为 53 bp；LINE 7 个，总长为 364 bp，平均长度为 52 bp；SINE 8 个，总长为 567 bp，平均长度为 71 bp；RC 1 个，长度为 51 bp；未知序列 3 个，总长为 176 bp，平均长度为 59 bp；TR 63 个，重复序列长度为 6～1260 bp，总长为 9127 bp；小卫星 DNA 42 个，重复序列长度为 11～51 bp，总长为 2935 bp；微卫星 DNA 4 个，总长为 221 bp。**【前噬菌体】**未预测到前噬菌体相关序列信息。**【CRISPR】**预测到 50 个 CRISPR 相关序列。**【基因岛】**预测到 4 个基因岛 GI 01～GI 04，长度分别为 9902 bp、10 666 bp、6069 bp 和 8737 bp，其 G+C 含量分别为 50.10%、48.96%、53.47%和 47.76%。利用已预测得到的基因组信息，如重复序列、G+C 含量等，应用 CIRCOS 工具绘制其基因组圈图（图 5-8-1b）。

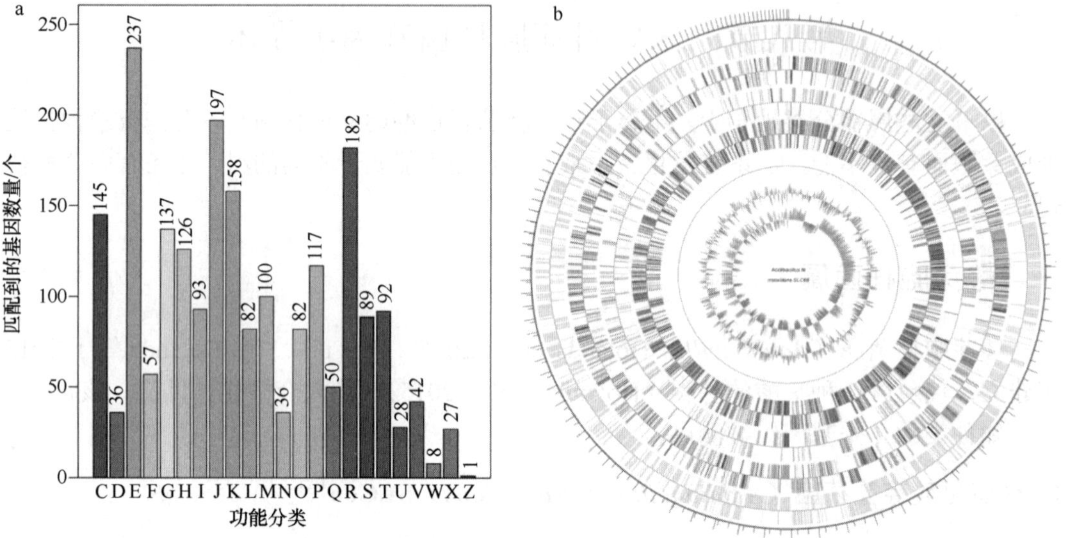


图 5-8-1　铁氧化酸芽胞杆菌 SLC66$^T$ 基因组的直系同源基因聚类分析（a）和圈图（b）

## 2. 硫氧化酸芽胞杆菌（*Acidibacillus sulfuroxidans*）Y002$^T$

硫氧化酸芽胞杆菌（*Acidibacillus sulfuroxidans* Holanda et al. 2016，sp. nov.）的模式菌株是 Y002$^T$ 分离自美国黄石国家公园的地热材料，中度嗜热、嗜酸，最适生长条件为 43℃、pH 1.8，能氧化还原性铁和硫（Holanda et al.，2016）。菌株 Y002$^T$ 的基因组序列登录号是 GCA_003144315.1，测序平台为 Illumina MiSeq，于 2018 年 5 月 21 日由巴西淡水河谷理工学院（Vale Institute of Technology）提交。

**【基因组的组装】**菌株 Y002$^T$ 基因组大小为 2.87 Mb；包含 135 个 contigs，contig $N_{50}$ 为 95 731 bp，进一步组装到 113 个 scaffold，scaffold $N_{50}$ 为 95 731 bp。**【G+C 含量】**46.02%。**【非编码 RNA】**预测到 6 个 rRNA 基因（5S rRNA 2 个，16S rRNA 2 个，23S rRNA 2 个），46 个 tRNA 基因，未预测到 sRNA 基因。**【编码基因】**有 2928 个蛋白质编码基因，编码区总长为 2 518 008 bp，占整个基因组的 87.74%，基因的平均长度为 860 bp。**【基因功能注释】**比对到 KEGG、COG 和 GO 数据库的基因数量分别为 2034 个、1800 个和 2020 个，预测到分泌蛋白编码基因 23 个；在 23 个 COG 功能类群中，基因数量前 10 位的 COG 功能类群分别是：E. 氨基酸转运与代谢 217 个，J. 翻译、核糖体结构与合成 183 个，K. 转录 157 个，R. 仅一般功能预测 149 个，C. 能量产生与转换 142 个，H. 辅酶转运与代谢 133 个，I. 脂质转运与代谢 115 个，G. 碳水化合物转运与代谢 114 个，P. 无机离子转运与代谢 99 个和 T. 信号转导机制 93 个（图 5-8-2a）。**【重复序列】**预测到的重复序列包括：LTR 110 个，总长为 7266 bp，平均长度为 66 bp；DNA

重复元件 17 个，总长为 913 bp，平均长度为 54 bp；LINE 23 个，总长为 1254 bp，平均长度为 55 bp；SINE 4 个，总长为 289 bp，平均长度为 72 bp；RC 5 个，总长为 284 bp，平均长度为 57 bp；未知序列 1 个，长度为 54 bp；TR 43 个，重复序列长度为 9～195 bp，总长为 3544 bp；小卫星 DNA 22 个，重复序列长度为 10～39 bp，总长为 1721 bp；未预测到微卫星 DNA。**【前噬菌体】**未预测到前噬菌体相关序列信息。**【CRISPR】**预测到 80 个 CRISPR 相关序列。**【基因岛】**预测到 5 个基因岛 GI 01～GI 05，长度分别为 11 266 bp、11 395 bp、11 906 bp、8245 bp 和 5275 bp，其 G+C 含量分别为 46.04%、44.55%、42.79%、45.4%和 45.97%。利用已预测得到的基因组信息，如重复序列、G+C 含量等，应用 CIRCOS 工具绘制其基因组圈图（图 5-8-2b）。

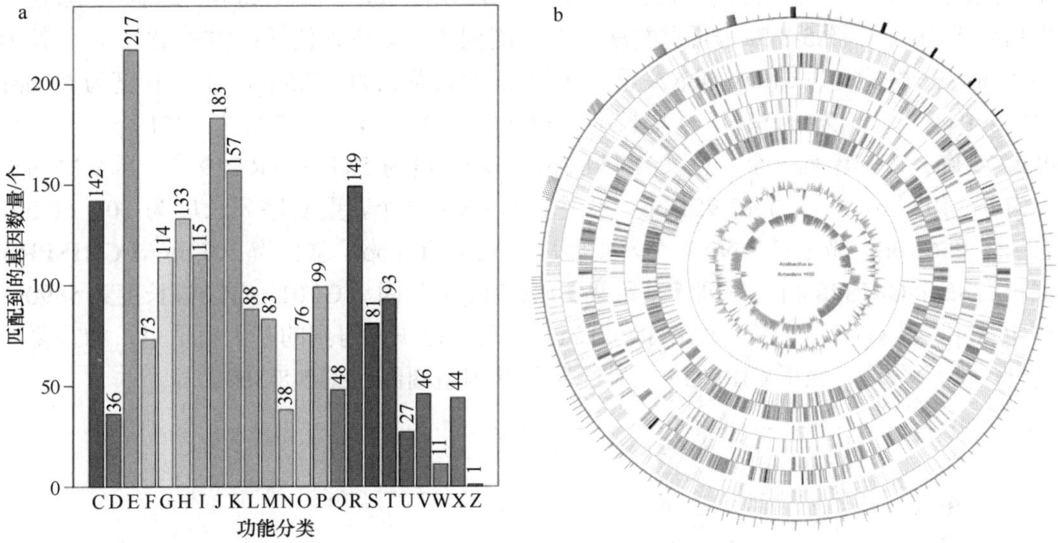


图 5-8-2　硫氧化酸芽胞杆菌 Y002$^{T}$ 基因组的直系同源基因聚类分析（a）和圈图（b）

## 二、脱硫芽胞杆菌属

脱硫芽胞杆菌属（*Desulfuribacillus* Sorokin et al. 2014，gen. nov.）于 2014 年建立（Sorokin et al.，2014），该属的分类地位应归为芽胞杆菌目的一个新科（待建立），包含 2 种，均严格厌氧，产芽胞。目前，该属有 2 个已知种类的 2 个基因组被测序。

### 1. 碱砷还原脱硫芽胞杆菌（*Desulfuribacillus alkaliarsenatis*）AHT28$^{T}$

碱砷还原脱硫芽胞杆菌（*Desulfuribacillus alkaliarsenatis* Sorokin et al. 2014，sp. nov.）的模式菌株（AHT28$^{T}$ = DSM24608$^{T}$ =UNIQEM U855$^{T}$）分离自俄罗斯的苏打湖沉积物，耐盐、嗜碱，生长条件为 pH 9.0～10.5（最适 pH 10.0）、0.2～2.0 mol/L NaCl（最适 0.6 mol/L），能还原砷酸盐和硫酸盐，严格厌氧，产芽胞（Sorokin et al.，2012）。目前，该种仅有 1 个基因组，模式菌株 AHT28$^{T}$ 基因组的 GenBank 登录号为 GCA_001730225.1，测序平台为 Illumina MiSeq，于 2016 年 9 月 16 日由美国佐治亚大学（University of Georgia）提交。

**【基因组的组装】**菌株 AHT28$^T$基因组的测序深度为 85 X，基因组大小为 3.106 Mb，组装到 36 个 contigs，contig $N_{50}$为 235 557 bp。**【G+C 含量】**37.51%。**【非编码 RNA】**预测到 7 个 rRNA 基因（5S rRNA 5 个、16S rRNA 1 个、23S rRNA 1 个），61 个 tRNA 基因，1 个 sRNA 基因。**【编码基因】**有 2982 个蛋白质编码基因，编码区总长为 2 801 043 bp，占整个基因组的 90.18%，基因的平均长度为 939 bp。**【基因功能注释】**比对到 KEGG、COG 和 GO 数据库的基因数量分别为 2234 个、1918 个和 2168 个，预测到分泌蛋白编码基因 32 个；在 24 个 COG 功能类群中，基因数量前 10 位的类群分别是：T. 信号转导机制 200 个，J. 翻译、核糖体结构与合成 183 个，R. 仅一般功能预测 176 个，P. 无机离子转运与代谢 172 个，C. 能量产生与转换 171 个，E. 氨基酸转运与代谢 168 个，K. 转录 160 个，H. 辅酶转运与代谢 123 个，S. 功能未知 110 个和 M. 细胞壁/膜/包膜生物合成 96 个（图 5-8-3a）。**【重复序列】**预测到的重复序列包括：LTR 48 个，总长为 2906 bp，平均长度为 61 bp；DNA 重复元件 23 个，总长为 1525 bp，平均长度为 66 bp；LINE 10 个，总长为 599 bp，平均长度为 60 bp；SINE 14 个，总长为 1051 bp，平均长度为 75 bp；未知序列 3 个，总长为 151 bp，平均长度为 50 bp；TR 219 个，重复序列长度为 6～402 bp，总长为 12 951 bp；小卫星 DNA 197 个，重复序列长度为 10～60 bp，总长为 8662 bp；微卫星 DNA 4 个，重复序列长度为 6 bp，总长为 207 bp。**【CRISPR】**预测到 82 个 CRISPR 相关序列。**【基因岛】**预测到 7 个基因岛 GI 01～GI 07，长度为 5890～18 454 bp，其 G+C 含量为 31.89%～40.71%。利用已预测得到的基因组信息，如重复序列、G+C 含量等，应用 CIRCOS 工具绘制其基因组圈图（图 5-8-3b）。

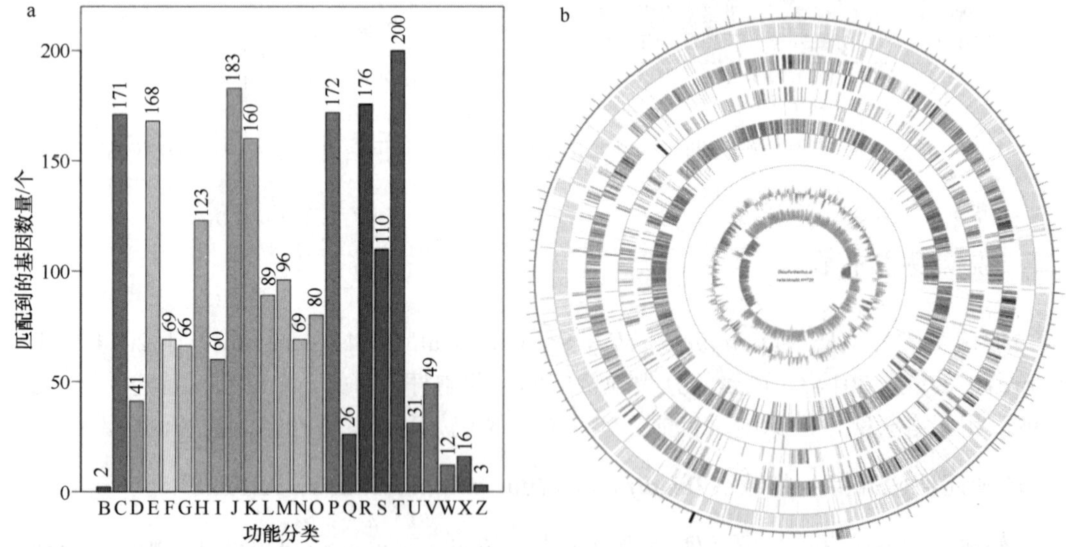


图 5-8-3 碱砷还原脱硫芽胞杆菌 AHT28$^T$基因组的直系同源基因聚类分析（a）和圈图（b）

## 2. 还原锑砷脱硫芽胞杆菌（*Desulfuribacillus stibiiarsenatis*）MLFW-2$^T$

还原锑砷脱硫芽胞杆菌（*Desulfuribacillus stibiiarsenatis* Abin and Hollibaugh 2017, sp. nov.）的模式菌株（MLFW-2$^T$ =DSM 28709$^T$=JCM 30866$^T$）分离自美国莫诺湖南岸附

近的地热温泉沉积物，生长条件为 10～43℃（最适 34℃）、pH 7.0～10.0（最适 pH 8.25～8.5）、0～5%（*W*/*V*）NaCl（最适 0.75%），能还原锑酸盐和砷酸盐，厌氧，产芽胞（Abin and Hollibaugh，2017）。目前，该种仅有 1 个基因组，模式菌株 MLFW-2$^T$ 基因组的 GenBank 登录号为 GCA_001742305.1，测序平台为 Illumina MiSeq，于 2016 年 9 月 22 日由美国佐治亚大学（University of Georgia）提交。

**【基因组的组装】**菌株 MLFW-2$^T$ 基因组的测序深度为 85 X，基因组大小为 3.120 Mb，组装到 40 个 contigs，contig $N_{50}$ 为 233 716 bp。**【G+C 含量】**38.18%。**【非编码 RNA】**预测到 9 个 rRNA 基因（5S rRNA 7 个、16S rRNA 1 个、23S rRNA 1 个），63 个 tRNA 基因，1 个 sRNA 基因。**【编码基因】**有 3053 个蛋白质编码基因，编码区总长为 2 761 521 bp，占整个基因组的 88.51%，基因的平均长度为 905 bp。**【基因功能注释】**比对到 KEGG、COG 和 GO 数据库的基因数量分别为 2250 个、1915 个和 2163 个，预测到分泌蛋白编码基因 31 个；在 24 个 COG 功能类群中，基因数量前 10 位的类群分别是：J. 翻译、核糖体结构与合成 193 个，T. 信号转导机制 182 个，E. 氨基酸转运与代谢 181 个，R. 仅一般功能预测 162 个，K. 转录 161 个，C. 能量产生与转换 157 个，P. 无机离子转运与代谢 142 个，H. 辅酶转运与代谢 122 个，M. 细胞壁/膜/包膜生物合成 116 个和 S. 功能未知 113 个（图 5-8-4a）。**【重复序列】**预测到的重复序列包括：LTR 59 个，总长为 4031 bp，平均长度为 68 bp；DNA 重复元件 13 个，总长为 917 bp，平均长度为 71 bp；LINE 10 个，总长为 568 bp，平均长度为 57 bp；SINE 15 个，总长为 1206 bp，平均长度为 80 bp；未知序列 1 个，长度为 106 bp；TR 206 个，重复序列长度为 6～177 bp，总长为 10 741 bp；小卫星 DNA 169 个，重复序列长度为 10～41 bp，总长为 7416 bp；微卫星 DNA 3 个，重复序列长度为 6 bp，总长为 163 bp。**【CRISPR】**预测到 114 个 CRISPR 相关序列。**【基因岛】**预测到 6 个基因岛 GI 01～GI 06，长度为 6687～18 401 bp，其 G+C 含量为 33.46%～37.78%。利用已预测得到的基因组信息，如重复序列、G+C 含量等，应用 CIRCOS 工具绘制其基因组圈图（图 5-8-4b）。

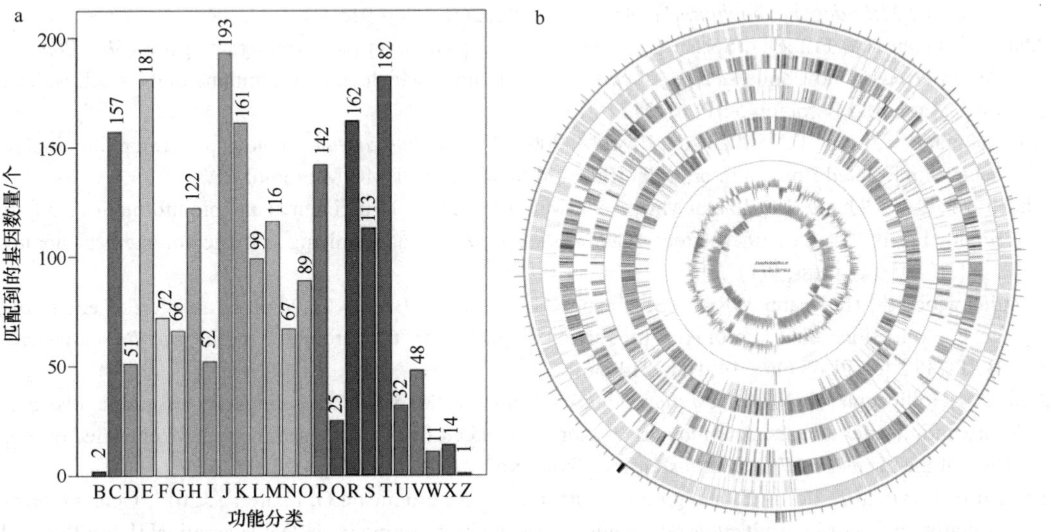


图 5-8-4 还原锑砷脱硫芽胞杆菌 MLFW-2$^T$ 基因组的直系同源基因聚类分析（a）和圈图（b）

# 参 考 文 献


付剑锋, 林平, 冯铁山, 程冬, 张权, 夏庆友, 程廷才. 2017. 家蚕氨肽酶(BmAPN5)与黑胸败血芽孢杆菌伴孢晶体(PC)毒素相互作用[J]. 生物工程学报, 33(1): 90-98.

刘波, 陶天申, 王阶平, 等. 2016. 芽胞杆菌第二卷芽胞杆菌分类学[M]. 北京: 科学出版社.

刘波, 王阶平, 陶天申, 等. 2015. 芽胞杆菌属及其近缘属种名目录[J]. 福建农业学报, 30(1): 38-59.

刘凌云, 郑光美. 2009. 普通动物学[M]. 4 版. 北京: 高等教育出版社.

刘双江, 施文元, 赵国屏. 2017. 中国微生物组计划: 机遇与挑战[J]. 中国科学院院刊, 32(3): 241-250.

王阶平, 刘波, 刘国红, 喻子牛, 陶天申. 2017. 芽胞杆菌系统分类研究最新进展[J]. 福建农业学报, 32(7): 786-800.

1000 Genomes Project Consortium, Abecasis GR, Altshuler D, Auton A, Brooks LD, Durbin RM, Gibbs RA, Hurles ME, McVean GA. 2010. A map of human genome variation from population-scale sequencing[J]. Nature, 467(7319): 1061-1073.

1000 Genomes Project Consortium, Abecasis GR, Auton A, Brooks LD, DePristo MA, Durbin RM, Handsaker RE, Kang HM, Marth GT, McVean GA. 2012. An integrated map of genetic variation from 1092 human genomes[J]. Nature, 491(7422): 56-65.

1000 Genomes Project Consortium, Auton A, Brooks LD, Durbin RM, Garrison EP, Kang HM, Korbel JO, Marchini JL, McCarthy S, McVean GA, Abecasis GR. 2015. A global reference for human genetic variation[J]. Nature, 526(7571): 68-74.

Abad P, Gouzy J, Aury JM, Castagnone-Sereno P, Danchin EG, Deleury E, Perfus-Barbeoch L, Anthouard V, Artiguenave F, Blok VC, Caillaud MC, Coutinho PM, Dasilva C, De Luca F, Deau F, Esquibet M, Flutre T, Goldstone JV, Hamamouch N, Hewezi T, Jaillon O, Jubin C, Leonetti P, Magliano M, Maier TR, Markov GV, McVeigh P, Pesole G, Poulain J, Robinson-Rechavi M, Sallet E, Ségurens B, Steinbach D, Tytgat T, Ugarte E, van Ghelder C, Veronico P, Baum TJ, Blaxter M, Bleve-Zacheo T, Davis EL, Ewbank JJ, Favery B, Grenier E, Henrissat B, Jones JT, Laudet V, Maule AG, Quesneville H, Rosso MN, Schiex T, Smant G, Weissenbach J, Wincker P. 2008. Genome sequence of the metazoan plant-parasitic nematode *Meloidogyne incognita*[J]. Nat Biotechnol, 26(8): 909-915.

Abd El-Rahman HA, Fritze D, Spröer C, Claus D. 2002. Two novel psychrotolerant species, *Bacillus psychrotolerans* sp. nov. and *Bacillus psychrodurans* sp. nov., which contain ornithine in their cell walls[J]. Int J Syst Evol Microbiol, 52(Pt 6): 2127-2133.

Abd Rahman RN, Leow TC, Salleh AB, Basri M. 2007. *Geobacillus zalihae* sp. nov., a thermophilic lipolytic bacterium isolated from palm oil mill effluent in Malaysia[J]. BMC Microbiol, 7: 77.

Abdelrazek NA, Elkhatib WF, Raafat MM, Aboulwafa MM. 2019. Experimental and bioinformatics study for production of L-asparaginase from *Bacillus licheniformis*: a promising enzyme for medical application[J]. AMB Express, 9(1): 39.

Abdulmawjood A, Herrmann J, Riede S, Jimenez G, Becker A, Breves G. 2019. Evaluation of enterotoxin gene expression and enterotoxin production capacity of the probiotic strain *Bacillus toyonensis* BCT-7112$^{T}$[J]. PLoS One, 14(4): e0214536.

Abin CA, Hollibaugh JT. 2017. *Desulfuribacillus stibiiarsenatis* sp. nov., an obligately anaerobic, dissimilatory antimonate- and arsenate-reducing bacterium isolated from anoxic sediments, and emended description of the genus *Desulfuribacillus*[J]. Int J Syst Evol Microbiol, 67(Pt 4): 1011-1017.

Acquadro A, Barchi L, Portis E, Mangino G, Valentino D, Mauromicale G, Lanteri S. 2017. Genome reconstruction in *Cynara cardunculus* taxa gains access to chromosome-scale DNA variation[J]. Sci Rep, 7(1): 5617.

Adams MD, Celniker SE, Holt RA, Evans CA, Gocayne JD, Amanatides PG, Scherer SE, Li PW, Hoskins RA, Galle RF, George RA, Lewis SE, Richards S, Ashburner M, Henderson SN, Sutton GG, Wortman JR, Yandell MD, Zhang Q, Chen LX, Brandon RC, Rogers YH, Blazej RG, Champe M, Pfeiffer BD, Wan KH, Doyle C, Baxter EG, Helt G, Nelson CR, Gabor GL, Abril JF, Agbayani A, An HJ, Andrews-Pfannkoch C, Baldwin D, Ballew RM, Basu A, Baxendale J, Bayraktaroglu L, Beasley EM, Beeson KY, Benos PV, Berman BP, Bhandari D, Bolshakov S, Borkova D, Botchan MR, Bouck J, Brokstein P, Brottier P, Burtis KC, Busam DA, Butler H, Cadieu E, Center A, Chandra I, Cherry JM, Cawley S, Dahlke C, Davenport LB, Davies P, de Pablos B, Delcher A, Deng Z, Mays AD, Dew I, Dietz SM, Dodson K, Doup LE, Downes M, Dugan-Rocha S, Dunkov BC, Dunn P, Durbin KJ, Evangelista CC, Ferraz C, Ferriera S, Fleischmann W, Fosler C, Gabrielian AE, Garg NS, Gelbart WM, Glasser K, Glodek A, Gong F, Gorrell JH, Gu Z, Guan P, Harris M, Harris NL, Harvey D, Heiman TJ, Hernandez JR, Houck J, Hostin D, Houston KA, Howland TJ, Wei MH, Ibegwam C, Jalali M, Kalush F, Karpen GH, Ke Z, Kennison JA, Ketchum KA, Kimmel BE, Kodira CD, Kraft C, Kravitz S, Kulp D, Lai Z, Lasko P, Lei Y, Levitsky AA, Li J, Li Z, Liang Y, Lin X, Liu X, Mattei B, McIntosh TC, McLeod MP, McPherson D, Merkulov G, Milshina NV, Mobarry C, Morris J, Moshrefi A, Mount SM, Moy M, Murphy B, Murphy L, Muzny DM, Nelson DL, Nelson DR, Nelson KA, Nixon K, Nusskern DR, Pacleb JM, Palazzolo M, Pittman GS, Pan S, Pollard J, Puri V, Reese MG, Reinert K, Remington K, Saunders RD, Scheeler F, Shen H, Shue BC, Sidén-Kiamos I, Simpson M, Skupski MP, Smith T, Spier E, Spradling AC, Stapleton M, Strong R, Sun E, Svirskas R, Tector C, Turner R, Venter E, Wang AH, Wang X, Wang ZY, Wassarman DA, Weinstock GM, Weissenbach J, Williams SM, Woodage T, Worley KC, Wu D, Yang S, Yao QA, Ye J, Yeh RF, Zaveri JS, Zhan M, Zhang G, Zhao Q, Zheng L, Zheng XH, Zhong FN, Zhong W, Zhou X, Zhu S, Zhu X, Smith HO, Gibbs RA, Myers EW, Rubin GM, Venter JC. 2000. The genome sequence of *Drosophila melanogaster*[J]. Science, 287(5461): 2185-2195.

Addou AN, Schumann P, Spröer C, Bouanane-Darenfed A, Amarouche-Yala S, Hacene H, Cayol JL, Fardeau ML. 2013. *Melghirimyces thermohalophilus* sp. nov., a thermoactinomycete isolated from an Algerian salt lake[J]. Int J Syst Evol Microbiol, 63(Pt 5): 1717-1722.

Addou AN, Schumann P, Spröer C, Hacene H, Cayol JL, Fardeau ML. 2012. *Melghirimyces algeriensis* gen. nov., sp. nov., a member of the family Thermoactinomycetaceae, isolated from a salt lake[J]. Int J Syst Evol Microbiol, 62(Pt 7): 1491-1498.

Adeniji AA, Loots DT, Babalola OO. 2019. *Bacillus velezensis*: phylogeny, useful applications, and avenues for exploitation[J]. Appl Microbiol Biotechnol, 103(9): 3669-3682.

Adessi C, Matton G, Ayala G, Turcatti G, Mermod JJ, Mayer P, Kawashima E. 2000. Solid phase DNA amplification: characterisation of primer attachment and amplification mechanisms[J]. Nucleic Acids Res, 28(20): E87.

Adrian-Kalchhauser I, Blomberg A, Larsson T, Musilova Z, Peart CR, Pippel M, Solbakken MH, Suurväli J, Walser JC, Wilson JY, Alm Rosenblad M, Burguera D, Gutnik S, Michiels N, Töpel M, Pankov K, Schloissnig S, Winkler S. 2020. The round goby genome provides insights into mechanisms that may facilitate biological invasions[J]. BMC Biol, 18(1): 11.

Agaba M, Ishengoma E, Miller WC, McGrath BC, Hudson CN, Bedoya Reina OC, Ratan A, Burhans R, Chikhi R, Medvedev P, Praul CA, Wu-Cavener L, Wood B, Robertson H, Penfold L, Cavener DR. 2016. Giraffe genome sequence reveals clues to its unique morphology and physiology[J]. Nat Commun, 7: 11519.

Aguilera M, Monteoliva-Sánchez M, Suárez A, Guerra V, Lizama C, Bennasar A, Ramos-Cormenzana A. 2001. *Paenibacillus jamilae* sp. nov., an exopolysaccharide-producing bacterium able to grow in olive-mill wastewater[J]. Int J Syst Evol Microbiol, 51(Pt 5): 1687-1692.

Ahmad R, Parfitt DE, Fass J, Ogundiwin E, Dhingra A, Gradziel TM, Lin D, Joshi NA, Martinez-Garcia PJ, Crisosto CH. 2011. Whole genome sequencing of peach (*Prunus persica* L.) for SNP identification and selection[J]. BMC Genomics, 12: 569.

Ahmad S, Scopes RK, Rees GN, Patel BK. 2000. *Saccharococcus caldoxylosilyticus* sp. nov., an obligately thermophilic, xylose-utilizing, endospore-forming bacterium[J]. Int J Syst Evol Microbiol, 50(Pt 2):

517-523.

Ahmadian A, Ehn M, Hober S. 2006. Pyrosequencing: history, biochemistry and future[J]. Clin Chim Acta, 363(1-2): 83-94.

Ahmadian A, Gharizadeh B, Gustafsson AC, Sterky F, Nyrén P, Uhlén M, Lundeberg J. 2000. Single-nucleotide polymorphism analysis by pyrosequencing[J]. Anal Biochem, 280(1): 103-110.

Ahmed I, Sin Y, Paek J, Ehsan M, Hayat R, Iqbal M, Hyo Y. 2014. Description of *Lysinibacillus pakistanensis*[J]. Int J Agric Biol, 16(2): 447-450.

Ahmed I, Yokota A, Fujiwara T. 2007a. A novel highly boron tolerant bacterium, *Bacillus boroniphilus* sp. nov., isolated from soil, that requires boron for its growth[J]. Extremophiles, 11(2): 217-224.

Ahmed I, Yokota A, Fujiwara T. 2007b. *Gracilibacillus boraciitolerans* sp. nov., a highly boron-tolerant and moderately halotolerant bacterium isolated from soil[J]. Int J Syst Evol Microbiol, 57(Pt 4): 796-802.

Ahmed I, Yokota A, Yamazoe A, Fujiwara T. 2007c. Proposal of *Lysinibacillus boronitolerans* gen. nov. sp. nov., and transfer of *Bacillus fusiformis* to *Lysinibacillus fusiformis* comb. nov. and *Bacillus sphaericus* to *Lysinibacillus sphaericus* comb. nov.[J]. Int J Syst Evol Microbiol, 57(Pt 5): 1117-1125.

Ahola V, Lehtonen R, Somervuo P, Salmela L, Koskinen P, Rastas P, Välimäki N, Paulin L, Kvist J, Wahlberg N, Tanskanen J, Hornett EA, Ferguson LC, Luo S, Cao Z, de Jong MA, Duplouy A, Smolander OP, Vogel H, McCoy RC, Qian K, Chong WS, Zhang Q, Ahmad F, Haukka JK, Joshi A, Salojärvi J, Wheat CW, Grosse-Wilde E, Hughes D, Katainen R, Pitkänen E, Ylinen J, Waterhouse RM, Turunen M, Vähärautio A, Ojanen SP, Schulman AH, Taipale M, Lawson D, Ukkonen E, Mäkinen V, Goldsmith MR, Holm L, Auvinen P, Frilander MJ, Hanski I. 2014. The Glanville fritillary genome retains an ancient karyotype and reveals selective chromosomal fusions in Lepidoptera[J]. Nat Commun, 5: 4737.

Aird SD, Arora J, Barua A, Qiu L, Terada K, Mikheyev AS. 2017. Population genomic analysis of a pitviper reveals microevolutionary forces underlying venom chemistry[J]. Genome Biol Evol, 9(10): 2640-2649.

Aizawa T, Urai M, Iwabuchi N, Nakajima M, Sunairi M. 2010. *Bacillus trypoxylicola* sp. nov., xylanase-producing alkaliphilic bacteria isolated from the guts of Japanese horned beetle larvae (*Trypoxylus dichotomus septentrionalis*)[J]. Int J Syst Evol Microbiol, 60(Pt 1): 61-66.

Akagi T, Henry IM, Tao R, Comai L. 2014. A Y-chromosome-encoded small RNA acts as a sex determinant in persimmons[J]. Science, 346(6209): 646-650.

Alam SI, Singh L, Dube S, Reddy GS, Shivaji S. 2003. Psychrophilic *Planococcus maitriensis* sp. nov. from Antarctica[J]. Syst Appl Microbiol, 26(4): 505-510.

Al-Bayssari C, Dubourg G, Cimmino T, Okdah L, Mathlouthi N, Nguyen TT, Andrieu C, Rathored J, Fournier PE, Raoult D, Rolain JM. 2018. Genome sequence and description of *Paenibacillus ihuae* strain GD6 sp. nov., isolated from the stool of a 62-year-old Frenchman[J]. New Microbes New Infect, 23: 77-82.

Albert RA, Archambault J, Lempa M, Hurst B, Richardson C, Gruenloh S, Duran M, Worliczek HL, Huber BE, Rosselló-Mora R, Schumann P, Busse HJ. 2007b. Proposal of *Viridibacillus* gen. nov. and reclassification of *Bacillus arvi*, *Bacillus arenosi* and *Bacillus neidei* as *Viridibacillus arvi* gen. nov., comb. nov., *Viridibacillus arenosi* comb. nov. and *Viridibacillus neidei* comb. nov.[J]. Int J Syst Evol Microbiol, 57(Pt 12): 2729-2737.

Albert RA, Archambault J, Rosselló-Mora R, Tindall BJ, Matheny M. 2005. *Bacillus acidicola* sp. nov., a novel mesophilic, acidophilic species isolated from acidic *Sphagnum* peat bogs in Wisconsin[J]. Int J Syst Evol Microbiol, 55(Pt 5): 2125-2130.

Albert TJ, Molla MN, Muzny DM, Nazareth L, Wheeler D, Song X, Richmond TA, Middle CM, Rodesch MJ, Packard CJ, Weinstock GM, Gibbs RA. 2007a. Direct selection of human genomic loci by microarray hybridization[J]. Nat Methods, 4(11): 903-905.

Albertin CB, Simakov O, Mitros T, Wang ZY, Pungor JR, Edsinger-Gonzales E, Brenner S, Ragsdale CW, Rokhsar DS. 2015. The octopus genome and the evolution of cephalopod neural and morphological novelties[J]. Nature, 524(7564): 220-224.

Albuquerque L, Rainey FA, Chung AP, Sunna A, Nobre MF, Grote R, Antranikian G, da Costa MS. 2000. *Alicyclobacillus hesperidum* sp. nov. and a related genomic species from solfataric soils of São Miguel in the Azores[J]. Int J Syst Evol Microbiol, 50(Pt 2): 451-457.

Albuquerque L, Tiago I, Rainey FA, Taborda M, Nobre MF, Veríssimo A, da Costa MS. 2007. *Salirhabdus euzebyi* gen. nov., sp. nov., a Gram-positive, halotolerant bacterium isolated from a sea salt evaporation pond[J]. Int J Syst Evol Microbiol, 57(Pt 7): 1566-15671.

Alderborn A, Kristofferson A, Hammerling U. 2000. Determination of single nucleotide polymorphisms by real-time pyrophosphate DNA sequencing[J]. Genome Res, 10(8): 1249-1258.

Al-Dous EK, George B, Al-Mahmoud ME, Al-Jaber MY, Wang H, Salameh YM, Al-Azwani EK, Chaluvadi S, Pontaroli AC, DeBarry J, Arondel V, Ohlrogge J, Saie IJ, Suliman-Elmeer KM, Bennetzen JL, Kruegger RR, Malek JA. 2011. *De novo* genome sequencing and comparative genomics of date palm (*Phoenix dactylifera*)[J]. Nat Biotechnol, 29(6): 521-527.

Alexander B, Priest FG. 1989. *Bacillus glucanolyticus*, a new species that degrades a variety of β-glucans[J]. Int J Syst Bacteriol, 39(Pt 2): 112-115.

Alföldi J, Di Palma F, Grabherr M, Williams C, Kong L, Mauceli E, Russell P, Lowe CB, Glor RE, Jaffe JD, Ray DA, Boissinot S, Shedlock AM, Botka C, Castoe TA, Colbourne JK, Fujita MK, Moreno RG, ten Hallers BF, Haussler D, Heger A, Heiman D, Janes DE, Johnson J, de Jong PJ, Koriabine MY, Lara M, Novick PA, Organ CL, Peach SE, Poe S, Pollock DD, de Queiroz K, Sanger T, Searle S, Smith JD, Smith Z, Swofford R, Turner-Maier J, Wade J, Young S, Zadissa A, Edwards SV, Glenn TC, Schneider CJ, Losos JB, Lander ES, Breen M, Ponting CP, Lindblad-Toh K. 2011. The genome of the green anole lizard and a comparative analysis with birds and mammals[J]. Nature, 477(7366): 587-591.

Alioto TS, Cruz F, Gómez-Garrido J, Triyatni M, Gut M, Frias L, Esteve-Codina A, Menne S, Kiialainen A, Kumpesa N, Birzele F, Schmucki R, Gut IG, Spleiss O. 2019. The genome sequence of the eastern woodchuck (*Marmota monax*): a preclinical animal model for chronic hepatitis B[J]. G3 (Bethesda), 9(12): 3943-3952.

Aliyu H, Lebre P, Blom J, Cowan D, De Maayer P. 2016. Phylogenomic re-assessment of the thermophilic genus *Geobacillus*[J]. Syst Appl Microbiol, 39(8): 527-533.

Allan RN, Lebbe L, Heyrman J, De Vos P, Buchanan CJ, Logan NA. 2005. *Brevibacillus levickii* sp. nov. and *Aneurinibacillus terranovensis* sp. nov., two novel thermoacidophiles isolated from geothermal soils of northern Victoria Land, Antarctica[J]. Int J Syst Evol Microbiol, 55(Pt 3): 1039-1050.

Alm RA, Ling LS, Moir DT, King BL, Brown ED, Doig PC, Smith DR, Noonan B, Guild BC, de Jonge BL, Carmel G, Tummino PJ, Caruso A, Uria-Nickelsen M, Mills DM, Ives C, Gibson R, Merberg D, Mills SD, Jiang Q, Taylor DE, Vovis GF, Trust TJ. 1999. Genomic-sequence comparison of two unrelated isolates of the human gastric pathogen *Helicobacter pylori*[J]. Nature, 397(6715): 176-180.

Almeida A, Nayfach S, Boland M, Strozzi F, Beracochea M, Shi ZJ, Pollard KS, Sakharova E, Parks DH, Hugenholtz P, Segata N, Kyrpides NC, Finn RD. 2021. A unified catalog of 204938 reference genomes from the human gut microbiome[J]. Nat Biotechnol, 39(1): 105-114.

AlMomin S, Kumar V, Al-Amad S, Al-Hussaini M, Dashti T, Al-Enezi K, Akbar A. 2016. Draft genome sequence of the silver pomfret fish, *Pampus argenteus*[J]. Genome, 59(1): 51-58.

Alrumman SA, Mostafa YS, Al-Izran KA, Alfaifi MY, Taha TH, Elbehairi SE. 2019. Production and anti-cancer activity of an L-asparaginase from *Bacillus licheniformis* isolated from the Red Sea, Saudi Arabia[J]. Sci Rep, 9(1): 3756.

*Amborella* Genome Project. 2013. The *Amborella* genome and the evolution of flowering plants[J]. Science, 342(6165): 1241089.

Amemiya CT, Alföldi J, Lee AP, Fan S, Philippe H, Maccallum I, Braasch I, Manousaki T, Schneider I, Rohner N, Organ C, Chalopin D, Smith JJ, Robinson M, Dorrington RA, Gerdol M, Aken B, Biscotti MA, Barucca M, Baurain D, Berlin AM, Blatch GL, Buonocore F, Burmester T, Campbell MS, Canapa A, Cannon JP, Christoffels A, De Moro G, Edkins AL, Fan L, Fausto AM, Feiner N, Forconi M, Gamieldien J, Gnerre S, Gnirke A, Goldstone JV, Haerty W, Hahn ME, Hesse U, Hoffmann S, Johnson J, Karchner SI, Kuraku S, Lara M, Levin JZ, Litman GW, Mauceli E, Miyake T, Mueller MG, Nelson DR, Nitsche A, Olmo E, Ota T, Pallavicini A, Panji S, Picone B, Ponting CP, Prohaska SJ, Przybylski D, Saha NR, Ravi V, Ribeiro FJ, Sauka-Spengler T, Scapigliati G, Searle SM, Sharpe T, Simakov O,

Stadler PF, Stegeman JJ, Sumiyama K, Tabbaa D, Tafer H, Turner-Maier J, van Heusden P, White S, Williams L, Yandell M, Brinkmann H, Volff JN, Tabin CJ, Shubin N, Schartl M, Jaffe DB, Postlethwait JH, Venkatesh B, Di Palma F, Lander ES, Meyer A, Lindblad-Toh K. 2013. The African coelacanth genome provides insights into tetrapod evolution[J]. Nature, 496(7445): 311-316.

Ammar R, Paton TA, Torti D, Shlien A, Bader GD. 2015. Long read nanopore sequencing for detection of HLA and CYP2D6 variants and haplotypes[J]. F1000Research, 4: 17.

Amoozegar MA, Bagheri M, Didari M, Shahzedeh Fazeli SA, Schumann P, Sánchez-Porro C, Ventosa A. 2013b. *Saliterribacillus persicus* gen. nov., sp. nov., a moderately halophilic bacterium isolated from a hypersaline lake[J]. Int J Syst Evol Microbiol, 63(Pt 1): 345-351.

Amoozegar MA, Bagheri M, Makhdoumi A, Nikou MM, Fazeli SAS, Schumann P, Spröer C, Sánchez-Porro C, Ventosa A. 2016. *Oceanobacillus halophilus* sp. nov., a novel moderately halophilic bacterium from a hypersaline lake[J]. Int J Syst Evol Microbiol, 66(Pt 3): 1317-1322.

Amoozegar MA, Bagheri M, Makhdoumi-Kakhki A, Didari M, Schumann P, Spröer C, Sánchez-Porro C, Ventosa A. 2014. *Oceanobacillus* limi sp. nov., a moderately halophilic bacterium from a salt lake[J]. Int J Syst Evol Microbiol, 64(Pt 4): 1286-1289.

Amoozegar MA, Didari M, Bagheri M, Fazeli SA, Schumann P, Spröer C, Sánchez-Porro C, Ventosa A. 2013a. *Bacillus salsus* sp. nov., a halophilic bacterium from a hypersaline lake[J]. Int J Syst Evol Microbiol, 63(Pt 9): 3326-3329.

Amoozegar MA, Malekzadeh F, Malik KA, Schumann P, Spröer C. 2003. *Halobacillus karajensis* sp. nov., a novel moderate halophile[J]. Int J Syst Evol Microbiol, 53(Pt 4): 1059-1063.

Amoozegar MA, Sánchez-Porro C, Rohban R, Hajighasemi M, Ventosa A. 2009a. *Bacillus persepolensis* sp. nov., a moderately halophilic bacterium from a hypersaline lake[J]. Int J Syst Evol Microbiol, 59(Pt 9): 2352-2358.

Amoozegar MA, Sánchez-Porro C, Rohban R, Hajighasemi M, Ventosa A. 2009b. *Piscibacillus halophilus* sp. nov., a moderately halophilic bacterium from a hypersaline Iranian lake[J]. Int J Syst Evol Microbiol, 59(Pt 12): 3095-3099.

An D, Zhou Y, Li C, Xiao Q, Wang T, Zhang Y, Wu Y, Li Y, Chao DY, Messing J, Wang W. 2019. Plant evolution and environmental adaptation unveiled by long-read whole-genome sequencing of *Spirodela*[J]. Proc Natl Acad Sci USA, 116(38): 18893-18899.

An SY, Asahara M, Goto K, Kasai H, Yokota A. 2007. *Terribacillus saccharophilus* gen. nov., sp. nov. and *Terribacillus halophilus* sp. nov., spore-forming bacteria isolated from field soil in Japan[J]. Int J Syst Evol Microbiol, 57(Pt 1): 51-55.

An Y, Kawaguchi A, Zhao C, Toyoda A, Sharifi-Zarchi A, Mousavi SA, Bagherzadeh R, Inoue T, Ogino H, Fujiyama A, Chitsaz H, Baharvand H, Agata K. 2018. Draft genome of *Dugesia japonica* provides insights into conserved regulatory elements of the brain restriction gene nou-darake in planarians[J]. Zoological Lett, 4: 24.

Anazawa T, Takahashi S, Kambara H. 1996. A capillary array gel electrophoresis system using multiple laser focusing for DNA sequencing[J]. Anal Chem, 68(15): 2699-2704.

Andere AA, Platt RN Ⅱ, Ray DA, Picard CJ. 2016. Genome sequence of *Phormia regina* Meigen (Diptera: Calliphoridae): implications for medical, veterinary and forensic research[J]. BMC Genomics, 17(1): 842.

Andersch I, Pianka S, Fritze D, Claus D. 1994. Description of *Bacillus laevolacticus* (ex Nakayama and Yanoshi 1967) sp. nov., nom. rev.[J]. Int J Syst Bacteriol, 44(Pt 4): 659-664.

Anderson S. 1981. Shotgun DNA sequencing using cloned DNase I-generated fragments[J]. Nucleic Acids Res, 9(13): 3015-3027.

Anderson S, Bankier AT, Barrell BG, de Bruijn MH, Coulson AR, Drouin J, Eperon IC, Nierlich DP, Roe BA, Sanger F, Schreier PH, Smith AJ, Staden R, Young IG. 1981. Sequence and organization of the human mitochondrial genome[J]. Nature, 290(5806): 457-465.

Andersson L, Archibald AL, Bottema CD, Brauning R, Burgess SC, Burt DW, Casas E, Cheng HH, Clarke L, Couldrey C, Dalrymple BP, Elsik CG, Foissac S, Giuffra E, Groenen MA, Hayes BJ, Huang LS, Khatib

H, Kijas JW, Kim H, Lunney JK, McCarthy FM, McEwan JC, Moore S, Nanduri B, Notredame C, Palti Y, Plastow GS, Reecy JM, Rohrer GA, Sarropoulou E, Schmidt CJ, Silverstein J, Tellam RL, Tixier-Boichard M, Tosser-Klopp G, Tuggle CK, Vilkki J, White SN, Zhao S, Zhou H, FAANG Consortium. 2015. Coordinated international action to accelerate genome-to-phenome with FAANG, the Functional Annotation of Animal Genomes project[J]. Genome Biol, 16(1): 57.

Andersson M, Laukkanen M, Nurmiaho-Lassila EL, Rainey FA, Niemelä SI, Salkinoja-Salonen M. 1995. *Bacillus thermosphaericus* sp. nov., a new thermophilic ureolytic bacillus isolated from air[J]. Syst Appl Microbiol, 18(2): 203-220.

Andersson SG, Zomorodipour A, Andersson JO, Sicheritz-Pontén T, Alsmark UC, Podowski RM, Näslund AK, Eriksson AS, Winkler HH, Kurland CG. 1998. The genome sequence of *Rickettsia prowazekii* and the origin of mitochondria[J]. Nature, 396(6707): 133-140.

*Anopheles gambiae* 1000 Genomes Consortium. 2017. Genetic diversity of the African malaria vector *Anopheles gambiae*[J]. Nature, 552(7683): 96-100.

Ansari HR, Templeton TJ, Subudhi AK, Ramaprasad A, Tang J, Lu F, Naeem R, Hashish Y, Oguike MC, Benavente ED, Clark TG, Sutherland CJ, Barnwell JW, Culleton R, Cao J, Pain A. 2016. Genome-scale comparison of expanded gene families in *Plasmodium ovale wallikeri* and *Plasmodium ovale curtisi* with *Plasmodium malariae* and with other *Plasmodium* species[J]. Int J Parasitol, 46(11): 685-696.

Anstead CA, Korhonen PK, Young ND, Hall RS, Jex AR, Murali SC, Hughes DS, Lee SF, Perry T, Stroehlein AJ, Ansell BR, Breugelmans B, Hofmann A, Qu J, Dugan S, Lee SL, Chao H, Dinh H, Han Y, Doddapaneni HV, Worley KC, Muzny DM, Ioannidis P, Waterhouse RM, Zdobnov EM, James PJ, Bagnall NH, Kotze AC, Gibbs RA, Richards S, Batterham P, Gasser RB. 2015. *Lucilia cuprina* genome unlocks parasitic fly biology to underpin future interventions[J]. Nat Commun, 6: 7344.

Antonation KS, Grützmacher K, Dupke S, Mabon P, Zimmermann F, Lankester F, Peller T, Feistner A, Todd A, Herbinger I, de Nys HM, Muyembe-Tamfun JJ, Karhemere S, Wittig RM, Couacy-Hymann E, Grunow R, Calvignac-Spencer S, Corbett CR, Klee SR, Leendertz FH. 2016. *Bacillus cereus* biovar *anthracis* causing anthrax in sub-Saharan Africa-chromosomal monophyly and broad geographic distribution[J]. PLoS Negl Trop Dis, 10(9): e0004923.

Ao J, Mu Y, Xiang LX, Fan D, Feng M, Zhang S, Shi Q, Zhu LY, Li T, Ding Y, Nie L, Li Q, Dong WR, Jiang L, Sun B, Zhang X, Li M, Zhang HQ, Xie S, Zhu Y, Jiang X, Wang X, Mu P, Chen W, Yue Z, Wang Z, Wang J, Shao JZ, Chen X. 2015. Genome sequencing of the perciform fish *Larimichthys crocea* provides insights into molecular and genetic mechanisms of stress adaptation[J]. PLoS Genet, 11(4): e1005118.

Aparicio S, Chapman J, Stupka E, Putnam N, Chia JM, Dehal P, Christoffels A, Rash S, Hoon S, Smit A, Gelpke MD, Roach J, Oh T, Ho IY, Wong M, Detter C, Verhoef F, Predki P, Tay A, Lucas S, Richardson P, Smith SF, Clark MS, Edwards YJ, Doggett N, Zharkikh A, Tavtigian SV, Pruss D, Barnstead M, Evans C, Baden H, Powell J, Glusman G, Rowen L, Hood L, Tan YH, Elgar G, Hawkins T, Venkatesh B, Rokhsar D, Brenner S. 2002. Whole-genome shotgun assembly and analysis of the genome of *Fugu rubripes*[J]. Science, 297(5585): 1301-1310.

*Arabidopsis* Genome Initiative. 2000. Analysis of the genome sequence of the flowering plant *Arabidopsis thaliana*[J]. Nature, 408(6814): 796-815.

Araujo R, Sampaio-Maia B. 2018. Fungal genomes and genotyping[J]. Adv Appl Microbiol, 102: 37-81.

Arensburger P, Megy K, Waterhouse RM, Abrudan J, Amedeo P, Antelo B, Bartholomay L, Bidwell S, Caler E, Camara F, Campbell CL, Campbell KS, Casola C, Castro MT, Chandramouliswaran I, Chapman SB, Christley S, Costas J, Eisenstadt E, Feschotte C, Fraser-Liggett C, Guigo R, Haas B, Hammond M, Hansson BS, Hemingway J, Hill SR, Howarth C, Ignell R, Kennedy RC, Kodira CD, Lobo NF, Mao C, Mayhew G, Michel K, Mori A, Liu N, Naveira H, Nene V, Nguyen N, Pearson MD, Pritham EJ, Puiu D, Qi Y, Ranson H, Ribeiro JM, Roberston HM, Severson DW, Shumway M, Stanke M, Strausberg RL, Sun C, Sutton G, Tu ZJ, Tubio JM, Unger MF, Vanlandingham DL, Vilella AJ, White O, White JR, Wondji CS, Wortman J, Zdobnov EM, Birren B, Christensen BM, Collins FH, Cornel A, Dimopoulos G, Hannick LI, Higgs S, Lanzaro GC, Lawson D, Lee NH, Muskavitch MA, Raikhel AS, Atkinson PW.

2010. Sequencing of *Culex quinquefasciatus* establishes a platform for mosquito comparative genomics[J]. Science, 330(6000): 86-88.

Arfman N, Dijkhuizen L, Kirchhof G, Ludwig W, Schleifer KH, Bulygina ES, Chumakov KM, Govorukhina NI, Trotsenko YA, White D, Sharp RJ. 1992. *Bacillus methanolicus* sp. nov., a new species of thermotolerant, methanol-utilizing, endospore-forming bacteria[J]. Int J Syst Bacteriol, 42(Pt 3): 439-445.

Argout X, Salse J, Aury JM, Guiltinan MJ, Droc G, Gouzy J, Allegre M, Chaparro C, Legavre T, Maximova SN, Abrouk M, Murat F, Fouet O, Poulain J, Ruiz M, Roguet Y, Rodier-Goud M, Barbosa-Neto JF, Sabot F, Kudrna D, Ammiraju JS, Schuster SC, Carlson JE, Sallet E, Schiex T, Dievart A, Kramer M, Gelley L, Shi Z, Bérard A, Viot C, Boccara M, Risterucci AM, Guignon V, Sabau X, Axtell MJ, Ma Z, Zhang Y, Brown S, Bourge M, Golser W, Song X, Clement D, Rivallan R, Tahi M, Akaza JM, Pitollat B, Gramacho K, D'Hont A, Brunel D, Infante D, Kebe I, Costet P, Wing R, McCombie WR, Guiderdoni E, Quetier F, Panaud O, Wincker P, Bocs S, Lanaud C. 2011. The genome of *Theobroma cacao*[J]. Nat Genet, 43(2): 101-108.

Arimoto A, Hikosaka-Katayama T, Hikosaka A, Tagawa K, Inoue T, Ueki T, Yoshida MA, Kanda M, Shoguchi E, Hisata K, Satoh N. 2019a. A draft nuclear-genome assembly of the acoel flatworm *Praesagittifera naikaiensis*[J]. Gigascience, 8(4): giz023.

Arimoto A, Nishitsuji K, Higa Y, Arakaki N, Hisata K, Shinzato C, Satoh N, Shoguchi E. 2019b. A siphonous macroalgal genome suggests convergent functions of homeobox genes in algae and land plants[J]. DNA Res, 26(2): 183-192.

Armbrust EV, Berges JA, Bowler C, Green BR, Martinez D, Putnam NH, Zhou S, Allen AE, Apt KE, Bechner M, Brzezinski MA, Chaal BK, Chiovitti A, Davis AK, Demarest MS, Detter JC, Glavina T, Goodstein D, Hadi MZ, Hellsten U, Hildebrand M, Jenkins BD, Jurka J, Kapitonov VV, Kröger N, Lau WW, Lane TW, Larimer FW, Lippmeier JC, Lucas S, Medina M, Montsant A, Obornik M, Parker MS, Palenik B, Pazour GJ, Richardson PM, Rynearson TA, Saito MA, Schwartz DC, Thamatrakoln K, Valentin K, Vardi A, Wilkerson FP, Rokhsar DS. 2004. The genome of the diatom *Thalassiosira pseudonana*: ecology, evolution, and metabolism[J]. Science, 306(5693): 79-86.

Armisén D, Rajakumar R, Friedrich M, Benoit JB, Robertson HM, Panfilio KA, Ahn SJ, Poelchau MF, Chao H, Dinh H, Doddapaneni HV, Dugan S, Gibbs RA, Hughes DST, Han Y, Lee SL, Murali SC, Muzny DM, Qu J, Worley KC, Munoz-Torres M, Abouheif E, Bonneton F, Chen T, Chiang LM, Childers CP, Cridge AG, Crumière AJJ, Decaras A, Didion EM, Duncan EJ, Elpidina EN, Favé MJ, Finet C, Jacobs CGC, Cheatle Jarvela AM, Jennings EC, Jones JW, Lesoway MP, Lovegrove MR, Martynov A, Oppert B, Lillico-Ouachour A, Rajakumar A, Refki PN, Rosendale AJ, Santos ME, Toubiana W, van der Zee M, Vargas Jentzsch IM, Lowman AV, Viala S, Richards S, Khila A. 2018. The genome of the water strider *Gerris buenoi* reveals expansions of gene repertoires associated with adaptations to life on the water[J]. BMC Genomics, 19(1): 832.

Armstrong EE, Taylor RW, Prost S, Blinston P, van der Meer E, Madzikanda H, Mufute O, Mandisodza-Chikerema R, Stuelpnagel J, Sillero-Zubiri C, Petrov D. 2019. Cost-effective assembly of the African wild dog (*Lycaon pictus*) genome using linked reads[J]. Gigascience, 8(2): giy124.

Árnason Ú, Lammers F, Kumar V, Nilsson MA, Janke A. 2018. Whole-genome sequencing of the blue whale and other rorquals finds signatures for introgressive gene flow[J]. Sci Adv, 4(4): eaap9873.

Arnesen LPS, Fagerlund A, Granum PE. 2008. From soil to gut: *Bacillus cereus* and its food poisoning toxins[J]. FEMS Microbiol Rev, 32(4): 579-606.

Arora PK, Chauhan A, Pant B, Korpole S, Mayilraj S, Jain RK. 2011. *Chryseomicrobium imtechense* gen. nov., sp. nov., a new member of the family Planococcaceae[J]. Int J Syst Evol Microbiol, 61(Pt 8): 1859-1864.

Arp AP, Hunter WB, Pelz-Stelinski KS. 2016. Annotation of the Asian citrus psyllid genome reveals a reduced innate immune system[J]. Front Physiol, 7: 570.

Artemov GN, Peery AN, Jiang X, Tu Z, Stegniy VN, Sharakhova MV, Sharakhov IV. 2017. The physical genome mapping of *Anopheles albimanus* corrected scaffold misassemblies and identified interarm rearrangements in Genus *Anopheles*[J]. G3 (Bethesda), 7(1): 155-164.

Arumugam M, Raes J, Pelletier E, Le Paslier D, Yamada T, Mende DR, Fernandes GR, Tap J, Bruls T, Batto JM, Bertalan M, Borruel N, Casellas F, Fernandez L, Gautier L, Hansen T, Hattori M, Hayashi T, Kleerebezem M, Kurokawa K, Leclerc M, Levenez F, Manichanh C, Nielsen HB, Nielsen T, Pons N, Poulain J, Qin J, Sicheritz-Ponten T, Tims S, Torrents D, Ugarte E, Zoetendal EG, Wang J, Guarner F, Pedersen O, de Vos WM, Brunak S, Doré J; MetaHIT Consortium, Antolín M, Artiguenave F, Blottiere HM, Almeida M, Brechot C, Cara C, Chervaux C, Cultrone A, Delorme C, Denariaz G, Dervyn R, Foerstner KU, Friss C, van de Guchte M, Guedon E, Haimet F, Huber W, van Hylckama-Vlieg J, Jamet A, Juste C, Kaci G, Knol J, Lakhdari O, Layec S, Le Roux K, Maguin E, Mérieux A, Melo Minardi R, M'Rini C, Muller J, Oozeer R, Parkhill J, Renault P, Rescigno M, Sanchez N, Sunagawa S, Torrejon A, Turner K, Vandemeulebrouck G, Varela E, Winogradsky Y, Zeller G, Weissenbach J, Ehrlich SD, Bork P. 2011. Enterotypes of the human gut microbiome[J]. Nature, 473(7346): 174-180.

Arunkumar R, Wang W, Wright SI, Barrett SC. 2017. The genetic architecture of tristyly and its breakdown to self-fertilization[J]. Mol Ecol, 26(3): 752-765.

Ash C, Priest FG, Collins MD. 1993. Molecular identification of rRNA group 3 bacilli (Ash, Farrow, Wallbanks and Collins) using a PCR probe test. Proposal for the creation of a new genus *Paenibacillus*[J]. Antonie Van Leeuwenhoek, 64(3-4): 253-260.

Ashton PM, Nair S, Dallman T, Rubino S, Rabsch W, Mwaigwisya S, Wain J, O'Grady J. 2015. MinION nanopore sequencing identifies the position and structure of a bacterial antibiotic resistance island[J]. Nat Biotechnol, 33(3): 296-300.

Aspholm ME, Kollerud KK, Høgberg Hansen HC, Granum PE, Christie G, Lindbäck T. 2019. Biochemical and mutational analysis of spore cortex-lytic enzymes in the food spoiler *Bacillus licheniformis*[J]. Food Microbiol, 84: 103259.

Atalah J, Cáceres-Moreno P, Espina G, Blamey JM. 2019. Thermophiles and the applications of their enzymes as new biocatalysts[J]. Bioresour Technol, 280: 478-488.

Attardo GM, Abd-Alla AMM, Acosta-Serrano A, Allen JE, Bateta R, Benoit JB, Bourtzis K, Caers J, Caljon G, Christensen MB, Farrow DW, Friedrich M, Hua-Van A, Jennings EC, Larkin DM, Lawson D, Lehane MJ, Lenis VP, Lowy-Gallego E, Macharia RW, Malacrida AR, Marco HG, Masiga D, Maslen GL, Matetovici I, Meisel RP, Meki I, Michalkova V, Miller WJ, Minx P, Mireji PO, Ometto L, Parker AG, Rio R, Rose C, Rosendale AJ, Rota-Stabelli O, Savini G, Schoofs L, Scolari F, Swain MT, Takáč P, Tomlinson C, Tsiamis G, Van Den Abbeele J, Vigneron A, Wang J, Warren WC, Waterhouse RM, Weirauch MT, Weiss BL, Wilson RK, Zhao X, Aksoy S. 2019. Comparative genomic analysis of six *Glossina* genomes, vectors of African trypanosomes[J]. Genome Biol, 20(1): 187.

Auber RP, Suttiyut T, McCoy RM, Ghaste M, Crook JW, Pendleton AL, Widhalm JR, Wisecaver JH. 2020. Hybrid *de novo* genome assembly of red gromwell (*Lithospermum erythrorhizon*) reveals evolutionary insight into shikonin biosynthesis[J]. Hortic Res, 7: 82.

Auch AF, Henz SR, Holland BR, Göker M. 2006. Genome BLAST distance phylogenies inferred from whole plastid and whole mitochondrion genome sequences[J]. BMC Bioinformatics, 7: 350.

Auch AF, Klenk H P, Göker M. 2010a. Standard operating procedure for calculating genome-to-genome distances based on high-scoring segment pairs[J]. Stand Genomic Sci, 2(1): 142-148.

Auch AF, von Jan M, Klenk H P, Göker M. 2010b. Digital DNA-DNA hybridization for microbial species delineation by means of genome-to-genome sequence comparison[J]. Stand Genomic Sci, 2(1): 117-134.

Austin CM, Tan MH, Croft LJ, Hammer MP, Gan HM. 2015. Whole genome sequencing of the Asian arowana (*Scleropages formosus*) provides insights into the evolution of ray-finned fishes[J]. Genome Biol Evol, 7(10): 2885-2895.

Austin CM, Tan MH, Harrisson KA, Lee YP, Croft LJ, Sunnucks P, Pavlova A, Gan HM. 2017. *De novo* genome assembly and annotation of Australia's largest freshwater fish, the murray cod (*Maccullochella peelii*), from Illumina and Nanopore sequencing read[J]. Gigascience, 6(8): gix063.

Austrian R. 1952. Observations on the possible role of nucleic acid exchange reactions in pneumococcal capsular type transformation: a preliminary note[J]. Bull Johns Hopkins Hosp, 90(2): 170-174.

Autenrieth M, Hartmann S, Lah L, Roos A, Dennis AB, Tiedemann R. 2018. High-quality whole-genome sequence of an abundant Holarctic Odontocete, the harbour porpoise (*Phocoena phocoena*)[J]. Mol Ecol Resour, 18(6): 1469-1481.

Avakyan ZA, Bulygina ES, Turova TP, Lysenko AM, Osipov GA, Karavaiko GI. 1997. Description of a new species of mucilaginous bacteria, *Bacillus edaphicus* sp. nov., and confirmation of the taxonomic status of *Bacillus mucilaginosus* Avakyan et al. 1986 based on data from phenotypic and genotypic analysis[J]. Mikrobiologiya, 66: 813-822. (in Russian)

Avakyan ZA, Pivovarova TA, Karavaiko GI. 1986. Properties of a new species, *Bacillus mucilaginosus*[J]. Mikrobiologiya, 55: 477-482. (in Russian)

Aversano R, Contaldi F, Ercolano MR, Grosso V, Iorizzo M, Tatino F, Xumerle L, Molin AD, Avanzato C, Ferrarini A, Delledonne M, Sanseverino W, Cigliano RA, Capella-Gutierrez S, Gabaldón T, Frusciante L, Bradeen JM, Carputo D. 2015. The *Solanum commersonii* genome sequence provides insights into adaptation to stress conditions and genome evolution of wild potato relatives[J]. Plant Cell, 27(4): 956-968.

Avni R, Nave M, Barad O, Baruch K, Twardziok SO, Gundlach H, Hale I, Mascher M, Spannagl M, Wiebe K, Jordan KW, Golan G, Deek J, Ben-Zvi B, Ben-Zvi G, Himmelbach A, MacLachlan RP, Sharpe AG, Fritz A, Ben-David R, Budak H, Fahima T, Korol A, Faris JD, Hernandez A, Mikel MA, Levy AA, Steffenson B, Maccaferri M, Tuberosa R, Cattivelli L, Faccioli P, Ceriotti A, Kashkush K, Pourkheirandish M, Komatsuda T, Eilam T, Sela H, Sharon A, Ohad N, Chamovitz DA, Mayer KFX, Stein N, Ronen G, Peleg Z, Pozniak CJ, Akhunov ED, Distelfeld A. 2017. Wild emmer genome architecture and diversity elucidate wheat evolution and domestication[J]. Science, 357(6346): 93-97.

Aw YK, Ong KS, Lee LH, Cheow YL, Yule CM, Lee SM. 2016. Newly Isolated *Paenibacillus tyrfis* sp. nov., from Malaysian tropical peat swamp soil with broad spectrum antimicrobial activity[J]. Front Microbiol, 7: 219.

Azizoglu U. 2019. *Bacillus thuringiensis* as a biofertilizer and biostimulator: a mini-review of the little-known plant growth-promoting properties of Bt[J]. Curr Microbiol, 76(11): 1379-1385.

Azmatunnisa M, Rahul K, Lakshmi KV, Sasikala C, Ramana CV. 2015b. *Lysinibacillus acetophenoni* sp. nov., a solvent-tolerant bacterium isolated from acetophenone[J]. Int J Syst Evol Microbiol, 65(Pt 6): 1741-1748.

Azmatunnisa M, Rahul K, Subhash Y, Sasikala C, Ramana CV. 2015a. *Bacillus oleivorans* sp. nov., a diesel oil-degrading and solvent-tolerant bacterium[J]. Int J Syst Evol Microbiol, 65(Pt 4): 1310-1315.

Azmatunnisa M, Varshini V, Rahul K, Chandana A, Sasikala C, Ramana CV. 2016. Description of *Alteribacillus alkaliphilus* sp. nov., reassignment of *Bacillus iranensis* (Bagheri et al. 2012) as *Alteribacillus iranensis* comb. nov. and emended description of the genus *Alteribacillus*[J]. Int J Syst Evol Microbiol, 66(Pt 11): 4772-4778.

Babenko VV, Podgorny OV, Manuvera VA, Kasianov AS, Manolov AI, Grafskaia EN, Shirokov DA, Kurdyumov AS, Vinogradov DV, Nikitina AS, Kovalchuk SI, Anikanov NA, Butenko IO, Pobeguts OV, Matyushkina DS, Rakitina DV, Kostryukova ES, Zgoda VG, Baskova IP, Trukhan VM, Gelfand MS, Govorun VM, Schiöth HB, Lazarev VN. 2020. Draft genome sequences of *Hirudo medicinalis* and salivary transcriptome of three closely related medicinal leeches[J]. BMC Genomics, 21(1): 331.

Bactrian Camels Genome Sequencing and Analysis Consortium, Jirimutu, Wang Z, Ding G, Chen G, Sun Y, Sun Z, Zhang H, Wang L, Hasi S, Zhang Y, Li J, Shi Y, Xu Z, He C, Yu S, Li S, Zhang W, Batmunkh M, Ts B, Narenbatu, Unierhu, Bat-Ireedui S, Gao H, Baysgalan B, Li Q, Jia Z, Turigenbayila, Subudenggerile, Narenmanduhu, Wang Z, Wang J, Pan L, Chen Y, Ganerdene Y, Dabxilt, Erdemt, Altansha, Altansukh, Liu T, Cao M, Aruuntsever, Bayart, Hosblig, He F, Zha-Ti A, Zheng G, Qiu F, Sun Z, Zhao L, Zhao W, Liu B, Li C, Chen Y, Tang X, Guo C, Liu W, Ming L, Temuulen, Cui A, Li Y, Gao J, Li J, Wurentaodi, Niu S, Sun T, Zhai Z, Zhang M, Chen C, Baldan T, Bayaer T, Li Y, Meng H. 2012. Genome sequences of wild and domestic bactrian camels[J]. Nat Commun, 3: 1202.

Badouin H, Gouzy J, Grassa CJ, Murat F, Staton SE, Cottret L, Lelandais-Brière C, Owens GL, Carrère S, Mayjonade B, Legrand L, Gill N, Kane NC, Bowers JE, Hubner S, Bellec A, Bérard A, Bergès H, Blanchet N, Boniface MC, Brunel D, Catrice O, Chaidir N, Claudel C, Donnadieu C, Faraut T, Fievet G,

Helmstetter N, King M, Knapp SJ, Lai Z, Le Paslier MC, Lippi Y, Lorenzon L, Mandel JR, Marage G, Marchand G, Marquand E, Bret-Mestries E, Morien E, Nambeesan S, Nguyen T, Pegot-Espagnet P, Pouilly N, Raftis F, Sallet E, Schiex T, Thomas J, Vandecasteele C, Varès D, Vear F, Vautrin S, Crespi M, Mangin B, Burke JM, Salse J, Muños S, Vincourt P, Rieseberg LH, Langlade NB. 2017. The sunflower genome provides insights into oil metabolism, flowering and Asterid evolution[J]. Nature, 546(7656): 148-152.

Bae DY, Eum SM, Lee SW, Paik JH, Kim SY, Park M, Lee C, Tran TB, Do VH, Heo JY, Seong ES, Kim IS, Choi KY, Hong JS, Ramekar RV, Choi S, Na JK. 2018. Enrichment of genomic resources and identification of simple sequence repeats from medicinally important *Clausena excavata*[J]. 3 Biotech, 8(3): 133.

Bae SS, Lee JH, Kim SJ. 2005. *Bacillus alveayuensis* sp. nov., a thermophilic bacterium isolated from deep-sea sediments of the Ayu Trough[J]. Int J Syst Evol Microbiol, 55(Pt 3): 1211-1215.

Baek S, Choi K, Kim GB, Yu HJ, Cho A, Jang H, Kim C, Kim HJ, Chang KS, Kim JH, Mun JH. 2018. Draft genome sequence of wild *Prunus yedoensis* reveals massive inter-specific hybridization between sympatric flowering cherries[J]. Genome Biol, 19(1): 127.

Baesman SM, Stolz JF, Kulp TR, Oremland RS. 2009. Enrichment and isolation of *Bacillus beveridgei* sp. nov., a facultative anaerobic haloalkaliphile from Mono Lake, California, that respires oxyanions of tellurium, selenium, and arsenic[J]. Extremophiles, 13(4): 695-705.

Bagheri M, Amoozegar MA, Schumann P, Didari M, Mehrshad M, Spröer C, Sánchez-Porro C, Ventosa A. 2013. *Ornithinibacillus halophilus* sp. nov., a moderately halophilic, Gram-stain-positive, endospore-forming bacterium from a hypersaline lake[J]. Int J Syst Evol Microbiol, 63(Pt 3): 846-848.

Bagheri M, Didari M, Amoozegar MA, Schumann P, Sánchez-Porro C, Mehrshad M, Ventosa A. 2012. *Bacillus iranensis* sp. nov., a moderate halophile from a hypersaline lake[J]. Int J Syst Evol Microbiol, 62(Pt 4): 811-816.

Bai CM, Xin LS, Rosani U, Wu B, Wang QC, Duan XK, Liu ZH, Wang CM. 2019a. Chromosomal-level assembly of the blood clam, *Scapharca* (*Anadara*) *broughtonii*, using long sequence reads and Hi-C[J]. Gigascience, 8(7): giz067.

Bai L, Liu B, Ji C, Zhao S, Liu S, Wang R, Wang W, Yao P, Li X, Fu X, Yu H, Liu M, Han F, Guan N, Liu H, Liu D, Tao Y, Wang Z, Yan S, Florant G, Butcher MT, Zhang J, Zheng H, Fan J, Liu E. 2019b. Hypoxic and cold adaptation insights from the Himalayan marmot genome[J]. iScience, 11: 505-507.

Baik KS, Lim CH, Choe HN, Kim EM, Seong CN. 2011. *Paenibacillus rigui* sp. nov., isolated from a freshwater wetland[J]. Int J Syst Evol Microbiol, 61(Pt 3): 529-534.

Bains W, Smith GC. 1988. A novel method for nucleic acid sequence determination[J]. J Theor Biol, 135(3): 303-307.

Balasubramanian N, Toubarro D, Teixeira M, Simõs N. 2012. Purification and biochemical characterization of a novel thermo-stable carboxymethyl cellulase from Azorean isolate *Bacillus mycoides* S122C[J]. Appl Biochem Biotechnol, 168(8): 2191-2204.

Baldwin-Brown JG, Weeks SC, Long AD. 2018. A new standard for Crustacean genomes: the highly contiguous, annotated genome assembly of the clam shrimp *Eulimnadia texana* reveals *hox* gene order and identifies the sex chromosome[J]. Genome Biol Evol, 10(1): 143-156.

Bana NÁ, Nyiri A, Nagy J, Frank K, Nagy T, Stéger V, Schiller M, Lakatos P, Sugár L, Horn P, Barta E, Orosz L. 2018. The red deer *Cervus elaphus* genome CerEla1.0: sequencing, annotating, genes, and chromosomes[J]. Mol Genet Genomics, 293(3): 665-684.

Banat IM, Marchant R, Rahman TJ. 2004. *Geobacillus debilis* sp. nov., a novel obligately thermophilic bacterium isolated from a cool soil environment, and reassignment of *Bacillus pallidus* to *Geobacillus pallidus* comb. nov.[J]. Int J Syst Evol Microbiol, 54(Pt 6): 2197-2201.

Banks JA, Nishiyama T, Hasebe M, Bowman JL, Gribskov M, DePamphilis C, Albert VA, Aono N, Aoyama T, Ambrose BA, Ashton NW, Axtell MJ, Barker E, Barker MS, Bennetzen JL, Bonawitz ND, Chapple C, Cheng C, Correa LG, Dacre M, DeBarry J, Dreyer I, Elias M, Engstrom EM, Estelle M, Feng L, Finet C, Floyd SK, Frommer WB, Fujita T, Gramzow L, Gutensohn M, Harholt J, Hattori M, Heyl A, Hirai T,

Hiwatashi Y, Ishikawa M, Iwata M, Karol KG, Koehler B, Kolukisaoglu U, Kubo M, Kurata T, Lalonde S, Li K, Li Y, Litt A, Lyons E, Manning G, Maruyama T, Michael TP, Mikami K, Miyazaki S, Morinaga S, Murata T, Mueller-Roeber B, Nelson DR, Obara M, Oguri Y, Olmstead RG, Onodera N, Petersen BL, Pils B, Prigge M, Rensing SA, Riaño-Pachón DM, Roberts AW, Sato Y, Scheller HV, Schulz B, Schulz C, Shakirov EV, Shibagaki N, Shinohara N, Shippen DE, Sørensen I, Sotooka R, Sugimoto N, Sugita M, Sumikawa N, Tanurdzic M, Theissen G, Ulvskov P, Wakazuki S, Weng JK, Willats WW, Wipf D, Wolf PG, Yang L, Zimmer AD, Zhu Q, Mitros T, Hellsten U, Loqué D, Otillar R, Salamov A, Schmutz J, Shapiro H, Lindquist E, Lucas S, Rokhsar D, Grigoriev IV. 2011. The *Selaginella* genome identifies genetic changes associated with the evolution of vascular plants[J]. Science, 332(6032): 960-963.

Bao P, Xiao KQ, Wang HJ, Xu H, Xu PP, Jia Y, Häggblom MM, Zhu YG. 2016. Characterization and potential applications of a selenium nanoparticle producing and nitrate reducing bacterium *Bacillus oryziterrae* sp. nov.[J]. Sci Rep, 6: 34054.

Bao R, Onishi KG, Tolla E, Ebling FJP, Lewis JE, Anderson RL, Barrett P, Prendergast BJ, Stevenson TJ. 2019. Genome sequencing and transcriptome analyses of the Siberian hamster hypothalamus identify mechanisms for seasonal energy balance[J]. Proc Natl Acad Sci USA, 116(26): 13116-13121.

Bargelloni L, Babbucci M, Ferraresso S, Papetti C, Vitulo N, Carraro R, Pauletto M, Santovito G, Lucassen M, Mark FC, Zane L, Patarnello T. 2019. Draft genome assembly and transcriptome data of the icefish *Chionodraco myersi* reveal the key role of mitochondria for a life without hemoglobin at subzero temperatures[J]. Commun Biol, 2: 443.

Barghi N, Concepcion GP, Olivera BM, Lluisma AO. 2016. Structural features of conopeptide genes inferred from partial sequences of the *Conus tribblei* genome[J]. Mol Genet Genomics, 291(1): 411-422.

Barrell BG, Coulson AR, McClain WH. 1973. Nucleotide sequence of a glycine transfer RNA coded by bacteriophage T4[J]. FEBS Lett, 37(1): 66-69.

Barrera-Redondo J, Ibarra-Laclette E, Vázquez-Lobo A, Gutiérrez-Guerrero YT, Sánchez de la Vega G, Piñero D, Montes-Hernández S, Lira-Saade R, Eguiarte LE. 2019. The genome of *Cucurbita argyrosperma* (silver-seed gourd) reveals faster rates of protein-coding gene and long noncoding RNA turnover and neofunctionalization within Cucurbita[J]. Mol Plant, 12(4): 506-520.

Barrero RA, Guerrero FD, Black M, McCooke J, Chapman B, Schilkey F, Pérez de León AA, Miller RJ, Bruns S, Dobry J, Mikhaylenko G, Stormo K, Bell C, Tao Q, Bogden R, Moolhuijzen PM, Hunter A, Bellgard MI. 2017. Gene-enriched draft genome of the cattle tick *Rhipicephalus microplus*: assembly by the hybrid Pacific Biosciences/Illumina approach enabled analysis of the highly repetitive genome[J]. Int J Parasitol, 47(9): 569-583.

Bartoszewicz M, Hansen BM, Swiecicka I. 2008. The members of the *Bacillus cereus* group are commonly present contaminants of fresh and heat-treated milk[J]. Food Microbiol, 25(4): 588-596.

Basi-Chipalu S, Dischinger J, Josten M, Szekat C, Zweynert A, Sahl HG, Bierbaum G. 2015. Pseudomycoicidin, a Class II Lantibiotic from *Bacillus pseudomycoides*[J]. Appl Environ Microbiol, 81(10): 3419-3429.

Bassil NM, Lloyd JR. 2019. *Anaerobacillus isosaccharinicus* sp. nov., an alkaliphilic bacterium which degrades isosaccharinic acid[J]. Int J Syst Evol Microbiol, 69(Pt 12): 3666-3671.

Bastías A, Correa F, Rojas P, Martin C, Pérez-Diaz J, Yáñez C, Cuevas M, Verdugo R, Sagredo B. 2019. Draft genome sequence data of maqui (*Aristotelia chilensis*) and identification of SSR markers[J]. Data Brief, 27: 104545.

Batchelor MD. 1919. Aerobic spore-bearing bacteria in the intestinal tract of children[J]. J Bacteriol, 4(1): 23-34.

Batra D, Lin W, Narayanan V, Rowe LA, Sheth M, Zheng Y, Loparev V, de Almeida M. 2019. Draft genome sequences of *Leishmania* (*Leishmania*) *amazonensis*, *Leishmania* (*Leishmania*) *mexicana*, and *Leishmania* (*Leishmania*) *aethiopica*, potential etiological agents of diffuse cutaneous leishmaniasis[J]. Microbiol Resour Announc, 8(20): e00269-19.

Bauer E, Schmutzer T, Barilar I, Mascher M, Gundlach H, Martis MM, Twardziok SO, Hackauf B, Gordillo

A, Wilde P, Schmidt M, Korzun V, Mayer KF, Schmid K, Schön CC, Scholz U. 2017. Towards a whole-genome sequence for rye (*Secale cereale* L.)[J]. Plant J, 89(5): 853-869.

Baumgarten S, Simakov O, Esherick LY, Liew YJ, Lehnert EM, Michell CT, Li Y, Hambleton EA, Guse A, Oates ME, Gough J, Weis VM, Aranda M, Pringle JR, Voolstra CR. 2015. The genome of *Aiptasia*, a sea anemone model for coral symbiosis[J]. Proc Natl Acad Sci USA, 112(38): 11893-11898.

Bayega A, Djambazian H, Tsoumani KT, Gregoriou ME, Sagri E, Drosopoulou E, Mavragani-Tsipidou P, Giorda K, Tsiamis G, Bourtzis K, Oikonomopoulos S, Dewar K, Church DM, Papanicolaou A, Mathiopoulos KD, Ragoussis J. 2020. *De novo* assembly of the olive fruit fly (*Bactrocera oleae*) genome with linked-reads and long-read technologies minimizes gaps and provides exceptional Y chromosome assembly[J]. BMC Genomics, 21(1): 259.

Beck S, Pohl FM. 1984. DNA sequencing with direct blotting electrophoresis[J]. EMBO J, 3(12): 2905-2909.

Begum MA, Rahul K, Sasikala C, Ramana CV. 2016. *Lysinibacillus xyleni* sp. nov., isolated from a bottle of xylene[J]. Arch Microbiol, 198(4): 325-332.

Behrendt U, Schumann P, Stieglmeier M, Pukall R, Augustin J, Spröer C, Schwendner P, Moissl-Eichinger C, Ulrich A. 2010. Characterization of heterotrophic nitrifying bacteria with respiratory ammonification and denitrification activity: description of *Paenibacillus uliginis* sp. nov., an inhabitant of fen peat soil and *Paenibacillus purispatii* sp. nov., isolated from a spacecraft assembly clean room[J]. Syst Appl Microbiol, 33(6): 328-336.

Bekli S, Aktas B, Gencer D, Aslim B. 2019. Biochemical and molecular characterizations of a novel ph- and temperature-stable pectate lyase from *Bacillus amyloliquefaciens* S6 for industrial application[J]. Mol Biotechnol, 61(9): 681-693.

Belahbib H, Renard E, Santini S, Jourda C, Claverie JM, Borchiellini C, Le Bivic A. 2018. New genomic data and analyses challenge the traditional vision of animal epithelium evolution[J]. BMC Genomics, 19(1): 393.

Belcaid M, Casaburi G, McAnulty SJ, Schmidbaur H, Suria AM, Moriano-Gutierrez S, Pankey MS, Oakley TH, Kremer N, Koch EJ, Collins AJ, Nguyen H, Lek S, Goncharenko-Foster I, Minx P, Sodergren E, Weinstock G, Rokhsar DS, McFall-Ngai M, Simakov O, Foster JS, Nyholm SV. 2019. Symbiotic organs shaped by distinct modes of genome evolution in cephalopods[J]. Proc Natl Acad Sci USA, 116(8): 3030-3035.

Belduz AO, Dulger S, Demirbag Z. 2003. *Anoxybacillus gonensis* sp. nov., a moderately thermophilic, xylose-utilizing, endospore-forming bacterium[J]. Int J Syst Evol Microbiol, 53(Pt 5): 1315-1320.

Belikova VA, Cherevach NV, Kalakutskiĭ LV. 1986. New species of bacteria in the genus *Kurthia*: *Kurthia sibirica* sp. nov.[J]. Mikrobiologiia, 55(5): 831-835.

Bell ME, Lasker BA, Klenk HP, Hoyles L, Spröer C, Schumann P, Brown JM. 2016. *Kroppenstedtia pulmonis* sp. nov. and *Kroppenstedtia sanguinis* sp. nov., isolated from human patients[J]. Antonie Van Leeuwenhoek, 109(5): 603-610.

Bellinger MR, Paudel R, Starnes S, Kambic L, Kantar M, Wolfgruber T, Lamour K, Geib S, Sim S, Miyasaka S, Helmkampf M, Shintaku M. 2020. Taro genome assembly and linkage map reveal QTLs for resistance to taro leaf blight[J]. G3 (Bethesda), g3.401367.2020.

Belser C, Istace B, Denis E, Dubarry M, Baurens FC, Falentin C, Genete M, Berrabah W, Chèvre AM, Delourme R, Deniot G, Denoeud F, Duffé P, Engelen S, Lemainque A, Manzanares-Dauleux M, Martin G, Morice J, Noel B, Vekemans X, D'Hont A, Rousseau-Gueutin M, Barbe V, Cruaud C, Wincker P, Aury JM. 2018. Chromosome-scale assemblies of plant genomes using nanopore long reads and optical maps[J]. Nat Plants, 4(11): 879-887.

Benavente ED, Gomes AR, De Silva JR, Grigg M, Walker H, Barber BE, William T, Yeo TW, de Sessions PF, Ramaprasad A, Ibrahim A, Charleston J, Hibberd ML, Pain A, Moon RW, Auburn S, Ling LY, Anstey NM, Clark TG, Campino S. 2019. Whole genome sequencing of amplified *Plasmodium knowlesi* DNA from unprocessed blood reveals genetic exchange events between Malaysian peninsular and Borneo subpopulations[J]. Sci Rep, 9(1): 9873.

Benbow RM, Zuccarelli AJ, Davis GC, Sinsheimer RL. 1974. Genetic recombination in bacteriophage phi chi

174[J]. J Virol, 13(4): 898-907.

Bendjama E, Loucif L, Diene SM, Michelle C, Gacemi-Kirane D, Rolain JM. 2014. Non-contiguous finished genome sequence and description of *Paucisalibacillus algeriensis* sp. nov.[J]. Stand Genomic Sci, 9(3): 1352-1365.

Beneduzi A, Costa PB, Parma M, Melo IS, Bodanese-Zanettini MH, Passaglia LM. 2010. *Paenibacillus riograndensis* sp. nov., a nitrogen-fixing species isolated from the rhizosphere of *Triticum aestivum*[J]. Int J Syst Evol Microbiol, 60(Pt 1): 128-133.

Ben-Gad D, Gerchman Y. 2017. Reclassification of *Brevibacterium halotolerans* DSM8802 as *Bacillus halotolerans* comb. nov. based on microbial and biochemical characterization and multiple gene sequence[J]. Curr Microbiol, 74(1): 1-5.

Ben-Jacob E, Shochet O, Tenenbaum A, Avidan O. 1995. Evolution of complexity during growth of bacterial colonies[M]. *In*: Cladis PE, Palffy-Muhorey P. Spatio-temporal patterns in nonequilibrium complex systems. Santa Fe: Addison-Wesley Publishing Company: 619-633.

Bennett GM, Moran NA. 2013. Small, smaller, smallest: the origins and evolution of ancient dual symbioses in a phloem-feeding insect[J]. Genome Biol Evol, 5(9): 1675-1688.

Bennett HM, Mok HP, Gkrania-Klotsas E, Tsai IJ, Stanley EJ, Antoun NM, Coghlan A, Harsha B, Traini A, Ribeiro DM, Steinbiss S, Lucas SB, Allinson KS, Price SJ, Santarius TS, Carmichael AJ, Chiodini PL, Holroyd N, Dean AF, Berriman M. 2014. The genome of the sparganosis tapeworm *Spirometra erinaceieuropaei* isolated from the biopsy of a migrating brain lesion[J]. Genome Biol, 15(11): 510.

Bennetzen JL, Schmutz J, Wang H, Percifield R, Hawkins J, Pontaroli AC, Estep M, Feng L, Vaughn JN, Grimwood J, Jenkins J, Barry K, Lindquist E, Hellsten U, Deshpande S, Wang X, Wu X, Mitros T, Triplett J, Yang X, Ye CY, Mauro-Herrera M, Wang L, Li P, Sharma M, Sharma R, Ronald PC, Panaud O, Kellogg EA, Brutnell TP, Doust AN, Tuskan GA, Rokhsar D, Devos KM. 2012. Reference genome sequence of the model plant *Setaria*[J]. Nat Biotechnol, 30(6): 555-561.

Benoit JB, Adelman ZN, Reinhardt K, Dolan A, Poelchau M, Jennings EC, Szuter EM, Hagan RW, Gujar H, Shukla JN, Zhu F, Mohan M, Nelson DR, Rosendale AJ, Derst C, Resnik V, Wernig S, Menegazzi P, Wegener C, Peschel N, Hendershot JM, Blenau W, Predel R, Johnston PR, Ioannidis P, Waterhouse RM, Nauen R, Schorn C, Ott MC, Maiwald F, Johnston JS, Gondhalekar AD, Scharf ME, Peterson BF, Raje KR, Hottel BA, Armisén D, Crumière AJJ, Refki PN, Santos ME, Sghaier E, Viala S, Khila A, Ahn SJ, Childers C, Lee CY, Lin H, Hughes DST, Duncan EJ, Murali SC, Qu J, Dugan S, Lee SL, Chao H, Dinh H, Han Y, Doddapaneni H, Worley KC, Muzny DM, Wheeler D, Panfilio KA, Vargas Jentzsch IM, Vargo EL, Booth W, Friedrich M, Weirauch MT, Anderson MAE, Jones JW, Mittapalli O, Zhao C, Zhou JJ, Evans JD, Attardo GM, Robertson HM, Zdobnov EM, Ribeiro JMC, Gibbs RA, Werren JH, Palli SR, Schal C, Richards S. 2016. Unique features of a global human ectoparasite identified through sequencing of the bed bug genome[J]. Nat Commun, 7: 10165.

Bentley DR, Balasubramanian S, Swerdlow HP, Smith GP, Milton J, Brown CG, Hall KP, Evers DJ, Barnes CL, Bignell HR, Boutell JM, Bryant J, Carter RJ, Keira Cheetham R, Cox AJ, Ellis DJ, Flatbush MR, Gormley NA, Humphray SJ, Irving LJ, Karbelashvili MS, Kirk SM, Li H, Liu X, Maisinger KS, Murray LJ, Obradovic B, Ost T, Parkinson ML, Pratt MR, Rasolonjatovo IM, Reed MT, Rigatti R, Rodighiero C, Ross MT, Sabot A, Sankar SV, Scally A, Schroth GP, Smith ME, Smith VP, Spiridou A, Torrance PE, Tzonev SS, Vermaas EH, Walter K, Wu X, Zhang L, Alam MD, Anastasi C, Aniebo IC, Bailey DM, Bancarz IR, Banerjee S, Barbour SG, Baybayan PA, Benoit VA, Benson KF, Bevis C, Black PJ, Boodhun A, Brennan JS, Bridgham JA, Brown RC, Brown AA, Buermann DH, Bundu AA, Burrows JC, Carter NP, Castillo N, Chiara E, Catenazzi M, Chang S, Neil Cooley R, Crake NR, Dada OO, Diakoumakos KD, Dominguez-Fernandez B, Earnshaw DJ, Egbujor UC, Elmore DW, Etchin SS, Ewan MR, Fedurco M, Fraser LJ, Fuentes Fajardo KV, Scott Furey W, George D, Gietzen KJ, Goddard CP, Golda GS, Granieri PA, Green DE, Gustafson DL, Hansen NF, Harnish K, Haudenschild CD, Heyer NI, Hims MM, Ho JT, Horgan AM, Hoschler K, Hurwitz S, Ivanov DV, Johnson MQ, James T, Huw Jones TA, Kang GD, Kerelska TH, Kersey AD, Khrebtukova I, Kindwall AP, Kingsbury Z, Kokko-Gonzales PI, Kumar A, Laurent MA, Lawley CT, Lee SE, Lee X, Liao AK, Loch JA, Lok M, Luo S, Mammen RM,

Martin JW, McCauley PG, McNitt P, Mehta P, Moon KW, Mullens JW, Newington T, Ning Z, Ling Ng B, Novo SM, O'Neill MJ, Osborne MA, Osnowski A, Ostadan O, Paraschos LL, Pickering L, Pike AC, Pike AC, Chris Pinkard D, Pliskin DP, Podhasky J, Quijano VJ, Raczy C, Rae VH, Rawlings SR, Chiva Rodriguez A, Roe PM, Rogers J, Rogert Bacigalupo MC, Romanov N, Romieu A, Roth RK, Rourke NJ, Ruediger ST, Rusman E, Sanches-Kuiper RM, Schenker MR, Seoane JM, Shaw RJ, Shiver MK, Short SW, Sizto NL, Sluis JP, Smith MA, Ernest Sohna Sohna J, Spence EJ, Stevens K, Sutton N, Szajkowski L, Tregidgo CL, Turcatti G, Vandevondele S, Verhovsky Y, Virk SM, Wakelin S, Walcott GC, Wang J, Worsley GJ, Yan J, Yau L, Zuerlein M, Rogers J, Mullikin JC, Hurles ME, McCooke NJ, West JS, Oaks FL, Lundberg PL, Klenerman D, Durbin R, Smith AJ. 2008. Accurate whole human genome sequencing using reversible terminator chemistry[J]. Nature, 456(7218): 53-59.

Berge O, Guinebretière MH, Achouak W, Normand P, Heulin T. 2002. *Paenibacillus graminis* sp. nov. and *Paenibacillus odorifer* sp. nov., isolated from plant roots, soil and food[J]. Int J Syst Evol Microbiol, 52(Pt 2): 607-616.

Bernal A, Ear U, Kyrpides N. 2001. Genomes OnLine Database (GOLD): a monitor of genome projects world-wide[J]. Nucleic Acids Res, 29(1): 126-127.

Berriman M, Ghedin E, Hertz-Fowler C, Blandin G, Renauld H, Bartholomeu DC, Lennard NJ, Caler E, Hamlin NE, Haas B, Böhme U, Hannick L, Aslett MA, Shallom J, Marcello L, Hou L, Wickstead B, Alsmark UC, Arrowsmith C, Atkin RJ, Barron AJ, Bringaud F, Brooks K, Carrington M, Cherevach I, Chillingworth TJ, Churcher C, Clark LN, Corton CH, Cronin A, Davies RM, Doggett J, Djikeng A, Feldblyum T, Field MC, Fraser A, Goodhead I, Hance Z, Harper D, Harris BR, Hauser H, Hostetler J, Ivens A, Jagels K, Johnson D, Johnson J, Jones K, Kerhornou AX, Koo H, Larke N, Landfear S, Larkin C, Leech V, Line A, Lord A, Macleod A, Mooney PJ, Moule S, Martin DM, Morgan GW, Mungall K, Norbertczak H, Ormond D, Pai G, Peacock CS, Peterson J, Quail MA, Rabbinowitsch E, Rajandream MA, Reitter C, Salzberg SL, Sanders M, Schobel S, Sharp S, Simmonds M, Simpson AJ, Tallon L, Turner CM, Tait A, Tivey AR, Van Aken S, Walker D, Wanless D, Wang S, White B, White O, Whitehead S, Woodward J, Wortman J, Adams MD, Embley TM, Gull K, Ullu E, Barry JD, Fairlamb AH, Opperdoes F, Barrell BG, Donelson JE, Hall N, Fraser CM, Melville SE, El-Sayed NM. 2005. The genome of the African trypanosome *Trypanosoma brucei*[J]. Science, 309(5733): 416-422.

Berriman M, Haas BJ, LoVerde PT, Wilson RA, Dillon GP, Cerqueira GC, Mashiyama ST, Al-Lazikani B, Andrade LF, Ashton PD, Aslett MA, Bartholomeu DC, Blandin G, Caffrey CR, Coghlan A, Coulson R, Day TA, Delcher A, DeMarco R, Djikeng A, Eyre T, Gamble JA, Ghedin E, Gu Y, Hertz-Fowler C, Hirai H, Hirai Y, Houston R, Ivens A, Johnston DA, Lacerda D, Macedo CD, McVeigh P, Ning Z, Oliveira G, Overington JP, Parkhill J, Pertea M, Pierce RJ, Protasio AV, Quail MA, Rajandream MA, Rogers J, Sajid M, Salzberg SL, Stanke M, Tivey AR, White O, Williams DL, Wortman J, Wu W, Zamanian M, Zerlotini A, Fraser-Liggett CM, Barrell BG, El-Sayed NM. 2009. The genome of the blood fluke *Schistosoma mansoni*[J]. Nature, 460(7253): 352-358.

Bertani G, Bertani LE. 1974. Constitutive expression of bacteriophage P2 early genes resulting from a tandem duplication[J]. Proc Natl Acad Sci USA, 71(2): 315-319.

Bertioli DJ, Cannon SB, Froenicke L, Huang G, Farmer AD, Cannon EK, Liu X, Gao D, Clevenger J, Dash S, Ren L, Moretzsohn MC, Shirasawa K, Huang W, Vidigal B, Abernathy B, Chu Y, Niederhuth CE, Umale P, Araújo AC, Kozik A, Kim KD, Burow MD, Varshney RK, Wang X, Zhang X, Barkley N, Guimarães PM, Isobe S, Guo B, Liao B, Stalker HT, Schmitz RJ, Scheffler BE, Leal-Bertioli SC, Xun X, Jackson SA, Michelmore R, Ozias-Akins P. 2016. The genome sequences of *Arachis duranensis* and *Arachis ipaensis*, the diploid ancestors of cultivated peanut[J]. Nat Genet, 48(4): 438-446.

Besnard F, Koutsovoulos G, Dieudonné S, Blaxter M, Félix MA. 2017. Toward universal forward genetics: using a draft genome sequence of the nematode *Oscheius tipulae* to identify mutations affecting vulva development[J]. Genetics, 206(4): 1747-1761.

Bhak Y, Jeon Y, Jeon S, Chung O, Jho S, Jun JH, Kim HM, Cho Y, Yoon C, Lee S, Kang JH, Lim JD, An J, Cho YS, Ryu DY, Bhak J. 2017. *Myotis rufoniger* genome sequence and analyses: *M. rufoniger*'s genomic feature and the decreasing effective population size of *Myotis* bats[J]. PLoS One, 12(7):

e0180418.

Bi Q, Zhao Y, Du W, Lu Y, Gui L, Zheng Z, Yu H, Cui Y, Liu Z, Cui T, Cui D, Liu X, Li Y, Fan S, Hu X, Fu G, Ding J, Ruan C, Wang L. 2019. Pseudomolecule-level assembly of the Chinese oil tree yellowhorn (*Xanthoceras sorbifolium*) genome[J]. Gigascience, 8(6): giz070.

Bian C, Hu Y, Ravi V, Kuznetsova IS, Shen X, Mu X, Sun Y, You X, Li J, Li X, Qiu Y, Tay B-H, Thevasagayam NM, Komissarov AS, Trifonov V, Kabilov M, Tupikin A, Luo J, Liu Y, Song H, Liu C, Wang X, Gu D, Yang Y, Li W, Polgar G, Fan G, Zeng P, Zhang H, Xiong Z, Tang Z, Peng C, Ruan Z, Yu H, Chen J, Fan M, Huang Y, Wang M, Zhao X, Hu G, Yang H, Wang J, Wang J, Xu X, Song L, Xu G, Xu P, Junmin Xu J, O'Brien SJ, Orbán L, Venkatesh B, Shi Q. 2016. The Asian arowana (*Scleropages formosus*) genome provides new insights into the evolution of an early lineage of teleosts[J]. Sci Rep, 6: 24501.

Bian C, Li J, Lin X, Chen X, Yi Y, You X, Zhang Y, Lv Y, Shi Q. 2019. Whole genome sequencing of the blue tilapia (*Oreochromis aureus*) provides a valuable genetic resource for biomedical research on tilapias[J]. Mar Drugs, 17(7): E386.

Bian L, Li F, Ge J, Wang P, Chang Q, Zhang S, Li J, Liu C, Liu K, Liu X, Li X, Chen H, Chen S, Shao C, Lin Z. 2020. Chromosome-level genome assembly of the greenfin horse-faced filefish (*Thamnaconus septentrionalis*) using Oxford Nanopore PromethION sequencing and Hi-C technology[J]. Mol Ecol Resour, 20(4): 1069-1079.

Bibb MJ, Van Etten RA, Wright CT, Walberg MW, Clayton DA. 1981. Sequence and gene organization of mouse mitochondrial DNA[J]. Cell, 26(Pt 2): 167-180.

Biedendieck R. 2016. A *Bacillus megaterium* system for the production of recombinant proteins and protein complexes[J]. Adv Exp Med Biol, 896: 97-113.

Bindiya ES, Tina KJ, Sasidharan RS, Bhat SG. 2019. BaCf3: highly thermostable bacteriocin from *Bacillus amyloliquefaciens* BTSS3 antagonistic on food-borne pathogens[J]. 3 Biotech, 9(4): 136.

Binnewies TT, Motro Y, Hallin PF, Lund O, Dunn D, La T, Hampson DJ, Bellgard M, Wassenaar TM, Ussery DW. 2006. Ten years of bacterial genome sequencing: comparative-genomics-based discoveries[J]. Funct Integr Genomics, 6(3): 165-185.

Bird DM, Opperman CH, Davies KG. 2003. Interactions between bacteria and plant-parasitic nematodes: now and then[J]. Int J Parasitol, 33(11): 1269-1276.

Birol I, Raymond A, Jackman SD, Pleasance S, Coope R, Taylor GA, Yuen MM, Keeling CI, Brand D, Vandervalk BP, Kirk H, Pandoh P, Moore RA, Zhao Y, Mungall AJ, Jaquish B, Yanchuk A, Ritland C, Boyle B, Bousquet J, Ritland K, Mackay J, Bohlmann J, Jones SJ. 2013. Assembling the 20 Gb white spruce (*Picea glauca*) genome from whole-genome shotgun sequencing data[J]. Bioinformatics, 29(12): 1492-1497.

Biswal DK, Roychowdhury T, Pandey P, Tandon V. 2018. *De novo* genome and transcriptome analyses provide insights into the biology of the trematode human parasite *Fasciolopsis buski*[J]. PLoS One, 13(10): e0205570.

Bittar F, Bibi F, Ramasamy D, Lagier JC, Azhar EI, Jiman-Fatani AA, Al-Ghamdi AK, Nguyen TT, Yasir M, Fournier PE, Raoult D. 2015. Non contiguous-finished genome sequence and description of *Bacillus jeddahensis* sp. nov.[J]. Stand Genomic Sci, 10: 47.

Blanc G, Agarkova I, Grimwood J, Kuo A, Brueggeman A, Dunigan DD, Gurnon J, Ladunga I, Lindquist E, Lucas S, Pangilinan J, Pröschold T, Salamov A, Schmutz J, Weeks D, Yamada T, Lomsadze A, Borodovsky M, Claverie JM, Grigoriev IV, Van Etten JL. 2012. The genome of the polar eukaryotic microalga *Coccomyxa subellipsoidea* reveals traits of cold adaptation[J]. Genome Biol, 13(5): R39.

Blanc G, Duncan G, Agarkova I, Borodovsky M, Gurnon J, Kuo A, Lindquist E, Lucas S, Pangilinan J, Polle J, Salamov A, Terry A, Yamada T, Dunigan DD, Grigoriev IV, Claverie JM, Van Etten JL. 2010. The *Chlorella variabilis* NC64A genome reveals adaptation to photosymbiosis, coevolution with viruses, and cryptic sex[J]. Plant Cell, 22(9): 2943-2955.

Blanchoud S, Rutherford K, Zondag L, Gemmell NJ, Wilson MJ. 2018. *De novo* draft assembly of the *Botrylloides leachii* genome provides further insight into tunicate evolution[J]. Sci Rep, 8(1): 5518.

Blankers T, Oh KP, Bombarely A, Shaw KL. 2018. The genomic architecture of a rapid island radiation: recombination rate variation, chromosome structure, and genome assembly of the Hawaiian cricket *Laupala*[J]. Genetics, 209(4): 1329-1344.

Blattner FR, Plunkett G 3rd, Bloch CA, Perna NT, Burland V, Riley M, Collado-Vides J, Glasner JD, Rode CK, Mayhew GF, Gregor J, Davis NW, Kirkpatrick HA, Goeden MA, Rose DJ, Mau B, Shao Y. 1997. The complete genome sequence of *Escherichia coli* K-12[J]. Science, 277(5331): 1453-1462.

Blischak PD, Wenzel AJ, Wolfe AD. 2014. Gene prediction and annotation in *Penstemon* (Plantaginaceae): A workflow for marker development from extremely low-coverage genome sequencing[J]. Appl Plant Sci, 2(12): apps.1400044.

Blommaert J, Riss S, Hecox-Lea B, Mark Welch DB, Stelzer CP. 2019. Small, but surprisingly repetitive genomes: transposon expansion and not polyploidy has driven a doubling in genome size in a metazoan species complex[J]. BMC Genomics, 20(1): 466.

Böhme U, Otto TD, Cotton JA, Steinbiss S, Sanders M, Oyola SO, Nicot A, Gandon S, Patra KP, Herd C, Bushell E, Modrzynska KK, Billker O, Vinetz JM, Rivero A, Newbold CI, Berriman M. 2018. Complete avian malaria parasite genomes reveal features associated with lineage-specific evolution in birds and mammals[J]. Genome Res, 28(4): 547-560.

Bolger A, Scossa F, Bolger ME, Lanz C, Maumus F, Tohge T, Quesneville H, Alseekh S, Sørensen I, Lichtenstein G, Fich EA, Conte M, Keller H, Schneeberger K, Schwacke R, Ofner I, Vrebalov J, Xu Y, Osorio S, Aflitos SA, Schijlen E, Jiménez-Goméz JM, Ryngajllo M, Kimura S, Kumar R, Koenig D, Headland LR, Maloof JN, Sinha N, van Ham RC, Lankhorst RK, Mao L, Vogel A, Arsova B, Panstruga R, Fei Z, Rose JK, Zamir D, Carrari F, Giovannoni JJ, Weigel D, Usadel B, Fernie AR. 2014. The genome of the stress-tolerant wild tomato species *Solanum pennellii*[J]. Nat Genet, 46(9): 1036-1038.

Bombarely A, Moser M, Amrad A, Bao M, Bapaume L, Barry CS, Bliek M, Boersma MR, Borghi L, Bruggmann R, Bucher M, D'Agostino N, Davies K, Druege U, Dudareva N, Egea-Cortines M, Delledonne M, Fernandez-Pozo N, Franken P, Grandont L, Heslop-Harrison JS, Hintzsche J, Johns M, Koes R, Lv X, Lyons E, Malla D, Martinoia E, Mattson NS, Morel P, Mueller LA, Muhlemann J, Nouri E, Passeri V, Pezzotti M, Qi Q, Reinhardt D, Rich M, Richert-Pöggeler KR, Robbins TP, Schatz MC, Schranz ME, Schuurink RC, Schwarzacher T, Spelt K, Tang H, Urbanus SL, Vandenbussche M, Vijverberg K, Villarino GH, Warner RM, Weiss J, Yue Z, Zethof J, Quattrocchio F, Sims TL, Kuhlemeier C. 2016. Insight into the evolution of the Solanaceae from the parental genomes of *Petunia hybrida*[J]. Nat Plants, 2: 16074.

Bombarely A, Rosli HG, Vrebalov J, Moffett P, Mueller LA, Martin GB. 2012. A draft genome sequence of *Nicotiana benthamiana* to enhance molecular plant-microbe biology research[J]. Mol Plant Microbe Interact, 25(12): 1523-1530.

Bonasio R, Zhang G, Ye C, Mutti NS, Fang X, Qin N, Donahue G, Yang P, Li Q, Li C, Zhang P, Huang Z, Berger SL, Reinberg D, Wang J, Liebig J. 2010. Genomic comparison of the ants *Camponotus floridanus* and *Harpegnathos saltator*[J]. Science, 329(5995): 1068-1071.

Bonjour F, Aragno M. 1984. *Bacillus tusciae*, a new species of thermoacidophilic, facultatively chemolithoautotrophic, hydrogen oxidizing sporeformer from a geothermal area[J]. Arch Microbiol, 139: 397-401.

Boock JT, Freedman AJE, Tompsett GA, Muse SK, Allen AJ, Jackson LA, Castro-Dominguez B, Timko MT, Prather KLJ, Thompson JR. 2019. Engineered microbial biofuel production and recovery under supercritical carbon dioxide[J]. Nat Commun, 10(1): 587.

Boomsma JJ, Brady SG, Dunn RR, Gadau J, Heinze J, Keller L, Sanders NJ, Schrader L, Schultz TR, Sundstöm L, Ward PS, Wcislo WT, Zhang GJ, The GAGA Consortium. 2017. The Global Ant Genomics Alliance (GAGA)[J]. Myrmecol News, 25: 61-66.

Boone TD, Fan ZH, Hooper HH, Ricco AJ, Tan H, Williams SJ. 2002. Plastic advances microfluidic devices[J]. Anal Chem, 74(3): 78A-86A.

Boothby TC, Tenlen JR, Smith FW, Wang JR, Patanella KA, Nishimura EO, Tintori SC, Li Q, Jones CD, Yandell M, Messina DN, Glasscock J, Goldstein B. 2015. Evidence for extensive horizontal gene transfer from the draft genome of a tardigrade[J]. Proc Natl Acad Sci USA, 112(52): 15976-15981.

Borchert MS, Nielsen P, Graeber I, Kaesler I, Szewzyk U, Pape T, Antranikian G, Schäfer T. 2007. *Bacillus plakortidis* sp. nov. and *Bacillus murimartini* sp. nov., novel alkalitolerant members of rRNA group 6[J]. Int J Syst Evol Microbiol, 57(Pt 12): 2888-2893.

Borsodi AK, Márialigeti K, Szabó G, Palatinszky M, Pollák B, Kéki Z, Kovács AL, Schumann P, Tóth EM. 2008. *Bacillus aurantiacus* sp. nov., an alkaliphilic and moderately halophilic bacterium isolated from Hungarian soda lakes[J]. Int J Syst Evol Microbiol, 58(Pt 4): 845-851.

Bottone EJ. 2010. *Bacillus cereus*, a volatile human pathogen[J]. Clin Microbiol Rev, 23(2): 382-398.

Botwright NA, Zhao M, Wang T, McWilliam S, Colgrave ML, Hlinka O, Li S, Suwansa-Ard S, Subramanian S, McPherson L, King H, Reverter A, Cook MT, McGrath A, Elliott NG, Cummins SF. 2019. Greenlip abalone (*Haliotis laevigata*) genome and protein analysis provides insights into maturation and spawning[J]. G3 (Bethesda), 9(10): 3067-3078.

Bouchie A. 2016. White House unveils National Microbiome Initiative[J]. Nat Biotechnol, 34(6): 580.

Bovine Genome Sequencing and Analysis Consortium, Elsik CG, Tellam RL, Worley KC, Gibbs RA, Muzny DM, Weinstock GM, Adelson DL, Eichler EE, Elnitski L, Guigó R, Hamernik DL, Kappes SM, Lewin HA, Lynn DJ, Nicholas FW, Reymond A, Rijnkels M, Skow LC, Zdobnov EM, Schook L, Womack J, Alioto T, Antonarakis SE, Astashyn A, Chapple CE, Chen HC, Chrast J, Câmara F, Ermolaeva O, Henrichsen CN, Hlavina W, Kapustin Y, Kiryutin B, Kitts P, Kokocinski F, Landrum M, Maglott D, Pruitt K, Sapojnikov V, Searle SM, Solovyev V, Souvorov A, Ucla C, Wyss C, Anzola JM, Gerlach D, Elhaik E, Graur D, Reese JT, Edgar RC, McEwan JC, Payne GM, Raison JM, Junier T, Kriventseva EV, Eyras E, Plass M, Donthu R, Larkin DM, Reecy J, Yang MQ, Chen L, Cheng Z, Chitko-McKown CG, Liu GE, Matukumalli LK, Song J, Zhu B, Bradley DG, Brinkman FS, Lau LP, Whiteside MD, Walker A, Wheeler TT, Casey T, German JB, Lemay DG, Maqbool NJ, Molenaar AJ, Seo S, Stothard P, Baldwin CL, Baxter R, Brinkmeyer-Langford CL, Brown WC, Childers CP, Connelley T, Ellis SA, Fritz K, Glass EJ, Herzig CT, Iivanainen A, Lahmers KK, Bennett AK, Dickens CM, Gilbert JG, Hagen DE, Salih H, Aerts J, Caetano AR, Dalrymple B, Garcia JF, Gill CA, Hiendleder SG, Memili E, Spurlock D, Williams JL, Alexander L, Brownstein MJ, Guan L, Holt RA, Jones SJ, Marra MA, Moore R, Moore SS, Roberts A, Taniguchi M, Waterman RC, Chacko J, Chandrabose MM, Cree A, Dao MD, Dinh HH, Gabisi RA, Hines S, Hume J, Jhangiani SN, Joshi V, Kovar CL, Lewis LR, Liu YS, Lopez J, Morgan MB, Nguyen NB, Okwuonu GO, Ruiz SJ, Santibanez J, Wright RA, Buhay C, Ding Y, Dugan-Rocha S, Herdandez J, Holder M, Sabo A, Egan A, Goodell J, Wilczek-Boney K, Fowler GR, Hitchens ME, Lozado RJ, Moen C, Steffen D, Warren JT, Zhang J, Chiu R, Schein JE, Durbin KJ, Havlak P, Jiang H, Liu Y, Qin X, Ren Y, Shen Y, Song H, Bell SN, Davis C, Johnson AJ, Lee S, Nazareth LV, Patel BM, Pu LL, Vattathil S, Williams RL Jr, Curry S, Hamilton C, Sodergren E, Wheeler DA, Barris W, Bennett GL, Eggen A, Green RD, Harhay GP, Hobbs M, Jann O, Keele JW, Kent MP, Lien S, McKay SD, McWilliam S, Ratnakumar A, Schnabel RD, Smith T, Snelling WM, Sonstegard TS, Stone RT, Sugimoto Y, Takasuga A, Taylor JF, Van Tassell CP, Macneil MD, Abatepaulo AR, Abbey CA, Ahola V, Almeida IG, Amadio AF, Anatriello E, Bahadue SM, Biase FH, Boldt CR, Carroll JA, Carvalho WA, Cervelatti EP, Chacko E, Chapin JE, Cheng Y, Choi J, Colley AJ, de Campos TA, De Donato M, Santos IK, de Oliveira CJ, Deobald H, Devinoy E, Donohue KE, Dovc P, Eberlein A, Fitzsimmons CJ, Franzin AM, Garcia GR, Genini S, Gladney CJ, Grant JR, Greaser ML, Green JA, Hadsell DL, Hakimov HA, Halgren R, Harrow JL, Hart EA, Hastings N, Hernandez M, Hu ZL, Ingham A, Iso-Touru T, Jamis C, Jensen K, Kapetis D, Kerr T, Khalil SS, Khatib H, Kolbehdari D, Kumar CG, Kumar D, Leach R, Lee JC, Li C, Logan KM, Malinverni R, Marques E, Martin WF, Martins NF, Maruyama SR, Mazza R, McLean KL, Medrano JF, Moreno BT, Moré DD, Muntean CT, Nandakumar HP, Nogueira MF, Olsaker I, Pant SD, Panzitta F, Pastor RC, Poli MA, Poslusny N, Rachagani S, Ranganathan S, Razpet A, Riggs PK, Rincon G, Rodriguez-Osorio N, Rodriguez-Zas SL, Romero NE, Rosenwald A, Sando L, Schmutz SM, Shen L, Sherman L, Southey BR, Lutzow YS, Sweedler JV, Tammen I, Telugu BP, Urbanski JM, Utsunomiya YT, Verschoor CP, Waardenberg AJ, Wang Z, Ward R, Weikard R, Welsh TH Jr, White SN, Wilming LG, Wunderlich KR, Yang J, Zhao FQ. 2009. The genome sequence of taurine cattle: a window to ruminant biology and evolution[J]. Science, 324(5926): 522-528.

Bowers J, Mitchell J, Beer E, Buzby PR, Causey M, Efcavitch JW, Jarosz M, Krzymanska-Olejnik E, Kung L, Lipson D, Lowman GM, Marappan S, McInerney P, Platt A, Roy A, Siddiqi SM, Steinmann K, Thompson JF. 2009. Virtual terminator nucleotides for next-generation DNA sequencing[J]. Nat Methods, 6(8): 593-595.

Bowers JE, Pearl SA, Burke JM. 2016. Genetic mapping of millions of SNPs in safflower (*Carthamus tinctorius* L.) via whole-genome resequencing[J]. G3 (Bethesda), 6(7): 2203-2211.

Bowler C, Allen AE, Badger JH, Grimwood J, Jabbari K, Kuo A, Maheswari U, Martens C, Maumus F, Otillar RP, Rayko E, Salamov A, Vandepoele K, Beszteri B, Gruber A, Heijde M, Katinka M, Mock T, Valentin K, Verret F, Berges JA, Brownlee C, Cadoret JP, Chiovitti A, Choi CJ, Coesel S, De Martino A, Detter JC, Durkin C, Falciatore A, Fournet J, Haruta M, Huysman MJ, Jenkins BD, Jiroutova K, Jorgensen RE, Joubert Y, Kaplan A, Kröger N, Kroth PG, La Roche J, Lindquist E, Lommer M, Martin-Jézéquel V, Lopez PJ, Lucas S, Mangogna M, McGinnis K, Medlin LK, Montsant A, Oudot-Le Secq MP, Napoli C, Obornik M, Parker MS, Petit JL, Porcel BM, Poulsen N, Robison M, Rychlewski L, Rynearson TA, Schmutz J, Shapiro H, Siaut M, Stanley M, Sussman MR, Taylor AR, Vardi A, von Dassow P, Vyverman W, Willis A, Wyrwicz LS, Rokhsar DS, Weissenbach J, Armbrust EV, Green BR, Van de Peer Y, Grigoriev IV. 2008. The *Phaeodactylum* genome reveals the evolutionary history of diatom genomes[J]. Nature, 456(7219): 239-244.

Bowman JL, Kohchi T, Yamato KT, Jenkins J, Shu S, Ishizaki K, Yamaoka S, Nishihama R, Nakamura Y, Berger F, Adam C, Aki SS, Althoff F, Araki T, Arteaga-Vazquez MA, Balasubrmanian S, Barry K, Bauer D, Boehm CR, Briginshaw L, Caballero-Perez J, Catarino B, Chen F, Chiyoda S, Chovatia M, Davies KM, Delmans M, Demura T, Dierschke T, Dolan L, Dorantes-Acosta AE, Eklund DM, Florent SN, Flores-Sandoval E, Fujiyama A, Fukuzawa H, Galik B, Grimanelli D, Grimwood J, Grossniklaus U, Hamada T, Haseloff J, Hetherington AJ, Higo A, Hirakawa Y, Hundley HN, Ikeda Y, Inoue K, Inoue SI, Ishida S, Jia Q, Kakita M, Kanazawa T, Kawai Y, Kawashima T, Kennedy M, Kinose K, Kinoshita T, Kohara Y, Koide E, Komatsu K, Kopischke S, Kubo M, Kyozuka J, Lagercrantz U, Lin SS, Lindquist E, Lipzen AM, Lu CW, De Luna E, Martienssen RA, Minamino N, Mizutani M, Mizutani M, Mochizuki N, Monte I, Mosher R, Nagasaki H, Nakagami H, Naramoto S, Nishitani K, Ohtani M, Okamoto T, Okumura M, Phillips J, Pollak B, Reinders A, Rövekamp M, Sano R, Sawa S, Schmid MW, Shirakawa M, Solano R, Spunde A, Suetsugu N, Sugano S, Sugiyama A, Sun R, Suzuki Y, Takenaka M, Takezawa D, Tomogane H, Tsuzuki M, Ueda T, Umeda M, Ward JM, Watanabe Y, Yazaki K, Yokoyama R, Yoshitake Y, Yotsui I, Zachgo S, Schmutz J. 2017. Insights into land plant evolution garnered from the *Marchantia polymorpha* genome[J]. Cell, 171(2): 287-304.

Braasch I, Gehrke AR, Smith JJ, Kawasaki K, Manousaki T, Pasquier J, Amores A, Desvignes T, Batzel P, Catchen J, Berlin AM, Campbell MS, Barrell D, Martin KJ, Mulley JF, Ravi V, Lee AP, Nakamura T, Chalopin D, Fan S, Wcisel D, Cañestro C, Sydes J, Beaudry FE, Sun Y, Hertel J, Beam MJ, Fasold M, Ishiyama M, Johnson J, Kehr S, Lara M, Letaw JH, Litman GW, Litman RT, Mikami M, Ota T, Saha NR, Williams L, Stadler PF, Wang H, Taylor JS, Fontenot Q, Ferrara A, Searle SM, Aken B, Yandell M, Schneider I, Yoder JA, Volff JN, Meyer A, Amemiya CT, Venkatesh B, Holland PW, Guiguen Y, Bobe J, Shubin NH, Di Palma F, Alföldi J, Lindblad-Toh K, Postlethwait JH. 2016. The spotted gar genome illuminates vertebrate evolution and facilitates human-teleost comparisons[J]. Nat Genet, 48(4): 427-437.

Bradnam KR, Fass JN, Alexandrov A, Baranay P, Bechner M, Birol I, Boisvert S, Chapman JA, Chapuis G, Chikhi R, Chitsaz H, Chou WC, Corbeil J, Del Fabbro C, Docking TR, Durbin R, Earl D, Emrich S, Fedotov P, Fonseca NA, Ganapathy G, Gibbs RA, Gnerre S, Godzaridis E, Goldstein S, Haimel M, Hall G, Haussler D, Hiatt JB, Ho IY, Howard J, Hunt M, Jackman SD, Jaffe DB, Jarvis ED, Jiang H, Kazakov S, Kersey PJ, Kitzman JO, Knight JR, Koren S, Lam TW, Lavenier D, Laviolette F, Li Y, Li Z, Liu B, Liu Y, Luo R, Maccallum I, Macmanes MD, Maillet N, Melnikov S, Naquin D, Ning Z, Otto TD, Paten B, Paulo OS, Phillippy AM, Pina-Martins F, Place M, Przybylski D, Qin X, Qu C, Ribeiro FJ, Richards S, Rokhsar DS, Ruby JG, Scalabrin S, Schatz MC, Schwartz DC, Sergushichev A, Sharpe T, Shaw TI, Shendure J, Shi Y, Simpson JT, Song H, Tsarev F, Vezzi F, Vicedomini R, Vieira BM, Wang J, Worley

KC, Yin S, Yiu SM, Yuan J, Zhang G, Zhang H, Zhou S, Korf IF. 2013. Assemblathon 2: evaluating *de novo* methods of genome assembly in three vertebrate species[J]. Gigascience, 2(1): 10.

Brand P, Lin W, Johnson BR. 2018. The draft genome of the invasive walking stick, *Medauroidea extradendata*, reveals extensive lineage-specific gene family expansions of cell wall degrading enzymes in Phasmatodea[J]. G3 (Bethesda), 8(5): 1403-1408.

Braslavsky I, Hebert B, Kartalov E, Quake SR. 2003. Sequence information can be obtained from single DNA molecules[J]. Proc Natl Acad Sci USA, 100(7): 3960-3964.

Bråte J, Fuss J, Mehrota S, Jakobsen KS, Klaveness D. 2019. Draft genome assembly and transcriptome sequencing of the golden algae *Hydrurus foetidus* (Chrysophyceae)[J]. F1000Research, 8: 401.

Brawley SH, Blouin NA, Ficko-Blean E, Wheeler GL, Lohr M, Goodson HV, Jenkins JW, Blaby-Haas CE, Helliwell KE, Chan CX, Marriage TN, Bhattacharya D, Klein AS, Badis Y, Brodie J, Cao Y, Collén J, Dittami SM, Gachon CMM, Green BR, Karpowicz SJ, Kim JW, Kudahl UJ, Lin S, Michel G, Mittag M, Olson BJSC, Pangilinan JL, Peng Y, Qiu H, Shu S, Singer JT, Smith AG, Sprecher BN, Wagner V, Wang W, Wang ZY, Yan J, Yarish C, Zauner-Riek S, Zhuang Y, Zou Y, Lindquist EA, Grimwood J, Barry KW, Rokhsar DS, Schmutz J, Stiller JW, Grossman AR, Prochnik SE. 2017. Insights into the red algae and eukaryotic evolution from the genome of *Porphyra umbilicalis* (Bangiophyceae, Rhodophyta)[J]. Proc Natl Acad Sci USA, 114(31): E6361-E6370.

Brenner S, Johnson M, Bridgham J, Golda G, Lloyd DH, Johnson D, Luo S, McCurdy S, Foy M, Ewan M, Roth R, George D, Eletr S, Albrecht G, Vermaas E, Williams SR, Moon K, Burcham T, Pallas M, DuBridge RB, Kirchner J, Fearon K, Mao J, Corcoran K. 2000. Gene expression analysis by massively parallel signature sequencing (MPSS) on microbead arrays[J]. Nat Biotechnol, 18(6): 630-634.

Brian Simison W, Parham JF, Papenfuss TJ, Lam AW, Henderson JB. 2020. An annotated chromosome-level reference genome of the red-eared slider turtle (*Trachemys scripta elegans*)[J]. Genome Biol Evol, 12(4): 456-462.

Brinkrolf K, Rupp O, Laux H, Kollin F, Ernst W, Linke B, Kofler R, Romand S, Hesse F, Budach WE, Galosy S, Müller D, Noll T, Wienberg J, Jostock T, Leonard M, Grillari J, Tauch A, Goesmann A, Helk B, Mott JE, Pühler A, Borth N. 2013. Chinese hamster genome sequenced from sorted chromosomes[J]. Nat Biotechnol, 31(8): 694-695.

Briskine RV, Paape T, Shimizu-Inatsugi R, Nishiyama T, Akama S, Sese J, Shimizu KK. 2017. Genome assembly and annotation of *Arabidopsis halleri*, a model for heavy metal hyperaccumulation and evolutionary ecology[J]. Mol Ecol Resour, 17(5): 1025-1036.

Bryanskaya AV, Rozanov AS, Slynko NM, Shekhovtsov SV, Peltek SE. 2015. *Geobacillus icigianus* sp. nov., a thermophilic bacterium isolated from a hot spring[J]. Int J Syst Evol Microbiol, 65(Pt 3): 866-869.

Buchanan RE, ST John-Brooks R, Breed RS. 1948. International bacteriological code of nomenclature[J]. J Bacteriol, 55(3): 287-306.

Burgess STG, Bartley K, Nunn F, Wright HW, Hughes M, Gemmell M, Haldenby S, Paterson S, Rombauts S, Tomley FM, Blake DP, Pritchard J, Schicht S, Strube C, Øines Ø, Van Leeuwen T, Van de Peer Y, Nisbet AJ. 2018. Draft genome assembly of the poultry red mite, *Dermanyssus gallinae*[J]. Microbiol Resour Announc, 7(18): e01221-18.

Burke GR, Walden KKO, Whitfield JB, Robertson HM, Strand MR. 2018. Whole genome sequence of the parasitoid wasp *Microplitis demolitor* that harbors an endogenous virus mutualist[J]. G3 (Bethesda), 8(9): 2875-2880.

Butenko A, Kostygov AY, Sádlová J, Kleschenko Y, Bečvář T, Podešvová L, Macedo DH, Žihala D, Lukeš J, Bates PA, Volf P, Opperdoes FR, Yurchenko V. 2019. Comparative genomics of *Leishmania* (Mundinia)[J]. BMC Genomics, 20(1): 726.

Butler TZ, Pavlenok M, Gundlach JH. 2008. Single-molecule DNA detection with an engineered MspA protein nanopore[J]. Proc Natl Acad Sci USA, 105(52): 20647-20652.

Butts CT, Bierma JC, Martin RW. 2016. Novel proteases from the genome of the carnivorous plant *Drosera capensis*: Structural prediction and comparative analysis[J]. Proteins, 84(10): 1517-1533.

Byrne SL, Erthmann PØ, Agerbirk N, Bak S, Hauser TP, Nagy I, Paina C, Asp T. 2017. The genome sequence of *Barbarea vulgaris* facilitates the study of ecological biochemistry[J]. Sci Rep, 7: 40728.

Byrne SL, Nagy I, Pfeifer M, Armstead I, Swain S, Studer B, Mayer K, Campbell JD, Czaban A, Hentrup S, Panitz F, Bendixen C, Hedegaard J, Caccamo M, Asp T. 2015. A synteny-based draft genome sequence of the forage grass *Lolium perenne*[J]. Plant J, 84(4): 816-826.

*C. elegans* Sequencing Consortium. 1998. Genome sequence of the nematode *C. elegans*: a platform for investigating biology[J]. Science, 282(5396): 2012-2018.

Caccamo D, Gugliandolo C, Stackebrandt E, Maugeri TL. 2000. *Bacillus vulcani* sp. nov., a novel thermophilic species isolated from a shallow marine hydrothermal vent[J]. Int J Syst Evol Microbiol, 50(Pt 6): 2009-2012.

Cadoret F, Alou MT, Afouda P, Traore IS, Bréchard L, Michelle C, Di Pinto F, Andrieu C, Delerce J, Levasseur A, Fournier PE, Raoult D. 2017. Noncontiguous finished genome sequences and description of *Bacillus massiliglaciei*, *Bacillus mediterraneensis*, *Bacillus massilinigeriensis*, *Bacillus phocaeensis* and *Bacillus tuaregi*, five new species identified by culturomics[J]. New Microbes New Infect, 19: 45-59.

Cafarelli C, Russo G, Mathis A, Silaghi C. 2019. *De novo* genome sequencing and comparative stage-specific transcriptomic analysis of *Dirofilaria repens*[J]. Int J Parasitol, 49(12): 911-919.

Cai G, Liu Y, Li X, Lu J. 2019c. New levan-type exopolysaccharide from *Bacillus amyloliquefaciens* as an antiadhesive agent against enterotoxigenic *Escherichia coli*[J]. J Agric Food Chem, 67(28): 8029-8034.

Cai H, Li Q, Fang X, Li J, Curtis NE, Altenburger A, Shibata T, Feng M, Maeda T, Schwartz JA, Shigenobu S, Lundholm N, Nishiyama T, Yang H, Hasebe M, Li S, Pierce SK, Wang J. 2019a. A draft genome assembly of the solar-powered sea slug *Elysia chlorotica*[J]. Sci Data, 6: 190022.

Cai J, Liu X, Vanneste K, Proost S, Tsai WC, Liu KW, Chen LJ, He Y, Xu Q, Bian C, Zheng Z, Sun F, Liu W, Hsiao YY, Pan ZJ, Hsu CC, Yang YP, Hsu YC, Chuang YC, Dievart A, Dufayard JF, Xu X, Wang JY, Wang J, Xiao XJ, Zhao XM, Du R, Zhang GQ, Wang M, Su YY, Xie GC, Liu GH, Li LQ, Huang LQ, Luo YB, Chen HH, Van de Peer Y, Liu ZJ. 2015. The genome sequence of the orchid *Phalaenopsis equestris*[J]. Nat Genet, 47(1): 65-72.

Cai M, Zou Y, Xiao S, Li W, Han Z, Han F, Xiao J, Liu F, Wang Z. 2019b. Chromosome assembly of *Collichthys lucidus*, a fish of Sciaenidae with a multiple sex chromosome system[J]. Sci Data, 6(1): 132.

Cai Q, Qian X, Lang Y, Luo Y, Xu J, Pan S, Hui Y, Gou C, Cai Y, Hao M, Zhao J, Wang S, Wang Z, Zhang X, He R, Liu J, Luo L, Li Y, Wang J. 2013. Genome sequence of ground tit *Pseudopodoces humilis* and its adaptation to high altitude[J]. Genome Biol, 14(3): R29.

Cai Y, Cai X, Wang Q, Wang P, Zhang Y, Cai C, Xu Y, Wang K, Zhou Z, Wang C, Geng S, Li B, Dong Q, Hou Y, Wang H, Ai P, Liu Z, Yi F, Sun M, An G, Cheng J, Zhang Y, Shi Q, Xie Y, Shi X, Chang Y, Huang F, Chen Y, Hong S, Mi L, Sun Q, Zhang L, Zhou B, Peng R, Zhang X, Liu F. 2020. Genome sequencing of the Australian wild diploid species *Gossypium australe* highlights disease resistance and delayed gland morphogenesis[J]. Plant Biotechnol J, 18(3): 816-828.

Calcino AD, de Oliveira AL, Simakov O, Schwaha T, Zieger E, Wollesen T, Wanninger A. 2019. The quagga mussel genome and the evolution of freshwater tolerance[J]. DNA Res, 26(5): 411-422.

Calvo H, Mendiara I, Arias E, Blanco D, Venturini ME. 2019. The role of iturin A from *B. amyloliquefaciens* BUZ-14 in the inhibition of the most common postharvest fruit rots[J]. Food Microbiol, 82: 62-69.

Camacho E, González-de la Fuente S, Rastrojo A, Peiró-Pastor R, Solana JC, Tabera L, Gamarro F, Carrasco-Ramiro F, Requena JM, Aguado B. 2019. Complete assembly of the *Leishmania donovani* (HU3 strain) genome and transcriptome annotation[J]. Sci Rep, 9(1): 6127.

Campbell M, Oakeson KF, Yandell M, Halpert JR, Dearing D. 2016. The draft genome sequence and annotation of the desert woodrat *Neotoma lepida*[J]. Genom Data, 9: 58-59.

Can M, Wei W, Zi H, Bai M, Liu Y, Gao D, Tu D, Bao Y, Wang L, Chen S, Zhao X, Qu G. 2020. Genome sequence of *Kobresia littledalei*, the first chromosome-level genome in the family Cyperaceae[J]. Sci Data, 7(1): 175.

Caña-Bozada V, Morales-Serna FN, García-Gasca A, Llera-Herrera R, Fajer-Ávila EJ. 2019. Genome-wide identification of ABC transporters in monogeneans[J]. Mol Biochem Parasitol, 234: 111234.

Canard B, Sarfati RS. 1994. DNA polymerase fluorescent substrates with reversible 3′-tags[J]. Gene, 148(1):

1-6.

Canavez FC, Luche DD, Stothard P, Leite KR, Sousa-Canavez JM, Plastow G, Meidanis J, Souza MA, Feijao P, Moore SS, Camara-Lopes LH. 2012. Genome sequence and assembly of *Bos indicus*[J]. J Hered, 103(3): 342-348.

Cannarozzi G, Plaza-Wüthrich S, Esfeld K, Larti S, Wilson YS, Girma D, de Castro E, Chanyalew S, Blösch R, Farinelli L, Lyons E, Schneider M, Falquet L, Kuhlemeier C, Assefa K, Tadele Z. 2014. Genome and transcriptome sequencing identifies breeding targets in the orphan crop tef (*Eragrostis tef*)[J]. BMC Genomics, 15(1): 581.

Cannon JT, Vellutini BC, Smith J 3rd, Ronquist F, Jondelius U, Hejnol A. 2016. Xenacoelomorpha is the sister group to Nephrozoa[J]. Nature, 530(7588): 89-93.

Cao D, Wang M, Ge Y, Gong S. 2019a. Draft genome of the big-headed turtle *Platysternon megacephalum*[J]. Sci Data, 6(1): 60.

Cao GT, Dai B, Wang KL, Yan Y, Xu YL, Wang YX, Yang CM. 2019b. *Bacillus licheniformis*, a potential probiotic, inhibits obesity by modulating colonic microflora in C57BL/6J mice model[J]. J Appl Microbiol, 127(3): 880-888.

Cao M, Xu K, Yu X, Bi G, Liu Y, Kong F, Sun P, Tang X, Du G, Ge Y, Wang D, Mao Y. 2020. A chromosome-level genome assembly of *Pyropia haitanensis* (Bangiales, Rhodophyta)[J]. Mol Ecol Resour, 20(1): 216-227.

Cao SJ, Qu JH, Yang JS, Sun Q, Yuan HL. 2008. *Halolactibacillus alkaliphilus* sp. nov., a moderately alkaliphilic and halophilic bacterium isolated from a soda lake in Inner Mongolia, China, and emended description of the genus *Halolactibacillus*[J]. Int J Syst Evol Microbiol, 58(Pt 9): 2169-2173.

Cao SJ, Qu JH, Yuan HL, Li BZ. 2010. *Salsuginibacillus halophilus* sp. nov., a halophilic bacterium isolated from a soda lake[J]. Int J Syst Evol Microbiol, 60(Pt 6): 1339-1343.

Cao WR, Guo LY, Du ZJ, Das A, Saren G, Jiang MY, Dunlap CA, Rooney AP, Yu XK, Li TG. 2017. *Paraliobacillus sediminis* sp. nov., isolated from East China sea sediment[J]. Int J Syst Evol Microbiol, 67(Pt 5): 1577-1581.

Cao Y, Chen F, Li Y, Wei S, Wang G. 2015. *Paenibacillus ferrarius* sp. nov., isolated from iron mineral soil[J]. Int J Syst Evol Microbiol, 65(Pt 1): 165-170.

Cao Z, Yu Y, Wu Y, Hao P, Di Z, He Y, Chen Z, Yang W, Shen Z, He X, Sheng J, Xu X, Pan B, Feng J, Yang X, Hong W, Zhao W, Li Z, Huang K, Li T, Kong Y, Liu H, Jiang D, Zhang B, Hu J, Hu Y, Wang B, Dai J, Yuan B, Feng Y, Huang W, Xing X, Zhao G, Li X, Li Y, Li W. 2013. The genome of *Mesobuthus martensii* reveals a unique adaptation model of arthropods[J]. Nat Commun, 4: 2602.

Carballo J, Santos BACM, Zappacosta D, Garbus I, Selva JP, Gallo CA, Díaz A, Albertini E, Caccamo M, Echenique V. 2019. A high-quality genome of *Eragrostis curvula* grass provides insights into Poaceae evolution and supports new strategies to enhance forage quality[J]. Sci Rep, 9(1): 10250.

Carbone L, Harris RA, Gnerre S, Veeramah KR, Lorente-Galdos B, Huddleston J, Meyer TJ, Herrero J, Roos C, Aken B, Anaclerio F, Archidiacono N, Baker C, Barrell D, Batzer MA, Beal K, Blancher A, Bohrson CL, Brameier M, Campbell MS, Capozzi O, Casola C, Chiatante G, Cree A, Damert A, de Jong PJ, Dumas L, Fernandez-Callejo M, Flicek P, Fuchs NV, Gut I, Gut M, Hahn MW, Hernandez-Rodriguez J, Hillier LW, Hubley R, Ianc B, Izsvák Z, Jablonski NG, Johnstone LM, Karimpour-Fard A, Konkel MK, Kostka D, Lazar NH, Lee SL, Lewis LR, Liu Y, Locke DP, Mallick S, Mendez FL, Muffato M, Nazareth LV, Nevonen KA, O'Bleness M, Ochis C, Odom DT, Pollard KS, Quilez J, Reich D, Rocchi M, Schumann GG, Searle S, Sikela JM, Skollar G, Smit A, Sonmez K, ten Hallers B, Terhune E, Thomas GW, Ullmer B, Ventura M, Walker JA, Wall JD, Walter L, Ward MC, Wheelan SJ, Whelan CW, White S, Wilhelm LJ, Woerner AE, Yandell M, Zhu B, Hammer MF, Marques-Bonet T, Eichler EE, Fulton L, Fronick C, Muzny DM, Warren WC, Worley KC, Rogers J, Wilson RK, Gibbs RA. 2014. Gibbon genome and the fast karyotype evolution of small apes[J]. Nature, 513(7517): 195-201.

Carneiro M, Rubin CJ, Di Palma F, Albert FW, Alföldi J, Martinez Barrio A, Pielberg G, Rafati N, Sayyab S, Turner-Maier J, Younis S, Afonso S, Aken B, Alves JM, Barrell D, Bolet G, Boucher S, Burbano HA, Campos R, Chang JL, Duranthon V, Fontanesi L, Garreau H, Heiman D, Johnson J, Mage RG, Peng Z,

Queney G, Rogel-Gaillard C, Ruffier M, Searle S, Villafuerte R, Xiong A, Young S, Forsberg-Nilsson K, Good JM, Lander ES, Ferrand N, Lindblad-Toh K, Andersson L. 2014. Rabbit genome analysis reveals a polygenic basis for phenotypic change during domestication[J]. Science, 345(6200): 1076-1079.

Carrasco IJ, Márquez MC, Ventosa A. 2009. *Virgibacillus salinus* sp. nov., a moderately halophilic bacterium from sediment of a saline lake[J]. Int J Syst Evol Microbiol, 59(Pt 12): 3068-3073.

Carrasco IJ, Márquez MC, Xue Y, Ma Y, Cowan DA, Jones BE, Grant WD, Ventosa A. 2007a. *Bacillus chagannorensis* sp. nov., a moderate halophile from a soda lake in Inner Mongolia, China[J]. Int J Syst Evol Microbiol, 57(Pt 9): 2086-2088.

Carrasco IJ, Márquez MC, Xue Y, Ma Y, Cowan DA, Jones BE, Grant WD, Ventosa A. 2007b. *Salsuginibacillus kocurii* gen. nov., sp. nov., a moderately halophilic bacterium from soda-lake sediment[J]. Int J Syst Evol Microbiol, 57(Pt 10): 2381-2386.

Carrasco IJ, Márquez MC, Xue Y, Ma Y, Cowan DA, Jones BE, Grant WD, Ventosa A. 2008. *Sediminibacillus halophilus* gen. nov., sp. nov., a moderately halophilic, Gram-positive bacterium from a hypersaline lake[J]. Int J Syst Evol Microbiol, 58(Pt 8): 1961-1967.

Carrasco IJ, Márquez MC, Yanfen X, Ma Y, Cowan DA, Jones BE, Grant WD, Ventosa A. 2006. *Gracilibacillus orientalis* sp. nov., a novel moderately halophilic bacterium isolated from a salt lake in Inner Mongolia, China[J]. Int J Syst Evol Microbiol, 56(Pt 3): 599-604.

Casewell NR, Petras D, Card DC, Suranse V, Mychajliw AM, Richards D, Koludarov I, Albulescu LO, Slagboom J, Hempel BF, Ngum NM, Kennerley RJ, Brocca JL, Whiteley G, Harrison RA, Bolton FMS, Debono J, Vonk FJ, Alföldi J, Johnson J, Karlsson EK, Lindblad-Toh K, Mellor IR, Süssmuth RD, Fry BG, Kuruppu S, Hodgson WC, Kool J, Castoe TA, Barnes I, Sunagar K, Undheim EAB, Turvey ST. 2019. *Solenodon* genome reveals convergent evolution of venom in eulipotyphlan mammals[J]. Proc Natl Acad Sci USA, 116(51): 25745-25755.

Castoe TA, de Koning AP, Hall KT, Card DC, Schield DR, Fujita MK, Ruggiero RP, Degner JF, Daza JM, Gu W, Reyes-Velasco J, Shaney KJ, Castoe JM, Fox SE, Poole AW, Polanco D, Dobry J, Vandewege MW, Li Q, Schott RK, Kapusta A, Minx P, Feschotte C, Uetz P, Ray DA, Hoffmann FG, Bogden R, Smith EN, Chang BS, Vonk FJ, Casewell NR, Henkel CV, Richardson MK, Mackessy SP, Bronikowski AM, Yandell M, Warren WC, Secor SM, Pollock DD. 2013. The Burmese python genome reveals the molecular basis for extreme adaptation in snakes[J]. Proc Natl Acad Sci USA, 110(51): 20645-20650.

Castoe TA, de Koning JA, Hall KT, Yokoyama KD, Gu W, Smith EN, Feschotte C, Uetz P, Ray DA, Dobry J, Bogden R, Mackessy SP, Bronikowski AM, Warren WC, Secor SM, Pollock DD. 2011. Sequencing the genome of the Burmese python (*Python molurus bivittatus*) as a model for studying extreme adaptations in snakes[J]. Genome Biol, 12(7): 406.

Caulier S, Nannan C, Gillis A, Licciardi F, Bragard C, Mahillon J. 2019. Overview of the antimicrobial compounds produced by members of the *Bacillus subtilis* group[J]. Front Microbiol, 10: 302.

Cavalier-Smith T. 1998. A revised six-kingdom system of life[J]. Biological Reviews, 73(3): 203-266.

Cerritos R, Vinuesa P, Eguiarte LE, Herrera-Estrella L, Alcaraz-Peraza LD, Arvizu-Gómez JL, Olmedo G, Ramirez E, Siefert JL, Souza V. 2008. *Bacillus coahuilensis* sp. nov., a moderately halophilic species from a desiccation lagoon in the Cuatro Ciénegas Valley in Coahuila, Mexico[J]. Int J Syst Evol Microbiol, 58(Pt 4): 919-923.

Chagné D, Crowhurst RN, Pindo M, Thrimawithana A, Deng C, Ireland H, Fiers M, Dzierzon H, Cestaro A, Fontana P, Bianco L, Lu A, Storey R, Knäbel M, Saeed M, Montanari S, Kim YK, Nicolini D, Larger S, Stefani E, Allan AC, Bowen J, Harvey I, Johnston J, Malnoy M, Troggio M, Perchepied L, Sawyer G, Wiedow C, Won K, Viola R, Hellens RP, Brewer L, Bus VG, Schaffer RJ, Gardiner SE, Velasco R. 2014. The draft genome sequence of European pear (*Pyrus communis* L. 'Bartlett')[J]. PLoS One, 9(4): e92644.

Chain PS, Grafham DV, Fulton RS, Fitzgerald MG, Hostetler J, Muzny D, Ali J, Birren B, Bruce DC, Buhay C, Cole JR, Ding Y, Dugan S, Field D, Garrity GM, Gibbs R, Graves T, Han CS, Harrison SH, Highlander S, Hugenholtz P, Khouri HM, Kodira CD, Kolker E, Kyrpides NC, Lang D, Lapidus A, Malfatti SA, Markowitz V, Metha T, Nelson KE, Parkhill J, Pitluck S, Qin X, Read TD, Schmutz J, Sozhamannan S, Sterk P, Strausberg RL, Sutton G, Thomson NR, Tiedje JM, Weinstock G, Wollam A, Genomic Standards Consortium Human Microbiome Project Jumpstart Consortium, Detter JC. 2009. Genome project standards in a new era of sequencing[J]. Science, 326(5950): 236-237.

Chalhoub B, Denoeud F, Liu S, Parkin IA, Tang H, Wang X, Chiquet J, Belcram H, Tong C, Samans B, Corréa M, Da Silva C, Just J, Falentin C, Koh CS, Le Clainche I, Bernard M, Bento P, Noel B, Labadie K, Alberti A, Charles M, Arnaud D, Guo H, Daviaud C, Alamery S, Jabbari K, Zhao M, Edger PP, Chelaifa H, Tack D, Lassalle G, Mestiri I, Schnel N, Le Paslier MC, Fan G, Renault V, Bayer PE, Golicz AA, Manoli S, Lee TH, Thi VH, Chalabi S, Hu Q, Fan C, Tollenaere R, Lu Y, Battail C, Shen J, Sidebottom CH, Wang X, Canaguier A, Chauveau A, Bérard A, Deniot G, Guan M, Liu Z, Sun F, Lim YP, Lyons E, Town CD, Bancroft I, Wang X, Meng J, Ma J, Pires JC, King GJ, Brunel D, Delourme R, Renard M, Aury JM, Adams KL, Batley J, Snowdon RJ, Tost J, Edwards D, Zhou Y, Hua W, Sharpe AG, Paterson AH, Guan C, Wincker P. 2014. Early allopolyploid evolution in the post-Neolithic *Brassica napus* oilseed genome[J]. Science, 345(6199): 950-953.

Chan AP, Crabtree J, Zhao Q, Lorenzi H, Orvis J, Puiu D, Melake-Berhan A, Jones KM, Redman J, Chen G, Cahoon EB, Gedil M, Stanke M, Haas BJ, Wortman JR, Fraser-Liggett CM, Ravel J, Rabinowicz PD. 2010. Draft genome sequence of the oilseed species *Ricinus communis*[J]. Nat Biotechnol, 28(9): 951-956.

Chan TF, Ji KM, Yim AK, Liu XY, Zhou JW, Li RQ, Yang KY, Li J, Li M, Law PT, Wu YL, Cai ZL, Qin H, Bao Y, Leung RK, Ng PK, Zou J, Zhong XJ, Ran PX, Zhong NS, Liu ZG, Tsui SK. 2015. The draft genome, transcriptome, and microbiome of *Dermatophagoides farinae* reveal a broad spectrum of dust mite allergens[J]. J Allergy Clin Immunol, 135(2): 539-548.

Chang AC, Cohen SN. 1974. Genome construction between bacterial species *in vitro*: replication and expression of *Staphylococcus* plasmid genes in *Escherichia coli*[J]. Proc Natl Acad Sci USA, 71(4): 1030-1034.

Chang S, Carbon J. 1975. The nucleotide sequence of a precursor to the glycine- and threonine-specific transfer ribonucleic acids of *Escherichia coli*[J]. J Biol Chem, 250(14): 5542-5555.

Chang Y, Liu H, Liu M, Liao X, Sahu SK, Fu Y, Song B, Cheng S, Kariba R, Muthemba S, Hendre PS, Mayes S, Ho WK, Yssel AEJ, Kendabie P, Wang S, Li L, Muchugi A, Jamnadass R, Lu H, Peng S, Van Deynze A, Simons A, Yana-Shapiro H, Van de Peer Y, Xu X, Yang H, Wang J, Liu X. 2019. The draft genomes of five agriculturally important African orphan crops[J]. Gigascience, 8(3): giy152.

Chang YH, Jung MY, Park IS, Oh HM. 2008. *Sporolactobacillus vineae* sp. nov., a spore-forming lactic acid bacterium isolated from vineyard soil[J]. Int J Syst Evol Microbiol, 58(Pt 10): 2316-2320.

Chao S, Sederoff R, Levings CS III. 1984. Nucleotide sequence and evolution of the 18S ribosomal RNA gene in maize mitochondria[J]. Nucleic Acids Res, 12(16): 6629-6644.

Chao YT, Chen WC, Chen CY, Ho HY, Yeh CH, Kuo YT, Su CL, Yen SH, Hsueh HY, Yeh JH, Hsu HL, Tsai YH, Kuo TY, Chang SB, Chen KY, Shih MC. 2018. Chromosome-level assembly, genetic and physical mapping of *Phalaenopsis aphrodite* genome provides new insights into species adaptation and resources for orchid breeding[J]. Plant Biotechnol J, 16(12): 2027-2041.

Chapman JA, Kirkness EF, Simakov O, Hampson SE, Mitros T, Weinmaier T, Rattei T, Balasubramanian PG, Borman J, Busam D, Disbennett K, Pfannkoch C, Sumin N, Sutton GG, Viswanathan LD, Walenz B, Goodstein DM, Hellsten U, Kawashima T, Prochnik SE, Putnam NH, Shu S, Blumberg B, Dana CE, Gee L, Kibler DF, Law L, Lindgens D, Martinez DE, Peng J, Wigge PA, Bertulat B, Guder C, Nakamura Y, Ozbek S, Watanabe H, Khalturin K, Hemmrich G, Franke A, Augustin R, Fraune S, Hayakawa E, Hayakawa S, Hirose M, Hwang JS, Ikeo K, Nishimiya-Fujisawa C, Ogura A, Takahashi T, Steinmetz PR, Zhang X, Aufschnaiter R, Eder MK, Gorny AK, Salvenmoser W, Heimberg AM, Wheeler BM, Peterson KJ, Böttger A, Tischler P, Wolf A, Gojobori T, Remington KA, Strausberg RL, Venter JC, Technau U, Hobmayer B, Bosch TC, Holstein TW, Fujisawa T, Bode HR, David CN, Rokhsar DS, Steele RE. 2010. The dynamic genome of *Hydra*[J]. Nature, 464(7288): 592-596.

Chattopadhyay B, Garg KM, Ray R, Mendenhall IH, Rheindt FE. 2020. Novel *de novo* genome of *Cynopterus brachyotis* reveals evolutionarily abrupt shifts in gene family composition across fruit bats[J]. Genome Biol Evol, 12(4): 259-272.

Chaw SM, Liu YC, Wu YW, Wang HY, Lin CI, Wu CS, Ke HM, Chang LY, Hsu CY, Yang HT, Sudianto E, Hsu MH, Wu KP, Wang LN, Leebens-Mack JH, Tsai IJ. 2019. Stout camphor tree genome fills gaps in understanding of flowering plant genome evolution[J]. Nat Plants, 5(1): 63-73.

Che J, Ye S, Liu B, Deng Y, Chen Q, Ge C, Liu G, Wang J. 2016. Effects of *Brevibacillus brevis* FJAT-1501-BPA on growth performance, faecal microflora, faecal enzyme activities and blood parameters of weaned piglets[J]. Antonie Van Leeuwenhoek, 109(12): 1545-1553.

Chebbi MA, Becking T, Moumen B, Giraud I, Gilbert C, Peccoud J, Cordaux R. 2019. The genome of *Armadillidium vulgare* (Crustacea, Isopoda) provides insights into sex chromosome evolution in the context of cytoplasmic sex determination[J]. Mol Biol Evol, 36(4): 727-741.

Checinska Sielaff A, Kumar RM, Pal D, Mayilraj S, Venkateswaran K. 2017. *Solibacillus kalamii* sp. nov., isolated from a high-efficiency particulate arrestance filter system used in the International Space Station[J]. Int J Syst Evol Microbiol, 67(Pt 4): 896-901.

Chen B, Li Y, Peng W, Zhou Z, Shi Y, Pu F, Luo X, Chen L, Xu P. 2019e. Chromosome-level assembly of the Chinese seabass (*Lateolabrax maculatus*) genome[J]. Front Genet, 10: 275.

Chen B, Zhou Z, Ke Q, Wu Y, Bai H, Pu F, Xu P. 2019f. The sequencing and *de novo* assembly of the *Larimichthys crocea* genome using PacBio and Hi-C technologies[J]. Sci Data, 6(1): 188.

Chen CH, Kuo TC, Yang MH, Chien TY, Chu MJ, Huang LC, Chen CY, Lo HF, Jeng ST, Chen LF. 2014b. Identification of cucurbitacins and assembly of a draft genome for *Aquilaria agallocha*[J]. BMC Genomics, 15(1): 578.

Chen F, Dong W, Zhang J, Guo X, Chen J, Wang Z, Lin Z, Tang H, Zhang L. 2018a. The sequenced angiosperm genomes and genome databases[J]. Front Plant Sci, 9: 418.

Chen F, Song Y, Li X, Chen J, Mo L, Zhang X, Lin Z, Zhang L. 2019h. Genome sequences of horticultural plants: past, present, and future[J]. Hortic Res, 6: 112.

Chen IA, Chu K, Palaniappan K, Pillay M, Ratner A, Huang J, Huntemann M, Varghese N, White JR, Seshadri R, Smirnova T, Kirton E, Jungbluth SP, Woyke T, Eloe-Fadrosh EA, Ivanova NN, Kyrpides NC. 2019n. IMG/M v.5.0: an integrated data management and comparative analysis system for microbial genomes and microbiomes[J]. Nucleic Acids Res, 47(D1): D666-D677.

Chen J, Hao Z, Guang X, Zhao C, Wang P, Xue L, Zhu Q, Yang L, Sheng Y, Zhou Y, Xu H, Xie H, Long X, Zhang J, Wang Z, Shi M, Lu Y, Liu S, Guan L, Zhu Q, Yang L, Ge S, Cheng T, Laux T, Gao Q, Peng Y, Liu N, Yang S, Shi J. 2019i. *Liriodendron* genome sheds light on angiosperm phylogeny and species-pair differentiation[J]. Nat Plants, 5(1): 18-25.

Chen J, Huang Q, Gao D, Wang J, Lang Y, Liu T, Li B, Bai Z, Luis Goicoechea J, Liang C, Chen C, Zhang W, Sun S, Liao Y, Zhang X, Yang L, Song C, Wang M, Shi J, Liu G, Liu J, Zhou H, Zhou W, Yu Q, An N, Chen Y, Cai Q, Wang B, Liu B, Min J, Huang Y, Wu H, Li Z, Zhang Y, Yin Y, Song W, Jiang J, Jackson SA, Wing RA, Wang J, Chen M. 2013. Whole-genome sequencing of *Oryza brachyantha* reveals mechanisms underlying *Oryza* genome evolution[J]. Nat Commun, 4: 1595.

Chen JH, Huang Y, Brachi B, Yun QZ, Zhang W, Lu W, Li HN, Li WQ, Sun XD, Wang GY, He J, Zhou Z, Chen KY, Ji YH, Shi MM, Sun WG, Yang YP, Zhang RG, Abbott RJ, Sun H. 2019k. Genome-wide analysis of Cushion willow provides insights into alpine plant divergence in a biodiversity hotspot[J]. Nat Commun, 10(1): 5230.

Chen JJ, Lin LB, Zhang LL, Zhang J, Tang SK, Wei YL, Li WJ. 2012. *Laceyella sediminis* sp. nov., a thermophilic bacterium isolated from a hot spring[J]. Int J Syst Evol Microbiol, 62(Pt 1): 38-42.

Chen K, Dorlhac de Borne F, Szegedi E, Otten L. 2014c. Deep sequencing of the ancestral tobacco species *Nicotiana tomentosiformis* reveals multiple T-DNA inserts and a complex evolutionary history of natural transformation in the genus *Nicotiana*[J]. Plant J, 80(4): 669-682.

Chen L, Qiu Q, Jiang Y, Wang K, Lin Z, Li Z, Bibi F, Yang Y, Wang J, Nie W, Su W, Liu G, Li Q, Fu W, Pan X, Liu C, Yang J, Zhang C, Yin Y, Wang Y, Zhao Y, Zhang C, Wang Z, Qin Y, Liu W, Wang B, Ren Y, Zhang R, Zeng Y, da Fonseca RR, Wei B, Li R, Wan W, Zhao R, Zhu W, Wang Y, Duan S, Gao Y, Zhang YE, Chen C, Hvilsom C, Epps CW, Chemnick LG, Dong Y, Mirarab S, Siegismund HR, Ryder OA, Gilbert MTP, Lewin HA, Zhang G, Heller R, Wang W. 2019g. Large-scale ruminant genome sequencing provides insights into their evolution and distinct traits[J]. Science, 364(6446): eaav6202.

Chen LY, VanBuren R, Paris M, Zhou H, Zhang X, Wai CM, Yan H, Chen S, Alonge M, Ramakrishnan S, Liao Z, Liu J, Lin J, Yue J, Fatima M, Lin Z, Zhang J, Huang L, Wang H, Hwa TY, Kao SM, Choi JY, Sharma A, Song J, Wang L, Yim WC, Cushman JC, Paull RE, Matsumoto T, Qin Y, Wu Q, Wang J, Yu Q, Wu J, Zhang S, Boches P, Tung CW, Wang ML, Coppens d'Eeckenbrugge G, Sanewski GM, Purugganan MD, Schatz MC, Bennetzen JL, Lexer C, Ming R. 2019l. The bracteatus pineapple genome and domestication of clonally propagated crops[J]. Nat Genet, 51(10): 1549-1558.

Chen MC, Wang JP, Zhu YJ, Liu B, Yang WJ, Ruan CQ. 2019m. Antibacterial activity against *Ralstonia solanacearum* of the lipopeptides secreted from the *Bacillus amyloliquefaciens* strain FJAT-2349[J]. J Appl Microbiol, 126(5): 1519-1529.

Chen P, Kong N, Huang B, Thao K, Ng W, Storey DB, Arabyan N, Foutouhi A, Foutouhi S, Weimer BC. 2017b. 100K Pathogen Genome Project: 306 *Listeria* draft genome sequences for food safety and public health[J]. Genome Announc, 5(6): e00967-16.

Chen S, Zhang G, Shao C, Huang Q, Liu G, Zhang P, Song W, An N, Chalopin D, Volff JN, Hong Y, Li Q, Sha Z, Zhou H, Xie M, Yu Q, Liu Y, Xiang H, Wang N, Wu K, Yang C, Zhou Q, Liao X, Yang L, Hu Q, Zhang J, Meng L, Jin L, Tian Y, Lian J, Yang J, Miao G, Liu S, Liang Z, Yan F, Li Y, Sun B, Zhang H, Zhang J, Zhu Y, Du M, Zhao Y, Schartl M, Tang Q, Wang J. 2014a. Whole-genome sequence of a flatfish provides insights into ZW sex chromosome evolution and adaptation to a benthic lifestyle[J]. Nat Genet, 46(3): 253-260.

Chen W, Bian C, You X, Li J, Ye L, Wen Z, Lv Y, Zhang X, Xu J, Yang S, Gu R, Lin X, Shi Q. 2019c. Genome sequencing of the Japanese eel (*Anguilla japonica*) for comparative genomic studies on *tbx4* and a *tbx4* gene cluster in teleost fishes[J]. Mar Drugs, 17(7): E426.

Chen W, Hasegawa DK, Kaur N, Kliot A, Pinheiro PV, Luan J, Stensmyr MC, Zheng Y, Liu W, Sun H, Xu Y, Luo Y, Kruse A, Yang X, Kontsedalov S, Lebedev G, Fisher TW, Nelson DR, Hunter WB, Brown JK, Jander G, Cilia M, Douglas AE, Ghanim M, Simmons AM, Wintermantel WM, Ling KS, Fei Z. 2016. The draft genome of whitefly *Bemisia tabaci* MEAM1, a global crop pest, provides novel insights into virus transmission, host adaptation, and insecticide resistance[J]. BMC Biol, 14(1): 110.

Chen W, Kui L, Zhang G, Zhu S, Zhang J, Wang X, Yang M, Huang H, Liu Y, Wang Y, Li Y, Zeng L, Wang W, He X, Dong Y, Yang S. 2017a. Whole-genome sequencing and analysis of the chinese herbal plant *Panax notoginseng*[J]. Mol Plant, 10(6): 899-902.

Chen W, Shakir S, Bigham M, Richter A, Fei Z, Jander G. 2019b. Genome sequence of the corn leaf aphid (*Rhopalosiphum maidis* Fitch)[J]. Gigascience, 8(4): giz033.

Chen W, Wosula EN, Hasegawa DK, Casinga C, Shirima RR, Fiaboe KKM, Hanna R, Fosto A, Goergen G, Tamò M, Mahuku G, Murithi HM, Tripathi L, Mware B, Kumar LP, Ntawuruhunga P, Moyo C, Yomeni M, Boahen S, Edet M, Awoyale W, Wintermantel WM, Ling KS, Legg JP, Fei Z. 2019a. Genome of the African cassava whitefly *Bemisia tabaci* and distribution and genetic diversity of cassava-colonizing whiteflies in Africa[J]. Insect Biochem Mol Biol, 110: 112-120.

Chen X, Li S, Zhang D, Han M, Jin X, Zhao C, Wang S, Xing L, Ma J, Ji J, An N. 2019j. Sequencing of a wild apple (*Malus baccata*) genome unravels the differences between cultivated and wild apple species regarding disease resistance and cold tolerance[J]. G3 (Bethesda), 9(7): 2051-2060.

Chen XG, Jiang X, Gu J, Xu M, Wu Y, Deng Y, Zhang C, Bonizzoni M, Dermauw W, Vontas J, Armbruster P, Huang X, Yang Y, Zhang H, He W, Peng H, Liu Y, Wu K, Chen J, Lirakis M, Topalis P, Van Leeuwen T, Hall AB, Jiang X, Thorpe C, Mueller RL, Sun C, Waterhouse RM, Yan G, Tu ZJ, Fang X, James AA. 2015. Genome sequence of the Asian tiger mosquito, *Aedes albopictus*, reveals insights into its biology, genetics, and evolution[J]. Proc Natl Acad Sci USA, 112(44): E5907-E5915.

Chen Y, Chen Y, Wu J, Zhang J. 2018b. The effect of biotic and abiotic environmental factors on Pd(II) adsorption and reduction by *Bacillus wiedmannii* MSM[J]. Ecotoxicol Environ Saf, 162: 546-553.

Chen YG, Cui XL, Zhang YQ, Li WJ, Wang YX, Xu LH, Peng Q, Wen ML, Jiang CL. 2008. *Gracilibacillus halophilus* sp. nov., a moderately halophilic bacterium isolated from saline soil[J]. Int J Syst Evol Microbiol, 58(Pt 10): 2403-2408.

Chen YG, Cui XL, Zhang YQ, Li WJ, Wang YX, Xu LH, Wen ML, Peng Q, Jiang CL. 2009a. *Paraliobacillus quinghaiensis* sp. nov., isolated from salt-lake sediment in China[J]. Int J Syst Evol Microbiol, 59(Pt 1): 28-33.

Chen YG, Zhang YQ, Wang YX, Liu ZX, Klenk HP, Xiao HD, Tang SK, Cui XL, Li WJ. 2009c. *Bacillus neizhouensis* sp. nov., a halophilic marine bacterium isolated from a sea anemone[J]. Int J Syst Evol Microbiol, 59(Pt 12): 3035-3039.

Chen YG, Zhang YQ, Xiao HD, Liu ZX, Yi LB, Shi JX, Zhi XY, Cui XL, Li WJ. 2009b. *Pontibacillus halophilus* sp. nov., a moderately halophilic bacterium isolated from a sea urchin[J]. Int J Syst Evol Microbiol, 59(Pt 7): 1635-1639.

Chen YG, Zhang YQ, Yi LB, Li ZY, Wang YX, Xiao HD, Chen QH, Cui XL, Li WJ. 2010. *Pontibacillus litoralis* sp. nov., a facultatively anaerobic bacterium isolated from a sea anemone, and emended description of the genus *Pontibacillus*[J]. Int J Syst Evol Microbiol, 60(Pt 3): 560-565.

Chen Z, Ai F, Zhang J, Ma X, Yang W, Wang W, Su Y, Wang M, Yang Y, Mao K, Wang Q, Lascoux M, Liu J, Ma T. 2020. Survival in the Tropics despite isolation, inbreeding and asexual reproduction: insights from the genome of the world's southernmost poplar (*Populus ilicifolia*)[J]. Plant J, 103(1): 430-442.

Chen Z, Omori Y, Koren S, Shirokiya T, Kuroda T, Miyamoto A, Wada H, Fujiyama A, Toyoda A, Zhang S, Wolfsberg TG, Kawakami K, Phillippy AM; NISC Comparative Sequencing Program, Mullikin JC, Burgess SM. 2019d. *De novo* assembly of the goldfish (*Carassius auratus*) genome and the evolution of genes after whole-genome duplication[J]. Sci Adv, 5(6): eaav0547.

Cheng J, Sheldon EL, Wu L, Uribe A, Gerrue LO, Carrino J, Heller MJ, O'Connell JP. 1998. Preparation and hybridization analysis of DNA/RNA from *E. coli* on microfabricated bioelectronic chips[J]. Nat Biotechnol, 16(6): 541-546.

Cheng M, Zhang H, Zhang J, Hu G, Zhang J, He J, Huang X. 2015. *Lysinibacillus fluoroglycofenilyticus* sp. nov., a bacterium isolated from fluoroglycofen contaminated soil[J]. Antonie Van Leeuwenhoek, 107(1): 157-164.

Cheng P, Huang Y, Du H, Li C, Lv Y, Ruan R, Ye H, Bian C, You X, Xu J, Liang X, Shi Q, Wei Q. 2019a. Draft genome and complete Hox-cluster characterization of the sterlet (*Acipenser ruthenus*)[J]. Front Genet, 10: 776.

Cheng S, Melkonian M, Smith SA, Brockington S, Archibald JM, Delaux PM, Li FW, Melkonian B, Mavrodiev EV, Sun W, Fu Y, Yang H, Soltis DE, Graham SW, Soltis PS, Liu X, Xu X, Wong GK. 2018. 10KP: A phylodiverse genome sequencing plan[J]. Gigascience, 7(3): giy013.

Cheng S, van den Bergh E, Zeng P, Zhong X, Xu J, Liu X, Hofberger J, de Bruijn S, Bhide AS, Kuelahoglu C, Bian C, Chen J, Fan G, Kaufmann K, Hall JC, Becker A, Bräutigam A, Weber AP, Shi C, Zheng Z, Li W, Lv M, Tao Y, Wang J, Zou H, Quan Z, Hibberd JM, Zhang G, Zhu XG, Xu X, Schranz ME. 2013. The *Tarenaya hassleriana* genome provides insight into reproductive trait and genome evolution of crucifers[J]. Plant Cell, 25(8): 2813-2830.

Cheng T, Wu J, Wu Y, Chilukuri RV, Huang L, Yamamoto K, Feng L, Li W, Chen Z, Guo H, Liu J, Li S, Wang X, Peng L, Liu D, Guo Y, Fu B, Li Z, Liu C, Chen Y, Tomar A, Hilliou F, Montagné N, Jacquin-Joly E, d'Alençon E, Seth RK, Bhatnagar RK, Jouraku A, Shiotsuki T, Kadono-Okuda K, Promboon A, Smagghe G, Arunkumar KP, Kishino H, Goldsmith MR, Feng Q, Xia Q, Mita K. 2017. Genomic adaptation to polyphagy and insecticides in a major East Asian noctuid pest[J]. Nat Ecol Evol, 1(11): 1747-1756.

Cheng Y, Jiang S, Zhang X, He H, Liu J. 2019b. Whole-genome re-sequencing of *Corylus heterophylla* blank-nut mutants reveals sequence variations in genes associated with embryo abortion[J]. Front Plant Sci, 10: 1465.

Cherf GM, Lieberman KR, Rashid H, Lam CE, Karplus K, Akeson M. 2012. Automated forward and reverse ratcheting of DNA in a nanopore at 5-Å precision[J]. Nat Biotechnol, 30(4): 346-348.

Chetverina HV, Chetverin AB. 1993. Cloning of RNA molecules *in vitro*[J]. Nucleic Acids Res, 21(10): 2349-2353.

Chien JT, Pakala SB, Geraldo JA, Lapp SA, Humphrey JC, Barnwell JW, Kissinger JC, Galinski MR. 2016. High-quality genome assembly and annotation for *Plasmodium coatneyi*, generated using single-molecule real-time PacBio technology[J]. Genome Announc, 4(5): e00883-16.

Chipman AD, Ferrier DE, Brena C, Qu J, Hughes DS, Schröder R, Torres-Oliva M, Znassi N, Jiang H, Almeida FC, Alonso CR, Apostolou Z, Aqrawi P, Arthur W, Barna JC, Blankenburg KP, Brites D, Capella-Gutiérrez S, Coyle M, Dearden PK, Du Pasquier L, Duncan EJ, Ebert D, Eibner C, Erikson G, Evans PD, Extavour CG, Francisco L, Gabaldón T, Gillis WJ, Goodwin-Horn EA, Green JE, Griffiths-Jones S, Grimmelikhuijzen CJ, Gubbala S, Guigó R, Han Y, Hauser F, Havlak P, Hayden L, Helbing S, Holder M, Hui JH, Hunn JP, Hunnekuhl VS, Jackson L, Javaid M, Jhangiani SN, Jiggins FM, Jones TE, Kaiser TS, Kalra D, Kenny NJ, Korchina V, Kovar CL, Kraus FB, Lapraz F, Lee SL, Lv J, Mandapat C, Manning G, Mariotti M, Mata R, Mathew T, Neumann T, Newsham I, Ngo DN, Ninova M, Okwuonu G, Ongeri F, Palmer WJ, Patil S, Patraquim P, Pham C, Pu LL, Putman NH, Rabouille C, Ramos OM, Rhodes AC, Robertson HE, Robertson HM, Ronshaugen M, Rozas J, Saada N, Sánchez-Gracia A, Scherer SE, Schurko AM, Siggens KW, Simmons D, Stief A, Stolle E, Telford MJ, Tessmar-Raible K, Thornton R, van der Zee M, von Haeseler A, Williams JM, Willis JH, Wu Y, Zou X, Lawson D, Muzny DM, Worley KC, Gibbs RA, Akam M, Richards S. 2014. The first myriapod genome sequence reveals conservative arthropod gene content and genome organisation in the centipede *Strigamia maritima*[J]. PLoS Biol, 12(11): e1002005.

Chiu JC, Jiang X, Zhao L, Hamm CA, Cridland JM, Saelao P, Hamby KA, Lee EK, Kwok RS, Zhang G, Zalom FG, Walton VM, Begun DJ. 2013. Genome of *Drosophila suzukii*, the spotted wing drosophila[J]. G3 (Bethesda), 3(12): 2257-2271.

Cho BO, Shin JY, Kim JS, Che DN, Kang HJ, Jeong DY, Jang SI. 2019b. Soybean fermented with *Bacillus amyloliquefaciens* (cheonggukjang) ameliorates atopic dermatitis-like skin lesion in mice by suppressing infiltration of mast cells and production of IL-31 cytokine[J]. J Microbiol Biotechnol, 29(5): 827-837.

Cho EA, Lee JS, Lee KC, Jung HC, Pan JG, Pyun YR. 2007. *Cohnella laeviribosi* sp. nov., isolated from a volcanic pond[J]. Int J Syst Evol Microbiol, 57(Pt 12): 2902-2907.

Cho YS, Hu L, Hou H, Lee H, Xu J, Kwon S, Oh S, Kim HM, Jho S, Kim S, Shin YA, Kim BC, Kim H, Kim CU, Luo SJ, Johnson WE, Koepfli KP, Schmidt-Küntzel A, Turner JA, Marker L, Harper C, Miller SM, Jacobs W, Bertola LD, Kim TH, Lee S, Zhou Q, Jung HJ, Xu X, Gadhvi P, Xu P, Xiong Y, Luo Y, Pan S, Gou C, Chu X, Zhang J, Liu S, He J, Chen Y, Yang L, Yang Y, He J, Liu S, Wang J, Kim CH, Kwak H, Kim JS, Hwang S, Ko J, Kim CB, Kim S, Bayarlkhagva D, Paek WK, Kim SJ, O'Brien SJ, Wang J, Bhak J. 2013. The tiger genome and comparative analysis with lion and snow leopard genomes[J]. Nat Commun, 4: 2433.

Cho YS, Jun JH, Kim JA, Kim HM, Chung O, Kang SG, Park JY, Kim HJ, Kim S, Kim HJ, Jang JH, Na KJ, Kim J, Park SG, Lee HY, Manica A, Mindell DP, Fuchs J, Edwards JS, Weber JA, Witt CC, Yeo JH, Kim S, Bhak J. 2019a. Raptor genomes reveal evolutionary signatures of predatory and nocturnal lifestyles[J]. Genome Biol, 20(1): 181.

Choi EJ, Jin HM, Kim KH, Jeon CO. 2014. *Salimicrobium jeotgali* sp. nov., isolated from salted, fermented seafood[J]. Int J Syst Evol Microbiol, 64(Pt 11): 3626-3630.

Choi JH, Im WT, Liu QM, Yoo JS, Shin JH, Rhee SK, Roh DH. 2007. *Planococcus donghaensis* sp. nov., a starch-degrading bacterium isolated from the East Sea, South Korea[J]. Int J Syst Evol Microbiol, 57(Pt 11): 2645-2650.

Choi JH, Im WT, Yoo JS, Lee SM, Moon DS, Kim HJ, Rhee SK, Roh DH. 2008. *Paenibacillus donghaensis* sp. nov., a xylan-degrading and nitrogen-fixing bacterium isolated from East Sea sediment[J]. J Microbiol Biotechnol, 18(2): 189-193.

Choi MJ, Bae JY, Kim KY, Kang H, Cha CJ. 2010. *Brevibacillus fluminis* sp. nov., isolated from sediment of estuarine wetland[J]. Int J Syst Evol Microbiol, 60(Pt 7): 1595-1599.

Choo SW, Rayko M, Tan TK, Hari R, Komissarov A, Wee WY, Yurchenko AA, Kliver S, Tamazian G, Antunes A, Wilson RK, Warren WC, Koepfli KP, Minx P, Krasheninnikova K, Kotze A, Dalton DL, Vermaak E, Paterson IC, Dobrynin P, Sitam FT, Rovie-Ryan JJ, Johnson WE, Yusoff AM, Luo SJ, Karuppannan KV, Fang G, Zheng D, Gerstein MB, Lipovich L, O'Brien SJ, Wong GJ. 2016. Pangolin genomes and the evolution of mammalian scales and immunity[J]. Genome Res, 26(10): 1312-1322.

Chopin MC, Chopin A, Bidnenko E. 2005. Phage abortive infection in lactococci: variations on a theme[J]. Curr Opin Microbiol, 8(4): 473-479.

Chou JH, Chou YJ, Lin KY, Sheu SY, Sheu DS, Arun AB, Young CC, Chen WM. 2007. *Paenibacillus fonticola* sp. nov., isolated from a warm spring[J]. Int J Syst Evol Microbiol, 57(Pt 6): 1346-1350.

Chou JH, Lee JH, Lin MC, Chang PS, Arun AB, Young CC, Chen WM. 2009. *Paenibacillus contaminans* sp. nov., isolated from a contaminated laboratory plate[J]. Int J Syst Evol Microbiol, 59(Pt 1): 125-129.

Choudhary DK, Johri BN. 2009. Interactions of *Bacillus* spp. and plants—with special reference to induced systemic resistance (ISR)[J]. Microbiol Res, 164(5): 493-513.

Chowdhury SP, Hartmann A, Gao X, Borriss R. 2015. Biocontrol mechanism by root-associated *Bacillus amyloliquefaciens* FZB42: a review[J]. Front Microbiol, 6: 780.

Chu J, Zhao H, Lu Z, Lu F, Bie X, Zhang C. 2019. Improved physicochemical and functional properties of dietary fiber from millet bran fermented by *Bacillus* Natto[J]. Food Chem, 294: 79-86.

Chung O, Jin S, Cho YS, Lim J, Kim H, Jho S, Kim HM, Jun J, Lee H, Chon A, Ko J, Edwards J, Weber JA, Han K, O'Brien SJ, Manica A, Bhak J, Paek WK. 2015. The first whole genome and transcriptome of the cinereous vulture reveals adaptation in the gastric and immune defense systems and possible convergent evolution between the Old and New World vultures[J]. Genome Biol, 16: 215.

Cimmino T, Traore SI, Valentini C, le Page S, Sokhna C, Diallo A, Raoult D, Rolain JM. 2016. Noncontiguous finished genome sequence and description of *Bacillus testis* strain SIT10 sp. nov.[J]. New Microbes New Infect, 12: 18-23.

Cisternas-Jamet J, Salvatierra-Martínez R, Vega-Gálvez A, Uribe E, Goñi MG, Stoll A. 2019. Root inoculation of green bell pepper (*Capsicum annum*) with *Bacillus amyloliquefaciens* BBC047: effect on biochemical composition and antioxidant capacity[J]. J Sci Food Agric, 99(11): 5131-5139.

Clarke J, Wu HC, Jayasinghe L, Patel A, Reid S, Bayley H. 2009. Continuous base identification for single-molecule nanopore DNA sequencing[J]. Nat Nanotechnol, 4(4): 265-270.

Clarke L, Carbon J. 1974. The nucleotide sequence of a threonine transfer ribonucleic acid from *Escherichia coli*[J]. J Biol Chem, 249(21): 6876-6885.

Claus D, Fahmy F, Rolf HJ, Tosunoglu N. 1983. *Sporosarcina halophila* sp. nov., an obligate, slightly halophilic bacterium from salt marsh soils[J]. Syst Appl Microbiol, 4(4): 496-506.

Cocconi E, Franceschini B, Previdi MP. 2018. Identification of spoilage by *Alicyclobacillus* bacteria in tomato-based products by UHPLC-MS/MS[J]. J Mass Spectrom, 53(9): 903-910.

Cochran C, Masuda H. 2016. Switching of the rotational direction of rhizoidal colonies in a newly isolated *Bacillus mycoides* strain Ko01[J]. J Gen Appl Microbiol, 62(2): 47-51.

Cock JM, Sterck L, Rouzé P, Scornet D, Allen AE, Amoutzias G, Anthouard V, Artiguenave F, Aury JM, Badger JH, Beszteri B, Billiau K, Bonnet E, Bothwell JH, Bowler C, Boyen C, Brownlee C, Carrano CJ, Charrier B, Cho GY, Coelho SM, Collén J, Corre E, Da Silva C, Delage L, Delaroque N, Dittami SM, Doulbeau S, Elias M, Farnham G, Gachon CM, Gschloessl B, Heesch S, Jabbari K, Jubin C, Kawai H, Kimura K, Kloareg B, Küpper FC, Lang D, Le Bail A, Leblanc C, Lerouge P, Lohr M, Lopez PJ, Martens C, Maumus F, Michel G, Miranda-Saavedra D, Morales J, Moreau H, Motomura T, Nagasato C, Napoli CA, Nelson DR, Nyvall-Collén P, Peters AF, Pommier C, Potin P, Poulain J, Quesneville H, Read B, Rensing SA, Ritter A, Rousvoal S, Samanta M, Samson G, Schroeder DC, Ségurens B, Strittmatter M, Tonon T, Tregear JW, Valentin K, von Dassow P, Yamagishi T, Van de Peer Y, Wincker P. 2010. The *Ectocarpus* genome and the independent evolution of multicellularity in brown algae[J]. Nature, 465(7298): 617-621.

Cocker JM, Wright J, Li J, Swarbreck D, Dyer S, Caccamo M, Gilmartin PM. 2018. *Primula vulgaris* (Primrose) genome assembly, annotation and gene expression, with comparative genomics on the heterostyly supergene[J]. Sci Rep, 8(1): 17942.

Coenye T, Vandamme P. 2003. Extracting phylogenetic information from whole-genome sequencing projects: the lactic acid bacteria as a test case[J]. Microbiology, 149(Pt 12): 3507-3517.

Colbourne JK, Pfrender ME, Gilbert D, Thomas WK, Tucker A, Oakley TH, Tokishita S, Aerts A, Arnold GJ, Basu MK, Bauer DJ, Cáceres CE, Carmel L, Casola C, Choi JH, Detter JC, Dong Q, Dusheyko S, Eads BD, Fröhlich T, Geiler-Samerotte KA, Gerlach D, Hatcher P, Jogdeo S, Krijgsveld J, Kriventseva EV, Kültz D, Laforsch C, Lindquist E, Lopez J, Manak JR, Muller J, Pangilinan J, Patwardhan RP, Pitluck S, Pritham EJ, Rechtsteiner A, Rho M, Rogozin IB, Sakarya O, Salamov A, Schaack S, Shapiro H, Shiga Y, Skalitzky C, Smith Z, Souvorov A, Sung W, Tang Z, Tsuchiya D, Tu H, Vos H, Wang M, Wolf YI, Yamagata H, Yamada T, Ye Y, Shaw JR, Andrews J, Crease TJ, Tang H, Lucas SM, Robertson HM, Bork P, Koonin EV, Zdobnov EM, Grigoriev IV, Lynch M, Boore JL. 2011. The ecoresponsive genome of *Daphnia pulex*[J]. Science, 331(6017): 555-561.

Cole ST, Brosch R, Parkhill J, Garnier T, Churcher C, Harris D, Gordon SV, Eiglmeier K, Gas S, Barry CE III, Tekaia F, Badcock K, Basham D, Brown D, Chillingworth T, Connor R, Davies R, Devlin K, Feltwell T, Gentles S, Hamlin N, Holroyd S, Hornsby T, Jagels K, Krogh A, McLean J, Moule S, Murphy L, Oliver K, Osborne J, Quail MA, Rajandream MA, Rogers J, Rutter S, Seeger K, Skelton J, Squares R, Squares S, Sulston JE, Taylor K, Whitehead S, Barrell BG. 1998. Deciphering the biology of *Mycobacterium tuberculosis* from the complete genome sequence[J]. Nature, 393(6685): 537-544.

Colle M, Leisner CP, Wai CM, Ou S, Bird KA, Wang J, Wisecaver JH, Yocca AE, Alger EI, Tang H, Xiong Z, Callow P, Ben-Zvi G, Brodt A, Baruch K, Swale T, Shiue L, Song GQ, Childs KL, Schilmiller A, Vorsa N, Buell CR, Van Buren R, Jiang N, Edger PP. 2019. Haplotype-phased genome and evolution of phytonutrient pathways of tetraploid blueberry[J]. Gigascience, 8(3): giz012.

Collén J, Porcel B, Carré W, Ball SG, Chaparro C, Tonon T, Barbeyron T, Michel G, Noel B, Valentin K, Elias M, Artiguenave F, Arun A, Aury JM, Barbosa-Neto JF, Bothwell JH, Bouget FY, Brillet L, Cabello-Hurtado F, Capella-Gutiérrez S, Charrier B, Cladière L, Cock JM, Coelho SM, Colleoni C, Czjzek M, Da Silva C, Delage L, Denoeud F, Deschamps P, Dittami SM, Gabaldón T, Gachon CM, Groisillier A, Hervé C, Jabbari K, Katinka M, Kloareg B, Kowalczyk N, Labadie K, Leblanc C, Lopez PJ, McLachlan DH, Meslet-Cladiere L, Moustafa A, Nehr Z, Nyvall Collén P, Panaud O, Partensky F, Poulain J, Rensing SA, Rousvoal S, Samson G, Symeonidi A, Weissenbach J, Zambounis A, Wincker P, Boyen C. 2013. Genome structure and metabolic features in the red seaweed *Chondrus crispus* shed light on evolution of the Archaeplastida[J]. Proc Natl Acad Sci USA, 110(13): 5247-5252.

Collins MD, Lawson PA, Willems A, Cordoba JJ, Fernandez-Garayzabal J, Garcia P, Cai J, Hippe H, Farrow JAE. 1994. The phylogeny of the genus *Clostridium*: proposal of five new genera and eleven new species combinations[J]. Int J Syst Bacteriol, 44(Pt 4): 812-826.

Colquitt BM, Mets DG, Brainard MS. 2018. Draft genome assembly of the Bengalese finch, *Lonchura striata domestica*, a model for motor skill variability and learning[J]. Gigascience, 7(3): giy008.

Colwell RR. 1970. Polyphasic taxonomy of bacteria[M]. *In*: Iizuka H, Hazegawa T. Culture Collections of Microorganisms. Tokyo: University of Tokyo Press: 421-436.

Combet-Blanc Y, Ollivier B, Streicher C, Patel BK, Dwivedi PP, Pot B, Prensier G, Garcia JL. 1995. *Bacillus thermoamylovorans* sp. nov., a moderately thermophilic and amylolytic bacterium[J]. Int J Syst Bacteriol, 45(Pt 1): 9-16.

Cong Q, Borek D, Otwinowski Z, Grishin NV. 2015a. Skipper genome sheds light on unique phenotypic traits and phylogeny[J]. BMC Genomics, 16(1): 639.

Cong Q, Borek D, Otwinowski Z, Grishin NV. 2015b. Tiger swallowtail genome reveals mechanisms for speciation and caterpillar chemical defense[J]. Cell Rep, 10(6): 910-919.

Cong Q, Shen J, Borek D, Robbins RK, Otwinowski Z, Grishin NV. 2016b. Complete genomes of *Hairstreak* butterflies, their speciation, and nucleo-mitochondrial incongruence[J]. Sci Rep, 6: 24863.

Cong Q, Shen J, Warren AD, Borek D, Otwinowski Z, Grishin NV. 2016a. Speciation in cloudless sulphurs gleaned from complete genomes[J]. Genome Biol Evol, 8(3): 915-931.

Conte MA, Joshi R, Moore EC, Nandamuri SP, Gammerdinger WJ, Roberts RB, Carleton KL, Lien S, Kocher TD. 2019. Chromosome-scale assemblies reveal the structural evolution of African cichlid genomes[J]. Gigascience, 8(4): giz030.

Conte MA, Kocher TD. 2015. An improved genome reference for the African cichlid, *Metriaclima zebra*[J].

BMC Genomics, 16(1): 724.

Cooper JW, Wilson MH, Derks MFL, Smit S, Kunert KJ, Cullis C, Foyer CH. 2017. Enhancing faba bean (*Vicia faba* L.) genome resources[J]. J Exp Bot, 68(8): 1941-1953.

Coorevits A, Dinsdale AE, Halket G, Lebbe L, De Vos P, Van Landschoot A, Logan NA. 2012a. Taxonomic revision of the genus *Geobacillus*: emendation of *Geobacillus*, *G. stearothermophilus*, *G. jurassicus*, *G. toebii*, *G. thermodenitrificans* and *G. thermoglucosidans* (nom. corrig., formerly '*thermoglucosidasius*'); transfer of *Bacillus thermantarcticus* to the genus as *G. thermantarcticus* comb. nov.; proposal of *Caldibacillus debilis* gen. nov., comb. nov.; transfer of *G. tepidamans* to *Anoxybacillus* as *A. tepidamans* comb. nov.; and proposal of *Anoxybacillus caldiproteolyticus* sp. nov.[J]. Int J Syst Evol Microbiol, 62(Pt 7): 1470-1485.

Coorevits A, Dinsdale AE, Heyrman J, Schumann P, Van Landschoot A, Logan NA, De Vos P. 2012b. *Lysinibacillus macroides* sp. nov., nom. rev.[J]. Int J Syst Evol Microbiol, 62(Pt 5): 1121-1127.

Cornetti L, Valente LM, Dunning LT, Quan X, Black RA, Hébert O, Savolainen V. 2015. The genome of the "great speciator" provides insights into bird diversification[J]. Genome Biol Evol, 7(9): 2680-2691.

Correa F, Pérez-Díaz J, Rojas P, Torres C, Paneque M, Sagredo B, Bastías A. 2019. Dataset of genome identification and characterization of microsatellite markers loci in *Atriplex atacamensis* and *Atriplex deserticola*[J]. Data Brief, 25: 104258.

Costa MD, Artur MA, Maia J, Jonkheer E, Derks MF, Nijveen H, Williams B, Mundree SG, Jiménez-Gómez JM, Hesselink T, Schijlen EG, Ligterink W, Oliver MJ, Farrant JM, Hilhorst HW. 2017. A footprint of desiccation tolerance in the genome of *Xerophyta viscosa*[J]. Nat Plants, 3: 17038.

Cotton JA, Bennuru S, Grote A, Harsha B, Tracey A, Beech R, Doyle SR, Dunn M, Hotopp JC, Holroyd N, Kikuchi T, Lambert O, Mhashilkar A, Mutowo P, Nursimulu N, Ribeiro JM, Rogers MB, Stanley E, Swapna LS, Tsai IJ, Unnasch TR, Voronin D, Parkinson J, Nutman TB, Ghedin E, Berriman M, Lustigman S. 2016. The genome of *Onchocerca volvulus*, agent of river blindness[J]. Nat Microbiol, 2: 16216.

Cotton JA, Lilley CJ, Jones LM, Kikuchi T, Reid AJ, Thorpe P, Tsai IJ, Beasley H, Blok V, Cock PJ, Eves-van den Akker S, Holroyd N, Hunt M, Mantelin S, Naghra H, Pain A, Palomares-Rius JE, Zarowiecki M, Berriman M, Jones JT, Urwin PE. 2014. The genome and life-stage specific transcriptomes of *Globodera pallida* elucidate key aspects of plant parasitism by a cyst nematode[J]. Genome Biol, 15(3): R43.

Couger MB, Arévalo L, Campbell P. 2018. A high quality genome for *Mus spicilegus*, a close relative of house mice with unique social and ecological adaptations[J]. G3 (Bethesda), 8(7): 2145-2152.

Coughlan S, Taylor AS, Feane E, Sanders M, Schonian G, Cotton JA, Downing T. 2018. *Leishmania naiffi* and *Leishmania guyanensis* reference genomes highlight genome structure and gene evolution in the Viannia subgenus[J]. R Soc Open Sci, 5(4): 172212.

Coyne RS, Hannick L, Shanmugam D, Hostetler JB, Brami D, Joardar VS, Johnson J, Radune D, Singh I, Badger JH, Kumar U, Saier M, Wang Y, Cai H, Gu J, Mather MW, Vaidya AB, Wilkes DE, Rajagopalan V, Asai DJ, Pearson CG, Findly RC, Dickerson HW, Wu M, Martens C, Van de Peer Y, Roos DS, Cassidy-Hanley DM, Clark TG. 2011. Comparative genomics of the pathogenic ciliate *Ichthyophthirius multifiliis*, its free-living relatives and a host species provide insights into adoption of a parasitic lifestyle and prospects for disease control[J]. Genome Biol, 12(10): R100.

Cramaro WJ, Hunewald OE, Bell-Sakyi L, Muller CP. 2017. Genome scaffolding and annotation for the pathogen vector *Ixodes ricinus* by ultra-long single molecule sequencing[J]. Parasit Vectors, 10(1): 71.

Crick FH. 1958. On protein synthesis[J]. Symp Soc Exp Biol, 12: 138-163.

Cross T, Walker PD, Gould GW. 1968. Thermophilic actinomycetes producing resistant endospores[J]. Nature, 220(5165): 352-354.

Cui K, Li W, James JG, Peng C, Jin J, Yan C, Fan Z, Du L, Price M, Wu Y, Yue B. 2019a. The first draft genome of *Lophophorus*: a step forward for Phasianidae genomic diversity and conservation[J]. Genomics, 111(6): 1209-1215.

Cui W, Han L, Suo F, Liu Z, Zhou L, Zhou Z. 2018. Exploitation of *Bacillus subtilis* as a robust workhorse for production of heterologous proteins and beyond[J]. World J Microbiol Biotechnol, 34(10): 145.

Cui W, He P, Munir S, He P, He Y, Li X, Yang L, Wang B, Wu Y, He P. 2019b. Biocontrol of soft rot of chinese cabbage using an endophytic bacterial strain[J]. Front Microbiol, 10: 1471.

Cunha S, Tiago I, Paiva G, Nobre F, da Costa MS, Veríssimo A. 2012. *Jeotgalibacillus soli* sp. nov., a Gram-stain-positive bacterium isolated from soil[J]. Int J Syst Evol Microbiol, 62(Pt 3): 608-612.

Cunning R, Bay RA, Gillette P, Baker AC, Traylor-Knowles N. 2018. Comparative analysis of the *Pocillopora damicornis* genome highlights role of immune system in coral evolution[J]. Sci Rep, 8(1): 16134.

Cunningham CB, Ji L, Wiberg RA, Shelton J, McKinney EC, Parker DJ, Meagher RB, Benowitz KM, Roy-Zokan EM, Ritchie MG, Brown SJ, Schmitz RJ, Moore AJ. 2015. The genome and methylome of a beetle with complex social behavior, *Nicrophorus vespilloides* (Coleoptera: Silphidae)[J]. Genome Biol Evol, 7(12): 3383-3396.

Cunningham F, Achuthan P, Akanni W, Allen J, Amode MR, Armean IM, Bennett R, Bhai J, Billis K, Boddu S, Cummins C, Davidson C, Dodiya KJ, Gall A, Girón CG, Gil L, Grego T, Haggerty L, Haskell E, Hourlier T, Izuogu OG, Janacek SH, Juettemann T, Kay M, Laird MR, Lavidas I, Liu Z, Loveland JE, Marugán JC, Maurel T, McMahon AC, Moore B, Morales J, Mudge JM, Nuhn M, Ogeh D, Parker A, Parton A, Patricio M, Abdul Salam AI, Schmitt BM, Schuilenburg H, Sheppard D, Sparrow H, Stapleton E, Szuba M, Taylor K, Threadgold G, Thormann A, Vullo A, Walts B, Winterbottom A, Zadissa A, Chakiachvili M, Frankish A, Hunt SE, Kostadima M, Langridge N, Martin FJ, Muffato M, Perry E, Ruffier M, Staines DM, Trevanion SJ, Aken BL, Yates AD, Zerbino DR, Flicek P. 2019. Ensembl 2019[J]. Nucleic Acids Res, 47(D1): D745-D751.

D'Hont A, Denoeud F, Aury JM, Baurens FC, Carreel F, Garsmeur O, Noel B, Bocs S, Droc G, Rouard M, Da Silva C, Jabbari K, Cardi C, Poulain J, Souquet M, Labadie K, Jourda C, Lengellé J, Rodier-Goud M, Alberti A, Bernard M, Correa M, Ayyampalayam S, Mckain MR, Leebens-Mack J, Burgess D, Freeling M, Mbéguié-A-Mbéguié D, Chabannes M, Wicker T, Panaud O, Barbosa J, Hribova E, Heslop-Harrison P, Habas R, Rivallan R, Francois P, Poiron C, Kilian A, Burthia D, Jenny C, Bakry F, Brown S, Guignon V, Kema G, Dita M, Waalwijk C, Joseph S, Dievart A, Jaillon O, Leclercq J, Argout X, Lyons E, Almeida A, Jeridi M, Dolezel J, Roux N, Risterucci AM, Weissenbach J, Ruiz M, Glaszmann JC, Quétier F, Yahiaoui N, Wincker P. 2012. The banana (*Musa acuminata*) genome and the evolution of monocotyledonous plants[J]. Nature, 488(7410): 213-217.

da Barbiano L A, Gompert Z, Aspbury AS, Gabor CR, Nice CC. 2013. Population genomics reveals a possible history of backcrossing and recombination in the gynogenetic fish *Poecilia formosa*[J]. Proc Natl Acad Sci USA, 110(34): 13797-13802.

da Fonseca RR, Couto A, Machado AM, Brejova B, Albertin CB, Silva F, Gardner P, Baril T, Hayward A, Campos A, Ribeiro ÂM, Barrio-Hernandez I, Hoving HJ, Tafur-Jimenez R, Chu C, Frazão B, Petersen B, Peñaloza F, Musacchia F, Alexander GC, Osório H, Winkelmann I, Simakov O, Rasmussen S, Rahman MZ, Pisani D, Vinther J, Jarvis E, Zhang G, Strugnell JM, Castro LFC, Fedrigo O, Patricio M, Li Q, Rocha S, Antunes A, Wu Y, Ma B, Sanges R, Vinar T, Blagoev B, Sicheritz-Ponten T, Nielsen R, Gilbert MTP. 2020. A draft genome sequence of the elusive giant squid, *Architeuthis dux*[J]. Gigascience, 9(1): giz152.

Daane LL, Harjono I, Barns SM, Launen LA, Palleron NJ, Häggblom MM. 2002. PAH-degradation by *Paenibacillus* spp. and description of *Paenibacillus naphthalenovorans* sp. nov., a naphthalene-degrading bacterium from the rhizosphere of salt marsh plants[J]. Int J Syst Evol Microbiol, 52(Pt 1): 131-139.

Dalloul RA, Long JA, Zimin AV, Aslam L, Beal K, Blomberg L A, Bouffard P, Burt DW, Crasta O, Crooijmans RP, Cooper K, Coulombe RA, De S, Delany ME, Dodgson JB, Dong JJ, Evans C, Frederickson KM, Flicek P, Florea L, Folkerts O, Groenen MA, Harkins TT, Herrero J, Hoffmann S, Megens HJ, Jiang A, de Jong P, Kaiser P, Kim H, Kim KW, Kim S, Langenberger D, Lee MK, Lee T, Mane S, Marcais G, Marz M, McElroy AP, Modise T, Nefedov M, Notredame C, Paton IR, Payne WS, Pertea G, Prickett D, Puiu D, Qioa D, Raineri E, Ruffier M, Salzberg SL, Schatz MC, Scheuring C, Schmidt CJ, Schroeder S, Searle SM, Smith EJ, Smith J, Sonstegard TS, Stadler PF, Tafer H, Tu ZJ, Van Tassell CP, Vilella AJ, Williams KP, Yorke JA, Zhang L, Zhang HB, Zhang X, Zhang Y, Reed KM. 2010.

Multi-platform next-generation sequencing of the domestic turkey (*Meleagris gallopavo*): genome assembly and analysis[J]. PLoS Biol, 8(9): e1000475.

Darland G, Brock TD. 1971. *Bacillus acidocaldarius* sp. nov., an acidophilic thermophilic spore-forming bacterium[J]. J Gen Bacteriol, 67: 9-15.

Das P, Sahoo L, Das SP, Bit A, Joshi CG, Kushwaha B, Kumar D, Shah TM, Hinsu AT, Patel N, Patnaik S, Agarwal S, Pandey M, Srivastava S, Meher PK, Jayasankar P, Koringa PG, Nagpure NS, Kumar R, Singh M, Iquebal MA, Jaiswal S, Kumar N, Raza M, Das Mahapatra K, Jena J. 2020. *De novo* assembly and genome-wide SNP discovery in rohu Carp, *Labeo rohita*[J]. Front Genet, 11: 386.

Dasman, Kajiyama S, Kawasaki H, Yagi M, Seki T, Fukusaki E, Kobayashi A. 2002. *Paenibacillus glycanilyticus* sp. nov., a novel species that degrades heteropolysaccharide produced by the cyanobacterium *Nostoc commune*[J]. Int J Syst Evol Microbiol, 52(Pt 5): 1669-1674.

Dassanayake M, Oh DH, Haas JS, Hernandez A, Hong H, Ali S, Yun DJ, Bressan RA, Zhu JK, Bohnert HJ, Cheeseman JM. 2011. The genome of the extremophile crucifer *Thellungiella parvula*[J]. Nat Genet, 43(9): 913-918.

Dastager SG, Mawlankar R, Srinivasan K, Tang SK, Lee JC, Ramana VV, Shouche YS. 2014b. *Fictibacillus enclensis* sp. nov., isolated from marine sediment[J]. Antonie Van Leeuwenhoek, 105(3): 461-469.

Dastager SG, Mawlankar R, Tang SK, Srinivasan K, Ramana VV, Shouche YS. 2014a. *Bacillus enclensis* sp. nov., isolated from sediment sample[J]. Antonie Van Leeuwenhoek, 105(1): 199-206.

Davey JW, Chouteau M, Barker SL, Maroja L, Baxter SW, Simpson F, Merrill RM, Joron M, Mallet J, Dasmahapatra KK, Jiggins CD. 2016. Major improvements to the *Heliconius melpomene* genome assembly used to confirm 10 chromosome fusion events in 6 million years of butterfly evolution[J]. G3 (Bethesda), 6(3): 695-708.

David M, Dursi LJ, Yao D, Boutros PC, Simpson JT. 2017. Nanocall: an open source basecaller for Oxford Nanopore sequencing data[J]. Bioinformatics (Oxford, England), 33(1): 49-55.

Davidson WS, Koop BF, Jones SJ, Iturra P, Vidal R, Maass A, Jonassen I, Lien S, Omholt SW. 2010. Sequencing the genome of the Atlantic salmon (*Salmo salar*)[J]. Genome Biol, 11(9): 403.

De Clerck E, Rodríguez-Díaz M, Vanhoutte T, Heyrman J, Logan NA, De Vos P. 2004. *Anoxybacillus contaminans* sp. nov. and *Bacillus gelatini* sp. nov., isolated from contaminated gelatin batches[J]. Int J Syst Evol Microbiol, 54(Pt 3): 941-946.

de la Fuente-Salcido NM, Casados-Vázquez LE, Barboza-Corona JE. 2013. Bacteriocins of *Bacillus thuringiensis* can expand the potential of this bacterium to other areas rather than limit its use only as microbial insecticide[J]. Can J Microbiol, 59(8): 515-522.

de la Haba RR, Yilmaz P, Sánchez-Porro C, Birbir M, Ventosa A. 2011. *Salimicrobium salexigens* sp. nov., a moderately halophilic bacterium from salted hides[J]. Syst Appl Microbiol, 34(6): 435-439.

de Manuel M, Kuhlwilm M, Frandsen P, Sousa VC, Desai T, Prado-Martinez J, Hernandez-Rodriguez J, Dupanloup I, Lao O, Hallast P, Schmidt JM, Heredia-Genestar JM, Benazzo A, Barbujani G, Peter BM, Kuderna LF, Casals F, Angedakin S, Arandjelovic M, Boesch C, Kühl H, Vigilant L, Langergraber K, Novembre J, Gut M, Gut I, Navarro A, Carlsen F, Andrés AM, Siegismund HR, Scally A, Excoffier L, Tyler-Smith C, Castellano S, Xue Y, Hvilsom C, Marques-Bonet T. 2016. Chimpanzee genomic diversity reveals ancient admixture with bonobos[J]. Science, 354(6311): 477-481.

De Vega JJ, Ayling S, Hegarty M, Kudrna D, Goicoechea JL, Ergon Å, Rognli OA, Jones C, Swain M, Geurts R, Lang C, Mayer KF, Rössner S, Yates S, Webb KJ, Donnison IS, Oldroyd GE, Wing RA, Caccamo M, Powell W, Abberton MT, Skøt L. 2015. Red clover (*Trifolium pratense* L.) draft genome provides a platform for trait improvement[J]. Sci Rep, 5: 17394.

Deakin JE, Edwards MJ, Patel H, O'Meally D, Lian J, Stenhouse R, Ryan S, Livernois AM, Azad B, Holleley CE, Li Q, Georges A. 2016. Anchoring genome sequence to chromosomes of the central bearded dragon (*Pogona vitticeps*) enables reconstruction of ancestral squamate macrochromosomes and identifies sequence content of the Z chromosome[J]. BMC Genomics, 17: 447.

DeBiasse MB, Colgan WN, Harris L, Davidson B, Ryan JF. 2020. Inferring tunicate relationships and the evolution of the tunicate Hox cluster with the genome of *Corella inflata*[J]. Genome Biol Evol, 25:

evaa060.

Deep K, Poddar A, Das SK. 2013. *Anoxybacillus suryakundensis* sp. nov, a moderately thermophilic, alkalitolerant bacterium isolated from hot spring at Jharkhand, India[J]. PLoS One, 8(12): e85493.

Dehal P, Satou Y, Campbell RK, Chapman J, Degnan B, De Tomaso A, Davidson B, Di Gregorio A, Gelpke M, Goodstein DM, Harafuji N, Hastings KE, Ho I, Hotta K, Huang W, Kawashima T, Lemaire P, Martinez D, Meinertzhagen IA, Necula S, Nonaka M, Putnam N, Rash S, Saiga H, Satake M, Terry A, Yamada L, Wang HG, Awazu S, Azumi K, Boore J, Branno M, Chin-Bow S, DeSantis R, Doyle S, Francino P, Keys DN, Haga S, Hayashi H, Hino K, Imai KS, Inaba K, Kano S, Kobayashi K, Kobayashi M, Lee BI, Makabe KW, Manohar C, Matassi G, Medina M, Mochizuki Y, Mount S, Morishita T, Miura S, Nakayama A, Nishizaka S, Nomoto H, Ohta F, Oishi K, Rigoutsos I, Sano M, Sasaki A, Sasakura Y, Shoguchi E, Shin-i T, Spagnuolo A, Stainier D, Suzuki MM, Tassy O, Takatori N, Tokuoka M, Yagi K, Yoshizaki F, Wada S, Zhang C, Hyatt PD, Larimer F, Detter C, Doggett N, Glavina T, Hawkins T, Richardson P, Lucas S, Kohara Y, Levine M, Satoh N, Rokhsar DS. 2002. The draft genome of *Ciona intestinalis*: insights into chordate and vertebrate origins[J]. Science, 298(5601): 2157-2167.

Deinhard G, Blanz P, Poralla K, Alton E. 1987. *Bacillus acidoterrestris* sp. nov., a new thermotolerant acidophile isolated from different soils[J]. Syst Appl Microbiol, 10: 47-53.

Delzenne NM, Olivares M, Neyrinck AM, Beaumont M, Kjølbæk L, Larsen TM, Benítez-Páez A, Romaní-Pérez M, Garcia-Campayo V, Bosscher D, Sanz Y, van der Kamp JW. 2020. Nutritional interest of dietary fiber and prebiotics in obesity: lessons from the MyNewGut consortium[J]. Clin Nutr, 39(2): 414-424.

Denariaz G, Payne WJ, Le Gall J. 1989. A halophilic denitrifier, *Bacillus halodenitrificans* sp. nov.[J]. Int J Syst Bacteriol, 39: 145-151.

Denbo S, Aono K, Kai T, Yagasaki R, Ruiz-Trillo I, Suga H. 2019. Revision of the *Capsaspora* genome using read mating information adjusts the view on premetazoan genome[J]. Dev Growth Differ, 61(1): 34-42.

Denizci AA, Kazan D, Erarslan A. 2010. *Bacillus marmarensis* sp. nov., an alkaliphilic, protease-producing bacterium isolated from mushroom compost[J]. Int J Syst Evol Microbiol, 60(Pt 7): 1590-1594.

Denoeud F, Carretero-Paulet L, Dereeper A, Droc G, Guyot R, Pietrella M, Zheng C, Alberti A, Anthony F, Aprea G, Aury JM, Bento P, Bernard M, Bocs S, Campa C, Cenci A, Combes MC, Crouzillat D, Da Silva C, Daddiego L, De Bellis F, Dussert S, Garsmeur O, Gayraud T, Guignon V, Jahn K, Jamilloux V, Joët T, Labadie K, Lan T, Leclercq J, Lepelley M, Leroy T, Li LT, Librado P, Lopez L, Muñoz A, Noel B, Pallavicini A, Perrotta G, Poncet V, Pot D, Priyono, Rigoreau M, Rouard M, Rozas J, Tranchant-Dubreuil C, VanBuren R, Zhang Q, Andrade AC, Argout X, Bertrand B, de Kochko A, Graziosi G, Henry RJ, Jayarama, Ming R, Nagai C, Rounsley S, Sankoff D, Giuliano G, Albert VA, Wincker P, Lashermes P. 2014. The coffee genome provides insight into the convergent evolution of caffeine biosynthesis[J]. Science, 345(6201): 1181-1184.

Denoeud F, Henriet S, Mungpakdee S, Aury JM, Da Silva C, Brinkmann H, Mikhaleva J, Olsen LC, Jubin C, Cañestro C, Bouquet JM, Danks G, Poulain J, Campsteijn C, Adamski M, Cross I, Yadetie F, Muffato M, Louis A, Butcher S, Tsagkogeorga G, Konrad A, Singh S, Jensen MF, Huynh Cong E, Eikeseth-Otteraa H, Noel B, Anthouard V, Porcel BM, Kachouri-Lafond R, Nishino A, Ugolini M, Chourrout P, Nishida H, Aasland R, Huzurbazar S, Westhof E, Delsuc F, Lehrach H, Reinhardt R, Weissenbach J, Roy SW, Artiguenave F, Postlethwait JH, Manak JR, Thompson EM, Jaillon O, Du Pasquier L, Boudinot P, Liberles DA, Volff JN, Philippe H, Lenhard B, Roest Crollius H, Wincker P, Chourrout D. 2010. Plasticity of animal genome architecture unmasked by rapid evolution of a pelagic tunicate[J]. Science, 330(6009): 1381-1385.

Derelle E, Ferraz C, Rombauts S, Rouzé P, Worden AZ, Robbens S, Partensky F, Degroeve S, Echeynié S, Cooke R, Saeys Y, Wuyts J, Jabbari K, Bowler C, Panaud O, Piégu B, Ball SG, Ral JP, Bouget FY, Piganeau G, De Baets B, Picard A, Delseny M, Demaille J, Van de Peer Y, Moreau H. 2006. Genome analysis of the smallest free-living eukaryote *Ostreococcus tauri* unveils many unique features[J]. Proc Natl Acad Sci USA, 103(31): 11647-11652.

Derks MF, Smit S, Salis L, Schijlen E, Bossers A, Mateman C, Pijl AS, de Ridder D, Groenen MA, Visser ME, Megens HJ. 2015. The genome of winter moth (*Operophtera brumata*) provides a genomic perspective on sexual dimorphism and phenology[J]. Genome Biol Evol, 7(8): 2321-2332.

Devaraj K, Aathika S, Periyasamy K, Manickam Periyaraman P, Palaniyandi S, Subramanian S. 2019. Production of thermostable multiple enzymes from *Bacillus amyloliquefaciens* KUB29[J]. Nat Prod Res, 33(11): 1676-1677.

Dhar R, Pethusamy K, Singh S, Mukherjee I, Seethy A, Sengupta B, Srivastava T, Sarkar S, Mandal V, Karmakar M, Gupta S, Ghosh A, Karmakar S. 2019a. Draft genome of *Ompok bimaculatus* (Pabda fish)[J]. BMC Res Notes, 12(1): 825.

Dhar R, Seethy A, Pethusamy K, Singh S, Rohil V, Purkayastha K, Mukherjee I, Goswami S, Singh R, Raj A, Srivastava T, Acharya S, Rajashekhar B, Karmakar S. 2019b. *De novo* assembly of the Indian blue peacock (*Pavo cristatus*) genome using Oxford Nanopore technology and Illumina sequencing[J]. Gigascience, 8(5): giz038.

Di J, Chu Z, Zhang S, Huang J, Du H, Wei Q. 2019. Evaluation of the potential probiotic *Bacillus subtilis* isolated from two ancient sturgeons on growth performance, serum immunity and disease resistance of *Acipenser dabryanus*[J]. Fish Shellfish Immunol, 93: 711-719.

Didari M, Amoozegar MA, Bagheri M, Mehrshad M, Schumann P, Spröer C, Sánchez-Porro C, Ventosa A. 2013. *Bacillus persicus* sp. nov., a halophilic bacterium from a hypersaline lake[J]. Int J Syst Evol Microbiol, 63(Pt 4): 1229-1234.

Didari M, Amoozegar MA, Bagheri M, Schumann P, Spröer C, Sánchez-Porro C, Ventosa A. 2012. *Alteribacillus bidgolensis* gen. nov., sp. nov., a moderately halophilic bacterium from a hypersaline lake, and reclassification of *Bacillus persepolensis* as *Alteribacillus persepolensis* comb. nov.[J]. Int J Syst Evol Microbiol, 62(Pt 11): 2691-2697.

Didelot X, Barker M, Falush D, Priest FG. 2009. Evolution of pathogenicity in the *Bacillus cereus* group[J]. Syst Appl Microbiol, 32(2): 81-90.

Díez-Méndez A, Rivas R, Mateos PF, Martínez-Molina E, Santín PJ, Sánchez-Rodríguez JA, Velázquez E. 2017. *Bacillus terrae* sp. nov. isolated from *Cistus ladanifer* rhizosphere soil[J]. Int J Syst Evol Microbiol, 67(Pt 5): 1478-1481.

Dikow RB, Frandsen PB, Turcatel M, Dikow T. 2017. Genomic and transcriptomic resources for assassin flies including the complete genome sequence of *Proctacanthus coquilletti* (Insecta: Diptera: Asilidae) and 16 representative transcriptomes[J]. PeerJ, 5: e2951.

Ding H, Zhu R, Dong J, Bi D, Jiang L, Zeng J, Huang Q, Liu H, Xu W, Wu L, Kan X. 2019. Next-generation genome sequencing of *Sedum plumbizincicola* sheds light on the structural evolution of plastid rRNA operon and phylogenetic implications within Saxifragales[J]. Plants (Basel), 8(10): E386.

Ding X, Mei W, Huang S, Wang H, Zhu J, Hu W, Ding Z, Tie W, Peng S, Dai H. 2018. Genome survey sequencing for the characterization of genetic background of *Dracaena cambodiana* and its defense response during dragon's blood formation[J]. PLoS One, 13(12): e0209258.

Ding X, Mei W, Lin Q, Wang H, Wang J, Peng S, Li H, Zhu J, Li W, Wang P, Chen H, Dong W, Guo D, Cai C, Huang S, Cui P, Dai H. 2020. Genome sequence of the agarwood tree *Aquilaria sinensis* (Lour.) Spreng: the first chromosome-level draft genome in the Thymelaeceae family[J]. Gigascience, 9(3): giaa013.

Diop A, Khelaifia S, Armstrong N, Labas N, Fournier PE, Raoult D, Million M. 2016. Microbial culturomics unravels the halophilic microbiota repertoire of table salt: description of *Gracilibacillus massiliensis* sp. nov.[J]. Microb Ecol Health Dis, 27: 32049.

Diop A, Seck EH, Dubourg G, Armstrong N, Blanc-Tailleur C, Raoult D, Fournier PE. 2019. Genome sequence and description of *Gracilibacillus timonensis* sp. nov. strain Marseille-P2481$^{T}$, a moderate halophilic bacterium isolated from the human gut microflora[J]. Microbiologyopen, 8(2): e00638.

Dittami SM, Corre E, Brillet-Guéguen L, Lipinska AP, Pontoizeau N, Aite M, Avia K, Caron C, Cho CH, Collén J, Cormier A, Delage L, Doubleau S, Frioux C, Gobet A, González-Navarrete I, Groisillier A, Hervé C, Jollivet D, KleinJan H, Leblanc C, Liu X, Marie D, Markov GV, Minoche AE, Monsoor M,

Pericard P, Perrineau MM, Peters AF, Siegel A, Siméon A, Trottier C, Yoon HS, Himmelbauer H, Boyen C, Tonon T. 2020. The genome of *Ectocarpus subulatus*: a highly stress-tolerant brown alga[J]. Mar Genomics, 11: 100740.

Dobrynin P, Liu S, Tamazian G, Xiong Z, Yurchenko AA, Krasheninnikova K, Kliver S, Schmidt-Küntzel A, Koepfli KP, Johnson W, Kuderna LF, García-Pérez R, Manuel MD, Godinez R, Komissarov A, Makunin A, Brukhin V, Qiu W, Zhou L, Li F, Yi J, Driscoll C, Antunes A, Oleksyk TK, Eizirik E, Perelman P, Roelke M, Wildt D, Diekhans M, Marques-Bonet T, Marker L, Bhak J, Wang J, Zhang G, O'Brien SJ. 2015. Genomic legacy of the African cheetah, *Acinonyx jubatus*[J]. Genome Biol, 16: 277.

Dockter RB, Elzinga DB, Geary B, Maughan PJ, Johnson LA, Tumbleson D, Franke J, Dockter K, Stevens MR. 2013. Developing molecular tools and insights into the *Penstemon* genome using genomic reduction and next-generation sequencing[J]. BMC Genet, 14: 66.

Doctor BP, Loebel JE, Sodd MA, Winter DB. 1969. Nucleotide sequence of *Escherichia coli* tyrosine transfer ribonucleic acid[J]. Science, 163(3868): 693-695.

Dohm JC, Minoche AE, Holtgräwe D, Capella-Gutiérrez S, Zakrzewski F, Tafer H, Rupp O, Sörensen TR, Stracke R, Reinhardt R, Goesmann A, Kraft T, Schulz B, Stadler PF, Schmidt T, Gabaldón T, Lehrach H, Weisshaar B, Himmelbauer H. 2014. The genome of the recently domesticated crop plant sugar beet (*Beta vulgaris*)[J]. Nature, 505(7484): 546-549.

Dong AX, Xin HB, Li ZJ, Liu H, Sun YQ, Nie S, Zhao ZN, Cui RF, Zhang RG, Yun QZ, Wang XN, Maghuly F, Porth I, Cong RC, Mao JF. 2018b. High-quality assembly of the reference genome for scarlet sage, *Salvia splendens*, an economically important ornamental plant[J]. Gigascience, 7(7): giy068.

Dong X, Chaisiri K, Xia D, Armstrong SD, Fang Y, Donnelly MJ, Kadowaki T, McGarry JW, Darby AC, Makepeace BL. 2018a. Genomes of trombidid mites reveal novel predicted allergens and laterally transferred genes associated with secondary metabolism[J]. Gigascience, 7(12): giy127.

Dong X, Wang Z, Tian L, Zhang Y, Qi D, Huo H, Xu J, Li Z, Liao R, Shi M, Wahocho SA, Liu C, Zhang S, Tian Z, Cao Y. 2020. *De novo* assembly of a wild pear (*Pyrus betuleafolia*) genome[J]. Plant Biotechnol J, 18(2): 581-595.

Dong Y, Gupta S, Sievers R, Wargent JJ, Wheeler D, Putterill J, Macknight R, Gechev T, Mueller-Roeber B, Dijkwel PP. 2019. Genome draft of the *Arabidopsis* relative *Pachycladon cheesemanii* reveals novel strategies to tolerate New Zealand's high ultraviolet B radiation environment[J]. BMC Genomics, 20(1): 838.

Dong Y, Sanford RA, Boyanov MI, Kemner KM, Flynn TM, O'Loughlin EJ, Locke RA, Weber JR, Egan SM, Fouke BW. 2016. *Tepidibacillus decaturensis* sp. nov., a microaerophilic, moderately thermophilic iron-reducing bacterium isolated from 1.7 km depth groundwater[J]. Int J Syst Evol Microbiol, 66(Pt 10): 3966-3971.

Dong Y, Xie M, Jiang Y, Xiao N, Du X, Zhang W, Tosser-Klopp G, Wang J, Yang S, Liang J, Chen W, Chen J, Zeng P, Hou Y, Bian C, Pan S, Li Y, Liu X, Wang W, Servin B, Sayre B, Zhu B, Sweeney D, Moore R, Nie W, Shen Y, Zhao R, Zhang G, Li J, Faraut T, Womack J, Zhang Y, Kijas J, Cockett N, Xu X, Zhao S, Wang J, Wang W. 2013. Sequencing and automated whole-genome optical mapping of the genome of a domestic goat (*Capra hircus*)[J]. Nat Biotechnol, 31(2): 135-141.

Dong Y, Zhang X, Xie M, Arefnezhad B, Wang Z, Wang W, Feng S, Huang G, Guan R, Shen W, Bunch R, McCulloch R, Li Q, Li B, Zhang G, Xu X, Kijas JW, Salekdeh GH, Wang W, Jiang Y. 2015. Reference genome of wild goat (*Capra aegagrus*) and sequencing of goat breeds provide insight into genic basis of goat domestication[J]. BMC Genomics, 16(1): 431.

Donk PJ. 1920. A highly resistant thermophilic organism[J]. J Bacteriol, 5(4): 373-374.

Dorn KM, Fankhauser JD, Wyse DL, Marks MD. 2015. A draft genome of field pennycress (*Thlaspi arvense*) provides tools for the domestication of a new winter biofuel crop[J]. DNA Res, 22(2): 121-131.

Doronina L, Churakov G, Kuritzin A, Shi J, Baertsch R, Clawson H, Schmitz J. 2017. Speciation network in Laurasiatheria: retrophylogenomic signals[J]. Genome Res, 27(6): 997-1003.

Douthart RJ, Welt M, Walling L. 1996. Ribbon channel plate rotating drum DNA sequencing device[J]. Electrophoresis, 17(1): 49-54.

Downing T, Imamura H, Decuypere S, Clark TG, Coombs GH, Cotton JA, Hilley JD, de Doncker S, Maes I, Mottram JC, Quail MA, Rijal S, Sanders M, Schönian G, Stark O, Sundar S, Vanaerschot M, Hertz-Fowler C, Dujardin JC, Berriman M. 2011. Whole genome sequencing of multiple *Leishmania donovani* clinical isolates provides insights into population structure and mechanisms of drug resistance[J]. Genome Res, 21(12): 2143-2156.

Doyle JM, Bell DA, Bloom PH, Emmons G, Fesnock A, Katzner TE, LaPré L, Leonard K, SanMiguel P, Westerman R, Andrew DeWoody J. 2018. New insights into the phylogenetics and population structure of the prairie falcon (*Falco mexicanus*)[J]. BMC Genomics, 19(1): 233.

Doyle JM, Katzner TE, Bloom PH, Ji Y, Wijayawardena BK, DeWoody JA. 2014. The genome sequence of a widespread apex predator, the golden eagle (*Aquila chrysaetos*)[J]. PLoS One, 9(4): e95599.

Draper JL, Hansen LM, Bernick DL, Abedrabbo S, Underwood JG, Kong N, Huang BC, Weis AM, Weimer BC, van Vliet AH, Pourmand N, Solnick JV, Karplus K, Ottemann KM. 2017. Fallacy of the unique genome: sequence diversity within single *Helicobacter pylori* strains[J]. mBio, 8: e02321-16.

Dressman D, Yan H, Traverso G, Kinzler KW, Vogelstein B. 2003. Transforming single DNA molecules into fluorescent magnetic particles for detection and enumeration of genetic variations[J]. Proc Natl Acad Sci USA, 100(15): 8817-8822.

Drmanac R, Sparks AB, Callow MJ, Halpern AL, Burns NL, Kermani BG, Carnevali P, Nazarenko I, Nilsen GB, Yeung G, Dahl F, Fernandez A, Staker B, Pant KP, Baccash J, Borcherding AP, Brownley A, Cedeno R, Chen L, Chernikoff D, Cheung A, Chirita R, Curson B, Ebert JC, Hacker CR, Hartlage R, Hauser B, Huang S, Jiang Y, Karpinchyk V, Koenig M, Kong C, Landers T, Le C, Liu J, McBride CE, Morenzoni M, Morey RE, Mutch K, Perazich H, Perry K, Peters BA, Peterson J, Pethiyagoda CL, Pothuraju K, Richter C, Rosenbaum AM, Roy S, Shafto J, Sharanhovich U, Shannon KW, Sheppy CG, Sun M, Thakuria JV, Tran A, Vu D, Zaranek AW, Wu X, Drmanac S, Oliphant AR, Banyai WC, Martin B, Ballinger DG, Church GM, Reid CA. 2010. Human genome sequencing using unchained base reads on self-assembling DNA nanoarrays[J]. Science, 327(5961): 78-81.

Droc G, Larivière D, Guignon V, Yahiaoui N, This D. 2013. The banana genome hub[J]. Database (Oxford), 2013: bat035.

*Drosophila* 12 Genomes Consortium, Clark AG, Eisen MB, Smith DR, Bergman CM, Oliver B, Markow TA, Kaufman TC, Kellis M, Gelbart W, Iyer VN, Pollard DA, Sackton TB, Larracuente AM, Singh ND, Abad JP, Abt DN, Adryan B, Aguade M, Akashi H, Anderson WW, Aquadro CF, Ardell DH, Arguello R, Artieri CG, Barbash DA, Barker D, Barsanti P, Batterham P, Batzoglou S, Begun D, Bhutkar A, Blanco E, Bosak SA, Bradley RK, Brand AD, Brent MR, Brooks AN, Brown RH, Butlin RK, Caggese C, Calvi BR, de Carvalho AB, Caspi A, Castrezana S, Celniker SE, Chang JL, Chapple C, Chatterji S, Chinwalla A, Civetta A, Clifton SW, Comeron JM, Costello JC, Coyne JA, Daub J, David RG, Delcher AL, Delehaunty K, Do CB, Ebling H, Edwards K, Eickbush T, Evans JD, Filipski A, Findeiss S, Freyhult E, Fulton L, Fulton R, Garcia ACL, Gardiner A, Garfield DA, Garvin BE, Gibson G, Gilbert D, Gnerre S, Godfrey J, Good R, Gotea V, Gravely B, Greenberg AJ, Griffiths-Jones S, Gross S, Guigo R, Gustafson EA, Haerty W, Hahn MW, Halligan DL, Halpern AL, Halter GM, Han MV, Heger A, Hillier L, Hinrichs AS, Holmes I, Hoskins RA, Hubisz MJ, Hultmark D, Huntley MA, Jaffe DB, Jagadeeshan S, Jeck WR, Johnson J, Jones CD, Jordan WC, Karpen GH, Kataoka E, Keightley PD, Kheradpour P, Kirkness EF, Koerich LB, Kristiansen K, Kudrna D, Kulathinal RJ, Kumar S, Kwok R, Lander E, Langley CH, Lapoint R, Lazzaro BP, Lee S-J, Levesque L, Li R, Lin C-F, Lin MF, Lindblad-Toh K, Llopart A, Long M, Low L, Lozovsky E, Lu J, Luo M, Machado CA, Makalowski W, Marzo M, Matsuda M, Matzkin L, McAllister B, McBride CS, McKernan B, McKernan K, Mendez-Lago M, Minx P, Mollenhauer MU, Montooth K, Mount SM, Mu X, Myers E, Negre B, Newfeld S, Nielsen R, Noor MAF, O'Grady P, Pachter L, Papaceit M, Parisi MJ, Parisi M, Parts L, Pedersen JS, Pesole G, Phillippy AM, Ponting CP, Pop M, Porcelli D, Powell JR, Prohaska S, Pruitt K, Puig M, Quesneville H, Ravi Ram K, Rand D, Rasmussen MD, Reed LK, Reenan R, Reily A, Remington KA, Rieger TT, Ritchie MG, Robin C, Rogers Y-H, Rohde C, Rozas J, Rubenfield MJ, Ruiz A, Russo S, Salzberg SL, Sanchez-Gracia A, Saranga DJ, Sato H, Schaeffer SW, Schatz MC, Schlenke T, Schwartz R, Segarra C, Singh RS, Sirot L,

Sirota M, Sisneros NB, Smith CD, Smith TF, Spieth J, Stage DE, Stark A, Stephan W, Strausberg RL, Strempel S, Sturgill D, Sutton G, Sutton GG, Tao W, Teichmann S, Tobari YN, Tomimura Y, Tsolas JM, Valente VLS, Venter E, Venter JC, Vicario S, Vieira FG, Vilella AJ, Villasante A, Walenz B, Wang J, Wasserman M, Watts T, Wilson D, Wilson RK, Wing RA, Wolfner MF, Wong A, Wong GK-S, Wu C-I, Wu G, Yamamoto D, Yang H-P, Yang S-P, Yorke JA, Yoshida K, Zdobnov E, Zhang P, Zhang Y, Zimin AV, Baldwin J, Abdouelleil A, Abdulkadir J, Abebe A, Abera B, Abreu J, Acer St C, Aftuck L, Alexander A, An P, Anderson E, Anderson S, Arachi H, Azer M, Bachantsang P, Barry A, Bayul T, Berlin A, Bessette D, Bloom T, Blye J, Boguslavskiy L, Bonnet C, Boukhgalter B, Bourzgui I, Brown A, Cahill P, Channer S, Cheshatsang Y, Chuda L, Citroen M, Collymore A, Cooke P, Costello M, D'Aco K, Daza R, De Haan G, DeGray S, DeMaso C, Dhargay N, Dooley K, Dooley E, Doricent M, Dorje P, Dorjee K, Dupes A, Elong R, Falk J, Farina A, Faro S, Ferguson D, Fisher S, Foley CD, Franke A, Friedrich D, Gadbois L, Gearin G, Gearin CR, Giannoukos G, Goode T, Graham J, Grandbois E, Grewal S, Gyaltsen K, Hafez N, Hagos B, Hall J, Henson C, Hollinger A, Honan T, Huard MD, Hughes L, Hurhula B, Husby WE, Kamat A, Kanga B, Kashin S, Khazanovich D, Kisner P, Lance K, Lara M, Lee W, Lennon N, Letendre F, LeVine R, Lipovsky A, Liu X, Liu J, Liu S, Lokyitsang T, Lokyitsang Y, Lubonja R, Lui A, MacDonald P, Magnisalis V, Maru K, Matthews C, McCusker W, McDonough S, Mehta T, Meldrim J, Meneus L, Mihai O, Mihalev A, Mihova T, Mittelman R, Mlenga V, Montmayeur A, Mulrain L, Navidi A, Naylor J, Negash T, Nguyen T, Nguyen N, Nicol R, Norbu C, Norbu N, Novod N, O'Neill B, Osman S, Markiewicz E, Oyono OL, Patti C, Phunkhang P, Pierre F, Priest M, Raghuraman S, Rege F, Reyes R, Rise C, Rogov P, Ross K, Ryan E, Settipalli S, Shea T, Sherpa N, Shi L, Shih D, Sparrow T, Spaulding J, Stalker J, Stange-Thomann N, Stavropoulos S, Stone C, Strader C, Tesfaye S, Thomson T, Thoulutsang Y, Thoulutsang D, Topham K, Topping I, Tsamla T, Vassiliev H, Vo A, Wangchuk T, Wangdi T, Weiand M, Wilkinson J, Wilson A, Yadav S, Young G, Yu Q, Zembek L, Zhong D, Zimmer A, Zwirko Z, Jaffe DB, Alvarez P, Brockman W, Butler J, Chin CW, Gnerre S, Grabherr M, Kleber M, Mauceli E, MacCallum I. 2007. Evolution of genes and genomes on the *Drosophila* phylogeny[J]. Nature, 450(7167): 203-218.

Drosopoulou E, Nakou I, Mavragani-Tsipidou P. 2014. The *Bactrocera oleae* genome: localization of nine genes on the polytene chromosomes of the olive fruit fly (Diptera: Tephritidae)[J]. Genome, 57(10): 573-576.

Dsouza M, Taylor MW, Ryan J, MacKenzie A, Lagutin K, Anderson RF, Turner SJ, Aislabie J. 2014. *Paenibacillus darwinianus* sp. nov., isolated from gamma-irradiated Antarctic soil[J]. Int J Syst Evol Microbiol, 64(Pt 4): 1406-1411.

Du K, Stöck M, Kneitz S, Klopp C, Woltering JM, Adolfi MC, Feron R, Prokopov D, Makunin A, Kichigin I, Schmidt C, Fischer P, Kuhl H, Wuertz S, Gessner J, Kloas W, Cabau C, Iampietro C, Parrinello H, Tomlinson C, Journot L, Postlethwait JH, Braasch I, Trifonov V, Warren WC, Meyer A, Guiguen Y, Schartl M. 2020. The sterlet sturgeon genome sequence and the mechanisms of segmental rediploidization[J]. Nat Ecol Evol, 4(6): 841-852.

Du K, Wuertz S, Adolfi M, Kneitz S, Stöck M, Oliveira M, Nóbrega R, Ormanns J, Kloas W, Feron R, Klopp C, Parrinello H, Journot L, He S, Postlethwait J, Meyer A, Guiguen Y, Schartl M. 2019. The genome of the arapaima (*Arapaima gigas*) provides insights into gigantism, fast growth and chromosomal sex determination system[J]. Sci Rep, 9(1): 5293.

Du X, Fan G, Jiao Y, Zhang H, Guo X, Huang R, Zheng Z, Bian C, Deng Y, Wang Q, Wang Z, Liang X, Liang H, Shi C, Zhao X, Sun F, Hao R, Bai J, Liu J, Chen W, Liang J, Liu W, Xu Z, Shi Q, Xu X, Zhang G, Liu X. 2017b. The pearl oyster *Pinctada fucata martensii* genome and multi-omic analyses provide insights into biomineralization[J]. Gigascience, 6(8): gix059.

Du X, Song K, Wang J, Cong R, Li L, Zhang G. 2017a. Draft genome and SNPs associated with carotenoid accumulation in adductor muscles of bay scallop (*Argopecten irradians*)[J]. J Genomics, 5: 83-90.

Duan YQ, He ST, Li QQ, Wang MF, Wang WY, Zhe W, Cao YH, Mo MH, Zhai YL, Li WJ. 2013. *Lysinibacillus tabacifolii* sp. nov., a novel endophytic bacterium isolated from *Nicotiana tabacum* leaves[J]. J Microbiol, 51(3): 289-294.

Dubourg G, Cimmino T, Senkar SA, Lagier JC, Robert C, Flaudrops C, Brouqui P, Raoult D, Fournier PE, Rolain JM. 2015. Noncontiguous finished genome sequence and description of *Paenibacillus antibioticophila* sp. nov. GD11$^T$, the type strain of *Paenibacillus antibioticophila*[J]. New Microbes New Infect, 8: 137-147.

Dubourg G, Lagier JC, Robert C, Armstrong N, Couderc C, Fournier PE, Raoult D. 2016. *Risungbinella massiliensis* sp. nov., a new member of Thermoactinomycetaceae isolated from human gut[J]. Antonie Van Leeuwenhoek, 109(6): 773-784.

Ducrest AL, Neuenschwander S, Schmid-Siegert E, Pagni M, Train C, Dylus D, Nevers Y, Warwick Vesztrocy A, San-Jose LM, Dupasquier M, Dessimoz C, Xenarios I, Roulin A, Goudet J. 2020. New genome assembly of the barn owl (*Tyto alba alba*)[J]. Ecol Evol, 10(5): 2286-2298.

Dukić M, Berner D, Roesti M, Haag CR, Ebert D. 2016. A high-density genetic map reveals variation in recombination rate across the genome of *Daphnia magna*[J]. BMC Genet, 17(1): 137.

Dulger S, Demirbag Z, Belduz AO. 2004. *Anoxybacillus ayderensis* sp. nov. and *Anoxybacillus kestanbolensis* sp. nov.[J]. Int J Syst Evol Microbiol, 54(Pt 5): 1499-1503.

Dunlap CA. 2015a. The status of the species *Bacillus aerius*. Request for an Opinion[J]. Int J Syst Evol Microbiol, 65(Pt 7): 2341.

Dunlap CA. 2015b. Phylogenomic analysis shows that '*Bacillus vanillea*' is a later heterotypic synonym of *Bacillus siamensis*[J]. Int J Syst Evol Microbiol, 65(Pt 10): 3507-3510.

Dunlap CA, Bowman MJ, Schisler DA, Rooney AP. 2016c. Genome analysis shows *Bacillus axarquiensis* is not a later heterotypic synonym of *Bacillus mojavensis*; reclassification of *Bacillus malacitensis* and *Brevibacterium halotolerans* as heterotypic synonyms of *Bacillus axarquiensis*[J]. Int J Syst Evol Microbiol, 66(Pt 6): 2438-2443.

Dunlap CA, Kim SJ, Kwon SW, Rooney AP. 2016b. *Bacillus velezensis* is not a later heterotypic synonym of *Bacillus amyloliquefaciens*; *Bacillus methylotrophicus*, *Bacillus amyloliquefaciens* subsp. *plantarum* and '*Bacillus oryzicola*' are later heterotypic synonyms of *Bacillus velezensis* based on phylogenomics[J]. Int J Syst Evol Microbiol, 66(Pt 3): 1212-1217.

Dunlap CA, Kwon SW, Rooney AP, Kim SJ. 2015. *Bacillus paralicheniformis* sp. nov., isolated from fermented soybean paste[J]. Int J Syst Evol Microbiol, 65(Pt 10): 3487-3492.

Dunlap CA, Saunders LP, Schisler DA, Leathers TD, Naeem N, Cohan FM, Rooney AP. 2016a. *Bacillus nakamurai* sp. nov., a black-pigment-producing strain[J]. Int J Syst Evol Microbiol, 66(Pt 8): 2987-2991.

Dunlap CA, Schisler DA, Perry EB, Connor N, Cohan FM, Rooney AP. 2017. *Bacillus swezeyi* sp. nov. and *Bacillus haynesii* sp. nov., isolated from desert soil[J]. Int J Syst Evol Microbiol, 67(Pt 8): 2720-2725.

Dutky SR. 1940. Two new spore-forming bacteria causing milky diseases of Japanese beetle larvae[J]. J Agri Res, 61(1): 57-68.

Ebeling M, Küng E, See A, Broger C, Steiner G, Berrera M, Heckel T, Iniguez L, Albert T, Schmucki R, Biller H, Singer T, Certa U. 2011. Genome-based analysis of the nonhuman primate *Macaca fascicularis* as a model for drug safety assessment[J]. Genome Res, 21(10): 1746-1756.

Ebenezer TE, Zoltner M, Burrell A, Nenarokova A, Novák Vanclová AMG, Prasad B, Soukal P, Santana-Molina C, O'Neill E, Nankissoor NN, Vadakedath N, Daiker V, Obado S, Silva-Pereira S, Jackson AP, Devos DP, Lukeš J, Lebert M, Vaughan S, Hampl V, Carrington M, Ginger ML, Dacks JB, Kelly S, Field MC. 2019. Transcriptome, proteome and draft genome of *Euglena gracilis*[J]. BMC Biol, 17(1): 11.

Eccles D, Chandler J, Camberis M, Henrissat B, Koren S, Le Gros G, Ewbank JJ. 2018. *De novo* assembly of the complex genome of *Nippostrongylus brasiliensis* using MinION long reads[J]. BMC Biol, 16(1): 6.

Echigo A, Fukushima T, Mizuki T, Kamekura M, Usami R. 2007. *Halalkalibacillus halophilus* gen. nov., sp. nov., a novel moderately halophilic and alkaliphilic bacterium isolated from a non-saline soil sample in Japan[J]. Int J Syst Evol Microbiol, 57(Pt 5): 1081-1085.

Echigo A, Minegishi H, Shimane Y, Kamekura M, Usami R. 2012. *Natribacillus halophilus* gen. nov., sp. nov., a moderately halophilic and alkalitolerant bacterium isolated from soil[J]. Int J Syst Evol Microbiol, 62(Pt 2): 289-294.

Eckalbar WL, Schlebusch SA, Mason MK, Gill Z, Parker AV, Booker BM, Nishizaki S, Muswamba-Nday C, Terhune E, Nevonen KA, Makki N, Friedrich T, VanderMeer JE, Pollard KS, Carbone L, Wall JD, Illing N, Ahituv N. 2016. Transcriptomic and epigenomic characterization of the developing bat wing[J]. Nat Genet, 48(5): 528-536.

Eckstein F. 2007. Phosphorothioation of DNA in bacteria[J]. Nat Chem Biol, 3(11): 689-690.

Edgar RC. 2010. Search and clustering orders of magnitude faster than BLAST[J]. Bioinformatics, 26(19): 2460-2461.

Edger PP, Poorten TJ, VanBuren R, Hardigan MA, Colle M, McKain MR, Smith RD, Teresi SJ, Nelson ADL, Wai CM, Alger EI, Bird KA, Yocca AE, Pumplin N, Ou S, Ben-Zvi G, Brodt A, Baruch K, Swale T, Shiue L, Acharya CB, Cole GS, Mower JP, Childs KL, Jiang N9, Lyons E, Freeling M, Puzey JR, Knapp SJ. 2019. Origin and evolution of the octoploid strawberry genome[J]. Nat Genet, 51(3): 541-547.

Edger PP, Van Buren R, Colle M, Poorten TJ, Wai CM, Niederhuth CE, Alger EI, Ou S, Acharya CB, Wang J, Callow P, McKain MR, Shi J, Collier C, Xiong Z, Mower JP, Slovin JP, Hytönen T, Jiang N, Childs KL, Knapp SJ. 2018. Single-molecule sequencing and optical mapping yields an improved genome of woodland strawberry (*Fragaria vesca*) with chromosome-scale contiguity[J]. Gigascience, 7(2): gix124.

Edman P. 1949. Method for determination of the amino acid sequence in peptides[J]. Arch Biochem, 22(3): 475.

Edwards A, Voss H, Rice P, Civitello A, Stegemann J, Schwager C, Zimmermann J, Erfle H, Caskey CT, Ansorge W. 1990. Automated DNA sequencing of the human HPRT locus[J]. Genomics, 6(4): 593-608.

Edwards RJ, Tuipulotu DE, Amos TG, O'Meally D, Richardson MF, Russell TL, Vallinoto M, Carneiro M, Ferrand N, Wilkins MR, Sequeira F, Rollins LA, Holmes EC, Shine R, White PA. 2018. Draft genome assembly of the invasive cane toad, *Rhinella marina*[J]. Gigascience, 7(9): giy095.

Eiden JJ, Quade K, Nichols JL. 1976. Interaction of tryptophan transfer RNA with *Rous sarcoma* virus 35S RNA[J]. Nature, 259(5540): 245-247.

Eiglmeier K, Parkhill J, Honoré N, Garnier T, Tekaia F, Telenti A, Klatser P, James KD, Thomson NR, Wheeler PR, Churcher C, Harris D, Mungall K, Barrell BG, Cole ST. 2001. The decaying genome of *Mycobacterium leprae*[J]. Lepr Rev, 72(4): 387-398.

Eisen JA, Coyne RS, Wu M, Wu D, Thiagarajan M, Wortman JR, Badger JH, Ren Q, Amedeo P, Jones KM, Tallon LJ, Delcher AL, Salzberg SL, Silva JC, Haas BJ, Majoros WH, Farzad M, Carlton JM, Smith RK Jr, Garg J, Pearlman RE, Karrer KM, Sun L, Manning G, Elde NC, Turkewitz AP, Asai DJ, Wilkes DE, Wang Y, Cai H, Collins K, Stewart BA, Lee SR, Wilamowska K, Weinberg Z, Ruzzo WL, Wloga D, Gaertig J, Frankel J, Tsao CC, Gorovsky MA, Keeling PJ, Waller RF, Patron NJ, Cherry JM, Stover NA, Krieger CJ, del Toro C, Ryder HF, Williamson SC, Barbeau RA, Hamilton EP, Orias E. 2006. Macronuclear genome sequence of the ciliate *Tetrahymena thermophila*, a model eukaryote[J]. PLoS Biol, 4(9): e286.

Ekblom R, Brechlin B, Persson J, Smeds L, Johansson M, Magnusson J, Flagstad Ø, Ellegren H. 2018. Genome sequencing and conservation genomics in the Scandinavian wolverine population[J]. Conserv Biol, 32(6): 1301-1312.

Eke P, Kumar A, Sahu KP, Wakam LN, Sheoran N, Ashajyothi M, Patel A, Fekam FB. 2019. Endophytic bacteria of desert cactus (*Euphorbia trigonas* Mill) confer drought tolerance and induce growth promotion in tomato (*Solanum lycopersicum* L.)[J]. Microbiol Res, 228: 126302.

Elder KT, Smith AE. 1973. Methionine transfer ribonucleic acids of avian myeloblastosis virus[J]. Proc Natl Acad Sci USA, 70(10): 2823-2826.

Ellegren H, Smeds L, Burri R, Olason PI, Backström N, Kawakami T, Künstner A, Mäkinen H, Nadachowska-Brzyska K, Qvarnström A, Uebbing S, Wolf JB. 2012. The genomic landscape of species divergence in *Ficedula* flycatchers[J]. Nature, 491(7426): 756-760.

Elo S, Suominen I, Kämpfer P, Juhanoja J, Salkinoja-Salonen M, Haahtela K. 2001. *Paenibacillus borealis* sp. nov., a nitrogen-fixing species isolated from spruce forest humus in Finland[J]. Int J Syst Evol Microbiol, 51(Pt 2): 535-545.

El-Sayed NM, Myler PJ, Bartholomeu DC, Nilsson D, Aggarwal G, Tran AN, Ghedin E, Worthey EA, Delcher AL, Blandin G, Westenberger SJ, Caler E, Cerqueira GC, Branche C, Haas B, Anupama A, Arner E, Aslund L, Attipoe P, Bontempi E, Bringaud F, Burton P, Cadag E, Campbell DA, Carrington M, Crabtree J, Darban H, da Silveira JF, de Jong P, Edwards K, Englund PT, Fazelina G, Feldblyum T, Ferella M, Frasch AC, Gull K, Horn D, Hou L, Huang Y, Kindlund E, Klingbeil M, Kluge S, Koo H, Lacerda D, Levin MJ, Lorenzi H, Louie T, Machado CR, McCulloch R, McKenna A, Mizuno Y, Mottram JC, Nelson S, Ochaya S, Osoegawa K, Pai G, Parsons M, Pentony M, Pettersson U, Pop M, Ramirez JL, Rinta J, Robertson L, Salzberg SL, Sanchez DO, Seyler A, Sharma R, Shetty J, Simpson AJ, Sisk E, Tammi MT, Tarleton R, Teixeira S, Van Aken S, Vogt C, Ward PN, Wickstead B, Wortman J, White O, Fraser CM, Stuart KD, Andersson B. 2005. The genome sequence of *Trypanosoma cruzi*, etiologic agent of Chagas disease[J]. Science, 309(5733): 409-415.

Engelberg-Kulka H, Sat B, Reches M, Amitai S, Hazan R. 2004. Bacterial programmed cell death systems as targets for antibiotics[J]. Trends Microbiol, 12: 66-71.

Eöry L, Gilbert MT, Li C, Li B, Archibald A, Aken BL, Zhang G, Jarvis E, Flicek P, Burt DW. 2015. Avianbase: a community resource for bird genomics[J]. Genome Biology, 16: 21.

Evans JD, McKenna D, Scully E, Cook SC, Dainat B, Egekwu N, Grubbs N, Lopez D, Lorenzen MD, Reyna SM, Rinkevich FD, Neumann P, Huang Q. 2018. Genome of the small hive beetle (*Aethina tumida*, Coleoptera: Nitidulidae), a worldwide parasite of social bee colonies, provides insights into detoxification and herbivory[J]. Gigascience, 7(12): giy138.

Eves-van den Akker S, Laetsch DR, Thorpe P, Lilley CJ, Danchin EG, 2016. The genome of the yellow potato cyst nematode, *Globodera rostochiensis*, reveals insights into the basis of parasitism and virulence[J]. Genome Biol, 17(1): 124.

Exposito-Alonso M, Drost HG, Burbano HA, Weigel D. 2020. The Earth BioGenome project: opportunities and challenges for plant genomics and conservation[J]. Plant J, 102(2): 222-229.

Faddeeva-Vakhrusheva A, Derks MF, Anvar SY, Agamennone V, Suring W, Smit S, van Straalen NM, Roelofs D. 2016. Gene Family Evolution Reflects Adaptation to Soil Environmental Stressors in the Genome of the Collembolan *Orchesella cincta*[J]. Genome Biol Evol, 8(7): 2106-2117.

Fallon TR, Lower SE, Chang CH, Bessho-Uehara M, Martin GJ, Bewick AJ, Behringer M, Debat HJ, Wong I, Day JC, Suvorov A, Silva CJ, Stanger-Hall KF, Hall DW, Schmitz RJ, Nelson DR, Lewis SM, Shigenobu S, Bybee SM, Larracuente AM, Oba Y, Weng JK. 2018. Firefly genomes illuminate parallel origins of bioluminescence in beetles[J]. Elife, 7: e36495.

Fan B, Blom J, Klenk HP, Borriss R. 2017. *Bacillus amyloliquefaciens*, *Bacillus velezensis*, and *Bacillus siamensis* form an "operational group *B. amyloliquefaciens*" within the *B. subtilis* species complex[J]. Front Microbiol, 8: 22.

Fan B, Wang C, Song X, Ding X, Wu L, Wu H, Gao X, Borriss R. 2018c. *Bacillus velezensis* FZB42 in 2018: the Gram-positive model strain for plant growth promotion and biocontrol[J]. Front Microbiol, 9: 2491.

Fan G, Chan J, Ma K, Yang B, Zhang H, Yang X, Shi C, Chun-Hin Law H, Ren Z, Xu Q, Liu Q, Wang J, Chen W, Shao L, Gonçalves D, Ramos A, Cardoso SD, Guo M, Cai J, Xu X, Wang J, Yang H, Liu X, Wang Y. 2018a. Chromosome-level reference genome of the Siamese fighting fish *Betta splendens*, a model species for the study of aggression[J]. Gigascience, 7(11): giy087.

Fan G, Zhang Y, Liu X, Wang J, Sun Z, Sun S, Zhang H, Chen J, Lv M, Han K, Tan X, Hu J, Guan R, Fu Y, Liu S, Chen X, Xu Q, Qin Y, Liu L, Bai J, Wang O, Tang J, Lu H, Shang Z, Wang B, Hu G, Zhao X, Zou Y, Chen A, Gong M, Zhang W, Lee SM, Li S, Liu J, Li Z, Lu Y, Sabir JSM, Sabir MJ, Khan M, Hajrah NH, Yin Y, Kristiansen K, Yang H, Wang J, Xu X, Liu X. 2019a. The first chromosome-level genome for a marine mammal as a resource to study ecology and evolution[J]. Mol Ecol Resour, 19(4): 944-956.

Fan H, Wu Q, Wei F, Yang F, Ng BL, Hu Y. 2019b. Chromosome-level genome assembly for giant panda provides novel insights into Carnivora chromosome evolution[J]. Genome Biol, 20(1): 267.

Fan J, Ranu RS, Smith C, Ruan C, Fuller CW. 1996. DNA sequencing with [alpha-33P]-labeled ddNTP terminators: a new approach to DNA sequencing with Thermo Sequenase DNA polymerase[J]. Biotechniques, 21(6): 1132-1137.

Fan Y, Huang ZY, Cao CC, Chen CS, Chen YX, Fan DD, He J, Hou HL, Hu L, Hu XT, Jiang XT, Lai R, Lang YS, Liang B, Liao SG, Mu D, Ma YY, Niu YY, Sun XQ, Xia JQ, Xiao J, Xiong ZQ, Xu L, Yang L, Zhang Y, Zhao W, Zhao XD, Zheng YT, Zhou JM, Zhu YB, Zhang GJ, Wang J, Yao YG. 2013. Genome of the Chinese tree shrew[J]. Nat Commun, 4: 1426.

Fan Y, Sahu SK, Yang T, Mu W, Wei J, Cheng L, Yang J, Mu R, Liu J, Zhao J, Zhao Y, Xu X, Liu X, Liu H. 2020. Dissecting the genome of star fruit (*Averrhoa carambola* L.)[J]. Hortic Res, 7: 94.

Fan Y, Ye MS, Zhang JY, Xu L, Yu DD, Gu TL, Yao YL, Chen JQ, Lv LB, Zheng P, Wu DD, Zhang GJ, Yao YG. 2019c. Chromosomal level assembly and population sequencing of the Chinese tree shrew genome[J]. Zool Res, 40(6): 506-521.

Fan Z, Li W, Jin J, Cui K, Yan C, Peng C, Jian Z, Bu P, Price M, Zhang X, Shen Y, Li J, Q W, Yue B. 2018b. The draft genome sequence of forest musk deer (*Moschus berezovskii*)[J]. Gigascience, 7(4): giy038.

Fang X, Mou Y, Huang Z, Li Y, Han L, Zhang Y, Feng Y, Chen Y, Jiang X, Zhao W, Sun X, Xiong Z, Yang L, Liu H, Fan D, Mao L, Ren L, Liu C, Wang J, Li K, Wang G, Yang S, Lai L, Zhang G, Li Y, Wang J, Bolund L, Yang H, Wang J, Feng S, Li S, Du Y. 2012. The sequence and analysis of a Chinese pig genome[J]. Gigascience, 1(1): 16.

Fang X, Nevo E, Han L, Levanon EY, Zhao J, Avivi A, Larkin D, Jiang X, Feranchuk S, Zhu Y, Fishman A, Feng Y, Sher N, Xiong Z, Hankeln T, Huang Z, Gorbunova V, Zhang L, Zhao W, Wildman DE, Xiong Y, Gudkov A, Zheng Q, Rechavi G, Liu S, Bazak L, Chen J, Knisbacher BA, Lu Y, Shams I, Gajda K, Farré M, Kim J, Lewin HA, Ma J, Band M, Bicker A, Kranz A, Mattheus T, Schmidt H, Seluanov A, Azpurua J, McGowen MR, Ben Jacob E, Li K, Peng S, Zhu X, Liao X, Li S, Krogh A, Zhou X, Brodsky L, Wang J. 2014. Genome-wide adaptive complexes to underground stresses in blind mole rats *Spalax*[J]. Nat Commun, 5: 3966.

Farré M, Li Q, Darolti I, Zhou Y, Damas J, Proskuryakova AA, Kulemzina AI, Chemnick LG, Kim J, Ryder OA, Ma J, Graphodatsky AS, Zhang G, Larkin DM, Lewin HA. 2019. An integrated chromosome-scale genome assembly of the Masai giraffe (*Giraffa camelopardalis tippelskirchi*)[J]. Gigascience, 8(8): giz090.

Fauver JR, Martin J, Weil GJ, Mitreva M, Fischer PU. 2019. *De novo* assembly of the *Brugia malayi* genome using long reads from a single MinION flowcell[J]. Sci Rep, 9(1): 19521.

Fayad N, Awad M K, Mahillon J. 2019. Diversity of *Bacillus cereus sensu lato* mobilome[J]. BMC Genomics, 20(1): 436.

Fedurco M, Romieu A, Williams S, Lawrence I, Turcatti G. 2006. BTA, a novel reagent for DNA attachment on glass and efficient generation of solid-phase amplified DNA colonies[J]. Nucleic Acids Res, 34(3): e22.

Fehlmann T, Reinheimer S, Geng C, Su X, Drmanac S, Alexeev A, Zhang C, Backes C, Ludwig N, Hart M, An D, Zhu Z, Xu C, Chen A, Ni M, Liu J, Li Y, Poulter M, Li Y, Stähler C, Drmanac R, Xu X, Meese E, Keller A. 2016. cPAS-based sequencing on the BGISEQ-500 to explore small non-coding RNAs[J]. Clin Epigenetics, 8: 123.

Feigin CY, Newton AH, Doronina L, Schmitz J, Hipsley CA, Mitchell KJ, Gower G, Llamas B, Soubrier J, Heider TN, Menzies BR, Cooper A, O'Neill RJ, Pask AJ. 2017. Genome of the Tasmanian tiger provides insights into the evolution and demography of an extinct marsupial carnivore[J]. Nat Ecol Evol, 2(1): 182-192.

Feldmann H, Aigle M, Aljinovic G, André B, Baclet MC, Barthe C, Baur A, Bécam AM, Biteau N, Boles E, Brandt T, Brendel M, Brückner M, Bussereau F, Christiansen C, Contreras R, Crouzet M, Cziepluch C, Démolis N, Delaveau T, Doignon F, Domdey H, Düsterhus S, Dubois E, Dujon B, El Bakkoury M, Entian KD, Feurmann M, Fiers W, Fobo GM, Fritz C, Gassenhuber H, Glandsdorff N, Goffeau A, Grivell LA, de Haan M, Hein C, Herbert CJ, Hollenberg CP, Holmstrøm K, Jacq C, Jacquet M, Jauniaux JC, Jonniaux JL, Kallesøe T, Kiesau P, Kirchrath L, Kötter P, Korol S, Liebl S, Logghe M, Lohan AJ, Louis EJ, Li ZY, Maat MJ, Mallet L, Mannhaupt G, Messenguy F, Miosga T, Molemans F, Müller S, Nasr F, Obermaier B, Perea J, Piérard A, Piravandi E, Pohl FM, Pohl TM, Potier S, Proft M, Purnelle B,

Ramezani Rad M, Rieger M, Rose M, Schaaff-Gerstenschläger I, Scherens B, Schwarzlose C, Skala J, Slonimski PP, Smits PH, Souciet JL, Steensma HY, Stucka R, Urrestarazu A, van der Aart QJ, van Dyck L, Vassarotti A, Vetter I, Vierendeels F, Vissers S, Wagner G, de Wergifosse P, Wolfe KH, Zagulski M, Zimmermann FK, Mewes HW, Kleine K. 1994. Complete DNA sequence of yeast chromosome II[J]. EMBO J, 13(24): 5795-5809.

Feng C, Wang J, Wu L, Kong H, Yang L, Feng C, Wang K, Rausher M, Kang M. 2020. The genome of a cave plant, *Primulina huaijiensis*, provides insights into adaptation to limestone karst habitats[J]. New Phytol, 227(4): 1249-1263.

Feng L, Liu D, Sun X, Wang G, Li M. 2016. *Bacillus cavernae* sp. nov. isolated from cave soil[J]. Int J Syst Evol Microbiol, 66(2): 801-806.

Feng NX, Yu J, Mo CH, Zhao HM, Li YW, Wu BX, Cai QY, Li H, Zhou DM, Wong MH. 2018. Biodegradation of di-n-butyl phthalate (DBP) by a novel endophytic *Bacillus megaterium* strain YJB3[J]. Sci Total Environ, 616-617: 117-127.

Fernandez-Silva I, Henderson JB, Rocha LA, Simison WB. 2018. Whole-genome assembly of the coral reef Pearlscale Pygmy Angelfish (*Centropyge vrolikii*)[J]. Sci Rep, 8(1): 1498.

Feron R, Zahm M, Cabau C, Klopp C, Roques C, Bouchez O, Eché C, Valière S, Donnadieu C, Haffray P, Bestin A, Morvezen R, Acloque H, Euclide PT, Wen M, Jouano E, Schartl M, Postlethwait JH, Schraidt C, Christie MR, Larson WA, Herpin A, Guiguen Y. 2020. Characterization of a Y-specific duplication/insertion of the anti-Mullerian hormone type II receptor gene based on a chromosome-scale genome assembly of yellow perch, *Perca flavescens*[J]. Mol Ecol Resour, 20(2): 531-543.

Ferrari VB, Cesar A, Cayô R, Choueri RB, Okamoto DN, Freitas JG, Favero M, Gales AC, Niero CV, Saia FT, de Vasconcellos SP. 2019. Hexadecane biodegradation of high efficiency by bacterial isolates from Santos Basin sediments[J]. Mar Pollut Bull, 142: 309-314.

Fettweis JM, Serrano MG, Brooks JP, Edwards DJ, Girerd PH, Parikh HI, Huang B, Arodz TJ, Edupuganti L, Glascock AL, Xu J, Jimenez NR, Vivadelli SC, Fong SS, Sheth NU, Jean S, Lee V, Bokhari YA, Lara AM, Mistry SD, Duckworth RA Ⅲ, Bradley SP, Koparde VN, Orenda XV, Milton SH, Rozycki SK, Matveyev AV, Wright ML, Huzurbazar SV, Jackson EM, Smirnova E, Korlach J, Tsai YC, Dickinson MR, Brooks JL, Drake JI, Chaffin DO, Sexton AL, Gravett MG, Rubens CE, Wijesooriya NR, Hendricks-Muñoz KD, Jefferson KK, Strauss JF Ⅲ, Buck GA. 2019. The vaginal microbiome and preterm birth[J]. Nat Med, 25(6): 1012-1021.

Fiers W, Contreras R, Duerinck F, Haegeman G, Iserentant D, Merregaert J, Min Jou W, Molemans F, Raeymaekers A, Van den Berghe A, Volckaert G, Ysebaert M. 1976. Complete nucleotide sequence of bacteriophage MS2 RNA: primary and secondary structure of the replicase gene[J]. Nature, 260(5551): 500-507.

Figueiró HV, Li G, Trindade FJ, Assis J, Pais F, Fernandes G, Santos SHD, Hughes GM, Komissarov A, Antunes A, Trinca CS, Rodrigues MR, Linderoth T, Bi K, Silveira L, Azevedo FCC, Kantek D, Ramalho E, Brassaloti RA, Villela PMS, Nunes ALV, Teixeira RHF, Morato RG, Loska D, Saragüeta P, Gabaldón T, Teeling EC, O'Brien SJ, Nielsen R, Coutinho LL, Oliveira G, Murphy WJ, Eizirik E. 2017. Genome-wide signatures of complex introgression and adaptive evolution in the big cats[J]. Sci Adv, 3(7): e1700299.

Filiault DL, Ballerini ES, Mandáková T, Aköz G, Derieg NJ, Schmutz J, Jenkins J, Grimwood J, Shu S, Hayes RD, Hellsten U, Barry K, Yan J, Mihaltcheva S, Karafiátová M, Nizhynska V, Kramer EM, Lysak MA, Hodges SA, Nordborg M. 2018. The *Aquilegia* genome provides insight into adaptive radiation and reveals an extraordinarily polymorphic chromosome with a unique history[J]. Elife, 7: e36426.

Filippidou S, Jaussi M, Junier T, Wunderlin T, Jeanneret N, Palmieri F, Palmieri I, Roussel-Delif L, Vieth-Hillebrand A, Vetter A, Chain PS, Regenspurg S, Junier P. 2016. *Anoxybacillus geothermalis* sp. nov., a facultatively anaerobic, endospore-forming bacterium isolated from mineral deposits in a geothermal station[J]. Int J Syst Evol Microbiol, 66(Pt 8): 2946-2951.

Fishman L, Willis JH, Wu CA, Lee YW. 2014. Comparative linkage maps suggest that fission, not polyploidy, underlies near-doubling of chromosome number within monkeyflowers (*Mimulus*; Phrymaceae)[J]. Heredity (Edinb), 112(5): 562-568.

Fitz-Gibbon ST, House CH. 1999. Whole genome-based phylogenetic analysis of free-living microorganisms[J]. Nucleic Acids Res, 27(21): 4218-4222.

Fleischmann RD, Adams MD, White O, Clayton RA, Kirkness EF, Kerlavage AR, Bult CJ, Tomb JF, Dougherty BA, Merrick JM, Mckenney K, Sutton G, Fitzhugh W, Fields C, Gocayne JD. Scott J, Shirley R, Liu LL, Glodek A, Kelley JM, Weidman JF, Phillips CA, Spriggs T, Hedblom E, Cotton MD, Utterback TR, Hanna MC, Nguyen DT, Saudek DM, Brandon RC, Fine LD, Fritchman JL, Fuhrmann JL, Geoghagen NSM, Gnehm CL, Mcdonald LA, Small KV, Fraser CM, Smith HO, Venter JC. 1995. Whole-genome random sequencing and assembly of *Haemophilus influenzae* Rd[J]. Science, 269(5223): 496-512.

Fleming SJ, Lu B, Golovchenko JA. 2017. Charge, diffusion, and current fluctuations of single-stranded dna trapped in an MspA nanopore[J]. Biophys J, 112(2): 368-375.

Flores-Félix JD, Carro L, Ramírez-Bahena MH, Tejedor C, Igual JM, Peix A, Velázquez E. 2014a. *Cohnella lupini* sp. nov., an endophytic bacterium isolated from root nodules of *Lupinus albus*[J]. Int J Syst Evol Microbiol, 64(Pt 1): 83-87.

Flores-Félix JD, Mulas R, Ramírez-Bahena MH, Cuesta MJ, Rivas R, Brañas J, Mulas D, González-Andrés F, Peix A, Velázquez E. 2014b. *Fontibacillus phaseoli* sp. nov. isolated from *Phaseolus vulgaris* nodules[J]. Antonie Van Leeuwenhoek, 105(1): 23-28.

Flot JF, Hespeels B, Li X, Noel B, Arkhipova I, Danchin EG, Hejnol A, Henrissat B, Koszul R, Aury JM, Barbe V, Barthélémy RM, Bast J, Bazykin GA, Chabrol O, Couloux A, Da Rocha M, Da Silva C, Gladyshev E, Gouret P, Hallatschek O, Hecox-Lea B, Labadie K, Lejeune B, Piskurek O, Poulain J, Rodriguez F, Ryan JF, Vakhrusheva OA, Wajnberg E, Wirth B, Yushenova I, Kellis M, Kondrashov AS, Mark Welch DB, Pontarotti P, Weissenbach J, Wincker P, Jaillon O, Van Doninck K. 2013. Genomic evidence for ameiotic evolution in the bdelloid rotifer *Adineta vaga*[J]. Nature, 500(7463): 453-457.

Fluit AC, Jansen MD, Bosch T, Jansen WT, Schouls L, Jonker MJ, Boel CH. 2016. rRNA operon copy number can explain the distinct epidemiology of hospital-associated methicillin-resistant *Staphylococcus aureus*[J]. Antimicrob Agents Chemother, 60(12): 7313-7320.

Flusberg BA, Webster DR, Lee JH, Travers KJ, Olivares EC, Clark TA, Korlach J, Turner SW. 2010. Direct detection of DNA methylation during single-molecule, real-time sequencing[J]. Nat Methods, 7(6): 461-465.

Fonseca ESS, Hiromori Y, Kaite Y, Ruivo R, Franco JN, Nakanishi T, Santos MM, Castro LFC. 2019. An orthologue of the retinoic acid receptor (RAR) is present in the ecdysozoa Phylum Priapulida[J]. Genes (Basel), 10(12): 985.

Fonseca NA, Morales-Hojas R, Reis M, Rocha H, Vieira CP, Nolte V, Schlötterer C, Vieira J. 2013. *Drosophila americana* as a model species for comparative studies on the molecular basis of phenotypic variation[J]. Genome Biol Evol, 5(4): 661-679.

Foote AD, Liu Y, Thomas GW, Vinař T, Alföldi J, Deng J, Dugan S, van Elk CE, Hunter ME, Joshi V, Khan Z, Kovar C, Lee SL, Lindblad-Toh K, Mancia A, Nielsen R, Qin X, Qu J, Raney BJ, Vijay N, Wolf JB, Hahn MW, Muzny DM, Worley KC, Gilbert MT, Gibbs RA. 2015. Convergent evolution of the genomes of marine mammals[J]. Nat Genet, 47(3): 272-275.

Formenti G, Chiara M, Poveda L, Francoijs KJ, Bonisoli-Alquati A, Canova L, Gianfranceschi L, Horner DS, Saino N. 2019. SMRT long reads and direct label and stain optical maps allow the generation of a high-quality genome assembly for the European barn swallow (*Hirundo rustica rustica*)[J]. Gigascience, 8(1): giy142.

Fortina MG, Mora D, Schumann P, Parini C, Manachini PL, Stackebrandt E. 2001a. Reclassification of *Saccharococcus caldoxylosilyticus* as *Geobacillus caldoxylosilyticus* (Ahmad et al. 2000) comb. nov.[J]. Int J Syst Evol Microbiol, 51(Pt 6): 2063-2071.

Fortina MG, Pukall R, Schumann P, Mora D, Parini C, Manachini PL, Stackebrandt E. 2001b. *Ureibacillus* gen. nov., a new genus to accommodate *Bacillus thermosphaericus* (Andersson et al. 1995), emendation of *Ureibacillus thermosphaericus* and description of *Ureibacillus terrenus* sp. nov.[J]. Int J Syst Evol Microbiol, 51(Pt 2): 447-455.

Foth BJ, Tsai IJ, Reid AJ, Bancroft AJ, Nichol S, Tracey A, Holroyd N, Cotton JA, Stanley EJ, Zarowiecki M, Liu JZ, Huckvale T, Cooper PJ, Grencis RK, Berriman M. 2014. Whipworm genome and dual-species transcriptome analyses provide molecular insights into an intimate host-parasite interaction[J]. Nat Genet, 46(7): 693-700.

Fouet C, Kamdem C, Gamez S, White BJ. 2017. Genomic insights into adaptive divergence and speciation among malaria vectors of the *Anopheles nili* group[J]. Evol Appl, 10(9): 897-906.

Francis R, Anani H, Fontanini A, Fournier PE, Scola BLA, Raoult D, Bou Khalil JY. 2019. *Virgibacillus ndiopensis* sp. nov., a new halophilic bacterium isolated from the stool of a healthy 11-year-old boy[J]. New Microbes New Infect, 30: 100541.

Fraser CM, Gocayne JD, White O, Adams MD, Clayton RA, Fleischmann RD, Bult CJ, Kerlavage AR, Sutton G, Kelley JM, Fritchman RD, Weidman JF, Small KV, Sandusky M, Fuhrmann J, Nguyen D, Utterback TR, Saudek DM, Phillips CA, Merrick JM, Tomb JF, Dougherty BA, Bott KF, Hu PC, Lucier TS, Peterson SN, Smith HO, Hutchison CA Ⅲ, Venter JC. 1995. The minimal gene complement of *Mycoplasma genitalium*[J]. Science, 270(5235): 397-403.

Frikha-Dammak D, Fardeau ML, Cayol JL, Ben Fguira-Fourati L, Najeh S, Ollivier B, Maalej S. 2016. *Paludifilum halophilum* gen. nov., sp. nov., a thermoactinomycete isolated from superficial sediment of a solar saltern[J]. Int J Syst Evol Microbiol, 66(Pt 12): 5371-5378.

Frisby D. 1977. Oligonucleotide mapping of non-radioactive virus and messenger RNAs[J]. Nucleic Acids Res, 4(9): 2975-2996.

Fritze D. 1996. *Bacillus haloalkaliphilus* sp. nov.[J]. Int J Syst Bacteriol, 46(1): 98-101.

Fromm B, Tosar JP, Aguilera F, Friedländer MR, Bachmann L, Hejnol A. 2019. Evolutionary Implications of the microRNA- and piRNA complement of *Lepidodermella squamata* (Gastrotricha)[J]. Non-coding RNA, 5(1): 19.

Fu G, Wang L, Li L, Liu J, Liu S, Zhao X. 2018b. *Bacillus licheniformis* CK1 alleviates the toxic effects of zearalenone in feed on weaned female Tibetan piglets[J]. J Anim Sci, 96(10): 4471-4480.

Fu P, Ge Y, Hu Y, Yuan Z, Hu X. 2018a. A toxin-antitoxin system is essential for the stability of mosquitocidal plasmid pBsph of *Lysinibacillus sphaericus*[J]. Microbiol Res, 214: 116-122.

Fu X, Li J, Tian Y, Quan W, Zhang S, Liu Q, Liang F, Zhu X, Zhang L, Wang D, Hu J. 2017a. Long-read sequence assembly of the firefly *Pyrocoelia pectoralis* genome[J]. Gigascience, 6(12): gix112.

Fu Y, Li L, Hao S, Guan R, Fan G, Shi C, Wan H, Chen W, Zhang H, Liu G, Wang J, Ma L, You J, Ni X, Yue Z, Xu X, Sun X, Liu X, Lee SM. 2017b. Draft genome sequence of the Tibetan medicinal herb *Rhodiola crenulata*[J]. Gigascience, 6(6): gix033.

Fu Z, Li Y, Elling AA, Snyder WE. 2020. A draft genome of a field-collected *Steinernema feltiae* strain NW[J]. J Nematol, 52: 1-7.

Fukushima K, Fang X, Alvarez-Ponce D, Cai H, Carretero-Paulet L, Chen C, Chang TH, Farr KM, Fujita T, Hiwatashi Y, Hoshi Y, Imai T, Kasahara M, Librado P, Mao L, Mori H, Nishiyama T, Nozawa M, Pálfalvi G, Pollard ST, Rozas J, Sánchez-Gracia A, Sankoff D, Shibata TF, Shigenobu S, Sumikawa N, Uzawa T, Xie M, Zheng C, Pollock DD, Albert VA, Li S, Hasebe M. 2017. Genome of the pitcher plant *Cephalotus* reveals genetic changes associated with carnivory[J]. Nat Ecol Evol, 1(3): 59.

Gagnaire PA, Lamy JB, Cornette F, Heurtebise S, Dégremont L, Flahauw E, Boudry P, Bierne N, Lapègue S. 2018. Analysis of genome-wide differentiation between native and introduced populations of the cupped oysters *Crassostrea gigas* and *Crassostrea angulata*[J]. Genome Biol Evol, 10(9): 2518-2534.

Gaither MR, Gkafas GA, de Jong M, Sarigol F, Neat F, Regnier T, Moore D, Gröcke DR, Hall N, Liu X, Kenny J, Lucaci A, Hughes M, Haldenby S, Hoelzel AR. 2018. Genomics of habitat choice and adaptive evolution in a deep-sea fish[J]. Nat Ecol Evol, 2(4): 680-687.

Gallant JR, Losilla M, Tomlinson C, Warren WC. 2017. The genome and adult somatic transcriptome of the mormyrid electric fish *Paramormyrops kingsleyae*[J]. Genome Biol Evol, 9(12): 3525-3530.

Gallus S, Kumar V, Bertelsen MF, Janke A, Nilsson MA. 2015. A genome survey sequencing of the Java mouse deer (*Tragulus javanicus*) adds new aspects to the evolution of lineage specific retrotransposons in Ruminantia (Cetartiodactyla)[J]. Gene, 571(2): 271-278.

Gamble T, Castoe TA, Nielsen SV, Banks JL, Card DC, Schield DR, Schuett GW, Booth W. 2017. The discovery of XY sex chromosomes in a boa and python[J]. Curr Biol, 27(14): 2148-2153., e4.

Gan HM, Falk S, Morales HE, Austin CM, Sunnucks P, Pavlova A. 2019b. Genomic evidence of neo-sex chromosomes in the eastern yellow robin[J]. Gigascience, 8(9): giz111.

Gan HM, Tan MH, Austin CM, Sherman CDH, Wong YT, Strugnell J, Gervis M, McPherson L, Miller AD. 2019a. Best foot forward: nanopore long reads, hybrid meta-assembly, and haplotig purging optimizes the first genome assembly for the southern hemisphere blacklip abalone (*Haliotis rubra*)[J]. Front Genet, 10: 889.

Gan L, Zhang H, Tian J, Li X, Long X, Zhang Y, Dai Y, Tian Y. 2018b. *Planococcus salinus* sp. nov., a moderately halophilic bacterium isolated from a saline-alkali soil[J]. Int J Syst Evol Microbiol, 68(Pt 2): 589-595.

Gan L, Zhang Y, Zhang L, Li X, Wang Z, He L, Li Z, Tian Y. 2018a. *Planococcus halotolerans* sp. nov., isolated from a saline soil sample in China[J]. Int J Syst Evol Microbiol, 68(Pt 11): 3500-3505.

Gan X, Hay A, Kwantes M, Haberer G, Hallab A, Ioio RD, Hofhuis H, Pieper B, Cartolano M, Neumann U, Nikolov LA, Song B, Hajheidari M, Briskine R, Kougioumoutzi E, Vlad D, Broholm S, Hein J, Meksem K, Lightfoot D, Shimizu KK, Shimizu-Inatsugi R, Imprialou M, Kudrna D, Wing R, Sato S, Huijser P, Filatov D, Mayer KF, Mott R, Tsiantis M. 2016. The *Cardamine hirsuta* genome offers insight into the evolution of morphological diversity[J]. Nat Plants, 2(11): 16167.

Ganapathy G, Howard JT, Ward JM, Li J, Li B, Li Y, Xiong Y, Zhang Y, Zhou S, Schwartz DC, Schatz M, Aboukhalil R, Fedrigo O, Bukovnik L, Wang T, Wray G, Rasolonjatovo I, Winer R, Knight JR, Koren S, Warren WC, Zhang G, Phillippy AM, Jarvis ED. 2014. High-coverage sequencing and annotated assemblies of the budgerigar genome[J]. Gigascience, 3: 11.

Gao C, Han J, Liu Z, Xu X, Hang F, Wu Z. 2016b. *Paenibacillus bovis* sp. nov., isolated from raw yak (*Bos grunniens*) milk[J]. Int J Syst Evol Microbiol, 66(Pt 3): 1413-1418.

Gao F, Wang X, Li X, Xu M, Li H, Abla M, Sun H, Wei S, Feng J, Zhou Y. 2018c. Long-read sequencing and *de novo* genome assembly of *Ammopiptanthus nanus*, a desert shrub[J]. Gigascience, 7(7): giy074.

Gao G, Xu M, Bai C, Yang Y, Li G, Xu J, Wei Z, Min J, Su G, Zhou X, Guo J, Hao Y, Zhang G, Yang X, Xu X, Widelitz RB, Chuong CM, Zhang C, Yin J, Zuo Y. 2018a. Comparative genomics and transcriptomics of *Chrysolophus* provide insights into the evolution of complex plumage coloration[J]. Gigascience, 7(10): giy113.

Gao G, Zhao X, Li Q, He C, Zhao W, Liu S, Ding J, Ye W, Wang J, Chen Y, Wang H, Li J, Luo Y, Su J, Huang Y, Liu Z, Dai R, Shi Y, Meng H, Wang Q. 2016a. Genome and metagenome analyses reveal adaptive evolution of the host and interaction with the gut microbiota in the goose[J]. Sci Rep, 6: 32961.

Gao J, Li Q, Wang Z, Zhou Y, Martelli P, Li F, Xiong Z, Wang J, Yang H, Zhang G. 2017. Sequencing, *de novo* assembling, and annotating the genome of the endangered Chinese crocodile lizard *Shinisaurus crocodilurus*[J]. Gigascience, 6(7): gix041.

Gao M, Liu ZZ, Zhou YG, Liu HC, Ma YC, Wang L, Chen SF, Ji XC. 2012a. *Gracilibacillus kekensis* sp. nov., a moderate halophile isolated from Keke Salt Lake[J]. Int J Syst Evol Microbiol, 62(Pt 5): 1032-1036.

Gao M, Xie LQ, Wang YX, Chen J, Xu J, Zhang XX, Sui XH, Gao JL, Sun JG. 2012b. *Paenibacillus beijingensis* sp. nov., a novel nitrogen-fixing species isolated from jujube garden soil[J]. Antonie Van Leeuwenhoek, 102(4): 689-694.

Gao Y, Gao Q, Zhang H, Wang L, Zhang F, Yang C, Song L. 2014. Draft sequencing and analysis of the genome of pufferfish *Takifugu flavidus*[J]. DNA Res, 21(6): 627-637.

Gao Y, Wang H, Liu C, Chu H, Dai D, Song S, Yu L, Han L, Fu Y, Tian B, Tang L. 2018b. *De novo* genome assembly of the red silk cotton tree (*Bombax ceiba*)[J]. Gigascience, 7(5): giy051.

Gao Y, Zhang C, Yuan L, Ling Y, Wang X, Liu C, Pan Y, Zhang X, Ma X, Wang Y, Lu Y, Yuan K, Ye W, Qian J, Chang H, Cao R, Yang X, Ma L, Ju Y, Dai L, Tang Y; Han100K Initiative, Zhang G, Xu S. 2020. PGG.Han: the Han Chinese genome database and analysis platform[J]. Nucleic Acids Res, 48(D1): D971-D976.

García MT, Gallego V, Ventosa A, Mellado E. 2005. *Thalassobacillus devorans* gen. nov., sp. nov., a moderately halophilic, phenol-degrading, Gram-positive bacterium[J]. Int J Syst Evol Microbiol, 55(Pt5): 1789-1795.

García-Fraile P, Velázquez E, Mateos PF, Martínez-Molina E, Rivas R. 2008. *Cohnella phaseoli* sp. nov., isolated from root nodules of *Phaseolus coccineus* in Spain, and emended description of the genus *Cohnella*[J]. Int J Syst Evol Microbiol, 58(Pt 8): 1855-1859.

Garcia-Mas J, Benjak A, Sanseverino W, Bourgeois M, Mir G, González VM, Hénaff E, Câmara F, Cozzuto L, Lowy E, Alioto T, Capella-Gutiérrez S, Blanca J, Cañizares J, Ziarsolo P, Gonzalez-Ibeas D, Rodríguez-Moreno L, Droege M, Du L, Alvarez-Tejado M, Lorente-Galdos B, Melé M, Yang L, Weng Y, Navarro A, Marques-Bonet T, Aranda MA, Nuez F, Picó B, Gabaldón T, Roma G, Guigó R, Casacuberta JM, Arús P, Puigdomènech P. 2012. The genome of melon (*Cucumis melo* L.)[J]. Proc Natl Acad Sci USA, 109(29): 11872-11877.

Gardner EM, Johnson MG, Ragone D, Wickett NJ, Zerega NJ. 2016. Low-coverage, whole-genome sequencing of *Artocarpus camansi* (Moraceae) for phylogenetic marker development and gene discovery[J]. Appl Plant Sci, 4(7): apps.1600017.

Gardner RC, Howarth AJ, Hahn P, Brown-Luedi M, Shepherd RJ, Messing J. 1981. The complete nucleotide sequence of an infectious clone of cauliflower mosaic virus by M13mp7 shotgun sequencing[J]. Nucleic Acids Res, 9(12): 2871-2888.

Garrigan D, Kingan SB, Geneva AJ, Andolfatto P, Clark AG, Thornton KR, Presgraves DC. 2012. Genome sequencing reveals complex speciation in the *Drosophila simulans* clade[J]. Genome Res, 22(8): 1499-1511.

Gatson JW, Benz BF, Chandrasekaran C, Satomi M, Venkateswaran K, Hart ME. 2006. *Bacillus tequilensis* sp. nov., isolated from a 2000-year-old Mexican shaft-tomb, is closely related to *Bacillus subtilis*[J]. Int J Syst Evol Microbiol, 56(Pt7): 1475-1484.

Gautier M, Yamaguchi J, Foucaud J, Loiseau A, Ausset A, Facon B, Gschloessl B, Lagnel J, Loire E, Parrinello H, Severac D, Lopez-Roques C, Donnadieu C, Manno M, Berges H, Gharbi K, Lawson-Handley L, Zang LS, Vogel H, Estoup A, Prud'Homme B. 2018. The genomic basis of color pattern polymorphism in the Harlequin ladybird[J]. Curr Biol, 28(20): 3296-3302.e7.

Gayk ZG, Le Duc D, Horn J, Lindsay AR. 2018. Genomic insights into natural selection in the common loon (*Gavia immer*): evidence for aquatic adaptation[J]. BMC Evol Biol, 18(1): 64.

Ge H, Lin K, Shen M, Wu S, Wang Y, Zhang Z, Wang Z, Zhang Y, Huang Z, Zhou C, Lin Q, Wu J, Liu L, Hu J, Huang Z, Zheng L. 2019. *De novo* assembly of a chromosome-level reference genome of red-spotted grouper (*Epinephelus akaara*) using nanopore sequencing and Hi-C[J]. Mol Ecol Resour, 19(6): 1461-1469.

Ge RL, Cai Q, Shen YY, San A, Ma L, Zhang Y, Yi X, Chen Y, Yang L, Huang Y, He R, Hui Y, Hao M, Li Y, Wang B, Ou X, Xu J, Zhang Y, Wu K, Geng C, Zhou W, Zhou T, Irwin DM, Yang Y, Ying L, Bao H, Kim J, Larkin DM, Ma J, Lewin HA, Xing J, Platt RN Ⅱ, Ray DA, Auvil L, Capitanu B, Zhang X, Zhang G, Murphy RW, Wang J, Zhang YP, Wang J. 2013. Draft genome sequence of the Tibetan antelope[J]. Nat Commun, 4: 1858.

Gehrke AR, Neverett E, Luo YJ, Brandt A, Ricci L, Hulett RE, Gompers A, Ruby JG, Rokhsar DS, Reddien PW, Srivastava M. 2019. Acoel genome reveals the regulatory landscape of whole-body regeneration[J]. Science, 363(6432): eaau6173.

Geib SM, Liang GH, Murphy TD, Sim SB. 2017. Whole genome sequencing of the braconid parasitoid wasp *Fopius arisanus*, an important biocontrol agent of pest tepritid fruit flies[J]. G3 (Bethesda), 7(8): 2407-2411.

Geihs M, Yan Y, Walter K, Huang J, Memari Y, Min JL, Mead D, UK10K Consortium, Hubbard TJ, Timpson NJ, Down TA, Soranzo N. 2015. An interactive genome browser of association results from the UK10K cohorts project[J]. Bioinformatics, 31(24): 4029-4031.

Genome 10K Community of Scientists. 2009. Genome 10K: a proposal to obtain whole-genome sequence for 10,000 vertebrate species[J]. J Hered, 100(6): 659-674.

GenomeAsia 100K Consortium. 2019. The GenomeAsia 100K Project enables genetic discoveries across Asia[J]. Nature, 576(7785): 106-111.

Gerdes K, Christensen SK, Løbner-Olesen A. 2005. Prokaryotic toxin-antitoxin stress response loci[J]. Nat Rev Microbiol, 3(5): 371-382.

Gevers D, Cohan FM, Lawrence JG, Spratt BG, Coenye T, Feil EJ, Stackebrandt E, Van de Peer Y, Vandamme P, Thompson FL, Swings J. 2005. Re-evaluating prokaryotic species[J]. Nat Rev Microbiol, 3(9): 733-739.

Gevers D, Knight R, Petrosino JF, Huang K, McGuire AL, Birren BW, Nelson KE, White O, Methé BA, Huttenhower C. 2012. The Human Microbiome Project: a community resource for the healthy human microbiome[J]. PLoS Biol, 10(8): e1001377.

Ghedin E, Wang S, Spiro D, Caler E, Zhao Q, Crabtree J, Allen JE, Delcher AL, Guiliano DB, Miranda-Saavedra D, Angiuoli SV, Creasy T, Amedeo P, Haas B, El-Sayed NM, Wortman JR, Feldblyum T, Tallon L, Schatz M, Shumway M, Koo H, Salzberg SL, Schobel S, Pertea M, Pop M, White O, Barton GJ, Carlow CK, Crawford MJ, Daub J, Dimmic MW, Estes CF, Foster JM, Ganatra M, Gregory WF, Johnson NM, Jin J, Komuniecki R, Korf I, Kumar S, Laney S, Li BW, Li W, Lindblom TH, Lustigman S, Ma D, Maina CV, Martin DM, McCarter JP, McReynolds L, Mitreva M, Nutman TB, Parkinson J, Peregrín-Alvarez JM, Poole C, Ren Q, Saunders L, Sluder AE, Smith K, Stanke M, Unnasch TR, Ware J, Wei AD, Weil G, Williams DJ, Zhang Y, Williams SA, Fraser-Liggett C, Slatko B, Blaxter ML, Scott AL. 2007. Draft genome of the filarial nematode parasite *Brugia malayi*[J]. Science, 317(5845): 1756-1760.

Ghosh A, Bhardwaj M, Satyanarayana T, Khurana M, Mayilraj S, Jain RK. 2007. *Bacillus lehensis* sp. nov., an alkalitolerant bacterium isolated from soil[J]. Int J Syst Evol Microbiol, 57(Pt 2): 238-242.

Ghosh A, Johnson MG, Osmanski AB, Louha S, Bayona-Vásquez NJ, Glenn TC, Gongora J, Green RE, Isberg S, Stevens RD, Ray DA. 2020. A high-quality reference genome assembly of the saltwater crocodile, *Crocodylus porosus*, reveals patterns of selection in Crocodylidae[J]. Genome Biol Evol, 12(1): 3635-3646.

Ghosh K, Ghosh HP, Simsek M, Raj Bhandary UL. 1974. Initiator methionine transfer ribonucleic acid from wheat embryo. Purification, properties, and partial nucleotide sequences[J]. J Biol Chem, 249(15): 4720-4729.

Gibbs RA, Weinstock GM, Metzker ML, Muzny DM, Sodergren EJ, Scherer S, Scott G, Steffen D, Worley KC, Burch PE, Okwuonu G, Hines S, Lewis L, DeRamo C, Delgado O, Dugan-Rocha S, Miner G, Morgan M, Hawes A, Gill R, Celera, Holt RA, Adams MD, Amanatides PG, Baden-Tillson H, Barnstead M, Chin S, Evans CA, Ferriera S, Fosler C, Glodek A, Gu Z, Jennings D, Kraft CL, Nguyen T, Pfannkoch CM, Sitter C, Sutton GG, Venter JC, Woodage T, Smith D, Lee HM, Gustafson E, Cahill P, Kana A, Doucette-Stamm L, Weinstock K, Fechtel K, Weiss RB, Dunn DM, Green ED, Blakesley RW, Bouffard GG, De Jong PJ, Osoegawa K, Zhu B, Marra M, Schein J, Bosdet I, Fjell C, Jones S, Krzywinski M, Mathewson C, Siddiqui A, Wye N, McPherson J, Zhao S, Fraser CM, Shetty J, Shatsman S, Geer K, Chen Y, Abramzon S, Nierman WC, Havlak PH, Chen R, Durbin KJ, Egan A, Ren Y, Song XZ, Li B, Liu Y, Qin X, Cawley S, Worley KC, Cooney AJ, D'Souza LM, Martin K, Wu JQ, Gonzalez-Garay ML, Jackson AR, Kalafus KJ, McLeod MP, Milosavljevic A, Virk D, Volkov A, Wheeler DA, Zhang Z, Bailey JA, Eichler EE, Tuzun E, Birney E, Mongin E, Ureta-Vidal A, Woodwark C, Zdobnov E, Bork P, Suyama M, Torrents D, Alexandersson M, Trask BJ, Young JM, Huang H, Wang H, Xing H, Daniels S, Gietzen D, Schmidt J, Stevens K, Vitt U, Wingrove J, Camara F, Mar Albà M, Abril JF, Guigo R, Smit A, Dubchak I, Rubin EM, Couronne O, Poliakov A, Hübner N, Ganten D, Goesele C, Hummel O, Kreitler T, Lee YA, Monti J, Schulz H, Zimdahl H, Himmelbauer H, Lehrach H, Jacob HJ, Bromberg S, Gullings-Handley J, Jensen-Seaman MI, Kwitek AE, Lazar J, Pasko D, Tonellato PJ,

Twigger S, Ponting CP, Duarte JM, Rice S, Goodstadt L, Beatson SA, Emes RD, Winter EE, Webber C, Brandt P, Nyakatura G, Adetobi M, Chiaromonte F, Elnitski L, Eswara P, Hardison RC, Hou M, Kolbe D, Makova K, Miller W, Nekrutenko A, Riemer C, Schwartz S, Taylor J, Yang S, Zhang Y, Lindpaintner K, Andrews TD, Caccamo M, Clamp M, Clarke L, Curwen V, Durbin R, Eyras E, Searle SM, Cooper GM, Batzoglou S, Brudno M, Sidow A, Stone EA, Venter JC, Payseur BA, Bourque G, López-Otín C, Puente XS, Chakrabarti K, Chatterji S, Dewey C, Pachter L, Bray N, Yap VB, Caspi A, Tesler G, Pevzner PA, Haussler D, Roskin KM, Baertsch R, Clawson H, Furey TS, Hinrichs AS, Karolchik D, Kent WJ, Rosenbloom KR, Trumbower H, Weirauch M, Cooper DN, Stenson PD, Ma B, Brent M, Arumugam M, Shteynberg D, Copley RR, Taylor MS, Riethman H, Mudunuri U, Peterson J, Guyer M, Felsenfeld A, Old S, Mockrin S, Collins F; Rat Genome Sequencing Project Consortium. 2004. Genome sequence of the Brown Norway rat yields insights into mammalian evolution[J]. Nature, 428(6982): 493-521.

Gichuhi E, Himi E, Takahashi H, Zhu S, Doi K, Tsugane K, Maekawa M. 2016. Identification of QTLs for yield-related traits in RILs derived from the cross between pLIA-1 carrying *Oryza longistaminata* chromosome segments and Norin 18 in rice[J]. Breed Sci, 66(5): 720-733.

GIGA Community of Scientists, Bracken-Grissom H, Collins AG, Collins T, Crandall K, Distel D, Dunn C, Giribet G, Haddock S, Knowlton N, Martindale M, Medina M, Messing C, O'Brien SJ, Paulay G, Putnam N, Ravasi T, Rouse GW, Ryan JF, Schulze A, Wörheide G, Adamska M, Bailly X, Breinholt J, Browne WE, Diaz MC, Evans N, Flot JF, Fogarty N, Johnston M, Kamel B, Kawahara AY, Laberge T, Lavrov D, Michonneau F, Moroz LL, Oakley T, Osborne K, Pomponi SA, Rhodes A, Santos SR, Satoh N, Thacker RW, Van de Peer Y, Voolstra CR, Welch DM, Winston J, Zhou X. 2014. The Global Invertebrate Genomics Alliance (GIGA): developing community resources to study diverse invertebrate genomes[J]. J Hered, 105(1): 1-18.

Gilbert JA, Jansson JK, Knight R. 2014. The Earth Microbiome Project: successes and aspirations[J]. BMC Biol, 12: 69.

Gilbert JA, Meyer F, Antonopoulos D, Balaji P, Brown CT, Brown CT, Desai N, Eisen JA, Evers D, Field D, Feng W, Huson D, Jansson J, Knight R, Knight J, Kolker E, Konstantindis K, Kostka J, Kyrpides N, Mackelprang R, McHardy A, Quince C, Raes J, Sczyrba A, Shade A, Stevens R. 2010. Meeting report: the terabase metagenomics workshop and the vision of an Earth microbiome project[J]. Stand Genomic Sci, 3(3): 243-248.

Gilbert W, Maxam A. 1973. The nucleotide sequence of the lac operator[J]. Proc Natl Acad Sci USA, 70(12): 3581-3584.

Gilchrist AS, Shearman DC, Frommer M, Raphael KA, Deshpande NP, Wilkins MR, Sherwin WB, Sved JA. 2014. The draft genome of the pest tephritid fruit fly *Bactrocera tryoni*: resources for the genomic analysis of hybridising species[J]. BMC Genomics, 15(1): 1153.

Girollet N, Rubio B, Lopez-Roques C, Valière S, Ollat N, Bert PF. 2019. *De novo* phased assembly of the *Vitis riparia* grape genome[J]. Sci Data, 6(1): 127.

Giuffra E, Tuggle CK; FAANG Consortium. 2019. Functional Annotation of Animal Genomes (FAANG): current achievements and roadmap[J]. Annu Rev Anim Biosci, 7: 65-88.

Glaeser SP, Dott W, Busse HJ, Kämpfer P. 2013. *Fictibacillus phosphorivorans* gen. nov., sp. nov. and proposal to reclassify *Bacillus arsenicus*, *Bacillus barbaricus*, *Bacillus macauensis*, *Bacillus nanhaiensis*, *Bacillus rigui*, *Bacillus solisalsi* and *Bacillus gelatini* in the genus *Fictibacillus*[J]. Int J Syst Evol Microbiol, 63(Pt 8): 2936-2944.

Glaeser SP, McInroy JA, Busse HJ, Kämpfer P. 2014. *Pseudogracilibacillus auburnensis* gen. nov., sp. nov., isolated from the rhizosphere of *Zea mays*[J]. Int J Syst Evol Microbiol, 64(Pt 7): 2442-2448.

Glazunova OO, Raoult D, Roux V. 2006. *Bacillus massiliensis* sp. nov., isolated from cerebrospinal fluid[J]. Int J Syst Evol Microbiol, 56(Pt 7): 1485-1488.

Glöckner G, Hülsmann N, Schleicher M, Noegel AA, Eichinger L, Gallinger C, Pawlowski J, Sierra R, Euteneuer U, Pillet L, Moustafa A, Platzer M, Groth M, Szafranski K, Schliwa M. 2014. The genome of the foraminiferan *Reticulomyxa filosa*[J]. Curr Biol, 24(1): 11-18.

Godel C, Kumar S, Koutsovoulos G, Ludin P, Nilsson D, Comandatore F, Wrobel N, Thompson M, Schmid CD, Goto S, Bringaud F, Wolstenholme A, Bandi C, Epe C, Kaminsky R, Blaxter M, Mäser P. 2012. The genome of the heartworm, *Dirofilaria immitis*, reveals drug and vaccine targets[J]. FASEB J, 26(11): 4650-4661.

Goff SA, Ricke D, Lan TH, Presting G, Wang R, Dunn M, Glazebrook J, Sessions A, Oeller P, Varma H, Hadley D, Hutchison D, Martin C, Katagiri F, Lange BM, Moughamer T, Xia Y, Budworth P, Zhong J, Miguel T, Paszkowski U, Zhang S, Colbert M, Sun WL, Chen L, Cooper B, Park S, Wood TC, Mao L, Quail P, Wing R, Dean R, Yu Y, Zharkikh A, Shen R, Sahasrabudhe S, Thomas A, Cannings R, Gutin A, Pruss D, Reid J, Tavtigian S, Mitchell J, Eldredge G, Scholl T, Miller RM, Bhatnagar S, Adey N, Rubano T, Tusneem N, Robinson R, Feldhaus J, Macalma T, Oliphant A, Briggs S. 2002. A draft sequence of the rice genome (*Oryza sativa* L. ssp. *japonica*)[J]. Science, 296(5565): 92-100.

Goffeau A, Barrell BG, Bussey H, Davis RW, Dujon B, Feldmann H, Galibert F, Hoheisel JD, Jacq C, Johnston M, Louis EJ, Mewes HW, Murakami Y, Philippsen P, Tettelin H, Oliver SG. 1996. Life with 6000 genes[J]. Science, 274(5287): 546, 563-567.

Gold DA, Katsuki T, Li Y, Yan X, Regulski M, Ibberson D, Holstein T, Steele RE, Jacobs DK, Greenspan RJ. 2019. The genome of the jellyfish *Aurelia* and the evolution of animal complexity[J]. Nat Ecol Evol, 3(1): 96-104.

Goldfarb T, Sberro H, Weinstock E, Cohen O, Doron S, Charpak-Amikam Y, Afik S, Ofir G, Sorek R. 2015. BREX is a novel phage resistance system widespread in microbial genomes[J]. EMBO J, 34(2): 169-183.

Golovacheva RS, Karavaĭko GI. 1978. *Sulfobacillus*, a new genus of thermophilic sporulating bacteria[J]. Mikrobiologiia, 47(5): 815-822. (in Russian)

Golovacheva RS, Loginova LG, Salikhov TA, Kolesnikov AA, Zaitzeva GN. 1975. A new thermophilic species *Bacillus thermocatenulatus* nov. sp.[J]. Mikrobiologiya, 44: 265-268. (in Russian)

Gomila M, Peña A, Mulet M, Lalucat J, García-Valdés E. 2015. Phylogenomics and systematics in *Pseudomonas*[J]. Front Microbiol, 6: 214.

Gong G, Dan C, Xiao S, Guo W, Huang P, Xiong Y, Wu J, He Y, Zhang J, Li X, Chen N, Gui JF, Mei J. 2018. Chromosomal-level assembly of yellow catfish genome using third-generation DNA sequencing and Hi-C analysis[J]. Gigascience, 7(11): giy120.

Gong L, Fan G, Ren Y, Chen Y, Qiu Q, Liu L, Qin Y, Liu B, Jiang L, Li H, Zeng Y, Gao Q, Zhang C, Wang Z, Jiang H, Tian J, Zhang H, Liu X, Xu X, Wang W, Lü Z, Li Y. 2019. Chromosomal level reference genome of *Tachypleus tridentatus* provides insights into evolution and adaptation of horseshoe crabs[J]. Mol Ecol Resour, 19(3): 746-756.

Gonzalez JM, C Saiz-Jimenez. 2002. A fluorimetric method for the estimation of G+C mol% content in microorganisms by thermal denaturation temperature[J]. Environ Microbiol, 4(11): 770-773.

González-de la Fuente S, Camacho E, Peiró-Pastor R, Rastrojo A, Carrasco-Ramiro F, Aguado B, Requena JM. 2018. Complete and *de novo* assembly of the *Leishmania braziliensis* (M2904) genome[J]. Mem Inst Oswaldo Cruz, 114: e180438.

Gonzalez-Esquer CR, Twary SN, Hovde BT, Starkenburg SR. 2018. Nuclear, chloroplast, and mitochondrial genome sequences of the prospective microalgal biofuel strain *Picochlorum soloecismus*[J]. Genome Announc, 6(4): e01498-17.

Goodwin S, McPherson JD, McCombie WR. 2016. Coming of age: ten years of next-generation sequencing technologies[J]. Nat Rev Genet, 17(6): 333-351.

Goris J, Konstantinidis KT, Klappenbach JA, Coenye T, Vandamme P, Tiedje JM. 2007. DNA-DNA hybridization values and their relationship to whole-genome sequence similarities[J]. Int J Syst Evol Microbiol, 57(Pt 1): 81-91.

Goto K, Matsubara H, Mochida K, Matsumura T, Hara Y, Niwa M, Yamasato K. 2002. *Alicyclobacillus herbarius* sp. nov., a novel bacterium containing omega-cycloheptane fatty acids, isolated from herbal tea[J]. Int J Syst Evol Microbiol, 52(Pt 1): 109-113.

Goto K, Mochida K, Asahara M, Suzuki M, Kasai H, Yokota A. 2003. *Alicyclobacillus pomorum* sp. nov., a novel thermo-acidophilic, endospore-forming bacterium that does not possess omega-alicyclic fatty acids, and emended description of the genus *Alicyclobacillus*[J]. Int J Syst Evol Microbiol, 53(Pt 5): 1537-1544.

Goto K, Mochida K, Kato Y, Asahara M, Fujita R, An SY, Kasai H, Yokota A. 2007. Proposal of six species of moderately thermophilic, acidophilic, endospore-forming bacteria: *Alicyclobacillus contaminans* sp. nov., *Alicyclobacillus fastidiosus* sp. nov., *Alicyclobacillus kakegawensis* sp. nov., *Alicyclobacillus macrosporangiidus* sp. nov., *Alicyclobacillus sacchari* sp. nov. and *Alicyclobacillus shizuokensis* sp. nov.[J]. Int J Syst Evol Microbiol, 57(Pt 6): 1276-1285.

Gouin A, Bretaudeau A, Nam K, Gimenez S, Aury JM, Duvic B, Hilliou F, Durand N, Montagné N, Darboux I, Kuwar S, Chertemps T, Siaussat D, Bretschneider A, Moné Y, Ahn SJ, Hänniger S, Grenet AG, Neunemann D, Maumus F, Luyten I, Labadie K, Xu W, Koutroumpa F, Escoubas JM, Llopis A, Maïbèche-Coisne M, Salasc F, Tomar A, Anderson AR, Khan SA, Dumas P, Orsucci M, Guy J, Belser C, Alberti A, Noel B, Couloux A, Mercier J, Nidelet S, Dubois E, Liu NY, Boulogne I, Mirabeau O, Le Goff G, Gordon K, Oakeshott J, Consoli FL, Volkoff AN, Fescemyer HW, Marden JH, Luthe DS, Herrero S, Heckel DG, Wincker P, Kergoat GJ, Amselem J, Quesneville H, Groot AT, Jacquin-Joly E, Nègre N, Lemaitre C, Legeai F, d'Alençon E, Fournier P. 2017. Two genomes of highly polyphagous lepidopteran pests (*Spodoptera frugiperda*, Noctuidae) with different host-plant ranges[J]. Sci Rep, 7(1): 11816.

Grady EN, MacDonald J, Liu L, Richman A, Yuan ZC. 2016. Current knowledge and perspectives of *Paenibacillus*: a review[J]. Microb Cell Fact, 15(1): 203.

Grage K, McDermott P, Rehm BHA. 2017. Engineering *Bacillus megaterium* for production of functional intracellular materials[J]. Microb Cell Fact, 16(1): 211.

Gramazio P, Yan H, Hasing T, Vilanova S, Prohens J, Bombarely A. 2019. Whole-genome resequencing of seven eggplant (*Solanum melongena*) and one wild relative (*S. incanum*) accessions provides new insights and breeding tools for eggplant enhancement[J]. Front Plant Sci, 10: 1220.

Gray MW, Burger G, Derelle R, Klimeš V, Leger MM, Sarrasin M, Vlček Č, Roger AJ, Eliáš M, Lang BF. 2020. The draft nuclear genome sequence and predicted mitochondrial proteome of *Andalucia godoyi*, a protist with the most gene-rich and bacteria-like mitochondrial genome[J]. BMC Biol, 18(1): 22.

Grbić M, Van Leeuwen T, Clark RM, Rombauts S, Rouzé P, Grbić V, Osborne EJ, Dermauw W, Ngoc PC, Ortego F, Hernández-Crespo P, Diaz I, Martinez M, Navajas M, Sucena É, Magalhães S, Nagy L, Pace RM, Djuranović S, Smagghe G, Iga M, Christiaens O, Veenstra JA, Ewer J, Villalobos RM, Hutter JL, Hudson SD, Velez M, Yi SV, Zeng J, Pires-da Silva A, Roch F, Cazaux M, Navarro M, Zhurov V, Acevedo G, Bjelica A, Fawcett JA, Bonnet E, Martens C, Baele G, Wissler L, Sanchez-Rodriguez A, Tirry L, Blais C, Demeestere K, Henz SR, Gregory TR, Mathieu J, Verdon L, Farinelli L, Schmutz J, Lindquist E, Feyereisen R, Van de Peer Y. 2011. The genome of *Tetranychus urticae* reveals herbivorous pest adaptations[J]. Nature, 479(7374): 487-492.

Green RE, Braun EL, Armstrong J, Earl D, Nguyen N, Hickey G, Vandewege MW, St John JA, Capella-Gutiérrez S, Castoe TA, Kern C, Fujita MK, Opazo JC, Jurka J, Kojima KK, Caballero J, Hubley RM, Smit AF, Platt RN, Lavoie CA, Ramakodi MP, Finger JW Jr, Suh A, Isberg SR, Miles L, Chong AY, Jaratlerdsiri W, Gongora J, Moran C, Iriarte A, McCormack J, Burgess SC, Edwards SV, Lyons E, Williams C, Breen M, Howard JT, Gresham CR, Peterson DG, Schmitz J, Pollock DD, Haussler D, Triplett EW, Zhang G, Irie N, Jarvis ED, Brochu CA, Schmidt CJ, McCarthy FM, Faircloth BC, Hoffmann FG, Glenn TC, Gabaldón T, Paten B, Ray DA. 2014. Three crocodilian genomes reveal ancestral patterns of evolution among archosaurs[J]. Science, 346(6215): 1254449.

Gregory SG, Barlow KF, McLay KE, Kaul R, Swarbreck D, Dunham A, Scott CE, Howe KL, Woodfine K, Spencer CC, Jones MC, Gillson C, Searle S, Zhou Y, Kokocinski F, McDonald L, Evans R, Phillips K, Atkinson A, Cooper R, Jones C, Hall RE, Andrews TD, Lloyd C, Ainscough R, Almeida JP, Ambrose KD, Anderson F, Andrew RW, Ashwell RI, Aubin K, Babbage AK, Bagguley CL, Bailey J, Beasley H, Bethel G, Bird CP, Bray-Allen S, Brown JY, Brown AJ, Buckley D, Burton J, Bye J, Carder C, Chapman JC, Clark SY, Clarke G, Clee C, Cobley V, Collier RE, Corby N, Coville GJ, Davies J, Deadman R,

Dunn M, Earthrowl M, Ellington AG, Errington H, Frankish A, Frankland J, French L, Garner P, Garnett J, Gay L, Ghori MR, Gibson R, Gilby LM, Gillett W, Glithero RJ, Grafham DV, Griffiths C, Griffiths-Jones S, Grocock R, Hammond S, Harrison ES, Hart E, Haugen E, Heath PD, Holmes S, Holt K, Howden PJ, Hunt AR, Hunt SE, Hunter G, Isherwood J, James R, Johnson C, Johnson D, Joy A, Kay M, Kershaw JK, Kibukawa M, Kimberley AM, King A, Knights AJ, Lad H, Laird G, Lawlor S, Leongamornlert DA, Lloyd DM, Loveland J, Lovell J, Lush MJ, Lyne R, Martin S, Mashreghi-Mohammadi M, Matthews L, Matthews NS, McLaren S, Milne S, Mistry S, Moore MJ, Nickerson T, O'Dell CN, Oliver K, Palmeiri A, Palmer SA, Parker A, Patel D, Pearce AV, Peck AI, Pelan S, Phelps K, Phillimore BJ, Plumb R, Rajan J, Raymond C, Rouse G, Saenphimmachak C, Sehra HK, Sheridan E, Shownkeen R, Sims S, Skuce CD, Smith M, Steward C, Subramanian S, Sycamore N, Tracey A, Tromans A, Van Helmond Z, Wall M, Wallis JM, White S, Whitehead SL, Wilkinson JE, Willey DL, Williams H, Wilming L, Wray PW, Wu Z, Coulson A, Vaudin M, Sulston JE, Durbin R, Hubbard T, Wooster R, Dunham I, Carter NP, McVean G, Ross MT, Harrow J, Olson MV, Beck S, Rogers J, Bentley DR, Banerjee R, Bryant SP, Burford DC, Burrill WD, Clegg SM, Dhami P, Dovey O, Faulkner LM, Gribble SM, Langford CF, Pandian RD, Porter KM, Prigmore E. 2006. The DNA sequence and biological annotation of human chromosome 1[J]. Nature, 441(7091): 315-321.

Griesmann M, Chang Y, Liu X, Song Y, Haberer G, Crook MB, Billault-Penneteau B, Lauressergues D, Keller J, Imanishi L, Roswanjaya YP, Kohlen W, Pujic P, Battenberg K, Alloisio N, Liang Y, Hilhorst H, Salgado MG, Hocher V, Gherbi H, Svistoonoff S, Doyle JJ, He S, Xu Y, Xu S, Qu J, Gao Q, Fang X, Fu Y, Normand P, Berry AM, Wall LG, Ané JM, Pawlowski K, Xu X, Yang H, Spannagl M, Mayer KFX, Wong GK, Parniske M, Delaux PM, Cheng S. 2018. Phylogenomics reveals multiple losses of nitrogen-fixing root nodule symbiosis[J]. Science, 361(6398): eaat1743.

Grigoriev IV, Cullen D, Goodwin SB, Hibbett D, Jeffries TW, Kubicek CP, Kuske C, Magnuson JK, Martin F, Spatafora JW, Tsang A, Baker SE. 2011. Fueling the future with fungal genomics[J]. Mycology, 2(3): 192-209.

Grigoriev IV, Nikitin R, Haridas S, Kuo A, Ohm R, Otillar R, Riley R, Salamov A, Zhao X, Korzeniewski F, Smirnova T, Nordberg H, Dubchak I, Shabalov I. 2014. MycoCosm portal: gearing up for 1000 fungal genomes[J]. Nucleic Acids Res, 42(1): D699-D704.

Groenen MA, Archibald AL, Uenishi H, Tuggle CK, Takeuchi Y, Rothschild MF, Rogel-Gaillard C, Park C, Milan D, Megens HJ, Li S, Larkin DM, Kim H, Frantz LA, Caccamo M, Ahn H, Aken BL, Anselmo A, Anthon C, Auvil L, Badaoui B, Beattie CW, Bendixen C, Berman D, Blecha F, Blomberg J, Bolund L, Bosse M, Botti S, Bujie Z, Bystrom M, Capitanu B, Carvalho-Silva D, Chardon P, Chen C, Cheng R, Choi SH, Chow W, Clark RC, Clee C, Crooijmans RP, Dawson HD, Dehais P, De Sapio F, Dibbits B, Drou N, Du ZQ, Eversole K, Fadista J, Fairley S, Faraut T, Faulkner GJ, Fowler KE, Fredholm M, Fritz E, Gilbert JG, Giuffra E, Gorodkin J, Griffin DK, Harrow JL, Hayward A, Howe K, Hu ZL, Humphray SJ, Hunt T, Hornshøj H, Jeon JT, Jern P, Jones M, Jurka J, Kanamori H, Kapetanovic R, Kim J, Kim JH, Kim KW, Kim TH, Larson G, Lee K, Lee KT, Leggett R, Lewin HA, Li Y, Liu W, Loveland JE, Lu Y, Lunney JK, Ma J, Madsen O, Mann K, Matthews L, McLaren S, Morozumi T, Murtaugh MP, Narayan J, Nguyen DT, Ni P, Oh SJ, Onteru S, Panitz F, Park EW, Park HS, Pascal G, Paudel Y, Perez-Enciso M, Ramirez-Gonzalez R, Reecy JM, Rodriguez-Zas S, Rohrer GA, Rund L, Sang Y, Schachtschneider K, Schraiber JG, Schwartz J, Scobie L, Scott C, Searle S, Servin B, Southey BR, Sperber G, Stadler P, Sweedler JV, Tafer H, Thomsen B, Wali R, Wang J, Wang J, White S, Xu X, Yerle M, Zhang G, Zhang J, Zhang J, Zhao S, Rogers J, Churcher C, Schook LB. 2012. Analyses of pig genomes provide insight into porcine demography and evolution[J]. Nature, 491(7424): 393-398.

Grohme MA, Schloissnig S, Rozanski A, Pippel M, Young GR, Winkler S, Brandl H, Henry I, Dahl A, Powell S, Hiller M, Myers E, Rink JC. 2018. The genome of *Schmidtea mediterranea* and the evolution of core cellular mechanisms[J]. Nature, 554(7690): 56-61.

Grover CE, Pan M, Yuan D, Arick MA, Hu G, Brase L, Stelly DM, Lu Z, Schmitz RJ, Peterson DG, Wendel JF, Udall JA. 2020. The *Gossypium longicalyx* genome as a resource for cotton breeding and evolution[J]. G3 (Bethesda), 10(5): 1457-1467.

Gschloessl B, Dorkeld F, Audiot P, Bretaudeau A, Kerdelhué C, Streiff R. 2018a. *De novo* genome and transcriptome resources of the Adzuki bean borer *Ostrinia scapulalis* (Lepidoptera: Crambidae)[J]. Data Brief, 17: 781-787.

Gschloessl B, Dorkeld F, Berges H, Beydon G, Bouchez O, Branco M, Bretaudeau A, Burban C, Dubois E, Gauthier P, Lhuillier E, Nichols J, Nidelet S, Rocha S, Sauné L, Streiff R, Gautier M, Kerdelhué C. 2018b. Draft genome and reference transcriptomic resources for the urticating pine defoliator *Thaumetopoea pityocampa* (Lepidoptera: Notodontidae)[J]. Mol Ecol Resour, 18(3): 602-619.

Gu XL, Song ZH, Li H, Wu S, Wu SS, Ding YN, He X, Yin YL, Fan ZY. 2019. Effects of dietary isomaltooligosaccharide and *Bacillus* spp. supplementation during perinatal period on lactational performance, blood metabolites, and milk composition of sows[J]. J Sci Food Agric, 99(13): 5646-5653.

Guan DL, Hao XQ, Mi D, Peng J, Li Y, Xie JY, Huang H, Xu SQ. 2020b. Draft genome of a blister beetle *Mylabris aulica*[J]. Front Genet, 10: 1281.

Guan DL, Yang J, Liu YK, Li Y, Mi D, Ma LB, Wang ZZ, Xu SQ, Qiu Q. 2020a. Draft genome of the asian buffalo leech *Hirudinaria manillensis*[J]. Front Genet, 10: 1321.

Guan R, Zhao Y, Zhang H, Fan G, Liu X, Zhou W, Shi C, Wang J, Liu W, Liang X, Fu Y, Ma K, Zhao L, Zhang F, Lu Z, Lee SM, Xu X, Wang J, Yang H, Fu C, Ge S, Chen W. 2016. Draft genome of the living fossil *Ginkgo biloba*[J]. Gigascience, 5(1): 49.

Guinebretière MH, Auger S, Galleron N, Contzen M, De Sarrau B, De Buyser ML, Lamberet G, Fagerlund A, Granum PE, Lereclus D, De Vos P, Nguyen-The C, Sorokin A. 2013. *Bacillus cytotoxicus* sp. nov. is a novel thermotolerant species of the *Bacillus cereus* Group occasionally associated with food poisoning[J]. Int J Syst Evol Microbiol, 63(Pt 1): 31-40.

Guisado IM, Purswani J, González-López J, Pozo C. 2016. *Paenibacillus etheri* sp. nov., able to grow on media supplemented with methyl tert-butyl ether (MTBE) and isolated from hydrocarbon-contaminated soil[J]. Int J Syst Evol Microbiol, 66(Pt 2): 862-867.

Gulia-Nuss M, Nuss AB, Meyer JM, Sonenshine DE, Roe RM, Waterhouse RM, Sattelle DB, de la Fuente J, Ribeiro JM, Megy K, Thimmapuram J, Miller JR, Walenz BP, Koren S, Hostetler JB, Thiagarajan M, Joardar VS, Hannick LI, Bidwell S, Hammond MP, Young S, Zeng Q, Abrudan JL, Almeida FC, Ayllón N, Bhide K, Bissinger BW, Bonzon-Kulichenko E, Buckingham SD, Caffrey DR, Caimano MJ, Croset V, Driscoll T, Gilbert D, Gillespie JJ, Giraldo-Calderón GI, Grabowski JM, Jiang D, Khalil SMS, Kim D, Kocan KM, Koči J, Kuhn RJ, Kurtti TJ, Lees K, Lang EG, Kennedy RC, Kwon H, Perera R, Qi Y, Radolf JD, Sakamoto JM, Sánchez-Gracia A, Severo MS, Silverman N, Šimo L, Tojo M, Tornador C, Van Zee JP, Vázquez J, Vieira FG, Villar M, Wespiser AR, Yang Y, Zhu J, Arensburger P, Pietrantonio PV, Barker SC, Shao R, Zdobnov EM, Hauser F, Grimmelikhuijzen CJP, Park Y, Rozas J, Benton R, Pedra JHF, Nelson DR, Unger MF, Tubio JMC, Tu Z, Robertson HM, Shumway M, Sutton G, Wortman JR, Lawson D, Wikel SK, Nene VM, Fraser CM, Collins FH, Birren B, Nelson KE, Caler E, Hill CA. 2016. Genomic insights into the *Ixodes scapularis* tick vector of Lyme disease[J]. Nat Commun, 7: 10507.

Guo C, Wang Y, Yang A, He J, Xiao C, Lv S, Han F, Yuan Y, Yuan Y, Dong X, Guo J, Yang Y, Liu H, Zuo N, Hu Y, Zhao K, Jiang Z, Wang X, Jiang T, Shen Y, Cao M, Wang Y, Long Z, Rong T, Huang L, Zhou S. 2019c. The *Coix* genome provides insights into Panicoideae evolution and papery hull domestication[J]. Mol Plant, 13(2): 309-320.

Guo L, Liang S, Zhang Z, Liu H, Wang S, Pan K, Xu J, Ren X, Pei S, Yang G. 2019d. Genome assembly of *Nannochloropsis oceanica* provides evidence of host nucleus overthrow by the symbiont nucleus during speciation[J]. Commun Biol, 2: 249.

Guo L, Qiu J, Han Z, Ye Z, Chen C, Liu C, Xin X, Ye CY, Wang YY, Xie H, Wang Y, Bao J, Tang S, Xu J, Gui Y, Fu F, Wang W, Zhang X, Zhu Q, Guang X, Wang C, Cui H, Cai D, Ge S, Tuskan GA, Yang X, Qian Q, He SY, Wang J, Zhou XP, Fan L. 2015. A host plant genome (*Zizania latifolia*) after a century-long endophyte infection[J]. Plant J, 83(4): 600-609.

Guo L, Qiu J, Ye C, Jin G, Mao L, Zhang H, Yang X, Peng Q, Wang Y, Jia L, Lin Z, Li G, Fu F, Liu C, Chen L, Shen E, Wang W, Chu Q, Wu D, Wu S, Xia C, Zhang Y, Zhou X, Wang L, Wu L, Song W, Wang Y,

Shu Q, Aoki D, Yumoto E, Yokota T, Miyamoto K, Okada K, Kim DS, Cai D, Zhang C, Lou Y, Qian Q, Yamaguchi H, Yamane H, Kong CH, Timko MP, Bai L, Fan L. 2017a. *Echinochloa crus-galli* genome analysis provides insight into its adaptation and invasiveness as a weed[J]. Nat Commun, 8(1): 1031.

Guo L, Winzer T, Yang X, Li Y, Ning Z, He Z, Teodor R, Lu Y, Bowser TA, Graham IA, Ye K. 2018a. The opium poppy genome and morphinan production[J]. Science, 362(6412): 343-347.

Guo LY, Ling SK, Li CM, Chen GJ, Du ZJ. 2018c. *Bacillus marinisedimentorum* sp. nov., isolated from marine sediment[J]. Int J Syst Evol Microbiol, 68(Pt 1): 198-203.

Guo LY, Wang NN, Wang XQ, Chen GJ, Du ZJ. 2017b. *Lentibacillus sediminis* sp. nov., isolated from a marine saltern[J]. Int J Syst Evol Microbiol, 67(Pt 10): 3946-3950.

Guo S, Zhang J, Sun H, Salse J, Lucas WJ, Zhang H, Zheng Y, Mao L, Ren Y, Wang Z, Min J, Guo X, Murat F, Ham BK, Zhang Z, Gao S, Huang M, Xu Y, Zhong S, Bombarely A, Mueller LA, Zhao H, He H, Zhang Y, Zhang Z, Huang S, Tan T, Pang E, Lin K, Hu Q, Kuang H, Ni P, Wang B, Liu J, Kou Q, Hou W, Zou X, Jiang J, Gong G, Klee K, Schoof H, Huang Y, Hu X, Dong S, Liang D, Wang J, Wu K, Xia Y, Zhao X, Zheng Z, Xing M, Liang X, Huang B, Lv T, Wang J, Yin Y, Yi H, Li R, Wu M, Levi A, Zhang X, Giovannoni JJ, Wang J, Li Y, Fei Z, Xu Y. 2013. The draft genome of watermelon (*Citrullus lanatus*) and resequencing of 20 diverse accessions[J]. Nat Genet, 45(1): 51-58.

Guo SK, Cao LJ, Song W, Shi P, Gao YF, Gong YJ, Chen JC, Hoffmann AA, Wei SJ. 2020. Chromosome-level assembly of the melon thrips genome yields insights into evolution of a sap-sucking lifestyle and pesticide resistance[J]. Mol Ecol Resour, 20(4): 1110-1125.

Guo XY, Hu QJ, Hao GQ, Wang XJ, Zhang D, Ma T, Liu JQ. 2018b. The genomes of two *Eutrema* species provide insight into plant adaptation to high altitudes[J]. DNA Res, 25(3): 307-315.

Guo Y, Zhang Y, Liu Q, Huang Y, Mao G, Yue Z, Abe EM, Li J, Wu Z, Li S, Zhou X, Hu W, Xiao N. 2019a. A chromosomal-level genome assembly for the giant African snail *Achatina fulica*[J]. Gigascience, 8(10): giz124.

Guo ZH, Ma PF, Yang GQ, Hu JY, Liu YL, Xia EH, Zhong MC, Zhao L, Sun GL, Xu YX, Zhao YJ, Zhang YC, Zhang YX, Zhang XM, Zhou MY, Guo Y, Guo C, Liu JX, Ye XY, Chen YM, Yang Y, Han B, Lin CS, Lu Y, Li DZ. 2019b. Genome sequences provide insights into the reticulate origin and unique traits of woody bamboos[J]. Mol Plant, 12(10): 1353-1365.

Gupta RC, Roe BA, Randerath K. 1980. Sequence of human glycine transfer ribonucleic acid (anticodon CCC). Determination by a newly developed thin-layer readout sequencing technique and comparison with other glycine transfer ribonucleic acids[J]. Biochemistry, 19(8): 1699-1705.

Gupta RS, Patel S. 2020. Robust demarcation of the Family Caryophanaceae (Planococcaceae) and its different genera including three novel genera based on phylogenomics and highly specific molecular signatures[J]. Front Microbiol, 10: 2821.

Gupta RS. 2001. The branching order and phylogenetic placement of species from completed bacterial genomes, based on conserved indels found in various proteins[J]. Int Microbiol, 4(4): 187-202.

Gupta S, Nawaz K, Parween S, Roy R, Sahu K, Kumar Pole A, Khandal H, Srivastava R, Kumar Parida S, Chattopadhyay D. 2017. Draft genome sequence of *Cicer reticulatum* L., the wild progenitor of chickpea provides a resource for agronomic trait improvement[J]. DNA Res, 24(1): 1-10.

Gusev O, Suetsugu Y, Cornette R, Kawashima T, Logacheva MD, Kondrashov AS, Penin AA, Hatanaka R, Kikuta S, Shimura S, Kanamori H, Katayose Y, Matsumoto T, Shagimardanova E, Alexeev D, Govorun V, Wisecaver J, Mikheyev A, Koyanagi R, Fujie M, Nishiyama T, Shigenobu S, Shibata TF, Golygina V, Hasebe M, Okuda T, Satoh N, Kikawada T. 2014. Comparative genome sequencing reveals genomic signature of extreme desiccation tolerance in the anhydrobiotic midge[J]. Nat Commun, 5: 4784.

Gutekunst J, Andriantsoa R, Falckenhayn C, Hanna K, Stein W, Rasamy J, Lyko F. 2018. Clonal genome evolution and rapid invasive spread of the marbled crayfish[J]. Nat Ecol Evol, 2(3): 567-573.

Guthrie C, Scholla CA, Yesian H, Abelson J. 1978. The nucleotide sequence of threonine transfer RNA coded by bacteriophage T4[J]. Nucleic Acids Res, 5(6): 1833-1844.

Gyeong HR, Baek K, Hwang CY, Park KH, Kim HM, Lee HK, Lee YK. 2015. *Domibacillus tundrae* sp. nov., isolated from active layer soil of tussock tundra in Alaska, and emended description of the genus *Domi-*

*bacillus*[J]. Int J Syst Evol Microbiol, 65(Pt 10): 3407-3412.

Habura A, Hou Y, Reilly AA, Bowser SS. 2011. High-throughput sequencing of *Astrammina rara*: sampling the giant genome of a giant foraminiferan protist[J]. BMC Genomics, 12: 169.

Haga SB. 2013. 100k Genome Project: sequencing and much more[J]. Per Med, 10(8): 761-764.

Hahn C, Fromm B, Bachmann L. 2014. Comparative genomics of flatworms (platyhelminthes) reveals shared genomic features of ecto-and endoparastic neodermata[J]. Genome Biol Evol, 6(5): 1105-1117.

Hall MR, Kocot KM, Baughman KW, Fernandez-Valverde SL, Gauthier MEA, Hatleberg WL, Krishnan A, McDougall C, Motti CA, Shoguchi E, Wang T, Xiang X, Zhao M, Bose U, Shinzato C, Hisata K, Fujie M, Kanda M, Cummins SF, Satoh N, Degnan SM, Degnan BM. 2017. The crown-of-thorns starfish genome as a guide for biocontrol of this coral reef pest[J]. Nature, 544(7649): 231-234.

Hammami I, Siala R, Jridi M, Ktari N, Nasri M, Triki MA. 2013. Partial purification and characterization of chiIO8, a novel antifungal chitinase produced by *Bacillus cereus* IO8[J]. J Appl Microbiol, 115(2): 358-366.

Hammond SA, Warren RL, Vandervalk BP, Kucuk E, Khan H, Gibb EA, Pandoh P, Kirk H, Zhao Y, Jones M, Mungall AJ, Coope R, Pleasance S, Moore RA, Holt RA, Round JM, Ohora S, Walle BV, Veldhoen N, Helbing CC, Birol I. 2017. The North American bullfrog draft genome provides insight into hormonal regulation of long noncoding RNA[J]. Nat Commun, 8(1): 1433.

Han J, Park JC, Choi BS, Kim MS, Kim HS, Hagiwara A, Park HG, Lee BY, Lee JS. 2019. The genome of the marine monogonont rotifer *Brachionus plicatilis*: Genome-wide expression profiles of 28 cytochrome P450 genes in response to chlorpyrifos and 2-ethyl-phenanthrene[J]. Aquat Toxicol, 214: 105230.

Han K, Li ZF, Peng R, Zhu LP, Zhou T, Wang LG, Li SG, Zhang XB, Hu W, Wu ZH, Qin N, Li YZ. 2013. Extraordinary expansion of a *Sorangium cellulosum* genome from an alkaline milieu[J]. Sci Rep, 3: 2101.

Han Z, Li W, Zhu W, Sun S, Ye K, Xie Y, Wang Z. 2018. Near-complete genome assembly and annotation of the yellow drum (*Nibea albiflora*) provide insights into population and evolutionary characteristics of this species[J]. Ecol Evol, 9(1): 568-575.

Hanif A, Zhang F, Li P, Li C, Xu Y, Zubair M, Zhang M, Jia D, Zhao X, Liang J, Majid T, Yan J, Farzand A, Wu H, Gu Q, Gao X. 2019. Fengycin produced by *Bacillus amyloliquefaciens* FZB42 inhibits *Fusarium graminearum* growth and mycotoxins biosynthesis[J]. Toxins (Basel), 11(5): E295.

Hanna ZR, Dumbacher JP, Bowie RCK, Henderson JB, Wall JD. 2018. Whole-genome analysis of introgression between the spotted owl and barred owl (*Strix occidentalis* and *Strix varia*, respectively; Aves: Strigidae) in Western North America[J]. G3 (Bethesda), 8(12): 3945-3952.

Hao MV, Kocur M, Komagata K. 1984. *Marinococcus* gen. nov., a new genus for motile cocci with meso-diaminopimelic acid in the cell wall; and *Marinococcus albus* sp. nov. and *Marinococcus halophilus* (Novitsky and Kushner) comb. nov.[J]. J Gen Appl Microbiol, 30(6): 449-459.

Hao MV, Komagata K. 1985. A new species of *Planococcus*, *P. kocurii* isolated from fish, frozen foods, and fish curing brine[J]. J Gen Appl Microbiol, 31(5): 441-455.

Hara Y, Yamaguchi K, Onimaru K, Kadota M, Koyanagi M, Keeley SD, Tatsumi K, Tanaka K, Motone F, Kageyama Y, Nozu R, Adachi N, Nishimura O, Nakagawa R, Tanegashima C, Kiyatake I, Matsumoto R, Murakumo K, Nishida K, Terakita A, Kuratani S, Sato K, Hyodo S, Kuraku S. 2018. Shark genomes provide insights into elasmobranch evolution and the origin of vertebrates[J]. Nat Ecol Evol, 2(11): 1761-1771.

Harada F, Nishimura S. 1974. Purification and characterization of AUA specific isoleucine transfer ribonucleic acid from *Escherichia coli* B[J]. Biochemistry, 13(2): 300-307.

Hardwick KM, Ojwang AME, Stomeo F, Maina S, Bichang'a G, Calatayud PA, Filée J, Djikeng A, Miller C, Cepko L, Darby AC, Le Ru B, Schaack S. 2019. Draft genome of *Busseola fusca*, the maize stalk borer, a major crop pest in sub-Saharan Africa[J]. Genome Biol Evol, 11(8): 2203-2207.

Hargreaves AD, Zhou L, Christensen J, Marlétaz F, Liu S, Li F, Jansen PG, Spiga E, Hansen MT, Pedersen SVH, Biswas S, Serikawa K, Fox BA, Taylor WR, Mulley JF, Zhang G, Heller RS, Holland PWH. 2017.

Genome sequence of a diabetes-prone rodent reveals a mutation hotspot around the ParaHox gene cluster[J]. Proc Natl Acad Sci USA, 114(29): 7677-7682.

Harkess A, Zhou J, Xu C, Bowers JE, Van der Hulst R, Ayyampalayam S, Mercati F, Riccardi P, McKain MR, Kakrana A, Tang H, Ray J, Groenendijk J, Arikit S, Mathioni SM, Nakano M, Shan H, Telgmann-Rauber A, Kanno A, Yue Z, Chen H, Li W, Chen Y, Xu X, Zhang Y, Luo S, Chen H, Gao J, Mao Z, Pires JC, Luo M, Kudrna D, Wing RA, Meyers BC, Yi K, Kong H, Lavrijsen P, Sunseri F, Falavigna A, Ye Y, Leebens-Mack JH, Chen G. 2017. The asparagus genome sheds light on the origin and evolution of a young Y chromosome[J]. Nat Commun, 8(1): 1279.

Harr B, Karakoc E, Neme R, Teschke M, Pfeifle C, Pezer Ž, Babiker H, Linnenbrink M, Montero I, Scavetta R, Abai MR, Molins MP, Schlegel M, Ulrich RG, Altmüller J, Franitza M, Büntge A, Künzel S, Tautz D. 2016. Genomic resources for wild populations of the house mouse, *Mus musculus* and its close relative *Mus spretus*[J]. Sci Data, 3: 160075.

Harrington CT, Lin EI, Olson MT, Eshleman JR. 2013. Fundamentals of pyrosequencing[J]. Arch Pathol Lab Med, 137(9): 1296-1303.

Harrison DJ, Manz A, Fan Z, Luedi H, Widmer HM. 1992. Capillary electrophoresis and sample injection systems integrated on a planar glass chip[J]. Anal Chem, 64(17): 1926-1932.

Harrison J, Moore KA, Paszkiewicz K, Jones T, Grant MR, Ambacheew D, Muzemil S, Studholme DJ. 2014. A draft genome sequence for *Ensete ventricosum*, the drought-tolerant "tree against hunger"[J]. Agronomy, 4(1): 13-33.

Harrison MC, Jongepier E, Robertson HM, Arning N, Bitard-Feildel T, Chao H, Childers CP, Dinh H, Doddapaneni H, Dugan S, Gowin J, Greiner C, Han Y, Hu H, Hughes DST, Huylmans AK, Kemena C, Kremer LPM, Lee SL, Lopez-Ezquerra A, Mallet L, Monroy-Kuhn JM, Moser A, Murali SC, Muzny DM, Otani S, Piulachs MD, Poelchau M, Qu J, Schaub F, Wada-Katsumata A, Worley KC, Xie Q, Ylla G, Poulsen M, Gibbs RA, Schal C, Richards S, Belles X, Korb J, Bornberg-Bauer E. 2018. Hemimetabolous genomes reveal molecular basis of termite eusociality[J]. Nat Ecol Evol, 2(3): 557-566.

Hartke J, Schell T, Jongepier E, Schmidt H, Sprenger PP, Paule J, Bornberg-Bauer E, Schmitt T, Menzel F, Pfenninger M, Feldmeyer B. 2019. Hybrid genome assembly of a neotropical mutualistic ant[J]. Genome Biol Evol, 11(8): 2306-2311.

Harwood CR, Mouillon JM, Pohl S, Arnau J. 2018. Secondary metabolite production and the safety of industrially important members of the *Bacillus subtilis* group[J]. FEMS Microbiol Rev, 42(6): 721-738.

Hashimoto T, Horikawa DD, Saito Y, Kuwahara H, Kozuka-Hata H, Shin-i T, Minakuchi Y, Ohishi K, Motoyama A, Aizu T, Enomoto A, Kondo K, Tanaka S, Hara Y, Koshikawa S, Sagara H, Miura T, Yokobori SI, Miyagawa K, Suzuki Y, Kubo T, Oyama M, Kohara Y, Fujiyama A, Arakawa K, Katayama T, Toyoda A, Kunieda T. 2016. Extremotolerant tardigrade genome and improved radiotolerance of human cultured cells by tardigrade-unique protein[J]. Nat Commun, 7: 12808.

Hassan MK, McInroy JA, Jones J, Shantharaj D, Liles MR, Kloepper JW. 2019. Pectin-rich amendment enhances soybean growth promotion and nodulation mediated by *Bacillus velezensis* strains[J]. Plants (Basel), 8(5): E120.

Hatakeyama M, Aluri S, Balachadran MT, Sivarajan SR, Patrignani A, Grüter S, Poveda L, Shimizu-Inatsugi R, Baeten J, Francoijs KJ, Nataraja KN, Reddy YAN, Phadnis S, Ravikumar RL, Schlapbach R, Sreeman SM, Shimizu KK. 2018. Multiple hybrid *de novo* genome assembly of finger millet, an orphan allotetraploid crop[J]. DNA Res, 25(1): 39-47.

Hatayama K, Shoun H, Ueda Y, Nakamura A. 2005. *Planifilum fimeticola* gen. nov., sp. nov. and *Planifilum fulgidum* sp. nov., novel members of the family 'Thermoactinomycetaceae' isolated from compost[J]. Int J Syst Evol Microbiol, 55(Pt 5): 2101-2104.

Hatayama K, Shoun H, Ueda Y, Nakamura A. 2006. *Tuberibacillus calidus* gen. nov., sp. nov., isolated from a compost pile and reclassification of *Bacillus naganoensis* Tomimura et al. 1990 as *Pullulanibacillus naganoensis* gen. nov., comb. nov. and *Bacillus laevolacticus* Andersch et al. 1994 as *Sporolactobacillus laevolacticus* comb. nov.[J]. Int J Syst Evol Microbiol, 56(Pt 11): 2545-2551.

Haudry A, Platts AE, Vello E, Hoen DR, Leclercq M, Williamson RJ, Forczek E, Joly-Lopez Z, Steffen JG,

Hazzouri KM, Dewar K, Stinchcombe JR, Schoen DJ, Wang X, Schmutz J, Town CD, Edger PP, Pires JC, Schumaker KS, Jarvis DE, Mandáková T, Lysak MA, van den Bergh E, Schranz ME, Harrison PM, Moses AM, Bureau TE, Wright SI, Blanchette M. 2013. An atlas of over 90,000 conserved noncoding sequences provides insight into crucifer regulatory regions[J]. Nat Genet, 45(8): 891-898.

Hawkins MTR, Culligan RR, Frasier CL, Dikow RB, Hagenson R, Lei R, Louis EE Jr. 2018. Genome sequence and population declines in the critically endangered greater bamboo lemur (*Prolemur simus*) and implications for conservation[J]. BMC Genomics, 19(1): 445.

Hayat R, Ahmed I, Paek J, Sin Y, Ehsan M, Iqbal M, Yokota A, Chang, Y. 2014. *Lysinibacillus composti* sp. nov., isolated from compost[J]. Ann Microbiol, 64(3): 1081-1088.

He N, Zhang C, Qi X, Zhao S, Tao Y, Yang G, Lee TH, Wang X, Cai Q, Li D, Lu M, Liao S, Luo G, He R, Tan X, Xu Y, Li T, Zhao A, Jia L, Fu Q, Zeng Q, Gao C, Ma B, Liang J, Wang X, Shang J, Song P, Wu H, Fan L, Wang Q, Shuai Q, Zhu J, Wei C, Zhu-Salzman K, Jin D, Wang J, Liu T, Yu M, Tang C, Wang Z, Dai F, Chen J, Liu Y, Zhao S, Lin T, Zhang S, Wang J, Wang J, Yang H, Yang G, Wang J, Paterson AH, Xia Q, Ji D, Xiang Z. 2013. Draft genome sequence of the mulberry tree *Morus notabilis*[J]. Nat Commun, 4: 2445.

He Y, Xiao H, Deng C, Xiong L, Nie H, Peng C. 2016. Survey of the genome of *Pogostemon cablin* provides insights into its evolutionary history and sesquiterpenoid biosynthesis[J]. Sci Rep, 6: 26405.

Heckenhauer J, Frandsen PB, Gupta DK, Paule J, Prost S, Schell T, Schneider JV, Stewart RJ, Pauls SU. 2019. Annotated draft genomes of two caddisfly species *Plectrocnemia conspersa* CURTIS and *Hydropsyche tenuis* NAVAS (Insecta: Trichoptera)[J]. Genome Biol Evol, 11(12): 3445-3451.

Heidel AJ, Kiefer C, Coupland G, Rose LE. 2016. Pinpointing genes underlying annual/perennial transitions with comparative genomics[J]. BMC Genomics, 17(1): 921.

Heidt J, Papaloukas N, Timmerman CP. 2019. A rare bloodstream infection: *Bacillus mycoides*[J]. Neth J Med, 77(6): 227-230.

Heithoff DM, Shimp WR, House JK, Xie Y, Weimer BC, Sinsheimer RL, Mahan MJ. 2012. Intraspecies variation in the emergence of hyperinfectious bacterial strains in nature[J]. PLoS Pathog, 8(4): e1002647.

*Heliconius* Genome Consortium. 2012. Butterfly genome reveals promiscuous exchange of mimicry adaptations among species[J]. Nature, 487(7405): 94-98.

Hellsten U, Harland RM, Gilchrist MJ, Hendrix D, Jurka J, Kapitonov V, Ovcharenko I, Putnam NH, Shu S, Taher L, Blitz IL, Blumberg B, Dichmann DS, Dubchak I, Amaya E, Detter JC, Fletcher R, Gerhard DS, Goodstein D, Graves T, Grigoriev IV, Grimwood J, Kawashima T, Lindquist E, Lucas SM, Mead PE, Mitros T, Ogino H, Ohta Y, Poliakov AV, Pollet N, Robert J, Salamov A, Sater AK, Schmutz J, Terry A, Vize PD, Warren WC, Wells D, Wills A, Wilson RK, Zimmerman LB, Zorn AM, Grainger R, Grammer T, Khokha MK, Richardson PM, Rokhsar DS. 2010. The genome of the Western clawed frog *Xenopus tropicalis*[J]. Science, 328(5978): 633-636.

Helmkampf M, Bellinger MR, Geib SM, Sim SB, Takabayashi M. 2019. Draft genome of the rice coral *Montipora capitata* obtained from linked-read sequencing[J]. Genome Biol Evol, 11(7): 2045-2054.

Hendre PS, Kamalakannan R, Varghese M. 2012. High-throughput and parallel SNP discovery in selected candidate genes in *Eucalyptus camaldulensis* using Illumina NGS platform[J]. Plant Biotechnol J, 10(6): 646-656.

Henkel CV, Dirks RP, de Wijze DL, Minegishi Y, Aoyama J, Jansen HJ, Turner B, Knudsen B, Bundgaard M, Hvam KL, Boetzer M, Pirovano W, Weltzien FA, Dufour S, Tsukamoto K, Spaink HP, van den Thillart GE. 2012. First draft genome sequence of the Japanese eel, *Anguilla japonica*[J]. Gene, 511(2): 195-201.

Henz SR, Huson DH, Auch AF, Nieselt-Struwe K, Schuster SC. 2005. Whole-genome prokaryotic phylogeny[J]. Bioinformatics, 21(10): 2329-2335.

Heyndrickx M, Lebbe L, Kersters K, Hoste B, De Wachter R, De Vos P, Forsyth G, Logan NA. 1998. Proposal of *Virgibacillus proomii* sp. nov. and emended description of *Virgibacillus pantothenticus* (Proom and Knight 1950) Heyndrickx et al. 1998[J]. Int J Syst Bacteriol, 49(Pt 3): 1083-1090.

Heyndrickx M, Lebbe L, Vancanneyt M, Kersters K, De Vos P, Logan NA, Forsyth G, Nazli S, Ali N,

Berkeley RCW. 1997. A polyphasic reassessment of the genus *Aneurinibacillus*, reclassification of *Bacillus thermoaerophilus* (Meier-Stauffer et al. 1996) as *Aneurinibacillus thermoaerophilus* comb. nov., and emended descriptions of *A. aneurinilyticus* corrig., and *A. migulanus*, and *A. thermoaerophilus*[J]. Int J Syst Bacteriol, 47: 808-817.

Heyndrickx M, Logan NA, Lebbe L, Rodríguez-Díaz M, Forsyth G, Goris J, Scheldeman P, De Vos P. 2004. *Bacillus galactosidilyticus* sp. nov., an alkali-tolerant beta-galactosidase producer[J]. Int J Syst Evol Microbiol, 54(Pt 2): 617-621.

Heyndrickx M, Vandemeulebroecke K, Scheldeman P, Kersters K, de Vos P, Logan NA, Aziz AM, Ali N, Berkeley RC. 1996. A polyphasic reassessment of the genus *Paenibacillus*, reclassification of *Bacillus lautus* (Nakamura 1984) as *Paenibacillus lautus* comb. nov. and of *Bacillus peoriae* (Montefusco et al. 1993) as *Paenibacillus peoriae* comb. nov., and emended descriptions of *P. lautus* and of *P. peoriae*[J]. Int J Syst Bacteriol, 46(Pt 4): 988-1003.

Heyrman J, Logan NA, Busse HJ, Balcaen A, Lebbe L, Rodriguez-Diaz M, Swings J, De Vos P. 2003. *Virgibacillus carmonensis* sp. nov., *Virgibacillus necropolis* sp. nov. and *Virgibacillus picturae* sp. nov., three novel species isolated from deteriorated mural paintings, transfer of the species of the genus *Salibacillus* to *Virgibacillus*, as *Virgibacillus marismortui* comb. nov. and *Virgibacillus salexigens* comb. nov., and emended description of the genus *Virgibacillus*[J]. Int J Syst Evol Microbiol, 53(Pt 2): 501-511.

Heyrman J, Logan NA, Rodríguez-Díaz M, Scheldeman P, Lebbe L, Swings J, Heyndrickx M, De Vos P. 2005b. Study of mural painting isolates, leading to the transfer of '*Bacillus maroccanus*' and '*Bacillus carotarum*' to *Bacillus simplex*, emended description of *Bacillus simplex*, re-examination of the strains previously attributed to '*Bacillus macroides*' and description of *Bacillus muralis* sp. nov.[J]. Int J Syst Evol Microbiol, 55(Pt 1): 119-131.

Heyrman J, Rodríguez-Díaz M, Devos J, Felske A, Logan NA, De Vos P. 2005a. *Bacillus arenosi* sp. nov., *Bacillus arvi* sp. nov. and *Bacillus humi* sp. nov., isolated from soil[J]. Int J Syst Evol Microbiol, 55(Pt 1): 111-117.

Heyrman J, Vanparys B, Logan NA, Balcaen A, Rodríguez-Díaz M, Felske A, De Vos P. 2004. *Bacillus novalis* sp. nov., *Bacillus vireti* sp. nov., *Bacillus soli* sp. nov., *Bacillus bataviensis* sp. nov. and *Bacillus drentensis* sp. nov., from the Drentse A grasslands[J]. Int J Syst Evol Microbiol, 54(Pt 1): 47-57.

Hidalgo O, Pellicer J, Christenhusz M, Schneider H, Leitch AR, Leitch IJ. 2017. Is there an upper limit to genome size[J]? Trends Plant Sci, 22(7): 567-573.

Hill T, Koseva BS, Unckless RL. 2019. The genome of *Drosophila innubila* reveals lineage-specific patterns of selection in immune genes[J]. Mol Biol Evol, 36(7): 1405-1417.

Himmelreich R, Hilbert H, Plagens H, Pirkl E, Li BC, Herrmann R. 1996. Complete sequence analysis of the genome of the bacterium *Mycoplasma pneumoniae*[J]. Nucleic Acids Res, 24(22): 4420-4449.

Hinchliff CE, Smith SA, Allman JF, Burleigh JG, Chaudhary R, Coghill LM, Crandall KA, Deng J, Drew BT, Gazis R, Gude K, Hibbett DS, Katz LA, Laughinghouse HD 4th, McTavish EJ, Midford PE, Owen CL, Ree RH, Rees JA, Soltis DE, Williams T, Cranston KA. 2015. Synthesis of phylogeny and taxonomy into a comprehensive tree of life[J]. Proc Natl Acad Sci USA, 112(41): 12764-12769.

Hirakawa H, Kaur P, Shirasawa K, Nichols P, Nagano S, Appels R, Erskine W, Isobe SN. 2016. Draft genome sequence of subterranean clover, a reference for genus *Trifolium*[J]. Sci Rep, 6: 30358.

Hirakawa H, Okada Y, Tabuchi H, Shirasawa K, Watanabe A, Tsuruoka H, Minami C, Nakayama S, Sasamoto S, Kohara M, Kishida Y, Fujishiro T, Kato M, Nanri K, Komaki A, Yoshinaga M, Takahata Y, Tanaka M, Tabata S, Isobe SN. 2015. Survey of genome sequences in a wild sweet potato, *Ipomoea trifida* (H. B. K.) G. Don[J]. DNA Res, 22(2): 171-179.

Hirakawa H, Shirasawa K, Kosugi S, Tashiro K, Nakayama S, Yamada M, Kohara M, Watanabe A, Kishida Y, Fujishiro T, Tsuruoka H, Minami C, Sasamoto S, Kato M, Nanri K, Komaki A, Yanagi T, Guoxin Q, Maeda F, Ishikawa M, Kuhara S, Sato S, Tabata S, Isobe SN. 2014a. Dissection of the octoploid strawberry genome by deep sequencing of the genomes of *Fragaria* species[J]. DNA Res, 21(2): 169-181.

Hirakawa H, Shirasawa K, Miyatake K, Nunome T, Negoro S, Ohyama A, Yamaguchi H, Sato S, Isobe S,

Tabata S, Fukuoka H. 2014b. Draft genome sequence of eggplant (*Solanum melongena* L.): the representative solanum species indigenous to the Old World[J]. DNA Res, 21(6): 649-660.

Hirakawa H, Sumitomo K, Hisamatsu T, Nagano S, Shirasawa K, Higuchi Y, Kusaba M, Koshioka M, Nakano Y, Yagi M, Yamaguchi H, Taniguchi K, Nakano M, Isobe SN. 2019. *De novo* whole-genome assembly in *Chrysanthemum seticuspe*, a model species of *Chrysanthemums*, and its application to genetic and gene discovery analysis[J]. DNA Res, 26(3): 195-203.

Hirs CH, Moore S, Stein WH. 1960. The sequence of the amino acid residues in performic acid-oxidized ribonuclease[J]. J Biol Chem, 235(3): 633-647.

Hodges E, Xuan Z, Balija V, Kramer M, Molla MN, Smith SW, Middle CM, Rodesch MJ, Albert TJ, Hannon GJ, McCombie WR. 2007. Genome-wide *in situ* exon capture for selective resequencing[J]. Nat Genet, 39(12): 1522-1527.

Hoehn KB, Noor MA. 2014. How big is your Y? A genome sequence-based estimate of the size of the male-specific region in *Megaselia scalaris*[J]. G3 (Bethesda), 5(1): 45-48.

Hoffberg SL, Troendle NJ, Glenn TC, Mahmud O, Louha S, Chalopin D, Bennetzen JL, Mauricio R. 2018. A high-quality reference genome for the invasive mosquitofish *Gambusia affinis* using a Chicago library[J]. G3 (Bethesda), 8(6): 1855-1861.

Holanda R, Hedrich S, Falagán C, Ňancucheo I, Dall'Agnol H, Grail BM, Johnson DB. 2015. Characteristics of *Acidibacillus* spp.: a novel genus of acidophilic iron-oxidising Firmicutes[J]. Adv Mater Res, 1130: 36-39.

Holanda R, Hedrich S, Ňancucheo I, Oliveira G, Grail BM, Johnson DB. 2016. Isolation and characterisation of mineral-oxidising "*Acidibacillus*" spp. from mine sites and geothermal environments in different global locations[J]. Res Microbiol, 167(7): 613-623.

Holley RW, Apgar J, Everett GA, Madison JT, Marquisee M, Merrill SH, Penswick JR, Zamir A. 1965a. Structure of a ribonucleic acid[J]. Science, 147(3664): 1462-1465.

Holley RW, Everett GA, Madison JT, Zamir A. 1965b. Nucleotide sequences in the yeast alanine transfer ribonucleic acid[J]. J Biol Chem, 240(5): 2122-2128.

Holness NJ, Atfield G. 1976. The nucleotide sequence of cysteine transfer ribonucleic acid from baker's yeast. Products of complete digestion with pancreatic ribonuclease and ribonuclease T1[J]. Biochem J, 153(2): 437-446.

Holt C, Campbell M, Keays DA, Edelman N, Kapusta A, Maclary E, T Domyan E, Suh A, Warren WC, Yandell M, Gilbert MTP, Shapiro MD. 2018. Improved genome assembly and annotation for the rock pigeon (*Columba livia*)[J]. G3 (Bethesda), 8(5): 1391-1398.

Holt RA, Subramanian GM, Halpern A, Sutton GG, Charlab R, Nusskern DR, Wincker P, Clark AG, Ribeiro JM, Wides R, Salzberg SL, Loftus B, Yandell M, Majoros WH, Rusch DB, Lai Z, Kraft CL, Abril JF, Anthouard V, Arensburger P, Atkinson PW, Baden H, de Berardinis V, Baldwin D, Benes V, Biedler J, Blass C, Bolanos R, Boscus D, Barnstead M, Cai S, Center A, Chaturverdi K, Christophides GK, Chrystal MA, Clamp M, Cravchik A, Curwen V, Dana A, Delcher A, Dew I, Evans CA, Flanigan M, Grundschober-Freimoser A, Friedli L, Gu Z, Guan P, Guigo R, Hillenmeyer ME, Hladun SL, Hogan JR, Hong YS, Hoover J, Jaillon O, Ke Z, Kodira C, Kokoza E, Koutsos A, Letunic I, Levitsky A, Liang Y, Lin JJ, Lobo NF, Lopez JR, Malek JA, McIntosh TC, Meister S, Miller J, Mobarry C, Mongin E, Murphy SD, O'Brochta DA, Pfannkoch C, Qi R, Regier MA, Remington K, Shao H, Sharakhova MV, Sitter CD, Shetty J, Smith TJ, Strong R, Sun J, Thomasova D, Ton LQ, Topalis P, Tu Z, Unger MF, Walenz B, Wang A, Wang J, Wang M, Wang X, Woodford KJ, Wortman JR, Wu M, Yao A, Zdobnov EM, Zhang H, Zhao Q, Zhao S, Zhu SC, Zhimulev I, Coluzzi M, della Torre A, Roth CW, Louis C, Kalush F, Mural RJ, Myers EW, Adams MD, Smith HO, Broder S, Gardner MJ, Fraser CM, Birney E, Bork P, Brey PT, Venter JC, Weissenbach J, Kafatos FC, Collins FH, Hoffman SL. 2002. The genome sequence of the malaria mosquito *Anopheles gambiae*[J]. Science, 298(5591): 129-149.

Holterman M, van der Wurff A, van den Elsen S, van Megen H, Bongers T, Holovachov O, Bakker J, Helder J. 2006. Phylum-wide analysis of SSU rDNA reveals deep phylogenetic relationships among nematodes and accelerated evolution toward crown Clades[J]. Mol Biol Evol, 23(9): 1792-1800.

Holtgräwe D, Rosleff Soerensen T, Hausmann L, Pucker B, Viehöver P, Töpfer R, Weisshaar B. 2020. A partially phase-separated genome sequence assembly of the *Vitis* rootstock 'Börner' (*Vitis riparia* × *Vitis cinerea*) and its exploitation for marker development and targeted mapping[J]. Front Plant Sci, 11: 156.

Honeybee Genome Sequencing Consortium. 2006. Insights into social insects from the genome of the honeybee *Apis mellifera*[J]. Nature, 443(7114): 931-949.

Hong SW, Park JM, Kim SJ, Chung KS. 2012. *Bacillus eiseniae* sp. nov., a swarming, moderately halotolerant bacterium isolated from the intestinal tract of an earthworm (*Eisenia fetida* L.)[J]. Int J Syst Evol Microbiol, 62(Pt 9): 2077-2083.

Hong YY, Ma YC, Zhou YG, Gao F, Liu HC, Chen SF. 2009. *Paenibacillus sonchi* sp. nov., a nitrogen-fixing species isolated from the rhizosphere of *Sonchus oleraceus*[J]. Int J Syst Evol Microbiol, 59(Pt 11): 2656-2661.

Honma H, Kawai S, Motooka D, Nakamura S, Tougan T, Horii T, Arisue N. 2017. Draft Genome Sequence of *Plasmodium gonderi*, a malaria parasite of African Old World monkeys[J]. Genome Announc, 5(28): e00612-17.

Hoopes GM, Hamilton JP, Kim J, Zhao D, Wiegert-Rininger K, Crisovan E, Buell CR. 2018. Genome assembly and annotation of the medicinal plant *Calotropis gigantea*, a producer of anticancer and antimalarial cardenolides[J]. G3 (Bethesda), 8(2): 385-391.

Horak I, Coon HG, Dawid IB. 1974. Interspecific recombination of mitochondrial DNA molecules in hybrid somatic cells[J]. Proc Natl Acad Sci USA, 71(5): 1828-1832.

Hori K, Yamada Y, Purwanto R, Minakuchi Y, Toyoda A, Hirakawa H, Sato F. 2018. Mining of the uncharacterized cytochrome P450 genes involved in alkaloid biosynthesis in California poppy using a draft genome sequence[J]. Plant Cell Physiol, 59(2): 222-233.

Horn MA, Ihssen J, Matthies C, Schramm A, Acker G, Drake HL. 2005. *Dechloromonas denitrificans* sp. nov., *Flavobacterium denitrificans* sp. nov., *Paenibacillus anaericanus* sp. nov. and *Paenibacillus terrae* strain MH72, $N_2O$-producing bacteria isolated from the gut of the earthworm *Aporrectodea caliginosa*[J]. Int J Syst Evol Microbiol, 55(Pt 3): 1255-1265.

Hoshino A, Jayakumar V, Nitasaka E, Toyoda A, Noguchi H, Itoh T, Shin-i T, Minakuchi Y, Koda Y, Nagano AJ, Yasugi M, Honjo MN, Kudoh H, Seki M, Kamiya A, Shiraki T, Carninci P, Asamizu E, Nishide H, Tanaka S, Park K, Morita Y, Yokoyama K, Uchiyama I, Tanaka Y, Tabata S, Shinozaki K, Hayashizaki Y, Kohara Y, Suzuki Y, Sugano S, Fujiyama A, Iida S, Sakakibara Y. 2016. Genome sequence and analysis of the Japanese morning glory *Ipomoea nil*[J]. Nat Commun, 7: 13295.

Howe K, Clark MD, Torroja CF, Torrance J, Berthelot C, Muffato M, Collins JE, Humphray S, McLaren K, Matthews L, McLaren S, Sealy I, Caccamo M, Churcher C, Scott C, Barrett JC, Koch R, Rauch GJ, White S, Chow W, Kilian B, Quintais LT, Guerra-Assunção JA, Zhou Y, Gu Y, Yen J, Vogel JH, Eyre T, Redmond S, Banerjee R, Chi J, Fu B, Langley E, Maguire SF, Laird GK, Lloyd D, Kenyon E, Donaldson S, Sehra H, Almeida-King J, Loveland J, Trevanion S, Jones M, Quail M, Willey D, Hunt A, Burton J, Sims S, McLay K, Plumb B, Davis J, Clee C, Oliver K, Clark R, Riddle C, Elliot D, Threadgold G, Harden G, Ware D, Begum S, Mortimore B, Kerry G, Heath P, Phillimore B, Tracey A, Corby N, Dunn M, Johnson C, Wood J, Clark S, Pelan S, Griffiths G, Smith M, Glithero R, Howden P, Barker N, Lloyd C, Stevens C, Harley J, Holt K, Panagiotidis G, Lovell J, Beasley H, Henderson C, Gordon D, Auger K, Wright D, Collins J, Raisen C, Dyer L, Leung K, Robertson L, Ambridge K, Leongamornlert D, McGuire S, Gilderthorp R, Griffiths C, Manthravadi D, Nichol S, Barker G, Whitehead S, Kay M, Brown J, Murnane C, Gray E, Humphries M, Sycamore N, Barker D, Saunders D, Wallis J, Babbage A, Hammond S, Mashreghi-Mohammadi M, Barr L, Martin S, Wray P, Ellington A, Matthews N, Ellwood M, Woodmansey R, Clark G, Cooper J, Tromans A, Grafham D, Skuce C, Pandian R, Andrews R, Harrison E, Kimberley A, Garnett J, Fosker N, Hall R, Garner P, Kelly D, Bird C, Palmer S, Gehring I, Berger A, Dooley CM, Ersan-Ürün Z, Eser C, Geiger H, Geisler M, Karotki L, Kirn A, Konantz J, Konantz M, Oberländer M, Rudolph-Geiger S, Teucke M, Lanz C, Raddatz G, Osoegawa K, Zhu B, Rapp A, Widaa S, Langford C, Yang F, Schuster SC, Carter NP, Harrow J, Ning Z, Herrero J, Searle SM, Enright A, Geisler R, Plasterk RH, Lee C, Westerfield M, de Jong PJ, Zon LI, Postlethwait

JH, Nüsslein-Volhard C, Hubbard TJ, Roest Crollius H, Rogers J, Stemple DL. 2013. The zebrafish reference genome sequence and its relationship to the human genome[J]. Nature, 496(7446): 498-503.

Hoy MA, Waterhouse RM, Wu K, Estep AS, Ioannidis P, Palmer WJ, Pomerantz AF, Simão FA, Thomas J, Jiggins FM, Murphy TD, Pritham EJ, Robertson HM, Zdobnov EM, Gibbs RA, Richards S. 2016. Genome sequencing of the Phytoseiid predatory mite *Metaseiulus occidentalis* reveals completely atomized Hox genes and superdynamic intron evolution[J]. Genome Biol Evol, 8(6): 1762-1775.

Hu L, Xu Z, Wang M, Fan R, Yuan D, Wu B, Wu H, Qin X, Yan L, Tan L, Sim S, Li W, Saski CA, Daniell H, Wendel JF, Lindsey K, Zhang X, Hao C, Jin S. 2019. The chromosome-scale reference genome of black pepper provides insight into piperine biosynthesis[J]. Nat Commun, 10(1): 4702.

Hu MJ, Sun WH, Tsai WC, Xiang S, Lai XK, Chen DQ, Liu XD, Wang YF, Le YX, Chen SM, Zhang DY, Yu X, Hu WQ, Zhou Z, Chen YQ, Zou SQ, Liu ZJ. 2020. Chromosome-scale assembly of the *Kandelia obovata* genome[J]. Hortic Res, 7: 75.

Hu TT, Pattyn P, Bakker EG, Cao J, Cheng JF, Clark RM, Fahlgren N, Fawcett JA, Grimwood J, Gundlach H, Haberer G, Hollister JD, Ossowski S, Ottilar RP, Salamov AA, Schneeberger K, Spannagl M, Wang X, Yang L, Nasrallah ME, Bergelson J, Carrington JC, Gaut BS, Schmutz J, Mayer KF, Van de Peer Y, Grigoriev IV, Nordborg M, Weigel D, Guo YL. 2011. The *Arabidopsis lyrata* genome sequence and the basis of rapid genome size change[J]. Nat Genet, 43(5): 476-481.

Hu XF, Li SX, Wu JG, Wang JF, Fang QL, Chen JS. 2010. Transfer of *Bacillus mucilaginosus* and *Bacillus edaphicus* to the genus *Paenibacillus* as *Paenibacillus mucilaginosus* comb. nov. and *Paenibacillus edaphicus* comb. nov.[J]. Int J Syst Evol Microbiol, 60(Pt 1): 8-14.

Hu YB, Wu Q, Ma S, Ma TX, Shan L, Wang X, Nie YG, Ning ZM, Yan L, Xiu YF, Wei FW. 2017. Comparative genomics reveals convergent evolution between the bamboo-eating giant and red pandas[J]. Proc Natl Acad Sci USA, 114(5): 1081-1086.

Hua NP, Kanekiyo A, Fujikura K, Yasuda H, Naganuma T. 2007. *Halobacillus profundi* sp. nov. and *Halobacillus kuroshimensis* sp. nov., moderately halophilic bacteria isolated from a deep-sea methane cold seep[J]. Int J Syst Evol Microbiol, 57(Pt 6): 1243-1249.

Huang G, Wu Z, Percy RG, Bai M, Li Y, Frelichowski JE, Hu J, Wang K, Yu JZ, Zhu Y. 2020b. Genome sequence of *Gossypium herbaceum* and genome updates of *Gossypium arboreum* and *Gossypium hirsutum* provide insights into cotton A-genome evolution[J]. Nat Genet, 52(5): 516-524.

Huang H, Zhang F, Liu M, Cui Y, Sun Q, Zhu J, Zou X, Bao S. 2017b. *Paenibacillus silvae* sp. nov., isolated from a tropical rainforest soil[J]. Int J Syst Evol Microbiol, 67(Pt 4): 795-799.

Huang J, Howie B, McCarthy S, Memari Y, Walter K, Min JL, Danecek P, Malerba G, Trabetti E, Zheng HF, UK10K Consortium., Gambaro G, Richards JB, Durbin R, Timpson NJ, Marchini J, Soranzo N. 2015a. Improved imputation of low-frequency and rare variants using the UK10K haplotype reference panel[J]. Nat Commun, 6: 8111.

Huang J, Liang X, Xuan Y, Geng C, Li Y, Lu H, Qu S, Mei X, Chen H, Yu T, Sun N, Rao J, Wang J, Zhang W, Chen Y, Liao S, Jiang H, Liu X, Yang Z, Mu F, Gao S. 2017a. A reference human genome dataset of the BGISEQ-500 sequencer[J]. Gigascience, 6(5): 1-9.

Huang J, Zhang C, Zhao X, Fei Z, Wan K, Zhang Z, Pang X, Yin X, Bai Y, Sun X, Gao L, Li R, Zhang J, Li X. 2016. The jujube genome provides insights into genome evolution and the domestication of sweetness/acidity taste in fruit trees[J]. PLoS Genet, 12(12): e1006433.

Huang J, Zhao Y, Bai D, Shiraigol W, Li B, Yang L, Wu J, Bao W, Ren X, Jin B, Zhao Q, Li A, Bao S, Bao W, Xing Z, An A, Gao Y, Wei R, Bao Y, Bao T, Han H, Bai H, Bao Y, Zhang Y, Daidiikhuu D, Zhao W, Liu S, Ding J, Ye W, Ding F, Sun Z, Shi Y, Zhang Y, Meng H, Dugarjaviin M. 2015b. Donkey genome and insight into the imprinting of fast karyotype evolution[J]. Sci Rep, 5: 14106.

Huang J, Zhao Y, Shiraigol W, Li B, Bai D, Ye W, Daidiikhuu D, Yang L, Jin B, Zhao Q, Gao Y, Wu J, Bao W, Li A, Zhang Y, Han H, Bai H, Bao Y, Zhao L, Zhai Z, Zhao W, Sun Z, Zhang Y, Meng H, Dugarjaviin M. 2014b. Analysis of horse genomes provides insight into the diversification and adaptive evolution of karyotype[J]. Sci Rep, 4: 4958.

Huang L, Feng G, Yan H, Zhang Z, Bushman BS, Wang J, Bombarely A, Li M, Yang Z, Nie G, Xie W, Xu L,

Chen P, Zhao X, Jiang W, Zhang X. 2020c. Genome assembly provides insights into the genome evolution and flowering regulation of orchardgrass[J]. Plant Biotechnol J, 18(2): 373-388.

Huang S, Chen Z, Yan X, Yu T, Huang G, Yan Q, Pontarotti PA, Zhao H, Li J, Yang P, Wang R, Li R, Tao X, Deng T, Wang Y, Li G, Zhang Q, Zhou S, You L, Yuan S, Fu Y, Wu F, Dong M, Chen S, Xu A. 2014a. Decelerated genome evolution in modern vertebrates revealed by analysis of multiple lancelet genomes[J]. Nat Commun, 5: 5896.

Huang S, Ding J, Deng D, Tang W, Sun H, Liu D, Zhang L, Niu X, Zhang X, Meng M, Yu J, Liu J, Han Y, Shi W, Zhang D, Cao S, Wei Z, Cui Y, Xia Y, Zeng H, Bao K, Lin L, Min Y, Zhang H, Miao M, Tang X, Zhu Y, Sui Y, Li G, Sun H, Yue J, Sun J, Liu F, Zhou L, Lei L, Zheng X, Liu M, Huang L, Song J, Xu C, Li J, Ye K, Zhong S, Lu BR, He G, Xiao F, Wang HL, Zheng H, Fei Z, Liu Y. 2013b. Draft genome of the kiwifruit *Actinidia chinensis*[J]. Nat Commun, 4: 2640.

Huang S, He J, Chang S, Zhang P, Liang F, Li S, Tuchband M, Fuhrmann A, Ros R, Lindsay S. 2010. Identifying single bases in a DNA oligomer with electron tunnelling[J]. Nat Nanotechnol, 5(12): 868-873.

Huang S, Li R, Zhang Z, Li L, Gu X, Fan W, Lucas WJ, Wang X, Xie B, Ni P, Ren Y, Zhu H, Li J, Lin K, Jin W, Fei Z, Li G, Staub J, Kilian A, van der Vossen EA, Wu Y, Guo J, He J, Jia Z, Ren Y, Tian G, Lu Y, Ruan J, Qian W, Wang M, Huang Q, Li B, Xuan Z, Cao J, Asan, Wu Z, Zhang J, Cai Q, Bai Y, Zhao B, Han Y, Li Y, Li X, Wang S, Shi Q, Liu S, Cho WK, Kim JY, Xu Y, Heller-Uszynska K, Miao H, Cheng Z, Zhang S, Wu J, Yang Y, Kang H, Li M, Liang H, Ren X, Shi Z, Wen M, Jian M, Yang H, Zhang G, Yang Z, Chen R, Liu S, Li J, Ma L, Liu H, Zhou Y, Zhao J, Fang X, Li G, Fang L, Li Y, Liu D, Zheng H, Zhang Y, Qin N, Li Z, Yang G, Yang S, Bolund L, Kristiansen K, Zheng H, Li S, Zhang X, Yang H, Wang J, Sun R, Zhang B, Jiang S, Wang J, Du Y, Li S. 2009. The genome of the cucumber, *Cucumis sativus* L[J]. Nat Genet, 41(12): 1275-1281.

Huang X, Jovanovich SB, Krstic PS, Lindsay S, Ling XS, Mastrangelo CH, Meller A, Oliver JS, Pershin YV, Ramsey JM, Riehn R, Soni GV, Tabard-Cossa V, Wanunu M, Wiggin M, Schloss JA. 2008. The potential and challenges of nanopore sequencing[J]. Nat Biotechnol, 26(10): 1146-1153.

Huang Y, Bian C, Liu Z, Wang L, Xue C, Huang H, Yi Y, You X, Song W, Mao X, Song L, Shi Q. 2020a. The first genome survey of the antarctic krill (*Euphausia superba*) provides a valuable genetic resource for polar biomedical research[J]. Mar Drugs, 18(4): E185.

Huang Y, Li Y, Burt DW, Chen H, Zhang Y, Qian W, Kim H, Gan S, Zhao Y, Li J, Yi K, Feng H, Zhu P, Li B, Liu Q, Fairley S, Magor KE, Du Z, Hu X, Goodman L, Tafer H, Vignal A, Lee T, Kim KW, Sheng Z, An Y, Searle S, Herrero J, Groenen MAM, Crooijmans RPMA, Faraut T, Cai Q, Webster RG, Aldridge JR, Warren WC, Bartschat S, Kehr S, Marz M, Stadler PF, Smith J, Kraus RHS, Zhao Y, Ren L, Fei J, Morisson M, Kaiser P, Griffin DK, Rao M, Pitel F, Wang J, Li N. 2013a. The duck genome and transcriptome provide insight into an avian influenza virus reservoir species[J]. Nat Genet, 45(7): 776-783.

Huang Y, Xiao L, Zhang Z, Zhang R, Wang Z, Huang C, Huang R, Luan Y, Fan T, Wang J, Shen C, Zhang S, Wang X, Randall J, Zheng B, Wu J, Zhang Q, Xia G, Xu C, Chen M, Zhang L, Jiang W, Gao L, Chen Z, Leslie CA, Grauke LJ, Huang J. 2019. The genomes of pecan and Chinese hickory provide insights into *Carya* evolution and nut nutrition[J]. Gigascience, 8(5): giz036.

Huang YF, Chen SC, Chiang YS, Chen TH, Chiu KP. 2012. Palindromic sequence impedes sequencing-by-ligation mechanism[J]. BMC Syst Biol, 6(Suppl 2): S10.

Hugon P, Mishra AK, Lagier JC, Nguyen TT, Couderc C, Raoult D, Fournier PE. 2013. Non-contiguous finished genome sequence and description of *Brevibacillus massiliensis* sp. nov.[J]. Stand Genomic Sci, 8(1): 1-14.

Human Microbiome Project Consortium. 2012. Structure, function and diversity of the healthy human microbiome[J]. Nature, 486(7402): 207-214.

Humble E, Dasmahapatra KK, Martinez-Barrio A, Gregório I, Forcada J, Polikeit AC, Goldsworthy SD, Goebel ME, Kalinowski J, Wolf JBW, Hoffman JI. 2018. RAD sequencing and a hybrid antarctic fur seal genome assembly reveal rapidly decaying linkage disequilibrium, global population structure and evidence for inbreeding[J]. G3 (Bethesda), 8(8): 2709-2722.

Humble E, Dobrynin P, Senn H, Chuven J, Scott AF, Mohr DW, Dudchenko O, Omer AD, Colaric Z, Aiden

EL, Al Dhaheri SS, Wildt D, Oliaji S, Tamazian G, Pukazhenthi B, Ogden R, Koepfli KP. 2020. Chromosomal-level genome assembly of the scimitar-horned oryx: insights into diversity and demography of a species extinct in the wild[J]. Mol Ecol Resour, 20(6): 1668-1681.

Hunt VL, Tsai IJ, Coghlan A, Reid AJ, Holroyd N, Foth BJ, Tracey A, Cotton JA, Stanley EJ, Beasley H, Bennett HM, Brooks K, Harsha B, Kajitani R, Kulkarni A, Harbecke D, Nagayasu E, Nichol S, Ogura Y, Quail MA, Randle N, Xia D, Brattig NW, Soblik H, Ribeiro DM, Sanchez-Flores A, Hayashi T, Itoh T, Denver DR, Grant W, Stoltzfus JD, Lok JB, Murayama H, Wastling J, Streit A, Kikuchi T, Viney M, Berriman M. 2016. The genomic basis of parasitism in the Strongyloides clade of nematodes[J]. Nat Genet, 48(3): 299-307.

Huo YY, Xu XW, Cui HL, Wu M. 2010. *Gracilibacillus ureilyticus* sp. nov., a halotolerant bacterium from a saline-alkaline soil[J]. Int J Syst Evol Microbiol, 60(Pt 6): 1383-1386.

Hussein AH, Lisowska BK, Leak DJ. 2015. The genus *Geobacillus* and their biotechnological potential[J]. Adv Appl Microbiol, 92: 1-48.

Hutvagner G, Simard MJ. 2008. Argonaute proteins: key players in RNA silencing[J]. Nat Rev Mol Cell Biol, 9(1): 22-32.

Hyman ED. 1988. A new method of sequencing DNA[J]. Anal Biochem, 174(2): 423-436.

i5K Consortium. 2013. The i5K Initiative: advancing arthropod genomics for knowledge, human health, agriculture, and the environment[J]. J Hered, 104(5): 595-600.

Ianiro G, Rizzatti G, Plomer M, Lopetuso L, Scaldaferri F, Franceschi F, Cammarota G, Gasbarrini A. 2018. *Bacillus clausii* for the treatment of acute diarrhea in children: a systematic review and meta-analysis of randomized controlled trials[J]. Nutrients, 10(8): E1074.

Ibarra-Laclette E, Lyons E, Hernández-Guzmán G, Pérez-Torres CA, Carretero-Paulet L, Chang TH, Lan T, Welch AJ, Juárez MJ, Simpson J, Fernández-Cortés A, Arteaga-Vázquez M, Góngora-Castillo E, Acevedo-Hernández G, Schuster SC, Himmelbauer H, Minoche AE, Xu S, Lynch M, Oropeza-Aburto A, Cervantes-Pérez SA, de Jesús Ortega-Estrada M, Cervantes-Luevano JI, Michael TP, Mockler T, Bryant D, Herrera-Estrella A, Albert VA, Herrera-Estrella L. 2013. Architecture and evolution of a minute plant genome[J]. Nature, 498(7452): 94-98.

Imperio T, Viti C, Marri L. 2008. *Alicyclobacillus pohliae* sp. nov., a thermophilic, endospore-forming bacterium isolated from geothermal soil of the north-west slope of Mount Melbourne (Antarctica)[J]. Int J Syst Evol Microbiol, 58(Pt 1): 221-225.

Inan K, Ozer A, Ibrahim Guler H, Osman Belduz A, Canakci S. 2016. *Brevibacillus gelatini* sp. nov., isolated from a hot spring[J]. Int J Syst Evol Microbiol, 66(Pt 2): 712-718.

Integrative HMP (iHMP) Research Network Consortium. 2019. The Integrative Human Microbiome Project[J]. Nature, 569(7758): 641-648.

Integrative HMP (iHMP) Research Network Consortium. 2014. The Integrative Human Microbiome Project: dynamic analysis of microbiome-host omics profiles during periods of human health and disease[J]. Cell Host Microbe, 16(3): 276-289.

International Aphid Genomics Consortium. 2010. Genome sequence of the pea aphid *Acyrthosiphon pisum*[J]. PLoS Biol, 8(2): e1000313.

International Barley Genome Sequencing Consortium, Mayer KF, Waugh R, Brown JW, Schulman A, Langridge P, Platzer M, Fincher GB, Muehlbauer GJ, Sato K, Close TJ, Wise RP, Stein N. 2012. A physical, genetic and functional sequence assembly of the barley genome[J]. Nature, 491(7426): 711-716.

International *Brachypodium* Initiative. 2010. Genome sequencing and analysis of the model grass *Brachypodium distachyon*[J]. Nature, 463(7282): 763-768.

International *Glossina* Genome Initiative. 2014. Genome sequence of the tsetse fly (*Glossina morsitans*): vector of African trypanosomiasis[J]. Science, 344(6182): 380-386.

International HapMap Consortium. 2003. The International HapMap Project[J]. Nature, 426(6968): 789-796.

International Helminth Genomes Consortium. 2019. Comparative genomics of the major parasitic worms[J]. Nat Genet, 51(1): 163-174.

International Human Genome Sequencing Consortium. 2001. Initial sequencing and analysis of the human genome[J]. Nature, 409(6822): 860-921.

International Human Genome Sequencing Consortium. 2004. Finishing the euchromatic sequence of the human genome[J]. Nature, 431(7011): 931-945.

International Rice Genome Sequencing Project. 2005. The map-based sequence of the rice genome[J]. Nature, 436(7052): 793-800.

Ioannidis P, Simao FA, Waterhouse RM, Manni M, Seppey M, Robertson HM, Misof B, Niehuis O, Zdobnov EM. 2017. Genomic features of the damselfly *Calopteryx splendens* representing a sister clade to most insect orders[J]. Genome Biol Evol, 9(2): 415-430.

Iorizzo M, Ellison S, Senalik D, Zeng P, Satapoomin P, Huang J, Bowman M, Iovene M, Sanseverino W, Cavagnaro P, Yildiz M, Macko-Podgórni A, Moranska E, Grzebelus E, Grzebelus D, Ashrafi H, Zheng Z, Cheng S, Spooner D, Van Deynze A, Simon P. 2016. A high-quality carrot genome assembly provides new insights into carotenoid accumulation and asterid genome evolution[J]. Nat Genet, 48(6): 657-666.

Ish-Horowicz D, Clark BF. 1973. The nucleotide sequence of a serine transfer ribonucleic acid from *Escherichia coli*[J]. J Biol Chem, 248(19): 6663-6673.

Ishikawa M, Ishizaki S, Yamamoto Y, Yamasato K. 2002. *Paraliobacillus ryukyuensis* gen. nov., sp. nov., a new Gram-positive, slightly halophilic, extremely halotolerant, facultative anaerobe isolated from a decomposing marine alga[J]. J Gen Appl Microbiol, 48(5): 269-279.

Ishikawa M, Nakajima K, Itamiya Y, Furukawa S, Yamamoto Y, Yamasato K. 2005. *Halolactibacillus halophilus* gen. nov., sp. nov. and *Halolactibacillus miurensis* sp. nov., halophilic and alkaliphilic marine lactic acid bacteria constituting a phylogenetic lineage in *Bacillus* rRNA group 1[J]. Int J Syst Evol Microbiol, 55(Pt 6): 2427-2439.

Islam MS, Saito JA, Emdad EM, Ahmed B, Islam MM, Halim A, Hossen QM, Hossain MZ, Ahmed R, Hossain MS, Kabir SM, Khan MS, Khan MM, Hasan R, Aktar N, Honi U, Islam R, Rashid MM, Wan X, Hou S, Haque T, Azam MS, Moosa MM, Elias SM, Hasan AM, Mahmood N, Shafiuddin M, Shahid S, Shommu NS, Jahan S, Roy S, Chowdhury A, Akhand AI, Nisho GM, Uddin KS, Rabeya T, Hoque SM, Snigdha AR, Mortoza S, Matin SA, Islam MK, Lashkar MZ, Zaman M, Yuryev A, Uddin MK, Rahman MS, Haque MS, Alam MM, Khan H, Alam M. 2017. Comparative genomics of two jute species and insight into fibre biogenesis[J]. Nat Plants, 3: 16223.

Itkin M, Davidovich-Rikanati R, Cohen S, Portnoy V, Doron-Faigenboim A, Oren E, Freilich S, Tzuri G, Baranes N, Shen S, Petreikov M, Sertchook R, Ben-Dor S, Gottlieb H, Hernandez A, Nelson DR, Paris HS, Tadmor Y, Burger Y, Lewinsohn E, Katzir N, Schaffer A. 2016. The biosynthetic pathway of the nonsugar, high-intensity sweetener mogroside V from *Siraitia grosvenorii*[J]. Proc Natl Acad Sci USA, 113(47): E7619-E7628.

Ivanova N, Sorokin A, Anderson I, Galleron N, Candelon B, Kapatral V, Bhattacharyya A, Reznik G, Mikhailova N, Lapidus A, Chu L, Mazur M, Goltsman E, Larsen N, D'Souza M, Walunas T, Grechkin Y, Pusch G, Haselkorn R, Fonstein M, Ehrlich SD, Overbeek R, Kyrpides N. 2003. Genome sequence of *Bacillus cereus* and comparative analysis with *Bacillus anthracis*[J]. Nature, 423(6935): 87-91.

Ivens AC, Peacock CS, Worthey EA, Murphy L, Aggarwal G, Berriman M, Sisk E, Rajandream MA, Adlem E, Aert R, Anupama A, Apostolou Z, Attipoe P, Bason N, Bauser C, Beck A, Beverley SM, Bianchettin G, Borzym K, Bothe G, Bruschi CV, Collins M, Cadag E, Ciarloni L, Clayton C, Coulson RM, Cronin A, Cruz AK, Davies RM, De Gaudenzi J, Dobson DE, Duesterhoeft A, Fazelina G, Fosker N, Frasch AC, Fraser A, Fuchs M, Gabel C, Goble A, Goffeau A, Harris D, Hertz-Fowler C, Hilbert H, Horn D, Huang Y, Klages S, Knights A, Kube M, Larke N, Litvin L, Lord A, Louie T, Marra M, Masuy D, Matthews K, Michaeli S, Mottram JC, Müller-Auer S, Munden H, Nelson S, Norbertczak H, Oliver K, O'Neil S, Pentony M, Pohl TM, Price C, Purnelle B, Quail MA, Rabbinowitsch E, Reinhardt R, Rieger M, Rinta J, Robben J, Robertson L, Ruiz JC, Rutter S, Saunders D, Schäfer M, Schein J, Schwartz DC, Seeger K, Seyler A, Sharp S, Shin H, Sivam D, Squares R, Squares S, Tosato V, Vogt C, Volckaert G, Wambutt R, Warren T, Wedler H, Woodward J, Zhou S, Zimmermann W, Smith DF, Blackwell JM, Stuart KD, Barrell B, Myler PJ. 2005. The genome of the kinetoplastid parasite, *Leishmania major*[J]. Science,

309(5733): 436-442.

Izuno A, Hatakeyama M, Nishiyama T, Tamaki I, Shimizu-Inatsugi R, Sasaki R, Shimizu KK, Isagi Y. 2016. Genome sequencing of *Metrosideros polymorpha* (Myrtaceae), a dominant species in various habitats in the Hawaiian Islands with remarkable phenotypic variations[J]. J Plant Res, 129(4): 727-736.

Jaillon O, Aury JM, Brunet F, Petit JL, Stange-Thomann N, Mauceli E, Bouneau L, Fischer C, Ozouf-Costaz C, Bernot A, Nicaud S, Jaffe D, Fisher S, Lutfalla G, Dossat C, Segurens B, Dasilva C, Salanoubat M, Levy M, Boudet N, Castellano S, Anthouard V, Jubin C, Castelli V, Katinka M, Vacherie B, Biémont C, Skalli Z, Cattolico L, Poulain J, De Berardinis V, Cruaud C, Duprat S, Brottier P, Coutanceau JP, Gouzy J, Parra G, Lardier G, Chapple C, McKernan KJ, McEwan P, Bosak S, Kellis M, Volff JN, Guigó R, Zody MC, Mesirov J, Lindblad-Toh K, Birren B, Nusbaum C, Kahn D, Robinson-Rechavi M, Laudet V, Schachter V, Quétier F, Saurin W, Scarpelli C, Wincker P, Lander ES, Weissenbach J, Roest Crollius H. 2004. Genome duplication in the teleost fish *Tetraodon nigroviridis* reveals the early vertebrate proto-karyotype[J]. Nature, 431(7011): 946-957.

Jaillon O, Aury JM, Noel B, Policriti A, Clepet C, Casagrande A, Choisne N, Aubourg S, Vitulo N, Jubin C, Vezzi A, Legeai F, Hugueney P, Dasilva C, Horner D, Mica E, Jublot D, Poulain J, Bruyère C, Billault A, Segurens B, Gouyvenoux M, Ugarte E, Cattonaro F, Anthouard V, Vico V, Del Fabbro C, Alaux M, Di Gaspero G, Dumas V, Felice N, Paillard S, Juman I, Moroldo M, Scalabrin S, Canaguier A, Le Clainche I, Malacrida G, Durand E, Pesole G, Laucou V, Chatelet P, Merdinoglu D, Delledonne M, Pezzotti M, Lecharny A, Scarpelli C, Artiguenave F, Pè ME, Valle G, Morgante M, Caboche M, Adam-Blondon AF, Weissenbach J, Quétier F, Wincker P; French-Italian Public Consortium for Grapevine Genome Characterization. 2007. The grapevine genome sequence suggests ancestral hexaploidization in major angiosperm phyla[J]. Nature, 449(7161): 463-467.

Jain M, Misra G, Patel RK, Priya P, Jhanwar S, Khan AW, Shah N, Singh VK, Garg R, Jeena G, Yadav M, Kant C, Sharma P, Yadav G, Bhatia S, Tyagi AK, Chattopadhyay D. 2013. A draft genome sequence of the pulse crop chickpea (*Cicer arietinum* L.)[J]. Plant J, 74(5): 715-729.

Jain M, Olsen HE, Paten B, Akeson M. 2016. The Oxford Nanopore MinION: delivery of nanopore sequencing to the genomics community[J]. Genome Biol, 17(1): 239.

Jakinala P, Lingampally N, Kyama A, Hameeda B. 2019. Enhancement of atrazine biodegradation by marine isolate *Bacillus velezensis* MHNK1 in presence of surfactin lipopeptide[J]. Ecotoxicol Environ Saf, 182: 109372.

Jan M, Shah G, Masood S, Shinwari KI, Hameed R, Rha ES, Jamil M. 2019. *Bacillus cereus* enhanced phytoremediation ability of rice seedlings under cadmium toxicity[J]. Biomed Res Int, 2019: 8134651.

Jansen HJ, Liem M, Jong-Raadsen SA, Dufour S, Weltzien FA, Swinkels W, Koelewijn A, Palstra AP, Pelster B, Spaink HP, Thillart GEVD, Dirks RP, Henkel CV. 2017. Rapid *de novo* assembly of the European eel genome from nanopore sequencing reads[J]. Sci Rep, 7(1): 7213.

Jarvis DE, Ho YS, Lightfoot DJ, Schmöckel SM, Li B, Borm TJ, Ohyanagi H, Mineta K, Michell CT, Saber N, Kharbatia NM, Rupper RR, Sharp AR, Dally N, Boughton BA, Woo YH, Gao G, Schijlen EG, Guo X, Momin AA, Negrão S, Al-Babili S, Gehring C, Roessner U, Jung C, Murphy K, Arold ST, Gojobori T, Linden CG, van Loo EN, Jellen EN, Maughan PJ, Tester M. 2017. The genome of *Chenopodium quinoa*[J]. Nature, 542(7641): 307-312.

Jarvis ED, Mirarab S, Aberer AJ, Li B, Houde P, Li C, Ho SY, Faircloth BC, Nabholz B, Howard JT, Suh A, Weber CC, da Fonseca RR, Alfaro-Núñez A, Narula N, Liu L, Burt D, Ellegren H, Edwards SV, Stamatakis A, Mindell DP, Cracraft J, Braun EL, Warnow T, Jun W, Gilbert MT, Zhang G; Avian Phylogenomics Consortium. 2015. Phylogenomic analyses data of the avian phylogenomics project[J]. Gigascience, 4: 4.

Jatoi GH, Guo LH, Yang XF, Gadhi MA, Keerio AU, Abdulle YA, Qiu DW. 2019. A novel protein elicitor PeBL2, from *Brevibacillus laterosporus* A60, induces systemic resistance against *Botrytis cinerea* in tobacco plant[J]. Plant Pathol J, 35(3): 208-218.

Jayalatha NA, Devatha CP. 2019. Degradation of triclosan from domestic wastewater by biosurfactant produced from *Bacillus licheniformis*[J]. Mol Biotechnol, 61(9): 676-680.

Jehangir M, Ahmad SF, Cardoso AL, Ramos E, Valente GT, Martins C. 2019. *De novo* genome assembly of the cichlid fish *Astatotilapia latifasciata* reveals a higher level of genomic polymorphism and genes related to B chromosomes[J]. Chromosoma, 128(2): 81-96.

Jeon CO, Lim JM, Jang HH, Park DJ, Xu LH, Jiang CL, Kim CJ. 2008. *Gracilibacillus lacisalsi* sp. nov., a halophilic Gram-positive bacterium from a salt lake in China[J]. Int J Syst Evol Microbiol, 58(Pt 10): 2282-2286.

Jeon CO, Lim JM, Lee JM, Xu LH, Jiang CL, Kim CJ. 2005. Reclassification of *Bacillus haloalkaliphilus* Fritze 1996 as *Alkalibacillus haloalkaliphilus* gen. nov., comb. nov. and the description of *Alkalibacillus salilacus* sp. nov., a novel halophilic bacterium isolated from a salt lake in China[J]. Int J Syst Evol Microbiol, 55(Pt 5): 1891-1896.

Jeon CO, Lim JM, Lee SS, Chung BS, Park DJ, Xu LH, Jiang CL, Kim CJ. 2009. *Paenibacillus harenae* sp. nov., isolated from desert sand in China[J]. Int J Syst Evol Microbiol, 59(Pt 1): 13-17.

Jeon Y, Park SG, Lee N, Weber JA, Kim HS, Hwang SJ, Woo S, Kim HM, Bhak Y, Jeon S, Lee N, Jo Y, Blazyte A, Ryu T, Cho YS, Kim H, Lee JH, Yim HS, Bhak J, Yum S. 2019. The draft genome of an octocoral, *Dendronephthya gigantea*[J]. Genome Biol Evol, 11(3): 949-953.

Jeong CB, Lee BY, Choi BS, Kim MS, Park JC, Kim DH, Wang M, Park HG, Lee JS. 2020. The genome of the harpacticoid copepod *Tigriopus japonicus*: Potential for its use in marine molecular ecotoxicology[J]. Aquat Toxicol, 222: 105462.

Jeßberger N, Dietrich R, Bock S, Didier A, Märtlbauer E. 2014. *Bacillus cereus* enterotoxins act as major virulence factors and exhibit distinct cytotoxicity to different human cell lines[J]. Toxicon, 77(1): 49-57.

Jex AR, Liu S, Li B, Young ND, Hall RS, Li Y, Yang L, Zeng N, Xu X, Xiong Z, Chen F, Wu X, Zhang G, Fang X, Kang Y, Anderson GA, Harris TW, Campbell BE, Vlaminck J, Wang T, Cantacessi C, Schwarz EM, Ranganathan S, Geldhof P, Nejsum P, Sternberg PW, Yang H, Wang J, Wang J, Gasser RB. 2011. *Ascaris suum* draft genome[J]. Nature, 479(7374): 529-533.

Jex AR, Nejsum P, Schwarz EM, Hu L, Young ND, Hall RS, Korhonen PK, Liao S, Thamsborg S, Xia J, Xu P, Wang S, Scheerlinck JP, Hofmann A, Sternberg PW, Wang J, Gasser RB. 2014. Genome and transcriptome of the porcine whipworm *Trichuris suis*[J]. Nat Genet, 46(7): 701-706.

Jia HM, Jia HJ, Cai QL, Wang Y, Zhao HB, Yang WF, Wang GY, Li YH, Zhan DL, Shen YT, Niu QF, Chang L, Qiu J, Zhao L, Xie HB, Fu WY, Jin J, Li XW, Jiao Y, Zhou CC, Tu T, Chai CY, Gao JL, Fan LJ, van de Weg E, Wang JY, Gao ZS. 2019b. The red bayberry genome and genetic basis of sex determination[J]. Plant Biotechnol J, 17(2): 397-409.

Jia J, Zhao S, Kong X, Li Y, Zhao G, He W, Appels R, Pfeifer M, Tao Y, Zhang X, Jing R, Zhang C, Ma Y, Gao L, Gao C, Spannagl M, Mayer KF, Li D, Pan S, Zheng F, Hu Q, Xia X, Li J, Liang Q, Chen J, Wicker T, Gou C, Kuang H, He G, Luo Y, Keller B, Xia Q, Lu P, Wang J, Zou H, Zhang R, Xu J, Gao J, Middleton C, Quan Z, Liu G, Wang J; International Wheat Genome Sequencing Consortium, Yang H, Liu X, He Z, Mao L, Wang J. 2013. *Aegilops tauschii* draft genome sequence reveals a gene repertoire for wheat adaptation[J]. Nature, 496(7443): 91-95.

Jia K, Bian C, Yi Y, Li Y, Jia P, Gui D, Zhang X, Lin W, Sun X, Lv Y, Li J, You X, Shi Q, Yi M, Wu Y. 2019a. Whole genome sequencing of chinese white dolphin (*Sousa chinensis*) for high-throughput screening of antihypertensive peptides[J]. Mar Drugs, 17(9): E504.

Jia P, Cui K, Ma T, Wan F, Wang W, Yang D, Wang Y, Guo B, Zhao L, Diao Q. 2018. Influence of dietary supplementation with *Bacillus licheniformis* and *Saccharomyces cerevisiae* as alternatives to monensin on growth performance, antioxidant, immunity, ruminal fermentation and microbial diversity of fattening lambs[J]. Sci Rep, 8(1): 16712.

Jiang CY, Liu Y, Liu YY, You XY, Guo X, Liu SJ. 2008. *Alicyclobacillus ferrooxydans* sp. nov., a ferrous-oxidizing bacterium from solfataric soil[J]. Int J Syst Evol Microbiol, 58(Pt 12): 2898-2903.

Jiang F, Cao SJ, Li ZH, Fan H, Li HF, Liu WJ, Yuan HL. 2012. *Salisediminibacterium halotolerans* gen. nov., sp. nov., a halophilic bacterium from soda lake sediment[J]. Int J Syst Evol Microbiol, 62(Pt 9): 2127-2132.

Jiang F, Zhang J, Wang S, Yang L, Luo Y, Gao S, Zhang M, Wu S, Hu S, Sun H, Wang Y. 2019d. The apricot (*Prunus armeniaca* L.) genome elucidates Rosaceae evolution and beta-carotenoid synthesis[J]. Hortic Res, 6: 128.

Jiang JB, Quattrini AM, Francis WR, Ryan JF, Rodríguez E, McFadden CS. 2019a. A hybrid *de novo* assembly of the sea pansy (*Renilla muelleri*) genome[J]. Gigascience, 8(4): giz026.

Jiang S, An H, Xu F, Zhang X. 2020. Chromosome-level genome assembly and annotation of the loquat (*Eriobotrya japonica*) genome[J]. Gigascience, 9(3): giaa015.

Jiang W, Lv Y, Cheng L, Yang K, Bian C, Wang X, Li Y, Pan X, You X, Zhang Y, Yang J, Li J, Zhang X, Liu S, Sun C, Yang J, Shi Q. 2019c. Whole-genome sequencing of the giant devil catfish, *Bagarius yarrelli*[J]. Genome Biol Evol, 11(8): 2071-2077.

Jiang W, Qiu Y, Pan X, Zhang Y, Wang X, Lv Y, Bian C, Li J, You X, Chen J, Yang K, Yang J, Sun C, Liu Q, Cheng L, Yang J, Shi Q. 2018. Genome assembly for a Yunnan-Guizhou Plateau "3E" fish, *Anabarilius grahami* (Regan), and its evolutionary and genetic applications[J]. Front Genet, 9: 614.

Jiang X, Zhang Q, Qin Y, Yin H, Zhang S, Li Q, Zhang Y, Fan J, Chen J. 2019b. A chromosome-level draft genome of the grain aphid *Sitobion miscanthi*[J]. Gigascience, 8(8): giz101.

Jiang Y, Lu J, Peatman E, Kucuktas H, Liu S, Wang S, Sun F, Liu Z. 2011. A pilot study for channel catfish whole genome sequencing and *de novo* assembly[J]. BMC Genomics, 12: 629.

Jiang Y, Xie M, Chen W, Talbot R, Maddox JF, Faraut T, Wu C, Muzny DM, Li Y, Zhang W, Stanton JA, Brauning R, Barris WC, Hourlier T, Aken BL, Searle SMJ, Adelson DL, Bian C, Cam GR, Chen Y, Cheng S, DeSilva U, Dixen K, Dong Y, Fan G, Franklin IR, Fu S, Guan R, Highland MA, Holder ME, Huang G, Ingham AB, Jhangiani SN, Kalra D, Kovar CL, Lee SL, Liu W, Liu X, Lu C, Lv T, Mathew T, McWilliam S, Menzies M, Pan S, Robelin D, Servin B, Townley D, Wang W, Wei B, White SN, Yang X, Ye C, Yue Y, Zeng P, Zhou Q, Hansen JB, Kristensen K, Gibbs RA, Flicek P, Warkup CC, Jones HE, Oddy VH, Nicholas FW, McEwan JC, Kijas J, Wang J, Worley KC, Archibald AL, Cockett N, Xu X, Wang W, Dalrymple BP. 2014. The sheep genome illuminates biology of the rumen and lipid metabolism[J]. Science, 344(6188): 1168-1173.

Jiang Z, Xiao M, Yang LL, Zhi XY, Li WJ. 2019e. Genome-based taxonomic classification within the family Thermoactinomycetaceae[J]. Int J Syst Evol Microbiol, 69(Pt 7): 2028-2036.

Jiménez G, Urdiain M, Cifuentes A, López-López A, Blanch AR, Tamames J, Kämpfer P, Kolstø AB, Ramón D, Martínez JF, Codoñer FM, Rosselló-Móra R. 2013. Description of *Bacillus toyonensis* sp. nov., a novel species of the *Bacillus cereus* group, and pairwise genome comparisons of the species of the group by means of ANI calculations[J]. Syst Appl Microbiol, 36(6): 383-391.

Jin HJ, Lv J, Chen SF. 2011b. *Paenibacillus sophorae* sp. nov., a nitrogen-fixing species isolated from the rhizosphere of *Sophora japonica*[J]. Int J Syst Evol Microbiol, 61(Pt 4): 767-771.

Jin HJ, Zhou YG, Liu HC, Chen SF. 2011a. *Paenibacillus jilunlii* sp. nov., a nitrogen-fixing species isolated from the rhizosphere of *Begonia semperflorens*[J]. Int J Syst Evol Microbiol, 61(Pt 6): 1350-1355.

Jin S, Bian C, Jiang S, Sun S, Xu L, Xiong Y, Qiao H, Zhang W, You X, Li J, Gong Y, Ma B, Shi Q, Fu H. 2019. Identification of candidate genes for the plateau adaptation of a Tibetan amphipod, *Gammarus lacustris*, through integration of genome and transcriptome sequencing[J]. Front Genet, 10: 53.

Jinendiran S, Nathan AA, Ramesh D, Vaseeharan B, Sivakumar N. 2019. Modulation of innate immunity, expression of cytokine genes and disease resistance against *Aeromonas hydrophila* infection in goldfish (*Carassius auratus*) by dietary supplementation with *Exiguobacterium acetylicum* S01[J]. Fish Shellfish Immunol, 84: 458-469.

Jo J, Oh J, Lee HG, Hong HH, Lee SG, Cheon S, Kern EMA, Jin S, Cho SJ, Park JK, Park C. 2017. Draft genome of the sea cucumber *Apostichopus japonicus* and genetic polymorphism among color variants[J]. Gigascience, 6(1): 1-6.

John U, Lu Y, Wohlrab S, Groth M, Janouškovec J, Kohli GS, Mark FC, Bickmeyer U, Farhat S, Felder M, Frickenhaus S, Guillou L, Keeling PJ, Moustafa A, Porcel BM, Valentin K, Glöckner G. 2019. An aerobic eukaryotic parasite with functional mitochondria that likely lacks a mitochondrial genome[J]. Sci Adv, 5(4): eaav1110.

Johnson DB, Joulian C, d'Hugues P, Hallberg KB. 2008. *Sulfobacillus benefaciens* sp. nov., an acidophilic facultative anaerobic Firmicute isolated from mineral bioleaching operations[J]. Extremophiles, 12(6): 789-798.

Johnson RN, O'Meally D, Chen Z, Etherington GJ, Ho SYW, Nash WJ, Grueber CE, Cheng Y, Whittington CM, Dennison S, Peel E, Haerty W, O'Neill RJ, Colgan D, Russell TL, Alquezar-Planas DE, Attenbrow V, Bragg JG, Brandies PA, Chong AY, Deakin JE, Di Palma F, Duda Z, Eldridge MDB, Ewart KM, Hogg CJ, Frankham GJ, Georges A, Gillett AK, Govendir M, Greenwood AD, Hayakawa T, Helgen KM, Hobbs M, Holleley CE, Heider TN, Jones EA, King A, Madden D, Graves JAM, Morris KM, Neaves LE, Patel HR, Polkinghorne A, Renfree MB, Robin C, Salinas R, Tsangaras K, Waters PD, Waters SA, Wright B, Wilkins MR, Timms P, Belov K. 2018. Adaptation and conservation insights from the koala genome[J]. Nat Genet, 50(8): 1102-1111.

Jones FC, Grabherr MG, Chan YF, Russell P, Mauceli E, Johnson J, Swofford R, Pirun M, Zody MC, White S, Birney E, Searle S, Schmutz J, Grimwood J, Dickson MC, Myers RM, Miller CT, Summers BR, Knecht AK, Brady SD, Zhang H, Pollen AA, Howes T, Amemiya C; Broad Institute Genome Sequencing Platform & Whole Genome Assembly Team, Baldwin J, Bloom T, Jaffe DB, Nicol R, Wilkinson J, Lander ES, Di Palma F, Lindblad-Toh K, Kingsley DM. 2012. The genomic basis of adaptive evolution in threespine sticklebacks[J]. Nature, 484(7392): 55-61.

Jørgensen TS, Nielsen BLH, Petersen B, Browne PD, Hansen BW, Hansen LH. 2019b. The whole genome sequence and mRNA transcriptome of the tropical cyclopoid copepod *Apocyclops royi*[J]. G3 (Bethesda), 9(5): 1295-1302.

Jørgensen TS, Petersen B, Petersen HCB, Browne PD, Prost S, Stillman JH, Hansen LH, Hansen BW. 2019a. The genome and mRNA transcriptome of the cosmopolitan calanoid copepod *Acartia tonsa* Dana improve the understanding of copepod genome size evolution[J]. Genome Biol Evol, 11(5): 1440-1450.

Jorgenson JW, Lukacs KD. 1981. Free-zone electrophoresis in glass capillaries[J]. Clin Chem, 27(9): 1551-1553.

Jouzani GS, Valijanian E, Sharafi R. 2017. *Bacillus thuringiensis*: a successful insecticide with new environmental features and tidings[J]. Appl Microbiol Biotechnol, 101(7): 2691-2711.

Ju J, Ruan C, Fuller CW, Glazer AN, Mathies RA. 1995. Fluorescence energy transfer dye-labeled primers for DNA sequencing and analysis[J]. Proc Natl Acad Sci USA, 92(10): 4347-4351.

Jue NK, Batta-Lona PG, Trusiak S, Obergfell C, Bucklin A, O'Neill MJ, O'Neill RJ. 2016. Rapid evolutionary rates and unique genomic signatures discovered in the first reference genome for the southern ocean salp, *Salpa thompsoni* (Urochordata, Thaliacea)[J]. Genome Biol Evol, 8(10): 3171-3186.

Jun J, Cho YS, Hu H, Kim HM, Jho S, Gadhvi P, Park KM, Lim J, Paek WK, Han K, Manica A, Edwards JS, Bhak J. 2014. Whole genome sequence and analysis of the Marwari horse breed and its genetic origin[J]. BMC Genomics, 15(Suppl 9): S4.

Jung MJ, Roh SW, Kim MS, Bae JW. 2010b. *Lentibacillus jeotgali* sp. nov., a halophilic bacterium isolated from traditional Korean fermented seafood[J]. Int J Syst Evol Microbiol, 60(Pt 5): 1017-1022.

Jung MY, Kim JS, Chang YH. 2009a. *Bacillus acidiproducens* sp. nov., vineyard soil isolates that produce lactic acid[J]. Int J Syst Evol Microbiol, 59(Pt 9): 2226-2231.

Jung MY, Kim JS, Paek WK, Lim J, Lee H, Kim PI, Ma JY, Kim W, Chang YH. 2011. *Bacillus manliponensis* sp. nov., a new member of the *Bacillus cereus* group isolated from foreshore tidal flat sediment[J]. J Microbiol, 49(6): 1027-1032.

Jung MY, Kim JS, Paek WK, Styrak I, Park IS, Sin Y, Paek J, Park KA, Kim H, Kim HL, Chang YH. 2012. Description of *Lysinibacillus sinduriensis* sp. nov., and transfer of *Bacillus massiliensis* and *Bacillus odysseyi* to the genus *Lysinibacillus* as *Lysinibacillus massiliensis* comb. nov. and *Lysinibacillus odysseyi* comb. nov. with emended description of the genus *Lysinibacillus*[J]. Int J Syst Evol Microbiol, 62(Pt 10): 2347-2355.

Jung MY, Paek WK, Park IS, Han JR, Sin Y, Paek J, Rhee MS, Kim H, Song HS, Chang YH. 2010a. *Bacillus gaemokensis* sp. nov., isolated from foreshore tidal flat sediment from the Yellow Sea[J]. J Microbiol, 48(6): 867-871.

Jung YT, Kang SJ, Oh TK, Yoon JH, Kim BH. 2009b. *Planomicrobium flavidum* sp. nov., isolated from a marine solar saltern, and transfer of *Planococcus stackebrandtii* Mayilraj et al. 2005 to the genus *Planomicrobium* as *Planomicrobium stackebrandtii* comb. nov.[J]. Int J Syst Evol Microbiol, 59(Pt 12): 2929-2933.

Kadobianskyi M, Schulze L, Schuelke M, Judkewitz B. 2019. Hybrid genome assembly and annotation of *Danionella translucida*[J]. Sci Data, 6(1): 156.

Kagale S, Koh C, Nixon J, Bollina V, Clarke WE, Tuteja R, Spillane C, Robinson SJ, Links MG, Clarke C, Higgins EE, Huebert T, Sharpe AG, Parkin IA. 2014. The emerging biofuel crop *Camelina sativa* retains a highly undifferentiated hexaploid genome structure[J]. Nat Commun, 5: 3706.

Kaiser TS, Poehn B, Szkiba D, Preussner M, Sedlazeck FJ, Zrim A, Neumann T, Nguyen LT, Betancourt AJ, Hummel T, Vogel H, Dorner S, Heyd F, von Haeseler A, Tessmar-Raible K. 2016. The genomic basis of circadian and circalunar timing adaptations in a midge[J]. Nature, 540(7631): 69-73.

Kämpfer P. 2012. Systematics of prokaryotes: the state of the art[J]. Antonie Van Leeuwenhoek, 101(1): 3-11.

Kämpfer P, Arun AB, Busse HJ, Langer S, Young CC, Chen WM, Syed AA, Rekha PD. 2011. *Virgibacillus soli* sp. nov., isolated from mountain soil[J]. Int J Syst Evol Microbiol, 61(Pt 2): 275-280.

Kämpfer P, Busse HJ, Glaeser SP, Kloepper JW, Hu CH, McInroy JA. 2016. *Bacillus cucumis* sp. nov. isolated from the rhizosphere of cucumber (*Cucumis sativus*)[J]. Int J Syst Evol Microbiol, 66(Pt 2): 1039-1044.

Kämpfer P, Busse HJ, McInroy JA, Hu CH, Kloepper JW, Glaeser SP. 2017. *Bacillus zeae* sp. nov., isolated from the rhizosphere of *Zea mays*[J]. Int J Syst Evol Microbiol, 67(Pt 5): 1241-1246.

Kämpfer P, Falsen E, Lodders N, Langer S, Busse HJ, Schumann P. 2010. *Ornithinibacillus contaminans* sp. nov., an endospore-forming species[J]. Int J Syst Evol Microbiol, 60(Pt 12): 2930-2934.

Kämpfer P, Glaeser SP. 2012. Prokaryotic taxonomy in the sequencing era: the polyphasic approach revisited[J]. Environ Microbiol, 14(2): 291-317.

Kämpfer P, Glaeser SP, Busse HJ. 2013a. Transfer of *Bacillus schlegelii* to a novel genus and proposal of *Hydrogenibacillus schlegelii* gen. nov., comb. nov.[J]. Int J Syst Evol Microbiol, 63(Pt 5): 1723-1727.

Kämpfer P, Martin K, Glaeser SP. 2013b. *Lysinibacillus contaminans* sp. nov., isolated from surface water[J]. Int J Syst Evol Microbiol, 63(Pt 9): 3148-3153.

Kämpfer P, Rosselló-Mora R, Falsen E, Busse HJ, Tindall BJ. 2006. *Cohnella thermotolerans* gen. nov., sp. nov., and classification of '*Paenibacillus hongkongensis*' as *Cohnella hongkongensis* sp. nov.[J]. Int J Syst Evol Microbiol, 56(Pt 4): 781-786.

Kang M, Wu H, Yang Q, Huang L, Hu Q, Ma T, Li Z, Liu J. 2020. A chromosome-scale genome assembly of *Isatis indigotica*, an important medicinal plant used in traditional Chinese medicine: an *Isatis* genome[J]. Hortic Res, 7: 18.

Kang X, Guo Y, Leng S, Xiao L, Wang L, Xue Y, Liu C. 2019. Comparative transcriptome profiling of *Gaeumannomyces graminis* var. *tritici* in wheat roots in the absence and presence of biocontrol *Bacillus velezensis* CC09[J]. Front Microbiol, 10: 1474.

Kang YJ, Kim SK, Kim MY, Lestari P, Kim KH, Ha BK, Jun TH, Hwang WJ, Lee T, Lee J, Shim S, Yoon MY, Jang YE, Han KS, Taeprayoon P, Yoon N, Somta P, Tanya P, Kim KS, Gwag JG, Moon JK, Lee YH, Park BS, Bombarely A, Doyle JJ, Jackson SA, Schafleitner R, Srinives P, Varshney RK, Lee SH. 2014. Genome sequence of mungbean and insights into evolution within *Vigna* species[J]. Nat Commun, 5: 5443.

Kang YJ, Satyawan D, Shim S, Lee T, Lee J, Hwang WJ, Kim SK, Lestari P, Laosatit K, Kim KH, Ha TJ, Chitikineni A, Kim MY, Ko JM, Gwag JG, Moon JK, Lee YH, Park BS, Varshney RK, Lee SH. 2015. Draft genome sequence of adzuki bean, *Vigna angularis*[J]. Sci Rep, 5: 8069.

Kanost MR, Arrese EL, Cao X, Chen YR, Chellapilla S, Goldsmith MR, Grosse-Wilde E, Heckel DG, Herndon N, Jiang H, Papanicolaou A, Qu J, Soulages JL, Vogel H, Walters J, Waterhouse RM, Ahn SJ, Almeida FC, An C, Aqrawi P, Bretschneider A, Bryant WB, Bucks S, Chao H, Chevignon G, Christen JM, Clarke DF, Dittmer NT, Ferguson LCF, Garavelou S, Gordon KHJ, Gunaratna RT, Han Y, Hauser F, He Y, Heidel-Fischer H, Hirsh A, Hu Y, Jiang H, Kalra D, Klinner C, König C, Kovar C, Kroll AR,

Kuwar SS, Lee SL, Lehman R, Li K, Li Z, Liang H, Lovelace S, Lu Z, Mansfield JH, McCulloch KJ, Mathew T, Morton B, Muzny DM, Neunemann D, Ongeri F, Pauchet Y, Pu LL, Pyrousis I, Rao XJ, Redding A, Roesel C, Sanchez-Gracia A, Schaack S, Shukla A, Tetreau G, Wang Y, Xiong GH, Traut W, Walsh TK, Worley KC, Wu D, Wu W, Wu YQ, Zhang X, Zou Z, Zucker H, Briscoe AD, Burmester T, Clem RJ, Feyereisen R, Grimmelikhuijzen CJP, Hamodrakas SJ, Hansson BS, Huguet E, Jermiin LS, Lan Q, Lehman HK, Lorenzen M, Merzendorfer H, Michalopoulos I, Morton DB, Muthukrishnan S, Oakeshott JG, Palmer W, Park Y, Passarelli AL, Rozas J, Schwartz LM, Smith W, Southgate A, Vilcinskas A, Vogt R, Wang P, Werren J, Yu XQ, Zhou JJ, Brown SJ, Scherer SE, Richards S, Blissard GW. 2016. Multifaceted biological insights from a draft genome sequence of the tobacco hornworm moth, *Manduca sexta*[J]. Insect Biochem Mol Biol, 76: 118-147.

Kanso S, Greene AC, Patel BK. 2002. *Bacillus subterraneus* sp. nov., an iron- and manganese-reducing bacterium from a deep subsurface Australian thermal aquifer[J]. Int J Syst Evol Microbiol, 52(Pt 3): 869-874.

Kantas D, Papatsiros VG, Tassis PD, Giavasis I, Bouki P, Tzika ED. 2015. A feed additive containing *Bacillus toyonensis* (Toyocerin®) protects against enteric pathogens in postweaning piglets[J]. J Appl Microbiol, 118(3): 727-738.

Kanzawa Y, Harada A, Takeuchi M, Yokota A, Harada T. 1995. *Bacillus curdlanolyticus* sp. nov. and *Bacillus kobensis* sp. nov., which hydrolyze resistant curdlan[J]. Int J Syst Bacteriol, 45(Pt 3): 515-521.

Kao D, Lai AG, Stamataki E, Rosic S, Konstantinides N, Jarvis E, Di Donfrancesco A, Pouchkina-Stancheva N, Sémon M, Grillo M, Bruce H, Kumar S, Siwanowicz I, Le A, Lemire A, Eisen MB, Extavour C, Browne WE, Wolff C, Averof M, Patel NH, Sarkies P, Pavlopoulos A, Aboobaker A. 2016. The genome of the crustacean *Parhyale hawaiensis*, a model for animal development, regeneration, immunity and lignocellulose digestion[J]. Elife, 5: e20062.

Kapheim KM, Pan H, Li C, Blatti C Ⅲ, Harpur BA, Ioannidis P, Jones BM, Kent CF, Ruzzante L, Sloofman L, Stolle E, Waterhouse RM, Zayed A, Zhang G, Wcislo WT. 2019. Draft genome assembly and population genetics of an agricultural pollinator, the solitary alkali bee (Halictidae: *Nomia melanderi*)[J]. G3 (Bethesda), 9(3): 625-634.

Kapheim KM, Pan H, Li C, Salzberg SL, Puiu D, Magoc T, Robertson HM, Hudson ME, Venkat A, Fischman BJ, Hernandez A, Yandell M, Ence D, Holt C, Yocum GD, Kemp WP, Bosch J, Waterhouse RM, Zdobnov EM, Stolle E, Kraus FB, Helbing S, Moritz RF, Glastad KM, Hunt BG, Goodisman MA, Hauser F, Grimmelikhuijzen CJ, Pinheiro DG, Nunes FM, Soares MP, Tanaka ÉD, Simões ZL, Hartfelder K, Evans JD, Barribeau SM, Johnson RM, Massey JH, Southey BR, Hasselmann M, Hamacher D, Biewer M, Kent CF, Zayed A, Blatti C Ⅲ, Sinha S, Johnston JS, Hanrahan SJ, Kocher SD, Wang J, Robinson GE, Zhang G. 2015. Genomic signatures of evolutionary transitions from solitary to group living[J]. Science, 348(6239): 1139-1143.

Kardos M, Luikart G, Bunch R, Dewey S, Edwards W, McWilliam S, Stephenson J, Allendorf FW, Hogg JT, Kijas J. 2015. Whole-genome resequencing uncovers molecular signatures of natural and sexual selection in wild bighorn sheep[J]. Mol Ecol, 24(22): 5616-5632.

Karger AE. 1996. Separation of DNA sequencing fragments using an automated capillary electrophoresis instrument[J]. Electrophoresis, 17(1): 146-151.

Karlin S, Mrázek J, Campbell AM. 1997. Compositional biases of bacterial genomes and evolutionary implications[J]. J Bacteriol, 179(12): 3899-3913.

Karnkowska A, Treitli SC, Brzoň O, Novák L, Vacek V, Soukal P, Barlow LD, Herman EK, Pipaliya SV, Pánek T, Žihala D, Petrželková R, Butenko A, Eme L, Stairs CW, Roger AJ, Eliáš M, Dacks JB, Hampl V. 2019. The *Oxymonad* genome displays canonical eukaryotic complexity in the absence of a mitochondrion[J]. Mol Biol Evol, 36(10): 2292-2312.

Kasahara M, Naruse K, Sasaki S, Nakatani Y, Qu W, Ahsan B, Yamada T, Nagayasu Y, Doi K, Kasai Y, Jindo T, Kobayashi D, Shimada A, Toyoda A, Kuroki Y, Fujiyama A, Sasaki T, Shimizu A, Asakawa S, Shimizu N, Hashimoto S, Yang J, Lee Y, Matsushima K, Sugano S, Sakaizumi M, Narita T, Ohishi K,

Haga S, Ohta F, Nomoto H, Nogata K, Morishita T, Endo T, Shin-i T, Takeda H, Morishita S, Kohara Y. 2007. The medaka draft genome and insights into vertebrate genome evolution[J]. Nature, 447(7145): 716-719.

Kasana RC, Pandey CB. 2018. *Exiguobacterium*: an overview of a versatile genus with potential in industry and agriculture[J]. Crit Rev Biotechnol, 38(1): 141-156.

Kasianov AS, Klepikova AV, Kulakovskiy IV, Gerasimov ES, Fedotova AV, Besedina EG, Kondrashov AS, Logacheva MD, Penin AA. 2017. High-quality genome assembly of *Capsella bursa-pastoris* reveals asymmetry of regulatory elements at early stages of polyploid genome evolution[J]. Plant J, 91(2): 278-291.

Kasianowicz JJ, Brandin E, Branton D, Deamer DW. 1996. Characterization of individual polynucleotide molecules using a membrane channel[J]. Proc Natl Acad Sci USA, 93(24): 13770-13773.

Kaspar F, Neubauer P, Gimpel M. 2019. Bioactive secondary metabolites from *Bacillus subtilis*: a comprehensive review[J]. J Nat Prod, 82(7): 2038-2053.

Katznelson H. 1955. *Bacillus apiarius*, n. sp., an aerobac spore-forming organism isolated from honeybee larvae[J]. J Bacteriol, 70(6): 635-636.

Kaur I, Das AP, Acharya M, Klenk HP, Sree A, Mayilraj S. 2012. *Planococcus plakortidis* sp. nov., isolated from the marine sponge *Plakortis simplex* (Schulze)[J]. Int J Syst Evol Microbiol, 62(Pt 4): 883-889.

Kaur N, Seuylemezian A, Patil PP, Patil P, Krishnamurti S, Varelas J, Smith DJ, Mayilraj S, Vaishampayan P. 2018. *Paenibacillus xerothermodurans* sp. nov., an extremely dry heat resistant spore forming bacterium isolated from the soil of Cape Canaveral, Florida[J]. Int J Syst Evol Microbiol, 68(Pt 10): 3190-3196.

Kawahara-Miki R, Sano S, Nunome M, Shimmura T, Kuwayama T, Takahashi S, Kawashima T, Matsuda Y, Yoshimura T, Kono T. 2013. Next-generation sequencing reveals genomic features in the Japanese quail[J]. Genomics, 101(6): 345-353.

Kawase J, Aoki JY, Araki K. 2018. Constructing a 'chromonome' of yellowtail (*Seriola quinqueradiata*) for comparative analysis of chromosomal rearrangements[J]. J Genomics, 6: 9-19.

Keane M, Semeiks J, Webb AE, Li YI, Quesada V, Craig T, Madsen LB, van Dam S, Brawand D, Marques PI, Michalak P, Kang L, Bhak J, Yim HS, Grishin NV, Nielsen NH, Heide-Jørgensen MP, Oziolor EM, Matson CW, Church GM, Stuart GW, Patton JC, George JC, Suydam R, Larsen K, López-Otín C, O'Connell MJ, Bickham JW, Thomsen B, de Magalhães JP. 2015. Insights into the evolution of longevity from the bowhead whale genome[J]. Cell Rep, 10(1): 112-122.

Kearns AM, Restani M, Szabo I, Schrøder-Nielsen A, Kim JA, Richardson HM, Marzluff JM, Fleischer RC, Johnsen A, Omland KE. 2018. Genomic evidence of speciation reversal in ravens[J]. Nat Commun, 9(1): 906.

Keeling CI, Yuen MM, Liao NY, Docking TR, Chan SK, Taylor GA, Palmquist DL, Jackman SD, Nguyen A, Li M, Henderson H, Janes JK, Zhao Y, Pandoh P, Moore R, Sperling FA, Huber DP, Birol I, Jones SJ, Bohlmann J. 2013. Draft genome of the mountain pine beetle, *Dendroctonus ponderosae* Hopkins, a major forest pest[J]. Genome Biol, 14(3): R27.

Keita MB, Diene SM, Robert C, Raoult D, Fournier PE, Bittar F. 2013. Non-contiguous finished genome sequence and description of *Bacillus massiliogorillae* sp. nov.[J]. Stand Genomic Sci, 9(1): 93-105.

Keita MB, Padhmanabhan R, Caputo A, Robert C, Delaporte E, Raoult D, Fournier PE, Bittar F. 2014a. Non-contiguous finished genome sequence and description of *Gorillibacterium massiliense* gen. nov, sp. nov., a new member of the family Paenibacillaceae[J]. Stand Genomic Sci, 9(3): 807-820.

Keita MB, Padhmanabhan R, Robert C, Delaporte E, Raoult D, Fournier PE, Bittar F. 2016. Non-contiguous-finished genome sequence and description of *Paenibacillus camerounensis* sp. nov.[J]. Microb Ecol, 71(4): 990-998.

Keita MB, Padhmananabhan R, Caputo A, Robert C, Delaporte E, Raoult D, Fournier PE, Bittar F. 2014b. Non-contiguous finished genome sequence and description of *Paenibacillus gorillae* sp. nov.[J]. Stand Genomic Sci, 9(3): 1031-1045.

Kelley JL, Peyton JT, Fiston-Lavier AS, Teets NM, Yee MC, Johnston JS, Bustamante CD, Lee RE, Denlinger DL. 2014. Compact genome of the Antarctic midge is likely an adaptation to an extreme environment[J]. Nat Commun, 5: 4611.

Kelley JL, Yee MC, Brown AP, Richardson RR, Tatarenkov A, Lee CC, Harkins TT, Bustamante CD, Earley RL. 2016. The genome of the self-fertilizing mangrove rivulus fish, *Kryptolebias marmoratus*: a model for studying phenotypic plasticity and adaptations to extreme environments[J]. Genome Biol Evol, 8(7): 2145-2154.

Kellner F, Kim J, Clavijo BJ, Hamilton JP, Childs KL, Vaillancourt B, Cepela J, Habermann M, Steuernagel B, Clissold L, McLay K, Buell CR, O'Connor SE. 2015. Genome-guided investigation of plant natural product biosynthesis[J]. Plant J, 82(4): 680-692.

Kenny NJ, McCarthy SA, Dudchenko O, James K, Betteridge E, Corton C, Dolucan J, Mead D, Oliver K, Omer AD, Pelan S, Ryan Y, Sims Y, Skelton J, Smith M, Torrance J, Weisz D, Wipat A, Aiden EL, Howe K, Williams ST. 2020. The gene-rich genome of the scallop *Pecten maximus*[J]. Gigascience, 9(5): giaa037.

Kenny NJ, Shen X, Chan TT, Wong NW, Chan TF, Chu KH, Lam HM, Hui JH. 2015. Genome of the rusty millipede, *Trigoniulus corallinus*, illuminates Diplopod, Myriapod, and Arthropod evolution[J]. Genome Biol Evol, 7(5): 1280-1295.

Kersey PJ, Allen JE, Armean I, Boddu S, Bolt BJ, Carvalho-Silva D, Christensen M, Davis P, Falin LJ, Grabmueller C, Humphrey J, Kerhornou A, Khobova J, Aranganathan NK, Langridge N, Lowy E, McDowall MD, Maheswari U, Nuhn M, Ong CK, Overduin B, Paulini M, Pedro H, Perry E, Spudich G, Tapanari E, Walts B, Williams G, Tello-Ruiz M, Stein J, Wei S, Ware D, Bolser DM, Howe KL, Kulesha E, Lawson D, Maslen G, Staines DM. 2016. Ensembl Genomes 2016: more genomes, more complexity[J]. Nucleic Acids Res, 44(D1): D574-D580.

Kevbrin VV, Zengler K, Lysenko AM, Wiegel J. 2005. *Anoxybacillus kamchatkensis* sp. nov., a novel thermophilic facultative aerobic bacterium with a broad pH optimum from the Geyser valley, Kamchatka[J]. Extremophiles, 9(5): 391-398.

Khafizova G, Dobrynin P, Polev D, Matveeva T. 2018. *Nicotiana glauca* whole-genome investigation for cT-DNA study[J]. BMC Res Notes, 11(1): 18.

Khalturin K, Shinzato C, Khalturina M, Hamada M, Fujie M, Koyanagi R, Kanda M, Goto H, Anton-Erxleben F, Toyokawa M, Toshino S, Satoh N. 2019. Medusozoan genomes inform the evolution of the jellyfish body plan[J]. Nat Ecol Evol, 3(5): 811-822.

Khan S, Sowpati DT, Srinivasan A, Soujanya M, Mishra RK. 2020. Long-read genome sequence and assembly of *Leptopilina boulardi*: a specialist *Drosophila* parasitoid[J]. G3 (Bethesda), 10(5): 1485-1494.

Khanna R, Mohanty S. 2017. Whole genome sequence resource of Indian *Zaprionus indianus*[J]. Mol Ecol Resour, 17(3): 557-564.

Khelaifia S, Croce O, Lagier JC, Robert C, Couderc C, Di Pinto F, Davoust B, Djossou F, Raoult D, Fournier PE. 2015. Noncontiguous finished genome sequence and description of *Virgibacillus massiliensis* sp. nov., a moderately halophilic bacterium isolated from human gut[J]. New Microbes New Infect, 8: 78-88.

Khelaifia S, Lagier JC, Bibi F, Azhar EI, Croce O, Padmanabhan R, Jiman-Fatani AA, Yasir M, Robert C, Andrieu C, Fournier PE, Raoult D. 2016. Microbial culturomics to map halophilic bacterium in human gut: genome sequence and description of *Oceanobacillus jeddahense* sp. nov.[J]. OMICS, 20(4): 248-258.

Kheterpal I, Scherer JR, Clark SM, Radhakrishnan A, Ju J, Ginther CL, Sensabaugh GF, Mathies RA. 1996. DNA sequencing using a four-color confocal fluorescence capillary array scanner[J]. Electrophoresis, 17(12): 1852-1859.

Khianngam S, Akaracharanya A, Tanasupawat S, Lee KC, Lee JS. 2009. *Paenibacillus thailandensis* sp. nov. and *Paenibacillus nanensis* sp. nov., xylanase-producing bacteria isolated from soil[J]. Int J Syst Evol Microbiol, 59(Pt 3): 566-568.

Kikuchi T, Cotton JA, Dalzell JJ, Hasegawa K, Kanzaki N, McVeigh P, Takanashi T, Tsai IJ, Assefa SA, Cock PJ, Otto TD, Hunt M, Reid AJ, Sanchez-Flores A, Tsuchihara K, Yokoi T, Larsson MC, Miwa J, Maule AG, Sahashi N, Jones JT, Berriman M. 2011. Genomic insights into the origin of parasitism in the emerging plant pathogen *Bursaphelenchus xylophilus*[J]. PLoS Pathog, 7(9): e1002219.

Kilianski A, Haas JL, Corriveau EJ, Liem AT, Willis KL, Kadavy DR, Rosenzweig CN, Minot SS. 2015. Bacterial and viral identification and differentiation by amplicon sequencing on the MinION nanopore sequencer[J]. Gigascience, 4: 12.

Kim BC, Lee KH, Kim MN, Kim EM, Min SR, Kim HS, Shin KS. 2009b. *Paenibacillus pini* sp. nov., a cellulolytic bacterium isolated from the rhizosphere of pine tree[J]. J Microbiol, 47(6): 699-704.

Kim BC, Lee KH, Kim MN, Kim EM, Rhee MS, Kwon OY, Shin KS. 2009c. *Paenibacillus pinihumi* sp. nov., a cellulolytic bacterium isolated from the rhizosphere of *Pinus densiflora*[J]. J Microbiol, 47(5): 530-535.

Kim BM, Amores A, Kang S, Ahn DH, Kim JH, Kim IC, Lee JH, Lee SG, Lee H, Lee J, Kim HW, Desvignes T, Batzel P, Sydes J, Titus T, Wilson CA, Catchen JM, Warren WC, Schartl M, Detrich HW Ⅲ, Postlethwait JH, Park H. 2019b. Antarctic blackfin icefish genome reveals adaptations to extreme environments[J]. Nat Ecol Evol, 3(3): 469-478.

Kim BM, Kang S, Ahn DH, Jung SH, Rhee H, Yoo JS, Lee JE, Lee S, Han YH, Ryu KB, Cho SJ, Park H, An HS. 2018c. The genome of common long-arm octopus *Octopus minor*[J]. Gigascience, 7(11): giy119.

Kim BM, Lee YJ, Kim JH, Kim JH, Kang S, Jo E, Lee SJ, Lee JH, Chi YM, Park H. 2020. The genome assembly and annotation of the southern elephant seal *Mirounga leonina*[J]. Genes (Basel), 11(2): E160.

Kim DS, Bae CY, Jeon JJ, Chun SJ, Oh HW, Hong SG, Baek KS, Moon EY, Bae KS. 2004. *Paenibacillus elgii* sp. nov., with broad antimicrobial activity[J]. Int J Syst Evol Microbiol, 54(Pt 6): 2031-2035.

Kim EB, Fang X, Fushan AA, Huang Z, Lobanov AV, Han L, Marino SM, Sun X, Turanov AA, Yang P, Yim SH, Zhao X, Kasaikina MV, Stoletzki N, Peng C, Polak P, Xiong Z, Kiezun A, Zhu Y, Chen Y, Kryukov GV, Zhang Q, Peshkin L, Yang L, Bronson RT, Buffenstein R, Wang B, Han C, Li Q, Chen L, Zhao W, Sunyaev SR, Park TJ, Zhang G, Wang J, Gladyshev VN. 2011a. Genome sequencing reveals insights into physiology and longevity of the naked mole rat[J]. Nature, 479(7372): 223-227.

Kim HM, Weber JA, Lee N, Park SG, Cho YS, Bhak Y, Lee N, Jeon Y, Jeon S, Luria V, Karger A, Kirschner MW, Jo YJ, Woo S, Shin K, Chung O, Ryu JC, Yim HS, Lee JH, Edwards JS, Manica A, Bhak J, Yum S. 2019a. The genome of the giant Nomura's jellyfish sheds light on the early evolution of active predation[J]. BMC Biol, 17(1): 28.

Kim HS, Lee BY, Han J, Jeong CB, Hwang DS, Lee MC, Kang HM, Kim DH, Lee D, Kim J, Choi IY, Lee JS. 2018d. The genome of the marine medaka *Oryzias melastigma*[J]. Mol Ecol Resour, 18(3): 656-665.

Kim HS, Lee BY, Han J, Jeong CB, Hwang DS, Lee MC, Kang HM, Kim DH, Kim HJ, Papakostas S, Declerck SAJ, Choi IY, Hagiwara A, Park HG, Lee JS. 2018a. The genome of the freshwater monogonont rotifer *Brachionus calyciflorus*[J]. Mol Ecol Resour, 18(3): 646-655.

Kim J, Jung MJ, Roh SW, Nam YD, Shin KS, Bae JW. 2011b. *Virgibacillus alimentarius* sp. nov., isolated from a traditional Korean food[J]. Int J Syst Evol Microbiol, 61(Pt 12): 2851-2855.

Kim JH, Kang HJ, Yu BJ, Kim SC, Lee PC. 2015c. *Planococcus faecalis* sp. nov., a carotenoid-producing species isolated from stools of Antarctic penguins[J]. Int J Syst Evol Microbiol, 65(Pt 10): 3373-3378.

Kim JY, Park SH, Oh DC, Kim YJ. 2013b. *Lysinibacillus jejuensis* sp. nov., isolated from swinery waste[J]. J Microbiol, 51(6): 872-876.

Kim M, Kim T, Ri S, Jiang F, Chang X, Liu Y, Ren L, Qiu X, Deng S, Fang C, Zheng C, Peng F. 2015d. *Risungbinella pyongyangensis* gen. nov., sp. nov., a mesophilic member of the family Thermoactinomycetaceae isolated from an agricultural soil sample[J]. Int J Syst Evol Microbiol, 65(Pt 8): 2726-2733.

Kim M, Oh HS, Park SC, Chun J. 2014c. Towards a taxonomic coherence between average nucleotide identity and 16S rRNA gene sequence similarity for species demarcation of prokaryotes[J]. Int J Syst Evol Microbiol, 64(Pt 2): 346-351.

Kim MG, Lee JC, Park DJ, Li WJ, Kim CJ. 2014b. *Alicyclobacillus tengchongensis* sp. nov., a thermo-acidophilic bacterium isolated from hot spring soil[J]. J Microbiol, 52(10): 886-889.

Kim MK, Kim YA, Park MJ, Yang DC. 2008. *Paenibacillus ginsengihumi* sp. nov., a bacterium isolated from soil in a ginseng field[J]. Int J Syst Evol Microbiol, 58(Pt 5): 1166-1168.

Kim MK, Sathiyaraj S, Pulla RK, Yang DC. 2009a. *Brevibacillus panacihumi* sp. nov., a beta-glucosidase producing bacterium[J]. Int J Syst Evol Microbiol, 59(Pt 5): 1227-1231.

Kim NH, Jayakodi M, Lee SC, Choi BS, Jang W, Lee J, Kim HH, Waminal NE, Lakshmanan M, van Nguyen B, Lee YS, Park HS, Koo HJ, Park JY, Perumal S, Joh HJ, Lee H, Kim J, Kim IS, Kim K, Koduru L, Kang KB, Sung SH, Yu Y, Park DS, Choi D, Seo E, Kim S, Kim YC, Hyun DY, Park YI, Kim C, Lee TH, Kim HU, Soh MS, Lee Y, In JG, Kim HS, Kim YM, Yang DC, Wing RA, Lee DY, Paterson AH, Yang TJ. 2018e. Genome and evolution of the shade-requiring medicinal herb *Panax ginseng*[J]. Plant Biotechnol J, 16(11): 1906-1917.

Kim S, Cho YS, Kim HM, Chung O, Kim H, Jho S, Seomun H, Kim J, Bang WY, Kim C, An J, Bae CH, Bhak Y, Jeon S, Yoon H, Kim Y, Jun J, Lee H, Cho S, Uphyrkina O, Kostyria A, Goodrich J, Miquelle D, Roelke M, Lewis J, Yurchenko A, Bankevich A, Cho J, Lee S, Edwards JS, Weber JA, Cook J, Kim S, Lee H, Manica A, Lee I, O'Brien SJ, Bhak J, Yeo JH. 2016. Comparison of carnivore, omnivore, and herbivore mammalian genomes with a new leopard assembly[J]. Genome Biol, 17(1): 211.

Kim S, Park J, Yeom SI, Kim YM, Seo E, Kim KT, Kim MS, Lee JM, Cheong K, Shin HS, Kim SB, Han K, Lee J, Park M, Lee HA, Lee HY, Lee Y, Oh S, Lee JH, Choi E, Choi E, Lee SE, Jeon J, Kim H, Choi G, Song H, Lee J, Lee SC, Kwon JK, Lee HY, Koo N, Hong Y, Kim RW, Kang WH, Huh JH, Kang BC, Yang TJ, Lee YH, Bennetzen JL, Choi D. 2017b. New reference genome sequences of hot pepper reveal the massive evolution of plant disease-resistance genes by retroduplication[J]. Genome Biol, 18(1): 210.

Kim S, Park M, Yeom SI, Kim YM, Lee JM, Lee HA, Seo E, Choi J, Cheong K, Kim KT, Jung K, Lee GW, Oh SK, Bae C, Kim SB, Lee HY, Kim SY, Kim MS, Kang BC, Jo YD, Yang HB, Jeong HJ, Kang WH, Kwon JK, Shin C, Lim JY, Park JH, Huh JH, Kim JS, Kim BD, Cohen O, Paran I, Suh MC, Lee SB, Kim YK, Shin Y, Noh SJ, Park J, Seo YS, Kwon SY, Kim HA, Park JM, Kim HJ, Choi SB, Bosland PW, Reeves G, Jo SH, Lee BW, Cho HT, Choi HS, Lee MS, Yu Y, Do Choi Y, Park BS, van Deynze A, Ashrafi H, Hill T, Kim WT, Pai HS, Ahn HK, Yeam I, Giovannoni JJ, Rose JK, Sørensen I, Lee SJ, Kim RW, Choi IY, Choi BS, Lim JS, Lee YH, Choi D. 2014a. Genome sequence of the hot pepper provides insights into the evolution of pungency in *Capsicum* species[J]. Nat Genet, 46(3): 270-278.

Kim SJ, Dunlap CA, Kwon SW, Rooney AP. 2015a. *Bacillus glycinifermentans* sp. nov., isolated from fermented soybean paste[J]. Int J Syst Evol Microbiol, 65(Pt 10): 3586-3590.

Kim SJ, Jang YH, Hamada M, Ahn JH, Weon HY, Suzuki K, Whang KS, Kwon SW. 2013a. *Lysinibacillus chungkukjangi* sp. nov., isolated from Chungkukjang, Korean fermented soybean food[J]. J Microbiol, 51(3): 400-404.

Kim SR, Kwak W, Kim H, Caetano-Anolles K, Kim KY, Kim SB, Choi KH, Kim SW, Hwang JS, Kim M, Kim I, Goo TW, Park SW. 2018b. Genome sequence of the Japanese oak silk moth, *Antheraea yamamai*: the first draft genome in the family Saturniidae[J]. Gigascience, 7(1): gix113.

Kim W, Siamphan C, Kim JH, Sukhoom A. 2015b. *Oceanobacillus arenosus* sp. nov., a moderately halophilic bacterium isolated from marine sand[J]. Int J Syst Evol Microbiol, 65(Pt 9): 2943-2948.

Kim YG, Choi DH, Hyun S, Cho BC. 2007a. *Oceanobacillus profundus* sp. nov., isolated from a deep-sea sediment core[J]. Int J Syst Evol Microbiol, 57(Pt 2): 409-413.

Kim YG, Hwang CY, Yoo KW, Moon HT, Yoon JH, Cho BC. 2007b. *Pelagibacillus goriensis* gen. nov., sp. nov., a moderately halotolerant bacterium isolated from coastal water off the east coast of Korea[J]. Int J Syst Evol Microbiol, 57(Pt 7): 1556-1560.

Kim YM, Kim S, Koo N, Shin AY, Yeom SI, Seo E, Park SJ, Kang WH, Kim MS, Park J, Jang I, Kim PG, Byeon I, Kim MS, Choi J, Ko G, Hwang J, Yang TJ, Choi SB, Lee JM, Lim KB, Lee J, Choi IY, Park BS, Kwon SY, Choi D, Kim RW. 2017a. Genome analysis of *Hibiscus syriacus* provides insights of polyploidization and indeterminate flowering in woody plants[J]. DNA Res, 24(1): 71-80.

Kingan SB, Urban J, Lambert CC, Baybayan P, Childers AK, Coates B, Scheffler B, Hackett K, Korlach J, Geib SM. 2019. A high-quality genome assembly from a single, field-collected spotted lanternfly (*Lycorma delicatula*) using the PacBio Sequel II system[J]. Gigascience, 8(10): giz122.

Kiran S, Swarnkar MK, Mayilraj S, Tewari R, Gulati A. 2017. *Paenibacillus ihbetae* sp. nov., a cold-adapted antimicrobial producing bacterium isolated from high altitude Suraj Tal Lake in the Indian trans-Himalayas[J]. Syst Appl Microbiol, 40(7): 430-439.

Kirkness EF, Haas BJ, Sun W, Braig HR, Perotti MA, Clark JM, Lee SH, Robertson HM, Kennedy RC, Elhaik E, Gerlach D, Kriventseva EV, Elsik CG, Graur D, Hill CA, Veenstra JA, Walenz B, Tubío JM, Ribeiro JM, Rozas J, Johnston JS, Reese JT, Popadic A, Tojo M, Raoult D, Reed DL, Tomoyasu Y, Kraus E, Mittapalli O, Margam VM, Li HM, Meyer JM, Johnson RM, Romero-Severson J, Vanzee JP, Alvarez-Ponce D, Vieira FG, Aguadé M, Guirao-Rico S, Anzola JM, Yoon KS, Strycharz JP, Unger MF, Christley S, Lobo NF, Seufferheld MJ, Wang N, Dasch GA, Struchiner CJ, Madey G, Hannick LI, Bidwell S, Joardar V, Caler E, Shao R, Barker SC, Cameron S, Bruggner RV, Regier A, Johnson J, Viswanathan L, Utterback TR, Sutton GG, Lawson D, Waterhouse RM, Venter JC, Strausberg RL, Berenbaum MR, Collins FH, Zdobnov EM, Pittendrigh BR. 2010. Genome sequences of the human body louse and its primary endosymbiont provide insights into the permanent parasitic lifestyle[J]. Proc Natl Acad Sci USA, 107(27): 12168-12173.

Kishore KH, Begum Z, Pathan AA, Shivaji S. 2010. *Paenibacillus glacialis* sp. nov., isolated from the Kafni glacier of the Himalayas, India[J]. Int J Syst Evol Microbiol, 60(Pt 8): 1909-1913.

Kitahara K, Lai CL. 1967. On the spore formation of *Sporolactobacillus inulinus*[J]. J Gen Appl Microbiol, 13(2): 197-203.

Kitahara K, Suzuki J. 1963. *Sporolactobacillus* nov. subgen[J]. J Gen Appl Microbiol, 9(1): 59-71.

Kitashiba H, Li F, Hirakawa H, Kawanabe T, Zou Z, Hasegawa Y, Tonosaki K, Shirasawa S, Fukushima A, Yokoi S, Takahata Y, Kakizaki T, Ishida M, Okamoto S, Sakamoto K, Shirasawa K, Tabata S, Nishio T. 2014. Draft sequences of the radish (*Raphanus sativus* L.) genome[J]. DNA Res, 21(5): 481-490.

Kitts PA, Church DM, Thibaud-Nissen F, Choi J, Hem V, Sapojnikov V, Smith RG, Tatusova T, Xiang C, Zherikov A, DiCuccio M, Murphy TD, Pruitt KD, Kimchi A. 2016. Assembly: a resource for assembled genomes at NCBI[J]. Nucleic Acids Res, 44(D1): D73-D80.

Klenk HP, Lapidus A, Chertkov O, Copeland A, Del Rio TG, Nolan M, Lucas S, Chen F, Tice H, Cheng JF, Han C, Bruce D, Goodwin L, Pitluck S, Pati A, Ivanova N, Mavromatis K, Daum C, Chen A, Palaniappan K, Chang YJ, Land M, Hauser L, Jeffries CD, Detter JC, Rohde M, Abt B, Pukall R, Göker M, Bristow J, Markowitz V, Hugenholtz P, Eisen JA. 2011. Complete genome sequence of the thermophilic, hydrogen-oxidizing *Bacillus tusciae* type strain (T2) and reclassification in the new genus, *Kyrpidia* gen. nov. as *Kyrpidia tusciae* comb. nov. and emendation of the family Alicyclobacillaceae da Costa and Rainey, 2010[J]. Stand Genomic Sci, 5(1): 121-134.

Kliver S, Rayko M, Komissarov A, Bakin E, Zhernakova D, Prasad K, Rushworth C, Baskar R, Smetanin D, Schmutz J, Rokhsar DS, Mitchell-Olds T, Grossniklaus U, Brukhin V. 2018. Assembly of the *Boechera retrofracta* genome and evolutionary analysis of apomixis-associated genes[J]. Genes (Basel), 9(4): 185.

Ko KS, Oh WS, Lee MY, Lee JH, Lee H, Peck KR, Lee NY, Song JH. 2006. *Bacillus infantis* sp. nov. and *Bacillus idriensis* sp. nov., isolated from a patient with neonatal sepsis[J]. Int J Syst Evol Microbiol, 56(Pt 11): 2541-2544.

Kobayashi M, Seki T, Yaginuma K, Koike K. 1981. Nucleotide sequences of small ribosomal RNA and adjacent transfer RNA genes in rat mitochondrial DNA[J]. Gene, 16(1-3): 297-307.

Kocher SD, Li C, Yang W, Tan H, Yi SV, Yang X, Hoekstra HE, Zhang G, Pierce NE, Yu DW. 2013. The draft genome of a socially polymorphic halictid bee, *Lasioglossum albipes*[J]. Genome Biol, 14(12): R142.

Koepfli KP, Paten B, Genome 10K Community of Scientists, O'Brien SJ. 2015. The Genome 10K Project: a way forward[J]. Annu Rev Anim Biosci, 3: 57-111.

Koepfli KP, Tamazian G, Wildt D, Dobrynin P, Kim C, Frandsen PB, Godinho R, Yurchenko AA, Komissarov A, Krasheninnikova K, Kliver S, Kolchanova S, Gonçalves M, Carneiro M, Pinto PV, Ferrand N, Maldonado JE, Ferrie GM, Chemnick L, Ryder OA, Johnson WE, Comizzoli P, O'Brien SJ, Pukazhenthi BS. 2019. Whole genome sequencing and re-sequencing of the sable antelope (*Hippotragus niger*): a resource for monitoring diversity *in ex situ* and *in situ* populations[J]. G3 (Bethesda), 9(6): 1785-1793.

Kokcha S, Mishra AK, Lagier JC, Million M, Leroy Q, Raoult D, Fournier PE. 2012. Non contiguous-finished genome sequence and description of *Bacillus timonensis* sp. nov.[J]. Stand Genomic Sci, 6(3): 346-355.

Kolchanova S, Kliver S, Komissarov A, Dobrinin P, Tamazian G, Grigorev K, Wolfsberger WW, Majeske AJ, Velez-Valentin J, de la Rosa RV, Paul-Murphy JR, Guzman DS, Court MH, Rodriguez-Flores JL, Martínez-Cruzado JC, Oleksyk TK. 2019. Genomes of three closely related Caribbean Amazons provide insight for species history and conservation[J]. Genes (Basel), 10(1): 54.

Kolora SRR, Weigert A, Saffari A, Kehr S, Costa MBW, Spröer C, Indrischek H, Chintalapati M, Lohse K, Doose G, Overmann J, Bunk B, Bleidorn C, Grimm-Seyfarth A, Henle K, Nowick K, Faria R, Stadler PF, Schlegel M. 2019. Divergent evolution in the genomes of closely related lacertids, *Lacerta viridis* and *L. bilineata*, and implications for speciation[J]. Gigascience, 8(2): giy160.

Kong BH, Liu QF, Liu M, Liu Y, Liu L, Li CL, Yu R, Li YH. 2013. *Paenibacillus typhae* sp. nov., isolated from roots of *Typha angustifolia* L.[J]. Int J Syst Evol Microbiol, 63(Pt 3): 1037-1044.

Kong D, Wang Y, Zhao B, Li Y, Song J, Zhai Y, Zhang C, Wang H, Chen X, Zhao B, Ruan Z. 2014. *Lysinibacillus halotolerans* sp. nov., isolated from saline-alkaline soil[J]. Int J Syst Evol Microbiol, 64(Pt 8): 2593-2598.

Kong N, Davis M, Arabyan N, Huang BC, Weis AM, Chen P, Thao K, Ng W, Chin N, Foutouhi S, Foutouhi A, Kaufman J, Xie Y, Storey DB, Weimer BC. 2017. Draft genome sequences of 1183 *Salmonella* strains from the 100K Pathogen Genome Project[J]. Genome Announc, 5(28): e00518-17.

Konganti K, Guerrero FD, Schilkey F, Ngam P, Jacobi JL, Umale PE, Perez de Leon AA, Threadgill DW. 2018. A whole genome assembly of the horn fly, *Haematobia irritans*, and prediction of genes with roles in metabolism and sex determination[J]. G3 (Bethesda), 8(5): 1675-1686.

Kono N, Nakamura H, Ohtoshi R, Tomita M, Numata K, Arakawa K. 2019. The bagworm genome reveals a unique fibroin gene that provides high tensile strength[J]. Commun Biol, 2: 148.

Konorov EA, Nikitin MA, Mikhailov KV, Lysenkov SN, Belenky M, Chang PL, Nuzhdin SV, Scobeyeva VA. 2017. Genomic exaptation enables *Lasius niger* adaptation to urban environments[J]. BMC Evol Biol, 17(Suppl 1): 39.

Konstantinidis KT, Tiedje JM. 2005. Genomic insights that advance the species definition for prokaryotes[J]. Proc Natl Acad Sci USA, 102(7): 2567-2572.

Konuray G, Erginkaya Z. 2018. Potential use of *Bacillus coagulans* in the food industry[J]. Foods, 7(6): E92.

Koonin EV, Makarova KS, Wolf YI. 2017. Evolutionary genomics of defense systems in archaea and bacteria[J]. Annu Rev Microbiol, 71: 233-261.

Kooyman FNJ, Wagenaar JA, Zomer A. 2019. Whole-genome sequencing of dog-specific assemblages C and D of *Giardia duodenalis* from single and pooled cysts indicates host-associated genes[J]. Microb Genom, 5(12): e000302.

Koren S, Schatz MC, Walenz BP, Martin J, Howard JT, Ganapathy G, Wang Z, Rasko DA, McCombie WR, Jarvis ED, Phillippy AM. 2012. Hybrid error correction and *de novo* assembly of single-molecule sequencing reads[J]. Nat Biotechnol, 30(7): 693-700.

Korlach J, Gedman G, Kingan SB, Chin CS, Howard JT, Audet JN, Cantin L, Jarvis ED. 2017. *De novo* PacBio long-read and phased avian genome assemblies correct and add to reference genes generated with intermediate and short reads[J]. Gigascience, 6(10): 1-16.

Korlach J, Marks PJ, Cicero RL, Gray JJ, Murphy DL, Roitman DB, Pham TT, Otto GA, Foquet M, Turner SW. 2008. Selective aluminum passivation for targeted immobilization of single DNA polymerase molecules in zero-mode waveguide nanostructures[J]. Proc Natl Acad Sci USA, 105(4): 1176-1181.

Koseva BS, Hackett JL, Zhou Y, Harris BR, Kelly JK, Greenfield MD, Gleason JM, Macdonald SJ. 2019. Quantitative genetic mapping and genome assembly in the lesser wax moth *Achroia grisella*[J]. G3 (Bethesda), 9(7): 2349-2361.

Kowalski MH, Qian H, Hou Z, Rosen JD, Tapia AL, Shan Y, Jain D, Argos M, Arnett DK, Avery C, Barnes KC, Becker LC, Bien SA, Bis JC, Blangero J, Boerwinkle E, Bowden DW, Buyske S, Cai J, Cho MH, Choi SH, Choquet H, Cupples LA, Cushman M, Daya M, de Vries PS, Ellinor PT, Faraday N, Fornage M, Gabriel S, Ganesh SK, Graff M, Gupta N, He J, Heckbert SR, Hidalgo B, Hodonsky CJ, Irvin MR, Johnson AD, Jorgenson E, Kaplan R, Kardia SLR, Kelly TN, Kooperberg C, Lasky-Su JA, Loos RJF, Lubitz SA, Mathias RA, McHugh CP, Montgomery C, Moon JY, Morrison AC, Palmer ND, Pankratz N,

Papanicolaou GJ, Peralta JM, Peyser PA, Rich SS, Rotter JI, Silverman EK, Smith JA, Smith NL, Taylor KD, Thornton TA, Tiwari HK, Tracy RP, Wang T, Weiss ST, Weng LC, Wiggins KL, Wilson JG, Yanek LR, Zöllner S, North KE, Auer PL; NHLBI Trans-Omics for Precision Medicine (TOPMed) Consortium; TOPMed Hematology & Hemostasis Working Group, Raffield LM, Reiner AP, Li Y. 2019. Use of >100000 NHLBI Trans-Omics for Precision Medicine (TOPMed) Consortium whole genome sequences improves imputation quality and detection of rare variant associations in admixed African and Hispanic/Latino populations[J]. PLoS Genet, 15(12): e1008500.

Kowalski S, Yamane T, Fresco JR. 1971. Nucleotide sequence of the "denaturable" leucine transfer RNA from yeast[J]. Science, 172(3981): 385-387.

Kraaijeveld K, Anvar SY, Frank J, Schmitz A, Bast J, Wilbrandt J, Petersen M, Ziesmann T, Niehuis O, de Knijff P, den Dunnen JT, Ellers J. 2016. Decay of sexual trait genes in an asexual parasitoid wasp[J]. Genome Biol Evol, 8(12): 3685-3695.

Kraaijeveld K, Neleman P, Mariën J, de Meijer E, Ellers J. 2019. Genomic resources for *Goniozus legneri*, *Aleochara bilineata* and *Paykullia maculata*, representing three independent origins of the parasitoid lifestyle in insects[J]. G3 (Bethesda), 9(4): 987-991.

Kratochwil CF, Urban S, Meyer A. 2019. Genome of the Malawi golden cichlid fish (*Melanochromis auratus*) reveals exon loss of *oca2* in an amelanistic morph[J]. Pigment Cell Melanoma Res, 32(5): 719-723.

Kreiner JM, Giacomini DA, Bemm F, Waithaka B, Regalado J, Lanz C, Hildebrandt J, Sikkema PH, Tranel PJ, Weigel D, Stinchcombe JR, Wright SI. 2019. Multiple modes of convergent adaptation in the spread of glyphosate-resistant *Amaranthus tuberculatus*[J]. Proc Natl Acad Sci USA, 116(42): 21076-21084.

Kreplak J, Madoui MA, Cápal P, Novák P, Labadie K, Aubert G, Bayer PE, Gali KK, Syme RA, Main D, Klein A, Bérard A, Vrbová I, Fournier C, d'Agata L, Belser C, Berrabah W, Toegelová H, Milec Z, Vrána J, Lee H, Kougbeadjo A, Térézol M, Huneau C, Turo CJ, Mohellibi N, Neumann P, Falque M, Gallardo K, McGee R, Tar'an B, Bendahmane A, Aury JM, Batley J, Le Paslier MC, Ellis N, Warkentin TD, Coyne CJ, Salse J, Edwards D, Lichtenzveig J, Macas J, Doležel J, Wincker P, Burstin J. 2019. A reference genome for pea provides insight into legume genome evolution[J]. Nat Genet, 51(9): 1411-1422.

Krishnamurthi S, Bhattacharya A, Mayilraj S, Saha P, Schumann P, Chakrabarti T. 2009a. Description of *Paenisporosarcina quisquiliarum* gen. nov., sp. nov., and reclassification of *Sporosarcina macmurdoensis* Reddy et al. 2003 as *Paenisporosarcina macmurdoensis* comb. nov.[J]. Int J Syst Evol Microbiol, 59(Pt 6): 1366-1370.

Krishnamurthi S, Chakrabarti T. 2009. Proposal for transfer of *Pelagibacillus goriensis* Kim et al. 2007 to the genus *Terribacillus* as *Terribacillus goriensis* comb. nov.[J]. Int J Syst Evol Microbiol, 58(Pt 10): 2287-2291.

Krishnamurthi S, Chakrabarti T, Stackebrandt E. 2009b. Re-examination of the taxonomic position of *Bacillus silvestris* Rheims et al. 1999 and proposal to transfer it to *Solibacillus* gen. nov. as *Solibacillus silvestris* comb. nov.[J]. Int J Syst Evol Microbiol, 59(Pt 5): 1056-1058.

Krishnamurthi S, Ruckmani A, Pukall R, Chakrabarti T. 2010. *Psychrobacillus* gen. nov. and proposal for reclassification of *Bacillus insolitus* Larkin & Stokes, 1967, *B. psychrotolerans* Abd-El Rahman et al., 2002 and *B. psychrodurans* Abd-El Rahman et al., 2002 as *Psychrobacillus insolitus* comb. nov., *Psychrobacillus psychrotolerans* comb. nov. and *Psychrobacillus psychrodurans* comb. nov.[J]. Syst Appl Microbiol, 33(7): 367-373.

Krishnan NM, Pattnaik S, Jain P, Gaur P, Choudhary R, Vaidyanathan S, Deepak S, Hariharan AK, Krishna PB, Nair J, Varghese L, Valivarthi NK, Dhas K, Ramaswamy K, Panda B. 2012. A draft of the genome and four transcriptomes of a medicinal and pesticidal angiosperm *Azadirachta indica*[J]. BMC Genomics, 13: 464.

Kronenberg ZN, Fiddes IT, Gordon D, Murali S, Cantsilieris S, Meyerson OS, Underwood JG, Nelson BJ, Chaisson MJP, Dougherty ML, Munson KM, Hastie AR, Diekhans M, Hormozdiari F, Lorusso N, Hoekzema K, Qiu R, Clark K, Raja A, Welch AE, Sorensen M, Baker C, Fulton RS, Armstrong J, Graves-Lindsay TA, Denli AM, Hoppe ER, Hsieh P, Hill CM, Pang AWC, Lee J, Lam ET, Dutcher SK,

Gage FH, Warren WC, Shendure J, Haussler D, Schneider VA, Cao H, Ventura M, Wilson RK, Paten B, Pollen A, Eichler EE. 2018. High-resolution comparative analysis of great ape genomes[J]. Science, 360(6393): eaar6343.

Kuchino Y, Watanabe S, Harada F, Nishimura S. 1980. Primary structure of AUA-specific isoleucine transfer ribonucleic acid from *Escherichia coli*[J]. Biochemistry, 19(10): 2085-2089.

Kudryashova EB, Karlyshev AV, Ariskina EV, Streshinskaya GM, Vinokurova NG, Kopitsyn DS, Evtushenko LI. 2018. *Cohnella kolymensis* sp. nov., a novel bacillus isolated from Siberian permafrost[J]. Int J Syst Evol Microbiol, 68(9): 2912-2917.

Kuebutornye FKA, Abarike ED, Lu Y. 2019. A review on the application of *Bacillus* as probiotics in aquaculture[J]. Fish Shellfish Immunol, 87: 820-828.

Kuhnigk T, Borst EM, Breunig A, König H, Collins MD, Hutson RA, Kämpfer P. 1995. *Bacillus oleronius* sp.nov., a member of the hindgut flora of the termite *Reticulitermes santonensis* (Feytaud)[J]. Can J Microbiol, 41(8): 699-706.

Kuisiene N, Raugalas J, Chitavichius D. 2004. *Geobacillus lituanicus* sp. nov.[J]. Int J Syst Evol Microbiol, 54(Pt 6): 1991-1995.

Kuisiene N, Raugalas J, Spröer C, Kroppenstedt RM, Chitavichius D. 2008. *Bacillus butanolivorans* sp. nov., a species with industrial application for the remediation of *n*-butanol[J]. Int J Syst Evol Microbiol, 58(Pt 2): 505-509.

Kukekova AV, Johnson JL, Xiang X, Feng S, Liu S, Rando HM, Kharlamova AV, Herbeck Y, Serdyukova NA, Xiong Z, Beklemischeva V, Koepfli KP, Gulevich RG, Vladimirova AV, Hekman JP, Perelman PL, Graphodatsky AS, O'Brien SJ, Wang X, Clark AG, Acland GM, Trut LN, Zhang G. 2018. Red fox genome assembly identifies genomic regions associated with tame and aggressive behaviours[J]. Nat Ecol Evol, 2(9): 1479-1491.

Kumar N, Singh N, Jaryal R, Bhandari C, Singh J, Thakur P, Duhan A. 2019. Purification, characterization and antibacterial spectrum of a compound produced by *Bacillus cereus* MTCC 10072[J]. Arch Microbiol, 201(9): 1195-1205.

Kumar RM, Kaur G, Kumar A, Bala M, Singh NK, Kaur N, Kumar N, Mayilraj S. 2015. Taxonomic description and genome sequence of *Bacillus campisalis* sp. nov., a member of the genus *Bacillus* isolated from a solar saltern[J]. Int J Syst Evol Microbiol, 65(Pt 10): 3235-3240.

Kumar S, Schiffer PH, Blaxter M. 2012. 959 Nematode Genomes: a semantic wiki for coordinating sequencing projects[J]. Nucleic Acids Res, 40(Database issue): D1295-D1300.

Kunst F, Ogasawara N, Moszer I, Albertini AM, Alloni G, Azevedo V, Bertero MG, Bessières P, Bolotin A, Borchert S, Borriss R, Boursier L, Brans A, Braun M, Brignell SC, Bron S, Brouillet S, Bruschi CV, Caldwell B, Capuano V, Carter NM, Choi SK, Cordani JJ, Connerton IF, Cummings NJ, Daniel RA, Denziot F, Devine KM, Düsterhöft A, Ehrlich SD, Emmerson PT, Entian KD, Errington J, Fabret C, Ferrari E, Foulger D, Fritz C, Fujita M, Fujita Y, Fuma S, Galizzi A, Galleron N, Ghim SY, Glaser P, Goffeau A, Golightly EJ, Grandi G, Guiseppi G, Guy BJ, Haga K, Haiech J, Harwood CR, Hènaut A, Hilbert H, Holsappel S, Hosono S, Hullo MF, Itaya M, Jones L, Joris B, Karamata D, Kasahara Y, Klaerr-Blanchard M, Klein C, Kobayashi Y, Koetter P, Koningstein G, Krogh S, Kumano M, Kurita K, Lapidus A, Lardinois S, Lauber J, Lazarevic V, Lee SM, Levine A, Liu H, Masuda S, Mauël C, Médigue C, Medina N, Mellado RP, Mizuno M, Moestl D, Nakai S, Noback M, Noone D, O'Reilly M, Ogawa K, Ogiwara A, Oudega B, Park SH, Parro V, Pohl TM, Portelle D, Porwollik S, Prescott AM, Presecan E, Pujic P, Purnelle B, Rapoport G, Rey M, Reynolds S, Rieger M, Rivolta C, Rocha E, Roche B, Rose M, Sadaie Y, Sato T, Scanlan E, Schleich S, Schroeter R, Scoffone F, Sekiguchi J, Sekowska A, Seror SJ, Serror P, Shin BS, Soldo B, Sorokin A, Tacconi E, Takagi T, Takahashi H, Takemaru K, Takeuchi M, Tamakoshi A, Tanaka T, Terpstra P, Togoni A, Tosato V, Uchiyama S, Vandebol M, Vannier F, Vassarotti A, Viari A, Wambutt R, Wedler H, Weitzenegger T, Winters P, Wipat A, Yamamoto H, Yamane K, Yasumoto K, Yata K, Yoshida K, Yoshikawa HF, Zumstein E, Yoshikawa H, Danchin A. 1997. The complete genome sequence of the gram-positive bacterium *Bacillus subtilis*[J]. Nature, 390(6657): 249-256.

Künstner A, Hoffmann M, Fraser BA, Kottler VA, Sharma E, Weigel D, Dreyer C. 2016. The genome of the Trinidadian guppy, *Poecilia reticulata*, and variation in the Guanapo population[J]. PLoS One, 11(12): e0169087.

Kuroda M, Ohta T, Uchiyama I, Baba T, Yuzawa H, Kobayashi I, Cui L, Oguchi A, Aoki K, Nagai Y, Lian J, Ito T, Kanamori M, Matsumaru H, Maruyama A, Murakami H, Hosoyama A, Mizutani-Ui Y, Takahashi NK, Sawano T, Inoue R, Kaito C, Sekimizu K, Hirakawa H, Kuhara S, Goto S, Yabuzaki J, Kanehisa M, Yamashita A, Oshima K, Furuya K, Yoshino C, Shiba T, Hattori M, Ogasawara N, Hayashi H, Hiramatsu K. 2001. Whole genome sequencing of meticillin-resistant *Staphylococcus aureus*[J]. Lancet, 357(9264): 1225-1240.

Kuroshima KI, Sakane T, Takata R, Yokota A. 1996. *Bacillus ehimensis* sp. nov. and *Bacillus chitinolyticus* sp. nov., new chitinolytic members of the genus *Bacillus*[J]. Int J Syst Bacteriol, 46(1): 76-80.

Kuspa A, Vollrath D, Cheng Y, Kaiser D. 1989. Physical mapping of the *Myxococcus xanthus* genome by random cloning in yeast artificial chromosomes[J]. Proc Natl Acad Sci USA, 86(22): 8917-8921.

Kusy D, Motyka M, Bocek M, Vogler AP, Bocak L. 2018. Genome sequences identify three families of Coleoptera as morphologically derived click beetles (Elateridae)[J]. Sci Rep, 8(1): 17084.

Kutsenko A, Svensson T, Nystedt B, Lundeberg J, Björk P, Sonnhammer E, Giacomello S, Visa N, Wieslander L. 2014. The *Chironomus tentans* genome sequence and the organization of the Balbiani ring genes[J]. BMC Genomics, 15: 819.

Kuzmin DA, Feranchuk SI, Sharov VV, Cybin AN, Makolov SV, Putintseva YA, Oreshkova NV, Krutovsky KV. 2019. Stepwise large genome assembly approach: a case of Siberian larch (*Larix sibirica* Ledeb)[J]. BMC Bioinformatics, 20(Suppl 1): 37.

Kwan HH, Culibrk L, Taylor GA, Leelakumari S, Tan R, Jackman SD, Tse K, MacLeod T, Cheng D, Chuah E, Kirk H, Pandoh P, Carlsen R, Zhao Y, Mungall AJ, Moore R, Birol I, Marra MA, Rosen DAS, Haulena M, Jones SJM. 2019. The genome of the steller sea lion (*Eumetopias jubatus*)[J]. Genes (Basel), 10(7): E486.

Kwon SW, Kim BY, Song J, Weon HY, Schumann P, Tindall BJ, Stackebrandt E, Fritze D. 2007. *Sporosarcina koreensis* sp. nov. and *Sporosarcina soli* sp. nov., isolated from soil in Korea[J]. Int J Syst Evol Microbiol, 57(Pt 8): 1696-1698.

Kyrpides NC, Hugenholtz P, Eisen JA, Woyke T, Göker M, Parker CT, Amann R, Beck BJ, Chain PS, Chun J, Colwell RR, Danchin A, Dawyndt P, Dedeurwaerdere T, DeLong EF, Detter JC, De Vos P, Donohue TJ, Dong XZ, Ehrlich DS, Fraser C, Gibbs R, Gilbert J, Gilna P, Glöckner FO, Jansson JK, Keasling JD, Knight R, Labeda D, Lapidus A, Lee JS, Li WJ, Ma J, Markowitz V, Moore ER, Morrison M, Meyer F, Nelson KE, Ohkuma M, Ouzounis CA, Pace N, Parkhill J, Qin N, Rossello-Mora R, Sikorski J, Smith D, Sogin M, Stevens R, Stingl U, Suzuki K, Taylor D, Tiedje JM, Tindall B, Wagner M, Weinstock G, Weissenbach J, White O, Wang J, Zhang L, Zhou YG, Field D, Whitman WB, Garrity GM, Klenk HP. 2014. Genomic encyclopedia of bacteria and archaea: sequencing a myriad of type strains[J]. PLoS Biol, 12(8): e1001920.

Kyrpides NC. 1999. Genomes OnLine Database (GOLD 1.0): a monitor of complete and ongoing genome projects world-wide[J]. Bioinformatics, 15(9): 773-774.

L'Haridon S, Miroshnichenko ML, Kostrikina NA, Tindall BJ, Spring S, Schumann P, Stackebrandt E, Bonch-Osmolovskaya EA, Jeanthon C. 2006. *Vulcanibacillus modesticaldus* gen. nov., sp. nov., a strictly anaerobic, nitrate-reducing bacterium from deep-sea hydrothermal vents[J]. Int J Syst Evol Microbiol, 56(Pt 5): 1047-1053.

La Duc MT, Satomi M, Venkateswaran K. 2004. *Bacillus odysseyi* sp. nov., a round-spore-forming bacillus isolated from the Mars Odyssey spacecraft[J]. Int J Syst Evol Microbiol, 54(Pt 1): 195-201.

Lacey J. 1971. *Thermoactinomyces sacchari* sp. nov., a thermophilic actinomycete causing bagassosis[J]. J Gen Microbiol, 66(3): 327-338.

Lai Q, Liu Y, Shao Z. 2014. *Bacillus xiamenensis* sp. nov., isolated from intestinal tract contents of a flathead mullet (*Mugil cephalus*)[J]. Antonie Van Leeuwenhoek, 105(1): 99-107.

Laine VN, Gossmann TI, Schachtschneider KM, Garroway CJ, Madsen O, Verhoeven KJ, de Jager V,

Megens HJ, Warren WC, Minx P, Crooijmans RP, Corcoran P; Great Tit HapMap Consortium, Sheldon BC, Slate J, Zeng K, van Oers K, Visser ME, Groenen MA. 2016. Evolutionary signals of selection on cognition from the great tit genome and methylome[J]. Nat Commun, 7: 10474.

Laing R, Kikuchi T, Martinelli A, Tsai IJ, Beech RN, Redman E, Holroyd N, Bartley DJ, Beasley H, Britton C, Curran D, Devaney E, Gilabert A, Hunt M, Jackson F, Johnston SL, Kryukov I, Li K, Morrison AA, Reid AJ, Sargison N, Saunders GI, Wasmuth JD, Wolstenholme A, Berriman M, Gilleard JS, Cotton JA. 2013. The genome and transcriptome of *Haemonchus contortus*, a key model parasite for drug and vaccine discovery[J]. Genome Biol, 14(8): R88.

Lamelas A, Gosalbes MJ, Manzano-Marín A, Peretó J, Moya A, Latorre A. 2011. *Serratia symbiotica* from the aphid *Cinara cedri*: a missing link from facultative to obligate insect endosymbiont[J]. PLoS Genet, 7(11): e1002357.

Lan QX, Chen J, Lin L, Ye XL, Yan QY, Huang JF, Liu CC, Yang GW. 2016. *Sporolactobacillus pectinivorans* sp. nov., an anaerobic bacterium isolated from spoiled jelly[J]. Int J Syst Evol Microbiol, 66(Pt 11): 4323-4328.

Land M, Hauser L, Jun SR, Nookaew I, Leuze MR, Ahn TH, Karpinets T, Lund O, Kora G, Wassenaar T, Poudel S, Ussery DW. 2015. Insights from 20 years of bacterial genome sequencing[J]. Funct Integr Genomics, 15(2): 141-161.

Land ML, Hyatt D, Jun SR, Kora GH, Hauser LJ, Lukjancenko O, Ussery DW. 2014. Quality scores for 32000 genomes[J]. Stand Genomic Sci, 9: 20.

Lander ES, Linton LM, Birren B, Nusbaum C, Zody MC, Baldwin J, Devon K, Dewar K, Doyle M, FitzHugh W, Funke R, Gage D, Harris K, Heaford A, Howland J, Kann L, Lehoczky J, LeVine R, McEwan P, McKernan K, Meldrim J, Mesirov JP, Miranda C, Morris W, Naylor J, Raymond C, Rosetti M, Santos R, Sheridan A, Sougnez C, Stange-Thomann Y, Stojanovic N, Subramanian A, Wyman D, Rogers J, Sulston J, Ainscough R, Beck S, Bentley D, Burton J, Clee C, Carter N, Coulson A, Deadman R, Deloukas P, Dunham A, Dunham I, Durbin R, French L, Grafham D, Gregory S, Hubbard T, Humphray S, Hunt A, Jones M, Lloyd C, McMurray A, Matthews L, Mercer S, Milne S, Mullikin JC, Mungall A, Plumb R, Ross M, Shownkeen R, Sims S, Waterston RH, Wilson RK, Hillier LW, McPherson JD, Marra MA, Mardis ER, Fulton LA, Chinwalla AT, Pepin KH, Gish WR, Chissoe SL, Wendl MC, Delehaunty KD, Miner TL, Delehaunty A, Kramer JB, Cook LL, Fulton RS, Johnson DL, Minx PJ, Clifton SW, Hawkins T, Branscomb E, Predki P, Richardson P, Wenning S, Slezak T, Doggett N, Cheng JF, Olsen A, Lucas S, Elkin C, Uberbacher E, Frazier M, Gibbs RA, Muzny DM, Scherer SE, Bouck JB, Sodergren EJ, Worley KC, Rives CM, Gorrell JH, Metzker ML, Naylor SL, Kucherlapati RS, Nelson DL, Weinstock GM, Sakaki Y, Fujiyama A, Hattori M, Yada T, Toyoda A, Itoh T, Kawagoe C, Watanabe H, Totoki Y, Taylor T, Weissenbach J, Heilig R, Saurin W, Artiguenave F, Brottier P, Bruls T, Pelletier E, Robert C, Wincker P, Smith DR, Doucette-Stamm L, Rubenfield M, Weinstock K, Lee HM, Dubois J, Rosenthal A, Platzer M, Nyakatura G, Taudien S, Rump A, Yang H, Yu J, Wang J, Huang G, Gu J, Hood L, Rowen L, Madan A, Qin S, Davis RW, Federspiel NA, Abola AP, Proctor MJ, Myers RM, Schmutz J, Dickson M, Grimwood J, Cox DR, Olson MV, Kaul R, Raymond C, Shimizu N, Kawasaki K, Minoshima S, Evans GA, Athanasiou M, Schultz R, Roe BA, Chen F, Pan H, Ramser J, Lehrach H, Reinhardt R, McCombie WR, de la Bastide M, Dedhia N, Blöcker H, Hornischer K, Nordsiek G, Agarwala R, Aravind L, Bailey JA, Bateman A, Batzoglou S, Birney E, Bork P, Brown DG, Burge CB, Cerutti L, Chen HC, Church D, Clamp M, Copley RR, Doerks T, Eddy SR, Eichler EE, Furey TS, Galagan J, Gilbert JG, Harmon C, Hayashizaki Y, Haussler D, Hermjakob H, Hokamp K, Jang W, Johnson LS, Jones TA, Kasif S, Kaspryzk A, Kennedy S, Kent WJ, Kitts P, Koonin EV, Korf I, Kulp D, Lancet D, Lowe TM, McLysaght A, Mikkelsen T, Moran JV, Mulder N, Pollara VJ, Ponting CP, Schuler G, Schultz J, Slater G, Smit AF, Stupka E, Szustakowki J, Thierry-Mieg D, Thierry-Mieg J, Wagner L, Wallis J, Wheeler R, Williams A, Wolf YI, Wolfe KH, Yang SP, Yeh RF, Collins F, Guyer MS, Peterson J, Felsenfeld A, Wetterstrand KA, Patrinos A, Morgan MJ, de Jong P, Catanese JJ, Osoegawa K, Shizuya H, Choi S, Chen YJ, Szustakowki J; International Human Genome Sequencing Consortium. 2001. Initial sequencing and analysis of the human genome[J]. Nature, 409(6822): 860-921.

Lang D, Ullrich KK, Murat F, Fuchs J, Jenkins J, Haas FB, Piednoel M, Gundlach H, Van Bel M, Meyberg R, Vives C, Morata J, Symeonidi A, Hiss M, Muchero W, Kamisugi Y, Saleh O, Blanc G, Decker EL, van Gessel N, Grimwood J, Hayes RD, Graham SW, Gunter LE, McDaniel SF, Hoernstein SNW, Larsson A, Li FW, Perroud PF, Phillips J, Ranjan P, Rokshar DS, Rothfels CJ, Schneider L, Shu S, Stevenson DW, Thümmler F, Tillich M, Villarreal Aguilar JC, Widiez T, Wong GK, Wymore A, Zhang Y, Zimmer AD, Quatrano RS, Mayer KFX, Goodstein D, Casacuberta JM, Vandepoele K, Reski R, Cuming AC, Tuskan GA, Maumus F, Salse J, Schmutz J, Rensing SA. 2018. The *Physcomitrella patens* chromosome-scale assembly reveals moss genome structure and evolution[J]. Plant J, 93(3): 515-533.

Larkin JM, Stokes JL. 1967. Taxonomy of psychrophilic strains of *Bacillus*[J]. J Bacteriol, 94(4): 889-895.

Lastochkina O, Seifikalhor M, Aliniaeifard S, Baymiev A, Pusenkova L, Garipova S, Kulabuhova D, Maksimov I. 2019. *Bacillus* spp.: efficient biotic strategy to control postharvest diseases of fruits and vegetables[J]. Plants (Basel), 8(4): E97.

Lau MK, Ellison AM, Nguyen A, Penick C, DeMarco B, Gotelli NJ, Sanders NJ, Dunn RR, Cahan SH. 2019. Draft *Aphaenogaster* genomes expand our view of ant genome size variation across climate gradients[J]. PeerJ, 7: e6447.

Lau NS, Makita Y, Kawashima M, Taylor TD, Kondo S, Othman AS, Shu-Chien AC, Matsui M. 2016b. The rubber tree genome shows expansion of gene family associated with rubber biosynthesis[J]. Sci Rep, 6: 28594.

Lau YL, Lee WC, Chen J, Zhong Z, Jian J, Amir A, Cheong FW, Sum JS, Fong MY. 2016a. Draft genomes of *Anopheles cracens* and *Anopheles maculatus*: comparison of Simian Malaria and Human Malaria Vectors in Peninsular Malaysia[J]. PLoS One, 11(6): e0157893.

Lau YL, Lee WC, Xia J, Zhang G, Razali R, Anwar A, Fong MY. 2015. Draft genome of *Brugia pahangi*: high similarity between *B. pahangi* and *B. malayi*[J]. Parasit Vectors, 8: 451.

Lawal RA, Martin SH, Vanmechelen K, Vereijken A, Silva P, Al-Atiyat RM, Aljumaah RS, Mwacharo JM, Wu DD, Zhang YP, Hocking PM, Smith J, Wragg D, Hanotte O. 2020. The wild species genome ancestry of domestic chickens[J]. BMC Biol, 18(1): 13.

Lawson PA, Deutch CE, Collins MD. 1996. Phylogenetic characterization of a novel salt-tolerant *Bacillus* species: description of *Bacillus dipsosauri* sp. nov.[J]. J Appl Bacteriol, 81(1): 109-112.

Lazarte JN, Lopez RP, Ghiringhelli PD, Berón CM. 2018. *Bacillus wiedmannii* biovar *thuringiensis*: a specialized mosquitocidal pathogen with plasmids from diverse origins[J]. Genome Biol Evol, 10(10): 2823-2833.

Le Chatelier E, Nielsen T, Qin J, Prifti E, Hildebrand F, Falony G, Almeida M, Arumugam M, Batto JM, Kennedy S, Leonard P, Li J, Burgdorf K, Grarup N, Jørgensen T, Brandslund I, Nielsen HB, Juncker AS, Bertalan M, Levenez F, Pons N, Rasmussen S, Sunagawa S, Tap J, Tims S, Zoetendal EG, Brunak S, Clément K, Doré J, Kleerebezem M, Kristiansen K, Renault P, Sicheritz-Ponten T, de Vos WM, Zucker JD, Raes J, Hansen T; MetaHIT Consortium, Bork P, Wang J, Ehrlich SD, Pedersen O. 2013. Richness of human gut microbiome correlates with metabolic markers[J]. Nature, 500(7464): 541-546.

Le Duc D, Renaud G, Krishnan A, Almén MS, Huynen L, Prohaska SJ, Ongyerth M, Bitarello BD, Schiöth HB, Hofreiter M, Stadler PF, Prüfer K, Lambert D, Kelso J, Schöneberg T. 2015. Kiwi genome provides insights into evolution of a nocturnal lifestyle[J]. Genome Biol, 16(1): 147.

Leclère L, Horin C, Chevalier S, Lapébie P, Dru P, Peron S, Jager M, Condamine T, Pottin K, Romano S, Steger J, Sinigaglia C, Barreau C, Quiroga Artigas G, Ruggiero A, Fourrage C, Kraus JEM, Poulain J, Aury JM, Wincker P, Quéinnec E, Technau U, Manuel M, Momose T, Houliston E, Copley RR. 2019. The genome of the jellyfish *Clytia hemisphaerica* and the evolution of the cnidarian life-cycle[J]. Nat Ecol Evol, 3(5): 801-810.

Lee BY, Park JC, Kim MS, Choi BS, Kim DH, Lim JS, Yum S, Hwang UK, Nah GJ, Lee JS. 2020a. The genome of the Java medaka (*Oryzias javanicus*): Potential for its use in marine molecular ecotoxicology[J]. Mar Pollut Bull, 154: 111118.

Lee CS, Jung YT, Park S, Oh TK, Yoon JH. 2010. *Lysinibacillus xylanilyticus* sp. nov., a xylan-degrading bacterium isolated from forest humus[J]. Int J Syst Evol Microbiol, 60(Pt 2): 281-286.

Lee DC, Kang H, Weerawongwiwat V, Kim B, Choi YW, Kim W. 2013. *Oceanobacillus chungangensis* sp. nov., isolated from a sand dune[J]. Int J Syst Evol Microbiol, 63(Pt 10): 3666-3671.

Lee FL, Kuo HP, Tai CJ, Yokota A, Lo CC. 2007. *Paenibacillus taiwanensis* sp. nov., isolated from soil in Taiwan[J]. Int J Syst Evol Microbiol, 57(Pt 6): 1351-1354.

Lee FL, Tien CJ, Tai CJ, Wang LT, Liu YC, Chern LL. 2008b. *Paenibacillus taichungensis* sp. nov., from soil in Taiwan[J]. Int J Syst Evol Microbiol, 58(Pt 11): 2640-2645.

Lee GH, Rhee MS, Chang DH, Kwon KK, Bae KS, Yang SH, Kim BC. 2014a. *Bacillus solimangrovi* sp. nov., isolated from mangrove soil[J]. Int J Syst Evol Microbiol, 64(Pt 5): 1622-1628.

Lee H, Golicz AA, Bayer PE, Jiao Y, Tang H, Paterson AH, Sablok G, Krishnaraj RR, Chan CK, Batley J, Kendrick GA, Larkum AW, Ralph PJ, Edwards D. 2016a. The genome of a southern hemisphere seagrass species (*Zostera muelleri*)[J]. Plant Physiol, 172(1): 272-283.

Lee H, Golicz AA, Bayer PE, Severn-Ellis AA, Chan CK, Batley J, Kendrick GA, Edwards D. 2018a. Genomic comparison of two independent seagrass lineages reveals habitat-driven convergent evolution[J]. J Exp Bot, 69(15): 3689-3702.

Lee H, Kim J, Weber JA, Chung O, Cho YS, Jho S, Jun J, Kim HM, Lim J, Choi JP, Jeon S, Blazyte A, Edwards JS, Paek WK, Bhak J. 2020b. Whole genome analysis of the red-crowned crane provides insight into avian longevity[J]. Mol Cells, 43(1): 86-95.

Lee I, Kim YO, Park SC, Chun J. 2016c. OrthoANI: an improved algorithm and software for calculating average nucleotide identity[J]. Int J Syst Evol Microbiol, 66(2): 1100-1103.

Lee J, Yang EC, Graf L, Yang JH, Qiu H, Zelzion U, Chan CX, Stephens TG, Weber APM, Boo GH, Boo SM, Kim KM, Shin Y, Jung M, Lee SJ, Yim HS, Lee JH, Bhattacharya D, Yoon HS. 2018b. Analysis of the draft genome of the red seaweed *Gracilariopsis chorda* provides insights into genome size evolution in Rhodophyta[J]. Mol Biol Evol, 35(8): 1869-1886.

Lee JC, Lee GS, Park DJ, Kim CJ. 2008a. *Bacillus alkalitelluris* sp. nov., an alkaliphilic bacterium isolated from sandy soil[J]. Int J Syst Evol Microbiol, 58(Pt 11): 2629-2634.

Lee JJ, Yang DH, Ko YS, Park JK, Im EY, Kim JY, Kwon KY, Lee YJ, Kim HM, Kim MK. 2014c. *Paenibacillus swuensis* sp. nov., a bacterium isolated from soil[J]. J Microbiol, 52(2): 106-110.

Lee JS, Lee KC, Chang YH, Hong SG, Oh HW, Pyun YR, Bae KS. 2002. *Paenibacillus daejeonensis* sp. nov., a novel alkaliphilic bacterium from soil[J]. Int J Syst Evol Microbiol, 52(Pt 6): 2107-2111.

Lee JS, Lim JM, Lee KC, Lee JC, Park YH, Kim CJ. 2006. *Virgibacillus koreensis* sp. nov., a novel bacterium from a salt field, and transfer of *Virgibacillus picturae* to the genus *Oceanobacillus* as *Oceanobacillus picturae* comb. nov. with emended descriptions[J]. Int J Syst Evol Microbiol, 56(Pt 1): 251-257.

Lee JS, Pyun YR, Bae KS. 2004. Transfer of *Bacillus ehimensis* and *Bacillus chitinolyticus* to the genus *Paenibacillus* with emended descriptions of *Paenibacillus ehimensis* comb. nov. and *Paenibacillus chitinolyticus* comb. nov.[J]. Int J Syst Evol Microbiol, 54(Pt 3): 929-233.

Lee KC, Kim KK, Eom MK, Kim JS, Kim DS, Ko SH, Lee JS. 2014b. *Aneurinibacillus soli* sp. nov., isolated from mountain soil[J]. Int J Syst Evol Microbiol, 64(Pt 11): 3792-3797.

Lee KC, Kim KK, Eom MK, Kim MJ, Lee JS. 2011. *Fontibacillus panacisegetis* sp. nov., isolated from soil of a ginseng field[J]. Int J Syst Evol Microbiol, 61(Pt 2): 369-374.

Lee KC, Kim KK, Kim JS, Kim DS, Ko SH, Yang SH, Lee JS. 2016b. *Paenibacillus baekrokdamisoli* sp. nov., isolated from soil of crater lake[J]. Int J Syst Evol Microbiol, 66(5): 1937-1942.

Lee LG, Connell CR, Woo SL, Cheng RD, McArdle BF, Fuller CW, Halloran ND, Wilson RK. 1992. DNA sequencing with dye-labeled terminators and T7 DNA polymerase: effect of dyes and dNTPs on incorporation of dye-terminators and probability analysis of termination fragments[J]. Nucleic Acids Res, 20(10): 2471-2483.

Lee LG, Spurgeon SL, Heiner CR, Benson SC, Rosenblum BB, Menchen SM, Graham RJ, Constantinescu A, Upadhya KG, Cassel JM. 1997. New energy transfer dyes for DNA sequencing[J]. Nucleic Acids Res, 25(14): 2816-2822.

Lee ZM, Bussema C 3rd, Schmidt TM. 2009. rrnDB: documenting the number of rRNA and tRNA genes in bacteria and archaea[J]. Nucleic Acids Res, 37(Database issue): D489-D493.

Lehmann R, Lightfoot DJ, Schunter C, Michell CT, Ohyanagi H, Mineta K, Foret S, Berumen ML, Miller DJ, Aranda M, Gojobori T, Munday PL, Ravasi T. 2019. Finding Nemo's Genes: A chromosome-scale reference assembly of the genome of the orange clownfish *Amphiprion percula*[J]. Mol Ecol Resour, 19(3): 570-585.

Lei Z, Qiu P, Ye R, Tian J, Liu Y, Wang L, Tang SK, Li WJ, Tian Y. 2014. *Bacillus shacheensis* sp. nov., a moderately halophilic bacterium isolated from a saline-alkali soil[J]. J Gen Appl Microbiol, 60(3): 101-105.

Leisner CP, Hamilton JP, Crisovan E, Manrique-Carpintero NC, Marand AP, Newton L, Pham GM, Jiang J, Douches DS, Jansky SH, Buell CR. 2018. Genome sequence of M6, a diploid inbred clone of the high-glycoalkaloid-producing tuber-bearing potato species *Solanum chacoense*, reveals residual heterozygosity[J]. Plant J, 94(3): 562-570.

Lemieux C, Turmel M, Otis C, Pombert JF. 2019. A streamlined and predominantly diploid genome in the tiny marine green alga *Chloropicon primus*[J]. Nat Commun, 10(1): 4061.

Lencer ES, Warren WC, Harrison R, McCune AR. 2017. The *Cyprinodon variegatus* genome reveals gene expression changes underlying differences in skull morphology among closely related species[J]. BMC Genomics, 18(1): 424.

Leng X, Zhang W, Wang C, Cui L, Yang CJ. 2010. Agarose droplet microfluidics for highly parallel and efficient single molecule emulsion PCR[J]. Lab Chip, 10(21): 2841-2843.

Lephoto TE, Mpangase PT, Aron S, Gray VM. 2016. Whole genome sequence of *Oscheius* sp. TEL-2014 entomopathogenic nematodes isolated from South Africa[J]. Genom Data, 7: 259-261.

Leushkin EV, Sutormin RA, Nabieva ER, Penin AA, Kondrashov AS, Logacheva MD. 2013. The miniature genome of a carnivorous plant *Genlisea aurea* contains a low number of genes and short non-coding sequences[J]. BMC Genomics, 14: 476.

Levene MJ, Korlach J, Turner SW, Foquet M, Craighead HG, Webb WW. 2003. Zero-mode waveguides for single-molecule analysis at high concentrations[J]. Science, 299(5607): 682-686.

Lewin HA, Robinson GE, Kress WJ, Baker WJ, Coddington J, Crandall KA, Durbin R, Edwards SV, Forest F, Gilbert MTP, Goldstein MM, Grigoriev IV, Hackett KJ, Haussler D, Jarvis ED, Johnson WE, Patrinos A, Richards S, Castilla-Rubio JC, van Sluys MA, Soltis PS, Xu X, Yang H, Zhang G. 2018. Earth BioGenome Project: Sequencing life for the future of life[J]. Proc Natl Acad Sci USA, 115(17): 4325-4333.

Li A, Wang Y, Pei L, Mehmood K, Li K, Qamar H, Iqbal M, Waqas M, Liu J, Li J. 2019i. Influence of dietary supplementation with *Bacillus velezensis* on intestinal microbial diversity of mice[J]. Microb Pathog, 136: 103671.

Li C, Liu X, Liu B, Ma B, Liu F, Liu G, Shi Q, Wang C. 2018c. Draft genome of the Peruvian scallop *Argopecten purpuratus*[J]. Gigascience, 7(4): giy031.

Li DN, Huang W, Qiu SY. 2019h. *Thermoflavimicrobium daqui* sp. nov., a thermophilic microbe isolated from Moutai-flavour Daqu[J]. Int J Syst Evol Microbiol, 69(9): 2709-2716.

Li F, Fan G, Lu C, Xiao G, Zou C, Kohel RJ, Ma Z, Shang H, Ma X, Wu J, Liang X, Huang G, Percy RG, Liu K, Yang W, Chen W, Du X, Shi C, Yuan Y, Ye W, Liu X, Zhang X, Liu W, Wei H, Wei S, Huang G, Zhang X, Zhu S, Zhang H, Sun F, Wang X, Liang J, Wang J, He Q, Huang L, Wang J, Cui J, Song G, Wang K, Xu X, Yu JZ, Zhu Y, Yu S. 2015b. Genome sequence of cultivated Upland cotton (*Gossypium hirsutum* TM-1) provides insights into genome evolution[J]. Nat Biotechnol, 33(5): 526-530.

Li F, Fan G, Wang K, Sun F, Yuan Y, Song G, Li Q, Ma Z, Lu C, Zou C, Chen W, Liang X, Shang H, Liu W, Shi C, Xiao G, Gou C, Ye W, Xu X, Zhang X, Wei H, Li Z, Zhang G, Wang J, Liu K, Kohel RJ, Percy RG, Yu JZ, Zhu YX, Wang J, Yu S. 2014a. Genome sequence of the cultivated cotton *Gossypium arboreum*[J]. Nat Genet, 46(6): 567-572.

Li FW, Brouwer P, Carretero-Paulet L, Cheng S, de Vries J, Delaux PM, Eily A, Koppers N, Kuo LY, Li Z, Simenc M, Small I, Wafula E, Angarita S, Barker MS, Bräutigam A, dePamphilis C, Gould S, Hosmani PS, Huang YM, Huettel B, Kato Y, Liu X, Maere S, McDowell R, Mueller LA, Nierop KGJ, Rensing SA, Robison T, Rothfels CJ, Sigel EM, Song Y, Timilsena PR, Van de Peer Y, Wang H, Wilhelmsson PKI, Wolf PG, Xu X, Der JP, Schluepmann H, Wong GK, Pryer KM. 2018d. Fern genomes elucidate land plant evolution and cyanobacterial symbioses[J]. Nat Plants, 4(7): 460-472.

Li FW, Nishiyama T, Waller M, Frangedakis E, Keller J, Li Z, Fernandez-Pozo N, Barker MS, Bennett T, Blázquez MA, Cheng S, Cuming AC, de Vries J, de Vries S, Delaux PM, Diop IS, Harrison CJ, Hauser D, Hernández-García J, Kirbis A, Meeks JC, Monte I, Mutte SK, Neubauer A, Quandt D, Robison T, Shimamura M, Rensing SA, Villarreal JC, Weijers D, Wicke S, Wong GK, Sakakibara K, Szövényi P. 2020d. *Anthoceros* genomes illuminate the origin of land plants and the unique biology of hornworts[J]. Nat Plants, 6(3): 259-272.

Li GQ, Song LX, Jin CQ, Li M, Gong SP, Wang YF. 2019f. Genome survey and SSR analysis of *Apocynum venetum*[J]. Biosci Rep, 39(6): BSR20190146.

Li J, Jia H, Cai X, Zhong H, Feng Q, Sunagawa S, Arumugam M, Kultima JR, Prifti E, Nielsen T, Juncker AS, Manichanh C, Chen B, Zhang W, Levenez F, Wang J, Xu X, Xiao L, Liang S, Zhang D, Zhang Z, Chen W, Zhao H, Al-Aama JY, Edris S, Yang H, Wang J, Hansen T, Nielsen HB, Brunak S, Kristiansen K, Guarner F, Pedersen O, Doré J, Ehrlich SD; MetaHIT Consortium, Bork P, Wang J; MetaHIT Consortium. 2014d. An integrated catalog of reference genes in the human gut microbiome[J]. Nat Biotechnol, 32(8): 834-841.

Li J, Qin S, You ZQ, Long LJ, Tian XP, Wang FZ, Zhang S. 2013b. *Melghirimyces profundicolus* sp. nov., isolated from a deep-sea sediment[J]. Int J Syst Evol Microbiol, 63(Pt 12): 4552-4556.

Li J, Stein D, McMullan C, Branton D, Aziz MJ, Golovchenko JA. 2001. Ion-beam sculpting at nanometre length scales[J]. Nature, 412(6843): 166-169.

Li J, Yu H, Wang W, Fu C, Zhang W, Han F, Wu H. 2019c. Genomic and transcriptomic insights into molecular basis of sexually dimorphic nuptial spines in *Leptobrachium leishanense*[J]. Nat Commun, 10(1): 5551.

Li J, Zhang GT, Yang J, Tian XP, Wang FZ, Zhang CS, Zhang S, Li WJ. 2012. *Marininema mesophilum* gen. nov., sp. nov., a thermoactinomycete isolated from deep sea sediment, and emended description of the family Thermoactinomycetaceae[J]. Int J Syst Evol Microbiol, 62(Pt 6): 1383-1388.

Li M, Tian S, Jin L, Zhou G, Li Y, Zhang Y, Wang T, Yeung CKL, Chen L, Ma J, Zhang J, Jiang A, Li J, Zhou C, Zhang J, Liu Y, Sun X, Zhao H, Niu Z, Lou P, Xian L, Shen X, Liu S, Zhang S, Zhang M, Zhu L, Shuai S, Bai L, Tang G, Liu H, Jiang Y, Mai M, Xiao J, Wang X, Zhou Q, Wang Z, Stothard P, Xue M, Gao X, Luo Z, Gu Y, Zhu H, Hu X, Zhao Y, Plastow GS, Wang J, Jiang Z, Li K, Li N, Li X, Li R. 2013a. Genomic analyses identify distinct patterns of selection in domesticated pigs and Tibetan wild boars[J]. Nat Genet, 45(12): 1431-1438.

Li M, Zhang D, Gao Q, Luo Y, Zhang H, Ma B, Chen C, Whibley A, Zhang Y, Cao Y, Li Q, Guo H, Li J, Song Y, Zhang Y, Copsey L, Li Y, Li X, Qi M, Wang J, Chen Y, Wang D, Zhao J, Liu G, Wu B, Yu L, Xu C, Li J, Zhao S, Zhang Y, Hu S, Liang C, Yin Y, Coen E, Xue Y. 2019g. Genome structure and evolution of *Antirrhinum majus* L.[J]. Nat Plants, 5(2): 176-183.

Li MY, Feng K, Hou XL, Jiang Q, Xu ZS, Wang GL, Liu JX, Wang F, Xiong AS. 2020b. The genome sequence of celery (*Apium graveolens* L.), an important leaf vegetable crop rich in apigenin in the Apiaceae family[J]. Hortic Res, 7: 9.

Li P, Lin W, Liu X, Li S, Luo L, Lin WT. 2016. *Paenibacillus aceti* sp. nov., isolated from the traditional solid-state acetic acid fermentation culture of Chinese cereal vinegar[J]. Int J Syst Evol Microbiol, 66(Pt 9): 3426-3431.

Li Q, Li H, Huang W, Xu Y, Zhou Q, Wang S, Ruan J, Huang S, Zhang Z. 2019e. A chromosome-scale genome assembly of cucumber (*Cucumis sativus* L.)[J]. Gigascience, 8(6): giz072.

Li R, Fan W, Tian G, Zhu H, He L, Cai J, Huang Q, Cai Q, Li B, Bai Y, Zhang Z, Zhang Y, Wang W, Li J, Wei F, Li H, Jian M, Li J, Zhang Z, Nielsen R, Li D, Gu W, Yang Z, Xuan Z, Ryder OA, Leung FC, Zhou Y, Cao J, Sun X, Fu Y, Fang X, Guo X, Wang B, Hou R, Shen F, Mu B, Ni P, Lin R, Qian W, Wang G, Yu C, Nie W, Wang J, Wu Z, Liang H, Min J, Wu Q, Cheng S, Ruan J, Wang M, Shi Z, Wen M, Liu B, Ren X, Zheng H, Dong D, Cook K, Shan G, Zhang H, Kosiol C, Xie X, Lu Z, Zheng H, Li Y, Steiner CC, Lam TT, Lin S, Zhang Q, Li G, Tian J, Gong T, Liu H, Zhang D, Fang L, Ye C, Zhang J, Hu W, Xu A, Ren Y, Zhang G, Bruford MW, Li Q, Ma L, Guo Y, An N, Hu Y, Zheng Y, Shi Y, Li Z, Liu Q,

Chen Y, Zhao J, Qu N, Zhao S, Tian F, Wang X, Wang H, Xu L, Liu X, Vinar T, Wang Y, Lam TW, Yiu SM, Liu S, Zhang H, Li D, Huang Y, Wang X, Yang G, Jiang Z, Wang J, Qin N, Li L, Li J, Bolund L, Kristiansen K, Wong GK, Olson M, Zhang X, Li S, Yang H, Wang J, Wang J. 2010. The sequence and *de novo* assembly of the giant panda genome[J]. Nature, 463(7279): 311-317.

Li S, Zhu S, Jia Q, Yuan D, Ren C, Li K, Liu S, Cui Y, Zhao H, Cao Y, Fang G, Li D, Zhao X, Zhang J, Yue Q, Fan Y, Yu X, Feng Q, Zhan S. 2018b. The genomic and functional landscapes of developmental plasticity in the American cockroach[J]. Nat Commun, 9(1): 1008.

Li SF, Wang J, Dong R, Zhu HW, Lan LN, Zhang YL, Li N, Deng CL, Gao WJ. 2020c. Chromosome-level genome assembly, annotation and evolutionary analysis of the ornamental plant *Asparagus setaceus*[J]. Hortic Res, 7: 48.

Li W, Liu B, Yang Y, Ren Y, Wang S, Liu C, Zhang N, Qu Z, Yang W, Zhang Y, Yan H, Jiang F, Li L, Li S, Jia W, Yin H, Cai X, Liu T, McManus DP, Fan W, Fu B. 2018a. The genome of tapeworm *Taenia multiceps* sheds light on understanding parasitic mechanism and control of coenurosis disease[J]. DNA Res, 25(5): 499-510.

Li WJ, Schumann P, Zhang YQ, Chen GZ, Tian XP, Xu LH, Stackebrandt E, Jiang CL. 2005. *Marinococcus halotolerans* sp. nov., isolated from Qinghai, north-west China[J]. Int J Syst Evol Microbiol, 55(Pt 5): 1801-1804.

Li WJ, Zhang YQ, Schumann P, Tian XP, Zhang YQ, Xu LH, Jiang CL. 2006. *Sinococcus qinghaiensis* gen. nov., sp. nov., a novel member of the order Bacillales from a saline soil in China[J]. Int J Syst Evol Microbiol, 56(Pt 6): 1189-1192.

Li WJ, Zhi XY, Euzéby JP. 2008. Proposal of *Yaniellaceae* fam. nov., *Yaniella* gen. nov. and *Sinobaca* gen. nov. as replacements for the illegitimate prokaryotic names *Yaniaceae* Li et al. 2005, *Yania* Li et al. 2004, emend Li et al. 2005, and *Sinococcus* Li et al. 2006, respectively[J]. Int J Syst Evol Microbiol, 58(Pt 2): 525-527.

Li X, Fan D, Zhang W, Liu G, Zhang L, Zhao L, Fang X, Chen L, Dong Y, Chen Y, Ding Y, Zhao R, Feng M, Zhu Y, Feng Y, Jiang X, Zhu D, Xiang H, Feng X, Li S, Wang J, Zhang G, Kronforst MR, Wang W. 2015a. Outbred genome sequencing and CRISPR/Cas9 gene editing in butterflies[J]. Nat Commun, 6: 8212.

Li Y, Gao L, Pan Y, Tian M, Li Y, He C, Dong Y, Sun Y, Zhou Z. 2020a. Chromosome-level reference genome of the jellyfish *Rhopilema esculentum*[J]. Gigascience, 9(4): giaa036.

Li Y, Liu M, Zhou J, Hou B, Su X, Liu Z, Yuan J, Li M. 2019j. *Bacillus licheniformis* Zhengchangsheng® attenuates DSS-induced colitis and modulates the gut microbiota in mice[J]. Benef Microbes, 10(5): 543-553.

Li Y, Park H, Smith TE, Moran NA. 2019a. Gene family evolution in the pea aphid based on chromosome-level genome assembly[J]. Mol Biol Evol, 36(10): 2143-2156.

Li Y, Ren Y, Zhang D, Jiang H, Wang Z, Li X, Rao D. 2019d. Chromosome-level assembly of the mustache toad genome using third-generation DNA sequencing and Hi-C analysis[J]. Gigascience, 8(9): giz114.

Li Y, Sun X, Hu X, Xun X, Zhang J, Guo X, Jiao W, Zhang L, Liu W, Wang J, Li J, Sun Y, Miao Y, Zhang X, Cheng T, Xu G, Fu X, Wang Y, Yu X, Huang X, Lu W, Lv J, Mu C, Wang D, Li X, Xia Y, Li Y, Yang Z, Wang F, Zhang L, Xing Q, Dou H, Ning X, Dou J, Li Y, Kong D, Liu Y, Jiang Z, Li R, Wang S, Bao Z. 2017a. Scallop genome reveals molecular adaptations to semi-sessile life and neurotoxins[J]. Nat Commun, 8(1): 1721.

Li Y, Zhang Z, Xu Z, Fang D, Wang ET, Shao S, Du Z, Liu W, Xie Z. 2018e. *Jeotgalibacillus proteolyticus* sp. nov., a protease-producing bacterium isolated from ocean sediments[J]. Int J Syst Evol Microbiol, 68(12): 3790-3795.

Li YF, Calley JN, Ebert PJ, Helmes EB. 2014c. *Paenibacillus lentus* sp. nov., a β-mannanolytic bacterium isolated from mixed soil samples in a selective enrichment using guar gum as the sole carbon source[J]. Int J Syst Evol Microbiol, 64(Pt 4): 1166-1172.

Li YH, Zhou G, Ma J, Jiang W, Jin LG, Zhang Z, Guo Y, Zhang J, Sui Y, Zheng L, Zhang SS, Zuo Q, Shi XH, Li YF, Zhang WK, Hu Y, Kong G, Hong HL, Tan B, Song J, Liu ZX, Wang Y, Ruan H, Yeung CK,

Liu J, Wang H, Zhang LJ, Guan RX, Wang KJ, Li WB, Chen SY, Chang RZ, Jiang Z, Jackson SA, Li R, Qiu LJ. 2014b. *De novo* assembly of soybean wild relatives for pan-genome analysis of diversity and agronomic traits[J]. Nat Biotechnol, 32(10): 1045-1052.

Li Z, Kawamura Y, Shida O, Yamagata S, Deguchi T, Ezaki T. 2002. *Bacillus okuhidensis* sp. nov., isolated from the Okuhida spa area of Japan[J]. Int J Syst Evol Microbiol, 52(Pt 4): 1205-1209.

Li Z, Lin Z, Ba H, Chen L, Yang Y, Wang K, Qiu Q, Wang W, Li G. 2017b. Draft genome of the reindeer (*Rangifer tarandus*)[J]. Gigascience, 6(12): 1-5.

Li Z, Tian C, Huang Y, Lin X, Wang Y, Jiang D, Zhu C, Chen H, Li G. 2019b. A first insight into a draft genome of silver sillago (*Sillago sihama*) *via* genome survey sequencing[J]. Animals (Basel), 9(10): E756.

Lian Y, Wei H, Wang J, Lei C, Li H, Li J, Wu Y, Wang S, Zhang H, Wang T, Du P, Guo J, Lu W. 2019. Chromosome-level reference genome of X12, a highly virulent race of the soybean cyst nematode *Heterodera glycines*[J]. Mol Ecol Resour, 19(6): 1637-1646.

Liang Q, Li H, Li S, Yuan F, Sun J, Duan Q, Li Q, Zhang R, Sang YL, Wang N, Hou X, Yang KQ, Liu JN, Yang L. 2019a. The genome assembly and annotation of yellowhorn (*Xanthoceras sorbifolium* Bunge)[J]. Gigascience, 8(6): giz071.

Liang TW, Chen WT, Lin ZH, Kuo YH, Nguyen AD, Pan PS, Wang SL. 2016. An amphiprotic novel chitosanase from *Bacillus mycoides* and its application in the production of chitooligomers with their antioxidant and anti-inflammatory evaluation[J]. Int J Mol Sci, 17(8): E1302.

Liang Z, Geng Y, Ji C, Du H, Wong CE, Zhang Q, Zhang Y, Zhang P, Riaz A, Chachar S, Ding Y, Wen J, Wu Y, Wang M, Zheng H, Wu Y, Demko V, Shen L, Han X, Zhang P, Gu X, Yu H. 2019b. Genome and transcriptome provide insights into the origin and evolution of streptophyta[J]. Adv Sci (Weinh), 7(1): 1901850.

Lie KK, Tørresen OK, Solbakken MH, Rønnestad I, Tooming-Klunderud A, Nederbragt AJ, Jentoft S, Sæle Ø. 2018. Loss of stomach, loss of appetite? Sequencing of the ballan wrasse (*Labrus bergylta*) genome and intestinal transcriptomic profiling illuminate the evolution of loss of stomach function in fish[J]. BMC Genomics, 19(1): 186.

Liechti N, Schürch N, Bruggmann R, Wittwer M. 2018. The genome of *Naegleria lovaniensis*, the basis for a comparative approach to unravel pathogenicity factors of the human pathogenic amoeba *N. fowleri*[J]. BMC Genomics, 19(1): 654.

Liechti N, Schürch N, Bruggmann R, Wittwer M. 2019. Nanopore sequencing improves the draft genome of the human pathogenic amoeba *Naegleria fowleri*[J]. Sci Rep, 9(1): 16040.

Ligthart S, Vaez A, Võsa U, Stathopoulou MG, de Vries PS, Prins BP, Van der Most PJ, Tanaka T, Naderi E, Rose LM, Wu Y, Karlsson R, Barbalic M, Lin H, Pool R, Zhu G, Macé A, Sidore C, Trompet S, Mangino M, Sabater-Lleal M, Kemp JP, Abbasi A, Kacprowski T, Verweij N, Smith AV, Huang T, Marzi C, Feitosa MF, Lohman KK, Kleber ME, Milaneschi Y, Mueller C, Huq M, Vlachopoulou E, Lyytikäinen L-P, Oldmeadow C, Deelen J, Perola M, Zhao JH, Feenstra B, LifeLines Cohort Study, Amini M, CHARGE Inflammation Working Group, Lahti J, Schraut KE, Fornage M, Suktitipat B, Chen W-M, Li X, Nutile T, Malerba G, Luan J, Bak T, Schork N, Del Greco MF, Thiering E, Mahajan A, Marioni RE, Mihailov E, Eriksson J, Bilge Ozel A, Zhang W, Nethander M, Cheng Y-C, Aslibekyan S, Ang W, Gandin I, engo L, Portas L, Kooperberg C, Hofer E, Rajan KB, Schurmann C, den Hollander W, Ahluwalia TS, Zhao J, Draisma HHM, Ford I, Timpson N, Teumer A, Huang H, Wahl S, Liu YM, Huang J, Uh H-W, Geller F, Joshi PK, Yanek LR, Trabetti E, Lehne B, Vozzi D, Verbanck M, Biino G, Saba Y, Meulenbelt I, O'Connell JR, Laakso M, Giulianini F, Magnusson PKE, Ballantyne CM, Jan Hottenga J, Montgomery GW, Rivadineira F, Rueedi R, Steri M, Herzig K-H, Stott DJ, Menni C, Frånberg M, St Pourcain B, Felix SB, Pers TH, Bakker SJL, Kraft P, Peters A, Vaidya D, Delgado G, Smit JH, Großmann V, Sinisalo J, Seppälä I, Williams SR, Holliday EG, Moed M, Langenberg C, Räikkönen K, Ding J, Campbell H, Sale MM, Chen YDI, James AL, Ruggiero D, Soranzo N, Hartman CA, Smith EN, Berenson GS, Fuchsberger C, Hernandez D, Tiesler CMT, Giedraitis V, Liewald D, Fischer K, Mellström D, Larsson A, Wang Y, Scott WR, Lorentzon M, Beilby J, Ryan KA, Pennell CE, Vuckovic D,

Balkau B, Concas MP, Schmidt R, Mendes de Leon CF, Bottinger EP, Kloppenburg M, Paternoster L, Boehnke M, Musk AW, Willemsen G, Evans DM, Madden PAF, Kähönen M, Kutalik Z, Zoledziewska M, Karhunen V, Kritchevsky SB, Sattar N, Lachance G, Clarke R, Harris TB, Raitakari OT, Attia JR, van Heemst D, Kajantie E, Sorice R, Gambaro G, Scott RA, Hicks AA, Ferrucci L, Standl M, Lindgren CM, Starr JM, Karlsson M, Lind L, Li JZ, Chambers JC, Mori TA, de Geus EJCN, Heath AC, Martin NG, Auvinen J, Buckley BM, de Craen AJM, Waldenberger M, Strauch K, Meitinger T, Scott RJ, McEvoy M, Beekman M, Bombieri C, Ridker PM, Mohlke KL, Pedersen NL, Morrison AC, Boomsma DI, Whitfield JB, Strachan DP, Hofman A, Vollenweider P, Cucca F, Jarvelin M-R, Jukema JW, Spector TD, Hamsten A, Zeller T, Uitterlinden AG, Nauck M, Gudnason V, Qi L, Grallert H, Borecki IB, Rotter JI, März W, Wild PS, Lokki M-L, Boyle M, Salomaa V, Melbye M, Eriksson JG, Wilson JF, Penninx BWJH, Becker DM, Worrall BB, Gibson G, Krauss RM, Ciullo M, Zaza G, Wareham NJ, Oldehinkel AJ, Palmer LJ, Murray SS, Pramstaller PP, Bandinelli S, Heinrich J, ngelsson E, Deary IJ, Mägi R, Vandenput L, van der Harst P, Desch KC, Kooner JS, Ohlsson C, Hayward C, Lehtimäki T, Shuldiner AR, Arnett DK, Beilin LJ, Robino A, Froguel P, Pirastu M, Jess T, Koenig W, Loos RJF, Evans DA, Schmidt H, Smith GD, Slagboom PE, Eiriksdottir G, Morris AP, Psaty BM, Tracy RP, Nolte IM, Boerwinkle E, Visvikis-Siest S, Reiner AP, Gross M, Bis JC, Franke L, Franco OH, Benjamin EJ, Chasman DI, Dupuis J, Snieder H, Dehghan A, Alizadeh BZ. 2018. Genome analyses of >200000 individuals identify 58 loci for chronic inflammation and highlight pathways that link inflammation and complex disorders[J]. Am J Hum Genet, 103(5): 691-706.

Lim JM, Jeon CO, Kim CJ. 2006c. *Bacillus taeanensis* sp. nov., a halophilic Gram-positive bacterium from a solar saltern in Korea[J]. Int J Syst Evol Microbiol, 56(Pt 12): 2903-2908.

Lim JM, Jeon CO, Lee JC, Ju YJ, Park DJ, Kim CJ. 2006a. *Bacillus koreensis* sp. nov., a spore-forming bacterium, isolated from the rhizosphere of willow roots in Korea[J]. Int J Syst Evol Microbiol, 56(Pt 1): 59-63.

Lim JM, Jeon CO, Lee JR, Park DJ, Kim CJ. 2007. *Bacillus kribbensis* sp. nov., isolated from a soil sample in Jeju, Korea[J]. Int J Syst Evol Microbiol, 57(Pt 12): 2912-2916.

Lim JM, Jeon CO, Lee SM, Lee JC, Xu LH, Jiang CL, Kim CJ. 2006b. *Bacillus salarius* sp. nov., a halophilic, spore-forming bacterium isolated from a salt lake in China[J]. Int J Syst Evol Microbiol, 56(Pt 2): 373-377.

Lim JM, Jeon CO, Park DJ, Kim HR, Yoon BJ, Kim CJ. 2005b. *Pontibacillus marinus* sp. nov., a moderately halophilic bacterium from a solar saltern, and emended description of the genus *Pontibacillus*[J]. Int J Syst Evol Microbiol, 55(Pt 3): 1027-1031.

Lim JM, Jeon CO, Song SM, Kim CJ. 2005a. *Pontibacillus chungwhensis* gen. nov., sp. nov., a moderately halophilic Gram-positive bacterium from a solar saltern in Korea[J]. Int J Syst Evol Microbiol, 55(Pt 1): 165-170.

Lim K, Furuta Y, Kobayashi I. 2012. Large variations in bacterial ribosomal RNA genes[J]. Mol Biol Evol, 29(10): 2937-2948.

Lin P, Cheng T, Ma S, Gao J, Jin S, Jiang L, Xia Q. 2016b. *Bacillus bombysepticus* α-toxin binding to G protein-coupled receptor kinase 2 regulates cAMP/PKA signaling pathway to induce host death[J]. PLoS Pathog, 12(3): e1005527.

Lin Q, Fan S, Zhang Y, Xu M, Zhang H, Yang Y, Lee AP, Woltering JM, Ravi V, Gunter HM, Luo W, Gao Z, Lim ZW, Qin G, Schneider RF, Wang X, Xiong P, Li G, Wang K, Min J, Zhang C, Qiu Y, Bai J, He W, Bian C, Zhang X, Shan D, Qu H, Sun Y, Gao Q, Huang L, Shi Q, Meyer A, Venkatesh B. 2016a. The seahorse genome and the evolution of its specialized morphology[J]. Nature, 540(7633): 395-399.

Lin Q, Qiu Y, Gu R, Xu M, Li J, Bian C, Zhang H, Qin G, Zhang Y, Luo W, Chen J, You X, Fan M, Sun M, Xu P, Venkatesh B, Xu J, Fu H, Shi Q. 2017a. Draft genome of the lined seahorse, *Hippocampus erectus*[J]. Gigascience, 6(6): gix030.

Lin SY, Wu YH, Hameed A, Liu YC, Young CC. 2016c. *Ammoniphilus resinae* sp. nov., an endospore-forming bacterium isolated from resin fragments[J]. Int J Syst Evol Microbiol, 66(8): 3010-3016.

Lin Y, Min J, Lai R, Wu Z, Chen Y, Yu L, Cheng C, Jin Y, Tian Q, Liu Q, Liu W, Zhang C, Lin L, Zhang D, Thu M, Zhang Z, Liu S, Zhong C, Fang X, Wang J, Yang H, Varshney RK, Yin Y, Lai Z. 2017b. Genome-wide sequencing of longan (*Dimocarpus longan* Lour.) provides insights into molecular basis of its polyphenol-rich characteristics[J]. Gigascience, 6(5): 1-14.

Lin YC, Wang J, Delhomme N, Schiffthaler B, Sundström G, Zuccolo A, Nystedt B, Hvidsten TR, de la Torre A, Cossu RM, Hoeppner MP, Lantz H, Scofield DG, Zamani N, Johansson A, Mannapperuma C, Robinson KM, Mähler N, Leitch IJ, Pellicer J, Park EJ, Van Montagu M, Van de Peer Y, Grabherr M, Jansson S, Ingvarsson PK, Street NR. 2018. Functional and evolutionary genomic inferences in *Populus* through genome and population sequencing of American and European aspen[J]. Proc Natl Acad Sci USA, 115(46): E10970-E10978.

Lind AL, Lai YYY, Mostovoy Y, Holloway AK, Iannucci A, Mak ACY, Fondi M, Orlandini V, Eckalbar WL, Milan M, Rovatsos M, Kichigin IG, Makunin AI, Johnson Pokorná M, Altmanová M, Trifonov VA, Schijlen E, Kratochvíl L, Fani R, Velenský P, Rehák I, Patarnello T, Jessop TS, Hicks JW, Ryder OA, Mendelson JR Ⅲ, Ciofi C, Kwok PY, Pollard KS, Bruneau BG. 2019. Genome of the Komodo dragon reveals adaptations in the cardiovascular and chemosensory systems of monitor lizards[J]. Nat Ecol Evol, 3(8): 1241-1252.

Lindblad-Toh K, Garber M, Zuk O, Lin MF, Parker BJ, Washietl S, Kheradpour P, Ernst J, Jordan G, Mauceli E, Ward LD, Lowe CB, Holloway AK, Clamp M, Gnerre S, Alföldi J, Beal K, Chang J, Clawson H, Cuff J, Di Palma F, Fitzgerald S, Flicek P, Guttman M, Hubisz MJ, Jaffe DB, Jungreis I, Kent WJ, Kostka D, Lara M, Martins AL, Massingham T, Moltke I, Raney BJ, Rasmussen MD, Robinson J, Stark A, Vilella AJ, Wen J, Xie X, Zody MC; Broad Institute Sequencing Platform and Whole Genome Assembly Team, Baldwin J, Bloom T, Chin CW, Heiman D, Nicol R, Nusbaum C, Young S, Wilkinson J, Worley KC, Kovar CL, Muzny DM, Gibbs RA; Baylor College of Medicine Human Genome Sequencing Center Sequencing Team, Cree A, Dihn HH, Fowler G, Jhangiani S, Joshi V, Lee S, Lewis LR, Nazareth LV, Okwuonu G, Santibanez J, Warren WC, Mardis ER, Weinstock GM, Wilson RK; Genome Institute at Washington University, Delehaunty K, Dooling D, Fronik C, Fulton L, Fulton B, Graves T, Minx P, Sodergren E, Birney E, Margulies EH, Herrero J, Green ED, Haussler D, Siepel A, Goldman N, Pollard KS, Pedersen JS, Lander ES, Kellis M. 2011. A high-resolution map of human evolutionary constraint using 29 mammals[J]. Nature, 478(7370): 476-482.

Lindblad-Toh K, Wade CM, Mikkelsen TS, Karlsson EK, Jaffe DB, Kamal M, Clamp M, Chang JL, Kulbokas EJ Ⅲ, Zody MC, Mauceli E, Xie X, Breen M, Wayne RK, Ostrander EA, Ponting CP, Galibert F, Smith DR, DeJong PJ, Kirkness E, Alvarez P, Biagi T, Brockman W, Butler J, Chin CW, Cook A, Cuff J, Daly MJ, DeCaprio D, Gnerre S, Grabherr M, Kellis M, Kleber M, Bardeleben C, Goodstadt L, Heger A, Hitte C, Kim L, Koepfli KP, Parker HG, Pollinger JP, Searle SM, Sutter NB, Thomas R, Webber C, Baldwin J, Abebe A, Abouelleil A, Aftuck L, Ait-Zahra M, Aldredge T, Allen N, An P, Anderson S, Antoine C, Arachchi H, Aslam A, Ayotte L, Bachantsang P, Barry A, Bayul T, Benamara M, Berlin A, Bessette D, Blitshteyn B, Bloom T, Blye J, Boguslavskiy L, Bonnet C, Boukhgalter B, Brown A, Cahill P, Calixte N, Camarata J, Cheshatsang Y, Chu J, Citroen M, Collymore A, Cooke P, Dawoe T, Daza R, Decktor K, DeGray S, Dhargay N, Dooley K, Dooley K, Dorje P, Dorjee K, Dorris L, Duffey N, Dupes A, Egbiremolen O, Elong R, Falk J, Farina A, Faro S, Ferguson D, Ferreira P, Fisher S, FitzGerald M, Foley K, Foley C, Franke A, Friedrich D, Gage D, Garber M, Gearin G, Giannoukos G, Goode T, Goyette A, Graham J, Grandbois E, Gyaltsen K, Hafez N, Hagopian D, Hagos B, Hall J, Healy C, Hegarty R, Honan T, Horn A, Houde N, Hughes L, Hunnicutt L, Husby M, Jester B, Jones C, Kamat A, Kanga B, Kells C, Khazanovich D, Kieu AC, Kisner P, Kumar M, Lance K, Landers T, Lara M, Lee W, Leger JP, Lennon N, Leuper L, LeVine S, Liu J, Liu X, Lokyitsang Y, Lokyitsang T, Lui A, Macdonald J, Major J, Marabella R, Maru K, Matthews C, McDonough S, Mehta T, Meldrim J, Melnikov A, Meneus L, Mihalev A, Mihova T, Miller K, Mittelman R, Mlenga V, Mulrain L, Munson G, Navidi A, Naylor J, Nguyen T, Nguyen N, Nguyen C, Nguyen T, Nicol R, Norbu N, Norbu C, Novod N, Nyima T, Olandt P, O'Neill B, O'Neill K, Osman S, Oyono L, Patti C, Perrin D, Phunkhang P, Pierre F, Priest M,

Rachupka A, Raghuraman S, Rameau R, Ray V, Raymond C, Rege F, Rise C, Rogers J, Rogov P, Sahalie J, Settipalli S, Sharpe T, Shea T, Sheehan M, Sherpa N, Shi J, Shih D, Sloan J, Smith C, Sparrow T, Stalker J, Stange-Thomann N, Stavropoulos S, Stone C, Stone S, Sykes S, Tchuinga P, Tenzing P, Tesfaye S, Thoulutsang D, Thoulutsang Y, Topham K, Topping I, Tsamla T, Vassiliev H, Venkataraman V, Vo A, Wangchuk T, Wangdi T, Weiand M, Wilkinson J, Wilson A, Yadav S, Yang S, Yang X, Young G, Yu Q, Zainoun J, Zembek L, Zimmer A, Lander ES. 2005. Genome sequence, comparative analysis and haplotype structure of the domestic dog[J]. Nature, 438(7069): 803-819.

Ling HQ, Zhao S, Liu D, Wang J, Sun H, Zhang C, Fan H, Li D, Dong L, Tao Y, Gao C, Wu H, Li Y, Cui Y, Guo X, Zheng S, Wang B, Yu K, Liang Q, Yang W, Lou X, Chen J, Feng M, Jian J, Zhang X, Luo G, Jiang Y, Liu J, Wang Z, Sha Y, Zhang B, Wu H, Tang D, Shen Q, Xue P, Zou S, Wang X, Liu X, Wang F, Yang Y, An X, Dong Z, Zhang K, Zhang X, Luo MC, Dvorak J, Tong Y, Wang J, Yang H, Li Z, Wang D, Zhang A, Wang J. 2013. Draft genome of the wheat A-genome progenitor *Triticum urartu*[J]. Nature, 496(7443): 87-90.

Liolios K, Tavernarakis N, Hugenholtz P, Kyrpides NC. 2006. The Genomes OnLine Database (GOLD) v.2: a monitor of genome projects worldwide[J]. Nucleic Acids Res, 34(Database issue): D332-D334.

Liu B, Liu GH, Cetin S, Schumann P, Pan ZZ, Chen QQ. 2016b. *Bacillus gobiensis* sp. nov., isolated from a soil sample[J]. Int J Syst Evol Microbiol, 66(Pt 1): 379-384.

Liu B, Liu GH, Hu GH, Chen MC. 2014f. *Bacillus mesonae* sp. nov., isolated from the root of *Mesona chinensis*[J]. Int J Syst Evol Microbiol, 64(Pt 10): 3346-3352.

Liu B, Liu GH, Hu GP, Sengonca C, Lin NQ, Tang JY, Tang WQ, Lin YZ. 2014d. *Bacillus bingmayongensis* sp. nov., isolated from the pit soil of Emperor Qin's Terra-cotta warriors in China[J]. Antonie Van Leeuwenhoek, 105(3): 501-510.

Liu B, Liu GH, Sengonca C, Schumann P, Ge CB, Wang JP, Cui WD, Lin NQ. 2015c. *Bacillus solani* sp. nov., isolated from rhizosphere soil of a potato field[J]. Int J Syst Evol Microbiol, 65(Pt 11): 4066-4071.

Liu B, Liu GH, Sengonca C, Schumann P, Lan JL, Chen DJ, Cui WD, Lin NQ. 2016e. *Paenibacillus solani* sp. nov., isolated from potato rhizosphere soil[J]. Int J Syst Evol Microbiol, 66(Pt 11): 4486-4491.

Liu B, Liu GH, Sengonca C, Schumann P, Wang JP, Zhu YJ, Liu QY, Wang MK. 2017e. *Bacillus praedii* sp. nov., isolated from purplish paddy soil[J]. Int J Syst Evol Microbiol, 67(Pt 8): 2823-2828.

Liu B, Liu GH, Sengonca C, Schumann P, Wang JP, Zhu YJ, Zhang HF. 2017f. *Bacillus wudalianchiensis* sp. nov., isolated from grass soils of the Wudalianchi scenic area[J]. Int J Syst Evol Microbiol, 67(Pt 8): 2897-2902.

Liu B, Liu GH, Sengonca C, Schumann P, Wang MK, Tang JY, Chen MC. 2014e. *Bacillus cihuensis* sp. nov., isolated from rhizosphere soil of a plant in the Cihu area of Taiwan[J]. Antonie Van Leeuwenhoek, 106(6): 1147-1155.

Liu B, Liu GH, Wang XY, Wang JP, Zhu YJ, Zhang HF, Sengonca C. 2018g. *Bacillus populi* sp. nov. isolated from *Populus euphratica* rhizosphere soil of the Taklamakan desert[J]. Int J Syst Evol Microbiol, 68(Pt 1): 155-159.

Liu B, Liu GH, Zhu YJ, Wang JP, Che JM, Chen QQ, Chen Z. 2016c. *Bacillus loiseleuriae* sp. nov., isolated from rhizosphere soil from a loiseleuria plant[J]. Int J Syst Evol Microbiol, 66(Pt 7): 2678-2683.

Liu B, Wang W, Zhu X, Sun X, Xiao J, Li D, Cui Y, Wang C, Shi Y. 2018e. Response of gut microbiota to dietary fiber and metabolic interaction with SCFAs in piglets[J]. Front Microbiol, 9: 2344.

Liu B, Yan J, Li W, Yin L, Li P, Yu H, Xing L, Cai M, Wang H, Zhao M, Zheng J, Sun F, Wang Z, Jiang Z, Ou Q, Li S, Qu L, Zhang Q, Zheng Y, Qiao X, Xi Y, Zhang Y, Jiang F, Huang C, Liu C, Ren Y, Wang S, Liu H, Guo J, Wang H, Dong H, Peng C, Qian W, Fan W, Wan F. 2020e. *Mikania micrantha* genome provides insights into the molecular mechanism of rapid growth[J]. Nat Commun, 11(1): 340.

Liu C, Zhang Y, Ren Y, Wang H, Li S, Jiang F, Yin L, Qiao X, Zhang G, Qian W, Liu B, Fan W. 2018b. The genome of the golden apple snail *Pomacea canaliculata* provides insight into stress tolerance and invasive adaptation[J]. Gigascience, 7(9): giy101.

Liu D, Li K, Hu J, Wang W, Liu X, Gao Z. 2019h. Biocontrol and action mechanism of *Bacillus amyloliquefaciens* and *Bacillus subtilis* in soybean phytophthora blight[J]. Int J Mol Sci, 20(12): E2908.

Liu G, Zhao C, Xu D, Zhang H, Monakhov V, Shang S, Gao X, Sha W, Ma J, Zhang W, Tang X, Li B, Hua Y, Cao X, Liu Z, Zhang H. 2020c. First draft genome of the sable, *Martes zibellina*[J]. Genome Biol Evol, 12(3): 59-65.

Liu H, Chen C, Gao Z, Min J, Gu Y, Jian J, Jiang X, Cai H, Ebersberger I, Xu M, Zhang X, Chen J, Luo W, Chen B, Chen J, Liu H, Li J, Lai R, Bai M, Wei J, Yi S, Wang H, Cao X, Zhou X, Zhao Y, Wei K, Yang R, Liu B, Zhao S, Fang X, Schartl M, Qian X, Wang W. 2017a. The draft genome of blunt snout bream (*Megalobrama amblycephala*) reveals the development of intermuscular bone and adaptation to herbivorous diet[J]. Gigascience, 6(7): gix039.

Liu H, Liu Q, Chen Z, Liu Y, Zhou C, Liang QQ, Ma CX, Zhou JS, Pan YZ, Chen MQ, Wang J, Jiang WK, Xiao SJ, Mou ZH. 2018c. Draft genome of *Glyptosternon maculatum*, an endemic fish from Tibet Plateau[J]. Gigascience, 7(9): giy104.

Liu H, Song Y, Chen F, Zheng S, Wang G. 2013. *Lysinibacillus manganicus* sp. nov., isolated from manganese mining soil[J]. Int J Syst Evol Microbiol, 63(Pt 10): 3568-3573.

Liu H, Wei J, Yang T, Mu W, Song B, Yang T, Fu Y, Wang X, Hu G, Li W, Zhou H, Chang Y, Chen X, Chen H, Cheng L, He X, Cai H, Cai X, Wang M, Li Y, Sahu SK, Yang J, Wang Y, Mu R, Liu J, Zhao J, Huang Z, Xu X, Liu X. 2019j. Molecular digitization of a botanical garden: high-depth whole-genome sequencing of 689 vascular plant species from the Ruili Botanical Garden[J]. Gigascience, 8(4): giz007.

Liu H, Zhou Y, Liu R, Zhang KY, Lai R. 2009. *Bacillus solisalsi* sp. nov., a halotolerant, alkaliphilic bacterium isolated from soil around a salt lake[J]. Int J Syst Evol Microbiol, 59(Pt 6): 1460-1464.

Liu HP, Xiao SJ, Wu N, Wang D, Liu YC, Zhou CW, Liu QY, Yang RB, Jiang WK, Liang QQ, Wangjiu, Zhang C, Gong JH, Yuan XH, Mou ZB. 2019b. The sequence and *de novo* assembly of *Oxygymnocypris stewartii* genome[J]. Sci Data, 6: 190009.

Liu L, Li Y, Li S, Hu N, He Y, Pong R, Lin D, Lu L, Law M. 2012. Comparison of next-generation sequencing systems[J]. J Biomed Biotechnol, 2012: 251364.

Liu M, Li Y, Ma Y, Zhao Q, Stiller J, Feng Q, Tian Q, Liu D, Han B, Liu C. 2020f. The draft genome of a wild barley genotype reveals its enrichment in genes related to biotic and abiotic stresses compared to cultivated barley[J]. Plant Biotechnol J, 18(2): 443-456.

Liu MJ, Zhao J, Cai QL, Liu GC, Wang JR, Zhao ZH, Liu P, Dai L, Yan G, Wang WJ, Li XS, Chen Y, Sun YD, Liu ZG, Lin MJ, Xiao J, Chen YY, Li XF, Wu B, Ma Y, Jian JB, Yang W, Yuan Z, Sun XC, Wei YL, Yu LL, Zhang C, Liao SG, He RJ, Guang XM, Wang Z, Zhang YY, Luo LH. 2014b. The complex jujube genome provides insights into fruit tree biology[J]. Nat Commun, 5: 5315.

Liu Q, Chang S, Hartman GL, Domier LL. 2018d. Assembly and annotation of a draft genome sequence for *Glycine latifolia*, a perennial wild relative of soybean[J]. Plant J, 95(1): 71-85.

Liu Q, Guo Y, Zhang Y, Hu W, Li Y, Zhu D, Zhou Z, Wu J, Chen N, Zhou XN. 2019a. A chromosomal-level genome assembly for the insect vector for Chagas disease, *Triatoma rubrofasciata*[J]. Gigascience, 8(8): giz089.

Liu Q, Wang X, Xiao Y, Zhao H, Xu S, Wang Y, Wu L, Zhou L, Du T, Lv X, Li J. 2019c. Sequencing of the black rockfish chromosomal genome provides insight into sperm storage in the female ovary[J]. DNA Res, 26(6): 453-464.

Liu R, Huang Z, Dong C, Shao Z. 2019i. *Lottiidibacillus patelloidae* gen. nov., sp. nov., isolated from the intestinal tract of a marine limpet and reclassification of *Bacillus taeanensis* as *Maribacillus taeanensis* gen. nov., comb. nov.[J]. Antonie Van Leeuwenhoek, 112(5): 797-807.

Liu S, Huang S, Chen F, Zhao L, Yuan Y, Francis SS, Fang L, Li Z, Lin L, Liu R, Zhang Y, Xu H, Li S, Zhou Y, Davies RW, Liu Q, Walters RG, Lin K, Ju J, Korneliussen T, Yang MA, Fu Q, Wang J, Zhou L, Krogh A, Zhang H, Wang W, Chen Z, Cai Z, Yin Y, Yang H, Mao M, Shendure J, Wang J, Albrechtsen A, Jin X, Nielsen R, Xu X. 2018h. Genomic analyses from non-invasive prenatal testing reveal genetic associations, patterns of viral infections, and Chinese population history[J]. Cell, 175(2): 347-359, e14.

Liu S, Liu Y, Yang X, Tong C, Edwards D, Parkin IA, Zhao M, Ma J, Yu J, Huang S, Wang X, Wang J, Lu K, Fang Z, Bancroft I, Yang TJ, Hu Q, Wang X, Yue Z, Li H, Yang L, Wu J, Zhou Q, Wang W, King GJ, Pires JC, Lu C, Wu Z, Sampath P, Wang Z, Guo H, Pan S, Yang L, Min J, Zhang D, Jin D, Li W, Belcram H, Tu J, Guan M, Qi C, Du D, Li J, Jiang L, Batley J, Sharpe AG, Park BS, Ruperao P, Cheng F, Waminal NE, Huang Y, Dong C, Wang L, Li J, Hu Z, Zhuang M, Huang Y, Huang J, Shi J, Mei D, Liu J, Lee TH, Wang J, Jin H, Li Z, Li X, Zhang J, Xiao L, Zhou Y, Liu Z, Liu X, Qin R, Tang X, Liu W, Wang Y, Zhang Y, Lee J, Kim HH, Denoeud F, Xu X, Liang X, Hua W, Wang X, Wang J, Chalhoub B, Paterson AH. 2014a. The *Brassica oleracea* genome reveals the asymmetrical evolution of polyploid genomes[J]. Nat Commun, 5: 3930.

Liu T, Wang X, Wang G, Jia S, Liu G, Shan G, Chi S, Zhang J, Yu Y, Xue T, Yu J. 2019e. Evolution of complex thallus alga: genome sequencing of *Saccharina japonica*[J]. Front Genet, 10: 378.

Liu W, Jiang L, Guo C, Yang SS. 2010. *Terribacillus aidingensis* sp. nov., a moderately halophilic bacterium[J]. Int J Syst Evol Microbiol, 60(Pt 12): 2940-2945.

Liu WY, Zeng J, Wang L, Dou YT, Yang SS. 2005. *Halobacillus dabanensis* sp. nov. and *Halobacillus aidingensis* sp. nov., isolated from salt lakes in Xinjiang, China[J]. Int J Syst Evol Microbiol, 55(Pt 5): 1991-1996.

Liu X, Li C, Chen M, Liu B, Yan X, Ning J, Ma B, Liu G, Zhong Z, Jia Y, Shi Q, Wang C. 2020a. Draft genomes of two Atlantic bay scallop subspecies *Argopecten irradians irradians* and *A. i. concentricus*[J]. Sci Data, 7(1): 99.

Liu X, Liu Y, Huang P, Ma Y, Qing Z, Tang Q, Cao H, Cheng P, Zheng Y, Yuan Z, Zhou Y, Liu J, Tang Z, Zhuo Y, Zhang Y, Yu L, Huang J, Yang P, Peng Q, Zhang J, Jiang W, Zhang Z, Lin K, Ro DK, Chen X, Xiong X, Shang Y, Huang S, Zeng J. 2017b. The genome of medicinal plant *Macleaya cordata* provides new insights into benzylisoquinoline alkaloids metabolism[J]. Mol Plant, 10(7): 975-989.

Liu X, Ruan L, Peng D, Li L, Sun M, Yu Z. 2014c. Thuringiensin: a thermostable secondary metabolite from *Bacillus thuringiensis* with insecticidal activity against a wide range of insects[J]. Toxins (Basel), 6(8): 2229-2238.

Liu XY, Yang KY, Wang MQ, Kwok JS, Zeng X, Yang Z, Xiao XJ, Lau CP, Li Y, Huang ZM, Ba JG, Yim AK, Ouyang CY, Ngai SM, Chan TF, Leung EL, Liu L, Liu ZG, Tsui SK. 2018a. High-quality assembly of *Dermatophagoides pteronyssinus* genome and transcriptome reveals a wide range of novel allergens[J]. J Allergy Clin Immunol, 141(6): 2268-2271, e8.

Liu Y, Du J, Lai Q, Zeng R, Ye D, Xu J, Shao Z. 2017c. Proposal of nine novel species of the *Bacillus cereus* group[J]. Int J Syst Evol Microbiol, 67(Pt 8): 2499-2508.

Liu Y, Lai Q, Du J, Shao Z. 2015b. Reclassification of *Bacillus invictae* as a later heterotypic synonym of *Bacillus altitudinis*[J]. Int J Syst Evol Microbiol, 65(8): 2769-2773.

Liu Y, Lai Q, Du J, Shao Z. 2016d. *Bacillus zhangzhouensis* sp. nov. and *Bacillus australimaris* sp. nov.[J]. Int J Syst Evol Microbiol, 66(Pt 3): 1193-1199.

Liu Y, Lai Q, Shao Z. 2016a. Identification of "*Bacillus cellulasensis*" strain NIO-1130 (T) as a member of *Bacillus altitudinis* and emendation of the latter[J]. Arch Microbiol, 198(8): 835-838.

Liu Y, Lai Q, Shao Z. 2018f. Genome analysis-based reclassification of *Bacillus weihenstephanensis* as a later heterotypic synonym of *Bacillus mycoides*[J]. Int J Syst Evol Microbiol, 68(Pt 1): 106-112.

Liu Y, Liu L, Li J, Du G, Chen J. 2019g. Synthetic biology toolbox and chassis development in *Bacillus subtilis*[J]. Trends Biotechnol, 37(5): 548-562.

Liu Y, Liu S, Zhang N, Chen, Que P, Liu N, Höglund J, Zhang Z, Wang B. 2019d. Genome assembly of the common pheasant *Phasianus colchicus*: a model for speciation and ecological genomics[J]. Genome Biol Evol, 11(12): 3326-3331.

Liu Y, Luo J, Dou J, Yan B, Ren Q, Tang B, Wang K, Qiu Q. 2020b. The sequence and *de novo* assembly of the wild yak genome[J]. Sci Data, 7(1): 66.

Liu Y, Tang Q, Cheng P, Zhu M, Zhang H, Liu J, Zuo M, Huang C, Wu C, Sun Z, Liu Z. 2020d. Whole-genome sequencing and analysis of the Chinese herbal plant *Gelsemium elegans*[J]. Acta Pharm Sin B, 10(2): 376-382.

Liu Y, Yin H, Wei K, Peng H, Lu G, Dang Z. 2019f. Biodegradation of tricresyl phosphate isomers by *Brevibacillus brevis*: Degradation pathway and metabolic mechanism[J]. Chemosphere, 232: 195-203.

Liu Y, Zhou Q, Wang Y, Luo L, Yang J, Yang L, Liu M, Li Y, Qian T, Zheng Y, Li M, Li J, Gu Y, Han Z,

Xu M, Wang Y, Zhu C, Yu B, Yang Y, Ding F, Jiang J, Yang H, Gu X. 2015a. *Gekko japonicus* genome reveals evolution of adhesive toe pads and tail regeneration[J]. Nat Commun, 6: 10033.

Liyanage DS, Oh M, Omeka WKM, Wan Q, Jin CN, Shin GH, Kang BC, Nam BH, Lee J. 2019. First draft genome assembly of redlip mullet (*Liza haematocheila*) from family Mugilidae[J]. Front Genet, 10: 1246.

Llanes A, Restrepo CM, Del Vecchio G, Anguizola FJ, Lleonart R. 2015. The genome of *Leishmania panamensis*: insights into genomics of the L. (*Viannia*) subgenus[J]. Sci Rep, 5: 8550.

Lloyd-Price J, Arze C, Ananthakrishnan AN, Schirmer M, Avila-Pacheco J, Poon TW, Andrews E, Ajami NJ, Bonham KS, Brislawn CJ, Casero D, Courtney H, Gonzalez A, Graeber TG, Hall AB, Lake K, Landers CJ, Mallick H, Plichta DR, Prasad M, Rahnavard G, Sauk J, Shungin D, Vázquez-Baeza Y, White RA Ⅲ; IBDMDB Investigators, Braun J, Denson LA, Jansson JK, Knight R, Kugathasan S, McGovern DPB, Petrosino JF, Stappenbeck TS, Winter HS, Clish CB, Franzosa EA, Vlamakis H, Xavier RJ, Huttenhower C. 2019. Multi-omics of the gut microbial ecosystem in inflammatory bowel diseases[J]. Nature, 569(7758): 655-662.

Lo CI, Padhmanabhan R, Mediannikov O, Caputo A, Michelle C, Faye N, Sokhna C, Raoult D, Fournier PE, Fenollar F. 2015b. High-quality genome sequence and description of *Bacillus ndiopicus* strain FF3$^T$ sp. nov.[J]. New Microbes New Infect, 8: 156-163.

Lo CI, Padhmanabhan R, Mediannikov O, Terras J, Robert C, Faye N, Raoult D, Fournier PE, Fenollar F. 2015a. High-quality genome sequence and description of *Bacillus dielmoensis* strain FF4$^T$ sp. nov.[J]. Stand Genomic Sci, 10: 41.

Lo CI, Sankar SA, Fall B, Sambe-Ba B, Mediannikov O, Robert C, Faye N, Wade B, Raoult D, Fournier PE, Fenollar F. 2016. High-quality genome sequence and description of *Paenibacillus dakarensis* sp. nov.[J]. New Microbes New Infect, 10: 132-141.

Locke DP, Hillier LW, Warren WC, Worley KC, Nazareth LV, Muzny DM, Yang SP, Wang Z, Chinwalla AT, Minx P, Mitreva M, Cook L, Delehaunty KD, Fronick C, Schmidt H, Fulton LA, Fulton RS, Nelson JO, Magrini V, Pohl C, Graves TA, Markovic C, Cree A, Dinh HH, Hume J, Kovar CL, Fowler GR, Lunter G, Meader S, Heger A, Ponting CP, Marques-Bonet T, Alkan C, Chen L, Cheng Z, Kidd JM, Eichler EE, White S, Searle S, Vilella AJ, Chen Y, Flicek P, Ma J, Raney B, Suh B, Burhans R, Herrero J, Haussler D, Faria R, Fernando O, Darré F, Farré D, Gazave E, Oliva M, Navarro A, Roberto R, Capozzi O, Archidiacono N, Della Valle G, Purgato S, Rocchi M, Konkel MK, Walker JA, Ullmer B, Batzer MA, Smit AF, Hubley R, Casola C, Schrider DR, Hahn MW, Quesada V, Puente XS, Ordoñez GR, López-Otín C, Vinar T, Brejova B, Ratan A, Harris RS, Miller W, Kosiol C, Lawson HA, Taliwal V, Martins AL, Siepel A, Roychoudhury A, Ma X, Degenhardt J, Bustamante CD, Gutenkunst RN, Mailund T, Dutheil JY, Hobolth A, Schierup MH, Ryder OA, Yoshinaga Y, de Jong PJ, Weinstock GM, Rogers J, Mardis ER, Gibbs RA, Wilson RK. 2011. Comparative and demographic analysis of orang-utan genomes[J]. Nature, 469(7331): 529-533.

Loenen WA, Dryden DT, Raleigh EA, Wilson GG. 2014. Type I restriction enzymes and their relatives[J]. Nucleic Acids Res, 42(1): 20-44.

Loenen WA, Raleigh EA. 2014. The other face of restriction: modification-dependent enzymes[J]. Nucleic Acids Res, 42(1): 56-69.

Logan NA, Berge O, Bishop AH, Busse HJ, de Vos P, Fritze D, Heyndrickx M, Kämpfer P, Rabinovitch L, Salkinoja-Salonen MS, Seldin L, Ventosa A. 2009. Proposed minimal standards for describing new taxa of aerobic, endospore-forming bacteria[J]. Int J Syst Evol Microbiol, 59(Pt 8): 2114-2121.

Logan NA, Lebbe L, Hoste B, Goris J, Forsyth G, Heyndrickx M, Murray BL, Syme N, Wynn-Williams DD, De Vos P. 2000. Aerobic endospore-forming bacteria from geothermal environments in northern Victoria Land, Antarctica, and Candlemas Island, South Sandwich archipelago, with the proposal of *Bacillus fumarioli* sp. nov.[J]. Int J Syst Evol Microbiol, 50(Pt 5): 1741-1753.

Logan NA, Lebbe L, Verhelst A, Goris J, Forsyth G, Rodriguez-Diaz M, Heyndrickx M, De Vos P. 2002. *Bacillus luciferensis* sp. nov., from volcanic soil on Candlemas Island, South Sandwich archipelago[J]. Int J Syst Evol Microbiol, 52(Pt 6): 1985-1989.

Logan NA, Lebbe L, Verhelst A, Goris J, Forsyth G, Rodríguez-Díaz M, Heyndrickx M, De Vos P. 2004. *Bacillus shackletonii* sp. nov., from volcanic soil on Candlemas Island, South Sandwich archipelago[J]. Int J Syst Evol Microbiol, 54(Pt 2): 373-376.

Logue K, Small ST, Chan ER, Reimer L, Siba PM, Zimmerman PA, Serre D. 2015. Whole-genome sequencing reveals absence of recent gene flow and separate demographic histories for *Anopheles punctulatus* mosquitoes in Papua New Guinea[J]. Mol Ecol, 24(6): 1263-1274.

Lok S, Paton TA, Wang Z, Kaur G, Walker S, Yuen RK, Sung WW, Whitney J, Buchanan JA, Trost B, Singh N, Apresto B, Chen N, Coole M, Dawson TJ, Ho K, Hu Z, Pullenayegum S, Samler K, Shipstone A, Tsoi F, Wang T, Pereira SL, Rostami P, Ryan CA, Tong AH, Ng K, Sundaravadanam Y, Simpson JT, Lim BK, Engstrom MD, Dutton CJ, Kerr KC, Franke M, Rapley W, Wintle RF, Scherer SW. 2017. *De novo* genome and transcriptome assembly of the Canadian beaver (*Castor canadensis*)[J]. G3 (Bethesda), 7(2): 755-773.

Loman NJ, Quick J, Simpson JT. 2015. A complete bacterial genome assembled *de novo* using only nanopore sequencing data[J]. Nat Methods, 12: 733-735.

Long AD, Baldwin-Brown J, Tao Y, Cook VJ, Balderrama-Gutierrez G, Corbett-Detig R, Mortazavi A, Barbour AG. 2019. The genome of *Peromyscus leucopus*, natural host for Lyme disease and other emerging infections[J]. Sci Adv, 5(7): eaaw6441.

Long KA, Nossa CW, Sewell MA, Putnam NH, Ryan JF. 2016. Low coverage sequencing of three echinoderm genomes: the brittle star *Ophionereis fasciata*, the sea star *Patiriella regularis*, and the sea cucumber *Australostichopus mollis*[J]. Gigascience, 5: 20.

Long X, Ye R, Zhang S, Liu B, Zhang Y, Zeng Z, Tian Y. 2015. *Oceanobacillus damuensis* sp. nov. and *Oceanobacillus rekensis* sp. nov., isolated from saline alkali soil samples[J]. Antonie Van Leeuwenhoek, 108(3): 731-739.

Lopes R, Cerdeira L, Tavares GS, Ruiz JC, Blom J, Horácio ECA, Mantovani HC, Queiroz MV. 2017. Genome analysis reveals insights of the endophytic *Bacillus toyonensis* BAC3151 as a potentially novel agent for biocontrol of plant pathogens[J]. World J Microbiol Biotechnol, 33(10): 185.

López G, Díaz-Cárdenas C, Alzate JD, Gonzalez LN, Shapiro N, Woyke T, Kyrpides NC, Restrepo S, Baena S. 2018. Description of *Alicyclobacillus montanus* sp. nov., a mixotrophic bacterium isolated from acidic hot springs[J]. Int J Syst Evol Microbiol, 68(Pt 5): 1608-1615.

López-Isasmendi G, Alvarez AE, Petroselli G, Erra-Balsells R, Audisio MC. 2019. Aphicidal activity of *Bacillus amyloliquefaciens* strains in the peach-potato aphid (*Myzus persicae*)[J]. Microbiol Res, 226: 41-47.

López-Madrigal S, Latorre A, Porcar M, Moya A, Gil R. 2011. Complete genome sequence of "Candidatus *Tremblaya princeps*" strain PCVAL, an intriguing translational machine below the living-cell status[J]. J Bacteriol, 193(19): 5587-5588.

Louha S, Ray DA, Winker K, Glenn TC. 2020. A high-quality genome assembly of the North American song sparrow, *Melospiza melodia*[J]. G3 (Bethesda), 10(4): 1159-1166.

Louro B, De Moro G, Garcia C, Cox CJ, Veríssimo A, Sabatino SJ, Santos AM, Canário AVM. 2019. A haplotype-resolved draft genome of the European sardine (*Sardina pilchardus*)[J]. Gigascience, 8(5): giz059.

Lovell JT, Jenkins J, Lowry DB, Mamidi S, Sreedasyam A, Weng X, Barry K, Bonnette J, Campitelli B, Daum C, Gordon SP, Gould BA, Khasanova A, Lipzen A, MacQueen A, Palacio-Mejía JD, Plott C, Shakirov EV, Shu S, Yoshinaga Y, Zane M, Kudrna D, Talag JD, Rokhsar D, Grimwood J, Schmutz J, Juenger TE. 2018. The genomic landscape of molecular responses to natural drought stress in *Panicum hallii*[J]. Nat Commun, 9(1): 5213.

Lu J, Nogi Y, Takami H. 2001. *Oceanobacillus iheyensis* gen. nov., sp. nov., a deep-sea extremely halotolerant and alkaliphilic species isolated from a depth of 1050 m on the Iheya Ridge[J]. FEMS Microbiol Lett, 205(2): 291-297.

Lu L, Zhao J, Li C. 2020. High-quality genome assembly and annotation of the big-eye mandarin fish (*Siniperca knerii*)[J]. G3(Bethesda), 10(3): 877-880.

Lu M, An HM, Li LL. 2016. Genome survey sequencing for the characterization of the genetic background of *Rosa roxburghii* tratt and leaf ascorbate metabolism genes[J]. PLoS One, 11(2): e0147530.

Lu S, Yang J, Dai X, Xie F, He J, Dong Z, Mao J, Liu G, Chang Z, Zhao R, Wan W, Zhang R, Li Y, Wang W, Li X. 2019b. Chromosomal-level reference genome of Chinese peacock butterfly (*Papilio bianor*) based on third-generation DNA sequencing and Hi-C analysis[J]. Gigascience, 8(11): giz128.

Lu TM, Kanda M, Furuya H, Satoh N. 2019a. Dicyemid Mesozoans: a unique parasitic lifestyle and a reduced genome[J]. Genome Biol Evol, 11(8): 2232-2243.

Luan MB, Jian JB, Chen P, Chen JH, Chen JH, Gao Q, Gao G, Zhou JH, Chen KM, Guang XM, Chen JK, Zhang QQ, Wang XF, Fang L, Sun ZM, Bai MZ, Fang XD, Zhao SC, Xiong HP, Yu CM, Zhu AG. 2018. Draft genome sequence of ramie, *Boehmeria nivea* (L.) Gaudich[J]. Mol Ecol Resour, 18(3): 639-645.

Luan SJ, Sun YB, Wang Y, Sa RN, Zhang HF. 2019. *Bacillus amyloliquefaciens* spray improves the growth performance, immune status, and respiratory mucosal barrier in broiler chickens[J]. Poult Sci, 98(3): 1403-1409.

Lucas ER, Miles A, Harding NJ, Clarkson CS, Lawniczak MKN, Kwiatkowski DP, Weetman D, Donnelly MJ; Anopheles gambiae 1000 Genomes Consortium. 2019. Whole-genome sequencing reveals high complexity of copy number variation at insecticide resistance loci in malaria mosquitoes[J]. Genome Res, 29(8): 1250-1261.

Lüdeke CH, Kong N, Weimer BC, Fischer M, Jones JL. 2015. Complete genome sequences of a clinical isolate and an environmental isolate of *Vibrio parahaemolyticus*[J]. Genome Announc, 3(2): e00216-15.

Lunt DH, Kumar S, Koutsovoulos G, Blaxter ML. 2014. The complex hybrid origins of the root knot nematodes revealed through comparative genomics[J]. PeerJ, 2: e356.

Luo C, Chen Y, Liu X, Wang X, Wang X, Li X, Zhao Y, Wei L. 2019b. Engineered biosynthesis of cyclic lipopeptide locillomycins in surrogate host *Bacillus velezensis* FZB42 and derivative strains enhance antibacterial activity[J]. Appl Microbiol Biotechnol, 103(11): 4467-4481.

Luo MC, Gu YQ, Puiu D, Wang H, Twardziok SO, Deal KR, Huo N, Zhu T, Wang L, Wang Y, McGuire PE, Liu S, Long H, Ramasamy RK, Rodriguez JC, Van SL, Yuan L, Wang Z, Xia Z, Xiao L, Anderson OD, Ouyang S, Liang Y, Zimin AV, Pertea G, Qi P, Bennetzen JL, Dai X, Dawson MW, Müller HG, Kugler K, Rivarola-Duarte L, Spannagl M, Mayer KFX, Lu FH, Bevan MW, Leroy P, Li P, You FM, Sun Q, Liu Z, Lyons E, Wicker T, Salzberg SL, Devos KM, Dvořák J. 2017. Genome sequence of the progenitor of the wheat D genome *Aegilops tauschii*[J]. Nature, 551(7681): 498-502.

Luo Q, Bian C, Tao M, Huang Y, Zheng Y, Lv Y, Li J, Wang C, You X, Jia B, Xu J, Li J, Li Z, Shi Q, Hu Z. 2019a. Genome and transcriptome sequencing of the astaxanthin-producing green microalga, *Haematococcus pluvialis*[J]. Genome Biol Evol, 11(1): 166-173.

Luo S, Tang M, Frandsen PB, Stewart RJ, Zhou X. 2018b. The genome of an underwater architect, the caddisfly *Stenopsyche tienmushanensis* Hwang (Insecta: Trichoptera)[J]. Gigascience, 7(12): giy143.

Luo X, Zhang J, Li D, Xin Y, Xin D, Fan L. 2014. *Planomicrobium soli* sp. nov., isolated from soil[J]. Int J Syst Evol Microbiol, 64(Pt 8): 2700-2705.

Luo YJ, Kanda M, Koyanagi R, Hisata K, Akiyama T, Sakamoto H, Sakamoto T, Satoh N. 2018a. Nemertean and phoronid genomes reveal lophotrochozoan evolution and the origin of bilaterian heads[J]. Nat Ecol Evol, 2(1): 141-151.

Luo YJ, Takeuchi T, Koyanagi R, Yamada L, Kanda M, Khalturina M, Fujie M, Yamasaki S, Endo K, Satoh N. 2015. The *Lingula* genome provides insights into brachiopod evolution and the origin of phosphate biomineralization[J]. Nat Commun, 6: 8301.

Lutz HL, Marra NJ, Grewe F, Carlson JS, Palinauskas V, Valkiūnas G, Stanhope MJ. 2016. Laser capture microdissection microscopy and genome sequencing of the avian malaria parasite, *Plasmodium relictum*[J]. Parasitol Res, 115(12): 4503-4510.

Lv Q, Qiu J, Liu J, Li Z, Zhang W, Wang Q, Fang J, Pan J, Chen Z, Cheng W, Barker MS, Huang X, Wei X, Cheng K. 2020a. The *Chimonanthus salicifolius* genome provides insight into magnoliid evolution and flavonoid biosynthesis[J]. Plant J, 103(5): 1910-1923.

Lv S, Cheng S, Wang Z, Li S, Jin X, Lan L, Yang B, Yu K, Ni X, Li N, Hou X, Huang G, Wang J, Dong Y,

Wang E, Huang J, Zhang G, Zhang C. 2020b. Draft genome of the famous ornamental plant *Paeonia suffruticosa*[J]. Ecol Evol, 10(11): 4518-4530.

Ma J, Wan D, Duan B, Bai X, Bai Q, Chen N, Ma T. 2019. Genome sequence and genetic transformation of a widely distributed and cultivated poplar[J]. Plant Biotechnol J, 17(2): 451-460.

Ma T, Wang J, Zhou G, Yue Z, Hu Q, Chen Y, Liu B, Qiu Q, Wang Z, Zhang J, Wang K, Jiang D, Gou C, Yu L, Zhan D, Zhou R, Luo W, Ma H, Yang Y, Pan S, Fang D, Luo Y, Wang X, Wang G, Wang J, Wang Q, Lu X, Chen Z, Liu J, Lu Y, Yin Y, Yang H, Abbott RJ, Wu Y, Wan D, Li J, Yin T, Lascoux M, Difazio SP, Tuskan GA, Wang J, Liu J. 2013. Genomic insights into salt adaptation in a desert poplar[J]. Nat Commun, 4: 2797.

Ma W, Zhao X, Yin C, Jiang F, Du X, Chen T, Zhang Q, Qiu L, Xu H, Joe Hull J, Li G, Sung WK, Li F, Lin Y. 2020. A chromosome-level genome assembly reveals the genetic basis of cold tolerance in a notorious rice insect pest, *Chilo suppressalis*[J]. Mol Ecol Resour, 20(1): 268-282.

Ma XF, Jensen E, Alexandrov N, Troukhan M, Zhang L, Thomas-Jones S, Farrar K, Clifton-Brown J, Donnison I, Swaller T, Flavell R. 2012. High resolution genetic mapping by genome sequencing reveals genome duplication and tetraploid genetic structure of the diploid *Miscanthus sinensis*[J]. PLoS One, 7(3): e33821.

Ma Y, Xia Z, Liu X, Chen S. 2007a. *Paenibacillus sabinae* sp. nov., a nitrogen-fixing species isolated from the rhizosphere soils of shrubs[J]. Int J Syst Evol Microbiol, 57(Pt 1): 6-11.

Ma Y, Zhang J, Chen S. 2007b. *Paenibacillus zanthoxyli* sp. nov., a novel nitrogen-fixing species isolated from the rhizosphere of *Zanthoxylum simulans*[J]. Int J Syst Evol Microbiol, 57(Pt 4): 873-877.

Ma YC, Chen SF. 2008. *Paenibacillus forsythiae* sp. nov., a nitrogen-fixing species isolated from rhizosphere soil of *Forsythia mira*[J]. Int J Syst Evol Microbiol, 58(Pt 2): 319-323.

Maayer P, Aliyu H, Cowan DA. 2019. Reorganising the order Bacillales through phylogenomics[J]. Syst Appl Microbiol, 42(2): 178-189.

Maccaferri M, Harris NS, Twardziok SO, Pasam RK, Gundlach H, Spannagl M, Ormanbekova D, Lux T, Prade VM, Milner SG, Himmelbach A, Mascher M, Bagnaresi P, Faccioli P, Cozzi P, Lauria M, Lazzari B, Stella A, Manconi A, Gnocchi M, Moscatelli M, Avni R, Deek J, Biyiklioglu S, Frascaroli E, Corneti S, Salvi S, Sonnante G, Desiderio F, Marè C, Crosatti C, Mica E, Özkan H, Kilian B, De Vita P, Marone D, Joukhadar R, Mazzucotelli E, Nigro D, Gadaleta A, Chao S, Faris JD, Melo ATO, Pumphrey M, Pecchioni N, Milanesi L, Wiebe K, Ens J, MacLachlan RP, Clarke JM, Sharpe AG, Koh CS, Liang KYH, Taylor GJ, Knox R, Budak H, Mastrangelo AM, Xu SS, Stein N, Hale I, Distelfeld A, Hayden MJ, Tuberosa R, Walkowiak S, Mayer KFX, Ceriotti A, Pozniak CJ, Cattivelli L. 2019. Durum wheat genome highlights past domestication signatures and future improvement targets[J]. Nat Genet, 51(5): 885-895.

Madhaiyan M, Poonguzhali S, Lee JS, Lee KC, Hari K. 2011. *Bacillus rhizosphaerae* sp. nov., an novel diazotrophic bacterium isolated from sugarcane rhizosphere soil[J]. Antonie Van Leeuwenhoek, 100(3): 437-444.

Madhaiyan M, Poonguzhali S, Saravanan VS, Duraipandiyan V, Al-Dhabi NA, Kwon SW, Whitman WB. 2017. *Paenibacillus polysaccharolyticus* sp. nov., a xylanolytic and cellulolytic bacteria isolated from leaves of Bamboo *Phyllostachys aureosulcata*[J]. Int J Syst Evol Microbiol, 67(Pt 7): 2127-2133.

Madison JT, Everett GA, Kung HK. 1966. On the nucleotide sequence of yeast tyrosine transfer RNA[J]. Cold Spring Harb Symp Quant Biol, 31: 409-416.

Mahesh HB, Subba P, Advani J, Shirke MD, Loganathan RM, Chandana SL, Shilpa S, Chatterjee O, Pinto SM, Prasad TSK, Gowda M. 2018. Multi-omics driven assembly and annotation of the sandalwood (*Santalum album*) genome[J]. Plant Physiol, 176(4): 2772-2788.

Mak SST, Gopalakrishnan S, Carøe C, Geng C, Liu S, Sinding MS, Kuderna LFK, Zhang W, Fu S, Vieira FG, Germonpré M, Bocherens H, Fedorov S, Petersen B, Sicheritz-Pontén T, Marques-Bonet T, Zhang G, Jiang H, Gilbert MTP. 2017. Comparative performance of the BGISEQ-500 vs Illumina HiSeq2500 sequencing platforms for palaeogenomic sequencing[J]. Gigascience, 6(8): gix049.

Makarova KS, Wolf YI, Alkhnbashi OS, Costa F, Shah SA, Saunders SJ, Barrangou R, Brouns SJ, Charpentier E, Haft DH, Horvath P, Moineau S, Mojica FJ, Terns RM, Terns MP, White MF, Yakunin AF,

Garrett RA, van der Oost J, Backofen R, Koonin EV. 2015. An updated evolutionary classification of CRISPR-Cas systems[J]. Nat Rev Microbiol, 13(11): 722-736.

Makarova KS, Wolf YI, Koonin EV. 2013a. Comparative genomics of defense systems in archaea and bacteria[J]. Nucleic Acids Res, 41(8): 4360-4377.

Makarova KS, Wolf YI, Koonin EV. 2013b. The basic building blocks and evolution of CRISPR-CAS systems[J]. Biochem Soc Trans, 41(6): 1392-1400.

Makarova KS, Wolf YI, Snir S, Koonin EV. 2011. Defense islands in bacterial and archaeal genomes and prediction of novel defense systems[J]. J Bacteriol, 193(21): 6039-6056.

Makita Y, Kawashima M, Lau NS, Othman AS, Matsui M. 2018. Construction of Pará rubber tree genome and multi-transcriptome database accelerates rubber researches[J]. BMC Genomics, 19(Suppl 1): 922.

Malde K, Seliussen BB, Quintela M, Dahle G, Besnier F, Skaug HJ, Øien N, Solvang HK, Haug T, Skern-Mauritzen R, Kanda N, Pastene LA, Jonassen I, Glover KA. 2017. Whole genome resequencing reveals diagnostic markers for investigating global migration and hybridization between minke whale species[J]. BMC Genomics, 18(1): 76.

Maldonado LL, Arrabal JP, Rosenzvit MC, Oliveira GC, Kamenetzky L. 2019. Revisiting the phylogenetic history of helminths through genomics, the case of the new *Echinococcus oligarthrus* genome[J]. Front Genet, 10: 708.

Maldonado LL, Assis J, Araújo FM, Salim AC, Macchiaroli N, Cucher M, Camicia F, Fox A, Rosenzvit M, Oliveira G, Kamenetzky L. 2017. The *Echinococcus Canadensis* (G7) genome: a key knowledge of parasitic platyhelminth human diseases[J]. BMC Genomics, 18(1): 204.

Malli RPN, Adal AM, Sarker LS, Liang P, Mahmoud SS. 2019. *De novo* sequencing of the *Lavandula angustifolia* genome reveals highly duplicated and optimized features for essential oil production[J]. Planta, 249(1): 251-256.

Manachini PL, Fortina MG, Parini C, Craveri R. 1985. *Bacillus thermoruber* sp. nov., nom. rev., a red-pigmented thermophilic bacterium[J]. Int J Syst Bacteriol, 35: 493-496.

Manachini PL, Mora D, Nicastro G, Parini C, Stackebrandt E, Pukall R, Fortina MG. 2000. *Bacillus thermodenitrificans* sp. nov., nom. rev.[J]. Int J Syst Evol Microbiol, 50(Pt 3): 1331-1337.

Mangelson H, Jarvis DE, Mollinedo P, Rollano-Penaloza OM, Palma-Encinas VD, Gomez-Pando LR, Jellen EN, Maughan PJ. 2019. The genome of *Chenopodium pallidicaule*: An emerging Andean super grain[J]. Appl Plant Sci, 7(11): e11300.

Maniatis T, Jeffrey A, van deSande H. 1975. Chain length determination of small double- and single-stranded DNA molecules by polyacrylamide gel electrophoresis[J]. Biochemistry, 14: 3787-3794.

Manni M, Simao FA, Robertson HM, Gabaglio MA, Waterhouse RM, Misof B, Niehuis O, Szucsich NU, Zdobnov EM. 2020. The genome of the blind soil-dwelling and ancestrally wingless dipluran *Campodea augens*: a key reference hexapod for studying the emergence of insect innovations[J]. Genome Biol Evol, 12(1): 3536-3549.

Manorama R, Pindi PK, Reddy GS, Shivaji S. 2009. *Bhargavaea cecembensis* gen. nov., sp. nov., isolated from the Chagos-Laccadive ridge system in the Indian Ocean[J]. Int J Syst Evol Microbiol, 59(Pt 10): 2618-2623.

Manrao EA, Derrington IM, Laszlo AH, Langford KW, Hopper MK, Gillgren N, Pavlenok M, Niederweis M, Gundlach JH. 2012. Reading DNA at single-nucleotide resolution with a mutant MspA nanopore and phi29 DNA polymerase[J]. Nat Biotechnol, 30(4): 349-353.

Marchant DB, Sessa EB, Wolf PG, Heo K, Barbazuk WB, Soltis PS, Soltis DE. 2019. The C-Fern (*Ceratopteris richardii*) genome: insights into plant genome evolution with the first partial homosporous fern genome assembly[J]. Sci Rep, 9(1): 18181.

Marche MG, Camiolo S, Porceddu A, Ruiu L. 2018. Survey of *Brevibacillus laterosporus* insecticidal protein genes and virulence factors[J]. J Invertebr Pathol, 155: 38-43.

Marcionetti A, Rossier V, Bertrand JAM, Litsios G, Salamin N. 2018. First draft genome of an iconic clownfish species (*Amphiprion frenatus*)[J]. Mol Ecol Resour, 18: 1092-1101.

Mardis ER. 2008. Next-generation DNA sequencing methods[J]. Annu Rev Genom Hum Genet, 9: 387-402.

Margulies M, Egholm M, Altman WE, Attiya S, Bader JS, Bemben LA, Berka J, Braverman MS, Chen YJ, Chen Z, Dewell SB, Du L, Fierro JM, Gomes XV, Godwin BC, He W, Helgesen S, Ho CH, Irzyk GP, Jando SC, Alenquer ML, Jarvie TP, Jirage KB, Kim JB, Knight JR, Lanza JR, Leamon JH, Lefkowitz SM, Lei M, Li J, Lohman KL, Lu H, Makhijani VB, McDade KE, McKenna MP, Myers EW, Nickerson E, Nobile JR, Plant R, Puc BP, Ronan MT, Roth GT, Sarkis GJ, Simons JF, Simpson JW, Srinivasan M, Tartaro KR, Tomasz A, Vogt KA, Volkmer GA, Wang SH, Wang Y, Weiner MP, Yu P, Begley RF, Rothberg JM. 2005. Genome sequencing in microfabricated high-density picolitre reactors[J]. Nature, 437(7057): 376-380.

Marinotti O, Cerqueira GC, de Almeida LG, Ferro MI, Loreto EL, Zaha A, Teixeira SM, Wespiser AR, Almeida E Silva A, Schlindwein AD, Pacheco AC, Silva AL, Graveley BR, Walenz BP, Lima Bde A, Ribeiro CA, Nunes-Silva CG, de Carvalho CR, Soares CM, de Menezes CB, Matiolli C, Caffrey D, Araújo DA, de Oliveira DM, Golenbock D, Grisard EC, Fantinatti-Garboggini F, de Carvalho FM, Barcellos FG, Prosdocimi F, May G, Azevedo Junior GM, Guimarães GM, Goldman GH, Padilha IQ, Batista Jda S, Ferro JA, Ribeiro JM, Fietto JL, Dabbas KM, Cerdeira L, Agnez-Lima LF, Brocchi M, de Carvalho MO, Teixeira Mde M, Diniz Maia Mde M, Goldman MH, Cruz Schneider MP, Felipe MS, Hungria M, Nicolás MF, Pereira M, Montes MA, Cantão ME, Vincentz M, Rafael MS, Silverman N, Stoco PH, Souza RC, Vicentini R, Gazzinelli RT, Neves Rde O, Silva R, Astolfi-Filho S, Maciel TE, Urményi TP, Tadei WP, Camargo EP, de Vasconcelos AT. 2013. The genome of *Anopheles darlingi,* the main neotropical malaria vector[J]. Nucleic Acids Res, 41(15): 7387-400.

Markowitz VM, Ivanova N, Palaniappan K, Szeto E, Korzeniewski F, Lykidis A, Anderson I, Mavromatis K, Kunin V, Garcia Martin H, Dubchak I, Hugenholtz P, Kyrpides NC. 2006a. An experimental metagenome data management and analysis system[J]. Bioinformatics, 22(14): e359-e367.

Markowitz VM, Korzeniewski F, Palaniappan K, Szeto E, Werner G, Padki A, Zhao X, Dubchak I, Hugenholtz P, Anderson I, Lykidis A, Mavromatis K, Ivanova N, Kyrpides NC. 2006b. The integrated microbial genomes (IMG) system[J]. Nucleic Acids Res, 34(Database issue): D344-D348.

Marks RA, Smith JJ, Cronk Q, Grassa CJ, McLetchie DN. 2019. Genome of the tropical plant *Marchantia inflexa*: implications for sex chromosome evolution and dehydration tolerance[J]. Sci Rep, 9(1): 8722.

Marmoset Genome Sequencing and Analysis Consortium. 2014. The common marmoset genome provides insight into primate biology and evolution[J]. Nat Genet, 46(8): 850-857.

Marques JP, Seixas FA, Farelo L, Callahan CM, Good JM, Montgomery WI, Reid N, Alves PC, Boursot P, Melo-Ferreira J. 2020. An annotated draft genome of the mountain hare (*Lepus timidus*)[J]. Genome Biol Evol, 12(1): 3656-3662.

Márquez MC, Carrasco IJ, de la Haba RR, Jones BE, Grant WD, Ventosa A. 2011. *Bacillus locisalis* sp. nov., a new haloalkaliphilic species from hypersaline and alkaline lakes of China, Kenya and Tanzania[J]. Syst Appl Microbiol, 34(6): 424-428.

Márquez MC, Carrasco IJ, Xue Y, Ma Y, Cowan DA, Jones BE, Grant WD, Ventosa A. 2008. *Aquisalibacillus elongatus* gen. nov., sp. nov., a moderately halophilic bacterium of the family Bacillaceae isolated from a saline lake[J]. Int J Syst Evol Microbiol, 58(Pt 8): 1922-1926.

Marra NJ, Stanhope MJ, Jue NK, Wang M, Sun Q, Pavinski Bitar P, Richards VP, Komissarov A, Rayko M, Kliver S, Stanhope BJ, Winkler C, O'Brien SJ, Antunes A, Jorgensen S, Shivji MS. 2019. White shark genome reveals ancient elasmobranch adaptations associated with wound healing and the maintenance of genome stability[J]. Proc Natl Acad Sci USA, 116(10): 4446-4455.

Marshall BJ, Ohye DF. 1966. *Bacillus macquariensis* n. sp., a psychrotrophic bacterium from sub-Antarctic soil[J]. J Gen Microbiol, 44(1): 41-46.

Martin SH, Dasmahapatra KK, Nadeau NJ, Salazar C, Walters JR, Simpson F, Blaxter M, Manica A, Mallet J, Jiggins CD. 2013. Genome-wide evidence for speciation with gene flow in *Heliconius* butterflies[J]. Genome Res, 23(11): 1817-1828.

Martinez Barrio A, Lamichhaney S, Fan G, Rafati N, Pettersson M, Zhang H, Dainat J, Ekman D, Höppner M, Jern P, Martin M, Nystedt B, Liu X, Chen W, Liang X, Shi C, Fu Y, Ma K, Zhan X, Feng C, Gustafson U, Rubin CJ, Sällman Almén M, Blass M, Casini M, Folkvord A, Laikre L, Ryman N, Lee SMY, Xu X,

Andersson L. 2016. The genetic basis for ecological adaptation of the Atlantic herring revealed by genome sequencing[J]. Elife, 5: e12081.

Martínez-García PJ, Crepeau MW, Puiu D, Gonzalez-Ibeas D, Whalen J, Stevens KA, Paul R, Butterfield TS, Britton MT, Reagan RL, Chakraborty S, Walawage SL, Vasquez-Gross HA, Cardeno C, Famula RA, Pratt K, Kuruganti S, Aradhya MK, Leslie CA, Dandekar AM, Salzberg SL, Wegrzyn JL, Langley CH, Neale DB. 2016. The walnut (*Juglans regia*) genome sequence reveals diversity in genes coding for the biosynthesis of non-structural polyphenols[J]. Plant J, 87(5): 507-532.

Martinez-Viaud KA, Lawley CT, Vergara MM, Ben-Zvi G, Biniashvili T, Baruch K, St Leger J, Le J, Natarajan A, Rivera M, Guillergan M, Jaeger E, Steffy B, Zimin A. 2019. New *de novo* assembly of the Atlantic bottlenose dolphin (*Tursiops truncatus*) improves genome completeness and provides haplotype phasing[J]. Gigascience, 8(3): giy168.

Martinson EO, Peyton J, Kelkar YD, Jennings EC, Benoit JB, Werren JH, Denlinger DL. 2019. Genome and ontogenetic-based transcriptomic analyses of the flesh fly, *Sarcophaga bullata*[J]. G3 (Bethesda), 9(5): 1313-1320.

Mascher M, Richmond TA, Gerhardt DJ, Himmelbach A, Clissold L, Sampath D, Ayling S, Steuernagel B, Pfeifer M, D'Ascenzo M, Akhunov ED, Hedley PE, Gonzales AM, Morrell PL, Kilian B, Blattner FR, Scholz U, Mayer KF, Flavell AJ, Muehlbauer GJ, Waugh R, Jeddeloh JA, Stein N. 2013. Barley whole exome capture: a tool for genomic research in the genus *Hordeum* and beyond[J]. Plant J, 76(3): 496-505.

Masonbrink RE, Purcell CM, Boles SE, Whitehead A, Hyde JR, Seetharam AS, Severin AJ. 2019. An annotated genome for *Haliotis rufescens* (red abalone) and resequenced green, pink, pinto, black, and white abalone species[J]. Genome Biol Evol, 11(2): 431-438.

Mathers TC, Chen Y, Kaithakottil G, Legeai F, Mugford ST, Baa-Puyoulet P, Bretaudeau A, Clavijo B, Colella S, Collin O, Dalmay T, Derrien T, Feng H, Gabaldón T, Jordan A, Julca I, Kettles GJ, Kowitwanich K, Lavenier D, Lenzi P, Lopez-Gomollon S, Loska D, Mapleson D, Maumus F, Moxon S, Price DR, Sugio A, van Munster M, Uzest M, Waite D, Jander G, Tagu D, Wilson AC, van Oosterhout C, Swarbreck D, Hogenhout SA. 2017. Rapid transcriptional plasticity of duplicated gene clusters enables a clonally reproducing aphid to colonise diverse plant species[J]. Genome Biol, 18(1): 27.

Mathew R, Opperman CH. 2019. The genome of the migratory nematode, *Radopholus similis*, reveals signatures of close association to the sedentary cyst nematodes[J]. PLoS One, 14(10): e0224391.

Matra DD, Ritonga AW, Natawijaya A, Poerwanto R, Sobir, Siregar UJ, Widodo WD, Inoue E. 2018. Datasets for genome assembly of six underutilized Indonesian fruits[J]. Data Brief, 22: 960-963.

Matsubara H, Goto K, Matsumura T, Mochida K, Iwaki M, Niwa M, Yamasato K. 2002. *Alicyclobacillus acidiphilus* sp. nov., a novel thermo-acidophilic, omega-alicyclic fatty acid-containing bacterium isolated from acidic beverages[J]. Int J Syst Evol Microbiol, 52(Pt 5): 1681-1685.

Matsunami M, Endo D, Saitou N, Suzuki H, Onuma M. 2017. Draft genome sequence of Japanese wood mouse, *Apodemus speciosus*[J]. Data Brief, 16: 43-46.

Matsuo Y, Katsuta A, Matsuda S, Shizuri Y, Yokota A, Kasai H. 2006. *Mechercharimyces mesophilus* gen. nov., sp. nov. and *Mechercharimyces asporophorigenens* sp. nov., antitumour substance-producing marine bacteria, and description of Thermoactinomycetaceae fam. nov.[J]. Int J Syst Evol Microbiol, 56(Pt 12): 2837-2842.

Mattingsdal M, Jentoft S, Tørresen OK, Knutsen H, Hansen MM, Robalo JI, Zagrodzka Z, André C, Gonzalez EB. 2018. A continuous genome assembly of the corkwing wrasse (*Symphodus melops*)[J]. Genomics, 110(6): 399-403.

Maughan PJ, Lee R, Walstead R, Vickerstaff RJ, Fogarty MC, Brouwer CR, Reid RR, Jay JJ, Bekele WA, Jackson EW, Tinker NA, Langdon T, Schlueter JA, Jellen EN. 2019. Genomic insights from the first chromosome-scale assemblies of oat (*Avena* spp.) diploid species[J]. BMC Biol, 17(1): 92.

Mawlankar R, Thorat MN, Krishnamurthi S, Dastager SG. 2016. *Bacillus cellulasensis* sp. nov., isolated from marine sediment[J]. Arch Microbiol, 198(1): 83-89.

Maxam AM, Gilbert W. 1977. A new method for sequencing DNA[J]. Proc Natl Acad Sci USA, 74(2):

560-564.

Mayr R, Busse HJ, Worliczek HL, Ehling-Schulz M, Scherer S. 2006. *Ornithinibacillus* gen. nov., with the species *Ornithinibacillus bavariensis* sp. nov. and *Ornithinibacillus californiensis* sp. nov.[J]. Int J Syst Evol Microbiol, 56(Pt 6): 1383-1389.

Mazzara GP, McClain WH. 1977. Cysteine transfer RNA of *Escherichia coli*: nucleotide sequence and unusual metabolic properties of the 3′C-C-A terminus[J]. J Mol Biol, 117(4): 1061-1079.

Mazzara GP, Seidman JG, McClain WH, Yesian H, Abelson J, Guthrie C. 1977. Nucleotide sequence of an arginine transfer ribonucleic acid from bacteriophage T4[J]. J Biol Chem, 252(22): 8245-8253.

McCarthy BJ, Bolton ET. 1963. An approach to the measurement of genetic relatedness among organisms[J]. Proc Natl Acad Sci USA, 50(1): 156-164.

McCutchan T, Silverman S, Kohli J, Söll D. 1978. Nucleotide sequence of phenylalanine transfer RNA from *Schizosaccharomyces pombe*: implications for transfer RNA recognition by yeast phenylalanyl-tRNA synthetase[J]. Biochemistry, 17(9): 1622-1628.

McCutcheon JP, McDonald BR, Moran NA. 2009. Origin of an alternative genetic code in the extremely small and GC-rich genome of a bacterial symbiont. PLoS Genet, 5(7): e1000565.

McCutcheon JP, Moran NA. 2007. Parallel genomic evolution and metabolic interdependence in an ancient symbiosis. Proc Natl Acad Sci USA, 104(49): 19392-19397.

McCutcheon JP, Moran NA. 2011. Extreme genome reduction in symbiotic bacteria. Nat Rev Microbiol, 10(1): 13-26.

McDonald D, Hyde E, Debelius JW, Morton JT, Gonzalez A, Ackermann G, Aksenov AA, Behsaz B, Brennan C, Chen Y, DeRight Goldasich L, Dorrestein PC, Dunn RR, Fahimipour AK, Gaffney J, Gilbert JA, Gogul G, Green JL, Hugenholtz P, Humphrey G, Huttenhower C, Jackson MA, Janssen S, Jeste DV, Jiang L, Kelley ST, Knights D, Kosciolek T, Ladau J, Leach J, Marotz C, Meleshko D, Melnik AV, Metcalf JL, Mohimani H, Montassier E, Navas-Molina J, Nguyen TT, Peddada S, Pevzner P, Pollard KS, Rahnavard G, Robbins-Pianka A, Sangwan N, Shorenstein J, Smarr L, Song SJ, Spector T, Swafford AD, Thackray VG, Thompson LR, Tripathi A, Vázquez-Baeza Y, Vrbanac A, Wischmeyer P, Wolfe E, Zhu Q; American Gut Consortium, Knight R. 2018. American gut: an open platform for citizen science microbiome research[J]. mSystems, 3(3): e00031-18.

McKenna DD, Scully ED, Pauchet Y, Hoover K, Kirsch R, Geib SM, Mitchell RF, Waterhouse RM, Ahn SJ, Arsala D, Benoit JB, Blackmon H, Bledsoe T, Bowsher JH, Busch A, Calla B, Chao H, Childers AK, Childers C, Clarke DJ, Cohen L, Demuth JP, Dinh H, Doddapaneni H, Dolan A, Duan JJ, Dugan S, Friedrich M, Glastad KM, Goodisman MA, Haddad S, Han Y, Hughes DS, Ioannidis P, Johnston JS, Jones JW, Kuhn LA, Lance DR, Lee CY, Lee SL, Lin H, Lynch JA, Moczek AP, Murali SC, Muzny DM, Nelson DR, Palli SR, Panfilio KA, Pers D, Poelchau MF, Quan H, Qu J, Ray AM, Rinehart JP, Robertson HM, Roehrdanz R, Rosendale AJ, Shin S, Silva C, Torson AS, Jentzsch IM, Werren JH, Worley KC, Yocum G, Zdobnov EM, Gibbs RA, Richards S. 2016. Genome of the Asian longhorned beetle (*Anoplophora glabripennis*), a globally significant invasive species, reveals key functional and evolutionary innovations at the beetle-plant interface[J]. Genome Biol, 17(1): 227.

McLean F, Berger D, Laetsch DR, Schwartz HT, Blaxter M. 2018. Improving the annotation of the *Heterorhabditis bacteriophora* genome[J]. Gigascience, 7(4): giy034.

McMullan G, Christie JM, Rahman TJ, Banat IM, Ternan NG, Marchant R. 2004. Habitat, applications and genomics of the aerobic, thermophilic genus *Geobacillus*[J]. Biochem Soc Trans, 32(Pt 2): 216-217.

McNulty SN, Strübe C, Rosa BA, Martin JC, Tyagi R, Choi YJ, Wang Q, Hallsworth Pepin K, Zhang X, Ozersky P, Wilson RK, Sternberg PW, Gasser RB, Mitreva M. 2016. *Dictyocaulus viviparus* genome, variome and transcriptome elucidate lungworm biology and support future intervention[J]. Sci Rep, 6: 20316.

McNulty SN, Tort JF, Rinaldi G, Fischer K, Rosa BA, Smircich P, Fontenla S, Choi YJ, Tyagi R, Hallsworth-Pepin K, Mann VH, Kammili L, Latham PS, Dell'Oca N, Dominguez F, Carmona C, Fischer PU, Brindley PJ, Mitreva M. 2017. Genomes of *Fasciola hepatica* from the Americas reveal colonization with *Neorickettsia* endobacteria related to the agents of potomac horse and human sennetsu fevers[J].

PLoS Genet, 13(1): e1006537.

Mead D, Hailer F, Chadwick E, Portela Miguez R, Smith M, Corton C, Oliver K, Skelton J, Betteridge E, Doulcan JD, Dudchenko O, Omer A, Weisz D, Lieberman Aiden E, McCarthy S, Howe K, Sims Y, Torrance J, Tracey A, Challis R, Durbin R, Blaxter M. 2020. The genome sequence of the Eurasian river otter, *Lutra lutra* Linnaeus 1758[J]. Wellcome Open Res, 5: 33.

Mehrshad M, Amoozegar MA, Didari M, Bagheri M, Fazeli SA, Schumann P, Spröer C, Sánchez-Porro C, Ventosa A. 2013. *Bacillus halosaccharovorans* sp. nov., a moderately halophilic bacterium from a hypersaline lake[J]. Int J Syst Evol Microbiol, 63(Pt 8): 2776-2781.

Meier-Kolthoff JP, Auch AF, Klenk HP, Göker M. 2013. Genome sequence-based species delimitation with confidence intervals and improved distance functions[J]. BMC Bioinformatics, 14: 60.

Meier-Kolthoff JP, Göker M. 2019. TYGS is an automated high-throughput platform for state-of-the-art genome-based taxonomy[J]. Nat Commun, 10(1): 2182.

Meier-Stauffer K, Busse HJ, Rainey FA, Burghardt J, Scheberl A, Hollaus F, Kuen B, Makristathis A, Sleytr UB, Messner P. 1996. Description of *Bacillus thermoaerophilus* sp. nov., to include sugar beet isolates and *Bacillus brevis* ATCC 12990[J]. Int J Syst Bacteriol, 46(Pt 2): 532-541.

Meng D, Jiang W, Li J, Huang L, Zhai L, Zhang L, Guan Z, Cai Y, Liao X. 2010. An alkaline phosphatase from *Bacillus amyloliquefaciens* YP6 of new application in biodegradation of five broad-spectrum organophosphorus pesticides[J]. J Environ Sci Health B, 54(4): 336-343.

Meng F, Liu Z, Han H, Finkelbergs D, Jiang Y, Zhu M, Wang Y, Sun Z, Chen C, Guo Y, Cai J. 2020. Chromosome-level genome assembly of *Aldrichina grahami*, a forensically important blowfly[J]. Gigascience, 9(3): giaa020.

Merchant SS, Prochnik SE, Vallon O, Harris EH, Karpowicz SJ, Witman GB, Terry A, Salamov A, Fritz-Laylin LK, Maréchal-Drouard L, Marshall WF, Qu LH, Nelson DR, Sanderfoot AA, Spalding MH, Kapitonov VV, Ren Q, Ferris P, Lindquist E, Shapiro H, Lucas SM, Grimwood J, Schmutz J, Cardol P, Cerutti H, Chanfreau G, Chen CL, Cognat V, Croft MT, Dent R, Dutcher S, Fernández E, Fukuzawa H, González-Ballester D, González-Halphen D, Hallmann A, Hanikenne M, Hippler M, Inwood W, Jabbari K, Kalanon M, Kuras R, Lefebvre PA, Lemaire SD, Lobanov AV, Lohr M, Manuell A, Meier I, Mets L, Mittag M, Mittelmeier T, Moroney JV, Moseley J, Napoli C, Nedelcu AM, Niyogi K, Novoselov SV, Paulsen IT, Pazour G, Purton S, Ral JP, Riaño-Pachón DM, Riekhof W, Rymarquis L, Schroda M, Stern D, Umen J, Willows R, Wilson N, Zimmer SL, Allmer J, Balk J, Bisova K, Chen CJ, Elias M, Gendler K, Hauser C, Lamb MR, Ledford H, Long JC, Minagawa J, Page MD, Pan J, Pootakham W, Roje S, Rose A, Stahlberg E, Terauchi AM, Yang P, Ball S, Bowler C, Dieckmann CL, Gladyshev VN, Green P, Jorgensen R, Mayfield S, Mueller-Roeber B, Rajamani S, Sayre RT, Brokstein P, Dubchak I, Goodstein D, Hornick L, Huang YW, Jhaveri J, Luo Y, Martínez D, Ngau WC, Otillar B, Poliakov A, Porter A, Szajkowski L, Werner G, Zhou K, Grigoriev IV, Rokhsar DS, Grossman AR. 2007. The *Chlamydomonas* genome reveals the evolution of key animal and plant functions[J]. Science, 318(5848): 245-250.

Mesquita RD, Vionette-Amaral RJ, Lowenberger C, Rivera-Pomar R, Monteiro FA, Minx P, Spieth J, Carvalho AB, Panzera F, Lawson D, Torres AQ, Ribeiro JM, Sorgine MH, Waterhouse RM, Montague MJ, Abad-Franch F, Alves-Bezerra M, Amaral LR, Araujo HM, Araujo RN, Aravind L, Atella GC, Azambuja P, Berni M, Bittencourt-Cunha PR, Braz GR, Calderón-Fernández G, Carareto CM, Christensen MB, Costa IR, Costa SG, Dansa M, Daumas-Filho CR, De-Paula IF, Dias FA, Dimopoulos G, Emrich SJ, Esponda-Behrens N, Fampa P, Fernandez-Medina RD, da Fonseca RN, Fontenele M, Fronick C, Fulton LA, Gandara AC, Garcia ES, Genta FA, Giraldo-Calderón GI, Gomes B, Gondim KC, Granzotto A, Guarneri AA, Guigó R, Harry M, Hughes DS, Jablonka W, Jacquin-Joly E, Juárez MP, Koerich LB, Lange AB, Latorre-Estivalis JM, Lavore A, Lawrence GG, Lazoski C, Lazzari CR, Lopes RR, Lorenzo MG, Lugon MD, Majerowicz D, Marcet PL, Mariotti M, Masuda H, Megy K, Melo AC, Missirlis F, Mota T, Noriega FG, Nouzova M, Nunes RD, Oliveira RL, Oliveira-Silveira G, Ons S, Orchard I, Pagola L, Paiva-Silva GO, Pascual A, Pavan MG, Pedrini N, Peixoto AA, Pereira MH, Pike A, Polycarpo C, Prosdocimi F, Ribeiro-Rodrigues R, Robertson HM, Salerno AP, Salmon D, Santesmasses D, Schama R, Seabra-Junior ES, Silva-Cardoso L, Silva-Neto MA, Souza-Gomes M, Sterkel M, Taracena ML, Tojo

M, Tu ZJ, Tubio JM, Ursic-Bedoya R, Venancio TM, Walter-Nuno AB, Wilson D, Warren WC, Wilson RK, Huebner E, Dotson EM, Oliveira PL. 2015. Genome of *Rhodnius prolixus*, an insect vector of Chagas disease, reveals unique adaptations to hematophagy and parasite infection[J]. Proc Natl Acad Sci USA, 112(48): 14936-14941.

Messing J, Crea R, Seeburg PH. 1981. A system for shotgun DNA sequencing[J]. Nucleic Acids Res, 9(2): 309-321.

Metzker ML. 2005. Emerging technologies in DNA sequencing[J]. Genome Res, 15(12): 1767-1776.

Metzker ML. 2010. Sequencing technologies: the next generation[J]. Nat Rev Genet, 11(1): 31-46.

Metzker ML, Lu J, Gibbs RA. 1996. Electrophoretically uniform fluorescent dyes for automated DNA sequencing[J]. Science, 271(5254): 1420-1422.

Meyer JM, Markov GV, Baskaran P, Herrmann M, Sommer RJ, Rödelsperger C. 2016. Draft genome of the scarab beetle *Oryctes borbonicus* on La Réunion island[J]. Genome Biol Evol, 8(7): 2093-2105.

Meyer M, Kircher M, Gansauge MT, Li H, Racimo F, Mallick S, Schraiber JG, Jay F, Prüfer K, de Filippo C, Sudmant PH, Alkan C, Fu Q, Do R, Rohland N, Tandon A, Siebauer M, Green RE, Bryc K, Briggs AW, Stenzel U, Dabney J, Shendure J, Kitzman J, Hammer MF, Shunkov MV, Derevianko AP, Patterson N, Andrés AM, Eichler EE, Slatkin M, Reich D, Kelso J, Pääbo S. 2012. A high-coverage genome sequence from an archaic Denisovan individual[J]. Science, 338(6104): 222-226.

Meyer WK, Venkat A, Kermany AR, van de Geijn B, Zhang S, Przeworski M. 2015. Evolutionary history inferred from the *de novo* assembly of a nonmodel organism, the blue-eyed black lemur[J]. Mol Ecol, 24(17): 4392-4405.

Michael TP, Bryant D, Gutierrez R, Borisjuk N, Chu P, Zhang H, Xia J, Zhou J, Peng H, El Baidouri M, Ten Hallers B, Hastie AR, Liang T, Acosta K, Gilbert S, McEntee C, Jackson SA, Mockler TC, Zhang W, Lam E. 2017. Comprehensive definition of genome features in *Spirodela polyrhiza* by high-depth physical mapping and short-read DNA sequencing strategies[J]. Plant J, 89(3): 617-635.

Mikhailov KV, Slyusarev GS, Nikitin MA, Logacheva MD, Penin AA, Aleoshin VV, Panchin YV. 2016. The genome of *Intoshia linei* affirms Orthonectids as highly simplified spiralians[J]. Curr Biol, 26(13): 1768-1774.

Mikheyev AS, Linksvayer TA. 2015. Genes associated with ant social behavior show distinct transcriptional and evolutionary patterns[J]. Elife, 4: e04775.

Mikkelsen TS, Wakefield MJ, Aken B, Amemiya CT, Chang JL, Duke S, Garber M, Gentles AJ, Goodstadt L, Heger A, Jurka J, Kamal M, Mauceli E, Searle SM, Sharpe T, Baker ML, Batzer MA, Benos PV, Belov K, Clamp M, Cook A, Cuff J, Das R, Davidow L, Deakin JE, Fazzari MJ, Glass JL, Grabherr M, Greally JM, Gu W, Hore TA, Huttley GA, Kleber M, Jirtle RL, Koina E, Lee JT, Mahony S, Marra MA, Miller RD, Nicholls RD, Oda M, Papenfuss AT, Parra ZE, Pollock DD, Ray DA, Schein JE, Speed TP, Thompson K, VandeBerg JL, Wade CM, Walker JA, Waters PD, Webber C, Weidman JR, Xie X, Zody MC; Broad Institute Genome Sequencing Platform; Broad Institute Whole Genome Assembly Team, Graves JA, Ponting CP, Breen M, Samollow PB, Lander ES, Lindblad-Toh K. 2007. Genome of the marsupial *Monodelphis domestica* reveals innovation in non-coding sequences[J]. Nature, 447(7141): 167-177.

Miller DE, Staber C, Zeitlinger J, Hawley RS. 2018a. Highly contiguous genome assemblies of 15 *Drosophila* species generated using nanopore sequencing[J]. G3 (Bethesda), 8(10): 3131-3141.

Miller RA, Beno SM, Kent DJ, Carroll LM, Martin NH, Boor KJ, Kovac J. 2016. *Bacillus wiedmannii* sp. nov., a psychrotolerant and cytotoxic *Bacillus cereus* group species isolated from dairy foods and dairy environments[J]. Int J Syst Evol Microbiol, 66(Pt 11): 4744-4753.

Miller RA, Jian J, Beno SM, Wiedmann M, Kovac J. 2018b. Intraclade variability in toxin production and cytotoxicity of *Bacillus cereus* group type strains and dairy-associated isolates[J]. Appl Environ Microbiol, 84(6): e02479-17.

Miller W, Drautz DI, Ratan A, Pusey B, Qi J, Lesk AM, Tomsho LP, Packard MD, Zhao F, Sher A, Tikhonov A, Raney B, Patterson N, Lindblad-Toh K, Lander ES, Knight JR, Irzyk GP, Fredrikson KM, Harkins TT, Sheridan S, Pringle T, Schuster SC. 2008. Sequencing the nuclear genome of the extinct woolly mammoth[J]. Nature, 456(7220): 387-390.

Miller W, Hayes VM, Ratan A, Petersen DC, Wittekindt NE, Miller J, Walenz B, Knight J, Qi J, Zhao F, Wang Q, Bedoya-Reina OC, Katiyar N, Tomsho LP, Kasson LM, Hardie RA, Woodbridge P, Tindall EA, Bertelsen MF, Dixon D, Pyecroft S, Helgen KM, Lesk AM, Pringle TH, Patterson N, Zhang Y, Kreiss A, Woods GM, Jones ME, Schuster SC. 2011. Genetic diversity and population structure of the endangered marsupial *Sarcophilus harrisii* (*Tasmanian devil*)[J]. Proc Natl Acad Sci USA, 108(30): 12348-12353.

Miller W, Schuster SC, Welch AJ, Ratan A, Bedoya-Reina OC, Zhao F, Kim HL, Burhans RC, Drautz DI, Wittekindt NE, Tomsho LP, Ibarra-Laclette E, Herrera-Estrella L, Peacock E, Farley S, Sage GK, Rode K, Obbard M, Montiel R, Bachmann L, Ingólfsson O, Aars J, Mailund T, Wiig O, Talbot SL, Lindqvist C. 2012. Polar and brown bear genomes reveal ancient admixture and demographic footprints of past climate change[J]. Proc Natl Acad Sci USA, 109(36): E2382-E2390.

Mimee B, Lord E, Véronneau PY, Masonbrink R, Yu Q, Akker SED. 2019. The draft genome of *Ditylenchus dipsaci*[J]. J Nematol, 51: e2019-27.

Miñana-Galbis D, Pinzón DL, Lorén JG, Manresa A, Oliart-Ros RM. 2010. Reclassification of *Geobacillus pallidus* (Scholz et al. 1988) Banat et al. 2004 as *Aeribacillus pallidus* gen. nov., comb. nov.[J]. Int J Syst Evol Microbiol, 60(Pt 7): 1600-1604.

Ming L, Wang Z, Yi L, Batmunkh M, Liu T, Siren D, He J, Juramt N, Jambl T, Li Y, Jirimutu. 2020. Chromosome-level assembly of wild Bactrian camel genome reveals organization of immune gene loci[J]. Mol Ecol Resour, 20(3): 770-780.

Ming R, Hou S, Feng Y, Yu Q, Dionne-Laporte A, Saw JH, Senin P, Wang W, Ly BV, Lewis KL, Salzberg SL, Feng L, Jones MR, Skelton RL, Murray JE, Chen C, Qian W, Shen J, Du P, Eustice M, Tong E, Tang H, Lyons E, Paull RE, Michael TP, Wall K, Rice DW, Albert H, Wang ML, Zhu YJ, Schatz M, Nagarajan N, Acob RA, Guan P, Blas A, Wai CM, Ackerman CM, Ren Y, Liu C, Wang J, Wang J, Na JK, Shakirov EV, Haas B, Thimmapuram J, Nelson D, Wang X, Bowers JE, Gschwend AR, Delcher AL, Singh R, Suzuki JY, Tripathi S, Neupane K, Wei H, Irikura B, Paidi M, Jiang N, Zhang W, Presting G, Windsor A, Navajas-Pérez R, Torres MJ, Feltus FA, Porter B, Li Y, Burroughs AM, Luo MC, Liu L, Christopher DA, Mount SM, Moore PH, Sugimura T, Jiang J, Schuler MA, Friedman V, Mitchell-Olds T, Shippen DE, dePamphilis CW, Palmer JD, Freeling M, Paterson AH, Gonsalves D, Wang L, Alam M. 2008. The draft genome of the transgenic tropical fruit tree papaya (*Carica papaya* Linnaeus)[J]. Nature, 452(7190): 991-996.

Ming R, VanBuren R, Liu Y, Yang M, Han Y, Li LT, Zhang Q, Kim MJ, Schatz MC, Campbell M, Li J, Bowers JE, Tang H, Lyons E, Ferguson AA, Narzisi G, Nelson DR, Blaby-Haas CE, Gschwend AR, Jiao Y, Der JP, Zeng F, Han J, Min XJ, Hudson KA, Singh R, Grennan AK, Karpowicz SJ, Watling JR, Ito K, Robinson SA, Hudson ME, Yu Q, Mockler TC, Carroll A, Zheng Y, Sunkar R, Jia R, Chen N, Arro J, Wai CM, Wafula E, Spence A, Han Y, Xu L, Zhang J, Peery R, Haus MJ, Xiong W, Walsh JA, Wu J, Wang ML, Zhu YJ, Paull RE, Britt AB, Du C, Downie SR, Schuler MA, Michael TP, Long SP, Ort DR, Schopf JW, Gang DR, Jiang N, Yandell M, de Pamphilis CW, Merchant SS, Paterson AH, Buchanan BB, Li S, Shen-Miller J. 2013. Genome of the long-living sacred lotus (*Nelumbo nucifera* Gaertn.)[J]. Genome Biol, 14(5): R41.

Ming R, VanBuren R, Wai CM, Tang H, Schatz MC, Bowers JE, Lyons E, Wang ML, Chen J, Biggers E, Zhang J, Huang L, Zhang L, Miao W, Zhang J, Ye Z, Miao C, Lin Z, Wang H, Zhou H, Yim WC, Priest HD, Zheng C, Woodhouse M, Edger PP, Guyot R, Guo HB, Guo H, Zheng G, Singh R, Sharma A, Min X, Zheng Y, Lee H, Gurtowski J, Sedlazeck FJ, Harkess A, McKain MR, Liao Z, Fang J, Liu J, Zhang X, Zhang Q, Hu W, Qin Y, Wang K, Chen LY, Shirley N, Lin YR, Liu LY, Hernandez AG, Wright CL, Bulone V, Tuskan GA, Heath K, Zee F, Moore PH, Sunkar R, Leebens-Mack JH, Mockler T, Bennetzen JL, Freeling M, Sankoff D, Paterson AH, Zhu X, Yang X, Smith JA, Cushman JC, Paull RE, Yu Q. 2015. The pineapple genome and the evolution of CAM photosynthesis[J]. Nat Genet, 47(12): 1435-1442.

Mintoo AA, Zhang H, Chen C, Moniruzzaman M, Deng T, Anam M, Emdadul Huque QM, Guang X, Wang P, Zhong Z, Han P, Khatun A, Awal TM, Gao Q, Liang X. 2019. Draft genome of the river water buffalo[J]. Ecol Evol, 9(6): 3378-3388.

Mishra AK, Lagier JC, Rivet R, Raoult D, Fournier PE. 2012. Non-contiguous finished genome sequence and description of *Paenibacillus senegalensis* sp. nov.[J]. Stand Genomic Sci, 7(1): 70-81.

Mishra AK, Pfleiderer A, Lagier JC, Robert C, Raoult D, Fournier PE. 2013. Non-contiguous finished genome sequence and description of *Bacillus massilioanorexius* sp. nov.[J]. Stand Genomic Sci, 8(3): 465-479.

Mishra B, Gupta DK, Pfenninger M, Hickler T, Langer E, Nam B, Paule J, Sharma R, Ulaszewski B, Warmbier J, Burczyk J, Thines M. 2018. A reference genome of the European beech (*Fagus sylvatica* L.)[J]. Gigascience, 7(6): giy063.

Mitra RD, Church GM.1999. *In situ* localized amplification and contact replication of many individual DNA molecules[J]. Nucleic Acids Res, 27(24): e34, 1-6.

Mitra RD, Shendure J, Olejnik J, Edyta-Krzymanska-Olejnik, Church GM. 2003. Fluorescent in situ sequencing on polymerase colonies[J]. Anal Biochem, 320(1): 55-65.

Mitreva M, Jasmer DP, Zarlenga DS, Wang Z, Abubucker S, Martin J, Taylor CM, Yin Y, Fulton L, Minx P, Yang SP, Warren WC, Fulton RS, Bhonagiri V, Zhang X, Hallsworth-Pepin K, Clifton SW, McCarter JP, Appleton J, Mardis ER, Wilson RK. 2011. The draft genome of the parasitic nematode *Trichinella spiralis*[J]. Nat Genet, 43(3): 228-235.

Mitros T, Lyons JB, Session AM, Jenkins J, Shu S, Kwon T, Lane M, Ng C, Grammer TC, Khokha MK, Grimwood J, Schmutz J, Harland RM, Rokhsar DS. 2019. A chromosome-scale genome assembly and dense genetic map for *Xenopus tropicalis*[J]. Dev Biol, 452(1): 8-20.

Miwa H, Ahmed I, Yokota A, Fujiwara T. 2009. *Lysinibacillus parviboronicapiens* sp. nov., a low-boron-containing bacterium isolated from soil[J]. Int J Syst Evol Microbiol, 59(Pt 6): 1427-1432.

Miyakawa MO, Mikheyev AS. 2015. QTL mapping of sex determination loci supports an ancient pathway in ants and honey bees[J]. PLoS Genet, 11(11): e1005656.

Mochida K, Sakurai T, Seki H, Yoshida T, Takahagi K, Sawai S, Uchiyama H, Muranaka T, Saito K. 2017. Draft genome assembly and annotation of *Glycyrrhiza uralensis*, a medicinal legume[J]. Plant J, 89(2): 181-194.

Moghe GD, Hufnagel DE, Tang H, Xiao Y, Dworkin I, Town CD, Conner JK, Shiu SH. 2014. Consequences of whole-genome triplication as revealed by comparative genomic analyses of the wild radish *Raphanus raphanistrum* and three other Brassicaceae species[J]. Plant Cell, 26(5): 1925-1937.

Mohanty S, Khanna R. 2017. Genome-wide comparative analysis of four Indian *Drosophila* species[J]. Mol Genet Genomics, 292(6): 1197-1208.

Mohindra V, Dangi T, Tripathi RK, Kumar R, Singh RK, Jena JK, Mohapatra T. 2019. Draft genome assembly of *Tenualosa ilisha*, Hilsa shad, provides resource for osmoregulation studies[J]. Sci Rep, 9(1): 16511.

Montague MG, Hutchison CA 3rd. 2000. Gene content phylogeny of herpesviruses[J]. Proc Natl Acad Sci USA, 97(10): 5336-5339.

Montefusco A, Nakamura LK, Labeda DP. 1993. *Bacillus peoriae* sp. nov.[J]. Int J Syst Bacteriol, 43(Pt 2): 388-390.

Montero-Pau J, Blanca J, Bombarely A, Ziarsolo P, Esteras C, Martí-Gómez C, Ferriol M, Gómez P, Jamilena M, Mueller L, Picó B, Cañizares J. 2018. *De novo* assembly of the zucchini genome reveals a whole-genome duplication associated with the origin of the *Cucurbita* genus[J]. Plant Biotechnol J, 16(6): 1161-1171.

Montes MJ, Mercadé E, Bozal N, Guinea J. 2004. *Paenibacillus antarcticus* sp. nov., a novel psychrotolerant organism from the Antarctic environment[J]. Int J Syst Evol Microbiol, 54(Pt 5): 1521-1526.

Moon J, Kim J. 2014. Isolation of *Paenibacillus pinesoli* sp. nov. from forest soil in Gyeonggi-Do, Korea[J]. J Microbiol, 52(4): 273-277.

Mori K, Shirasawa K, Nogata H, Hirata C, Tashiro K, Habu T, Kim S, Himeno S, Kuhara S, Ikegami H. 2017. Identification of RAN1 orthologue associated with sex determination through whole genome sequencing analysis in fig (*Ficus carica* L.)[J]. Sci Rep, 7: 41124.

Moriya T, Hikota T, Yumoto I, Ito T, Terui Y, Yamagishi A, Oshima T. 2011. *Calditerricola satsumensis* gen. nov., sp. nov. and *Calditerricola yamamurae* sp. nov., extreme thermophiles isolated from a high-temperature compost[J]. Int J Syst Evol Microbiol, 61(Pt 3): 631-636.

Moroz LL, Kocot KM, Citarella MR, Dosung S, Norekian TP, Povolotskaya IS, Grigorenko AP, Dailey C, Berezikov E, Buckley KM, Ptitsyn A, Reshetov D, Mukherjee K, Moroz TP, Bobkova Y, Yu F, Kapitonov VV, Jurka J, Bobkov YV, Swore JJ, Girardo DO, Fodor A, Gusev F, Sanford R, Bruders R, Kittler E, Mills CE, Rast JP, Derelle R, Solovyev VV, Kondrashov FA, Swalla BJ, Sweedler JV, Rogaev EI, Halanych KM, Kohn AB. 2014. The ctenophore genome and the evolutionary origins of neural systems[J]. Nature, 510(7503): 109-114.

Morris KM, Hindle MM, Boitard S, Burt DW, Danner AF, Eory L, Forrest HL, Gourichon D, Gros J, Hillier LW, Jaffredo T, Khoury H, Lansford R, Leterrier C, Loudon A, Mason AS, Meddle SL, Minvielle F, Minx P, Pitel F, Seiler JP, Shimmura T, Tomlinson C, Vignal A, Webster RG, Yoshimura T, Warren WC, Smith J. 2020. The quail genome: insights into social behaviour, seasonal biology and infectious disease response[J]. BMC Biol, 18(1): 14.

Morrow JF, Cohen SN, Chang AC, Boyer HW, Goodman HM, Helling RB. 1974. Replication and transcription of eukaryotic DNA in *Escherichia coli*[J]. Proc Natl Acad Sci USA, 71(5): 1743-1747.

Mosca E, Cruz F, Gómez-Garrido J, Bianco L, Rellstab C, Brodbeck S, Csilléry K, Fady B, Fladung M, Fussi B, Gömöry D, González-Martínez SC, Grivet D, Gut M, Hansen OK, Heer K, Kaya Z, Krutovsky KV, Kersten B, Liepelt S, Opgenoorth L, Sperisen C, Ullrich KK, Vendramin GG, Westergren M, Ziegenhagen B, Alioto T, Gugerli F, Heinze B, Höhn M, Troggio M, Neale DB. 2019. A reference genome sequence for the European silver fir (*Abies alba* Mill.): a community-generated genomic resource[J]. G3 (Bethesda), 9(7): 2039-2049.

Mourembou G, Ndjoyi-Mbiguino A, Lekana-Douki JB, Fournier PE, Raoult D, Bittar F. 2016. Discovery of a new species within *Bacillus* genus in a stool sample from Gabon: "*Bacillus massiliogabonensis*" sp. nov.[J]. New Microbes New Infect, 15: 3-5.

Mousavi M, Tong C, Liu F, Tao S, Wu J, Li H, Shi J. 2016. *De novo* SNP discovery and genetic linkage mapping in poplar using restriction site associated DNA and whole-genome sequencing technologies[J]. BMC Genomics, 17: 656.

Mouse Genome Sequencing Consortium. 2002. Initial sequencing and comparative analysis of the mouse genome[J]. Nature, 420(6915): 520-562.

Mu Y, Cong Y. 2019. *Bacillus coagulans* and its applications in medicine[J]. Benef Microbes, 17: 1-10.

Mual P, Singh NK, Verma A, Schumann P, Krishnamurthi S, Dastager S, Mayilraj S. 2016. Reclassification of *Bacillus isronensis* Shivaji et al. 2009 as *Solibacillus isronensis* comb. nov. and emended description of genus *Solibacillus* Krishnamurthi et al. 2009[J]. Int J Syst Evol Microbiol, 66(Pt 5): 2113-2120.

Mukai H, Takahashi M, Watanabe Y. 2018. Potential usefulness of *Brevibacillus* for bacterial cancer therapy: intratumoral provision of tumor necrosis factor-α and anticancer effects[J]. Cancer Gene Ther, 25(3-4): 47-57.

Mukherjee S, Cai Z, Mukherjee A, Longkumer I, Mech M, Vupru K, Khate K, Rajkhowa C, Mitra A, Guldbrandtsen B, Lund MS, Sahana G. 2019a. Whole genome sequence and *de novo* assembly revealed genomic architecture of Indian Mithun (*Bos frontalis*)[J]. BMC Genomics, 20(1): 617.

Mukherjee S, Seshadri R, Varghese NJ, Eloe-Fadrosh EA, Meier-Kolthoff JP, Göker M, Coates RC, Hadjithomas M, Pavlopoulos GA, Paez-Espino D, Yoshikuni Y, Visel A, Whitman WB, Garrity GM, Eisen JA, Hugenholtz P, Pati A, Ivanova NN, Woyke T, Klenk HP, Kyrpides NC. 2017b. 1003 reference genomes of bacterial and archaeal isolates expand coverage of the tree of life[J]. Nat Biotechnol, 35(7): 676-683.

Mukherjee S, Stamatis D, Bertsch J, Ovchinnikova G, Katta HY, Mojica A, Chen IA, Kyrpides NC, Reddy T. 2019b. Genomes OnLine database (GOLD) v.7: updates and new features[J]. Nucleic Acids Res, 47(D1): D649-D659.

Mukherjee S, Stamatis D, Bertsch J, Ovchinnikova G, Verezemska O, Isbandi M, Thomas AD, Ali R, Sharma K, Kyrpides NC, Reddy TB. 2017a. Genomes OnLine Database (GOLD)v.6: data updates and feature enhancements[J]. Nucleic Acids Res, 45(D1): D446-D456.

Müller LSM, Cosentino RO, Förstner KU, Guizetti J, Wedel C, Kaplan N, Janzen CJ, Arampatzi P, Vogel J, Steinbiss S, Otto TD, Saliba AE, Sebra RP, Siegel TN. 2018. Genome organization and DNA accessibility control antigenic variation in trypanosomes[J]. Nature, 563(7729): 121-125.

Müller P, Wehrli W, Staehelin M. 1971. Isolation and characterization of serine transfer ribonucleic acids from rat liver[J]. Biochemistry, 10(10): 1885-1890.

Mulugeta E, Wassenaar E, Sleddens-Linkels E, van IJcken WF, Heard E, Grootegoed JA, Just W, Gribnau J, Baarends WM. 2016. Genomes of Ellobius species provide insight into the evolutionary dynamics of mammalian sex chromosomes[J]. Genome Res, 26(9): 1202-1210.

Munhoz CF, Costa ZP, Cauz-Santos LA, Reátegui ACE, Rodde N, Cauet S, Dornelas MC, Leroy P, Varani AM, Bergès H, Vieira MLC. 2018. A gene-rich fraction analysis of the *Passiflora edulis* genome reveals highly conserved microsyntenic regions with two related Malpighiales species[J]. Sci Rep, 8(1): 13024.

Murasugi A, Takemura S. 1978. Nucleotide sequence of leucine transfer RNA 1 from *Candida* (*Torulopsis*) *utilis*[J]. J Biochem, 83(4): 1029-1038.

Murray GGR, Soares AER, Novak BJ, Schaefer NK, Cahill JA, Baker AJ, Demboski JR, Doll A, Da Fonseca RR, Fulton TL, Gilbert MTP, Heintzman PD, Letts B, McIntosh G, O'Connell BL, Peck M, Pipes ML, Rice ES, Santos KM, Sohrweide AG, Vohr SH, Corbett-Detig RB, Green RE, Shapiro B. 2017. Natural selection shaped the rise and fall of passenger pigeon genomic diversity[J]. Science, 358(6365): 951-954.

Muslem WH, Edbeib MF, Aksoy HM, Kaya Y, Hamid AAA, Hood MHM, Wahab RA, Huyop F. 2020. Biodegradation of 3-chloropropionic acid (3-CP) by *Bacillus cereus* WH2 and its in silico enzyme-substrate docking analysis[J]. J Biomol Struct Dyn, 38(11): 3432-3441.

Myburg AA, Grattapaglia D, Tuskan GA, Hellsten U, Hayes RD, Grimwood J, Jenkins J, Lindquist E, Tice H, Bauer D, Goodstein DM, Dubchak I, Poliakov A, Mizrachi E, Kullan AR, Hussey SG, Pinard D, van der Merwe K, Singh P, van Jaarsveld I, Silva-Junior OB, Togawa RC, Pappas MR, Faria DA, Sansaloni CP, Petroli CD, Yang X, Ranjan P, Tschaplinski TJ, Ye CY, Li T, Sterck L, Vanneste K, Murat F, Soler M, Clemente HS, Saidi N, Cassan-Wang H, Dunand C, Hefer CA, Bornberg-Bauer E, Kersting AR, Vining K, Amarasinghe V, Ranik M, Naithani S, Elser J, Boyd AE, Liston A, Spatafora JW, Dharmwardhana P, Raja R, Sullivan C, Romanel E, Alves-Ferreira M, Külheim C, Foley W, Carocha V, Paiva J, Kudrna D, Brommonschenkel SH, Pasquali G, Byrne M, Rigault P, Tibbits J, Spokevicius A, Jones RC, Steane DA, Vaillancourt RE, Potts BM, Joubert F, Barry K, Pappas GJ, Strauss SH, Jaiswal P, Grima-Pettenati J, Salse J, Van de Peer Y, Rokhsar DS, Schmutz J. 2014. The genome of *Eucalyptus grandis*[J]. Nature, 510(7505): 356-362.

Mykytczuk NC, Wilhelm RC, Whyte LG. 2012. *Planococcus halocryophilus* sp. nov., an extreme sub-zero species from high Arctic permafrost[J]. Int J Syst Evol Microbiol, 62(Pt 8): 1937-1944.

Nag Dasgupta C, Nayaka S, Toppo K, Singh AK, Deshpande U, Mohapatra A. 2018. Draft genome sequence and detailed characterization of biofuel production by oleaginous microalga *Scenedesmus quadricauda* LWG002611[J]. Biotechnol Biofuels, 11: 308.

Nagel M, Andreesen JR. 1991. *Bacillus niacini* sp. nov., a nicotinate-metabolizing mesophile isolated from soil[J]. Int J Syst Bacteriol, 41(Pt 1): 136-139.

Nagórska K, Bikowski M, Obuchowski M. 2007. Multicellular behaviour and production of a wide variety of toxic substances support usage of *Bacillus subtilis* as a powerful biocontrol agent[J]. Acta Biochim Pol, 54(3): 495-508.

Nakabachi A, Yamashita A, Toh H, Ishikawa H, Dunbar HE, Moran NA, Hattori M. 2006. The 160-kilobase genome of the bacterial endosymbiont *Carsonella*[J]. Science, 314(5797): 267.

Nakagawa Y, Sakane T, Yokota A. 1996. Emendation of the genus *Planococcus* and transfer of *Flavobacterium okeanokoites* Zobell and Upham 1944 to the genus *Planococcus* as *Planococcus okeanokoites* comb. nov.[J]. Int J Syst Bacteriol, 46(Pt 4): 866-870.

Nakamura LK. 1984a. *Bacillus amylolyticus* sp. nov., nom. rev., *Bacillus lautus* sp. nov., nom. rev., *Bacillus pabuli* sp. nov., nom. rev., and *Bacillus validus* sp. nov., nom. rev.[J]. Int J Syst Bacteriol, 34(Pt 2):

226-226.

Nakamura LK. 1984b. *Bacillus psychrophilus* sp. nov., nom. rev.[J]. Int J Syst Bacteriol, 34(Pt 2): 121-123.

Nakamura LK. 1987. *Bacillus alginolyticus* sp. nov. and *Bacillus chondroitinus* sp. nov., two alginate degrading species[J]. Int J Syst Bacteriol, 37(Pt 3): 284.

Nakamura LK. 1989. Taxonomic relationship of black-pigmented *Bacillus subtilis* strains and a proposal for *Bacillus atrophaeus* sp. nov.[J]. Int J Syst Bacteriol, 39(Pt 3): 295-300.

Nakamura LK. 1990. *Bacillus thiaminolyticus* sp. nov., nom. rev.[J]. Int J Syst Bacteriol, 40(Pt 3): 242-246.

Nakamura LK. 1993. DNA relatedness of *Bacillus brevis* Migula 1900 strains and proposal of *Bacillus agri* sp. nov., nom. rev., and *Bacillus centrosporus* sp. nov., nom. rev.[J]. Int J Syst Bacteriol, 43(Pt 1): 20-25.

Nakamura LK. 1996. *Paenibacillus apiarius* sp. nov.[J]. Int J Syst Bacteriol, 46(Pt 3): 688-693.

Nakamura LK. 1998. *Bacillus pseudomycoides* sp. nov.[J]. Int J Syst Bacteriol, 48(Pt 3): 1031-1035.

Nakamura LK, Blumenstock I, Claus D. 1988. Taxonomic study of *Bacillus coagulans* Hammer 1915 with a proposal for *Bacillus smithii* sp. nov.[J]. Int J Syst Bacteriol, 38(Pt 1): 63-73.

Nakamura LK, Shida O, Takagi H, Komagata K. 2002. *Bacillus pycnus* sp. nov. and *Bacillus neidei* sp. nov., round-spored bacteria from soil[J]. Int J Syst Evol Microbiol, 52(Pt 2): 501-505.

Nakamura N, Hirakawa H, Sato S, Otagaki S, Matsumoto S, Tabata S, Tanaka Y. 2018. Genome structure of *Rosa multiflora*, a wild ancestor of cultivated roses[J]. DNA Res, 25(2): 113-121.

Nakamura Y, Mori K, Saitoh K, Oshima K, Mekuchi M, Sugaya T, Shigenobu Y, Ojima N, Muta S, Fujiwara A, Yasuike M, Oohara I, Hirakawa H, Chowdhury VS, Kobayashi T, Nakajima K, Sano M, Wada T, Tashiro K, Ikeo K, Hattori M, Kuhara S, Gojobori T, Inouye K. 2013. Evolutionary changes of multiple visual pigment genes in the complete genome of Pacific bluefin tuna[J]. Proc Natl Acad Sci USA, 110(27): 11061-11066.

Nakano H, Kobayashi K, Ohuchi S, Sekiguchi S, Yamane T. 2000. Single-step single-molecule PCR of DNA with a homo-priming sequence using a single primer and hot-startable DNA polymerase[J]. J Biosci Bioeng, 90(4): 456-458.

Nakano M, Komatsu J, Matsuura S, Takashima K, Katsura S, Mizuno A. 2003. Single-molecule PCR using water-in-oil emulsion[J]. J Biotechnol, 102(2): 117-124.

Nam BH, Yoo D, Kim YO, Park JY, Shin Y, Shin GH, Park CI, Kim H, Kwak W. 2019. Whole genome sequencing reveals the impact of recent artificial selection on red sea bream reared in fish farms[J]. Sci Rep, 9(1): 6487.

Nam JH, Bae W, Lee DH. 2008. *Oceanobacillus caeni* sp. nov., isolated from a *Bacillus*-dominated wastewater treatment system in Korea[J]. Int J Syst Evol Microbiol, 58(Pt 5): 1109-1113.

Namwong S, Tanasupawat S, Smitinont T, Visessanguan W, Kudo T, Itoh T. 2005. Isolation of *Lentibacillus salicampi* strains and *Lentibacillus juripiscarius* sp. nov. from fish sauce in Thailand[J]. Int J Syst Evol Microbiol, 55(Pt 1): 315-320.

Nascimento LC, Yanagui K, Jose J, Camargo ELO, Grassi MCB, Cunha CP, Bressiani JA, Carvalho GMA, Carvalho CR, Prado PF, Mieczkowski P, Pereira GAG, Carazzolle MF. 2019. Unraveling the complex genome of *Saccharum spontaneum* using polyploid gene assembler[J]. DNA Res, 26(3): 205-216.

Natsume S, Takagi H, Shiraishi A, Murata J, Toyonaga H, Patzak J, Takagi M, Yaegashi H, Uemura A, Mitsuoka C, Yoshida K, Krofta K, Satake H, Terauchi R, One E. 2015. The draft genome of hop (*Humulus lupulus*), an essence for brewing[J]. Plant Cell Physiol, 56(3): 428-441.

Navia D, Novelli VM, Rombauts S, Freitas-Astúa J, Santos de Mendonça R, Nunes MA, Machado MA, Lin YC, Le P, Zhang Z, Grbić M, Wybouw N, Breeuwer JAJ, Van Leeuwen T, Van de Peer Y. 2019. Draft genome assembly of the false spider mite *Brevipalpus yothersi*[J]. Microbiol Resour Announc, 8(6): e01563-18.

Nazina TN, Lebedeva EV, Poltaraus AB, Tourova TP, Grigoryan AA, Sokolova DSh, Lysenko AM, Osipov GA. 2004. *Geobacillus gargensis* sp. nov., a novel thermophile from a hot spring, and the reclassification of *Bacillus vulcani* as *Geobacillus vulcani* comb. nov.[J]. Int J Syst Evol Microbiol, 54(Pt 6): 2019-2024.

Nazina TN, Sokolova DSh, Grigoryan AA, Shestakova NM, Mikhailova EM, Poltaraus AB, Tourova TP, Lysenko AM, Osipov GA, Belyaev SS. 2005. *Geobacillus jurassicus* sp. nov., a new thermophilic bacterium isolated from a high-temperature petroleum reservoir, and the validation of the *Geobacillus* species[J]. Syst Appl Microbiol, 28(1): 43-53.

Nazina TN, Tourova TP, Poltaraus AB, Novikova EV, Grigoryan AA, Ivanova AE, Lysenko AM, Petrunyaka VV, Osipov GA, Belyaev SS, Ivanov MV. 2001. Taxonomic study of aerobic thermophilic bacilli: descriptions of *Geobacillus subterraneus* gen. nov., sp. nov. and *Geobacillus uzenensis* sp. nov. from petroleum reservoirs and transfer of *Bacillus stearothermophilus*, *Bacillus thermocatenulatus*, *Bacillus thermoleovorans*, *Bacillus kaustophilus*, *Bacillus thermoglucosidasius* and *Bacillus thermodenitrificans* to *Geobacillus* as the new combinations *G. stearothermophilus*, *G. thermocatenulatus*, *G. thermoleovorans*, *G. kaustophilus*, *G. thermoglucosidasius* and *G. thermodenitrificans*[J]. Int J Syst Evol Microbiol, 51(Pt 2): 433-446.

Ndongo S, Lagier JC, Raoult D, Fournier PE. 2018. *Gorillibacterium timonense* sp. nov. and *Vitreoscilla massiliensis* sp. nov., two new bacterial species isolated from stool specimens of obese Amazonian patients[J]. New Microbes New Infect, 23: 48-51.

Neafsey DE, Galinsky K, Jiang RH, Young L, Sykes SM, Saif S, Gujja S, Goldberg JM, Young S, Zeng Q, Chapman SB, Dash AP, Anvikar AR, Sutton PL, Birren BW, Escalante AA, Barnwell JW, Carlton JM. 2012. The malaria parasite *Plasmodium vivax* exhibits greater genetic diversity than *Plasmodium falciparum*[J]. Nat Genet, 44(9): 1046-1050.

Neafsey DE, Waterhouse RM, Abai MR, Aganezov SS, Alekseyev MA, Allen JE, Amon J, Arcà B, Arensburger P, Artemov G, Assour LA, Basseri H, Berlin A, Birren BW, Blandin SA, Brockman AI, Burkot TR, Burt A, Chan CS, Chauve C, Chiu JC, Christensen M, Costantini C, Davidson VL, Deligianni E, Dottorini T, Dritsou V, Gabriel SB, Guelbeogo WM, Hall AB, Han MV, Hlaing T, Hughes DS, Jenkins AM, Jiang X, Jungreis I, Kakani EG, Kamali M, Kemppainen P, Kennedy RC, Kirmitzoglou IK, Koekemoer LL, Laban N, Langridge N, Lawniczak MK, Lirakis M, Lobo NF, Lowy E, MacCallum RM, Mao C, Maslen G, Mbogo C, McCarthy J, Michel K, Mitchell SN, Moore W, Murphy KA, Naumenko AN, Nolan T, Novoa EM, O'Loughlin S, Oringanje C, Oshaghi MA, Pakpour N, Papathanos PA, Peery AN, Povelones M, Prakash A, Price DP, Rajaraman A, Reimer LJ, Rinker DC, Rokas A, Russell TL, Sagnon N, Sharakhova MV, Shea T, Simão FA, Simard F, Slotman MA, Somboon P, Stegniy V, Struchiner CJ, Thomas GW, Tojo M, Topalis P, Tubio JM, Unger MF, Vontas J, Walton C, Wilding CS, Willis JH, Wu YC, Yan G, Zdobnov EM, Zhou X, Catteruccia F, Christophides GK, Collins FH, Cornman RS, Crisanti A, Donnelly MJ, Emrich SJ, Fontaine MC, Gelbart W, Hahn MW, Hansen IA, Howell PI, Kafatos FC, Kellis M, Lawson D, Louis C, Luckhart S, Muskavitch MA, Ribeiro JM, Riehle MA, Sharakhov IV, Tu Z, Zwiebel LJ, Besansky NJ. 2015. Mosquito genomics. Highly evolvable malaria vectors: the genomes of 16 *Anopheles mosquitoes*[J]. Science, 347(6217): 1258522.

Neale DB, McGuire PE, Wheeler NC, Stevens KA, Crepeau MW, Cardeno C, Zimin AV, Puiu D, Pertea GM, Sezen UU, Casola C, Koralewski TE, Paul R, Gonzalez-Ibeas D, Zaman S, Cronn R, Yandell M, Holt C, Langley CH, Yorke JA, Salzberg SL, Wegrzyn JL. 2017. The Douglas-fir genome sequence reveals specialization of the photosynthetic apparatus in Pinaceae[J]. G3 (Bethesda), 7(9): 3157-3167.

Neale DB, Wegrzyn JL, Stevens KA, Zimin AV, Puiu D, Crepeau MW, Cardeno C, Koriabine M, Holtz-Morris AE, Liechty JD, Martínez-García PJ, Vasquez-Gross HA, Lin BY, Zieve JJ, Dougherty WM, Fuentes-Soriano S, Wu LS, Gilbert D, Marçais G, Roberts M, Holt C, Yandell M, Davis JM, Smith KE, Dean JF, Lorenz WW, Whetten RW, Sederoff R, Wheeler N, McGuire PE, Main D, Loopstra CA, Mockaitis K, deJong PJ, Yorke JA, Salzberg SL, Langley CH. 2014. Decoding the massive genome of loblolly pine using haploid DNA and novel assembly strategies[J]. Genome Biol, 15(3): R59.

Neher E, Sakmann B. 1976a. Noise analysis of drug induced voltage clamp currents in denervated frog muscle fibres[J]. J Physiol, 258(3): 705-729.

Neher E, Sakmann B. 1976b. Single-channel currents recorded from membrane of denervated frog muscle fibres[J]. Nature, 260(5554): 799-802.

Neller KCM, Diaz CA, Platts AE, Hudak KA. 2019. *De novo* assembly of the pokeweed genome provides insight into pokeweed antiviral protein (PAP) gene expression[J]. Front Plant Sci, 10: 1002.

Nelson DM, Glawe AJ, Labeda DP, Cann IK, Mackie RI. 2009. *Paenibacillus tundrae* sp. nov. and *Paenibacillus xylanexedens* sp. nov., psychrotolerant, xylan-degrading bacteria from Alaskan tundra[J]. Int J Syst Evol Microbiol, 59(Pt 7): 1708-1714.

Nelson KE, Clayton RA, Gill SR, Gwinn ML, Dodson RJ, Haft DH, Hickey EK, Peterson JD, Nelson WC, Ketchum KA, McDonald L, Utterback TR, Malek JA, Linher KD, Garrett MM, Stewart AM, Cotton MD, Pratt MS, Phillips CA, Richardson D, Heidelberg J, Sutton GG, Fleischmann RD, Eisen JA, White O, Salzberg SL, Smith HO, Venter JC, Fraser CM. 1999. Evidence for lateral gene transfer between Archaea and bacteria from genome sequence of *Thermotoga maritima*[J]. Nature, 399(6734): 323-329.

Nene V, Wortman JR, Lawson D, Haas B, Kodira C, Tu ZJ, Loftus B, Xi Z, Megy K, Grabherr M, Ren Q, Zdobnov EM, Lobo NF, Campbell KS, Brown SE, Bonaldo MF, Zhu J, Sinkins SP, Hogenkamp DG, Amedeo P, Arensburger P, Atkinson PW, Bidwell S, Biedler J, Birney E, Bruggner RV, Costas J, Coy MR, Crabtree J, Crawford M, Debruyn B, Decaprio D, Eiglmeier K, Eisenstadt E, El-Dorry H, Gelbart WM, Gomes SL, Hammond M, Hannick LI, Hogan JR, Holmes MH, Jaffe D, Johnston JS, Kennedy RC, Koo H, Kravitz S, Kriventseva EV, Kulp D, Labutti K, Lee E, Li S, Lovin DD, Mao C, Mauceli E, Menck CF, Miller JR, Montgomery P, Mori A, Nascimento AL, Naveira HF, Nusbaum C, O'Leary S, Orvis J, Pertea M, Quesneville H, Reidenbach KR, Rogers YH, Roth CW, Schneider JR, Schatz M, Shumway M, Stanke M, Stinson EO, Tubio JM, Vanzee JP, Verjovski-Almeida S, Werner D, White O, Wyder S, Zeng Q, Zhao Q, Zhao Y, Hill CA, Raikhel AS, Soares MB, Knudson DL, Lee NH, Galagan J, Salzberg SL, Paulsen IT, Dimopoulos G, Collins FH, Birren B, Fraser-Liggett CM, Severson DW. 2007. Genome sequence of *Aedes aegypti*, a major arbovirus vector[J]. Science, 316(5832): 1718-1723.

Newcombe D, Dekas A, Mayilraj S, Venkateswaran K. 2009. *Bacillus canaveralius* sp. nov., an alkali-tolerant bacterium isolated from a spacecraft assembly facility[J]. Int J Syst Evol Microbiol, 59(Pt 8): 2015-2019.

Nguinkal JA, Brunner RM, Verleih M, Rebl A, de Los Ríos-Pérez L, Schäfer N, Hadlich F, Stüeken M, Wittenburg D, Goldammer T. 2019. The first highly contiguous genome assembly of pikeperch (*Sander lucioperca*), an emerging aquaculture species in Europe[J]. Genes (Basel), 10(9): E708.

Nicholson SJ, Nickerson ML, Dean M, Song Y, Hoyt PR, Rhee H, Kim C, Puterka GJ. 2015. The genome of *Diuraphis noxia*, a global aphid pest of small grains[J]. BMC Genomics, 16: 429.

Nicolaus B, Lama L, Esposito E, Manca MC, Di Prisco G, Gambacorta A. 1996. "*Bacillus thermoantarcticus*" sp. nov., from Mount Melbourne, Antarctica: a novel thermophilic species[J]. Polar Biol, 16: 101-104.

Niedringhaus TP, Milanova D, Kerby MB, Snyder MP, Barron AE. 2011. Landscape of next-generation sequencing technologies[J]. Anal Chem, 83(12): 4327-4341.

Niehuis O, Hartig G, Grath S, Pohl H, Lehmann J, Tafer H, Donath A, Krauss V, Eisenhardt C, Hertel J, Petersen M, Mayer C, Meusemann K, Peters RS, Stadler PF, Beutel RG, Bornberg-Bauer E, McKenna DD, Misof B. 2012. Genomic and morphological evidence converge to resolve the enigma of Strepsiptera[J]. Curr Biol, 22(14): 1309-1313.

Nielsen P, Fritze D, Priest FG. 1995. Phenetic diversity of alkaliphilic *Bacillus* strains: proposal for nine new species[J]. Microbiology, 141(7): 1745-1761.

Nierman WC, Feldblyum TV, Laub MT, Paulsen IT, Nelson KE, Eisen JA, Heidelberg JF, Alley MR, Ohta N, Maddock JR, Potocka I, Nelson WC, Newton A, Stephens C, Phadke ND, Ely B, DeBoy RT, Dodson RJ, Durkin AS, Gwinn ML, Haft DH, Kolonay JF, Smit J, Craven MB, Khouri H, Shetty J, Berry K, Utterback T, Tran K, Wolf A, Vamathevan J, Ermolaeva M, White O, Salzberg SL, Venter JC, Shapiro L, Fraser CM. 2001. Complete genome sequence of *Caulobacter crescentus*[J]. Proc Natl Acad Sci USA, 98(7): 4136-4141.

Niimura Y, Koh E, Yanagida F, Suzuki KI, Komagata K, Kozaki M. 1990. *Amphibacillus xylanus* gen. nov., sp. nov., a facultatively anaerobic sporeforming xylan-digesting bacterium which lacks cytochrome, quinone, and catalase[J]. Int J Syst Bacteriol, 40(Pt 3): 297-301.

Nilsson P, Solbakken MH, Schmid BV, Orr RJS, Lv R, Cui Y, Song Y, Zhang Y, Baalsrud HT, Tørresen OK,

Stenseth NC, Yang R, Jakobsen KS, Easterday WR, Jentoft S. 2020. The genome of the great gerbil reveals species-specific duplication of an MHCII gene[J]. Genome Biol Evol, 12(2): 3832-3849.

Nishida A, Miyamoto H, Horiuchi S, Watanabe R, Morita H, Fukuda S, Ohno H, Ichinose S, Miyamoto H, Kodama H. 2015. *Bacillus hisashii* sp. nov., isolated from the caeca of gnotobiotic mice fed with thermophile-fermented compost[J]. Int J Syst Evol Microbiol, 65(Pt 11): 3946-3949.

Nishikawa H, Iijima T, Kajitani R, Yamaguchi J, Ando T, Suzuki Y, Sugano S, Fujiyama A, Kosugi S, Hirakawa H, Tabata S, Ozaki K, Morimoto H, Ihara K, Obara M, Hori H, Itoh T, Fujiwara H. 2015. A genetic mechanism for female-limited Batesian mimicry in *Papilio* butterfly[J]. Nat Genet, 47(4): 405-409.

Nishitsuji K, Arimoto A, Higa Y, Mekaru M, Kawamitsu M, Satoh N, Shoguchi E. 2019. Draft genome of the brown alga, *Nemacystus decipiens*, Onna-1 strain: Fusion of genes involved in the sulfated fucan biosynthesis pathway[J]. Sci Rep, 9(1): 4607.

Niu L, Xiong M, Zhang J, Xiang Y, Song L, Hua Z, Li W. 2018. *Bacillus camelliae* sp. nov., isolated from Pu'er tea[J]. Int J Syst Evol Microbiol, 68(Pt 2): 566-569.

Nock CJ, Baten A, Barkla BJ, Furtado A, Henry RJ, King GJ. 2016. Genome and transcriptome sequencing characterises the gene space of *Macadamia integrifolia* (Proteaceae)[J]. BMC Genomics, 17(1): 937.

Nogi Y, Takami H, Horikoshi K. 2005. Characterization of alkaliphilic *Bacillus* strains used in industry: proposal of five novel species[J]. Int J Syst Evol Microbiol, 55(Pt 6): 2309-2315.

Noguchi H, Uchino M, Shida O, Takano K, Nakamura LK, Komagata K. 2004. *Bacillus vietnamensis* sp. nov., a moderately halotolerant, aerobic, endospore-forming bacterium isolated from Vietnamese fish sauce[J]. Int J Syst Evol Microbiol, 54(Pt 6): 2117-2120.

Nong W, Law STS, Wong AYP, Baril T, Swale T, Chu LM, Hayward A, Lau DTW, Hui JHL. 2020. Chromosomal-level reference genome of the incense tree *Aquilaria sinensis*[J]. Mol Ecol Resour, 20(4): 971-979.

Nonomura H, Ohara Y. 1971. Distribution of actinomycetes in soil. X. New genus and species of monosporic actinomycetes in soil[J]. J Ferment Technol, 49: 895-903.

Normile D. 2017. Plant scientists plan massive effort to sequence 10,000 genomes[J]. Science, News: doi: 10.1126/science.aan7165.

Norris PR, Clark DA, Owen JP, Waterhouse S. 1996. Characteristics of *Sulfobacillus acidophilus* sp. nov. and other moderately thermophilic mineral-sulphide-oxidizing bacteria[J]. Microbiology, 142(Pt 4): 775-783.

Novitsky TJ, Kushner DJ. 1976. *Planococcus halophilus* sp. nov. a facultatively halophilic coccus[J]. Int J Syst Bacteriol, 26(Pt 1): 53-57.

Nowak MD, Russo G, Schlapbach R, Huu CN, Lenhard M, Conti E. 2015. The draft genome of *Primula veris* yields insights into the molecular basis of heterostyly[J]. Genome Biol, 16(1): 12.

Nowak RM, Jastrzębski JP, Kuśmirek W, Sałamatin R, Rydzanicz M, Sobczyk-Kopcioł A, Sulima-Celińska A, Paukszto Ł, Makowczenko KG, Płoski R, Tkach VV, Basałaj K, Młocicki D. 2019. Hybrid *de novo* whole-genome assembly and annotation of the model tapeworm *Hymenolepis diminuta*[J]. Sci Data, 6(1): 302.

Nowell RW, Almeida P, Wilson CG, Smith TP, Fontaneto D, Crisp A, Micklem G, Tunnacliffe A, Boschetti C, Barraclough TG. 2018. Comparative genomics of bdelloid rotifers: insights from desiccating and nondesiccating species[J]. PLoS Biol, 16(4): e2004830.

Nowlan B, Dodia MS, Singh SP, Patel BK. 2006. *Bacillus okhensis* sp. nov., a halotolerant and alkalitolerant bacterium from an Indian saltpan[J]. Int J Syst Evol Microbiol, 56(Pt 5): 1073-1077.

Nowoshilow S, Schloissnig S, Fei JF, Dahl A, Pang AWC, Pippel M, Winkler S, Hastie AR, Young G, Roscito JG, Falcon F, Knapp D, Powell S, Cruz A, Cao H, Habermann B, Hiller M, Tanaka EM, Myers EW. 2018. The axolotl genome and the evolution of key tissue formation regulators[J]. Nature, 554(7690): 50-55.

Nozaki H, Takano H, Misumi O, Terasawa K, Matsuzaki M, Maruyama S, Nishida K, Yagisawa F, Yoshida Y, Fujiwara T, Takio S, Tamura K, Chung SJ, Nakamura S, Kuroiwa H, Tanaka K, Sato N, Kuroiwa T. 2007. A 100%-complete sequence reveals unusually simple genomic features in the hot-spring red alga

*Cyanidioschyzon merolae*[J]. BMC Biol, 5: 28.
Nunes I, Tiago I, Pires AL, da Costa MS, Veríssimo A. 2006. *Paucisalibacillus globulus* gen. nov., sp. nov., a Gram-positive bacterium isolated from potting soil[J]. Int J Syst Evol Microbiol, 56(Pt 8): 1841-1845.
Nunes R, Gonçalves AR, Pires de Campos Telles M. 2019. Data on the draft genome sequence of *Caryocar brasiliense* Camb. (Caryocaraceae): an important genetic resource from Brazilian savannas[J]. Data Brief, 26: 104543.
Nunez JC, Seale TP, Fraser MA, Burton TL, Fortson TN, Hoover D, Travis J, Oleksiak MF, Crawford DL. 2015. Population genomics of the euryhaline teleost *Poecilia latipinna*[J]. PLoS One, 10(9): e0137077.
Nygaard S, Zhang G, Schiøtt M, Li C, Wurm Y, Hu H, Zhou J, Ji L, Qiu F, Rasmussen M, Pan H, Hauser F, Krogh A, Grimmelikhuijzen CJ, Wang J, Boomsma JJ. 2011. The genome of the leaf-cutting ant *Acromyrmex echinatior* suggests key adaptations to advanced social life and fungus farming[J]. Genome Res, 21(8): 1339-1348.
Nyrén P. 1987. Enzymatic method for continuous monitoring of DNA polymerase activity[J]. Anal Biochem, 167(2): 235-238.
Nystedt B, Street NR, Wetterbom A, Zuccolo A, Lin YC, Scofield DG, Vezzi F, Delhomme N, Giacomello S, Alexeyenko A, Vicedomini R, Sahlin K, Sherwood E, Elfstrand M, Gramzow L, Holmberg K, Hällman J, Keech O, Klasson L, Koriabine M, Kucukoglu M, Käller M, Luthman J, Lysholm F, Niittylä T, Olson A, Rilakovic N, Ritland C, Rosselló JA, Sena J, Svensson T, Talavera-López C, Theißen G, Tuominen H, Vanneste K, Wu ZQ, Zhang B, Zerbe P, Arvestad L, Bhalerao R, Bohlmann J, Bousquet J, Garcia Gil R, Hvidsten TR, de Jong P, MacKay J, Morgante M, Ritland K, Sundberg B, Thompson SL, Van de Peer Y, Andersson B, Nilsson O, Ingvarsson PK, Lundeberg J, Jansson S. 2013. The Norway spruce genome sequence and conifer genome evolution[J]. Nature, 497(7451): 579-584.
Ochoa A, Onorato DP, Fitak RR, Roelke-Parker ME, Culver M. 2019. *De novo* assembly and annotation from parental and F(1)*Puma* genomes of the florida panther genetic restoration program[J]. G3 (Bethesda), 9(11): 3531-3536.
O'Connor RE, Farré M, Joseph S, Damas J, Kiazim L, Jennings R, Bennett S, Slack EA, Allanson E, Larkin DM, Griffin DK. 2018. Chromosome-level assembly reveals extensive rearrangement in saker falcon and budgerigar, but not ostrich, genomes[J]. Genome Biol, 19(1): 171.
Oey H, Zakrzewski M, Gravermann K, Young ND, Korhonen PK, Gobert GN, Nawaratna S, Hasan S, Martínez DM, You H, Lavin M, Jones MK, Ragan MA, Stoye J, Oleaga A, Emery AM, Webster BL, Rollinson D, Gasser RB, McManus DP, Krause L. 2019b. Whole-genome sequence of the bovine blood fluke *Schistosoma bovis* supports interspecific hybridization with *S. haematobium*[J]. PLoS Pathog, 15(1): e1007513.
Oey H, Zakrzewski M, Narain K, Devi KR, Agatsuma T, Nawaratna S, Gobert GN, Jones MK, Ragan MA, McManus DP, Krause L. 2019a. Whole-genome sequence of the oriental lung fluke *Paragonimus westermani*[J]. Gigascience, 8(1): giy146.
Oeyen JP, Baa-Puyoulet P, Benoit JB, Beukeboom LW, Bornberg-Bauer E, Buttstedt A, Calevro F, Cash EI, Chao H, Charles H, Chen MM, Childers C, Cridge AG, Dearden P, Dinh H, Doddapaneni HV, Dolan A, Donath A, Dowling D, Dugan S, Duncan E, Elpidina EN, Friedrich M, Geuverink E, Gibson JD, Grath S, Grimmelikhuijzen CJP, Große-Wilde E, Gudobba C, Han Y, Hansson BS, Hauser F, Hughes DST, Ioannidis P, Jacquin-Joly E, Jennings EC, Jones JW, Klasberg S, Lee SL, Lesný P, Lovegrove M, Martin S, Martynov AG, Mayer C, Montagné N, Moris VC, Munoz-Torres M, Murali SC, Muzny DM, Oppert B, Parisot N, Pauli T, Peters RS, Petersen M, Pick C, Persyn E, Podsiadlowski L, Poelchau MF, Provataris P, Qu J, Reijnders MJMF, von Reumont BM, Rosendale AJ, Simao FA, Skelly J, Sotiropoulos AG, Stahl AL, Sumitani M, Szuter EM, Tidswell O, Tsitlakidis E, Vedder L, Waterhouse RM, Werren JH, Wilbrandt J, Worley KC, Yamamoto DS, van de Zande L, Zdobnov EM, Ziesmann T, Gibbs RA, Richards S, Hatakeyama M, Misof B, Niehuis O. 2020. Sawfly genomes reveal evolutionary acquisitions that fostered the mega-radiation of parasitoid and eusocial Hymenoptera[J]. Genome Biol Evol, 12(7): 1099-1188.
Ogiso-Tanaka E, Chankaew S, Isemura T, Kongjaimun A, Baba A, Naito K, Kaga A, Tomooka N. 2020.

Whole genome sequencing data of *Vigna nakashimae* var. Ukushima and G418[J]. Data Brief, 29: 105131.

Oh DH, Hong H, Lee SY, Yun DJ, Bohnert HJ, Dassanayake M. 2014. Genome structures and transcriptomes signify niche adaptation for the multiple-ion-tolerant extremophyte *Schrenkiella parvula*[J]. Plant Physiol, 164(4): 2123-2138.

Ohan JA, Hovde BT, Zhang XL, Davenport KW, Chertkov O, Han C, Twary SN, Starkenburg SR. 2019. Nuclear genome assembly of the microalga *Nannochloropsis salina* CCMP1776[J]. Microbiol Resour Announc, 8(44): e00750-19.

Ohdera A, Ames CL, Dikow RB, Kayal E, Chiodin M, Busby B, La S, Pirro S, Collins AG, Medina M, Ryan JF. 2019. Box, stalked, and upside-down? Draft genomes from diverse jellyfish (Cnidaria, Acraspeda) lineages: *Alatina alata* (Cubozoa), *Calvadosia cruxmelitensis* (Staurozoa), and *Cassiopea xamachana* (Scyphozoa)[J]. Gigascience, 8(7): giz069.

Ojaimi C, Davidson BE, Saint Girons I, Old IG.1994. Conservation of gene arrangement and an unusual organization of rRNA genes in the linear chromosomes of the Lyme disease spirochaetes *Borrelia burgdorferi*, *B. garinii* and *B. afzelii*[J]. Microbiology, 140(Pt 11): 2931-2940.

Ojima Y, Kobayashi J, Doi T, Azuma M. 2019. Knockout of *pgdS* and *ggt* gene changes poly-γ-glutamic acid production in *Bacillus licheniformis* RK14-46[J]. J Biotechnol, 304: 57-62.

Okaiyeto K, Nwodo UU, Mabinya LV, Okoh AI. 2015. *Bacillus toyonensis* strain AEMREG6, a bacterium isolated from South African marine environment sediment samples produces a glycoprotein bioflocculant[J]. Molecules, 20(3): 5239-5259.

Okou DT, Steinberg KM, Middle C, Cutler DJ, Albert TJ, Zwick ME. 2007. Microarray-based genomic selection for high-throughput resequencing[J]. Nat Methods, 4(11): 907-909.

Olivera N, Siñeriz F, Breccia JD. 2005. *Bacillus patagoniensis* sp. nov., a novel alkalitolerant bacterium from the rhizosphere of *Atriplex lampa* in Patagonia, Argentina[J]. Int J Syst Evol Microbiol, 55(Pt 1): 443-447.

Ollitrault P, Terol J, Chen C, Federici CT, Lotfy S, Hippolyte I, Ollitrault F, Bérard A, Chauveau A, Cuenca J, Costantino G, Kacar Y, Mu L, Garcia-Lor A, Froelicher Y, Aleza P, Boland A, Billot C, Navarro L, Luro F, Roose ML, Gmitter FG, Talon M, Brunel D. 2012. A reference genetic map of *C. clementina* hort. ex Tan.; citrus evolution inferences from comparative mapping[J]. BMC Genomics, 13: 593.

Olovnikov I, Chan K, Sachidanandam R, Newman DK, Aravin AA. 2013. Bacterial argonaute samples the transcriptome to identify foreign DNA[J]. Mol Cell, 51(5): 594-605.

Olsen JL, Rouzé P, Verhelst B, Lin YC, Bayer T, Collen J, Dattolo E, De Paoli E, Dittami S, Maumus F, Michel G, Kersting A, Lauritano C, Lohaus R, Töpel M, Tonon T, Vanneste K, Amirebrahimi M, Brakel J, Boström C, Chovatia M, Grimwood J, Jenkins JW, Jueterbock A, Mraz A, Stam WT, Tice H, Bornberg-Bauer E, Green PJ, Pearson GA, Procaccini G, Duarte CM, Schmutz J, Reusch TB, Van de Peer Y. 2016. The genome of the seagrass *Zostera marina* reveals angiosperm adaptation to the sea[J]. Nature, 530(7590): 331-335.

Olsson S, Seoane-Zonjic P, Bautista R, Claros MG, González-Martínez SC, Scotti I, Scotti-Saintagne C, Hardy OJ, Heuertz M. 2017. Development of genomic tools in a widespread tropical tree, *Symphonia globulifera* L.f.: a new low-coverage draft genome, SNP and SSR markers[J]. Mol Ecol Resour, 17(4): 616-630.

Omer MK, Álvarez-Ordoñez A, Prieto M, Skjerve E, Asehun T, Alvseike OA. 2018. A systematic review of bacterial foodborne outbreaks related to red meat and meat products[J]. Foodborne Pathog Dis, 15(10): 598-611.

Ometto L, Cestaro A, Ramasamy S, Grassi A, Revadi S, Siozios S, Moretto M, Fontana P, Varotto C, Pisani D, Dekker T, Wrobel N, Viola R, Pertot I, Cavalieri D, Blaxter M, Anfora G, Rota-Stabelli O. 2013. Linking genomics and ecology to investigate the complex evolution of an invasive *Drosophila* pest[J]. Genome Biol Evol, 5(4): 745-757.

Oppenheim S, Cao X, Rueppel O, Krongdang S, Phokasem P, DeSalle R, Goodwin S, Xing J, Chantawannakul P, Rosenfeld JA. 2020. Whole genome sequencing and assembly of the Asian honey bee *Apis dor-*

*sata*[J]. Genome Biol Evol, 12(1): 3677-3683.

Opperman CH, Bird DM, Williamson VM, Rokhsar DS, Burke M, Cohn J, Cromer J, Diener S, Gajan J, Graham S, Houfek TD, Liu Q, Mitros T, Schaff J, Schaffer R, Scholl E, Sosinski BR, Thomas VP, Windham E. 2008. Sequence and genetic map of *Meloidogyne hapla*: a compact nematode genome for plant parasitism[J]. Proc Natl Acad Sci USA, 105(39): 14802-14807.

Oppold AM, Schmidt H, Rose M, Hellmann SL, Dolze F, Ripp F, Weich B, Schmidt-Ott U, Schmidt E, Kofler R, Hankeln T, Pfenninger M. 2017. *Chironomus riparius* (Diptera) genome sequencing reveals the impact of minisatellite transposable elements on population divergence[J]. Mol Ecol, 26(12): 3256-3275.

Orellana R, Macaya C, Bravo G, Dorochesi F, Cumsille A, Valencia R, Rojas C, Seeger M. 2018. Living at the frontiers of life: extremophiles in Chile and their potential for bioremediation[J]. Front Microbiol, 9: 2309.

Osman S, Satomi M, Venkateswaran K. 2006. *Paenibacillus pasadenensis* sp. nov. and *Paenibacillus barengoltzii* sp. nov., isolated from a spacecraft assembly facility[J]. Int J Syst Evol Microbiol, 56(Pt 7): 1509-1514.

Otsuka Y. 2016. Prokaryotic toxin-antitoxin systems: novel regulations of the toxins[J]. Curr Genet, 62(2): 379-382.

Otto TD, Böhme U, Jackson AP, Hunt M, Franke-Fayard B, Hoeijmakers WA, Religa AA, Robertson L, Sanders M, Ogun SA, Cunningham D, Erhart A, Billker O, Khan SM, Stunnenberg HG, Langhorne J, Holder AA, Waters AP, Newbold CI, Pain A, Berriman M, Janse CJ. 2014. A comprehensive evaluation of rodent malaria parasite genomes and gene expression[J]. BMC Biol, 12: 86.

Ou C, Wang F, Wang J, Li S, Zhang Y, Fang M, Ma L, Zhao Y, Jiang S. 2019. A *de novo* genome assembly of the dwarfing pear rootstock Zhongai 1[J]. Sci Data, 6(1): 281.

Ouyang YC, Xiang WZ, Wang GH. 2015. *Oceanobacillus bengalensis* sp. nov., a bacterium isolated from seawater of the Bay of Bengal[J]. Antonie Van Leeuwenhoek, 108(5): 1189-1196.

Oxley PR, Ji L, Fetter-Pruneda I, McKenzie SK, Li C, Hu H, Zhang G, Kronauer DJ. 2014. The genome of the clonal raider ant *Cerapachys biroi*[J]. Curr Biol, 24(4): 451-458.

Ozerov MY, Ahmad F, Gross R, Pukk L, Kahar S, Kisand V, Vasemägi A. 2018. Highly continuous genome assembly of Eurasian perch (*Perca fluviatilis*) using linked-read sequencing[J]. G3 (Bethesda), 8(12): 3737-3743.

Pagani I, Liolios K, Jansson J, Chen IM, Smirnova T, Nosrat B, Markowitz VM, Kyrpides NC. 2012. The Genomes OnLine Database (GOLD) v.4: status of genomic and metagenomic projects and their associated metadata[J]. Nucleic Acids Res, 40 (Database issue): D571-D579.

Pain A, Böhme U, Berry AE, Mungall K, Finn RD, Jackson AP, Mourier T, Mistry J, Pasini EM, Aslett MA, Balasubrammaniam S, Borgwardt K, Brooks K, Carret C, Carver TJ, Cherevach I, Chillingworth T, Clark TG, Galinski MR, Hall N, Harper D, Harris D, Hauser H, Ivens A, Janssen CS, Keane T, Larke N, Lapp S, Marti M, Moule S, Meyer IM, Ormond D, Peters N, Sanders M, Sanders S, Sargeant TJ, Simmonds M, Smith F, Squares R, Thurston S, Tivey AR, Walker D, White B, Zuiderwijk E, Churcher C, Quail MA, Cowman AF, Turner CM, Rajandream MA, Kocken CH, Thomas AW, Newbold CI, Barrell BG, Berriman M. 2008. The genome of the simian and human malaria parasite *Plasmodium knowlesi*[J]. Nature, 455(7214): 799-803.

Pal D, Bhardwaj A, Kaur N, Sudan SK, Bisht B, Kumari M, Vyas B, Krishnamurthi S, Mayilraj S. 2018. *Fictibacillus aquaticus* sp. nov., isolated from downstream river water[J]. Int J Syst Evol Microbiol, 68(Pt 1): 160-164.

Palenik B, Grimwood J, Aerts A, Rouzé P, Salamov A, Putnam N, Dupont C, Jorgensen R, Derelle E, Rombauts S, Zhou K, Otillar R, Merchant SS, Podell S, Gaasterland T, Napoli C, Gendler K, Manuell A, Tai V, Vallon O, Piganeau G, Jancek S, Heijde M, Jabbari K, Bowler C, Lohr M, Robbens S, Werner G, Dubchak I, Pazour GJ, Ren Q, Paulsen I, Delwiche C, Schmutz J, Rokhsar D, Van de Peer Y, Moreau H, Grigoriev IV. 2007. The tiny eukaryote *Ostreococcus provides* genomic insights into the paradox of plankton speciation[J]. Proc Natl Acad Sci USA, 104(18): 7705-7710.

Palesch D, Bosinger SE, Tharp GK, Vanderford TH, Paiardini M, Chahroudi A, Johnson ZP, Kirchhoff F, Hahn BH, Norgren RB, Patel NB, Sodora DL, Dawoud RA, Stewart CB, Seepo SM, Harris RA, Liu Y, Raveendran M, Han Y, English A, Thomas GWC, Hahn MW, Pipes L, Mason CE, Muzny DM, Gibbs RA, Sauter D, Worley K, Rogers J, Silvestri G. 2018. Sooty mangabey genome sequence provides insight into AIDS resistance in a natural SIV host[J]. Nature, 553(7686): 77-81.

Palevich N, Maclean PH, Baten A, Scott RW, Leathwick DM. 2019. The genome sequence of the anthelmintic-susceptible New Zealand *Haemonchus contortus*[J]. Genome Biol Evol, 11(7): 1965-1970.

Palma L, Muñoz D, Berry C, Murillo J, Caballero P. 2014. *Bacillus thuringiensis* toxins: an overview of their biocidal activity[J]. Toxins (Basel), 6(12): 3296-3325.

Palmisano MM, Nakamura LK, Duncan KE, Istock CA, Cohan FM. 2001. *Bacillus sonorensis* sp. nov., a close relative of *Bacillus licheniformis*, isolated from soil in the Sonoran Desert, Arizona[J]. Int J Syst Evol Microbiol, 51(Pt 5): 1671-1679.

Pan H, Cole TL, Bi X, Fang M, Zhou C, Yang Z, Ksepka DT, Hart T, Bouzat JL, Argilla LS, Bertelsen MF, Boersma PD, Bost CA, Cherel Y, Dann P, Fiddaman SR, Howard P, Labuschagne K, Mattern T, Miller G, Parker P, Phillips RA, Quillfeldt P, Ryan PG, Taylor H, Thompson DR, Young MJ, Ellegaard MR, Gilbert MTP, Sinding MS, Pacheco G, Shepherd LD, Tennyson AJD, Grosser S, Kay E, Nupen LJ, Ellenberg U, Houston DM, Reeve AH, Johnson K, Masello JF, Stracke T, McKinlay B, Borboroglu PG, Zhang DX, Zhang G. 2019. High-coverage genomes to elucidate the evolution of penguins[J]. Gigascience, 8(9): giz117.

Pan H, Yu H, Ravi V, Li C, Lee AP, Lian MM, Tay BH, Brenner S, Wang J, Yang H, Zhang G, Venkatesh B. 2016. The genome of the largest bony fish, ocean sunfish (*Mola mola*), provides insights into its fast growth rate[J]. Gigascience, 5(1): 36.

Panda AK, Bisht SS, DeMondal S, Kumar NS, Gurusubramanian G, Panigrahi AK. 2014. *Brevibacillus as* a biological tool: a short review[J]. Antonie Van Leeuwenhoek, 105(4): 623-639.

Panfilio KA, Vargas Jentzsch IM, Benoit JB, Erezyilmaz D, Suzuki Y, Colella S, Robertson HM, Poelchau MF, Waterhouse RM, Ioannidis P, Weirauch MT, Hughes DST, Murali SC, Werren JH, Jacobs CGC, Duncan EJ, Armisén D, Vreede BMI, Baa-Puyoulet P, Berger CS, Chang CC, Chao H, Chen MM, Chen YT, Childers CP, Chipman AD, Cridge AG, Crumière AJJ, Dearden PK, Didion EM, Dinh H, Doddapaneni HV, Dolan A, Dugan S, Extavour CG, Febvay G, Friedrich M, Ginzburg N, Han Y, Heger P, Holmes CJ, Horn T, Hsiao YM, Jennings EC, Johnston JS, Jones TE, Jones JW, Khila A, Koelzer S, Kovacova V, Leask M, Lee SL, Lee CY, Lovegrove MR, Lu HL, Lu Y, Moore PJ, Munoz-Torres MC, Muzny DM, Palli SR, Parisot N, Pick L, Porter ML, Qu J, Refki PN, Richter R, Rivera-Pomar R, Rosendale AJ, Roth S, Sachs L, Santos ME, Seibert J, Sghaier E, Shukla JN, Stancliffe RJ, Tidswell O, Traverso L, van der Zee M, Viala S, Worley KC, Zdobnov EM, Gibbs RA, Richards S. 2019. Molecular evolutionary trends and feeding ecology diversification in the Hemiptera, anchored by the milkweed bug genome[J]. Genome Biol, 20(1): 64.

Papadioti A, Azhar EI, Bibi F, Jiman-Fatani A, Aboushoushah SM, Yasir M, Raoult D, Angelakis E. 2016. '*Lysinibacillus saudimassiliensis*' sp. nov., a new bacterial species isolated from air samples in the urban environment of Makkah, Saudi Arabia[J]. New Microbes New Infect, 16: 25-27.

Papanicolaou A, Schetelig MF, Arensburger P, Atkinson PW, Benoit JB, Bourtzis K, Castañera P, Cavanaugh JP, Chao H, Childers C, Curril I, Dinh H, Doddapaneni H, Dolan A, Dugan S, Friedrich M, Gasperi G, Geib S, Georgakilas G, Gibbs RA, Giers SD, Gomulski LM, González-Guzmán M, Guillem-Amat A, Han Y, Hatzigeorgiou AG, Hernández-Crespo P, Hughes DS, Jones JW, Karagkouni D, Koskinioti P, Lee SL, Malacrida AR, Manni M, Mathiopoulos K, Meccariello A, Munoz-Torres M, Murali SC, Murphy TD, Muzny DM, Oberhofer G, Ortego F, Paraskevopoulou MD, Poelchau M, Qu J, Reczko M, Robertson HM, Rosendale AJ, Rosselot AE, Saccone G, Salvemini M, Savini G, Schreiner P, Scolari F, Siciliano P, Sim SB, Tsiamis G, Ureña E, Vlachos IS, Werren JH, Wimmer EA, Worley KC, Zacharopoulou A, Richards S, Handler AM. 2016. The whole genome sequence of the Mediterranean fruit fly, *Ceratitis capitata* (Wiedemann), reveals insights into the biology and adaptive evolution of a highly invasive pest species[J]. Genome Biol, 17(1): 192.

Parchman TL, Gompert Z, Braun MJ, Brumfield RT, McDonald DB, Uy JA, Zhang G, Jarvis ED, Schlinger BA, Buerkle CA. 2013. The genomic consequences of adaptive divergence and reproductive isolation between species of manakins[J]. Mol Ecol, 22(12): 3306-3317.

Park BJ, Chelliah R, Wei S, Park JH, Forghani F, Park YS, Cho MS, Park DS, Oh DH. 2017. Unique biomarkers as a potential predictive tool for differentiation of *Bacillus cereus* group based on real-time PCR[J]. Microb Pathog, 115: 131-137.

Park D, Jung JW, Choi BS, Jayakodi M, Lee J, Lim J, Yu Y, Choi YS, Lee ML, Park Y, Choi IY, Yang TJ, Edwards OR, Nah G, Kwon HW. 2015. Uncovering the novel characteristics of Asian honey bee, *Apis cerana*, by whole genome sequencing[J]. BMC Genomics, 16: 1.

Park DJ, Dastager SG, Lee JC, Yeo SH, Yoon JH, Kim CJ. 2007. *Shimazuella kribbensis* gen. nov., sp. nov., a mesophilic representative of the family Thermoactinomycetaceae[J]. Int J Syst Evol Microbiol, 57(Pt 11): 2660-2664.

Park DS, Jeong WJ, Lee KH, Oh HW, Kim BC, Bae KS, Park HY. 2009. *Paenibacillus pectinilyticus* sp. nov., isolated from the gut of *Diestrammena apicalis*[J]. Int J Syst Evol Microbiol, 59(Pt 6): 1342-1347.

Park JC, Choi BS, Kim MS, Shi H, Zhou B, Park HG, Lee JS. 2020. The genome of the marine rotifer *Brachionus koreanus* sheds light on the antioxidative defense system in response to 2-ethyl-phenanthrene and piperonyl butoxide[J]. Aquat Toxicol, 221: 105443.

Parkhill J, Achtman M, James KD, Bentley SD, Churcher C, Klee SR, Morelli G, Basham D, Brown D, Chillingworth T, Davies RM, Davis P, Devlin K, Feltwell T, Hamlin N, Holroyd S, Jagels K, Leather S, Moule S, Mungall K, Quail MA, Rajandream MA, Rutherford KM, Simmonds M, Skelton J, Whitehead S, Spratt BG, Barrell BG. 2000. Complete DNA sequence of a serogroup A strain of *Neisseria meningitidis* Z2491[J]. Nature, 404(6777): 502-506.

Pascoal S, Risse JE, Zhang X, Blaxter M, Cezard T, Challis RJ, Gharbi K, Hunt J, Kumar S, Langan E, Liu X, Rayner JG, Ritchie MG, Snoek BL, Trivedi U, Bailey NW. 2019. Field cricket genome reveals the footprint of recent, abrupt adaptation in the wild[J]. Evol Lett, 4(1): 19-33.

Patalano S, Vlasova A, Wyatt C, Ewels P, Camara F, Ferreira PG, Asher CL, Jurkowski TP, Segonds-Pichon A, Bachman M, González-Navarrete I, Minoche AE, Krueger F, Lowy E, Marcet-Houben M, Rodriguez-Ales JL, Nascimento FS, Balasubramanian S, Gabaldon T, Tarver JE, Andrews S, Himmelbauer H, Hughes WO, Guigó R, Reik W, Sumner S. 2015. Molecular signatures of plastic phenotypes in two eusocial insect species with simple societies[J]. Proc Natl Acad Sci USA, 112(45): 13970-13975.

Patel A, Belykh E, Miller EJ, George LL, Martirosyan NL, Byvaltsev VA, Preul MC. 2018a. MinION rapid sequencing: review of potential applications in neurosurgery[J]. Surg Neurol Int, 9: 157.

Patel VK, Srivastava R, Sharma A, Srivastava AK, Singh S, Srivastava AK, Kashyap PL, Chakdar H, Pandiyan K, Kalra A, Saxena AK. 2018b. Halotolerant *Exiguobacterium profundum* PHM11 tolerate salinity by accumulating l-proline and fine-tuning gene expression profiles of related metabolic pathways[J]. Front Microbiol, 9: 423.

Paterson AH, Bowers JE, Bruggmann R, Dubchak I, Grimwood J, Gundlach H, Haberer G, Hellsten U, Mitros T, Poliakov A, Schmutz J, Spannagl M, Tang H, Wang X, Wicker T, Bharti AK, Chapman J, Feltus FA, Gowik U, Grigoriev IV, Lyons E, Maher CA, Martis M, Narechania A, Otillar RP, Penning BW, Salamov AA, Wang Y, Zhang L, Carpita NC, Freeling M, Gingle AR, Hash CT, Keller B, Klein P, Kresovich S, McCann MC, Ming R, Peterson DG, Mehboob-ur-Rahman, Ware D, Westhoff P, Mayer KF, Messing J, Rokhsar DS. 2009. The *Sorghum bicolor* genome and the diversification of grasses[J]. Nature, 457(7229): 551-556.

Patra AK, Chung O, Yoo JY, Kim MS, Yoon MG, Choi JH, Yang Y. 2020. First draft genome for the sand-hopper *Trinorchestia longiramus*[J]. Sci Data, 7(1): 85.

Patterson EL, Saski CA, Sloan DB, Tranel PJ, Westra P, Gaines TA. 2019. The draft genome of *Kochia scoparia* and the mechanism of glyphosate resistance via transposon-mediated EPSPS tandem gene duplication[J]. Genome Biol Evol, 11(10): 2927-2940.

Paul S, Arumugaperumal A, Rathy R, Ponesakki V, Arunachalam P, Sivasubramaniam S. 2018. Data on genome annotation and analysis of earthworm *Eisenia fetida*[J]. Data Brief, 20: 525-534.

Pavey SA, Laporte M, Normandeau E, Gaudin J, Letourneau L, Boisvert S, Corbeil J, Audet C, Bernatchez L. 2017. Draft genome of the American Eel (*Anguilla rostrata*)[J]. Mol Ecol Resour, 17(4): 806-811.

Pavlovich SS, Lovett SP, Koroleva G, Guito JC, Arnold CE, Nagle ER, Kulcsar K, Lee A, Thibaud-Nissen F, Hume AJ, Mühlberger E, Uebelhoer LS, Towner JS, Rabadan R, Sanchez-Lockhart M, Kepler TB, Palacios G. 2018. The Egyptian rousette genome reveals unexpected features of bat antiviral immunity[J]. Cell, 173(5): 1098-1110.e18.

Peak KK, Duncan KE, Veguilla W, Luna VA, King DS, Heller L, Heberlein-Larson L, Reeves F, Cannons AC, Amuso P, Cattani J. 2007. *Bacillus acidiceler* sp. nov., isolated from a forensic specimen, containing *Bacillus anthracis* pX02 genes[J]. Int J Syst Evol Microbiol, 57(Pt 9): 2031-2036.

Pearce SL, Clarke DF, East PD, Elfekih S, Gordon KHJ, Jermiin LS, McGaughran A, Oakeshott JG, Papanicolaou A, Perera OP, Rane RV, Richards S, Tay WT, Walsh TK, Anderson A, Anderson CJ, Asgari S, Board PG, Bretschneider A, Campbell PM, Chertemps T, Christeller JT, Coppin CW, Downes SJ, Duan G, Farnsworth CA, Good RT, Han LB, Han YC, Hatje K, Horne I, Huang YP, Hughes DST, Jacquin-Joly E, James W, Jhangiani S, Kollmar M, Kuwar SS, Li S, Liu NY, Maibeche MT, Miller JR, Montagne N, Perry T, Qu J, Song SV, Sutton GG, Vogel H, Walenz BP, Xu W, Zhang HJ, Zou Z, Batterham P, Edwards OR, Feyereisen R, Gibbs RA, Heckel DG, McGrath A, Robin C, Scherer SE, Worley KC, Wu YD. 2017. Genomic innovations, transcriptional plasticity and gene loss underlying the evolution and divergence of two highly polyphagous and invasive *Helicoverpa* pest species[J]. BMC Biol, 15(1): 63.

Pearse DE, Barson NJ, Nome T, Gao G, Campbell MA, Abadía-Cardoso A, Anderson EC, Rundio DE, Williams TH, Naish KA, Moen T, Liu S, Kent M, Moser M, Minkley DR, Rondeau EB, Brieuc MSO, Sandve SR, Miller MR, Cedillo L, Baruch K, Hernandez AG, Ben-Zvi G, Shem-Tov D, Barad O, Kuzishchin K, Garza JC, Lindley ST, Koop BF, Thorgaard GH, Palti Y, Lien S. 2019. Sex-dependent dominance maintains migration supergene in rainbow trout[J]. Nat Ecol Evol, 3(12): 1731-1742.

Pederson ERA, Warshan D, Rasmussen U. 2019. Genome sequencing of *Pleurozium schreberi*: the assembled and annotated draft genome of a pleurocarpous feather moss[J]. G3 (Bethesda), 9(9): 2791-2797.

Peng C, Ren JL, Deng C, Jiang D, Wang J, Qu J, Chang J, Yan C, Jiang K, Murphy RW, Wu DD, Li JT. 2020. The genome of Shaw's sea snake (*Hydrophis curtus*) reveals secondary adaptation to its marine environment[J]. Mol Biol Evol, 20: msaa043.

Peng G, Zhao X, Li Y, Wang R, Huang Y, Qi G. 2019b. Engineering *Bacillus velezensis* with high production of acetoin primes strong induced systemic resistance in *Arabidopsis thaliana*[J]. Microbiol Res, 227: 126297.

Peng QZ, Peng QJ, Zhang YQ, Liu ZX, Wang YX, Li WJ, Cui XL, Chen YG. 2009. *Halobacillus hunanensis* sp. nov., a moderately halophilic bacterium isolated from a subterranean brine[J]. Antonie Van Leeuwenhoek, 96(4): 497-504.

Peng X, Alföldi J, Gori K, Eisfeld AJ, Tyler SR, Tisoncik-Go J, Brawand D, Law GL, Skunca N, Hatta M, Gasper DJ, Kelly SM, Chang J, Thomas MJ, Johnson J, Berlin AM, Lara M, Russell P, Swofford R, Turner-Maier J, Young S, Hourlier T, Aken B, Searle S, Sun X, Yi Y, Suresh M, Tumpey TM, Siepel A, Wisely SM, Dessimoz C, Kawaoka Y, Birren BW, Lindblad-Toh K, Di Palma F, Engelhardt JF, Palermo RE, Katze MG. 2014a. The draft genome sequence of the ferret (*Mustela putorius furo*) facilitates study of human respiratory disease[J]. Nat Biotechnol, 32(12): 1250-1255.

Peng X, Liu H, Chen P, Tang F, Hu Y, Wang F, Pi Z, Zhao M, Chen N, Chen H, Zhang X, Yan X, Liu M, Fu X, Zhao G, Yao P, Wang L, Dai H, Li X, Xiong W, Xu W, Zheng H, Yu H, Shen S. 2019a. A chromosome-scale genome assembly of paper mulberry (*Broussonetia papyrifera*) provides new insights into its forage and papermaking usage[J]. Mol Plant, 12(5): 661-677.

Peng Y, Lai Z, Lane T, Nageswara-Rao M, Okada M, Jasieniuk M, O'Geen H, Kim RW, Sammons RD, Rieseberg LH, Stewart CN Jr. 2014b. *De novo* genome assembly of the economically important weed horseweed using integrated data from multiple sequencing platforms[J]. Plant Physiol, 166(3): 1241-1254.

Peng Z, Lu Y, Li L, Zhao Q, Feng Q, Gao Z, Lu H, Hu T, Yao N, Liu K, Li Y, Fan D, Guo Y, Li W, Lu Y,

Weng Q, Zhou C, Zhang L, Huang T, Zhao Y, Zhu C, Liu X, Yang X, Wang T, Miao K, Zhuang C, Cao X, Tang W, Liu G, Liu Y, Chen J, Liu Z, Yuan L, Liu Z, Huang X, Lu T, Fei B, Ning Z, Han B, Jiang Z. 2013. The draft genome of the fast-growing non-timber forest species moso bamboo (*Phyllostachys heterocycla*)[J]. Nat Genet, 45(4): 456-461.

Pérez-Brocal V, Gil R, Ramos S, Lamelas A, Postigo M, Michelena JM, Silva FJ, Moya A, Latorre A. 2006. A small microbial genome: the end of a long symbiotic relationship[J]? Science, 314(5797): 312-313.

Perry BW, Card DC, McGlothlin JW, Pasquesi GIM, Adams RH, Schield DR, Hales NR, Corbin AB, Demuth JP, Hoffmann FG, Vandewege MW, Schott RK, Bhattacharyya N, Chang BSW, Casewell NR, Whiteley G, Reyes-Velasco J, Mackessy SP, Gamble T, Storey KB, Biggar KK, Passow CN, Kuo CH, McGaugh SE, Bronikowski AM, de Koning APJ, Edwards SV, Pfrender ME, Minx P, Brodie ED 3rd, Brodie ED Jr, Warren WC, Castoe TA. 2018. Molecular adaptations for sensing and securing prey and insight into amniote genome diversity from the garter snake genome[J]. Genome Biol Evol, 10(8): 2110-2129.

Perry GH, Reeves D, Melsted P, Ratan A, Miller W, Michelini K, Louis EE Jr, Pritchard JK, Mason CE, Gilad Y. 2012. A genome sequence resource for the aye-aye (*Daubentonia madagascariensis*), a nocturnal lemur from Madagascar[J]. Genome Biol Evol, 4(2): 126-135.

Perumal V, Yao Z, Kim JA, Kim HJ, Kim JH. 2019. Purification and characterization of a bacteriocin, BacBS2, produced by *Bacillus velezensis* BS2 isolated from meong-ge jeotgal[J]. J Microbiol Biotechnol, 29(7): 1033-1042.

Peterson SN, Fraser CM. 2001. The complexity of simplicity[J]. Genome Biol, 2(2): COMMENT2002.

Pettersson B, Lembke F, Hammer P, Stackebrandt E, Priest FG. 1996. *Bacillus sporothermodurans*, a new species producing highly heat-resistant endospores[J]. Int J Syst Bacteriol, 46(Pt 3): 759-764.

Pettersson B, Rippere KE, Yousten AA, Priest FG. 1999. Transfer of *Bacillus lentimorbus* and *Bacillus popilliae* to the genus *Paenibacillus* with emended descriptions of *Paenibacillus lentimorbus* comb. nov. and *Paenibacillus popilliae* comb. nov.[J]. Int J Syst Bacteriol, 49(Pt 2): 531-540.

Pettersson ME, Rochus CM, Han F, Chen J, Hill J, Wallerman O, Fan G, Hong X, Xu Q, Zhang H, Liu S, Liu X, Haggerty L, Hunt T, Martin FJ, Flicek P, Bunikis I, Folkvord A, Andersson L. 2019. A chromosome-level assembly of the Atlantic herring genome-detection of a supergene and other signals of selection[J]. Genome Res, 29(11): 1919-1928.

Pham TP, Tidjani Alou M, Traore SI, Brah S, Ali Diallo B, Diallo A, Sokhna C, Baptiste E, Levasseur A, Fournier PE, Cadoret F, Raoult D. 2017. Noncontiguous finished genome sequences and descriptions of '*Paenibacillus bouchesdurhonensis*', '*Paenibacillus rubinfantis*', '*Paenibacillus senegalimassiliensis*' and '*Paenibacillus tuaregi*' identified by culturomics[J]. New Microbes New Infect, 20: 1-13.

Phillips WS, Howe DK, Brown AMV, Eves-van den Akker S, Dettwyler L, Peetz AB, Denver DR, Zasada IA. 2017. The Draft Genome of *Globodera ellingtonae*[J]. J Nematol, 49(2): 127-128.

Pichinoty F, De Barjac H, Mandel M, Asselineau J. 1983. Description of *Bacillus azotoformans* sp. nov.[J]. Int J Syst Bacteriol, 33(Pt 3): 660-662.

Pikuta E, Cleland D, Tang J. 2003. Aerobic growth of *Anoxybacillus pushchinoensis* K1$^{T}$: emended descriptions of *A. pushchinoensis* and the genus *Anoxybacillus*[J]. Int J Syst Evol Microbiol, 53(Pt 5): 1561-1562.

Pikuta E, Lysenko A, Chuvilskaya N, Mendrock U, Hippe H, Suzina N, Nikitin D, Osipov G, Laurinavichius K. 2000. *Anoxybacillus pushchinensis* gen. nov., sp. nov., a novel anaerobic, alkaliphilic, moderately thermophilic bacterium from manure, and description of *Anoxybacillus flavitherms* comb. nov.[J]. Int J Syst Evol Microbiol, 50(Pt 6): 2109-2117.

Pillonel T, Bertelli C, Salamin N, Greub G. 2015. Taxogenomics of the order Chlamydiales[J]. Int J Syst Evol Microbiol, 65(Pt 4): 1381-1393.

Pilo P, Frey J. 2018. Pathogenicity, population genetics and dissemination of *Bacillus anthracis*[J]. Infect Genet Evol, 64: 115-125.

Pingoud A, Wilson GG, Wende W. 2014. Type II restriction endonucleases: a historical perspective and more[J]. Nucleic Acids Res, 42(12): 7489-7527.

Pinkerton TC, Paddock G, Abelson J. 1974. Nucleotide sequence determination of bacteriophage T4 leucine transfer ribonucleic acid[J]. J Biol Chem, 248(18): 6348-6365.

Pippel M, Jebb D, Patzold F, Winkler S, Vogel H, Myers G, Hiller M, Hundsdoerfer AK. 2020. A highly contiguous genome assembly of the bat hawkmoth *Hyles vespertilio* (Lepidoptera: Sphingidae)[J]. Gigascience, 9(1): giaa001.

Pita R, Romero A. 2014. Toxins as weapons: a historical review[J]. Forensic Sci Rev, 26(2): 85-96.

Pizza M, Scarlato V, Masignani V, Giuliani MM, Aricò B, Comanducci M, Jennings GT, Baldi L, Bartolini E, Capecchi B, Galeotti CL, Luzzi E, Manetti R, Marchetti E, Mora M, Nuti S, Ratti G, Santini L, Savino S, Scarselli M, Storni E, Zuo P, Broeker M, Hundt E, Knapp B, Blair E, Mason T, Tettelin H, Hood DW, Jeffries AC, Saunders NJ, Granoff DM, Venter JC, Moxon ER, Grandi G, Rappuoli R. 2000. Identification of vaccine candidates against serogroup B meningococcus by whole-genome sequencing[J]. Science, 287(5459): 1816-1820.

Poelchau M, Childers C, Moore G, Tsavatapalli V, Evans J, Lee CY, Lin H, Lin JW, Hackett K. 2015. The i5k Workspace@NAL: enabling genomic data access, visualization and curation of arthropod genomes[J]. Nucleic Acids Res, 43 (Database issue): D714-D719.

Polashock J, Zelzion E, Fajardo D, Zalapa J, Georgi L, Bhattacharya D, Vorsa N. 2014. The American cranberry: first insights into the whole genome of a species adapted to bog habitat[J]. BMC Plant Biol, 14: 165.

Poleatewich AM, Ngugi HK, Backman PA. 2012. Assessment of application timing of *Bacillus* spp. to suppress pre- and postharvest diseases of apple[J]. Plant Dis, 96(2): 211-220.

Poli A, Esposito E, Lama L, Orlando P, Nicolaus G, de Appolonia F, Gambacorta A, Nicolaus B. 2006. *Anoxybacillus amylolyticus* sp. nov., a thermophilic amylase producing bacterium isolated from Mount Rittmann (Antarctica)[J]. Syst Appl Microbiol, 29(4): 300-307.

Poli A, Laezza G, Gul-Guven R, Orlando P, Nicolaus B. 2011. *Geobacillus galactosidasius* sp. nov., a new thermophilic galactosidase-producing bacterium isolated from compost[J]. Syst Appl Microbiol, 34(6): 419-423.

Poli A, Romano I, Cordella P, Orlando P, Nicolaus B, Ceschi Berrini C. 2009. *Anoxybacillus thermarum* sp. nov., a novel thermophilic bacterium isolated from thermal mud in Euganean hot springs, Abano Terme, Italy[J]. Extremophiles, 13(6): 867-874.

Polle JEW, Barry K, Cushman J, Schmutz J, Tran D, Hathwaik LT, Yim WC, Jenkins J, McKie-Krisberg Z, Prochnik S, Lindquist E, Dockter RB, Adam C, Molina H, Bunkenborg J, Jin E, Buchheim M, Magnuson J. 2017. Draft nuclear genome sequence of the halophilic and beta-carotene-accumulating green alga *Dunaliella salina* strain CCAP19/18[J]. Genome Announc, 5(43): e01105-17.

Pontius JU, Mullikin JC, Smith DR; Agencourt Sequencing Team, Lindblad-Toh K, Gnerre S, Clamp M, Chang J, Stephens R, Neelam B, Volfovsky N, Schäffer AA, Agarwala R, Narfström K, Murphy WJ, Giger U, Roca AL, Antunes A, Menotti-Raymond M, Yuhki N, Pecon-Slattery J, Johnson WE, Bourque G, Tesler G; NISC Comparative Sequencing Program, O'Brien SJ. 2007. Initial sequence and comparative analysis of the cat genome[J]. Genome Res, 17(11): 1675-1689.

Porreca GJ. 2010. Genome sequencing on nanoballs[J]. Nat Biotechnol, 28(1): 43-44.

Porreca GJ, Zhang K, Li JB, Xie B, Austin D, Vassallo SL, LeProust EM, Peck BJ, Emig CJ, Dahl F, Gao Y, Church GM, Shendure J. 2007. Multiplex amplification of large sets of human exons[J]. Nat Methods, 4(11): 931-936.

Potato Genome Sequencing Consortium, Xu X, Pan S, Cheng S, Zhang B, Mu D, Ni P, Zhang G, Yang S, Li R, Wang J, Orjeda G, Guzman F, Torres M, Lozano R, Ponce O, Martinez D, De la Cruz G, Chakrabarti SK, Patil VU, Skryabin KG, Kuznetsov BB, Ravin NV, Kolganova TV, Beletsky AV, Mardanov AV, Di Genova A, Bolser DM, Martin DM, Li G, Yang Y, Kuang H, Hu Q, Xiong X, Bishop GJ, Sagredo B, Mejía N, Zagorski W, Gromadka R, Gawor J, Szczesny P, Huang S, Zhang Z, Liang C, He J, Li Y, He Y, Xu J, Zhang Y, Xie B, Du Y, Qu D, Bonierbale M, Ghislain M, Herrera Mdel R, Giuliano G, Pietrella M, Perrotta G, Facella P, O'Brien K, Feingold SE, Barreiro LE, Massa GA, Diambra L, Whitty BR, Vaillancourt B, Lin H, Massa AN, Geoffroy M, Lundback S, DellaPenna D, Buell CR, Sharma SK, Marshall

DF, Waugh R, Bryan GJ, Destefanis M, Nagy I, Milbourne D, Thomson SJ, Fiers M, Jacobs JM, Nielsen KL, Sønderkær M, Iovene M, Torres GA, Jiang J, Veilleux RE, Bachem CW, de Boer J, Borm T, Kloosterman B, van Eck H, Datema E, Hekkert Bt, Goverse A, van Ham RC, Visser RG. 2011. Genome sequence and analysis of the tuber crop potato[J]. Nature, 475(7355): 189-195.

Poulsen M, Hu H, Li C, Chen Z, Xu L, Otani S, Nygaard S, Nobre T, Klaubauf S, Schindler PM, Hauser F, Pan H, Yang Z, Sonnenberg AS, de Beer ZW, Zhang Y, Wingfield MJ, Grimmelikhuijzen CJ, de Vries RP, Korb J, Aanen DK, Wang J, Boomsma JJ, Zhang G. 2014. Complementary symbiont contributions to plant decomposition in a fungus-farming termite[J]. Proc Natl Acad Sci USA, 111(40): 14500-14505.

Povilus RA, DaCosta JM, Grassa C, Satyaki PRV, Moeglein M, Jaenisch J, Xi Z, Mathews S, Gehring M, Davis CC, Friedman WE. 2020. Water lily (*Nymphaea thermarum*) genome reveals variable genomic signatures of ancient vascular cambium losses[J]. Proc Natl Acad Sci USA, 117(15): 8649-8656.

Powell D, Subramanian S, Suwansa-Ard S, Zhao M, O'Connor W, Raftos D, Elizur A. 2018. The genome of the oyster *Saccostrea* offers insight into the environmental resilience of bivalves[J]. DNA Res, 25(6): 655-665.

Poynton HC, Hasenbein S, Benoit JB, Sepulveda MS, Poelchau MF, Hughes DST, Murali SC, Chen S, Glastad KM, Goodisman MAD, Werren JH, Vineis JH, Bowen JL, Friedrich M, Jones J, Robertson HM, Feyereisen R, Mechler-Hickson A, Mathers N, Lee CE, Colbourne JK, Biales A, Johnston JS, Wellborn GA, Rosendale AJ, Cridge AG, Munoz-Torres MC, Bain PA, Manny AR, Major KM, Lambert FN, Vulpe CD, Tuck P, Blalock BJ, Lin YY, Smith ME, Ochoa-Acuña H, Chen MM, Childers CP, Qu J, Dugan S, Lee SL, Chao H, Dinh H, Han Y, Doddapaneni H, Worley KC, Muzny DM, Gibbs RA, Richards S. 2018. The toxicogenome of *Hyalella azteca*: a model for sediment ecotoxicology and evolutionary toxicology[J]. Environ Sci Technol, 52(10): 6009-6022.

Pramanik P, Goswami AJ, Ghosh S, Kalita C. 2019. An indigenous strain of potassium-solubilizing bacteria *Bacillus pseudomycoides* enhanced potassium uptake in tea plants by increasing potassium availability in the mica waste-treated soil of North-east India[J]. J Appl Microbiol, 126(1): 215-222.

Price DC, Chan CX, Yoon HS, Yang EC, Qiu H, Weber AP, Schwacke R, Gross J, Blouin NA, Lane C, Reyes-Prieto A, Durnford DG, Neilson JA, Lang BF, Burger G, Steiner JM, Löffelhardt W, Meuser JE, Posewitz MC, Ball S, Arias MC, Henrissat B, Coutinho PM, Rensing SA, Symeonidi A, Doddapaneni H, Green BR, Rajah VD, Boore J, Bhattacharya D. 2012. *Cyanophora paradoxa* genome elucidates origin of photosynthesis in algae and plants[J]. Science, 335(6070): 843-847.

Pride DT, Meinersmann RJ, Wassenaar TM, Blaser MJ. 2003. Evolutionary implications of microbial genome tetranucleotide frequency biases[J]. Genome Res, 13(2): 145-158.

Priest FG, Goodfellow M, Shute LA, Berkeley RCW. 1987. *Bacillus amyloliquefaciens* sp. nov., nom. rev.[J]. Int J Syst Bacteriol, 37(Pt 1): 69-71.

Priest FG, Goodfellow M, Todd C. 1988. A numerical classification of the genus *Bacillus*[J]. J Gen Microbiol, 134(7): 1847-1882.

Prober JM, Trainor GL, Dam RJ, Hobbs FW, Robertson CW, Zagursky RJ, Cocuzza AJ, Jensen MA, Baumeister K. 1987. A system for rapid DNA sequencing with fluorescent chain-terminating dideoxynucleotides[J]. Science, 238(4825): 336-341.

Prochnik SE, Umen J, Nedelcu AM, Hallmann A, Miller SM, Nishii I, Ferris P, Kuo A, Mitros T, Fritz-Laylin LK, Hellsten U, Chapman J, Simakov O, Rensing SA, Terry A, Pangilinan J, Kapitonov V, Jurka J, Salamov A, Shapiro H, Schmutz J, Grimwood J, Lindquist E, Lucas S, Grigoriev IV, Schmitt R, Kirk D, Rokhsar DS. 2010. Genomic analysis of organismal complexity in the multicellular green alga *Volvox carteri*[J]. Science, 329(5988): 223-226.

Proom H, Knight BCJG. 1950. *Bacillus pantothenticus* (n. sp.)[J]. J Gen Microbiol, 4(3): 539-541.

Prüfer K, Munch K, Hellmann I, Akagi K, Miller JR, Walenz B, Koren S, Sutton G, Kodira C, Winer R, Knight JR, Mullikin JC, Meader SJ, Ponting CP, Lunter G, Higashino S, Hobolth A, Dutheil J, Karakoç E, Alkan C, Sajjadian S, Catacchio CR, Ventura M, Marques-Bonet T, Eichler EE, André C, Atencia R, Mugisha L, Junhold J, Patterson N, Siebauer M, Good JM, Fischer A, Ptak SE, Lachmann M, Symer DE, Mailund T, Schierup MH, Andrés AM, Kelso J, Pääbo S. 2012. The bonobo genome compared with the chimpanzee and human genomes[J]. Nature, 486(7404): 527-531.

Prüss BM, Dietrich R, Nibler B, Märtlbauer E, Scherer S. 1999. The hemolytic enterotoxin HBL is broadly distributed among species of the *Bacillus cereus* group[J]. Appl Environ Microbiol, 65(12): 5436-5442.

Pu X, Li Z, Tian Y, Gao R, Hao L, Hu Y, He C, Sun W, Xu M, Peters RJ, Van de Peer Y, Xu Z, Song J. 2020. The honeysuckle genome provides insight into the molecular mechanism of carotenoid metabolism underlying dynamic flower coloration[J]. New Phytol, 227(3): 930-943.

Pujolar JM, Dalén L, Olsen RA, Hansen MM, Madsen J. 2018. First *de novo* whole genome sequencing and assembly of the pink-footed goose[J]. Genomics, 110(2): 75-79.

Purcell CM, Seetharam AS, Snodgrass O, Ortega-García S, Hyde JR, Severin AJ. 2018. Insights into teleost sex determination from the *Seriola dorsalis* genome assembly[J]. BMC Genomics, 19(1): 31.

Putnam NH, Butts T, Ferrier DE, Furlong RF, Hellsten U, Kawashima T, Robinson-Rechavi M, Shoguchi E, Terry A, Yu JK, Benito-Gutiérrez EL, Dubchak I, Garcia-Fernàndez J, Gibson-Brown JJ, Grigoriev IV, Horton AC, de Jong PJ, Jurka J, Kapitonov VV, Kohara Y, Kuroki Y, Lindquist E, Lucas S, Osoegawa K, Pennacchio LA, Salamov AA, Satou Y, Sauka-Spengler T, Schmutz J, Shin IT, Toyoda A, Bronner-Fraser M, Fujiyama A, Holland LZ, Holland PW, Satoh N, Rokhsar DS. 2008. The amphioxus genome and the evolution of the chordate karyotype[J]. Nature, 453(7198): 1066-1071.

Putnam NH, Srivastava M, Hellsten U, Dirks B, Chapman J, Salamov A, Terry A, Shapiro H, Lindquist E, Kapitonov VV, Jurka J, Genikhovich G, Grigoriev IV, Lucas SM, Steele RE, Finnerty JR, Technau U, Martindale MQ, Rokhsar DS. 2007. Sea anemone genome reveals ancestral eumetazoan gene repertoire and genomic organization[J]. Science, 317(5834): 86-94.

Qin C, Yu C, Shen Y, Fang X, Chen L, Min J, Cheng J, Zhao S, Xu M, Luo Y, Yang Y, Wu Z, Mao L, Wu H, Ling-Hu C, Zhou H, Lin H, González-Morales S, Trejo-Saavedra DL, Tian H, Tang X, Zhao M, Huang Z, Zhou A, Yao X, Cui J, Li W, Chen Z, Feng Y, Niu Y, Bi S, Yang X, Li W, Cai H, Luo X, Montes-Hernández S, Leyva-González MA, Xiong Z, He X, Bai L, Tan S, Tang X, Liu D, Liu J, Zhang S, Chen M, Zhang L, Zhang L, Zhang YC, Liao W, Zhang Y, Wang M, Lv X, Wen B, Liu H, Luan H, Zhang YG, Yang S, Wang X, Xu J, Li X, Li S, Wang J, Palloix A, Bosland PW, Li Y, Krogh A, Rivera-Bustamante RF, Herrera-Estrella L, Yin Y, Yu J, Hu K, Zhang Z. 2014a. Whole-genome sequencing of cultivated and wild peppers provides insights into *Capsicum* domestication and specialization[J]. Proc Natl Acad Sci USA, 111(14): 5135-5140.

Qin G, Xu C, Ming R, Tang H, Guyot R, Kramer EM, Hu Y, Yi X, Qi Y, Xu X, Gao Z, Pan H, Jian J, Tian Y, Yue Z, Xu Y. 2017. The pomegranate (*Punica granatum* L.) genome and the genomics of punicalagin biosynthesis[J]. Plant J, 91(6): 1108-1128.

Qin J, Li R, Raes J, Arumugam M, Burgdorf KS, Manichanh C, Nielsen T, Pons N, Levenez F, Yamada T, Mende DR, Li J, Xu J, Li S, Li D, Cao J, Wang B, Liang H, Zheng H, Xie Y, Tap J, Lepage P, Bertalan M, Batto JM, Hansen T, Le Paslier D, Linneberg A, Nielsen HB, Pelletier E, Renault P, Sicheritz-Ponten T, Turner K, Zhu H, Yu C, Li S, Jian M, Zhou Y, Li Y, Zhang X, Li S, Qin N, Yang H, Wang J, Brunak S, Doré J, Guarner F, Kristiansen K, Pedersen O, Parkhill J, Weissenbach J; MetaHIT Consortium, Bork P, Ehrlich SD, Wang J. 2010. A human gut microbial gene catalogue established by metagenomic sequencing. Nature, 464(7285): 59-65.

Qin QL, Xie BB, Zhang XY, Chen XL, Zhou BC, Zhou J, Oren A, Zhang YZ. 2014b. A proposed genus boundary for the prokaryotes based on genomic insights[J]. J Bacteriol, 196(12): 2210-2215.

Qin S, Wu L, Wei K, Liang Y, Song Z, Zhou X, Wang S, Li M, Wu Q, Zhang K, Hui Y, Wang S, Miao J, Zhang Z. 2019. A draft genome for *Spatholobus suberectus*[J]. Sci Data, 6(1): 113.

Qiu D, Bai S, Ma J, Zhang L, Shao F, Zhang K, Yang Y, Sun T, Huang J, Zhou Y, Galbraith DW, Wang Z, Sun G. 2019a. The genome of *Populus alba* x *Populus tremula* var. *glandulosa* clone 84K[J]. DNA Res, 26(5): 423-431.

Qiu F, Zhang X, Liu L, Sun L, Schumann P, Song W. 2009. *Bacillus beijingensis* sp. nov. and *Bacillus ginsengi* sp. nov., isolated from ginseng root[J]. Int J Syst Evol Microbiol, 59(Pt 4): 729-734.

Qiu Q, Wang L, Wang K, Yang Y, Ma T, Wang Z, Zhang X, Ni Z, Hou F, Long R, Abbott R, Lenstra J, Liu J. 2015. Yak whole-genome resequencing reveals domestication signatures and prehistoric population expansions[J]. Nat Commun, 6: 10283.

Qiu Q, Zhang G, Ma T, Qian W, Wang J, Ye Z, Cao C, Hu Q, Kim J, Larkin DM, Auvil L, Capitanu B, Ma J, Lewin HA, Qian X, Lang Y, Zhou R, Wang L, Wang K, Xia J, Liao S, Pan S, Lu X, Hou H, Wang Y, Zang X, Yin Y, Ma H, Zhang J, Wang Z, Zhang Y, Zhang D, Yonezawa T, Hasegawa M, Zhong Y, Liu W, Zhang Y, Huang Z, Zhang S, Long R, Yang H, Wang J, Lenstra JA, Cooper DN, Wu Y, Wang J, Shi P, Wang J, Liu J. 2012. The yak genome and adaptation to life at high altitude[J]. Nat Genet, 44(8): 946-949.

Qiu Y, Zhu Y, Zhan Y, Zhang Y, Sha Y, Zhan Y, Xu Z, Li S, Feng X, Xu H. 2019b. Systematic unravelling of the inulin hydrolase from *Bacillus amyloliquefaciens* for efficient conversion of inulin to poly-(γ-glutamic acid)[J]. Biotechnol Biofuels, 12: 145.

Qu Y, Zhao H, Han N, Zhou G, Song G, Gao B, Tian S, Zhang J, Zhang R, Meng X, Zhang Y, Zhang Y, Zhu X, Wang W, Lambert D, Ericson PG, Subramanian S, Yeung C, Zhu H, Jiang Z, Li R, Lei F. 2013. Ground tit genome reveals avian adaptation to living at high altitudes in the Tibetan plateau[J]. Nat Commun, 4: 2071.

Quail MA, Smith M, Coupland P, Otto TD, Harris SR, Connor TR, Bertoni A, Swerdlow HP, Gu Y. 2012. A tale of three next generation sequencing platforms: comparison of Ion Torrent, Pacific Biosciences and Illumina MiSeq sequencers[J]. BMC Genomics, 13: 341.

Quan Q, Hu X, Pan B, Zeng B, Wu N, Fang G, Cao Y, Chen X, Li X, Huang Y, Zhan S. 2019. Draft genome of the cotton aphid *Aphis gossypii*[J]. Insect Biochem Mol Biol, 105: 25-32.

Queiroz OCM, Ogunade IM, Weinberg Z, Adesogan AT. 2018. Foodborne pathogens in silage and their mitigation by silage additives[J]. J Dairy Sci, 101(5): 4132-4142.

Quesada V, Freitas-Rodríguez S, Miller J, Pérez-Silva JG, Jiang ZF, Tapia W, Santiago-Fernández O, Campos-Iglesias D, Kuderna LFK, Quinzin M, Álvarez MG, Carrero D, Beheregaray LB, Gibbs JP, Chiari Y, Glaberman S, Ciofi C, Araujo-Voces M, Mayoral P, Arango JR, Tamargo-Gómez I, Roiz-Valle D, Pascual-Torner M, Evans BR, Edwards DL, Garrick RC, Russello MA, Poulakakis N, Gaughran SJ, Rueda DO, Bretones G, Marquès-Bonet T, White KP, Caccone A, López-Otín C. 2019. Giant tortoise genomes provide insights into longevity and age-related disease[J]. Nat Ecol Evol, 3(1): 87-95.

Rabbee MF, Ali MS, Choi J, Hwang BS, Jeong SC, Baek KH. 2019. *Bacillus velezensis*: a valuable member of bioactive molecules within plant microbiomes[J]. Molecules, 24(6): E1046.

Ragsdale EJ, Koutsovoulos G, Biddle JF. 2019. A draft genome for a species of *Halicephalobus* (Panagrolaimidae)[J]. J Nematol, 51: e2019-68.

Ragupathy R, Rathinavelu R, Cloutier S. 2011. Physical mapping and BAC-end sequence analysis provide initial insights into the flax (*Linum usitatissimum* L.) genome[J]. BMC Genomics, 12: 217.

Rahi P, Kurli R, Khairnar M, Jagtap S, Pansare AN, Dastager SG, Shouche YS. 2017. Description of *Lysinibacillus telephonicus* sp. nov., isolated from the screen of a cellular phone[J]. Int J Syst Evol Microbiol, 67(Pt 7): 2289-2295.

Rahman AY, Usharraj AO, Misra BB, Thottathil GP, Jayasekaran K, Feng Y, Hou S, Ong SY, Ng FL, Lee LS, Tan HS, Sakaff MK, Teh BS, Khoo BF, Badai SS, Aziz NA, Yuryev A, Knudsen B, Dionne-Laporte A, Mchunu NP, Yu Q, Langston BJ, Freitas TA, Young AG, Chen R, Wang L, Najimudin N, Saito JA, Alam M. 2013. Draft genome sequence of the rubber tree *Hevea brasiliensis*[J]. BMC Genomics, 14: 75.

Ramasamy D, Lagier JC, Gorlas A, Raoult D, Fournier PE. 2013. Non contiguous-finished genome sequence and description of *Bacillus massiliosenegalensis* sp. nov.[J]. Stand Genomic Sci, 8(2): 266-278.

Ramos AM, Usié A, Barbosa P, Barros PM, Capote T, Chaves I, Simões F, Abreu I, Carrasquinho I, Faro C, Guimarães JB, Mendonça D, Nóbrega F, Rodrigues L, Saibo NJM, Varela MC, Egas C, Matos J, Miguel CM, Oliveira MM, Ricardo CP, Gonçalves S. 2018. The draft genome sequence of cork oak[J]. Sci Data, 5: 180069.

Ran Z, Li Z, Yan X, Liao K, Kong F, Zhang L, Cao J, Zhou C, Zhu P, He S, Huang W, Xu J. 2019. Chromosome-level genome assembly of the razor clam *Sinonovacula constricta* (Lamarck, 1818)[J]. Mol Ecol Resour, 19(6): 1647-1658.

Rao DN, Dryden DT, Bheemanaik S. 2014. Type III restriction-modification enzymes: a historical perspective[J]. Nucleic Acids Res, 42(1): 45-55.

Raymond B, Federici BA. 2017. In defense of *Bacillus thuringiensis*, the safest and most successful microbial insecticide available to humanity: a response to EFSA[J]. FEMS Microbiol Ecol, 93(7): 1-8.

Raymond F, Boisvert S, Roy G, Ritt JF, Légaré D, Isnard A, Stanke M, Olivier M, Tremblay MJ, Papadopoulou B, Ouellette M, Corbeil J. 2012. Genome sequencing of the lizard parasite *Leishmania tarentolae* reveals loss of genes associated to the intracellular stage of human pathogenic species[J]. Nucleic Acids Res, 40(3): 1131-1147.

Raymond O, Gouzy J, Just J, Badouin H, Verdenaud M, Lemainque A, Vergne P, Moja S, Choisne N, Pont C, Carrère S, Caissard JC, Couloux A, Cottret L, Aury JM, Szécsi J, Latrasse D, Madoui MA, François L, Fu X, Yang SH, Dubois A, Piola F, Larrieu A, Perez M, Labadie K, Perrier L, Govetto B, Labrousse Y, Villand P, Bardoux C, Boltz V, Lopez-Roques C, Heitzler P, Vernoux T, Vandenbussche M, Quesneville H, Boualem A, Bendahmane A, Liu C, Le Bris M, Salse J, Baudino S, Benhamed M, Wincker P, Bendahmane M. 2018. The *Rosa* genome provides new insights into the domestication of modern roses[J]. Nat Genet, 50(6): 772-777.

Read TD, Peterson SN, Tourasse N, Baillie LW, Paulsen IT, Nelson KE, Tettelin H, Fouts DE, Eisen JA, Gill SR, Holtzapple EK, Okstad OA, Helgason E, Rilstone J, Wu M, Kolonay JF, Beanan MJ, Dodson RJ, Brinkac LM, Gwinn M, DeBoy RT, Madpu R, Daugherty SC, Durkin AS, Haft DH, Nelson WC, Peterson JD, Pop M, Khouri HM, Radune D, Benton JL, Mahamoud Y, Jiang L, Hance IR, Weidman JF, Berry KJ, Plaut RD, Wolf AM, Watkins KL, Nierman WC, Hazen A, Cline R, Redmond C, Thwaite JE, White O, Salzberg SL, Thomason B, Friedlander AM, Koehler TM, Hanna PC, Kolstø AB, Fraser CM. 2003. The genome sequence of *Bacillus anthracis* Ames and comparison to closely related bacteria[J]. Nature, 423(6935): 81-86.

Read TD, Petit RA 3rd, Joseph SJ, Alam MT, Weil MR, Ahmad M, Bhimani R, Vuong JS, Haase CP, Webb DH, Tan M, Dove ADM. 2017. Draft sequencing and assembly of the genome of the world's largest fish, the whale shark: *Rhincodon typus* Smith 1828[J]. BMC Genomics, 18(1): 532.

Read TD, Salzberg SL, Pop M, Shumway M, Umayam L, Jiang L, Holtzapple E, Busch JD, Smith KL, Schupp JM, Solomon D, Keim P, Fraser CM. 2002. Comparative genome sequencing for discovery of novel polymorphisms in *Bacillus anthracis*[J]. Science, 296(5575): 2028-2033.

Real F, Vidal RO, Carazzolle MF, Mondego JM, Costa GG, Herai RH, Würtele M, de Carvalho LM, Carmona E, Ferreira R, Mortara RA, Barbiéri CL, Mieczkowski P, da Silveira JF, Briones MR, Pereira GA, Bahia D. 2013. The genome sequence of *Leishmania* (*Leishmania*) *amazonensis*: functional annotation and extended analysis of gene models[J]. DNA Res, 20(6): 567-581.

Reddy GS, Manasa BP, Singh SK, Shivaji S. 2013. *Paenisporosarcina indica* sp. nov., a psychrophilic bacterium from a glacier, and reclassification of *Sporosarcina antarctica* Yu et al., 2008 as *Paenisporosarcina antarctica* comb. nov. and emended description of the genus *Paenisporosarcina*[J]. Int J Syst Evol Microbiol, 63(Pt 8): 2927-2933.

Reddy GS, Prakash JS, Vairamani M, Prabhakar S, Matsumoto GI, Shivaji S. 2002. *Planococcus antarcticus* and *Planococcus psychrophilus* spp. nov. isolated from cyanobacterial mat samples collected from ponds in Antarctica[J]. Extremophiles, 6(3): 253-261.

Reddy GS, Uttam A, Shivaji S. 2008. *Bacillus cecembensis* sp. nov., isolated from the Pindari glacier of the Indian Himalayas[J]. Int J Syst Evol Microbiol, 58(Pt 10): 2330-2335.

Reddy PC, Sinha I, Kelkar A, Habib F, Pradhan SJ, Sukumar R, Galande S. 2015a. Comparative sequence analyses of genome and transcriptome reveal novel transcripts and variants in the Asian elephant *Elephas maximus*[J]. J Biosci, 40(5): 891-907.

Reddy SV, Thirumala M, Farooq M, Sasikala C, Ramana CV. 2015b. *Bacillus lonarensis* sp. nov., an alkalitolerant bacterium isolated from a soda lake[J]. Arch Microbiol, 197(1): 27-34.

Reddy TB, Thomas AD, Stamatis D, Bertsch J, Isbandi M, Jansson J, Mallajosyula J, Pagani I, Lobos EA, Kyrpides NC. 2015c. The Genomes OnLine Database (GOLD) v.5: a metadata management system based on a four level (meta) genome project classification[J]. Nucleic Acids Res, 43(Database issue): D1099-D1106.

Rehan SM, Glastad KM, Lawson SP, Hunt BG. 2016. The genome and methylome of a subsocial small carpenter bee, *Ceratina calcarata*[J]. Genome Biol Evol, 8(5): 1401-1410.

Rehman FN, Audeh M, Abrams ES, Hammond PW, Kenney M, Boles TC. 1999. Immobilization of acrylamide-modified oligonucleotides by co-polymerization[J]. Nucleic Acids Res, 27(2): 649-655.

Reichwald K, Petzold A, Koch P, Downie BR, Hartmann N, Pietsch S, Baumgart M, Chalopin D, Felder M, Bens M, Sahm A, Szafranski K, Taudien S, Groth M, Arisi I, Weise A, Bhatt SS, Sharma V, Kraus JM, Schmid F, Priebe S, Liehr T, Görlach M, Than ME, Hiller M, Kestler HA, Volff JN, Schartl M, Cellerino A, Englert C, Platzer M. 2015. Insights into sex chromosome evolution and aging from the genome of a short-lived fish[J]. Cell, 163(6): 1527-1538.

Reid NM, Proestou DA, Clark BW, Warren WC, Colbourne JK, Shaw JR, Karchner SI, Hahn ME, Nacci D, Oleksiak MF, Crawford DL, Whitehead A. 2016. The genomic landscape of rapid repeated evolutionary adaptation to toxic pollution in wild fish[J]. Science, 354(6317): 1305-1308.

Reiner JE, Jung T, Lapp CJ, Siedler M, Bunk B, Overmann J, Gescher J. 2018. *Kyrpidia spormannii* sp. nov., a thermophilic, hydrogen-oxidizing, facultative autotroph, isolated from hydrothermal systems at São Miguel Island, and emended description of the genus *Kyrpidia*[J]. Int J Syst Evol Microbiol, 68(Pt 12): 3735-3740.

Ren B, Yang N, Wang J, Ma XL, Wang Q, Xie F, Guo H, Liu ZH, Pugin B, Zhang LX. 2013. *Amphibacillus marinus* sp. nov., a member of the genus *Amphibacillus* isolated from marine mud[J]. Int J Syst Evol Microbiol, 63(Pt 4): 1485-1491.

Ren PG, Zhou PJ. 2005a. *Salinibacillus aidingensis* gen. nov., sp. nov. and *Salinibacillus kushneri* sp. nov., moderately halophilic bacteria isolated from a neutral saline lake in Xin-Jiang, China[J]. Int J Syst Evol Microbiol, 55(Pt 2): 949-953.

Ren PG, Zhou PJ. 2005b. *Tenuibacillus multivorans* gen. nov., sp. nov., a moderately halophilic bacterium isolated from saline soil in Xin-Jiang, China[J]. Int J Syst Evol Microbiol, 55(Pt 1): 95-99.

Renaut S, Guerra D, Hoeh WR, Stewart DT, Bogan AE, Ghiselli F, Milani L, Passamonti M, Breton S. 2018. Genome survey of the freshwater mussel *Venustaconcha ellipsiformis* (Bivalvia: Unionida) using a hybrid *de novo* assembly approach[J]. Genome Biol Evol, 10(7): 1637-1646.

Rendón-Anaya M, Ibarra-Laclette E, Méndez-Bravo A, Lan T, Zheng C, Carretero-Paulet L, Perez-Torres CA, Chacón-López A, Hernandez-Guzmán G, Chang TH, Farr KM, Barbazuk WB, Chamala S, Mutwil M, Shivhare D, Alvarez-Ponce D, Mitter N, Hayward A, Fletcher S, Rozas J, Sánchez Gracia A, Kuhn D, Barrientos-Priego AF, Salojärvi J, Librado P, Sankoff D, Herrera-Estrella A, Albert VA, Herrera-Estrella L. 2019. The avocado genome informs deep angiosperm phylogeny, highlights introgressive hybridization, and reveals pathogen-influenced gene space adaptation[J]. Proc Natl Acad Sci USA, 116(34): 17081-17089.

Renfree MB, Papenfuss AT, Deakin JE, Lindsay J, Heider T, Belov K, Rens W, Waters PD, Pharo EA, Shaw G, Wong ES, Lefèvre CM, Nicholas KR, Kuroki Y, Wakefield MJ, Zenger KR, Wang C, Ferguson-Smith M, Nicholas FW, Hickford D, Yu H, Short KR, Siddle HV, Frankenberg SR, Chew KY, Menzies BR, Stringer JM, Suzuki S, Hore TA, Delbridge ML, Patel HR, Mohammadi A, Schneider NY, Hu Y, O'Hara W, Al Nadaf S, Wu C, Feng ZP, Cocks BG, Wang J, Flicek P, Searle SM, Fairley S, Beal K, Herrero J, Carone DM, Suzuki Y, Sugano S, Toyoda A, Sakaki Y, Kondo S, Nishida Y, Tatsumoto S, Mandiou I, Hsu A, McColl KA, Lansdell B, Weinstock G, Kuczek E, McGrath A, Wilson P, Men A, Hazar-Rethinam M, Hall A, Davis J, Wood D, Williams S, Sundaravadanam Y, Muzny DM, Jhangiani SN, Lewis LR, Morgan MB, Okwuonu GO, Ruiz SJ, Santibanez J, Nazareth L, Cree A, Fowler G, Kovar CL, Dinh HH, Joshi V, Jing C, Lara F, Thornton R, Chen L, Deng J, Liu Y, Shen JY, Song XZ, Edson J, Troon C, Thomas D, Stephens A, Yapa L, Levchenko T, Gibbs RA, Cooper DW, Speed TP, Fujiyama A, Graves JA, O'Neill RJ, Pask AJ, Forrest SM, Worley KC. 2011. Genome sequence of an Australian kangaroo, *Macropus eugenii*, provides insight into the evolution of mammalian reproduction and development[J]. Genome Biol, 12(8): R81.

Rensing SA, Lang D, Zimmer AD, Terry A, Salamov A, Shapiro H, Nishiyama T, Perroud PF, Lindquist EA, Kamisugi Y, Tanahashi T, Sakakibara K, Fujita T, Oishi K, Shin-i T, Kuroki Y, Toyoda A, Suzuki Y,

Hashimoto S, Yamaguchi K, Sugano S, Kohara Y, Fujiyama A, Anterola A, Aoki S, Ashton N, Barbazuk WB, Barker E, Bennetzen JL, Blankenship R, Cho SH, Dutcher SK, Estelle M, Fawcett JA, Gundlach H, Hanada K, Heyl A, Hicks KA, Hughes J, Lohr M, Mayer K, Melkozernov A, Murata T, Nelson DR, Pils B, Prigge M, Reiss B, Renner T, Rombauts S, Rushton PJ, Sanderfoot A, Schween G, Shiu SH, Stueber K, Theodoulou FL, Tu H, Van de Peer Y, Verrier PJ, Waters E, Wood A, Yang L, Cove D, Cuming AC, Hasebe M, Lucas S, Mishler BD, Reski R, Grigoriev IV, Quatrano RS, Boore JL. 2008. The *Physcomitrella* genome reveals evolutionary insights into the conquest of land by plants[J]. Science, 319(5859): 66-69.

Reva ON, Smirnov VV, Pettersson B, Priest FG. 2002. *Bacillus endophyticus* sp. nov., isolated from the inner tissues of cotton plants (*Gossypium* sp.)[J]. Int J Syst Evol Microbiol, 52(Pt 1): 101-107.

Rey MW, Ramaiya P, Nelson BA, Brody-Karpin SD, Zaretsky EJ, Tang M, Lopez de Leon A, Xiang H, Gusti V, Clausen IG, Olsen PB, Rasmussen MD, Andersen JT, Jørgensen PL, Larsen TS, Sorokin A, Bolotin A, Lapidus A, Galleron N, Ehrlich SD, Berka RM. 2004. Complete genome sequence of the industrial bacterium *Bacillus licheniformis* and comparisons with closely related *Bacillus* species[J]. Genome Biol, 5(10): R77.

Reyes-Chin-Wo S, Wang Z, Yang X, Kozik A, Arikit S, Song C, Xia L, Froenicke L, Lavelle DO, Truco MJ, Xia R, Zhu S, Xu C, Xu H, Xu X, Cox K, Korf I, Meyers BC, Michelmore RW. 2017. Genome assembly with *in vitro* proximity ligation data and whole-genome triplication in lettuce[J]. Nat Commun, 8: 14953.

Rheims H, Frühling A, Schumann P, Rohde M, Stackebrandt E. 1999. *Bacillus silvestris* sp. nov., a new member of the genus *Bacillus* that contains lysine in its cell wall[J]. Int J Syst Bacteriol, 49(Pt 2): 795-802.

Rhesus Macaque Genome Sequencing and Analysis Consortium, Gibbs RA, Rogers J, Katze MG, Bumgarner R, Weinstock GM, Mardis ER, Remington KA, Strausberg RL, Venter JC, Wilson RK, Batzer MA, Bustamante CD, Eichler EE, Hahn MW, Hardison RC, Makova KD, Miller W, Milosavljevic A, Palermo RE, Siepel A, Sikela JM, Attaway T, Bell S, Bernard KE, Buhay CJ, Chandrabose MN, Dao M, Davis C, Delehaunty KD, Ding Y, Dinh HH, Dugan-Rocha S, Fulton LA Gabisi RA, Garner TT, Godfrey J, Hawes AC, Hernandez J, Hines S, Holder M, Hume J, Jhangiani SN, Joshi V, Khan ZM, Kirkness EF, Cree A, Fowler RG, Lee S, Lewis LR, Li Z, Liu YS, Moore SM, Muzny D, Nazareth LV, Ngo DN, Okwuonu GO, Pai G, Parker D, Paul HA, Pfannkoch C, Pohl CS, Rogers YH, Ruiz SJ, Sabo A, Santibanez J, Schneider BW, Smith SM, Sodergren E, Svatek AF, Utterback TR, Vattathil S, Warren W, White CS, Chinwalla AT, Feng Y, Halpern AL, Hillier LW, Huang X, Minx P, Nelson JO, Pepin KH, Qin X, Sutton GG, Venter E, Walenz BP, Wallis JW, Worley KC, Yang SP, Jones SM, Marra MA, Rocchi M, Schein JE, Baertsch R, Clarke L, Csürös M, Glasscock J, Harris RA, Havlak P, Jackson AR, Jiang H, Liu Y, Messina DN, Shen Y, Song HX, Wylie T, Zhang L, Birney E, Han K, Konkel MK, Lee J, Smit AF, Ullmer B, Wang H, Xing J, Burhans R, Cheng Z, Karro JE, Ma J, Raney B, She X, Cox MJ, Demuth JP, Dumas LJ, Han SG, Hopkins J, Karimpour-Fard A, Kim YH, Pollack JR, Vinar T, Addo-Quaye C, Degenhardt J, Denby A, Hubisz MJ, Indap A, Kosiol C, Lahn BT, Lawson HA, Marklein A, Nielsen R, Vallender EJ, Clark AG, Ferguson B, Hernandez RD, Hirani K, Kehrer-Sawatzki H, Kolb J. Patil S, Pu LL, Ren Y, Smith DG, Wheeler DA, Schenck I, Ball EV, Chen R, Cooper DN, Giardine B, Hsu F, Kent WJ, Lesk A. Nelson DL O'brien WE, Prüfer K, Stenson PD, Wallace JC, Ke H, Liu XM, Wang P, Xiang AP, Yang F, Barber GP, Haussler D, Karolchik D, Kern AD, Kuhn RM, Smith KE, Zwieg AS. 2007. Evolutionary and biomedical insights from the rhesus macaque genome[J]. Science, 316(5822): 222-234.

Richards S, Liu Y, Bettencourt BR, Hradecky P, Letovsky S, Nielsen R, Thornton K, Hubisz MJ, Chen R, Meisel RP, Couronne O, Hua S, Smith MA, Zhang P, Liu J, Bussemaker HJ, van Batenburg MF, Howells SL, Scherer SE, Sodergren E, Matthews BB, Crosby MA, Schroeder AJ, Ortiz-Barrientos D, Rives CM, Metzker ML, Muzny DM, Scott G, Steffen D, Wheeler DA, Worley KC, Havlak P, Durbin KJ, Egan A, Gill R, Hume J, Morgan MB, Miner G, Hamilton C, Huang Y, Waldron L, Verduzco D, Clerc-Blankenburg KP, Dubchak I, Noor MA, Anderson W, White KP, Clark AG, Schaeffer SW, Gelbart W, Weinstock GM, Gibbs RA. 2005. Comparative genome sequencing of *Drosophila pseudoobscura*: chromosomal, gene, and *cis*-element evolution[J]. Genome Res, 15(1): 1-18.

Richardson MF, Munyard K, Croft LJ, Allnutt TR, Jackling F, Alshanbari F, Jevit M, Wright GA, Cransberg R, Tibary A, Perelman P, Appleton B, Raudsepp T. 2019. Chromosome-level alpaca reference genome VicPac3.1 improves genomic insight into the biology of new world camelids[J]. Front Genet, 10: 586.

Richter M, Rosselló-Móra R. 2009. Shifting the genomic gold standard for the prokaryotic species definition[J]. Proc Natl Acad Sci USA, 106(45): 19126-19131.

Rider SD Jr, Morgan MS, Arlian LG. 2015. Draft genome of the scabies mite[J]. Parasit Vectors, 8: 585.

Rivas R, García-Fraile P, Mateos PF, Martínez-Molina E, Velázquez E. 2006. *Paenibacillus cellulosilyticus* sp. nov., a cellulolytic and xylanolytic bacterium isolated from the bract phyllosphere of *Phoenix dactylifera*[J]. Int J Syst Evol Microbiol, 56(Pt 12): 2777-2781.

Rivas R, García-Fraile P, Zurdo-Piñeiro JL, Mateos PF, Martínez-Molina E, Bedmar EJ, Sánchez-Raya J, Velázquez E. 2008. *Saccharibacillus sacchari* gen. nov., sp. nov., isolated from sugar cane[J]. Int J Syst Evol Microbiol, 58(Pt 8): 1850-1854.

Rivas R, Gutiérrez C, Abril A, Mateos PF, Martínez-Molina E, Ventosa A, Velázquez E. 2005. *Paenibacillus rhizosphaerae* sp. nov., isolated from the rhizosphere of *Cicer arietinum*[J]. Int J Syst Evol Microbiol, 55(Pt 3): 1305-1309.

Roach JC, Boysen C, Wang K, Hood L. 1995. Pairwise end sequencing: a unified approach to genomic mapping and sequencing[J]. Genomics, 26(2): 345-353.

Roach JC, Glusman G, Smit AF, Huff CD, Hubley R, Shannon PT, Rowen L, Pant KP, Goodman N, Bamshad M, Shendure J, Drmanac R, Jorde LB, Hood L, Galas DJ. 2010. Analysis of genetic inheritance in a family quartet by whole-genome sequencing[J]. Science, 328(5978): 636-639.

Roberts MS, Nakamura LK, Cohan FM. 1994. *Bacillus mojavensis* sp. nov., distinguishable from *Bacillus subtilis* by sexual isolation, divergence in DNA sequence, and differences in fatty acid composition[J]. Int J Syst Bacteriol, 44(Pt 2): 256-264.

Roberts MS, Nakamura LK, Cohan FM. 1996. *Bacillus vallismortis* sp. nov., a close relative of *Bacillus subtilis*, isolated from soil in Death Valley, California[J]. Int J Syst Bacteriol, 46(Pt 2): 470-475.

Roberts RJ. 1974. Staphylococcal transfer ribonucleic acids. II. Sequence analysis of isoaccepting glycine transfer ribonucleic acids IA and IB from *Staphylococcus epidermidis* Texas 26[J]. J Biol Chem, 249(15): 4787-4796.

Roberts RJ, Vincze T, Posfai J, Macelis D. 2007. REBASE: enzymes and genes for DNA restriction and modification[J]. Nucleic Acids Res, 35(Database issue): D269-D270.

Robertson HM, Waterhouse RM, Walden KKO, Ruzzante L, Reijnders MJMF, Coates BS, Legeai F, Gress JC, Biyiklioglu S, Weaver DK, Wanner KW, Budak H. 2018. Genome sequence of the wheat stem sawfly, *Cephus cinctus*, representing an early-branching lineage of the Hymenoptera, illuminates evolution of hymenopteran chemoreceptors[J]. Genome Biol Evol, 10(11): 2997-3011.

Rödelsperger C, Meyer JM, Prabh N, Lanz C, Bemm F, Sommer RJ. 2017. Single-molecule sequencing Reveals the chromosome-scale genomic architecture of the nematode model organism *Pristionchus pacificus*[J]. Cell Rep, 21(3): 836-844.

Rodríguez Del Río Á, Minoche AE, Zwickl NF, Friedrich A, Liedtke S, Schmidt T, Himmelbauer H, Dohm JC. 2019. Genomes of the wild beets *Beta patula* and *Beta vulgaris* ssp. *maritima*[J]. Plant J, 99(6): 1242-1253.

Rodriguez-Caro L, Fenner J, Benson C, Van Belleghem SM, Counterman BA. 2020. Genome assembly of the dogface butterfly *Zerene cesonia*[J]. Genome Biol Evol, 12(1): 3580-3585.

Rodríguez-Díaz M, Lebbe L, Rodelas B, Heyrman J, De Vos P, Logan NA. 2005. *Paenibacillus wynnii* sp. nov., a novel species harbouring the *nifH* gene, isolated from Alexander Island, Antarctica[J]. Int J Syst Evol Microbiol, 55(Pt 5): 2093-2099.

Rogers J, Raveendran M, Harris RA, Mailund T, Leppälä K, Athanasiadis G, Schierup MH, Cheng J, Munch K, Walker JA, Konkel MK, Jordan V, Steely CJ, Beckstrom TO, Bergey C, Burrell A, Schrempf D, Noll A, Kothe M, Kopp GH, Liu Y, Murali S, Billis K, Martin FJ, Muffato M, Cox L, Else J, Disotell T,

Muzny DM, Phillips-Conroy J, Aken B, Eichler EE, Marques-Bonet T, Kosiol C, Batzer MA, Hahn MW, Tung J, Zinner D, Roos C, Jolly CJ, Gibbs RA, Worley KC; Baboon Genome Analysis Consortium. 2019. The comparative genomics and complex population history of *Papio baboons*[J]. Sci Adv, 5(1): eaau6947.

Rogers MB, Hilley JD, Dickens NJ, Wilkes J, Bates PA, Depledge DP, Harris D, Her Y, Herzyk P, Imamura H, Otto TD, Sanders M, Seeger K, Dujardin JC, Berriman M, Smith DF, Hertz-Fowler C, Mottram JC. 2011. Chromosome and gene copy number variation allow major structural change between species and strains of *Leishmania*[J]. Genome Res, 21(12): 2129-2142.

Rohwer F, Edwards R. 2002. The Phage Proteomic Tree: a genome-based taxonomy for phage[J]. J Bacteriol, 184(16): 4529-4535.

Romano I, Finore I, Nicolaus G, Huertas FJ, Lama L, Nicolaus B, Poli A. 2008. *Halobacillus alkaliphilus* sp. nov., a halophilic bacterium isolated from a salt lake in Fuente de Piedra, southern Spain[J]. Int J Syst Evol Microbiol, 58(Pt 4): 886-890.

Romano I, Giordano A, Lama L, Nicolaus B, Gambacorta A. 2003. *Planococcus rifietensis* sp. nov., isolated from algal mat collected from a sulfurous spring in Campania (Italy)[J]. Syst Appl Microbiol, 26(3): 357-366.

Romano I, Lama L, Nicolaus B, Gambacorta A, Giordano A. 2005. *Bacillus saliphilus* sp. nov., isolated from a mineral pool in Campania, Italy[J]. Int J Syst Evol Microbiol, 55(Pt 1): 159-163.

Ronaghi M, Karamohamed S, Pettersson B, Uhlén M, Nyrén P. 1996. Real-time DNA sequencing using detection of pyrophosphate release[J]. Anal Biochem, 242(1): 86-89.

Rondeau EB, Minkley DR, Leong JS, Messmer AM, Jantzen JR, von Schalburg KR, Lemon C, Bird NH, Koop BF. 2014. The genome and linkage map of the northern pike (*Esox lucius*): conserved synteny revealed between the salmonid sister group and the *Neoteleostei*[J]. PLoS One, 9(7): e102089.

Rooney AP, Price NP, Ehrhardt C, Swezey JL, Bannan JD. 2009. Phylogeny and molecular taxonomy of the *Bacillus subtilis* species complex and description of *Bacillus subtilis* subsp. *inaquosorum* subsp. nov.[J]. Int J Syst Evol Microbiol, 59(Pt 10): 2429-2436.

Roscito JG, Sameith K, Pippel M, Francoijs KJ, Winkler S, Dahl A, Papoutsoglou G, Myers G, Hiller M. 2018. The genome of the tegu lizard *Salvator merianae*: combining Illumina, PacBio, and optical mapping data to generate a highly contiguous assembly[J]. Gigascience, 7(12): giy141.

Rosenfeld JA, Reeves D, Brugler MR, Narechania A, Simon S, Durrett R, Foox J, Shianna K, Schatz MC, Gandara J, Afshinnekoo E, Lam ET, Hastie AR, Chan S, Cao H, Saghbini M, Kentsis A, Planet PJ, Kholodovych V, Tessler M, Baker R, DeSalle R, Sorkin LN, Kolokotronis SO, Siddall ME, Amato G, Mason CE. 2016. Genome assembly and geospatial phylogenomics of the bed bug *Cimex lectularius*[J]. Nat Commun, 7: 10164.

Roth MS, Cokus SJ, Gallaher SD, Walter A, Lopez D, Erickson E, Endelman B, Westcott D, Larabell CA, Merchant SS, Pellegrini M, Niyogi KK. 2017. Chromosome-level genome assembly and transcriptome of the green alga *Chromochloris zofingiensis* illuminates astaxanthin production[J]. Proc Natl Acad Sci USA, 114(21): E4296-E4305.

Rothberg JM, Hinz W, Rearick TM, Schultz J, Mileski W, Davey M, Leamon JH, Johnson K, Milgrew MJ, Edwards M, Hoon J, Simons JF, Marran D, Myers JW, Davidson JF, Branting A, Nobile JR, Puc BP, Light D, Clark TA, Huber M, Branciforte JT, Stoner IB, Cawley SE, Lyons M, Fu Y, Homer N, Sedova M, Miao X, Reed B, Sabina J, Feierstein E, Schorn M, Alanjary M, Dimalanta E, Dressman D, Kasinskas R, Sokolsky T, Fidanza JA, Namsaraev E, McKernan KJ, Williams A, Roth GT, Bustillo J. 2011. An integrated semiconductor device enabling non-optical genome sequencing[J]. Nature, 475(7356): 348-352.

Rouard M, Droc G, Martin G, Sardos J, Hueber Y, Guignon V, Cenci A, Geigle B, Hibbins MS, Yahiaoui N, Baurens FC, Berry V, Hahn MW, D'Hont A, Roux N. 2018. Three new genome assemblies support a rapid radiation in Musa acuminata (wild banana)[J]. Genome Biol Evol, 10(12): 3129-3140.

Roux V, El Karkouri K, Lagier JC, Robert C, Raoult D. 2012. Non-contiguous finished genome sequence and description of *Kurthia massiliensis* sp. nov.[J]. Stand Genomic Sci, 7(2): 221-232.

Roux V, Lagier JC, Gorlas A, Robert C, Raoult D. 2014. Non-contiguous finished genome sequence and description of *Kurthia senegalensis* sp. nov.[J]. Stand Genomic Sci, 9(3): 1319-1330.

Roux V, Million M, Robert C, Magne A, Raoult D. 2013. Non-contiguous finished genome sequence and description of *Oceanobacillus massiliensis* sp. nov.[J]. Stand Genomic Sci, 9(2): 370-384.

Roux V, Raoult D. 2004. *Paenibacillus massiliensis* sp. nov., *Paenibacillus sanguinis* sp. nov. and *Paenibacillus timonensis* sp. nov., isolated from blood cultures[J]. Int J Syst Evol Microbiol, 54(Pt 4): 1049-1054.

Roy R, Hohng S, Ha T. 2008. A practical guide to single-molecule FRET[J]. Nat Methods, 5(6): 507-516,

Ruan Z, Wang Y, Song J, Jiang S, Wang H, Li Y, Zhao B, Jiang R, Zhao B. 2014. *Kurthia huakuii* sp. nov., isolated from biogas slurry, and emended description of the genus *Kurthia*[J]. Int J Syst Evol Microbiol, 64(Pt 2): 518-521.

Rüger HJ. 1983. Differentiation of *Bacillus globisporus*, *Bacillus marinus* comb. nov., *Bacillus aminovorans*, and *Bacillus insolitus*[J]. Int J Syst Bacteriol, 33(Pt 2): 157-161.

Ruiu L. 2013. *Brevibacillus laterosporus*, a pathogen of invertebrates and a broad-spectrum antimicrobial species[J]. Insects, 4(3): 476-492.

Ruiz-García C, Béjar V, Martínez-Checa F, Llamas I, Quesada E. 2005b. *Bacillus velezensis* sp. nov., a surfactant-producing bacterium isolated from the river Vélez in Málaga, southern Spain[J]. Int J Syst Evol Microbiol, 55(Pt 1): 191-195.

Ruiz-García C, Quesada E, Martínez-Checa F, Llamas I, Urdaci MC, Béjar V. 2005a. *Bacillus axarquiensis* sp. nov. and *Bacillus malacitensis* sp. nov., isolated from river-mouth sediments in southern Spain[J]. Int J Syst Evol Microbiol, 55(Pt 3): 1279-1285.

Ruparel H, Bi L, Li Z, Bai X, Kim DH, Turro NJ, Ju J. 2005. Design and synthesis of a 3′-*O*-allyl photocleavable fluorescent nucleotide as a reversible terminator for DNA sequencing by synthesis[J]. Proc Natl Acad Sci USA, 102(17): 5932-5937.

Rusk N. 2011. Torrents of sequence[J]. Nat Methods, 8(1): 44.

Russell T, Cullingham C, Kommadath A, Stothard P, Herbst A, Coltman D. 2019. Development of a novel mule deer genomic assembly and species-diagnostic SNP panel for assessing introgression in mule deer, white-tailed deer, and their interspecific hybrids[J]. G3 (Bethesda), 9(3): 911-919.

Ryan JF, Pang K, Schnitzler CE, Nguyen AD, Moreland RT, Simmons DK, Koch BJ, Francis WR, Havlak P; NISC Comparative Sequencing Program, Smith SA, Putnam NH, Haddock SH, Dunn CW, Wolfsberg TG, Mullikin JC, Martindale MQ, Baxevanis AD. 2013. The genome of the ctenophore *Mnemiopsis leidyi* and its implications for cell type evolution[J]. Science, 342(6164): 1242592.

Sabir JS, Jansen RK, Arasappan D, Calderon V, Noutahi E, Zheng C, Park S, Sabir MJ, Baeshen MN, Hajrah NH, Khiyami MA, Baeshen NA, Obaid AY, Al-Malki AL, Sankoff D, El-Mabrouk N, Ruhlman TA. 2016. The nuclear genome of *Rhazya stricta* and the evolution of alkaloid diversity in a medically relevant clade of Apocynaceae[J]. Sci Rep, 6: 33782.

Sackton TB, Corbett-Detig RB, Nagaraju J, Vaishna L, Arunkumar KP, Hartl DL. 2014. Positive selection drives faster-Z evolution in silkmoths[J]. Evolution, 68(8): 2331-2342.

Sadd BM, Barribeau SM, Bloch G, de Graaf DC, Dearden P, Elsik CG, Gadau J, Grimmelikhuijzen CJ, Hasselmann M, Lozier JD, Robertson HM, Smagghe G, Stolle E, Van Vaerenbergh M, Waterhouse RM, Bornberg-Bauer E, Klasberg S, Bennett AK, Câmara F, Guigó R, Hoff K, Mariotti M, Munoz-Torres M, Murphy T, Santesmasses D, Amdam GV, Beckers M, Beye M, Biewer M, Bitondi MM, Blaxter ML, Bourke AF, Brown MJ, Buechel SD, Cameron R, Cappelle K, Carolan JC, Christiaens O, Ciborowski KL, Clarke DF, Colgan TJ, Collins DH, Cridge AG, Dalmay T, Dreier S, du Plessis L, Duncan E, Erler S, Evans J, Falcon T, Flores K, Freitas FC, Fuchikawa T, Gempe T, Hartfelder K, Hauser F, Helbing S, Humann FC, Irvine F, Jermiin LS, Johnson CE, Johnson RM, Jones AK, Kadowaki T, Kidner JH, Koch V, Köhler A, Kraus FB, Lattorff HM, Leask M, Lockett GA, Mallon EB, Antonio DS, Marxer M, Meeus I, Moritz RF, Nair A, Näpflin K, Nissen I, Niu J, Nunes FM, Oakeshott JG, Osborne A, Otte M, Pinheiro DG, Rossié N, Rueppell O, Santos CG, Schmid-Hempel R, Schmitt BD, Schulte C, Simões ZL, Soares MP, Swevers L, Winnebeck EC, Wolschin F, Yu N, Zdobnov EM, Aqrawi PK, Blankenburg KP, Coyle

M, Francisco L, Hernandez AG, Holder M, Hudson ME, Jackson L, Jayaseelan J, Joshi V, Kovar C, Lee SL, Mata R, Mathew T, Newsham IF, Ngo R, Okwuonu G, Pham C, Pu LL, Saada N, Santibanez J, Simmons D, Thornton R, Venkat A, Walden KK, Wu YQ, Debyser G, Devreese B, Asher C, Blommaert J, Chipman AD, Chittka L, Fouks B, Liu J, O'Neill MP, Sumner S, Puiu D, Qu J, Salzberg SL, Scherer SE, Muzny DM, Richards S, Robinson GE, Gibbs RA, Schmid-Hempel P, Worley KC. 2015. The genomes of two key bumblebee species with primitive eusocial organization[J]. Genome Biol, 16(1): 76.

Saeid A, Prochownik E, Dobrowolska-Iwanek J. 2018. Phosphorus solubilization by *Bacillus* species[J]. Molecules, 23(11): E2897.

Saha P, Krishnamurthi S, Bhattacharya A, Sharma R, Chakrabarti T. 2010. *Fontibacillus aquaticus* gen. nov., sp. nov., isolated from a warm spring[J]. Int J Syst Evol Microbiol, 60(Pt 2): 422-428.

Saha P, Mondal AK, Mayilraj S, Krishnamurthi S, Bhattacharya A, Chakrabarti T. 2005. *Paenibacillus assamensis* sp. nov., a novel bacterium isolated from a warm spring in Assam, India[J]. Int J Syst Evol Microbiol, 55(Pt 6): 2577-2581.

Saha T, Chakraborty B, Das S, Thakur N, Chakraborty R. 2018. *Chryseomicrobium excrementi* sp. nov., a Gram-stain-positive rod-shaped bacterium isolated from an earthworm (*Eisenia fetida*) cast[J]. Int J Syst Evol Microbiol, 68(Pt 7): 2165-2171.

Sajid M, Geng C, Li M, Wang Y, Liu H, Zheng J, Peng D, Sun M. 2018. Whole-genome analysis of *Bacillus thuringiensis* revealing partial genes as a source of novel Cry toxins[J]. Appl Environ Microbiol, 84(14): e00277-18.

Salter JF, Johnson O, Stafford NJ 3rd, Herrin WF Jr, Schilling D, Cedotal C, Brumfield RT, Faircloth BC. 2019. A highly contiguous reference genome for northern bobwhite (*Colinus virginianus*)[J]. G3(Bethesda), 9(12): 3929-3932.

Sanahuja G, Banakar R, Twyman RM, Capell T, Christou P. 2011. *Bacillus thuringiensis*: a century of research, development and commercial applications[J]. Plant Biotechnol J, 9(3): 283-300.

Sánchez MM, Fritze D, Blanco A, Spröer C, Tindall BJ, Schumann P, Kroppenstedt RM, Diaz P, Pastor FI. 2005. *Paenibacillus barcinonensis* sp. nov., a xylanase-producing bacterium isolated from a rice field in the Ebro River delta[J]. Int J Syst Evol Microbiol, 55(Pt 2): 935-939.

Sanchez-Flores A, Peñaloza F, Carpinteyro-Ponce J, Nazario-Yepiz N, Abreu-Goodger C, Machado CA, Markow TA. 2016. Genome evolution in three species of cactophilic *Drosophila*[J]. G3 (Bethesda), 6(10): 3097-3105.

Sánchez-Herrero JF, Frías-López C, Escuer P, Hinojosa-Alvarez S, Arnedo MA, Sánchez-Gracia A, Rozas J. 2019. The draft genome sequence of the spider *Dysdera silvatica* (Araneae, Dysderidae): A valuable resource for functional and evolutionary genomic studies in chelicerates[J]. Gigascience, 8(8): giz099.

Sánchez-Porro C, Amoozegar MA, Fernandez AB, Babavalian H, Ramezani M, Ventosa A. 2010. *Lentibacillus persicus* sp. nov., a moderately halophilic species isolated from a saline lake[J]. Int J Syst Evol Microbiol, 60(Pt 6): 1407-1412.

Sanchez-Porro C, Amoozegar MA, Rohban R, Hajighasemi M, Ventosa A. 2009. *Thalassobacillus cyri* sp. nov., a moderately halophilic Gram-positive bacterium from a hypersaline lake[J]. Int J Syst Evol Microbiol, 59(Pt 10): 2565-2570.

Sanger F, Air GM, Barrell BG, Brown NL, Coulson AR, Fiddes CA, Hutchison CA, Slocombe PM, Smith M. 1977a. Nucleotide sequence of bacteriophage phi X174 DNA[J]. Nature, 265(5596): 687-695.

Sanger F, Brownlee GG, Barrell BG. 1965. A two-dimensional fractionation procedure for radioactive nucleotides[J]. J Mol Biol, 13(2): 373-398.

Sanger F, Coulson AR. 1975. A rapid method for determining sequences in DNA by primed synthesis with DNA polymerase[J]. J Mol Biol, 94(3): 441-448.

Sanger F, Coulson AR, Hong GF, Hill DF, Petersen GB. 1982. Nucleotide sequence of bacteriophage lambda DNA[J]. J Mol Biol, 162(4): 729-773.

Sanger F, Donelson JE, Coulson AR, Kössel H, Fischer D. 1974. Determination of a nucleotide sequence in bacteriophage f1 DNA by primed synthesis with DNA polymerase[J]. J Mol Biol, 90(2): 315-333.

Sanger F, Nicklen S, Coulson AR. 1977b. DNA sequencing with chain-terminating inhibitors[J]. Proc Natl

Acad Sci USA, 74(12): 5463-5467.

Sanger F, Thompson EO. 1953. The amino-acid sequence in the glycyl chain of insulin. I. The identification of lower peptides from partial hydrolysates[J]. Biochem J, 53(3): 353-366.

Sant'Anna FH, Ambrosini A, de Souza R, de Carvalho Fernandes G, Bach E, Balsanelli E, Baura V, Brito LF, Wendisch VF, de Oliveira Pedrosa F, de Souza EM, Passaglia LMP. 2017. Reclassification of *Paenibacillus riograndensis* as a genomovar of *Paenibacillus sonchi*: genome-based metrics improve bacterial taxonomic classification[J]. Front Microbiol, 8: 1849.

Sant'Anna FH, Ambrosini A, Guella FL, Porto RZ, Passaglia LMP. 2019. Genome-based reclassification of *Paenibacillus dauci* as a later heterotypic synonym of *Paenibacillus shenyangensis*[J]. Int J Syst Evol Microbiol, 69(Pt 1): 177-182.

Santini JM, Streimann ICA, Vanden Hoven RN. 2004. *Bacillus macyae* sp. nov., an arsenate-respiring bacterium isolated from an Australian gold mine[J]. Int J Syst Evol Microbiol, 54(Pt 6): 2241-2244.

Santos FDS, Menegon YA, Piraine REA, Rodrigues PRC, Cunha RC, Leite FPL. 2018. *Bacillus toyonensis* improves immune response in the mice vaccinated with recombinant antigen of bovine herpesvirus type 5[J]. Benef Microbes, 9(1): 133-142.

Sanz Y, Romaní-Perez M, Benítez-Páez A, Portune KJ, Brigidi P, Rampelli S, Dinan T, Stanton C, Delzenne N, Blachier F, Neyrinck AM, Beaumont M, Olivares M, Holzer P, Günther K, Wolters M, Ahrens W, Claus SP, Campoy C, Murphy R, Sadler C, Fernández L, Kamp JV. 2018. Towards microbiome-informed dietary recommendations for promoting metabolic and mental health: opinion papers of the MyNewGut project[J]. Clin Nutr, 37(6 Pt A): 2191-2197.

Sarkar D, Mahato AK, Satya P, Kundu A, Singh S, Jayaswal PK, Singh A, Bahadur K, Pattnaik S, Singh N, Chakraborty A, Mandal NA, Das D, Basu T, Sevanthi AM, Saha D, Datta S, Kar CS, Mitra J, Datta K, Karmakar PG, Sharma TR, Mohapatra T, Singh NK. 2017. The draft genome of *Corchorus olitorius* cv. JRO-524(Navin)[J]. Genom Data, 12: 151-154.

Sarnowski C, Leong A, Raffield LM, Wu P, de Vries PS, DiCorpo D, Guo X, Xu H, Liu Y, Zheng X, Hu Y, Brody JA, Goodarzi MO, Hidalgo BA, Highland HM, Jain D, Liu CT, Naik RP, O'Connell JR, Perry JA, Porneala BC, Selvin E, Wessel J, Psaty BM, Curran JE, Peralta JM, Blangero J, Kooperberg C, Mathias R, Johnson AD, Reiner AP, Mitchell BD, Cupples LA, Vasan RS, Correa A, Morrison AC, Boerwinkle E, Rotter JI, Rich SS, Manning AK, Dupuis J, Meigs JB; TOPMed Diabetes Working Group; TOPMed Hematology Working Group; TOPMed Hemostasis Working Group; National Heart, Lung, and Blood Institute TOPMed Consortium. 2019. Impact of rare and common genetic variants on diabetes diagnosis by hemoglobin a1c in multi-ancestry cohorts: the trans-omics for precision medicine program[J]. Am J Hum Genet, 105(4): 706-718.

Sarropoulou E, Sundaram AYM, Kaitetzidou E, Kotoulas G, Gilfillan GD, Papandroulakis N, Mylonas CC, Magoulas A. 2017. Full genome survey and dynamics of gene expression in the greater amberjack *Seriola dumerili*[J]. Gigascience, 6(12): gix108.

Sarzi DS, Justolin B, Silva CD, Lemos RPM, Stefenon VM. 2019. Discovery and characterization of SSR markers in *Eugenia uniflora* L. (Myrtaceae) using low coverage genome sequencing[J]. An Acad Bras Cienc, 91(1): e20180420.

Sato K, Kadota Y, Gan P, Bino T, Uehara T, Yamaguchi K, Ichihashi Y, Maki N, Iwahori H, Suzuki T, Shigenobu S, Shirasu K. 2018. High-quality genome sequence of the root-knot nematode *Meloidogyne arenaria* genotype A2-O[J]. Genome Announc, 6(26): e00519-18.

Sato S, Hirakawa H, Isobe S, Fukai E, Watanabe A, Kato M, Kawashima K, Minami C, Muraki A, Nakazaki N, Takahashi C, Nakayama S, Kishida Y, Kohara M, Yamada M, Tsuruoka H, Sasamoto S, Tabata S, Aizu T, Toyoda A, Shin-i T, Minakuchi Y, Kohara Y, Fujiyama A, Tsuchimoto S, Kajiyama S, Makigano E, Ohmido N, Shibagaki N, Cartagena JA, Wada N, Kohinata T, Atefeh A, Yuasa S, Matsunaga S, Fukui K. 2011. Sequence analysis of the genome of an oil-bearing tree, *Jatropha curcas* L[J]. DNA Res, 18(1): 65-76.

Sato S, Nakamura Y, Kaneko T, Asamizu E, Kato T, Nakao M, Sasamoto S, Watanabe A, Ono A, Kawashima K, Fujishiro T, Katoh M, Kohara M, Kishida Y, Minami C, Nakayama S, Nakazaki N, Shimizu Y,

Shinpo S, Takahashi C, Wada T, Yamada M, Ohmido N, Hayashi M, Fukui K, Baba T, Nakamichi T, Mori H, Tabata S. 2008. Genome structure of the legume, *Lotus japonicus*[J]. DNA Res, 15(4): 227-239.

Satomi M, La Duc MT, Venkateswaran K. 2006. *Bacillus safensis* sp. nov., isolated from spacecraft and assembly-facility surfaces[J]. Int J Syst Evol Microbiol, 56(Pt 8): 1735-1740.

Satou Y, Nakamura R, Yu D, Yoshida R, Hamada M, Fujie M, Hisata K, Takeda H, Satoh N. 2019. A nearly complete genome of *Ciona intestinalis* Type A (*C. robusta*) reveals the contribution of inversion to chromosomal evolution in the genus *Ciona*[J]. Genome Biol Evol, 11(11): 3146-3157.

Sävilammi T, Primmer CR, Varadharajan S, Guyomard R, Guiguen Y, Sandve SR, Vøllestad LA, Papakostas S, Lien S. 2019. The chromosome-level genome assembly of European grayling reveals aspects of a unique genome evolution process within Salmonids[J]. G3 (Bethesda), 9(5): 1283-1294.

Savojardo C, Luchetti A, Martelli PL, Casadio R, Mantovani B. 2019. Draft genomes and genomic divergence of two *Lepidurus* tadpole shrimp species (Crustacea, Branchiopoda, Notostraca)[J]. Mol Ecol Resour, 19(1): 235-244.

Sayre RM, Starr MP. 1985. *Pasteuria penetrans* (ex Thorne, 1940) nom. rev., comb. n., sp. n., a mycelial and endospore-forming bacterium parasitic in plant-parasitic nematodes[J]. Proc Helminthol Soc Wash, 52: 149-165.

Scally A, Dutheil JY, Hillier LW, Jordan GE, Goodhead I, Herrero J, Hobolth A, Lappalainen T, Mailund T, Marques-Bonet T, McCarthy S, Montgomery SH, Schwalie PC, Tang YA, Ward MC, Xue Y, Yngvadottir B, Alkan C, Andersen LN, Ayub Q, Ball EV, Beal K, Bradley BJ, Chen Y, Clee CM, Fitzgerald S, Graves TA, Gu Y, Heath P, Heger A, Karakoc E, Kolb-Kokocinski A, Laird GK, Lunter G, Meader S, Mort M, Mullikin JC, Munch K, O'Connor TD, Phillips AD, Prado-Martinez J, Rogers AS, Sajjadian S, Schmidt D, Shaw K, Simpson JT, Stenson PD, Turner DJ, Vigilant L, Vilella AJ, Whitener W, Zhu B, Cooper DN, de Jong P, Dermitzakis ET, Eichler EE, Flicek P, Goldman N, Mundy NI, Ning Z, Odom DT, Ponting CP, Quail MA, Ryder OA, Searle SM, Warren WC, Wilson RK, Schierup MH, Rogers J, Tyler-Smith C, Durbin R. 2012. Insights into hominid evolution from the gorilla genome sequence[J]. Nature, 483(7388): 169-175.

Scarcelli N, Cubry P, Akakpo R, Thuillet AC, Obidiegwu J, Baco MN, Otoo E, Sonké B, Dansi A, Djedatin G, Mariac C, Couderc M, Causse S, Alix K, Chaïr H, François O, Vigouroux Y. 2019. Yam genomics supports West Africa as a major cradle of crop domestication[J]. Sci Adv, 5(5): eaaw1947.

Schäffer C, Franck WL, Scheberl A, Kosma P, McDermott TR, Messner P. 2004. Classification of isolates from locations in Austria and Yellowstone National Park as *Geobacillus tepidamans* sp. nov.[J]. Int J Syst Evol Microbiol, 54(Pt 6): 2361-2368.

Schartl M, Kneitz S, Volkoff H, Adolfi M, Schmidt C, Fischer P, Minx P, Tomlinson C, Meyer A, Warren WC. 2019. The piranha genome provides molecular insight associated to its unique feeding behavior[J]. Genome Biol Evol, 11(8): 2099-2106.

Schartl M, Walter RB, Shen Y, Garcia T, Catchen J, Amores A, Braasch I, Chalopin D, Volff JN, Lesch KP, Bisazza A, Minx P, Hillier L, Wilson RK, Fuerstenberg S, Boore J, Searle S, Postlethwait JH, Warren WC. 2013. The genome of the platyfish, *Xiphophorus maculatus*, provides insights into evolutionary adaptation and several complex traits[J]. Nat Genet, 45(5): 567-572.

Scheldeman P, Goossens K, Rodriguez-Diaz M, Pil A, Goris J, Herman L, De Vos P, Logan NA, Heyndrickx M. 2004b. *Paenibacillus lactis* sp. nov., isolated from raw and heat-treated milk[J]. Int J Syst Evol Microbiol, 54(Pt 3): 885-891.

Scheldeman P, Rodríguez-Díaz M, Goris J, Pil A, De Clerck E, Herman L, De Vos P, Logan NA, Heyndrickx M. 2004a. *Bacillus farraginis* sp. nov., *Bacillus fortis* sp. nov. and *Bacillus fordii* sp. nov., isolated at dairy farms[J]. Int J Syst Evol Microbiol, 54(Pt 4): 1355-1364.

Schenk A, Aragno M. 1979. *Bacillus schlegelii* a new species of thermophilic, facultatively chemolithoautotrophic bacterium oxidizing molecular hydrogen[J]. J Gen Microbiol, 115(2): 333-341.

Schiffer PH, Kroiher M, Kraus C, Koutsovoulos GD, Kumar S, Camps JI, Nsah NA, Stappert D, Morris K, Heger P, Altmüller J, Frommolt P, Nürnberg P, Thomas WK, Blaxter ML, Schierenberg E. 2013. The genome of *Romanomermis culicivorax*: revealing fundamental changes in the core developmental genetic toolkit in Nematoda[J]. BMC Genomics, 14: 923.

*Schistosoma japonicum* Genome Sequencing and Functional Analysis Consortium. 2009. The *Schistosoma japonicum* genome reveals features of host-parasite interplay[J]. Nature, 460(7253): 345-351.

Schleifer KH. 2009. Classification of Bacteria and Archaea: past, present and future[J]. Syst Appl Microbiol, 32(8): 533-542.

Schmidt H, Hellmann SL, Waldvogel AM, Feldmeyer B, Hankeln T, Pfenninger M. 2020. A high-quality genome assembly from short and long reads for the non-biting midge *Chironomus riparius* (Diptera)[J]. G3(Bethesda), 10(4): 1151-1157.

Schmitz J, Noll A, Raabe CA, Churakov G, Voss R, Kiefmann M, Rozhdestvensky T, Brosius J, Baertsch R, Clawson H, Roos C, Zimin A, Minx P, Montague MJ, Wilson RK, Warren WC. 2016. Genome sequence of the basal haplorrhine primate *Tarsius syrichta* reveals unusual insertions[J]. Nat Commun, 7: 12997.

Schmutz J, Cannon SB, Schlueter J, Ma J, Mitros T, Nelson W, Hyten DL, Song Q, Thelen JJ, Cheng J, Xu D, Hellsten U, May GD, Yu Y, Sakurai T, Umezawa T, Bhattacharyya MK, Sandhu D, Valliyodan B, Lindquist E, Peto M, Grant D, Shu S, Goodstein D, Barry K, Futrell-Griggs M, Abernathy B, Du J, Tian Z, Zhu L, Gill N, Joshi T, Libault M, Sethuraman A, Zhang XC, Shinozaki K, Nguyen HT, Wing RA, Cregan P, Specht J, Grimwood J, Rokhsar D, Stacey G, Shoemaker RC, Jackson SA. 2010. Genome sequence of the palaeopolyploid soybean[J]. Nature, 463(7278): 178-183.

Schmutz J, McClean PE, Mamidi S, Wu GA, Cannon SB, Grimwood J, Jenkins J, Shu S, Song Q, Chavarro C, Torres-Torres M, Geffroy V, Moghaddam SM, Gao D, Abernathy B, Barry K, Blair M, Brick MA, Chovatia M, Gepts P, Goodstein DM, Gonzales M, Hellsten U, Hyten DL, Jia G, Kelly JD, Kudrna D, Lee R, Richard MM, Miklas PN, Osorno JM, Rodrigues J, Thareau V, Urrea CA, Wang M, Yu Y, Zhang M, Wing RA, Cregan PB, Rokhsar DS, Jackson SA. 2014. A reference genome for common bean and genome-wide analysis of dual domestications[J]. Nat Genet, 46(7): 707-713.

Schmutz J, Wheeler J, Grimwood J, Dickson M, Yang J, Caoile C, Bajorek E, Black S, Chan YM, Denys M, Escobar J, Flowers D, Fotopulos D, Garcia C, Gomez M, Gonzales E, Haydu L, Lopez F, Ramirez L, Retterer J, Rodriguez A, Rogers S, Salazar A, Tsai M, Myers RM. 2004. Quality assessment of the human genome sequence[J]. Nature, 429(6990): 365-368.

Schnable PS, Ware D, Fulton RS, Stein JC, Wei F, Pasternak S, Liang C, Zhang J, Fulton L, Graves TA, Minx P, Reily AD, Courtney L, Kruchowski SS, Tomlinson C, Strong C, Delehaunty K, Fronick C, Courtney B, Rock SM, Belter E, Du F, Kim K, Abbott RM, Cotton M, Levy A, Marchetto P, Ochoa K, Jackson SM, Gillam B, Chen W, Yan L, Higginbotham J, Cardenas M, Waligorski J, Applebaum E, Phelps L, Falcone J, Kanchi K, Thane T, Scimone A, Thane N, Henke J, Wang T, Ruppert J, Shah N, Rotter K, Hodges J, Ingenthron E, Cordes M, Kohlberg S, Sgro J, Delgado B, Mead K, Chinwalla A, Leonard S, Crouse K, Collura K, Kudrna D, Currie J, He R, Angelova A, Rajasekar S, Mueller T, Lomeli R, Scara G, Ko A, Delaney K, Wissotski M, Lopez G, Campos D, Braidotti M, Ashley E, Golser W, Kim H, Lee S, Lin J, Dujmic Z, Kim W, Talag J, Zuccolo A, Fan C, Sebastian A, Kramer M, Spiegel L, Nascimento L, Zutavern T, Miller B, Ambroise C, Muller S, Spooner W, Narechania A, Ren L, Wei S, Kumari S, Faga B, Levy MJ, McMahan L, Van Buren P, Vaughn MW, Ying K, Yeh CT, Emrich SJ, Jia Y, Kalyanaraman A, Hsia AP, Barbazuk WB, Baucom RS, Brutnell TP, Carpita NC, Chaparro C, Chia JM, Deragon JM, Estill JC, Fu Y, Jeddeloh JA, Han Y, Lee H, Li P, Lisch DR, Liu S, Liu Z, Nagel DH, McCann MC, SanMiguel P, Myers AM, Nettleton D, Nguyen J, Penning BW, Ponnala L, Schneider KL, Schwartz DC, Sharma A, Soderlund C, Springer NM, Sun Q, Wang H, Waterman M, Westerman R, Wolfgruber TK, Yang L, Yu Y, Zhang L, Zhou S, Zhu Q, Bennetzen JL, Dawe RK, Jiang J, Jiang N, Presting GG, Wessler SR, Aluru S, Martienssen RA, Clifton SW, McCombie WR, Wing RA, Wilson RK. 2009. The B73 maize genome: complexity, diversity, and dynamics[J]. Science, 326(5956): 1112-1115.

Schneiker S, Perlova O, Kaiser O, Gerth K, Alici A, Altmeyer MO, Bartels D, Bekel T, Beyer S, Bode E, Bode HB, Bolten CJ, Choudhuri JV, Doss S, Elnakady YA, Frank B, Gaigalat L, Goesmann A, Groeger C, Gross F, Jelsbak L, Jelsbak L, Kalinowski J, Kegler C, Knauber T, Konietzny S, Kopp M, Krause L,

Krug D, Linke B, Mahmud T, Martinez-Arias R, McHardy AC, Merai M, Meyer F, Mormann S, Muñoz-Dorado J, Perez J, Pradella S, Rachid S, Raddatz G, Rosenau F, Rückert C, Sasse F, Scharfe M, Schuster SC, Suen G, Treuner-Lange A, Velicer GJ, Vorhölter FJ, Weissman KJ, Welch RD, Wenzel SC, Whitworth DE, Wilhelm S, Wittmann C, Blöcker H, Pühler A, Müller R. 2007. Complete genome sequence of the myxobacterium *Sorangium cellulosum*[J]. Nat Biotechnol, 25(11): 1281-1289.

Scholz T, Demharter W, Hensel R, Kandler O. 1987. *Bacillus pallidus* sp. nov., a new thermophilic species from sewage[J]. Syst Appl Microbiol, 9(1/2): 91-96.

Schwarz EM, Hu Y, Antoshechkin I, Miller MM, Sternberg PW, Aroian RV. 2015. The genome and transcriptome of the zoonotic hookworm *Ancylostoma ceylanicum* identify infection-specific gene families[J]. Nat Genet, 47(4): 416-422.

Schwarz EM, Korhonen PK, Campbell BE, Young ND, Jex AR, Jabbar A, Hall RS, Mondal A, Howe AC, Pell J, Hofmann A, Boag PR, Zhu XQ, Gregory T, Loukas A, Williams BA, Antoshechkin I, Brown C, Sternberg PW, Gasser RB. 2013. The genome and developmental transcriptome of the strongylid nematode *Haemonchus contortus*[J]. Genome Biol, 14(8): R89.

Scott JG, Warren WC, Beukeboom LW, Bopp D, Clark AG, Giers SD, Hediger M, Jones AK, Kasai S, Leichter CA, Li M, Meisel RP, Minx P, Murphy TD, Nelson DR, Reid WR, Rinkevich FD, Robertson HM, Sackton TB, Sattelle DB, Thibaud-Nissen F, Tomlinson C, van de Zande L, Walden KK, Wilson RK, Liu N. 2014. Genome of the house fly, *Musca domestica* L., a global vector of diseases with adaptations to a septic environment[J]. Genome Biol, 15(10): 466.

Sea Urchin Genome Sequencing Consortium. 2006. The genome of the sea urchin *Strongylocentrotus purpuratus*[J]. Science, 314(5801): 941-952.

Seabury CM, Dowd SE, Seabury PM, Raudsepp T, Brightsmith DJ, Liboriussen P, Halley Y, Fisher CA, Owens E, Viswanathan G, Tizard IR. 2013. A multi-platform draft *de novo* genome assembly and comparative analysis for the Scarlet Macaw (*Ara macao*)[J]. PLoS One, 8(5): e62415.

Seck E, Rathored J, Khelaifia S, Croce O, Robert C, Couderc C, Di Pinto F, Sokhna C, Raoult D, Lagier JC. 2015a. *Virgibacillus senegalensis* sp. nov., a new moderately halophilic bacterium isolated from human gut[J]. New Microbes New Infect, 8: 116-126.

Seck EH, Sankar SA, Khelaifia S, Croce O, Robert C, Couderc C, Di Pinto F, Sokhna C, Fournier PE, Raoult D, Lagier JC. 2015b. Noncontiguous finished genome sequence and description of *Planococcus massiliensis* sp. nov., a moderately halophilic bacterium isolated from the human gut[J]. New Microbes New Infect, 10: 36-46.

See-Too WS, Ee R, Madhaiyan M, Kwon SW, Tan JY, Lim YL, Convey P, Pearce DA, Yin WF, Chan KG. 2017. *Planococcus versutus* sp. nov., isolated from soil[J]. Int J Syst Evol Microbiol, 67(Pt 4): 944-950.

Seidl F, Levis NA, Schell R, Pfennig DW, Pfennig KS, Ehrenreich IM. 2019. Genome of *Spea multiplicata*, a rapidly developing, phenotypically plastic, and desert-adapted spadefoot toad[J]. G3 (Bethesda), 9(12): 3909-3919.

Seiler H, Scherer S, Wenning M. 2013c. *Lysinibacillus meyeri* sp. nov., isolated from a medical practice[J]. Int J Syst Evol Microbiol, 63(Pt 4): 1512-1518.

Seiler H, Schmidt V, Wenning M, Scherer S. 2012. *Bacillus kochii* sp. nov., isolated from foods and a pharmaceuticals manufacturing site[J]. Int J Syst Evol Microbiol, 62(Pt 5): 1092-1097.

Seiler H, Wenning M, Scherer S. 2013b. *Domibacillus robiginosus* gen. nov., sp. nov., isolated from a pharmaceutical clean room[J]. Int J Syst Evol Microbiol, 63(Pt 6): 2056-2061.

Seiler H, Wenning M, Schmidt V, Scherer S. 2013a. *Bacillus gottheilii* sp. nov., isolated from a pharmaceutical manufacturing site[J]. Int J Syst Evol Microbiol, 63(Pt 3): 867-872.

Seim I, Fang X, Xiong Z, Lobanov AV, Huang Z, Ma S, Feng Y, Turanov AA, Zhu Y, Lenz TL, Gerashchenko MV, Fan D, Hee Yim S, Yao X, Jordan D, Xiong Y, Ma Y, Lyapunov AN, Chen G, Kulakova OI, Sun Y, Lee SG, Bronson RT, Moskalev AA, Sunyaev SR, Zhang G, Krogh A, Wang J, Gladyshev VN. 2013. Genome analysis reveals insights into physiology and longevity of the Brandt's bat *Myotis brandtii*[J]. Nat Commun, 4: 2212.

Senanayake KS, Söderberg J, Põlajev A, Malmberg M, Karunanayake EH, Tennekoon KH, Samarakoon SR,

Bongcam-Rudloff E, Niazi A. 2020. The genome of *Setaria digitata*: a cattle nematode closely related to human filarial parasites[J]. Genome Biol Evol, 12(2): 3971-3976.

Senesi S, Ghelardi E. 2010. Production, secretion and biological activity of *Bacillus cereus* enterotoxins[J]. Toxins(Basel), 2(7): 1690-1703.

Senghor B, Bassène H, Khelaifia S, Robert C, Fournier PE, Ruimy R, Sokhna C, Raoult D, Lagier JC. 2019. *Oceanobacillus timonensis* sp. nov. and *Oceanobacillus senegalensis* sp. nov., two new moderately halophilic, Gram-stain positive bacteria isolated from stools sample of healthy young Senegalese[J]. Antonie Van Leeuwenhoek, 112(5): 785-796.

Senghor B, Bassène H, Khelaifia S, Robert C, Fournier PE, Ruimy R, Sokhna C, Raoult D, Lagier JC. 2018. *Sediminibacillus massiliensis* sp. nov., a moderately halophilic, Gram-positive bacterium isolated from a stool sample of a young Senegalese man[J]. Antonie Van Leeuwenhoek, 111(7): 1225-1236.

Senghor B, Seck EH, Khelaifia S, Bassène H, Sokhna C, Fournier PE, Raoult D, Lagier JC. 2017. Description of '*Bacillus dakarensis*' sp. nov., '*Bacillus sinesaloumensis*' sp. nov., '*Gracilibacillus timonensis*' sp. nov., '*Halobacillus massiliensis*' sp. nov., '*Lentibacillus massiliensis*' sp. nov., '*Oceanobacillus senegalensis*' sp. nov., '*Oceanobacillus timonensis*' sp. nov., '*Virgibacillus dakarensis*' sp. nov. and '*Virgibacillus marseillensis*' sp. nov., nine halophilic new species isolated from human stool[J]. New Microbes New Infect, 17: 45-51.

Seo TS, Bai X, Kim DH, Meng Q, Shi S, Ruparel H, Li Z, Turro NJ, Ju J. 2005. Four-color DNA sequencing by synthesis on a chip using photocleavable fluorescent nucleotides[J]. Proc Natl Acad Sci USA, 102(17): 5926-5931.

Sergiev PV, Artemov AA, Prokhortchouk EB, Dontsova OA, Berezkin GV. 2016. Genomes of *Strongylocentrotus franciscanus* and *Lytechinus variegatus*: are there any genomic explanations for the two order of magnitude difference in the lifespan of sea urchins[J]? Aging (Albany NY), 8(2): 260-271.

Serra L, Macchietto M, Macias-Muñoz A, McGill CJ, Rodriguez IM, Rodriguez B, Murad R, Mortazavi A. 2019. Hybrid assembly of the genome of the entomopathogenic nematode *Steinernema carpocapsae* identifies the X-chromosome[J]. G3 (Bethesda), 9(8): 2687-2697.

Session AM, Uno Y, Kwon T, Chapman JA, Toyoda A, Takahashi S, Fukui A, Hikosaka A, Suzuki A, Kondo M, van Heeringen SJ, Quigley I, Heinz S, Ogino H, Ochi H, Hellsten U, Lyons JB, Simakov O, Putnam N, Stites J, Kuroki Y, Tanaka T, Michiue T, Watanabe M, Bogdanovic O, Lister R, Georgiou G, Paranjpe SS, van Kruijsbergen I, Shu S, Carlson J, Kinoshita T, Ohta Y, Mawaribuchi S, Jenkins J, Grimwood J, Schmutz J, Mitros T, Mozaffari SV, Suzuki Y, Haramoto Y, Yamamoto TS, Takagi C, Heald R, Miller K, Haudenschild C, Kitzman J, Nakayama T, Izutsu Y, Robert J, Fortriede J, Burns K, Lotay V, Karimi K, Yasuoka Y, Dichmann DS, Flajnik MF, Houston DW, Shendure J, DuPasquier L, Vize PD, Zorn AM, Ito M, Marcotte EM, Wallingford JB, Ito Y, Asashima M, Ueno N, Matsuda Y, Veenstra GJ, Fujiyama A, Harland RM, Taira M, Rokhsar DS. 2016. Genome evolution in the allotetraploid frog *Xenopus laevis*[J]. Nature, 538(7625): 336-343.

Shaffer HB, Minx P, Warren DE, Shedlock AM, Thomson RC, Valenzuela N, Abramyan J, Amemiya CT, Badenhorst D, Biggar KK, Borchert GM, Botka CW, Bowden RM, Braun EL, Bronikowski AM, Bruneau BG, Buck LT, Capel B, Castoe TA, Czerwinski M, Delehaunty KD, Edwards SV, Fronick CC, Fujita MK, Fulton L, Graves TA, Green RE, Haerty W, Hariharan R, Hernandez O, Hillier LW, Holloway AK, Janes D, Janzen FJ, Kandoth C, Kong L, de Koning AP, Li Y, Literman R, McGaugh SE, Mork L, O'Laughlin M, Paitz RT, Pollock DD, Ponting CP, Radhakrishnan S, Raney BJ, Richman JM, St John J, Schwartz T, Sethuraman A, Spinks PQ, Storey KB, Thane N, Vinar T, Zimmerman LM, Warren WC, Mardis ER, Wilson RK. 2013. The western painted turtle genome, a model for the evolution of extreme physiological adaptations in a slowly evolving lineage[J]. Genome Biol, 14(3): R28.

Shan T, Yuan J, Su L, Li J, Leng X, Zhang Y, Gao H, Pang S. 2020. First genome of the brown alga *Undaria pinnatifida*: chromosome-level assembly using PacBio and Hi-C technologies[J]. Front Genet, 11: 140.

Shao K, Ding W, Wang F, Li H, Ma D, Wang H. 2011. Emulsion PCR: a high efficient way of PCR amplification of random DNA libraries in aptamer selection[J]. PLoS One, 6(9): e24910.

Shao Y, Wang XB, Zhang JJ, Li ML, Wu SS, Ma XY, Wang X, Zhao HF, Li Y, Zhu HH, Irwin DM, Wang

DP, Zhang GJ, Ruan J, Wu DD. 2020. Genome and single-cell RNA-sequencing of the earthworm *Eisenia andrei* identifies cellular mechanisms underlying regeneration[J]. Nat Commun, 11(1): 2656.

Shapiro MD, Kronenberg Z, Li C, Domyan ET, Pan H, Campbell M, Tan H, Huff CD, Hu H, Vickrey AI, Nielsen SC, Stringham SA, Hu H, Willerslev E, Gilbert MT, Yandell M, Zhang G, Wang J. 2013. Genomic diversity and evolution of the head crest in the rock pigeon[J]. Science, 339(6123): 1063-1067.

Sharko FS, Nedoluzhko AV, Lê BM, Tsygankova SV, Boulygina ES, Rastorguev SM, Sokolov AS, Rodriguez F, Mazur AM, Polilov AA, Benton R, Evgen'ev MB, Arkhipova IR, Prokhortchouk EB, Skryabin KG. 2019. A partial genome assembly of the miniature parasitoid wasp, *Megaphragma amalphitanum*[J]. PLoS One, 14(12): e0226485.

Sharma A, Dhar SK, Prakash O, Vemuluri VR, Thite V, Shouche YS. 2014. Description of *Domibacillus indicus* sp. nov., isolated from ocean sediments and emended description of the genus *Domibacillus*[J]. Int J Syst Evol Microbiol, 64(Pt 9): 3010-3015.

Shaw S, Keddie RM. 1983. A numerical taxonomic study of the genus *Kurthia* with a revised description of *Kurthia zopfii* and a description of *Kurthia gibsonii* sp. nov.[J]. Syst Appl Microbiol, 4(2): 253-276.

Shen J, Cong Q, Borek D, Otwinowski Z, Grishin NV. 2017. Complete Genome of *Achalarus lyciades*, The first representative of the Eudaminae subfamily of skippers[J]. Curr Genomics, 18(4): 366-374.

Shen J, Cong Q, Kinch LN, Borek D, Otwinowski Z, Grishin NV. 2016a. Complete genome of *Pieris rapae*, a resilient alien, a cabbage pest, and a source of anti-cancer proteins[J]. F1000Res, 5: 2631.

Shen Q, Zhang L, Liao Z, Wang S, Yan T, Shi P, Liu M, Fu X, Pan Q, Wang Y, Lv Z, Lu X, Zhang F, Jiang W, Ma Y, Chen M, Hao X, Li L, Tang Y, Lv G, Zhou Y, Sun X, Brodelius PE, Rose JKC, Tang K. 2018. The Genome of *Artemisia annua* provides insight into the evolution of Asteraceae family and artemisinin biosynthesis[J]. Mol Plant, 11(6): 776-788.

Shen Y, Chalopin D, Garcia T, Boswell M, Boswell W, Shiryev SA, Agarwala R, Volff JN, Postlethwait JH, Schartl M, Minx P, Warren WC, Walter RB. 2016b. *X. couchianus* and *X. hellerii* genome models provide genomic variation insight among *Xiphophorus* species[J]. BMC Genomics, 17: 37.

Shendure J, Balasubramanian S, Church GM, Gilbert W, Rogers J, Schloss JA, Waterston RH. 2017. DNA sequencing at 40: past, present and future[J]. Nature, 550(7676): 345-353.

Shendure J, Ji H. 2008. Next-generation DNA sequencing[J]. Nature Biotechnol, 26(10): 1135-1145.

Shendure J, Porreca GJ, Reppas NB, Lin X, McCutcheon JP, Rosenbaum AM, Wang MD, Zhang K, Mitra RD, Church GM. 2005. Accurate multiplex polony sequencing of an evolved bacterial genome[J]. Science, 309(5741): 1728-1732.

Shi C, Li W, Zhang QJ, Zhang Y, Tong Y, Li K, Liu YL, Gao LZ. 2020. The draft genome sequence of an upland wild rice species, *Oryza granulata*[J]. Sci Data, 7(1): 131.

Shi J, Ma X, Zhang J, Zhou Y, Liu M, Huang L, Sun S, Zhang X, Gao X, Zhan W, Li P, Wang L, Lu P, Zhao H, Song W, Lai J. 2019b. Chromosome conformation capture resolved near complete genome assembly of broomcorn millet[J]. Nat Commun, 10(1): 464.

Shi M, Wang Z, Ye X, Xie H, Li F, Hu X, Wang Z, Yin C, Zhou Y, Gu Q, Zou J, Zhan L, Yao Y, Yang J, Wei S, Hu R, Guo D, Zhu J, Wang Y, Huang J, Pennacchio F, Strand MR, Chen X. 2019a. The genomes of two parasitic wasps that parasitize the diamondback moth[J]. BMC Genomics, 20(1): 893.

Shi Y, Anderson RC. 2003. High-resolution single-stranded DNA analysis on 4.5 cm plastic electrophoretic microchannels[J]. Electrophoresis, 24(19-20): 3371-3377.

Shida O, Takagi H, Kadowaki K, Komagata K. 1996. Proposal for two new genera, *Brevibacillus* gen. nov. and *Aneurinibacillus* gen. nov.[J]. Int J Syst Bacteriol, 46(Pt 4): 939-946.

Shida O, Takagi H, Kadowaki K, Nakamura LK, Komagata K. 1997a. Transfer of *Bacillus alginolyticus*, *Bacillus chondroitinus*, *Bacillus curdlanolyticus*, *Bacillus glucanolyticus*, *Bacillus kobensis*, and *Bacillus thiaminolyticus* to the genus *Paenibacillus* and emended description of the genus *Paenibacillus*[J]. Int J Syst Bacteriol, 47(Pt 2): 289-298.

Shida O, Takagi H, Kadowaki K, Nakamura LK, Komagata K. 1997b. Emended description of *Paenibacillus amylolyticus* and description of *Paenibacillus illinoisensis* sp. nov. and *Paenibacillus chibensis* sp. nov.[J]. Int J Syst Bacteriol, 47(Pt 2): 299-306.

Shida O, Takagi H, Kadowaki K, Udaka S, Nakamura LK, Komagata K. 1995. Proposal of *Bacillus reuszeri* sp. nov., *Bacillus formosus* sp. nov., nom. rev., and *Bacillus borstelensis* sp. nov., nom. rev.[J]. Int J Syst Bacteriol, 45(Pt 1): 93-100.

Shida O, Takagi H, Kadowaki K, Yano H, Abe M, Udaka S, Komagata K. 1994. *Bacillus aneurinolyticus* sp. nov., nom. rev.[J]. Int J Syst Bacteriol, 44(Pt 1): 143-150.

Shields EJ, Sheng L, Weiner AK, Garcia BA, Bonasio R. 2018. High-quality genome assemblies reveal long non-coding RNAs expressed in ant brains[J]. Cell Rep, 23(10): 3078-3090.

Shikuma NJ, Antoshechkin I, Medeiros JM, Pilhofer M, Newman DK. 2016. Stepwise metamorphosis of the tubeworm *Hydroides elegans* is mediated by a bacterial inducer and MAPK signaling[J]. Proc Natl Acad Sci USA, 113(36): 10097-10102.

Shimizu T, Tanizawa Y, Mochizuki T, Nagasaki H, Yoshioka T, Toyoda A, Fujiyama A, Kaminuma E, Nakamura Y. 2017. Draft sequencing of the heterozygous diploid genome of Satsuma (*Citrus unshiu* Marc.) using a hybrid assembly approach[J]. Front Genet, 8: 180.

Shin NR, Whon TW, Kim MS, Roh SW, Jung MJ, Kim YO, Bae JW. 2012. *Ornithinibacillus scapharcae* sp. nov., isolated from a dead ark clam[J]. Antonie Van Leeuwenhoek, 101(1): 147-154.

Shin SC, Ahn DH, Kim SJ, Pyo CW, Lee H, Kim MK, Lee J, Lee JE, Detrich HW, Postlethwait JH, Edwards D, Lee SG, Lee JH, Park H. 2014. The genome sequence of the Antarctic bullhead notothen reveals evolutionary adaptations to a cold environment[J]. Genome Biol, 15(9): 468.

Shin SC, Kim H, Lee JH, Kim HW, Park J, Choi BS, Lee SC, Kim JH, Lee H, Kim S. 2019. Nanopore sequencing reads improve assembly and gene annotation of the *Parochlus steinenii* genome[J]. Sci Rep, 9(1): 5095.

Shin SK, Kim E, Yi H. 2018. *Paenibacillus crassostreae* sp. nov., isolated from the Pacific oyster *Crassostrea gigas*[J]. Int J Syst Evol Microbiol, 68(Pt 1): 58-63.

Shinzato C, Shoguchi E, Kawashima T, Hamada M, Hisata K, Tanaka M, Fujie M, Fujiwara M, Koyanagi R, Ikuta T, Fujiyama A, Miller DJ, Satoh N. 2011. Using the *Acropora digitifera* genome to understand coral responses to environmental change[J]. Nature, 476(7360): 320-323.

Shirasawa K, Esumi T, Hirakawa H, Tanaka H, Itai A, Ghelfi A, Nagasaki H, Isobe S. 2019. Phased genome sequence of an interspecific hybrid flowering cherry, 'Somei-Yoshino' (*Cerasus* × *yedoensis*)[J]. DNA Res, 26(5): 379-389.

Shirasawa K, Isuzugawa K, Ikenaga M, Saito Y, Yamamoto T, Hirakawa H, Isobe S. 2017. The genome sequence of sweet cherry (*Prunus avium*) for use in genomics-assisted breeding[J]. DNA Res, 24(5): 499-508.

Shivaji S, Chaturvedi P, Begum Z, Pindi PK, Manorama R, Padmanaban DA, Shouche YS, Pawar S, Vaishampayan P, Dutt CB, Datta GN, Manchanda RK, Rao UR, Bhargava PM, Narlikar JV. 2009. *Janibacter hoylei* sp. nov., *Bacillus isronensis* sp. nov. and *Bacillus aryabhattai* sp. nov., isolated from cryotubes used for collecting air from the upper atmosphere[J]. Int J Syst Evol Microbiol, 59(Pt 12): 2977-2986.

Shivaji S, Chaturvedi P, Suresh K, Reddy GS, Dutt CB, Wainwright M, Narlikar JV, Bhargava PM. 2006. *Bacillus aerius* sp. nov., *Bacillus aerophilus* sp. nov., *Bacillus stratosphericus* sp. nov. and *Bacillus altitudinis* sp. nov., isolated from cryogenic tubes used for collecting air samples from high altitudes[J]. Int J Syst Evol Microbiol, 56(Pt 7): 1465-1473.

Shivaji S, Suresh K, Chaturvedi P, Dube S, Sengupta S. 2005. *Bacillus arsenicus* sp. nov., an arsenic-resistant bacterium isolated from a siderite concretion in West Bengal, India[J]. Int J Syst Evol Microbiol, 55(Pt 3): 1123-1127.

Showmaker KC, Sanders WS, Eves-van den Akker S, Martin BE, Platt RN Ⅱ, Stokes JV, Hsu CY, Bartlett BD, Peterson DG, Wubben MJ. 2019. A genomic resource for the sedentary semi-endoparasitic reniform nematode, *Rotylenchulus reniformis* Linford & Oliveira[J]. J Nematol, 51: e2019-13.

Shpirer E, Chang ES, Diamant A, Rubinstein N, Cartwright P, Huchon D. 2014. Diversity and evolution of myxozoan minicollagens and nematogalectins[J]. BMC Evol Biol, 14: 205.

Shulaev V, Sargent DJ, Crowhurst RN, Mockler TC, Folkerts O, Delcher AL, Jaiswal P, Mockaitis K, Liston

A, Mane SP, Burns P, Davis TM, Slovin JP, Bassil N, Hellens RP, Evans C, Harkins T, Kodira C, Desany B, Crasta OR, Jensen RV, Allan AC, Michael TP, Setubal JC, Celton JM, Rees DJ, Williams KP, Holt SH, Ruiz Rojas JJ, Chatterjee M, Liu B, Silva H, Meisel L, Adato A, Filichkin SA, Troggio M, Viola R, Ashman TL, Wang H, Dharmawardhana P, Elser J, Raja R, Priest HD, Bryant DW Jr, Fox SE, Givan SA, Wilhelm LJ, Naithani S, Christoffels A, Salama DY, Carter J, Lopez Girona E, Zdepski A, Wang W, Kerstetter RA, Schwab W, Korban SS, Davik J, Monfort A, Denoyes-Rothan B, Arus P, Mittler R, Flinn B, Aharoni A, Bennetzen JL, Salzberg SL, Dickerman AW, Velasco R, Borodovsky M, Veilleux RE, Folta KM. 2011. The genome of woodland strawberry (*Fragaria vesca*)[J]. Nat Genet, 43(2): 109-116.

Siadjeu C, Pucker B, Viehöver P, Albach DC, Weisshaar B. 2020. High contiguity *de novo* genome sequence assembly of trifoliate yam (*Dioscorea dumetorum*) using long read sequencing[J]. Genes (Basel), 11(3): E274.

Siddiki AZ, Baten A, Billah M, Alam MAU, Shawrob KSM, Saha S, Chowdhury M, Rahman AH, Stear M, Miah G, Kumkum M, Islam MS, Hossain MA, Mollah AKMM, Khan MKI. 2019. The genome of the black Bengal goat (*Capra hircus*)[J]. BMC Res Notes, 12(1): 362.

Sierro N, Battey JN, Ouadi S, Bakaher N, Bovet L, Willig A, Goepfert S, Peitsch MC, Ivanov NV. 2014. The tobacco genome sequence and its comparison with those of tomato and potato[J]. Nat Commun, 5: 3833.

Sierro N, Battey JN, Ouadi S, Bovet L, Goepfert S, Bakaher N, Peitsch MC, Ivanov NV. 2013. Reference genomes and transcriptomes of *Nicotiana sylvestris* and *Nicotiana tomentosiformis*[J]. Genome Biol, 14(6): R60.

Sikorski J, Nevo E. 2005. Adaptation and incipient sympatric speciation of *Bacillus simplex* under microclimatic contrast at "Evolution Canyons" I and II, Israel[J]. Proc Natl Acad Sci USA, 102(44): 15926-15929.

Silva-Junior OB, Grattapaglia D, Novaes E, Collevatti RG. 2018. Genome assembly of the Pink Ipê (*Handroanthus impetiginosus*, Bignoniaceae), a highly valued, ecologically keystone Neotropical timber forest tree[J]. Gigascience, 7(1): gix125.

Sim SB, Geib SM. 2017. A chromosome-scale assembly of the *Bactrocera cucurbitae* genome provides insight to the genetic basis of white pupae[J]. G3 (Bethesda), 7(6): 1927-1940.

Simakov O, Kawashima T, Marlétaz F, Jenkins J, Koyanagi R, Mitros T, Hisata K, Bredeson J, Shoguchi E, Gyoja F, Yue JX, Chen YC, Freeman RM Jr, Sasaki A, Hikosaka-Katayama T, Sato A, Fujie M, Baughman KW, Levine J, Gonzalez P, Cameron C, Fritzenwanker JH, Pani AM, Goto H, Kanda M, Arakaki N, Yamasaki S, Qu J, Cree A, Ding Y, Dinh HH, Dugan S, Holder M, Jhangiani SN, Kovar CL, Lee SL, Lewis LR, Morton D, Nazareth LV, Okwuonu G, Santibanez J, Chen R, Richards S, Muzny DM, Gillis A, Peshkin L, Wu M, Humphreys T, Su YH, Putnam NH, Schmutz J, Fujiyama A, Yu JK, Tagawa K, Worley KC, Gibbs RA, Kirschner MW, Lowe CJ, Satoh N, Rokhsar DS, Gerhart J. 2015. Hemichordate genomes and deuterostome origins[J]. Nature, 527(7579): 459-465.

Simakov O, Marletaz F, Cho SJ, Edsinger-Gonzales E, Havlak P, Hellsten U, Kuo DH, Larsson T, Lv J, Arendt D, Savage R, Osoegawa K, de Jong P, Grimwood J, Chapman JA, Shapiro H, Aerts A, Otillar RP, Terry AY, Boore JL, Grigoriev IV, Lindberg DR, Seaver EC, Weisblat DA, Putnam NH, Rokhsar DS. 2013. Insights into bilaterian evolution from three spiralian genomes[J]. Nature, 493(7433): 526-531.

Simbahan J, Drijber R, Blum P. 2004. *Alicyclobacillus vulcanalis* sp. nov., a thermophilic, acidophilic bacterium isolated from Coso Hot Springs, California, USA[J]. Int J Syst Evol Microbiol, 54(Pt 5): 1703-1707.

Simon L, Škraban J, Kyrpides NC, Woyke T, Shapiro N, Cleenwerck I, Vandamme P, Whitman WB, Trček J. 2017. *Paenibacillus aquistagni* sp. nov., isolated from an artificial lake accumulating industrial wastewater[J]. Antonie Van Leeuwenhoek, 110(9): 1189-1197.

Singer CE, Smith GR. 1972. Histidine regulation in *Salmonella typhimurium*. 13. Nucleotide sequence of histidine transfer ribonucleic acid[J]. J Biol Chem, 247(10): 2989-3000.

Singh AK, Singla P. 2019. Biodegradation of diuron by endophytic *Bacillus licheniformis* strain SDS12 and its application in reducing diuron toxicity for green algae[J]. Environ Sci Pollut Res Int, 26(26):

26972-26981.

Singh KS, Hosken DJ, Wedell N, Ffrench-Constant R, Bass C, Baxter S, Paszkiewicz K, Sharma MD. 2020. *De novo* genome assembly of the meadow brown butterfly, *Maniola jurtina*[J]. G3(Bethesda), 10(5): 1477-1484.

Singh R, Ong-Abdullah M, Low ET, Manaf MA, Rosli R, Nookiah R, Ooi LC, Ooi SE, Chan KL, Halim MA, Azizi N, Nagappan J, Bacher B, Lakey N, Smith SW, He D, Hogan M, Budiman MA, Lee EK, DeSalle R, Kudrna D, Goicoechea JL, Wing RA, Wilson RK, Fulton RS, Ordway JM, Martienssen RA, Sambanthamurthi R. 2013. Oil palm genome sequence reveals divergence of interfertile species in Old and New worlds[J]. Nature, 500(7462): 335-339.

Sinsheimer RL. 1986. Human genome sequencing[J]. Science, 233(4770): 1246.

Sirota-Madi A, Olender T, Helman Y, Ingham C, Brainis I, Roth D, Hagi E, Brodsky L, Leshkowitz D, Galatenko V, Nikolaev V, Mugasimangalam RC, Bransburg-Zabary S, Gutnick DL, Lancet D, Ben-Jacob E. 2010. Genome sequence of the pattern forming *Paenibacillus vortex* bacterium reveals potential for thriving in complex environments[J]. BMC Genomics, 11: 710.

Slobodkina GB, Panteleeva AN, Kostrikina NA, Kopitsyn DS, Bonch-Osmolovskaya EA, Slobodkin AI. 2013. *Tepidibacillus fermentans* gen. nov., sp. nov.: a moderately thermophilic anaerobic and microaerophilic bacterium from an underground gas storage[J]. Extremophiles, 17(5): 833-839.

Slotte T, Hazzouri KM, Ågren JA, Koenig D, Maumus F, Guo YL, Steige K, Platts AE, Escobar JS, Newman LK, Wang W, Mandáková T, Vello E, Smith LM, Henz SR, Steffen J, Takuno S, Brandvain Y, Coop G, Andolfatto P, Hu TT, Blanchette M, Clark RM, Quesneville H, Nordborg M, Gaut BS, Lysak MA, Jenkins J, Grimwood J, Chapman J, Prochnik S, Shu S, Rokhsar D, Schmutz J, Weigel D, Wright SI. 2013. The *Capsella rubella* genome and the genomic consequences of rapid mating system evolution[J]. Nat Genet, 45(7): 831-835.

Small ST, Reimer LJ, Tisch DJ, King CL, Christensen BM, Siba PM, Kazura JW, Serre D, Zimmerman PA. 2016. Population genomics of the filarial nematode parasite *Wuchereria bancrofti* from mosquitoes[J]. Mol Ecol, 25(7): 1465-1477.

Smeds L, Warmuth V, Bolivar P, Uebbing S, Burri R, Suh A, Nater A, Bureš S, Garamszegi LZ, Hogner S, Moreno J, Qvarnström A, Ružić M, Sæther SA, Sætre GP, Török J, Ellegren H. 2015. Evolutionary analysis of the female-specific avian W chromosome[J]. Nat Commun, 6: 7330.

Smith CD, Zimin A, Holt C, Abouheif E, Benton R, Cash E, Croset V, Currie CR, Elhaik E, Elsik CG, Fave MJ, Fernandes V, Gadau J, Gibson JD, Graur D, Grubbs KJ, Hagen DE, Helmkampf M, Holley JA, Hu H, Viniegra AS, Johnson BR, Johnson RM, Khila A, Kim JW, Laird J, Mathis KA, Moeller JA, Muñoz-Torres MC, Murphy MC, Nakamura R, Nigam S, Overson RP, Placek JE, Rajakumar R, Reese JT, Robertson HM, Smith CR, Suarez AV, Suen G, Suhr EL, Tao S, Torres CW, van Wilgenburg E, Viljakainen L, Walden KK, Wild AL, Yandell M, Yorke JA, Tsutsui ND. 2011a. Draft genome of the globally widespread and invasive Argentine ant (*Linepithema humile*)[J]. Proc Natl Acad Sci U S A, 108(14): 5673-5678.

Smith CJ, Ley AN, D'Obrenan P, Mitra SK. 1971. The structure and coding specificity of a lysine transfer ribonucleic acid from the haploid yeast *Saccharomyces cerevisiae* alpha S288C[J]. J Biol Chem, 246(24): 7817-7819.

Smith CJ, Teh HS, Ley AN, D'Obrenan P. 1973. The nucleotide sequences and coding properties of the major and minor lysine transfer ribonucleic acids from the haploid yeast *Saccharomyces cerevisiae* S288C[J]. J Biol Chem, 248(12): 4475-4485.

Smith CR, Smith CD, Robertson HM, Helmkampf M, Zimin A, Yandell M, Holt C, Hu H, Abouheif E, Benton R, Cash E, Croset V, Currie CR, Elhaik E, Elsik CG, Favé MJ, Fernandes V, Gibson JD, Graur D, Gronenberg W, Grubbs KJ, Hagen DE, Viniegra AS, Johnson BR, Johnson RM, Khila A, Kim JW, Mathis KA, Munoz-Torres MC, Murphy MC, Mustard JA, Nakamura R, Niehuis O, Nigam S, Overson RP, Placek JE, Rajakumar R, Reese JT, Suen G, Tao S, Torres CW, Tsutsui ND, Viljakainen L, Wolschin F, Gadau J. 2011b. Draft genome of the red harvester ant *Pogonomyrmex barbatus*[J]. Proc Natl Acad Sci USA, 108(14): 5667-5672.

Smith D, Alverdy J, An G, Coleman M, Garcia-Houchins S, Green J, Keegan K, Kelley ST, Kirkup BC, Kociolek L, Levin H, Landon E, Olsiewski P, Knight R, Siegel J, Weber S, Gilbert J. 2013b. The Hospital Microbiome Project: Meeting Report for the 1st Hospital Microbiome Project Workshop on sampling design and building science measurements, Chicago, USA, June 7th-8th 2012[J]. Stand Genomic Sci, 8(1): 112-117.

Smith JJ, Kuraku S, Holt C, Sauka-Spengler T, Jiang N, Campbell MS, Yandell MD, Manousaki T, Meyer A, Bloom OE, Morgan JR, Buxbaum JD, Sachidanandam R, Sims C, Garruss AS, Cook M, Krumlauf R, Wiedemann LM, Sower SA, Decatur WA, Hall JA, Amemiya CT, Saha NR, Buckley KM, Rast JP, Das S, Hirano M, McCurley N, Guo P, Rohner N, Tabin CJ, Piccinelli P, Elgar G, Ruffier M, Aken BL, Searle SM, Muffato M, Pignatelli M, Herrero J, Jones M, Brown CT, Chung-Davidson YW, Nanlohy KG, Libants SV, Yeh CY, McCauley DW, Langeland JA, Pancer Z, Fritzsch B, de Jong PJ, Zhu B, Fulton LL, Theising B, Flicek P, Bronner ME, Warren WC, Clifton SW, Wilson RK, Li W. 2013a. Sequencing of the sea lamprey (*Petromyzon marinus*) genome provides insights into vertebrate evolution[J]. Nat Genet, 45(4): 415-421.

Smith JJ, Timoshevskaya N, Timoshevskiy VA, Keinath MC, Hardy D, Voss SR. 2019. A chromosome-scale assembly of the axolotl genome[J]. Genome Res, 29(2): 317-324.

Smith JJ, Timoshevskaya N, Ye C, Holt C, Keinath MC, Parker HJ, Cook ME, Hess JE, Narum SR, Lamanna F, Kaessmann H, Timoshevskiy VA, Waterbury CKM, Saraceno C, Wiedemann LM, Robb SMC, Baker C, Eichler EE, Hockman D, Sauka-Spengler T, Yandell M, Krumlauf R, Elgar G, Amemiya CT. 2018. The sea lamprey germline genome provides insights into programmed genome rearrangement and vertebrate evolution[J]. Nat Genet, 50(2): 270-277.

Smith LM, Sanders JZ, Kaiser RJ, Hughes P, Dodd C, Connell CR, Heiner C, Kent SB, Hood LE. 1986. Fluorescence detection in automated DNA sequence analysis[J]. Nature, 321(6071): 676-679.

Snel B, Bork P, Huynen MA. 1999. Genome phylogeny based on gene content[J]. Nat Genet, 21(1): 108-110.

Sollars ES, Harper AL, Kelly LJ, Sambles CM, Ramirez-Gonzalez RH, Swarbreck D, Kaithakottil G, Cooper ED, Uauy C, Havlickova L, Worswick G, Studholme DJ, Zohren J, Salmon DL, Clavijo BJ, Li Y, He Z, Fellgett A, McKinney LV, Nielsen LR, Douglas GC, Kjær ED, Downie JA, Boshier D, Lee S, Clark J, Grant M, Bancroft I, Caccamo M, Buggs RJ. 2017. Genome sequence and genetic diversity of European ash trees[J]. Nature, 541(7636): 212-216.

Somvanshi VS, Tathode M, Shukla RN, Rao U. 2018. A draft genome for rice root-knot nematode, *Meloidogyne graminicola*[J]. J Nematol, 50(2): 111-116.

Sonalkar VV, Mawlankar R, Krishnamurthi S, Tang SK, Dastager SG. 2014. *Domibacillus enclensis* sp. nov., isolated from marine sediment, and emended description of the genus *Domibacillus*[J]. Int J Syst Evol Microbiol, 64(Pt 12): 4098-4102.

Sonalkar VV, Mawlankar R, Venkata Ramana V, Joseph N, Shouche YS, Dastager SG. 2015. *Bacillus filamentosus* sp. nov., isolated from sediment sample[J]. Antonie Van Leeuwenhoek, 107(2): 433-441.

Song B, Song Y, Fu Y, Kizito EB, Kamenya SN, Kabod PN, Liu H, Muthemba S, Kariba R, Njuguna J, Maina S, Stomeo F, Djikeng A, Hendre PS, Chen X, Chen W, Li X, Sun W, Wang S, Cheng S, Muchugi A, Jamnadass R, Shapiro HY, Van Deynze A, Yang H, Wang J, Xu X, Odeny DA, Liu X. 2019. Draft genome sequence of *Solanum aethiopicum* provides insights into disease resistance, drought tolerance, and the evolution of the genome[J]. Gigascience, 8(10): giz115.

Song C, Liu Y, Song A, Dong G, Zhao H, Sun W, Ramakrishnan S, Wang Y, Wang S, Li T, Niu Y, Jiang J, Dong B, Xia Y, Chen S, Hu Z, Chen F, Chen S. 2018. The *Chrysanthemum nankingense* genome provides insights into the evolution and diversification of chrysanthemum flowers and medicinal traits[J]. Mol Plant, 11(12): 1482-1491.

Song CX, Clark TA, Lu XY, Kislyuk A, Dai Q, Turner SW, He C, Korlach J. 2011. Sensitive and specific single-molecule sequencing of 5-hydroxymethylcytosine[J]. Nat Methods, 9(1): 75-77.

Song H, Chen DL, Ismagilov RF. 2006. Reactions in droplets in microfluidic channels[J]. Angew Chem Int Ed Engl, 45(44): 7336-7356.

Song L, Bian C, Luo Y, Wang L, You X, Li J, Qiu Y, Ma X, Zhu Z, Ma L, Wang Z, Lei Y, Qiang J, Li H, Yu

J, Wong A, Xu J, Shi Q, Xu P. 2016. Draft genome of the Chinese mitten crab, *Eriocheir sinensis*[J]. Gigascience, 5: 5.

Soria-Carrasco V, Gompert Z, Comeault AA, Farkas TE, Parchman TL, Johnston JS, Buerkle CA, Feder JL, Bast J, Schwander T, Egan SP, Crespi BJ, Nosil P. 2014. Stick insect genomes reveal natural selection's role in parallel speciation[J]. Science, 344(6185): 738-742.

Sork VL, Fitz-Gibbon ST, Puiu D, Crepeau M, Gugger PF, Sherman R, Stevens K, Langley CH, Pellegrini M, Salzberg SL. 2016. First draft assembly and annotation of the genome of a California endemic oak *Quercus lobata* Née (Fagaceae)[J]. G3(Bethesda), 6(11): 3485-3495.

Sorokin DY, Tourova TP, Sukhacheva MV, Muyzer G. 2012. *Desulfuribacillus alkaliarsenatis* gen. nov. sp. nov., a deep-lineage, obligately anaerobic, dissimilatory sulfur and arsenate-reducing, haloalkaliphilic representative of the order Bacillales from soda lakes[J]. Extremophiles, 16(4): 597-605.

Sorokin DY, van Pelt S, Tourova TP. 2008b. Utilization of aliphatic nitriles under haloalkaline conditions by *Bacillus alkalinitrilicus* sp. nov. isolated from soda solonchak soil[J]. FEMS Microbiol Lett, 288(2): 235-240.

Sorokin ID, Kravchenko IK, Tourova TP, Kolganova TV, Boulygina ES, Sorokin DY. 2008a. *Bacillus alkalidiazotrophicus* sp. nov., a diazotrophic, low salt-tolerant alkaliphile isolated from Mongolian soda soil[J]. Int J Syst Evol Microbiol, 58(Pt 10): 2459-2464.

Soto-Ramírez N, Sánchez-Porro C, Rosas-Padilla S, Almodóvar K, Jiménez G, Machado-Rodríguez M, Zapata M, Ventosa A, Montalvo-Rodríguez R. 2008. *Halobacillus mangrovi* sp. nov., a moderately halophilic bacterium isolated from the black mangrove *Avicennia germinans*[J]. Int J Syst Evol Microbiol, 58(Pt 1): 125-130.

Soza VL, Lindsley D, Waalkes A, Ramage E, Patwardhan RP, Burton JN, Adey A, Kumar A, Qiu R, Shendure J, Hall B. 2019. The *Rhododendron* genome and chromosomal organization provide insight into shared whole-genome duplications across the heath family (Ericaceae)[J]. Genome Biol Evol, 11(12): 3353-3371.

Spanka R, Fritze D. 1993. *Bacillus cohnii* sp. nov., a new, obligately alkaliphilic, oval-spore-forming *Bacillus* species with ornithine and aspartic acid instead of diaminopimelic acid in the cell wall[J]. Int J Syst Bacteriol, 43(Pt 1): 150-156.

Sparks ME, Bansal R, Benoit JB, Blackburn MB, Chao H, Chen M, Cheng S, Childers C, Dinh H, Doddapaneni HV, Dugan S, Elpidina EN, Farrow DW, Friedrich M, Gibbs RA, Hall B, Han Y, Hardy RW, Holmes CJ, Hughes DST, Ioannidis P, Cheatle Jarvela AM, Johnston JS, Jones JW, Kronmiller BA, Kung F, Lee SL, Martynov AG, Masterson P, Maumus F, Munoz-Torres M, Murali SC, Murphy TD, Muzny DM, Nelson DR, Oppert B, Panfilio KA, Paula DP, Pick L, Poelchau MF, Qu J, Reding K, Rhoades JH, Rhodes A, Richards S, Richter R, Robertson HM, Rosendale AJ, Tu ZJ, Velamuri AS, Waterhouse RM, Weirauch MT, Wells JT, Werren JH, Worley KC, Zdobnov EM, Gundersen-Rindal DE. 2020. Brown marmorated stink bug, *Halyomorpha halys* (Stål), genome: putative underpinnings of polyphagy, insecticide resistance potential and biology of a top worldwide pest[J]. BMC Genomics, 21(1): 227.

Speicher MR, Geigl JB, Tomlinson IP. 2010. Effect of genome-wide association studies, direct-to-consumer genetic testing, and high-speed sequencing technologies on predictive genetic counselling for cancer risk[J]. Lancet Oncol, 11(9): 890-898.

Spring S, Ludwig W, Marquez MC, Ventosa A, Schleifer KH. 1996. *Halobacillus* gen. nov., with descriptions of *Halobacillus litoralis* sp. nov., and *Halobacillus trueperi* sp. nov., and transfer of *Sporosarcina halophila* to *Halobacillus halophilus* comb. nov.[J]. Int J Syst Bacteriol, 46(Pt 2): 492-496.

Srinivasan J, Dillman AR, Macchietto MG, Heikkinen L, Lakso M, Fracchia KM, Antoshechkin I, Mortazavi A, Wong G, Sternberg PW. 2013. The draft genome and transcriptome of *Panagrellus redivivus* are shaped by the harsh demands of a free-living lifestyle[J]. Genetics, 193(4): 1279-1295.

Srivastava M, Begovic E, Chapman J, Putnam NH, Hellsten U, Kawashima T, Kuo A, Mitros T, Salamov A, Carpenter ML, Signorovitch AY, Moreno MA, Kamm K, Grimwood J, Schmutz J, Shapiro H, Grigoriev IV, Buss LW, Schierwater B, Dellaporta SL, Rokhsar DS. 2008. The *Trichoplax* genome and the nature of placozoans[J]. Nature, 454(7207): 955-960.

Srivastava M, Simakov O, Chapman J, Fahey B, Gauthier ME, Mitros T, Richards GS, Conaco C, Dacre M, Hellsten U, Larroux C, Putnam NH, Stanke M, Adamska M, Darling A, Degnan SM, Oakley TH, Plachetzki DC, Zhai Y, Adamski M, Calcino A, Cummins SF, Goodstein DM, Harris C, Jackson DJ, Leys SP, Shu S, Woodcroft BJ, Vervoort M, Kosik KS, Manning G, Degnan BM, Rokhsar DS. 2010. The *Amphimedon queenslandica* genome and the evolution of animal complexity[J]. Nature, 466(7307): 720-726.

St John JA, Braun EL, Isberg SR, Miles LG, Chong AY, Gongora J, Dalzell P, Moran C, Bed'hom B, Abzhanov A, Burgess SC, Cooksey AM, Castoe TA, Crawford NG, Densmore LD, Drew JC, Edwards SV, Faircloth BC, Fujita MK, Greenwold MJ, Hoffmann FG, Howard JM, Iguchi T, Janes DE, Khan SY, Kohno S, de Koning AJ, Lance SL, McCarthy FM, McCormack JE, Merchant ME, Peterson DG, Pollock DD, Pourmand N, Raney BJ, Roessler KA, Sanford JR, Sawyer RH, Schmidt CJ, Triplett EW, Tuberville TD, Venegas-Anaya M, Howard JT, Jarvis ED, Guillette LJ Jr, Glenn TC, Green RE, Ray DA. 2012. Sequencing three crocodilian genomes to illuminate the evolution of archosaurs and amniotes[J]. Genome Biol, 13(1): 415.

Stackebrandt E, Ebers J. 2006. Taxonomic parameters revisited: tarnished gold standards[J]. Microbiol Today, 14: 152-155.

Stackebrandt E, Frederiksen W, Garrity GM, Grimont PAD, Kämpfer P, Maiden MCJ, Nesme X, Rosselló-Mora R, Swings J, Trüper HG, Vauterin L, Ward AC, Whitman WB. 2002. Report of the ad hoc committee for the re-evaluation of the species definition in bacteriology[J]. Int J Syst Evol Microbiol, 52(Pt 3): 1043-1047.

Staden R. 1979. A strategy of DNA sequencing employing computer programs[J]. Nucleic Acids Res, 6(7): 2601-2610.

Stajich JE. 2017. Fungal genomes and insights into the evolution of the Kingdom[J]. Microbiol Spectr, 5(4): 10.1128.

Stam R, Nosenko T, Hörger AC, Stephan W, Seidel M, Kuhn JMM, Haberer G, Tellier A. 2019. The *de novo* reference genome and transcriptome assemblies of the wild tomato species *Solanum chilense* highlights birth and death of *nlr* genes between tomato species[J]. G3 (Bethesda), 9(12): 3933-3941.

Standage DS, Berens AJ, Glastad KM, Severin AJ, Brendel VP, Toth AL. 2016. Genome, transcriptome and methylome sequencing of a primitively eusocial wasp reveal a greatly reduced DNA methylation system in a social insect[J]. Mol Ecol, 25(8): 1769-1784.

Star B, Nederbragt AJ, Jentoft S, Grimholt U, Malmstrøm M, Gregers TF, Rounge TB, Paulsen J, Solbakken MH, Sharma A, Wetten OF, Lanzén A, Winer R, Knight J, Vogel JH, Aken B, Andersen O, Lagesen K, Tooming-Klunderud A, Edvardsen RB, Tina KG, Espelund M, Nepal C, Previti C, Karlsen BO, Moum T, Skage M, Berg PR, Gjøen T, Kuhl H, Thorsen J, Malde K, Reinhardt R, Du L, Johansen SD, Searle S, Lien S, Nilsen F, Jonassen I, Omholt SW, Stenseth NC, Jakobsen KS. 2011. The genome sequence of Atlantic cod reveals a unique immune system[J]. Nature, 477(7363): 207-210.

Staton M, Zhebentyayeva T, Olukolu B, Fang GC, Nelson D, Carlson JE, Abbott AG. 2015. Substantial genome synteny preservation among woody angiosperm species: comparative genomics of Chinese chestnut (*Castanea mollissima*) and plant reference genomes[J]. BMC Genomics, 16: 744.

Steige KA, Laenen B, Reimegård J, Scofield DG, Slotte T. 2017. Genomic analysis reveals major determinants of cis-regulatory variation in *Capsella grandiflora*[J]. Proc Natl Acad Sci USA, 114(5): 1087-1092.

Stein LD, Bao Z, Blasiar D, Blumenthal T, Brent MR, Chen N, Chinwalla A, Clarke L, Clee C, Coghlan A, Coulson A, D'Eustachio P, Fitch DH, Fulton LA, Fulton RE, Griffiths-Jones S, Harris TW, Hillier LW, Kamath R, Kuwabara PE, Mardis ER, Marra MA, Miner TL, Minx P, Mullikin JC, Plumb RW, Rogers J, Schein JE, Sohrmann M, Spieth J, Stajich JE, Wei C, Willey D, Wilson RK, Durbin R, Waterston RH. 2003. The genome sequence of *Caenorhabditis briggsae*: a platform for comparative genomics[J]. PLoS Biol, 1(2): E45.

Stenfors Arnesen LP, Fagerlund A, Granum PE. 2008. From soil to gut: *Bacillus cereus* and its food poisoning toxins[J]. FEMS Microbiol Rev, 32(4): 579-606.

Steven B, Chen MQ, Greer CW, Whyte LG, Niederberger TD. 2008. *Tumebacillus permanentifrigoris* gen. nov., sp. nov., an aerobic, spore-forming bacterium isolated from Canadian high Arctic permafrost[J]. Int J Syst Evol Microbiol, 58(Pt 6): 1497-1501.

Stevens KA, Wegrzyn JL, Zimin A, Puiu D, Crepeau M, Cardeno C, Paul R, Gonzalez-Ibeas D, Koriabine M, Holtz-Morris AE, Martínez-García PJ, Sezen UU, Marçais G, Jermstad K, McGuire PE, Loopstra CA, Davis JM, Eckert A, de Jong P, Yorke JA, Salzberg SL, Neale DB, Langley CH. 2016. Sequence of the sugar pine megagenome[J]. Genetics, 204(4): 1613-1626.

Stevens KA, Woeste K, Chakraborty S, Crepeau MW, Leslie CA, Martínez-García PJ, Puiu D, Romero-Severson J, Coggeshall M, Dandekar AM, Kluepfel D, Neale DB, Salzberg SL, Langley CH. 2018. Genomic variation among and within six *Juglans* species[J]. G3 (Bethesda), 8(7): 2153-2165.

Stevens L, Rooke S, Falzon LC, Machuka EM, Momanyi K, Murungi MK, Njoroge SM, Odinga CO, Ogendo A, Ogola J, Fèvre EM, Blaxter M. 2020. The Genome of *Caenorhabditis bovis*[J]. Curr Biol, 30(6): 1023-1031.

Strijk JS, Hinsinger DD, Zhang F, Cao K. 2019. *Trochodendron aralioides*, the first chromosome-level draft genome in Trochodendrales and a valuable resource for basal eudicot research[J]. Gigascience, 8(11): giz136.

Stroehlein AJ, Korhonen PK, Chong TM, Lim YL, Chan KG, Webster B, Rollinson D, Brindley PJ, Gasser RB, Young ND. 2019. High-quality *Schistosoma haematobium* genome achieved by single-molecule and long-range sequencing[J]. Gigascience, 8(9): giz108.

Stropko SJ, Pipes SE, Newman JD. 2014. Genome-based reclassification of *Bacillus cibi* as a later heterotypic synonym of *Bacillus indicus* and emended description of *Bacillus indicus*[J]. Int J Syst Evol Microbiol, 64(Pt 11): 3806-3809.

Studer AJ, Schnable JC, Weissmann S, Kolbe AR, McKain MR, Shao Y, Cousins AB, Kellogg EA, Brutnell TP. 2016. The draft genome of the C3 panicoid grass species *Dichanthelium oligosanthes*[J]. Genome Biol, 17(1): 223.

Stunnenberg HG, International Human Epigenome Consortium, Hirst M. 2016. The International Human Epigenome Consortium: a blueprint for scientific collaboration and discovery[J]. Cell, 167(5): 1145-1149.

Sturtevant D, Lu S, Zhou ZW, Shen Y, Wang S, Song JM, Zhong J, Burks DJ, Yang ZQ, Yang QY, Cannon AE, Herrfurth C, Feussner I, Borisjuk L, Munz E, Verbeck GF, Wang X, Azad RK, Singleton B, Dyer JM, Chen LL, Chapman KD, Guo L. 2020. The genome of jojoba (*Simmondsia chinensis*): a taxonomically isolated species that directs wax ester accumulation in its seeds[J]. Sci Adv, 6(11): eaay3240.

Suen G, Teiling C, Li L, Holt C, Abouheif E, Bornberg-Bauer E, Bouffard P, Caldera EJ, Cash E, Cavanaugh A, Denas O, Elhaik E, Favé MJ, Gadau J, Gibson JD, Graur D, Grubbs KJ, Hagen DE, Harkins TT, Helmkampf M, Hu H, Johnson BR, Kim J, Marsh SE, Moeller JA, Muñoz-Torres MC, Murphy MC, Naughton MC, Nigam S, Overson R, Rajakumar R, Reese JT, Scott JJ, Smith CR, Tao S, Tsutsui ND, Viljakainen L, Wissler L, Yandell MD, Zimmer F, Taylor J, Slater SC, Clifton SW, Warren WC, Elsik CG, Smith CD, Weinstock GM, Gerardo NM, Currie CR. 2011. The genome sequence of the leaf-cutter ant *Atta cephalotes* reveals insights into its obligate symbiotic lifestyle[J]. PLoS Genet, 7(2): e1002007.

Sui Y, Li B, Shi J, Chen M. 2014. Genomic, regulatory and epigenetic mechanisms underlying duplicated gene evolution in the natural allotetraploid *Oryza minuta*[J]. BMC Genomics, 15: 11.

Sukweenadhi J, Kim YJ, Lee KJ, Koh SC, Hoang VA, Nguyen NL, Yang DC. 2014. *Paenibacillus yonginensis* sp. nov., a potential plant growth promoting bacterium isolated from humus soil of Yongin forest[J]. Antonie Van Leeuwenhoek, 106(5): 935-945.

Sultanpuram VR, Mothe T, Chintalapati S, Chintalapati VR. 2016. *Pelagirhabdus alkalitolerans* gen. nov., sp. nov., an alkali-tolerant and thermotolerant bacterium isolated from beach sediment, and reclassification of *Amphibacillus fermentum* as *Pelagirhabdus fermentum* comb. nov.[J]. Int J Syst Evol Microbiol, 66(Pt 1): 84-90.

Sultanpuram VR, Mothe T. 2016. *Salipaludibacillus aurantiacus* gen. nov., sp. nov. a novel alkali tolerant bacterium, reclassification of *Bacillus agaradhaerens* as *Salipaludibacillus agaradhaerens* comb. nov. and *Bacillus neizhouensis* as *Salipaludibacillus neizhouensis* comb. nov.[J]. Int J Syst Evol Microbiol, 66(Pt 7): 2747-2753.

Sultanpuram VR, Mothe T, Mohammed F. 2015. *Salisediminibacterium haloalkalitolerans* sp. nov., isolated from Lonar soda lake, India, and a proposal for reclassification of *Bacillus locisalis* as *Salisediminibacterium locisalis* comb. nov., and the emended description of the genus *Salisediminibacterium* and of the species *Salisediminibacterium halotolerans*[J]. Arch Microbiol, 197(4): 553-560.

Sumby P, Smith MC. 2002. Genetics of the phage growth limitation (Pgl) system of *Streptomyces coelicolor* A3(2)[J]. Mol Microbiol, 44(2): 489-500.

Sumpavapol P, Tongyonk L, Tanasupawat S, Chokesajjawatee N, Luxananil P, Visessanguan W. 2010. *Bacillus siamensis* sp. nov., isolated from salted crab (poo-khem) in Thailand[J]. Int J Syst Evol Microbiol, 60(Pt 10): 2366-2370.

Sun C, Mueller RL. 2014. Hellbender genome sequences shed light on genomic expansion at the base of crown salamanders[J]. Genome Biol Evol, 6(7): 1818-1829.

Sun D, Wang C, Zhang X, Zhang W, Jiang H, Yao X, Liu L, Wen Z, Niu G, Shan X. 2019a. Draft genome sequence of cauliflower (*Brassica oleracea* L. var. *botrytis*) provides new insights into the C genome in *Brassica* species[J]. Hortic Res, 6: 82.

Sun G, Xu Y, Liu H, Sun T, Zhang J, Hettenhausen C, Shen G, Qi J, Qin Y, Li J, Wang L, Chang W, Guo Z, Baldwin IT, Wu J. 2018. Large-scale gene losses underlie the genome evolution of parasitic plant *Cuscuta australis*[J]. Nat Commun, 9(1): 2683.

Sun H, Wu S, Zhang G, Jiao C, Guo S, Ren Y, Zhang J, Zhang H, Gong G, Jia Z, Zhang F, Tian J, Lucas WJ, Doyle JJ, Li H, Fei Z, Xu Y. 2017. Karyotype stability and unbiased fractionation in the paleo-allotetraploid cucurbita genomes[J]. Mol Plant, 10(10): 1293-1306.

Sun J, Chen C, Miyamoto N, Li R, Sigwart JD, Xu T, Sun Y, Wong WC, Ip JCH, Zhang W, Lan Y, Bissessur D, Watsuji TO, Watanabe HK, Takaki Y, Ikeo K, Fujii N, Yoshitake K, Qiu JW, Takai K, Qian PY. 2020a. The scaly-foot snail genome and implications for the origins of biomineralised armour[J]. Nat Commun, 11(1): 1657.

Sun J, Ma D, Tang L, Zhao M, Zhang G, Wang W, Song J, Li X, Liu Z, Zhang W, Xu Q, Zhou Y, Wu J, Yamamoto T, Dai F, Lei Y, Li S, Zhou G, Zheng H, Xu Z, Chen W. 2019c. Population genomic analysis and *de novo* assembly reveal the origin of weedy rice as an evolutionary game[J]. Mol Plant, 12(5): 632-647.

Sun QL, Sun L. 2016. Description of *Domibacillus iocasae* sp. nov., isolated from deep-sea sediment, and emended description of the genus *Domibacillus*[J]. Int J Syst Evol Microbiol, 66(Pt 2): 982-987.

Sun W, Leng L, Yin Q, Xu M, Huang M, Xu Z, Zhang Y, Yao H, Wang C, Xiong C, Chen S, Jiang C, Xie N, Zheng X, Wang Y, Song C, Peters RJ, Chen S. 2019b. The genome of the medicinal plant *Andrographis paniculata* provides insight into the biosynthesis of the bioactive diterpenoid neoandrographolide[J]. Plant J, 97(5): 841-857.

Sun X, Miao L, Wu L, Chen R. 2019d. Improvement of bio-cementation at low temperature based on *Bacillus megaterium*[J]. Appl Microbiol Biotechnol, 103(17): 7191-7202.

Sun Y, Deng T, Zhang A, Moore MJ, Landis JB, Lin N, Zhang H, Zhang X, Huang J, Zhang X, Sun H, Wang H. 2020b. Genome sequencing of the endangered *Kingdonia uniflora* (Circaeasteraceae, Ranunculales) reveals potential mechanisms of evolutionary specialization[J]. iScience, 23(5): 101124.

Sun YB, Xiong ZJ, Xiang XY, Liu SP, Zhou WW, Tu XL, Zhong L, Wang L, Wu DD, Zhang BL, Zhu CL, Yang MM, Chen HM, Li F, Zhou L, Feng SH, Huang C, Zhang GJ, Irwin D, Hillis DM, Murphy RW, Yang HM, Che J, Wang J, Zhang YP. 2015. Whole-genome sequence of the Tibetan frog *Nanorana parkeri* and the comparative evolution of tetrapod genomes[J]. Proc Natl Acad Sci USA, 112(11): E1257-E1262.

Sundararaman SA, Plenderleith LJ, Liu W, Loy DE, Learn GH, Li Y, Shaw KS, Ayouba A, Peeters M, Speede S, Shaw GM, Bushman FD, Brisson D, Rayner JC, Sharp PM, Hahn BH. 2016. Genomes of cryptic chimpanzee *Plasmodium* species reveal key evolutionary events leading to human malaria[J].

Nat Commun, 7: 11078.

Sung H, Kim HS, Lee JY, Kang W, Kim PS, Hyun DW, Tak EJ, Jung MJ, Yun JH, Kim MS, Shin NR, Whon TW, Rho JR, Park SD, Shim HE, Bae JW. 2018. *Tumebacillus avium* sp. nov., isolated from the gut of a cinereous vulture, *Aegypius monachus*[J]. Int J Syst Evol Microbiol, 68(Pt 5): 1659-1664.

Sung MH, Kim H, Bae JW, Rhee SK, Jeon CO, Kim K, Kim JJ, Hong SP, Lee SG, Yoon JH, Park YH, Baek DH. 2002. *Geobacillus toebii* sp. nov., a novel thermophilic bacterium isolated from hay compost[J]. Int J Syst Evol Microbiol, 52(Pt 6): 2251-2255.

Sunil M, Hariharan AK, Nayak S, Gupta S, Nambisan SR, Gupta RP, Panda B, Choudhary B, Srinivasan S. 2014. The draft genome and transcriptome of *Amaranthus hypochondriacus*: a C4 dicot producing high-lysine edible pseudo-cereal[J]. DNA Res, 21(6): 585-602.

Suominen I, Spröer C, Kämpfer P, Rainey FA, Lounatmaa K, Salkinoja-Salonen M. 2003. *Paenibacillus stellifer* sp. nov., a cyclodextrin-producing species isolated from paperboard[J]. Int J Syst Evol Microbiol, 53(Pt 5): 1369-1374.

Suresh G, Lodha TD, Indu B, Sasikala C, Ramana CV. 2019. Taxogenomics resolves conflict in the genus *Rhodobacter*: a two and half decades pending thought to reclassify the genus *Rhodobacter*[J]. Front Microbiol, 10: 2480.

Suresh K, Prabagaran SR, Sengupta S, Shivaji S. 2004. *Bacillus indicus* sp. nov., an arsenic-resistant bacterium isolated from an aquifer in West Bengal, India[J]. Int J Syst Evol Microbiol, 54(Pt 4): 1369-1375.

Surm JM, Stewart ZK, Papanicolaou A, Pavasovic A, Prentis PJ. 2019. The draft genome of *Actinia tenebrosa* reveals insights into toxin evolution[J]. Ecol Evol, 9(19): 11316-11328.

Suryamohan K, Krishnankutty SP, Guillory J, Jevit M, Schröder MS, Wu M, Kuriakose B, Mathew OK, Perumal RC, Koludarov I, Goldstein LD, Senger K, Dixon MD, Velayutham D, Vargas D, Chaudhuri S, Muraleedharan M, Goel R, Chen YJ, Ratan A, Liu P, Faherty B, de la Rosa G, Shibata H, Baca M, Sagolla M, Ziai J, Wright GA, Vucic D, Mohan S, Antony A, Stinson J, Kirkpatrick DS, Hannoush RN, Durinck S, Modrusan Z, Stawiski EW, Wiley K, Raudsepp T, Kini RM, Zachariah A, Seshagiri S. 2020. The Indian cobra reference genome and transcriptome enables comprehensive identification of venom toxins[J]. Nat Genet, 52(1): 106-117.

Susič N, Koutsovoulos GD, Riccio C, Danchin EGJ, Blaxter ML, Lunt DH, Strajnar P, Širca S, Urek G, Stare BG. 2020. Genome sequence of the root-knot nematode *Meloidogyne luci*[J]. J Nematol, 52: 1-5.

Sutton JT, Helmkampf M, Steiner CC, Bellinger MR, Korlach J, Hall R, Baybayan P, Muehling J, Gu J, Kingan S, Masuda BM, Ryder OA. 2018. A high-quality, long-read *de novo* genome assembly to aid conservation of Hawaii's last remaining crow species[J]. Genes (Basel), 9(8): 393.

Suyamud B, Thiravetyan P, Gadd GM, Panyapinyopol B, Inthorn D. 2020. Bisphenol A removal from a plastic industry wastewater by *Dracaena sanderiana* endophytic bacteria and *Bacillus cereus* NI[J]. Int J Phytoremediation, 22(2): 167-175.

Suzuki Y, Kishigami T, Inoue K, Mizoguchi Y, Eto N, Takagi M, Abe S. 1983. *Bacillus thermoglucosidasius* sp. nov., a new species of obligately thermophilic bacilli[J]. Syst Appl Microbiol, 4(4): 487-495.

Swarts DC, Jore MM, Westra ER, Zhu Y, Janssen JH, Snijders AP, Wang Y, Patel DJ, Berenguer J, Brouns SJJ, van der Oost J. 2014b. DNA-guided DNA interference by a prokaryotic Argonaute. Nature, 507(7491): 258-261.

Swarts DC, Makarova K, Wang Y, Nakanishi K, Ketting RF, Koonin EV, Patel DJ, van der Oost J. 2014a. The evolutionary journey of Argonaute proteins[J]. Nat Struct Mol Biol, 21(9): 743-753.

Switzer Blum J, Burns Bindi A, Buzzelli J, Stolz JF, Oremland RS. 1998. *Bacillus arsenicoselenatis*, sp. nov., and *Bacillus selenitireducens*, sp. nov.: two haloalkaliphiles from Mono Lake, California that respire oxyanions of selenium and arsenic[J]. Arch Microbiol, 171(1): 19-30.

Tabor S, Richardson CC. 1987. DNA sequence analysis with a modified bacteriophage T7 DNA polymerase[J]. Proc Natl Acad Sci USA, 84(14): 4767-4771.

Tabor S, Richardson CC. 1989. Effect of manganese ions on the incorporation of dideoxynucleotides by bacteriophage T7 DNA polymerase and *Escherichia coli* DNA polymerase I[J]. Proc Natl Acad Sci USA, 86(11): 4076-4080.

Tabor S, Richardson CC. 1995. A single residue in DNA polymerases of the *Escherichia coli* DNA polymerase I family is critical for distinguishing between deoxy- and dideoxyribonucleotides[J]. Proc Natl Acad Sci USA, 92(14): 6339-6343.

Tachaapaikoon C, Tanasupawat S, Pason P, Sornyotha S, Waeonukul R, Kyu KL, Ratanakhanokchai K. 2012. *Paenibacillus xylaniclasticus* sp. nov., a xylanolytic-cellulolytic bacterium isolated from sludge in an anaerobic digester[J]. J Microbiol, 50(3): 394-400.

Tachibana S, Sullivan SA, Kawai S, Nakamura S, Kim HR, Goto N, Arisue N, Palacpac NM, Honma H, Yagi M, Tougan T, Katakai Y, Kaneko O, Mita T, Kita K, Yasutomi Y, Sutton PL, Shakhbatyan R, Horii T, Yasunaga T, Barnwell JW, Escalante AA, Carlton JM, Tanabe K. 2012. *Plasmodium cynomolgi* genome sequences provide insight into *Plasmodium vivax* and the monkey malaria clade[J]. Nat Genet, 44(9): 1051-1055.

Tak EJ, Kim HS, Lee JY, Kang W, Sung H, Kim PS, Hyun DW, Shin NR, Roh JR, Park SD, Shim HE, Bae JW. 2018. *Virgibacillus phasianinus* sp. nov., a halophilic bacterium isolated from faeces of a Swinhoe's pheasant, *Lophura swinhoii*[J]. Int J Syst Evol Microbiol, 68(Pt 4): 1190-1196.

Takagi H, Shida O, Kadowaki K, Komagata K, Udaka S. 1993. Characterization of *Bacillus brevis* with descriptions of *Bacillus migulanus* sp. nov., *Bacillus choshinensis* sp. nov., *Bacillus parabrevis* sp. nov., and *Bacillus galactophilus* sp. nov.[J]. Int J Syst Bacteriol, 43(Pt 2): 221-231.

Takahashi S, Murakami K, Anazawa T, Kambara H. 1994. Multiple sheath-flow gel capillary-array electrophoresis for multicolor fluorescent DNA detection[J]. Anal Chem, 66(7): 1021-1026.

Takami H, Nakasone K, Takaki Y, Maeno G, Sasaki R, Masui N, Fuji F, Hirama C, Nakamura Y, Ogasawara N, Kuhara S, Horikoshi K. 2000. Complete genome sequence of the alkaliphilic bacterium *Bacillus halodurans* and genomic sequence comparison with *Bacillus subtilis*[J]. Nucleic Acids Res, 28(21): 4317-4331.

Takami H, Takaki Y, Chee GJ, Nishi S, Shimamura S, Suzuki H, Matsui S, Uchiyama I. 2004. Thermoadaptation trait revealed by the genome sequence of thermophilic *Geobacillus kaustophilus*[J]. Nucleic Acids Res, 32(21): 6292-6303.

Takami H, Takaki Y, Uchiyama I. 2002. Genome sequence of *Oceanobacillus iheyensis* isolated from the Iheya Ridge and its unexpected adaptive capabilities to extreme environments[J]. Nucleic Acids Res, 30(18): 3927-3935.

Takebe F, Hirota K, Nodasaka Y, Yumoto I. 2012. *Brevibacillus nitrificans* sp. nov., a nitrifying bacterium isolated from a microbiological agent for enhancing microbial digestion in sewage treatment tanks[J]. Int J Syst Evol Microbiol, 62(Pt 9): 2121-2126.

Takeda M, Kamagata Y, Shinmaru S, Nishiyama T, Koizumi J. 2002. *Paenibacillus koleovorans* sp. nov., able to grow on the sheath of *Sphaerotilus natans*[J]. Int J Syst Evol Microbiol, 52(Pt 5): 1597-1601.

Takeuchi T, Kawashima T, Koyanagi R, Gyoja F, Tanaka M, Ikuta T, Shoguchi E, Fujiwara M, Shinzato C, Hisata K, Fujie M, Usami T, Nagai K, Maeyama K, Okamoto K, Aoki H, Ishikawa T, Masaoka T, Fujiwara A, Endo K, Endo H, Nagasawa H, Kinoshita S, Asakawa S, Watabe S, Satoh N. 2012. Draft genome of the pearl oyster *Pinctada fucata*: a platform for understanding bivalve biology[J]. DNA Res, 19(2): 117-130.

Tallon LJ, Liu X, Bennuru S, Chibucos MC, Godinez A, Ott S, Zhao X, Sadzewicz L, Fraser CM, Nutman TB, Dunning Hotopp JC. 2014. Single molecule sequencing and genome assembly of a clinical specimen of *Loa loa*, the causative agent of loiasis[J]. BMC Genomics, 15: 788.

Talsania K, Mehta M, Raley C, Kriga Y, Gowda S, Grose C, Drew M, Roberts V, Cheng KT, Burkett S, Oeser S, Stephens R, Soppet D, Chen X, Kumar P, German O, Smirnova T, Hautman C, Shetty J, Tran B, Zhao Y, Esposito D. 2019. Genome assembly and annotation of the *Trichoplusia ni* Tni-FNL insect cell line enabled by long-read technologies[J]. Genes (Basel), 10(2): E79.

Talundzic E, Ravishankar S, Nayak V, Patel DS, Olsen C, Sheth M, Batra D, Loparev V, Vannberg FO, Udhayakumar V, Barnwell JW. 2017. First Full Draft Genome Sequence of *Plasmodium brasilianum*[J]. Genome Announc, 5(6): e01566-16.

Taly V, Kelly BT, Griffiths AD. 2007. Droplets as microreactors for high-throughput biology[J]. Chembiochem, 8(3): 263-272.

Tambong JT. 2019. Taxogenomics and systematics of the genus *Pantoea*[J]. Front Microbiol, 10: 2463.

Tan MH, Austin CM, Hammer MP, Lee YP, Croft LJ, Gan HM. 2018. Finding Nemo: hybrid assembly with Oxford Nanopore and Illumina reads greatly improves the clownfish (*Amphiprion ocellaris*) genome assembly[J]. Gigascience, 7(3): gix137.

Tan MH, Gan HM, Lee YP, Grandjean F, Croft LJ, Austin CM. 2020. A giant genome for a giant crayfish (*Cherax quadricarinatus*) with insights into cox1 pseudogenes in Decapod genomes[J]. Front Genet, 11: 201.

Tanaka H, Hirakawa H, Kosugi S, Nakayama S, Ono A, Watanabe A, Hashiguchi M, Gondo T, Ishigaki G, Muguerza M, Shimizu K, Sawamura N, Inoue T, Shigeki Y, Ohno N, Tabata S, Akashi R, Sato S. 2016. Sequencing and comparative analyses of the genomes of zoysiagrasses[J]. DNA Res, 23(2): 171-180.

Tanaka M, Makiuchi T, Komiyama T, Shiina T, Osaki K, Tachibana H. 2019. Whole genome sequencing of *Entamoeba nuttalli* reveals mammalian host-related molecular signatures and a novel octapeptide-repeat surface protein[J]. PLoS Negl Trop Dis, 13(12): e0007923.

Tanasupawat S, Chamroensaksri N, Kudo T, Itoh T. 2010. Identification of moderately halophilic bacteria from Thai fermented fish (pla-ra) and proposal of *Virgibacillus siamensis* sp. nov.[J]. J Gen Appl Microbiol, 56(5): 369-379.

Tanasupawat S, Namwong S, Kudo T, Itoh T. 2007. *Piscibacillus salipiscarius* gen. nov., sp. nov., a moderately halophilic bacterium from fermented fish (pla-ra) in Thailand[J]. Int J Syst Evol Microbiol, 57(Pt 7): 1413-1417.

Tang B, Wang Z, Liu Q, Zhang H, Jiang S, Li X, Wang Z, Sun Y, Sha Z, Jiang H, Wu X, Ren Y, Li H, Xuan F, Ge B, Jiang W, She S, Sun H, Qiu Q, Wang W, Wang Q, Qiu G, Zhang D, Li Y. 2020a. High-quality genome assembly of *Eriocheir japonica sinensis* reveals its unique genome evolution[J]. Front Genet, 10: 1340.

Tang B, Zhang D, Li H, Jiang S, Zhang H, Xuan F, Ge B, Wang Z, Liu Y, Sha Z, Cheng Y, Jiang W, Jiang H, Wang Z, Wang K, Li C, Sun Y, She S, Qiu Q, Wang W, Li X, Li Y, Liu Q, Ren Y. 2020b. Chromosome-level genome assembly reveals the unique genome evolution of the swimming crab (*Portunus trituberculatus*)[J]. Gigascience, 9(1): giz161.

Tang CY, Li S, Wang YT, Wang X. 2020c. Comparative genome/transcriptome analysis probes Boraginales'phylogenetic position, WGDs in Boraginales, and key enzyme genes in the alkannin/shikonin core pathway[J]. Mol Ecol Resour, 20(1): 228-241.

Tang H, Krishnakumar V, Bidwell S, Rosen B, Chan A, Zhou S, Gentzbittel L, Childs KL, Yandell M, Gundlach H, Mayer KF, Schwartz DC, Town CD. 2014b. An improved genome release (version Mt4.0) for the model legume *Medicago truncatula*[J]. BMC Genomics, 15: 312.

Tang QY, Yang N, Wang J, Xie YQ, Ren B, Zhou YG, Gu MY, Mao J, Li WJ, Shi YH, Zhang LX. 2011. *Paenibacillus algorifonticola* sp. nov., isolated from a cold spring[J]. Int J Syst Evol Microbiol, 61(Pt 9): 2167-2172.

Tang W, Sun X, Yue J, Tang X, Jiao C, Yang Y, Niu X, Miao M, Zhang D, Huang S, Shi W, Li M, Fang C, Fei Z, Liu Y. 2019. Chromosome-scale genome assembly of kiwifruit *Actinidia eriantha* with single-molecule sequencing and chromatin interaction mapping[J]. Gigascience, 8(4): giz027.

Tang YT, Gao X, Rosa BA, Abubucker S, Hallsworth-Pepin K, Martin J, Tyagi R, Heizer E, Zhang X, Bhonagiri-Palsikar V, Minx P, Warren WC, Wang Q, Zhan B, Hotez PJ, Sternberg PW, Dougall A, Gaze ST, Mulvenna J, Sotillo J, Ranganathan S, Rabelo EM, Wilson RW, Felgner PL, Bethony J, Hawdon JM, Gasser RB, Loukas A, Mitreva M. 2014a. Genome of the human hookworm *Necator americanus*[J]. Nat Genet, 46(3): 261-269.

Tawfik DS, Griffiths AD. 1998. Man-made cell-like compartments for molecular evolution[J]. Nat Biotechnol, 16(7): 652-656.

Taylor GA, Kirk H, Coombe L, Jackman SD, Chu J, Tse K, Cheng D, Chuah E, Pandoh P, Carlsen R, Zhao Y, Mungall AJ, Moore R, Birol I, Franke M, Marra MA, Dutton C, Jones SJM. 2018. The genome of the North American brown bear or grizzly: *Ursus arctos* ssp. *horribilis*[J]. Genes (Basel), 9(12): 598.

Taylor PN, Porcu E, Chew S, Campbell PJ, Traglia M, Brown SJ, Mullin BH, Shihab HA, Min J, Walter K, Memari Y, Huang J, Barnes MR, Beilby JP, Charoen P, Danecek P, Dudbridge F, Forgetta V, Greenwood C, Grundberg E, Johnson AD, Hui J, Lim EM, McCarthy S, Muddyman D, Panicker V, Perry JR, Bell JT, Yuan W, Relton C, Gaunt T, Schlessinger D, Abecasis G, Cucca F, Surdulescu GL, Woltersdorf W, Zeggini E, Zheng HF, Toniolo D, Dayan CM, Naitza S, Walsh JP, Spector T, Davey Smith G, Durbin R, Richards JB, Sanna S, Soranzo N, Timpson NJ, Wilson SG, UK0K Consortium. 2015. Whole-genome sequence-based analysis of thyroid function[J]. Nat Commun, 6: 5681.

Taylor RS, Horn RL, Zhang X, Golding GB, Manseau M, Wilson PJ. 2019. The caribou (*Rangifer tarandus*) genome[J]. Genes (Basel), 10(7): E540.

Tcherpakov M, Ben-Jacob E, Gutnick DL. 1999. *Paenibacillus dendritiformis* sp. nov., proposal for a new pattern-forming species and its localization within a phylogenetic cluster[J]. Int J Syst Bacteriol, 49(Pt 1): 239-246.

Teeling EC, Vernes SC, Dávalos LM, Ray DA, Gilbert MTP, Myers E, Bat1K Consortium. 2018. Bat biology, genomes, and the Bat1K Project: to generate chromosome-level genomes for all living bat species[J]. Annu Rev Anim Biosci, 6: 23-46.

Teh BT, Lim K, Yong CH, Ng CCY, Rao SR, Rajasegaran V, Lim WK, Ong CK, Chan K, Cheng VKY, Soh PS, Swarup S, Rozen SG, Nagarajan N, Tan P. 2017. The draft genome of tropical fruit durian (*Durio zibethinus*)[J]. Nat Genet, 49(11): 1633-1641.

Teh KY, Afifudeen CLW, Aziz A, Wong LL, Loh SH, Cha TS. 2019. *De novo* whole genome sequencing data of two mangrove-isolated microalgae from Terengganu coastal waters[J]. Data Brief, 27: 104680.

Tekaia F, Lazcano A, Dujon B. 1999. The genomic tree as revealed from whole proteome comparisons[J]. Genome Res, 9(6): 550-557.

Ten LN, Baek SH, Im WT, Lee M, Oh HW, Lee ST. 2006c. *Paenibacillus panacisoli* sp. nov., a xylanolytic bacterium isolated from soil in a ginseng field in South Korea[J]. Int J Syst Evol Microbiol, 56(Pt 11): 2677-2681.

Ten LN, Baek SH, Im WT, Liu QM, Aslam Z, Lee ST. 2006b. *Bacillus panaciterrae* sp. nov., isolated from soil of a ginseng field[J]. Int J Syst Evol Microbiol, 56(Pt 12): 2861-2866.

Ten LN, Im WT, Baek SH, Lee JS, Oh HM, Lee ST. 2006a. *Bacillus ginsengihumi* sp. nov., a novel species isolated from soil of a ginseng field in Pocheon Province, South Korea[J]. J Microbiol Biotechnol, 16(10): 1556-1560.

Teng H, Hall MB, Duarte T, Cao MD, Coin L. 2018. Chiron: translating nanopore raw signal directly into nucleotide sequence using deep learning[J]. Gigascience, 7(5): giy037.

Terrapon N, Li C, Robertson HM, Ji L, Meng X, Booth W, Chen Z, Childers CP, Glastad KM, Gokhale K, Gowin J, Gronenberg W, Hermansen RA, Hu H, Hunt BG, Huylmans AK, Khalil SM, Mitchell RD, Munoz-Torres MC, Mustard JA, Pan H, Reese JT, Scharf ME, Sun F, Vogel H, Xiao J, Yang W, Yang Z, Yang Z, Zhou J, Zhu J, Brent CS, Elsik CG, Goodisman MA, Liberles DA, Roe RM, Vargo EL, Vilcinskas A, Wang J, Bornberg-Bauer E, Korb J, Zhang G, Liebig J. 2014. Molecular traces of alternative social organization in a termite genome[J]. Nat Commun, 5: 3636.

Teterina AA, Willis JH, Phillips PC. 2020. Chromosome-level assembly of the *Caenorhabditis remanei* genome reveals conserved patterns of Nematode genome organization[J]. Genetics, 214(4): 769-780.

Thai BT, Lee YP, Gan HM, Austin CM, Croft LJ, Trieu TA, Tan MH. 2019. Whole genome assembly of the snout otter clam, *Lutraria rhynchaena*, using nanopore and illumina data, benchmarked against bivalve genome assemblies[J]. Front Genet, 10: 1158.

The Chimpanzee Sequencing and Analysis Consortium. 2005. Initial sequence of the chimpanzee genome and comparison with the human genome[J]. Nature, 437(7055): 69-87.

Thomas GWC, Dohmen E, Hughes DST, Murali SC, Poelchau M, Glastad K, Anstead CA, Ayoub NA, Batterham P, Bellair M, Binford GJ, Chao H, Chen YH, Childers C, Dinh H, Doddapaneni HV, Duan JJ, Dugan S, Esposito LA, Friedrich M, Garb J, Gasser RB, Goodisman MAD, Gundersen-Rindal DE, Han Y, Handler AM, Hatakeyama M, Hering L, Hunter WB, loannidis P, Jayaseelan JC, Kalra D, Khila A Korhonen PK, Lee CE, Lee SL, Li Y, Lindsey ARI, Mayer G, McGregor AP, McKenna DD, Misof B,

Munidasa M, Munoz-Torres M, Muzny DM, Niehuis O, Osuji-Lacy N, Palli SR, Panfilio KA, Pechmann M, Perry T, Peters RS, Poynton HC, Prpic NM, Qu J, Rotenberg D, Schal C, Schoville SD, Scully ED, Skinner E, Sloan DB, Stouthamer R, Strand MR, Szucsich NU, Wijeratne A, Young ND, Zattara EE, Benoit JB, Zdobnov EM, Pfrender ME, Hackett KJ, Werren JH, Worley KC, Gibbs RA, Chipman AD, Waterhouse RM, Bornberg-Bauer E, Hahn MW, Richards S. 2020. Gene content evolution in the arthropods[J]. Genome Biol, 21(1): 15.

Thomas GWC, Wang RJ, Puri A, Harris RA, Raveendran M, Hughes DST, Murali SC, Williams LE, Doddapaneni H, Muzny DM, Gibbs RA, Abee CR, Galinski MR, Worley KC, Rogers J, Radivojac P, Hahn MW. 2018. Reproductive longevity predicts mutation rates in primates[J]. Curr Biol, 28(19): 3193-3197.e5.

Thomas SH, Wagner RD, Arakaki AK, Skolnick J, Kirby JR, Shimkets LJ, Sanford RA, Löffler FE. 2008. The mosaic genome of *Anaeromyxobacter dehalogenans* strain 2CP-C suggests an aerobic common ancestor to the delta-Proteobacteria[J]. PLoS One, 3(5): e2103.

Thompson CC, Emmel VE, Fonseca EL, Marin MA, Vicente ACP. 2013. Streptococcal taxonomy based on genome sequence analyses[J]. F1000Res, 2: 67.

Thompson CC, Vicente AC, Souza RC, Vasconcelos AT, Vesth T, Alves N Jr, Ussery DW, Iida T, Thompson FL. 2009. Genomic taxonomy of *Vibrios*[J]. BMC Evol Biol, 9: 258.

Thompson CC, Vieira NM, Vicente AC, Thompson FL. 2011. Towards a genome based taxonomy of *Mycoplasmas*[J]. Infect Genet Evol, 11(7): 1798-1804.

Thompson LR, Sanders JG, McDonald D, Amir A, Ladau J, Locey KJ, Prill RJ, Tripathi A, Gibbons SM, Ackermann G, Navas-Molina JA, Janssen S, Kopylova E, Vázquez-Baeza Y, González A, Morton JT, Mirarab S, Xu ZZ, Jiang L, Haroon MF, Kanbar J, Zhu Q, Song SJ, Kosciolek T, Bokulich NA, Lefler J, Brislawn CJ, Humphrey G, Owens SM, Hampton-Marcell J, Berg-Lyons D, McKenzie V, Fierer N, Fuhrman JA, Clauset A, Stevens RL, Shade A, Pollard KS, Goodwin KD, Jansson JK, Gilbert JA, Knight R; Earth Microbiome Project Consortium. 2017b. A communal catalogue reveals Earth's multiscale microbial diversity[J]. Nature, 551(7681): 457-463.

Thompson PC, Zarlenga DS, Liu MY, Rosenthal BM. 2017a. Long-read sequencing improves assembly of *Trichinella* genomes 10-fold, revealing substantial synteny between lineages diverged over 7 million years[J]. Parasitology, 144(10): 1302-1315.

Thybert D, Roller M, Navarro FCP, Fiddes I, Streeter I, Feig C, Martin-Galvez D, Kolmogorov M, Janoušek V, Akanni W, Aken B, Aldridge S, Chakrapani V, Chow W, Clarke L, Cummins C, Doran A, Dunn M, Goodstadt L, Howe K, Howell M, Josselin AA, Karn RC, Laukaitis CM, Jingtao L, Martin F, Muffato M, Nachtweide S, Quail MA, Sisu C, Stanke M, Stefflova K, Van Oosterhout C, Veyrunes F, Ward B, Yang F, Yazdanifar G, Zadissa A, Adams DJ, Brazma A, Gerstein M, Paten B, Pham S, Keane TM, Odom DT, Flicek P. 2018. Repeat associated mechanisms of genome evolution and function revealed by the *Mus caroli* and *Mus pahari* genomes[J]. Genome Res, 28(4): 448-459.

Tiago I, Pires C, Mendes V, Morais PV, da Costa MS, Veríssimo A. 2006. *Bacillus foraminis* sp. nov., isolated from a non-saline alkaline groundwater[J]. Int J Syst Evol Microbiol, 56(Pt 11): 2571-2574.

Tidjani Alou M, Rathored J, Lagier JC, Khelaifia S, Michelle C, Sokhna C, Diallo A, Diallo AB, Fournier PE, Raoult D, Edouard S. 2016a. *Rubeoparvulum massiliense* gen. nov., sp. nov., a new bacterial genus isolated from the human gut of a Senegalese infant with severe acute malnutrition[J]. New Microbes New Infect, 15: 49-60.

Tidjani Alou M, Rathored J, Nguyen TT, Andrieu C, Couderc C, Brah S, Diallo BA, Fournier PE, Raoult D, Dubourg G. 2016b. *Paenibacillus phocaensis* sp. nov., isolated from the gut microbiota of a healthy infant[J]. New Microbes New Infect, 16: 13-24.

Tidjani Alou M, Rathored J, Traore SI, Khelaifia S, Michelle C, Brah S, Diallo BA, Raoult D, Lagier JC. 2015a. *Bacillus niameyensis* sp. nov., a new bacterial species isolated from human gut[J]. New Microbes New Infect, 8: 61-69.

Tidjani Alou M, Rathored J, Khelaifia S, Michelle C, Brah S, Diallo BA, Raoult D, Lagier JC. 2015b. *Bacillus rubiinfantis* sp. nov. strain mt2$^{T}$, a new bacterial species isolated from human gut[J]. New Microbes

New Infect, 8: 51-60.

Tigano A, Sackton TB, Friesen VL. 2018. Assembly and RNA-free annotation of highly heterozygous genomes: the case of the thick-billed murre (*Uria lomvia*)[J]. Mol Ecol Resour, 18(1): 79-90.

Tiley GP, Kimball RT, Braun EL, Burleigh JG. 2018. Comparison of the Chinese bamboo partridge and red Junglefowl genome sequences highlights the importance of demography in genome evolution[J]. BMC Genomics, 19(1): 336.

Timpson NJ, Walter K, Min JL, Tachmazidou I, Malerba G, Shin SY, Chen L, Futema M, Southam L, Iotchkova V, Cocca M, Huang J, Memari Y, McCarthy S, Danecek P, Muddyman D, Mangino M, Menni C, Perry JR, Ring SM, Gaye A, Dedoussis G, Farmaki AE, Burton P, Talmud PJ, Gambaro G, Spector TD, Smith GD, Durbin R, Richards JB, Humphries SE, Zeggini E, Soranzo N, UK1OK Consortium Members, UK1OK Consortium Members. 2014. A rare variant in APOC3 is associated with plasma triglyceride and VLDL levels in Europeans[J]. Nat Commun, 5: 4871.

Tindall BJ. 2017. The consequences of *Bacillus axarquiensis* Ruiz-García et al. 2005, *Bacillus malacitensis* Ruiz-García et al. 2005 and *Brevibacterium halotolerans* Delaporte and Sasson 1967 (Approved Lists 1980) being treated as heterotypic synonyms[J]. Int J Syst Evol Microbiol, 67(Pt 1): 175-176.

Tindall BJ, Rosselló-Móra R, Busse HJ, Ludwig W, Kämpfer P. 2010. Notes on the characterization of prokaryote strains for taxonomic purposes[J]. Int J Syst Evol Microbiol, 60(Pt 1): 249-266.

Titus BM, Blischak PD, Daly M. 2019. Genomic signatures of sympatric speciation with historical and contemporary gene flow in a tropical anthozoan (Hexacorallia: Actiniaria)[J]. Mol Ecol, 28(15): 3572-3586.

Togo AH, Khelaifia S, Lagier JC, Caputo A, Robert C, Fournier PE, Maraninchi M, Valero R, Raoult D, Million M. 2016. Noncontiguous finished genome sequence and description of *Paenibacillus ihumii* sp. nov. strain AT5[J]. New Microbes New Infect, 10: 142-150.

Tollis M, Robbins J, Webb AE, Kuderna LFK, Caulin AF, Garcia JD, Bèrubè M, Pourmand N, Marques-Bonet T, O'Connell MJ, Palsbøll PJ, Maley CC. 2019. Return to the sea, get huge, beat cancer: an analysis of cetacean genomes including an assembly for the humpback whale (*Megaptera novaeangliae*)[J]. Mol Biol Evol, 36(8): 1746-1763.

Tomato Genome Consortium. 2012. The tomato genome sequence provides insights into fleshy fruit evolution[J]. Nature, 485(7400): 635-641.

Tomato Genome Sequencing Consortium, Aflitos S, Schijlen E, de Jong H, de Ridder D, Smit S, Finkers R, Wang J, Zhang G, Li N, Mao L, Bakker F, Dirks R, Breit T, Gravendeel B, Huits H, Struss D, Swanson-Wagner R, van Leeuwen H, van Ham RC, Fito L, Guignier L, Sevilla M, Ellul P, Ganko E, Kapur A, Reclus E, de Geus B, van de Geest H, Te Lintel Hekkert B, van Haarst J, Smits L, Koops A, Sanchez-Perez G, van Heusden AW, Visser R, Quan Z, Min J, Liao L, Wang X, Wang G, Yue Z, Yang X, Xu N, Schranz E, Smets E, Vos R, Rauwerda J, Ursem R, Schuit C, Kerns M, van den Berg J, Vriezen W, Janssen A, Datema E, Jahrman T, Moquet F, Bonnet J, Peters S. 2014. Exploring genetic variation in the tomato (*Solanum* section *Lycopersicon*) clade by whole-genome sequencing[J]. Plant J, 80(1): 136-148.

Tominaga T, An SY, Oyaizu H, Yokota A. 2009. *Oceanobacillus soja* sp. nov. isolated from soy sauce production equipment in Japan[J]. J Gen Appl Microbiol, 55(3): 225-232.

Tørresen OK, Brieuc MSO, Solbakken MH, Sørhus E, Nederbragt AJ, Jakobsen KS, Meier S, Edvardsen RB, Jentoft S. 2018. Genomic architecture of haddock (*Melanogrammus aeglefinus*) shows expansions of innate immune genes and short tandem repeats[J]. BMC Genomics, 19(1): 240.

Touzel JP, O'Donohue M, Debeire P, Samain E, Breton C. 2000. *Thermobacillus xylanilyticus* gen. nov., sp. nov., a new aerobic thermophilic xylan-degrading bacterium isolated from farm soil[J]. Int J Syst Evol Microbiol, 50(Pt 1): 315-320.

Tran HTM, Ramaraj T, Furtado A, Lee LS, Henry RJ. 2018. Use of a draft genome of coffee (*Coffea arabica*) to identify SNPs associated with caffeine content[J]. Plant Biotechnol J, 16(10): 1756-1766.

Traore SI, Cimmino T, Lagier JC, Khelaifia S, Brah S, Michelle C, Caputo A, Diallo BA, Fournier PE, Raoult D, Rolain JM. 2015. Noncontiguous finished genome sequence and description of *Bacillus andreraoultii* strain SIT1$^T$ sp. nov.[J]. New Microbes New Infect, 10: 25-35.

Treitli SC, Kolisko M, Husník F, Keeling PJ, Hampl V. 2019. Revealing the metabolic capacity of *Streblomastix strix* and its bacterial symbionts using single-cell metagenomics[J]. Proc Natl Acad Sci USA, 116(39): 19675-19684.

*Tribolium* Genome Sequencing Consortium, Richards S, Gibbs RA, Weinstock GM, Brown SJ, Denell R, Beeman RW, Gibbs R, Beeman RW, Brown SJ, Bucher G, Friedrich M, Grimmelikhuijzen CJ, Klingler M, Lorenzen M, Richards S, Roth S, Schröder R, Tautz D, Zdobnov EM, Muzny D, Gibbs RA, Weinstock GM, Attaway T, Bell S, Buhay CJ, Chandrabose MN, Chavez D, Clerk-Blankenburg KP, Cree A, Dao M, Davis C, Chacko J, Dinh H, Dugan-Rocha S, Fowler G, Garner TT, Garnes J, Gnirke A, Hawes A, Hernandez J, Hines S, Holder M, Hume J, Jhangiani SN, Joshi V, Khan ZM, Jackson L, Kovar C, Kowis A, Lee S, Lewis LR, Margolis J, Morgan M, Nazareth LV, Nguyen N, Okwuonu G, Parker D, Richards S, Ruiz SJ, Santibanez J, Savard J, Scherer SE, Schneider B, Sodergren E, Tautz D, Vattahil S, Villasana D, White CS, Wright R, Park Y, Beeman RW, Lord J, Oppert B, Lorenzen M, Brown S, Wang L, Savard J, Tautz D, Richards S, Weinstock G, Gibbs RA, Liu Y, Worley K, Weinstock G, Elsik CG, Reese JT, Elhaik E, Landan G, Graur D, Arensburger P, Atkinson P, Beeman RW, Beidler J, Brown SJ, Demuth JP, Drury DW, Du YZ, Fujiwara H, Lorenzen M, Maselli V, Osanai M, Park Y, Robertson HM, Tu Z, Wang JJ, Wang S, Richards S, Song H, Zhang L, Sodergren E, Werner D, Stanke M, Morgenstern B, Solovyev V, Kosarev P, Brown G, Chen HC, Ermolaeva O, Hlavina W, Kapustin Y, Kiryutin B, Kitts P, Maglott D, Pruitt K, Sapojnikov V, Souvorov A, Mackey AJ, Waterhouse RM, Wyder S, Zdobnov EM, Zdobnov EM, Wyder S, Kriventseva EV, Kadowaki T, Bork P, Aranda M, Bao R, Beermann A, Berns N, Bolognesi R, Bonneton F, Bopp D, Brown SJ, Bucher G, Butts T, Chaumot A, Denell RE, Ferrier DE, Friedrich M, Gordon CM, Jindra M, Klingler M, Lan Q, Lattorff HM, Laudet V, von Levetsow C, Liu Z, Lutz R, Lynch JA, da Fonseca RN, Posnien N, Reuter R, Roth S, Savard J, Schinko JB, Schmitt C, Schoppmeier M, Schröder R, Shippy TD, Simonnet F, Marques-Souza H, Tautz D, Tomoyasu Y, Trauner J, Van der Zee M, Vervoort M, Wittkopp N, Wimmer EA, Yang X, Jones AK, Sattelle DB, Ebert PR, Nelson D, Scott JG, Beeman RW, Muthukrishnan S, Kramer KJ, Arakane Y, Beeman RW, Zhu Q, Hogenkamp D, Dixit R, Oppert B, Jiang H, Zou Z, Marshall J, Elpidina E, Vinokurov K, Oppert C, Zou Z, Evans J, Lu Z, Zhao P, Sumathipala N, Altincicek B, Vilcinskas A, Williams M, Hultmark D, Hetru C, Jiang H, Grimmelikhuijzen CJ, Hauser F, Cazzamali G, Williamson M, Park Y, Li B, Tanaka Y, Predel R, Neupert S, Schachtner J, Verleyen P, Raible F, Bork P, Friedrich M, Walden KK, Robertson HM, Angeli S, Forêt S, Bucher G, Schuetz S, Maleszka R, Wimmer EA, Beeman RW, Lorenzen M, Tomoyasu Y, Miller SC, Grossmann D, Bucher G. 2008. The genome of the model beetle and pest *Tribolium castaneum*[J]. Naturc, 452(7190): 949-955.

Trouern-Trend AJ, Falk T, Zaman S, Caballero M, Neale DB, Langley CH, Dandekar AM, Stevens KA, Wegrzyn JL. 2020. Comparative genomics of six *Juglans* species reveals disease-associated gene family contractions[J]. Plant J, 102(2): 410-423.

Tsai IJ, Zarowiecki M, Holroyd N, Garciarrubio A, Sánchez-Flores A, Brooks KL, Tracey A, Bobes RJ, Fragoso G, Sciutto E, Aslett M, Beasley H, Bennett HM, Cai X, Camicia F, Clark R, Cucher M, De Silva N, Day TA, Deplazes P, Estrada K, Fernández C, Holland PWH, Hou J, Hu S, Huckvale T, Hung SS, Kamenetzky L, Keane JA, Kiss F, Koziol U, Lambert O, Liu K, Luo X, Luo Y, Macchiaroli N, Nichol S, Paps J, Parkinson J, Pouchkina-Stantcheva N, Riddiford N, Rosenzvit M, Salinas G, Wasmuth JD, Zamanian M, Zheng Y; *Taenia solium* Genome Consortium, Cai J, Soberón X, Olson PD, Laclette JP, Brehm K, Berriman M. 2013. The genomes of four tapeworm species reveal adaptations to parasitism[J]. Nature, 496(7443): 57-63.

Tsilinsky P. 1899. On the thermophilic moulds[J]. Ann Inst Pasteur, 13: 500-505. (in French)

Tsubouchi T, Mori K, Miyamoto N, Fujiwara Y, Kawato M, Shimane Y, Usui K, Tokuda M, Uemura M, Tame A, Uematsu K, Maruyama T, Hatada Y. 2015. *Aneurinibacillus tyrosinisolvens* sp. nov., a tyrosine-dissolving bacterium isolated from organics- and methane-rich seafloor sediment[J]. Int J Syst Evol Microbiol, 65(Pt 6): 1999-2005.

Tsuchiya MTN, Dikow RB, Cassin-Sackett L. 2020. First genome sequence of the Gunnison's prairie dog (*Cynomys gunnisoni*), a keystone species and player in the transmission of sylvatic plague[J]. Genome

Biol Evol, 12(5): 618-625.

Tsuge T, Hyakutake M, Mizuno K. 2015. Class IV polyhydroxyalkanoate (PHA) synthases and PHA-producing *Bacillus*[J]. Appl Microbiol Biotechnol, 99(15): 6231-6240.

Tsujimoto Y, Saito R, Furuya H, Ishihara D, Sahara T, Kimura N, Nishino T, Tsuruoka N, Shigeri Y, Watanabe K. 2016. *Caenibacillus caldisaponilyticus* gen. nov., sp. nov., a thermophilic, spore-forming and phospholipid-degrading bacterium isolated from acidulocompost[J]. Int J Syst Evol Microbiol, 66(Pt 7): 2686-2690.

Tsuruoka N, Isono Y, Shida O, Hemmi H, Nakayama T, Nishino T. 2003. *Alicyclobacillus sendaiensis* sp. nov., a novel acidophilic, slightly thermophilic species isolated from soil in Sendai, Japan[J]. Int J Syst Evol Microbiol, 53(Pt 4): 1081-1084.

Tu L, Su P, Zhang Z, Gao L, Wang J, Hu T, Zhou J, Zhang Y, Zhao Y, Liu Y, Song Y, Tong Y, Lu Y, Yang J, Xu C, Jia M, Peters RJ, Huang L, Gao W. 2020. Genome of *Tripterygium wilfordii* and identification of cytochrome P450 involved in triptolide biosynthesis[J]. Nat Commun, 11(1): 971.

Turnbaugh PJ, Ley RE, Hamady M, Fraser-Liggett CM, Knight R, Gordon JI. 2007. The human microbiome project[J]. Nature, 449(7164): 804-810.

Tuskan GA, Difazio S, Jansson S, Bohlmann J, Grigoriev I, Hellsten U, Putnam N, Ralph S, Rombauts S, Salamov A, Schein J, Sterck L, Aerts A, Bhalerao RR, Bhalerao RP, Blaudez D, Boerjan W, Brun A, Brunner A, Busov V, Campbell M, Carlson J, Chalot M, Chapman J, Chen GL, Cooper D, Coutinho PM, Couturier J, Covert S, Cronk Q, Cunningham R, Davis J, Degroeve S, Déjardin A, Depamphilis C, Detter J, Dirks B, Dubchak I, Duplessis S, Ehlting J, Ellis B, Gendler K, Goodstein D, Gribskov M, Grimwood J, Groover A, Gunter L, Hamberger B, Heinze B, Helariutta Y, Henrissat B, Holligan D, Holt R, Huang W, Islam-Faridi N, Jones S, Jones-Rhoades M, Jorgensen R, Joshi C, Kangasjärvi J, Karlsson J, Kelleher C, Kirkpatrick R, Kirst M, Kohler A, Kalluri U, Larimer F, Leebens-Mack J, Leplé JC, Locascio P, Lou Y, Lucas S, Martin F, Montanini B, Napoli C, Nelson DR, Nelson C, Nieminen K, Nilsson O, Pereda V, Peter G, Philippe R, Pilate G, Poliakov A, Razumovskaya J, Richardson P, Rinaldi C, Ritland K, Rouzé P, Ryaboy D, Schmutz J, Schrader J, Segerman B, Shin H, Siddiqui A, Sterky F, Terry A, Tsai CJ, Uberbacher E, Unneberg P, Vahala J, Wall K, Wessler S, Yang G, Yin T, Douglas C, Marra M, Sandberg G, Van de Peer Y, Rokhsar D. 2006. The genome of black cottonwood, *Populus trichocarpa* (Torr. & Gray)[J]. Science, 313(5793): 1596-1604.

Tvedte ES, Walden KKO, McElroy KE, Werren JH, Forbes AA, Hood GR, Logsdon JM, Feder JL, Robertson HM. 2019. Genome of the parasitoid wasp *Diachasma alloeum*, an emerging model for ecological speciation and transitions to asexual reproduction[J]. Genome Biol Evol, 11(10): 2767-2773.

Twyford AD. 2018. The road to 10000 plant genomes[J]. Nat Plants, 4(6): 312-313.

Tyagi R, Joachim A, Ruttkowski B, Rosa BA, Martin JC, Hallsworth-Pepin K, Zhang X, Ozersky P, Wilson RK, Ranganathan S, Sternberg PW, Gasser RB, Mitreva M. 2015. Cracking the nodule worm code advances knowledge of parasite biology and biotechnology to tackle major diseases of livestock[J]. Biotechnol Adv, 33(6 Pt 1): 980-991.

Udall JA, Long E, Hanson C, Yuan D, Ramaraj T, Conover JL, Gong L, Arick MA, Grover CE, Peterson DG, Wendel JF. 2019b. *De novo* genome sequence assemblies of *Gossypium raimondii* and *Gossypium turneri*[J]. G3 (Bethesda), 9(10): 3079-3085.

Udall JA, Long E, Ramaraj T, Conover JL, Yuan D, Grover CE, Gong L, Arick MA 2nd, Masonbrink RE, Peterson DG, Wendel JF. 2019a. The genome sequence of *Gossypioides kirkii* illustrates a descending dysploidy in plants[J]. Front Plant Sci, 10: 1541.

Uetanabaro AP, Wahrenburg C, Hunger W, Pukall R, Spröer C, Stackebrandt E, de Canhos VP, Claus D, Fritze D. 2003. *Paenibacillus agarexedens* sp. nov., nom. rev., and *Paenibacillus agaridevorans* sp. nov.[J]. Int J Syst Evol Microbiol, 53(Pt 4): 1051-1057.

UK10K Consortium, Walter K, Min JL, Huang J, Crooks L, Memari Y, McCarthy S, Perry JR, Xu C, Futema M, Lawson D, Iotchkova V, Schiffels S, Hendricks AE, Danecek P, Li R, Floyd J, Wain LV, Barroso I, Humphries SE, Hurles ME, Zeggini E, Barrett JC, Plagnol V, Richards JB, Greenwood CM, Timpson NJ, Durbin R, Soranzo N. 2015. The UK10K project identifies rare variants in health and disease[J].

Nature, 526(7571): 82-90.

Uliano-Silva M, Dondero F, Dan Otto T, Costa I, Lima NCB, Americo JA, Mazzoni CJ, Prosdocimi F, Rebelo MF. 2018. A hybrid-hierarchical genome assembly strategy to sequence the invasive golden mussel, *Limnoperna fortunei*[J]. Gigascience, 7(2): gix128.

Ullate-Agote A, Milinkovitch MC, Tzika AC. 2014. The genome sequence of the corn snake (*Pantherophis guttatus*), a valuable resource for EvoDevo studies in squamates[J]. Int J Dev Biol, 58(10-12): 881-888.

Unver T, Wu Z, Sterck L, Turktas M, Lohaus R, Li Z, Yang M, He L, Deng T, Escalante FJ, Llorens C, Roig FJ, Parmaksiz I, Dundar E, Xie F, Zhang B, Ipek A, Uranbey S, Erayman M, Ilhan E, Badad O, Ghazal H, Lightfoot DA, Kasarla P, Colantonio V, Tombuloglu H, Hernandez P, Mete N, Cetin O, Van Montagu M, Yang H, Gao Q, Dorado G, Van de Peer Y. 2017. Genome of wild olive and the evolution of oil biosynthesis[J]. Proc Natl Acad Sci USA, 114(44): E9413-E9422.

Upadhyay AK, Chacko AR, Gandhimathi A, Ghosh P, Harini K, Joseph AP, Joshi AG, Karpe SD, Kaushik S, Kuravadi N, Lingu CS, Mahita J, Malarini R, Malhotra S, Malini M, Mathew OK, Mutt E, Naika M, Nitish S, Pasha SN, Raghavender US, Rajamani A, Shilpa S, Shingate PN, Singh HR, Sukhwal A, Sunitha MS, Sumathi M, Ramaswamy S, Gowda M, Sowdhamini R. 2015. Genome sequencing of herb Tulsi (*Ocimum tenuiflorum*) unravels key genes behind its strong medicinal properties[J]. BMC Plant Biol, 15: 212.

Urasaki N, Takagi H, Natsume S, Uemura A, Taniai N, Miyagi N, Fukushima M, Suzuki S, Tarora K, Tamaki M, Sakamoto M, Terauchi R, Matsumura H. 2017. Draft genome sequence of bitter gourd (*Momordica charantia*), a vegetable and medicinal plant in tropical and subtropical regions[J]. DNA Res, 24(1): 51-58.

Urbarova I, Patel H, Forêt S, Karlsen BO, Jørgensen TE, Hall-Spencer JM, Johansen SD. 2018. Elucidating the small regulatory RNA repertoire of the sea anemone *Anemonia viridis* based on whole genome and small RNA sequencing[J]. Genome Biol Evol, 10(2): 410-426.

Vadakkemukadiyil Chellappan B, Pr S, Vijayan S, Rajan VS, Sasi A, Nair AS. 2019. High quality draft genome of arogyapacha (*Trichopus zeylanicus*), an important medicinal plant endemic to Western Ghats of India[J]. G3 (Bethesda), 9(8): 2395-2404.

Vaishampayan P, Miyashita M, Ohnishi A, Satomi M, Rooney A, La Duc MT, Venkateswaran K. 2009. Description of *Rummeliibacillus stabekisii* gen. nov., sp. nov. and reclassification of *Bacillus pycnus* Nakamura et al. 2002 as *Rummeliibacillus pycnus* comb. nov.[J]. Int J Syst Evol Microbiol, 59(Pt 5): 1096-1099.

Vaishampayan P, Probst A, Krishnamurthi S, Ghosh S, Osman S, McDowall A, Ruckmani A, Mayilraj S, Venkateswaran K. 2010. *Bacillus horneckiae* sp. nov., isolated from a spacecraft-assembly clean room[J]. Int J Syst Evol Microbiol, 60(Pt 5): 1031-1037.

Valdivia HO, Reis-Cunha JL, Rodrigues-Luiz GF, Baptista RP, Baldeviano GC, Gerbasi RV, Dobson DE, Pratlong F, Bastien P, Lescano AG, Beverley SM, Bartholomeu DC. 2015. Comparative genomic analysis of *Leishmania* (*Viannia*) *peruviana* and *Leishmania* (*Viannia*) *braziliensis*[J]. BMC Genomics, 16: 715.

Valdivia-Anistro JA, Eguiarte-Fruns LE, Delgado-Sapién G, Márquez-Zacarías P, Gasca-Pineda J, Learned J, Elser JJ, Olmedo-Alvarez G, Souza V. 2016. Variability of rRNA operon copy number and growth rate dynamics of *Bacillus* isolated from an extremely oligotrophic aquatic ecosystem[J]. Front Microbiol, 6: 1486.

Valenzano DR, Benayoun BA, Singh PP, Zhang E, Etter PD, Hu CK, Clément-Ziza M, Willemsen D, Cui R, Harel I, Machado BE, Yee MC, Sharp SC, Bustamante CD, Beyer A, Johnson EA, Brunet A. 2015. The African turquoise killifish genome provides insights into evolution and genetic architecture of lifespan[J]. Cell, 163(6): 1539-1554.

Valouev A, Ichikawa J, Tonthat T, Stuart J, Ranade S, Peckham H, Zeng K, Malek JA, Costa G, McKernan K, Sidow A, Fire A, Johnson SM. 2008. A high-resolution, nucleosome position map of *C. elegans* reveals a lack of universal sequence-dictated positioning[J]. Genome Res, 18(7): 1051-1063.

Valverde A, Fterich A, Mahdhi M, Ramírez-Bahena MH, Caviedes MA, Mars M, Velázquez E, Rodriguez-Llorente ID. 2010. *Paenibacillus prosopidis* sp. nov., isolated from the nodules of *Prosopis farcta*[J]. Int J Syst Evol Microbiol, 60(Pt 9): 2182-2186.

Valverde A, Peix A, Rivas R, Velázquez E, Salazar S, Santa-Regina I, Rodríguez-Barrueco C, Igual JM. 2008. *Paenibacillus castaneae* sp. nov., isolated from the phyllosphere of *Castanea sativa* Miller[J]. Int J Syst Evol Microbiol, 58(Pt 11): 2560-2564.

van Bakel H, Stout JM, Cote AG, Tallon CM, Sharpe AG, Hughes TR, Page JE. 2011. The draft genome and transcriptome of *Cannabis sativa*[J]. Genome Biol, 12(10): R102.

van der Zwan H, van der Westhuizen F, Visser C, van der Sluis R. 2018. Draft *de novo* genome sequence of *Agapornis roseicollis* for application in avian breeding[J]. Anim Biotechnol, 29(4): 241-246.

Van Hoeck A, Horemans N, Monsieurs P, Cao HX, Vandenhove H, Blust R. 2015. The first draft genome of the aquatic model plant *Lemna minor* opens the route for future stress physiology research and biotechnological applications[J]. Biotechnol Biofuels, 8: 188.

van Velzen R, Holmer R, Bu F, Rutten L, van Zeijl A, Liu W, Santuari L, Cao Q, Sharma T, Shen D, Roswanjaya Y, Wardhani TAK, Kalhor MS, Jansen J, van den Hoogen J, Güngör B, Hartog M, Hontelez J, Verver J, Yang WC, Schijlen E, Repin R, Schilthuizen M, Schranz ME, Heidstra R, Miyata K, Fedorova E, Kohlen W, Bisseling T, Smit S, Geurts R. 2018. Comparative genomics of the nonlegume *Parasponia* reveals insights into evolution of nitrogen-fixing rhizobium symbioses[J]. Proc Natl Acad Sci USA, 115(20): E4700-E4709.

VanBuren R, Bryant D, Bushakra JM, Vining KJ, Edger PP, Rowley ER, Priest HD, Michael TP, Lyons E, Filichkin SA, Dossett M, Finn CE, Bassil NV, Mockler TC. 2016. The genome of black raspberry(*Rubus occidentalis*)[J]. Plant J, 87(6): 535-547.

VanBuren R, Bryant D, Edger PP, Tang H, Burgess D, Challabathula D, Spittle K, Hall R, Gu J, Lyons E, Freeling M, Bartels D, Ten Hallers B, Hastie A, Michael TP, Mockler TC. 2015. Single-molecule sequencing of the desiccation-tolerant grass *Oropetium thomaeum*[J]. Nature, 527(7579): 508-511.

Varadharajan S, Rastas P, Löytynoja A, Matschiner M, Calboli FCF, Guo B, Nederbragt AJ, Jakobsen KS, Merilä J. 2019. A high-quality assembly of the nine-spined stickleback (*Pungitius pungitius*) genome[J]. Genome Biol Evol, 11(11): 3291-3308.

Vargas VA, Delgado OD, Hatti-Kaul R, Mattiasson B. 2005. *Bacillus bogoriensis* sp. nov., a novel alkaliphilic, halotolerant bacterium isolated from a Kenyan soda lake[J]. Int J Syst Evol Microbiol, 55(Pt 2): 899-902.

Varshney RK, Chen W, Li Y, Bharti AK, Saxena RK, Schlueter JA, Donoghue MT, Azam S, Fan G, Whaley AM, Farmer AD, Sheridan J, Iwata A, Tuteja R, Penmetsa RV, Wu W, Upadhyaya HD, Yang SP, Shah T, Saxena KB, Michael T, McCombie WR, Yang B, Zhang G, Yang H, Wang J, Spillane C, Cook DR, May GD, Xu X, Jackson SA. 2011. Draft genome sequence of pigeonpea (*Cajanus cajan*), an orphan legume crop of resource-poor farmers[J]. Nat Biotechnol, 30(1): 83-89.

Vaz-Moreira I, Faria C, Nobre MF, Schumann P, Nunes OC, Manaia CM. 2007. *Paenibacillus humicus* sp. nov., isolated from poultry litter compost[J]. Int J Syst Evol Microbiol, 57(Pt 10): 2267-2271.

Vazquez-Mendoza O, Elghandour MMY, Salem AZM, Cheng L, Sun X, Lisete Garcia-Flor V, Barbabosa Pilego A, Vazquez-Mendoza P, Anele U. 2020. Effects of sodium butyrate and active *Bacillus amyloliquefaciens* supplemented to pasteurized waste milk on growth performance and health condition of Holstein dairy calves[J]. Anim Biotechnol, 31(3): 209-216.

Vega FE, Brown SM, Chen H, Shen E, Nair MB, Ceja-Navarro JA, Brodie EL, Infante F, Dowd PF, Pain A. 2015. Draft genome of the most devastating insect pest of coffee worldwide: the coffee berry borer, *Hypothenemus hampei*[J]. Sci Rep, 5: 12525.

Velasco R, Zharkikh A, Affourtit J, Dhingra A, Cestaro A, Kalyanaraman A, Fontana P, Bhatnagar SK, Troggio M, Pruss D, Salvi S, Pindo M, Baldi P, Castelletti S, Cavaiuolo M, Coppola G, Costa F, Cova V, Dal Ri A, Goremykin V, Komjanc M, Longhi S, Magnago P, Malacarne G, Malnoy M, Micheletti D, Moretto M, Perazzolli M, Si-Ammour A, Vezzulli S, Zini E, Eldredge G, Fitzgerald LM, Gutin N, Lanchbury J, Macalma T, Mitchell JT, Reid J, Wardell B, Kodira C, Chen Z, Desany B, Niazi F, Palmer M, Koepke T, Jiwan D, Schaeffer S, Krishnan V, Wu C, Chu VT, King ST, Vick J, Tao Q, Mraz A,

Stormo A, Stormo K, Bogden R, Ederle D, Stella A, Vecchietti A, Kater MM, Masiero S, Lasserre P, Lespinasse Y, Allan AC, Bus V, Chagné D, Crowhurst RN, Gleave AP, Lavezzo E, Fawcett JA, Proost S, Rouzé P, Sterck L, Toppo S, Lazzari B, Hellens RP, Durel CE, Gutin A, Bumgarner RE, Gardiner SE, Skolnick M, Egholm M, Van de Peer Y, Salamini F, Viola R. 2010. The genome of the domesticated apple (*Malus domestica* Borkh.)[J]. Nat Genet, 42(10): 833-839.

Veltsos P, Ridout KE, Toups MA, González-Martínez SC, Muyle A, Emery O, Rastas P, Hudzieczek V, Hobza R, Vyskot B, Marais GAB, Filatov DA, Pannell JR. 2019. Early sex-chromosome evolution in the diploid dioecious plant *Mercurialis annua*[J]. Genetics, 212(3): 815-835.

Venkatesh B, Kirkness EF, Loh YH, Halpern AL, Lee AP, Johnson J, Dandona N, Viswanathan LD, Tay A, Venter JC, Strausberg RL, Brenner S. 2007. Survey sequencing and comparative analysis of the elephant shark (*Callorhinchus milii*) genome[J]. PLoS Biol, 5(4): e101.

Venkatesh B, Lee AP, Ravi V, Maurya AK, Lian MM, Swann , Ohta Y, Flajnik MF, Sutoh Y, Kasahara M, Hoon S, Gangu V, Roy SW, Irimia M, Korzh V, Kondrychyn I, Lim ZW, Tay BH, Tohari S, Kong KW, Ho S, Lorente-Galdos B, Quilez J, Marques-Bonet T, Raney BJ, Ingham PW, Tay A, Hillier LW, Minx P, Boehm T, Wilson RK, Brenner S, Warren WC. 2014. Elephant shark genome provides unique insights into gnathostome evolution[J]. Nature, 505(7482): 176-179.

Venkateswaran K, Kempf M, Chen F, Satomi M, Nicholson W, Kern R. 2003. *Bacillus nealsonii* sp. nov., isolated from a spacecraft-assembly facility, whose spores are gamma-radiation resistant[J]. Int J Syst Evol Microbiol, 53(Pt 1): 165-172.

Venter JC, Adams MD, Myers EW, Li PW, Mural RJ, Sutton GG, Smith HO, Yandell M, Evans CA, Holt RA, Gocayne JD, Amanatides P, Ballew RM, Huson DH, Wortman JR, Zhang Q, Kodira CD, Zheng XH, Chen L, Skupski M, Subramanian G, Thomas PD, Zhang J, Gabor Miklos GL, Nelson C, Broder S, Clark AG, Nadeau J, McKusick VA, Zinder N, Levine AJ, Roberts RJ, Simon M, Slayman C, Hunkapiller M, Bolanos R, Delcher A, Dew I, Fasulo D, Flanigan M, Florea L, Halpern A, Hannenhalli S, Kravitz S, Levy S, Mobarry C, Reinert K, Remington K, Abu-Threideh J, Beasley E, Biddick K, Bonazzi V, Brandon R, Cargill M, Chandramouliswaran I, Charlab R, Chaturvedi K, Deng Z, Di Francesco V, Dunn P, Eilbeck K, Evangelista C, Gabrielian AE, Gan W, Ge W, Gong F, Gu Z, Guan P, Heiman TJ, Higgins ME, Ji RR, Ke Z, Ketchum KA, Lai Z, Lei Y, Li Z, Li J, Liang Y, Lin X, Lu F, Merkulov GV, Milshina N, Moore HM, Naik AK, Narayan VA, Neelam B, Nusskern D, Rusch DB, Salzberg S, Shao W, Shue B, Sun J, Wang Z, Wang A, Wang X, Wang J, Wei M, Wides R, Xiao C, Yan C, Yao A, Ye J, Zhan M, Zhang W, Zhang H, Zhao Q, Zheng L, Zhong F, Zhong W, Zhu S, Zhao S, Gilbert D, Baumhueter S, Spier G, Carter C, Cravchik A, Woodage T, Ali F, An H, Awe A, Baldwin D, Baden H, Barnstead M, Barrow I, Beeson K, Busam D, Carver A, Center A, Cheng ML, Curry L, Danaher S, Davenport L, Desilets R, Dietz S, Dodson K, Doup L, Ferriera S, Garg N, Gluecksmann A, Hart B, Haynes J, Haynes C, Heiner C, Hladun S, Hostin D, Houck J, Howland T, Ibegwam C, Johnson J, Kalush F, Kline L, Koduru S, Love A, Mann F, May D, McCawley S, McIntosh T, McMullen I, Moy M, Moy L, Murphy B, Nelson K, Pfannkoch C, Pratts E, Puri V, Qureshi H, Reardon M, Rodriguez R, Rogers YH, Romblad D, Ruhfel B, Scott R, Sitter C, Smallwood M, Stewart E, Strong R, Suh E, Thomas R, Tint NN, Tse S, Vech C, Wang G, Wetter J, Williams S, Williams M, Windsor S, Winn-Deen E, Wolfe K, Zaveri J, Zaveri K, Abril JF, Guigó R, Campbell MJ, Sjolander KV, Karlak B, Kejariwal A, Mi H, Lazareva B, Hatton T, Narechania A, Diemer K, Muruganujan A, Guo N, Sato S, Bafna V, Istrail S, Lippert R, Schwartz R, Walenz B, Yooseph S, Allen D, Basu A, Baxendale J, Blick L, Caminha M, Carnes-Stine J, Caulk P, Chiang YH, Coyne M, Dahlke C, Mays A, Dombroski M, Donnelly M, Ely D, Esparham S, Fosler C, Gire H, Glanowski S, Glasser K, Glodek A, Gorokhov M, Graham K, Gropman B, Harris M, Heil J, Henderson S, Hoover J, Jennings D, Jordan C, Jordan J, Kasha J, Kagan L, Kraft C, Levitsky A, Lewis M, Liu X, Lopez J, Ma D, Majoros W, McDaniel J, Murphy S, Newman M, Nguyen T, Nguyen N, Nodell M, Pan S, Peck J, Peterson M, Rowe W, Sanders R, Scott J, Simpson M, Smith T, Sprague A, Stockwell T, Turner R, Venter E, Wang M, Wen M, Wu D, Wu M, Xia A, Zandieh A, Zhu X. 2001. The sequence of the human genome[J]. Science, 291(5507): 1306-1351.

Ventosa A, Garcia MT, Kamekura M, Onishi H, Ruiz-Berraquero F. 1989. *Bacillus halophilus* sp. nov., a moderately halophilic *Bacillus* species. Syst Appl Microbiol, 12: 162-165.

Verma A, Ojha AK, Dastager SG, Natarajan R, Mayilraj S, Krishnamurthi S. 2017b. *Domibacillus mangrovi* sp. nov. and *Domibacillus epiphyticus* sp. nov., isolated from marine habitats of the central west coast of India[J]. Int J Syst Evol Microbiol, 67(Pt 8): 3063-3070.

Verma A, Ojha AK, Pal Y, Kumari P, Schumann P, Gruber-Vodicka H, Dastager SG, Natarajan RK, Mayilraj S, Krishnamurthi S. 2017a. An investigation into the taxonomy of "*Bacillus aminovorans*" and its reclassification to the genus *Domibacillus* as *Domibacillus aminovorans* sp. nov.[J]. Syst Appl Microbiol, 40(7): 458-467.

Verma A, Pal Y, Khatri I, Ojha AK, Gruber-Vodicka H, Schumann P, Dastager S, Subramanian S, Mayilraj S, Krishnamurthi S. 2017c. Examination into the taxonomic position of *Bacillus thermotolerans* Yang et al., 2013, proposal for its reclassification into a new genus and species *Quasibacillus thermotolerans* gen. nov., comb. nov. and reclassification of *B. encimensis* Dastager et al., 2015 as a later heterotypic synonym of *B. badius*[J]. Syst Appl Microbiol, 40(7): 411-422.

Verma A, Pal Y, Ojha AK, Kumari M, Khatri I, Rameshkumar N, Schumann P, Dastager SG, Mayilraj S, Subramanian S, Krishnamurthi S. 2019. Taxonomic insights into the phylogeny of *Bacillus badius* and proposal for its reclassification to the genus *Pseudobacillus* as *Pseudobacillus badius* comb. nov. and reclassification of *Bacillus wudalianchiensis* Liu et al., 2017 as *Pseudobacillus wudalianchiensis* comb. nov.[J]. Syst Appl Microbiol, 42(3): 360-372.

Verma P, Pandey PK, Gupta AK, Seong CN, Park SC, Choe HN, Baik KS, Patole MS, Shouche YS. 2012. Reclassification of *Bacillus beijingensis* Qiu et al. 2009 and *Bacillus ginsengi* Qiu et al. 2009 as *Bhargavaea beijingensis* comb. nov. and *Bhargavaea ginsengi* comb. nov. and emended description of the genus *Bhargavaea*[J]. Int J Syst Evol Microbiol, 62(Pt 10): 2495-2504.

Vialle RA, de Souza JES, Lopes KP, Teixeira DG, Alves Sobrinho PA, Ribeiro-Dos-Santos AM, Furtado C, Sakamoto T, Oliveira Silva FA, de Oliveira EHC, Hamoy IG, Assumpção PP, Ribeiro-Dos-Santos Â, Santos Lima JPM, Seuánez HN, de Souza SJ, Santos S. 2018. Whole genome sequencing of the pirarucu (*Arapaima gigas*) supports independent emergence of major teleost clades[J]. Genome Biol Evol, 10(9): 2366-2379.

Vignal A, Boitard S, Thébault N, Dayo GK, Yapi-Gnaore V, Youssao Abdou Karim I, Berthouly-Salazar C, Pálinkás-Bodzsár N, Guémené D, Thibaud-Nissen F, Warren WC, Tixier-Boichard M, Rognon X. 2019. A guinea fowl genome assembly provides new evidence on evolution following domestication and selection in Galliformes[J]. Mol Ecol Resour, 19(4): 997-1014.

Vij S, Kuhl H, Kuznetsova IS, Komissarov A, Yurchenko AA, Van Heusden P, Singh S, Thevasagayam NM, Prakki SR, Purushothaman K, Saju JM, Jiang J, Mbandi SK, Jonas M, Hin Yan Tong A, Mwangi S, Lau D, Ngoh SY, Liew WC, Shen X, Hon LS, Drake JP, Boitano M, Hall R, Chin CS, Lachumanan R, Korlach J, Trifonov V, Kabilov M, Tupikin A, Green D, Moxon S, Garvin T, Sedlazeck FJ, Vurture GW, Gopalapillai G, Kumar Katneni V, Noble TH, Scaria V, Sivasubbu S, Jerry DR, O'Brien SJ, Schatz MC, Dalmay T, Turner SW, Lok S, Christoffels A, Orbán L. 2016. Chromosomal-level assembly of the Asian seabass genome using long sequence reads and multi-layered scaffolding[J]. PLoS Genet, 12(4): e1005954.

Vining KJ, Johnson SR, Ahkami A, Lange I, Parrish AN, Trapp SC, Croteau RB, Straub SCK, Pandelova I, Lange BM. 2017. Draft Genome Sequence of *Mentha longifolia* and Development of Resources for Mint Cultivar Improvement[J]. Mol Plant, 10(2): 323-339.

Vinson JP, Jaffe DB, O'Neill K, Karlsson EK, Stange-Thomann N, Anderson S, Mesirov JP, Satoh N, Satou Y, Nusbaum C, Birren B, Galagan JE, Lander ES. 2005. Assembly of polymorphic genomes: algorithms and application to *Ciona savignyi*[J]. Genome Res, 15(8): 1127-1135.

Vishnuvardhan RS, Thirumala M, Farooq M. 2015a. *Bacillus caseinilyticus* sp. nov., an alkali- and thermo-tolerant bacterium isolated from a soda lake[J]. Int J Syst Evol Microbiol, 65(Pt 8): 2441-2446.

Vishnuvardhan RS, Thirumala M, Sasikala C, Venkata Ramana C. 2015b. *Salibacterium halotolerans* gen. nov., sp. nov., a bacterium isolated from a salt pan, reclassification of *Bacillus qingdaonensis* as *Salibacterium qingdaonense* comb. nov. and *Bacillus halochares* as *Salibacterium halochares* comb. nov.[J].

Int J Syst Evol Microbiol, 65(Pt 11): 4270-4275.

Vogel A, Schwacke R, Denton AK, Usadel B, Hollmann J, Fischer K, Bolger A, Schmidt MH, Bolger ME, Gundlach H, Mayer KFX, Weiss-Schneeweiss H, Temsch EM, Krause K. 2018. Footprints of parasitism in the genome of the parasitic flowering plant *Cuscuta campestris*[J]. Nat Commun, 9(1): 2515.

Volkman SK, Sabeti PC, DeCaprio D, Neafsey DE, Schaffner SF, Milner DA Jr, Daily JP, Sarr O, Ndiaye D, Ndir O, Mboup S, Duraisingh MT, Lukens A, Derr A, Stange-Thomann N, Waggoner S, Onofrio R, Ziaugra L, Mauceli E, Gnerre S, Jaffe DB, Zainoun J, Wiegand RC, Birren BW, Hartl DL, Galagan JE, Lander ES, Wirth DF. 2007. A genome-wide map of diversity in *Plasmodium falciparum*[J]. Nat Genet, 39(1): 113-119.

von Bubnoff A. 2008. Next-generation sequencing: the race is on[J]. Cell, 132(5): 721-723.

von Jan M, Riegger N, Pötter G, Schumann P, Verbarg S, Spröer C, Rohde M, Lauer B, Labeda DP, Klenk HP. 2011. *Kroppenstedtia eburnea* gen. nov., sp. nov., a thermoactinomycete isolated by environmental screening, and emended description of the family Thermoactinomycetaceae Matsuo et al. 2006 emend. Yassin et al. 2009[J]. Int J Syst Evol Microbiol, 61(Pt 9): 2306-2310.

Vonk FJ, Casewell NR, Henkel CV, Heimberg AM, Jansen HJ, McCleary RJ, Kerkkamp HM, Vos RA, Guerreiro I, Calvete JJ, Wüster W, Woods AE, Logan JM, Harrison RA, Castoe TA, de Koning AP, Pollock DD, Yandell M, Calderon D, Renjifo C, Currier RB, Salgado D, Pla D, Sanz L, Hyder AS, Ribeiro JM, Arntzen JW, van den Thillart GE, Boetzer M, Pirovano W, Dirks RP, Spaink HP, Duboule D, McGlinn E, Kini RM, Richardson MK. 2013. The king cobra genome reveals dynamic gene evolution and adaptation in the snake venom system[J]. Proc Natl Acad Sci USA, 110(51): 20651-20656.

Voolstra CR, Li Y, Liew YJ, Baumgarten S, Zoccola D, Flot JF, Tambutté S, Allemand D, Aranda M. 2017. Comparative analysis of the genomes of *Stylophora pistillata* and *Acropora digitifera* provides evidence for extensive differences between species of corals[J]. Sci Rep, 7(1): 17583.

Voolstra CR; GIGA Community of Scientists (COS), Wörheide G, Lopez JV. 2017. Advancing genomics through the Global Invertebrate Genomics Alliance (GIGA)[J]. Invertebr Syst, 31(1): 1-7.

Wade CM, Giulotto E, Sigurdsson S, Zoli M, Gnerre S, Imsland F, Lear TL, Adelson DL, Bailey E, Bellone RR, Blöcker H, Distl O, Edgar RC, Garber M, Leeb T, Mauceli E, MacLeod JN, Penedo MC, Raison JM, Sharpe T, Vogel J, Andersson L, Antczak DF, Biagi T, Binns MM, Chowdhary BP, Coleman SJ, Della Valle G, Fryc S, Guérin G, Hasegawa T, Hill EW, Jurka J, Kiialainen A, Lindgren G, Liu J, Magnani E, Mickelson JR, Murray J, Nergadze SG, Onofrio R, Pedroni S, Piras MF, Raudsepp T, Rocchi M, Røed KH, Ryder OA, Searle S, Skow L, Swinburne JE, Syvänen AC, Tozaki T, Valberg SJ, Vaudin M, White JR, Zody MC; Broad Institute Genome Sequencing Platform; Broad Institute Whole Genome Assembly Team, Lander ES, Lindblad-Toh K. 2009. Genome sequence, comparative analysis, and population genetics of the domestic horse[J]. Science, 326(5954): 865-867.

Wagner JT, Singh PP, Romney AL, Riggs CL, Minx P, Woll SC, Roush J, Warren WC, Brunet A, Podrabsky JE. 2018. The genome of *Austrofundulus limnaeus* offers insights into extreme vertebrate stress tolerance and embryonic development[J]. BMC Genomics, 19(1): 155.

Wainø M, Tindall BJ, Schumann P, Ingvorsen K. 1999. *Gracilibacillus* gen. nov., with description of *Gracilibacillus halotolerans* gen. nov., sp. nov.; transfer of *Bacillus dipsosauri* to *Gracilibacillus dipsosauri* comb. nov., and *Bacillus salexigens* to the genus *Salibacillus* gen. nov., as *Salibacillus salexigens* comb. nov.[J]. Int J Syst Bacteriol, 49(Pt 2): 821-831.

Waldron R, McGowan J, Gordon N, McCarthy C, Mitchell EB, Doyle S, Fitzpatrick DA. 2017. Draft genome sequence of *Dermatophagoides pteronyssinus*, the European house dust mite[J]. Genome Announc, 5(32): e00789-17.

Wallberg A, Bunikis I, Pettersson OV, Mosbech MB, Childers AK, Evans JD, Mikheyev AS, Robertson HM, Robinson GE, Webster MT. 2019. A hybrid *de novo* genome assembly of the honeybee, *Apis mellifera*, with chromosome-length scaffolds[J]. BMC Genomics, 20(1): 275.

Wallis JW, Aerts J, Groenen MA, Crooijmans RP, Layman D, Graves TA, Scheer DE, Kremitzki C, Fedele MJ, Mudd NK, Cardenas M, Higginbotham J, Carter J, McGrane R, Gaige T, Mead K, Walker J, Albracht D, Davito J, Yang SP, Leong S, Chinwalla A, Sekhon M, Wylie K, Dodgson J, Romanov MN,

Cheng H, de Jong PJ, Osoegawa K, Nefedov M, Zhang H, McPherson JD, Krzywinski M, Schein J, Hillier L, Mardis ER, Wilson RK, Warren WC. 2004. A physical map of the chicken genome[J]. Nature, 432(7018): 761-764.

Wan F, Yin C, Tang R, Chen M, Wu Q, Huang C, Qian W, Rota-Stabelli O, Yang N, Wang S, Wang G, Zhang G, Guo J, Gu LA, Chen L, Xing L, Xi Y, Liu F, Lin K, Guo M, Liu W, He K, Tian R, Jacquin-Joly E, Franck P, Siegwart M, Ometto L, Anfora G, Blaxter M, Meslin C, Nguyen P, Dalíková M, Marec F, Olivares J, Maugin S, Shen J, Liu J, Guo J, Luo J, Liu B, Fan W, Feng L, Zhao X, Peng X, Wang K, Liu L, Zhan H, Liu W, Shi G, Jiang C, Jin J, Xian X, Lu S, Ye M, Li M, Yang M, Xiong R, Walters JR, Li F. 2019. A chromosome-level genome assembly of *Cydia pomonella* provides insights into chemical ecology and insecticide resistance[J]. Nat Commun, 10(1): 4237.

Wan QH, Pan SK, Hu L, Zhu Y, Xu PW, Xia JQ, Chen H, He GY, He J, Ni XW, Hou HL, Liao SG, Yang HQ, Chen Y, Gao SK, Ge YF, Cao CC, Li PF, Fang LM, Liao L, Zhang S, Wang MZ, Dong W, Fang SG. 2013. Genome analysis and signature discovery for diving and sensory properties of the endangered Chinese alligator[J]. Cell Res, 23(9): 1091-1105.

Wan T, Liu ZM, Li LF, Leitch AR, Leitch IJ, Lohaus R, Liu ZJ, Xin HP, Gong YB, Liu Y, Wang WC, Chen LY, Yang Y, Kelly LJ, Yang J, Huang JL, Li Z, Liu P, Zhang L, Liu HM, Wang H, Deng SH, Liu M, Li J, Ma L, Liu Y, Lei Y, Xu W, Wu LQ, Liu F, Ma Q, Yu XR, Jiang Z, Zhang GQ, Li SH, Li RQ, Zhang SZ, Wang QF, Van de Peer Y, Zhang JB, Wang XM. 2018. A genome for gnetophytes and early evolution of seed plants[J]. Nat Plants, 4(2): 82-89.

Wang B, Mojica JP, Perera N, Lee CR, Lovell JT, Sharma A, Adam C, Lipzen A, Barry K, Rokhsar DS, Schmutz J, Mitchell-Olds T. 2019g. Ancient polymorphisms contribute to genome-wide variation by long-term balancing selection and divergent sorting in *Boechera stricta*[J]. Genome Biol, 20(1): 126.

Wang C, Villion M, Semper C, Coros C, Moineau S, Zimmerly S. 2011d. A reverse transcriptase-related protein mediates phage resistance and polymerizes untemplated DNA *in vitro*[J]. Nucleic Acids Res, 39(17): 7620-7629.

Wang CY, Chang CC, Ng CC, Chen TW, Shyu YT. 2008c. *Virgibacillus chiguensis* sp. nov., a novel halophilic bacterium isolated from Chigu, a previously commercial saltern located in southern Taiwan[J]. Int J Syst Evol Microbiol, 58(Pt 2): 341-345.

Wang D, Lin J, Lin J, Wang W, Li S. 2019k. Biodegradation of petroleum hydrocarbons by *Bacillus subtilis* BL-27, a strain with weak hydrophobicity[J]. Molecules, 24(17): E3021.

Wang H, Wang Y, Yang R. 2017e. Recent progress in *Bacillus subtilis* spore-surface display: concept, progress, and future[J]. Appl Microbiol Biotechnol, 101(3): 933-949.

Wang J, Ersan YC, Boon N, De Belie N. 2016b. Application of microorganisms in concrete: a promising sustainable strategy to improve concrete durability[J]. Appl Microbiol Biotechnol, 100(7): 2993-3007.

Wang J, Hu X, Wang Z. 2010c. Kinetics models for the inactivation of *Alicyclobacillus acidiphilus* DSM14558$^{T}$ and *Alicyclobacillus acidoterrestris* DSM 3922$^{T}$ in apple juice by ultrasound[J]. Int J Food Microbiol, 139(3): 177-181.

Wang J, Wang W, Li R, Li Y, Tian G, Goodman L, Fan W, Zhang J, Li J, Zhang J, Guo Y, Feng B, Li H, Lu Y, Fang X, Liang H, Du Z, Li D, Zhao Y, Hu Y, Yang Z, Zheng H, Hellmann I, Inouye M, Pool J, Yi X, Zhao J, Duan J, Zhou Y, Qin J, Ma L, Li G, Yang Z, Zhang G, Yang B, Yu C, Liang F, Li W, Li S, Li D, Ni P, Ruan J, Li Q, Zhu H, Liu D, Lu Z, Li N, Guo G, Zhang J, Ye J, Fang L, Hao Q, Chen Q, Liang Y, Su Y, San A, Ping C, Yang S, Chen F, Li L, Zhou K, Zheng H, Ren Y, Yang L, Gao Y, Yang G, Li Z, Feng X, Kristiansen K, Wong GK, Nielsen R, Durbin R, Bolund L, Zhang X, Li S, Yang H, Wang J. 2008a. The diploid genome sequence of an Asian individual[J]. Nature, 456(7218): 60-65.

Wang JL, Ma KD, Wang YW, Wang HM, Li YB, Zhou S, Chen XR, Kong DL, Guo X, He MX, Ruan ZY. 2016c. *Lentibacillus amyloliquefaciens* sp. nov., a halophilic bacterium isolated from saline sediment sample[J]. Antonie Van Leeuwenhoek, 109(2): 171-178.

Wang K, Li P, Gao Y, Liu C, Wang Q, Yin J, Zhang J, Geng L, Shu C. 2019a. *De novo* genome assembly of the white-spotted flower chafer (*Protaetia brevitarsis*)[J]. Gigascience, 8(4): giz019.

Wang K, Shen Y, Yang Y, Gan X, Liu G, Hu K, Li Y, Gao Z, Zhu L, Yan G, He L, Shan X, Yang L, Lu S,

Zeng H, Pan X, Liu C, Yuan Y, Feng C, Xu W, Zhu C, Xiao W, Dong Y, Wang W, Qiu Q, He S. 2019c. Morphology and genome of a snailfish from the Mariana Trench provide insights into deep-sea adaptation[J]. Nat Ecol Evol, 3(5): 823-833.

Wang K, Wang Z, Li F, Ye W, Wang J, Song G, Yue Z, Cong L, Shang H, Zhu S, Zou C, Li Q, Yuan Y, Lu C, Wei H, Gou C, Zheng Z, Yin Y, Zhang X, Liu K, Wang B, Song C, Shi N, Kohel RJ, Percy RG, Yu JZ, Zhu YX, Wang J, Yu S. 2012a. The draft genome of a diploid cotton *Gossypium raimondii*[J]. Nat Genet, 44(10): 1098-1103.

Wang L, Liu WY, Gu ZJ, Chen SF, Yang SS. 2010a. *Oceanobacillus manasiensis* sp. nov., a moderately halophilic bacterium isolated from the salt lakes of Xinjiang, China[J]. J Microbiol, 48(3): 312-317.

Wang L, Ma G, Wang H, Cheng C, Mu S, Quan W, Jiang L, Zhao Z, Zhang Y, Zhang K, Wang X, Tian C, Zhang Y. 2019f. A draft genome assembly of halophyte *Suaeda aralocaspica*, a plant that performs C4 photosynthesis within individual cells[J]. Gigascience, 8(9): giz116.

Wang L, Tang N, Gao X, Chang Z, Zhang L, Zhou G, Guo D, Zeng Z, Li W, Akinyemi IA, Yang H, Wu Q. 2017b. Genome sequence of a rice pest, the white-backed planthopper (*Sogatella furcifera*)[J]. Gigascience, 6(1): giw004.

Wang L, Wu J, Liu X, Di D, Liang Y, Feng Y, Zhang S, Li B, Qi XG. 2019a. A high-quality genome assembly for the endangered golden snub-nosed monkey (*Rhinopithecus roxellana*)[J]. Gigascience, 8(8): giz098.

Wang L, Yu S, Tong C, Zhao Y, Liu Y, Song C, Zhang Y, Zhang X, Wang Y, Hua W, Li D, Li D, Li F, Yu J, Xu C, Han X, Huang S, Tai S, Wang J, Xu X, Li Y, Liu S, Varshney RK, Wang J, Zhang X. 2014c. Genome sequencing of the high oil crop sesame provides insight into oil biosynthesis[J]. Genome Biol, 15(2): R39.

Wang LT, Lee FL, Tai CJ, Kuo HP. 2008b. *Bacillus velezensis* is a later heterotypic synonym of *Bacillus amyloliquefaciens*[J]. Int J Syst Evol Microbiol, 58(Pt 3): 671-675.

Wang LT, Lee FL, Tai CJ, Yokota A, Kuo HP. 2007a. Reclassification of *Bacillus axarquiensis* Ruiz-García et al. 2005 and *Bacillus malacitensis* Ruiz-García et al. 2005 as later heterotypic synonyms of *Bacillus mojavensis* Roberts et al. 1994[J]. Int J Syst Evol Microbiol, 57(Pt 7): 1663-1667.

Wang M, Yu Y, Haberer G, Marri PR, Fan C, Goicoechea JL, Zuccolo A, Song X, Kudrna D, Ammiraju JS, Cossu RM, Maldonado C, Chen J, Lee S, Sisneros N, de Baynast K, Golser W, Wissotski M, Kim W, Sanchez P, Ndjiondjop MN, Sanni K, Long M, Carney J, Panaud O, Wicker T, Machado CA, Chen M, Mayer KF, Rounsley S, Wing RA. 2014e. The genome sequence of African rice (*Oryza glaberrima*) and evidence for independent domestication[J]. Nat Genet, 46(9): 982-988.

Wang MS, Zeng Y, Wang X, Nie WH, Wang JH, Su WT, Otecko NO, Xiong ZJ, Wang S, Qu KX, Yan SQ, Yang MM, Wang W, Dong Y, Wu DD, Zhang YP. 2017c. Draft genome of the gayal, *Bos frontalis*[J]. Gigascience, 6(11): gix094.

Wang N, Thomson M, Bodles WJ, Crawford RM, Hunt HV, Featherstone AW, Pellicer J, Buggs RJ. 2013c. Genome sequence of dwarf birch (*Betula nana*) and cross-species RAD markers[J]. Mol Ecol, 22(11): 3098-3111.

Wang N, Wang L, Zhu K, Hou S, Chen L, Mi D, Gui Y, Qi Y, Jiang C, Guo JH. 2019j. Plant root exudates are involved in *Bacillus cereus* AR156 mediated biocontrol against *Ralstonia solanacearum*[J]. Front Microbiol, 10: 98.

Wang P, Luo Y, Huang J, Gao S, Zhu G, Dang Z, Gai J, Yang M, Zhu M, Zhang H, Ye X, Gao A, Tan X, Wang S, Wu S, Cahoon EB, Bai B, Zhao Z, Li Q, Wei J, Chen H, Luo R, Gong D, Tang K, Zhang B, Ni Z, Huang G, Hu S, Chen Y. 2020d. The genome evolution and domestication of tropical fruit mango[J]. Genome Biol, 21(1): 60.

Wang Q, Xie N, Qin Y, Shen N, Zhu J, Mi H, Huang R. 2013d. *Tumebacillus flagellatus* sp. nov., an α-amylase/pullulanase-producing bacterium isolated from cassava wastewater[J]. Int J Syst Evol Microbiol, 63(Pt 9): 3138-3142.

Wang QF, Li W, Liu YL, Cao HH, Li Z, Guo GQ. 2007b. *Bacillus qingdaonensis* sp. nov., a moderately haloalkaliphilic bacterium isolated from a crude sea-salt sample collected near Qingdao in eastern

China[J]. Int J Syst Evol Microbiol, 57(Pt 5): 1143-1147.

Wang S, Dong L, Zhao B, Zhang X, Xu S, Wu K, Wang H. 2019n. *Salipaludibacillus keqinensis* sp. nov., a moderately halophilic bacterium isolated from a saline-alkaline lake[J]. Antonie Van Leeuwenhoek, 112(6): 897-903.

Wang S, Li L, Xu Y, Melkonian B, Lorenz M, Friedl T, Petersen M, Sahu SK, Melkonian M, Liu H. 2019i. The draft genome of the small, spineless green alga *Desmodesmus costato-granulatus* (Sphaeropleales, Chlorophyta)[J]. Protist, 170(6): 125697.

Wang S, Wang S, Luo Y, Xiao L, Luo X, Gao S, Dou Y, Zhang H, Guo A, Meng Q, Hou J, Zhang B, Zhang S, Yang M, Meng X, Mei H, Li H, He Z, Zhu X, Tan X, Zhu XQ, Yu J, Cai J, Zhu G, Hu S, Cai X. 2016a. Comparative genomics reveals adaptive evolution of Asian tapeworm in switching to a new intermediate host[J]. Nat Commun, 7: 12845.

Wang W, Das A, Kainer D, Schalamun M, Morales-Suarez A, Schwessinger B, Lanfear R. 2020c. The draft nuclear genome assembly of *Eucalyptus pauciflora*: a pipeline for comparing *de novo* assemblies[J]. Gigascience, 9(1): giz160.

Wang W, Feng B, Xiao J, Xia Z, Zhou X, Li P, Zhang W, Wang Y, Møller BL, Zhang P, Luo MC, Xiao G, Liu J, Yang J, Chen S, Rabinowicz PD, Chen X, Zhang HB, Ceballos H, Lou Q, Zou M, Carvalho LJ, Zeng C, Xia J, Sun S, Fu Y, Wang H, Lu C, Ruan M, Zhou S, Wu Z, Liu H, Kannangara RM, Jørgensen K, Neale RL, Bonde M, Heinz N, Zhu W, Wang S, Zhang Y, Pan K, Wen M, Ma PA, Li Z, Hu M, Liao W, Hu W, Zhang S, Pei J, Guo A, Guo J, Zhang J, Zhang Z, Ye J, Ou W, Ma Y, Liu X, Tallon LJ, Galens K, Ott S, Huang J, Xue J, An F, Yao Q, Lu X, Fregene M, López-Lavalle LA, Wu J, You FM, Chen M, Hu S, Wu G, Zhong S, Ling P, Chen Y, Wang Q, Liu G, Liu B, Li K, Peng M. 2014b. Cassava genome from a wild ancestor to cultivated varieties[J]. Nat Commun, 5: 5110.

Wang W, Haberer G, Gundlach H, Gläßer C, Nussbaumer T, Luo MC, Lomsadze A, Borodovsky M, Kerstetter RA, Shanklin J, Byrant DW, Mockler TC, Appenroth KJ, Grimwood J, Jenkins J, Chow J, Choi C, Adam C, Cao XH, Fuchs J, Schubert I, Rokhsar D, Schmutz J, Michael TP, Mayer KF, Messing J. 2014d. The *Spirodela polyrhiza* genome reveals insights into its neotenous reduction fast growth and aquatic lifestyle[J]. Nat Commun, 5: 3311.

Wang W, Wang F, Hao R, Wang A, Sharshov K, Druzyaka A, Lancuo Z, Shi Y, Feng S. 2020b. First *de novo* whole genome sequencing and assembly of the bar-headed goose[J]. PeerJ, 8: e8914.

Wang W, Yan HJ, Chen SY, Li ZZ, Yi J, Niu LL, Deng JP, Chen WG, Pu Y, Jia X, Qu Y, Chen A, Zhong Y, Yu XM, Pang S, Huang WL, Han Y, Liu GJ, Yu JQ. 2019d. The sequence and *de novo* assembly of hog deer genome[J]. Sci Data, 6: 180305.

Wang X, Chen W, Huang Y, Sun J, Men J, Liu H, Luo F, Guo L, Lv X, Deng C, Zhou C, Fan Y, Li X, Huang L, Hu Y, Liang C, Hu X, Xu J, Yu X. 2011a. The draft genome of the carcinogenic human liver fluke *Clonorchis sinensis*[J]. Genome Biol, 12(10): R107.

Wang X, Fang X, Yang P, Jiang X, Jiang F, Zhao D, Li B, Cui F, Wei J, Ma C, Wang Y, He J, Luo Y, Wang Z, Guo X, Guo W, Wang X, Zhang Y, Yang M, Hao S, Chen B, Ma Z, Yu D, Xiong Z, Zhu Y, Fan D, Han L, Wang B, Chen Y, Wang J, Yang L, Zhao W, Feng Y, Chen G, Lian J, Li Q, Huang Z, Yao X, Lv N, Zhang G, Li Y, Wang J, Wang J, Zhu B, Kang L. 2014a. The locust genome provides insight into swarm formation and long-distance flight[J]. Nat Commun, 5: 2957.

Wang X, Liew YJ, Li Y, Zoccola D, Tambutte S, Aranda M. 2017a. Draft genomes of the corallimorpharians *Amplexidiscus fenestrafer* and *Discosoma* sp.[J]. Mol Ecol Resour, 17(6): e187-e195.

Wang X, Wang H, Wang J, Sun R, Wu J, Liu S, Bai Y, Mun JH, Bancroft I, Cheng F, Huang S, Li X, Hua W, Wang J, Wang X, Freeling M, Pires JC, Paterson AH, Chalhoub B, Wang B, Hayward A, Sharpe AG, Park BS, Weisshaar B, Liu B, Li B, Liu B, Tong C, Song C, Duran C, Peng C, Geng C, Koh C, Lin C, Edwards D, Mu D, Shen D, Soumpourou E, Li F, Fraser F, Conant G, Lassalle G, King GJ, Bonnema G, Tang H, Wang H, Belcram H, Zhou H, Hirakawa H, Abe H, Guo H, Wang H, Jin H, Parkin IA, Batley J, Kim JS, Just J, Li J, Xu J, Deng J, Kim JA, Li J, Yu J, Meng J, Wang J, Min J, Poulain J, Wang J, Hatakeyama K, Wu K, Wang L, Fang L, Trick M, Links MG, Zhao M, Jin M, Ramchiary N, Drou N, Berkman PJ, Cai Q, Huang Q, Li R, Tabata S, Cheng S, Zhang S, Zhang S, Huang S, Sato S, Sun S, Kwon SJ,

Choi SR, Lee TH, Fan W, Zhao X, Tan X, Xu X, Wang Y, Qiu Y, Yin Y, Li Y, Du Y, Liao Y, Lim Y, Narusaka Y, Wang Y, Wang Z, Li Z, Wang Z, Xiong Z, Zhang Z; *Brassica rapa* Genome Sequencing Project Consortium. 2011b. The genome of the mesopolyploid crop species *Brassica rapa*[J]. Nat Genet, 43(10): 1035-1039.

Wang X, Xu W, Wei L, Zhu C, He C, Song H, Cai Z, Yu W, Jiang Q, Li L, Wang K, Feng C. 2019b. Nanopore sequencing and *de novo* assembly of a black-shelled pacific oyster (*Crassostrea gigas*) genome[J]. Front Genet, 10: 1211.

Wang X, Xu Y, Zhang S, Cao L, Huang Y, Cheng J, Wu G, Tian S, Chen C, Liu Y, Yu H, Yang X, Lan H, Wang N, Wang L, Xu J, Jiang X, Xie Z, Tan M, Larkin RM, Chen LL, Ma BG, Ruan Y, Deng X, Xu Q. 2017d. Genomic analyses of primitive, wild and cultivated citrus provide insights into asexual reproduction[J]. Nat Genet, 49(5): 765-772.

Wang X, Xue Y, Ma Y. 2009b. *Sediminibacillus albus* sp. nov., a moderately halophilic, Gram-positive bacterium isolated from a hypersaline lake, and emended description of the genus *Sediminibacillus* Carrasco et al. 2008[J]. Int J Syst Evol Microbiol, 59(Pt 7): 1640-1644.

Wang X, Xue Y, Ma Y. 2010b. *Virgibacillus subterraneus* sp. nov., a moderately halophilic Gram-positive bacterium isolated from subsurface saline soil[J]. Int J Syst Evol Microbiol, 60(Pt 12): 2763-2767.

Wang X, Xue Y, Ma Y. 2011c. *Streptohalobacillus salinus* gen. nov., sp. nov., a moderately halophilic, Gram-positive, facultative anaerobe isolated from subsurface saline soil[J]. Int J Syst Evol Microbiol, 61(Pt 5): 1127-1132.

Wang Y, Bai X, Yan C, Gui Y, Wei X, Zhu QH, Guo L, Fan L. 2012b. Genomic dissection of small RNAs in wild rice (*Oryza rufipogon*): lessons for rice domestication[J]. New Phytol, 196(3): 914-925.

Wang Y, Cao LL, Tang SK, Lou K, Mao PH, Jin X, Jiang CL, Xu LH, Li WJ. 2009a. *Marinococcus luteus* sp. nov., a halotolerant bacterium isolated from a salt lake, and emended description of the genus *Marinococcus*[J]. Int J Syst Evol Microbiol, 59(Pt 11): 2875-2879.

Wang Y, Fan G, Liu Y, Sun F, Shi C, Liu X, Peng J, Chen W, Huang X, Cheng S, Liu Y, Liang X, Zhu H, Bian C, Zhong L, Lv T, Dong H, Liu W, Zhong X, Chen J, Quan Z, Wang Z, Tan B, Lin C, Mu F, Xu X, Ding Y, Guo AY, Wang J, Ke W. 2013b. The sacred lotus genome provides insights into the evolution of flowering plants[J]. Plant J, 76(4): 557-567.

Wang Y, Lu Y, Zhang Y, Ning Z, Li Y, Zhao Q, Lu H, Huang R, Xia X, Feng Q, Liang X, Liu K, Zhang L, Lu T, Huang T, Fan D, Weng Q, Zhu C, Lu Y, Li W, Wen Z, Zhou C, Tian Q, Kang X, Shi M, Zhang W, Jang S, Du F, He S, Liao L, Li Y, Gui B, He H, Ning Z, Yang C, He L, Luo L, Yang R, Luo Q, Liu X, Li S, Huang W, Xiao L, Lin H, Han B, Zhu Z. 2015. The draft genome of the grass carp (*Ctenopharyngodon idellus*) provides insights into its evolution and vegetarian adaptation[J]. Nat Genet, 47(6): 625-631.

Wang Y, Wu Y, Wang B, Xu H, Mei X, Xu X, Zhang X, Ni J, Li W. 2019m. *Bacillus amyloliquefaciens* SC06 protects mice against high-fat diet-induced obesity and liver injury via regulating host metabolism and gut microbiota[J]. Front Microbiol, 10: 1161.

Wang Y, Zhang H, Yan H, Yin C, Liu Y, Xu Q, Liu X, Zhang Z. 2018. Effective biodegradation of aflatoxin B1 using the *Bacillus licheniformis* (BL010) strain[J]. Toxins (Basel), 10(12): E497.

Wang Y, Zhang Z, Ramanan N. 1997. The actinomycete *Thermobispora bispora* contains two distinct types of transcriptionally active 16S rRNA genes[J]. J Bacteriol, 179(10): 3270-3276.

Wang Z, Miao H, Liu J, Xu B, Yao X, Xu C, Zhao S, Fang X, Jia C, Wang J, Zhang J, Li J, Xu Y, Wang J, Ma W, Wu Z, Yu L, Yang Y, Liu C, Guo Y, Sun S, Baurens FC, Martin G, Salmon F, Garsmeur O, Yahiaoui N, Hervouet C, Rouard M, Laboureau N, Habas R, Ricci S, Peng M, Guo A, Xie J, Li Y, Ding Z, Yan Y, Tie W, D'Hont A, Hu W, Jin Z. 2019h. *Musa balbisiana* genome reveals subgenome evolution and functional divergence[J]. Nat Plants, 5(8): 810-821.

Wang Z, Pascual-Anaya J, Zadissa A, Li W, Niimura Y, Huang Z, Li C, White S, Xiong Z, Fang D, Wang B, Ming Y, Chen Y, Zheng Y, Kuraku S, Pignatelli M, Herrero J, Beal K, Nozawa M, Li Q, Wang J, Zhang H, Yu L, Shigenobu S, Wang J, Liu J, Flicek P, Searle S, Wang J, Kuratani S, Yin Y, Aken B, Zhang G, Irie N. 2013a. The draft genomes of soft-shell turtle and green sea turtle yield insights into the development and evolution of the turtle-specific body plan[J]. Nat Genet, 45(6): 701-706.

Wang ZL, Zhu YQ, Yan Q, Yan WY, Zheng HJ, Zeng ZJ. 2020a. A chromosome-scale assembly of the Asian honeybee *Apis cerana* genome[J]. Front Genet, 11: 279.

Wang ZR, Li G, Ji LX, Wang HH, Gao H, Peng XP, Lou HX. 2019l. Induced production of steroids by co-cultivation of two endophytes from *Mahonia fortunei*[J]. Steroids, 145: 1-4.

Warren WC, Clayton DF, Ellegren H, Arnold AP, Hillier LW, Künstner A, Searle S, White S, Vilella AJ, Fairley S, Heger A, Kong L, Ponting CP, Jarvis ED, Mello CV, Minx P, Lovell P, Velho TA, Ferris M, Balakrishnan CN, Sinha S, Blatti C, London SE, Li Y, Lin YC, George J, Sweedler J, Southey B, Gunaratne P, Watson M, Nam K, Backström N, Smeds L, Nabholz B, Itoh Y, Whitney O, Pfenning AR, Howard J, Völker M, Skinner BM, Griffin DK, Ye L, McLaren WM, Flicek P, Quesada V, Velasco G, Lopez-Otin C, Puente XS, Olender T, Lancet D, Smit AF, Hubley R, Konkel MK, Walker JA, Batzer MA, Gu W, Pollock DD, Chen L, Cheng Z, Eichler EE, Stapley J, Slate J, Ekblom R, Birkhead T, Burke T, Burt D, Scharff C, Adam I, Richard H, Sultan M, Soldatov A, Lehrach H, Edwards SV, Yang SP, Li X, Graves T, Fulton L, Nelson J, Chinwalla A, Hou S, Mardis ER, Wilson RK. 2010. The genome of a songbird[J]. Nature, 464(7289): 757-762.

Warren WC, Hillier LW, Marshall Graves JA, Birney E, Ponting CP, Grützner F, Belov K, Miller W, Clarke L, Chinwalla AT, Yang SP, Heger A, Locke DP, Miethke P, Waters PD, Veyrunes F, Fulton L, Fulton B, Graves T, Wallis J, Puente XS, López-Otín C, Ordóñez GR, Eichler EE, Chen L, Cheng Z, Deakin JE, Alsop A, Thompson K, Kirby P, Papenfuss AT, Wakefield MJ, Olender T, Lancet D, Huttley GA, Smit AF, Pask A, Temple-Smith P, Batzer MA, Walker JA, Konkel MK, Harris RS, Whittington CM, Wong ES, Gemmell NJ, Buschiazzo E, Vargas Jentzsch IM, Merkel A, Schmitz J, Zemann A, Churakov G, Kriegs JO, Brosius J, Murchison EP, Sachidanandam R, Smith C, Hannon GJ, Tsend-Ayush E, McMillan D, Attenborough R, Rens W, Ferguson-Smith M, Lefèvre CM, Sharp JA, Nicholas KR, Ray DA, Kube M, Reinhardt R, Pringle TH, Taylor J, Jones RC, Nixon B, Dacheux JL, Niwa H, Sekita Y, Huang X, Stark A, Kheradpour P, Kellis M, Flicek P, Chen Y, Webber C, Hardison R, Nelson J, Hallsworth-Pepin K, Delehaunty K, Markovic C, Minx P, Feng Y, Kremitzki C, Mitreva M, Glasscock J, Wylie T, Wohldmann P, Thiru P, Nhan MN, Pohl CS, Smith SM, Hou S, Nefedov M, de Jong PJ, Renfree MB, Mardis ER, Wilson RK. 2008. Genome analysis of the platypus reveals unique signatures of evolution[J]. Nature, 453(7192): 175-183.

Wasik K, Gurtowski J, Zhou X, Ramos OM, Delás MJ, Battistoni G, El Demerdash O, Falciatori I, Vizoso DB, Smith AD, Ladurner P, Schärer L, McCombie WR, Hannon GJ, Schatz M. 2015. Genome and transcriptome of the regeneration-competent flatworm, *Macrostomum lignano*[J]. Proc Natl Acad Sci USA, 112(40): 12462-12467.

Watanabe K, Nagao N, Yamamoto S, Toda T, Kurosawa N. 2007. *Thermobacillus composti* sp. nov., a moderately thermophilic bacterium isolated from a composting reactor[J]. Int J Syst Evol Microbiol, 57(Pt 7): 1473-1477.

Watanabe M, Kojima H, Fukui M. 2014. Proposal of *Effusibacillus lacus* gen. nov., sp. nov., and reclassification of *Alicyclobacillus pohliae* as *Effusibacillus pohliae* comb. nov. and *Alicyclobacillus consociatus* as *Effusibacillus consociatus* comb. nov.[J]. Int J Syst Evol Microbiol, 64(Pt 8): 2770-2774.

Waters E, Hohn MJ, Ahel I, Graham DE, Adams MD, Barnstead M, Beeson KY, Bibbs L, Bolanos R, Keller M, Kretz K, Lin X, Mathur E, Ni J, Podar M, Richardson T, Sutton GG, Simon M, Soll D, Stetter KO, Short JM, Noordewier M. 2003. The genome of *Nanoarchaeum equitans*: insights into early archaeal evolution and derived parasitism[J]. Proc Natl Acad Sci USA, 100(22): 12984-12988.

Watson JD, Crick FH. 1953a. Genetical implications of the structure of deoxyribonucleic acid[J]. Nature, 171(4361): 964-967.

Watson JD, Crick FH. 1953b. Molecular structure of nucleic acids: a structure for deoxyribose nucleic acid[J]. Nature, 171(4356): 737-738.

Wayne LG, Brenner DJ, Colwell RR, Grimont PAD, Kandler O, Krichevsky MI, Moore LH, Moore WEC, Murray RGE, Stackebrandt E, Starr MP, Truper HG. 1987. Report of the ad hoc committee on reconciliation of approaches to bacterial systematics[J]. Int J Syst Bacteriol, 37(4): 463-464.

Wei C, Yang H, Wang S, Zhao J, Liu C, Gao L, Xia E, Lu Y, Tai Y, She G, Sun J, Cao H, Tong W, Gao Q, Li Y, Deng W, Jiang X, Wang W, Chen Q, Zhang S, Li H, Wu J, Wang P, Li P, Shi C, Zheng F, Jian J, Huang B, Shan D, Shi M, Fang C, Yue Y, Li F, Li D, Wei S, Han B, Jiang C, Yin Y, Xia T, Zhang Z, Bennetzen JL, Zhao S, Wan X. 2018. Draft genome sequence of *Camellia sinensis* var. *sinensis* provides insights into the evolution of the tea genome and tea quality[J]. Proc Natl Acad Sci USA, 115(18): E4151-E4158.

Wei S, Yang Y, Yin T. 2020. The chromosome-scale assembly of the willow genome provides insight into Salicaceae genome evolution[J]. Hortic Res, 7: 45.

Weimer BC. 2017. 100K Pathogen Genome Project[J]. Genome Announc, 5(28): e00594-17.

Weinstein DJ, Allen SE, Lau MCY, Erasmus M, Asalone KC, Walters-Conte K, Deikus G, Sebra R, Borgonie G, van Heerden E, Onstott TC, Bracht JR. 2019. The genome of a subterrestrial nematode reveals adaptations to heat[J]. Nat Commun, 10(1): 5268.

Weis AM, Gilpin B, Huang BC, Kong N, Chen P, Weimer BC. 2017b. *Shigella* draft genome sequences: resources for food safety and public health[J]. Genome Announc, 5(16): e00176-17.

Weis AM, Huang BC, Storey DB, Kong N, Chen P, Arabyan N, Gilpin B, Mason C, Townsend AK, Smith WA, Byrne BA, Taff CC, Weimer BC. 2017a. Large-scale release of *Campylobacter* draft genomes: resources for food safety and public health from the 100K Pathogen Genome Project[J]. Genome Announc, 5(1): e00925-16.

Weitemier K, Straub SCK, Fishbein M, Bailey CD, Cronn RC, Liston A. 2019. A draft genome and transcriptome of common milkweed (*Asclepias syriaca*) as resources for evolutionary, ecological, and molecular studies in milkweeds and Apocynaceae[J]. PeerJ, 7: e7649.

Wen M, Ng JHJ, Zhu F, Chionh YT, Chia WN, Mendenhall IH, Lee BP, Irving AT, Wang LF. 2018. Exploring the genome and transcriptome of the cave nectar bat *Eonycteris spelaea* with PacBio long-read sequencing[J]. Gigascience, 7(10): giy116.

Weng Y, Yao J, Sparks S, Wang KY. 2017. Nattokinase: an oral antithrombotic agent for the prevention of cardiovascular disease[J]. Int J Mol Sci, 18(3): E523.

Wenger JA, Cassone BJ, Legeai F, Johnston JS, Bansal R, Yates AD, Coates BS, Pavinato VA, Michel A. 2017. Whole genome sequence of the soybean aphid, *Aphis glycines*[J]. Insect Biochem Mol Biol, 22: 102917.

Werren JH, Richards S, Desjardins CA, Niehuis O, Gadau J, Colbourne JK; Nasonia Genome Working Group, Werren JH, Richards S, Desjardins CA, Niehuis O, Gadau J, Colbourne JK, Beukeboom LW, Desplan C, Elsik CG, Grimmelikhuijzen CJ, Kitts P, Lynch JA, Murphy T, Oliveira DC, Smith CD, van de Zande L, Worley KC, Zdobnov EM, Aerts M, Albert S, Anaya VH, Anzola JM, Barchuk AR, Behura SK, Bera AN, Berenbaum MR, Bertossa RC, Bitondi MM, Bordenstein SR, Bork P, Bornberg-Bauer E, Brunain M, Cazzamali G, Chaboub L, Chacko J, Chavez D, Childers CP, Choi JH, Clark ME, Claudianos C, Clinton RA, Cree AG, Cristino AS, Dang PM, Darby AC, de Graaf DC, Devreese B, Dinh HH, Edwards R, Elango N, Elhaik E, Ermolaeva O, Evans JD, Foret S, Fowler GR, Gerlach D, Gibson JD, Gilbert DG, Graur D, Gründer S, Hagen DE, Han Y, Hauser F, Hultmark D, Hunter HC 4th, Hurst GD, Jhangian SN, Jiang H, Johnson RM, Jones AK, Junier T, Kadowaki T, Kamping A, Kapustin Y, Kechavarzi B, Kim J, Kim J, Kiryutin B, Koevoets T, Kovar CL, Kriventseva EV, Kucharski R, Lee H, Lee SL, Lees K, Lewis LR, Loehlin DW, Logsdon JM Jr, Lopez JA, Lozado RJ, Maglott D, Maleszka R, Mayampurath A, Mazur DJ, McClure MA, Moore AD, Morgan MB, Muller J, Munoz-Torres MC, Muzny DM, Nazareth LV, Neupert S, Nguyen NB, Nunes FM, Oakeshott JG, Okwuonu GO, Pannebakker BA, Pejaver VR, Peng Z, Pratt SC, Predel R, Pu LL, Ranson H, Raychoudhury R, Rechtsteiner A, Reese JT, Reid JG, Riddle M, Robertson HM, Romero-Severson J, Rosenberg M, Sackton TB, Sattelle DB, Schlüns H, Schmitt T, Schneider M, Schüler A, Schurko AM, Shuker DM, Simões ZL, Sinha S, Smith Z, Solovyev V, Souvorov A, Springauf A, Stafflinger E, Stage DE, Stanke M, Tanaka Y, Telschow A, Trent C, Vattathil S, Verhulst EC, Viljakainen L, Wanner KW, Waterhouse RM, Whitfield JB, Wilkes TE, Williamson M, Willis JH, Wolschin F, Wyder S, Yamada T, Yi SV, Zecher CN, Zhang L, Gibbs RA. 2010. Functional and evolutionary insights from the genomes of three parasitoid *Nasonia* species[J]. Science,

327(5963): 343-348.

Westbury MV, Hartmann S, Barlow A, Wiesel I, Leo V, Welch R, Parker DM, Sicks F, Ludwig A, Dalén L, Hofreiter M. 2018. Extended and continuous decline in effective population size results in low genomic diversity in the World's rarest hyena species, the brown hyena[J]. Mol Biol Evol, 35(5): 1225-1237.

Weston DJ, Timm CM, Walker AP, Gu L, Muchero W, Schmutz J, Shaw AJ, Tuskan GA, Warren JM, Wullschleger SD. 2015. *Sphagnum* physiology in the context of changing climate: emergent influences of genomics, modelling and host-microbiome interactions on understanding ecosystem function[J]. Plant Cell Environ, 38(9): 1737-1751.

Weyrich A, Schüllermann T, Heeger F, Jeschek M, Mazzoni CJ, Chen W, Schumann K, Fickel J. 2014. Whole genome sequencing and methylome analysis of the wild guinea pig[J]. BMC Genomics, 15: 1036.

White BN, Dunn R, Gillam I, Tener GM, Armstrong DJ, Skoog F, Frihart CR, Leonard NJ. 1975. An analysis of five serine transfer ribonucleic acids from *Drosophila*[J]. J Biol Chem, 250(2): 515-521.

Whitfeld PR. 1954. A method for the determination of nucleotide sequence in polyribonucleotides[J]. Biochem J, 58(3): 390-396.

Whon TW, Jung MJ, Roh SW, Nam YD, Park EJ, Shin KS, Bae JW. 2010. *Oceanobacillus kimchii* sp. nov. isolated from a traditional Korean fermented food[J]. J Microbiol, 48(6): 862-866.

Wiedenheft B, Sternberg SH, Doudna JA. 2012. RNA-guided genetic silencing systems in bacteria and archaea[J]. Nature, 482(7385): 331-338.

Wild MA, Sommer R. 1980. Sequence of a ribosomal RNA gene intron from *Tetrahymena*[J]. Nature, 283(5748): 693-694.

Wilding CS, Fletcher N, Smith EK, Prentis P, Weedall GD, Stewart Z. 2020. The genome of the sea anemone *Actinia equina* (L.): Meiotic toolkit genes and the question of sexual reproduction[J]. Mar Genomics, 11: 100753.

Williams A, Gedeon KS, Vaidyanathan D, Yu Y, Collins CH, Dordick JS, Linhardt RJ, Koffas MAG. 2019 Metabolic engineering of *Bacillus megaterium* for heparosan biosynthesis using *Pasteurella multocida* heparosan synthase, PmHS2[J]. Microb Cell Fact, 18(1): 132.

Williams JL, Iamartino D, Pruitt KD, Sonstegard T, Smith TPL, Low WY, Biagini T, Bomba L, Capomaccio S, Castiglioni B, Coletta A, Corrado F, Ferré F, Iannuzzi L, Lawley C, Macciotta N, McClure M, Mancini G, Matassino D, Mazza R, Milanesi M, Moioli B, Morandi N, Ramunno L, Peretti V, Pilla F, Ramelli P, Schroeder S, Strozzi F, Thibaud-Nissen F, Zicarelli L, Ajmone-Marsan P, Valentini A, Chillemi G, Zimin A. 2017. Genome assembly and transcriptome resource for river buffalo, *Bubalus bubalis* ($2n = 50$)[J]. Gigascience, 6(10): gix088.

Williams R, Peisajovich SG, Miller OJ, Magdassi S, Tawfik DS, Griffiths AD. 2006. Amplification of complex gene libraries by emulsion PCR[J]. Nature Methods, 3(7): 545-550.

Willing EM, Rawat V, Mandáková T, Maumus F, James GV, Nordström KJ, Becker C, Warthmann N, Chica C, Szarzynska B, Zytnicki M, Albani MC, Kiefer C, Bergonzi S, Castaings L, Mateos JL, Berns MC, Bujdoso N, Piofczyk T, de Lorenzo L, Barrero-Sicilia C, Mateos I, Piednoël M, Hagmann J, Chen-Min-Tao R, Iglesias-Fernández R, Schuster SC, Alonso-Blanco C, Roudier F, Carbonero P, Paz-Ares J, Davis SJ, Pecinka A, Quesneville H, Colot V, Lysak MA, Weigel D, Coupland G, Schneeberger K. 2015. Genome expansion of *Arabis alpina* linked with retrotransposition and reduced symmetric DNA methylation[J]. Nat Plants, 1: 14023.

Wirthlin M, Lima NCB, Guedes RLM, Soares AER, Almeida LGP, Cavaleiro NP, Loss de Morais G, Chaves AV, Howard JT, Teixeira MM, Schneider PN, Santos FR, Schatz MC, Felipe MS, Miyaki CY, Aleixo A, Schneider MPC, Jarvis ED, Vasconcelos ATR, Prosdocimi F, Mello CV. 2018. Parrot genomes and the evolution of heightened longevity and cognition[J]. Curr Biol, 28(24): 4001-4008, e7.

Wisotzkey JD, Jurtshuk P Jr, Fox GE, Deinhard G, Poralla K. 1992. Comparative sequence analyses on the 16S rRNA (rDNA) of *Bacillus acidocaldarius*, *Bacillus acidoterrestris*, and *Bacillus cycloheptanicus* and proposal for creation of a new genus, *Alicyclobacillus* gen. nov.[J]. Int J Syst Bacteriol, 42(Pt 2): 263-269.

Woese CR, Fox GE. 1977. Phylogenetic structure of the prokaryotic domain: the primary kingdoms[J]. Proc Natl Acad Sci USA, 74(11): 5088-5090.

Wolf YI, Rogozin I, Grishin N, Tatusov R, Koonin E. 2001. Genome trees constructed using five different approaches suggest new major bacterial clades[J]. BMC Evol Biol, 1: 8.

Wolfgang WJ, Coorevits A, Cole JA, De Vos P, Dickinson MC, Hannett GE, Jose R, Nazarian EJ, Schumann P, Van Landschoot A, Wirth SE, Musser KA. 2012. *Sporosarcina newyorkensis* sp. nov. from clinical specimens and raw cow's milk[J]. Int J Syst Evol Microbiol, 62(Pt 2): 322-329.

Wolters M, Ahrens J, Romaní-Pérez M, Watkins C, Sanz Y, Benítez-Páez A, Stanton C, Günther K. 2019. Dietary fat, the gut microbiota, and metabolic health: a systematic review conducted within the MyNewGut project[J]. Clin Nutr, 38(6): 2504-2520.

Wong GK, Liu B, Wang J, Zhang Y, Yang X, Zhang Z, Meng Q, Zhou J, Li D, Zhang J, Ni P, Li S, Ran L, Li H, Zhang J, Li R, Li S, Zheng H, Lin W, Li G, Wang X, Zhao W, Li J, Ye C, Dai M, Ruan J, Zhou Y, Li Y, He X, Zhang Y, Wang J, Huang X, Tong W, Chen J, Ye J, Chen C, Wei N, Li G, Dong L, Lan F, Sun Y, Zhang Z, Yang Z, Yu Y, Huang Y, He D, Xi Y, Wei D, Qi Q, Li W, Shi J, Wang M, Xie F, Wang J, Zhang X, Wang P, Zhao Y, Li N, Yang N, Dong W, Hu S, Zeng C, Zheng W, Hao B, Hillier LW, Yang SP, Warren WC, Wilson RK, Brandström M, Ellegren H, Crooijmans RP, van der Poel JJ, Bovenhuis H, Groenen MA, Ovcharenko I, Gordon L, Stubbs L, Lucas S, Glavina T, Aerts A, Kaiser P, Rothwell L, Young JR, Rogers S, Walker BA, van Hateren A, Kaufman J, Bumstead N, Lamont SJ, Zhou H, Hocking PM, Morrice D, de Koning DJ, Law A, Bartley N, Burt DW, Hunt H, Cheng HH, Gunnarsson U, Wahlberg P, Andersson L, Kindlund E, Tammi MT, Andersson B, Webber C, Ponting CP, Overton IM, Boardman PE, Tang H, Hubbard SJ, Wilson SA, Yu J, Wang J, Yang H; International Chicken Polymorphism Map Consortium. 2004. A genetic variation map for chicken with 2.8 million single-nucleotide polymorphisms[J]. Nature, 432(7018): 717-722.

Woolley AT, Hadley D, Landre P, deMello AJ, Mathies RA, Northrup MA. 1996. Functional integration of PCR amplification and capillary electrophoresis in a microfabricated DNA analysis device[J]. Anal Chem, 68(23): 4081-4086.

Woolley AT, Mathies RA. 1995. Ultra-high-speed DNA sequencing using capillary electrophoresis chips[J]. Anal Chem, 67(20): 3676-3680.

Worden AZ, Lee JH, Mock T, Rouzé P, Simmons MP, Aerts AL, Allen AE, Cuvelier ML, Derelle E, Everett MV, Foulon E, Grimwood J, Gundlach H, Henrissat B, Napoli C, McDonald SM, Parker MS, Rombauts S, Salamov A, Von Dassow P, Badger JH, Coutinho PM, Demir E, Dubchak I, Gentemann C, Eikrem W, Gready JE, John U, Lanier W, Lindquist EA, Lucas S, Mayer KF, Moreau H, Not F, Otillar R, Panaud O, Pangilinan J, Paulsen I, Piegu B, Poliakov A, Robbens S, Schmutz J, Toulza E, Wyss T, Zelensky A, Zhou K, Armbrust EV, Bhattacharya D, Goodenough UW, Van de Peer Y, Grigoriev IV. 2009. Green evolution and dynamic adaptations revealed by genomes of the marine picoeukaryotes *Micromonas*[J]. Science, 324(5924): 268-272.

Wotton KR, Alcaine Colet A, Jaeger J, Jimenez-Guri E. 2013. Evolution and expression of BMP genes in flies[J]. Dev Genes Evol, 223(5): 335-340.

Wu C, Quesada MA, Schneider DK, Farinato R, Studier FW, Chu B. 1996. Polyacrylamide solutions for DNA sequencing by capillary electrophoresis: mesh sizes, separation and dispersion[J]. Electrophoresis, 17(6): 1103-1109.

Wu C, Twort VG, Crowhurst RN, Newcomb RD, Buckley TR. 2017. Assembling large genomes: analysis of the stick insect (*Clitarchus hookeri*) genome reveals a high repeat content and sex-biased genes associated with reproduction[J]. BMC Genomics, 18(1): 884.

Wu D, Hugenholtz P, Mavromatis K, Pukall R, Dalin E, Ivanova NN, Kunin V, Goodwin L, Wu M, Tindall BJ, Hooper SD, Pati A, Lykidis A, Spring S, Anderson IJ, D'haeseleer P, Zemla A, Singer M, Lapidus A, Nolan M, Copeland A, Han C, Chen F, Cheng JF, Lucas S, Kerfeld C, Lang E, Gronow S, Chain P, Bruce D, Rubin EM, Kyrpides NC, Klenk HP, Eisen JA. 2009. A phylogeny-driven genomic encyclopaedia of Bacteria and Archaea[J]. Nature, 462(7276): 1056-1060.

Wu GA, Prochnik S, Jenkins J, Salse J, Hellsten U, Murat F, Perrier X, Ruiz M, Scalabrin S, Terol J, Takita

MA, Labadie K, Poulain J, Couloux A, Jabbari K, Cattonaro F, Del Fabbro C, Pinosio S, Zuccolo A, Chapman J, Grimwood J, Tadeo FR, Estornell LH, Muñoz-Sanz JV, Ibanez V, Herrero-Ortega A, Aleza P, Pérez-Pérez J, Ramón D, Brunel D, Luro F, Chen C, Farmerie WG, Desany B, Kodira C, Mohiuddin M, Harkins T, Fredrikson K, Burns P, Lomsadze A, Borodovsky M, Reforgiato G, Freitas-Astúa J, Quetier F, Navarro L, Roose M, Wincker P, Schmutz J, Morgante M, Machado MA, Talon M, Jaillon O, Ollitrault P, Gmitter F, Rokhsar D. 2014b. Sequencing of diverse mandarin, pummelo and orange genomes reveals complex history of admixture during citrus domestication[J]. Nat Biotechnol, 32(7): 656-662.

Wu H, Gu Q, Xie Y, Lou Z, Xue P, Fang L, Yu C, Jia D, Huang G, Zhu B, Schneider A, Blom J, Lasch P, Borriss R, Gao X. 2019c. Cold-adapted Bacilli isolated from the Qinghai-Tibetan Plateau are able to promote plant growth in extreme environments[J]. Environ Microbiol, 21: 3505-3526.

Wu H, Guang X, Al-Fageeh MB, Cao J, Pan S, Zhou H, Zhang L, Abutarboush MH, Xing Y, Xie Z, Alshanqeeti AS, Zhang Y, Yao Q, Al-Shomrani BM, Zhang D, Li J, Manee MM, Yang Z, Yang L, Liu Y, Zhang J, Altammami MA, Wang S, Yu L, Zhang W, Liu S, Ba L, Liu C, Yang X, Meng F, Wang S, Li L, Li E, Li X, Wu K, Zhang S, Wang J, Yin Y, Yang H, Al-Swailem AM, Wang J. 2014a. Camelid genomes reveal evolution and adaptation to desert environments[J]. Nat Commun, 5: 5188.

Wu J, Wang Z, Shi Z, Zhang S, Ming R, Zhu S, Khan MA, Tao S, Korban SS, Wang H, Chen NJ, Nishio T, Xu X, Cong L, Qi K, Huang X, Wang Y, Zhao X, Wu J, Deng C, Gou C, Zhou W, Yin H, Qin G, Sha Y, Tao Y, Chen H, Yang Y, Song Y, Zhan D, Wang J, Li L, Dai M, Gu C, Wang Y, Shi D, Wang X, Zhang H, Zeng L, Zheng D, Wang C, Chen M, Wang G, Xie L, Sovero V, Sha S, Huang W, Zhang S, Zhang M, Sun J, Xu L, Li Y, Liu X, Li Q, Shen J, Wang J, Paull RE, Bennetzen JL, Wang J, Zhang S. 2013a. The genome of the pear (*Pyrus bretschneideri* Rehd.)[J]. Genome Res, 23(2): 396-408.

Wu M, Kostyun JL, Moyle LC. 2019a. Genome sequence of *Jaltomata* addresses rapid reproductive trait evolution and enhances comparative genomics in the hyper-diverse Solanaceae[J]. Genome Biol Evol, 11(2): 335-349.

Wu MH, Zong YY, Guo W, Wang GJ, Li MS. 2018d. *Paenibacillus montanisoli* sp. nov., isolated from mountain area soil[J]. Int J Syst Evol Microbiol, 68(Pt 11): 3569-3575.

Wu P, Zhou C, Cheng S, Wu Z, Lu W, Han J, Chen Y, Chen Y, Ni P, Wang Y, Xu X, Huang Y, Song C, Wang Z, Shi N, Zhang X, Fang X, Yang Q, Jiang H, Chen Y, Li M, Wang Y, Chen F, Wang J, Wu G. 2015a. Integrated genome sequence and linkage map of physic nut (*Jatropha curcas* L.), a biodiesel plant[J]. Plant J, 81(5): 810-821.

Wu Q, Miao G, Li X, Liu W, Ikhwanuddin M, Ma H. 2018a. *De novo* assembly of genome and development of polymorphic microsatellite loci in the blue swimming crab (*Portunus pelagicus*) using RAD approach[J]. Mol Biol Rep, 45(6): 1913-1918.

Wu R.1972. Nucleotide sequence analysis of DNA[J]. Nature New Biology, 236(68): 198-200.

Wu R, Kaiser AD. 1968. Structure and base sequence in the cohesive ends of bacteriophage lambda DNA[J]. J Mol Biol, 35(3): 523-537.

Wu S, Lau KH, Cao Q, Hamilton JP, Sun H, Zhou C, Eserman L, Gemenet DC, Olukolu BA, Wang H, Crisovan E, Godden GT, Jiao C, Wang X, Kitavi M, Manrique-Carpintero N, Vaillancourt B, Wiegert-Rininger K, Yang X, Bao K, Schaff J, Kreuze J, Gruneberg W, Khan A, Ghislain M, Ma D, Jiang J, Mwanga ROM, Leebens-Mack J, Coin LJM, Yencho GC, Buell CR, Fei Z. 2018b. Genome sequences of two diploid wild relatives of cultivated sweetpotato reveal targets for genetic improvement[J]. Nat Commun, 9(1): 4580.

Wu S, Sun W, Xu Z, Zhai J, Li X, Li C, Zhang D, Wu X, Shen L, Chen J, Ren H, Dai X, Dai Z, Zhao Y, Chen L, Cao M, Xie X, Liu X, Peng D, Dong J, Hsiao YY, Chen SL, Tsai WC, Lan S, Liu ZJ. 2020. The genome sequence of star fruit (*Averrhoa carambola*)[J]. Hortic Res, 7: 95.

Wu T, Li L, Jiang X, Yang Y, Song Y, Chen L, Xu X, Shen Y, Gu Y. 2019b. Sequencing and comparative analysis of three *Chlorella* genomes provide insights into strain-specific adaptation to wastewater[J]. Sci Rep, 9(1): 9514.

Wu W, Yang YL, He WM, Rouard M, Li WM, Xu M, Roux N, Ge XJ. 2016. Whole genome sequencing of a banana wild relative *Musa itinerans* provides insights into lineage-specific diversification of the *Musa* genus[J]. Sci Rep, 6: 31586.

Wu X, Fang H, Qian C, Wen Y, Shen X, Li O, Gao H. 2011. *Paenibacillus tianmuensis* sp. nov., isolated from soil[J]. Int J Syst Evol Microbiol, 61(Pt 5): 1133-1137.

Wu Y, Zhou J, Li C, Ma Y. 2019d. Antifungal and plant growth promotion activity of volatile organic compounds produced by *Bacillus amyloliquefaciens*[J]. Microbiologyopen, 8(8): e00813.

Wu YF, Wu QL, Liu SJ. 2013b. *Paenibacillus taihuensis* sp. nov., isolated from an eutrophic lake[J]. Int J Syst Evol Microbiol, 63(Pt 10): 3652-3658.

Wu YF, Zhang B, Xing P, Wu QL, Liu SJ. 2015b. *Tumebacillus algifaecis* sp. nov., isolated from decomposing algal scum[J]. Int J Syst Evol Microbiol, 65(Pt 7): 2196-2198.

Wu YM, Li J, Chen XS. 2018b. Draft genomes of two blister beetles *Hycleus cichorii* and *Hycleus phaleratus*[J]. Gigascience, 7(3): giy006.

Wudarski J, Simanov D, Ustyantsev K, de Mulder K, Grelling M, Grudniewska M, Beltman F, Glazenburg L, Demircan T, Wunderer J, Qi W, Vizoso DB, Weissert PM, Olivieri D, Mouton S, Guryev V, Aboobaker A, Schärer L, Ladurner P, Berezikov E. 2017. Efficient transgenesis and annotated genome sequence of the regenerative flatworm model *Macrostomum lignano*[J]. Nat Commun, 8(1): 2120.

Wurm Y, Wang J, Riba-Grognuz O, Corona M, Nygaard S, Hunt BG, Ingram KK, Falquet L, Nipitwattanaphon M, Gotzek D, Dijkstra MB, Oettler J, Comtesse F, Shih CJ, Wu WJ, Yang CC, Thomas J, Beaudoing E, Pradervand S, Flegel V, Cook ED, Fabbretti R, Stockinger H, Long L, Farmerie WG, Oakey J, Boomsma JJ, Pamilo P, Yi SV, Heinze J, Goodisman MA, Farinelli L, Harshman K, Hulo N, Cerutti L, Xenarios I, Shoemaker D, Keller L. 2011. The genome of the fire ant *Solenopsis invicta*[J]. Proc Natl Acad Sci USA, 108(14): 5679-5684.

Wuyun TN, Wang L, Liu H, Wang X, Zhang L, Bennetzen JL, Li T, Yang L, Liu P, Du L, Wang L, Huang M, Qing J, Zhu L, Bao W, Li H, Du Q, Zhu J, Yang H, Yang S, Liu H, Yue H, Hu J, Yu G, Tian Y, Liang F, Hu J, Wang D, Gao R, Li D, Du H. 2018. The hardy rubber tree genome provides insights into the evolution of polyisoprene biosynthesis[J]. Mol Plant, 11(3): 429-442.

Xia EH, Zhang HB, Sheng J, Li K, Zhang QJ, Kim C, Zhang Y, Liu Y, Zhu T, Li W, Huang H, Tong Y, Nan H, Shi C, Shi C, Jiang JJ, Mao SY, Jiao JY, Zhang D, Zhao Y, Zhao YJ, Zhang LP, Liu YL, Liu BY, Yu Y, Shao SF, Ni DJ, Eichler EE, Gao LZ. 2017. The tea tree genome provides insights into tea flavor and independent evolution of caffeine biosynthesis[J]. Mol Plant, 10(6): 866-877.

Xia Q, Pan L, Zhang R, Ni X, Wang Y, Dong X, Gao Y, Zhang Z, Kui L, Li Y, Wang W, Yang H, Chen C, Miao J, Chen W, Dong Y. 2019. The genome assembly of asparagus bean, *Vigna unguiculata* ssp. *sesquipedialis*[J]. Sci Data, 6(1): 124.

Xia Q, Zhou Z, Lu C, Cheng D, Dai F, Li B, Zhao P, Zha X, Cheng T, Chai C, Pan G, Xu J, Liu C, Lin Y, Qian J, Hou Y, Wu Z, Li G, Pan M, Li C, Shen Y, Lan X, Yuan L, Li T, Xu H, Yang G, Wan Y, Zhu Y, Yu M, Shen W, Wu D, Xiang Z, Yu J, Wang J, Li R, Shi J, Li H, Li G, Su J, Wang X, Li G, Zhang Z, Wu Q, Li J, Zhang Q, Wei N, Xu J, Sun H, Dong L, Liu D, Zhao S, Zhao X, Meng Q, Lan F, Huang X, Li Y, Fang L, Li C, Li D, Sun Y, Zhang Z, Yang Z, Huang Y, Xi Y, Qi Q, He D, Huang H, Zhang X, Wang Z, Li W, Cao Y, Yu Y, Yu H, Li J, Ye J, Chen H, Zhou Y, Liu B, Wang J, Ye J, Ji H, Li S, Ni P, Zhang J, Zhang Y, Zheng H, Mao B, Wang W, Ye C, Li S, Wang J, Wong GK, Yang H; Biology Analysis Group. 2004. A draft sequence for the genome of the domesticated silkworm (*Bombyx mori*)[J]. Science, 306(5703): 1937-1940.

Xiao JH, Yue Z, Jia LY, Yang XH, Niu LH, Wang Z, Zhang P, Sun BF, He SM, Li Z, Xiong TL, Xin W, Gu HF, Wang B, Werren JH, Murphy RW, Wheeler D, Niu LM, Ma GC, Tang T, Bian SN, Wang NX, Yang CY, Wang N, Fu YG, Li WZ, Yi SV, Yang XY, Zhou Q, Lu CX, Xu CY, He LJ, Yu LL, Chen M, Zheng Y, Wang SW, Zhao S, Li YH, Yu YY, Qian XJ, Cai Y, Bian LL, Zhang S, Wang JY, Yin Y, Xiao H, Wang GH, Yu H, Wu WS, Cook JM, Wang J, Huang DW. 2013. Obligate mutualism within a host drives the extreme specialization of a fig wasp genome[J]. Genome Biol, 14(12): R141.

Xiao L, Wan JW, Yao JH, Feng H, Wei LH. 2018. Effects of *Bacillus cereus* strain Jdm1 on *Meloidogyne incognita* and the bacterial community in tomato rhizosphere soil[J]. 3 Biotech, 8(8): 319.

Xiao L, Yang G, Zhang L, Yang X, Zhao S, Ji Z, Zhou Q, Hu M, Wang Y, Chen M, Xu Y, Jin H, Xiao X, Hu G, Bao F, Hu Y, Wan P, Li L, Deng X, Kuang T, Xiang C, Zhu JK, Oliver MJ, He Y. 2015. The resurrection genome of *Boea hygrometrica*: a blueprint for survival of dehydration[J]. Proc Natl Acad Sci USA, 112(18): 5833-5837.

Xiao Y, Xiao Z, Ma D, Liu J, Li J. 2019. Genome sequence of the barred knifejaw *Oplegnathus fasciatus* (Temminck & Schlegel, 1844): the first chromosome-level draft genome in the family Oplegnathidae[J]. Gigascience, 8(3): giz013.

Xiao Y, Xiao Z, Ma D, Zhao C, Liu L, Wu H, Nie W, Xiao S, Liu J, Li J, Herrera-Ulloa A. 2020. Chromosome-level genome reveals the origin of neo-y chromosome in the male barred knifejaw *Oplegnathus fasciatus*[J]. iScience, 23(4): 101039.

Xiao Y, Xu P, Fan H, Baudouin L, Xia W, Bocs S, Xu J, Li Q, Guo A, Zhou L, Li J, Wu Y, Ma Z, Armero A, Issali AE, Liu N, Peng M, Yang Y. 2017. The genome draft of coconut (*Cocos nucifera*)[J]. Gigascience, 6(11): gix095.

Xie CH, Yokota A. 2007. *Paenibacillus terrigena* sp. nov., isolated from soil[J]. Int J Syst Evol Microbiol, 57(Pt 1): 70-72.

Xie JB, Du Z, Bai L, Tian C, Zhang Y, Xie JY, Wang T, Liu X, Chen X, Cheng Q, Chen S, Li J. 2014. Comparative genomic analysis of $N_2$-fixing and non-$N_2$-fixing *Paenibacillus* spp.: organization, evolution and expression of the nitrogen fixation genes[J]. PLoS Genet, 10(3): e1004231.

Xie W, He C, Fei Z, Zhang Y. 2020. Chromosome-level genome assembly of the greenhouse whitefly (*Trialeurodes vaporariorum* Westwood)[J]. Mol Ecol Resour, 20(4): 995-1006.

Xiong Z, Li F, Li Q, Zhou L, Gamble T, Zheng J, Kui L, Li C, Li S, Yang H, Zhang G. 2016. Draft genome of the leopard gecko, *Eublepharis macularius*[J]. Gigascience, 5(1): 47.

Xu B, Hu B, Wang J, Lan Y, Zhu Y, Dai X, Huang L, Huang Y, Du W. 2018c. *Virgibacillus indicus* sp. nov. and *Virgibacillus profundi* sp. nov, two moderately halophilic bacteria isolated from marine sediment by using microfluidic streak plates[J]. Int J Syst Evol Microbiol, 68(Pt 6): 2015-2023.

Xu C, Jiao C, Sun H, Cai X, Wang X, Ge C, Zheng Y, Liu W, Sun X, Xu Y, Deng J, Zhang Z, Huang S, Dai S, Mou B, Wang Q, Fei Z, Wang Q. 2017b. Draft genome of spinach and transcriptome diversity of 120 *Spinacia* accessions[J]. Nat Commun, 8: 15275.

Xu C, Wang BC, Yu Z, Sun M. 2014c. Structural insights into *Bacillus thuringiensis* Cry, Cyt and parasporin toxins[J]. Toxins (Basel), 6(9): 2732-2770.

Xu CQ, Liu H, Zhou SS, Zhang DX, Zhao W, Wang S, Chen F, Sun YQ, Nie S, Jia KH, Jiao SQ, Zhang RG, Yun QZ, Guan W, Wang X, Gao Q, Bennetzen JL, Maghuly F, Porth I, Van de Peer Y, Wang XR, Ma Y, Mao JF. 2019b. Genome sequence of *Malania oleifera*, a tree with great value for nervonic acid production[J]. Gigascience, 8(2): giy164.

Xu D, Wang L, Wang G, Zheng S. 2016c. *Domibacillus antri* sp. nov., isolated from the soil of a cave[J]. Int J Syst Evol Microbiol, 66(Pt 7): 2502-2508.

Xu F, Jex A, Svärd SG. 2020a. A chromosome-scale reference genome for *Giardia intestinalis* WB[J]. Sci Data, 7(1): 38.

Xu G, Bian C, Nie Z, Li J, Wang Y, Xu D, You X, Liu H, Gao J, Li H, Liu K, Yang J, Li Q, Shao N, Zhuang Y, Fang D, Jiang T, Lv Y, Huang Y, Gu R, Xu J, Ge W, Shi Q, Xu P. 2020b. Genome and population sequencing of a chromosome-level genome assembly of the Chinese tapertail anchovy (*Coilia nasus*) provides novel insights into migratory adaptation[J]. Gigascience, 9(1): giz157.

Xu H, Song J, Luo H, Zhang Y, Li Q, Zhu Y, Xu J, Li Y, Song C, Wang B, Sun W, Shen G, Zhang X, Qian J, Ji A, Xu Z, Luo X, He L, Li C, Sun C, Yan H, Cui G, Li X, Li X, Wei J, Liu J, Wang Y, Hayward A, Nelson D, Ning Z, Peters RJ, Qi X, Chen S. 2016b. Analysis of the genome sequence of the medicinal plant *Salvia miltiorrhiza*[J]. Mol Plant, 9(6): 949-952.

Xu J, Li JT, Jiang Y, Peng W, Yao Z, Chen B, Jiang L, Feng J, Ji P, Liu G, Liu Z, Tai R, Dong C, Sun X, Zhao ZX, Zhang Y, Wang J, Li S, Zhao Y, Yang J, Sun X, Xu P. 2017a. Genomic basis of adaptive evolution: the survival of amur ide (*Leuciscus waleckii*) in an extremely alkaline environment[J]. Mol Biol Evol, 34(1): 145-159.

Xu P, Xu J, Liu G, Chen L, Zhou Z, Peng W, Jiang Y, Zhao Z, Jia Z, Sun Y, Wu Y, Chen B, Pu F, Feng J, Luo J, Chai J, Zhang H, Wang H, Dong C, Jiang W, Sun X. 2019a. The allotetraploid origin and asymmetrical genome evolution of the common carp *Cyprinus carpio*[J]. Nat Commun, 10(1): 4625.

Xu P, Xu S, Wu X, Tao Y, Wang B, Wang S, Qin D, Lu Z, Li G. 2014b. Population genomic analyses from low-coverage RAD-Seq data: a case study on the non-model cucurbit bottle gourd[J]. Plant J, 77(3): 430-442.

Xu P, Zhang X, Wang X, Li J, Liu G, Kuang Y, Xu J, Zheng X, Ren L, Wang G, Zhang Y, Huo L, Zhao Z, Cao D, Lu C, Li C, Zhou Y, Liu Z, Fan Z, Shan G, Li X, Wu S, Song L, Hou G, Jiang Y, Jeney Z, Yu D, Wang L, Shao C, Song L, Sun J, Ji P, Wang J, Li Q, Xu L, Sun F, Feng J, Wang C, Wang S, Wang B, Li Y, Zhu Y, Xue W, Zhao L, Wang J, Gu Y, Lv W, Wu K, Xiao J, Wu J, Zhang Z, Yu J, Sun X. 2014a. Genome sequence and genetic diversity of the common carp, *Cyprinus carpio*[J]. Nat Genet, 46(11): 1212-1219.

Xu Q, Chen LL, Ruan X, Chen D, Zhu A, Chen C, Bertrand D, Jiao WB, Hao BH, Lyon MP, Chen J, Gao S, Xing F, Lan H, Chang JW, Ge X, Lei Y, Hu Q, Miao Y, Wang L, Xiao S, Biswas MK, Zeng W, Guo F, Cao H, Yang X, Xu XW, Cheng YJ, Xu J, Liu JH, Luo OJ, Tang Z, Guo WW, Kuang H, Zhang HY, Roose ML, Nagarajan N, Deng XX, Ruan Y. 2013. The draft genome of sweet orange (*Citrus sinensis*)[J]. Nat Genet, 45(1): 59-66.

Xu S, Brockmöller T, Navarro-Quezada A, Kuhl H, Gase K, Ling Z, Zhou W, Kreitzer C, Stanke M, Tang H, Lyons E, Pandey P, Pandey SP, Timmermann B, Gaquerel E, Baldwin IT. 2017d. Wild tobacco genomes reveal the evolution of nicotine biosynthesis[J]. Proc Natl Acad Sci USA, 114(23): 6133-6138.

Xu S, He Z, Zhang Z, Guo Z, Guo W, Lyu H, Li J, Yang M, Du Z, Huang Y, Zhou R, Zhong C, Boufford DE, Lerdau M, Wu CI, Duke NC; International Mangrove Consortium, Shi S. 2017c. The origin, diversification and adaptation of a major mangrove clade (Rhizophoreae) revealed by whole-genome sequencing[J]. Natl Sci Rev, 4(5): 721-734.

Xu S, Xiao S, Zhu S, Zeng X, Luo J, Liu J, Gao T, Chen N. 2018a. A draft genome assembly of the Chinese sillago (*Sillago sinica*), the first reference genome for Sillaginidae fishes[J]. Gigascience, 7(9): giy108.

Xu S, Yin X, Li S, Jin W, Lou H, Yang L, Gong X, Wang H, Shen Y, Pan X, He Y, Yang Y, Wang Y, Fu W, An Y, Wang J, Tan J, Qian J, Chen X, Zhang X, Sun Y, Zhang X, Wu B, Jin L. 2009. Genomic dissection of population substructure of Han Chinese and its implication in association studies[J]. Am J Hum Genet, 85(6): 762-774.

Xu SY, Song N, Xiao SJ, Gao TX. 2020d. Whole genome survey analysis and microsatellite motif identification of *Sebastiscus marmoratus*[J]. Biosci Rep, 40(2): BSR20192252.

Xu T, Xu G, Che R, Wang R, Wang Y, Li J, Wang S, Shu C, Sun Y, Liu T, Liu J, Wang A, Han J, Chu Q, Yang Q. 2016a. The genome of the miiuy croaker reveals well-developed innate immune and sensory systems[J]. Sci Rep, 6: 21902.

Xu W, Zhang Q, Yuan W, Xu F, Muhammad Aslam M, Miao R, Li Y, Wang Q, Li X, Zhang X, Zhang K, Xia T, Cheng F. 2020e. The genome evolution and low-phosphorus adaptation in white lupin[J]. Nat Commun, 11(1): 1069.

Xu XW, Shao CW, Xu H, Zhou Q, You F, Wang N, Li WL, Li M, Chen SL. 2020c. Draft genomes of female and male turbot *Scophthalmus maximus*[J]. Sci Data, 7(1): 90.

Xu Y, Li L, Liang H, Melkonian B, Lorenz M, Friedl T, Petersen M, Liu H, Melkonian M, Wang S. 2019c. The draft genome of *Hariotina reticulata* (Sphaeropleales, Chlorophyta) provides insight into the evolution of Scenedesmaceae[J]. Protist, 170(6): 125684.

Xu Z, Chen G, Xue L, Zhang H, Wang J, Xiang H, Li J, Zheng K. 2019d. Isolation, structural characterizations and bioactivities of exopolysaccharides produced by *Bacillus licheniformis*[J]. Int J Biol Macromol, 141: 298-306.

Xu Z, Xin T, Bartels D, Li Y, Gu W, Yao H, Liu S, Yu H, Pu X, Zhou J, Xu J, Xi C, Lei H, Song J, Chen S. 2018b. Genome analysis of the ancient tracheophyte *Selaginella tamariscina* reveals evolutionary features relevant to the acquisition of desiccation tolerance[J]. Mol Plant, 11(7): 983-994.

Xue J, Zhou X, Zhang CX, Yu LL, Fan HW, Wang Z, Xu HJ, Xi Y, Zhu ZR, Zhou WW, Pan PL, Li BL,

Colbourne JK, Noda H, Suetsugu Y, Kobayashi T, Zheng Y, Liu S, Zhang R, Liu Y, Luo YD, Fang DM, Chen Y, Zhan DL, Lv XD, Cai Y, Wang ZB, Huang HJ, Cheng RL, Zhang XC, Lou YH, Yu B, Zhuo JC, Ye YX, Zhang WQ, Shen ZC, Yang HM, Wang J, Wang J, Bao YY, Cheng JA. 2014. Genomes of the rice pest brown planthopper and its endosymbionts reveal complex complementary contributions for host adaptation[J]. Genome Biol, 15(12): 521.

Xue T, Zheng X, Chen D, Liang L, Chen N, Huang Z, Fan W, Chen J, Cen W, Chen S, Zhu J, Chen B, Zhang X, Chen Y. 2020. A high-quality genome provides insights into the new taxonomic status and genomic characteristics of *Cladopus chinensis* (Podostemaceae)[J]. Hortic Res, 7: 46.

Xue Y, Ventosa A, Wang X, Ren P, Zhou P, Ma Y. 2008. *Bacillus aidingensis* sp. nov., a moderately halophilic bacterium isolated from Ai-Ding salt lake in China[J]. Int J Syst Evol Microbiol, 58(Pt 12): 2828-2832.

Xue Y, Zhang X, Zhou C, Zhao Y, Cowan DA, Heaphy S, Grant WD, Jones BE, Ventosa A, Ma Y. 2006. *Caldalkalibacillus thermarum* gen. nov., sp. nov., a novel alkalithermophilic bacterium from a hot spring in China[J]. Int J Syst Evol Microbiol, 56(Pt 6): 1217-1221.

Yaakop AS, Chan KG, Ee R, Kahar UM, Kon WC, Goh KM. 2015. Isolation of *Jeotgalibacillus malaysiensis* sp. nov. from a sandy beach, and emended description of the genus *Jeotgalibacillus*[J]. Int J Syst Evol Microbiol, 65(Pt 7): 2215-2221.

Yagi M, Kosugi S, Hirakawa H, Ohmiya A, Tanase K, Harada T, Kishimoto K, Nakayama M, Ichimura K, Onozaki T, Yamaguchi H, Sasaki N, Miyahara T, Nishizaki Y, Ozeki Y, Nakamura N, Suzuki T, Tanaka Y, Sato S, Shirasawa K, Isobe S, Miyamura Y, Watanabe A, Nakayama S, Kishida Y, Kohara M, Tabata S. 2014. Sequence analysis of the genome of carnation (*Dianthus caryophyllus* L.)[J]. DNA Res, 21(3): 231-241.

Yamaguchi Y, Park JH, Inouye M. 2011. Toxin-antitoxin systems in bacteria and archaea[J]. Annu Rev Genet, 45: 61-79.

Yamamura S, Yamashita M, Fujimoto N, Kuroda M, Kashiwa M, Sei K, Fujita M, Ike M. 2007. *Bacillus selenatarsenatis* sp. nov., a selenate- and arsenate-reducing bacterium isolated from the effluent drain of a glass-manufacturing plant[J]. Int J Syst Evol Microbiol, 57(Pt 5): 1060-1064.

Yamashiro T, Shiraishi A, Satake H, Nakayama K. 2019. Draft genome of *Tanacetum cinerariifolium*, the natural source of mosquito coil[J]. Sci Rep, 9(1): 18249.

Yan G, Zhang G, Fang X, Zhang Y, Li C, Ling F, Cooper DN, Li Q, Li Y, van Gool AJ, Du H, Chen J, Chen R, Zhang P, Huang Z, Thompson JR, Meng Y, Bai Y, Wang J, Zhuo M, Wang T, Huang Y, Wei L, Li J, Wang Z, Hu H, Yang P, Le L, Stenson PD, Li B, Liu X, Ball EV, An N, Huang Q, Zhang Y, Fan W, Zhang X, Li Y, Wang W, Katze MG, Su B, Nielsen R, Yang H, Wang J, Wang X, Wang J. 2011. Genome sequencing and comparison of two nonhuman primate animal models, the cynomolgus and Chinese rhesus macaques[J]. Nat Biotechnol, 29(11): 1019-1023.

Yan JY, Best N, Zhang JZ, Ren HJ, Jiang R, Hou J, Dovichi NJ. 1996. The limiting mobility of DNA sequencing fragments for both cross-linked and noncross-linked polymers in capillary electrophoresis: DNA sequencing at 1200 V $cm^{-1}$[J]. Electrophoresis, 17(6): 1037-1045.

Yan L, Wang X, Liu H, Tian Y, Lian J, Yang R, Hao S, Wang X, Yang S, Li Q, Qi S, Kui L, Okpekum M, Ma X, Zhang J, Ding Z, Zhang G, Wang W, Dong Y, Sheng J. 2015. The genome of *Dendrobium officinale* illuminates the biology of the important traditional Chinese orchid herb[J]. Mol Plant, 8(6): 922-934.

Yan X, Nie H, Huo Z, Ding J, Li Z, Yan L, Jiang L, Mu Z, Wang H, Meng X, Chen P, Zhou M, Rbbani MG, Liu G, Li D. 2019. Clam genome sequence clarifies the molecular basis of its benthic adaptation and extraordinary shell color diversity[J]. iScience, 19: 1225-1237.

Yan XR, Tuo L. 2018. *Paenibacillus paeoniae* sp. nov., a novel endophytic bacterium isolated from leaf of *Paeonia lactiflora* Pall[J]. Int J Syst Evol Microbiol, 68(Pt 11): 3606-3610.

Yanagida F, Suzuki KI, Kozaki M, Komagata K. 1997. Proposal of *Sporolactobacillus nakayamae* subsp. *nakayamae* sp. nov., subsp. nov., *Sporolactobacillus nakayamae* subsp. *racemicus* subsp. nov., *Sporolactobacillus terrae* sp. nov., *Sporolactobacillus kofuensis* sp. nov., and *Sporolactobacillus lacto-*

*sus* sp. nov.[J]. Int J Syst Bacteriol, 47(Pt 2): 499-504.

Yang C, Li F, Xiong Z, Koepfli KP, Ryder O, Perelman P, Li Q, Zhang G. 2020b. A draft genome assembly of spotted hyena, *Crocuta crocuta*[J]. Sci Data, 7(1): 126.

Yang G, Chen J, Zhou S. 2015b. *Novibacillus thermophilus* gen. nov., sp. nov., a Gram- staining-negative and moderately thermophilic member of the family Thermoactinomycetaceae[J]. Int J Syst Evol Microbiol, 65(Pt 8): 2591-2597.

Yang G, Zhou X, Zhou S, Yang D, Wang Y, Wang D. 2013c. *Bacillus thermotolerans* sp. nov., a thermophilic bacterium capable of reducing humus[J]. Int J Syst Evol Microbiol, 63(Pt 10): 3672-3678.

Yang H, Tao Y, Zheng Z, Zhang Q, Zhou G, Sweetingham MW, Howieson JG, Li C. 2013b. Draft genome sequence, and a sequence-defined genetic linkage map of the legume crop species *Lupinus angustifolius* L[J]. PLoS One, 8(5): e64799.

Yang J, Chen X, Bai J, Fang D, Qiu Y, Jiang W, Yuan H, Bian C, Lu J, He S, Pan X, Zhang Y, Wang X, You X, Wang Y, Sun Y, Mao D, Liu Y, Fan G, Zhang H, Chen X, Zhang X, Zheng L, Wang J, Cheng L, Chen J, Ruan Z, Li J, Yu H, Peng C, Ma X, Xu J, He Y, Xu Z, Xu P, Wang J, Yang H, Wang J, Whitten T, Xu X, Shi Q. 2016a. The *Sinocyclocheilus* cavefish genome provides insights into cave adaptation[J]. BMC Biol, 14: 1.

Yang J, Gao T, Zhang Y, Wang S, Li H, Li S, Wang S. 2019h. Degradation of the phenolic β-ether lignin model dimer and dyes by dye-decolorizing peroxidase from *Bacillus amyloliquefaciens*[J]. Biotechnol Lett, 41(8-9): 1015-1021.

Yang J, Liu D, Wang X, Ji C, Cheng F, Liu B, Hu Z, Chen S, Pental D, Ju Y, Yao P, Li X, Xie K, Zhang J, Wang J, Liu F, Ma W, Shopan J, Zheng H, Mackenzie SA, Zhang M. 2016b. The genome sequence of allopolyploid *Brassica juncea* and analysis of differential homoeolog gene expression influencing selection[J]. Nat Genet, 48(10): 1225-1232.

Yang J, Moeinzadeh MH, Kuhl H, Helmuth J, Xiao P, Haas S, Liu G, Zheng J, Sun Z, Fan W, Deng G, Wang H, Hu F, Zhao S, Fernie AR, Boerno S, Timmermann B, Zhang P, Vingron M. 2017d. Haplotype-resolved sweet potato genome traces back its hexaploidization history[J]. Nat Plants, 3(9): 696-703.

Yang J, Wariss HM, Tao L, Zhang R, Yun Q, Hollingsworth P, Dao Z, Luo G, Guo H, Ma Y, Sun W. 2019f. *De novo* genome assembly of the endangered *Acer yangbiense*, a plant species with extremely small populations endemic to Yunnan Province, China[J]. Gigascience, 8(7): giz085.

Yang J, Zhang G, Zhang J, Liu H, Chen W, Wang X, Li Y, Dong Y, Yang S. 2017e. Hybrid *de novo* genome assembly of the Chinese herbal fleabane *Erigeron breviscapus*[J]. Gigascience, 6(6): gix028.

Yang K, Tian Z, Chen C, Luo L, Zhao B, Wang Z, Yu L, Li Y, Sun Y, Li W, Chen Y, Li Y, Zhang Y, Ai D, Zhao J, Shang C, Ma Y, Wu B, Wang M, Gao L, Sun D, Zhang P, Guo F, Wang W, Li Y, Wang J, Varshney RK, Wang J, Ling HQ, Wan P. 2015a. Genome sequencing of adzuki bean (*Vigna angularis*) provides insight into high starch and low fat accumulation and domestication[J]. Proc Natl Acad Sci USA, 112(43): 13213-13218.

Yang L, Wang Y, Wang T, Duan S, Dong Y, Zhang Y, He S. 2019b. A Chromosome-scale reference assembly of a Tibetan loach, *Triplophysa siluroides*[J]. Front Genet, 10: 991.

Yang LL, Huang Y, Liu J, Ma L, Mo MH, Li WJ, Yang FX. 2012. *Lysinibacillus mangiferahumi* sp. nov., a new bacterium producing nematicidal volatiles[J]. Antonie Van Leeuwenhoek, 102(1): 53-59.

Yang M, Lin X, Liu X, Zhang J, Ge F. 2018b. Genome annotation of a model diatom *Phaeodactylum tricornutum* using an integrated proteogenomic pipeline[J]. Mol Plant, 11(10): 1292-1307.

Yang N, Liu J, Gao Q, Gui S, Chen L, Yang L, Huang J, Deng T, Luo J, He L, Wang Y, Xu P, Peng Y, Shi Z, Lan L, Ma Z, Yang X, Zhang Q, Bai M, Li S, Li W, Liu L, Jackson D, Yan J. 2019g. Genome assembly of a tropical maize inbred line provides insights into structural variation and crop improvement[J]. Nat Genet, 51(6): 1052-1059.

Yang P, Yu S, Hao J, Liu W, Zhao Z, Zhu Z, Sun T, Wang X, Song Q. 2019a. Genome sequence of the Chinese white wax scale insect *Ericerus pela*: the first draft genome for the Coccidae family of scale insects[J]. Gigascience, 8(9): giz113.

Yang R, Jarvis DE, Chen H, Beilstein MA, Grimwood J, Jenkins J, Shu S, Prochnik S, Xin M, Ma C,

Schmutz J, Wing RA, Mitchell-Olds T, Schumaker KS, Wang X. 2013a. The reference genome of the halophytic plant *Eutrema salsugineum*[J]. Front Plant Sci, 4: 46.

Yang SF, Lu CW, Yao CT, Hung CM. 2019d. To trim or not to trim: effects of read trimming on the *de novo* genome assembly of a widespread East Asian passerine, the rufous-capped babbler (*Cyanoderma ruficeps* Blyth)[J]. Genes (Basel), 10(10): E737.

Yang SY, Liu H, Liu R, Zhang KY, Lai R. 2009. *Saccharibacillus kuerlensis* sp. nov., isolated from a desert soil[J]. Int J Syst Evol Microbiol, 59(Pt 5): 953-957.

Yang W, Wang K, Zhang J, Ma J, Liu J, Ma T. 2017c. The draft genome sequence of a desert tree *Populus pruinosa*[J]. Gigascience, 6(9): gix075.

Yang X, Hu R, Yin H, Jenkins J, Shu S, Tang H, Liu D, Weighill DA, Cheol Yim W, Ha J, Heyduk K, Goodstein DM, Guo HB, Moseley RC, Fitzek E, Jawdy S, Zhang Z, Xie M, Hartwell J, Grimwood J, Abraham PE, Mewalal R, Beltrán JD, Boxall SF, Dever LV, Palla KJ, Albion R, Garcia T, Mayer JA, Don Lim S, Man Wai C, Peluso P, Van Buren R, De Paoli HC, Borland AM, Guo H, Chen JG, Muchero W, Yin Y, Jacobson DA, Tschaplinski TJ, Hettich RL, Ming R, Winter K, Leebens-Mack JH, Smith JAC, Cushman JC, Schmutz J, Tuskan GA. 2017b. The Kalanchoë genome provides insights into convergent evolution and building blocks of crassulacean acid metabolism[J]. Nat Commun, 8(1): 1899.

Yang X, Kang M, Yang Y, Xiong H, Wang M, Zhang Z, Wang Z, Wu H, Ma T, Liu J, Xi Z. 2019e. A chromosome-level genome assembly of the Chinese tupelo *Nyssa sinensis*[J]. Sci Data, 6(1): 282.

Yang X, Liu H, Ma Z, Zou Y, Zou M, Mao Y, Li X, Wang H, Chen T, Wang W, Yang R. 2019c. Chromosome-level genome assembly of *Triplophysa tibetana*, a fish adapted to the harsh high-altitude environment of the Tibetan Plateau[J]. Mol Ecol Resour, 19(4): 1027-1036.

Yang X, Wang Z, Zhang L, Hao G, Liu J, Yang Y. 2020c. A chromosome-level reference genome of the hornbeam, *Carpinus fangiana*[J]. Sci Data, 7(1): 24.

Yang X, Yousef AE. 2018. Antimicrobial peptides produced by *Brevibacillus* spp.: structure, classification and bioactivity: a mini review[J]. World J Microbiol Biotechnol, 34(4): 57.

Yang X, Yue Y, Li H, Ding W, Chen G, Shi T, Chen J, Park MS, Chen F, Wang L. 2018a. The chromosome-level quality genome provides insights into the evolution of the biosynthesis genes for aroma compounds of *Osmanthus fragrans*[J]. Hortic Res, 5: 72.

Yang Y, Wang Y, Zhao Y, Zhang X, Li R, Chen L, Zhang G, Jiang Y, Qiu Q, Wang W, Wei HJ, Wang K. 2017a. Draft genome of the Marco Polo Sheep (*Ovis ammon polii*)[J]. Gigascience, 6(12): gix106.

Yang Y, Wu LN, Chen JF, Wu X, Xia JH, Meng ZN, Liu XC, Lin HR. 2020a. Whole-genome sequencing of leopard coral grouper (*Plectropomus leopardus*) and exploration of regulation mechanism of skin color and adaptive evolution[J]. Zool Res, 41(3): 328-340.

Yang Y, Xiong J, Zhou Z, Huo F, Miao W, Ran C, Liu Y, Zhang J, Feng J, Wang M, Wang M, Wang L, Yao B. 2014. The genome of the myxosporean *Thelohanellus kitauei* shows adaptations to nutrient acquisition within its fish host[J]. Genome Biol Evol, 6(12): 3182-3198.

Yang Y, Zou Z, He M, Wang G. 2011. *Pontibacillus yanchengensis* sp. nov., a moderately halophilic bacterium isolated from salt field soil[J]. Int J Syst Evol Microbiol, 61(Pt 8): 1906-1911.

Yang Z, Wu Y. 2019. Improved annotation of *Lutzomyia longipalpis* genome using bioinformatics analysis[J]. PeerJ, 7: e7862.

Yaniv M, Folk WR. 1975. The nucleotide sequences of the two glutamine transfer ribonucleic acids from *Escherichia coli*[J]. J Biol Chem, 250(9): 3243-3253.

Yao R, Wang R, Wang D, Su J, Zheng S, Wang G. 2014a. *Paenibacillus selenitireducens* sp. nov., a selenite-reducing bacterium isolated from a selenium mineral soil[J]. Int J Syst Evol Microbiol, 64(Pt 3): 805-811.

Yao S, Liu Y, Zhang M, Zhang X, Li H, Zhao T, Xin C, Xu L, Zhang B, Cheng C. 2014b. *Thermoactinomyces daqus* sp. nov., a thermophilic bacterium isolated from high-temperature Daqu[J]. Int J Syst Evol Microbiol, 64(Pt 1): 206-210.

Yassin AF, Hupfer H, Klenk HP, Siering C. 2009. *Desmospora activa* gen. nov., sp. nov., a thermoactinomycete isolated from sputum of a patient with suspected pulmonary tuberculosis, and emended description of the Family Thermoactinomycetaceae Matsuo et al. 2006[J]. Int J Syst Evol Microbiol, 59(Pt 3): 454-459.

Yasui Y, Hirakawa H, Ueno M, Matsui K, Katsube-Tanaka T, Yang SJ, Aii J, Sato S, Mori M. 2016. Assembly of the draft genome of buckwheat and its applications in identifying agronomically useful genes[J]. DNA Res, 23(3): 215-224.

Yasuike M, Iwasaki Y, Nishiki I, Nakamura Y, Matsuura A, Yoshida K, Noda T, Andoh T, Fujiwara A. 2018. The yellowtail (*Seriola quinqueradiata*) genome and transcriptome atlas of the digestive tract[J]. DNA Res, 25(5): 547-560.

Ye G, Zhang H, Chen B, Nie S, Liu H, Gao W, Wang H, Gao Y, Gu L. 2019. *De novo* genome assembly of the stress tolerant forest species *Casuarina equisetifolia* provides insight into secondary growth[J]. Plant J, 97(4): 779-794.

Yi L, Dalai M, Su R, Lin W, Erdenedalai M, Luvsantseren B, Chimedtseren C, Wang Z, Hasi S. 2020. Whole-genome sequencing of wild Siberian musk deer (*Moschus moschiferus*) provides insights into its genetic features[J]. BMC Genomics, 21(1): 108.

Yi Y, Li Z, Song C, Kuipers OP. 2018. Exploring plant-microbe interactions of the rhizobacteria *Bacillus subtilis* and *Bacillus mycoides* by use of the CRISPR-Cas9 system[J]. Environ Microbiol, 20(12): 4245-4260.

Yim HS, Cho YS, Guang X, Kang SG, Jeong JY, Cha SS, Oh HM, Lee JH, Yang EC, Kwon KK, Kim YJ, Kim TW, Kim W, Jeon JH, Kim SJ, Choi DH, Jho S, Kim HM, Ko J, Kim H, Shin YA, Jung HJ, Zheng Y, Wang Z, Chen Y, Chen M, Jiang A, Li E, Zhang S, Hou H, Kim TH, Yu L, Liu S, Ahn K, Cooper J, Park SG, Hong CP, Jin W, Kim HS, Park C, Lee K, Chun S, Morin PA, O'Brien SJ, Lee H, Kimura J, Moon DY, Manica A, Edwards J, Kim BC, Kim S, Wang J, Bhak J, Lee HS, Lee JH. 2014. Minke whale genome and aquatic adaptation in cetaceans[J]. Nat Genet, 46(1): 88-92.

Yin C, Liu Y, Liu J, Xiao H, Huang S, Lin Y, Han Z, Li F. 2014. ChiloDB: a genomic and transcriptome database for an important rice insect pest *Chilo suppressalis*[J]. Database (Oxford), 2014: bau065.

Yin D, Ji C, Ma X, Li H, Zhang W, Li S, Liu F, Zhao K, Li F, Li K, Ning L, He J, Wang Y, Zhao F, Xie Y, Zheng H, Zhang X, Zhang Y, Zhang J. 2018. Genome of an allotetraploid wild peanut *Arachis monticola*: a *de novo* assembly[J]. Gigascience, 7(6): giy066.

Yin W, Wang ZJ, Li QY, Lian JM, Zhou Y, Lu BZ, Jin LJ, Qiu PX, Zhang P, Zhu WB, WenB, Huang YJ, Lin ZL, Qiu BT, Su XW, Yang HM, Zhang GJ, Yan GM, Zhou Q. 2016. Evolutionary trajectories of snake genes and genomes revealed by comparative analyses of five-pacer viper[J]. Nat Commun, 7: 13107.

Yin Y, Yang T, Liu H, Huang Z, Zhang Y, Song Y, Wang W, Guang X, Sahu SK, Kristiansen K. 2020. The draft genome of mandrill (*Mandrillus sphinx*): an old world monkey[J]. Sci Rep, 10(1): 2431.

Ying H, Cooke I, Sprungala S, Wang W, Hayward DC, Tang Y, Huttley G, Ball EE, Forêt S, Miller DJ. 2018. Comparative genomics reveals the distinct evolutionary trajectories of the robust and complex coral lineages[J]. Genome Biol, 19(1): 175.

Yong HS, Eamsobhana P, Lim PE, Razali R, Aziz FA, Rosli NS, Poole-Johnson J, Anwar A. 2015. Draft genome of neurotropic nematode parasite *Angiostrongylus cantonensis*, causative agent of human eosinophilic meningitis[J]. Acta Trop, 148: 51-57.

Yoon JH, Kang KH, Park YH. 2002. *Lentibacillus salicampi* gen. nov., sp. nov., a moderately halophilic bacterium isolated from a salt field in Korea[J]. Int J Syst Evol Microbiol, 52(Pt 6): 2043-2048.

Yoon JH, Kang KH, Park YH. 2003b. *Halobacillus salinus* sp. nov., isolated from a salt lake on the coast of the East Sea in Korea[J]. Int J Syst Evol Microbiol, 53(Pt 3): 687-693.

Yoon JH, Kang SJ, Lee SY, Lee MH, Oh TK. 2005b. *Virgibacillus dokdonensis* sp. nov., isolated from a Korean island, Dokdo, located at the edge of the East Sea in Korea[J]. Int J Syst Evol Microbiol, 55(Pt 5): 1833-1837.

Yoon JH, Kang SJ, Lee SY, Oh KH, Oh TK. 2010b. *Planococcus salinarum* sp. nov., isolated from a marine solar saltern, and emended description of the genus *Planococcus*[J]. Int J Syst Evol Microbiol, 60(Pt 4): 756-758.

Yoon JH, Kang SJ, Oh KH, Oh TK. 2009. *Salimicrobium flavidum* sp. nov., isolated from a marine solar saltern[J]. Int J Syst Evol Microbiol, 59(Pt 11): 2839-2842.

Yoon JH, Kang SJ, Oh TK. 2007a. Reclassification of *Marinococcus albus* Hao et al. 1985 as *Salimicrobium album* gen. nov., comb. nov. and *Bacillus halophilus* Ventosa et al. 1990 as *Salimicrobium halophilum* comb. nov., and description of *Salimicrobium luteum* sp. nov.[J]. Int J Syst Evol Microbiol, 57(Pt 10): 2406-2411.

Yoon JH, Kang SJ, Schumann P, Oh TK. 2010a. *Jeotgalibacillus salarius* sp. nov., isolated from a marine saltern, and reclassification of *Marinibacillus marinus* and *Marinibacillus campisalis* as *Jeotgalibacillus marinus* comb. nov. and *Jeotgalibacillus campisalis* comb. nov., respectively[J]. Int J Syst Evol Microbiol, 60(Pt 1): 15-20.

Yoon JH, Kang SS, Lee KC, Kho YH, Choi SH, Kang KH, Park YH. 2001a. *Bacillus jeotgali* sp. nov., isolated from jeotgal, Korean traditional fermented seafood[J]. Int J Syst Evol Microbiol, 51(Pt 3): 1087-1092.

Yoon JH, Kang SS, Lee KC, Lee ES, Kho YH, Kang KH, Park YH. 2001d. *Planomicrobium koreense* gen. nov., sp. nov., a bacterium isolated from the Korean traditional fermented seafood jeotgal, and transfer of *Planococcus okeanokoites* (Nakagawa et al. 1996) and *Planococcus mcmeekinii* (Junge et al. 1998) to the genus *Planomicrobium*[J]. Int J Syst Evol Microbiol, 51(Pt 4): 1511-1520.

Yoon JH, Kim IG, Kang KH, Oh TK, Park YH. 2003a. *Bacillus marisflavi* sp. nov. and *Bacillus aquimaris* sp. nov., isolated from sea water of a tidal flat of the Yellow Sea in Korea[J]. Int J Syst Evol Microbiol, 53(Pt 5): 1297-1303.

Yoon JH, Kim IG, Schumann P, Oh TK, Park YH. 2004b. *Marinibacillus campisalis* sp. nov., a moderate halophile isolated from a marine solar saltern in Korea, with emended description of the genus *Marinibacillus*[J]. Int J Syst Evol Microbiol, 54(Pt 4): 1317-1321.

Yoon JH, Kim IG, Shin YK, Park YH. 2005c. Proposal of the genus *Thermoactinomyces* sensu stricto and three new genera, *Laceyella*, *Thermoflavimicrobium* and *Seinonella*, on the basis of phenotypic, phylogenetic and chemotaxonomic analyses[J]. Int J Syst Evol Microbiol, 55(Pt 1): 395-400.

Yoon JH, Lee CH, Oh TK. 2005a. *Bacillus cibi* sp. nov., isolated from jeotgal, a traditional Korean fermented seafood[J]. Int J Syst Evol Microbiol, 55(Pt 2): 733-736.

Yoon JH, Lee KC, Weiss N, Kho YH, Kang KH, Park YH. 2001d. *Sporosarcina aquimarina* sp. nov., a bacterium isolated from seawater in Korea, and transfer of *Bacillus globisporus* (Larkin and Stokes 1967), *Bacillus psychrophilus* (Nakamura 1984) and *Bacillus pasteurii* (Chester 1898)to the genus *Sporosarcina* as *Sporosarcina globispora* comb. nov., *Sporosarcina psychrophila* comb. nov. and *Sporosarcina pasteurii* comb. nov., and emended description of the genus *Sporosarcina*[J]. Int J Syst Evol Microbiol, 51(Pt 3): 1079-1086.

Yoon JH, Oh HM, Yoon BD, Kang KH, Park YH. 2003c. *Paenibacillus kribbensis* sp. nov. and *Paenibacillus terrae* sp. nov., bioflocculants for efficient harvesting of algal cells[J]. Int J Syst Evol Microbiol, 53(Pt 1): 295-301.

Yoon JH, Oh TK. 2005. *Bacillus litoralis* sp. nov., isolated from a tidal flat of the Yellow Sea in Korea[J]. Int J Syst Evol Microbiol, 55(Pt 5): 1945-1948.

Yoon JH, Oh TK, Park YH. 2004a. Transfer of *Bacillus halodenitrificans* Denariaz et al. 1989 to the genus *Virgibacillus* as *Virgibacillus halodenitrificans* comb. nov.[J]. Int J Syst Evol Microbiol, 54(Pt 6): 2163-2167.

Yoon JH, Weiss N, Kang KH, Oh TK, Park YH. 2003d. *Planococcus maritimus* sp. nov., isolated from sea water of a tidal flat in Korea[J]. Int J Syst Evol Microbiol, 53(Pt 6): 2013-2017.

Yoon JH, Weiss N, Lee KC, Lee IS, Kang KH, Park YH. 2001b. *Jeotgalibacillus alimentarius* gen. nov., sp. nov., a novel bacterium isolated from jeotgal with L-lysine in the cell wall, and reclassification of *Bacillus marinus* Rüger 1983. as *Mrinibacillus marinus* gen nov., comb. nov.[J]. Int J Syst Evol Microbiol, 51(Pt 6): 2087-2093.

Yoon JH, Yim DK, Lee JS, Shin KS, Sato HH, Lee ST, Park YK, Park YH. 1998. *Paenibacillus campinasensis* sp. nov., a cyclodextrin-producing bacterium isolated in Brazil[J]. Int J Syst Bacteriol, 48(Pt 3):

833-837.

Yoon MH, Ten LN, Im WT. 2007b. *Cohnella panacarvi* sp. nov., a xylanolytic bacterium isolated from ginseng cultivating soil[J]. J Microbiol Biotechnol, 17(6): 913-918.

Yoon MH, Ten LN, Im WT. 2007c. *Paenibacillus ginsengarvi* sp. nov., isolated from soil from ginseng cultivation[J]. Int J Syst Evol Microbiol, 57(Pt 8): 1810-1814.

Yoon SH, Ha SM, Lim J, Kwon S, Chun J. 2017. A large-scale evaluation of algorithms to calculate average nucleotide identity[J]. Antonie Van Leeuwenhoek, 110(10): 1281-1286.

Yoshida S, Kim S, Wafula EK, Tanskanen J, Kim YM, Honaas L, Yang Z, Spallek T, Conn CE, Ichihashi Y, Cheong K, Cui S, Der JP, Gundlach H, Jiao Y, Hori C, Ishida JK, Kasahara H, Kiba T, Kim MS, Koo N, Laohavisit A, Lee YH, Lumba S, McCourt P, Mortimer JC, Mutuku JM, Nomura T, Sasaki-Sekimoto Y, Seto Y, Wang Y, Wakatake T, Sakakibara H, Demura T, Yamaguchi S, Yoneyama K, Manabe RI, Nelson DC, Schulman AH, Timko MP, de Pamphilis CW, Choi D, Shirasu K. 2019. Genome sequence of *Striga asiatica* provides insight into the evolution of plant parasitism[J]. Curr Biol, 29(18): 3041-3052.e4.

You M, Yue Z, He W, Yang X, Yang G, Xie M, Zhan D, Baxter SW, Vasseur L, Gurr GM, Douglas CJ, Bai J, Wang P, Cui K, Huang S, Li X, Zhou Q, Wu Z, Chen Q, Liu C, Wang B, Li X, Xu X, Lu C, Hu M, Davey JW, Smith SM, Chen M, Xia X, Tang W, Ke F, Zheng D, Hu Y, Song F, You Y, Ma X, Peng L, Zheng Y, Liang Y, Chen Y, Yu L, Zhang Y, Liu Y, Li G, Fang L, Li J, Zhou X, Luo Y, Gou C, Wang J, Wang J, Yang H, Wang J. 2013a. A heterozygous moth genome provides insights into herbivory and detoxification[J]. Nat Genet, 45(2): 220-225.

You X, Bian C, Zan Q, Xu X, Liu X, Chen J, Wang J, Qiu Y, Li W, Zhang X, Sun Y, Chen S, Hong W, Li Y, Cheng S, Fan G, Shi C, Liang J, Tang YT, Yang C, Ruan Z, Bai J, Peng C, Mu Q, Lu J, Fan M, Yang S, Huang Z, Jiang X, Fang X, Zhang G, Zhang Y, Polgar G, Yu H, Li J, Liu Z, Zhang G, Ravi V, Coon SL, Wang J, Yang H, Venkatesh B, Wang J, Shi Q. 2014. Mudskipper genomes provide insights into the terrestrial adaptation of amphibious fishes[J]. Nat Commun, 5: 5594.

You ZQ, Li J, Qin S, Tian XP, Wang FZ, Zhang S, Li WJ. 2013b. *Bacillus abyssalis* sp. nov., isolated from a sediment of the South China Sea[J]. Antonie Van Leeuwenhoek, 103(5): 963-969.

Young ND, Debellé F, Oldroyd GE, Geurts R, Cannon SB, Udvardi MK, Benedito VA, Mayer KF, Gouzy J, Schoof H, Van de Peer Y, Proost S, Cook DR, Meyers BC, Spannagl M, Cheung F, De Mita S, Krishnakumar V, Gundlach H, Zhou S, Mudge J, Bharti AK, Murray JD, Naoumkina MA, Rosen B, Silverstein KA, Tang H, Rombauts S, Zhao PX, Zhou P, Barbe V, Bardou P, Bechner M, Bellec A, Berger A, Bergès H, Bidwell S, Bisseling T, Choisne N, Couloux A, Denny R, Deshpande S, Dai X, Doyle JJ, Dudez AM, Farmer AD, Fouteau S, Franken C, Gibelin C, Gish J, Goldstein S, González AJ, Green PJ, Hallab A, Hartog M, Hua A, Humphray SJ, Jeong DH, Jing Y, Jöcker A, Kenton SM, Kim DJ, Klee K, Lai H, Lang C, Lin S, Macmil SL, Magdelenat G, Matthews L, McCorrison J, Monaghan EL, Mun JH, Najar FZ, Nicholson C, Noirot C, O'Bleness M, Paule CR, Poulain J, Prion F, Qin B, Qu C, Retzel EF, Riddle C, Sallet E, Samain S, Samson N, Sanders I, Saurat O, Scarpelli C, Schiex T, Segurens B, Severin AJ, Sherrier DJ, Shi R, Sims S, Singer SR, Sinharoy S, Sterck L, Viollet A, Wang BB, Wang K, Wang M, Wang X, Warfsmann J, Weissenbach J, White DD, White JD, Wiley GB, Wincker P, Xing Y, Yang L, Yao Z, Ying F, Zhai J, Zhou L, Zuber A, Dénarié J, Dixon RA, May GD, Schwartz DC, Rogers J, Quétier F, Town CD, Roe BA. 2011. The *Medicago* genome provides insight into the evolution of rhizobial symbioses[J]. Nature, 480(7378): 520-524.

Young ND, Jex AR, Li B, Liu S, Yang L, Xiong Z, Li Y, Cantacessi C, Hall RS, Xu X, Chen F, Wu X, Zerlotini A, Oliveira G, Hofmann A, Zhang G, Fang X, Kang Y, Campbell BE, Loukas A, Ranganathan S, Rollinson D, Rinaldi G, Brindley PJ, Yang H, Wang J, Wang J, Gasser RB. 2012. Whole-genome sequence of *Schistosoma haematobium*[J]. Nat Genet, 44(2): 221-225.

Young ND, Nagarajan N, Lin SJ, Korhonen PK, Jex AR, Hall RS, Safavi-Hemami H, Kaewkong W, Bertrand D, Gao S, Seet Q, Wongkham S, Teh BT, Wongkham C, Intapan PM, Maleewong W, Yang X, Hu M, Wang Z, Hofmann A, Sternberg PW, Tan P, Wang J, Gasser RB. 2014. The *Opisthorchis viverrini* genome provides insights into life in the bile duct[J]. Nat Commun, 5: 4378.

Yu J, Guan X, Liu C, Xiang W, Yu Z, Liu X, Wang G. 2016b. *Lysinibacillus endophyticus* sp. nov., an indole-3-acetic acid producing endophytic bacterium isolated from corn root (*Zea mays* cv. Xinken-5)[J]. Antonie Van Leeuwenhoek, 109(10): 1337-1344.

Yu J, Hu S, Wang J, Wong GK, Li S, Liu B, Deng Y, Dai L, Zhou Y, Zhang X, Cao M, Liu J, Sun J, Tang J, Chen Y, Huang X, Lin W, Ye C, Tong W, Cong L, Geng J, Han Y, Li L, Li W, Hu G, Huang X, Li W, Li J, Liu Z, Li L, Liu J, Qi Q, Liu J, Li L, Li T, Wang X, Lu H, Wu T, Zhu M, Ni P, Han H, Dong W, Ren X, Feng X, Cui P, Li X, Wang H, Xu X, Zhai W, Xu Z, Zhang J, He S, Zhang J, Xu J, Zhang K, Zheng X, Dong J, Zeng W, Tao L, Ye J, Tan J, Ren X, Chen X, He J, Liu D, Tian W, Tian C, Xia H, Bao Q, Li G, Gao H, Cao T, Wang J, Zhao W, Li P, Chen W, Wang X, Zhang Y, Hu J, Wang J, Liu S, Yang J, Zhang G, Xiong Y, Li Z, Mao L, Zhou C, Zhu Z, Chen R, Hao B, Zheng W, Chen S, Guo W, Li G, Liu S, Tao M, Wang J, Zhu L, Yuan L, Yang H. 2002. A draft sequence of the rice genome (*Oryza sativa* L. ssp. *indica*)[J]. Science, 296(5565): 79-92.

Yu L, Wang GD, Ruan J, Chen YB, Yang CP, Cao X, Wu H, Liu YH, Du ZL, Wang XP, Yang J, Cheng SC, Zhong L, Wang L, Wang X, Hu JY, Fang L, Bai B, Wang KL, Yuan N, Wu SF, Li BG, Zhang JG, Yang YQ, Zhang CL, Long YC, Li HS, Yang JY, Irwin DM, Ryder OA, Li Y, Wu CI, Zhang YP. 2016a. Genomic analysis of snub-nosed monkeys (*Rhinopithecus*) identifies genes and processes related to high-altitude adaptation[J]. Nat Genet, 48(8): 947-952.

Yu P, Yu S, Wang J, Guo H, Zhang Y, Liao X, Zhang J, Wu S, Gu Q, Xue L, Zeng H, Pang R, Lei T, Zhang J, Wu Q, Ding Y. 2019. *Bacillus cereus* isolated from vegetables in china: incidence, genetic diversity, virulence genes, and antimicrobial resistance[J]. Front Microbiol, 10: 948.

Yu TT, Zhang BH, Yao JC, Tang SK, Zhou EM, Yin YR, Wei DQ, Ming H, Li WJ. 2012. *Lihuaxuella thermophila* gen. nov., sp. nov., isolated from a geothermal soil sample in Tengchong, Yunnan, South-West China[J]. Antonie Van Leeuwenhoek, 102(4): 711-718.

Yuan D, Tang Z, Wang M, Gao W, Tu L, Jin X, Chen L, He Y, Zhang L, Zhu L, Li Y, Liang Q, Lin Z, Yang X, Liu N, Jin S, Lei Y, Ding Y, Li G, Ruan X, Ruan Y, Zhang X. 2015. The genome sequence of Sea-Island cotton (*Gossypium barbadense*) provides insights into the allopolyploidization and development of superior spinnable fibres[J]. Sci Rep, 5: 17662.

Yuan J, Gao Y, Zhang X, Wei J, Liu C, Li F, Xiang J. 2017. Genome sequences of marine shrimp *Exopalaemon carinicauda* Holthuis provide insights into genome size evolution of Caridea[J]. Mar Drugs, 15(7): E213.

Yuan L, Cheng J, Chu Q, Ji X, Yuan J, Feng F, Gao R, Yu X. 2019. Di-*n*-butyl phthalate degrading endophytic bacterium *Bacillus amyloliquefaciens* subsp. strain JR20 isolated from garlic chive and its colonization in a leafy vegetable[J]. J Environ Sci Health B, 54(8): 693-701.

Yuan S, Ren P, Liu J, Xue Y, Ma Y, Zhou P. 2007. *Lentibacillus halodurans* sp. nov., a moderately halophilic bacterium isolated from a salt lake in Xin-Jiang, China[J]. Int J Syst Evol Microbiol, 57(Pt 3): 485-488.

Yuan Y, Jin X, Liu J, Zhao X, Zhou J, Wang X, Wang D, Lai C, Xu W, Huang J, Zha L, Liu D, Ma X, Wang L, Zhou M, Jiang Z, Meng H, Peng H, Liang Y, Li R, Jiang C, Zhao Y, Nan T, Jin Y, Zhan Z, Yang J, Jiang W, Huang L. 2018c. The *Gastrodia elata* genome provides insights into plant adaptation to heterotrophy[J]. Nat Commun, 9(1): 1615.

Yuan Y, Zhang P, Wang K, Liu M, Li J, Zheng J, Wang D, Xu W, Lin M, Dong L, Zhu C, Qiu Q, Li S. 2018a. Genome sequence of the freshwater Yangtze finless porpoise[J]. Genes (Basel), 9(4): 213.

Yuan Z, Fang Y, Zhang T, Fei Z, Han F, Liu C, Liu M, Xiao W, Zhang W, Wu S, Zhang M, Ju Y, Xu H, Dai H, Liu Y, Chen Y, Wang L, Zhou J, Guan D, Yan M, Xia Y, Huang X, Liu D, Wei H, Zheng H. 2018b. The pomegranate (*Punica granatum* L.) genome provides insights into fruit quality and ovule developmental biology[J]. Plant Biotechnol J, 16(7): 1363-1374.

Yue JX, Li KL, Yu JK. 2015. Discovery of germline-related genes in cephalochordate amphioxus: a genome wide survey using genome annotation and transcriptome data[J]. Mar Genomics, 24(Pt 2): 147-157.

Yumoto I, Hirota K, Goto T, Nodasaka Y, Nakajima K. 2005a. *Bacillus oshimensis* sp. nov., a moderately halophilic, non-motile alkaliphile[J]. Int J Syst Evol Microbiol, 55(Pt 2): 907-911.

Yumoto I, Hirota K, Nodasaka Y, Nakajima K. 2005b. *Oceanobacillus oncorhynchi* sp. nov., a halotolerant obligate alkaliphile isolated from the skin of a rainbow trout (*Oncorhynchus mykiss*), and emended description of the genus *Oceanobacillus*[J]. Int J Syst Evol Microbiol, 55(Pt 4): 1521-1524.

Yumoto I, Hirota K, Yamaga S, Nodasaka Y, Kawasaki T, Matsuyama H, Nakajima K. 2004. *Bacillus asahii* sp. nov., a novel bacterium isolated from soil with the ability to deodorize the bad smell generated from short-chain fatty acids[J]. Int J Syst Evol Microbiol, 54(Pt 6): 1997-2001.

Yumoto I, Yamaga S, Sogabe Y, Nodasaka Y, Matsuyama H, Nakajima K, Suemori A. 2003. *Bacillus krulwichiae* sp. nov., a halotolerant obligate alkaliphile that utilizes benzoate and m-hydroxybenzoate[J]. Int J Syst Evol Microbiol, 53(Pt 5): 1531-1536.

Zagursky RJ, Berman ML. 1984. Cloning vectors that yield high levels of single-stranded DNA for rapid DNA sequencing[J]. Gene, 27(2): 183-191.

Zaitsev GM, Tsitko IV, Rainey FA, Trotsenko YA, Uotila JS, Stackebrandt E, Salkinoja-Salonen MS. 1998. New aerobic ammonium-dependent obligately oxalotrophic bacteria: description of *Ammoniphilus oxalaticus* gen. nov., sp. nov. and *Ammoniphilus oxalivorans* gen. nov., sp. nov.[J]. Int J Syst Bacteriol, 48(Pt 1): 151-163.

Zarilla K, Perry JJ. 1987. *Bacillus thermoleovorans*, sp. nov., a species of obligately thermophilic hydrocarbon utilizing endospore-forming bacteria[J]. Syst Appl Microbiol, 9(3): 258-264.

Zarrella I, Herten K, Maes GE, Tai S, Yang M, Seuntjens E, Ritschard EA, Zach M, Styfhals R, Sanges R, Simakov O, Ponte G, Fiorito G. 2019. The survey and reference assisted assembly of the *Octopus vulgaris* genome[J]. Sci Data, 6(1): 13.

Zavarzina DG, Tourova TP, Kolganova TV, Boulygina ES, Zhilina TN. 2009. Description of *Anaerobacillus alkalilacustre* gen. nov., sp. nov.: strictly anaerobic diazotrophic bacillus isolated from soda lake and transfer of *Bacillus arseniciselenatis*, *Bacillus macyae*, and *Bacillus alkalidiazotrophicus* to *Anaerobacillus* as the new combinations *A. arseniciselenatis* comb. nov., *A. macyae* comb. nov., and *A. alkalidiazotrophicus* comb. nov.[J]. Microbiology, 78(6): 723-731.

Zeng L, Tu XL, Dai H, Han FM, Lu BS, Wang MS, Nanaei HA, Tajabadipour A, Mansouri M, Li XL, Ji LL, Irwin DM, Zhou H, Liu M, Zheng HK, Esmailizadeh A, Wu DD. 2019. Whole genomes and transcriptomes reveal adaptation and domestication of pistachio[J]. Genome Biol, 20(1): 79.

Zeng X, Xu T, Ling Z, Wang Y, Li X, Xu S, Xu Q, Zha S, Qimei W, Basang Y, Dunzhu J, Yu M, Yuan H, Nyima T. 2020. An improved high-quality genome assembly and annotation of Tibetan hulless barley[J]. Sci Data, 7(1): 139.

Zhai L, Liao T, Xue Y, Ma Y. 2012. *Bacillus daliensis* sp. nov., an alkaliphilic, Gram-positive bacterium isolated from a soda lake[J]. Int J Syst Evol Microbiol, 62(Pt 4): 949-453.

Zhan S, Fang G, Cai M, Kou Z, Xu J, Cao Y, Bai L, Zhang Y, Jiang Y, Luo X, Xu J, Xu X, Zheng L, Yu Z, Yang H, Zhang Z, Wang S, Tomberlin JK, Zhang J, Huang Y. 2020. Genomic landscape and genetic manipulation of the black soldier fly *Hermetia illucens*, a natural waste recycler[J]. Cell Res, 30(1): 50-60.

Zhan S, Merlin C, Boore JL, Reppert SM. 2011. The monarch butterfly genome yields insights into long-distance migration[J]. Cell, 147(5): 1171-1185.

Zhan X, Pan S, Wang J, Dixon A, He J, Muller MG, Ni P, Hu L, Liu Y, Hou H, Chen Y, Xia J, Luo Q, Xu P, Chen Y, Liao S, Cao C, Gao S, Wang Z, Yue Z, Li G, Yin Y, Fox NC, Wang J, Bruford MW. 2013. Peregrine and saker falcon genome sequences provide insights into evolution of a predatory lifestyle[J]. Nat Genet, 45(5): 563-566.

Zhang C, Chen L, Zhou Y, Wang K, Chemnick LG, Ryder OA, Wang W, Zhang G, Qiu Q. 2018b. Draft genome of the milu (*Elaphurus davidianus*)[J]. Gigascience, 7(2): gix130.

Zhang DC, Guo L, Guo HY, Zhu KC, Li SQ, Zhang Y, Zhang N, Liu BS, Jiang SG, Li JT. 2019d. Chromosome-level genome assembly of golden pompano (*Trachinotus ovatus*) in the family Carangidae[J]. Sci Data, 6(1): 216.

Zhang DC, Liu HC, Xin YH, Yu Y, Zhou PJ, Zhou YG. 2009b. *Planomicrobium glaciei* sp. nov., a psychrotolerant bacterium isolated from a glacier[J]. Int J Syst Evol Microbiol, 59(Pt 6): 1387-1390.

Zhang F, Ding Y, Zhou QS, Wu J, Luo A, Zhu CD. 2019c. A high-quality draft genome assembly of *Sinella curviseta*: a soil model organism (Collembola)[J]. Genome Biol Evol, 11(2): 521-530.

Zhang G, Cowled C, Shi Z, Huang Z, Bishop-Lilly KA, Fang X, Wynne JW, Xiong Z, Baker ML, Zhao W, Tachedjian M, Zhu Y, Zhou P, Jiang X, Ng J, Yang L, Wu L, Xiao J, Feng Y, Chen Y, Sun X, Zhang Y, Marsh GA, Crameri G, Broder CC, Frey KG, Wang LF, Wang J. 2013a. Comparative analysis of bat genomes provides insight into the evolution of flight and immunity[J]. Science, 339(6118): 456-460.

Zhang G, Fang X, Guo X, Li L, Luo R, Xu F, Yang P, Zhang L, Wang X, Qi H, Xiong Z, Que H, Xie Y, Holland PW, Paps J, Zhu Y, Wu F, Chen Y, Wang J, Peng C, Meng J, Yang L, Liu J, Wen B, Zhang N, Huang Z, Zhu Q, Feng Y, Mount A, Hedgecock D, Xu Z, Liu Y, Domazet-Lošo T, Du Y, Sun X, Zhang S, Liu B, Cheng P, Jiang X, Li J, Fan D, Wang W, Fu W, Wang T, Wang B, Zhang J, Peng Z, Li Y, Li N, Wang J, Chen M, He Y, Tan F, Song X, Zheng Q, Huang R, Yang H, Du X, Chen L, Yang M, Gaffney PM, Wang S, Luo L, She Z, Ming Y, Huang W, Zhang S, Huang B, Zhang Y, Qu T, Ni P, Miao G, Wang J, Wang Q, Steinberg CE, Wang H, Li N, Qian L, Zhang G, Li Y, Yang H, Liu X, Wang J, Yin Y, Wang J. 2012a. The oyster genome reveals stress adaptation and complexity of shell formation[J]. Nature, 490(7418): 49-54.

Zhang G, Li C, Li Q, Li B, Larkin DM, Lee C, Storz JF, Antunes A, Greenwold MJ, Meredith RW, Ödeen A, Cui J, Zhou Q, Xu L, Pan H, Wang Z, Jin L, Zhang P, Hu H, Yang W, Hu J, Xiao J, Yang Z, Liu Y, Xie Q, Yu H, Lian J, Wen P, Zhang F, Li H, Zeng Y, Xiong Z, Liu S, Zhou L, Huang Z, An N, Wang J, Zheng Q, Xiong Y, Wang G, Wang B, Wang J, Fan Y, da Fonseca RR, Alfaro-Núñez A, Schubert M, Orlando L, Mourier T, Howard JT, Ganapathy G, Pfenning A, Whitney O, Rivas MV, Hara E, Smith J, Farré M, Narayan J, Slavov G, Romanov MN, Borges R, Machado JP, Khan I, Springer MS, Gatesy J, Hoffmann FG, Opazo JC, Håstad O, Sawyer RH, Kim H, Kim KW, Kim HJ, Cho S, Li N, Huang Y, Bruford MW, Zhan X, Dixon A, Bertelsen MF, Derryberry E, Warren W, Wilson RK, Li S, Ray DA, Green RE, O'Brien SJ, Griffin D, Johnson WE, Haussler D, Ryder OA, Willerslev E, Graves GR, Alström P, Fjeldså J, Mindell DP, Edwards SV, Braun EL, Rahbek C, Burt DW, Houde P, Zhang Y, Yang H, Wang J; Avian Genome Consortium, Jarvis ED, Gilbert MT, Wang J. 2014a. Comparative genomics reveals insights into avian genome evolution and adaptation[J]. Science, 346(6215): 1311-1320.

Zhang G, Liu X, Quan Z, Cheng S, Xu X, Pan S, Xie M, Zeng P, Yue Z, Wang W, Tao Y, Bian C, Han C, Xia Q, Peng X, Cao R, Yang X, Zhan D, Hu J, Zhang Y, Li H, Li H, Li N, Wang J, Wang C, Wang R, Guo T, Cai Y, Liu C, Xiang H, Shi Q, Huang P, Chen Q, Li Y, Wang J, Zhao Z, Wang J. 2012c. Genome sequence of foxtail millet (*Setaria italica*) provides insights into grass evolution and biofuel potential[J]. Nat Biotechnol, 30(6): 549-554.

Zhang GJ, Li C, Li Q, Li B, Larkin DM, Lee C, Storz JF, Antunes A, Greenwold MJ, Meredith RW, Ödeen A, Cui J, Zhou Q, Xu L, Pan H, Wang Z, Jin L, Zhang P, Hu H, Yang W, Hu J, Xiao J, Yang Z, Liu Y, Xie Q, Yu H, Lian J, Wen P, Zhang F, Li H, Zeng Y, Xiong Z, Liu S, Zhou L, Huang Z, An N, Wang J, Zheng Q, Xiong Y, Wang G, Wang B, Wang J, Fan Y, da Fonseca RR, Alfaro-Núñez A, Schubert M, Orlando L, Mourier T, Howard JT, Ganapathy G, Pfenning A, Whitney O, Rivas MV, Hara E, Smith J, Farré M, Narayan J, Slavov G, Romanov MN, Borges R, Machado JP, Khan I, Springer MS, Gatesy J, Hoffmann FG, Opazo JC, Håstad O, Sawyer RH, Kim H, Kim KW, Kim HJ, Cho S, Li N, Huang Y, Bruford MW, Zhan X, Dixon A, Bertelsen MF, Derryberry E, Warren W, Wilson RK, Li S, Ray DA, Green RE, O'Brien SJ, Griffin D, Johnson WE, Haussler D, Ryder OA, Willerslev E, Graves GR, Alström P, Fjeldså J, Mindell DP, Edwards SV, Braun EL, Rahbek C, Burt DW, Houde P, Zhang Y, Yang H, Wang J; Avian Genome Consortium, Jarvis ED, Gilbert MT, Wang J. 2014c. Comparative genomics reveals insights into avian genome evolution and adaptation[J]. Science, 346(6215): 1311-1320.

Zhang GJ, Rahbek C, Graves GR, Lei F, Jarvis ED, Gilbert MT. 2015b. Bird sequencing project takes off[J]. Nature, 522(7554): 34.

Zhang GQ, Liu KW, Li Z, Lohaus R, Hsiao YY, Niu SC, Wang JY, Lin YC, Xu Q, Chen LJ, Yoshida K, Fujiwara S, Wang ZW, Zhang YQ, Mitsuda N, Wang M, Liu GH, Pecoraro L, Huang HX, Xiao XJ, Lin M, Wu XY, Wu WL, Chen YY, Chang SB, Sakamoto S, Ohme-Takagi M, Yagi M, Zeng SJ, Shen CY, Yeh CM, Luo YB, Tsai WC, Van de Peer Y, Liu ZJ. 2017b. The *Apostasia* genome and the evolution of orchids[J]. Nature, 549(7672): 379-383.

Zhang GQ, Xu Q, Bian C, Tsai WC, Yeh CM, Liu KW, Yoshida K, Zhang LS, Chang SB, Chen F, Shi Y, Su YY, Zhang YQ, Chen LJ, Yin Y, Lin M, Huang H, Deng H, Wang ZW, Zhu SL, Zhao X, Deng C, Niu SC, Huang J, Wang M, Liu GH, Yang HJ, Xiao XJ, Hsiao YY, Wu WL, Chen YY, Mitsuda N, Ohme-Takagi M, Luo YB, Van de Peer Y, Liu ZJ. 2016c. The *Dendrobium catenatum* Lindl. genome sequence provides insights into polysaccharide synthase, floral development and adaptive evolution[J]. Sci Rep, 6: 19029.

Zhang GY, An YF, Zabed HM, Guo Q, Yang MM, Yuan J, Li W, Sun WJ, Qi XH. 2019k. *Bacillus subtilis* spore surface display technology: a review of its development and applications[J]. J Microbiol Biotechnol, 29(2): 179-190.

Zhang H, Hall N, Goertzen LR, Bi B, Chen CY, Peatman E, Lowe EK, Patel J, McElroy JS. 2019i. Development of a goosegrass (*Eleusine indica*) draft genome and application to weed science research[J]. Pest Manag Sci, 75(10): 2776-2784.

Zhang H, Miao H, Wang L, Qu L, Liu H, Wang Q, Yue M. 2013b. Genome sequencing of the important oilseed crop *Sesamum indicum* L.[J]. Genome Biol, 14(1): 401.

Zhang HH, Xu MR, Wang PL, Zhu ZG, Nie CF, Xiong XM, Wang L, Xie ZZ, Wen X, Zeng QX, Zhang XG, Dai FY. 2020c. High-quality genome assembly and transcriptome of *Ancherythroculter nigrocauda*, an endemic Chinese cyprinid species[J]. Mol Ecol Resour, 20(4): 882-891.

Zhang J, Fu XX, Li RQ, Zhao X, Liu Y, Li MH, Zwaenepoel A, Ma H, Goffinet B, Guan YL, Xue JY, Liao YY, Wang QF, Wang QH, Wang JY, Zhang GQ, Wang ZW, Jia Y, Wang MZ, Dong SS, Yang JF, Jiao YN, Guo YL, Kong HZ, Lu AM, Yang HM, Zhang SZ, Van de Peer Y, Liu ZJ, Chen ZD. 2020h. The hornwort genome and early land plant evolution[J]. Nat Plants, 6(2): 107-118.

Zhang J, Lei Y, Wang B, Li S, Yu S, Wang Y, Li H, Liu Y, Ma Y, Dai H, Wang J, Zhang Z. 2020f. The high-quality genome of diploid strawberry (*Fragaria nilgerrensis*) provides new insights into anthocyanin accumulation[J]. Plant Biotechnol J, 18(9): 1908-1924.

Zhang J, Ma XT, Gao JS, Zhao JJ, Yin HQ, Zhang CW, Zhang RJ, Zhang XX. 2016e. *Paenibacillus oryzae* sp. nov., isolated from rice roots[J]. Int J Syst Evol Microbiol, 66(Pt 12): 5000-5004.

Zhang J, Tian Y, Yan L, Zhang G, Wang X, Zeng Y, Zhang J, Ma X, Tan Y, Long N, Wang Y, Ma Y, He Y, Xue Y, Hao S, Yang S, Wang W, Zhang L, Dong Y, Chen W, Sheng J. 2016a. Genome of plant maca (*Lepidium meyenii*) illuminates genomic basis for high-altitude adaptation in the central Andes[J]. Mol Plant, 9(7): 1066-1077.

Zhang J, Wang J, Fang C, Song F, Xin Y, Qu L, Ding K. 2010. *Bacillus oceanisediminis* sp. nov., isolated from marine sediment[J]. Int J Syst Evol Microbiol, 60(Pt 12): 2926-2929.

Zhang J, Wang ZT, Yu HM, Ma Y. 2013c. *Paenibacillus catalpae* sp. nov., isolated from the rhizosphere soil of *Catalpa speciosa*[J]. Int J Syst Evol Microbiol, 63(Pt 5): 1776-1781.

Zhang L, Chen F, Zhang X, Li Z, Zhao Y, Lohaus R, Chang X, Dong W, Ho SYW, Liu X, Song A, Chen J, Guo W, Wang Z, Zhuang Y, Wang H, Chen X, Hu J, Liu Y, Qin Y, Wang K, Dong S, Liu Y, Zhang S, Yu X, Wu Q, Wang L, Yan X, Jiao Y, Kong H, Zhou X, Yu C, Chen Y, Li F, Wang J, Chen W, Chen X, Jia Q, Zhang C, Jiang Y, Zhang W, Liu G, Fu J, Chen F, Ma H, Van de Peer Y, Tang H. 2020d. The water lily genome and the early evolution of flowering plants[J]. Nature, 577(7788): 79-84.

Zhang L, Hu J, Han X, Li J, Gao Y, Richards CM, Zhang C, Tian Y, Liu G, Gul H, Wang D, Tian Y, Yang C, Meng M, Yuan G, Kang G, Wu Y, Wang K, Zhang H, Wang D, Cong P. 2019g. A high-quality apple genome assembly reveals the association of a retrotransposon and red fruit colour[J]. Nat Commun, 10(1): 1494.

Zhang L, Li S, Luo J, Du P, Wu L, Li Y, Zhu X, Wang L, Zhang S, Cui J. 2020a. Chromosome-level genome assembly of the predator *Propylea japonica* to understand its tolerance to insecticides and high temperatures[J]. Mol Ecol Resour, 20(1): 292-307.

Zhang L, Liu M, Long H, Dong W, Pasha A, Esteban E, Li W, Yang X, Li Z, Song A, Ran D, Zhao G, Zeng Y, Chen H, Zou M, Li J, Liang F, Xie M, Hu J, Wang D, Cao H, Provart NJ, Zhang L, Tan X. 2019h. Tung tree (*Vernicia fordii*) genome provides a resource for understanding genome evolution and improved oil production[J]. Genom Proteom Bioinf, 17(6): 558-575.

Zhang L, Wang Y, Dai J, Tang Y, Yang Q, Luo X, Fang C. 2009a. *Bacillus korlensis* sp. nov., a moderately halotolerant bacterium isolated from a sand soil sample in China[J]. Int J Syst Evol Microbiol, 59(Pt 7): 1787-1792.

Zhang L, Wu GL, Wang Y, Dai J, Fang CX. 2011. *Bacillus deserti* sp. nov., a novel bacterium isolated from the desert of Xinjiang, China[J]. Antonie Van Leeuwenhoek, 99(2): 221-229.

Zhang L, Xu P, Cai Y, Ma L, Li S, Li S, Xie W, Song J, Peng L, Yan H, Zou L, Ma Y, Zhang C, Gao Q, Wang J. 2017a. The draft genome assembly of *Rhododendron delavayi* Franch. var. *delavayi*[J]. Gigascience, 6(10): gix076.

Zhang L, Xu Y, Zhang X, Ma X, Zhang L, Liao Z, Zhang Q, Wan X, Cheng Y, Zhang J, Li D, Zhang L, Xu J, Tao A, Lin L, Fang P, Chen S, Qi R, Xu X, Qi J, Ming R. 2020e. The genome of kenaf (*Hibiscus cannabinus* L.) provides insights into bast fibre and leaf shape biogenesis[J]. Plant Biotechnol J, 18(8): 1796-1809.

Zhang L, Xu Z, Patel BK. 2007. *Bacillus decisifrondis* sp. nov., isolated from soil underlying decaying leaf foliage[J]. Int J Syst Evol Microbiol, 57(Pt 5): 974-978.

Zhang MY, Cheng J, Cai Y, Zhang TY, Wu YY, Manikprabhu D, Li WJ, Zhang YX. 2017d. *Bacillus notoginsengisoli* sp. nov., a novel bacterium isolated from the rhizosphere of *Panax notoginseng*[J]. Int J Syst Evol Microbiol, 67(Pt 8): 2581-2585.

Zhang Q, Chen W, Sun L, Zhao F, Huang B, Yang W, Tao Y, Wang J, Yuan Z, Fan G, Xing Z, Han C, Pan H, Zhong X, Shi W, Liang X, Du D, Sun F, Xu Z, Hao R, Lv T, Lv Y, Zheng Z, Sun M, Luo L, Cai M, Gao Y, Wang J, Yin Y, Xu X, Cheng T, Wang J. 2012b. The genome of *Prunus mume*[J]. Nat Commun, 3: 1318.

Zhang Q, Hua G, Adang MJ. 2017c. Effects and mechanisms of *Bacillus thuringiensis* crystal toxins for mosquito larvae[J]. Insect Sci, 24(5): 716-729.

Zhang QJ, Zhu T, Xia EH, Shi C, Liu YL, Zhang Y, Liu Y, Jiang WK, Zhao YJ, Mao SY, Zhang LP, Huang H, Jiao JY, Xu PZ, Yao QY, Zeng FC, Yang LL, Gao J, Tao DY, Wang YJ, Bennetzen JL, Gao LZ. 2014b. Rapid diversification of five *Oryza* AA genomes associated with rice adaptation[J]. Proc Natl Acad Sci USA, 111(46): E4954-E4962.

Zhang S, Li Z, Yan Y, Zhang C, Li J, Zhao B. 2016d. *Bacillus urumqiensis* sp. nov., a moderately haloalkaliphilic bacterium isolated from a salt lake[J]. Int J Syst Evol Microbiol, 66(Pt 6): 2305-2312.

Zhang S, Shen S, Peng J, Zhou X, Kong X, Ren P, Liu F, Han L, Zhan S, Huang Y, Zhang AB, Zhang Z. 2020b. Chromosome-level genome assembly of an important pine defoliator, *Dendrolimus punctatus* (Lepidoptera; Lasiocampidae)[J]. Mol Ecol Resour, 20(4): 1023-1037.

Zhang T, Fan X, Hanada S, Kamagata Y, Fang HH. 2006. *Bacillus macauensis* sp. nov., a long-chain bacterium isolated from a drinking water supply[J]. Int J Syst Evol Microbiol, 56(Pt 2): 349-353.

Zhang T, Hu Y, Jiang W, Fang L, Guan X, Chen J, Zhang J, Saski CA, Scheffler BE, Stelly DM, Hulse-Kemp AM, Wan Q, Liu B, Liu C, Wang S, Pan M, Wang Y, Wang D, Ye W, Chang L, Zhang W, Song Q, Kirkbride RC, Chen X, Dennis E, Llewellyn DJ, Peterson DG, Thaxton P, Jones DC, Wang Q, Xu X, Zhang H, Wu H, Zhou L, Mei G, Chen S, Tian Y, Xiang D, Li X, Ding J, Zuo Q, Tao L, Liu Y, Li J, Lin Y, Hui Y, Cao Z, Cai C, Zhu X, Jiang Z, Zhou B, Guo W, Li R, Chen ZJ. 2015a. Sequencing of allotetraploid cotton (*Gossypium hirsutum* L. acc. TM-1) provides a resource for fiber improvement[J]. Nat Biotechnol, 33(5): 531-537.

Zhang T, Qiao Q, Novikova PY, Wang Q, Yue J, Guan Y, Ming S, Liu T, De J, Liu Y, Al-Shehbaz IA, Sun H, Van Montagu M, Huang J, Van de Peer Y, Qiong L. 2019f. Genome of *Crucihimalaya himalaica*, a close relative of *Arabidopsis*, shows ecological adaptation to high altitude[J]. Proc Natl Acad Sci USA, 116(14): 7137-7146.

Zhang W, Liu J, Zhang Y, Qiu J, Li Y, Zheng B, Hu F, Dai S, Huang X. 2020g. A high-quality genome sequence of alkaligrass provides insights into halophyte stress tolerance[J]. Sci China Life Sci, 63(9): 1-14.

Zhang W, Xu H, Wu Y, Zeng J, Guo Z, Wang L, Shen C, Qiao D, Cao Y. 2018c. A new cold-adapted, alkali-stable and highly salt-tolerant esterase from *Bacillus licheniformis*[J]. Int J Biol Macromol, 111:

1183-1193.

Zhang X, Yuan J, Sun Y, Li S, Gao Y, Yu Y, Liu C, Wang Q, Lv X, Zhang X, Ma KY, Wang X, Lin W, Wang L, Zhu X, Zhang C, Zhang J, Jin S, Yu K, Kong J, Xu P, Chen J, Zhang H, Sorgeloos P, Sagi A, Alcivar-Warren A, Liu Z, Wang L, Ruan J, Chu KH, Liu B, Li F, Xiang J. 2019b. Penaeid shrimp genome provides insights into benthic adaptation and frequent molting[J]. Nat Commun, 10(1): 356.

Zhang XM, He J, Zhang DF, Chen W, Jiang Z, Sahu MK, Sivakumar K, Li WJ. 2013d. *Marininema halotolerans* sp. nov., a novel thermoactinomycete isolated from a sediment sample, and emended description of the genus *Marininema* Li et al. 2012[J]. Int J Syst Evol Microbiol, 63(Pt 12): 4562-4567.

Zhang Y, Barthe G, Grosser JW, Wang N. 2016b. Transcriptome analysis of root response to citrus blight based on the newly assembled Swingle citrumelo draft genome[J]. BMC Genomics, 17: 485.

Zhang Y, Zhang H, Cheng F, Xia Y, Zheng J, Wang Z. 2019j. Whole-cell biocatalytic of *Bacillus cereus* WZZ006 strain to synthesis of indoxacarb intermediate: (*S*)-5-Chloro-1-oxo-2, 3-dihydro-2-hydroxy-1H-indene-2-carboxylic acid methyl ester[J]. Chirality, 31(11): 958-967.

Zhang Y, Zheng L, Zheng Y, Zhou C, Huang P, Xiao X, Zhao Y, Hao X, Hu Z, Chen Q, Li H, Wang X, Fukushima K, Wang G, Li C. 2019e. Assembly and annotation of a draft genome of the medicinal plant *Polygonum cuspidatum*[J]. Front Plant Sci, 10: 1274.

Zhang YX, Chen X, Wang JP, Zhang ZQ, Wei H, Yu HY, Zheng HK, Chen Y, Zhang LS, Lin JZ, Sun L, Liu DY, Tang J, Lei Y, Li XM, Liu M. 2019a. Genomic insights into mite phylogeny, fitness, development, and reproduction[J]. BMC Genomics, 20(1): 954.

Zhang Z, Zhang K, Chen S, Zhang Z, Zhang J, You X, Bian C, Xu J, Jia C, Qiang J, Zhu F, Li H, Liu H, Shen D, Ren Z, Chen J, Li J, Gao T, Gu R, Xu J, Shi Q, Xu P. 2018a. Draft genome of the protandrous Chinese black porgy, *Acanthopagrus schlegelii*[J]. Gigascience, 7(4): giy012.

Zhao B, Lu W, Zhang S, Liu K, Yan Y, Li J. 2017b. Reclassification of *Bacillus saliphilus* as *Alkalicoccus saliphilus* gen. nov., comb. nov., and description of *Alkalicoccus halolimnae* sp. nov., a moderately halophilic bacterium isolated from a salt lake[J]. Int J Syst Evol Microbiol, 67(Pt 5): 1557-1563.

Zhao C, Escalante LN, Chen H, Benatti TR, Qu J, Chellapilla S, Waterhouse RM, Wheeler D, Andersson MN, Bao R, Batterton M, Behura SK, Blankenburg KP, Caragea D, Carolan JC, Coyle M, El-Bouhssini M, Francisco L, Friedrich M, Gill N, Grace T, Grimmelikhuijzen CJ, Han Y, Hauser F, Herndon N, Holder M, Ioannidis P, Jackson L, Javaid M, Jhangiani SN, Johnson AJ, Kalra D, Korchina V, Kovar CL, Lara F, Lee SL, Liu X, Löfstedt C, Mata R, Mathew T, Muzny DM, Nagar S, Nazareth LV, Okwuonu G, Ongeri F, Perales L, Peterson BF, Pu LL, Robertson HM, Schemerhorn BJ, Scherer SE, Shreve JT, Simmons D, Subramanyam S, Thornton RL, Xue K, Weissenberger GM, Williams CE, Worley KC, Zhu D, Zhu Y, Harris MO, Shukle RH, Werren JH, Zdobnov EM, Chen MS, Brown SJ, Stuart JJ, Richards S. 2015. A massive expansion of effector genes underlies gall-formation in the wheat pest *Mayetiola destructor*[J]. Curr Biol, 25(5): 613-620.

Zhao D, Hamilton JP, Bhat WW, Johnson SR, Godden GT, Kinser TJ, Boachon B, Dudareva N, Soltis DE, Soltis PS, Hamberger B, Buell CR. 2019c. A chromosomal-scale genome assembly of *Tectona grandis* reveals the importance of tandem gene duplication and enables discovery of genes in natural product biosynthetic pathways[J]. Gigascience, 8(3): giz005.

Zhao D, Hamilton JP, Pham GM, Crisovan E, Wiegert-Rininger K, Vaillancourt B, DellaPenna D, Buell CR. 2017a. *De novo* genome assembly of *Camptotheca acuminata*, a natural source of the anti-cancer compound camptothecin[J]. Gigascience, 6(9): gix065.

Zhao H, Gao Z, Wang L, Wang J, Wang S, Fei B, Chen C, Shi C, Liu X, Zhang H, Lou Y, Chen L, Sun H, Zhou X, Wang S, Zhang C, Xu H, Li L, Yang Y, Wei Y, Yang W, Gao Q, Yang H, Zhao S, Jiang Z. 2018c. Chromosome-level reference genome and alternative splicing atlas of moso bamboo (*Phyllostachys edulis*)[J]. Gigascience, 7(10): giy115.

Zhao H, Wang S, Wang J, Chen C, Hao S, Chen L, Fei B, Han K, Li R, Shi C, Sun H, Wang S, Xu H, Yang K, Xu X, Shan X, Shi J, Feng A, Fan G, Liu X, Zhao S, Zhang C, Gao Q, Gao Z, Jiang Z. 2018b. The chromosome-level genome assemblies of two rattans (*Calamus simplicifolius* and *Daemonorops jenkinsiana*)[J]. Gigascience, 7(9): giy097.

Zhao Q, Yang J, Cui MY, Liu J, Fang Y, Yan M, Qiu W, Shang H, Xu Z, Yidiresi R, Weng JK, Pluskal T, Vigouroux M, Steuernagel B, Wei Y, Yang L, Hu Y, Chen XY, Martin C. 2019b. The reference genome sequence of *Scutellaria baicalensis* provides insights into the evolution of wogonin biosynthesis[J]. Mol Plant, 12(7): 935-950.

Zhao X, Luo M, Li Z, Zhong P, Cheng Y, Lai F, Wang X, Min J, Bai M, Yang Y, Cheng H, Zhou R. 2018a. Chromosome-scale assembly of the *Monopterus* genome[J]. Gigascience, 7(5): giy046.

Zhao YP, Fan G, Yin PP, Sun S, Li N, Hong X, Hu G, Zhang H, Zhang FM, Han JD, Hao YJ, Xu Q, Yang X, Xia W, Chen W, Lin HY, Zhang R, Chen J, Zheng XM, Lee SM, Lee J, Uehara K, Wang J, Yang H, Fu CX, Liu X, Xu X, Ge S. 2019a. Resequencing 545 ginkgo genomes across the world reveals the evolutionary history of the living fossil[J]. Nat Commun, 10(1): 4201.

Zheng H, Zhang W, Zhang L, Zhang Z, Li J, Lu G, Zhu Y, Wang Y, Huang Y, Liu J, Kang H, Chen J, Wang L, Chen A, Yu S, Gao Z, Jin L, Gu W, Wang Z, Zhao L, Shi B, Wen H, Lin R, Jones MK, Brejova B, Vinar T, Zhao G, McManus DP, Chen Z, Zhou Y, Wang S. 2013a. The genome of the hydatid tapeworm *Echinococcus granulosus*[J]. Nat Genet, 45(10): 1168-1175.

Zheng HF, Forgetta V, Hsu YH, Estrada K, Rosello-Diez A, Leo PJ, Dahia CL, Park-Min KH, Tobias JH, Kooperberg C, Kleinman A, Styrkarsdottir U, Liu CT, Uggla C, Evans DS, Nielson CM, Walter K, Pettersson-Kymmer U, McCarthy S, Eriksson J, Kwan T, Jhamai M, Trajanoska K, Memari Y, Min J, Huang J, Danecek P, Wilmot B, Li R, Chou WC, Mokry LE, Moayyeri A, Claussnitzer M, Cheng CH, Cheung W, Medina-Gómez C, Ge B, Chen SH, Choi K, Oei L, Fraser J, Kraaij R, Hibbs MA, Gregson CL, Paquette D, Hofman A, Wibom C, Tranah GJ, Marshall M, Gardiner BB, Cremin K, Auer P, Hsu L, Ring S, Tung JY, Thorleifsson G, Enneman AW, van Schoor NM, de Groot LC, van der Velde N, Melin B, Kemp JP, Christiansen C, Sayers A, Zhou Y, Calderari S, van Rooij J, Carlson C, Peters U, Berlivet S, Dostie J, Uitterlinden AG, Williams SR, Farber C, Grinberg D, LaCroix AZ, Haessler J, Chasman DI, Giulianini F, Rose LM, Ridker PM, Eisman JA, Nguyen TV, Center JR, Nogues X, Garcia-Giralt N, Launer LL, Gudnason V, Mellström D, Vandenput L, Amin N, van Duijn CM, Karlsson MK, Ljunggren Ö, Svensson O, Hallmans G, Rousseau F, Giroux S, Bussière J, Arp PP, Koromani F, Prince RL, Lewis JR, Langdahl BL, Hermann AP, Jensen JE, Kaptoge S, Khaw KT, Reeve J, Formosa MM, Xuereb-Anastasi A, Åkesson K, McGuigan FE, Garg G, Olmos JM, Zarrabeitia MT, Riancho JA, Ralston SH, Alonso N, Jiang X, Goltzman D, Pastinen T, Grundberg E, Gauguier D, Orwoll ES, Karasik D, Davey-Smith G, AOGC Consortium, Smith AV, Siggeirsdottir K, Harris TB, Zillikens MC, van Meurs JB, Thorsteinsdottir U, Maurano MT, Timpson NJ, Soranzo N, Durbin R, Wilson SG, Ntzani EE, Brown MA, Stefansson K, Hinds DA, Spector T, Cupples LA, Ohlsson C, Greenwood CM, UK10K Consortium, Jackson RD, Rowe DW, Loomis CA, Evans DM, Ackert-Bicknell CL, Joyner AL, Duncan EL, Kiel DP, Rivadeneira F, Richards JB. 2015. Whole-genome sequencing identifies EN1 as a determinant of bone density and fracture[J]. Nature, 526(7571): 112-117.

Zheng J, Gao Q, Liu L, Liu H, Wang Y, Peng D, Ruan L, Raymond B, Sun M. 2017. Comparative genomics of *Bacillus thuringiensis* reveals a path to specialized exploitation of multiple invertebrate hosts[J]. mBio, 8(4): e00822-17.

Zheng J, Peng D, Chen L, Liu H, Chen F, Xu M, Ju S, Ruan L, Sun M. 2016. The *Ditylenchus destructor* genome provides new insights into the evolution of plant parasitic nematodes[J]. Proc Biol Sci, 283(1835): 20160942.

Zheng J, Peng D, Song X, Ruan L, Mahillon J, Sun M. 2013b. Differentiation of *Bacillus anthracis*, *B. cereus*, and *B. thuringiensis* on the basis of the *csaB* gene reflects host source[J]. Appl Environ Microbiol, 79(12): 3860-3863.

Zheng L, Jiang N, Sang X, Zhang N, Zhang K, Chen H, Yang N, Feng Y, Chen R, Suo X, Chen Q. 2019. In-depth analysis of the genome of *Trypanosoma evansi*, an etiologic agent of surra[J]. Sci China Life Sci, 62(3): 406-419.

Zheng W, Wang C, Yan Y, Gao F, Doak TG, Song W. 2018. Insights into an extensively fragmented eukaryotic genome: *de novo* genome sequencing of the multinuclear ciliate *Uroleptopsis citrina*[J]. Genome Biol Evol, 10(3): 883-894.

Zhi XY, Zhao W, Li WJ, Zhao GP. 2012. Prokaryotic systematics in the genomics era[J]. Antonie Van Leeuwenhoek, 101(1): 21-34.

Zhou C, Chen J, Niu H, Ouyang S, Wu X. 2020a. Study on the population evolution of *Ascaris lumbricoides* and *Ascaris suum* based on whole genome resequencing[J]. Vet Parasitol, 279: 109062.

Zhou C, Tu H, Yu H, Zheng S, Dai B, Price M, Wu Y, Yang N, Yue B, Meng Y. 2019d. The draft genome of the endangered Sichuan partridge (*Arborophila rufipectus*) with evolutionary implications[J]. Genes (Basel), 10(9): E677.

Zhou C, Yu H, Geng Y, Liu W, Zheng S, Yang N, Meng Y, Dou L, Price M, Ran J, Yue B, Wu Y. 2019e. A high-quality draft genome assembly of the black-necked crane (*Grus nigricollis*) based on nanopore sequencing[J]. Genome Biol Evol, 11(12): 3332-3340.

Zhou G, Liu H, He J, Yuan Y, Yuan Z. 2008a. The occurrence of *Bacillus cereus*, *B. thuringiensis* and *B. mycoides* in Chinese pasteurized full fat milk[J]. Int J Food Microbiol, 121(2): 195-200.

Zhou J, Du G, Chen J. 2012b. Metabolic engineering of microorganisms for vitamin C production[J]. Subcell Biochem, 64: 241-59.

Zhou Q, Bachtrog D. 2015. Ancestral chromatin configuration constrains chromatin evolution on differentiating sex chromosomes in *Drosophila*[J]. PLoS Genet, 11(6): e1005331.

Zhou Q, Gao H, Zhang Y, Fan G, Xu H, Zhai J, Xu W, Chen Z, Zhang H, Liu S, Niu Y, Li W, Li W, Lin H, Chen S. 2019a. A chromosome-level genome assembly of the giant grouper (*Epinephelus lanceolatus*) provides insights into its innate immunity and rapid growth[J]. Mol Ecol Resour, 19(5): 1322-1332.

Zhou Q, Zhu HM, Huang QF, Zhao L, Zhang GJ, Roy SW, Vicoso B, Xuan ZL, Ruan J, Zhang Y, Zhao RP, Ye C, Zhang XQ, Wang J, Wang W, Bachtrog D. 2012a. Deciphering neo-sex and B chromosome evolution by the draft genome of *Drosophila albomicans*[J]. BMC Genomics, 13: 109.

Zhou QS, Luo A, Zhang F, Niu ZQ, Wu QT, Xiong M, Orr MC, Zhu CD. 2020c. The first draft genome of the plasterer bee *Colletes gigas* (Hymenoptera: Colletidae: Colletes)[J]. Genome Biol Evol, 2(6): 860-866.

Zhou R, Macaya-Sanz D, Carlson CH, Schmutz J, Jenkins JW, Kudrna D, Sharma A, Sandor L, Shu S, Barry K, Tuskan GA, Ma T, Liu J, Olson M, Smart LB, DiFazio SP. 2020d. A willow sex chromosome reveals convergent evolution of complex palindromic repeats[J]. Genome Biol, 21(1): 38.

Zhou W, Li B, Li L, Ma W, Liu Y, Feng S, Wang Z. 2018. Genome survey sequencing of *Dioscorea zingiberensis*[J]. Genome, 61(8): 567-574.

Zhou W, Sailani MR, Contrepois K, Zhou Y, Ahadi S, Leopold SR, Zhang MJ, Rao V, Avina M, Mishra T, Johnson J, Lee-McMullen B, Chen S, Metwally AA, Tran TDB, Nguyen H, Zhou X, Albright B, Hong BY, Petersen L, Bautista E, Hanson B, Chen L, Spakowicz D, Bahmani A, Salins D, Leopold B, Ashland M, Dagan-Rosenfeld O, Rego S, Limcaoco P, Colbert E, Allister C, Perelman D, Craig C, Wei E, Chaib H, Hornburg D, Dunn J, Liang L, Rose SMS, Kukurba K, Piening B, Rost H, Tse D, McLaughlin T, Sodergren E, Weinstock GM, Snyder M. 2019d. Longitudinal multi-omics of host-microbe dynamics in prediabetes[J]. Nature, 569(7758): 663-671.

Zhou X, Guo GN, Wang LQ, Bai SL, Li CL, Yu R, Li YH. 2015. *Paenibacillus physcomitrellae* sp. nov., isolated from the moss *Physcomitrella patens*[J]. Int J Syst Evol Microbiol, 65(Pt 10): 3400-3406.

Zhou X, Ren L, Meng Q, Li Y, Yu Y, Yu J. 2010. The next-generation sequencing technology and application[J]. Protein Cell, 1(6): 520-536.

Zhou X, Sun F, Xu S, Fan G, Zhu K, Liu X, Chen Y, Shi C, Yang Y, Huang Z, Chen J, Hou H, Guo X, Chen W, Chen Y, Wang X, Lv T, Yang D, Zhou J, Huang B, Wang Z, Zhao W, Tian R, Xiong Z, Xu J, Liang X, Chen B, Liu W, Wang J, Pan S, Fang X, Li M, Wei F, Xu X, Zhou K, Wang J, Yang G. 2013. Baiji genomes reveal low genetic variability and new insights into secondary aquatic adaptations[J]. Nat Commun, 4: 2708.

Zhou X, Wang B, Pan Q, Zhang J, Kumar S, Sun X, Liu Z, Pan H, Lin Y, Liu G, Zhan W, Li M, Ren B, Ma X, Ruan H, Cheng C, Wang D, Shi F, Hui Y, Tao Y, Zhang C, Zhu P, Xiang Z, Jiang W, Chang J, Wang H, Cao Z, Jiang Z, Li B, Yang G, Roos C, Garber PA, Bruford MW, Li R, Li M. 2014. Whole-genome sequencing of the snub-nosed monkey provides insights into folivory and evolutionary history[J]. Nat

Genet, 46(12): 1303-1310.

Zhou Y, Gao S, Wei DQ, Yang LL, Huang X, He J, Zhang YJ, Tang SK, Li WJ. 2012c. *Paenibacillus thermophilus* sp. nov., a novel bacterium isolated from a sediment of hot spring in Fujian province, China[J]. Antonie Van Leeuwenhoek, 102(4): 601-609.

Zhou Y, Liang Y, Yan Q, Zhang L, Chen D, Ruan L, Kong Y, Shi H, Chen M, Chen J. 2020b. The draft genome of horseshoe crab *Tachypleus tridentatus* reveals its evolutionary scenario and well-developed innate immunity[J]. BMC Genomics, 21(1): 137.

Zhou Y, Wei W, Che Q, Xu Y, Wang X, Huang X, Lai R. 2008b. *Bacillus pallidus* sp. nov., isolated from forest soil[J]. Int J Syst Evol Microbiol, 58(Pt 12): 2850-2854.

Zhou Y, Xiao S, Lin G, Chen D, Cen W, Xue T, Liu Z, Zhong J, Chen Y, Xiao Y, Chen J, Guo Y, Chen Y, Zhang Y, Hu X, Huang Z. 2019c. Chromosome genome assembly and annotation of the yellowbelly pufferfish with PacBio and Hi-C sequencing data[J]. Sci Data, 6(1): 267.

Zhou Y, Xu J, Xu L, Tindall BJ. 2009. *Falsibacillus pallidus* to replace the homonym *Bacillus pallidus* Zhou et al. 2008[J]. Int J Syst Evol Microbiol, 59(Pt 12): 3176-3180.

Zhou Z, Liu B, Chen B, Shi Y, Pu F, Bai H, Li L, Xu P. 2019b. The sequence and *de novo* assembly of *Takifugu bimaculatus* genome using PacBio and Hi-C technologies[J]. Sci Data, 6(1): 187.

Zhu C, Sun G, Chen X, Guo J, Xu M. 2014b. *Lysinibacillus varians* sp. nov., an endospore-forming bacterium with a filament-to-rod cell cycle[J]. Int J Syst Evol Microbiol, 64(Pt 11): 3646-3649.

Zhu C, Xu W, Li J, Liu C, Hu M, Yuan Y, Yuan K, Zhang Y, Song X, Han J, Cui X. 2020. Draft genome assembly for the tibetan black bear (*Ursus thibetanus thibetanus*)[J]. Front Genet, 11: 231.

Zhu D, Tanabe SH, Xie C, Honda D, Sun J, Ai L. 2014a. *Bacillus ligniniphilus* sp. nov., an alkaliphilic and halotolerant bacterium isolated from sediments of the South China Sea[J]. Int J Syst Evol Microbiol, 64(Pt 5): 1712-1727.

Zhu FY, Chen MX, Ye NH, Qiao WM, Gao B, Law WK, Tian Y, Zhang D, Zhang D, Liu TY, Hu QJ, Cao YY, Su ZZ, Zhang JH, Liu YG. 2018. Comparative performance of the BGISEQ-500 and Illumina HiSeq4000 sequencing platforms for transcriptome analysis in plants[J]. Plant Methods, 14: 69.

Zhu J, Jiang F, Wang X, Yang P, Bao Y, Zhao W, Wang W, Lu H, Wang Q, Cui N, Li J, Chen X, Luo L, Yu J, Kang L, Cui F. 2017. Genome sequence of the small brown planthopper, *Laodelphax striatellus*[J]. Gigascience, 6(12): gix109.

Zhu J, Wang W, Li SH, Song SQ, Xie YQ, Tang QY, Osman G, Shi YH, Zhang ZD, Li WJ. 2015b. *Paenibacillus wulumuqiensis* sp. nov. and *Paenibacillus dauci* sp. nov., two novel species of the genus *Paenibacillus*[J]. Arch Microbiol, 197(3): 489-495.

Zhu L, Stryjewski W, Lassiter S, Soper SA. 2003. Fluorescence multiplexing with time-resolved and spectral discrimination using a near-IR detector[J]. Anal Chem, 75(10): 2280-2291.

Zhu QG, Xu Y, Yang Y, Guan CF, Zhang QY, Huang JW, Grierson D, Chen KS, Gong BC, Yin XR. 2019. The persimmon (*Diospyros oleifera* Cheng) genome provides new insights into the inheritance of astringency and ancestral evolution[J]. Hortic Res, 6: 138.

Zhu XQ, Korhonen PK, Cai H, Young ND, Nejsum P, von Samson-Himmelstjerna G, Boag PR, Tan P, Li Q, Min J, Yang Y, Wang X, Fang X, Hall RS, Hofmann A, Sternberg PW, Jex AR, Gasser RB. 2015a. Genetic blueprint of the zoonotic pathogen *Toxocara canis*[J]. Nat Commun, 6: 6145.

Zhuang W, Chen H, Yang M, Wang J, Pandey MK, Zhang C, Chang WC, Zhang L, Zhang X, Tang R, Garg V, Wang X, Tang H, Chow CN, Wang J, Deng Y, Wang D, Khan AW, Yang Q, Cai T, Bajaj P, Wu K, Guo B, Zhang X, Li J, Liang F, Hu J, Liao B, Liu S, Chitikineni A, Yan H, Zheng Y, Shan S, Liu Q, Xie D, Wang Z, Khan SA, Ali N, Zhao C, Li X, Luo Z, Zhang S, Zhuang R, Peng Z, Wang S, Mamadou G, Zhuang Y, Zhao Z, Yu W, Xiong F, Quan W, Yuan M, Li Y, Zou H, Xia H, Zha L, Fan J, Yu J, Xie W, Yuan J, Chen K, Zhao S, Chu W, Chen Y, Sun P, Meng F, Zhuo T, Zhao Y, Li C, He G, Zhao Y, Wang C, Kavikishor PB, Pan RL, Paterson AH, Wang X, Ming R, Varshney RK. 2019. The genome of cultivated peanut provides insight into legume karyotypes, polyploid evolution and crop domestication[J]. Nat Genet, 51(5): 865-876.

Zimin A, Stevens KA, Crepeau MW, Holtz-Morris A, Koriabine M, Marçais G, Puiu D, Roberts M, Wegrzyn

JL, de Jong PJ, Neale DB, Salzberg SL, Yorke JA, Langley CH. 2014. Sequencing and assembly of the 22-gb loblolly pine genome[J]. Genetics, 196(3): 875-890.

Zorio DAR, Monsma S, Sanes DH, Golding NL, Rubel EW, Wang Y. 2019. *De novo* sequencing and initial annotation of the Mongolian gerbil (*Meriones unguiculatus*) genome[J]. Genomics, 111(3): 441-449.

Zou C, Li L, Miki D, Li D, Tang Q, Xiao L, Rajput S, Deng P, Peng L, Jia W, Huang R, Zhang M, Sun Y, Hu J, Fu X, Schnable PS, Chang Y, Li F, Zhang H, Feng B, Zhu X, Liu R, Schnable JC, Zhu JK, Zhang H. 2019. The genome of broomcorn millet[J]. Nat Commun, 10(1): 436.

Zverkov OA, Mikhailov KV, Isaev SV, Rusin LY, Popova OV, Logacheva MD, Penin AA, Moroz LL, Panchin YV, Lyubetsky VA, Aleoshin VV. 2019. Dicyemida and Orthonectida: two stories of body plan simplification[J]. Front Genet, 10: 443.

Zwarycz AS, Nossa CW, Putnam NH, Ryan JF. 2015. Timing and scope of genomic expansion within annelida: evidence from homeoboxes in the genome of the earthworm *Eisenia fetida*[J]. Genome Biol Evol, 8(1): 271-281.

# 附录　芽胞杆菌系统分类纲要

## 第一节　概　　述

### 一、已知的细菌和古菌门

根据原核生物标准命名列表（LPSN）网站的收录信息，现在有 39 个已知的细菌门，它们分别是：偏僻小杆菌门（Abditibacteriota Tahon et al. 2018）、酸杆菌门（Acidobacteria Thrash and Coates 2010）、放线菌门（Actinobacteria Goodfellow 2012）、产水菌门（Aquificae Reysenbach 2001）、装甲菌门（Armatimonadetes Tamaki et al. 2011）、拟杆菌门（Bacteroidetes Krieg et al. 2010）、巴纽尔斯菌门（Balneolaeota Hahnke et al. 2016）、嗜热丝菌门（Caldiserica Mori et al. 2009）、热发菌门（Calditrichaeota Kublanov et al. 2017）、衣原体门（Chlamydiae Garrity and Holt 2001）、绿菌门（Chlorobi Garrity and Holt 2001）、绿弯菌门（Chloroflexi Garrity and Holt 2001）、产金菌门（Chrysiogenetes Garrity and Holt 2001）、粪热杆菌门（Coprothermobacterota Pavan et al. 2018）、蓝细菌门（Cyanobacteria Woese et al. 1985）、脱铁杆菌门（Deferribacteres Garrity and Holt 2001）、异常球菌-热栖菌门（Deinococcus-Thermus Weisburg et al. 1989）、网团菌门（Dictyoglomi Patel 2010）、迷踪菌门（Elusimicrobia Geissinger et al. 2009）、纤维杆菌门（Fibrobacteres Garrity and Holt 2001）、厚壁菌门（Firmicutes corrig. Gibbons and Murray 1978）、梭杆菌门（Fusobacteria Garrity and Holt 2001）、芽单胞菌门（Gemmatimonadetes Zhang et al. 2003）、懒惰小杆菌门（Ignavibacteriae Podosokorskaya et al. 2013）、圣诞岛菌门（Kiritimatiellaeota Spring et al. 2016）、黏胶球形菌门（Lentisphaerae Cho et al. 2004）、海洋微菌门（Marinimicrobia Rinke et al. 2013）、硝化脊菌门（Nitrospinae Lücker et al. 2013）、硝化螺旋菌门（Nitrospirae Garrity and Holt 2001）、浮霉菌门（Planctomycetes Garrity and Holt 2001）、变形菌门（Proteobacteria Garrity et al. 2005）、红热菌门（Rhodothermaeota Munoz et al. 2016）、螺旋体门（Spirochaetes Garrity and Holt 2001）、互养菌门（Synergistetes Jumas-Bilak et al. 2009）、柔膜菌门（Tenericutes Murray 1984）、热脱硫杆菌门（Thermodesulfobacteria Garrity and Holt 2001）、热微菌门（Thermomicrobia Garrity and Holt 2001）、热袍菌门（Thermotogae Reysenbach 2001）和疣微菌门（Verrucomicrobia Hedlund et al. 1997）。3 个已知的古菌门：泉古菌门（Crenarchaeota Garrity and Holt 2001）、广古菌门（Euryarchaeota Garrity and Holt 2001）和奇古菌门（Thaumarchaeota Brochier-Armanet et al. 2008）。

### 二、厚壁菌门

目前，厚壁菌门（Firmicutes corrig. Gibbons and Murray 1978）包括 7 个已建立的纲：

芽胞杆菌纲（Bacilli Ludwig et al. 2010，class. nov.）、梭菌纲（Clostridia Rainey 2010，class. nov.）、丹毒丝菌纲（Erysipelotrichia Ludwig et al. 2010，class. nov.）、湖绳菌纲（Limnochordia Watanabe et al. 2015，class. nov.）、阴壁菌纲（Negativicutes Marchandin et al. 2010，class. nov.）、热石杆菌纲（Thermolithobacteria Sokolova et al. 2007，class. nov.）、蒂氏菌纲（Tissierellia Alauzet et al. 2014，class. nov.）。

## 三、芽胞杆菌纲

芽胞杆菌纲包含 2 个目：芽胞杆菌目（Bacillales Prévot 1953，ordo.）和乳杆菌目（Lactobacillales Ludwig et al. 2010，ord. nov.）。综合 LPSN（http://www.bacterio.net/classifphyla.html#Firmicutes）和美国国家生物技术信息中心（NCBI）（https://www.ncbi.nlm.nih.gov/Taxonomy/Browser/wwwtax.cgi?id=1239）网站中的相关分类信息，芽胞杆菌目包含 9 个已建立的科：①脂环酸芽胞杆菌科（Alicyclobacillaceae da Costa and Rainey 2010，fam. nov.）；②芽胞杆菌科（Bacillaceae Fischer 1895，familia.）；③李斯特菌科（Listeriaceae Ludwig et al. 2010，fam. nov.）；④类芽胞杆菌科（Paenibacillaceae De Vos et al. 2010，fam. nov.）；⑤巴斯德氏柄菌科（Pasteuriaceae Laurent 1890，familia.）；⑥显核菌科（Caryophanaceae Peshkoff 1939，familia.）/动球菌科（Planococcaceae Krasil'nikov 1949，familia.）；⑦芽胞乳杆菌科（Sporolactobacillaceae Ludwig et al. 2010，fam. nov.）；⑧葡萄球菌科（Staphylococcaceae Schleifer and Bell 2010，fam. nov.）；⑨嗜热放线菌科（Thermoactinomycetaceae Matsuo et al. 2006，fam. nov.）。此外，一些属的科未定（unclassified Bacillales）。

刘波等（2015，2016）整理了截至 2014 年 12 月底已报道的芽胞杆菌目中学名带“bacillus”词尾的 5 个科的相关属、种，共计多达 71 属 752 种，并编著了《芽胞杆菌属及其近缘属种名目录》和《芽胞杆菌 第二卷 芽胞杆菌分类学》，详细描述了各属、种的基本特征，为各属、种的学名提供了中文译名。王阶平等（2017）整理了截至 2016 年 12 月底芽胞杆菌目中与形成芽胞（endospore-forming or spore-forming）相关的 7 个科（芽胞杆菌科、脂环酸芽胞杆菌科、类芽胞杆菌科、巴斯德氏柄菌科、动球菌科、芽胞乳杆菌科、嗜热放线菌科）的系统分类学概况。

## 四、芽胞杆菌目

截至 2019 年 12 月底，芽胞杆菌目的 9 个科所包含的属、种数量为：脂环酸芽胞杆菌科至少有 5 属 43 种，所有种类均能形成芽胞；芽胞杆菌科至少有 82 属 726 种，仅有 49 种不能形成芽胞，分布于 20 属，其中有 15 属的所有种类均不能形成芽胞，能形成芽胞的种类超过该科种类的 93%；李斯特菌科包含 2 属 22 种，均不能形成芽胞，只有单核细胞增生李斯特菌和伊氏李斯特菌被证实是人和动物的致病菌；类芽胞杆菌科至少有 16 属 397 种，仅有 3 属 6 种不能形成芽胞；巴斯德氏柄菌科仅有 1 属 4 种，均形成芽胞，营重寄生生活；显核菌科和动球菌科分别于 1939 年和 1949 年建立，早期它们分别隶属于显核菌目和芽胞杆菌目，基于基因组分类学的最新研究表明，两者应该合并为同一个科，根据命名规则，合并后的科的名称为显核菌科或显核菌科/动球菌科，包含 23 属 140 种，能形成芽胞的至少有 12 属 84 种，占该科种类的 60.0%；芽胞乳杆菌科至少有 8 属 24 种，除中华球菌属外，其他属的种类均能形成芽胞；葡萄球菌科至少包含 9 属 104 种，均不形成芽胞，少数种类是人和/或动物病原菌；嗜热放线菌科至少包含 23 属 46 种，除新建芽胞杆菌属外，其他属的种类均能形成芽胞；此外，还有 7 属 36 种在分类地位上不属于芽胞杆菌目已经建立的任何科，其中，有 2 属 3 种能形成芽胞。

因此，芽胞杆菌目至少包含 9 科 176 属 1543 种，能形成芽胞的种类至少包括 7 科 132 属 1270 种，占该目所有种的 82.36%。现就芽胞杆菌目的分类学研究进展论述如下，包括：①芽胞杆菌目各科的全部属、种的中文译名；②能否形成芽胞、氧气需求等信息。

## 第二节　脂环酸芽胞杆菌科分类纲要

脂环酸芽胞杆菌科（Alicyclobacillaceae da Costa and Rainey 2010，fam. nov.）于 2010 年建立，目前，该科至少有 5 属 43 种，所有种类均能形成芽胞。

### 一、脂环酸芽胞杆菌属（*Alicyclobacillus* Wisotzkey et al. 1992，gen. nov.）

脂环酸芽胞杆菌属（*Alicyclobacillus*）于 1992 年建立，目前包含 25 种，大多数种类嗜热、嗜酸，均好氧、产芽胞。

1）*Alicyclobacillus acidiphilus* Matsubara et al. 2002，sp. nov.（嗜酸脂环酸芽胞杆菌），好氧，产芽胞。

2）*Alicyclobacillus acidocaldarius* (Darland and Brock 1971) Wisotzkey et al. 1992，comb. nov.（酸热脂环酸芽胞杆菌），模式种，好氧，产芽胞。

3）*Alicyclobacillus acidoterrestris* (Deinhard et al. 1988) Wisotzkey et al. 1992，comb. nov.（酸土脂环酸芽胞杆菌），好氧，产芽胞。

4）*Alicyclobacillus aeris* Guo et al. 2009，sp. nov.（铜矿脂环酸芽胞杆菌），好氧，产芽胞。

5）*Alicyclobacillus cellulosilyticus* Kusube et al. 2014，sp. nov.（解纤维素脂环酸芽胞杆菌），好氧，产芽胞。

6）*Alicyclobacillus contaminans* Goto et al. 2007，sp. nov.（污染脂环酸芽胞杆菌），好氧，产芽胞。

7）*Alicyclobacillus cycloheptanicus* (Deinhard et al. 1988) Wisotzkey et al. 1992，comb. nov.（环庚基脂环酸芽胞杆菌），好氧，产芽胞。

8）*Alicyclobacillus dauci* Nakano et al. 2015，sp. nov.（胡萝卜脂环酸芽胞杆菌），好氧，产芽胞。

9）*Alicyclobacillus disulfidooxidans* (Dufresne et al. 1996) Karavaiko et al. 2005，comb. nov.（氧化二硫醚脂环酸芽胞杆菌），好氧，产芽胞。

10）*Alicyclobacillus fastidiosus* Goto et al. 2007，sp. nov.（苛求脂环酸芽胞杆菌），好氧，产芽胞。

11）*Alicyclobacillus ferripilum* Mehrotra and Sreekrishnan et al. 2017，sp. nov.（铁矛脂环酸芽胞杆菌），未合格化，好氧，产芽胞。

12）*Alicyclobacillus ferrooxydans* Jiang et al. 2008，sp. nov.（氧化铁脂环酸芽胞杆菌），好氧，产芽胞。

13）*Alicyclobacillus fodiniaquatilis* Zhang et al. 2015，sp. nov.（酸矿水脂环酸芽胞杆菌），好氧，产芽胞。

14）*Alicyclobacillus herbarius* Goto et al. 2002，sp. nov.（草脂环酸芽胞杆菌），好氧，产芽胞。

15）*Alicyclobacillus hesperidum* Albuquerque et al. 2000，sp. nov.（金星脂环酸芽胞杆菌），好氧，产芽胞。

16）*Alicyclobacillus kakegawensis* Goto et al. 2007，sp. nov.（挂川脂环酸芽胞杆菌），好氧，产芽胞。

17）*Alicyclobacillus macrosporangiidus* Goto et al. 2007，sp. nov.（大胞囊脂环酸芽胞杆菌），好氧，产芽胞。

18）*Alicyclobacillus montanus* López et al. 2018，sp. nov.（山脉脂环酸芽胞杆菌），好氧，产芽胞。

19）*Alicyclobacillus pomorum* Goto et al. 2003，sp. nov.（果实脂环酸芽胞杆菌），好氧，产芽胞。

20）*Alicyclobacillus sacchari* Goto et al. 2007，sp. nov.（糖脂环酸芽胞杆菌），好氧，产芽胞。

21）*Alicyclobacillus sendaiensis* Tsuruoka et al. 2003，sp. nov.（仙台脂环酸芽胞杆菌），好氧，产芽胞。

22）*Alicyclobacillus shizuokensis* Goto et al. 2007，sp. nov.（静冈脂环酸芽胞杆菌），好氧，产芽胞。

23）*Alicyclobacillus tengchongensis* Kim et al. 2014，sp. nov.（腾冲脂环酸芽胞杆菌），好氧，产芽胞。

24）*Alicyclobacillus tolerans* Karavaiko et al. 2005，sp. nov.（耐受脂环酸芽胞杆菌），好氧，产芽胞。

25）*Alicyclobacillus vulcanalis* Simbahan et al. 2004，sp. nov.（火神脂环酸芽胞杆菌），好氧，产芽胞。

概念种：*Alicyclobacillus mali*（玛丽脂环酸芽胞杆菌）。

变动：有 2 种被重分类而转移至多变芽胞杆菌属（*Effusibacillus*）。

1）*Alicyclobacillus consociatus* Glaeser et al. 2013，sp. nov.→*Effusibacillus consociatus* (Glaeser et al. 2013) Watanabe et al. 2014，comb. nov.

2）*Alicyclobacillus pohliae* Imperio et al. 2008，sp. nov.→*Effusibacillus pohliae* (Imperio et al. 2008) Watanabe et al. 2014，comb. nov.

## 二、多变芽胞杆菌属（*Effusibacillus* Watanabe et al. 2014，gen. nov.）

多变芽胞杆菌属（*Effusibacillus*）建立于 2014 年，包含 3 种，好氧或兼性厌氧，均产芽胞。

1）*Effusibacillus consociatus* (Glaeser et al. 2013) Watanabe et al. 2014，comb. nov.（血样多变芽胞杆菌），好氧，产芽胞。

2）*Effusibacillus lacus* Glaeser et al. 2013，sp. nov. (湖多变芽胞杆菌)，模式种，兼性厌氧，产芽胞。

3）*Effusibacillus pohliae* (Imperio et al. 2008) Watanabe et al. 2014，comb. nov.（橘色藻多变芽胞杆菌），好氧，产芽胞。

## 三、科鲁比蒂斯氏菌属（*Kyrpidia* Klenk et al. 2011，gen. nov.）

科鲁比蒂斯氏菌属（*Kyrpidia*）建立于 2011 年，包含 2 种，均好氧、产芽胞。

1）*Kyrpidia spormannii* Reiner et al. 2018，sp. nov.（施波尔曼科鲁比蒂斯氏菌），好氧，产芽胞。

2）*Kyrpidia tusciae* (Bonjour and Aragno 1985) Klenk et al. 2012，sp. nov.（托斯卡纳科鲁比蒂斯氏菌），模式种，好氧，产芽胞，由托斯卡纳芽胞杆菌（*Bacillus tusciae*）重分类而来。

## 四、硫化芽胞杆菌属（*Sulfobacillus* Golovacheva and Karavaiko 1991，gen. nov.）

硫化芽胞杆菌属（*Sulfobacillus*）建立于 1991 年，包含 5 种，耐热或嗜热，嗜酸或耐酸，好氧或兼性厌氧，均产芽胞。

1）*Sulfobacillus acidophilus* Norris et al. 1996，sp. nov.（嗜酸硫化芽胞杆菌），好氧，产芽胞。

2）*Sulfobacillus benefaciens* Johnson et al. 2009，sp. nov.（互惠硫化芽胞杆菌），兼性厌氧，产芽胞。

3）*Sulfobacillus sibiricus* Melamud et al. 2006，sp. nov.（西伯利亚硫化芽胞杆菌），兼性厌氧，产芽胞。

4）*Sulfobacillus thermosulfidooxidans* Golovacheva and Karavaiko 1991，sp. nov.（嗜热硫氧化硫化芽胞杆菌），模式种，好氧，产芽胞。

5）*Sulfobacillus thermotolerans* Bogdanova et al. 2006，sp. nov.（耐热硫化芽胞杆菌），好氧，产芽胞。

变动：*Sulfobacillus disulfidooxidans* Dufresne et al. 1996，sp. nov.→*Alicyclobacillus disulfidooxidans* (Dufresne et al. 1996) Karavaiko et al. 2005。

## 五、膨胀芽胞杆菌属（*Tumebacillus* Steven et al. 2008，gen. nov.）

膨胀芽胞杆菌属（*Tumebacillus*）建立于 2008 年，包含 8 种，好氧或兼性厌氧，均产芽胞。

1）*Tumebacillus algifaecis* Wu et al. 2015，sp. nov.（浮藻渣膨胀芽胞杆菌），兼性厌氧，产芽胞。

2）*Tumebacillus avium* Sung et al. 2018，sp. nov.（鸟膨胀芽胞杆菌），兼性厌氧，产芽胞。

3）*Tumebacillus flagellatus* Wang et al. 2013，sp. nov.（鞭毛膨胀芽胞杆菌），好氧，产芽胞。

4）*Tumebacillus ginsengisoli* Baek et al. 2011，sp. nov.（参土膨胀芽胞杆菌），好氧，产芽胞。

5）*Tumebacillus lipolyticus* Prasad et al. 2015，sp. nov.（解脂膨胀芽胞杆菌），好氧，产芽胞。

6）*Tumebacillus luteolus* Her et al. 2015，sp. nov.（黄色膨胀芽胞杆菌），好氧，产芽胞。

7）*Tumebacillus permanentifrigoris* Steven et al. 2008，sp. nov.（霜冻膨胀芽胞杆菌），模式种，好氧，产芽胞。

8）*Tumebacillus soli* Kim and Kim 2016，sp. nov.（土壤膨胀芽胞杆菌），好氧，产芽胞。

# 第三节 芽胞杆菌科分类纲要

芽胞杆菌科（Bacillaceae Fischer 1895，familia.）建立于 1895 年，是芽胞杆菌目中属、种最多的科，目前，该科至少有 82 属 725 种。仅有 49 种（分布于 20 属）不能形成芽胞，其中，以下 15 属的所有种类均不能形成芽胞：艾丁芽胞杆菌属（*Aidingibacillus*）1 种、碱球菌属（*Alkalicoccus*）2 种、燃煤芽胞杆菌属（*Calculibacillus*）1 种、居热土菌属（*Calditerricola*）2 种、盐乳杆菌属（*Halolactibacillus*）3 种、青螺芽胞杆菌属（*Lottiidibacillus*）1 种、海洋球菌属（*Marinococcus*）5 种、微好氧杆菌属（*Microaerobacter*）1 种、海洋杆菌属（*Pelagirhabdus*）2 种、糖球菌属（*Saccharococcus*）1 种、盐小杆菌属（*Salibacterium*）5 种、嗜盐杆菌属（*Salicibibacter*）2 种、盐微菌属（*Salimicrobium*）6 种、链喜盐芽胞杆菌属（*Streptohalobacillus*）1 种和深海杆菌属（*Thalassorhabdus*）1 种。以下 6 属的部分种类不能形成芽胞：芽胞杆菌属（*Bacillus*）8/348（不产芽胞的种类数量/该属的全部种类数量，下同）、房间芽胞杆菌属（*Domibacillus*）1/9、纤细芽胞杆菌属（*Gracilibacillus*）1/21、慢生芽胞杆菌属（*Lentibacillus*）2/19、盐沉积物小杆菌属（*Salisediminibacterium*）2/3 和沉积物芽胞杆菌属（*Sediminibacillus*）1/4。

## 一、好氧芽胞杆菌属（*Aeribacillus* Miñana-Galbis et al. 2010，gen. nov.）

好氧芽胞杆菌属（*Aeribacillus*）建立于 2010 年，包含 2 种，均好氧、产芽胞。

1）*Aeribacillus composti* Finore et al. 2017，sp. nov.（堆肥好氧芽胞杆菌），好氧，产芽胞。

2）*Aeribacillus pallidus* (Scholz et al. 1988) Miñana-Galbis et al. 2010，comb. nov.（苍白好氧芽胞杆菌），模式种，好氧，产芽胞，由 *Geobacillus pallidus* (Scholz et al. 1988) Banat et al. 2004 重分类而来。

## 二、艾丁芽胞杆菌属（*Aidingibacillus* Wang et al. 2018，gen. nov.）

艾丁芽胞杆菌属（*Aidingibacillus*）建立于 2018 年，仅包含 1 种，好氧，不产芽胞。

*Aidingibacillus halophilus* Wang et al. 2018，sp. nov.（嗜盐艾丁芽胞杆菌），好氧，不产芽胞。

## 三、异芽胞杆菌属（*Aliibacillus* Xu et al. 2018，gen. nov.）

异芽胞杆菌属（*Aliibacillus*）建立于 2018 年，仅包含 1 种，微好氧，产芽胞。

*Aliibacillus thermotolerans* Xu et al. 2018，sp. nov.（耐热异芽胞杆菌），模式种，微好氧，产芽胞。

## 四、碱芽胞杆菌属（*Alkalibacillus* Jeon et al. 2005，gen. nov.）

碱芽胞杆菌属（*Alkalibacillus*）建立于 2005 年，包含 7 种，嗜碱和/或嗜盐，均好氧、产芽胞。

1）*Alkalibacillus almallahensis* Perez-Dav et al. 2014，sp. nov.（埃尔玛拉碱芽胞杆菌），好氧，产芽胞。

2）*Alkalibacillus filiformis* Romano et al. 2005，sp. nov.（线状碱芽胞杆菌），好氧，产芽胞。

3）*Alkalibacillus flavidus* Yoon et al. 2010，sp. nov.（淡黄碱芽胞杆菌），好氧，产芽胞。

4）*Alkalibacillus haloalkaliphilus* (Fritze 1996) Jeon et al. 2005，comb. nov.（嗜盐碱碱芽胞杆菌），模式种，好氧，产芽胞，由 *Bacillus haloalkaliphilus* Fritze 1996 重分类而来。

5）*Alkalibacillus halophilus* Tian et al. 2009，sp. nov.（嗜盐碱芽胞杆菌），好氧，产芽胞。

6）*Alkalibacillus salilacus* Jeon et al. 2005，sp. nov.（盐湖碱芽胞杆菌），好氧，产芽胞。

7）*Alkalibacillus silvisoli* Usami et al. 2007，sp. nov.（林地碱芽胞杆菌），好氧，产芽胞。

## 五、碱球菌属（*Alkalicoccus* Zhao et al. 2017，gen. nov.）

碱球菌属（*Alkalicoccus*）建立于 2017 年，包含 2 种，均耐碱、嗜盐、好氧、不产芽胞。

1）*Alkalicoccus halolimnae* Perez-Dav et al. 2014，sp. nov.（盐湖碱球菌），好氧，不产芽胞。

2）*Alkalicoccus saliphilus* (Romano et al. 2005) Zhao et al. 2017，comb. nov.（嗜盐碱球菌），模式种，好氧，不产芽胞，由 *Bacillus saliphilus* Romano et al. 2005 重分类而来。

## 六、别样芽胞杆菌属（***Allobacillus*** **Sheu et al. 2011，gen. nov.**）

别样芽胞杆菌属（*Allobacillus*）建立于 2011 年，仅包含 1 种，好氧、产芽胞。

*Allobacillus halotolerans* Sheu et al. 2011，sp. nov.（耐盐别样芽胞杆菌），好氧，产芽胞。

## 七、交替芽胞杆菌属（***Alteribacillus*** **Didari et al. 2012，gen. nov.**）

交替芽胞杆菌属（*Alteribacillus*）建立于 2012 年，包含 4 种，均嗜盐、好氧、产芽胞。

1）*Alteribacillus alkaliphilus* Azmatunnisa Begum et al. 2016，sp. nov.（嗜碱交替芽胞杆菌），好氧，产芽胞。

2）*Alteribacillus bidgolensis* Didari et al. 2012，sp. nov.（阿巴德盐湖交替芽胞杆菌），模式种，好氧，产芽胞。

3）*Alteribacillus iranensis* (Bagheri et al. 2012) Azmatunnisa Begum et al. 2016，comb. nov.（伊朗交替芽胞杆菌），好氧，产芽胞，由 *Bacillus iranensis* Bagheri et al. 2012 重分类而来。

4）*Alteribacillus persepolensis* (Amoozegar et al. 2009) Didari et al. 2012，comb. nov.（波斯波利斯交替芽胞杆菌），好氧，产芽胞，由 *Bacillus persepolensis* Amoozegar et al. 2009 重分类而来。

## 八、兼性芽胞杆菌属（***Amphibacillus*** **Niimura et al. 1990，gen. nov.**）

兼性芽胞杆菌属（*Amphibacillus*）建立于 1990 年，包含 9 种，兼性厌氧或好氧，均产芽胞。

1）*Amphibacillus cookii* Pugin et al. 2012，sp. nov.（库氏兼性芽胞杆菌），嗜盐碱，兼性好氧，产芽胞。

2）*Amphibacillus haojiensis* Zhao et al. 2004，sp. nov.（好纪湖兼性芽胞杆菌），嗜盐碱，兼性厌氧，产芽胞，未合格化。

3）*Amphibacillus iburiensis* Hirota et al. 2013，sp. nov.（胆振兼性芽胞杆菌），嗜碱，兼性厌氧，产芽胞。

4）*Amphibacillus indicireducens* Hirota et al. 2013，sp. nov.（靛蓝消减兼性芽胞杆菌），

嗜碱，兼性厌氧，产芽胞。

5）*Amphibacillus jilinensis* Wu et al. 2010，sp. nov.（吉林兼性芽胞杆菌），嗜碱，兼性厌氧，产芽胞。

6）*Amphibacillus marinus* Ren et al. 2013，sp. nov.（海洋兼性芽胞杆菌），嗜盐碱，兼性好氧，产芽胞。

7）*Amphibacillus sediminis* An et al. 2007，sp. nov.（沉积物兼性芽胞杆菌），嗜碱，兼性厌氧，产芽胞。

8）*Amphibacillus tropicus* Zhilina et al. 2002，sp. nov.（热带兼性芽胞杆菌），嗜碱，兼性厌氧，产芽胞。

9）*Amphibacillus xylanus* Niimura et al. 1990，sp. nov.（木聚糖兼性芽胞杆菌），模式种，兼性厌氧，产芽胞。

变动：*Amphibacillus fermentum* Zhilina et al. 2002，sp. nov.（发酵兼性芽胞杆菌）→*Pelagirhabdus fermentum* (Zhilina et al. 2001) Sultanpuram et al. 2016，comb. nov.（发酵海洋杆菌），嗜碱，兼性厌氧，产芽胞。

## 九、厌氧芽胞杆菌属（*Anaerobacillus* Zavarzina et al. 2010，gen. nov.）

厌氧芽胞杆菌属（*Anaerobacillus*）建立于 2010 年，包含 6 种，厌氧或兼性厌氧，均产芽胞。

1）*Anaerobacillus alkalidiazotrophicus* (Sorokin et al. 2008) Zavarzina et al. 2010，comb. nov.（嗜碱固氮厌氧芽胞杆菌），厌氧，产芽胞，由 *Bacillus alkalidiazotrophicus* Sorokin et al. 2008 重分类而来。

2）*Anaerobacillus alkalilacustris* corrig. Zavarzina et al. 2010，sp. nov.（碱湖厌氧芽胞杆菌），厌氧，产芽胞。

3）*Anaerobacillus alkaliphilus* Borsodi et al. 2019，sp. nov.（嗜碱厌氧芽胞杆菌），兼性厌氧，产芽胞。

4）*Anaerobacillus arseniciselenatis* (Switzer Blum et al. 2001) Zavarzina et al. 2010，comb. nov.（砷硒厌氧芽胞杆菌），模式种，厌氧，产芽胞，由 *Bacillus arseniciselenatis* Switzer Blum et al. 2001 重分类而来。

5）*Anaerobacillus isosaccharinicus* Bassil and Lloyd 2018，sp. nov.（异糖精酸厌氧芽胞杆菌），厌氧（耐氧），产芽胞。

6）*Anaerobacillus macyae* (Santini et al. 2004) Zavarzina et al. 2010，comb. nov.（马氏厌氧芽胞杆菌），厌氧，产芽胞，由 *Bacillus macyae* Santini et al. 2004 重分类而来。

## 十、无氧芽胞杆菌属（*Anoxybacillus* Pikuta et al. 2000，gen. nov.）

无氧芽胞杆菌属（*Anoxybacillus*）建立于 2000 年，包含 24 种，好氧或兼性厌氧，均嗜热、产芽胞。

1）*Anoxybacillus amylolyticus* Poli et al. 2006，sp. nov.（解淀粉无氧芽胞杆菌），嗜热，好氧，产芽胞。

2）*Anoxybacillus ayderensis* Dulger et al. 2004，sp. nov.（里泽无氧芽胞杆菌），嗜热，兼性厌氧，产芽胞。

3）*Anoxybacillus bogrovensis* Atanassova et al. 2008，sp. nov.（波格洛夫区无氧芽胞杆菌），嗜热，兼性厌氧，产芽胞。

4）*Anoxybacillus caldiproteolyticus* Coorevits et al. 2012，sp. nov.（热解蛋白质无氧芽胞杆菌），嗜热，好氧，产芽胞。

5）*Anoxybacillus calidus* Cihan et al. 2014，sp. nov.（好温无氧芽胞杆菌），嗜热，兼性厌氧，产芽胞。

6）*Anoxybacillus contaminans* De Clerck et al. 2004，sp. nov.（污染无氧芽胞杆菌），嗜热，兼性厌氧，产芽胞。

7）*Anoxybacillus eryuanensis* Zhang et al. 2011，sp. nov.（洱源无氧芽胞杆菌），嗜热，兼性厌氧，产芽胞。

8）*Anoxybacillus flavithermus* Pikuta et al. 2000，sp. nov.（好热黄无氧芽胞杆菌），嗜热，厌氧，产芽胞。

9）*Anoxybacillus geothermalis* Filippidou et al. 2016，sp. nov.（地热无氧芽胞杆菌），嗜热，兼性厌氧，产芽胞。

10）*Anoxybacillus gonensis* Belduz et al. 2003，sp. nov.（格嫩泉无氧芽胞杆菌），嗜热，兼性厌氧，产芽胞。

11）*Anoxybacillus kamchatkensis* Kevbrin et al. 2006，sp. nov.（堪察加无氧芽胞杆菌），嗜热，兼性好氧，产芽胞。

12）*Anoxybacillus kaynarcensis* Inan et al. 2013，sp. nov.（凯纳尔贾无氧芽胞杆菌），嗜热，兼性厌氧，产芽胞。

13）*Anoxybacillus kestanbolensis* Dulger et al. 2004，sp. nov.（凯斯坦波尔泉无氧芽胞杆菌），嗜热，兼性厌氧，产芽胞。

14）*Anoxybacillus mongoliensis* Namsaraev et al. 2011，sp. nov.（蒙古无氧芽胞杆菌），嗜热，兼性厌氧，产芽胞。

15）*Anoxybacillus pushchinoensis* corrig. Pikuta et al. 2000，sp. nov.（普希金无氧芽胞杆菌），模式种，嗜热，厌氧，产芽胞。

16）*Anoxybacillus rupiensis* Derekova et al. 2008，sp. nov.（努比卤地无氧芽胞杆菌），嗜热，严格好氧，产芽胞。

17）*Anoxybacillus salavatliensis* Cihan et al. 2011，sp. nov.（萨拉瓦蒂尼无氧芽胞杆菌），嗜热，兼性厌氧，产芽胞。

18）*Anoxybacillus sediminis* Khan et al. 2018，sp. nov.（沉积物无氧芽胞杆菌），嗜热，好氧，产芽胞。

19）*Anoxybacillus suryakundensis* Deep et al. 2013，sp. nov.（日神池无氧芽胞杆菌），嗜热，兼性厌氧，产芽胞。

20）*Anoxybacillus tengchongensis* Zhang et al. 2011，sp. nov.（腾冲无氧芽胞杆菌），嗜热，兼性厌氧，产芽胞。

21）*Anoxybacillus tepidamans* (Schäffer et al. 2004) Coorevits et al. 2012，comb. nov.（喜微温无氧芽胞杆菌），嗜热，好氧，产芽胞。

22）*Anoxybacillus thermarum* Poli et al. 2011，sp. nov.（温泉无氧芽胞杆菌），嗜热，好氧，产芽胞。

23）*Anoxybacillus vitaminiphilus* Zhang et al. 2013，sp. nov.（嗜维生素无氧芽胞杆菌），嗜热，严格好氧，产芽胞。

24）*Anoxybacillus voinovskiensis* Yumoto et al. 2004，sp. nov.（沃索夫斯基泉无氧芽胞杆菌），嗜热，兼性好氧，产芽胞。

## 十一、中盐芽胞杆菌属（***Aquibacillus*** **Amoozegar et al. 2014，gen. nov.**）

中盐芽胞杆菌属（*Aquibacillus*）建立于 2014 年，包含 5 种，好氧或厌氧，均嗜盐、产芽胞。

1）*Aquibacillus albus* (Zhang et al. 2012) Amoozegar et al. 2014，comb. nov.（白色中盐芽胞杆菌），模式种，嗜盐，好氧，产芽胞，由 *Virgibacillus albus* Zhang et al. 2012 重分类而来。

2）*Aquibacillus halophilus* Amoozegar et al. 2014，sp. nov.（喜盐中盐芽胞杆菌），嗜盐，好氧，产芽胞。

3）*Aquibacillus koreensis* (Lee et al. 2006) Amoozegar et al. 2014，comb. nov.（韩国中盐芽胞杆菌），嗜盐，厌氧，产芽胞，由 *Virgibacillus koreensis* Lee et al. 2006 重分类而来。

4）*Aquibacillus salifodinae* Zhang et al. 2015，sp. nov.（盐矿中盐芽胞杆菌），嗜盐，好氧，产芽胞。

5）*Aquibacillus sediminis* Lee and Whang 2019，sp. nov.（沉积物中盐芽胞杆菌），嗜盐，好氧，产芽胞。

## 十二、居盐水芽胞杆菌属（***Aquisalibacillus*** **Márquez et al. 2008，gen. nov.**）

居盐水芽胞杆菌属（*Aquisalibacillus*）建立于 2008 年，仅有 1 种，好氧，嗜盐，产芽胞。

*Aquisalibacillus elongatus* Márquez et al. 2008，sp. nov.（延伸居盐水芽胞杆菌），嗜盐，好氧，产芽胞。

## 十三、金色芽胞杆菌属（***Aureibacillus*** **Liu et al. 2015，gen. nov.**）

金色芽胞杆菌属（*Aureibacillus*）建立于 2015 年，仅有 1 种，严格好氧，产芽胞。

*Aureibacillus halotolerans* Liu et al. 2015，sp. nov.（耐盐金色芽胞杆菌），模式种。

## 十四、芽胞杆菌属（*Bacillus* Cohn 1872，genus.）

芽胞杆菌属（*Bacillus*）建立于 1872 年，包括 347 种，大多数好氧或兼性厌氧，少数厌氧，绝大多数种类产芽胞。

1）*Bacillus abyssalis* You et al. 2013，sp. nov.（深海芽胞杆菌），好氧，产芽胞。

2）*Bacillus acanthi* Ma et al. 2018，sp. nov.（老鼠簕芽胞杆菌），好氧，产芽胞。

3）*Bacillus acidiceler* Peak et al. 2007，sp. nov.（酸快生芽胞杆菌），厌氧，产芽胞。

4）*Bacillus acidicola* Albert et al. 2005，sp. nov.（酸居芽胞杆菌），嗜酸，好氧，产芽胞。

5）*Bacillus acidinfaciens* Sun et al. 2019，sp. nov.（不产酸芽胞杆菌），好氧，产芽胞。

6）*Bacillus acidiproducens* Jung et al. 2009，sp. nov.（产酸芽胞杆菌），乳酸菌，兼性厌氧，产芽胞。

7）*Bacillus aciditolerans* Ding et al. 2019，sp. nov.（耐酸芽胞杆菌），好氧，产芽胞。

8）*Bacillus aeolius* Gugliandolo et al. 2003，sp. nov.（伊奥利亚岛芽胞杆菌），嗜热、嗜盐，好氧，产芽胞。

9）*Bacillus aequororis* Singh et al. 2014，sp. nov.（科摩林角芽胞杆菌），未合格化，好氧，产芽胞。

10）*Bacillus aerius* Shivaji et al. 2006，sp. nov.（空气芽胞杆菌），耐盐，好氧，产芽胞。

11）*Bacillus aerolacticus* Rampai 2015，sp. nov.（嗜气产乳酸芽胞杆菌），未合格化，乳酸菌，好氧，产芽胞。

12）*Bacillus aerophilus* Shivaji et al. 2006，sp. nov.（嗜气芽胞杆菌），耐盐，好氧，产芽胞。

13）*Bacillus aidingensis* Xue et al. 2008，sp. nov.（艾丁湖芽胞杆菌），嗜盐，好氧，产芽胞。

14）*Bacillus akibai* Nogi et al. 2005，sp. nov.（秋叶氏芽胞杆菌），嗜碱，好氧，产芽胞。

15）*Bacillus albus* Liu et al. 2017，sp. nov.（白色芽胞杆菌），兼性厌氧，产芽胞。

16）*Bacillus alcaliphilum* Sultanpuram et al. 2017，sp. nov.（喜碱芽胞杆菌），未合格化，嗜碱，兼性厌氧，产芽胞。

17）*Bacillus alcalophilus* Vedder 1934，species.（嗜碱芽胞杆菌），嗜碱，兼性厌氧，产芽胞。

18）*Bacillus algicola* Ivanova et al. 2004，sp. nov.（藻居芽胞杆菌），丝状生长，好氧，产芽胞。

19）*Bacillus alkalicola* Zhai et al. 2014，sp. nov.（碱居芽胞杆菌），未合格化，嗜碱，兼性厌氧，产芽胞。

20）*Bacillus alkalilacus* Singh et al. 2018，sp. nov.（碱湖芽胞杆菌），耐碱，好氧，

产芽胞。

21）*Bacillus alkalinitrilicus* Sorokin et al. 2009，sp. nov.（碱性解腈芽胞杆菌），嗜碱，好氧，产芽胞。

22）*Bacillus alkalisediminis* Borsodi et al. 2011，sp. nov.（碱性沉积芽胞杆菌），嗜碱、嗜盐，好氧，产芽胞。

23）*Bacillus alkalisoli* Liu et al. 2019，sp. nov.（碱土芽胞杆菌），嗜碱，兼性厌氧，产芽胞。

24）*Bacillus alkalitelluris* Lee et al. 2008，sp. nov.（碱土芽胞杆菌），嗜碱，兼性厌氧，产芽胞。

25）*Bacillus alkalitolerans* Liu et al. 2018，sp. nov.（耐碱芽胞杆菌），耐碱，好氧，产芽胞。

26）*Bacillus altitudinis* Shivaji et al. 2006，sp. nov.（高地芽胞杆菌），耐盐，好氧，产芽胞。

27）*Bacillus alveayuensis* Bae et al. 2005，sp. nov.（香鱼海槽芽胞杆菌），嗜热，好氧，产芽胞。

28）*Bacillus amyloliquefaciens* (ex Fukumoto 1943) Priest et al. 1987，sp. nov.，nom. rev.（解淀粉芽胞杆菌），好氧，产芽胞。

29）*Bacillus andreesenii* Kosowski et al. 2014，sp. nov.（安氏芽胞杆菌），嗜热，好氧，产芽胞。

30）*Bacillus andreraoultii* Traore et al. 2015，sp. nov.（安德烈拉拉乌尔芽胞杆菌），未合格化，好氧，产芽胞。

31）*Bacillus anthracis* Cohn 1872，species.（炭疽芽胞杆菌），致病菌，兼性厌氧，产芽胞。

32）*Bacillus antri* Rao et al. 2019，sp. nov.（洞穴土芽胞杆菌），好氧，产芽胞。

33）*Bacillus aquimaris* Yoon et al. 2003，sp. nov.（海水芽胞杆菌），嗜盐，好氧，产芽胞。

34）*Bacillus aryabhattai* Shivaji et al. 2009，sp. nov.（阿氏芽胞杆菌），好氧，产芽胞。

35）*Bacillus asahii* Yumoto et al. 2004，sp. nov.（朝日芽胞杆菌），能除臭，好氧，产芽胞。

36）*Bacillus atrophaeus* Nakamura 1989，sp. nov.（深褐芽胞杆菌），好氧，产芽胞。

37）*Bacillus aurantiacus* Borsodi et al. 2008，sp. nov.（金橙色芽胞杆菌），嗜碱、嗜盐，好氧，产芽胞。

38）*Bacillus australimaris* Liu et al. 2016，sp. nov.（南海芽胞杆菌），好氧，产芽胞。

39）*Bacillus axarquiensis* Ruiz-García et al. 2005，sp. nov.（阿萨尔基亚芽胞杆菌），耐盐，好氧，产芽胞。

40）*Bacillus azotoformans* (ex Pichinoty et al. 1976) Pichinoty et al. 1983，sp. nov.，nom. rev.（产氮芽胞杆菌），好氧，产芽胞。

41）*Bacillus baekryungensis* Yoon et al. 2004，sp. nov.（白阳岛芽胞杆菌），未合格化，

好氧，产芽胞。

42）*Bacillus bataviensis* Heyrman et al. 2004，sp. nov.（巴达维亚芽胞杆菌），兼性厌氧，产芽胞。

43）*Bacillus benzoevorans* Pichinoty et al. 1987，sp. nov.（食苯芽胞杆菌），好氧，产芽胞。

44）*Bacillus beringensis* Yu et al. 2012，sp. nov.（白令海芽胞杆菌），耐冷，好氧，产芽胞。

45）*Bacillus berkeleyi* Nedashkovskaya et al. 2012，sp. nov.（伯氏芽胞杆菌），好氧，产芽胞。

46）*Bacillus beveridgei* Baesman et al. 2010，sp. nov.（贝氏芽胞杆菌），嗜盐、嗜碱，兼性厌氧，产芽胞。

47）*Bacillus bingmayongensis* Liu et al. 2014，sp. nov.（兵马俑芽胞杆菌），兼性好氧，产芽胞。

48）*Bacillus bogoriensis* Vargas et al. 2005，sp. nov.（博戈里亚芽胞杆菌），嗜碱、耐盐，好氧，产芽胞。

49）*Bacillus borbori* Wang et al. 2014，sp. nov.（活性污泥芽胞杆菌），嗜热，兼性厌氧，产芽胞。

50）*Bacillus boroniphilus* Ahmed et al. 2007，sp. nov.（嗜硼芽胞杆菌），好氧，产芽胞。

51）*Bacillus butanolivorans* Kuisiene et al. 2008，sp. nov.（食丁醇芽胞杆菌），好氧，产芽胞。

52）*Bacillus cabrialesii* de Los Santos Villalobos et al. 2019，sp. nov.（卡氏芽胞杆菌），小麦内生菌，好氧，产芽胞。

53）*Bacillus caccae* Pham et al. 2017，sp. nov.（粪便芽胞杆菌），未合格化，兼性厌氧，产芽胞。

54）*Bacillus camelliae* Niu et al. 2018，sp. nov.（茶叶芽胞杆菌），好氧，产芽胞。

55）*Bacillus campisalis* Kumar et al. 2015，sp. nov.（晒盐场芽胞杆菌），耐盐，好氧，产芽胞。

56）*Bacillus canaveralius* Newcombe et al. 2009，sp. nov.（卡纳维拉尔角芽胞杆菌），耐碱，好氧，产芽胞。

57）*Bacillus capparidis* Wang et al. 2017，sp. nov.（刺山柑芽胞杆菌），好氧，产芽胞。

58）*Bacillus carboniphilus* Fujita et al. 1996，sp. nov.（嗜碳芽胞杆菌），好氧，产芽胞。

59）*Bacillus caseinilyticus* Vishnuvardhan Reddy et al. 2015，sp. nov.（解酪蛋白芽胞杆菌），耐碱、耐热，兼性厌氧，产芽胞。

60）*Bacillus catenulatus* Sultanpuram et al. 2018，sp. nov.（小链芽胞杆菌），耐碱，好氧，产芽胞。

61）*Bacillus cavernae* Feng et al. 2015，sp. nov.（洞穴芽胞杆菌），好氧，产芽胞。

62）*Bacillus cecembensis* Reddy et al. 2008，sp. nov.（科研中心芽胞杆菌），好氧，产芽胞。

63）*Bacillus cellulasensis* Mawlankar et al. 2016，sp. nov.（纤维素芽胞杆菌），未合格化，好氧，产芽胞。

64）*Bacillus cellulosilyticus* Nogi et al. 2005，sp. nov.（解纤维素芽胞杆菌），嗜碱，好氧，产芽胞。

65）*Bacillus cereus* Frankland and Frankland 1887，species.（蜡样芽胞杆菌），兼性厌氧，产芽胞。

66）*Bacillus chagannorensis* Carrasco et al. 2007，sp. nov.（恰甘诺湖芽胞杆菌），嗜盐，兼性厌氧，产芽胞。

67）*Bacillus cheonanensis* Kim et al. 2014 sp. nov.（天安芽胞杆菌），未合格化，好氧，产芽胞。

68）*Bacillus chungangensis* Cho et al. 2010，sp. nov.（中央芽胞杆菌），嗜盐，好氧，产芽胞。

69）*Bacillus ciccensis* Liu et al. 2017，sp. nov.（中工微保芽胞杆菌），好氧，产芽胞。

70）*Bacillus cihuensis* Liu et al. 2014 sp. nov.（慈湖芽胞杆菌），耐盐，好氧，产芽胞。

71）*Bacillus circulans* Jordan 1890，species.（环状芽胞杆菌），好氧，产芽胞。

72）*Bacillus clarkii* Nielsen et al. 1995，sp. nov.（克氏芽胞杆菌），好氧，产芽胞。

73）*Bacillus clausii* Nielsen et al. 1995，sp. nov.（克劳氏芽胞杆菌），好氧，产芽胞。

74）*Bacillus coagulans* Hammer 1915，species.（凝结芽胞杆菌），乳酸菌，好氧，产芽胞。

75）*Bacillus coahuilensis* Cerritos et al. 2008，sp. nov.（考卉纳芽胞杆菌），嗜盐，好氧，产芽胞。

76）*Bacillus cohnii* Spanka and Fritze 1993，sp. nov.（科恩芽胞杆菌），嗜碱，好氧，产芽胞。

77）*Bacillus composti* Yang et al. 2013，sp. nov.（堆肥芽胞杆菌），嗜热，兼性厌氧，产芽胞。

78）*Bacillus coreaensis* Chi et al. 2015，sp. nov.（大韩芽胞杆菌），未合格化，好氧，产芽胞。

79）*Bacillus crassostreae* Chen et al. 2015，sp. nov.（香港牡蛎芽胞杆菌），耐盐，兼性厌氧，产芽胞。

80）*Bacillus crescens* Shivani et al. 2015，sp. nov.（新月芽胞杆菌），好氧，产芽胞。

81）*Bacillus cucumis* Kämpfer et al. 2016，sp. nov.（黄瓜芽胞杆菌），兼性厌氧，产芽胞。

82）*Bacillus cytotoxicus* Guinebretière et al. 2013，sp. nov.（细胞毒素芽胞杆菌），耐热，好氧，产芽胞。

83）*Bacillus dabaoshanensis* Cui et al. 2015，sp. nov.（大宝山芽胞杆菌），未合格化，兼性厌氧，产芽胞。

84）*Bacillus dakarensis* Senghor et al. 2017，sp. nov.（达喀尔芽胞杆菌），未合格化，好氧，产芽胞。

85）*Bacillus daliensis* Zhai et al. 2012，sp. nov.（达里湖芽胞杆菌），嗜碱，兼性厌氧，产芽胞。

86）*Bacillus daqingensis* Wang et al. 2014，sp. nov.（大庆芽胞杆菌），未合格化，嗜碱、嗜盐，好氧，产芽胞。

87）*Bacillus decisifrondis* Zhang et al. 2007，sp. nov.（腐叶芽胞杆菌），好氧，产芽胞。

88）*Bacillus decolorationis* Heyrman et al. 2003，sp. nov.（脱色芽胞杆菌），好氧，产芽胞。

89）*Bacillus depressus* Wei et al. 2016，sp. nov.（平扁芽胞杆菌），好氧，产芽胞。

90）*Bacillus deserti* Zhang et al. 2012，sp. nov.（沙漠芽胞杆菌），好氧，产芽胞。

91）*Bacillus dielmoensis* Lo et al. 2015，sp. nov.（迪埃尔莫芽胞杆菌），未合格化，好氧，不产芽胞。

92）*Bacillus drentensis* Heyrman et al. 2004，sp. nov.（钻特省芽胞杆菌），兼性厌氧，产芽胞。

93）*Bacillus ectoiniformans* Zhu et al. 2015，sp. nov.（产四氢嘧啶芽胞杆菌），耐盐，好氧，产芽胞。

94）*Bacillus eiseniae* Hong et al. 2012，sp. nov.（蚯蚓芽胞杆菌），耐盐，兼性厌氧，产芽胞。

95）*Bacillus enclensis* Dastager et al. 2014，sp. nov.（国化室芽胞杆菌），好氧，产芽胞。

96）*Bacillus endolithicus* Parag et al. 2015，sp. nov.（石内生芽胞杆菌），兼性厌氧，产芽胞。

97）*Bacillus endophyticus* Reva et al. 2002，sp. nov.（内生芽胞杆菌），棉花内生菌，好氧，产芽胞。

98）*Bacillus endoradicis* Zhang et al. 2012，sp. nov.（根内芽胞杆菌），大豆内生菌，好氧，产芽胞。

99）*Bacillus endozanthoxylicus* Ma et al. 2017，sp. nov.（花椒内生芽胞杆菌），好氧，不产芽胞。

100）*Bacillus farraginis* Scheldeman et al. 2004，sp. nov.（混料芽胞杆菌），好氧，产芽胞。

101）*Bacillus fastidiosus* den Dooren de Jong 1929，species.（苛求芽胞杆菌），好氧，产芽胞。

102）*Bacillus fengqiuensis* Zhao et al. 2014，sp. nov.（封丘芽胞杆菌），嗜碱，好氧，产芽胞。

103）*Bacillus fermenti* Hirota et al. 2018，sp. nov.（发酵芽胞杆菌），嗜碱，兼性厌氧，产芽胞。

104）*Bacillus ferrooxidans* Zhou et al. 2018，sp. nov.（铁氧化芽胞杆菌），未合格化，兼性厌氧，产芽胞。

105）*Bacillus filamentosus* Sonalkar et al. 2015，sp. nov.（丝状芽胞杆菌），好氧，产芽胞。

106）*Bacillus firmus* Bredemann and Werner 1933，species.（坚强芽胞杆菌），好氧，产芽胞。

107）*Bacillus flavocaldarius* Suzuki et al. 1991，sp. nov.（黄热芽胞杆菌），未合格化，好氧，产芽胞。

108）*Bacillus flexus* (ex Batchelor 1919) Priest et al. 1989，sp. nov.，nom. rev.（弯曲芽胞杆菌），好氧，产芽胞。

109）*Bacillus foraminis* Tiago et al. 2006，sp. nov.（小孔芽胞杆菌），好氧，不产芽胞。

110）*Bacillus fordii* Scheldeman et al. 2004，sp. nov.（福氏芽胞杆菌），好氧，产芽胞。

111）*Bacillus formosensis* Lin et al. 2015，sp. nov.（福尔摩沙芽胞杆菌），好氧，产芽胞。

112）*Bacillus fortis* Scheldeman et al. 2004，sp. nov.（强壮芽胞杆菌），好氧，产芽胞。

113）*Bacillus fumarioli* Logan et al. 2000，sp. nov.（喷气孔芽胞杆菌），好氧，产芽胞。

114）*Bacillus funiculus* Ajithkumar et al. 2002，sp. nov.（绳索状芽胞杆菌），丝状生长，好氧，产芽胞。

115）*Bacillus gaemokensis* Jung et al. 2010，sp. nov.（狗木芽胞杆菌），未合格化，兼性厌氧，产芽胞。

116）*Bacillus galactosidilyticus* Heyndrickx et al. 2004，sp. nov.（解半乳糖苷芽胞杆菌），好氧，产芽胞。

117）*Bacillus galliciensis* Balcázar et al. 2010，sp. nov.（加利西亚芽胞杆菌），好氧，产芽胞。

118）*Bacillus gibsonii* Nielsen et al. 1995，sp. nov.（吉氏芽胞杆菌），好氧，产芽胞。

119）*Bacillus ginsengihumi* Ten et al. 2007，sp. nov.（人参土芽胞杆菌），好氧，产芽胞。

120）*Bacillus ginsengisoli* Nguyen et al. 2013，sp. nov.（人参地芽胞杆菌），好氧，产芽胞。

121）*Bacillus glennii* Seuylemezian et al. 2019，sp. nov.（格伦氏芽胞杆菌），好氧，产芽胞。

122）*Bacillus glycinifermentans* Kim et al. 2015，sp. nov.（大豆发酵芽胞杆菌），耐盐，好氧，产芽胞。

123）*Bacillus gobiensis* Liu et al. 2016，sp. nov.（戈壁芽胞杆菌），好氧，产芽胞。

124）*Bacillus gossypii* Kampfer et al. 2015，sp. nov.（陆地棉芽胞杆菌），兼性厌氧，产芽胞。

125）*Bacillus gottheilii* Seiler et al. 2013，sp. nov.（戈氏芽胞杆菌），好氧，产芽胞。

126）*Bacillus graminis* Bibi et al. 2011，sp. nov.（草坪芽胞杆菌），兼性厌氧，产芽胞。

127）*Bacillus haikouensis* Li et al. 2014，sp. nov.（海口芽胞杆菌），耐盐，兼性厌氧，产芽胞。

128）*Bacillus halmapalus* Nielsen et al. 1995，sp. nov.（盐敏芽胞杆菌），好氧，产芽胞。

129）*Bacillus halodurans* (ex Boyer 1973) Nielsen et al. 1995，nom. rev.，comb. nov.（耐盐芽胞杆菌），好氧，产芽胞。

130）*Bacillus halosaccharovorans* Mehrshad et al. 2013，sp. nov.（嗜盐噬糖芽胞杆菌），好氧，产芽胞。

131）*Bacillus halotolerans* Tindall 2017，comb. nov.（忍盐芽胞杆菌），好氧，产芽胞。

132）*Bacillus haynesii* Dunlap et al. 2017，sp. nov.（海恩斯氏芽胞杆菌），兼性厌氧，产芽胞。

133）*Bacillus hemicellulosilyticus* Nogi et al. 2005，sp. nov.（解半纤维素芽胞杆菌），嗜碱，好氧，产芽胞。

134）*Bacillus hemicentroti* Chen et al. 2011，sp. nov.（海胆芽胞杆菌），嗜盐、嗜碱，兼性厌氧，产芽胞。

135）*Bacillus herbersteinensis* Wieser et al. 2005，sp. nov.（黑布施泰因芽胞杆菌），好氧，产芽胞。

136）*Bacillus hisashii* Nishida et al. 2015，sp. nov.（外村尚芽胞杆菌），嗜热，兼性厌氧，产芽胞。

137）*Bacillus horikoshii* Nielsen et al. 1995，sp. nov.（堀越氏芽胞杆菌），好氧，产芽胞。

138）*Bacillus horneckiae* Vaishampayan et al. 2010，sp. nov.（霍氏芽胞杆菌），好氧，产芽胞。

139）*Bacillus horti* Yumoto et al. 1998，sp. nov.（花园芽胞杆菌），嗜碱，好氧，产芽胞。

140）*Bacillus huizhouensis* Li et al. 2014，sp. nov.（惠州芽胞杆菌），兼性好氧，产芽胞。

141）*Bacillus humi* Heyrman et al. 2005，sp. nov.（土地芽胞杆菌），好氧，产芽胞。

142）*Bacillus hunanensis* Chen et al. 2011，sp. nov.（湖南芽胞杆菌），嗜盐，好氧，产芽胞。

143）*Bacillus hwajinpoensis* Yoon et al. 2004，sp. nov.（花津滩芽胞杆菌），嗜盐，好氧，产芽胞。

144）*Bacillus idriensis* Ko et al. 2006，sp. nov.（病研所芽胞杆菌），好氧，产芽胞。

145）*Bacillus indicus* Suresh et al. 2004，sp. nov.（印度芽胞杆菌），好氧，产芽胞。

146）*Bacillus infantis* Ko et al. 2006，sp. nov.（婴儿芽胞杆菌），好氧，产芽胞。

147）*Bacillus infernus* Boone et al. 1995，sp. nov.（深层芽胞杆菌），厌氧，产芽胞。

148）*Bacillus intestinalis* Tetz and Tetz 2017，sp. nov.（肠道芽胞杆菌），未合格化，好氧，产芽胞。

149）*Bacillus iocasae* Wang et al. 2017，sp. nov.（海洋所芽胞杆菌），耐盐，好氧，产芽胞。

150）*Bacillus isabeliae* Albuquerque et al. 2008，sp. nov.（伊氏芽胞杆菌），嗜盐，好氧，产芽胞。

151）*Bacillus jeddahensis* Bittar et al. 2017，sp. nov.（吉达芽胞杆菌），好氧，产芽胞。

152）*Bacillus jeotgali* Yoon et al. 2001，sp. nov.（咸海鲜芽胞杆菌），好氧，产芽胞。

153）*Bacillus kexueae* Sun et al. 2018，sp. nov.（科学号芽胞杆菌），好氧，产芽胞。

154）*Bacillus kiskunsagensis* Borsodi et al. 2017，sp. nov.（小昆沙芽胞杆菌），嗜碱、嗜盐，兼性厌氧，产芽胞。

155）*Bacillus kochii* Seiler et al. 2012，sp. nov.（柯赫芽胞杆菌），好氧，产芽胞。

156）*Bacillus kokeshiiformis* Poudel et al. 2014，sp. nov.（小木偶芽胞杆菌），耐热，兼性厌氧，产芽胞。

157）*Bacillus koreensis* Lim et al. 2006，sp. nov.（韩国芽胞杆菌），好氧，产芽胞。

158）*Bacillus korlensis* Zhang et al. 2009，sp. nov.（库尔勒芽胞杆菌），耐盐，好氧，产芽胞。

159）*Bacillus kribbensis* Lim et al. 2007，sp. nov.（韩研所芽胞杆菌），好氧，产芽胞。

160）*Bacillus krulwichiae* Yumoto et al. 2003，sp. nov.（克鲁氏芽胞杆菌），耐盐、嗜碱，兼性厌氧，产芽胞。

161）*Bacillus kwashiorkori* Seck et al. 2018，sp. nov.（红孩症芽胞杆菌），未合格化，兼性厌氧，产芽胞。

162）*Bacillus kyonggiensis* Dong and Lee 2011，sp. nov.（京畿芽胞杆菌），未合格化，兼性厌氧，产芽胞。

163）*Bacillus lacisalsi* Dong et al. 2019，sp. nov.（盐湖芽胞杆菌），嗜盐、嗜碱，好氧，产芽胞。

164）*Bacillus lacus* Singh et al. 2018，sp. nov.（湖芽胞杆菌），嗜碱，好氧，产芽胞。

165）*Bacillus lehensis* Ghosh et al. 2007，sp. nov.（列城芽胞杆菌），耐碱，好氧，产芽胞。

166）*Bacillus lentus* Gibson 1935，species.（迟缓芽胞杆菌），好氧，产芽胞。

167）*Bacillus licheniformis* (Weigmann 1898) Chester 1901，species.（地衣芽胞杆菌），好氧，产芽胞。

168）*Bacillus ligniniphilus* Zhu et al. 2014，sp. nov.（嗜木质素芽胞杆菌），嗜碱、耐盐，好氧，产芽胞。

169）*Bacillus lindianensis* Dou et al. 2016，sp. nov.（林甸芽胞杆菌），嗜碱、耐盐，好氧，产芽胞。

170）*Bacillus litoralis* Yoon and Oh 2005，sp. nov.（岸滨芽胞杆菌），嗜盐，好氧，

产芽胞。

171）*Bacillus loiseleuriae* et al. 2016，sp. nov.（高山杜鹃芽胞杆菌），好氧，产芽胞。

172）*Bacillus lonarensis* Reddy et al. 2015，sp. nov.（洛纳尔芽胞杆菌），耐碱，兼性厌氧，产芽胞。

173）*Bacillus luciferensis* Logan et al. 2002，sp. nov.（路西法芽胞杆菌），好氧，产芽胞。

174）*Bacillus luteolus* Shi et al. 2011，sp. nov.（浅橘色芽胞杆菌），耐盐，好氧，产芽胞。

175）*Bacillus luteus* Subhash et al. 2014，sp. nov.（藤黄芽胞杆菌），好氧，产芽胞。

176）*Bacillus luti* Liu et al. 2017，sp. nov.（泥芽胞杆菌），兼性厌氧，产芽胞。

177）*Bacillus lycopersici* Lin et al. 2015，sp. nov.（圣女果芽胞杆菌），好氧，产芽胞。

178）*Bacillus malikii* Abbas et al. 2016，sp. nov.（马利克氏芽胞杆菌），好氧，产芽胞。

179）*Bacillus mangrovi* Gupta et al. 2017，sp. nov.（红树林芽胞杆菌），耐碱，兼性厌氧，产芽胞。

180）*Bacillus manliponensis* Jung et al. 2011，sp. nov.（万里浦芽胞杆菌），兼性厌氧，产芽胞。

181）*Bacillus mannanilyticus* Nogi et al. 2005，sp. nov.（解甘露聚糖芽胞杆菌），嗜碱，好氧，产芽胞。

182）*Bacillus manusensis* Sun et al. 2018，sp. nov.（马努斯海盆芽胞杆菌），好氧，产芽胞。

183）*Bacillus marasmi* Pham et al. 2017，sp. nov.（消瘦症芽胞杆菌），未合格化，好氧，产芽胞。

184）*Bacillus marcorestinctum* Han et al. 2010，sp. nov.（抑腐芽胞杆菌），未合格化，兼性厌氧，产芽胞。

185）*Bacillus marinisedimentorum* Guo et al. 2018，sp. nov.（海沉积芽胞杆菌），兼性厌氧，产芽胞。

186）*Bacillus marisflavi* Yoon et al. 2003，sp. nov.（黄海芽胞杆菌），嗜盐，好氧，产芽胞。

187）*Bacillus maritimus* Pal et al. 2017，sp. nov.（海沉积物芽胞杆菌），耐盐，好氧，产芽胞。

188）*Bacillus marmarensis* Denizci et al. 2010，sp. nov.（马尔马拉芽胞杆菌），嗜碱，好氧，产芽胞。

189）*Bacillus massilioalgeriensis* Bendjama et al. 2014，sp. nov.（马赛阿尔及利亚芽胞杆菌），未合格化，兼性厌氧，产芽胞。

190）*Bacillus massilioanorexius* Mishra et al. 2013，sp. nov.（马赛厌食芽胞杆菌），未合格化，好氧，产芽胞。

191）*Bacillus massiliogabonensis* Mourembou et al. 2016，sp. nov.（马赛加蓬芽胞杆菌），未合格化，好氧，产芽胞。

192）*Bacillus massiliglaciei* Cadoret et al. 2017，sp. nov.（马赛冰层芽胞杆菌），未合格化，兼性厌氧，产芽胞。

193）*Bacillus massiliogorillae* Keita et al. 2013，sp. nov.（马赛大猩猩芽胞杆菌），未合格化，兼性厌氧，产芽胞。

194）*Bacillus massiliosenegalensis* Ramasamy et al. 2016，sp. nov.（马赛塞内加尔芽胞杆菌），兼性厌氧，产芽胞。

195）*Bacillus mediterraneensis* Cadoret et al. 2017，sp. nov.（地中海芽胞杆菌），未合格化，兼性厌氧，产芽胞。

196）*Bacillus megaterium* de Bary 1884，species.（巨大芽胞杆菌），好氧，产芽胞。

197）*Bacillus mesonae* Liu et al. 2014，sp. nov.（仙草芽胞杆菌），好氧，产芽胞。

198）*Bacillus mesophilum* Manickam et al. 2014，sp. nov.（喜中温芽胞杆菌），兼性厌氧，产芽胞。

199）*Bacillus mesophilus* Zhou et al. 2017，sp. nov.（嗜中温芽胞杆菌），好氧，产芽胞。

200）*Bacillus methanolicus* Arfman et al. 1992，sp. nov.（甲醇芽胞杆菌），好氧，产芽胞。

201）*Bacillus miscanthi* Shin et al. 2019，sp. nov.（芒草芽胞杆菌），嗜碱，好氧，产芽胞。

202）*Bacillus mobilis* Liu et al. 2017，sp. nov.（运动芽胞杆菌），兼性厌氧，产芽胞。

203）*Bacillus mojavensis* Roberts et al. 1994，sp. nov.（莫哈维沙漠芽胞杆菌），好氧，产芽胞。

204）*Bacillus muralis* Heyrman et al. 2005，sp. nov.（壁芽胞杆菌），好氧，产芽胞。

205）*Bacillus murimartini* Borchert et al. 2007，sp. nov.（马丁教堂芽胞杆菌），耐碱、耐盐，好氧，产芽胞。

206）*Bacillus mycoides* Flügge 1886，species.（蕈状芽胞杆菌），好氧，产芽胞。

207）*Bacillus nakamurai* Dunlap et al. 2016，sp. nov.（中村氏芽胞杆菌），好氧，产芽胞。

208）*Bacillus nanhaiisediminis* Zhang et al. 2011，sp. nov.（南海沉积芽胞杆菌），耐碱，好氧，产芽胞。

209）*Bacillus naphthovorans* Zhuang et al. 2002，sp. nov.（食萘芽胞杆菌），未合格化，好氧，产芽胞。

210）*Bacillus natronophilus* Menes et al. 2019，sp. nov.（嗜苏打芽胞杆菌），嗜碱、嗜盐，好氧，产芽胞。

211）*Bacillus ndiopicus* Lo et al. 2017，sp. nov.（迪奥普芽胞杆菌），好氧，产芽胞。

212）*Bacillus nealsonii* Venkateswaran et al. 2003，sp. nov.（尼氏芽胞杆菌），兼性厌氧，产芽胞。

213）*Bacillus nematocida* Huang et al. 2005，sp. nov.（杀线虫芽胞杆菌），未合格化，好氧，产芽胞。

214）*Bacillus niabensis* Kwon et al. 2007，sp. nov.（农研所芽胞杆菌），好氧，产芽胞。

215）*Bacillus niacini* Nagel and Andreesen 1991，sp. nov.（烟酸芽胞杆菌），好氧，产芽胞。

216）*Bacillus niameyensis* Tidjani Alou et al. 2015，sp. nov.（尼亚美芽胞杆菌），未合格化，兼性厌氧，产芽胞。

217）*Bacillus nitratireducens* Liu et al. 2017，sp. nov.（硝酸盐还原芽胞杆菌），兼性厌氧，产芽胞。

218）*Bacillus nitroreducens* Guo et al. 2016，sp. nov.（硝酸还原芽胞杆菌），未合格化，兼性厌氧，产芽胞。

219）*Bacillus notoginsengisoli* Zhang et al. 2017，sp. nov.（三七土芽胞杆菌），好氧，产芽胞。

220）*Bacillus novalis* Heyrman et al. 2004，sp. nov.（休闲地芽胞杆菌），兼性厌氧，产芽胞。

221）*Bacillus obstructivus* Tetz and Tetz 2017，sp. nov.（肺气肿芽胞杆菌），未合格化，好氧，产芽胞。

222）*Bacillus oceani* Liu et al. 2013，sp. nov.（海洋芽胞杆菌），未合格化，需重命名，嗜盐，好氧，产芽胞。

223）*Bacillus oceani* Song et al. 2016，sp. nov.（海洋芽胞杆菌），好氧，产芽胞。

224）*Bacillus oceanisediminis* Zhang et al. 2010，sp. nov.（海洋沉积芽胞杆菌），好氧，产芽胞。

225）*Bacillus okhensis* Nowlan et al. 2006，sp. nov.（奥哈芽胞杆菌），耐盐碱，好氧，产芽胞。

226）*Bacillus okuhidensis* Li et al. 2002，sp. nov.（奥飞弹温泉芽胞杆菌），嗜碱，好氧，产芽胞。

227）*Bacillus oleivorans* Azmatunnisa et al. 2015，sp. nov.（噬柴油芽胞杆菌），好氧，产芽胞。

228）*Bacillus oleronius* Kuhnigk et al. 1996，sp. nov.（奥莱龙岛芽胞杆菌），好氧，产芽胞。

229）*Bacillus onubensis* Dominguez-Moñino et al. 2018，sp. nov.（维尔瓦芽胞杆菌），好氧，产芽胞。

230）*Bacillus oryzaecorticis* Hong et al. 2014，sp. nov.（谷壳芽胞杆菌），嗜盐，好氧，产芽胞。

231）*Bacillus oryzisoli* Zhang et al. 2016，sp. nov.（稻田土壤芽胞杆菌），好氧，产芽胞。

232）*Bacillus oryziterrae* Bao et al. 2017，sp. nov.（稻田土芽胞杆菌），兼性厌氧，产芽胞。

233）*Bacillus oshimensis* Yumoto et al. 2005，sp. nov.（大岛芽胞杆菌），嗜盐碱，好

氧，产芽胞。

234）*Bacillus pacificus* Liu et al. 2017，sp. nov.（太平洋芽胞杆菌），兼性厌氧，产芽胞。

235）*Bacillus pakistanensis* Roohi et al. 2014，sp. nov.（巴基斯坦芽胞杆菌），耐盐，好氧，产芽胞。

236）*Bacillus panacisoli* Choi and Cha 2014，sp. nov.（人参土壤芽胞杆菌），兼性厌氧，产芽胞。

237）*Bacillus panaciterrae* Ten et al. 2006，sp. nov.（人参地块芽胞杆菌），兼性厌氧，产芽胞。

238）*Bacillus paraflexus* Chandna et al. 2013，sp. nov.（副弯曲芽胞杆菌），好氧，产芽胞。

239）*Bacillus paralicheniformis* Dunlap et al. 2015，sp. nov.（副地衣芽胞杆菌），兼性厌氧，产芽胞。

240）*Bacillus paramycoides* Liu et al. 2017，sp. nov.（副蕈状芽胞杆菌），兼性厌氧，产芽胞。

241）*Bacillus paranthracis* Liu et al. 2017，sp. nov.（副炭疽芽胞杆菌），兼性厌氧，产芽胞。

242）*Bacillus patagoniensis* Olivera et al. 2005，sp. nov.（巴塔哥尼亚芽胞杆菌），耐碱，好氧，产芽胞。

243）*Bacillus persicus* Didari et al. 2013，sp. nov.（波斯芽胞杆菌），嗜盐，好氧，产芽胞。

244）*Bacillus pervagus* Kosowski et al. 2014，sp. nov.（游荡芽胞杆菌），嗜热，好氧，产芽胞。

245）*Bacillus piezotolerans* Yu et al. 2019，sp. nov.（耐压芽胞杆菌），好氧，产芽胞。

246）*Bacillus phocaeensis* Cadoret et al. 2017，sp. nov.（弗凯亚芽胞杆菌），未合格化，好氧，产芽胞。

247）*Bacillus piscicola* Daroonpunt et al. 2015，sp. nov.（居鱼芽胞杆菌），耐盐，好氧，产芽胞。

248）*Bacillus piscis* Lee et al. 2016，sp. nov.（鱼芽胞杆菌），好氧，产芽胞。

249）*Bacillus plakortidis* Borchert et al. 2007，sp. nov.（扁板海绵芽胞杆菌），耐碱、耐盐，好氧，产芽胞。

250）*Bacillus pocheonensis* Ten et al. 2007，sp. nov.（抱川芽胞杆菌），耐盐，好氧，产芽胞。

251）*Bacillus polygoni* Aino et al. 2008，sp. nov.（蓼属芽胞杆菌），嗜盐、嗜碱，好氧，产芽胞。

252）*Bacillus polymachus* Nguyen et al. 2015，sp. nov.（多拮抗芽胞杆菌），兼性厌氧，产芽胞。

253）*Bacillus populi* Liu et al. 2018，sp. nov.（胡杨芽胞杆菌），嗜盐，好氧，产芽胞。

254）*Bacillus praedii* Liu et al. 2017，sp. nov.（农田芽胞杆菌），好氧，产芽胞。

255）*Bacillus proteolyticus* Liu et al. 2017，sp. nov.（解蛋白芽胞杆菌），兼性厌氧，产芽胞。

256）*Bacillus pseudalcaliphilus* corrig. Nielsen et al. 1995，sp. nov.（假嗜碱芽胞杆菌），好氧，产芽胞。

257）*Bacillus pseudofirmus* Nielsen et al. 1995，sp. nov.（假坚强芽胞杆菌），好氧，产芽胞。

258）*Bacillus pseudoflexus* Chandna et al. 2016，sp. nov.（假弯曲芽胞杆菌），未合格化，嗜盐，好氧，产芽胞。

259）*Bacillus pseudomycoides* Nakamura 1998，sp. nov.（假蕈状芽胞杆菌），好氧，产芽胞。

260）*Bacillus psychrosaccharolyticus* (ex Larkin and Stokes 1967) Priest et al. 1989，sp. nov.，nom. rev.（冷解糖芽胞杆菌），好氧，产芽胞。

261）*Bacillus pumilus* Meyer and Gottheil 1901，species.（短小芽胞杆菌），好氧，产芽胞。

262）*Bacillus purgationiresistens* corrig. Vaz-Moreira et al. 2012，sp. nov.（净化芽胞杆菌），好氧，产芽胞。

263）*Bacillus qingshengii* Xi et al. 2014，sp. nov.（庆笙芽胞杆菌），好氧，产芽胞。

264）*Bacillus radicibacter* Wei et al. 2015，sp. nov.（根结芽胞杆菌），兼性厌氧，产芽胞。

265）*Bacillus rhizosphaerae* Madhaiyan et al. 2013，sp. nov.（根际芽胞杆菌），好氧，产芽胞。

266）*Bacillus rigiliprofundi* Sylvan et al. 2015，sp. nov.（里吉深海床芽胞杆菌），嗜盐，兼性厌氧，产芽胞。

267）*Bacillus rubiinfantis* Tidjiani Alou et al. 2015，sp. nov.（鲁比婴儿芽胞杆菌），未合格化，兼性厌氧，产芽胞。

268）*Bacillus ruris* Heyndrickx et al. 2005，sp. nov.（农庄芽胞杆菌），好氧，产芽胞。

269）*Bacillus safensis* Satomi et al. 2006，sp. nov.（沙福芽胞杆菌），好氧，产芽胞。

270）*Bacillus saganii* Seuylemezian et al. 2019，sp. nov.（萨根氏芽胞杆菌），好氧，产芽胞。

271）*Bacillus salacetis* Daroonpunt et al. 2019，sp. nov.（虾酱芽胞杆菌），嗜盐，好氧，产芽胞。

272）*Bacillus salarius* Lim et al. 2006，sp. nov.（盐芽胞杆菌），嗜盐，好氧，产芽胞。

273）*Bacillus salidurans* Son et al. 2019，sp. nov.（抗盐芽胞杆菌），兼性厌氧，产芽胞。

274）*Bacillus salis* Seck et al. 2018，sp. nov.（食盐芽胞杆菌），未合格化，嗜盐，好氧，产芽胞。

275）*Bacillus salitolerans* Zhang et al. 2015，sp. nov.（耐盐芽胞杆菌），好氧，产

芽胞。

276）*Bacillus salsus* Amoozegar et al. 2013，sp. nov.（好盐芽胞杆菌），嗜盐，好氧，产芽胞。

277）*Bacillus samanii* Saman et al. 2010，sp. nov.（萨曼氏芽胞杆菌），未合格化，好氧，产芽胞。

278）*Bacillus sediminis* Yu et al. 2013，sp. nov.（沉积物芽胞杆菌），兼性厌氧，产芽胞。

279）*Bacillus selenatarsenatis* Yamamura et al. 2007，sp. nov.（硒砷芽胞杆菌），兼性厌氧，产芽胞。

280）*Bacillus selenitireducens* Switzer Blum et al. 2001，sp. nov.（还原硒酸盐芽胞杆菌），嗜盐、嗜碱，厌氧，不产芽胞。

281）*Bacillus seohaeanensis* Lee et al. 2006，sp. nov.（西岸芽胞杆菌），耐盐，好氧，产芽胞。

282）*Bacillus shacheensis* Lei et al. 2014，sp. nov.（莎车芽胞杆菌），嗜盐，好氧，产芽胞。

283）*Bacillus shackletonii* Logan et al. 2004，sp. nov.（沙氏芽胞杆菌），好氧，产芽胞。

284）*Bacillus shivajii* Kumar et al. 2018，sp. nov.（希瓦吉氏芽胞杆菌），好氧，产芽胞。

285）*Bacillus siamensis* Sumpavapol et al. 2010，sp. nov.（暹罗芽胞杆菌），兼性厌氧，产芽胞。

286）*Bacillus simplex* (ex Meyer and Gottheil 1901) Priest et al 1989，sp. nov.，nom. rev.（简单芽胞杆菌），好氧，产芽胞。

287）*Bacillus sinesaloumensis* Senghor et al. 2017，sp. nov.（辛萨卢姆芽胞杆菌），未合格化，好氧，产芽胞。

288）*Bacillus siralis* Pettersson et al. 2000，sp. nov.（青贮窖芽胞杆菌），好氧，产芽胞。

289）*Bacillus smithii* Nakamura et al. 1988，sp. nov.（史氏芽胞杆菌），好氧，产芽胞。

290）*Bacillus solani* Liu et al. 2015，sp. nov.（茄属芽胞杆菌），好氧，产芽胞。

291）*Bacillus soli* Heyrman et al. 2004，sp. nov.（土壤芽胞杆菌），兼性厌氧，产芽胞。

292）*Bacillus solimangrovi* Lee et al. 2014，sp. nov.（红树林土壤芽胞杆菌），好氧，产芽胞。

293）*Bacillus solisilvae* Pan et al. 2017，sp. nov.（森林土芽胞杆菌），好氧，产芽胞。

294）*Bacillus solitudinis* Liu et al. 2019，sp. nov.（沙漠土芽胞杆菌），嗜碱，兼性厌氧，产芽胞。

295）*Bacillus songklensis* Kang et al. 2013，sp. nov.（宋卡芽胞杆菌），好氧，产芽胞。

296）*Bacillus sonorensis* Palmisano et al. 2001，sp. nov.（索诺拉沙漠芽胞杆菌），菌

体球形，严格厌氧，不产芽胞。

297）*Bacillus spongiae* Lee et al. 2018，sp. nov.（海绵芽胞杆菌），好氧，产芽胞。

298）*Bacillus sporothermodurans* Pettersson et al. 1996，sp. nov.（芽胞耐热芽胞杆菌），好氧，产芽胞。

299）*Bacillus stamsii* Müller et al. 2016，sp. nov.（施塔姆斯氏芽胞杆菌），兼性厌氧，产芽胞。

300）*Bacillus stratosphericus* Shivaji et al. 2006，sp. nov.（平流层芽胞杆菌），耐盐，好氧，产芽胞。

301）*Bacillus subterraneus* Kanso et al. 2002，sp. nov.（地下芽胞杆菌），兼性厌氧，不产芽胞。

302）*Bacillus subtilis* (Ehrenberg 1835) Cohn 1872，species.（枯草芽胞杆菌），模式种，好氧，产芽胞。

303）*Bacillus swezeyi* Dunlap et al. 2017，sp. nov.（斯威齐氏芽胞杆菌），兼性厌氧，产芽胞。

304）*Bacillus taiwanensis* Liu et al. 2015，sp. nov.（台湾芽胞杆菌），好氧，产芽胞。

305）*Bacillus tamaricis* Zhang et al. 2018，sp. nov.（柽柳芽胞杆菌），嗜碱，兼性厌氧，产芽胞。

306）*Bacillus taxi* Tuo et al. 2019，sp. nov.（红豆杉芽胞杆菌），好氧，产芽胞。

307）*Bacillus tequilensis* Gatson et al. 2006，sp. nov.（特基拉芽胞杆菌），好氧，产芽胞。

308）*Bacillus terrae* Díez-Méndez et al. 2017，sp. nov.（花土芽胞杆菌），好氧，产芽胞。

309）*Bacillus testis* Cimmino et al. 2015，sp. nov.（睾丸芽胞杆菌），兼性厌氧，产芽胞。

310）*Bacillus thaonhiensis* Van Pham and Kim 2014，sp. nov.（陶氏芽胞杆菌），好氧，产芽胞。

311）*Bacillus thermoalkalophilus* Krishna and Varma 1990，sp. nov.（热嗜碱芽胞杆菌），未合格化，好氧，产芽胞。

312）*Bacillus thermoamylovorans* Combet-Blanc et al. 1995，sp. nov.（热噬淀粉芽胞杆菌），兼性厌氧，不产芽胞。

313）*Bacillus thermocloacae* Demharter and Hensel 1989，sp. nov.（热阴沟芽胞杆菌），好氧，产芽胞。

314）*Bacillus thermocopriae* Han et al. 2013，sp. nov.（热粪芽胞杆菌），兼性厌氧，产芽胞。

315）*Bacillus thermolactis* Coorevits et al. 2011，sp. nov.（热乳芽胞杆菌），好氧，产芽胞。

316）*Bacillus thermophilum* Tang et al. 2014，sp. nov.（高温芽胞杆菌），未合格化，兼性厌氧，产芽胞。

317）*Bacillus thermophilus* Yang et al. 2013，sp. nov.（嗜热芽胞杆菌），嗜热，兼性厌氧，产芽胞。

318）*Bacillus thioparans* corrig. Pérez-Ibarra et al. 2007，sp. nov.（产硫芽胞杆菌），耐盐，好氧，产芽胞。

319）*Bacillus thuringiensis* Berliner 1915，species.（苏云金芽胞杆菌），好氧，产芽胞。

320）*Bacillus tianmuensis* Wen et al. 2009，sp. nov.（天目山芽胞杆菌），未合格化，好氧，产芽胞。

321）*Bacillus tianshenii* Jiang et al. 2014，sp. nov.（天申芽胞杆菌），好氧，产芽胞。

322）*Bacillus timonensis* Kokcha et al. 2012，sp. nov.（泰门芽胞杆菌），好氧，产芽胞。

323）*Bacillus toyonensis* Jiménez et al. 2013，sp. nov.（图瓦永芽胞杆菌），好氧，产芽胞。

324）*Bacillus tropicus* Liu et al. 2017，sp. nov.（热带芽胞杆菌），兼性厌氧，产芽胞。

325）*Bacillus trypoxylicola* Aizawa et al. 2010，sp. nov.（居甲虫芽胞杆菌），嗜碱，好氧，产芽胞。

326）*Bacillus tuaregi* Cadoret et al. 2017，sp. nov.（图阿雷格人芽胞杆菌），未合格化，兼性厌氧，产芽胞。

327）*Bacillus urbisdiaboli* Liu et al. 2019，sp. nov.（魔鬼城芽胞杆菌），兼性厌氧，产芽胞。

328）*Bacillus urumqiensis* Zhang et al. 2016，sp. nov.（乌鲁木齐芽胞杆菌），嗜盐、嗜碱，好氧，产芽胞。

329）*Bacillus vallismortis* Roberts et al. 1996，sp. nov.（死谷芽胞杆菌），好氧，产芽胞。

330）*Bacillus vanillea* Chen et al. 2015，sp. nov.（香草芽胞杆菌），好氧，产芽胞。

331）*Bacillus vedderi* Agnew et al. 1996，sp. nov.（威氏芽胞杆菌），嗜碱，好氧，产芽胞。

332）*Bacillus velezensis* Ruiz-García et al. 2005，sp. nov.（贝莱斯芽胞杆菌），好氧，产芽胞。

333）*Bacillus vietnamensis* Noguchi et al. 2004，sp. nov.（越南芽胞杆菌），好氧，产芽胞。

334）*Bacillus vini* Ma et al. 2017，sp. nov.（酒窖泥芽胞杆菌），好氧，产芽胞。

335）*Bacillus vireti* Heyrman et al. 2004，sp. nov.（原野芽胞杆菌），兼性厌氧，产芽胞。

336）*Bacillus wakoensis* Nogi et al. 2005，sp. nov.（和光芽胞杆菌），嗜碱，好氧，产芽胞。

337）*Bacillus weihaiensis* Zhu et al. 2016，sp. nov.（威海芽胞杆菌），未合格化，好氧，产芽胞。

338）*Bacillus wiedmannii* Miller et al. 2016，sp. nov.（维德曼氏芽胞杆菌），耐冷，兼性厌氧，产芽胞。

339）*Bacillus wuyishanensis* Liu et al. 2015，sp. nov.（武夷山芽胞杆菌），好氧，产芽胞。

340）*Bacillus xiamenensis* Lai et al. 2014，sp. nov.（厦门芽胞杆菌），好氧，产芽胞。

341）*Bacillus xiaoxiensis* Chen et al. 2011，sp. nov.（小溪芽胞杆菌），嗜盐，兼性厌氧，产芽胞。

342）*Bacillus xiapuensis* Liu et al. 2019，sp. nov.（霞浦芽胞杆菌），好氧，产芽胞。

343）*Bacillus yapensis* Xu et al. 2019，sp. nov.（雅浦芽胞杆菌），好氧，产芽胞。

344）*Bacillus zanthoxyli* Li et al. 2017，sp. nov.（花椒芽胞杆菌），杀线虫，好氧，不产芽胞。

345）*Bacillus zeae* Kämpfer et al. 2017，sp. nov.（玉米芽胞杆菌），好氧，产芽胞。

346）*Bacillus zhangzhouensis* Liu et al. 2015，sp. nov.（漳州芽胞杆菌），好氧，产芽胞。

347）*Bacillus zhanjiangensis* Chen et al. 2012，sp. nov.（湛江芽胞杆菌），好氧，产芽胞。

变动：芽胞杆菌属有 111 种的分类地位发生了变动。其中，转移至 *Aeribacillus*、*Alicyclobacillus*、*Alkalibacillus*、*Alteribacillus*、*Anaerobacillus*、*Aneurinibacillus*、*Bhargavaea*、*Brevibacillus*、*Falsibacillus*、*Fictibacillus*、*Geobacillus*、*Gracilibacillus*、*Hydrogenibacillus*、*Jeotgalibacillus*、*Kyrpidia*、*Lysinibacillus*、*Marinibacillus*、*Paenibacillus*、*Psychrobacillus*、*Pullulanibacillus*、*Rummeliibacillus*、*Salibacillus*、*Salibacterium*、*Salimicrobium*、*Salipaludibacillus*、*Salisediminibacterium*、*Sporolactobacillus*、*Sporosarcina*、*Ureibacillus*、*Virgibacillus*、*Viridibacillus* 等 31 属的种类有 104 种，因同种异名而被合并的有 7 种。具体信息如下。

1）*Bacillus acidocaldarius* Darland and Brock 1971，species. → *Alicyclobacillus acidocaldarius* (Darland and Brock 1971) Wisotzkey et al. 1992，comb. nov.

2）*Bacillus acidoterrestris* Deinhard et al. 1988，sp. nov. → *Alicyclobacillus acidoterrestris* (Deinhard et al. 1988) Wisotzkey et al. 1992，comb. nov.

3）*Bacillus agaradhaerens* Nielsen et al. 1995，sp. nov. → *Salipaludibacillus agaradhaerens* (Nielsen et al. 1995) Sultanpuram and Mothe 2016，comb. nov.

4）*Bacillus agri* (ex Laubach and Rice 1916) Nakamura 1993，sp. nov.，nom. rev. → *Brevibacillus agri* (Nakamura 1993) Shida et al. 1996，comb. nov.

5）*Bacillus alginolyticus* Nakamura 1987，sp. nov. → *Paenibacillus alginolyticus* (Nakamura 1987) Shida et al. 1997，comb. nov.

6）*Bacillus alkalidiazotrophicus* Sorokin et al. 2008，sp. nov. → *Anaerobacillus alkalidiazotrophicus* (Sorokin et al. 2008) Zavarzina et al. 2010，comb. nov.

7）*Bacillus alvei* Cheshire and Cheyne 1885，species. → *Paenibacillus alvei* (Cheshire and Cheyne 1885) Ash et al. 1994，comb. nov.

8）*Bacillus amylolyticus* (ex Choukévitch 1911) Nakamura 1984，sp. nov.，nom. rev. → *Paenibacillus amylolyticus* (Nakamura 1984) Ash et al. 1994，comb. nov.

9）*Bacillus aneurinilyticus* corrig. (ex Kimura and Aoyama 1952) Shida et al. 1994，sp. nov.，nom. rev. → *Aneurinibacillus aneurinilyticus* corrig. (Shida et al. 1994) Shida et al. 1996，comb. nov.

10）*Bacillus arenosi* Heyrman et al. 2005，sp. nov. → *Viridibacillus arenosi* (Heyrman et al. 2005) Albert et al. 2007，comb. nov.

11）*Bacillus arseniciselenatis* corrig. Switzer Blum et al. 2001，sp. nov. → *Anaerobacillus arseniciselenatis* (Switzer Blum et al. 2001) Zavarzina et al. 2010，comb. nov.

12）*Bacillus arsenicus* Shivaji et al. 2005，sp. nov. → *Fictibacillus arsenicus* (Shivaji et al. 2005) Glaeser et al. 2013，comb. nov.

13）*Bacillus arvi* Heyrman et al. 2005，sp. nov. → *Viridibacillus arvi* (Heyrman et al. 2005) Albert et al. 2007，comb. nov.

14）*Bacillus azotofixans* Seldin et al. 1984，sp. nov. → *Paenibacillus azotofixans* (Seldin et al. 1984) Ash et al. 1994，comb. nov.

15）*Bacillus badius* Batchelor 1919，species. →*Pseudobacillus badius* (Batchelor 1919) Verma et al. 2019，comb. nov.

16）*Bacillus barbaricus* Täubel et al. 2003，sp. nov. → *Fictibacillus barbaricus* (Täubel et al. 2003) Glaeser et al. 2013，comb. nov.

17）*Bacillus beijingensis* Qiu et al. 2009，sp. nov. → *Bhargavaea beijingensis* (Qiu et al. 2009) Verma et al. 2012，comb. nov.

18）*Bacillus borstelensis* (ex Porter) Shida et al. 1995，sp. nov.，nom. rev. → *Brevibacillus borstelensis* (Shida et al. 1995) Shida et al. 1996，comb. nov.

19）*Bacillus brevis* Migula 1900，species. → *Brevibacillus brevis* (Migula 1900) Shida et al. 1996，comb. nov.

20）*Bacillus cellulasensis* Mawlankar et al. 2016，sp. nov.→*Bacillus altitudinis* Liu et al. 2016，同种异名。

21）*Bacillus centrosporus* (ex Ford 1916) Nakamura 1993，sp. nov.，nom. rev. → *Brevibacillus centrosporus* (Nakamura 1993) Shida et al. 1996，comb. nov.

22）*Bacillus chitinolyticus* Kuroshima et al. 1996，sp. nov. → *Paenibacillus chitinolyticus* (Kuroshima et al. 1996) Lee et al. 2004，comb. nov.

23）*Bacillus chondroitinus* Nakamura 1987，sp. nov. → *Paenibacillus chondroitinus* (Nakamura 1987) Shida et al. 1997，comb. nov.

24）*Bacillus choshinensis* Takagi et al. 1993，sp. nov. → *Brevibacillus choshinensis* (Takagi et al. 1993) Shida et al. 1996，comb. nov.

25）*Bacillus cibi* Yoon et al. 2005，sp. nov. →*Bacillus indicus* Suresh et al. 2004，同种异名。

26）*Bacillus curdlanolyticus* Kanzawa et al. 1995，sp. nov. → *Paenibacillus curdlanolyticus* (Kanzawa et al. 1995) Shida et al. 1997，comb. nov.

27）*Bacillus cycloheptanicus* Deinhard et al. 1988，sp. nov. → *Alicyclobacillus cycloheptanicus* (Deinhard et al. 1988) Wisotzkey et al. 1992，comb. nov.

28）*Bacillus dipsosauri* Lawson et al. 1996，sp. nov. → *Gracilibacillus dipsosauri* (Lawson et al. 1996) Wainø et al. 1999，comb. nov.

29）*Bacillus edaphicus* Shelobolina et al. 1998，sp. nov. → *Paenibacillus edaphicus* (Shelobolina et al. 1998) Hu et al. 2010，comb. nov.

30）*Bacillus ehimensis* Kuroshima et al. 1996，sp. nov. → *Paenibacillus ehimensis* (Kuroshima et al. 1996) Lee et al. 2004，comb. nov.

31）*Bacillus formosus* (ex Porter) Shida et al. 1995，sp. nov.，nom. rev. → *Brevibacillus formosus* (Shida et al. 1995) Shida et al. 1996，comb. nov.

32）*Bacillus fusiformis* (ex Meyer and Gottheil 1901) Priest et al. 1989，sp. nov.，nom. rev. → *Lysinibacillus fusiformis* (Priest et al. 1989) Ahmed et al. 2007，comb. nov.

33）*Bacillus galactophilus* Takagi et al. 1993，sp. nov. → *Bacillus agri* (ex Laubach and Rice 1916) Nakamura 1993.，同种异名 → *Brevibacillus agri* (Nakamura 1993) Shida et al. 1996，comb. nov.

34）*Bacillus gelatini* De Clerck et al. 2004，sp. nov. → *Fictibacillus gelatini* (De Clerck et al. 2004) Glaeser et al. 2013，comb. nov.

35）*Bacillus ginsengi* Qiu et al. 2009，sp. nov. → *Bhargavaea ginsengi* (Qiu et al. 2009) Verma et al. 2012，comb. nov.

36）*Bacillus globisporus* Larkin and Stokes 1967，species. → *Sporosarcina globispora* (Larkin and Stokes 1967) Yoon et al. 2001，comb. nov.

37）*Bacillus globisporus* subsp. *marinus* Rüger and Richter 1979，subspecies. → *Bacillus marinus* (Rüger and Richter 1979) Rüger 1983，comb. nov. → *Marinibacillus marinus* (Rüger and Richter 1979) Yoon et al. 2001，comb. nov. → *Jeotgalibacillus marinus* (Rüger and Richter 1979) Yoon et al. 2010，comb. nov.

38）*Bacillus glucanolyticus* Alexander and Priest 1989，sp. nov. → *Paenibacillus glucanolyticus* (Alexander and Priest 1989) Shida et al. 1997，comb. nov.

39）*Bacillus gordonae* Pichinoty et al. 1987，sp. nov. → *Paenibacillus gordonae* (Pichinoty et al. 1987) Ash et al. 1994，comb. nov.

40）*Bacillus haloalkaliphilus* Fritze 1996，sp. nov. → *Alkalibacillus haloalkaliphilus* (Fritze 1996) Jeon et al. 2005，comb. nov.

41）*Bacillus halochares* Pappa et al. 2010，sp. nov. → *Salibacterium halochares* (Pappa et al. 2010) Vishnuvardhan et al. 2015，sp. nov.

42）*Bacillus halodenitrificans* Denariaz et al. 1989，sp. nov. → *Virgibacillus halodenitrificans* (Denariaz et al. 1989) Yoon et al. 2004，comb. nov.

43）*Bacillus halophilus* Ventosa et al. 1990，sp. nov. → *Salimicrobium halophilum* (Ventosa et al. 1990) Yoon et al. 2007，comb. nov.

44）*Bacillus insolitus* Larkin and Stokes 1967，species. → *Psychrobacillus insolitus* (Larkin and Stokes 1967) Krishnamurthi et al. 2011，comb. nov.

45）*Bacillus invictae* Branquinho et al. 2014，sp. nov. →*Bacillus altitudinis* Shivaji et al. 2006，同种异名。

46）*Bacillus iranensis* Bagheri et al. 2012，sp. nov. →*Alteribacillus iranensis* (Bagheri et al. 2012) Azmatunnisa Begum et al. 2016，comb. nov.

47）*Bacillus isronensis* Shivaji et al. 2009，sp. nov. →*Solibacillus isronensis* (Shivaji et al. 2009) Mual et al. 2016，comb. nov.

48）*Bacillus kaustophilus* (ex Prickett 1928) Priest et al. 1989，sp. nov.，nom. rev. → *Geobacillus kaustophilus* (Priest et al. 1989) Nazina et al. 2001，comb. nov.

49）*Bacillus kobensis* Kanzawa et al. 1995，sp. nov. → *Paenibacillus kobensis* (Kanzawa et al. 1995) Shida et al. 1997，comb. nov.

50）*Bacillus laevolacticus* (ex Nakayama and Yanoshi 1967) Andersch et al. 1994，sp. nov.，nom. rev. → *Sporolactobacillus laevolacticus* (Andersch et al. 1994) Hatayama et al. 2006，comb. nov.

51）*Bacillus larvae* White 1906，species. → *Paenibacillus larvae* (White 1906) Ash et al. 1994，comb. nov.

52）*Bacillus laterosporus* Laubach 1916，species. → *Brevibacillus laterosporus* (Laubach 1916) Shida et al. 1996，comb. nov.

53）*Bacillus lautus* (ex Batchelor 1919) Nakamura 1984，sp. nov.，nom. rev. → *Paenibacillus lautus* (Nakamura 1984) Heyndrickx et al. 1996，comb. nov.

54）*Bacillus lentimorbus* Dutky 1940，species. → *Paenibacillus lentimorbus* (Dutky 1940) Pettersson et al. 1999，comb. nov.

55）*Bacillus locisalis* Márquez et al. 2011，sp. nov.→ *Salisediminibacterium locisalis* (Márquez et al. 2011) Sultanpuram et al. 2015，comb. nov.

56）*Bacillus macauensis* Zhang et al. 2006，sp. nov. → *Fictibacillus macauensis* Zhang et al. 2006，Glaeser et al. 2013，comb. nov.

57）*Bacillus macerans* Schardinger 1905，species. → *Paenibacillus macerans* (Schardinger 1905) Ash et al. 1994，comb. nov.

58）*Bacillus macquariensis* Marshall and Ohye 1966，species. → *Paenibacillus macquariensis* (Marshall and Ohye 1966) Ash et al. 1994，comb. nov.

59）*Bacillus macyae* Santini et al. 2004，sp. nov. → *Anaerobacillus macyae* (Santini et al. 2004) Zavarzina et al. 2010，comb. nov.

60）*Bacillus malacitensis* Ruiz-García et al. 2005，sp. nov. → *Bacillus mojavensis* Roberts et al. 1994.，同种异名。

61）*Bacillus marismortui* Arahal et al. 1999，sp. nov. → *Salibacillus marismortui* (Arahal et al. 1999) Arahal et al. 2000，comb. nov. → *Virgibacillus marismortui* (Arahal et al. 1999) Heyrman et al. 2003，comb. nov.

62）*Bacillus massiliensis* Glazunova et al. 2006，sp. nov. → *Lysinibacillus massiliensis* (Glazunova et al. 2006) Jung et al. 2012，comb. nov.

63）*Bacillus methylotrophicus* Madhaiyan et al. 2010，sp. nov. →*Bacillus velezensis* Ruiz-García et al. 2005，同种异名。

64）*Bacillus migulanus* Takagi et al. 1993，sp. nov. → *Aneurinibacillus migulanus* (Takagi et al. 1993) Shida et al. 1996，comb. nov.

65）*Bacillus mucilaginosus* Avakyan et al. 1998，sp. nov. → *Paenibacillus mucilaginosus* (Avakyan et al. 1998) Hu et al. 2010，comb. nov.

66）*Bacillus naganoensis* Tomimura et al. 1990，sp. nov. → *Pullulanibacillus naganoensis* (Tomimura et al. 1990) Hatayama et al. 2006，comb. nov.

67）*Bacillus nanhaiensis* Chen et al. 2011，sp. nov. → *Fictibacillus nanhaiensis* (Chen et al. 2011) Glaeser et al. 2013，comb. nov.

68）*Bacillus neidei* Nakamura et al. 2002，sp. nov. → *Viridibacillus neidei* (Nakamura et al. 2002) Albert et al. 2007，comb. nov.

69）*Bacillus neizhouensis* Chen et al. 2009，sp. nov. → *Salipaludibacillus neizhouensis* (Chen et al. 2009) Sultanpuram and Mothe 2016，comb. nov.

70）*Bacillus odysseyi* La Duc et al. 2004，sp. nov. → *Lysinibacillus odysseyi* (La Duc et al. 2004) Jung et al. 2012，comb. nov.

71）*Bacillus pabuli* (ex Schieblich 1923) Nakamura 1984，sp. nov.，nom. rev. → *Paenibacillus pabuli* (Nakamura 1984) Ash et al. 1994，comb. nov.

72）*Bacillus pallidus* Scholz et al. 1988，sp. nov. → *Geobacillus pallidus* (Scholz et al. 1988) Banat et al. 2004，comb. nov. → *Aeribacillus pallidus* (Scholz et al. 1988) Miñana-Galbis et al. 2010，comb. nov.

73）*Bacillus pallidus* Zhou et al. 2008，sp. nov. → *Falsibacillus pallidus* (Zhou et al. 2008) Zhou et al. 2009，comb. nov.

74）*Bacillus pantothenticus* Proom and Knight 1950，species. → *Virgibacillus pantothenticus* (Proom and Knight 1950) Heyndrickx et al. 1998，comb. nov.

75）*Bacillus parabrevis* Takagi et al. 1993，sp. nov. → *Brevibacillus parabrevis* (Takagi et al. 1993) Shida et al. 1996，comb. nov.

76）*Bacillus pasteurii* (Miquel 1889) Chester 1898，species. → *Sporosarcina pasteurii* (Miquel 1889) Yoon et al. 2001，comb. nov.

77）*Bacillus peoriae* Montefusco et al. 1993，sp. nov. → *Paenibacillus peoriae* (Montefusco et al. 1993) Heyndrickx et al. 1996，comb. nov.

78）*Bacillus persepolensis* Amoozegar et al. 2009，sp. nov. → *Alteribacillus persepolensis* (Amoozegar et al. 2009) Didari et al. 2012，comb. nov.

79）*Bacillus polymyxa* (Prazmowski 1880) Macé 1889，species. → *Paenibacillus polymyxa* (Prazmowski 1880) Ash et al. 1994，comb. nov.

80）*Bacillus popilliae* Dutky 1940，species. → *Paenibacillus popilliae* (Dutky 1940)

Pettersson et al. 1999，comb. nov.

81）*Bacillus psychrodurans* Abd El-Rahman et al. 2002，sp. nov. → *Psychrobacillus psychrodurans* (Abd El-Rahman et al. 2002) Krishnamurthi et al. 2011，comb. nov.

82）*Bacillus psychrophilus* (ex Larkin and Stokes 1967) Nakamura 1984，sp. nov.，nom. rev. → *Sporosarcina psychrophila* (Nakamura 1984) Yoon et al. 2001，comb. nov.

83）*Bacillus psychrotolerans* Abd El-Rahman et al. 2002，sp. nov. → *Psychrobacillus psychrotolerans* (Abd El-Rahman et al. 2002) Krishnamurthi et al. 2011，comb. nov.

84）*Bacillus pulvifaciens* (ex Katznelson 1950) Nakamura 1984，sp. nov.，nom. rev. → *Paenibacillus pulvifaciens* (Nakamura 1984) Ash et al. 1994，comb. nov. → *Paenibacillus larvae* subsp. *pulvifaciens* (Nakamura 1984) Heyndrickx et al. 1996，comb. nov.

85）*Bacillus pycnus* Nakamura et al. 2002，sp. nov. → *Rummeliibacillus pycnus* (Nakamura et al. 2002) Vaishampayan et al. 2009，comb. nov.

86）*Bacillus qingdaonensis* Wang et al. 2007，sp. nov. → *Salibacterium qingdaonense* (Wang et al. 2007) Vishnuvardhan et al. 2015，comb. nov.

87）*Bacillus reuszeri* Shida et al. 1995，sp. nov. → *Brevibacillus reuszeri* (Shida et al. 1995) Shida et al. 1996，comb. nov.

88）*Bacillus rigui* Baik et al. 2010，sp. nov. → *Fictibacillus rigui* (Baik et al. 2010) Glaeser et al. 2013，comb. nov.

89）*Bacillus salexigens* Garabito et al. 1997，sp. nov. → *Salibacillus salexigens* (Garabito et al. 1997) Wainø et al. 1999，comb. nov. → *Virgibacillus salexigens* (Garabito et al. 1997) Heyrman et al. 2003，comb. nov.

90）*Bacillus saliphilus* Romano et al. 2005，sp. nov. → *Alkalicoccus saliphilus* (Romano et al. 2005) Zhao et al. 2017，comb. nov.

91）*Bacillus schlegelii* Schenk and Aragno 1981，sp. nov. → *Hydrogenibacillus schlegelii* (Schenk and Aragno 1981) Kämpfer et al. 2013，comb. nov.

92）*Bacillus silvestris* Rheims et al. 1999，sp. nov. → *Solibacillus silvestris* (Rheims et al. 1999) Krishnamurthi et al. 2009，comb. nov.

93）*Bacillus solisalsi* Liu et al. 2009，sp. nov. → *Fictibacillus solisalsi* (Liu et al. 2009) Glaeser et al. 2013，comb. nov.

94）*Bacillus sphaericus* Meyer and Neide 1904，species. → *Lysinibacillus sphaericus* (Meyer and Neide 1904) Ahmed et al. 2007，comb. nov.

95）*Bacillus stearothermophilus* Donk 1920，species. → *Geobacillus stearothermophilus* (Donk 1920) Nazina et al. 2001，comb. nov.

96）*Bacillus taeanensis* Lim et al. 2006，sp. nov. →*Maribacillus taeanensis* Liu et al. 2019，gen. nov.，comb. nov.

97）*Bacillus thermantarcticus* corrig. Nicolaus et al. 2002，sp. nov. → *Geobacillus thermantarcticus* (Nicolaus et al. 2002) Coorevits et al. 2012，comb. nov.

98）*Bacillus thermoaerophilus* Meier-Stauffer et al. 1996，sp. nov. → *Aneurinibacillus thermoaerophilus* (Meier-Stauffer et al. 1996) Heyndrickx et al. 1997，comb. nov.

99）*Bacillus thermocatenulatus* Golovacheva et al. 1991，sp. nov. → *Geobacillus thermocatenulatus* (Golovacheva et al. 1991) Nazina et al. 2001，comb. nov.

100）*Bacillus thermodenitrificans* (ex Klaushofer and Hollaus 1970) Manachini et al. 2000，sp. nov.，nom. rev. → *Geobacillus thermodenitrificans* (Manachini et al. 2000) Nazina et al. 2001，comb. nov.

101）*Bacillus thermoglucosidasius* Suzuki et al. 1984，sp. nov. → *Geobacillus thermoglucosidasius* (Suzuki et al. 1984) Nazina et al. 2001，comb. nov.

102）*Bacillus thermoleovorans* Zarilla and Perry 1988，sp. nov. → *Geobacillus thermoleovorans* (Zarilla and Perry 1988) Nazina et al. 2001，comb. nov.

103）*Bacillus thermoruber* (ex Guicciardi et al. 1968) Manachini et al. 1985，sp. nov.，nom. rev. → *Brevibacillus thermoruber* (Manachini et al. 1985) Shida et al. 1996，comb. nov.

104）*Bacillus thermosphaericus* Andersson et al. 1996，sp. nov. → *Ureibacillus thermosphaericus* (Andersson et al. 1996) Fortina et al. 2001，comb. nov.

105）*Bacillus thiaminolyticus* (ex Kuno 1951) Nakamura 1990，sp. nov.，nom. rev. → *Paenibacillus thiaminolyticus* (Nakamura 1990) Shida et al. 1997，comb. nov.

106）*Bacillus tusciae* Bonjour and Aragno 1985，sp. nov. → *Kyrpidia tusciae* (Bonjour and Aragno 1985) Klenk et al. 2012，comb. nov.

107）*Bacillus validus* (ex Bredemann and Heigener 1935) Nakamura 1984，sp. nov.，nom. rev. → *Paenibacillus validus* (Nakamura 1984) Ash et al. 1994，comb. nov.

108）*Bacillus vanillea* Chen et al.，2014，sp. nov. →*Bacillus siamensis* Sumpavapol et al. 2010，同种异名。

109）*Bacillus vulcani* Caccamo et al. 2000，sp. nov. → *Geobacillus vulcani* (Caccamo et al. 2000) Nazina et al. 2004，comb. nov.

110）*Bacillus weihenstephanensis* Lechner et al. 1998，sp. nov. →*Bacillus mycoides* Flügge 1886，同种异名。

111）*Bacillus wudalianchiensis* Liu et al. 2017，sp. nov. → *Pseudobacillus wudalianchiensis* (Liu et al. 2017) Verma et al. 2019，comb. nov.

## 十五、燃煤芽胞杆菌属（*Calculibacillus* Min et al. 2016，gen. nov.）

燃煤芽胞杆菌属（*Calculibacillus*）于 2016 年建立，仅有 1 种，厌氧，不产芽胞。

*Calculibacillus koreensis* Min et al. 2016，sp. nov.（韩国燃煤芽胞杆菌），厌氧，不产芽胞。

## 十六、热碱芽胞杆菌属（*Caldalkalibacillus* Xue et al. 2006，gen. nov.）

热碱芽胞杆菌属（*Caldalkalibacillus*）于 2006 年建立，包含 2 种，均嗜热、好氧、产芽胞。

1）*Caldalkalibacillus thermarum* Xue et al. 2006，sp. nov.（温泉热碱芽胞杆菌），模式种，嗜热、嗜碱，好氧，产芽胞。

2）*Caldalkalibacillus uzonensis* Zhao et al. 2008，sp. nov.（乌宗山热碱芽胞杆菌），嗜热、耐碱，好氧，产芽胞。

## 十七、热芽胞杆菌属（*Caldibacillus* Coorevits et al. 2012，gen. nov.）

热芽胞杆菌属（*Caldibacillus*）于2012年建立，包含2种，均嗜热、好氧、产芽胞。

1）*Caldibacillus cellulovorans* Sunna et al. 2000，sp. nov.（食纤维素热芽胞杆菌），未合格化，嗜热，好氧，产芽胞。

2）*Caldibacillus debilis* (Banat et al. 2004) Coorevits et al. 2012，comb. nov.（虚弱热芽胞杆菌），模式种，嗜热，好氧，产芽胞。

## 十八、居热土菌属（*Calditerricola* Moriya et al. 2011，gen. nov.）

居热土菌属（*Calditerricola*）于2011年建立，包含2种，均嗜热、好氧、未观察到芽胞。

1）*Calditerricola satsumensis* Moriya et al. 2011，sp. nov.（萨摩居热土菌），模式种，嗜热，好氧，未观察到芽胞。

2）*Calditerricola yamamurae* Moriya et al. 2011，sp. nov.（山村氏居热土菌），嗜热，好氧，未观察到芽胞。

## 十九、樱桃样芽胞杆菌属（*Cerasibacillus* Nakamura et al. 2004，gen. nov.）

樱桃样芽胞杆菌属（*Cerasibacillus*）于2004年建立，仅有1种，好氧、产芽胞。

*Cerasibacillus quisquiliarum* Nakamura et al. 2004，sp. nov.（厨余樱桃样芽胞杆菌），嗜热、嗜碱，好氧，产芽胞。

## 二十、堆肥芽胞杆菌属（*Compostibacillus* Yu et al. 2015，gen. nov.）

堆肥芽胞杆菌属（*Compostibacillus*）于2015年建立，仅有1种，好氧、产芽胞。

*Compostibacillus humi* Yu et al. 2015，sp. nov.（土壤堆肥芽胞杆菌），嗜热，好氧，产芽胞。

## 二十一、沙漠芽胞杆菌属（*Desertibacillus* Bhatt et al. 2017，gen. nov.）

沙漠芽胞杆菌属（*Desertibacillus*）于2017年建立，仅有1种，好氧、产芽胞。

*Desertibacillus haloalkaliphilus* Bhatt et al. 2017，sp. nov.（嗜盐碱沙漠芽胞杆菌），耐

热，嗜盐、嗜碱，好氧，产芽胞。

## 二十二、房间芽胞杆菌属（***Domibacillus*** **Seiler et al. 2013，gen. nov.**）

房间芽胞杆菌属（*Domibacillus*）于 2013 年建立，包含 9 种，均好氧，绝大多数种类产芽胞。

1）*Domibacillus aminovorans* Verma et al. 2017，sp. nov.（食氨基酸房间芽胞杆菌），好氧，产芽胞，由 *Bacillus aminovorans* 重分类而来。

2）*Domibacillus antri* Xu et al. 2016，sp. nov.（洞窟房间芽胞杆菌），好氧，未观察到芽胞。

3）*Domibacillus enclensis* Sonalkar et al. 2014，sp. nov.（国化室房间芽胞杆菌），好氧，产芽胞。

4）*Domibacillus epiphyticus* Verma et al. 2017，sp. nov.（植物房间芽胞杆菌），好氧，产芽胞。

5）*Domibacillus indicus* Sharma et al. 2014，sp. nov.（印度房间芽胞杆菌），好氧，产芽胞。

6）*Domibacillus iocasae* Sun and Sun 2015，sp. nov.（海洋所房间芽胞杆菌），好氧，产芽胞。

7）*Domibacillus mangrovi* Verma et al. 2017，sp. nov.（红树林房间芽胞杆菌），好氧，产芽胞。

8）*Domibacillus robiginosus* Seiler et al. 2013，sp. nov.（铁锈色房间芽胞杆菌），模式种，好氧，产芽胞。

9）*Domibacillus tundrae* Gyeong et al. 2015，sp. nov.（苔原房间芽胞杆菌），好氧，产芽胞。

## 二十三、虚假芽胞杆菌属（***Falsibacillus*** **Zhou et al. 2009，gen. nov.**）

虚假芽胞杆菌属（*Falsibacillus*）于 2009 年建立，包含 2 种，均好氧、产芽胞。

1）*Falsibacillus albus* Shi et al. 2019，sp. nov.（白色虚假芽胞杆菌），好氧，产芽胞。

2）*Falsibacillus pallidus* (Zhou et al. 2008) Zhou et al. 2009，comb. nov.（苍白虚假芽胞杆菌），模式种，好氧，产芽胞，由 *Bacillus pallidus* Zhou et al. 2008 重分类而来。

## 二十四、发酵芽胞杆菌属（***Fermentibacillus*** **Hirota et al. 2016，gen. nov.**）

发酵芽胞杆菌属（*Fermentibacillus*）于 2016 年建立，仅有 1 种，兼性厌氧、产芽胞。

*Fermentibacillus polygoni* Hirota et al. 2016，gen. nov.，sp. nov.（蓼属发酵芽胞杆菌），嗜碱，兼性厌氧，产芽胞。

## 二十五、虚构芽胞杆菌属（*Fictibacillus* Glaeser et al. 2013，gen. nov.）

虚构芽胞杆菌属（*Fictibacillus*）于 2013 年建立，包含 12 种，好氧或兼性厌氧，均产芽胞。

1）*Fictibacillus aquaticus* Pal et al. 2018，sp. nov.（水虚构芽胞杆菌），兼性厌氧，产芽胞。

2）*Fictibacillus arsenicus* (Shivaji et al. 2005) Glaeser et al. 2013，comb. nov.（砷虚构芽胞杆菌），好氧，产芽胞，由 *Bacillus arsenicus* Shivaji et al. 2005 重分类而来。

3）*Fictibacillus barbaricus* (Täubel et al. 2003) Glaeser et al. 2013，comb. nov.（奇异虚构芽胞杆菌），模式种，兼性厌氧，产芽胞，由 *Bacillus barbaricus* Täubel et al. 2003 重分类而来。

4）*Fictibacillus enclensis* Dastager et al. 2014，sp. nov.（国化室虚构芽胞杆菌），好氧，产芽胞。

5）*Fictibacillus gelatini* (De Clerck et al. 2004) Glaeser et al. 2013，comb. nov.（明胶虚构芽胞杆菌），好氧，产芽胞，由 *Bacillus gelatini* De Clerck et al. 2004 重分类而来。

6）*Fictibacillus halophilus* Sharma et al. 2016，sp. nov.（嗜盐虚构芽胞杆菌），嗜盐，好氧，产芽胞。

7）*Fictibacillus iocasae* Wang et al. 2018，sp. nov.（中科海洋所虚构芽胞杆菌），好氧，产芽胞。

8）*Fictibacillus macauensis* (Zhang et al. 2006) Glaeser et al. 2013，comb. nov.（澳门虚构芽胞杆菌），兼性厌氧，产芽胞，由 *Bacillus macauensis* Zhang et al. 2006 重分类而来。

9）*Fictibacillus nanhaiensis* (Chen et al. 2011) Glaeser et al. 2013，comb. nov.（南海虚构芽胞杆菌），兼性厌氧，产芽胞，由 *Bacillus nanhaiensis* Chen et al. 2011 重分类而来。

10）*Fictibacillus phosphorivorans* Glaeser et al. 2013，sp. nov.（脱磷虚构芽胞杆菌），好氧，产芽胞。

11）*Fictibacillus rigui* (Baik et al. 2010) Glaeser et al. 2013，comb. nov.（水生虚构芽胞杆菌），好氧，产芽胞，由 *Bacillus rigui* Baik et al. 2010 重分类而来。

12）*Fictibacillus solisalsi* (Liu et al. 2009) Glaeser et al. 2013，comb. nov.（盐土虚构芽胞杆菌），耐盐，嗜碱，兼性厌氧，产芽胞，由 *Bacillus solisalsi* Liu et al. 2009 重分类而来。

## 二十六、线芽胞杆菌属（*Filobacillus* Schlesner et al. 2001，gen. nov.）

线芽胞杆菌属（*Filobacillus*）于 2001 年建立，仅有 1 种，好氧，产芽胞。

*Filobacillus milosensis* corrig. Schlesner et al. 2001，sp. nov.（米洛斯线芽胞杆菌），嗜盐，严格好氧，产芽胞。

## 二十七、地芽胞杆菌属（*Geobacillus* Nazina et al. 2001，gen. nov.）

地芽胞杆菌属（*Geobacillus*）于 2001 年建立，包含 18 种，均嗜热、好氧、产芽胞。

1）*Geobacillus galactosidasius* Poli et al. 2012，sp. nov.（产半乳糖地芽胞杆菌），嗜热，好氧，产芽胞。

2）*Geobacillus icigianus* Bryanskaya et al. 2015，sp. nov.（研究所地芽胞杆菌），嗜热，好氧，产芽胞。

3）*Geobacillus jurassicus* Nazina et al. 2005，sp. nov.（侏罗纪地芽胞杆菌），嗜热，好氧，产芽胞。

4）*Geobacillus kaustophilus* (Priest et al. 1989) Nazina et al. 2001，comb. nov.（嗜酷热地芽胞杆菌），嗜热，好氧，产芽胞，由 *Bacillus kaustophilus* (ex Prickett 1928) Priest et al. 1989 重分类而来。

5）*Geobacillus lituanicus* Kuisiene et al. 2004，sp. nov.（立陶宛地芽胞杆菌），嗜热，好氧，产芽胞。

6）*Geobacillus mahadia* Mohtar et al. 2016，sp. nov.（马哈迪地芽胞杆菌），未合格化，嗜热，好氧，产芽胞。

7）*Geobacillus proteiniphilus* Semenova et al. 2019，sp. nov（嗜蛋白地芽胞杆菌），嗜热，好氧，产芽胞。

8）*Geobacillus stearothermophilus* (Donk 1920) Nazina et al. 2001，comb. nov.（嗜热噬脂肪地芽胞杆菌），模式种，嗜热，好氧，产芽胞，由 *Bacillus stearothermophilus* Donk 1920 重分类而来。

9）*Geobacillus subterraneus* Nazina et al. 2001，sp. nov.（地下地芽胞杆菌），嗜热，好氧，产芽胞。

10）*Geobacillus thermocatenulatus* (Golovacheva et al. 1991) Nazina et al. 2001，comb. nov.（热小链地芽胞杆菌），嗜热，好氧，产芽胞，由 *Bacillus thermocatenulatus* Golovacheva et al. 1991 重分类而来。

11）*Geobacillus thermodenitrificans* (Manachini et al. 2000) Nazina et al. 2001，comb. nov.（热脱氮地芽胞杆菌），嗜热，好氧，产芽胞，由 *Bacillus thermodenitrificans* (ex Klaushofer and Hollaus 1970) Manachini et al. 2000 重分类而来。

12）*Geobacillus thermoleovorans* (Zarilla and Perry 1988) Nazina et al. 2001，comb. nov.（热嗜油地芽胞杆菌），嗜热，好氧，产芽胞，由 *Bacillus thermoleovorans* Zarilla and Perry 1988 重分类而来。

13）*Geobacillus thermopakistaniensis* Siddiqui et al. 2014，sp. nov.（热巴基斯坦地芽胞杆菌），未合格化，嗜热，好氧，产芽胞。

14）*Geobacillus uralicus* Popova et al. 2002，sp. nov.（乌拉尔地芽胞杆菌），未合格化，嗜热，好氧，产芽胞。

15）*Geobacillus uzenensis* Nazina et al. 2001，sp. nov.（乌津油田地芽胞杆菌），嗜热，好氧，产芽胞。

16）*Geobacillus vulcani* (Caccamo et al. 2000) Nazina et al. 2004，comb. nov.（火神地芽胞杆菌），嗜热，好氧，产芽胞，由 *Bacillus vulcani* Caccamo et al. 2000 重分类而来。

17）*Geobacillus yumthangensis* Najar et al. 2018，sp. nov.（云塘地芽胞杆菌），嗜热，好氧，产芽胞。

18）*Geobacillus zalihae* Abd Rahman et al. 2007，sp. nov.（杂力哈地芽胞杆菌），未合格化，嗜热，好氧，产芽胞。

变动：有 8 种被转移至 *Aeribacillus*、*Anoxybacillus*、*Caldibacillus*、*Parageobacillus* 等属，1 种因同种异名被合并，具体信息如下。

1）*Geobacillus caldoproteolyticus* Chen et al. 2004，sp. nov. → *Anoxybacillus caldiproteolyticus* Coorevits et al. 2012。

2）*Saccharococcus caldoxylosilyticus* Ahmad et al. 2000，sp. nov. →*Geobacillus caldoxylosilyticus* (Ahmad et al. 2000) Fortina et al. 2001，comb. nov. →*Parageobacillus caldoxylosilyticus* (Ahmad et al. 2000) Aliyu et al. 2019。

3）*Geobacillus debilis* Banat et al. 2004，sp. nov.→*Caldibacillus debilis* (Banat et al. 2004) Coorevits et al. 2012，comb. nov.

4）*Geobacillus gargensis* Nazina et al. 2004，sp. nov.→*Geobacillus thermocatenulatus* (Golovacheva et al. 1991) Nazina et al. 2001，同种异名。

5）*Bacillus pallidus* Scholz et al. 1988→ *Geobacillus pallidus* (Scholz et al. 1988) Banat et al. 2004，comb. nov.（苍白地芽胞杆菌）→*Aeribacillus pallidus* (Scholz et al. 1988) Miñana-Galbis et al. 2010，comb. nov.

6）*Geobacillus tepidamans* Schäffer et al. 2004，sp. nov.→*Anoxybacillus tepidamans* (Schäffer et al. 2004) Coorevits et al. 2012，comb. nov.

7）*Bacillus thermoantarcticus* Nicolaus et al. 2002 →*Geobacillus thermantarcticus* (Nicolaus et al. 2002) Coorevits et al. 2012，comb. nov.（热南极地芽胞杆菌）→ *Parageobacillus thermantarcticus* (Nicolaus et al. 2002) Aliyu et al. 2019。

8)*Bacillus thermoglucosidasius* Suzuki 1984→*Geobacillus thermoglucosidasius* (Suzuki et al. 1984) Nazina et al. 2001，comb. nov.（热稳葡萄糖苷酶地芽胞杆菌）→ *Parageobacillus thermoglucosidasius* (Nicolaus et al. 2002) Aliyu et al. 2019。

9）*Geobacillus toebii* Sung et al. 2002，sp. nov.（就地堆肥地芽胞杆菌）→*Parageobacillus toebii*（Sung et al. 2002）Aliyu et al. 2019。

## 二十八、纤细芽胞杆菌属（*Gracilibacillus* Wainø et al. 1999，gen. nov.）

纤细芽胞杆菌属（*Gracilibacillus*）于 1999 年建立，包含 21 种，嗜盐或耐盐，好氧或兼性厌氧，绝大多数种类产芽胞。

1）*Gracilibacillus aidingensis* Guan et al. 2017，sp. nov.（艾丁纤细芽胞杆菌），嗜盐，好氧，产芽胞。

2）*Gracilibacillus alcaliphilus* Hirota et al. 2014，sp. nov.（嗜碱纤细芽胞杆菌），嗜

碱、嗜盐，乳酸菌，兼性厌氧，产芽胞。

3）*Gracilibacillus bigeumensis* Kim et al. 2012，sp. nov.（神鸟岛纤细芽胞杆菌），嗜盐，好氧，产芽胞。

4）*Gracilibacillus boraciitolerans* Ahmed et al. 2007，sp. nov.（耐硼纤细芽胞杆菌），耐盐，好氧，产芽胞。

5）*Gracilibacillus dipsosauri* (Lawson et al. 1996) Wainø et al. 1999，comb. nov.（蜥蜴纤细芽胞杆菌），耐盐，好氧，产芽胞，由 *Bacillus dipsosauri* Lawson et al. 1996 重分类而来。

6）*Gracilibacillus eburneus* Guan et al. 2018，sp.nov.（象牙白纤细芽胞杆菌），嗜盐，好氧，产芽胞。

7）*Gracilibacillus halophilus* Chen et al. 2008，sp. nov.（嗜盐纤细芽胞杆菌），嗜盐，好氧，产芽胞。

8）*Gracilibacillus halotolerans* Wainø et al. 1999，sp. nov.（耐盐纤细芽胞杆菌），模式种，耐盐，好氧，产芽胞。

9）*Gracilibacillus kekensis* Gao et al. 2012，sp. nov.（柯柯盐湖纤细芽胞杆菌），嗜盐，好氧，产芽胞。

10）*Gracilibacillus kimchii* Oh et al. 2016，sp. nov.（泡菜纤细芽胞杆菌），嗜盐，兼性好氧，产芽胞。

11）*Gracilibacillus lacisalsi* Jeon et al. 2008，sp. nov.（盐湖纤细芽胞杆菌），嗜盐，好氧，产芽胞。

12）*Gracilibacillus marinus* Huang et al. 2013，sp. nov.（海洋纤细芽胞杆菌），耐盐，好氧，产芽胞。

13）*Gracilibacillus massiliensis* Diop et al. 2017，sp. nov.（马赛纤细芽胞杆菌），嗜盐，好氧，不产芽胞。

14）*Gracilibacillus orientalis* Carrasco et al. 2006，sp. nov.（东边纤细芽胞杆菌），嗜盐，好氧，产芽胞。

15）*Gracilibacillus phocaeensis* Senghor et al. 2017，sp. nov.（弗凯亚纤细芽胞杆菌），耐盐，好氧，产芽胞。

16）*Gracilibacillus quinghaiensis* Chen et al. 2008，sp. nov.（青海纤细芽胞杆菌），嗜盐，好氧，产芽胞。

17）*Gracilibacillus saliphilus* Tang et al. 2009，sp. nov.（喜盐纤细芽胞杆菌），嗜盐，好氧，产芽胞。

18）*Gracilibacillus thailandensis* Chamroensaksri et al. 2010，sp. nov.（泰国纤细芽胞杆菌），嗜盐，好氧，产芽胞。

19）*Gracilibacillus timonensis* Diop et al. 2018，sp. nov.（泰门纤细芽胞杆菌），嗜盐，好氧，产芽胞。

20）*Gracilibacillus ureilyticus* Huo et al. 2010，sp. nov.（解尿素纤细芽胞杆菌），耐盐，好氧，产芽胞。

21）*Gracilibacillus xinjiangensis* Yang et al. 2013，sp. nov.（新疆纤细芽胞杆菌），嗜盐，好氧，产芽胞。

## 二十九、喜盐碱芽胞杆菌属（*Halalkalibacillus* Echigo et al. 2007，gen. nov.）

喜盐碱芽胞杆菌属（*Halalkalibacillus*）于2007年建立，包含2种，均嗜盐、好氧、产芽胞。

1）*Halalkalibacillus halophilus* Echigo et al. 2007，sp. nov.（嗜盐喜盐碱芽胞杆菌），模式种，嗜盐、嗜碱，好氧，产芽胞。

2）*Halalkalibacillus sediminis* He et al. 2019，sp. nov.（沉积物喜盐碱芽胞杆菌），嗜盐、嗜碱，好氧，产芽胞。

## 三十、喜盐芽胞杆菌属（*Halobacillus* Spring et al. 1996，gen. nov.）

喜盐芽胞杆菌属（*Halobacillus*）于2007年建立，包含26种，均嗜盐、好氧、产芽胞。

1）*Halobacillus aidingensis* Liu et al. 2005，sp. nov.（艾丁湖喜盐芽胞杆菌），嗜盐，好氧，产芽胞。

2）*Halobacillus alkaliphilus* Romano et al. 2008，sp. nov.（嗜碱喜盐芽胞杆菌），嗜盐、嗜碱，好氧，产芽胞。

3）*Halobacillus andaensis* Wang et al. 2015，sp. nov.（安达喜盐芽胞杆菌），嗜盐，好氧，产芽胞。

4）*Halobacillus blutaparonensis* Barbosa et al. 2006，sp. nov.（苋菜喜盐芽胞杆菌），未合格化，嗜盐，好氧，产芽胞。

5）*Halobacillus campisalis* Yoon et al. 2007，sp. nov.（盐田喜盐芽胞杆菌），嗜盐，好氧，产芽胞。

6）*Halobacillus dabanensis* Liu et al. 2005，sp. nov.（达班盐湖喜盐芽胞杆菌），嗜盐，好氧，产芽胞。

7）*Halobacillus faecis* An et al. 2007，sp. nov.（沉泥喜盐芽胞杆菌），嗜盐，好氧，产芽胞。

8）*Halobacillus halophilus* (Claus et al. 1984) Spring et al. 1996，comb. nov.（嗜盐喜盐芽胞杆菌），模式种，嗜盐，好氧，产芽胞，由 *Sporosarcina halophila* Claus et al. 1984 重分类而来。

9）*Halobacillus hunanensis* Peng et al. 2009，sp. nov.（湖南喜盐芽胞杆菌），未合格化，嗜盐，好氧，产芽胞。

10）*Halobacillus karajensis* Amoozegar et al. 2003，sp. nov.（卡拉季喜盐芽胞杆菌），嗜盐，好氧，产芽胞。

11）*Halobacillus kuroshimensis* Hua et al. 2007，sp. nov.（黑岛喜盐芽胞杆菌），嗜盐，

好氧，产芽胞。

12）*Halobacillus litoralis* Spring et al. 1996，sp. nov.（岸喜盐芽胞杆菌），嗜盐，好氧，产芽胞。

13）*Halobacillus locisalis* Yoon et al. 2004，sp. nov.（盐地喜盐芽胞杆菌），嗜盐，好氧，产芽胞。

14）*Halobacillus mangrovi* Soto-Ramírez et al. 2008，sp. nov.（红树喜盐芽胞杆菌），嗜盐，好氧，产芽胞。

15）*Halobacillus marinus* Panda et al. 2018，sp. nov.（海喜盐芽胞杆菌），嗜盐，好氧，产芽胞。

16）*Halobacillus massiliensis* Senghor et al. 2017，sp. nov.（马赛喜盐芽胞杆菌），未合格化，嗜盐，好氧，产芽胞。

17）*Halobacillus naozhouensis* Chen et al. 2012，sp. nov.（瑙洲喜盐芽胞杆菌），嗜盐，好氧，产芽胞。

18）*Halobacillus profundi* Hua et al. 2007，sp. nov.（深海喜盐芽胞杆菌），嗜盐，好氧，产芽胞。

19）*Halobacillus salicampi* Kim et al. 2016，sp. nov.（晒盐场喜盐芽胞杆菌），嗜盐，好氧，产芽胞。

20）*Halobacillus salinus* Yoon et al. 2003，sp. nov.（盐渍喜盐芽胞杆菌），嗜盐，好氧，产芽胞。

21）*Halobacillus salsuginis* Chen et al. 2009，sp. nov.（盐水喜盐芽胞杆菌），嗜盐，好氧，产芽胞。

22）*Halobacillus sediminis* Kim et al. 2015，sp. nov.（沉积物喜盐芽胞杆菌），嗜盐，好氧，产芽胞。

23）*Halobacillus seohaensis* Yoon et al. 2008，sp. nov.（黄海喜盐芽胞杆菌），嗜盐，好氧，产芽胞。

24）*Halobacillus thailandensis* Chaiyanan et al. 1999，sp. nov.（泰国喜盐芽胞杆菌），未合格化，嗜盐，好氧，产芽胞。

25）*Halobacillus trueperi* Spring et al. 1996，sp. nov.（楚氏喜盐芽胞杆菌），嗜盐，好氧，产芽胞。

26）*Halobacillus yeomjeoni* Yoon et al. 2005，sp. nov.（日光盐场喜盐芽胞杆菌），嗜盐，好氧，产芽胞。

## 三十一、盐乳杆菌属（***Halolactibacillus* Ishikawa et al. 2005，gen. nov.**）

盐乳杆菌属（*Halolactibacillus*）于 2005 年建立，包含 3 种，均为乳酸菌，嗜盐、嗜碱、兼性厌氧、不产芽胞。

1）*Halolactibacillus alkaliphilus* Cao et al. 2008，sp. nov.（嗜碱盐乳杆菌），乳酸菌，嗜盐、嗜碱，兼性厌氧，不产芽胞。

2）*Halolactibacillus halophilus* Ishikawa et al. 2005，sp. nov.（嗜盐盐乳杆菌），模式种，乳酸菌，嗜盐、嗜碱，兼性厌氧，不产芽胞。

3）*Halolactibacillus miurensis* Ishikawa et al. 2005，sp. nov.（三浦半岛盐乳杆菌），乳酸菌，嗜盐、嗜碱，兼性厌氧，不产芽胞。

## 三十二、解氢芽胞杆菌属（*Hydrogenibacillus* Kämpfer et al. 2013，gen. nov.）

解氢芽胞杆菌属（*Hydrogenibacillus*）于 2013 年建立，仅有 1 种，兼性厌氧，产芽胞。

*Hydrogenibacillus schlegelii* (Schenk and Aragno 1981) Kämpfer et al. 2013，comb. nov.（施氏解氢芽胞杆菌），模式种，嗜热，兼性厌氧，产芽胞，由 *Bacillus schlegelii* Schenk and Aragno 1981 重分类而来。

## 三十三、吉林芽胞杆菌属（*Jilinibacillus* Liu et al. 2015，gen. nov.）

吉林芽胞杆菌属（*Jilinibacillus*）于 2015 年建立，仅有 1 种，好氧，产芽胞。

*Jilinibacillus soli* Liu et al. 2014，sp. nov.（土壤吉林芽胞杆菌），好氧，产芽胞。

## 三十四、慢生芽胞杆菌属（*Lentibacillus* Yoon et al. 2002，gen. nov.）

慢生芽胞杆菌属（*Lentibacillus*）于 2002 年建立，包含 19 种，好氧或兼性厌氧，绝大多数种类嗜盐、产芽胞。

1）*Lentibacillus alimentarius* Sundararaman et al. 2018，sp. nov.（食品慢生芽胞杆菌），好氧，产芽胞。

2）*Lentibacillus amyloliquefaciens* Wang et al. 2016，sp. nov.（解淀粉慢生芽胞杆菌），嗜盐，好氧，不产芽胞。

3）*Lentibacillus garicola* Jung et al. 2015，sp. nov.（鱼酱油慢生芽胞杆菌），嗜盐，好氧，不产芽胞。

4）*Lentibacillus halodurans* Yuan et al. 2007，sp. nov.（耐盐慢生芽胞杆菌），嗜盐，好氧，产芽胞。

5）*Lentibacillus halophilus* Tanasupawat et al. 2006，sp. nov.（嗜盐慢生芽胞杆菌），嗜盐，好氧，产芽胞。

6）*Lentibacillus jeotgali* Jung et al. 2010，sp. nov.（咸海鲜慢生芽胞杆菌），嗜盐，好氧，产芽胞。

7）*Lentibacillus juripiscarius* Namwong et al. 2005，sp. nov.（鱼酱慢生芽胞杆菌），嗜盐，好氧，产芽胞。

8）*Lentibacillus kapialis* Pakdeeto et al. 2007，sp. nov.（虾酱慢生芽胞杆菌），嗜盐，好氧，产芽胞。

9）*Lentibacillus kimchii* Oh et al. 2016，sp. nov.（泡菜慢生芽胞杆菌），嗜盐，好氧，

产芽胞。

10）*Lentibacillus lacisalsi* Lim et al. 2005，sp. nov.（盐湖慢生芽胞杆菌），嗜盐，好氧，产芽胞。

11）*Lentibacillus lipolyticus* Booncharoen et al. 2019，sp. nov.（解脂肪慢生芽胞杆菌），嗜盐，好氧，产芽胞。

12）*Lentibacillus massiliensis* Senghor et al. 2017，sp. nov.（马赛慢生芽胞杆菌），未合格化，嗜盐，好氧，产芽胞。

13）*Lentibacillus persicus* Sánchez-Porro et al. 2010，sp. nov.（波斯慢生芽胞杆菌），嗜盐，兼性厌氧，产芽胞。

14）*Lentibacillus populi* Sun et al. 2016，sp. nov.（杨树慢生芽胞杆菌），嗜盐，好氧，产芽胞。

15）*Lentibacillus salarius* Jeon et al. 2005，sp. nov.（盐沉积物慢生芽胞杆菌），嗜盐，好氧，产芽胞。

16）*Lentibacillus salicampi* Yoon et al. 2002，sp. nov.（盐田慢生芽胞杆菌），模式种，嗜盐，好氧，产芽胞。

17）*Lentibacillus salinarum* Lee et al. 2008，sp. nov.（盐场慢生芽胞杆菌），嗜盐，兼性厌氧，产芽胞。

18）*Lentibacillus salis* Lee et al. 2008，sp. nov.（盐慢生芽胞杆菌），嗜盐，好氧，产芽胞。

19）*Lentibacillus sediminis* Guo et al. 2017，sp. nov.（沉积物慢生芽胞杆菌），嗜盐，兼性厌氧，产芽胞。

## 三十五、青螺芽胞杆菌属（***Lottiidibacillus*** **Liu et al. 2019，gen. nov.**）

青螺芽胞杆菌属（*Lottiidibacillus*）于 2019 年建立，仅有 1 种，好氧，不产芽胞。

*Lottiidibacillus patelloidae* Liu et al. 2019，sp. nov.（莲花青螺芽胞杆菌），好氧，不产芽胞。

## 三十六、海洋芽胞杆菌属（***Maribacillus*** **Liu et al. 2019，gen. nov.**）

海洋芽胞杆菌属（*Maribacillus*）于 2019 年建立，仅有 1 种，好氧，产芽胞。

*Maribacillus taeanensis* (Lim et al. 2006) Liu et al. 2019，gen. nov.，comb. nov.（大安海洋芽胞杆菌），好氧，产芽胞，由 *Bacillus taeanensis* Lim et al. 2006 重分类而来。

## 三十七、海洋球菌属（***Marinococcus*** **Hao et al. 1985，gen. nov.**）

海洋球菌属（*Marinococcus*）于 1985 年建立，包含 5 种，好氧或兼性厌氧，均不产芽胞。

1）*Marinococcus halophilus* (Novitsky and Kushner 1976) Hao et al. 1985，comb. nov.

（嗜盐海洋球菌），模式种，好氧，不产芽胞，由 *Planococcus halophilus* Novitsky and Kushner 1976 重分类而来。

2）*Marinococcus halotolerans* Li et al. 2005，sp. nov.（耐盐海洋球菌），好氧，不产芽胞。

3）*Marinococcus luteus* Wang et al. 2009，sp. nov.（橙色海洋球菌），耐盐，好氧，不产芽胞。

4）*Marinococcus salis* Vishnuvardhan et al. 2017，sp. nov.（盐海洋球菌），嗜盐，兼性厌氧，不产芽胞。

5）*Marinococcus tarijensis* Balderrama et al. 2013，sp. nov.（塔里哈海洋球菌），嗜盐，好氧，不产芽胞。

变动：

1）*Marinococcus albus* Hao et al. 1985，sp. nov.（白海洋球菌）→*Salimicrobium album* (Hao et al. 1985) Yoon et al. 2007，comb. nov.

2）*Marinococcus hispanicus* Marquez et al. 1990，sp. nov.（西班牙海洋球菌）→ *Salinicoccus hispanicus* (Marquez et al. 1990) Ventosa et al. 1993，comb. nov.

## 三十八、马赛小杆菌属（*Massilibacterium* Tidjani Alou et al. 2016，gen. nov.）

马赛小杆菌属（*Massilibacterium*）于 2016 年建立，仅有 1 种，兼性厌氧，产芽胞。

*Massilibacterium senegalense* Tidjani Alou et al. 2016，sp. nov.（塞内加尔马赛小杆菌），兼性厌氧，产芽胞。

## 三十九、迈勒吉尔芽胞杆菌属（*Melghiribacillus* Addou et al. 2015，gen. nov.）

迈勒吉尔芽胞杆菌属（*Melghiribacillus*）于 2015 年建立，仅有 1 种，丝状生长，好氧，产芽胞。

*Melghiribacillus thermohalophilus* Addou et al. 2015，sp. nov.（热嗜盐迈勒吉尔芽胞杆菌），丝状生长，嗜热、嗜盐，好氧，产芽胞。

## 四十、微好氧杆菌属（*Microaerobacter* Khelifi et al. 2011，gen. nov.）

微好氧杆菌属（*Microaerobacter*）于 2011 年建立，仅有 1 种，微好氧，未观察到芽胞。

*Microaerobacter geothermalis* Khelifi et al. 2011，sp. nov.（地热微好氧杆菌），嗜热，微好氧，未观察到芽胞。

## 四十一、高钠芽胞杆菌属（*Natribacillus* Echigo et al. 2012，gen. nov.）

高钠芽胞杆菌属（*Natribacillus*）于 2012 年建立，仅有 1 种，好氧，产芽胞。

*Natribacillus halophilus* Echigo et al. 2012，sp. nov.（嗜盐高钠芽胞杆菌），嗜盐、耐碱，好氧，产芽胞。

## 四十二、嗜碱芽胞杆菌属（***Natronobacillus*** **Sorokin et al. 2009，gen. nov.**）

嗜碱芽胞杆菌属（*Natronobacillus*）于 2009 年建立，仅有 1 种，厌氧，产芽胞。

*Natronobacillus azotifigens* Sorokin et al. 2009，sp. nov.（固氮嗜碱芽胞杆菌），嗜碱、耐盐，固氮，厌氧（耐氧），产芽胞。

## 四十三、努米底菌属（***Numidum*** **Tidjani Alou et al. 2016，gen. nov.**）

努米底菌属（*Numidum*）于 2016 年建立，仅有 1 种，兼性厌氧，产芽胞。

*Numidum massiliense* Tidjani Alou et al. 2016，sp. nov.（马赛努米底菌），兼性厌氧，产芽胞。

## 四十四、大洋芽胞杆菌属（***Oceanobacillus*** **Lu et al. 2002，gen. nov.**）

大洋芽胞杆菌属（*Oceanobacillus*）于 2002 年建立，包含 34 种，绝大多数嗜盐或耐盐，好氧或兼性厌氧，均产芽胞。

1）*Oceanobacillus aidingensis* Liu and Yang et al. 2014，sp. nov.（艾丁大洋芽胞杆菌），嗜盐，好氧，产芽胞。

2）*Oceanobacillus arenosus* Kim et al. 2015，sp. nov.（海沙大洋芽胞杆菌），嗜盐，好氧，产芽胞。

3）*Oceanobacillus bengalensis* Ouyang et al. 2016，sp. nov.（孟加拉湾大洋芽胞杆菌），嗜盐，好氧，产芽胞。

4）*Oceanobacillus caeni* Nam et al. 2008，sp. nov.（淤泥大洋芽胞杆菌），耐盐，好氧，产芽胞。

5）*Oceanobacillus chironomi* Raats and Halpern 2007，sp. nov.（摇蚊大洋芽胞杆菌），耐盐、嗜碱，好氧，产芽胞。

6）*Oceanobacillus chungangensis* Lee et al. 2013，sp. nov.（中央大洋芽胞杆菌），耐盐，好氧，产芽胞。

7）*Oceanobacillus damuensis* Long et al. 2015，sp. nov.（达木斯乡大洋芽胞杆菌），嗜盐，好氧，产芽胞。

8）*Oceanobacillus endoradicis* Yang et al. 2016，sp. nov.（根内生大洋芽胞杆菌），耐盐，好氧，产芽胞。

9）*Oceanobacillus gochujangensis* Jang et al. 2014，sp. nov.（苦椒酱大洋芽胞杆菌），嗜盐，好氧，产芽胞。

10）*Oceanobacillus halophilum* Tang et al. 2014，sp. nov.（嗜盐大洋芽胞杆菌），嗜盐，好氧，产芽胞。

11）*Oceanobacillus halophilus* Amoozegar et al. 2016，sp. nov.（好盐大洋芽胞杆菌），嗜盐，好氧，产芽胞。

12）*Oceanobacillus halotolerans* Zhu et al. 2019，sp. nov.（耐盐大洋芽胞杆菌），嗜盐，好氧，产芽胞。

13）*Oceanobacillus iheyensis* Lu et al. 2002，sp. nov.（伊平屋桥大洋芽胞杆菌），模式种，耐盐、嗜碱，好氧，产芽胞。

14）*Oceanobacillus indicireducens* Hirota et al. 2013，sp. nov.（靛蓝降解大洋芽胞杆菌），嗜盐、嗜碱，兼性厌氧，产芽胞。

15）*Oceanobacillus jeddahense* Khelaifia et al. 2016，sp. nov.（吉达大洋芽胞杆菌），嗜盐，好氧，产芽胞。

16）*Oceanobacillus kapialis* Namwong et al. 2009，sp. nov.（虾酱大洋芽胞杆菌），嗜盐，好氧，产芽胞。

17）*Oceanobacillus kimchii* Whon et al. 2011，sp. nov.（泡菜大洋芽胞杆菌），嗜盐，好氧，产芽胞。

18）*Oceanobacillus limi* Amoozegar et al. 2014，sp. nov.（泥浆大洋芽胞杆菌），嗜盐，好氧，产芽胞。

19）*Oceanobacillus locisalsi* Lee et al. 2010，sp. nov.（盐场大洋芽胞杆菌），嗜盐，兼性厌氧，产芽胞。

20）*Oceanobacillus longus* Amoozegar et al. 2016，sp. nov.（长杆大洋芽胞杆菌），嗜盐，好氧，产芽胞。

21）*Oceanobacillus luteolus* Wu et al. 2014，sp. nov.（浅黄大洋芽胞杆菌），好氧，产芽胞。

22）*Oceanobacillus manasiensis* Wang et al. 2013，sp. nov.（玛纳斯大洋芽胞杆菌），嗜盐，好氧，产芽胞。

23）*Oceanobacillus massiliensis* Roux et al. 2013，sp. nov.（马赛大洋芽胞杆菌），好氧，产芽胞。

24）*Oceanobacillus neutriphilus* Yang et al. 2010，sp. nov.（中性大洋芽胞杆菌），嗜盐，好氧，产芽胞。

25）*Oceanobacillus oncorhynchi* Yumoto et al. 2005，sp. nov.（小鳟鱼大洋芽胞杆菌），耐盐、嗜碱，好氧，产芽胞。

26）*Oceanobacillus pacificus* Yu et al. 2014，sp. nov.（太平洋大洋芽胞杆菌），嗜盐，好氧，产芽胞。

27）*Oceanobacillus picturae* (Heyrman et al. 2003) Lee et al. 2006，comb. nov.（图画大洋芽胞杆菌），嗜盐，好氧，产芽胞，由 *Virgibacillus picturae* Heyrman et al. 2003 重分类而来。

28）*Oceanobacillus piezotolerans* Yu et al. 2019，sp. nov.（耐压大洋芽胞杆菌），嗜盐，好氧，产芽胞。

29）*Oceanobacillus polygoni* Hirota et al. 2013，sp. nov.（蓼蓝大洋芽胞杆菌），乳酸

菌，嗜盐、嗜碱，兼性厌氧，产芽胞。

30）*Oceanobacillus profundus* Kim et al. 2007，sp. nov.（深层大洋芽胞杆菌），耐盐、嗜碱，好氧，产芽胞。

31）*Oceanobacillus rekensis* Long et al. 2015，sp. nov.（恰热克镇大洋芽胞杆菌），嗜盐，好氧，产芽胞。

32）*Oceanobacillus senegalensis* Senghor et al. 2019，sp. nov.（塞内加尔大洋芽胞杆菌），嗜盐，好氧，产芽胞。

33）*Oceanobacillus sojae* corrig. Tominaga et al. 2009，sp. nov.（大豆大洋芽胞杆菌），嗜盐，好氧，产芽胞。

34）*Oceanobacillus timonensis* Senghor et al. 2019，sp. nov.（泰门大洋芽胞杆菌），嗜盐，好氧，产芽胞。

## 四十五、鸟氨酸芽胞杆菌属（***Ornithinibacillus*** **Mayr et al. 2006，gen. nov.**）

鸟氨酸芽胞杆菌属（*Ornithinibacillus*）于 2006 年建立，包含 12 种，大多数种类嗜盐或耐盐，均好氧、产芽胞。

1）*Ornithinibacillus bavariensis* Mayr et al. 2006，sp. nov.（巴伐利亚鸟氨酸芽胞杆菌），模式种，嗜盐，好氧，产芽胞。

2）*Ornithinibacillus bengalensis* Ouyang et al. 2015，sp. nov.（孟加拉湾大洋芽胞杆菌），嗜盐，好氧，产芽胞。

3）*Ornithinibacillus californiensis* Mayr et al. 2006，sp. nov.（加利福尼亚鸟氨酸芽胞杆菌），嗜盐，好氧，产芽胞。

4）*Ornithinibacillus composti* Lu et al. 2015，sp. nov.（堆肥鸟氨酸芽胞杆菌），好氧，产芽胞。

5）*Ornithinibacillus contaminans* Kämpfer et al. 2010，sp. nov.（污血鸟氨酸芽胞杆菌），好氧，产芽胞。

6）*Ornithinibacillus gellani* Qu et al. 2019，sp. nov.（结冷胶鸟氨酸芽胞杆菌），嗜盐，好氧，产芽胞。

7）*Ornithinibacillus halophilus* Bagheri et al. 2013，sp. nov.（喜盐鸟氨酸芽胞杆菌），嗜盐，好氧，产芽胞。

8）*Ornithinibacillus halotolerans* Lu et al. 2014，sp. nov.（耐盐鸟氨酸芽胞杆菌），耐盐，好氧，产芽胞。

9）*Ornithinibacillus heyuanensis* Wu et al. 2014，sp. nov.（河源鸟氨酸芽胞杆菌），嗜盐，好氧，产芽胞。

10）*Ornithinibacillus massiliensis* Pham et al. 2017，sp. nov.（马赛鸟氨酸芽胞杆菌），未合格化，好氧，产芽胞。

11）*Ornithinibacillus salinisoli* Gan et al. 2018，sp. nov.（盐土鸟氨酸芽胞杆菌），嗜盐，好氧，产芽胞。

12）*Ornithinibacillus scapharcae* Shin et al. 2012，sp. nov.（拾蛤鸟氨酸芽胞杆菌），好氧，产芽胞。

## 四十六、副地芽胞杆菌属（*Parageobacillus* Aliyu et al. 2019，gen. nov.）

副地芽胞杆菌属（*Parageobacillus*）于 2019 年建立，包含 4 种，均由地芽胞杆菌属重分类而来，嗜热，好氧，产芽胞。

1）*Parageobacillus caldoxylosilyticus* (Ahmad et al. 2000) Aliyu et al. 2016，comb. nov.（热解木糖副地芽胞杆菌），嗜热，好氧，产芽胞，由 *Geobacillus caldoxylosilyticus* (Ahmad et al. 2000) Fortina et al. 2001，comb. nov.重分类而来。

2）*Parageobacillus thermantarcticus* (Nicolaus et al. 2002) Aliyu et al. 2016，comb. nov.（热南极副地芽胞杆菌），嗜热，好氧，产芽胞，由 *Geobacillus thermantarcticus* Nicolaus et al. 2002 重分类而来。

3）*Parageobacillus thermoglucosidasius* (Suzuki et al. 1984) Aliyu et al. 2016，comb. nov.（热稳葡萄糖苷酶副地芽胞杆菌），模式种，嗜热，好氧，产芽胞，由 *Geobacillus thermoglucosidasius* Suzuki et al. 1984 重分类而来。

4）*Parageobacillus toebii* (Sung et al. 2002) Aliyu et al. 2016，comb. nov.（就地堆肥副地芽胞杆菌），嗜热，好氧，产芽胞，由 *Geobacillus toebii* Sung et al. 2002 重分类而来。

## 四十七、海境芽胞杆菌属（*Paraliobacillus* Ishikawa et al. 2003，gen. nov.）

海境芽胞杆菌属（*Paraliobacillus*）于 2003 年建立，包含 4 种，嗜盐，好氧或兼性厌氧，产芽胞。

1）*Paraliobacillus quinghaiensis* Chen et al. 2009，sp. nov.（青海海境芽胞杆菌），嗜盐，好氧，产芽胞。

2）*Paraliobacillus ryukyuensis* Ishikawa et al. 2003，sp. nov.（琉球海境芽胞杆菌），模式种，嗜盐，兼性厌氧，产芽胞。

3）*Paraliobacillus sediminis* Cao et al. 2017，sp. nov.（沉积物海境芽胞杆菌），嗜盐，兼性厌氧，产芽胞。

4）*Paraliobacillus zengyii* Wang et al. 2019，sp. nov.（曾毅海境芽胞杆菌），嗜盐，兼性厌氧，产芽胞。

## 四十八、副碱芽胞杆菌属（*Paralkalibacillus* Hirota et al. 2017，gen. nov.）

副碱芽胞杆菌属（*Paralkalibacillus*）于 2017 年建立，仅有 1 种，嗜碱，兼性厌氧，产芽胞。

*Paralkalibacillus indicireducens* Hirota et al. 2017，sp. nov.（靛蓝还原副碱芽胞杆菌），嗜碱，兼性厌氧，产芽胞。

## 四十九、少盐芽胞杆菌属（*Paucisalibacillus* Nunes et al. 2006，gen. nov.）

少盐芽胞杆菌属（*Paucisalibacillus*）于 2006 年建立，包含 2 种，均好氧、产芽胞。

1）*Paucisalibacillus algeriensis* Bendjama et al. 2014，sp. nov.（阿尔及利亚少盐芽胞杆菌），好氧，产芽胞。

2）*Paucisalibacillus globulus* Nunes et al. 2006，sp. nov.（小球状少盐芽胞杆菌），模式种，好氧，产芽胞。

## 五十、海洋杆菌属（*Pelagirhabdus* Sultanpuram et al. 2016，gen. nov.）

海洋杆菌属（*Pelagirhabdus*）于 2016 年建立，包含 2 种，均嗜碱、兼性厌氧、不产芽胞或未观察到芽胞。

1）*Pelagirhabdus alkalitolerans* Sultanpuram et al. 2016，sp. nov.（耐碱海洋杆菌），模式种，嗜碱，兼性厌氧，不产芽胞。

2）*Pelagirhabdus fermentum* (Zhilina et al. 2002) Sultanpuram et al. 2016，sp. nov.（发酵海洋杆菌），嗜碱，兼性厌氧，未观察到芽胞，由 *Amphibacillus fermentum* Zhilina et al. 2002 重分类而来。

## 五十一、鱼芽胞杆菌属（*Piscibacillus* Tanasupawat et al. 2007，gen. nov.）

鱼芽胞杆菌属（*Piscibacillus*）于 2007 年建立，包含 2 种，好氧或兼性厌氧，产芽胞。

1）*Piscibacillus halophilus* Amoozegar et al. 2009，sp. nov.（嗜盐鱼芽胞杆菌），嗜盐，兼性厌氧，产芽胞。

2）*Piscibacillus salipiscarius* Tanasupawat et al. 2007，sp. nov.（盐鱼鱼芽胞杆菌），模式种，嗜盐，好氧，产芽胞。

## 五十二、蓼芽胞杆菌属（*Polygonibacillus* Hirota et al. 2016，gen. nov.）

蓼芽胞杆菌属（*Polygonibacillus*）于 2016 年建立，仅有 1 种，兼性厌氧，产芽胞。

*Polygonibacillus indicireducens* Hirota et al. 2016，sp. nov.（靛蓝还原蓼芽胞杆菌），嗜盐、嗜碱，兼性厌氧，产芽胞。

## 五十三、海芽胞杆菌属（*Pontibacillus* Lim et al. 2005，gen. nov.）

海芽胞杆菌属（*Pontibacillus*）于 2005 年建立，包含 7 种，好氧或兼性厌氧，均嗜盐、产芽胞。

1）*Pontibacillus chungwhensis* Lim et al. 2005，sp. nov.（从化海芽胞杆菌），模式种，

嗜盐，好氧，产芽胞。

2）*Pontibacillus halophilus* Chen et al. 2009，sp. nov.（嗜盐海芽胞杆菌），嗜盐，好氧，产芽胞。

3）*Pontibacillus litoralis* Chen et al. 2010，sp. nov.（岸滨海芽胞杆菌），嗜盐，兼性厌氧，产芽胞。

4）*Pontibacillus marinus* Lim et al. 2005，sp. nov.（海洋海芽胞杆菌），嗜盐，好氧，产芽胞。

5）*Pontibacillus salicampi* Lee et al. 2015，sp. nov.（盐田海芽胞杆菌），嗜盐，好氧，产芽胞。

6）*Pontibacillus salipaludis* Sultanpuram et al. 2016，sp. nov.（盐池海芽胞杆菌），嗜盐，兼性厌氧，产芽胞。

7）*Pontibacillus yanchengensis* Yang et al. 2011，sp. nov.（盐城海芽胞杆菌），嗜盐，好氧，产芽胞。

## 五十四、普氏菌属（***Pradoshia*** **Saha et al. 2019，gen. nov.**）

普氏菌属（*Pradoshia*）于 2019 年建立，仅有 1 种，好氧，产芽胞。

*Pradoshia eiseniae* Saha et al. 2019，sp. nov.（爱胜蚓普氏菌），好氧，产芽胞。

## 五十五、假芽胞杆菌属（***Pseudobacillus*** **Verma et al. 2019，gen. nov.**）

假芽胞杆菌属（*Pseudobacillus*）于 2019 年建立，包含 2 种，均好氧、产芽胞。

1）*Pseudobacillus badius* (Batchelor 1919) Verma et al. 2019，comb. nov.（栗褐假芽胞杆菌），模式种，好氧，产芽胞。

2）*Pseudobacillus wudalianchiensis* (Liu et al. 2017) Verma et al. 2019，comb. nov.（五大连池假芽胞杆菌），好氧，产芽胞。

## 五十六、假纤细芽胞杆菌属（***Pseudogracilibacillus*** **Glaeser et al. 2014，gen. nov.**）

假纤细芽胞杆菌属（*Pseudogracilibacillus*）于 2014 年建立，包含 3 种，均好氧、产芽胞。

1）*Pseudogracilibacillus auburnensis* Glaeser et al. 2014，sp. nov.（奥本假纤细芽胞杆菌），模式种，好氧，产芽胞。

2）*Pseudogracilibacillus endophyticus* Park et al. 2018，sp. nov.（内生假纤细芽胞杆菌），嗜热、嗜盐，好氧，产芽胞。

3）*Pseudogracilibacillus marinus* Verma et al. 2016，sp. nov.（海洋假纤细芽胞杆菌），嗜盐，好氧，产芽胞。

## 五十七、普洱芽胞杆菌属（*Pueribacillus* Wang et al. 2018，gen. nov.）

普洱芽胞杆菌属（*Pueribacillus*）于 2018 年建立，仅有 1 种，好氧，产芽胞。

*Pueribacillus theae* Wang et al. 2018，sp. nov.（茶树普洱芽胞杆菌），好氧，产芽胞。

## 五十八、类似芽胞杆菌属（*Quasibacillus* Verma et al. 2017，gen. nov.）

类似芽胞杆菌属（*Quasibacillus*）于 2017 年建立，仅有 1 种，好氧，产芽胞。

*Quasibacillus thermotolerans* (Yang et al. 2013) Verma et al. 2017，gen. nov.，comb. nov.（耐热类似芽胞杆菌），好氧，产芽胞，由耐温芽胞杆菌 *Bacillus thermotolerans* Yang et al. 2013 重分类而来。

## 五十九、红发婴儿菌属（*Rubeoparvulum* Tidjani Alou et al. 2016，gen. nov.）

红发婴儿菌属（*Rubeoparvulum*）于 2016 年建立，仅有 1 种，兼性厌氧，产芽胞。

*Rubeoparvulum massiliense* Tidjani Alou et al. 2016，sp. nov.（马赛红发婴儿菌），兼性厌氧，产芽胞。

## 六十、糖球菌属（*Saccharococcus* Nystrand 1984，gen. nov.）

糖球菌属（*Saccharococcus*）于 1984 年建立，仅有 1 种，好氧，不产芽胞。

*Saccharococcus thermophilus* Nystrand 1984，sp. nov.（嗜热糖球菌），乳酸菌，嗜热，好氧，不产芽胞。

变动：*Saccharococcus caldoxylosilyticus* Ahmad et al. 2000，sp. nov. → *Geobacillus caldoxylosilyticus* (Ahmad et al. 2000) Fortina et al. 2001，comb. nov.→*Parageobacillus caldoxylosilyticus* Aliyu et al. 2019，comb. nov.（热解木糖副地芽胞杆菌），嗜热，好氧，产芽胞。

## 六十一、盐小杆菌属（*Salibacterium* Reddy et al. 2015，gen. nov.）

盐小杆菌属（*Salibacterium*）于 2015 年建立，包含 5 种，好氧或兼性厌氧，不产芽胞或未观察到芽胞。

1）*Salibacterium halochares* (Pappa et al. 2010) Reddy et al. 2015，comb. nov.（喜盐盐小杆菌），嗜盐，好氧，未观察到芽胞，由 *Bacillus halochares* Pappa et al. 2010 重分类而来。

2）*Salibacterium halotolerans* Reddy et al. 2015，sp. nov.（耐盐盐小杆菌），模式种，嗜盐，兼性厌氧，不产芽胞。

3）*Salibacterium lacus* Wang et al. 2018，sp. nov.（盐湖盐小杆菌），嗜盐，好氧，不产芽胞。

4）*Salibacterium nitratireducens* Singh et al. 2018，sp. nov.（硝酸盐还原盐小杆菌），嗜盐，好氧，未观察到芽胞。

5）*Salibacterium qingdaonense* (Wang et al. 2007) Reddy et al. 2015，comb. nov.（青岛盐小杆菌），嗜盐、嗜碱，好氧，不产芽胞，由 *Bacillus qingdaonensis* Wang et al. 2007 重分类而来。

## 六十二、嗜盐杆菌属（***Salicibibacter*** **Jang et al. 2018，gen. nov.**）

嗜盐杆菌属（*Salicibibacter*）于 2018 年建立，包含 2 种，均嗜盐、好氧、不产芽胞。

1）*Salicibibacter kimchii* Jang et al. 2018，gen. nov.，sp. nov.（泡菜嗜盐杆菌），嗜盐、耐碱，好氧，不产芽胞。

2）*Salicibibacter halophilus* Oh et al. 2019，sp. nov.（喜盐嗜盐杆菌），嗜盐，好氧，不产芽胞。

## 六十三、盐微菌属（***Salimicrobium*** **Yoon et al. 2007，gen. nov.**）

盐微菌属（*Salimicrobium*）于 2007 年建立，包含 6 种，均嗜盐、好氧、不产芽胞。

1）*Salimicrobium album* (Hao et al. 1985) Yoon et al. 2007，comb. nov.（白盐微菌），模式种，嗜盐，好氧，不产芽胞，由 *Marinococcus albus* Hao et al. 1985 重分类而来。

2）*Salimicrobium flavidum* Yoon et al. 2009，sp. nov.（浅黄盐微菌），嗜盐，好氧，不产芽胞。

3）*Salimicrobium halophilum* (Ventosa et al. 1990) Yoon et al. 2007，comb. nov.（嗜盐盐微菌），嗜盐，好氧，不产芽胞，由 *Bacillus halophilus* Ventosa et al. 1990 重分类而来。

4）*Salimicrobium jeotgali* Choi et al. 2014，sp. nov.（咸海鲜盐微菌），嗜盐，好氧，不产芽胞。

5）*Salimicrobium luteum* Yoon et al. 2007，sp. nov.（黄色盐微菌），嗜盐，好氧，不产芽胞。

6）*Salimicrobium salexigens* de la Haba et al. 2011，sp. nov.（需盐盐微菌），嗜盐，好氧，不产芽胞。

## 六十四、盐渍芽胞杆菌属（***Salinibacillus*** **Ren and Zhou 2005，gen. nov.**）

盐渍芽胞杆菌属（*Salinibacillus*）于 2005 年建立，包含 3 种，均嗜盐、好氧、产芽胞。

1）*Salinibacillus aidingensis* Ren and Zhou 2005，sp. nov.（艾丁湖盐渍芽胞杆菌），模式种，嗜盐，好氧，产芽胞。

2）*Salinibacillus kushneri* Ren and Zhou 2005，sp. nov.（库氏盐渍芽胞杆菌），嗜盐，好氧，产芽胞。

3）*Salinibacillus xinjiangensis* Yang et al. 2014，sp. nov.（新疆盐渍芽胞杆菌），嗜盐，好氧，产芽胞。

## 六十五、盐沼芽胞杆菌属（*Salipaludibacillus* Sultanpuram and Mothe 2016，gen. nov.）

盐沼芽胞杆菌属（*Salipaludibacillus*）于 2016 年建立，包含 5 种，均嗜盐、好氧、产芽胞。

1）*Salipaludibacillus agaradhaerens* (Nielsen et al. 1995) Sultanpuram and Mothe 2016，comb. nov.（黏琼脂盐沼芽胞杆菌），嗜盐，兼性厌氧，产芽胞，由 *Bacillus agaradhaerens* Nielsen et al. 1995 重分类而来。

2）*Salipaludibacillus aurantiacus* Sultanpuram and Mothe 2016，sp. nov.（橘色盐沼芽胞杆菌），模式种，嗜盐，好氧，产芽胞。

3）*Salipaludibacillus halalkaliphilus* Amoozegar et al. 2018，sp. nov.（嗜盐碱盐沼芽胞杆菌），嗜盐、嗜碱，兼性厌氧，产芽胞。

4）*Salipaludibacillus keqinensis* Wang et al. 2019，sp. nov.（克钦湖盐沼芽胞杆菌），嗜盐、嗜碱，好氧，产芽胞。

5）*Salipaludibacillus neizhouensis* (Chen et al. 2009) Sultanpuram and Mothe 2016，comb. nov.（雷州盐沼芽胞杆菌），嗜盐、嗜碱，兼性厌氧，产芽胞，由 *Bacillus neizhouensis* Chen et al. 2009 重分类而来。

## 六十六、居盐杆菌属（*Salirhabdus* Albuquerque et al. 2007，gen. nov.）

居盐杆菌属（*Salirhabdus*）于 2007 年建立，包含 2 种，均嗜盐、好氧、产芽胞。

1）*Salirhabdus euzebyi* Albuquerque et al. 2007，sp. nov.（厄泽比氏居盐杆菌），模式种，嗜盐，好氧，产芽胞。

2）*Salirhabdus salicampi* Lee and Whang 2017，sp. nov.（盐田居盐杆菌），嗜盐，好氧，产芽胞。

## 六十七、盐沉积物小杆菌属（*Salisediminibacterium* Jiang et al. 2012，gen. nov.）

盐沉积物小杆菌属（*Salisediminibacterium*）于 2012 年建立，包含 3 种，均嗜盐、兼性厌氧，产芽胞或不产芽胞。

1）*Salisediminibacterium haloalkalitolerans* Sultanpuram et al. 2015，sp. nov.（耐盐碱盐沉积物小杆菌），嗜盐、嗜碱，兼性厌氧，不产芽胞。

2）*Salisediminibacterium halotolerans* Jiang et al. 2012，sp. nov.（耐盐盐沉积物小杆菌），模式种，嗜盐、耐碱，兼性厌氧，不产芽胞。

3）*Salisediminibacterium locisalis* (Márquez et al. 2011) Sultanpuram et al. 2015，comb. nov.（盐田盐沉积物小杆菌），嗜盐、嗜碱，兼性厌氧，产芽胞，由 *Bacillus locisalis* Márquez et al. 2011 重分类。

## 六十八、居盐土芽胞杆菌属（*Saliterribacillus* Amoozegar et al. 2013，gen. nov.）

居盐土芽胞杆菌属（*Saliterribacillus*）于 2013 年建立，仅有 1 种，嗜盐、好氧、产芽胞。

*Saliterribacillus persicus* Amoozegar et al. 2013，sp. nov.（波斯居盐土芽胞杆菌），嗜盐，好氧，产芽胞。

## 六十九、栖盐水芽胞杆菌属（*Salsuginibacillus* Carrasco et al. 2007，gen. nov.）

栖盐水芽胞杆菌属（*Salsuginibacillus*）于 2007 年建立，包含 2 种，均嗜盐、好氧、产芽胞。

1）*Salsuginibacillus halophilus* Cao et al. 2010，sp. nov.（嗜盐栖盐水芽胞杆菌），嗜盐、耐碱，好氧，产芽胞。

2）*Salsuginibacillus kocurii* Carrasco et al. 2007，sp. nov.（考氏栖盐水芽胞杆菌），模式种，嗜盐、耐碱，好氧，产芽胞。

## 七十、沉积物芽胞杆菌属（*Sediminibacillus* Carrasco et al. 2008，gen. nov.）

沉积物芽胞杆菌属（*Sediminibacillus*）于 2008 年建立，包含 4 种，嗜盐，好氧或兼性厌氧，仅模式种不产芽胞。

1）*Sediminibacillus albus* Wang et al. 2009，sp. nov.（白色沉积物芽胞杆菌），嗜盐，好氧，产芽胞。

2）*Sediminibacillus halophilus* Carrasco et al. 2008，sp. nov.（嗜盐沉积物芽胞杆菌），模式种，嗜盐，兼性厌氧，不产芽胞。

3）*Sediminibacillus massiliensis* Senghor et al. 2018，sp. nov.（马赛沉积物芽胞杆菌），嗜盐，好氧，产芽胞。

4）*Sediminibacillus terrae* Wu et al. 2019，sp. nov.（土壤沉积物芽胞杆菌），嗜盐，好氧，产芽胞。

## 七十一、中华芽胞杆菌属（*Sinibacillus* Yang and Zhou 2014，gen. nov.）

中华芽胞杆菌属（*Sinibacillus*）于 2014 年建立，仅有 1 种，兼性厌氧，产芽胞。

*Sinibacillus soli* Yang and Zhou 2014，sp. nov.（土壤中华芽胞杆菌），兼性厌氧，产芽胞。

## 七十二、链喜盐芽胞杆菌属（*Streptohalobacillus* Wang et al. 2011，gen. nov.）

链喜盐芽胞杆菌属（*Streptohalobacillus*）于 2011 年建立，仅有 1 种，嗜盐，兼性厌氧，不产芽胞。

*Streptohalobacillus salinus* Wang et al. 2011，sp. nov.（咸链喜盐芽胞杆菌），嗜盐，兼性厌氧，不产芽胞。

## 七十三、西南印度洋芽胞杆菌属（*Swionibacillus* Li et al. 2017，gen. nov.）

西南印度洋芽胞杆菌属（*Swionibacillus*）于 2017 年建立，仅有 1 种，好氧，产芽胞。

*Swionibacillus sediminis* Li et al. 2017，sp. nov.（沉积物西南印度洋芽胞杆菌），嗜盐，好氧，产芽胞。

## 七十四、细纤芽胞杆菌属（*Tenuibacillus* Ren and Zhou 2005，gen. nov.）

细纤芽胞杆菌属（*Tenuibacillus*）于 2005 年建立，包含 2 种，均嗜盐、好氧、产芽胞。

1）*Tenuibacillus halotolerans* Gao et al. 2013，sp. nov.（耐盐细纤芽胞杆菌），嗜盐，好氧，产芽胞。

2）*Tenuibacillus multivorans* Ren and Zhou 2005，sp. nov.（多食细纤芽胞杆菌），模式种，嗜盐，好氧，产芽胞。

## 七十五、微温芽胞杆菌属（*Tepidibacillus* Slobodkina et al. 2014，gen. nov.）

微温芽胞杆菌属（*Tepidibacillus*）于 2014 年建立，包含 3 种，均嗜热、厌氧、产芽胞。

1）*Tepidibacillus decaturensis* Dong et al. 2016，sp. nov.（迪凯特微温芽胞杆菌），嗜热，厌氧（微好氧），产芽胞。

2）*Tepidibacillus fermentans* Slobodkina et al. 2014，sp. nov.（发酵微温芽胞杆菌），模式种，嗜热，厌氧（微好氧），产芽胞。

3）*Tepidibacillus infernus* Podosokorskaya et al. 2016，sp. nov.（地下微温芽胞杆菌），嗜热，厌氧（耐氧），产芽胞。

## 七十六、土地芽胞杆菌属（*Terribacillus* An et al. 2007，gen. nov.）

土地芽胞杆菌属（*Terribacillus*）于 2007 年建立，包含 4 种，均好氧、产芽胞。

1）*Terribacillus aidingensis* Liu et al. 2010，sp. nov.（艾丁湖土地芽胞杆菌），嗜盐，好氧，产芽胞。

2）*Terribacillus goriensis* (Kim et al. 2007) Krishnamurthi and Chakrabarti 2009，comb. nov.（戈里土地芽胞杆菌），耐盐，好氧，产芽胞，由 *Pelagibacillus goriensis* Kim et al. 2007 重分类而来。

3）*Terribacillus halophilus* An et al. 2007，sp. nov.（嗜盐土地芽胞杆菌），嗜盐，好氧，产芽胞。

4）*Terribacillus saccharophilus* An et al. 2007，sp. nov.（嗜糖土地芽胞杆菌），模式种，嗜盐，好氧，产芽胞。

## 七十七、德斯科科芽胞杆菌属（*Texcoconibacillus* Ruiz-Romero et al. 2013，gen. nov.）

德斯科科芽胞杆菌属（*Texcoconibacillus*）于 2013 年建立，仅有 1 种，嗜盐，好氧，产芽胞。

*Texcoconibacillus texcoconensis* Ruiz-Romero et al. 2013，sp. nov.（本地德斯科科芽胞杆菌），嗜碱、耐盐，好氧，产芽胞。

## 七十八、深海芽胞杆菌属（*Thalassobacillus* García et al. 2005，gen. nov.）

深海芽胞杆菌属（*Thalassobacillus*）于 2005 年建立，包含 4 种，好氧或兼性厌氧，均嗜盐、产芽胞。

1）*Thalassobacillus cyri* Sánchez-Porro et al. 2009，sp. nov.（赛勒斯王深海芽胞杆菌），嗜盐，好氧，产芽胞。

2）*Thalassobacillus devorans* García et al. 2005，sp. nov.（食有机物深海芽胞杆菌），模式种，嗜盐，好氧，产芽胞。

3）*Thalassobacillus hwangdonensis* Lee et al. 2010，sp. nov.（黄岛深海芽胞杆菌），嗜盐，兼性厌氧，产芽胞。

4）*Thalassobacillus pellis* Sanchez-Porro et al. 2011，sp. nov.（兽皮深海芽胞杆菌），嗜盐，好氧，产芽胞。

## 七十九、深海杆菌属（*Thalassorhabdus* Sultanpuram and Mothe 2018，gen. nov.）

深海杆菌属（*Thalassorhabdus*）于 2018 年建立，仅有 1 种，好氧，不产芽胞。

*Thalassorhabdus alkalitolerans* Sultanpuram and Mothe 2018，sp. nov.（耐碱深海杆菌），耐盐、耐碱，好氧，不产芽胞。

还有 1 种与深海杆菌属的名称相同的物种 *Thalassorhabdus aurantiaca* Choi et al. 2018，属于黄杆菌科（Flavobacteriaceae）属名相同的 1 个种 sp. nov.（橙色深海杆菌），好氧，不产芽胞。

## 八十、高温长型芽胞杆菌属（*Thermolongibacillus* Cihan et al. 2014，gen. nov.）

高温长型芽胞杆菌属（*Thermolongibacillus*）于 2014 年建立，包含 2 种，均嗜热、好氧、产芽胞。

1）*Thermolongibacillus altinsuensis* Cihan et al. 2014，sp. nov.（金水温泉高温长型芽胞杆菌），模式种，嗜热，好氧，产芽胞。

2）*Thermolongibacillus kozakliensis* Cihan et al. 2014，sp. nov.（科扎克勒高温长型芽胞杆菌），嗜热，好氧，产芽胞。

## 八十一、枝芽胞杆菌属（*Virgibacillus* Heyndrickx et al. 1998，gen. nov.）

枝芽胞杆菌属（*Virgibacillus*）于 1998 年建立，包含 40 种，绝大多数种类嗜盐，好氧或兼性厌氧，均产芽胞。

1）*Virgibacillus ainsalahensis* Amziane et al. 2017，sp. nov.（萨拉赫枝芽胞杆菌），嗜盐，好氧，产芽胞。

2）*Virgibacillus alimentarius* Kim et al. 2011，sp. nov.（食物枝芽胞杆菌），嗜盐，好氧，产芽胞。

3）*Virgibacillus arcticus* Niederberger et al. 2009，sp. nov.（北极圈枝芽胞杆菌），嗜盐，兼性厌氧，产芽胞。

4）*Virgibacillus byunsanensis* Yoon et al. 2010，sp. nov.（扶安枝芽胞杆菌），嗜盐，好氧，产芽胞。

5）*Virgibacillus campisalis* Lee et al. 2012，sp. nov.（盐田枝芽胞杆菌属），嗜盐，兼性厌氧，产芽胞。

6）*Virgibacillus carmonensis* Heyrman et al. 2003，sp. nov.（卡莫纳枝芽胞杆菌），嗜盐，好氧，产芽胞。

7）*Virgibacillus chiguensis* Wang et al. 2008，sp. nov.（废盐田枝芽胞杆菌），嗜盐，好氧，产芽胞。

8）*Virgibacillus dakarensis* Senghor et al. 2017，sp. nov.（达喀尔枝芽胞杆菌），未合格化，嗜盐，好氧，产芽胞。

9）*Virgibacillus dokdonensis* Yoon et al. 2005，sp. nov.（独岛枝芽胞杆菌），嗜盐，兼性厌氧，产芽胞。

10）*Virgibacillus flavescens* Zhang et al. 2016，sp. nov.（变黄色枝芽胞杆菌），嗜盐，好氧，产芽胞。

11）*Virgibacillus halodenitrificans* (Denariaz et al. 1989) Yoon et al. 2004，comb. nov.（盐反硝化枝芽胞杆菌），嗜盐，好氧，产芽胞，由 *Bacillus halodenitrificans* Denariaz et al. 1989 重分类而来。

12）*Virgibacillus halophilus* An et al. 2007，sp. nov.（嗜盐枝芽胞杆菌），嗜盐，好氧，

产芽胞。

13）*Virgibacillus halotolerans* Seiler and Wenning 2013，sp. nov.（耐盐枝芽胞杆菌），嗜盐，好氧，产芽胞。

14）*Virgibacillus indicus* Xu et al. 2018，sp. nov.（印度洋枝芽胞杆菌），嗜盐，兼性厌氧，产芽胞。

15）*Virgibacillus jeotgali* Sundararaman et al. 2017，sp. nov.（咸海鲜枝芽胞杆菌），嗜盐，兼性厌氧，产芽胞。

16）*Virgibacillus kapii* Daroonpunt et al. 2016，sp. nov.（虾酱枝芽胞杆菌），嗜盐，好氧，产芽胞。

17）*Virgibacillus kekensis* Chen et al. 2008，sp. nov.（柯柯盐湖枝芽胞杆菌），嗜盐，好氧，产芽胞。

18）*Virgibacillus kimchii* Oh et al. 2018，sp. nov.（泡菜枝芽胞杆菌），嗜盐，好氧，产芽胞。

19）*Virgibacillus litoralis* Chen et al. 2012，sp. nov.（海岸枝芽胞杆菌），嗜盐，好氧，产芽胞。

20）*Virgibacillus marismortui* (Arahal et al. 1999) Heyrman et al. 2003，comb. nov.（死海枝芽胞杆菌），嗜盐，好氧，产芽胞，由 *Salibacillus marismortui* Arahal et al. 2000，comb. nov.重分类而来，而 *Salibacillus marismortui* 由 *Bacillus marismortui* Arahal et al. 1999 重分类而来。

21）*Virgibacillus massiliensis* Khelaifia et al. 2015，sp. nov.（马赛枝芽胞杆菌），未合格化，嗜盐，好氧，产芽胞。

22）*Virgibacillus natechei* Amziane et al. 2016，sp. nov.（纳氏枝芽胞杆菌），嗜盐，兼性厌氧，产芽胞。

23）*Virgibacillus ndiopensis* Senghor et al. 2019，sp. nov.（恩迪奥普枝芽胞杆菌），未合格化，嗜盐，好氧，产芽胞。

24）*Virgibacillus necropolis* Heyrman et al. 2003，sp. nov.（墓地枝芽胞杆菌），嗜盐，好氧，产芽胞。

25）*Virgibacillus oceani* Yin et al. 2015，sp. nov.（海洋枝芽胞杆菌），嗜盐，好氧，产芽胞。

26）*Virgibacillus olivae* Quesada et al. 2007，sp. nov.（橄榄油枝芽胞杆菌），嗜盐，好氧，产芽胞。

27）*Virgibacillus pantothenticus* (Proom and Knight 1950) Heyndrickx et al. 1998，comb. nov.（泛酸枝芽胞杆菌），模式种，嗜盐，好氧，产芽胞，由 *Bacillus pantothenticus* Proom and Knight 1950 重分类而来。

28）*Virgibacillus phasianinus* Tak et al. 2018，sp. nov.（雉枝芽胞杆菌），嗜盐，好氧，产芽胞。

29）*Virgibacillus profundi* Xu et al. 2018，sp. nov.（深海枝芽胞杆菌），嗜盐，兼性厌氧，产芽胞。

30）*Virgibacillus proomii* Heyndrickx et al. 1999，sp. nov.（普氏枝芽胞杆菌），嗜盐，好氧，产芽胞。

31）*Virgibacillus salarius* Hua et al. 2008，sp. nov.（盐枝芽胞杆菌），嗜盐，好氧，产芽胞。

32）*Virgibacillus salexigens* (Garabito et al. 1997) Heyrman et al. 2003，comb. nov.（需盐枝芽胞杆菌），嗜盐，好氧，产芽胞，由 *Salibacillus salexigens* Wainø et al. 1999，comb. nov.重分类而来，而 *Salibacillus salexigens* 由 *Bacillus salexigens* Garabito et al. 1997 重分类而来。

33）*Virgibacillus salinus* Carrasco et al. 2009，sp. nov.（盐湖枝芽胞杆菌），嗜盐，好氧，产芽胞。

34）*Virgibacillus sediminis* Chen et al. 2009，sp. nov.（沉积物枝芽胞杆菌），嗜盐、耐碱，好氧，产芽胞。

35）*Virgibacillus senegalensis* Seck et al. 2015，sp. nov.（塞内加尔枝芽胞杆菌），嗜盐，好氧，产芽胞。

36）*Virgibacillus siamensis* Tanasupawat et al. 2011，sp. nov.（暹罗枝芽胞杆菌），嗜盐，兼性厌氧，产芽胞。

37）*Virgibacillus soli* Kämpfer et al. 2011，sp. nov.（土壤枝芽胞杆菌），兼性厌氧，产芽胞。

38）*Virgibacillus subterraneus* Wang et al. 2010，sp. nov.（地下枝芽胞杆菌），嗜盐，好氧，产芽胞。

39）*Virgibacillus xinjiangensis* Jeon et al. 2010，sp. nov.（新疆枝芽胞杆菌），嗜盐，好氧，产芽胞。

40）*Virgibacillus zhanjiangensis* Peng et al. 2009，sp. nov.（湛江枝芽胞杆菌），嗜盐，好氧，产芽胞。

变动：有 3 种分别被转移至 *Aquibacillus* 和 *Oceanobacillus*，具体情况如下。

1）*Virgibacillus albus* Zhang et al. 2013，sp. nov.→*Aquibacillus albus* (Zhang et al. 2013) Amoozegar et al. 2014，comb. nov.

2）*Virgibacillus koreensis* Lee et al. 2006，sp. nov.→*Aquibacillus koreensis* (Lee et al. 2006) Amoozegar et al. 2014，comb. nov.

3）*Virgibacillus picturae* Heyrman et al. 2003，sp. nov.→*Oceanobacillus picturae* (Heyrman et al. 2003) Lee et al. 2006，comb. nov.

## 八十二、火山芽胞杆菌属（*Vulcanibacillus* L'Haridon et al. 2006，gen. nov.）

火山芽胞杆菌属（*Vulcanibacillus*）于 2006 年建立，仅有 1 种，嗜热，厌氧，产芽胞。

*Vulcanibacillus modesticaldus* L'Haridon et al. 2006，sp. nov.（中热度火山芽胞杆菌），嗜热，厌氧，产芽胞。

# 第四节　类芽胞杆菌科分类纲要

类芽胞杆菌科（Paenibacillaceae De Vos et al. 2010，fam. nov.）于2010年建立，目前，该科至少有16属397种，仅有3属6种不能形成芽胞：科恩氏菌属（*Cohnella*）2/36、大猩猩小杆菌属（*Gorillibacterium*）1/2和类芽胞杆菌属（*Paenibacillus*）3/297。

## 一、氨芽胞杆菌属（*Ammoniibacillus* Sakai et al. 2015，gen. nov.）

氨芽胞杆菌属（*Ammoniibacillus*）于2015年建立，仅有1种，嗜热，好氧，产芽胞。

*Ammoniibacillus agariperforans* Sakai et al. 2014，sp. nov.（穿琼脂氨芽胞杆菌），嗜热，好氧，产芽胞。

## 二、嗜氨菌属（*Ammoniphilus* Zaitsev et al. 1998，gen. nov.）

嗜氨菌属（*Ammoniphilus*）于1998年建立，包含3种，好氧或兼性厌氧，均产芽胞。

1）*Ammoniphilus oxalaticus* Zaitsev et al. 1998，sp. nov.（草酸嗜氨菌），模式种，耐盐、耐碱，好氧，产芽胞。

2）*Ammoniphilus oxalivorans* Zaitsev et al. 1998，sp. nov.（食草酸嗜氨菌），耐盐、耐碱，好氧，产芽胞。

3）*Ammoniphilus resinae* Lin et al. 2016，sp. nov.（树脂嗜氨菌），兼性厌氧，产芽胞。

## 三、解硫胺素芽胞杆菌属（*Aneurinibacillus* Shida et al. 1996，gen. nov.）

解硫胺素芽胞杆菌属（*Aneurinibacillus*）于1996年建立，包含9种，均好氧、产芽胞。

1）*Aneurinibacillus aneurinilyticus* corrig. (Shida et al. 1994) Shida et al. 1996，comb. nov.（解硫胺素解硫胺素芽胞杆菌），模式种，好氧，产芽胞，由*Bacillus aneurinilyticus* Shida et al. 1994重分类而来。

2）*Aneurinibacillus danicus* Goto et al. 2004，sp. nov.（丹麦解硫胺素芽胞杆菌），好氧，产芽胞。

3）*Aneurinibacillus humi* Lee and Lee 2016，sp. nov.（土地解硫胺素芽胞杆菌），未合格化，好氧，产芽胞。

4）*Aneurinibacillus migulanus* (Takagi et al. 1993) Shida et al. 1996，comb. nov.（米氏解硫胺素芽胞杆菌），好氧，产芽胞，由*Bacillus migulanus* Takagi et al. 1993重分类而来。

5）*Aneurinibacillus sediminis* Subhash et al. 2017，sp. nov.（沉积物解硫胺素芽胞杆菌），好氧，产芽胞。

6）*Aneurinibacillus soli* Lee et al. 2014，sp. nov.（土壤解硫胺素芽胞杆菌），好氧，

产芽胞。

7）*Aneurinibacillus terranovensis* Allan et al. 2005，sp. nov.（新地站解硫胺素芽胞杆菌），嗜热、嗜酸，好氧，产芽胞。

8）*Aneurinibacillus thermoaerophilus* (Meier-Stauffer et al. 1996) Heyndrickx et al. 1997，comb. nov.（嗜热嗜气解硫胺素芽胞杆菌），嗜热，好氧，产芽胞，由 *Bacillus thermoaerophilus* Meier-Stauffer et al. 1996 重分类而来。

9）*Aneurinibacillus tyrosinisolvens* Tsubouchi et al. 2015，sp. nov.（解酪氨酸解硫胺素芽胞杆菌），好氧，产芽胞。

## 四、短芽胞杆菌属（*Brevibacillus* Shida et al. 1996，gen. nov.）

短芽胞杆菌属（*Brevibacillus*）于 1996 年建立，包含 28 种，好氧或兼性厌氧，均产芽胞。

1）*Brevibacillus agri* (Nakamura 1993) Shida et al. 1996，comb. nov.（土壤短芽胞杆菌），好氧，产芽胞，由 *Bacillus agri* Nakamura 1993 重分类而来，*Bacillus galactosidilyticus* Takagi et al. 1993 为 *Bacillus agri* 的同种异名。

2）*Brevibacillus antibioticus* Choi et al. 2019，sp. nov.（产抗生素短芽胞杆菌），好氧，产芽胞。

3）*Brevibacillus aydinogluensis* Inan et al. 2012，sp. nov.（阿迪怒格鲁短芽胞杆菌）嗜热，好氧，产芽胞。

4）*Brevibacillus borstelensis* (Shida et al. 1995) Shida et al. 1996，comb. nov.（波茨坦短芽胞杆菌），好氧，产芽胞，由 *Bacillus borstelensis* Shida et al. 1995 重分类而来。

5）*Brevibacillus brevis*（Migula 1900）Shida et al. 1996，comb. nov.（短短芽胞杆菌），模式种，好氧，产芽胞，由 *Bacillus brevis* Migula 1900 重分类而来。

6）*Brevibacillus centrosporus* (Nakamura 1993) Shida et al. 1996，comb. nov.（中胞短芽胞杆菌），好氧，产芽胞，由 *Bacillus centrosporus* Nakamura 1993 重分类而来。

7）*Brevibacillus choshinensis* (Takagi et al. 1993) Shida et al. 1996，comb. nov.（千叶短芽胞杆菌），好氧，产芽胞，由 *Bacillus choshinensis* Takagi et al. 1993 重分类而来。

8）*Brevibacillus fluminis* Choi et al. 2010，sp. nov.（河短芽胞杆菌），好氧，产芽胞。

9）*Brevibacillus formosus* (Shida et al. 1995) Shida et al. 1996，comb. nov.（美丽短芽胞杆菌），好氧，产芽胞，由 *Bacillus formosus* Shida et al. 1995 重分类而来。

10）*Brevibacillus fortis* Johnson and Dunlap 2019，sp. nov.（强抗短芽胞杆菌），好氧，产芽胞。

11）*Brevibacillus fulvus* Hatayama et al. 2014，sp. nov.（黄褐短芽胞杆菌），好氧，产芽胞。

12）*Brevibacillus gelatini* Inan et al. 2016，sp. nov.（明胶短芽胞杆菌）嗜热，好氧，产芽胞。

13）*Brevibacillus ginsengisoli* Baek et al. 2006，sp. nov.（人参土短芽胞杆菌），好氧，

产芽胞。

14）*Brevibacillus halotolerans* Song et al. 2017，sp. nov.（耐盐短芽胞杆菌），耐盐，好氧，产芽胞。

15）*Brevibacillus invocatus* Logan et al. 2002，sp. nov.（发酵污染短芽胞杆菌），好氧，产芽胞。

16）*Brevibacillus laterosporus* (Laubach 1916) Shida et al. 1996，comb. nov.（侧胞短芽胞杆菌），好氧，产芽胞，由 *Bacillus laterosporus* Laubach 1916 重分类而来。

17）*Brevibacillus levickii* Allan et al. 2005，sp. nov.（利氏短芽胞杆菌），嗜热、嗜酸，好氧，产芽胞。

18）*Brevibacillus limnophilus* Goto et al. 2004，sp. nov.（居湖短芽胞杆菌），好氧，产芽胞。

19）*Brevibacillus massiliensis* Hugon et al. 2013，sp. nov.（马赛短芽胞杆菌），好氧，产芽胞。

20）*Brevibacillus nitrificans* Takebe et al. 2012，sp. nov.（硝化短芽胞杆菌），兼性厌氧，产芽胞。

21）*Brevibacillus panacihumi* Kim et al. 2009，sp. nov.（人参土壤短芽胞杆菌），好氧，产芽胞。

22）*Brevibacillus parabrevis* (Takagi et al. 1993) Shida et al. 1996，comb. nov.（副短短芽胞杆菌），好氧，产芽胞，由 *Bacillus parabrevis* Takagi et al. 1993 重分类而来。

23）*Brevibacillus porteri* Johnson and Dunlap 2019，sp. nov.（波特氏短芽胞杆菌），好氧，产芽胞。

24）*Brevibacillus reuszeri* (Shida et al. 1995) Shida et al. 1996，comb. nov.（茹氏短芽胞杆菌），好氧，产芽胞，由 *Bacillus reuszeri* Shida et al. 1995 重分类而来。

25）*Brevibacillus schisleri* Johnson and Dunlap 2019，sp. nov.（席斯勒氏短芽胞杆菌），好氧，产芽胞。

26）*Brevibacillus sediminis* Xian et al. 2016，sp. nov.（沉积物短芽胞杆菌），嗜热，好氧，产芽胞。

27）*Brevibacillus texasporus* Wu et al. 2005，sp. nov.（德州短芽胞杆菌），好氧，产芽胞。

28）*Brevibacillus thermoruber* (Manachini et al. 1985) Shida et al. 1996，comb. nov.（热红短芽胞杆菌），好氧，产芽胞，由 *Bacillus thermoruber* Manachini et al. 1985 重分类而来。

## 五、曾呈奎菌属（*Chengkuizengella* Cao et al. 2017，gen. nov.）

曾呈奎菌属（*Chengkuizengella*）于 2017 年建立，仅有 1 种，好氧，产芽胞。

*Chengkuizengella sediminis* Cao et al. 2017，sp. nov.（沉积物曾呈奎菌），嗜热，好氧，产芽胞。

## 六、科恩氏菌属（*Cohnella* Kämpfer et al. 2006，gen. nov.）

科恩氏菌属（*Cohnella*）于 2006 年建立，包含 36 种，好氧或兼性厌氧，绝大多数种类产芽胞。

1）*Cohnella abietis* Jiang et al. 2019，sp. nov.（冷杉科恩氏菌），好氧，产芽胞。

2）*Cohnella algarum* Lee and Jeon 2017，sp. nov.（绿藻科恩氏菌），兼性好氧，产芽胞。

3）*Cohnella arctica* Jiang et al. 2012，sp. nov.（北极科恩氏菌），好氧，产芽胞。

4）*Cohnella boryungensis* Yoon and Jung 2012，sp. nov.（保宁科恩氏菌），好氧，产芽胞。

5）*Cohnella candidum* Maeng et al. 2019，sp. nov.（白科恩氏菌），好氧，产芽胞。

6）*Cohnella capsici* Wang et al. 2015，sp. nov.（灯笼椒科恩氏菌），好氧，产芽胞。

7）*Cohnella cellulosilytica* Khianngam et al. 2012，sp. nov.（解纤维素科恩氏菌），好氧，产芽胞。

8）*Cohnella collisoli* Lee et al. 2015，sp. nov.（山土科恩氏菌），好氧，产芽胞。

9）*Cohnella damuensis* corrig. Luo et al. 2010，sp. nov.（达木斯科恩氏菌），解木聚糖，好氧，产芽胞。

10）*Cohnella endophytica* Meng et al. 2019，sp. nov.（内生科恩氏菌），好氧，产芽胞。

11）*Cohnella faecalis* Zhu et al. 2019，sp. nov.（粪科恩氏菌），好氧，产芽胞。

12）*Cohnella ferri* Mayilraj et al. 2013，sp. nov.（赤铁矿科恩氏菌），兼性厌氧，产芽胞。

13）*Cohnella fontinalis* Shiratori et al. 2010，sp. nov.（喷泉科恩氏菌），解木聚糖，好氧，产芽胞。

14）*Cohnella formosensis* Hameed et al. 2013，sp. nov.（台湾科恩氏菌），解木聚糖，好氧，产芽胞。

15）*Cohnella ginsengisoli* Kim et al. 2010，sp. nov.（人参土科恩氏菌），好氧，产芽胞。

16）*Cohnella hongkongensis* (Teng et al. 2003) Kämpfer et al. 2006，comb. nov.（香港科恩氏菌），好氧，产芽胞，由 *Paenibacillus hongkongensis* Teng et al. 2003 重分类而来。

17）*Cohnella humi* Nguyen and Lee et al. 2014，sp. nov.（土科恩氏菌），好氧，产芽胞。

18）*Cohnella kolymensis* Kudryashova Lee et al. 2018，sp. nov.（科累马科恩氏菌），兼性厌氧，产芽胞。

19）*Cohnella laeviribosi* Cho et al. 2007，sp. nov.（左旋核糖科恩氏菌），嗜热，好氧，产芽胞。

20）*Cohnella lubricantis* Kämpfer et al. 2017，sp. nov.（润滑油科恩氏菌），好氧，不产芽胞。

21）*Cohnella luojiensis* Cai et al. 2010，sp. nov.（珞珈山科恩氏菌），好氧，产芽胞。

22）*Cohnella lupini* Flores-Félix et al. 2014，sp. nov.（羽扇豆科恩氏菌），兼性厌氧，

产芽胞。

23）*Cohnella massiliensis* Abou Abdallah et al. 2019，sp. nov.（马赛科恩氏菌），好氧，产芽胞。

24）*Cohnella nanjingensis* Huang et al. 2014，sp. nov.（南京科恩氏菌），好氧，产芽胞。

25）*Cohnella panacarvi* Yoon et al. 2011，sp. nov.（人参田科恩氏菌），解木聚糖，好氧，产芽胞。

26）*Cohnella phaseoli* García-Fraile et al. 2008，sp. nov.（菜豆科恩氏菌），好氧，产芽胞。

27）*Cohnella plantaginis* Wang et al. 2012，sp. nov.（车前草科恩氏菌），未合格化，固氮，好氧，产芽胞。

28）*Cohnella rhizosphaerae* Kämpfer et al. 2014，sp. nov.（根际科恩氏菌），好氧，不产芽胞。

29）*Cohnella saccharovorans* Choi et al. 2016，sp. nov（噬糖科恩氏菌），好氧，产芽胞。

30）*Cohnella soli* Kim et al. 2012，sp. nov.（土壤科恩氏菌），好氧，产芽胞。

31）*Cohnella suwonensis* Kim et al. 2012，sp. nov.（水原科恩氏菌），好氧，产芽胞。

32）*Cohnella terrae* Khianngam et al. 2010，sp. nov.（土地科恩氏菌），解木聚糖，兼性厌氧，产芽胞。

33）*Cohnella thailandensis* Khianngam et al. 2010，sp. nov.（泰国科恩氏菌），解木聚糖，兼性厌氧，产芽胞。

34）*Cohnella thermotolerans* Kämpfer et al. 2006，sp. nov.（耐热科恩氏菌），模式种，耐热，好氧，产芽胞。

35）*Cohnella xylanilytica* Khianngam et al. 2010，sp. nov.（解木聚糖科恩氏菌），解木聚糖，兼性厌氧，产芽胞。

36）*Cohnella yongneupensis* Kim et al. 2010，sp. nov.（龙沼科恩氏菌），好氧，产芽胞。

## 七、溪苔芽胞杆菌属（***Fontibacillus*** **Saha et al. 2010，gen. nov.**）

溪苔芽胞杆菌属（*Fontibacillus*）于 2010 年建立，包含 5 种，兼性厌氧，均产芽胞。

1）*Fontibacillus aquaticus* Saha et al. 2010，sp. nov.（水域溪苔芽胞杆菌），模式种，兼性厌氧，产芽胞。

2）*Fontibacillus panacisegetis* Lee et al. 2011，sp. nov.（参土溪苔芽胞杆菌），兼性厌氧，产芽胞。

3）*Fontibacillus phaseoli* Flores-Félix et al. 2014，sp. nov.（菜豆溪苔芽胞杆菌），兼性厌氧，产芽胞。

4）*Fontibacillus pullulanilyticus* Bektas et al. 2016，sp.nov.（解支链淀粉溪苔芽胞杆菌），未合格化，兼性厌氧，产芽胞。

5）*Fontibacillus solani* Ramírez-Bahena et al. 2015，sp. nov.（茄属溪苔芽胞杆菌），兼性厌氧，产芽胞。

## 八、大猩猩小杆菌属（*Gorillibacterium* Keita et al. 2017，gen. nov.）

大猩猩小杆菌属（*Gorillibacterium*）于 2017 年建立，包含 2 种，兼性厌氧，模式种，不产芽胞。

1）*Gorillibacterium massiliense* Keita et al. 2017，sp. nov.（马赛大猩猩小杆菌），模式种，兼性厌氧，不产芽胞。

2）*Gorillibacterium timonense* Ndongo et al. 2019，sp. nov.（泰门大猩猩小杆菌），兼性厌氧，产芽胞。

## 九、长杆菌属（*Longirhabdus* Chen et al. 2019，gen. nov.）

长杆菌属（*Longirhabdus*）于 2019 年建立，仅有 1 种，好氧，产芽胞。

*Longirhabdus pacifica* Chen et al. 2019，sp. nov.（太平洋长杆菌），好氧，产芽胞。

## 十、海发菌属（*Marinicrinis* Guo et al. 2016，gen. nov.）

海发菌属（*Marinicrinis*）于 2016 年建立，包含 2 种，好氧或兼性厌氧，均产芽胞。

1）*Marinicrinis lubricantis* Kämpfer et al. 2018，sp. nov.（润滑剂海发菌），好氧，产芽胞。

2）*Marinicrinis sediminis* Guo et al. 2016，sp. nov.（沉积物海发菌），模式种，兼性厌氧，产芽胞。

## 十一、食草酸菌属（*Oxalophagus* Collins et al. 1994，gen. nov.）

食草酸菌属（*Oxalophagus*）于 1994 年建立，仅有 1 种，厌氧，产芽胞。

*Oxalophagus oxalicus* (Dehning and Schink 1990) Collins et al. 1994，comb. nov.（草酸食草酸菌），模式种，厌氧，产芽胞，由 *Clostridium oxalicum* Dehning and Schink 1990 重分类而来。

## 十二、类芽胞杆菌属（*Paenibacillus* Ash et al. 1994，gen. nov.）

类芽胞杆菌属（*Paenibacillus*）于 1994 年建立，包含 297 种，好氧或兼性厌氧，绝大多数种类产芽胞。

1）*Paenibacillus abyssi* Huang et al. 2015，sp. nov.（深海类芽胞杆菌），好氧，产芽胞。

2）*Paenibacillus aceris* Hwang and Ghim et al. 2017，sp. nov.（槭属类芽胞杆菌），兼性厌氧，不产芽胞。

3）*Paenibacillus aceti* Li et al. 2016，sp. nov.（乙酸类芽胞杆菌），兼性厌氧，产芽胞。

4）*Paenibacillus aestuarii* Bae et al. 2010，sp. nov.（河口湿地类芽胞杆菌），好氧，产芽胞。

5）*Paenibacillus agarexedens* (ex Wieringa 1941) Uetanabaro et al. 2003，nom. rev.，comb. nov.（吃琼脂类芽胞杆菌），好氧，产芽胞，由 *Bacillus agar-exedens* Wieringa 1941 重分类而来。

6）*Paenibacillus agaridevorans* Uetanabaro et al. 2003，sp. nov.（食琼脂类芽胞杆菌），好氧，产芽胞。

7）*Paenibacillus alba* Kim et al. 2015，sp. nov.（白类芽胞杆菌），未合格化，兼性好氧，产芽胞。

8）*Paenibacillus albidus* Zhuang et al. 2017，sp. nov.（微白类芽胞杆菌），兼性厌氧，产芽胞。

9）*Paenibacillus albilobatus* Lee et al. 2018，sp. nov.（叶状白类芽胞杆菌），耐酸，好氧，产芽胞。

10）*Paenibacillus albus* Jang et al. 2019，sp. nov.（白色类芽胞杆菌），未合格化，好氧，产芽胞。

11）*Paenibacillus alginolyticus* (Nakamura 1987) Shida et al. 1997，comb. nov.（解藻酸类芽胞杆菌），好氧，产芽胞，由 *Bacillus alginolyticus* Nakamura 1987 重分类而来。

12）*Paenibacillus algorifonticola* Tang et al. 2011，sp. nov.（冷泉类芽胞杆菌），兼性厌氧，产芽胞。

13）*Paenibacillus alkaliterrae* Yoon et al. 2005，sp. nov.（强碱土类芽胞杆菌），好氧，产芽胞。

14）*Paenibacillus alvei* (Cheshire and Cheyne 1885) Ash et al. 1994，comb. nov.（蜂房类芽胞杆菌），兼性厌氧，产芽胞，由 *Bacillus alvei* Cheshire and Cheyne 1885 重分类而来。

15）*Paenibacillus amylolyticus* (Nakamura 1984) Ash et al. 1994，comb. nov.（解淀粉类芽胞杆菌），兼性厌氧，产芽胞，由 *Bacillus amylolyticus* (ex Choukévitch 1911) Nakamura 1984 重分类而来。

16）*Paenibacillus anaericanus* Horn et al. 2005，sp. nov.（厌氧生类芽胞杆菌），兼性厌氧，产芽胞。

17）*Paenibacillus antarcticus* Montes et al. 2004，sp. nov.（南极类芽胞杆菌），耐冷，兼性厌氧，产芽胞。

18）*Paenibacillus antibioticophila* Dubourg et al. 2015，sp. nov.（多药抗类芽胞杆菌），未合格化，好氧，产芽胞。

19）*Paenibacillus antri* Narsing Rao et al. 2019，sp. nov.（洞穴土类芽胞杆菌），好氧，产芽胞。

20）*Paenibacillus apiarius* (ex Katznelson 1955) Nakamura 1996，nom. rev.，comb. nov.

（蜜蜂类芽胞杆菌），兼性厌氧，产芽胞，由 *Bacillus apiarius* Katznelson 1955 重分类而来。

21）*Paenibacillus apis* Yun et al. 2017，sp. nov.（意蜂类芽胞杆菌），兼性厌氧，产芽胞。

22）*Paenibacillus aquistagni* Simon et al. 2017，sp. nov.（积污池类芽胞杆菌），兼性厌氧，产芽胞。

23）*Paenibacillus arachidis* Sadaf et al. 2016，sp. nov.（花生类芽胞杆菌），兼性厌氧，产芽胞。

24）*Paenibacillus arcticus* Cha et al. 2017，sp. nov.（北极类芽胞杆菌），好氧，产芽胞。

25）*Paenibacillus assamensis* Saha et al. 2005，sp. nov.（阿萨姆类芽胞杆菌），好氧，产芽胞。

26）*Paenibacillus aurantiacus* Wasoontharawat et al. 2017，sp. nov.（橙色类芽胞杆菌），好氧，产芽胞。

27）*Paenibacillus azoreducens* Meehan et al. 2001，sp. nov.（还原偶氮类芽胞杆菌），好氧，产芽胞。

28）*Paenibacillus azotifigens* Siddiqi et al. 2017，sp. nov.（能固氮类芽胞杆菌），固氮，好氧，产芽胞。

29）*Paenibacillus azotofixans* (Seldin et al. 1984) Ash et al. 1994，comb. nov.（固氮类芽胞杆菌），固氮，好氧，产芽胞，由 *Bacillus azotofixans* Seldin et al. 1984 重分类而来。

30）*Paenibacillus baekrokdamisoli* Lee et al. 2016，sp. nov.（白鹿潭类芽胞杆菌），好氧，产芽胞。

31）*Paenibacillus barcinonensis* Sánchez et al. 2005，sp. nov.（巴塞罗那类芽胞杆菌），兼性厌氧，产芽胞。

32）*Paenibacillus barengoltzii* Osman et al. 2006，sp. nov.（巴伦氏类芽胞杆菌），好氧，产芽胞。

33）*Paenibacillus beijingensis* Gao et al. 2012，sp. nov.（北京类芽胞杆菌），未合格化，固氮，好氧，产芽胞。

34）*Paenibacillus borealis* Elo et al. 2001，sp. nov.（北风类芽胞杆菌），固氮，兼性厌氧，产芽胞。

35）*Paenibacillus bouchesdurhonensis* Pham et al. 2017，sp. nov.（罗讷河口类芽胞杆菌），未合格化，兼性好氧，产芽胞。

36）*Paenibacillus bovis* Gao et al. 2016，sp. nov.（牦牛奶类芽胞杆菌），好氧，产芽胞。

37）*Paenibacillus brasilensis* von der Weid et al. 2002，sp. nov.（巴西类芽胞杆菌），固氮，好氧，产芽胞。

38）*Paenibacillus brassicae* Gao et al. 2013，sp. nov.（大白菜类芽胞杆菌），固氮，

好氧，产芽胞。

39）*Paenibacillus bryophyllum* Liu et al. 2018，sp. nov.（落地生根类芽胞杆菌），固氮，好氧，产芽胞。

40）*Paenibacillus camelliae* Oh et al. 2010，sp. nov.（茶叶类芽胞杆菌），好氧，产芽胞。

41）*Paenibacillus camerounensis* Keita et al. 2016，sp. nov.（喀麦隆类芽胞杆菌），未合格化，兼性厌氧，产芽胞。

42）*Paenibacillus campinasensis* Yoon et al. 1998，sp. nov.（坎皮纳斯类芽胞杆菌），嗜碱，好氧，产芽胞。

43）*Paenibacillus castaneae* Valverde et al. 2008，sp. nov.（栗树类芽胞杆菌），好氧，产芽胞。

44）*Paenibacillus catalpae* Zhang et al. 2013，sp. nov.（梓树类芽胞杆菌），好氧，产芽胞。

45）*Paenibacillus cathormii* Sitdhipol et al. 2015，sp. nov.（项链豆类芽胞杆菌），兼性厌氧，产芽胞。

46）*Paenibacillus cavernae* Lee 2015，sp. nov.（洞穴类芽胞杆菌），好氧，产芽胞。

47）*Paenibacillus cellulosilyticus* Rivas et al. 2006，sp. nov.（解纤维素类芽胞杆菌），兼性厌氧，产芽胞。

48）*Paenibacillus cellulositrophicus* Akaracharanya et al. 2009，sp. nov.（趋纤维素类芽胞杆菌），兼性厌氧，产芽胞。

49）*Paenibacillus chartarius* Kämpfer et al. 2012，sp. nov.（纸类芽胞杆菌），好氧，产芽胞。

50）*Paenibacillus chibensis* Shida et al. 1997，sp. nov.（千叶类芽胞杆菌），好氧，产芽胞。

51）*Paenibacillus chinensis* Liu et al. 2016，sp. nov.（中华类芽胞杆菌），未合格化，兼性好氧，产芽胞。

52）*Paenibacillus chinjuensis* Yoon et al. 2002，sp. nov.（晋州类芽胞杆菌），兼性厌氧，产芽胞。

53）*Paenibacillus chitinolyticus* (Kuroshima et al. 1996) Lee et al. 2004，comb. nov.（解几丁质类芽胞杆菌），好氧，产芽胞，由 *Bacillus chitinolyticus* Kuroshima et al. 1996 重分类而来。

54）*Paenibacillus chondroitinus* (Nakamura 1987) Shida et al. 1997，comb. nov.（软骨素类芽胞杆菌），好氧，产芽胞，由 *Bacillus chondroitinus* Nakamura 1987 重分类而来。

55）*Paenibacillus chungangensis* Park et al. 2011，sp. nov.（中央类芽胞杆菌），好氧，产芽胞。

56）*Paenibacillus cineris* Logan et al. 2004，sp. nov.（火山灰类芽胞杆菌），好氧，产芽胞。

57）*Paenibacillus cisolokensis* Yokota et al. 2016，sp. nov.（西索洛芽胞杆菌），嗜热，

好氧，产芽胞。

58）*Paenibacillus contaminans* Chou et al. 2009，sp. nov.（污染类芽胞杆菌），好氧，产芽胞。

59）*Paenibacillus cookii* Logan et al. 2004，sp. nov.（库氏类芽胞杆菌），好氧，产芽胞。

60）*Paenibacillus crassostreae* Shin et al. 2018，sp. nov.（牡蛎类芽胞杆菌），好氧，产芽胞。

61）*Paenibacillus cucumis* Ahn et al. 2014，sp. nov.（黄瓜类芽胞杆菌），未合格化，需重命名，好氧，产芽胞。

62）*Paenibacillus cucumis* Kämpfer et al. 2016，sp. nov.（黄瓜类芽胞杆菌），好氧，产芽胞。

63）*Paenibacillus curdlanolyticus* (Kanzawa et al. 1995) Shida et al. 1997，comb. nov.（解凝乳类芽胞杆菌），好氧，产芽胞，由 *Bacillus curdlanolyticus* Kanzawa et al. 1995 重分类而来。

64）*Paenibacillus daejeonensis* Lee et al. 2002，sp. nov.（大田类芽胞杆菌），嗜碱，好氧，产芽胞。

65）*Paenibacillus dakarensis* Lo et al. 2016，sp. nov.（达喀尔类芽胞杆菌），未合格化，兼性厌氧，产芽胞。

66）*Paenibacillus darwinianus* Dsouza et al. 2014，sp. nov.（达尔文类芽胞杆菌），好氧，产芽胞。

67）*Paenibacillus dendritiformis* Tcherpakov et al. 1999，sp. nov.（树形类芽胞杆菌），兼性厌氧，产芽胞。

68）*Paenibacillus dongdonensis* Son et al. 2014，sp. nov.（东都类芽胞杆菌），兼性厌氧，产芽胞。

69）*Paenibacillus donghaensis* Choi et al. 2008，sp. nov.（东海类芽胞杆菌），未合格化，固氮，兼性厌氧，产芽胞。

70）*Paenibacillus doosanensis* Kim et al. 2014，sp. nov.（斗山类芽胞杆菌），好氧，产芽胞。

71）*Paenibacillus durus* corrig. (Smith and Cato 1974) Collins et al. 1994，comb. nov.（坚韧类芽胞杆菌），厌氧（耐氧），产芽胞，由 *Clostridium durum* Smith and Cato 1974 重分类而来。

72）*Paenibacillus edaphicus* (Shelobolina et al. 1998) Hu et al. 2010，comb. nov.（陆地类芽胞杆菌），好氧，产芽胞，由 *Bacillus edaphicus* Shelobolina et al. 1998 重分类而来。

73）*Paenibacillus ehimensis* (Kuroshima et al. 1996) Lee et al. 2004，comb. nov.（爱媛类芽胞杆菌），好氧，产芽胞，由 *Bacillus ehimensis* 重分类而来。

74）*Paenibacillus elgii* Kim et al. 2004，sp. nov.（乐金类芽胞杆菌），兼性厌氧，产芽胞。

75）*Paenibacillus elymi* Hwang et al. 2018，sp. nov.（披碱草类芽胞杆菌），兼性厌氧，

产芽胞。

76）*Paenibacillus endophyticus* Carro et al. 2013，sp. nov.（鹰嘴豆根瘤类芽胞杆菌），好氧，产芽胞。

77）*Paenibacillus enshidis* Yin et al. 2015，sp. nov.（恩施类芽胞杆菌），未合格化，好氧，产芽胞。

78）*Paenibacillus esterisolvens* Zhao et al. 2018，sp. nov.（食脂类芽胞杆菌），好氧，产芽胞。

79）*Paenibacillus etheri* Guisado et al. 2016，sp. nov.（食醚类芽胞杆菌），兼性厌氧，产芽胞。

80）*Paenibacillus eucommiae* Fang et al. 2017，sp. nov.（杜仲类芽胞杆菌），好氧，产芽胞。

81）*Paenibacillus faecis* Clermont et al. 2015，sp. nov.（粪便类芽胞杆菌），兼性厌氧，产芽胞。

82）*Paenibacillus favisporus* Velázquez et al. 2004，sp. nov.（蜜梳状胞类芽胞杆菌），兼性厌氧，产芽胞。

83）*Paenibacillus ferrarius* Cao et al. 2015，sp. nov.（铁矿类芽胞杆菌），好氧，产芽胞。

84）*Paenibacillus filicis* Kim et al. 2010，sp. nov.（蕨类植物类芽胞杆菌），好氧，产芽胞。

85）*Paenibacillus flagellatus* Dai et al. 2019，sp. nov.（鞭毛类芽胞杆菌），好氧，产芽胞。

86）*Paenibacillus fonticola* Chou et al. 2007，sp. nov.（居温泉类芽胞杆菌），好氧，产芽胞。

87）*Paenibacillus forsythiae* Ma and Chen 2008，sp. nov.（连翘类芽胞杆菌），固氮，兼性好氧，产芽胞。

88）*Paenibacillus frigoriresistens* Ming et al. 2012，sp. nov.（抗冻类芽胞杆菌），耐冷，好氧，产芽胞。

89）*Paenibacillus gansuensis* Lim et al. 2006，sp. nov.（甘肃类芽胞杆菌），好氧，产芽胞。

90）*Paenibacillus gelatinilyticus* Padakandla et al. 2015，sp. nov.（解明胶类芽胞杆菌），耐冷，兼性好氧，产芽胞。

91）*Paenibacillus ginsengarvi* Yoon et al. 2007，sp. nov.（人参田类芽胞杆菌），好氧，产芽胞。

92）*Paenibacillus ginsengihumi* Kim et al. 2008，sp. nov.（人参地类芽胞杆菌），好氧，产芽胞。

93）*Paenibacillus ginsengiterrae* Huq et al. 2015，sp. nov.（参土类芽胞杆菌），未合格化，好氧，产芽胞。

94）*Paenibacillus glacialis* Kishore et al. 2010，sp. nov.（冰川类芽胞杆菌），好氧，

产芽胞。

95）*Paenibacillus glucanolyticus* (Alexander and Priest 1989) Shida et al. 1997，comb. nov.（解葡聚糖类芽胞杆菌），兼性厌氧，产芽胞，由 *Bacillus glucanolyticus* Alexander and Priest 1989 重分类而来。

96）*Paenibacillus glycanilyticus* Dasman et al. 2002，sp. nov.（解杂多糖类芽胞杆菌），兼性好氧，产芽胞。

97）*Paenibacillus gorilla* Keita et al. 2014，sp. nov.（大猩猩类芽胞杆菌），未合格化，兼性好氧，产芽胞。

98）*Paenibacillus graminis* Berge et al. 2002，sp. nov.（草类芽胞杆菌），好氧，产芽胞。

99）*Paenibacillus granivorans* Van der Maarel et al. 2001，sp. nov.（嗜淀粉粒类芽胞杆菌），好氧，产芽胞。

100）*Paenibacillus guangzhouensis* Li et al. 2014，sp. nov.（广州类芽胞杆菌），兼性好氧，产芽胞。

101）*Paenibacillus harenae* Jeon et al. 2009，sp. nov.（沙漠沙类芽胞杆菌），好氧，产芽胞。

102）*Paenibacillus helianthi* Ambrosini et al. 2018，sp. nov.（向日葵类芽胞杆菌），固氮，兼性厌氧，产芽胞。

103）*Paenibacillus hemerocallicola* Kim et al. 2015，sp. nov.（居萱草类芽胞杆菌），好氧，产芽胞。

104）*Paenibacillus herberti* Guo et al. 2015，sp. nov.（短叶剪叶苔类芽胞杆菌），未合格化，好氧，产芽胞。

105）*Paenibacillus hispanicus* Menéndez et al. 2016，sp. nov.（西班牙类芽胞杆菌），好氧，产芽胞。

106）*Paenibacillus hodogayensis* Takeda et al. 2005，sp. nov.（保土谷类芽胞杆菌），好氧，产芽胞。

107）*Paenibacillus hordei* Kim et al. 2013，sp. nov.（大麦类芽胞杆菌），兼性好氧，产芽胞。

108）*Paenibacillus horti* Akter and Huq 2018，sp. nov.（园艺类芽胞杆菌），未合格化，好氧，产芽胞。

109）*Paenibacillus humi* Kim and Lee 2014，sp. nov.（土壤类芽胞杆菌），未合格化，兼性厌氧，产芽胞。

110）*Paenibacillus humicus* Vaz-Moreira et al. 2007，sp. nov.（腐殖质类芽胞杆菌），好氧，产芽胞。

111）*Paenibacillus hunanensis* Liu et al. 2010，sp. nov.（湖南类芽胞杆菌），好氧，产芽胞。

112）*Paenibacillus ihbetae* Kiran et al. 2017，sp. nov.（生资所类芽胞杆菌），好氧，产芽胞。

113）*Paenibacillus ihuae* Al-Bayssari et al. 2018，sp. nov.（医教所类芽胞杆菌），未合格化，兼性厌氧，产芽胞。

114）*Paenibacillus ihumii* Togo et al. 2017，sp. nov.（肥胖症类芽胞杆菌），兼性厌氧，产芽胞。

115）*Paenibacillus illinoisensis* Shida et al. 1997，sp. nov.（伊利诺伊类芽胞杆菌），兼性厌氧，产芽胞。

116）*Paenibacillus insulae* Cho et al. 2015，sp. nov.（孤岛类芽胞杆菌），未合格化，好氧，产芽胞。

117）*Paenibacillus intestini* Yun et al. 2017，sp. nov.（肠道类芽胞杆菌），兼性厌氧，产芽胞。

118）*Paenibacillus jamilae* Aguilera et al. 2001，sp. nov.（杰米拉类芽胞杆菌），兼性厌氧，产芽胞。

119）*Paenibacillus jilunlii* Jin et al. 2011，sp. nov.（李季伦类芽胞杆菌），固氮，兼性厌氧，产芽胞。

120）*Paenibacillus kobensis* (Kanzawa et al. 1995) Shida et al. 1997，comb. nov.（神户类芽胞杆菌），好氧，产芽胞，由 *Bacillus kobensis* Kanzawa et al. 1995 重分类而来。

121）*Paenibacillus koleovorans* Takeda et al. 2002，sp. nov.（食叶鞘类芽胞杆菌），兼性厌氧，产芽胞。

122）*Paenibacillus konkukensis* Im et al. 2017，sp. nov.（建国大学类芽胞杆菌），好氧，产芽胞。

123）*Paenibacillus konsidensis* Ko et al. 2008，sp. nov.（传病网类芽胞杆菌），兼性厌氧，产芽胞。

124）*Paenibacillus koreensis* Chung et al. 2000，sp. nov.（韩国类芽胞杆菌），兼性厌氧，产芽胞。

125）*Paenibacillus kribbensis* Yoon et al. 2003，sp. nov.（韩研所类芽胞杆菌），兼性厌氧，产芽胞。

126）*Paenibacillus kyungheensis* Siddiqi et al. 2015，sp. nov.（庆熙类芽胞杆菌），兼性厌氧，产芽胞。

127）*Paenibacillus lactis* Scheldeman et al. 2004，sp. nov.（牛奶类芽胞杆菌），好氧，产芽胞。

128）*Paenibacillus lacus* Chen et al. 2017，sp. nov.（湖类芽胞杆菌），好氧，产芽胞。

129）*Paenibacillus larvae* (White 1906) Ash et al. 1994，comb. nov.（幼虫类芽胞杆菌），兼性厌氧，产芽胞，由 *Bacillus larvae* White 1906 重分类而来。

130）*Paenibacillus lautus* (Nakamura 1984) Heyndrickx et al. 1996，comb. nov.（灿烂类芽胞杆菌），好氧，产芽胞，由 *Bacillus lautus* (ex Batchelor 1919) Nakamura 1984 重分类而来。

131）*Paenibacillus lemnae* Kittiwongwattana and Thawai 2015，sp. nov.（稀脉萍类芽胞杆菌），好氧，产芽胞。

132）*Paenibacillus lentimorbus* (Dutky 1940) Pettersson et al. 1999，comb. nov.（慢病类芽胞杆菌），兼性厌氧，产芽胞，由 *Bacillus lentimorbus* Dutky 1940 重分类而来。

133）*Paenibacillus lentus* Li et al. 2014，sp. nov.（缓慢类芽胞杆菌），好氧，产芽胞。

134）*Paenibacillus liaoningensis* Ai et al. 2016，sp. nov.（辽宁类芽胞杆菌），好氧，产芽胞。

135）*Paenibacillus limicola* Nahar and Cha 2018，sp. nov.（居淤泥类芽胞杆菌），好氧，产芽胞。

136）*Paenibacillus lupini* Carro et al. 2014，sp. nov.（白羽扇豆类芽胞杆菌），好氧，产芽胞。

137）*Paenibacillus luteus* Zhang et al. 2019，sp. nov.（黄色类芽胞杆菌），好氧，产芽胞。

138）*Paenibacillus lutimineralis* Cho et al. 2019，sp. nov.（黏土矿类芽胞杆菌），兼性厌氧，产芽胞。

139）*Paenibacillus macerans* (Schardinger 1905) Ash et al. 1994，comb. nov.（浸麻类芽胞杆菌），好氧，产芽胞，由 *Bacillus macerans* Schardinger 1905 重分类而来。

140）*Paenibacillus macquariensis* (Marshall and Ohye 1966) Ash et al. 1994，comb. nov.（马阔里类芽胞杆菌），好氧，产芽胞，由 *Bacillus macquariensis* Marshall and Ohye 1966 重分类而来。

141）*Paenibacillus marchantiophytorum* Guo et al. 2015，sp. nov.（地钱类芽胞杆菌），好氧，产芽胞。

142）*Paenibacillus marinisediminis* Lee et al. 2014，sp. nov.（海洋沉积物类芽胞杆菌），兼性厌氧，产芽胞。

143）*Paenibacillus marinum* Bouraoui et al. 2013，sp. nov.（海洋类芽胞杆菌），未合格化，兼性厌氧，产芽胞。

144）*Paenibacillus massiliensis* Roux and Raoult 2004，sp. nov.（马赛类芽胞杆菌），兼性厌氧，产芽胞。

145）*Paenibacillus maysiensis* Wang et al. 2018，sp. nov.（玉米根际类芽胞杆菌），固氮，好氧，产芽胞。

146）*Paenibacillus medicaginis* Lai et al. 2015，sp. nov.（苜蓿类芽胞杆菌），好氧，产芽胞。

147）*Paenibacillus mendelii* Smerda et al. 2005，sp. nov.（孟德尔类芽胞杆菌），兼性厌氧，产芽胞。

148）*Paenibacillus mesophilus* Narsing Rao et al. 2019，sp. nov.（喜中温类芽胞杆菌），好氧，产芽胞。

149）*Paenibacillus methanolicus* Madhaiyan et al. 2016，sp. nov.（食甲醇类芽胞杆菌），好氧，产芽胞。

150）*Paenibacillus mobilis* Yang et al. 2018，sp. nov.（运动类芽胞杆菌），好氧，产芽胞。

151）*Paenibacillus montanisoli* Wu et al. 2018，sp. nov.（山区土类芽胞杆菌），好氧，产芽胞。

152）*Paenibacillus montaniterrae* Khianngam et al. 2009，sp. nov.（山土类芽胞杆菌），兼性厌氧，产芽胞。

153）*Paenibacillus motobuensis* Iida et al. 2005，sp. nov.（本部类芽胞杆菌），兼性厌氧，产芽胞。

154）*Paenibacillus mucilaginosus* (Avakyan et al. 1998) Hu et al. 2010，comb. nov.（胶质类芽胞杆菌），好氧，产芽胞，由 *Bacillus mucilaginosus* Avakyan et al. 1998 重分类而来。

155）*Paenibacillus nanensis* Khianngam et al. 2009，sp. nov.（难府类芽胞杆菌），兼性厌氧，产芽胞。

156）*Paenibacillus naphthalenovorans* Daane et al. 2002，sp. nov.（食萘类芽胞杆菌），好氧，产芽胞。

157）*Paenibacillus nasutitermitis* Wang et al. 2016，sp. nov.（鼻白蚁类芽胞杆菌），好氧，产芽胞。

158）*Paenibacillus nebraskensis* Kämpfer et al. 2017，sp. nov.（内布拉斯加类芽胞杆菌），好氧，不产芽胞。

159）*Paenibacillus nematophilus* Enright et al. 2003，sp. nov.（食线虫类芽胞杆菌），兼性厌氧，产芽胞。

160）*Paenibacillus nicotianae* Li et al. 2013，sp. nov.（烟草类芽胞杆菌），兼性厌氧，产芽胞。

161）*Paenibacillus nuruki* Kim et al. 2019，sp. nov.（清酒曲类芽胞杆菌），兼性厌氧，不产芽胞。

162）*Paenibacillus oceanisediminis* Lee et al. 2013，sp. nov.（海床类芽胞杆菌），好氧，产芽胞。

163）*Paenibacillus odorifer* Berge et al. 2002，sp. nov.（载味类芽胞杆菌），好氧，产芽胞。

164）*Paenibacillus oenotherae* Kim et al. 2015，sp. nov.（月见草类芽胞杆菌），好氧，产芽胞。

165）*Paenibacillus oralis* Park et al. 2019，sp. nov.（河口类芽胞杆菌），未合格化，兼性厌氧，产芽胞。

166）*Paenibacillus oryzae* Zhang et al. 2016，sp. nov.（水稻类芽胞杆菌），兼性厌氧，产芽胞。

167）*Paenibacillus oryzisoli* Zhang et al. 2017，sp. nov.（水稻土类芽胞杆菌），好氧，产芽胞。

168）*Paenibacillus ottowii* Velazquez et al. 2019，sp. nov.（奥托氏土类芽胞杆菌），兼性厌氧，产芽胞。

169）*Paenibacillus pabuli* (Nakamura 1984) Ash et al. 1994，comb. nov.（饲料类芽胞

杆菌），好氧，产芽胞，由 *Bacillus pabuli* Nakamura 1984 重分类而来。

170）*Paenibacillus paeoniae* Yan and Tuo 2018，sp. nov.（芍药类芽胞杆菌），好氧，产芽胞。

171）*Paenibacillus panacihumi* Kim et al. 2018，sp. nov.（人参土壤类芽胞杆菌），兼性好氧，产芽胞。

172）*Paenibacillus panacisoli* Ten et al. 2006，sp. nov.（参田土类芽胞杆菌），解木聚糖，兼性厌氧，产芽胞。

173）*Paenibacillus panaciterrae* Nguyen et al. 2015，sp. nov.（参地类芽胞杆菌），好氧，产芽胞。

174）*Paenibacillus paridis* Wang et al. 2019，sp. nov.（重楼类芽胞杆菌），好氧，产芽胞。

175）*Paenibacillus pasadenensis* Osman et al. 2006，sp. nov.（帕萨迪纳类芽胞杆菌），好氧，产芽胞。

176）*Paenibacillus pectinilyticus* Park et al. 2009，sp. nov.（解果胶类芽胞杆菌），好氧，产芽胞。

177）*Paenibacillus peoriae* (Montefusco et al. 1993) Heyndrickx et al. 1996，comb. nov.（皮尔瑞俄类芽胞杆菌），好氧，产芽胞，由 *Bacillus peoriae* Montefusco et al. 1993 重分类而来。

178）*Paenibacillus periandrae* Menéndez et al. 2016，sp. nov.（甘草类芽胞杆菌），好氧，产芽胞。

179）*Paenibacillus phocaensis* Tidjani Alou et al. 2017，sp. nov.（弗凯亚类芽胞杆菌），兼性厌氧，产芽胞。

180）*Paenibacillus phoenicis* Bernardini et al. 2011，sp. nov.（凤凰城类芽胞杆菌），好氧，产芽胞。

181）*Paenibacillus phyllosphaerae* Rivas et al. 2005，sp. nov.（叶际类芽胞杆菌），兼性厌氧，产芽胞。

182）*Paenibacillus physcomitrellae* Zhou et al. 2015，sp. nov.（小立碗藓类芽胞杆菌），兼性厌氧，产芽胞。

183）*Paenibacillus pini* Kim et al. 2011，sp. nov.（松树类芽胞杆菌），解纤维素，好氧，产芽胞。

184）*Paenibacillus pinihumi* Kim et al. 2010，sp. nov.（赤松土类芽胞杆菌），解纤维素，好氧，产芽胞。

185）*Paenibacillus pinisoli* Moon and Kim 2014，sp. nov.（针叶林土类芽胞杆菌），好氧，产芽胞。

186）*Paenibacillus pinistramenti* Lee et al. 2019，sp. nov.（松凋落物类芽胞杆菌），好氧，产芽胞。

187）*Paenibacillus piri* Trinh and Kim 2019，sp. nov.（梨树类芽胞杆菌），好氧，产芽胞。

188）*Paenibacillus pocheonensis* Baek et al. 2010，sp. nov.（抱川类芽胞杆菌），兼性厌氧，产芽胞。

189）*Paenibacillus polymyxa* (Prazmowski 1880) Ash et al. 1994，comb. nov.（多黏类芽胞杆菌），模式种，好氧，产芽胞，由 *Bacillus polymyxa* Prazmowski 1880 重分类而来。

190）*Paenibacillus polysaccharolyticus* Madhaiyan et al. 2017，sp. nov.（解多糖类芽胞杆菌），好氧，产芽胞。

191）*Paenibacillus popilliae* (Dutky 1940) Pettersson et al. 1999，comb. nov.（丽金龟子类芽胞杆菌），兼性厌氧，产芽胞，由 *Bacillus popilliae* Dutky 1940 重分类而来。

192）*Paenibacillus populi* Han et al. 2015，sp. nov.（杨树类芽胞杆菌），好氧，产芽胞。

193）*Paenibacillus profundus* Romanenko et al. 2013，sp. nov.（深度类芽胞杆菌），兼性厌氧，产芽胞。

194）*Paenibacillus prosopidis* Valverde et al. 2010，sp. nov.（牧豆树类芽胞杆菌），好氧，产芽胞。

195）*Paenibacillus protaetiae* Heo et al. 2019，sp. nov.（白星花金龟类芽胞杆菌），好氧，产芽胞。

196）*Paenibacillus provencensis* Roux et al. 2008，sp. nov.（普罗旺斯类芽胞杆菌），好氧，产芽胞。

197）*Paenibacillus psychroresistens* Cha et al. 2019，sp. nov.（抗冻类芽胞杆菌），好氧，产芽胞。

198）*Paenibacillus pueri* Kim et al. 2009，sp. nov.（普洱茶类芽胞杆菌），好氧，产芽胞。

199）*Paenibacillus puernese* Wang et al. 2016，sp. nov.（普洱类芽胞杆菌），好氧，产芽胞。

200）*Paenibacillus puldeungensis* Traiwan et al. 2011，sp. nov.（草洲类芽胞杆菌），兼性厌氧，产芽胞。

201）*Paenibacillus purispatii* Behrendt et al. 2011，sp. nov.（洁净间类芽胞杆菌），好氧，产芽胞。

202）*Paenibacillus qingshengii* Chen et al. 2015，sp. nov.（庆笙类芽胞杆菌），好氧，产芽胞。

203）*Paenibacillus qinlingensis* Xin et al. 2017，sp. nov.（秦岭类芽胞杆菌），好氧，产芽胞。

204）*Paenibacillus quercus* Wang et al. 2014，sp. nov.（麻栎类芽胞杆菌），好氧，产芽胞。

205）*Paenibacillus radicis* Gao et al. 2016，sp. nov.（玉米根类芽胞杆菌），好氧，产芽胞。

206）*Paenibacillus relictisesami* Shimoyama et al. 2014，sp. nov.（芝麻粕类芽胞杆菌），

兼性厌氧，产芽胞。

207）*Paenibacillus residui* Vaz-Moreira et al. 2010，sp. nov.（残渣类芽胞杆菌），好氧，产芽胞。

208）*Paenibacillus rhizophilus* Ripa et al. 2019，sp. nov.（嗜根类芽胞杆菌），固氮，兼性好氧，产芽胞。

209）*Paenibacillus rhizoplanae* Kämpfer et al. 2017，sp. nov.（根表类芽胞杆菌），好氧，产芽胞。

210）*Paenibacillus rhizoryzae* Zhang et al. 2015，sp. nov.（水稻根类芽胞杆菌），好氧，产芽胞。

211）*Paenibacillus rhizosphaerae* Rivas et al. 2005，sp. nov.（根际类芽胞杆菌），好氧，产芽胞。

212）*Paenibacillus rigui* Baik et al. 2011，sp. nov.（湿地类芽胞杆菌），好氧，产芽胞。

213）*Paenibacillus ripae* Sun et al. 2015，sp. nov.（河岸类芽胞杆菌），好氧，产芽胞。

214）*Paenibacillus rubiinfantis* Tidjani Alou et al. 2015，sp. nov.（鲁比婴儿类芽胞杆菌），未合格化，兼性好氧，产芽胞。

215）*Paenibacillus sabinae* Ma et al. 2007，sp. nov.（圆柏类芽胞杆菌），固氮，好氧，产芽胞。

216）*Paenibacillus sacheonensis* Moon et al. 2011，sp. nov.（泗川类芽胞杆菌），解多糖，好氧，产芽胞。

217）*Paenibacillus salinicaeni* Guo et al. 2016，sp. nov.（盐泥类芽胞杆菌），兼性厌氧，产芽胞。

218）*Paenibacillus sanguinis* Roux and Raoult 2004，sp. nov.（血液类芽胞杆菌），兼性厌氧，产芽胞。

219）*Paenibacillus sediminis* Wang et al. 2012，sp. nov.（沉积物类芽胞杆菌），解木聚糖，好氧，产芽胞。

220）*Paenibacillus segetis* Huang et al. 2016，sp. nov.（雨林土类芽胞杆菌），兼性厌氧，产芽胞。

221）*Paenibacillus selenii* Xiang et al. 2014，sp. nov.（硒类芽胞杆菌），兼性厌氧，产芽胞。

222）*Paenibacillus selenitireducens* Yao et al. 2014，sp. nov.（硒还原类芽胞杆菌），兼性厌氧，产芽胞。

223）*Paenibacillus senegalensis* Mishra et al. 2015，sp. nov.（塞内加尔类芽胞杆菌），兼性厌氧，产芽胞。

224）*Paenibacillus senegalimassiliensis* Pham et al. 2017，sp. nov.（塞内加尔马赛类芽胞杆菌），未合格化，好氧，产芽胞。

225）*Paenibacillus seodonensis* Kang et al. 2018，sp. nov.（独岛类芽胞杆菌），好氧，产芽胞。

226）*Paenibacillus septentrionalis* Khianngam et al. 2009，sp. nov.（北方难府类芽胞杆菌），兼性厌氧，产芽胞。

227）*Paenibacillus sepulcri* Smerda et al. 2006，sp. nov.（坟墓类芽胞杆菌），兼性厌氧，产芽胞。

228）*Paenibacillus shenyangensis* Jiang et al. 2015，sp. nov.（沈阳类芽胞杆菌），产絮凝剂，好氧，产芽胞。

229）*Paenibacillus shirakamiensis* Tonouchi et al. 2014，sp. nov.（白神山类芽胞杆菌），嗜酸，好氧，产芽胞。

230）*Paenibacillus shunpengii* Yang et al. 2018，sp. nov.（顺鹏类芽胞杆菌），好氧，产芽胞。

231）*Paenibacillus siamensis* Khianngam et al. 2009，sp. nov.（暹罗类芽胞杆菌），兼性厌氧，产芽胞。

232）*Paenibacillus silagei* Tohno et al. 2016，sp. nov.（青贮饲料类芽胞杆菌），兼性厌氧，产芽胞。

233）*Paenibacillus silvae* Huang et al. 2017，sp. nov.（雨林土类芽胞杆菌），兼性好氧，产芽胞。

234）*Paenibacillus sinopodophylli* Chen et al. 2016，sp. nov.（桃儿七类芽胞杆菌），好氧，产芽胞。

235）*Paenibacillus solanacearum* Cho et al. 2017，sp. nov.（茄科类芽胞杆菌），好氧，产芽胞。

236）*Paenibacillus solani* Liu et al. 2016，sp. nov.（茄属类芽胞杆菌），好氧，产芽胞。

237）*Paenibacillus soli* Park et al. 2007，sp. nov.（土壤类芽胞杆菌），解木聚糖，好氧，产芽胞。

238）*Paenibacillus sonchi* Hong et al. 2009，sp. nov.（苦苣菜类芽胞杆菌），固氮，好氧，产芽胞。

239）*Paenibacillus sophorae* Jin et al. 2011，sp. nov.（槐树类芽胞杆菌），固氮，兼性厌氧，产芽胞。

240）*Paenibacillus sputi* Kim et al. 2010，sp. nov.（痰类芽胞杆菌），兼性厌氧，产芽胞。

241）*Paenibacillus stellifer* Suominen et al. 2003，sp. nov.（星胞类芽胞杆菌），兼性厌氧，产芽胞。

242）*Paenibacillus susongensis* Guo et al. 2014，sp. nov.（宿松县类芽胞杆菌），好氧，产芽胞。

243）*Paenibacillus swuensis* Lee et al. 2014，sp. nov.（女院类芽胞杆菌），好氧，产芽胞。

244）*Paenibacillus taichungensis* Lee et al. 2008，sp. nov.（台中类芽胞杆菌），兼性厌氧，产芽胞。

245）*Paenibacillus taihuensis* Wu et al. 2013，sp. nov.（太湖类芽胞杆菌），兼性厌氧，产芽胞。

246）*Paenibacillus taiwanensis* Lee et al. 2007，sp. nov.（台湾类芽胞杆菌），兼性厌氧，产芽胞。

247）*Paenibacillus taohuashanense* Xie et al. 2012，sp. nov.（桃花山类芽胞杆菌），未合格化，固氮，兼性厌氧，产芽胞。

248）*Paenibacillus tarimensis* Wang et al. 2008，sp. nov.（塔里木类芽胞杆菌），好氧，产芽胞。

249）*Paenibacillus telluris* Lee et al. 2012，sp. nov.（土类芽胞杆菌），解磷，好氧，产芽胞。

250）*Paenibacillus tepidiphilus* Narsing Rao et al. 2019，sp. nov.（微温类芽胞杆菌），好氧，产芽胞。

251）*Paenibacillus terrae* Yoon et al. 2003，sp. nov.（大地类芽胞杆菌），兼性厌氧，产芽胞。

252）*Paenibacillus terreus* Huang et al. 2016，sp. nov.（深林土类芽胞杆菌），好氧，产芽胞。

253）*Paenibacillus terrigena* Xie and Yokota 2007，sp. nov.（海岸土类芽胞杆菌），兼性厌氧，产芽胞。

254）*Paenibacillus tezpurensis* Rai et al. 2010，sp. nov.（提兹普尔类芽胞杆菌），未合格化，好氧，产芽胞。

255）*Paenibacillus thailandensis* Khianngam et al. 2009，sp. nov.（泰国类芽胞杆菌），兼性厌氧，产芽胞。

256）*Paenibacillus thalictri* Tuo and Yan 2019，sp. nov.（唐松草类芽胞杆菌），好氧，产芽胞。

257）*Paenibacillus thermoaerophilus* Ueda et al. 2013，sp. nov.（嗜热嗜气类芽胞杆菌），好氧，产芽胞。

258）*Paenibacillus thiaminolyticus* (Nakamura 1990) Shida et al. 1997，comb. nov.（解硫胺素类芽胞杆菌），好氧，产芽胞，由 *Bacillus thiaminolyticus* (ex Kuno 1951) Nakamura 1990 重分类而来。

259）*Paenibacillus tianmuensis* Wu et al. 2011，sp. nov.（天目山类芽胞杆菌），好氧，产芽胞。

260）*Paenibacillus tibetensis* Han et al. 2015，sp. nov.（西藏类芽胞杆菌），嗜冷，好氧，产芽胞。

261）*Paenibacillus timonensis* Roux and Raoult 2004，sp. nov.（泰门类芽胞杆菌），兼性厌氧，产芽胞。

262）*Paenibacillus translucens* Kim and Cha 2018，sp. nov.（半透明类芽胞杆菌），好氧，产芽胞。

263）*Paenibacillus tritici* Menendez et al. 2017，sp. nov.（小麦类芽胞杆菌），兼性厌

氧，产芽胞。

264）*Paenibacillus triticisoli* corrig. Wang et al. 2014，sp. nov.（小麦土类芽胞杆菌），固氮，兼性厌氧，产芽胞，为 *Paenibacillus beijingensis* Wang et al. 2013，sp. nov.（北京类芽胞杆菌）的重命名。

265）*Paenibacillus tuaregi* Pham et al. 2017，sp. nov.（图阿雷格人类芽胞杆菌），未合格化，兼性好氧，产芽胞。

266）*Paenibacillus tumbae* Huang et al. 2017，sp. nov.（寺庙类芽胞杆菌），好氧，产芽胞。

267）*Paenibacillus tundrae* Nelson et al. 2009，sp. nov.（苔原类芽胞杆菌），耐冷，解木聚糖，好氧，产芽胞。

268）*Paenibacillus turicensis* Bosshard et al. 2002，sp. nov.（苏黎世类芽胞杆菌），兼性厌氧，产芽胞。

269）*Paenibacillus tylopili* Kuisiene et al. 2008，sp. nov.（牛肝菌类芽胞杆菌），未合格化，兼性厌氧，产芽胞。

270）*Paenibacillus typhae* Kong et al. 2013，sp. nov.（蒲草类芽胞杆菌），兼性厌氧，产芽胞。

271）*Paenibacillus tyrfis* Aw et al. 2016，sp. nov.（泥炭土类芽胞杆菌），未合格化，兼性厌氧，产芽胞。

272）*Paenibacillus uliginis* Behrendt et al. 2011，sp. nov.（潮湿类芽胞杆菌），好氧，产芽胞。

273）*Paenibacillus urinalis* Roux et al. 2008，sp. nov.（泌尿类芽胞杆菌），兼性厌氧，产芽胞。

274）*Paenibacillus validus* (Nakamura 1984) Ash et al. 1994，comb. nov.（强壮类芽胞杆菌），好氧，产芽胞，由 *Bacillus validus* Nakamura 1984 重分类而来。

275）*Paenibacillus vini* Chen et al. 2015，sp. nov.（窖泥类芽胞杆菌），兼性厌氧，产芽胞。

276）*Paenibacillus vortex* Ben-Jacob et al. 1995，sp. nov.（涡旋类芽胞杆菌），未合格化，好氧，产芽胞。

277）*Paenibacillus vulneris* Glaeser et al. 2013，sp. nov.（伤口类芽胞杆菌），好氧，产芽胞。

278）*Paenibacillus wenxiniae* Gao et al. 2016，sp. nov.（文新类芽胞杆菌），固氮，好氧，产芽胞。

279）*Paenibacillus wooponensis* Baik et al. 2011，sp. nov.（牛浦类芽胞杆菌），好氧，产芽胞。

280）*Paenibacillus woosongensis* Lee and Yoon 2008，sp. nov.（又松类芽胞杆菌），解木聚糖，兼性厌氧，产芽胞。

281）*Paenibacillus wulumuqiensis* Zhu et al. 2015，sp. nov.（乌鲁木齐类芽胞杆菌），好氧，产芽胞。

282）*Paenibacillus wynnii* Rodríguez-Díaz et al. 2005，sp. nov.（韦恩氏类芽胞杆菌），固氮，兼性厌氧，产芽胞。

283）*Paenibacillus xanthanilyticus* Ashraf et al. 2018，sp. nov.（解黄原胶类芽胞杆菌），好氧，产芽胞。

284）*Paenibacillus xanthinilyticus* Kim et al. 2015，sp. nov.（解黄嘌呤类芽胞杆菌），兼性厌氧，产芽胞。

285）*Paenibacillus xerothermodurans* Kaur et al. 2018，sp. nov.（耐干热类芽胞杆菌），兼性厌氧，产芽胞。

286）*Paenibacillus xinjiangensis* Lim et al. 2006，sp. nov.（新疆类芽胞杆菌），好氧，产芽胞。

287）*Paenibacillus xylanexedens* Nelson et al. 2009，sp. nov.（食木聚糖类芽胞杆菌），耐冷，解木聚糖，好氧，产芽胞。

288）*Paenibacillus xylaniclasticus* Tachaapaikoon et al. 2012，sp. nov.（裂解木聚糖类芽胞杆菌），未合格化，兼性厌氧，产芽胞。

289）*Paenibacillus xylanilyticus* Rivas et al. 2005，sp. nov.（解木聚糖类芽胞杆菌），兼性厌氧，产芽胞。

290）*Paenibacillus xylanisolvens* Khianngam et al. 2011，sp. nov.（溶木聚糖类芽胞杆菌），兼性厌氧，产芽胞。

291）*Paenibacillus xylanivorans* Ghio et al. 2019，sp. nov.（吃木聚糖类芽胞杆菌），兼性厌氧，产芽胞。

292）*Paenibacillus yanchengensis* Lu et al. 2018，sp. nov.（盐城类芽胞杆菌），耐碱，好氧，产芽胞。

293）*Paenibacillus yonginensis* Sukweenadhi et al. 2014，sp. nov.（龙仁类芽胞杆菌），好氧，产芽胞。

294）*Paenibacillus yunnanensis* Niu et al. 2015，sp. nov.（云南类芽胞杆菌），好氧，产芽胞。

295）*Paenibacillus zanthoxyli* Ma et al. 2007，sp. nov.（野花椒类芽胞杆菌），固氮，兼性厌氧，产芽胞。

296）*Paenibacillus zeae* Liu et al. 2015，sp. nov.（玉米类芽胞杆菌），好氧，产芽胞。

297）*Paenibacillus zeisoli* Chen et al. 2019，sp. nov.（玉米土类芽胞杆菌），好氧，产芽胞。

变动：有 4 个种因同种异名而被合并，2 个种被降格为亚种，1 个种被转移至科恩氏属，具体情况如下。

1）*Paenibacillus dauci* Zhu et al. 2015，sp. nov.（胡萝卜类芽胞杆菌）→*Paenibacillus shenyangensis* Jiang et al. 2015，sp. nov.，同种异名。

2）*Paenibacillus ginsengisoli* Lee et al. 2007，sp. nov.（人参土壤类芽胞杆菌）→*Paenibacillus anaericanus* Horn et al. 2005，同种异名。

3）*Paenibacillus gordonae* (Pichinoty et al. 1987) Ash et al. 1994，comb. nov.（戈登氏

类芽胞杆菌）→ *Paenibacillus validus* (Nakamura 1984) Ash et al. 1994，同种异名。

4）*Paenibacillus hongkongensis* Teng et al. 2003，sp. nov.（香港类芽胞杆菌）→*Cohnella hongkongensis* Kämpfer et al. 2006，comb. nov.

5）*Paenibacillus pulvifaciens* (Nakamura 1984) Ash et al. 1994，comb. nov.（生灰类芽胞杆菌）→ *Paenibacillus larvae* subsp. *Pulvifaciens* (Nakamura 1984) Heyndrickx et al. 1996，comb. nov.，亚种。

6）*Paenibacillus riograndensis* Beneduzi et al. 2010，sp. nov.（里奥格兰德类芽胞杆菌）→*Paenibacillus sonchi* subsp. *riograndensis*，亚种。

7）*Paenibacillus thermophilus* Zhou et al. 2013，sp. nov.（嗜热类芽胞杆菌）→*Paenibacillus macerans* (Schardinger 1905) Ash et al. 1994，同种异名。

## 十三、湿地杆菌属（*Paludirhabdus* Hwang et al. 2018，gen. nov.）

湿地杆菌属（*Paludirhabdus*）于 2018 年建立，包含 2 种，均兼性厌氧、产芽胞。

1）*Paludirhabdus pumila* Hwang et al. 2018，sp. nov.（短小湿地杆菌），兼性厌氧，产芽胞。

2）*Paludirhabdus telluriireducens* Hwang et al. 2018，sp. nov.（碲还原湿地杆菌），模式种，兼性厌氧，产芽胞。

## 十四、糖芽胞杆菌属（*Saccharibacillus* Rivas et al. 2008，gen. nov.）

糖芽胞杆菌属（*Saccharibacillus*）于 2008 年建立，包含 6 种，好氧或兼性厌氧，均产芽胞。

1）*Saccharibacillus brassicae* Jiang et al. 2019，sp. nov.（大白菜类芽胞杆菌），兼性厌氧，产芽胞。

2）*Saccharibacillus deserti* Sun et al. 2016，sp. nov.（沙漠糖芽胞杆菌），兼性厌氧，产芽胞。

3）*Saccharibacillus endophyticus* Kämpfer et al. 2016，sp. nov.（内生糖芽胞杆菌），兼性厌氧，产芽胞。

4）*Saccharibacillus kuerlensis* Yang et al. 2009，sp. nov.（库尔勒糖芽胞杆菌），好氧，产芽胞。

5）*Saccharibacillus qingshengii* Han et al. 2016，sp. nov.（庆笙糖芽胞杆菌），好氧，产芽胞。

6）*Saccharibacillus sacchari* Rivas et al. 2008，sp. nov.（甘蔗糖芽胞杆菌），模式种，兼性厌氧，产芽胞。

## 十五、嗜热芽胞杆菌属（*Thermobacillus* Touzel et al. 2000，gen. nov.）

嗜热芽胞杆菌属（*Thermobacillus*）于 2000 年建立，包含 2 种，均嗜热、好氧、产芽胞。

1）*Thermobacillus composti* Watanabe et al. 2007，sp. nov.（堆肥热芽胞杆菌），好氧，产芽胞。

2）*Thermobacillus xylanilyticus* Touzel et al. 2000，sp. nov.（解木聚糖嗜热芽胞杆菌），模式种，好氧，产芽胞。

### 十六、木聚糖芽胞杆菌属（*Xylanibacillus* Kukolya et al. 2018，gen. nov.）

木聚糖芽胞杆菌属（*Xylanibacillus*）于 2018 年建立，仅有 1 种，好氧，产芽胞。

*Xylanibacillus composti* Kukolya et al. 2018，sp. nov.（堆肥木聚糖芽胞杆菌），模式种，好氧，产芽胞。

## 第五节 巴斯德氏柄菌科分类纲要

巴斯德氏柄菌科（Family Pasteuriaceae）于 1949 年建立，仅有 1 属 4 种，均营寄生性生活、产芽胞。

### 巴斯德氏柄菌属（*Pasteuria* Metchnikoff 1888，genus.）

巴斯德氏柄菌属（*Pasteuria*）于 1888 年建立，包含 4 个合格化发表的种，均产芽胞。

1）*Pasteuria nishizawae* Sayre et al. 1992，sp. nov.（西泽氏巴斯德氏柄菌），产芽胞，寄生于胞囊线虫。

2）*Pasteuria penetrans* (ex Thorne 1940) Sayre and Starr 1986，nom. rev.，comb. nov.（穿刺巴斯德氏柄菌），产芽胞，寄生于根结线虫。

3）*Pasteuria ramosa* Metchnikoff 1888，species.（多枝巴斯德氏柄菌），模式种，产芽胞，寄生于水蚤。

4）*Pasteuria thornei* Starr and Sayre 1988，sp. nov.（索恩巴斯德氏柄菌），产芽胞，寄生于根腐线虫。

候选种：2 个。

1）Candidatus *Pasteuria aldrichii* Giblin-Davis et al. 2011，sp. nov.（奥尔德里奇巴斯德氏柄菌），寄生于 *Bursilla* 线虫。

2）Candidatus *Pasteuria usgae* Giblin-Davis et al. 2003，sp. nov.（美高尔夫协会巴斯德氏柄菌），寄生于芹刺线虫（*Belonolaimus longicaudatus*）。

## 第六节 显核菌科/动球菌科分类纲要

显核菌科（Caryophanaceae Peshkoff 1939，familia.）和动球菌科（Planococcaceae Krasil'nikov 1949，familia.）分别于 1939 年和 1949 年建立，早期它们分别隶属于显核

菌目（Caryophanales Peshkoff 1939，ordo.）和芽胞杆菌目（Bacillales Prévot 1953，ordo.）。基于基因组分类学的最新研究表明，二者应该合并为同一个科，根据命名规则，合并后的科的名称为显核菌科或显核菌科/动球菌科（Gupta and Patel，2020），包含 23 属 142 种：显核菌属（*Caryophanon*）2 种、哈格瓦氏菌属（*Bhargavaea*）6 种、金黄微菌属（*Chryseomicrobium*）6 种、土芽胞杆菌属（*Edaphobacillus*）1 种、线杆菌属（*Filibacter*）2 种、印度球菌属（*Indiicoccus*）1 种、咸海鲜芽胞杆菌属（*Jeotgalibacillus*）9 种、库特氏菌属（*Kurthia*）8 种、赖氨酸芽胞杆菌属（*Lysinibacillus*）33 种、似赖氨酸芽胞杆菌属（*Metalysinibacillus*）2 种、似动球菌属（*Metaplanococcus*）1 种、似土壤芽胞杆菌属（*Metasolibacillus*）1 种、类芽胞束菌属（*Paenisporosarcina*）4 种、动球菌属（*Planococcus*）18 种、动微菌属（*Planomicrobium*）10 种、嗜冷芽胞杆菌属（*Psychrobacillus*）7 种、鲁梅尔芽胞杆菌属（*Rummeliibacillus*）3 种、萨维奇氏菌属（*Savagea*）1 种、土壤芽胞杆菌属（*Solibacillus*）3 种、芽胞束菌属（*Sporosarcina*）14 种、特茨产胞菌属（*Tetzosporium*）1 种、尿素芽胞杆菌属（*Ureibacillus*）6 种和绿芽胞杆菌属（*Viridibacillus*）3 种。该科的主要特征是：球形或杆状，大多数种类好氧，产芽胞或不产芽胞。其中，能形成芽胞的至少有 12 属 84 种，占该科种类的 60.0%。

## 一、哈格瓦氏菌属（*Bhargavaea* Manorama et al. 2009，gen. nov.）

哈格瓦氏菌属（*Bhargavaea*）于 2009 年建立，包含 6 种，好氧，不产芽胞或未观察到。

1）*Bhargavaea beijingensis* (Qiu et al. 2009) Verma et al. 2012，comb. nov.（北京哈格瓦氏菌），耐盐，好氧，未观察到芽胞，由 *Bacillus beijingensis* Qiu et al. 2009 重分类而来。

2）*Bhargavaea cecembensis* Manorama et al. 2009，sp. nov.（科研中心哈格瓦氏菌），模式种，好氧，不产芽胞。

3）*Bhargavaea changchunensis* Tian et al. 2018，sp. nov.（长春哈格瓦氏菌），未合格化，好氧，不产芽胞。

4）*Bhargavaea ginsengi* (Qiu et al. 2009) Verma et al. 2012，comb. nov.（人参哈格瓦氏菌），耐盐，好氧，未观察到芽胞，由 *Bacillus ginsengi* Qiu et al. 2009 重分类而来。

5）*Bhargavaea indica* Verma et al. 2013，sp. nov.（印度哈格瓦氏菌），未合格化，好氧，不产芽胞。

6）*Bhargavaea ullalensis* Glaeser et al. 2013，sp. nov.（乌拉尔哈格瓦氏菌），好氧，不产芽胞。

## 二、显核菌属（*Caryophanon* Peshkoff 1939，genus.）

显核菌属（*Caryophanon*）于 1939 年建立，包含 2 种，均好氧、不产芽胞。

1）*Caryophanon latum* Peshkoff 1939，species.（阔显核菌），模式种，好氧，不产芽胞。

2）*Caryophanon tenue* (ex Peshkoff 1939) Trentini 1988，sp. nov.，nom. rev.（细长显核菌），好氧，不产芽胞。

## 三、金黄微菌属（*Chryseomicrobium* Arora et al. 2011，gen. nov.）

金黄微菌属（*Chryseomicrobium*）于 2011 年建立，包含 6 种，均好氧、不产芽胞。

1）*Chryseomicrobium amylolyticum* Raj et al. 2013，sp. nov.（解淀粉金黄微菌），好氧，不产芽胞。

2）*Chryseomicrobium aureum* Deng et al. 2014，sp. nov.（金色金黄微菌），好氧，不产芽胞。

3）*Chryseomicrobium deserti* Lin et al. 2017，sp. nov.（沙漠金黄微菌），好氧，不产芽胞。

4）*Chryseomicrobium excrementi* Saha et al. 2018，sp. nov.（排泄物金黄微菌），好氧，不产芽胞。

5）*Chryseomicrobium imtechense* Arora et al. 2011，sp. nov.（微技所金黄微菌），模式种，好氧，不产芽胞。

6）*Chryseomicrobium palamuruense* Pindi et al. 2016，sp. nov.（帕拉穆鲁金黄微菌），好氧，不产芽胞。

## 四、土芽胞杆菌属（*Edaphobacillus* Lal et al. 2014，gen. nov.）

土芽胞杆菌属（*Edaphobacillus*）于 2014 年建立，仅有 1 种，好氧，不产芽胞。

*Edaphobacillus lindanitolerans* Lal et al. 2014，sp. nov.（耐六六六土芽胞杆菌），模式种，好氧，不产芽胞。

## 五、线杆菌属（*Filibacter* Maiden and Jones 1985，gen. nov.）

线杆菌属（*Filibacter*）于 1985 年建立，包含 2 种，均好氧、不产芽胞。

1）*Filibacter limicola* Maiden and Jones 1985，sp. nov.（居淤泥线杆菌），好氧，不产芽胞。

2）*Filibacter tadaridae* Kämpfer et al. 2019，sp. nov.（犬吻蝠线杆菌），好氧，不产芽胞。

## 六、印度球菌属（*Indiicoccus* Pal et al. 2019，gen. nov.）

印度球菌属（*Indiicoccus*）于 2019 年建立，仅有 1 种，好氧，不产芽胞。

*Indiicoccus explosivorum* Pal et al. 2019，sp. nov.（爆炸物印度球菌），好氧，不产芽胞。

## 七、咸海鲜芽胞杆菌属（*Jeotgalibacillus* Yoon et al. 2001，gen. nov.）

咸海鲜芽胞杆菌属（*Jeotgalibacillus*）于 2001 年建立，包含 9 种，嗜盐或耐盐，均好氧、产芽胞。

1）*Jeotgalibacillus alimentarius* Yoon et al. 2001，sp. nov.（食物咸海鲜芽胞杆菌），模式种，嗜盐，兼性厌氧，产芽胞。

2）*Jeotgalibacillus alkaliphilus* Srinivas et al. 2016，sp. nov.（嗜碱咸海鲜芽胞杆菌），嗜盐，好氧，产芽胞。

3）*Jeotgalibacillus campisalis* (Yoon et al. 2004) Yoon et al. 2010，sp. nov.（盐地咸海鲜芽胞杆菌），嗜盐，好氧，产芽胞，由 *Marinibacillus campisalis* Yoon et al. 2004 重分类而来。

4）*Jeotgalibacillus malaysiensis* Yaakop et al. 2015，sp. nov.（马来西亚咸海鲜芽胞杆菌），嗜盐，好氧，产芽胞。

5）*Jeotgalibacillus marinus* (Rüger and Richter 1979) Yoon et al. 2010，sp. nov.（海洋咸海鲜芽胞杆菌），嗜盐，好氧，产芽胞，由 *Marinibacillus marinus* (Rüger and Richter 1979) Yoon et al. 2001 重分类而来，而 *Marinibacillus marinus* 由 *Bacillus marinus* (Rüger and Richter 1979) Rüger 1983 重分类而来。

6）*Jeotgalibacillus proteolyticus* Li et al. 2018，sp. nov.（解蛋白咸海鲜芽胞杆菌），耐盐，好氧，产芽胞。

7）*Jeotgalibacillus salarius* Yoon et al. 2010，sp. nov.（盐咸海鲜芽胞杆菌），耐盐，好氧，产芽胞。

8）*Jeotgalibacillus soli* Cunha et al. 2012，sp. nov.（土壤咸海鲜芽胞杆菌），耐盐，好氧，产芽胞。

9）*Jeotgalibacillus terrae* Chen et al. 2016，sp. nov.（土咸海鲜芽胞杆菌），耐盐，好氧，产芽胞，由 *Jeotgalibacillus soli* Chen et al. 2010，sp. nov.重命名。

## 八、库特氏菌属（*Kurthia* Trevisan 1885，genus.）

库特氏菌属（*Kurthia*）于 1885 年建立，包含 8 种，好氧或兼性厌氧，均不产芽胞。

1）*Kurthia gibsonii* Shaw and Keddie 1983，sp. nov.（吉氏库特氏菌），好氧，不产芽胞。

2）*Kurthia huakuii* Ruan et al. 2014，sp. nov.（华葵库特氏菌），耐盐，兼性厌氧，不产芽胞。

3）*Kurthia massiliensis* Roux et al. 2013，sp. nov.（马赛库特氏菌），好氧，不产芽胞。

4）*Kurthia populi* Fang et al. 2015，sp. nov.（杨树库特氏菌），兼性好氧，不产芽胞。

5）*Kurthia ruminicola* Kim et al. 2018，sp. nov.（居瘤胃库特氏菌），好氧，不产芽胞。

6）*Kurthia senegalensis* Roux et al. 2016，sp. nov.（塞内加尔库特氏菌），好氧，不产芽胞。

7）*Kurthia sibirica* Belikova et al. 1988，sp. nov.（西伯利亚库特氏菌），好氧，不产芽胞。

8）*Kurthia zopfii* (Kurth 1883) Trevisan 1885，species.（措普夫库特氏菌），模式种，好氧，不产芽胞。

## 九、赖氨酸芽胞杆菌属（*Lysinibacillus* Ahmed et al. 2007，gen. nov.）

赖氨酸芽胞杆菌属（*Lysinibacillus*）于 2007 年建立，包含 33 种，均好氧、产芽胞。

1）*Lysinibacillus acetophenoni* Azmatunnisa et al. 2015，sp. nov.（苯乙酮赖氨酸芽胞杆菌），好氧，产芽胞。

2）*Lysinibacillus alkaliphilus* Zhao et al. 2015，sp. nov.（嗜碱赖氨酸芽胞杆菌），嗜碱，好氧，产芽胞。

3）*Lysinibacillus alkalisoli* Sun et al. 2017，sp. nov.（碱土赖氨酸芽胞杆菌），嗜碱，好氧，产芽胞。

4）*Lysinibacillus boronitolerans* Ahmed et al. 2007，sp. nov.（耐硼赖氨酸芽胞杆菌），模式种，好氧，产芽胞。

5）*Lysinibacillus capsici* Burkett-Cadena et al. 2019，sp. nov.（辣椒赖氨酸芽胞杆菌），好氧，产芽胞。

6）*Lysinibacillus chungkukjangi* Kim et al. 2013，sp. nov.（清国酱赖氨酸芽胞杆菌），好氧，产芽胞。

7）*Lysinibacillus composti* Hayat et al. 2014，sp. nov.（堆肥赖氨酸芽胞杆菌），好氧，产芽胞。

8）*Lysinibacillus contaminans* Kämpfer et al. 2013，sp. nov.（污染赖氨酸芽胞杆菌），好氧，产芽胞。

9）*Lysinibacillus cresolivorans* Ren et al. 2015，sp. nov.（食甲酚赖氨酸芽胞杆菌），兼性厌氧，产芽胞。

10）*Lysinibacillus endophyticus* Yu et al. 2017，sp. nov.（内生赖氨酸芽胞杆菌），好氧，产芽胞。

11）*Lysinibacillus fluoroglycofenilyticus* Cheng et al. 2015，sp. nov.（解乙羧氟草醚赖氨酸芽胞杆菌），未合格化，好氧，产芽胞。

12）*Lysinibacillus fusiformis* (Priest et al. 1989) Ahmed et al. 2007，comb. nov.（纺锤形赖氨酸芽胞杆菌），好氧，产芽胞，由 *Bacillus fusiformis* (ex Meyer and Gottheil 1901) Priest et al. 1989 重分类而来。

13）*Lysinibacillus halotolerans* Kong et al. 2014，sp. nov.（耐盐赖氨酸芽胞杆菌），好氧，产芽胞。

14）*Lysinibacillus jejuensis* Kim et al. 2013，sp. nov.（济州赖氨酸芽胞杆菌），好氧，产芽胞。

15）*Lysinibacillus louembei* Ouoba et al. 2015，sp. nov.（卢恩贝氏赖氨酸芽胞杆菌），好氧，产芽胞。

16）*Lysinibacillus macrolides* (ex Bennett and Canale-Parola 1965) Coorevits et al. 2012，sp. nov.，nom. rev.（长赖氨酸芽胞杆菌），好氧，产芽胞，由 *Bacillus macroides* ex Bennett and Canale-Parola 1965 重分类而来。

17）*Lysinibacillus manganicus* Liu et al. 2013，sp. nov.（锰矿土赖氨酸芽胞杆菌），好氧，产芽胞。

18）*Lysinibacillus mangiferihumi* Yang et al. 2012，sp. nov.（芒果土赖氨酸芽胞杆菌），好氧，产芽胞。

19）*Lysinibacillus massiliensis* (Glazunova et al. 2006) Jung et al. 2012，comb. nov.（马赛赖氨酸芽胞杆菌），好氧，产芽胞，由 *Bacillus massiliensis* Glazunova et al. 2006 重分类而来。

20）*Lysinibacillus meyeri* Seiler et al. 2013，sp. nov.（迈耶氏赖氨酸芽胞杆菌），好氧，产芽胞。

21）*Lysinibacillus odysseyi* (La Duc et al. 2004) Jung et al. 2012，comb. nov.（奥德赛赖氨酸芽胞杆菌），好氧，产芽胞，由 *Bacillus odysseyi* La Duc et al. 2004 重分类而来。

22）*Lysinibacillus pakistanensis* Ahmed et al. 2014，sp. nov.（巴基斯坦赖氨酸芽胞杆菌），好氧，产芽胞。

23）*Lysinibacillus parviboronicapiens* Miwa et al. 2009，sp. nov.（含低硼赖氨酸芽胞杆菌），好氧，产芽胞。

24）*Lysinibacillus saudimassiliensis* Papadioti et al. 2016，sp. nov.（沙特赖氨酸芽胞杆菌），好氧，产芽胞，未合格化。

25）*Lysinibacillus sinduriensis* Jung et al. 2012，sp. nov.（新头里赖氨酸芽胞杆菌），好氧，产芽胞。

26）*Lysinibacillus sphaericus* (Meyer and Neide 1904) Ahmed et al. 2007，comb. nov.（球形赖氨酸芽胞杆菌），好氧，产芽胞，由 *Bacillus sphaericus* Meyer and Neide 1904 重分类而来。

27）*Lysinibacillus tabacifolii* Duan et al. 2014，sp. nov.（烟叶赖氨酸芽胞杆菌），好氧，产芽胞。

28）*Lysinibacillus telephonicus* Rahi et al. 2017，sp. nov.（手机赖氨酸芽胞杆菌），好氧，产芽胞。

29）*Lysinibacillus timonensis* Ndiaye et al. 2019，sp. nov.（泰门赖氨酸芽胞杆菌），好氧，产芽胞。

30）*Lysinibacillus varians* Zhu et al. 2014，sp. nov.（变异赖氨酸芽胞杆菌），好氧，产芽胞。

31）*Lysinibacillus xylanilyticus* Lee et al. 2010，sp. nov.（解木聚糖赖氨酸芽胞杆菌），好氧，产芽胞。

32）*Lysinibacillus xyleni* Begum et al. 2016，sp. nov.（二甲苯赖氨酸芽胞杆菌），未

合格化，好氧，产芽胞。

33）*Lysinibacillus yapensis* Yu et al. 2019，sp. nov.（雅浦海沟赖氨酸芽胞杆菌），好氧，产芽胞。

## 十、似赖氨酸芽胞杆菌属（*Metalysinibacillus* Gupta and Patel 2020，gen. nov.）

似赖氨酸芽胞杆菌属（*Metalysinibacillus*）于 2020 年建立，包含 2 种，均好氧、产芽胞。

1）*Metalysinibacillus jejuensis* (Kim et al. 2013) Gupta and Patel 2020，comb. nov.（济州赖氨酸芽胞杆菌），模式种，好氧，产芽胞，由 *Lysinibacillus jejuensis* Kim et al. 2013 重分类而来。

2）*Metalysinibacillus saudimassiliensis* (Papadioti et al. 2016) Gupta and Patel 2020，comb. nov.（沙特赖氨酸芽胞杆菌），好氧，产芽胞，由 *Lysinibacillus saudimassiliensis* Papadioti et al. 2016 重分类而来。

## 十一、似动球菌属（*Metaplanococcus* Gupta and Patel，2020，gen. nov.）

似动球菌属（*Metaplanococcus*）于 2020 年建立，仅有 1 种，好氧、不产芽胞。

*Metaplanococcus flavidum* (Jung et al. 2009) Gupta and Patel 2020，comb. nov.（浅黄色似动球菌），耐冷、耐盐，好氧，不产芽胞，由 *Planomicrobium flavidum* Jung et al. 2009 重分类而来。

## 十二、似土壤芽胞杆菌属（*Metasolibacillus* Gupta and Patel，2020，gen. nov.）

似土壤芽胞杆菌属（*Metasolibacillus*）于 2020 年建立，仅有 1 种，好氧、产芽胞。

*Metasolibacillus fluoroglycofenilyticus* Gupta and Patel 2020，sp. nov.（解乙羧氟草醚似土壤芽胞杆菌），好氧，产芽胞。

## 十三、类芽胞束菌属（*Paenisporosarcina* Krishnamurthi et al. 2009，gen. nov.）

类芽胞束菌属（*Paenisporosarcina*）于 2009 年建立，包含 4 种，好氧或兼性厌氧，均产芽胞。

1）*Paenisporosarcina antarctica* (Wu et al. 2008) Reddy et al. 2013，comb. nov.（南极类芽胞束菌），嗜冷，兼性厌氧，产芽胞，由 *Sporosarcina antarctica* Wu et al. 2008 重分类而来。

2）*Paenisporosarcina indica* Reddy et al. 2013，sp. nov.（印度类芽胞束菌），好氧，产芽胞。

3）*Paenisporosarcina macmurdoensis* (Reddy et al. 2003) Krishnamurthi et al. 2009，comb. nov.（麦克默多类芽胞束菌），嗜冷，好氧，产芽胞，由 *Sporosarcina macmurdoensis*

Reddy et al. 2003 重分类而来。

4）*Paenisporosarcina quisquiliarum* Krishnamurthi et al. 2009，sp. nov.（栖水类芽胞束菌），模式种，好氧，产芽胞。

## 十四、动球菌属（*Planococcus* Migula 1894，genus.）

动球菌属（*Planococcus*）于 1894 年建立，包含 18 种，均好氧、不产芽胞。

1）*Planococcus antarcticus* Reddy et al. 2002，sp. nov.（南极洲动球菌），嗜冷，好氧，不产芽胞。

2）*Planococcus citreus* Migula 1894 (Approved Lists 1980)，species.（橙黄色动球菌），模式种，好氧，不产芽胞。

3）*Planococcus columbae* Suresh et al. 2007，sp. nov.（家鸽动球菌），嗜盐、耐冷，好氧，不产芽胞。

4）*Planococcus dechangensis* Wang et al. 2015，sp. nov.（德昌动球菌），未合格化，嗜盐，好氧，不产芽胞。

5）*Planococcus donghaensis* Choi et al. 2007，sp. nov.（东海动球菌），好氧，不产芽胞。

6）*Planococcus faecalis* Kim et al. 2015，sp. nov.（粪便动球菌），耐冷，好氧，不产芽胞。

7）*Planococcus halocryophilus* Mykytczuk et al. 2012，sp. nov.（嗜盐嗜冷动球菌），嗜冷、嗜盐，好氧，不产芽胞。

8）*Planococcus halotolerans* Gan et al. 2018，sp. nov.（耐盐动球菌），嗜冷、嗜盐，好氧，不产芽胞。

9）*Planococcus kocurii* Hao and Komagata 1986，sp. nov.（科库尔氏动球菌），嗜冷，好氧，不产芽胞。

10）*Planococcus maitriensis* Alam et al. 2004，sp. nov.（迈特里动球菌），好氧，不产芽胞。

11）*Planococcus maritimus* Yoon et al. 2003，sp. nov.（海洋动球菌），耐冷、耐盐，好氧，不产芽胞。

12）*Planococcus massiliensis* Seck et al. 2015，sp. nov.（马赛动球菌），嗜盐，好氧，不产芽胞。

13）*Planococcus plakortidis* Kaur et al. 2012，sp. nov.（海绵动球菌），好氧，不产芽胞。

14）*Planococcus rifietoensis* corrig. Romano et al. 2003，sp. nov.（里菲托动球菌），好氧，不产芽胞。

15）*Planococcus ruber* Wang et al. 2017，sp. nov.（红色动球菌），好氧，不产芽胞。

16）*Planococcus salinarum* Yoon et al. 2010，sp. nov.（盐田动球菌），好氧，不产芽胞。

17）*Planococcus salinus* Gan et al. 2018，sp. nov.（盐动球菌），嗜盐，好氧，不产芽胞。

18）*Planococcus versutus* See-Too et al. 2017，sp. nov.（精明动球菌），好氧，不产芽胞。

变动：有 5 种被转移至动微菌属，1 种被转移至海洋球菌属，具体情况如下。

1）*Planococcus alkanoclasticus* Engelhardt et al. 2001，sp. nov.→*Planomicrobium alkanoclasticum* (Engelhardt et al. 2001) Dai et al. 2005，comb. nov.

2）*Planococcus halophilus* Novitsky and Kushner 1976，species→*Marinococcus halophilus* (Novitsky and Kushner 1976) Hao et al. 1985，comb. nov.

3）*Planococcus mcmeekinii* Junge et al. 1998，sp. nov.→*Planomicrobium mcmeekinii* (Junge et al. 1998) Yoon et al. 2001，comb. nov.

4）*Planococcus okeanokoites* (ZoBell and Upham 1944) Nakagawa et al. 1996，comb. nov.→*Planomicrobium okeanokoites* (ZoBell and Upham 1944) Yoon et al. 2001，comb. nov.

5）*Planococcus psychrophilus* Reddy et al. 2002，sp. nov.→*Planomicrobium psychrophilum* (Reddy et al. 2002) Dai et al. 2005，comb. nov.

6）*Planococcus stackebrandtii* Mayilraj et al. 2005，sp. nov.→*Planomicrobium stackebrandtii* (Mayilraj et al. 2005) Jung et al. 2009，comb. nov.

## 十五、动微菌属（*Planomicrobium* Yoon et al. 2001，gen. nov.）

动微菌属（*Planomicrobium*）于 2001 年建立，包含 10 种，均好氧、不产芽胞。

1）*Planomicrobium alkanoclasticum* (Engelhardt et al. 2001) Dai et al. 2005，comb. nov.（解烷烃动微菌），好氧，不产芽胞，由 *Planococcus alkanoclasticus* Engelhardt et al. 2001 重分类而来。

2）*Planomicrobium chinense* Dai et al. 2005，sp. nov.（中华动微菌），好氧，不产芽胞。

3）*Planomicrobium glaciei* Zhang et al. 2009，sp. nov.（冰川动微菌），耐冷，好氧，不产芽胞。

4）*Planomicrobium iranicum* Ramezani et al. 2019，sp. nov.（伊朗动微菌），嗜盐，好氧，不产芽胞。

5）*Planomicrobium koreense* Yoon et al. 2001，sp. nov.（韩国动微菌），模式种，好氧，不产芽胞。

6）*Planomicrobium mcmeekinii* (Junge et al. 1998) Yoon et al. 2001，comb. nov.（麦克米金氏动微菌），嗜冷，好氧，不产芽胞，由 *Planococcus mcmeekinii* Junge et al. 1998 重分类而来。

7）*Planomicrobium okeanokoites* (ZoBell and Upham 1944) Yoon et al. 2001，comb. nov.（海床动微菌），好氧，不产芽胞，由 *Planococcus okeanokoites* (ZoBell and Upham 1944) Nakagawa et al. 1996 重分类而来，而 *Planococcus okeanokoites* 由 *Flavobacterium okeanokoites* ZoBell and Upham 1944 重分类而来。

8）*Planomicrobium psychrophilum* (Reddy et al. 2002) Dai et al. 2005，comb. nov.（嗜冷动微菌），嗜冷，好氧，不产芽胞，由 *Planococcus psychrophilus* Reddy et al. 2002 重分类而来。

9）*Planomicrobium soli* Luo et al. 2014，sp. nov.（土壤动微菌），耐冷、嗜盐，好氧，不产芽胞。

10）*Planomicrobium stackebrandtii* (Mayilraj et al. 2005) Jung et al. 2009，comb. nov.（施氏动微菌），耐冷，好氧，不产芽胞，由 *Planococcus stackebrandtii* Mayilraj et al. 2005 重分类而来。

## 十六、嗜冷芽胞杆菌属（*Psychrobacillus* Krishnamurthi et al. 2011，gen. nov.）

嗜冷芽胞杆菌属（*Psychrobacillus*）于 2011 年建立，包含 7 种，嗜冷或耐冷，好氧或兼性厌氧，均产芽胞。

1）*Psychrobacillus glaciei* Choi and Lee 2019，sp. nov.（冰嗜冷芽胞杆菌），嗜冷，好氧，产芽胞。

2）*Psychrobacillus insolitus* (Larkin and Stokes 1967) Krishnamurthi et al. 2011，comb. nov.（奇特嗜冷芽胞杆菌），模式种，嗜冷，好氧，产芽胞，由 *Bacillus insolitus* Larkin and Stokes 1967 重分类而来。

3）*Psychrobacillus lasiicapitis* Shen et al. 2017，sp. nov.（毛蚁头嗜冷芽胞杆菌），耐冷，好氧，产芽胞。

4）*Psychrobacillus psychrodurans* (Abd El-Rahman et al. 2002) Krishnamurthi et al. 2011，comb. nov.（忍冷嗜冷芽胞杆菌），耐冷，好氧，产芽胞，由 *Bacillus psychrodurans* Abd El-Rahman et al. 2002 重分类而来。

5）*Psychrobacillus psychrotolerans* (Abd El-Rahman et al. 2002) Krishnamurthi et al. 2011，comb. nov.（耐冷嗜冷芽胞杆菌），耐冷，好氧，产芽胞，由 *Bacillus psychrotolerans* Abd El-Rahman et al. 2002 重分类而来。

6）*Psychrobacillus soli* Pham et al. 2015，sp. nov.（土壤嗜冷芽胞杆菌），耐冷，好氧，产芽胞。

7）*Psychrobacillus vulpis* sp. nov. Rodríguez et al. 2019，sp. nov.（赤狐嗜冷芽胞杆菌），耐冷，兼性厌氧，产芽胞。

## 十七、鲁梅尔芽胞杆菌属（*Rummeliibacillus* Vaishampayan et al. 2009，gen. nov.）

鲁梅尔芽胞杆菌属（*Rummeliibacillus*）于 2009 年建立，包含 3 种，均好氧、产芽胞。

1）*Rummeliibacillus pycnus* (Nakamura et al. 2002) Vaishampayan et al. 2009，comb. nov.（厚胞鲁梅尔芽胞杆菌），好氧，产芽胞，由 *Bacillus pycnus* Nakamura et al. 2002 重分类

而来。

2）*Rummeliibacillus stabekisii* Vaishampayan et al. 2009，sp. nov.（司氏鲁梅尔芽胞杆菌），模式种，好氧，产芽胞。

3）*Rummeliibacillus suwonensis* Her and Kim 2013，sp. nov.（水原鲁梅尔芽胞杆菌），好氧，产芽胞。

## 十八、萨维奇氏菌属（*Savagea* Whitehead et al. 2015，gen. nov.）

萨维奇氏菌属（*Savagea*）于 2015 年建立，仅有 1 种，好氧，不产芽胞。

*Savagea faecisuis* Whitehead et al. 2015，sp. nov.（粪便萨维奇氏菌），好氧，不产芽胞。

## 十九、土壤芽胞杆菌属（*Solibacillus* Krishnamurthi et al. 2009，gen. nov.）

土壤芽胞杆菌属（*Solibacillus*）于 2009 年建立，包含 3 种，均好氧、产芽胞。

1）*Solibacillus isronensis* (Shivaji et al. 2009) Mual et al. 2016，comb. nov.（印空研土壤芽胞杆菌），好氧，产芽胞，由 *Bacillus isronensis* Shivaji et al. 2009 重分类而来。

2）*Solibacillus kalamii* Checinska et al. 2017，sp. nov.（卡拉姆土壤芽胞杆菌），好氧，产芽胞。

3）*Solibacillus silvestris* (Rheims et al. 1999) Krishnamurthi et al. 2009，comb. nov.（森林土壤芽胞杆菌），模式种，好氧，产芽胞，由 *Bacillus silvestris* Rheims et al. 1999 重分类而来。

## 二十、芽胞束菌属（*Sporosarcina* Kluyver and van Niel 1936，genus.）

芽胞束菌属（*Sporosarcina*）于 1936 年建立，包含 14 种，好氧或兼性厌氧，均产芽胞。

1）*Sporosarcina aquimarina* Yoon et al. 2001，sp. nov.（海水芽胞束菌），兼性厌氧，产芽胞。

2）*Sporosarcina contaminans* Kämpfer et al. 2010，sp. nov.（污染芽胞束菌），好氧，产芽胞。

3）*Sporosarcina globispora* (Larkin and Stokes 1967) Yoon et al. 2001，comb. nov.（球胞芽胞束菌），好氧，产芽胞，由 *Bacillus globisporus* Larkin and Stokes 1967 重分类而来。

4）*Sporosarcina koreensis* Kwon et al. 2007，sp. nov.（韩国芽胞束菌），好氧，产芽胞。

5）*Sporosarcina luteola* Tominaga et al. 2009，sp. nov.（黄色芽胞束菌），兼性厌氧，产芽胞。

6）*Sporosarcina newyorkensis* Wolfgang et al. 2012，sp. nov.（纽约芽胞束菌），好氧，产芽胞。

7）*Sporosarcina pasteurii* (Miquel 1889) Yoon et al. 2001，comb. nov.（巴氏芽胞束菌），好氧，产芽胞，由 *Bacillus pasteurii* (Miquel 1889) Chester 1898 重分类而来。

8）*Sporosarcina psychrophila* (Nakamura 1984) Yoon et al. 2001，comb. nov.（嗜冷芽胞束菌），嗜冷，好氧，产芽胞，由 *Bacillus psychrophilus* (ex Larkin and Stokes 1967) Nakamura 1984 重分类而来。

9）*Sporosarcina saromensis* An et al. 2007，sp. nov.（佐吕间芽胞束菌），好氧，产芽胞。

10）*Sporosarcina siberiensis* Zhang et al. 2015，sp. nov.（西伯利亚芽胞束菌），耐冷，好氧，产芽胞。

11）*Sporosarcina soli* Kwon et al. 2007，sp. nov.（土壤芽胞束菌），好氧，产芽胞。

12）*Sporosarcina terrae* Sun et al. 2017，sp. nov.（土芽胞束菌），好氧，产芽胞。

13）*Sporosarcina thermotolerans* Kämpfer et al. 2010，sp. nov.（耐热芽胞束菌），耐热，好氧，产芽胞。

14）*Sporosarcina ureae* (Beijerinck 1901) Kluyver and van Niel 1936，species.（尿素芽胞束菌），模式种，好氧，产芽胞。

变动：有 3 种分别被转移至类芽胞束菌属（*Paenisporosarcina*）和喜盐芽胞杆菌属（*Halobacillus*），具体情况如下。

1）*Sporosarcina antarctica* Yu et al. 2008，sp. nov.→*Paenisporosarcina antarctica* (Yu et al. 2008) Reddy et al. 2013，comb. nov.

2）*Sporosarcina halophila* Claus et al. 1984，sp. nov. →*Halobacillus halophilus* (Claus et al. 1984) Spring et al. 1996，comb. nov.

3）*Sporosarcina macmurdoensis* Reddy et al. 2003，sp. nov.→*Paenisporosarcina macmurdoensis* (Reddy et al. 2003) Krishnamurthi et al. 2009，comb. nov.

## 二十一、特茨产胞菌属（*Tetzosporium* Tetz and Tetz 2018，gen. nov.）

特茨产胞菌属（*Tetzosporium*）于 2018 年建立，仅有 1 种，好氧，产芽胞。

*Tetzosporium hominis* Tetz and Tetz 2018，sp. nov.（人特茨产胞菌），好氧，产芽胞。

## 二十二、尿素芽胞杆菌属（*Ureibacillus* Fortina et al. 2001，gen. nov.）

尿素芽胞杆菌属（*Ureibacillus*）于 2001 年建立，包含 6 种，均嗜热、好氧、产芽胞。

1）*Ureibacillus composti* Weon et al. 2007，sp. nov.（堆肥尿素芽胞杆菌），嗜热，好氧，产芽胞。

2）*Ureibacillus defluvii* Zhou et al. 2014，sp. nov.（污泥尿素芽胞杆菌），嗜热，好氧，产芽胞。

3）*Ureibacillus suwonensis* Kim et al. 2006，sp. nov.（水原尿素芽胞杆菌），嗜热，好氧，产芽胞。

4）*Ureibacillus terrenus* Fortina et al. 2001，sp. nov.（领地尿素芽胞杆菌），嗜热，好氧，产芽胞。

5）*Ureibacillus thermophilus* Weon et al. 2007，sp. nov.（嗜热尿素芽胞杆菌），嗜热，好氧，产芽胞。

6）*Ureibacillus thermosphaericus* (Andersson et al. 1996) Fortina et al. 2001，comb. nov.（热球状尿素芽胞杆菌），模式种，嗜热，好氧，产芽胞，由 *Bacillus thermosphaericus* Andersson et al. 1996 重分类而来。

### 二十三、绿芽胞杆菌属（*Viridibacillus* Albert et al. 2007，gen. nov.）

绿芽胞杆菌属（*Viridibacillus*）于 2007 年建立，包含 3 种，均好氧、产芽胞。

1）*Viridibacillus arenosi* (Heyrman et al. 2005) Albert et al. 2007，comb. nov.（沙地绿芽胞杆菌），好氧，产芽胞，由 *Bacillus arenosi* Heyrman et al. 2005 重分类而来。

2）*Viridibacillus arvi* (Heyrman et al. 2005) Albert et al. 2007，comb. nov.（田地绿芽胞杆菌），模式种，好氧，产芽胞，由 *Bacillus arvi* Heyrman et al. 2005 重分类而来。

3）*Viridibacillus neidei* (Nakamura et al. 2002) Albert et al. 2007，comb. nov.（奈台氏绿芽胞杆菌），好氧，产芽胞，由 *Bacillus neidei* Nakamura et al. 2002 重分类而来。

## 第七节　芽胞乳杆菌科分类纲要

芽胞乳杆菌科（Sporolactobacillaceae Ludwig et al. 2010，fam. nov.）于 2010 年建立，目前，该科至少有 8 属 24 种：垃圾芽胞杆菌属（*Caenibacillus*）1 种、茶树芽胞杆菌属（*Camelliibacillus*）1 种、解支链淀粉芽胞杆菌属（*Pullulanibacillus*）4 种、火山渣芽胞杆菌属（*Scopulibacillus*）3 种、中华球菌属（*Sinobaca*）1 种、芽胞乳杆菌属（*Sporolactobacillus*）12 种、土壤乳杆菌属（*Terrilactibacillus*）1 种和肿块芽胞杆菌属（*Tuberibacillus*）1 种。除中华球菌属外，其他属的种类均能形成芽胞。

### 一、垃圾芽胞杆菌属（*Caenibacillus* Tsujimoto et al. 2016，gen. nov.）

垃圾芽胞杆菌属（*Caenibacillus*）于 2016 年建立，仅有 1 种，好氧，产芽胞。

*Caenibacillus caldisaponilyticus* Tsujimoto et al. 2016，sp. nov.（溶皂垃圾芽胞杆菌），嗜热，好氧，产芽胞。

### 二、茶树芽胞杆菌属（*Camelliibacillus* Lin et al. 2018，gen. nov.）

茶树芽胞杆菌属（*Camelliibacillus*）于 2018 年建立，仅有 1 种，好氧，产芽胞。

*Camelliibacillus cellulosilyticus* Lin et al. 2018，sp. nov.（解纤维素茶树芽胞杆菌），

好氧，产芽胞。

## 三、解支链淀粉芽胞杆菌属（*Pullulanibacillus* Hatayama et al. 2006，gen. nov.）

解支链淀粉芽胞杆菌属（*Pullulanibacillus*）于 2006 年建立，包含 4 种，均好氧、产芽胞。

1）*Pullulanibacillus camelliae* Niu et al. 2016，sp. nov.（茶树解支链淀粉芽胞杆菌），好氧，产芽胞。

2）*Pullulanibacillus naganoensis* (Tomimura et al. 1990) Hatayama et al. 2006，comb. nov.（长野解支链淀粉芽胞杆菌），模式种，嗜酸，好氧，产芽胞，由 *Bacillus naganoensis* Tomimura et al. 1990 重分类而来。

3）*Pullulanibacillus pueri* Niu et al. 2015，sp. nov.（普洱茶解支链淀粉芽胞杆菌），嗜酸，好氧，产芽胞。

4）*Pullulanibacillus uraniitolerans* Pereira et al. 2013，sp. nov.（耐铀解支链淀粉芽胞杆菌），好氧，产芽胞。

## 四、火山渣芽胞杆菌属（*Scopulibacillus* Lee and Lee 2015，gen. nov.）

火山渣芽胞杆菌属（*Scopulibacillus*）于 2015 年建立，包含 3 种，好氧或兼性厌氧，均产芽胞。

1）*Scopulibacillus cellulosilyticus* Yan et al. 2018，sp. nov.（解纤维素火山渣芽胞杆菌），好氧，产芽胞。

2）*Scopulibacillus daqui* Yao et al. 2016，sp. nov.（大曲火山渣芽胞杆菌），嗜热，兼性厌氧，产芽胞。

3）*Scopulibacillus darangshiensis* Lee and Lee 2015，gen. sp. nov.（月朗峰火山渣芽胞杆菌），好氧，产芽胞，2009 年发表，2015 年合格化。

## 五、中华球菌属（*Sinobaca* Li et al. 2008，gen. nov.）

中华球菌属（*Sinobaca*）于 2008 年建立，仅有 1 种，好氧，不产芽胞。

*Sinobaca qinghaiensis* (Li et al. 2006) Li et al. 2008，comb. nov.（青海中华球菌），嗜盐，好氧，不产芽胞。

## 六、芽胞乳杆菌属（*Sporolactobacillus* Kitahara and Suzuki 1963，genus.）

芽胞乳杆菌属（*Sporolactobacillus*）于 1963 年建立，包含 12 种，乳酸菌，厌氧或兼性厌氧，均产芽胞。

1）*Sporolactobacillus inulinus* (Kitahara and Suzuki 1963) Kitahara and Lai 1967，species.（菊糖芽胞乳杆菌），模式种，乳酸菌，厌氧，产芽胞，由 *Lactobacillus* (subgen.

*Sporolactobacillus*) *inulinus* 重命名。

2）*Sporolactobacillus kofuensis* Yanagida et al. 1997，sp. nov.（甲府芽胞乳杆菌），乳酸菌，兼性厌氧，产芽胞。

3）*Sporolactobacillus lactosus* Yanagida et al. 1997，sp. nov.（乳糖芽胞乳杆菌），乳酸菌，兼性厌氧，产芽胞。

4）*Sporolactobacillus laevolacticus* (Andersch et al. 1994) Hatayama et al. 2006，comb. nov.（乳酸芽胞乳杆菌），乳酸菌，兼性厌氧，产芽胞，由 *Bacillus laevolacticus* (ex Nakayama and Yanoshi 1967) Andersch et al. 1994 重分类而来。

5）*Sporolactobacillus nakayamae* Yanagida et al. 1997，sp. nov.（中山氏芽胞乳杆菌），乳酸菌，兼性厌氧，产芽胞。

6）*Sporolactobacillus pectinivorans* Lan et al. 2016，sp. nov.（食果胶芽胞乳杆菌），乳酸菌，厌氧，产芽胞。

7）*Sporolactobacillus putidus* Fujita et al. 2010，sp. nov.（恶臭芽胞乳杆菌），乳酸菌，厌氧，产芽胞。

8）*Sporolactobacillus shoreae* Thamacharoensuk et al. 2015，sp. nov.（娑罗双芽胞乳杆菌），乳酸菌，兼性厌氧，产芽胞。

9）*Sporolactobacillus shoreicorticis* Tolieng et al. 2017，sp. nov.（娑罗双树皮芽胞乳杆菌），乳酸菌，兼性厌氧，产芽胞。

10）*Sporolactobacillus spathodeae* Thamacharoensuk et al. 2015，sp. nov.（火焰树芽胞乳杆菌），乳酸菌，兼性厌氧，产芽胞。

11）*Sporolactobacillus terrae* Yanagida et al. 1997，sp. nov.（土地芽胞乳杆菌），乳酸菌，兼性厌氧，产芽胞。

12）*Sporolactobacillus vineae* Chang et al. 2008，sp. nov.（葡萄园芽胞乳杆菌），乳酸菌，兼性厌氧，产芽胞。

概念种：*Sporolactobacillus cellulosolvens*（食纤维素芽胞乳杆菌）。

## 七、土壤乳杆菌属（*Terrilactibacillus* Prasirtsak et al. 2016，gen. nov.）

土壤乳杆菌属（*Terrilactibacillus*）于 2016 年建立，仅有 1 种，乳酸菌，兼性厌氧，产芽胞。

*Terrilactibacillus laevilacticus* Prasirtsak et al. 2016，sp. nov.（产左旋乳酸土壤乳杆菌），乳酸菌，兼性厌氧，产芽胞。

## 八、肿块芽胞杆菌属（*Tuberibacillus* Hatayama et al. 2006，gen. nov.）

肿块芽胞杆菌属（*Tuberibacillus*）于 2006 年建立，仅有 1 种，好氧，产芽胞。

*Tuberibacillus calidus* Hatayama et al. 2006，sp. nov.（热生肿块芽胞杆菌），好氧，产芽胞。

# 第八节　嗜热放线菌科分类纲要

早在1899年，齐林斯基（Tsilinsky）就描述并建立了该科的第一个属——嗜热放线菌属（*Thermoactinomyces*）。由于其成员的革兰氏染色阳性、好氧、（尤其是）丝状生长的特征与放线菌（actinomycetes）极其相似，因此，它们起初被认为是放线菌（Hatayama et al.，2005）。然而，它们在细胞发育分化、形成内生孢子——芽胞（endospore）、抗逆性强等方面的特性与芽胞杆菌属（*Bacillus*）极为一致（Cross et al.，1968），而且它们在系统分类关系上与放线菌存在较大差异，因此，斯塔克布兰特（Stackebrandt）和沃瑟（Woese）于1984年首次将它们划分到芽胞杆菌目（Bacillales）。

后来，根据系统分类分析和化学分类学特征，从嗜热放线菌属划分出6个属：*Thermoactinomyces sensu stricto*、*Laceyella*、*Thermoflavimicrobium*、*Seinonella*（Yoon et al.，2005c），以及*Planifilum*（Hatayama et al.，2005）和*Mechercharimyces*（Matsuo et al.，2006）。在此基础上，Matsuo等于2006年建立了嗜热放线菌科（Thermoactinomycetaceae），随后，Yassin等（2009）对该科的描述进行了修订。嗜热放线菌科的特征描述为（Matsuo et al.，2006；Yassin et al.，2009）：形成气生菌丝体和基内菌丝体。气生菌丝体丰富，为白色或黄色。基内菌丝体发育良好、有分枝、具隔膜。形成固着的具有细菌芽胞结构和特性的孢子，单个孢子固着于气生菌丝和基内菌丝上，或者固着于单个或分枝的子实体上。革兰氏染色阳性，化能有机营养型，好氧。细胞壁肽聚糖含有内消旋-2,6-二氨基庚二酸（*meso*-DAP）。主要呼吸醌为7或9个异戊二烯单位的不饱和醌类。G+C含量为40～60.3 mol%。16S rRNA基因的信号谱为：C–G 415：428位、C–G 441：493位、C–G 681：709位、G–C 682：708位和G 694位。模式属是嗜热放线菌属（*Thermoactinomyces* Tsilinsky 1899）。

维基百科的定义是"嗜热放线菌科是1种革兰氏染色阳性、是产芽胞细菌的1个科""The Thermoactinomycetaceae are a family of Gram-positive endospore-forming bacteria"。目前，嗜热放线菌科至少包括23属46种，除新建芽胞杆菌属外，其他属的种类均能形成芽胞。此外，该科的绝大多数种类具有嗜热或耐热、好氧的特性。

## 一、白氏菌属（*Baia* Guan et al. 2015，gen. nov.）

白氏菌属（*Baia*）于2015年建立，仅有1种，嗜热，好氧，产芽胞。

*Baia soyae* Guan et al. 2015，sp. nov.（大豆白氏菌），好氧，丝状生长，无气生菌丝，芽胞单生于基底菌丝的孢子梗。

## 二、黄丝菌属（*Croceifilum* Hatayama and Kuno 2015，gen. nov.）

黄丝菌属（*Croceifilum*）于2015年建立，仅有1种，嗜热，好氧，产芽胞。

*Croceifilum oryzae* Hatayama and Kuno 2015，sp. nov.（水稻黄丝菌），好氧，丝状生

长，无气生菌丝，芽胞单生于基底菌丝的孢子梗。

## 三、芽胞链菌属（*Desmospora* Yassin et al. 2009，gen. nov.）

芽胞链菌属（*Desmospora*）于 2009 年建立，包含 2 种，嗜热，好氧，均产分生孢子和芽胞。

1）*Desmospora activa* Yassin et al. 2009，sp. nov.（活性芽胞链菌），好氧，丝状生长，分生孢子产于气生菌丝，芽胞单生于基底菌丝的孢子梗。

2）*Desmospora profundinema* Zhang et al. 2015，sp. nov.（深海芽胞链菌），好氧，丝状生长，分生孢子产于气生菌丝，芽胞单生于基底菌丝的孢子梗。

## 四、地热微菌属（*Geothermomicrobium* Zhou et al. 2014，gen. nov.）

地热微菌属（*Geothermomicrobium*）于 2014 年建立，仅有 1 种，嗜热，好氧，产芽胞。

*Geothermomicrobium terrae* Zhou et al. 2014，sp. nov.（土壤地热微菌），好氧，丝状生长，无气生菌丝，芽胞单生于基底菌丝的孢子梗。

## 五、哈森氏菌属（*Hazenella* Buss et al. 2013，gen. nov.）

哈森氏菌属（*Hazenella*）于 2013 年建立，仅有 1 种，嗜热，好氧，产芽胞。

*Hazenella coriacea* Buss et al. 2013，sp. nov.（似皮哈森氏菌），好氧，丝状生长，无气生菌丝，芽胞单生于基底菌丝的孢子梗。

## 六、克罗彭施泰特氏菌属（*Kroppenstedtia* von Jan et al. 2011，gen. nov.）

克罗彭施泰特氏菌属（*Kroppenstedtia*）于 2011 年建立，包含 4 种，嗜热，好氧，均产芽胞。

1）*Kroppenstedtia eburnea* von Jan et al. 2011，sp. nov.（象牙色克罗彭施泰特氏菌），模式种，好氧，丝状生长，气生菌丝和基底菌丝均产分生孢子与芽胞，芽胞单生于孢子梗。

2）*Kroppenstedtia guangzhouensis* Yang et al. 2013，sp. nov.（广州克罗彭施泰特氏菌），好氧，丝状生长，气生菌丝和基底菌丝均产分生孢子与芽胞，芽胞单生于孢子梗。

3）*Kroppenstedtia pulmonis* Bell et al. 2016，sp. nov.（肺克罗彭施泰特氏菌），好氧，丝状生长，无气生菌丝，芽胞单生于基底菌丝的孢子梗。

4）*Kroppenstedtia sanguinis* Bell et al. 2016，sp. nov.（血液克罗彭施泰特氏菌），好氧，丝状生长，无气生菌丝，芽胞单生于基底菌丝的孢子梗。

## 七、莱西氏菌属（*Laceyella* Yoon et al. 2005，gen. nov.）

莱西氏菌属（*Laceyella*）于 2005 年建立，包含 5 种，嗜热，好氧，均产芽胞。

1）*Laceyella putida* (Lacey and Cross 1989) Yoon et al. 2005，comb. nov.（恶臭莱西氏菌），好氧，丝状生长，产气生菌丝和基底菌丝，芽胞单生于基底菌丝的孢子梗，由 *Thermoactinomyces putidus* Lacey and Cross 1989 重分类而来。

2）*Laceyella sacchari* (Lacey 1971) Yoon et al. 2005，comb. nov.（甘蔗莱西氏菌），模式种，好氧，丝状生长，产气生菌丝和基底菌丝，芽胞单生于基底菌丝的孢子梗，由 *Thermoactinomyces sacchari* Lacey 1971 重分类而来。

3）*Laceyella sediminis* Chen et al. 2012，sp. nov.（沉积物莱西氏菌），好氧，丝状生长，产气生菌丝和基底菌丝，芽胞单生于基底菌丝的孢子梗。

4）*Laceyella tengchongensis* Zhang et al. 2010，sp. nov.（腾冲莱西氏菌），好氧，丝状生长，气生菌丝和基底菌丝均产芽胞。

5）*Laceyella thermophila* Ming et al. 2017，sp. nov.（嗜热莱西氏菌），好氧，丝状生长，产气生菌丝和基底菌丝，芽胞单生于基底菌丝的孢子梗。

## 八、徐丽华菌属（*Lihuaxuella* Yu et al. 2013，gen. nov.）

徐丽华菌属（*Lihuaxuella*）于 2013 年建立，仅有 1 种，嗜热，好氧，产芽胞。

*Lihuaxuella thermophila* Yu et al. 2013，sp. nov.（嗜热徐丽华菌），好氧，丝状生长，无气生菌丝，芽胞单生于基底菌丝的孢子梗。

## 九、海洋丝菌属（*Marininema* Li et al. 2012，gen. nov.）

海洋丝菌属（*Marininema*）于 2012 年建立，包含 2 种，中温生长，好氧，产芽胞。

1）*Marininema halotolerans* Zhang et al. 2013，sp. nov.（耐盐海洋丝菌），好氧，丝状生长，无气生菌丝，芽胞单生于基底菌丝的孢子梗。

2）*Marininema mesophilum* Li et al. 2012，sp. nov.（喜中温海洋丝菌），模式种，好氧，丝状生长，无气生菌丝，芽胞单生于基底菌丝的孢子梗。

## 十、嗜热海丝菌属（*Marinithermofilum* Zhang et al. 2015，gen. nov.）

嗜热海丝菌属（*Marinithermofilum*）于 2015 年建立，仅有 1 种，嗜热，好氧，产芽胞。

*Marinithermofilum abyssi* Zhang et al. 2015，sp. nov.（深海嗜热海丝菌），好氧，丝状生长，分生孢子产于气生菌丝，芽胞单生于基底菌丝的孢子梗。

## 十一、马尔克岛霉菌属（*Mechercharimyces* Matsuo et al. 2006，gen. nov.）

马尔克岛霉菌属（*Mechercharimyces*）于 2006 年建立，包含 2 种，中温生长，好氧，均产芽胞。

1）*Mechercharimyces asporophorigenens* Matsuo et al. 2006，sp. nov.（无孢子梗马尔

克岛霉菌），好氧，丝状生长，气生菌丝和基底菌丝均产芽胞，无孢子梗。

2）*Mechercharimyces mesophilus* Matsuo et al. 2006，sp. nov.（中温马尔克岛霉菌），模式种，好氧，丝状生长，产气生菌丝和基底菌丝，芽胞单生于基底菌丝的孢子梗。

## 十二、迈勒吉尔霉菌属（*Melghirimyces* Addou et al. 2012，gen. nov.）

迈勒吉尔霉菌属（*Melghirimyces*）于 2006 年建立，包含 3 种，嗜热，好氧，均产芽胞。

1）*Melghirimyces algeriensis* Addou et al. 2012，sp. nov.（阿尔及利亚迈勒吉尔霉菌），模式种，耐盐、嗜热，好氧，丝状生长，产气生菌丝和基底菌丝，芽胞单生于基底菌丝的孢子梗。

2）*Melghirimyces profundicolus* Li et al. 2013，sp. nov.（居深海迈勒吉尔霉菌），嗜盐、嗜热，好氧，丝状生长，无气生菌丝，基底菌丝产分生孢子和芽胞。

3）*Melghirimyces thermohalophilus* Addou et al. 2013，sp. nov.（嗜热嗜盐迈勒吉尔霉菌），嗜盐、嗜热，好氧，丝状生长，产气生菌丝和基底菌丝，芽胞单生于基底菌丝的孢子梗。

## 十三、新建芽胞杆菌属（*Novibacillus* Yang et al. 2015，gen. nov.）

新建芽胞杆菌属（*Novibacillus*）于 2015 年建立，仅有 1 种，嗜热，兼性厌氧，未观察到芽胞。

*Novibacillus thermophilus* Yang et al. 2015，sp. nov.（嗜热新建芽胞杆菌），嗜热、嗜盐，非丝状生长，兼性厌氧，未观察到芽胞。

## 十四、湿地丝菌属（*Paludifilum* Frikha-Dammak et al. 2016，gen. nov.）

湿地丝菌属（*Paludifilum*）于 2016 年建立，仅有 1 种，嗜热，好氧，产芽胞。

*Paludifilum halophilum* Frikha-Dammak et al. 2016，sp. nov.（嗜盐湿地丝菌），嗜热，好氧，丝状生长，气生菌丝和基底菌丝均产芽胞。

## 十五、平螺纹丝菌属（*Planifilum* Hatayama et al. 2005，gen. nov.）

平螺纹丝菌属（*Planifilum*）于 2005 年建立，包含 5 种，嗜热，好氧，均产芽胞。

1）*Planifilum caeni* Yu et al. 2015，sp. nov.（淤泥平螺纹丝菌），嗜热，好氧，丝状生长，无气生菌丝，芽胞单生于基底菌丝的孢子梗。

2）*Planifilum composti* Han et al. 2013，sp. nov.（堆肥平螺纹丝菌），嗜热，好氧，丝状生长，无气生菌丝，芽胞单生于基底菌丝的孢子梗。

3）*Planifilum fimeticola* Hatayama et al. 2005，sp. nov.（居堆肥平螺纹丝菌），模式种，嗜热，好氧，丝状生长，无气生菌丝，芽胞单生于基底菌丝的孢子梗。

4）*Planifilum fulgidum* Hatayama et al. 2005，sp. nov.（光亮平螺纹丝菌），嗜热，好氧，丝状生长，无气生菌丝，芽胞单生于基底菌丝的孢子梗。

5）*Planifilum yunnanense* Zhang et al. 2007，sp. nov.（云南平螺纹丝菌），嗜热，好氧，丝状生长，无气生菌丝，芽胞单生于基底菌丝的孢子梗。

## 十六、多枝霉菌属（*Polycladomyces* Tsubouchi et al. 2013，gen. nov.）

多枝霉菌属（*Polycladomyces*）于 2013 年建立，包含 2 种，嗜热，好氧，均产芽胞。

1）*Polycladomyces abyssicola* Tsubouchi et al. 2013，sp. nov.（居深海多枝霉菌），模式种，嗜热，好氧，丝状生长，产气生菌丝和基底菌丝，芽胞单生于气生菌丝，未观察到分生孢子。

2）*Polycladomyces subterraneus* Maneewong et al. 2017，sp. nov.（地下多枝霉菌），嗜热，好氧，丝状生长，产气生菌丝和基底菌丝，芽胞单生于气生菌丝。

## 十七、李城彬菌属（*Risungbinella* Kim et al. 2015，gen. nov.）

李城彬菌属（*Risungbinella*）于 2015 年建立，包含 2 种，中温生长，好氧，均产芽胞。

1）*Risungbinella massiliensis* Dubourg et al. 2016，sp. nov.（马赛李城彬菌），好氧，丝状生长，产气生菌丝和基底菌丝，芽胞单生于气生菌丝。

2）*Risungbinella pyongyangensis* Kim et al. 2015，sp. nov.（平壤李城彬菌），模式种，好氧，丝状生长，产气生菌丝和基底菌丝，芽胞单生于气生菌丝。

## 十八、盐丝菌属（*Salinithrix* Zarparvar et al. 2012，gen. nov.）

盐丝菌属（*Salinithrix*）于 2012 年建立，仅有 1 种，嗜热、嗜盐，好氧，产芽胞。

*Salinithrix halophila* Zarparvar et al. 2012，sp. nov.（嗜盐、盐丝菌），嗜热、嗜盐，好氧，丝状生长，产气生菌丝和基底菌丝，芽胞单生于基底菌丝的孢子梗。

## 十九、制野氏菌属（*Seinonella* Yoon et al. 2005，gen. nov.）

制野氏菌属（*Seinonella*）于 2005 年建立，仅有 1 种，中温生长，好氧，产芽胞。

*Seinonella peptonophila* (Nonomura and Ohara 1971) Yoon et al. 2005，comb. nov.（嗜蛋白胨制野氏菌），好氧，丝状生长，气生菌丝和基底菌丝均产芽胞，由 *Thermoactinomyces peptonophilus* Nonomura and Ohara 1971 重分类而来。

## 二十、岛津氏菌属（*Shimazuella* Park et al. 2007，gen. nov.）

岛津氏菌属（*Shimazuella*）于 2007 年建立，仅有 1 种，中温生长，好氧，产芽胞。

*Shimazuella kribbensis* Park et al. 2007，sp. nov.（韩研所岛津氏菌），好氧，丝状生

长，气生菌丝和基底菌丝均产芽胞，单生于孢子梗。

## 二十一、链孢菌属（*Staphylospora* Wang et al. 2019，gen. nov.）

链孢菌属（*Staphylospora*）于 2019 年建立，仅有 1 种，嗜热，好氧，产芽胞。

*Staphylospora marina* Wang et al. 2019，sp. nov.（海洋链孢菌），嗜热，好氧，丝状生长，产气生菌丝和基底菌丝，芽胞单生于基底菌丝的孢子梗。

## 二十二、嗜热放线菌属（*Thermoactinomyces* Tsilinsky 1899，genus.）

嗜热放线菌属（*Thermoactinomyces*）于 1899 年建立，包含 5 种，嗜热，好氧，均产芽胞。

1）*Thermoactinomyces daqus* Yao et al. 2014，sp. nov.（大曲嗜热放线菌），嗜热，好氧，丝状生长，气生菌丝和基底菌丝均产芽胞，单生于孢子梗。

2）*Thermoactinomyces guangxiensis* Wu et al. 2015，sp. nov.（广西嗜热放线菌），嗜热，好氧，丝状生长，气生菌丝和基底菌丝均产芽胞，单生于孢子梗。

3）*Thermoactinomyces intermedius* Kurup et al. 1981，sp. nov.（中间嗜热放线菌），嗜热，好氧，丝状生长，气生菌丝和基底菌丝均产芽胞，单生于孢子梗。

4）*Thermoactinomyces khenchelensis* Mokrane et al. 2017，sp. nov.（汉舍莱嗜热放线菌），嗜热，好氧，丝状生长，气生菌丝和基底菌丝均产芽胞，单生于孢子梗。

5）*Thermoactinomyces vulgaris* Tsilinsky 1899，species.（普通嗜热放线菌），模式种，嗜热，好氧，丝状生长，气生菌丝和基底菌丝均产芽胞，单生于孢子梗。

变动：有 2 种因同种异名而被合并，4 种分别被转移至嗜热黄微菌属、制野氏菌属和莱西氏菌属，具体情况如下。

1）*Thermoactinomyces candidus* Kurup et al. 1975，species.（白色嗜热放线菌），嗜热，好氧，丝状生长，产气生菌丝和基底菌丝→*Thermoactinomyces vulgaris* Tsilinsky 1899，species. 的同种异名。

2）*Thermoactinomyces dichotomicus* corrig. (Krasil'nikov and Agre 1964) Cross and Goodfellow 1973，species. →*Thermoflavimicrobium dichotomicum* (Krasil'nikov and Agre 1964) Yoon et al. 2005，comb. nov.

3）*Thermoactinomyces peptonophilus* Nonomura and Ohara 1971，species. →*Seinonella peptonophila* (Nonomura and Ohara 1971) Yoon et al. 2005，comb. nov.

4）*Thermoactinomyces putidus* Lacey and Cross 1989，sp. nov.→*Laceyella putida* (Lacey and Cross 1989) Yoon et al. 2005，comb. nov.

5）*Thermoactinomyces sacchari* Lacey 1971，species.→ *Laceyella sacchari* (Lacey 1971) Yoon et al. 2005，comb. nov.

6）*Thermoactinomyces thalpophilus* (ex Waksman and Corke 1953) Lacey and Cross 1989，sp. nov.，nom. rev.（嗜热嗜热放线菌）→*Thermoactinomyces sacchari* Lacey 1971. 的同种异名→*Laceyella sacchari* (Lacey 1971) Yoon et al. 2005，comb. nov.

## 二十三、嗜热黄微菌属（*Thermoflavimicrobium* Yoon et al. 2005，gen. nov.）

嗜热黄微菌属（*Thermoflavimicrobium*）于 2005 年建立，包含 2 种，嗜热，好氧，均产芽胞。

1）*Thermoflavimicrobium daqui* Li et al. 2019，sp. nov.（大曲嗜热黄微菌），嗜热，好氧，丝状生长，气生菌丝和基底菌丝均产芽胞，单生于孢子梗。

2）*Thermoflavimicrobium dichotomicum* (Krasil'nikov and Agre 1964) Yoon et al. 2005，comb. nov.（双枝嗜热黄微菌），模式种，嗜热，好氧，丝状生长，气生菌丝和基底菌丝均产芽胞，单生于孢子梗。

# 第九节　李斯特菌科分类纲要

李斯特菌科（*Listeriaceae* Ludwig et al. 2010，fam. nov.）于 2010 年建立，目前包含 2 属 22 种，好氧或兼性厌氧，不产芽胞。

## 一、环丝菌属（*Brochothrix* Sneath and Jones 1976，genus.）

环丝菌属（*Brochothrix*）于 1976 年建立，早期被划分到乳杆菌科（Lactobacillaceae Winslow et al. 1917），包含 2 种，均为乳酸菌、兼性厌氧、不产芽胞。

1）*Brochothrix campestris* Talon et al. 1988，sp. nov.（田野环丝菌），乳酸菌，同型发酵产 L-乳酸，兼性厌氧，不产芽胞，模式菌株分离自土壤。

2）*Brochothrix thermosphacta* (McLean and Sulzbacher 1953) Sneath and Jones 1976，species.（热死环丝菌），模式种，乳酸菌，异型发酵产 L-乳酸，兼性厌氧，不产芽胞，模式菌株分离自猪肉香肠，63℃处理 5 min 即可杀死，由 *Microbacterium thermosphactum* McLean and Sulzbacher 1953 重分类而来。

## 二、李斯特菌属（*Listeria* Pirie 1940，genus.）

李斯特菌属（*Listeria*）于 1940 年建立，早期被划分到棒杆菌科（Corynebacteriaceae Lehmann and Neumann 1907），包含 20 种，好氧或兼性厌氧，均不产芽胞。只有单核细胞增生李斯特菌［*Listeria monocytogenes* (Murray et al. 1926) Pirie 1940，species.］和伊氏李斯特菌（*Listeria ivanovii* Seeliger et al. 1984，sp. nov.）为人与动物的致病菌，其他种类均为非病原菌：基因组中无 *plcA*、*hly* 等毒力基因，无溶血活性。

1）*Listeria aquatica* Den Bakker et al. 2014，sp. nov.（水李斯特菌），兼性厌氧，不产芽胞，非病原菌，模式菌株分离自流水。

2）*Listeria booriae* Weller et al. 2015，sp. nov.（博尔氏李斯特菌），兼性厌氧，不产芽胞，非病原菌，模式菌株分离自海鲜加工厂无食品接触的物体表面。

3）*Listeria cornellensis* Den Bakker et al. 2014，sp. nov.（康奈尔李斯特菌），兼性厌

氧，不产芽胞，非病原菌，模式菌株分离自水和环境样品。

4）*Listeria costaricensis* Nunez et al. 2018，sp. nov.（哥斯达黎加李斯特菌），兼性厌氧，不产芽胞，非病原菌，模式菌株分离自食品加工厂的排水系统。

5）*Listeria fleischmannii* Bertsch et al. 2013，sp. nov.（弗氏李斯特菌），兼性厌氧，不产芽胞，非病原菌，模式菌株分离自硬质奶酪。

6）*Listeria floridensis* Den Bakker et al. 2014，sp. nov.（佛罗里达李斯特菌），兼性厌氧，不产芽胞，非病原菌，模式菌株分离自流水，环境样品。

7）*Listeria goaensis* Doijad et al. 2018，sp. nov.（果阿李斯特菌），兼性厌氧，不产芽胞，非病原菌，模式菌株分离自红树林的沉积物。

8）*Listeria grandensis* Den Bakker et al. 2014，sp. nov.（格兰德李斯特菌），兼性厌氧，不产芽胞，非病原菌，模式菌株分离自水和环境样品。

9）*Listeria grayi* Errebo Larsen and Seeliger 1966，species.（格雷李斯特菌），兼性厌氧，不产芽胞，非病原菌，模式菌株分离自绒鼠，*Listeria murrayi* Welshimer and Meredith 1971，species.（默氏李斯特菌）是其同种异名，后者分离自植物，非病原菌。

10）*Listeria innocua* (ex Seeliger and Schoofs 1979) Seeliger 1983，sp. nov.，nom. rev.（无害李斯特菌），兼性厌氧，不产芽胞，非病原菌，模式菌株来源未知。

11）*Listeria ivanovii* Seeliger et al. 1984，sp. nov.（伊氏李斯特菌），兼性厌氧，不产芽胞，是动物病原菌（尤其是怀孕绵羊），模式菌株分离自绵羊。

12）*Listeria marthii* Graves et al. 2010，sp. nov.（马尔斯李斯特菌），兼性厌氧，不产芽胞，非病原菌，模式菌株分离自水、土壤等自然环境。

13）*Listeria monocytogenes* (Murray et al. 1926) Pirie 1940，species.（单核细胞增生李斯特菌），模式种，兼性厌氧，不产芽胞，是人与动物病原菌，关于模式菌株存在争议，分离自豚鼠、兔等动物。

14）*Listeria newyorkensis* Weller et al. 2015，sp. nov.（纽约李斯特菌），兼性厌氧，不产芽胞，非病原菌，模式菌株分离自海鲜加工厂无食品接触的物体表面。

15）*Listeria riparia* Den Bakker et al. 2014，sp. nov.（河岸李斯特菌），兼性厌氧，不产芽胞，非病原菌，模式菌株分离自流水。

16）*Listeria rocourtiae* Leclercq et al. 2010，sp. nov.（罗考特李斯特菌），兼性厌氧，不产芽胞，非病原菌，模式菌株分离自预切生菜。

17）*Listeria seeligeri* Rocourt and Grimont 1983，sp. nov.（泽利格李斯特菌），兼性厌氧，不产芽胞，非病原菌，模式菌株分离自腐木、土壤、动物粪便等环境。

18）*Listeria thailandensis* Leclercq et al. 2016，sp. nov.（泰国李斯特菌），兼性好氧，不产芽胞，非病原菌，模式菌株分离自炸鸡食品。

19）*Listeria weihenstephanensis* Lang Halter et al. 2013，sp. nov.（魏恩斯梯芬李斯特菌），兼性好氧，不产芽胞，非病原菌，模式菌株分离自三叉浮萍。

20）*Listeria welshimeri* Rocourt and Grimont 1983，sp. nov.（韦尔希默李斯特菌），兼性厌氧，不产芽胞，非病原菌，模式菌株分离自腐木和土壤。

# 第十节　葡萄球菌科分类纲要

葡萄球菌科（*Staphylococcaceae* Schleifer and Bell 2010，fam. nov.）于 2010 年建立，目前，包含 9 属 104 种，均不产芽胞，少数种类为人和/或动物的病原菌。

## 一、深海球菌属（*Abyssicoccus* Jiang et al. 2016，gen. nov.）

深海球菌属（*Abyssicoccus*）于 2016 年建立，仅有 1 种，好氧，不产芽胞。

*Abyssicoccus albus* Jiang et al. 2016，sp. nov.（白色深海球菌），好氧，不产芽胞，模式菌株分离自印度洋深海沉积物。

## 二、别样球菌属（*Aliicoccus* Amoozegar et al. 2014，gen. nov.）

别样球菌属（*Aliicoccus*）于 2014 年建立，仅有 1 种，好氧，不产芽胞。

*Aliicoccus persicus* Amoozegar et al. 2014，sp. nov.（波斯别样球菌），嗜盐，好氧，不产芽胞，模式菌株分离自伊朗的超盐湖水。

## 三、耳球菌属（*Auricoccus* Prakash et al. 2017，gen. nov.）

耳球菌属（*Auricoccus*）于 2017 年建立，仅有 1 种，好氧，不产芽胞。

*Auricoccus indicus* Prakash et al. 2017，sp. nov.（印度耳球菌），耐盐，好氧，不产芽胞，模式菌株分离自印度健康人的耳垂皮肤。

## 四、树皮球菌属（*Corticicoccus* Li et al. 2017，gen. nov.）

树皮球菌属（*Corticicoccus*）于 2017 年建立，仅有 1 种，好氧，不产芽胞。

*Corticicoccus populi* Li et al. 2017，sp. nov.（杨树树皮球菌），好氧，不产芽胞，模式菌株分离自河南濮阳市的杨树皮。

## 五、咸海鲜球菌属（*Jeotgalicoccus* Yoon et al. 2003，gen. nov.）

咸海鲜球菌属（*Jeotgalicoccus*）于 2003 年建立，包含 11 种，好氧或兼性厌氧，均不产芽胞。

1）*Jeotgalicoccus aerolatus* Martin et al. 2011，sp. nov.（气生咸海鲜球菌），好氧，不产芽胞，模式菌株分离自火鸡舍的空气。

2）*Jeotgalicoccus coquinae* Martin et al. 2011，sp. nov.（贝壳灰咸海鲜球菌），好氧，不产芽胞，模式菌株分离自用于鸭饲料添加剂的贝壳灰。

3）*Jeotgalicoccus halophilus* Liu et al. 2011，sp. nov.（嗜盐咸海鲜球菌），嗜盐，兼

性厌氧，不产芽胞，模式菌株分离自新疆的达班盐湖。

4）*Jeotgalicoccus halotolerans* Yoon et al. 2003，sp. nov.（耐盐咸海鲜球菌），模式种，嗜盐，兼性厌氧，不产芽胞，模式菌株分离自韩国的咸海鲜。

5）*Jeotgalicoccus huakuii* Guo et al. 2010，sp. nov.（华葵咸海鲜球菌），嗜盐，兼性厌氧，不产芽胞，模式菌株分离自山东的海边土壤。

6）*Jeotgalicoccus marinus* Chen et al. 2009，sp. nov.（海洋咸海鲜球菌），嗜盐，兼性厌氧，不产芽胞，模式菌株分离自南海的海胆。

7）*Jeotgalicoccus nanhaiensis* Liu et al. 2011，sp. nov.（南海咸海鲜球菌），嗜盐，好氧，不产芽胞，模式菌株分离自广东硇洲岛的潮间带沉积物。

8）*Jeotgalicoccus pinnipedialis* Hoyles et al. 2004，sp. nov.（鳍脚类咸海鲜球菌），兼性厌氧，不产芽胞，模式菌株分离自南象海豹的口腔拭子。

9）*Jeotgalicoccus psychrophilus* Yoon et al. 2003，sp. nov.（嗜冷咸海鲜球菌），嗜冷、嗜盐，兼性厌氧，不产芽胞，模式菌株分离自韩国的咸海鲜。

10）*Jeotgalicoccus saudimassiliensis* Papadioti et al. 2016，sp. nov.（沙特咸海鲜球菌），嗜盐，好氧，不产芽胞，模式菌株分离自沙特阿拉伯麦加的空气。

11）*Jeotgalicoccus schoeneichii* Glaeser et al. 2016，sp. nov.（舒氏咸海鲜球菌），好氧，不产芽胞，模式菌株分离自德国 1 个猪舍的空气。

## 六、巨球菌属（*Macrococcus* Kloos et al. 1998，gen. nov.）

巨球菌属（*Macrococcus*）于 1998 年建立，包含 11 种，好氧或兼性厌氧，均不产芽胞。除了波西米亚巨球菌、表皮巨球菌和格茨氏巨球菌 3 种分离自人类临床样品，狗巨球菌分离自狗的临床样品，是可能的条件致病菌，其他 7 种分离自动物（马、牛、美洲驼）皮肤、奶或肉制品等，被认为是非病原菌。

1）*Macrococcus bohemicus* Mašlaňová et al. 2018，sp. nov.（波西米亚巨球菌），好氧，不产芽胞，无溶血活性，模式菌株分离自人类临床样品（伤口、膝盖等）。

2）*Macrococcus bovicus* Kloos et al. 1998，sp. nov.（牛巨球菌），嗜盐，好氧，不产芽胞，无溶血活性，模式菌株分离自牛的皮肤。

3）*Macrococcus brunensis* Mannerová et al. 2003，sp. nov.（布尔诺巨球菌），兼性厌氧，不产芽胞，无溶血活性，模式菌株分离自美洲驼的皮肤。

4）*Macrococcus canis* Gobeli Brawand et al. 2017，sp. nov.（狗巨球菌），兼性厌氧，不产芽胞，有溶血活性，模式菌株分离自健康狗的皮肤和受伤狗的伤口，可能是条件致病菌。

5）*Macrococcus carouselicus* Kloos et al. 1998，sp. nov.（旋转木马巨球菌），嗜盐，好氧，不产芽胞，无溶血活性，模式菌株分离自马的皮肤。

6）*Macrococcus caseolyticus* (Schleifer et al. 1982) Kloos et al. 1998，comb. nov.（解奶酪巨球菌），嗜盐，兼性厌氧，不产芽胞，无溶血活性，模式菌株分离自牛奶，由 *Staphylococcus caseolyticus* Schleifer et al. 1982 重分类而来。

7）*Macrococcus epidermidis* Mašlaňová et al. 2018，sp. nov.（表皮巨球菌），好氧，不产芽胞，无溶血活性，模式菌株分离自人类临床样品（拭子等）。

8）*Macrococcus equipercicus* Kloos et al. 1998，sp. nov.（珀西马巨球菌），模式种，嗜盐，好氧，不产芽胞，无溶血活性，模式菌株分离自马的皮肤。

9）*Macrococcus goetzii* Mašlaňová et al. 2018，sp. nov.（格茨氏巨球菌），好氧，不产芽胞，无溶血活性，模式菌株分离自人类临床样品（拭子、指甲等）。

10）*Macrococcus hajekii* Mannerová et al. 2003，sp. nov.（哈耶克巨球菌），好氧，不产芽胞，无溶血活性，模式菌株分离自美洲驼的皮肤。

11）*Macrococcus lamae* Mannerová et al. 2003，sp. nov.（美洲驼巨球菌），好氧，不产芽胞，无溶血活性，模式菌株分离自美洲驼的皮肤。

## 七、医院球菌属（***Nosocomiicoccus*** **Morais et al. 2008，gen. nov.**）

医院球菌属（*Nosocomiicoccus*）于2008年建立，包含2种，好氧，均不产芽胞。

1）*Nosocomiicoccus ampullae* Morais et al. 2008，sp. nov.（瓶医院球菌），模式种，嗜盐，好氧，不产芽胞，模式菌株分离自医院装消毒用生理盐水的塑料瓶。

2）*Nosocomiicoccus massiliensis* Mishra et al. 2016，sp. nov.（马赛医院球菌），好氧，不产芽胞，模式菌株分离自法国马赛1位艾滋病患者的粪便。

## 八、盐球菌属（***Salinicoccus*** **Ventosa et al. 1990，gen. nov.**）

盐球菌属（*Salinicoccus*）于1990年建立，包含19种，均嗜盐、好氧、不产芽胞。

1）*Salinicoccus albus* Chen et al. 2009，sp. nov.（白色盐球菌），嗜盐、嗜碱，好氧，不产芽胞，模式菌株分离自云南1个盐矿的盐水。

2）*Salinicoccus alkaliphilus* Zhang et al. 2002，sp. nov.（嗜碱盐球菌），嗜盐、嗜碱，好氧，不产芽胞，模式菌株分离自内蒙古的贝尔苏打湖。

3）*Salinicoccus amylolyticus* Srinivas et al. 2016，sp. nov.（解淀粉盐球菌），嗜盐、嗜碱，好氧，不产芽胞，模式菌株分离自印度巴夫那加尔海湾的盐田。

4）*Salinicoccus carnicancri* Jung et al. 2010，sp. nov.（蟹肉盐球菌），嗜盐、嗜碱，好氧，不产芽胞，模式菌株分离自韩国的咸海鲜（发酵螃蟹）。

5）*Salinicoccus halitifaciens* Ramana et al. 2013，sp. nov.（产岩盐盐球菌），嗜盐、嗜碱，好氧，不产芽胞，模式菌株分离自印度洛纳尔湖的沉积物。

6）*Salinicoccus halodurans* Wang et al. 2008，sp. nov.（耐盐盐球菌），嗜盐，好氧，不产芽胞，模式菌株分离自青海察尔汗盐湖的盐碱土。

7）*Salinicoccus hispanicus* (Marquez et al. 1990) Ventosa et al. 1993，comb. nov.（西班牙盐球菌），嗜盐，好氧，不产芽胞，模式菌株分离自西班牙1个晒盐场的土壤，由*Marinococcus hispanicus* Marquez et al. 1990重分类而来。

8）*Salinicoccus iranensis* Amoozegar et al. 2008，sp. nov.（伊朗盐球菌），嗜盐，好

氧，不产芽胞，模式菌株分离自伊朗库姆的纺织工业废水。

9）*Salinicoccus jeotgali* Aslam et al. 2007，sp. nov.（咸海鲜盐球菌），嗜盐，好氧，不产芽胞，模式菌株分离自韩国的咸海鲜。

10）*Salinicoccus kekensis* Gao et al. 2010，sp. nov.（柯柯盐湖海鲜盐球菌），嗜盐、嗜碱，好氧，不产芽胞，模式菌株分离自青海的柯柯盐湖沉积物。

11）*Salinicoccus kunmingensis* Chen et al. 2007，sp. nov.（昆明盐球菌），嗜盐、嗜碱，好氧，不产芽胞，模式菌株分离自云南 1 个盐矿的盐水。

12）*Salinicoccus luteus* Zhang et al. 2007，sp. nov.（黄色盐球菌），嗜盐，好氧，不产芽胞，模式菌株分离自埃及的沙漠土壤。

13）*Salinicoccus qingdaonensis* Qu et al. 2012，sp. nov.（青岛盐球菌），嗜盐、嗜碱，好氧，不产芽胞，模式菌株分离自青岛绿藻暴发期的海水。

14）*Salinicoccus roseus* Ventosa et al. 1990，sp. nov.（玫瑰色盐球菌），模式种，嗜盐，好氧，不产芽胞，模式菌株分离自盐田。

15）*Salinicoccus salitudinis* Chen et al. 2008，sp. nov.（盐土盐球菌），嗜盐、嗜碱，好氧，不产芽胞，模式菌株分离自青海柴达木盆地的盐碱土。

16）*Salinicoccus salsiraiae* França et al. 2007，sp. nov.（盐腌鱼盐球菌），嗜盐、嗜碱，好氧，不产芽胞，模式菌株分离自盐腌鱼。

17）*Salinicoccus sediminis* Kumar et al. 2015，sp. nov.（沉积物盐球菌），嗜盐、嗜碱，好氧，不产芽胞，模式菌株分离自印度孟加拉湾的海洋沉积物。

18）*Salinicoccus sesuvii* Kämpfer et al. 2011，sp. nov.（海马齿盐球菌），嗜盐，好氧，不产芽胞，模式菌株分离自草本盐生植物海马齿的根际。

19）*Salinicoccus siamensis* Pakdeeto et al. 2007，sp. nov.（暹罗盐球菌），嗜盐、嗜碱，好氧，不产芽胞，模式菌株分离自泰国的发酵虾酱。

## 九、葡萄球菌属（*Staphylococcus* Rosenbach 1884，genus.）

葡萄球菌属（*Staphylococcus*）于 1884 年建立，包含 57 种，好氧或兼性厌氧，均不产芽胞。

1）*Staphylococcus agnetis* Taponen et al. 2012，sp. nov.（艾格尼丝葡萄球菌），兼性厌氧，不产芽胞，无溶血活性，凝固酶活性可变，模式菌株分离自出现乳腺炎亚临床和中度临床症状的牛乳。

2）*Staphylococcus argensis* Hess and Gallert 2015，sp. nov.（阿根河葡萄球菌），兼性厌氧，不产芽胞，无溶血活性，模式菌株分离自德国阿根河的寡营养环境。

3）*Staphylococcus argenteus* Tong et al. 2015，sp. nov.（银色葡萄球菌），兼性厌氧，不产芽胞，无溶血活性，凝固酶活性阳性，模式菌株分离自澳大利亚 1 位 55 岁土著女性的血液培养物。

4）*Staphylococcus arlettae* Schleifer et al. 1985，sp. nov.（阿莱特葡萄球菌），兼性厌氧，不产芽胞，凝固酶活性阴性，模式菌株分离自健康马的皮肤。

5）*Staphylococcus aureus* Rosenbach 1884，species.（金黄色葡萄球菌），模式种，兼性厌氧，不产芽胞，模式菌株分离自受感染的伤口。

6）*Staphylococcus auricularis* Kloos and Schleifer 1983，sp. nov.（耳葡萄球菌），耐盐，乳酸菌，同型发酵产 L-乳酸，兼性厌氧，不产芽胞，凝固酶活性阴性，模式菌株分离自人的外耳道。

7）*Staphylococcus caeli* MacFadyen et al. 2019，sp. nov.（兔葡萄球菌），耐盐，兼性厌氧，不产芽胞，模式菌株分离自意大利 1 个养兔场的空气。

8）*Staphylococcus capitis* Kloos and Schleifer 1975，species.（头葡萄球菌），乳酸菌，产 D,L-乳酸，耐盐，兼性厌氧，不产芽胞，凝固酶活性阴性，溶血活性弱，模式菌株分离自人的头皮。

9）*Staphylococcus caprae* Devriese et al. 1983，sp. nov.（山羊葡萄球菌），兼性厌氧，不产芽胞，凝固酶活性阴性，有溶血活性，模式菌株分离自山羊奶。

10）*Staphylococcus carnosus* Schleifer and Fischer 1982，sp. nov.（肉葡萄球菌），乳酸菌，产 D,L-乳酸，嗜盐，兼性厌氧，不产芽胞，凝固酶活性阴性，无溶血活性，模式菌株分离自干香肠。

11）*Staphylococcus chromogenes* (Devriese et al. 1978) Hájek et al. 1987，comb. nov.（产色葡萄球菌），兼性厌氧，不产芽胞，凝固酶活性阴性，无溶血活性，模式菌株分离自猪的皮肤和牛奶。

12）*Staphylococcus cohnii* Schleifer and Kloos 1975，species.（科氏葡萄球菌），耐盐，兼性厌氧，不产芽胞，凝固酶活性阴性，溶血活性中等或弱，模式菌株分离自人的皮肤。

13）*Staphylococcus condimenti* Probst et al. 1998，sp. nov.（调料葡萄球菌），耐盐，兼性厌氧，不产芽胞，模式菌株分离自大豆酱。

14）*Staphylococcus cornubiensis* Murray et al. 2018，sp. nov.（康沃尔葡萄球菌），兼性厌氧，不产芽胞，凝固酶活性阳性，有溶血活性，模式菌株分离自 1 位 64 岁男性患蜂窝性组织炎的皮肤。

15）*Staphylococcus debuckii* Naushad et al. 2019，sp. nov.（德布克葡萄球菌），兼性厌氧，不产芽胞，凝固酶活性阴性，有溶血活性，模式菌株分离自加拿大魁北克省的牛乳。

16）*Staphylococcus delphini* Varaldo et al. 1988，sp. nov.（海豚葡萄球菌），耐盐，兼性厌氧，不产芽胞，凝固酶活性阳性，有溶血活性，模式菌株分离自海豚的化脓皮肤伤口。

17）*Staphylococcus devriesei* Supré et al. 2010，sp. nov.（德弗里斯氏葡萄球菌），耐盐，兼性厌氧，不产芽胞，凝固酶活性阴性，有溶血活性，模式菌株分离自奶牛的乳头和牛乳。

18）*Staphylococcus edaphicus* Pantůček et al. 2018，sp. nov.（陆地葡萄球菌），兼性厌氧，不产芽胞，凝固酶活性阴性，模式菌株分离自南极洲的石块和沙土环境。

19）*Staphylococcus epidermidis* (Winslow and Winslow 1908) Evans 1916，species.（表皮葡萄球菌），耐盐，兼性厌氧，不产芽胞，凝固酶活性阴性，溶血活性弱或无，模式菌株分离自人的皮肤。

20）*Staphylococcus equorum* Schleifer et al. 1985，sp. nov.（马胃葡萄球菌），兼性厌氧，不产芽胞，凝固酶活性阴性，模式菌株分离自健康马的皮肤。

21）*Staphylococcus felis* Igimi et al. 1989，sp. nov.（猫葡萄球菌），兼性好氧，不产芽胞，凝固酶活性阴性，溶血活性弱或无，模式菌株分离自猫的临床样品。

22）*Staphylococcus fleurettii* Vernozy-Rozand et al. 2000，sp. nov.（弗洛雷特氏葡萄球菌），好氧，不产芽胞，凝固酶活性阴性，模式菌株分离自山羊奶酪。

23）*Staphylococcus gallinarum* Devriese et al. 1983，sp. nov.（鸡葡萄球菌），乳酸菌，产 L-乳酸，兼性厌氧，不产芽胞，溶血活性弱，模式菌株分离自鸡的鼻孔。

24）*Staphylococcus haemolyticus* Schleifer and Kloos 1975，species.（溶血性葡萄球菌），乳酸菌，产 D,L-乳酸，耐盐，兼性厌氧，不产芽胞，凝固酶活性阴性，溶血活性中等或弱，模式菌株分离自人的皮肤。

25）*Staphylococcus hominis* Kloos and Schleifer 1975，species.（人葡萄球菌），乳酸菌，产 D,L-乳酸，耐盐，兼性厌氧，不产芽胞，凝固酶活性阴性，溶血活性弱或无，模式菌株分离自人的皮肤。

26）*Staphylococcus hyicus* (Sompolinsky 1953) Devriese et al. 1978，species.（猪葡萄球菌），兼性厌氧，不产芽胞，凝固酶活性阳性，无溶血活性，模式菌株分离自猪的皮肤和牛奶，是猪的病原菌。

27）*Staphylococcus intermedius* Hájek 1976，species.（中间葡萄球菌），兼性厌氧，不产芽胞，凝固酶活性阳性，有溶血活性，模式菌株分离自动物（鸽子、狗、貂、马）的鼻孔。

28）*Staphylococcus jettensis* De Bel et al. 2013，sp. nov.（耶特葡萄球菌），兼性厌氧，不产芽胞，凝固酶活性阴性，有溶血活性，模式菌株分离自人的临床样品。

29）*Staphylococcus kloosii* Schleifer et al. 1985，sp. nov.（克氏葡萄球菌），兼性厌氧，不产芽胞，凝固酶活性阴性，模式菌株分离自野生动物的皮肤。

30）*Staphylococcus leei* Jin et al. 2005，sp. nov.（李氏葡萄球菌），兼性厌氧，不产芽胞，凝固酶活性阳性，模式菌株分离自韩国 1 位胃炎患者的组织活检材料。

31）*Staphylococcus lentus* (Kloos et al. 1976) Schleifer et al. 1983，comb. nov.（缓慢葡萄球菌），乳酸菌，产 L-乳酸，耐盐，兼性厌氧，不产芽胞，凝固酶活性阴性，无溶血活性，模式菌株分离自山羊的乳房。

32）*Staphylococcus lugdunensis* Freney et al. 1988，sp. nov.（里昂葡萄球菌），乳酸菌，产 D-乳酸，耐盐，兼性厌氧，不产芽胞，凝固酶活性阴性，溶血活性弱，模式菌株分离自人的临床样品（腋窝淋巴结）。

33）*Staphylococcus lutrae* Foster et al. 1997，sp. nov.（水獭葡萄球菌），耐盐，兼性厌氧，不产芽胞，凝固酶活性阳性，有溶血活性，模式菌株分离自水獭的淋巴结。

34）*Staphylococcus massiliensis* Al Masalma et al. 2010，sp. nov.（马赛葡萄球菌），好氧，不产芽胞，凝固酶活性阴性，无溶血活性，模式菌株分离自人的临床样品（脑脓肿）。

35）*Staphylococcus microti* Nováková et al. 2010，sp. nov.（田鼠葡萄球菌），耐盐，

兼性厌氧，不产芽胞，凝固酶活性阴性，有溶血活性，模式菌株分离自田鼠的肺组织。

36）*Staphylococcus muscae* Hájek et al. 1992，sp. nov.（蝇葡萄球菌），耐盐，兼性厌氧，不产芽胞，凝固酶活性阴性，有溶血活性，模式菌株分离自牛棚中的厩螯蝇。

37）*Staphylococcus nepalensis* Spergser et al. 2003，sp. nov.（尼泊尔葡萄球菌），耐盐，兼性厌氧，不产芽胞，凝固酶活性阴性，无溶血活性，模式菌株分离自尼泊尔的山羊呼吸道。

38）*Staphylococcus pasteuri* Chesneau et al. 1993，sp. nov.（巴氏葡萄球菌），乳酸菌，产 D,L-乳酸，耐盐，兼性厌氧，不产芽胞，有溶血活性，模式菌株分离自人的临床样品（呕吐物）。

39）*Staphylococcus petrasii* Pantůček et al. 2013，sp. nov.（佩氏葡萄球菌），耐盐，兼性厌氧，不产芽胞，凝固酶活性阴性，溶血活性弱，模式菌株分离自人的临床样品。

40）*Staphylococcus pettenkoferi* Trülzsch et al. 2007，sp. nov.（佩滕科弗氏葡萄球菌），耐盐，兼性厌氧，不产芽胞，凝固酶活性阴性，溶血活性弱，模式菌株分离自人的临床样品（血液培养物）。

41）*Staphylococcus piscifermentans* Tanasupawat et al. 1992，sp. nov.（发酵鱼葡萄球菌），耐盐，兼性厌氧，不产芽胞，凝固酶活性阴性，有溶血活性，模式菌株分离自泰国的发酵鱼酱。

42）*Staphylococcus pseudintermedius* Devriese et al. 2005，sp. nov.（假中间葡萄球菌），耐盐，兼性厌氧，不产芽胞，凝固酶活性阳性，有溶血活性，模式菌株分离自动物的临床样品。

43）*Staphylococcus pseudolugdunensis* Tang et al. 2008，sp. nov.（假里昂葡萄球菌），耐盐，兼性厌氧，不产芽胞，凝固酶活性阴性，模式菌株分离自人的临床样品（血液培养物）。

44）*Staphylococcus pseudoxylosus* MacFadyen et al. 2019，sp. nov.（假木糖葡萄球菌），耐盐，兼性厌氧，不产芽胞，凝固酶活性阴性，模式菌株分离自法国患乳腺炎的奶牛。

45）*Staphylococcus rostri* Riesen and Perreten 2010，sp. nov.（猪鼻葡萄球菌），耐盐，兼性厌氧，不产芽胞，凝固酶活性阴性，有溶血活性，模式菌株分离自健康猪的鼻孔。

46）*Staphylococcus saccharolyticus* (Foubert and Douglas 1948) Kilpper-Bälz and Schleifer 1984，comb. nov.（解糖葡萄球菌），由 *Peptococcus saccharolyticus* (Foubert and Douglas 1948) Douglas 1957 重分类而来。

47）*Staphylococcus saprophyticus* (Fairbrother 1940) Shaw et al. 1951，species.（腐生葡萄球菌），耐盐，兼性厌氧，不产芽胞，凝固酶活性阳性，无溶血活性，模式菌株分离自人的皮肤。

48）*Staphylococcus schleiferi* Freney et al. 1988，sp. nov.（施氏葡萄球菌），乳酸菌，产 L-乳酸，耐盐，兼性厌氧，不产芽胞，凝固酶活性阴性，溶血活性弱，模式菌株分离自人的临床样品（导尿管）。

49）*Staphylococcus schweitzeri* Tong et al. 2015，sp. nov.（史怀哲氏葡萄球菌），兼性厌氧，不产芽胞，凝固酶活性阳性，模式菌株分离自加蓬 1 头死亡的红尾猴鼻孔。

50）*Staphylococcus sciuri* Kloos et al. 1976，species.（松鼠葡萄球菌），乳酸菌，产 L-乳酸，耐盐，兼性厌氧，不产芽胞，凝固酶活性阴性，无溶血活性，模式菌株分离自松鼠的皮肤。

51）*Staphylococcus simiae* Pantůček et al. 2005，sp. nov.（猴葡萄球菌），耐盐，兼性厌氧，不产芽胞，凝固酶活性阴性，模式菌株分离自南美洲松鼠猴的粪便。

52）*Staphylococcus simulans* Kloos and Schleifer 1975，species.（模仿葡萄球菌），乳酸菌，产 D,L-乳酸，耐盐，兼性厌氧，不产芽胞，凝固酶活性阴性，溶血活性弱或无，模式菌株分离自人的皮肤。

53）*Staphylococcus stepanovicii* Hauschild et al. 2012，sp. nov.（斯氏葡萄球菌），模式菌株分离自小型哺乳动物。

54）*Staphylococcus succinus* Lambert et al. 1998，sp. nov.（琥珀葡萄球菌），好氧，不产芽胞，模式菌株分离自多米尼加的琥珀。

55）*Staphylococcus vitulinus* corrig. Webster et al. 1994，sp. nov.（小牛葡萄球菌），好氧，不产芽胞，凝固酶活性阴性，模式菌株分离自小牛。

56）*Staphylococcus warneri* Kloos and Schleifer 1975，species.（沃氏葡萄球菌），乳酸菌，产 D,L-乳酸，耐盐，兼性厌氧，不产芽胞，凝固酶活性阴性，溶血活性弱或无，模式菌株分离自人的皮肤。

57）*Staphylococcus xylosus* Schleifer and Kloos 1975，species.（木糖葡萄球菌），耐盐，兼性厌氧，不产芽胞，凝固酶活性阴性，溶血活性中等或弱，模式菌株分离自人的皮肤。

变动：1 种被转移到巨球菌属，1 种因同种异名被合并。

1）*Staphylococcus caseolyticus* (ex Evans 1916) Schleifer et al. 1982→*Macrococcus caseolyticus* (Schleifer et al. 1982) Kloos et al. 1998。

2）*Staphylococcus pulvereri* Zakrzewska-Czerwińska et al. 1995，sp. nov.（普氏葡萄球菌）→*Staphylococcus vitulinus* corrig. Webster et al. 1994。

## 第十一节　芽胞杆菌目科未定属分类纲要

以下 7 个属（unclassified Bacillales）（包含 36 种）在分类地位上不属于芽胞杆菌目已经建立的任何科，有些属的种类能形成芽胞而有些不能，从系统发育关系来看，它们可能属于不同的科，即还有多个科待建立。

### 一、酸芽胞杆菌属（*Acidibacillus* Holanda et al. 2015，gen. nov.）

酸芽胞杆菌属（*Acidibacillus*）于 2016 年建立，包含 2 种，未合格化。

1）*Acidibacillus ferrooxidans* Holanda et al. 2016，sp. nov.（铁氧化酸芽胞杆菌），中温，嗜酸。

2）*Acidibacillus sulfuroxidans* Holanda et al. 2016，sp. nov.（硫氧化酸芽胞杆菌），嗜热，嗜酸。

## 二、碱乳芽胞杆菌属（*Alkalilactibacillus* Schmidt et al. 2016，gen. nov.）

碱乳芽胞杆菌属（*Alkalilactibacillus*）于2016年建立，仅有1种，好氧，产芽胞。

*Alkalilactibacillus ikkensis* Schmidt et al. 2016，gen. nov. sp. nov.（伊卡湾碱乳芽胞杆菌），耐冷，好氧，产芽胞。

## 三、脱硫芽胞杆菌属（*Desulfuribacillus* Sorokin et al. 2014，gen. nov.）

脱硫芽胞杆菌属（*Desulfuribacillus*）于2014年建立，包含2种，均嗜碱、厌氧、产芽胞。

1）*Desulfuribacillus alkaliarsenatis* Sorokin et al. 2014，sp. nov.（碱砷还原脱硫芽胞杆菌），模式种，嗜碱、耐盐，厌氧，产芽胞。

2）*Desulfuribacillus stibiiarsenatis* Abin and Hollibaugh 2017，sp. nov.（还原锑砷脱硫芽胞杆菌），嗜碱，厌氧，产芽胞。

## 四、微小杆菌属（*Exiguobacterium* Collins et al. 1984，gen. nov.）

微小杆菌属（*Exiguobacterium*）于1984年建立，属于芽胞杆菌目未定地位的科XII Bacillales Family XII. Incertae Sedis，包含18种，好氧或兼性厌氧，均不产芽胞。

1）*Exiguobacterium acetylicum* (Levine and Soppeland 1926) Farrow et al. 1994，comb. nov.（乙酰微小杆菌），兼性厌氧，不产芽胞，由 *Brevibacterium acetylicum* (Levine and Soppeland 1926) Breed 1957 重分类而来。

2）*Exiguobacterium aestuarii* Kim et al. 2005，sp. nov.（潮间带微小杆菌），耐盐，兼性厌氧，不产芽胞。

3）*Exiguobacterium alkaliphilum* Kulshreshtha et al. 2013，sp. nov.（嗜碱微小杆菌），嗜碱、耐盐，兼性厌氧，不产芽胞。

4）*Exiguobacterium antarcticum* Frühling et al. 2002，sp. nov.（南极微小杆菌），兼性厌氧，不产芽胞。

5）*Exiguobacterium aquaticum* Raichand et al. 2012，sp. nov.（水生微小杆菌），耐盐，兼性厌氧，不产芽胞。

6）*Exiguobacterium arabatum* Jakubauskas et al. 2009，sp. nov.（阿拉巴特微小杆菌），兼性厌氧，不产芽胞，未合格化。

7）*Exiguobacterium artemiae* López-Cortés et al. 2006，sp. nov.（丰年虾微小杆菌），兼性厌氧，不产芽胞。

8）*Exiguobacterium aurantiacum* Collins et al. 1984，sp. nov.（金橙黄微小杆菌），模式种，嗜碱，兼性厌氧，不产芽胞。

9）*Exiguobacterium enclense* Dastager et al. 2015，sp. nov.（国化室微小杆菌），耐盐，好氧，不产芽胞。

10）*Exiguobacterium himgiriensis* Singh et al. 2013，sp. nov.（喜马拉雅微小杆菌），耐盐，兼性厌氧，不产芽胞。

11）*Exiguobacterium indicum* Chaturvedi and Shivaji 2006，sp. nov.（印度微小杆菌），嗜碱、嗜冷，好氧，不产芽胞。

12）*Exiguobacterium marinum* Kim et al. 2005，sp. nov.（海微小杆菌），耐盐，兼性厌氧，不产芽胞。

13）*Exiguobacterium mexicanum* López-Cortés et al. 2006，sp. nov.（墨西哥微小杆菌），兼性厌氧，不产芽胞。

14）*Exiguobacterium oxidotolerans* Yumoto et al. 2004，sp. nov.（耐氧化微小杆菌），嗜碱，好氧，不产芽胞。

15）*Exiguobacterium profundum* Crapart et al. 2007，sp. nov.（深海微小杆菌），乳酸菌，嗜热、耐盐，兼性厌氧，不产芽胞。

16）*Exiguobacterium sibiricum* Rodrigues et al. 2006，sp. nov.（西伯利亚微小杆菌），耐冷，兼性好氧，不产芽胞。

17）*Exiguobacterium soli* Chaturvedi et al. 2008，sp. nov.（土壤微小杆菌），嗜冷，好氧，不产芽胞。

18）*Exiguobacterium undae* Frühling et al. 2002，sp. nov.（水微小杆菌），兼性厌氧，不产芽胞。

## 五、孪生球菌属（*Gemella* Berger 1960，genus.）

孪生球菌属（*Gemella*）于 1960 年建立，属于芽胞杆菌目未定地位的科 XI Bacillales Family XI. Incertae Sedis，包含 10 种，厌氧或兼性厌氧，均不产芽胞。

1）*Gemella asaccharolytica* Ulger-Toprak et al. 2010，sp. nov.（不解糖孪生球菌），厌氧，不产芽胞。

2）*Gemella bergeri* corrig. Collins et al. 1998，sp. nov.（伯杰氏孪生球菌），兼性厌氧，不产芽胞。

3）*Gemella cuniculi* Hoyles et al. 2000，sp. nov.（兔孪生球菌），兼性厌氧，不产芽胞。

4）*Gemella haemolysans* (Thjøtta and Bøe 1938) Berger 1960，species.（溶血孪生球菌），模式种，兼性厌氧，不产芽胞，由 *Neisseria haemolysans* Thjotta and Boe 1938 重分类而来。

5）*Gemella massiliensis* Fonkou et al. 2018，sp. nov.（马赛孪生球菌），兼性厌氧，不产芽胞，未合格化。

6）*Gemella morbillorum* (Prévot 1933) Kilpper-Bälz and Schleifer 1988，comb. nov.（麻疹孪生球菌），兼性厌氧，不产芽胞，由 *Streptococcus morbillorum* (Prévot 1933) Holdeman and Moore 1974 重分类而来。

7）*Gemella palaticanis* Collins et al. 1999，sp. nov.（狗牙孪生球菌），兼性厌氧，不

产芽胞。

8）*Gemella parahaemolysans* Hung et al. 2014，sp. nov.（副溶血孪生球菌），兼性厌氧，不产芽胞。

9）*Gemella sanguinis* Collins et al. 1999，sp. nov.（血液孪生球菌），兼性厌氧，不产芽胞。

10）*Gemella taiwanensis* Hung et al. 2014，sp. nov.（台湾孪生球菌），兼性厌氧，不产芽胞。

## 六、地微菌属（*Geomicrobium* Echigo et al. 2010，gen. nov.）

地微菌属（*Geomicrobium*）于 2010 年建立，包含 2 种，嗜盐、嗜碱，好氧，均不产芽胞。

1）*Geomicrobium halophilum* Echigo et al. 2010，sp. nov.（嗜盐地微菌），模式种，嗜盐、嗜碱，好氧，未观察到芽胞。

2）*Geomicrobium sediminis* Xiong et al. 2014，sp. nov.（层积物地微菌），嗜盐、嗜碱，好氧，不产芽胞。

## 七、能嗜热菌属（*Thermicanus* Gößner et al. 2000，gen. nov.）

能嗜热菌属（*Thermicanus*）于 2000 年建立，属于芽胞杆菌目未定地位的科 X Bacillales Family X. Incertae Sedis，仅有 1 种，微好氧，不产芽胞。

*Thermicanus aegyptius* Gößner et al. 2000，sp. nov.（埃及能嗜热菌），乙酸菌，嗜热，微好氧，不产芽胞。

# 第十二节　讨　　论

## 一、芽胞杆菌目物种多样性

目前，芽胞杆菌目至少包含 9 科 176 属 1543 种，其中，能形成芽胞的种类至少包括 7 科 132 属 1225 种。在科水平上，包含种类最多的是芽胞杆菌科，至少有 82 属 725 种；其次是类芽胞杆菌科，至少有 16 属 397 种；种类最少的是巴斯德氏柄菌科，仅 1 属 4 种。在属水平上，包含种类最多的前 5 属分别是：芽胞杆菌科的芽胞杆菌属（348 种）和枝芽胞杆菌属（40 种），类芽胞杆菌科的类芽胞杆菌属（297 种）和科恩氏菌属（36 种），葡萄球菌科的葡萄球菌属（57 种）。此外，有 70 属仅包含 1 种，占全部属的 40.34%。

## 二、芽胞杆菌目形态多样性

芽胞杆菌目大多数种类的菌体为杆状（包括长杆状、短杆状、棒状），还有球形（如葡萄球菌属、动球菌属等）、丝状（如嗜热放线菌科的绝大多数种类）、串珠状（如芽胞束菌属）等。

## 三、芽胞杆菌目生境多样性

芽胞杆菌目的种类广泛分布于各种水生环境、寡营养的空气、土壤、动植物体等多样性的环境。在一些高温、低温、高盐、极碱、极酸、高辐射等极端环境中常常可以分离到嗜热、喜低温、嗜盐、嗜碱、嗜酸、耐辐射的嗜极种类。大量研究表明，类芽胞杆菌属与植物的关系密切，许多种类生活于植物的根系或为植物内生菌；葡萄球菌属的种类常分布于人与动物体内或体表；巴斯德氏柄菌属的种类均营重寄生（hyperparasitic）生活，即寄生于植物线虫等寄生性无脊椎动物（Bird et al.，2003）。

## 四、芽胞杆菌目应用领域广

在科学领域，枯草芽胞杆菌（*Bacillus subtilis*）是革兰氏阳性菌的模式生物，简单芽胞杆菌（*B. simplex*）常被用于物种微进化研究（Sikorski and Nevo，2005）。在食品工业领域，枯草芽胞杆菌纳豆菌株（*B. subtilis* strain Natto）被广泛用于生产保健药品、调味品以及微生态制剂，是美国食品药品监督管理局（FDA）公布的 40 种益生菌之一；肉葡萄球菌（*Staphylococcus carnosus*）是肉制品发酵中形成肉制品风味的关键菌种；由于兼具芽胞杆菌和乳杆菌的特性，凝结芽胞杆菌（*B. coagulans*）被广泛应用于食品加工（Konuray and Erginkaya，2018）。在农林渔业领域，90%以上的微生物菌剂来自芽胞杆菌，其中，具有杀虫、杀线虫、防病等功能的苏云金芽胞杆菌制剂是目前世界上产量最大、应用最广、能与化学农药竞争的微生物菌剂。此外，芽胞杆菌还用于生物湿法冶金、生物技术、医学、环保，甚至军事（生物武器）等领域（Johnson et al.，2008；Ianiro et al.，2018）。

## 五、芽胞杆菌目有害的种类

在临床上，有一些重要的病原菌属于芽胞杆菌目。例如，芽胞杆菌科的炭疽芽胞杆菌（*B. anthracis*）和蜡样芽胞杆菌（*B. cereus*）（可引起食物中毒，并可致败血症）；李斯特菌科的人畜共患病病原菌：单核细胞增生李斯特菌（*Listeria monocytogenes*）和伊氏李斯特菌（*L. ivanovii*，又称为绵羊李斯特菌）等；葡萄球菌科的金黄色葡萄球菌（*Staphylococcus aureus*）、表皮葡萄球菌（*S. epidermidis*）、腐生葡萄球菌（*S. saprophyticus*）、中间葡萄球菌（*S. intermedius*）、施氏葡萄球菌（*S. schleiferi*）、溶血性葡萄球菌（*S. haemolyticus*）、模仿葡萄球菌（*S. simulans*）、人葡萄球菌（*S. hominis*）、沃氏葡萄球菌（*S. warneri*）、耳葡萄球菌（*S. auricularis*）、里昂葡萄球菌（*S. lugdunensis*）等。脂环酸芽胞杆菌属（*Alicyclobacillus*）中一些嗜热、嗜酸的种类常引起果汁饮料、食物、动物饲料等腐败变质（Cocconi et al.，2018；Queiroz et al.，2018）。